地矿汉英大词典

A Chinese-English Geology and Mining Industry Dictionary

宦秉炼　主编

北　京
冶金工业出版社
2016

图书在版编目(CIP)数据

地矿汉英大词典/宦秉炼主编. —北京：冶金工业出版社，2016.7
ISBN 978-7-5024-7336-5

Ⅰ.① 地… Ⅱ.① 宦… Ⅲ.①地质学—词典—汉、英 ②矿业—词典—汉、英 Ⅳ.①P5-61 ②TD-61

中国版本图书馆 CIP 数据核字（2016）第 187745 号

出 版 人 谭学余
地　　址 北京市东城区嵩祝院北巷 39 号 邮编 100009 电话 (010)64027926
网　　址 www.cnmip.com.cn 电子信箱 yjcbs@cnmip.com.cn
责任编辑 杨秋奎 美术编辑 杨帆 版式设计 杨秋奎 孙跃红
责任校对 李维科 李鑫雨 王永欣 责任印制 牛晓波
ISBN 978-7-5024-7336-5
冶金工业出版社出版发行；各地新华书店经销；三河市双峰印刷装订有限公司印刷
2016 年 7 月第 1 版, 2016 年 7 月第 1 次印刷
210mm×297mm；70.75 印张；5909 千字；1112 页
328.00 元

冶金工业出版社 投稿电话 (010)64027932 投稿信箱 tougao@cnmip.com.cn
冶金工业出版社营销中心 电话 (010)64044283 传真 (010)64027893
冶金书店 地址 北京市东四西大街 46 号(100010) 电话 (010)65289081（兼传真）
冶金工业出版社天猫旗舰店 yjgycbs.tmall.com

《地矿汉英大词典》
编辑委员会

前　言

地矿业是其他工业的基础和源头，涉及面非常广。在生产实践活动中，很多地矿工作者和国外同行都有业务联系，需要经常进行学术和生产实践的交流和业务来往，有很多企业和人员到国外开展业务，他们都需要地质矿业相关的交流工具，还有不少学者经常查询地质、矿产资源开发方面的信息。本词典正是为较好地解决上述诉求而开发的工具书。

与过去的同类工具书相比，本词典的主要特点如下：

综合性强、涵盖面宽。过去的典籍常把地质和矿业分开，规模都较小，并且充斥了大量并不必要的简单复合词和简单派生词。本词典对大量典籍进行了合理的归纳和取舍，使其既具有较宽的涵盖性又具有较好精炼性，既具有广泛性又具有较好的可查性。通过本词典可以很方便地查询很多专业性较强的地矿双语信息，如矿物的英语名、化学组分、各地质年代的时期、特征等，还可以查找各种开采活动包括金属矿、非金属矿、石材、石油开采及其他非常规开采（溶浸、水溶、热溶等）的生产工艺、选矿工艺、常用药剂等有关双语信息。

由于各种原因(文字改革的反复及习惯性误用等)，过去很多典籍出现了很多同词异字现象，使得大量专业词用字常常纠缠不清，如“黏粘、碳炭、渣碴、覆复、账帐、像象相、叠迭、呐纳、拗坳、箅篦、幛障、斑班、形型、分份、砂沙、唯惟、起启”等。上述各组字中只有极少数在一些情况下可以通用，多数已有明确的使用分工，不再混用。本词典在这一方面亦作了大量研究推敲，尽量采用新的规定，向规范化靠拢，力求使本词典成为地矿专业用词规范用字的参考依据。

目前，虽然很多普通查译工作都可在线查询，但很多专业性较强的词汇特别是地矿专业特有的词汇查不到，或不能完整、完善地反映在电脑上，比如一些矿物的化学式只能在纸质字典上才能正确、完善地表示，一些地矿工程及化学用字如“鏇、钫、鏻、镏、碳、晒、噁”等无法在普通电脑中显示，这些都是电脑查询的局限性。本词典的纸质作品为遇到上述问题的用户提供了最终查询、核实的依据。

此外，本词典作者同时提供涵盖本词典具有自主知识产权的电子双向查询软件，两者配合使用为地矿工作者提供了强有力查询翻译的工具。

由于编者学识水平所限，加之编撰工作非常浩繁，词典中疏漏和不当之处敬请广大读者批评指正。

编　者

2016 年 5 月

使 用 说 明

一、收词原则

本词典共收录地矿汉英词汇 24.6 万余条，对于简单复合词一般不予收录（使用频度或重要性较高者除外），因它们的构成部分可从本词典他处查取。本词典所列词条中，所对应的英语词不一定是唯一的或全面的，可能还有未列入的若干英语词。因此在实际使用中，可能有其他表述同样含意的英语词。前后相邻词条中，也尽量以不同的英语词表述相同汉语词。

二、条目安排

(1)词条排序首先按各条目的第 1 字的汉语拼音字母、声调、笔划(一、丨、丶、丿、乛)顺序排列，第 1 字相同时，按第 2 字的上述顺序排列，以此类推。但第 3 字及以后各字只以字母和声调排序。

(2)汉语词条中的各种标点符号、阿拉伯数字、拉丁字母、希腊字母及其他非汉字符号不参与排序，各种括号中的字词符也不参与排序。

(3)汉字条目对应多个英语词条时，英语词条以分号“；”相间。

(4)为了清晰表明汉英之间的排列关系，汉语词与英语词中间用“☆”分隔。

(5)对于形如“Aero 130 白药☆Aero 130”的词条，改写为“×白药☆Aero 130”。

(6)每个汉语词条与多个英语词对应时，使用频率较高的英语词尽量排前；使用频率不能判断时，则采取随机排列，同时兼顾排版情况。

(7)英语缩略写词一般尽量靠后，但若缩略写形式(特别是元素符号等)十分常见，有时也靠前。

(8)有些字有两个或以上读音，索查时注意读音辨别和排列位置。这些字主要包括：壳(ké;qiào) 薄(báo;bó;bò) 剥(bāo; bō) 泊(bó; pō) 卡(kǎ;qiǎ) 崖(yá;ái) 倒(dǎo;dào) 磨(mó; mò) 散(sǎn;sàn) 转(zhuǎn; zhuàn) 轧(yà; zhá) 划(huá; huà) 塞(sāi;sài;sè)等。

三、括号使用

(1)圆括号( )表示其中的内容可以省略，可有多个并列选择，以半角分号“;”隔开。如：

大巷☆(main;roadway;heading) entry→大巷☆entry；main entry；roadway entry；heading entry

不可能(性;的事)☆impossibility→

不可能☆impossibility

不可能性☆impossibility

不可能的事☆impossibility

汉语词条中若含多个圆括号( )，展开时的各种组合需要一定的专业知识，合理搭配。如：

(大)陆(边)缘带☆continental marginal zone→

大陆边缘带☆continental marginal zone

陆缘带☆continental marginal zone

不宜再分解为：

大陆缘带☆continental marginal zone

陆边缘带☆continental marginal zone

(2)方括号[ ]表示其中为解释说明、注释补充、事物或动作属性等内容，有多个内容时，之间用半角分号“;”隔开。在☆前的[]，表示对后面各英语词条一般都适用(个别英语词后面另有说明者除外)。否则[]置于只适用的英语词条后。例如：

黄碲钯矿[Pd(Te,Bi);六方]☆kot(o)ulskite；koupletskite；yanzhongite

背面☆backface；back face；BF；rear (surface)；backside；back facets[拼合宝石的]；farside[月球]；reverse side[苔]；rear flank[牙轮]

(3)花括号{ }有以下功能：

1)表示其中的内容可与其前内容互换。若互换内容为汉字，以汉字字数为单位，若互换内容为英语，以英语单词数为单位(带“-”者看成整体单词)，默认互换的数目相同，若不相同，{}前的被换部分前加标注符号“`”。{}中有多条时，以半角分号“;”隔开，第1条满足上述规定即可。此外，{}前的被换部分数目可以少于{}中的第1条数目。注意“☆”、“；”为可换内容界限。例如：

阿拉斯加构造{褶皱}带☆Alaskides→

阿拉斯加构造带☆Alaskides

阿拉斯加褶皱带☆Alaskides

按年`摊还{分期付款}☆yearly installments→

按年摊还☆yearly installments

按年分期付款☆yearly installments

瓜达卢普{德鲁普;达路}(阶)[北美;P]☆Guadalupian→

瓜达卢普(阶)[北美;P]☆Guadalupian

瓜德鲁普(阶)[北美;P]☆Guadalupian

瓜达路(阶)[北美;P]☆Guadalupian

等角网☆angle-true{Wulff} net→等角网☆angle-true net；Wulff net

阿克林-卡尔斯巴(双晶)律☆Acline-Karlsbad{-Carlsbad} law→

阿克林-卡尔斯巴(双晶)律☆Acline-Karlsbad law；Acline-Carlsbad law

干散雪崩☆dry-snow{dust;drift} avalanche→

干散雪崩☆dry-snow avalanche；dust avalanche；drift avalanche

阿尔戈马型含铁建造☆Algoma-type iron {-}formation→

阿尔戈马型含铁建造☆Algoma-type iron formation；Algoma-type iron-formation

2)表示同族晶体指数，例如：

长轴端面[三斜晶系中{*h*00}型的单面]☆macropedion

3)花括号{}中的“|”代表多个类似及上下位置相近词条的合写形式符，以节约空间。例如：

安全壳内{|外}辐射源☆radioactive source inside {|outside} containment→

安全壳内辐射源☆radioactive source inside containment

安全壳外辐射源☆radioactive source outside containment

若涉及分子式，常为字母间的替换：

氨基甲酸盐{|酯}[NH_2COOM{|R}]☆carbamate→

氨基甲酸盐[NH_2COOM]☆carbamate

氨基甲酸酯[NH_2COOR]☆carbamate

4)几个英语词共用一个[ ]说明时，也利用{}进行缩减排列，以节约空间。例如：

前壁☆antetheca{anterior{leading} wall} [孔虫]；holocyst{olocyst} [唇口苔藓虫目]；frontal wall[苔]

完整的表示为：

前壁☆antetheca[有孔虫类]；anterior wall [有孔虫类]；leading wall [有孔虫类]；holocyst[唇口苔藓虫目]；olocyst [唇口苔藓虫目]；frontal wall[苔藓虫类]

四、有关简化说明

1. 复数及单数的简化表示

词典中对不少具有不规则复数形式的词都作了表示，但只列出不同的词尾变化，以[pl.-xy]表示。“-”代表复数形式和原形前面完全相同的字母部分，x 一般代表复数与原形前面完全相同部分最后一个相同字母。y 若不存在，单字母 x 直接加在原形后得到复数形式。y 若为 1～3 字母，则以原形词末尾 4 个(大多为 3 个)字母为范围从左向右的第一个与 x 相同的词尾后添加 y，如果无一相同，则 x 直接加在原形后面形成复数。一些词的复数简化和完整形式示例如下：

palpus [pl.-pi]→palpus [pl. palpi]、prolegomenon [pl.-na]→prolegomenon [pl. prolegomena]、epiphysis [pl.-ses]→epiphysis [pl. epiphyses]、bogaz [pl.-i]→bogaz [pl. bogazi]、micella [pl.-e]→micella [pl. micellae]、buckshot [pl.-,-s]→buckshot [pl.buckshot,buckshots]、trema [pl.-ta]→trema [pl. tremata]、astomata [pl.-tida]→astomata [pl. astomatida]、menstruum [pl.-rua,-s]→menstruum [pl. menstrua, menstruums]。

有时所列英语词本身为复数形式，同时给出其简化单数形式，以[sgl.-xy]，完整单数形式的复原与上述类似。例如：

brachia [sgl.-ium]→brachia [sgl.brachium]

有些英语词太短，或者复数形式不能按上述方式简化时，其复数形式则完整列出。

2. 成分构成比例的简化表示

在表示某些物质的各成分完整构成比例时，只列出数据而略去百分号“%”以节约空间，如果只是指出部分成分的含量，则不能省。例如：

铵梯铝炸药[由 21%黑索金、21%硝酸铵、40%梯恩梯、18%铝粉组成的……]☆DBX→

铵梯铝炸药[由 21 黑索金、21 硝酸铵、40 梯恩梯、18 铝粉组成的……]☆DBX

白色饰用合金[81%锡, 10%铜, 9%锑]☆Dutch white metal→

白色饰用合金[81 锡, 10 铜, 9 锑]☆Dutch white metal

五、其他说明

(1)个别命名、化学分子式、晶系名称等处后面偶尔会出现“?”，表示该处在学术上还存在疑问、争议等，有待进一步确认。

(2)有些矿物同时列出了不同的化学分子式，有如下原因：

1)形式不同的化学分子式，实质是相同的，只是不同学者的不同表述习惯，可以合并。例如：

雄黄[As_4S_4;AsS;单斜]☆realgar；eolite

2)形式不同，实质也不同。造成这种现象的原因是对某种矿物，由于不同学者在不同时间使用了不同矿样和不同精度的仪器进行的分析化验，很可能就有不同的结论，对于成分复杂的矿物尤其如此。

(3)有些英语复合单词中自带有连字符“-”，若需转行，从“-”后换行，为了不引起辨别问题，本词典一般不对英语单词进行拆分加“-”换行。化学式换行也不加“-”。

(4)为了便于当代用户电子版使用，本书附有涵盖本词典的电子双向查询软件，但电子版中一些内容如矿物化学式、一些专业用字（如铲、鏇、珊、嗯）等在普通电脑中无法完整、完善，甚至不能显示，须从本纸质字典中查阅。

略语表

（包括常用单位符号、地矿常用代号、地质年代代号、生物名、学科、国名等）

[μ] [微]
[A] [安(培)]
[C.] [库(仑)]
[cal.] [卡]
[cm] [厘米]
[dB] [分贝]
[F] [法(拉)]
[ft] [英尺]
[g] [克]
[gal] [加仑]
[H] [亨(利)]
[Hz] [赫兹]
[in.] [英寸]
[kg] [千克]
[km] [千米]
[L] [升]
[lb.] [磅]
[MPa] [兆帕]
[m] [米]
[M] [兆]
[Ma] [百万年]
[mil.] [英里]
[Pa] [帕]
[s] [秒]
[V] [伏(特)]
[yd] [码]

[Ab] [钠长石]
[An] [钙长石]
[C.I.P.W] [克、伊、丕、华四氏岩石分类]
[M] [金属]
[R] [烃基或氢原子]
[R'] [非氢原子]
[RE(E)] [稀土金属]
[pl.] [复数]
[sgl.] [单数]

[AnЄ] [前寒武纪]
[Ar([$Ar_{1\sim2}$]) [太古代(古、新)]
[C($C_{1\sim3}$) [石炭纪(早、中、晚)]
[Є($Є_{1\sim3}$)] [寒武纪(早、中、晚)]
[Cz] [新生代]
[D($D_{1\sim3}$)] [泥盆纪(早、中、晚)]
[E] [早第三纪]
[E_1] [古新世]
[E_2] [始新世]
[E_3] [渐新世]
[J($J_{1\sim3}$)] [侏罗纪(早、中、晚)]
[K($K_{1\sim2}$)] [白垩纪(早、晚)]
[Mz] [中生代]
[N] [晚第三纪]
[N_1] [中新世]
[N_2] [上新世]
[O($O_{1\sim3}$)] [奥陶纪(早、中、晚)]
[P($P_{1\sim2}$)] [二叠纪(早、晚)]
[Pt($Pt_{1\sim3}$)] [元古代(早、中、晚)]
[Pz($Pz_{1\sim2}$)] [古生代(早、晚)]
[Q] [第四纪]
[Qp] [更新世]
[R] [第三纪]
[S($S_{1\sim3}$)] [志留纪(早中晚世)]
[T($T_{1\sim3}$)] [三叠纪(早中晚世)]
[Z] [震旦纪]

[阿] [阿拉伯]
[埃] [埃及]
[爱] [爱尔兰]
[澳] [澳大利亚]
[巴] [巴西]
[巴基] [巴基斯坦]
[孢] [孢子类、孢粉]
[爆] [爆破、爆炸]
[笔] [笔石动物]
[冰] [冰川]
[波] [波兰]
[玻] [玻璃]
[哺] [哺乳动物、哺乳类]
[材] [材料、建材]
[采] [采矿]
[测] [测量、测绘]
[层孔] [层孔虫类]
[虫剂] [杀虫剂]
[磁勘] [电磁勘探]
[单孔] [单孔类]
[担子] [担子菌类]
[德] [德国]
[地] [地质]
[电] [电子、电工、电学]
[电勘] [电法勘探]
[丁] [丁丁虫类]
[动] [动物]
[多] [多足类]
[多孔] [多孔动物]
[俄] [俄国、俄罗斯]
[法] [法国]
[非] [非洲]
[菲] [菲律宾]
[废] [废弃名]
[芬] [芬兰]
[佛] [佛教、佛学]
[浮] [浮选]
[浮剂] [浮选药剂]
[腹] [腹足类]
[钙超] [钙质超微化石]
[钙藻] [钙藻类]
[杆虾] [杆虾类]
[工] [工业、工程(学)]
[古] [古生物]
[古杯] [古杯动物]
[古植] [古植物]
[光] [光学]
[硅藻] [硅藻类]
[海] [海洋]
[海百] [海百合类]
[海笔] [海笔纲]
[海参] [海参类]
[海胆] [海胆类]
[海环] [海环檎类]
[海蕾] [海蕾类]
[航] [航空、航海]
[核] [核物理、核工业]
[荷] [荷兰]
[红藻] [红藻类]
[化] [化学、化工]
[环节] [环节动物]
[机] [机械]
[棘] [棘皮动物]
[几丁] [几丁虫类]
[脊] [脊椎动物]
[脊索] [脊索动物]
[戟贝] [戟贝类]
[计] [计算机]
[加] [加拿大]
[甲] [甲壳动物、甲壳纲、

	甲壳类]
[建]	[建筑]
[节]	[节肢动物]
[解]	[解剖]
[介]	[介形类]
[金]	[金属(矿)]
[经]	[经济]
[晶]	[晶体、结晶学]
[晶长]	[晶体生长]
[晶育]	[晶体培育]
[旧]	[旧名、旧称]
[局示植]	[局部指示植物]
[蕨]	[蕨类植物]
[军]	[军事]
[勘]	[勘探]
[颗]	[颗石类]
[孔虫]	[有孔虫类]
[恐]	[恐龙类]
[口]	[口语]
[矿]	[矿石、矿物、矿床、矿业]
[昆]	[昆虫、昆虫学、昆虫类]
[拉]	[拉丁词]
[拉美]	[拉丁美洲]
[蓝藻]	[蓝藻门]
[力]	[力学]
[两栖]	[两栖动物]
[林檎]	[海林檎类]
[流]	[流体力学]
[露]	[露天矿、露天开采]
[罗]	[罗马]
[裸蕨]	[裸蕨类]
[马]	[马来西亚]
[蔓]	[蔓足类]
[煤]	[煤矿]
[美]	[美国]
[蒙]	[蒙古]
[孟]	[孟加拉国]
[秘]	[秘鲁]
[绵]	[海绵动物、海绵类]
[缅]	[缅甸]
[名]	[人名]
[墨]	[墨西哥]
[南斯]	[前南斯拉夫]
[啮]	[啮齿类、啮齿动物]
[欧]	[欧洲]
[爬]	[爬行类]
[胚]	[胚胎学]
[葡]	[葡萄牙]
[气]	[气象]
[腔]	[腔肠动物]
[日]	[日本]
[蠕]	[蠕虫类、蠕虫动物]
[软]	[软体动物]
[软骨]	[软骨鱼纲]
[软甲]	[软甲类]
[瑞]	[瑞典]
[塞]	[塞尔维亚]
[鳃]	[鳃足类]
[三叶]	[三叶虫类]
[珊]	[珊瑚、珊瑚类]
[商]	[商品名、商标名]
[舌贝]	[舌形贝类]
[射虫]	[放射虫类]
[生]	[生物、生化]
[生类]	[生物分类]
[声]	[声学]
[石]	[石材、宝石]
[石场]	[采石场]
[始先]	[始先类]
[示植]	[指示植物]
[数]	[数学]
[刷]	[印刷]
[双壳]	[双壳类]
[水螅]	[水螅虫类]
[苏]	[前苏联]
[苏格]	[苏格兰]
[俗]	[俗语、俗称]
[苔]	[苔藓动物、苔藓类]
[苔虫]	[苔藓虫类]
[陶]	[陶瓷；制陶业]
[天]	[天文(学)]
[跳]	[跳汰(机)]
[通示植]	[通用指示植物]
[统]	[统计(学)]
[头]	[头足类]
[土]	[土壤、土力学]
[婉]	[委婉语]
[腕]	[腕足动物]
[微]	[微生物(学)]
[委]	[委内瑞拉]
[乌]	[乌克兰]
[乌兹]	[乌兹别克斯坦]
[无脊]	[无脊椎动物]
[物]	[物理]
[西]	[西班牙]
[希]	[希腊]
[蜥]	[蜥蜴类]
[戏]	[戏剧]
[细]	[细胞(学)]
[纤]	[纤维、化纤]
[楔叶]	[楔叶类]
[新]	[新西兰]
[序]	[原子序数]
[选]	[选矿]
[选剂]	[选矿药剂]
[牙]	[牙买加]
[牙石]	[牙形石类]
[亚]	[亚洲]
[岩]	[岩石、岩体]
[药]	[药物]
[冶]	[冶金(学)]
[叶肢]	[叶肢介类]
[伊]	[伊朗]
[医]	[医学]
[遗]	[遗传学]
[遗石]	[遗迹化石]
[疑]	[疑源类]
[意]	[意大利]
[音]	[音乐]
[印]	[印度]
[英]	[英国]
[英格]	[英格兰]
[油]	[石油(工业)]
[有蹄]	[有蹄类]
[语]	[语法、语言学]
[原生]	[原生动物]
[越]	[越南]
[陨]	[陨石]
[藻]	[藻类]
[哲]	[哲学]
[真菌]	[真菌类]
[震测]	[地震测量]
[震勘]	[地震勘探]
[支]	[支护]
[植]	[植物]
[中]	[中国]
[蛛]	[蜘蛛类]
[铸]	[铸造]
[自]	[自动化]

元素序数、符号

序数	名称	符号
1	氢	H
2	氦	He
3	锂	Li
4	铍	Be
5	硼	B
6	碳	C
7	氮	N
8	氧	O
9	氟	F
10	氖	Ne
11	钠	Na
12	镁	Mg
13	铝	Al
14	硅	Si
15	磷	P
16	硫	S
17	氯	Cl
18	氩	Ar
19	钾	K
20	钙	Ca
21	钪	Sc
22	钛	Ti
23	钒	V
24	铬	Cr
25	锰	Mn
26	铁	Fe
27	钴	Co
28	镍	Ni
29	铜	Cu
30	锌	Zn
31	镓	Ga
32	锗	Ge
33	砷	As
34	硒	Se
35	溴	Br
36	氪	Kr
37	铷	Rb
38	锶	Sr
39	钇	Y
40	锆	Zr
41	铌{钶}	Nb{Cb}
42	钼	Mo
43	锝{鎷}	Tc{Ma}
44	钌	Ru
45	铑	Rh
46	钯	Pd
47	银	Ag
48	镉	Cd
49	铟	In
50	锡	Sn
51	锑	Sb
52	碲	Te
53	碘	I
54	氙	Xe
55	铯	Cs
56	钡	Ba
57	镧	La
58	铈	Ce
59	镨	Pr
60	钕	Nd
61	钷{鉕}	Pm{Il}
62	钐	Sm
63	铕	Eu
64	钆	Gd
65	铽	Tb
66	镝	Dy
67	钬	Ho
68	铒	Er
69	铥	Tm
70	镱	Yb
71	镥{镏}	Lu{Cp}
72	铪	Hf{Ct}
73	钽	Ta
74	钨	W
75	铼	Re
76	锇	Os
77	铱	Ir
78	铂	Pt
79	金	Au
80	汞	Hg
81	铊	Tl
82	铅	Pb
83	铋	Bi
84	钋	Po
85	砹	At
86	氡	Rn
87	钫{鍅}	Fr{Vi}
88	镭	Ra
89	锕	Ac
90	钍	Th
91	镤	Pa
92	铀	U
93	镎	Np
94	钚	Pu
95	镅	Am
96	锔	Cm
97	锫	Bk
98	锎	Cf
99	锿	Es
100	镄	Fm
101	钔	Md
102	锘	No
103	铹	Lr
104	𬬻	Rf
105	𬭊	Db
106	𬭳	Sg
107	𬭛	Bh
108	𬭶	Hs
109	鿏	Mt
110	𫟼{鐽}	Ds
111	𬬭{錀}	Rg
112	鿔{鎶}	Cn
113	[待命名] (nihonium)	Nh

拼音检字表

A
ā
吖 1
锕 1
阿 1
āi
埃 2
锿 3
ái
癌 3
ǎi
霭 3
矮 3
ài
艾 3
砹 3
碍 3
暧 3
鑀 3
爱 3
隘 4
ān
鞍 4
桉 4
氨 4
安 4
ǎn
铵 6
àn
按 7
暗 7
岸 8
黯 8
胺 8
犴 9
案 9
āng
肮 9
áng
昂 9
àng
盎 9
āo
凹 9
áo
敖 9
螯 9
鳌 9
翱 9
ǎo
拗 9
ào
奥 9
澳 10
懊 10
B
bā
捌 11
扒 11
芭 11
笆 11
八 11
魞 11
疤 11
巴 11
bá
拔 12
跋 12
bǎ
把 12
靶 12
钯 12
bà
耙 12
坝 12
把 13
霸 13
罢 13
bái
白 13
bǎi
摆 14
柏 15
百 15
bài
败 15
拜 15
bān
斑 15
班 16
扳 16
搬 16
颁 16
瘢 16
bǎn
板 16
钣 18
版 18
阪 18
bàn
扮 18
拌 18
伴 18
瓣 18
半 18
办 22
绊 22
bāng
邦 22
帮 22
bǎng
绑 22
bàng
棒 22
磅 22
蚌 22
镑 22
傍 22
bāo
苞 22
胞 22
包 22
剥 23
孢 23
báo
薄 24
雹 25
bǎo
保 25
堡 26
饱 26
宝 26
bào
抱 26
报 27
暴 27
曝 27
豹 27
鲍 27
刨 27
爆 27
bēi
杯 29
碑 30
悲 30
背 30
卑 30
běi
苝 30
北 30
鉳 30
bèi
蓓 30
棓 30
背 30
贝 31
钡 32
倍 32
备 32
焙 33
被 33
bēn
奔 34
běn
苯 34
本 34
畚 35
bèn
笨 35
bēng
崩 35
绷 35
bèng
泵 35
蹦 36
迸 36
bī
逼 36
bí
荸 36
鼻 36
bǐ
比 36
吡 38
笔 38
俾 38
彼 38
舭 38
bì
碧 38
芘 38
蓖 38
蔽 38
毕 38
铋 38
秘 38
箅 38
篦 38
庇 38
闭 38
弊 39
滗 39
必 39
璧 39
壁 39
臂 39
避 40
biān
鞭 40
砭 40
蝙 40
边 40
编 41
biǎn
贬 42
扁 42
biàn
苄 42
便 42
变 42
卞 47
辨 47
辩 47
辫 47
遍 47
biāo
标 47
镖 49
飑 49
biǎo
表 49
裱 50
biào
鳔 50
biē
鳖 50
憋 50
bié
别 50
蹩 50
bīn
玢 50
濒 50
滨 50
宾 51
bìn
髌 51
bīng
槟 51
兵 51
冰 51
bǐng
柄 54
丙 55
饼 55
屏 55
bìng
病 55
并 55
bō
玻 55
播 56
拨 57
菠 57
钵 57
铍 57
波 57
剥 59
bó
搏 59
博 59
薄 59
勃 59
铂 60
箔 60
伯 60
舶 60
膊 60
鲌 60
渤 60
泊 60
驳 60
bǒ
跛 60
簸 60
bò
薄 60
bū
钸 60
bǔ
捕 60
卜 61
哺 61
卟 61
补 61
bù
不 62
布 69
步 70
钚 70
簿 70
部 70
怖 70
C
cā
擦 71
嚓 71
cāi
猜 71
cái
裁 71
才 71
材 71
财 71
cǎi
踩 71
采 71
彩 73
cài
菜 73
蔡 73
cān
餐 73
参 73
cán
蚕 74
残 74
cǎn
惨 75
càn
灿 75
cāng
苍 75
舱 75
仓 75
沧 75
cáng
藏 75
cāo
操 75
糙 75
cáo
槽 75
曹 76
cǎo
草 76
cè
厕 77
策 77
侧 77
册 79
测 79
cēn
参 81
cén
岑 81
céng
层 81
chā
插 83
差 83
叉 84
chá
茶 84
查 84
察 84
chà
刹 85
岔 85
汊 85
chāi
拆 85
差 85
chái
柴 85
豺 85
chān
掺 85
觇 85
chán
蟾 85
巉 85
潺 85
缠 85
chǎn
铲 85
产 86
阐 87
chàn
颤 87
忏 87
羼 87
chāng
菖 87
昌 87
蜎 87
猖 87
cháng
尝 87
常 87
长 88
偿 90
肠 90
鲿 90
chǎng
场 90
厂 90
敞 91
chàng
畅 91
唱 91
倡 91
鬯 91
chāo
超 91
抄 94
钞 94
cháo
朝 94
嘲 94
潮 94
巢 95
chǎo
吵 95
炒 95
chē
车 95
chě
扯 96
chè
撤 96
掣 96
彻 96
chén
梣 96
辰 96
尘 96
晨 97
沉 97
陈 98
chèn
衬 99
chēng
撑 99
蛏 99
称 99
chéng
城 99
橙 99
成 99
盛 102
呈 102
乘 102
程 102
惩 103
澄 103
诚 103
承 103
chèng
秤 103
chī
吃 103
鸱 103
chí
持 103
匙 104
池 104
迟 104
弛 104
驰 104
chǐ
耻 104
齿 104
呎 105
尺 105
chì
赤 105
翅 106
叱 106
斥 106
炽 106
chōng
舂 106
冲 106
充 108
chóng
虫 109
崇 109
重 109
chòng
冲 111
chōu
抽 111
chóu
酬 112
畴 112
踌 112
稠 112
愁 112
筹 112
俦 112
仇 112
绸 112
chǒu
丑 112
chòu
臭 112
chū
樗 113
初 113
出 114
chú
橱 115
厨 115
锄 115
雏 115
除 115
chǔ
楚 116
杵 116
础 116
储 116
处 117
chù
触 117
处 117
畜 117
chuāi
揣 117
chuān
氚 117
川 117
穿 117
chuán
椽 118
传 118
船 119
chuǎn
喘 120
舛 120
chuàn
串 120
chuāng
创 120
窗 120
chuáng
床 121
chuǎng
闯 121
chuàng
创 121
chuī
吹 121
炊 121
chuí
捶 121
槌 121
锤 121
垂 122
chūn
春 123
chún
醇 123
唇 123
鹑 123
纯 123
chuō
戳 124
cī
疵 124
cí
茨 124
磁 124
雌 126
辞 127
瓷 127
慈 127
词 127
cǐ
此 127
cì
刺 127
伺 127
次 127
cōng
聪 129
葱 129
枞 129
匆 129
cóng
从 129
丛 130

kāi
开 471
揩 474
锎 474
kǎi
剀 474
凯 474
铠 474
kān
刊 474
堪 474
勘 474
看 474
kǎn
坎 474
莰 474
槛 474
砍 474
kàn
看 474
kāng
康 475
糠 475
kàng
抗 475
钪 476
亢 476
kǎo
拷 476
考 476
栲 477
烤 477
kào
靠 477
kē
珂 477
苛 477
柯 477
磕 477
颗 477
蝌 478
髁 478
钶 478
科 478
颏 478
ké
壳 478
kě
可 478
渴 484
kè
克 484
氪 484
刻 485
客 485
课 485
kěn
肯 485
啃 485
垦 485
恳 485
kēng
坑 485
铿 485
kōng
崆 485
空 486
kǒng
恐 488
孔 488
kòng
控 489
空 490
kōu
抠 490
kǒu
口 490
kòu
扣 490
叩 490
寇 490
kū
枯 490
刳 491
窟 491
kǔ
苦 491
kù
酷 491
[illegible] 491
库 491
裤 491
kuā
夸 491
kuǎ
垮 491
kuà
跨 491
kuài
块 492
会 492
快 492
kuān
髋 493
宽 493
kuǎn
款 494
kuāng
筐 494
kuáng
狂 494
kuàng
框 494
矿 494
眶 500
旷 500
kuī
亏 500
盔 500
窥 500
kuí
葵 500
奎 500
喹 500
蝰 500
魁 500
kuì
馈 500
溃 500
kūn
醌 500
昆 500
kǔn
捆 500
kùn
困 500
kuò
括 500
扩 500
廓 501
阔 501

L

lā
垃 502
拉 502
喇 503
là
蜡 503
腊 504
辣 504
lái
莱 504
鶆 504
来 504
铼 504
涞 504
lài
赖 504
lán
栏 504
拦 504
蓝 504
栏 505
镧 505
篮 505
阑 505
兰 506
lǎn
揽 506
榄 506
罱 506
懒 506
缆 506
làn
烂 506
滥 506
láng
琅 506
狼 506
廊 506
郎 506
lǎng
朗 506
làng
莨 506
浪 506
lāo
捞 507
láo
劳 507
铹 507
牢 507
lǎo
老 507
铑 507
潦 508
姥 508
lào
酪 508
烙 508
涝 508
lè
勒 508
乐 508
lēi
勒 508
léi
雷 508
累 509
镭 509
lěi
蕾 509
磊 509
累 509
垒 509
lèi
肋 509
类 509
泪 510
lēng
棱 510
léng
楞 510
lěng
冷 511
lí
藜 512
厘 512
梨 512
犁 512
黎 512
篱 512
鲡 512
离 512
漓 513
lǐ
理 513
李 514
里 514
哩 514
锂 514
俚 515
鲤 515
鳢 515
浬 515
礼 515
lì
荔 515
枥 515
栎 515
栗 515
丽 515
厉 515
励 515
砺 515
砾 515
历 516
蛎 516
利 516
笠 516
例 516
痢 516
立 516
粒 517
沥 518
隶 519
力 519
lián
联 519
莲 520
连 520
镰 522
廉 522
涟 522
怜 522
帘 522
liǎn
敛 522
liàn
楝 522
链 522
炼 523
练 523
liáng
量 523
凉 524
粮 524
梁 524
良 524
liǎng
两 524
liàng
辆 525
量 525
晾 525
亮 525
谅 526
liáo
獠 526
疗 526
辽 526
liǎo
蓼 526
钌 526
了 526
liào
瞭 526
镣 526
料 526
liè
鬣 526
捩 526
列 526
裂 526
烈 528
劣 528
猎 528
lín
林 528
磷 528
临 530
辚 531
邻 531
鳞 532
淋 532
lǐn
檩 532
凛 532
lìn
蔺 532
膦 532
吝 532
淋 532
líng
玲 532
菱 532
零 533
龄 534
铃 534
伶 534
翎 534
鲮 534
凌 534
羚 534
灵 534
陵 535
绫 535
lǐng
岭 535
领 535
lìng
另 535
令 535
liū
溜 535
liú
琉 535
榴 535
硫 535
镏 538
留 538
馏 539
瘤 539
刘 539
浏 539
流 539
liǔ
柳 542
锍 542
liù
六 542
lóng
龙 543
笼 543
泷 543
窿 543
隆 543
lǒng
垄 544
笼 544
垄 544
陇 544
lòng
弄 544
lōu
搂 544
lóu
楼 544
lǒu
篓 544
lòu
露 544
镂 544
漏 544
陋 545
lú
垆 545
芦 545
卢 545
颅 545
𬬻 545
鲈 545
庐 545
炉 545
lǔ
掳 545
硵 545
卤 545
镥 545
鲁 546
lù
麓 546
露 546
辘 547
路 547
鹭 547
鹿 547
禄 547
录 547
陆 547
戮 548
lú
驴 548
lǔ
葎 548
吕 548
铝 548
旅 549
膂 549
履 549
屡 549
lù
氯 549
律 551
率 551
滤 551
绿 551
luán
挛 553
孪 553
滦 553
luǎn
卵 553
luàn
乱 553
lüě
掠 553
lüè
略 553
lún
轮 553
轮 554
伦 554
论 554
luó
萝 555
螺 555
罗 556
逻 557
锣 557
骡 557
luǒ
裸 557
luò
落 557
洛 558
络 558
骆 558

M

mā
抹 559
má
麻 559
mǎ
玛 559
码 559
蚂 559
吗 559
鎷 559
马 559
mà
唛 560
mái
埋 560
霾 561
mǎi
买 561
mài
麦 561
卖 561
迈 561
鿏 561
脉 561
mán
鬘 562
鳗 562
馒 562
蛮 562
mǎn
螨 562
满 562
màn
蔓 563
曼 563
幔 563
镘 563
漫 563
慢 563
máng
芒 563
茫 563
硭 563
牻 563
盲 563
忙 564
mǎng
莽 564
蟒 564
māo
猫 564
máo
茅 564
锚 564
毛 564
矛 565
mǎo
昴 565
峁 565
铆 565
卯 566
mào
茂 566
冒 566
帽 566
貌 566
贸 566
méi
玫 566
莓 566
枚 566
梅 566
楣 566
酶 566
霉 566
镅 566
煤 566
没 569
眉 569
媒 569
měi
镁 569
每 571
美 571
mēn
闷 572
mén
钔 572
门 572
mèn
闷 572
焖 572
méng
萌 572
蒙 572
礞 572
朦 572
měng
蒙 572
锰 572
猛 574
勐 574
mèng
梦 574
蓋 574
孟 574
mī
咪 574
mí
醚 574
猕 574
糜 574
麋 574
迷 574
谜 574
弥 574
mǐ
莱 574
基 574
脒 574
米 574
mì
嘧 575
秘 575
觅 575
泌 575
蜜 575
密 575
幂 576
mián
棉 576
绵 576
miǎn
冕 576
免 576
勉 576
缅 576
miàn
面 576
miáo
描 577
苗 577
瞄 577
miǎo
藐 577
秒 577
渺 577
miào
庙 577
妙 577
miè
灭 577
篾 578
mín
民 578
mǐn
皿 578
敏 578
闽 578
míng
茗 578
明 578
鸣 578
铭 578
名 578
冥 579
mìng
命 579
miù
谬 579
缪 579
mō
摸 579
mó
摹 579
蘑 579
模 579
膜 579
磨 580
摩 581
魔 581
mǒ
抹 581
mò
末 582
抹 582
莫 582
墨 582
默 582
貘 582
磨 582
沫 583
漠 583
没 583
陌 583
móu
谋 583
牟 583

骚 706
sǎo
扫 706
sào
扫 706
sè
瑟 707
铯 707
色 707
涩 707
sēn
森 707
sēng
僧 708
shā
莎 708
杉 708
砂 708
杀 710
刹 710
沙 710
鲨 712
纱 712
shāi
筛 712
shài
晒 713
shān
珊 713
杉 713
栅 713
山 713
钐 715
舢 715
删 715
煽 715
扇 715
shǎn
闪 715
shàn
擅 716
膳 716
善 716
扇 716
嬗 716
缮 716
shāng
伤 716
商 716
熵 717
shàng
上 717
尚 720
shāo
梢 720
蛸 720
稍 720
艄 720
烧 720
sháo
杓 721
勺 721
shǎo
少 721
shào
哨 721
邵 721
绍 721
shē
奢 721
赊 721
畲 721
猞 721
shé
蛇 721
舌 722
shě
舍 722
shè
摄 722
射 723
舍 724
麝 724
涉 724
慑 724
社 724
设 724
shēn
砷 724
申 726
伸 726
身 726
深 726
娠 729
shén
什 729
钟 729
神 729
shěn
审 729
shèn
甚 729
蜃 729
肾 729
胂 729
渗 729
慎 730
shēng
声 730
生 731
牲 735
升 735
笙 735
shéng
绳 735
shěng
省 736
shèng
盛 736
剩 736
胜 736
圣 736
shī
䴓 736
师 736
失 736
狮 737
施 737
湿 737
诗 739
尸 739
虱 739
shí
十 739
拾 740
石 740
时 747
什 748
食 748
蚀 749
炻 749
实 749
识 750
shǐ
豕 750
史 750
矢 750
使 751
屎 751
始 751
驶 752
shì
式 752
示 752
拭 752
螫 752
誓 752
势 752
世 752
柿 753
事 753
是 753
嗜 753
噬 753
铈 753
舐 753
适 753
侍 754
释 754
䏡 754
氏 754
饰 754
市 754
室 754
试 755
视 756
shōu
收 756
shǒu
手 757
艏 759
首 759
守 759
shòu
寿 759
授 759
售 759
受 759
狩 760
瘦 760
兽 760
shū
蔬 760
枢 760
梳 760
输 760
叔 761
倏 761
舒 761
疏 761
书 762
shú
秫 762
熟 762
shǔ
暑 762
曙 762
署 762
蜀 762
鼠 762
数 762
属 762
shù
术 762
树 762
束 763
竖 763
数 764
漱 765
shuā
刷 765
shuāi
摔 765
衰 765
shuǎi
甩 765
shuài
帅 765
率 765
shuān
拴 765
栓 765
闩 765
shuāng
霜 765
双 765
shuǎng
爽 771
shuǐ
水 771
shuì
睡 784
税 784
shǔn
吮 784
shùn
瞬 784
顺 785
shuō
说 786
shuò
蒴 786
硕 786
朔 786
sī
撕 786
斯 786
嘶 786
思 786
咝 786
锶 786
私 787
司 787
丝 787
sǐ
死 787
sì
嗣 788
四 788
伺 790
似 790
饲 792
sōng
松 792
嵩 793
sǒng
楤 793
耸 793
怂 793
sòng
送 793
宋 793
sōu
搜 793
sǒu
薮 793
sū
苏 793
酥 794
sú
俗 794
sù
素 794
速 794
粟 794
嗉 794
塑 794
溯 795
宿 795
诉 795
缩 795
suān
酸 795
suàn
蒜 796
算 796
suī
虽 796
suí
随 796
suǐ
髓 796
suì
碎 796
岁 798
穗 798
遂 798
燧 798
隧 798
繸 798
sūn
孙 798
sǔn
损 798
榫 798
笋 798
suō
蓑 798
莎 798
桫 798
梭 798
羧 798
缩 799
suǒ
琐 799
索 799
锁 799
所 800

T

tā
塌 801
踏 801
铊 801
他 801
它 801
tǎ
塔 801
獭 802
溚 802
tà
榻 802
踏 802
tāi
胎 802
tái
抬 802
苔 802
台 802
tài
泰 803
酞 803
太 803
态 803
钛 803
肽 804
tān
坍 804
摊 804
瘫 804
滩 805
tán
坛 805
檀 805
昙 805
潭 805
谭 805
谈 805
弹 805
tǎn
坦 806
钽 806
毯 806
tàn
探 806
碳 807
炭 809
tāng
蹚 809
羰 809
汤 809
táng
塘 809
搪 809
醣 809
棠 809
螳 809
镗 809
膛 809
唐 809
糖 809
tǎng
躺 810
淌 810
tàng
烫 810
tāo
掏 810
涛 810
绦 810
táo
桃 810
逃 810
淘 810
陶 810
tǎo
讨 810
tào
套 810
tè
忒 812
铽 812
特 812
téng
藤 813
滕 813
腾 813
疼 813
誊 813
tī
梯 813
剔 814
踢 814
锑 814
tí
提 814
题 816
蹄 816
啼 816
鹈 816
tǐ
体 816
tì
替 816
睇 816
剃 816
tiān
天 816
黇 818
添 818
tián
填 818
田 819
甜 819
tiāo
挑 820
tiáo
髫 820
条 820
调 820
tiǎo
挑 821
tiào
跳 822
tiē
萜 822
贴 822
tiě
铁 822
tīng
听 826
烃 826
tíng
廷 826
蜓 826
鯅 826
停 826
庭 827
tǐng
挺 827
艇 827
tōng
通 827
tóng
桐 828
酮 828
砼 828
瞳 828
同 829
铜 832
童 833
tǒng
捅 833
桶 833
筒 833
统 833
tòng
痛 834
tōu
偷 834
tóu
投 834
骰 834
头 834
tòu
透 835
tū
凸 836
秃 837
突 837
tú
菟 837
图 837
徒 838
途 838
涂 838
屠 839
tǔ
土 839
吐 841
钍 841
tù
吐 841
兔 841
tuān
湍 841
tuán
团 841
tuī
推 842
tuǐ
腿 843
tuì
蜕 843
褪 843
退 843
tūn
吞 844
tún
屯 844
囤 844
豚 844
臀 844
tuō
托 844
拖 844
乇 845
脱 845
tuó
坨 846
鸵 846
沱 846
陀 846
驼 847
tuǒ
椭 847
妥 847
tuò
拓 847

W

wā
挖 848
蛙 848
洼 848
wǎ
瓦 848
wāi
歪 849
wài
外 849
wān
豌 853
蜿 853
弯 853
湾 854
wán
顽 854
丸 854
烷 854
完 855
wǎn
挽 855
碗 855
晚 855
惋 856
wàn
万 856
腕 856
wāng
汪 856
wáng
王 856
wǎng
网 856
往 857
wàng
旺 858
望 858
忘 858
妄 858
wēi
薇 858
威 858
微 858
危 862
wéi
韦 862
违 862
圩 862
桅 862
围 862
唯 863
帷 863
鮠 863
为 863
维 863
wěi
苇 864
萎 864
委 864
伟 864
伪 864
艉 864
尾 864
纬 865
wèi
未 865
蔚 867
味 867
畏 867
胃 867
喂 868
魏 868
位 868
猬 868
为 868
慰 868
卫 868
wēn
鳁 868
瘟 868
温 868
wén
蚊 869
文 869
闻 870
纹 870
wěn
吻 870
稳 870
紊 871
wèn
问 871
汶 871
wēng
嗡 871
翁 871
wèng
瓮 871
wō
莴 871
蜗 871
涡 871
窝 872
wò

A

ā

吖啶☆acridine
吖啶黄素☆flavin
锕☆Ac；actinium
锕射气☆actinon；An；acton；actinium emanation
锕衰变系列☆actinium decay series
锕钛铁铀矿☆ampangabeite
锕钛铀矿☆betafite
锕系(元素)☆actinoid；actinide (element;series)；actinium series
锕铀[AcU,铀的同位素 U^{235}]☆uranium-actinium；actinouranium；actinouran；actinium uranium
阿阿熔岩☆aa
阿巴克尔-艾伦伯格群[北美碳酸盐岩储油层]☆Arbuckle-Ellenburger group
阿巴克尔群[北美;$Є_3$-O_1]☆Arbuckle group
阿巴拉契牙形石属[O_2]☆Appalachignathus
阿巴拉契亚边陆☆Appalachia
阿巴拉契亚期前的☆pre-Appalachian
阿般火山岩☆albani stone
阿贝尔闭式(油料闪点)试验器☆Abel closed tester
阿贝耳变换☆Abel transform
阿贝尔-傅里叶法☆Abel-Fourier method
阿贝耳群☆Abelian group
阿贝耳(闭杯)闪点测定仪☆Abel (closed) tester
阿贝格定则☆Abegg rule
阿贝光率计☆Abbe refractometer
阿贝立特炸药☆Abelite
阿贝他矿砂☆albertite
阿贝值☆Abbe figure
阿比莱炸药[一种硝铵炸药]☆abelite
阿比里特炸药☆amberite
阿别纳提矿☆abernathyite
阿波克连酸☆apocrenic acid
阿波罗登月飞行☆Apollo lunar mission
阿波罗载人登月计划☆Apollo manned-landing program
阿勃拉佐(耐磨)钢板☆abrazo plate
阿伯丁砂岩[北美;K_2]☆Aberdeen sandstone
阿伯特(统)[北美;$Є_2$]☆Albertan (series)
阿布德袋鼠属[哺;E_3-N_1]☆Abderites
阿布克尔-艾伦伯格群[北美]☆Arbuckle-Ellenburger group
阿布克尔群[北美;$Є_3$-O_1]☆Arbuckle group
阿布尼携带式测斜仪☆Abney clinometer
阿布萨罗卡岩☆absarokite
阿布沙玄武岩☆absarokite
阿布石[乌兹;一种黏土矿物;$Al_4(Si_4O_{10})(OH)_8 \cdot 4H_2O$]☆ablykite；Ablick clay
阿布维尔(期)[旧石器时代初期]☆Abbevillian
阿达曼珊瑚属[$C_{1\sim2}$]☆Adamanophyllum
阿达奇公式☆Adachi formulas
阿当运动☆Ardennic movement
阿道夫贝属[腕;D_3]☆Adolfia
阿登运动[S_3]☆Ardennic movement
阿迪尔殉爆试验☆Ardeer double cartridge test
阿蒂尔海进[咸海、里海]☆Atel transgression
阿蒂克造山运动[N_1]☆Attic orogeny
阿丁枫属[植;Q]☆Altingia
阿丁斯克阶[P_1]☆Artinskian
阿杜库斯龟属☆Adocus
阿多夫阶[D]☆Adorf stage
阿恩斯贝格阶[C_1]☆Arnsbergian
阿耳戈岩☆allgovite
阿耳克列姆岩☆alkremite
阿尔巴尼亚☆Albania
阿尔巴尼亚的下沉冷风☆polake；polacke
阿尔巴尼亚菊石属[头;T_1]☆Albanites
阿尔卑斯(式)的☆alpine；Alpine
阿尔卑斯前缘相☆prealpine facies
阿尔卑斯浅绿凝灰岩☆pietraverdite
阿尔卑斯山脉的冰缘☆Alpine periglacial
阿尔卑斯闪岩带☆Alpine amphibolite zone
阿尔卑斯式地形区☆alpland
阿尔卑斯式脉☆Alpine (type) vein
阿尔卑斯-喜马拉雅火山带☆Alpine-Himalayan volcanic belt
阿尔卑斯型冰川☆alpine glacier
阿尔卑斯型超铁镁(岩)组合☆Alpine type ultramafic associations
阿尔卑斯岩浆幕☆Alpine magmatic episode
阿尔卑斯一侧的☆cisalpine
阿尔卑斯褶皱带{系}☆Alpides
阿尔必阶{期}[中白垩纪]☆Albian (stage)
阿尔波特阶[C_1]☆Alportian
阿尔勃斯投影☆Albers projection；conical equal-area map projection
阿尔伯杉属[T_1]☆Albertia
阿尔伯塔{达}石油地质学家学会[加]☆Alberta Society of Petroleum Geologists；A.S.P.G.
阿尔伯特页岩[C]☆Albert shale
阿尔伯脱龙属[K]☆Albertosaurus
阿尔布(阶)[108～96Ma,欧;K_1]☆Albian (stage)
阿尔丹(阶)[俄;$Є_1$]☆Aldanian (stage)
阿尔丹贝属[腕;$Є_1$]☆Aldanotreta
阿尔丹相☆Aldan facies
阿尔丹羽叶属[K_1]☆Aldania
阿尔德(里)苔藓虫属[苔;K-Q]☆Alderina
阿尔狄尔法☆Ardeer technique
阿尔地块☆Aar massif
阿尔丁尼兽属[E_2]☆Ardynia；Ardynictis
阿尔丁鼠属[E_3]☆Ardynomys
阿尔丁斯克阶[P_1]☆Artinskian (stage)
阿尔发型导流☆type-α leader
阿尔法克斯[在电场中会变色的特种试纸]☆alphax
阿尔芬波☆Alfven wave
阿尔冈纪[Pt]☆Algonkian{Proterozoic} period
阿尔冈{岗}期后造山阶段☆Epi-Algonkian orogenic period
阿尔冈系[元古界]☆Algonkian system
阿尔戈{高}夫(亚阶)[J_3]☆Argovian (stage)
阿尔戈马型含铁建造☆Algoma-type iron {-}formation
阿尔戈岩☆allgovite；algovite
阿尔格型除尘机[筛式和梯落式结合]☆Algar dedusting unit
阿尔果还原染料☆Algol
阿尔及利亚☆Algeria
阿尔马科(月球石)☆armalcolite
阿尔曼西应变☆Almansi strain
阿尔泥[配制钻探泥浆用]☆Altamud
阿尔尼古V磁铁[铅镍钴铁合金]☆Alnico{Alniko} V magnet
阿尔尼科铝镍钴永磁合金☆alnico
阿尔尼铝镍钴永久磁性合金☆alni
阿尔帕克锌白铜☆Alpaka
阿尔潘精确航海设备[海底采矿用]☆Alpine precision navigating equipment
阿尔佩几丁虫属[D_2]☆Alpenachitina
阿尔奇公式☆Archie equation
阿尔其蛙属☆Archeria
阿尔球石[钙超;Q]☆Algirosphaera
阿尔瑞奇型磁选机☆Ullrich separator
阿尔塔{|太}泥☆Alta mud
阿尔泰地槽☆Altai geosyncline
阿尔星纽斯方程☆Arthenius equation
阿尔占石☆aldzhanite
阿伐射线☆alpha ray
阿法尔(沉降)地☆Afar depression
阿菲布(群)[北美;Pt_1]☆Aphebian
阿菲布群☆Aphebian group
阿夫顿(阶)[北美;Q]☆Aftonian
阿夫麦格法☆AFMAG (method)；audio-frequency magnetic method
阿伏伽德罗定律{|常数}☆Avogadro's law{|number}
阿伏加德罗石☆avogadrite
阿弗提特锌白铜☆Aphtit
阿富汗☆Afghanistan
阿富汗蜓☆Afghanella
阿钙锆石☆armstrongite
阿钙砷石☆arseniate
阿钙霞石[$(Na,Ca,K)_8(Si,Al)_{12}O_{24}(SO_4,Cl,CO_3)_3 \cdot H_2O$;六方]☆afghanite
阿盖特珊瑚(属)[O_3-S_1]☆Agetolites
阿冈☆Algonkian
阿戈曼造山运动☆Algoman orogeny
阿格拉姆陨铁☆agramite
阿格莱特银矿物型合金☆Arguerite alloy
阿格雷尔石☆agrellite
阿格鲁姆海角[月]☆prom Agarum
阿根德(矢量)图☆Argand diagrams
阿根廷☆Argentina；rafaelite
阿根廷红[石]☆Red Small Mountain
阿根廷石松碱☆piliganine
阿贡国立实验室[美]☆Argonne National Laboratory
阿赫奈因型混染岩☆Ach'naine type hybrid
阿候{霍}石[$6CuO \cdot Al_2O_3 \cdot 10SiO_2 \cdot 5.5H_2O$]☆ajoite
阿基隆阶[J_3]☆Aquilonian (stage)
阿基米德螺旋载法☆Archimedean screw loading
阿基米德原理☆Archimedes(') principle
阿基坦(阶)☆Aquitanian (stage)
阿吉(它型)机(械搅拌)浮选(槽)☆Agitair flotation cell
阿吉克罗夫特式斜井辅车装置☆Agecroft device
阿加底亚人(的方言)☆Acadian
阿加克斯火药☆Ajax powder
阿加斯菊石属[头;C_2-P]☆Agathiceras
阿金斯分级机☆Akins classifier
阿津塔克换向器[一种钢绳导向测井眼方位和角度的仪器]☆Azeotropic steering tool
阿卡德地槽☆Acadian geosyncline
阿卡德统[加;$Є_2$]☆Acadian series
阿卡迪亚(人)的☆Acadian
阿卡辛[聚乙烯商品名]☆Alkathene
阿堪萨斯天然油石☆arkansas oil stone
阿柯萨贝属[腕;P_1]☆Acosarina
阿克达尔珊瑚属[O_3]☆Acdalopora
阿克殿地槽☆Acadian geosyncline
阿克林-卡尔斯巴(双晶)律☆Acline-Karlsbad {-Carlsbad} law
阿克林(双晶)律☆Acline law
阿克林(-)曼尼巴(双晶)律☆Acline-Manebach law
阿克罗蜡☆arowax
阿克曼转向机构☆Ackerman steering gear
阿克梅德线☆Alkemade line
阿克双晶☆Acline twinning
阿克塔什矿☆aktashite
阿克通阶[O_3]☆Actonian
阿克陀石☆arctolite
阿克辛粉属[T_3]☆Accinctisporkes；Accinctisporites
阿肯色岩[均密石英岩的一种]☆Arkansas stone
阿夸石☆aquacreptite
阿奎梅特洗砂机☆Aquamator separator
阿拉巴马虫科[孔虫]☆Alabaminidae
阿拉伯(的)☆Arab
阿拉伯白[石]☆Arabescato Normal
阿拉伯联合酋长国☆The United Arab Emirates
阿拉伯牙形石属[O_2]☆Arabellites
阿拉伯(-)印度洋海岭☆Arabian-Indian Ridge
阿拉京矿[六方锑银矿]☆allargentum；allorgentum
阿拉卡玛☆Alacama
阿拉克斯苔藓虫(属)[P_1]☆Araxopora
阿拉马约矿☆aramayoite
阿拉双晶☆Ala twin(ning)
阿拉斯加构造{褶皱}带☆Alaskides
阿拉扎地蜡☆aladza
阿腊克贝属[腕;P-T]☆Araxathyris
阿莱干尼☆Allegheny
阿莱龙属[$K_{2\sim3}$]☆Alectrosaurus
阿莱珊瑚属[D_2]☆Alaiophyllum
阿赖斯塔式碾磨☆arrastre；arrastra
阿勒格尼☆Allegheny
阿勒格尼-海西造山作用☆Alleghenian-Hercynian orogeny
阿勒罗德期☆Allerod age{phase}
阿勒颇石☆eye agate；Aleppo stone
阿勒沙赖特矿☆allcharite
阿雷尼厄斯活化能☆Arrhenius activation energy
阿雷尼格阶☆Arenigian stage
阿雷尼乌斯图☆Arrhenius plot
阿累吐蜥属[爬;E_2]☆Arretosaurus
阿里安☆Arien
阿里粉属[孢;T_3]☆Alisporites
阿里卡利(统)[N_1]☆Arikareean
阿里石☆aliettite
阿里斯-查尔默自磨机☆Allis-Chalmers autogenous mill
阿里逊变速箱☆Allison transmission
阿历克山贝属[腕;C_2-P]☆Alexania
阿利马克反井开凿系统☆Alimak system
阿利马克型天井爬罐☆Alimak raise climber
阿利纳接头☆Alyna-Sub
阿利斯-查麦磨矿机☆Allis-Chamors mill
阿利特☆alite
阿利提虫属[孔虫;$N_{2\sim3}$]☆Alliatina
阿利型抓岩机☆aligrab
阿利雅盾壳虫属[三叶;$Є_2$]☆Ariaspis
阿力山得统☆Alexandrian
阿联{连}德陨石☆Allende meteorite

A

阿连(阶)[170～175Ma;欧;J_{1-2}]☆Aalenian (stage)
阿列沥青☆alexeyevite
阿林斯车钩☆Allianee coupling
阿磷镁铝石☆aldermanite
阿令氏尺度{粒级}☆Alling grade scale
阿硫铋铅矿☆aschamalmite
阿硫砷矿☆alacranite
阿硫铁银矿[$AgFe_2S_3$;斜方]☆argentopyrite
阿留麦尔镍基合金☆Alumel
阿留申低压☆aleutian low
阿留申岩☆aleutite
阿留陀夫(鏟属)[C_2]☆Aljutovella
阿鲁巴岛☆Aruba
阿鲁马托混合炸药☆Alumatol
阿伦德阶[C_1]☆Arundian
阿伦定律☆Allen's rule
阿伦阶☆Aalenian stage
阿伦金液态式空气呼吸器☆Aerencheon apparatus
阿伦棱镜☆Ahren's prism
阿伦尼(克)阶[欧;O_1]☆Arenigian{stage}; Skiddavian; Arenig
阿伦克格统[欧;O_1]☆Arenigian; Arenig; Skiddavian
阿仑型圆锥分级机☆Allen cone
阿洛芬式空气净化呼吸器☆Aerophor apparatus
阿马托(炸药)☆amatol; AM
阿麦里雨期[摩洛哥]☆Amirian
阿曼☆Oman
阿曼多珊瑚属[C_{2-3}]☆Amandophyllum
阿曼运动☆Algomian movement
阿芒达因安全炸药☆ammondyne
阿芒杰利奈特炸药☆ammon-gelignite
阿芒拿(尔炸药)☆ammonal
阿芒奈特岩石炸药☆rocky ammonite
阿梅那尔☆ammonal
阿门虫☆ammonia
阿门角石(属)[头;O]☆Armenoceras
阿蒙顿定律☆Amonton's law
阿米巴变形虫☆Maltese Amoeba [a computer virus]
阿米巴病[由变形虫引起的传染病]☆amoebiasis
阿米巴样的☆ameboid
阿米兰特海沟☆Amirante Trench
阿米雷达井下压力计☆Amerada pressure gauge; Amerada bomb
阿米里亚型构造[断层下落翼上的背斜]☆amelia-type structure
阿米斯克毛颚虫(属)[毛额类;$Є_2$]☆Amiskwia
阿缪石[钙超;K_2]☆Ahmuellerella; Ahmuellerello
阿莫边因安全炸药☆Ammodyne
阿莫丁炸药☆Amodyn
阿莫格尔(胶质)炸药☆Amogel
阿莫里加{利坎}造山运动[Pz]☆Amorican orogeny
阿莫里{摩力}克造山运动[欧;D-P]☆Armorican orogeny{movement}
阿莫纳尔炸药☆Ammonal
阿莫奈特炸药☆Ammonite
阿姆阿尔科林月球石[美宇航员从月球带回的岩石中发现]☆armalcolite
阿姆伯拉型筛☆Ambra screen
阿姆跟阶☆Amgan stage
阿姆科铁☆Armco iron
阿姆派尔型缩样机☆Umpire sampler
阿姆塞士珊瑚(属)[O_3]☆Amsassia
阿姆斯特尔阶☆Amstelian stage
阿姆斯特朗式振荡器☆Armstrong oscillator
阿姆斯特朗型空气爆破筒☆Armstrong shell
阿纳巴尔叠层石属[Z]☆Anabaria
阿纳巴管[归属未定生物;$Є_1$或AnЄ后期]☆Anabarites
阿纳海斯(阶)[北美;N_1]☆Anahuce (stage)
阿纳鱼(属)[J-K]☆Anaethalion
阿尼丹特贝属[腕;C_3-P]☆Anidanthus
阿尼林☆aniline; anilin
阿尼米蕨属[K]☆Anemiidites
阿尼特贝属[腕;C_3-P]☆Anidanthus
阿帕巴拉契亚边缘古陆☆Appalachia
阿帕菊石属[头;T_{2-3}]☆Arpadites
阿帕拉契牙形石属[O_2]☆Appalachignathus
阿帕拉契亚造山运动☆Appalachian orogeny
阿帕拉阡(古陆)☆Appalachia
阿派铝合金☆Alpax
阿潘特[法;接近一英亩]☆arpent
阿硼镁石[$Mg(B_6O_9(OH)_2)\cdot 4H_2O$;斜方]☆aksaite
阿硼钠石[$NaB_3O_3(OH)_4$;单斜]☆ameghinite
阿硼铁矿☆acanthoide
阿皮松[真空油、脂、蜡的商品名]☆apiezon
阿普第{弟;特}(阶)[维克特阶;欧;113～108Ma;K_1]☆ Aptian (stage)
阿普顿层☆Appleton layer
阿普斯双曲线递减方程☆Arps hyperbolic decline equation
阿普歇伦[阶]☆Apsheronian
阿启洛阶[J_3晚期]☆Aquilonian
阿启坦(阶)[新生代;E_3-N_1]☆Aquitanian (stage)
阿羟砷锰石☆arsenoclasite
阿羟锌石☆ashoverite
阿仁矿☆anilite
阿若丁炸药[含钠硝石、木炭、硫和石油]☆Azotine
阿塞拜疆☆Azerbaijan
阿塞尔蛤属[双壳]☆Acila
阿瑟{塞}尔阶[P_1]☆Asselian (stage)
阿瑟矿☆arthurite
阿森斯页岩[北美;O_2]☆Athens shale
阿森特幕☆Assyntic phase
阿山矿[$(Nb,Ta,U,Fe,Mn)_4O_8$;斜方]☆ashanite
阿舍利时代[旧石器时代]☆Acheulian age
阿砷铜石☆arhbarite
阿申诺夫石☆pseudo-zircon; gelzircon; arshinovite
阿石吉{极}(尔)阶[欧;O_3]☆Ashgillian stage
阿什贝阶[北美;O_2]☆Ashby
阿什及尔阶[O_3]☆Ashgill; Ashgillian stage
阿氏颗石[钙超;K_2]☆Arkhangelskiella
阿氏木属[科达纲;Q]☆Artisia
阿氏限度[黏土的特性湿度指标]☆Atterberg limit
阿水硅铝石☆rectorite; allevardite
阿斯柏辉绿岩☆Aasby-diabase
阿斯本菊石属[头;T_1]☆Aspenites
阿斯比辉绿岩☆Aasbi-diabase; Aasby diabase
阿斯比阶[C_1]☆Asbian
阿斯蒂阶[欧;N_2]☆Astian stage
阿斯卡尼亚固体潮重力仪☆Askania tidal gravimeter
阿斯卡尼亚型空气负压仪☆Askania minimanometer
阿斯卡尼亚型精确风流负压仪☆mimmeter
阿斯坎纳土[一种膨润土]☆askanite; ascanite
阿斯曼湿度计☆Assmann psychrometer
阿斯姆叶肢介科☆Asmussiidae
阿斯匹林☆aspirin
阿斯塔特阶☆Sequanian
阿斯特拉里特炸药☆Astralite; Astralit
阿斯特{突;图}里造山运动[C_3]☆Asturian orogeny
阿松香三烯☆ar-abietatriene
阿苏喀林珊瑚属[P_2]☆Asserculinia
阿苏熔岩☆aso lava
阿索熔岩☆arsoite
阿塔苏锰矿床☆Ata-Su manganese deposit
阿太堡稠度☆Atterberg consistency
阿碳锶铈矿☆ambatoarinite
阿糖☆arabinose
阿特堡粒级分类☆Atterberg's size classification
阿特伯猿人☆Atlanthropus
阿特达伯阶[俄;$Є_1$]☆Atdabanian stage
阿特金森公式☆Atkinson formula
阿特拉斯型喷射装药器☆Atlas jetloader
阿特拉斯-约翰逊油管接头☆AJ{Atlas-Johnson} tubing point
阿特拉斯专用总线☆private Atlas bus; PAB
阿特拉索石☆atlasovite
阿特拉吐龙科☆Atlantosauridae
阿特兰提斯Ⅱ海渊[红海内]☆Atlantis Ⅱ Deep
阿特马铅汞齐☆altmarkite
阿特芒硼镁石☆admontite
阿提克运动[中新统后]☆Attic movement
阿铁绿泥石☆ripidolite; aphrosiderite
阿托[10^{-18}]☆atto-; a
阿托卡统[C_3]☆Atokan
阿脱伯格塑性指数☆Atterberg plasticity index
阿瓦龙造山运动[AnЄ末]☆Avalonian orogeny
阿维笔石属[S_2]☆Averianowograptus
阿维尼螺属[腹;E-Q]☆Avenionia
阿维森纳矿☆avicennite
阿维陨铁☆arvaite
阿翁贝属[腕;C]☆Avonia
阿翁窗贝属[腕;J_2]☆Avonothyris
阿翁阶[欧;C_1]☆Avonian (stage); Dinantian stage
阿武隈变质带☆Abukuma metamorphic belt
阿武隈石☆abukumalite; britholite-(Y)
阿武隈型相系☆Abukuma {-}type facies series
阿熙提[亮度]☆apostilb
阿西石[钙超;K]☆Assipetra
阿西炸药☆Axite
阿席林时代[石器时代]☆Azilian age
阿(格帕)霞(石)正长岩类☆agpaite
阿仙药[黑色染料]☆catechu
阿型白榴岩☆albanite
阿雅杯(属)[古杯;$Є_1$]☆Ajacicyathus
阿伊利石☆ammersooite
阿伊托夫投影[等积投影]☆Aitoff projection
阿兹马里灰岩[伊;R]☆Asmari limestone

āi

埃☆angstrom (unit)
埃布龙阶☆Eburonian Stage
埃尘爆炸性☆explosiveness of dust
埃达尔页岩☆Edale shales
埃达克岩☆adakite
埃单位☆angstrom unit; A.U.; AU
埃德泽尔页岩☆Edzell shales
埃迪卡拉(纪)[新元古纪;620～542Ma;多细胞生物出现]☆Ediacaran (period)
埃尔茨造山运动[C_1]☆Erzgebirgian orogeny
埃尔卡洛伊铜合金焊条☆Elkaloy
埃尔科尼姆接点合金☆Elkonium
埃尔克沥青☆elkerite
埃尔米特多项式☆Hermite polynomial
埃尔`{厄}米特算子{符}☆Hermitian operator
埃尔莫尔全油浮选法☆Elmore (bulk-oil) process
埃尔森牙形石属[D_3]☆Elsonella
埃尔斯特(冰期)[更新世第二冰期,北欧]☆Elster; Elster Glacial Stage
埃尔通阶☆Eltonian Stage
埃尔文登阶[Q_1]☆Irvingtonian
埃菲尔颗石[钙超;K]☆Eiffellithus
埃弗德合金[赛钢硅青铜,铜硅锰合金]☆Everdur alloy
埃弗森波[低速波]☆Evison wave
埃吉尔贝属[腕;S_2]☆Aegiria
埃及☆Egypt
埃及碧玉☆Egyptian jasper{pebble}; nilkiesel; Egyption pebble
埃及红[石]☆Aswan Red
埃及米黄[石]☆New Beige
埃及猿(属)[E_3]☆Aegyptopithecus
埃及重脚兽(属)[E_3]☆Arsinoitherium
埃卡石☆ekanite
埃克尔斯-乔旦触发器☆Eccles-Jordan trigger
埃克曼采泥管☆Ekman bottom sampler
埃克曼层[海洋中一流层,其流向与风向成直角]☆Ekman layer
埃莱克特龙☆elektron
埃里开型压盖☆Elkay gland
埃利森牙形石属[O_2-T_2]☆Ellisonia
埃利斯型回转带式溜槽☆Ellis vanner
埃林豪斯补色器☆Ehringhaus (rotary) compensator
埃林瓦(尔)合金☆elinvar
埃硫铋铅银矿[$Ag_7Pb_{10}Bi_{15}S_{36}$;单斜]☆eskimoite
埃硫铋铜铅矿☆eclarite
埃洛弗尔样板曲线{解释图版}☆Earlougher type curve
埃洛石[优质埃洛石(多水高岭石), $Al_2O_3\cdot 2SiO_2\cdot 4H_2O$;二水埃洛石 $Al_2(Si_2O_5)(OH)_4\cdot 1\sim 2H_2O$; $Al_2Si_2O_5(OH)_4$;单斜]☆halloysite; lenzinite; galapectite; mountain soap; severite; lenzin; hydrohalloysite; endellite; galapektite; halloylite; indianaite; fuller's earth; nerchinskite; keramite; meerschaluminite; steinmark; gummite; hydrokaolin; glagerite; lithomarge; allokite; tuesite; hydrated halloysite; bergseife
埃洛石型高岭土矿石☆kaolin ore of halloysite type
埃玛{马}图☆emagram
埃曼[氡放射性单位,=10^{-10}居里/升]☆eman
埃米尔阶☆Emilian Stage
埃默-阿门德实验室内部锶标准☆Eimer and Amend interlaboratory strontium standard
埃默里-迪茨重力取样管☆Emery-Dietz gravity corer
埃默里型浮选槽{机}[浅型充气式]☆Emery cell
埃姆斯阶☆Emsian Stage
埃普罗颗石[钙超;K_2]☆Eprolithus
埃奇沃斯展式☆Edgeworth expansion
埃羟砷锰石☆allodelphite
埃塞俄比亚☆Ethiopia
埃塞俄比亚井[尖端多孔管打入含水层内]☆driven {Abyssinian} well
埃塞石[钙超;K_2]☆Aethiopites

埃塞藻(属)[E]☆Ethelia
埃森纳几丁虫属[S-D_2]☆Eisenachitina
埃舍卡测硫法☆Eschka method
埃氏颗石[钙超;E_2]☆Ericsonia
埃水氯硼钙石[$Ca_2B_4O_7(Cl,OH)_2•2H_2O$;六方]☆ekaterinite
埃斯嘉颗石[钙超;J_3]☆Esgia
埃斯卡测硫法☆Eshka method
埃斯科拉矿☆eskolaite
埃斯兰贝(属)[腕;O_2]☆Estlandia
埃斯泼伦沙型自由沉落式分级机☆Esperanza classifier
埃斯特勒双晶☆Esterel twin
埃特隆阶☆Etroeungtian stage
埃特纳火山☆Etna Volcano
埃瓦尔德图解☆Ewald's construction
埃瓦碳钡石☆ewaldite
埃文斯式分级机☆Evans classifier
埃殷钢[铁、镍、铬、钨、碳合金]☆elinvar
埃月贝属[腕;O_3]☆Aegiromena
埃左德冲击试验☆Izod test
锿☆Es; einsteinium

ái

癌霉素☆carcinomycin
癌学☆carcinology
癌症恐怖☆cancerophobia
癌肿病☆Synchytrium endobioticum
癌肿的☆cancerous

ǎi

霭☆brume; mist
霭滴☆mist droplet
霭虹☆mistbow
霭林☆mist forest
矮百合[石膏局示植]☆blazing star
矮笔石属[O_2]☆Nanograptus
矮车身车辆☆low-height car
矮的☆short
矮灌丛☆scrog
矮灌丛地☆bushland
矮灌木林☆belukar
矮巷道☆stoopway; cat run
矮化病{的}☆dwarfing
矮脚犀(属)[N]☆Brachypotherium
矮井架安装紧凑的钻机☆bob-tail rig
矮孔贝属[腕;S_3-D_1]☆Nanothyris
矮轮手推车☆trundle
矮乔木☆dwarf tree
矮三趾马属[N_2]☆Nannippus
矮石玄☆flying arch
矮{灌}树丛☆bush
矮态☆dwarfism; nanism
矮体动物群☆dwarf fauna
矮头型筛子☆low head screens
矮橡皮轮车☆dolly
矮小☆dwarf; nanism
矮小症☆dwarfism
矮星☆dwarf star
矮型幻灯信号机☆ground-position light signal
矮型色灯信号机☆ground colo(u)r light signal
矮型信号☆ground signal
矮形☆kuemmerform
矮雄[生]☆dwarf male
矮雄体[植]☆dwarf male; nannander
矮猿贝属[腕;D-S]☆Brachymimulus
矮正形贝属[腕;O_1]☆Nanorthis
矮正轧机☆reeler
矮种马☆pony
矮柱信号机☆doll post

ài

艾(克沙)☆exa; E
艾奥瓦州[美]☆Iowa
艾铋铜铅矿☆eclarite
艾勃瓷瓶[实验室分批研磨用]☆Abbe jar
艾勃奈型手持倾斜仪☆Abney level{clinometer}
艾伯塔省[加]☆Alberta
艾伯特捻向☆Ablert's lay
艾布尼水准仪☆Abney level
艾达姆(阶)[澳;$Є_3$]☆Idamean
艾达泥[钻孔泥浆添加剂]☆ada mud
艾达星珊瑚属[D_{1-2}]☆Eddastraea
艾登(阶)[北美;O_3]☆Edenian
艾顿矿浆间歇排卸阀门☆Ayton intermittent pulp-discharge valve
艾尔奥洛(槽沟)衬里[磨机用]☆El Oro lining
艾尔波里特[镁和氧化硅的人造石]☆albolite; albolith
艾尔达麦克采矿法[垂直平行深孔落矿法]☆Aldermac method
艾尔道克斯压气爆破筒☆Airdox; airdox blaster
艾尔基尔型煤巷循环掘进机☆Alkirk cycle miner
艾尔加尔型除尘机组☆Algar dedusting unit
艾尔科-胡佛脱硫法☆Airco-Hoover Sweetening
艾尔柯尼特钨铜合金☆Elkonit
艾尔麦尔型真空浮选机☆Elmer vacuum plant
艾尔麦特钨铜合金☆Elmet; Elkonit
艾尔摩尔全油浮选法☆Elmore process
艾尔特兰式电极装置☆Eltran configuration
艾尔通贝属[腕;C_1]☆Airtonia
艾菲尔(阶)[欧;D_2]☆Eifelian (stage)
艾弗砷锰矿☆eveite
艾灌丛☆sagebrush
艾硅钛钠石☆epiramsayite
艾河羊齿属[P_2-T_3]☆Aipteris
艾家层☆Neichia (formation)
艾金森摩擦系数☆Atkinson's friction coefficient
艾金斯低堰式分级机☆Akins low-weir-type classifier
艾金斯(型)分级机☆Akins' classifier
艾金斯高堰式双螺旋分级机☆Akins duplex high-weir classifier
艾金斯浸没式螺旋分级机☆Akins submerged-spiral classifier
艾柯姆伯型开关☆Acomb switch
艾科夫万能刨煤机☆Eickhoff universal plough
艾科夫型单链输送机☆Eickhoff single-chain conveyor
艾克尔特投影☆Echert{Eckert} projection
艾克利麦特炸药☆Akremite
艾克马蒂克液压牵引部☆Eicomatik haulage unit
艾克曼层☆Ekman layer
艾克赛太克斯炸药☆Xactex
艾肯计尘器☆Aitken counter
艾里假说[地壳均衡说]☆Airy hypothesis
艾里型地壳[海底地形]☆Airy-type crust
艾里旋消光☆Airy's spiral
艾丽丝红[石]☆Rosa Iris
艾利斯`沙尔{常}马算条式球团矿燃烧炉☆Allis-Chalmers grate-kiln pelletizing furnace
艾利型抓岩机☆aligral
艾硫铋铜矿[$(Cu,Fe)(Bi,Sb)_3S_5$]☆eichbergite
艾露根贝属[腕;O]☆Elkania
艾伦{仑}法则☆Allen's rule
艾伦型圆锥分级机☆Allen cone
艾罗比火箭[探空火箭]☆Aerobee rocket
艾罗弗劳克[选剂]☆aerofloc
艾麦克斯法☆Amex process
艾麦芮型浮选机[浅型充气式]☆Emery cell
艾-梅二氏测流计☆Ekman-Merz Current meter
Ⅱ(号)艾美克斯炸药☆AMEX-Ⅱ
艾孟斯变温盒☆Emmons circulation cell
艾米达因(安全)炸药☆ammodyne
艾米柯芬雷型反向装岩机☆Emico-Finlay shovel
艾米柯型反向装岩机☆Emico rocker shovel
艾默里奇虫[三叶;$Є_1$]☆Emmrichella
艾姆斯(阶)[欧;D_1]☆Emsian (stage)
艾姆斯试验室独居石处理法☆Ames monazite process
艾派克斯炸药☆Apex
艾硼铝石☆eichwaldite
艾皮鱼属[Q]☆Aipichthys
艾普柯丁炸药☆Apcodyn
艾普柯麦特☆Apcomite
艾普龙(冰期)[北欧]☆Eburon
艾普琼公式☆Apjohn's formula
艾奇逊人造石墨☆Acheson graphite; AGR
艾气螺旋☆Airy's spiral
艾乔莫藻属[K-E]☆Achomosphaera
艾绒[艾蒿叶制成,灸法治病的燃料]☆wormwood; smashed dry moxa leaves
艾瑞克斯型轴流式扇风机☆Aerex fan
艾润杰尔土[钻探泥浆用膨润土]☆Aqua-gel
艾若丁炸药[含钠硝石、木炭、硫和石油]☆azotine
艾若威勃型筛☆Aero-Vibe screen
艾萨磨机☆Isamill
艾萨卫星☆environmental survey satellite; ESSA
艾砷锰石☆eveite
艾氏大孢属[K_2]☆Erlansonisporites
艾氏螺旋☆Airy's spiral
艾氏石☆Emiliania
艾氏藻属[J-E]☆Eisenackia
艾斯曼(干湿球)湿度计☆Assmann psychrometer
艾苏贝属[腕;$Є_{1-2}$]☆Nisusia
艾索井下{钻孔}重力仪☆ESSO borehole gravimeter
艾台砂岩☆Eday sandstone
艾特隆(阶)[欧;D_3]☆Etroeungtian (stage)
艾特斯型气吹装药器☆Atlas jetloader
艾托夫(等积)投影☆Aitoff projection
艾威尔逊酸油浮选法☆Everson process
艾文牙形石属[O_2]☆Evencodus
艾锌钛矿☆ecandrewsite
艾虚华尔兹火焰安全灯☆Ashworth lamp
艾柱石☆ellagite
砹☆astatine; At; alabamine; alabamium[旧]
碍视弯道☆blind curve; blind curved road
暧昧石[$(Mn,Na,Ca)_3(Al,Mn)_2(PO_4)_3(OH,F)_3$; $Na_4Ca_6(Mn,Fe^{2+},Mg)_{19}Li_2Al_8(PO_4)_{24}(F,OH)_8$;等轴]☆griphite
鑀[90号元素钍的放射性同位素]☆ionium; Io
鑀不足{亏损}法☆ionium-deficiency method
鑀定年法☆ionium dating method
鑀法☆ionium method
鑀过剩法☆ionium-excess method
鑀镭地质年代(学)☆ionium-radium geochronology
鑀年龄测定☆ionium dating
鑀镤定年法☆ionium-protactinium ratio dating method
鑀钍法年龄测定☆ionium-thorium dating
爱阿华冰期☆Iowan glacial stage
爱博拉契蕨属[古植;T_3-J_2]☆Eboracia
爱达荷州[美]☆Idaho
爱德华气体比重天平☆Edward's balance
爱德华型焙烧炉☆Edwards roaster
爱德蒙气体比重天平☆Edmond's balance
爱得诺突耳炸药☆Ednatol
爱迪生型磁选机☆Edison magnetic separator
爱丁堡皇家学会☆Royal Society of Edinburgh; R.S.E.
爱尔兰☆Ireland
爱尔兰麋[Q]☆Irish elk Megaloceros
爱尔麦脱型卡套式管接头☆Ermeto-type fitting
爱尔特兰过渡场法[一种早期石油物探法]☆Eltran
爱尔拖☆ertor
爱菲尔海绵属[$Є_2$]☆Eiffelia
爱好☆inclination; heart; fancy; bent; affinity; taste; phil-; philo-; like
爱好的事物☆inclination
爱河羊齿属[P_2-T_3]☆Aipteris
爱荷华☆Iowan
爱杰迪斯克型真空过滤机☆Agidise filter
爱克伐斯珊瑚属[C_1]☆Ekvasophyllum
爱克母螺纹[290梯形螺纹]☆Acme thread
爱克萨利特硝铵炸药☆Exalit
爱克斯光☆X-ray; Roentgen ray
爱克斯特拉来特{罗莱特}(硝铵)炸药☆Extralite
爱拉贝属[腕;C_2-P_1]☆Ella
爱拉托辛(系)☆Eratosthenian
爱兰石☆elland stone
爱里-海斯堪宁地壳均衡论☆Airy-Heiskanen system
爱里相位☆Airy-phase
爱莉莎贝属[腕;D_{2-3}]☆Elytha
爱丽斯木角石属[头;$Є_3$-O_1]☆Ellesmeroceras
爱丽斯木角石目☆Ellesmerocer(at)ida
爱丽亚苔藓虫属[K_2]☆Elea
爱丽亚苔藓虫科☆Eleidae
爱利夫贝属[腕;C]☆Eliva
爱利管☆aeriscope
爱立逊型簧环☆Ellison circlip
爱列尼轮藻属[D_3]☆Elenis
爱曼扭贝属[腕;D_{2-3}]☆Emanuella
爱姆科型装载机☆Eimco loader
S爱姆油☆Amoil-S
爱尼格姆珊瑚属[C_1]☆Enygmophyllum
爱尼诺效应☆el nino effect
爱切逊炉☆Acheson furnace
爱沙尼亚☆Estonia
爱神星[小行星433号]☆Eros
爱氏单位☆Eutvos unit
爱斯他银[石]☆Oyster Silver
爱索兰太特[陶瓷高频绝缘材料]☆Isolantite
爱汶虫属[三叶;$Є_3$]☆Elvinia
爱耶尔斯型拣矸机☆Ayers picker
爱因斯坦[能量单位]☆einstein
爱因斯坦底{推}移质方程{函数}☆Einstein bedload function

A

A

爱因斯坦质-能关系☆Einstein mass-energy relation
隘☆pass
隘道☆defile；slip
隘口☆pass；crossover；gate；poort；(mountain) pass notch
隘流☆effluence

ān

鞍☆saddle；col
鞍板贝属[腕;O_2]☆Ephippelasma
鞍背☆saddle back；saddleback
鞍部☆arch bend[背斜]；saddle[头足缝合线]；nek；col；structural saddle{low}
鞍承☆saddle bearing
鞍点[谐振曲线]☆minimax；saddle (point)
鞍顶☆saddle bend
鞍沟☆glabellar furrow
鞍架颗石[钙超]☆Tegumentum
鞍角石科[头]☆Ephippioceratidae
鞍接合☆saddle joint
鞍裂缝☆saddle fissure
鞍囊☆saddlebag
鞍前刺[三叶]☆frontal glabellar spine
鞍前区[古]☆preglabellar field
鞍桥☆bridle
鞍山式铁矿床☆Anshan-type iron deposit；Anshan-type of iron deposit
鞍山岩群☆Anshan Group Complex
鞍舌状体☆make
鞍式函数☆saddle function
鞍形法兰☆saddle flange
鞍形☆saddle shaped；selliform
鞍形(车)底(矿)车☆saddle-back car
鞍形底开式自卸矿车☆saddle-bottom self-discharging car
鞍形管座[修理时支架管道用]☆pipe saddle
鞍形山☆saddleback；saddle
鞍形弯曲☆anticlastic bending
鞍形修管夹☆saddle repair clamp
鞍形椎☆heterocoelous vertebra
鞍轴☆saddle axis
鞍状构造☆saddle (construction)；arch
鞍状山口☆sag
鞍状褶曲{皱}☆saddle fold
鞍座☆saddle；saddle-mount；supporting shoe
桉木☆jarrah wood
桉树☆eucalyptus
桉树灌木草原☆mallee scrub
桉树胶☆kino
桉树林土☆mallee soil
桉树绿[石]☆Verdre Eucalipto
桉树脑[$C_{10}H_{18}O$]☆cineole；eucalyptole
桉树烯[$C_{10}H_{16}$]☆eucalyptene
桉叶烷☆eudesmane
桉叶烯☆eudesmene
氨☆ammonia；hydrogen nitride
氨(络)☆ammine
氨爆炸药☆ammonia dynamite
氨(基)苯酚[$NH_2C_6H_4OH$]☆Certinal
氨泵☆ammonia pump
氨蛋白☆amine protein
氨地热温标☆ammonia geothermometer
氨(浸出)法☆ammonia process
氨合物☆ammoniate
氨(络)合物☆ammine
氨合{化}(作用)☆ammoni(fic)ation
氨化火药☆amide powder
氨化菌☆ammonificator
氨化泥炭☆ammoniated peat
氨化细菌☆ammonifying bacteria
氨缓冲溶液☆ammonia buffer
氨荒酸[H_2N-CSSH]☆dithiocarbamic acid
氨磺酰☆sulfonamide；sulfamine
氨基[$-NH_2$]☆amino (group)；amino-group；amino-
氨基苯酚[$NH_2C_6H_4OH$]☆unal；citol；amino phenol
氨基苯磺酸钠☆sodium sulfanilate
氨基苯硫醚[$(NH_2C_6H_4)_2S$]☆aminophenyl sulfide
氨基丙苯☆aminopropylbenzene
氨基丙醇[$H_2N(CH_2)_3OH$]☆amino propanol；propanol amine；aminopropyl alcohol
β-氨基丙酸[$NH_2CH_2CH_2COOH$]☆β-alanine
氨基醇☆alkamine；amino-alcohol
氨基醋酸[$NH_2CH_2CO_2H$;NH_2CH_2COOH]☆glycine；glycocoll；aminoacetic acid
α-氨基丁二酸一酰胺☆asparagine
氨基丁酸☆aminobutyric acid
氨基对称三(氮苯)☆amino-sym-triazine
氨基二羟基丙烷[$COOHCH(NH_2)(CH_2)_2COOH$]☆amino propane dicarbonic acid
氨基酚[$NH_2C_6H_4OH$]☆citol；unal；amino {-}phenol
氨基(苯)酚☆unal
氨基分解☆aminolysis
2-氨基-5-胍基戊酸[$H_2NC(:NH)NH(CH_2)_3CH(NH_2)COOH$]☆arginine
氨基硅烷耦合剂☆aminosilane coupling agent
氨基荒酸类型化合物[$(R•NH•CS)_2S_2$ 型或(R_2N•$CS)_2S_2$型的化合物]☆thiuram disulfide
氨基磺酸[R•NH•SO_3H;R_2NSO_3H]☆sulfamic acid
氨基磺酸盐{|酯}[R•NH•SO_3M{|R'}]☆sulfamate
氨基己氨酸☆lysine
氨基甲酸盐{|酯}[NH_2COOM{|R}]☆carbamate
氨基甲酸乙酯☆urethane；ethyl carbamate
氨基甲酸乙酯人造橡胶☆urethane elastomer
氨基甲酰[H_2N•CO−]☆carbam(o)yl
氨基金属☆ammonobase
氨基联苯☆phenylaniline
氨基咪唑☆aminoimidazole
氨基萘酚磺酸[NH_2•$C_{10}H_5(OH)$•SO_3H]☆amino naphthol sulfonic acid
6-氨基嘌呤[腺嘌呤旧称]☆adenine
氨基氰[H_2N•CN]☆cyanamid(e)；carbimide
氨基塑料层胶木☆Formica
氨基酸[NH_2-R•COOH]☆amino {-}acid
氨基酸的N三氟乙酰异丙基代脂☆N-trifluoroacetyl isopropyl eaters of amino acids
氨基酸类化合物☆amino acids
氨基酸脱羧酶☆amino-acid decarboxylase
氨基酸消旋测年法☆amino-acid racemization age method；racemization age method
氨基烷氧基丁酸[H_2N-R-O-C_3H_6COOH]☆aminoalkoxy butyric acid
氨基亚甲膦酸盐☆aminomethylenephosphonate
氨基氧乙烯硫酸盐☆amino oxyethylene sulfate
氨基乙磺酸[$NH_2CH_2CH_2SO_3H$]☆taurine
氨基乙酸[NH_2CH_2COOH]☆aminoacetic acid
氨基乙烷[$C_2H_5NH_2$]☆aminoethane
氨基乙酰☆glycylleucine
氨基异吡唑☆aminoimidazole
氨基转移(作用)☆transamination
氨甲黄药[$(C_2H_5)_2NCH_2OC(S)SNa$]☆diethyl aminomethylene xanthate
氨解作用☆ammonolysis
氨浸出☆ammonia(cal) leaching
氨浸法☆ammonia process；Amexprocess
氨腈☆cyanamid；cyanamide
氨空气燃料电池☆ammonia-air fuel cell
氨类安全炸药☆ammonia permissible
氨冷冻机☆ammonia refrigerator
氨冷凝{|却}器☆ammonia condenser{|cooler}
氨络☆ammino
氨络合物☆ammino-complex
氨络物☆ammine；ammoniate
氨气☆NH_3 gas
氨氰[RNHCN]☆cyanamide；carbimide
氨(基)巯基苯并噻唑[NH_2•C_6H_3NSC-SH]☆amino mercaptobenzothiazole
氨燃料电池☆ammonia fuel cell
氨溶的☆ammonio
氨溶液☆ammonium hydroxide
氨水[NH_4OH]☆ammonium hydroxide；ammonia；ammonia water{liquor}；hartshorn；aqua{aqueous} ammonia；ammonia solution；spirit of ammonia
氨态氮☆ammoniacal nitrogen
氨羰丙氨酸☆asparagine
氨洗涤☆ammonia stripping
氨细菌类☆ammonibacteria
氨熏晒图纸☆ozalid paper
氨(气)压缩机☆ammonia compressor
氨压缩机汽缸油☆ammonia oil
氨氧化细菌☆ammoni(a)-oxidizing bacteria
氨液☆ammonia liquor
氨乙基磺酸[$H_2NCH_2CH_2SO_3H$]☆aminoethane sulfonic acid
(聚)氨酯橡胶☆urethane elastomer
安(培)[电流单位]☆ampere
安柏锐特☆Amberite
安保型冲击旋转钻机☆Albo {-}Gerat
安背板的☆boarded
安瓿☆ampo(u)le；ampule
安粗安山岩☆latiandesite
安粗岩☆latite
安大略(阶)[美;S_2]☆Ontarian (stage)
安大略期☆Ontario age
安道尔☆Andorra
安德尔登型滚筒采煤机☆Anderton shearer (loader)
安德烈森{瑞逊}型吸管[矿物悬浮体分级用]☆Andreasen pipet(te)
安德生菊石(属)[头;P_2]☆Anderssonoceras
安德石☆endellite
安德逊-波依斯型可调高双滚筒采煤机☆Anderson-Boyes double-ended ranging drum shearer-loader
安德逊法[计算选煤效率]☆Anderson's method
安得美虫属[三叶;O_2]☆Endymionia
安地斯造山带☆andean{andes} orogenic zone
安蒂沃奇蒸汽处理石膏型法☆Antioch process
安第斯型地槽☆Andean-type geosyncline
安第斯期前的☆pre-Andean
安第斯山型造山作用☆Andean orogenesis
安第斯型大陆边缘☆Andean-type continental margin
安顶梁☆crossbaring；girder propping
安定☆stabilise；steadiness；settle；quiet；secure
安定地块☆stable landmass
安定极限☆limit of stability
安定角☆angle of repose{rest}
安定坡☆constant slope
安定器☆stabilizer
安定性☆soundness；permanence；permanency；stability
安定元素☆ballast element
安东尼巧克力[石]☆Adoni Chocolee
安杜鲁普蕨属[T_3-J_1]☆Amdrupia
安多矿[$(Ru,Os)As_2$;斜方]☆andonite；anduoite
安放☆mount；set
安沸石[$Na_2Ca(Al4Si_3O_{14})$•$5H_2O$]☆arduinite
安夫虫☆amphoton
安伏欧(电表)☆avometer
安哥拉☆Angola
安哥拉石☆anglar(l)ite；angalarite；angelardite
安格拉-多斯-雷伊斯辉石无球粒陨石[Sr^{87}/Sr^{36}比为0.69884±0.00004]☆Angra Dos Reis；ADOR
安格勒兽属[E_3]☆Anagale
安格林虫属[三叶;O_3]☆Angelina
安格斯史密斯防腐(蚀)涂料☆Angus Smith composition{compound}
安圭拉岛[西印度群岛;英]☆Anguilla
安海德罗克斯泥浆保护剂☆Anhydrox
安好的载玻璃☆mounted slide
安加拉☆Angara (land)
安加拉木属[C]☆Angarodendron
安加拉石☆angaralite
安加拉叶属[C_2-P]☆Angaridiurn
安监局☆bureau of safety supervision
安接☆tap
安静☆tranquility；quiet
安静期☆silent{rest} period
安康矿☆ankangite
安口窑☆Ankou ware
安勒杉(属)[古植]☆Ernestiodendron
安雷盘式离心分选机☆Ainlay bowl
安雷型橡胶格条离心槽☆rubber-riffled Ainlay centrifugal bowl
安/厘米☆amp per cm；apc
安绿泥石☆angaralite
安那虫属[三叶;$Є_3$]☆Annamitia
安那康达点火法☆Anaconda method
安尼贝属[腕;O_{2-3}]☆Onniella
安尼迷基期☆Animikian age
安尼米克(群)[加;Pt]☆Animikie；Animikean
安尼米克{基}系[元古代;Pt]☆Animikian system
安尼托陨石☆Anighto meteorite
安尼西(阶)[241.7～234.3Ma;欧;T_2]☆Anisian{Anisic} (stage)；Virglorian
安诺菊石属[头;T_2]☆Anolcites
安诺石☆anosovite
安排☆arrangements；layout；set{fix} up；arrange；collocation；disposition；disposal；place；deal；settle；placement；locate；frame；map；marshal；ettle
安排(活动)程序☆timetable；routing
安排形式☆format
安培☆ampere；amp

安培表☆amp gauge；current meter；amperemeter
安培导体☆ampere-wires
安培定律☆Ampere's law
安培计☆ammeter；ampere(-)meter；amperometer；a.m.；current meter
安培数☆amperage；amp
安培小时☆ampere {-}hour；Ah；a.h.
安培小时容量☆ampere-hour capacity
安棚{横}梁☆crossbaring
安平螺旋☆level(l)ing screw
安琪掠兽属[E_1]☆Anchilestes
安琪马(属)☆Anchitherium
安全☆safety；safe；security；secure；saf.
安全板☆safety block{guard}；guard plate
安全半径☆radius of safety
安全棒[核]☆scram{safety} rod；shutdown rod；safety member{bar}
安全包缝线迹☆safety overedge stitch；safety overlock stitch
安全包皮☆sheath
安全保护☆safeguard
安全保护服☆safety protective coverall
安全保障☆insurance；safety protection{control}；safety control security shield
安全保障因数☆safety load factor
安全保证系统☆safety assurance system
安全爆断器☆safety fuse
安全标色☆safety mark colo(u)r
安全别针☆safety-pin；safety pin
安全玻璃☆safety {laminated; nonshatterable;security; nonscatterable;protective} glass；glass laminate
安全不爆炸浓度☆nonexplosive concentration
安全操作系数☆assured processability factor；APF
安全插头☆safety plug；plug cut-out
安全场所☆harbor；safe location
安全超车视距☆minimum passing sight distance
安全超临界反应堆☆safety supercritical reactor
安全车距☆safe interval
安全撤退☆make good one's retreat
安全迟发☆sure-fire delay
安全出口☆(fire;exist) escape；(safety) exit；emergency opening{outlet;exit}；escape way{outlet}；second outlet{opening}；reserve way；safe escape；F.E.
安全出口井(筒)☆escape shaft
安全出水率{量}☆safe yield
安全储备☆reserve{margin} of safety；emergency capacity；safety margin
安全处理规程☆safe-handling procedure
安全传动☆stand-up-drive
安全存仓☆base stock bin
安全存量概念☆safety stock concept
安全措施☆safety measure{action; precaution; method; provision;practice}；safe measure{practice}；accident {maintenance} prevention；precautionary{preventive} measures；safeguard；security control{arrangement}
安全带☆life saver{belt;line}；ladder{safety; shoulder; seat} belt；lifebelt；safety band{strap;harness}；securing strip{band}；(shoulder) harness；lifeline；belly band{buster}；safety belt{band,groove, strap}；lapbelt；security zone{strip}；life；job's bridle；safety-belt；gird；safety-strap；insurance cheater[井架工用]
安全带自动解脱器☆automatic safety belt release
安全挡板☆safety shield；personnel barrier
安全岛☆safety island{strip}；refuge；island-refuge；safe island
安全导槽☆channel-section-bar
安全导纱器[纺]☆safety carrier
安全道岔☆runaway points
安全得救☆be rescued safe and sound
安全的☆(fail) safe；survival；trouble-free；fail-safe；secure；wholesome；non-hazardous
安全灯[网罩外有玻璃筒]☆safety{protective; protection;approved;garage;Davy;safe} lamp；jack(-) lamp；permitted{safe} light；safelight；jacklight；jack{cap} lamp；permissible (safety) lamp
安全灯矿☆safety-lamp{-light} mine
安全灯锁闩☆safety lamp lock
安全地☆securely
安全地带☆safety zone{strip}；refuge
安全地方☆haven
安全地区☆island；safe area
安全点火地带☆safe fire zone
安全垫☆safety pad；safety-cushion
安全电路放大器☆safety channel amplifier
安全电源插座☆safety outlet
安全吊钩☆safety hook；clivvy
安全钉☆pitch；safety pin
安全度☆degree{level} of safety；reliability；safety (degree)
安全断路器☆safety breaker；safe cut-out
安全阀☆safety{relief; guard; escape; emergency; blow-through; pop-off; protection; security; yield; relieve; release; pressure-relief} valve；air release；mud{rebound} relief valve；spring reducing valve；fusible safety plug；reliever；SV；RV
安全阀动作试验☆safety valve operation test
安全阀关闭时汽压降低量☆blowdown
安全阀回座压力☆blowdown pressure of safety valve
安全阀联顶短节☆safety valve landing nipple
安全阀门座☆safety valve seat
安全阀起座压力☆popping pressure of safety valve
安全阀整定压力☆safety valve set pressure
安全返航点☆point of safe return
安全范围☆safe range；range safety；safety margin
安全方位☆clearing bearing
安全防范系统☆security system
安全防护监视报警系统☆guard and alarm system
安全防护用钢丝绳☆guard cable
安全防护制度☆safeguard system
安全防火系统分析☆fire safety system analysis
安全放炮电流☆safe firing current
安全非疫区☆safety & nonepidemic region
安全分析☆safety analysis
安全风门☆swing door
安全幅度☆a safety margin
安全附件☆relieving attachment
安全盖板☆penthus；pentice
安全感☆security；sense of security
安全港☆safe port；harborage
安全隔板☆burster{bursting} disk
安全隔膜☆rupture{blowout} disk；burst diaphragm
安全工程师学会☆Society of Safety Engineers
安全功率☆firm power
安全公约☆public security rules [as in communnies {neighbourhoods}]；mutual{bilateral} security pact [as between two countries]；international multilateral security convention [as among many nations]
安全工作[核]☆trouble-free service；safety{safe} operation{working}
安全汞吸移管☆safety mercury pipette
安全钩☆snap{safety;sister} hook
安全故障树模型☆safety fault tree model
安全刮胡刀☆safety razor
安全挂钩☆release hook
安全管☆bursting{safety} tube
安全规则☆safety rule{regulation;precaution}；safe rule
安全盒☆safety box；breaker block
安全合格牌照☆safety approval plate
安全荷载范围☆safety domain for loading
安全护笼☆safety cage
安全极限☆safety margin；safe(ty) limit
安全极限控制器☆safety limit controller
安全剂☆safener
安全剂量☆LD_0；lethal dose-0；safe{safety} dose；maximum permissible dose；MPD
安全技能训练☆safety skill training
安全技术☆safety technique{engineering;method; measure}；accident prevention；security control；safety control{work}；safe practice；safe practice safety(-first) engineering
安全技术和劳动保护工程师☆health and safety engineer
安全加热极限☆safe heating limit
安全监督管理局☆Bureau of Safety Supervision
安全检查☆safety inspection{check}；security check
安全检定阀☆safety measure valve
安全奖☆the safety prize；safety rewards
安全胶质代那买特☆permissible gelation dynamite
安全角☆safety angle；angle of safety
安全接点☆safety contact；power off contact
安全界线☆deadline
安全界限☆safety margin；deadline；leeway
安全井☆escape pit{shaft}
安全镜片☆gardening lens
安全臼☆breaking cap；safety pot；breakers；breaker block；break
安全距离☆safe distance{clearance}；head space；headway；safety{separation} distance；berth；safe seismic distance
安全卡夹{子}☆safety clamp
安全卡销☆safety detent
安全开关☆safety switch{shut-off; cut(-)out; cut(-)off; cut}；cut-out switch{device}；safety cut out；cutout device；interlock；Home-Office switch
安全开关点火装置☆safety-switch ignition
安全开脱器☆trip
安全壳[核]☆containing{containment} vessel；(reactor) containment
安全壳内{|外}辐射源☆radioactive source inside {|outside} containment
安全壳喷淋系统☆containment spray system
安全壳疏水柜☆containment drain tank
安全壳压力抑制☆containment pressure suppression
安全可靠☆security and reliability；fait(-to)-safe
安全控制☆safety{emergency;security} control；dead man control
安全扣带☆buckle-up
安全库☆safe-deposit{security} vault
安全矿灯保险门☆lamp key
安全矿灯剔(芯)丝☆trimmer
安全矿灯调焰器☆(lamp) pricker
安全矿柱☆safety{boundary} pillar；penthouse；pit stoop
安全拉杆[自行车和摩托车用]☆sissy bar
安全离合器摆入式闩☆safety clutch throw-in latch
安全离合器气{油}缸☆safety clutch cylinder
安全离合器压力臂☆safety clutch pressure arm
安全离合器爪☆safety clutch pawl
安全轮胎{距}☆safety tread
安全帽☆safety {protective;hard(-boiled);iron} hat；head gear；helmet (shield)；headgear；safety helmet{cap}；hardhat {crash;miner's;protection} helmet；miner's hard cap；protecting{protective} cap；P.h.
安全煤柱☆safe coal pillar；safety pillar；inby rib
安全门☆safety latch{door}；emergency exit{door}；exit；fire{relief;bailout} door；escape opening；steel separation door's safety gate
安全门链☆chain and barrel；chain{safety} door fastener；door chain
安全门闩☆fire-exit bolt
安全门锁☆super safety lock
安全密封封隔器☆safety seal packer
安全面切盘☆safe sided disc
安全膜☆rupture disc；safety diaphragm
安全排气{汽}阀☆safety exhaust
安全膨胀式发动机☆complete expansion engine
安全平台☆safety platform{berm}；protective berm；penthouse
安全曝光水平[摄]☆safe exposure level
安全起爆电流☆safe firing current
安全启动位置☆safe starting position
安全器☆tripper
安全气道☆explosion-proof tube{vent}；explosion vent；pressure-relief vent
安全气阀☆air relief valve
安全钳开关☆sols
安全切断时间☆safety shut-off time
安全倾卸槽☆fire-escape chute
安全区☆safety{protection;protective;safe} zone；non-hazardous{safe} area
安全塞☆safety plug；fusible{soft} plug
安全删除☆delete safety
安全哨☆look-out post；safety sentry
安全设备☆safety equipment{apparatus;device;guard; installation(s);appliance;aids;harness;method；proved {apparatus;accessory;provisions;system}；safe guard；safety；safeguard
安全设计☆safety{fail-safe} design；overdesign
安全设计系数☆design factor of safety
安全设施☆safety device{installation;provision;guard; facilities;thing}；maintenance prevention；MP
安全深度☆mining safe depth
安全伸缩顶柱☆safety jack
安全生产☆safety in production；work safety
安全声迹☆safety track
安全绳☆safety{safe} rope；life line；safety-tie
安全试验☆proof test；safety experiment
安全示踪剂量☆safe tracer dosage
安全手柄☆dead-man's handle；safety lever
安全水线☆deep waterline

安全水域标志☆safety water mark
安全松脱式支柱☆releasable shank
安全速度标记☆safety speed line
安全锁☆safety{up-and-down} locks；security keylock
安全索☆heck cable；safety rope
安全锁线☆(safety) lockwire
安全锁销☆latch；safety locking pin
安全套☆condom
安全特低电压☆safety extra-low voltage；SELV
安全条例☆safety regulations{rules;conduct}
安全停车☆safety shutdown；emergency
安全停车距离☆safe stopping distance
安全通道☆escapeway；safe passage
安全通梯☆ramp
安全凸爪☆safety pawl
安全脱开器☆safety release
安全网☆safety net；safety screen；guard net；wire guard；security network
安全位置☆perch
安全无患☆be free from danger；in a whole skin
安全误差☆error on the safe side
安全系数☆factor of safety{assurance}；safety factor{coefficient;margin;coeniciency}；security factor；assurance coefficient {factor}；margin；utilization{safe} coefficient；fos；FS；f/s；SF
安全线☆safety{late} line；guard wire；eaten siding
安全线迹☆safety stitch
安全限量☆threshold values
安全限位挡块☆safety stop
安全限值☆danger threshold
安全销☆breaking{fastening;preventer;safety;guard;shear(ing);securing} pin；shear-pin；breakpin
安全销紧带☆safety locking strap
安全销式油管安全接头☆shear pin tubing safety joint
安全楔☆grip wedge
安全行车☆safe driving；safety traffic；safe-running of vehicles；drive safely
安全性☆security；safety；stability；(fail-safe) reliability
安全性分析☆safety analysis
安全许可应力☆safe allowable stress
安全许用载荷☆safe allowable load
安全因子☆factor of safety；safety factor
安全隐患☆potential safety hazard；safety loophole；hidden thread against safety
安全引用监控☆security reference monitor
安全载荷☆safe(ty) load；charge of security；sate bearing load
安全责任条例☆safety responsibility act
安全栅继动器☆relay with safety grid
安全炸药☆safety explosive{explosion;powder}；security explosive；explosive charge；permissible explosive{dynamite}；coal-mine powder；short-flame{sheathed} explosive；nonexplosive agent；securite
安全炸药检定试验☆Buxton test
安全章程☆regulation for safety
安全罩☆visor；safety cap{cage;guard;screen}；shield；fence；protective cover
安全证券☆default free securities
安全制品标志☆safety good mark；SG mark
安全柱☆safety prop{post}；headache post
安全注入{射}系统☆safety injection system
安全装置调整☆safety device adjustment
安全转移☆move to places of safety
安全装置☆safeguard；emergency{safety;foolproof} apparatus；safety device{equipment; feature; gear; guard;accessory;appliance;mechanism}；monitor；foolproof；preventer；relief mechanism；taboo facility；preserver
安全自锁装置☆foolproof (apparatus)
安全作业手册☆safety operation manual
安山斑岩☆andesite {-}porphyry
安山玢岩☆andesite-porphyrite
安山玻璃☆shastalite；andesitic glass
安山灰玄岩☆andesite tephrite
安山凝灰岩☆andesite-tuff；andesitic tuff
安山岩☆andesite；andesitic
安山岩、粗面岩等的旧称☆leucostite
安山岩线☆andesite{Marshall} line
安山岩质凝灰岩☆andesitic tuff
安山质松脂岩☆leidleite
(给……)安上垫子☆cushion
安上套管的钻孔☆cased borehole
安设☆set
安设架子☆cope
安设支架☆support setting
安设支柱☆propping；posting
安石榴☆pomegranate
安石榴科☆Punicaceae
安时☆ampere-hour；Ah；a.h.
安式铀矿☆andersonite
安氏(中)兽属[E_2]☆Andrewsarchus
安氏型砂粒度测定仪☆Andreasen pipette
安氏藻属[Є]☆Amgaella
安塔米纳矿☆Antamina
安塔米纳矿业公司☆Compania Minera Antamina
安特勒造山运动[美;D_3-C_1]☆Antler orogeny
安锑银矿☆andorite
安提瓜和巴布达☆Antigua and Barbuda
安条纹长石☆anperthite
安位柱☆gaute pile
安汶岩[印尼]☆ambonite
安息角☆repose angle；angle of repose{rest}；slope of repose
安息坡☆slope of bank
安息香[C_6H_5•CH(OH)•CO•C_6H_5]☆benzoin
安逸☆ease
安银矿☆dyscrasite
安源叶肢介属[T_3]☆Anyuanestheria
安源运动☆Anyuan orogeny
安(培)匝(数)☆ampere {-}turns；ampere-winding；a.t.
安载流容量☆ampacity
安在同根轴上☆ganging
安在小车上的☆dolly-mounted
安置☆placement；imposition；position；mounting；set；sett(l)ing；station；embedment；insertion；locate
安置误差☆setup error；installation error[仪器的]
安装☆install；installation (mounting)；set；laydown；mount；lay down；instal(l)ment；fixture；fixing；erect(ion)；construct(ion)；rigging；assembl(ag)e；setting(-up)；build{set;setting;nipple} up；bed；hang；building-up；fitting；equipped with…；inst；mtg.
安装(钻机)☆rig up
安装拔杆☆gin pole
安装板☆subpanel
安装成本☆installation cost；cost of installation
安装程序☆installation procedure；preset
安装冲击钻进设备☆rigging-up of standard tools
安装的☆mounting
安装电灯☆valving
安装电缆的附件☆cable furniture
安装顶梁☆crossbaring
安装队☆fitting-up gang
安装防寒装置☆winterization
安装费用☆fabricating cost；cost of installation
安装(通)风管(道)☆air piping
安装搁栅☆joist
安装格栅☆gridiron
安装工☆fixer；erector；wright wrench
安装公差☆location{erection} tolerance
安装工程☆installation{erection} work；field engineering
安装工具☆erecting tools
安装工时☆rig-up time
安装罐道☆guide installation；rodding
安装规格{范}☆installation specification
安装活动的东西☆hang
安装或架设量测仪器(点)☆measuring installation
安装件☆fabricated section
安装角☆incidence
安装截齿☆pick setting
安装金刚石钻机用的上山☆diamond-drill raise
安装井架☆tower-installed
安装井架扳手☆pecker neck
安装井口装置完井☆flanged-up completion
安装井下设备的硐室☆erection openings
安装零件清单☆installation parts list；IPL
安装履带的☆caterpillar-mounted；tracklayer-mounted；cat-mounted
安装满的储罐☆short tank
安装锚杆的钻孔☆bolt hole
安装模板☆encase
安装木板☆boarding
安装配齐标准钻具☆rigging up standard tools；RUST
安装器☆erector
安装前(试验)☆preinstallation
安装丘宾筒费☆tubbing cost
安装容量☆installed capacity
安装深度☆depth of stratum
安装时间[钻探设备]☆setup{rig-up} time
安装凸缘☆flange
安装图☆installation diagram{drawing}；erection{shop} drawing；general arrangement；wiring layout{diagram}
安装消震装置的☆shock-mounted
安装悬臂☆boom up
安装应力☆assembly{erection} stress
安装用具☆fixture
安装用人字架☆bipod
安装有滑动座架☆equipped with saddle
安装预制弧形块井壁☆tub(bing)
安装员☆setter
安装在车上的☆wagon mounted
安装在浮选槽上的 VisioFroth 图像分析仪☆VisioFroth installed on the flotation cell
安装在井架上的☆tower-installed
安装支架☆spragging
安装支柱☆tree up
安装转盘钻机设备☆rigging-up of rotory tools
安装作业☆construction work

ǎn

铵☆ammonium；nedymium
铵白榴石☆ammonioleucite
铵爆炸药☆ammonia dynamite
铵冰晶石[$(NH_4)_3AlF_6$]☆ammonium cryolite
铵层波形特征☆shallow waveform character
铵碘光卤石☆jodammonium carnallit；ammonium-ioda-carnallite
铵矾[$(NH_4)_2(SO_4)$；斜方]☆mascagnite；mascagnin(e)；maskagnin；ammonium alum
铵弗☆AN/FO
铵胍炸药☆ammonium guanidine
铵光卤石[$(K,NH_4)MgCl_3$•$6H_2O$]☆ammonium{-}carnallite；chlorammonium-carnallite
铵硅钾铀矿☆ammonium weeksite{gastunite}
铵黄铁矾石☆ammoniojarosite
铵辉沸石☆ammonium desmine
铵基☆ammonium
铵基苯石[$C_6H_4(CO)_2NH$]☆kladnoite
铵钾矾[$(K,NH_4)_2SO_4$;斜方]☆taylorite；guanapite；guanakite；glascerite；ooguanolite
铵钾基硝☆ammonium aphthitalite
铵钾芒硝[$(K,NH_4,Na)_2SO_4$]☆ammonium glaserite{aphthitalite}；ammonium-aphthitalite
铵钾石膏☆ammonium-syn(a)genite；ammonium syngenite
铵胶炸药☆ammongelating{ammonia(-gelating)；ammon(-gelatine)} dynamite
铵蜡炸药☆ammonium nitrate-paraffin mixture
铵类安全炸药☆ammonia permissible (explosive)
铵菱沸石☆ammonium chabazite
铵氯镁矾☆ammonium kainite
铵镁矾[$(NH_4)_2Mg(SO_4)_2$•$6H_2O$]☆boussingaultite；cerbolite；cermikite；ammonia alum；tschermigite；aluminum-ammonium sulfate
铵明矾[$NH_4Al(SO_4)_2$•$12H_2O$;等轴]☆tschermigite；ammonia {-}alum；aluminium-ammonium sulfate；cermikite
铵脲炸药☆ammonium-urea composition
铵硼石[$NH_4(B_5O_6(OH)_4)$•$2/3H_2O$]☆ammonioborite
铵片沸石☆ammonium heulandite
铵桥结构☆trestlework
铵砷钙铀矿[$NH_4(UO_2)(AsO_4)$•$4H_2O$]☆ammonium uranospinite
铵石膏[$(NH_4)_2Ca(SO_4)_2$•H_2O;单斜]☆koktaite
铵水铀矾☆ammonium-zippeite
铵碳石☆teschemacherite
铵梯铝炸药[由 21 黑索金、21 硝酸铵、40 梯恩梯、18 铝粉组成的混合炸药]☆DBX
铵锑汞矿☆ammiolite
铵铁矿砂☆menakanite
铵细菌☆ammonium bacteria
铵硝☆kentite
铵硝柴油混合炸药☆AN/FO
铵硝化钾炸药☆Denaby powder
铵硝石[NH_4NO_3;斜方]☆ammonia-nitre；nitrammite；amnitrite；natratite；ammonsaltpeter
铵溴光卤石☆bromammonium carnallite；ammonium-

brom-carnallite
铵盐☆ammonium salt
铵铀云母[$(NH_4)(UO_2)(PO_4)\cdot 3H_2O$;斜方]☆uramphite
铵油炸药☆ANFO；Anfomet；nitrocarbonitrate；AN-oil mixture；ANFO explosive；prill-and-oil (mixture)；fuel mixed ammonium nitrate；ammonium nitrate-fuel (mixture{oil})；dry blasting agent；ammonium nitrate fuel oil explosive{mixture}；AN/FO (mixture)
铵油炸药防水套☆water-proof container for prills
铵油炸药混合车☆ammonium nitrate mix truck
铵云母☆ammonium {-}mica；tobelite
铵炸药☆ammonpulver；ammonia dynamite
铵浊沸石☆ammonium-laumontite

àn

按☆push(ing)；per；touch；press(ing)
按百分比{率}☆percentage(-)wise
按斑分带☆patchy zoning
按班计算工资☆on shift wages
按班计资工☆shift man
按磅的收费数☆poundage
按比重分布☆gravitative arrangement
按比例☆pro rata；prorata；draw to scale
按比例缩小的(模拟)试验☆scaled-down-test
按比例增加系数☆scale-up factor
按比例制作的模型☆(dimensional) scaled model
按比例自动量☆automatic proportioning
按变形设计☆design by deformation
按标准网布置钻井{孔}☆pattern well spacing
按不折不扣价格☆on a flat rate
按步迭代法☆stepwise iterative process
按产量计工资的矿工☆tonnage man
按产品特征检验☆quality control by attributes
按常规设计或监制的☆custom engineered
按长度计量的☆running
按车(容积)称量☆car measurement
按成本加收费☆cost-plus
按尺寸分级的砾石☆graded gravel
按大小排位☆positioning for size
按单位时间计价☆flat rate
按道序的☆trace sequential
按等级分类☆classification by rank
按地形迂回飞行☆drape-flown
按电钮☆push
按钉☆thumbtack；thumb pin
按定价☆on a flat rate
按段光滑☆piecewise{sectionally} smooth
按段焊接铺管☆stovepipe
按段连续☆sectionally continuous
按吨计工资的矿工☆tonnage man
按分析品位确定(的)边界☆assay wall
按干重的☆on a dry weight basis
按给定垂直面方向钻杆定向法☆projected-vertical-plane method of orienting
按工计算☆by the job
按工种粉尘采样☆occupational dust sampling
按固定指标检验☆inspection by attributes；quality control by attributes
按规定☆as required；A/R
按规定坡度充填☆fill up to grade
按规定时间点火☆correct timed ignition
按化学式计算的☆stoichiometric
按回次区分岩心的隔板☆foot mark；footage block
按技术规范编制的设计☆specified project
按计划使用☆scheduled use
按计划停输☆scheduled immobilization{shutdown}
按价[拉]☆(ad) valorem；ad. val.
按键☆keying；button
按键开关☆keyswitch
按进尺☆by the run
按进尺包工计价☆contract footage rate payment
按进尺付资的工作(制)☆tut work
按井网开采后油层中残存的油☆oil pattern
按井网作的矿田试验☆pattern-type field experiment
按扣☆snap
按扣式航空磁测系统☆button-on aeromagnetic survey system
按矿浆密度控制排料☆density-controlled discharge
按来样基☆as-received basis
按粒度仔细分级的☆clean-gap-graded
按铃者☆ringer
按流量比例取样☆flow proportional sample
按六方晶胞指标化☆hexagonal indexing
按码计件工作☆yard work
按码计资采煤☆yardage；footage
按煤(化程度)分类☆classification by rank
按模计算☆modulo
按目标利润率定价☆target-rate-of-return pricing
按年代先后的☆chronological
按年`摊还{分期付款}☆yearly installments
按钮☆(push) button；key；knob；catch；push-button；press-button；switch-knob；press button；PB
按钮操纵凿岩机钻进☆push button drilling
按钮接触☆finger contact
按钮开关☆(button) switch；face{push} contact；press-button；push-button{stud;pushbutton} switch；press button switch；pushbutton key
按钮开关触点☆push contact
按钮控制☆push{press;touch}-button control；finger{dash} control；automatic operation
按钮式凿岩机☆push-button drilling machine
按钮遥控☆remote push-button control
按钮自动式采煤机☆“Pushbutton” miner
按炮孔布置凿岩☆pattern drilling
按偏心筛筛下产品产率测定☆through-flow method
按片分带的☆sector-zoned
按期付费☆flat rate
按期生产☆serial production
按气压变化燃料调节☆barometric fuel control
按区统计{记录}☆zone metering；Z.M.
按人[分配]☆per capita
按日☆by the day；per-diem；on day-to-day basis
按日工资☆daily wage
按日计算工资矿工[工作面工人外的]☆datal worker
按日计资工☆company hand；day man
按日支付包工费☆contract day rate payment
按容积☆by-volume
按筛号次序排列的筛网☆succeeding screen
按时☆on time
按时计算☆by the hour
按时计资工作☆shiftwork
按时间(年、月、日)顺序的☆chronological
按实物真实尺寸绘制的图☆full size(d) drawing
按书写顺序的岩心摆放法[即从左到右,从上到下]☆ book fashion
按顺序数☆count
按碳化程度分类☆classification by rank
按体积比配料☆volume batching
按体积定量供水☆volumetric supply of water
按体积计运费货物☆measurement goods
按体积平均孔隙度☆bulk porosity
按同心圆摆放金刚石☆on the track
按系列生产的☆off the shelf
按先后次序进行蒸汽驱☆sequential steam flooding
按先进技术开采的工作面☆A.T.M. face
按现金付款方式☆on a cash-on-invoice basis
按小时记录的情况☆hour-by-hour history
按小时计资工人☆hourly-paid man
按序处理☆sequential processing
按压接触☆face contact
按压(式)信号开关☆signaling key of push type
按(含)盐度分层☆salinity stratification
按颜色分选☆color sorting
按样板加工☆finish to gauge
按要求☆as required；A/R
按要求定做的机器☆custom-built machine
按一定井网注水☆pattern flooding
按与孔隙体积的比值计算的累计注入量☆cumulative injection in pore volumes
按预算来安排☆budget
按原样[拉]☆in statuquo
按月(的)☆monthly；by the month
按照☆as to (how;what;when;where;whether;why)；follow；in accordance with；pursuant to；pro-
按照惯例☆by convention
按照价格(价值)☆valorem
按照事实本身[拉]☆ipso facto
按照预定计划的方式☆on a scheduled basis
按(价)值☆by-value
按指数偿还的贷款☆indexed loan
按重量分布☆gravitative arrangement
按重量配料斗☆weigh batcher
按字母顺序的☆alphabetical；alphabetic
按组{群}平均的☆group-averaged
按作业粉尘采样☆operational dust sampling
暗白榴石{岩}☆nemite；albanite
暗斑☆macula [pl.-e]
暗(色)斑☆dark spot
暗斑岩☆melanophyre；melanophyride
暗标记☆dark signature
暗玢岩[德]☆melaph(y)re；pseudoporphyr
暗玻斑岩☆lakmaite
暗残体[岩]☆restite
(箭石类)暗层☆dark layer
暗(视)场☆dark field
暗场像☆dark-field image
暗带☆dark lane{band}
暗带效应☆dark-band effect
暗淡☆somberness；sombreness；dull
暗淡的☆dull；black；mat；pale
暗淡煤☆dull{splint;splent;matt} coal；dulls
暗道☆tunnel；postern
暗的☆obscurus；obscure
暗碲镍矿☆imgreite
暗点☆dim spot
暗点信号☆dark spot signal
暗电导率☆dark-conductivity
暗电阻☆dark resistance
暗度☆opacity
暗度测量☆opacimetry
暗段[图像]☆dark
暗钒砂岩☆kentsmithite
暗沸绿岩☆bogusite
暗辐射☆dark radiation
暗橄白榴石☆ugandite
暗橄辉岩☆schonfelsite
暗橄榄岩☆tannbuschite
暗橄霞玄岩☆tannbuschite
暗拱☆concealed arch
暗沟☆covered gutter{conduit}；blind ditch{drain}；underdrain；subdrain；underground drainage ditch；underground drain
暗沟分支☆sublateral
暗管☆blind drain
暗灌溉渠[撒哈拉地区]☆foggara
暗光的☆scotopic
暗硅镁铁石[$(Mg,Fe^{2+},Fe^{3+})_2Si_2(O,OH)_7\cdot H_2O$]☆scotiolite
暗号☆cipher；cryptogram
暗号的☆cryptographic
暗盒[照相软片]☆cassette；magazine；holder
暗河☆underground river{stream}；sinking{sunken} stream；subterranean river
暗河系☆network underground streams
暗褐煤☆dull brown coal；mat lignite
暗褐色☆(fuscous) dun
暗褐砂岩☆alios
暗黑色☆dingy
暗黑云碱煌岩☆florinite
暗红大理岩☆rance
暗红热☆dark heat
暗红色☆wine
暗湖☆underground lake
暗花岗闪长岩☆vaugnerite
暗化作用☆opacitization
暗环☆obscure ring；dusky{Crape} ring
暗黄长石[$(Ca,Na_2)(Mg,Fe^{2+},Fe^{3+},Al)(Si,Al)_2O_7$]☆somervillite；sommervillite
暗黄色☆shading yellow
暗灰潜水灰化土☆dark grey gleisolic soil
暗灰玄白霞岩☆lutalite
暗灰棕色☆dull grayish brown
暗辉闪长岩☆penikkavaarite
暗迹☆dark trace
暗迹(示波)管☆skiatron
暗钾花岗岩☆kammgranite
暗碱流纹岩☆khagiarite
暗碱玄白霞岩☆lutalite
暗礁[水下的礁石]☆ledge{drowned} reef；submerged {hidden} reef；(sunken) rock；hidden coral；shelf；unseen{latent} obstacle；rocky ledge；snag；shoal head；redge；ridge；crust reef[淹没海滩上形成的珊瑚礁]
暗接井☆blind catch basin
暗金☆dead gold
暗井☆blind shaft{pit}；boustay；cut；(drop) staple；dummy{monkey;internal;secondary;interior;staple;tunnel-to-tunnel;underground;way;subvertical}

shaft；pique；staple{winze} pit；subshaft；winze；upraise；bonstay；shaft raise；utility hole；little wind；jackshaft
暗井开拓☆opening up by blindshaft
暗井开凿岩土☆winze driller
暗井仰斜部分☆shaft raise
暗镜煤☆durovitrain
暗掘☆undercut；undermine；undercutting
暗蓝色☆dark blue
暗立井☆staple{blind} shaft
暗沥青☆libollite
暗亮煤☆duroclarain
暗亮型煤☆duroclarite
暗裂隙☆slip rice
暗榴碧玄岩☆kivite
暗流☆underrun；dark current；undercurrent
暗(电)流☆dark current
暗绿玻璃☆moldavite；moldovite
暗绿帘石[$Ca_2(Al,Fe)_3(Si_2O_7)(SiO_4)O(OH)$]☆arend(al)ite
暗绿色☆sap green
暗绿石☆rhodochrome
暗绿玉☆chloromelanite；chlormelanite
暗绿玉岩☆chloromelanitite
暗绿云母[$KAl_2(AlSi_3O_{10})(OH)_2$]☆adamsite
暗煤☆(opaque) attritus；attrinite；durain；splint (coal)；attrital{dull} coal
暗煤基☆matrosite
暗煤夹层☆dull band
暗煤体☆durinite
暗煤型☆durite
暗煤质泥炭☆durain peat
暗镁硅铁石☆scotiolite
暗蒙脱石[$(Fe,Al)_2O_3•SiO_2$]☆eunicite
暗霓霞岩☆melteigite；hartungite
暗霓正长岩☆ordosite
暗捻接☆blind splicing
暗镍蛇纹石☆garnierite[$(Ni,Mg)_6(Si_4O_{10})(OH)_8$]；genthite[$(Ni,Mg)_4•Si_3O_{10}•6H_2O$]；n(o)umeite；nickel gymnite{gymnitre}[$(Ni,Mg)_4•3SiO_2•6H_2O$]
暗排☆under drainage
暗拼岩☆appinite；appianite
暗浅井☆jack pit
暗青绿色☆gobelin blue
暗区☆dark space
暗渠☆culvert；(covered) conduit；kanat；duct；qanat
暗泉☆concealed{obscure} spring
暗色☆dead color；dark；dull；melanic；melanocratic
暗色白玄岩☆batukite
(矿物中的)暗色斑点☆macle
暗色斑岩☆melanophyre
暗色斑状包裹物☆dark spot
暗色半丝炭☆dark semi-fusain
暗色包体☆dark inclusion；mianthite
暗色表层☆umbric epipedon
暗色表土☆black topsoil
暗色冰[冰]☆black ice
暗色大理岩{石}☆chian
暗色的☆melanocratic；melanic；chromocratic；dark-colored；mafitic
暗色碱长正长岩☆sandyite
暗色矿物☆dark(-colored) mineral；melamineral；melane
暗色煤☆dull coal
暗色膜片属[Є]☆Nigrilaminaria
暗色黏土☆blacks
暗色蚀变☆melano-alteration
暗色石油油料☆dark petroleum oils
暗色似辉长岩☆melagabbroid
暗色体☆melanosome
暗色土☆fuscous{dark-colored} soil；ando soils；andosoil
暗色网状片麻岩☆trapshotten{trap-shotten} gneiss
暗色岩☆melanocratic{trap;trappean} rock；trap(p)；melanocrate；whinstone；trappide；trapprock；whin
暗色岩灰☆trap-ash；trap-tuff
暗色岩间的☆intertrappean
暗色岩状(的)☆trappoid
暗色岩状角砾岩☆trappoid breccias
暗色晕圈状火山口☆dark halo crater
暗沙☆shoal
暗闪正长辉长岩☆hooibergite
暗石英☆royite
暗始成土☆umbrept
暗示☆intimation；inkling；hint；cueing；cue；clue；imply；tip；suggestion；reminder；note
暗示的☆reminiscent
暗适应☆dark adaptation
暗室☆darkroom；dark room；dark-room
暗室显影☆scotography
暗视☆noctovision
暗视场研究法☆dark-field method
暗视觉☆scotopic vision；noctovision
暗视野彩色油浸☆dark-field color immersion
暗视野像☆dark field image；DF image
暗视域☆dark field
暗树脂☆melanchyme
暗竖井☆little winds
暗丝煤☆durofusain
暗丝炭☆attrital fusain
暗榫☆dowel；blind mortise
暗碳酸岩☆melacarbonatite
暗体☆shell of tank
暗挖技术☆trenchless technology
暗弯角石[钙超;R]☆Amnuralithus
暗网片麻岩☆trapshotten{trap-shotten} gneiss
暗纹东方鲀☆obscurus
暗匣☆dark slide
暗匣装片量☆loading capacity of the magazine
暗霞碳酸伟晶岩☆hollaite pegmatite
暗霞响岩☆murite
暗霞玄岩☆tannbuschite
暗线☆buried wiring；dark lane；hidden conductor；concealed wire
(壁内)暗线槽☆chase
暗线光谱☆dark {-}line spectrum
暗线照相☆schlieren
暗箱☆camera bellow{obscura}；chamber；booth；dark box
暗相差☆dark phase contrast
暗销☆dowel (pin)
暗斜波登斑岩☆osloporphyry
暗斜井☆inclined winze；subinclined shaft；internal inclined shaft；inside slope
暗星☆dark star
暗星海百合属[棘;C_1]☆Aganaster
暗玄岩☆trap basalt
暗铱锇矿☆osmioiridosmine；sysertskite
暗英闪岩☆melatonalite
暗影☆sable；cloud
暗硬煤☆dull hard coal；splint (coal)
暗硬质煤☆splint coal
暗雨水井☆blind catch basin
暗域☆dark field
暗云正长岩☆durbachite
暗藻类☆brown algae；Phaeophyceae
暗正长岩☆melasyenite；hortite
暗指☆allusion；imply
暗指的批评☆implied criticism
暗质镜煤☆attrital-anthraxylon coal
暗中的☆quiet；clandestine；underhanded
暗棕土☆dark brown soil
岸☆bank；coast；strand；rivage；side；shore；bund
岸崩☆caving
岸壁☆quaywall；bulkhead wall；quay
岸壁基础☆base of a quay wall
岸壁型码头☆quay wall；bulkhead wharf；quaywall
岸边☆shoreside；(bank)side；shoreline；edge of bank
岸边凹地☆slack
岸边道路☆corniche
岸边湖泊☆pond
岸边荒滩☆strand
岸边礁☆stone ledge
岸边浅滩的☆beachy
岸边侵蚀☆bank erosion
岸边沙(丘)☆down
岸边线☆water front
岸边形态☆lay
岸标☆shore beaten
岸冰☆coast(al){fast;barrier} ice
岸冰碛☆bank moraine
岸墩☆abutment{shore} pier
岸钙华☆thinolite；jarrowite
岸钙华质石灰华☆thinolitic tufa
岸后☆backshore
岸基处理☆shore-based processing
岸积物☆bank material
岸架式浮坞☆offshore dock
岸礁☆fring(ing){fringe;shore;bank} reef；ledge
(海)岸礁☆coast reef
岸进☆progradation of coast；progradation
岸流☆coast current
岸流砂砾{砾石}☆bank-run gravel
岸内的☆intracoastal
岸泥☆coast mud
岸坡☆bank slope；bankside；foreshore
岸坡表层脱落☆bank sloughing
岸坡底槛☆bank sill
岸坡蕴水量☆bank storage
岸栖的☆riparian；ripicolous
岸前沙丘☆foredune
岸墙☆quaywall
岸桥☆shore bridge
岸砂{沙}☆bank sand
岸上☆ashore；overbank；onshore；on shore
岸上的☆supralittoral
岸上地压系统☆onshore geopressured system
岸上定位台☆shore station
岸上供给基地☆shore support base
岸上精选站[指采锡船]☆cleaning shed
岸上散料库☆shore bulk plant
岸上设备{施}☆shore facilities
岸上(中转)油库☆shore terminal
岸塌☆bank caving
岸台☆shore station
岸滩剖面☆beach profile
岸滩岩☆Littorina sea；littoral rock
岸土☆bank soil
岸外☆off shore{coast}；offing
岸外坝☆fixed coastal barrier；false beach
岸外岛链☆barrier chain
岸外地压系统☆offshore geopressured system
岸外堆积堤☆(pot) potrero
岸外停泊☆offshore anchorage
岸线☆water front；coastline；waterfront；praya
岸线变动☆shifting
岸线测量☆coastal survey；coastlining
岸线负向迁移☆negative migration of the strand line
岸线后退☆recession of beach
岸线坡度☆dip of the shore horizon
岸相复合体☆coastal complex
岸型☆coastal type
岸缘的右旋变位☆dextral shift of coastal fringe
岸洲☆barrier island
黯淡☆sadness
黯光荧光粉☆scotophor
胺☆amine
×胺[椰子油{|棉籽油|牛脂}胺,含伯胺 97%]☆Alamine 21{|33|26}D
×胺[正十二烷胺,月桂胺,含伯胺 97{|87}%]☆Alamine `4D{|4}
×胺[正十六{|八}烷胺,含伯胺97%]☆Alamine 6{|7}D
×胺[氢化牛脂仲胺,含仲胺 85%]☆Alamine H226
×胺[氢化牛脂胺,含伯胺 87{|97}%]☆Alamine `H26 {|H26-D}
×(号)胺[椰子油胺,含伯胺 87{|85}%]☆Alamine `21{|221}
×(号)胺[`牛脂{|棉籽油}胺,含伯胺 87%]☆Alamine 26{|33}
×(号)胺[正十六烷胺,含伯胺 87%]☆Alamine 6{|7}
胺氟氢酸盐[$RNH_2•HF$]☆amine fluoride
胺固化环氧树脂☆amine cured epoxy resin
胺`化{|处理}的☆amine cured
胺化作用☆amination
胺基☆ammonio
(酰)胺基☆amido
胺基丙酸☆alanine
1-胺基丙烷[$CH_3CH_2CH_2NH_2$]☆1-amino-propane
胺基杀物剂☆amine biocide
胺基酸☆amino acid
胺基乙烷☆ethylamine
1180-C 胺类捕收剂[73 的醋酸十八烷胺,24 醋酸十六烷胺及醋酸仲胺醋酸叔胺混合物]☆Am.Ac. 1180-C
胺类固化剂☆amine curing agent
胺酸消旋测年法☆amino-acid racemization age method

胺酸综合缓蚀剂☆amine-acid complex inhibitor
×胺盐[用`蒸馏的{|加氢的精制}妥尔油制得的脂肪胺醋酸盐]☆Alamac `26D{|H26D}
×(号)胺盐[以妥尔油为原料制成的混合脂肪胺醋酸盐]☆Alamac 26
胺衍生物☆amine derivative
Annite 胺皂(类)浮选剂☆Annite Reagent
犴属[Q]☆moose；Alces
案例☆case history
案台规模实验☆bench-scale experiment

āng

肮脏☆dinge
肮脏的☆filthy；noire

áng

昂栋人☆Ngandong Man
昂贵的☆costly；expensive
昂尼阶[O_3]☆Onnian
昂萨格倒易定理{理论}☆Onsager reciprocity theorem
昂萨格倒易关系☆Onsager's reciprocal relations
昂扬☆soar；high-spirited

àng

盎司{斯}[=28.35g]☆ounce；oz；OZS.

āo

凹☆pit；delve；fovea；cavity
凹岸☆concave{outer;cut} bank；cutbank；undercut slope
凹岸掏宽河流☆ingrown stream
凹斑(蚀象)☆pit
凹板☆dech
凹板筛☆concave grate
凹板式压缩机☆chamber or recessed plate filter press
凹版腐蚀制版法☆aquatint
凹版摄影☆heliogravure
凹棒石☆attapulgite
凹刨☆fillister
凹壁☆niche
凹边孢属[E]☆Concavisporites
凹边大孢属[C_2]☆Nemejcisporites
凹边瘤面孢属[K_1]☆Concavissimisporites
凹边压痕☆concave-sided{CS} indentation
凹玻璃☆hollow slide
凹部☆dent；valley；rabbet；recess
凹槽☆trough (bend)；flute；cave；rut；impression；cavity；fillister；chase；lower bend；recession；cradle；beard；indent(ation)；coulisse；straat [pl.-te][沙丘间]
(砖的)凹槽☆frog
凹槽反折☆trough turn
凹槽罐道☆slotted guide
凹槽节☆notching joint
凹槽流痕☆depressed flute cast
凹槽木属[C_1]☆Porodendron
凹槽型双晶☆grooved-type of twin；notched type of twin
凹槽柱☆fluted column
凹槽铸型☆flute cast
凹处☆recess；concave；scoop；alcove；concavity；dish
凹的☆concave；cavernous；reentrant；holte
凹底活帮矿车☆gable
凹底矿车☆well-bottomed tub
凹底螺属[E-Q]☆Sinum
凹底铣鞋☆concave bottom mill
凹地☆depression；hollow；mulde；valley；coombe；pan；concave (ground)；delve；pothole；kar
凹地形☆Hohlformen；concave relief
凹点☆trough；depression point
凹垫圈☆cupped washer
凹雕☆intaglio (carving)
凹雕宝石☆chevee
凹顶☆concave crown
凹顶鼓藻(属)[绿藻;Q]☆Euastrum
凹顶未属[植;C]☆Abacodendron
凹顶藻(属)☆Laurencia
凹度☆concavity；concavation
凹缝☆hollow joint
凹腹凸轮☆concave flank cam
凹港☆reentrant
凹割[机]☆undercutting
凹格☆caisson
(螺纹的)凹沟底☆bottom of the groove
凹骨☆ostium [pl.-ia]；ostium sulcus
凹谷☆saddle
凹蚶[双壳;T_3-J]☆Catella
凹函数☆concave function
凹痕☆indent；dent；pitting；dinge；indentation；furrow；intent；depression；dint
凹痕卵石☆scarred pebble
凹痕硬度☆pressure hardness
凹环孢属[C_1]☆Simozonotriletes
凹角☆nook；reentrant (angle)
(偏心盘杆)凹节☆gab
凹进☆indent；jog
凹进部分☆recess
凹进去☆fall in
凹坑☆stain；(sunken) pit；rut；piezoglypt{pezograph；regmaglypt} [陨石上]
凹坑平原[月]☆crater plain
凹口☆notch；indentation；hag
凹口管节☆socket union
凹剞[建]☆gorge
凹楞☆fillet
凹率☆concavity factor
凹面☆concavity；concave (surface)；camber concave
凹面方钢☆fluted bar iron
凹(工作)面金刚石钻头☆concave crown
凹面孔槽[孢]☆sinuaperture
凹面砂轮☆shell
凹面调平圆盘☆concave levelling disk
凹面物{的}☆concave
凹模☆lower mouled half
(锻焊)凹模模子☆die
凹扭形贝(属)[腕]☆Sulcatostrophia
凹坡☆concave{waning} slope
凹坡发育[侵蚀大于上升]☆waning development
凹蹼足☆incised palmate foot
凹曲线☆concave curve
凹入(岸)☆indentation
凹入的☆reentrant；concave
凹入航壁☆recessed bulkhead
凹入角☆reentering{reentrant} angle
凹入曲面壁☆reentrant face wall
凹砂轮☆cup-type grinding wheel
凹蚀岸☆undercut bank
凹室☆alcove
凹梯螺属[腹;K_2-E]☆Cavoscala
凹头虫属[三叶;$O_{1\sim2}$]☆Colpocoryphe
凹头螺钉☆socket (head) cap screw；socket (head) screw；SOC. HD. cap screw
凹头埋头螺钉☆socket counter sunk screw
凹透镜☆concave lens
(地形的)凹凸☆relief
凹凸棒石☆attapulgite；palygorskite
凹凸变形成像☆relief deformation imaging
凹凸不平☆roughness
凹凸的☆concavo-convex；concave-convex
凹凸地形☆sag-and-swell{knob-and-basin{-kettle}} topography；sag and swell
凹凸点粒☆lump and pit
凹凸度(大小)☆asperity size
凹凸珐琅☆champleve；raised style enamel
凹凸缝☆keyway
凹凸构造☆sag and swell；pit and mound structure
凹凸加深的钢丝筛网编织☆Hy-Lo crimp
凹凸节理☆cup and ball jointing
凹凸节理构造☆cup-and-ball structure
凹凸榫接☆grooving
凹凸形壳☆concavo-convex phase
凹凸型腕足动物☆concavo-convex brachiopoda
凹凸性☆rugosity
凹凸状胶结物☆meniscus cement
凹洼铸型(构造)☆sag structure
凹湾☆sac
凹网☆reticuloid
凹尾☆emarginated tail
凹纹压路机☆indent(ing) roller
凹隙☆nick
凹下☆sinking；sag；collapse；depressed
凹下部分☆recessed part；negative element
凹下横杆式格筛☆grizzly with depressed crossbar
凹下去的☆sunken；sunk
凹陷☆(topographic(al)) depression；sag；delve[路面]；cave (in)；sink；dent；punctum [pl.-ta]；recession；falling
凹陷池☆sag pond
凹陷处☆valley
凹陷带☆hollow zone
凹陷的☆sunk
凹陷口[孢]☆fossaperturate
凹陷区☆depressed area
凹线☆chamfer
凹线沟☆pit-line groove
凹向沙丘☆upsiloidal dune
凹心钻头☆concave bit
凹星(虫属)[介;O-Q]☆Cypridina
凹型层理☆concave bedding
凹形☆concavity
凹形长板☆stave
凹形齿☆hollow-ground teeth
凹形对顶砧超高压装置☆ultra high pressure device with two recessed dies
凹形工作面全面开采法☆fence row method
凹形崖☆balm；crown scarp
凹形凿☆concave bit；hollow chisel
凹形钻头☆concave bit；saddleback tip
凹穴☆recess；bowl；alveolization[岩石表面]
凹穴面系[孢]☆muronati
凹腰安全杯☆safe edge glass
凹圆线☆cove
凹缘☆concave margin
凹凿☆paring gouge
凹褶孢属[K]☆Poroplanites
凹状扭曲☆dished；dishing
凹锥形[壳]☆coeloconoid
凹座☆recession；recess
(短销)凹座☆dimple

áo

敖包[蒙古族人做界标或路标的堆子,用石头、土或草堆成]☆obo；cairn；a pile of stones,earth or grass used by mongolians as a road sign or a boundary sign
敖广贝属[腕;$O_{2\sim3}$]☆Vellamo
螯☆chela
螯刺[昆]☆spicula；sting
螯合滴定(法)☆chelatometric titration
螯合环状络合物☆chelate ring complex
螯合基☆chelate group
螯合剂☆chelating agent；sequester[多价]；chelator；chelant；sequestrant
螯合去铁、铝化作用☆cheluviation
(一种)螯合酸[由 15%盐酸加螯合剂或缓冲剂构成]☆ Acidron
螯合铁☆iron chelate
螯合物☆chelate complex{compound}；innercomplex；chelate
螯合掩蔽剂☆chelant
螯合作用☆chelation
螯虾属☆Astacus
螯形化合物☆chelate{chelating} compound
螯肢[节]☆chelicera
螯肢动物(亚门)☆Chelicerata
螯足☆cheliped
鳌☆huge legendary sea-turtle
翱翔☆hover

ǎo

拗断区☆dislocated down-warping region
拗沟☆cleuch；clough
拗拉槽☆avlakogene；aulacogen
拗拉谷构造☆aulacogen structure
拗拉堑☆aulacogen
拗口☆col；cot
拗曲☆sagging
拗陷☆depression；downwarp；sag；down-warping；ebbing
拗陷(盆地)☆depression basin
拗陷带☆geotectogene
拗陷盆地☆down-warped basin
拗陷区☆down(-)warping region
拗褶区☆folded downwarping region
拗槽☆trough bend

ào

奥☆Oe；oersted；Oer

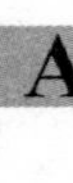

奥安山岩☆oligoclase andesite
奥别尼氏苔藓虫属[O-S]☆Orbignyella
奥勃风☆oberwind
奥伯龙[民间传说的仙王]☆Oberon
奥伯斯阶☆Auversian
奥长斑岩☆oligophyre; oligoclase porphyry
奥长刚玉岩☆plumasite
奥长古铜无球粒陨石☆diogenite; rodite
奥长花岗伟晶岩岩☆trondhjemite pegmatite
奥长环斑岩☆rapakivi
奥长石[介于钠长石和钙长石之间的一种长石; $Ab_{90\sim70}An_{10\sim30}$;$Na_{1-x}Ca_xAl_{1+x}Si_{3-x}O_8$;三斜]☆soda-spodumene; oligoclase; sodium spodumene; luotolite; oligo(cla)site; amausite; natronspodumen; oligoklas
奥长岩☆oligoclasite; oligosite
奥德汉(-)古登堡不连续面☆Oldham-Gutenberg discontinuity
奥德萨坑[陨坑;得州]☆Odessa Craters
奥迪勃尔特管[试验安全炸药用]☆Audibert tube
奥地利☆Austria
奥地利-阿尔卑斯推覆体☆Austro-Alpine nappe
奥地利式隧道支撑法☆Austrian method of tunnel timbering
奥第伯阿钮膨胀计☆Audibert-Arnu dilatometer
奥都威变动☆Olduvui event
奥`杜瓦(伊){尔都维}(地磁)事件[Qp]☆Olduvai event
奥顿阶[欧;P_1]☆Autunian stage
奥顿锥☆Orton cone
奥多风☆osophone
奥多(-)哈金斯法则☆Oddo-Harkins rule
奥多赫茨-安斯蒂公式☆O'Doherty-Anstey formula
奥厄火石合金[35Fe,65 稀土金属]☆Auer metal
奥尔虫属[三叶;$Є_2$]☆Orria
奥尔达麦克垂直平行深孔崩落采矿法☆Aldermac method
奥尔叶式风速计☆Ower anemometer
奥菲厄斯重力异常☆Orpheus gravity anomaly
奥非奥岩☆ophiolite
奥夫辛斯基[Ovshinsky]作用的☆Ovonic
奥福特硫化镍硫化铜分离法☆Orford process; top and bottom process
奥盖尔陨石☆Orgueil (meteorite)
奥格宾贝属[腕;P]☆Ogbinia
奥古斯丁☆Augustin process
奥顾二氏不连续面☆Oldham-Gutenberg discontinuity
奥硅钙石☆okenite
奥环斑{状}花岗岩☆wiborgite; rapakivi
奥环状花岗岩结构☆rapakivi texture
奥霍(统)[北美;P_2]☆Ochoan
奥纪虫☆Ogygites
奥纪三叶虫属☆Oygites
奥卡拉[一种美国石灰岩]☆ocala
奥科伊(统)[北美;AnЄ]☆Ocoee
奥克洛现象☆Oklo phenomenon
奥克塔鏟属[孔虫;P_1]☆Oketaella
奥克特苔藓虫属[E_2]☆Ochetosella
奥克替陨铁☆octibbehite; oktibbehite
奥拉风☆ora
奥赖尔阶☆Orellan Stage
奥兰转换器☆Olland cycle
奥里诺科重油带[委]☆Orinoco heavy oil belt
奥里斯坎尼(阶)[美;D_1]☆Oriskanian
奥里扎巴灰岩☆Orizaba limestone
奥利安式除尘法☆Orient system
奥利弗-博登型管式浓密机☆Oliver-Borden thickener
奥利弗型圆筒形连续真空过滤机☆Oliver continuous filter
奥利特合金☆Oilite alloy
奥利烷☆oleanane
奥利沃型真空过滤机[分支式]☆Oliver filter
奥列尼叠层石属[Z]☆Olenia
奥林匹克的☆Olympic
奥林匹斯山[火星]☆Olympus Mons
奥伦堡阶☆Orenburgian Stage
奥伦尼克(阶)[欧;T_1]☆Olenekian
奥罗克调车器☆O'Rourke car switcher
奥曼氏测量仪☆Oehman's survey instrument
奥米伽{加}[无线电导航系统]☆Omega
奥米伽定位设备☆Omega positioning and locating equipment; OPLE
奥米伽型构造☆Omega-structure
奥妙☆mystery
奥姆定律☆Ohms law
奥钠长石[$Ab_{100\sim90}An_{0\sim10}$]☆oligoclase-albite; albiclase; albiclass
奥嫩达加灰岩[D_2]☆Onondaga limestone
奥尼昂塔牙形石(属)[O]☆Oneotodus
奥尼斯奎索(阶)[北美;$D_{1\sim2}$]☆Onesquethawan
奥诺虫蜡烷☆onocerane
奥帕宾虫属[三叶;$Є_2$]☆Opabinia
奥帕尔菊石科[头]☆Oppeliidae
奥佩尔带☆Oppelzone; concurrent-range zone
奥佩尔应变刻度仪☆Oppel's strain compass
奥皮克牙形石属[$O_{1\sim2}$]☆Oepikodus
奥普托瓦变倍器☆OPTOVAR
奥球闪长岩☆esboite
奥萨季核形石群[$Є_3$-K]☆Osagia
奥萨季(阶)[北美;C_1]☆Osagian stage; Osagean
奥萨特气体分析仪☆Orsat gas-analysis instrument
奥散沉降速度定律☆Osann's law of settling velocity
奥散分类[火成岩]☆Osann's classification
奥散三角(图)☆Osann's triangle
奥沙纳☆Oshana
奥闪石☆osannite
奥闪石岩☆pedrosite
奥砷钠锌石☆o'danielite
奥砷锌钙高铁石☆ogdensburgite
奥砷锌钠石[$Na(Zn,Mg)_3H_2(AsO_4)_3$;单斜]☆O'Danielite
奥式烟气分析仪☆Orsat flue gas analysis
奥氏笔石属[S_1]☆Oktavites
奥氏沉降速(度定)律☆Ossan's law of settling velocity
奥氏体☆austenite
奥氏体变态体[淬火钢 400℃回火所得的组织]☆osmondite
奥氏体钢☆austenitic{austenite} steel
奥氏体化☆austenitizing
奥氏体形变处理☆ausform
奥氏藻属[红藻;Q]☆Audouinella
奥氏钻孔测量仪☆Oehman's apparatus; Oehman's survey instrument
奥斯登体☆austenite
奥斯丁尼特炸药☆austinite
奥斯丁牌胶质安全炸药☆Austin Red-D-Gel
奥斯赖特炸药☆Astralite
奥斯陆地堑☆Oslograben
奥斯朋矿☆osbornite
奥斯塔绿[石]☆Verde Aosta
奥斯坦德暖期[欧;中、新石器时代,约 9000~7000 年前]☆Ostendian phase
奥斯特[磁场单位]☆oersted; Oe; Oer
奥斯特表☆Oerstedmeter
奥斯特风[保加利亚沿海的干南风]☆auster
奥斯特华{瓦}德步进法则☆Ostwald's step rule
奥斯特瓦尔德比重计☆Ostwald gravitometer
奥斯汀贝属[腕;O_3]☆Austinella
奥斯汀阶[北美;K_2]☆Austinian stage
奥斯汀牌胶质安全炸药☆Austin Red-D-Gel
奥斯汀维尔型☆Austinville-type
奥索风☆osophone
奥唐风[法]☆autan
奥陶(纪的)☆Ordovician
奥陶纪[510~439Ma,海水广布,中奥陶世后,华北上升为陆,三叶虫、腕足类、笔石极盛,鱼类出现,海生藻类繁盛;$O_{1\sim3}$]☆O; Ordovician (period); Lower Silurian
奥陶纪前☆Pre-Ordovician
奥陶系☆Ordovician (system); O; Lower Silurian
奥特间隔顺序[多型中]☆Ott's interval sequence
奥梯林冻结(凿井)法☆Oetling freezing method
奥透粗面岩☆drakontite; dracontite
奥图泰 TankCell 浮选机☆Outotec TankCell flotation machine
奥托虫(属)[环虫]☆Ottoia
奥托发动机☆Otto cycle engine
奥托风☆outo
奥托曼[一种和重锤一起使用的地震勘探自动记录装置]☆Automan
奥托循环柴油机☆Otto-cycle engine
奥顽无球粒陨石☆oligoclase chladnite
奥维尔斯状型摇床☆Overstrom table
奥霞正长岩☆raglanite
奥斜安山岩☆iojimaite
奥`秀{休尔}风☆orsure
奥亚氏膨胀度试验☆Audibert-Arnu dilatometer test
奥陨顽火辉石☆oligoclase chladnite
奥扎克期[Є-O_1]☆Ozarkian
奥扎克统[美;O_1]☆Ozarkian series
奥札{扎}克世☆Ozarkian epoch
奥锗铅石☆otjisumeite
奥中长石☆oligoclase {-}andesine; andeclase; andesine-oligoclase
澳☆cove
澳大利西亚采矿和冶金学会☆Australasian Institute of Mining and Metallurgy; A.I. of M. & M.
澳大利亚-南极海隆☆Australia-Antarctic Rise
澳大利亚珊瑚属☆Australophyllum
澳忍冬属[E_2]☆Banksia
澳石南科☆Epacridaceae
澳松石☆fichtelite
澳洲柏属[K_2-Q]☆Callitris
澳洲宝石鲈☆Scortum barcoo
澳洲地盾☆Australian shield
澳洲肺鱼属☆Epiceratodus; Neoceratodus
澳洲人种☆Australoid
澳洲沙石[石;金黄色{|浅黄色|粉红色}]☆Mount White [Dark{|Medium|Pink}]
澳洲珊瑚属[D_2]☆Australophyllum
澳洲似曜石☆australite
懊悔☆regret

B

bā

捌角反射器☆corner reflector
扒钉☆cramp；chencher；clincher；stirrup bolt
扒矸石☆slush
扒矿☆scraping；slush
扒矿点☆scrap drawpoint
扒矿斗☆scraper-loader
扒矿工☆slusherman
扒矿巷道☆scram (drive)；scraper drift；slushing lane
扒矿机☆scraper (machine)；slusher；ore scraper
扒矿机出矿回采法☆scraper mining
扒矿机钢丝绳导轮☆snatch block
扒矿机链☆scraper chain
扒矿机扒道☆pullway
扒矿机型矿仓☆slusher-type pocket
扒矿绞车☆scraper hoist{winder;winch;hauler}；drag scraper hoist；slusher hoist
扒矿绞车自动控制☆automatic slusher control
扒矿开采☆breast mining
扒渣☆skim
扒渣钩☆damping bar
芭拉黑[石]☆Barry Black
芭拉灰[石]☆Brarry Grey
笆砖☆sheathing tile
八☆octo-；octa-；Oc-
八板颗石[钙超;K_2]☆Octolithites
八半面类☆ogdohedral class
八半面体☆ogdohedron
八半面象☆ogdohedry
八倍长字☆octaword
八倍的☆octuple
八边形☆octagon
八边折线等值图☆octagonal contour
八侧向测井☆laterolog(-)8；LL8
八重的☆octuple
八重晶☆octet
八次配位☆eightfold coordination
八代螺类☆Tonnacea
八分面对称的☆ogdosymmetric
八分面体☆ogdohedron；ogdohedra
八分面象☆ogdohedry；ogdomorphy
八分面象(晶)组☆ogdohedral class
八分面(象单)形☆ogdohedral form
八分仪{区}☆octant
八分锥[三斜晶系中{*hkl*}型的单面]☆ogdo-pyramid
八个一组☆octad；octet
八股七丝钢绳☆rheostat rope
八管发射器☆xylophone
八桂运动☆Bagui movement
八环的☆octacyclic
八极管☆octode
八极(的)装置☆octupole
八级风☆fresh gale
八价☆octavalence；octovalence
八价的☆octavalent
八价元素☆octad
八脚管座☆octal socket
八脚盘棒石[钙超;J_2-Q]☆Octopodorhabdus
八角枫粉属[孢;E_{2-3}]☆Alangiopollis
八角枫科[E-Q]☆Alangiaceae
八角枫属[Q]☆Alangium
八角菊石属[头;K_1]☆Octagoniceras
八角体☆octet
八角萜☆sikimin
八角形☆octagon
八角型钢☆octagonal bar steel
八角形钢杆☆octagon steel
八节点剪切面☆eight-node shear panel
八进制☆octonary number (system)；octal (number) system；octal；scale-of-eight
八进制{位}的☆octonary；octal；octadic
八进制数(字)☆octal digit{number}
八开☆8vo；octave；octavo
八开本{纸}☆octavo
八连晶☆eightling；eight-fold twin；octet
八连线{重态}☆octet
八面的☆octal；octahedral
八面沸石[$(Na_2,Ca)Al_2Si_4O_{12}$•$8H_2O$;等轴]☆faujasite (zeolite)；feugasite；octahedra zeolite；fauyasite；fojasite
八面硅钙铝石☆hibschite
八面硼砂☆octahedral borax [Na_2O•B_2O_3•$5H_2O$]；mohavite [$Na_2B_4O_7$•$5H_2O$]；tincalconite
八面石[TiO_2]☆octa(h)edrite；anatase
八面体☆octahedron；octahedra
(配位)八面体带☆octahedral band
八面体基团[配位]☆octahedral group
八面体剪应力塑性条件☆octahedral shearing stress plasticity conditions
(配位)八面体列☆octahedral column
八面体配位位置☆octahedral coordination site
八面体群☆octahedron{octahedral} group
八面体式陨铁☆octahedrite
八面体应力理论☆octahedral stress theory{criterion}
八面(体)位置优先能☆octahedral site preference energy；OSPE
八木天线☆Yagi array{antenna}
八目鳗☆lamprey；Petromyzon
八目石蛭☆erpobdella octoculata
八囊蕨属[C_2]☆Octotheca
八射骨针[绵]☆octactin
八射珊瑚☆octocoral；Alcyonaria；Octocorallia
八射珊瑚亚纲[腔]☆Octoseptata；Octacorall(i)a；Octocorallia
八射亚纲☆Octoseptata
八十列(穿孔)卡☆eighty column card
八室水力分级机☆eight-spigot classifier
八水合砷酸钴[$Co_3(AsO_4)_2$•$8H_2O$]☆cobalt bloom
八腕(亚)目[头]☆Octopo(i)dea
八维的☆octuple
八位数☆eight digit number
八位位组☆octet
八小时三班制☆three eight-hour shifts
八心电缆☆quad pair cable
八溴联二苯[阻燃剂]☆octabromobiphenyl
八叶{原;阳离}云母☆octophyllite；octaphyllite
八氧化三铀☆triuranium octaoxide
八音度☆octave
八隅(体)☆octet
八隅原则☆Lewis-Kossel octet principle
八月☆August；Aug.
八趾迹[遗石]☆Octopodichnus
八轴针☆octaxon
八字波☆diversing wave
八字轮☆miter{bevel} gear
八字墙拱☆splayed arch
八字套接链☆pintle chain
八字形☆splay
八字形拱☆splayed arch
鲃{鲃}鱼(类)[N]☆Barbus
疤[鹦鹉螺;头]☆seam；scab；cicatrix [pl.-ices]
疤痕☆scar；sore；spot；pit；cicatrix [棘;pl.-ices]
疤菊石属[头;J_3]☆Phlycticeras
疤木(属)[C_2-P_1]☆Ulodendron
疤皮☆spill
巴[压力单位]☆bar
巴巴多斯土[一种放射虫泥]☆Barbados earth
巴巴原子能研究中心[印]☆Bhabha Atomic Research Centre；B.A.R.C.
巴斑点状矿石☆spotted ore
巴比合金☆babbit(t)；babbit metal
巴比纳{涅}补色器☆Babinet compensator
巴比特合金☆babbitting；babbit(t)
巴勃考克威尔考克斯型干磨机☆Bobcock and Wilcox mill
巴伯顿群体☆barbertonensis
巴布科克摩擦系数☆Babcock coefficient of friction
巴布亚新几内亚☆Papua New Guinea
巴登山☆badenite
巴登式钻杆更新法☆Bardine process
巴底格里奥岩☆bardiglio
巴碲铜石{矿}[$CuTeO_3$;单斜]☆balyakinite
巴第型螺旋分选机☆Pardee spiral separator
巴丁合金☆Badin metal
巴丁-库柏-施里弗理论☆Bardeen-Cooper-Schrieffer{BCS} theory
巴东虫属[孔虫;P_1]☆Padangia
巴豆醛☆crotonaldehyde；crotonic aldehyde
巴豆酸盐[CH_3CH=$CHCOOM$]☆crotonate
巴豆酸酯[CH_3CH=$CHCO_2R$]☆crotonic acid ester
巴(尔)顿期{阶}[E_2]☆Bartonian (stage)
巴顿破坏准则☆Barton failure criterion
巴恩斯容积热液体系☆Barnes volumetric hydrothermal system
巴恩斯摇摆(高压)弹☆Barnes rocking bomb
巴尔多孢属[K_1]☆Baldurnisporites
巴尔干矿☆balkanite
巴尔哈什腐泥☆balkhashite
巴尔克霍森效应☆Barkhausen effect
(润滑脂用)巴尔克利压力黏度计☆Bulkley pressure viscosimeter
巴尔米拉造山带☆Palmyrides
巴尔萨木属[D_2]☆Barsassia
巴尔沃斯重介选煤法☆Barvoys process
巴尔扎斯木属☆Barsassia
巴伐利亚阿尔卑斯山脉☆Bavarian Alps
巴非蛤属[双壳;Q]☆Paphia
巴沸石☆barrerite
巴芬湾浮冰☆west ice
巴甫林球形藻属[AnЄ-D]☆Bavlinella
巴格达石☆baghdadite
巴格诺尔德弥散应力☆Bagnold dispersive stress
巴哈马☆Bahamas
巴哈马岩{石;沉积}☆bahamite
巴哈丘☆paha hill
巴亨陨铁☆brahinite
巴基斯坦☆Pakistan
巴卡库石[钙超;J_3-K_1]☆Bucculinus
巴柯尔硬度计☆Barcol impressor
巴科尔刚玉锆英石☆Bacor
巴科型干式超微粒空气离心器☆Bahco air centrifuge
巴克尔索引[晶体化学分析的]☆Barker index
巴克豪森-库尔兹振荡器☆Barkhausen-Kurz oscillator
巴克豪森噪声☆Barkhausen noise
巴克利-莱弗里特前缘驱动法☆Buckley-Leverett frontal-drive method
巴克利-莱弗里特非混相驱理论☆Buckley-Leverett immiscible displacement theory
巴克龙属[爬;K]☆Bactrosaurus
巴克曼翻床☆Buckman tilting table
巴克斯-吉尔伯特法☆Backus-Gilbert approach
巴克斯-诺尔形式☆Backus Naur Form；BNF
巴克斯三点算子☆Backus three-point operator
巴肯型(变质)相系☆Buchan-type facies series
巴拉(思)☆balas
巴拉(群)[欧;O_{2-3}]☆Bala
巴拉顿菊石属[头;T_2]☆Balatonites
巴拉根型星形夹☆Paragon star clip
巴拉圭☆Paraguay
巴拉霍贝属[腕;C_{1-2}]☆Balakhonia
巴拉赛特[三角形聚晶复合片]☆ballaset
巴拉斯☆ballas
巴拉斯型金刚石[工业用]☆ballas type diamond
巴拉塔树胶☆balata
巴喇思红宝石☆balas ruby
巴兰德贝属[腕;S]☆Barrandella
巴兰德角石属[头]☆Barrandeoceras
巴兰德木属[D_1]☆Barrandeina
巴兰德珊瑚属[D_3-C]☆Barrandeophyllum
巴兰底角石目☆Barrandeocerida
巴兰猿人☆Paranthropus
巴勒斯坦☆Palestine
巴雷金[某些硫质矿泉水所含氮化有机质残渣]☆hydrosin；baregine
巴雷姆阶[K_1]☆Barremian
巴黎☆Paris
巴黎石膏☆plaster of paris
巴里法☆Barry's method
巴里蜂窝状硅石衬板☆Barry lining
巴里萨得变动☆Palisade disturbance
巴里斯泰特炸药☆ballistite
巴里特合金☆Palid
巴利西松属[植;J]☆Palissya
巴力克[加金矿公司]☆Barrick Gold
巴列[气压单位;达因/厘米^2]☆barye；barie
巴列姆阶[117～113Ma;欧;K_1]☆Barremian (stage)
巴林☆Bahrain
巴林杰输入系统☆Barringer Input System
巴硫铁钾{钾铁}矿[$K_3Fe_{10}S_{14}$]☆bartonite
巴伦理论☆Barren theoria
巴罗带☆Barrovian zones
巴罗德公司录井系统☆Baroid logging systems
巴罗海绵属[K]☆Barroisia
巴罗式带☆Barrovian zone
巴罗型变质作用☆Barrovian-type metamorphism

B

巴洛(闪)石☆barroisite
巴米特叠层石属[Z]☆Parmites
巴拿马☆Panama
巴拿马黑[石]☆Nero Impala
巴拿马区☆panamic region
巴纳德星☆Barnard star
巴纳菲尔德阶☆Barneveldian Stage
巴纳特交生[贯穿或复杂的巴温诺律双晶]☆Banater intergrowth
巴纳星☆Barnard's Star
巴奈伯仪☆Barnaby instrument
巴尼特效应☆Barnett effect
巴热诺夫石☆bazhenovite
巴柔{裘}阶[164～170Ma;欧;J_2]☆Bajocian (stage)
巴锐诺蕨属[D_{2-3}]☆Barinophyton
巴若桑☆Bajocian
巴萨丁运动☆Pasadenian
巴萨洛伊安全系统合金[44.5Pb,55.5Bi]☆Basalloy
巴塞尔姆斯法[地震折射解释]☆Barthelmes method
巴塞勒斯铲斗☆Bucyrus shovel
巴山树脂☆balsam
巴蛇纹石☆balvraidite
巴什基尔统☆Bashkirian
巴什基利亚期☆Bashkirian age
巴氏笔石属[S_2]☆Barrandeograptus
巴氏大孢属[K]☆Balmeisporites
巴氏合金☆babbitt(ing)；babbit (metal)；bab；white alloy；W.M.
巴氏合金填密圈☆babbit packing ring
巴氏合金(阀门闸板)座☆babbit seat
巴氏介属[N_1-Q]☆Basslerites
巴氏石松(属)[S-Q]☆Baragwanathia
巴氏丝石竹[铜矿通示植]☆cachim；Gypsophila patrini
巴氏星石[钙超;K_2]☆Bukryaster
巴水钒矿[V_2O_4•$4V_2O_5$•$12H_2O$;单斜]☆bariandite
巴水硼锶石[$Sr_2B_6O_{11}$•$4H_2O$;斜方]☆balavinskite
巴斯佛尔定理☆Parseval's theorem
巴斯噶定律☆Pascal's law
巴斯基尔阶[C_1]☆Bashkirian (stage)
巴斯拉石油有限公司[伊拉]☆Basrah Petroleum Co.,Ltd.
巴斯勒角石亚目☆Bassleroceratina
巴斯托夫阶[北美;N_1]☆Barstovian (stage)
巴斯型摇床☆Buss table
巴斯岩☆Bathstone
巴斯页岩☆bass
巴塔克跳汰机☆Batac jig
巴特贝属[腕;O]☆Paterula
巴特尔粗粒悬浮液选矿机☆Battelle gravity-flow concentrator
巴特尔式抗焊道下裂缝试验☆Battelle type cracking test
巴特尔斯维尔能源研究中心☆Bartlesville Energy Research Center；RERC
巴特拉姆鏇属[孔虫;C_2]☆Bartramella
巴特莱斯莫兹利摇动翻床☆Bartles Mozley table
巴特利特三层摇床☆Bartlett table
巴特丘☆bult
巴特沃思氏带通{通频带}☆Butterworth bandpass
巴特页岩☆batt；bat
巴通(阶)[160～164Ma;欧;J_2]☆Bath(on)ian (stage)
巴通硫钾铁矿☆bartonite
巴土塔图☆pastagram
巴土(树)脂☆batu
巴韦{维}诺双晶[曾用名:巴温诺双晶]☆Baveno twin
巴温诺(双晶)律☆Baveno law
巴温诺习性[长石的方柱状习性]☆Baveno habit
巴文特阶☆Baventian stage
巴沃斯重介质选法[利用黏土和重晶石做悬浮液]☆Barvoys process
巴西☆Brazil
巴西产的镭矿石☆euxamite
巴西帝红(细花)[石]☆Royal Red；Colorado Gaucho
巴西点啡[石]☆Ipanema
巴西红棕[石]☆Bratteby
巴西基酸[$HOOC(CH_2)_{11}COOH$]☆brassylaic acid
巴西金珍珠[石]☆Amerello Pearl
巴西冷风☆sur
巴西(双晶)律☆Brazil(ian) law
巴西暖洋流☆Brazil current
巴西劈裂法试验☆Brazilian test
巴西石[$NaAl_3(PO_4)_2(OH)_4$]☆brazilianite；brazilite
巴西式双晶☆Brazil twin
巴西新纽啡珠[石]☆Riosorgeinento
巴西棕榈蜡☆carnauba wax
巴希亚蓝[石]☆Azul Bahia
巴伊亚岩☆bahiaite
巴蟖属☆Baphetes
巴掌☆leg；lug[牙轮钻头]
(牙轮钻头的)巴掌尖☆shirt-tail

bá

拔☆pluck；pull；poke
拔出☆draw；tear out；extract；evulsion
拔出器☆puller
拔除树木☆clearing
拔萃集☆analecta；analects
拔道钉机☆spike-drawer
拔掉☆tear
拔钉锤☆claw{nail} hammer
拔钉斧☆law hatchet
拔钉钩☆shackle bar
拔钉钳☆dog
拔顶[石油蒸去轻馏分]☆topping
拔顶馏分☆tops
拔顶物☆distillation overhead；top cut
拔顶原油☆reduced{topped} crude
拔顶装置☆topping plant；topper
拔杆☆button pole
拔杆器☆rod puller{gun}
拔根器☆rooter
拔海☆above tide；above sea level；ASL
拔横斜度☆pottern taper
拔键器☆key puller
拔拉扭矩☆pull-out torque
拔立克斐儿特风[澳南海岸的干热风]☆brickfielder
拔锚☆weigh anchor
拔钎器☆steel-puller
拔钳☆draw tongs
拔取机构☆pulling mechanism
拔去塞子{插头}☆unplug
拔蚀☆sapping{plucking} [冰]；quarrying；pluck
拔丝☆wiredrawing；spin
拔丝机☆wire {-}drawing machine{bench}
拔套管☆casing withdrawal
拔筒制板法☆machine-cylinder method
拔头原油☆topped crude
拔销☆taper
拔销螺丝☆tapered screw
拔形砂轮☆depressed center wheel
拔削[冰]☆pluck
拔削面☆plucked ledge
拔桩☆pile extraction
拔桩机☆pile drawer{engine;puller}；pile-drawing engine；(pile) extractor；extraction jack；pulling machine
拔桩试验☆withdrawal test of pile；pile pulling test
拔钻杆机☆rod{steel} puller
跋☆afterword
跋涉☆slog

bǎ

把☆bundle；truss
把抽油杆挂在游梁上[口]☆hang her on the beam
把导火索插入药包☆lacing of fuse through cartridge
把(煤)堆进煤舱☆bunker
把(船)翻转☆keel
把(飞机)放入机库中☆hangar
把钩工☆cager (tender)；blocker；banker；cageman；bank{bell;bottom;signal;hookup} man；braker；hook tender；hitcher；lander；hanger on
把(木板、铁片等)刮光{锤平}☆dub
把管子焊接成双接口管段的场地☆doubling yard
把管子头对头地排放☆endo
把(物质;资金等)划归☆allocate
把人弄糊涂的☆blinding
把绳子拴在(套索桩等)上☆belay
把守安全关☆take measures to ensure safety
把……涂上一层石蜡☆coat…with wax
把头弄尖☆spike
把握☆confidence
把胸部对着☆breast
把账记入☆make an entry of
把(油)注入燃料舱油槽☆bunker
把钻具提出钻孔☆pulling out the hole
把钻孔打成锥形☆drill down to a point
把钻杆立根卸成单根☆breaking down
靶☆butt；target
靶(恩)[核反应截面单位,=$10^{-24}cm^2$]☆barn
靶场安全☆range safety
靶衬底☆target backing
靶的总穿深☆total target penetration；TTP
靶电流☆target current
靶核☆target nuclide
靶舰☆drone
靶区☆play；target (area)
靶式流量计☆target-type (flow)meter
靶心☆bull's {-}eye；noire；centre of a target
靶心的白点☆carton
靶信号闪变☆target flicker
靶阴极{|元素|原子}☆target cathode{|element|atom}
靶子☆target
钯☆palladium；Pd
钯铂精矿☆palladium-platinum concentrate
钯铂矿☆palladic platinum
钯碲铂矿☆palladian moncheite
钯汞膏☆palladium amalgam；potarite
钯华[PdO?]☆palladi(ni)te；palladiumocker
钯金[(Au,Pd)]☆palladium{stannide} gold；porpezite；porpecite
钯金合金☆polarium；palau (alloy)
钯金(热电偶)合金☆palladium-gold
钯金铜矿☆aurocuproite；rozhkovite；palladic cuprauride
钯矿☆palladium ores
钯硫砷钌矿☆palladian hollingworthite
钯砷锡矿☆palarstanide
钯石棉☆palladium{palladinized} asbestos
钯锑矿☆palladium diantimonide
钯铜合金☆palladium-copper alloy
钯铜金矿☆rozhkovite；palladian cuproaurite
钯锡铂矿☆platinum-palladium stannide
钯锡矿☆palladium stannide
钯斜方铜金矿☆palladic{palladian} cuproauride；palladian rozhkovite
钯银金矿☆palladic electrum
钯-硬硒钴矿☆Pd-trogtalite
钯自然铂☆palladic-platinum
钯自然金{|铁}☆palladian gold{|iron}

bà

耙地☆harrow
耙痕☆harrow mark
坝☆embankment；dam；barrier；dike；stop；dyke；weir；jetty；barrage；sand bar；darn；sandbar；sandbank；shoal；flatland；plain
坝安全鉴定☆dam safety evaluation
坝变形观测☆observation of dam deformation
坝的基本频率☆fundamental frequency of dam
坝顶☆crest；crest of dam；dam top
坝根☆dam root
坝河鼠属[Q]☆Bahomys
坝后淤积☆deposition behind dam
坝护坡☆dam slope protection
坝基☆dam foundation{base}；foundation of a dyke；rock dam foundation
坝基抗滑{|变形}稳定性☆anti-sliding{|deformation} stability of dam foundation
坝基渗漏☆leakage through dam foundation
坝基岩体附加荷载☆superimposed load of dam foundation
坝肩☆abutment of dam；(rock) dam abutment
坝脚☆toe；toe of dam
坝脚抛石☆talus
坝接头☆abutment of dam
坝决☆dam breaking
坝口湖☆bar lake
坝溃决☆dam breaking
坝面护板☆sheeting of dam
坝前渗流☆frontal seepage；frontal seepage of dam
坝墙☆bridge wall
坝上游坡度☆dam upper reaches slope
坝位☆dam location
坝下冲刷☆degradation below dam
坝下淘刷☆scour below dam
坝下游坡度☆dam lower reaches slope
坝心☆dam core
坝堰☆dam

坝址☆damsite；dam location{site}
坝址调查☆site investigation
坝址区地质测绘☆geology-mapping of dam-site
坝趾☆toe of dam；(dam) toe
坝踵☆dam heel
坝踵零应力☆zero heel stress
坝轴线☆dam axis
坝座☆pulvino
坝座变形☆abutment deformation
把☆holder
把节[钙超]☆knob
把手☆handle(bar)；grasp；claw；rank；holddown；handgrip；grip；knob；handhold；haft；shake hands；holder；rein
霸王龙科☆Tyrannosauridae
霸王龙(属)[K]☆Tyrannosaurus
霸鱼属☆Titanichthys
罢工☆strike；walkout
罢工保险☆insurance against strike
罢工者☆striker

bái

白☆leuk(o)-；leuc(o)-
白矮星☆white dwarf
白氨酸☆leucine；norleucine
白氨酰-[$(CH_3)_2CHCH_2CH(NH_2)CO-$]☆leucyl
白氨酰乙氨酸☆leucylglycine
白安型叶式风速计☆Biram vane anemometer
白斑☆bleach-spot；facula [pl.-e]；leucoma；white spot[土星]
白斑红大理岩☆mandelato
白斑霞石☆lythrodes
白斑钻石雀☆forty-spot
白班☆day tour；dayshift
白宝石晶须{须晶}☆gem whisker
白报纸☆newsprint
白贝罗定律☆Buys Ballot's law
白碧晒{玺}☆achroite
白飑☆white squall
白冰☆white ice
白波水浪[汹涌湍急的河流]☆wildwater
白布朗风☆white buran
白层磷质灰岩☆white-bedded phosphate
白炽☆incandescence；white heat
白炽(丝)灯☆filament{incandescent} lamp；electric filament lamp；incandescent bulb
白炽灯丝电子管☆bright emitter
白唇野猪☆Tayassu pecari
白瓷土☆china
白粗石蜡片☆white scale
白蛋白☆albumin；albumen
白蛋白石☆white opal
白道☆lunar orbit
白底☆white ground coat (enamel)
白底板[德]☆weissliegende
白地黑花☆black and white
白地蜡☆ceresin(e)
白碲金矿☆white tellurium
白碲金银矿☆krennerite；white tellurium
白点☆flakes；fish eye
白点钢☆spotty steel
白锭子油☆white spindle oil
白度☆brightness；degree of whiteness；whiteness
白度测定☆opacity test
白墩子[一种精炼的白瓷土]☆petuntse
白俄罗斯☆Belarus
白垩[$CaCO_3$]☆chalk [a type of limestone]；greda；caulk；calk；cauk；whiting；calcium carbonate；creta；coak；chalkstone
白垩棒石[钙超;K]☆Cretarhabdus
白垩的☆cretaceous；chalky
白垩地区☆chalkland
白垩粉☆whiting；whitening
白垩光☆malm stone
白垩化☆cretification；chalking
白垩纪[135～65Ma;有胎盘哺乳动物出现,恐龙繁荣和灭绝,我国东部地壳运动,岩浆活动剧烈,形成多种金属矿产,气候较干燥,内陆盆地出现红层,产岩盐的石膏；K_{1-2}]☆K；Cretaceous (period)
白垩纪的☆Cretaceous
白垩纪海龟属[爬]☆Archelon
白垩泥灰岩下的流砂层☆torrent
白垩盘石[钙超;K_2]☆Cretadiscus
白垩山丘☆downs
白垩统☆Cretacic；Chalk
白垩系☆Cretaceous (system)；K；cretacic
白垩质黏土☆chalky clay
白垩质岩☆malmstone
白垩状孔隙☆chalky porosity
白恩塞特探水钻机☆Burnside boring machine
白发石☆leucotile；leukotil
白矾☆white alum；alumbre
白沸钙石☆centrallas(s)ite
白沸石[$Ca(Al_2Si_5O_{14})•6H_2O$]☆laubanite；echellite；taenite
白费的成本☆lost cost
白粉☆ceruse；whiting；whitening
白粉胶☆whitewash
白粉菌属[真菌;Q]☆Erysipke
白氟钙铝石☆gearks(ut)ite；evigtokite
白腐石☆crenite
白腐酸☆crenic acid
白腐酸钙石☆crenite
白钙沸石[$4CaO•6SiO_2•5(H,Na,K)_2O$]☆gyrolite；centrallasite；gur(h)olite；centrallassite；glimmer zeolite
白钙铍石[$Ca(Al,Li)_2((Al,Be)_2Si_2(O,OH)_{10})•(OH)_2$]☆bowleyite
白橄黄云{长}岩☆katungite
白橄榄石☆white olivine
白岗斑岩☆alaskite {-}porphyry
白(花)岗岩☆alaskite；aplite；haplite；alaskite
白刚玉☆white sapphire；white fused alumina
白格[植]☆akle
白格信号☆white rectangle signal
白冠☆white cap
白光☆white light{sight}
白硅钙石[$Ca_2(SiO_4)$;$Ca_{14}Mg_2(SiO_4)_8$;斜方、假六方]☆bredigite；centrallasite；gyrolite；ortholarnite
白硅铝钠石☆weldite
白硅石☆cristobalite；crystobalite；cristiballite
白硅酸盐水泥☆white portland cement
白海棠[石]☆White Crabapple
白毫石油☆pekea-nut oil
白合金☆white metal{alloy}；W.M.
白虹☆white rainbow
白琥珀☆bactard
白化☆whiten
白化植物☆albino plant
白环蛇纹岩☆leucophite
白灰喷刷☆lime spraying
白灰砂浆打底☆lime mortar undercoat
白灰玄岩☆braccianite
白辉石[$Ca(Mg,Al)(Si,Al)SiO_6$]☆leuc(o)augite；leukaugit
白火焰☆bright flame
白火药[由氯酸钾、亚铁氰化钾、糖组成]☆white gunpowder
白假霞石[碱、Fe 及 Ca 的铝硅酸盐]☆lieb(e)nerite
白碱流岩☆comendite
白碱土☆white alkali soil
白浆化☆lessivage；lessivation
白浆土☆lessive
白金☆platinum；white gold；Pt
白金汉定理☆Buckingham's theorem
白金蓝钻金刚石耳插☆white gold earring clips with sapphire and diamond
白金丝电桥☆platinum bridge
白晶白云岩☆baroque dolomite
白晶石☆rhaetizite；bertrandite
白精油石油溶剂[石油产品,沸点 145～205℃,含芳烃<10%]☆white spirit
白钧☆white Jun glaze
白口层☆chill
白口(生)铁☆white pig iron
白矿脂[化]☆white petrolatum{vaseline}
白蜡☆Chinese wax
白蜡树属[E-Q]☆Fraxinus
白镴[锡基合金]☆pewter
白蓝宝石☆white sapphire
白蓝方石☆marialite；prehnitoid
白蓝晶石☆rhaetizite
白浪☆white water{chop}；whitecap
白冷(色)[低辐射物体在遥感图像上所呈浅淡色调]☆white cold
白里伐风☆breva
白栎☆white oak
白利斯弗特型分选机☆Berrisford separator
白粒钛矿☆titanomorphite
白粒岩☆granulite；white particle rock；weiss-stein[德]
白蔹属☆Ampelopsis
白磷钙矿[$Ca_3(PO_4)_2$;$Ca_9(Mg,Fe^{2+})H(PO_4)_7$;三方]☆whitlockite；pyrophosphorite；zeugite；merrillite
白磷钙石☆whitlockite；pyrophosphorite；merrillite；martinite
白磷碱铅石☆lehiüite
白磷镁石[$Mg_3(PO_4)_2•8H_2O$;单斜]☆bobierrite
白磷铁矿[$2FePO_4•Fe(OH)_3•3½H_2O$; $Fe_6^{3+}(PO_4)_4(OH)_6•7H_2O$]☆tinticite
白鳞属[N_2-Q]☆Hypophthalmichthys
白领工人☆white-collar worker
白令海考察☆Bering Sea Expedition；BESEX
白令岩[俄]☆beringite
白榴斑岩☆leucitophyre；leucite porphyry
白榴碧玄武岩☆leucite basanite
白榴二长岩☆leucite monzonite porphyry
白榴橄辉二长岩☆sommaite
白榴橄榄二长石☆leucite kentallenite
白榴金云煌斑岩☆fitzroy(d)ite
白榴霓该岩☆niligongite
白榴熔岩☆amphigenite
白榴闪辉斑岩☆mondhaldeite
白榴石[$K(AlSi_2O_6)$; 四方]☆leucite；amphigene；white {vesuvian} garnet；leucogarnet；leucolite；grenatite；leuzit；leukolith；granatite；vesuvian；schorl blanc[法]；sommaite；staurolite；metaleucite
β白榴石☆cuboleucite
白榴石晶面体☆leucitoeder
白榴石体☆leucitohedron
白榴石岩☆leucitolith；leucitite
白榴透长安山岩☆columbretite
白榴透辉杆{橄}岩☆spumulite
白榴霞石☆leucitonephelinite
白榴霞斜辉长岩☆leucite theralite gabbro
白榴霞玄岩☆campanite
白榴霞岩☆etindite
白榴响岩☆leucite phonolite；columbretite
白榴斜方斑岩☆leucite rhombic porphyry
白榴岩☆leucitite；albanite
白榴正边粗玄岩☆leucite shoshnite
白榴子石☆amphigene
白硫(矿)水☆white sulfur water
白锍熔岩☆amphigenite
白锍石☆amphigene；vesuvian garnet；leucite
白龙堆[地貌]☆yardang；yarding；jardang
白龙潭☆white vauclusian spring
白露☆white dew
白路哥不完整度系数[选]☆Belugou imperfection coefficient
白铝铅石[$PbAl_2(CO_3)_2(OH)_4•2H_2O$]☆dundasite
白氯铅矿[$2PbO•PbCl_2$;$Pb_3Cl_2O_2$;斜方]☆mendipite；chlor-spath；chlorspath；churchillite；kerasite；kerasine；cerasite；cerasine；pseudomendipite；solfatarite；berzelite；mendiffite；muriate of lead [$PbCl_2•2H_2O$]
白绿色云母质砂岩☆skerries
白麻点☆white specks
白茅稀树干草原☆cogonal
白煤☆tasmanite；white coal；anthracite
白美蛋白石☆jenzschite
白蒙天(气)☆milky weather
白蒙脱石[$R^{1+}_{0.33}(Al,Mg)_2(Si_4O_{10})(OH)_2•nH_2O$, R^{1+}=Na^{1+}…等]☆glacialite
白锰矾[$MnSO_4•7H_2O$]☆manganese vitriol；mallardite；manganvitriol
白明胶☆gelatine；isinglass
白膜[镀锌层表面缺陷]☆white rust
白木纹[石]☆Perlino Bianco
白木质☆sap
白钠硅钙镁矿[$Na_2Ca_2Mg_4H_4Si O_2(CO_3)_9$]☆ondrejite
白钠镁矾[$Na_2Mg(SO_4)_2•4H_2O$;单斜]☆bloedite；blodite；astrak(h)anite；warthite；simonyite；astrachanite；Mg-blodite
白钠镁石☆bloedite；blodite
白钠铌矿[$NaNbO_3$]☆igdloite
白钠锌矾☆Zn-blodite
白霓霞岩☆selbergite
白泥☆white slime
白泥灰岩☆acendrada；tosca
白泥浆☆clay wash；clay-wash；white mud

B

白泥洗液☆whitewash
白黏土☆white clay；argil；white rot
白鸟蛤☆Macoma baltica
白鸟蛤属[双壳;O]☆Whiteavesia
白镍矿☆white nickel ore
白泡石☆baipaoshi
白硼钙石[$Ca_2(B_5O_6(OH)_7)$;$Ca_4B_{10}O_{19}•7H_2O$;三斜?]☆priceite；pandermite
白硼镁锰石☆magnesio(-)sussexite；sussexite
白硼锰石[$MnBO_2(OH)$;斜方、单斜]☆sussexite; ussexite
白铍石[$(Ca,Na)_2BeSi_2(O,F,OH)_7$;三斜、假斜方]☆leucophanite；leucophane；leukophan；leucofanite
白片岩☆white schist
白鳍豚☆white flag dolphin
白铅矿[$PbCO_3$;斜方]☆cerus(s)ite；ceruse；white lead ore；acrusite；lead spar
白雀丹宁☆quebracho tannin
白雀树皮汁[浮选抑制剂]☆quebracho
白雀树萍☆quebracho extract
白热☆incandescence；candescence；white heat
白热灰流☆incandescent tuff flow；glowing avalanche
白热气流发射试验☆hot shot
白朊☆albumen；albumin；white of the egg
白朊似的☆albuminoid
白润滑油☆nujol
白色☆white；leuk(o)-；leuc(o)-
白色粗结构不含矿石英☆bull quartz
白色杜仲胶缓燃导火索☆white countered gutta-percha safety fuse
白色短纤维石棉☆anianthus
白色闪光☆womp
白色饰用合金[81 锡, 10 铜, 9 锑]☆Dutch white metal
白色水泥☆non-staining cement
白色水团☆whiting
白色土[西]☆tierra blanca
白色细脆黏土☆pryan
白色细晶方解石☆reef milk
白色细纤维石棉☆anianthus
白色信号参考{基准}电平☆reference white level
白色信号峰值限制器☆peak white limiter
白色信号载波电平☆carrier-reference white level
白色颜料☆zincolith；white
白色英斑岩☆elvan；elvanite
白杉木☆white deal wood
白砂[日]☆white sand；silica or silex；sirazu
白砂糖☆refined cane sugar
白沙米黄(灰)☆Biancone E；Cream Pinta；Bianco Botticino
白沙石☆Limbra Stone
白山虫属[三叶;$Є_2$]☆Peishania
白闪锌矿☆cleiophane；cleophane
白蛇纹石☆white serpentine；marmolite
白砷镍矿[Ni_3As;等轴]☆dienerite
白砷石[As_2O_3;单斜]☆claudetite；rhombarsenite；arsen(o)phyllite
白生料法☆burning process with common meal
白石(阶)[北美;O_2]☆Whitestone
白石灰泥☆zaccab
白石阶☆Whiterock (stage)
白石蜡☆white paraffin；semi refined paraffin wax
白石棉☆mountain cork
白石墨☆white graphite；white-graphite
白石英☆crystobalite
白式离心分离机☆Bird centrifugal classifier
白霜☆hoarfrost；hoar；white frost
白水晶[石]☆Thassos (White)
白水磷铝石[$Al_3(PO_4)_2(OH,F)_3•9H_2O$;三斜]☆kingite
白水泥[建]☆white (portland) cement
白水泥糊☆cottage cheese
白斯风☆Bise
白丝状石棉☆amianthus
白松冰团☆shuga
白燧石[SiO_2]☆milk {-}stone
白钛硅钠石[$(Na,Ca,K)_4Ti_4AlSi_6O_{23}(OH)•2H_2O$;单斜]☆vinogradovite
白钛石[$CaTi(SiO_4)O$]☆leucoxene；titanomorphite；leukoxen；leucosphenite
白钛铁矿☆white ilmenite
白炭黑☆white carbon
白陶☆white pottery
白陶土☆porcel(l)anite；porcelain jasper
白陶岩☆porcelainite
白体☆whitebody；white body{object}
白天☆diurnal
白天的工作☆day work
白天气辉☆dayglow
白天装片☆daylight filling
白铁☆white iron
白铁工☆cold-metal work；tinner；tinman
白铁剪☆snips
白铁矿[FeS_2;斜方]☆marc(h)asite；lamellar{cock(s)comb;iron;hepatic;cellalar;radiated;white;cellular} pyrite；maxy；leberkies[德]；kammkies；jew(')s stone；hydropyrite；hydrous{capillary;liver} pyrites；cockade ore；poliopyrite；marcasitolite；hepatopyrite；cocarde ore；eisenkies；binarite；capillose；jewstone cochade ore；prismatic iron pyrites；markasite
白铁矿硫☆marcasite sulfur；marcasitic sulphur
白铁皮☆tinned sheet iron；galvanized (iron) sheet；tinplack；tin(-)plate；tin (plate)
白{镀锌}铁片厚度规☆galvanized sheet gage
白铁听☆tin can
白铜☆cupro-nickel；Chinese copper；Monel{white} metal；white brass；copper-nickel alloy
白头浪☆whitecap；water breaker
白头岩☆hakutoite
白透辉石[$MgCa(Si_2O_6)$]☆malacolite；malachite；canaanite；malakolith
白涂料☆whitewash；whitening；white lime
白土[石膏、高岭土、镁土、重晶石等;$Al_4(Si_4O_{10})(OH)_8$]☆argil；carclazyte；terra alba
白土石☆tonstein
白微斜长石☆chesterlite
白钨矿[$CaWO_4$;四方]☆scheelite；calcioscheelite；tunstite；trimontite；tungstite；trimonite；sheelite
白钨矿(晶)组[4/*m* 晶组]☆scheelite type
白钨石☆scheelite
白钨形铁钨矿☆reinite
白雾☆white smog
白硒钴矿[$CoSe_2$;斜方]☆hastite
白硒铅矿[$Pb(SeO_3)$]☆molibdomenite；molybdomenite
白硒铅石[$PbSeO_3$;单斜]☆molybdomenite
白硒石☆selenolite
白硒铁矿[$FeSe_2$;斜方]☆ferroselite
白犀属[Q]☆Ceratotherium
白细鳞云母[白云母变种]☆didymite；didrimite
白霞二长安山岩☆leucite tautirite
白霞石☆liebnerite；liebenerite
白霞玄岩☆braccianite
白霞岩☆etindite
白线纹[搪瓷]☆white lines
白榍石☆titanomorphite；leucoxene
白锌矿☆white zinc ore
白信号传输☆white transmission
白胸秧鸡属[Q]☆Amaurornis
白锈☆white rust
白锈属[真菌;Q]☆Albugo
白血病☆leukemia
白血球☆leucocyte；white (blood) cell
白崖砂岩☆white cliff sandstone
白烟喷发气孔[东太平洋隆低温段喷气锥,由无定形氧化硅、硬石膏和重晶石等组成]☆white smoker vent
白眼☆powder hole；supercilious look
白眼率☆hole-loss factor
白杨☆cottonwood；Populus
白杨木☆aspen
白羊菊石属[头;J]☆Arietites
白羊石☆arietites
白羊石属[头]☆Arietites
白羊(星)座☆Aries
白氧化物类☆leucoxides
白药[$(C_6H_5NH)_2CS$;$C_6H_5NHCSNHC_6H_5$]☆diphenyl thiourea{thiocarbamide}；thiocarbanilide
×白药☆Aero 130
Aero 白药[二苯硫脲]☆Aero-thiocarbanilide
×白药[3-氯丁烯基-2-异硫脲氯化物;俄]☆IR-70
130(号)白药[一种易于润湿及易分散的白药]☆thiocarbanilide 130
白叶栎页岩☆white-leaved oak shales
白蚁☆termite
白蚁(养殖器)☆termitarium
白蚁目☆isoptera
白银☆copper-nickel；silver
白樱蛤属[双壳]☆Macoma
白油☆white oil
白釉☆white glaze
白鱼眼石☆leucocyclite；leukoxyklit；leukocyklit
白玉髓☆white agate
白云☆fleecy cloud
白云鄂博式铁矿床☆Baiyunebo-type iron deposit
白云方解石☆dedolomite
白云粉砂屑☆dolosilt
白云化(作用)☆muscovitization
白云矿[$(Ce,La)(CO_3)F$]☆be(i)yinite；bayunite
白云绿泥分相☆muscovite chlorite subfacies
白云母[$KAl_2AlSi_3O_{10}(OH,F)_2$;单斜]☆muscovite；mirror stone；muscovite glass；white{common;potash} mica；katzensilber{kaliglimmer}[德]；sterlingite；chacaltaite；schernikite；sernikit；cat silver{gold}；antonite；amphilogite；muscovy glass；ammochrysos；talc；moscovite；marienglas；muscovite common mica
白云母薄片岩☆isinglass stone
白云母化(作用)☆muscovitization
白云母绿泥石亚相☆muscovite chlorite subfacies
白云石[$CaMg(CO_3)_2$;$CaCO_3•MgCO_3$;单斜]☆dolomite；kalktalkspath；rhomb{pearl;bitter} spar；dolomie；flintkalk[德]；magnesium{magnesian} limestone；taraspite；magnesium spar；peastone；rhomb(-)spar；magnesian spar{lime}；conite；dolostone；ridolphit；ridolfit；rauhkalk[德]；rhomboidalspat；pierite；perlspath；picrite；pearl(-)spar；normal dolomite；muricalcite；miemite；miaszit；magnes(i)ocalcite；miascite；mias(h)ite；magnesiodolomite；dol
白云石`煅烧窑{烧炉}☆dolomite calcining kiln
白云石和氧化镁加焦油混合料☆dolomagnesia-tar mix
白云石画☆dolomite picture
白云石化灰岩☆dolomitized limestone
白云石灰膏饰面☆dolomite plaster finish
白云石假晶燧石☆dolocast；dolomoldic{dolocastic} chert
白云石晶模内的燧石☆dolocastic chert
白云石矿☆crude dolomite
白云石炉衬化铁炉☆dolomite cupola furnace
白云石模☆dolocast
白云石喷(补器)☆dolomite gun
白云石砂☆dolomite{dolomitic} sand
白云石投射机☆dolomite-throwing machine
白云石型锌精矿☆dolomitic-type zinc concentrate
白云石窑☆dolomite kiln
白云石质泥灰岩☆dolomite-marl
白云石质泥岩☆dolomitic mudstone
白云岩☆dolomite (rock)；dolomitite；kalktalkspath；dolostone；rock dolomite；quacker[德]；pierite；dol
白云岩的☆dolomitic
白云岩化岩礁☆dolomitized{dolomized} reef
白云岩屑☆doloclast
白云岩屑泥岩☆lithodololutite
白云岩型铀矿石☆U ore of dolomite type
白云英岩☆muscovite-quartz rock
白云质不溶残余的☆dolocastic
白云质灰岩储集层☆dolomitic limestone reservoir
白噪声化☆whiten
白噪声信号☆white-noise signal
白针脂石[$C_{10}H_{17}O$(近似)]☆psatrit；psathyrite；hartine；xyloretinite
白针柱石[$Na_2(AlSi_4O_{10})F$；$Na_2(Si,Al,Be)_7(O,OH,F)_{14}$;三方]☆leifite
白枝海绵(属)☆Leucosolenia
白脂晶石[$C_{19}H_{34}$;斜方]☆fichtelite
白指病[使用风镐引起]☆white finger
白致密石英☆novaculite
白中(性针)沸石☆harringtonite
白昼(流星)余迹☆daytime train
白珠白麻[石]☆White Pearl
白侏罗纪[J_3]☆White Jura
白柱石☆white beryl；goshenite
白嘴西猯(属)☆Tayassu；peccary

bǎi

摆☆pendulum；put (on)；lay；place；set in order；display；assume；show off；sway；swing；wave；wag；set forth；state clearly；speak

摆臂式岩石钻巷机☆oscillating arm-type boring machine
摆卜[古用摆探矿术]☆pallomancy
摆布☆manipulate
摆测☆pendulum measurement
摆长☆pendulum length
摆锤☆swing(ing) hammer; pendulum (measurement; mass; bob)
摆锤仪☆pendulum
摆锤的楔形支点☆pendulum wedge
摆锤式给矿调节闸门☆swing-hammer feed regulator
摆锤式积分陀螺(仪)☆pendulous integrating gyro
摆锤式仪器的支架[三脚架]☆pendulum support
摆荡带☆swinging belt
摆地震仪☆pendulum seismograph
摆动☆libration; hunting; pendulation; freedom; wiggle; flapping; flap; swing(ing); vibrate; sway; wobble; whipping; shimmy; stagger(ing); waggle[来回]; tilt; bobbing; vibration; rocking; oscillating motion {movement}; slew; (pendular) oscillation; wobbling; wabble; motion; oscillate
摆动波☆trochoidal{oscillatory} wave; wave of oscillation
摆动波痕☆oscillation ripple (mark); wave ripple-mark; oscillatory ripple mark
(刨床的)摆动刀架☆clapper
摆动的☆reciprocating; pendulous; rocking
摆动垫圈型柱塞☆wobble washer plunger
摆动断流闸门☆swinging cut-off gate
摆动阀☆rocker valve
摆动防滑输送机☆pendulum retarding conveyor
摆动杆☆rocking bracket
摆动过大☆overswing
摆动和回转弧路式取样机☆oscillating and swinging arc-path sampler
摆动痕☆bobbing mark
摆动滑槽闸门☆swing lip
摆动机构☆tilting mechanism
摆动计☆trochotron
摆动交错波浪☆wave interference ripple mark; oscillation cross ripple mark
摆动曲柄杆☆oscillation crank lever
摆动沙痕☆swing mark
摆动式的☆pendulum
摆动式弧路取样机☆swing arc-path sampler
摆动式轮式压路机☆wobble wheel roller
摆动式泡沫炮☆oscillating foam monitor
摆动式取样机☆oscillating sampler
摆动式移架☆frame support
摆动箱体☆tilting block
摆动楔☆toggle wedge
摆动张力托轮☆swinging tension idler
摆动值☆undulating quantity
摆动中心☆oscillation centre
摆动周期☆roll period
摆动轴☆tilting axis; pivot{oscillating} axle; axis of swing
摆动爪扣☆swing knuckle
摆动转向式装载机☆slew-steering loader
摆渡☆ferry
摆放样式[金刚石在钻头上的]☆spacing pattern
摆幅☆swing; amplitude{range} of oscillation; throw
摆幅环式切割☆wobble-type sickle drive
摆杆☆rocking beam
摆管☆swing pipe
摆管架☆lay down rack
摆辊式辊磨机☆pendulum ring-roller mill
摆回式安全{脱开}器☆swing(-)back release
摆角☆pivot angle
摆轮☆balance (wheel) [of a watch or clock]
摆轮式混砂法☆mulling
摆轮式混砂机☆centrifugal sand mixer; speed mullet; whirl mixer; centrifugal{sand} muller; speedmuller
摆门式给料机☆stirrup feeder
摆摩擦试验☆pendulum-friction test
摆盘式油塞泵☆swash-plate pump
摆频信号发生器☆wobbulator; wobbler
摆日☆pendulum day
摆绳☆swing line
摆式`测坡仪{陡度指示器}☆pendulum clinometer; pendulum gradient indicator
摆式传感器☆pendulum sensor
摆式砂带磨床☆oscillating sander
摆探(矿)法☆pendulum method
摆体☆pendulum mass
摆头[船首摆]☆yawing
摆脱☆extrication; throw off
摆位☆beam position
摆线☆cycloid
摆线泵☆gerotor pump
摆线管☆trochotron; chronotron; trochoid
摆线聚焦质谱仪☆cycloidal-focussing mass-spectrometer
摆线切变☆cycloidal shear
摆向☆swing to
摆心☆pivot center
摆修正式陀螺仪☆pendulous gyroscope
摆旋扇风机☆cycloidal blower
摆正位置☆maneuver; manoeuvre
摆支距☆swing offset
摆轴☆pendulum shaft
摆轴线☆pivot axis
摆作用☆pendulum action
柏☆cedar
柏尔丁面☆Bertin's surface
柏加密蛤属[双壳;T_3]☆Pergamidia
柏科☆cupressaceae
柏克兰艾德氮气固定法☆Birkeland and Eyde process
柏拉斯蒂曼特混凝土速凝剂☆Plastiment
柏拉特欧型摇床☆Plato table
柏拉图型筛☆Plato screen
柏莱斯型流速测定器☆Price-ractor meter
柏兰特尔数☆Prandtl number
柏里派克特剂☆Prepakt aid
柏林☆Berlin
柏林石☆berlinite
柏罗-特赖维斯沉淀法☆Palo-Travis sedimentation method
柏姆型回声测深仪☆Behm lot
柏木脑☆cedrol
柏木烷☆cedrane
柏木烯醇☆cedrenol
柏囊蕨属[K_1]☆Weichselia
柏努力{伯努利}定理☆Bernoulli's Theorem
柏瑞斯试验☆Preece test
柏氏矢量☆Buerger's vector
柏氏叶肢介属[J-Q]☆Bairdestheria
柏斯高灰[石]☆Fior Di Pesco Carnico
柏型材☆cupressinoxylon
柏型木(属)[J-Q]☆Cupressinoxylon
柏型枝(属)[J_1-Q]☆Cupressinocladus
柏油☆bitumen; asphalt{tar} (oil); chian; artificial asphalt; pitch
柏油的☆tarry
柏油石碴{砟}层☆tar macadam binding course
柏油碎石☆tarmacadam; tar-macadam
(由)柏油碎石(铺成的)道路☆tarmac; tarmacadam
柏油毡☆tarred felt
百☆centum[拉]; centenary; hecto-; hekto-; C.; cent.
百巴☆hbar; hectobar
百磅(重)[=45.36kg]☆cental
百倍(的)☆centuplicate; centuple
百分比下降点☆percentile
百分表☆dial gage
百分沉没度☆percentage of submergence
百分度(的)☆centigrade; centig
百分巷☆centi-lane
百分率☆per cent; percent; percentage (point;rating); fraction; rate of interest; pct; p.c.
百分率(相)图☆percentage map
百分数☆percentage; percent; p.c.
百分数偏值☆percentage bias
百分温标热单位☆centigrade heat unit
百分之一☆part per hundred; pph; percentile; centi-
百分之一的☆hundredth; centesimal
百公斤米☆poncelet
百合☆lilium; lily (bulb)
百合粉属[孢;K_2-E]☆Liliacidites
百合科☆liliaceae; allium
百合类☆Liliaceae
百合目☆liliales
百合属[植;E_2-Q]☆Lilium
百虹贯日[十字晕;气]☆sun cross
百货商店☆baza(a)r
百圾碎[陶釉]☆hundred-fold crackles; truitee
百进的☆centesimal
百科全书☆encyclop(a)edia; Ency; cyclop(a)edia; thesaurus [pl.-ri,-es]
百克☆hectogram(me); hg.; hg
百蓝坡☆Pahrump
百里酚[$(CH_3)(C_3H_7)C_6H_3OH$]☆thymol; thyme camphor
百里酚蓝☆thymol blue
百立方米☆hectostere
百灵石☆beiyinite
百米☆hectometer; hectometre; hm.; hm
百慕大群岛[英]☆Bermudas
百慕大岩☆bermudite
百年☆century
百年的☆centennial; centenary
百年一遇{重现}的波{海}浪(高度)☆100-year wave; one hundred year wave
百牛顿[力单位]☆hectonewton
百千克米/秒[功率单位]☆poncelet
百日硅肺☆galloping silicosis
百升☆hectoliter; hectolitre; hl
百岁兰(属)☆Welwitschia; tumboa
百岁兰粉属[孢;K-E]☆Welwitschiapites
百瓦[功率单位]☆hectowatt
百万☆million; MM; mill.; mil.; mega-; M
百万巴[压力单位]☆megabar
百万比特☆megabit
百万储罐桶油☆million stock tank barrels of oil
百万次浮点运算/秒☆millions of floating-point operation per second; MFLOPS
百万达因☆megadyne
百万吨级☆megaton; MT; megatonnage
百万吨梯恩当量☆megaton energy
百万尔格☆megaerg
百万乏☆megavar
百万分之几级☆ppm range; parts per million range
百万分之一☆ppm; part{parts} per million; mu[μ]; micro; volume per million{vpm} [容积]; micro-
百万伏☆megavolt
百万赫☆megacycle per second
百万卡☆thermie
百万拉德[辐射单位]☆megarad
百万伦琴☆megaroentgen
百万年☆Ma; m.y.; megayear; million {-}years; mega year; million year
百万桶油☆million barrels oil; MMBO
百万瓦☆megawatt
百万英尺^3/日☆MMcfd; million cubic feet per day
百微克☆hectogamma
百微升☆hectolambda
百叶窗☆blind (window); (back-)shutter; backflap; back-fold{window} shutter; jalousie; louver; louvre
百叶窗片☆lip
百叶窗式割缝☆louver slot
百叶箱☆(instrument) shelter
百亿分之一克☆picogram
百亿立方英尺[英、德]☆trillion cubic feet; tcf
百越运动☆Baiyue movement

bài

败酱科[植]☆Valerianaceae
败血病的☆septic
败育☆abortion
败育虫室☆aborted zooeia
败育卵☆abortive egg
拜阿里茨(阶)[E]☆Biarritzian
拜奥尔格虫属[三叶;O_1]☆Biolgina
拜伯冰期[Qp]☆Biber glaciation; Biber glacial stage
拜伯-多瑙(间冰期)☆Biber-Donau
拜耳炼铝法残渣☆red mud
拜耳石[$Al_2O_3 \cdot 3H_2O$;$Al(OH)_3$]☆bayerite
拜尔(贝)层☆Beilby layer
拜尔定律☆Baer's law; von Baer's law
拜尔利不连续面☆Byerly discontinuity (ban)
拜克折射率试验☆Becke test
拜拉属[裸子]☆Baiera
拜欧代因[成药,烫伤膏剂]☆biodyne
拜塞尔木材浸渍法☆Bethell's process
拜三水铝石[$Al(OH)_3$;单斜]☆bayerit(e); hexagibbsite

bān

斑安山岩☆craignurite
斑疤☆scar
斑驳的☆mottled; versicolor; variegated; particolored
斑驳光泽☆luster mottling

B

斑驳状☆variegated；mottled
斑带石英斑岩☆leopardite
斑点☆gall；fleck；stain；freckle；(ripple) marks；mottle；naevus；spot；speck；patch；speckle；punctate；mottling；cluster；punctation；plaque；spottiness；splotch；splodge；snake；smudge；macula [pl.-e]；macle；puncta[介;pl.-e]；dirt pit[钢锭]
斑点病☆scab
斑点带☆spotted{mottled} zone
斑点的☆blotchy；bird's eye；spotted
斑点分析☆spot analysis
斑点鬣狗(属)☆Crocuta
斑点绿岩☆dalmatianite
斑点玛瑙☆point agate；stigmite；stygmite
斑点黏土☆burley clay
斑点球形藻属☆Stictosphaeridium
斑点闪烁☆smudging
斑点搪瓷☆mottled enamel
斑点形☆maculiform
斑点藻(属)[蓝藻;Z]☆Balios
斑点状(的)☆spotted；smeared；maculose；mottled；knotted；macled
斑点状分布的含油地区☆spotted oil territory
斑点状色调图形☆mottled tone pattern
斑点状线☆spotty line
斑点状岩☆spotted{maculose} rock
斑洞贝(属)[腕;O_1]☆Punctolira
斑伏特征☆speckled signature
斑光泽☆luster-mottling
斑痕☆blackspot
斑痕介属[E_2-Q]☆Phlyctenophora
斑痕试验☆stain test
斑红蛋白石☆harlequin opal；harlequinopal
斑花大理岩☆calciphyre
斑花状灰岩☆marbled limestone
斑化曲线振幅☆magnetic amplitude
斑黄铜矿☆homocline；homichlin
斑基状☆vitropatic
斑碱粗面岩☆cantalite
斑礁☆patch reef
斑结片岩☆maculose schist
斑结状(的)☆maculose；spotted；knotted；maculous
斑结状岩☆maculose rock
斑晶☆porphyritic crystal；phenocryst(al)[火成岩]；inset；phanerocryst；porphyrotope[沉积岩]
斑晶的☆porphyrocrystic
斑晶-基质对☆phenocryst-matrix pair
斑晶-基质分配系数☆phenocryst-matrix partition coefficient
斑晶矿物☆phenocrystal{phenocryst-forming} mineral
斑晶质☆phenocrystalline
斑晶状的☆porphyrocrystallic；porphyrotopic
斑鸠牙螺☆Columbella turturina
斑壳☆punctate
斑块☆clot；mottling；patch
斑块礁☆patch reef；reef patch；pinnacle
斑块云母[K,Na,Mg,Ca 的铝硅酸盐,块云母类的一种假象物质,为不纯的白云母]☆dyssyntribite；cataspilite；dysyntribite；dys(s)intribite；parophite
斑蓝方岩☆tahitite
斑粒结构☆porphyro(-)granulitic texture
斑鬣狗[N-Q]☆Crocuta；spotted hyaena
斑流岩☆nevadite
斑龙☆Megalosaurus
斑鹿[Q]☆Axis (axis)；chital；spotted{axis} deer
斑马☆zebrine horse；zebra
斑马(特有)的☆zebraic
斑马纹孢属[T_3]☆Zebrasporites
斑煤☆peacock coal
斑鲵☆Hynobius
斑森[透气度单位]☆bansen
斑砂岩☆bunter (sandstone)；new red sandstone
斑砂岩统☆buntsandstein[德;T_1]；buntsandstone
斑闪花岗岩☆kammgranite
斑石[钙超;E_2]☆Guttilithion
斑石燕☆Punctospirifer
斑苏玄武岩☆peleeite
斑铜矿[Cu_5FeS_4;等轴]☆bornite；erubescite；poikilite；horse flesh ore；variegated copper (ore)；poikilopyrite；variegated pyrite；chalcomiclite；kupferlazurerz；kupfer-lazul；peacock{horseflesh} ore；purple copper (ore)；phillipsite；erubescent pyrite；phillipsine；chalcomicline；chalcomiklite
斑团构造☆mottle structure
斑{班}脱石质页岩☆bentonitic shale
斑{班}脱土☆bentonitic{bentonite} clay
斑{班}脱岩[$(Ca,Mg)O•SiO_2•(Al,Fe)_2O_3$]☆bentonite；amargosite；otaylite；bent；mineral soap；taylorite
斑{班}脱岩冻融泥石流[高纬严寒地区]☆bentonite debris flow
斑微花岗岩☆porphyritic microgranite
斑纹☆mottle patch；stripe；streak；brindle；speckle
斑纹孢属[K_1]☆Maculatisporites
斑纹岩石☆Zebra rock
斑霞正伟晶岩☆pulaskite pegmatite
斑玄武岩☆inninmorite
斑岩[指含碱性长石和(或)石英斑晶者。请对比“玢岩”]☆porphyry(e)；porphyr(ic)；porphyr(it)e
斑岩的☆porphyritic
斑岩钼矿床☆porphyry molybdenum deposit
斑岩铜矿☆porphyry copper (deposits)；copper porphyry deposit
斑岩钨矿带☆porphyry tungsten zone
斑岩形成前角砾岩筒☆pre-porphyry breccia pipe
斑叶☆variegated leaf
斑英闪长岩☆chloropyre
斑影☆fleck
斑釉病☆endemic dental fluorosis；scab
斑杂构造☆taxitic{mottled} structure
斑杂灰岩☆mottled limestone
斑杂岩☆taxite
斑杂状的☆taxitic；marmorate
斑杂状矿石☆mottled ore
斑疹☆typhus
斑痣盘菌属[真菌;Q]☆Rhytisma
斑状☆phyre；porphyritic
斑状变晶☆porphyroblast；pseudophenocryst；dents de cheval[法]；phenoblast
斑状变晶片麻岩☆porpbyroblastic gneiss
斑状变芯片岩☆porphyroblastic schist
斑状穿插变晶[结构]☆porphyrodiablastic
斑状的☆porphyritic[结构]；porphyraceous；porphyrotopic；phyric；porphyrocrystallic；porphyrotopic
斑状地表☆mottled surface
斑状骨粒组构[土壤]☆porphyroskelic
(黏土质)斑状集中☆spotty concentration
斑状结构岩☆intrite
斑状矿石☆porphyry ore
斑状润湿(性)☆dalmatian{speckled} wettability
斑状蛇纹粗玄岩☆navite
斑状石英闪长岩☆esterellite
斑状岩☆rice stone；porphyritic rock
斑状油饱和度☆spotty oil saturation
斑状组构☆porphyritic fabric
(沉积)斑状组构☆porphyrotopic fabric
班☆brigade；team；gang；tour-type assignment；tour；squad；company；class
(钻井)班报表☆tour report
班处理☆tour treatment
班船☆liner
班次☆trick；number of runs；number of flights
班达弧☆Banda Arc
班旦珊瑚属[E_1]☆Bantamia
班德统[北美;C_3]☆Bendian series
班公湖怒江深断裂带☆Bangong {-}Co-Nujiang deep fracture
班硅锰石[$(Na,K)(Mn,Al)_5(Si,Al)_6O_{15}(OH)_5•2H_2O$；单斜]☆bannisterite
班机☆flight；airliner；liner
班加钻☆banka drill
班间休息☆midshift
班克木属☆Banksia
班克式人力勘探钻机☆Banka drill
班克式钻机人工钻探法☆Banka method
班涅夫鱼(属)[D]☆Benneviaspis
班诺克岩[美]☆banakite
班前检查☆preshift inspection
班上修理工作☆on-shift repair work
班苏玄武岩☆peleeite
班塔法[曲射线路径校正法]☆Banta method
班长☆gang pusher{man;foreman}；foreman；work team leader；chargeman；leading hand；ganger；corporal；(shift) boss；(class) monitor；squad{team} leader；monitress[女]
班长助手[钢绳冲击钻]☆tool dresser
班中餐时间☆lunch time
班卓琴式的☆banjo
班组☆party；team；teams and groups；working team{group}；work groups
班组成员☆crew member
扳☆press；cock；pull；turn
扳柄☆trigger
扳道工☆pointsman；switchman；latchman；switch man；switch-tender
扳动装置☆trip(ping) gear
扳断☆switch off
扳机☆cock；trigger
“扳机”作用☆“last straw” phenomena
扳紧☆wrenching
扳紧器☆spanner
扳开☆switch off
扳扭开关☆toggle switch
扳钳☆wrench
扳曲滑动(作用)☆bend gliding
扳曲褶皱(作用)☆false{bend} folding
扳曲作用☆bending
扳手☆key；clutch；spanner；wrench；hand dog；lever (on a machine)；spanner wrench[活动]
扳手臂的加长物☆persuader
扳手卡面☆wrench flat
扳手钳口☆jaw of spanner
扳弯应力☆bending stress
扳转道岔☆movable-point switch
扳桩法凿井☆pile sinking；sinking with pilling
搬☆haul；tote
搬出☆quit
搬动费用☆handling charges
搬回☆demobilization
搬家时间☆moving time|
搬迁钻机☆rig mover
搬移☆removal；transposition；move；migration
搬移者☆shifter
搬运☆transportation；handling；handle；transiting；carry；transport(ing)；conveyance；convey；haul；transfer；transposition；portable；passing；hdlg.
搬运车☆flitting wagon；removal van
搬运沉积☆transported deposit
搬运成煤说☆transportation theory
搬运方式☆mode of transport
搬运(费)☆porterage；truckage
搬运工☆dragman [pl.-men]；stevedore；handling labor；(railway) porter；remover；loader；carman[车辆上货]
搬运工长☆moving foremen
搬运过的化石☆transported fossils
搬运机☆carrying implement
搬运能力☆competence；competency；transporting power；carrying{transport} capacity
搬运破碎☆breakage on handling
搬运器☆carrier
搬运人☆handler
搬运速率☆transport rate；bed load function
搬运条件☆conditions{mode} of transport
搬运物☆load
搬运物过多的河流☆overburdened stream
搬运业☆haulage business
搬运油桶☆barrel handling
搬运远的☆far-travelled
搬运作业☆handling operation
搬运作用☆transportation；transport process
搬装☆handling and loading
颁布☆enact；promulgate；issuance；promulgation
瘢{斑}点板岩☆fleckschiefer

bǎn

板☆sheet(ing)；slab；plate[棘]；board；panel；(door) plank；blackboard；clappers；shutter；stiff；rigid；unnatural；desk；sclerodermite；strap；hypostoma；tabula；deck；wafer；slice；PL
板壁☆brattice
板鳖属[K-Q]☆Platypeltis
板冰☆ice slab{cake}；plate ice
板波☆plate wave
板材☆deal；planking
板测井(下井)仪☆nuclear logging instrument
板层☆flag；ply；plank layer
板层地层☆sheet ground
板层岩☆flagstone

板层状☆flaggy
板衬里☆board lining
板承力试验☆plate bearing test
板齿犀(属)[Q]☆Elasmotherium
板尺☆board measure{foot;rule}
板翅式换热器☆compact heat exchanger
板锤☆hammer
板锤震源☆Hydrosein
板锉☆flat file
板带☆tabularium
板带贝属[T_3-K]☆Septaliphoria
板的挠曲☆deflection of a plate
板底☆base plate
板底(垫托)作用☆(sialic) underplating
板地☆compact ground
板碲金银矿[(Ag,Au)Te]☆muthmannite
板度☆tabularity
板端接叠法☆endlap
板端捻缝凿☆sharp iron
板颚牙形石属[O_2]☆Petalognathus
板筏☆apron raft
板阀☆plate valve
板方解石☆slate spar
板沸石☆willhendersonite
板风速表{计}☆plate anemometer
板钙磷石☆martinite
(顶)板(锚)杆垫板☆roof bolt plate
板格应力☆panel stress
板根☆onion
板骨☆tabulare
板规☆flat{sheet} gauge
板柜式井筒支护☆boxing
板海果属[海果类]☆Placocystites
板耗☆plate dissipation
板簧☆flat{cup;plate;band;blade;laminated;leaf} spring
板簧式岩芯爪☆core gripper with slip-spider
板辉铅锑矿☆semseyite
板极☆plate；anode；PL
板极电源☆B-supply；B-power (supply)；plate supply
板极检波☆plate detection；transrectification；C-bias detector
板极脉冲调制发射器☆plate-pulsed transmitter
板棘[双壳]☆pallet；pallete
板际地震☆interplate earthquake
板架☆grillage-beams
板架支撑☆planking and strutting
板尖☆lancet plate
板间地震☆interplate earthquake
板结绳状熔岩☆slab pahoehoe
板(状)晶(体)☆lath；tablet；tabular{platelike} crystal
板晶钙磷酸石[$H_2Ca_5(PO_4)_4$•½H_2O]☆martinite
板晶蜡[碳氢化合物, 75C, 25H;$(CH_4)_n$]☆schererite；scheererite；xylocryptite；xylokryptit
板晶石[$NaBeSi_3O_7(OH)$; 斜方]☆epididymite；melanocerite
板晶状的☆lath-shaped；lathlike
板克粉属[孢;E_3-N_1]☆Banksieaeidites
板块☆slab；plate[地壳]；sector；mid-plate melting anomaly
Nazca 板块☆Nazca plate
板块板造说☆plate tectonics theory
板块崩落炮眼☆slab hole
板块边界地震☆plate-boundary earthquake
板块边缘活动性☆plate boundary activity
板块的古边界☆fossil boundary of plate
板块的逆向活动☆reversal of plate movement
板块底面☆base of plate
板块筏移{浮动}构造☆raft tectonics
板块构造(学)☆plate tectonics
板块构造的甘油模型☆glycerine model for plate tectonics
板块构造学说☆plate tectonic theory
板块规模运动☆plate-scale motion
板块后缘☆trailing edge
板块会聚☆plate convergence
板块活动边缘☆active margin
板块挤压☆plate-jam；plate jams
板块间的☆interplate
板块间地震☆interplate earthquake
板块间相互作用的方式☆mode of interaction between plates
板块建造{形成}☆plate formation
板块结合带☆plate junction{juncture;boundary}
板块聚敛☆plate convergence
板(块)内地震{|构造|矿床}☆intraplate earthquake {|tectonics|deposit}
板块内大陆边缘☆mid-plate continental margin
板(块)内大洋岛链☆intraplate oceanic island chains
板块内地震活动性☆intraplate seismicity
板块内构造☆mid-plate tectonics
板块内火山作用☆mid-plate volcanism
板块碰撞☆plate collision；collision of plates
板块期前的☆pre-plate
板块下边界☆subplate boundary
板(块)下作用☆underplating (process)
板块形成作用☆plate formation
板块运动和大洋中脊理论☆theories of plate motions and ocean ridges
板块运动学说☆plate tectonic theory
板块再造☆plate reconstruction
板块增长☆creation{accretion} of plate
板块中部构造☆mid-plate tectonics
板块中间大陆边缘☆mid-plate continental margin
板块状等效应的☆slab-equivalent
板框☆form cage
板框式井筒支护☆boxing
板框支护☆box{plank} timbering
板理☆foliation
板栗(属)☆Castanea；chestnut
板沥青☆piauzite
板梁☆roof canopy；plate girder
板梁棚子☆gear
板梁桥☆girder bridge
板梁原理☆beam principle
板料☆sheet bar
板裂☆slabbing
板磷钙铝石[$Ca_3Al(PO_4)_2(OH)_3$•H_2O; 六方]☆davisonite；dennisonite；apatite
板磷钙石☆martinite [$5CaO$•$2P_2O_5$•$1½H_2O$]；carbonate-whitlockite；hilgenstockite [$Ca_4P_2O_9$]
板磷铝矿☆berlinite
板磷铝铀矿[$Al(UO_2)_2(PO_4)_2(OH)$•$8H_2O$; 单斜]☆threadgoldite
板磷镁锰矿[$(Mn,Mg,Ca,Na_2)_5(Mn,Fe)_8(PO_4)_8(OH)_{10}$•$15H_2O$]☆bermanite
板磷锰矿[$Mn^{2+}Mn^{3+}_2(PO_4)_2(OH)_2$•$4H_2O$; 单斜]☆bermanite
板磷铁矿[$(Fe^{2+},Mg,Mn)_3(PO_4)_2$•$4H_2O$; 单斜]☆ludlamite；lehnerite [$Fe_3(PO_4)_2$•$4H_2O$]
板磷锌矿☆hibbenite
板菱铀矿[$NaCa_3(UO_2)(CO_3)_3(SO_4)F$•$10H_2O$]☆dakeite；schroeckingerite；schrockingerite；neogastunite
板硫铋铜铅矿[$Pb_3(Ag,Cu)_5Bi_7S_{16}$;单斜]☆berryite
板硫锑铅矿[$Pb_9Sb_8S_{21}$;单斜]☆semseyite
板龙(属)[T]☆Plateosaurus
板铝石[Al_2O_3,含 Fe 和 Ti]☆taosite；ilmeno-coriodon{-corundum}；ilmenokorund[德]
板螺科☆Lamellariidae
板煤☆slum；slate coal
板面☆pinakoid；pinacoid
板面熔岩☆slab pahoenoe
板面(晶)组☆pinacoidal class
板木属[C_{2-3}]☆Pinakodendron
板内动力学☆intraplate dynamics
板内熔融异常☆mid-plate melting anomaly
板内岩石☆within-plate rock
板(块)内应力场☆intraplate stress field
板泥灰岩☆marlite
板黏土☆slate clay
板盘菊石超科[头]☆Pinacocerataceae
板硼钙石[$Ca(B_2O_3(OH)_5)$•$4H_2O$; $Ca_2B_6O_{11}$•$13H_2O$; 单斜]☆inyoite
板硼石[$Ca(B_2O_3(OH)_5)$•$4H_2O$]☆inyoite
板铍矿☆barylite
板皮状破坏[岩坡]☆slab failure
板(状)劈理☆slaty{platy} cleavage
板劈理面☆slaty-cleavage plane
板片☆slab；sliver；plate of calyx；plate[牙石]
板片岩[锡矿脉围岩]☆killas
板铅铀矿[PbO•$5UO_3$•$4H_2O$;$(PbO)_2(UO_3)_5$•$4H_2O$; $Pb_2((UO_2)_5O_4(OH)_6)$•H_2O,450℃时全部脱水；斜方]☆curite
板羟砷铋石[$Bi_8(AsO_4)_3O_5(OH)_5$;单斜]☆atelestite
板桥虫属[三叶;O_1]☆Banqiaoites
板鳃类☆Elasmobranchii；selachian
板鳃亚纲[软骨鱼纲]☆Elasmobranchii
板(块)上作用☆overplating
板蛇纹石☆lizardite
板石☆flagstone；slate；flag stone；cyatholith；placolith；killas；allevardite；deriberite
板式☆apron-type
板式横梁☆plank-type cross bar
板式基础☆slab{mat} foundation
板式拣矿输送机☆apron-picking conveyer
板式输送机(的)平板☆travelling apron
板式送矿机☆apron feeder
板式塔☆tray-type column
板式填料☆gasket packing
板式图解☆stiff diagram
板式无焰燃烧器☆flat flameless burner
板式闸门☆shutter closing
板水胆矾☆kamarezite
板水磷铝钙石☆overite
板苔藓虫属[C-P]☆Tabulipora
板台☆board plat；deck
板钛矿[TiO_2; 斜方]☆brookite；pyromelane；eumanite；jurinite；arkansite；brockite
板钛镁矿☆karrooite；karrooide
板钛铁矿☆washingtonite；hystatite
板弹簧☆laminated{leaf} spring
板碳铀矿[$NaCa_3(UO_2)(CO_3)_3(SO_4)F$•$10H_2O$;三斜]☆schro(e)ckingerite；neogastunite；dakeite
板体温度翘曲应力☆slab stress due to thermal warping
板体鱼☆Platysomus
板条☆lath[钙超]；latch；strip；plank；panel；lag(ging)；boarding；batten；slip
板条间泥灰☆plaster key
板条墙☆battened wall
板条墙立筋间斜撑☆dwang
板条筛网☆lathing
板条状的[矿]☆lath-shaped；lathlike
板条状习性☆lath-shaped habit
板铁矾[$Fe^{3+}H(SO_4)_2$•$4H_2O$;斜方]☆rhomboclase；rhomoclase；rhomboclasite；rhomboklas
板弯☆bend
板网☆expanded metal
板窝☆cehla
板下孔菱[棘林檎]☆hypothecal pore rhomb
板形绳状熔岩☆slab pahoehoe
板牙☆die；screw{threading} die；chaser；anvil；front tooth；incisor；molar
板牙扳手☆die stock；die(s) handle
板牙架☆die(s) handle；(die) stock；holder for die
板牙架和板牙☆stock and dies
板岩☆(flat) slate；plate；cleaving stone；callys；schist；slab；schiefer[德]；killas
板岩尺寸☆duchess
板岩夹层☆parting{dividing} slate；slate intercalation {band}
板岩节理☆pencil joint
板岩劈理☆slaty cleavage
板岩劈理面上的条纹构造☆slate ribbon
板岩色☆ardoise
板岩伪顶☆draw-slate；draw slate
板岩质黏土☆slaty clay
板页岩☆slate ground
板翼式换热器☆plate-fin exchanger
板褶皱☆bending fold
板中部的☆intratabular
板柱支护☆palification
板柱状节理☆platy-prismatic joint
板桩☆back{spilling} lath；sheet pile{piling}；camp sheeting；fore plate{pole}；spile；sheeting pile；forestop；sheathing；runner；spill；piling
板桩法凿井☆sinking with piling
板桩格笼☆sheet pile cell
板桩排☆course of sheet piling
板桩刃靴☆forepoling shoe
板桩式码头☆sheet pile type wharf
板桩围堰☆sheeting{sheet-pile} cofferdam；sheet-pile enclosure
板桩支护☆palification；spiling
板桩支架☆forepoling；forepole；sheet piling
板桩支架凿井法☆sinking with piling
板桩制作☆framing sheet pile
板状☆slaty；clintheriform；platy
板状(结构)☆slabby
板状产品☆flake product
板状的☆platy；tabular；sheetlike；table-like；platelike；

slaty；sheeted；slabby；slate；plate
板状地层☆tabular formation
板状地蜡☆slab wax
板状垫圈☆plate washer
板状叠层石属[Z]☆Platella
板状顶梁☆roof plate；canopy
板状断口☆slaty fracture
板状方解石[$CaCO_3$]☆slate {-}spar；argentine；shiver spar
板状腹☆tabulate venter
板状根☆buttress
板状构造☆banket{slaty;tabular;platy;slab;planar} structure；plate tectonics
板状滑(积物)☆slab slides
板状灰岩[德]☆platy{flaglike} limestone；plattenkalk
板状晶体☆tablet；tabular{platelike} crystal；lath
板状颗粒片麻岩☆flaggy granulite gneiss
板状孔隙☆sheetlike pores
板状矿☆platynite
板状流动构造☆platy flow structure
板状煤☆plate{slaty;slabby} coal；callis；macket；macker
板状黏土☆schistose clay
板状劈理☆slaty cleavage
板状砂岩☆cleftstone；flagstone
板状体☆tabular mass{body}；plate
板状通道[棘海座星]☆floorplate passageway
板状腕钩☆septifer
板状习性☆tabular{platy} habit
板状岩☆fakes
板状岩石☆slabby rock
板状岩体☆slab-like rock mass；sheet；slab-like mass of rocks
板状铀矿体☆tabular U-ore body
板状云母☆sheet mica
板状中体附肢[节板足鲎]☆blattfuss
板足鲎`类{亚纲}☆Eurypterida；Eurypterid
板足鲎(属)[节;O-P]☆Eurypterus；Eurypteroid
板足(海参)目[棘]☆Elasipoda
板嘴贝属[腕;T_3]☆Septalirhynchia
板座栓☆crab{fang} bolt
板座系缆环☆pad eye
钣金加工☆panel beating；sheet-metal working；can manufacturing；canning
版本☆edition；text
版本说明☆imprint
版面砂眼☆foul biting；pitting
版面设计☆layout
版权☆copyright；literary property
(书籍)版式☆format
版图☆territory；domain
阪田[多石的田地]☆rugged and stony field；hillside farm field

bàn

扮演☆figure
拌和☆blend；high up；mix；malaxate；malaxation
拌和机☆blender；blending machine
拌和机械☆mixing machinery
拌和加固法☆admixture stabilization
拌和器☆mixed
拌浆锄☆larry
拌浆机☆grout{slurry} mixer
拌沥青石屑☆coated chippings
拌沥青石屑撒布机☆coated chipping spreader
拌泥工☆pugger
拌泥机☆mud mixer
拌泥转筒☆wet pan
拌砂☆breaking-up the sand；sand cutting-over；cut[铸]
拌砂浆棒☆rab
拌砂硬糖☆granulated sugar drop
拌酸矿石☆acid-pugged ore
伴杯目☆Hetairacyathida
伴峰☆satellite peak
伴矩阵☆adjoint
伴侣珊瑚(属)[D_2]☆Sociophyllum
伴热管☆trace pipe
伴热管线☆heat tracing pipe
伴热柔性管[不锈钢-塑料复合材料的保温柔性管]☆coflexip
伴生☆accompany；association；associate
伴生变形☆concurrent deformation
伴生层☆associated layer{sheet}；accompanying bed
伴生的☆concomitant；associated
伴生断层☆companion fault
伴生富气☆wet filed gas
伴生伽马辐射俘获☆radiation capture
伴生钴矿石☆associated Co ore
伴生硅酸盐类☆associated silicates
伴生矿经济临界品位☆breakeven point economic grade of by-mineral
伴生矿物☆associate(d){accompanying；companion；ancillary} mineral；retinue；satellite；minute associate
伴生脉☆incidental vein
伴生气凝析油☆lease condensate
伴生属矿物☆associated mineral
伴生现象☆attendant{associated} phenomenon
伴生岩干{株}☆satellitic stock
伴生银矿石☆associated Ag ore
伴生原孔缝合线☆accessory archeopyle suture
伴生元素☆associated{accompanying;accessory} element
伴随☆concomitance；adjugate；adjoint；associated with
伴随变量☆adjoin variable
伴随的☆adjoint；adjoining；contingent；incident(al)
伴随反射☆satellitic reflection
伴随俘获的辐射☆capture radiation
伴随管线☆tracer line
伴随函数☆adjoint function
伴随裂变(的)γ 辐射☆fission gammas
伴随物☆attendant；concomitant；accompaniment
伴随因子☆association(al) factor
伴乌苏里菊石属[头;T_1]☆Metussuria
伴线☆satellite (line)
伴星☆companion (star)
伴型☆metatype
伴以雷声的☆thundery
伴音☆background
伴音和彩色信号检波器☆sound-and-chroma detector
伴音检波元件☆ceraminator
伴音信号☆aural{sound;audio} signal
伴音中频陷波元件☆cerap
伴支水系☆yazoo drainage pattern
瓣☆flap(per)；clack；foil；valvula；lobe；valve；petal；segment；clove [of garlic]；fragment；piece；lamella
瓣比[螺杆钻具转子与定子的头数比]☆specific lobe
瓣超覆☆valve overlap
瓣齿鱼(属)[C-P]☆Petalodus
瓣虫属[孔虫;T_3-Q]☆Valvulina
瓣阀☆claypit{flapper;clap;flap;hinged} valve；clack (valve)
瓣阀式闸门☆flap-valve gate
瓣钩幼虫☆glochidium
瓣环[古植]☆cingulum
瓣甲鱼目☆petalichthyida
瓣角锥☆valvular pyramid
瓣介☆valve
瓣轮叶(属)☆Lobatannularia
瓣膜☆valve
瓣膜变形☆valvular deformity
瓣囊孢属[P]☆Bascanisporites
瓣鳃[双壳]☆lamellibranch
瓣鳃动物☆Lamellibranchiata
瓣鳃动物潜穴☆pelecypod burrow
瓣鳃纲☆lamellibranchia(ta)
瓣鳃类[软]☆Lamellibranchiata；bivalve；Pelecypoda
瓣鳃牙系☆lamellibranchiata dentition
瓣石[钙超;E_2]☆Petasus
瓣条藻属[硅藻]☆Grammatophora
瓣形须腕虫(属)☆Lamellisabella
瓣状的☆valvate；valvular
瓣状构造☆leaf tectonics
瓣足☆lobed foot
半☆hemi-；quasi-；demi-；half；semi-
半安定方英{白硅}石☆meta-crystobalite
半暗煤☆semidull coal
半暗试板☆half-shadow plate
半暗硬煤☆semi-splint{semisplint} coal
半柏油☆flux oil
半板☆half plate；demiplate
半瓣裂的☆semivalvate
半包旋壳[软]☆advolute shell
半孢子☆hemispore
半饱和的☆half saturated
半宝石☆semi-precious stone
半抱茎的[植]☆half-clasping
半抱茎形☆semi-amplexicaul
半暴露式煤田☆semi-exposed coalfield
半贝壳状断口☆subconchoidal fracture
半倍频程滤波器☆semi octave filter
半焙干{烧}的☆half-baked
半焙烧矿石☆sluge；slug
半闭合☆semi-closure
半闭塞堆积☆euxinic deposition
半闭珊瑚(属)☆Phaulactis
半闭式循环☆semi-closed cycle
半边☆half-infinite
半扁球体☆hemispheroid
半变动的☆semivariable
半变量图☆semivariogram
半变异函数☆semivariable function
半标准的☆half normal
半玻基斑岩☆hemivitrophyre
半玻璃光泽☆subvitreous luster{lustre}；semivitreous luster
半玻璃化的☆semivitrified
半玻璃质结构☆hemi-hyaline texture
半玻质☆hypohyaline
半波☆half {-}wave；HW；semiwave；H.W.
半波电位{势}☆half-wave potential
半不变式{量}☆half invariant；semi-invariant
半槽边☆rabbet
半槽的[孢]☆demicolpus
半槽形的☆semi-troughed
半草原☆hemisteppe
半侧椎(骨)体☆pleurocentrum；pleurocentri
半柴油(发动)机☆hot-plug engine；hothead；half diesel engine；semi-diesel engine；semidiesel
半长壁(开采)法☆semi-longwall
半长径☆semi-major axis
半长轴坡面[正交晶系中{*h0l*}型的双面]☆hemi-macro-dome
半敞工作面采矿法☆semi-open stoping method
半敞开式模具☆partly open mould
半潮☆half tide
半潮差☆tide{tidal} amplitude；semi-range；half range of tide
半潮港地[半潮时船只进出港地]☆half-tide basin
半潮面☆mean tide level；half-tide level
半潮湿的☆semi-humid
半潮湿区☆subhumid region
半沉没柱稳定的海上钻井装置☆semisubmersible column stabilized offshore drilling unit
半沉式☆semi-submersible
半沉陷点☆half {-}subsidence point
半成晶☆half-crystal
半成煤焦☆semi-coke
半成品☆semi-finished product{articles}；green ware；semi-manufactured{semifinished} goods；half-finished material{product}；semiproduct；blank；intermediate{unfinished} product；semi-manufacture；intermediates
半成品钢☆rerolled steel
半呈玻璃态的☆semivitrified
半程时差☆half-path moveout
半承压层☆semi-confining layer
半承压含水层☆semi-confined aquifer
半承压水☆mesopiestic water
半尺寸模型☆half-scale model
半翅目[昆]☆Hemiptera
半重组合的☆semireconstructive
半出露煤田☆semiconcealed coalfield
半储热层☆semi-reservoir
半串珠虫属[孔虫;D]☆Semitextularia
半窗☆half-window
半粗粒体☆semimacrinite
半粗粒体组☆semi-macrinoid
半脆性变形☆semi-brittle deformation
半搭接☆half lap joint{scarf}；halving；lipped joint
半搭嵌接☆half-lap scarf
半带(海星)目[Pz]☆Hemizonida
半单壳式结构☆semimonocoque
半胆红素☆urobilinogen；hemibilirubin
半弹性变形☆semi-elastic deformation
半蛋白石☆semiopal
半岛☆peninsula；byland；biland；half island；pen.
半岛的半岛☆sub-peninsula
半岛居民的习性☆peninsularity
半岛式防波堤☆shore-connected breakwater
半岛形支撑矿柱☆peninsula{peninsular} abutment
半导电(性)☆semiconduction；semi-conductivity
半导体☆quasi {-}conductor；semiconductor

半导体滤光器{片}☆optical filter
半导体石油凝固器☆semiconductor petroleum condenser
半导体釉☆semiconducting glaze
半底面[{001}或{0001}型的单面]☆hemibase
半底缘药筒☆semi-rimmed case
半底轴面[{001}或{0001}型的单面]☆hemibasal pinacoid
半地块☆half section
半地堑☆half graben; semigraben
半地台巨杂岩☆quasiplatformal megacomplex
半地下☆semi-underground; semi-buried
半地下仓☆semi-underground bin
半地下沥青贮仓☆semi-underground asphalt storage
半地下室☆semibasement; sub-basement; partially-exposed basement; stereobate
半地下式设备☆semiunderground plant
半电池☆half cell
半碟菊石属[头;T_1]☆Hemilecanites
半迭代法☆semi-iterative method
半定量矿物测定☆semiquantitative mineral determination
半定量光谱分析☆semiquantitative spectrographic analysis
半定性的☆semiqualitative
半定域土☆semizonal soil
半冻的雪☆firn
半洞居的☆hemitroglobiotic
半独立式的住宅☆semi
半独立性双喷口间歇喷泉☆semi-independent geyser
半度量的☆semimetric
半端梁☆tail joist{beam}; tailpiece
半端条工作面☆half{side} block working face
半短径☆semi-minor axis
半短轴☆semininor axis
半对称☆hemihedry; hemihedrism
半对称的☆hemisymmetric; hemisymetrical; hemihedral; hemihedric
半对称形☆hemimorphism
半对称性☆hemihedrism; hemihedry
半对称轴☆axis of hemimorphism
半对顶角☆semi-vertical angle
半对数☆semi-logarithm; semilog
半对数表☆semi-logarithmic chart
半对数的☆semi-log; semi-logarithmic
半对数直线段斜率☆semilog straight-line slope
半对数纸☆arithlog{semilogarithmic} paper
半对数坐标图☆semilogarithmic chart; semilog plot
半多孔(性)的☆semi(-)porous
半惰性长寿命阳极☆semi-inert long life anode
半惰性组☆semi-inertinite
半反应☆half-reaction
半方差☆semivariance
半方差图☆semivariogram; half-variogram
半防护式机器☆semi-guarded machine
半防护型电动机☆semiprotected motor
半纺锤䗴属[孔虫;$C_{2\sim3}$]☆Hemifusulina
半肥煤☆half fat coal; cherry coal
半肥砂☆medium strong mo(u)lding sand
半肥型砂☆medium-strong moulding sand
半分化种☆semispecies
半分解有机土☆hemist
半分模样☆pattern half
半分砂箱☆half-part mo(u)lding box
半分选的☆quasi-sorted
半封闭海☆semi-enclosed{semiclosed} sea; partially enclosed sea; semi-closed seas
半封闭含水层☆semi-confined aquifer
半封闭式隔爆电动机☆semi-enclosed motor
半封闭循环式自携式水下呼吸器☆semi-closed-circuit scuba
半封隔井底钻具组合☆semipacked bottom-hole assembly
半峰(高)宽☆half-peak{-height} breadth{width}
半峰线☆half-maximum line
半幅度☆half amplitude point
半浮式{动的}☆semi-floating; semifloating
半浮游生物☆meroplankton; temporary{melopelagic} plankton
半腐泥☆amphisapropel
半覆盖的☆semishrouded
半复理石☆hemiflysch
半复消色差物镜☆fluorite objective
半腹茎孔式[腕]☆submesothyridid
半负定☆negative semidefinite
半负载☆half-load
半富集☆semiconcentration
半附生植物☆hemiepiphyte
半干法制棉板☆semidry process for making mineral wool slab
半干旱☆semi-arid; semiarid; subarid
半干旱地区冲积扇☆hemi-arid{semiarid} fan
半干旱区☆semi-arid{semiarid} region
半干摩擦☆semi-dry friction
半干式防尘开采☆semidry mining
半干压成形☆semidry pressing
半干燥区☆semiarid region
半干燥型泥流☆mudflow of semiarid type
半感应式信号控制☆semi-actuated signal control
半刚性底座垛式支架☆semi(-)rigid base chock
半刚性膜☆semi-rigid film
半钢☆semi-steel; SS; semisteel
半钢性底座垛式支架☆semis-rigid base chock
半钢铸件☆semisteel casting; SSC
半高度☆half height
半高宽☆full width half maximum; peak width at half-height; FWHM
半高宽度☆half-height width
半高速断路开关☆semi-high-speed circuit-breaker
半高温地热区☆semithermal region
半格式斗轮☆semi-cell-type bucket wheel
半隔板[苔]☆hemiseptum
半隔离的☆semi-restricted
半隔离海盆☆semi-isolated basin
半隔水层☆aquitard; semi-confining layer
半个周期☆alternation
半工厂化的设备☆semi-commercial unit
半工业生产规模☆semi-commercial scale
半工业实验选矿厂☆pilot concentration mill
半工业(性)实验规模{|工厂}☆pilot scale{|plant}
半工作面爆破☆part-face blast
半功率点☆half-power point
半沟藻属[Q]☆Hemidinium
半古的☆merofossil
半固定床层☆semistationary bed
半固定的☆semi-restrained; semi-fixed
半固定平台☆semi-fixed platform
半固结的☆semi(-)consolidated; punky
半固结含水层☆semiconsolidated aquifer
半固态膜☆semi-solid film
半固态塑性流(动)☆semi-solid plastic flow
半固体(的)☆subsolid; semi(-)solid; thick
半固体油☆lard
半固相线☆subsolidus
半挂车☆semi
半关节面☆demifacet
半管孔贝属[腕;P]☆Hemisyrinx
半管形铆钉☆semitubular rivet
半灌木☆semi-frutex
半光节石属[D]☆Hempsila
半光泽的☆semilustrous
半光制的☆semi-finished; s-f.
半胱氨酸☆cysteine; half cystine; Cys
半规管☆labyrinth
半规月☆half moon
半硅砖[SiO_2超过80%]☆semi-silica brick
半海林檎属[棘;O]☆Hemicosmites
半海洋性的☆meropelagic
半旱地(区冲积)扇☆semiarid{hemiarid} fan
半行程[下钻或起钻]☆half trip
半合成沸石裂化催化剂☆semi-synthetic zeolite cracking catalyst
半合成砂☆semi-synthetic sand
半合管☆split barrel
半颌式的[头]☆hemichoanitic
半褐煤☆semibituminous coal
半痕[遗石]☆semirelief
半横板☆hemiphragm
半横梁[舱口]☆fork beam
半恒定低压☆semi-permanent depression
半恒定反气流☆semi-permanent anticyclone
半后螺属[软舌螺;Є-O_1]☆Semielliptotheca
半花岗岩{石}☆half-granite; aplite; aftergranite
半化石(的)☆subfossil; semi-fossil
半环☆fusellus
半环鱼(属)[D_1]☆Hemicyclaspis
半环藻属☆Hormidium
半环状异常☆semiannular anomaly
半还原性矿石熔炼☆smelting of semireduced ore
半荒漠☆semidesert; half-desert
半灰化土☆semipodzolic soil
半辉沸石[$Ca(Al_2Si_7O_{18})•7H_2O$]☆hypostilbite; hypodesmine
半回转☆half-swing
半混合湖☆meromictie lake
半混相驱替☆semimiscible displacement
半活动元素☆semimobile element
半火山喷发☆semivolcanic eruption
半机壳☆casing halves
半机械化☆partial mechanization; semimechanized; semi-mechanization
半机械化装置{设备}☆semi-mechanical installation
半极大值距离☆half-maximum distance
半极性键☆semi-polar link(age){bond}
半极性液体☆semi-polar liquid
半脊贝(属)[腕;$O_{1\sim2}$]☆Hemipronites
半挤离☆semi-detachment
半技工☆improver
半寄生生物☆semiparasite
半加法(器)☆half adder; HA
半加工的☆semi-finished; raw; s-f.
半甲板☆half deck
半钾纹长石☆hyperoranite; hypo-oranite
半价☆semivalence
半坚实的☆semi-competent
半坚硬岩石类☆types of semi-solid rocks
半尖形的☆subacute
半碱堆积☆brackish deposit
半碱流岩☆semipantellerite
半碱性的☆subalkalic
半减期☆half-life; half life
半剪切☆half shear
半键☆half bond
半焦☆semi(-)coke; carbo(-)coal; charcoal; coalite
半焦化☆low {-}temperature carbonization; semi-coking
半焦弦☆semi-focal chord
半胶泥性黏附☆semi-cemental adherence
半胶(态)石墨(悬浮液)☆prodag
半胶体☆semi(-)colloid; hemicolloid
半胶质炸药☆semi gelationous explosive; semi-gelation; semigelatin(e)
半交皮带☆quarter-turn belt
半角☆half angle; semiangle
半角形支架☆half-angle set
半接线盒☆half coupler
半截风障☆jump (cloth); hurdle
半截风障使风流向上吹走瓦斯法☆hurdling method of ventilation
半截圆形洞道☆half tube
半截砖☆queen closer
半节{段}☆half section
半节门☆hatch
半结☆half-hitch
半结晶的☆hemicrystalline; semicrystallized; semicrystalline
半结晶区☆semicrystalline region
半解析方法☆semi-analytic method
半金属☆semi(-)metal; metalloid
半金属的☆submetallic; semi-metallic
半金线虫属[孔虫]☆Hemigordius
半进(半)退式房柱(采矿)法☆half-advance-and-half-retreat method
半浸式船台☆semisubmerged shipway
半茎叶植物☆hemicormophyta
半晶斑状☆hypercrystalline-porphyritic
半晶的☆merocrystalline; micrystalline
半晶矿物☆metastabilite
半晶态水化硅酸钙☆semicrystalline calcium silicate hydrate
半晶质(的)☆merocrystalline; hypocrystalline; miocrystalline; hemicrystalline; mesocrystalline; partly crystalline
半精加工☆semi-finishing; semi-finished working
半精制石蜡☆semi-refined paraffin wax
半经验公式☆semi(-)empirical formula
半静止的☆semi-quiescent
半镜质组☆semivitrinite
半径☆radius [pl.-ii]; semidiameter; r.; rad.; r
(偏移归位)半径☆aperture

B

半径的☆radial
半径(-)深度比☆radius-depth ratio
半径小于投影球半径的圆☆small circle
半矩阵☆semi-matrix
半聚焦谱仪☆semi-focusing spectrometer
半具毛轮的☆semiverticillate
半距等值线☆half-interval contour
半均匀燃料☆semi-homogeneous fuel
半喀斯特☆merokarst
半卡夹箍☆collar clamp
半开的☆semi-enclosed
半开接合☆halving
半开口槽☆semi-open slot
半开区间☆half-open interval
半开式气举管柱☆half-open(ed) gaslift string
半可变的☆semivariable
半可燃药筒☆semi combustible cartridge case
半克里特介属[N_2-Q]☆Hemikrithe
半空间☆half {-}space；semispace
半空间体积源☆semi-space volume source
半孔贝(属)[腕;N-Q]☆Hemithyris
半孔槽的[孢]☆demicolporate
半孔海胆属[棘海胆;K_2]☆Hemipeustes
半孔隙的☆semiporous；semi-porous
半控制镶嵌图☆semi-controlled mosaic
半枯竭油层☆semi-depleted reservoir
半宽度☆half-maximum distance；half width
半宽图☆half breadth plan
半矿物树脂☆semifossil resin
半扩张速度☆half-spreading rate
半棱晶☆hemiprism
半棱锥体☆hemipyramid
半离散化☆semi-discretisation
半离心式离合器☆semi-centrifugal clutch
半理论方法☆semi-theoretical approach
半理想溶液☆semi-ideal solution
半粒状的☆semi-granular
半沥青☆semiasphalt；semi(-)bituminous
半沥青煤☆semibituminous coal
半沥青油☆semiasphaltic oil
半连贯条纹长石☆semicoherent perthite
半连续活性污泥试验☆semi-continuous activated sludge test
半连续压延法☆semicontinuous rolling process
半亮煤☆semi(-)bright{semilustrous} coal
半流动式电站☆semi-portable plant
半流体(的)☆semi(-)fluid；quasi-fluid
半露出水面的☆semiemergent
半露天式电抗器☆semi-out-door reactor
半履带式行走机构☆half-track unit
半卵石的☆semigravel
半轮半履带式车☆half-track
半轮生的☆hemihelicoid；semiverticillate；hymicyclic
半螺纹☆half-thread
半马尔科夫链☆semi-Markov chain
半埋半覆盖油罐☆cut and fill tank；cut-and-cover tank
半埋地的☆semi-buried
半埋设罐☆mounded tank
半盲谷☆half-blind valley
半煤半岩(工作面)☆alternate heading
半煤气发生炉式燃烧室{炉}☆semi-producer-type furnace
半煤气坩埚窑☆semi-gas fired pot furnace
半煤岩巷道☆half-coal-and-half-rock working；coal-rock drift；alternate heading
半美星介属[N_2]☆Hemicyprinotus
半美元(硬币)☆half dollar
半糜棱片麻岩☆hemi-mylogneiss
半密闭式模具☆semipositive mold
半密封☆semitight
半密合晶(粒间)界☆semicoherent boundary
半面☆hemihedron [pl.-ra]；semi-plane；half-plane
半面贝属[腕;C_1]☆semiplanus
半面的☆hemihedral；hemihedric
半面晶形☆sphenoid；hemihedron
半面式异极类☆hemihedral hemimorphic class
半面式异极象(晶)组[4 晶组]☆hemihedral hemimorphic class
半面体☆hemihedron；hemihedra
半面象☆hemihedry；hemihedrism
半面象的☆hemisymmetric
半面象非对称性☆hemihedral asymmetry
半面象(晶)组☆hemihedral class
半秒延期电雷管☆half-second delay (electric) detonator
半明水☆glime
半模拟式信号器☆semigraphic annunciator
半磨圆的☆subrounded
半摩擦☆quasi-friction
半木质素☆hemilignin
半钠纹长石☆hyp(op)erthite；hyperperthite
半耐寒的☆semihardy
半耐久性阻燃☆semi-permanent flame-retardant
半挠性联轴器☆semiflexible coupling
半内生动物群☆semi-infauna
半内四分位数间距☆semi interquartile
半泥质千枚岩☆semi-pelitic phyllite
半泥质岩☆semi-pelite
半逆法[数]☆semi-inverse method
半逆流(式的)☆counter-current
半逆流式磁选机☆semi-counter current magnetic separator
半年(周)潮☆semiannual tide
半年一次取样☆semi-annual sampling
半黏土质☆semipelitic
半黏性流体☆quasi-viscous fluid
半凝固的☆semiconsolidated
半农业☆semifarming
半诺夫鲢属[孔虫;C_2]☆Seminovela
半耙笔石(属)[S_1]☆Demirastrites
半排出期☆half life；half-time
半盘星石[钙超;E_3-N_1]☆Hemidiscoaster
半喷发岩墙☆subeffusive dike
半喷泉☆semieruptive spring
半盆地☆half basin
半盆地长☆length of half subsidence trough
半片岩☆semischist
半频信号☆half-frequency signal
半平壁的☆semiplanomural
半平衡舵☆semi-balance rudder
半平面☆half-plane
半坡度法☆half-slope method
半坡面[平行于一个侧轴的双面或板面]☆hemidome
半坡屋顶☆half-pitch roof
半坡遗址[古]☆Banpo site (of the Yangshao Neolithic，culture near Xi'an Shaanxi Province)
半剖面☆half section
半剖视{面}图☆semisectional {half-sectional} view
半匍匐植物☆hemiepiphyte
半蹼足☆semipalmate foot
半期贷款额☆half-life loan value
半栖留地下水位☆semi-perched groundwater table
半脐型☆hemiomphalous
半气生植物☆hemiaerophyte
半千枚岩☆half phyllite
半前进半后退房柱式开采系统☆half-advance and half-retreat system
半潜式居住和供应海洋平台☆accommodation rig
半潜式平布船☆semi-submersible barge
半潜式双胴体船☆semisubmerged catamaram
半浅海的☆epineritic
半切变角☆half shear angle
半切性(的)☆subsectile
半穹丘{隆}☆hemidome
半球☆hemisphere；segment
半球石[钙超;?-Q]☆Hemihololithus
半球体内的转矩☆interhemisphere torsion
半球形☆cabochon；semisphere；hemispheric(al)
半球形底唇不取芯细粒金刚石钻头☆semi-spherical bit
半球形加压头[核压裂]☆hemispherical head
半球形流☆hemispherical flow
半球形体☆hemispheroid
半取芯钻头☆semi-coring bit
半醛☆half aldehyde
半全面象的☆hemiholohedral
半犬属☆Amphicyon
半群☆semigroup
半燃烧法☆semi-combustion method
半热带的☆semitropical；subtropical
半热区[增温梯度 70～80℃/km]☆semi-thermal area
半热液的☆hypohydrous
半人☆Hemanthropus
半人马座☆Centaurus；Centaur
半韧性的☆semiductile
半日花属的一种岩蔷薇☆sunflower
半日周潮{|型}☆semi(-)diurnal tide{|type}
半融雪☆slough lee；slop
半融雪区☆slush zone
半熔☆fritting；semi-fused
半熔岩☆metatexite
半溶酚醛树脂☆resitol
半柔性的☆semiflexible
半柔性流(动)☆quasi-plastic flow
半乳甘露聚糖☆galactomannan
半乳聚糖[$(C_6H_{10}O_5)_x$]☆galactan；gelose
半乳糖[$C_6H_{12}O_6$]☆galactose
半乳糖醇羟基胺☆galactose alcohol oxyamine
半乳糖苷☆galactoside
半乳糖酸[$CH_2OH\cdot(CHOH)_4\cdot COOH$]☆galactonic acid
半软玉☆semi-nephrite
半软质黏土[主要成分为高岭石,$Al_4(Si_4O_{10})(OH)_8$]☆semi-soft clay
半色调☆halftone；shadow tone
半色调像☆halftone image
半沙漠☆semidesert；half-desert；semiarid
半沙漠盆{谷}地☆semibolson
半沙漠区☆near desert
半筛苔藓虫属[S-C]☆Semicoscinium
半商业性的☆semi-commercial
半上层滞水☆semiperched groundwater
半深成侵入体☆hypabyssal intrusive{instructive}
半深成岩☆hypabyssal (rock)；dikites
半深海☆bathyal；archibenthal
半深海带☆bathyal (marine) zone；bathymetric fascia
半深海相☆bathyal facies；bathyalfacies
半神介属[E-Q]☆Hemicythere
半渗透的☆semipervious；semi(-)permeable
半渗透多孔板☆semipermeable porous plate
半渗透膜☆semi(-)permeable membrane{partition}
半渗透性☆semi(-)permeability
半生产☆semi-production
半生期☆half life
半失速☆semistall
半湿润带☆subhumid zone
半湿土☆subhumid soil
半石墨☆semi-graphite；half graphite
半石油沥青☆semi-asphaltic flux
半石质☆semipetrified
半矢牙形石属[O_1]☆Semiacontiodus
半收缩☆semi-shrinkage
半受精卵[轮藻]☆oosphere
半受限的☆semi-restricted
半受压水☆semiconfined water
半疏松☆semiloose
半熟练工☆roustabout
半熟土☆semi-mature soil
半竖槽☆hemiglyph
半数生存界限浓度☆median tolerance limit
半衰变周期☆half-life
半衰竭油藏☆semi-depleted reservoir
半衰期☆half {-}life (period)；HL；period of half decay；half-value{transformation} period；half-period；half-cycle；half-time
半双向☆half-duplex
半水合{化}物☆hemihydrate；semi(-)hydrate
半水晶☆semi-crystal
半水力冲填式土坝☆semi-hydraulic-fill earth dam
半水煤气☆semi-water gas
半水平开采☆semi-horizon mining
半水栖的☆subaqueous；subaquatic
半水生植物☆subaquatic plant
半水石膏☆semi-hydrated gypsum；plaster of Paris
β半水石膏☆micro-palskite
半水亚硫钙石☆hannebachite
半水硬石灰砂浆☆semi-hydraulic lime mortar
半税☆half duty
半丝煤☆semifusain；vitrifusain；vitrofusain；vitrofusite
半丝质体[烟煤和褐煤显微组分]☆semi(-)fusinite；intermediate；fusovitrite
半丝质组☆semi-fusinoid group
半死状态☆anabiotic state
半四分中距☆semi-interquartile range
半伺服制动器☆half-servo brake
半苏铁类☆hemicycadales
半速前进☆H Ahd；half ahead
半塑性外壳构造☆semi-plastic superstructure
半酸性耐火材料☆semi-acid refractory
半随机存取存储器☆semirandom access memory
半随机体力学☆mechanics of quasistochastic bodies

半碎裂☆hemiclasis
半碎裂岩☆hemiclastite；hemiclastic rock
半碎屑岩☆hemiclastic rock
半燧石黏土☆semi-flint clay
半缩醛☆hemiacetal
半索动物☆Hemichordata；Adelochordata
半索类☆sagitta
半索(动物)亚门[脊索]☆Hemichordata
半苔藓虫属[S-P]☆Hemitrypa
半坍☆half-collapse
半炭化褐煤☆partially carbonized lignite
半套筒轴承☆sleeve half-bearing
半体双晶☆hemitrope (twin)
半填半挖斜坡☆cut-and-fill slope
半萜☆hemiterpene
半铁燧石☆semitaconite
半通径☆semi-parameter
半桶☆half-keg
半统计(性)的☆semistatistical
半头帕海胆(属)[棘;J-K]☆Hemicidaris
半透彻的☆translucent
半透过性☆semipermeability
半透明(的)☆translucent；trans(-)opaque[仅能透过部分可见光谱的矿物]；semi(-)opaque；translucence；limpid；translucency；subtransparent；semilucent；semitransparent；subtranslucent
半透明冰☆glime
半透明粉属[K_2]☆Translucentipollis
半透明腐殖劣化物☆translucent humic degradation
半透明性☆translucence；translucency
半透明质☆brown{semiopaque;semi-translucent} matter
半透膜☆semi-permeable membrane{diaphragm}
半透气性☆semi-permeability
半透水层☆aquitard
半透水的☆semipervious；semipermeable
半透水岩体☆semipermeable rocks
半透性☆semipermeability
半凸贝☆Hemiptychina
半突变型☆half mutant
半图解的☆semi-graphic(al)；semi-diagrammatic
半图解键盘☆semi-graphic keyboard
半图式(控制)面板☆semi-graphic panel
半途☆half-way
半途终止☆abort
半褪色时间☆half fading time
半拖车☆semitrailer；semi-trailer
半拖车式卡车☆semitrailer truck
半拖鞋珊瑚属[O_3-S]☆Holophragma
半脱氧钢☆semi-deoxidized{semikilled} steel
半椭圆☆semiellipse；semielliptic(al)
半椭圆体☆semiellipsoid
半椭圆状异常☆semielliptical anomaly
半挖半填斜坡☆cut and fill slope
半歪尾☆abbreviated heterocercal tail；hemihomocercal tail
半外壳扇风机☆half housed fan
半外圆形增长[腕]☆hemiperipheral growth
半网菌属[黏菌;Q]☆Hemitrichia
半微(量)☆semimicro-
半微量法☆meso method
半微量分析☆semi(-)microanalysis
半微咸水草{木}本沼泽☆semi-brackish marsh {swamp}
半围式生长☆hemiperipheral growth
半位错☆half {-}dislocation
半文象结构☆subgraphic structure；semi(-) pegmatitic texture
半纹长石☆hyperthite
半稳定☆semi-stability
半稳定白云石烧块☆semistable dolomite clinker
半稳定白云石耐火材料☆semistable dolomite refractory
半稳定的☆semi-stable；quasi-stationary
半稳定性白云石砖☆semistable dolomite clinker
半污水生物☆mesosaprobia
半无光相片☆semi-matte print
半无限体☆semi-infinite body
半无限条带含水层☆semi {-}infinite strip aquifer
半无烟火药☆semi-smokeless powder
半无烟煤☆semi(-)anthracite{carbonaceous} coal；semi-smokeless power；semianthracite；carbonaceous deposit
半吸收层☆half-value layer；HVL
半吸收值☆half-absorption value
半酰胺☆half amide
半先导试验☆semipilot
半纤维素☆hemicellulose
半咸的☆brackish；subsaline；brk
半咸水☆brackish water
半咸水湖☆brackish lake
半显式的☆semi-explicit
半显微法☆semimicroscopic method
半线性的☆semi-linear
半箱形耙斗☆partial box-type scraper
半象限☆half-quad
半销毁式过油管射孔器☆enerjet gun
半消耗性的☆semi-expendable
半消色差物镜☆semiapochromatic objective
半小型试验☆semipilot
半斜脊☆half hip
半斜轴坡面{|柱}[单斜晶系中{0*kl*}型的双面]☆hemi-clino-dome{|-prism}
半芯盒制泥芯[铸]☆half-core boxcore
半星海胆属[棘海胆;K_2]☆Hemiaster
半型砂箱☆half-part moulding box
半形☆hemimorph
半形的☆subhedral
半V形工作面开采法☆half-V system{method}
半V形坡口☆single {-}bevel groove
半V形坡口丁字对接头焊缝☆single-bevel tee-butt weld
半形态的☆hemimorphic
半熊☆Hemicyon
半熊属[E]☆Amphicyon；Hemicyon
半续湖☆tide and half tide
半悬臂弹簧☆semi-cantilever spring
半悬挂式的☆partly-mounted
半旋回☆half-cycle；hemicycle
半旋回层☆hemicyclothem
半学年☆semester
半烟煤☆semibituminous{superbituminous;smokeless} coal
半烟煤的☆semi(-)bituminous；subbituminous
半淹没的☆logged
半岩化☆semipetrified
半岩浆的☆hemimagmatic
半岩溶☆merokarst
半延性的☆semiductile
半氧化矿☆semi(-)oxidized ore
半野猫孔☆semi-wildcat
半野生的☆seminatural
半叶藻属[K-E]☆Hemiphyllum
半液体(的)☆quasi-liquid；semi-liquid
半移动式(的)☆semi-portable；semi-permanent
半翼骨☆os hemipterygoideum
半音☆semitone
半音度☆halftone
半音符☆minim
半阴影区☆twilight band
半隐伏式煤田☆semiconsealed coalfield
半隐式(的)☆semi-implicit
半隐式油藏模拟法☆semi-implicit reservoir simulation technique
半影☆penumbra [pl.-e]
半影试板☆half-shadow plate
半影月食☆appulse
半硬暗煤☆semisplint coal
半硬的☆Hf.H.；half-hard
半硬化的☆punky
半硬壳机身(的)☆semimonocoque
半硬式的☆semirigid
半硬水☆moderately hard water
半硬填料☆semi-hard packing
半硬橡胶☆semi-ebonite
半硬性泡沫☆semi-rigid foam
半硬支撑平衡机☆semi-hard-type balancing machine
半硬质磁铁☆semi-hard magnet
半永久(式的)☆semi(-)permanent；semi-portable
半永久型封隔器☆semipermanent packer
半永久性的浮动栏油栅☆semipermanent floating oil boom
半油脂型砂☆medium-strong moulding sand
半有序区☆semi-ordered region
半阈值逻辑(电路)☆semi-threshold logic；STL
半原地交代花岗岩☆subautochthonous；metasomatic granite；subautochthonous metasomatic granite
半圆☆hemicycle；semi(-)circle
(管子)半圆补焊块☆half-sole
半圆补强板[修补管段用的]☆half-sole
半圆唇金刚石钻头☆half-round nose bit
半圆唇面钻头☆modified-round nose bit
半圆锉☆cabinet file
半圆底唇金刚石钻头☆semicircular profile bits；semi-round nose bit
半圆底面钻头☆modified-round nose bit
半圆端☆medium round nose；semi(-)round{modified-round;half-round} nose
半圆规☆protractor
半圆键☆woodruff key
半圆李氏叶肢介属[节肢;D-P]☆Hemicycloleaia
半圆(式)露天椅☆exedra
半圆木☆half(-rounded) timber
半圆铁棒夹楔劈{破}石法☆plug-and-feather method
半圆头螺栓☆cup head bolt
半圆屋顶☆hemidome
半圆形挡水条[门窗的]☆astragal
半圆形的☆semiannular
半圆形底唇[金刚石钻头的]☆semiround {single-round} nose；SRN
半圆形断面钻头☆full-round nose
半圆形冠部(金刚石)钻头☆semiround nose bit
半圆形结构☆hemicycle
半圆形支承{撑}箍[帐篷的]☆bail；bale
半圆仪☆clinometer；graphometer
半圆凿☆(firmer) gouge；half-round{tang} chisel
半圆凿穴☆eouee{gauge} hole
半圆周☆semi-circumference
半圆柱体☆semicylinder
半圆柱形反射器☆semicylindrical reflector
半圆锥状喀斯特[德]☆halbkugelkarst
半源峭壁泉头☆steephead
半缘纹孔对☆half-bordered pit-pair
半远洋海☆hemipelagic sea
半远洋岩☆hemipelagite
半约束式织物阻燃性试验☆semi-restrained fabric flammability test
半月☆semi-monthly；half moon
半月潮☆long-period tides；fortnightly tide
半月刊☆bimonthly；semi-monthly；fortnight
半月片☆semilunar plate
半月销{键}☆woodruff key
半月形(的)☆lunulitiform；☆half {-}moon
半韵律层☆hemicyclothem
半再造的☆semireconstructive
半藻煤☆semiboghead
半渣[炼铅]☆half slag
半轧废品☆cobble
半窄带壳叶肢介属[K]☆Hemitenuostracus
半掌状☆semipalmate
半沼泽[雨季有水,干季为草地]☆banto faro
半沼泽土☆half-bog{semiboggy} soil；half bog soil
半褶贝属[腕;C_1]☆Semicostella；Hemiptychina
半珍珠光泽☆semi-pearly luster
半枕角石属[头;O_1]☆Hemipiloceras
半振动筛☆eccentric vibrating screen
半镇静钢☆semikilled steel
半整合☆semiconcordant；subconformable；semiconformable
半整体的☆semi-monolithic
半正常☆half normal
半正长钙长石☆hypo-oranite
半正定性☆positive semi-definiteness
半正焦弦☆semi latus rectum
半正矢☆haversine
半正弯管☆half-normal bend
半正轴坡(式)柱[单斜晶系中{*h0l*}型的板面]☆hemi-ortho(domal) prism
半支撑环☆half supporting ring
半知菌类{纲}[Q]☆deuteromycetes
半直(线)☆ray
半直接加热干燥机☆semi-direct-heat dryer
半跖行性☆semiplantigradus
(放射性射线的)半值层厚度☆half value thickness
半值厚度☆half-value thickness
半值宽度☆half width；half-value breadth
半致密剥离物☆semicompacted overburden
半致死剂量☆LD_{50}；median lethal dose；lethal dose-50
半置信区间☆half-confidence interval
半制(成)品☆semiproduct；intermediate product；semis
半制(成)的☆semi-finished
半滞水层☆semiperched aquifer
半滞水地下水位☆semi-perched groundwater table

B

B

半中间色调☆medium tone
半种☆semispecies
半重力式挡土墙☆semi-gravity earth-retaining wall
半周☆half {-}cycle; pulse; alternation
半周刊☆semiweekly
半周平均电流☆half-period average current
半周期☆half {-}cycle; hemicycle; semi(-)period; half-period; alternation
半轴☆half shaft; semiaxis
(汽车的)半轴齿轮☆axle shaft gear
半轴面[单面]☆hemipinacoid
半烛煤☆semicannel coal; lean cannel coal
半柱[{*hk*0}型的双面或板面]☆hemiprism; half-engaged column
半柱面☆semicylinder
半转☆half revolution
半椎目☆hemionotiformes
半椎鱼☆semionotid
半椎鱼科☆semionotidae
半椎鱼目☆Semionotidea; semionotiformes
半椎鱼属[T_1-K_2]☆semionotus
半锥[单斜晶系中{*hkl*}型的菱方柱]☆hemipyramid
半锥背斜☆partiversal
半锥骨[棘海胆]☆demipyramid
半锥体☆hemicone
半自动秤☆semiautomatic balance
半自动的☆semi-automatic{-unattended}; automanual; partial {-}automatic; SA; s.a.
半自动发报键☆bug
半自动化(的)☆semiautomatic; (partial) automation; semi-automatization; semi-automated
半自动式☆automanual system
半自动油井测试装置☆semiautomatic well-test unit
半自紧密封☆semiautomatic seal
半自溜留矿法☆semi-shrinkage stoping
半自流水☆hypopiestic water
半自磨机给矿仓☆SAG mill feed bin
半自然的☆seminatural
半自溶性矿石☆semi-self-fluxing{-fusible} ore
半自生磨矿(法)☆semi-autogenous grinding
半自形☆subhedron; subhedral
半自形的☆subidiomorphic; hypidiotopic; subhedral; hypidiomorphic; subautomorphic; hypautomorphic; hipidiomorphic
半自形晶☆hypidiomorphic{hypautomorphic; subhedral} crystal; subhedron
半自形粒状组构☆hypautomorphic bang
半自转弧☆semi-diurnal arc
半综☆doup
半最大距离☆half-maximum distant
办错☆misconduct; mismanagement
办公楼☆hacienda; office{administration} building
办公区☆office block
办公室☆office; counting-house
办公厅☆general office
办公桌☆bureau [pl.-x]
办理☆handle; conduct; transact(ion)
办事处☆office; off.; agency
办事员☆clerk; staff of a concern; office staff{worker}
绊倒☆stumble
绊跌☆blunder
绊钉☆brob
绊脚石☆stumbling block; obstacle

bāng

邦德{朋特}第三理论☆Bond's third theory
邦德定律☆Bond's law
邦德岩石可磨碎性公式☆Bond formula
邦努阶[J_3]☆Bononian
邦契夫矿☆bonchevite
帮☆side; help; flank[倾斜坑道两侧]; wall; aside [of sth.]; assist; work; (underworld) gang; clique; secret society; association; group; gathering; band; outer leaf [of cabbage,band,etc.]; be in paid labour service
帮板加高矿车☆side-boarded car
帮槽☆end{side} cut
帮斗蛤总科☆Pandoracea
帮孔☆knee hole; cropper
帮墙☆hanging wall
帮手☆coagent; coadjutor
帮岩☆partition rock
帮眼☆side shothole; wall hole
帮助☆help; favor; asst.; boost; assist; contribute to; assistance; aid
帮助决策☆aid decision making
帮助绕绳的滚轴☆line spooler

bǎng

绑☆bind; tie
绑缚线☆lashing wire
绑结☆stitching; stitch
绑紧☆lash
绑链☆lashing chain
绑线☆binding{tie} wire; wiring
绑扎线☆binding wire
绑扎用铁丝☆fastening{binding} wire

bàng

棒☆rod; slug; bar; staff; stick; wand; baculum [pl.-la]; stave; trab; barling; club; cudgel; terrific; topping; superb; strong; excellent; rd.
棒笔石属[O_2]☆Corynoides
棒材☆bar stock{iron}
棒层孔虫属[S_2-C_1]☆Clavidictyon
棒雏晶☆belonite; baculite
棒槌状隔壁[珊]☆rhopaloid septum
棒底架☆bar underframe
棒底筛☆rod-deck screen
棒端(定位)插销☆spindle
棒颚牙形石属[C_1]☆Bactrognathus
棒杆藻属[羽纹硅藻目]☆Rhopalodia
棒钢☆iron bar; bar (iron;steel)
棒骨☆tabular
棒海百合属[棘;C]☆Scytalecrinus
棒几丁虫(属)[O-S_2]☆Rhabdochitina
棒孔藻(属)[E_2]☆Thyrsoporella; Rhabdoporella
棒里白孢属[Mz]☆Claciferu
棒帘☆rod curtain
棒料☆bar stock
棒瘤[孢]☆clavae
棒瘤孢属[N_2]☆Baculatisporites
棒瘤孢亚系☆Baculati
棒瘤大孢属[T_3-J_1]☆Bacutriletes
棒瘤切壁属[孢;C_2]☆Mallexinis
棒瘤亚系[孢]☆Baculati
棒轮藻属[J_2-K]☆Clavator
棒磨(法)☆rod milling
棒磨机☆rod{bar} mill; pin crusher
棒囊蕨☆Corynepteris
棒盘骨针[绵;中空的椭圆形盘状骨针]☆clavidisc
棒屏沉淀器☆rod-curtain precipitator
棒球环孢属[C]☆Lepidozonotriletes
棒球接子属[三叶;$Є_{2-3}$]☆Clavagnostus
棒球石[钙超;K-Q]☆Rhabdosphaera
棒球四球安全上垒☆base on balls
棒球用球[美]☆spheriod
棒珊瑚属[C_1]☆Rhopalolasma
棒神介属[T-K]☆Gomphocythere
棒石☆rhabdolith[颗石]; rabdolith; Rhabdolithus[钙超;E_2]
棒石松碱☆clavatine
棒石松洛宁碱☆clavolonine
棒式松砂机☆spike disintegrator
棒束孢属[真菌;Q]☆Isaria
棒束型燃料组件☆rod-cluster- type fuel assembly
棒苔藓虫属[O-K]☆Corynotrypa
棒糖状长石砂岩☆sugarloaf arkose
棒条(格)筛☆grizzly (bar;screen); bar screen{screep}; rod deck screen; rod-deck screen
棒条筛面☆profile "bars" screen surface; rod deck
棒条筛室☆grizzly chamber
棒铁{|铜}☆bar iron{|copper}
棒纹单沟粉属[孢;K_1]☆Clavatipollenites
棒形孢属[P]☆Bactrosporites
棒形虫属[孔虫;E-Q]☆Clavulina
棒形磁石☆bar magnet
棒形的☆clavillose
棒形磨石☆polishing stick
棒形图☆stick plot
棒胸甲石[钙超;Q]☆Rhabdothorax
棒旋星云☆barred spiral (nebula)
棒状☆rod-shaped; baculine
棒状雏晶束☆bacillite
棒状锤子☆bar-type hammer
棒状刺[海胆]☆jew's stone
棒状的☆clubbed; baculate
棒状骨针[绵]☆rhabd; rhabdome
棒状迹[遗石]☆rhabdoglyph
棒状晶体☆rod-like crystal; rhabdolith
棒状颗粒☆roller; rod
棒状颗石[钙超]☆pole coccolith
棒状(核)燃料☆slug type fuel
棒状绕组☆bar winding
棒状体☆clavule; rhabdosome
棒籽属[古植;C-P]☆Rhabdocarpus
磅[英]☆lb; pound; libra [拉;pl.-e]
磅秤☆platform scale{balance}; weightometer; pound scale; weighing machine
磅达[英力单位]☆poundal
磅卡☆pound-calorie; lb-cal
磅镍矿☆melonite
磅/千桶☆pounds per thousand barrel; PPTB
(过)磅桥☆weighbridge
磅数☆poundage
磅/桶☆pounds per barrel; ppb
磅/英尺☆pounds per foot{cubic foot}; ppf; pcf
g 磅值[计重单位,同 slug]☆geepound
蚌☆clam; Unio
蚌科[双壳]☆Naiadidae
蚌壳蕨科[古植]☆Dicksoniaceae; Dicksoniaceae granular fabric
蚌壳蕨属[古植;K_2]☆Diksonia
蚌壳滩砂岩☆clam bank sandstone
蚌式采泥器☆grab-type sampler; grab dredger; bottom grab
蚌线☆conchoid
蚌形蛤属[双壳;T]☆Unionites
镑☆pound; libra
傍河井☆riverside well
傍隆脊沟[牙石]☆adcarinal groove
傍人☆Paranthropus
傍轴光线☆paraxial ray

bāo

苞[植物花]☆bourrelet
苞被☆indusium
苞的☆bracteal
苞脚菇属[真菌;Q]☆Volvaria
苞鳞☆bract (scale)
苞片☆interfoyles; bract
苞芽油页岩☆torbanite; matrosite
苞叶☆bracteal leaf
胞☆loculum; cyst
胞(嘧啶核)苷☆cytidine
胞管[笔]☆theca [pl.-e]
胞管系☆trophospongium
胞管幼枝[笔]☆thecal cladium
胞果☆utricle
胞间层☆middle lamella
胞间隙☆intercellular space
胞孔状[苔]☆celleporiform
胞口☆cystostome; oeciopore
胞口围☆oeciostome
胞棱☆cell edge
胞煤☆telite
胞囊☆utricle; cyst
胞内的☆intracellular
胞内共生作用[蓝藻在寄主细胞内所起共生作用]☆endosymbiosis
胞群☆Rhabdosome
胞体☆cell body
胞体分裂☆cytodiaeresis
胞外的☆extracellular
胞芽☆gemma
胞液☆cytosol
胞质分裂☆cytokinesis
胞质亮煤☆teloclarain
胞质配合☆plastogamy
胞质丝带☆telofusain
胞质丝煤☆telodurain
胞质团☆plasmon
包☆pile; wind; ladle; tuck; fold; sack; muffle; case; wrap; envelop; bale; bundle
包板[海胆]☆included plate
包被矿物☆perimorph
包藏沼气☆occluded methane
包层☆cladding
包层石英光纤☆clad silica fiber
包缠管子的粗麻布☆burlap

包`船{飞机等}☆charter
包带[木杆防腐用]☆binding；belting；gird
包的☆clad
包斗龙☆Podokesaurus
包镀金属☆metallization
包尔兹金刚石☆bortz
包尔-诺顿干式磁选机☆Ball-Norton magnetic separation
包封☆wrapping；envelope；envelopment
包封介质☆encasement medium
包封气体☆included gas
包袱☆bundle；wrapper
包覆☆sheathe
包覆层☆cover；coating
包覆材料☆cladding material
包覆粉☆coating powder
包覆金属☆plymetal
包附☆locking up
包附气体☆occluded gas
包干作业☆lump work
包钢桩板☆runner
包给承包人☆team
包工☆contractor；undertake to perform work within a time limit and according to specifications；contract for a job；contract work
包工采煤组☆butty gang
包工地段☆bargain
包工工人☆job worker
包工工作☆tut work
包工工作队长☆corporal
包工合同☆cost plus (a fixed fee) contract
包工每日支付额☆contract day rate payment
包工资☆task wages
包裹☆bundle；wrapping；infold；wrap (up)；bind up；parcel；package；envelope
包裹构造☆enclosing structure
包裹晶☆endomorph
(被)包裹晶的☆endomorphic
包裹矿床☆bedded deposition
包裹其他颗粒的基体颗粒☆host grain
包裹体☆inclusion (filling)；infold；knot；inclosure；enclosure；enfold
包裹体测温(法)☆inclusion thermometry
包裹体的"卡脖子"☆necking down of inclusion
包裹体囚液机理☆trapping mechanism
包裹体水☆inclusion water{filling}
包裹物☆wrap
包裹信☆cocoon
包裹邮务处☆parcel post；p.p.
包裹住☆cocooning
包含☆involve；encompass；cover；subsumption；throw in；comprise；involvement；embrace；encompassment；comprisal；comprehend
包含关系☆relation of inclusion
包含结构☆poikilitic texture
包含三条线的☆trilinear
包含十个部分的☆decamerous
包含物☆constraint
包涵物☆inclusion
包合络{配}合物☆inclusion complex
包合珊瑚属$[D_2]$☆Amplexiphyllum
包华突尔炸药☆powertool
包吉姆巴依珊瑚属[S]☆Bogimbailites
包迹☆envelope (curve)
包迹宽带示波器☆envelope wide-scope
包剂焊条☆coated electrode
包加罗尼变形丝☆boucaroni
包价☆flat rate；contract price
包胶☆encapsulate；encapsulation
包胶带机☆tape-wrap machine
包胶刮板☆rubber flap{flight}
包胶囊的☆encapsulated
包胶筛网☆rubber-plated wire screen
包角☆wrapround angle；arc of contact
包解装程序☆packet disassembles
包金材料☆gold
包进(去)☆enfold；infold
包晶☆peritectic；peritecticum
(外)包晶☆inclosing{enclosing} crystal
包晶(体)的☆peritectic
包晶共结(律)☆peritectoeutectic
包卷[孔虫]☆involute；involution；coil
包卷层理☆convolute bedding
包卷构造☆roll-up structure
包壳☆incrust；cladding；coatings[矿]；encrustation；jacket
包壳燃料相互作用☆cladding-fuel interaction
包壳生物屑☆coated bioclast
包壳状的☆crustose
包壳作用☆coating
包克斯公式☆Box's formula
包块☆enclosed mass
包括☆inclusion；incorporate；cover；comprise；contain；encompass；comprehend；including；involve；incl.
包括缓冲器长度☆length over bumpers
包括运费、保险费在内的价格☆cost,freight and insurance；cfi
包括装卸费在内的运费☆free in and out
(滤器)包砾☆gravel envelope
包粒☆coated grain
包力登重差计☆Boliden gravimeter
包林皂石☆bowlingite；bolingite
包(纯)铝的硬铝合金☆alclad
包铝钒☆aluminium-plated steel
包铝合金☆alclad
包罗☆cover
包络(层)☆envelope
包络法☆generating method
包络面☆envelope；enveloping surface
包络体☆enveloping solid
包络线☆intrinsic{enveloping;envelope} curve；envelope
包络线相移☆envelope phase shift
包麻钢丝绳☆marline clad wire rope
包马口铁的☆tinned
包埋材料☆embedding material
包面☆envelope surface
包(络)面☆envelope
包膜泥浆☆encapsulating mud
包姆式跳汰机☆Baum jig
包囊☆cyst
包镍耐蚀高强度钢板☆Niclad
包皮☆sheathing[上涂碳酸氢钠]；envelope；casing；packing；prepuce；wrapping；foreskin；wrapper；sheath；container；envelopment
(物件)包皮☆garment
包皮材料☆encrusting matter；sheathing material
包皮电缆☆jacketed cable
包皮垢(结)石☆postholith；smegmolith；preputial calculus；acrobystiolith
包皮沥青☆armoured bitumen
包皮纸☆kraft
包契尔特型取样机☆Borcherd sampler
包气☆occluded gas
包气带☆zone of aeration (suspended water)；vadose{unsaturated;aerated} zone
包气带的渗{滴}流[岩溶地区]☆vadose seepage
包气带泉☆vadose spring
包气带水[存在于包气带的地下水]☆kremastic{wandering;suspended} water；vadose water；water of aeration zone
包气水☆aerated water
包铅的☆lead-coated
包铅电缆☆lead sheathed cable
包曲线☆intrinsic curve
包容☆containment；pardon；forgive；tolerate；contain；hold
包容(零)件☆female member
包容角☆angle of wrap
包容(异体)岩石☆container rock
包桑方程☆Poisson's equation
包砂☆sand scab；burned-on sand
包砂形成[铸]☆scabbing
包珊瑚式☆Amplexoid{Amplexid} type
包珊瑚(属)[C-P]☆Amplexus
包珊瑚型☆amplexoid
包商☆contractor
包梢☆tipping；chape
包石棉金属☆asbestos covered metal；ACM
包氏兽属[P-T]☆Bauria
包束☆pack
包水(矿物)☆enhydrite
包水的☆enhydrous
包水岩石{矿}☆enhydrite
包套☆capsule
包体[岩]☆enclosure；inclusion；enclave；patch；inclosure；including；incl
包体内`组构{S 面}尾迹☆si-trail
包体塌陷理论☆inclusion collapse theory
包体外组构☆se-fabric
包铁方格条☆iron-shod riffle
包铁(皮)木材☆armoured wood
包铁氧化物☆rush gold
包铜(钢丝)☆copperweld (steel wire)
包铜的☆copperclad
包头矿[产于白云鄂博;$Ba_4(Ti,Nb)_8ClO_{16}(Si_4O_{12})$;四方]☆baotite；paotite；pao-tou-kuang；Paotou kuang
包往返票旅游☆cursion
包围☆involve；sweep；case；investment；hem；gird；embrace；beset；envelop(e)；engirdle；siege；ring；surround；enclosure；hedge；encompass；encircle；sphere；encirclement；compass
包围细胞☆enveloping cell
包围着的☆ambient
包析(的)☆peritectoid
包锡☆tin-coat；tinned
包线☆intrinsic{enveloping} curve
包线延迟☆envelope delay
包销人☆underwriter
包斜正斑流纹岩☆krablite；kraflite
包芯变形方法[纺]☆core-texturing procedure
包芯合股变形纱☆core-ply textured yarn
包锌☆zincification；zinc covering
包辛格效应☆Bauschinger effect
包旋☆involute
包旋虫属[孔虫;T_3-J_1]☆Involutina
包旋螺属$[D_3$-P]☆Euphemites
包旋式☆involute；exvolute
包芽油页岩☆humosite
包液(的)☆aerohydrous
包以薄片☆laminate
包以铜皮☆copper
包银铜☆silver-clad copper
包硬壳物料☆encrusting matter
包有黏土的☆clayed
包于其他矿物外面的矿物☆perimorph
包扎☆dress；knot；bind (up)；tie-up；wrap up；pack
包扎工☆tier
包扎工具☆binder
包扎机☆strapper
包扎绳☆pack-thread
包在管外防止腐蚀的玻璃丝☆coromat
包在叶腋内☆subtend
包住☆lap；ball-up；en-；em-[b,p,m 前]
包装☆pack(age)；casing；pack(ag)ing；wrapping；bale；encasement；pack (commodities)；inclose
包装材料☆packaging material；wrappage
包装厂☆package plant
包装(石油产品的)工厂{设备}☆packaging unit
包装工人☆packer
包装和发送☆packaging and distribution
包装机☆bead covering machine；packaging{wrapping} machine；baling press；packer
包装煤砖☆wrapped fuel；packaged briquette
包装配☆packet assembly
包装设计吸引☆well-designed in packaging
包装物☆packing；container
包装线☆pack-thread
包装箱☆tare；packing container{chest}；tr
包装药卷☆cartridging
包装用支架☆packaging tray
包装炸药☆packaged explosive
包装纸☆wrapping paper；wrapper
包着的管道☆coated pipe line
包租空船[租用者自己配船员航行]☆bareboat charter
剥皮☆peel；rind
剥皮刀☆spud
剥皮机☆barker
剥皮坑木☆barked timber
剥皮钳☆wire stripper
剥树皮☆disbark
孢被☆perispore
孢壁☆spore coat；sporoderm
孢壁花纹☆epispore
孢壁间隙[沟鞭藻]☆cavate
孢槽☆germinal furrow
孢虫类☆Sporozoa
孢粉☆sporopollen；trilete suture
孢粉表外膜☆ectoexine；ectexine

B

B

孢粉分析☆sporopollen{sporepollen} analysis
孢粉化石☆sporomorph
孢粉囊☆pollen sac
孢粉内孔☆endopore
孢粉素☆sporopollenin
孢粉体☆palynomorph
孢粉图式☆pollen diagram；palynogram
孢粉外壁☆exosporium；exospore；extine
孢粉相☆palynofacies
孢粉学☆palynology
孢粉学的☆palynologic(al)；sporologic
孢粉演变☆palynoevent
孢粉质☆sporopollenin；sporopollenine
孢粉组合☆sporopollen assemblage
孢花分析☆spore-pollen analysis
孢环虫属[孔虫]☆Spiroloculina
孢间连丝(体)☆disjunctor
孢角藻属[Z]☆Cirriphycus
孢壳炭化沥青☆exinonigritite
孢壳体☆sporinite
孢霉菌☆Mortierella
孢母细胞☆spore mother cell
孢囊☆sporocyte；cyst
孢囊孢子☆sporangiospore
孢囊柄{梗}☆sporangiophore
孢囊蕨属☆Sporogonites
孢蒴☆sporangia；sporangium
孢体☆sporophyte
孢外质☆periplasm
孢相谱☆spore spectra
孢型☆sporomorph；sporomorpha
孢形☆sporomorph
孢芽油页岩☆matrosite；humosite
孢叶☆sporophyll
孢原☆archesporium
孢原结茧壁[植]☆callose
孢质☆sporonin
孢状体{质}☆sporomorph
孢子☆spore；akinete；sporule；sporula
孢子暗煤☆exinite-durite
孢子虫纲☆Sporozoa
孢子虫类[原生]☆Sporozoa
孢子的☆sporal
孢子发生☆sporogenesis
孢子分析☆spore analysis
孢子花粉☆sporopollen；sporo-pollen
孢子花粉素☆sporopollenin(e)
孢子花粉组合☆PSA；sporopollen complex；pollen and spore assemblage
孢子角须[古植]☆cirrus [pl.-ri, cirrhus]
孢子煤☆sporinite coal
孢子囊☆sporangium [pl.sporangia]；spore case
孢子囊群☆sorus；sori
孢子囊穗[植]☆fertile spike
孢子囊小柄☆sporangiophore
孢子囊营养细胞组织☆tapetum [pl.-ta]
孢子内壁☆endosporium
孢子染色指标☆spore coloration index；SCI
孢子丝菌☆Sporotrichum
孢子体☆sporophyte；sporinite；spore-coat material；sporomorph
孢子同型☆isospory；homospory
孢子外壁☆extine；epispore
孢子外壁间隙☆cavate；camerate
孢子形成☆sporogenesis；sporulation
孢子型煤☆sporite
孢子形生物☆spormorph
孢子叶☆sporophyllary leaves；sporophyll；fertile frond
孢子叶球☆strobil(e)；sporophyll sphaerite
孢子叶穗☆sporophyll spike
孢子异型☆heterospory
孢子植物☆Sporophyta；spore-producing plant；spore plants
孢子中壁☆mesospore
孢子周壁☆perispore

báo

薄斑岩☆paper porphyry
薄板☆lamina[钙超;pl.-e]；lamella [pl.-e，-s]；thin bar{sheet}；slit deal；sheet (metal)；thin gauge sheet
(金属)薄板☆sheet metal；lame；latten；sheeting
薄板冲压☆sheet stamping
薄板钢☆thin-gauge plate
薄板结构☆thin-slab Construction
薄板龙☆Elasmosaurus
薄板上皱纹☆flopper
薄板首次退火☆black annealing
薄板岩片☆slat
薄板状☆lamellose；platy
薄孢子囊☆leptosporangium
薄薄的一层泥土☆a thin layer of clay
薄箔☆(thin) foil
薄刨花☆wood wool
薄笔石☆Leptograptus
薄笔石类☆Leptograptidae
薄壁☆thin wall
薄壁吹泡机☆paste mold machine
薄壁点☆thin-walled spot
薄壁管☆light-wall pipe；thin wall pipe；thin walled tube
薄壁管箍☆undersized coupling
薄壁空心钢筒☆thin walled hollow steel cylinder
薄壁组织☆parenchyma
薄壁钻头☆thin-faced{thin-wall} bit；thin drilling bit
薄边的☆feathered
薄边砖☆feather-edge brick
薄扁豆状构造☆thin lenticular structure
薄冰☆frazil (ice)；cat{young} ice；slud
薄冰层[雪上]☆film crust
薄(浮)冰块☆light floe
薄冰皮☆skin (ice)；skim ice
薄冰楔[悬垂]☆icicle
薄饼☆wafer
薄饼菊石(属)[头;C_2]☆Stenopronorites
薄饼状火山弹☆pancake{pancake-shaped} bomb
薄剥(离层)☆thin overburden
薄层☆lamination；flag；laminar{thin;shallow} layer；lamella [pl.-e，-s]；lamina [pl.-e]；(low) seam；film；veneer；thin bed；folium；flaser[透镜体周围]；course；streak；laminae；stringer；straticule[法]
薄层(悬浮体粒子)☆platelet
薄层板顶板☆shelly
薄层冰☆ice lamina；sheet ice
薄层草皮(和泥炭)☆flaw
薄层沉积☆veneer；veneer
薄层的☆laminal；thin-bedded；straticulate；laminar；flaggy；finely{thinly} stratified；lamellar；tabular
薄层(状)的☆finely stratified
薄层方解石☆bacon；paper spar
薄层交互层☆thin-bedded alternation
薄层交替☆interlaminate
薄层理☆lamellation；banding
薄层理的☆finely stratified
薄层劣煤[顶板中]☆buzzard
薄层泥质铁石☆clay band
薄层凝胶色谱(法)☆thin-layer gel chromatography
薄层磐{盘}层[铁质胶结]☆placic horizon
薄层色谱板☆thin layer chromatography plate；TLCP
薄层砂☆lice
薄层砂岩☆flagstone；girdle；cleftstone；flag；tilestone；thin-bedded sandstone
薄层投料☆laminated batch charging
薄层投料机☆blanket feeding
薄层土☆ranker；dwarf soil
薄层纹☆lamina
薄层效应☆thin-bed effect
薄层岩☆flagstone；list；stringer
(矿壁)薄层岩石☆scrowl
薄层页岩☆paper{shali} shale；shale lamination
薄层硬岩☆shelly formation；shell
薄层状☆flaggy；thinly laminated；lamellar
薄层状的☆foliated；finely-laminated
薄翅摇蚊(属)[昆;J_3-K_1]☆Chironomaptera
薄带☆ligature
薄地槽☆leptogeosyncline
薄地槽相☆leptogeosynclinal facies
薄地层☆thin strata
薄垫片☆shim
薄方石☆ashlar；ashler
薄敷层焊条☆coated electrode
薄覆板☆sarking
薄覆盖层☆thin overburden
薄盖层☆thin capping
薄钢板☆sheet steel；steel{light-gauge} sheet；thin steel plate
薄钢片☆stalloy
薄钢纸☆leatheroid
薄拱坝☆thin arch dam
薄管☆light-wall pipe；cylindrical shell
薄光片☆thinned polished section
薄含油夹层☆thin oil sandwich
薄夹层☆wayboard；streak；short lap
薄甲目[软甲]☆Leptostraca
薄间层☆streak
薄胶泥☆grout
薄角贝属[腕;C_1]☆Leptagonia
薄金属板☆lattin；latten
薄晶钒钙石☆hewettite
薄壳☆thin shells
薄壳结构☆shell structure；thin-shell construction
薄壳山☆thin-shelled mountain
薄壳微珠载体☆pellicular micro beads
薄壳屋顶☆shell roof
薄壳叶肢介属[节;K_2]☆Tenuestheria
薄壳状褶皱☆thin-shelled fold
薄矿层☆delf；delft；low{thin} seam；rider
薄矿脉[0.7-0.8～2 m]☆low{narrow} vein；thin ore deposits；slicking
薄矿脉充填矸石柱☆artificial pillar
薄矿柱☆thin fender
薄砾石层☆gridle；girdle
薄鳞鱼(属)[J_3]☆Leptolepis
薄煤☆burgy
薄煤层☆girdle；thin{low;low-coal} seam；low coal (seam)；rider；low-coal deposit；gridle；coal pipe；small coal；black ring；rither；thin coal [<2ft]
薄煤层矿☆low-coal mine
薄煤层螺钻采煤机☆low-vein augertype miner
薄煤层锚杆布置方式☆low-coal bolting pattern
薄煤层圈☆black ring
薄煤层用机器☆low-type machine
薄煤夹层[顶板中]☆bastard coal；black batt{bat}
薄绵纸☆tissue paper
薄膜☆film；jockey；diaphragm；hull；thin film{foil; shells}；membrane；coating；wafer；pellicle；TF
薄膜材料☆membranous material
薄膜沉淀油☆film-depositing oil
薄膜电位系数☆membrane potential coefficient
薄膜电阻☆filmistor；film resistor；sheet resistance
薄膜分布☆film distribution
薄膜分级式淘汰盘☆film-sizing table
薄膜分子的定向☆film orientation
薄膜扩展剂[一种注蒸汽用的添加剂]☆thin film spreading agent；TFSA
薄膜冷却燃烧室☆film-cooled combustion chamber
薄膜模制法☆replica method
薄膜切片☆cut film
薄膜式泵☆surge pump
薄膜式压力计☆membrane (type) pressure gauge；diaphragm gage
薄膜水☆pellicular water{moisture}；adhesive water；attached groundwater；soil moisture film
薄膜压力板仪☆pressure membrane extractor
薄膜状态☆filminess
薄膜状条纹长石☆films perthite
薄膜状物☆tympan
薄幕状云☆nebulosus
薄囊蕨孢属[J-E]☆Leptolepidites
薄囊蕨纲☆Filicopsida
薄囊蕨亚纲[古植]☆Leptosporangiatae
薄扭贝属[S-D_1]☆Leptostrophia
薄扭形贝(属)[腕]☆Leptostrophia
薄盘模型☆thin disc model
薄皮☆pellicle
薄皮的☆pellicular
薄皮构造[浮褶]☆thin-skinned structure
薄皮木(属)[D_3]☆Leptophloeum
薄片☆lamella [pl.-e，-s]；flake；(thin;piece;sheet;slice) section；slice；lamina [pl.-e]；foil；leaf；wafer；sheet；tab；splent；microsection；folium [pl.-ia]；diaphragm；sliver；thinned section；slicing；laminae；sheeting；rasher；microslide；shave[切成]；secant；sec；lepido-
薄(木)片☆splint
(金属)薄片☆web
薄片层[双壳]☆lamellar{laminated} layer；lamella
薄片层理☆lamination
薄片方解石☆paper spar；papierspath
薄片分析☆thin {-}section analysis
薄片化☆necking
薄片胶合安全玻璃☆laminated safety glass

薄片金☆flake gold
薄片理☆close foliation
薄片龙属[K_2]☆Elasmosaurus
薄片平移导尺[旋台]☆Schmidt sledge；parallel ruler
薄片石棉☆flaked asbestos
薄片丝煤☆laminar fusain
薄片研究☆investigation of thin section
薄片制备☆preparation of thin sections；preparing of slides
薄片状☆lamellose；lamellar；laminal；lamelliform；laminar(y)；flaky；lamellated
薄片状体[磁法解释模型]☆ribbon
薄平石片☆thin flattish chip
薄腔贝属[腕;D_{1-2}]☆Leptocoelia
薄切片☆thin slice{chip}；shallow slice
薄球藻属[J-E]☆Tenua
薄热液矿床☆leptothermal deposit
薄色镜☆filter
薄砂层☆thin sand
薄砂岩层☆girdle；post panel
薄砂岩夹层☆sand streak
薄纱☆gossamer；gauze
薄纱星云☆veil nebula
薄纱织物☆muslin
薄纱纸☆tissue paper
薄石层☆flag
薄石棉☆fossil paper
薄石英片整流器☆thyristor
薄水石☆thinolite
薄胎层☆egg-shell porcelain
薄体型蝶阀☆wafer style butterfly valve
薄条带状煤☆finely banded coal；thin-banded coal
薄铁皮☆sheet iron
薄铜板☆lattin；latten
薄铜皮☆sheet copper
薄锈☆flash rusting
薄岩层☆stringer；.ply；low seam
薄岩石突出层☆lencheon
薄叶理☆folium [pl.-ia]
薄油层☆oil sheet
薄油环☆thin oil ring
薄雨衣☆gossamer
薄圆片样品☆thin disc sample
薄缘☆feather edge
薄运输机带☆thin conveyor belt
薄凿☆paring chisel
薄正形贝☆platyorthis
薄织物☆gossamer
薄纸☆flimsy；tissue
薄皱贝(属)[腕;O_2-S]☆Leptaena
雹☆hail
雹暴石☆hail storm
雹痕☆hail (stone) imprint；hail pit{mark;impression;imprints;print}；hailstone imprint
雹坑☆hail pit
雹灾☆hail damage

bǎo

保安☆ensure safety
保安带☆gird
保安刀[安全剃刀]☆safety razor
保安接地☆protective earth
保安距离☆quantity distance
保安矿柱☆safety{barrier;protective;protecting} pillar；barrier；stoop；obstructive ridge；inner pillar[井筒]；safe post
保本值☆break-even value
保镖☆(act as a) bodyguard
保藏☆mothball；conserve；cure
保藏剂☆conserving agent
保持☆keep；retention；stay；maintain；holdfast；hold；preserve；stand；retain；maintenance
保持不变☆remain stationary
保持产量恒定的压降试井☆constant-rate drawdown test
保持船位☆position holding
保持的☆conservative
保持航向的性能☆course keeping quality
保持环☆retaining collar
保持间距和定位的凸出部分☆spacing boss
保持力☆holding power；retention (force)；retentivity
保持良好状态[机器]☆well-being
保持平衡☆poise
保持器☆cage；retainer
保持确认信号☆hold acknowledge signal
保持湿度的☆retentive
保持水☆retained water
保持土壤的植物☆soil binder
保持线圈☆holding coil；HC
保持压力☆keep-up pressure；pressure upkeep
保持压力方案☆pressure maintenance program
保持域☆retentive domain
保持原来状态的岩芯☆native-state core
保持闸☆PC holding brake
保持振幅剖面☆PAM section
保磁性☆retentivity
保存☆conserve；preservation；hold (over)；maintain；file；conservation
保存边际☆preserved edge
保存的☆preservative
保存范例☆model of preservation
保存剂☆conserving agent
保存年龄☆retention age
保存器☆conservator
保存物☆conservative
保存于生活时位置[化石]☆preservation in life position
保德期☆Paoteh age
保德雨期[N_1]☆Paote pluvial period
保兑银行☆confirming bank
保付支票☆marked check
保干器☆desiccator；exsiccator
保固☆ guarantee；warranty
保管☆keeping；maintenance；housekeeping；charge；(safe) custody；preservation
保管费用☆storage cost
保管工作☆custodianship
保管员☆guardian；storekeeper；conservator；store man；store(-)man；warehouseman
保巷煤{矿}柱☆stub pillar
保核收缩[数]☆retractation
保护☆protect(ion)；prevention；preserve；conserve；custody；conservancy；bulwark；security；auspice；ward；shielding；tutelage；roofing；ensure；para-
保护坝☆check dam
保护板整直器☆fender straightener
保护半径☆radius of protection
保护杯☆compensator protector
保护标准☆protecting standard
保护层☆maskant；protective layer{immunization;coat}；sealer；coverage；inhibitory coating；cover；carpet{seal} coat；protector；lagging；resist
保护措施☆protection (measures)；safeguard；safety method；protective measures；cocooning；foolproof；idiot(-)proof；sfgd.
保护带☆boundary belt；protective{protection} zone
保护地表建筑物的开采技术☆mining techniques for protecting surface structures
保护电弧焊法☆shielded arc welding
保护电极☆bulking electrode
保护顶棚☆penthouse (roof)；pentice；penthus
保护盖☆apron
保护钢盖☆corset
保护隔膜☆blow-out disc
保护(性)回接套管柱☆scab tieback string
保护剂☆preservative agent
保护接头☆saver sub
保护孔壁☆reinforce the hole wall
保护矿壁☆ore shell
保护矿渣☆couverture
保护矿柱☆penthus；pentice
保护帽☆protective cap；tin hat
保护贸易制☆protectionism
保护煤柱设计☆safety coal pillar design
保护拟态[昆]☆pseudosematic
保护盘☆catch scaffold
保护器☆protector；defender
保护区☆conservation{safeguard} area；protected areas{location;field}；preserve；protection{protective} zone；reserve
保护圈☆backup washer{ring}
保护人☆guardian；defender
保护伞☆(protective) umbrella；a protecting power
保护色☆apatetic{protective} coloration
保护式温度计☆protected thermometer
保护台☆gate stull
保护台板☆safety staging
保护条款☆covenant；safeguard clause
保护涂层☆overcoating
保护网[苔]☆superstructure
保护尾管☆scab liner
保护位☆safeguard bit
保护物☆preserver
保护性开采☆harmonic extraction
保护性压力信号装置☆protective pressure signaling unit
保护岩柱☆protective rock plug for shaft deepening；rock pentice
保护罩☆boot；cover；protection{protecting} cover
保护主义☆protectionism
保户☆insured
保加利亚☆Bulgaria
保健的☆sanitarian
保健工作☆health precaution{protection}；public health work；health service
保健浴☆healthy bath
保角☆conformal
保径☆ga(u)ge protection
(钻头)保径齿磨损☆gauge wear
(牙轮钻头)保径齿排[牙轮边排]☆gauge cutter；heel teeth
保径镶齿☆caliber insert
保径圆[钻头]☆calibre circle
保靖虫属[三叶;$Є_2$]☆Baojingia
保康虫属[三叶;$Є_1$]☆Paokannia
保留☆retention；reserve；leaving；reservation；set apart；suspend；retain
保留部分☆reserve part
保留的☆saving
保留地☆reservation；specific retention
保留名[拉]☆nom. cons.；nomen conservandum；conservadum nomen
保留判断☆reserved judgement
保留筛网☆retaining grid
保留体积☆retention volume；RV
保留学名☆conserved name；nom. cons.{conserv.}；nomen conservandum
保留指数☆retention index；R.I.
保密☆secrecy；privacy；mystify
保密表☆private table
保密的☆secretive；classified
保密级报告书[特种文献]☆classified report
保密井{孔}[地层、钻探等资料不外传]☆tight hole
保密类别[文献]☆grades；classification categories
保密资料☆restricted data
保姆☆nurse
保暖器☆warmer
保暖设备☆heater
保全☆survival
保热套☆deading；cleading
保砷铅石☆paulmooreite
保湿的☆moisture retentive；moist
(型砂)保湿剂[铸]☆humectant
保湿箱☆humidistat
保释☆bail
保守估计☆conservative estimate
保水☆conservation water
保水剂☆water retaining admixture
保水量☆moisture-holding capacity
保水性☆moisture-retaining property；water retentivity{retention}
保税石油产品☆bonded oil products
保土坝☆soil-saving dam
保土作物☆soil-holding crops；soil conserving crop
保位物☆keeper
保卫☆guard；ward；defence；defense；defensive
保卫细胞☆guard cell
保温☆stillstand；incubation；heating；insulation；heat (preservation)
保温材料☆insulating compound；insulation material；adiabator
保温层☆lagging；insulation；insulating barrier{layer}
保温储罐☆insulated tank；heat insulation storage tank
保温的注入管柱☆insulated injection string
保温地下管系☆insulated underground piping
保温钉☆bar for line
保温钩☆fastening iron
保温管道☆utilidor

保温块保温☆block insulation
保温帽热项☆hot top
保温帽砖☆hot brick
保温瓶☆thermos; vacuum bottle{flask}
保温瓶吹泡机☆thermos-bulb blowing machine
保温砂浆☆heat-insulating{heat-insulated} mortar; thermal insulating mortar
保温时间☆soaking time; soak
保温套☆muff
保温性能☆thermal insulation properties; insulating property
保温毡保温☆blanket insulation
保温纸☆building paper
保险☆indemnity; insur(anc)e; underwrite; safe(ty); assurance
保险板☆safety guard; safeguard
保险带☆life{safety} belt; lifebelt; safety harness
保险单☆policy; insurance slip{certificate;policy}; insurance
保险的未满期责任☆portfolio
保险对象☆risk
保险阀重锤☆safety weight
保险费☆insurance fund{premium;expense}; insurance; premium (on insurance)
保险粉☆Hydros; sodium hydrosulfite
保险杆☆buffer; bumper bar; counterbuff[汽车]
保险关闭器☆safety shut-off
保险柜安全条款☆iron safe clause
保险环☆safety link; guard collar
保险回扣☆insurance rebate
保险夹☆safety{foot} clamp
保险价值☆insured value; insurance value
保险金差损☆loss on insurance claim
保险卡销☆safety detent
保险开关☆protective{safety} switch
保险螺帽☆jam{safety} nut
保险螺栓☆shear bolt
保险螺丝☆check screw
保险门☆security door
保险器☆file protect; fuse cutout
保险器信号☆parachute signal
(海上)保险商☆underwriter
保险数位☆guarding figure
保险丝☆fuse (cutout); safety{cartridge;electric;wire} fuse; fuse {-}wire; fuze; fz
保险丝电引信☆electric fuse
保险丝管☆cartridge fuse
保险丝盒☆fuse box; fuse-carrier; fuse-holder
保险条款☆policy-clause; insurance clause
保险系数☆factor of assurance{safety}; assurance coefficient; safety{conservative} factor
保险箱☆safe; can; strong{safety;proof} box; coffer; strongbox
保险销☆safety latch{pin}; preventer{shear} pin
保险罩☆protecting casing
保险证书☆cover note
保险装置☆cut(-)off[电路]; fool-proof{safety} device; tripper; safety (guard;apparatus)
保险准备基金☆insurance reserve fund
保形☆conformal
保形变形☆homologous deformation
保形性☆conformality
保修☆guarantee (to keep sth. in good condition)
保压阀☆pressure-retaining valve
保压取{岩}芯筒☆pressure core barrel
保养☆maintenance; maintain(ing); servicing; conserve; upkeep; curing; take good care of one's health; keep fit; keep in good repair; Svc
保养费☆maintenance{upkeep} cost; cost of upkeep
保养间隔期☆reserve maintenance period
保养井(的技术)☆well maintenance technology
保养与修理☆maintenance and repair
保油器☆conservator
保有储量☆reserved period of production; available reserves
保育员☆nurse
保暂时间☆residence{retention;holding} time; RT
保障☆bulwark; ensure; guarantee; safeguard; indemnification
保障国家安全☆assure national security
保真度{性}☆fidelity
保证☆commitment; warrant; furnish; seal; pledge; sponsor; ensure; insur(anc)e; faith; assurance; underwrite; security; indemnity; undertaking; surety; ins.
保证(书)☆guarantee
保证初撑压力☆guaranteed setting pressure
(向公司)保证合同执行的人员☆field man
保证金☆handsel; surety; earnest money
保证流量☆dependable flow
保证率☆factor of assurance
保证人☆voucher; surety; bailsman; guarantee; sponsor; underwriter
保证试剂☆guarantee reagent; GR
保证试验☆warranty{guarantee} test
保证书☆guaranteed statement; guarantee; written pledge; letter of assurance{guarantee}; guaranty
保证物☆security
保证系数☆assurance factor
保证应力☆proof stress
堡岛☆barrier (island)
堡礁☆reef barrier; barrier{encircling} reef; rampart
堡垒☆bulwark
堡垒玛瑙☆fortification{fort} agate
堡沙坝☆barrier bar
堡状的☆castellated
堡状小岛山☆castle kopje{koppie}
饱含水的地层☆water-saturated bed
饱含酸的☆superacidulated
饱和☆saturate; impregnation; saturation; impregnate; charge; sat
饱和层☆saturated zone; zone of saturation
饱和差☆saturation deficit{deficiency}
饱和带☆saturated belt{zone}; zone of saturation; phreatic zone
饱和带水面☆plane of saturation
饱和点☆saturation{saturating} point; point of saturation
饱和度☆degree{factor} of saturation; saturability; percentage (of) humidity; saturation (degree; value); saukovite; sat
饱和度梯级信号☆saturation scale signal
饱和干面状态☆saturated surface-dried condition
饱和甘汞电极☆saturated calomel electrode; SCE
饱和剂☆saturant
饱和界面☆boundary saturation
饱和绝热冷却率☆saturation adiabatic cooling power
饱和毛细管水头☆saturated capillary head
饱和器☆saturator
饱和气的油☆saturated oil
饱和潜水的生命维护设备☆saturation life support unit
饱和潜水法☆saturated{saturation} diving
饱和绕组☆saturating winding
饱和溶解氧(量)☆saturated dissolved oxygen
饱和容量☆breakthrough{saturation} capacity
饱和溶液☆pregnant{saturated} solution; Sat. Sol
饱和湿度喷汽孔☆wet fumarole
饱和式磁力仪☆flux(-)gate detector{magnetometer}; saturation{saturable} core magnetometer
饱和水☆water of saturation{imbibition}
饱和水面☆level of saturation
饱和水泥☆impregnated cement
饱和水位[潜水面]☆line of saturation
饱和态汽水混合物☆saturated mixture
饱和态(热)水☆steam-saturated water
饱和天然气的原油☆gas-saturated crude oil
饱和铁芯电感器☆saturable core inductor
饱和铁芯式磁强计☆fluxgate magnetometer
饱和烃润滑脂☆apiezon
饱和土密度☆density of saturated soil
饱和相☆hydrating{saturating} phase; saturant
饱和压力☆saturation pressure; bubble point pressure
饱和压力原油体积系数☆bubble-point formation volume factor
饱和岩层☆water-saturated{water-saturation} layer
饱和盐水水泥浆☆salt saturated slurry
饱和幺重☆saturation unit weight
饱和油☆fat{saturated} oil
饱和蒸汽与冷却剂最小温差点☆pinch point
饱和 C_{10}-C_{14} 脂肪混合物☆Resanole
饱和指数☆saturation index; SI
饱和状态☆state of saturation; saturation condition
饱气带☆aeration{aerated} zone
饱气水☆aerated water
饱水层☆water-saturated layer{formation}
饱水带☆zone of saturation; phreatic{saturated} zone; saturated belt
饱水的☆saturated; water-saturated; moisture-laden
饱水动态☆saturation regime
饱水度☆degree of saturation
饱水厚度☆saturated thickness
饱水孔隙介质☆saturated porous medium
饱水土☆aqueous soil
饱水系数☆water-saturation coefficient; coefficient of saturation
饱水岩层☆water-saturation{-saturated} layer
宝贝属[双壳;N-Q]☆Cypraea
宝贝总科☆cypraeacea
宝刀鱼属[E_3]☆Chirocentrum
宝光☆heiligenschein; glory
宝贵☆preciousness
宝贵财富☆treasure
宝贵的☆prized
宝库☆treasury; thesaurus
宝蓝印泥☆sapphire stamping pad
宝螺{贝}☆cypraeacea
宝瓶(宫石)☆Aquarius
宝砂☆smiris; emery; e(s)meril; smyris; emerite
宝石☆gemstone; gem (stone); (precious) stone; jewel; bijou; rock; jade; brilliant; curio{noble} stone; precipice; chalchihuitl[墨]
宝石玻璃☆cameo glass
宝石草☆jewelweed
宝石唱针☆jewel{diamond} stylus; sapphire needle
宝石虫属[三叶;O_{1-3}]☆Nileus
宝石垂饰☆pendant
宝石导丝器☆filar guide
宝石的斜面☆bezel
宝石啡☆Gem Brown
宝石浮雕☆cameo relief; cuvette
宝石工(人)☆lapidary
宝石工艺学☆lapidary technology
宝石红[陶]☆rubine; ruby{bao-shi} red; rubylith
宝石红玻璃☆ruby glass
宝石级蛋白石☆gem-quality opal
宝石加工棍☆gem stick
宝石鉴别家☆gemologist
宝石鉴识家☆lapidary
宝石匠☆jeweller
宝石鲈☆Scortum barcoo
宝石磨粉☆glass putty
宝石商☆jeweler
宝石镶嵌戒指☆gemmed ring
宝石项链☆riviere
宝石学☆gemology; gemmology; gemmary
宝石学家☆gemologist
宝石藻☆gemnology
宝石轴承孔☆jewel bearing hole
宝石专家☆lapidarist
宝石座☆collet
宝塔☆pagoda
宝塔虫属[三叶;$Є_3$]☆Pagodia
宝塔礁☆pinnacle reef
宝塔轮☆stepped{step} pulley; taper cone pulley; step cone
宝塔(皮带)轮☆cone pulley
宝塔石☆pagoda stone; pagodite

bào

抱☆fold
抱定☆fix
抱负☆ambition
抱箍☆anchor ear
抱鼓石☆drum-shaped stone block
抱合[雄蛙、蟾求偶行动]☆amplexus
抱合钩☆clasp hook
抱角☆girdle
抱角面☆break face
抱茎的[植]☆amplexicaul
抱茎状的[昆]☆perfoliate
抱拢☆clasp
抱(握)器☆brachia [sgl. brachium]
抱器基叶[蚊]☆basal lobe
抱歉☆regret
抱球虫泥☆globigerina mud
抱球虫(属)[孔虫;J-Q]☆Globigerina
抱球虫相☆globigerina facies
抱球虫型☆globigerina type
抱有☆bear; hug; cherish; entertain

B

抱闸☆internal contracting brake；band-type brake
报(价)☆quote
报表☆forms for reporting statistics,etc.；report forms；journal sheet；journaling
报潮球☆tide-ball
报酬☆harvest；repayment；compensate；payoff；remuneration；reward；recompense；consideration；fee；payment
报答☆reward；quit
报答者☆reciprocator
报单☆taxation{declaration} form
报到☆report
报道☆account；notify；advices；cover；transaction；report；news
报道范围☆coverage
报废☆(mine) abandonment；discard；report sth. as worthless；abandon；scrap；obsolescence；discard as useless；reject；out of use；fail[仪器]
报废采区☆disused workings
报废的☆abandoned；junked；abd；abnd
报废的飞机或发动机☆boiler
报废井☆abandoned pit{well}
报废井筒☆unused shaft
报废坑木☆refused timber
报废量☆learies
报废零件☆scrapped parts；faulty part
报废煤层{矿}图☆abandonment plan
报废炮眼☆lost hole
报废器材☆dormant scrap
报废热田☆spent geothermal site
报废时期回采☆secondary coal recovery
报废钻孔因数☆hole-loss factor
报复☆retortion
报告☆report；dissertation；bulletin；statement；make known；talk；speech；lecture；notify；tale；bull.；bul.；rept.；rep.
报告会☆seminar
报告人☆reporter；rep.
报告式损益表☆report form of profit and loss statement
报告首页☆title page
报告书☆report；statement
报关单☆customs declaration；C/D
报话合用机☆phonopore；phonophore
报话机☆handie-talkie；walkie talkie
报价☆bid；tender；quotation
报价请求☆request for price quotation；RPQ
报结的☆coagulating
报警☆give an alarm；report (an incident) to the police；alarm；warning
报警铃☆emergency alarm bell
报警器☆siren；warner；horn；alarm；annunciator；warning device{indicator}；alarming device；telltale[油罐灌满]
报警系统☆warning (system)；panalarm；alarm system
报警下限☆low alarm limit
报警信号☆alerting{alarm} signal；alarm
报刊☆organ；journalism
报名费☆(registration) fee
报时信号☆time signal
报数工☆tally boy{shouter}
报水面☆label
报税单☆declaration
报损☆report on the loss of coal
报损量☆learies
报头☆header；masthead
报头开始信号☆start-of-heading signal
报文开始☆start of message；SOM
报文头☆heading；header
报务员☆(telegraph) operator；oper.
报信号电钟☆annunciator electric clock
报雨器☆ombroscope
报纸☆gazette；newspaper
报终信号☆clearing signal
暴[电磁等]☆storm
暴崩☆bleeding；functional uterus；metrorrhagia
暴潮☆storm surge
暴跌☆slump
暴动☆insurgence
暴发高潮☆paroxysm；paroxism
暴发洪水☆streamflood
暴风[11 级风]☆storm (wind)；force 11 wind；gush；violent storm；windstorm；cycloning
暴风后海滨☆winter profile
暴风警报塔☆storm-warning tower
暴风浪☆storm surge；resaca
暴风浪堤{滩}☆storm berm
暴风歇☆stormpause
暴风雪☆snowstorm；snow squall；blizzard
暴风雨☆(heavy) storm；rainstorm；tempest
暴风雨的☆stormy；foul
暴风雨天气时平均水面☆storm mean water level；storm-mwl
暴洪☆flash flood
暴利☆windfall profit
暴力☆violence
暴龙☆tyrannosaurus
暴露☆expos(ur)e；reveal；uncover(ing)；(lay) bare；unearth；exposition；show up
暴露部分☆exposed part
暴露出矿脉后回采☆resue
暴露的☆laid bare；exposed
暴露煤层☆won seam
暴露煤面☆butt
暴露面☆freedom{free;exposed} face；exposure；free end
暴露面积☆area exposed
暴露式煤田☆exposed coalfield
暴露在大{空}气中☆exposure to the weather；exposed to air
暴晒☆insolation；be under the blazing sun for quite a long time
暴涛☆note sea；confused{cross} sea
暴涌☆cross{confused} swell
暴雨☆cloudburst；(heavy) rainstorm；rain gush；storm；torrential{thundery;heavy} rain；deluge；cloud burst
暴雨地下流量☆subsurface storm flow
暴雨径流☆stormflow；storm{direct} runoff
暴雨砾块平原☆dasht
暴雨流量☆storm(-)flow；storm flow
暴雨强度(按地区)分配形式☆storm distribution pattern
暴雨强度(按时间)分配形式☆storm intensity pattern
暴雨强度图形☆storm intensity pattern
暴雨渗流☆storm seepage；seepage of storm flow；subsurface (storm) flow
暴雨渗漏☆interflow
暴雨水收集☆storm-water collection
暴雨水文过程记录☆reading a storm hydrograph
暴雨型泥石流☆rainstorm-type mudstone flow
暴雨中心☆centroid of storm rainfall
暴增[体积数字等]☆bulge
暴涨[河水]☆inflation；freshet；flash
暴涨潮☆bore
曝光☆exposure；expose；bombardment
曝光表☆exposure meter{chart;scale}；actinometer；sensitometer；metraster；photometer；table of exposure；light meter
曝光测定(术)☆actinometry
曝光过久☆solarization
曝光计☆lightmeter；exposure meter；actinometer；phototimer
曝光量范围☆exposure ranger
曝光时间☆exposure time；timing up；time shutter；duration{range} of exposure
曝光瞬间☆instant{moment} of exposure
曝光台☆lighthouse
豹斑岩类☆leopard rocks
豹皮灰岩☆leopard limestone
鲍多夫暖期☆Paudorf Interstadial
鲍恩比率☆Bowen ratio
鲍尔维克斯炸药[一种用 TNT 敏化的浆状炸药]☆Pourvex
鲍利不相容原理☆Pauli's exclusion principle
鲍玛层序{序列}☆Bouma sequence
鲍姆加特射线拉伸{长}法[震勘资料解释的一种图解方法]☆Baumgarte ray-stretching method
鲍林(晶体化学)法则☆Pauling rule
鲍林沸石☆paulingite
鲍姆型气动跳汰机☆Baum jig
鲍氏藻属[J-K]☆Bornetella；Boueina
鲍威尔起泡剂☆Powell frother
鲍威效应☆Bowie{indirect} effect
鲍韦尔斯海岭☆Bowers ridge
鲍文比值☆Bowen ratio
鲍文反应系列{统}☆Bowen's reaction series
鲍文玉☆bowenite；tangiwai(te)；tangawaite；nephrite；nephritoid；sang-i-yashm
刨☆delve；picking
刨边机☆edge planing machine
刨程☆cutting stroke{length}；planing length
刨齿机☆gear shaper{planer}
刨床☆facing{planing} machine；(buzz) planer
刨床刀架☆planer head；planing tool carriage
刨刀☆shaping{planer} tool；rabbet；shaper and planer tool；plough cutter；shave；plane iron
刨花☆scob；abatement；shavings；wood wool
刨花板☆chipboard
刨花水泥板☆durisol
刨链☆plough chain
刨毛[压实土层]☆scarifying
刨平☆plane；planing；planish
刨蚀☆(glacial) ploughing；plow；exaration[冰]
刨式铣床☆planer type milling machine
刨窝工{机}☆hitch cutter
刨削☆chip；gouging；planing；shaping[牛头刨床]
刨削型旋转钻机☆drag-type rotary drill
刨削作用☆ploughing action
刨装机☆peeler-loader
刨子☆spoke(-)shave；plane (a carpenter's tool)
爆☆explode；burst；quick fry
爆炒☆media hype[短时间内发起强大的宣传攻势]；quick-fry
爆沉自落立杆☆pole sunk to place after blasting and spreading of foundation hole
爆出火花☆spit
爆点☆point of burst；popper；pop off
爆豆[炒的豆子]☆pop(ped) beans
爆堆☆broken{muck} pile；(blasting) muckpile；muck (slope)；heaping of broken material
爆堆角☆scatter angle
爆发☆explosion[火山]；explode；flare{blow} up；blowup；breakout；(instantaneous) outburst；flame；erupt(ion)；blowoff；outbreak；blaze；burst (out)；break out；bursting；detonate；pressure surge；outflow；set off[炸药]；conflagration[战争]；foudroyant[疾病]
爆发半径☆radius of explosion
爆发爆破值☆explosive blast value
爆发波☆wave of explosion
爆发点☆bursting point；flashpoint；point of detonation
爆发粉☆fulminate
爆发高潮☆paroxysm；paroxism
爆发拱[日珥]☆eruptive arch
爆发后新星☆post-nova
爆发混合物☆explosive mixture
(碰击后)爆发火花的物质☆ignescent
爆发角砾锥☆explosion breccia cone
爆发力☆explosive{breakout} force
爆发力学☆pyrodynamics
爆发链[天]☆chain of bursts
爆发裂口☆blowout；blow out
爆发流产☆abortion storm
爆发脉冲☆blast
爆发期☆explosive phase；outbreak period
爆发声☆explosive sound roaring
爆发时刻☆time break
爆发室[气室]☆firing chamber
爆发式传输☆burst transmission
爆发双星[天]☆eruptive binary
爆发图☆explosion diagram
爆发物☆eruption
爆发信号☆detonator signal
爆发星系☆exploding{explosive;eruptive;violent} galaxy
爆发性(的)☆paroxysmal；explosive
爆发性成种☆explosive speciation
爆发性的☆explosible；paroxysmal
爆发性锑☆explosive antimony
爆发性增温☆impulsive warming
爆发岩屑☆tephra
爆发音[语]☆plosive
爆发应力☆bursting stress
爆发云☆explosion cloud
爆高☆height of burst
爆固式锚杆☆bolt of blasting
爆管☆cartridge igniter；(powder) squib；booster；ignition rectifier；fuse

爆痕值☆dent depth；depth of dent
爆轰☆detonation (velocity)
爆轰波☆detonation wave；wave of detonation
爆轰波头☆detonation head
爆轰波阵面速度☆speed of detonation wave front
爆轰传播☆transmission of detonation
爆轰传播感度☆sensitiveness to propagation of detonation
爆轰机理☆mechanism of detonation
爆轰剂☆detonator；detonating agent
爆轰界限☆detonability limit
爆轰速度☆detonation velocity{speed}；velocity{rate} of detonation
爆轰学☆detonics
爆轰作用☆detonating
爆后气体☆afterdamp；aftergas
爆后效应☆after-burner effect
爆(发)后新星☆ex-nova；post-nova
爆后有毒气体生成量分类☆fume class of explosive
爆击☆knock；knocking
爆击测定计☆knockmeter
爆胶☆blasting gelatin(e)
爆解石☆patagosite
爆聚☆implosion；implode；imploding detonation；explosive polymerization
爆聚诊断技术☆implosion diagnostic technique
爆聚(式)震源☆implosive source；imploder
爆开☆puff
爆孔钻☆blasthole drill
爆口☆crack-off
爆扩打洞立杆☆pole erection after blasting and spreading of foundation hole
爆扩桩☆explosive-forming{pedestal;exploded} pile；blasting belled pile；blown tip pile；explosion expanded piling[一种爆炸后就地灌注的混凝土桩]
爆冷门☆have{yield} (an) unexpected result；bob up；exceed expectations
爆力☆blasting{explosive;detonation} power；bursting {explosive} force
爆力锚定锚杆☆explosive rock bolt
爆力运搬☆handling by blasting force
爆料☆tip-off
爆裂☆decrepitation；burst；bulged{blow} out；crack；bust；explosive disruption；explosion；blowoff；pop (open)；popping[建]；sputter[电]；erupt；blowout；rupture；explode；puncture
爆裂成穹☆fracture doming
爆裂地震☆explosion-earthquake
爆裂点☆point of burst
爆裂混合物☆explosive mixture
爆裂火山☆pumice{explosive} volcano
爆裂孔眼☆blowing；popping
爆裂喷发☆explosive eruption
爆裂强度☆burst(ing) strength
爆裂声☆crackle；bang
爆裂式火山☆explosive volcano
爆裂图[包裹体]☆decrepigraph
爆裂信号☆detonating signal
爆裂型玉米☆popcorn；zea mags everta
爆裂性☆brisance
爆裂压力☆bursting pressure
爆裂药☆blaster；burster；bursting charge
爆裂原子☆exploding atom
爆裂炸药☆rending explosive
爆落☆blast down
爆落顶板☆datalling
爆米花☆puffed rice；popcorn
爆米花机☆corn-popping machine；grain puffer
爆米花状洞穴沉积☆cave popcorn
爆鸣☆detonation
爆鸣气☆detonating gas；Grison
爆鸣器☆detonator
爆泡葡萄酒☆popwine
爆喷☆bursting{explosive} eruption；eruptive burst；paroxysm；(wild) outburst；explosive disruption；disrupt；paroxism；burst[地热]
爆喷阶段[火山]☆paroxysmal phase
爆喷作用☆disruptive action
爆皮☆chipped marble
爆坡段岩性☆lithological characters of blasting segment
爆破☆blasting (operation)；detonation；firing (up)；plosion；explosion；explosive disruption；blast (down)；disrupt；outburst；blow (up)；dynamite；demolish；burst；demolish (by explosives)；detonate；explode；shot (firing)；shoot[物探]；shooting-off；barrenar；set off；fire shot；fragmentation；bursting；blow-up；breaking-out；demolition；crackle；shoot out；crater lip；torpedoing；blowing；dynamiting[硝甘炸药]
爆破安全☆shotfiring safety
爆破安全仪表☆safety blasting instrument
爆破波初速度☆initial speed of detonation
爆破不佳炮眼☆fast shot
爆破材料类型☆type of blasting material
爆破采矿☆flash
爆破参数☆blasting{detonation} parameter
爆破成沟法[管道穿越河流用]☆explosion{-}ditching method
爆破冲力{动}☆explosive pulse
爆破重叠作用☆ripple effect
爆破除岩☆shooting rock
爆破传播☆propagation of explosion
爆破挡杆链帘☆shot-fire curtain
爆破的矿石☆blasted ore
爆破底板☆take up bottom；taken bottom
爆破地面大块岩石☆blockhole blasting
爆破地质指导☆control of blasting geology
爆破点布置☆blasting layout
爆破点火组☆firing round
爆破段深度☆depth of blasting segment
爆破法处理卡钻☆shoot a string of tools
爆破反射机理☆blasting reflection mechanism
爆破范围☆explosion spread；spread of explosive
爆破方法☆blasting procedure{method;process}；mode{method} of blasting
爆破方式☆blast pattern；mode of blasting
爆破防护帘☆blasting curtain
爆破放顶☆blow down
爆破复田☆reclamation by blasting
爆破{安全}隔膜☆burst disc
爆破工☆fireman；shot-firer；(well) shooter；(rock) blaster；hole{dobie} man；shotsman；blower；shot firer{charger;lighter}；blasting worker
爆破鼓包☆blast swelling
爆破管☆blasting cartridge；priming tube
爆破罐☆cavity charge containers
爆破规程☆shot(-)firing regulations；explosives order；blasting code
爆破航弹☆demolition bombs
爆破黑火药☆blasting powder
爆破后边坡角{面}☆initial face
爆破后的☆post-blast(ing)
爆破后底部炮窝☆on-the-solid
爆破后含瓦斯空气☆vitiated air
爆破后撬下松石☆scaling
爆破回采(法)☆powder blast stoping
爆破火焰☆flame of shot
爆破挤密法☆extrusion method compaction by explosion
爆破角砾岩型铀矿☆U-ore of explosion-breccia type
爆破校准地震模型☆explosion-calibrated seismic model
爆破阶面☆bench
爆破井☆shothole
爆破井口高度☆shot-hole elevation
爆破开沟时用的覆盖垫子☆blasting mat
爆破开孔法☆jet tapping
爆破孔☆blast{mining;pop;shot} hole；shothole
爆破雷管☆blossom；blasting cap；(blasting) detonator
爆破力☆explosive load{force}；blast(ing) {explosive; detonation} power；bursting force
爆破量☆burst size；volume of blast
爆破裂隙☆bursting fracture；blasting-induced fractures
爆破榴弹☆burst cartridge
爆破漏斗半径☆crater radius；radius of blasting cone
爆破漏斗张开角☆angle of breakage
爆破落煤☆coal blasting
爆破母线☆shotfiring cable；leading wire{line}
爆破排淤☆blasting discharging sedimentation；silt arresting by explosion
爆破炮眼☆fire a hole；fire the hole
爆破配矿☆ingredient ore of blasting
爆破喷吹☆blowing
爆破片☆rupture disc{disk}
爆破平巷☆coyote{blasting;powder} drift
爆破器☆blasting machine；exploder
爆破器材☆blasting material{supply}；explosives；shot material；demolition equipment
爆破器材储存箱☆detonator box
爆破前(的)☆preshot；pre-blast
爆破区☆blast area；area of explosion
爆破曲线[包裹体]☆decrepitation curve
爆破设备☆blasting gear；detonating equipment
爆破设计☆designing of blast；blasting design
爆破深度☆shot depth；length of shot
爆破事故☆blasting{blasthole;explosive} accident
爆破试验仪{机}☆bursting test machine
爆破手☆demolisher；dynamiter；shooter
爆破掏槽☆pull a cut
爆破筒☆bangalore (torpedo)；(bangolore) torpedo；blasting cap；buster；shell；blaster
爆破网路检查仪☆circuit tester
爆破系数☆coefficient of blasting
爆破效果不良炮眼☆fast shot
爆破效果好的掏槽眼☆cutholes bottom-up well
爆破效力☆mining{demolition} effect
爆破效应{果}☆blasting effect
爆破压力☆bursting{burst} pressure
爆破压实☆explosive{blasting} compaction；densification by explosion
爆破压实施工法☆blasting compaction method
爆破延发装药☆delay assembly for blasting
爆破药室☆coyote{gopher} hole；burst-chamber；powder pocket；bursting chamber
爆破音☆plosion；plosive
爆破引火管☆spire
爆破引起的振动☆blasting vibrations
爆破英雄☆demolition hero；ace dynamiter
爆破用刀闸箱☆blasting box
爆破用辅助器材☆blasting accessory
爆破员☆powderman
爆破造田☆reclamation by blast(ing)
爆破战斗部☆blast warhead
爆破者☆burster
爆破振动☆(blasting) vibration
爆破振密☆blast densification
爆破震源☆hypocenter of the explosion
爆破中心☆center of burst
爆破助手☆assistant shooter
爆破专家☆demolisher
爆破桩☆bulb pile；pedestal
爆破装煤☆loading coal by means of explosive force
爆破装药不耦合系数☆decoupling
爆破作业☆shooting and blasting；blasting operation；shot firing
爆破作业图表☆blasting operation chart
爆破作用☆pushing action{effect}；explosive attack；rending effect{action}；blast{heaving} action；blasting{demolition} effect
爆破作用指数☆blasting action index；index of blasting action{effect}；crater shape characteristic
爆前超新双星[天]☆presupernova binary
爆前倒数计时☆countdown to detonation
爆前新星☆pre-nova；prenova
爆腔半径☆radius of the explosion cavity
爆燃☆deflagration；detonate；detonation[内燃机]；deflagrator；[of flammables] ignite and explode；deflagrability；conflagration；fume-off；flash fire；knock；deflagrate；explosive combustion；outburst
爆燃波☆combustion{deflagration;detonation} wave
爆燃匙☆deflagrating{deflagrating} spoon
爆燃混合物☆deflagrating mixture{mix}
爆燃极限☆flammability limit
爆燃剂锆粉☆fuse-type zirconium powder
爆燃喷涂{镀}☆detonation spraying
爆燃器☆deflagrator；deflagrater
爆燃热☆heat of detonation
爆燃上限☆upper flammable limit；UFL
爆燃式内燃机☆explosion engine
爆燃式燃汽轮机☆explosion gas turbine
爆燃温度☆fuming-off temperature
爆燃下限☆lower flammable limit；LFL
爆燃性☆deflagrability
爆燃性空气☆explosive atmosphere
爆燃仪☆knock meter；knockmeter
爆燃炸药☆slow-action explosive
爆热☆heat of explosion{detonation}；calorific value of explosive；blasting{explosion;detonation} heat；specific heat of an explosion

爆热计☆explosion calorimeter
爆热温度☆thermal explosion temperature
爆容☆specific volume
爆声☆decrepitans；detonant；(decrepitant) detonans
爆生气体☆detonation gas
爆石☆rock burst
爆室☆shot room
爆丝技术☆exploding wire techniques
爆速☆detonating{detonation;explosion} velocity
爆速试验☆detonation velocity test
爆腾☆bumping
爆筒☆squib
爆脱☆pop off
爆温☆detonation{explosion} temperature
爆响☆loud sound explosion
爆心☆explosion center
爆心表面投影点☆surface zero
爆性黄铁矿☆explosive pyrite
爆压☆detonation{blasting} pressure
爆压弹☆blast-pressure bomb
爆压计☆crusher gages
爆压下限☆low pressure limit
爆焰☆flame of explosion
爆药费{量}☆explosive charge
爆音☆shock-wave noise；sonic boom；popping；popcorn noise
爆音信号☆detonator signal
爆炸☆(knocking) explosion；explode；detonation；shot；blast(ing)；blow (up)；lay an egg；fireworks；disrupture；detonate (explosion)；disruption (shot)；bomb (detonate)；burst (out)；blow(-)up；out(-)burst；shoot(ing)；fulmination；bursting；explosive；go off；fulminate；pressure surge；torpedoing；mushroom
(原子核)爆炸☆fragmentation
爆炸安装(固定)锚☆explosive-set anchor
爆炸班☆shooting crew
爆炸变形☆blastic deformation
爆炸表面强{硬}化☆explosive surface hardening
爆炸波积聚效应☆Monroe effect
爆炸波破坏半径☆blast damage radius
爆炸波压力☆blast pressure
爆炸测井{量}☆shot survey
爆炸成孔钻机☆explosive drill
(金属)爆炸成型☆dynaforming
爆炸成型工艺☆shaping techniques under explosive
爆炸成型装置☆explosion forming apparatus
爆炸当量☆explosive yield；yield of explosion；explosion equivalent
爆炸捣固{实}☆explosive ramming
爆炸导线☆exploding wire；WASSP
爆炸的☆explosive；XPL
爆炸点☆shot point；point of detonation；shotpoint；loading pole；stopping point[流星]；SP
爆炸点至地震仪距离☆shot point distance
爆炸遏制系统☆explosion suppression system
爆炸法处理卡钻☆shoot a string of tools
爆炸法基土勘探☆soil exploration by means of explosive
爆炸分离环境☆pyro shock environment
爆炸复(合)衬(里)☆explosive lining
爆炸杆☆shooting{loading} pole；schnozzle
爆炸高度☆height of burst；burst height；shot elevation
爆炸隔膜☆burst disc
爆炸工☆exploder；shooter
爆炸管☆blasting{detonating} cartridge；detonating cap；burster
爆炸海啸☆explosion-generated tsunami
爆炸盒☆shotbox
爆炸后产生的气体☆explosion gases
爆炸后的有害气体☆aftergases
爆炸后有毒气体生成量分类☆fume class of explosive
(射孔)爆炸回流☆SRET；shooting return
爆炸混合物☆explosive mixture{charge;mix}；blasting blend；exploding composition
爆炸机☆blaster；blasting machine
爆炸激发的地热田☆explosion {-}stimulated geothermal field
爆炸激发专用的炸药包☆explosive-stimulation charge
爆炸极限☆explosive limit{range}；limit of explosion
爆炸挤密法☆blasting compaction method
爆炸计☆explosimeter
爆炸剂☆exploder；blasting agent{compound}；burster；explosive material
爆炸技术☆explosives technique
爆炸校形☆explosive sizing
爆炸解卡法☆explosive releasing stuck；freeing by explosion
爆炸井☆shothole
爆炸军械处理☆EOD；explosive ordinance disposal
爆炸空穴☆detonation{explosion} cavity
爆炸快拍☆snapshot
爆炸扩管试验☆explosion bulge test
爆炸扩孔☆pot
爆炸力学☆explosion{blasting} mechanics；mechanics of explosion
爆炸力载体☆explosive powerload
爆炸裂变反应☆explosive fission reaction
爆炸笼☆Flexotir
爆炸漏斗☆explosion funnel
爆炸螺丝☆expansion bolts
爆炸锚定{固}锚杆☆explosive(ly)-anchored rockbolt
爆炸铆接{钉}☆explosive rivet
爆炸猛度☆brisance
爆炸面积☆area of explosion
爆炸面中心☆center of origin
爆炸模型相似理论☆theory of explosion model similarity
爆炸排气作用☆explosive venting
爆炸喷枪☆detonation-gun
爆炸频数☆frequency of explosion
爆炸破坏半径☆blast damage radius
爆炸气☆grison；explosive gas
爆炸气浪☆(air) blast；windblast；air-blast
爆炸气浪压力☆blast wave
爆炸气流☆airblast
爆炸气体☆detonating{explosive;explosion} gas；fire damp；firedamp
爆炸气体平均爆轰压力☆mean detonation pressure of explosive gases
爆炸气体切管器☆jet casing cutter
爆炸气压成形{型}☆explosive gas forming
爆炸前沿☆detonation front
爆炸区☆area of explosion；blast area
爆炸热☆heat of explosion；explosion heat
爆炸熔黏☆explosive bonding
爆炸上限☆upper explosive limit；U.E.L
爆炸声☆report；chuffing
爆炸生成气体☆after-damp
爆炸声感综合征☆exploding head syndrome
爆炸声源☆dynamite source；explosive sound source
爆炸绳☆firing line
爆炸时刻☆time break
爆炸事故☆explosion hazard{accidents}；explosives accident
爆炸式减压☆explosive decompression
爆炸事件☆bombing；blast；explosion
爆炸式(岩石)锚杆锚定器{固管}☆explosive rockbolt anchor
爆炸瞬时☆shot instant；time break
爆炸瞬时线☆shot {-}moment line
爆炸松扣☆breakouting pack of dynamite；breakouting by explosion；free point tool
爆炸速率☆rate of detonation
爆炸索☆geoflex；detonation cord
爆炸态区域☆explosive fringe
爆炸填药杆☆loading pole
爆炸筒☆torpedo shell
爆炸团☆Plosophore
爆炸瓦斯☆oxyhydrogen；detonating gas
爆炸威力☆explosive effect{power}；brisance
爆炸危险指示器☆explosion risk indicator
爆炸物☆exploder；explosive (composition; substance; agent;articles)
爆炸下限☆low(er) explosion{explosive} limit；LEL
爆炸线电雷管☆explosive-wire electric detonator
爆炸效力☆mining effect
爆炸泄力孔☆explosion vent
爆炸信管☆detonating fuse
爆炸信号☆time{shot} break；detonator{explosive} signal；TB
爆炸信号(通)道☆time-break channel
(水汽)爆炸形成咸水湖☆explosive phreatic lagoon
爆炸型故障☆explosive-type malfunction
爆炸性☆explosivity；explosiveness；explosibility；explodability；explosive；fulminic
爆炸性肺震荡☆blast chest
爆炸性混合物☆explosive{detonating} mixture
爆炸性煤炭尘粉☆inflammable coal dust
爆炸性能☆detonation{explosive} property；detonation{explosion;explosive} performance；explosivility
爆炸性喷发☆explosive eruption
爆炸性气(体)☆fiery gas
爆炸性气体指示器☆explosive-gas indicator
爆炸穴☆crater
爆炸学☆detonics
爆炸穴里的喷气孔☆crater fumarole
爆炸穴群☆crater group
爆炸压力☆explosion{bursting;detonation} pressure；pressure of explosion
爆炸压实粉末法☆method of explosively compacting powders
爆炸掩蔽室☆blast shelter
爆炸药☆exploder；melinite；bursting charge
爆炸药包☆petard
爆炸液压成型☆explosive liquid forming
爆炸一个核装置☆detonate a nuclear device
爆炸引爆头☆shooting head
爆炸引起的沉降☆settlement due to blasting
爆炸引信☆ignition percussion fuse；detonating fuse
爆炸噪声☆noise by explosion；shot noise
爆炸振幅☆shot amplitude
爆炸震中☆hypocentre of explosion
爆炸中心☆blasting center
爆炸阻抗☆detonation impedance
爆炸铸造法☆combustion casting process
爆炸作用☆explosive effect；deflagration
爆仗☆firecracker；maroon；banger[英]；cracker；squib
爆震[雾化汽油]☆detonation；knock(ing)
爆震波前结构☆structure of detonation waves front
爆震点☆detonation point；point of detonation
爆震机制☆mechanism of detonation
爆震极限☆limit of detonability
爆震计☆knock{detonation} meter；knockmeter
爆震剂☆knocker
爆震喷涂☆detonation spraying；flame plating
爆震强度指示器☆knock intensity indicator
爆震燃烧☆knocking behavio(u)r{combustion}；detonating combustion
爆震速度☆velocity of detonation
爆震限制密度指数☆knock-limited density index
爆震性聋☆explosion{blast} deafness
爆震学☆detonatics
爆震仪☆detonation meter
爆竹☆cracker；firecracker；petard；maroon；squib；banger[英]

bēi

杯☆cup；bowl；plutonium；crater[几丁]
杯鼻龙属[P]☆Cotylorhynchus
杯壁[珊]☆cyathotheca
杯部☆caliculum
杯盾珊瑚科☆Cyathopsidae
杯萼☆calyces [sgl.calyx]
杯盖密垫☆bowl cover packing
杯管式排料装置☆cup-and-pipe drainage{discharge; draw}
杯海百合亚目[棘]☆Cyathocrinina
杯海绵属[S]☆Cyathospongia
杯滑脂☆cup grease
杯几丁虫(属)[O-S_1]☆Cyathochitina
杯甲鱼(属)[S_3-D_1]☆Cyathaspis
杯尖[古杯]☆spitz
杯角石科[头]☆Poterioceratidae
(六方)杯(状冰)晶☆cup crystal
杯类自动成形性☆automatic cupforming line
杯龙目[爬行类;爬]☆Cotylosauria
杯囊属[植;C_2]☆Whittleseya
杯盘式液体药剂给药机☆disk-and-cup wet reagent feeder
杯棚珊瑚☆cyathoclisia
杯球式黏度计☆cap and hall viscometer
杯伞属[真菌;Q]☆Clitocybe
杯珊瑚(属)[D_2-C_1]☆Cyathophyllum
杯石[球石]☆placolith；cyatholith
杯石藻类[钙超]☆Cyatholithus
杯式加料器☆disk-and-cup feeder
(线路用)杯式绝缘子螺脚☆cupholder

B

杯突试验☆cup test
杯形☆calyciform
杯形的☆calycular；cupulate
杯形器☆cupule
杯形砂轮☆(straight) cup (grinding) wheel；cup-type grinding wheel；plain cup wheel
杯形珊瑚属☆Pocillopora
杯选试样☆beaker sampling
杯叶蕨孢属[C_{2-3}]☆Phyllothecotriletes
杯叶属[植;C_3-K_1]☆Phyllotheca
杯轴珊瑚属[C]☆Cyathaxonia
杯蛛网珊瑚属[C_1]☆Cyathoclisia
杯柱珊瑚☆cyathaxonia
杯状凹☆cupule
杯状的☆cup-shaped；pezizoid；cupolate[珊]
杯状海绵属[C_1]☆Cotyliscus
杯状物☆cup
杯状穴[海蚀]☆cuphole
杯椎龙属[T]☆Cymbospondylus
碑☆tablet
碑碣[长方形刻面石叫“碑”;圆首形叫“碣”]☆upright stone tablet；stone tablet；stele
碑石☆hearstone
碑状火山颈☆volcanic obelisk
悲哀☆sadness
悲惨的☆distressing；noire
悲惨的人身伤亡☆tragic loss of lives
悲观☆noire
悲观估计(值)☆pessimistic estimate
悲痛☆sorrow
背包☆knapsack[帆布或皮制的]；haversack；infantry {field} pack；rucksack；blanket roll；backpack
背包罗兰[C/D 接收机]☆manpack Loran
背包式灭火器☆back pack
背带☆braces；sling；straps；suspenders；carrying harness；sling for a rifle；straps for a knapsack；bracing
背负式后卸载重卡车☆rear dump truck of load-on-back type
背囊☆haversack
卑鄙的☆scorbutus
卑鄙的人☆swabber
卑贱☆lowliness
卑劣的☆noire

běi

花☆perylene
北☆north；Nor.；N
北安那托利亚断层☆North Anatolian Fault；NAF
北半球的永冻土☆permafrost in the Northern Hemisphere
北雹风☆northern nanny
北北东☆North-North-East；NNE
北冰洋☆Arctic Ocean
北部☆north；norte
北部林☆boreal forest
北赤道洋流☆north equatorial current
北赤纬☆plus declination
北磁极☆north magnetic pole
北达科他州圆锥试验[路工]☆North Dakota cone test
北大西洋大气浪动☆North Atlantic oscillation
北德利氏皿☆culture{double} dish
北(方)的☆north
北地极☆north geographic pole
北东东☆east-northeast；ENE
北东象限☆north east quadrant
北斗(七)星☆Great{Big} Dipper；Charles Wain
北俄亥俄地质学会[美]☆Northern Ohio Geological Society；NOGS
北方☆Nor.；nor(th)ward；North；norte
北方(生物带)☆boreal
北方贝属[腕;S_1]☆Borealis
北方的农业☆northern agriculture
北方地区新第三纪地层委员会☆CNNS；Committee on Northern Neogene Stratigraphy
北方刚块☆the north craton
北方近岸冰间航道☆North-About Route
北方龙属[K_3]☆Antartosaurus
北方泥鳅☆misgurnus bipartitus
北方气候☆boreal climate
北方森林群落☆microthermophytia
北方无鳔石首鱼☆northern whiting
北方小香鼩鼱☆Crocidura suaveolens
北方嘴贝属[腕;D_1]☆Borealirhynchia
北焚风☆north foehn
北风☆boreas；norther；norte
北寒带☆north frigid zone
北回归线☆tropic of cancer；the tropic of cancer
北极☆north (pole)；North Pole；NP；arctic
北极冰☆arctic pack；polar ice
北极大块浮冰群☆storis
北极的☆hyperborean；arctic
北极地区石油☆arctic oil
(一种)北极鹅☆barnacle；Balanus
北极高山植物区系☆arctalpine{Arctic-Alpine} flora
北极蛤属[双壳;T_3]☆Arctica
北极光☆north{northern} light；aurora borealis
北极海中央海岭☆Arctic Mid-Oceanic Ridge
北极狐[Q]☆Alopex lagopus；arctic fox
北极菊石亚科[头]☆Arctoceratinae
北极蕨属[K_1]☆Arctopteris
北极露脊鲸属[Q]☆true right whales；Balaena
北极木属[D_2]☆Arctophyton
北极区[生态]☆arctic environment；Arctic realm；northern polar zone
北极区苔原☆tundra
北极、沙漠、热带资料中心☆Arctic,Desert,Tropic Information Center；ADTIC
北极石☆arctite
北极式岩群☆Arctic suite
北极星☆Polaris；loadstar；north{pole} star；lodestar；the North Star；the polestar
北极星序☆north polar sequence
北极研究实验岛☆Arctic Research Lab Island；ARLIS
北极岩套{组}☆arctic suite
北极鱼(属)☆Arctolepis
北甲鱼(属)[D]☆Boreaspis
北进{距}☆northing
北京(猿)人☆Peking Man；Homo{sinanthropus} erectus pekinensis；Sinanthropus pekinensis
北卡罗来纳州[美]☆North Carolina
北里[北面的里巷]☆northern village
北龙属[K]☆Trinacromerum
北美大地测量基准☆NAD；North American datum
北美黄松☆ponderosa
北美跳鼠属[Q]☆Zapus
北美铁杉树皮提取物[稀释泥浆用]☆hemlock bark extract
北美驯鹿☆caribou
北美野牛☆Bison
北美页岩[组合样]☆North American Shale composite
北美中陆地球物理异常☆Mid-continent geophysical anomaly；MGA
北美洲☆North America；NA
北冕座☆Corona Borealis；coronium
北南格网线☆north-south grid line
北欧大地测量委员会☆Nordic Geodetic Commission
北欧前寒武纪的碎屑岩[以长石砂岩为主,夹砾岩、杂砂岩等]☆sparagmite
北偏☆northing
北偏东☆N by E；north by east
北坡☆north slope；ubac
(阿拉斯加)北坡管理区☆North Slope Borough
北祁连深断裂带☆North Qilian deep fracture
北热带☆north tropic
北驶☆northing
北斯塔福那开采法☆North-Staffordshire method
北宋官窑☆Northern Song official ware
北苏门答腊托巴湖的风☆saoet
北塔贝属[腕;S_1]☆Beitaia
北台期☆Peitai age
北太平洋中央水团☆North Pacific central water mass
北投石[$(Ba,Pb)SO_4$]☆hokutolite；weisbachite；angleso- barite；radiobarite
北纬☆north{northern} latitude；NL；N. Lat
北温带☆north temperate zone
北西☆N.W.；north-west
北西偏北☆north(-)west by north；N.W. b.N.
北向磁性☆north magnetism
(纵坐标)北移假定值☆false northing
北越地块☆Tonking massif
北越竹☆tonkin
北柱兽(属)[E_2]☆Arctostylopus
鈚[锫之旧名]☆berkelium

bèi

蓓蕾石☆buddstone
棓氨酸[$(OH)_3$•C_6H_2•$CONH_2$]☆gallamic acid
棓丹宁酸[$C_{76}H_{52}O_{46}$]☆gallotannic acid
棓单宁☆gallotannin
棓酸☆gallic acid
棓酸盐[$C_6H_2(OH)_3COOM$]☆gallate
棓子☆gall nut
背☆back
背(负)☆tote
背凹区☆impressed area
背板☆lagging (timber;board;plank;strip;slab)；lag；backplate；back slab{lath;brace;deal}；backing deal；board lagging；lid wall bar；slab(bing)；clits；lace；boarding；breast board；tergum [pl.-ga]；sideboard；strap；shuttering
背板的☆tergal
背瓣☆dorsal valve
背孢孔☆tergopore
背杯[海百]☆dorsal cup
背冰川(的)☆lee；leeward
背冰川侧☆lee-seite
背冰川(面)的☆leeward
背冰川面☆lee (side)；lee-side
背部☆dorsum；base
背部的☆retral；dorsal
背部骨瓣状突起[甲壳]☆carapace carina
背部☆back
背槽☆back-trough；backtrough
背侧☆dorsum；leeside
背侧片☆dorsolateral
背衬☆backing
背衬圆木☆lagging round timber
背撑☆backstay
背匙板☆cruralium
背齿轮☆backgear
背冲断层作用☆backthrusting
背窗孔☆notothyrium
背窗台☆pseudocruralium；notothyrial platform
背刺☆dorsal{carapace} spine
背地☆backlands；hinterland
背地性☆zenotropism；negative geotropism{geotaxis}
背点☆antapez；antapex
背垫条☆backing strip
背对背式叶轮☆back-to-back impeller
背对背座位车☆jaunting car
背萼☆dorsal cup
背阀☆foot valve
背反射☆backscatter
背反射法☆back-reflection method
背房室[腕]☆dorsal chamber
背风积砂区☆sand shadow
背风近(沙)源沙丘☆umbrafon dune
背风流☆lee-side flow
背风面☆lee face{side}；kona；leeward (side)；slip face；lee-side；lee
背风坡☆leeward{lee} slope
背风区☆wind shadow
背风沙丘☆wind-shadow{umbracer;lee} dune
背孵育囊[节]☆ephippium [pl. ia]
背腹扁的[生]☆dorsi-ventrally compressed
背腹对隔膜[珊]☆directive couple
背腹面[生]☆dorso-ventral side
背腹性[叶]☆dorsiventrality
背弓☆upper arc of vertebra
背沟[甲壳]☆dorsal channel{furrow}；axial furrow；carapace groove
背关节片☆dorsal articular plate
背光性[生态]☆aphototropism；apheliotropism；negative phototropism{phototaxis}
背后☆rear
背后的水☆backwater
(叶片)背弧型面☆convex profile
背肌痕类[单板类]☆Tergomya
背肌类[鹦鹉螺;头]☆dorsomyarian
背棘☆dorsal spine；spina dorsalis
背脊☆dorsal ridge{carina}
背脊地带☆stoop
背脊鲸☆Basilosaurus
(岛弧)背脊区☆back-ridge
背甲☆carapace；(dorsal) shield；tergum [pl.-ga]；tergite[节]

背甲的双形现象[介]☆domiciliar dimorphism
背甲后硬骨[蛛形类]☆metapeltidium
背甲龙☆ankylosaurus
背甲目[介]☆Notostraca
背甲硬骨[蛛形类]☆mesopeltidium
背甲缘[节蔓足]☆occludent margin
背角☆tergal angle；carapace horn
背节距☆backpitch
背节理[平行于解{劈}理的裂隙]☆back joint
背景☆setting；background；backdrop；milieu[法]；ground
背景放映☆backprojection
背景滤波时间常数☆background filter time constant
背景温度☆ambient temperature
背景效应☆normal effect
背景信号测定靶☆Hitab
背景噪声已改正的☆background corrected
背靠☆back rest
背靠背的两人半身雕塑像☆bifrons
背壳☆carapace；test；dorsal valve；shield；brachial valve[腕]
背孔☆dorsal{visceral} foramen；tergopore
背孔贝属[腕;C_2-P]☆Notothyris
背口面☆aboral (surface)
背浪的☆lee
背浪(面)的☆leeward
背肋☆costae dorsalis
背离☆deviation
背离板块☆divergent plate
背离角法☆backward angle method
背立面图☆back elevation
背鳞☆squama dorsalis
背流的☆lee
背流(面)的☆leeward
背流面☆lee face{side}；slip slope{face}
背轮☆back gear
背洛藻科☆Belodiniaceae
背面☆backface；back face；BF；rear (surface)；backside；back facets[拼合宝石的]；farside[月球]；reverse side[苔]；rear flank[牙轮]
背面板☆backplate
背面的☆dorsal；tergal
背面垫板条焊接☆weld with hacking strip
背面垫环焊接☆weld with backing ring
背面反射☆back reflection
背面壳☆abactinal
背面连接式仪器☆back connected instrument
背面坡口☆backing{underside} groove
背面未签名支票☆unindorsed check
背逆断层作用☆backthrusting
背片☆tergite
背坡☆back slope
背坡礁☆leeward reef
背鳍☆dorsal fin
背气管☆intrasiphonata
背气性☆negative aerotropism{aerotaxis}
背钳☆back-up wrench{tong}；back-ups
背墙☆backwall
背壳凸度比腹壳大[腕]☆dorsibiconvex
背融合三角板[腕]☆notodeltidium；deltidium
背三角板[腕]☆chilidium
背三角孔[腕]☆notothyrium
背三角孔腔☆notothyrial cavity
背三角腔[腕]☆notothyrial chamber
背三角双板[腕]☆chilidial plate
背三角台☆notothyrial platform；pseudocruralium
背散射☆backward scatter；backscatter
背散射扫描电子图像☆backscattered scanning electron imagery；BSE
背砂[冶]☆back(ing){floor} sand；floor sand strip
背射☆back reflection
背射天线☆backfire antenna
背(反)射相机☆back-reflection camera
背式取样器☆piggyback sampler
背视☆dorsal view
背视图☆rear{dorsal} view；back elevation；RV
背书责任☆liability for endorsement
背双凸(形)☆dorsibiconvex；dorsi-biconvex
背水☆back(-)water；back water
背水面坡脚排水☆counter{toe} drain
背水坡☆downstream；slope downstream batter
背水性☆negative hydrotaxis{hydrotropism}
背诵☆recitation；recital
背体椎☆notocentrous vertebra
背凸☆dorsi-biconvex
背突脊☆carapace carina
背外侧的☆dorsolateral
背外骨骼☆dorsal exoskeleton
背吸阀☆anti-void valve
背隙窿☆bergschrund
背下区☆subdorsal section
背向冲断层(作用)☆back thrust(ing)
背向道岔☆trailing point
背向的☆anti tropic
背向褶皱☆backfolding；backward folding
背斜☆anticline；roll；arch；upper bend；saddle；upfold；queue anticlinale
背斜(山脊)☆anticlinal ridge
背斜山☆anticlinal mountain
背斜鞍☆huckle
背斜辫☆queue anticlinale{anticline}
背斜层☆anticline；anticlinalstrata；anticlinal strata
背斜冲隆☆culmination
背斜的翼☆limb
背斜顶☆apices；(anticlinal) apex
背斜顶部☆dome fold；huckle；anticlinal turn{high}；arched area；upper bend；buckle
背斜顶部剥蚀褶皱☆air saddle
背斜顶部的塌陷裂缝☆crestal collapse fracture
背斜构造理论☆anticline theory
背斜谷☆anticlinal valley；valley of elevation
背斜核部☆core of anticline；arch{anticlinal} core；anticlinal nucleus
背斜脊☆anticlinal crest{ridge}；crest
背斜{褶皱}脊的厚度和高程☆anticlinal bulge
背斜脊线区☆anticlinal hinge region
背斜聚油说☆anticlinal theory of accumulation
背斜拉张裂缝☆anticlinal tension crack
背斜(的)两翼☆legs；wings of anticline
背斜破裂面冲断层☆break thrust；breakthrust
背斜倾伏☆pitch
背斜圈闭☆anticlinal trap
背斜上部断层☆epanticlinal{epi-anticlinal} fault
背斜式向斜☆antiformal syncline
背斜枢纽☆hinge of anticline
背斜突起伏褶皱☆nose-type fold
背斜弯曲☆anticlinal flexure{bend}；arch bend
背斜尾☆end of anticline；queue anticlinale{anticline}
背斜型(构造)☆antiform
背斜型褶曲{皱}☆anticlinal fold
背斜翼☆anticlinal limb{leg;flank}；wing
背斜张力裂纹☆anticlinal (tension) crack
背斜褶皱☆anticlinal folding{fold}；arched-up fold
背斜中心☆core of anticline；arch core
背斜轴叠☆culmination
背斜轴心☆arch-core
背斜状构造☆antiform
背斜组成的地区☆arched area
背斜最高部☆culmination
背信弃义的☆treacherous
背形☆antiform
背形向斜☆antiformal syncline
背压☆backing{back;condensing} pressure
背压力☆back pressure
背压式地热电站☆exhausting-to-atmosphere geothermal plant
背阳坡☆ubac；opaco
背阳山坡☆envers
背应力效应☆back stress effect
背缘[双壳]☆dorsal margin{edge}
背震(中运动)☆anaseism
背震中☆compression；anaseism
背中联络沟☆median dorsal commissure
背中片☆dorsal central plate
背轴的[与 adaxial 反]☆abaxial
背轴性☆antitropy
背转☆avertance；avertence
背转沙丘☆antidune；anti-dune
背锥齿☆gage compact
背锥疣孢属[C_2]☆Anapiculatisporites
背最反差☆background reflectance
贝☆bel
贝卟啉☆conchoporphyrin
贝茨式拟态☆Batesian mimicry
贝道亚(阶)[欧;K_1]☆Bedoulian (stage)
贝德福海洋数据测井研究所☆Bedford Institute of Ocean graphic Data Logging
贝得石[$(Na,Ca_{½})_{0.33}Al_2(Si,Al)_4O_{10}(OH)_2•nH_2O$；单斜]☆beidellite；parahalloysite
贝迪阿熔融石☆bediasite
贝迪亚玻陨石☆bediasite
贝地蜡☆baikarite；baikorite；baikerite
贝蒂克山链☆Betic cordillera
贝多芬型放炮器☆Beethoven exploder
贝恩梅加型滑行板刨煤机☆Beien Mega ramp plough
贝恩式罐座装置☆Beien kep gear
贝恩型长壁工作面链板输送机☆Beien face-loader
贝恩型充填机☆Beien stowing machine
贝尔[音量、音强、电平单位]☆bel
贝尔伯斯褶皱带☆Berberides
贝尔克奈普氯化物重液选法☆Belknap chloride process
贝尔纳介属[D_1-C]☆Bernix
贝尔纳图☆Bernal chart
贝尔瑙蕨(属)[T_3]☆Bernoullia
贝尔特(群)[北美;Z]☆Beltian
贝尔特统[Z]☆Beltian series
贝尔型船上重力仪☆Bell ship gravity meter
贝尔炸药☆bellite
贝尔字符☆BEL character
贝副长石☆banalsite
贝钙铁辉石☆baikalite
贝格勒夫法[铁矿石直接还原]☆Berglof process
贝格型[古]☆bergerie；bergeria
贝化炉☆Bessemer converter
贝喙[鹦鹉螺;头]☆conchorhynch
贝加尔叠层石(属)[Z_2]☆Baicalia
贝加尔螺属[腹;E]☆Baicalia
贝莱蛤属[双壳;P-K]☆Bakevellia
贝甲类☆Conchostraca
贝甲目☆conchostraca
贝壳☆shell；shell of shellfish；valve；conch[海洋无脊]；test
贝壳孢属[P_2]☆Crustaesporites
贝壳层☆mussel{shell} bed
贝壳的☆foul；shelly
贝壳断口☆conchoidal fracture
贝壳灰砂☆tabby
贝壳玛瑙[德]☆muschelachat
贝壳沙滩☆shelly beach
贝壳杉属[K_2-Q]☆Agathis
贝壳杉烷☆kaurane
贝壳杉脂☆agathocopalite；kauri (copal{gum;resin})
贝壳石灰☆(oyster-)shell lime
贝壳石灰岩地层☆shelly ground
贝壳碎屑{片}☆shell fragment
贝壳形☆mytiliform
贝壳岩☆coquina；shell rock
贝壳缘☆hinge line
贝壳状☆conchoidal；shelly；conchiform
贝壳状结构☆shelly texture
贝可(勒尔{耳})[放射性活度]☆becquerel；Bq
贝克(高压)弹☆Baker-bomb
贝克勒耳(温差)电堆☆Becquerel's thermopile
贝克勒数☆Peclet number
贝克里悬吊式单轨运输设备☆Becorit system
贝克曼温度计☆Beckmann thermometer
贝克试验☆becke test
贝克(折射率)试验☆Becke test
贝克特尔国立有限公司☆Bechtel National,Inc.
贝克线[结晶光学]☆Becke line{method}
贝拉基主义(者)的☆Pelagian
贝拉洛卡陨铁☆rocite
贝莱斯藻(属)[绿藻;C]☆Beresella
贝莱鱼属[Q]☆Baleiichthys
贝劳共和国☆The Republic of Belau
贝勒米黄[石]☆Cream Bello
贝雷砂岩岩芯☆Berea core
贝雷特角石属[头;O]☆Beloitoceras
贝雷岩芯☆Berea core
贝累克补偿器[贝瑞克补色器]☆Berek compensator
贝类☆Mollusca；mussel
贝类学☆conchology
贝里式应变仪☆Berry type strain meter
贝里特混合炸药☆Bellite
贝里亚{阿}斯(阶)[135～131Ma;欧;K_1]☆Berriasian (stage)
贝利函数☆Baire function

贝利双晶☆pericline twin(ning)
贝利亚斯菊石属[头;J_3-K_1]☆Berriasella
贝伦法☆Behren's method
贝洛德泥浆测井☆Baroid type loggia
贝母云☆mother-of-pearl cloud
贝纳德对流槽☆Benard's convection cell
贝内特彗星☆Bennett
贝尼奥夫地震带☆Benioff seismic zone
贝尼奥夫-和达带☆Benioff Wadati zone
贝尼奥夫面☆Benioff plane
贝尼典夫带☆Benioff zone
贝尼伊德推覆体[K_2-J_3]☆Beni Ider nappe
贝宁☆Benin
贝壳杉-16-烯☆kaur-16-ene
13β-贝壳杉-15-烯☆13β-haur-15-ene；isophyllocladene
贝日阿托氏菌☆Beggiatoa
贝软体碳化石☆molluskite
贝瑞克-道奇法☆Berek-Dodge method
贝瑞克棱镜☆Berek prism
贝瑞克裂隙显微光度仪☆Berek-slit- microphotometer
贝瑞克消{补}色器☆Berek compensator
贝瑞凿井安全吊桶导向架☆Berry safety crosshead
贝塞虫属[孔虫;P]☆Baisalina
贝塞尔不等式☆Bessel's inequality
贝塞耳{尔}函数☆Bessel('s) function；cylindrical harmonic
贝砂☆shell sand
贝石灰☆shell lime
贝氏灯☆Berzeling lamp
贝氏钢☆Bessemer steel
贝氏硫菌[需氧]☆Beggiatoa
贝氏螺属[腹;D-C]☆Baylea
贝氏弹簧☆Belleville spring
贝氏体[冶]☆bainite
贝氏藻属[E_2]☆Belzungia
贝索尔椭圆体☆Bessel's ellipsoid
贝他衰变☆beta decay
贝他纤维☆Beta fiber
贝他型导流☆type-β leader
贝塔石[$(Ca,Na,U)_2(Ti,Nb,Ta)_2O_6(OH)$;等轴]☆betafite；uranpyrochlore；ellsworthite
贝塔指数☆beta index
贝体☆shell body
贝陀立合金☆berthollide
贝螅属[腔水螅;N_2]☆Hydractinia
贝虾类☆shellfish；Estheria
贝虾石类☆Estheria
贝牙形石属[D_3]☆Icriodus
贝叶石☆beyerite
贝叶属[C_2]☆Conchophyllum
贝叶斯决策规则☆Bayes decision rule
贝叶斯统计学{法}☆Bayesian statistics
贝茵{蒽}体[冶]☆bainite
贝云母☆nacreous cloud
贝珍珠☆conch
贝冢☆shell-mound；(kitchen) midden
贝状☆curve-plate
贝状断口☆conchoidal fracture
贝状劈理☆shell-like cleavage
钡☆barium；Ba
钡白[人造白颜料;$BaSO_4$]☆baryta white
钡白云母☆o(e)llacherite[$(K_2,Ba)Al_4(Al_2Si_6O_{20})(OH)_4$]；barium muskovite；barium{bario}-muscovite；sandbergerite [$(K,Ba)(Al,Mg)_2(AlSi_3O_{10})(OH,F)_2$]
钡白云石[$BaMg(CO_3)_2$;三方]☆norsethite；oellacherite
钡铋矿☆bismutotantalite
钡冰长石[$(K,Ba)((Al,Si)_2Si_2O_8$; $(K_2Ba)(Al_2Si_2O_8))$; $(K,Ba)Al(Si,Al)_3O_8$;单斜]☆hyalophane；barium feldspar；barium-adularia；baryta felspar
钡冰晶☆hyalophane
(含)钡玻璃☆barium glass
钡长石[$Ba(Al_2Si_2O_8)$;单斜]☆baryta；celsian(ite)；barium(-)feldspar；celsian；baryta{celsian} felspar
钡长石瓷☆celsian ceramic
钡尘沉着病☆barytosis
钡尘肺☆barytosis；baritosis
钡的☆baric
钡毒铁矿☆barium-pharmacosiderite
钡发光沸石☆Ba-mordenite
钡法☆barium method
钡钒钛石☆mannardite
钡钒铜矿[铜的钒酸盐,含钙和钡; $Cu_3(VO_4)_2•H_2O$]☆volborthite；knauffite
钡钒云母[$(Ba,Na)(V^{3+},Al)_2(Si,Al)_4O_{10}(OH)_2$;单斜]☆chernykhite；cherykhite
钡方解石[$BaCa(CO_3)_2$]☆bari(um-)calcite；neotype；barytocalcite
钡沸石[$Ba(Al_2Si_3O_{10})•3H_2O$; $BaAl_2Si_3O_{10}•4H_2O$;斜方]☆ed(d)ingtonite；antiedrite
钡钙大隅石[$BaCa_2Al_6Si_9O_{30}•2H_2O$;六方]☆armenite
钡钙长石☆barium-anorthit(it)e；barium anorthite；barium-albite；bario-anorthite
钡钙沸石☆armenite；azurite
钡钙锰矿☆todorokite
钡钙十字沸石☆Ba-phillipsite
钡钙霞石[$Ba_4Ca_6(Si,Al)_{20}O_{39}(OH)_2(SO_4)_3•nH_2O$?;六方]☆wenkite
钡锆石☆bazirite
钡铬钛矿☆lindsleyite
钡共沉淀☆barium coprecipitation
钡硅钙铀矿[$(Ca,Ba)(UO_2)_2(Si_2O_7)•6H_2O$]☆barium{-}uranophane
钡黑稀金矿☆tanteuxenite
钡黑云母[$(K,Ba)_2(Mg,Al)_{4-6}((Al,Si)_8O_{20})(OH)_4$]☆baryt(-)biotite；bary-biotite；baryt biotite
钡化学药品☆barium chemicals
钡灰泥{浆}☆barium plaster
钡火石玻璃☆baryta flint
钡交沸石[$(Ba,Ca,K_2)(Al_2Si_3O_{10})•3H_2O$; $(Ba,Ca,K_2)Al_2Si_6O_{16}•6H_2O$;单斜]☆wellsite；kurtzite[钡、钙和钾的铝硅酸盐]；c(o)urzite；kurzyt；kurcycie；kurcit
钡解石[$BaCa(CO_3)_2$;单斜]☆barytocalcite
钡金云母[含BaO达1.3%; $KMg_3(AlSi_3O_{10})(F,OH)_2$]☆barium-phlogopite；bariophlogopite
钡晶质玻璃☆barium crystal glass
钡矿[$BaSO_4$]☆barium ore
钡矿物☆baryta mineral
钡离子☆barium ion
钡磷钡石☆beorceixite
钡磷灰石☆alforsite
钡磷铝石[$BaAl_3(PO_4)_2(OH)_5•H_2O$;$(Ba,Ca,Sr)Al_3(PO_4)_2(OH)_8•H_2O$]☆gorceixite；geraesite
钡磷铀矿[$Ba(UO_2)_4(PO_4)_2(OH)_4•8H_2O$]☆barium-phosphuranylite
钡磷铀石[$Ba(UO_2)_4(PO_4)_2(OH)_4•8H_2O$]☆bergenite
钡菱锶矿☆stromnite；bariostrontianite
钡铝毒铁矿☆barium-alumopharmacosiderite
钡铝沸石☆cymrite
钡铝砷矾[$BaAl_3(AsO_4)(SO_4)(OH)_6$]☆weilerite
钡绿☆baryta green
钡镁冰晶石☆usovite
钡镁脆云母[$(Ba,K)(Mg,Mn,Al)_3Si_2Al_2O_{10}(OH)_2$;单斜]☆kinoshitalite
钡镁合金[吸气剂]☆kemet
钡镁锰矿☆todorokite；delatorreite
钡锰铝磷石☆bijarebyite
钡锰闪叶石[$BaMn_2Fe^{3+}OSi_2O_7(OH)$;单斜]☆ericssonite
钡冕玻璃☆(light) barium crown glass；Bak glass
钡钠长石☆banalsite；barium albite
钡钠沸石☆barium-natrolite
钡片沸石[$Ba(Al_2Si_7O_{18})•6H_2O$]☆heulandite barytica；barium {-}heulandite；barytheulandite
钡铅矾☆weisbachite；hokutolite；barytoanglesite
钡羟磷灰石☆barium-hydroaylapatite
钡燃料电池☆barium fuel cell
钡霰石[$BaCa(CO_3)_2$]☆alstonite；barium aragonite；bromlite；diplobase；brownlite
钡砂浆☆barium mortar
钡闪叶石[$Na_3Ba_2Ti_3(SiO_4)_4(O,OH,F)_2$; $(Na,K)_2(Ba,Ca,Sr)_2(Ti,Fe)_3(SiO_4)_4(O,OH)_2$; $BaNa_3Ti(Ti_2(Si_2O_7)_2)O_2F$;单斜]☆barytolamprophyllite；barium-lamprophyllite
钡烧绿石[$(Ba,Sr)_2(Nb,Ti)_2(O,OH)_7$;等轴]☆pandaite；bariopyrochlore
钡砷磷灰石[$(Ba,Ca,Pb)_5(AsO_4,PO_4)_3Cl$;六方]☆morelandite
钡砷铀云母[$Ba(UO_2)_2(AsO_4)_2•10\sim12H_2O$;四方]☆heinrichite
钡十字沸石☆merlinoite
钡炻玻璃☆baryta flint glass；BaF glass
钡水泥☆barium silicate cement
钡锶烧绿石☆pandaite；barium-strontium- pyrochlore
钡丝光沸石☆Ba-mordenite
钡燧石☆barium{baryta} flint
钡钛矿☆batisite
钡天青石[$(Sr,Ba)(SO_4)$]☆barytocelestine；barytocelestite；celestobarite
钡铁脆云母[$(Ba,K)(Fe^{2+},Mg)_3(Si,Al,Fe)_4O_{10}(O,OH)_2$;单斜]☆anandite
钡铁钛石[$Ba(Fe^{2+},Mn)_2TiSi_2O_7(O,OH)_2$;单斜]☆bafertisite
钡铁氧体☆ferroxdure
钡透长石☆barium {-}sanidine
钡土☆baryta
钡文石☆barium argonite；barium-aragonite
钡细晶石[$Ba(Ta,Nb)_2(O,OH)_7$;等轴]☆bariomicrolite；rijkeboerite
钡霞石[$Ba(Al_2Si_2O_8)$]☆alstonite；hexacelsian；barium nepheline；barium-nepheline{-nephelite}
钡硝石[$Na(NO_3)_2$;等轴]☆nitrobarite；baryta saltpeter；nitrobaryt；barynitrite；barytsaltpeter；nitrobaryte
钡斜长石[$(Ca,Ba)(Al_2Si_2O_8)$]☆barium-anorthite；barium {-}plagioclase
钡氧(石)☆baryta
钡硬锰矿[$NaMn^{2+}Mn^{4+}_8O_{16}(OH)_4$;斜方]☆romanechite；hollandite
钡铀矿[$BaU_2O_7•4\sim5H_2O$]☆bauranoite
钡铀云母[$Ba(UO_2)_2(PO_4)_2•12H_2O$;四方]☆uranocircite；barium-phosphoruranite{-autunite}；barytouranite
钡皂☆barium soap
钡正长石☆barium-orthoclase；cassinite
钡中毒☆barium poisoning；barytosis；baritosis
钡柱红石☆Ba-priderite
倍☆factor；fold；time；de-；des.
倍斑安山岩☆cumbraite
倍半萜类(化合物)☆sesquiterpenoids
倍半萜烯☆sesquiterpene
倍半氧化物-尖晶石平衡{|转变}☆sesquioxide-spinel equilibrium{|transition}
倍比定律☆law of multiple proportions
倍长石[$Ab_{30}An_{70}$-$Ab_{10}An_{90}$]☆bytownite
倍长苏玄岩☆sudburite
倍长岩☆bytownitite
倍潮☆overtide
倍齿兽属☆Didymoconus
倍齿亚目☆Duplicidentata
倍尔特系☆Beltian system
倍幅☆double amplitude
倍钙长石☆bytownorthite
倍和法☆double-dabble
倍积(的)☆multiplicatrix
倍积式线☆multiplicatrix curve
倍加率☆rate of multiplication
倍加器☆multiplicator；doubler；intensifier；dupler；multiplier
倍加系数☆multiplying factor
倍减☆demultiplication
倍减器☆demultiplier
倍角公式☆double angle formula；duplication formula
倍拉玄武岩☆bytownite-tholeiite
倍利岩☆beresite
倍量公式☆duplication formula
倍率☆multiplying factor；MF
倍率计☆dynameter
倍率器☆multiplicator
倍奈螺属[腹;E_1]☆Bernaya
倍频☆overtone；multiple {-}frequency；doubling of frequency；frequency doubling{multiplication}；octonary
倍频程滤波器☆octave filter
倍频器☆frequency doubler{multiplier}；FD；doubler；secondary harmonic generator；SHG
倍舌目[昆]☆Diploglossata
倍数☆multiple；multiplication
倍数的☆multiplex
倍数体[染色体]☆polyploid
倍苏玄武岩☆sudburite
倍压器☆voltage multiplier；double(r)
倍音中频陷波元件☆cerap
倍增☆breed；multiplication；multiply
倍增电路☆multiple circuit
倍增(器电)极☆dynode
倍增器☆multiplicator；doubler；multiplexer；multiplier；multiplexor；duplicator
倍椎螈☆Diplovertebron
倍足类[节]☆Diplopoda
备采储量☆blocked-out reserve
备采矿块☆stoping ground；lift
备采矿量☆extraction reserves；blocked-out ore
备采煤区☆winning

备采区☆plot
备采区段☆stoping ground
备长期使用巷道☆long-term workings
备份☆back-up
备份零件☆duplicate parts
备好的水☆finished water
备急(用的)☆pre-emergency
备件☆replacement{repair;spare;duplicate; awaiting; reserve} part; spare (unit;detail); renewals; reserve piece
备件名称☆repair parts line item
备开采矿块☆lift
备料☆feed{stock} preparation; get the materials ready; prepare feed (for livestock)
备料场☆charge make-up area
备品☆duplicate{reserve} part; spares; repair piece; choice
备品目录☆inventory
备忘录☆memorandum [pl.-da]; memo; notandum [拉;pl.-da,-s]; below-the-line{p.m.}entry; protocol; run book; commonplace-book; mem.; bordereaux; tickler; pro memoriaentry; note
备选方案☆(alternative) option; alternatives
备用☆stand by; reserve; reservation; spare; S/B
备用(状态)☆readiness
备用保险线路☆backup
备用泵☆jury{stand-by;reserve(d);appendage;relay; emergency;auxiliary; service} pump
备用部分☆slack; reserve piece
备用材料☆alternate material
备用层☆dead level
备用齿轮☆equipment gear
备用储罐☆reserve tank
备用大锚☆sheet-anchor
备用的☆auxiliary; spare; backup; BU; emergency; idle; service; stand(-)by; off-duty; reserved; res.; STDBY; AUX; STBY
备用电缆☆cable in stock; reserve cable
备用阀☆make-up valve
备用方案☆alternative project
备用工具☆cutfit
备用功率☆idle capacity; power margin
备用工作面整理☆refreshment of stand-by face
备用管线☆emergency{off-stream} pipe line; active redundancy pipeline
备用罐☆stand-by storage; slack tank
备用汇流条组☆hospital busbars
备用机器☆auxiliary engine; S/E stand by engine
备用件☆spare
备用金☆petty cash; P.C.
备用井☆emergency{neutral} shaft; standing{spare; reserve;replacement} well
备用零件☆spare detail{parts}; backup; repair parts
备用轮胎☆stepney
备用能量☆energy margin
备用跑道[飞机]☆air strip
备用品☆stand(-)by; spare parts; off-duty; STBY
备用平巷☆bleeder entry
备用气☆cushion gas
备用燃油舱☆reserve oil bunker
备用容量☆idle{margin(al);reserve} capacity; capacity margin
备用入口☆second opening
备用石☆bondstone
备用位[计]☆guard position
备用线☆backup line; storage track; by-lay
备用样品☆sample for reference
备用仪表☆appendage; standby meter
备用仪器☆supplementary instrument
备用油{水}罐☆stand-by storage
备用转盘☆false rotary
备用装置☆emergency set; backup device; alternate facility; stand-by unit{equipment}; redundance
备有的☆auxiliary; available
备有涡轮增压器的☆turbosupercharged
备有肘节☆toggle
备择(解释)☆alternative
备择假设☆alternative hypothesis
备择输出☆optional output
备战☆armament
备值☆backoff
备注☆remark; rem.
备着的药品☆pharmacy; pharmacopoeia

焙☆enthalpy; heat content; carbonado; broil; baking; bake; roast
焙淬砂冷槽☆calcine quench tank
焙干☆bake
焙解☆calcine
焙解炉☆calciner
焙矿炉☆ore roasting kiln
焙砂☆calcining; calcine; burnt{calcined} ore; roasted product{mass}
焙砂淬冷槽☆calcine quench tank
焙砂浸出电路☆calcines leaching circuit
焙砂溢流☆overflow calcine; calcine overflow
焙烧☆firing; furnacing; roast(ing); baking; burning; torrefy; bake; sinter
焙烧床{料}层☆roasting bed
焙烧的矿石堆☆roast heap
焙烧反应[化]☆roast-reaction
焙烧过度☆overroasting; overcook
焙烧矿☆roasted{calcined} ore; calcine
焙烧矿石辊碎机☆chat {-}roller
焙烧矿装料反射炉☆calcine-fed reverberatory furnace
焙烧炉☆baking{roasting;calcining} furnace; calciner; calcining kettle; roaster
焙烧泥渣☆calcined sludge
焙烧黏土☆baked clay
焙烧球团☆fired pellet
(棉)被☆quilt
被坝所围住的水☆impoundment
被包裹的向斜☆infolded syncline
被包裹晶☆endomorph; xenocryst(al); disomatic
被包容面☆male surface
被包陷的岩浆☆trapped magma
被孢霉(属)[绿藻]☆Mortierella
被孢锈菌属[真菌]☆Peridermium
被保护煤层☆protected coal seam
被保险人☆insurant
被冰堵塞的☆ice-bound
(船)被冰夹住☆beset
被波浪冲打☆awash
被剥离的☆stripped
被测对象☆measurand
被测干扰的方向☆direction of observed noise
被测信号☆measured signal
被层[孢;孔虫]☆tegillum [pl.-la]
被潮水冲掉的☆tide-swept
被潮汐冲毁的☆tide-worn
被称做☆be referred to as
被乘数☆multiplicand
被承认的☆approved
被冲刷的油藏☆flushed pool
被抽空的☆air-free
被出价人☆offeree
被除数☆dividend
被传授了初步知识的(人)☆initiate
被传送☆transmittal
被唇目☆phylactolaemata
被丛卷毛的☆floccose
被催化物☆catalysant
被导出的☆derivative
被滴定液☆titrate
被动(性)☆passivity
被动波☆forced wave
被动测距多普勒系统☆passive ranging doppler
被动大陆边缘盆地☆passive margins basins
被动快门☆slaveshutter
被动流褶皱☆passive flow folding
被动轮☆driven wheel
被动式[侵入]☆passive form; permissive; suctive
被动式大地测量卫星☆pageous
被动式航空电磁系统☆passive AEM system
被动式红外光学系统☆passive infrared optical system
被动式卫星光学探测☆passive satellite optical probing
被动态稳定性☆passive stability
被动药包☆receptor charge
被动源式电磁系统☆passive EM system
被动褶曲{皱}☆passive fold
被动装药☆acceptor charge
被堵塞的☆dumbed; plugged
被堵塞岩芯钻头☆plugged bit
被断裂严重破坏的☆badly faulted
被夺(流)河☆pirated stream
被夺流谷☆pirated valley
被发射☆catapult

被发现的事物☆discovery
被发药☆acceptor (cartridge;charge); receptor
被翻起的☆turnup
被废除☆come into disuse
被分散物质☆dispersion
被粉的☆farinose
被封隔的井段☆packed-off interval
被封孔隙☆isolated pore
被俘获动物[遗石]☆prey
被腐蚀颗粒☆corroded grain
被覆☆superpose; superposition; coating; line
被覆层☆coatings
被覆盖的☆clad
被覆盖的片麻岩穹丘☆mantled gneiss dome
被覆钙壳的☆lime incrusted
被覆假象☆coating pseudomorph; pseudomorph by coating
被覆说☆decken theory
被覆线☆cable
被覆岩☆overburden
被覆作物☆cover crop
被盖☆decke; tegmentum
被盖层☆deckgebirge
被盖构造☆decken structure
被盖状☆tegillate
被供给能量的☆powered
被果的[植]☆gleocarpous
被轰击核☆bombarded nucleus
被喉类[苔]☆phylactolaemata
被厚夹层分开的煤层☆split
被积函数☆integrand
被激动{起}的☆actuated
被加数☆augend; addend; summand
被甲[动]☆oblect
被甲的☆munite
被检波信号☆detected signal
被减数☆minuend
被交代元素☆host element
被接管公司☆predecessor company
被截的☆truncated
被解释为☆be interpreted as
被浸透☆souse
被卷起的☆turnup
被卡☆dumbed; stuck[钻具]
(井中)被卡的落物☆stuck fish
被卡(在井内)的钻具☆stuck tool
被卡套管☆frozen casing
被开方数☆radicand
被壳(堆积作用)☆overcrusting
被壳[岩矿等]☆encrustat(i)on; incrustation; coating; crustification; crustation
被壳假象☆pseudomorph by incrustation {encrustation}
被壳矿物☆perimorph
被壳状☆crustiform
被控台☆slave station
被控制量☆controlled{manipulated} variable
被矿脉穿割的☆interveined
被拉住☆hitch
被冷却的空气☆cooled air
被砾石与地层砂混合物充填的射孔孔道☆gravel/sand filled perforation tunnel
被硫化的☆sulfuretted
被脉切穿的☆interveined
被幔斑晶☆mantled phenocryst
被幔花岗岩穹丘☆mantled granite dome
被幔作用☆mantling
被酶作用物☆substrate
被密集脉切割的☆intimately veined
被膜☆leather coat; illinition; coating
被膜处理☆flash mold{treatment}
被膜状集合体☆filmy aggregate
被囊[动]☆tunic; encystment
被囊(类)动物☆Tunicata; Tunicate
被囊阶段[生]☆encysted stage
被逆掩推覆岩块☆overridden block
被弄上污渍☆blot
被抛弃的☆derelict
被抛射物☆trajectile
被破坏的☆decayed
被迫停机☆forced outage
被铅覆盖住☆lead
被嵌固的☆embedded

B

B

被嵌入[晶]☆embayment
被抢河☆captured river{stream}
被切断炮眼☆cut(-)off hole
被切阶地的平坦面[克什米尔]☆karewa
被侵建造☆invaded formation
被侵蚀油藏☆eroded oil pool
被倾覆工作面☆overtipped face
被驱动的☆driven
被驱替流体流动度☆displaced fluid mobility
被驱替相采收率☆displaced phase recovery
被驱替液☆driven liquid
被圈闭的油☆trapped oil
被圈闭油相☆isolated oil phase{droplet}
被人知道[事实、秘密等]☆transpire
被任命的☆nominative
被褥☆bedding
被鳃目[腹]☆Tectibranchia(ta); Pleuroccela
被试验的☆underproof
被收纳的东西☆intake
被授予者☆grantee; lessee
被疏干的☆unwatered
被水打湿☆awash
被水覆盖着的☆water-covered
被撕裂☆tear
被套☆tick
被提名的☆nominative
被提升☆broke out
被挑选者☆select
被筒☆sheath; mantle
被拖的船☆tow
被拖物☆drag
被污染土地☆contaminated ground
被吸附的原子☆adatom
被吸附{收}物☆adsorbate; adsorptive
被袭夺谷☆pirated valley
被袭夺河☆diverted river{stream}; diverter; (pirated) stream; abstracted river
被携带☆carry
被压制井☆dead well
被烟雾完全笼罩的状态☆smogout
被淹没的☆inundated
被岩石或矮树覆盖的地☆brule
被岩盐堵住的井☆salt up well
被掩冰川☆overriding glacier
被掩护的水域☆sheltered water
被掩岩体☆overridden mass
被抑制的☆suppressed
被隐蔽金属☆sequestered metal
(使风俗、先例等)被永久性地接受☆establish
被诱物☆acceptor; accepter
(使某物)被遮暗☆overshadow
被蒸馏物☆distilland
被置换的体积☆displacement volume
被(瓦斯)窒息的☆damped
被中子激活的☆neutron-activated
被注浆封闭的钻孔裂缝☆dental work
被转嫁的利息☆imputed interest
被状物☆quilt
被子实体☆angiocarpous
被子植物☆angiosperm(ous); anthophyta
被子植物门[J-Q]☆Angiosperm(ae); angiospermophyta
被组成图案的☆patterned

bēn

奔☆rush
奔赴点☆apex [pl.apexes,apices]
奔流☆flush; sluice; cataract
奔马硅肺☆galloping silicosis
奔忙☆bustle; knock
奔跑的☆running
奔斯乃特炸药☆penthrit(e); penthrinit(e)
奔土乃特☆tetranitrol

běn

苯[C_6H_6]☆benzene; benzol; benzole; phene; Bz; pheno-; phen-
苯氨基乙硫醇[$C_6H_5NHCH_2CH_2SH$]☆anilino-ethylene mercaptan
苯胺[$C_6H_5NH_2$]☆aniline; phenyl amine; amino benzene; cyanol; anilin; An; phenylamine
苯胺黑☆nigrosine
苯胺酸[$C_6H_5AsO_3H_2$]☆phenylarsonic acid
N-(2-巯基乙基)苯胺盐酸盐[$C_6H_5(-CH_2CH_2SH)_2$•HCl]☆N-(2-mercaptoethyl) aniline hydrochloride
苯胺紫☆mauve
苯(并)吡咯[C_8H_7N]☆benzo-pyrrole
苯丙氨酸☆phenylalanine
苯丙醇[C_6H_5•C_3H_6OH]☆phenyl propyl alcohol
苯丙烷☆phenylpropane
苯并[C_6H_4–]☆benz(o)-
苯并吡喃☆benzopyran
苯并芘☆benzopyrene
苯并蒽☆benzanthracene
苯并菲☆benzophenanthrene
苯并呋喃☆benzofuran
苯并藿烷☆benzohopane
苯并喹啉☆benzoquinoline
苯并噻吩☆benzothiophene
苯并芴☆benzofluorene
苯撑[$-C_6H_4-$]☆phenylene
苯抽出物☆benzene extracts
苯(并)氮(杂)茂[C_8H_7N]☆benzo-pyrrole
苯的同系物☆substituted benzene
苯二胺☆phenylene diamine
苯二酚[$C_6H_4(OH)_2$]☆dioxy-benzene
苯二甲基☆xylylene
苯酚[C_6H_5OH]☆phenol; carbolic acid
苯酚的别名☆phenic acid
苯酚基☆phenolic groups
苯酚盐☆phenolate
苯甘氨酸[$C_6H_5NHCH_2CO_2H$]☆phenyl glycine
苯核☆benzene nucleus
苯和甲醇为 1:1 的混合物☆azeotrope
苯环☆benzene ring
苯基[C_6H_5–]☆phenyl; benzene carbonitrile; phen(o)-
苯基苯胺☆phenylaniline
α-苯基苯乙酰☆α-phenylphenacy; desyl
苯基丙基醇[C_6H_5•C_3H_6OH]☆phenyl propyl alcohol
苯基的☆phenylic
苯基甲基聚砖油☆Dow Corning silicone Fluid 550
苯基膦酸[C_6H_5•$PO(OH)_2$]☆phenylphosphonic acid
苯基氰☆benzonitrile
苯基(甲)酮☆acetophenone
苯基乙烷[$C_6H_5C_2H_5$]☆phenyl ethane
苯、甲苯、二甲苯[总称]☆xylene; toluene; benzene
苯甲醇☆benzyl alcohol; phenyl carbinol
苯甲基☆benzyl; phenylmethyl
苯甲腈☆cyanobenzene
苯甲醚☆anisole
苯甲醛☆benzaldehyde
苯甲醛缩二醇[$C_6H_5CH(OR)_2$]☆benzaldehyde acetal
苯甲酸☆benzoic acid
苯甲酸片☆benzoic flake
苯甲酸盐{酯}☆benzoate
苯甲酰[C_6H_5CO–]☆benzoyl(-); Bz
苯肼[$C_6H_5NHNH_2$]☆phenyl hydrazine
苯酒精(混合物)☆benzene-alcohol
苯聚三氯硅[$C_6H_5SiCl_3$]☆phenyl trichloro silicane
苯醌☆benzoquinone; quinone
苯邻二酚[$C_6H_4(OH)_2$]☆catechol
苯膦酸[C_6H_5•$PO(OH)_2$]☆phenylphosphonic acid
苯硫酚[C_6H_5SH]☆benzene-thiol; thiophenol; phenyl mercaptan
苯硫化物离子[C_6H_5S–]☆thiophenoxideion
苯硫基☆benzenesulfenyl; thiophenyl
苯六酸[$C_6(CO_2H)_6$]☆mellitic acid
苯六羧酸[$C_6(CO_2H)_6$]☆benzene-hexacarboxylic acid
苯氯硅烷[$C_6H_5SiCl_3$]☆phenylchloro-silane; phenyl trichloro silicane
苯偶酰[$(C_6H_5CO)_2$]☆benzil
苯偶姻[C_6H_5•$CH(OH)$•CO•C_6H_5]☆benzoin
α-苯偶姻肟[$C_{14}H_{12}O$:NOH]☆α-benzoin oxime
苯(甲)醛[C_6H_5•CH:O]☆benzaldehyde
苯噻吩☆benzothiophene
苯噻嗪[$C_6H_4NHC_6H_4S$]☆padophene; phenothiazine
苯(甲)酸[C_6H_5COOH]☆benzoic acid
苯(甲)酸盐{酯}[C_6H_5•COOM]☆benzoate
苯酸盐{酯}☆benzoate
苯温度计☆benzol thermometer
苯污染☆benzene pollution
苯五羧酸☆benzenepentacarboxylic acid
苯-α{|β}-芴☆benzo-α{|β}-fluorene
苯系☆benzene series
苯系硝基重氮化物起爆药☆benzene nitro diazo compound primary explosive
苯酰☆benzoyl; benzoyl-
苯酰胺☆benzamide; benzoic amide
苯(环)型的☆benzenoid
苯型烃类☆benzenoid hydrocarbons
苯氧化物☆phenoxide
苯乙醇[$C_6H_5CH_2CH_2OH$]☆benzyl carbinol; phenyl ethyl alcohol
苯乙醇酸[$C_6H_5CHOHCOOH$]☆4-hydroxyphenyl-acetic acid; mandelic acid; hydroxy(l)-phenyl-acetic acid; amygdalinic acid
苯乙黄药[C_6H_5•CH_2CH_2OCSSM]☆phenylethyl xanthate
苯乙基☆phenylethyl; phenethyl
苯乙基甲基甲醇[C_6H_5•$C(C_2H_5)(CH_3)OH$]☆phenyl ethyl methyl carbinol
苯(基)乙炔☆phenylacetylene
苯乙醚☆phenetole; phenetol
苯乙醛☆phenylacetaldehyde
苯乙酮[$CH_3COC_6H_5$]☆acetophenone
苯乙烷☆ethylbenzene; phenyl ethane
苯乙烯[C_6H_5•CH:CH_2]☆styrene; styrol; cinnamene
苯乙烯磺酸盐☆styrene sulfonate
苯乙烯基[C_6H_5CH:CH–]☆cinnamenyl; styryl
苯乙烯泡沫塑料绝缘(材料)☆styrofoam insulation
苯乙烯溶解度测定☆styrene solubility test
苯酯基[C_6H_5OOC–]☆carbobenzoxy
苯腙[R_2C:N•NHC_6H_5]☆phenylhydrazone
本阿二氏数据减缩法☆Bence-Albee methods of data reduction
本卟啉☆aetioporphyrin
本部☆headquarters; camp; hdqrs
本层采场上(方)的采场☆overlying workings
本层采场下(方)的采场☆underlying workings
本初横子午线☆prime transverse meridian
本初斜子午线☆prime oblique
本初子午线☆the first{prime} meridian; zero{prime; initial;Greenwich;principal} meridian
本床[鼓风炉]☆internal crucible
本胆烷☆etiocholane
本岛☆mainland
本德拉里隔膜形跳汰机☆Bendelari diaphragm jig
本德统[北美;C_3]☆Bendian
本迪陨铁☆bendigite
本底☆background; contrast value
本底记录☆backlog
本底滤波时间常数☆background filter time constant
本底谱线图☆background spectrum
本底突峰☆background hump
本底噪声☆ground{background} noise
本地的☆indigenous; home; endemic; vicinal; native
本地河☆indigenous{autochthonous} stream
本地矿石☆domestic ore
本地矿石操作实践☆home-ore practice
本地排放来源☆local emission source
本地销售煤矿☆landsale colliery
本地岩石☆rock in place
本地制的☆home made
本动☆peculiar motion
本多生酸盐{酯}☆pantothenate
本分解☆incumbent solution
本公司的模拟软件☆in-house simulation software
本构方程☆rheological{constitutive} equation
本国☆homeland; home
本国的☆in-house; home; mother; native
本国货币汇票☆home currency bill
本国油☆domestic oil
本哈姆高原☆Benham Plateau
本航次☆current{present} voyage
本机信号☆local signal
本架控制阀☆unit control valve
本金☆corpus
本局信号☆local signal
本来☆per se [拉]
本来的☆natural
本量利分析☆cost-volume-profit analysis
本领☆flair; faculty; capacity
本硫铋银矿[$(Ag,Cu)_3(Bi,Pb)_7S_{12}$;单斜]☆benjaminite
本流☆mother current
本流袭夺☆autopiracy
本氯血红素☆aetiohemin
本轮[天]☆epicycle
本煤层的全部上覆岩层☆absolute roof
本名☆trivial name
本纳圈☆Bénard cell

B

本内带羽叶☆Taeniozamites
本内苏铁(属)☆Bennettites
本内苏铁果属[裸植;T_3-J_1]☆Bennetticarpus
本能☆instinct；capacity
本尼菊石属[头;T_{1-2}]☆Beneckeia
本尼体☆bainite
本尼威特[英金衡]☆pennyweight；pwt
本年度☆current year
本票☆promissory note
本区地下水☆autochthonous groundwater
本色☆essential colo(u)r；natural color
本色的☆beige
本身☆per se [拉]；self
本身的☆in turn
本生灯火焰☆Bunsen flame
本生地层☆natural ground
本生气泡塔☆Bunsen bubble tower
本生式燃烧器☆Bunsen burner
本生岩☆parent material；natural ground；original rock
本氏大孢属[C_2]☆Bentzisporites
本氏螺属[腹;E-Q]☆Benedictia
本斯-阿尔比定量修正☆Bence-Albee quantitative correction
本斯得石☆bonshtedtite
本斯顿石☆benstonite
本特(阶)[德;T_1]☆Bunter
本特盐[R-SSO_3Na]☆Bunte salt
本体☆noumenon [pl.-na]；identity；implicit existence being；noumena；ontology；thing-in-itself；main part of a machine；body[孢]；corpus[具气囊花粉之中央部分]；colpus[孢;pl.colpi]
本体变形☆body distortion
本体感受☆proprioception
本体灰分☆constitutional ash
本体极迹☆polhode
本体溶液☆bulk solution
本体轴☆identity axis
本田☆Honda
本土☆mainland
本土的☆indigenous
(物质的)本位☆quintessence
本文结束☆end of text；ETX
本溪角石(属)[头;O_1]☆Penhsioceras；Penchioceras
本溪统[中石炭世]☆Penchi series
本星团☆local cluster
本性☆nature；inbeing；natural instincts{character; disposition}；identity；inherent quality；essentiality
本影[太阳黑子]☆umbra
本原应力☆virgin stress
本源的☆authigenic；authigenous；parent
本源流体☆parental fluid
本源抛出物☆essential ejecta；authigenous ejects
本月的☆instant；this month；current month
本震☆proper shock
本征☆eigen；eigen-
本征变换☆eigentransformation
本征电导率☆intrinsic(al) conductivity
本征函数☆eigenfunction；eigen{proper} function
本征名☆eigentone
本征能量☆self-energy
本征频率☆eigenfrequency
本征矢量☆eigenvector
本征态☆eigenstate
本征向量☆latent vector
本征型☆eigenmode
本征栅电容☆intrinsic gate capacitance
本征振动☆eigenvibration
本征值☆proper{characteristic} value；eigenvalue；eigenwert
本征周期☆eigenperiod
本质☆essence；entity；substance；kind；internal；implication；nature；innate character；inbeing；intrinsic quality；inwardness；essential；texture；stuff；quiddity
本质安全型电气设备☆intrinsically safe electrical apparatus
本质的☆interior；intrinsic(al)；essential；elementary
本质光电晶体☆idiochromatic crystal
本质上☆per se；in essence
本质性爆炸☆inherent explosion
本州的☆in-state
本专业行话☆jargon
畚箕藻属[Q]☆Melobesia

bèn

笨河狸属[N]☆Amblycastor
笨脚兽属[哺]☆Barylambda
笨人☆fool
笨手笨脚的人☆swabber
笨珍☆Pontian
笨终端☆dumb terminal
笨重☆heaviness；bulkiness；cumbersome；massive；bulky；unwieldy；rough
笨重工作☆severe service；tough job；hard work
笨重货物装卸设备☆bulk cargo handling equipment
笨拙的☆bungling；clumsy；awkward
笨拙而不熟练的工人☆bungler
笨拙管工☆biscuit cutter

bēng

崩☆collapse；crack；burst；hit；pass away [of emperor]
崩波☆spilling breaker
崩出☆outburst
崩大碗酸☆madasiatic acid
崩顶浪☆spilling wave
崩顶破{碎}波☆spilling breaker
崩沸[物]☆bumping
崩滑☆slumping；slump
崩滑层理☆slurry bedding；slurried bed
崩滑体☆slump-mass；slumped mass
崩滑线☆curve of sliding
崩坏☆crack and fall；crumble
崩坏地☆wasting land
崩坏坡☆waste slope
崩坏压力☆bursting pressure
崩毁☆collapse；cave in
崩积☆colluvial；colluviation
崩积层☆colluvium；avalanche talus
崩积土☆colluvial soil{clay}；colluvium soil；clay
崩积物滑坡☆colluvium slides
崩解[物理风化]☆disintegration；crumble；collapse；sputtering；calving；crumbling；slaking；disintegrate
崩解电位☆breakdown potential
崩解巨砾☆boulder of disintegration
崩解能力☆disintegrability
崩解时间☆time of slaking；disintegration time
崩解石块☆brash
崩解特性{征}☆slacking characteristic
崩解效应☆disruptive effect
崩解岩☆frangite
崩解岩石☆crumbling rock
崩解作用☆disintegrative action；disintegration；calving (disaggregation)；frost riving
崩口☆hole made by cracking
崩矿☆ore breaking{caving}；breaking-out of ore；break down
崩矿层厚☆burden
崩矿量☆rock yield；volume of blast；burden
崩矿水平☆ore-breaking floor
崩溃☆collapse；breakdown；crumble；ruin；crumple；disintegration；fall apart；crash；disintegrate；ruination
崩溃点☆break down point；collapse point
崩溃电压☆disruptive{breakdown} voltage
崩溃性☆collapsibility
崩溃应力☆collapse stress
崩离(冰)☆calving
崩离电压☆disintegration voltage
崩料☆settling of charge；charge downslide；slipping；avalanche；interruption；slip
崩裂☆break(ing) up；burst{break} apart；crumble；crack
崩裂参数☆disruption parameter
崩裂力试验☆bursting strength test；lastometer test
崩裂试验☆spalling test
崩裂体☆erratic mass
崩流☆avalanche
崩流沉积☆colluvium
崩落☆collapse；cave；soot；avalanche；scree；talus ruoble；inoreak；slide；spallation；caving(-in)；inbreak；break away{up;off}；come{blast;shoot(ing)} down；falling{cave} in；comedown；taking {-}down；calving；breakage；breaking-out；dilapidation；slough(ing)
崩落扒矿开采法☆caving-and-slushing method
崩落冰川☆debris{falling} glacier
崩落采煤法☆caving method
崩落的矸石☆caved debris
崩落地层☆cavey{caving} formation
崩落顶板(的房柱法)☆room system with caving
崩落顶板长壁(式)采(矿)法☆longwall working with caving
崩落法开采区☆block-caved area
崩落范围☆range of rock shif
崩落高度☆height of fall
崩落拱☆lum
崩落痕[沙波或沙丘背流面上]☆slump mark
崩落角☆angle of break{draw}；avalanche{inbreak; caving;breaking} angle
崩落孔☆slabbed{slab} hole
崩落矿石☆ore caving
崩落矿岩☆mullock
崩落面☆plane of break
崩落耙矿{运}采矿法☆caving-and-slushing method
崩落时含末煤很少的煤☆good shooting coal
崩落式长壁开采(法)☆longwall with caving
崩落线☆breaking edge{line}；caving{rib;break} line；face break
崩落岩层☆broken ground
崩落岩石☆shot rock；muck；caved material
(在)崩落岩石上钻进☆plug drilling
崩落专家[研究雪崩、土崩等]☆avalanchologist
崩鸣☆boom
崩盘☆stock market crash；collapse of stock
崩刃☆tipping
崩逝☆the death of an emperor
崩松[植]☆needle juniper
崩塌☆landslide；landslip；landfall；cave in；break down；rockfall；slumping；collapse；crumble；slide；avalanche；failure；fall(ing)；toppling；breakdown；devolution；tearing-away；slack(-)tip；dilapidation；eboulement[法]
崩塌地段路基☆subgrade in rock fall district
崩塌后果☆consequence of failure
崩塌井段☆caved portions
崩塌力☆collapsing force
崩塌线☆line of break
崩塌崖☆abandoned cliff
崩塌页岩☆sloughing shale
崩塌页岩带☆heaving shale belt
崩坍☆eboulement；collapse；slacktip；fall (down)；devolution；slumping；mountain creep (slacktip)；crumble；tearing-away；avalanche
崩陷☆infall；fall{cave} in；cave-in
崩陷地震☆earthquake due to collapse
崩崖☆undercliff
崩移☆slumping
崩移褶曲☆slump fold；slumping folds
崩坠☆caving
绷带☆binding；bandage
绷带(法)☆tacking
绷断☆snap
绷架☆tambour
绷紧☆tighten
绷绳☆guy rope{wire;line}；guy；choker；cable braces；anchor line{rope}；choker；backguy；span rope；stabilizing guy line[井架的]
绷绳安装方式☆guy pattern
绷绳固定锚埋墩☆pancake auger
绷绳滑降器☆guy-wire slide
绷绳加固☆guying
绷绳锚☆guy anchor；deadman
绷绳卡子☆guy clamp
绷绳松紧钩☆steam boat rachet{ratchet}
绷绳塔式平台☆guyed-tower platform
绷绳稳定的轻便井架☆guyed mast
绷绳悬垂部分☆guy-line pendant section
绷绳装置☆taut-line system
绷线☆bracing wire
绷紧的☆taut
绷紧(绳缆的)滑轮☆tension pulley

bèng

泵☆pump；bulldozer；pumpset；draught-engine；draft；engine；pumping machine
泵(油)☆bob
泵安全阀☆pump relief valve
泵柄式基础☆pump-handle footing
泵车☆pump truck；pumper
泵衬套☆pump bushing
泵池☆pump sump{box}

B

泵冲程☆throw of pump
泵(抽油的)冲数[冲/分]☆pump stroke rate; pump(ing) speed
泵抽空☆starve a pump
泵抽效应☆pumping effect
泵出☆pump out{off}
泵出的砂屑样☆sand pumpings
泵传动☆pump drive
泵到泵输送☆tight-line{solid} pumping
泵到罐输送☆floating line pumping
泵的冲程体积☆volume per pump revolution; VPR
泵的传动☆pump drive
泵的活塞阀☆bucket valve
泵的口环☆wear ring
泵的类型☆type of pumps
泵的临界抽吸量☆critical pump rate
泵的能力☆capacity of pump; pump capacity
泵的排量☆flow rate; delivery{capacity} of pump; pump capacity
泵的皮填料☆pump leather
泵的启{起}动(注水)☆priming; prime a pump
泵的尾杆☆tail rod
泵的效率☆pump efficiency
泵的循环☆pumping cycle
泵的压力管线☆pump main
泵的压头☆thrust of pump; pump head
泵的扬程☆lifting capacity; throw{lift} of pump; pump head{lift}; pressure head
泵的移动距离☆carry
泵的最高扬程☆bottom lift
泵电路☆primary wire
泵顶☆hood
泵动效应☆pumping effect
泵端加油工☆grease monkey
泵阀☆fluid-valve; pump valve
泵阀漏的油{气}☆slip
(深井)泵阀座短节☆pump-seating nipple
泵房☆pump house{room;compartment;chamber; station;building}; pumproom; pumping room {house;compartment}; pumphouse; p.h.
泵负载☆pump load
泵盖☆pump cover{bonnet}
泵杆[深井水泵]☆sucker rod
泵缸☆fluid{pump} cylinder; pump bowl{bucket;barrel}
泵缸塞规☆plug gage
泵缸上提环☆bender
泵隔间☆pump(ing) compartment
泵隔膜☆pump diaphragm
泵挂深度☆depth of plunger; setting depth of pump; pump setting depth
泵管和梯子间☆pump-and-ladderway
泵过☆pump over
泵后加砂注入☆down stream sand injection
泵活塞☆pump piston
泵机组☆(engine-and-)pump assembly; pump unit {set}
泵唧废渣☆refuse pumping
泵唧式挖掘{采金}船☆pump dredge
泵唧循环☆pumparound
泵唧主管☆pumping main
泵唧装置☆pumping plant{appliance}; pumpset
泵汲扬程☆pump head
泵架☆pump bracket
泵间☆pumping compartment
泵间线[预抽真空泵]☆fore-line
泵减速比☆pump reduction ratio; PR
泵净吸入压头☆net pump suction head; NPSH
泵壳☆pump casing{case;shell}; casing
泵(外)壳☆pump shell
泵扩散管☆pump diffuser
泵拉杆夹紧装置☆dick grip
泵量☆fluid{pump} volume; pump delivery{duty}; displacement of pump
泵零位☆zero pump stroke
泵流量☆pump discharge
泵滤网☆pump screen
泵轮☆pump runner
泵轮通道☆impeller passage
泵每分钟冲数☆pump revolution per minute; prpm
泵密封环☆lantern ring
泵密封压盖☆pump gland
泵能力☆pump capacity
泵排☆pump drainage{drain}
泵排(出)量☆displacement{discharge} of pump; pumpage; pumping capacity; pump delivery {output; displacement;discharge}; pumping rate[油]
泵排水立管☆pump column
泵盘根☆pump packing
泵频信号☆pumping signal
泵启动灌注☆priming of pump
(深井)泵-气锚特性曲线☆P/GA{pump/gas anchor} curve
泵腔☆pump box{chamber}
泵容积效率☆pump volumetric efficiency
泵容量☆pumping{pump} capacity
泵入口压头☆pump inlet head
泵入试验☆pumping-in test
泵入式装药车☆pump truck
泵入压力☆pump-in pressure; PIP
(泥浆)泵上水池☆pump suction pit
泵设备☆pumping outfit
泵深☆depth of plunger
泵式打浆机☆pump-pulper
泵式混合装药车☆mixer pump truck
泵室☆pumproom; pump chamber
泵输(送)☆pumping over
泵水量☆water pumpage
泵水马力☆pump hydraulic horsepower; pump HHP
泵水排出沟(管)☆pump water conduit
泵水头☆pump head
泵水装置☆pumpset
泵送☆deliver(y); pumpage; pump(ing) (over)
泵送法完井作业☆pumpdown completion operation
泵送法修井☆pump-down workover
泵送工具防喷管☆PDT{pumpdown tool} lubricator
泵送回选厂的回用水☆reuse water pumped back to plant
泵送挤压式混凝土浇筑机☆squeeze pump place
泵送能力☆pumpability; pumping{pump} capacity
泵送速度☆rate of pumping; pumping rate
泵送系统☆pumparound
泵送装置☆pumpset; pumping installation
泵送作业☆pumpdown
泵套{|体}☆pump liner{|body}; pump barrel{bucket}
(抽油泵)泵筒☆liner jacket[抽油泵]
泵筒容积☆pump barrel volume
泵筒游动的杆式泵☆rod travelling barrel pump
泵外混料器☆outside pump blender
泵外加砂装置☆outside pump blender
泵外壳☆pump case
泵吸管端逆止阀☆foot valve
泵吸(入)口篮状滤器☆pump basket
泵吸入☆pump suction
泵吸入端压头太小☆starve a pump
泵吸入阀☆pump inlet valve
泵吸入管☆tail pipe; tail pipe
泵吸入口压力☆pump intake pressure; PIP
泵吸作用☆positive pumping action
泵箱☆pump box
泵效(率)☆efficiency of pump; pump efficiency
泵压☆pump{pumping} pressure; PP
泵压波动{骤增}☆pump surge
泵压力☆thrust of pump
泵压头☆head on pump; pump head; thrust of pump
泵压下降☆pressure pumped down
泵扬程☆thrust{throw} of pump; pump lift
泵叶轮☆pump impeller
泵用防水填料☆pump packing
泵油☆oil pumping
泵站☆pumping station{plant}; pump station{plant}
泵站工人[负责给机器加油、擦地板等工作]☆oiler
泵罩☆pump bonnet
泵轴☆pump shaft{spindle}
泵柱塞滑移☆pump slip
泵注锚杆☆pumpable bolt
泵转子☆pump rotor
泵装置☆pumping outfit{plant}; pump assembly{unit}
泵自动控制器[防喷器组附件]☆automatic pump governor
泵组(装置)☆unit pump; pumpset; pumping set; pump unit{package}; set of pumps
泵组最下面水泵☆laigh lift
泵作用☆pumping
泵座☆pump seat{deck}
蹦☆bounce
迸发☆blaze; spurt; spirt
迸发荷载☆pop-in load
(顶板)迸裂作响☆nipple

bī

逼紧☆impact
逼近☆gain; crowd
逼近法☆shotgun approach
逼近函数☆approximating function
逼近相对效率☆asymptotic relative efficiency; a. r. e.
逼真☆reality; verisimilitude
逼真性☆verisimilitude
逼真的☆speaking; living
逼真度☆fidelity; naturalness

bí

荸荠介属[O-C]☆Aechmina
鼻☆nasus; nosing; nose
鼻垂体孔☆naso-hypophysial opening
鼻的☆nasalis; nasal
鼻骨☆nasal bone; os nasale
鼻管☆nasal tube; rhinocanna
鼻肌☆nasalis
鼻棘☆spina nasalis
鼻夹☆nose clip
鼻甲骨☆os nasoturbinale
鼻间鳞[爬]☆internasal
鼻结石☆rhinolith
鼻孔☆naris; nostril; nasal aperture; nares
鼻口部☆snout
鼻泪管石☆rhinodacryolith
鼻梁海胆属[K_3]☆Rhynopygus
鼻鳞☆squama nasalis; nasal bone
鼻腔☆nasal cavity
鼻缺☆nasal notch
鼻山尾☆craig and tail
鼻石☆rhinolith; rhinolite
鼻石病{症}☆rhinolithiasis
鼻凸[棘蛇尾]☆nose
鼻尾丘☆cra(i)g and tail
鼻窝☆nasal pit
鼻型雷啸☆nose whistlers
鼻型褶皱☆nose-type fold
鼻咽癌☆nasopharyngeal carcinoma
鼻翼☆ala nasi
鼻音☆snuffer; nasal
鼻用环形刀☆spokeshave
鼻中隔[哺]☆nasal septum
鼻状层[见于露头]☆nose-out
鼻状地形☆stoss{onset}-and-lee topography
鼻状构造☆nose (structure); nosing{nose-like} structure
鼻状林头☆nose-out
鼻状推进☆nose advance
鼻锥☆nose cone
鼻子☆snout

bǐ

比☆ratio; factor; specific; module; modulus; SP; MOD; r.
比奥固结理论☆Biot's consolidation theory
比奥斯蒙[天然矿质保鲜剂]☆biosmon
比奥特-菲涅尔定律☆law of Biot-Fresnel
比奥特-弗雷斯涅尔作图法☆Biot-Fresnel construction
比奥特-克莱因试板☆Biot-Klein plate
比奥特-萨伐尔定律☆Biot-Savart's law
比保留体积☆specific retention volume
比变晶力☆crystalloblastic strength
比表面☆specific surface; relative surface area
比表面积☆specific surface area; surface-to-volume ratio; surface area-to-volume ratio
比表面能☆specific surface energy
比采油指数☆specific productivity index{factor}
比产油指数☆specific productive index; SPI; specific productivity index
比长仪☆comparator; extensometer
比冲量☆specific impulse
比出水量☆specific yield
比传导率☆specific conductivity
比磁化☆specific magnetization
比磁化率[磁化率/密度]☆specific{mass} susceptibility
比存储量☆specific storage
比导水{电}率☆specific conductivity
比得上☆compare; comparable (to)
比等(偏)角(的)☆isogonic
比地热流体耗量☆specific geofluid consumption
比电容☆specific capacitance
比电阻☆specific resistance{resistivity}; (electrical)

resistivity；mass resistivity；sr
比动率☆specific power
比断层阶地☆fault ben
比尔比尔岩☆birbirite
比尔定律☆Beer's law
比发射☆emissivity
比发育不全☆unhearth
比反应率☆specific reaction rate
比方☆allegory
比放射性(强度)☆specific activity
比非均质性☆specific anisotropy
比浮选速度☆specific flotation rate
比-弗定律☆Biot-Fresnel law
比刚度☆specific stiffness
比钢丝刷☆metal brush
比格霍恩组☆Bighorn Formation
比功☆specific work
比贯入阻力☆specific penetration resistance
比哈尔大孢属[C_3]☆Biharisporites
比焓☆specific enthalpy
比耗☆specific consumption
比花蓝[石]☆Peval Gream Blue Bahia
比活度☆specific activity
比基塔石☆bikitaite
比挤压作业[挤水泥等]☆squeeze job
比价☆relative{comparative} price；price relations；rate of exchange；parity；compare bids{prices}
比价法☆ratio method
比碱☆specific alkalinity
比降☆gradient (ratio)
比较☆compare；correlate；confer[拉]；confront；comparison；comp；balance；paral(l)elism；conf；cf；cp
比较成本☆relative cost
比较成本定律{法则}☆law of comparative cost
比较地势学☆hypsography
比较法☆correlation{comparison;relative; comparative} method；comparison test{technique}；comparative law{approach}；method of comparative study
(供选择的)比较方案☆alternative
比较分析☆comparative analysis
比较检验法☆comparison test
比较平板法导热仪☆thermal conductivity tester by plate method
比较评定☆trade-off；trade off
比较器☆comparer；comparator；compatator
比较设计☆alternate design
比较试验法☆comparison test method
比较数据☆comparing data
比较温度☆comparison temperature；C.T.
比较信号☆comparison signal
比较星☆reference star
比较岩石学方法☆comparative lithological method
比较仪☆comparator；comparer
比较有利情况☆comparative advantages
比较值☆comparative value
比较种☆conformis；cf.
比较装置☆discriminator；comparator；comparer；collator
比[腕]茎鞘☆pedicle sheeth
比晶棱能☆specific edge energy
比绝缘电阻☆insulativity
比卡必特炸药☆Bikarbit
比颗粒(表)面☆specific grain surface
比克福特导爆线☆Bickford fuse
比克颗石[钙超;E_2]☆Birkelundia
比克内尔砂岩☆Bicknell sandstone
比拉风☆virazon
比拉宋尼风☆virazones
比勒陀利亚[南非]☆Pretoria
比勒-沃森法[磁勘]☆Bieler-Watson method
比里克虫属[三叶;O_1]☆Pilekia
比利(润)[表示选煤速度和准确度]☆specific profit
比利牛斯型(变质)相系☆Pyrenean-type facies series
比利时☆Belgium
比利用率☆specific availability
比例☆(scaling) ratio；proportionality；scale；rate；proportion(ment)；commensurability；relation
比例泵☆dosing pump
比例常数☆proportionality constant；constant of proportionality
比例尺☆(graduated) scale；gage；proportional dividers {scale}；reduced{architect's;engineer's} scale；comparing rule
比例尺的单位☆scale base
比例重整调节器☆proportional reset controller
比例的☆scaled；logistic
比例分配☆prorate；proportional distribution
比例杆[缩放仪]☆modeling bar
比例规☆proportional divider；planimegraph；compass of proportion
比例化实验模型☆scaled lab model
比例混砂装置☆sand-fluid proportioner
比例极限☆limit of proportionality；proportion(al) limit
比例距离法则☆scaled distance law
比例流量过滤☆proportional flow filtration
比例模型☆dimensional scale(d) model
比例模型模拟☆scale-model analog
比例气体计量器☆proportional gas meter
比例调节☆proportional control
比例调整☆scale adjustment
比例网☆size grid
比例误差☆ratio error
比例(放大)系数☆scale-up factor
比例效应理论☆theory of proportionate effect
比例因数☆soling{proportionality} factor
比例因子☆factor of proportionality；proportionality {scale-up;scaling} factor；SF
比例纸☆plotting paper
比例中项☆proportional mean；mean proportional
比粒度☆specific grain size
比林根阶[O]☆Billingen stage
比林石☆bilinite
比流量☆specific discharge；unit rate of flow
比流体耗量☆specific fluid consumption
比率☆(specific) ratio；rate；relation；percentage；coefficient；specific；Rto
比率表☆ratiometer；logometer
比率调整塞阀☆ratio plug valve
比罗颗石[钙超;E_2]☆Pyrocyclus
比洛达(双晶)律☆Belowda law
比曼[测量单位]☆Beaman
比曼视距弧☆Beaman arc
比门视距弧☆Beaman's stadia arc
比密度☆specific density
比面☆surface (area)-to-volume ratio；specific surface
比面积☆specific surface{area}；area per unit volume
比模量☆specific modulus
比目鱼☆fluke
比内能☆specific internal energy
比能☆specific energy
比拟☆analog(ue)；analogy；simulate；analogous
比拟物☆rival
比黏计☆leptometer
比黏(度)☆specific viscosity
比黏计☆leptometer
比浓渗透压☆reduced osmotic pressure
比硼钠石[$Na_4B_{10}O_{16}(OH)_2•2H_2O$；单斜]☆biringuccite；ho(e)ferite
比膨胀☆specific expansion
比破碎能☆specific crushing energy
比破碎体积☆specific disintegration
比破岩量☆specific rock removal
比契尔(压强计)☆Bichel gauge
比强度☆specific strength
比切尔测压器☆Bichel ga(u)ge
比切尔密闭爆发器☆Bichel bomb
比切削能☆specific cutting energy
比燃料消耗量[机]☆specific fuel consumption；specific propellant consumption；SFC
比……燃烧得更久☆outburn [outburnt,outburned]
比热☆specific heat；sh；sp ht；specific thermal capacity
比热水耗量☆specific hot-water consumption
比韧度[抗拉强度/密度]☆specific tenacity
比熔化效率☆specific melting efficiency
比容☆specific volume；SV；sp vol
比容偏差☆steric anomaly
比容异常☆thermosteric anomaly
比蠕变☆specific creep
比塞特菊石属[头;C_2]☆Bisatoceras
比赛☆match
比赛者☆competitor
比瑟文式放爆器☆Beethoren exploder
比色法☆colorimetry；pycnometer method；colorimetric comparison {method}
比色分析☆colorimetric analysis{assay}；colorimetry
比色管☆color comparison tube；colorimetrical cylinder
比色计☆chromo(photo)meter；colo(u)rimeter；color scale；comparator；pycnometer；tint(o)meter
比色浅金☆colorimetric assay
比色仪☆color comparator
比森仪器公司[美]☆Bison Instruments
比[钙超]筛孔状颗石☆cribrilith
比熵☆specific entropy
比渗透率☆specific permeability
比声计☆acoustimeter；acoustometer
比声阻抗☆specific acoustic impedance
比生产指数☆specific productivity index{factor}
比湿(度)☆specific humidity；humidity ratio
比士贝属[腕;D_1]☆Beachia
比士风☆bize；bise
比释动能[J/kg]☆kinetic energy released in material；kerma
比水分容量☆specific moisture capacity
比斯塔格岩[俄西伯利亚]☆bistagite
比似☆analogue；analog
比速☆specific speed
比索石[钙超;J_3]☆Pyxolithus
比特☆bit
比特蛤属[双壳;T_2]☆Bittneria
比体积电阻☆specific volume resistivity
比推力☆specific thrust{impulse}
比温度规范☆specific temperature regime
比沃斯-李普逊纸条☆Beevers-Lipson strips
比吸收☆specific absorption
比肖普法☆Bishop's method
比消光系数☆specific extinction coefficient
比歇卢法☆Bicheroux process
比旋光力☆specific rotatory power；specific rotation
比压☆specific{unit'} pressure
比盐水浓度☆specific brine concentration
比移值☆Rf value
比因子☆specific factor
比音速稍慢的☆subsonic
比影光度计☆shadow photometer
比应力☆specific(al) stress
比……优先☆precede
比有效功☆specific available work
比有用功☆available specific work
比隅角能☆specific corner energy
比喻☆imagery；compare；analogize；similitude；parabolic；trope
比载荷☆unit load
比折射度☆specific refractivity{refraction}
比值☆ratio；specific value；proportionality；rate；fraction
G/A 比值[矿石几何增量(t)与矿石品位(%)算术降低值的比值]☆G/A ratio
比值法☆ratioing technique；ratio method
比值估计☆ratio estimation
比值计☆ratiometer
比值器☆comparator
比值型岩相图☆ratio-type lithofacies map
比值组合☆ratio combination
比重☆specific weight{density;gravity}[密度旧称]；(relative) density；proportion[占比]；sp.gr.；S.G.
(液体)比重测定(法)☆areometry
比重测定计☆specific gravity meter
比重测量☆barymetry
比重沉降澄清☆gravity settling
比重秤☆hydrostatic{(specific-)gravity} balance；balance for specific gravity
比重分聚☆gravity segregation
比重分析☆specific gravity analysis
比重分选法☆differential-density separation
比重级别☆fraction；specific gravity fraction
比重级回收率曲线☆specific gravity fraction recovery curve
比重计☆areometer；gravi(to)meter；gravity bottle {tube}；densi(to)meter；densometer；hydrometer；pic(k)nometer；py(c)nometer；stereometer；density meter；pyknometer
API 比重计标度☆API hydrometer scale
比重计法☆hydrometer{pycnometer} method
比重计式重差计☆hydrometer-type gravimeter
比重控制锤[跳汰机浮标]☆specific gravity control weight
比重偏析☆gravitational{gravity} segregation

B

B

比重瓶☆(bottle) pycnometer；gravity bottle{tube}；density{weighting} bottle；picnometer；specific gravity bottle{flask}；picknometer
比重曲线☆specific gravity curve；densimetric curve
比重±0.1 曲线☆near gravity ±0.1 curve；±0.1 specific gravity distribution curve
比重试验☆specific gravity test；specific-gravity assay
比重天平☆jolly balance；JB
比重选矿☆gravity concentration
比重液☆heavy liquids；specific gravity medium {liquid}
比装机费用☆specific installed cost
比浊滴定☆heterometric titration
比浊度☆reduced turbidity
比浊分析☆nephelometry；turbidimetry
比浊计☆turbidimeter；nephelometer
比资用功☆specific available work；available specific work
比自由能☆specific free energy
比阻抗☆specific impedance
比钻压☆bit weight per unit area
吡啶[C_5H_5N]☆pyridine；pyridinium；pyridinpyridine
吡啶并☆pyridino-
吡啶基[C_5H_4N-]☆pyridyl
吡啶羧酸[$C_5H_4NCO_2H$]☆picolinic acid
吡咯[$(CH{=}CH)_2{=}NH$]☆pyrrole
吡咯烷[$(CH_2)_4{=}NH$]☆tetrahydropyrrole；pyrrolidine
吡咯烷酮☆pyrrolidone
吡喃☆pyran；pyrane
吡喃酮☆pyrope；pyrone
吡喃岩藻糖苷☆fucopyranoside
吡喃岩藻糖基☆fucopyranosyl
笔板岩☆pencil slate
笔齿兽属☆Stylinodon
笔画☆stroke
笔迹☆handwriting；fist
笔记☆transcript；note；minute
笔记本☆notebook
(自动记录仪器的)笔架☆pen carriage
笔尖☆pen；nib
笔尖行程[绘图术语]☆stylus travel
笔六星骨针☆graphiohexaster；graphiocome
笔录式极谱仪☆pen-recording polarograph
笔螺属[腹;E-Q]☆Mitra
笔铅☆black {-}lead；plumbago；crayon[法]
笔腔笔石属[O_1]☆Graptocamara
笔石[古无脊]☆graptolite
笔石簇☆synrhabdosome
笔石的☆graptolitic
笔石动物☆Graptozoa
笔石纲☆Graptozoa；Graptolithina；Class Graptozoa；Graptolith(o)idea
笔石类隐轴亚目☆Axonocrypta
笔石体☆rhabdosome
笔石页岩相☆graptolite shale facies
笔石枝☆stipe
笔式劈理☆pencil cleavage
笔算☆manual computation
笔铁矿☆pencil ore；pencil-ore
笔误☆clerical error
笔细吸湿能力☆capillary capacity
笔形海鳃属[珊;E_2]☆Graphularia
笔鱼属[Q]☆Calamoichthys
笔藻属[钙藻]☆Penicillus
笔直☆perpendicularly
笔直的☆straight away；upright；right；level
笔状赤铁矿块体☆pencil ore
笔状劈理☆linear{pencil} cleavage
俾路支变向造山带[弯移、构造弧]☆Baluchistan orocline
俾路支兽☆Baluchitherium
俾氏缓燃导线☆Bickford fuse
俾斯麦棕☆Bismarck brown
彼此附着☆rim each other
彼此相联结的东西☆catena [pl.-e]
彼此协调☆suit
彼得森度量表[海风可见效应]☆Petersen scale
彼得深度定则[位场解释]☆Peter's rule
彼得斯长度☆Peters length
彼得逊咬合采泥器☆Peterson grab (sampler)
彼尔翰湾上升☆Pelham Bay Emergence
彼拉尔巴红[石]☆Rosa Peralba
彼特叠层石属[Z]☆Pitella
舭部内龙骨☆bilge keelson
舭龙筋☆bilge keelson
舭肘板☆bilge bracket；margin plate bracket

bì

碧矾[$NiSO_4{\cdot}7H_2O$;斜方]☆morenosite；gapite；nickel vitrol；pyromeline；nickel vitriol{viktril}
碧绿☆verdure；viridity
碧石☆jaspis；kugeljaspis
碧水镍矾☆pyromelin
碧 玺{玺}[$(Na,Ca)(Mg,Al)_6(B_3Al_3Si_6(O,OH)_{30})$]☆tourmaline；red schorl
碧玄岩[玄武岩碱性种属]☆basanite；lydian stone；lydite
碧瑶风☆vario；baguio
碧玉[SiO_2]☆jasper；jasperite；jaspis；jasperoid；iaspis；kugeljaspis；kinradite；iolanthite；diaspro；zasper；agate jasper
碧玉的☆jaspidean；jaspery
碧玉化(作用)☆jasperization
碧玉类硅华☆jaspery sinter
碧玉铌铁石☆jaspery iron ore
碧玉铁(燧)岩☆jaspilite-taconite
碧玉型铁矿☆jaspilite iron ore
碧玉状的☆jaspidean
碧玉状圆砾☆cabocle
芘[$C_{16}H_{10}$]☆pyrene
蓖麻☆castor
蓖麻酸[$CH_3{\cdot}(CH_2)_5{\cdot}CH(OH){\cdot}CH2{\cdot}CH{:}CH{\cdot}(CH_2)_7{\cdot}COOH$]☆ricinoleic acid
蓖麻油石墨胶体溶液☆castordag
蓖麻油酸☆ricinolic acid
蓖麻子油酸盐☆ricinoleate
蔽光(云)☆opacus；opaca；opacum
蔽光层云☆stratus opacus
蔽面☆lee-side
毕奥[电流单位]☆Biots
毕奥-吉尔斯特马方程☆Biot-Geerstma equation
毕奥-萨瓦特定律☆Blot-Savart law
毕奥准数☆Biot number
毕达哥拉斯定理☆Pythagorean theorem
毕尔巴鄂式铁矿床☆Bilbao-type iron ores
毕福风级☆Beaufort (wind) scale
毕格米球藻(属)[蓝藻;Z]☆Bigeminococcus
毕克曼顿阶[北美;O_1]☆Beekmantownian stage
毕雷氏虫☆Bailiella
毕利宾旋回☆Bilibin cycle
毕灵贝属[腕;T]☆Billingsella
毕灵星珊瑚属[D]☆Billingsastraea
毕门视距弧☆Beaman arc
毕乌夫带[贝尼奥夫带]☆Benioff zone
毕乌夫地震地[带]☆Benioff seismic zone
毕乌夫(地震)面☆Benioff plane
毕涉贝属[腕;C-P]☆Beecheria
毕生的工作☆lifework
毕斯曼诺尔☆bismanal
毕托管☆Pitot tube
毕晓普与摩根斯坦法☆Bishop and Morgenstern slope stability analysis method
毕(宿)星团☆Hyades (cluster)；Caldwell
毕旭波☆Bishop wave
毕业☆graduation；graduate；finish
毕业典礼☆commencement
毕业文凭☆diploma [pl.-ta]
铋☆bismuth；Bi；tin glass；plumbum cinercum；antimonium femininum；bismutum[炼金术语]
铋钯碲铂矿☆bismuthian palladian moncheite
铋铂矿☆insizwaite
铋车轮矿[$PbCuBi(S,Se)_3$;斜方]☆soucekite
铋脆硫锑铅矿☆sakharovaite [$Pb_4Fe(Sb,Bi)_6S_{14}$]；bismuth-jamesonite[脆硫锑铅矿的含铋变种；$PbS{\cdot}(Bi,Sb)_2S_3$]；sacharowait；bismuth jamesonite
铋等轴碲锑钯矿☆bismuthian testibiopalladite
铋碲钯矿☆bismuthian merenskyite；bitepalladite
铋碲铂钯矿[$(PtPd)(TeBi)_2$,其中 Pt、 Pd 为类质同象系列,可相互替换]☆merenskyite
铋碘仿石蜡糊☆bipp paste；bipppaste；bismuth iodoform paraffin paste
铋毒砂[含铋 4.13%]☆bismuthian arsenopyrite
铋复硫盐☆bismuth-sulphosalt
铋钙钒石榴石☆Bi-Ca-V garnet
铋锆钇矿☆loranskite
铋红锑矿[(Sb,Bi)]☆wismutantimon
铋华[Bi_2O_3;单斜]☆bismite；gregorite；bismuth {-}ocher{ochre}；tellururane；bismuthic ochre
铋化物(矿物类)☆bismuthide
铋黄碲钯矿☆bismuthian kotulskite
铋黄锑华☆bismutostibiconite
铋黄铁矿☆bismutopyrite
铋辉矿☆bismuth glance
铋辉锑铅银矿☆bismutodiaphorite
铋基低熔点合金☆Wood's metal
铋金矿[Au_2Bi]☆bismuth aurite{gold}
铋矿☆bismuth ore
铋磷灰石☆abukumalite
铋六方锑钯矿☆bismuthian sudburyite
铋锰磁性合金☆bismanal
铋铌钽矿☆ugandite
铋镍碲钯矿☆bismuthian nickeloan merenskyite
铋镍-铝镍热电偶☆chromel-alumel thermocouple
铋铅钯矿☆polarite
铋铅锡镉合金☆wood metal
铋砷钯矿[$Pd_2(As,Bi)$;斜方]☆palladobismutharsenide
铋砷钴矿☆bismuth cobalt；bismutosmaltite[砷钴矿含铋变种]；bismutosmaltine；bismuth-skutterudite
铋砷镍钴矿[$(Co,Ni,Fe)_3(As,Bi)_4$]☆badenite
铋石墨冷却反应堆☆bismuth-graphite reactor
铋钽矿☆ugandite
铋钽锑矿☆stibiobismuthotantalite
铋锑(铂)钯矿☆merenskyite
铋锑矿☆bismuthian antimony
铋土[$BiO(OH,Cl)$]☆daubre(e)ite；gregorite
铋细晶石[$(Na,Ca,Bi)_2Ta_2O_6(F,OH,O)$;$(Bi,Ca)(Ta,Nb)_2O_6(OH)$;等轴]☆bismut(h)omicrolite；westgrenite；bismuthmicrolite；natrobistantite；wismutmicrolith；bismutomikrolith；bismutomicrolith
铋银矿[$Ag_3Bi(S,Te)_3$]☆tapalpite
铋黝铜矿[$Cu1_2(As,Sb,Bi)_4S_{13}$]☆bismuth fahlore；annivite；rionite；riolite
铋赭矿☆bismuth ochre
秘鲁[拉美]☆Peru
秘鲁赤潮☆salgaso
箅条☆grid；grating
箅条筛☆(grizzly) grate；bar screen
箅条式球团矿焙烧炉☆grate-kiln pelletizing furnace
篦板☆grid plate
篦囊属[P_2]☆Pectinangium
篦式冷机计算机控制☆computer control
篦似查米亚木属[古植;T_3-J_1]☆Ctenozamites
篦羽叶(属)[古植;T_3-K_1]☆Ctenis
篦状紫云英[硒通示植]☆Astragalus pectinatus
庇护(所)☆lee；refugium；asylum
庇里尼山脉[月面]☆Montes Pyrenaee
庇利牛运动☆pyrenean movement
庇萨奇风☆pisachee
庇萨许风☆peesash；peshash；pisachee；pisachi
庇斯威普风暴☆peesweep storm
闭☆switch{put} out；plug up；lockup
闭杯闪点试验器☆closed-cup tester
闭槽☆closed slot
闭齿兽属[E_2]☆Achaenodon
闭畴☆closure domain
闭磁路☆closed magnetic circuit
闭斗绳☆closing rope
闭端☆dead end
闭(合)断层☆close(d) fault
闭管法☆closed-pipe system
闭管试验☆closed-tube test
闭果[植]☆indehiscent fruit
闭合☆closure；closing；close-up；gather；close (up)；make；convergence；CU
闭合差☆discrepancy in closing；closure；misclosure；mis(t)-tie
闭合导线☆closed{closed-on-itself;back} traverse；complete loop
闭合导线平差☆adjustment of closed traverse
闭合等值{高}线☆closed contour
闭合断层☆sealed{closed;close} fault
闭合-断开☆make-break；M-B
闭合断裂☆tight fracture
闭合方差协方差☆closure variance-covariance
闭合复位蛙式石膏固定法☆closed reduction and frog spica immobilization
闭合环路☆closed-loop path；closed loop
闭合环路控制系统☆closed-loop control system
闭合回路☆closed-loop path；closed loop circuit

闭合件☆latch fitting
闭合接点☆make-contact
闭合节理的☆close-jointed
闭合晶带☆complete{primary} zone
闭合裂缝☆sealed{closed;tight} fracture; closed split
闭合脉冲☆make pulse
闭合脉序☆anastomosing venation
闭合劈理☆close-joints cleavage
闭合器☆closer
闭合曲线☆closed curve
闭合容量☆making capacity
闭合时间☆closing time
闭合水区☆enclosed water
闭合体积☆closed volume
闭合位置☆make-position
闭合误差☆closing{closure} error; error of closure
闭合线[野外观测]☆loop; closed{closing} line
闭合效应☆effect of closure; closure effect
闭合形式方程☆closed-form equation
闭合循环式地热电站☆closed-system geothermal power plant
闭合应力☆closure stress; fracture closure stress
闭合褶皱褶曲☆closed fold
闭合周期☆on period
闭湖☆imprisoned lake
闭环(作用)☆ring closure
闭环卡尔曼滤波方程☆closed Kalman filter formulation
闭环绕组☆reentrant winding
闭环液压加载系统☆closed-loop hydraulic loading system
闭环组合测量法☆closed-series combination method of measurement
闭回线积分☆circulation; circuitation
闭火口喷发☆closed-vent eruption
闭肌[双壳]☆adductor (muscle)
闭肌痕[双壳]☆adductor (muscle) scar; cicatrix
闭角石(属)[头]☆Phragmoceras
闭节劈理☆close-joints{close-joint} cleavage
闭井☆shut-in
闭井时蒸气压力☆steam pressure with no flow
闭井效应☆shutdown effect
闭井压力☆closing{close-in;shut;shut-in} pressure; steam pressure with no flow
闭镜蛤属[双壳;T]☆Mysidioptera
闭开☆make-and-break
闭壳肌[腕;双壳]☆adductor (muscle)
闭孔☆dactylethra; blinding hole
闭口断层☆close(d) fault
闭口坩埚☆closed{covered} pot
闭口桩☆closing pile
闭馈信号☆shut-off signal
闭联集[数字]☆continuum
闭链化合物☆closed chain compound
闭链烃☆closed-chain hydrocarbon
闭裂缝☆tight fissure
闭流海沉积☆euxinic deposit
闭路☆closed circuit{path}; close up; CC
闭路电视☆closed-circuit television{TV}
闭路发送信号☆closed-circuit signaling
闭路粉磨系统☆closed-circuit grinding
闭路供水☆(en)closed water feed
闭路接点☆make-contact
闭路磨矿分级机☆circuit guard
(在)闭路磨矿流程中去掉一种矿物组分☆scalping
闭路磨矿循环负载☆circulating load
闭路破碎操作☆closed-circuit comminution operation
闭路器☆(circuit) closer; circuit-closing apparatus
闭路绕组☆reentrant winding
闭路式通风☆closed-circuit ventilation
闭路水冷系统☆closed loop water cooling system
闭路循环☆closed-circuit; closed cycle
闭路循环单元试验☆locked cyclic batch test
闭路增益☆closed-loop gain
闭模爆炸成形工艺☆closed-die explosive forming technique
闭区域☆closed region
闭曲线☆closed curve
闭塞☆blockade; swamp; obturate; ungated
闭塞电路☆lock-out circuit
闭塞海底☆smothered bottom
闭塞湖☆blind lake
闭塞空气☆dead air
闭塞盆地☆cutoff basin
闭塞效应☆black-out effect
闭塞泻湖☆landlocked embayment
闭塞信号☆block(-out) signal(ling){sign}
闭塞信号控制站☆block signal post
闭塞信号站☆block station
闭塞装置☆blocking device
闭砂☆Fales grain
闭珊瑚类☆Pycnactidae
闭珊瑚属[S]☆Pycnactis
闭上链☆cocycle
闭式除气系统☆closed degassing system
闭式动力液系统☆closed power fluid system
闭式动力油泵☆closed power oil type pump
闭式凡尔罩☆closed cage
闭式管道输送系统☆closed pipe line system
闭式进料系统☆closed-feed system
闭式联合碎石机组☆close type crushing plant
闭式螺旋钻具☆closed-spiral auger
闭式泥浆处理系统☆closed mud disposal system
闭式气举管柱☆closed gaslift string
闭式循环燃气轮机☆closed-cycle (gas) turbine
闭锁☆latching; blocking; fastener; blanking; lockout; interlock(ing); shutting; bottoming; lock
闭锁按钮☆block-out button
闭锁保护☆latch-up protection
闭锁挡板☆latch-down baffle
闭锁段☆locked patch
闭锁阀☆holding valve
闭锁方式☆block system
闭锁开关☆isolating cock
闭锁孔☆obturator foramen
闭锁脉序[植]☆close venation
闭锁器☆git
闭锁时间☆dwell
闭锁式连接环链☆closed link connector chain
闭锁网☆closing net
闭锁延迟时间曲线☆interlocked delay time curve
闭锁应力☆locked-in stress
闭锁应力机制☆locked-in stress mechanism
(封)闭围线积分☆closed contour integral
闭型解☆closed-form solution
闭型子程序☆closed subroutine
闭形☆closed form
闭胸式盾构☆closed shield
闭旋状态☆closed spiral state
闭叶理☆close foliation
闭映像☆closed mapping
闭域☆closed domain
闭鳔箭石属[头;T]☆Phragmoteuthis
闭置☆closed setting
闭锥[头]☆phragmocone
弊端☆draw-back; malpractice; corrupt practice; abuse
滗析☆decant; decantation
滗析器☆decanter
滗析室☆decanting chamber
必不可少的☆indispensable; imperative; requisite
必读☆companion
必和必拓[澳矿业公司]☆BHP Billiton
必然伴有☆entail
必然的☆infallible; dead; inevitable; necessary
必然事件☆certain event
必然性☆certainty; necessity
必修的☆compulsory
必需☆it is essential that; need; necessity
必需的☆requisite; vital; required
必需的物质准备☆munition
必需矿物质元素☆essential mineral element
必需品☆essential; requisite; necessity; necessary; needs
(生命)必需元素☆essential element
必须做☆entail
必须做的(事)☆necessary
必须用泵抽油的(井)☆on the beam
必须预先具备的☆prerequisite
必须遵循的☆mandatory
必要的☆requisite; necessary
必要的水☆essential water
必要和充分条件☆necessary and sufficient; NSC
必要条件☆necessary condition; postulate; prerequisite; requirement
必要性☆essentiality; necessity
(生命)必要元素☆bioelement
壁玺{珊}[$(Na,Ca)(Mg,Al)_6(B_3Al_3Si_6(O,OH)_{30})$]☆tourmaline
壁☆wall; cheek; sth. resembling a wall; cliff; rampart; breastwork
壁板[古杯]☆stave (sheet); mural{compartmental} plate; louver
壁部构造☆thecal structure
壁槽☆foundation canch{curb}
壁侧沉积[头]☆mural deposit
壁唇☆parietal lip
壁刺刺毛虫属[D_2]☆Spinochaetetes
壁的☆mural
壁的垮塌☆wall caving
壁灯☆bracket light
壁钩☆wall hook; tool extractor
壁骨☆stud; studding
壁管[蔓足]☆parietal pore
壁厚与管径比☆ratio of wall thickness to size
壁后沉积[头]☆hyposeptal deposits
壁后充填☆backfilling; backup
壁后河卵石(沉)井☆drop shaft with pebble-filling wall back
壁后泥浆沉井☆drop shaft with mud-filling wall back
壁后泥浆灌水沉井☆drop shaft with filling mud and excessive water into the wall back
壁后注浆☆subsequent grouting; backfilling and grouting; grouting behind shaft lining
壁虎科☆Gekkonidae
壁虎下{亚}目☆Gekkota
壁架☆ledge
壁间带[古杯]☆intervallum [pl.-la]
壁间繁殖[珊]☆intermural increase
壁间延伸板[棘海座星]☆intrathecal extension
壁剪应力☆wall shearing stress; skin friction; frictional drag
壁礁☆wall reef
壁角☆corner
壁角石☆Cameroceras
壁角柱[墙砌出的一部分]☆anta
壁阶☆scarcement
壁龛☆(wall) niche; stable-hole; stable (hole)
壁龛开掘☆stabling
壁孔☆thecal pore; cavaedium[绵;pl.-ia]; mural pore[孔虫]
壁垒☆barrier; rampart; vallation
壁垒型山☆mountain of circumvallation
壁垒状火口☆ringwall{rampart} crater
壁立的☆bluff
壁裂角☆angle of splitting
壁炉侧墙☆jambs
壁锚☆wall tie
壁面涂料☆wallcovering
壁面修理☆wall trimming
壁前沉积[珊]☆episeptal deposits
壁腔☆thecal opening
壁珊瑚☆Porpites
壁虱目[蛛形纲;E_2-Q]☆Acarina
壁式崩落法☆panel caving method
壁式电视荧光屏☆display screen
(井)壁刷☆wall brush
壁栓☆wall grip
壁隙☆cavaedium; parietal gap
壁效应☆wall effect
壁行式抛砂机☆bracket-type sandslinger
壁崖☆mural escarpment
壁岩☆partition rock
壁应力☆wall stress
壁褶[腹]☆parietal fold
壁柱[珊]☆pilaster; palus[pl.pali]
壁柱状[珊]☆paliform
壁桩法[宝石雕琢]☆peg method
壁装式加热器☆wall-mounted heater
壁锥曲面☆conoid
壁锥珊瑚属[D_2]☆Digonophyllum
壁座☆(walling) crib; (foundation) curb; shaft crib; base course; horse; bearer
臂☆jib; arm; gibbet; brachia [sgl.brachium]
臂板信号[铁路]☆semaphore
臂端滑轮☆boom point sheave
臂间膜[射虫]☆patagium
臂连锁磁铁☆arm lock magnet; ALM
臂梁☆cantilever
臂裂过程☆splitting process

B

臂石藻属☆Brachiolithus
臂式吊车☆boom crane
臂形类☆Olenacea
(测功器)臂载荷☆beam load
臂状部分{隆起}☆brachium [pl.-ia]
避车道☆lay-by；turn-out lane
避车洞☆man{refuge} hole；refuge platform
避虫漆☆anti-fouling paint
避弹室☆bombproof
避电器☆discharger
避风岸☆lee shore
避风港☆harbour of refuge；haven；refuge harbour
避风雨式司机室☆weatherproof cab
避钙的☆calciphobous；calcifugous
避光的☆lucifuge
避光性☆photophobotaxis；photophobism
避寒植物☆frigofuge
避旱的☆xerophobous
避开☆fly；ward；stand off；sheer；parry
避雷保护☆lightning protection
避雷器☆(lightning;conductor) arrester；LA；lighting arrester{conductor;guard}；aerial fuse；surge diverter；excess voltage preventer；arrestor
避雷针☆lightning arrester{rod;conductor}；(lighting) conductor；conductor lighting rod；diverter
避免☆guard against；avoidance；escape；avert (from)
避免岩芯(被)侵蚀☆eliminate core erosion
避难硐室☆refuge chamber
避难港☆refuge harbour；port of refuge
避难室☆sconce
避难所☆have；refugium；asylum
避难种☆fugitive species
避炮硐室☆refuge pocket{shelter;station}
避碰雷达☆collision avoidance radar
避日目[节蜘;C-Q]☆Solpugida
避水☆exclusion of water
避水的☆hydrophobous
避酸的☆oxyphobous；acidophobous；acidofuge
避酸植物☆oxyphobe
避盐的☆halophobous；halophobic；halophobe
避盐种☆salt-avoiding species
避阳的☆beliophobic；heliophobous
避阳植物☆heliophobe
避役科[K-Q]☆Chameleontidae
避震器☆shock absorber

biān

鞭☆rod
鞭胞苔藓虫属[K-N_2]☆Vibracella
鞭笔石属[$Є_3$-O_1]☆Mastigograptus
鞭打☆flogging；whipping
鞭动[提升绳]☆surging
鞭痕☆welt
鞭节[昆虫触角]☆flagellum [pl.-la]
鞭毛☆flagellum；flagella
鞭毛虫纲☆Mastigophora；Flagellata
鞭毛虫类☆Flagellata
鞭毛动物纲☆Flagellate；Flagellata
鞭毛纲☆Mastigophora
鞭毛根部隆起[裸眼藻]☆paraflagellar boss
鞭毛菌纲☆Mastigomycetes
鞭毛菌丝体的☆lophotrichous
鞭毛膨大区[藻]☆flagellar swelling
鞭毛区[球石]☆flagellar field
鞭毛室[绵]☆flagellate(d) chamber
鞭毛藻类☆achiasmatic organism
鞭炮[大小爆竹的统称]☆firecrackers；maroon
鞭器☆vibracula；vibraculum
鞭茸[藻]☆mastigoneme；flimmer
鞭梢☆lash
鞭梢型鞭毛☆whiplash-type flagella
鞭丝[藻]☆mastigoneme
鞭苔属[Q]☆Bazzania
鞭蝎目☆Palpigradi
鞭状☆whiplike
鞭状天线☆whip (antenna)；pounder
鞭子☆whip
鞭子似的☆whiplike
砭石☆stone needle
蝙粪石☆batite；chiropterite
蝙粪土☆bat guano
蝙蝠☆bat
蝙蝠虫属[三叶;$Є_3$]☆Drepanura
蝙蝠粪石☆chiropterite；batite
蝙蝠石☆Drepanura
边☆hem；edge；fringe；side；rim；border；board；flank latus[拉;pl.latera]；verge；lip；limb；seite
(容器的)边☆brim
边帮☆pit wall{slope;edge}；highwall；side；wall；open pit edge；slope
边帮角☆pit slope；angle of pit slope{wall}
边帮终止角☆resultant wall angle
边-边接触☆edge-(to-)edge contact
边部深沟[德]☆saumtiefe
边部水体☆edge aquifer
边部注水☆flank waterflooding
边材裂缝☆sap shake
边侧搭接☆side lap
边侧裂隙☆lateral crevasse
边测法☆plate count
边长☆side length
边车挡泥板☆side car mudguard
(牙轮)边齿三角缺口☆heel tooth notch
边翅[昆]☆list
边冲(循环泥浆)边下(下放钻具)☆wash down
边冲边下管法☆wash down method
边冲边下钻具法☆wash-down method
边冲边淤[曲流]☆cut-and-fill
边冲出钻屑边打入套管钻进法☆wash-and-drive method
边川边缘沉积☆inwash
边带☆sideband
边档☆side bumper
边刀☆edge cutter
边(缘)的☆marginal
边抵边对接☆edge butt joint
边端☆margin；lip
边墩压力☆side abutment pressure
边反应边生成的☆synantectic
边缝☆dummy joint
边浮筒[挖泥船]☆side pontoon
边纲蛤属☆Musculus
边沟☆side ditch{drain;trench;gutter}
边沟孔粉属[孢]☆Margodoporites
边光☆marginal ray
边焊☆side weld
边湖☆border lake
边际分析☆marginal analysis
边际贡献分析☆contribution margin analysis
边际井☆marginal well
边际品位☆cut-off-grade；cutoff grade；stoping limit tenor
边际无差别曲线☆marginal indifference curve
边际效应☆edge{fringe;boundary} effect
边际资本系数☆marginal capital coefficient
边件☆sidepiece
边疆☆borderland
边礁☆fringe{fringing;shore} reef
边角磨损☆corner wear
边角同测法☆combined method of triangulation and trilateration
边界☆boundary；frontier；interface；borderline；border；bound；barrier；margin；verge；threshold；range line；metes and bounds
边界崩矿平巷☆boundary caving drift
边界波穿透深度☆penetrative depth of interfacial wave
边界层分离☆boundary {-}layer separation
边界储量☆marginal reserves
边界单元法☆boundary element method
边界导热层☆boundary conduction layer
边界的☆conterminous；marginal
边界点☆frontier{boundary;cutoff} point；endpoint
边界光☆rim ray
边界含矿率☆cutoff ore ratio
边界回采品位☆stoping limit
边界角☆angle of draw{subsidence}；limit{rim} angle
边界孔☆borderline hole；offset well
边界力向量☆boundary force vector
边界联络巷道{横巷}☆boundary breakthrough
边界面际法☆boiling{boundary} process
边界黏度[润滑油的]☆oil drag
边界排斥项☆boundary repulsion term
边界品位☆marginal grade{tenor}；limiting grade of ore；cutoff{limiting} grade；stoping limit tenor
边界品位上限☆upper cut-off limit
边界品位以下的矿体☆submarginal mineral body
边界平巷☆boundary drift；outside heading
边界区空蚀☆boundary cavitation
边界上的☆borderline
边界深洋流☆boundary current
边界式通风☆boundary ventilation
边界探测☆limit testing
边界线☆hinge line[稳定区与经历上升或下降运动地区之间的界线]；boundary (line)；surface lines；limit line；sidelines
边界限度☆term
边界效应带☆end-effect zone
边界压力☆edge{terminal} pressure
边界元法☆boundary element method
边界值组分☆perfectly mobile component；boundary value component
边界中节点☆midedge node
边界钻井☆extension well
边界钻探{进}☆offset drilling
边井☆borderline well；end hole
边(缘)井☆edge well
边境☆frontier；border；boundary；outfield
边孔☆trimmer；rib{outline;line} hole
边口虫属[孔虫;E-Q]☆Epistomaria
边棱☆arris
边裂缝☆edge fracture
边龙骨墩☆side keel block
边绿[石]☆Verde Verge
边脉☆fimbrial vein
边门(的)☆postern
边-面接触☆edge-(to-)surface contact
边磨石☆edging stone
边内龙骨☆side keelson
边内注入{水}☆injection into an oil zone
(钻头)边排齿的保径边刃☆gauge side of the cutter
边炮眼☆end hole
边喷边漏☆simultaneous lost circulation and blowout
边频带☆side band；sideband
边平差☆side{lateral} adjustment
边平行的洼地☆parallel-sided depression
边坡☆slope (wall)；highwall；side{cut;man-made} slope；bank；high wall slope
边坡安全曲线☆slope safety curve
边坡变形调查☆investigation of slope deformation
边坡衬砌机☆slope-lining machine
边坡的不稳定性☆instabilities of slope
边坡的高度-角度关系☆height-angle relationships of slopes
边坡底线取样☆toe sampling
边坡陡度☆steepness of slope
边坡堆积(作用)☆marginal-slope accumulation
边坡分析☆slope analysis
边坡后缘☆back edge of slope
边坡护墙{面}☆slope revetment
边坡角☆angle of slope{repose}；slope angle
边坡脚☆base{foot} of slope
边坡角起始值☆initial value of slope angle
边坡面☆slope face；batter
边坡平台☆plain stage of slope
边坡坡度☆highwall slope；slope gradient
边坡坡脚☆toe；underling{slope} toe
边坡破坏☆slope fall{failure}；failure of slope
边坡侵蚀☆side-slope{slope} erosion
边坡倾角☆bank{bench} slope；slope angle
边坡清筛机☆ballast shoulder cleaning machine
边坡上部边缘☆crest of berm
边坡设计曲线☆slope design curve
边坡疏干系统☆slope drainage system
边坡塌落☆slope failure{caving}；falling of cut slope
边坡坍滑☆slope collapse-sliding
边坡稳定☆slope stabilization；stability of a slope
边坡斜度☆ratio of slope
边坡形态要素☆factors of slope shape
边坡整平工作☆bluff work
边坡植被防护☆vegetation on slope
边坡钻机☆highwall-drilling machine
边坡作业☆slope work
边碛☆marginal{border;ridge} moraine
边碛特征{部分}☆drift-border feature
边碛外沉积物☆wash deposit
边墙☆side wall
边区☆border region{area}
边(远地)区☆remote location
边刃金刚石☆shoulder stone

B

边伤☆edge damage
边射介质天线☆broadside dielectric antenna
边石☆rimstone；kerb
边石坝☆rimstone dam{barrier;bar}；terraced flowstone；travertine terrace
边饰☆list
边试边改法☆method of trial and error
边水☆fringe{edge} water
边(缘)水☆edge water
边水前侵线☆encroachment line
边水侵入☆edge water incursion；aquifer water influx；edge-water encroachment[驱油]
边水驱☆natural water flooding{drive}
边水驱动☆edge-water drive；flank water drive
边滩☆point{sediment} bar；marginal bank
边滩沉积☆point {-}bar deposit
边通☆postern
边外井☆outside well
边外注水☆injection into an aquifer；aquifer injection
边系[床板珊]☆peripheral series
边限设计☆margin design
边限调整☆marginal adjustment
边线☆brow；borderline
边线展形(开)图☆sideline
边楔齿☆wedge crested chisel insert
边心距☆apothem
边崖☆marginal scarp
边岩☆rim rock
边沿☆border；rim；porch[脉冲]
边沿海☆fringing sea
边沿岩石☆rim rock
边眼☆dead ended hole；end{trim} hole
边眼爆破☆rib shot；outlining blasting
边堰☆side weir
边叶状体[藻]☆perithallium；perithallus
边移(作用)☆swinging
边釉☆beading enamel
边釉不齐☆irregular beading
边域成种☆peripatric speciation
边渊☆marginal deep
边缘☆frontier；margin；fringe；edge；border；boundary；periphery；limb；arris；rim；verge；brink；marginal (rim)；borderline；flange；epi-；hem；edging；corner；brow；run；perimeter；lip；skirt；brim；porch；penumbra [pl.-e]；suburbs
边缘坳拉槽盆地☆marginal aulacogen basin
边缘斑晶☆oriocrystal
边缘包体☆periphery inclusion
边缘贝属[腕;C_1]☆Marginatia
边缘冰川☆fringe glacier
边缘冰湖[德]☆randsee
边缘冰裂缝☆lateral crevasse
边缘冰隙☆marginal crevasse；randkluft{randspalte}[德]；rim crevice
边缘沉积☆rim-deposit；marginal deposit
边缘沉陷☆peripheral sink；rim syncline；marginal subsidence
边缘齿凹[双壳]☆marginal crenulation
(牙轮)边缘齿圈☆heel row of teeth
边缘带☆edge{boundary; border; peripheral} zone；selvage[岩体]；fringe；salband；marginarium；selvedge
边缘(地槽)单斜☆geomonocline
边缘岛峰☆marginal nunatak
边缘的☆marginal；fringe；peripheral
(储罐)边缘底板☆annular plate
边缘地☆border land；borderland
边缘地壳均衡区☆peripheral isostatic area
边缘地区☆frontier area；border district；borders；borderland；peripheral region
边缘地台☆epiplatform
边缘陡的高原[印]☆pat
边缘断层☆peripheral{marginal;border;boundary;periphery} fault
边缘断裂脊☆marginal fracture ridge
边缘分布☆marginal distribution
边缘风巷☆outside airway
边缘高起的冰碛洼地☆rimmed kettle
边缘拱座压力☆side abutment pressure
边缘沟[三叶]☆marginal furrow；(anterior) border furrow
边缘古陆☆borderland
边缘骨针[绵]☆marginalia
边缘海☆fringing{epicontinental;marginal;border;epeiric;adjacent} sea
边缘海盆☆marginal-sea basin
边缘海域☆adjacent sea
边缘焊接☆weld edgewise
边缘横向带☆border transverse zone
边缘环形凹{坳}陷☆marginal ring depression
边缘基岩☆rimrock
边缘间面线[三叶]☆intramarginal suture
边缘减光☆limb darkening
边缘胶结构☆rim cement
边缘校验☆marginal check{checking}；MC
边缘井[产量或压力处于高、中或中、低水平之间的生产井]☆borderline well
边缘井网☆peripheral pattern
边缘科学☆borderline{frontier;boundary} science；fringe discipline；inter-discipline；peripheral-type subject
边缘孔☆end{edge} hole
边缘孔隙☆boundary pore
边缘裂沟盆地☆marginal aulacogen basin
边缘流层状侵入体☆schlieren arch
边缘陆地☆borderland
边缘脉序☆craspedodroma
边缘煤群☆edge{limestone} coal group
边缘密封☆ring{rim} seal
边缘挠褶说☆marginal flexure idea
边缘黏附☆edge-adhesion
边缘泡沫带☆lonsdaleoid dissepimentarium
边缘炮眼☆side bole{hole}
边缘盆地☆marginal{frontier;peripheral} basin
边缘偏移☆edge shifting
边缘切割式回采法☆open-end method
边缘穹起☆peripheral arch
边缘区☆edge zone；peripheral region[苔]；margin[钙超]；marginarium
边缘区域☆sideline
边缘沙洲☆sediment bar
边缘山脉☆bordering mountain chains；bandketten；randketten
边缘深渊☆side-deep
边缘石☆edge stone；edgestone
边缘石膏膜☆rim gypsum
边缘石华☆rimstone
边缘水☆fringe{anastatic;edge} water；underwater
边缘水侵入☆advance of edgewater
边缘水驱☆peripheral flood
边缘塑性拉伸变形☆marginal plastic strain
边缘梯度☆edge gradient
边缘通量☆fringing
边缘图☆outline map
边缘围叶状体☆marginal perithallus
边缘细刺[腕]☆fimbriae
边缘系统☆limbic system
边缘线状裂纹☆edge seam
边缘泻湖☆marginal lagoon；paralagoon
边缘性地热储☆marginal geothermal reservoir
边缘学科☆borderline science；border discipline；interdiscipline
边缘盐[德]☆grenzsalz
边缘洋盆☆marginal-ocean basin
边缘溢出的☆overside
边缘增生{长}☆marginal accretion
边缘找矿法☆rimrocking
边缘褶皱☆marginal fold；randfalten
边缘值☆rim value
边缘注水☆perimeter{marginal;peripheral;contour} flood(ing)；peripheral water injection；edge-water flood
边缘钻石☆kicker；gage stone
边远的☆out-of-the-way
边远地区☆remote region；frontier area；backcountry；outpost
边远区☆remote location
边远生产区☆remote producing field
边晕☆peripheral halo
边载应力☆edge load stress
边震☆marginal vibration
边值☆edge value
边值问题☆boundary value problem
边桩☆side piling；border pile；skirt piles
边纵桁☆side stringer
边钻孔☆end hole
边钻边下套管☆carry
编☆twine
编包软管☆braid hose
编车站☆marshalling
编成☆forming
(把……)编成班☆squad
编成绳☆braid
编带☆braid
编队☆formation
编队飞行☆formate
编法☆stitch
编缝丝接合☆stitched joint
编号☆number(ing)；No.；indexing；serial number；ordering of grids；ordering；coded number[按挥发分产率和结焦性分类的煤炭]；numeration；nr
编号尺寸☆numbered size
编号次序☆numeral order
编后记☆afterword
编绘☆composite drawing
编绘员☆plotter
编辑☆edit(or)；editing；compile(r)；compilation；ed.；copy reader
编辑程序[数据源中]☆edit routine；(built-in) editor
编辑工作☆editorship
编辑上的☆editorial
编辑修改☆edit-modify
编集成典☆codification
编接☆splicing
(电缆)编接盒☆splice box
编结(法)☆knitting
编结者☆knitter
编录☆documentation；inventory；excepting and editing；logging
编码☆encode；code；encipher；compile；numbering
(传输)编码(系统)☆transcode
编码方案☆encoding scheme
编码盘☆code-wheel
编码器☆encoder；coder；encipheror；quantizer；code device；encipherer；scrambler
编码术语☆encryption description
编码图像☆coding image
编码信号☆code{coded} signal；coded message
编码员☆coder；encoder；code clerk
编码转换机☆transcoder
编密码☆encryption
编目☆inventory；catalogue；cataloguing；list(ing)；make a catalogue
编目处理☆list processing；LISP
编年表☆chronologic(al) scale
编年史☆chronicle；annals
编年学☆chronology
编捻☆braid；lay
编排☆edit；arrange；lay out；listing
编排板☆patch panel
(把……)编入预算☆budget
编丝☆lacing
编索引☆indexing
编图☆compilation
编图单位{元}☆compilation unit
编外人员☆supernumerary
编微胶卷☆microphotograph
编委会☆editorial committee
编席☆matting
编羊齿属[古植;P_1]☆Emplectopteridium
编译☆compilation；translator-editor；translate and edit
编译程序☆compiling program{routine}；compiler (program)
编印☆compile and print；publish
编预算☆budget
编造☆concoction
编者☆editor
编者的☆editorial
编织☆lace；braid；knit；weave；plait
编织层软管☆braided hose
编织拆散法变形☆knit-deknit texturing
编织吊索☆braided sling
编织工人☆knitter
编织机☆knitter；braider
编织结构☆knitted{interlocking;plaiting;interlocked} texture
编织器☆plexer
编织软管☆braid hose
编织套☆sleeving
编织网筛面☆meshed-screen surface
编织物☆braid；woven material
编织物充填橡胶垫片☆cloth-inserted rubber sheet gasket

B

编织线☆fabric；litz wire；Litzendraht
编织因数[钢绳强度与其各股钢丝的总强度之差，以百分数表示]☆spinning factor
编织应力☆knitting stress
编织状☆plexiform
编址☆addressing
编制☆framing；formulate；footing；establishment；construct；composition
编制报表☆prepare statement
编制长期生产计划☆long-range production scheduling
编制程序☆program design；coding；programming
编制计划☆scheduling
编制预算☆estimating
编制者☆framer
编组列车☆marshalling
(矿石车)编组站☆ore marshalling yard
编纂☆edit；compile；compilation；digest

biǎn

贬低☆downplay
贬值☆depreciation；devaluation[货币]
扁☆oblatus
扁柏(属)☆chamaecyparis
扁鼻龙科☆Simosauridae
扁饼状岩体[德]☆fladen
扁铲侧胀仪☆flat dilatometer
扁铲钻头☆chopping{spud} bit
扁长度☆prolateness
扁长矿体☆elongated len
扁长形的☆prolate
扁长指数☆oblate-prolate index
扁虫动物(门)☆Platyhelminthes
扁虫藻属[Q]☆Phacus
扁锉☆flat file
扁带☆band rope
扁带饰☆regula [pl.-e]
扁导环☆deflector ring
扁的☆oblate；pancake
扁豆虫属☆Lenticulina
扁豆花介属[E_2]☆Phacocythere
扁豆类☆flatworm
扁豆体☆lenticle；phacoid；lens；lenticular mass
扁豆体化☆lensing
扁豆形板岩☆horse-back
扁豆形的☆podlike
扁豆状☆lentiform；lenticular；phacoidal；flatschig[德]；lensing
扁豆状层☆omphalopter
扁豆状的☆lenticular；lentoid；lens-shaped；lentiform；lenticulated；lensing
扁豆状褐铁矿集合体☆beam{bean} ore
扁豆状矿☆lenticular ore
扁豆状体☆lensoid body；lenticle；lens
扁豆状岩盘{脊}☆phacolith
扁度☆out-of-row
扁鳄龙属[J]☆Thalattosuchians
扁鳄亚目☆Thalattosauria
扁方三八面体☆trapezohedron
扁斧☆adze；adz
扁腹角石(属)[O_2]☆Platyventroceras
扁杆石(属)[头]☆Lobobactrites
扁钢☆flat (strap;iron;bar)；plain iron；strap (iron)；band (steel)
扁(股)钢丝绳☆band{flat-strand} rope；steel flat rope；flat cable；flat wire rope
扁花介属[N_2]☆Discocythere
扁化[植]☆planation
扁化的[植]☆fasciated
扁环节链☆sprocket{flat-link} chain
扁簧☆flat spring
扁尖凿☆cape{cross} chisel
扁角螺属[O-P]☆Platyceras
扁截齿☆flat pick
扁节链☆link chain
扁镜蛤属[双壳;E-Q]☆Phacosoma
扁卷螺属[腹;K-Q]☆Planorbis
扁肯氏兽属[T]☆Placerias
扁砾(石)☆shingle
扁砾脊垒☆shingle rampart
扁链☆band chain
扁裂缝性孔隙率☆flat-crack porosity
扁菱沸石[$(Ca,Na_2,K_2)(Al_2Si_4O_{12})\cdot 6H_2O$]☆phacolite；phakolit
扁菱面体☆flat rhombobedrous
扁率☆ellipticity；compression；f(l)attening；oblateness
扁轮藻型☆brevicharoid type
扁裸藻(属)[Q]☆Phacus
扁麻花钻☆flat twist drill
扁泥甲{虫}科☆Psephenidae
扁盘虫科[射虫]☆Phacodiscidae
扁盘井底封隔器☆disk bottom hole packer
扁平☆platykurtic；platy-
扁平编织筛布☆flatlock screen
扁平槽☆flatter
扁平长身贝属[腕;C_3-P]☆Compressoproductus
扁平程度☆degree of flatness
扁平虫属[孔虫;K-Q]☆Planulina
扁平的☆flattened；flat；planiform；depressed[头壳]；deplanate
扁平点☆flat spot
扁平顶梁☆plank-type cross bar
扁平度☆flatness
扁平度比☆flatness ratio
扁平峰态的☆platykurtic
扁平肛道型☆platyproct
扁平格条台面☆flattish riffled desk
扁平化效应☆flattening effect
扁平矿体☆lensing
扁平砾石☆ellipsoidal stone
扁平砾石砾岩☆flat-pebble conglomerate
扁平略凹宝石☆chevee
扁平劈面☆plaiting surface
扁平皮层[绵]☆pinacoderm
扁平球体☆flattened sphere
扁平筛网编织褶皱☆flatlock crimp
扁平石☆pennystone；sagitta；bedding stone
扁平石松碱☆complanatine
扁平式火山☆aspite
扁平头(的)☆flathead
扁平习性☆platy habit
扁平细胞[绵]☆pinacocyte
扁平线圈☆pancake coil；pancake cord
扁平形裂缝☆penny-shaped crack
扁平鱼目☆petalichthyida
扁平圆柱形燃烧室☆flat cylindrical combustion chamber
扁平状(金刚石)☆flats
扁千斤顶☆flat jack
扁球☆oblate spheroid
扁球粉属[孢;J-K_1]☆Oblatinella
扁球体☆(oblate) spheroid；spheriod
扁球体的☆sphaeroideus；spheriodal；spheriodic
扁球形☆spheroidicity；oblatus
扁球形的☆oblate
扁球形罐☆spheroid
扁球状结核☆subglobular nodule
扁球状容器☆spheriod
扁三角锉☆barrett file
扁绳☆band rope
扁绳滚筒☆pirn
扁石☆tilestone；flake stone；flag
扁栓☆gib
扁丝☆ligature
扁塌脸☆flat face
扁桃酸[$C_6H_5\cdot CHOH\cdot COOH$]☆amygdalinic acid；hydroxy(l)-phenyl-acetic acid
扁桃体石☆amygdalolith；tons(ill)olith；tonsillith
扁桃岩☆amygdaloid(al) rock
扁体鱼(属)[P-T]☆Platysomus
扁条拉模☆flatter
扁铁☆flat(-)iron；band (iron)；flat bar
扁头夯砂锤☆pin rammer；peen pin
扁头结合螺钉☆binding head screw
扁头龙类☆Tapinocephalians
扁头螺钉☆lentil-headed screw
扁头凿子☆plain drill
扁透镜状☆podiform
扁椭(圆)球(体)☆oblate ellipsoid
扁椭球封头曲面☆oblated spheroid head contour
扁尾☆tang
扁细胞☆pinacocyte
扁销☆cotter{keep} pin；forelock；split cotter pin
扁形动物(门)☆platyhelminthes
扁形动物亚门[棘]☆Homalozoa
扁形规☆flat gauge
扁形亚类[疑]☆Platymorphitae
扁蓄豆☆ruthenian medic
扁叶石松☆liberty；hogbed
扁油石☆flat-oil stone
扁圆☆oblate
扁圆蛋属[K_2]☆Placoolithus
扁圆顶☆flat dome
扁圆度{形}☆oblateness
扁圆形的☆oblate
扁錾☆flat chisel
扁凿☆flat (stone) chisel；flat jumper；crosscut chisel
扁凿钻头☆chopping bit
扁枝烯☆13β-kaur-16ene；phyllocladene
扁栉水母目[腔]☆platyctenea
扁栉水田目☆Platyctenea
扁爪骨针[绵]☆placochela
扁状幼虫☆planula [pl.-e]
扁足部☆platypoda
扁钻☆flat drill
扁嘴钳☆flat bit tongs；nose pliers

biàn

苄醇[$C_6H_5\cdot CH_2OH$]☆benzyl alcohol
苄基[$C_6H_5CH_2-$]☆benzyl
苄基过氧(化)氢[$C_6H_5CH_2OOH$]☆benzyl hydroperoxide
苄基异硫脲氯化物[$C_6H_5CH_2S\cdot C(NH_2):NH\cdot HCl$]☆benzylisothiuronium chloride
苄甲醇[$C_6H_5CH_2CH_2OH$]☆phenyl ethyl alcohol；benzyl carbinol
苄腈☆benzene carbonitrile；benzonitrile
苄硫醇[$C_6H_5CH_2SH$]☆benzyl mercaptan
便道☆access{makeshift} road；by-path；by-way；shortcut；pavement；sidewalk
便函☆memorandum [pl.-da]；mem.
便笺☆memorandum；memo
便笺簿☆tablet
便览☆ench(e)iridion
便利☆expedience；handiness；expediency；facilitate
便利的☆handy；expedient；favorable
便门☆allay gate；access{side;wicket} door
(使)便秘☆constipate
便桥☆emergency{auxiliary} bridge
便士☆penny [pl.pence]
便梯☆auxiliary stair；access{cat} ladder
便条☆chit；note
便携(的)的☆portable (type)；PORT；man-pack
便携式放射性矿石探测器☆portable radioactive ore detector；PROD
便携式X光机☆mobile X-ray unit
便携式刻度夹☆portable calibration jig
便携式浅层地震装备☆portable shallow-seismic equipment
便携式野外辐射波谱仪☆portable field emission spectrometer；PFES
便携式仪表☆portable appliance
便携式仪器箱☆briefcase
便移充气式水下住所☆submersible portable inflatable dwelling；SPID
便移(式)地震台☆portable seismographic station
便移式机泵组☆portable pumping unit
便移式井架☆portable mast
便于☆facilitate
便于排送的☆evacuable
便于装车的输送胶带☆mine-car{pit-car} loader
变☆met-；poikilo-；meta-
变μ☆varimu
变埃洛石[$Al_2O_3\cdot 2SiO_2\cdot 2H_2O$;单斜]☆metahalloysite；halloysite；alumyte
变安山岩☆meta-andesite；propylite
变铵铀磷矿☆meta-uramphite
变暗☆tarnish；dulling
变暗玢岩☆metamelaphyre
变暗波长☆darkening wavelength
变奥钠长石原矿物☆pal(a)eo-oligoclase albite
变白☆bleach；whiting
变白榴石☆epileucite；metaleucite
变白榴石原矿物☆pal(a)eoleucite
变白榴岩类☆epileucitic rocks
变白云母☆damourite；talcite
变斑副片麻岩☆porphyroblastic paragneiss
变斑晶☆porphyroblast；metacryst(al)；phenoblast
变斑(班)脱岩☆metabentonite；subbentonit(e)
变斑岩☆apoporphyry
变钡砷铀云母[$Ba(UO_2)_2(AsO_4)_2\cdot 8H_2O$;斜方]☆

metaheinrichite
变钡铀云母[$Ba(UO_2)_2(PO_4)\cdot 8H_2O$;斜方]☆meta-uranocircite
变本加厉☆aggravate
变比继电器☆variable ratio relay
变比误差百分数☆percent ratio error
变壁苔藓虫属[D_{2-3}]☆Atactotoechus
变薄☆pinch(ing)[矿脉、煤层]; thin{wedge} (out); pinch(-)out; feathering{petering;spoon} out; balk; nip; feathering-out; distortion bending; attenuation; thinning; bottoming; nip(-)out; feather edging; thickness variation; squeeze; lensing; tenuitas
变薄拉伸☆ironing
变薄煤层☆rock fault
变彩☆play of color; chatoyancy; chatoyment; schillerization; schiller; labradorescence
变彩宝石☆chatoyant
变参数元件☆parametron
变苍白☆pale
变差☆variation
变差法☆variography
变差分析☆variate difference analysis
变差函数☆variogram
变差图☆variation diagram; variograph
变差系数☆variation coefficient; coefficient of variation
变产量测试分析☆variable-rate analysis
变产量☆variable {varying} flow rate; varying capacity
变产量(油藏)边(界)试(验)☆variable-rate reservoir limit test
变长☆lengthen
变长石砂岩☆meta-arkose
变车轮矿☆wolchite
变沉积岩☆metasediment; para-rock
变橙黄铀矿[$PbU_7O_{22}\cdot nH_2O(n<12)$]☆metavandendriessch(e)ite
变成☆turn; metamorphism; fall; render
变成的☆metatectic
变成构造☆metastructure
(使)变成褐{棕}色☆brown coal
变成弧形☆arch
变成化石☆become fossilized
变成碱性☆alkalify
变成矿床☆metamorphogenic deposit
变成砾岩☆metamorphosed conglomerate
(使)变成六倍☆sextuple
变成论☆transformism
变成论者☆granitizer; transformationist; transformist
变成岩☆metamorphic rocks
变成组构☆si-fabric
变成作用☆transformation; metagenesis
变程☆range
变齿象属[N]☆Amebelodon
变冲程泵☆variable stroke pump
变冲程柱塞泵☆variable stroke plunger pump
变稠☆thicken; thickening
变纯☆fine
变磁铁矿☆muschketowite; mou(s)chketovite
变磁性☆metamagnetism
变磁阻电磁摆地震仪☆variable reluctance electromagnetic pendulum seismograph
变磁阻拾音器☆magnetic pickup
变粗☆thicken; coarseness-coarsening; coarsening
变粗的☆incrassate
变粗{粒}玄岩☆metadolerite; epidolerite
变脆☆brittleness
变翠砷铜铀矿☆metazeunerite; metaceinerite
变大☆wax; expand
变带蛤属[双壳;C-P]☆Wilkingia
变淡冰☆fresh ice
变淡盆地☆dilution basin
变蛋白石☆kornite; hornstone; keratite
变导网络☆variable-conductance network
变导作用☆dromotropic effect
变得模糊起来☆blur
变的衰弱无力☆languish
变迪开石☆metadickite
变电分站☆transformer substation; substation
变电所☆(electric) substation; transformer station {substation}; subst.
变电亭☆small substation on mine surface
变电站☆substation; transforming{transformer} station; transformer{electric} substation
变电阻式井径仪☆variable resistance caliper
变调☆transpose; transposition
变调器☆transposer
变定☆deformation set
变动☆variance; fluctuating; disturbance; variation; fluctuation; upending; change; inequality; trouble; oscillation; leap; juggle; alteration; range from
变动层☆disrupted horizon
变动带☆belt of fluctuation; troublesome zone; disturbed belt
变动管理☆change management
变动流☆fluctuating flow
变动率☆coefficient of variation
变动幕☆deformational episode
变动起源地☆seat of disturbance
变动前地质图☆dip-corrected map
变动性☆mobility
变动应力☆variable{varying} stress
变动云幂☆variable ceiling
变度☆variance; variability
变度分析☆variance analysis
变钝☆dulling; chilling; blunt; failure
变多水硅铀钙石☆metaranquilite
变鲕绿泥石☆metachamosite
变矾石[$Al_2(SO_4)(OH)_4\cdot 5H_2O$;单斜]☆meta-aluminite
变钒钙铀矿[$Ca(UO_2)V_2O_5\cdot 5\sim 7H_2O$; $Ca(UO_2)_2(VO_4)_2\cdot 3\sim 5H_2O$]☆meta(-) tyuyamunite; metatujamunite
变钒铝铀矿[$Al(UO_2)_2(VO_4)(OH)\cdot 8H_2O$;三斜]☆metavanuralite
变方沸石[$NaSiAl_2O_5(OH)\cdot H_2O$]☆apoanalcite
变方硅石☆metacristobalite
变方铅矿☆prixite
变房虫目[孔虫]☆Ataxophragmiida
变沸石☆metazeolite
变分☆variation
变分法☆variational method{calculus}; calculus of variation(s); variography; variation
变分方程☆variation equation; equation of variation
变分原理☆variational{variation} principle
变风☆variable wind
变风向☆back[北半球反时针、南半球顺时针方向]; changing wind directions; variable airflow direction
变幅☆amplitude
变幅比☆ratio of ranges
变幅机构[指吊车臂的变幅]☆derricking gear
变幅记录[波形记录]☆variable amplitude recording
变幅信号☆amplitude-change signalling
变氟碳酸钙铈矿☆metaparisite
变复理石☆metaflysch
变复杂☆thicken
变负荷☆varying load
变钙长石[$Ca(Al_2Si_2O_8)$,含 5%的水]☆tankite; tankelite; sundwikite; sundvikite; polyargite
变钙沸石☆metascolecite; metascolesite
变钙砷铀云母[$Ca(UO_2)_2(AsO_4)_2\cdot 8H_2O$;四方]☆meta-uranospinite
变钙铀矿[$(Ca,Na,Ba)U_2O_7\cdot 2H_2O$]☆metacalciouranoite; metacaltsuranoite
变钙铀云母[$Ca(UO_2)_2(PO_4)_2\cdot 2\sim 6H_2O$;四方]☆meta- autunite
变钙质泥岩☆calc-flinta
变干☆(run) dry
变干的泥浆☆dried mud
变干涸{燥}☆exsiccate
变杆沸石[$Na_2Ca(Al_4Si_6O_{20})\cdot 7H_2O$]☆gonnardite; epithomsonite; metathomsonite; episcolecite
变橄长岩☆apotroctolite
变橄榄石[$(Mg,Fe)_{1.8}SiO_{3.6}(OH)_{0.4}$(近似)]☆villarsite
变橄榄岩☆metaperidotite
变感器☆variometer; varindor
变感元件☆parametron
变高风☆allohypsic wind
变高级☆upgrade
变高岭石☆metakaolin(ite); promullite; meta-kaolin
变高图☆height-change chart
变锆石[$Zr(SiO_4)$]☆pseudo-zircon; arschinowite; lyncurite; metazirkon; malacon; zirconoid; metazircon; malakon; zirconolite[$CaZrTi_2O_7$]
变革☆revolution
变铬铁矿☆prasochrome
变更☆vary; modification; transform; diversion; shift; change; alter(n)ation; changement; mechanization
变更性☆variability
变工(制)☆varioplex
变构物☆mutamer
变构现象☆mutamerism
变构造性☆metatectonic
变钴砷铀云母[$Co(UO_2)_2(AsO_4)_2\cdot 8H_2O$;四方?]☆metakirchheimerite
变 μ 管☆variable mu tube
变光的☆denuded
变光管☆varitron
变光开关☆change-over switch
变硅锆铍矿☆michaeisonite
变硅灰石☆bredigite
变硅铍钇矿☆metagadolinite
变硅钛钠石☆metamurmanite
变轨器☆cramp
变海百合属[C-P]☆Allagecrinus
变海盆地[月球]☆Crisium basin
变旱☆desiccation
变号点☆zero crossing
变褐帘石☆meta-allanite
变褐铁矾[$Fe_2^{3+}(SO_4)_2(OH)_2\cdot 3H_2O$]☆metahohmannite
变黑☆darken; black
变黑辰砂☆metacinnabar(ite); metazinnober
变黑度显示绘图仪☆variable intensity plotter
变黑云母☆metabiotite
变红的☆erubescent
变红铁矾[$Fe_4^{3+}(SO_4)_3(OH)_6\cdot 4H_2O$]☆paposite
变厚☆thicken(ing); swell[地层]; aggrade; bulge
变厚的☆thickened; incrassate
变厚煤层☆expanding bed
变花岗岩☆metagranite; apogranite
变化☆variation; flake; diversification; change; vary; metamorphism; alteration; changement; break; varii; transformation; metamorphose; diversity; variety; metamorphosis; inflection; range from; transition; transmutation; variance; alter; transform; mutation; resolution; alt.; var.; trans-; tr; met(a)-
变化表☆paradigm
变化不定[磁带速度]☆wow
变化不定矿体☆erratic orebody
变化不连续的特征☆discontinuously varying attribute
变化磁场☆variation magnetic field
变化的☆variable; metabolic; variational; nonuniform
变化多的☆particolored; particoloured
变化多端的☆protean
变化范围☆variation range; span
变化幅度[异常的]☆relief
变化检测图像☆difference{change-detection} image
变化节[古植]☆metaspondyl
变化率☆rate of change; rate; RC
变化系列☆transformation series; morphocline
变化系数☆coefficient of variation; transformation ratio; variability index; variation factor{coefficient}
变化信号☆changing signal
变化性☆variability
变化学说☆transformant doctrine
变化应力☆fluctuating{fluctuation;varying} stress
变化作用☆alteration
变坏☆curdle; deterioration; deteriorate
变缓☆flatten out
变换☆transit; conversion; turn over; frogging; vary; trans; switch; manipulation; transmutation; shift; commutation; convert; transform; mapping; change; interconversion; translation; transformation; map; transpose; transfer; transposition; alternate
F-K{τ-p|Z}变换☆F-K{τ-p|Z} transform
变换比☆ratio of transformation
变换部分☆conversion fraction
变换程序段数☆mapping block number
变换齿轮☆transiting{change} gear
变换的☆transpositive; variable
变换电子穆斯鲍{堡}尔谱☆CEMS; conversion electron Mössbauer spectroscopy
变换符号☆reindex(ing); figure shift
变换函数☆mapping function
变换雷达☆transradar
变换模量☆modulus of transformation
变换器☆quantizer; transducer; transformer; sink; umformer; inverter; variator; converter; translator; convertor; transverter; invertor
变换器母线板☆converter motherboard
变换曲线☆transformation{conversion} curve
变换时间☆transfer time
变换算子{符}☆transformation operator

变换位置方法☆locomotiveness
变换相位附加器☆phase adapter
变换因数☆conversion factor
变换值☆transform
变换指☆shifting finger
变换子☆varitron
变幻无常☆temperament
变黄铀铅矿☆vandendriesscheite-Ⅱ
变辉长岩☆meta(-)gabbro；subgabbro；mete-gabbro
变辉沸石☆metadesmine
变辉橄岩☆josefite
变辉绿岩☆metadiabase；epidiabase
变绘图器☆variplotter
变火成岩☆meta-igneous{metaigneous} rock
变火山岩☆metavolcanics；metavolcanic rock
变基矾石☆metabasaluminite
变基性岩☆metabasite
变极开关☆change-over switch
变极式电动机☆pole-changing motor
变几何燃气轮机☆variable-geometry gas turbine
变迹法☆apodization
变迹函数☆apodizing function
变迹器☆apodizer
变计☆emergency plan
变加速度☆fluctuating acceleration
变钾铁矾[$(K,Na,Fe^{2+})5Fe_3^{3+}(SO_4)_6(OH)_2•9H_2O$]☆metavoltine；metavoltite
β变钾铁矾-Ⅱ☆beta-metacoltine
变钾铀云母[$K_2(UO_2)_2(PO_4)_2•6H_2O$]☆meta-ankoleite
变假砾岩☆metapseudoconglomerate
(使)变坚硬☆rigidify
变尖☆taper；sharpening
变茧青石☆aspasiolite
变焦聚光镜☆pancratic condenser
变焦距透镜{镜头}☆zoom lens
变胶体☆metacolloid
变胶状构造☆metacolloidal structure
变角斑岩☆metakeratophyre
变角反射☆variable angle reflection
变(质)角砾岩☆metabreccia
变角器☆angulator
变角闪岩☆metaamphibolite
变截面☆variable cross {-}section
变截面梁☆nonuniform beam
变节☆fall away
变金云母☆brodrickite
变堇青石☆pras(i)olite；falunite；aspasiolite
变晶☆blast；crystalloblas；morphotropyt；metacryst；blastocrystal
变晶(作用)☆blastesis
变晶(的)☆metacrystal
变晶的☆metacrystal；metacrystalline；blastic
变晶过程☆metablastesis
变晶矿物☆metamict mineral
变晶力☆blastogenic force；crystalloblastic strength {force}
变晶粒状(结构)☆blastogranular
变晶全碎裂岩☆blasto-holoclastite
变晶生长☆blastesis；blastasy
变晶现象☆morphotropism
变晶岩☆metacrystalline rock
变晶叶状(结构)☆blastolaminar
变晶自形象☆eleutheromorph
变晶作用☆crystalloblastesis；blastesis
变井源距垂直地震剖面☆walkaway vertical seismic profiles；WVSP
变径☆diameter；change size
变径拔销弯头☆reducing taper elbow
变径导套☆magic guide bush
变径管节☆pipe reducer
变径滑板☆variable diameter ram
变径接箍☆bushing；sub-coupling
变径式井孔☆staged drillhole
变韭闪石☆groppite
变矩器☆torque converter
变距☆changing distance
变绢云母☆metasericite
变孔径地震台阵☆variable aperture seismic array
变口虫属[孔虫;T_3]☆Variostome
变口目[苔]☆Trepostomata
变苦橄岩☆metapicrite
变拉斑玄武岩☆metatholeiite
变蓝宝石[浅蓝至深蓝色的刚玉;Al_2O_3]☆alexandrite-sapphire；alexandrine {-}sapphire
变蓝方石☆scolopsite；ittnerite
变蓝蛤属[双壳;E-Q]☆Varicorbula
变蓝磷铝铁矿[$Fe^{2+}Al_2(PO_4)_2(OH)_2•8H_2O$;单斜]☆metavauxite
变蓝色☆blue
变老☆ageing
变了色的☆foxed；fxd
变冷{凉}☆cooldown
变锂辉石☆aglaite；cymatolite
变砾岩☆metaconglomerate；conglomerite
变粒玄岩☆metadolerite；epidolerite
变粒岩[长石+石英>98%,长石多于石英,黑云母、角闪石等极少]☆granulit(it)e；lept(yn)ite；granulyte
变力向量☆vector of force variables
变涟痕☆metaripple
变量☆variable (quantity)；variate；var；logarithmic function；variation；variance；change；variant；fluent；wobble[声量]
变(排)量泵☆adjustable discharge pump；variable output pump；variable-volume{-capacity;-displacement} pump
变量变换☆transformation of variable
变量差分析☆variate difference analysis
变量的筛选☆screening of variables
变量机构☆regulator；tilting mechanism
变量计☆variometer；variograph
变量间的关联性☆intervariate association
变量马达☆variable-displacement motor
变量器☆transformer；changer
变量图☆variogram
变量斜盘☆adjustable cam-plate
变量仪☆variograph
变量元素☆variable element
变量指针☆argument pointer
变磷硅钛钠石☆meta-lomonosovite
变磷钾钡铀矿☆ankoleite
变磷铝石[$AlPO_4•2H_2O$;单斜]☆meta(-)variscite；clinovariscite
变磷铝铁矿☆metavauxite
变磷铀矿☆meta(-)vanmeersscheite
变鳞绿泥石☆metathuringite
变菱沸石☆doranite；metachabazite
变硫铀钙矿[$(UO_2)_6(SO_4)(OH)_{10}•5H_2O$]☆meta-uranopilite
变流量☆variable flow-rate
变流量泵☆variable-flow{-delivery} pump
变流量式燃气涡轮机☆variable-discharge turbine
变流器☆current transformer{transducer}；converter；transducer；transverter；umformer；CT
变流器发射机组☆converter transmitter
变流纹岩☆metarhyolite；eorhyolite
变铝质型☆metaluminous type
变氯(氧)镁铝石☆metakoenenite
变律☆regimen
变率☆variability；distortion；change rate
变率图☆rate-of-change map
变绿钾铁矾[$K_2Na_6Fe^{2+}Fe_6^{3+}(SO_4)_{12}O_2•18H_2O$;六方]☆metavoltine
变绿帘石原矿物☆pal(a)eoepidote
变螺距叶片☆variable pitch blade
变裸露的☆calvescent
变慢☆slack-off
变毛矾石[$Al_4(SO_4)_6•27H_2O$;单斜]☆meta {-}alunogen
变镁沸石☆metathomsonite；epithomsonite
变镁磷铀云母☆metasaleeite
变镁砷铀云母[$Mg(UO_2)_2(AsO_4)_2•4\sim8H_2O$;四方]☆metanovacekite
变蒙脱石☆metabe(n)tonite；potash-bentonite；giliabite
变锰铝榴石☆piezotite
变密度☆variable density；VD
变密度记录胶卷☆variable density film
变面积[地震记录]☆variable area；va
变面积法☆variable-area method
变模量模型☆variable module model
变模失真☆intermodular distortion
变钠沸石☆epinatrolite
变钠沸石原矿物☆pal(a)eo-natrolite
变钠磷铀云母☆meta-natrium-autunite；Na-metaautunite；metanatroautunite
变钠砷铀云母☆meta-natrium-uranospinite
变铌钇矿☆vistinghtite
变泥质岩☆metapelite
变年轻的☆juvenescent
变黏土岩☆metargillite
变凝灰岩☆metatuff
变扭器☆torque converter
变排量泵☆variable displacement pump
变泡点☆variable bubble-point
变泡沫☆foam
变膨润土{土岩}☆metabentonite；subbentonite
变片沸石☆heulandite B；metaheulandite
变片麻岩☆metagneiss
变频☆frequency conversion
变频带扫描技术☆varisweep technique
变频检查器☆conversion detector
变频器☆converter；transducer；frequency changer {converter;transformer}；transverter；mixer；FC
变频天线☆antennaverter
变频增益☆conversion gain
变贫[矿]☆impoverishment
变贫水硼砂☆metakernite
变平☆flatten out；flatting；dropoff；level out
变平层☆flattened seam
变平的☆deplanate
变平缓☆flattening
变坡点☆knick point；point of gradient change；break in grade；grade change point
变坡降☆variable slope
变坡渠☆variable-grade channel
变千枚岩☆metaphyllite
变迁滨线☆deformed shoreline
变迁的☆transitional
变迁震角☆offsetting dip
变浅☆shoaling；shoal
变嵌晶(状{的})☆poikiloblast(ic)；sieve texture；poeciloblastic(ic)
变蔷薇辉石☆photicite
变强☆strengthen
变强度测井☆variable intensity log
变羟硅钠钙石☆meta(-)jennite
变羟碳铝矿☆metascarbroite
变倾斜☆changing dip
变曲点☆point of inflection
变曲曲线☆deflection curve
变群丛☆faciation
变热☆heatup；heat；warming up
变熔的☆metatectic
变熔点☆peritectic point
变熔体☆metatect
变容二极管☆capister；variode；ketter diode；volticap；autocap；varactor；varipico
变容量☆varying capacity
变容器☆variodenser
变柔软☆temper；tender
变软☆limpen；soften；melt
变弱☆extenuation；faint；thin down；lag；soften
(声音等)变弱☆drop
变三斜钠硅钙石☆metajennite
变铯银钙钛矿☆metaloparite
变色☆discolo(u)ration；play of color；fox；off-color；color；schillerization；labradorescence；stain；change colour{countenance}；discolour；parachrosis[矿]
变色斑点☆macle
变色宝石[随光线发生变色]☆phenomenal gem
变色的☆allochro(mat)ic；off-color
变色法[测折光率]☆dispersion method；wavelength variation method
变色反映☆metachromatism
变色海水☆discolo(u)red water
变色剂☆alterant
变色龙科☆Chameleontidae
变色汽油☆off-colour gasoline
变色水☆discolored water
变色荧光☆tenebrescence
变色釉☆photochromic glaze
变色柱石☆racewinite
变色作用☆discoloration
变闪长岩☆epidiorite；metadiorite
变蛇绿岩☆metaophiolite
变蛇纹石☆webskyite
变射频雷送☆variable radio-frequency (radiosonde)
变砷白铁矿☆metalonchidite
变深声呐☆variable depth sonar；VDS
变渗出沥青体☆meta-exsud(id)atinite
变渗透压性☆poikilosmotic character
变生成岩(作用)☆anadiagenesis

变生成岩期☆anadiagenetic stage
变生的☆metamict；allothimorphic
变生阶段成因气☆metagenetic gas
变生双晶☆metagenic twin
变生作用☆metagenesis
变石[呈深翠绿色的金绿宝石,但透光视之则呈紫红色;$BeAl_2O_4$]☆alexandrite
变(色)石☆alexandrite
变石英☆metaquartz
变石英岩☆meta-quartzite
变时☆time variant
变蚀岩石☆altered rock
变蚀作用☆alteration
变式☆variant
变铈铌钙钛矿☆metaloparite；hydroloparite
变数☆variable (quantity)；var；modifier；logarithmic function；inconstant value；variate；fluent
变数字符☆variant character
变数组☆set of variable
变水层☆metalimnion
变水钒钙石[CaV_2O_6•$2H_2O$;三斜]☆metarossite
变水钒锶钙石{矿}[$CaSrV_2O_5(OH)_2$;三斜]☆metadelrioite
变水锆石☆malacon；malakon
变水红砷锌石☆meta(-)kottigite
变水磷钒铝石[$Al_2(PO_4)(VO_4)$•$6H_2O$;单斜]☆metaschoderite
变水镁石☆metabrucite
变水砷铜铀矿[$Cu(UO_2)_2As_2O_8$•$8H_2O$]☆meta-zeunerite
变水丝铀矿☆metastudtite
变水铁矾☆metahohmannite
变水头☆variable head
变水位渗透试验☆falling head permeability test
变水钒铅矿☆metavandendriesscheite
变松(的)☆slack
变送单元☆transmitting sensing element
变送器☆transmitter；tr；transducer
变速☆gearshift；speed{gear} change；gear shifting；variable speed；changing gear；shift gears
变速(拨)叉☆gearshifter{(gear)shifting} fork；gearshifter
变速齿轮☆speed change gear
变速传动☆change drive；variable speed drive
变速大卷装拉丝机☆speed compensated winder
变速带☆variable velocity zone
变速度☆varvity velocity
变速杆☆gearshift{change;shift;gear} lever；gear selector level{lever}；stick；gear shifter；gear shift bar{rod;lever}；gear shifting lever；gear change rod；change speed lever
变速杆捏手☆gearshift lever knob；knob gearshift lever
变速杆轴☆shift-lever shaft
变速钢板给料机☆steel-pan variable-speed feeder
变速滑车☆speeder
变速回动柱塞☆gear shift reverse plunger
变速机传动轴☆jackshaft
变速流☆nonuniform{variable;varied} flow
变速盘☆index plate
变速器☆transmission；gearshift；gearbox；variator；gear shift
变速器减速比☆TR ratio；transmission reduction ratio
变速驱动的分级机轴☆classifier shaft driven by variable speed drive
变速生长效应☆rate growth effect
变速箱☆gear box{case;unit}；transmission gear{case}；gearbox；gear unit gearing；speed (change) box；transmission gear box；wheel box；selective headstock{transmission}；change speed gear box；transfer case；transmission；change-over speed gear；speed kit；mission；variable unit
变速箱座☆gear shift base
变速型板式给料机☆steel-pan variable-speed feeder
变速运动☆variable{non-uniform; accelerated} motion；motion with variable velocity
变速运转☆changed speed operation
变速装置☆(variable) speed gear；VSG
变酸☆souring；fox[啤酒等]
变碎屑岩☆metaclastics
变胎胞管☆metasicula
变苔藓虫属[O_{1-2}]☆Atactopora
变态☆metamorphosis；metamorphism；modification；transform(ation)；anomaly；anomalous；variable state；abnormal(ity)；reconversion
变态齿轮☆irregular formed gear
变态地质剖面☆distorted geological section
变态反应☆allergy；allergic reaction
变态个体☆sport
变态叶属[C-P]☆Aphlebia
变态作用☆metastasis
变碳钙铀矿[$Ca(UO_2)(CO_3)_2$•$3H_2O$;斜方]☆metazellerite
变碳酸岩☆metacarbonatite
变体☆modification；variant；modificator；version；aberration；variety；morph
变铁橄榄石☆bowlingite
变铁砷铀云母[$Fe^{2+}(UO_2)_2(AsO_4)_2$•$8H_2O$;四方]☆metakahlerite
变铜砷铀云母[$Cu(UO_2)_2(AsO_4)_2$•$8H_2O$;四方]☆metazeunerite；metaceinerite
变铜铀云母[$Cu(UO_2)_2(PO_4)_2$•$8H_2O$;四方]☆metatorbernite
变透长石☆metasanidine
变透辉石[$(Mg,Fe)SiO_3$•¼H_2O]☆monradite
变秃的☆calvescent
变钍石☆orangite
α变钍石[$Th(SiO_4),(OH)_4$]☆alpha-hyblite
变弯☆buckle
(使)变顽固☆rigidify
变万磷铀石☆meta-vanmeersscheite
变网离子☆network-modifying ion
(使)变微黑☆dusk
变为零☆vanish
变为脉冲信号☆sampling
(把……)变为石墨☆graphitise；graphitize
变伟晶岩☆metapegmatite
变位☆shift；dislocation；deflexion；deflect(ion)；leap；disarrangement；displacement；trouble
变位层☆disrupted horizon
变位齿轮☆profile shifted gear
(径向)变位齿轮☆X-gear
变位的☆stand off
变位度☆amount of deflection
变位力☆displacing{displacement} force
变位露头☆misplaced outcrop
变位酶☆mutase
变位山[褶皱山或断层山]☆mountain of dislocation
变位崖☆cliff of displacement
变位岩体☆displaced mass
变位质量☆equivalent mass
变温层☆epilimnion；metalimnion
变温(动物)的☆poikilothermic；heterothermic
变温动物☆poikilotherm(al)；heterotherm
变温法☆thermal variation method
变温盒☆liquid{hot-water;water;stage} cell
变温性☆poikilothermy
变污☆spot；fouling
变无水芒硝[Na_2SO_4]☆parathenardite
变无烟煤☆superanthracite
变五水铀矾☆meta-uranopilite
变矽卡岩☆apo-skarn
变稀☆thin (down)；dilute
变稀金矿☆cobeite
变细☆feathering {-}out；attenuation；thin (down)
变细碧岩☆metaspilite
变霞石岩☆metanephelinite
(使)变狭☆narrow
变纤钠铁矾[$Na_4Fe_2^{3+}(SO_4)_4(OH)_2$•$3H_2O$;斜方]☆metasideronatrite；bartholomite
变咸☆salification
变现能力☆liquidity
变线☆modified line
变相波☆transformed wave
变相开关☆phase-change switch
变像管☆image converter
变向☆veer；turning
变向阀☆cross(-)over valve
变向风☆shifting wind；viento roterio
变(绳)向滑轮☆deflection sheave
变向器固定环☆deflector-wedge ring
变向墙☆deflecting wall
变向肘节☆jerk-line swing
变向装置☆deviator；reversing device
变小☆decrease；wane；trail；diminution；lessen
变斜☆oblique
变斜率脉冲调制☆variable-slope pulse modulation
变锌砷铀云母[$Zn(UO_2)_2(AsO_4)_2$•$10H_2O$;四方]☆metalodevite
(地层)变新的方向☆facing (direction)
变新水系☆palimpsest drainage
变新作用☆rheomorphism
变星☆variable (star)
变型☆metatype；derivative；modification；version
变型的☆variable
变型模数☆modulus of deformation
变形☆deformation{distortion}[形变]；strain；shape distortion；deform(ing)；transformation{modification; variant;be out of shape;become deformed;transshape; transfiguration;transmogrification}[形状、格式]；metamorphism；derivative；variety；distorsion；flow；dysmorphosis；freak；various form[晶]；deformity；anamorphosis[动植物形态渐进]；metamorphosis；buckle；deformation{deformable} form；out of shape；distortion bending；warpage；subcombination；hog；transform；warping；yield；aberration；mutilation；dysmorphia；distort；morphing；metallaxis[器官]；transmutation[物种演变]；transubstantiation[组织替换]；transmogrify；trans(s)hape；metamorphose
(残余)变形☆set
变形半正式礼服☆fancy tuxedo
变形贝属[腕;C_3]☆Poikilosakos
变形鞭毛科☆Mastigamoebidae
变形变数☆texturing variables
变形(海)冰☆pressure{deformed} ice
变形冰川☆amoeboid glacier
变形补码☆modified complement
变形不大☆backfit
变形不一致{均一}性☆strain mismatch
变形参数试验☆deformation parameter test
变形测定仪☆deformeter
变形产品☆modified product
变形长丝☆modified continuous filament；processed filament yarn
变形程度☆extent of deformation；degree of working {reduction;strain}；amount of reduction
变形虫[原生]☆amoeba [pl.-e]；ameba
变形虫病☆am(o)ebiasis；amebosis
变形虫目[动]☆Amoebina；Lobosa
变形虫形☆amoebiform
变形虫性痢疾☆amoebic dysentery
变形虫样孢子☆pseudopodiospore
变形虫样的[昆]☆amoeboid
变形虫状不动配子☆amoeboid aplanogamete
变形虫状静配子☆amoeboid aplanogamete
变形储能☆stored energy of deformation
变形传号交替反转☆alternate mark inversion (modified)
变形促进形核☆deformation-assisted nucleation
变形醋酯丝☆popparoni
变形带☆deformation band；yield{deformable} zone；zone of deformation
变形的☆transformative；anamorphotic；strained；transmutative；distortional；metastatic；metabolic；metamorphic；deformative
变形的阶梯形波☆modified stair-case wave
变形的时间长度场☆length-time field of deformation
变形电位{势}☆deformation potential
变形碟式反射器☆shaped dish reflector
变形度☆deformability；degree of deformation
变形短纤维纱☆textured spun yarn
变形多孔隙介质☆deformable porous medium
变形颚牙形石属[O_2-S_1]☆Amorphognathus
变形法兰式扳手☆hand dog
变形范围☆deforming region；deformation range
变形方式☆mode of texturing
变形分析☆deformation analysis
变形分子☆autimorphs
变形符号☆flexional symbols
变形附红细胞体☆eperythrozoon varians
变形附加镜头☆anamorphic attachment
变形杆菌(属)☆Proteus
变形钢筋☆deformed (reinforcing) bar；deformed reinforcing steel
变形钢筋拉杆☆deformed tie bar
变形功☆work{energy} of deformation；deformation work
变形固体动力学☆deformation solid dynamics
变形观测坐标仪☆deformation observation coordinatograph
变形核白细胞☆dysmorphocaryocyte
变形横担☆deformable cross arm
变形猴头(真菌)☆Medusa head

B

变形后阶段☆post-deformational stage
变形弧菌☆Finkler-Prior spirillum；Vibrio proteus
变形回复☆deformation-recovery
变形机制☆deformation mechanism
变形剂☆modifier
变形计☆deformeter；deformation meter{gauge}；extensimeter
变形交会测量法☆deformation{distorted} cross method
变形矫正☆straightening
变形阶段☆deformation stage
变形阶级形琢型[宝石的]☆scissors{cross} cut
变形阶梯波☆modified staircase wave
变形结构沉积物☆retextured sediment
变形结核☆metatuberculosis
变形金刚☆transformer；shape-changing robot
变形金属组织☆wrought structure
变形晶☆morphotropism
变形晶体☆deformed crystal
变形晶纹☆deformation lamella
变形镜头☆anamorphic{distorting} lens
变形纠正☆rectification of distortion
变形菌孢☆myxamoeba
变形菌胞[植]☆myxamoeba
变形菌肽素☆protaptin
变形菌族[微]☆Proteeae
变形开始☆onset of deformation
变形抗力☆resistance to deformation；deformation{strain} resistance；resistance of deformation
变形抗力曲线☆deformation resistance curve
变形壳模型☆deformed shell model
变形空隙☆space of discission
变形孔隙介质☆deformable porous medium
变形库仑场☆modified Coulomb field
变形矿柱☆crept pillar
变形扩大☆divergency；divergence
变形力☆deforming{strain;deformation} force
变形痢疾☆amoebic dysentery
变形力作用轴☆deformation axis
变形量☆elongation；amount of deformation
变形裂隙☆space of discission；deformation fracture
变形流线☆flow lines
变形率☆strain rate；rate of deformation；degree of working；deformability
变形马蒂厄方程☆modified Mathieu equation
变形[第一、二、三类]马蒂厄函数☆modified Mathieu function [of the first,second,third kind]
变形模(型)☆distorted pattern
变形模量☆modulus of deformation；deformation modulus
变形幕☆deformational episode；episode of deformation；deformative{deformation} phase
变形能☆deformation{distortion} energy；energy of deformation{distortion}
变形能法☆strain energy method
变形能力☆deformability；ability to deform；metaboly
变形黏菌[生]☆myxameba
变形捻度☆texturing twist
变形牛顿法☆modified Newton method
变形胚盘细胞☆amoeboid blastoderm cell
变形劈理☆metaclase cleavage
变形破坏☆failure by deformation
变形期后☆post-deformation
变形球果☆metastrobilus
变形区出口☆exit of deformation zone
变形圈闭☆deformational trap
变形绒毡层☆amoeboid tapetum
变形生物☆amoebula；amebula
变形石☆catagraph；katagraphia
变形-时间图表{曲线}☆deformation-time plot
变形时效☆strain aging
变形事件☆deformation(al) event
变形双晶作用☆deformation twinning
变形丝☆textured filament{yarn}
变形速度☆deformation velocity；strain rate；speed of deformation
变形速率☆rate of deformation；deformation{strain} rate
变形隧道☆deformed tunnel
(侵蚀)变形碎屑(组分)☆clastomorphic
变形体☆deformation{deformable} body；amoebula；plasmodium
变形透镜☆anamorphote；anamorphotic{deforming；anamorphic} lens
变形位能☆potential deformation energy
变形温度☆distortion{deformation} temperature；deformation point
变形细胞☆am(o)ebocyte；Amoeba；ameboid cell；bacterioid；collencyte[绵]
变形细菌☆bacteriode
变形系数☆coefficient of deformation；deformation factor
变形现象☆metamorphism；metaboly
变形像记录法☆deformation imaging process
变形协调条件☆deformation compatibility condition
变形性☆morphotropy；deformability；deformity；morphotropism[晶;化]
变形性状☆deformation behavior
变形岩组构☆fabric of deformed rocks
变形仪☆deformeter；deflection gauge
变形引起的晶体缺陷☆deformation-induced crystal imperfections
变形诱发马氏体的最高温度☆martensite deformation point
变形运动模式图☆movement picture{plan}；deformation plan
变形再生☆morphallaxis；epimorphosis
变形藻属[黄藻;Q]☆Chloramoeba
变形张量不变量☆deformation tensor invariant
变形真菌植物☆myxomycophyta
变形知觉☆amodal perception
变形质☆eidogen
(在)变形中☆undergoing deformation
变形铸件☆strained casting
变形状态☆strained condition；deformation state{behavior}
变形锥☆approach angle
变形总功☆total work of deformation
变形组分☆authimorph
变形阻力☆deformation resistance{drag}；resistance to deformation
变性☆metatropy；transmutation；denaturation；change sex；invariability；denature；devolution；modification
变性蛋白☆metaprotein
变性剂☆denaturant
变性酒精☆denaturated{industrial} alcohol
变性松香胺☆Rosin amine D
变性土☆vertisol；blackland
变性玉蜀黍淀粉☆Amijel
变性铸铁☆meehanite
变朽黏土岩☆claystone
变叙永石☆metahalloysite；halloysite
变旋光☆multirotation
变旋光(作用)☆mutarotation
变玄武岩☆metabasalt；meta-basalt
变玄岩☆apodolerite
变循环抽油☆variable cycle pumping
变压☆transform(ation)；allobaric；live pressure
变(动)压(力)☆live pressure
变压比☆ratio of transformation
变(钻)压变(转)速法[最优化钻井方式之一]☆variable weight and rotary speed；VWRS
变压的☆polybaric；allobaric
变压计☆statoscope；variograph
变压器☆transformer；voltage{pressure;constant-volt(age)} transforme；trans；v.t.；XFMR；xmfr.；X-former；TFRMR
变压器场☆transformer yard
变压器绕组变形☆deformation of transformer winding
变压器室☆transformer pit；cabin substation
变压器油☆insulating{transformer} oil；electric insulating oil
变压器组☆banking transformer；transformer bank
变压软管☆high-pressure{pressure} hose
变压式传感器☆variable pressure transducer
变压头☆variable head
变压整流器☆vertoro
变盐度的☆poikilohaline
变岩浆作用☆metamagmatic process
变易图表☆variation chart
变易性☆changeability
变异☆variation；anomaly；mutation；differentiation；heteromorphosis；degeneration；freak；dimple[一种浅层地震速度异常]
(细菌的)变异☆disassociation
变异贝属[腕;S-D_1]☆Mutationella
变异带☆aurorae；mutation {-}zone
变异的[生]☆variational
变异点☆change point
变异度☆diversity
变异谱☆morphocline；transformation series
变异期☆aurora [pl.-e]
变异图☆variogram
变异图解☆variation diagram
变异系数☆variation coefficient；coefficient of variation
变异性☆changeability；variability
变异旋光(作用)☆birotation；mutarotation；multirotation
变异因素分析法☆analysis of variance
变异应力☆altered stress
变异指数☆alteration index
变音☆wow；inflexion[音调]
变隐苔藓虫(属)[O_1]☆Trepocryptopora
变英安岩☆metadacite
变硬☆induration；stiffen
变硬的☆indurascent
变应力☆varying stress
变应性☆allergy
变铀铵磷石☆meta-uramphite
变铀矾[$(UO_2)_6(SO_4)(OH)_{10}$•$5H_2O$]☆meta-uranopilite
变铀钙石☆metaliebigite
变铀钍石[$(Th,R)O_2$•$nSiO_2$•$2H_2O$]☆enalite
变余☆relic；relict
变余斑状(结构)☆blasto-porphyritic texture；blastoporphyritic
变余玻屑(结构)☆blastovitroclastic
变余层理构造☆blastobedding structure
变余粉砂(质)(结构)☆blastoaleuritic
变余粉砂泥质(结构)☆blastoaleuropelitic
变余构造☆palimpsest (structure)
变余含长结构☆blastophitic
变余花岗岩结构☆blastogranitic texture
变余辉长(结构)☆blastogabbroic
变余辉绿(状结构)☆blastophitic；blastodiabasic
变余辉岩结构☆blastophitic texture
变余火成碎屑结构☆blastopyroclastic texture
变余集块(状)(结构)☆blastoagglomeratic
变余胶状☆blasto-colloform
变余角砾(状)(结构)☆blastobreccia
变余晶屑(状)(结构)☆blastocrystalloclastic
变余砾岩(状)(结构)☆blastoconglomeratic
变余砾状(结构)☆blastopsephitic
变余糜棱(状结构)☆blastomylonitic
变余泥质(结构)☆blastopelitic
变余嵌晶辉长(结构)☆blastopoikilophitic
变余砂岩☆blastopsammite
变余砂状(结构)☆blastopsammitic (texture)
变余碎裂(状)(结构)☆blastocataclastic
变余碎屑(状)(结构)☆blastoclastic
变余细晶(结构)☆blastoaplitic
变余岩屑(状)(结构)☆blastolithic
变域☆metadomain；variation area
变元☆variate；argument
变圆☆conglobate
变云化(作用)☆damouritization
变云母铀矿类☆meta-uranite
变运装置☆transfer
变杂砂岩☆metagreywacke
变载荷☆variable load
变窄☆striction；narrowing；narrow down
变针钒钙石[CaV_6O_{16}•$9H_2O$;单斜]☆metahewettite
变针六方石☆metanocerine；metanocerite
变正形贝☆Metaorthis
变直径皮带轮☆variable-diameter pulley
变址部分☆index part
变蛭石☆metavermiculite
变质☆metamorphism；deterioration；metamorphosis [pl.-ses]；deteriorate；transform(ation)；transmutation；metamorphose；go bad；curdle；disintegration
(使)变质☆metamorphose；transubstantiation
变质产品☆alteration product
变质程度☆metamorphic rank{grade}；grade{degree} of metamorphism
变质程度较高的岩石☆higher-rank rock
变质成因堆积体☆metamorphogenous accumulation
变质成因水☆metamorphic water
变质处理☆inoculation
变质带☆metamorphic zone{belt}；metamorphism zone
变质的☆metamorphic；metamorphous；transmutative；metamorphosed；phyllocrystalline

变质等级☆grade of metamorphism
变质分泌成矿作用☆metallization by metamorphic secretion
变质分异说☆metamorphic differentiation theory
变质格子☆metamorphic grid
变质构造☆metamorphic tectonics{structure}；metastructure
变质后变形作用☆postmetamorphic deformation
变质后期矿物☆hysterogenic mineral
变质后作用☆postmetamorphic process
变质化(作用)☆metamorphization
变质灰岩☆paralimestone；metamorphic limestone
变质基底☆metamorphosed basement
变质级☆grade{gradation} of metamorphism；grade；metamorphic grade{rank}
变质剂☆alterant
变质精制石油☆astral oil
变质矿物等变线☆metamorphic mineral isograds
变质类型☆metamorphic type
变质量加☆metamorphic overprint
变质麻粒岩☆granulite
变质泥岩☆pelite
变质黏土☆converted clay
变质片岩☆metaschist；metamorphic schist
变质期次☆metamorphic sequence
变质期后☆postmetamorphism
变质前侵位☆premetamorphic emplacement
变质前缘{锋}☆metamorphic front
变质前作用☆premetamorphism
变质(作用)强度☆intensity of metamorphism
变质区 P/T 比类型☆P/T ratio types of metamorphic regions
变质熔体☆metatect
变质砂岩☆metasandstone
变质生成矿床☆metamorphogenic deposit
变质事件☆metamorphic event
变质水泥☆unsound cement
变质碎屑喷出岩类☆porodite
变质围岩☆bluff
变质相☆metamorphic facies；densofacies
变质岩☆metamorphite；metamorphics；metamorphic{metamorphosed;phyllocrystalline} rock；granulite
变质岩的☆deuterosomatic
变质岩气☆metamorphic rock gas
变质岩型铀矿床☆uranium deposit in metamorphic rock
变质岩中气☆natural gas in metamorphic rock
变质页斑岩☆mimophyre
变质页岩☆metashale
变质印痕☆metaglyph
变质源二氧化碳☆metamorphic carbon dioxide
变质源水☆metamorphic water
变质原岩☆palosome；palasome
变质炸药☆decomposed explosive
变质褶皱{纹}带☆metamorphide
变质转化(作用)☆metamorphic transformation
变质最强烈时期☆metamorphic culmination
变质作用{程度}☆metamorphism；metamorphosis
变质作用的反应边☆border ring
变中沸石☆metamesolite
变种☆variety[矿物分类]；variation；morph；variant；mutation
变种矿物☆varietal mineral
变种石棉☆bastard asbestos
变皱☆crumple；crease；ruck
变柱沸石☆metaepistilbite
变柱石☆at(h)eriastite；aetheriastite
变柱铀矿[UO_3•$n$$H_2O$($n$<2);斜方]☆metaschoepite
变转速汽轮机☆variable-speed turbine
变浊{浓}☆thicken
变子☆varitron
变阻器☆varistor；rheostat；variable resistor；rheo；governor；regulator；RH
卞佛德试板☆Benford plate
卞鸟夫面☆Benioff-plane
卞聂型过卷抓爪☆Bennett catches
卞氏兽(龙{属})[爬;T]☆Bienotherium
辨别☆identify；distinguish；discretion；separating；discrimination；recognition
辨别法☆discriminance
辨别效应☆differentiating effect
辨别要素☆identifying feature
辨认☆identify；identification；read
辨声器☆unscrambler
辨识☆discern
辨识信号☆identification signal
辨向器☆sense finder
辨音器☆unscrambler
辩护☆defence；defense；advocacy
辩论☆dispute；debate；argument；discussion
辫笔石(属)[S_{2-3}]☆Plectograptus
辫硫细菌属☆thioploca
辫绳☆plait
辫状结构☆plaiting (texture)
辫状水系☆interlacing{braided} drainage pattern；anastomosing drainage
辫状条痕☆braided striation
辫状物☆plait
遍☆pass；per-
遍布☆spread over
遍布的☆pervasive
遍布于热带的☆pantropic；pantropical
遍及☆pervasion；per-
遍历定理☆ergodic theorem
遍历性[空间与时间中统计特征相同]☆ergodic (property)；ergodicity
遍生的☆cosmopolitan；amphigenous
遍数[程序扫描]☆pass
遍有矿物☆ubiquitous mineral
遍在性元素☆ubiquitous element
遍在元素☆omnipresent element

biāo

标板反差☆target-object contrast
标本☆specimen；exponent；representative species；pattern；sample；exemplar；portrait；exampler；spec.
标称白电平信号☆nominal white signal
标称产量☆nominal output
标称的☆nominal；normal；nom.
标称电压☆rated voltage；RV
标称黑电平信号☆nominal black level signal
标称精度☆stated{nominal} accuracy
标称流量模型☆rated flows mode
标称马力☆horse power nominal；horsepower nominal；nominal horsepower；hpn；h.p.n.
标称破裂应变☆nominal fracture strain
标称值☆rating；nominal value
标尺☆gun{rear} sight；gunsight；staff (gauge)；(surveyor's) rod；grade{field} rod；measuring lath；scaleplate；scale；ranging rod[测距]
标尺分测☆rod{staff} graduation
标尺高☆scale height
标尺销☆gauge pin
标尺员☆rodman
标出☆plot；mark{setting} out
标出零点的凹槽☆O-notch
标灯☆signal{sign} lamp；beacon (light)
标点符号☆punctuation mark
标电位☆scalar potential
标定☆calibrate；(demarcate) calibration；scaling；standard(ize)；check according to set standards
标定罐☆calibration{proving} tank；tank prover
标定规模大小的数字[图上]☆dimension figure
标定函数☆calibration function
标定精度☆stated accuracy
标定矿地☆location
标定流量计法☆test meter method
标定(油区)模型☆peg model
标定频率☆spot frequency
标定球[标准体积管零件]☆spherical displacer
标定日期☆target date
标定砂☆calibrated sand
标定深度☆rated depth
标定线☆stake line
标定压力计用的恒温浴☆calibration bath
标定仪表☆gauged instrument
标定应变☆equivalent strain for calibration
标定用仪器☆proving instrument
标度☆scale
标度板☆dial plate
标度变换定理☆scale-change theorem
标度盘☆(index) dial；concentric dial
标度系数☆scaling coefficient{ratio}；soling factor
标度线☆reticule
标度信号放大器☆notch amplifier
标度因子☆scaling{scale;soling} factor
标反射信号强度☆target-echo intensity
标杆☆boning board；sign{mark} post；(field) rod；measuring lath；(station) pole；stake；staff gage；range{ranging; surveyor's;lining} pole；gage stick；surveying{sighting;line} rod；target rods pole；perch{pole} beacon；staking pin；skewer；model；example；pacesetter
标高☆elevation；height{datum} mark；(spot) level；height above datum；od；ordinance datum[法定]；ordnance datum[英]
标高差☆difference of elevation
标高价目的原价☆original mark up
标高体☆hypsometric integral；elevation-relief ratio
标号(的)☆label(l)ing
标号处理☆label processing
标号文法☆indexed grammar
(美国)标准筛制☆U.S. standard sieve series
标绘☆plot；plotting
标绘地震数据☆plotting seismic data
(图上)标绘值☆plotted value
标积☆scalar product
标记☆label；label(l)ing；flagging；indication；tag；token；flag；brand(ing)；code；mark(ing)；symbol；totem；stamp；tab；pip；O-notch；marker；indicator；notch；map；sign；indicia [sgl.indicium]；signation[图像]；sentinel[某段信息开始或终了信号]；mk.；Mk
(图像)标记☆signation
(放射性同位素)标记☆tagging
标记处理☆label processing
标记的干扰性移动[显示器]☆bobbing
标记的自激过程☆tagged self-exciting process
标记点和格子法[数值渗流力学方法]☆marker-and-cell method
标记读出☆mark-sense；mark reading
标记分子☆labeled molecule
标记回写☆flagged write back
标记卡片☆mark card
标记牌☆tally
标记器☆marker
标记调节☆pip matching
标记位型☆labeling pattern
标记信号☆marking signal
标记信号放大器☆notch amplifier
标记元素☆tagged element
标记原子☆label(l)ed{tagged} atom；tagged element
标记字段☆tag field
标记钻孔网格☆start the holes
标价☆(posted) price
标价单☆bidding sheet
标件☆tender
标界☆demarcation
标界石☆march stone
标距长度☆gauge length
标(准)矿(物)玄武岩四面体☆normative basalt tetrahedron
标量☆scalar (quantity)
标量函数☆scalar function
标明☆read；ticket；label；mark；indicate
标明的重{质}量☆indicated weight
标明数字的等值线☆figured contour
标牌☆identification card；label；tag
标盘☆index (plate)；ind.；scaleplate
标配☆scaling
标配模型☆scaled physical model
标品☆scantling
标旗☆signal{surveyor's} flag
标签☆tag；label；identification card；banner；sticker；ticket；tally；squib[商品]
标签保险☆label insurance
标枪☆javelin；harpoon；dart
标枪牙形石属[D_3-C_1]☆Telumodina
标上深度的☆depth-annotated
标石☆markstone；monument；stone marker
标时法☆fiducial time method
标识符☆identifier；tag
(位置)标识浮标☆mark buoy
标识港口或航道口最外边的浮标☆sea buoy
标识光谱☆characteristic spectrum
标识码☆identification code
标识 X 射线谱☆characteristic X-ray spectrum
标识信号电平钳位线路☆marker clamp
标示☆designation；designate；label
标示矿物☆typomorphic mineral

B

B

标示物☆marker
标势☆scalar potential
标书☆proposal
标题☆inscription；head(ing)；headline；header；title；caption；topic
标通量☆scalar flux
标头开始☆start of header；SOH
标图员☆plotter
标位☆scalar potential
标下孔☆underpunch
标线☆relic(u)le；string lining；graticule；retic(u)le；scale mark；peg out the line[用木桩]
标向波☆beacon
标型化石☆type fossil
标型特征☆typomorphic characteristic
标型性☆typomorphism
标型元素☆guide{typochemical} element
标形☆indicatrix [pl.-ices]
标以记号☆tick
标有尺寸的图☆dimensional drawing
标有刻度的☆graded
标语☆slogan；poster
标值☆scale value
标纸☆sticker
标志☆index [pl.-xes,indices]；flagging；mark(er)；tag；label；hallmark；flag；ensign；marking；blip；sign；tell-tale；symbol(ize)；indicate；attribute；badge；emblem；criterion [pl.-ia]；type；trademark；note；subscript；notice；notation；leading mark；lead
标志板☆identification plate
标志层☆key bed{horizon;rock}；indicator horizon{seam}；index{guiding;guide;marked} bed；horizon marker；guide seam；datum horizon；marker band{horizon; formation}；reference lamina{level}
标志层位☆index{indicator} horizon；marker band
标志带☆index zone；marker band；indicator horizon
标志的☆labelled
标志点☆monumented{marking;marked} point
标志法☆notation
ABC 标志法[紧密堆积及多型的]☆ABC notation
标志浮标☆fog{position} buoy
标志杆☆flag-rod
标志化石☆guide{index} fossil
标志孔☆control punch
标志矿物☆diagnostic{index;symptomatic} mineral
标志脉冲☆mark pulse
标志煤层☆guiding bed；marker seam
标志面☆index surface；plane of reference；marker horizon；reference plane
标志明确的单位☆marker-defined unit
标志区☆key area
标志识化石☆guide{index} fossil
标志位☆zone bit
标志物种化石☆index species
标志信号电平钳位线路☆marker clamp
标志信号接收机☆marker receiver
标志性结构面☆indicative structural plane
标志岩层☆key rock
标重☆indicated weight
标轴☆parameter
标轴比☆parameter-ratio
标轴面☆coordinate{parameter} plane；parametral face
标轴平面☆parametral plane
标轴系数☆numerical parameter
标柱☆guidepost；bollard；mark post；stanchion
标注☆marginalia；posting
标桩☆stake；post；marking{peg;making} stake；picket；lining peg；plug；nose pile
标桩定线☆staking (out)；pegging out
标桩锚杆☆marker bolt
标准☆etalon；denominator；ga(u)ge；code；criterion [pl.-ia]；standard；canon；criteria；par；calibrating device；norm；merit；benchmark；yardstick；type；standardization；reference (standard)；prototype；rate；serving as a standard；std；st
A.S.T.M.标准[美国材料试验标准]☆A.S.T.M. standard
CDT 标准[硫同位素标准,美国亚利桑那铁陨石中的陨硫铁的硫同位素比值]☆Canyon Diablo meteorite troilite standard；CDT standard
PDB 标准[碳同位素标准,美国南卡罗纳白垩系皮迪组的美洲似箭石]☆PDB{Peedee belemnite} standard
SLAP 标准[国际原子能机构推荐的第二个氢、氧同位素标准,δD=-428‰]☆standard light Antarctic precipitation；SLAP
VSMOW 标准[维也纳标准平均大洋水,国际原子能机构推荐的氢、氧同位素标准 δD=0]☆Vienna standard mean ocean water；VSMOW
标准饱和☆normalized saturation
标准表☆calibration
标准并行线☆standard parallels
标准参考数据系统☆standard reference data system
标准参考样☆standard reference material；SRM
标准参照状态☆standard reference state
API 标准测井曲线网格图☆API standard grid presentation
标准测试数据单元☆benchmark data unit
标准层☆index bed{zone;correction}；key horizon{rock}；indicator seam{horizon}；type{marker} formation；guiding{marker;datum;marked} bed；marker horizon {band;lamination}；reference horizon；structural indicator；(horizon) marker
标准层位☆index{indicator;marker} horizon；horizon marker；marker formation；contour{datum} horizon [作构造等高线图用]
标准层析成像技术☆standard tomographic technique
标准差☆standard{root-mean-square} deviation；sigma phi；root-mean-square{rms} error
标准差图☆standard deviation map
标准长度☆standard length；sl.
标准成本制度{系统}☆standard cost system
标准成分☆normative composition
标准程序☆standard program{procedure;routine}；general routine；package
标准(检查)程序☆benchmark
标准秤☆master scale
标准尺寸石料☆dimension stone
标准齿高齿☆full-depth tooth
标准冲击绝缘级☆basic impulse insulation level
标准垂直管式水银气压计☆standard vertical-tube mercury barometer
标准大气压☆atmospheric pressure；atm
标准大洋型岩石圈☆orthooceanic lithosphere
标准弹道层☆standard artillery zone
标准的☆ideal；standard；gauged；classic；typical；canonical；normative；standing；received；normal；reference；master；std；St；rec
标准地层☆stratotype
标准地球模型☆standard Earth
标准电极测井(图)☆standard electric log
标准电极电位{势}☆standard electrode potential
标准电路☆scaling{perfected} circuit
标准电阻☆measuring resistance
标准吊绳冲击钻眼法☆standard cable drilling method
标准定位☆peg out
标准锻制管☆merchant pipe
标准对策方法☆standard gamble technique
标准多布森分光光度计☆standard Dobson spectrophotometer
标准多面形[钻石的]☆full-cut brilliant
标准发音☆orthoepy
标准伏尔天线☆VOR antenna
标准负荷☆scale{proof} load
标准高压不锈钢管☆standard high pressure stainless steel tubing
标准工具☆conventional{standard} tool；tool master
标准构造型加里东褶皱带☆orthotectonic Caledonides
标准(体积)管☆prover
标准管段☆prover section
标准管径☆standard pipe size；SPS
标准贯入试验锥☆SPT cone
标准贯入值☆standard penetration value
标准规☆standard gage；S.G.；master gauge
标准规格☆standard specification；nominal rating
标准轨距线路☆standard gauge railway
标准海水☆normal (sea) water；urnormal；standard sea water
标准化☆standardization；stdn；normalization；standardize；orthonormality；calibrate；normalize
标准化(部件)☆normalizer
标准化的☆orthonormal
标准化模型格式☆standardized model format
标准化石☆guide{leading;index;key;diagnostic;type;characteristic;standard} fossil；fossil index
标准化正态偏差☆standardized normal deviation
标准化作用力☆normalized force
标准火灾试验☆standard fire test
标准击实法☆standard compaction method
标准级配砂☆graded standard sand
标准级式可控震源☆standard crab vibrator
标准加矿温度范围☆normal oreing range
(英国)标准加仑☆imperial gallon；imp gal
标准价格法☆standard price method
标准检定☆useful test
标准截式晶体☆normal cut crystal
标准晶胞法☆standard-cell method
标准井☆type well；key hole
标准井网(布置)☆normal well pattern
标准九分☆stannine
(度量衡)标准局[美]☆Bureau of Standards；BS
标准距离点☆anallatic point
标准绝缘级☆basic insulation level
标准(冲击)绝缘级[basic insulation level;basic impulse insulation level]☆BIL
标准刻度☆master{standard} scale；calibration
标准孔☆gage hole
标准块厚度☆thickness of reference block
标准矿物成分分析☆normative analysis
标准矿物分类法☆norm{normative} classification
标准离差☆standard deviation；sd；dispersion
标准离子☆normal ion
标准离子状态☆standard ionic state
标准链☆calibrated chain
标准量具☆tool master
标准流量计检{标}定装置☆master meter prover{calibration unit}
标准流量计孔板☆standard metering orifice
标准螺距☆standard pitch；SP
标准螺栓固定☆standard bolting
标准螺纹技术规范☆standard thread specification
标准脉冲☆full sized pulse
标准煤☆standard coal equivalent；SCE
标准米☆standard meter；normal metre；s.m.；nm
标准密度☆ideal density
标准名词表☆standard nomenclature list；SNL
标准磨砂接头☆standard interchangeable ground joint
标准黏度液☆standard viscosity liquid
标准偏差☆standard deviation；sd；SDEV
标准频率☆standard{etalon} frequency；SF
标准平均大洋水氢、氧同位素标准☆standard mean ocean water；SMOW
标准剖面☆standard section{profile}；normal cross section；boundary stratotype；canonical profile；normal sequence；typical section
标准气压[760mm 汞柱]☆standard atmospheric pressure；normal atmosphere；An.
标准强度以下的☆underproof
标准轻南极降水[氧同位素国际标准]☆standard light Antarctic precipitation；SLAP
标准情况☆normal condition
标准曲线☆master{type;standard;typical;normal} curve
标准曲线图☆canonical plotting
标准全球地质年代表☆standard global geochronologic scale
标准燃烧焓☆standard enthalpy of combustion
标准砂☆standard{normal;unit} sand
标准筛目系列☆standard sieve series
标准筛网编织☆typical screen weave
标准上☆bunch mark soil
标准设备☆standard rig{equipment}；regular equipment
标准射束着陆(系统)☆standard beam approach；SBA
标准声信号☆standard acoustic signal
标准时☆etalon{standard} time
标准时间☆standard{reference} time；ST
标准式☆normal formula；NF
标准示波器厂☆macrooscillograph
标准世界地质年代表[cf.时代单位]☆standard global geochronologic scale
标准世界年代地层表[cf.地层单位]☆standard global chronostratigraphic scale
标准试块☆control gauge；briquet(te)；reference block
标准试验☆conventional{code} test
标准试验信号音响功率☆standard test tone power
标准式钻铤打捞矛☆regular drill collar spear
标准水泥试块☆briquette；briquet
标准丝锥☆master tap
标准死亡比率☆standard mortality ratio
(外径 2.25in.,内径 1.906 in.)标准套管☆AX-casing
标准体积☆standard volume

标准体积管的净体积☆net prover volume
标准体积管的环管☆prover loop
标准铜线☆standard copper wire；s.c.w；SCW
标准图幅☆quadrangle
标准图格显示☆standard grid presentation
标准土☆bench-mark soil
标准土色图☆standard soil color chart
标准网目☆sieve mesh
标准温度☆standard{normal} temperature；S.T.；ST
标准温压☆normal temperature and pressure；n.t.p.
标准吸入{渗}曲线☆standard imbibition curve
标准下折射☆subrefraction
标准线规[英制]☆standard wire ga(u)ge；S.W.G
标准线性(反差)扩大☆standard linear stretch
标准箱折算系数☆standard case conversion factor
标准信号放大器☆standard signal amplifier
标准型的☆standard-duty
标准型分级接箍☆regular stage collar
标准形态☆type-form
标准压力☆standard pressure；SP；s.p.
标准压力和温度☆normal pressure and temperature
标准牙形石属[S-D_1]☆Criteriognathus
标准烟色图☆Ringelman chart
标准岩石(样)☆standard-rock
标准样品物质[化石的]☆type material；hypodigm
标准野外测井系统☆standard field logging system
标准野外填图技术☆standard field-mapping technique
标准液☆index liquid；titer；titre
标准仪表检验法☆master meter method
标准以上[酒精含量]☆above proof；a.p.
标准以下☆below the mark；substandard
标准英文打字键盘☆QWERTY keyboard
标准圆性分配☆normal circular distribution
标准凿面碳化钨钻头☆standard chisel-face tungsten-carbide bit
标准直径☆full gauge；nominal diameter
标准指数☆designation number
标准质量煤☆standard quality coal
标准钟☆regulator
标准种☆index{characteristic} species
标准重力值☆standard gravity value；gravity standard；normal gravity
标准重量☆standard weight；std wt；SW
标准轴☆axis of reference
标准状态☆standard state{condition}；SC；S.C.；normal state
标准锥度接头☆standard taper joint
标准子午圈{线}☆standard meridian
标准自吸曲线☆standard imbibition curve
标组☆format
镖阀☆dart valve
飑[常伴有雨、雪、雹的暴风]☆squall
飑线☆line {-}squall；squall line

biǎo

表☆table；gauge；gage；meter；schedule；surface；outside；external；list；outward appearance；form；pole used as sun dial；watch；clock；model；example；show；express；demonstrate；scale；ticker；tabulation；tab.；sheet；metre；t；epi-
M 表☆machmeter
Q 表☆Q-meter
表白☆confession
表板☆gage board
表报数据☆tabulated data
表被☆coating
表壁[珊]☆epitheca (in coral)
表标志域☆table identifier field
表冰☆surface ice
表玻璃状的☆meniscoid
表册☆list；statistical form；book of tables{forms}
表层☆epithallium；blanket；coat；surface (layer;level)；epilimnian；epidermis；veneer；crust；superficial stratum{layer}；overlay；epipedon；skin{uppermost；near-surface} layer；callow；peristracum[腕]
表层爆破☆chipping
表层剥除的地面☆stripped surface
表层剥离☆overburden removal
表层的☆dermal
表层粉化☆crumbling
表层浮层☆skin-float
表层浮选☆film flotation
表层腐岩☆mantle rock；regolith
表层格式构造☆superficial style tectonics
表层构造☆surface{superficial} structure；oberbau [德]；superficial tectonics
表层滑动☆surface slide；superficial sliding；epidermal gliding
表层间冲断层☆intercutaneous thrust
表层介质☆surface materials
表层流☆hypopycnal inflow；surface current；interflow；throughflow
表层爬动☆surface creep
表层喷浆☆skin grouting
表层气体☆crustal gas
表层取样☆surficial sampling
表层蠕动搬运☆surface-creep transport
表层上冲断层☆superficial upthrust
表层水型集群绝灭☆surface-water-type{S-type} mass extinction
表层塌滑☆reptation；surface creep
表层套管☆collaring{external;surface} casing；collar piping；conductor-pipe；surface pipe{string}；soil pipe
表层套管顶部法兰[套管头]☆well head
(在)表层套管外面漏气的井☆cratering well
表层土☆surficial material；surface soil；veneer of soil
表层土壤☆overlying soil cover
表层下基岩☆subterrane
表层岩☆mantle of rock
表层洋流☆ocean surface current；surface current
表层褶皱☆superficial{decollement;thin-skinned} fold；epidermic fold
表层重力效应剥除法☆gravity stripping
表差☆(tabular) difference
表成次生沉积☆hysteromorphous
表成的☆epigenic；epigene；surficial
表成碎屑砾岩☆epiclastic conglomerate
表成型☆surface type
表成作(用)的☆telogenetic
表成作用☆exogenesis；telogenesis
表尺(缺口)☆backsight
表虫迹沟☆epichnial groove
表虫迹脊☆epichnial ridge
表虫迹状痕☆epichnial load impression
表处理☆list processing；LISP
表达☆express(ion)；formulation；conveyance；voice
表达方式☆phraseology
表达式☆expression；representative；represent
表胆甾醇☆epicholesterol
表胆甾烷醇☆epicholestanol
表的☆gnomonic
表的格式☆tableau format
(陆)表地槽☆epigeosyncline
表顶积扇☆supratopset fan
表读数据☆meter-run data
表儿茶酚[$C_{15}H_{14}O_6$]☆epicatechol
表鲕☆superficial ooid
表二氢胆甾烷醇☆epidihydrocholestanol
表粪甾醇☆epicoprosterol
表附藻属[Є-D]☆Epiphytor
表格☆table；form (list)；card；schedule；list；tab.
表格查阅法☆table lookup method
表格结构☆tableau format
表格栏☆column
表格式的☆tabular
表格头☆heading
表观☆apparent
表观比重☆apparent specific gravity
表观的☆apparent；appar；app；superficial
表观等时年龄☆apparent isochron age
表观地平(线)☆local horizon
表观电位☆appearance potential；AP
表观粉(末)密度☆apparent powder density
表观黏度☆apparent{pseudo} viscosity；AV
表观体积☆bulk volume；B/V；B.V.
表观先期固结压力☆apparent preconsolidation pressure
表荷☆surface load
表火☆skin fire
表(碎屑)火山粉砂岩☆epiclastic volcanic siltstone
表迹☆epichnia
表计读数☆gage reading
表加密☆subtabulation
表决电路☆voting circuit
表壳层☆periostracum；epidermis
表壳构造☆superstructure；suprastructure
表壳岩(石)☆epicrustal rock
表壳岩类☆supracrustal rock type
表列数据☆tabulated{tabular} data；tabular
表列值☆entry；tabulated value
表零点☆gauge zero
表流☆drift current；surface{sheet} flow
表流冲沟☆gully；bhura
表流碛☆flowtill
表流式分级机☆surface-current classifier
表氯醇☆epichlorohydrin
表面☆face；facade；exterior；dial；case；surface；superficies；skin；rind；obverse side
表面凹陷☆dishing；dinge
表面薄层堆焊☆sweating
表面变色☆tarnish
表面变形法☆surface deformation process
表面冰☆sheet ice
表面波☆surface(-guided){Rayleigh;external;long;circumferential} wave；near {-}surface waves
表面薄松土层☆light surface mulch
表面部分☆superficial part
表面不光亮金刚石☆coated diamond
表面层垫{垫层}☆surface mat
表面沉淀置换☆precipitation resurfacing
表面衬胶滚筒☆lagged pulley
表面尺寸☆superficial dimension
表面冲刷☆surface erosion
表面虫迹[遗石]☆epichnia
表面重磨☆reface
表面重修☆resurfacing
表面处理[浮]☆surface treatment{pretreatment}；protective finish；resurfacing
表面处理防尘煤☆dustproofing coal
表面处理药剂☆resurfacer
表面传导性{率}☆surface conductivity
表面粗糙的☆shagreened
表面淬火☆hard surfacing{facing}；case harden(ing)
表面导电层玻璃☆surface electroconductive glass
表面的击陷☆dinge
表面短暂现象[月球]☆surface transient phenomena
表面堆焊硬合金☆hard facing
表面发射质谱法☆surface-emission mass spectrometry
表面反应法☆surface-reaction method
表面放电☆creeping discharge
表面分析☆surface analysis
表面风化的燧石结核☆patinated chert
表面敷砂管☆sand-coated pipe
表面附差☆surface adhesion
表面感应硬化☆induction surface hardening
表面钢化☆acierage
表面高生物量[海]☆high surface productivity
表面鼓泡☆asperity
表面光度仪☆profilometer；profilograph
(使织物、石料等)表面光洁☆dress
表面光洁度测定仪☆instrument for determining surface finish
表面光洁度检查仪☆surface finish indicator
表面龟裂☆check surface；surface checking
表面海流☆surface current；ocean surface current
表面焊道☆cap(ping) pass；cap bead
表面焊接☆surface-welding
表面烘干砂型☆flared mould
表面化学☆capillary{surface} chemistry
表面活化吸附物☆surface-active adsorbate
×表面活性剂[烷基噁唑啉脂肪酸盐]☆Aciterge
×表面活性剂[辛基苯酚聚乙二醇醚；俄；$C8H_{17}$•C_6H_4•$(OCH_2CH_2)_{10}OH$]☆OP-10
×表面活性剂[叔辛基苯酚聚乙二醇醚；俄；C_8H_{17}•C_6H_4•$(OCH_2CH_2)_{16\{|20|30\}}OH$]☆OPE-16{|20|30}
×表面活性剂[烷基萘磺酸钠；$RC_{10}H_6SO_3Na$]☆Oranap
×表面活性剂[多烷基萘磺酸盐]☆Oranit B
×表面活性剂[烷基芳基磺酸盐]☆Ornite
×表面活性剂[十二烷基硫酸盐]☆Orvus WA
表面积☆outer surface；surface (area)；superficies
表面积的测定☆surface measurement
表面极化性能☆surface polarizability
表面价值☆nominal value
表面剪切黏度测定法☆surface shear viscometry
表面径迹[月面]☆tint
表面径流☆overland flow；surface running fluid
表面扩展{外延}X 射线吸收精细结构光谱☆surface-extended X-ray absorption fine-structure spectroscopy
表面扩张强度☆tensile surface strength

B

表面磷化☆alramenting
表面流排料☆surface discharge
表面泄漏☆surface leakage；creepage
表面密度☆areal{surface} density
表面摩擦阻力☆surface friction drag
表面膜测定秤☆Langmuir surface balance
表面磨损的金刚石☆abraded diamond
表面凝水☆sweating
(把……)表面弄平☆face
表面膨胀☆flat dilatation；surface{superficial} expansion
(使)表面平顺☆fair
表面起伏☆of bedding planes；epirelief
表面起网状裂纹☆surface checking
表面浅层引水[不扰动泥沙]☆skimming
表面浅洼型缩孔☆blink
表面切割☆gouging
表面侵蚀☆surface erosion；fretting
表面清洁的煤☆clean-surface coal
表面缺陷清除☆scarfing
表面燃烧型烧嘴☆surface combustion burner
表面燃烧原理☆surface combustion principle
表面蠕动☆surface creep；reptation
表面散热率☆heat density
表面闪燃测试仪☆surface flash tester
表面上☆seemingly
表面上的☆apparent；seeming
表面渗铝☆aluminum colorizing
表面渗碳卡瓦☆case carburized slip
表面升力分布☆lift over surface
表面声子☆surphon
表面势垒晶体管☆surface-barrier transistor
表面式凝结器☆surface-type{surface} condenser
表面水分☆free{surface} moisture
表面水化水泥☆surface-hydrated cement
表面水流☆effluent flow
表面缩穴☆dishing
表面塌陷☆external collapse
表面特征☆surface feature；character of surface
表面凸起☆rat
表面涂油式选矿机☆greased-surface concentrator
表面微形貌学☆surface microtopography
表面吸收☆adsorption
表面系数☆surface factor；specific surface
表面下的☆subsurface
表面相关气体☆surface correlated gas
表面镶金刚石刀具☆diamond surface set cutter
表面修整☆surfacing
表面压力系数☆surface pressure coefficient
表面硬度☆surface{skin} hardness；SH
表面应反射☆surface ghost
表面硬化☆hard surfacing{facing}；case-hardening；face hardening；CH
表面硬化的钻头☆hard faced bit
表面硬化用合金☆hard-facing alloy
表面硬结的沮洳地带☆treacherous ooze
表面预加工{处理}☆surface preparation
表面张力☆surface tension{tensiometer}；superficial tension；S.T.
表面张力波☆capillary wave
表面张力滴重计☆stalagmometer；stagonometer
表面张力降低剂☆surface-tension reducing agent；surface tension reducer{depressant}
表面张力液膜法[晶育]☆capillary liquid film technique
表面褶曲{皱}☆surface folding
表面质量吸收效应☆areal suction effectiveness
表面装饰☆incrustation；surface ornamentation
表面装置[海洋钻]☆configuration
表面着陆探测器☆surface landing probe
表面阻断☆surface intercept；SI
表面阻应力☆skin friction stress
表明☆import；demonstrate；testimony；indicate；attest；manifestation；state；proclamation
表明账款已收讫☆receipt a bill
表模☆surface film
表膜浮选[早期浮选法]☆film flotation
表内(储量)☆usable reserves
表凝作用☆hydrogenesis
表盘☆indicator dial；face
表盘最大刻度☆dial capacity
表皮☆epidermis[生]；skin[钙超]；cuticle
表皮的[昆]☆cuticular
表皮堵塞深度☆skin depth
表皮干燥砂型☆skin dried mould
表皮构造☆epigenetic structure；epi-tectonic
表皮毛☆epidermal hair
表皮内突☆apodemes
表皮上☆mantle rock
表皮土[选]☆mantle rock；regolith；mantle of soil
表皮退火☆flash annealing
表皮效应地带☆skin zone
表皮质☆cutin
表栖动物☆epifaunal
表碛☆superficial{surface;superglacial;surficial} moraine
表碛物☆superglacial till
表情☆expression
表色管☆chromoscope
表珊瑚(属)[D_2-C_2]☆Hapsiphyllum
表上作业法☆tabular method
表生成岩期☆epidiagenetic phase{stage}
表生带☆hypergenic{supergene;hypergene} zone；zone of hypergenesis
表生的☆hypergene；supergene；epigenetic；superficial
表生化(作用)☆epigenization
表生矿物☆surface{supergene;hypergene} mineral
表生硫化物富集(作用)☆supergene sulphide enrichment
表生迁移作用☆supergene migration
表生砂屑☆epiclastic sand
表生碎屑☆epiclast；epiclastic debris
表生碎屑砾岩☆epiclastic conglomerate
表生岩石☆talpatate；epigenetic rock；talpetate
表生作用☆hypergenesis；supergenesis；epigene(sis)；regressive diagenesis
表示☆express(ion)；indication；exhibit；show；bid；indicate；denotement；denotation；signify；testimony；represent；denote；representation；presentation；spell；pronouncement；offer
表示变异的象形法☆glyph system of illustrating variation
表示标高的☆hypsometric
表示冰川流向的等高线☆glaciers-form-lines showing flow
表示不同高度的地形图☆hypsography
表示法☆represent；notation
(对……)表示怀疑☆query
表示敬意者☆complementer
表示式☆expression；representative
表示特性的☆characteristic
表示……特征☆characterize
表示挖土深度的土柱☆temoin
表述☆formulation
表水层☆epilimnion
表水环流☆superficial circulation
表头☆meter；gauge outfit；header
表土☆capping mass{material;muck}；accretion；cap；burden；regolith；drift；top；(soil) overburden；soil- cap；blanket；surface soil{wash}；atteration；cover；mantle rock；caprock；capping；topsoil；superficial stratum；aggradation；rock mantle；rhegolith；living soil；regolite；meat earth[露]
表土剥离☆site{top-soil;overburden} stripping；burden removing
表土层☆soil-cap；topsoil；mantle of soil{rock}；ledge finder；epipedon；overburden layer；superficial stratum
表土层下整体露头地质图☆solid geological map
表土厚度效应☆topographic loading effect
表土解移☆rhexistasy
表土取芯管☆blanket core tube
表土下`硬{坚实}岩层的顶部☆rockhead；rock head
表土钻机☆earth drill
表外储量☆useless reserves
表外矿☆useless reserves；submarginal ore
表外膜[孢]☆ect(o)exine；ektexine
表位☆epi-position
表现☆display；conduct；behave；exhibit；performance；representation；showing；represent；present
表现不明显的分水岭☆ill-defined divide
表现分类☆phenetic classification
表现接近☆appulse
表现图☆phenogram
表现微弱的劈理☆grayback
表现型分类法的☆phenetic
表现型式☆exhibited pattern
表现形式☆manifestation
表镶金刚石☆surface set diamond
表镶钻头☆single-layer bit
表象☆representation
表(现)型☆phenotype
表型变体☆phenotypic variant
表型带☆phenozone
表型单元☆phenon [pl.-na]
表型分类☆phenetic classification
表型复模☆phenocopy
表型生成作用☆phenogenesis
表型图☆phenogram
表型学☆phenetics
表压☆ga(u)ge{barometric;manometer} pressure；gp
表压力☆gage pressure
表岩屑☆mantle rock；regolith
表岩屑土☆regosol
表演☆exhibition；demonstrate；acting；render
表扬☆commendation
表扬的☆testimonial；laudatory
表氧化作用☆epi-oxidation
表异构化(作用)☆epimerization
表异构体☆epimer；epimeride
表音法☆phonography；orthography
表用管☆electrometer tube
表语言☆table language
表原生代☆Epiprotozoic
表源间歇河☆surface-fed intermittent stream
表彰☆recognition
表征☆token；characterize；demonstration
表征(鉴定)☆characterization
表征亲缘性☆phenetic affinity
表征梯变☆phenocline
表征性次要矿物☆characterizing accessory
表征学☆phenetics
表值☆tabulated value；tab
表质层☆periostracum
裱图☆mount map
裱装镶嵌图☆mounted mosaic

biào

鳔☆air bladder

biē

鳖甲玉贝类☆Lamellariacea
鳖属[K-Q]☆Amyda；soft-shelled turtles
鳖酸☆palmitoleic acid
憋压☆build the pressure；pressure-out

bié

别胆烷☆allocholane
别杜尔阶☆Bedoulian (stage)
别捷赫琴矿☆betekhtinite；betechtinite
别良金石☆belyankinite
别洛夫石☆belovite
别洛乌虫属[三叶;$Є_3$]☆Belovia
别名☆surname；alias
别色的☆allochromatic；allochroic
别特帕克达拉矿☆betpakdalite
别特帕克达拉粉属[孢;K_2]☆Betpakdalina
别羊齿☆Alloiopteris
别针虫属[孔虫;K]☆Goupillaudina
别正形贝属[腕;O_3]☆Heterorthina
别子式块状硫化物矿床☆Besshi-type massive sulfide deposits
蹩钻☆bit bouncing

bīn

玢岩[指含斜长石和(或)暗色矿物斑晶者。请对比“斑岩”]☆porphyrite
玢岩铁矿床模式☆model of porphyrite iron deposit
濒临衰竭的水热系统☆dying hydrothermal system
濒碎波☆near-breaking wave
濒于崩溃☆verge on collapse
濒于危境的水生生物☆emergent aquatics
滨☆shore；rivage；strand
滨岸带☆seaboard
滨岸的☆shoreline；shoreside；longshore
滨岸低地沉积带☆perezone
滨岸海湾☆coastal embayment
滨岸三角沙坝☆beach pad
滨岸沙坝{堤}☆longshore bar
滨岸沙丘☆strand{shore} dune
滨岸水域☆inshore water
滨冰☆shore ice
滨冰带☆icefoot；shore-ice belt
滨草☆marram grass

滨堤☆berm crest{edge}
(沿)滨地☆shoreland
滨堆积☆shore deposit
滨海☆shore; offshore
滨海变化过程☆littoral process
滨海草甸☆sea meadow
滨海的☆littoral; paralic; littorine; marginal-marine
滨海地槽☆paraliageosyncline
滨海地带☆littoral zone; oceanfront
滨海地下淡水☆fresh ground water in littoral deposit
滨海复田☆beach reclamation
滨海湖☆loch; coastal lake
滨海疗养区☆riviera
滨海流☆alongshore current
滨海陆地☆foreside
滨海煤系☆paralic coal deposits
滨海能量学☆littoral energetics
滨海泥坪☆mudflat
滨海平台{滩}☆littoral flat
滨海平原☆strand plain
滨海平原地下水☆ground water in littoral plain
滨海区☆littoral area{region}
滨海潟湖☆marginal lagoon
滨海沼泽☆seamarsh
滨海植物☆maritime plant
滨后☆backshore (beach); back beach{shore}
滨后脊☆berm{beach} crest
滨后滩☆back(shore) beach; beach-backshore
滨礁☆shore reef
滨阶☆berm; tidal terrace
滨进☆shore progress
滨流☆shore current
滨陆☆shoreland
滨螺[腹]☆littorina; periwinkle; Littorinids
滨螺超科☆Littorinacea
滨螺类☆littorinids
滨螺属☆Littorina; Littorinids
滨面☆shoreface
滨内地形☆inshore bottom contour
滨漂流☆shore drift
滨坪☆strand-flat
滨剖面☆shore profile
滨前阶地☆shore(-)face terrace
滨珊瑚(属)☆Porites
滨水区☆waterfronts; water front
滨台☆shore platform
滨太平洋区域☆Peri-Pacific region
滨外☆outshore; offshore
滨外堡坝☆offshore barrier
滨外岛☆barrier island
滨外鲕粒沙坝☆offshore oolite bar
滨外海洋构筑物☆offshore marine structure
滨外砂矿☆marine placer
滨外沙障☆offshore barrier
滨外滩地{阶}☆offshore beach terrace
滨线☆shore{strand} line; shoreline
滨线发育系数☆shoreline-development ratio
滨线负向位移{变位;移动}☆negative displacement of the strand line
滨线后退☆recession of shoreline
滨线控制侧向分带机理☆shoreline controlled lateral zoning mechanism
滨线(向海)推进☆advance of shoreline
滨线向陆推进☆positive displacement of the strand line
滨崖☆shore cliff
滨簪花☆thrift
宾粉蚧属☆Xenococcus
宾骨鱼次亚纲☆Teleostei
宾哈姆塑性系数☆Bingham viscous system
宾汉模型{式}☆Bingham model
宾汉塑性流模型☆Bingham plastic model
宾汉塑性油[半固态]☆Bingham plastic oil
宾汉体☆plasticoviscous substance; Bingham body
宾拉卡红[石]☆Pokkala Red
宾氏模型☆Bingham model
宾斯基-马丁油品闪点测定仪☆Pensky-martens tester
宾夕法尼亚法[测相对渗透率]☆Penn State method
宾夕法尼亚纪前岩类☆pre-Pennsylvanian rocks
宾夕法尼亚煤[燃料比 1.4]☆pennsite
宾夕法尼亚州[美]☆Pennsylvania; Penn.; Penna.
宾主机构☆guest-host mechanism

bìn

髌{膑}骨☆patella[pl.-e;-as]; knee cap

bīng

槟榔(属)[E_2-Q]☆Areca
槟榔粉属[E_2]☆Areeipites; Arecipites
槟榔目☆Arecales; Palmales
兵法☆tactic
兵工厂☆armo(u)ry
兵力☆force
兵鱼(属)[D]☆Pterichthys
兵站☆depot
冰[H_2O;六方]☆ice; aqua; sth. resembling ice; feel cold; put sth. on the ice (or in cold water); eis[德]
冰-IV[H_2O;等轴]☆ice-IV
冰岸☆glacial cliff
冰凹湾☆ice bay{bight}
冰拔(作用)☆exaration
冰坝☆ice barrier{dam;bar}; dam
冰瓣☆ice lobe
冰包☆ice container
冰雹☆hailstone; hail; sleet
冰暴☆ice{silver} storm
冰被☆ice carapace
冰被山原☆field
冰崩☆ice quake{avalanche;fall}; (glacier) avalanche; calving; ice(-)fall; ice blocks crashing down from mountains
冰崩积的☆glacieluvial
冰壁☆ice front{wall;ledge;foot;face;belt}; icefoot; bellicatter; shore-ice belt; catter; barrier ice
冰壁(冰水沉积)平原☆ice-walled outwash plain
冰边☆ice margin
冰边融缝☆lateral canyon
冰边水系☆ice-marginal drainage
冰扁豆体☆ice lens
冰滨间水道☆shore lead
冰补给区☆ice receiving area
冰擦(作用)☆glacial scour
冰擦沟痕☆groove
冰擦痕☆ice mark; glacial scratch{striae;score}
冰擦界限☆limit of glacial polish
冰擦巨砾☆soled boulder
冰擦丘☆ice-dressed rock
冰擦岩☆glaciated rock
冰槽湖☆groove{trough} lake
冰槽丘☆fluted hill
冰层☆ice layer{cover}
冰长钠长石☆adularalbite
冰长-钠长石系☆adularia-albite series
冰长石[$K(AlSi_3O_8)$;正长石变种]☆adular(ia); moonstone; hecatolite; valencianite; feldspath nacre; paradoxite; kalifeldspath[德]
冰长石化(作用)☆adularization
冰场☆ice bank
冰尘☆cryoconite; kryokonite; cryohalite; kryoconite
冰尘坑☆dust well
冰成滨堤☆shore wall
冰(川)成(因)沉积物☆glacigene sediment
冰成的☆glacigene; glacigenous; glacigenic
冰成干谷☆pamet
冰成砂砾锥☆sand cone
冰成砂平原☆glacial sand plain
冰成围场☆amphitheater
冰成悬谷☆glacial hanging valley; hanging trough
冰成岩☆glacial rock
冰成岩丘☆rock knob
冰成锥☆glacier cone
冰承☆ice sheet
冰冲(作用)☆ice-thrusting
冰冲脊☆ice-thrust ridge
冰触坡☆ice-contact slope
冰川☆glacier; jokull; icing; brae; jokul[德]; ice river{penitente;stream}
冰川拔削(作用)☆plucking
冰川拔削作用冰蚀宽谷☆urstromtal
冰川搬运☆transportation by glacier; glacial transport(ation)
冰川板☆glacial slab; boiler-plates
冰川保护说☆glacial protection theory
冰川爆发洪☆outburst
冰川刨掘☆glacial ploughing
冰川刨蚀☆glacial scour; scouring; glacier erosion
冰川鼻☆snout (of glacier); glacial{glacier} snout; terminal face
冰川庇护区☆glacial refuge
冰川边流☆ice-border drainage
冰川边碛外沉积☆outwash
冰川边沿裂隙☆be(r)gschrunde; randspalte; rimaye
冰川边缘河☆glacier-margin stream
冰川变动☆fluctuation of glacier
冰川冰斗☆glacial cirque
冰川剥蚀(作用)☆glacial plucking
冰川捕获体☆glacial capture
冰川擦痕☆glacial striation{scratch;stria;striae}; drift scratch; score; scoring
冰川擦口☆friction crack
冰川槽谷☆moat; glacial trough
冰川沉积(作用)☆glaposition
冰川沉积砂矿☆glacio-fluvatile placer
冰川成的☆glacigene
冰川的☆glacial; glacic; glacigenic
冰川底流☆ice {-}undercurrent
冰川顶面的☆superglacial
冰川(引起的)地壳均衡变化☆glacio(-)isostatic change
冰川(引起的)地壳均衡状态☆glacio(-)isostasy
冰川动态☆glacier regime
冰川洞穴☆glacier cave; glaciere
冰川堆积(海)岸☆glacial-deposition coast
冰川反气旋说☆glacial anticyclone theory
冰川分流垭口☆glacial diffluence pass
冰川风☆glacier breeze{wind}; firn wind
冰川覆盖☆glaciation; glacification
冰川覆盖的☆glacier-covered; glaciated; ice covered; glacierized
冰川构造现象☆glacio-structure phenomena
冰川谷岩屑☆glacial valley debris
冰川锅穴☆moulin (pothole); glacial mill{moulin; pot-hole}; glacier moulin
冰川锅穴阜☆moulin kame
冰川海面升降☆glacio(-)eustatism
冰川黑带下凸弧☆dirt-band ogive
冰川洪积☆glacifluvial
冰川后大裂隙☆bergschrund
冰川后退☆glacial retreat; glacier recession; retreat of glacier
冰川湖爆{崩}☆glacial lake-burst
冰川化☆glaciation; glacierization
冰川汇合岩锥☆rock bastion
冰川积消平衡☆equilibrium of glacier
冰川基岩☆subglacier floor
冰川急流☆glacier cataract; kinematic(al){traveling} wave
冰川加强(作用)☆agglaciation
冰川加深掘蚀☆glacial{glacier} overdeepening
冰川间地区☆interglacier
冰川减退(作用)☆deglaciation
冰川阶坎☆stairway
冰川进退☆fluctuation of glacier
冰川井☆chimney
冰川巨砾☆ice {-}boulder; erratic raft
冰川刻槽☆glacial striation; dorr
冰川刻蚀槽☆glacially eroded trough
冰川刻蚀地区☆glacially sculptured terrain
冰川控制说[环礁形成]☆glacial-control theory
冰川溃决☆jokulhlaup; glacier burst
冰川扩展☆glacial advance
冰川扩张☆expansion of glacier
冰川裂隙☆crevass of glacier; glacier crevasse
冰川流系☆glacial drainage
冰川面岩屑☆glacier rubbish
冰川末端☆(glacier) terminus; terminal face
冰川内的☆intraglacial; englacial
冰川泥岩☆pelodite; pellodite
冰川碾磨作用☆glacial grinding
冰川瓯穴☆glacial chimney{moulin;pothole}; glacier well{funnel}; chimney; moulin
冰川漂冰的☆glacionatant
冰川漂砾扩散(中心)☆glacial dispersal
冰川漂石黏土☆glacial till
冰川前的☆anteglacial
冰川前的砂砾层☆apron
冰川潜流☆ice-undercurrent
冰川前平滑侵蚀面☆paleic surface
冰川侵蚀☆scour; ice{glacier;glacial} erosion; glarosion
冰川侵蚀河床☆glacial wash

B

B

冰川蠕动前进☆ice worm
冰川上的☆supraglacial
冰川舌☆tongue; glacial tongue{lobe}; ice{glacier} lobe
冰川舌嵌入段☆entrenched part of the glacier tongue
冰川石流☆rock glacier
冰川收缩☆shrinkage of glacier
冰川收支状况☆glacier regimen
冰川水流☆streaming flow
冰川碎冰粒☆glacier corn
冰川碎石带☆(dirt) band
冰川损耗☆wastage
冰川苔石☆jokla mys; glacier mice{mouse}
冰川条痕石☆scratched boulder; striated pebble
冰川推挤☆ice thrust
冰川推进高峰☆glaciation limit; glacial maximum
冰川退缩☆glacier{glacial} recession; retreat of glacier
冰川退缩极限☆glacial minimum
冰川挖掘产物☆quarried products
冰川挖掘面☆quarried surface
冰川外水系☆extraglacial drainage
冰川纹泥☆glacial varve; glacial-varve
冰川峡谷☆glacial canyon
冰川藓类☆polster
冰川消长情况☆glacial{glacier} regime
冰川消融☆glacial ablation; summer balance; deglaciation
冰川消融变薄☆downwasting
冰川消退☆glacier recession; deglacierization
冰川形成作用☆glacification
冰川型泥石流☆glacier-type mudstone
冰川性海面升降☆glacio-eustatism{-eustasy}; glacial eustasy
冰川性海面升降变化☆glacio-eustatic change
冰川修剪线☆trimline
冰川选择侵蚀面[有丘有洼地]☆mammillated surface
冰川削平作用☆glacial planation
冰川学☆glaciology; cryology
冰川学会☆glaciological society; GS
冰川学家{者}☆glacierist; glaciologist
冰川学说☆glacial{glacier} theory; glacialism
冰川雪☆neve; glacier snow
冰川雪原组合☆eisstromnetz
冰川岩溶☆glaciokarst; alpino karst; nival karst
冰川夷磨作用☆glacial planing and polishing
冰川溢水{流}道☆glacial drainage channel
冰川涌流☆surge
冰川诱发的☆glacially-induced
冰川缘☆lobe
冰川源地☆ice cauldron
冰川越过山口☆glacial diffluence pass
冰川运动☆glacial{ice} motion
冰川运动的方向☆direction of glacier movement
冰川阵发性☆glacier surge
冰川支流☆secondary glacier
冰川终碛极边散面☆fringe
冰川中央洼地☆central depression
冰川状流动角砾岩☆knock-glacier breccia
冰川锥☆wash cone
冰川阻塞湖☆ice-barrier lake
冰川最大扩展位置☆glacial maximum
冰川最小退缩位置☆glacial minimum
冰川作用☆glaciation; glacialism; glacierization; glacial action
冰川作用地区☆glaciated area{region}
冰川作用极弱期☆glacial minimum
冰醋酸☆glacial acetic acid
冰带☆ice band
(桥梁的)冰档☆sterling
冰刀☆skate
冰岛☆iceland; ice island
冰岛低压☆Icelandic low
冰岛型槽☆Icelandic trough
冰岛型地质火山☆shield volcano of the Iceland
冰岛岩☆icelandite
冰的☆icy; krystic; glacial
冰的厚度☆thickness of the ice
冰的推进☆ice advances
冰底崩☆ground avalanche
冰底堆积(物)☆infraglacial accumulation
冰底喷发☆subglacial eruption
冰地蜡☆dinite
冰点☆freezing{ice;frosting;freeze} point; point of congelation; f.p.
冰点降低剂☆freeze-point depressant
冰点温度☆ice point
冰点线☆freezing-paint line
冰点以上(的)☆above freezing
冰点以下温度☆frost
冰顶盖☆ice canopy
冰冻☆gelivation; icing; frost; freeze; helada; iciness; cryo-; kryo-; cry-
冰冻崩解☆frost weathering; gelifraction
冰冻剥夷阶地☆altiplanation terrace
冰冻成角砾☆frost-breccia
冰冻带☆frost belt{dam}; zone of freezing
冰冻的☆freezing; glace; frozen
冰冻地层☆frozen layer
冰冻地带☆frost zone; glaciated zones
冰冻法☆refrigeration method
冰冻翻浆☆cryoturbation
冰冻干燥☆freeze-drying
冰冻花纹土☆frost-pattern soil
冰冻挤压{推覆}☆frost thrusting
冰冻季节☆freezing season
冰冻胶结☆bonding
冰冻解裂☆frost weathering{wedging}
冰冻裂隙☆frost crack{shake;fissure}; ice crack; thermal contraction crack
冰冻路面铺砂机☆spinner gritter for treating frost bound and slippery surface
冰冻泥流☆congelifluction; gelifluxion; gelifluction; gelisolifluction
冰冻破坏物质堆积作用☆congeliturbation
冰冻切片术☆cryo-microtomy
冰冻圈☆cryosphere
冰冻深度☆freezing depth; frost penetration
冰冻水银法☆mercast
冰冻线杆高☆freezing level
冰冻学☆cryology; cryergy; cryogenics
冰冻岩带☆cryolithozone
冰冻圆形裂隙[石灰岩上]☆frost circle
冰冻最大深度线☆frost line
冰冻作用土层☆frost {-}active soil
冰洞☆glacial moulin; ice cavern
冰斗☆cirque; corrie; coom; van; circus; armchair; kar; botn; back; coire; cwm[威尔]; corry; zanoga; amphitheater; coombe; co(o)mb; combe; glacial amphitheater{cirque}; fjeldbotn[挪]; oule[西]
冰斗冰河☆corrie glacier
冰斗分界峰☆monumental peak
冰斗割切高地☆fretted upland
冰斗后壁☆cirque headwall; head scarp; headwall amphitheater
冰斗后崖☆headwall; backwall
冰斗湖☆tarn; cirque lake; cirque-cupped pond
冰斗积雪流☆snowrift glacier
冰斗扩大作用☆bergschrund action
冰斗盆底☆cirque niveau
冰斗切刻☆cirque cutting
冰斗侵蚀☆cirque erosion
冰斗丘☆threshold
冰斗区☆karling
冰斗蚀残高地☆monumented upland
冰斗梯坎☆cirque stairway
冰斗围场☆mountain amphitheatre
冰斗状长穴☆makhtesh; makhtésh
冰斗状小穴☆slade
冰堵☆ice barrier
冰段☆stade
冰段的☆stadial
冰堆☆ice accretion{pack}; naled [pl.-di;俄]
冰堆石☆moraine
冰筏☆ice rafting{raft}
冰筏冰碛☆moraine raft
冰封☆freezeup; ice(-)bound; [of a river,lake,etc.] freeze over; be blocked up with ice
冰封地区☆glaciated area
冰峰☆serac
冰锋☆ice front
冰缝☆ice crack
冰缝下河槽☆subcrevasse channel
冰覆盖☆ice cover
冰覆盖区☆icy region
冰钙长石☆linseite
冰盖☆ice sheet{mantle;carapace;cover;cap}; icecap; glacier sheet
冰盖率☆concentration of ice
冰盖削磨(作用)☆glacial mammillation
冰盖肿胀假说☆bulge hypothesis
冰盖中的融水洞☆meltwater chamber
冰高原☆ice plateau
冰根☆ballycadder; icefoot; bellicatter
冰沟☆ice lead
冰谷☆ice gorge
冰谷湖☆glacial-valley lake
冰谷坎☆glacial step
冰谷岩坎☆threshold; riegel
冰冠☆ice cap{carapace}
冰冠面伸长盆地☆bagnoire
冰海[法]☆mer de glace
冰海沉积☆glacial marine sediment; aquatillite
冰(川)海(洋)沉积物☆glacial-marine sediment
冰海的☆glaciomarine
冰海堆积☆glacio-marine deposit
冰海碛沉积☆aquatillite
冰巷☆lane
冰核☆ice nuclei{core}
冰核冰碛☆ice-cored moraine
冰核丘☆pingo; gull hummock; hydrolaccolith; pingok; boolgoonyakh; boolyunyakh; bulgun(n)yakh
冰核丘冰☆pingo ice
冰核丘遗址洼地☆pingo remnant
冰河☆glacier; glacier{ice} stream; jokula; ice river
冰河拔削(作用)☆plucking; quarrying
冰河保护说☆glacial protection theory
冰河鼻☆snout of glacier
冰河堆集小山☆drumlin
冰河谷☆rofla; glacial valley
冰河壶穴☆glacial pothole; moulin
冰河化(作用)☆glacierization
冰河控制说☆glacial control theory
冰河口砂质沉积☆esker delta
冰河内融☆englacial melting
冰河期前的☆preglacial
冰河起源说☆glacial origin theory
冰河砂矿☆glacio-fluvatile placer
冰河砂砾丘☆esker
冰河舌☆glacier bulb
冰河生成纪☆cryogenic period
冰河石流☆rock glacier{stream}
冰河式变律☆glacial regime
冰河竖坑☆chimney
冰河碎屑层☆dirt band
冰河体积计算☆glacial mass budget
冰河系☆stream-trench system
冰河峡谷☆glacial canyon
冰河学☆glaciology
冰河肢蚀☆glacial breaching
冰河作用☆glaciation
冰后高温期☆altithermal period; thermal maximum
冰后回跃☆postglacial rebound
冰后期☆post(-)glacial age{period}; postglacial
冰后升温期[10,000～7,500年前]☆anathermal
冰后隙☆bergschrund; rimaye; schrund
冰壶☆kettle
冰壶碛阜☆moulin kame
冰湖☆glade; ice lake
冰(间)湖☆ice clearing
冰湖沉积☆glacial-lake{glacio-lacustrine} deposit
冰湖底☆botn; saekkedaler; back
冰湖地形☆glacio-lacustrine feature{landform}
冰湖季泥☆varve; varved clay{sediments}
冰湖碛沉积☆aquatillite
冰湖纹泥☆glacial varve
冰花☆shuga; ice flower; floe decoration; frost (on windows); frostwork; (soft) rime
冰花玻璃☆ice glass
冰化学法☆freeze-chemical method
冰患海域☆ice-plagued area
冰彗气候带☆cryochore
冰唧声[融化时放气发声]☆bergy seltzer
冰积☆icing
冰积地区☆glaciated area
冰积平原地下水☆ground water in apron plain
冰积体☆ice massif
冰积土☆glacial soil{deposit}
冰积物☆ice-borne sediment; drift (material)
冰极☆ice pole
冰挤压☆ice above

冰脊☆fretted ice; (pressure) ridge
冰架☆barrier ice; ice shelf
冰间冰面☆rasvodye
冰间湖☆pool
冰间期☆interglacial age
冰间水道☆lane; vein
冰间水面☆(water) opening
冰间死水路☆pocket
冰笕☆glacial chute
冰礁☆ice reef; ground{anchor} ice
冰胶结作用☆ice bonding
冰脚☆icefoot; ice foot; shore{fast}-ice belt; collar ice
冰脚洞{龛}☆ice-foot niche
冰窖☆ice cave; icehouse; glaciere[法]
冰接坡☆ice {-}contact slope
冰阶☆glacial staircase
冰阶地☆ice {-}pushed terrace
冰阶坎☆cascade{glacial} stairway; glacial staircase
冰界☆ice edge{limit}
冰界层状冰碛{沉积}☆ice-contact stratified drift
冰界方程☆cryoscopic equation
冰介覆盖☆glaciation; glacierization
冰进☆glacial{glacier} advance
冰晶☆ice{frazil} crystal; frazil
冰晶带☆ice fringe; ice-ribbon
冰晶的增长☆the growth of ice crystals
冰晶石[Na_3AlF_6;3NaF•AlF_3;单斜]☆cryolite; ice stone; kryolith; ice-spar; chriolite; greenland spar; chryolith; eisstein; kryolite; sodium cryolite
冰晶石玻璃☆cryolite glass
冰晶石腐蚀试验炉☆cryolite corrosion test furnace
冰晶石膏☆belyankite
冰晶石回收流程(图)☆cryolite recovery scheme
冰晶盐水混合物☆brine slush
冰晶印痕☆ice {-}crystal imprint
冰晶铸型{形}☆ice-crystal cast
冰景[特指极带风光]☆icescape
冰静压力说☆cryostatic hypothesis
冰静压作用☆cryostatic process
冰卷泥☆brodelboden; brodel soil; involution
冰掘平原☆ice-scoured plain
冰掘作用☆gouging; ice {-}scouring
冰坎☆riegel; cross-wall; rock bar
冰壳☆ice rind{crust}; cat{shell} ice
冰刻槽☆glacial chute; glacial chute
冰刻槽面☆fluted surface
冰刻沟☆(glacial) groove
冰刻砾石☆ice-faceted pebble
冰坑☆kar; corrie; cirque; coire
冰窟☆thaw hole
冰库区☆ice reservoir area
冰块积聚☆ice cake
冰溃☆ice run
冰蓝晶石☆chalcocyanite; hydrocyanite
冰冷的☆icy; ice-cold
冰砾☆ice-blocks; ice {-}boulder
冰砾壁☆boulder wall; boulder-wall
冰砾堤☆glacial levee; biasar
冰砾阜☆kame; cam
冰砾阜脊☆kame ridge
冰砾阜群☆kame complex
冰砾孤丘{阜}☆lone kame
冰砾脊☆ice-block ridge
冰砾块☆glacial block
冰砾列扇☆boulder-fan
冰砾磨蚀地☆ice mill
冰砾泥☆drift{boulder} clay; boulder mud{day}; clay boulder; glacier{glacial} till; boulderclay
冰砾泥岩☆pelodite; pellodite
冰砾平原☆ice-contact{kame} plain
冰砾碛☆kame moraine
冰砾丘☆kettle drift
冰砾砂矿层☆drift gravel
冰粒☆ice particle; glacier grain[冰]
冰粒雪☆firn ice; iced firn
冰裂☆calving
冰裂缝{隙}☆crevasse
冰裂搅动☆kryoturbation; cryoturbation
冰裂声☆ice yowling
冰裂纹☆ice-crack
冰凌☆sleet; ice jam; (ice) slush
冰流☆ice flow{stream}; watercourse; run of ice
冰流{溜}槽☆glacial chute
冰溜湖☆glacial pavement
冰溜面☆glacial{glacier;ice} pavement; abraded bedrock surface
冰龙骨☆ice keel
冰隆☆ice rise
冰隆丘☆hydrolaccolith
冰麓☆ice piedmont
冰脉☆ice dike{vein}
冰锚☆ice-anchor
冰帽☆ice{glacial} cap; glacier
冰面半圆形融坑☆meridian hole
冰面饱和☆ice saturation
冰面尘洞{|坑}☆dust hole{|basin}
冰面弧形起伏☆wave ogive
冰面开裂☆promojna
冰面平行脊☆parallel bands
冰面上的☆supraglacial
冰面水流☆superimposed{superglacial} stream
冰面水穴☆water hole
冰面下凸弧☆ogive
冰面消融☆ablation
冰面岩屑☆morainal{moraine} stuff; supraglacial {superglacial} debris
冰面滞水☆strake
冰膜[海面]☆ishinna
冰磨界限☆limit of glacial polish
冰摩擦学说☆ice friction theory
冰漠☆ice desert
冰钠长石系☆adularia-albite series
冰内带☆englacial{subglacial} zone
冰内的☆englacial; intraglacial; subglacial
冰泥☆slush ice; slob[密积]
冰泥砾岩☆pellodite; pelodite
冰凝的[盐类]☆cryophilic; psychrophilic
冰盘☆ice floe{pan;float}
冰旁平原☆marginal plain
冰棚☆ice foot{ledge;shelf}; icefoot; catter; bellicatter; collar ice; shore-ice belt
冰劈作用☆riving; congelifraction; frost bursting {splitting}
冰皮☆ice rind{crust}
冰片烯硫醇[$C_{10}H_{15}SH$]☆bornylene mercaptan
冰瀑(布)☆glacial{ice} cascade; glacier fall; ice(-)fall; ice chute{ledge}
冰期☆drift epoch{period}; ice age{period}; glacial period{stage;epoch;phase}; Great Ice Age; ice-age; period of glaciation
冰期残余植物群☆glacial relic flora
冰期次阶☆stade
冰期的☆cosmic hypothesis
冰期低海面☆glacial lowering of sea level
冰期堆积☆proglacial deposit
冰期海面升降说☆glacio-eustatic theory
冰期后的☆subglacial; postglacial
冰期后分散☆postglacial dispersion
冰期后系☆post glacial system
冰期后最新期☆recent epoch{period}
冰期-间冰期旋回☆glacial-interglacial cycle
冰期间的☆interglacial
冰期前水系☆preglacial drainage
冰期前的☆preglacial; anteglacial
冰期前谷☆preglacial valley
冰期旋回☆cycle of glaciation
冰期中无碛区☆driftless area
冰碛☆moraine; diamicton; glacial moraine{drift; till;outwash;overburden}; (ice-laid) drift; till; ice laid drift; overburden; symmicton; mixton
冰碛(覆盖层)☆mantle of glacial drift
冰碛层☆drift sheet{deposit;bed}; glacial series; lodgement; moraine; till sheet
冰碛层边缘产物☆drift-border features
冰碛层序☆morainic succession
冰碛的☆tilly; morainal; morainic
冰碛堤☆ra[挪]
冰碛底面☆base of drift
冰碛阜☆(moraine) kame; cam
冰碛覆盖丘☆veneered hill
冰碛阜群☆kame field
冰碛核蛇丘☆fill-cored esker
冰碛(堰塞)湖☆drift-dammed lake
冰碛脊[法]☆coteau [pl.-x]
冰碛纪[更新世]☆Drift period
冰碛矿床☆glacial-drift ore deposit
冰碛流☆flowtill
冰碛卵石☆ice boulder
冰碛泥灰{炭}☆drift peat
冰碛墙☆till wall
冰碛丘☆moraine hill; hill-island; bakkeoer; paha
冰碛丘陵☆hillock moraine
冰碛融水道☆morainal channel
冰碛舌☆lobe
冰碛石☆tillstone; moraine
冰碛图☆drift map
冰碛土☆moraine soil{clay}; boulder loam{clay}; drift clay; glacial soil{till}
冰碛洼地☆rimmed kettle
冰碛洼地丘☆ice-block ridge
冰碛围脊☆closed ridge
冰碛物☆(glacial;glacier) till; ice-laid drift; moraine deposit{debris}; glacial material{debris;deposit}; deluvium; morainic debris
冰碛下基岩地形☆subdrift topography
冰碛岩☆tillite
冰碛冢☆till tumulus
冰碛锥☆cone
冰碛阻塞湖☆drift-barrier{moraine-dammed} lake
冰气候☆ice climate
冰前凹下的冰碛☆depressed moraine
冰前的☆proglacial; supraglacial
冰前湖☆marginal{proglacial} lake
冰前(冲积)平原☆frontal apron-plain; apron (plain); frontal apron
冰前三角洲☆proglacial delta
冰前水门沟☆proglacial sluiceway
冰前消退(作用)☆backwasting
冰前沼☆polynya; clearing
冰桥☆bridge
冰桥效应☆ice-bridge effect
冰情☆ice condition
冰情电码{符号}☆ice code
冰穹☆ice dome
冰丘☆ice blister{mound}; (ice) hummock; pingo(k)
冰丘冰☆hummocked ice
冰丘冰原☆hummocky ice field
冰丘列☆windrow
冰丘群☆floeberg
冰区☆zone of ice
冰区加强油轮☆ice-strengthened tanker
冰区图☆ice chart
冰圈☆cryosphere
冰裙☆(ice) apron
冰群☆ice cluster; toros
冰染蓝☆ice blue
冰刃☆ice blade
冰日☆ice day
冰融岸龛☆thermal niche
冰融泛滥☆glacier (outburst) flood; glacier burst
冰融河☆glacial{glacier} stream
冰融喀斯特☆thermokarst
冰融扰动☆kryoturbation; cryoturbation
冰融似喀斯特地形☆thermokarst topography
冰融沼泽☆ablation swamp
冰蠕动☆ice worm
冰塞☆ice jam
冰塞湖☆ice-dammed lake
冰塞效应☆ice-bridge effect
冰砂结块☆ice concrete; icecrete
冰山☆iceberg; (glacier) berg; icy{ice-capped} mountain
(冰川)冰山☆glacier iceberg
冰山沉积☆berg deposit
冰山沟痕☆iceberg furrow mark
冰山石块☆lyell
冰山嘶嘶声☆bergy seltzer
冰闪光☆eisblink
冰扇☆expanded-foot{bulb} glacier; ice fan
冰上冰☆nasslood
冰上尘穴☆dust well
冰上河☆supraglacial stream
冰上河侧蚀阶地☆epiglacial bench
冰上湖☆ice-basin lake
冰上结冰☆aufeis
冰上融水坑☆puddle
冰上新冰层☆nasslood
冰上行驶的帆船☆scooter
冰上钻进☆glacial {-}ice drilling
冰舌☆tongue; glacial lobe{tongue}; ice{glacier} tongue

B

冰舌凹地☆terminal{tongue} basin
冰舌湖☆glacier-lobe lake
冰舌间☆interlobate
冰舌间边缘河☆interlobular stream
冰舌挖蚀湖☆glacial-lobe lake
冰石坎☆glacial boss
冰石潜移☆rock-glacier creep
冰石隙☆bergschrund
冰蚀☆glaciation; glacial erosion{abrasion}; plucking; glacier abrasion; ice erosion; ice-scarpe; glacierization
冰蚀波状面☆kymatoid surface
冰蚀槽☆glacial{glacier} trough; (glacially eroded) trough
冰蚀产生的地形☆landforms produced by glacial erosion
冰蚀的☆ice-worn; glaciated
冰蚀地区☆glaciated region
冰蚀高地{原}☆fjeld; fjell; fieldbotn[挪]
冰蚀谷湖☆alpine border lake
冰蚀和磨蚀☆plucking and abrasion
冰蚀湖☆glacial erosion{scour} lake; ice-scour lake
冰蚀角峰☆Matterhorn
冰蚀锯缘地形[高地四周因冰蚀呈饼干锯齿状]☆biscuit-board topography
冰蚀宽谷☆urstromtal; pradolina
冰蚀盆地☆deflection basin
冰蚀碗与冰蚀地窝☆bowls and potholes
冰蚀围椅☆armchair
冰蚀峡谷☆glacial gorge
冰蚀小沟槽☆sichelwannen
冰蚀新月形岩盆☆skartrag[瑞]
冰蚀旋回☆glacial {-}erosion cycle
冰蚀崖☆ice scarp
冰蚀圆丘☆nunakol
冰水沉积☆aqueoglacial{glaciofluvial;fluvioglacial} deposit; (glacial) outwash; outwash drop; overwash (drift); deckenschotter[德]; over-wash drift
冰水沉积三角洲☆outwash delta
冰水冲蚀道☆scourway
冰水道☆sluice way
冰水(成)的☆aqueoglacial; glacioaqueous
冰水的侵蚀作用☆fluvioglacial erosion
冰水堤☆outfill
冰水堆积☆aqueoglacial deposit; glacial fluvial deposit
冰水阶地☆frontal{fluvioglacial;fluvio-glacial} terrace
冰水砾石☆outwash gravel; schotter
冰水砾质平原☆outwash gravel plain
冰水平原☆outwash{washed} gravel plain; marginal {apron;sand;morainal} plain; sandur [pl.s-dar]
冰水(沉积)平原☆sandr; sandur
冰水平原边缘水道☆proglacial channel
冰水平原沉积☆sandur{outwash} deposit
冰水三角洲阶地☆overwash terrace
冰水扇☆ice-contact{outwash} fan
冰水生成的地形☆fluvioglacial landforms
冰水停积☆seepage
冰水外冲三角洲☆fluvioglacial outwash delta
冰水峡谷☆gletscherschlucht[德]
冰水线[震源]☆Ice Aquaflex
冰水异常☆ice anomaly
冰水作用☆glaciofluvial activity
冰淞☆sludge
冰塑小丘☆ice-moulded knob
冰隧道☆ice tunnel
冰繐☆ice fringe
冰笋☆ice stalagmite
冰塔☆ice pedestal{pyramid;pinnacle}; serac; penitent ice; pinnacle; nieve penitente
冰台☆glacier{glacial} table; ice pedestal; serac
冰体☆chunk
冰通道☆ice tunnel
冰铜☆(copper) matte; rose copper
冰透镜☆ice-lensing; ice lens
冰透镜体☆ice lens
冰土堆☆pingo; pingok
冰推☆ice push{above}
冰推脊☆ice-thrust{-pushed;-contorted} ridge; ice terrace; glacial pressure ridge; ice{lake} rampart[湖冰推挤而成]
冰推挤地形☆ice-thrust feature
冰推(成)阶地☆ice {-}pushed terrace
冰退☆glacial recession
冰退终碛☆stadial moraine
冰挖作用☆ice scouring; ice-scouring
冰外围水体☆polynya
冰外缘沉积☆proglacial deposit
冰湾☆bight; ice bay
冰丸☆ice pellet
冰围场☆driftless area
冰围地上☆amphitheater; amphitheatre
冰围盆地☆ice-barrier basin
冰围椅☆cirque; cwm; botn; kar; corrie
冰尾崖☆terminal cliff
冰雾☆ice fog
冰袭理论[认为假定斯堪的那维亚半岛在更新世全被冰覆盖,动植物遭到毁灭]☆tabula rasa theory
冰席☆ice sheet
冰隙[冰川中的裂缝]☆crevass(e); glacial fissure; ice crevasse{creek}; crevice; bergschrund; polynya
冰隙白霜[水文]☆crevasse hoar
冰隙砂碛丘☆ice-crack moraine
冰隙水☆crevice-water
冰峡☆ice gorge; bergschrund
冰下槽谷[德]☆rinnental [pl.-ler]
冰下成的☆subglacial
冰下谷☆tunnel valley; tunneldale
冰下湖☆tunnel{subglacial} lake
冰下火山浊流☆jeculhlaupe; jokulhlaup
冰下刻槽☆subglacial chute
冰下融冰水道☆subglacial melt water channel
冰鲜石斑鱼☆iced grouper
冰限☆ice limit
冰箱☆reefer; ice box; cooler; refrigerator(y)
冰箱式蒸发器☆ice bank evaporator
冰相☆ice phase
冰消过程{作用}☆deglaciation; deglacierization
冰消期☆Deglacial
冰啸声☆ice yowling
冰楔☆ice vein{wedge}
冰楔龟裂纹☆ice-wedge polygon
冰楔体假象☆ice-wedge pseudomorph; fossil ice wedge
冰携碎屑☆ice-rafted debris
冰鞋☆skate
冰屑☆screw ice
冰穴☆ice cave{glen;clearing;cavern;grotto}; glade; lane; glacial pits; cryoconite hole
冰穴砾阜☆perforation; moulin kame
冰雪的☆krystic; niveal; nival
冰雪浮游植{生}物☆cryoplankton
冰雪负荷☆sleet load
冰雪坑☆crycconite hole
冰雪壳☆snow ice
冰雪区☆cryochore
冰雪山原☆jokull
冰雪蚀☆cryonivation
冰雪效应☆niveal effect
冰雪硬度器☆ramsonde; ram penetrometer
冰雪植物☆cryophyte
冰雪柱☆serac
冰雪作用的☆cryonival; niveoglacial
冰压地形☆ice {-}pressed form
冰压力☆ice thrust{pressure}
冰压平坦脊岭☆ice-pressed plains ridge
冰压碛脊岭☆ice-pressed moraine ridge
冰崖☆ice cliff{face;wall}; glacier cliff
冰崖港口☆iceport
冰亚期☆glacial substage
冰烟☆frost smoke
冰盐 [$NaCl•2H_2O$] ☆ hydrohalite; cryohydrate; maakite; kryohalite
冰岩☆growler; aqualite
冰岩坎☆glacial threshold
冰岩槛☆verrou
冰岩盘☆boolyunyakh; boolgoonyakh; bulgun(n)yakh
冰岩学☆cryology; cryergy; petrology of ice
冰堰湖☆extra(-)morainic{proglacial} lake
冰堰水道☆proglacial channel
冰(川剥)夷作用☆ice planation
冰影区☆ice shadow
冰映云光☆iceblink; ice sky
冰拥☆ice push
冰拥脊☆ice-pushed ridge
冰屿☆ice island
冰羽☆feather
冰浴☆ice-bath
冰原☆ice sheet{bank;field;mantle}; icing; field ice; tundra; neve; langeland; glacier
冰原避难区☆glacial refuge
冰原岛峰☆nunatak
冰原反气旋学说☆Glacial Anticyclone Theory
冰原夹土☆tabetisol
冰原山碛☆nunatak moraine
冰原岩峰☆rognon
冰源河☆glacial stream
冰缘☆mima mound; cryergic; periglacial; ice margin {edge}
冰缘冰冻地☆tjaele
冰缘成层冰碛物☆ice-contact stratified drift
冰缘带☆subnival region{belt}
冰缘的☆paraglacial; periglacial; cryonival; marginal
冰缘沟☆fosse
冰缘河☆ice-marginal stream
冰缘湖☆glacial{ice} marginal lake; fosse lake
冰缘黄土☆cold loess
冰(川边)缘阶地☆marginal terrace
冰缘期☆epiglacial epoch
冰缘水系☆marginal{ice-border} drainage
冰缘土溜☆congelifluction; gelisolifluction; gelifluction; gelifiuxion; gelifluxion
冰缘狭长槽☆fosse
冰缘作用☆periglacial action; periglaciation
冰运巨石☆rafted boulder
冰载(荷)☆ice load
冰凿☆ice chisel
冰凿(作用)[冰蚀海底]☆ice gouge
冰凿洞穴☆ice-scour notch
冰噪声☆ice noise
冰栅☆bellicatter; ice wall{ledge}; catter; icefoot
冰障☆ice barrier; barrier ice{berg}
冰障盆地☆ice-barrier basin
冰沼草科☆Scheuchzeriaceae
冰沼土☆tundra (soil)
冰褶☆ice rumples
冰针☆ice needle{prism;crystal;spicule}; frazil crystal
冰针水池[见于冰冠上]☆glacier star
冰针现象☆frazilization
冰质平台☆ice platform
冰滞☆glacial stagnation
冰中湖☆polynya
冰洲晶☆Iceland spar
冰洲石[无色透明的方解石;$CaCO_3$]☆iceland spar{crystal}; icelandspar; calc(-)spar; double-refracting spar; double{doubly} refracting sparoptical calcite
冰珠☆ice pellet
冰烛☆ice candle
冰柱☆ice pillar{column;cylinder;penitente;gland; pipe}; penitent{columnar} ice; nieve penitente; icicle; cogbell
冰箸[悬垂]☆icicle
冰状甲烷笼形化合物☆clathrates
冰状物☆ice
冰锥☆ice cone{piton;peg;pyramid;pinnacle}; icicle
冰坠石☆dropstone
冰坠体☆icefall
冰桌☆glacial{ice} table
冰桌石☆perched block
冰足☆ballycadder; icefoot; bellicatter
冰足冰川☆ice-foot glacier
冰钻孔☆ice bore
冰作用☆ice action

bǐng

柄☆holder; handle; gripe; shank; grasp; lever; helve; stem[钙超;of a flower leaf or fruit]; shaft; stipe; arm; haft{hilt}[锄、斧、刀等]; pelma; keeper; power; lug; authority; peduncle[几丁]; stalk[动]; butt[工具]
柄杯鹿属[N_1]☆Lagomeryx
柄刺[节]☆stylocerite
柄的尺寸☆shank size
柄脚{舌}☆tang
柄节[昆]☆columnal; scape; scapus
柄孔盖☆deltidium
柄盘星石[钙超;E_3-N_2]☆Clavodiscoaster
柄瓶几丁虫属[O_3-D_2]☆Ampullachitina
柄球藻属[黄藻;Q]☆Mischococcus
柄锈菌属[真菌]☆Puccinia
柄眼螺类☆Stylommatophora
柄眼亚目☆Stylommatophora

柄轴☆arbor
柄轴支架☆arbo(u)r support
丙氨酸☆alanine
α{|β}-丙氨酸[$CH_3CH(NH_2)COOH$]☆α{|β}-alinine
丙氨酰(基)☆alanyl-
丙胺[$CH_3CH_2CH_2NH_2$]☆1-amino-propane; propylamine
丙醇☆propanol; propyl alcohol
丙醇酸[$CH_3CHOHCO_2H$]☆lactic acid
丙电池组☆c-battery
丙二醇☆propylene glycol
α{|β}-丙(撑)二醇[$CH_3CH(OH)CH_2OH$]☆α{|β}-propylene glycol
丙二醇二硝酸酯炸药☆propyleneglycol dinitrate explosive
丙二腈[$CH_2(CN)_2$]☆malononitrile
丙二酸[HOOC•CH_2•COOH]☆malonic acid
丙二酸铊☆thallium malonate
丙二烯☆allene; propadiene
丙硅烷☆trisilalkane; trisilane
丙黄烯酯[$(CH_3)_2CHOC(S)SCH_2CH{:}CH_2$]☆allylisopropylxanthate
丙基[C_3H_7-]☆propyl
丙基•苯基甲酮[$C_3H_7COC_6H_5$]☆propyl phenyl ketone
丙基的☆propylic
丙基膦酸[$C_3H_7PO(OH)_2$]☆propane phosphonic acid
丙阶树脂☆c-stage resin
丙块腈☆cyanoacetylene
丙硫醇[C_3H_7SH]☆propyl mercaptan
丙硫锌矿[ZnS]☆matraite
丙炔[$CH_3C{\equiv}CH$]☆allylene; propyne; propine
丙炔-2-醇[$CH{\equiv}CCH_2OH$]☆propinol
丙炔-1-基[$CH_3C{\equiv}C$-]☆1-propinyl
丙炔-2-基[$CH{\equiv}CCH_2$-]☆2-propinyl
丙炔酸☆acetylene carboxylic acid; propionic acid
丙炔酰基[$HC{\equiv}CCO$-]☆propioloyl
丙三醇[CH_2OH•CHOH•CH_2OH]☆glycerol; glycerin(e)
丙三基☆glyceryl; glycero-
丙酸[CH_3CH_2COOH]☆propionic acid; propanoic acid; propionic
丙酸钙☆calcium propionate
丙酸盐{酯}☆propionate
丙糖☆triose
丙酮[CH_3COCH_3]☆acetone; propanone; methyl acetyl
丙酮苯腙[C_6H5NH•N:C$(CH_3)_2$]☆acetone phenyl hydrazone
丙酮醇☆acetol
丙酮合氰化氢[$(CH_3)_2C(OH)CN$]☆acetone cyanohydrin
丙酮酸☆pyruvic acid
丙酮酸盐{酯}☆pyruvate
丙烷[C_3H_8]☆propane
丙烷基☆propyl
丙烷喷灯焰☆propane torch
丙烯☆propylene; propene; acryl
丙烯(塑胶)板☆acrylic panel
丙烯醇☆propenol; vinylcarbinol
丙烯的聚合物材料☆amphoteric polymeric material
丙烯基☆propenyl; isoallyl
丙烯-(2)-基-(1)[$CH_2{=}CHCH_2$-]☆allyl
3-丙烯基异硫脲氯化物☆ATX
丙烯腈[$CH_2{=}CHCN$]☆vinyl cyanide; acrylonitrile; cyano-ethylene; cyanoacrylate
丙烯腈-丁苯树脂☆acrylonitrile-butadiene-styrene (resin); ABS resin
丙烯腈-丁二烯-苯乙烯树脂☆acrylonitrile-butadiene-styrene
丙烯腈-丁二烯-苯乙烯管☆ABS{acrylonitrile-butadiene-styrene} pipe
丙烯聚合物材料☆amphoteric polymeric material
丙烯冷剂☆propylene refrigerant
丙烯醛[$CH_2{=}CHCHO$]☆acrolein
丙烯酸底漆☆acrylic primer
丙烯酸类树脂☆acrylic resin
丙烯酸(树脂)塑料小球[一种泥浆润滑剂]☆acrylic sphere
丙烯酸烷(基)酯[$CH_2{=}CHCOOR$]☆acrylic acid alkylester
丙烯酸盐☆acrylate
丙烯酰胺[$CH_2{=}CHCONH_2$]☆acrylamide; acrylic amide
丙烯酰胺浆☆acrylamide grout
丙烯酰胺衍生物的阳离子型共聚物☆coagulant SX
丙酰基[CH_3CH_2CO-]☆propionyl
丙型硫☆rosickyite
丙氧基[$CH_3CH_2CH_2O$-]☆propoxy-
丙氧基苯[$C_3H_7OC_6H_5$]☆propoxy benzene
丙乙硫氨酯[O-异丙基-N-乙基硫代氨基甲酸酯;$C_2H_5NHC(S)OCH(CH_3)_2$]☆Z-200
丙银汞膏[$CH_3CH_2CO_2H$]☆moschellandsbergite; argental; landsbergite
饼☆cake; say
饼冰☆pan-cake ice; pan-ice
饼干☆biscuit
饼干颗石[钙超]☆Biscutum
饼海胆☆sand dollars
饼海胆科☆Collyritidae
饼海绵属[C-P]☆Pemmatites
饼菊石属[头;P-T]☆Popanoceras
饼块试验☆pat test
饼师☆instructor
饼石[钙超;E_2]☆Pemma
饼式线圈☆pie (winding)
饼形天线☆cheese{box} antenna
饼形线圈☆pancake co
饼藻属☆Pemma
饼状☆pancake
饼状(开裂)☆disking
饼状冰☆pancake{cake} ice; pan
饼状的☆lenticular; pie-shaped
饼状岩芯☆cake core; disk-like rock core
屏气☆breathholding

bìng

病虫害控制☆pest management
病的起源☆pathogenesis; pathogeny
病毒☆viruses; virus
病房☆ward
病害铁路线☆diseased line of railway
病菌☆germ; zyme
病理(学)☆pathology
病理(学)的☆morbid; pathologic(al)
病例☆case
病人(用的)☆invalid
病态☆ill condition; morbidity
病态的☆morbid
病态方程☆ill-condition equation
病因学☆aetiology
病原的☆pathogen(et)ic; pathogenous; morbific; morbifereus
病原体☆pathogenic{morbific} agent; pathogen(e)
病原性☆pathogenicity
病原性的☆nosogenic
病原学☆etiology; aetiology
病源不明的☆cryptogenic
病征的☆pathognomonic
并(集)☆union
并孢子☆syzgy
并层流动☆cocurrent laminar flow
并车链条☆compound chain
并齿蚶(属)[双壳;O-J]☆Parallelodon
并串联☆multiple series connection; parallel(ed) series
并存☆coexistence
并存延续带☆concurrent-range zone
并点管☆riser pipe
并发☆be complicated by; synchronism; erupt simultaneously; syndrome
并发事件☆concurrent (event)
并发性☆concurrency
并飞☆flyby
并购☆acquisition
并合☆syntaxis; unite; union
并合板模板☆panel form
并合盖板☆butt cover plate
并合律☆combination law
并合试样☆composite sample
并激☆shunt excitation
并激的☆shunt-wound
并集☆integration
并肩地☆side by side
并角鹿(属)[N_1]☆Syndyoceras
并角犀属☆Diceratherium
并接线圈☆by-pass coil
并口节流器☆top choke
并馈☆shunt feed
并联☆shunt (connection); connection{compounding} in parallel; in parallel; parallel{bobo} connection; across; multiple; shunting; paralleling
并联(电阻)☆bypass
并联泵组☆pumps in parallel
并联操作☆operating in tandem
并联的☆in parallel; collateral; multiple(d); connected in parallel; par.; parallel
并联电路起爆☆parallel circuit firing
并联电阻☆derived resistance; resistance in parallel
并联法☆multiple process
并联复式燃气轮机☆cross compound gas turbine
并联共振☆tunance
并联混合☆compounding in parallel
并联开关☆shunting switch
并联励磁电路☆shunt-field circuit
并联连接☆multiple connection; connect in parallel
并联切换回路☆parallel selecting circuit
并联通风☆unit{separate} ventilation
并联通路打印机☆parallel channel printer
并联谐振☆current{parallel} resonance
并联运转☆compound operations
并联运转的泵☆running in parallel pumps
并列☆juxtaposition; (be) juxtaposed; in-line; stand side by side; concatenation; orientation
并列的[语]☆coordinate; apposite; paratactic
并列阀☆side-by-side valve
并列复式空气压缩机☆cross compound air compressor
并列滚筒平衡绳提升机☆parallel-drum balanced rope winder
并列湖☆oriented lakes
并列平巷☆counter gangway
并列沙滩☆apposition beach
并列式中央通风法☆retrograde ventilation
并流☆cocurrent (flow); parallel-flow
并流的☆concurrent
并捻☆doubling
并排地☆side by side
并排飞行☆afflight
并三苯☆anthracene
并生☆parabiosis
并生的☆apposite; adnate
并矢☆diad
并矢式☆dyadic; diadic
并水(作用)☆stream abstraction
并四苯☆tetracene; naphthacene
并腿畸形☆sympodia
并五苯☆pentacene
并系☆paraphyly
并系群☆paraphyletic group
并系同源☆paralogous homology
并线☆doubling
并线机☆doubler
并向量☆dyadic; dyad; diad
并行☆paralleling; pari passu
并行处理☆parallel processing{procession}; PP; overlap processing
并行的☆parallel; collateral
并行分类{选}☆parallel sorting
并行工作☆multitasking
并行进位☆simultaneous carry
并行开始-并行结束☆parbegin-parend
并行平巷☆companion drift
并行前进☆pace
并行输入-输出☆parallel I/O{input/output}
并行性☆concurrency; parallelism
并域模式☆parapatric model
并肢畸形☆sympodia
并指{趾}的☆syndactylous
并置☆juxtaposition; apposition
并置储层☆juxtaposed reservoir
并置信号点☆double signal location

bō

玻安岩☆boninite
玻安岩系☆sievite
玻斑岩☆glass porphyry; vitrophyre
玻(基)斑岩☆vitrophyre; glass porphyry
玻斑状[结构]☆vitrophyric
玻(璃)板☆glass plate
玻变☆glass transition
玻碟☆glass disk
玻{伯}恩-哈伯循环☆Born-Haber cycle
玻恩哈特矿☆bornhardtite
玻恩-迈耶方程☆Born-Mayor equation
玻恩梅尔理论☆Born-Mayer theory

B

玻恩循环☆Born cycle
玻耳兹曼熵假设☆Boltzmann entropy hypothesis
玻耳兹曼输运方程☆Boltzmann transport equation
玻尔磁子[磁矩单位,=9.27×10^{-21} 尔格/高斯]☆Bohr magnetor；Bohr('s) magneton
玻沸碧{碱}玄岩☆scanoite
玻橄响岩☆kenyite；kenyte
玻古安山岩☆bajaite
玻(质)古(铜)安山岩☆boninite
玻管水银温度计☆mercury-in-glass thermometer
玻化(作用)☆vitrifaction；vitrification
玻化岩☆buchite
玻(璃)化岩☆buchite
玻辉安山岩☆sanukitoid
玻辉岩☆augitite；buchite
玻基☆(glass) basis
玻基斑岩☆vitrophyre；glass porphyry{porphyre}；hyalophyre
玻基斑状[结构]☆crystallinohyaline；hyalinocrystalline；vitrophyric；vitroporphyric；hypocrystalline-porphyritic
玻基玢岩☆vitrophyrite
玻基结构☆hyaline{vitropatic} texture
玻基英安凝灰熔岩☆karnaite；kurnuite
玻基云沸玄武岩☆Lion's Haunch basalt
玻基状☆vitropatic
玻晶(结构)☆hyalinocrystalline
玻晶交织[结构]☆hyalophitic
玻晶质☆hyalocrystalline
玻壳校准☆glass tube correcting
玻壳接管机☆exhausting tube sealing machine
玻壳耐压试验机☆glass bulb compressive strength tester
玻壳消洗☆glass-bulb cleaning
玻利登重力仪☆Boliden gravimeter
玻利肯公司塑料胶黏带防腐层☆Polyken coating
玻利维亚☆Bolivia
玻利维亚虫属[孔虫]☆Bolivinina
玻璃☆glass；vitro-；vitr-
A 玻璃☆Alkali glass
玻璃白☆opaline
玻璃半导体光电导☆photoconduction of glass semiconductor
玻璃包体☆glass-inclusion
玻璃壁☆lapis-lazuli
玻璃布重涂层处理机组☆heavy coating aggregate for glass fabrics
玻璃布接头机☆glass fabric end connecting machine
玻璃插入式应力计☆glass insert stressmeter
玻璃长石[$K(AlSi_3O_8)$]☆sanidine；glassy feldspar；ice spar
玻璃(制造)厂☆glassworks；foundry
玻璃衬量油管☆glass liner tubing
玻璃成形用板☆marver
玻璃充填的环氧树脂☆glass filled epoxy
玻璃纯化☆glassivation
玻璃瓷☆opal glass
玻璃的☆vitreous；vitreum
玻璃(状)的☆vitric
玻璃雕刻器☆hyalograph
玻璃发霉☆weathering of glass
玻璃粉烧结☆glass powder sintering
玻璃盖片☆cover glass
玻璃钢(制)的☆glassteel
玻璃钢管材☆GRP pipe
玻璃割刀☆diamond{glass} cutter
玻璃工厂{场}☆glasshouse
玻璃工人☆glazier
玻璃管聚能装药冲孔器☆glass jet perforator
玻璃管切割机☆glass tube cutting machine
玻璃海绵☆hyalosponge；glass sponge
玻璃海绵纲☆Hyalospongea
玻璃焊接车床☆glass splicing lathe
玻璃化☆vitrifying；vitrification
玻璃化温度☆glass temperature
玻璃基质☆glass(y) matrix
玻璃级☆lithopone grade
玻璃架☆glass frame
玻璃渐变滤光器☆filter with gradual color change
玻璃结构☆glassy{hyaline} texture；structure of glass
玻璃结合云母☆glass bonded mica
玻璃介(属)[K-Q]☆Candona
玻璃金属封接☆glass-to-metal seal(ing)
玻璃可伐封焊☆glass-Kovar seal
玻璃框☆glass frame；bezel{besel}[仪器的]
玻璃扩散真空泵☆glass diffusion pump
玻璃量杯☆glass measure；measuring glass
玻璃量器☆volumetric{graduated} glassware
玻璃料☆frit
玻璃滤器☆sintered glass filter
玻璃毛☆glass wool；spun glass；feather
玻璃毛细管气相色谱(法)☆GCGC；glass capillary gas chromatography
玻璃棉板☆glass wool slab
玻璃棉保温☆glass wool insulation
玻璃棉毡☆glass (fiber) blanket；glass felt
玻璃棉砖☆mosaic glass
玻璃沫☆sandiver
玻璃浓缩色料☆concentrated glass colours
玻璃泡水泥☆glass bubble cement
玻璃片☆glass sheet；sheet glass
玻璃瓶罐自动检验线☆automatic inspection line for glass container
玻璃气开器☆all-glass pneumatic cell
玻璃器类☆vitric
玻璃器皿☆glassware
(在)玻璃器内☆in vitro
玻璃球均匀性☆homogeneity in glass marble
玻璃球体☆colombianite
玻璃球网带冷却机☆marble cooling conveyor
玻璃熔化理论热耗☆theoretical heat consumption for glass melting
玻璃熔接☆beading
玻璃熔结集合体☆glass-welded aggregate
玻璃色釉☆glass decoration colours
玻璃砂纸☆glasspaper；glass paper
玻璃砂纸磨光机☆glass papering machine
玻璃烧器☆laboratory boiling glass
玻璃生成体☆glass former
玻璃石英[石英,具有蓝色不透明的玉髓外壳]☆hyaline-quartz
玻璃式气压浮选机☆all-glass pneumatic cell
玻璃-树脂比率☆glass/resin ratio
玻璃丝☆fiber{spun} glass；FBR GL
玻璃丝收缩法☆glass film evaporator
玻璃丝炭☆vitrifusain
玻璃丝细目筛布☆glass fibre mesh cloth
玻璃碎片构造☆bogen structure roof
玻璃态☆vitreous state；vitrescence
玻璃陶瓷[俄]☆Sitall
玻璃陶瓷对接☆glass-to-ceramic sealing
玻璃体☆vitreous body；vitreum
玻璃甜芋泥☆mashed sweet yam with lard
玻璃铜封焊☆glass-copper seal
玻璃筒聚能炸药☆glass jet
玻璃外壳射孔弹☆glass encased charge
玻璃温室☆heated glass greenhouse
玻璃细珠增强塑料☆glass beads reinforced plastics
玻璃纤维☆glass fiber{fibre;wool}；fiber{spun} glass；fibreglass；fiberglass；rock wool；FBR GL
玻璃纤维薄毡☆glass mat
玻璃纤维保温绳☆glass fiber heat insulation rope
玻璃纤维并捻机☆double for glass fiber
玻璃纤维管☆fiberglass pipe
玻璃纤维滤水丝☆water filtering glass wire
玻璃纤维拼捻机☆secondary twister for glass fiber
玻璃纤维强化水泥☆glass fiber-reinforced cement
玻璃纤维涂层织物☆coated glass fabric
玻璃纤维无捻粗纱☆glass roving cloth
玻璃纤维无捻粗纱布☆woven glass rovings
玻璃纤维无纬带☆unidirectional glass type
玻璃纤维线☆glass thread
玻璃纤维纸☆glass fiber paper；glass tissue
玻璃显微晶质的☆vitromicrolitic
玻璃镶色☆flashing
玻璃形成系统☆glass-forming system
玻璃玄武☆hyalomelane
玻璃岩☆glasstone；glass(y) rock
玻璃眼☆glass-eye
玻璃液回流☆back-current
玻璃液面自动控制☆automatic glass level control
玻璃仪器☆glassware
玻璃应力检查仪☆glass-stress tester
玻璃玉☆obsidian
玻璃原料矿产☆raw material for glass；glass raw material commodities
玻璃陨石☆tektite；rizalite
玻璃罩保险电灯☆well glass lamp
玻璃真空活塞☆glass vacuum stopcock
玻璃纸☆glass{viscose} paper；cellophane；glassine (paper)
玻璃纸条☆celloyarn
玻璃质☆vitreous；hyaline；amorphous substance；vitric；glassy (material)
玻璃质层☆vitreous layer
玻璃质的☆glassy；hyaline；vitreous；vitro-；hyalo-
玻璃质硅石纤维☆vitreous silica fiber
玻璃质化☆vitrescence
玻璃质辉绿岩的☆hyaloophitic
玻璃质壳☆hyaline test
玻璃制品☆glasswork；glass；glassware；vitrics
玻璃质岩浆☆hyaline magma
玻璃珠☆glass bead；beaded glass
玻璃珠堆积☆bead pack
玻璃珠子人造岩芯☆bead pack
玻璃状(的)☆hyaloid；glassy；hyaline；glasslike；vitreous；glassiness；vitr(o)-
玻璃状焊渣☆vitreous slag
玻璃状石英☆vitreous silica
玻璃状态☆vitreousness；glassiness
玻璃状体☆glassy mass
玻璃状物☆glassy mass；vitrification
玻璃钻孔☆drilling of glass
玻料☆frit
玻列斯拉夫矿☆boleslavite
玻硫锑银矿☆bolivian；bolivianite
玻(质)流(纹)英安岩☆craignurite
玻内曼石☆bornemanite
玻凝灰岩☆hyalotuff
玻(璃)片☆glass plate
玻片反射器☆glass{glass-plate} reflector
玻片镊子☆slide forceps
玻奇什盐水冻结凿井法☆Poetsch process
玻球式触底指示器☆ball breaker
玻色-爱因斯坦统计法☆Bose-Einstein statistics
玻色子☆boson
玻砂漏斗☆fritted glass funnel
玻丝海绵属[E]☆Hyalonema
玻苏安山岩☆sanukite
玻碎的☆hyaloclastic
玻态☆vitrescence
玻瓦切边机☆cutting machine for corrugated sheet
玻顽安山岩☆marianite
玻霞碧玄岩☆mands(c)hurite；mandchurite
玻纤火成碎屑岩☆reticulite
玻屑☆(glass) shard；vitric pyroclast
玻屑的☆hyaloclastic；vitroclastic
玻屑火山渣凝灰岩☆cinerite
玻屑凝灰岩☆vitric tuff
玻(质碎)屑岩☆hyaloclastite
玻屑状☆vitroclastic
玻英`玄武{辉安山}岩☆sakalavite
玻陨石☆tektite；javaite；queenstownite；tectite；schonit；bouteillenstein；philippinite；silica-glass；Darwin glass
玻质安基岩☆hyalodacite
玻质安山岩系☆sievite
玻质硅华☆glassy sinter
玻质海绵类☆Hyalospongea
玻质结构☆hyaline{glassy} texture
玻质冷凝边☆glassy chilled margin
玻质硫华☆sulfur glass
玻质碎片☆shard；sherd
玻质碎屑☆hyaloclastic fragment
玻质碎屑岩☆aquagene tuff；hyaloclastite
玻质小球☆glassy spherule
玻(璃)质岩☆glassy rock
玻质岩中包体☆cumulite
玻状☆vitrescence
玻紫安山岩☆boninite
播发信号灯☆on-air light
播放器☆Llys
播送☆air；transmit；rediffusion
播演彩色信号灯☆cue light
播音☆broadcast
播音室☆studio
播音员☆teller；narrator
播云种☆seeding
播种☆sow；seeding
播种床☆seedbed
播种机{者}☆sower；seeder

播种时期☆seed-time
拨☆disbursement[款]；dial[电话号码]
拨叉☆shifting yoke；shift fork
拨道☆(track) lining
拨道机☆track liner
拨动☆trip
拨动开关☆toggle switch
拨给☆appropriation；appropriate
拨号☆dial a number；dial；dialing
拨号结束信号☆end of dialing signal
拨号盘☆finger disk
拨号线路☆dial-up line
拨禾轮支架☆reel post{support}
拨火棒☆poker；salamander
拨火孔☆poke hole
拨开式安全装置☆sweep guard
拨款☆disbursement；allocation；appropriation (money)；money appropriated
拨林斯选煤法☆Prins process
拨轮开关☆thumbwheel switch
拨罗涅式闸型测功器☆Prony brake
拨线圈机☆decoiler
拨销☆taper tap
拨纸器☆fly
菠菜泥☆chopped spinach with ham & carrot
菠萝☆pineapple
钵海百合属[棘;D_1]☆Scyphocrinites
钵海绵(属)☆Astylospongia
钵水母纲[腔;Є-Q]☆Sc(r)yphozoa
钵形阀☆pot valve
铋[Bh,序 107]☆bohrium
波☆wave；cymy(o)-
B-G 波☆acoustoelectric{Bleustein Gulyaev} wave
E 波☆E{extraordinary} wave
H 波☆H-wave；hydrodynamic{H} wave
P 波☆P-wave；P{irrotational;primary;push-pull; I;K; compressional;longitudinal} wave；dilatational arc
Q 波☆Q{Love} wave；querwellen waves
R 波☆R{Rayleigh} wave
S 波☆secondary{S;distortional;shear;transverse;shake; tangential;rotational} wave
SH 波☆horizontally polarized S waves；SH {-}wave
波白克半岛☆Purbeck
波瓣[天线方向特性图中]☆lobe
波办的地盾☆Baltic shield
波倍克(阶)[英;J_3]☆Purbeckian stage；Purbeckian
波倍克期☆Purbeck
波边饰☆nebule
SH 波-SV 波转换☆SH to SV conversion
波布米亚地块☆Bohemian massif
波槽☆wave trough
波长☆wave length；wavelength；airway；w.l.；WL
波长闭塞滤光片☆wavelength blocking filter
波长常数☆wave-length constant
波长分散 X 射线光谱☆Wavelength Dispersive X-ray Spectroscopy；WDXS
波长计☆frequency identification unit；cymome(te)r；wavemeter；band{wave} meter；FIU；W.M.
波长器☆ondometer
波长色散光谱☆wavelength dispersive spectroscopy
1/4 波长试板☆quarter wave plate；quarter-order mica plate
波场☆wave field
波成阶地砂体圈闭☆wave-built terrace sand trap
波成三角洲☆washover
波成水下小沙脊☆wave esplanade
波程☆wave path
波(的)传播☆wave propagation
波茨坦世☆Potsdamian epoch
波茨坦(系统)重力值☆Potsdam value
波茨坦(标准)重力值☆Potsdam gravity
波茨坦组[美;$Є_3$]☆Potsdam formation
波茨维尔(阶)[北美;C_2]☆Pottsvillian
波带☆band；wave zone；wavestrip；tab
波带板准直☆laser alignment with zone plate
波导☆wave(-)guide；feed arm；duct；wave guide；beam waveguide
波导管☆wave(-)guide；channel waveguide
波导管 T 形连接☆T-junction
波导管阻波凸缘☆choked flange
波导裂缝桥路伸缩线☆waveguide short-slot-hybrid trombone
波导桥☆bridge hybrid
波导设备☆plumbing
波导纤维色散☆dispersion of waveguide fiber
波导线☆transmission.line
波道☆channel；chain；canal；ch；radio frequency channel；wave canal{duct}
(射频)波道☆radio channel
波道式天线☆Yagi array
波道选择☆channelization
波德[信号速度单位]☆baud
波德定律☆Bode's Law
波德兰石灰岩上部优质层☆roach
波的传播☆wave propagation；propagation of wave
波的传导频率☆wave transmission frequency
波的吹程☆wave's fetch
波的对比☆correlation of events
波的反射☆wave reflecting
波的弥散☆dispersion of waves
波的图形☆wave-pattern
波登管(式{型})压力计☆Bourdon(-type) gauge；Bourdon tube (pressure) ga(u)ge
波登压力真空计☆Bourdon pressure vacuum ga(u)ge
P{S}波低速带☆low-P{|S}-velocity channel
波底☆wave base
波底高度☆ripple height
波顶☆ripple crest
波顶因数☆crest factor
波动☆und(ul)ation；fluctuate；surge；wave (motion)；undulate；beat；pulsation；surging；swinging；ripple；pulsate；popple；panting；ondulation
波动波痕☆oscillation ripple mark；wave ripple-mark
波动方程偏移☆Wemig；wave equation migration
波动幅度☆amplitude of fluctuation
波动光学☆wave optics
波动函数☆wave function
波动理论层析成像法☆wave theoretical tomographic methods
波动漫射说☆fluctuation theory
波动频率☆frequency of oscillation
波动器☆undulator
波动消光☆undulatory{oscillatory} extinction
波动性气旋☆wave cyclone
波动序列☆oscillating series
波动学☆kymatology
波动韵律☆oscillatory rhythm
波动褶皱☆roll fold
波动周期☆cycle of fluctuation
波动转化带☆fluctuating zone of transition
波陡☆wave steepness
波度☆waviness
波(美)度☆Bé；Beaumé
波端☆onset
波段☆(frequency) band；wave band{range;zone}；bracket；range；range of wave length；w.b.
波段间☆inter-band
波段开关☆bandswitch；band{range} switch；waver；(range) selector；wave changer
X 波段相干雷达☆X-band coherent radar
波段中点频率☆midband frequency
波多贝属[腕;S_3-D_1]☆Podolella
波多尔斯克阶[C_2]☆Podolskian
波多黎各国际海底实验室☆Puerto Rico International Undersea Laboratory；PRINUL
波恩☆Bonn
波恩虫属[三叶;$Є_1$]☆Bonnia
波尔达出口☆Borda outlet
波尔多阶[N_1]☆Burdigalian (stage)
波尔多液[硫酸铜与石灰乳混合液]☆Bordeaux mixture
波尔介☆Bollia
波尔介属[O-D]☆Bollia
波尔克石☆poulkellerite
波尔斯特☆polster
波尔特地震法☆Poulter seismic method
波尔提季层[D_3]☆portage bed
波尔兹曼分布☆Boltzman distribution
波法线☆wave{wavefront} normal
波法线速度面☆wave normal velocity surface
波{水}钒铅铋矿☆pottsite
波反射☆wave reflection
波方石☆khagatalite；hagatalite
波峰☆wave crest{top;peak}；crest；ridge；crest of wave；peak；summitpoint[波痕]；wavefront
波锋☆wave front
波锋法☆wave-front method
波锋宽度☆front width
波锋线法☆wavefront method
波缝孢属[E_1]☆Undulatisporites
波幅☆(wave) amplitude；amplitude of wave
波腹☆loop；anti(-)node；wave loop
波干涉☆wave interference
波高☆wave{ripple} height；height of wave
波高比降☆gradient of wave height
波高系数☆wave height coefficient；shoaling factor {coefficient}
波各尼冰雾☆pogonip
波谷☆hollow；wave hollow{trough}；trough；trough of wave；trough point[波浪]
波光石☆floating light
波轨(迹)☆wave orbit
波辊辊碎机☆corrugated rolls
波函数☆wave function；wave-function
波焊☆wave soldering
波痕☆ripple mark{ridge;markings}；(sedimentary) ripple；wavemark；friction marking；wave depth {base; ripple}；rippling；bed ripple；wave-mark
波痕波长☆ripple wavelength{spacing}；chord；ripple-mark wavelength
波痕的低洼处☆hollow of ripples
波痕顶点☆brinkpoint
波痕对称指数☆RSI；ripple symmetry index
波痕幅度☆ripple {-}mark amplitude
波痕交错(纹理)☆rolling strata
波痕迁移交错纹理☆ripple-drift cross-lamination
波痕形态组☆ripple form {-}set
波痕指数☆ripple{ripple-mark} index；RI
波痕状构造☆ripple mark-like structure
波候☆wave climate
波后☆wave rear
波化岩☆buchite
波环孢属[K_2-E]☆Patellisporites；Undulozonosporites
波击应力☆pounding stress
波基斑状☆crystallinohyaline
波基面☆wave base
波基型☆fundamental mode
波基状☆vitropatic
波积[沉积物]☆diluvial
波积台地☆wave-built platform
波集☆wave shoaling
波及☆conformance；spread to；sweep；propagation；involve；affect
波及不到的体积☆dead volume
波及面积☆coverage of water flood；sweep area
波及区☆affected area；swept region
波及体积☆swept volume
波及系数☆conformance factor{efficiency}；sweep efficiency；macroscopic sweep efficiency
波及系数随时间的变化过程☆sweep efficiency history
波级☆wave scale
波脊☆ripple ridge
波脊线☆wave crest line
波迹☆wave trace
波检器小线☆geophone flyer
波江座☆Eridanus
波角石科[头]☆Cymatoceratidae
波节☆(wave) node
波节断面☆nodal section
波筋[平板玻璃缺陷]☆ream；brush line
波阱☆wave trap
波径☆wave path
波卷型铀矿床☆roll-type uranium deposit
波可变性☆wave variability
波克诺统[C_1]☆Pocono series
波况☆wave conditions
波拉艾杰克斯炸药[胶质硝甘炸药]☆Polar-Ajax
波拉德型裂缝☆Pollard-type fracture
波拉克风☆polake；polacke
波拉树纸☆polaroid
波兰☆Poland
波兰风☆polanke
波兰式棚子☆Polish frame
波郎达姆尼尔森公式☆Brondum-Nielson's equation
波浪☆wind sea；wave；waft
波浪边☆curled edge
波浪槽☆flume；wave flume{tank;channel}
波浪冲刷☆wave-induced scour；wave wash；awash

波浪的多年平均状况☆wave climate
波浪等级☆sea state
波浪和潮汐☆waves and tides
(使)波浪混{碎}乱的浮式防波堤☆wave-maze floating breakwater
波浪流[气液两相流动的]☆wave flow
波浪流痕☆wave-current ripple mark
波浪磨光{损}的☆wave-worn
波浪爬高☆(wave) runup
波浪拍击力☆wave slamming force
波浪破碎点☆wave breaking point
波浪砂纹☆ripple mark
波浪上爬☆swash
波浪上升☆scend
波浪射线☆approach
波浪生成☆generation of waves
波浪式上升☆wave-like uplift
波浪试验槽☆wave channel{flume}
波浪形☆undaform
波浪形的☆undulate
波浪形剖面☆rolling profile
波浪汹涌的海面☆rough waters
波浪学☆kymatology；kumatology
波浪学家☆kumatologist
波浪溢流带☆zone of wave spillover
波浪状☆waviness
波浪状况图☆synoptic wave-chart
波浪状镶嵌构造说☆wavy mosaic structure hypothesis
波浪作用带☆unda
波里不兼容原理☆Pauli exclusion principle
波里斯太特火药☆Ballistite powder
波利通那特☆Britonite
波利兹那风☆Porlezzina
波粒二象{重}性☆wave-particle duality
波力☆wave force
波涟☆ripple
波涟痕☆wave ripple mark
波帘☆wave curtain
波量☆wave volume
波列☆train of wave；(wave) train
波列登型笼☆Boliden cage
波列前端☆onset
波林氏螺属[腹;O-D]☆Pollincina
波龄[波速与风速之比]☆wave age
波令暖期[欧;13,000 年前]☆B(o)lling
波硫铁铜矿[$Cu_{16-18}(Fe,Ni)_{18-19}S_{32}$;等轴]☆putoranite
波流☆wave drift (current)
波(浪)流☆wave current
波鲁特叠层石属[Z]☆Poludia
波麓[波痕]☆toepoint
波仑型自动调节圆锥分级机☆Boylan automatic cone
波罗的冰湖[全新世初期]☆Baltic(a) ice lake
波罗的牙形石属[O_{1-2}]☆Baltoniodus
波罗鳄属[爬;K]☆Baurusuchus
波罗夫斯基矿☆borovskite
波罗杆[沉降观测]☆borros point
波罗麻☆sisal
波马兰蛤属[双壳;T_3]☆Pomarangina
波马克司镍铁合金☆permax
波慢测井☆reciprocal velocity log
波慢度☆wave slowness
波美[浓度单位]☆Baumé；Beaumé；Bé；B
波美比重☆Baume gravity
波美度☆degree Beaume；Baume scale{degrees}；Baume；Baumé (degree)；B
波美(液体比重)计☆Baume；Beaumé；Baumé；Bé
波美拉尼期[中欧更新世最后一次冰期末,约 10,000 年前]☆Pomeranian phase
波美石☆baumite
波门信号☆gate signal
波面☆wave surface{face}
波面背板☆corrugated lagging
波(阵)面重建☆wave-front reconstruction
波面图☆skiodrome
波囊孢属[C_1]☆Perianthospora
波挠说☆undation theory
波能☆wave energy
波能漏失☆leaking mode；leaky wave
波尼刺毛虫属[腔;J_3-E]☆Bauneia
波频☆fundamental{wave} frequency
波频计☆cymometer；wavemeter
波频率☆waveform frequency
波剖面☆wave profile
波谱☆spectrum [pl.-ra,-s]；wave spectrum；spec.
波谱分析☆spectral{spectrum} analysis
波谱学☆spectroscopy
波期☆duration
波气旋☆wave cyclone
波前☆wavefront；wave face；ripple-front；front[信号、脉冲]
波前发散☆divergence of wavefront
波前倾斜☆wavetilt
波前弯曲☆inclination of wave front
波前像差☆wave-front aberration
波切台☆marine{wave}-cut platform；wave-cut terrace
波丘地☆hummocky
波曲线☆wave curve
波取样器☆wave sampler
波群☆wave group{shoaling;packet}；train of waves
波群速度☆group velocity
波扰动☆wave disturbance
波绕射☆wave diffraction
波散滤波器☆dispersive{dispersion} filter
波射波☆wave reflection
波射线损害☆phototoxis
波神星☆Undina
波生流☆wave-induced current
波时☆wave duration
波蚀☆wave-cut；wave erosion{cut(ting)}
波蚀凹壁☆notch
波矢量☆wave vector
波式绕组☆wave winding
波士顿☆Boston
波士顿岩[美]☆bostonite
波氏孢属[C_2]☆Potoniespores
波(美)氏比重☆gravity Baumé
波氏法精密分馏仪器☆Podbielniak apparatus
波氏投影☆Bonne's projection
波束☆bundle；beam；wave packet
波束引导☆riding
波数☆wave number；K；wavenumber；WN
波衰☆wave decay
波斯绿松石甸子☆agaphite
波斯尼亚和塞尔维亚☆Bosnia and Hercegovina
波斯特马斯堡锰矿床☆Postmasburg manganese deposit
波斯特投影☆Postel's projection
波斯通贝属[腕;D_3-C]☆Buxtonia
波斯湾石油公司[伊]☆Persian Gulf Petroleum Co.
波松安全装置☆Posson's guard
波速☆wave velocity{speed;celerity}；celerity
波速放大☆magnification for rapid wave
波涛☆billow
波涛奇瑙桃红石☆Pottochino Peack
波涛汹涌的海面☆heavy sea
波涛汹涌海域☆rougher waters
波特[数据处理速度单位]☆baud
波特定律☆Bode law
波特菲尔德阶☆Porterfield (stage)
波特兰(阶)[欧;J_3]☆Portland(ian) (stage)
波特兰层[J_3]☆Portland bed
波特兰期☆Portlandian age
波特兰石灰岩上部优质层☆roach
波特兰水泥涂料☆Portland cement paint
波特什冻结凿井法☆Poetsch (freezing) method
波跳☆break
波图☆wave-pattern
波托马虫属[三叶;$Є_1$]☆Botomella
波托米阶[苏;$Є_1$]☆Botomian stage
波托西☆Potos
波瓦堆垛机☆stacking machine for corrugated sheet
波瓦抗折试验机☆bending strength tester for corrugated sheet
波威公式☆Bowie formula
波威重力公式☆Bowie gravity formula
波尾☆wave rear{tail}；tail of wave
D 波尾☆end of discernable movement
波纹☆corrugation；(crimp) ripple；dimple；waviness；cockle；bead；wave pattern；ruffle[水面]；undulation
波纹(的)[石]☆moire
波纹齿滑动式离合器☆slip-jaw clutch
波纹锉☆rifler
波纹的☆ruffled
波纹电压噪声☆ripple noise
波纹度☆waviness；corrugation；percent ripple
波纹钢板☆deck plate；corrugated steel；zores bar
波纹构造☆undulated{curved} structure；ropy flow structure
波纹管☆bellow；corrugated pipe{tube}；sylphon
波纹管密封的闸板阀☆bellows sealed gate valve
波纹管式调节器☆bellows-type regulator
波纹玛瑙☆fortification agate；undulata
波纹面滑跳式离合器☆(jaw-type) jump clutch
波纹扭形贝☆cymostrophia
波纹扭月贝属[腕;D_2]☆Cymostrophia
波纹片☆beading
波纹片岩☆crumple(d) schist
波纹坡☆rippled slope
波纹熔岩☆paehoehoe lava
波纹扇形木板☆corrugated wood sector
波纹式冷却器☆corrugated cooler
波纹铁☆corrugated iron{metal;sheet}；elephant
波纹铁板☆riffled sheet iron
波纹无鳔石首鱼☆corbina
波纹泄水管式涵洞☆corrugated culvert
波纹形槽☆corrugated trough
波纹叶理☆ripple lamina
波纹印码机☆undulator
波纹烛煤☆curly cannel
波纹状包卷纹理☆corrugated convolute lamination
波纹状脊[孢]☆corrugate
波纹状雪壳☆rain crust
波吸收☆wave absorption
波希米亚宝石☆Bohemian gemstone
波系☆wave system{train}
波线{|相|向|象}☆wave line{|modes|direction|climate}
波向图☆skiodrome
波向线☆wave ray；orthogonal
波歇炉☆pochet furnace
波斜度☆wave steepness
波型☆wave-pattern；wave modes；mode
波形☆waveform；WF；crimple；wiggle；waveshape；corrugated{wave} form；wave shape{pattern}；waviness；undulatus[叶缘]
波形贝属[腕;C_1]☆Fluctuaria
波形变面积显示☆wiggle variable area display
波形玻璃☆corrugated glass
波形衬板{管}☆wave liner
波形成形器☆waveshaper
波形道(记录)☆wiggle trace
波形分析☆waveform analysis；wave form analysis{analysis wave analysis}
波形幅度指数☆waveform amplitude exponent
波形花纹[火山玻璃中]☆damascened
波形花纹结构☆damascened texture
波形畸变☆waveform{wave} distortion；weave
波形记录☆waveform{oscillogram} recording；WR
波形记录器☆kymograph；curve tracer
波形记录式声波测井☆character log
波形间隔☆waveform spacing；WFS
波形括号☆curly bracket
波形拉长☆tailing；smearing
波形螺纹☆rope thread
波形模☆fluted mo(u)ld
波形匹配分析☆trace-matching analysis
波形平均干扰电平☆waveform average level noise
波形曲线☆wiggle(d){variable-amplitude} trace；squiggle
波形失真☆klirr
波形石纹☆wavy vein
波形图☆wave pattern；oscillogram
波形形成器☆waveshaper
波形因数☆form{crest;shape} factor
波形自动测量法☆kymography
波序☆wave train
波压压头☆hydraulic pressure head
波沿孢属[C_2]☆Triletisporites
波衍射☆wave diffraction
波氧氯汞矿☆poyarkovite
波依窦维尔贝属[腕;D_1]☆Bojodouvillina
波义耳定律孔隙仪☆Boyle's law porosimeter
波域堆积物☆undathem
波域海底☆unda；undaform
波峪☆anti-node
波圆柱铁锡矿☆potosiite
波缘☆brinkpoint
波缘藻属[硅藻]☆Cymatopleura
波载荷☆wave load
波折射☆wave refraction

波褶蛤属[双壳;K_2]☆Bournonia
波振动☆wave vibration
波阵面☆front；wavefront；wave front{surface;face}
波至☆kick；event；onset[震]；(wave) arrival；break
波至时间☆time of advent{arrival}；arrival time
波周(期)☆wave period；period of wave{vibration}
波皱贝属[腕;C_1]☆Undaria
波皱层理☆corrugated bedding
波状☆crinkle；undulatus；undulation；sinuation
波状摆动环带☆wave-oscillatory zoning
波状表面☆running surface
波状表面火药柱☆corrugated grain
波状层☆undulated seam；undulating borazon；undulose layer
波状层理☆wav(y){ripple;current;waving} bedding；current-bedding；rolling strata
波状层理砂质页岩[英]☆wool
波状层云☆stratus undulatus
波状的☆undulate(d)；hummocky；gyrose；sinuous；corrugated；anfractous；sinuate
波状地☆hummock
波状地层☆undulatory bed
波状地形☆swell and swale topography
波状构造☆cymoid
波状脊的☆curvimurate
波状交错层理☆wavy cross-bedding
波状模式☆sinuous pattern
波状劈理☆bent cleavage
波状剖面☆wavy profile
波状起伏层☆undulatory layer
波状碛原地形☆swell-and-swale topography
波状前进☆wavelike advance
波状熔岩☆lava with united surface；helluhraun{fluent} lava；plattenlava
波状沙层☆sastrugi
波状砂岩☆zastruga [pl.-gi]；sastruga [pl.-gi]
波状失真☆weave
波状纹层☆crinkly lamina；current lamination
波状纹理☆wave-like{current;sinuous;wavy;ripple} lamination
波状消光☆wavy{undulating;undulose；undulatory；undose;wavelike } extinction；strain shadow
波状消光带☆undulatory zone
波状斜坡反射结构☆hummocky clinoform reflection configuration
波状岩流(地)区☆hummocky boss country
波状云☆undulatus；wave cloud
波状轴面☆undulant axial plane
波兹兰水泥系列☆pozzolan-cement system
波兹维期☆Pottsville age
波走时反演法☆method of travelling-time inversion
波族☆wave system
波阻抗☆natural impedance
波阻力☆wave resistance
波组☆wave group；train of waves
剥薄准平原☆stripped peneplain
剥采☆stripping off
剥采比☆stripping(-to-ore) ratio；overburden (stripping) ratio；stripping index
剥层法☆peeling method；layer stripping
剥层取样☆sampling by stripping
剥成鳞片☆flaking
剥除表土☆land strip
剥除作用[钻头的]☆tearing
剥磁损失☆unbuilding
剥刀☆broach
剥夺☆deprivation；ouster
剥辉石☆diallage
剥孔机☆broacher
剥离☆stripping (off)；desquamation；flake{scale;peel;come} off；peel-off；strip；disbonding；peel；removal；exfoliation；scaling；delamination；baring；open up；overburden (removal)；spalling；layer{surface} stripping；uncover(ing)；tirr；bare；dizzue；overburden stripping[表土]；removal of overburden[覆岩]
剥离比☆ratio of overburden；overburden ratio；rate of stripping
剥离表土☆harrie；herrie；stripping topsoil
剥离倒堆☆course stacking；overburden rehandle
剥离电铲☆electric stripping shovel；dragline stripper；uncovering excavator；stripper shovel
剥离翻卸车☆overburden dumper
剥离废石☆top spit
剥离盖层☆baring
剥离工☆stripper
剥离工作☆stripping work{operation}；burden removing；muck-shifting；overburden mining {removing;operation;removal}
剥离厚度☆capping{overburden;cover} thickness；depth of overburden；thickness of pelled-off layer
剥离后露出煤层{矿体}☆berm
剥离机☆barker；stripping machine
剥离校正时间[震勘]☆peel-off time
剥离露头☆crop opening
剥离(-)煤厚比☆overburden-to-thickness of coal ratio
剥离破裂☆separation fracture
剥离清理☆brush cutting
剥离丘☆exfoliation dome
剥离区☆stripping area
剥离围岩☆dizzue
剥离围岩回采法☆resuing
剥离物☆overburden；redd；muck；tirr；spoil
剥离物覆盖厚度线☆overburden cover line
剥离物运输桥☆overburden bridge
剥离物再次移运☆overburden rehandle
剥离系数☆coefficient of overburden
剥离循环☆pass
剥离岩石倒堆☆overburden recasting
剥离岩体深度☆depth of waste
剥离作业☆rock excavation；overburden operation
剥理☆foliation
剥裂☆spalling
剥裂的☆fissile
剥裂线理☆parting lineation
剥鳞贝属[腕;D]☆Desquamatia
剥露☆exhumation；baring；uncovering；strip；denude
剥露的构造面☆stripped structural surface
剥露构造面平原☆stratum plain
剥露古侵(蚀)面☆exhumed landscape
剥露矿体☆berm；berme
剥露露头☆crop opening
剥露面样品☆fresh-opened sample
剥露平原{面}☆stripped plain
剥露准平原滨线☆resurrected-peneplain shoreline
剥落☆spalling (off)；exfoliation；rip；desquamation；flaking (off;away)；strip；scaling；peeling (off)；crumbling；slabbing；peel-off；ablation；come off；slough；chip；scale-off；spallation
剥落(作用)☆denudation
剥落大块☆scalp
剥落碎屑☆scaling chip
剥落性☆spallability
剥落页片☆exfoliation sheet
剥落作用☆spalling action{effect}
剥煤焦油沥青涂层机☆dope chopper
剥钠闪石[$Na_2Ca(Mg,Fe^{2+},Al)_5((Si,Al)_8O_{22})(OH)_2$]☆szechenyiite
剥谱(法)☆spectrum stripping
剥球构造☆parting {-}ball structure
剥取[云母]☆rifting
剥去☆shuck；strip
剥去电线包皮☆wire baring
剥蚀☆disintegration；degradation；brinelling；denude；denudation；desquamation；exfoliation；ablation；erode；fretting；wastage；corrode；wear away
剥蚀背斜☆scalped anticline
剥蚀残余平原☆rumpfflache；torso plain
剥蚀残柱☆monument
剥蚀的☆denuded
剥蚀掉☆eroding away
剥蚀顶面☆top level of denudation
剥蚀谷☆valley of denudation
剥蚀基坡☆wash slope；haldenhang
剥蚀角砾岩☆clastic breccia
剥蚀阶地☆degradation terrace
剥蚀空位{缺失;时空值}☆degradation vacuity
剥蚀面☆exposure level；plane of denudation
剥蚀平原☆plain of denudation
剥蚀热☆heat of ablation
剥蚀山☆denudation{resurrected} mountain；mountain of denudation
剥蚀山顶平面☆grenzgipfelflur[德]
剥蚀上升均衡平原☆endrumpf；primarrumpf
剥蚀水平☆exposure level
剥蚀速率☆rate of denudation；denudation rate
剥蚀台地☆abrasion tableland
剥蚀土壤☆truncated{denuded} soil
剥蚀旋回☆cycle of denudation
剥蚀褶皱☆air saddle；aerial fold
剥蚀作用☆abtragung；denudation
剥土☆baring；open ground；removal；(surface) stripping；overburden removing；hush
剥土厚度☆capping thickness；thickness of overburden
剥土清理☆brush cutting
剥土系数☆ratio of overburden
剥脱的☆stripped
剥线钳☆wire-stripping pliers
剥削☆exploit；exploitation
剥制[云母]☆splitting

bó

搏动器☆pusule
搏斗☆buffet
博爱主义者☆humanitarian
博布科克威尔科克斯型干磨机☆Babcock and Wileox mill
博彻特氏模式[铁矿石直接沉积]☆Borchert's model
博茨瓦纳☆Botswana
博代补色器☆Bordet compensator
博得☆evoke；earn
博登[德;人名、地名]☆boden
博多印字电报制☆Baudot
博恩反演☆Born inversion
博尔顿式坑木加压浸渍法☆Boulton process
博格丹诺夫矿☆bogdanovite
博汞银矿[智利,含 Hg30.8%]☆bordosite
博克桑叠层石☆Boxonia
博克桑叠层石属[Z-Є]☆Boxonia
博拉任[人造氮化硼,硬度仅次于金刚石]☆borazon
博拉斯科雷暴☆borasco；bor(r)asca；borasque
博览会☆fair
博雷尔可测函数☆Borel measurable function
博里珊瑚属[O_3]☆Borelasma
博利瓦尔石☆bolivarite
博钠闪石☆borgniezite
博纳闪石[一种碱性角闪石]☆borgnerzite
博诺阶[英;J_3]☆Bononian stage
博乔尔诺热风☆bochorno
博山虫属[三叶;$Є_2$]☆Poshania
博山窑☆Boshan ware
博士法试验[测定硫醇]☆doctor test
(哲学)博士论文☆Ph D dissertation
博士头衔{学位}☆doctorate
博物[旧时总称动物、植物、矿物、生理等学科]☆natural science
博物馆☆repository；museum
博物学家☆naturalist
博学☆erudition
博学的☆erudite；knowledgeable
博弈☆dice game
博弈论☆game (theory)；theory of games
博弈模拟☆gaming simulation
薄浆☆larry；thin grout
薄浆渗出[浮水]☆grout-bleeding
薄里螺属[$Є_1$]☆Burithes
薄泥浆☆slurry
薄泥浆膜☆thin mud film
薄弱的☆gossamer；crimp
薄弱点[管线涂层]☆thin spot
薄弱环节☆weak link；bottle neck；vulnerable spot；bottle(-)neck
薄水泥浆☆cement grout
薄土☆thin{shallow} soil
薄纹理☆fissile bedding；streak
薄雾☆gauze；mist；haze
薄心坝☆thin core dam
薄云☆light cloud
勃创-阿密西透镜☆Bertrand-Amici lens
勃创光圈☆Bertrand diaphragm
勃德雷型取样机☆Birtley sampler
勃德雷型选矸机☆Birtley coal picker
勃尔德型离心分级机☆Bird centrifugal classifier
勃尔登型混汞盘☆Berdan pan
勃尔特型沉降式离心脱水机☆Bird{solid-bowl} centrifuge
勃尔特型末煤过滤机☆Bird coal filter
勃吉尔德交生☆Boggild intergrowth
勃考瑞特单条钢轨运输系统☆Becorit system
勃拉韦劈开说☆Bravais theory of cleavage

勃`莱{拉特}福德(期)[英,J_2;北美,D_3]☆Bradfordian age
勃莱福硫化矿优先浮选法☆Bradford preferential separation process
勃莱福型破选机☆bradford breaker
勃莱克台尼逊型自动秤☆Black-Denison weigher
勃兰德雷赫克里斯型水平辊磨机☆Bradley Hercules mill
勃兰登堡亚冰阶☆Brandenburg substage
勃兰顿罗盘☆Brunton compass
勃朗克菊石属[头;K_1]☆Brancoceras
勃雷登型混汞盘☆Breton pan
勃雷克毛雪尔静电分选机☆Blake Morscher separator
勃雷克型颚式轧碎机☆Black (jaw) crusher
勃里吉阶[E_2]☆Bridgerian (stage)
勃利克斯石☆blixite
勃林沸石[$(K_2,Ca,Na_2,Ba)_5Al_{10}Si_{32}O_{84}$•34~44$H_2O$;等轴]☆paulingite
勃伦虫属[K_2-Q]☆Pullenia
勃姆层纹☆Boehm{Bohm} lamellae
勃姆石☆boehmite; diasporogelite
勃曲纳尔型过滤瓷漏斗☆Buchner funnel
勃瑞格斯(管子规范)标准☆Brigg's standard
勃瑞格斯型钻孔测斜仪☆Brigg's{Briggs} clinophone
勃砷铅石[$Pb_2As_2^{3+}O_5$;单斜]☆paulmooreite
勃氏目镜☆Bertrand ocular
勃氏藻属[J-K]☆Broomea
勃塔尔斯型多叶真空过滤机☆Butters filter
铂☆platinum; Pt; polyxene; polyplatinum; platina
铂-铂铑热电偶☆platinum platinum-rhodium couple
铂箔☆platinum foil
铂重整☆platforming; platinum reforming
铂等轴碲铋钯矿☆platinian michenerite
铂碲钯矿☆platinian merenskyite
铂电阻温度计☆platinum (resistance) thermometer
铂锇铱矿☆platinosmiridium
铂坩埚☆platinum crucible
铂硅钛铈铁矿☆perrierite
铂耗量☆platinum loss
铂黑(印)片(术)☆platinotype
铂(金)接点☆platinum contact
铂金矿☆platinum-gold
铂矿☆platinum ore
铂铑发热体☆platinum-rhodium heating element
铂铑坩埚拉丝炉☆platinum-rhodium bushing furnace
铂铑矿☆platinian rhodium
铂类金属☆platinum metals
铂亮锇铱矿☆platinum nevyanskite
铂硫钯矿☆platinian vysotskite
铂硫镍钯矿☆Pt-vysotskite; yanshanite
铂硫砷铑矿☆platinian holligworthite
铂硫铜钴矿☆dayingite
铂漏板拉丝炉☆partly platinum bushing furnace
铂锰锆石☆lovozerite
铂皿☆platinum basin
铂铅矿(晶)组[4 晶组]☆wulfenite type
铂钳☆platinum-pointed forceps
铂绒☆spongy platinum
铂砂矿☆platinum placer
铂闪烁点☆platinum sparkler
铂石棉☆platinum{platinized} asbestos
铂丝☆platinum wire
铂探针☆platinum probe
铂铁矿[(Pt,Fe)]☆iron-platinum
铂铁镍齐[(Pt,Fe,Ni)]☆norilskite
铂铜☆platinoid
铂涂层☆coating platinum
铂锡铜合金☆mystery
铂系合金☆platinoid
铂系元素☆platinum group element; PGE
铂铱☆platinoiridita; platiniridium
铂铱公尺棒☆platinum-iridium meter bar
铂铱矿[(Ir,Pt);等轴]☆platiniridium; platinum iridium; platinoiridita; iridoplatinite; aviate; avaite; svanbergite; iridium; platinum-iridium
铂制品{器具}☆platinum ware
铂中毒☆contamination of platinum
铂自然钯{|金|铑|铁|铜|铱}☆platinian palladium {|gold|rhodium|iron|copper|iridium}
铂族玻璃☆platinum {-}group glass
铂族{系;属}元素☆platinum group element; platinum family element; platinoid; PGE
铂阻温度计☆platinum resistance thermometer
铂组玻璃☆platinum-group glass
箔☆leaf; foil
箔充填器☆foil plugger
箔电容☆sheet capacitance
箔厚☆foil thickness
箔片☆chaff; tinsel
箔式安全阀☆foil-type safety valve
箔条☆chaff
箔应变仪{计}☆foil strain gauge
箔阻应变规☆foil resistance strain ga(u)ge
伯胺☆primary amine
伯醇☆primary alcohol
伯德型卧式离心机☆Bird centrifuge
伯{玻}恩方程☆Born equation
伯恩赛式探水钻机☆Burnside apparatus
伯尔比层☆Beilby layer
伯尔曼密度☆Berman density
伯尔曼(比重)扭(力天平)☆Berman density torsion balance
伯尔门型秤☆Berman balance
伯尔尼☆Bern(e)
伯尔特型转筒过滤机☆Burt revolving filter
伯格朗盾壳虫属[三叶;$Є_1$]☆Bergeroniaspis
伯格朗氏虫属[三叶;$Є_1$]☆Bergeroniellus
伯格曼法则☆Bergmann's rule
伯格斯位错[螺型位错]☆Burgers dislocation
伯格体☆Burger's body
伯吉斯法☆Beigius process
伯君子黄沙石[石]☆P. Jaunz
伯克利数组处理机☆Berkeley Array Processor; BAP
伯克列姆岩☆birkremite
伯拉卡德[石]☆Palakkad
伯拉瓦斯定则☆Bravais rule
伯朗细花[石]☆Adoni Chocolee; Imperial Brown
伯利吉齿菊石属[头;T_{1-2}]☆Beyrichites
伯利克菊石属[头;C_1]☆Beyrichoceras
伯利兹☆Belize
伯灵期☆Bolling Stage
伯罗尔型气体分析器☆Burrell apparatus
伯马石油公司☆Burmah Oil Co. Ltd.
伯明翰☆Birmingham
伯纳德•普雷斯地球物理研究所☆BPIGR; Bernard Price Institute of Geophysical Research
伯纳姆密封☆Burnham seal
伯奈尔兰试验器☆Brasilian testing device
伯努里-高斯序列☆Bernoulli-Gaussian sequence
伯努利定律{理}☆Bernoulli's theorem
伯奇不连续面☆Birch discontinuity
伯奇定律☆Birch's law
伯奇型环式格筛☆Burch grizzly
伯瑞塞尔接头☆Bristor joint
伯氏虫属[三叶;Є]☆Bergeronites
伯氏球石[钙超;Q]☆Bernardosphaera
伯酸☆primary acids
伯碳(原子)☆primary carbon
伯特测定真子午线罗盘☆Burt solar compass
伯特兰重介选法☆Bertrand process
伯特利型逆流式风力选煤机☆Birtley contraflow separator
伯特利型选矸机☆Birtley coal picker
伯特型转筒过滤机☆Burt revolving filter
伯土隆庭荠[Cu 示植]☆alyssum; Alyssum bertolonii
伯托水母属[腔;$Є_2$]☆Peytoia
×伯烷基硫酸盐☆Alvapon
舶板☆transom board
腾石[钙超;J_3-K_1]☆Brachiolithus
鲌属[N_2-Q]☆Culter
渤海螺属[腹;E]☆Bohaispira
渤海藻属[甲藻;E_{2-3}]☆Bohaidina
泊船具☆ground hold
泊地☆(mooring) basin; anchorage
泊渠码头☆dock wharf
泊松比☆Poisson's ratio; Poisson coefficient; PR
泊松分布☆Poisson('s) distribution
泊松模数{量}☆Poisson's modulus
泊苏叶-哈金定律☆Poiseuille-Hagen law
泊苏叶流☆Poiseuille flow
泊肃叶定律☆Poiseuille's law
泊位☆berth; berthage; berth for a ship; parking stall
泊镇粉属[孢;K_2]☆Bozhenpollis
驳船☆barge; tow{drag} boat; lighter; tug-boat
驳船队☆training of barges
驳船码头☆lighter's wharf
驳船上交货☆free into barge
驳船卸货机☆barge unloader
驳船(式)修井设备☆barge workover rig
驳船运输☆barging
驳船装载输送机☆barge-loading conveyor
驳倒☆riddle
驳运☆transshipment; lighter(age)

bǒ

跛窗☆cripple window
跛的☆lame
跛拱☆rampant arch
簸吹☆dry-blowing
簸动☆jigging motion; jolt; bump; toss; strike (a gong)
簸动机☆pulsator
簸选{扬}☆winnowing

bò

薄荷(油)☆peppermint
薄荷醇[$C_{10}H_{19}OH$]☆menthol
薄荷类植物☆bergamot; Mentha haplocalyx
薄荷烷☆terpane; menthane

bū

钸☆plutonium

bú

不爆发☆misfire
不爆轰气☆nondetonating gas
不爆炸的☆inexplosive; non(-)explosive; unexplosive
不爆炸性尘粉{末}☆inexplosive dust
不爆震的☆nondetonating
不爆震条件☆non-knocking conditions
不测事件☆eventuality; hazard
不错☆right
不镀锌锡的钢丝绳☆bright rope
不复现性☆nonreproducibility
不够☆lack
不够的☆inadequate
不够紧密☆undertighten
不够灵活☆underaction
不够压实的☆undercompacted
不顾☆disregard; regardless of…; ignore
不贯穿性☆proof
不焊合的☆nonwelding
不化为零的☆non-vanishing
不换性齿☆monophyodont
不换性牙系☆monophyodont dentition
不继续存在☆nonexistence
不介入式流量计☆non-intrusive flowmeter
不靠紧的☆non-adjoining
不控制的自喷井☆free-flowing well
不灭☆conservation
不灭性☆indestructibility
不啮合☆throw out of gear; out of mesh; non-meshing
不破坏(样品)的分析技术☆nondestructive technique
不破坏(信息)读出☆nondestructive readout; NDRO
不让压的☆nonyielding
不涉及成因的☆nongenetic; non-genetic
不熟练的☆unskilled; fresh
不碎玻璃☆safety glass
不雾化的水[救火]☆non-atomized water
不泄湖☆enclosed lake
不预先成形的☆non-preformed
不赞同☆disapproval; disapprobation
不造壁的☆non-wall-building
不震区☆non-seismic regions; nonseismic region; quiet location
不滞流体☆invisid fluid
不中断电源☆uninterrupted power supply
不住院的医生☆extern
不注意☆negligence; inattention
不坐底座封工具☆off bottom setting tool

bǔ

捕☆catch; collar
捕波器☆trapper
捕车器☆capturing device; catchall bobbin; bridal; car safety clog; car arrester; safety dogs
捕车装置☆catching device
捕尘☆dust capture{allaying;allayment}
捕尘效率☆dust-catching efficiency
捕虫霉属[Q]☆Zoopage
捕滴法[测润湿性]☆captive droplet technique
捕定气泡☆captive bubble

捕获☆trap；capture；trapping；catch；seize；captivity；acquisition；captive；lock on
捕获(型)☆capturing
捕获的☆captive
捕获假说☆capture hypothesis
捕获晶☆xenocryst；c(h)adacryst；disomatic
捕获来的大气☆trapped atmosphere
捕获说☆Capture Theory
捕获凸轮[防坠器]☆catch cam
捕获物☆ravin；seizure
捕获信号☆lock-on{seizing} signal；signal capture
(电子)捕获栅☆catcher
捕获者☆taker
捕获爪☆catch-hook
捕集☆capture；catchment；trapping；entrapment；collection；catching；captation
捕集袋☆catch pocket
捕集(作用)机理☆mechanism of collection
捕集剂☆collector；trapping agent
捕集剂薄膜的结构☆collector-coating structure
捕集剂层定向(排列)☆orientation of collector coating
捕集溜槽☆save-all sluice
捕集器☆trap(per)；collector；allayer；catcher
捕集设备☆saving plant
捕集油☆trapped oil
捕金器☆save-all
捕金装置☆gold {-}saving device
捕捞船☆dredge
捕留气泡试验☆captive bubble test
捕虏☆capture
捕虏晶☆xenocryst(al)；chadacryst
捕虏碎屑(的)熔岩☆xenoclastolava
捕虏体☆xenolith；foreign incluaion；xenocryst；enclave enallogene；enallogene enclave；exogenous {exogen(et)ic；accidental} inclusion
捕虏体质包体☆xenolithic enclave
捕虏岩☆xenolith；accidental inclusion{xenolith}
捕虏岩的☆xenolithic
捕能机☆catcher
捕泥器☆sediment trap
捕鸟猎犬☆bird dog
捕泡法☆captive bubble method
捕气器☆air trap
捕腔[速调管]☆catcher
捕砂槽☆riffler
捕沙器☆sediment trap
捕食☆ravin
捕食的☆harpactophagous
捕食者☆predator
捕食作用☆predation
捕收☆catchment；collection；catching
捕收布☆catch fabric
捕收机理☆mechanism of collection
捕收剂☆collector；promoter；collecting reagent {agent}
×捕收剂[十二烷基辛基-苄基甲基氯化铵]☆DOBM
×捕收剂[十六烷基甜菜碱]☆DPC
×捕收剂[十八烷基三甲基氯化铵]☆DPLA
×捕收剂[十八烷基甜菜碱]☆DPN
×捕收剂[十二烷基三甲基氯化铵]☆DPQ
×捕收剂[羟基十二烷基三甲基溴化铵;$HO(CH_2)_{12}N^+(CH_3)_3Br^-$]☆DTM
×捕收剂[精制妥尔油胺,不含松香胺]☆Delamine PD
×捕收剂[妥尔油胺,不含松香胺]☆Delamine P
×捕收剂[妥尔油胺,含脂肪胺 40%,松香胺 60%]☆Delamine X
×捕收剂[烷基丙二胺;80%二胺,$RNHC_3H_6NH_2$,R 来自椰{|牛}油]☆Diam 21{|26}
×捕收剂[十八烷基二胺]☆Dinoramac SH
×捕收剂[二乙基二硫代磷酸盐]☆Dithion
×捕收剂[磺化或硫酸化脂肪酸]☆Doittau 14 SM
×捕收剂[十二烷基硫酸钠;$C_{12}H_{25}OSO_3Na$]☆Drene {|Utinal|Duponol ME}
×捕收剂[松脂酸钠皂]☆Dresinate7V6{|7X1|7X1K}
×捕收剂[脂肪醇胺硫酸盐混合物]☆Duponol OS
×捕收剂[十二烷胺盐酸盐;$C_{12}H_{25}NH_2{\cdot}HCl$]☆E.P. 487
×捕收剂[丙乙硫氨酯;$C_2H_5NH{\cdot}C(S)OCH(CH_3)_2$]☆EIPTC
×捕收剂[苯乙硫氨酯;$C_2H_5NH{\cdot}C(S)OC_6H_5$]☆EPDC
×捕收剂[烷基氯化吡啶;$RCOOCH_2CH_2NHCOCH_2{\cdot}C_5H_5N^+,Cl^-$]☆Emcol 607-40
×捕收剂[聚烷基萘甲基氯化吡啶]☆Emcol 888
×捕收剂[精制植物油酸]☆Emersol 1202
×捕收剂[精馏植物油脂肪酸]☆Emersol 300
×捕收剂[油烯基伯胺醋酸盐,含量 95%～97%]☆Flotigam OA
×捕收剂[十六{|八}烷基伯胺醋酸盐]☆Flotigam PA {|SA}
×捕收剂[浮选硅酸盐;德]☆Flotigan
×捕收剂[$RCON(R')C_2H_4SO_3Na$,(R 来自 50%豆蔻酸, 50%硬脂酸;R'=CH_3)]☆Igepon 702K
×捕收剂[椰子油酰甲氨乙基磺酸钠；$RCON(R')C_2H_4SO_3Na$,(R 来自椰子油及棕榈核油酸; R'=CH_3)]☆Igepon KT
×捕收剂[`油{|牛脂|妥尔油|软脂|油}酰甲氨乙基磺酸钠;$RCON(R')C_2H_4SO_3Na$,(RCO 来自`椰子油{|牛脂|妥尔油|软脂|油}酸;R'=CH_3)]☆Igepon TC{|TE|TK|TN|T}
×捕收剂[精制妥尔油含脂肪酸 90%,松香酸 5%]☆Indusoil L-5
×捕收剂[仲烷基硫酸盐;波]☆Melavin B
×捕收剂[十六烷基三甲基溴化铵;$C_{16}H_{33}N^+(CH_3)_3Br^-$]☆Micol
×捕收剂[复黄原酸,双黄药]☆Minerec A{|B|27}
×捕收剂[黄原酸甲酸酯;$ROC(S)S{\cdot}COOR$]☆Minerec
×捕收剂[对位甲苯胂酸;$CH_3{\cdot}C_6H_4{\cdot}AsO_3H_2$]☆NGT
×捕收剂[烷基芳基磺酸钠;$R{\cdot}ArSO_3M$]☆Nacconol HG
×捕收剂[十二烷基磺基醋酸盐;$MO_3SCH_2COOC_{12}H_{25}$]☆Nacconol LAL
×捕收剂[烷基氮杂环化合物]☆Petroleum N bases
×捕收剂[石油磺酸钠,分子量 440～450, 34%{|415～430,33%}矿物油]☆Petronate K{|L}
×捕收剂[石油磺酸钠,分子量 455～465{|415～430|440～450|505～525},35%矿物油]☆Petrosul 645 {|742|745|750}
×捕收剂[甲酚黑药]☆Phosocresol
×捕收剂[硫酸化或磺化脂肪酸;法]☆Prestabit V
×捕收剂[脂肪胺,带支链的脂族第一胺]☆Primene 81-R{|IM-T}
×捕收剂[石油磺酸钠,分子量 350～370,15%{|375～400,33%}矿物油]☆Pyronate{|Saponate}
×捕收剂[有机砷化合物,甲苯胂酸;日]☆SM 119
×捕收剂[巯基苯并噻唑钠盐;日]☆SMB-50
×捕收剂[氯苯甲基聚硅酮]☆Silicone fluid F60
×捕收剂[脂肪酸硫酸化皂;德]☆Stokoflot PK
×捕收剂[磺酸化油酸钠皂;$R\text{-}C_6H_4\text{-}SO_3Na$]☆Sulfonate OA-5
×捕收剂[硫酸化氧化石蜡铵皂]☆Sulfopar H
×捕收剂[15%白药加 85%邻甲苯胺]☆T-T
×捕收剂[硫酸化或磺化脂肪酸;法]☆Tibalene AM
×捕收剂[牛脂胺,87%伯胺]☆Uvermene 38
×捕收剂[硬脂胺磷酸乙酯;$C_{18}H_{37}NH{\cdot}P(O)(OC_2H_5)(ONH_3C_{18}H_{37})$]☆Victamin D
×捕收剂[月桂胺磷酸乙酯;$C_{12}H_{25}NH{\cdot}P(O)(OC_2H_5)(ONH_3C_{12}H_{25})$]☆Victamin
×捕收剂[O-异丙基-N-乙基硫代氨基甲酸酯]☆Dow Z-200
×捕收剂[十四烷基二甲基苄基氯化铵;$C_{14}H_{29}\text{-}N^+(CH_3)_2(CH_2\text{-}C_6H_5),Cl^-$]☆Zephiramine
×捕收剂[十八烯酰-N-甲氨基乙酸钠;$C_{17}H_{33}CON(CH_3)CH_2COONa$]☆medialan A
×捕收剂[油溶性石油磺酸盐]☆Ultranat-1{|3}
×捕收剂[十二烷基碘化吡啶]☆Emcol{|emulsol}660B
×(号)捕收剂[石油磺酸盐]☆Sonneborn reagent 1
捕收剂层定向☆orientation of collector coating
捕收剂的黏附☆collector-attachment
Z-200 捕收剂的乳剂[硫化矿捕收剂]☆Dow SA 1797
捕收力[浮剂]☆collective power；collecting strength
×捕收起泡剂[石油磺酸钠,分子量 415～430,不含矿物油]☆Hyponate L
×捕收润湿剂[叔辛基苯酚基聚乙二醇醚;$C_8H_{17}{\cdot}C_6H_4(OCH_2CH_2)_8OH$]☆Igepal CA-630
×捕收抑制剂[十二烷基二聚乙二醇硫酸盐;$C_{12}H_{25}(OCH_2CH_2)_2OSO_3M$]☆Emulsol X-1
捕提☆catchment；capture
捕提沉积物生物☆sediment trapper
捕提器☆catching device{piece}；catch(er)
捕雾器☆mist eliminator
捕油器☆oil trap
捕鱼浮标☆fish-trap buoy
捕鱼设施区☆fish-trap area
捕捉☆capture；catchment；catching；trap
捕捉沉积物生物☆sediment trapper
捕捉器☆catch(er)；retarder；arrester
捕捉信号☆seizing signal
卜缝孢属[T_3]☆Leschiksporis
卜水术☆water witching
卜杖☆divining rod；wiggle stick
哺乳的☆lactational
哺乳动物☆mammalia；mammal
哺乳喂养☆breast feeding
哺乳足迹类[遗石]☆Mammalipedia
卟吩☆porphin；porphine
卟啉☆porphyrin
卟啉镍石[$C_{31}H_{32}N_4Ni$;三斜]☆abelsonite；nickel porphyrin
卟啉原☆porphyrinogen
补☆complementary; cobble; patch; supplement; counter-
补测的测井曲线☆offset log
补层型☆costratotype
补偿☆fattening；equilibration；offset；equalize；compensation；equalization；countervail；make up；counterpoise；buck(ing)；balancing；counterbalance；recompense；cover；retrieve；back(-)off；pay-out；satisfaction；reparation；redress；redemption
补偿泵☆charge pump
补偿尺寸☆free-size
补偿储备排水量的固体压载☆margin load；ML
补偿的☆equalizing；offset；saving
补偿电池☆balancing battery
补偿电压☆offset voltage
补偿阀☆compensator{compensation;compensating} valve；surge valve
补偿法☆compensation{penalty} method；method of compensation
补偿方式通道选择☆backup mode channel selection
(工伤和职业病)补偿费☆workmen's compensation
补偿函数☆penalty function
补偿回路☆equalizing network；make-up circuit
补偿活塞[机械式震击器]☆compensating piston
补偿空间☆expansion room；compensating space{slits;slots}；compensation space
补偿离子☆complementary{compensation} ion
补偿粒子☆counterion
补偿密度核测井☆compensated densilog nuclear
补偿面☆surface of compensation；compensation level
补偿盆地☆compensated{well-fed} basin
补偿器☆compensator；equalizer；densifier；balance gear；complementor；compensating device；air dome；pipe expansion joint
补偿器式检波器☆compensator receiver
补偿绕组☆compensating winding；Deri Winding；backing coil
补偿设备☆canceller；canceler
补偿式伏特计☆compensation voltmeter
补偿损失☆indemnification
补偿网络☆corrective{compensation;compensating} network
补偿温度☆compensation temperature
补偿系统☆bucking-out{back-off} system；BOS
补偿信号☆compensating{compensatory;compensation} signal
补偿性晶体沉降☆compensated crystal settling
补偿油层亏空的注入量☆offset injection rate
补偿中子测井仪☆compensated neutron logging
补秤头☆tret
补充☆complement；implement；add.；supplement；addition；replenish；recharge；replenishment；supply；renew；make up
补充报告☆Supplement Report；SR
补充变量☆postindexing
补充拨号☆postselection
补充槽☆made-up trough
补充层型☆plesiostratotype
补充充电☆additional{booster} charge
补充的☆complementary；auxiliary；supplementary；suppl；pony
补充反应☆postreaction
补充分析☆additional analysis
补充剂☆coupler；extender
补充加热☆postheating
补充加压☆repression；repressuring
补充加油☆topping
补充介质☆make-up medium
补充井☆offset{additional} well
补充开发☆redevelopment
补充炮眼☆extra{additional} hole
补充配件☆supple mentary parts
补充喷射器☆postinjector

B

补充器☆replenisher
补充燃料☆postcombustion；supplementary fuel
补充燃烧☆afterflaming；aftercombustion；after-burning
补充燃烧式蒸汽发生器☆supplementary-fired steam generator
补充设备☆supplemental{ancillary} equipment
补充射孔☆reshooting；reperforating；reperforate
补充石油税[英]☆supplementary petroleum duty；SPD
补充双晶☆supplementary twin(ning)
补充细部☆subsidiary detail
补充营养☆extranutrition
补充预算☆budget amendments
补充支架☆arm brace
补充(支)柱☆double-up post
补充装药☆booster charge
补充钻眼{进}☆offset drilling
补丁☆patch
补丁礁☆patch reef；reef patch
补堆积岩☆adcumulate；accumulate
补焊☆dot{repair} welding；weld up；patching
补换牙{齿}☆replacement tooth
补机坡度☆helper{pusher} grade
补给☆(material) supply；replenishment；recharge；feeding；alimentation；delivery；supplementation；reentry；nourishment[冰]
补给边界☆contour of recharge；recharge boundary
补给船☆tender
补给的☆alimentative
补给的水☆feed water
补给反漏斗☆cone of recharge
补给方式☆mode of supply
补给构造岩浆地体☆replenished-tectonic-magmatic-terrane
补给介质☆fresh medium
补给井☆inverted{input;recharge;absorbing;service;injection} well
补给量☆inflow；supplementation；recharge capacity {rate}
补给裂缝{隙}☆feeding fissure
补给-排泄循环☆recharge-discharge cycle
补给期☆replenish period
补给潜水河☆influent{losing} stream
补给前水位☆prerecharge water level
补给区☆feeding{recharge;intake;source;catchment;feed} area；alimentation area[冰]；area of recharge；contributing region；contributory area；payzone；region of intake{alimentation}
补给疏干法☆compensated dewatering method
补给水(量)☆water make-up
补给水带半径[抽水井]☆drainage radius
补给水流☆influx of water
补给水源☆source of runoff
补给速度{率}☆recharge rate
补给通道[矿床]☆channelway；feeding{feed} channel；feeding channel channelway
补给岩浆地体☆replenished-magmatic-terrane
补加的金刚石克拉数☆added diamonds
补加介质☆up-fed medium
补加矿石☆feed ore
补加压☆repressuring
补浇注☆back pouring
补角☆auxiliary{supplement(ary);subsidiary} angle
补救☆retrieve；reparation；repair；remedy；redress
补救办法☆remedial measures
补救的☆remedial；saving
补救性挤注作业☆remedial squeeze repair work
补孔☆reshooting；reperforating；reperforate；perforations adding
补零☆zero padding；zeroize；zerofill
补流☆feeder current；rip feeder current
补漏垫层☆patch liner
补漏用的箍☆belly band
补炉材料☆fettling material
补炉底材料[搅炼炉]☆bulldog
补炉用铬铁矿☆furnace chrome
补码☆(true) complement；complement(ary) code；zero{noughts} complement；supplement
补码器☆complementer
补密井☆fill(ing) in well
补模标本☆hypotype
补炮☆reshooting
补片☆patch
补强电池☆balancing battery
补强接头☆compensation joint
补强砂轮☆reinforced grinding wheel
补强钻头☆tipped bit
补取的岩芯[邻井中]☆offset core
补缺☆fill
补缺的{者}☆stopgap
补燃☆afterburning
补燃器☆afterburner；after-burner
补燃式发动机☆reheat engine
补入☆interpolation
补色☆complementary color；complement；(color) compensation
补色法则☆law of compensation
补色立体(相片)☆anaglyph
补色器☆compensator
补砂[冶]☆resanding；stop-off；stopping {-}off
补砂芯☆embedded core
补伸角☆co-hade
补数☆complement
补数器☆complementer；Cm
补缩☆feed
补缩冒口☆feeding head
补胎工具☆tyre repair kit
补体☆complement
补贴☆subsidy
补贴管☆patch
补涂用喷枪☆touch-up gun
补推机☆pusher
补网☆network patching
补习☆refresher
补心☆bushing；BUSH
(深井泵用)补心短节☆collar bushing
补心高度☆kelly bushing；bushing elevation；K.B.
补型☆apotype
补形☆complementary form
补选模式标本☆lectotype
补血草[兰雪科,硼局示植]☆statice；Limonium suffruticosum
补遗☆addendum [pl.-da]；add.；supplement；suppl
补油阀☆replenishing valve
补油回路☆made-up{feed} circuit
补整法☆method of compensation
补正器☆compensator
补助☆subsidization；help financially；subsidize；subsidy；allowance；compensation；compensate
补助金☆subsidy；grant-in-aid；subvention
补助能☆secondary energy
补助品☆contribution
补助器☆compensator
补助器具☆doctor
补助设备☆accessory equipment
补助炸药☆additional charge
补注☆recharge
补注井☆recharging well
补注水泥☆recementing；remedial cementing
补缀黏胶☆patching cement
补缀状条纹长石☆patch perthite
补足☆explement；complement；make-up；expletive

bù

不[在去声字前面,"不"字读阳平声,部分词条见60页]☆non-；no-；dis-；il-[l 前]；un-；im-[b,m,p 前]；without；no；dif-[f 前]；mal-；ir-；nay
不按比例尺☆not to scale
不安☆discomfort；discomposure；unrest
不安(的)☆touch and go
不安(分)的☆discontent
不安的事☆discomfort
不安定(性)☆destabilization；changeability；instability
不安定的☆labile；unsound；unsettled；astatic；unstable
不安全(性)☆unreliability；precariousness；incertitude；insecurity
不安全的☆unsafe；unreliable
不安全感☆insecurity
不安全性☆insecurity；unstability
不按惯例☆non-observance
不按规格、质量分等级的☆run-of-the-mine
不按间距布置钻孔☆random drilling
不按井网分布的钻井☆scattered drilling
不摆☆dead-beat
不摆动指针☆dead needle
不保密的☆unclassified
不饱和☆undersaturation；unsaturation
不饱和苯烃☆unsaturated benzene hydrocarbon
不饱和带☆unsaturated{non-saturation} zone
不饱和的☆un(der)saturated；nonsaturated；not-saturated；nonsaturable
不饱和度☆degree of unsaturation
不饱和键☆unsaturated bond{bond;link(age)}；dangling bond；unsatisfied chemical bond
不饱和链式化合物☆unsaturated chain compound
不饱和水流{流动}☆unsaturated flow
不饱和酸☆unsaturated acid
不饱和烃(化合物)☆unsaturated hydrocarbon
不饱和土☆unsaturated soil
不饱和物☆unsaturates
不饱和岩☆un(der)saturated rock
不饱满☆unfilled
不焙烧半稳定白云石耐火材料☆unfired semi-stable dolomite refractory
不闭合导线☆open traverse
不便☆inconvenience；disadvantageousness；discomfort
不便之处☆inconvenience
不变☆immovability；fixedness；fix position
不变(性)☆immutability
不变产量☆single rate
不变乘数☆unity
不变带☆unaltered zone
不变的☆unaltered；constant；invariant；permanent；invariably；unaffected；fixative；stagnant；fixed；persistent；invariable；stationary；nonvariant；immobile；plastic；standing；const；fxd
不变化的☆uniform
不变价值美元☆constant dollar
不变径地热钻进☆nontapering geothermal drilling
不变平衡体系☆invariant equilibrium system
不变软的☆nonsoftening
不变式☆invariance；invariant
不变数☆numerical invariants
不变水分☆consistent moisture
不变歪(剖)面☆plane of no distortion
不变形脆性支撑剂☆nondeforming brittle propping agent
不变形的☆non(-)deflecting；non(-)deformable
不变形钢☆non-deforming steel
不变形剖面☆plane of no deformation
不变性☆invariance；unchangeability；inalterability；invariability；immutability
不变元素☆invariable element
不变值☆fixed value
不变中心☆permanent center
不变状态☆permanence condition
不变组合☆invariant assemblage
不标准大小的☆off-cut
不标准的[设备、工具或罐]☆bastard
不波及邻近岩层的爆破方法☆broaching
不剥落的☆tack-free
不补偿型大陆边缘带☆starved continental margin
不补燃性废热锅炉☆unfired waste heat boiler
不采边缘和贫矿☆gouging
不掺水的☆raw
不掺添加剂的水☆straight water
不产生火花的金属☆non-sparking metal
不产油地区☆unproductive area
不产油气的井☆wet well
不常变数据☆master data
不超过☆not exceeding；within；NX
不潮(湿)的☆moisture free；moisture-free
不彻底的☆half-way
不沉淀{降}的☆non-setting；nonsettling
不沉陷地面☆unyielding surface
不沉性☆insubmersibility
不(相)称河☆misfit river
不成比例☆disproportionation；disproportion
不成层冰碛物☆unstratified drift
不成层的☆unstratified；ataxic；unbedded
不成层的矿床☆ataxic deposit
不成层岩(石)☆unstratified rock
不成对变质带☆unpaired metamorphic belt
不成对的☆azygous
不成对骨{|鳍}☆unpaired bone{|fin}
不成功☆unsuccessfulness
不成功井☆inefficient well
不成行的☆nonaligned
不成角的☆agonic
不成立(的)☆false；invalid

不成熟☆incompetence
不成熟-成熟理论☆immaturity-maturity theory
不成熟的沉积物☆immature sediment
不成问题☆be not the subject
不成直角☆out of square
不承认☆disclaimer
不承压的☆unconfined
不迟发☆non-delay
不冲不淤渠道☆silt stable channel；regime channel
不冲'速度{涮流速}☆nonscouring velocity
不充分☆insufficiency
不充分的☆scanty；imperfect
不充分生油气岩☆inadequate source rock
不充实的☆thin
不充填方框支架采矿法☆unfilled square-set system
不重复的☆nonrepetitive
不重复现象☆anisomerism
不重合☆misalignment；mismatch
不重磨(的)合金钻头☆alloy throw-away bit
不重要☆inconsequence；insignificance
不重要的☆non-essential；piddling；marginal；accidental；immaterial
不抽水的井☆nonpumping well
不出砂的☆sand free
不出油的井☆inactive well
不穿孔壳☆imperforated shell
不穿入地层的液体☆nonpenetrating-type fluid
不传导的☆non conducting；opaque[电、热]
不传热的☆heat insulating；heat-resistant
不传热性☆athermancy
不垂直☆out of plumb
不垂直度☆non-perpendicularity
不纯☆impurity
不纯苯☆benzoline
不纯辰砂☆haringtonite
不纯的☆bastard；extrinsic；impure
不纯的蚀变闪石☆kirwanite
不纯钙铬榴石☆trautwinite
不纯灰岩☆bavin；holmite；impure limestone；saugkalk
不纯金刚石砂☆fragmented bortz
不纯金属☆regulus
不纯金屑{粉}☆commercial dust
不纯块滑石☆potstone
不纯煤☆skamy coal
不纯黏土☆karolathin；carolathine
不纯(方解)石☆pelagosite
不纯石墨☆s(c)hungite；graphitite；graphitoid；black lead；plumbago；tremenheerite
不纯石英☆passyite
不纯丝炭☆black list
不纯锡石☆stannite；tin pyrites；stannine
不纯一的总体☆heterogeneous population
不纯一性☆heterogeneity
不纯油酸☆Linolenic acid
不纯皂石☆potstone；ovenstone；pot stone；lapis ollaris；lavezstein
不纯重晶石夹石英☆schoharite
不纯烛煤☆hub；blacks；branch rattler；marken；trub；jonnies；pelt
不纯柱石☆paroligoclase
不刺穿☆nonpiercement
不存在☆nonexistence；negation；nonentity；nullity；nothingness
不存在的☆non-existent；null；absent；abs
不答应☆non-acceptance
不大的油柱☆thin oil leg
不大可能☆unlikeliness
不带边同径三通☆plain equal tee
不带电☆neutralness
不带电的☆neutral；uncharged
不带法兰的一端☆stub-end
不带生物体的☆bioclean
不带眼的管子☆blank pipe
不丹☆Bhutan
不但如此☆nay
不当班☆off-duty；off duty
不导电的尘末☆non conducting dust
不导电地☆dielectrically
不导电灭火剂☆non conducting extinguishing agent
不导热的☆athermic
不到场☆default
不到期的☆premature
不到位坐封☆premature setting
不得支用的基金☆non-expendable funds
不等☆disparity；odds；anis-；inequality
不等瓣壳☆inequivalved shell
不等鞭毛类☆heterokontae
不等边三角形☆scalene (triangle)
不等边形☆inequilateral form
不等成长☆heterogonic growth
不等二歧分枝☆anisotomic dichotomy；anisotomy
不等方性☆anisotropism；eolotropism；aeolotropism；aeolotropy
不等分枝[笔;海百]☆heterotomous
不等蛤属[双壳;J-Q]☆Anomia
不等海百合目☆Disparida
不等号☆sign of inequality
不等环三缝孢属☆Anisozonotriletes
不等活动原理☆unequal activity principle
不等极(藻)亚(群)[疑]☆Heterodiacromorphytae
不等价交换☆inequitable exchange
不等键型晶体☆anisodesmic crystal
不等角投影图☆axonometric(al) projection {drawing}
不等径的[接头]☆reducing
不等距组合☆tapered group
不等壳(瓣的)☆inequivalve
不等粒☆seriate
不等粒的☆inequigranular；heterogranular；anisometric；anisomerous
不等量生长[生态]☆anisometric growth
不等率☆diversity factor
不等坡定律☆law of unequal slope
不等强度键☆anisodesmic bond
不等珊瑚属[D_2]☆Atelophyllum
不等渗的☆anosotonic
不等式约束☆inequality constrain
不等寿命☆differential longevity
不等速运动☆variable motion
不等温沸腾☆nonisothermal boiling
不等效的☆nonequivalent
不等效晶位☆inequivalent site
不等形琢石圬工☆broken ashlar masonry
不等压(力)☆nonuniform pressure
不等压的☆anisobaric
不等叶性☆anisophylly
不等翼的☆anisopterous
不等翼褶曲{皱}☆inequant fold
不等于☆not equal to；n.e.；NE
不等于 1 的☆non-unit
不等圆齿形[植;叶缘]☆inequalito-crenulatus
不等趾足☆anisodactylous foot
不等轴生长☆anisometric growth
不等柱类[双壳]☆anisomyaria(n)；heteromayarian
不等子叶性☆anisocotyly
不抵抗☆nonresistance
不电离(作用)☆unionization
不电离质☆nonelectrolyte
不调和☆incongruity；disharmony；clash；jar；dissonance
不调谐☆discordance
不叠加☆unstacking
不定☆inequality；mutability
不定变幅☆random fluctuation
不定常迭代法☆nonstationary iterative method
不定常数☆indeterminate constant
不定的☆ill-defined；erratic；adventitious；variable；infinitive；variant；indefinite；unsettled
不定度圆锥☆cone of uncertainty
不定风带☆zone of variable wind
不定根☆adventitious root
不定流☆unsteady flow
不定坡度☆variable inclination；undulating grade
不定期的☆nonscheduled
不定期检查☆casual inspection
不定位(的)☆nonlocating
不定位分析☆unlocated assay
不定向的☆non-directive；non-directional；astatic；unoriented；nonaligned
不定向切片☆random section
不定型的☆atypic
不定型蜡☆ceresin(e) wax
不定型瘤☆massa
不定型植物☆facultative plant
不定性☆ambiguity；variability；indefiniteness；uncertainty
不定云幕☆indefinite ceiling
不动☆immovability；immobilize
不动孢子☆aplanospore
不动本基金☆non-expendable funds
不动冰川☆dead-glacier
不动产☆real estate{property}；immovable property；immovables
不动的☆immobile；stationary；motionless；unaffected；self-centered；dead-beat
不动点理论☆fixed-point theorem
不动关节☆synarthrosis
不动气泡☆captive bubble
不(流)动相☆immobilizing phase
不动油☆immobile{unmobilized} oil
不动指标☆stationarity indices
不动作的☆non-operative；nonoperative
不冻层☆Talik；unfrozen layer
不冻的☆non-freezing；ice-free
不冻港☆ice-free{open;warm-water；non-freezing} port；ice free port
不冻河口☆open estuary
不冻结的☆unfrozen；uncongealable
不冻结炸药☆non freezing explosives
不冻期☆freeze-free period
不冻土☆tabetisol；never frozen soil
不冻下层☆subgelisol
不冻炸药☆nonfreezing explosive
不堵塞的☆unblinding
不堵塞地层的组分☆non-plugging constituent
不堵塞排料口☆unclog outlet
不断(的)☆end-to-end；continuous；never-ending；ever-
不断变化☆fluxion
不断地☆steadily
不断改进☆update
不断减小的☆ever-reduced
不断摸索☆trial and error
不断循环☆uninterrupted cycle
不兑现☆dishonour；dishonor
不对称☆skewness；dissymmetric(al)；asymmetry；unsymmetry；dissymmetry；SK
不对称的☆unsymmetric(al)；asymmetric(al)；off-center；nonsymmetrical；heteroclinal；irregular；anisomerous；antisymmetric；asymmetical
不对称法☆asymmetric method
不对称分子☆dissymmetric molecule
不对称峰☆asymmetrical{dissymmetric} peak
不对称沟{|谷|核}☆asymmetric(al) furrow{|valley|kernel}
不对称角石属[O_2]☆Asymmetroceras
不对称面☆asymmetric faces；asymmetric(al) face
不对称爬升波浪☆asymmetrical climbing ripple
不对称排列法☆asymmetrical manner
不对称丘☆stoss-and-lee topography
不对称上攀波纹☆asymmetric(al) climbing ripple
不对称式底片☆two-hole film
不对称双坡屋☆saltbox
不对称双 V 形坡口☆asymmetric double-vee groove
不对称水波痕☆antiripple
不对称性☆asymmetry；unsymmetry
不对称组合☆asymmetrical array
不对合☆mismatch
不对科背斜☆asymmetric(al) anticline
不对准☆misalignment；malalign(e)ment
不多(的)☆few；little；occasional
不发达的☆underdeveloped；undeveloped
不发达国家☆less developed country；L.D.C.
不发光的☆nonluminous
不发火花混凝土☆spark-proof concrete
不发酵淀粉☆non-fermenting starch
不发泡交联凝胶☆unfoamed crosslinked gel
不发生事故的☆trouble-free
不反光☆opacity
不反光的☆opaque
不反转的☆nonreversible
不返泥浆的漏井☆blind hole
不放射性☆inactivity
不非均匀性☆inhomogeneity
不飞鸟(属)[E_2]☆Diatrima
不肥沃的☆infertile
不分层乱石{整层粗石}圬工[蛮石乱砌]☆uncoursed rubble masonry
不分层毛石砌筑☆uncoursed masonry
不分带泥炭☆azonal
不分带水☆azonal water

B

B

不分级入选☆composite feed
不分裂的☆non-fissile
不分散体系☆non-dispersed system
不分散的☆nondispersive
不分枝的[棘海百]☆atomous
不封闭储集层☆unbounded reservoir
不封闭的☆non-hermetic; unconfined
不封隔的含油层☆open oil bearing rock
不锋利的☆blunt
不风化的☆nonweathering
不符☆disaccord
不符合☆variance; discrepancy
不符合公认标准的☆heterodox
不符合技术要求的剖面☆out-of-spec line
不符值☆discrepancy
不浮的☆nonfloat
不付费的☆uncharged
不附着的☆noncohesive
不干涉☆non-interference; hands off
不工作(的)☆out of operation; idle; non(-)operative; inoperative; off duty; out of gear; off-duty
不工作室☆idle compartment
不公平待遇☆discrimination
不公正(行为)☆injustice
不共存的分散元素☆incompatible dispersed element
不共存性☆incompatibility
不共存元素☆incompatible elements
不共轭☆non-conjugacy
不共格☆incoherence
不共面的力☆noncoplanar force
不共生性☆antipathy of minerals
不固定的☆nonstationary; floating; fluid
不固定振动☆unstationary vibration
不固结不排水三轴试验剪切强度☆shear strength unconsolidated-undrained tri-axial test
不固结的☆unconsolidated
不关心☆indifferency; indifference; indifferent
不管☆(in) spite of; regardless of…
不光滑的☆matt
不光滑曲线☆unsmoothed curve
不规律性☆erratic behavior
不规则☆abnormality; anomaly; irregular(ity); out of square; inconstancy; irregularities; poikilo-
不规则(的)☆haphazard
不规则岸☆irregular coast
不规则摆动环带☆irregular oscillatory zoning
不规则薄铁矿层☆pins
不规则采区☆irregular workings
不规则测线网☆irregular line network
不规则层理构造☆irregular bedding structure
不规则层状片麻岩☆veined gneiss
(渗透率)不规则层状油层☆random stratified reservoir
不规则的☆irregular; atactic; anomalistic(al); abnormal; aberrant; anomalous; ragged; fortuitous; improper; irr; chaotic; irreg; unevenly; atypical; rugose; sporadic; erratic[运动或行为]
不规则地震反射结构☆chaotic seismic reflection configuration
不规则掉格☆erratic drift
不规则叠层石属[Z]☆irregularia
不规则分布☆sporadic{random} distribution; randomization
不规则分布的井☆off-pattern well
不规则复合水系☆irregular and complex drainage
不规则干涉曲线☆anomalous interference figure
不规则海胆亚纲☆Exocycloidea; Exocyclica
不规则函数☆erratic function
不规则回采薄富矿脉☆chloride
不规则几何状态☆random geometry
不规则间歇抽油☆pump by heads
不规则截头的圆锥体☆irregularly truncated cone
不规则近地表☆irregular near-surface
不规则井眼☆rugose borehole
不规则锯齿状地层☆pinnacle
不规则孔隙度{率}☆irregular porosity
不规则流褶皱☆irregular flow fold
不规则面不整合☆trachydiscontinuity
不规则黏度范围☆random-size range
不规则砂目凹版网屏☆irregular grain gravure screen
不规则砂岩层☆casual sand
不规则水下礁☆bank{shoal} reef
不规则四边形的☆trapezoid(al); trapeziform
不规则弯曲裂缝☆irregular curve fracture
不规则锡矿体☆tin floor
不规则小沙丘☆neutral dune
不规则小窑开采☆coyoting; pig-rooting
不规则斜支矿脉☆skew
不规则形状矿(床区)☆irregular-shaped ore zone
不规则性☆irregularity; abnormality
不规则堰☆irregular weir
不规则锡矿床☆carbona
不规则振动{荡}☆hunting
不规则状☆tuberose
不归零法{制}☆non-return to zero method {system}; change on one method; NRZ (method)
不过☆nevertheless
不过端☆no-go (side); NG
不过端台阶面☆no-go base
不过环☆no-go ring
不含尘土的☆dust free
不含二氧化硫的☆unsulfured
不含芳烃石蜡油☆aromatic-free white oil
不含橄榄石的☆olivine-free; nonolivine
不含糊的☆unambiguous
不含灰分煤☆ash-free coal
不含碱的☆alkali free
不含金的☆non-auriferous
不含金(的)岩石☆buckstone
不含镜煤☆nonbanded
不含镜煤条带的煤☆non-banded coal
不含矿的☆ore-free; barren
不含蜡石油☆non-waxy crude; non-paraffinous oil
不含硫的☆sulfur-free
不含硫化氢的天然气☆sweet gas
不含泥质的地层☆shale-free formation
不含黏结剂型砂☆unbonded sand
不含气的☆gas-free
不含溶解物质的水☆freestone
不含砂的油☆sand free oil
不含水的☆waterfree; nonhydrous
不含水的油☆water-free oil
不含水分的☆moisture-free
不含四乙铅的☆nonlead; nonleaded
不含酸的☆free from acid; acid {-}free
不含钛的磁铁矿☆nontitaniferous magnetite
不含铁的☆nonferrous
不含氧{|铀|油}的☆oxygen{|U|oil}-free
不含铀块石墨☆dead graphite
不含有用矿物的石英☆dead quartz
不好☆out of condition; not{no} good; NG
不和气的☆acidulated
不和谐☆discord; dissonance; incompatibility; disharmony
不和谐的☆disharmonic; discordant; jarring
不合标准[尺寸]☆loss of gauge
不合标准斜坡☆sub-standard slope
不合尺寸☆off-size
不合法契约☆illegal contract
不合缝☆mismatch
不合格的☆refuse; off-grade{-gauge}; underproof; below grade; off {-}specification; unqualified; under proof; unacceptable; out-of-gage[尺寸]
不合格的销售油品☆off-specification sales-oil
不合格金刚石料☆common goods
不合格品☆unacceptable product
不合格油的处理☆slop treatment
不合格砖泥☆foul{plastic;pure;strong} clay
不合规定的润滑☆faulty lubrication
不合理☆unreasonable; irrational; illogical; absurdity; unsoundness; inconsistency; undesirable; preposterous
不合逻辑☆illogic
不合拍的☆out of step
不合适的☆improper; foreign
不合型的☆atypic
不合要求的固体杂质☆unwanted solid
不合宜☆impropriety
不合用的☆non-available; NA; clumsy
不很固结的泥☆less-than-consolidated mud
不恒等(的)☆nonidentical
不糊钻头的地层☆clean-cutting formation
不互相影响(的)☆noninteracting
不滑路面☆no-skid{-slip} surface
不挥发的☆non(-)volatile; fixed
不挥发物☆non-volatile{nonvolatile} matter; n.v.m.
不挥发性☆involatile; fix position
不灰木☆amianthoide; amianthus; amianthine; rock wood; mountain wood[石棉]
不回采窄柱的房柱式采煤法☆wild work
不回收的浮标☆expendable buoy
不回收矿柱房柱法☆room-and-pillar without pillar extraction
不会产生酸渣的原油☆non-sludge oil
不混合☆unmixing; unmix; unscreened
不混合的☆immiscible; unmixed
不混合性☆immiscibility
不混合液体界面☆dineric interface
不混溶部分☆immiscible fraction
不混溶传热系统☆immiscible heat-transfer system
不混溶的☆nonconsolute; immiscible
不混溶硫化物液体☆immiscible sulfide liquid
不混溶区☆immiscibility field
不混溶驱替☆immiscible displacement
不混溶系☆unmixing system
不混溶相☆immobile{immiscible} phase
不混溶液☆immobile liquid
不活动☆inaction; inertia
不活动性☆inactivity
不活动的☆inert
不活动锋☆inactive front
不活动相☆immobile phase
不活动性☆passivity; immobility; inactivity
不活泼的☆inactive; inert(ial); stagnant; sluggish
不活泼性☆sluggishness
不活跃冰川☆passive{inactive} glacier
不畸变的☆distortion-free
不极化的☆nonpolarized
不极化电极☆non(-)polarizable{nonpolarized;porous pot; non-polarizing} electrode
不计残值☆ignoring residual value
不计的☆negligible
不计算灰分的☆ash-free
不记名票据☆note to bearer
不加荷的运转☆free-running
不加厚☆non-upset; Nu
不加控制的自喷井☆free flowing well
不加铅燃料☆unleaded fuel
不加燃料时间☆non(-)refuel(l)ing duration
不加热的☆heatless
不加热管线☆unheated line
不加套管的穿越☆uncased crossing
不加涂层的☆uncoated
不加温污泥消化池☆unheated sludge digestion tank
不加限制流动☆unrestricted flow
不加压的☆nonpressurized
不加压焊接☆non-pressure welding
不加应力☆unstressing
不加油☆non-refuelling
不坚固的☆incompetent; unsound
不坚固岩石☆incompetent rock
不坚结物质☆unconsolidated material
不坚实的☆pasteboard
不坚实围岩☆soft wall
不坚实岩层{石}☆incompetent rock
不坚硬土壤☆hover ground
不尖的[叶子]☆obtuse
不兼容参数☆incompatible parameter
不见☆disappearance
不健康的☆ill
不健全☆unsoundness
不健全的☆morbid; unsound
不间断的☆unintermittent; uninterrupted
不间断供电系统☆uninterruptible{uninterruptable} power system; UPS
不间断性☆unremittance
不降☆downbeat
不胶结的☆loosened; incoherent
不胶结的岩石☆loose ground
不胶结岩石☆incoherent rock
不交叉的☆uncrossed
不缴纳☆non-payment
不接地的☆ungrounded; earth-free
不接合的☆non-adjoining
不接受☆non-acceptance
不节约☆improvidence
不洁船货☆dirty cargo
不洁空气☆ill air
不洁煤☆brat
不洁物☆impurity
不洁雾☆callao painter

不结果的☆acarpous
不结合的☆unbonded；uncombined；bondless
不结汇进口☆import without exchange settlement
不结焦煤☆non-clinkering{noncoking;noncaking; non-baking} coal
不结晶的基质☆structureless matrix
不结晶性☆amorphism
不紧密☆defective tightness
不紧贴木垛☆(duplex) mat pack
不进尘土的☆dust tight
不尽根(的)☆surd
不精密☆inaccuracy
不精密的☆imprecise；lax
不精确☆out of true
不精确的☆inaccurate；rude；rough；ill-defined；imprecise；coarse
不精确度☆discrepancy
不精确性☆uncertainty
不经处理机批准☆non-processor grant；NPG
不经滑润的☆dry
不经济的☆uneconomic；non-commercial；poor economy；subeconomic
不景气的☆stagnant
不净煤☆brat
不倦的石油业发起人☆blue sky peddler
不绝的☆perpetual；perp
不均☆disproportionation；odds
不均层☆heterosphere
不均等☆imparity
不均等活动原理☆principle of unequal activity
不均衡☆disproportion；non-equilibrium；inequality
不均衡地☆unevenly
不均衡供油燃料泵☆unbalanced foe pump
不均衡河谷纵剖面☆ungraded valley profile
不均衡性☆malconformation
不均粒沉积☆non(-)graded sediment
不均一☆heter(o)-
不均一带状熔融☆partial zone melting
不均一的☆heterogenetic(al)；inhomogeneous
不均一土(壤)☆erratic subsoil
不均一性☆inhomogeneity
不均夷河流☆ungraded stream
不均匀☆unevenness；fluctuation；disproportionation
不均匀场☆nonuniform field
不均匀的☆heterogeneous；off-gauge；nonuniform；nonhomogeneous；inhomogeneous；asymmetric；unhomogeneous；uneven；heterogenetic
不均匀度☆discontinuity
不均匀发展演化☆mosaic evolution
不均匀分凝体☆pockety segregation
不均匀共熔体☆eutectoid
不均匀互{交}生☆heterogeneous intergrowth
不均匀混合物☆heterogeneous mixture
不均匀流☆nonuniform{inhomogeneous;varied} flow
不均匀面☆non(-)uniform face
不均质{匀}煤☆heterogeneous coal
不均匀气液混合物☆heterogeneous gas-liquid mixture
不均匀性☆nonuniform field; unevenness; heterogeneity; inhomogeneity；discontinuity；offset
不均质产油层☆non-homogeneous pay zone
不均质性☆inhomogeneity
不卡钻的钻孔☆open hole
不开切口☆stable elimination
不考虑☆be out of the question；with little regard to
不(再)考虑☆dismissal
不考虑成分的表达式☆composition-independent expression
不可比的☆incomparable
不可避免的☆unavoidable；necessary；inevitable
不可辨区☆uncertain region
不可辨认的☆indecipherable
不可波及的☆nonsweepable
不可擦(除)存储器☆nonerasable storage
不可采出的石油☆nonrecoverable oil
不可采储量☆non-recoverable{unrecoverable} reserves
不可测(量)的☆unmeasurable
不可测定的☆undeterminable
不可测性☆randomness
不可称量(性)☆imponderability
不可称重的☆imponderable
不可重复使用的支柱☆non-reusable prop
不可处理矿石☆non-treatable ore
不可穿入性☆impenetrability
不可调式安全阀☆dead load valve
不可动残余油☆immobile residual oil
不可动气饱和度☆immobile gas saturation
不可动驱替相饱和度☆immobile displacing-phase saturation
不可动油☆non-movable oil
不可分的☆indivisible；inseparable；nonseparated；indecomposable
不可分性☆indivisibility
不可复原蠕变☆irrecoverable creep
不可复制性☆nonreproducibility
不可更新的能源☆nonrenewable energy resources
不可观测(的)☆unobservable
不可行解☆infeasible solution
不可恢复压实☆nonrecoverable compaction
不可回复变形☆irreversible deformation
不可回收的射孔器☆expendable gun
不可混合性☆immiscibility
不可及的资源☆inaccessible resources
不可计量性☆immeasurability
不可见的辐射☆invisible radiation
不可见光☆dark{black} light
不可见热☆invisible heat
不可见性☆invisibility
不可交代的☆nonreplaceable
不可解☆insolubility；impenetrability；unsolvable
不可解除的租赁☆non-cancelable lease
不可解释的花费项目☆horse feed
不可解性☆unsolvability
不可进入的孔隙☆inaccessible pore
不可看作相同的☆unidentifiable
不可抗力条款[因天灾、战争等]☆force majeure clause；FMC
不可靠(性)☆unreliability
不可靠的☆questionable；unreliable；false
不可靠性☆unreliability；uncertainty
不可克服的☆insurmountable
不可控井喷☆uncontrolled blowout
不可犁松的☆nonrippable
不可流通的☆nonnegotiable
不可能(性;的事)☆impossibility
不可能利用的水☆unavailable water
不可逆的☆irreversible；nonreversible；indirectional；inconvertible
不可逆的奇偶(校验)误差☆irreversible parity error
不可逆光损失☆irreversible optical damage
不可逆式运输机☆irreversible conveyor
不可逆性☆inconvertibility；nonreversibility；irreversibility
不可逆转变☆irreversible transformation
不可判明的☆adiagnostic
不可取的☆inadvisable
不可燃传动液体☆noninflammable hydraulic fluid
不可燃混合物☆incombustible mixture
不可燃硫☆non-combustible sulfur
不可燃性☆incombustibility；non-inflammability；non(-)ignitibility
不可入性☆impenetrability
不可数的☆non-countable
不可思议的☆inconceivable；mysterious
不可谈判的☆nonnegotiable
不可听音☆infrasound
不可通行☆impassability
不可通航的☆unnavigable
不可通约数☆numeric
不可闻声音☆inaudible sound
不可想象的资源☆unconceived resources
不可信☆unlikelihood
不可选矿石☆nonconcentratable rock
不可压缩的土☆noncompressible soil
不可压缩介质☆incompressible medium
不可引述的☆off-the-record
不可用燃油量☆unuseable fuel supply
不可有曲的☆inflexible
不可逾越的界限☆deadline
不可预见费用☆unexpected pay
不可预料{见}的☆unpredictable
不可约的☆irreducible；unreducible
不可约分数☆irreducible fraction
不可约链☆irreducible chain
不可再生的资源☆nonrenewable resources
不可皂化的☆nonsaponifying
不可知论☆nescience
不可转换的☆nonreversible
不可转让提单☆nonnegotiable bill of lading
不可捉摸的☆intangible
不可钻的☆undrillable
不肯定☆incertitude
不空属☆collective group
不快的☆obtuse
不扩散的☆indiffusible
不拉底爆破☆shooting off-the-solid
不老化☆non-aging
不冷不热的☆hypothermal
不冷凝的☆non-condensing；incondensable
不离解分子☆undissociated molecule
不理☆disregard；ignore
不利☆disadvantage(ousness)；handicap；detriment；detrimental；unfavorable；pessimistic；adverse
不利地区☆unfavorable area
不利环境☆poor environment
不利条件☆handicap；disadvantage；liability；adverse {unfavorable} condition
不利效应☆adverse effect
不利因素☆negative{adverse} factor
不利影响☆detrimental{adverse} effect；ill-effect
不连贯☆inconsequence；incoherence
不连贯的☆noncoherent；incoherent；inconsequential
不连角隅☆free corner
不连接☆no connection；NC
不连接的☆disconnected；discrete
不连通的☆noncommunicating；disconnected
不连通体积☆dead volume
不连续{性}☆discontinuity；incohesion；incoherence；incombustibility；incoherentness；non-sequence
不连续层☆discontinuity layer；lipostrat
不连续带☆zone of discontinuity
不连续的☆discontinuous；noncoherent；nonsequent；non(-)continuous；discrete；gappy
不连续点☆discontinuity；point of discontinuity
不连续分布☆discontinuous{discrete} distribution
不连续(性)分析☆discontinuity analysis
不连续函数☆discontinuous function
不连续记录地层倾角仪☆discontinuous dipmeter
不连续角☆discrete angle
不连续脉☆flying reef
不连续(矿)脉☆flying reef
不连续面☆discontinuity (surface)；plane{surface} of discontinuity；interface；discontinuous surface
M不连续面☆M-boundary; Mohorovicic discontinuity; M-discontinuity
不连续面粗糙度分类☆classification of discontinuity roughness
不连续面的方位概率☆probability of discontinuity orientation
不连续面的延续性☆continuity of discontinuity
不连续纽结带☆discrete kink-band
不连续谱☆discontinuous spectrum
不连续曲线描绘仪{迹器}☆incremental plotter
不连续识别法☆discontinuity identification method
不连续矢性性质☆discontinuous vectorial property
不连续线☆line of discontinuity
不连续相☆discrete phase
不连续型蛇绿岩☆non-sequence type ophiolite
不连续性☆discontinuity；discreteness；uncontinuity
不连续性应力☆discontinuity stress
不连续永冻带☆discontinuous permafrost zone
不连续源☆discrete source
不连续褶皱☆interrupted fold
不良☆defectiveness；disadvantage；out of condition；dys-；mal-
不良的焊接接缝☆faulty soldered joint
不良的排水☆impeded drainage
不良地质☆unfavorable geology
不良地质现象☆undesirable geologic phenomena
不良反射体{层}☆poor reflector
不良接触☆imperfect{poor} contact
不良接点☆high resistance joint
不良晶质☆dyscrystalline
不良矿石☆not good ore；nogo
不良错位☆foul berth
不良燃烧☆inefficient combustion
不列颠☆British；Britain；Brit.
不列颠衬里☆Britannia lining
不列颠哥伦比亚省[加]☆British Columbia
不列颠金[锡、铜、锑的银白色合金]☆britannia metal

B

不列颠小岛上的冰川沉积作用☆glacial deposition over the British isles
不裂化☆uncracking
不灵的[美俚]☆blooie; blooey
不灵活☆stiff; clumsy
不灵敏☆insensitivity; insensitive
不灵敏区☆inert zone; dead area{spot}
不灵敏性☆insensitiveness; insensitivity; insensibility
不另外举例☆not otherwise specified; NOS
不留记录的☆off-the-record
不流动☆immobilization; stoppage; stagnation
不流动层☆quiescent layer
不流动的☆stagnant; non-flowing; still; standing
不流动空气☆fixed air
不流动气饱和度☆nonflowing gas saturation
不流动水☆non-mobile{nonmoving} water
不流通的水☆dead water
不流行的☆outdated
不漏的☆leak-tight; leakproof; leakless
不漏气(的)☆airproof; at; air(-)tight; gasproof
不漏汽的☆vaportight; vapor tight
不漏汽罐☆vapour tight tank
不漏汽接头☆vapour-proof connection
不漏失的冲洗液循环☆return circulation
不漏水的☆watertight
不漏水填密☆water-tight packing
(使)不漏音☆deafen
不漏油☆oil tightness
不履行☆default; non-fulfil(l)ment; non-performance
不履行债务风险☆default risk
不伦不类的☆non-descript
不论☆in spite of
不满意☆discontent(ment); discontentedness
不满载的☆part-load
不毛的☆meagre; meager; arid; desert
不毛线☆dead line
不毛之地{处}☆barren (land); negative area; desert; bare ground
不密闭☆leakiness
不密封吹去☆blowby
不密实充填砾石☆uncompacted gravel
不密实的☆open textured; open-textured
不敏感(性)☆insensitivity; insusceptibility
不敏感的☆insensitive
不明☆indistinction; indistinctness
不明飞行物体☆UFO; unidentified flying object
不明飞行物学的☆ufological
不明确的☆undefined; vague; ambiguous; borderline; indefinite
不明显的☆indistinct
不明显的不整合☆nonevident disconformity {unconformity}
不明显的(格子)状构造☆poor meshed structure
不明显图像☆fuzzy image
不明智的☆unadvisable
不名誉☆dishonour; dishonor
不耐寒的☆nonhardy
不耐久性☆fugitiveness
不耐热的[生化、免疫]☆thermolabile; hot {-}short
不耐热性☆thermolability
不挠曲的☆nondeflecting
不挠性☆inflexibility
不能测定的☆indecipherable
不能产油的油井☆dud
不能重叠的镜像☆non-superimposable mirror image
不能除尽的☆indivisible
不能存活☆inviability
不能到达的侧帮☆inaccessible wall
不能兑换的☆unconvertible
不能兑现的☆inconvertible
不能分辨的矿物☆occult mineral
不能分解☆indissolubility
不能更改的☆irrevocable
不能汞齐(化)的☆nonamalgamable
不能混汞的☆non(-)amalgamable
不能进入的地区☆inaccessible area
不能开采的薄煤层☆shed coal
不能靠近易燃品☆do not load near inflammables
不能冷凝{凝析}的☆uncondensible
不能利用的水分☆unavailable moisture
不能摩擦起电的物体☆anelectric
不能判明的☆unidentifiable; adiagnostic
不能取消的☆unavoidably
不能实行☆impracticability
不能使用[生化、免疫]☆out of service{order;run}
不能使用的☆non-serviceable; blooey; out of use{service}; unserviceable; blooie
不能完全取出的楔☆captive wedge
不能压缩流体☆incompressible fluid
不能移动☆permanent packer
不能用的水☆unavailable water
不能用刨煤机开采的☆unploughable
不能用筛分级的☆subsieve
不能用同一单位计算☆incommensurability
不能再继续向下钻的岩层☆suitcase rock
不能转换性☆inconvertibility
不能自喷的井☆nonflowing{dead} well
不能钻穿岩层☆impenetrable substance
不能钻的☆undrillable
不拟合曲线☆mismatched line
不黏的☆nonstick
不黏结煤☆non-caking coal
不黏滞流体☆invisid fluid
不凝的☆non-setting; non-condensable
不凝结的☆non-condensing
不凝气体☆non(-)condensable{incondensable; non-aqueous} gas
不凝析的☆uncondensible; noncondensable
不凝析气体☆noncondensable gas
不扭转的☆twist-free
不耦合装药☆decouple{decoupled} charge
不怕风雨侵蚀的☆weathertight
不排水湖☆undrained lake
不排水三轴试验☆undrained triaxial test
不排水下沉沉井☆sinking open caisson by undrained dredging
不排土桩☆nondisplacement pile
不配对数☆seniority
不配河☆inadapted river; misfit stream
不配合☆incoordination
不配曲流☆misfit meander
不配伍的☆incompatible
不配伍性☆incompatibility
不膨胀☆nonexpansion; nonswelling
不匹配☆mismatch
不偏的☆unbiased
不偏光☆non-polarized light
不偏汽的☆steam proof
不偏性☆unbiasedness
不片落型岩石☆nonspalling rock
不平☆discontent
不平(度)☆out of flat
不平常的风险☆abnormal risk
不平巷道底☆rough bottom
不平衡☆disequilibrium; imbalance; unbalance; out-of-balance; non(-)equilibrium; inequilibrium; off-balance
不平衡冲程筛☆unbalanced-throw screen
不平衡冲击筛☆unbalanced-throw machine; unbalance-throw screen
不平衡的☆off-center; unbalanced; asymmetri(cal); unequilibrated
不平衡的分布☆uneven distribution of
不平衡度☆unbalancedness
不平衡活动原理☆principle of unequal activity
不平衡角☆non-equilibrium angle
不平衡矿物群☆disequilibrium assemblage
不平衡流☆non-equilibrium flow
不平衡(爆破)炮(眼)☆unbalanced shothole
不平衡皮带轮式振动筛☆unbalanced-pulley type vibrating
不平衡推力法☆methods of non-equilibrium push
不平衡性☆unbalancedness; unbalance
不平衡铀法☆uranium-238 to uranium-234 disequilibrium method
不平衡组合☆disequilibrium assemblage
不平滑的☆rough; jagged
不平静(的)☆unquiet
不平均的☆unequal
不平齐汇流☆discordant{hanging} junction
不平坦☆unevenness; inequality[平面等]
不平坦的☆rugged; uneven
不平行层理[如交错层理]☆discordant bedding
不平行度☆disalignment
不平行面式半面象☆inclined face hemihedrism
不平整度☆unevenness; degree of irregularity
不期望的☆parasitical; parasitic
不齐☆asymmetry
不起出的工具☆letting-in tool
不起电的☆antistatic
不起反应的相☆indifferent phase
不起化学作用的☆inert
不起火花的☆spark-proof
不起劲的☆lukewarm
不起毛的☆lint-free
不起泡的☆bubble-tight; non-foaming
不起燃☆nonflammable
不起作用的☆inoperative
不砌壁井筒☆unlined shaft
不气密的☆non-hermetic
不恰当☆irrelevancy; irrelevance
不嵌合[油层内裂缝岩石错位]☆mismatch
不切实际的☆unworkable
不倾覆褶皱☆horizontal fold
不清楚的☆indistinct; vague; thick; fuzzy
不清晰☆blinding; breezing[图像]
不清晰性☆unintelligibility
不曲的☆inflexible
不曲性☆inflexibility
不屈不挠☆perseverance; adamantine
不屈服的☆unyielding
不取决于☆independently of
不取芯凹面金刚石钻头☆concave bit{crown}
不取岩芯的孔☆open hole
不全反复拉压应力☆partially-reversed tensile-compressive stress
不全交叉☆imperfect chiasma
不全同(的)☆nonidentical
不全网层孔虫属[D_{2-3}]☆Atelodictyon
不全位错☆partials; partial{imperfect} dislocation
不确定☆indeterminate; uncertainty; indeterminacy
不确定的☆incerti [pl.-tae]; neutral; indistinct
不确定度☆degree of uncertainty
不确定型决策☆decision making under uncertainty
不燃☆non-combustible; non-inflammable{ignitable}
不燃混合物☆incombustible mixture
不燃气体层☆layer of unburnt gas
不燃烧法☆non-combustion method
不燃烧气体☆non-inflammable gas
不燃纤维炮泥☆tamcot
不燃性☆non(in)flammability; non-flame properties; incombustibility; non-flammability; unflammability; noncombustibility
不燃性的☆incoherent; nonflam; incombustible; asbestic; asbestine
不燃性混合物☆incombustible mixture
不燃性煤☆noninflammable coal
不燃性膜☆uninflammable film
不认可☆disapprobation
不融合☆unmixing
不熔的☆infusible
不熔化☆infusibility
不熔块[平炉]☆niggerhead
不熔沥青☆carbonite
不熔体☆metaster
不溶残余☆residue; undissolved{insoluble} residue
不溶的☆insoluble; insol.; undissolving
不溶骨质☆skeletal residue
不溶混的☆immiscible
不溶混的混合物☆immiscible mixtures
不溶混{混合}性☆immiscibility
不溶解的☆undissolved; unsolvable; in(di)ssoluble; nonsoluble; unsoluble; insol.; indissolvable
不溶解物☆nonsoluble
不溶物(质)☆insoluble substance; insolubles
不溶性☆insolubility; indissolubility
不溶性沉淀物☆insoluble precipitate
不溶性固体沉淀物☆solid insoluble precipitate
不溶性树脂含量☆indissoluble-resin content
不溶性盐☆insoluble salt
不溶阳极提取法☆insoluble anodes extraction
不溶于水的☆water-insoluble; water-fast
不容☆no
不容许决策规则☆inadmissible decision rule
不乳化酸☆NEA; nonemulsified acid
不散波☆non-dispersive waves
不烧的☆unfired
不烧焦油白云石砖☆unburnt tar-dolomite brick
不烧砖☆unburned brick
不少于☆not less than; n.l.t.

不伸缩式斗轮挖掘机☆crowdless type bucket；(crowdless) wheel excavator
不渗漏☆leakless
不渗气水流☆non-aerated flow
不渗水河床☆impermeable river bed
不渗透层☆impermeable bed
不渗透层的孔☆gaping hole
不渗透的☆impervious；non(-)permeable；impermeable
不渗透膜☆impermeable membrane
不渗透土☆impermeable soil
不渗透性☆impermeability；imperviousness；impenetrability
不渗油舱壁☆oil tight bulkhead
不生产的☆unproductive；barren
不(直接从事)生产的☆non-productive
不生产(油气)的井☆duster
不生产井☆non-productive well
不生产油气的井☆wet well
不生效的☆inoperative
不生锈的☆resistant to corrosion{rust}
不升杆阀☆non-rising stem valve
不省略☆in extenso；in. ex.
不失真的☆undistorted；distortion-free
不失真信号☆undistorted signal
不时☆from time to time；sometimes
不实顶枝☆sterile telome
不(切)实际的☆impractical
不实行☆non-performance
不实用的☆uneconomic；impractical
不实用性☆impracticability
不使用☆nonuse；out of use；o.o.u.
不使沼气燃烧的极限装药量☆charge limit for non-ignition
不适☆discomfort；fantod[身心]
不适当☆impropriety；insufficiency；inaptitude
不适当的☆incompetent；wrong；malapropos；inadequate
不适的气味☆foreign odor
不适定的☆not well-posed
不适合☆incongruity；unfit
不适河☆underfit stream
不适宜的☆unadvisable；inadequate
不适宜性☆inapplicability
不适应☆maladjustment；inadaptation
不适应河☆inadapted river
不适应性☆inadaptability
不适用的☆not applicable；N/A
不适用性☆inapplicability
不适于呼吸的☆unbreathable；irrespirable
不适于炼制原油☆unrefinable crude oil
不适于销售的☆not good merchantable；N.G.M.
不收缩水泥☆sound{non-shrinkage;nonshrink} cement
不守恒☆nonconservation
不受版权限制☆public domain
不受……的☆immune
不受分布约束的方法☆distribution-free method
不受气候影响的☆weather-protected；weatherproof
不受气体侵蚀的☆gas-proof
不受生长期约束的典型变量☆growth-free canonical variate
不受水溢的砂矿☆dry diggings
不受天气影响的☆weather-protected；weather resistant
不受外力影响的☆self-centered
不受误差影响的☆free from error
不受限制的充填时间☆unlimited placement time
不受压含水层☆unconfined aquifer
不受震的☆aseismic
不受阻挠的☆uncrossed
不舒适☆discomfort
不熟练☆inaptitude；inexperience
不熟练的☆inexpert；unskilled；inexperience
不熟练工☆gaffer
不太发育的☆underdeveloped
不坍落混凝土☆no-slump concrete
不坍塌钻孔☆clean
不掏槽炮孔组☆no-cut round
不填塞(的炸)药(包)[震勘]☆carrotless charge
不填砂壳型☆unbacked shell
不听劝告的☆unadvisable
(油矿设施的)不停产修理☆hot-tapping
不停的☆uninterrupted
不停工维修☆on-stream maintenance
不通的☆blind[巷道]；blank；dead {-}ended；interrupted
不通电的☆dead
不通风长壁工作面端☆airless end
不通风的☆dead[巷道]；non(-)ventilated；close；unventilated
不通风工作面☆airless end
不通过规☆no-go gauge
不通航的☆unnavigable
不通平巷☆stub drift
不通视地区☆dead ground
不通行☆no-go；NG
不通主水平平巷☆blind drift
不同☆discrepancy；difference；dissimilarity；disparity；diff.；heter(o)-；anis-
不同步☆derangement
不同步的☆out of step；free-running；self-running
不同步晶畴边界☆out-of-step domain boundary
不同材质☆unlike material
不同程度☆varying degrees
不同的☆variant；various；distinct；fresh；disparate；diverse；dissimilar；vario；var.
不同等☆incoordination
不同等的☆incoordinate
不同高度掏槽☆variable height cutting
不同格装药☆unequal section charge
不同介质间限制性流动☆restricted interporosity flow
不同类☆inhomogeneity
不同类的☆inhomogeneous
不同粒度散粒悬浮液☆poly-disperse suspension
不同流体的界面☆fluid-fluid interface{contact}
不同密度(冰)的过渡线☆concentration boundary
不同名极☆opposite poles
不同年代地质建造的分界线☆contact line
不同期沉积☆noncontemporaneous deposit
不同期的☆nonsynchronous；asynchronous
不同时☆asynchronism
不同时性☆asynchroneity
不同数的☆anisomerous
不同位☆imparity
不同相☆out (of) phase；phase out
不同心(度)☆disalignment
不同形态☆unidentified form
不同性质☆heterogeneity
不同仪器记录对比☆turkey shoot
不同意☆disapproval；disaccord
不同于☆differ from…
不同质矿物☆alien mineral
不同种类的☆miscellaneous
不同轴的☆heteroaxial
不同轴性☆uncoaxiality；nonaxiality
不统一☆disrelation；disunion；inconsistent
不透尘的☆dust-tight
不透的☆leakless
不透风的☆windtight；airfast；wind tight
不透风雨的☆weathertight
不透辐射热的☆atherm(an)ous；athermic
不透光带☆aphotic zone
不透光的☆adiactinic；opaque；light-tight；opacus；opaca；opacum；light proof
不透光供(胶)片筒☆light-tight supply can
不透光化线的☆adiactinic
不透光剂☆opacifier
不透光箱☆light-tight box
不透红外线性☆adiathermancy
不透明☆non-transparent；opaque；cloud[钻石]
不透明的☆nontransparent；thick；opacus；opaco；opaca；opaque；opacum；flat；clouded
不透明度☆opacity (coefficient)；density；opaqueness
不透明骨状琥珀☆osseous{bone} amber
不透明环形屏[光度分选镜面折光用]☆opaque annular shield
不透明试杆☆opaque rod
不透明碎片体基质☆micrinite groundmass
不透明体☆opaque
不透明图☆opaque print
不透明物☆opacite
不透明性☆opacity；opaqueness
不透明状☆opaque appearance
不透气☆at.；air-proof；airtight；air tight
不透气层☆impervious stratum
不透气的☆air(-)tight；air-sealed；airfast；airproof；hermetic；gas(-)proof；gas(-)tight；gas tight
不透气的隔挡层☆gas impermeable barrier
不透气性☆imporosity；gas {-}proofness；gas-tightness
不透气性试验☆gas impermeability test
不透汽的☆steam-tight；vapo(u)r-tight
不透热的☆athermanous；adiathermic；adiathermal
不透热性☆athermancy
不透射线的☆radio(-o)paque
不透声层☆acoustically opaque layer
不透水☆water tight
不透水表层取代有植被土壤☆replacement of vegetated soils with impermeable surfaces
不透水层☆retainer；impervious layer{stratum;seal;bed;formation;break;skin}；aquifuge；impermeable bed{seam;barrier;layer;stratum}；aquiclude；watertight stratum{layer}；damp course；water(-)proof(ing) layer
不透水层芯岩☆earth impervious core
不透水的☆watertight；water(-)proof；impermeable (to water)；impervious；drip-proof；non(-)permeable；tight；moisture-tight；water resisting；WP；WT
不透水的套筒☆waterproof casing
不透水混凝土☆water-proof concrete
不透水井壁底座☆water curb
不透水帏幕☆impervious curtain
不透水性☆impermeability；imperviousness；watertightness；unpermeability；waterproofness；imperviousity
不透水硬黏土层☆hardpan
不透水阻体☆impermeable barrier
不透性石墨☆impermeable graphite
不透油的☆oil(-)tight；oil tight
不突出的☆run-of-the-mill
不涂浆(膏)的☆unpasted
不褪色☆fastness；fast to light
不脱泥原煤☆undeslined raw coal
不脱氧钢☆rimmed{rimming} steel
不妥当的☆inadvisable
不挖不填线☆zero-work line
不歪曲的☆undistorted
不弯曲☆inelasticity
不完成☆non-fulfil(l)ment；non-performance
不完美的☆ill；raw
不完美{全;善}性☆imperfection
不完全的☆incomplete；inadequate；imperfect；non perfect；immature；half；faulty；lame；partial；semi-
不完全对流{混合}湖☆meromictic lake
不完全竞争☆imperfect competition
不完全块分解☆incomplete block factorization
不完全棚子支护☆prop-and-bar{three-stick} timbering；three piece set；three {-}quarter set
不完全燃烧热损失☆heat loss due to incomplete combustion
不完善的☆imperfect；incomplete
不完善井☆imperfect well
不完整的床板[珊]☆incomplete tabulae
不完整度☆imperfection
不完整井☆partially penetrated{penetrating} well；nonpenetrating well；partly penetration well
不完整式地槽☆imperfect geosyncline
不为零☆non-vanishing
不卫生的☆unhygienic；noxious
不吻合☆misfit
不稳(的)☆unstable；crank
不稳顶板☆tender{bad} roof
不稳定☆instability；fluctuation；precariousness；jitter；labile；imbalance；destabilization；incertitude；judder
(频率)不稳定☆swinging
不稳定带☆non-stabilized{drag} zone
不稳定的☆unstable；non-stable{-steady;-stabilized}；nonstationary；unsteady；transitional；labile；jiggly；transient；unbalanced；astable；time dependent；erratic；astatic
不稳定度☆lability；instability；unsteadiness
不稳定放射成因同位素☆unstable radiogenic isotope
不稳定分解呈色☆colour produced by spinodal decomposition
不稳定力☆labilizing force
不稳定两维流动☆non-stationary two-dimensional flow
不稳定脉☆nonpersistent vein
不稳定式重力仪☆labilized gravity meter；unstable type gravimeter
不稳定态驱替☆unsteady-state displacement
不稳定烃☆unstable hydrocarbon
不稳定图☆instability chart
不稳定土☆detrimental soil

B

不稳定性☆instability；unstability；lability；lubricity；astatization；fugitiveness；jitter[信号]；seasoning[磁控管]
不稳定性判据☆instability criterion
不稳定压力分析☆transient pressure analysis
不稳定岩层区☆trouble area
不稳定组合☆unstable association
不稳分解☆spinodal decomposition
不稳固☆impermanence
不稳固的☆unsteady；weak；unstable；soft；heavy；bad；incompetent；infirm；vulnerable；yielding；poor；unsound
不稳晶岩☆metacrystalline rock
不稳黏土☆quick clay
不稳平衡☆instable{unstable} equilibrium
不稳态流动后期☆late-transient period
不稳态晚期☆late transient
不稳状态☆unsteady state；sandiness
不污染的☆stainproof
不污染(地层)的酸降解聚合物☆non-damaging acid degradable polymer
不污染(地层)的完井液☆non-damaging completion fluid
不吸动电流☆non-operating current
不吸附示踪剂☆non-adsorbing tracer
不吸湿的☆non(-)hygroscopic；NH
不希望有的☆unwanted；undesirable
不喜欢☆unwillingness
不下油管的☆tubingless
不鲜明的颜色☆neutral color
不显条带状的煤☆non-banded coal
不显眼的☆quiet
不显眼的小泉☆obscure spring
不显著性☆nonsignificance
不限制开采☆uncurtailed production
不相称☆incongruity；disproportionation；misfit；unconformity；inadaptation；disproportion
不相称的☆disproportionate
不相称河☆inadapted{unadapted} river；underfit stream
不相等☆inequality；imbalance
不相干☆irrelevancy；irrelevance
不相干的☆foreign；incoherent
不相干光☆incoherent light
不相干性☆incoherence；incohesion；incoherentness
不相关变量☆uncorrelated variables
不相关的☆noninteractive；uncorrelated；incorrelate
不相合☆unconformity
不相互作用(的)☆noninteracting
不相交☆non-intersect
不相交的☆disjoint
不相连的☆disjunct
不相邻道混波☆skip mixing
不相容的☆incompatible；antipathetic；inconsistent
不相容(性)☆incompatibility；inconsistency
不相溶液体☆immiscible liquid
不相容组合☆incompatible assemblage
不相似☆dissimilarity
不相似的☆dissimilar
不相同☆inequality
不相像的☆incompatible
不相信☆discredit
不相信的☆incredulous
不详☆NA；non-available
不消失性☆non-volatility
不小心☆imprudence
不歇喷泉☆perpetual spouter；steady geyser
不协和{整合;整一}☆discordance
不协调☆dis(a)ccord；inadequate；inconsonance；dissonance；inharmonious；discordant；out of tune；inconsistency
不协调的☆disproportionate；disharmonious；incoordinate
不协调性☆incoordination
不谐和☆discord；dissonance
不谐调褶皱☆disharmonic fold
不新鲜☆staleness
不信☆discredit
不信任☆distrust；mistrust
不形成习惯☆nonuse
不行☆no{not} good；NG
不幸☆misfortune；cross；sorrow；mischance；ills
不幸的☆catastrophic；unfortunate；cross
不幸河☆woebourne
不朽的☆secular
不锈包层钢☆stainless clad
不锈的☆stainless；rustless；non-corrosive；corrosion resistant；nonrusting；rustproof；rust-resisting
不锈钢☆stainless (steel)；non-rust steel；SST；s.s.
不锈钢表面氮化处理☆marcomizing
不锈钢衬里的☆stainless steel-lined
不锈钢钢丝绕制筛管☆stainless steel wire wrapped screen
不锈钢绕丝☆stainless steel wrap wire
不锈镍铸铁☆niresist cast iron
不需保养的☆maintenance-free
不需经过改装即可投入使用的☆off-the-shelf
不需维修☆maintenance free
不需要的☆not required；N/R；unwanted
不需要的信息☆irrelevant information
不许可☆disapproval
不旋光☆inaction
不旋光的☆(optically) inactive
不旋光性☆inactivity
不旋松油精☆terpinene
不旋转的☆unspinnable；irrotational；nonspinning
不旋转式稳定器☆non-rotating stabilizer
不压井不放喷作业工具☆tools for operating under pressure
不压井起下作业☆snubbing service
不压井起下作业装置☆snubbing unit
不严格的☆lax
不严密处{性}☆leakiness
不严密的☆untight
不言自喻的☆tacit
不一样☆unlikeliness；dissimilitude
不一样的☆vario；dissimilar；diverse
不一致☆unconformity；dis(a)ccord；jar；irregularity；incongruity；misalignment；inconsistency；disparity；discrepancy；dissonance；dissimilarity；disharmony；inconformity；clash；variance
不一致的☆inconsistent；nonuniform；incompatible (with)；incongruent；conflicting
不一致的次级褶皱☆incongruent subsidiary fold
不一致年龄序列{顺序}☆discordant age sequence
不一致熔(融)化合物☆incongruent melting compound
不一致线☆discordia
不一致性☆discordance
不依赖于压力的☆pressure-independent
不宜饮用水☆impotable water
不以米制度量的☆nonmetric
不易爆破地层☆hard-shot ground
不易被水沾湿的☆hydrophobic
不易成汞齐的金☆refractory gold
不易处理的(矿石)☆refractory
不易分裂的☆non-fissile
不易滚动煤☆heavily rolling coal
不易掘进地层☆heavy ground
不易开采的矿床☆inaccessible deposit
不易利用的元素☆inaccessible element
不易磨光(的)☆non-polishing
不易片落型岩石☆poor shalling rock
不易起化学作用的☆noble
不易起下的钻柱[泥包的]☆logy drill column
不易区别的☆indistinct
不易燃的☆uninflammable；noncombustible；non(-)flammable
不易燃的煤☆uninflammable coal
不易燃滑脂☆fire-proof grease
不易燃垃圾☆refuse difficult to burn
不易燃性☆low flammability；non(-)inflammability
不易湿水矿物☆lyophobe mineral
不易受侵蚀部分☆nonerodible fractions
不易弯的☆nonflexible
不易引燃的☆nonignitable
不易着火的☆uninflammable
不引人注目的☆unspectacular
不用☆dispensation；disuse
不用绷绳的轻便井架☆free standing mast
不用的☆no；not operational；unused；nonutility
不用电线的☆cordless
不用封泥的糊炮爆破☆mud without capping
不用火加热的☆unfired
不用名[生]☆hyponym
不用炮泥的糊炮二次破碎☆mudcapping without capping
不用烧燃料的☆nonfossil-fueled
不用水的☆dry
不用修井机的防砂作业☆rigless sand control
不用仪器的地震观测☆macroseismic observation
不用炸药破石法☆non-explosive process
不用支架岩石☆self-supporting{-sustaining} rock
不友善的☆hostile
不淤(积)流速☆nonsilting{transportation} velocity
不淤塞速度☆non-silting velocity
不予考虑☆blink
不与水混溶的流体☆water-immiscible fluid
不育☆sterility
不育叶☆sterile frond
不圆度☆out of roundness
不远☆handy
(在)不远的方向[苏格]☆outby
不远的将来☆offing
不匀称的☆crank；rhythmless；disproportionate；dissymmetric(al)
不匀净的☆variegated
不匀流体☆heterogeneous fluid
不匀面☆non-uniform faces
不匀整的☆discordant
不运转☆out of operation
不载人(的)卫星☆unmanned satellite
不在额定状态下☆off-rating
不在河槽中☆off-channel
不在合同中☆not in contract；NIC
不在一条{根}(轴)线上☆out of line
不皂化物☆unsaponifiable
不黏的☆nonstick；cohesionless
不黏附☆inadhesion
不黏结的☆non-agglomerating[煤炭]；uncohesive
不黏结煤☆free-burning{yolk;noncaking;noncoking;non-baking;non-clinkering} coal；yolks
不黏结性☆incoherence；incoherentness
不黏结岩石☆incoherent rock
不胀钢☆invar
不胀钢间距测量(分隔)器☆invar spacer
不真实☆falsity
不真实的☆untrue
不振作的☆depressed
不整合☆unconformity；discordance[接触]；non sequence；unconformability；nonconformity；discontinuity；disagreement
不整合层☆unconformable bed
不整合的☆unconformable；nonconformable；discordant；disharmonious
(地层)不整合角☆angle of unconformity
不整合(矿)脉☆transgressive vein
不整合脉型铀矿☆unconformity-vein type uranium deposit
不整合面☆surface{plane} of unconformity；hard ground；unconformity{unconformable} surface
不整合面上仰视露头☆supercrop
不整合面之上盖层分布图☆lap-out map
不整合年龄序列☆discordant age
不整合期后盖层☆post-unconformity cap rock
不整合期前层序☆pre-unconformity sequence
不整合期前断层圈闭☆pre-unconformity fault trap
不整合泉☆unconformity spring
不整合上下圈闭☆trap below and above unconformity
不整合围限地层单位☆unconformity {-}bounded stratigraphic unit
不整合性☆nonconformity；unconformability
不整合(壳)缘[双壳]☆discordant margin
不整{协;谐}合褶曲☆disconcordant fold
不整齐的☆irregular；random；untrimmed
不整齐海岸☆ria coast
不正☆disalignment
不正常部分☆malformation
不正常层☆disordered layer
不正常道☆abnormal trace
不正常的☆off-normal；deviant；atypical；non-steady；abnormal
不正常倾斜☆abnormal dip
不正常色☆off-colour
不正当的☆non-valid
不正确☆falsity；mal-
不正确的☆non-valid；inaccurate；erroneous
不正中☆amesiality
不支付☆non-payment
不知☆ignorance
不知道☆wonder
不知道的地方☆nowhere
不值得开采的☆inexploitable；unkindly

B

不值日☆off duty
不致密的☆undercompacted
不致密混合物☆open-textured{-type} mixture
不致热液体☆freefluid
不致死浓度☆sublethal concentration
(使)不中用☆lame
不中用的(东西)☆dud
不转主寄生的☆ametoecious
不赚不贴的进尺☆breakeven footage
不装药的炮眼☆empty hole
不装药中心孔☆uncharged centre hole
不准确(性)☆inaccuracy；dead accurate
不准确的计算☆miscalculation
(内燃机)不着火☆miss
不自然的☆non-natural
不自燃的二组成喷气机燃料☆nonselfigniting bipropellants
不自由水☆unfree water
不走指针☆dead needle
不足☆deficiency；less；defect；need；short (of)；lack；shortcoming；shortage；scantiness；handicap；fail(ure)；shortfall；scarcity；imperfection；sub(-)；oligo-；under-
不足部位[金属喷涂或表面清理]☆shadowing
不足道的☆nonsignificant
不足的☆shy；short；meagre；meager；inadequate
不足供应☆poverty adjustment
不足取的☆flimsy
不足生长☆hypotrophy
不足元素☆deficient element
不足之处☆deficiencies
不遵从☆non-observance
不做功的☆non-power
不作别的详细说明☆not otherwise specified；NOS
不作用时间☆inaction period
布☆cloth
布巴绿[石]☆Verde Buba
布伯诺夫单位[地质时距单位]☆Bubnoff unit
布擦痕的☆striated
布查特改装转子型浮选机☆Butchart machine
布带缠管机☆tape winding machine
布带缠绕成形☆tape winding
布带沟☆ambulacral groove
布袋收尘器☆bag filter
布迪加尔[N_1]☆Burdigalian stage
(织物的)布地☆bottom
布点(量板)☆dot chart
布丁构造(作用)☆boudinage
布丁砾岩☆pudding(-)stone；(plum-)pudding stone
布丁岩☆puddingstone
布丁状角砾岩☆plum-cake rock
布顿罗盘☆Brunton pocket compass
布恩图☆Bunn chart
布尔班克石☆burbankite
布尔代数☆Boolean algebra
布尔迪加尔阶[N_1]☆Burdigalian
布尔顿管式压力计☆Bourdon tube
布尔顿-卡布莱拉-弗兰克模式☆Burton-Cabrera-Frank{BCF} model
布尔格(旋进{徘循})法☆Buerger precession method
布尔函数☆Boolean function
布尔加风☆Poorga
布尔岩☆burr rock
布风板☆fluoplate
布盖{伽}(重力)异常☆Bouguer gravity anomaly
布告☆edict；ordinance；notice
布告牌☆bulletin{notice} board
布格(映像层)☆Bouguer plate
布格电气石[$NaFe_3^{3+}Al_6(BO_3)_3Si_6O_{21}F$；三方]☆buergerite
布格假想层☆Bouguer plate
布格校正☆stone-slab{Bouguer} correction；Bouguer reduction
布格校正位{数}☆Bouguer correction
布格平板概念☆Bouguer slab concept
布格(尔)异常{|归算}☆Bouguer anomaly{|reduction}
布格异常梯度带☆Bouguer anomaly gradient zone
布格重力值☆Bouguer gravity
布给{格}定律☆Bouguer's law
布管☆stringing pipe
布过滤器☆cloth filter
布哈丁贝属[腕;D_2]☆Bornhardtina
布痕斯坦层[T_2]☆Buchensteiner beds
布基菊石属[头;T_3]☆Buchites
布基纳法索☆Burkina Faso
布极形式☆electrode configuration{array}；configuration of electrodes
布加斯岩☆burgasite
布井☆well spacing{array}；spacing；placing of wells；location of well
布井方式☆hole pattern；pattern of spacing；pattern configuration；well spacing pattern
布井网钻定油田边界☆drill out
布井系动☆pattern
布井效率☆pattern efficiency
布居☆population
布局☆layout；disposition；topology；position；placement
布局设计☆topological design
布卷尺☆cloth tape
布坎南对辊破碎机☆Buchanan rolls
布孔☆hole siting
布框式集尘器☆frame filter
布矿构造☆ore-distributing structure
布矿器☆ore distributor
布拉德不连续面☆Bullard discontinuity
布拉迪虫☆Bradyina
布拉风[亚得里亚海东岸的一种干冷东北风]☆bora
布拉格定律{方程}☆Bragg equation；Bragg's law
布拉格角☆Bragg angle
布拉格阶[D_1]☆Pragian (stage)
布拉格-克里曼定则☆Bragg-Kleeman rule
布拉格矿[(Pt,Pd,Ni)S;四方]☆braggite
布拉格衍射锥☆Bragg cone
布拉克斯贝尔格湿滚球团矿法☆Bracklsberg process
布拉鲁德球石[钙超;E-Q]☆Braarudosphaera
布拉玛猿属[N]☆Bramapithecus
布拉恰诺岩[意]☆braccianite
布拉塞特洗涤塔☆Brassert tower
布拉斯菲尔德组[S]☆Brassfield formation
布拉斯牌风力充填机☆Blastower
布拉特哈勒扬声器☆Blatthaller loudspeaker
布拉特雷介属[K_2-Q]☆Bradyleya
布拉维格子☆Bravais lattice
布拉维-米勒四轴(结晶)轴系☆Bravais-Miller four-axes system
布拉维群☆Bravais group
布拉维双晶试板☆Bravais twinned plate
布莱伯格型(铅)☆Bleiberg type
布莱尔型双滚筒提升机☆Blair double-drum friction hoist
布莱克反向事件☆black
布莱克河亚阶[北美;O_2]☆Blackriverian substage
布莱克阶☆Blancan Stage
布莱克里威尔亚阶☆Blackriverian substage
布莱克曼-杜凯谱☆Blackman-Tukey spectra
布莱克曼-哈里斯滤波器☆Blackman-Harris filter
布莱克特型滚筒洗煤机☆Blackett barrel washer
布莱斯桥式楔形掏槽☆Blasjo cut
布莱思型水力分级器☆Blyth clutriator
布来克脉☆Black reef
布来克型颚式破碎机☆Blake breaker{crusher}
布来斯坦炸药☆Blastine
布赖尔型提升机☆multi-drum hoist for deep shaft
布赖陶普特(双晶)律☆Breithaupt law
布兰弗菊石属[头;J_3]☆Blanfordiceras
布兰加石☆burangaite
布兰卡动物群(N_1;北美)☆Blancan fauna
布兰利特石[钙超;E_{2-3}]☆Bramletteius
布兰梅牙形石属[D_3-C_1]☆Branmehla
布兰型表面面积测量计☆Blaine indicator
布郎矿☆blossite
布朗[人名]☆Brown
布朗多法[震勘计算垂直时间的方法]☆Blondeau method
布朗多-施瓦尔茨低速带校正法☆Blondeau-Swartz weathering correction
布朗风☆buran
布朗改正☆Browne correction
布朗尼亚虫属[三叶;O_3]☆Brongniartella
布朗森电阻☆Bronson resistance
布朗氏急压爆裂征☆Brown's dipping crackle sign
布朗氏菊石属[头;C_2]☆Branneroceras
布朗夏普线规☆Brown and Sharpe wire ga(u)ge
布朗运动☆Brownian movement{motion；vibration}；chaos motion
布朗运动过程☆Brownian motion process
布劳德沃斯[英地名]☆Brodsworth
布劳恩管☆Braun tube
布劳恩型粉磨机☆Braun pulverizer
布劳恩液☆Braun's solution
布劳陨铁☆leptonematite；braunite；braunine
布雷☆minelaying
布雷德利赫尔克里士型水平磨机☆Bradley Hercules mill
布雷顿型混汞盘☆Breton pan
布雷尔(金刚石圆锥)压头☆Brale (indenter)
布雷克型颚式破碎机☆Blake crusher
布雷利型瓦斯检定器☆Burrell indicator
布雷石☆buryktalskite
布雷斯-柯勒补色器☆Brace-Koehler compensator
布冷风[中亚]☆purga；buran；purges
布里干特阶[C_1]☆Brigantian
布里格斯型钻孔测斜仪☆Briggs chinophone
布里杰阶☆Bridgerian Stage
布里奈尔硬度值☆Brinell number
布里涅耳[人名]☆Brinell
布里奇曼无支撑面密封☆Bridgman unsupported area seal
布里奇曼压砧☆Bridgman anvils
布里斯卡雷管☆Briska detonator
布里特(阶)[北美;E_1]☆Bulitian
布里吞里亚[历史上罗马人称不列颠岛]☆Britannia
布里渊区{带}☆Brillouin zone
布利伯格型铅☆B-type lead
布帘☆deflector sheet
布料槽☆distributing trough；distributor
布料(矿)槽☆feeding hopper
布料可燃性☆fabric flammability
布料器☆distributor；spreader
布列底格石☆bredigite
布列斯哥虫属[三叶;$Є_3$]☆Briscoia
布列兹虫[孔虫;T3-Q]☆Brizalina
布林德利石☆brindleyite
布林顿石灰岩[北美;C1 下部]☆Burlington limestone
布林吉沃德阶☆Bringewoodian Stage
布令正磁期☆Brunhes normal epoch
布留石☆buryktalskite
布留斯特定律☆Brewster's law
布隆迪☆Burundi
布隆顿型`铲{|震动}式取样机☆Brunton shovel{|vibrating} sampler
布卢姆试验[冷提取]☆Bloom test
布鲁顿罗盘☆Brunton
布鲁(克)海文国家实验室[美]☆Brookhaven National Laboratory；BNL
布鲁克伍德[美]☆Brookwood
布鲁塞尔阶☆Bruxellian (stage)
布鲁斯特(尔)定律☆Brewster's law
布鲁斯特-赫舍尔色序☆Brewster-Herschel color series
布鲁斯特角☆Brewster angle
布吕根(寒冷)期[早更新世初]☆Brueggen；Brüggen
布吕克纳周期☆Bruckner{Brückner} cycle
布吕克讷周期[世界性气候变化]☆Brückner cycle
布轮☆bob
布伦摆式取样机☆Brun oscillating sampler
布伦顿地质罗盘☆Brunton `compass{pocket transit}
布伦顿型摆动弧路式取样机☆Brunton sampler
布伦压缩应力假说☆Bullen's compressibility pressure hypothesis
布罗克石☆brockite
布罗特螺属[腹;K_1]☆Brotiopsis
布罗因索石[钙超;K_2]☆Broinsonia
布洛格菊石属[头;T_2]☆Bulogites
布洛赫函数☆Bloch function
布麦尔(震源)[一种高强度低频反射波]☆Boomer
布满裂纹☆discrepitate；crazed
布满裂隙的采石场☆boulder quarry
布满裂隙的面☆checked surface
(使)布满脉络☆intervein
布满铜绿☆patination
布满细裂隙的☆rimous
布满钟乳石的泉盆☆stalactitic basin
布纳合成橡胶☆buna
布片☆clout
布契查米羽叶☆Zamiophyllum buchianum
布恰尔特型摇床☆Butchart table
布容极性时☆Brunhes polarity chron
布儒斯特定律☆Brewster's law
布锐东运动☆Bretonic movement

B

布砂☆placement of proppant
布什珊瑚属[D_{2-3}]☆Buschophyllum
布什维尔德式杂岩体☆Bushveld-type complex
布氏笔石属[S_1]☆Bulmanograptus
布氏定律☆law of Bravais
布氏蛤(属)[双壳;D]☆Buchiola
布氏管压力计☆Bourdon{Bourdon-type} gauge
布氏管子规范☆Breiggs standard
布氏颗石[钙超;E_{2-3}]☆Blackites
布氏牙形石属[S_2-C_2]☆Bryantodus
布氏硬度☆Brinell hardness (number); HB; B.H.; hardness Brinell; ball hardness; BH; B.h.n.
布氏硬度试验球☆Brinell ball
布氏硬度数☆Brinell hardness number; Bhn.
布氏藻属[Q]☆Boodlea
布水铬矿☆bracewellite
布水工程☆water-spreading works
布斯特(顽辉)陨石☆bustite
布丝绿沙石☆Buxy Bayada
布特耐龙属[T_3]☆Buettneria
布瓦☆clay tile
布网方案☆network layout
布线☆wire laying{layout}; arrangement of wires; wiring
布线板☆run board
布线表☆wiring list; WIRLST
布线槽☆wireway; wiring groove
布线图☆wiring diagram{layout}; w.d.
布辛涅斯克解☆Boussinesq solution
布辛涅斯克理论☆Boussinesq theory
布义[法;地质死火山锥]☆puy
布义型火山☆puy type volcano; puy
布查特型摇床☆Butchart table
布置☆layout; furnish; placement; laying; dispose; spread; composition; lay out; arrangement; trim; collocation; pitch; placing[钻孔、炮眼]; arrgt
布置格线☆gridding
布置好的☆located
布置炮眼☆spot holes
布置图☆general arrangement; arrangement plan {diagraph;diagram}; layout (map;plan)
布制抛光轮☆rag wheel
布状微结构☆cloth texture{microtexture}
步☆pace; foot; step
步测☆step (out); pacing; stride; (foot;out) pace; measure by paces
步长☆step (size;width;length); stride length
步程计☆pedometer; pedimeter
步冲轮廓法☆nibbling
步带☆ambulacrum[棘,pl.-ra]; ambulacral area
步带(的)☆radial
步带瓣[海胆]☆petal
步带叉板[棘]☆ambulacral bifurcation plate
步带沟刺[棘海星]☆groove spine
步带棘和步带疣[海胆]☆ambulacral spines and tuberеles
步带漏斗☆ambulatory funnel
步带与间步带之间的☆adradial
步带枝[棘海星]☆virgal [pl.-s,-lia]
步调☆cadence
步调磁铁[电极]☆event{cadence} magnet
步幅☆pace length
步话{谈}机☆walkie-talkie; handy-talkie[手持式]
步脚☆walking leg
步进☆stepping; step forward
步进传动☆step-by-step transmission
步进导流☆stepped leader
步进控制☆stepwise control
步进梁式窑☆walking beam kiln
步进器☆stepper; ledex
步进扫描☆step-scan
步进式传递☆step-by-step transmission
步进试验☆step-by-step test; SST
步距☆travel; independent advance
步宽☆pace
步履艰难地行☆slog
步枪☆rifle
步桥☆gangway bridge
步石☆stepping stone
步氏巨猿☆Gigantopithecus blacki
步数计☆pedometer
步态☆pace
步听机☆walkie hearie
步行☆foot; walk(ing); tramp; pedestrianism
步行的☆gradient; walking
步行化☆pedestrianization
步行式吊车☆walking crane
步行者☆walker; tramp
步移式输送机☆walking beam
步骤☆step; procedure; process; move; measure
步足[海胆;节]☆podium[pl.-ia]; per(a)eopod; pereiopod
钚☆plutonium; Pu
钚螯形物[一种可从人体中脱除钚的药物]☆plutonium chelate
钚-铍中子源☆plutonium-beryllium neutron source
簿记员☆bookkeeper
部☆department; part; office; ministry; Dpt; dep; dept.
部颁标准☆ministerial standard
部层☆member
部队☆battalion; troop
部分☆part; section; fraction; share; slice; quota; dose; division; segment; details; compartment; slice; partition; deal; sector; block; segmentation; proportion; piece; pack; organ; slug; semi-; mer(o)-; demi-; p.; pt; sect.; sec.
部分饱和潜水法☆partial saturation diving procedure
部分闭合☆incomplete convergence
部分变形☆component deformation
部分波☆subwave
部分波段☆sub-band; subband
部分充填☆partial fill(ing){packing}
部分充填法管理顶板☆roof-control by partial filling method
部分重叠☆lap
部分重熔构造☆diatectic structure
部分带状熔融☆partial zone melting
部分导电水泥☆partially conductive cement
部分的☆fractional; fractionary; sectional; partial; piecemeal
部分地☆IP; in part
部分断面掘进机☆partial-size tunnelling machine
部分分析☆rational{partial} analysis
部分傅里叶合成☆partial Fourier synthesis
部分功率☆subpower
部分工作合同☆unit contract
部分古特提斯-部分新特提斯的☆part-Palaeotethyan-part-Neotethyan
部分关闭阀门[调节流量]☆pinching a valve
部分和☆subtotal; partial sum
部分回采和充填回采☆partial and backfill mining
部分混合☆meromixis
部分降水☆precipitation; fractional
部分浸没式温度计☆partial immersion thermometer
部分晶质☆merocrystalline
部分绝灭☆extermination
部分开拓的矿体☆ore inferred
部分可回收的射孔器☆semi-expendable gun
部分矿石崩落采矿法☆partial ore caving
部分流量过滤器☆partial flow hydraulic filter
部分期间序列☆partial-duration series [地球物理]
部分切除[处理方法]☆surgical mute
部分燃烧加热法☆partial combustion heating process
部分燃烧烃类气体☆partially combusted hydrocarbon
部分热剩余磁化强度☆partial thermoremanent magnetization; PTRM
部分熔解(分离)☆liquation
部分熔融模型☆partial-melting model
部分生物成因模裂☆partly-biogenic model
部分时带☆teilzone; teilcbron
部分石墨化铸铁☆partly graphitized cast-iron
部分水解的聚丙烯酰胺☆partially hydrolyzed polyacrylamide; PHPA
部分天空不明☆partial obscuration
部分效率法☆fractional-efficiency method
部分序列☆sub-sequence
部分循环湖☆meromictic lake
部分延续洪水☆partial-duration flood
部分优化☆suboptimization
部分预应力柱☆partially-prestressed column
部分运动☆componental movement; teilbewegungen
部分再制☆revamp
部分子☆parton
部分组构☆teilgefuge; subfabric
部分组合泥芯☆branch core
部管物资☆ministry-controlled materials and equipment
部际协调组[行政复议机构]☆Interagency Panel
部件☆component{part} (element); limb; fitting; unit; assembly (part); mountings; block; feature; element; subassembly; blk; ASSEM; pts
部件的☆nodal
部件分解图☆exploded view
部件规格☆component specification; CS
部件号☆part{parts} number; P/N
部件换修☆unit repair
部件检验☆desk check
部件结束信号[计]☆device end signal
部落☆tribe
部门☆division; department; branch; board; section; service; SS; dept.; dept; dep
部门工程规划☆departmental project
部署☆deployment; allocation
部属接收指挥的理论☆acceptance theory
部位☆spot; situs[尤指动植物器官生来的原位]; localization; topo-
部位名称☆toponym
部下☆follower; subordinate
部长☆secretary; minister
部族☆nationality
怖鳄属[K_2]☆Phobosuchus

C

cā

擦☆scrub；brush；wiping；wipe；scrape
擦边移架☆sliding advance of the support
擦布☆rag；cloth
擦槽☆slickenside grooving
擦除时间☆erasing time
擦除信号[电子]☆erase{erasure} signal
擦除者☆eraser
擦掉☆abrasion；rub out
擦断层☆slickenside
擦干☆mop-up
擦管器☆pipe wiper
擦光☆buffing；buff；scour
擦光辊☆mop
擦光轮☆rag wheel
擦光石[材]☆rottenstone
擦光毡(布轮)☆bob
擦过☆shave；rake
擦痕☆scratch (mark)；stria [pl.-e]；striation；score；striature；schlieren[德]；scratching；scratches；scoop mark；slickensiding；slickenside；scrape
擦{刮}痕[遗石]☆scraping trace
擦痕槽☆slickenside grooving
擦痕地面☆striate land
擦痕方向☆orientation of striae
擦痕沟☆groove
擦痕巨砾☆soled{striated} boulder
擦痕卵石☆striated{scratched} pebble
擦痕面☆slickenside；slicks；slickensided{striated} surface
擦痕石☆scratched boulder
擦痕岩面☆slickolite；striated rock-surface
擦痕铸型☆striation cast
擦剂☆liniment
擦阶☆step
擦镜纸☆lens tissue
擦具☆wiper；rubber
擦刻作用☆scratching
擦亮☆burnish(ing)[金属等]；shine
擦亮石☆terra cariosa；rottenstone
擦磨☆chafing
擦磨石☆slickstone
擦磨铸型☆scour cast
擦磨作用☆scouring
擦破☆fret；fray；abrade；raw
擦器☆wiper
擦去☆erase；abrase；cancel；abrade；swab；scrape off；swob
(把手或皮肤)擦热☆chafe
擦伤☆gall；abrasion；gouge；scratch；chafe；scotch；chafing；abrade；abrase；scuffing；score；mar
擦蚀☆attrition
擦蚀作用☆scoring
擦拭工具☆wiper
擦式密封☆wiper seal
擦碎☆grate
擦碎岩☆friction rock
擦纹☆stria；striation
擦纹煤☆streaked{striated} coal
擦洗☆clean (with water or alcohol)；scrub；swab；scrubbing；swob
擦洗器{机}☆scrubber
擦油圈☆wiper ring
擦撞☆sideswipe
擦准☆lapping
嚓嘎地响☆chugging

cāi

猜测☆guesswork；guess；infer；surmise；sus
猜度☆surmise
猜想☆boilerhouse；infer
猜疑☆distrust

cái

裁缝☆tailor
裁决☆finding；verdict
裁判权☆jurisdiction
裁判员☆judge；referee；overman [pl.-men]
裁弯☆cut-off；cut off
裁弯取直☆meander cutoff；cutoff (channel)；cut-off
裁弯取直河流☆cutoff
裁弯作用☆cut off；cutoff；cut-off
裁直河段☆shortened section of river
裁制{剪}☆tailor
才干☆calibre
才利特[水泥熟料中出现于阿利特和贝利特之间铁铝酸盐晶体]☆celite
才能☆gift；genius；flair；capacity；capability；talent；endowments{ability}
才能测验☆aptitude test
才智☆wit
材料☆material；stuff；substance；data；makings；datum；mtl.；vacuseal；stoff；matter
材料搬运事故☆material handling accident
材料车☆timber{supply} car
材料单☆list of materials；B/M；bill of material
材料的经济储备量☆normal standard quantity of material stock
材料堆☆bing
材料供应明细卡☆supply detail file
材料罐笼☆supply-cage
材料规格手册☆material(s) specification manual
材料井☆material{supply} shaft；supply raise
材料具领单☆materials requisition
材料力学☆strength of materials；material mechanics
材料请求单☆supply{material} requisition
材料试验反应堆☆materials testing reactor；MTR
材料损耗{散失}☆spillage of material
材料拖车☆push car
材料消耗定额☆norm of material consumption
材料需要量计划☆material requirements planning
材料验收☆acceptance of materials
材料应力达到屈服值的载荷☆yield load
材料员☆materialman；nipple chaser
材熔合区☆fusion zone
财宝☆riches
财产☆property；estate；asset；treasure；possessions；thing；avoir[法]
财产所得利润☆return on equity
财产托管☆mandate
财产增益税☆accession tax
财产自然增益☆accession
财富☆wealth；Gold；riches；asset
财界☆financial world{circle}
财经制度☆financial and economic system
财力☆finance；resource
财团☆financial clique；concern；consortium[数家公司或银行联合组成]
财务☆financial affairs
财务报告☆financial statement{report}；statement of account；accounting report
财务单据☆accounting voucher
财务分析☆financial analysis
财务可持续性☆financial sustainability
财务效益费用分析☆financial benefit-cost analysis
财源☆fund；finances
财政☆(public) finance
财政刺激☆financial incentive
财政年度☆fiscal{financial} year；FY

cǎi

踩☆tread
踩踏板☆treadle
采☆cull；pull；kerf；quarry；pluck
采板岩场☆quarry of slate
采办☆procurement
采边位置☆position of ribside
采剥比☆stripping{overburden;stripping{waste}-to-ore} ratio
采剥场验收测量☆checking survey
采场☆stope；mine{mining} stope；workings；winning track；mining camp
采场帮壁☆stope wall
采场地压☆ground pressure in stopes
采场含金冲洗矿泥☆stope washings
采场拣选☆sorting in stopes
采场掘进☆place driving
采场靠帮巷道☆rib roadway
采场矿量变动☆variation of mining stope ore reserves
采场矿石品位分布图☆stope assay plan
采场拉底作业☆stope silling
采场取样品位分布图☆stope assay plan
采场碎石垫底☆vamping
采场运搬☆face-area haulage
采场凿岩机支承板☆stope board
采场支护运输通道☆pole roadway
采出☆cutting out；recover(y)；withdrawing；withdrawal；extraction[油]
采出的☆won；withdrawn
采出的煤☆produced coal
采出的稀释原油☆produced oil-diluent blend
采出的原油-稀释剂混合液☆produced oil-diluent blend
采出矿石☆proudced{as-mined} ore；make of ore
采出矿物的装载☆production loading
采出水回注☆produced-water re injection
采出速度☆withdrawal rate；rate of recovery{yield}
采出体积☆volume withdrawal{withdraw}
采出岩{废}石☆mine rock
采出液☆production{produced} fluid
采动☆undermining
采动裂隙理论☆theory of induced cleavage
采动劈理☆induced cleavage
采动系数☆coefficient of mining
采动影响重心[岩压]☆focal point of subsidence
采段☆section
采垛☆coal chock
采伐☆felling；removal；log
(煤)采房☆forewinning
采幅☆following-up bank；stoping width
采富矿☆gut；barequeo；high-grading
采富留贫的采矿者☆gouger
采矸石洞☆mill
(采煤机)采高☆shear height
采购☆purchase；procurement
采购部门☆purchasing department
采光☆lighting
采光孔☆funnel
采后充填☆delay filling
采后灌浆☆follow-up{following} grouting
采集☆gather；pick up；collect(ion)；acquisition
采集的☆collective
采集底质标本的装置[机械测深锤上附设的]☆driver tube{rod}
采集排列☆record layout
采集数据的时间间隔☆data-collection interval
采集者☆picker
采截作业{工序}☆shearing operation
采竭☆exhaustion
采竭地区[油]☆exhausted area
采竭阶段☆depletion stage
采金☆goldmining；digging gold；gold dredge
采金船☆dredge (boat)；gold dredge；boat；dredger；mud drag
采金船深挖开采☆gold-deep-dredge
采金船所得精矿☆boat concentrate
采金船吸入开采☆gold-hydraulic{-suction} dredging
采金区☆gold-mining district
采金人☆alluvial digger
采尽☆work out
采尽的矿☆dead pit；escorial
采掘☆effosion；excavate；excavation；quarrying；dig (out)；digging；extract(ion)；hew；spend；extracting；working；cutting
采掘班☆getting{winding;winning} shift
采掘比☆development{mining} ratio；driving to stoping ratio；productive development ratio
采掘边界☆payline
采掘场架空索道☆blondin
采掘尺寸☆cut dimension{size}
采掘出的☆unearthed
采掘船水采工☆hydraulic dredger
采掘船挖掘设备☆dredge digging mechanism
采掘带☆dass；cut；mining cuts
采掘段钻孔☆bench hole
采掘方法☆system of attack
采掘费☆cost of borrow
采掘工☆stripper；digger
采掘工程平面图☆mine plan
采掘工作☆winning excavation；mining
采掘{收}巷道遗煤☆drawing on entry
采掘进度☆face advance
采掘矿脉的软部☆hulk
采掘煤层☆tap a seam
采掘煤柱{矿}☆depillaring
采掘面临时支柱☆gib
采掘能源☆fossil energy resources

C

采掘平衡☆balance of preparation and winning work
采掘平台☆stull
采掘区☆block；mine{production;mining} block
采掘区体积☆block{cut} volume
采掘设备☆excavating plant
采掘深度☆depth of excavation；cutting{digging} depth
采掘失调☆debalance of preparation and winning work
采掘石灰役权☆Servitus cretae eximendae
采掘税☆severance tax
采掘体积☆mined volume
采掘头☆ripper{ripping} bar
采坑境界☆pit limits
采坑热水☆hot mine water
采空☆work empty；deplete；stope out
采空报废的煤矿☆gotten
采空的☆goafed；gotten；stoped (out)；worked-out；worked out
采空宽度和煤柱宽度比☆opening-to-pillar width ratio
采空矿区☆borasque；borasco；bor(r)asca
采空面☆vacant plane
采空区☆mined-out area{space;gob}；gob；worked-out place{section;district;area}；(mine;filling) goaf；stoped out workings；goafing；waste；abandoned{completed;exhausted;stoped-out;ancient} workings；depletion {stoped-out} region；exhausted{waste;gob;stoped-out;leaved-collapse} area；boss；emptied{drawn;finished;old} stope；goave；guag；guillies；gunis；gunnice；gunniss；learies；old man{territory; waste}；mined volume；stope empty；bare ground；stull；excavation；cavity caused by extraction；march
采空区侧☆goaf{gob} side
采空区充填☆stowage；backfill(ing)
采空区充填料挡墙☆gob fence
采空区充填物中留通道排放瓦斯☆pack cavity method
采空区抽放瓦斯☆draining-out methane from mined area
采空区垂直上覆岩层☆mined strata
采空区的维护巷道☆gob entry
采空区的一面不留残柱的煤柱回收☆open-end lift
采空区巷道开采法☆gob-road system
采空区火灾味☆gob stink
采空区积水边缘☆tail of water
采空区漏气{风}☆breathing of gob
采空区落石支持垫板☆gob floor
采空区冒落的岩石☆gob rock
采空区内巷道[煤]☆brush
采空区内运输巷☆gateway；gate road
采空区入口堵墙☆crossed-off
采空区石墙平巷☆gob heading
采空区水☆goaf water
采空区塌落岩石☆gob rock
采空区体积☆mined volume
采空区一侧☆gob-side
采空区遗留物料☆gobbed material
采空区支撑矿柱☆island abutment
采空区中的巷道☆goaf road
采空区中平巷☆gate way；cross-gang
采空区中未充填的空洞☆unstowed cavity in goaf
采空塌陷☆mining subsidence
采宽☆cut width；width of dass
采矿☆mining (act;art)；win；mineral{ore} mining；working winning；exploitation；mine (for minerals)；quarry[石]
采矿铲☆quarry-mine shovel
采矿场☆stope；borrow areas；mining area{field}；face；grube
采矿船☆(placer) dredger
采矿的坑道☆gallery
采矿地面费用☆surface charges
(特许)采矿地区☆mine-concession
采矿地质人员☆mining geologist
采矿地租[按英亩计]☆acreage rent
采矿方法☆mining method{procedure;practice;system}；method of extraction (mining deposits)；methods of extraction；stoping method；system of working；mode{system} of mining
采矿方法模型☆mining model
采矿房☆advancing the room；primary stoping {mining; excavation}；first mining{working}；working the whole；forewinning
采矿废坑☆mined-out pit
采矿废石☆sterile{waste} rock
采矿废渣☆debris
采矿概论☆elements of mining；an introduction to mining；mining (engineering),general
采矿工☆getter；miner；clearer；face worker
采矿工程☆mining engineering{activity;project; art}
采矿工程师协会[美]☆Society of Mining Engineers；SME
采矿工人☆cutter
采矿工务员{管理者}☆mine foremen
采矿工业场地☆mine compound
采矿工艺学☆mining technology{art}
采矿工长☆foreman of a mine；captain
采矿工作面洗矿装置☆field washer
采矿工作中断☆suspension of mine work
采矿过程框图☆schematic diagram
采矿机械☆mining machine(ry)
采矿机组☆winning assembly
采矿康拜因立截盘☆cutter loader shearer{shearing jib}
采矿品位☆grade of mined ore
采矿区☆minery；mining area{district}；gob
采矿权☆mining right{claim;concession}；title；miner's right；concertina concession
采矿权废除通知☆denouncement
采矿权申请区☆claim area
采矿权图☆claim map
采矿设备☆mining equipment；rock{quarry} plant
采矿生成的断层☆mining-induced fault
采矿时去掉的废石☆draw rock
采矿税[英]☆royalty
采矿台阶☆bank of ore；mine bank
采矿学原理{基础}☆elements of mining
采矿、冶金和石油工程师学会[美]☆Institute of Mining, Metallurgical and Petroleum Engineers
采矿引起的断层☆mining-induced fault
采矿用地☆allotment；claim；concession；fee；mining lease{claims}；land use for mining
采矿炸药☆minelite；mining explosive
采矿者☆producer
采矿执照☆gale；mining claim；patent
采矿执照图☆claim map
采矿主任☆underground manager；mine captain
采矿柱☆broken working；rob；abstraction{dropping} of pillars；stooping；pillar extracting；stumping pillar taking；splitting pillars；depillaring；stump pulling {recovery;extraction}；working the broken
采矿准备☆preparatory work
采矿资格审查委员会☆Mining Qualifications Board
采捞船☆dredger
采砾场{坑}☆gravel pit
采料☆borrow
采硫☆sulfur quarrying
采落的矿石☆freed ore；mined bulk
采落岩石(的成)堆(排列)☆bunching of broken rock
采煤☆coal mining{extraction;pulling;cutting; winning;getting}；win the coal；win；coal-getting；hewing；shearing；recovery of coal
采煤层厚度☆extracting seam thickness
采煤风镐☆coal hammer{pick}；pneumatic coalhammer；pneumatic coal pick
采煤工☆brusher；collier；cutter；getter；coal digger {getter;hagger;miner;hewer}；geordie；hewer
采煤工人☆coal-getter
采煤工作面下步回采部分☆cut
采煤工作面与主节理成直角推进☆on board
采煤工作面与平巷间通道☆gatehead
采煤工作面与次节理平行☆endways
采煤和上煤装置☆coaling gear
采煤机☆getter；shearer；coal {-}winning machine；getter-loader；cutter loader shearer；coal cutter
采煤机采高自动控制☆horizon control
采煤机采割高度传感器☆coal-sensing probe
采煤机传动部☆shearer gearhead
采煤机导向轨☆machine trapping
采煤机电缆车连接电缆☆butt{hand;head} cable
采煤机输出轴前面的轴☆penultimate shaft
采煤机在工作面移动的时间☆face run
采煤机组☆combination cutting-and-conveying unit
采煤康拜因立截盘☆coal combine shearing jib
采煤康拜因破煤犁☆cutter-loader colter
采煤螺钻☆coal-recovery auger
采煤平巷☆gate way
采煤区☆coal{mine} district；place
采煤生产集中指数☆mining concentration index
采煤徒工☆apprentice hewer
(英国的)采煤业☆coal-mining in the UK
采纳☆acceptance
采泥船☆dredger
采泥器☆grab；sediment{bottom} sampler；mud-dumping snapper
采黏土场☆clay pit
采暖通风工程师学会☆Society of Heating and Ventilating Engineers
采气☆gas recovery
采气树☆christmas{X-mas} tree
采前剥离☆advance stripping
采前技术☆pre-mining technology
采区☆working section{area;district}；minery；active stope area；mining{stoping;winning;producing} area；active workings；stoping zone；ben；block；division；flat；mine{production} block；producing unit；winning track；section；gate；panel
采区边界☆working (district) boundary；boundary {beneficiation} of section
采区布置☆layout of mining districts；stoping layout
采区长度☆length of a working section
采区车场☆station of working area
采区充填☆stope{slope} filling；slope slowing
采区底板残留矿石☆gob
采区调车用机车☆gate-road loco(motive)
采区顶部与上面巷道底部间所留的水平矿柱☆bridge
采区硐室☆room of working area
采(矿)区复田{用}☆land reclamation
采区工务员{管理者}☆section foremen
采区拉底宽度☆block span
采区联络煤巷☆gate way
采区连续崩落采矿法☆continuous caving
采区内运输平巷用电机车☆gate-road loco(motive)
采区平巷☆gate-road；gateway
采区切割☆slotlocking
采区区长☆section (mine) foreman；unit foremen；sectionman
采区生产系统☆productive system of working area
采区顺槽内端☆gate-end
采区运输☆face-area{intermediate} haulage；inbye transport
采区运输顺槽煤仓☆gate road bunker；gateroad bunker
采区中间溜眼或溜槽☆intermidiary chute
采区中央的扒矿斜巷☆centre gully
采区装运顺槽☆loader gate
采区准备☆first{primary} mining；mining district preparation
采区准备工作☆preparatory work
采取☆assumption；adopt(ion)；pursue；recovery；resort
采取(什么态度)☆assume
采取摧毁目标的措施☆target
采取措施☆take measures{steps}
采取率☆recovery
采取岩芯☆coring
采砂场☆sand pit{quarry;plant}；ballast pit；sandpit
采砂船☆dredge boat{hog}；dredge(r)；placer{gold} dredge；dredging machine
采砂船采掘法{物}☆dredging
采砂船工☆dredgeman
采砂船埋桩工☆undertaker
采砂矿船☆(placer) dredge
采砂砾场☆gravel pit
采砂器☆sand sampler
采烧炉[玻]☆decorating fire lehr
采石☆quarry (mining)；quarrying；stone cutting；q
采石爆破☆quarry blast；stonework explosion
采石采矿型机械铲☆quarry-mine{Q-M} shovel
采石场☆quarry (site;work)；stone quarry{pit}；ballast {gravel;open} pit；delft borrow pit；minery；delf
(在)采石场底部钻水平炮眼☆snake holing
采石场含石英、长石、白云母的细脉☆sand seam
采石场横杆(钻)架☆quarry bar mounting
采石场劈槽{缝}工☆ledgeman
采石场未加工石块面☆quarry face of stone
采石场用侧卸式拖车☆side dump quarry trailer
采石膏场☆plaster quarry
采石工☆quarrier；quar(ry)man；rock getter；quarry miner{man}
采石工作☆rock-out job；quarrying operation
采石巷道☆dump drift；waste raise
采石灰场☆lime pit

采石机☆quarry(ing) {channel(l)ing} machine；(rock) channel(l)er
采石井☆milling{mill} pit
采石坑☆stone-pit；barrow pit
采石坑道水☆quarry water
采石矿场开拓面☆quarry face
采石面☆striking platform
采石莫诺贝尔炸药☆Quarry Monobel
采石平巷☆dummy roadway；blind drift
采石平巷取石充填☆dead-end{dummy-gate} stowing
采石器☆knocking-bucker
采石天井☆mill
采收率☆percentage{oil} recovery；recovery efficiency {ratio;factor}；ratio of recovery；output coefficient；extraction percentage{ratio}；recovery (percent)；recoverability；recovery efficiency factor；RF
采水测温☆oceanographic{hydrographic;hydro} cast；Nansen cast
采水器☆water bottle；bathometer
采水样设备☆water sampling device
采酸管☆drip
采填留矿法☆backfilling shrinkage
采条☆dass
采土场☆soil bank
采完☆work out
采完报废的巷道☆gotten
采完的矿☆worked-cut mane
采完后充填☆delay filling
采锡用地☆bound
采下的煤☆cut{out} coal
采下矿石☆broken ore{ground}；mined ore
采压开关☆section switch
采盐矿☆salt pit
采样☆(ore) sampling；taking{drawing} of sample；sample collecting{collection}；(cut) sample
采样板☆buckboard
采样的井☆sampled well
采样的矿物分析数据☆sample-assay data
采样电管路☆sampling circuit
采样法☆sampling method；method of sampling
采样格子☆sampling cell
采样管☆sampling tube{pipe}；coupon
采样过密☆oversampling
采样过疏☆undersampling
采样函数☆sampling function
采样间隔☆sampling{sample} interval；SI
采样井☆sampled well
采样频率☆sampling{sample} frequency；SF
采样期距☆frequency of sampling
采样器☆(high volume) sampler；sample{sampling} thief；trier；collector
采样人员☆collector
采样数据控制☆sampled-data control
采样土钻☆soil sampler
采样网☆framework
采样线☆traverse
采液量☆fluid-withdrawal rate
采液速率☆liquid withdrawal rate
采液指数☆fluid productivity index
采用☆adopt(ion)；follow；impose；adaptation[某种新技术等]；take
采用电耙的崩落采矿法☆slusher-type caving
采用钩紧装置钩紧的筛面☆tension mats with hooks
采用螺栓压紧的筛面☆bolt down panels
采用年龄☆acceptable age
采用弹簧释放的压车器☆breakaway car clamps with spring relief feature
采用弹性联轴器的直接驱动☆direct drive with flexible coupling
采用现代建筑材料的☆glassteel
采用者☆adopter
采油☆oil recovery{extraction}；extract oil；oil mining {withdrawal}
采油成本☆lifting cost
采油地带☆zone of production
采油动态☆behavior of oil recovery；oil recovery performance
采油队壮工☆bull gang
采油工程☆petroleum engineering
采油管☆capital string
采油管汇☆receiving{production} manifold
采油井☆production well
采油井口压力表☆christmas tree gage
采油立管张紧器☆production riser tensioner
采油量分成☆production split
采油末期☆end of oil production
采油平台☆satellite{production} platform；production vessel；oil production platform
采油区☆oil {-}producing region；producing zone
采油曲线☆production history (curve)；recovery curve；oil-producing rate curve；oil production history{curve}
采油树☆(christmas) tree；X-mas{Xmas;production} tree；casing head；X-tree
(水下)采油树接收板☆christmas tree receiver plate
采油树内护套☆tree saver
采油树罩☆tree cap
采油效率☆capture{oil-production{-recovery}} efficiency
采油压差与注水压差的比值☆Pi-ratio
采油与储油联合系统☆combined production and storage system；COMPASS
采油指数☆productivity index{factor}；PI
采油租地☆lease
采油、钻井、居住平台☆production,drilling and quarters platform；PDQ platform
采运联合机☆combination cutting-and-conveying unit
采止线☆stop line of extraction
采注比[累积产液量-累积注入量比]☆production factor
采装煤炭单位支付价☆cutting price
采准☆development；bench{stope} preparation；stope {productive} development；development work in stone；opening out{up}；winning；preparation for stoping
采准储量☆prepared reserve
采准地质指导☆heading geological control
采准工作☆development (work)；first working {mining}；stope preparation；solid workings；working in the whole
采准巷道☆preparatory{blocking-out;development} workings；straight work；solid road；winning heading {headway}；developing entry；stope development；development openings
采准矿量☆ore blocked out；developed ore；prepared reserve
采准矿量变动☆variation of prepared reserves
采准矿石☆blocked out ore
采准完成的区段☆stoping ground
彩灯☆illumination
彩光折射率计☆chromatoscope
彩虹模式图☆rainbow patters
彩虹装饰☆lustre decoration
彩绘陶☆color-pictured pottery
彩孔贝(属)[腕;N-Q]☆Pictothyris
彩丽纹[石]☆Pearl
彩膜☆rainbow of oil；rainbow
彩钼铅矿[$PbMoO_4$]☆wulfenite
彩泥井☆paintpot
彩色☆coloration；technicolor；polychrome
彩色保真度{性}☆color fidelity
彩色打印机☆color printer
彩色带(条)信号图☆rainbow pattern
彩色地震显示☆colo(u)r seismic display
彩色电视☆colo(u)r TV；technicolor；CTV
彩色光☆colorama
彩色合成技术☆color-compositing technique
彩色金[一种颜料]☆mosaic gold
彩色亮度☆color intensity
彩色煤☆peacock coal
彩色黏土☆varicolored{multicolored} clay
彩色全息地图☆holographic color map
彩色扫描☆chromoscan
彩色砂浆喷涂☆colo(u)red mortar spraying
彩色石印☆lithochromy；lithotint
彩色石印图☆chromotype
彩色视频信号放大器☆colo(u)r-video amplifier
彩色水泥☆colo(u)red{colo(u)r} cement
彩色水泥浆喷涂☆colo(u)red cement spraying
彩色条信号图☆rainbow pattern
彩色温度标示漆☆thermopaint
彩色显微相片☆color photo micrograph
彩色相片☆chromophotograph；chromatic image；color print；photochrome；color(ed) photograph
彩色信号☆colo(u)r{chroma} signal；chrominance；colour bar signal
彩色信号抑制级☆colo(u)r killer stage
彩色信息☆color(ing){chromatic} information
彩色照片☆heliochrome；autochrome；photochrome
彩色照相☆chromotype
彩色重演{再现}☆color rendition
彩色组合☆color combination
彩砂☆colour(ed) sand；colored sand surface
彩烧☆fire-on
彩石☆stained stone
彩饰☆decoration；polychrome
彩塑泥人☆painted clay figurine
彩陶☆painted pottery；faience
彩条信号☆colo(u)r bar signal；colo(u)r stripe signal
彩纹玛瑙☆onyx
彩星介属[J_2]☆Aglaiocypris
彩鱼眼石☆chromocyclite
彩云☆iridescent cloud

cài

菜单☆menu sheet
菜单式图形显示☆menu-driven graphical display
菜花云☆cauliflower cloud
菜花状☆cauliflorate；cauliflower-like
菜泥[食物的糊状物]☆puree
菜叶状印痕☆frondescent mark
菜籽油☆rape{rapeseed} oil
蔡尔兹-科利斯-乔治模型[一种孔隙结构的模型]☆Childs-Collis-George model
蔡勒贝属[腕;T_3-K_1]☆Zeilleria
蔡勒蕨属[C_2]☆Zeilleria
蔡璞☆citrine (quartz)；citrite；topaz-safranite；citron；Bohemian{occidental} topaz；safranite；apricotine；apricosine
蔡斯{司}透镜☆Zeiss
蔡希施坦(统)[欧;P_2]☆Zechstein

cān

餐☆meal
餐车☆saloon
餐末冷冻甜食☆glace
参比电极充填液☆reference electrode filling solution
参比光源☆reference source
参比燃料☆comparative fuel
参比燃料之校准☆calibration of reference fuels
参比物质容器[支架]☆reference holder
参变管☆parametron
参股☆participation
参股总协定☆general agreement on participation
参观者☆spectator；visitor
参加☆attend；enter{go} into；engage；concern；share；participate
参加的☆contributory
参加者☆participator；participant
参见(符)号☆reference mark
参看[拉]☆cf.；confer；conf；vide；VID
参考☆reference；refer to；consultation；referred；re.；ref.
参考标架☆frame of reference
参考标志☆witness marker
参考标志桩☆reference monument
参考玻璃☆reference glass
参考的☆referred；ref.；reference；refd
参考地区{点}☆reference locality
参考点☆reference{description;witness;set} point；fiducial；witness mark；point of reference；RP
参考光束法☆reference {-}beam method
参考面☆auxiliary{reference} plane；plane of reference；reference area{surface}
参考时间起点☆zero-time
参考手册☆reference manual；guidebook；RM
参考数据☆reference data
参考相位信号☆reference phase signal
参考信号☆reference signal；set point
参考样(品)☆reference sample；sample for reference
参考音调☆reftone；reference tone
参考轴☆reference axis；axis of reference
参考资料☆reference material{data}；bibliography
参考坐标☆frame of reference
参考作物潜在腾发量☆reference crop evapotranspiration
参量☆quality；parameter
参量放大{|分析}☆parametric amplification{|analysis}
参量零散☆repeatability error

参量纬度☆parametric-latitude
参量信号☆reference signal
参数☆parameter；quantity；pamet；property；PAR
h 参数☆hybrid parameter
S 参数测试仪☆S-parameter test set
参数测深☆parametric sounding
参数分类{|析}☆parametric classification{|analysis}
参数共轴椭球☆datum-centered ellipsoid
参数估计☆parameter estimation
参数化☆paramet(e)rization
参数化法☆parametrization
参数激励频率信号☆pumping signal
参数井☆stratigraphic well{test}；strat test；parametric borehole；strattest；key well
参数灵敏度法☆parametric sensitivity
参数模型{拟}☆parametric model
参数平面☆parametral plane
参数器☆parametron
参数置放指令☆parameter setting instruction
参透系数[含水层]☆conductivity coefficient
参议员☆senator
参议院☆senate
参与☆(be) concerned with；participate；participation
参与的☆participant
参与者☆party
参阅(该条) [拉]☆quod vide；q.v. ；qv
参照☆reference；cf；confer[拉]；re.
参照面☆reference plane；plane of reference
参照数据☆comparable data

cán

蚕虫形☆fabiform
蚕虫状的☆fabaceous
蚕豆矿☆favas
蚕豆糖☆vicianose
蚕砂☆excrementum bombycis
蚕食☆eat away；nibble
蚕丝白[石]☆Kashmire White
蚕形虫属[孔虫;E_2-Q]☆Haddonia
残斑(变)岩☆porphyroid
残斑组构☆porphyroclast fabric
残层混合岩☆embrechite
残差☆residual (error)；residuum；trend residual
残翅☆vestigial
残存☆relic；relict；survivorship
残存 p%的应力-循环次数曲线☆S-N curve for p percent survival
残存固相☆residual solid
残存函数☆survivor{survival} function
残存矿量☆preserve
残存气体精密测量仪☆omegatron
残存物☆survival
残存物料装载☆scamming
残岛☆nearly consumed island；remnant{relic} island；skerry；relic
残底☆unshot toe
残锭☆misrun
残毒☆toxic residue；residual toxicity
残端☆stub-end；stub
残颚牙形石属[O_2]☆Trucherognathus
残废☆disablement；become disabled；be crippled；disabled person；cripple
残干☆stump
残根☆stub；nub
残谷☆residual valley
残骸☆remains [of a person or animal]；wreckage [of a building,machine,vehicle,etc.]；skeletal remain
残海☆relic{relict} sea
残湖☆relict{relic;dwelling} lake
残灰层☆carbonaceous deposit
残火山口☆ghost crater
残积☆sedentary deposit；head；eluvium
残积层☆el(l)uvium；eluvial horizon{layer}；residue；residuum；residual overburden；B-horizon
残积产物☆residual product
残积风化土石☆saprolite；ablation
残积覆盖层{物}☆residual overburden
残积和机械富集作用☆residual and mechanical concentration
残积矿床☆eluvial{sedentary} deposit；residual (mineral; concentration) deposit；ablation
残积砾(岩)☆illuvial gravel
残积砾石☆lag gravel
残积碎屑[德]☆felsenmeer
残积土☆residual soil{clay;deposit}；native soil；eluvial
残积作用☆eluviation
残极{枝}☆stub
残疾人☆handicap
残迹地层☆ghost stratigraphy
残浆晶隙充填☆autointrusion
残晶☆malcrystalline
残晶构造☆restite structure
残块地槽☆dismembered geosyncline
残矿☆relic；footwall remnant ore；remnant ore
残矿回采[产]☆remaining ore recovery
残拉角闪(质)岩☆lavialite
残拉闪玄岩☆lavialite
残离体☆dialith
残沥青☆ipsonite
残留☆relict；relic
残留边带☆vestigial sideband；VSB
残留变形☆permanent distortion{set}；offset；residual deformation
残留冰☆ice remnant
残留产品☆bottom product
残留产物☆resistate
残留磁性测量☆remnant magnetism measurements
残留大洋☆remnant ocean
残留单边带滤波器☆residual single-sideband filter
残留的☆vestigial；residual；relic
残留的过大粒子☆residual oversize
残留地貌☆fossil relief
残留洞道☆half tube
残留湖☆dwelling lake
残留基性物质☆atexite；atectite
残留矿柱☆remnant (abutment;ore;pillar)；pillar remnant {residue}；craunch；residual{abandoned} pillar；stook
残留矿柱应力集中区☆remnant abutment
残留卵石☆lag gravel
残留煤柱☆stump；pillar residue；abandoned coal pillar；residual pillar
残留农药解毒☆detoxification of pesticide
残留炮窝☆unshot toe
残留气☆remained gas
残留强度☆retained strength
残留群☆liptocoenosis
残留沙坝{洲}☆relic bar
残留山☆island mountain{mount}
残留石油☆unrecovered oil；by passed oil
残留水☆water of hydration；residuary{relic} water
残留水成砂☆residuo-aqueous sand
残留特性☆persistence characteristic
残留图像☆afterimage
残留土☆satholith
残留物☆residue；residual；relict；remains；emptying；relic；residuum
残留信号☆residual signal
残留氩☆inherited argon
残留岩☆restite
残留岩体☆sarsen (stone)
(孔底)残留岩芯☆stickup；dropped{lost} core；standoff
残留洋盆☆remnant {-}ocean basin
残留影像☆image retention；after-image
残留支撑矿柱☆remnant abutment
残留组构☆se-fabric
残流☆residual flow
残缕[构造]☆trails；helicitic；helizitic
残煤☆residual coal
残炮☆bootleg (hole)
残炮(根底)☆unshot toe
残炮孔☆socket
残品☆remainder
残气[脱掉汽油的]☆residue gas
残气回注装置☆cycling plant
残气量☆volume residuo
残丘☆kopje；monadnock；koppie；unaka；torso mountain；hammock；restberg；residual hill
残丘列☆catoctines
残丘平原☆pimple plain
残丘期☆hum stage
残缺晶☆malformation-crystal
残忍的☆hyenoid
残砂矿物☆amang
残杀☆carnage
残沙丘☆blowout
残山☆bornhardt；inselberg；relic (mountain)；monadnock；farewell rock；remnant；rock pillar；mountain of circumdenudation；outlier；residual mountain；monadnock-barge
残剩卤水☆flashed brine
残数☆residual；residuum；residue
残水☆back water
残酸☆spent acid (solution)；reacted acid
残碎斑晶☆porphyroclast；cataclast
残碎斑状☆porphyroclastic
残碎斑状(结构)☆blastogranular
残损价值☆salvage value
残炭☆carbon residue
残体☆relict body
残体群☆liptocoenos；liptocoenosis
残头废料☆end wastage
残涂熔浆☆residual liquor
残析体☆dialith
残响☆reverberation
残像{象}☆image persistence；visual persistence
残屑☆trash
残眼☆dead{incomplete} hole
残阳极☆anode scrap
残药☆remaining{misfired} charge
残液☆residual liquid{magma}；raffinate[油等提炼产生]；ichor；spent liquid；spent solution[用过的溶液]
残遗大陆碎块☆remnant fragments
残遗动物群☆relic fauna
残遗孤柱☆witness rock；zeuge
残遗河段☆dead channel
残遗沙丘☆relict dune
残遗赭石☆residual ochre
残遗种☆deleted{epibiotic;relic} species；relict；relic
残印☆bloach
残影☆ghost
残影体☆skialith；ghost relic
残应力☆residual stress
残油☆bottoms；oil residue；residual products；black oil；bottom {surplus;residual;raffinate} oil；residuum；resid
残油带☆lag oil zone
残余☆residue；odds and ends；relic；remnant；vestige；relict；survival；remainder；scrap；wreckage；remains
残余被驱替相饱和度☆irreducible displaced phase saturation
残余变形☆residual{permanent} deformation；off-set；permanent set
残余变形屈服应力☆offset yield (stress)
残余部分☆remainder；stump
残余岛☆pladdy
残余的☆irreducible；residual；relic；remnant；remanent
残余的弧☆remnant arc
残余地槽☆residual geosyncline；autogeosyncline
残余电荷法☆residual charge method
残余辐射☆reststrahlen
残余含液量☆residual fluid content
残余河曲☆cutoff{abandoned} meander
残余价值☆salvage{scrap} value
残余结构☆residual {relic(t);praemetamorphic；half-obliterated} texture；relict fabric
残余磷灰岩砾石☆land rock
残余磷块岩砾☆matrix；land-pebble phosphate；land rock{pebble}
残余流体☆connate fluid
残余煤柱☆stook
残余内应力腐蚀☆residual internal stress corrosion
残余浓度{集}☆residual concentration
残余膨胀☆residual swelling；residual expansion rate；after-expansion
残余气饱和度{率}☆residual gas saturation
残余气体分析仪☆residual gas analyzer
残余融化层☆residual thaw layer
残余熔融体结晶☆residual igneous crystallization
残余沙丘☆hummocky dune
残余石油饱和度☆residual oil saturation；sor；ROS
残余收缩☆aftercontraction
残余水含量☆content of relict water
残余塑流☆after flow
残余塑性变形{流动}☆afterflow
残余体☆restite
残余烃饱和度☆residual hydrocarbon saturation；RHS
残余土☆saprolith；saprolite；residual clay{soil}
残余物☆resistates；remains；relic(t)；residual (product)；residuum [pl.-due,-dua]；survival；remnant；oddment

残余下沉☆residual subsidence
残余项☆discrepance
残余岩浆☆residual{rest} magma; ichor
残余岩浆结晶☆residual igneous crystallization
残余洋盆☆remnant-ocean basin
残余应变☆residual{remanent} strain; overstrain
残余应力测定☆residual stress analysis
残余油滴☆ganglion [pl.-ia,-s]; residual blob; residual oil ganglia{blob;globule}; oil segment{ganglia}
残余油分布☆residual oil distribution
残余油块☆ganglion; oil ganglia
残余油气体积☆residual hydrocarbon volume
残余载波单边带☆carrier-reduced SSB
残余褶皱☆dead fold
残余自由气☆residual free gas
残渣☆scrap; dregs; bottom (slugs;sludge); sullage; residue; tailing; sediment; refuse; slumgum; soup; remaining slag; sludge; leaving; residuum; slime; waste; oddment; lees; rinsings
残渣油☆boiler{asphaltum} oil; residuum
残植岩☆liptobiolith
残植{殖}煤☆liptobiolite (coal); liptobiolith; cannel coal
残值☆residual{salvage} value
残柱☆abandoned pillar; pillar residue
残柱式开采法☆abandoned pillars method; board and pillar mining method

cǎn

惨祸☆horrible disaster; frightful calamity; catastrophe

càn

灿光☆splendent
灿烂光泽☆splendent luster
灿烂如宝石的☆gemmy

cāng

苍白的☆waxen; pale
苍辉石☆asteroite
苍帘石[Fe 和 Ca 的铝硅酸盐,可能与绿帘石相同]☆beustite
苍色辉石[$CaFe^{2+}(Si_2O_6)$]☆asteroite
苍珊瑚(属)[八射珊;K-Q]☆Heliopora
苍岩起伏☆bedrock relief
苍蝇座☆Musca
舱[飞船]☆compartment; module; bay
(密封)舱☆capsule
舱壁☆bulkhead[船、飞机]; bhd
舱壁防爆填料函☆anti-explosion bulkhead stuffing box
舱壁护条☆cargo batten
舱底☆bottom; bilge
舱底水吸水管☆bilge line
舱顶板☆ceiling board
舱盖布☆tarp; tarpaulin; paulin
舱柜容量☆tank capacity
舱口☆hatch; hatchway; window; porthole; port; manhole; scuttle
舱口边桁☆hatch side girder
舱口横材☆hold transverse
舱口横围板☆hatch end coaming
(船)舱口栏板☆coatings
舱口梁座☆hatch carrier
(货)舱口梯☆hold ladder
舱口围板☆(hatchway) coaming; hatch coaming
舱口围阱☆hatch trunk
舱门☆port
舱面☆deck
舱面穿洞☆riddling
舱面属具☆deck fittings
舱内和甲板条款☆in and over clause
舱内支柱☆hold stanchion
舱内装置☆inboard installation
舱室☆compartment; compt; cell
舱水☆bilge
舱外活动☆extravehicular activity; EVA
舱位☆space
舱装的☆laden in bulk
舱装运输☆transport in bulk
仓☆bin; bunker; hopper; warehouse; storeroom; storehouse
仓储☆bin storage; warehouse; warehousing; keep grain, goods, etc. in a storehouse
仓储安全☆storage safety
仓促☆haste; passing
仓促地行动☆scramble; tumble
仓促制成☆whip
仓房采煤法☆room method; bord system
仓房式回采法☆battery breast
仓皇失措☆disconcertment
仓库☆storage (depot); repository; warehouse; depot; magazine; dump; treasury; stock house; repertory; store (room); depository; godown; storehouse; thesaurus [pl.-ri,-es]; barn store; stge.
仓库储藏☆bin storage
仓库存货数量☆stock sizes
仓内分聚{析离}☆bin segregation
仓内交货(价格)☆free into bunker
仓内物料离析☆bin segregation
仓式矿车☆bunker car
仓式列车☆storage-and-conveyor train
仓式煤粉燃烧法☆bin system for pulverized fuel
仓鼠属[N_2-Q]☆Cricetulus; hamster
仓柱式开采{采煤}法☆battery breast system
沧龙(类)☆Mosasaur(us)

cáng

藏☆hide
藏骨洞穴☆bone cave
藏精器☆antheridium
藏壳{室}内的☆housed
藏量☆reserve
藏卵器☆oogonium; antherium[轮藻]; archegonium; oocyst
藏卵室☆archegonial chamber
藏匿☆conceal; hide; go into hiding; secretion
藏书☆library; collect books; a collection of books
藏在地下室内☆cellar
(把……)藏在心中☆bosom

cāo

操船水面☆mooring basin
操舵机构☆helmsman
操舵室☆steering compartment
操练☆exercise
操向机☆steering engine
操向轮立轴轴承☆king-pin bearing
操心☆pain; worry; take trouble; take pains
操之过急☆overhastiness
操纵☆handle; pipelay; fist; maneuver; execute; control; engineering; drive; manipulation; direction; operate; manipulate; rig; guidance; actuate; steerage; manage; manoeuvre; steer; management
操纵(方向)☆steering
操纵柄☆handlebar; control{operating} handle
操纵部分☆console section
操纵范围☆correcting range
操纵方便☆handiness
操纵杆☆controller; cont.; joystick; control lever{rod; column;level;stick}; level; operating lever{rod}; horn; driving{operating} handle
操纵机构[产生法向力的]☆motivator; control gear; catanator
操纵机器的自由空间☆working clearance
操纵件☆controls
操纵溜槽闸板☆pull a chute
操纵溜口闸门☆chute-pulling
操纵轮☆handwheel; hand{control} wheel
操纵盘☆control{panel} board; operating panel; dashboard; CB
操纵器☆executor; controller; effector; manipulator
操纵失灵☆understeer
操纵手把☆jockey stick
操纵手柄☆control crank; manual control lever; operating{rigging} handle
操纵(控制)手柄☆joystick
操纵台☆console; desk; pulpit; control console {desk; panel;stand;cabinet; board}; attendant's{switch} desk; bench {-}board; brace; CC
(船舶)操纵系统☆maneuvering system
操纵信号☆control{maneuvering} signal; steering command
操纵油门阀☆baffler
操纵(船只)与风暴搏斗☆fight
操纵员☆operator; oper.
操纵装置☆control (device); controlling device; operating control; effector; cont.
操作☆hand(l)ing; operation; manipulate; service; item; run; function; maintain; handle; work(ing); operate; practice; performance; Svc
操作按钮☆control switch
操作班长☆chief operator
操作不当☆misoperation
操作程序☆work{operation;operational;operating} procedure; operation sequence; sequence of operation; operating{running} program; process engineering
操作的☆working; operative; operational; operating
操作方法时间测量☆methods-time measurement
操作费☆cost of operation; operating expenses{cost}
操作杆☆control lever; actuating arm
操作更换件☆operational replacement spares{items}
操作规程☆working instruction{specification; order}; operational regulations; operating rules {instruction; regime}; job specifications; service instruction; agenda; agendum; operation procedure {instructions; specification}
操作极为简单的☆fool-proof
操作技术☆handling{operative;operating} technique; process engineering
操作检查记录☆operation inspection log; OIL
操作结束信号灯☆finish lamp
操作界面☆operations interface
操作卡☆operation sheet
操作连杆组件☆operating link assembly
操作年限☆life
操作前试验☆pre-operational test
操作人☆handler
操作人员☆operator; manipulator; operating personnel
操作上的检查☆operational checkout; OCO
操作时间☆hours on stream; operating{running; operation} time; OT
操作室☆command capsule; cab; cage; operator's compartment; operation room
操作手册☆manual of operations; operator{operating; operation} manual; man. op.
操作数☆operand
操作说明☆schedule; service{working} instruction
操作台开关☆console switch
操作条件☆operating{service;working} condition; mode of operation
操作图☆functional diagram; operating valve
操作位置☆on position
操作系统☆operating{executive} system; firmware
操作线☆pilot wire
操作小时☆hours run
操作性☆operability
操作性能☆processability; handleability; operating performance{characteristic}; operability; serviceability
操作循环☆operating{work(ing)} cycle
操作压力☆on-stream{service;operating} pressure
操作压力率☆service pressure rating
操作液压比[井中压力与打开防喷器芯子的]☆opening ratio
操作员☆observer; (console) operator
操作元件☆executive component
操作原理☆principle of operation; operating principle
操作员站☆operator station
操作运转中分析☆on-stream analysis
操作者☆jockey; operator; runner; manipulator
(在)操作中☆on-the-run
操作中的故障☆operating failure
操作重型设备钻台工☆iron wrestler
操作轴臂☆operating shaft arm
糙齿龙属☆Trachodon
糙齿象属[N_2]☆Synconolophus
糙度☆rugosity
糙度参数☆roughness parameter
糙度系数[管道]☆coefficient of roughness [in pipes]
糙率☆roughness coefficient{factor}
糙米☆unpolished{rough} rice
糙面☆rough{shagreen} surface
糙面白岩☆rauchwacke
糙面球形藻属[Z]☆Asperatopsophosphaera
糙鸟蛤属[双壳;E-Q]☆Trachycardium
糙叶树属[榆科;E_2-Q]☆Aphananthe

cáo

槽☆trough(ing); groove; slot; flute; launder; gutter; canal; furrow; flume; chamfer; cistern; trench; cell; vessel; bowl; tub; vale; bath; pit; channel; riffle; duct; kerf; tank; spotty-pout; s(c)ulcus; vat; tray; sluice; rabbet; slit; spout; fosse; hag;

kennel；notch；recess；manger；nest；moat；alveolus{alveole;alvede}［箭石］；sulci[腕、双壳等;sgl.sulcus]；bosh[酸洗]；bosh[酸洗]；CHAM
槽板[甲藻]☆sulcal plate
槽板贝属[腕;D_3]☆Sinotectriostrum
槽背斜☆geosynclinal anticlinorium
槽壁法☆slurry-trench method
槽壁支撑☆trench support
槽边☆rabbet
槽波[震勘]☆channel wave
槽部[向斜]☆trough
槽长☆flute length
槽场☆tank farm
槽车☆cistern (car)；tank car
槽车下卸☆bottom unloading of tank cars
槽齿类的☆thecodont
槽齿目[爬;P_2-T_3]☆Thecodontia
槽储☆tank storage
槽底☆bottom of the groove；tank floor；trough bottom
槽底挡料衬板☆lagged liner
槽底焊板☆logged liner
槽地☆trough
槽点(向斜)☆trough point
槽电压☆tank voltage
槽顶螺帽☆castellated nut
槽顶螺母☆castle{castellated} nut
槽段☆trough section；panel
槽多边形☆trough polygons
槽法炭黑☆channel{canal} black
槽缝☆slot-opening；groove joint
槽缝管过滤器☆slotted-pipe screen
槽盖☆capping
槽杆式凹板☆channel bar concave
槽钢☆channel (iron;steel;bar)；U-iron{bar}；beam channel；channel beam[大型]
槽钢底梁☆base channel
槽钢垫板☆channel plate
槽钢支架☆buckstay
槽沟☆groove；rindle；slot；runnel；riffle；chamfer；chanfer；chase；trough
槽沟取样☆trench sampling
槽沟式罐道☆slotted guide
槽沟套接管接头☆victualic coupling
槽谷☆trough (valley)；kerbtal
槽谷端[冰]☆trogschluss[德]；trough end；trough wall
槽谷肩☆trough {-}shoulder
槽谷缘☆trough edge；trough-edge
槽焊☆groove{slot} welding；slot weld
槽核☆trough core
槽痕☆flute mark；proglyph
槽痕风化☆fluting
槽痕琢石☆furrowed stone
槽洪☆streamflood；stream flood
槽湖☆trough lake
槽化辉绿岩☆leucophyre
槽或容器☆tank or vessel
槽基[捣碎机]☆mortar block
槽脊冰碛☆fluted till
槽脊冰碛面☆fluted moraine surface
槽脊相间地形[海岸或湖岸]☆low and ball
槽架☆tank support
槽间的☆intercolpate
槽间区☆mesocolpium
槽桨式搅拌机[混凝土]☆trough-and-paddle mixer
槽角☆groove{trough} angle
槽浸(出)☆tank{vat} leaching
槽浸出{滤}☆vat leaching
槽距☆slot pitch
槽坑支撑☆trench timbering
槽孔☆slot-opening
槽孔贝属[腕;T_3-J]☆Aulacothyris
槽孔套筒☆slotted sleeve
槽口☆rabbet；(sulcal) notch；waterspout；slot hole；snick
槽口堰☆notched weir
槽宽☆slot width
槽沥滤☆vat leaching
槽流☆concentrated{channel} flow
槽隆[德]☆schwelle
槽路☆tank (circuit)
槽路电容☆tankage
槽路现象☆channeling
槽轮☆grooved{sheave;scored;troughing} pulley；sheave (wheel)
槽面[向斜]☆face of the channel；trough face{surface}
槽面焊板☆lag
槽面(形)迹☆trough-surface trace
槽模☆flute cast{mold}
(流)槽模☆fluted mo(u)ld
槽膜[孢]☆furrow membrane
槽内洗矿☆trunk；trunking
槽扭贝属[D]☆Sulcatostrophia
槽泊构造☆chute and pool structure
槽腔☆cavity
槽缺[甲藻]☆sulcal notch
槽塞☆plug spigot
槽珊瑚(属)[S-D]☆Alveolites
槽舌[甲藻]☆sulcal tongue
槽舌接合☆grooved and tongued joint；rabbet joint
槽深☆groove depth
槽生齿(性)☆thecodont
槽蚀☆concentrated wash
槽蚀高地☆grooved upland
槽式分砂机☆launder sand slicer
槽式矿车☆bunker car
槽式列车☆bunker train
槽式铣刀☆fluted cutter
槽榫☆chase mortise
槽榫接合☆tongued-and-grooved joint
槽台成矿说☆geosyncline-platform theory for metallogenesis
槽探☆trenching；probing；costeaning prospecting trench；trace
槽探工☆trencher
槽探取样☆pitot{pit} sampling
槽体☆tank
槽条☆channel
槽铁☆channel (bar;iron)；U-iron
槽桶☆cistern
槽头壁☆trough headwall
槽头螺钉☆slotted head screw
槽瓦☆bent tile
槽外面[孢]☆apoporium
槽纹板☆channeled plate
槽纹不稳定性☆flute instability
槽纹管☆fluted tube
槽洗法☆flowing current separation
槽洗机☆launder (washer)；trough washer
(低压)槽线☆axis of trough
槽线[向斜]☆trough (axis){line}；trough line of fold
槽线贝属[腕;T_3]☆Sinucosta
槽向斜☆geosynclinal (synclinorium)；synclinorium
槽楔钉☆channel pin
槽斜面☆tank bevels
槽型☆trough type
槽型截面{|玻璃}☆channel section{|glass}
槽形铲☆U-shovel
槽形的☆grooved；fluted；channel-shaped
槽形断层☆trough fault；graben；rift valley
槽形钢拱☆channel steel arch；channel-steel
槽形高地☆scalloped upland
槽形刮板☆scraper-trough
槽形刮板输送{运输}机☆scraper-trough conveyor
槽形结构☆scallop；scalloping
槽形孔☆slotted hole
槽形矿层☆reverse saddle
槽形链板输送{运输}机☆trough chain conveyor
槽形梁☆channel beam{girder}；beam channel
槽形溜口闸门☆underlip
槽形螺母☆castle nut
槽形剖面☆channel section
槽形倾角☆troughing angle
槽形上向{山}输送机☆trough elevating conveyor
槽形天线☆slot antenna
槽形托辊☆troughing rollers{idler;roll}；troughed carrying idler；troughed roller；troughing type roller
槽形托辊组☆trough(ing) idler set
槽形洼地☆trough-like depression
槽形液下充气式浮选机☆subaerated hog-trough type flotation machine
槽形印模☆flute cast；lobate rill mark；lobate plunge structure
槽形闸门☆apron gate
槽形支架☆troffer
槽选☆launder washing
槽牙系☆thecodont dentition
槽样☆channel sample
槽翼☆trough limb
槽缘[孢]☆furrow rim
槽缘型☆sulcate
槽运倾斜煤开采[15°～45°]☆moderate-pitch mining
槽凿☆reamer
槽褶型☆sulciplicate
槽褶缘型[腕]☆sulciplicate
槽褶皱☆down fold；downfold
槽支架☆tank support
槽中槽☆trough-in-trough
槽轴☆trough axis；fluted shaft
槽铸模☆flute mold
槽铸型☆groove{sludge;flute} cast
槽状龟裂纹☆trough polygons
槽状海滩☆runnel beach
槽状交错层☆trough cross-bedding
槽状矿床☆reverse saddle
槽状盆地☆furrow-like basin
槽状熔岩☆grooved lava
槽状水道☆gouge channel
槽子砖☆debiteuse
槽阻抗☆impedance of slot
槽嘴贝属[腕;T_2-J_1]☆Holcorhynchia
曹灰长石☆labradorite；abradorite

cǎo

草☆herb；grass；herbage；straw[可作油的吸附剂]
草案☆des.；design；draft；schedule；plan
草本(植物)☆herb
草本(群落)☆herbaceous
草本层☆field layer
草本(植物)群落☆herbosa
草本学☆agrostology
草本一年生植被☆ephemeretum
草本甾醇☆agrosterol
草本植被☆herbosa；herboasa
草本植物☆herb；herbal{herbaceous;herbage} plant；herbaceous{grass} vegetation
草本植物主轴[包括茎与根]☆caudex
草草地记下☆jot
草测☆(field) sketching；geostenography；make a preliminary survey；reconnaissance (survey)；sketch {rough} survey；reconnoiter；reconnoitre
草测阶段☆rough survey stage
草测图☆geostenogram；reconnaissance map；eye sketch
草铲☆spud
草场☆range；pasture land
草丛☆tussock-grass；tussock；tump
草丛丘☆(turf) hammock；hardhead；turf hummock
草蛋白石[一种草成的蛋白植物岩]☆grass opal
草的☆gramineous；graminaceous
草地☆lea；lawn；green；grass (land)；green-sward；hirsel；grassland；sward；pratum；prairie；sod；meadow
草地露天产羔☆open-range lambing
草地生的☆pratincolous
草地植被☆grass-land vegetation
草甸☆pratum；meadow
草甸群落☆hygropium
草甸土☆meadow soil；weisenboden
草稿☆draught；draft；rough{preliminary} draft；note
草稿底图☆sketch master
草根层☆sod
草梗泥土作模型的铸锡☆straw tin
草痕铸锡☆straw tin
草桦丛多边形土☆tussock-birch-heath polygon
草黄铁矾☆carphosiderite [$3Fe_2O_3$•$4SO_3$•$10H_2O$]；karphosiderite；hydroniojarosite；pseudoapatlite；hydronium jarosite；borgstromite [$(H_2O)Fe_3(SO_4)_2((OH)_5H_2O)$]
草绘等高线☆sketched contours
草碱☆potash
草料☆forage；fodder
草率从事的☆rash
草率的☆touch and go
草率评价☆cursory appraisal
草率完工的井☆contractor's hole
草绿基铜矾[$Cu_3(SO_4)(OH)_4$•$6H_2O$]☆kamarezite
草绿色红柱石☆viridine
草莓镰翅小卷蛾☆Ancylis comptana
草莓状结构☆framboidal texture
草煤☆peat；turf

草木☆vegetation
草木灰☆plant ash
草木生长区的边缘线☆berm line
草泥[混有稻草的糊墙泥]☆cob
草泥抹面☆clay and straw plaster
草泥坯块☆terron
草泥筑矿工更衣室☆moorhouse
草拟☆draw；trace{sketch} out
草皮☆sod；turf
草皮边坡☆turfed slope
草皮护坡☆grassed slope；sod revetment
草坪☆lawn
草签☆initial
草丘☆tussock
草色榴石[$Ca_3Al_2(SiO_4)_3$]☆grass {-}colored garnet
草生区☆poechore
草石蚕[植]☆Stachys sieboldii Chinese artichoke
草石英☆grass quartz
草食性☆phytophage
草食牙系☆herbivorous dentition
草水晶[SiO_2]☆grass quartz
草酸[HOOC•COOH]☆oxalic{ethanedioic} acid；dicarboxyl；oxalate
草酸铵☆ammonium oxalate
草酸铵钠石☆oxalate of sodium and ammonium
草酸铵石[$(NH_4)_2C_2O_4$•H_2O;斜方]☆oxammite；oxalate of ammonium；guanapite
草酸方解石☆oxiacalcite
草酸钙石[$Ca(C_2O_4)$•$2H_2O$;四方]☆weddellite；oxacalcite；conistonite；whewellite；wavellite；kohlenspath[德]；thierschite；calcium oxalate；oxiacalcite
草酸钾石☆heddlite
草酸钾铁石☆minguzzite
草酸铝钠石[$NaMg(Al,Fe^{3+})(C_2O_4)_3$•$8H_2O$;三方]☆zhemchuzhnikovite；schemtschuschnikovit；sodium aluminum oxalate；jemchuznikovite
草酸镁钠石[$NaMg(Fe,Al)(C_2O_4)_3$•8~$9H_2O$]☆jemchuznikovit(e)
草酸镁石[$Mg(C_2O_4)$•1~$2H_2O$]☆glushinskite
草酸钠☆sodium oxalate
草酸钠胺石☆oxalate
草酸氢钙☆calcium bioxalate
草酸铁钾石[$K_3Fe^{3+}(C_2O_4)_3$•$3H_2O$,单斜]☆minguzzite
草酸铁矿[$2FeC_2O_4$•$3H_2O$; $Fe^{2+}C_2O_4$•$2H_2O$;单斜]☆humboldtine；humboldtite；oxalite；oxalate of iron；eisenresin；humboldine
草酸铁钠石☆stepanovite
草酸铜钠石☆wheatleyite
草酸铜石☆moolooite
草酸盐结石[医]☆oxalate calculus
草台虫☆Bugula
草滩龟属[K]☆Tsaotanernys
草炭☆turf
草炭土☆turfy{soddy} soil
草塘泥☆waterlogged{ditch} compost
草铁镁钠石[$NaMgFe(C_2O_4)_3$•8~$9H_2O$]☆stephanovite
草图☆(rough) draft；(layout;freehand;diagrammatic;rough;outline;sketch;rude) drawing；diagrammatic map {sketch}；design；(rough) sketch；adumbration；skeleton (layout)；free hand drawing；sketch map {plan}；sketchy {block} diagram；sketching；contour；project；preliminary sketch{layout}；chart；cartoon；map manuscript；scantling；outline；reconnaissance {schematic;outline} map；schematic layout；rough；dwg；dr；dft.；des.；SK
草图核准☆approval of draft
草图设计☆spring-style
草温☆grass temperature
草栖的☆gramnicolous；caespiticolous
草酰胺☆oxamide
草写的☆current
草鱼属[N-Q]☆Ctenopharyngodon
草原☆(temperate) grassland；green-sward；steppe；prairie；rangeland；meadows；park；campo[南美]
草原古马古马(属)[北美;N_1]☆Merychippus
草原黑土☆steppe black earth；black steppe soil；black prairie soil
草原区的狭树林地☆bay
草原犬鼠(属)[N-Q]☆Cynomys；prairie dog
草原群落☆psilium；prairie community
草原土☆prairie{steppe} soil；brunizem
草原沼泽☆grass swamp
草缘阶地☆turf banked terrace
草约☆protocol
草泽{沼}☆marsh
草沼泥炭☆grass-bog peat
草质的☆herbaceous
草状冰☆ice grass{stalk}

cè

厕所☆lavatory；toilet
策动信号☆drive{driving} signal
策划☆hatch；concoction；pipelay；scheme
策拉明合金[一种软质焊料]☆Ceramin-alloy
策略☆tactic；trick；tack；strategy；politics；policy
策略(上)的☆tactical
策略俘获技术☆policy capture
策略函数☆policy function
策氏大孢属[C_2]☆Zerndtisporites
侧☆flank；limb；side；wall；alar；leg；latus；par(a)-
侧鞍[菊石]☆lateral saddle
侧凹螺属[腹;K-Q]☆Pleurotoma
侧凹式钻铤[在一侧钻有一系列孔的偏重式钻铤]☆indented drill collar
侧凹系[棘海座星]☆lateral depression series
侧坝☆wing dam
侧摆倾斜☆sway
侧板☆lateral{cheek;check} plate；strake；skirt board；tabella [pl.-e]；sideboard；side bar；side plate[海蕾;棘海蕾]；pleura [pl.-e]
侧帮☆rib；side wall
侧帮采掘☆wall cutting；corner cut
侧帮开启式卸载☆open-side dump
侧帮压力☆peripheral pressure
侧孢霉属[真菌;Q]☆Sporotrichum
侧贝牙形石属[S_3-D]☆Latericriodus
侧壁☆sidewall；check；side wall
侧壁板☆siding
侧壁层☆pleurocyst
侧壁基岩☆sidelong reef
侧壁孔☆areole
侧壁熔融不足[焊]☆lack of side wall fusion；LOF
(在)侧壁上的孔☆ports on long wall
侧臂☆sidearm
侧臂式挖掘船☆side-boom dredge
侧边[三角形]☆leg
侧边的[火山]☆parasitic
侧边滑板☆side skid
侧边排矿阀门☆dam-and-gate valve
侧边喷发☆lateral{adventive} eruption
侧边砂光机☆edge sander
侧变化☆lateral variation
侧波☆side wave
侧步带板[海星]☆adambulacral
侧部☆sidepiece；side lobe；lateral
侧采☆side{corner} cut
侧舱壁☆wing bulkhead
侧槽☆lateral sinus
侧层☆lateral layer
侧铲推土机☆angledozer；angle{angling} dozer
侧衬板☆side liners
侧撑☆side stay
侧齿☆dents laterales；lateral tooth
侧齿轮☆side gear
侧出口☆side outlet
侧窗短节[定向井测井用]☆lateral-window sub
侧吹☆side-blown
侧垂部☆lappet
侧刺☆lateral spine；pleuracanths
侧刺鱼目[D_2-T_3]☆Pleuracanthodii
侧捣淘矿机☆side {-}shake vanner
侧导板☆side guide
侧道☆by-pass；by-path
侧的☆by(e)-
侧灯☆side lantern{light}
侧灯罩☆bezel
侧堤☆side dike
侧顶互换望远镜☆interchangeable side and top telescope
侧端槽钢罐道梁☆channel end bunton
侧端图☆end view
侧断层☆lateral fault{ramp}
侧对着☆broadside
侧盾☆side shield
侧萼☆buccae
侧耳属[真菌;Q]☆Pleurotus
侧翻车☆side-tipping wagon；side dumper
侧翻矿斗☆side-dumping hopper
侧翻式槽☆side-tipping pan
侧反日☆paranthelion
侧方河流☆lateral stream
侧方交会☆side{lateral} intersection
侧方扫描声呐探查☆side scan sonar survey
侧方移动☆parallel migration
侧房[鲢类]☆lateral chamber
侧飞☆crab
侧分口盖板[两块口盖板的一块;棘海座星]☆lateral shared coverplate
侧分泌富集☆laterogene enrichment
侧分泌论者☆lateral-secretionist
侧分泌说☆laterogenesis；theory of lateral secretion；lateral {-}secretion theory
侧分水岭☆lateral divide
侧风☆cross-wind；side{cross} wind
侧缝☆side play
侧辐的[海胆]☆adradial
侧伏角☆rake；pitch angle
侧富集☆lateral enrichment
侧盖☆side cover
侧杆☆sidebar；side bar
侧隔壁☆alar{lateral} septum
侧根☆lateral root
侧工作面☆via face
侧弓目{类}☆Parapsida
侧弓亚纲[爬]☆Parapsida
侧沟☆side gutter
侧鼓式跳汰机☆Baum jig washer
侧管☆bypath
侧贯入舌☆lateral injection lobe
侧辊☆side idler
侧滚☆roll
侧滚角陀螺仪☆rollangle gyroscope
侧行趋向☆walk tendency
侧航法☆crabbing
侧盒[莫氏缓冲器]☆side wedge
侧桁材[双层底]☆side girder
侧护板☆side guard{guide}
侧滑☆sideslip；side slip{slipping}；glissade
侧滑角☆angle of slide
侧滑式集电轮[电机车]☆side-running trolley
侧混合☆lateral mixing
(矿车)侧活壁☆side door
侧火口☆lateral crater{volcano}
侧火山锥☆adventive{lateral;parasitic} cone；lateral crater
侧(向堆)积☆lateral stacking
侧肌附着坑☆lateral depressor pit
侧脊☆lateral ridge
侧加速度☆latax
侧架☆side (lateral) frame
侧降☆falloff
侧角☆lateral corner；chanfer；chamfar；side angle；lateral angle[腕]
侧角沟☆corner furrow
侧接☆side joint
侧接合缘[腕]☆lateral commissure
侧截面☆lateral section
侧节肢动物☆Pararthropoda
侧筋类[鹦鹉螺式壳]☆pleuromyarian
侧颈龟亚目☆Pleurodira
侧开孔☆sidetracked hole；STH
侧开式套管吊卡☆side door casing elevator
侧坑☆lateral pit
侧孔☆wall hole；side opening{port;outlet}
侧孔(总目)[鲨类]☆Pleurotremata
(管子)侧孔☆window
侧孔式钎{钻}头☆side-hole bit
侧口缘板☆adoral plate
侧拉力☆side pull
侧滥☆divagation
侧棱☆lateral edge
侧离距☆lateral separation
侧立冰☆standing floe；ropak
侧立体角☆lateral solid angle
侧力操纵机构☆aridextor
侧链☆side{lateral} chain
侧梁☆curb girder；side beam
侧裂(火山)口☆adventive crater
侧鳞板☆lateral dissepiment

C

侧馏分产品☆side-stream product
侧流☆effluent；lateral flow；effluence；side stream；bias；bayou
侧流角☆crab
侧流烟[香烟燃端飘出的烟]☆sidestream；bypass
侧脉☆ventricumbent；dropper；lateral vein
侧毛斑☆tegillum [pl.-la]
侧冒吊管机☆side-boom cat
侧门式取样器☆door-type sampler
侧面☆flank；side (face)；lateral surface{face}；facet；aspect；breast[器物的]；on the edge
侧面超覆☆sidelapping
侧面的☆lateral；side-entry；collateral
侧面反射☆offside reflection
侧面开口短节[定向井测井用]☆side entry sub；side door entry-sub；SES
侧面浪☆athwart sea
侧面磨损☆flank wear
侧面蛇丘☆biasar
(钻头)侧面水孔☆sidewater hole
侧面掏槽☆end{side} cut；side cutting
侧面图☆side view{elevation}；outboard profile
侧面像☆profile
侧面卸货☆side discharge
侧面心格子☆side face-centered lattice；side{B}-centered lattice
侧磨蚀☆lateral corrasion
侧摩擦力☆side-friction force
侧内沟[珊]☆alar fossula
侧喷发☆flank{lateral} eruption
侧喷气孔☆lateral fumarole
侧膨胀系数☆coefficient of lateral expansion
侧劈理☆lateral cleavage
侧偏仪☆derivatograph
侧片☆epimere；lateral plate；pleurite；lateral[生]
侧平巷☆lateral drift
侧坡[腕]☆lateral slopes
侧剖面爆破☆profile shooting
侧鳍☆lateral fin
侧碛☆flank(ing){ridge;side;lateral} moraine；valley side moraine
侧碛堤☆lateral moraine bar
侧迁移☆lateral migration
侧前叶☆prelateral lobe
侧腔目☆Pleuroccela；Pleurocoela；Tectibranchia(ta)
(钻头)侧切削齿☆side cutters
侧倾☆sidesway；tilt
侧倾角☆angle of bank{roll;heel;skew back}；heeling{roll} angle
侧倾式小矿车☆jubileewagon
侧倾斜☆lateral inclination
侧区☆lateral area
侧区壳线{肋}☆lateral costae
侧燃固体火箭发动机[航]☆lateral-burning rocket
侧燃烧室☆side combustion chamber
侧燃烧式热风炉☆side combustion stove
侧刃[金刚石]☆kicker
侧熔岩流☆effluent lava flow
侧入接头☆side entry sub
侧入式样品台☆side-entry stage
侧砂{沙}坝☆side bar
侧沙嘴☆lateral spit
侧筛骨☆lateral ethmoid
侧设导坑法☆side drift method
侧深仪☆depth sounder
侧渗透☆side seepage
侧生☆adnation
侧生齿(性)☆pleurodont
侧生的☆adnate；pleurogenous；laterogenic
侧生动物☆parazoa
侧生骨针[绵]☆pleuralia
侧生式[分散晕]☆lateral pattern
侧生性☆geomalism
侧生作用☆laterogenesis
侧石[街道的路边镶边石]☆curb；curbstone
侧蚀☆lateral erosion；trimming；trim
侧蚀面☆plane of lateral corrosion{corrasion}
侧蚀平原☆river-cut plain；plain of lateral planation
侧蚀袭夺☆planation stream piracy
侧室☆lateral chamber
侧室的☆pleurolocular
侧视☆edge-view；lateral view；look sideways
侧视壳形轮廓☆amplete outline
侧视雷达{|声呐}☆side(-)looking radar{|sonar}
侧视图☆lateral view{plan}；end view drawing (side view)；side elevation；end view；profile；sv
侧水冷壁☆sidewall
侧水母纲☆Dipleurozoa
侧水母类[腔]☆Dipleurozoa
侧丝[藻]☆paraphysis
侧滩☆bar beach
侧头鞍沟☆lateral glabellar furrows
侧头骨☆temporal
侧突[腹]☆alar projection；lappet；lateral process
侧推力☆side thrust
侧推式推土机☆angledozer
侧外肩胛骨☆lateral extrascapular
侧弯☆side bend
侧吻板[节蔓足]☆rostrolateral；rostral latus
侧涡扩散率☆lateral eddy diffusivity
侧隙☆side play
侧峡谷☆side canyon
侧现蜃景☆lateral mirage
侧(井)限☆branch hole
侧限的☆liminal
侧限加固☆lateral restraint reinforcement
侧限模量☆constrained modulus
侧限压力☆confining pressure
侧限压缩☆confined compression test
侧线☆side stream；by-pass line；lyway；siding；lateral line [of fishes, amphibians, round worms,etc.]；side line[巷道等]；sidetrack
侧线出料塔盘☆draw-off pan
侧巷(道)☆side alley；aide branch；pen
侧向☆sense finding；side direction；cross range
侧向不连续单位☆laterally discontinuous units
侧向测井☆later(o)log；lateral log(ging)；laterologging
侧向差异运动造山区☆secondary tectogene
侧向成因☆laterogenesis
侧向传热☆lateral heat transfer
侧向导轨☆side guide
侧向地☆broadside
侧向电测曲线☆lateral curve
侧向电阻率测井装置☆lateral resistivity device
侧向断层☆strike-separation{lateral} fault
侧向反射☆sideswipe
侧向非均质地球☆laterally heterogeneous Earth；laterally inhomogeneous Earth
侧向飞行☆crabbing
侧向分泌论的☆lateral-secretionist
侧向分片开采法☆sub-slicing
侧向扶正性☆lateral stability
侧向-感应测井组合☆lateral-induction log combination
侧向合力☆resultant side force
侧向荷载试验☆lateral load test
侧向横切☆side-basse
侧向滑动☆lateral slip{movement}；fleeting
侧向基床反力模量☆lateral modules of subgrade reaction
侧向尖灭☆lapout
侧向间隙☆backlash
(矿柱)侧向开切☆flanking
侧向力☆lateral{side} force；sideforce
侧向量T型排列[一种三维观测系统]☆broadside T arrangement
侧向淋溶{滤}☆lateral leaching
侧向摩阻力☆lateral friction
侧向排料弧形闸☆side-draught arc gate
侧向排列☆broadside array
侧向排列干扰☆broad-side noise
侧向排泄量☆lateral discharge
侧向炮眼☆flank hole
侧向平拉条☆lateral bracing
侧向剖面法找矿☆lateral search
侧向切削偏移量☆side cutting displacement
侧向切削修正系数☆side cutting correction factor
侧向渗流激发{追加}补给☆lateral-seepage supplemental recharge
侧向渗滤{漏}☆lateral seepage
侧向受荷桩☆laterally loaded pile
侧向刷帮炮孔☆flanking hole
侧向卸载☆side-discharge
侧向L形排列[一种三维观测系统]☆broadside L arrangement
侧向压力☆lateral{wall} pressure；thrust；lateral compressive force；confining stress
侧向岩层封闭☆lateral rock seal
侧向岩面多次反射☆sideswipe reflection
侧向延伸破裂☆lateral extension fracture
侧向摇动☆side-shake
侧向移动标桩☆lateral movement stake
侧向运动☆sideway(s) movement；lateral motion
侧向运移☆parallel migration
侧向增殖☆lateral increase
侧向支撑系统☆lateral bracing system
侧向组合☆broadside array
侧向钻☆sidetracking
侧向最小安全间距☆minimum safe lateral clearance
侧斜工作面上向回采法☆rill cut mining
侧斜肌☆lateral oblique muscle
侧卸☆side discharge{dump}
侧卸车☆side-tipping wagon；drop-side car
侧卸矿车{式}☆side-discharge{side-dump;drop-side;lateral discharge} car；side-dumping hopper
侧卸式铲斗装岩机☆side pump shovel loader
侧心珊瑚属[K]☆Pleurocora
侧悬谷☆lateral hanging valley
侧削☆trimming
侧削坡尖[曲流]☆trimmed spur
侧压☆confinement (pressure)；side{lateral;wall} pressure；clamping
侧压力☆lateral compression{pressure;thrust}；wall{side} pressure
侧压仪☆lateral pressure apparatus
侧芽☆lateral{axillary} bud
侧牙☆dents laterales；lateral tooth
(钻头)侧牙轮☆side cutters
侧延伸☆lateral extension
侧眼粒☆lateral eyetubercle
侧堰☆side weir
侧摇式(振动溜)槽☆side-shake vanner
侧摇式连续振动溜槽☆Frue vanner
侧叶[菊石]☆lateral lobe{lamina}
侧叶尖[棘]☆cataspire
侧夷(作用)☆lateral planation
侧移分散☆lateral dispersion
侧移距[在海流作用下电缆与测线偏离距离]☆feathering
侧移曲流☆divagating meander
侧移袭夺☆intercision
侧翼☆flank；flanges
侧翼皮带卸料器☆wing belt tripper
侧翼沙丘☆lateral dune
侧翼探头☆fin probe
侧翼天井☆end{wing} raise
侧翼相片☆wing photograph
侧引管塔盘☆side draw-off tray
侧影☆silhouette
侧应力☆lateral stress；side play
侧涌☆sidewelling
侧羽叶(属)☆Pterophyllum
侧渊☆side-deep
侧缘[腕]☆lateral margin
侧运动☆side play
侧增殖☆lateral increase
侧站☆sidetrack
侧张力☆side pull
侧枕骨☆exoccipital
侧枝☆lateral branch{branching}；side{off} shoot
侧枝内型☆cladosporic
侧支撑块☆back-up heel
(工作面)侧支承压力☆side abutment pressure
侧置起重臂☆sideboom
侧重咬合☆active occlusion
侧轴☆lateral axis；lay-shaft
侧轴螺属[腹;N-Q]☆Latiaxis
侧轴面[{010}板面]☆side pinacoid
侧柱☆jamb
侧柱类[收缩筋在侧部]☆pleuromyarian
侧(井)-注(入)-测(井)☆log-infect-log
侧转胚珠[倒生及弯生胚珠]☆pleurotropous ovule
侧转式翻卸☆side dumping
侧转卸载☆side dump
侧桩☆side pile{stake}
侧装传动箱☆offset gearbox unit
侧装的☆side mounted
侧装式溜槽☆side-loading chute
侧装轴承部件☆offside bearing unit

侧椎体☆pleurocentra；pleurocentrum
侧足[软]☆parapodium [pl.-ia]
侧钻☆sidetracked hole；sidetrack (drilling)；inside {lateral} drill；side tracking；sidetracking；St
侧钻新眼☆sidetracking
侧钻用井下水泥塞☆base plug
侧钻钻头☆side-tracking bit；spud spear
册☆volume；vol；tome
册架组构☆book-house fabric
测☆gage
测爆☆measuring the explosive unit
测爆机☆knock {-}test engine
测爆仪☆explosimeter
测边交会法☆linear intersection method
测变器☆variometer
测标☆survey marker；observing tower；measuring mark{symbol}；peg
测冰晶仪☆cryoscope
测波杆☆wave pole{staff}
测波计☆wavemeter
测不到底的☆off soundings
测不到反射界面☆failure to log a horizon
测不准☆indeterminacy
测布氏硬度☆brinelling
测长机☆metroscope
测长距扫描☆long-time base
测长仪☆length measuring machine
测潮计☆tidal meter
测潮仪☆marigraph
测尘工☆dust-suppression man
测尘学☆coniology；koniology
测尘仪☆conimeter；coniscope；dust determinator
测程☆measurement range
测程弹簧☆range spring
测程仪[船]☆log
测程仪绳☆log line
测齿规☆tooth calipers
测尺☆measuring lath{tape}
测尺读数☆staff reading
测出☆seeing
测锤☆plumb (bob)；bob；sounding weight；plummet
测垂向分量地震仪☆vertical component seismograph
测磁(强术)☆magnetometry
测磁偏☆declinate
测氮管☆nitrometer
测得结果☆measurements
测地的☆geodetic(al)；geodesic
测地杆☆gage stick
测地函数☆geodetic function
测地控制系☆geodetic frameworks
测地三角形☆geodetic triangle
测地卫星☆geodesic{geodetic} satellite；GEOS
测地线☆geodesic；geodesic(al) line
测地学☆geodesy；geometrics；geodetics
测地学的☆geodesical；geodesic
测地震术☆seismometry
测点☆measuring{survey} point；station；surveying {measurement} station
测点的标定☆marking of points
测点密度☆site density
测点网☆survey{point} grid
测点桩☆stake
测电量计☆quantometer
测电术☆electrometry
测电位点☆test point
测顶板垂度锚杆☆sag bolt
测定☆estimation；identification；determination；set out；finding；ga(u)ging；detect；mount；examination；localization；ascertain by measuring{surveying}；criticality measurement finding；rating；admeasure
测定爆破☆velocity shooting
测定船位☆fix position；position fixing
测定导弹弹道的脉冲系统☆missile ranging；Miran
测定点位☆spotting
测定法☆mensuration
测定工具☆surveying instrument
pH 测定计☆pH-meter
测定技术☆audiometry
测定金属硬度的电子仪器☆cyclograph
测定脉冲间最大与最小时间间隔的仪器☆hepcat
测定年代☆dating
测定坡度水准仪☆grading instrument
测定器☆determinator
测定倾角观测(系统)☆dip shooting
测定扇风机运转情况☆take the air
测定位置☆position fixing
测定(点线)位置☆plot
测定误差☆error at measurement
测定信号☆measured signal
测定重量☆gravimetry
测氡计☆radon detective
测氡仪☆emanometer；radonscope
测氡用验电器☆radonscope
测度☆gage
测风点☆ventilation measuring point
测风器☆anemoscope
测风气球☆pibal；pinal
测风术☆anemometry
测风站☆air measuring station
测缝计☆joint gauge
测辐射计☆pyranometer
测辐射热计☆bolometer
测氟法☆fluorometry
测氟术☆fluorimetry
测(量)杆☆measuring stick{bar;staff}；rod；surveyor's {surveying;measuring} rod；gad；(station) pole；staff (gage)；bearing picket；gab；skewer；spindle
测高☆sounding；height measurement{finding}；altimetric measurement
测高程水准仪☆altitude level
测高的☆hypsographic；hypsometric(al)
测高计☆holometer；altimeter；cathetometer；height finder；altigraph；altometer；altitude gauge
测高雷达☆height-finding radar
测高术{法}☆hypsometry；altimetry
测高天线☆beavertail
测高温的☆pyrometric(al)
测高温器☆pyroscope
测高线分析☆hypsometric analysis
测高学☆hypsography；hypsometry；altimetry
测高学的☆hypsographic
测高仪☆height finder{indicator;measurer}；altimeter；hypsograph；alidade
测工☆rodman
测功法☆dynamometry
测功计☆ergometer
测功率计☆brake dynamometer
测功器☆ergograph
(机械式)测功器☆brake
测功水力秤☆hydraulic balance
测功图☆dynamometer card
测功仪☆resistance dynamometer
测汞仪☆mercury analyzer{vapormeter}
测管☆gauging pipe
测管厚卡钳☆pipe calipers
测管径清管器☆ganging go-devil
测光表☆exposure meter
测光的☆photometric
测光密度术☆densitometry
测光台☆light table
测光学☆photometry
测光仪☆candle meter
测轨头卡钳☆rail head calipers
测含砂量☆sand content measuring
测(岩芯)含油饱和度的下抽干馏器☆down-draft retort
测荷仪☆loadometer
测厚规☆finger
测厚计☆thickness gauge{indicator}；batoremeter；pachometer；pachymeter
测厚仪☆thicknessmeter
测候所☆weather station
测后分析☆post-analysis of survey
测后校验☆after-log-verification
测后仪器检查记录☆after tool check summary
测弧法☆arc-measuring{arc} method
测滑角☆yaw angle
测谎器☆polygraph
测灰仪☆ash analyser
测回☆observation set
测回法☆method of observation set
测回声术☆echometry
测绘☆mapping；surveying；survey and drawing；cartography；platting；map
测绘板☆plot；plane table
测绘大队☆Topographic Mapping Party；TMP
测绘飞机☆air mapping plane{aircraft}；mapping aircraft
测绘台☆plotting table
测绘学☆geomatics
测绘仪☆mapper
测火器☆fire detector
测火药挥发量仪器☆explosimeter
测极化(术)☆polarimetry；polariscopy
测剂量☆dosing；dose
测焦距术☆focometry
测角☆goniometry；angulation
测角定位☆angle-finding position fixing
测角器☆clinometer (rule)；angle{clino} meter；angulometer；goniometer；topoangulator；protractor；graphometer；aiming circle；limb
测角样品台☆goniometric specimen stage
测角仪☆circumferentor；goniometer；goniograph；angular{azimuth} instrument；circumferenter
测角仪{器}头☆goniometer head
测角器头☆goniometer head
测晶(轴)学☆axonometry
测井☆(well) logging[油]；(hole) logging；hole probe；well survey；(borehole) log；wireline well logging；wire-line survey；long-spaced sonic；LSS
(用地球物理仪表)测井☆drill-hole survey
测井测量(值)☆(well) log measurement
测井成果的验收☆debrief
测井导出的黏土体积☆log-derived clay volume
测井地面电极☆fish
测井地面设备编号☆logging unit number；LUN
测井电缆☆wireline；logging cable
测井电缆张力指示器☆weight indicator
测井方式☆logging mode；LMOD
测井分析☆LAC；log analysis centre；well log analysis
测井服务序号☆service order number；SON
测井记录☆log (data)；bore log；well log record；dopebook
测井解释图版☆log interpretation chart
测井解释中心☆log analysis centre
测井开始读数位置☆first reading；FR
测井缆芯选择☆logging wire selection；LWIR
测井前☆prelog
测井曲线☆dopebook；(borehole) log；well log；log presentation；logging trace
测井曲线道宽☆track-width
测井曲线分析☆well log analysis
测井曲线记录备用道☆back up trace
测井曲线偏转幅度☆log deflection opposite
测井曲线图解释☆interpretation of logs
测井深度☆depth logger；DL
测井深设备☆depth-measuring device
测井升沉制动器☆logging motion arrestor
测井梯度曲线☆lateral
测井图解释☆well log analysis
测井图头☆log heading；LOGHDG
测井拖橇☆logging unit
测井文件编辑(程序)☆log file editing
测井相☆electrofacies
测井项目目录☆services catalog
测井斜☆inclination logging；drill-hole survey
测井信息标准记录格式☆log information standard format；LIS format
测井仪☆logger；sonde；logging tool{unit}
测井仪器车布线☆cab wiring
测井仪器(和电缆)接头☆logging head
测井资料☆doghouse dope；well-log{log} information
测静电电容用交流电桥☆Carey-Foster bridge
测径板☆gauging disc
测径规☆caliper (ga(u)ge)；calliper；caliber gauge
测径器☆calibre
测径仪☆caliper
测距☆range finding{measurement}；ranging；rf
测距车☆spacer
测距法☆odometry；range finding
测距计☆opisometer；range-finding apparatus；distance{range} finder；ambulator；RF
测距镜☆iconometer
测距器☆hodometer；finder；viameter；range-finding apparatus；micrometer；macrometer[光学]
测距术☆tacheometry；telemetry
测距仪☆distant{range;distance} meter；range finder；distancer；distance ga(u)ge；ranger；apomecometer；diastimeter；stadimeter；range finding apparatus；chartometer；distance measuring instrument；telemeter；telegauge；tellurometer；ambulator；odograph；mekometer[枪炮上]

测距与测速导航☆raven
测距装置☆distance {-}measuring equipment；ranging device；range unit；DME
测距装置地面信标天线☆DME ground beacon antenna
测飓信标☆hurricane beach
测橛☆lining peg
测卡点仪☆magnatector
测卡和解卡系统☆free-point and back-off system
测卡仪☆free-point tool{detector}；free point locator {indicator}；sticking-point-instrument
测空高☆gauging by ullage{outage}
测孔☆drill-hole survey
测孔规☆feeler plug
测孔计☆poroscope
测孔深设备☆depth-measuring device
测(钻)孔仪☆contourometer
测粒度的☆granulometric
测力的☆ergometric
测力法☆dynamometry
测力环☆proving{load} ring
测力计☆measuring{load} cell；dynam(om)eter；load gauge；aux(i)ometer；ergometer；pressure capsule
测力器☆ergograph
测力图☆ergogram；dynamometer card
测力仪☆resistance dynamometer
测链☆chain[约 20m]；chain tape{rule}；measuring {land;surveyor's;pole} chain；chaining；chn；ch
测链工☆axman
测链环长☆link
测量☆measure(ment)；survey(ing)；take；ga(u)ging；callipering；meterage；admeasure(ment)；means；metering；mt.；mst.；surv.
测量标尺☆measure gauges
测量标杆☆level(l)ing{station} pole；measuring lath
测量标记☆blaze
测量标石☆survey monument；peg
测量标志☆measuring plug；survey mark{beacon}；beacon
测量标志水平面☆guide horizon
测量标桩☆measuring{survey} plug；surveyor's stake；survey peg{stake}
测量不准☆mismeasurement
测量不准造成的损耗☆quality loss
测量船☆survey vessel{boat}；surveying ship{weasel; vessel}；observation boat
测量打桩☆staking out；milestoning
测量单位☆unit measure；measurement{measuring} unit；MU
测量导热率的☆conductometric
测量导线☆traverse
测量道☆instrument channel
测量的☆metric
测量点☆measuring{measure} point；MP
测量电路☆metering{measuring} circuit
测量电容的电桥☆capacitance bridge
测量度量法☆surveyor's measure
测量短节☆gaging nipple
测量法☆mensuration；measurement
测量范围选择器☆range selector
测量分量☆cross component
测量杆☆measuring bar{rod;lath}；mete-yard；thief rod；mete-wand；sounding rod[测油、水高度]
测量高程☆dead lift
测量工具☆checking tool；surveying instrument
测量功率的☆ergometric
测量固定标志桩☆monument
测量极板☆measuring pad
测量间隔☆Sampling interval
测量校正☆measurement update
测量结果☆take down
测量精度☆measurement precision；accuracy of measurement{determination}；measuring {surveying} accuracy
测量井段底部深度☆bottom log interval；BLI
测量卷尺☆survey measuring tape；surveyor's tape
测量橛插孔☆survey (plug) hole
测量孔深[用钢尺]☆string over；pickup；run line
测量零位端☆zero end of survey
测量流量用的喷嘴☆measuring nozzle
测量木橛☆plug
测量喷嘴☆master nozzle
测量旗☆fanion
测量器☆counter
测量区域不平等☆measuring regional inequalities
测量人员☆surveyor；survey crew
测量摄影☆metrophotography
测量深度☆MD；measured{measurement} depth
测量伸缩感压箱☆measuring bellows
测量时刻☆sampling instant
测量水深☆sounded ground{bottom}；strike soundings
测量探头{针}☆measuring sonde
测量头☆anvil；tracer；measuring head
测量完成以后的资料处理☆post-survey processing
测量网格☆(survey) grid
测量微小电阻的欧姆表☆ducter
测量温度☆test temperature；T.T.
测量误差☆measurement error{inaccuracy}
测量线☆measuring line；chain
(加拿大)测量学会☆(Canadian) Institute of Surveying
测量压力弹簧起爆仪☆capsular-spring ga(u)ge
测量岩石泵☆metering pump
测量岩压水力囊☆flat jack
测量仪表☆indicator；measurer；measurement instrument
测量仪表的装配☆instrumenting
测量仪器的响应时间☆response time of a measuring instrument
测量用六分仪☆surveying sextant
测量用锚拴☆measurement{measuring} bolt
测量油罐液面高度的重锤☆innage bob
测量与矿图☆surveying and mine maps
测量员☆surveyor；instrument man；measurer；landman；topographer；surv.
测量元件☆measuring element{sensor;cell}；ME
测量原理☆philosophy of measurement；measuring principle
测量真空管参数的电桥☆vacuum-tube bridge
测量值☆survey measurement；estimator；measured value；measure；measurements
测量中的参考点☆witness mark
测量装置☆metering equipment；measurement unit；MU
测量钻杆柱拉紧伸长量[以确定卡钻位置]☆take a stretch on pipe
测裂缝计☆crack metre
测流☆meter；metre
测流槽☆flume
测流断面☆metering section
测流法☆hydrometry；method of discharge- measurement
测流杆☆current pole
测流管☆gauge tube
测流管线☆flow-test line
测流口☆measuring orifice
测流喷管☆bellmouth
测流学☆rheometry
测流堰☆tumble bay；notched weir
测流仪器☆electrokinetograph
测流嘴☆flow nozzle
测漏仪☆leak detector
测录☆log
测霾计☆hazemeter
测面(积学)☆planimetry
测面器☆planimeter
测年☆dating
测扭计☆troptometer
测盘电缆☆measuring cable
测盘值☆measured value；MV
测铍仪☆beryllometer
测频扩展法☆frequency range expanding method
测平☆leveling；bone；levelling；level
测平杆☆boning rod；surface bar
测坡度计☆slope level
测坡器☆gradient-meter
测坡仪☆batter level；gradient metre；gradiometer
测旗☆fanion；signal{surveyor's} flag
测气计☆eudiometer
测钎☆marking{chain;survey} pin
测前☆prelog
测前校验☆before-log-verification
测倾角的罗盘仪☆dip compass
测球仪☆spherometer
测区☆surveyed{survey} area
测热法☆calorimetry；calorimetric method
测热筒☆temperature bulb
测热星等☆bolometric magnitude
测日计☆heliometer
测容计☆xylometer
测砂器☆sand detection device
测设☆setting
测深☆fathom(ing)；sound(ing)；vertical profiling {sounding}；depth probe{measurement; sounding}；hydrographic{oceanographic} cast
测深尺☆dipstick
测深锤☆ga(u)ge bob；hydrographic cast；sounding lead{weight}；sinker；coasting lead[浅海]
测深的☆bathymetric；bathymetrical
测深法☆bathymetry；method of sounding
测(舱)深管☆sounding pipe
测深器☆bathometer；centring device
测深铅锤☆plumb
测深设备☆depth-measuring device
测(水)深绳☆sounding{lead} line
测深手锤☆hand lead
测深线☆lead{sounding} line
(海洋)测深学☆bathymetry
测深仪☆depth finder{sounder;recorder}；sounder；fathometer；bathometer；bathymeter；depthometer；deep sounding apparatus；depth-sounder；sounding machine；clinometer (rule)；clinophone；clinoscope
测深与探测☆sounding and probing
测渗仪☆infiltrometer；percolating{percolation} gauge；lysimeter
测声(法)☆echo-sounding
测声计☆acoustometer；sound meter；phonometer
测声深度☆listening depth
测声者☆leadsman
测绳☆sounding wire；measuring{lead} line
测湿法☆hygrometry；hydrometry
测湿计☆hygrostat
测湿器☆hygroscope；moisture apparatus
测湿箱☆moisture box；moisture-box
测湿学☆psychrometry
测时☆time keeping；time study；lock
测时年龄☆chronometric age
测时器☆intervalometer
测时学☆chronometry
测试☆checkout；check-up；examination；test(ing)；C/o.；TST
测试点[阴极防护]☆(test) point；TP
测试电压☆test voltage；TV
测试管☆bleeder
测试(地面)管汇☆testing manifold
测试或辅助刷☆pilot brush
测试件☆measuring piece
测试结束☆end of test；EOT
测试经过时间☆running test time
测试器☆tester；checker；tstr
测试前的☆pretest
测试设备☆test equipment{facility}；testing apparatus；instrumentation；proving facility；TE
测试深度[重复地层测试器]☆measured test depth
测试台☆testboard；test desk{board;bench}
测试图案信号发生器☆test pattern generator
测试图黑色垂直线☆flagpole
测试图楔束☆wedge pattern
测试误差☆collimation error
测试线☆private wire
测试线路☆test link；TL
测试线圈☆explorer；search coil
测试信号☆spike；test signal
测试压力☆test pressure；TP
测试压裂☆small volume hydraulic fracture；minifrac calibration treatment；mini-frac
测试样品指示标志☆test sample indicator；TSI
测试仪表☆test meter；measurement instrument
(携带式)测试仪表电源塞孔☆test jack extension
测试仪器☆metering equipment；test instrument；testing apparatus{tool}
测试用锚杆☆measurement bolt
测试桩☆detective pole
测试装置☆checker；proving installation
测视☆sighting
测视距信号☆flagpole
测视图☆chart
测树器☆dendrometer
测拴☆measuring plug
测霜仪☆pagoscope
测水☆water gaging
测水的☆hydrometric
测水泥浆流动度的圆锥☆grout flow cone
测水器☆waterfinder；water finder

测水深☆sound
测水下杂声的无线电浮标☆sonoradiobuoy
测水堰☆measuring weir
测水仪☆moisture transmitter
(测井)测速☆logging speed
测速表☆velocimeter; velometer
测速计☆velocity detector{meter}; speedometer; ratemeter
测速器☆velometer
测速信号☆tachometer{tach} signal
测速仪☆knotmeter
测昙{浊}度法☆nephelometry
测梯度的取心孔☆gradient corehole
测体积学{术}☆stereometry
测听计☆acou(si)meter; audiometer
测听器☆audiometer; psophometer
测听术☆audiometry; acoumetry
测通传感器☆temperature probe
测头☆feeler; gaging{measuring} head
测图☆mapping; restitution; plotting
测图板☆sketching board; surveying panel
测图基线{底图}☆restitution base
测图器☆chartometer
测图仪☆map measurer; plotter
测弯计☆flexigraph
测完☆set out
测网☆framework; survey grid; net
测微法☆micrometry
测微分划☆microdivision
测微环☆graduated micrometer collar
测微计☆micrometer; microcal(l)ipers; Mic
测微计式应变仪☆micrometer type strain ga(u)ge
测微螺丝☆measuring{micrometer} screw
测微目镜☆eyepiece with micrometer
测微器分划☆microdivision
测微天平☆microbalance
测微压(力)计☆micromanometer
测微仪☆dial{strain} gauge; amesdial; micro-measuring instrument; minimeter
测位☆location; position finding
测位器☆locator; position finder
测位仪☆spotter; position finder
测温棒☆tempilstick
测温浮标☆thermo-buoy
测温火灾报警系统☆heat actuating alarm system
测温剂☆tempil
测温计☆thermo(-)detector
测温链☆thermistor chain
测温泡☆temperature bulb
测温器☆thermoscope
测温湿度变化的微压计☆tasimeter
测温属性☆thermometric property
测温探头{针}☆thermoprobe
测温学☆thermometry
测温用示色液☆tempilag
测温锥☆fusion{pyrometric(al);seger} cone; thermoscope
测隙规☆feeler (gage); gauge feeler; clearance gauge
测隙极限☆clearance limit
测隙器☆feeler
测细部的角度距离法☆angle and distance measurement
测线☆(traverse) line; profile (line); counting line; course; track
测线布置☆live layout
测线方位☆survey line bearing
测线间距☆flight-line spacing
测线间隔☆line-spacing
测线密度☆density of traverses
测线偏移☆in-line migration
测线未做[跳过]的部分[震勘]☆dropped coverage
测线英里[物探]☆line-mile
测向☆direction {-}finding; D/F; D.F.
测向器☆direction {-}finder; D.F.; clinometer rule; goniometer; direction{directional} finder
测向术☆goniometry
测向仪☆direction detector{finder}; azimuth mirror {finder}; goniometer
测向员☆bearing operator
测斜☆inclinometry; well{deviational} survey
测斜分析(法)☆micrometric analysis
测斜瓶☆acid tube
测斜器☆batter level; inclinatorium; inclinometer
测斜术☆micrometry
测斜术的☆micrometric(al)
测斜图☆clinograph
测斜仪☆inclinometer; gradienter; grad(i)ometer; dip circle{compass}; inclinatorium; driftmeter; dip-circle; deflection gage{inclinometer}; declinometer; level; clinostat; clinophone; clinometer; clinograph; angle {batter} level; surveying instrument; tiltmeter; slope indicator{level}; dipmeter; gradient meter; gradientor
(随钻)测斜仪☆survey steering tool; SST
测形仪☆shapometer
测雪板☆snow-board; snow measuring plate
测雪尺☆snow scale
测压☆pressure measurement
测压法☆piezometer technique; manometry
测压管水头上升试验☆piezometric rise test
测压计的☆piezometric
测压计型井☆piezometer-type well
测压井☆piezometric well; piezometer
测压卡片数字化处理☆chart digitalization
测压孔组{群}☆piezometer nest
测压力梯度停点☆gradient stop
测压排管☆rake
测压深度☆depth of bottom hole measurement
测压水位变化曲线峰{|谷}点☆piestic high{|low}
测压线间距☆piestic interval
测压液☆manometric liquid
测压液面☆piezometrics fluid level
测压仪☆loadometer; load cell
测压仪表{设备}☆pressure measurement equipment; pressure-measuring instrumentation
测压早期资料☆early pressure information
测压支柱☆dynamometer prop
测压装置☆pressure measuring unit; PMU
测烟仪☆smoke gauge
测盐计{仪}☆salimeter; salinity meter
测延术☆ductilimetry
测验☆test(ing); put to the test; quiz
测验对象☆testee
测验器☆tester
测氧计☆oxygen meter
测样讯号图☆sample data traces
测液面杆☆dip(ping) stick
测音计☆acoustometer
测银反滴定法☆argentometric back titration
测影仪☆iconometer
测硬计硬度☆sclerometric hardness
测应变漆☆strain indicating lacquer
测应力漆膜☆stress-varnish
测油☆ullage
测油高☆gauging by innage
测油罐底的水面高度☆thieving
测油罐油面上部空间高度的尺☆outage tape
测油罐油面上部空间高度的量油方法☆outage measurement{gauging}
测油柜☆observation tank
测雨场☆rainfield
测雨仪☆ombroscope
测圆☆calipers; circle measurement; measurement roundness
测圆法☆cyclometry
测圆弧器☆cyclometer
测远计☆telegauge; macrometer
测远器☆distance gauge
测远仪☆telemeter; range finder
测月学☆selenodesy
测云计☆nephometer; nephelometer
测云镜☆cloud mirror
测云器☆nephoscope; nephelescope
测云速和方向法☆nephelometry
测站☆measuring installation; station; measurement {survey} station
测站标石☆observation monument
测站点设站施测☆station occupation and use
测站钉钢夹☆survey station clamp
测站高程☆height of site{station}; station elevation
测站基面☆gauge datum
测站木桩☆hub
测站图法☆description of stations
测站限差☆tolerance of station
测站之间的距离☆station spacing
测站指示桩☆recovery peg
测针☆pin
测振仪☆vibration meter; vibrometer
测震计☆seismic detector; seis
测震学☆earthquake seismology; seismometry
测震仪☆ride meter; vialog
测质量☆mass metering
测重机☆pachimeter
测轴计☆axometer
测轴学☆axonometry
测轴仪☆axiometer
测(井)-注(入)-测(井)☆log-inject-log; LIL
测桩☆hub; measuring plug; peg
测装设备☆proving installation

cēn

参差☆jig; uneven; irregular; staggering; not uniform; diversity
参差不齐☆irregularity; uneven
参差处☆jag
参差的☆staggered
参差断层☆splinter fault
参差状☆ragged
参错层矿☆"sandwich" mine

cén

岑塔民高比电阻合金☆Centamin
岑溪红[石]☆Cenxi Red

céng

层☆layer; deck[罐笼]; level; stratum [pl.-ta]; horizon; lay; bed; strata[sgl.-tum]; tier; Schichten[德]; ply; formation; blanket; coat; delf; assise; stage; course; bank; sheet; sheath; synusium; zone; belt; band; couch; flake; seam; class; one on top of another; overlapping; one of several overlapping layers {tiers}; packet; story; floor[楼]; strati-; strato-; Lyr
A 层☆horizon A; A layer{horizon}; A-zone
AC 层☆ranker
B 层☆B horizon{layer}; horizon B; illuvial; illuvium
C 层☆horizon C; C horizon{layer}; transition zone
D 层☆horizon D; D-region; D layer[相当于下地幔]
D 层(土壤)☆D-horizon
E 层[电离层]☆E-layer; Kennelly-Heaviside {-Heaviside} layer
F 层☆F layer; transition zone
G{|H|O|P|R}层☆G{|H|O|P|R} horizon{layer}
L(电子)层☆L shell
t-o 层[配位四面体层和八面体层结合成的组合层]☆t-o layer
层斑岩☆planophyre
层斑状☆planophyric
层板☆laminate; slab; laminated wood
层边水☆underwater; edge water
层表凹{|凸}痕[遗石]☆concave{|convex} epirelief
层冰☆sheet ice
层波☆rollback
层剥☆desquamation
层剥构造☆bread-crust structure
层剥岩块☆bread crusted boulder
K{L}层捕获☆K{L}-capture
层采☆succession{series} of strata
层层的☆lit-par-lit; lit-by-lit
层层贯入☆leaf-by-leaf{lit-par{by}-lit} injection
层层排列☆tier
层层侵入☆lit par lit intrusion
层层注入☆leaf by leaf injection
层差风☆differential wind
层成长说☆layer-growth theory
层串铸法☆stack casting
层刺毛虫属[J_3]☆Ptychochaetes
层次☆hierarchy; depth; stratification
层次分析☆hierarchy analysis
层次整齐的琢石圬工[土]☆block-in-course
层错☆fault
层错断片☆faulted segment
层带构造☆crustification
层带状矿脉☆combed vein
层的☆laminated; seriate; stratal; sedate
层底☆bed bottom
层底凹痕[遗石]☆concave hyporelief
层底擦痕☆substratal striation
层底痕☆hypoglyph
层底黏土☆seat earth; seat-earth
层底凸痕[遗石]☆convex hyporelief
层底线状印痕☆substratal lineation
层底铸型☆counterpart

K{|L|M}层电子☆K{|L|M}(-shell) electron
层叠构造☆lit par lit structure
层叠铸造☆stack{uphill} casting
层顶痕☆epiglyph
层兜构造☆bedding sag structure
层端☆upper edge
层段☆interval
层段标记☆zone label
层段划分统计技术☆statistical zonation technique
层段位置☆station interval
层方解石[$CaCO_3$]☆shiver{schiefer} spar; slate spar; argentine
层拱☆string course
层构造☆layered structure
层硅铝钙石☆amstallite
层硅铈钛矿[$(Na,Ca,Ce)_3Ti(SiO_4)_2F$;单斜]☆rinkolite
层硅铈钛矿☆rinkite [Na,Ca,Ce 的硅钛酸盐]; mosandrite; khibinite; johnstrupite; rinkolite; rincolite; lowtschorrite; lovchorrite
层硅酸盐☆layer silicate
层硅钛铈矿☆johnstrupite; mosandrite
层合(法)☆laminating; lamination
层合型不连续☆stratomictic discontinuity
层合云母板☆micanite
层厚☆depth of stratum; seam height{thickness}
层厚变化确定法☆interval change method
层厚分布☆bed-thickness distribution
层厚校正☆bed correction
层滑☆sheet slide
层滑构造☆slip-sheet structure; bedding slip structure
层化☆laminarization; stratification; aliquation
层化水成矿说☆stratified-water hypothesis
层火山☆layered volcano; stratovolcano
层积☆stacked measure
层积生长☆adcumulus{accumulated} growth
层积盐☆abraum salt
L 层积叶层☆L layer
层积云☆stratocumulus [pl.-li]
层际水流☆interaquifer flow
层夹砂☆stratified sand
层间☆interlamination; interval; interlayer
层间薄(夹)层☆seam
层间变形☆story deformation
层间波☆interfacial wave
层间传导☆layer-to-layer transfer
层间串通☆inter-zone communication
层间垂直厚度法☆interval change method
层间窜流☆layer cross flow; interzonal cross-flow; cross flow; communication between zones
层间的☆interlayer; interlaminated; interjacent; interlaminar
层(组)间的☆interformational
层间递时曲线☆interval transit time curve
层间电阻☆interface resistance
层间冻土☆pereletok; intergelisol
层间封隔水泥胶结指数☆bond index level for isolation
层间隔离☆zone isolation{segregation}
层间构造☆internal bedding structure
层间滑动断裂☆interlayer-gliding fault
层间滑痕☆olistoglyph
层间夹矸☆interburden
层间交错流动☆interlayer crossflow
层间交渗效应☆crossflow effect
层间空隙[如熔岩流内]☆bedding void
层间矿体☆flot
层间砾岩☆intraformational {interformational} conglomerate
层间裂隙含水带☆water-bearing fissure zone of interlayer
层间流(动)☆interflow
层间卤水☆interstratal brine
层间脉☆interfoliated vein
层间水☆interlayer{middle;interstratum; intermediary; intermediate} water; confined ground water
层间水流☆interaquifer flow
层间所夹的☆sandwiching
层间隙离子☆interlayer cation
层间岩石☆rider
层间应力☆interlaminar stress
层礁☆geologic(al){stratigraphic} reef
层焦☆charged coke
层阶地形☆cuestiform
层阶山地☆schichtstufengebirge
层节理☆lagerklüft [pl.-e]
K 层结合能☆K-binding energy
层解石[$CaCO_3$]☆argentine; shiver{schiefer} spar; schieferspar; schieferspath
层(方)解石☆shiver{slate} spar; argentine; slate-spar
层界面☆bed interface
层晶生长[成全面晶]☆layeritic growth
A、B、C 层俱全的土壤☆ABC soil
层孔虫☆Stromatopora
层孔虫纲☆Stromatopor(o)idea
层孔虫类☆stromatoporoid; Stromatopora
层孔虫目☆Stromatoporoidea
层孔虫属[S-D]☆Stromatopora
层控的☆stratabound; layer-bound
层控矿床[由地层层位所控制的矿床]☆stratabound (ore) deposit; strata-bound mineral{ore} deposit
层控燧石☆S-chert
层控作用☆strata-binding process
层块硅酸盐☆phyllosilicate; layer silicate
层离☆delamination
层理☆bedding; stratification; superimposition; cleat; layering; compound cross-bedding; lamination; banding; parting; bedding lamination{parting}
层理的☆laminar
层理发育的☆well-bedded
层理面☆plane of bedding{stratification}; bedding plane{surface}; stratification joint
层理 S 面☆S-plane of stratification
层理面标志{痕迹}☆bedding-plane markings
层理劈理☆cleavage with the bedding
层理显著{清楚}的☆well-bedded
层理相☆phyllofacies
层理状递变层☆graded-stratified bed
层连续性☆reservoir continuity
层列(的)☆stratose
层裂☆exfoliation; break away
层流☆laminar flow{motion}; flowing sheet of water; laminated current{flow}; laminary{static; linear} flow; static-flow; lamella[pl.-e]
层流变湍流☆burbling
层流薄膜选矿法☆flowing-film concentration
层流构造☆linear-flow structure
层流-惯性流-紊流流动分析☆laminar-inertial-turbulent{LIT} flow analysis
层流滑动☆single{single-group} slip
层流化☆laminarization
层流燃烧器火焰☆laminar burner flame
层流式燃烧器☆laminar flow burner
层流-紊流间的过渡(阶段)☆laminar-turbulent transition
层流性☆laminarity
层流状结构☆laminar structure
(矿)层露头☆bed outcropping; outbowed
层滤☆metafiltration
层慢度模型☆interval slowness model
层密度☆interval density
层面☆face; bed(ding){lamellar;bedded;stratification} plane; bedding surface{planes}; deck; plane of bedding {stratification}; formation line; level
(地)层面☆stratal surface
层(理)面☆stratification plane
层面洞穴{溶洞}☆bedding cave
层面堵塞☆face plugging
层面断层☆bedding(-plane) fault; slide
层面痕☆exoglyph
层面滑动☆bedding-plane{flexural} slip; bedding (plane) slip; planar gliding; bedding glide
层面滑移{裂}☆bedding glide
层面剪切滑面☆bedding-plane shear surface
层面节理☆joint of bedding; bed(ding) joint; diastrome
层面廊道☆struga
层面裂开性☆bedding fissility
层面裂理☆bedding-surface{-plane} parting; bedding (surface) parting
层面平行的层理☆plane {-}parallel stratification
层面倾角☆angle of bedding; dip of bed
层(理)面倾角☆angle of bedding
层面上因气泡形成的凹坑☆gas pit
层面弯曲滑动☆bend gliding
层面线理☆current plane lineation
层面形成后基性岩床☆post-bedding basic sill
层内层☆layer in layer
层内的☆intrastratal; endostratic
层内(勘探)法☆in-seam methods
层内沸腾☆in-situ{-place} boiling
层内伏卧褶皱☆intraformational recumbent fold
层内副孔☆intralaminal accessory aperture
层内构造角砾化☆intrabed structural brecciation
层内巷道☆gate road{way}
层内痕☆endoglyph
层内横巷☆ort
层内开采(法)☆in-seam{in-the-seam} mining
层内矿床☆strata-bound deposit sulphide
层(组)内扭曲☆intraformational contortion
层内侵蚀☆internal erosion
层内燃烧☆in {-}situ combustion; ISC
层内揉褶(作用)☆intraformational corrugation
层内灾层☆intraformational bed
层内褶皱☆intrafolial{intraformational} fold
层内状卧褶皱☆intraformational recumbent fold
层凝灰岩☆tuffite; bedded tuff
层偶☆couplet
层片☆synusia; lamination
层侵纪[古元古代第二纪]☆Rhyasian
层侵系☆Rhyacian
层缺☆stratigraphical hiatus; stratigraphic break
层群☆bed set{series}; group of seam; series of strata
层燃☆grate firing
层燃炉☆coal-bed firing combustor; grate(-fired) furnace
层色谱(法)☆layer chromatography
层上燃烧带☆overbed combustion zone
K 层 X 射线☆K-shell X-rays
(混合)层深度☆layer depth
层生构造☆biostrom
层石砌体[土]☆coursed masonry
层石藻[Z-Q]☆stromatolith
层时☆strata time
层蚀☆exfoliation corrosion
层式浓缩机☆tray thickener
层速度☆interval velocity; IVEL
层速度分析☆horizon velocity analysis; HVA
层态☆attitude
层外来源☆extrastratal source
层位☆horizon; position; level; hor.; HOR
(地层)层位☆stratigraphic position
层位封隔☆zonal isolation
层位拾取☆horizon picking
层位向上的方向☆way up
层纹构造☆lamellar{laminated} structure
层纹石(属)[Z-Q]☆Stratifera
层纹岩☆laminated rock
层纹状岩层☆lamellar layer
(色)层(分)析☆chromatography
层析成像反演☆tomographic inversion
层析法☆elution chromatography
层析 X 射线成像法☆tomography
层析图像☆tomographic image
层系☆measure; series of strata; formation; layer system; assize; assise; set; system of beds; bed series; group of seam; strata sequence
层系配位☆matching of successions
层系中异质夹层☆fletz
层系组☆coset
层线☆line of stratification; layer line
层线屏☆layer-line screen
层相分析☆facies analysis
层型☆stratotype
层型聚合(作用)☆sheet polymerization
层形☆bed form; laminiform
层形叠层石属☆Stratifera
层锈菌属[真菌;Q]☆Phakopsora
层序☆sequence of strata{bedding}; (lithologic; layered;strata;stratigraphic) sequence; succession of beds {strata; formation}; (bed) succession; stratigraphic order; continuity
层序不明的背斜型构造☆antiform
层序的☆stratic
层序定律☆law of sequence
层序对比☆matching of successions
层序加积的☆aggradational
层序间断☆lost record{strata}; gap in succession; break in successing (the succession)
层序年龄☆sechron
层序学☆stratinomy
层序原理☆principle of superposition

层序钻探☆stratigraphical drilling
(地)层压(力)☆formation(al){strata;reservoir} pressure
层压材料☆laminated material
层压胶布板☆textolite
层压力梯度☆formation pressure gradient；FPG
层压石棉板垫片☆compressed asbestos sheet gasketing
层压制件☆laminate
层亚砷锰石☆manganarsite
层样☆strata
E 层一次反射波☆E1 hop wave
层易位机理☆layer-transposition mechanism
层义法则☆stratonomical rule
层应力☆ply stress
层云☆stratus
层制品☆laminate
层中注水☆infusion in seam
层状☆laminate；sill-like；banding；laminarization；in layers；stratiform；lamination；layered；bedded
层状壁☆laminar wall
层状冰碛☆stratified till；washed drift
层状剥离(作用)☆bed separation
层状超杂岩☆stratiform supercomplex
层状冲刷☆sheetwash；sheet washing
层状的☆sandwich；laminate(d)；tabular；bedded；laminar(y)；stratified；sheet like；embedded；lamellar；stratiform；laminal；slabby；platelike；pseudobedded；layered；mantolike
层状地球模型☆layered Earth model
层状叠瓦状断块模型☆bedded-imbricated-block model
层状非均质油藏☆stratified heterogeneous reservoir
层状酚塑板☆micarta
层状腐泥{殖}质泥煤☆liver peat
层状工艺☆laminating
层状火山☆stratovolcano；layered{stratified} volcano；stratified volt；stratavolcano
层状基性侵入岩体☆layered basic intrusion
层状基质岩块☆slab matrix block
层状介质☆layer{stratified} medium
层状孔洞构造☆stromatactis
层状矿床☆bedded{blanket;stratiform;stratabound;stratified;sheet(like)} deposit；bedding plane deposit；flat sheet；interbedded{stratiform} mineral deposit；stratiform{stratified} ore deposit；laminar bedding
层状矿体☆bank of ore；stratiform orebody
层状矿物☆sheet minerals；phyllite
层状脉☆bed (of) vein；fletz
层状煤☆slabby{laminated;foliated} coal
层状黏土☆laminated{layered} clay；clay lamination
层状平整冰☆level ice
(大面积的)层状砂(岩)☆blanket sand
层状砂岩☆sand-flag；band(ed) sandstone；leastone；lea stone
层状砂质夹层☆laminated sands
层状山崖☆seamy rock
层状石墨☆foliated graphite
层状水☆strata{stratiform;stratified} water
层状燧石☆bedded chert；novaculite
层状体☆tabular mass；lamina；lamella [pl.-e]
层状位错☆schichtverschiebung
层状吸附☆layerwise adsorption
层状岩石斜坡☆bedded rock slope
层状岩系{组}☆bedded formation
层状岩序☆layered sequence
层状叶理☆stratification foliation
层状页岩☆cliff；clift
层状影响☆stratigraphic effect
层状油气田{藏}☆sheet deposit
层状雨云☆pallium [pl.-ia]
层状云☆stratiformis
层状杂岩体☆layered complex
层状中柱[腔]☆lamellar columella
层状注水☆horizontal (water)flood；stratified waterflooding
层状组构☆stratofabric
层子☆quark；straton
层阻抗☆layered impedance
层组☆measures；(bed) set；series of strata；bedset
层组间砾岩☆interformational{intraformational} conglomerate

chā

插板☆inserter；spile；breast board
插板临时支撑软地层法☆poling
插板支架☆forepoling girder
插板桩☆inserting sheet pile；spiling
插背板☆lag on
插补井☆infiller；infill well
插齿☆gear shaping
插齿机☆gear planer{shaper}；gear slotting machine；slotting machine
插床☆slotting machine；vertical slotter{shaper}；slotter
插锤式锤碎机☆swing hammer crusher
插袋☆sidepocket
插点☆point insertion
插点法☆method of inserting individual point
插管☆cannula；spile
插管接头☆spigot joint
插管式换热器☆bayonet-tube exchanger
插合物的☆clathrate
插画☆icon；inset
插话☆interruption
插话者☆interjector
插换式元件☆plug-in component
插件☆plug-in unit{board}；package；inserter；card
插件板☆plug-in connector{unit;card}；board；card
插件式航空磁测系统☆button-on aeromagnetic survey system
插脚☆limb
插接☆bayonet joint；double lap；cutting graftage；cuttage{inlaying} grafting
插接部件☆plug-in unit
插接触点☆wedge contact
插接法☆cut-in method
插接开关☆jack switch
插接套管☆inserted{insert} joint casing
插筋孔☆dowel hole
插进☆fill in；sink
插进法(掘进)☆poling
插晶菱沸石[$NaCa_3(Al_7Si_{11}O_{36})\cdot15H_2O;(Ca,Na_2,K_2)_3Al_6Si_{12}O_{36}\cdot18H_2O$;三方]☆levynite；levy(i)ne；levyite；levine；mesoline
插孔☆hub；(tip) jack；receptacle；rabbet
插孔板☆jack base{board}；female receptacle
插口☆spigot；socket；faucet；jack
插前视☆intermediate foresight
插热电偶的管☆thermocouple well
插入☆intervene；interpolation；intercalation；inset；interpose；insert(ion)；interjection；interposition；cue；immersion；entering；infix；dig (in)；spearhead；build(ing)；put in；break-in；bayonet；incorporate；sandwich；intromission；stab；threading；plunging；nest；offering；cut-in[图筹]；inlay[电视]；diving
插入(表示法)☆infix notation
插入部件☆plug-in package{unit}
插入(信号)磁头☆cue head
插入的洋壳☆intervening oceanic crust
插入端☆made end
插入法☆method of interpolation；interpolation method
插入改造年龄☆episodic alteration age
插入管☆(tubular) stinger
插入管鞋☆stab in shoe
插入夹紧连接☆clamped-insert joint
插入晶☆inset
插入井☆intervening well；fill in well
插入卡合式☆snap-latch
插入空白纸☆interleaf
插入器☆stinger
插入铅丢失☆episodic lead loss
插入铅丢失线☆episodic lead-loss line
插入鞘内☆case；sheathe
插入深度☆depth of penetration；penetration depth
插入式[海胆]☆intercalated；push-in type；insert
插入式泵☆inserted barrel pump
插入式的☆plug-in
插入式放射纹饰[腕]☆intercalation
插入式海冰厚度测定计☆sea-ice penetrometer
插入式机底座☆plug-in chassis
插入事件☆episodic event
插入式注水泥(用套管)鞋☆stab-in cementing shoe
插入物☆cue；insert(ion)；interjector；interjection；insert(er)；embolus [pl.-li]；cut-in；inlet；interposition
插入销☆driven-in pin
插入信号☆insertion signal
插入型☆bayonet type
插入型固定式井下泵☆fixed insert pump
插入药包的锥形帽☆nose cap
插入语☆par.；parenthesis
插入者☆interpolator
插入注水泥法☆inner pipe cementing method
插入砖☆filling-in brick
插入字幕☆cueing
插入阻力试验法☆test for resistance to penetration
插塞☆bullet；electrical connector；plug adapter；male receptacle{contact}
插塞(式交换台)☆plug switch
插塞板☆problem-board
插塞和插孔☆connector
插塞尖端☆tip
插塞接点☆male contact
插塞接头☆bullet{plug} connector
插塞式保险丝☆plug fuse；fuse plug
插塞式接合{转接}器☆plug adapter
插塞误塞☆misplug
插上☆key-in；keying
插上旗子作标志☆flag
插式熔断器☆plug fuse
插视☆intermediate sight
插树(还原)过度[炼铜]☆overpoling
插树精炼铜☆poling tough pitch
插栓式快速接头☆bayonet type quick coupling
插闩☆bayonet lock
插算☆interlude
插锁☆click；mortise lock
插头☆connector；plug (contact)；electrical{male} connector；spigot；receptacle{male} plug；male receptacle{contact;stab}；PL
插头-插座连接☆pin-and-socket connection
插头绝缘挡☆plug barrels
插头连接☆forked connection
插头型☆plugging type
(印刷电路板)插头座☆edge connector
插图☆(accompanying) figure；illustration；insert map{drawing}；iconography；(map) inset；cut；plate；illust.；fig.；Fig
插图的☆illustrated；illust.
插图说明☆underline；caption；legend
插网法☆method of inserting network
插销☆bolt；latch；plug；plug and socket connector；bolt (for a door,window,etc.)；spigot；sledge pin；male receptacle
插销节☆bayonet joint；bayonet-lock
插销口☆pin clamp
插销式离合器☆bayonet clutch
插楔☆pool
插楔开石孔☆plug-and-feather hole
插心☆core insert
插样☆reconstitute
插页☆inset；insert
插有栓塞的(岩芯钻头)☆plugged
插值法☆interpolation；method of interpolation
插值函数☆interpolating function
插值器☆interpolator
插桩掘进☆poling back
插装式滤芯☆plug-in filter element
插嘴的人☆interrupter；interruptor
插座☆jack；plug socket{seat;base}；intermediate support；outlet；(female) receptacle；hub；(bayonet) socket；electrical connector；rosette；convenience {stab} receptacl e；patera
差☆difference；diff.
(时)差☆equation
差壁苔藓虫属[D_{2-3}]☆Anomalotoechus
差别☆distinction；distinctness；differential [pl.-ae]；difference；separation；odds
差别侵蚀☆selective{differential} erosion
差别侵蚀悬崖☆cliff of differential degradation
差别下陷☆differential subsidence
差别胀缩作用☆scalloping
差不多全部☆nine-tenths
差超☆balance
差错☆stumble
差错待查☆errors excepted；ee
差带☆difference band
差电流☆spill current
差动☆differential [pl.-ae]；diff.
差动(运动)☆differential motion
差动齿轮☆equalizing{differential} gear
差动传动☆balance gear；differential transmission

差动电路☆differentiator; differentiating circuit
差动断层☆scissor{differential} fault
差动方程☆difference equation
差动滑车☆chain hoist; differential block{pulley}; wheel and axle
差动回授法☆differential feedback method
差动器(侧面伞形齿轮)☆crowngear
差动式单牙轮钻头☆Zublin differential bit
差动式岩石锚杆{栓}引伸仪☆differential rock bolt extensometer
差动式钻斗☆differential bit
差动线圈☆differential winding; hybrid coil
差动线圈系统☆differential coil system
差动箱☆case of differential
差动信号限制探测器☆differential signal limit detector
差动摇床☆differential-motion table
差动应力☆deviator{differential} stress
差动油缸☆cylinder with differential effect
差动质子地磁仪☆differential proton magnetometer
差动装置☆differential attachment
差动纵摇带式流槽☆differential end shake vanner
差额☆difference; balance
差分☆(finite) difference; differential [pl.-ae]
差分表☆difference table; table of difference
差分法☆calculus of differences; difference method
差分方程的解☆solution of difference equation
差分格式☆differencing scheme; array of difference
差分筒提升☆divided single drum hoisting
差分信号增益☆difference mode gain
差分学☆calculus of differences
差光谱☆differential{difference} spectra
差角☆angle of difference
差接变压器☆differential transformer
差径活塞☆differential piston
差距☆gap; disparity; difference; margin
差兰蛤属[双壳;Q]☆Anisocorbula
差量得分☆deviate score
差率积分陀螺仪☆rate integrating gyroscope
差模电压☆differential mode voltage; DMV
差模信号☆differential mode signal
差拍☆beat
差频☆difference{beat;slip} frequency
差频信号放大器☆difference amplifier
差谱☆difference spectrometry
差气分析☆differential gas analysis
差倾角☆decalage
差绕复激电动机☆differential compound motor
差热分析☆differential thermal analysis; differential thermoanalysis; thermography; DTA; d.t.a.
差热曲线☆differential thermal curve; thermogram
差色探伤☆dye check
差商☆difference quotient
差式扫描量热分析☆differential scanning calorimeter
差式压力计☆draft gauge
差示☆difference
差示电位滴定法☆differential potentiotitration
差示干涉差显微镜术☆differential interference contrast microscopy
差示流速规☆differential gauge
差示脉冲极谱☆differential pulse polarography
差示密度分选☆differential-density separation
差示泡管法[测定矿浆密度]☆differential bubble-tube method
差示器☆differentiator
差示扫描量热仪☆differential scanning calorimeter
差示相更换☆differential phase change
差示折光(率)检测器☆differential refractive index detector
差速☆differential speed
差速器☆differential (gear train); compensating gear
差速器箱☆differential case
差速器小齿轮十字轴☆differential pinion cross
差位异构体☆epimer; epimeride
差温式火灾探测器☆rate-of-rise detector
差温制冷(作用)☆differential cooling
差向异构☆epimerism
差信号☆difference signal
差压☆differential pressure
差压管风速计☆pressure-tube anemometer
差压计☆differential {-}pressure gage; pressure differential meter
差压料位控制装置☆pressure differential level controller
差压黏结作用☆differential pressure sticking
差压式传感器☆differential pressure pickup
差压式灌注调节器☆differential fill-up tool
差异☆interval; imparity; discrepancy; difference; diversity; variance; divergence; discrepance; differential [pl.-ae]; differentia; contrast; disparity
差异冻结☆freezing by tubes of different length
差异法☆method of difference; differences method
差异风化(作用)☆selective weathering
差异负荷条痕☆load-cast striation
差异红外线扫描☆differential infrared line-scan
差异聚集原理[油气藏形成时]☆differential accumulation theory; differential entrapment
差异均夷(作用)☆varigradation
差异流动☆different flowage
差异膨胀测温元件☆differential-expansion temperature element
差异屏蔽☆d differential shading
差异圈闭作用☆differential entrapment
差异色层法☆difference chromatography
差异上升☆differential uplift
差异式独牙轮钻头☆Zublin differential bit
差异性下沉☆differential sagging
差异压实背斜圈闭☆anticlinal trap by differential compaction
差异氧化效应☆differential oxygen availability
差阈[听觉锐度]☆differential threshold
差值傅里叶合成☆difference Fourier synthesis
差值时间☆differential time
差重沸点测定法☆differential gravimetric hypsometry
叉☆fork; block; tine; jam; cross; prong[牙石]; furca[节]; work with a fork
叉板[棘海蕾]☆forked plate
叉笔石(属)[O_{1-3}]☆Dicellograptus
叉簇石属[钙超;E_2-N_1]☆Furcatolithus
叉点☆crunode
叉额雷兽属[E_2]☆Manteoceros
叉颚牙形石属[O_3]☆Pristognathus
叉缝孢属☆Divisisporites
叉杆☆deadman; pointed{pronged} drag bar; crotch; rod jaw
叉杆式悬架☆wishbone suspension
叉杆销☆clevis pin
叉骨☆furcula
叉骨形活瓣式分流器☆wishbone flapper diverter
叉骨形沙丘☆wishbone-shaped dune
叉簧开关☆toggle switch
叉积☆outer{cross} product
叉棘☆pedicellaria [pl.-e]
叉架☆crotchet; boom; yoke; cross
叉角[哺]☆antler
叉角孢属[C_2]☆Mooreisporites
叉角羚属[Q]☆Antilocapra; pronghorn
叉角鹿属[N]☆Dicrocerus
叉角羊(属)[N_1]☆Merycodus
叉蕨科☆Aspidiaceae
叉开溜槽☆breeches chute
叉孔藻属[E_2]☆Furcoporella
叉肋粉属[孢;K]☆Vittatina
叉鳞鱼属[J]☆Pholidophorus
叉瘤孢属[E-Mz]☆Raistrickia
叉珊藻属☆Jania
叉闪☆forked lightning
叉生[矿物]☆intergrowth; interpenetration
叉生的☆interpenetrant; intergrown
叉式起重拖车☆telefork
叉式万能装卸车☆fork lift truck; fork-lift
叉丝壳属[真菌;Q]☆Microsphaera
叉头☆jaw; clevis
叉头沙蚕(属)[环节]☆Staurocephalites
叉突☆furcula
叉湾☆branching bay
叉网叶属[古植;T_3]☆Furcula
叉尾☆furcate tail
叉尾虫☆Dorypyge
叉尾虫属[三叶;$Є_2$]☆Dorypyge
叉线[光学仪器上]☆hairline; hair
叉楔顶板锚杆☆split {-}wedge roof bolt
叉心颗石[钙超;E_{1-2}]☆Chiasmolithus
叉星骨针☆chiaster
叉形(的)☆Y-type
叉形的☆Y-shaped; bifid
叉形杆☆fork-lift
叉形管☆Y-pipe; Y-piece
叉形夹☆gripper fork
叉形夹钳☆gripping{nipping} fork; tiger
叉形接头☆Y-joint
叉形卡盘☆fork chuck
叉形指梁☆hayrack
叉叶(属)[古植;C_2-P_1]☆Dicranophyllum
叉羽羊齿属[T_3-J_1]☆Ptilozamites
叉羽叶(属)☆Ptilozamites
叉枝藻属[红藻;Q]☆Gymnogongrus
叉指式的☆interdigital
叉轴☆forked axle
叉轴蕨属[D_2]☆Hostimella
叉状分叉[叠层石]☆baicalia type
叉状合流口☆parasyncolpate
叉状水系☆dichotomic drainage pattern
叉状物☆crotch

chá

茶(叶)☆tea
茶点☆refreshment
茶多酚☆Camellia sinensis
茶釜赢☆Schizaster
茶褐色☆tawny; dark brown; tan
茶壶效应[原油流变性]☆teapot effect
茶碱☆theine; thein
茶晶☆citrine (quartz); yellow{topaz} quartz; citrite; topaz-safranite; apricotine; apricosine; citron; Bohemian{occidental} topaz
茶精☆citrine; safranite
茶绿泥灰岩☆tea-green marl
茶瓶效应☆teapot effect
茶色☆tawny; dark brown; tan
茶色玻璃☆cranberry glass
茶色的☆fulvous; tawny
茶树☆Camellia sinensis
茶叶末☆tea dust
查表☆table look-up{lookup}
查出☆search out
查错程序☆error routine
查道车☆rail inspection car; track defect indicator
查德朗阶☆Chadronian stage
查定能力☆checked and adjusted capacity
查对☆check-over
查尔利吉布斯断裂带☆Charlie-Gibbs fracture zone
查菲比蓝{棕}[石]☆Zaphipe Blue{|Brown}
查号台查号☆number information
查究☆riddle; investigate and ascertain
查勘☆reconnaissance; survey
查兰铁矾☆challantite
查理士定律☆Charles' law
查林杰海洋考察队☆Challenger Expedition
查漏☆detection of leaks; leak finding{detection}
查罗石☆charoite
查米羽叶(属)[植;J_2-K_1]☆Zamiophyllum
查明☆identification
查明储量☆measured reserve
查明的☆identified; proved
查明的次经济资源☆identified-subeconomic resources
查莫夫尼切斯克阶[C_2]☆Chamovni Chesk
查莫斯期[英、法、中下侏罗纪]☆Charmouthian age
查尼造山运动[英;AnЄ]☆Charnian orogeny
查普曼-柯尔莫戈洛夫方程☆Chapman-Kolmogorov equation
查普曼氯化提金活性炭吸附浮选法☆Chapman process
查讫单☆check-off list
查探机☆explorer
查瓦里茨基值☆Zavaritsky value
查问☆examination; demand
查协试验☆test for leak
查询☆inquest; polling
查样井☆intercept well
查伊斯闭合检验☆Chayes' closure test
查伊斯计点器☆Chayes point counter
查阅☆consult
查账☆inspection of accounts; audit
查找☆search; make reference
查找表☆look-up table
查找事故(的)☆faultfinding
查找延迟☆seek delay
察尔毛茨阶☆Charmouthian (stage)
察觉力☆perceptivity

C

chà

刹那☆tick
岔道[铁道]☆turnout；shunt；lie；parting；spur road{track}；turnoff；twine
岔轨☆turnout rail
岔尖☆beginners；point{switch} tongue
岔开☆diverge；distraction
岔口☆crotch；parting
岔路☆spur road
岔路信号☆shunting sign
岔路转弯[道路]☆cross-over bend
岔线☆siding；back lye{shunt}；by-lay；passby；passing track{turnout}；parting
岔线海扇(属)[双壳;J-O]☆Camptonectes
岔心☆frog
(铁路)岔心至岔尖的距离☆lead
汊☆branch of a river；tributary
汊道☆inlet
汊道间海湾☆interdistributory bay
汊河☆anastomosing branch；prong；anabranch；distributary (channel)
汊河岛☆branch{channel} island
汊河口沙坝☆distributary mouth bar
汊流☆distributary
汊湾☆branching bay

chāi

拆(取)☆unpack
拆层☆delamination
拆除☆dismantle；dismounting；dismantlement；knocking-out；rig{tear} down；demolish；peel off；stripping；strip
拆除费用☆breaking-up price
拆除拱架☆arch striking
拆除铆钉☆unrivet
拆除支撑☆support removal
拆除支架☆striking；removing of supports；support removal
拆掉☆dismantling；dismantle
拆掉井架☆flatten out
拆垛工☆pack drawer
拆封☆unseal；open up a seal；seal off
拆焊☆sealing-off
拆毁☆unbuild；breakaway；demolish；tear{pull} down；demolition；tearing-away
拆检☆overhaul
拆卷机☆decoiler
拆开☆disconnect；disassembly；disassemble；undo；disassociation；detach；dismantle；dismantling；disjoint；dismount；take apart；open；unpack；separate；stripping
拆开的☆stripped
拆离☆decoupling
拆模板时混凝土脱模☆concrete lifting
拆散☆dismantlement；disjoint；break；break a set；disassemble；break up (a marriage,family,group,etc.)；unravel；ravel
拆散带☆zone of decoupling
拆下☆unfix；dismounting；tear down
拆下卡盘☆unchuck
拆线信号☆disconnect(ing) signal
拆卸☆dismantling；disengage；dismount(ing)；disassembly；dismantle；disassemble；detachment；detaching；knocking-out；rig{tear;take;make} down；tear out；take-down；dismantlement
拆卸工具☆knockout；remover
拆卸棍☆wrecking bar
拆卸器☆stripper；detacher；knockout
拆卸时间☆tear-down{removal} time
拆卸式刮刀钻头☆drag rotary detachable bit
拆卸修理☆laid up
拆卸支柱的辅助设备☆auxiliary prop-release device
拆卸装置☆stripping assembly
拆卸钻杆☆rod uncoupling
拆卸钻塔☆pull well in
拆移式轻便铁路☆constructor's railway
拆装☆dismounting；disassemble
拆装机器零件的工具☆setter
拆装专用木架☆disassembly and assembly block
差使{事}☆errand

chái

柴☆cordwood；firewood；bony；not fleshy；poor；shoddy；inferior；lousy
柴达木虫亚属[三叶;O_1]☆Tsaidamaspis
柴达木地块☆Tsaidam block；Qaidam massif
柴达木石☆chaidamuite
柴胡属[Q]☆Bupleurum
柴捆堤☆fascine{mat} dike
柴笼☆[护堤岸用]fascine
柴泥☆clay and straw；cob
柴排(运)☆(brush) matterss
柴窑☆Chai ware
柴油☆diesel (oil)；heavy fuel；diesel fuel oil；DFO
柴油电力梭式矿车☆diesel-electric shuttlecar
柴油发电机装置☆diesel electric power plant
柴油机发电厂{站}☆diesel electric power plant
柴油机发电驱动钻机☆diesel electric driving rig
(井队)柴油机工☆motor hand
柴油机工作引爆☆engine detonation
柴油机化☆dieselize
柴油机启动燃料☆diesel starting fuel
柴油机驱动的履带式索斗铲[露]☆diesel-driven crawler-mounted dragline
柴油机驱动的空压机☆diesel-driven compressor
柴油机燃料残碳☆diesel fuel carbon
柴油机-燃气轮机船☆diesel-gas turbine ship
(使)柴油机熄火☆kill engine
柴油机压缩点火☆compression ignition
柴油机用润滑油☆diesel engine oil
柴油枪☆diesel-oil gun
柴油燃料规格☆diesel fuel specification
柴油水泥☆diesel {-}oil cement；DOC
柴油载重{运货}车☆diesel truck
豺☆jackal；Cuon (alpinus)；wild red dog
豺(属)[Q]☆Cuon
豺狗属[Q]☆Cuon
豺狼座☆Wolf；Lupus
豺属☆Cuon；wild red dog；jackal

chān

掺拌加固法☆admixture stabilization
掺淡☆attenuation
掺和☆dash；blend(ing)；mixing；admix(ture)；incorporation；intermixing
掺和的产品☆blended product
掺和的磺化木质素化合物☆blended lignosulfonate compound
掺和的砂岩☆kneaded sandstone
掺和剂☆admixture；dopant；blending agent；additive
掺和器☆blender
掺和物☆admixture；blend；crud；admix.
掺和(天然)型砂☆blended moulding sand
掺混罐☆blending tank
掺混酒精的燃料☆alcohol blended fuel
掺加(物)☆addition
掺假☆sophisticate；salting
掺假(的)样品☆salted sample
掺金属粉的浆状炸药爆破☆metallized slurry blasting
掺矿料沥青☆mineral-filled asphalt
掺量☆admixture volume
(混凝土)掺料☆admixture；admix.
掺气☆aerify；aerification
掺气水泥☆air-entraining cement
掺入☆incorporation
掺入空气☆aerification
掺砂☆addition of sand
掺砂的☆arenated
掺砂火漆☆sanding sealer
掺砂涂料{火漆}☆sanding sealer
掺砂油灰☆sand putty
掺熟料的耐火土砂浆☆clay-grog mortar
掺水☆(adulterated) water
掺碳高硅氧玻璃☆carbon impregnated vycor glass
掺土水泥☆soil cement
掺岩土☆rocky soil
掺杂☆doping；inclusion；addition；adulteration；mix{jumble} up；mingle；deathnium[有害杂质]
掺杂剂☆dopant；adulterant
掺杂晶体☆doped crystal
掺杂密度☆doping{dopant} density
掺杂石英包层光纤☆doped-silica clad fiber
掺杂石英渐变型光纤☆doped-silica graded fiber
掺杂物☆adulterant；condiment
掺杂物质☆imparity[半导体中]
掺杂用的☆adulterant
觇板[测]☆target；(sight) vane；sighting board
觇标☆target；beacon scaffold；signal
觇标点☆marked point
觇尺☆aiming rule
觇窗☆sighting window
觇点☆aiming point
觇孔☆diopter

chán

蟾背泥灰岩☆toadback marl
蟾蜍☆toad；bufo
蟾蜍兽☆Chirotherium
蟾蜍属[E_3-Q]☆Bufo
蟾蜍岩☆toadstone
蟾蜍眼锡石☆toad's eye tin
蟾蛛岩☆toad rock
蟾蛛眼锡石☆toad's eye tin
巉崖☆crag
巉崖岸☆rockbound coast
巉崖岸线☆rock (shoreline)
巉岩☆rock
巉岩的☆petrean
潺潺声☆babble；whiffle
缠☆twine；wind；tangle；tie up；pester；trouble；deal{cope} with；spooling；reeling
缠出☆wind out
缠钢丝滤网☆wire wrapped screen
缠辊☆collaring
缠结☆intertangle；tangle；entanglement；snarl
缠结分子☆entangled molecule
缠结(分子)网络☆entanglement network
缠金属丝软管☆armoured hose
缠绝缘带☆tapping
缠绕☆spool；convolve；wind (up)；winding；wrap；twine；bind；pester；bother；harass；worry；bobbin；take {-}up；wreathe；whip；twist
缠绕的☆intricate；voluble
缠绕(式)垫片☆spirally wound gasket
缠绕封头包角☆displacement angle at dome
缠绕钢丝绳能力☆spooling capacity
缠绕管☆coiled tubing
缠绕管修井系统☆coiled tubing workover system
缠绕规律☆principles of winding
缠绕茎[植]☆twining stem
缠绕盘容量☆spooling capacity
缠绕器☆wrapping head
缠绕式提升☆wound type hoisting
缠绕筒体进角☆displacement angle at cylinder
缠绕形成的应力☆reel stress
缠绕应力☆reel stress
缠绕者☆winder
缠绕植物☆twiner
缠上☆reel up
缠上(绳子等)☆gird
缠绳☆rope reeling
缠绳压力☆reel pressure
缠丝玛瑙☆sardonyx；carnilionyx；carneolonyx
缠铁丝☆wire winding
缠线型滤心☆string wound type of filter cartridge
缠住☆collar；clinging；ride
缠钻杆(丝扣用的)棉纱线☆rod wicking

chǎn

铲☆bagger；shovel；spade；backing off；slice；ladle；lift with a shovel；move with a shovel；solve；handle
铲板☆digging plate
铲背☆backoff
铲柄☆shovel shaft
铲车☆fork lift truck；fork-lift
铲程☆shovel run
铲齿☆backing off；digging{shovel} teeth
铲齿车床☆relieving lathe{machine}
铲齿象(属)☆Platybelodon
铲出☆baly
铲出沟底松土☆crump out
铲除(冲天炉内壁的)渣子☆fettle
铲锉作用☆rasping
铲刀☆share；shovel blade
铲斗☆bucket[挖土机等]；dipper (scoop)；(transfer) scoop；scraper pan；basket；bowl；digger；excavator {loading} bucket
铲斗拔销机构☆dipper trip mechanism
铲斗操纵缸☆bucket ram

C

铲斗侧卸式装载机☆side-discharge shovel
铲斗底卸门☆dipper door
铲斗杆[挖掘机]☆dipper；handle
铲斗后部式钻装机☆rear-dump shovel-type jumbo loader
铲斗后卸式装载机☆overshot(-type){rocker-shovel; overthrowing-type} loader
铲斗滑车☆swivel pulley
铲斗夹端☆bucket nose
铲斗拉绳☆dipper door trip rope；digging line{rope}；inhaul
铲斗链挖掘机☆bucket-chain excavator
铲斗切割边☆bucket cutting edge；knife edge of bucket
铲斗刃☆bucket cutting edge；digging edge
铲斗容积☆bucket{dipper;scoop} capacity; shovel size
铲斗容量☆capacity of bucket；dipper capacity
铲斗伸出{展}长度☆bucket outreach
铲斗绳轮☆padlock sheave
铲斗式清岩机☆rock shovel
铲斗式挖掘机☆excavator-type shovel
铲斗提升杆{臂}☆bucket lift arm
铲斗正常容量☆struck level capacity
铲斗自由倾斜式推土机☆gyrodozer
铲分取样☆shovel sampling
铲杆☆dipper{shovel} stick; shipper-arm; shovel shank
铲割☆chip
铲刮☆blade
铲尖☆point；spear
铲具☆spader
铲掘☆spading
铲掘物☆shovelled{shovel-run} material
铲掘物料☆shovel-run material
(磨机)铲料斗☆pick-up scoop
铲路机☆road planer
铲煤板☆ramp (plate)
铲煤板滑行刨[清浮煤用]☆ramp plate plough
铲煤机☆coal shovel
铲泥机☆slusher
铲平☆raze；shearing-off
铲取☆bite；scoop
铲取力☆breakout force
铲取取样☆shovel sampling
铲刃☆digging point；shovel blade{lip}
铲勺采样分析☆grab-sample assay
铲式刮土运输机☆scraper chain conveyer
铲投☆shovel working；overcasting；spade work；shovelling(-in)
铲头☆shovel head
铲头虫属[三叶;$Є_3$]☆Dikelocephalus
铲头矿物试验☆van
铲头洗矿☆vanning
铲土☆scraping；spade
铲土戽斗☆scraper pan
铲土机☆earth(-moving) scraper；spading{shovel(l)ing} machine；bull-clam shovel；draw plough
铲挖高度☆cutting height；(shovel) digging height
铲箱☆shovel box
铲削☆skim
铲形凹陷☆shovel-shape depression
铲形断层☆listric{lystric} fault
铲形矿砂洗选器☆van
铲形耙斗☆pull shovel
铲形物☆spade
铲形钻头☆spade-type bit
铲岩斗☆muck{mucking;rock} bucket
铲扬式挖泥船☆dipper dredge(r)
铲羊齿☆Cardiopteridium
铲羊齿属[蕨;C_1]☆Cardiopteridium
铲叶属[P]☆Saportaea
铲运车☆cart scraper
铲运机☆LHD；load-haul-dump equipment；scraper (loader)；(bull-clam) shovel；carry-scraper；earth scoop；carryall (scraper)；carry{bowl;excavation; carrying} scraper；land-smoothing machine；tractor- shovel；scooptram
铲运机箱斗提起过程☆scraper boosting segment {process}
铲凿☆spade chisel；spade-type bit
铲凿作用☆gouge action
(汞齐)铲蒸馏(法)☆shovel retorting
铲装☆shovelling
铲装充填☆shovel stowing
铲装垫板☆shoveling sheet
铲装工☆hand loader
铲装工作☆spade work
铲装容量☆heaped capacity
铲状断层☆shovel-like{listric} fault
铲子☆shovel；muck stick
产孢体☆gleba
产孢子的☆sporogenous
产层☆pay formation；producing pay
产层临时封堵[井加深时]☆zone isolation
产层选择☆reservoir selection
产出☆occurrence
产出端☆production end
产出井☆withdrawal well
产出率☆rate of output；output capacity
产出砂样☆flowed sample
产出水含盐量{矿化度}☆produced-water salinity
产出条件☆occurrence condition；mode of occurrence
产出液☆production fluid
产地☆locality；habitat；home；place of production {origin}；producing area
产地地形描记☆chorography
产毒的☆toxogenes；toxigenic；toxicogenic
产额☆yield；turnout
产粉的☆farinose
产腐的☆saprogenous
产腐植物☆saprogen
产垢的水☆scale producing water
产化石的☆fossiliferous
产黄细菌目☆Flavobacteria
产甲烷球细菌类☆methanococcales
产金的☆auriferous；aurigerous
产金属的☆metalliferous
产矿地区{段}☆mineral estate
产蜡的☆ceriferous
产量☆yield；production (rate;output)；outcome；rate of production{yield}；yld；(mine) output；producing rate{capacity}；harvest；withdrawal {prod.; throughput; off-take} rate；turnout；get；deliverability；outturn；producibility
产量比☆throughput{yield;productive} ratio；PR
产量变化☆nonuniform flow
产量变化情况☆production history
产量超过☆out-product
产量递减☆production (rate) decline；decline of production
产量递减的井☆decline well
产量定额☆norm of output
产量丰富的油井☆bonanza
产量估算用孔隙度低限选值☆cutoff porosity
产量估算用渗透率低限选值☆cutoff permeability
产量计数{算}人[矿工方]☆check weighman；check weigher
产量-累积产量关系曲线☆rate-cumulative curve
产量利润分析☆volume-profit analysis
产量敏感油藏☆rate-sensitive pool
产量剖面☆flow rate profile
产量-时间经验公式☆empirical rate-time equation
产量随时间变化情况☆production-rate history
产量损失☆loss of production；production loss
产量提成☆oil payment
产量贴现收益☆discounted production revenue
产量稳定条件下的压降测试☆constant-rate drawdown test
产量下降☆decrease of output；production rate decline；production shortfall{drawdown}
产量增加☆gain in yield
产量增长☆increase of output
产量指标☆target output；production index
产硫的☆thiogenic
产硫化氢细菌☆hydrogen-sulfide-forming bacteria
产硫酸杆菌☆thiobacilli；Thiobacillus
产流降水量☆precipitation excess
产率☆yield；weight recovery；rate of recovery {production}
(生)产率☆production rate
产率误差☆yield error
产卵器☆style
产卵器鞘☆vaginula [pl.-e]
产卵习性☆spawning habit
产卵鱼群☆spawner
产煤☆produced coal
产煤区☆coalfield；coal-producing area
产能☆off-take potential
产能比☆productivity ratio；index of the performance
(井的)产能方程☆deliverability equation
产能减损☆productivity impairment
产能系数☆formation capacity{conductivity}
产配子个体☆gamont
产品☆product(ion)；turnout；produce；work；output；pdn.；prod
产品搬运系统☆product handling system
产品变化☆model change
产品成本☆cost of products
产品出口管☆product discharge outlet
产品定型登记☆equipment registration
产品分成☆production split
产品分成合同☆production sharing contract；PSC
产品分析☆product analysis
产品改进性研制☆operational development
产品设计和试制标准化☆standardization of product design and trial production
产品试制☆trial production
产品收集转盘☆rotating product collecting table
产品移动方式☆forms of product movement
产品运输货车或卡车☆product shipping railcar or truck
产品自销矿山☆captive mine
产婆蟾属[Q]☆Alytes
产气杆菌☆aerobacter aerogens
产气井☆gas producing well；producing gas well
产气菌☆aerogens
产气区☆gas-producing area；gas province
产气细菌☆aerogenic bacteria
产区☆production place{unit;region}
产区权益☆royalty interest
产权☆equities；equity；title
产权人☆property owner
产热的☆thermogenic
产热地层☆geothermal producing zone
产热力的☆calorifacient
产热细菌☆thermogenic-bacteria
产热元素☆heat-producing element
产生☆set{build} up；develop；generate；arise；bear；buildup；yield；create；give rise to；creation；bring about；evolve；emerge；generation；come into being；form；give；take；cause；result in[结果]；GEN
产生侧向力的操纵机构☆aridextor
产生臭氧物质☆ozone-forming species
产生的☆generant；generating
产生电的☆electrogeneous
产生电子对的伽马吸收☆pair production absorption
(使……)产生放射(性)☆activate
产生粉红色灰渣的无烟煤☆pink ash
产生过敏☆hypersensitization
产生和{并}放大微波☆mase
产生痕迹的生物☆trace-making organism
产生横向力的操纵机构☆aridextor
产生灰尘☆dusting
产生激光的☆lasering；lasing
产生畸形☆teratogency
产生矿石的侵入体☆ore-generating intrusion
(结晶)产生扩大☆secondary enlargement
产生裂缝☆cracks formation；feather checking
产生率☆generation rate
产生摩擦的密封件☆friction-causing packing
产生能量的培养基☆energy-yielding substrates
产生泡沫☆frothing
产生气泡☆sparge；gas
产生气体的微生物☆aerogens
产生溶液的硫化物☆solvent-yielding sulphide
(自重)产生弯曲的长度☆buckling length
产生污染的工业☆pollution-causing industry
(使)产生细微裂纹☆craze
产生虚反射边界☆ghost-producing boundary
产生压力☆pressurizing
产生原因☆creator
产生蒸汽☆raise steam
产生蒸汽的重水反应堆☆steam generating heavy water reactor；SGHWR
产生阻抗的电路元件☆impedor
产水☆producing{contributing} water
产水层☆water yield formation
产水晶的☆crystalliferous
产水量☆aquifer yield; water production (rate); producing
产水能力☆water productivity; water-yielding capacity
产水桶数☆barrels of water；BW

产酸细菌☆acidogenic bacteria
产物☆product; offspring; outcome; result(ant); fruit
产物母体☆precursor
产小卵的☆ovuliferous
产盐水的油井[产油末期]☆salt-water well
产氧细菌☆aerogenic bacteria
产业☆industry
产业间关系分析☆inter-industry analysis
产业效应☆industrial effect
产液☆production fluid
产(出)液☆produced fluid
产液层☆fluid producing layer
产液层(段)☆liquids withdrawal point
产液井☆liquid producing well
产液量☆liquid producing capacity; well fluid
(油井)产液量☆mass production
产银的☆argentiferous
产铀母岩☆tobacco rock
产铀岩体☆uranium productive massif
产油层☆reservoir; pay streak{bed;horizon;sand}; core intersection{interval}; oil producing reservoir{zone}; oil-yielding stratum; production{producing} horizon; ore interval; productive strata{formation}; producing formation; oil-producing pay{formation}; pay
(有效)产油层☆effective pay
产油层未下套管的油井☆run barefoot
产油带☆lode; zone of production; payzone; producing {productive} zone; oil producing zone
产油国管材[套管、油管、管道用管、管箍等]☆oil country tubular goods
产油极少的井☆stripper
产油井☆payoff; producing (oil) well; oil producer; oiler; pay off; POW
产油井段☆production range
产油矿区经理☆farm boss
产油量☆oil offtake; oil production level; crude output; oil-producing capacity; oil productive capacity
产油率☆rate of recovery; productivity index; P.I
产油气层系☆productive series
产油气的井[与 duster 相对]☆keeper
产油气井☆producing oil & gas well; POGW
产油区☆producing zone; oil-producing region{area}; oil producing area{region}
产油业主☆oil producer
产值☆product value
产状☆attitude [strike and dip]; (ore) occurrence; mode{manner} of occurrence; configuration; spatial characteristics
产状测量☆strike-dip survey
产状符号☆dip-strike symbol
产状条件☆relation; mode of occurrence
产状要素☆elements of attitude{occurrence}; formation factor
阐明☆illumination; irradiation; interpret; illustrate; clarify; elucidation; interpretation; unravel; shed light on{upon}
阐述☆formulation; formulate; expound; represent

chàn

颤动☆flutter; jarring motion; wow; wobble; flicker; tremor; wabble; shaking; twitch; oscillation; jitter; vibrate; trill; quiver; buck[引擎]; chartering[钻杆]
颤动擦痕☆chattermark (trail)
颤动草地☆shaking{trembling} prairie
颤动构造☆surge tectonics
颤动(擦)痕☆chatter mark; chattered stria
颤动盆地☆oscillating basin
颤动容积☆oscillation volume
颤动信号☆dither signal
颤动性☆vibratility
颤抖☆judder; tremble; quaver; quake; waver[声]
颤抖声☆judder
颤痕☆chatter mark
颤软泥☆quake ooze
颤声☆quiver; flutter
颤音☆shake; trill; quaver; tremolo; tremor
颤藻(属)[蓝藻;Q]☆Oscillatoria
颤噪声☆microphonics; microphony; microphonism
颤噪效应☆howl(ing); microphony; microphone effect; microphonism; microphonics
颤沼☆quagmire; quaking bog
颤振☆buffeting
忏悔的☆penitente; penitent
羼质光电导性晶体☆allochromatic crystal

chāng

菖蒲属[Q]☆Acorus
昌化石☆a kind of stone available in quantity in Changhua County, Zhejiang Province, which is precious for making seals
昌乐蜥(属)[E_2]☆Changlosaurus
昌盛☆prosperity
蜎螺属[腹;N-Q]☆Umbonium
猖狂☆violence

cháng

尝到☆taste
尝试☆attempt; endeavor; experiment; essay; trial; back and forth; test by trial; taste; fling
尝试笔石属[O_3]☆Peiragraptus
尝试成功法☆mickey-mouse
尝试法☆cut and try method{procedure}; try-and-error {hit-and-miss;trial} method; method of trial and error; trial-and-error{procedure}; back and forth method
尝试误差法☆trial and error method
常背景速度☆constant background velocity
常备吃水线☆plimsoll's mark
常备的☆standing
常闭触点☆normally {-}closed contact; NC contact
常闭(合)的☆constant{normally} closed; NC
常变过程☆nonstationary process
常差☆constant error
常差分微分方程☆ordinary difference differential equation
常产量☆constant rate
常春藤☆ivy
常定低(气)压☆permanent low
常定水头☆constant head
常定状态☆steady state
常断电磁阀☆normally closed solenoid valve
常断开的☆normally closed
常对称面{|轴}☆ordinary plane{|axis} of symmetry
常发故障☆permanent fault
常峰态☆mesokurtosis
常峰态分布☆mesokurtic distribution
常关阀☆normal close valve
常光☆ordinary ray{light}
常光波☆ordinary{O} wave; O-wave
常光线☆ordinary light; O ray
常规☆conventionality; stereotype; rut; convention
常规变形工艺[纺]☆conventional texturing
常规标度☆conventional scale
常规测图法☆conventional mapping method
常规地层胶结作业☆conventional consolidation job
常规地震反射技术☆traditional seismic reflection technique
常规发电系统☆conventional power scheme
常规法开采☆conventional mining
常规分析☆conventional{routine} analysis
常规分析工作者学会☆Society of Public Analysts
常规火电机组☆conventional fossil-fuel steam power unit
常规检验☆diagnostic check; routine test
常规聚能喷流射孔☆conventional jet perforating
常规裸眼充填方法☆conventional open hole packing method
常规取样☆domestic{routine} sampling
常规扫描绕射☆conventional scanning diffraction
常规湿式地层燃烧法☆normal wet combustion
常规土工试验☆routine soil test
常规维修☆current repair
常规型分级接箍[注水泥用套管附件]☆regular stage collar
常规循环(充填)技术☆conventional circulating technique
常规演化☆nomismogenesis
常规支护☆standing support
常规注水泥法☆typical primary cementing
常规作法☆standard practice
常规作业☆routine work
常含水量☆constant water content
常衡(制)[以 16 盎司为 1 磅]☆avoirdupois; av.; avoir
常化☆normalizing; normalization
常见故障☆constant fault
常见价☆ordinary valence
常见漏失☆common leak
常见现象☆commonplace
常开触点☆normally open(ed) contact; normally- broken
常(断)开的☆normally open; NO
常开阀☆normal open valve
常开接点☆normally opened contact
常冷湖☆polar lake
常量☆constant (quantity)
常量成分☆macroconstituent
常量的☆normal
常量法☆macromethod
常量分析☆macro(-)analysis
常量化学☆macro-chemistry
常量浓度☆macroconcentration
常量元素☆invariable{major} element; macroelement
常林钻石☆Changlin diamond
常流河☆perennial{continuous} stream; permanent river; rio[西]
常流河流☆profluent stream
常流量☆median discharge
常流泉☆fontaine
常流水☆perennial drainage; permanent flow; constant water
常绿矮灌木丛☆garigue; phrygana
常绿草甸☆hygropium; sempervirentiherbosa
常绿高灌木丛林☆maquis
常绿灌木丛☆evergreen thicket
常绿林☆evergreen silvae; aiphyllus; aiphyllium
常绿木本群落☆evergreen silvae
常绿群落[植]☆conodrymium; aithullium; evergreen community
常绿雨林☆rain-green forest
常绿植丛☆aithalium
常绿植物☆evergreens
常年☆normal year
常年冰脚☆permanent icefoot
常年不涸河流☆yearlong stream
常年产量☆perennial yield
常年潮湿沼泽地☆nad
常年(候)的☆yea-round
常年冻温的(土壤)☆isofrigid
常年河流☆live{yearlong} stream
常年积雪带☆permanent snow belt
常年性水源☆permanent water
常年优地槽沉积☆perennial eugeosynclinal sediment
常啮合☆constant mesh
常排量泵☆constant displacement pump
常平环☆gimbals
常平基座☆gimballed base
常平架悬挂☆gimbal suspension
常平架轴承负载☆gimbal bearing load
常平台☆gimbal table
常平台架☆gimbal-stand
常情☆common sense
常曲率☆constant curvature
常鳃亚目[两栖]☆Perennibranchiata
常湿气候型☆perhumid climatic type
常识☆common sense
常数☆invariable; constant; coefficient; const
(时间)常数☆persistence; persistency
常数乘子☆constant multiplier
常数孔隙度线☆constant-porosity line
常水层☆zone of saturation
常水头☆constant head
常水位☆ordinary{normal} water level; median stage
常速☆constant speed; const-sp.
常速道集☆constant velocity gather; CVG
常速(度)叠加☆constant velocitystacks; CVS
常速进化☆horotelic evolution
常速扫描☆constant velocity scan
常态☆habitus; habit; habitue; normality; normal behaviour{conditions}; normalcy; par
常态侧蚀悬谷☆normal lateral hanging valley
常态的☆normal; natural; normergic
常体积固结试验☆constant volume oedometric test
常通的☆normally open
常微分方程☆ordinary differential equation; ODE
常温☆normal{ordinary;room} temperature; normal atmospheric temperature [15～25℃]; homoiothermy
常温层☆constant zone of subsurface temperature
常温常压☆n.t.p.; normal temperature and pressure
常温带☆zone of invariable temperature
常温固化☆room-temperature cure

C

常温滚压☆cold rolling
常温聚合☆polymerization at normal temperature
常温涂敷☆cold-applied coating
常温压制☆cold-molding
常务董事☆managing director
常系数☆constant coefficient；proportionality constant
常压☆atmosphere{atmospheric;ordinary;normal} pressure
常压残油☆reduced crude
常压舱焊接☆one-atmosphere chamber welding
常压干居室☆dry one atmosphere habitat
常压固定顶油罐☆atmospheric fixed-roof tank
常压和常温☆normal pressure and temperature；n.p.t.
(海底)常压环境开采☆atmospheric pressure development；APD
常压潜水系统☆atmospheric diving system；ADS；unpressurised diving system
常压实验☆experiment at atmospheric pressure
常压头☆constant head
常压油泵☆gerotor pump
常压蒸馏容器☆atmospheric still
常羊齿属☆Aipteris
常液面☆constant level；C.L.
常应变率试验☆constant-rate-of {-}strain test
常应变三角形☆constant strain triangle
常用的☆general-purpose
常用对数☆common logarithm；base 10 logarithm
常用方法☆routine procedure
常用管子导向(器)☆typical pipe guide
常用井☆permanent well
常用卡片☆active card
常用名词☆major terms
常用屋面坡度☆ordinary pitch
常用油☆conventional oil
常用整体式管吊☆typical integral attachment
常优种[生]☆perdominaut
常雨灌`丛{木群落}☆pluviifruticeta
常雨林☆rain forest；pluviisilvae
常雨乔木群落☆pluviisilvae
常置信号机☆fixed signal
常中心测角(计)头☆eucentric goniometer head
常驻代表☆permanent delegate
(程序)常驻段☆root segment
常驻加载程序☆resident loader
常总应变振幅试验☆constant total strain amplitude test
常阻力立柱☆immediate bearing prop
长☆macro-；length
长把管钳☆dog wrench
长白砂岩☆arkose
长白石{矿}[$PbNb_2O_6$;三方]☆changbaiite
长斑粗安岩☆vulsinite
长板状☆lath shaped
长半径☆long radius
长半衰期的☆long-decayed
长半衰期物质☆long-half-life material
长半圆形沼泽☆chaur
(椭圆)长半轴☆major semi-axis
(加)长保径齿☆extended gage
长背泥蜂科[动]☆Ampulicidae
长贝腕☆Productus
长鼻[象等的]☆proboscis
长鼻雷兽(属)[E_2]☆Dolichorhinus
长鼻目[哺]☆Proboscidea
长壁(开采)☆long wall；longwalling；long-pillar-work；longwall{all(-over)} work；longwall mining；long face mining
长壁采煤法☆longwall coal-mining method
长壁法☆longwall；long-face system；longwork
长壁法采矿截槽面上的顶板压力☆underweight
长壁法充填带间的通道☆bay
长壁工作面采区的临时石墙平巷☆dummy gate
长壁工作面带式运输机运输的采矿法☆conventional machine mining
长壁工作面刨煤机组☆longwall plough installation
长壁工作面前的矿石堆[防止爆破时飞块损失和引导风流用]☆scatter pile
长壁工作面前的超前平巷☆advance gate
长壁工作面小风道☆pen
长壁工作面与实体煤相邻端☆fast end
长壁工作一次推进距离☆web
长壁后退式采煤法☆longwall retreat mining
长壁回采(法)☆broadwall；longwall stoping；all-work
长壁开采的几何结构☆longwall geometry
长壁开采区段☆longwall panel
长壁开采区老塘落顶炮孔☆cuckoo shot
长壁垮落法☆longwall caving method
长壁落顶采煤法☆long wall caving
长壁面留矿石堆的采矿法☆scatter pile stoping
长壁式回采☆allwork；longwall stoping
长壁条带采煤法☆longwall strip mining
长壁状不整合[海底台地与盆地间陡壁处的不整合]☆buttress unconformity
长臂电铲☆high-lift{long-range} shovel
长臂吊铲☆long-boom dragline
长臂对角面采矿法☆half-V method
长臂架机铲☆long-range shovel
长臂式装载机☆long boom loader
长臂猿[Q]☆gibbon
长臂猿(属)[Q]☆hylobates
长臂圆规☆beam trammel{compasses}
长扁球形☆suboblate
长扁形火山弹☆ribbon bomb
长冰碛丘{堤}☆moraine rampart
长柄表层冲凿钻头☆long-shank chopping bit
长柄齿式松土{翻路}机☆shank (tooth) scarifier
长柄机铲☆high-lift shovel
长柄耙☆rabble
长柄砂舂☆floor rammer；long shaft pendulum tool
长柄勺☆dipper
长柄勺子☆ladle
长柄小铲☆spaddle
长柄凿☆horsing iron
长玻璃☆long glass
长波[面波;3,000m 以上]☆long wave；L-waves；LW
长波波段☆long-wave band
长波长剩余静校正☆long-wavelength residual static
长(溜)槽☆palong；long tom
长层段☆long interval
长车架(自动)平地机☆long wheelbase (motor) grader
长程挤注(法)☆long squeeze
长程力☆long-range force
长程有序☆long range order；distant order；LRO
长齿切削(牙轮等)结构☆deep toothed cutting structure
长齿钻头☆long toothed bit
长冲程泵☆long-stroke pump
长冲程抽油机☆long stroke pumping unit
长冲击钎子☆long jumper
长冲孔(筛)板☆slot punched plate
长除法☆long division
长春坡{泊}林☆vinpoline
长蝽科[昆]☆Lyda(e)idae
长存性的☆eustatic
长打捞颈☆long fishing neck
长大下坡☆long down-grade
长岛石☆nagashimalite
长导线法☆method；long-wire
长导线物☆long wire field
长得细长☆spindle
长凳☆bench
长堤☆causeway
长笛☆flute
长地面波[包括瑞利波和乐甫波]☆Lg-wave
长电位(曲线)☆long normal
长电位电极系测井☆long normal
长动用的水流☆virgin flow
长洞☆gallery-like cave；galleried cavern
长度☆length；extent；measurement；lgth.；lgth；lg；linear measure[单位]；run[一段]
长度吃水比☆length draft ratio
长度计☆length-gage
长度可调伸缩接头☆adjustable spacer sub
长度跨度比☆length-to-span ratio
长度量度器☆length measuring device
长度伸缩振动模式☆length extension vibration mode
长度缩小因数☆length reduction factor
长度元☆linear element
长度直径比☆length-diameter (ratio)；slenderness ratio；*L/D*；aspect{length-to-diameter} ratio
长短鞭毛体[含挥发物超过 35%的煤]☆ heterocont
长短大圆信号干扰☆interference between longer and shorter circle path signal
长短辐圆内旋轮线☆hypotrochoid
长短交替砌石☆long-and-short work
长短径☆line of apsides
长段木材☆long-cut wood
长对角线{轴}☆macro-diagonal
长吨[英,=2,240 磅=1.016 公吨]☆long{gross;great} ton；ton long；long weight；l.tn.；lt；tn.l.；GT
长而薄的结晶矿物☆lath
长法兰工具支架☆long flanged tool holder
长方格☆pane
长方节理块构造☆rectangular joint structure
长方孔筛☆lane bolter
长方粒无烟煤☆checker coal
长方筛孔{缝}☆elongated opening
长方体☆rectangular parallelepiped；cuboid
长方形☆rectangle；oblong (shape)；orthogon
长方形的☆oblong；rectangular；obl
长方形孔☆slot
长方形浅底木条编制的粗篮☆trug
长纺锤虫☆Polydiexodina
长放电☆long discharge
长分子束平行层状态[某些脂肪酸的液晶态]☆smectic state
(旧式)长缝滚筒式浮选机☆K-and-K machine
长缝金属编织筛网☆elongated-mesh woven wire screen
长缝(筛)孔☆slotted opening；slot mesh
长缝筛☆slotted{slot} sieve；sieve slotted-hole
长缝筛布☆long-slot wire cloth
长匐茎[植]☆runner
长(期)干旱期[约 7,500～4,000 年前;等于 Altithermal 冰后高暖期]☆Long Draught
长杆件拖车☆pole trailer
长杆圆规☆beam compass
长橄辉斑玄武岩☆dunsapie basalt
长刚性测井仪器☆long rigid logging tool
长高比☆length height ratio
长格孢属[Q]☆Ramularia
长隔壁[珊]☆major septum
长给进距离钻车☆long-feed drill jumbo
长给进柱架式凿岩机☆long-sash drill
长庚星[金星别名]☆Hesperus
长工作面开采☆long face mining
长工作期限☆long life
长沟☆gash
长固定螺钉☆long fixing screw
长管海绵属[Є]☆Chancelloria
长管接头☆long union adapter
长管藻属[K-E]☆Tanyosphaeridium
长管柱尾管☆long string tailpipe
长滚浪☆long rolling sea
长号式弯管☆trombone
长合关节[动]☆anchylosis；ankylosis
长颌鱼目☆Mormyriformes
长盒式取样器☆long box corer
长红外区☆long infrared
长厚比值☆length-to-thickness ratio
长葫芦形☆cucurbitiform
长划☆dash
长环节链☆long-link chain
长环链☆long link chain
长辉云闪片岩☆vullinite
长回次☆long-run
长喙壳属[真菌;Q]☆Ceratostomella
长活塞式岩(石钻)机☆long-piston rock drill
长火花☆long spark
长火焰喷燃{燃烧}器☆long-flame burner
长基线法☆long base method
长基线无线电干涉测量法☆long-baseline radio interferometry
长棘龙☆dimetrodon
长脊☆esgair
长脊沙丘☆long ridged dune
长检波器排列☆long spread of detector
长间隔法☆long interval method
长江☆Yangtze river
长焦距☆long focus；long working distance
长铰刀☆align reamer
长脚目[C-Q]☆Phalangida
长角果☆silique；siliqua
长角泥甲科[动]☆Elmidae
长角藻属[J_3-K]☆Muderrongia
长节[节甲]☆meropod(ite)；merus
长介属[O_2-S_3]☆Longiscula
长井框支架☆long frame timber
长颈龙属[T]☆Tanystrophaeus
长颈鹿☆Camelopard；giraffe
长颈鹿属[Q]☆Giraffa
长颈瓶☆flask
长径☆long diameter

长径比☆aspect ratio
长径规☆beam compasses
长久的☆long
长距侧向油气运移☆distant lateral migration
长距离(的)☆long-distance；long-haul
长距离飞行中的一段☆hop
长距离送水☆long-distance conveyance
长壳☆siliqua
长空心(套)筒☆long hollow barrel
长孔☆slot-opening
长孔筛☆sieve slotted-hole；slotted sieve{screen}；slot mesh screen；slotted-hole screen
长孔水封爆破采煤(法)☆hole infusion blasting mining；long-hole infusion coal mining method
长孔套管☆slotted casing
长口鳄☆Teleosaurus
长口燃烧器☆slit burner
长跨度☆long span
长跨度管(式涵洞)☆long-span culvert
长宽比☆length-width ratio；length breadth ratio
长×宽×高☆length×width×height；LWH
长廊☆gallery
长浪[从大洋到达海岸的]☆long sea；comber；swell
长联雏晶☆longulite
长链醇消泡剂☆long chain alcohol defoamer
长链分子☆long {-}chain molecule；LCM
长梁支架☆long frame timber
长亮焰煤☆long luminous-flaming coal
长鳞鱼(属)[S_3]☆Birkenia
长菱形(的)☆rhomboid
长瘤鱼属[D_1]☆Phymolepis
长龙类☆Dolichosaurs
长路径☆long-path
长螺母☆extension cap
长螺栓☆overbolt；thru-bolt
长螺纹☆long thread
长螺纹和接箍[套管]☆long thread and collar；LTaC
长脉冲☆long pulse
长毛绒☆plush
长眉虫科[三叶]☆Dolichometopidae
长门珊瑚属[C_{1-2}]☆Nagatophyllum
长门鲢属[孔虫;P_1]☆Nagatoella
长明灯☆pilot burner
长命的☆long-lived
长漠穹丘☆desert arch
长木柄大铁耙☆changkol
长木楔☆baff end
长霓碳酸伟晶岩☆ringite pegmatite
长霓岩☆fenite
长泥甲科[动]☆Heteroceridae
长年冻土☆ever-frozen soil
长排列[震勘]☆expanding (reflection) spread；long array；expander
长篇的☆voluminous
长偏移距记录(法)[震勘]☆long offset recording
长片法☆strip test
长瓶几丁虫属[S_2-D_1]☆Fungochitina
长坡道试验☆long gradient test
长剖面☆long-range profile
长期☆chronicity
长期波动☆long-range fluctuation
长期沉降☆long term settlement；secular sinking
长期持续爆发[火山的]☆drum fire
长期存在的软弱带☆long-standing zone of weakness
长期的☆long-term；chronic；long-drawn；secular；long range；prolonged；long-date(d)；long-period
长期地质滑动☆long-term geologic slip
长期分析☆long-run analysis
长期高产☆extended high rate
长期供应曲线☆long-term supply curve
长期荷载容许应力☆allowable stress for sustained loading
长期缓慢垂直运动☆secular vertical movement
长期缓(慢上)升☆secular upheaval
长期活动裂隙☆long-active fissure
长期计量☆long-duration measurement
长期价格☆long-range price
长期开发效应☆long-term service effect
长期零位移动☆long-term drift
长期留存☆persistence
长期隆起速率☆long-term uplift rate
长期平衡☆secular equilibrium
长期平均成本☆long-run average cost
长期强度曲线☆long-term strength curve
长期侵蚀☆prolonged erosion
长期上升☆secular rise{upheaval}
长期使用☆long-life performance；long run
长期使用的巷道☆long-term workings
长期试验☆test of long duration；prolonged test；long run test
长期受力显现☆long-term behaviour
长期停产{输}☆long shutdown
长期稳定出力☆long-term stabilized output
长期稳定性假说[古生态]☆stability-time hypothesis
长期性浮游生物☆permanent(ly) plankton
长期性重力变化☆secular gravity variation
长期延时引爆雷管☆long-delay blasting cap
长期应力☆continuous stress
长期预报☆long-term{-range} forecast；LRF
长期运行效应☆long-term service effect
长期运转的额定值☆continuous rating
长期照射燃料元件☆long-exposure fuel element
长期贮存☆standing storage
长蹄目[蜘蛛]☆Phalangida
长崎原子弹爆炸☆Nagasaki atom bomb explosion
长旗☆pendant
长钎子☆long borer
长撬棍☆peavy；peavey
长球(体)☆prolate spheroid
长球接子属[三叶;$Є_2$]☆Dolichagnostus
长球形的☆prolatus；prolate (spheroidal)
长球藻属[K-E]☆Prolixosphaeridium
长曲流湖☆resaca
长裙牙形石属[O_1]☆Stolodus
长绒☆shag
长沙脊☆goz [pl.-es]
长沙石燕属[腕;D_3]☆Changshaispirifer
长沙窑☆Changsha ware
长筛孔板☆slot mesh plate
长山虫(属)[三叶;$Є_3$]☆Changshania
长山期[上寒武纪]☆Changshanian age
长山头虫属[三叶;$Є_3$]☆Changshanocephalus
长蛇座☆Hydra；Snake
长射程的☆long range
长身贝(属)☆Productus
长身贝属[腕;C_1]☆Productus
长身锅炉☆telescopic boiler
长身正形贝属[腕;O_2]☆Productorthis
长石[地壳中比例高达 60%,成分 $Or_xAb_yAn_z$ $(x+y+z=100)$,Or=$KAlSi_3O_8$、Ab=$NaAlSi_3O_8$、An=$CaAl_2Si_2O_8$. 划分为两个类质同象系列:碱性长石系列(Or-Ab 系列)、斜长石系列(Ab-An 系列). Or 与 An 间只能有限地混溶,不形成系列]☆fel(d)spar；feldspath[德]；horses' teeth；rhombic quartz；feldtspat；horses；teeth
长石斑岩☆feldspar-porphyry；feldsparphyre；feldspar porphory{porphyry}；feldsparphyric rock
长石玻屑火山灰☆spodite
长石层跳汰机☆feldspar
长石床层式跳汰机☆feldspar type washbox
长石的☆highly felspathic；arcosic；arkosic
长石的白云母细脉☆sand seam
长石的方柱状习性☆Baveno habit
长石方钠辉岩☆beloeilite
长石化(作用)☆feldspathization；feldsparization
长石化的☆feldspathized；feldspathization
长石类☆felt-spat；feldspar (group)；fel(d)spath；orthose；feldspat[德]；felspar
长石类岩☆feldspatite
长石砂☆arkose-sand
长石砂岩☆arkos(it)e；arcose；feldspar{feldspathic；arkosic} sandstone；bluestone
长石砂岩质斑脱岩☆arkosic bentomte
长石砂质杂砂岩☆arkosic graywacke
长石石英☆arkosite
长石为主的☆highly felspathic
长石岩☆feldspatite
长石岩(石)☆feldspathic rock
长石质复岩屑砂岩☆feldspathic polylitharenite
长石质亚岩屑砂岩☆feldspathic sublitharenite
长石质岩屑砂属岩☆feldspathic lithic arenite
长时基☆long-time base
长时间☆tract；long
长时间的☆protracted
长时间电视广播节目☆telethon
长时距(爆炸点)法☆long interval method
长时(间)曝光☆time exposure
长时期☆age；long
长时期应力断裂试验☆long duration stress-rupture test
长时无孔迟发☆long period ventless delay
长时限化石☆long-range fossil
长时效应☆long-term effect
长时延迟☆long delay
长(周期)时钟[走时长]☆long-range clock
长使用期限☆long life
长手石[$Ca_2(Ce,La)_2Al_4Fe_2(Si,P)_6O_{15}OH$;$(Ca,Fe)_4(Al,Ce,La)_6(Si,P)_6O_{26}$•$2H_2O$]☆nagetelite；phosphoro(o)rthite；nagatelite；phosphorerdenepidot[德]
长手套☆gauntlet；gantlet
长寿命☆long life
长寿命的☆long-decayed；long-period
长寿命管☆long-life tube
长数☆long number
长丝喷缠变形工艺☆rotoset process
长穗状花序的☆spiked
长锁紧螺钉☆long lock screw
长套管柱☆long string
长梯度电极系测井☆long lateral
长梯度(测井)曲线☆long lateral
长条☆sliver
长条记录图纸☆recording strip chart
长条颗粒☆roller；rod
长条泥芯☆stock core
长条切口☆slot-opening
长条筛孔☆sieve slotted-hole
长条(记录)图纸☆strip chart
长条形的☆elongate
长条形侵入体☆extended intrusion
长条形软座[沿墙放的]☆banquette
长条形筛孔金属丝编织筛网☆long slot woven-wire cloth
长条形四点井网☆elongated four-spot pattern
长条形眼☆slot
长条状灯☆striplight
长条状(爆)炸(震源)☆elongated charge
长鲢☆Polydiexodina
长筒砾磨机☆pebble {-}tube mill
长筒靴☆boot
长统靴☆(knee-)high boots；knee-boot
长头龙属[K]☆Kronosaurus
长头树懒属[Q]☆anteater；Myrmecophaga
长头状☆long-headed
长透(辉)云闪帘片岩☆vullinite
长突肋纹孢属[K]☆Appendicisporites
长图☆strip chart
长途电话☆long-distance (telephone) call；toll
长途汽车☆coach
长途拖运☆long haul
长推进度柱架式(凿岩)机☆long-sash drill
长腿石膏管型[医]☆long leg cast
长椭球体{面}☆prolate ellipsoid
长椭圆形的☆oblong
长弯头☆long bend
长湾水系☆elongated bay drainage pattern
长网成形机☆Fourdrinier machine
长艉楼☆long poop
长尾☆train；long-tail
长尾巴☆leggy
长尾大麝鼩☆Crocidura dracula
(非洲)长尾猴属[N_2-Q]☆Cercopithecus；guenon
长尾鲛属[Q]☆Alopias
长尾沙丘☆tail dune
长尾沙嘴{咀}☆tail；trailing spit
长细比☆slenderness ratio
长霞类☆feloids
长峡谷☆rift
长狭潮道☆gja；geo
长狭谷☆rift
长狭海湾[西]☆ria
长狭煤柱房柱(式采煤)法☆room-and-rance method
长纤维☆filament
长线法预应力混凝土☆long-line prestressed concrete
长线形抬升☆long linear uplift
长箱形取样器☆long boa corer
长项预测反褶积☆long term predictive deconvolution
长小点痕☆parichno
长效防砂系统☆durable sand control system
长效防污能力☆prolonged antifouling power

C

长效密封☆long-term seal
长楔形(镶嵌)齿☆sharp chisel insert
长斜方形(的)☆rhomboid
长辛店期☆Changsintien Age
长兴菊石属[头;P_2]☆Changhsingoceras
长形蛋属☆Elongatoolithus
长形堆料{料堆}☆windrow
长行程液压不压井起下作业装置☆long-stroke hydraulic snubbing unit
长行程液压(不压井)修井机☆hydraulic long stroke snubber
长胸目{类}[盾皮纲]☆Dolichothoraci
长悬轴式旋回破碎机☆long-shaft suspended-spindle gyratory crusher
长选锤☆sorting{cobbing} hammer
长循环的☆macrocyclic
长牙☆dentition；tusk
长岩芯☆column
长岩芯率☆rock quality designation
长焰煤[挥发物超过35%]☆(long) flame{flaming} coal；jet{free {open}-burning;fat;kennel;metalignitous;dry;candle} coal
长焰气煤☆parabituminous coal
长焰烧嘴☆long flame gas burner
长焰烟煤☆flenu coal
长阳鱼属[D_3]☆Changyanophyton
长摇臂☆long boom
长药卷(筒)☆king-size cartridge
长叶木贼属[古植;P_{1-2}]☆Equisetina
长叶杉[J_2-K_1]☆Elatides
长叶(松萜)烯☆longifolene
长叶香榧属[K_1-Q]☆Torreya
长英角岩☆halleflinta；felsic{quartofeldspathic} hornfels
长英矿物[C.I.P.W]☆felsic mineral
长英脉岩☆arizonite
长英球粒☆felsosphaerite
长英砂☆arkose-sand
长英岩☆felsite；arkose quartzite；arkosite；aptite
长英云母角岩☆cornubianite
长英指数☆felsic index
长英质变质岩类☆quartzofeldspathic metamorphic rocks
长英质分异侵入体☆felsic differentiated intrusion
长涌☆roller；ground swell
长余辉☆long-persistence
长垣☆placanticline
长圆孔☆slotted hole
长圆形的☆oblong
长源距的☆long spaced；LS
长源距上{|下}部窗口计数率☆long upper{|lower} window count rate
长远规划☆strategic planning；long-range mine planning
长远计划☆far-reaching design
长远利益☆long-term benefit
长云角(页)岩☆edolite
长运距(取得的)材料☆long-haul material
长凿☆jumper；long chisel；dumper
长凿孔带自动发报机☆belt scanner
长窄露天矿☆goffan；goffen
长爪砂鼠☆Meriones unguiculatus
长沼☆bogue；bayou
长褶壁单孔粉属[孢]☆Ptychomonoporina
长枕☆bolster
长直边坡☆long straight slope
长周期☆long-time cycle；long period；LP
长周期摆☆long period pendulum{lever}
长(自振)周期船☆long period vessel
长周期检波器☆long-period seismometer
长周期组合☆long-period array
长轴☆macro-axis{macro-diagonal} [三斜及正交晶系中的 *b* 轴]；long{major;apical} axis；macroaxis
长轴端面[三斜晶系中{*h*00}型的单面]☆ macropedion
长轴距车☆long-wheelbase car
长轴类[花粉]☆longaxones
长轴坡面[正交晶系中{*h*0*l*}型的菱方柱]☆macro(-) dome
长轴坡式半板面[三斜晶系中{*h*0*l*}型的单面]☆macro-domal hemi-pinacoid
长轴坡式柱[正交晶系中{*h*0*l*}型的菱方柱]☆macro- domal prism
长轴型旋回破碎机☆long-shaft-type gyratory crusher
长轴轴面[三斜及正交晶系中的{100}板面]☆macro(-)pinacoid
长轴柱[正交晶系中 *h*<*k* 的{*hk*0}型的菱方柱]☆macroprism
长轴锥[正交晶系中 *h*<*k* 的{*hkl*}型的菱方(双)锥]☆macropyramid
长柱☆flanking pillar
长柱对角工作面开采法☆half-V method
长柱分段开采☆long pillar mining
长柱式分条回采房柱法☆rib-and-stall working
长柱状习性☆long columnar habit(us)
长锥壳[头]☆longicone
长锥体☆elongate cone
长字☆long word
长字节☆slab
长组合☆long array
长嘴钳☆long-nose plier
偿付☆tender；pay back；reimbursement
偿付能力☆solvency；ability to pay
偿付银行☆clearing{reimbursing} bank
偿还☆restitution；redemption；repayment；payout；reimbursement
偿还率☆return rate
偿还期倒数法☆pay back reciprocal method
偿加速度☆compensated acceleration
偿清☆quit；quietus；payout[成本]
偿债备付率☆debt service coverage ratio；DSCR
偿债基金☆sinking fund；SF
肠☆intestine；enteron
肠癌☆intestinal cancer
肠壁珊瑚属[S-D]☆Enterolasma
肠的☆enteric
肠骨☆(os) ilium
肠管☆gut；intestine
肠黑的☆raven
肠结绳熔岩☆entrail pahoehoe
肠结石[病理]☆enterolith
肠粒生物砂屑灰岩☆spergenite
肠膜状明串珠菌☆leuconastoc mesenteroidas
肠腔☆enteron
肠曲褶皱☆sigmoidal fold
肠鳃纲[半索亚门;Q]☆Enteropneusta
肠石☆enterolith；enterolite；alvinolith
肠石病☆enterolithiasis
肠形(褶皱)☆ptygma
肠原性青紫症☆methemoglobinemia
肠状变形☆enterolithic deformation
肠状的☆enterolithic；ptygmatic；ptyamatic(al)
肠状脉☆ptymatic{ptygmatic} vein
肠状熔岩☆entrail pahoehoe；gekroselava
肠状岩☆ptygmatite
肠状岩脉☆ptygmatic vein
肠状炸药☆sausage powder
肠状褶皱☆ptygmatic{enterolithic;ptigmatic} fold；enterolithic folding；ptygma
鲿科[Q]☆Bagridae

chǎng

场☆field；yard；fld
场崩☆collapse of field
场变曲度☆curvature of field
场变形☆field deformation
(磁)场(的)磁极☆field pole
场的扰动☆storm
场的消失☆collapse of field
场地☆ground (levelling)；yard；space；place；site；campus；field；worksite；court；lot；floor[室内]
场地笔记☆field notes
场地布置☆yard layout
场地地质适宜性☆geological suitability of site
场地复杂程度☆site complexity
场地工☆weevil
场地界标☆land mark
场地勘察☆site investigation
场地勘察报告☆reports of site investigation
场地评价☆terrain evaluation
场地平整☆levelling
场地平整工程☆site formation works
场地清理犁铲板☆land-clearing blade
场地选择☆siting
(成矿)场地准备☆ground preparation
场电流☆field current
场端安全区[土]☆overrun
场发射扫描电子显微镜☆field-emission scanning electron microscopy；FESEM
场方向图☆field pattern
场分布☆field pattern{distribution}
场辐射图☆field radiation pattern
场辅区域{逐区}熔化☆field-aided zone melting
场格子双晶☆grid twin
场光度{|函数}☆field luminance{|function}
场合☆conjuncture；occasion
场畸变☆field distortion
场控的☆field control
场控光致发光☆electrophotoluminescence
场控阴极射线发光☆electrocathodoluminescence
场阑☆field stop
场离子原子探针☆field-ion atom probe
场励磁安匝☆field ampere
场力线☆field line
场亮度☆field brightness
场流调节☆field adjustment
场论☆theory of fields；field theory
场(的理)论☆theory of fields
场密度☆field density
场面☆spectacle
场内堆存☆yarding
场能☆field energy
场偏移(的)☆field offset；field-biased
场频(锯齿形)补偿信号☆field tilt
场谱方程☆field spectrum equation
场强☆intensity{strength} of field；field intensity{density;strength}
场强比率☆field-strength ratio；FSR
场强方向图☆field strength pattern
场曲率☆curvature of field
场扫描☆fieldscanning；field scan{scanning}
场失真☆field distortion
场势☆field potential
场所☆habitat；topo-；spot；room；locality；stage；locus [pl.loci]；house；location；lieu[用于 in lieu of]
场梯度☆field gradient
场调(晶体)管☆Technetron
场同步信号☆field sync(hronizing) signal
场同步信号后消隐间隔☆post-sync field-blanking interval
场图型☆field pattern
场推动信号☆field drive signal
场外行情☆street price
场外交易☆kerb market
场效应☆field effect
场效应(晶体)管☆field effect-transistor；FET
场型式☆field pattern
场形变{|延拓}☆field deformation{|continuation}
场应力☆field stress
场域异常张弛方法☆field anomaly relaxation method
场源参数图法☆source parameter map technique；sopam；Sopam technique
场址地质适宜性☆geological suitability of site
场址复杂程度☆site complexity
场址勘察☆site investigation
场址勘探☆ground investigation
场{厂}址特性判定[岩力]☆site characterization
场址选择☆siting
场致电离{离子}源☆field-ionization source
场致(发)光☆electroluminescence
场致发射☆cold{field;field-induced} emission
场致发射显微镜☆field-emission microscope
场致放射☆field emission
场阻抗☆field impedance
厂部☆factory headquarters
厂房☆hacienda；factory building{workshop}
厂房基础☆building foundation
(制造)厂家(提供的)软件☆manufacturer software
厂矿☆factories and mines
厂矿企业☆factories；mines and other enterprises；industrial and mining enterprise{establishment}；factory and mining enterprises；industrial enterprises
厂矿浴室☆change house
厂名牌☆nameplate；nameplate of the factory
厂内返矿仓☆in-plant returns bin
厂内废料☆domestic-scrap
厂内试验☆shop test
厂内(管道输)送☆industrial pumping
厂内作业☆in-plant operation
厂牌号☆label
厂棚构造☆factory roof structure
厂区管系☆plant piping

厂商☆firm；supplier；factory owner；factories and stores；manufacturer
厂涂漆☆shop primer
厂镶金刚石钻头☆factory-set bit
厂修☆shop repair
厂用电(力)☆service power；auxiliary power
厂造钻头☆processed bit
厂长☆(factory) director
厂长行政指挥☆factory director's administrative command
厂址调查☆site investigation
敞舱驳船☆scow
敞槽式处理☆open-tank treatment
敞底的井☆open-bottomed well
敞底侵入体[岩基、岩株等]☆subjacent intrusion
敞底式潜水钟☆open-bottom diving bell
敞顶货车☆gondola car
敞浇注件☆open sand-casting
敞开☆openness
敞开的☆full opening；open to atmosphere
敞开阀☆full-opening valve
(上向分层)敞开工作面采矿法☆open-stope method
敞开进路式矿柱回采法☆open-end method
敞开排列法☆open spread
敞开式齿轮传动装置☆open gearing
敞开式的☆open-type；open
敞开式进路崩矿方案[中深孔崩矿]☆bench stoping
敞开式切削轮☆open cutting wheel
敞开式全断面隧道掘进机☆open fullface TBM
敞开式三角区[掩护支架]☆open lemniscate mechanism
敞开压力☆open pressure
敞开褶曲{皱}☆open fold
敞口的☆unconfined
敞口锅☆cauldron
敞口式浮顶☆open pan type floating roof
敞口卸矿台☆bottomless bridge
敞口油管挤注法☆open-ended tubing squeeze method
敞流☆uncontrolled flow
敞炉☆open fusing
敞露的张裂隙☆open{uncovered} tension crack
敞露甲板☆skeleton{exposed;open} deck
敞露进路式矿柱回采☆open ending；open-ended extraction{pillaring}；open-end pillar work
敞露式信号铃系统☆open bell system
(在)敞露水体中生成的[煤层]☆phenhydrous
敞喷☆uncontrolled{(wide-)open} flow；blowing in wild；blow wild；wild flowing
敞喷产量☆open flow potential；OFP
敞喷期☆flush stage
敞喷气流☆wide open flow
敞喷时产油能力☆open-flow potential
敞喷油流☆wide {-}open flow
敞篷货车[铁路用]☆gondola
敞篷汽车☆phaeton
敞式皮带☆open belt
敞(开)式通用电动机☆open general-purpose motor
敞式艉架☆clear water stern；open stern frame
敞形结构☆open structure

chàng

畅流☆open flow；OF
畅流的☆fluent
畅流量☆flowing potential
畅流油井☆free {-}flowing well
畅喷[$CuAl_6(PO_4)_4(OH)_8 \cdot 4H_2O$]☆open flow；OF
畅水土☆freely drained soil；well-drained soil
畅通道路☆non-stop{unhindered} passage
畅通的☆free；open
畅通炮眼☆effective perforation
畅通无阻的☆straightaway
畅销(的)☆saleable；off {-}the {-}shelf；boom
畅行☆drag-free
畅行的☆free moving
畅行无阻☆unimpeded pass{flow}
唱机☆gramophone；player
(电)唱机☆phonograph；phono
唱激光扫描☆laser scanning
唱片☆record(ing)；photogram；disc；phonorecord；pressing；transcription；wax[美]
唱声[引起震鸣和混响的短粗多次发射]☆singing
倡导者☆exponentially
倡议☆initiate；sponsorship
鬯蕨属[J-Q]☆Acrostichum
鬯蕨羊齿属[K_1]☆Acrostichopteris

chāo

超☆extra-；extro-；ultra-；trans-；sur-；supra-；super-；preter-；par-；para-；over-；hyper-
超锕元素☆transactinium element
超锕系元素☆transactinide element；superactinide (series)
超暗色岩☆hypermelanic rock
超白榴石☆ultraalbanite
超半圆拱☆surmounted arch
超包络☆hyperenvelope
超薄薄膜过滤☆ultramembrane filtration
超薄的☆ultra-thin；ultrathin
超薄光薄片☆polished ultrathin section；ultra thin polished section
超薄切片☆ultramicrocut；ultrathin section
超薄切片(机使用术)☆microtomy
超爆☆overbreak；backbreak；back break
超爆器☆exploder
超崩裂☆superdisruption
超扁球形☆peroblate
超变成(作用)☆ultratransformism
超变成论者☆ultratransformist
超变质☆ultrametamorphism
超变质岩☆ultrametamorphic rock
超标准浓度☆super-normal concentration
超冰川的☆hyperglacial
超播☆overseeding
超钚元素☆transplutonium
超采☆over exploitation
超采原油☆overlift crude
超测微计☆ultra(-)micrometer
超插入法☆extra-interpolation
超差☆oversize；off-gauge；os
超产☆overproduce
超常的☆above {-}normal；transcendent(al)
超常试验☆exaggerated test
超长波☆myriameter (waves)
超长电极距测井☆ultra(-)long spaced electric log
超长基线干涉测量☆very long baseline interferometry
超长极距测井☆ultra-long spacing electrical log
超长近钻头扶正{稳定}器☆extra-long near-bit stabilizer
超长球形☆perprolate
超长石砂岩☆ultrarkose
超长震源☆super-long source
超长周期☆super-long-period
超长组合☆superlong array
超潮波☆trans-tidal wave
超沉降(期)[造陆]☆hypersubsidence
超承压水☆hyperpiestic water
超尺寸☆over dimensioning
超重入流☆hyperpycnal inflow
超重整法☆hyperforming
超抽☆overdraft
超稠多元胶☆ultra thick complexed gel
超出☆exceed；excess；outside；overshoot(ing)[规定限度]；hyper-
超出(量)☆standout
超出定额范围☆overranging
超出(作用)范围☆outrange
超出范围的☆off-limits
超出规定☆overswing
超出规范的要求☆off specification requirement(s)
超出限度☆exceed
超出作用距离范围☆outrange
超纯的☆superpure；extra(-)pure
超纯度☆ultrapurity
超纯化☆ultrapurification
超纯试剂☆extrapure reagent；extra pure reagent；ER
超纯水器☆Milipore
超达尔文主义☆hyperdarwinian
超打桩☆overdriven pile
超大爆炸☆superbang
超大规模集成(电路)☆very-large-scale integration
超大陆[冈瓦纳]☆supercontinent
超大气压☆superpressure；super-atmospheric pressure
超大型成品油油轮☆very large product carrier；VLPC
超大型企业☆ultralarge enterprise
超带☆superzone；megazone
超带地层☆superzone
超单体{晶}☆superindividual
超导☆supraconduction
超导爆线管☆super conducting solenoid
超导薄膜结☆superconducting thin-film junction
超导材料☆super-conducting{superconductor} material；superconductor
超导磁合金☆ultraperm
超导磁铁镍钼铜合金☆ultraperm
超导电流☆supercurrent
超导电率☆superconductivity
超导电体☆superconductor
超导(电)合金☆electrically superconducting alloy
超导量子干涉仪(器)☆superconducting quantum interference device；SQUID
超导气泡室磁铁☆superconducting bubble chamber magnet
超导态☆superconducting state
超导体☆super(-)conductor；supraconductor
超导性☆superconductivity；supraconductivity
超倒卵形☆perobovoidal
超低波速带☆ultra low velocity zone
超低黏度油☆ultra-low viscosity oil
超低膨胀微晶玻璃☆ultra-low expansion glass ceramics
超低频☆ultra low frequency；ultralow frequency；ULF
超低温传感器☆cryogenic transducer
超低压轮胎☆superballoon
超涤气机☆superscrubber
超地幔喷流柱☆superplume
超地幔柱☆super plume
超地体☆superterrane
超(级)地震☆superquake；super-quake
超地震波☆superseismic
超地转风☆supergeostrophic wind
超点阵转变☆superlattice transformation
超电流☆supercurrent
超电位{势}☆overpotential
超电压☆overvoltage；overpotential
(牙轮锥体的)超顶☆cone overhang
超顶积扇☆supratopset fan
超定方程☆overdetermined equation
超动态应变仪☆high dynamic strain indicator
超短波☆ultrashort{ultra-short} wave；very short wave；ultra short-wave；USW
超短基线声系统☆supershort baseline acoustic system
超断层☆superdislocation
超堆积(作用)☆hyperaccumulation
超堆垒状态☆overpacking；overpacked
超钝(化)性☆transpassivity
超多重态☆supermultiplet
超多重(谱)线☆hypermultiplet；supermultiplet
超额☆excess；overage
超额热函☆excess enthalpy
超额采量☆overgettings
超额函数☆excess function
超额吉布斯(自由)能☆excess Gibbs energy
超额生产☆overfulfill
超额体积☆excess volume
超额完成☆overfulfil(l)；overful(l)ment
超二次曲面☆hyperquadric
超发光☆superradiance
超反射☆superreflection
超范性☆superplasticity
超方向性系数☆superdirectivity
超分散☆hyperdispersion
超辐射☆superradiation；superradiance
超俯冲带☆supra{super}-subduction zone
超覆☆overlap；lapout；overlying；overlapping；transgression；overstep；onlap
超覆程度☆degree of overlapping
超覆范围带☆range overlap zone
超覆构造☆overlapped structure
超覆礁☆transgressive reef
超覆式不整合☆unconformability of lap
超复☆onlap；overriding；override
超复断层☆overlap fault
超复理石☆hyperflysch
超复数☆supercomplex
超负荷☆overload(ing)；excess load；trouble；super-heavy；sh；overcapacity
超负荷河☆overburdened stream
超负载☆overburden；overload；OL
超富集☆super-concentration
超干旱荒漠☆extraarid desert
超感应☆superinduction

C

超肛板[棘]☆suranal (plate)
超纲☆superclass
超高☆freeboard；superelevation；cant
超高纯的☆ultra-pure
超高的☆extra-high
超高功率 X 射线发生器☆superhigh-power X-ray generator
(压裂液)超高含砂浓度☆ultrahigh sand concentration
超高横坡度☆superelevation scope
超高空摄影术☆hyperaltitude photography
超高能质子☆superproton
超高频☆hyper{super} high frequency；super(-)high frequency；hyperfrequency；hyper-high-frequency；super(-)frequency ； UHF{ultra-high frequency} [300～3,000MHz]；HHF；E.H.F.；VHF；SHF
超高频波☆hyperfrequency wave
超高频瓷(料)☆ultraporcelain
超高频声波电子学☆acoustoelectronics
超高频 T 形接头☆extra-high tee；E-H
超高频振荡三极管☆dyotron
超高强度钢☆ultra-high strength steel
超高速☆hypervelocity；superspeed
超高速存取存储器☆zero access memory
超高速的☆superfast
超高速度☆ultraspeed
超高速硬化水泥☆super-rapid hardening cement
超高速中间结果存储器☆scratchpad
超高温信号(器)☆overtemperature signal
超高效浓密机☆ultra-high rate thickener
超高压☆supervoltage；extra high voltage；superhigh {ultra-high} pressure；ultra high pressure{voltage}；extrahigh tension；superpressure；supertension；very high pressure；UHP；UHV；VHP
超高压带☆overpressured zones
超高压力☆hyperpressure
超高压相☆ultrahigh pressure phase
超高盐度热储☆hypersaline reservoir
超高早强硅酸盐水泥☆ultra-high-early-strength portland cement
超高折射玻璃细珠☆super-high refractive glass beads
超高折射率光学玻璃☆extra high refractive index optical glass；high refractive index optical glass
超工业时代☆post-industrial era
超功率☆superpower；overpower
超功率的☆extra-heavy (power)
超共轭效应☆hyperconjugation
超共振筛☆ultraresonance screen
超估☆overestimation
超固结比☆over(-)consolidation ratio；OCR
超固溶岩石☆hypersolvus rock
超固相线的☆hypersolidus；super-solidus
超光测仪☆ultraoptimeter
超光电摄像管☆aeriscope
超光度计☆ultraphotometer
超光速粒子☆tachyon
超规度溶液☆supernormal solution
超硅铝质☆supersialic
超硅镁层☆ultrasimatic layer；ultrasima
超过☆extra-；exceed；extro-；well over；in excess of；outweigh；trump；rising；past；outreach；outrange；in excess of；overrun[界限]；overrun[范围]；out-
超过标号容量☆exceed label capacity；ELC
超过的☆extra
超过(允许)定额的(井)采油量☆illegal oil
超过定额的产量☆overproduction
超过官方允许产量的井☆over-produced well
超过滤☆ultrafiltration
超过容许值的污染☆intolerable contamination
超过位置☆setover
超航程☆outrange
超号的☆outsize
超核☆hypernucleus；supernucleus
超合金☆superalloy
超荷☆hypercharge；excess load
超荷土壤☆ultisol
超荷载作用☆effect of surcharge
超褐煤☆metalignitous coal
超痕量☆ultratrace；extreme trace
超厚的☆over-thickened
超厚管☆double extra strong pipe
超花岗岩化☆ultragranitization
超化学☆metachemistry
超环流☆supercirculation
超环面☆toroid
超环面的☆toroidal
超环索螺旋☆hyperstrophic coiling
超换向[接]☆supercommutation
超幻线干扰信号☆ghost signal
超活性☆superactivity
超火山☆supravolcano
超基性☆ultrabasic
超基性变质岩类☆ultrabasic metamorphic rocks
超基性的岩☆ultrabasic；ultramafic
超基性岩[$SiO_2<45\%$]☆ultrabasic rock；ultramafic rock；hyperbasite；ultrabasite
超基性杂岩体☆ultrabasic complex
超级☆supergiant
超级测微计☆ultramicrometer
超级涤气机☆superscrubber
超级港口[尤指近海口处]☆superport
超级隔热☆superinsulation
超级公路☆superhighway
超级光制☆superfinish
超级化学☆metachemistry
超级精矿☆superconcentrate
超级盆地☆superbasin
超级汽油☆super-gasoline
超级强铝☆superduralumin
超级燃料☆super fuel；super-fuel
超级赛道☆supercircuit
超级石墨☆supergraphite
超级市场☆supermarket
超级水☆superwater
超级水泥☆supercement
超级体系☆supersystem
超级铁精矿☆extraction of superpure concentrate of magnetite
超级压裂☆super fracturing
超级殷钢☆superinvar
超级油轮☆very large crude carrier；supertanker；VLCC
超级油轮装卸油库☆supertanker terminal
超级沼气矿☆very gassy mine
超几何分布☆hypergeometric distribution
超甲基化(作用)☆supermethylation
超钾质火山岩系列☆ultrapotassic volcanic series
超碱性☆superalkalinity
超碱性岩☆hyperalkaline{ultrabasic;ultra-alkaline} rock
超交换(的)☆superexchange
超阶☆superstage
超结构☆superstructure；super structure
超(点阵)结构☆superlattice structure
超结构线☆superstructure line
超结晶格子☆superlattice
超紧密(堆)积(作用)☆overpacking
超晶胞☆super cell；super-cell
超晶格☆superlattice
超精度☆extra accuracy
超精加工☆superfinish；superfinishing
超精矿☆superconcentrate
超精细分裂☆hyperfine splitting
超精细结构耦合☆hyperfine coupling
超静定体系☆hyperstatic system
超静力平衡提升☆overbalanced hoisting
超静水压力☆hydrostatic excess pressure；excess hydrostatic pressure
超径材料☆oversized materials
超径孔☆oversize hole
超径切削[钻具偏心回转引起]☆overcut
超径形成大肚子孔段☆chambering
超净的☆ultra-clean
超净化液☆superclean fluid
超净煤[矿物<5%]☆super clean coal
超锔☆transcurium
超巨砾[2,048～4,096mm]☆very large boulder
超巨星☆superstar；supermassive{super(-)giant} star
超巨型的☆supergiant
超距☆overlap
超掘进工作面☆pilot heading
超绝热☆superinsulation
超绝热的☆superadiabatic
超科☆superfamily
超壳脊骨☆supracrustal keel
超可塑性☆superplasticity
(理论上的)超空间☆superspace
超空蚀(水)流☆supercavitating flow
超孔隙气压力☆excess pore-air pressure
超孔隙水☆excess pore water
超快的☆superquick；SQ
超快凝水泥☆super-fast-setting cement
超快速☆superfast
超快硬水泥☆super-rapid hardening cement
超宽带信号发生器☆ultrawide band signal generator
超宽银幕☆superscope
超宽组合☆superwide array
超拉力☆over pull force
超浪池☆overwash pool
超类☆superclass
超冷冻法[低于-35℃]☆deep-refrigerating method
超离层大气物理学☆aeronomy
超离心的☆ultracentrifugal；supercentrifugal
超离心法☆ultracentrifugal method
超离心分离机☆ultracentrifuge；UCF
超离子导体☆superionic conductor
超立体☆supersolid
超立体全息像☆hyperstereoscopic holographic image
超粒☆oversize (piece;particle)
超粒控制筛☆check screen；oversize control screen
超粒子☆superparticle
超沥青☆ultra-albanite
超联结☆hyperconjugation
超量程☆outrange
超量聚积(作用)☆hyperaccumulation
超量砾石☆excess gravel
超量装药爆炸☆overshooting；overshoot
超量子化☆hyperquantization
超料物料[选]☆oversize material
超裂缝☆supercrevice
超磷霞岩☆ultraurtite
超临电流☆supercriticality
超临界的☆supercritical；above critical；hypercritical
超临界核尺寸☆overcritical nucleus size
超临界流☆supercritical{shooting;rapid} flow
超临界流体色谱法☆supercritical fluid chromatography
超临界性☆supercriticality
超临界状态的二氧化碳☆supercritical carbon dioxide
超龄井孔☆ageing well
超灵敏的☆ultrasensitive；supersensitive；SS
超灵敏(度)地震计☆ultra sensitive seismometer
超流动性☆superfluidity
超流体☆superfluid
超隆起☆superswell
超铝质(的)☆hyper-aluminous
超滤☆ultrafiltration
超滤(作用)☆ultra-filtration
超滤器☆ultra-filter；ultra filter
超滤作用☆ultrafiltration
超卵形☆perovoidal
超慢速运动☆ultraslow motion
超毛管间隙☆supercapillary interstice
超毛细渗透作用☆supercapillary percolation
超镁铁-辉长杂岩☆ultramafic-gabbroic complex
超镁铁岩☆ultramafic rock；ultramafite；ultramafics
超镁铁(质)岩☆ultramafites；ultramafic rock
超糜棱岩☆ultramylonite；flinty crush rock
超密切☆hyperosculation
超密说☆superdense hypothesis
超密旋体☆spinar
超冕☆solar supercorona
超敏感的☆extrasensitive
超敏感性的☆ultrasensitive
超敏化作用☆supersensibilization
超敏装置[集成电路中对电流、电压的]☆hypersensor
超目☆superorder
超耐热合金☆superalloy
超霓长岩☆ultrafenite
超年代☆superchron
超黏粒☆ultra clay
超黏土☆ultraclay
超黏性消{滞扩}散☆excess viscous dissipation
超浓卤水☆heavy{hypersaline} brine
超浓密{缩}机☆superthickener
超抛物面☆hyperparaboloid
超喷流柱☆superplume
超频☆overfrequency
超平衡☆overbalance
超平面☆hyperplane；lineoid
超平行体☆parallelotope
超坡莫高透磁合金☆ultraperm
超坡莫合金☆supermalloy；super Permalloy

超期发生☆hypermorphosis
超气压深潜器☆hyperbaric vehicle
超前☆lead(ing)；advance；keep […ft] in advance of；pilot；ahead of (times)；aiming at the future；surpassing past generations；preact；look ahead
超前板桩(法)☆fore(-)poling board；spiling
超前爆破☆blasting in advance
超前剥离平台☆prestripped bench
超前部分☆advance section
超前插板支护☆spiling
超前导巷{洞}掘进法☆pilot method；pilot{pioneer} tunnel method
超前短煤房☆breasting
超前沟☆key{advance} cut
超前灌浆☆advance grouting；full cover cementation
超前巷道☆advance workings{gallery}；pilot drift {hole;workings}；fast{leading} place；winning-off；leading heading
超前回采上山☆leading band
超前角☆advance{lead} angle；angle of lead
超前进位加法器☆carry lookahead adder
超前井凿井法☆sinking with pilot shaft
超前距离[震勘]☆crossover distance
超前距离注水☆advance remote infusion
超前掘孔(平巷)☆sump hole
超前孔☆feel ahead；guide hole；pilot-hole
超前锚固拉引式采煤机[也可用于巷道掘进]☆pilot-pull miner
超前平硐☆pilot tunnel
超前平巷☆advance heading{entry}；fore drift；fast place；winning
超前切割曲流☆advance-cut meander
超前刃☆center plug；leading edge
超前伸梁☆fore-pole；Larsen's spile
超前隧道掘进法☆pilot tunnel method
(台阶面)超前推进☆first advance
超前推进平巷☆advance{advancing} heading
超前小巷掘进法☆pilot method
超前小井凿井法☆sinking with pilot shaft
超前信号☆anticipating{advance} signal
超前影响角☆fore effect angle
超前支护☆advance timbering；(roof) forepoling
超前支架(法)☆forepoling；advance timbering；roof forepoling；fore support
超前纵梁☆horsehead (girder)
超前钻进☆predrilling；probe drilling
超前钻井☆drill ahead
超前钻井(钻井法)☆guide-bore pit
超前钻孔☆advance(d) hole{bore(hole)}；guide {pilot;sump;advancing} hole；hole through on line；pilot boring{drilling}；flank bore(hole)
超前钻孔开凿天井法☆drilled raise
超欠挖☆overbreak-underbreak
超强的弹簧支撑装置☆extra strong spring support system
超强度☆super-strength
超强力电子回旋加速器☆bevatron
超切钢☆high speed steel
超亲岩浆元素☆H{hypermagmatophile} element
超轻便式的☆ultraportable；UP
超轻元素☆ultra-light element
超倾型[腕]☆hypercline
超清洁液☆superclean fluid
超穹隆☆superswell
超球面☆hypersphere
超区域的☆superregional
超曲面☆hypersurface；hyperenvelope
超群☆head and shoulders above all others；supergroup；preeminent；megagroup；magagroup
超群的☆ranking
超然科学☆pataphysics
超热焙烧☆surplus heat firing
超热力学☆extrathermodynamics
超热中子☆epithermal{above-thermal} neutron
超日冕☆solar supercorona
超熔体{的}☆hyperfusible
超熔线的☆hypersolvus
超溶度☆supersolubility
超乳白搪瓷☆super-opaque enamel
超软的☆extrasoft
超软X射线☆ultra-soft X-ray
超熵☆super entropy
超上涌☆superswell
超深☆subdrilling
超深成带☆ultra-abyssal zone
超深地热能开发☆ultradeep geothermal development
超深度钻孔☆superdeep drilling
超深海☆galathea-
超深井☆ultra(-)deep shaft；ultradeep{extradeep; superdeep} well
超深孔钻杆☆overdeep boring rods
超深深度☆hadal depth
超深渊☆hadal (depth) [>6,000m]；superoceanic deep
超深渊带☆hadal (marine) zone
超深钻探计划☆Mohole project
超深钻☆superdeep drilling；moho；super-drill；Mohorovicic discontinuity hole；mohole
超渗滤{透}☆ultrafiltration
超渗雨☆rainfall excess
超声☆supersound；ultrasound；inaudible sound；ultrasonic
超声波☆ultrasonic (wave)；supersonic (wave)；ultrasound；ultra-sonic；UW；US
超声波材料试验仪☆ultrasonic apparatus for material testing
超声波测厚☆ultrasonic thickness test
超声波场☆ultransonic wave field
超声波的☆ultrasonic；hyperacoustic；supersonic
超声波反射探伤仪☆supersonic reflectoscope
超声波腐蚀测定器☆corrosion sound meter
超声波干扰{涉}测量☆ultrasonic interferometry；UI
超声波机械杂质监测仪☆ultrasonic particle monitor
超声波计程☆ultrasonic ranging
超声波检查仪☆somascope
超声波检验法☆ultrasonic examination
超声波金属厚度测量仪☆sonigage
超声波水下{中}探测法☆asdic method
超声波探测☆supersonic sounding
超声波探测术☆ultrasonography
超声波探伤法☆ultrasonic wave nondestructive testing
超声波学☆ultrasonics
超声波障碍探测器☆ultrasonic flow detector
超声测深☆depth sounding
超声测压☆pressure determination by ultrasonic means
超声层析成像法☆ultrasound tomography
超声抽提法☆ultrasonic extraction
超声的☆hypersonic；ultrasonic；supersonic
超声地震散射层析成像法☆ultrasonic seismic scattering tomography
超声感受装置☆ultrasonic sensing device
超声脉冲法非破损检验☆non-destructive test by ultrasonic pulse
超声脉冲探头☆ultrasonic pulse probe
超声凝结(聚)☆supersonic coagulation
超声频☆superaudio (frequency)；supersonic
超声频的☆hypersonic；superaudible
超声频率☆ultrasonic{supersonic} frequency；SF
超声谱仪☆ultrasonograph
超声乳化起泡剂☆ultrasonically emulsified frother
超声水泥分析器☆ultrasonic cement analyzer
超声速喷焰☆supersonic jet
超声碎石术☆ultrasonic lithotresis
超声调制电子共振谱☆ultrasonically modulated electron resonance spectroscopy；UMER
超声学☆ultrasonics；supersonics；ultra-acoustics
超声延迟线玻璃☆ultrasonic delay line glass
超声诊断仪☆diasonograph
超生产力☆super-capacity
超施石灰☆overliming
超湿式地层燃烧(法)☆superwet combustion
超石英☆stishovite；stipoverite
超时成本和利润☆costs and benefits over time
超时期☆superchron
超时效☆overageing；overaging
超始深度☆initial depth；ID
超势☆superpotential
超收敛☆super convergence
超水力压力☆excess hydraulic pressure
超顺磁性☆superparamagnetism
超四面形☆hypertetrahedron
超松弛☆overrelaxation
超速☆hypervelocity；ultraspeed；overspeed；exceed the speed limit；runaway
超速报警(装置)☆over-speed warnIng
超速传动☆overdrive；od；over drive
超速弹丸冲击☆hypervelocity pellet
超速断路器☆superchopper
超速法☆overtaking method
超速流☆shooting flow
超速行驶(的)☆speeding
超速中子断路器☆superchopper
超塑性☆superplasticity
超酸性☆superacidity
超酸性岩☆hyperacidite；ultra(-)acidic rock
超碎裂岩☆ultracataclasite
超缩微卡片(的)☆ultrafiche
超弹性☆super(-)elasticity
超炭地蜡☆pyroscheererite
超梯度☆supergradient
超梯度风☆supergiant wind
超提纯(作用)☆ultrapurification
超体积☆hypervolume
超填☆overfill
超调☆over modulation
超调(量)☆overshoot(ing)；overshoot
超调现象☆over-control
超铁镁岩☆ultramafic rock；ultramafite
超铁镁质结核☆ultramafic nodule
超铁质☆hyper-ferric
超通量☆overflux
超通流☆hyperpycnal inflow
超同步的☆supersync
超同步电动机☆super-synchronous motor
超透磁合金[铁镍铝导磁合金]☆supermalloy
超脱[不拘泥成规等]☆detachment；original；unconventional；untrammeled
超挖[隧洞]☆overbreak；overdredging
超挖工具☆over cutting tool
超挖控制型刀具☆copy cutter
超挖值☆overriding excavated value
超外差(的)☆superheterodyne
超外差机☆infradyne
超外差式收音{接收}机☆superhet；supernegadine
超完善井☆improved well
超微薄片☆ultrathin section
超微波☆ultramicrowave
超(显)微尘粒☆ultramicroscopic dust particle
超微的☆ultramicro；submicron
超微地震☆ultramicro(-)earthquake
超微粉的☆superfine；super.
超微粉粉碎机☆micronizer
超微浮游生物(钙质)软泥☆nanno ooze
超微构造☆ultramicrostructure；ultrastructure
超微化石☆ultramicrofossil；nan(n)ofossil
超微化石类{群}☆nannofossil group
超微化石岩☆nannostone
超微技术☆ultramicrotechnique
超微晶体☆ultramicrocrystal
超微卡片☆ultramicrofiche；ultrafiche
超微孔(隙)☆ultramicropore
超微粒☆amicron；ultramicron
超微粒湿式旋流分级器☆cyclosizer
超微量法☆ultramicro method
超微量分析☆supermicroanalysis; ultramicro- analysis
超微量元素☆ultramicro-element
超微鳞片☆miculite
超微滤法☆hyperfiltration
超微泥☆ultramud
超微黏粒☆ultraclay
超微体化石☆nannofossil；ultramicrofossil
超微细粒☆ultramicon；ultramicron
超微星石[钙超;K_2-E]☆Nannotetraster
超微型的☆ultramicroscopic
超微型化☆subininaturization
超微形叶☆nanophyll
超微旋转锥石[钙超;E_2]☆Nannoturba
超微锥石[钙超;J_3-K]☆Nannoconus
超危险区☆supercritical area
超位错☆superdislocation；dislocation of higher order
超温☆overtemperature
超稳定性☆ultrastability；overstability
超涡动流☆superturbulent flow
超无烟煤☆superanthracite；meta-anthracite
超武尔卡诺型(火山)喷发☆ultravulcanian
超吸附法☆hypersorption
超吸剂{器}☆hypersorber
超(级)洗涤机☆superscrubber
(地层)超系[由各系统组成的]☆supersystem
超隙(溜)颗粒☆super(-)interstitial particle

超细胞的☆supracellular
超细材料☆ultra-fine material
超细尘末☆ultrafine dust
超细粉尘☆submicron particles
超细粉末☆superfines
超细过滤☆ultrafiltration
超(精)细结构☆hyperfine{superhyperfine} structure
超细粒☆ultrafines
超细滤器☆ultra filter
超细螺纹☆extra fine thread
超细水泥☆superfine{microfine} cement
超细研磨{磨碎}☆superfine grinding
超咸度☆hypersalinity
超咸海水☆supersaline seawater{marine}
超咸水☆hypersaline water
超显微的☆submicroscopic；ultramicroscopic
超显微分光光度测定法☆ultramicrospectrophotometry
超(高倍)显微检定法☆ultramicroscopy
超显微镜☆ultra(-)microscope；supermicroscope
超(高倍)显微镜☆ultramicroscope
超显微术☆ultramicroscopy
超现代化的☆ultramodern
超限爆破☆back break；backbreak
超限归纳(法)☆transfinite induction
超限建筑☆overbuilt
超限时间☆overtime
超限应变☆overstrain；supertension
超限应力☆overstress
超限钻进☆overdrilling；over drilling
超线性☆ultralinear
超相☆superfacies
超响应☆overrespond
超消色差的☆superachromatic
超小型☆microminiature；submin(iature)[零件]
超小型的☆superminiature；subminiature
超小型电子射线加速器☆hypertron
超小型化☆subminiaturization；microminiaturization
超小型抗震(电子)管☆nuvistor
超效率☆superefficiency
超效水☆superavailable water
超辛烷值燃料☆superoctane number fuel
超新星☆supernova
超新星爆发(残余)遗迹☆remnant of supernova explosion；supernova remnant；relic of supernova
超新型的☆ultra-modern
超星☆superstar
超星团☆supercluster
超星系☆hypergalaxy；super-galaxy
超型车辆☆oversize vehicle
超型气流精选机☆super airflow cleaner
超型斜向盘面洗煤摇床☆superduty diagonal deck coal washing table
超型形成☆peramorphosis
超形性☆hypermorphy；hypermorphism
超行程☆over travel
超性能☆superperformance
超序列☆supersequence
超旋回☆supercycle
超旋回层☆hypercyclothem
超循环☆supercirculation
超压☆hyperpressure；overpressure；supercharge；excessive pressure；su(pe)rpressure；pressurization
超(电)压☆overvoltage
超压地层☆over pressured formation
超压阀☆yield valve
超压力☆excess pressure；overpressure
超压气层☆superpressured gas reservoir
超压气球☆super-pressure balloon
(摄影用)超压强烈溢光灯☆photoflood
超压缩☆supercompression
超压缩性☆supercompressibility
超压态水热系统☆overpressured hydrothermal system
超压致密油层☆overpressured tight oil reservoir
超亚类[孢]☆suprasubturma
超烟煤☆metabituminous{superbituminous} coal
超盐度☆hypersalinity；hypersaline
超盐水☆hyperhaline；supersaline water
超盐性的☆hypersaline；supersaline
超岩浆溶液☆ultramagmatic solution
超岩石圈断裂☆translithospheric fracture
超岩套☆supersuite
超液体☆superfluid
超音波☆supersound；supersonic wave
超音波洗净器☆supersonic-wave cleaner
超音波样品震碎机☆sonicator
超音频☆ultrasonic{superaudio;supersonic} frequency
超音频的☆supersonic
超音速的☆supersonic；ultrasonic；SU
超音速火箭式喷燃器☆supersonic rocket burner
超音速流☆hypersonic flow
超音速喷气机☆superjet
超音速燃烧冲压式发动机☆supersonic combustion ramjet；scramjet
超音速(空气动力)学☆supersonics
超音速氧燃料油喷燃器☆supersonic oxygen-fuel oil burner
超音学☆supersonics
超银河系☆supergalaxies
超银河星云☆extragalactic nebula
超营养(化)作用☆eutrophication
超硬度☆superhardness；superhard
超硬合金☆superhard alloy
超硬铝☆super-dural；superduralumin；extra super duralumin；ultralumin；ultraduralumin；E.S.D.
超应变☆overstrain；superstrain
超应力[压]☆over stress；overstress；supertension
超应力(地带)☆overstressed area
超永磁合金☆ultraperminvar
超铀后元素(的)☆supertransuranic
超铀元素☆transuranic (element)
超有限元☆hyper-finite element
超诱导☆superinduction
超裕度设计☆overdesign
超原子核☆hypernucleus
超越☆overtaking；overpass；surpass；gain；beat；overtopping；transcendence；transcend(ency)；trans-；supra-；met(a)-；runaway；override
超越地球轨道的[尤指航天器]☆transearth
超越堆积☆washover
超越放顶线垮落☆overriding
超越概率☆probability of exceedance
超越函数☆transcendental function
超越离合器爪☆over drive clutch pawl
超越于☆superior to
超越与走向平行的矿界的开采权☆extralateral right
超月球的☆translunar
超运☆overhaul
超运转错误☆overran error
(层状)超杂岩体☆supercomplex
超载☆overload(ing)；overladen；excessive burden；superimposed load{loading}；trouble；overburden；surcharge；overcharge；superload；s/c；overfreight
超载等效{量}高度☆equivalent height of surcharge
超载断路器☆overload circuit breaker
超载负载☆surplus load
超载河流☆overloaded stream
超载荷重{量}☆surcharge load
超载警报机构☆overload-alarm mechanism
超载能力☆extra load(-carrying) capacity
超载松脱(安全)器☆overload release
超载提升☆overpull
超载系数☆service{overload} factor
超载效应☆effect of surcharge
超载信号警报器☆overload-alarm mechanism
超再生☆superregeneration
超噪声☆excess noise
超增益☆supergain
超张力☆overtension
超折射☆superrefraction
超正常浓度☆super-normal concentration
超正方体☆hypercube
超支☆overspending；overspend；overrun
超直线性☆ultralinear
超质子☆superproton
超种☆superspecies
超重☆overweight；excess weight；overload
超重的☆extra {-}heavy；superheavy；overweight；supertransuranic；XH
超重核☆supernucleus
超重力波☆ultra-gravity waves
超重氢[H^3]☆tritium；T
超重火石玻璃☆extra dense flint glass
超重型动力触探☆superheavy dynamic sounding
超重型管☆double extra heavy pipe
超重元素(的)☆superheavy
超重原油☆extra-heavy crude oil；extra heavy crude
超周期☆supercycle
超周期性(多型性)☆superperiodicity
超柱面☆hypercylinder
超注☆overinjection
超转速☆overspeed
超准折射☆superstandard refraction
超紫{红}外线探伤仪☆black light crack detector
超子☆hyperon
超自动化的☆supermatic
超自然的☆transcendental
超阻尼型重力仪☆overdamped gravity meter
超钻☆overdrilling[露防根底]；outdrill；subdrilling；subgrade drilling；underdrilling
超钻机☆superdriller
超钻深度☆over drilling depth
超钻系数☆percentage of over drill
超嘴贝属[腕;S]☆Rhynchotreta
超最优☆superoptimal
抄本☆transcript(ion)；copy；hand-copied book
抄底贯入(体)☆sole injection
抄录☆make a handwritten copy of；transcription；copy
抄录器☆transcriber
抄平☆take level；levelling
抄取法☆Hatschek process
抄取法制板机☆Hatschek sheet machine
抄网[捕鱼用的]☆brail
抄袭(之物)☆crib
抄写☆transcription；transcribe
抄写工作☆clerical work
钞票☆stiff

cháo

朝岸(的)☆shoreward；coastward
朝北(的)☆norward；northward
朝地堑倾斜☆grabenward inclination
朝地球方向的☆transearth
朝东方向☆easting
朝海(的)☆seaward
朝海滨☆shoreward
朝井筒方向☆home
朝陆(的)☆landward
朝内尖顶☆inward-pointing cusps
朝前☆front
朝上的☆upcast；upward
朝天菊石属[头;P_2]☆Chaotianoceras
朝外尖顶☆outward-pointing cusps
朝西北(的)☆northwestward
朝西的☆westward
朝鲜辉石☆korea-augite
朝鲜角石属[头;O_1]☆Coreanoceras
朝鲜牙形石属[O_{1-2}]☆Chosonodina
朝向☆face (advance)；exposure；exposition；turn on；vergence
朝向井筒☆outby
朝向下端☆downdip side
朝远处☆far
朝着岸☆shorewards
朝着自己的{地}☆self-ward
嘲弄☆scoff
嘲笑☆scoff；scorn
潮岸相☆littoral facies
潮变性土☆aquert
潮标☆tidal pole{mark}；tide mark；tidemark
潮波☆tide{tidal} wave
潮差☆range；tide{tidal} range；range of tide
潮差比☆ratio of tidal range
潮差流☆hydraulic tidal stream
潮沉积地☆warp land
潮成堤☆roddon
潮成裂隙[沿岸冰]☆tide crack
潮成三角洲☆tidal delta
潮程☆tidal excursion
潮船坞☆tidal basin
潮带相☆tide zone facies
潮道☆grau；(tidal) channel；crau；grao；calanque
潮道马蹄形突起[尖端指向上游方]☆dwip
潮的☆humid
潮的周缘(地)区☆peritidal area
潮底机械风化☆infratidal mechanical weathering
潮泛(海)槽☆flooded trough
潮风☆tidal wind
潮幅☆(tide) amplitude
潮腐气☆rot damp

潮高☆sea level height；height of tide
潮高比☆ratio of ranges
潮高差☆tidal difference
潮沟☆tidal creek
潮海相☆littoral facies
潮痕☆tidal{tide} mark；tidemark
潮候时☆vulgar establishment
潮花☆current tip
潮灰土☆aquod
潮积物☆tidal deposit；tidalite
潮积岩☆tidalite
潮激浪☆tidalrip
潮间☆internal zone
潮间凹壁☆intertidal notch
潮间带☆intertidal (zone;fascia)；eulittoral{littoral; tidal;mesolittoral} zone；inter-tidal
潮间的☆intertidal；tidal；littoral；littorine；midlittoral
潮间地☆tidal land；tideland
潮间面☆dries
潮间坪☆intertidal flat；strandflat
潮间坪{浦}相☆intertidal flat facies
潮间浅滩☆middle ground
潮间区☆littoral area{region}
潮间水路☆fairway
潮间突礁☆trottoir
潮阶☆berm；tidal terrace
潮解☆deliquescence；air-slake；sla(c)king；slake; deliquation；air-slack；air slake
潮解石灰☆air-slaked lime
潮解水☆hygroscopic moisture
潮界☆siome；limit of tide
潮浸☆covering
潮浸期☆period of covering
潮浸盐沼☆salting
潮控三角洲☆tide-dominate(d) delta
潮浪☆tidal wave；tide bore
潮老成土☆aquult
潮棱岩☆tidalite
潮力☆tidal power{force}
潮力磨坊☆flood mill
潮量☆tidal prism
潮裂(冰)☆tide crack
潮淋溶土☆aqualf
潮龄☆age of tide
潮流☆tide (way;current)；(periodic) current；swim；tidal stream{movement;current;flow}；trend；stream；spirit
潮流道☆priele；tidal channel
潮流口☆inlet
潮流图☆hodograph
潮流消涨构造☆ebb-and-flow structure
潮流预报表☆current table
潮路☆tide way
潮落泉☆ebbing and-flowing spring
潮磨☆sea-mill；tide-mill
潮目☆current tip
潮能☆tidal energy
潮泥[德]☆wattenschlick
潮泥坪{浦}☆tidal mud flat
潮泥滩☆slik；slikke[荷]；mudflat；muck flat
潮片☆wetted surface
潮坪☆wad [pl.wadden]；tide{tidal} flat；wadd; watt；slikke[荷]；slik；vey[法]
潮坪相☆tidal-flat facies
潮平原☆tidal plain
潮浦☆wad [pl.wadden]；watt；tidal{mud;tide} flat; slikke[荷]；wadd；slik
潮浦河道☆tidal-flat channel
潮气☆moisture
潮浅滩☆tidal bank
潮区☆estuary；tidal zone{compartment;stretch}；actic
潮区泥泞低地☆tidal mud flat
潮区相☆tide zone facies
潮日☆tidal day
潮软土☆aquoll
潮三角湾☆wadden [sgl.wadd,wad]
潮砂造型☆green sand mo(u)lding
潮上沉积☆supratidal deposit
潮上带☆supralittoral{epilittoral;supratidal} zone; upper tidal zone
潮上坪☆supralittoral{supratidal} flat
潮上滩☆sabkha(h)；sebkha；sebka；sabhka; sabakha；sebjet；sebja
潮升☆tidal rise
潮湿☆dampness；moistness；wetness；moisture; damp；aquosity；humidity；dank；moist；wetting
潮湿的☆humid；moist；damp；close；dampy; spewy；wet；watery
潮湿地☆flush
潮湿季节☆wet season
潮湿区☆humid region{area}
潮湿区植被的☆hydrophylous
潮湿热带林☆moist tropical forest
潮湿森林☆mesohylile
潮湿箱试验☆humidity cabinet test
潮时差☆tidal difference
潮时后延☆retardation of tide
潮蚀☆tidal (current) scour
潮始成土☆aquept
潮式喷射法☆moist-spray method
潮势☆tidal potential
潮刷☆tidal scour
潮水☆tidewater；tide (water)；tidal water
潮水槽☆flooded trough
潮水河[美国长岛]☆seapoose
潮水位波动☆tidal fluctuation
潮滩☆tidal bank{flat;shallow}；watt [pl.watten]
潮滩的☆littorine；littoral
潮滩区☆littoral area{region}
潮潭☆tide pool
潮(汐池)塘☆tidal pond
潮退期☆period of uncovering
潮位☆sea level (height)；height of tide；tidal level; tidemark
潮位变幅☆range of tide
潮位差☆tide level range
潮位稳定☆stand of tide
潮位信号站☆tidal signal station
潮闻浅滩☆middle ground
潮溪☆tidal creek
潮汐☆tide；morning and evening tides
潮汐沉积旋回☆tidal depositional cycle
潮汐船渠☆tidal basin
潮汐带☆tidal zone；littoral zone
潮汐带周缘综合体☆peritidal complex
潮汐分类☆tidal classification
潮汐改正后重力值☆detided gravity
潮汐共振说☆tidal resonance theory
潮汐河水道☆tidal waterway
潮汐校正[重力测量]☆correction for tides；tide correct；tidal correction
潮汐控制仪☆tide-control apparatus
潮汐力☆tide-raising{tidal} force
潮汐流☆tide current
潮汐泉☆intermittent{ebb-and-flow} spring
潮汐砂岭☆tidal sand ridge
潮汐推迟☆retardation of tide
潮汐推算机☆tide predictor
潮汐效率[井水面涨落值/潮汐涨落值]☆tidal efficiency
潮汐悬质沉积☆tidal suspension deposition
潮汐学☆tidology
潮汐影响的河段☆tidal section of a river
潮汐预报☆tide-prediction
潮汐预报{测;告}机☆tide predicting machine
潮汐涨落曲线☆mareogram；marigram
潮峡☆chuck
潮下带☆sublittoral{infratidal;subtidal} zone；sub-tidal
潮下(带)的☆subtidal；adtidal；sublittoral
潮限☆tide limit
潮线下水域☆subtidal environment
潮线下藻类叠层石☆subtidal algae stromatolite
潮啸☆tidal bore
潮楔谷☆tidal wedge
潮新成土☆aquent
潮汛☆spring tide
潮讯☆establishment
潮压☆tidal load
潮淹区☆tidelands
潮淹沼泽☆tidal swamp
潮盐湖☆wet playa
潮盐沼☆tidal {-}delta marsh
潮堰☆tidal weir
潮氧化土☆aquox
潮溢式[岩流]☆flood
潮壅☆tidal lockup
潮涌处☆on-surge
潮缘带岩石☆peritidal rock
潮缘区[潮的周缘地区]☆peritidal area
潮涨☆tidal rise
潮胀☆tidal bulge
潮沼☆tidal{tide} marsh
潮振幅☆tide{tidal} amplitude
潮周期☆tidal cycle
潮洲☆tide{tidal} flat
潮准(线)☆tidal datum
巢☆nest
巢菜糖☆vicianose
巢湖鱼龙(属)[T]☆Chaohusaurus
巢孔珊瑚属[S-D]☆Caliapora
巢面球形藻属☆Orygmatosphaeridium
巢珊瑚科☆Favididae
巢石海绵属[O]☆Nidulites
巢托类[原生]☆Thalamia
巢穴痕☆domichnia
巢穴食痕☆fondinichnia
巢状火山陷坑☆nested sink
巢状巨火口☆nested caldera
巢状陷落火口群☆nested sink
巢状油田☆pocket

chǎo

吵闹☆tumult
炒米店统☆Chaumitien Series

chē

车☆carriage；bogie；vehicle[机动]
车拌混凝土☆transit-mixed concrete
车帮加高[增加容积]☆overings
车贝雪夫距离☆Chebychev distance
车铲比☆truck to shovel ratio
车场☆(onsetting) station；yard；pitbottom
车程计☆trechometer；trochometer
车船☆conveyance
车船联运港☆ferry terminal
车床☆lathe；headstock；turning machine
车床工作☆lathing
车床拖板☆lathe carriage；saddle
车挡☆cage bar；(car) bumper；tub catch
车刀☆turning{lathe} tool
车刀夹☆tool post
车道☆(traffic) lane；roadway；tub way；stripe
车道安全线☆carriageway markings
车道的镶边石帮☆curb side
车道指示信号机☆lane indicating signal
车的☆vehicular
车灯☆general name for lights on a vehicle；trip lamp；spotlight[自行车]
车底架☆body frame；chassis
车底净空☆ground clearance
车底盘连接☆chassis connection
车底制动拉杆安全托☆emergency support
车底座☆chassis
(客车)车顶☆deck
车顶刮板装车机☆over-car scraper
车动信号机☆traffic actuated signal
车斗☆wagon box
车队☆(car) fleet；motorcade；convoy
车队驻地☆caravan site
车尔尼雪夫贝属[腕;P]☆Tschernyschewia
车尔鲢属[孔虫;C_3]☆Zellia
车费☆fare
车费计☆taximeter
车辐☆rung
车辐形变形☆spoking
车盖☆hood
车工☆turner；lathe operator{hand;work}
车工工艺☆turning
车工工作☆lather work
车钩[井口把钩用]☆drawhook；car coupler{hooker; coupling}；coupler；draw gear{tongue}；car body coupler；bank hook；shackle bar；drawgear; hitching；jig；jigger；jink
车钩关节☆knuckle
车钩拉杆☆couple draw bar
车钩锁☆coupling dolly
车钩相对部分☆opposing coupler
(矿车)车号牌摘取员☆check puller
车后拖杆[上坡时防止跑车]☆drag-staff
车后转向信号灯☆rear turn signal lamp
车花磨砂玻璃☆sandblasted and ground glass

C

车架☆carriage (mounting;bolt); carcass; (truck) frame
车架承梁☆bolster
车架下的☆underslung
车架型☆bogie type
车间☆(work)shop; department; unit; plant; dept; dept. ; dep
车间的生产能力☆plant capacity
车间地面☆mill floor
车间用工具☆work shop apparatus
车间主任☆workshop director; superintendent; shop head
车检中心[机动车辆安全鉴定检测中心]☆testing center for safety appraisal of motor vehicles
车库☆barn; standage room; garage; shed
车辆☆vehicle; car; coach
车辆报废☆disability
车辆的自重☆deadweight
车辆顶框[增加容量用]☆overings
车辆感应信号☆vehicle actuated signal
车辆供应☆car feed{feeding;supply}
车辆过磅器☆loadometer
车辆荷载☆carload; C.L.
车辆后端中心点偏移☆end throw of car
车辆环行道☆car circuit
车辆回转度记录器☆cyclometer
车辆间距☆clearance between cars
车辆速度控制器☆universal controller
车辆通过性☆trafficability
车辆下坡运行跟车工☆spragger
车辆限速自动控制☆automatic wagon control
车辆行驶间距☆tramming clearance
车辆运输☆vehicular traffic
车辆运行间距☆margin
车辆载荷☆car load; CL
车辆载重☆carload; wagon load
车辆振动☆traffic vibration
车辆重力反行装置[路轨尽头]☆kickback
车辆周转☆turnaround
车辆转道装置☆california crossing
车列☆car row; train stock{set}
车辘子☆castor
车轮☆wheel (blank)
车轮虫☆rotalia
车轮防滑挡块☆wheel chock
车轮矿[$CuPbSbS_3$,常含微量的砷、铁、银、锌、锰等杂质;斜方]☆endellione; antimonial lead ore; endellionite; bournonite; berthonite; tripelglanz; wheel ore; cog(-)wheel ore; wolchite; wheel-ore; canutillo; radelerz[德]; antimonial copper glance
车轮矿类☆polyophane; poliophane
车轮圆缘☆bead
车轮螺属☆Architectonica
车轮马达☆wheelmotor
车轮前端☆toe
车轮前悬挂支架☆wheel front support
车轮式铲运机☆pan car
车轮星石[钙超;E_2-N_1]☆Trochoaster
车轮行走式装岩机☆wheel mounted mucker
车轮制动棒☆drag
车轮制造厂商☆wheeler
车轮状的☆trochoid
车螺纹☆screw cutting{chasing}; thread cutting; chasing
车内排{脱}水法☆car-drainage method
车内信号装置☆cab signal
车牌☆check; ticket; tab; token; license{number} plate
车牌子☆number plate
车盘吊钩☆hull lift hook
车棚☆carriage shed
车篷☆tilt
车坯成形☆forming by turning
车皮容量☆capacity of body
车票☆ticket
车前横木☆whiffletree
车入角☆nip angle
车上交货(价格)☆free on car{wagon}
车上取样☆car sampling
车身☆body; car{wagon} body; the body of a vehicle; coach; carriage bolt
车身底盘☆chassis
车{机;船}身制造☆bodywork
车首挡泥板☆nose mudguard
车胎☆tyre; tire
车胎内胎☆tube
车体☆wagon{car} body
车头☆breaking head; dog; the front of a vehicle; engine [of a train]; locomotive; headstock
车头短焦距光☆low beam
车头罩通风器棘轮机构☆cowl ventilator ratchet
车围☆curb
车尾拦板☆car end plate
车细☆turn down
车下通风☆under-car ventilation
车下无极绳运输☆under rope haulage; under-tub (rope) haulage
车厢{箱}☆carriage; car[火车]; body; car{wagon} body; wagon box; carriage
车厢底板多层结构☆sandwich construction of body floor
车厢平装额定容积☆struck body; capacity rating
车厢容量☆capacity of body
车厢自行式索道☆self-propelled tramway
车削☆turn; turning
车削的☆turned
车削工件☆turner; turning
车削螺纹☆threading; thread cutting
车小{细}☆turn down
车屑[车床]☆turnings
车压硬土层☆pressure{traffic} pan
车用溜槽耙料☆scraper box
车用汽油☆petrol; motor gasoline; MOGAS
车用三脚架☆vehicle tripod
车油☆car oil
车圆锥的附件☆taper attachment
车运的☆carborne; car-borne
车运倾斜煤层开采[5°~15°]☆light-pitch mining
车载的☆car(-)borne; truck- mounted
车载供应☆carload delivery
(小)车载量☆cartload
车载气压钻[拖拉机]☆tractor-mounted pneumatic drill
车站☆depot; station; stop
车站信号☆signaling at stations
车辙☆furrow; tread; hub; rut
车辙风☆rondada
车支架[自行车、摩托车]☆kickstand
车制砂型☆sweeping up (mo(u)ld)
车轴☆axle (shaft); axletree
车轴草☆trefoil
车轴挡☆axle catch{controller}; bobbin
车轴横动量☆end play
车轴筒☆hub
车轴销☆linchpin
车轴支架式自动升降机☆autolift with axle support
车装活动房☆man rack
车装修井机☆truck mounted well servicing unit
车装置式标定装置[车装体积管]☆mobile pipe prover
车装钻机☆automotive drilling rig; truck-mounted drill{rig}; drill truck
车锥体☆taper turning
车兹公式☆Chezy's formula
车组☆car team{string}; train set; trip
车座后袋☆saddlebag

chě

扯断☆pulling{pulled} apart
扯开☆unstick; tear loose
扯离强度☆tear strength
扯裂☆divulsion
扯裂应变☆tearing strain
扯绳套环☆spudding shoe
扯碎☆shred; devil[用扯碎机]
扯下☆tear off

chè

撤出☆withdrawal; draw off
撤除☆remove; dismantle; dismantling removal
撤换☆dismiss and replace; recall; replace; dismissing and replacing; replacing
撤换支架☆relining
撤回☆countermand; withdraw(al); revocation; retractation; relinquishment; recession
撤离☆evacuation; withdraw{withdrawing} from; leave; evacuate; evacuating; getaway
撤离标准☆withdrawal standard
撤离的☆breaking-off
撤扭接头☆snap
撤枪步距[水采]☆retreat step of hydraulic monitor
撤去☆remove; subduct
撤去支木使矿块崩落☆jud drawing
撤退☆withdraw(al); pull out; retirement
(从矿内)撤退人员☆evacuate
撤退信号[爆破前]☆clearance sign(al)
(从矿井)撤退演习☆evacuation drill
撤销{消}☆cancel; retractation; abrogate; rescission
撤销信号☆cancel message
撤销者☆withdrawer
撤柱☆withdrawal of support; prop pulling
撤柱机☆prop withdrawer; pole-and-chain
撤柱器☆Sylvester
撤走☆withdraw(ing); leave
掣链器☆chain stopper
掣位电路☆hold-in circuit
掣爪☆latch
掣子☆catch(er); dolly bar; holding detent; pawl; latch; trigger
掣子和凸轮机构☆pawl-and-cam mechanism
彻底☆down to the ground; down right; kata-; cata-
彻底爆破到达炮眼底☆bottom
彻底冲洗☆washdown
彻底打垮☆knock it down thoroughly; knock the bottom out of; knock saucepan out of
彻底的☆intensive; sweeping; thorough; searching; sound; in-depth
彻底地☆down; out
彻底进行☆prosecution
彻底清扫☆cleanup
彻底失败☆fold
彻底性☆thorough
彻底研究☆exhaustion; exhaust

chén

梣(木)☆ash
梣粉属[孢;K-E]☆Fraxinoipollenites
梣皮丹宁酸[$C_{26}H_{32}O_{14}$]☆fraxitannic acid
梣树属[植]☆Fraxinus
辰砂[HgS;三方]☆cinnabar; mercury blende; vermilion; cinnabarite; vermillon; zinnober[德]; coral{liver} ore; vermillion; mercury sulfide; cinnabar (ore); mercuric blonde; sulphide of mercury; minium; vermilion mercuric blende; merkurblende
辰砂地蜡☆idrialite; idrialine
尘[毫沙,毫微微,10^{-15}]☆fine; dust; femto-
尘埃☆mote; dust; atomy
尘埃层☆staubosphere; dust horizon{deposition}
尘埃沉着病☆coniosis; koniosis; dust disease
尘埃流星☆dustball
尘埃细胞☆koniophage
尘暴☆dust storm {bowl;devil;whirl}; shaitan
尘崩☆dust avalanche
尘层☆staubosphere; konisphere
尘的☆dusty
尘度计☆dust counter
尘肺☆pneumoconiosis; coniosis
尘肺病☆coniosis; dust disease; pneumoconiosis; koniosis; pulmonary dust disease
尘肺结核☆tuberculopneumoconiosis
尘粉可润湿性☆dust wettability
尘风暴☆blowing dust
尘拂☆duster
尘垢☆grime; smutch
尘害☆dust nuisance
尘灰损失☆dust loss
尘降☆dust fall
尘降作用☆dusting
尘卷风☆dancing devil
尘坑☆dirt pocket; dust well
尘粒☆dust particle; dust grain[宇宙]
尘粒沉淀☆lodging of dust particles
尘量计☆konimeter
尘霾☆dust haze
尘末采样品☆dust sampler
尘末的黏合☆binding of dust
尘末高度集中☆heavy concentration of dust
尘末试样光度测度☆photometric estimation of dust sample
尘幕[火山爆发形成]☆dust veil
尘幕指数[大气含尘量分级标准]☆dust-veil index
尘泥捕集器☆sludge extractor
(火山)尘凝灰岩☆dust{mud} tuff
尘盘式吸尘头☆dust-pan type head

尘球☆dustball
尘圈☆staubosphere；konisphere
尘熔结凝灰岩☆pulverulite
尘土☆dust (soil)
尘土堆{沉}积☆dust deposit
尘尾☆dust tail
尘污☆dustiness
尘雾☆dust-fog；dust cloud{fog}
尘箱☆dust bin
尘象☆lithometeors
尘旋☆dust whirl；shaitan
尘穴[冰川表面小孔]☆dust-well
尘烟☆fog
尘雨☆dust rain{fall}；airfall
尘雨沉积☆airfall deposition
尘源概念☆dust-source concept
尘云☆eruption{dust} cloud
尘云假说[宇宙成因]☆dust-cloud hypothesis
尘云状态☆cloud condition
尘阵雨☆dust-shower
尘状包裹体☆dusty inclusion
尘状的☆dust-like
尘状褐煤☆pulverulent brown-coal
晨风(的)☆matinal
晨昏迁移☆twilight migration
晨昏线☆terminator
晨星☆morning star
沉变作用☆katagenesis
沉产品☆reject
沉产品排放控制☆reject discharge control
沉产品脱水和冲洗筛☆reject drain and rinse screen
沉车井筒☆drop pit
沉车立井☆drop-shaft；gravity shaft
沉出☆settling out
沉船浮标☆wreck buoy
沉锤☆jetsam；sinker
沉底渣油☆basic sediment
沉垫☆bottom hull；mat
沉垫顶板☆footing deck
沉垫甲板图☆mat deck plan
沉淀☆precipitation；laydown；settle；deposit；dissolve out；precipitate；depression；sedimentation；form a sediment；subsidence；sett(l)ing；settlement；residue；ppt.；sediment；collapse；killing[浮]
沉淀池☆desilter；settler；decantation；sedimentation basin{tank}；setting{clarifying;settling; precipitation; depositing;separating;sedimentary;precipitating} tank；sediment bowl；storage pond；sedimentary basin；setting vessel[泥浆]；dump box；settling reservoir {pond;pit}；hog box
沉淀处☆place of settling
沉淀的☆katogene；sedimentary
沉淀度☆precipitation threshold；precipitability
沉淀法☆elutriation method；precipitation method [尘末取样]
沉淀分取(法)☆decantation
沉淀管☆setting pipe；bottom sedimentation tube；sediment tube
沉淀罐☆depositing{clarifying;clarifier;sedimentation; setting} tank；dump box
沉淀后☆post precipitation
沉淀剂☆clarificant；precipitant；precipitating {precipitation} agent；precipitator
沉淀计[测定浮尘浓度和悬浮组成用]☆sedimentometer
沉淀技术☆sedimen(ta)tion technique
沉淀金☆cement gold
沉淀坑☆dredge{settling} sump；settling pit
沉淀量☆amount of precipitation
沉淀器☆precipitator；depositor；settling vessel；sump；sedimentator；settler；setting device[岩粉]；deposit gauge
沉淀区面积[分级机]☆pool area
沉淀染料☆lake
沉淀热☆heat of precipitation
沉淀色层法☆precipitation chromatography
沉淀摄影器☆photo sedimentation apparatus
沉淀时间☆sedimentation{settling} time；ST
沉淀室☆antechamber；settling chamber
沉淀式滤油器☆clarificator
沉淀水垢☆precipitated scale
沉淀速度☆subsiding{settling} velocity
沉淀物☆precipitate；sediment；deposition；foot；settling (solids;matter)；settlement；precipitant；ppt；residue；ppt.；niederschlag[德]
(原油中)沉淀物和水(的含量百分数)☆basic sediments and water；BSW
沉淀箱☆sediment{settling;hog} box；separating {setting} tank；settler；settling chamber
沉淀硬化☆precipitation hardening；PH
沉淀硬化合金☆precipitation hardening alloy
沉淀淤渣☆settled sludge
沉淀组构[岩]☆depositional fabric
沉淀作用☆precipitating action；precipitation；deposition；sedimentation
沉洞☆shackhole；shakehole
沉浮法[页岩密度测井之一]☆sink and float method
沉浮试验浴☆float-and-sink test；testing bath
沉浮箱☆elevator chamber
沉矸☆sink refuse
沉管☆settling tube
沉管法☆tube sinking method
沉海相☆abysmal facies
沉积☆deposit(ion)；sediment；sed；laydown；sedimentation；aggradational deposit；settle (out)；settlement；settling；emptying；siltation；killing[浮]
沉积搬移☆transportation of sediment
沉积斑状的☆porphyrotopic；porphyrocrystallic
沉积变化导致海面升降☆sedimento(-)eustatism
沉积变质☆diagenism；diagenetic metamorphism
沉积变质磷矿床☆sedimento-metamorphic phosphate deposit
沉积捕窖☆sediment trap
沉积槽☆dislodger；wash{sedimentation} trough
沉积测定仪☆sedimentometer
沉积层☆deposit formation；sedimentary stratum {layer; deposit;complex}；bottomsets；sediment pile；epidermis[地壳]
沉积层序☆sedimentary succession{sequence}；depositional sequence；sequence of sedimentation
沉积插入充填☆sedimentary insertion
沉积场所☆site of deposition；depositional site
沉积尘粒☆lodging dust particle
沉积成因☆sedimentary origin；sedimentogenesis
沉积池油☆sump oil
沉积处☆place of deposition
沉积磁化☆depositional-remanent{depositional} magnetization；depositional remanent magnetization
沉积带☆zone of deposition；girdle of sediments；sedimentation zone
沉积单位{元}☆sedimentation unit
沉积当量颗粒☆sedimentation-equivalent particle
沉积的☆sedimentary；laid down；sedimentous；sed
沉积等效颗粒☆sedimentation-equivalent particle
沉积方式☆mode of deposition；depositional mode
沉积分级☆settling classification；sedimentary sizing
沉积分粒法☆sedimentation{sedimentary} sizing
沉积分析☆sedimentation analysis
沉积分异☆differential sedimentation；(sedimentary) differentiation；depositional fractionation
沉积-改造水流☆depositing-reworking current
沉积海底种群☆sedimentary bottom population
沉积后到固结前的☆penecontemporaneous
沉积后的☆post(-)depositional
沉积(作用)后的☆postdepositional
(煤中的)沉积灰粉☆sedimentary ash
沉积灰分[煤中]☆extraneous{sedimentary} ash
沉积灰泥☆sludge
沉积混杂岩体☆sedimentary melange
沉积火山地层{岩堆}☆sedimentary volcanic pile
沉积机制{理}☆sedimentation mechanism
沉积间面☆depositional interface
沉积间断☆interruption in deposition；depositional break；diastem；cessation of deposition；interruption of sedimentation{deposition}；sedimentation hiatus；lacuna；non-sequence
沉积间断作用☆elision
沉积接触岸线☆sedimentary contact shoreline
沉积结核☆pseudomorpholite
沉积金属☆deposit(ed) metal
沉积矿尘☆deposited dust
沉积(成因)矿床☆deposit of sedimentary origin
沉积矿床的来源☆provenance
沉积矿回收值☆alluvial values
沉积矿石☆ore of sedimentation
沉积矿物岩石学☆sedimentary mineral petrology
沉积来源☆source of sediment；sedimentary derivation
沉积力☆dislodging force
沉积量值分析☆sedimentation-size analysis
沉积流量率☆sediment discharge rating
沉积论☆sedimentarism
沉积论的☆sedimentaristic
沉积脉☆dyke deposit；sediment vein
沉积面横向移动☆lateral deposition
沉积泥渣☆dislodged sludge
沉积喷气☆sedex；sedimentary exhalative
沉积盆地☆sedimentary{depositional;sedimentation; deposition} basin；cuvette；SB
沉积平原☆plain of deposition
沉积期后的☆postsedimentational；postdepositional；post(-)sedimentary
沉积期后作用☆postdepositional process
沉积期前☆presedimentation
沉积期前孔隙(度)☆predepositional porosity
沉积前☆pre-sedimentation
沉积前的年龄☆presedimentary age
沉积侵蚀☆deposit attack
沉积倾角☆primary{depositional} dip
沉积球粒☆spheryte；spherite
沉积区☆sedimentary province；sediment trap
沉积缺失☆elision of cycle stage；sedimentary gap
沉积裙{裾}☆sedimentary apron
沉积砂☆settling sand
沉积砂粒岩☆granulite
沉积扇☆fan of outwash sediment
沉积生成孔隙☆sedimentary interstices
沉积剩磁强度☆depositional remanent magnetization
沉积时代☆age of deposition
沉积时间☆sedimentation{deposition} time；ST
沉积石英岩正石英岩☆orthoquartzite
沉积石英岩质砾岩☆orthoquartzitic conglomerate
沉积水垢☆precipitated scale
沉积顺序☆order of deposition{superposition}
沉积速度☆rate of deposition；sedimentation velocity
沉积速率试验☆sedimentation rate test；SRT
沉积体☆lithosomic body
沉积体积☆sedimentation volume
沉积体系☆sedimentary systems
沉积体系域☆depositional system tract
沉积停顿(小间断)☆diastem
沉积铜☆cement copper
沉积同期喷气假说☆synsedimentary exhalation hypothesis
沉积同生(作用)☆sedimentational syngenesis
沉积土壤☆water deposited soil
沉积污泥☆settled sludge
沉积物☆sediment；deposit(ion)；laxite；settlings；warp；settlement；niederschlag[德]；lees；sed
沉积物的☆sedimental
沉积物分析☆sediment analysis
沉积物截留区☆sedimentary trap
沉积物粒度频率分布☆sediment-size frequency distribution
沉积物输送比值☆sediment-delivery ratio
沉积物-水界面平均温度☆SI；surface intercept
沉积物形成作用☆sedimentogenesis
沉积物有机岩相学☆sedimentary organic petrography
沉积物诱发变形(作用)☆sediment-induced deformation
沉积物柱状样☆sediment core
沉积相☆precipitation facies；sedimentary facies {context}
沉积小间断面☆omission surface
沉积效率☆deposition efficiency
沉积(盆地)型地热储☆sedimentary geothermal reservoir
沉积型地热系统☆sedimentary geothermal system
沉积(岩类)型热储☆sedimentary reservoir
沉积性海准变动☆sedimento-eustasy
沉积序列☆depositional{sedimentary} sequence
沉积旋回☆cycle of sedimentation；cyclic(al) deposition；cyclic sedimentation；depositional {sedimentary;sedimentation} cycle
沉积学☆sedimentology
沉积学的☆sedimentological
沉积学家☆sedimentationist；sedimentologist
沉积岩☆sedimentary{derivative;stratified;katogene; sedimentogeneous; aqueous; hydatogenous; soft} rock；aftermath；catogene [悬浮物沉积成因]
沉积岩表面蚀变☆hypergenesis
沉积岩层排列☆stratification
沉积岩的缩孔☆fenestra [pl.-e]
沉积岩覆盖的片麻岩穹丘☆mantled gneiss dome

C

沉积岩类☆sedimentaries
沉积岩墙☆clastic dyke{dike}；exodyke；sedimentary dike
沉积岩侵入漏斗状体[煤层顶板]☆drops
沉积岩区☆petrologic province；sedimentary petrologic province
沉积岩体☆lithosome
沉积岩屑☆drift
沉积岩芯☆sediment core
沉积岩岩相类学☆sedimentography
沉积岩中孔隙☆sedimentary interstices
沉积于水中的☆waterlaid；water-laid
沉积杂层{岩}☆sedimentary complex
沉积-再活动化起源☆sedimentary-remobilization origin
沉积再作用面☆reactivation surface
沉积暂停面☆omission surface
沉积暂停期☆diastem
沉积障积机制☆baffling mechanism
沉积中心☆depocenter；depocentre
沉积轴☆depoaxis
沉积柱状体☆accretionary prism
沉积作用☆sedimentation；precipitation；laydown；deposition；depositional{sedimentary} process
沉积作用的特点☆features of deposition；depositional features
沉积作用的统计连续性☆statistical continuity of sedimentation
沉积作用停止☆cessation of deposition
沉寂☆quiescency；quiescence
沉降☆settle(ment)；sediment(at)ion；sag；sink；laid down；subside(nce)；sett(l)ing；ebbing；clarification；falling；displacement；depression；convergence
沉降变形监测☆monitoring of settlement and deformation
沉降滨线☆shoreline of depression
沉降槽☆settling{sedimentation} tank；subsider
沉降尘室☆settling chamber
沉降池顶部☆top of sedimentation pool
沉降带☆geotectogene；depression area；subsiding belt；subduction zone；zone of subsidence
沉降倒转☆inversion of subsidence
沉降的☆sedimentary
沉降地层☆settled ground
沉降度☆degree of settlement
沉降法粒度分析☆size analysis by sedimentation
沉降分析☆sedimentation analysis；size analysis by sedimentation；analysis by sedimentation
沉降谷☆valley of subsidence
沉降罐☆gun barrel；flow{clarifying;clarifier; slurry;settling;separating;sedimentation;precipitation} tank；settler
沉降罐底的盐水☆gun barrel salt water
沉降过滤式离心脱水机☆screenbowl centrifuge
沉降海岸☆depressed{subsiding;ria;depression;subsided} coast
沉降海沟☆trench of subsidence
沉降核素☆fallout nuclide
沉降-荷载曲线☆settlement-load curve
沉降剂☆sinking{sedimentation} agent
沉降计算深度☆settlement calculation depth
沉降矿泥的场所☆sludge paddock
沉降流☆subsidence flow；downwelling
沉降率☆rate of descent{setting}；subsidence percentage；settlement factor
沉降面☆surface of subsidence
沉降盆地☆depressed basin
沉降器☆settler；settling vessel
沉降区☆depression{negative;depressed} area；subsiding region
沉降式机械浓密机☆settling-type mechanical thickener
(支撑剂)沉降受阻☆hindered settling
沉降速度☆settling velocity{rate;speed}；gravity speed；rate of fall[选]；fall{sedimentation} rate；rate of sett(l)ing；sedimentation{ falling;sinking;sedimention; subsiding;slip;setting} velocity；SV
沉降速度的粒度当量值☆settling-rate size equivalent
沉降速度律☆impact law
沉降体积☆settling{sedimentation} volume
沉降桶☆float；settling vat
沉降筒{管}☆settling-tube
沉降物☆fallout；sediment；settlement
沉降系数☆settlement{subsidence} factor；percentage subsidence

沉降线☆line settlement
沉降性☆settleability
沉降预测☆prediction of settlement
沉降中心☆center of subsidence；locus of foundering
沉降作用☆settling；sedimentation；precipitating action
(使)沉浸于☆immerse
沉井☆(open) caisson；sunk well；well sinking；drop{drum} shaft；coffer；cassoon；cylinder；drum
沉井(基础)☆sunk shaft
沉井法☆drop shafts；open-caisson method；sinking drum method
沉井(凿井)法☆drop-shaft method；shoe process
沉井井壁☆liner of drop shaft
沉井刃圈☆bottom ring
沉井下部的刃脚圈☆bottom ring
沉孔☆counterbore
沉林造成的☆pelagochthonous
沉落☆ebbing；sinking；setting
沉埋森林☆submerged forest
沉埋式隧道☆immersed{sinking-type} tunnel
沉煤样☆sink sample
沉湎于☆sold on
沉默☆hush；silence；silence；hush
沉没☆sink(ing)；immersion；founder(ing)；merge；submersion；submerge(nce)；drowned
沉没大陆边沿☆submerged border land
沉没的☆drowned；immersible；concealed；buried；submerged；sunk；submersible；sunken
沉没的巨(珊瑚)礁丛[澳]☆bomby；bommy
沉没地形☆drowned topography
(泵)沉没度☆submergence depth
沉没(深)度[深井泵或气举管]☆working submergence
沉没海岸☆submerging{submergent} coast
沉没海相三角洲☆submerged marine delta
沉没礁群☆hermatopelago
沉没空气泵式浮选机☆machine with internalair-pump{submerged air-pump}
沉没燃烧加热器☆submerged {-}combustion heater
沉没三角洲☆submerged delta
沉没式泵☆immersible pump
沉没式储罐☆submerged storage tank
沉泥池☆mud trap{sump;stump}；mud-settling pits slime pit
沉泥井☆catch {-}basin；mud{gully;dirt-pocket} trap；site well；sewer catch basin
沉泥坑☆dirt pocket
沉溺☆drown；wallow；indulge in (vices,etc.)
沉溺海岸☆irregular coast
沉溺海脊☆hermatopelago
沉溺河☆drowned river；flooded{fiorded;drowned} stream
沉溺河口☆drowned river mouth
沉溺纵(向)海(岸)☆drowned longitudinal coast
沉凝灰岩☆tuffite
沉清{澄}槽☆settling tank
沉清液体☆supernatant liquid
沉入☆immerse；immersion；plunge
沉入的☆submersible
沉入海底式岩芯钻机☆sinking sea floor core drill
沉入式水泵☆subsurface{submerged} pump
沉砂☆gritting；underflow
沉砂槽☆riffler；sand and gravel trap
沉砂产物☆spigot product
沉砂池☆grit chamber[污水处理]；debris{desilting;sedimentation} basin；grit catcher；grit settling tank；settling pit；sand trap{collector;tank}；sand and gravel trap；detritus chamber{pit}[土]
沉砂地☆grit chamber
沉砂工程☆desilting works
沉砂罐☆mud settling tank；sand tank{collector}
沉砂井☆catch-basin；sand and gravel trap
沉砂口☆apex
沉砂卡钻☆settled sand sticking
沉砂水库☆settling reservoir
沉砂箱☆gumbo{silt} box
沉沙{砂}池☆desilting{settling;sand} basin；sand and gravel trap
沉沙{砂}管☆sediment tube
沉实地层☆settled ground
沉水(作用)☆submergence
沉水岸☆submerged{drowned} coast
沉水滨线☆shoreline of submergence
沉思☆contemplation；wistfulness；ponderation

沉速公式☆settling velocity formula
沉缩率☆falling ratio
沉缩系数☆subsidence factor
沉筒鞋{靴}[在流砂或砂砾中凿井用]☆leader
沉头孔☆countersink
沉头螺母☆counter{countunk} nut
沉头螺栓☆dormant bolt
沉物☆sink (material)
沉物排放☆sinks discharge
沉物曲线☆cumulative sink curve
沉析☆settling out
沉下深度☆depth of fall
沉陷☆downpunching；founder(ing)；depression；falling；settlement；ebbing；sink(ing)；yielding；settle；yield[顶板等]；subside(nce)；settling；vertical deformation；sit；cave in
沉陷槽边界点☆limit point of subsidence basin
沉陷差异☆difference of settlement
沉陷大陆☆drowned continent
沉陷的最大深度☆maximum subsidence
沉陷地表面率☆curvature of subsiding surface
沉陷地槽☆subsiding geosyncline
沉陷地带☆negative element
沉陷地块☆sunkland
沉陷地堑☆downthrown {-}graben
沉陷断块☆trough block
沉陷海岸☆depressed coast
沉陷裂缝☆crack due to settlement；settlement crack
沉陷裂谷☆downfaulted rift valley
沉陷(百分)率☆percentage of subsidence
沉陷盆[常为沼泽]☆ova
沉陷盆地中心☆focal point of subsidence
沉陷破坏分类☆classification of subsidence damage
沉陷区☆area of subsidence；subsidence{depressed;subsiding} area；seat of settlement
沉陷式流液洞☆drop-throat；sunken throat
沉陷速度☆rate of subsidence{sinking}
沉陷系数☆coefficient of settlement；subsidence factor
沉陷性☆yieldability
(顶板)沉陷仪☆convergence gauge
(地下水位)沉陷锥☆cone of depression
沉陷阻力☆resistance to yield
沉陷作用[德]☆senkung
沉箱☆caisson；coffer(dam)；box{dropped} caisson；cassoon；pressure chamber
沉箱病☆bends；caisson disease；air embolism；aeremia
沉箱沉井☆dropped caisson
沉箱导靴☆leader
沉箱的切刃[凿井]☆shoe cutting edge
沉箱法☆caisson method；coffering
沉箱工☆compressed-air worker
沉箱开凿的竖井☆caisson-sunk shaft
沉箱刃脚☆cutting curb
沉箱式尾矿浓缩机☆cassioon-type tailing thickener
沉箱套☆caisson-set
沉箱型平台☆caisson platform
沉渣☆sediment；dregs (of society)；bottom settlings；hypostasis [pl.-ses]；bs
沉渣垫层☆ballast mattress
沉渣室☆baghouse；slag pocket
沉重的☆hy.；cumbersome；heavy；dead
沉锥法[液限试验]☆falling cone method
沉着☆composure
沉子☆sinker
沉渍式保温炉☆immersion furnace
陈词滥调[法]☆cliché
陈德勒周期☆Chandler period
陈腐☆staleness
陈腐的☆fossil
陈规☆stereo
陈化☆ag(e)ing；senescence；age；season(ing)；stall
陈化脆性应变☆age embrittlement strain
陈化水样☆aged-water sample
陈化{置}岩芯☆aged core
陈迹☆fossil evidence
陈旧☆staleness；obsolescence
陈旧的☆fossil；fos；obsolete；outworn；fossiliferous；out-of-date；outdated；old；obs
陈旧事物☆fossil
陈列☆expos(ur)e；exhibit(ion)；showing；set out
陈列品☆exhibit；display
陈列区☆court
陈列室☆cabinet；repository

陈陆冰☆taryn
陈年冻层☆intergelisol
陈年晶冰☆palaeocrystic{paleocrystic} ice
陈酿☆ageing；aging
陈设☆furnish
陈设(品)☆furnishings
陈设瓷☆artistic ware；ornamental porcelain
陈石灰[中药]☆slaked lime
陈氏介属[Q]☆Tanella
陈氏鲢属[孔虫;P_2]☆Chenia
陈述☆deliverance；testimony；statement；state；remark；presentment
陈述(语气)☆indicative
陈述偏好☆stated preference
陈铜铅矾☆chenite
陈雪[德]☆firn{settling;settled;old} snow；firn；neve
陈置☆seasoning
陈置过程中的解聚现象☆disaggregation on standing
陈置时间☆hold-up time
陈置水样☆aged-water sample
陈置效应☆ageing effect

chèn

衬☆lagging；lag；housing；(cloth) lining；line(r)；place sth. underneath；serve as a contrast to；set off；sth. worn underneath；bushing；sleeve
衬板☆backing (plank)；dunnage；back-lining；cleading；board lining；filler{wall} bar；lining (sheet;sheeting)；liner (plate)；lining plate[磨机]；sarking；welt
衬比(度)☆contrast
衬标☆contrast indicator
衬层☆lining；sheathing
衬层裂缝☆crazy-paving
衬瓷的☆porcelain lined
衬底☆substrate；backing
衬底包胶格条☆rubber-capped riffle
衬底铺石格条☆rock riffle
衬垫☆laying；gasket；back；insert；liner；lay；lining；matting[洗矿槽]；bedding；backing block；cushioning；pad；tympan；padding；packing[桩工]
衬垫层☆laying；sarking
衬垫物☆backing；backer
衬度☆contrast
衬度弱的☆thin
衬钢丝绳的运输带☆cord (conveyor) belt
衬钢丝绳芯皮带运输机☆steel belt conveyor
衬钢丝绳芯运输机皮带☆steel conveyor belt；steel cord belt{belting}
衬管☆liner (tube;pipe)；insert；screened{screen} pipe；lining tube；well strainer；Lnr
衬管插入接头☆liner stab
(井下)衬管顶部☆top of liner；TOL
衬管顶部接头☆liner top sub
衬管管柱组合☆liner assembly
衬管磨铣器☆liner mill
衬管振动工具☆liner vibration tool
衬胶套皮带轮驱动☆lagged pulley drive
衬孔胶结物☆pore-lining cement
衬块☆fill block
衬里☆line(r)；lining；cladding；undercoat
(磨机)衬里波间距☆wave spacing
衬里坩埚☆lined crucible
衬里石☆backing stone
衬料☆intermass；lining；liner
衬滤管☆screen pipe
衬面☆facing
衬片☆facing；gland；lining；burr
衬片黏胶☆gasket cement
衬砌☆lining；line
衬砌的渠道☆lined canal
衬铅☆lead lining
衬圈☆follower；junk ring；liner
衬衫☆shirt
衬石墨槽☆carbon-lined trough
衬碳模☆paste mold
衬套☆bush(ing)；liner (barrel)；hub；lining；muff；barrel liner；sleeve；thimble；sabot；quill；nave
衬套拔出器☆bushing extractor
衬套接头☆jacket collar
衬套凸缘☆flange of bush
(回转窑壳)衬套下端☆collared-down end
衬条☆furring
衬筒☆liner (jacket)；lining
衬托器☆susceptor
衬托物☆foil
衬瓦☆liner
衬心☆core
衬页☆fly
衬衣下摆☆shirttail
衬纸☆interleaving{gasket} paper；lining；off{set-off;smut;slip} sheet
衬砖井壁☆brick coffering

chēng

撑板☆poling board
撑臂☆(arm) brace
撑窗杆☆adjuster for windows；adjuster of window
撑杆☆jackstay；anchor{strut} pole；(arm) strut；jack column；spacer{backing;spreader} bar；kicking piece；strain post；strutting；raker；stay
撑钩☆stay hook
撑棍☆saddle clip
撑架☆corbel；strut
撑铰器☆clavicle
撑脚☆bracing strut；raker
撑牢的☆braced
撑梁☆spar
撑梁木垫☆wood header
撑轮圈☆bead
撑螺栓☆stay bolt
撑帽式杆柱☆expansion sleeve bolt；headed bolt
撑木☆spray prop；strut；collar brace；distance{cross} piece；half-balk；stull；sprag；gallows timber[矿井]
撑墙支架板☆wall washer；wall-washer
撑条☆bind；stay
撑压内形法☆bulging
撑移断层☆lateral fault
撑柱☆(anchor) jack；(pole) brace
蛏海螂属[双壳]☆Solemya
蛏螂(属)[双壳]☆Solenomya
称☆weighing
称号☆title
称呼☆title；style
称机☆weigher
称金刚石用的秤☆diamond scale
称量☆weigh(ing)；weighting
称量车☆scale car；track scale；larry
称量机☆load cell；weigher；weighing machine
称量校对人☆check weigher{weighman}
称量台☆weighbride；weighbridge
称煤斗☆coal weigh hopper
称煤筐☆weigh basket
称皮重☆tare
称平环[机]☆gimbals
称瓶☆weighting bottle
称气器☆air poise
称为☆call；(be) known as；term
称物机☆weigher
称雪器☆weight snow-gauge
称赞☆commendation；applause；praise
称重☆weigh；weigh(t)ing；scalage
称重测岩芯饱和度法☆weight-saturation method
称重法☆weight method
称重法涂层厚度测试☆gravimetric coating thickness test
称重机☆steelyard machine
称重计☆weightometer
称重配料闸门☆weigh-gate
称重式标准罐☆gravimetric prover

chéng

城堡☆castle
城堡型的☆castellated
城堡状山☆mountain of circumvallation
城区☆city proper；townsite
城区压力☆urban stress
城区钻进☆city-lot drilling
城区钻探☆town-lot drilling
城市☆city；town；Mesita；burg
城市安全基准☆urban safety minimum
城市地表的结构☆structure of the urban surface
城市地区降雨气候学☆rainfall climatology of urban areas
城市地区上空空气的结构☆structure of the air above the urban area
城市高速运输☆transit
城市工程☆civil engineering
城市工程地质编图☆urban engineering geological mapping
城市工矿区防污绿化☆anti-pollution plantation in urban industrial districts
城市供气干线☆public supply mains
城市供气计量站[干线和配气管网之间]☆city gate
城市供水☆municipal{urban} water supply；urban water-supply
城市固态废物☆MSW；municipal solid waste
城市化☆urbanization
城市给水管网☆public supply mains
城市交通☆urban traffic
城镇居民☆urbanite
城市(家用)煤气☆town gas
城市气候穹顶的结构☆the structure of the urban climatic dome
城市区划☆tier
城市燃气供应系统☆urban gas supply system
城市热岛地形☆the morphology of the urban heat island
城市三维建模☆three dimensional city model
城市位置☆townsite
城市-乡村迁移☆urban-rural shift
城市学☆urbanology
城市与区域计划学☆ekistics
城乡转换☆urban-rural shift
城寨玛瑙☆fort agate
城镇☆umland
城镇地下采煤☆coal-mining in urban area
城镇环境卫生措施☆urban sanitation measures
城镇垃圾☆town refuse
城镇排水☆municipal drainage
城镇迁移☆rural-urban migration
城镇卫生☆urban health
城砖☆city-wall brick
橙☆aplome
橙钒钙石[$Ca_2V_6O_{17}$•$11H_2O$; $Ca_3V_{10}O_{28}$•$17H_2O$;单斜]☆pascoite
橙钒镁石☆hammerite
橙刚玉☆orange sapphire；padparadsha
橙汞矿[HgO;斜方]☆montroydite；hydrargyrite
橙汞石☆montroydite
橙红☆orange red；salmon pink
橙红色☆salmon；navarjo；navarho
橙红石[HgO]☆montroydite
橙红铀矿[UO_2•$2H_2O$?;斜方]☆masuyite
橙黄色石榴石☆aplome
橙黄石[一种钍石;Th(SiO_4)]☆orangite
橙黄铀矿[PbU_7O_{22}•$12H_2O$;斜方]☆vandendriesscheite
橙尖晶石☆rubicelle；hyacinth-spinel
橙江砷钠石☆durangite
橙磷铁镁矿☆ushkovite
橙皮红[石]☆Rosa Tea
橙色☆orange
橙砷钠石[NaAl(AsO_4)F;单斜]☆durangite
橙水铀矿☆vandendriesscheite-Ⅰ；agrinierite
橙钨矿☆orange tungsten
橙玄玻璃[意西西里岛]☆korite；melanhydrite；palagonite
橙玄玻璃质火山灰☆palagonitic ash
橙玄岩☆palagonite
橙棕色☆orange brown
橙足负泥虫☆cereal leaf beetle；oulema melanopus
成氨(作用)☆ammonification
(使)成凹形☆cup；dish
成败机会均等☆even-odds
成斑(作用)☆mottling
(作)成半球形☆dome
成包炸药☆packaged explosive
成倍☆duplication
成本☆cost (price)；initial{first;prime;net} cost；cost of price；self-cost；p.c.
成本-安全效率☆cost-safety effectiveness
成本表☆cost table{account;sheet}；cost-sheet
成本-产销量平衡图☆cost volume diagram
成本递减法则☆law of decreasing cost
成本费用☆break-even cost
成本分类☆cost classification
成本分配☆allotment of costs
成本分摊公式{办法}☆cost-sharing formula
成本分析☆breakdown；cost analysis
成本估算☆cost estimation；estimate of cost
成本管理☆cost management；(accounting) cost control；ACC；management through costs

成本管理手册☆manual of cost control
成本规划与估价☆cost planning and appraisal；CPA
成本合计☆costing
成本核算☆cost accounting{keeping;record}
成本核算部门☆cost department
成本会计制度的设置☆installation of a cost system
成本会计主管☆cost controller
成本计算☆cost account(ing){calculation}；pricing
成本加`成{佣金}法☆cost-plus method
成本加酬契约包工法☆cost-plus method
成本加固定附加费☆cost-plus-a-fixed fee
成本加价☆cost-plus
成本加利润合同☆cost plus contract
成本降低计划☆cost reduction program
成本控制人员☆cost controller
成本流动{转}☆flow of costs
成本明细表分析☆cost statement analysis
成本膨胀☆cost inflation；cost-push
成本-收益分析☆cost-benefit analysis
成本-数量-利润分析的法则化☆generalization on cost-volume-profit analysis
成本外加法☆mark on
成本下降对比☆cost-reduction comparison
成本效果分析☆cost effectiveness analysis
成本效率☆cost efficiency{performance}；cost-efficiency{-effectiveness;-efficient;-effective}
成本效用分析☆cost-utility analysis
成本有效性分析☆cost effectiveness analysis
成本与销售价的差额☆mark-up
成本最低化☆minimization of cost
成比例☆commensurable；relevant；proportional；pro rata；prorata；relative
(使)成扁平的硬块☆cake
成标示地势☆marked relief
成冰系☆Cryogenian
成饼作用☆disking
成波纹的☆corrugated
(使)成波形☆crimple；crimp
成波状☆sinuate
成波状的☆crinkled
成薄层的☆lamellated
(使)成薄片☆flake
成槽(过程)☆fluting
成槽形☆troughing
成槽性☆troughability
成层☆lamination；lay-up；stratify；stratification；layering；in layers；bedding；foliation
成层沉积☆sedimentary deposit
成层的☆laminar；laminated；lam；stratified；bedded；straticulate；jointy；stratous；stratal；stratose[植]
成层叠瓦状断块模型☆bedded-imbricated-block model
成层方毛石☆coursed square rubble
成层缝☆coursing joint
成层混合物☆stratified mixture
成层火山☆strato(-)volcano；bedded{composite} volcano
成层介质☆stratified{bedded} medium
成层矿层☆stratiform{stratified;layered;eutaxic} deposit
成层矿床☆eutaxic{stratified} deposit
成层类型☆stratotype
成层乱砌毛石{毛石砌筑}☆coursed random rubble
成层砌石块体☆block-in-course
成层侵入☆lit-par-lit intrusion
成层填石☆bedded rockfill
成层土壤☆fibrous soil
成层性好的☆well-bedded
成层岩☆stratified {-}rock
成层岩石☆flotzgebirge；stratified rock
成层叶理☆stratification-foliation
成层状的☆stratiformis
成层锥状(侵入)体☆stromoconolith
成层琢石☆coursed ashlar；range work；regular coursed rubble
成层组构☆stratofabric
成层作用分层作用☆layering
成尘☆dust-making
成尘性☆dustiness；dust-forming quality
成虫☆adult；imago
成串清管器☆pig train
成簇数据处理☆in-line data processing
成带☆banking；zonation；banding
成(环)带的☆zonational
成带分布☆zonality
成带平原☆belted plain
成袋水泥☆bagged cement
成袋装运☆sack loading
(使)成袋状☆bag
成单层的水平直接项[巷道]☆single lamina horizontal roof
(使)成……的缩影☆epitomize
成滴温度☆dripping temperature
成点(散布)的☆spotted
成叠退火☆pack annealing
成冻剂☆gellant；gel builder；gelatinizer；gelling agent
(使)成冻胶☆jelly
成洞穴☆caving；cavern
成堆☆form a pile；be in heaps；in bulk；piling
成堆出售木料☆cordwood
成堆的☆acervate
成堆干燥☆volume drying
成堆木材量度☆cord
成对☆twinning；couple
成对变曲造山带☆coupled orocline
成对的☆gemel；duplicate；binate；dupe；geminate；twin；bigeminate；paired
成对的带☆paired belts
成对阶地☆matched{paired} terrace
成对空位☆divacancy
成对孔隙☆pore pair
成对立模☆coupled standing mould
成对盆地结构☆paired {-}basin framework
成对平巷☆parallel heading{entries}
成对物☆doublet；dyad
成对{双}物之一☆companion
成对相片☆paired photograph
成对装油点☆twin filling point
成多层的水平直接顶板[巷道]☆multiple laminae horizontal roof
(使)成粉末{状}☆comminute；flour
成分☆composition；component (part)；ingredient；constituent；fraction；formulation；contribution；part；comp；constitution；integrant；reactant；product
成分变化图☆variation diagram (of igneous rocks)；variation diagram
成分成热性{熟度}☆compositional maturity
成分成熟性☆compositional maturity
成分的协变☆covariance of composition
成分分布☆composition profile
成分分带☆composition(al) zoning
成分(-)共生(相)图☆composition-paragenesis diagram
成分上未成熟的沉积物☆compositionally immature sediment
成分水☆water of constitution
成分梯度☆composition(al){composition} gradient；
成功☆battle；prosperity；triumph；win；success
成功的叠加☆successful stack
成功还是失败☆success or failure
成功率☆mission success rate；success ratio{rate}；rate of success；returns-ratio[地勘]
成拱(作用)☆arching
(砂粒)成拱区☆bridged region
成拱作用☆arch(ing) action；arching；arch formation
成沟作用☆channel(l)ing
成垢组分☆scale-forming species
成骨细胞☆osteoplast
成骨作用☆osteogenesis；ostosis
成股水流☆streaming flow
(使)成管状☆tube
成果☆success；fruit；outcome；effort；payoff；outgrowth；feedback[某单位取得转他单位应用]
成果图像☆resulting image
成行的☆in-row；in-line
成行缝☆coursing joint
(巷道)成巷效率☆drivage effect
成核☆nucleus formation；nucleation
成核的☆nucleate
成核后生长☆post nucleation growth
成核几率☆probability of nucleation
成核剂☆nucleation agent；nucleator
成核频率☆frequency of nucleation (nucleus formation)
成核起伏☆fluctuation in nucleation
成核-生长转化☆nucleation-and-growth transformation
成核时间☆time of formation of nuclei
成核时间定律☆time law of nucleation
成核双晶☆nucleated twin
成核速度☆velocity of nucleus formation
成核速率☆rate of nucleation；nucleation rate
成核现象☆nucleation；coring
成核中心☆nucleating centre
成核作用☆nucleation；nucleogenesis；nucleus formation
成河过程☆fluvial process
成互层的☆interbedded；alternating
成化石作用[德]☆fossildiagenese；fossilization
成环作用☆cyclization
成灰物质[煤炭]☆mineral matter
成灰杂质☆ash-forming impurity
成活☆survivorship
成活率☆success ratio
成基元素☆base-forming element
成极☆poling
成脊(状延伸)☆ridging
成绩☆success；result
成绩单☆transcript
成夹层☆interstratification
成甲的原生质粒[丁]☆sphaeroplast
(使)成碱性☆alkalify
成碱元素☆base element
成键半径☆bonded radius
成焦率☆coking power
成焦性☆cokeability；cokability
成胶☆gelling；gel
成胶剂☆gelling agent；gelatinous mass
成胶质细胞☆spongioblast
成胶状☆jell；jelly
成交☆business done
成交(的商品)☆bargain
成交错层的☆cross-bedded；X-bd
成交价☆current rate
(安设)成角☆angulation
成角的☆angulate
成角度☆angularity
成角度的☆tilted；angled
成角透视☆angular perspective
成 45°角斜接☆miter；mitre
成角形的☆angled
成金属矿的☆metallogenetic
成晶面形成能☆form energy
成井☆finish a well；well completion
成井液☆completion fluid
(使……)成颈状☆neck
成就☆fruition；success；achievement；attainment
成锯齿形☆serration
成卷胶片☆roll film
成坑的☆cratered
成坑阶段☆excavation stage
成坑事件☆cratering events
成孔机械☆hole-making contender{assembly}
成块☆lumping；caking；lump；clod
成块的☆clumpy；cloggy
成块精矿☆briquetted concentrate
(使)成块状☆block
成矿(作用)☆mineralize；mineralization；mineral forming；ore formation；ore-forming{mineralizing} process；minerogenesis
成矿部位☆localizer of ore
成矿的☆minerogen(et)ic；ore-forming；metallogenic
成矿地裂梯度☆metallo-taphrogenic gradient
成矿地区☆mineral province{region}
成矿断层☆mineralizing fault
成矿反应☆mineralization reaction
成矿构造☆metallotectonics；ore-forming structure；metallotect (feature)
成矿构造分带观点☆metallotectonic zonal concept
成矿{矿化}构造运动关系☆mineralization tectonism relation
成矿规律☆regularity of ore formation
成矿规律图☆metallogenetic map
成矿后变质作用☆posture metamorphism
成矿后的☆post(-)ore；posture；postmineral；post(-)metallogenic
成矿后期☆postmineralization
成矿机制☆emplacement mechanism
成矿假说☆metallogenic hypothesis
成矿间斑岩☆intermineral porphyry
成矿间的[两个成矿期之间的]☆intermineral
成矿建造☆metallogenic formation；minerotect
成矿阶段☆stage of mineralization
成矿壳层☆ore-forming level
成矿控制☆ore control；metallotect
成矿裂隙☆ore-forming fracture

成矿母液☆parent solution
成矿期☆metallogenic epoch{period}；period{epoch} of mineralization；metallizing phase
成矿期后☆postmineralization
成矿期后的☆post-ore；posture；postmineral
成矿气体或液体☆mineraliser；mineralizer
成矿前的☆premetallogenic；premineral；pre-ore
成矿前岩石☆premineral rock
成矿强度☆mineral intensity
成矿区☆metallogenic province{region}；glebe；minerogenetic region；mineralogeneticprovince
成矿热液☆hydrothermal ore {-}forming solution
成矿`省{|时代}☆metallogen(et)ic{minerogenetic; metallographic} province{|epoch}
成矿时期☆mineralization period；minerogenetic epoch
成矿水系的理论☆theory of metallogenic drainage
成矿顺序☆mineral sequence
成矿通道☆ore canal
成矿通路☆lode channel{country}
成矿温度☆formational temperature
成矿系{序}列☆minerogenetic{metallogenic} series
成矿学☆metallogeny
成矿亚区{省}☆metallogenic subprovince
(金属)成矿岩浆专属性☆metallogenic specialization of magma
成矿液体或气体☆mineralbildner
成矿因素☆metallogenetic factors
成矿营力☆mineralizing agency
成矿有利地段☆favorable place for prospecting
成矿预测☆metallogenic prognosis{prediction}；mineralogenetic prediction
成矿元素☆metallogen(et)ic{mineralised} element；ore{mineral}-forming element
成矿作用☆metallogenesis；mineralization；mineral formation；minerogenesis；ore-forming process {event}；metallization；ore emplacement{deposition}
成捆炸药包☆hot bundle
成立☆found；activate
成粒(作用)☆granulation；granulating
成粒的☆grained；granulated；grainy；particulate
成粒过程☆granulating
成粒器☆granulator
成粒性☆graininess
(使)成粒状☆corn
成沥青的☆asphaltogenic
成链历程☆chain mechanism
成两倍☆duplicato
成磷作用☆phosphogenesis
(使)成鳞状☆imbricate；imbricate
(使)成铃状☆bell
成流线型☆streamlining
(使)成漏斗☆funnel
成螺旋形☆twist
成脉矿物☆lode mineral
成脉作用☆veining
成煤☆coal-forming
成煤期☆coal age{epoch}；coal-forming period
成煤作用☆incoalation；coal-forming process
成煤作用跃变☆jump in coalification
成棉率☆fiber forming efficiency
成棉喷嘴☆blower；jet
成面构造☆planar structure
成膜剂☆film forming agent；film-former
成膜温度☆film-forming temperature
(使)成木乃伊状☆mummify
成囊状的☆chambered
成年☆age
成年地形☆aged topography
成年壳体☆teleoconch
成年期☆holaspid period；ephebic；adult stage；adulthood
成年人(的)☆adult
成偶火山锥☆coupled cones
成排井☆well alignment
成排支架☆battery sets
成排注水☆line flooding
成泡沫[浮]☆foaming
成泡溶液☆foam solution
(使)成泡影☆foil
成批☆batch bulk；group by group；in batches
成批处理终端☆batch terminal
成批混合配制☆batch mix preparation
成批加工☆repetition work
成批生产☆full{bulk;serial;quantity;lot;batch; volume; series} production；produce sth. in batches；factory runs；repetitive manufacturing；job stacking
成批生产的钻头☆processed bit
成批生产法☆bulk method
成批死亡☆carnage
成片☆foliation
成片剥落☆peeling；exfoliation；flake off
成片性☆flakiness
成品☆finishing form；finished product{item}；hardware；ware；finish product；fabrication
成品尺寸☆finished size
成品的☆off-the-shelf
成品检验☆inspection of finished product
成品库☆stock
成品率☆rate of finished products
成品烧结矿皮带机☆finished sinter conveyer
成品油加热炉☆product heater
成品装运料仓☆product loading out bin
成瀑流落下☆cascade
成浅滩☆shoaling
成蔷薇花形排列的☆rosulate
成壳(构造运动)☆crust-forming event
成切线☆tangentially
成穹(作用)☆doming
成丘过程☆diapirism
成球(作用)☆balling up；ball
成球力☆ballability
成球盘☆disc granulator
成球筒☆drum granulator
成球形☆sphericity
(使)成球形☆sphere
成球状☆glomeration
成球作用☆balling；flouring；globulation
成渠的☆channelized
成群☆grouping；bunching；cluster(ing)；swarm
成群的☆clumped
成群结队☆troop
成群矿体☆ore cluster
成壤表层☆pedolith
成壤的☆pedogen(et)ic；edaphogenic
成壤环境☆pedogenic environment
成壤作用☆pedogenesis；soil-forming process；soil formation
成热☆mature
成热度☆degree of ripeness
(使)成溶剂化物☆solvate
(使)成绒毛状☆fuzz
成色☆fineness；alloy；title[金的]
成扇形的☆scalloped
成十字状☆crosswise
成石灰的☆calcific
成熟☆mature；maturation；flower；maturity；ripe[泥炭]；refining
成熟产物☆maturation products
成熟的☆sophisticated；mature
成熟的群体{菌落}☆maturing colonies
成熟地槽☆mother geosyncline
成熟度的光学标志☆optical indicator of maturity
成熟分裂☆meiosis
成熟化☆ripening
成熟林☆old growth
成熟泥炭☆ripe peat
成熟剖面☆mature profile
成熟期☆mature stage{period}；maturity；period of maturation
成熟土☆well-developed soil
成熟叶☆climax leaves
成熟早期☆early maturity
成熟浊流{积}岩☆mature turbidite
成树枝状☆treeing
成束☆fascicle
成束的☆fascicled；fasciated
成束辐射☆beamed radiation
成双层的水平直接顶☆two laminae horizontal roof
成双的☆double；twin(ed)；didymous；doub.
成双地☆pairwise
成双构件☆accouplement
成双阶地☆paired terrace
成双晶的☆twinned
成丝网状☆web
(使)成四倍☆quadruple
成四的☆quadrifarious
成酸物质☆acid-forming substance
成碎片☆fragment
(使)成碎片☆fragment
(使)成碎屑☆scrap
(蓄电池的)成苔作用☆furring
(使)成碳☆carbonise
成炭☆char
成套☆gang；serial；nest
成套扳手☆wrench set
成套的☆unitized；packaged
成套地图☆map series
成套动力{发电}装置☆unit power plant
成套服务☆package of service
成套工具☆kit；tool kit{set}；set of tools
成套工具包{箱}☆tool kit
成套器具☆kit
成套设备☆complete equipment；suite{package} of equipment；complete plant{sets} of equipment；set of equipments；full-scale plant；aggregate；package
成套设计☆team design
成套数据☆nested data
成套水泥设备☆complete equipment for cement plant
成套仪表☆set of instruments
成套支架支护法☆unit-support system
成套钻机设备及设备☆outfit
成套钻具☆drill {-}steel set；assembly drill；drill act
成体☆adult
成体进化☆gerontomorphosis
成铁系{纪}[古元古代第一纪]☆Siderian
成图☆restitution
成图地区☆map area；map-area；man-area
成土的☆pedogenetic；pedogenic
成土母质☆soil parent material；original soil
成土因素☆factor of soil formation；soil-forming factor
成土因子☆soil forming factor
成土作用☆pedogenesis；pedogenic process
成团☆lumping；cluster；agglomeration
成团的☆conglomerate；agglomerat(iv)e
成团煤炭☆cobcoal
成椭圆形☆ovalization
成网格元素☆network-forming element
(使)成网状☆network
成为☆become；resolve into；turn (into)；des.；de-
成为包体[岩]☆enclavement
成为……的根据☆warrant
成为土壤☆humify
(使)成为一单位☆unitize
(使)成为一致☆quadrate
成文合同☆literal{written} contract
成纹的☆striated
(使)成纹理☆unconformity
成问题的☆controversial
(使)成涡漩☆whorl
(使)成五倍☆quintuple
(使)成雾状☆nebulize；fogging
成烯作用☆olefination
成细锯齿形☆serrulation
成像☆imaging；imagery；image formation；image-forming；formation of image
成像变形器[摄]☆anamorphoser
成像方程☆eikonal equation
成像红外线接收机☆image-forming infrared receiver
成像角☆angle of image
成像射线模拟☆image-ray modeling
成像要素☆imaged feature
成像仪☆imager
(使)成小泡状☆vesiculate
成斜角☆bevel
成斜坡☆sloping
成斜坡的☆shelving
成屑(作用)☆detrition
成型☆shaping；be in finished form；compaction
成型充填器☆plastic-filling instrument
成型刀具☆form cutter；forming tool；profile{form} cutter
成型工具☆former
成型的☆moulded；mld.
成型钢索射孔器☆formed wire gun
成型焦炭☆formcoke
成型接触砂轮☆formed contact wheel
成型模☆shaping die；blow mold
成型群落☆stable community

C

成型砂光机☆moulding sander
成型砂轮磨齿机☆gear form-grinding machine
成型石块基础☆shaped-stone foundation
成型性☆compactibility；formability
成型质充填器☆plastic instrument
成型装药☆shaped charge
成型装药冲孔[钻井套管]☆shaped-charge perforation
成形☆framing；form(ing)；shaping；moulding；(take) shape；reshape
成形充填器☆plastic-filling instrument
成形龟裂纹☆stone mesh{net}；sorted polygon
成形后的余料☆flash
成形后应力☆after-mold stress
成形机☆shaper；shaping machine
成形基因☆morphogen
成形焦☆formcoke
成型煤☆moulded coal
成形磨削砂轮☆formed grinding wheel
成形球☆plastid
成形速比[纤]☆collet-traverse speed ratio
成形箱☆accumulator roll
成形性☆formability；briquettability
成形压力☆molding pressure
成形张力[纤]☆filament attenuation tension
成序过程☆process of ordering
成旋涡作用☆swirling
成穴☆indentation；cratering；cavitation
成穴的☆cratered
成穴硬度☆indention hardness
成崖作用☆cliffing
成盐☆salification
成盐期前阶段☆pre-saline phase
成盐作用☆halogenesis；salification
成岩☆diagenesis；diagenetic
成岩变化☆catagenesis；katagenesis；diagenetic change
成岩参数坐标图☆petrogenetic grid
成岩残余体系☆petrogeny's residual system
成岩成白云岩☆diagenetic dolostone
成岩初期碳酸盐胶结物☆eogenetic carbonate cement
成岩次相☆parfacies
成岩单位☆lithogenetic unit
成岩的☆lithogeneous；lithogenic；petrogenic
成岩分异☆differentiation
成岩改组作用☆diagenetic reorganization
成岩格子☆petrogenetic grid
成岩痕迹☆diaglyph
成岩阶段成因气☆diagenetic gas
成岩阶段生气窗☆diagenetic gas window
成岩结核☆subsequent concretion
成岩(期)结晶[结构]☆diacrystallic
成岩期后的☆post-diagenetic
成岩期后作用☆postdiagenesis
成岩前沉积作用☆prediagenesis
成岩区☆petrogenic province
成岩势☆DP；diagenetic potential
成岩物质☆lithogenous material
成岩相☆diagenetic facies；lapidofacies；lithogenous phase
成岩象形迹☆diaglyph
成岩形变作用☆diagenetic deformation
成岩岩石☆diagenite；diagenetic rock
成岩氧化物☆rock-forming oxides
成岩早期共生石英增生物☆eogenetic syntaxial quartz overgrowth
成岩作用☆diagenesis [pl.-ses]；lithogenesis；diagenic metamorphism；lithogeny；rock formation；diagenism
成岩作用的☆diagenetic；petrogenetic
成岩作用页硅酸盐发育阶段☆phyllomorphic stage
(使)成一卷卷☆hank
(使)成一束☆bunch
(使)成一(直)线☆align；aline
(使)成一整体☆unitize
成荫的☆ubac；shady
成因☆genesis [pl.-ses]；origin [of deposit]；cause of formation；contributing factor
成因不明的岩石☆cryptogene
成因地形☆physiographic form
成因方{形}式☆mode{manner} of origin；mode of origin
成因分类☆genetic{genetical} classification
成因划分☆genetic separation
成因基点☆origin
成因模型{式}☆genetic model
成因性术语☆genetic term
成音度☆audibility
成油带☆oil generation zone
成油气☆olefiant gas
成渝龟属[J]☆Chengyuchelys
成语☆idiom
成育嵌入曲流☆ingrown-intrenched meander
成育曲流☆ingrown meander
成员☆member；mem
成员资格度☆grade of membership
(使)成圆顶☆dome
(使)成圆圈☆rounding
(使)成圆形☆round up
(使)成晕圈☆halo
成晕现象☆halation
成渣☆sludging；sludge；slagging；slag-forming
成长☆upgrowth
成长法☆flop-in method
成长构造☆growing structure
成长双晶☆growth twin
成帧☆framing
成帧法☆method of framing
成帧器☆framer
(使)成针状结晶☆needle
(使)成正方形☆quadrate；squaring
成直角☆square to；perpendicular；quartering
(使)成雉堞状☆crenellate；crenulate
成种模式☆model for speciation
成种作用☆speciation
(使)成锥形☆cone
成组☆interconnecting；bunching
成组安装☆package installation
成组爆破☆multi-shot firing；multiple(-hole{-shot}) blasting
成组爆破并联法放炮☆multiple-shot blasting
成组处理☆batch processing
成组传动☆group drive
成组的☆packaged
成组地震检波记录系统☆seismometer group recorder
成组多路转换通道☆block multiplexor channel
成组方式☆burst mode
成组分布的高密度射孔弹☆clustered high-density shaped charges
成组工艺(学)☆group technology；GT
成组激发☆shooting on group
成组立模☆group standing mould
成组炮眼的排列☆lay out of round
成组起爆放炮器☆multishot exploder
成组推移阀☆bank push valve
成组微差延发爆破☆multiple-short-delay blasting
成组遥控☆remote block control
成组仪表☆instrument package
成组支架控制☆bank support control
盛钢桶☆(teeming) ladle
盛钢桶衬砖☆ladle brick
盛火药角器☆power-horn
盛水袋☆shallow bag
盛铁桶☆ladle
盛样品装置☆sample-holding assembly
呈报☆notice
呈波浪形☆undulate
呈波纹状☆corrugation
呈层状☆occurrence in beds；in layers
呈鼓突状☆pulvinus
呈锯齿形☆indentation
呈块状☆en bloc
呈矿现象☆show of ore
呈螺旋状弯曲的钻孔☆spiral hole
呈脉状☆occurrence in veins
呈乳光的☆opalescent
呈台阶状变化的产量☆step-rate；stepwise rate
呈驼峰状[曲线]☆humping
呈椭圆形☆ovalize
呈弯曲状的☆sweeping
呈现☆presentment；exhibit；arise；presentation；offer；display；assume
呈燕尾状相互贯穿{紧密镶嵌}的☆intimately dovetailed
呈圆锥形地☆conically
呈直角☆at right angle
乘☆multiply；riding；time；multiply…by…
乘车☆ride；riding
乘除装置☆multiplier-divider
乘船☆embarcation；embarkation
乘地下铁道列车☆tube
乘电车☆tram
乘电橇☆sleigh
乘法☆multiplication
乘法器☆multiplicator；multiplier
乘法信号☆multiplying signal
乘方☆square；involution；power；involve
乘工装置☆doubler
乘公共汽车去☆bus
乘号☆product{multiplication;times;multiple} sign
乘火车旅行☆railway
乘积☆(arithmetic) product
LC 乘积[电感与电容之乘积]☆LC product
乘积加☆multiply and add；MAD
乘积之和☆sum of products
乘积指数☆product index；PI
乘客☆passenger；occupant
乘客单☆waybill
乘快艇☆yacht
乘骑者安全☆rider's safety
乘汽车☆auto
乘人车☆carriage；man{man-riding} car；manrider
乘人罐笼☆descent{man} cage；bond；bon(o)tle；mancage
乘人矿车☆man{manriding} car；manrider；mancar
乘人列车☆manriding set
乘人设备☆man-riding facilities
乘商寄存器☆multiplier-quotient register；MG
乘式☆multiplicator；multiplier
乘数☆multiplicator；multiplication{multiplying} factor；multiplier；facient；factor
乘数论☆theory of multiplier
乘水上飞机☆hydroplane
乘务(人)员☆crew member；crew；crewmate
乘以十☆decuple
乘以四☆quadruplication
乘员☆crewman
乘员安全保护设计☆lifeguard design
乘直升机☆helicopter
乘子☆multiplicator；multiplier
乘坐电车☆trolley
程差[结晶光学]☆path difference
程度☆degree；level；extent；grade；plane；tune；stage；remove；quantity；d.；deg.
程函☆eiconal；eikonal
程控升温色谱(法)☆programmed temperature chromatography
程控式电缆☆programmable cable
程控停机☆programmed stop
程控中断☆program controlled interruption；PCI
程式☆modality
程序☆program(mer)；routine；procedure；process；order；sequence；course；automation program；software；schedule；programme
程序安排☆routing
程序包☆program{software;routine} package
程序变化☆process change
程序错误☆bug；program error
程序单☆card
程序段☆segment；program segment{section}
程序分段☆segmentation；overlay
程序分块☆deblocking
程序纲要☆skeletal coding
程序化☆sequencing；routinization
(使)程序化{常规化;习惯化}☆routinize
程序机☆scheduler
程序机构信号☆preset instruction
程序计量☆programmetry
程序检验☆machine{programming；programm(ed)} check；program test{testing}
程序校验☆routine check；program checkout
程序结束☆end of program；EP
程序进入键☆program attention key
程序开关☆sequence{program(med)} switch；SS
程序控制☆program{programme(d);programmer; sequence;preset} control；time schedule control
程序库☆(program;bank) library；routine library；library of routine
程序块☆(program) block；brick
程序框图符号☆flowchart symbol；flow chart symbol
程序论☆theory of programming
程序片☆module

程序器☆sequencer
程序设计☆program composition{design}; procedural design; (automation) programming
程序升温操作☆temperature programmed work
程序调整☆debugging
程序停机☆coded stop; programmed halt
程序图(表)☆procedure{sequence} chart
程序校验(操作)☆program-check (run)
程序语言☆program language; Pl
(计算机)程序员☆programmer
程序中断☆program interrupt
程序装置☆programming unit; timer; sequencer; programmer
程序组☆batch; package
惩罚☆punishment; penalty
澄海[阿波罗17着陆位]☆Mare Serenitatis
澄江动物群☆Chengjiang fauna
澄泥箱☆mud box; mudhole
澄清☆fining; defecation; defecate; decontamination; decon; clear (up); clarification; settling; clean up; brightening; [of a liquid] settle; settlement; be clear about; become clear; refining; clarify; clarity; transparent; unravel; levigation; fine
澄清舱☆sump tank
澄清池☆clarifying basin{tank}; clarifier tank; water clarifier; decanter
澄清的油☆broken oil
澄清剂☆clarifier; clarificant; fining{clarifying; refining} agent
澄清器☆clarifier; desilter; defecator; clarificator; settler
澄清器折流挡板☆clarifier baffle plate
澄清式过滤机☆clarification filter
澄清水仓☆clarified-water sump
澄清水区☆clarified liquid zone
澄清水与沉淀体的界线[浓缩机等]☆mudline
澄清桶☆the setting tank
澄清絮凝剂{器}☆clariflocculator
澄清液体☆supernatant liquid
澄清圆筒☆clarifying cylinders
诚恳☆sincerity
诚实☆honesty; veracity
承办☆undertake; undertaking
承办人☆undertaker
承包☆contract; undertake; tender
承包出去☆put out to contract
(整套)承包公司☆turnkey company
承包奖金制☆contract bonus system
承包人☆contractor
承包商井[为了米数而打的无用]☆contractor's hole
承保☆insure
承杯☆swab cup
承铂矿☆chengbolite
承插管☆bell-and-spigot{-socket} pipe; spigot and faucet pipe
承插接合☆socket pipe joint; bell and spigot (joint); spigot joint
承插式弯头☆bell and spigot bend
承锤头[触探]☆drive head
承担☆assume; bear; assumption; take; undertake
承担(费用)☆incur
承担保赔责任的承保人☆protection and indemnity
承担未满期责任☆portfolio assumed
承担义务☆commitment
承垫☆rim; support ring
承订者☆supplier
承兑☆accept(ed); honor; a.; acceptance; acc.; honour
承兑费☆accepting charge
承兑汇票{票据}☆acceptance bill
承兑交单☆documents against acceptance; D/A
承兑票据到期记录☆acceptance maturity record
承兑人☆acceptor; accepter
承兑日期☆date of acceptance
承兑通知☆notice of acceptance
承兑一张票据☆honor a bill
承兑责任☆acceptance liability; liability for acceptance
承杆☆bearing bar
承辊☆runner
承继组织☆atavo-tissue
承架☆staddle
承剪构件☆member in shear
承接平台☆landing platform{stage}
承借人☆tenant
承口☆faucet; bellmouth; bell (mouth); spigot joint
承口法兰☆socket flange
承口法兰大小头☆bell and flange reducer
承口角☆angle of flare
承口孔☆bell-mouthed opening
承框☆base template
承揽☆undertake
承力外伸支架☆outrigger
承梁☆bearer; bolster; carrying bar
承梁板☆endpiece; wall plate
承梁垫石☆padstone
承梁短板☆template
承梁木☆torsel
承木☆bearer; byat
承诺☆commitment; hono(u)r
承诺性规划☆commitment planning
承盘☆catch basin; retainer
承曲构件☆member in bending
承认☆acceptance; grant; recognition; confession; admit; recognize; acknowledg(e)ment; admission; give diplomatic recognition; sanction; ACK
承认的☆admissive
承认信号☆acknowledge(ment) signal
承受☆inheritance; holding; bear; carry
承受侧向荷载的桩☆laterally loaded piles
承受负载☆take up load
承受荷载☆accepted load
承受静水压力的区域☆hydropressured region
承受水平面荷载的桩☆horizontally loaded piles
承受水体{域}☆receiving water
承受应力☆bearing stress
承台结构☆suspended deck structure
承托☆fillet; underpin
承托钢丝☆carrier wire
承托环☆retaining ring; retainer (ring)
承托式采油封隔器☆retainer production packer
承窝☆socket
承窝筐☆basket of socket
承窝式连接装置☆kapel; capel; caple
承袭☆continuation
承袭海☆patrimonial sea
承袭曲流☆inherited meander
承向(再顺)断层线崖☆resequent fault-line scarp
承销人☆consignee
承屑盘☆drip pan
承压☆pressurization
承压板法☆bearing plate technique
承压程度☆amount of pressurization
承压带☆abutment; loading zone
承压的☆subartesian; confined; piezometric; artesian
承压含水层坡降☆artesian slope
承压井☆artesian{nonflowing} well
承压力☆bearing pressure{force}; supporting capacity
承压面图☆pressure{piezometric}-surface map
承压能力☆capacity to stand
承压墙☆carrying wall
承压人孔☆pressure hatch
承压水含水层☆artesian aquifer
承压水-潜水混合井☆combined artesian-gravity well
承压水位☆piezometric level; level of the hydraulic pressure; pressure head
承压突起锥☆pressure-relief cone
承压线间距☆piestic interval
承压型热水系统☆confined hot-water system
承压油藏☆pressurized petroleum reservoir
承压支承{撑}筒☆compression support skirt
承压状态{木}☆artesian condition
承影板☆platen
承油杯☆drip cup
承雨线脚☆water table; W.T.
承运人☆freighter
承载☆burdening; bearing (load); bear the weight of; carrying; load-bearing; accepted load
承载板试验☆plate bearing test
承载侧☆loaded side
承载沉缩曲线☆resistance-yield curve
承载底板☆weight tray
承载地层砂☆load-bearing formation sand
承载电缆设备☆cable carrying facilities
承载端托辊站☆idler station of carrying side
承载力方程☆bearing capacity equation
承载能力☆load supporting capability; bearing capacity{power}; supporting power; acceptance of load; carry capacity; load-carrying ability{capacity}; loadability
承载器☆carriage
承载圈☆carrier ring
承载条件☆load condition
承载土层☆loading soil
承载系数☆support coefficient
承载线☆thrust line
承载性能☆load-carrying properties
承载铸型线状构造☆load-cast lineation
承造公司☆carrying company
承枕☆bolster
承制厂☆supplier
承重部分☆supporting part
承重杆☆beating rod; bearing bar
承重构架☆load-bearing frame{skeleton}
承重构件☆carrier
承重滑车☆carrying block
承重件☆supporting part
承重面☆loading surface
承重能力破坏☆bearing-capacity failure
承重绳☆head-rope
承重柱☆king tower
承转效率☆carry-over efficiency
承撞件☆anvil
承租☆grant
承租人☆lessee; tenantry; tenant
承坐面☆landing surface
承座☆landing seat

chèng

秤☆steelyard; (weighting) scale; balance; weighing device{scale}; weigher
秤杆☆balance arm; arm of a steelyard; beam of a steelyard; weighbeam
秤机☆weigher
秤盘☆weighing scale; scale (pan); pan or dish of a steelyard
秤式给矿机☆scale feeder
秤台☆weighing platform
秤站☆weight station

chī

(船)吃(水)☆draw
吃孢子的[昆]☆spore-eating
吃草的☆graminivorous
吃刀深度☆cutting depth
吃腐尸的☆necrophagous
吃富矿☆gouging
吃惊☆surprize; surprise
吃入[钻进]☆penetration; penetrate; pen.
吃食反射☆fressreflex
吃食构造☆feeding structure
吃食迹[遗石]☆Fodinichnia; feeding trail
吃水☆gage; draft
吃水变化引起的力☆draft force; DF
吃水标志☆draught marks; water mark; watermark
吃水力的平均值☆draft force mean; DM
吃水平稳☆on an even keel
吃水浅的船只☆shallow-draft vessel
吃水深度☆draft; draught
吃水线☆water level{line}; load line; waterline
吃水指示器☆draft gauge{indicator}
吃素的☆vegetarian
吃午餐☆lunch
鸱暴☆whip-poor-will storm
鸱尾☆brid's tail
鸱鸮[E-Q]☆Bubo

chí

持股公司☆holding company
持恒污染物☆conservative pollutant
持继{补充;完全;再次;停供油后}燃烧☆after flaming
持夹器☆clamp holder
持家☆housekeeping
持晶器☆crystal holder
持久☆last; go far; endure; stay; stand; persistency; persistence
持久变形☆dauermodification
持久的☆everlasting; persistent; indelible; durative; lasting; permanent; sustained; perennial
持久度☆duration; endurance
持久功率☆permanent output
持久过滤☆extended filtration
持久化石☆persistent fossil
持久加载☆sustained load

C

持久力☆last；endurance (strength)；staying power；stamina
持久强度☆endurance{long-term} strength；creep rupture (strength)
持久性☆capacity to stand；persistence；constancy；persistance；staying quality；durability；endurance；persistency
持久载荷☆long-time{sustained} load
持力层☆bearing layer{stratum;course}；supporting course
持力层土的掏挖☆undermining of supporting soil
持留水☆retained water
持泡器☆bubble holder
持票人☆holder；bearer
持起式磁选机☆pickup separator
持钎器☆chuck；drive clamp；steel holder
持砂条☆sand grip{ledge}
持石器☆litholabe
持水当量☆moisture equivalent
持水度☆water {-}retaining capacity；water retention ability；specific retention
持水量☆water-holding{moisture} capacity；(water) retention；water holding capacity
持握笔石属[O_1]☆Airograptus
持续☆continuity；continuance；persist(ence)；hold up；stay；standing；persistency
持续层序☆extended succession
持续产量☆sustained production
持续次序☆order of persistence
持续的☆persistent；steady；sustained
持续分异度☆standing diversity
持续功率☆continuous rating
持续荷载{负荷}☆sustained load
持续很久的☆prolonged
持续化石☆persistent fossil
持续加荷方法☆sustained loading procedure
持续能力☆sustainable capacity
持续喷发☆permanent eruption
持续缺水☆chronic water shortage
持续入渗率{量}☆sustained infiltration rate
持续时间☆length of time；duration；continuance；length；endurance (period)；transit{run} time；lifetime
持续十年的☆decennial
持续性☆persistency；persistence；constancy；steadiness；continuity
持续性胎儿血管化☆persistent fetal vasculature
持续雨☆consistent rain
持续预算☆perpetual budget
持续运行的电动机☆long-hour motor
持续载荷电流☆continuous load current
持样器☆sample holder
持液率[气液两相管路术语]☆liquid holdup
持有人☆holder；possessor
持柱型磁选机☆holding-type (magnetic) separator
持着地下水☆fixed groundwater；fixed ground water
匙☆spoon
匙板☆spondylium
匙唇孢属[P]☆Gulisporites
匙蛤属☆Scrobicularia
匙羹藤☆Gymenma Sylvestre；Gymnema sylvestre
匙骨[鱼类]☆cleithrum
匙孔☆eleocellarium
匙头丁字镐☆biddix
匙形[植物叶]☆cochlearis
匙形的☆spatulate
匙形骨[昆]☆scaphium
匙形坑洼[冰]☆exudation basin
匙形台[腕]☆spondylium；Camerophoriunm
匙形小房[腕]☆camarophorium
匙形(螺)钻☆gauge auger；quill bit
匙形钻头☆post-hole borer；quill bit
匙羊齿属[C_2-P_2]☆Zamiopteris
匙叶草属植物[原产于地中海沿岸]☆statice
匙叶蕨孢属[C-P]☆Noeggerathiopsidozonotriletes
匙叶目[植]☆Noeggerathiales
匙叶属[C_2-T]☆Noeggerathiopsis
匙状额角☆spatuliform rostrum
匙状物☆spoon
匙状铸型☆spatulate caste
匙钻☆spoon bit
池☆pond；pool；tank；trough；sump；cell；bath；vat；depression；low-lying land；stalls；stalls in a theatre；moat；pit；meare；lake[贮油等的]
池壁冷却☆cooling of tank wall
池底☆tank bottom
池河浮游生物的☆tychopotamic
池炉☆enamel tank furnace
池内液位增长☆pit gain
池珊瑚科☆Laccophyllidae
池深☆depth of tank
池塘☆pond；mere；pool；ojo
池塘法[人工补给]☆basin method
池塘群落☆tiphium
池塘群落的☆tiphic
池塘生植物☆helophyte
池糖☆stock pond
池体☆tank
池铁浆☆bath
池温☆pit temperature
池蓄水量☆pondage
池沿☆lagoon
池窑☆tank furnace
池窑法拉丝☆direct melt process
(泥浆)池液面指示器☆pit level indicator
(泥浆)池液位☆pit level
池沼☆llyn
池沼的☆tiphic
池沼和浅滩☆pools and riffles
池沼生物☆helobios
迟爆☆hangfire；hung fire{shot}；low {-}order detonation；hang fire[炮眼]
迟爆雷管☆delay cap{detonator}
迟差☆retardation
迟到不能下井☆bond-cast
迟到时间☆lag time
迟的☆late
迟点火☆lag{late} ignition
迟钝☆inertia；heaviness；dullness；slow；slow in thought or action；obtuse；phlegm
迟钝爆炸☆delayed explosion
(增长)迟钝冰川☆inactive{passive} glacier
迟钝的☆blunt；backward；opaque；obtuse
迟发☆delay
迟发(毫秒)爆破☆short-delay firing
迟发爆破计数器☆delay shot firing counter
迟发导爆线装置☆detonating relay
迟发的☆deferred
迟发毫秒爆破炮眼组☆millisecond round (of shots)
迟发时间☆delay interval{time}；lag time
迟发性大理石骨病☆osteopetrosis with delayed manifestations
迟发引线☆fuse delay
迟发引信☆delayed-action fuse
迟后换向☆undercommutation
迟缓☆slowness
迟缓的☆creeping；lagging
迟缓点火☆late ignition
迟角☆phase lag；tidal epoch；tidal epoch phase lag
迟凝剂☆retarder；retardant
迟炮(炮眼)☆hangfire
迟燃☆after burning
迟珊瑚属[C-P]☆Bradyphyllum
迟误爆破☆delayed blast
迟延电路☆delay circuit
迟延发育☆retardation
迟延下沉☆delayed subsidence
迟延性放顶[用可塑性支架放顶]☆retarded caving
迟疑☆scruple
迟于实际的日期☆postdate
迟育现象[生]☆bradygenesis；bradytely
迟滞☆lag；slow-moving；sluggish；delaying (action)
迟滞`性{现象}☆hysteresis
迟滞场☆retarding field
迟滞的☆inhibitory
迟滞断层☆lag fault；tectonic gap
迟滞法☆coercimetry
迟滞反馈☆lagging feedback
迟滞流☆slug flow
迟滞生长☆neoteny；proterogenesis
迟滞效应☆lag-effect；lag effect
迟滞荧光☆DF；delayed fluorescence
弛垂☆sagging
弛垂弯曲☆sag curve
弛度☆sag；dip；looseness
弛缓☆laxation；relaxation
弛菊石☆Lytoceras
弛菊石目☆Lytoceratida
弛菊石属[头;J_1-K]☆Lytoceras
弛蛇菊石属[头;T_1]☆Lytophiceras
弛旋螺属[腹;O-S]☆Lytospira
弛豫☆relaxation；relax
弛豫带(岩压)☆relaxed{relaxation} zone
弛豫时间☆relaxation time；time of relaxation
驰车道☆driveway
驰度☆dip

chǐ

耻骨☆pubic bone；(os) pubis
耻骨孔☆obturator foramen
耻骨上切石术☆high{suprapubic} lithotomy
耻辱☆dishonour；dishonor；disgrace
齿☆fork；claw；bite；dentato；dens [pl.dentes]；tine；tooth；teeth；spur；notch；dent[齿轮的]
齿板☆radula [pl.-e]；tooth plate[孔虫]；ridge plate[真象类]；dental lamella{plate}[腕]；jaw[碎矿机]
齿棒☆bar
齿棒状牙形石☆bar-like conodont
齿槽☆gullet；(dental) socket；alveoli；space；alveolus dentalis
齿槽的☆alveolate；alveolar
齿槽底面☆bottom land
齿槽辊破碎机☆kibbler roll-crusher
齿槽孔☆foramen alveolaria
齿槽深度☆tooth depth
齿侧☆flank of tooth
齿侧凸带☆cingulum
齿层间隙[牙石]☆interlamellar space
齿承☆land
齿传动☆gear run
齿唇虫属[三叶;D]☆Odontochile
齿刺类☆Odontophuracea
齿丛☆cluster
齿带☆cingulum；gear band
齿担[腹]☆odontophore
齿导轨[机]☆rack guide rail
(牙轮)齿的内端☆inner end of tooth
齿顶☆addendum [pl.-da]；ad.；top of tooth；toe
齿顶(线)☆crest of tooth
齿顶高☆addendum [pl.-da]；add.；Add；ad.
(齿轮的)齿顶高☆addedum
齿顶间隙☆tip clearance
(伞齿轮的)齿顶角☆addendum angle
齿顶接触☆peak contact
齿顶啮合☆peak contact
齿顶圆☆point{addendum} circle
齿纺锤螺属[腹;K]☆Odontofusus
齿峰☆crest of teeth
齿峰线☆face line of teeth
齿腹面☆flank
齿杆放炮器☆push-down exploder
齿高☆depth of tooth；tooth height{depth}
齿根☆root；dedendum
齿根(高)☆dedendum [pl.-da]
齿根半径☆root radium
齿根高☆tooth dedendum
齿根高度☆inside pitch line length；dedendum
齿骨[牙石]☆dentary；dentale
齿股蛤属[双壳;T_3]☆Gervillia；Odontoperna
齿冠☆crown；corona dentis
齿轨☆rack rail
齿轨机构☆ratchet mechanism
齿辊机☆sledging roll
齿颌类☆Odontognathae
齿颌(鸟)超目☆Odontognathae
齿厚☆tooth thickness
齿弧形断裂作用☆ratchet faulting
齿环☆rim
齿环孢属[C_2]☆Bellispores
齿及齿面结构[牙轮钻头]☆cutting structure
齿脊☆ledge；transverse loph
齿夹☆tooth clamp{holder}
齿尖[生;牙石]☆cusp；cuspis dentis
齿尖的对端☆anticusp
齿尖角☆tooth angle
齿胶磷矿☆odontolite
齿角☆tooth angle
齿接☆toe joint
齿接合器☆tooth adapter

齿节[弹尾目弹器]☆(tooth) pitch；dens
齿鲸(亚目)☆Odontoceti
齿菊石[古]☆ceratite
齿菊石目[P-T_3]☆Ceratitida
齿菊石属[头]☆ceratites；Ceratite
齿菊石型缝合线☆ceratitic suture
齿距☆pitch of teeth；tooth pitch；spur[牙石]
齿距差☆progressive error
齿距规☆gear tooth ga(u)ge
齿蕨☆Odontopteris
齿菌属[Q]☆Hydnum
齿卡☆tooth clamp
齿科砂轮☆dental abrasive wheel
齿科学☆odontology
齿壳藻属[K]☆Odontochitina
齿孔海绵属[K_2]☆Coscinopora
齿口螺属[腹;K_2-Q]☆Odostomia
齿宽☆face width；F.
齿廓☆flank{tooth} profile
齿廓磨损☆profile wear
齿肋虫(属)[三叶;S_2]☆Odontopleura
齿连接☆toothing
齿(轮)连接☆teeth
齿鳞☆cosmoid scale；cosmoid-scale
齿鳞质[鱼的]☆cosmine
齿绿松石☆odontolite
齿轮☆gear (wheel)；tooth gear{wheel}；toothed wheel
齿轮(变速)☆gear change
齿轮泵☆gear-type{gear} pump
齿轮比☆gear ratio；g.r.
齿轮变速杆☆gear lever
齿轮变速选择机构☆gear shift selector mechanism
齿轮变形工艺☆gear texturing
齿轮齿数比☆gear ratio
齿轮齿条副☆rack and pinion
齿轮齿条式列车定位系统☆rack and pinion style railcar positioner
齿轮传动不平衡轮式振动筛☆geared-weight vibrating screen
齿轮传动式内燃机☆geared diesel
齿轮传动装置☆gear
齿轮的☆gearing
齿轮的齿顶圆直径☆addendum circle
齿轮的节径☆pitch diameter
齿轮法变形☆gear crimping
齿轮根切☆under cut
齿轮滚刀☆hob；hob milling cutter
齿轮滑车☆geared block
齿轮滑润剂☆gear compound
齿轮急剧啮合☆abrupt tooth engagement
齿轮加工机床☆gear cutting machine
齿轮检查仪☆gear tester
齿轮减速内燃机船☆geared diesel boat
齿轮进力轴☆gear input shaft
齿轮卷曲法变形丝☆gear crimped yarn
齿轮块☆cluster gear
齿轮拉出器☆gear puller
齿轮链系☆gearing chain
齿轮轮牙☆cog
齿轮面☆face of gear
齿轮磨合☆running-in of gear
齿轮啮合效率☆gear mesh efficiency
齿轮输出{力}轴☆gear output shaft
齿轮托支架☆gear bracket support
齿轮维☆cone of gears；gear cone
齿轮铣刀☆gear cutter
齿轮系☆(gear) train；train of gears
齿轮箱☆gear box{case;housing;unit}；gearbox；gear unit gearing；banjo；wheel box
齿轮增速☆gear increaser
齿轮装置☆gear unit；(toothed) gearing
齿轮钻头☆roller cone；rolling cutter；spiked coller{roller}
齿轮钻头圈[岩芯钻进]☆cutter-mounting ring
齿面☆face of tooth；tooth flank
齿磨平的[钻头]☆smooth-mouthed
齿挠曲☆tooth deflection
齿鸟超目☆odontognathae
齿啮合☆point gearing
齿扭贝属[腕;S-D]☆Stropheodonta
齿排☆tooth row
齿盘菊石属仪[头;K_1]☆Odontodiscoceras
齿棚[牙石]☆flange
齿片☆blade；lamellar[生]；lamella [pl.-lae,-las]
齿片状牙形石☆blade-like conodont
齿前(锋)面[切削岩石的作用面]☆front flank
齿墙☆key wall；cut off wall
齿圈☆ring{girth} gear；(gear) rim；tooth row；toothing
齿(轮)圈☆gear rim
齿刃☆chisel edge
齿舌[软]☆radula [pl.-e]
齿舌型腕棒☆mergifer
齿深☆depth of tooth
齿石☆odontolith
齿式☆formula dentalis；system of hinge [notation of bivalve]；dental formula[动]
齿式铲斗挖掘机☆toothed scoop shovel excavator
齿式耙斗☆toothed scraper
齿饰☆denticle
齿数☆number of teeth；tooth number；nt；n.t.
齿双螺贝属[T_3]☆Amphiclinodonta
齿松石☆bone turquoise
齿髓孔☆pulp cavity
齿碎机☆pick{pin} breaker
齿台☆platform
齿体[牙石]☆dental unit
齿条☆(gear) rack；toothed rack；rack bar；sword
齿条-(小)齿轮千斤顶☆rack-and-pinion jack
齿条-齿轮式千斤顶☆rack and gear jack
齿条传送顶车机☆rack pusher for transfer car
齿条式千斤顶☆rack jack
齿条式自动起落机构☆rack lift
齿头虫属[三叶;D_1]☆Odontocephatus
齿突(的)☆odontoid；process
齿帷[牙石]☆apron
齿纹☆insection
齿纹锚栓☆indented bolt
齿窝☆socket
齿系☆dentition；diagenodont
齿隙☆gash；back sash{play}；B/lash；diastema；gear backlash；lash
(琢石用)齿纤锤☆bush hammer
齿向误差☆tooth alignment error
齿型☆dentition
齿形☆flank{tooth} profile；serrated{tooth} form
齿形插口☆tooth；teeth
齿形虫类☆Conodont
齿形虫属[孔虫;P-Q]☆Dentalina
齿形的☆castellated；odontoid
齿形杆强度☆notched bar strength
齿形钢板☆grooved steel plates
齿形管鞋☆toothed-shoe cutter
齿形脊☆serrate ridge
齿形角☆profile angle
齿形矿耙☆toothed scraper
齿形螺母☆horned nut
齿形沙丘☆rake dune
齿形投影☆tooth projection
齿形亚目☆Conodontiformes
齿虚位☆diastema
齿牙孔☆foramen incisivum
齿牙组织☆dental tissue
齿羊齿☆odontopteris
齿羊齿属[P]☆Odontopteris
齿叶☆Tingia
齿叶凤尾藓☆Fissidens crenulatus
齿叶菊石属[头;T_1]☆Prionolobus
齿翼亚目[鸟类;E_2-N_1]☆Odontopterygia
齿影牙形石☆ghost conodont
齿垣[牙石]☆parapet
齿缘板[腕]☆denticular plate
齿凿☆tooth chisel
齿枝[牙石]☆limb；branch
齿胝☆callus
齿制成单数的☆odd toothed
齿质☆dentinum；dentine
齿质层☆cosmine layer
齿踵☆heel
齿状☆rough dentation
齿状(结构)☆dentition
齿状边界☆dental boundary
齿状边缘☆marginal denticulation
齿状擦痕☆serrated striae
齿状铲斗挖掘机☆toothed scoop shovel excavator
齿状的☆dentoid；odontoid
齿状构造☆denticle；toothed structure
齿状管鞋☆finger type shoe
齿状礁☆prong reef
齿状颗石[钙超;N_2-Q]☆Crenalithus
齿状刻纹[海百]☆crenella
齿状流痕☆tooth-shaped rill mark
齿状突起☆denticulation；rough dentation；odontoid process
齿状外貌☆toothed appearance
齿状物☆tusk；tooth；teeth
齿状钻头☆sawback saw bit；toothed cutting bit；bit drag；basket{borway;castellated} bit；Davis (cutter) bit
齿锥☆main denticle
齿座☆talon；tooth adapter{holder}；block
呎磅☆foot-pound
呎磅达{|朗伯|烛光}☆foot-poundal{|lambert|candle}
尺☆rule；straight；ruler
尺板[凿船贝属发育的一种杆状副壳板]☆pallet(e)
尺侧腕骨☆(carpi) ulnare
尺寸☆dimension；size；calibre；dim.；caliber；measurement；proper limits for speech or action；sense of propriety；measure
尺寸变化☆change in size；dimensional change
尺寸不定☆short measure
尺寸不合标准的钻头☆out of gauge bit
尺寸不足☆undersize；undergauge；UG；US
尺寸不足的岩芯☆undersize core
尺寸范围☆range of size
尺寸过大☆oversize
尺寸(选择)过大的砾石☆oversized gravel
尺寸过大砾石☆oversized gravel
尺寸过小☆undersize
尺寸过小的颗粒☆undersized grain
尺寸合格的颗粒☆gauge particle
尺寸合乎要求☆in-gage
尺寸精确的割缝☆precise slot
尺寸磨小了的钻头☆out of gauge bit
尺寸相近的颗粒☆near size particle
尺寸选择标准☆sizing criteria
尺寸与割缝宽度相近的颗粒☆near-slot-size grain
尺寸再现☆resizing
尺寸中值☆intermediate size
尺度☆scale；criteria；measure；dimension；ga(u)ge；yardstick；means
尺度比☆scaling ratio
尺度改变☆rescaling
尺度模型{拟}☆scale model
尺度数字☆dimension figure
尺度索绕平机构☆level wind mechanism
尺骨☆ulna；radius
尺骨孔☆foramen ulnare
尺码☆footage；size
尺面☆broadness
尺桩☆turning-point pin

chì

赤潮☆red tide；red water bloom
赤-磁铁矿混合炉料☆hematite-magnetite mix
赤道☆(celestial) equator；girdle；eq；aequator
(地理)赤道☆geographic equator
赤道表面水体☆equatorial water
赤道部[海胆]☆ambit；ambitus
赤道长度比☆equatorial scale
赤道沉积物增厚☆equatorial sediment bulge
赤道刺☆tropical spine
赤道大西洋中央峡谷☆Equatorial Atlantic Mid-ocean canyon
赤道多雨低平原[亚马孙河沿岸]☆caaguazu
赤道分布☆equatorial distribution
赤道辐散带☆equatorial divergence
赤道沟☆zonicolpate
赤道冠槽[孢]☆equatorial limb
赤道极区梯度☆equator-pole gradient
赤道面☆equatorial plane；positio aequatorialis
赤道面观☆equatorial view
赤道气压槽☆equatorial pressure trough
赤道潜流☆equatorial undercurrent；Cromwell current
赤道上太阳路图表☆sun path diagram for places on equator
赤道式摄影机☆equatorial camera
赤道仪☆equatorial (telescope)
赤道雨林低平原☆selva
赤道轴[孢]☆equatorial axis；axis aequatorialis
赤底(统)[欧;P_{1-2}]☆Rot(h)liegende

C

赤底层☆Rotliegendes
赤丁四醇☆erythritol；erythrite
赤翻石鹬[动]☆ruddy turnstone；Arenaria inter pes
赤矾[$CoSO_4$•$7H_2O$;单斜]☆bieberite；red{rose} vitriol；cobalt melanterite；kobaltvitriol；cobalt vitriol；biebrite；biberite；rhodhalose；rhodhalite
赤幅视差☆equation of parallax
赤褐色(的)☆henna；mahogany；rufous；russet(y)；bronze；terra cotta
赤褐色矿[Cu_2O]☆red copper (ore)
赤红☆crimson
赤湖☆akashio
赤极☆poles of equator
赤经☆right ascension
赤经圈☆celestial meridian
赤径☆ascension
赤路矿☆chiluite
赤鹿[Q]☆wapiti；red deer；Cervus elaphus
赤裸裸的☆bare
赤霉属[真菌]☆Gibberella
赤面投影图☆stereogram
赤木质☆heartwood
赤泥[炼铝产品]☆red mud
赤泥分离☆red-mud separation
赤泥硫酸盐水泥☆red-mud sulphated cement
赤平对称☆equatorial symmetry
赤平分析☆stereonet analysis
赤平极射技术☆stereographic technique
赤平投影☆stereographic(al) projection
赤铅矿☆crocoite
赤热☆red heat
赤热的☆red-hot
赤森科湖☆Chesuncook
赤砂糖☆red granulated sugar
赤山湖☆Chishan Lake
赤闪锌矿☆ruby blende
赤石灰岩☆haematocinite
赤石脂[中药]☆red halloysite；halloysitum rubrum
赤式(投影)网☆equatorial net
赤素馨☆frangipane
赤钛铁矿☆hemoilmenite
赤陶土☆terra-cotta clay
赤铁矾[$MgFe^{3+}(SO_4)_2(OH)$•$7H_2O$;单斜]☆；red iron vitriol botryogen；botryogenite；palacheite；botryite；quetenite；botryt；idrizite；neoplase；idrazite；botryit；botryte；alcaparossa amarilla
赤铁矿[Fe_2O_3;三方]☆haematite；hematite (ore)；anhydroferrite；red (rhombohedral) iron ore；sanguine；iron ore；red ocher；oxide of iron；rubric；haemantite；jernglans；pencil ore；raddle；bloodstone；ironstone clay；red dirt{ocher}；(red) hematite；red chalk{ochre}；eisenrosen；eisenrahm；blood stone；eisenglimmer；eisenglanz；iron glance；rhombohedral iron ore；red iron froth；oligist (iron)；hematite deposit；Hem
赤铁矿-磁铁矿混合炉料☆hematite-magnetite mix
赤铁矿的☆hematitic
赤铁矿法☆hematite process
赤铁矿粉[泥浆加重剂]☆ground hematite；hematite (fines)
赤铁矿粉泥浆☆hematite mud
赤铁矿化☆hemati(ti)zation；haematization
赤铁矿键☆hematite bond
赤铁矿石☆haematitum
赤铁矿型巨晶釉☆hematite type macrocrystalline glaze
赤铁黏土☆baddeckite
赤铁片岩☆hematite-schist
赤铁岩☆hematite rock
赤铜方解石☆cuprocalcite
赤铜矿[Cu_2O;等轴]☆cuprite；octahedral copper ore；red copper (ore)；ruberite；zigueline；liver ore；red oxide of copper；ziguéline；red glassy copper；ruby{oxidulated} copper；kupferrot；ruby copper ore；kupferglas；kupferbluthe；copper red；tile ore；hydrocuprite；ziegelite；octahedral copper；cuprite red{octahedral,ruby} copper ore；kupferziegelerz{kupferbraun} [不纯]；cobre rojo
赤铜矿(晶)组[432 晶组]☆cuprite type
赤铜铁矿[$CuFeO_2$;三方]☆delafossite
赤土陶器☆terra-cotta；terra cotta
赤纬☆declination
赤纬潮☆declinational tides
赤纬圈☆astronomic parallel；declination circle；parallel of declination
赤纬仪☆declinator
赤藓醇☆erythritol；erythrite
赤星介属[介;K_3]☆Ruficypris
赤血石☆hematite
赤血盐[$K_3(Fe(CN)_6)$]☆potassium ferricyanide
赤杨☆Alnus (japonica)；(red) alder
赤杨卡尔群落☆Alder carr
赤榆树脂☆ulmin
赤针铜矿☆chalcotrichite
赤字☆deficit；in the red；running over budget；red ink；unfavorable balance
翅☆wing
翅(片)☆fin
翅瓣☆squamula
翅膀☆pinion
翅胞藻属[Q]☆Pteromonas
翅缝扩展压力☆fracture propagation pressure
翅钩列[昆]☆hamulus
翅管☆finned pipe
翅果☆Samaropsis；samara；pterodium
翅海蕾属[棘;P]☆Pterotoblastus
翅后基☆trochlea
翅基[昆]☆radix
翅基片☆squamula
翅缰[昆]☆frenulum [pl.-la]
翅蕨☆Neuropteris
翅类☆Palaeoptera
翅脉☆vein
翅女神介属[E_{2-3}]☆Alatacythere
翅片-风扇换热器☆fin-fan heat exchanger
翅片管换热器☆finned tube exchanger
翅片式冷凝器☆finned cooler
翅起☆tilt
翅曲盆地☆warped basin
翅托☆corbel
翅托支座☆abutment of corbel
翅下前片☆preparapteron [pl.-ra]
翅羊齿☆neuropteris
翅鱼属☆Pterichthys
翅羽蕨☆Neuropteridium
翅藻☆Alaria
翅皱[植]☆alar furrow
翅状☆alar
翅状的☆pterate
翅状伸张[叶基]☆surcurrent
叱责☆setdown
斥力☆expulsive{repelling;repulsive;repulsion} force；repulsion
斥水的☆water-repellent
炽热☆incandescence；calorescence；ardo(u)r；calorescense
炽热喷流☆piercing jet
炽热气体☆incandescent gas
炽热体☆glower

chōng

舂砂[铸]☆ramming
舂砂冲头☆hammer head
舂砂器☆rammer
舂砂试样筒☆specimen tube
舂砂样器☆specimen{sand} rammer
冲☆rush；extrude；opposition；buck
冲(撞)☆dash
冲岸浪☆uprush
冲变质的☆diaplectic
冲标记☆punch mark
冲采法☆hydraulic percussion mining；jet method
冲采管[水力开采金砂矿等用]☆spatter pipe
冲采射流☆impinging jet
冲采水头☆sluice head
冲槽☆chute；flute
冲程☆stroke；throw；travel；motion；str
冲程长度☆length of stroke；LS
冲程的死点☆dead center
冲程/分☆strokes per minute；spm
冲程缸径比☆stroke-bore ratio；ratio of stroke to diameter
(活塞)冲程上限☆top of stroke
冲程式振动筛☆throw-type screen
冲出☆breakthrough；outrush；fly out
冲出的沟槽☆wash
冲出气☆flush gas
冲出式落砂装置☆kicker-type knock-out
冲出物☆washover
冲出岩芯☆flushing-out of core
冲穿崩溃☆punch-through breakdown
冲穿强度☆puncture strength
冲淡☆deliquation；dilution；deliquescence；weaken；rarefaction；liquefaction；sleaking；water (down)；cut；attenuation；thinning；deliquate
冲淡的☆dilute；liquefacient；attenuant；diluent
冲淡剂☆diluent；thinner；thinning agent；attenuant
冲淡瓦斯☆gas dilution
冲淡液☆liquefier；liquifier
冲到岸上☆wash ashore
冲底☆scour mark
冲掉☆flush out
冲顶变质岩☆diapirite
冲顶构造☆diapir structure
冲顶油阱☆piercement trap
冲动☆impulse；surge；impulsion；pressure pulse；impulsive motion；libido；get excited；be impetuous
冲动水[帮助物料在流槽中流动]☆flush(ing) water
冲断☆break
冲断背斜☆thrust-faulted anticline
冲断层☆thrust (fault)；overlap (fault)；thrust slip fault；reverse fault
冲断层鼻☆thrust nose
冲断层带☆thrust belt；TB
冲断层陡倾区☆ramp region
冲断层控制的板块☆thrust-bounded slab
冲断层面背斜☆ramp anticline
冲断层型地震☆thrust-type earthquake
冲断层-压力假说☆thrust pressure hypothesis
冲断层组基底滑动面☆sole thrust{fault}
冲断单位☆thrust unit
冲断的☆thrusted；thrust faulted
冲断裂期后的☆postthrusting
(逆)冲断裂作用☆thrust faulting
冲断裂作用后的☆post-thrusting
冲断面☆thrust plane{surface}；plane of thrust；slide
冲断作用后的☆postthrusting
冲顿(钻井)法☆jetting and spudding method
冲沟☆coomb；coombe；kloof；comb；(corrasional) gully；gulch；combe；coom；rachel；chute；goyle；khor[北非]
冲沟侵蚀☆ravinement；gully erosion
冲挂☆bumping
冲管☆tail{washing;wash;washover} pipe；washpipe
冲管负荷☆tailpipe load
冲管-筛管环形空间☆tailpipe/screen annulus
冲痕☆scour (mark)；debris{wave} line；wavemark
冲坏☆washout；wash over
冲坏部分[道路或铁路]☆washout
冲坏的堤岸☆caving bank
冲毁[土坝]☆fountain failure
冲毁处☆washout
冲击☆blow；percussion；impact (blow)；impulsion；assault；attack；impingement；concussion；beat；pounding；impaction；buffet(ing)；lash；impulse；shock；impetus；lash-on；stroke；washover；pound；charge；impinge；surge；batt(er)ing；punching；bumping；collision；bang；jerk
冲击(钻井)☆jump
冲击摆炸药爆力试验☆ballistic pendulum (test)
冲击(螺丝)扳手☆impact wrench
冲击变形☆blastic{shock-produced;shock} deformation
冲击变质岩屑☆ejecta
冲击波☆knock{impact;blast;(air-)shock;explosion;airblast;pioneering} wave；blast；advance air wave；surge；airblast
冲击波对人体的作用☆action of the shock wave on the bodies
冲击波扩展正面☆detonation front
冲击波浪基底☆impact-emplaced base surge
冲击玻璃☆thetomorph；impactite{impact;diaplectic;thetomorphic} glass；(diaplectic) maskelynite；glassy impactite
冲击波头☆wavefront
冲击层☆alluvial deposit
冲击层流槽冲洗☆silt sluicing
冲击成坑作用☆impact cratering
冲击成因说☆impact interpretation
冲击齿轮☆cranked drive wheel
冲击锤☆(ram) hammer；bumper jars；percussive actuator；jar weight{block}

冲击次数☆stokes per minute
冲击刀[刨煤机]☆percussive-blade
冲击的☆percussive；impulsive；deluvial；struck
冲击灯丝☆filament bombardment
冲击地压☆bump；burst；explosive{rock;pressure} burst；crump；pressure{shock} bump；goth(s)；rock pressure burst；shock ground pressure；rockburst
冲击地压源☆bump seat
冲击(超值)电流☆dash current
冲击电压试验☆impulse voltage test
冲击动能☆kinetic energy of impact
冲击端☆striking end
冲击发生的火花☆shock spark
冲击阀☆flush-out{shock} valve
冲击法☆slug method
冲击浮岩☆kofesite
冲击负荷☆impact shock；impulsive load
冲击负荷实验☆shock loading experiment
冲击负载强度试验☆toughness test
冲击感度☆drop hammer sensitivity；sensitiveness to impact；impact sensitivity
冲击功☆absorbed-in-fracture{blow;hammering;impact} energy
冲击(凿岩)工具☆percussion tool
冲击夯☆battering ram
冲击回转混合钻进☆combination drilling
冲击回转两用钻机☆combination drill
冲击回转式凿岩☆impact-rotary drilling；percussive-rotary boring
冲击活环☆jar coupling；link pattern drilling jar
(打桩)冲击机导向装置☆ram guide
冲击机构装在孔外的冲击钻机☆surface-mounted percussive drill
冲击基浪☆impact-emplaced{-generated} base surge
冲击激励产生的减幅振荡☆ringing
冲击计数[打桩每入 12in.冲击次数]☆blow count
冲击加荷状态☆impact loading condition
冲击角☆angle of shock
冲击抗力☆resistance to impact
冲击坑平原☆planum
冲击矿床☆alluvial deposit；cod placer
冲击力☆impulsive{surging; impulse;impact(ing)} force；blowing power；weight of blow
冲击梁绳轮☆spudding-beam sheave
冲击轮机☆impulse turbine
冲击面☆shock surface；striking face；thrust area；stoss end；stossend
(提升钢丝绳)冲击疲劳☆dry fatigue
冲击频率☆blow{impact} frequency；strokes per minute
冲击破碎式钻进☆drilling by crushing
冲击器☆knocker；impactor
冲击钎子☆thrust borer
冲击强度☆absorbed-in-fracture energy
冲击韧性☆resilience；impact ductility{tenacity; toughness;property}；energy to fracture；absorbed-in-fracture energy；energy of fracture
冲击熔化作用☆shock melting
冲击熔结砂器☆shock welded sandstone
冲击熔融物☆impact melt
冲击沙层☆sand-wash
冲击射流☆impact jet flow；impinging jet
冲击声☆dash
冲击剩磁☆dynamic{shock remanent} magnetization
冲击时间☆attack time
冲击始发速度☆impact threshold velocity
冲击式☆bang-bang type
冲击式扳手☆impact wrench
冲击式检尘器尘粒计数☆impinger dust counting
冲击式孔壁取心器☆percussion-type side-wall coring device
冲击式流量校验器☆ballistic flow prover
冲击式刨煤机刨刀☆percussive edge
冲击式洗矿溜槽☆impact buddle
冲击式岩石钻☆plug drill
冲击试验☆ballistic{blow;dynamic;drop;impact; slug;impulse} test
冲击式凿岩法☆percussion system
冲击式凿岩器☆cogged bit
冲击式钻杆☆auger stem
冲击式钻机工作滚筒☆spudding reel
冲击速度☆impact{attack} rate；striking velocity
冲击涡轮☆ram-air turbine；RAT
冲击物☆dasher
冲击吸收☆snub
冲击吸收绳☆snub line
冲击系数☆coefficient of impact；impact factor
冲击旋转式钻机钻车☆rotary-percussion drill jumbo
冲击压痕试验装置☆impact indentation apparatus
冲击压力☆surge{shock;impact} pressure
冲击压缩微角砾岩☆shock-compressed microbreccia
冲击岩☆impactite；kofelsite；impact slag
冲击岩化(作用)☆shock-lithification
(用水)冲击岩芯☆flushing core
冲击页理☆shack lamellae
冲击应力☆shock{blow;impact} stress；impact load stress；stress under impact
冲击诱发相转变☆shock-induced phase transition
冲击与振动隔离☆shock and vibration isolation
冲击凿岩☆plug{percussion;impact} drilling
冲击噪声☆burst noise
冲击振动☆jarring vibration
冲击中心☆impact center
冲击重量☆weight of blow
冲击注入物质☆impact injection material
冲击阻抗匹配理论☆shock impedance matching theory
冲击钻进☆jar；percussion{chuck;percussive;plug; cable} drilling；percussing boring
冲击钻进爆破眼☆churn-drill blasting
冲击钻进岩芯☆percussion core
冲击钻井☆cable{percussion;percussive} drilling；boring by percussion；cable-tool well；percussion drill
冲击钻井取的岩芯☆percussion core
冲击钻孔法☆percussion system
冲击钻探取心钻头☆percussive coring bit
冲击钻眼法☆hammer drilling
冲击钻☆anvil type percussion drill；reciprocating drill；shot bit
冲击钻杆☆(percussion) jumper；jumper boring bar；(sinker) bar；percussion drill stem；ballast rod
冲击钻杆提取器☆jumper extractor
冲击钻钢绳导环☆spudding shoe
冲击钻机☆hammer{chopping;percussion;chuck; plug; churn;attack;percussive} drill；percussion machine；rock (hammer) drill；thrust borer
冲击钻机捞砂筒轴柱☆tail post
冲击钻具☆percussion{hammer} tool；jumper；chuck drilling tools
冲击钻具紧扣装置☆jack and circle
冲击钻头☆churn-drill{two-point;chopping;cable; percussion;percussive;chisel} bit；impact drill bit；drill hammer；trepan{percussive} chisel；impact action bit；spud
冲击钻头开孔☆spud-in
冲击作用的钻头☆impact action bit
冲积☆alluviation；inwash
冲积坝☆debris{alluvial} dam
冲积冰碛☆alluvial till；washed drift
冲积层☆alluvium [pl.-ia]；burden；sediments；inwash of alluvi(ati)on；atteration；alluvial layer{deposit}；accretion；waterborne sediment；wash；overburden；silting{gravel} deposit；aggradation；float；drift (bed)；colmatage；alluvial；water-borne sediments
冲积层井☆alluvial well
冲积层图[地质图上同时表示冲积层]☆drift map
冲积层下基岩{岩石}☆shelf
冲积层中的熔岩粒☆buckshot
冲积层组☆alluvia [sgl.-ium]
冲积的☆alluvial；fluvial；deluvial
冲积堆☆cone delta
冲积覆盖砂(岩)层☆blanket sand
冲积改道☆diversion by alluviation
冲积河谷的切蚀☆degradation of alluvial valley
冲积纪☆Alluvium period
冲积阶地☆alluvial{drift} terrace；stream-built to
冲积矿床☆placer accumulation；alluvial{gravel} deposit
冲积矿床人工钻(取试)样法☆banka{empire} method
冲积砾石☆run gravel；gravel wash
冲积煤田☆drift coalfield
冲积黏土☆alluvial{secondary} clay；adobe
冲积平原☆waste{fluvial;alluvial;river} plain；carse；river flat；alluvial valley
冲积平原地下水☆ground water in alluvial plain
冲积坡岸☆slip-off slope bank
冲积坡泉☆alluvial-slope{boundary} spring；alluvial slope spring
冲积裙☆(alluvial) apron；bajada
冲积壤土☆fluvial{fluviatile} loam
冲积砂☆blanket sand
冲积沙层☆sandwash
冲积砂金☆greda
冲积砂砾☆gem washings
冲积砂锥☆sand cone
冲积扇☆(alluvial;apron) fan；dry delta；fan-shaped alluvium；outfall{detrital;fluvial} fan；AF
冲积扇顶☆fan bay{apex}；apex
冲积扇覆盖的山前侵蚀平原☆fan {-}topped pediment
冲积扇侵蚀残丘☆midfan mesa
冲积扇围镶穹丘☆fans fringing cone
冲积世☆alluvial epoch
冲积土☆alluvial (soil)；rambla；kewal；fluviosol；atteration；erratic{fluviogenic} soil；inning；warp；alluvium；capping mass
冲积土壤☆fluviogenic soil
冲积物☆drift{alluvial} deposit；wash；alluvium [pl.-ia]；fluvial；wash-load；rambla；alluvion
冲积物覆盖的☆alluviated
冲积锥☆(alluvial) cone；detrital{dejection} cone；cone of dejection{detritus}；cone{dry} delta
冲积锥砂体圈闭☆alluvial cone sand trap
冲积阻塞湖☆alluvial-dam lake
冲积作用☆alluviation；dereliction
冲激☆swash
冲激电流☆surge current
冲极层☆alluvium
冲溅☆uprush；swash
冲角☆angle of attack；incidence
冲进☆rush
冲进岩面☆advancing face
冲净☆elutriation
冲决☆burst；smash
冲(刷)坑☆scour pit
(河流的)冲坑☆pool
冲矿槽☆launder
冲矿沟☆(ground) sluice
冲矿机☆giant
冲溃☆washout
冲浪板☆(surf-riding) board；surfboard；aquaplane
冲浪痕☆swash mark
冲垒坝☆hydraulic (fill) dam
冲力☆momentum [pl.-ta]；impulsive force；impulse；thrust；impact
冲力坡度☆momentum grade
冲力式涡轮机☆impulse turbine
冲力雨滴谱计☆(raindrop) disdrometer
冲量☆impulse；momentum [pl.-ta]；spurt；impact
冲量矩☆impulsive moment
冲量式流量☆impact type flowmeter
冲裂☆avulsion
冲裂(碎屑物)[页岩碎屑形成]☆rip-up
冲流☆swash；slipstream；transporting{wash} stream
冲流和回流带☆zone of swash and backwash
冲流痕☆swash mark；wave line
冲流水道☆swash (channel)；swashway
冲流液☆flush liquid
冲面☆tup
冲片☆disc punching
冲破☆disrupt
冲起[流水冲起河床岩屑]☆lifting
冲清筛☆rinse{rinsing} screen
冲清洗炮眼☆surging perforation
冲取岩芯☆flushing out of core
冲去☆flush away；flushing；washing out{off}；washing-out；blast[存储器内容]；sweep
冲融☆wash-out
冲入☆cutting in
冲入阶段☆excavation stage
冲塞☆extrusion
冲砂☆sandwash；sand wash(ing){washover;removal; flushing;sluicing}；(sand) cut[铸缺陷]；sand clean out；clamp off；flush；washing sand out；sand wash{cut; blowing}；embedded grit；cleansing
冲砂池☆scouring basin；sluicing pond
冲砂道☆sand sluicing canal；scour valve；scouring sluice；sluiceway
冲砂阀☆scouring sluice；washout valve
冲砂工程{水流}☆scour
冲砂室☆sluicing chamber
冲砂闸☆flushing{scouring} sluice；sand sluicing gate

冲沙水流☆scour
冲沙闸门☆sluice gate
冲上☆thrust over
冲上岸☆wash ashore
冲深☆degrading
冲蚀☆wash(ed-)out；(water) erosion；scour；erode；outwash；washing；want；wash-out；ablation；marine
冲蚀的井眼☆washed-out borehole
冲蚀点☆eroded spot；erosion point
冲蚀度☆abrasivity
冲蚀腐蚀☆erosion corrosion
冲蚀构造☆cut-and-fill structure
冲蚀井眼☆washed out hole
冲蚀力☆erosional force
冲蚀量☆weight eroded
冲蚀式钻机☆erosion drill
冲蚀性☆erodibility
冲蚀岩芯☆flushing of core
冲蚀钻井☆erosion{abrasion} drilling；abrasive jet drilling
冲蚀作用☆washing{erosive} action；fluviraption
冲式钻头☆face discharge bit
冲刷☆erosion；wash(-)out；scour；sweep；run down；bathe[河湖]；wash (down;away)；flush；cutting；erode；underwashing；downwash(ing)；(washover) scouring；wash and brush；ablution；outwash；washing；caving；ablation；flushing；degradation；wash load[负荷]
冲刷凹面构造☆pool structure
冲刷表土找出矿脉☆hushing
冲刷带[激浪]☆wash zone
冲刷底☆scoured base
冲刷法打入桩☆jetted pile
冲刷沟☆gullying；washout
冲刷构造☆scour structure
冲刷砾石(水系)☆goosing
冲刷坡☆toe slope
冲刷深度☆depth of scour；erosion depth
冲刷伸展☆scour-extending
冲刷速度☆eroding velocity
冲刷滩☆swash
冲刷物☆downwash
冲刷下的岩土☆light ground
(从高处)冲刷下来的物质☆downwash
冲刷线状脊☆scour lineation
冲刷效力☆effectiveness of sluicing
冲刷性河槽☆erodible channel
冲刷岩洞☆washout cavity
冲刷岩石☆hosing
冲刷岩芯☆flushing (out) of core
冲刷闸门☆sluice gate
冲刷找矿法☆hush(ing)
冲刷滞积物☆scour lag
冲刷铸型☆scour cast
冲刷作用☆washing{scouring;flushing} action；fluid cut{wash}；ravinement；outwashing；alluvion；scouring
冲水☆flush (water)；push{top;transport} water
冲水打桩法☆water-jet method of pile-driving
冲塌☆[of floodwater,etc.] cause to collapse；be destroyed by floods；burst
冲塌堤坝☆burst dykes and dams
冲塌房屋☆dash against the houses and wash them away
冲坍☆washing out
冲天(化铁)炉☆cupola (furnace)；furnace cupola
冲天炮☆cannon{gunned;windy} shot
冲填坝☆hydraulic levee
冲填物☆scour fill
冲突☆collision；jarring；war；interference；clash；friction；encounter；variance；warfare；conflict；impact
冲突性作业☆conflicting operation
冲洗☆(blow) wash；underwashing；flushing{injection}[钻孔]；washing (in)；WI；clear{flush} out；scouring；elution；elutriation；swash；wash(-)out；flush；swill；syringe；washover；flushout；rinsing；developing；ablation；sluice；rinse；douche；irrigation；purging
冲洗泵☆circulating pump
冲洗槽☆fluidway
(注水)冲洗带☆wipe-out zone
冲洗法☆washing method；irrigation
冲洗负荷☆wash load
冲洗工具☆washover tool；washer
冲洗管☆washing{flush;sluice;wash(-down)} pipe；washpipe
冲洗回流带☆swash-backwash zone
冲洗回路☆injection-circuit
冲洗交错层理☆swash cross-bedding
冲洗解堵型无中心管的环空筛管☆flush type screen
冲洗介质☆flushing media
冲洗流体☆flush fluid
冲洗喷水☆wash spray
冲洗器☆flusher；rinser；irrigator；douche
冲洗曲线☆elution curve
冲洗石☆scouring stone
冲洗式钻管打捞矛☆wash-down spear
冲洗式钻机支架☆wash-boring rig
冲洗水☆wash-down{rinsing;flush(ing);rinse;sparge} water；backwash wash；transverse flush water
冲洗水给水头☆water-flush head
冲洗台☆sluice table
冲洗土壤中的盐碱☆leach
冲洗型可退式打捞矛☆flush type releasing spear
冲洗液☆flush fluid{liquid}；flushing water {medium}；drill{circulation;drilling;washing} fluid
冲洗液泵☆fluid pump
冲洗液槽☆abacus
冲洗液沉砂系统☆setting system
冲洗液流返速度☆washover velocity
冲洗液漏入岩层☆loss of fluid into the formation
冲洗液漏失段☆lost-circulation interval；loss zone
冲洗油☆purge{flush} oil
冲洗装置☆flushing device；flusher
冲洗钻进☆wash boring；water-flush boring
冲洗钻机☆wash-boring drill
冲洗作用☆wash(ing){flushing} action；flushing effect
冲线☆scour lineation
冲向☆rush
冲泄闸门☆flushing gate
冲泻质☆wash load
冲旋钻井☆rotary percussion drilling
冲(刷)穴☆scour pit
冲(蚀)穴☆scour hole
冲掩体☆thrust plate
冲掩体崖☆thrust scarp
冲掩岩片☆thrust slice{sheet;nappe}；slice
冲掩褶皱☆overlap fold
冲溢☆washout；washover
冲溢｛越｝扇☆washover fan
冲应力☆shock{blow} stress；stress under impact
冲涌☆swash
冲淤构造☆cut-and-fill{scour-and-fill} structure；scour-and-fill (feature)
冲-淤构造☆washout
冲淤平衡河道☆silt stable channel
冲淤渠道☆scour outlet channel
冲淤作用☆scouring and silting；scour-and-fill
冲渣操作☆flush practice
冲震☆bumping
冲柱☆columnal
冲撞☆collide；bumping；ram；bump；give offence；offend；contradict；jostle；butting；impact
冲撞集尘器粉尘试样☆impinger dust sample
冲撞式检尘器尘粒计数☆impinger dust counting
冲撞式落尘板☆impingement plate
冲撞式验尘器☆impingement device；impinger
冲撞硬度☆dynamic hardness
冲走☆wash(-)out；wash{sweep} away；flush out；pluck
充采比☆filling-extracting ratio
充磁☆magnetizing
充磁机☆magnet charger
充电☆charging(-up)；charge (a battery)；charge；electrization；C.；electrification
充电不足☆undercharge
充电的☆live
充电法☆mise-à-la-masse{excitation-at-the-mass; charge} method
充电工☆battery charger；charge man
充电率☆charging rate；chargeability
充电器☆charger；replenisher
充电时间☆charging-up time；duration of charging；charging rate{interval}
充电站☆accumulator plant；charging station
充废石木垛☆dirt-filled chock
充分☆well；plenitude；adequacy
充分采动角☆angles of super critical mining
充分成长的风浪☆fully developed{arisen} sea
充分的☆ample；abundant；full；thorough；good
充分地☆sufficiently；in extenso[拉]；full；in. ex.
充分分级☆high fractionation
充分分解无结构镜质体☆eucollinites
充分浮选☆air{pneumatic} flotation
充分灌水的☆well-watered
充分搅拌☆intensive mixing
充分软化的强度☆fully softened strength
充分水化的泥浆☆mature mud
充分通风☆adequate ventilation
充分下沉☆full{complete} subsidence
充分下沉值☆full subsidence value
充分性☆sufficiency
充分照射☆bathe
充灌水砂充填料☆inwash
充氦气(与氧气)的潜水钟☆helium diving bell
充料率☆charging rate
充零☆zeroize
充氯器☆chlorinator
充脉的☆veined
充满☆infilling；charge；plenum；impregnate；full；fullness；bathe；impregnation；fill (up)；be filled with；be full of；brim with；be permeated{imbued} with；injection；repletion；flow；swarm；burst；bristle；filling up；overflow；flood；steep；perfusion；drench
充满沉积物的管道☆sediment-laden pipeline
充满程度指示器☆fluid-level indicator
充满地层砂的炮眼☆sand-filled tunnel
充满高压水的裂缝☆heavy water fissure
充满硅氧的流体☆silica-laden fluid
充满极细裂缝的☆jointy
充满空气或天然气的井☆empty hole
充满了的☆laden；instinct
(在)充满(黏)泥浆井中下入(带回压阀的套管)☆mudding in
充满气体☆gassiness；aerification
充满溶液的裂隙☆mortar joints
(注水)充满时压力☆fill-up pressure
充满石油的钻孔☆hole full oil；HFO
充满水的☆water-filled；logged
充满水的钻孔☆hole full water；HFW
充满系数☆coefficient of admission{fullness}；fill factor
充满液体的原生孔隙☆liquid filled primary porosity
充泥裂隙☆gouge-filled fissure
充沛☆profusion
充气☆aeration；gas；gas(s)ing；aerating；pumping；airing；filling；blow；inflation；charge；topping-up；aerate；aerify；gasify；gasification；pump air (into sth.)
充气安全装备☆inflatable device
充气不足☆under-inflation
充气带☆zone of aeration；zone of suspended water；unsaturated{vadose;aeration;intermediate;aerated} zone；intermediate belt
充气电缆☆pressurizing cable
充气阀☆charging{charger;inflation} valve；gas filling valve
充气防爆型电机☆gas filled type explosion-proof machine
充气浮筒☆caisson
充气管☆gas{gas-filled} tube；appendix
充气混合物☆aerating mixture
充气机☆inflator
充(满空)气(的)井筒☆air-filled hole
充气孔隙度☆gas-filled porosity
充气冷阴极辉光管☆aeolight
充气率☆degree of aeration；aeration{charging} rate
充气轮胎压路机☆pneumatic-tired rollers
充气泥浆☆fluffy{aerated;aerating} mud
充气泥浆钻井{进}☆aeration drilling
充气抛物线天线☆paraballoon
充气器☆aerator
充气容积[液下充气式浮选机]☆air-swept volume
充气式玻璃浮选槽☆all-glass pneumatic cell
充气式浮选机☆aeration flotator；agitator{air} cell；pneumatic flotation machine{cell}
充气水☆gas-charges{aerated} water
充气塑料☆expandable plastic；aerated plastics
充气天线☆paraballoon
充气系数☆volumetric{aeration} coefficient；gassing factor
充气盐水☆air-brine；air brine
充气液☆gassy fluid

充气原油☆live crude
充气周期☆recharge cycle
充入(充填料)☆implacement
充砂{沙}观察孔☆sand-fill port
充砂{沙}裂缝☆sand-filled fissure
(给……)充石墨☆graphitise；graphitize
充石英砂熔断器☆quartz sand filled fuse
充实☆plenum [pl.-na]；beef up；repletion
充实系数☆coefficient of compaction
充水☆dampness penetration
充水的☆swimming
充水管☆charging pipe
充水时间☆time of filling
充水填料☆water-filled aggregate
充水岩层☆water-impregnated strata；seam inundation
充水装药☆water filled charge
充水钻孔☆liquid-filled borehole
充填☆filling(-in)；backfill(ing)；silting；packing；fill up；stow (away)；gobbing(-up)；crowd；infill(ing)；fill[洞穴]；stuff；charge；stowing；pack；stowage；gob up[采空区]；cavity filling；placement；weighting；ram；plomb；line；load；plenish
充填爆炸☆contained explosion
充填倍线☆stowing gradient；length-height ratio of filling line；times of filling line's length/height
充填泵☆charge{filling} pump
充填变体☆stuffed derivative
充填部分☆pack portion
充填步距☆filing interval
充填不密实的砾石☆uncompacted gravel
充填不密实地区☆zone of incomplete stowing density
充填不足[焊接缺陷]☆insufficient fill
充填材料☆fill(ing){packing;compaction;stowing} material；filler；pack(er)；filling materials；waste filling；hydraulic fill；filled composite；mine-fill
充填材料的边坡☆slope of the stowed material
充填材料入井漏斗☆gloryhole；glory hole
充填层☆compacted zone
充填带☆packwall；backfilling zone；packed{stowed} goaf；packing (strip)；pen；pack strip
充填带侧边的人行道☆gate way
充填带砌筑法☆strip method
充填挡网☆stowing screen
充填到顶☆top-up
充填(带)的间距☆stowing space interval
充填底板☆floor pack
充填地☆fill up ground；fill-up ground
充填地震反射结构☆fill seismic reflection configuration
充填堵漏☆leakage stopping
充填断层☆sealing fault
充填垛硐☆packhole
充填法回采☆extraction with stowing
充填方法☆packing means；placement method
充填废石☆gob；gobbing slate；packed waste；stowing dirt
充填废石采场☆waste-filled stope
充填工☆stower；(seal) packer；filler；gobber
充填工具☆packing means{tool}；service seal unit；gravel packing device
充填工作☆filling work{operation}；stowing work；backfill operations
充填管☆stowing{filling} pipe；Filling tube
充填海沟的沉积物☆trench-fill sediment
充填夯实联合作业☆combined flushing and ramming
充填巷道☆packtrack；packboard；stowboard；stow road
充填后砾石的沉降☆after-pack settling
充填后留下的空洞☆void in stowing
充填回采☆stope mining with filling；stoping {-}and {-}filling
充填机☆stowing{filling;gob-stowing} machine；stower；backfiller；stowage unit
充填剂☆filling (mass)；weighing{loading} material
充填假顶☆mat for stowing；stowing mat
充填假象☆infiltration pseudomorph
充填接顶☆filling close to back
充填结构☆intersertal texture；packing structure
充填结束☆sand off{out}；screen-out
充填结束时的压力☆screen out pressure
充填介质☆filling medium
充填井☆fill pass{raise}
充填开采☆mining with filling{stowing}；backfill {cut-and-fill} mining
充填考虑因素☆placement consideration
充填空度☆depth of focus
充填矿床☆mineral deposit by cavity filling；filling deposit
充填矿化☆infilling mineralization
充填亏空☆voidage replacement
充填犁☆plough packer
充填砾石与地层砂粒度中值比☆median pack-to-formation grain-size ratio
充填量☆stemming amount；fill-up；compaction rate
充填料☆fill(ing)；packing{stowing;filling;backfill;stowage;stowed} material；fill rock；pack；waste；attal；backfill；gob；attle；dirt；filling compound {element}；infilling
充填料沉实☆fill settlement
充填料井☆rock shaft
充填料压{收}缩☆pack compression
充填溜眼☆fill pass
充填率☆filling{stowing;packing} ratio；packed {compaction} percentage；pack completeness；degree of fill；packing factor{fraction}
充填密实的炮眼孔道☆solidly packed tunnel
充填密实度☆compactness
充填盆地的层序☆basin-infill sequence
充填器☆plugger；filler；obturator
充填墙用的石料☆builder
充填区☆fill section；filled{stowed} zone；stowed goaf；stowboard；filling area
充填砂仓☆mine {-}fills chamber
充填砂层剖面☆sand-pack profile
充填设备☆stowage{packing} unit；packing means；backfill equipment
充填深度☆depth of filling
充填式回采☆extraction with stowing
充填式硬木木垛☆hardwood pack
充填术[医]☆plombage
充填树脂☆casting{potting} resin
充填速率☆compaction rate
充填塔☆packed column
充填体☆filling body；filled material；obturator；backfilling；obturation[医]
充填体内压力测定器☆pack pressure dynamometer
充填体中的空洞☆cavity in the stowing
充填天井☆fill(ing){backfilling} raise；fill pass；gob loading chute；mullock chute；fill-raise
充填挖掘☆fill excavation
充填完整率☆pack completeness
充填物☆matrix；fill(ing){stowing} material；filler；infill；packer；packing；restraining mass；guest
充填(物)☆infill
充填物沉实☆fill settlement
充填物的投掷角☆angle of throw
充填物料☆attle；fill material
充填物与地层砂粒度中值比☆pack-to-formation median grain size ratio
充填物质☆filling mass{compound}
充填系数☆stowing factor；activity coefficient；duty cycle
充填下沉☆back-filling shrink{shrinkage}
充填项☆infill term
充填用的网帘☆slushing cloth
充填用胶带机☆stowing belt
充填用拦网☆flushing gauze
充填用麻布袋☆stowing gunny
充填用碎砖块☆filling brick
充填用天井☆(rock-)fill raise；rock fill raise
充填支护工☆timber packer
(风力)充填中的死角☆cavity in the stowing
充填注砂孔☆filling orifice
充填装置☆gobber；stowage unit
(砾石)充填作业☆packing job
充填作业前酸化☆prepack acid job
充信号电平☆dead level
充血的☆red
充压☆charge
充氧☆oxygenation；oxygenate
充氧的☆oxic；aerobic；aerobiotic
(给血液)充氧的☆ventilatory
充氧水☆oxygenated water
充氧条件☆aerobic condition
充液☆topping-up
充液泵☆charging pump
充液的☆fluid filled
充液阀☆filing valve
充液容量☆liquid capacity
充以流体的☆fluid filled
充溢☆swim
充盈系数☆fullness coefficient
充油泵☆feeder pump
充油的☆oil-filled
充油阀☆feed valve
充有气体的☆gas-filled
充裕的☆abundant
充质☆mesenchyme
充装新管线所需的货物[原油、天然气或成品油]量☆ line-fill
充足(的)☆enough；abd；ample；abundant；sufficiency
充足样本☆adequate sample

chóng

虫☆insect；worm
虫胞☆autozooecium
虫草菌丝☆sinensis
虫动物门☆Phoronida
虫房☆zooecium；zooecial chamber
虫房体☆zoarium [pl.-ia]；zooarium
虫管☆worm tube[遗石]；zooidal tube；scolite；pipe-rock burrow；Arenicola[沙蚕]；zooecial tube[苔]
虫管化石☆fossil tube
虫管迹[Є-D]☆Scolithus；scolite
虫管状构造☆foralite
虫黄藻☆zooxanthellae
虫迹[遗石]☆worm trail；Scolithus；scolite；track；hieroglyph；vermiglyph
虫迹模☆worm cast{casting}；erpoglyph
虫迹相☆ichnofacies
虫迹学☆ichnology
虫迹印模☆wormcast；worm cast
虫胶☆shellac；lac
虫胶结(合剂)砂轮☆shellac wheel
虫胶制剂{漆片}☆shellac
虫菊石属[头;J_1]☆Vermiceras
虫掘孔隙☆burrow{boring;bore} porosity
虫壳介超科☆Entomoconchacea
虫孔☆burrow；bur；worm boring
虫绿藻☆zoochlorellae
虫媒☆entomophila
虫媒植物☆insect-pollinated plant
虫模☆erpoglyph；worm casting
虫囊蕨属[C_3-P]☆Scolecopteris
虫漆☆lacca；lac
虫丘☆monticulus
(鸟)虫声☆chirp
虫生链壶属[真菌]☆Ancylistes
虫蚀状(混凝土)☆vermiculite concrete
虫蚀状粗面石工☆vermiculated rustic work
虫室[苔]☆zooecium [pl.-ia]；zoecium；autopore；zooecia；autozooecium
虫室阜[苔]☆monticulus
虫室间的☆interzooecial
虫室孔[苔]☆oeciopore
虫视图☆lap-out{worm's-eye;worms-eye} map
虫体[苔]☆polypide
虫体壁[结缔或骨质;苔]☆cystid
虫体管☆zooidal tube
虫体内的[苔]☆entozooidal；entozooecial
虫体内小隔板☆intrazo(o)idal
虫泄☆worm excretion
虫形孢属[真菌;Q]☆Entomosporium
虫形石☆Scolithus
虫穴☆worm{mole} burrow
虫穴岩☆foralite
虫牙☆scolecodont；roder
虫牙儿石[颚器]☆scolecodont
虫眼图☆worm's-eye{supercrop} map
虫瘿[植物受昆虫分泌物刺激的畸形构造]☆cecidium
虫脂☆lacca；lac
虫蛀状☆vermiculated
虫状珊瑚☆scolecoid coral
崇高☆nobleness；grandeur；sublimity
重☆repeat；once more；layer；duplicate；again；re-；bin-；bi-；des.；de-
重安排☆reshuffle
重安装☆resetting
重拌和☆remixing
重编码☆recodification
重变质☆remetamorphism

C

重变质的☆remetamorphosed
重播☆retransmission；rebroadcast
重播的节目☆rebroadcast
重采☆cut-back
重采样☆subsample；resample
重测☆repeated measurement；remeasurement；resurvey
重沉积褐煤☆placer brown coal
重抽样☆subsample
重出三叉骨针[绵]☆dichotriaene
重处理☆retreat
重打{开}坡口☆rebevelling
重地震扰动☆baroseismic storm
重叠☆lap；overlap；duplication；overlay；underlap；fold；super(im)position；one on top of another；ride；superimpose(d)；duplicate；reduplication；override；super position；overprint[构造]
重叠安装的☆piggyback
重叠部☆endlap
重叠部分☆lap
重叠的☆imbricate；super(im)posed
重叠的砂体☆multistory sands
重叠度☆degree of overlapping
重叠断层☆repeated fault
重叠堆锥缩分取样法☆cobb system of sampling
重叠(测定)法☆deconvolution
重叠范围带☆range overlap zone
重叠胶片☆overlap film
重叠煤层☆lap(-over){superimposed} seam；chitter
重叠日☆meridian-day
重叠系数☆engagement factor
重叠相片☆overlapping photographs
重叠翼片式稳定器☆overlap design blade stabilizer
重叠装配☆pickaback assembly
重叠装药法☆alternate method of charging
重叠状石墨☆type graphite
重叠组合☆overlapping combination
重定☆reset
重定位☆recenter
重定向☆re-orientation
重读☆reread
重断构成☆reconstitution
重对的☆bigeminate
重对数变换☆loglog transformation
重萼状☆rosette-shape
重发☆reproduction
重发辐射☆re-emitted radiation
重发器☆follower；repeater
重发信号☆da capa{copo}；recurrent signal
重发振铃信号镇定[讯]☆rering locked in
重反漏斗☆reentry funnel
重反演☆reinversion
重反转凝析☆double retrograde condensation
重返☆reentry；reenter
重返大气层飞行器☆reentry vehicle；RV
重返(井口)声控定位浮标☆call-back marker buoy
重放[磁带]☆resetting；playback；reset
重沸器☆reboiler
重分☆subdivision
重分等级☆regrade
重分配☆redistribute
重分选☆re-sorting
重复☆repeat(ing)；repetition；duplication；echo；doubling；iteration；duplicate；re(du)plication；duplicity；tautology；reiteration；redundance；ditto；redundancy；rept.；rep.；counter-
重复板☆doublure
重复测定☆iterative determination
重复测量模型☆repeated measurements model
重复层序☆supersequence
重复沉积☆recurrent deposition
重复处理☆reworking；re-treatment；reprocessing
重复的☆iterative；repeated；repetitive；repetitional；repeating；redundant
重复的航摄面积☆repetitive coverage
重复定位机构☆reset mechanism
重复度☆multiplicity；redundancy
重复放炮☆subshot
重复分析☆replicate analysis
重复辐照☆reirradiation
重复贯入☆staccato injection
重复航测☆reflight
重复航摄面积☆repetitive coverage
重复基数☆repunit
重复计时☆reclocking
重复精度☆repeatable accuracy
重复利用☆reuse；recycle
重复率曲线☆recurrence curve
重复频率☆repetition frequency
重复破碎☆regrinding
重复潜水能力☆repetitive dive capability
重复取样☆repeated sampling；resampling
重复施加低于疲劳极限的应力☆understressing
重复使用☆reuse
重复使用可能性☆reusability
重复式地层测试器☆repeat(ed) formation tester
重复试验☆repeated test{trial}；retest
重复酸化☆reacidizing
重复投影☆reprojection
重复图像☆multiimage
重复信号延迟☆multipath delay
重复性☆repeatability
重复循环☆recirculation；recycle
重复循环应变☆repeated cycle strain
重复循环(的)总次数☆cycle-criterion
重复影像☆secondary reflection
重复应力☆repeat(ed){repetitive} stress；completely reversed stress
重复应力变换☆repeated stress variation
重复应力疲劳损伤{坏}☆repeated stress failure
重复组合☆reconfiguration
重复作业☆replicate run；re-treatment
重复作用键☆repeat-action key
重附着☆reattachment
重根☆repeated root
重供油☆heavy fuel oil；HFO
重构☆reconfiguration
重构图像☆reconstructed image
重构造土壤[黏土质]☆heavy-textured soil
重焊☆rewelding
重合☆fall in；doubling；coincide(nce)；reclosing；superposition；registration[图像]
重合包体☆double enclave
重合带☆overlap{concurrent-range} zone
重合的☆concurrent；coincident
重合度☆contact ratio
重合法☆deconvolution
重合曲线☆overlapping curve
重合砑光机☆doubling calender
重画☆repaint；replot
重划旧界☆rerunning of old lines
重获☆redemption
重获(物)☆recapture
重积分☆repeated integral
n 重积分☆*n*-tuple integral
重集料☆heavy aggregate
重计☆recount
重架设☆reset
重键☆multiple bond
重建☆rebuild；reconstruct(ion)；revamp；restoration；reestablish(ment)；rehabilitate；restitution[模型]
重建矿脉系统☆reconstructed vein system
(图像)重建射线☆reconstructed rays
重建式(同质多象)转变☆reconstructive transformation
重建型转变☆reconstructive transformation
重浇巴氏合金☆rebabbitting
重接☆halved joint；reconnection
重接皮带☆halving halt
重结构☆retexture
重结晶☆recrystallize；crystalline transformation
重结晶作用相☆phase of recrystallization
重聚☆reunion
重锯齿的☆biserrate
重锯齿形[植物叶缘]☆duplicato-serratus
重开坡口☆rebevelling
重开钻☆re-collaring
重镧火石玻璃☆dense lanthanum flint glass
重录☆re-recording；re-reading
重码☆collision；coincident code
(古生物)重名☆tautonym
重膜状矿脉☆sheeted-zone veins
重磨☆reface；regrinding
重磨锐☆resharpen；resharpening
重排☆transform；rearrangement；reformat；reorder
重排产物☆rearrangement product
重排甾烷☆rearranged sterane
重配置☆reshuffle
重皮☆lap；pipe[缺陷]
重平衡☆reequilibrium
重铺表土☆resoiling
重铺路面☆resurfacing
重启动键☆restart key
重撬杠☆4-F bar
重庆虫属[三叶;O_1]☆Chungkingaspis
重曲折晶石☆double refracting spar
重屈折☆birefringence；double refraction
重取向☆reorientation
重取向谱☆reorientational spectra
重燃(弧)☆restrike
重燃电压☆reignition voltage of arc
重绕☆rewinding；rewind；reroll；recoil
重绕机☆rewinder
重热☆reheating
重熔☆remelting；refusion
重熔层☆remelted layer
重熔的☆remobilized
重熔炉☆remelt furnace
重熔吸斑晶☆resorbed crystal
重熔岩☆diapirite
重熔岩浆☆anatectic magma
重熔铸☆tossing
重熔作用☆anatexis；palingenesis；diatexis
重入点☆reentry point
重入管理码☆reentrant supervisory code
重入流☆hyperpycnal inflow
重散射☆rescattering
重筛☆resieve
重烧白云石☆double-burned dolomite
重烧矾土熟料☆dead burned bauxite
重烧绿石[$(Ca,Ce,Na,K)(Nb,Fe)_2(O,OH,F)_7$]☆koppite
重烧镁砂☆dead-burned magnesite grain
重烧线变化☆linear change on reheating
重舌(亚)目☆Diploglossata
重摄☆rephotography；retake
重申☆reiteration
重生☆rejuvenescence
重适应☆readaptation
重塑☆remo(u)ld(ing)
重塑度☆degree of remoulding
重塑土☆remolded soil
重塑土不排水抗剪强度☆remolded undrained shear strength
重塑土样☆remolded (soil) sample；remoulded sample；remobilized soil sample
重算☆roll back；rerun [rerun;reran]；recalculation；matrixing
重调☆readjustment；reset；retuning
重调谐☆retuning
重调定☆resetting；reset
重调整☆readjust
重涂漆☆repaint
重吸收(作用)☆resorption
重显☆reproduction；reconstruction；reconstitution
重现☆recurrence；reproduction；reappear；repetition
重现残丘☆baraboo；baroboo
重现期☆reoccurrence period；recurrence interval
重现位移☆recurrent displacement
重现性☆reproducibility
重现组合☆recurrent association
重镶嵌☆reset；resetting
重像☆secondary image；multi-image
重像信号☆ghost signal；echo
重向断层线崖☆resequent fault-line scarp
重斜褶皱☆reclined fold
重新安排☆rearrange
重新编号☆renumber
重新编译☆recompilation
重新标定☆recalibrate
重新布置☆reposition；rearrangement
重新操作☆rerunning
重新测定☆redetermination
重新测井☆relog
重新测试☆retesting
重新充气☆reaeration
重新充填☆recharge；replenishment；repack(ing)
重新处理☆rehandling
重新穿(钢)绳[天车、游动滑车等]☆restringing
重新打开☆reopen
重新定时☆retiming
重新定位☆deallocation；repositioning；relocation

重新定线☆realignment；relocation
重新定向☆reorientation
重新定殖☆recolonization
重新读数☆re-reading
重新对点☆duplicate rerun
重新对(直)线☆realigning
重新发表☆republication
重新返回☆reentry
重新放置☆reset
重新分布☆redistribute；rearrangement
重新分带☆rezoning
重新分类☆regrade；reclassification
重新分配☆redistribute；redistribution；reapportion；deallocation[计]
重新隔开☆respacing
重新供电☆reactivate
重新构成☆reconstitute
重新估计☆reassessment
重新估价☆reappraisal
重新合成☆remixing
重新活动☆remobilization
重新计算☆recalculation；recount；recomputation
重新加压☆repressuring；repression
重新加载☆reload
重新胶结☆recementing
重新浇铸☆remolding；remoulding
重新解释☆reinterpretation；review
重新进行地质填图☆geologic(al) remapping
重新卡上☆rechuck
重新开采☆remining；rework
重新开孔☆re-collaring
重新开始☆resumption；resume；restart(ing)；renewal
重新刻度☆recalibration
重新漏失☆regaining loss
重新埋石☆station refixation
重新拧紧☆re-tighten
重新配产☆redistributed production
重新配合的试样☆recombined sample
重新平差☆readjustment
重新评价☆reappraise；re(e)valuation
重新平整☆regrading
重新启动☆restoration；restarting
重新迁殖☆recolonization
重新清砂[铸]☆recleaning
重新取样图像☆resampling image
重新燃烧{起}☆rekindle
重新溶解的气体☆redissolved gas
重新设计☆redesign
重新射孔☆reperforating
重新识别☆reidentification
重新使用☆reuse；reclaim
重新试验☆retrial
重新四分缩样☆requarter
重新镗孔☆reboring
重新提起☆recurrence
重新调节☆readjustment；rescaling
重新调零☆rezeroing
(控制机构的)重新调整☆retrimming
重新涂裹性☆recoatability
重新完井井段☆recompletion interval
(使)重新武装☆rearm
重新吸附☆readsorption
重新形成☆reformation；reconstitution；reform
重新油漆费☆repainting cost
重新运行☆roll back；rerun
重新造林☆re(af)forest(ation)
重新张开(裂隙)☆reopening
重新张开的脉☆reopened vein
重新振作☆rebound
重新支撑☆retimbering
重新支护☆retimber；re-rip；retighten
重新装煤☆recoal
重新装配☆refitting；refitment
重新装药{载}☆reloading
重新组合☆deathnium；realignment；recombination；rearrange(ment)；recompounding
重新钻井☆drilling ahead
重新钻孔☆redrill
重修☆revamp
重修表面☆reface
重岩浆化作用☆anamigmatism
重演☆recapitulation
重演律☆law of recapitulation
重演性发生☆palingenesis
重叶理☆refoliation
重翼吸虫☆Alaria
重印☆reprint
重影☆fold-over；diplopia TA
重影像☆superimposed image
重影信号☆ghost signal；double-image{echo} signals
重圆齿状[植物叶缘]☆duplicato-crenulatus
重缘介属☆Barychilina
重展矿脉☆reopened vein
重折射的☆birefringent；birefractive；birefracting
重折射率☆birefraction；birefringence
重折射性☆character of double refraction
重褶齿(猬)类☆Zalambdodonts
重褶齿猬(属)[K]☆Zalambdalestes
重褶齿亚目☆Zalambdonta
重褶翼部☆refolded limb
重褶皱作用☆refolding
重整☆recondition；reform(ation)；renormalization
重整军备☆rearm
重整炉☆reformer
重整坡度☆regrading；regrade
重置☆reset
重制[图表]☆replot
重铸☆recast
重装料☆heavy burden
重装配☆reassemble
重坠作用[由倒转密度梯度岩石沉陷引起]☆sagduction
重组☆recombination；restructuring
重组分☆heavy constituent{suite;residue}
重组构的☆retextural
重组合☆reconstitution
重组给料☆calculated assay{feed}；reconstituted feed
重组子☆recon
重做☆repeat；remake
重作☆recast

chòng

冲裁机☆coper
冲床☆punching machine；press；puncher；punch (press)；piercer
冲锤☆block stamp；tup
冲割☆blanking
冲挤☆impact extrusion；implosion
冲挤冰脚☆wash-and-strain ice foot
冲剪☆punching shear
冲剪口☆mouth of shears
冲孔☆punch；(hole) punching；perforation；piercer；jetting[钻孔]；punched hole
冲孔板筛☆punched-plate screen
冲孔回次☆clean-up trip
冲孔机☆puncher；perforator
冲孔金属筛板☆perforated metal screen
冲孔聚氨酯筛板☆perforated polyurethane mesh
冲孔器☆hollow punch；nail drift
冲孔筛☆stamped sieve；punched-method screen
冲孔筛板筛分☆punched-plate screening
冲孔筛篮☆perforate basket
冲孔外套☆aperture jacket
冲模☆die [pl.-s]；scour mold；stamper；blanking die；swage
冲模插床☆die slotting machine
冲切☆blanking；die cutting；die-cut；punching
冲头☆ram；drifter；punch pin；(drill) drift；piercer；platten；forcer；plunger chip；striking block
冲头圆凿☆driftpin
冲心凿☆prick{center} punch；staking tool
冲压☆coining；press；stamping；forming；punch；punching；die-forming；impact extrusion
冲压(件)☆pressing
冲压板☆pressboard
冲压成弯法☆punch-bending method
冲压成形☆stamping；drawing
冲压机☆punch (press)；punching machine；piercer；bulldozer
冲压剪切☆punching shear
冲压式☆ram-type
冲压试验☆punch(ing) test
冲压制品☆stamping
冲眼双皱(金属丝)筛布☆lock-crimped wire cloth
冲盂☆cupping
冲钻☆sinker

chōu

抽(引)☆draw
抽拔工具分离器脱水器☆extracter
抽拔套管的撞锤盒☆casing jar hammer
抽采试样☆random sample
抽查☆spot {-}check；audit by test；carry out selective examinations；random inspection；make spot checks；sample
抽查法☆method of testing
抽查两用泵☆lift and force pump
抽查运煤矿车的煤质检查员[烟煤矿]☆courthouse inspector
抽尘☆dust extraction
抽出☆abstract(ion)；withdraw(al)；extract(ion)；draw{force;pump} out；select from a lot；evacuate；pipe away；exhaust；pump off{over}
抽(汲)出☆pump out
抽出的☆exhaust；extractive
抽出器☆extracter
抽出式的☆exhausting
抽出式扇风机☆exhaust{suction} fan
抽出水量☆pumped output
抽出水总量☆amount of water pumped
抽出物☆extract
抽出者☆extractor
抽搐的☆galvanic
抽打☆flair
抽点打印☆snapshot
抽点检查☆check point
抽动☆flick；twitch；throb
抽放采空区瓦斯☆gas suction from gobs
抽放纯瓦斯量☆suction quantity of methane {firedamp}
抽放负压☆negative pressure of suction
抽放混合瓦斯量☆suction quantity of gas and air
抽放邻近层瓦斯☆gas suction from next seam
抽放瓦斯等☆drawing out methane；gas aspirating；gas drainage under suction；fire-damp drainage by depression
抽放未开采煤层的瓦斯☆fire-damp drainage from virgin coal seam
抽风柜[酸蚀法回收金刚石用]☆fume cupboard
抽风环式烧结矿冷却机☆induced draught circular sinter cooler
抽风机☆induced-draft{discharge;draft;exhaust(ing);suction;extractor;induction;upcast;vent} fan；air exhauster {extractor}；induced (draught;draft) fan；exhaust blower；aspirator；suction ventilator；air exhaust ventilator；exhauster
抽风口☆suction opening
抽风烧结☆down-draft sintering
抽风压差☆draft differential
抽干☆dry out；swab-off
抽梗机☆stemmer
抽(油气)后阶段☆postpump stage
抽汲☆pumpage；bailing；swab；suction；swob
抽汲速率☆rate of extraction
抽汲泵☆draw-off{suction} pump
抽汲滚筒☆sand reel{drum}
抽汲滤器☆suction strainer
抽汲期间井底压力曲线☆draw-down bottom pressure curve
抽汲深层承压水☆pumping deep confined water
抽汲显示☆swabbed show
抽汲压力☆swabbing pressure
抽汲样品☆swab sample
抽汲闸门☆swab valve
抽挤的人群☆squash
抽降期[地下水]☆draw period
抽紧☆tighten
抽空☆exhaust(ion)；evacuation；depression；pump off；cavitate；vacuate；pumpdown；pick up the suction；swab-off；rarefaction
抽空泵☆return pump
抽空度☆degree of exhaustion
抽空孔隙☆evacuated pores
抽空清洗法☆suction method of cleaning
抽空☆manage to find time
抽拉☆extraction
抽力☆draught
抽力调节挡板☆draft damper
抽劣☆inaptitude
抽泥☆mud pump

C

抽泥泵☆slush{mud;excavating} pump；sludger
抽泥机☆pump dredger；mud pump
抽泥筒☆bailer
抽排☆draw-off；pump drainage{drain}
抽气☆outgassing；air exhaust；deflation；exhaustion；breathe in；pumpdown；inhale；venting of gas；pump
抽气泵☆suction{aspirator;off-gas} pump；air-pump
抽气比特征☆gas-oil ratio behavior
抽气机☆vacuum fan{pump}；air pump{exhauster;extractor}；(gas) exhauster；exhaust blower
抽气减压☆bleed-down
抽气器☆gas extractor{separator}；ejector
抽气式燃气轮机☆extraction gas turbine
抽气通风☆extract ventilation
抽气系统☆gas-extraction system
抽汽式涡轮机☆extraction turbine
抽签☆(lot) drawing
抽签偿还☆redemption by drawing
抽取☆withdraw(al)；extraction；draw；collect；offtake；draw-off
抽取回灌循环☆extraction-reinjection cycle
抽取器接头☆extractor sub
抽取水量☆water pumpage{extract}
抽取样☆running sample
抽取样品工具☆sample thief
抽入空气☆induced air
抽砂☆sand pumping
抽{泥}砂泵☆sand pump
抽沙挖泥机船☆sand-pump{suction} dredger
抽升条件☆pumpable condition
抽数☆extraction；extract
抽水☆abstraction of water；pump(ing)；(water) pumpage；dewater(ing)；unwatering；draw{pump} water；shrink；draw-off；withdraw；pumpdown
抽水的生产井☆pumping production well
抽水管☆well-point
抽水规则☆regulation of pumpage
抽水机☆(water) pump；water-raising engine；pumping unit{engine}；motor-driven pump；draught-engine；pumper
抽水降落锥面☆pumping-depression
抽水降深☆drawdown
抽水井☆pump(ing){jack;extraction;withdrawal; draw;production;suction;absorption;discharging; pumped} well；abstraction borehole{well}；pump sump
抽水坑☆sump
抽水历时☆duration of pumping
抽水量☆pumping capacity{load;rate}；withdrawal (rate)；pump discharge{output}；pumpage；draw-off
抽水漏斗☆pumping cone；cone of exhaustion
抽水前水位☆nonpumping water level
抽水区☆pumped area
抽水试验☆trial pumping；pump(ing){pumping-out; bailing;aquifer} test；pump yield water test；well pumping test
抽水试验孔☆water pumping test hole
抽水速度☆pumping rate；rate of pumping
(凿井用)抽水筒☆suction water barrel
抽水下降面积☆area of pumping depression
抽水蓄能☆hydrostorage；pumped storage
(一井)抽水(多井)增产井网☆key-well system
抽水站的蓄水池☆reservoir for pumping plant
抽水站容量☆pumping plant capacity
抽水总量☆total withdrawal{pumpage}
抽税☆levy
抽丝☆noil yarn；withdrawing
抽送系统☆plumbing system
抽(气)速(率)☆pumping speed
抽提☆extraction；extracting
抽提器组☆extraction battery
抽提石油☆oil extraction
抽屉☆drawer；till
抽筒☆bailing tube
抽筒绳☆sand line
抽痛☆twitch
抽头☆tapping；take-out
抽头电阻☆graded resistance
抽头式焊机☆welder with taps
抽瓦斯的钻孔☆cross-measure borehole
抽吸☆pump(ing)；withdrawal；swab；suction；swob
抽吸比速☆suction specific speed
抽吸浪涌压力☆swab-surge pressure
抽吸清洗法☆suction method of cleaning
抽吸燃烧器系统☆suction burner system
抽吸式采样器☆suction sampler
抽吸系统☆exhausting{exhaust;suction} system
抽吸作用☆pick-up；swabbing{sucking} action
抽吸作用诱发的井喷☆blowout induced by swabbing
抽稀☆vacuate
抽洗过的岩芯☆extracted core
抽线轴苔藓虫属[D]☆Nemataxis
抽象☆abstract(ion)；metaphysics；transcendental
抽压两用泵☆lift and force pump
抽烟☆smoke
抽扬泵☆lift pump
抽样☆sampling；specimen；sampling in statistics and research；sample (drawing)；sampler；excerpt；S.P.
抽样分布☆sampling distribution
抽样检查☆sampling inspection；spot check；sample survey；pick-test
抽样检验☆sampling observation；pick test
抽样信号☆sampled signal
抽液☆tapping
抽油☆oil pumping
抽油泵☆oil well pump
抽油成本☆lifting cost
抽油杆☆sucker rod{pole}；rod
抽油杆拔销☆rod-taper
抽油杆被黏卡☆stuck rods
抽油杆的挡油器☆rod wiper
抽油杆掉落☆rod fall
抽油杆断脱☆rod parting
抽油杆和{及}油管☆rod and tubing；R a T；R.a.T.
抽油杆夹☆rod grip{clamp}
抽油杆钳☆kelly driver；sucker rod wrench；rod tong
抽油杆全下井后启动抽油☆hang her on the beam
抽油杆上结(的)蜡☆rod wax
抽油杆体积☆rod-metal volume
抽油杆挽击(孔壁)☆rod whip
抽油杆柱☆string of rods；rod string
抽油杆柱振动☆rod string vibration
抽油杆爪☆rod grasp{grab}
抽油杆自动旋转器☆rod rotor
抽油活塞☆swab；swob
抽油机冲程加长装置☆long stroke pumping unit
抽油机的减速装置☆pumping gear
抽油机井☆rod-pumped well
抽油机游梁带动的泵☆tail pump
抽油井☆pump(ing){jack} well；pumper；producing oil well pumping；well on the beam；beam well[深井泵]
抽油井中心动力站[联合抽油的中心动力装置]☆central pumping power
抽油拉杆☆rein；pull rod
抽油拉杆的上紧设备☆fence-back
抽油拉杆接头☆pull rod coupling
抽油速度☆rate of pumping
抽油装置☆oil jack{rig}；pumping installation
抽余物☆distillation bottom
抽运信号☆pump(ing) signal
抽真空☆pick up the suction；vacuate；vacuum-pumping
抽真空管☆evacuation tube
抽子☆swob；puller；swab
抽子(上的)胶皮碗☆swab rubber

chóu

酬报☆compensate
酬劳☆reward；remuneration
酬谢☆fee；requital；thank sb. with a gift
酬载☆payload
畴壁☆domain wall
畴丛☆cluster of domains
畴结构{|界壁|宽|生长|双晶|转动}☆domain structure{|boundary|width|growth|twinning|rotation}
踌躇☆hesitate；halt
踌躇不前☆hang off；jib
踌躇迟疑☆hesitancy；hesitance
稠的☆consistent；sticky
稠度☆consistency；consistence；bodiness；degree of consistency；thickness；denseness；stiffness；spiss(i)tude；body[液]
稠度单位☆unit of consistency；Uc
稠度界限☆consistency limit；limit of consistency
稠度试验锥[混凝土]☆slump cone
稠度仪☆consistometer
稠度指数☆consistency index；relative consistency
稠核☆condensed nucleus
稠化☆density；thicken(ing)；bodying；viscosify；stiffen；densification
稠化剂☆gelling{thickening;viscosifying} agent；gellant；gel{viscosity} builder；gelatinizer；densifier；thickener；viscosity increasing agent；viscosifier
稠化水☆thickened{gelled;viscous} water
稠化酸☆high viscosity acid
稠化油压裂液☆gelled-oil fluid
稠化作用☆densification；viscosifying action
稠环☆fused{condensed} ring；condensed nucleus；indol(o)-
稠环烃☆hydrocarbon with condensed rings{nuclei}
稠灰浆☆soupy mortar
稠浆☆heavy mortar
稠浆冲洗☆thick flushing
稠矿泥☆thick mud
稠硫沥青石油☆trinascol
稠密☆dense(ness)；compactedness；thickness；density
稠密的☆dense；thick-set；thick
稠密的居住{工厂}区☆jungle
稠密度☆consistency；density；density
稠密度计☆penetrometer；penetrameter
稠泥☆lime paste
稠泥浆☆thick mud；thickened drilling fluid
稠黏熔岩☆pasty lava
稠浓程度☆degree of consistency
稠润滑脂☆heavy grease
稠砂浆☆dry mortar
稠水泥浆☆strong{stiff} cement grout
稠缩(石)油☆shrinked oil
稠液☆magma [pl.-ta]
稠油☆high-viscosity oil；viscous crude
稠油藏☆inspissated pool
稠油开采☆heavy{viscous} oil recovery；viscous crude oil production
愁闷☆worry；feel gloomy；depressed；be in low spirits
筹备☆arrangement
筹备的☆preparatory；preparative
筹备费☆organization cost
筹措资金☆financing；finance
筹集☆find
筹集借款☆loan floatation
筹集现金☆making the cash
筹集者☆raiser
筹集资金☆funding
筹建费☆initial expenses；establishment charge
筹建时间☆lead time
筹款☆make a raise
筹码☆chip；counter；dib；tally；jetton[赌博]
筹资☆financing
筹资成本☆cost of floatation
俦硅酸盐☆sorosilicate
仇敌☆foe
绸缎般☆silkiness

chǒu

丑恶的☆noire；hideous；filthy；seamy；stigmatic；odious
丑陋的☆harsh；ugly；homely；deformed；ungainly；ill-looking

chòu

臭败☆rancidity
臭虫☆bug
臭椿属☆Ailanthus
臭葱石[$Fe^{3+}(AsO_4)\cdot 2H_2O$；斜方]☆scorodite；iron{arsenic} sinter；ioguneite；joyganite；skorodite；eisensinter；jogynaite；neoctese；loaisite
臭蛋气味☆rotten egg odor
臭方解石☆capreite；swinestone；stinkstone；fetid calcite；tartufite；t(a)rtuffite；tartuffit；saustein；anthraconite；stinkkalk[德]
臭灰岩☆stinkstone；swinestone；fetid{stink} limestone；swines tone；stinkstein[德]
臭块云母☆pyrargillite
臭沥青☆pisselaeum
臭煤☆stink coal；stenker
臭名昭著的☆notorious
臭气☆stink (damp)；odo(u)r；bad{offensive} smell；effluvium [pl.-ia]；stench
臭气层☆chemosphere
臭软泥☆fetid ooze

臭砂岩[含硫化氢及沥青质的]☆fetid sandstone
臭石[含沥青石灰石]☆stinkstone
臭石灰☆swinestone
臭石灰岩☆anthraconite; swinestone; stink (lime)stone
臭石英[SiO_2]☆stink{fetid} quartz; stinkquartz
臭碳酸盐软泥☆fetid carbonate ooze
臭味☆odo(u)r; stink; smell; goo
臭味测定(法)☆olfactometry
臭氧[O_3]☆ozone
臭氧测定仪☆ozonograph
臭氧测量器☆ozonoscope
臭氧层☆ozone layer; ozonosphere; chemosphere
臭氧层有效辐射温度☆ertor
臭氧分解☆ozonolysis
臭氧改性物质☆ozone-modifying substance
臭氧过滤器支架☆ozone filter holder
臭氧耗尽{竭}☆ozone depletion
臭氧化(作用)☆ozonidation
臭氧化物☆ozonide
臭氧计☆ozonometer
臭氧剂☆ozonidate
臭氧平均总量☆average total ozone
臭氧圈☆ozonosphere
臭氧消毒装置☆ozonization plant
臭页岩☆stinkschiefer
臭油☆blackjack; car oil
臭鼬类☆Mephitines
臭鼬属[Q]☆skunk; Mephitis
臭重晶石☆liverstone; hepatite; hepatin

chū

樗粉属[孢;E_2]☆Ailanthipites
初☆etio-
初版☆first edition; f.e.
初胞[动]☆ancestroecium
初爆☆incipient detonation
初爆破☆initial blast
初变形☆initial set
初变质作用☆neometamorphism
初冰☆first ice
初冰期☆anaglacial
初波☆P{primary} wave; preliminary (wave); prima
初卟啉☆etioporphyrin; ETIO; aetioporphyrin
初卟啉合镁盐☆etiophyllin
初步☆alphabet; rudiment
初步焙烧☆green roasting; preroasting
初步布置☆skeleton layout
初步的☆preliminary; elementary; rough; first; elem; initiative; propaedeutic; rudimentary; preparatory
初步叠加☆brute stack
初步方案图☆test pit
初步分离☆initial gross separation
初步分析☆preliminary assay{analysis}
初步工作☆virgin work
初步估计☆preliminary estimates
初步焊接☆tack weld
初步回采☆preliminary robbing; whole working
初步计划草案☆ground plan
初步加工☆preform; roughening; roughing
初步净化☆rough purification; primary cleaning
初步勘察☆ground reconnaissance
初步勘查☆pilot survey
初步勘探☆advance{preliminary;advanced;initial} exploration; (preliminary) prospecting; scouting
初步普查☆geologic(al) scouting
初步烧结☆presintering
初步设计☆preliminary{conceptual;logical} design; predesign; PD
初步速度☆raw velocity
初步调整☆presetting
初步脱水区☆predraining zone
初步修理☆first aid
初步选矿研究☆preliminary ore dressing investigation
初步验收☆preliminary acceptance; PA
初步蒸发☆pre-evaporation
初步整理[数据、资料]☆edit
初步助探者☆scout
初采[不包括回采煤柱式矿柱]☆first{primary} mining
初槽☆first{initial} cut
初测☆(primary;preliminary;prospecting;exploration) survey; reconnaissance
初(始)产☆initial output
初产量[油]☆flush{initial} production; initial potential
初产期☆early production period
初潮☆primary{young} tide
初沉降槽☆primary settling tank
初撑力☆setting load{loading;pressure}
初成长指数☆initial growth index
初澄清槽☆primary settling tank
初充电☆initial charge
初触失水☆spurt loss
初吹[喷]☆first blow
初次爆破☆initial blasting{fragmentation}; first-time fragmentation; primary blasting
初次爆破炸药耗量比☆initial{primary} explosive ratio
初次成油期☆first-formed oil
初次的☆maiden; primary
初次地面震动☆earth tremor
初次工业开采☆first commercial production
初次回(收率)☆primary recovery
初次垮落☆first caving
初次试用☆handsel
初次收获☆firstling
初次完井{成}☆initial completion
初次注水泥留下的串槽☆primary cement channel
初达波☆first arrival{break}
初带☆primary-branch
初等函数☆elementary function
初地应力☆initial earth stress
初淀晶☆primary precipitate crystal
初定期☆initial stable stage
初动☆initial{first} motion
初动期☆initial-mobility period
初动手柄☆primer handle
初动形式(地震)☆first motion pattern
初动研究☆first-motion studies
初轭贝属[腕;O]☆Protozyga
初发微动☆incipient motion
初房[孔虫;头足]☆initial chamber; proloculus [pl.-li]; protoconch; embryonic apparatus{chambers; shell}; periembryonic chamber
初沸点☆initial boiling (point); i.b.p.; IBP
初浮选☆primary flotation{separation}
初估值☆first guess
初关井☆initial shut-in; I.S.I.
初过滤☆prefiltration
初过时间☆first passage time
初焓☆initial enthalpy
初航☆maiden voyage
初基平移☆primary translation
初基三矢[平移的]☆primitive triplet
初级(的)☆primary; junior; pr.; pri.
初级镜煤☆previtrain
初级切变方向☆primary shear direction
初级石油☆primary petroleum; protopetroleum; neo-petroleum
初级数据☆preliminary date
初级线圈☆primary winding{coil}; PW
初级线圈电感☆primary inductance
初级修整☆rough finish
初级语言☆low {-}level language
初加工☆preliminary working; preparatory cut
初加速度☆initial acceleration
初见陆地[水运]☆landfall
初铰合面[腕]☆primary area
初结器☆tickler
初晶区☆primary crystal field
初井☆preliminary shaft
初勘☆pioneering; advanced exploration
初看上去☆at a glance; at (the) first glance
初亏[日月食]☆first contact
初雷等时线☆homobront; isobront
初裂☆incipient crack
初裂缝☆initial crack
初裂强度☆first cracking strength
初馏分☆first fraction
初馏装置☆topping plant
初流动☆initial flow; IF
初流压☆initial flowing pressure; IFP
初龙亚纲[爬]☆Archosauria
初滤失系数☆spurt loss coefficient
初糜(棱)岩☆protomylonite
初磨☆raw{preliminary} grinding
初磨磨鞋☆starting mill
(构造)初幕☆incipient{first} phase
初能量☆primary energy
初凝☆initial set(ting)
(水泥)初凝时间☆thickening time
初浓度☆initial concentration
初喷角砾岩☆vent-opening breccia
初批样品☆preliminary sample
初期☆infancy; initial{early} stage; youth; threshold; early days
初期变质(作用)☆protometamorphism
初期滨线☆submature shoreline
初期冰☆young ice; slud
初期抽油产量☆initial production pumping; IPP
初期的☆embryo; incipient; nascent; primitive; young; original; early; infant
(一种)初期动滤失测定法☆Dollarhide-Hall method
初期海冰☆autumn ice
初期剪切破裂网☆incipient shear fracture network
初期结晶物☆prototektite
初期勘探☆preliminary prospecting
初期裂缝荷载☆initial cracking load
初期裂缝☆incipient fracture
初期喷发☆juvenile eruption
初期蠕变下原始蠕动☆primary creep
初期石油☆younger oil
初期水☆primary water
初期微震☆preliminary (tremor); first preliminary tremor
初期微震部☆preliminary portion
初期污染☆precontamination
初起爆剂☆initial detonator
初切☆ingress
初切(应)力☆initial gel
(泥浆)初切力☆gel initial; zero gel
初燃温度☆temperature of initial combustion; TIC
初熔☆incipient melting
初熔体[汇集后成原始岩浆]☆first melt
初蠕变☆initial creep
初色☆initial colour
初筛☆primary screen
初生☆primitive magma; nascence; nascency
初生(的)☆juvenile origin
初生变质[矿物]☆deuteric alteration
初生地球☆primitive Earth
初生氦☆primordial helium
初生花岗岩☆juvenile granite
初生晶☆proeutectic{primary} crystal; primocryst
初生孔隙☆primary interstice
初生溶液☆original solution
初生石墨☆primary{kish} graphite; kish
初生态氢☆nascent hydrogen
初生太阳尘埃☆primitive solar dust
初生态氧☆nascent oxygen
初生土☆incipient{juvenile} soil
初生物☆firstling
初生系{纪}☆Primordial
初生主根☆root stalk
初始☆initial; first; primary; initiation
初始冰☆new ice
初始不稳定蠕变☆initial fransient creep
初始产量☆initial production{flow}; I.P.
初始抽油产量☆initial production pumping
初始点☆initial point; IP
初始点燃电压☆initial ignition voltage
初始电压☆threshold voltage
初始断层☆precursor fault
初始分离{配}☆primary partitioning
初始关井☆initial shut-in; ISI
初始化☆initialization
初始火山期☆initial volcanic stage
初始基可行解☆initial basic feasible solution
初始假想模型☆first-guess model
初始剪切阻力☆initial shear resistance
初始结晶形成温度☆temperature-first crystal form
初始脉冲☆inceptive impulse
初始磨损☆running-in wear
初始喷发☆primary{initial} eruption; perforation
初始气喷☆initial air blow; IAB
初始铅同位素比☆initial lead isotope ratio
初始曲线状节理☆incipient curvilinear joint
初始燃料费用☆initial fuel cost
初始熔融☆primordial melting; initial melt
初始入渗能力☆initial infiltration capacity
初始扫描☆preliminary sweep
初始输量☆initial throughput
初始数据☆tentative data

C

初始特性状态☆initial behavior regime
初始填筑条件☆initial placement condition
初始条件☆initial{starting} condition；IC
初始稳定流量☆initial steady discharge
初始物质☆starting material
初始信号☆initialize signal
初始压力☆initial{original} pressure；first weight
初始叶☆haplophyll
初始抑制☆presuppression
初始应力☆initial{primary;origin;virgin;natural} stress
初始晕☆embryonic halo
初始造斜☆kick off
初始值☆starting value
初视分析法☆first-look analysis method
初霜☆first frost
初速☆muzzle velocity[子弹射孔]；initial velocity；i.v.
初碎☆first crushing；initial fracturing；primary breaking
初碎厂房☆primary-crusher house
初碎机☆preliminary crusher{breaker}；primary breaker
初碎裂岩☆protocataclasite
初损[压裂液起造壁作用以前的损失]☆spurt loss
初态☆incipient{initial} state
初探☆primary exploration
初探井☆wildcat{pioneer} (well)；wild-cat drilling；blue sky exploratory well；trial pit；WC
初探钻井☆wildcatting；wildcat{wild-cat} drilling；trial boring
初碳☆primary carbon
初调☆preliminary adjustment；initial setting
初投资的贬值现象☆capital depreciation
初涂☆render
初推力☆initial thrust
初温☆initial temperature
初纹☆primary costella
初析态☆nascent state
初现☆peep
初现裂缝荷载☆load al first crack
初现焰晕☆show
初线☆primary costa
初项☆initial term
初相☆initial{primary;first;preliminary} phase；i.p.
初相体积☆primary phase volume
初像☆primary image
初型冰河☆rudimentary type glacier
初型土☆amorphic soil
初形模[玻]☆parison{blank} mold
初选☆initial separation；primary election{selection}
初选浮选机{槽}[处理原矿浆]☆primary cell
初选精矿☆preconcentrate
初选跳汰机筛下中矿☆primary hutch middlings
初选洗煤{矿}机☆primary washer
初选用矿泥(淘汰盘)☆primary slime table
初学者☆beginner；novice；learner；tyro
初压☆initial{virgin;base} pressure
(顶板)初压力☆first weight{pressure}；preliminary pressure
初叶☆primordial leaf
初应力☆initial{primary;inherent} stress
初应力法☆initial stress method
初有效应力☆initial effective stress
初余子式☆first minor
初雨☆first rain
初预应力☆initial prestress
初载荷☆initial load
初造山期的☆primorogenic
初渣☆working{early} slag
初轧☆blooming；cogging；break down
初轧机☆blooming mill；bloomer
初震☆primary earthquake
初阵风☆first gust
初整平☆preliminary leveling
初直径☆starting diameter
初值☆starting{initial} value
初(始)值问题☆initial-value problem
初至[波、信号]☆first{primary} arrival；(first) break
初至波☆primary (wave)；first break；wave
初至 *P* 波☆initial P wave
初至时间☆first arrival
初至时间截距方法☆first-break intercept-time method
初重波☆break
初装药☆initial charge
出版☆publication；publ.；print；publish；put forth；appearance；issue
出版社☆press
出版原图☆final manuscript
出版者☆quecksilber；trema
出渗☆outward seepage
出差[月球运动;太阳引力造成]☆evection
出产☆output；outturn；turn off；yield；manufacture；produce；product
出厂价格☆factory price
出潮口☆tidal outlet
出车场☆stage；bench
出车平台☆stage landing
出车台☆deckhead；station；landing
出处☆provenance；reference；source
出错卡片☆offending card
出错信号☆error signal
出电场强度☆electric strength
出耳子☆earing
出发☆departure；sally；starting；set out{off}；throw off；going；start；dep
出发的☆outgoing
出发点☆starting point；departure；the starting point of a journey；starting point (in a discussion, argument, etc.)；point of departure
出发角[电波]☆angle of departure
出锋高☆proud exposure
出风☆air-out(put)；upcast；outgoing air
出风道☆outtake；foul air flue；upcast workings
出风巷☆foul-air duct
出风井☆upcast (air-shaft;shaft;pit)；upcast ventilating shaft；outlet (shaft)；outtake；uptake；upcast air shaft
出风井高出地面的部分☆offtake
出风井口扇风机☆upcast fan
(扇风机)出风扩散道☆evase (discharge)；fan diffuser {evase}
出风量☆air output
出风天井☆exhaust raise
出风筒☆evasee chimney；chimney (fan)；evasion stack；lumhead；lum
出钢☆tap；tapping；pouring
出钢槽☆launder；steel spout
出钢槽金属爆音☆runner shot
出港☆sortie
出格☆offscale
(井眼)出"狗腿"☆dog-legging
出故障的☆out {-}of {-}order；blooie；blooey；O.O.O
出故障时自动关闭{|打开}☆fail-closed{|open}
出管☆exit-tube
出管沟用棘轮☆coffin hoist
出轨☆run(-)off；derail[装置]；jump；overstep the bounds；swerve；getting-off the rails；logo off the rails；exceed what is proper
出汗☆sweat
出河斜坡☆gangway
出湖河☆lake outlet
出货单☆bill of sale；B/S
出货减少☆drop in delivery
出击☆sally；sortie
出级高价者☆highest bidder
出价☆bid；bidding；offer；make an offer
出价人☆offerer
出价者☆bidder
出(射)角☆emergence angle；angle of departure {emergence}
出井到地面☆ascent
出井油(气)流☆well flows
出口☆outlet (hole;opening)；exit；vent(age)；output；way out；export；exhaust opening；exp；exportation；egress；efflux；issue；delivery side；outgoing；speak；utter；[of a ship] leave port；openings；discharge hole；crossover；bleed hold；outgo；outcome
(刮管器)出口☆port outlet
出口(处)☆outflow point
出口报单☆declaration for exportation
出口比重☆flowline specific weight
出口侧☆on the pressure side
出口处☆excystment aperture
出口导向战略☆export-orientated strategy
出口的扩张部分☆exit skirt
出口端☆endpiece；exit skirt；delivery end[泵的]
出口发票☆invoice book outward
出口干管☆drain collector
出口湖☆open{drainage} lake
出口货物报单☆outward entry
出口节流回{电}路☆meter-out circuit
出口截面积☆discharge area
出口坡道☆exit ramp
出口塞☆spout plug
出口商☆exporter
出口申请(通知)☆notice of export
出口石油等级☆export petroleum grade
出口速度☆outlet{exit} velocity；velocity of discharge
出口(泥浆)温度☆temperature out；tpo
出口限制☆restriction of export
出口信贷☆export credit
(气举管)出口压力☆top hole pressure
出口压头☆discharge head
出口一边☆outlet side
出口总值☆gross export value
出矿☆draw；withdrawal of ore；lash (back)；ore removal；lashing muck；muck lash
出矿地沟☆ore trough；ore-reclaim tunnel
出矿巷道☆muck slash；scram drawpoint
出矿横巷☆drawpoint cross-cut
出矿口☆spron mouth；wind hatch
出矿量☆extracted ore tonnage
出矿溜槽☆mining sluice
出矿平巷☆pull drift
出力☆capacity；share；(production) output
出料管☆spigot
出料口☆discharge door{end}
出料率☆daily output ratio；pull rate
出料系统☆reclaiming system
出流☆outflow；discharge flow
出流量图☆flow out diagram；flowout diagram
出流速度☆velocity of escape
出露☆emergence；outcropping；uncovering；outcrop；exposure；basset；crop out
出露到地表的地层☆outcropping seam
出露地区☆outcropped area；bare land
出露点☆point of emergence；melatope[光轴]
出露海岸☆emerged coast
出露煤田☆exposed coalfield
出露期☆period of emersion
出露异常☆open anomaly
出路☆outlet (road)；egress；way out；outlet for goods
出毛病☆go blooey
出煤井☆landing shaft
出煤(竖)井☆coal shaft
出门☆outage
(天体)出没方位角☆amplitude
出纳柜(台)☆cashier's counter
出纳室☆wage house
出纳员☆teller；cashier
出泥孔☆mud hole
出泥筒☆sand{shell} pump；sludger
出坯☆knockout
出坯应力☆ejection stress
出票人☆maker
出票日期☆date of draft
出品☆outturn
出坡逸降☆exit gradient
出气☆gasing
出气孔☆out-draught
出气口☆gas outlet
出气量☆air output
出气冒口☆strain relief
出气套管☆production casing
出铅口☆lead tap(-hole)；(lead tapping) well
出钱给☆finance
出侵蚀物的井☆corrosive well
出勤☆attendance；turn out for work；be {go} out on business
出勤卡片计时钟☆time clock
出清排料☆perfect discharge
出刃☆exposure
出熔易变辉石片晶☆exsolved pigeonite lamellae
出溶☆ex(-)solution；exsolved；unmixing of solid solution；unmixing
出溶和交代结构☆triangular texture
出溶矿物☆metasome
出溶气顶☆cap of exsolved gas
出溶作用☆splitting process；exsolution
出入☆egress and ingress
出入沟☆access{entry} ramp；incline；entrance{exit} trenches；ingoing and outgoing trenches；main access (ramp)；pit entrance；exit trench

出入口☆passage
出入运动☆in-and-out movement
出砂☆sand production{inflow;entry;flow}；sanding (up)；shakeout；breaking down[铸]；knockout
出砂的产层☆sand problem reservoir
出砂井完井☆sand problem well completion
出砂孔☆clearance{cleaning} hole
出砂性[型砂]☆knockability；knock out property
出砂油井[油中带大量砂]☆sand producer；sand(y) well
出射☆emergence
(目视)出射点☆eyepoint
出射度☆luminous exitance
出射辐射☆emergent radiation
出射管☆exit-tube
出射角☆emergence{emergent;exit;take-off} angle；angle of departure
出射狭缝☆exit slit
出射(射)线☆emerging ray
出射中子☆outgoing neutron
出身☆origin
出声地☆out
出生☆birth
出生的生命期望☆life expectancy at birth
出生地☆birthplace
出生率☆fertility；birth rate；natality
出生率与死亡率☆fertility and mortality
出绳角☆rope{elevation} angle
出示者☆shower
出事故时全部钻具丢在孔内☆lose everything but the boiler in the hole
出售☆sale；offer
出售物☆offering
出水☆retrieve；water output{out}
出水(量)☆extracted water
出水层☆aquifer；water-producing horizon；water yield formation；water producer
出水的井☆wet well
出水点☆issue{exit} point；water exit
出水洞[地下河]☆outflow{effluent} cave；outlet cave
出水洞穴☆effluent cave
出水沟☆excurrent{exhalant} canal；delf；gutter
出水管[抽水机]☆exhalant{excurrent} pipe；rising pipe；riser{outlet;water-lifting;drainage} pipe
出水管逆止瓣☆delivery clack
出水后院区☆apochete
出水井☆discharging{producing;wet} well；water producer
出水孔☆exhalant pore；apopore
出水口☆(water) outlet；delivery gate；osculum drain opening；outfall；waterway；osculum [绵;pl.-la]；water delivering orifice
出水量☆water discharge{crop;yield；production；output;cut}；water-yield capacity；output；rate of withdrawal；aquifer yield；producing；yield of water；withdrawal rate
出水量大{|小}的井☆large{|small}-capacity well
出水率☆specific yield
出水渠☆exit channel
出水时间☆reached surface time
出水套管☆production casing
出水土地☆reliction
出水岩层☆productive rock
出水岩系☆water-yielding system
出水沼泽☆emerged bog
出太阳方位角☆sun azimuth
出条件☆occurrence condition
出铁☆tapping；tap a blast furnace；tap molten iron
出铁槽☆tapping spout；crude iron runout；iron notch
出铁场[高炉]☆pig bed
出铁口☆tapping paint{hole}；tap hole[冶]；iron notch；taphole
出铁口泥套☆(tapping) breast
出铁口泥套修理小刀☆taphole slaker
出土☆excavation；unearth；come up out of the ground；be unearthed{excavated}
出土前的[植物种子]☆preemergent
出土前施用的☆preemergent
出土物☆dig
出外度假☆holiday
出坞☆undock
出席☆presence；attend(ance)；assist；present；asst.
出席者☆attendant
出现☆occur(rence)；pull；turn；synchronize；presence；find；arise；advent；appear(ance)；figure；emerge(nce)
(有缺陷的钢丝断口)出现的蘑菇形表面☆cupping
出现点高度[流星]☆beginning height
出现率☆frequency
出现频率最大{高}的值☆mode；modal value
出现期☆return period
(信号)出现时间☆epoch
出现消耗☆deterioration occur
出线☆outside；coil out
出线的☆out of line
出线盒☆terminal box
出线接头☆outgoing adapter
(刀具的)出屑槽☆flute
出血☆bleed；bleeding
出芽分生{生殖}☆budding
出牙☆dentition
出掩☆emersion
出逸点[渗流]☆release point
出逸坡降{梯度}☆exit gradient
出油☆ingress of oil
出油层☆oil-yielding stratum
出油管☆flow{production} line；lead line
出油管流体样品☆flow stream sample
出油管牵引帽☆flowline pulling head
出油管线牵引帽☆flowline pulling head
出油或出气☆inrush
出油井☆producing{withdrawal} well
出油井间连线上最佳布井的理论☆belt-line theory
出油剖面☆oil entry profile
(油管)出油三通☆flow tee
出油少的井☆dripper
出于自然的☆spontaneous
出渣☆tapping (slag)；mucking；flushing；muck out{removal}；lashing；rock spoil removal；tap slag；disposal of spoil；spoiling；withdrawal of slag；slag tap；flush (practice)；pouring；dirt extraction；lash (back)
出渣工☆lasher；mullocker
出渣口凝结☆hard tap
出渣气体发生炉☆slag-tap gas producer
出渣式锅炉☆slag-tap type boiler furnace；slag-tap boiler furnace
出站信号(机)☆exit{starting} signal
出征☆campaign
出枝☆branch
出租☆put out to lease；lease；farm-out；farm；freight
出租的房间☆lodging
出租汽车☆taxi
出租人☆renter；lessor
出租协议☆farm out agreement
出租租金☆locational or economic rent

chú

橱☆chest
橱柜☆cabinet；locker
厨房☆kitchen
锄(地)☆hoe
锄铲刮泥板☆hoe scraper
锄骨☆vomer
锄式扒斗☆hoe-type{hoe} scraper；scraper hoe
锄型的☆hoe-type
锄形贝属[腕;$Є_{2-3}$]☆Dicellomus
锄牙形石分子☆ligonodina elements
雏地槽☆embryogeosyncline；rudimentogeosyncline
雏地台☆embryoplatform；rudimentoplatform
雏断层☆incipient fault
雏蛤属[双壳;J_2-K]☆Buchia
雏谷☆gully；gulley；ravine
雏火山☆volcanic embryo；embryonic volcano
雏节理☆incipient joint
雏晶☆embryonic crystal；crystallite
雏晶的☆crystallitic
雏晶族☆belonospharite
雏裂面☆incipient fracture
雏囊粉属[孢;T_3-E]☆Parcisporites
雏切{剪}裂☆incipient shear fracture
雏形☆prototype
雏形冰斗☆incipient{embryonic} cirque
雏形成矿☆embryonic ore formation
雏形的☆embryonic；embryo
雏形地槽☆rudimentogeosyncline
雏形地台☆rudimentoplatform
雏形锻☆blocking
雏形锻模☆blocker
雏形火山☆abortive volcano
雏形器官☆rudimentary organ
雏形盐穹☆salt pillow
雏羽☆neossoptile
雏褶皱☆incipient fold
除☆divide；division；DIV；des.；de-
除冰化学物质☆deicing chemical
除不尽的☆indivisible；aliquant
除不尽数☆aliquant
除草剂☆herbicides；phytocide
除潮器☆dehydrator
除尘☆dedust(ing)；dust removal{suppression;shield; abatement;elimination;precipitation;cleaning}；dust extraction[从气体中]；de-dusted；de-dusting
除尘(导)管☆dust-removal duct
除尘器☆dust separator{remover;exhauster;collector; cleaner;catcher}；fly-ash collector；deduster；(bug) duster；arrester；(particulate) precipitator；arrestor；de-duster；cleaner；dust-collecting fan；ash separator
(湿式)除尘器☆scrubber
除尘效率☆dedusting efficiency；efficiency of dust removal
除臭剂☆deodorant
除瓷☆de-enamelling
除得尽数{的}☆aliquot
除掉[线路中]☆remove；removal；remove from the line
除掉水分☆unwatering
除镀(层)☆deplating
除法☆division；division
除法器☆divider
除飞边☆deflashing
除酚☆dephenolize
除粉器☆gummer；bugduster；bug duster
除腐剂☆conserving agent
除钙剂☆calcium remover
除根机[农用]☆grubber；rooter；rootdozer
除根推土机☆rootdozer
除垢☆descale；descaling；elimination of scaling；scale cleanout{removal}；scaling；removal of scale
除垢处理☆scale-removal treatment
除垢器☆cleaner；cleanser
除硅(垢)装置☆desilication plant
除核(作用)☆denucleation
除灰☆deashing
除浆器☆mud cleaner
除金☆degolding
除净☆clean-out；cleanout
除菌剂☆bacteria remover
除壳☆dejacket
除矿泥☆deslime
除蜡☆wax{paraffin} removal
除鳞☆descale；scale removal
除鳞机☆descaler
除硫☆desulphate；sulfur removal{removing}；sulphur removal；desulfuration
除卵石器☆gravel separator
除霾☆haze removal
除毛刺☆burr removal
除锰☆demanganization
除沫☆scum off
除沫板☆defoaming plate
除(固体)能力☆removing solid capacity
除泥☆desilt
除泥机☆mud cleaning machine
除泥浆堵塞化学剂☆mud cleanout agent；MCA
除泥浆酸☆mud clean-up acid
除泥孔☆mudhole
除泥器☆sludge{silt} remover；slime separator；desilter
除泥沙弯管☆sediment trap
除镍☆denickel
除泡☆froth skimming
除泡剂☆defrother
除偏☆debiasing
除漆☆skimming-off
除气☆degas(sing)；degasification；deaeration；outgas；gas freeing；scavenging；outgassing；make the gas
除气剂☆degasifying agent；degasifier
除气泡☆debubble
除气器☆de(-)aerator；ejector；degasifier
除气作用☆degassification；degassing
除铅☆deleading

C

除去☆exclusion; except; dismantling; detach; strike off; relieve; abstraction; ablation; elimination; taking-off; removal; strip; subduct; offtake; dis-; dif-[f前]; de-
除去爆炸性因素☆defuse
除去冲积土的地质图☆uncovered map
除去臭气☆desoxidate
除去浮沫{浮渣}☆despumate
除去覆盖物的管子☆bared pipe
除去光泽☆delustring
除去挥发成分☆devolatilize
除去离子☆deionization
除去石灰[皮革上]☆delime
除去水中矿物质☆water demineralization
除去锈皮☆descale
除去岩芯中的油、气或水☆desaturation
除去铀的☆U-free
除去油中的水分☆knockdown the oil
除去淤渣☆de-sludging
除去之物☆cussed; cull
除砂☆riff(l)ing; desanding; degritting; sand removal
除砂比☆removal ratio
除砂机☆sand removing machine
除砂能力☆desanding capacity
除砂盘☆riffler; sand trap
除砂器☆desander; desilter; grit catcher; elimination; riffler; sand separator{trap}; sand-catcher
除砂器喇叭口☆desander trough
除砂石☆degritting
除湿的☆exsiccative
除湿剂☆dehumidizer
除湿作用☆exsiccation; dehumidification
除石灰质(作用)☆decalcification
除石机☆derocker; rock mover{trap;remover}; stone cleaner{eliminator;extractor;stopper;separator}; stone guard [农机]; stoner; stone-picking machine
除石块机☆stoner; derocker; rock remover; stone cleaner{eliminator;stopper;guard}
除石块器☆stone retarder
除石器☆stone remover{trap}; rockover remover
除石装置☆stone {-}separating device
除数☆divider; divisor
除霜器☆defroster
除水☆dehydration; dewater; water removal
除水器☆dehydrator
除酸☆deoxidise; deoxidize; deoxidization
除碳☆decarbonize; decarburization; decarbonization
除碳剂☆decarbonizer
除铁☆iron removal; deferrization; de-ironing
除铁器☆tramp-iron separator
除铜☆decoppering
除外☆exception; excluded; ex; Ex.
除外的☆exclusive; excl.
除污器☆mud collector
除污气流☆purge gas stream
除雾器☆demister; defroster; mist-extractor; mist eliminator
除锡☆detinning
除锌☆dezincification; dezincing
除锈☆derusting; scale{rust} removal; clean; blasting
除锈剂☆deruster; rust remover
除锈器☆brush scraper
除锈-涂底胶{漆}联合作业机☆cleaning and priming machine
除雪机☆flanger
除压☆decompression
除盐☆salt elimination
除氧☆deoxidation; deaeration; oxygen removal {exclusion}
除氧化皮☆descaling; scaling
除……以外☆except(ed); save; in addition to; exc.
除溢料☆deflashing
除异物(筛)☆trash screen
除银☆desilverization
除应力退火☆stress-relieving annealing
除油☆degreasing; unoil
(表面)除油(脂)☆degrease
除油泥设备☆desludger
除油器☆deoiler; degreaser
除油装置☆deoiling plant; oil removal plant
除莠剂☆herbicide; phytocide; chemical weed killer
除淤渣机构☆desludging mechanism
除渣☆slagging; slag
除渣勺{杓}☆scummer
除脂☆degreasing; degrease
除……之外☆except; with the exception of; apart from

chǔ

楚碲铋矿[BiTe;三方]☆tsumoite
楚雄鱼属[K]☆Chuhsiungichthys
杵☆pestle
杵臼式捣泥{碎石}机☆dolly
杵体☆carrot
杵纹粉属[孢]☆Pistillipollenites
础石☆base; foundation; pillar; stone base of a column or statue; plinth[垫在房屋柱子底下的石头]
础酸盐-黏土界面☆carbonate-clay boundary; CCB
储{贮}备☆reserve; stockpile; backlog; provision; margin; stockpiling; storage; store; reservation
储备部分☆reserve part
储备槽☆cushioning pool
储备处理磁选☆antecedent magnetic concentration
储备的☆stand-by; idle
储备供电量☆marginal load capacity
储备矿物[国家控制的矿物,如煤、铁资源]☆reserved mineral
储备容量☆idle capacity
储备溶液☆stock solution
储备物☆reserve; garner
储采比☆reserve-production{R/P} ratio; ratio of reserves to production; reserve and production ratio
储仓☆stock bin; storage bunker{silo;bin}; stowage
储仓容量☆bunkering capacity
储仓式运输机☆bunker conveyor
储藏☆storage; stow away; save and preserve; store; keep; resource; deposit; preservation; stock; conserve
储藏(场所)☆storage site
储藏空间☆reservoir space
储藏库☆bunker; storage
储藏矿量☆possible ore
储藏量☆storage capacity; deposit; reserves
储藏期限☆shelf-life
储藏室☆storeroom; storage room{compartment}; vault; stillroom; storehouse
储藏所☆depository
储藏运输两用车☆storage-and-conveyor car
储槽容量☆reservoir capacity
储层[油]☆container rock{horizon}; reservoir (bed); collector
储层边界{缘}☆reservoir boundary
储层边缘试验☆reservoir limit test
储层变薄☆reservoir shortening
储(油)层大小☆bulk of reservoir rock
储层动态☆performance of the reservoir; reservoir behavior
储层分层{划分}☆reservoir zonation
储层流体比重☆reservoir fluid gravity
储层`石油{|气}黏度☆reservoir oil{|gas} viscosity
储层细分☆subdivision of reservoir
储(油)层总容积☆bulk reservoir volume
储偿边缘试验☆reservoir limit test
储池(塑料)衬板☆pit liner
储存☆stockpile; stockpiling; storability; reserve; storing; save; depot; stock; lay in{up}; deposit; stowage; store; provision; storage
(废料)储存罐☆hold-up vessel
储存和配料仓☆storage and proportioning bin
储存能☆stored energy
储存期限☆shelf life
储存器☆reservoir
储存容器☆receiving vessel
储存设施☆surge facility
储存损耗☆standing loss; loss through standing
储存天然气或其他石油产品的垂直溶洞☆jug
储存系数☆storativity; storage coefficient
储存性资源☆stock resource
储存样品变换器☆storage sample changer
(管道内或油罐内的)储存油☆oil in reserve
储放钻杆的浅孔☆rathole
储罐☆(holding) tank; reservoir; accumulator; storage {accumulator} tank
储罐百万升☆stock tank megaliters; st ML
储罐的锥形钢板圈☆tapered ring of tank
储罐底部凹陷☆tank pockets
储罐顶檐☆tank roof eaves
储罐防火系统☆tank-fire protection system
储罐浮标孔☆tank float well
储罐管网☆storage-tank piping
储罐基底下沉☆tank setting
储罐间距☆tanks spacing
储罐空高测量锤☆ullage bob
储罐空高计量基准点☆ullage reference-point
储罐空高检尺☆ullage ga(u)ge
储罐漂浮迁移☆tank floating
储罐容量☆reservoir capacity; tankage
储罐桶数☆stock tank barrels; S.T.B.; STB
储罐油☆stock tank oil; s.t.o.
储罐油品的蒸发☆weathering
储罐原始地质储量☆stock tank oil initially in place
储罐支柱☆gin pole
储户☆depositor
储集层☆reservoir (bed;strata); accumulator
储集层管理测井☆reservoir management log; RML
储集层划分☆reservoir delineation
储集能力评价☆storage evaluation
储集岩孔径☆reservoir rock opening
储集油气孔隙体积☆hydrocarbon pore volume
储浆杯[泥浆失水仪的]☆mud filter cell
储金☆fund
储-井系统☆reservoir-well system
储卡机☆card hopper
储矿仓☆ore storage bin
储矿堆☆stockpile
储矿构造☆impounding structure
储矿平巷☆storage drift
储量☆reserves; storage capacity; tankage; tonnage of ore in place; reserve volume; storability
储量报销☆cancel of reserves
储量-采油浮式装置☆storage/production vessel
储量等级☆ore reserve classification
储量分类☆kind of reserves
储量估计☆estimation{calculation} of reserves
储量级别☆categories of reserves
储量减少煤田☆declining coalfield
储量升级☆promotion of reserves
储量因数[每吨矿石的立方英尺数]☆tonnage factor
储量增加☆reserves increment
储量准备的开拓工程☆advance development
储料{煤}仓☆storage bunker
储料场☆storage yard{depot}; coal storage
储煤场☆coal stockyard
储木场☆wood yard
储内蒸气☆reservoir steam
储能☆motivity; stored energy
储能电路☆tank (circuit)
储能焊☆store energy welding
储能器☆accumulator; AC
储能器-机泵装置☆pump accumulator unit; accumulator pump unit
储能容积☆energy storage volume
储能因数☆storage factor
储瓶式雨量计☆storage-precipitations; storage raingage
储气☆air storage
储气层☆container rock; gas(-bearing) reservoir; gas bearing reservoir
储气罐☆gas receiver{tank;holder}; compressed air accumulator{receiver}; holder; air collector; storage cylinder; gas(-)holder; gas storage tank; holder of gas
储气柜☆gas storage holder; gasholder; gasometer
储气井☆gas storage well
储气瓶☆reservoir; gasbomb; gas bottle
储气器☆gasometer; gas-holder tank
储气筒☆air drum{cylinder}; storage cylinder
储气岩☆reservoir rock
储热层☆heat-collecting zone; payzone; heat-storage {hot} reservoir
储热井☆heat-storage well
储热器☆heat reservoir
储溶剂器☆solvent reservoir
储色☆salmon
储砂斗[铸]☆magazine
储砂容器☆sand container
储砂筒☆cartridge; magazine
储绳卷筒☆storage drum
储水☆trap
储水胞[生]☆ampulla
储水池☆water reservoir{storage}; hydraulic accumulator; impounded body
储水构造☆waterbearing structure; storage water

structure
(钻井)储水罐☆day tank
储水巷道☆water-storage tunnel
储水量[土壤]☆water-storing capacity
储水器☆water receiver
储水容量☆reservoir capacity
储水系数☆storativity; storage coefficient
储水箱☆reserve tank
储酸罐☆acid reservoir; acid storage tank
储桶{槽}☆storage tank
储蓄☆savings
储蓄槽☆accumulator{storage} tank
储蓄器☆reservoir
储血瓶☆blood{serum} preserving bottle
储压器☆pressure reservoir
储样器{瓶}☆sample reservoir
储液槽☆liquor storage
储油☆oil storage{storing}; compensator protector
储油-采油浮动码头☆storage/production terminal
储油层☆oil(-bearing) reservoir; (petroleum) pool; container rock; reservoir; in-place reservoir rock
储油层外部边界☆external boundary of reservoir
储油层性能☆reservoir behaviour
储油场☆storage plant
储油范围☆catchment
储油构造☆oil-bearing structure; trap
(润滑油循环系统)储油罐☆drain tank
储油灰岩☆limestone reservoir rock
储油库☆storage tank farm; storage deport
储油面积☆collecting{catchment} area; gathering ground
(牙轮钻头的)储油囊☆pressure compensator
储油腔压{帽}盖[牙轮钻头]☆lubricant reservoir cap
储油圈闭☆reservoir trap
储油箱☆oil storage tank; fuel reserve tank
储油-卸油浮动码头☆transshipment terminal
储油岩☆reservoir rock; oil-saturated reservoir rock
储油岩层☆oil reservoir rock; reservoir rock; bed of reservoir rocks; oil-saturated reservoir rock
储运两用车☆storage-and-conveyor car
储在槽内☆tank
处罚☆penalty; penalize
处方☆prescription; formula [pl.-e]; recipe
处方用量☆formula ratio
处理☆hand(l)ing; handle; negotiate; disposal; deal (with); process(ing); conduct; manipulation; curing; treat(ing); dispensation; condition(ing); modification; beneficiation; envisage; approach; tackle; treatment; dispose (of); transaction; treat (a workpiece or product) by a special process; reckon; take; make of; working; arrange; hdlg.; manage
处理层段☆treated{squeeze} interval
处理错误☆mismanaged
处理汞的溶液☆quickening liquid
处理过的水☆treated water
处理过的信息☆processed information
(油层)处理后的渗透率☆post treatment permeability
处理机利用率☆processor utilization
处理矿石☆milling of ores
处理量范围☆throughput range
处理煤泥的方法☆method of slime treatment
处理能力☆throughput (capacity); handling ability; capacity of treatment; thruput; treatment{processing} capacity; processing power
处理皮革的工人☆skinner
处理器☆processor; processing element; processing unit; treater; handler
处理前的☆pre-disposal; pretreatment
处理前后的特性☆pre-and-post-treatment performance
处理权☆disposition; disposal
处理砂☆conditional sand
处理事故的砾石充填☆emergency gravel packing
处理事故工具☆fishing tool
处理水的工艺☆water technology
处理外来矿石的选厂☆customs plant
处理钻杆解除疲劳应力[用巴尔达法]☆rejuvenate
处理作业变量☆treatment variable
处女地☆virgin soil{land;field}; lay{maiden} land; fresh ground{soil}; negative{primitive} area
处女林☆old growth
处女土☆virgin soil
处于报废边缘的生产井☆marginal producer
处于不正常状态的☆out of repair
处于低落状态☆down
处于均衡状态的河流☆river at grade
处于开采中后期的油田☆maturing field
处于另一事物下面的状态☆subterposition
处于深处的☆deeplying
处于转变状态的☆critical
处于自然状态的☆raw
处置☆dispose; disposal; curing; cure
处置不当☆misconduct
处州器☆Chuzhou ware

chù

触☆handle; feel; poke; palpation
触笔☆stylus [pl.-li,-es]
(井径仪的)触臂☆finger
触变变形作用☆thixotropic transformation
触变胶☆tnixotrope; thixotrope
触变黏土☆false body
触变性☆thixotropy; rheopexy
触变性的☆thixotropic; thixotropical
触变作用☆thixotropic transformation
触稠体☆dilatant
触稠性☆dilatancy; dilatability
触唇☆labial palp
触低阶位☆low-order bit
触底☆ground
触地☆touchdown
触点☆contact (block); anvil; contactor; notch
(电)触点☆electrical contact
触点闭合能力☆contact closing capacity
触点断开☆break of contact; off contact
触点切断能力☆contact interrupting capacity
触点烧坏☆burning of contact
触电☆electric shock
触动☆actuate
触发☆detonate by contact; trigger (off); touch off; spark; triggering; striking; activate; start-up
触发地震☆initiating{triggering} earthquake
触发电路装置☆flip-flop unit
触发器☆flip-flop (register); flopover; trigger (unit); toggle (flip-flop); binary pair; trig; FF
触发式岩粉棚☆triggered stonedust barrier
触发弹簧☆trip spring
触发信号☆trigger (signal;pip); triggering signal
触发雪崩☆direct action avalanche
触发炸药☆infallible powder
触感☆touch; tactile impression
触环角石式壳[头]☆tarphyceracone
触环三缝孢属☆Cirratriradites
触及☆run on; reach; touch
触礁☆strand; touch and go
触脚目[蛛]☆Palpigradi
触角☆feeler; antennae
触角的☆antennary
触角间☆intertentacular
触角区[节]☆antennal region
触觉☆tact
触觉(测量器)☆tactometer
触坑☆eye pit
触孔☆dactylopore
触轮☆trolly; trolley
触轮复位器☆trolley retriever
触毛☆cirrus [pl.cirri]
(接)触媒的侵入体☆white trap
触媒(剂)☆catalyst
触媒(作用)☆catalysis
触媒剂☆activator
触媒燃烧装置☆catalytic combustion system
触面电压☆contact tension
触敏数字转换器☆touch sensitive digitizer; TSD
触摸式按键☆touch-key
触怒☆offense; offence
触手☆tentacle[古]; brachiole; brachium [pl.-ia]
触手动物☆Tentaculatu
触手冠动物☆Lophophorata
触手环☆lophophore; brachia
触手间出芽☆intratentacular budding
触手孔[棘蛇尾]☆podial{tentacle} pore
触水爆发☆hydroexplosion; littoral explosion
触丝藻纲☆Haptophyceae
触探试验☆penetration{rod} test
触探仪☆penetrometer
触头☆contact
触头卡规☆feeler
触须☆trichobothrium [pl.-ia]; (cat) whisker; antenna [pl.-as,-ae]; palpus [pl.-pi]; palp
触针☆pricker
触针式打印机☆matrix printer
触针座☆stylus holder
处☆section; department; bureau [pl.-ux]; dept.; BU
处所☆place; pl.
处长☆Dr.; director
畜力绞盘☆horse whim
畜力牵引☆animal haulage{traction}
畜力挖土铲☆team shovel
畜力运费☆cost of teams
畜群☆herds
畜生☆brute
畜用井☆stock well

chuāi

揣摩☆(try to) fathom; try to figure out; elicit sth. by careful study; weigh and consider

chuān

氚☆tritium; triterium; T
氚靶☆tritium target
氚法☆tritium method
氚锆靶☆tritium-zirconium target
氚氦法☆tritium-helium method
氚核☆triton
氚化丙烷☆tritiated propane
氚硼化☆tritioboration
氚钛靶☆tritiated titanium target
(含)氚载体☆tritium carrier
氚字形构造☆parallel structure
川☆river; ea
川裂隙☆glacial fissure
川流☆streaming flow
川滝町领家☆Kawatakicho Ryoke
川山{船上}统[上石炭纪及底二叠纪]☆Chuanshan series
川续断属☆Dipsacus
穿贝海绵☆Cliona; boring sponges
穿层巷道☆cross-strata heading
穿层平巷☆cross (measure) drift; cross-measure drift
穿层石门☆cross-measure drift; cross-measures
穿层斜井☆inclined shaft across the coal bearing strata
穿层运移☆vertical{transformational} migration; transverse migration
穿层钻孔☆crossing hole; cross-measure borehole[抽放瓦斯]
穿插☆interpenetration
穿插断层☆penetrating fault
穿插接触☆intercalated contact
穿插生长☆intercalary growth
穿插双晶☆penetration twin
穿插叶理☆penetrative foliation
穿叉☆transgress
穿成一束☆bunch
穿程☆traverse
穿刺过程☆piercing process
穿刺物☆stinger
穿刺褶皱☆piercement{piercing} fold
穿刺装置☆stringer
穿戴☆wear
穿带子☆lace
穿钉☆driftbolt; through bolt
穿断谷☆Durchbruchtal
穿断丘{山}☆Durchbruchsberg
穿腭(亚目)[无颌纲]☆Hyperotreti
穿钙藻类☆lime-boring algae
穿钢绳的工具☆marline spike
穿管检测器☆instrument pig
穿过☆crossover; cross; cut; (go) across; penetrate; pass through; thread(ing); permeate
穿过点☆breakthrough point
穿过煤柱的联络巷☆black hole
穿过物质☆trace out
穿过褶曲的横谷☆monoclinal transverse valley
穿击强度☆disruptive{puncture} strength
穿脊峡谷☆shut-in
穿甲弹☆armor-piercing shell{bullet}
穿甲孔☆parmal pore
穿尖交岔点☆pierce through point function
穿接☆cross-under
穿截平巷[与另一平巷相通]☆cutoff drift

穿进☆cut through
穿晶(现象)☆transcrystallization
穿晶的☆transcrystalline
穿晶腐蚀☆transgranular{transcrystalline} corrosion
穿经机[纤]☆drawing-in frame
穿卡系统☆punch(ed) card system
穿卡域☆card field
穿孔☆(rock) drilling；boring；perforation；gadding；hole (punching)；(key) punch(ing)；bore{punch} a hole；shot hole；piercing；tapping；tresis；puncture；pierce(ment)；disruption；burrow；perforating；punched hole；slotting[卡片]
穿孔(试验)☆trepanning
穿孔板[射虫]☆aglet
穿孔贝(属)☆Terebratula
穿孔贝类☆terebratuloid；brachiopod；lamp shell
穿孔贝类腕环☆premagadiniform
穿孔贝式{形}[腕]☆terebratuliform
穿孔贝属[腕;E]☆Terebratula
穿孔贝型[腕;主缘]☆terebratulid
穿孔沉箱防波堤☆perforated caisson breakwater
穿孔的☆fenestrate；perforated
穿孔动物☆burrowing{boring} animal
穿孔钢套筒☆perforated steel sleeve
穿孔管排矿装置[跳汰机]☆perforated-pipe chatter
穿孔横板☆perforated-diaphragm
穿孔机☆(strip) borer；drilling；punch(er)；perforating{tapping} machine；perforator；trepanner
穿孔校验☆punch check；Pch
穿孔进尺☆penetration advance
穿孔卡片☆aperture{punched} card
穿孔颗石☆tremalith；trematolith
穿孔率☆punching rate；percentage of perforation
穿孔目镜☆Wright{analyzer} eyepiece；slotted ocular
穿孔器☆drift(er)；gadder；borer；drift-pin；piercer；punch(er)；perforator；pecker；penetrator
穿孔套管☆screen pipe
穿孔位置☆punch position
穿孔型☆perforate
穿孔性动物☆boring animal borer
穿孔凿☆dumper；jumper
穿孔钟☆check clock
穿孔状☆tenestrate
穿孔作业☆drilling operation；pierce
穿跨越的☆crossed
穿盔甲的☆armo(u)red
穿粒的☆transgranular
穿流☆through flow
穿流法☆percolation
穿脉☆crosscut；vein；ort；cross cut{road;cutting}；cross；cross-measure (drift)；cross-strata heading；drift；off access crosscut
穿脉巷道☆crosscut；(cross-measure) drift；cross cut；cross-strata heading；off access cross(-)cut
穿破☆frazzle
穿破石[中药]☆cudrania root；Radix cudraniae
穿墙接头☆bulkhead connector
穿墙进线绝缘管☆wall (entrance) insulator
穿墙石☆perpend；parpend；through stone
穿墙套管☆wall bushing
穿入☆pierce
穿入采区的放矿溜井☆extraction chute
穿入曲流☆incised meander
穿入试验☆penetration test
穿入者☆penetrator
穿山甲(属)[Q]☆Manis；pangolin
穿山侵蚀[河流]☆regression
穿山隧洞{硐}☆mountain tunnel
穿山引水☆transmountain diversion
穿绳☆thread；stringing
穿绳嵌环☆reeving thimble
穿石蛎属[N_1-Q]☆Saxicava
穿石水流☆breakthrough
穿时的☆diachronous；time-transgressive；diachronic；time-transitional
穿时事件☆diachronous event
穿时性☆diachronism；diachroneity
穿饰孔☆pinking
穿丝扣[纤]☆drawing-in and reeding
穿梭☆shuttle back and forth；shuttle
穿梭车开采☆shuttlecar mining
穿梭式的☆shuttle
穿梭式机动矿车☆shuttle car
穿梭式刨煤机☆shuttle plough
穿梭油轮☆shuttle tanker；shuttler
穿索针☆marline spike
穿台作用[碱性岩浆]☆epeirodiatresis
穿通☆break-over；canalization punch through
穿透☆gimlet；penetration；breakthrough；penetrate；pierce{run;break;breaking} through
穿透变形☆penetrative deformation
穿透层☆penetrated bed
穿透的☆pervious；penetrative
穿透电流☆cut-off current
穿透度试验☆penetration test
穿透辐射☆high-energy{penetrating} radiation
穿透计☆penetrometer；penetrameter
穿透力☆bite；force of penetration；penetration{penetrating} power
穿透深度☆depth (of) penetration；penetration{skin} depth；DP
穿透式防波堤☆curtain wall type breakwater
穿透特性☆through characteristic
穿透性☆penetrability；permeability；penetrance
穿透指数☆PI；penetration index
穿透阻力☆resistance to penetration
穿雾能力☆haze-penetrating capability
穿线☆string
穿线环[线路上]☆thimble
穿小孔☆pinking
穿心钻☆piercing drill
穿雄生的☆amphigynous
穿穴构造☆burrowed structure
穿岩的☆saxicavous
穿岩巷道☆crut
穿眼的孔☆holed
穿叶的[茎;植]☆perfoliate
穿衣☆dress
穿衣的☆clad
穿音速流☆transonic flow
穿越冰川☆transfluence
穿越法☆cross-cutting method
(管道)穿越公路☆highway{road} crossing
穿越管线☆cross pipeline；crossline
(管道)穿越河流☆spanning of river；river crossing
穿越河流的加重管子☆river pipe
穿越结构☆crossing structure
穿越套管☆thoroughfare bushing
穿越铁路☆railroad crossing
穿凿☆drilling-out；give a farfetched{strained} interpretation；read too much into sth.
穿织☆interlocking
穿织结构☆intercalated texture
穿注角☆angle of penetration
穿着性能☆wearability
穿子午线方向的☆perradial

chuán

椽☆rafter
传(导)☆conduct；fall
传爆☆boost；detonate；flash over；propagated blast；propagation of explosion；transmission of detonation
传爆波头☆detonation head
传爆法爆破☆propagated blast；propagation of explosion
传爆感度☆propagation sensitivity；sensitiveness{sensitivity} to propagation；sensitivity of propagation
传爆管☆(auxiliary) detonator；(igniter) squib；tube booster；separation charge；detonating primer；booster (tube)
传爆剂☆booster
传爆索☆primacord
传爆系列☆high explosive trains{fuses}
传爆系统☆explosive train
传爆信管☆igniting fuse
传爆药管☆adapter {-}booster
传爆药栓☆adapter booster；booster pellet
传爆元件[军]☆lead
传爆炸药☆secondary{transmission} explosive
传遍☆spread over
传播☆propagation；communication；circulation；dissemination；diffusion；sound；spread；disseminate；travel；propagate；promulgate；carry；promulgation；conveyance；blaze；emission；circulate
传播爆轰☆spray detonation
传播波☆propagating wave
传播的☆travelling
传播的主模☆dominant mode of propagation
传播法爆破☆propagated blast
传播方向☆direction of propagation
传播函数☆spread{propagation} function；propagator
(文化)传播论者☆diffusionist
E 传播模[横磁波]☆E mode
传播器☆spreader
传播时间☆traveltime；time of transit{travel}；travel{transit;propagation} time；interval transit time；interval travel time；travel-time[震波]
传播速度☆propagation{propagated} velocity；speed of propagation{transmission}；propagated speed；rate of propagation
传播速度测量器☆velocity-of-propagation meter
传播损耗☆spreading{propagation} loss
传播损失☆transmission{propagation} loss；TL
传播体☆disseminule；diaspore
传播者☆diffuser；diffusor；propagator；sower；blazer
传播中心☆centre of dispersal
传波时间☆uphole time
传布☆stir；propagate
传出☆emanate
传达☆communicate；transmission；convey
传达室☆lodge
传代网☆plexus of descent
传单☆bill
传导[热、光等]☆conduct；transfer；trans；carry；transmission；dromo-；transmit
传导层☆carrier bed；conducting stratum
传导充电[静电选矿]☆charging by conduction
传导传热☆heat transfer by conduction
传导镀☆aquadag
传导方程☆diffusivity equation
传导介质☆conductive medium
传导力☆conductance
传导率☆conduction；transmissibility；conductivity
传导热流模拟☆conductive heat flow modeling
传导特性☆transport property
传导系数☆specific conductance；transmissibility coefficient{factor}；coefficient of transmissibility；conductivity (coefficient)；transmissivity
传导性☆conductivity；conductance；conductibility；conduction；cond.
传到☆spread to
传递☆transference；deliver；transmission；buck；transport；hand；communication；impress；transfer；transmit；impart；carry；conveyance
传递的☆trans；transitive
传递点☆pass point
传递函数☆transfer{transport} function
传递克里格☆transitive kriging
传递溜槽☆traversing chute
传递媒质☆transmitting medium
传递式模具☆transfer mold
传递速度{率}☆speed of transmission
传递途径☆pipeline；pipe line
传递图式☆transition scheme
传递系数☆transfer coefficient；transmittance
传递协方差图☆transitive covariogram
传递信息☆transinformation
传递性☆transitivity
传递应力☆stress at transfer
传动☆drive；transmission；gearing；transmit；transfer；driving (motion)；xmsn.
传动比☆drive{gear;transmission} ratio；GR；reduction gear ratio；gear ratio transmission ratio；ratio of transmission；ratio of gear[齿轮]
传动部分☆drive section
传动部件☆drive components；transmitting element
传动车回路装置☆drive and loop arrangement
传动迟缓☆underdrive
传动带☆belt；continuous{driving;transmission} belt；driving band
传动带(装置)☆belting
传动带自动洒水器☆autobelt spray unit
传动的中间环节[皮带、链条、拉杆等]☆driving medium
传动端☆driving end；DE
传动方式☆type of drive
传动杆☆operating rod
传动管[联合抽油装置的]☆swing pipe
传动滚筒☆drive pulley；driving drum；torque tube
传动滑车☆running block

传动机构☆drive head{magnetic;gear}; driving medium{gear}; head{lead} motion; gear train
(振动式运输机)传动机构固定千斤顶☆drive jack
传动机头☆drive head; gearhead
传动机头的斜溜槽☆drivehead grade pan
传动胶带润滑剂☆belt composition
传动卷筒式地下卷取机☆centre-driven mandrel type downcoiler
传动离合机☆driving clutch
传动力的杠杆☆force transmission lever
传动(器)连合凸缘☆transmission completion flange
传动链☆drive{propelling; transmission} chain; kinematic train
传动轮☆drive pulley{wheels}; power wheel
传动(滑)轮轴☆pulley shaft
传动螺杆轴承☆leading-screw bearing
传动马力☆dynamic horsepower
传动器☆driver; actuator
传动设备☆rigging equipment
传动系统☆actuating system; kinematic scheme
(由)传动系统操纵的阀☆geared valve
传动箱☆transmission case; gear box; driving (gear) box; variable speed case; change-over speed gear
传动序列☆kinematic train
传动元件☆transmitting element
传动轧辊☆dummy roll
传动轴☆drive axle{shaft}; driving{power;motion; line;transmission;connecting;jack;propeller} shaft; live axle; countershaft
传动柱[联动抽油装置]☆take off post
传动转矩☆driving torque
传动装置☆actuating{drive} device; driver; dr; gr.; arranger; gear(ing); transmission{transmitting} gear; drive (gear;section); actuator; driving unit; jack
传动装置架☆gear frame
传动钻杆☆drive spindle{rod}; jar rod; kelly
传动钻杆转速☆spindle speed
传粉者☆pollina
传感☆transduction
传感环☆sensory ring
传感孔眼☆observation perforation
传感控制☆sensitometric control
传感器☆transducer (vehicle); probe; sensor; pickup; feeler{sensing} unit; pick {-}off; transmitter; sensing element{device}; cell; transduser; generator; capsule
传感器孔☆gage hole
传感信息☆sensor information
传感元件☆sensor; detector
传号交替反转信号☆alternate mark inversion signal
传呼装置☆teleseme
传话管☆voice pipe
传唤☆call
传力杆[三轴]☆ram
传链子☆chain-carrier
传令钟☆engine telegraph
传流论者☆diffusionist
传能方程式☆transfer equation
传票☆voucher
传染☆propagation; transmission; infection
传染病☆zymosis [pl.-ses]; infection; infectious diseases; epidemic; contagious disease
(能)传染的☆catching
传染分布☆contagious distribution
传染性的☆taking
传染源☆infective matter
传热☆heat transfer(ence){transmission;passage}; egress{transfer} of heat; transmit (heat); thermal conductance{conduction}; transfer; capacity of heat transmission
传热单元数☆number of transfer unit; NTU
传热方程☆heat-transport equation
传热方式☆mode of heat transfer
传热介质☆heat transfer agent; heat-transfer medium
传热介质从螺旋排出☆heat transfer media flow from screws
传热介质流入螺旋☆heat transfer media flow to screws
传热流体☆heat-transporting{heat-transfer} fluid
传热速度☆rate of heat transfer
传热系数☆coefficient of thermal transmission; heat {-}transfer coefficient; transmittance; H.T.C.
传入☆introduce
传声的☆transaudient
传声管☆voice pipe{channel}
传声介质☆sound bearing medium; acoustic transmission medium
传声器☆microphone
传声筒☆trumpet
传声性☆acoustic(al) conductivity
传授☆initiate; initiation
传授花粉☆pollination
传输☆transmission; transfer; entrainment; xmsn.; transmit(tal); XFER
传输测试架☆transmission test bay
传输层☆transport layer
传输常数☆voltage coefficient
传输单位☆transmission unit; TU
传输干扰☆transmitting interference
传输函数☆transition function
传输机理☆transporting mechanism
传输结束☆end of transmission; EOT
传输结束信号☆end-of-transmission signal
传输控制☆transmission control; TC
传输能力☆transmittability; communication capacity
传输速度☆transmission speed {rate}
传输通路{道}☆transmission channel
传输线☆transmission line{control}
传输装置☆repeater
传说☆tradition; tale
传送☆deliver(ance); convection; conveyance; send; transfer(ence); convey; supply; carry; transmit(tal); transport; pipe; transmission; translation
传送带☆conveyer (belt); travel(l)ing apron; conveyor
传送的☆deferent
传送管射孔枪☆carrier gum
传送机☆transmitter
传送卡片☆card feed
传送器☆sender; translator; conveyor; forwarder
传送水头☆delivery head
传送速度☆conveying velocity; transfer rate
传送途径☆pipeline; PL; P/L
传送系统☆transducer
传送线☆power transmission sequence
传送压力信号☆sending pressure signal
传统☆heredity; heritage; tradition
传统变形丝加捻法☆conventional twist
传统的☆conventional; orthodox; traditional
传统的存在经济☆traditional subsistence economy
传统方法☆classical method
传统分条法☆conventional method of slices
传统性☆conventionality
传统转运方法☆traditional transfer method
传威☆transwitch
传闻☆whisper
传压介质☆pressure (transmitting) medium; pressure transmission medium
传氧系统☆oxygen-mediating system
传真[利用电信号传输以传送文字、文件、图表等的通讯方式]☆fax facsimile; phototelegraphy; telephoto; fac; telautogram; telephotography; wirephoto; radiophoto; portraiture; tele-; tpo
传真电报☆wirephoto; phototelegram; telautogram; electrograph; pantelegraph; picture telegraph; telephoto; photogram; facsimile transmission
传真电话☆phototelephony; videophone
传真发送☆phetotelegraph; facsimile transmission
传真广播☆faxcasting
传真录像☆teletranscription
传真相片☆video{TV} photograph; photogram
传真信号位准☆facsimile-signal level
传真照片☆telephoto; telephotograph; wirephoto
传质☆mass transfer
传质机理☆mechanism of material transfer
传质系数☆mass-transfer coefficient
船☆craft; vessel; boat; shipboard; watercraft; ship
船板搭接式衬里(磨机)☆shiplap lining
船板式搭接衬板☆shiplap liner
船鼻☆cutwater
船边交货☆free along side; free overside; F.O.; overside delivery
船舶☆craft
船舶报告☆ship report
船舶吃水测示仪☆draft gauge
船舶初稳性☆initial stability of vessel
船舶的☆naval; nav; nautical; naut; marine
船舶登记局☆register
船舶附体☆hull appendages
船舶航行报告☆ship visit report
船舶抛锚处☆have
船舶抛起锚系统☆anchoring system
船舶燃料☆admiralty fuel; marine vessel fuel
船舶(在浪中)上升☆scend
船舶舾装☆outfit
船舶系统☆hull system
船舶修造厂☆dockyard
船舶用煤☆boat coal
船舶遮水板☆dashboard
船舶振动记录仪☆pallograph
船材尺度☆scantling
船舱☆cabin; pontoon section
船舱的☆inboard
船舱盖布☆paulin
船舱升降口围罩☆companion
(水面上的)船侧☆broadside
船厂☆dock; dock-yard
船吃水☆draft; draught
船吃水线☆water line
船道☆ship canal
船(上)的☆shipboard
船的顶板☆ceiling
船的后部☆quarter
船的龙骨的后部☆skeg
船的偏航☆ship yaw
船的正横线☆abeam
船的中轴☆midship shaft
船的周转期☆vessels' turnaround time
船底☆bottom; bot
船底包板☆sheathing
船底的最前端☆forefoot
船底骨两侧的渠孔☆limber hole
船底列板☆bottom strake
船底破裂☆bilging
船底污水☆bilge (water)
船底污物☆fouling
船底座☆Carina
船队☆fleet
船帆座☆vela; Argo
船方不负担卸货费用☆free out; FO
船房蛤属[K_1]☆Toucasia
船俯仰角☆angle of pitch
船腹处☆amidships
船跟着抛出的小锚移动☆kedge
船航行(对铺管道)引起的力☆ship-induced forces
船货☆cargo; shipload
船级社[船只定级机关]☆classification society
(水面的)船迹☆wake
船架☆shipway
船舰☆vessel
船井☆moon pool{central;center well} [海洋钻探船]; center drill well; moonwell; moonpool
船菊石☆scaphites
船菊石属[头]☆scaphites
船壳☆ship skin
船壳板☆planking
船壳漆☆board-side paint
船壳围长☆girt
船宽☆beam
船梁应力☆hull girder stress
船舻座☆Puppis
船码头☆boat landing
船模实验☆tank experiment
船内厨房☆galley
船内的☆inboard
船内指令装置☆public addressor
船排☆marine slipway{railway}
船旁衬木☆furring
船皮海绵属[C-K]☆Doryderma
船蛆属[双壳]☆Teredo
船三角蛤属[双壳;T_3]☆Prorotrigonia
船上☆aboard; shipboard; afloat; onboard
船上保养☆afloat maintenance
船上计算机和绘图系统[处理海上定位和水深数据]☆autocarta
船上交货(价格)☆free on board{steamer}; F.O.B.; free overside; fos; FOB
船上金砂精选厂☆doodlebug
船上设施☆shipborne installations
船上{川山}统[上石炭纪及底二叠纪]☆Chuanshan series
船上无线电定位站☆seascan marine radar
船上消防与抢救事故职责表☆station bill

C

船上岩芯钻取技术☆shipboard coring technique
船上钻进☆barge job{drilling}
船身☆hull；hull of a ship；body
船身弯曲[油轮空载时,船体头尾重而下沉,中央轻而上浮]☆hogging
船身下垂☆sagging
船石藻属☆Scapholithus
船式沉箱☆ship{ship-type} caisson
船室出入口罩☆companion
船室升降口扶梯☆companion hatchway
船室升降口梯☆companion ladder
船首波☆diversing wave
船首舱[常贮清水,也能带压舱水或燃料]☆forepeak
船首(的)方向☆heading
船首{艏}横向推进器☆lateral bow thruster
船首绳☆bow-line
船首右舷钢绳卷筒☆starboard bow{stern} line
船速☆ship velocity
船随锚移动的现象☆kedging
船台☆(ship) berth；slip；mobile station
船体☆body
船体变形☆deformation of hull
船体尺度平衡表☆offsets
船体横截面变形☆sidesway
船体后部☆afterbody
船体没水系数☆block coefficient
船体前部☆forebody
船体水下部分☆underbody
船体型值表☆offsets
船体噪声☆boat noise
船头☆forecastle；bow；stem；prow；nose；fore
船头摆角☆angle of yaw；yaw angle
船头处甲板☆foremost deck
船头防波栏☆breakwater
船头和/或船尾☆forward and/or aft
船头锚☆bower
船拖曳式磁力仪☆ship-towed magnetometer
船外除泥☆removing mud around wreck
船艉{尾}横向推进器☆lateral stern thruster
船尾☆boattail；(vessel) stern；aft；abaft
船尾波动☆aftertossing
船尾吃水☆draft aft
船尾后的☆astern
船尾浪☆quartering sea
船尾流☆surface wash
船尾楼☆poop
船尾螺科☆Aplustridae
船尾倾☆heeling aft
船尾上部☆taffrail；tafferel；taffarel
船尾托管架[敷设管道]☆stinger
船位☆ship position
船位保持☆position keeping
船位推算法☆dead reckoning
船坞☆dock (board)；shipyard；(boat) basin；dock-yard；ship yard
船坞工人☆docker
船坞设备☆dockage
船坞式港地{池}☆tidal basin
船坞水闸☆caisson
船下水时的前撑柱☆foreshore
船舷☆board；shipboard
船舷测波仪☆SWM；shipboard wave meter
船舷锚☆breast anchor
船蛸属[头;Q]☆Argonauta
船型☆shipboard
船型浮动钻(井设备)☆ship-type floating rig
船型浮动(式)钻机☆ship-type floating rig
船型系数☆ship form coefficient
船形的☆cymbiform
船形块体☆boat-shaped mass
船形螺属[腹;O-S]☆Cymbularia
船形器皿☆boat
船形锥☆scaphiticone
船行波☆surface wash
船用白汽油[无铅等添加剂]☆marine white gasoline
船用的☆launching；shipborne；shipboard；marine
船用电子观测和记录发送系统☆shipboard synoptic system
船用锅炉燃料油☆bunker fuel oil
船用海洋学调查系统☆shipboard oceanographic survey system；SOSS
船用环扫雷达☆seascan marine radar
船用 *C* 级燃料油☆bunker "C" fuel oil
船用雷达☆ship{seascan} radar
船用罗盘☆azimuth{mariner's} compass
船用煤筛分机☆steamboat screen
船用铅垂参考仪☆ships vertical reference
船用青铜☆admiralty bronze
船用燃料价格☆bunker price
船用声呐☆shipboard sonar
船用小型内燃机☆kicker
船用信号灯☆navigation light
船用油☆bunker{black} oil
船用自动重力仪☆automated onboard gravimeter
船员☆crew member；cr/m；crewmate；tarpaulin；tarp；seaman [pl.-men]
船运☆shipping
船运河道☆ship canal
船运矿石☆ore shipment
船运煤☆waterborne coal
船载的☆shipborne；onboard
船载电子微型组件☆shipboard electronic module
船载仪器☆shipboard instrument
船载装置☆barge unit
船闸☆(ship) lock
船闸前池☆upper pool
船闸水位升降度☆lockage
船长☆captain；skipper；master
船(全)长幅(宽)比☆overall-length-to-beam ratio
船只定位☆vessel positioning
船只失事☆shipwreck
船只位置推算[由天文观测的]☆reckoning
船只运载量☆shipload
船中部☆amidships
船中央☆midship
船重心位置调节水罐☆detuning tanks
船装的☆barge mounted；onboard

chuǎn

喘气☆blow；pant
喘振☆surging
舛符合☆anticoincidence

chuàn

串☆cluster；string together；conspire；gang up；get things mixed up；connect wrongly；go from place to place；go about；rove；play a part (in a play)；string[字符]；act；string of things；stick；bunch；truss；train
串并串行结构☆serial-parallel-serial configuration；SPS
串并联☆parallel series；series-multiple{series-parallel} connection；SP
串-并行转换器[计]☆staticizer
串操作☆string operation
串层水流☆interaquifer flow
串肠构造体☆boudin
串车☆trip；train (stock;set)；car row；set
串车斜井☆series-car incline
串处理☆string manipulation
串点焊☆series spot welding
串斗式铲运机☆tandem-bowl{tandem} scraper
串挂托辊☆garland idler
串管孔☆siphuncle
串行☆serial arrangement
串行操作☆serial operation
串行流(动)☆series flow
串行移位☆serial-shift
串话☆crosstalk
串激(励)☆series excitation
串激的☆series-wound
串级☆cascading
串级连接☆chain connection
串接☆cascade
串接提升☆tandem hoisting
串接组合☆run in tandem
串孔[孔虫]☆cuniculus [pl.-li]
串馈☆crosshead；cross-talk；crossfeed
串(联)馈(电)☆crossfeed；series feed
串励发电机☆series generator
串联☆cascade (connection)；contact；serial{series} arrangement；establish ties；(in;tandem) series；series connection；connection{connexion} in series；tandem；concatenate；concatenation；continuous series
串联爆破☆sequence blasting；series shot(-firing)；consecutive firing
串联泵☆pumps in series；compounded pump
串联传动☆tandem drive
串联的☆tandem；in series{tandem}；serial；in-line；connected in series；cascade；tdm
串联(式)点火枪☆in-line firing gun
串联电感器启动法☆series-reactor-start method
串联电阻☆resistance in series；series resistance
串联电阻降压电路☆bleeder chain
串联分级☆series classification；series-sorting
串联挂钩的☆tandem hitched
串联混合☆compounding in series
串联活塞组☆tandem piston unit
串联机车☆tandem-locomotive
串联集球雏晶☆margarite
串联开关☆switch in series
串联连接☆connect in series；series connection
串联溜槽☆chutes in tandem
串联磨矿入口☆series grinding inlet
串联偏移☆cascaded migration
串联驱动☆tandem drive
串联燃气轮机装置☆series-flow gas turbine plant
串联式发动机☆tandem engine
串联式胶带磁选机☆series-type belt separation
串联式孔隙☆serial-type pore
串联式拉伸封隔器☆tandem tension packer
串联式满席斯型水力分选机[上升水流式]☆tandem Menzies Hydroseparator
串联式皮带磁选机☆series-type belt separator
串联通风☆coursed{series} ventilation
串联网路☆continuous series network
串联谐振☆voltage{series} resonance
串联旋流器集尘☆tandem cyclone dust-collecting
串联液压支架推进法☆tandem support system
串联运输盘区☆tandem unit panel
串联运转扇风机☆fans (operating) in series
串联噪声峰值限幅器☆series noise-peak limiter
串联阻抗电路☆series-impedance circuit
串列刮斗机☆tandem{tandem-powered} scraper
串列式混凝土搅拌机☆tandem concrete mixer
串流式燃气轮机☆series flow gas turbine
串球虫属[C-Q]☆Reophax
串扰☆crosstalk
串绕电动机☆series-wound motor
串砂[砂从岩层中进入孔内]☆formation entry
串式旋流器集尘器☆paraclone dust collector
串心管☆double pipe
串烟☆smoke staining
串音☆cross(-)talk；crosshead；cross feed；overhearing；babble
串音单位☆crosstalk unit；CTU；cu
串轴驱动☆tandem drive
串珠虫☆Textularia
串珠虫属[孔虫;D-Q]☆Textularia
串珠雏晶[$CaAl_2(Al_2Si_2O_{10})(OH)_2$]☆margarite；kalkglimmer；perlglimmer[德]
串珠河☆beaded stream；button drainage
串珠痕☆skip mark
串珠湖☆paternoster lakes
串珠饰☆chaplet
串珠式(连续)微脉动☆pearls
串珠水系☆button drainage
串珠藻(属)[红藻;Q]☆Batrachospermum
串珠沼☆string bog
串珠状[沉积岩]☆pinch-and-swell form；shoestring；moniliform
串珠状壁[苔]☆moniliform wall
串珠状的☆moniliform；beadlike；beads-shaped；miniliform；catenulate
串珠状脉☆beaded vein

chuāng

创孔海百合☆Traumatocrinus
创伤☆trauma [pl.-s,-ta]；wound；scar
创伤砧☆traumatic occlusion
窗☆window
窗板☆louver；louvre
窗板构造☆rodded structure
窗冰☆window ice
窗玻璃☆window glass；windowpane
窗侧☆reveal
窗插销☆angle catch
窗长☆correlation interval
窗扉☆casement
窗格玻璃☆pane
窗格构造☆boxwork；rodding structure

窗格结构☆window texture
窗格形的☆clathrate
窗格状☆fenester
窗格组构☆fenestral fabric
窗蛤属[双壳;E-Q]☆Placuna
窗间壁☆pier
窗孔☆iris；fenestra [pl.-e]；fenestrule[苔]
窗孔贝(属)[腕;S_3-D_2]☆Delthyris
窗孔卡片[镶有缩微胶片]☆aperture card
窗孔信号☆window signal
窗口☆aperture；window (opening)
窗框支架☆sash bracket
窗帘(系带)☆tieback
窗棂构造☆mullion{rodding} structure
窗内板[腕]☆delthyrial plate
窗内选取☆inclusive windowing
窗霜☆window frost
窗台☆sill
窗台石☆stone sill of window
窗外温度计☆window thermometer
窗油藏☆bonanza pool
窗状的☆fenestral

chuáng

(河)床☆bed
床(铺)☆bed
床鞍行程☆saddle stroke
床板☆tabula；flooring plate
床板带[珊]☆tabularium
床板内墙[珊]☆cyathotheca
床板珊瑚☆Tabulata；tabulate corals
床层带☆bedded zone
床层的脉动[选]☆pulsation of bed
床层式风力选煤{矿}机☆bed-type pneumatic concentrator
床层松散度☆porosity of the jig bed
床层塌落☆bed collapse
床谷☆sohlental
床架☆bedstead；bedframe
床脚☆cabinet base{leg}；leg
床面[摇床]☆table deck；bed surface
床面支架摇动器☆deck-support rocker
床铺[轮船、火车等椅床两用]☆bunk
床砂叠加作用☆bed form superimposition
床沙☆bed silt{form}
床沙函数☆bed-load function
床筛[跳汰机]☆bedding screen
床上支架☆bed cradle
床身☆bed piece；lathe bed
床条☆riffle
床头箱☆headstock；machine{spindle} head；spindle box；spindle head stock；selective headstock[机床]
床头箱盖☆headstock housing
床(积物)形态☆bed form
床支架☆bedrest

chuǎng

闯入☆intrusion
闯信号☆signal violation
闯信号者☆signal violator

chuàng

创办☆establishment；float；launch
创办成本☆organization cost
创办人☆originator
创办资本☆initial capital
创纪录☆set record；chalk up
创刊号☆initial issue
创立☆erect；set up；construct；promotion
创立人☆organizer
创立者☆founder
创始☆genesis [pl.-ses]；initiate；originate；birth；start
创始的☆avant-garde
创始人☆inaugurator；introducer；beginner；creator；founder
创始者☆beginner；author；initiator
创世大爆炸☆big bang
创世论☆creationism
创世岩体☆genesis rocks
创新☆innovation
创新规划☆adaptive planning
创新者☆innovator
创造☆invent(ion)；coin；create；contrivance
创造力☆invention；imagination；creative power{ability}
创造物☆contrivance；creature
创造性☆creativeness；creativity；contrivance；ingenuity
创造者☆former；inventor；father
创制☆develop
创制品☆contrivance
创制者☆deviser
创作☆contrivance；father
创作室{法}☆workshop

chuī

吹☆whiffle；wind；blowing
吹成性[型砂的]☆blowability
吹程[波的]☆fetch (length)
吹出☆blow out{off}；blowout；blowoff
吹出的油物☆blown oils
吹除☆blowdown；blowoff；blowing (down)；BD
吹除阀(风钻)☆blower{blow-through} valve
(气;汽)吹除炉底沉积☆blow down a boiler
吹除瓦斯☆blowing-out of gas
吹(-)吹成形法☆blow-and-blow process
吹笛式取样机☆whistle-pipe sampler
吹掉☆blowdown；winnow；blowing down
吹断沙丘☆blowout dune
吹飞☆fly
吹风☆aerate；blow；fan；blowing-out；wind blast；hair drying；be in a draught；catch a chill；dry (hair,etc.)with a blower；blow-dry(er)；blower (for drying hair)；blasting；airing
吹风管嘴☆tuyere；twyere；tweer；twere
吹风机☆air-blower；gas pump；(air) blower；drier；blowing{blasting} machine；blower (for drying hair)；blow-dryer
吹风搅拌☆air-agitation
吹风孔☆lance port
吹管☆blowpipe；(blow) torch；lance；blowtorch；blower hose
吹管测定☆pyrognostics
吹管分析☆blowpipe analysis{assay}；blow-pipe analysis；blowpiping；pyrognostic test
吹管分析学☆pyritology
吹管试验☆blow-pipe test
吹灰器☆(soot) blower；bellows；soot lance
吹灰枪☆soot lance
吹灰压力☆blowing pressure
吹火器☆tramp
吹积☆blow over
吹积雪崩☆drift avalanche
吹净☆blow off；blowdown[发动机试验后]
吹坑充填圈闭☆blow out-fill trap
吹口哨☆whistle
吹离[火箭飞行器各段分离]☆blowoff
吹离槽☆air separating tank
吹(金属)粒☆shot blasting
吹炼☆blow(ing)；bessemerizing
吹炼燃料☆in-process fuel
吹流☆wind-driven current；wind drift
吹炉渣☆vessel slag
吹落滤饼(空气压力)☆cake-release pressure
吹满☆blowup
吹毛求疵☆cavil；quibble[意见]
吹灭火焰☆flame blow-off
吹磨☆blasting
吹沫冰☆spray ice{ridge}
吹泥船☆barge unloading suction dredge；reclamation dredger
吹泥管☆dredge pipe
吹炮烟时间☆smoke time
吹炮眼☆blowing of hole
吹起☆whiff
吹气☆gas；air flush{blowing}；puff；airing[冶铜]；poling；airing[炼铜]
吹气管☆blastic pipe；airlance
吹气沥青☆air blown asphalt
吹气砂浆☆air-blown mortar
吹气(扬酸)箱☆blow case
吹气引流法☆perflation
吹汽器[用以溶解井中石蜡成清净井]☆blower
吹燃☆fan
吹入(剂)☆insufflation
吹入法☆insufflation；perflation
吹入石灰☆lime injection
吹入式通风法[独头工作面]☆blow-in method
吹入通风☆blowing ventilation
吹散☆whiffle
吹散炮烟☆fume removal
吹散沼气☆brush；waft
吹扫(砂尘)[铸]☆air lancing
吹扫锅炉用旋塞阀☆blow off cock
吹扫天然气管线☆blow a line down
吹扫用空气☆scavenging air
吹扫作业☆blow job
吹砂☆blow sand；sand blowing；aerate
吹砂板鞘套☆blow plate bushing
吹砂(喷砂)处理[爆]☆grit blasting
吹砂机☆sand-aerating apparatus
吹砂机制泥芯☆air-blown core；core blowing
吹砂磨蚀☆sandblast
吹石灰粉氧气顶吹转炉☆LD-AC converter
吹蚀☆deflation；blasting；winnowing；blastation
吹蚀沙丘☆blowout (dune)
吹蚀穴☆gloup；gloap；blowhole
吹松区[过滤机]☆blowoff zone；filter
吹送☆waft
吹送流☆drift current
吹送装药☆pneumatic charging
吹塑☆blowing；blow molding
吹填☆hydraulic fill
吹填土☆dredger{hydraulic} fill
吹筒[用以吹气助燃的筒子]☆for blowing air into a kitchen stove
吹脱☆stripping
吹微风☆breeze
吹熄☆blowout；blow out
吹洗☆blow wash；purge；flush out
吹洗机☆cleansing blower
吹洗炮眼☆blowing out；blowing-out
吹洗压力☆blow-off pressure
吹洗用空气☆scavenging air
吹洗钻粉☆air-blast cleaning
吹响☆blow
吹卸器☆blowoff
吹泄☆blowoff；blowdown
吹芯(砂)板☆blow plate
吹芯机的储砂筒☆magazine
吹嘘☆crow；trumpet
吹(蚀)穴☆blowhole；blow hole
吹雪☆drift(ed){blowing} snow；snowdrift
吹雪补给的冰川☆drift{catchment} glacier；Ural-type glazier
吹雪机☆snow blower
吹扬作用☆eolian deflation
吹飏☆winnowing；deflation
吹氧☆oxygen blast
吹氧管☆lance
吹胀☆blow-up
吹制☆blowing
吹制工☆blower
吹制硅铁珠[重介选]☆atomization
吹制沥青☆blown asphaltic bitumen
吹注混凝土☆concrete blowing
炊事人员[集合词]☆kitchen

chuí

捶薄☆battering
捶布机☆beetle
(用大槌)捶打☆beetle
捶拍凡尔[地层测验器]☆trip valve
槌☆beetle；mallet；mall
槌金皮湿度计☆gold beater's-skin hygrometer
锤☆hammer；beater；weight；driver；mallet；mall (hammer)；hammer into shape；knock with a hammer
锤板信号器☆hammer-and-plate
锤蓖间隙(锤碎机)☆anvil clearance
锤柄☆hammer shaft{shank}
锤薄☆malleate；malleation
锤测☆hand lead sounding
锤测索[未标刻度]☆deep
锤成☆hammer
锤充填器☆mallet plugger
锤锥晶☆spiculite
锤打☆maul；hammer[反复地]
锤垫☆pallet；hammer anvil
锤顶☆peen；pene
锤顶尖楞方向与手柄垂直的锤☆cross-peen sledge
锤锻☆smithy

锤锻机☆swager
锤杆[锤碎机]☆hammer shank
锤杆头[捣碎机]☆boss head
锤镐☆miner's{mining} pick; poll pick
锤工☆hammer man{smith}
锤骨☆malleus; hammer
锤痕☆peening
锤击☆hammer(ing); fuller; bumping; sledging
锤击扳手☆striking wrench
锤击捣碎☆stamping
锤击点☆drop-point
锤击计数☆blow count
锤击式凿岩机☆jack hammer
锤击式制动圈☆hammer stop ring
锤击式钻岩机☆plugger
锤击数☆beat count; number of beat
锤击选矿☆cobbing
锤击硬化☆peening
锤尖☆peen; pene
锤轮螺属[腹;K]☆Trochifusus
锤螺属[腹;K_2-Q]☆Tudicla
锤盘[锤碎机]☆hammer disk
锤劈石机☆scalper; sledger
锤破的大矿块☆knocking
锤石☆knobbling
锤式凿岩机☆hammer drill
锤碎☆hammer-milling; hammering; shredding; bucking
锤碎机☆hammer mill{crusher;breaker;rolls}; beater pulverizer; impactor; shredder; pulverator; pick breaker
锤碎机算条间距{隙}☆cage clearance
锤碎机单行碎矿板格筛☆single-anvil cage
锤碎机的篦子☆hammer-mill cage
锤碎机格筛碎矿板☆cage anvil
锤碎铜矿石☆stamp copper
锤碎岩石☆sledged stone
锤头☆peen; hammer{beater} head; ram; pane; pein; pene; hammerhead
锤头的小{尖}头☆peen
锤网苔藓虫属[C-P_1]☆Marcusodictyon
锤形石首鱼☆geelbek
锤震器☆Stomper
锤琢块石☆hammer-dressed quarry stone
锤琢石☆hammer-dressed ashlar{stone}
锤琢选煤☆dressing
垂板风速计☆normal-plate anemometer
垂标坠☆bob
垂冰☆cogbell
垂冰柱☆icicle
垂弛塔[在滚筒与天轮间,防钢绳摆动]☆sag tower
垂唇☆hypostoma
垂带石☆raking curb stone
垂灯[测]☆plummet lamp
垂滴法☆pendent-drop method
垂滴法界面张力测定仪☆pendent drop apparatus
垂滴实验☆pendent drop experiment
垂吊☆festoon hanging; hang
垂度☆sag[皮带、管路、绳等]; swag; catenary sag; deflexion; deflection
垂度规☆dip gauge
垂度指示螺栓☆sag bolt
垂极☆orthopole
垂距☆vertical interval
垂跨比☆sag ratio
垂锚[遇暴风时船头放下吊不到海底的]☆sea anchor
垂面☆vertical
垂球☆plumb bob{rule;line}; bob; plummet; plumment body
垂球定中夹☆centring bracket
垂球线夹☆plumbing wire bracket
垂曲补偿☆compensating of sag
垂曲改正☆catenary correction; compensating of sag; correction for sag
垂曲线☆catenary (sag); sag; swag
(双)垂曲线的☆catenary; catenarian
垂射介质天线☆broadside dielectric antenna
垂深☆true vertical depth
垂石松碱☆cernuine; lycocernuine
垂兽☆animal-shaped ornament
垂死冰川☆dying glacier
垂死的水热系统☆dying hydrothermal system
垂四分笔石☆Tetragraptus pendens
垂体的☆hypophysial
垂体漏斗☆Cyathus
垂头☆nutation
垂弯区[铺管作业中离海床很小距离处的管段]☆sag bend region
垂尾海胆属[棘;K_3]☆Catopygus
垂下☆weep; trail
垂下物☆tag
垂下状☆drape
垂线☆vertical (line); perpendicular; sight; plumb (line;rule;bob); plummet; pendulum wire; VERT
垂线方向☆direction of plumb-line
垂线偏差☆deflection of vertical (the vertical); deviation of plumb-line{the vertical;vertical}; station error; plumb line deviation; DOV
垂向饱和(度)梯度☆vertical saturation gradient
垂向部分☆vertical component
垂向分层{带}性☆vertical zonation
垂向分量☆vertical component
垂向回线法☆vertical loop method
垂向井斜☆vertical deviation; vert. dev.
垂向偏移☆perpendicular offset
垂向水锥{舌}☆vertical coning
垂向位移{偏差}☆vertical deviation
垂向下切☆vertical corrasion
垂向运动☆catenary motion
垂向运动检波器☆vertical motion geophone
垂向重心☆vertical center gravity; VCG
垂心☆orthocenter
垂于谷向的地震☆earth lurch
垂针法☆vertical rod method
垂直☆perpendicularly; square; plumb; normality; orth-; ortho-
垂直(坡度转弯)☆vertical bank
垂直(线)☆perpendicular
垂直安装☆erect
垂直八面体应力☆normal octahedral stress
垂直板[解]☆web; perpendicular plate
垂直板桩法☆vertical poling boards
垂直比例尺夸张☆vertical exaggeration; VE
垂直变异性图☆vertical variability map
垂直波状扩张裂隙☆vertically wavy spreading crack
垂直补给☆vertical{intake} recharge; inflow; intake
垂直测井☆vertilog
垂直测深☆vertical sounding; VES
垂直层面深度☆normal-to-bed depth
垂直传播能量☆vertically propagating energy
垂直磁力变感器☆Z-variometer; vertical force induction variometer
垂直大炮眼☆wellhole
垂直带☆altitudinal belt
垂直导井☆perpendicular shaft
垂直的☆perpendicular; orthogonal; vertical; erect; perp; right; sheer; normal; VERT
垂直低速带时间☆vertical weathering time
垂直地震剖面-共深度点叠加☆VSP-CDP stack
垂直地震剖面测井☆VSP{vertical seismic profile} log
垂直叠积沉积相☆vertically-stacked sedimentary facies
垂直叠加☆vertical{uphole} stack; substack
垂直定向板☆steerage fin
垂直洞穴☆shaft cave
垂直度☆verticality; squareness; perpendicularity
垂直/短距离升降☆vertical or short takeoff and landing; V/STOL
垂直断层型地震☆vertical fault type earthquake
垂直断距☆throw; perpendicular{normal} throw; downcast; vertical separation; fault amplitude; drop; normal shift
垂直对流混合(作用)☆vertical convective mixing
垂直反射界面走向的地震测线☆dip line
垂直方向分布☆altitude distribution
垂直方形导杆{架}☆vertical squared timber
垂直放置☆standing on end
垂直分布☆vertical distribution
垂直分布单井模型☆vertically distributed single well model; VDSWM
垂直分层方框支架采矿法☆vertical slice method of square setting
垂直分度盘夹紧螺钉[经纬仪]☆antagouising screw; clip screws
垂直分级现象☆vertical grading
垂直分量☆vertical component
垂直分条上行采矿法☆slot system
垂直风阵性☆vertical gustiness
垂直浮心☆vertical center of buoyancy; V.C.B.
垂直感应磁力仪☆vertical force induction variometer
垂直割缝形式☆vertical slotting pattern
垂直`工作面{分层回采}的方框支架`回采{采矿法}☆vertical-face square-set stoping
垂直关联树技术☆vertical relevance tree
垂直合积☆vertical accretion
垂直滑动式箕斗门☆skip guillotine door
垂直回路法[电勘]☆vertical loop method
垂直混合河口☆vertically mixed estuary
垂直极化射束☆vertical polarized beam
垂直计时关系☆vertical timing relationship
垂直间距☆perpendicular separation; vertical interval{separation}; VI
垂直减压缩☆vertical decompression
垂直交叉☆orthogonal cross-course; square crossing
垂直角☆vertex{vertical} angle
垂直校准测角仪☆vertical calibration goniometer
垂直节理构造☆mural joint structure
垂直界面的鲜明度☆abruptness of vertical contact
垂直井地震剖面☆vertical well seismic profile
垂直举升流动的动态☆vertical-lift performance
垂直距离☆length of perpendiculars; vertical range {distance;separation;extent};; Lpp
垂直空照☆vertical aerial photo
垂直孔☆straight{perpendicular} hole
垂直孔道☆uptake
垂直裂缝井☆vertically fractured well
垂直溜井☆telegraph
垂直流分级机☆vertical-current classifier
垂直流洗选机☆vertical current washer
垂直落差断层☆vertical throw
垂直面状构造节理☆tectonic planar vertical joint
垂直黏土心墙堆石坝☆rockfill dam with vertical clay core
垂直排放{料}☆vertical discharge
垂直排列[震勘]☆right-angle spread
垂直炮眼☆benching shot
垂直炮眼分段爆破☆bench shooting
垂直喷吹法☆longitudinal{vertical} blowing process
垂直偏振的横波☆SV wave
垂直偏振横波☆vertically polarized S waves
垂直片进炮眼掏槽[掘宽巷]☆slabbing{slipping} cut
垂直平衡☆vertical equilibrium; VE
垂直平衡准数☆vertical equilibrium number
垂直剖面☆vertical section{profile}; normal cross section; elevation profile; orthogonal section
垂直起落☆vertol; veetol; vertical take off and landing
垂直起落飞机☆vertiplane; omniplane
垂直启动信号☆vertical driving signal
垂直迁移方向的☆transport-normal
垂直切片☆terrace cut; vertical cutting slice
垂直倾斜☆hade
垂直球☆right sphere
垂直区位隔离☆vertical zonal segregation
垂直入射的反射☆normal-incidence reflection
垂直上拉管法☆up-drawing tube process
垂直上升☆vertical uplift
垂直上行波场☆vertical upgoing wavefield
垂直摄影相片☆vertical (print)
垂直深度☆vertical depth{extent}; TD
垂直升降☆veetol; vertical takeoff and landing; VTOL
垂直升降机场☆vertiport
垂直时间截面☆vertical time-section
垂直水平磁场相关矩阵☆tipper
垂直特摄相片☆vertical closeup
垂直梯[安在墙上]☆cat ladder
垂直梯度☆vertical gradient; lapse; lapserate; VG
垂直投影☆vertical{upright;perpendicular} projection; longitudinal plan
垂直位移地震记录☆vertical displacement seismograms
垂直位置☆upright{vertical} position
垂直下拉管法☆down-drawing tube process
垂直线间的距离☆length between perpendiculars
垂直线圈法电磁勘探☆vertical loop electromagnetic method; VEM
垂直相片☆vertical photograph
垂直向上的管道☆uptake
垂直向上梯段回采工作面☆vertical face stoping
垂直信号放大器☆axis amplifier
垂直形态指数☆vertical form index
垂直压力☆vertical pressure (angle); pressure at right
垂直岩层☆vertical-dipping bed

垂直眼掏槽☆straight cut
垂直摇摆式取样机☆vertical-swing sample
垂直移动☆transverse migration
垂直移动指示器[测量采区上下盘移动用]☆vertical movement indicator
垂直引入流空气分级机☆vertical introduced current air classifier
垂直引上机[玻]☆vertical drawing machine
垂直于工作面的炮眼☆straight-in hole
垂直于解理的方向☆boardway course
垂直于裂缝面射孔☆perpendicular{intersecting} perforation
垂直于龙骨线的横排油舱☆athwartship tanks
垂直于铅垂线的平面☆horizon
垂直于轴的截面☆perpendicular cut
垂直于主节{解}理的平巷☆bo(a)rdway's roadway
垂直于主解理的开采法[煤]☆end work
垂直于转换断层的☆transform-normal
垂直于走向☆cross measure；transverse to the strike
垂直于走向的构造☆offtrend structure
垂直运移参数☆vertical migration parameter；VMP
垂直载流空气分级机☆vertical carrying current air classifier
垂直炸测☆vertical shooting
垂直褶曲{皱}☆vertical fold
垂直振动场☆vertical vibrating field
垂直蒸气喷射煤粉燃烧器☆vertical steam aspirated coal burner
垂直轴☆*Z*-axis；normal axis
垂直 *a* 轴薄片观测☆*a*-normal method
垂直轴径的横径[棘海座星]☆transverse diameter
垂直主解理的开采☆working "on end"
垂直装配板☆vertical make-up plate
垂直走向☆capwise
垂直走向布置的分层崩落法☆transverse slicing with caving
垂直走向布置的房柱法☆transverse room-and-pillar method
垂直走向布置的采场☆transverse stope
垂直走向的☆strike-normal
垂直(构造)走向的☆diaclinal
垂直走向的上向充填采矿(法)☆transverse back stoping-and-filling
垂直组☆group of vertical
垂重水尺☆wire-weight gage
垂轴解理☆axotomous
垂准点☆plumb point
垂准器☆vertical collimator
垂足☆foot of a perpendicular
垂足的{线}☆pedal

chūn

春(季生长木)材[用来分析树年轮]☆springwood；early wood
春潮☆spring tide
春分☆vernal{spring} equinox；the 4th of the 24 solar terms
春分点☆first point of Aries；vernal equinox
春洪☆spring flood
春湖[月]☆Lacus Veris
春化☆vernalization
春季☆spring；vernal
春秋分大潮☆equinoctial spring tide
春秋回水湖☆dimictic lake
春天☆spring
春天红[石]☆Spring Rose
春雪(冻)壳☆spring crust
春汛[小河的]☆freshet；spring flood{season}；spring fishing season

chún

醇[ROH]☆alcohol；-ol；spirit；strong alcoholic drink；liquor；pure；unmixed；unadulterated；mellow
醇胺☆hydramine；amino-alcohol [$NH_2R\cdot CH_2OH$]；alkylol amine [$H_2NC_nH_{2n}OH$]
醇胺脱硫化氢装置☆amine unit
醇吡啶☆alcohol-pyridine
(使)醇化☆alcoholize
(乙)醇化物☆alcoholate
醇基☆alcoholic group
醇基体系☆alcohol base system
醇解☆alcoholysis
醇类段塞驱油法☆alcohol-slug method
醇钠☆sodium alcoholate
醇凝胶☆alcogel
醇汽油燃料☆alcogas；gasohol
醇溶橙☆spirit orange
醇溶胶☆alcosol
醇溶性树脂☆alcohol soluble resin
醇酸☆hydroxy acid
醇酸树脂漆☆alkyd varnish
醇酸塑料☆alkyd plastics
醇盐☆alkoxide
醇中毒☆alcoholism；alcoholic poisoning
唇[苔]☆lip；epistome；labia oris；epistoma
唇板☆hypostoma
唇瓣[三叶]☆hypostoma；hypostome
唇瓣斑[三叶]☆macula [pl.-e]
唇瓣后叶[三叶]☆posterior lobe of hypostoma
唇瓣前叶[三叶]☆anterior lobe of hypostoma
唇孢藻属[Q]☆Cheilosporum
唇部☆lip
唇刺螅属[O-C_1]☆Labechia
唇的☆labial
唇沟孢属[C_3]☆Cheileidonites
唇接☆lipped joint
唇菊石超科[头]☆Cheiloceratacea
唇孔☆labial aperture
唇孔凹边粉属[K_2]☆Conclavipollis
唇口虫科[孔虫]☆Chilostomellidae
唇口目[苔;J_2-Q]☆Cheilostomata
唇裂缝合术☆harelip suture
唇面排水孔钻头☆face discharge bit
唇肉板☆hypostoma
唇筛☆lip screen
唇(口)式导向器[磁力打捞器下部的]☆lipped guide
唇苔藓虫属[S-P]☆Cheilotrypa
唇细胞[真蕨]☆lip cell
唇形贝属[腕;T_{2-3}]☆Labella
唇形孔☆lip-type opening
唇(口)形密封☆lip packing{seal}
唇形三沟粉属[孢;E_3-Q]☆Labitricolpites
唇注桶☆lip-pour ladle
唇状侧石☆lip kerb
唇状接{结}合☆lipped joint
唇状颗石[钙超]☆labiatiform cyrtolith
唇状喷发☆labial eruption
唇足类[节]☆Chilopoda
鹑鸡岩☆gallinace
纯白垩☆ground{true} chalk
纯白榴岩☆leucitolith
纯半导体☆intrinsic semiconductor
纯薄砂层☆clean sand streak
纯边☆shoulder
(焊缝)纯边高度☆width of root face
纯变化☆net change
纯冰晶石☆pure cryolite
纯铂矿☆straight platinum ore
纯策略☆pure strategy
纯产层☆net pay
纯产品☆straight product
纯赤铁矿☆pure hematite
纯次火山岩相☆pure subvolcanic facies
纯粹☆sincerity；fine；entire；whole；true；sterling；net；mere
纯粹的☆undiluted
纯大洋沉积☆eupelagic sediment
纯的☆pure；noble[矿]；clean；unalloyed；sterling；neat；straight；virgin
纯狄那米特☆straight dynamite
纯地层☆cleaner{clean;clean-non-shale} formation
纯地蜡☆ceresin(e)；naphtagil
纯地沥青☆plain asphalt
纯电阻☆pure resistance
纯度☆purity；fineness；degree{rate} of purity；pureness；soundness；alloy；refinement
纯封闭压力☆net confining pressure
纯辐射型(螺旋盘管)炉☆all-radiant type (helical coil) heater
纯钙质的☆lime-selecting；lime-secreting
纯橄榄石☆dunite
纯橄榄岩☆olivine rock；dunite
纯橄岩☆kazanskite
纯刚玉☆white sapphire
纯构造性的☆eutectonical
纯古生物学☆palaeobiology
纯光谱☆pure spectrum
纯硅肺☆straight silicosis
纯硅肺病☆uncomplicated silicosis
纯硅酸盐水泥☆neat portland cement
纯滚动牙轮钻头☆true-rolling bit
纯海洋的(沉积物)☆holomarine
纯含水砂层☆clean water sand
纯合条件☆homozygous condition
纯黑麻[石]☆Absoluto{Absdute} Black；A oluto Black
纯黑印泥☆black stamping pad
纯滑动☆pure slip
纯化☆exaltation；clearing；depuration；refinement；cleanse；clean；decontamination；attenuation；sub(l)imation；purification；sublimate；purge
纯化剂☆decontaminant；ref.
纯化试剂☆purifying reagent
纯化学☆pure chemistry
纯黄长岩☆melilitholith
纯机械(孔底)钻进时间☆net time on bottom
纯技术的☆cold-technical
纯碱[Na_2CO_3]☆soda ash；(washing) soda；sodium carbonate
纯碱单宁酸盐☆alkaline tannate
纯碱粉☆light ash
纯减强水泥☆neat retarded cement
纯剪(切)☆pure shear
纯剪切变形☆pure shear
纯剪切平面应变箱☆pure-shear plane-strain deformation box；plane-strain pure-shear box
纯键[同种元素原子间的键]☆homoatomic chain
纯键型的☆homodesmic
纯键型结构☆homodesmic structure
纯胶胶料☆gumrubber
纯胶质炸药☆straight gelatin{gelatine}
纯洁☆virginité
纯洁冰☆clear ice
纯洁石棉☆amianthus
纯洁水泥☆straight cement
纯金☆greasy{fine;pure;refined} gold；bullion
纯金刚石☆clear；pure diamond
纯金块☆fine bullion
纯金银☆clean bullion
纯晶白云石☆bitter spar；magnesian lime
纯精矿☆clean concentrate
纯井筒储存(效应)☆pure wellbore storage；PWBS
纯镜煤☆euvitrain
纯净☆purity；cleanliness；pure；clean
纯净冰☆blue ice
纯净的☆net；nett；smooth
纯净晶体☆intrinsic crystal
纯净水样☆unadulterated sample
纯酒精☆absolute alcohol
纯聚乙烯☆all-polyethylene
纯可塑性黏土☆potter's{potters} clay
纯矿石☆clean ore
纯矿体☆flood
纯矿物☆minal
纯矿物油☆straight{pure} mineral oil
纯理性准则☆rational criterion
纯利☆net profit
纯利润☆pure profit
纯利支配账☆appropriation account
纯粒铁☆ferrite
纯沥青☆manjak；unfilled bitumen；pure asphalt
纯(地)沥青☆straight asphalt
纯量☆scalar (quantity)
纯量积变换☆scalar product transformation
纯龙超科☆Pistosauroidea
纯铝☆fine aluminium
纯铝土☆aluminum oxide
纯铝土矿☆woche(r)nite；wocheinite
纯绿宝石☆emerald
纯绿柱石[$Be_3Al_2(Si_6O_{18})$]☆smaragd；(oriental) emerald
纯绿柱石祖母绿☆emerald
纯慢凝水泥☆neat retarded cement
纯煤☆pure{clean;true;unit} coal
纯煤质[煤减去水分、灰分和硫分]☆unit coal
纯镁铁橄榄岩{石}☆hortonolite-dunite
纯镁质硅酸镍矿[$(Mg,Ni)_6(Si_4O_{10})(OH)_8$]☆pure true garnierite ore
纯墨绿麻[石]☆Verde Assoluto
纯木煤☆anthraxylon
纯钠辉石☆aegerite；dopplerite；aegirine

C

纯能损失☆net energy loss
纯泥岩☆pure shale
纯黏土[阿]☆badob
纯黏性流体☆pure viscous fluid
纯镍☆pure nickel
纯扭力☆pure torsion
纯膨胀应变☆pure dilatational strain
纯气☆net gas
纯汽油组分辛烷值☆actual octane value
纯切应力☆pure shearing stress
纯燃气轮机循环☆pure gas turbine cycle
纯燃烧热☆net heat of combustion
纯热水☆end-member thermal water
纯热值☆net calorific value
纯柔性流动☆pure plastic flow
纯散射☆pure scattering
纯砂☆sharp sand
纯砂层☆clean sand
纯砂沙漠☆erg；ergh；koum[中亚]；sand sea
纯砂岩模型☆clean sand model
纯沙沙漠☆erg
纯闪锌矿[ZnS]☆cle(i)ophane；cramerite
纯砷钴矿☆cobalt skutterudite
纯石灰☆carbonate-free{neat;pure} lime
纯石灰石☆straight limestone
纯石棉纱☆plain asbestos yarn
纯石英砂☆high-silica sand
纯收入法☆net revenue method
纯数☆cardinal number
纯水☆pure water
纯水泥☆straight{plain;neat} cement；non-additive portland cement
纯水泥灰{砂}浆☆straight cement mortar
纯水泥浆☆neat cement grout{paste;slurry}；neat slurry
纯水泥混凝土☆straight-cement concrete
纯塑性☆perfect plasticity
纯随机过程☆purely random process
纯态☆pure state
纯弹性☆perfect elasticity
纯提升时间☆net hoisting time
纯铁坩埚法☆pure iron crucible method
纯铁镁橄榄岩☆hortonolite-dunite
纯铜☆fine copper
纯透辉石☆bistagite；dekalbite
纯土☆plain soil
纯推动力☆net impelling force
纯弯曲☆pure bending
纯纹长岩☆perthosite
纯矽肺[旧;现为:纯硅肺]☆straight silicosis
纯系的☆homogenous
纯系群☆biotype
纯相☆pure phase
纯相位滤波器☆pure-phase filter
纯硝铵硝甘炸药☆straight ammonia dynamite
纯硝甘炸药☆straight (nitroglycerine) dynamite
纯小砂层☆clean sand streak
纯续流☆pure wellbore storage (flow)
纯续流(效应)☆pure wellbore storage；PWBS
纯旋转☆rotational strain；pure rotation
纯压缩☆pure compression
纯岩石☆clay-free{clean} rock
纯氧吹钢☆spray steel
纯氧锰矿☆kurnakite
α{|β}纯氧锰矿☆alpha{|beta}-kurnakite
纯页岩☆genuine shale
纯液的☆solid-free
纯液体汞☆clean liquid mercury
纯一的☆homogeneous
纯银☆bullion；fine silver
纯应变{|力}☆simple{pure} strain{|stress}
纯油☆clean{pure} oil
纯油自动测定仪[不需油水分离自动确定乳状液中油量的电子机械装置]☆net {-}oil computer；NOC
纯有效孔隙☆net effective pore
纯黝帘石[$Ca_2Al_3Si_3O_{12}OH$]☆unionite；uniolite；zoisite
纯原地生成煤☆euautochthony
纯远海堆积{沉积}☆eupelagic{pelagic} deposit；eupelagic sediment
纯远洋黏土☆eupelagic clay
纯远转作业循环时间☆stop-watch cycle time
纯凿岩时间☆net drilling time
纯真☆trueness；naturalness
纯振幅☆net amplitude
纯蒸气系统☆all-steam system
纯直移☆pure translation
纯质石灰☆fat lime
纯种[植]☆single species
纯重☆net weight
纯重选☆all-gravity separation
纯周期性信号☆regularly spaced signal
纯钻进{井}日数☆net drilling days
纯钻石[100 克拉以上]☆paragon

chuō

戳☆stab；poke
戳痕☆prod mark
戳记☆countermark
戳铸型☆prod cast

cī

疵☆vice；scab
疵点☆imperfection；flaw；fault；defect；spot
疵痕☆straw
疵砂☆embedded grit
疵伤检测☆flaw detection

cí

茨康诺司基叶属[古植;T_3-K_2]☆Czekanowskia
茨硫醇-*2*[$C_{10}H_{17}SH$]☆thioborneol
茨维考(双晶)律☆Zwickau law
磁☆magnetism
磁棒☆bar{axial} magnet
磁(性)饱和☆magnetic saturation
磁饱和的☆magnetically saturated
磁饱和放大器{电力扩大机}☆regulex
磁暴☆(magnetic) storm；geomagnetic storm
磁爆(吹弧)型断路器☆magnetic blast type circuit breaker
磁北☆magnetic north；M.N.；MN
磁北极☆the north magnetic pole；north magnetic pole；magnetic north pole
磁倍频效应☆magnetic frequency-doubling effect
磁变☆magnetic variation{fluctuation}
磁变管☆Magnistor
磁变计罗盘☆compass-variometer
磁变仪☆variometer
磁变值☆magnetic variation
磁标定装置☆magnetic calibrating device
磁标量位☆magnetic scalar potential
磁测☆magnetic measurement{survey}
磁测厚计☆magnetic thickness gage
磁测记录☆magnetic log
磁测井☆magnetic (well) logging；magnelog
磁测距仪☆mag-range
磁测资料的换算☆magnetic reduction
磁层☆magnetosphere
磁层顶☆magnetopause
磁层鞘☆magnetosheath
磁层亚暴☆magnetospheric substorm
磁差☆magnetic deviation{declination}
磁场☆magnetic{geomagnetic} field
磁场变化强烈☆high magnetic relief
(地)磁场倒转☆field reversal
磁场的调整☆shimming
磁场反向☆field reversing；FR
磁场放大机☆metadyne
磁场激励线圈☆field coil
磁场减弱☆field weakening；FW
磁场偏置的☆field-biased
磁场漂移☆geomagnetic field drift
磁场平面特性[磁场平面内的方向特性曲线]☆magnetic-plane characteristic
磁场强度☆field strength；field{magnetic(-field)} intensity；intensity{strength} of magnetic field；magnetic field (strength)；magnetic density；H
磁场强度垂向分量☆vertical force
磁场曲线☆magnetic field line
磁场绕组☆field winding
磁场水平分量曲线的顶、底点☆bays
磁场梯度☆magnetic field gradient
磁场推动☆magnet drive
磁场卫星☆magnetic field satellite；magsat
磁场线☆magnetic field line；magnetic flux line；line of induction{force}
磁场谐波现象☆crawling
磁超精细分裂☆magnetic hyperfine splitting
磁衬度☆magnetic contrast
磁成分☆magnetic component
磁秤["施密特磁秤"略称]☆field balance；magnetic (field) balance；magnetometer
磁赤磁铁矿☆maghemo-magnetite
磁赤道☆acline；aclinic line；magnetic{dip} equator
磁(倾)赤道☆dip equator
磁赤铁矿[(γ-)Fe2O3；等轴、四方]☆magh(a)emite；oxymagn(et)ite；sosmanite；maghematite
磁充电法☆magnetic charging method
磁畴☆(magnetic) domain
磁畴状结构☆domain structure
磁穿孔卡装置☆magnacard
磁吹灭弧断路器☆magnetic blow-out circuit breaker
磁垂直偏角☆magnetic dip
磁粗带☆magnetic rough zone
磁存储器☆magnetic memory{store;storage}
磁大地电流阻抗张量法☆magnetotelluric impedance censor；MTIT
磁大气层顶层☆magnetopause
磁带☆magnetic tape{belt;stripe}；tape；hysteresis；magnet band；transcription；MT
磁带编排器☆tape-formatter
磁带磁鼓☆magnetic tape and magnetic drum；MTD
磁带反转☆proceed backward magnetic tape
磁带机☆tape drive{transport;recorder;handler; unit}；tape handling unit；magnetic tape unit{reader;handler}
磁带记录转换器☆transcriptor
磁带录像☆video tape recording
磁带式地震记录系统☆magnetic tape recording seismic system
磁带搜索☆scan
磁带信号失落☆dropout (of tape)；tape dropout
磁带原始周期☆grandfather cycle
磁带运转机械装置☆tape deck
磁带正转☆proceed forward magnetic tape；PFM
磁带终了(标志)☆end of tape；EOT
磁单极☆magnetic monopole
磁导☆magnetic conductance{permeance}；permeance
磁导计☆ferrometer；permeameter
磁导率☆permeability; magnetic inductive capacity；magnetic inductivity{conductivity; permeability}；magnetoconductivity
磁导率曲线☆permeability curve
磁导向工具☆magnetic steering tool；MST
磁导性☆permeability
磁道☆magnetic track
磁道密度☆track density
磁的☆magneto；magnetic(al)；Mag；mag.
磁等离子动力学☆magnetoplasmodynamics
磁等势面☆magnetic equipotential surface
磁地层学☆magnetic stratigraphy
磁点阵☆magnetic lattice
磁电☆magnetic electricity；magnetoelectricity
磁电的☆magneto-electric(al)
磁电话筒☆magnetophone
磁电机☆magneto；magnetor；mag.；MAG
磁电路学☆magnetic circuitry
磁电式继电器☆magneto-electric relay
磁电效应☆magnetoelectric effect
磁(测)电阻率法☆magnetometric{magnetic} resistivity method；MMR method
磁顶☆magnetopause
磁定年法☆magnetic dating method
磁定向☆magnetic correlation{orientation}
磁动力☆magnetomotive force
磁动势☆magnetomotive force；excitation；mmf
磁对称☆magnetic symmetry
磁惰性☆magnetic lag
磁轭☆(magnetic) yoke
磁法☆magnetic method
磁法测量[对某一地区的]☆magnetic coverage；magnetic{magnetometer} survey；magnetometry
磁法勘探☆magnetic prospecting{exploration; survey}；magnetic geophysical method；dip needle work；magnetometer survey
磁法岩芯定向测定☆magnetic core-orientation test
磁反向☆magnetic reversal
磁方位☆magnetic bearing
磁方位{向}角☆magnetic azimuth{bearing}；MB
磁放大器☆magnetic amplifier；trans(con)ductor；magamp；magnestat；magnetrol；MA
磁分离器☆magnetic separator
磁(性)分量☆magnetic component
磁粉探伤(法)☆magnaflux examination

磁粉制动器[固定磁场与电磁闸转子间加磁粉]☆magnetic particle brake
磁风向☆magnetic wind direction
磁干扰☆magnetic interference{disturbance}
磁杆罗盘☆bar magnetic compass
磁橄细玄岩☆tokeite
磁感☆magnetic induction
磁感沉降计☆magnetic probe extensometer
磁感(应)强度☆feeling strength；B；magnetic induction；magnetic induction intensity
磁感应等离子体发动机☆magnetic induction plasma engine；MIPE
磁感应式流量计☆magnetic induction flowmeter
磁感应线☆lines of magnetic induction
磁钢☆magnet steel；steel magnet
磁各向异性☆magnetic anisotropy
磁共振☆magnetic resonance
磁鼓☆(magnetic) drum；MD
磁管磁选机☆magnetic-tube concentrator
磁惯性☆magnetic lag{inertia}
磁光玻璃☆Faraday rotation glass
磁光材料☆magneto-optic material
磁光学☆magneto-optics；magnetooptics
磁轨制动☆magnetic rail brake
磁航向☆MH；magnetic heading
磁荷☆magnetic charge
磁后变形☆hysteresis set
磁后角☆hysterestic angle
磁后效☆magnetic aftereffect；magnetic after effect
磁化☆magnetization；soak；magnetic effect；polarization；magnetizing；magnetize
磁化焙烧☆magnetic roasting；black{magnetising} roast；magnetizing reduction
磁化比强(度)☆specific intensity of magnetization
(可)磁化的☆magnetical；magnetic
磁化电流☆magnetization{magnetizing} current；excitation
磁化方向☆direction of magnetization；magnetization direction；DOM
磁化(强度)分布☆magnetization distribution
磁化力☆magnetizing force
磁化率☆susceptibility；magnetic susceptibility {capacity}；susceptiveness
磁化能力☆magnetizability；magnetisability
磁化器☆magnetizer；magnetizing apparatus
磁化强度☆magnetization (intensity;strength)；intensity of magnetisation；specific magnetizing moment；specific magnetic moment；magnetic intensity；specific magnetising moment
磁化曲线☆curve magnetization；magnetization {B-H; magnetic} curve；magnetization curve
磁化区域☆magnetized area
磁化态☆polarization
磁化系数☆magnetic receptivity{susceptibility}；coefficient of magnetization；susceptibility
磁化性☆magnetizability
磁化学☆magnetochemistry
磁化循环☆cycle of magnetization
磁化岩石☆lodestone
磁化源☆source of magnetization
磁化作用☆magnetization；magnetisation
磁黄橄榄岩{石}☆alexoite
磁黄铁矿[$Fe_{1-x}S$(x=0~0.17);单斜、六方]☆magnetic pyrite{pyrrhotite; pyrrhotine;kroeberite}；leberkise；dipyrite；leberkies {magnetkies}[德]；kroberite；magnetopyrite；magnetic iron pyrite；pyrrotin；pyrrolithe；magnetic iron pyrite
磁黄铁矿-黄铁矿地质温度计☆pyrrhotite-pyrite geothermometer
磁黄铜矿☆chalmersite
磁混频效应☆magnetic frequency mixing effect
磁激发极化法☆magnetic induced polarization (polarization method)；magnetic induced polarization method；MIT；MIP
磁极☆magnetic{dip;magnet} pole；pole；pl.
磁极层序☆magnetic-polarity sequence
磁极冲片☆pole laminations
磁极电位互连☆pole electrical interconnection
磁极反转☆magnetic polarity reversal；geomagnetic reversal
磁极反转磁极倒转☆(magnetic) polarity reversal
磁极化☆magnetic polarization
磁极径迹☆polar path
磁极年代单位☆polarity-chronologic unit
磁极迁移曲线☆polar wandering curve
磁极强度☆magnetic pole strength；pole strength；strength of pole
磁极世☆polarity epoch
磁极性地层划分☆magnetic polarity stratigraphic classification
磁极支撑法兰☆pole support flange
磁极支架☆field spider；pole bracket
磁记录地震仪☆magnetic recording seismograph
磁记录机☆magnetic recorder
磁夹板☆cleat
磁(场)搅动☆magnetic stirring
磁结构☆magnetic structure
磁(单位)晶胞☆magnetic unit cell
磁晶格☆magnetic lattice
磁晶各向异性☆magneto(-)crystalline anisotropy
磁晶类{组}☆magnetic crystal class
磁晶能☆magnetocrystalline energy
磁经☆geomagnetic longitude{meridian}
磁经纬仪☆magnetic theodolite
磁静带☆magnetic(ally) quiet zone
磁镜热核装置☆pyrotron
磁矩☆magnetic torque；magnetic (area) moment
磁聚焦的☆magnetically focused
磁绝缘☆magnetic insulation
磁卡片机☆magnetic-card unit
磁开关☆magnet(ic) switch{contactor}
磁抗☆magnetic reactance
磁壳☆magnetic shell
磁克尔效应☆Kerr magneto-optical rotation effect
磁空间群☆magnetic space group
磁控等离子体开关☆madistor
磁控电阻(器)☆magnetoresistor
磁控管☆magnetron；axiotron；permatron；MAG
磁扩散率☆magnetic diffusivity
磁老化☆magnetic aging
磁雷诺数☆magnetic Reynolds number
磁犁☆magnetic plow
磁离子波☆magneto-ionic wave
磁粒检查法☆magnaflux (inspection) method
磁力☆magnetic force；magnetism；magnet(o)-
磁力测定☆magnetometry
磁力测坡仪☆magnetic gradiometer
磁力单位☆Gauss
磁力的☆magnetometric
磁力低☆magnetic low{minimum}
磁力勘探☆magnetic prospecting{survey;work; exploration}；dip-needle work
磁力裂缝探伤☆magnetic crack detection
磁力流速量☆magnetic flowmeter
磁力强度☆magnetic intensity
磁力随钻测量数据☆magnetic MWD data
磁力碎屑打捞工具☆magnet junk retriever
磁力探矿计算人员☆magnetic prospecting computer
磁力探伤☆magnetic inspection；magnetic-field test；magnetic crack detection；magnaflux
磁力探伤检验☆magnetic flux test
磁力图☆magnetogram；magnetic figure{chart}
磁力线偏转☆magnetic inclination
磁力现象☆magnetism
磁力效应☆Barkhausen effect
磁力学☆magnetics
磁力仪☆(ground) magnetometer；variometer；field balance；magnetic field balance；magnetograph
磁力(变易测量)仪☆variometer
磁力仪测量☆magnetometer survey
磁力制动器☆magnetic brake
磁力姿态控制系统☆magnetic attitude control system
磁力钻孔测深器☆casing collar kick
磁链☆(flux) linkage；magnetic linkage
磁量子数☆magnetic quantum number
磁硫铁矿☆pyrrhotite
磁流☆magnetic current
磁流体波的☆hydromagnetic
磁流体动力分选☆magnetohydrodynamic separation
磁流体静力分选☆magnetohydrostatic separation
磁流体力学☆hydromagnetics；magneto fluid mechanics；magneto-hydrodynamics
磁漏☆magnetic scattering；(magnetic) dispersion；magnetic (flux) leakage
磁路☆magnetic circuit{path}；level；iron circuit
磁绿泥石[$(Fe^{2+},Fe^{3+})_{<6}(Si_4O_{10})(OH)_8$]☆berthierine；K-type chamosite；clinoberthierine；septechamosite；kaolin-chamosite
磁轮☆magnetic{magnet} pulley；pulley magnet；magnet wheel
磁轮式磁选机☆magnetic-pulley separator
磁罗盘☆magnetic compass
磁脉冲☆magnetic-pulse
磁门☆lock-releasing magnet；magnetic lock
磁门扣住的☆magnetically locked
磁锰铁矿☆vredenburgite；garividite
α{|β}磁锰铁矿☆α{|β}-vredenburgite
磁面积矩☆magnetic area moment
磁敏二极管☆magnetodiode
磁模开关☆magnetic-matrix switch
磁膜☆magnetic-film
磁南☆magnetic south
磁黏滞性☆magnetic viscosity
磁镍铁矿☆trevorite
磁扭秤☆magnetic torsion b1ance
磁扭线(存储器)☆twister；twistor
磁耦合☆magnetic coupling
磁偶极☆magnetic dipole
磁偶极矩☆magnetic dipole moment
磁偶极子☆magnetic dipole{doublet} dipole；magneto-
磁盘☆magnetic disc{disk}；disc；disk
磁盘划碰☆disk crash
磁泡☆magnetic bubble
磁泡特征长度☆magnetic bubble characteristic length
磁泡信号☆bubble signal
磁疲乏☆magnetic fatigue
磁偏☆magnetic biasing{deviation}
磁偏计☆declinator；declinometer；dip{declination} compass
磁偏角☆deviation{declination} declination；declination；declination of magnetic needle；angle of deviation {dip}；magnetic declination{inclination;deflection}；MDEC；Dec
磁偏图☆declination chart
磁偏仪☆declinometer
磁偏转灵敏度☆magnetic deflection sensitivity
磁平带☆magnetically{magnetic} smooth zone
磁屏☆induction screen
磁屏蔽☆magnetic screen{shield}
磁谱☆magnetic spectrum
磁谱仪☆magnetic spectrometer；M.S.
磁(铁)铅矿☆magnetoplumbite
磁铅石☆magnetoplumbite
磁铅石型☆magneto-plumbite type
磁铅石型缺氧体☆magneto-plumbite type ferrite
磁铅石型缺氧晶体☆magnetoplumbite ferrite crystal
磁铅石型微波缺氧体☆magnetoplumbite type microwave ferrite
磁铅铁矿☆plumboferrite
磁腔☆magnetic cavity
磁强☆magnetic strength{intensity}
磁强计☆gaussmeter；magnetometer
磁鞘☆magnetosheath
磁倾☆dipping
磁倾计☆inclinometer；clinometer；dipping compass；dip circle{gauge}；bank(ing) indicator；inclinator
磁倾角☆dip；angle of dip；magnetic{inclination} dip；magnetic dip angle
磁倾角仪☆dip compass{needle}
磁倾罗盘勘探☆dip compass prospecting
磁倾斜☆magnetic dip{inclination}
磁倾仪☆dip {-}needle；inclinatorium；inclinometer
磁倾(角测定)仪☆dip-circle
磁倾针☆dipping needle{compass}；dip needle
磁清洁处理☆magnetic cleaning
磁球☆magnetic spherule
磁圈☆magnetosphere
磁扰☆magnetic disturbance{perturbation; reactance}；geomagnetic disturbances
磁热处理☆magnetic annealing
磁热效应☆magnetothermal effect
磁(致)热效应☆magnetocaloric effect
磁日变☆magnetic diurnal variation
磁散射{|扫描}☆magnetic scattering{|scanning}
磁生物学☆magnetobiology
磁拾震器☆magnetic pickup
磁石☆lodestone；magnetite；loadstone；magnetitum；magnet[电]；leading{Hercules} stone；magneto；mag.
磁石的☆amang[马来]

磁石电机点火法☆magnetic ignition
磁石发电机点火法☆magneto ignition system
磁石式交换台☆magneto telephone switchboard；magnetoswitchboard exchange
磁石式振铃器☆magneto ringer
磁(动)势☆magnetic potential；magnetomotive (force)；magneto motive
磁收缩☆magnetic contraction
磁输式磁选机☆magnetic-pulley separator
磁闩☆magnetic lock
磁双反射☆magnetic double refraction
磁双折射效应☆magnetobirefringence effect
磁水☆magnetic water
磁素☆effluvium [pl.-ia]
磁锁☆magnetic lock
磁钛铁矿[$FeTiO_3$,含较高Fe_2O_3]☆magnetoilmenite
磁弹式测力计☆magnetoelasor dynamometer
磁弹性计☆magnetoelastic meter
磁弹性装置☆magnetoelastic device
磁体☆matrix；magnet
磁天平☆magnetic balance
磁(场)条带☆magnetic (field) lineation
磁调节器☆magnestat
磁铁☆magnet；magnetic iron；mag.；MAG
磁铁棒☆bar-magnet
磁铁打捞器☆helraser；hell raiser
磁铁粉检查法☆magnaflux
磁铁橄磷{榄}岩☆phoscorite
磁铁钴矿☆manaccanite
磁铁尖晶辉岩☆ostraite
磁铁矿[$Fe^{2+}Fe_2^{3+}O_4$;等轴]☆magnetite；ferroferrite；black {octahedral} iron ore；aimant；black iron；iron sand；Hercules{leading} stone；heraclion；magnetic {blast} iron ore；loadstone；heraclean；morpholite；sideritis；natural{native} magnet；lodestone；ferrous ferric oxide；ferriferous oxide；magnet(is)；syderite；svartmalm；aimantine；magneteisenstein {magneteisenerz}[德]；mignumite；Mag
磁铁矿介质仓☆magnetite bin
磁铁矿流☆magnetic flow
磁铁矿膜☆magnetitic coating
磁铁矿球团{生球}☆magnetite ball
磁铁矿-钛铁矿砂矿☆magnetite-ilmenite placer
磁铁榄岩☆koswite
磁铁铅矿[$PbO•6Fe_2O_3$；$Pb(Fe^{3+},Mn^{3+})_{12}O_{19}$;六方]☆magnetoplumbite
磁铁燧岩☆magnetotaconite
磁铁锑矿☆magnetostibian；manganostibian
磁铁线圈式传声器☆speech-powered microphone
磁铁岩☆magnetitite；ki(i)runavaarite；magnetic rocks；magnetite rock
磁铁圆钴石☆stewartite；stewarkite
磁铁陨石状的☆aeromagnetic
磁铁闸☆magnetic brake
磁铁支座☆magnet support{cradle}
磁通☆magnetic flux{track}
磁通表☆magnetometer
磁通(量)分布☆field flux distribution
磁通分布畸变☆field distortion
磁通计☆fluxmeter；maxwellmeter
磁通量☆magnetic flux{flow;momentum}；flux；magnaflux
磁通量测定计☆maxwellmeter
磁通量回路☆magnetic return path
磁通量检测法☆magnaflux (inspection) method
磁通量线☆magnetic flux line；magnetic field line
磁通量闸门罗盘☆flux gate compass
磁通量子☆flux quantum；fluxon
磁通脉冲磁力仪☆flux(-)gate magnetometer
磁通(量)密度☆magnetic flux density；B
磁通强度☆intensity of magnetization flux；I
磁通势☆magnetomotive force；mmf；M.M.F.
磁通线☆magnet flux line
磁通匝连数☆flux link{linkage}；magnetic linkage
磁通闸磁力计☆fluxgate magnetometer
磁同步的☆magnetic synchro；M.S.
磁头☆magnet(ic) head [of a recorder]；head
磁头校{检}验脉冲☆head check pulse
磁头外壳☆enclosure for magnet head
磁头组☆yoke
磁透镜☆magnetic lens
(地)磁图☆magnetic map
磁团絮☆magnetic flocculation
磁陀螺☆magneto gyrocompass
磁湾☆magnetic bay
磁尾☆magnetotail
磁纬(度)☆(geo)magnetic latitude
磁位☆magnetic potential
磁(化)位移☆magnetic displacement
磁稳带☆magnetically smooth zone
磁无序{|析管|吸力}☆magnetic disorder{|tube|drag}
磁显微镜☆magnetic microscope
磁线圈☆magnetic coil
磁(场)线条☆magnetic field lineation
磁象限角☆magnetic bearing
磁消散☆magnetic dispersion
磁效应☆magnetic effect
磁斜坐标纵线偏角☆grivation
磁芯{曾用:磁心}☆(magnetic) core；magnet core；MC
磁芯棒[磁力打捞器]☆magnet insert
磁芯极化频率三倍器☆triductor
磁芯体积☆core size
磁芯阵列☆array of cores
磁性☆magnetism；magnetic characteristics[岩]；magnetic (property)；magnet(o)-；mag.
磁性饱和☆saturation；magnetic-saturation
磁性薄膜☆magnetic-film
磁性部分☆magnetic fraction
磁性层☆magnetosphere；magnetic bed
磁性层的☆magnetospheric
磁性层顶☆magnetopause
磁性产品☆magnetic product
磁性传动☆magnet feed
磁性带☆magnetozone
磁性的☆magnetic(al)；magnetometric；Mag；mag.
磁性的磁黄铁矿尾矿☆magnetic pyrrhotite tails
磁性地层☆magnetic-stratigraph
磁性地层极性亚带☆magnetostratigraphic polarity subzone
磁性地层极性单位☆magnetostratigraphic polarity unit；magnetopolarity unit
磁性定位接箍☆magnetic collar locator
磁性分离获得的矿物☆magnetic crop
磁性分析☆magnetic analysis
磁性粉末☆magnalite
磁性干扰地带☆magnetically disturbed zone
磁性合金☆magnetic alloy；remalloy
磁性化☆magnetizability；magnetization
磁性黄铁矿☆magnetic pyrite
磁性(地层)极性单位☆magnetopolarity unit
磁性记号探测器☆magnetic mark detector；MMD
磁性记录地震仪☆magnetic recording seismograph
磁性检查(自动记录)☆magnetographic inspection
磁性颗粒试验☆magnetic particle testing
磁性裂隙检验器☆magnetic crack detector
磁性墨水符号☆magnetic ink character
磁性时期☆polarity{magnetic} epoch
磁性陶瓷☆magnetic-ceramics
磁性铁矿☆vignite
磁性湍流☆magneto-turbulence
磁性物含量☆magnetic material content
磁性物质☆magnetic (substance)；magnetical
磁性熄弧断路开关☆magnetic blowout circuit- breaker
磁性压差流量记录仪☆magnetic differential flow recorder
磁性硬物☆magnetically hard material
磁性元件☆magnetic element；magnetics
磁性凿孔卡装置☆magnacard
磁性支架☆magnet stand
磁性状态☆magneticalness
磁絮凝☆magnetic flocculation
磁悬浮☆magnetic levitation
磁旋☆magnetic rotation
磁旋比☆magnetogyric ratio
磁旋管☆trochotron
磁玄岩☆arapahite
磁选☆magnetic dressing{concentration;treatment}；cobbing；(dressing by) magnetic separation
磁(力分)选☆magnetic sorting
(电)磁选(矿)☆electromagnetic separation
磁选产物☆magnetic crop
磁选富矿☆magnetically separated ore
磁选管☆magnetic-tube concentrator；magnetic tube
磁选机☆magnetic separator{cobber;concentrator;mill}；cobber；magnetic cobbing machine；magnetic ore separator
磁选精矿☆magnetic concentrate；magnetically separated ore；concentrate of magnetic separation
磁选矿法☆magnetic dressing
磁学☆magnetics；magnetism
磁学家☆magnetist
磁穴☆geomagnetic cavity
磁压作用☆pinch effect
磁亚点阵☆magnetic sublattice
磁延迟线☆magnetic delay-line
磁氧分析仪☆magnetic oxygen analyzer
磁异常☆magnetic anomaly
磁(力)异常图☆magnetic anomaly map；MAM
磁引力☆magnetic pull{attraction;drag}；magnetic attraction force
磁应变能[固物]☆magnetic strain energy
磁应变扭矩计☆magnetic strain torquemeter
磁应力☆magnetic stress
磁有序☆magnetic order
磁元素☆magnetic element
磁圆振二向色性☆magnetic circular dichroism；MCD
磁张线{量}☆tensor
磁针☆(declination) needle；dip-needle；compass needle
磁针测斜仪☆dipmeter
磁针的指北端☆marked end
磁针俯角☆dip of needle
磁针偏差☆aberration of needle
磁针式测斜仪☆magnetic directional clinograph
磁针指北{|南}端☆marked{|unmarked} end
磁针指南端☆unmarked end
磁振子☆magnon
磁整流器☆magnetic rectifier
磁值☆magnetic value
磁致电阻☆magnetoresistance
磁致发射☆magnetoemission
磁致伸缩☆magnetostriction；magnetic deformation
磁致弹性☆magnetoelasticity
磁致旋光(的)☆magnetically active
磁制振☆magnetic damping
磁质体☆magnetic substance
磁滞☆hysteresis；magnetic retardation{lag;hysteresis;creeping}
磁滞测定仪☆hysteresisograph；hysteresis meter
磁滞的☆hysterestic
磁滞回线记录仪{测绘器}☆hysteresisograph
磁滞曲线记录仪☆hysteresigraph
磁中性状态☆magnetic neutral state
磁重分离☆magnetogravimetric separation
磁周日变化☆magnetic diurnal variation
磁州窑☆Cizhou ware (type)；Tzu-chow ware
磁轴☆magnetic{geomagnetic} axis
磁轴线☆axis of magnet
磁柱☆abutment
磁贮存器☆magnetic storage
磁(面)转筒☆magnetic drum
磁转向工具☆magnetic steering tool；MST
磁(量)子☆magneton；magnon
(地)磁子午线☆magnetic meridian
磁自动同步机☆magnesyn
磁阻☆(magnetic) reluctance；magnetoresistance；magnetic resistance；reluctancy
磁阻率☆(magnetic) reluctivity；specific reluctance
磁阻率法☆magnetometric resistivity method
磁阻式压敏检波器☆reluctance-type hydrophone
磁组构☆magnetic fabric
磁坐标☆geomagnetic coordinates
雌孢子☆gynospore
雌鹅☆goose [pl.geese]
雌红宝石[淡红色;Al_2O_3]☆feminine ruby
雌黄[As_2S_3;单斜]☆orpiment；dimorphite；yellow arsenic；auripigmentum；arsenblende auripigment；kings yellow；red arsenic；hartal；hartell；auripigment；king's yellow；dimorphine；zarnich；(yellow) ratebane；zarnec；arsenblende；realgar；arrhenicum；operment
雌配子☆female gamete；macrogamete；megagamete
雌器[轮藻]☆oocyst；oogonium
雌球花☆female cone
雌蕊☆pistil
雌蕊的☆pistillate
雌烷☆estrane
雌性的☆female
雌雄二型☆sexual dimorphism
雌雄嵌体[植]☆gynandromorph

雌雄同体☆hermaphrodite；hermaphroditism；monoecism
雌雄同株的[植]☆monoecious
雌雄异株{体}☆diaocious；unisexuality；heterogony
雌甾烷☆estrane
辞窗贝属[腕;D_{1-2}]☆Etymothyris
辞退☆retirement
辞职☆resignation
瓷☆porcelain
瓷白沸石☆echellite
瓷白质的☆albid
瓷板☆porcelain streak plate
瓷碧玉☆porcelain jasper
瓷层厚度测定☆enamel thickness test
瓷衬☆ceramic liner
瓷衬板磨机☆porcelain-lined mill
瓷衬里☆porcelain liner
瓷充填☆porcelain filling
瓷纯缘☆ceramic-type insulation
瓷的☆porcelain
瓷雕☆porcelain carving；sculpture porcelain
瓷粉充填器☆porcelain plugger
瓷坩埚☆porcelain crucible
瓷管☆porcelain tubing
瓷件黏合剂☆binder for porcelain parts
瓷绝缘子☆porcelain insulator
瓷料☆china；porcelain
瓷螺属[腹]☆Porcellia
瓷盆☆porcelain dish
瓷硼钙石[$Ca_4(B_4(OH)_3(BO_4)(SiO_4)_3)•H_2O$;单斜]☆bakerite
瓷漆☆enamel (varnish;paint)
瓷器☆china (ware)；(white) ware；porcelain；faience
瓷器的☆porcelaneous
瓷球☆ceramic ball
瓷球虫属[孔虫;N-Q]☆Keramosphaera
瓷燃烧管☆porcelain combustion tube
瓷勺☆casserole
瓷石[制瓷原料]☆chinastone；cornish stone；china{pottery;porcelain} stone；petunzyte；petuntse
瓷土[$Al_2O_3•2SiO_2•2H_2O$]☆porcelain clay；china clay；figuline；china ciay；terra porcellanea；china[白]
瓷土石[$Al_4(Si_4O_{10})(OH)_8$]☆chinastone；china stone；Cornish{Cornwall} stone
瓷土岩☆china-clay rock；ceramicite；china stone
瓷纤维☆ceramic fiber
瓷相☆porcelainous phase
瓷釉☆ceramic glaze
瓷枕☆porcelainous pillow
瓷质层☆porcelaneous layer
瓷质结构☆lithoidite texture
瓷质壳有孔虫☆porcellanous foraminifera
瓷质黏土☆china
瓷砖☆(ceramic) tile；faience；salt glazed brick
瓷状层☆porcelaneous layer
瓷状的☆porcelan(e)ous；porcelanic；porcelain(e)ous
瓷状堇青岩☆ceramicite；keramikite
瓷状岩☆porcel(l)anite；thermuticle；porcelainite
慈善家☆humanitarian
慈溪叶肢介属[E1]☆Cixiella
词典☆dictionary；lexicon；dict.；vocabulary；thesaurus [pl.-ri,-ses]
词典(式)名字☆dictionary name
词法分析☆lexical analysis
词汇☆vocabulary；terminology
词汇表☆glossary；vocabulary
词汇手册☆nomenclator
词素[传统语法]☆morpheme
词头☆prefix；pref.；morpheme
词尾☆flection；termination
词尾信号☆suffix signal

cǐ

此后☆hereafter
此刻☆(just) now；here；this moment；at present
此外☆furthermore；in addition
此中☆herein

cì

刺☆spina；acantha；stick；prong；sting；prod；thorn；sclerodermite[棘海参]；sticking；thrust；spy；wham；stab；prick；pierce；irritate；stimulate；pry；assassinate；detect；criticize；splinter；acauthos；pink；lunge；jag；spine；feather piece；acanthos
刺魛属[N_2-Q]☆Matsya
刺斑苔藓虫属[Q]☆Mucronella
刺板苔藓虫属[C_2-P]☆Acanthocladia
刺胞动物☆cnidarian
刺胞动物门☆cnidaria；coelenterata
刺胞亚门[腔]☆Cnidaria
刺杯目[古杯]☆Acanthinocyathida
刺杯属[古杯]☆Acanthocyathus
刺笔石☆Acanthograptus
刺笔石属[Є-S]☆Acanthograptus
刺壁珊瑚(属)[O_2-D_2]☆Tryplasma
刺偏蛤☆chama
刺玻结构☆spinifex texture
刺穿☆piercing；piercement；transpierce；pierce；bite；puncture；impale；strike；spit；diapire
刺穿构造☆diapir
刺穿型盐丘☆piercement-type salt dome
刺穿盐丘☆piercement salt dome；salt diapir
刺穿褶皱[法]☆plis{plice} diapir；diapir{piercing;piercement;dispirit} fold
刺穿作用☆diapirism
刺丛地落叶灌木☆garide
刺刀☆bayonet
刺的☆spinosus；spinosa；spinosum；spinal
刺点器☆point{snap} marker
刺颚(齿)牙形石属[C_3]☆Centrognath(od)us
刺耳的☆harsh；jarring；hard
刺耳低限☆threshold of pain
刺隔壁☆acanthine septa{septum}
刺隔壁珊瑚科☆Tryplasmatidae
刺根茎属[植;P]☆Rhizomopsis
刺古杯属☆Acanthocyathus
刺古杯海绵亚纲☆Acanthocyatha
刺罟石燕(属)[腕;D_{2-3}]☆Spinocyrtia
刺管石[钙超;Q]☆Acanthosolenia
刺海林檎属[棘;O]☆Echinosphaerites
刺海扇属[双壳;C-P]☆Acanthopecten
刺海神石属[头;D_3]☆Acanthoclymenia
刺黑粉属[真菌]☆Neovossia
刺痕☆prod cast{mark}；prick
刺(咬)痕迹☆biting traces
刺花介属[E-Q]☆Echinocythereis；Spinocythere
刺槐☆Acacia
刺环孢属[C_1]☆Spinozonotriletes
刺基☆spine base
刺激☆sting；stimulate；incentive；impetus；whet；jar；stimulus [pl.-li]；impulse；urge on；encourage；provoke；irritate；upset；pique；excitation；activate；spur；prick；rasp；irritability；incentive
刺激(物)☆prod
刺激极化☆provoked polarization
刺激剂☆irritant
刺激素☆hormone
刺激物☆irritant；stimulator；excitant；whet；stimulus [pl.-li]
刺激效应☆stimulatory effect
刺激性☆pungency；thrill
刺激性的☆excitant；irritant
刺激因素☆catalyst
刺激源☆stimulus [pl.-li]
刺几丁虫属[O_{2-3}]☆Acanthochitina
刺鲛目☆Acanthodii
刺角海绵☆Hydnoceras
刺节虫属☆Acanthomeridion
刺菊石(属)[K_2]☆Acanthoceras
刺蕨☆arthrostigma；Drepanophycus
刺蕨属[古植;J_3-K_1]☆Arthrostigma；Acanthopteris
刺壳虫☆Acidaspis
刺壳虫属[三叶;O_2-D_2]☆Acidaspis
刺壳形虫属[三叶;Є$_{2-3}$]☆Acidaspides
刺壳针☆spine
刺孔☆acanthopore；puncture
刺孔贝属[J_2-Q]☆Acanthothyris
刺篱木属☆Flacourtia
刺莲花科植物[石膏局示植]☆Mentzelia spp.
刺瘤孢属[C_2]☆Tuberculatisporites
刺瘤贝属[腕;C_1]☆Pustula
刺瘤状小孔[苔]☆alveolus [pl.-li]
刺轮藻属[J_3]☆Echinochara
刺螺属[腹;E-Q]☆Chicoreus
刺毛☆bristle；capilla
刺毛孢属[K_1]☆Pilosisporites
刺毛虫(属)[腔;O-P]☆Chaetetes
刺毛虫类[腔]☆hydrozoachaetetida
刺毛大孢属[K_1]☆Ariadnaesporites
刺毛状的☆echinulate
刺面大孢属[K_1]☆Echitriletes
刺面单缝孢属[C_3-P_1]☆Tuberculatosporites
刺面的☆muricate
刺面具褶双极藻属[Z-Є]☆ Acanthorytidodiacrodium
刺面双极藻属[Є-O]☆Acanthodiacrodium
刺木贝属[腕;P_1]☆Rhamnaria
刺目的☆hard
刺囊[腔]☆nematocyst
刺囊孢[甲藻]☆chorate cyst
刺囊孢属[C_2]☆Aculeispores
刺鸟蛤属[双壳;K_2-Q]☆Acanthocardia
刺扭月贝属[腕;D_2]☆Spinostrophia
刺盘孢属[真菌]☆Colletotrichum
刺破☆maul；tear；puncture
刺鳍(鱼亚纲)☆Actinopterygii
刺倾角[戟贝]☆angle of spines
刺球接子属[三叶;Є$_2$]☆Spinagnostus
刺球菌☆rabdolith
刺球类[AnЄ-Q]☆hystrichosph(a)erids
刺球石[钙超;Q]☆Acanthoica
刺球藻类☆hystrichospherida
刺球藻群[疑]☆Sphaerohystrichomorphida
刺球藻属[Є-Q]☆Hystrichosphaeridium
刺入☆stick
刺伤☆prick
刺石燕属[腕;D_3]☆Spinella
刺石竹☆bird's tongue
刺鼠属[Q]☆Dasyprocta；agouti
刺丝☆nettling filament
刺丝胞☆nematocyst
刺丝胞动物门[腔]☆cnidaria；coelenterata
刺丝胞{虫}类☆cnidarian
刺痛☆smart
刺网[笔]☆lacinia
刺围脊贝属[腕;P_2]☆Spinomarginifera
刺尾虫☆Dorypyge
刺尾虫属[三叶;O_1]☆Ceratopyge
刺猬(属)[N_1-Q]☆erinaceus
刺猬贝属[腕;C_1]☆Ericiatia
刺猬铀矿☆oursinite
刺纹贝属[腕;D_{2-3}]☆Spinulicosta
刺纹单缝孢属[N]☆Echinosporites
刺无洞贝(属)[腕;D]☆Spinatrypa
刺梧桐☆karaya
刺细胞☆cnidoblast；nettle cell
刺线☆barbed wire
刺线螺亚科[腹]☆Acanthonematinae
刺星介属[J_3-K]☆Rhinocypris
刺旋骨针[绵]☆streptosclere；spiraster；spinispire
刺伊孟贝属[腕;D_2]☆Ilmenispina
刺翼鱼属☆Dorypterus
刺鱼科☆Gasterosteidae
刺褶贝属[腕;C_1]☆Acanthoplecta
刺针☆pricking pin；spike
刺状产卵器☆aculeus [pl.-ei]
刺状的☆acculeate；spinate；spinose；spiniform；Belemnoid
刺状构造☆barb-like{barblike} structure
刺状突起☆feather piece；spinose projection
刺状腕环☆cryptacanthiiform
刺状针头☆echinating
伺候☆wait
次☆secondary；round；time；vice；order；post-；infra-；hypo-；vice-；under-；sub-
次摆线泵☆trochoid pump
次斑状☆subporphyritic
次板块☆subplate
次半岛☆sub-peninsula
次宝石☆semiprecious stone
次爆炸☆second explosion
次贝壳状断口☆subconchoidal fracture
次苯基[$-C_6H_4-$]☆phenylene
次鼻上腭☆secondary palate
次边际地☆submarginal land
次边界的[资源]☆submarginal
次边缘环[棘环檎]☆submarginal ring
次扁球☆suboblate
次变边[岩]☆celyphitic{kelyphitic;kelyphite;kelyphytic;celyphytic;secondary} rim

C

次变边的☆synantectic
次变质(作用)的☆submetamorphic
次表层☆sublayer
次表面层☆subcrust
次表土层☆subsurface
次滨海☆sublittoral sea
次冰间期☆interstade
次冰期☆stadial；subglacial age
次玻璃光泽☆subvitreous luster{lustre}；semivitreous luster
次波☆secondary (wave)；second preliminary tremor；secondaries；seconda；subwave
次波地震☆shear wave
次卟啉☆deuteroporphyrin
次层☆sublayer；sublevel；underlayer
次层水☆subsurface water
次层型☆hypostratotype；hpyostratotype
次长球☆subprolate
次长石砂岩☆subarkose
次长正长岩☆syenoid
次潮湿气候☆moist subhumid climate
次沉降☆secondary settlement
次成山脊☆subsequent ridge
次成熟期的☆submature
次承压水☆hypopiestic water
次冲积阶地☆suballuvial beach
次初卟啉☆deutero-aetioporphyrin
次刺穿褶皱☆sub-diapir
次大的☆less-grand
次大陆☆subcontinent；sub-continent
次大陆的☆subcontinental；metacontinental
次大气压☆subatmospheric pressure
次大西洋期☆Subatlantic age
次带☆secondary branch
次单位☆sub-unit
次氮基[N≡]☆nitrilo-
次氮基三乙酸☆nitrilotriacetic acid；NTA
次导体☆partial conductor
次的☆second；sec.；secondary
次等(品)☆sadness
次等宝石☆semi-precious stone
次等的☆substandard；sub；scrub；low-grade
次等精矿☆sub-heading
次等油☆off-oil
次等轴晶体☆subequant crystal
次等轴状(的)☆subequant
次底辟☆sub-diapir
次地背斜☆subgeoanticline；miogeanticline
次地槽☆subgeosyncline；miogeosyncline
次地槽带☆miogeosynclinal zone
次地槽区☆miogeosynclinal realm
次地块☆sub-block
次地穹☆subgeoanticlines
次地穹岭☆miogeanticlinal ridge
次地台☆subplatform
次地体☆intraterrane
次地向斜☆subgeosyncline
次地震☆secondary earthquake
次地转风☆subgeostrophic wind
次电子☆subelectron
n 次叠加{|覆盖}☆*n*-fold stack{|coverage}
次端齿[牙石]☆subterminal fang
次对称轴☆secondary axis of symmetry
次苊基☆acenaphthenylene
次法线{距}☆subnormal
次反射☆secondary
n 次方程☆equation of nth order
次分类☆subseries
次分歧腕板☆secundaxil
次复理石☆subflysch
次钙质角闪石☆subcalcic hornblende
次干(水)管☆submain
次肛板☆subanal
次高峰☆secondary maximum
次高级炸药☆noninitiating{secondary} high explosive
次高山的☆subalpine
次隔壁[珊]☆secondary septum
次固结☆secondary{delayed} consolidation
次固结度☆degree of secondary consolidation
次硅酸☆subsilicic acid
次硅酸盐类☆subsilicates
次硅酸质岩石☆subsilicic rock
次硅质☆subsiliceous
次梁☆secondary beam
次海西运动☆Subhercynian movement
次含长结构☆subophitic texture
次毫米☆submillimeter
次黑燧石☆hypophtanite
(台阶面)次后推进☆second advance
次华力西前渊☆sub-Variscan fore-deep
次环流☆secondary circulation
次黄质☆hypoxanthine
次磺酸[RSOH]☆sulfenic acid
次辉绿结构玄武岩☆kilsyth basalt
次辉绿岩状☆subdiabasic
次活动正地槽☆miogeosyncline；meogeosyncline
次火口☆subordinate vent
次火山☆subvolcano
次火山斑岩型矿床☆subvolcanic porphyry-type deposit
次火山的☆subvolcanic；paravolcanic
次火山浅成热液场☆subvolcanic epithermal field
次火山岩☆volcanics；subvolcanic{subvolcano} rock
次基准面[堆积区]☆subbase level
次积化石☆derived fossil
次积岩☆derivate；derivative rock
n 次激发☆*n*-fold shooting
次极密{最大}☆submaximum
次级☆proximate grade；secondary
次级宝石☆off colo(u)r gem
次级单位☆sub-unit
次级的☆secondary；subordinated
次级地块☆subsidiary massif
次级电路电流☆secondary current
次级定向水分子☆secondary oriented water molecule
次级(线圈)端☆out secondary
次级分歧腕板[棘海百]☆secundaxil
次级割理☆butt cleat；secondary cleats
次级挤入圈闭☆sub-diapir trap
次级控制测量系统☆minor control survey system
次级矿石☆sub-ore；second
次级离子质谱仪☆secondary ion mass spectrometer
次级粒子☆offspring
次级裂隙组合☆second-order fracture complex
次级劈理☆grayback；secondary cleat
次级平面☆plane of second order
次级破裂组合☆second-order fracture complex
次级(线)圈电流☆secondary current
次级山弧[一级山弧接头处]☆cap range
次级松(树)油☆risor pine oil
次级腕板[棘海百]☆secundibrachus
次级相向断层☆synthetic faults
次级相☆intrafacies；subordinate phase
次级云母☆subordinate mica
次级运动造山区☆secondary tectogene
次级造山作用{运动}☆secondary orogeny
次级轧石机☆secondary crusher
次级褶皱☆second-order{subsidiary;marginal} fold；minor crumple；minor partial fold
次脊☆secondary crest
次己烷基(环)四黄药[(-S(S)CO$(CH_2)_6$OC(S)S-$)_2$]☆hexamethylene tetraxanthogen
次佳解☆suboptimal solution
次加性(的)☆subadditive
次甲(基)[CH≡]☆methine；methylidyne
次甲基蓝测定法☆methylene blue test；MBT
次尖[哺]☆hypocone
次碱性岩☆subalkaline{subalkalic} rock
次焦点☆secondary foci
次胶体分散相☆subcolloidal disperse phase
次铰合面☆secondary area；perideltidium
次角块状岩☆subangular blocky rock
次角状岩☆subangular rock
次节理☆end (joint)；subjoint
次(级)节理☆subjoint
(煤层)次解理面☆butt joint
次金属光泽☆submetallic luster
次晶相☆secondary phase
次晶质☆hypocrystalline
次经济资源☆subeconomic resources
次镜☆secondary mirror
次韭闪石☆soretite
次客观异名☆junior objective synonym
次矿石级☆subore grade
次眶骨☆suborbital
次蓝闪石☆subglaucophane
次蓝铁矿[$(Fe^{2+},Mn,Mg)_3(PO_4)_2\cdot8H_2O$]☆paravivianite
次类☆sub-class
次棱角土粒☆subangular particles
次棱角状☆subangularity；subangular
次棱角状颗粒的☆subangular-grained
次棱角状砾石☆subangular gravel
次粒成核☆subgrain nucleation
次粒玄岩质☆sub-doleritic
次联氨基[−NH•NH−]☆hydrazo-
次梁☆secondary beam{girder}
次量养分元素☆secondary essential{nutrient} element
次量元素☆accessory element
次裂理[与 face cleat 对]☆butt{end} cleat
次磷酸☆phosphinic acid
次磷酸盐☆hypophosphite
次临界的☆sub-critical
次临界度☆subcriticality
次膦酸[RHPOOH;R_2POOH]☆phosphinic acid
次硫酸盐[$MHSO_2$;M_2SO_2]☆sulfoxylate
次隆脊☆secondary carina
次露头☆subcrop；suboutcrop；blind apex
次露头图☆subcrop map
次铝质型☆subaluminous type
次氯酸☆hypochlorous acid
次氯酸钙☆calcium hypochlorite
次氯酸钠☆sodium hypochlorite；Clorox
次氯酸盐[MOCl]☆hypochlorite；hypochloride
次绿泥石[$(Mg,Fe,Al)_{12}(Si_8O_{20})(O,OH)_{16}$(近似)]☆epichlor(it)e
次绿片岩☆sub-greenschist
次轮回☆subcycle
次马属[E_2]☆Epihippus
次脉冲☆ghost pulse
次毛管间{细孔}隙☆subcapillary interstice
次煤☆dant
次镁钙闪石☆soretite
次末级的☆penultimate
次末射枝[植]☆penultimate ray
次能带☆sub-band；subband
次能级☆sublevel
次年生的[植]☆second year's growth
次扭转堇青石☆subdistortional cordierite
次盘区☆subpanel
次盆地☆subbasin
次膨土☆sub-bentonite；sub-Ben
次毗连的☆subajacent
次皮层☆subcortex
次片岩☆semischist
次品☆inferior；seconds；throwout；waster；spoil；reject；defective goods{products}；undergrade goods；offal；substandard{degraded} products；minus material
次品矿石☆second class ore
次平行地震反射结构☆subparallel seismic reflection configuration
次平线理☆subhorizontal lineation
次平值☆subpar
次破火山口☆subcaldera
次期☆substage
次切线{距}☆subtangent
次侵入☆subintrusion
次球形的☆subglobular
次溶线的☆subsolvus
次筛粒度☆sub-sieve
次山灰锥☆ash cone
次闪黑斑岩☆uralitophyre
次闪化(作用)☆uralitization
次闪石☆uralite；ouralite
次闪斜煌斑岩☆proterobase spessartite
次商业性矿脉☆subcommercial vein
次砷铜矿☆semi-whitneyite
次伸长状☆subelongate
次深海带☆bathymetric fascia
次声☆infra-audible sound；infrasonics
次声的☆infrasound；subsonic
次生☆deuterogene；secondary
次生(成因)☆secondary origin
次生冰☆epigenetic ice
次生层理☆indirect{secondary} stratification
次生沉积颗粒☆recycled grain
次生充填脉☆reopened vein
次生虫室[苔]☆heterozooecium
次生出露物☆second crop
次生大气部分☆secondary atmospheric component
次生单晶☆neocryst

次生的☆heterochronogenous；secondary；derived；deuterogenous；deuterogenic；sec
次生地幔流模式☆secondary manila flow model；secondary mantle flow model
次生地形☆sequential landform；secondary (land) forms
次生洞穴结构☆speleogen
次生二氧化硅胶结(作用)☆secondary silica cementation
次生非纹层结构☆neocrystic texture
次生分散旋回☆secondary dispersion cycle
次生富集☆downward{secondary} enrichment
次生富集带☆zone of secondary enrichment
次生硅质增生☆secondary silica outgrowth
次生横板[苔]☆heterophragm
次生红土☆lateritite
次生化石☆derived fossils；secondary fossil
次生灰壤☆parapodzol
次生加大[晶]☆secondary enlargement{growth}；overgrowth
次生结晶矿物☆hysterocrystalline mineral
次生解理☆end (cleat)
次生晶☆metacrystal
次生晶质☆hysterocrystalline
次生晶状☆neocrystic
次生壳弓形板☆hood
次生孔☆deuteropore
次生孔腔☆secondary pore space
次生孔隙率指数☆SPI；secondary porosity index
次生矿矿床☆post-placer-deposition
次生矿体☆displaced orebody
次生亮晶☆neospar
次生淋滤孔隙度☆secondary leached porosity
次生瘤☆tumulus [pl.-li]
次生硫化富集作用☆supergene{secondary} sulphide enrichment
次生劈理岩☆metaclase
次生片理☆metaclastic{secondary} schistosity
次生气顶边界☆limit of secondary gas cap
次生热电极化☆secondary pyroelectric polarization
次生熔岩喷气锥☆hornito；driblet cone{spire}；spatter cone
次生深度变化☆secondary downward changes
次生渗透性{率}☆secondary permeability
次生石英增生☆secondary silica outgrowth
次生透镜状结构☆neolensic texture
次生土☆heterochronogenous{secondary} soil
次生物带☆subbiozone
次生岩[沉积岩等]☆secondary rock；deuterogene (rock)；aftermath
次生岩浆☆submagma；secondary{derivative} magma
次生岩墙☆metadike
次生氧化作用☆secondary oxidation
次生异常晕☆supergene halo
次生油气藏☆secondary gas-oil pool
次生月坑☆satellitic crater
次生晕法☆loaming
次生晕找矿法☆prospecting by secondary halo
次生褶皱☆sekundarfalten；secondary fold
次生蒸气☆phreatic gas
次生贮水量☆secondary storage capacity
次生棕壤☆parabraunerde
次湿气候☆subhumid climate
次石墨☆s(c)hungite；graphitoid；tscherwinskite；subgraphite
次时间效应☆secondary time effect
次试金石☆hypophtanite
次树枝状水系☆subdendritic (drainage) pattern
次数☆frequency
次水平开采☆semi-horizon mining
次顺向河☆subconsequent stream
次四面体☆subtetrahedron
次台向斜☆hemisyneclise
次弹性模数☆secondary modulus of elasticity
次碳酸镁铁矿☆brugnatellite
次梯度风☆subgradient wind
次调和{谐波}☆subharmonic
次铁钒矿[V_2O_4]☆paramontroseite
次同步磁阻电动机☆subsynchronous reluctance motor
次同步振动☆subsynchronous vibration
次同名☆junior homonym
次透辉石[$Ca(Mg,Fe)(Si_2O_6)$]☆sal(a)ite；baikalite；sahlite；baicalite
次透辉锥辉石☆sahlite acmite
次透明(的)☆subtransparent
次腕板☆distichals
次微克(的)☆submicrogram
次微粒☆submicron
次微(胶)粒☆amicron
次(壳)纹☆secondary costella
次稳☆metastable
次无烟煤☆subanthracite
次戊基[$-CH_2(CH_2)_3CH_2-$]☆pentamethylene
次犀☆Subhyracodon
次系☆subsystem
次隙颗粒☆sub-interstitial particle
次纤闪石☆uralite
次纤蛇纹石☆asbophite
次显微的☆submicroscopic
次显微双晶☆submicroscopic twin
次(壳)线☆secondary costa
次相☆second phase
次向斜☆subsyncline
次谐波频率☆subfrequency
次新石器时代☆Aeneolithic{Eneolithic} age
次型☆metatype
次形晶[缺少重要单形的晶体]☆atelene crystal
次溴酸☆hypobromous acid
次溴酸盐{酯}☆hypobromite
次序☆sequence；succession；order
次序层错☆sequential fault
次旋回☆subcycle
次压缩☆secondary{delayed} compression
次崖锥曲面☆subtalus buttress
次轧碎石机☆reduction crusher
次烟煤☆subbituminous{sub-bituminous} coal
次洋性沉积物☆subpelagic sediments
次要标志☆subject key
次要部分☆byway
次要成分☆accessory constituent；submember
次要的☆secondary；collateral；auxiliary；accessory；accessary；subsidiary；subordinate；minor；by(e)-
次要的人或物☆secondaries
次要断层☆branch{auxiliary} fault
次要方面☆byway
次要工序☆subsidiary operations
次要工作☆underwork
次要开采阶段☆subordinate phase of production
次要矿脉☆incidental vein
次要内生裂隙组[煤层]☆end cleat
次要能量☆secondary energy
次要平巷☆sub entry
次要营力☆subagent
次要影响☆side reaction
次要元素☆accessory{minor} element
次要主应力☆minor principal strata
次要作用☆secondary function
次页☆overleaf
次一级☆subset
次乙基[$-CH_2=CH_2-$]☆ethylene；ethylidyne；ethene；ethylidine
次乙基二黄原酸烯丙酯[$(-CH_2OC(S)SCH_2CH=CH_2)_2$]☆diallylethylene dixanthate
次乙基-双-二硫代氨基甲酸钠[$(CH_2NHC(S)SNa)_2$]☆disodium ethylenebisdithiocarbamate
次乙基-双-二硫代氨基甲酸锌[$(CH_2{\cdot}NHC(S)S)_2Zn$]☆zinc ethylenebis dithiocarbamate
次乙烷基(环)四黄药☆hexamethylene tetraxanthogen
次乙酰塑料☆celite
次异名☆junior synonym
次音速流☆subsonic flow
次硬石☆semi-hard stone
次应力☆secondary{parasitic} stress
次优的☆suboptimal
次优化☆suboptimization
次优胜测井法☆little slam
次优综合测井法☆Small Slam
次有蹄目{类}☆Subungulata
次于☆para-；sub-
次羽状叶☆pinnule
次阈值光谱☆sub-threshold spectrum
次元素☆minor element
次原子☆subatom
次圆巨砾☆subrounded boulder
次圆筒形☆subcylindrical
次圆形土粒☆subrounded particles
次缘缝合线☆submarginal suture (line)
次缘碛☆submarginal moraine
次远海沉积物☆hemipelagic sediment
次远洋的☆suboceanic
次远洋区☆suboceanic region
次杂砷铜矿[Cu,Cu_6As 和 Cu_3As 的混合物]☆semi-whitneyite
次造山带☆suborogenic zone
次折射☆subrefraction
次褶皱☆minor fold
次震☆secondary earthquake
次正形贝属[腕;O_1]☆Metorthis
次致密硅质岩☆hypophtanite
次重力☆subgravity
次重流☆hypopycnal inflow
次重要的☆subordinated
次众数☆secondary mode
次烛煤☆subcannel coal
次主观异名☆junior subjective synonym
次主管☆submain
次主应力☆secondary principal stress
次准传播☆substandard propagation
次总成对称轴☆secondary axis of total symmetry
次组构☆subfabric
次最大☆submaximum
次最佳{优}化☆suboptimization
次最优解☆suboptimal solution
次作用力☆subagent

cōng

聪明☆wisdom；wise
葱绿泥石☆metachlorite
葱绿玉髓☆prase; prasius; prasem; mother (of) emerald
葱皮状构造☆onion-skin{onionskin} structure
葱属[E-Q]☆Allium
葱苔藓虫属[O]☆Prasopora
葱头大理岩☆onion-marble
葱形饰☆ogive
葱状构造☆onion structure
枞☆Abies
枞笔石属[S_3]☆Abiesgraptus
枞轮叶属[D-C]☆Pinnularia
枞树☆firtree
(加拿大)枞树香脂☆Canada balsam
枞萜[$C_{10}H_{16}$]☆silvestrene
枞型枝(属)[C-K]☆Elatocladus
枞脂石☆fichtelite
匆行办法☆tentative method
匆忙☆hurry；haste
匆忙地做☆rush
匆忙完成作业☆make time

cóng

从[拉]☆fr；from；ex
从岸上看得见的远处海面☆offing
从边坡爆裂开的面☆initial face
从变量☆dependence
从冰山或冰川等分离的小浮冰块☆calved ice
从采石平巷取石充填法☆dead-end stowing
从产品设计到投产时间☆lead time
从……抽(气减压)☆bleed
从船首到舰尾☆fore-and-aft
从大石块下楔出的石头☆leg
从胆汁衍生的☆bili-
从底岩裂隙中采集砂金☆crevicing
从顶部装油☆load-on-top；LOT
从顶向下编程序的☆top-down programming
从动☆kite；driven
从动侧[仿效机械手的]☆slave end
从动的☆driven；trailing
从动滚轮☆return idler
从动控制☆slaved control
从动轮☆engaged{driven;follower} wheel；follower
从动事件☆event-driven
从动系统☆servosystem；servo
从动心轴☆idler spindle
从动支架☆servo-prop
从而☆to the extent that；with the result that
从废物中提取(有用的物质)☆scavenge
从封闭巷道取石充填☆blind-road stowing
从辐的☆adradial
从矸石堆中拣出的煤☆bank coal
从滚筒上倒出绳☆stringing the line
从何处☆whence
从河床缝中拣取金粒☆crevicing

C

从回采工作面采出的矿石☆production ore
从回采区放矿☆drainage the stope
从价税☆ad valorem tax
从简☆cut short；conform to the principle of simplicity
从井口起出卸成立根☆breakout
从井口至计量{集油}罐的管线☆lead line
从井内起拔套管柱☆pull a well
从井下来到地面☆come out to the day；come (up) to grass
从井中取出的物质☆recovery
从井中取出滤水管☆draw a well
从军☆campaign
从开工到正常操作的时间☆initial come-up time
从开孔至终孔总深度☆from spud-in to bottom depth
从孔中拉回(绳索)☆unreeve
从矿层中采煤☆extract coat from seams
从矿石回收金属☆depletion
从矿石样品中得出的矿物☆prospect
从矿石中回收金属☆win
从矿石中提炼金属☆extract metal from ore
从矿石中提取金属☆deplete
从矿下运到地面[采出的煤]☆bring to grass
从矿渣中回收矿物☆value recovery
从老矿中找矿或采矿☆scram
从煤面至地表的岩层破裂☆draw
从煤页岩中分出铁矿石☆ridding
从母岩系统驱出☆expulsion from source rock
从泥浆循环停止算起的时间☆time-since-circulation
从排水洞排出的水☆headwater
从平巷工作面上采矿☆breasting
从平巷开掘煤房☆turn
从气球上发射的人造卫星☆saloon
从气体中提取汽油☆stripping of gas
从弃井中拔出(管子和设备)☆pull a well
从弃井中起出套管和钻具☆draw a well
从前☆formerly；previously
从乳液分离机取得的油样☆shake out
从筛上去除劣矿的耙子☆limp
从上部引入帮助燃烧的空气☆overfire air
从石场☆stone field
从石油中提炼的☆petrolic
从石油中蒸馏出轻质馏分☆skim
从使用观点设计的☆functional
从事☆follow；engage；undertake；embarcation；pursuit；tackle；prosecution；pursu(anc)e；embarkation；plunging
从事……活动☆campaign
(使)从事于☆employ
从事钻井、采油和铺管线工人☆oilfielder
从首到尾☆fore-and-aft
从属☆pertain；dependence
从属(性)☆dependency
从属(的)☆second
从属标志☆subject key
从属部分☆subsidiary unit
从属单位☆subsidiary unit
从属的☆secondary；dependent；subject
从属地块☆satellite massive
从属化☆satellization
从属台☆slave station
从属系统☆slaving{subsidiary} system
从属形式☆subform
从属性理论☆dependency theory
从属营养☆heterotrophism
从属褶皱☆subordinate fold
从属字输出☆slave word out；SWO
从水里出来☆retrieve
从水面上撇取浮油☆skimming
从水中分出油☆knock down oil
从顺地形☆subdued form
从碎屑中摄食的动物☆detritivore；detritovore
从燧石打出火花☆strike sparks from a flint
从天井凿岩的分段采矿法☆sublevel stoping of raise drilling
从瓦斯煤层中抽放瓦斯☆draining-out methane from gaseous coal seam
从外向内的压力作用☆implosion
从无限自由面崩落的岩层☆free burden
从下部切开☆undercut
从下而上划(井)眼☆drill upward
从下面切断信号☆bottoming
从向运动☆longitudinal motion
从心底☆deep down
从悬浮物中摄食的动物☆suspension feeder
从岩芯筒中推出岩芯的工具☆core extractor
从岩芯中析出石油☆bleeding of the core
从一边往另一边扫油☆end-to-end sweep
从一端向另一端注水☆end-to-end flood
从一开始[拉]☆ab initio
从一种工作转到另一种工作的工人☆boomer
从一种介质流到另一种介质的流动☆interporosity flow
从涌泉流出来的溪流☆wellstrand
从油田边缘向中间开发☆marginal development
从右往左摆放岩芯[在岩芯箱中]☆reverse book fashion
从原井底钻小眼☆mouse ahead
从运行到完成的[工作方式]☆run-to-completion
从中打水平孔的平巷☆drill drift
从主巷开掘的支巷☆branch entry{heading;road;roadway}；offset；roadway junction
从装置中清除矿浆[选矿停车时防止矿浆中的固体堵塞机械]☆run out
从最大值到最小值☆p-to-p；peak to peak
从左到右和从上到下☆book fashion
丛☆bundle；cluster；tuft；mat
丛草原☆grass heath
丛赤壳属[真菌;Q]☆Nectria
丛刺盘孢属[Q]☆Vermicularia
丛点☆cluster point
丛分珊瑚(属)[D_{2-3}]☆Phacellophyllum
丛梗孢属[真菌;Q]☆Monilia
丛集火山☆cluster grouping of volcanoes
丛礁☆cluster rock
丛聚[晶]☆clustering
丛聚抽样☆cluster sampling
丛卷毛[植]☆floccus [pl.-ci]
丛粒藻烷☆botryococcane
丛林☆silva；jungle
丛林地☆scrub
丛莽(丛林)☆jungle
丛锚☆clump anchor
丛嵌珊瑚☆Arachniophyllum
丛群抽样☆cluster sampling
丛珊瑚☆acervularia
丛生☆tuft；infestation；rosette
丛生的☆clumpy；comate；ca(e)spitose；fasciculate；c(a)espitosus；tufted；cespitose
丛生分布☆contagious distribution
丛生岩基☆gregarious batholiths
丛生藻属[Z]☆Epiphyton
丛式井☆grouping of well；cluster wells
丛式井架☆multiple well derrick
丛式井剖面设计☆multiwell profile planning
丛式钻井☆group{multiple;cluster} drilling；grouping of well
丛书☆series；library
丛系☆set
丛系组☆coset
丛烟囱[有数个烟道]☆chimney stack
丛枝藻☆Ahnfeltia
丛柱☆cluster props
丛状[珊]☆phacel(l)oid；fasciculate
丛状的[血管等]☆plexiform
丛状构造☆hassock structure
丛状球粒☆framboidal spherule
丛状物☆thicket
丛状(火山)锥☆cone cluster

còu

凑合冰河☆hypertrophic glacier
凑合法☆semi-inverse method
凑钱☆make a raise
凑整数☆round figure

cū

粗☆thickness
粗(碳酸钠)☆salnatron
粗安岩☆andesitoid；trachyande(n)site；trachyteandesite
粗安质凝灰熔岩☆tuffolava
粗白榴岩☆amphigenite；italite
粗斑龙☆Trachysaurus
粗斑响岩☆klinghardtite
粗斑状[最大斑晶>5 ㎜]☆magnophyric；megaporphyritic
粗斑状的☆macrophyric；macroporphyritic；megaphyric
粗班龙☆Trachelosaurus
粗暴☆asperity；brute；rude
粗暴使用[设备等]☆hard usage
粗刨☆foreplane
粗苯☆benzole；benzol
粗笨的☆clumsy
粗玻岩☆lassenite
粗铂☆platina；platina
粗铂矿[Pt,含 6%～11%的 Fe 及一些 Ir,Pd 等]☆polyxene；platinum；polyxen
粗补☆cobble
粗残油☆residual oil
粗糙☆harshness；roughness；coarse；rough；crude；asperity；ruggedization；fret
粗糙壁裂缝☆rough {-}walled fracture
粗糙不规则断裂面☆hardway
粗糙冲刷☆strudel scour
粗糙的☆lagging；coarse；rough；scabrate[孢]；harsh；rugged；ragged；roughly；crude；rude；muricate；matt；mat；shagreened；unwrought；unworked；trachy-
粗糙的荒野牧草☆rough moorland grazing
粗糙地形☆bold relief
粗糙度☆roughness；harshness；asperity；coarseness；scallop；pimpling
粗糙度比☆roughness ratio
粗糙度测定仪☆roughmeter；roughometer
粗糙断面☆granular fracture
粗糙搅拌混合物☆hash mixture
粗糙井眼☆ragged hole
粗糙孔珊瑚属[床板珊;S-P]☆Trachypora
粗糙面☆rough surface{plane}；jog；uneven surface；tooth [pl. teeth]
粗糙筛分的☆wide-screened
粗糙石巨柱☆menhir
粗糙田皂角[植]☆sola
粗糙系数☆coefficient of roughness
粗糙岩[钙质沉积、黏土脉、滑石、斑岩、珊瑚灰岩等;西]☆tosca
粗糙叶理☆rude foliation
粗测☆loose measure{measurement}；full scale；rough measurement；loose-measured
粗层[腔]☆latilamina [pl.-e]
粗层理☆crude bedding
粗差☆blunder；(gross) error
粗查☆scouting
粗柴油☆gas-oil；engine solar oil；blue{gas} oil
粗产品☆coarse{primary} product
粗车☆rough turning
粗尘☆bulldust
粗成土☆crude soil
粗齿的☆bastard
粗齿锯☆ripsaw；ripper
粗齿状[植物叶缘]☆grosso-dentatus
粗冲积层☆wash
粗冲积物☆raw alluvium
粗充填料☆coarse fill
粗锉刀☆rasp
粗大的☆gross；macroscopic；massive；megascopic；fat
粗大开启空隙☆big opened void
粗大石器☆macrolith
粗的☆coarse；crude；bastard；thick
粗地蜡☆ader wax
粗点☆heavy dot
粗叠加☆raw stack
粗锭☆raw ingot
粗镀灰泥☆parget
粗度☆coarseness
粗端☆butt (end)
粗端朝下打桩☆drive “butt down”
粗短刺状☆clavusate；spiked
粗短管☆cannon
粗短支柱☆stub
粗鲕粒☆pistolite
粗方石☆rough ashlar；rough-squared stone
粗榧(属)[Q]☆Cephalotaxus
粗废石☆coarse waste
粗分槽☆roughing pocket
粗分类[古]☆lumping
粗分类法☆broad classification
粗分派☆lumper
粗分散☆coarse dispersion
粗粉☆cribble
粗粉尘过滤器☆coarse dust filter
粗粉剂☆dust base
粗缝☆tack

粗腐殖泥☆amphi-sapropel
粗腐殖质☆duff；raw humus；mor
粗钙质微体化石☆calcareous microfossil
粗橄长石☆ossypite
粗橄长岩☆ossipite；ossipyte
粗感☆harsh feeling
粗钢☆crude steel
粗钢筋☆bar reinforcement
粗钢砂☆steel grit
粗格条溜槽☆block riffle sluice
粗汞华[蒸馏汞时所得]☆stupp
粗估☆rough estimate
粗估误差☆gross error
粗骨料☆coarse aggregate
粗骨土☆skeletal{fragmental;skeleton} soil；rhogosol；lithosol；regosol
粗股的☆thick stranded
粗管☆extra strong pipe
粗管绵海属[P_1]☆Talpaspongia
粗犷虫属[三叶;$Є_2$]☆Kogenium
粗过滤☆course filtration
粗过滤器☆strainer filter
粗核☆macronucleus
粗黑焦油☆black jack；blackjack
粗横脊☆varix
粗化☆coarsening；coarseness-coarsening
粗黄土层[密西西比河谷区]☆bluff formation
粗挥发油☆naphtha
粗灰泥☆daub；rougheast；rough-cast
粗灰泥层☆parging
粗灰砂水泥☆coarse mortar
粗混合物☆coarse mixture
粗集粒灰岩☆rudstone
粗集料☆coarse aggregate
粗级螺钉☆coarse thread screw
粗级筛☆scalping screen
粗级向上变细现象[沉积岩]☆coarse-tail grading
粗计费用☆approximate cost
粗加工☆rough(en)ing；rough machining{processing;working}；roughing-cut；peel；snagging；snag
粗加工相片☆bulk image
(将石)粗加整修☆scapple
粗拣(矸石)☆grab picking
粗角粒砂岩☆sandstone grit
粗结构硬岩石☆ragstone
粗结晶☆coarse crystallization
粗结晶的☆coarse-crystalline
粗金刚石☆brait；rough diamond
粗金属锭[有色]☆(base) bullion
粗浸染的☆coarsely disseminated
粗晶☆giant crystal；megacryst；macrocrystalline
粗晶(粒)☆macrograin
粗晶的☆coarse-grain(ed)；macrocrystalline
粗晶断口☆coarse grained fracture
粗晶构造☆open-grain structure
粗晶辉石钠长岩☆varnsingite
粗晶灰岩☆sparry limestone
粗晶粒☆coarse-crystallized grain；macrograin
粗晶粒的☆sterny；coarse {-}grained
粗晶粒状☆macromeritic (texture)
粗晶石盐☆saltspar
粗晶质☆macrocrystalline；coarse-crystalline；coarsely crystalline
粗晶质的☆macrocrystalline；megacrystalline
粗晶组织☆open {-}grain structure
粗精矿☆raw{primary;rough} concentrate；original extract ore
粗镜煤☆provitrain
粗径节☆coarse pitch
粗酒石☆argol；argal；arcilla
粗菊石(属)[头;T_{2-3}]☆Trachyceras
粗距☆coarse pitch
粗锯齿状[植物叶缘]☆grosso-serratus
粗颗粒☆coarse particle{grain}
粗刻度☆coarse scale
粗孔的☆coarse meshed；coarse-pored
粗孔隙度☆loose porosity
粗孔藻属[O]☆Dasyporella
粗扣接头☆coarse-threaded joint
粗块填充☆solid stowing
粗矿☆raw{rough;crude} ore
粗矿仓☆coarse-ore bin；coarse ore bin
粗矿石[用科尼什辊碎机破碎出来的]☆crude{raw;rubble;refined} ore；raff；sand
粗蜡☆wax stone；slop wax
粗砾☆cobble{shingle}[直径 64～256mm]；coarse gravel[直径 19～76mm]；roundstone；shindle
粗砾石☆coarse gravel
粗砾石沉排☆cobble stone fascine
粗砾岩☆cobble conglomerate；cobblestone；roundstone
粗粒☆coarse grain{particle}；macrograin；oversize (particle)；micrograin
粗粒白云碳酸岩{盐}☆rauhaugite
粗粒部分☆coarse fraction
粗粒掺和料☆macadam aggregate
粗粒产品☆coarser product
粗粒产品锥体☆coarse cone
粗粒磁选☆magnetic cobbing；coarse magnetic separation
粗粒的☆coarse({-}grain(ed))；coarse-aggregated；hard-grained；coarse-graded；chiselly；open-grained；chisley；megagrained；rough grained；macrograined
粗(大晶)粒的☆open-grained
(煤的)粗粒惰性体☆macroite
粗粒鲕石☆pistolite
粗粒返砂筛☆coarse backing screen
粗粒分散悬浮液☆coarse dispersion
粗粒分选☆cobbing
粗粒浮选☆macro-flotation
粗粒灰岩☆poros
粗粒(黑)火药☆gravel powder
粗粒级部分☆coarse fraction
粗粒级的☆coarse-graded；coarsely graded
粗粒级分等☆coarse grading
粗粒级筛☆scalp
粗粒结构☆coarse texture{grained}；coarse granular texture；coarse grained texture；open-grain structure
粗粒金☆heavy{coarse} gold
粗粒控制筛☆check screen
粗粒磷块岩产品仓☆coarse phosphate rock product bin
粗粒密砂岩☆washite
粗粒膨土☆course bentonite
粗粒去废矿堆☆oversize to waste dump
粗粒砂☆torpedo sand{gravel}；top{roughing} sand；xalsonte
粗粒砂岩☆kernstone；kem{kern} stone
粗粒石面☆grained stone facing
粗粒水泥☆grit cement；cement grit
粗粒水泥粉刷☆bastard stucco
粗粒体[烟煤和褐煤显微组分]☆macrinite；massive micrinite
粗粒体组☆macrinoid
粗粒-微粒比☆GMR；grain-micrite ratio
粗粒物质☆coarse material
粗粒锡石[SnO_2]☆grain tin
粗粒玄武岩质伟晶岩☆dolerite pegmatite
粗粒雪☆spring{corn} snow
粗粒盐☆bay salt
粗粒状的☆coarsely granular
粗粒状黑火药☆cube powder
粗粒组含量☆coarse fraction content
粗沥青☆crude asphalt
粗料充填☆coarse fill
粗劣的☆awkward
粗榴石☆rothoffite
粗龙☆Trachydon
粗隆☆trochanter
粗滤☆strain
粗滤产物☆colature
粗滤器☆coarse strainer{screen}；precleaner；strainer{rough;primary} filter；prefilter
粗绿岩☆banakite
粗略的☆ill-defined；roughly；rude；rough
粗略分配☆crude splitting
粗略分析☆bulk analysis
粗略估计☆guestimate；pilot
粗略规划☆outline plan
粗略平整土方☆rough grading
粗螺属[腹;C-P]☆Trachydomia
粗螺纹☆coarse thread
粗麻布☆gunny；burlap；sacking；crash；hessian
粗麻绳☆Manilla rope
粗毛☆shag
粗毛的☆hirtellous
粗毛石☆rough rubble
粗煤焦油☆crude tar
粗煤泥☆coarse slime
粗煤气☆rough gas
粗面☆rough surface
粗面玻璃☆trachytic glass
粗面的☆rustic；rough-finished
粗面橄榄藻属[O_1-D]☆Trachyrarachnitum
粗面辉绿(结构)☆trachyophitic
粗面辉石☆trachyaugite
粗面灰玄白响岩☆vulsinit-vicoite
粗面(岩)结构☆trachytic texture
粗面介属[K_2-Q]☆Trachyleberis
粗面块石☆rag rubble
粗面粒玄岩☆banakite
粗面凝灰岩混凝土☆concrete trass
粗面球形藻(属)[Z-S]☆Trachysphaeridium
粗面石☆quarry-faced{rough-faced} stone；rustic work
粗面双极藻属[Z-Є]☆Trachydiacrodium
粗面响岩☆trachyphonolite
粗面岩☆trachyte；nenfro；trachite；mixpah
粗面状结构☆trachytic texture
粗磨☆coarse grinding{grind}；coarse-grinding；rough grinding{polishing}；roughing；brute[宝石]
粗磨的☆rough-ground
粗磨机☆kibbler
粗磨石☆coarse-grained stone；rough grind(ing) stone
粗磨水泥☆cement grit；coarse-ground cement
粗磨钻石☆bruting diamond
粗抹灰泥☆daubing；daubery；daubry
粗母绿[绿柱石变种]☆emerald
粗木工凿☆framing chisel
粗木化石☆fossil log
粗呢☆frieze
粗泥☆coarse slurry
粗泥炭☆turf
粗黏土砂☆roughing loam
粗碾稻米☆paddy rice
粗泡状熔岩☆asperite
粗硼砂☆tincal；tinkal
粗劈理☆macrocleavage
粗漂砾☆cobbles boulder
粗汽油☆ligroin；(raw) naphtha；crude{raw} gasoline；raw natural gasoline
粗铅☆lead bullion；work{wet;crude} lead
粗铅锭☆base(-lead) bullion
粗铅法☆rough lead method
粗錾石头☆boasting
粗腔海绵属[C-P]☆Girtyocoelia
粗强壳叶肢介属[K_1]☆Cratostracus
粗切地形☆coarse-textured{coarse} topography
粗切削☆first{lower} cut
粗燃料油☆raw fuel stock
粗溶剂石脑油☆crude solvent naphtha
粗绒☆rug
(洗矿槽)粗绒衬底☆rough blanketing
粗色(倾角)模式☆broad coloring (dip) pattern
粗涩☆asperity
粗砂☆coarse{harsh;open} sand；grit；grouan；flinty ground；chisel；arene；hoggin；gritting material；arena gorda
粗砂土☆gritty soil
粗砂岩☆gritstone；grit (gravel;sandstone)；gritrock；grouan；farewell rock；greet stone[英]；growan；grit sands tone；sandstone{sand} grit；raw stone；coarse sandstone；moor-rock[英;C_2]
粗砂纸☆flint (glass) paper
粗砂质☆gritty；arenose
粗砂质的☆gritty；sabulous
粗沙☆coarse sand
粗筛☆coarse screen{screening;sieve}；hurdle；riddle；cribble；bull screen
粗筛分☆coarse{course} fraction；rough sizing
粗筛分分析☆coarse-fraction analysis
粗筛壳虫属[三叶;C_1]☆Griffithides
粗筛孔的☆wide-meshed
粗筛孔状☆clathtate
粗筛矿石☆hurdled ore
粗筛余料☆riddlings
粗珊藻属☆Calliarthron
粗闪石☆astochite
粗绳☆rope
粗石☆rubble (stone)；quarry stone{rock}；rough stone；quarrystone
粗石干砌☆dry rubble
粗石灰质沙层☆cornbrash

粗石块☆derrick stone
粗石块路☆pitching
粗石蜡☆paraffin wax{scale}；paraffinic scale
粗石路面{铺砌}☆quarry pavement
粗石乱砌☆random rubble
粗石脑油☆raw{crude} naphtha
粗石片☆coarse chip
粗石砌体☆quarry-faced{quarrystone} masonry；quarry stone bond；quarrystone bond
粗石炭酸☆crude carbolic acid
粗石圬工☆quarry {-}stone masonry
粗石油☆blue{base} oil
粗食生物☆macrophagous
粗饰蚶(属)[双壳;K_2-Q]☆Anadara
粗饰琢石☆bastard ashlar
粗视的☆macroscopic；megascopic
粗视法☆macroscopy
粗视结构☆macrostructure
粗视剖面☆macrosection
粗视特性☆megascopic characteristic
粗梳机☆scribbler
粗水泥☆cement grit
粗碎☆coarse crushing{breaking}；preliminary crushing
粗碎机☆coarse{large;boulder;primary;preliminary} crusher；bulldozer；preliminary breaker
粗碎机的基本仪表☆basic instrumentation for primary crusher
粗碎矿工☆racking
粗碎脉石中的矿石☆cobbing
(花岗岩崩解的)粗碎屑☆gruss；grush；grus
粗碎屑[花岗岩崩解的]☆macrofragment；coarse fragment；grus
粗碎屑(状)的☆coarse clastic
粗碎屑煤☆marcrofragmental coal
粗碎屑岩☆rudaceous rock
粗碎旋回破碎机☆coarse-reduction gyratory
粗碎站☆primary crushing station
粗碎装置{车间}☆coarse-crushing plant
粗钛铀矿☆dialmaite urantantalite
粗滩水位☆bankfull stage
粗糖☆muscovado
粗陶器☆gallery work；stoneware
粗体☆boldface
粗体字☆black face letter；bold figure
粗天然气☆dirt{raw} gas；raw{non-processed} natural gas
粗条带状☆coarse-banded
粗条纹长石☆makroperthit
粗调☆coarse set{adjusting}；course{rough} control；rough adjustment；crude regulation
粗调棒☆shim
粗铁☆kal
粗同步[发电机并车]☆coarse synchronizing
粗铜☆blister copper；copper blister
粗涂灰泥☆parget；parge
粗推断层☆tear fault
粗退火☆black annealing
粗妥尔油☆Trostol；liqro；talloil crude
Acintol C 粗妥尔油☆Actinol C
粗妥尔油皂☆Tallso
粗网孢属☆Reticulatisporites
粗网格☆coarse grid
粗微硬化表面☆rough hard facing
粗尾粒序☆coarse-tail grading
粗文象斑岩☆graphophyre
粗纹锉☆rubber； coarse cut file；rough (cut) file
粗纹的☆bastard
粗(螺)纹接头☆coarse-threaded joint
粗纹理的☆coarse-graded
粗纹理木(材)☆coarse grained wood
粗纹泥☆megavarve
粗(粒)物料☆rough material
粗稀结构水系☆coarse textured drainage
粗稀水系结构☆coarse drainage texture
粗洗煤气☆rough gas
粗细层间夹沉积层[冰湖中]☆couplet
粗细沉积岩族☆spheryte
粗细粉磨系统☆coarse and fine grinding system
粗、细调节☆coarse-fine tuning
粗霞正长岩☆rischorrite；foyaite；ristshor(r)ite
粗纤维的☆coarse-fibered
粗显变晶☆phenoblast
粗显构造☆macrostructure
粗显碎屑☆phenoclast
粗显组分煤☆macrofragmental coal
粗线☆heavy line；thick{bold} line
粗屑沉积☆coarse deposit
粗(碎)屑的☆coarse clastic
粗屑岩☆macroclastic rock；psepholite
粗锌☆spelter
粗心☆inadvertence
粗心大意☆negligence
粗型☆brute；rough
粗型{形}侵蚀☆macroetching
粗形石块☆scappling
粗修整土方☆rough grading
粗(粒)悬浮体☆coarse suspension
粗玄辉石基☆basimesostasis
粗玄结构☆doleritic texture
粗玄武岩☆dolerite
粗玄岩☆trachybasalt；dolerite；greenstone；whin；graded bedding；mimesite
粗选☆crude grading；rough(en)ing；grab picking；primary{rough} concentration；rougher flotation；rough (sizing)；cobbing
粗(浮)选☆rougher{roughing} flotation
粗(浮)选机☆floatation{flotation} rougher
粗选-精选流程图☆rougher cleaner flowsheet
粗选矿石☆milling{mill} ore
粗选连生体跳汰机☆chat-sloughing jig
粗选扫选精选再精选流程☆rougher-scavenger-cleaner-recleaner circuit
粗选-扫选流程图☆rougher-scanvenger flowsheet
粗选用浮选机☆primary flotation cell
粗压扁平伏[德]☆riesenflaser
粗牙的☆bastard
粗牙螺纹☆coarse thread
粗研水泥☆coarse ground cement
粗蜒螺属[腹;T-J]☆Trachynerita
粗岩屑☆coarse waste
粗岩屑的☆macroclastic
粗眼☆dizziness
粗眼筛☆screening；screen；scr；riddle
粗眼网孔{目}☆coarse {-}mesh(ed)
粗页岩油☆crude shale oil
粗硬岩石☆lagstone
粗用☆rough use
粗油页岩☆cannel shale
粗隅石☆rustic quoin
粗圆齿状[植物叶缘]☆grosso-crenatus
粗錾石☆hewn stone
粗凿☆broach；boast；quarry-pitched；rough hew
粗凿工作☆boasted{droved} work
粗凿加工☆boasting
粗凿麻面方石☆pointed ashlar
粗凿石☆chiselled ashlar；pitch-faced stone
粗皂石☆potstone
粗轧☆breaking{roughing;break} down；roughing；rough rolling
粗轧机☆big mill
粗轧机座☆rougher
粗轧孔型☆breakdown pass
粗褶双极藻属[Z]☆Trachyrytidodiacrodium
粗真空☆black vacuum
粗针☆bodkin
粗枝藻(属)☆Dasycladus
粗制的☆run-of-the-mine
粗制丁基黄原酸盐[C_4H_9OCSSM]☆Raconite
粗制螺栓☆black{blank;heavy;unfinished;rough} bolt
粗制品☆rough
粗制相片☆raw picture
粗质土☆coarse soil
粗质土壤☆coarse-textured soil
粗中砾[粒径 16～32mm]☆coarse pebble
粗琢(石料)☆boast
粗琢方石☆rusticated ashlar
粗琢工作☆scabbling
粗琢块石☆knobbing
粗琢毛石☆scabbled rubble
粗琢石☆knobbing；rough ashlar；rough pointed stone；quarry-pitched {rock-faced; rough-finished} stone；rough finished stone；skiffling
粗琢石匠{工}☆scabbler
粗琢石作☆rustic work；rustification
粗琢岩☆rock-faced stone
粗琢原石☆half-dressed quarry stone
粗棕榈属☆Trachycarpus
粗组构☆macrofabric
粗钻屑☆chipping；calyx

cù

醋☆vinegar
醋氨石☆acetamide
醋胺石[CH_3CONH_2;三方]☆acetamide；ace-amide
醋蒽☆aceanthrene
醋(酸)酐☆acetic anhydride
醋化☆acetify
醋化作用☆acetification
醋解☆acetolysis
醋精☆acetin
醋栗石☆gooseberry stone
醋氯钙石[$CaCl_2$•$Ca(C_2H_3O_2)_2$•$10H_2O$;单斜、三斜]☆calclacite；calclasite
醋石☆acetate of lime
醋酸☆acetic{ethanoic} acid；ACA；vinegar
醋酸铵[CH_3•$COONH_4$]☆ammonium acetate
醋酸丁酯[$CH_3CO_2C4H_9$]☆butyl acetate
醋酸钙☆calcium acetate
醋酸镉[$Cd(C_2H_3O_2)_2$]☆cadmium acetate
醋酸根☆acetate
醋酸计☆acidometer
醋酸(水)解作用☆acetolysis
醋酸铝☆aluminium acetate
醋酸绿钙石☆caldacite
醋酸镁☆magnesium acetate
醋酸钠☆sodium acetate
醋酸十二(烷)基铵☆dodecylammonium acetate
醋酸戊酯☆amyl acetate；banana oil
醋酸纤维素揭片☆acetate peels
醋酸性盐雾试验☆Acetic Acid Salt Spray test
醋酸盐示踪剂☆acetate tracer
醋酸乙烯☆vinylacetate
醋酸乙烯酯[CH_3COOCH:CH_2]☆vinyl acetate；vinylacetate
醋酸乙酯☆ethyl acetate
醋酸酯[CH_3COOR]☆acetate
簇☆cluster; form a cluster; pile (up); bunch; beam; mat；manifold
簇虫类☆gregarines
簇粗线☆fasciostae
簇灯☆cluster lamp
簇泛光灯☆cluster floodlight
簇集☆clustering
簇礁☆cluster rock
簇磷铁矿[$Fe^{2+}Fe^{3+}_5(PO_4)_4(OH)_5$•$4H_2O$;单斜]☆beraunite；eleonorite
簇栅珊瑚(属)[C]☆Corwenia
簇珊瑚属[D_{1-2}]☆Fasciphyllum
簇射[宇宙线]☆shower
簇生[植物缺锌症状]☆rosette
簇生的☆fasciculate; ca(e)spitose; clustered; fascicled; fasciated; tufted; comate; cespitose; c(a)espitosus[植]
簇石[E_1]☆Bomolithus；Fasciculithus
簇石英☆mineral bloom
簇式喷雾器☆cluster spray
簇希瓦格蜓属[C_3]☆Acervoschwagerina
簇线☆fasciostellae
簇型壳纹[动]☆fascicostella [pl.-e]
簇型壳线[动]☆fascicosta [pl.-e]
簇岩☆cluster rock
簇叶☆foliage
簇状金刚石整修工具☆cluster-type diamond dressing tool
簇状晶粒[土壤]☆crystallaria
簇状嵌晶☆drusy mosaic
簇状穹丘☆cluster dome
簇状珊瑚☆Fasciphyllum
促爆☆sensitization
促爆剂☆pro-knock compound{composition}
促成☆forcing；involve；favour；force；favor
促动☆actuate；motive
促动器☆actuator
促动时间☆actuation time
促动因素☆motivation
促化作用☆acceleration
促进☆speed; effect; facilitate; promote; loft; expedite; hastening; promotion; accelerate; stimulate; step up; forward；impetus
促进的☆heuristic

促进……的☆conducive；conducible
促进剂☆(Aero) promoter；accelerator；accelerant；promotor；accelerating agent；sweetener
促进剂 M☆captax
3302(号)促进剂[一种黄原酸酯类]☆Aero promoter 3302
3461(号)促进剂[3302 的同系物,黏度比 3302 小]☆Aero promoter 3461
3477{|3501}(号)促进剂[二硫代磷酸类药剂]☆Aero promoter 3477{|3501}
404{|425}(号)促进剂[巯基苯并噻唑]☆Aero promoter 404{|425}
705(号)促进剂[油酸皂乳化液]☆Aero promoter 705
708(号)促进剂[粗制植物油脂肪酸]☆Aero promoter 708
710(号)促进剂[708 号的钠皂除油酸及亚油酸外还含有一定量的松香酸]☆Aero promoter 710
712(号)促进剂[植物油脂肪酸钠皂]☆Aero promoter 712
723(号)促进剂[精制妥尔油,含脂肪酸 92%及松香酸 4%]☆Aero promoter 723
801{|824|899}(号)促进剂[水溶性石油磺酸盐]☆Aero promoter 801{|824|899}
830(号)促进剂[新型改良磺酸盐型捕收剂]☆Aero promoter 830
845(号)促进剂[磺丁二酰胺酸,N-十八烷基-N-1,2 二羧乙基磺化琥珀酰胺酸四钠盐水溶液浓度 35%]☆Aero promoter 845
促进剂涂层[被覆]☆accelerant coating
促进生长的东西☆nutriment
促进因素☆catalyst
促进者☆promoter；facilitator
促进作用☆acceleration
促凝剂☆accelerant；accelerator；coagulation{set(ting); curing} accelerator；set accelerating admixture；accelerating agent；coagulator
促凝水泥☆accelerated cement
促凝作用☆accelerating effect
促起发酵的☆fermentative
促燃剂☆flame accelerator
促石墨化元素☆graphitizing element
促使☆initiate；prod；prompt
促使出砂的条件☆sand promoting condition
猝发☆burst (out)
猝发成火焰的☆ignescent
猝发传输率☆burst rate
猝发音☆tone burst
猝灭剂☆quencher
猝然排出(量)☆abrupt discharge
猝熄剂☆quenchant

cuàn

篡夺☆usurp
窜槽☆channel(l)ing；bypass channel
(水泥)窜槽☆canalization
窜槽气体☆channel(l)ing gas
窜槽填充☆channel fill
窜槽效应☆channeling effect
窜层☆communication between zones
窜层流体☆interzone fluid
窜动干扰信号☆running rabbit
窜改☆manipulate
窜间隔离☆interzonal isolation
窜流☆communication；channel(l)ing
窜流系数☆interporosity flow coefficient
窜流效应☆crossflow effect
窜相位[对比时错了相位]☆jump a leg

cuī

摧毁☆dismantling；blast；unbuild
崔公窑☆Cui-Gong ware
催促☆urge；bustle；crowd；accelerate；hurry
催促信号☆prompt signal
催镀液☆quickening liquid
催干剂☆siccative；drier
催化☆catalysis；catalytic action
催化产物☆catalysate
催化重整☆catalytic reforming；CR；catforming
催化剂☆accelerator；catalytic{accelerating} agent；catalyst (additive)；catalyzer；catalyzes；accelerant；hardener；catalysator(is)
催化剂注入步骤☆catalyst injection step
催化聚变反应☆catalytic fusion
催化裂化☆catalysing and cracking；catalytic cracking
催化器☆jaeger converter
催化燃烧脱臭☆catalytic combustion deodorizing
催化式气体检测器☆catalytic gas detector
催化作用☆catalytic action；catalysis；accelerating effect
催泪瓦斯{气体}☆lacrimatory{tear} gas
催凝剂☆accelerating chemicals

cuì

萃取☆extract(ion)；extracting；ext.；abstraction；ex.
萃取法☆(liquid) extraction；ext.
萃取过的☆stripped
萃取后操作☆post-extractive operation
萃取剂☆extractant；zerolit
萃取率☆extraction percentage
萃取瓶☆extraction flask
萃取器☆extractor
萃取溶剂☆extracting solvent
萃取石油☆oil extraction
萃取提纯☆purification by liquid extraction
萃取冶金☆lyometallurgy；extractive metallurgy
萃余液☆raffinate
脆变☆embrittlement
脆冰☆frazil (ice)
脆草☆charophyte；brittlewort
脆的☆friable；fragile；fractile；brittle；breakable；crimp；frail；brash；short；crumbly；brashy；nesh；porcelain；palverulent[岩石等]；vitr-
脆点☆brittle point
脆度☆fra(n)gibility；brittleness；embrittlement
脆断☆brittle failure
脆杆藻属[硅藻]☆Fragilaria
脆褐煤☆zittavite
脆化☆embrittlement
脆化(温度)☆brittle point{temperature}
脆坏☆brittle failure
脆晶绿泥石☆corundophilite
脆块沥青[属琥珀类,为 C、H、O 的化合物]☆bielzite
脆沥青[C、H、O 化合物的混合物]☆grahamite；c(h)ristograhamite；kundaite
脆沥青煤☆kundaite
脆沥青岩[C86.6%,H7.3%,O2%,N 和 S1.5%]☆impsonite
脆裂☆embrittlement (cracking)；brittle failure
脆裂强度☆bursting strength
脆硫铋矿[Bi_4S_3; $Bi_4(S,Se)_3$;三方]☆ikunolite
脆硫铋铅矿[$(Pb,Fe)(Bi,Sb)_2S_4$;斜方]☆sakharovaite；sakharowit(e)
脆硫砷铅矿[$Pb_2As_2S_5$；$PbAs_2S_4$;单斜]☆sartorite；scleroclase；scleroclasite；binnite；arsenomelan
脆硫锑铅矿[$Pb_4FeSb_6S_{14}$;单斜]☆jamesonite
脆硫锑铅银矿☆warrenite
脆硫锑银铅矿[$Ag_2Pb_5Sb_6S_{15}$;斜方]☆owyheeite；silver-jamesonite
脆硫铜铋矿[Cu_3BiS_3]☆klaproth(ol)ite；cupreous bismuth；wittich(en)ite
脆硫锡铅矿☆sakharovaite
脆绿泥石[$11(Fe,Mg)O•4Al_2O_3•6SiO_2•10H_2O$]☆corundophil(l)ite；korundophilite
脆煤☆friable{mingy;ming;weak} coal；minge
脆鸟蛤属[双壳;E-Q]☆Fragum
脆凝灰岩☆alloite
脆盘☆brittle pan
脆盘土☆fragipan soil
脆磐土☆fragipan soil
脆韧性区☆brittle-ductile domain
脆弱☆friability；fragility
脆弱的☆fragile；friable；vulnerable；tender；slight
脆弱的雨林环境☆the fragile rainforest environment
脆弱面☆plane of weakness
脆弱性☆vulnerability
脆砂☆friable sand
脆砷铁矿[$2Fe_2O_3•As_2O_5$;$Ca_2Fe^{3+}_4(AsO_4)_2O_3$;三斜]☆angelellite；angeleuite
脆铁矿☆friable iron ore
脆通炸药☆britonite
脆铜☆dry copper
脆铜钴土☆boddtite
脆性☆friability；fra(n)gibility；embrittlement；fragileness；brittleness；crumbliness；brash(ness)；shortness；rottenness
脆性板岩☆buckwheat slate
脆性材料☆hard brittle material；fragile{brittle; friable} material；brittle substance
脆性地层☆friable ground
脆性亮煤☆softs
脆性生铁☆glazed pig
脆性-塑性转变☆brittle-plastic transition
脆性岩层☆short ground；friable formation
脆性云母☆brittle mica
脆叶蛇纹石☆marmolite
脆银矿[Ag_5SbS_4;斜方]☆stephanite；melanglance；tigererz；black silver (ore)；brittle silver ore{glance}；brittle silver；goldschmidtine；psaturose；black soil；melane-glance；melanargyrit
脆云母☆brittle mica；clitonite
脆云母类☆brittle mica；clintonite
脆折点☆brittle point
淬化浴☆quenching bath
淬火☆harden(ing)；hdn；quenching；chilling；quench (hardening)；tempering；HQ
淬火变形☆quenching strain{defect;distortion}；deformation due to hardening
淬火不足☆underquenching
淬火槽☆hardening{quenching} bath；quenching tank；slake trough
淬火的☆hard-tempered
淬火钢☆hardened{chilled;quenched} steel
淬火剂☆hardener；coolant (fluid)；hardening agent {medium}；quenchant；quenching compound {liquid; medium;agent}
淬火介质☆quenchant；quenching medium
淬火裂纹☆hardening flaw；quenching crack
淬火炉☆vertical tube electric furnace；glowing {hardening;quenching} furnace
淬火器☆quencher
淬火双晶☆annealing twin
淬火应变☆distortion during quenching；quenching {hardening} strain
淬火油池☆oil quenching bath
淬火钻头☆quenched bit
淬冷机☆dipping machine
淬冷接触带☆chilled contact
淬沥过度☆hot shot
淬裂☆hardening crack
淬灭剂☆quencher
淬透[金相]☆full hardening；deep-hardening；through hardening{quenching}；hardening
淬透深度☆depth of hardening
淬透性☆hardenability
淬硬☆quench hardening
淬硬区域☆hardened area
淬硬深度☆hardness penetration
淬硬条件☆hard condition
淬(火)致缺陷☆quenching defect
翠柏属[N-Q]☆Calocedrus
翠峰山鱼属[D_1]☆Tsuifengshanolepis
翠钙铁榴石☆demantoite；demantoid
翠铬锂辉石☆hiddenite；lithionsmaragd
翠孔雀石☆emerald malachite
翠锂辉石[因含 Cr 而呈现翠绿色;$LiAl(Si_2O_6)$]☆emerald spodumene
翠榴石[一种绿色透明的钙铁榴石;$Ca_3Fe_2(SiO_4)_3$]☆demantoid；demantoite；dimanthoid；diamantoid
翠绿☆emerald
翠绿宝石☆alexandrite
翠绿钙石☆vreckite
翠绿泥石☆corundophilite
翠绿青砷铜矿☆erinite；cornwallite
翠绿色的☆viridian
翠绿砷铜石☆cornwallite
翠毛[陶]☆kingfisher feather glaze
翠鸟属☆Alcedo
翠镍矿[$Ni_3(CO_3)(OH)_4•4H_2O$;等轴]☆zaratite；texasite；emerald nickel；nickel smaragd {emerald}
翠青地黑花[陶]☆black on kingfisher blue
翠砷铜矿☆euchroite；erinite
翠砷铜石[$Cu_2(AsO_4)(OH)•3H_2O$;斜方]☆euchroite
翠铜矿☆emerald copper

cūn

村☆village
村的☆village
村周灌溉地☆bara

cún

存查☆file for reference

存查煤样☆check sample
存车轨道☆garage rail
存车量☆standage
存储☆memory; holding; stock; memorization; deposit; storage; bank; store and memory; store; packing; remembering; accumulation; memorise; memorize
存储比☆storativity ratio
存储残片☆(storage) fragmentation
存储磁鼓☆memory drum; magnetic storage drum
存储带更新☆file maintenance
存储电路☆memory circuit; recording channel
存储机构☆storing mechanism
存储基金☆non-expendable funds
存储库☆thesaurus [pl.-ri,-ses]
存储块☆(storage) block; memory block
存储论☆inventory theory
存储器☆storage (memory;unit); memory (storage); memory and storage; store(r); accumulator; memorizer; memoriser
存储容量☆memory{storage} capacity; filling
存储碎片☆storage fragmentation
存储维护☆file maintenance
存储信息☆canned data
存档☆archive; filing; place on file; keep in the archives
存档质量[摄影复制品]☆archival quality
存锭☆stock pig
存堆装载☆stock pile loading; stockpile loading
存放☆deposit; loading
存放处☆depository
存放国外同业分户账☆nostro ledger
存放架☆storage rack
存放者☆depositor
存放重车和空车的车道☆standage room
存根☆counterfoil; stub
存活率☆survivorship
存活期☆survival time; viability[微生]
存货☆goods in stock; existing stock{goods}; stock-in-trade; inventory; stock (up); remainder; Stk.
存货不足☆none in stock; N/S
存货过剩{多}☆overstock
存积☆deposit
存库☆warehouse
存库操作☆storage operation
存款☆fund; deposit; credit; cr.
存款不足☆N/S; not sufficient (funds); no funds; N/F
存款互换装置☆memory exchange
存款账户地点☆account point
存矿量☆ore inventory
存料☆stock
存料仓☆storage bunker
存料场☆sorting{stock;supply} yard; stockyard
存留时间☆residence time; reversed time; RT
存留水☆retained water
(筛上)存留物料☆retained material; screen oversize
存留下来的☆residual
存留序列☆order of persistence
存煤场☆bing
存木场☆lumber{timber;wood} yard
存泥井☆gravel basin
存取☆access; acc.
存取方法☆access method; AM
存取时间☆access time; AT
存取周期☆cycle time; storage{access} cycle; store access cycle
存入☆store; logging
存入程序☆stored routine
存砂斗☆sand storage bin
存砂容器☆grit chamber
存数☆content
存数互换☆memory exchange
存水管☆trap
存水弯☆drain{U} trap
存亡攸关☆at stake
存污管段☆mudlegs
存象☆occurrence
存衣室☆hanger room
存油体积换算表☆outage tables
存雨水泥坑☆claypan
存在☆pertain; existence; availability; lie; occurrence; entity; presence; present; obtain; occur; PRES.
存在的(事物)☆existent
存在的理由{目的}☆raison d'etre[法]
存在磨损☆deterioration occur
存在时间☆life span
存在形式☆mode of occurrence
存在于地球表面的☆superterranean; superterrene
存折☆check book
存贮场☆storage{hold} yard
存贮方针☆inventory policy
存贮费用☆carrying cost

cùn

寸层韵律构造[火成岩]☆inch-scale layering

cuō

搓☆lay; twine; twist
搓板路面☆ridged surface
搓板式冰碛☆washboard moraine
(把……)搓成小块☆wad [pl.wadden]
搓捻机☆buncher
搓揉☆kneading
搓揉式混砂机☆kneader type mixer; kneading machine
搓式混砂机☆kneader type mixer
搓碎试验☆crumb test
搓条法☆thread twisting method
磋商☆consultation

cuò

措辞☆expression; phraseology
措词☆phrase; term
措施☆measure; provision; move
措施后产量☆posttreatment production rate
措施见效井☆improved well
挫败☆frustrate; thwart; foil; disconcertment; discomfiture; defeat
挫动☆wrench movement
挫断层☆wrench{basculating} fault
挫伤☆fracture
挫折☆discouragement; disappointment; dash; balk; backset; setback; frustration; baffle
挫折带☆kink band
错[西藏]☆mis-; co; tso
错编☆miscode
错车道☆(double) parting; tumble-up; turnoff; car pass; switching{passing} turnout; lay-by; passby; passing track
错车巷道☆branch heading
错车宽度☆passing bay
错车线☆by-lay; shunting line
错车线路{轨道}☆switching track
错齿☆side set
错齿饰☆billet
错出☆off-line
错弟耳☆trotyl
错动☆dip-slip{dip} offset; slippage; dislocate
错动层面☆faulted{fault} bedding plane
错动的☆thrown; faulted; regmatic
错动地层☆disturbed ground
错动海☆disjunctive sea
错动海岸☆diastrophic coast
错动裂隙☆fracture with displacement
错动劈理☆strain-slip cleavage
错动无序堆积☆bird-nest structure
错动线☆displacement{luders} line
错断☆dislocation; trap; leap[岩层]
错断变质☆dislocation metamorphism
错断的☆faulted
错断构造☆dislocated structure
错对比☆miscorrelation
错分类☆misclassification
错分类区☆misclassified area
错缝☆fissure of displacement; breaking joint
错缝接合☆broken{alternate} joint
错过☆loss
错合☆misfit
错接☆misconnection
错解扣☆mistrip
错觉☆illusion; misconception; phantom
错开☆stagger
错开接点☆misaligned contact
错开排列的(割缝)排☆staggered row
错口☆offset finish; high-low{Hi-Lo} [对管的缺陷]; mismatch[焊接缺陷]
错扣☆thread alternating
错列☆alternation; stagger
错列层琢石圬工☆broken-range{uncoursed} ashlar masonry
错列打桩☆staggered piling
错列脊☆shutterridge
错列接缝☆stagged joint
错列接头☆broken{alternate} joints
错列结构☆shifted structure
错列排管☆bank of staggered pipes
错裂角砾岩☆kakirite
错流☆cross current
错乱☆aberration; in disorder{contusion}; deranged
错乱层理☆gnarly bedding
错乱地层☆disturbed ground
错落式住宅☆bilevel
错排☆misfit
错排管束☆staggered tube bank
错配☆mismatch
错配物☆tramp; misplaced material
错绳圈☆additional rounds of adjustment
错算☆miscount
错位☆fault; misorientation; off structure; spacing out; misplacement; dislocation; displacement; ram-off {ramaway}[铸件缺陷]; malposition; transposition
错位露头☆misplaced outcrop
错位煤层☆dislocated{displaced} seam
错位线☆dislocation line; line of dislocation
错误☆fault; error; fail; erratum [pl.-ta]; default; blunder; corrigendum [pl.-da]; wrong; mistake(n); stumer; balk; erroneous; illiteracy[语言]; E
错误比例调节动作☆integral action
错误不在此限☆errors excepted; ee; E.E.
错误操作☆faulty operation
错误的☆erratic; erroneous; wrong
错误动作☆malfunction
错误对比☆miscorrelation
错误多的☆foul
错误分类☆mis-classification
错误估计☆miscalculation
错误关闭信号☆false stopping of a signal
错误观念☆misconception
错误管理☆mismanagement
错误检测☆error-detecting{-checking}; error detection {detecting}; EC
错误检测码☆error-detecting code
错误检查和校正☆error check and correction; ECC
错误校验☆error-checking
错误开放信号☆wrong clearing of a signal
错误数据☆misdata
错误消息☆misinformation
错误信号发生设备☆meacon
错误遗漏不在此限☆errors and omissions expected; E. & O.E.
错误引导☆misguidance
错误指导的完井作业☆misdirected completion practice
错误指向☆misrouting
错向☆misorientation
错牙齿轮☆staggered gear
错移☆distortion
错杂☆complication
错置物料总重量[选;以给料的百分数计]☆total of misplaced material
错字☆erratum; corrigendum
错综☆intricacy; anfractuosity; intricate; subtle
错综复杂☆involution; complication; complicacy; sinuousness
锉出☆file out
锉床☆filing machine; rasper
锉刀☆file
锉刀开凿机☆nicker-pecker
锉断层☆wrench fault
锉蛤☆Lima
锉刮☆rasion
锉光☆file finishing
锉痕[遗石]☆rasping structures
锉磨☆rasion
锉木属[古植;C_2]☆Eleutherophyllum
锉苔藓虫属[S]☆Rhinopora
锉网苔藓虫属[O-S]☆Rhinidictya
锉屑☆filing; file dust; scob
剉痕[遗石]☆rasping structures

D

dā

搭板☆flat
搭板对接☆butt-strap joint
搭叠块体☆ship-lap block
搭钩☆dog
搭钩杆☆peavy; peavey
搭焊☆lap {-}weld(ing); joint{bridge} welding
搭焊钢管☆steel lap-welded pipe
搭架☆horse; scaffold
搭脚手架☆scaffold; scaffolding
搭接☆lapping (joint); lap (joint); strap-on; overlap; ledge{overlap;related;single-lap} joint; strap (on); splice{whip} graft; bonding
搭接衬板☆shiplap liner
搭接带☆attachment strap
搭接缝☆lap joint{seam}; superimposed seam; overlap butt
搭接焊☆lap welding; related joint; end lap weld
搭接凸缘☆lap-joint flange
搭接转弯☆overlapping turn
搭扣☆hasp; dog
搭配☆collocation; arrange in pairs{groups}; mate
搭棚(材料)☆scaffold
搭桥区☆bridge region
搭式接榫方框支架☆rocker step-down set
搭头☆lap
搭头焊☆jam weld; end lap weld
搭载☆embarkation; ride; embarcation
搭帐篷☆pavilion
答应☆undertake; consent; compliance; permission
鎝{锝}☆technetium

dá

韃靼(阶)[欧;P_2]☆Ta(r)tarian
韃靼石[碱金属,镁和三价铁的铝硅酸盐]☆tatark(a)ite
达白贝罗定律☆Buys Ballot's law
达布方程☆Darboux equation
达到☆reach; fulfillment; extend; accomplish; acquire; measure up to; find[自然地]
达到充填设计压力☆screen-out; sand out{off}
达到顶点☆crest; culminate
达到给定速度☆onspeed
达到深度☆on depth
达到限度的☆marginal
达到一定的转速☆turnup
达恩型过滤机☆Dehne filter
达尔加兰加坑☆Dalgaranga crater
达尔肯方程☆Darkes equation
达尔马提亚型海岸线☆Dalmatian coastline
达尔曼虫☆Dalmanites
达尔曼珊瑚属[S_{1-2}]☆Dalmanophyllum
达尔斯壮姆公式☆Dohlstrom's formula
达尔文玻璃[一种玻陨石]☆queenstownite; Darwin glass
达尔文介(属)☆Darwinula
达尔文主义演{进}化论☆Darwinian evolution
达夫克拉喷气式浮选机☆Davcre cell
达夫克拉射流式浮选机☆Devcre flotation machine
达格菊石属[头;T_1]☆Dagnoceras
达格马鋌属[孔虫;C_2]☆Dagmarella
达圭纳虫属[三叶;$Є_1$]☆Daguinaspis
达硅铝锰石[$Mn_2Al_{12}(SiO_4)_7O_3(OH)_6$;单斜]☆davreuxite
达科他[美州名]☆Dakota
达科他(群)[K_2]☆Dakotan
达克斯虫属[孔虫;K]☆Daxia
达拉比石☆darapiosite
达拉德(组)[AnЄ]☆Dalradian
达拉德变质岩地区☆Dalradian metamorphic terrain
达拉德群[Pt]☆Dalradian
达拉德统{系}☆Dalradian series
达拉斯地质学会☆Dallas Geological Society; DGS
达莱贝尔比例试验法☆D'Alembert's ratio test
达兰贝耳原理☆D'Alembert's principle
达里贝式[腕]☆dallinid
达里贝属[腕;N-Q]☆Dallina
达里贝型腕带[腕;loop]☆dalliniform
达里诺尔贝属[腕;P_1]☆Dalinuria
达列杰(阶)☆Dalejan (stage)
达硫锑铅矿[$Pb_{21}Sb_{23}S_{55}Cl$;单斜]☆dadsonite
达马树脂☆dammar
达门炸药☆Dahmenite
达蒙介属[J_3-K]☆Damonella
达纳旋涡法[重介选煤]☆Dyna whirlpool process
达宁期☆Danian age
达派克斯提铀法☆Dapex process
达氏贝属[腕;S]☆Dayia
达斯(阶)[欧;N_2]☆Dacian
达斯堡牙形石属[D_3]☆Dasbergina
达斯兰变动☆Daslandian disturbance
达绥(西)径向流公式☆Darcy's-radial flow formula
达瓦变质作用☆Dharwar metamorphism
达威芮那米黄[石]☆Doverena Beige
达维安全汽油灯☆Davy (lamp)
达维多夫分裂☆Davydov splitting
达西[渗透率单位]☆darcy
达西层流方程☆Darcy laminar-flow equation
达西单位☆Darcy unit; D
达西{绥}公式☆Darcy's formula
达西径向流动方程☆Darcy's radial flow equation
达西渗流速度向量☆Darcy velocity vector
达西水流☆Darcy-flow
达西(-)外士{魏斯}巴定律☆Darcy-Weisbach formula
达西韦亚型可调整坡度自动化输送机☆Dashaveyor modular conveyor
达因☆dyne; dyn
达因计☆dynemeter
达扎鲁{洛}克函{|参}数☆dar Zarrouk function{|parameter}
达兹沃陨铁☆tazewellite
答案☆answer; result
答辩☆defence; defense
鐽[鐽;Ds,序 110]☆darmstadtium

dǎ

打☆knock; beating; beat; strike
打白石☆attapulgite; palygorskite
打板桩☆sheet pile driving; sheet pil(l)ing
打包☆package; bale; parcel; packaging
打包工作☆sacking operation
打包机☆compress; baler
打爆破孔用的回转钻机☆rotary shot drill
打{缝}辫机☆braider
打标记☆punch mark
打测线☆staking
打岔☆interruption
打超前孔☆predrilling
打超前钻孔{眼}☆predrilling
打成薄片☆foliate
(把……)打出凹痕☆dint
打出的小凹坑☆dinge
打出小孔☆eyeleting
打穿☆puncture
打穿脉☆cut; crosscutting
打倒☆overthrow
打底灰泥层☆scratch coat
打底子☆render; sketch (a plan, picture, etc.)
打地震孔用的回转钻机☆rotary shot drill
打点号☆dot
打电话☆telephone; phone; call
打钉☆sprig
打顶板锚杆眼用钻车☆roof-bolting{roof-pinning} jumbo; roof bolting jumbo
打丢孔径[把钻孔打成锥形]☆drill down to a point
打洞☆burrow; bur
打洞机☆piercing tool
打断☆interrupt(ion); cut (short); cutting in
打废孔☆draw a blank
打干井☆dry sinking
打钢板桩☆steel sheet piling
打官司☆litigation
打管法凿的井☆drivewell; driven well
(把管子)打(入地层用的)管(子)死卡☆drive clamps
打夯☆ramming
打夯机☆tamper; tamping{rammer;ramming} machine; (machine) rammer; power rammer
打滑☆slip; skid; surge; slipping; slippage
打坏☆batter
打混凝土桩☆concrete pile driving
打火花☆spark; strike a spark
打火机☆lighter; igniter; ignitor
打火器☆lighter
打火石☆flint (stone); firestone; flints tone; pyrites
打击☆blow; strike; knockout; striking; hit; stroke; encounter; dub; frustrate; buffet; percussion; batting; impingement
(套管)打击锤☆drive hammer
打击锤的加重块☆drive-hammer extension
打击次数☆number of strokes
打击圈☆bulbar ring
打击者☆beater; striker
打基础☆found
打键☆manipulation
打毽板☆battledore
打浆☆beating
打浆机☆beater; hollander[荷兰式]
打交道☆truck
打浇口☆spruing
打搅☆bother
打校样工人☆prover
打结☆knot; kink; tie a knot; tie (in)
打井☆well construction{sinking}; drive{open} a well; make hole
打井工艺☆water-well technology
打井机具☆well-rig
打井装置☆hole-making assembly
打开☆discover; crack; breakout; disconnection; open up
打开铲斗底门的绳☆bucket latch cord
打开程度不完善☆partial penetration
打开的封闭区☆reopening sealed area
打开火区☆fire unsealing
打开集液器阀门让天然气喷放☆blowing the drip
打开卡闩☆unlatch
打开口眼[钻]☆predrilling
打开信号☆opening signal
打开性质不完善☆partial completion
打开闸门降低井内压力☆bleed off
打空转☆blank run
打孔☆punch; keypunching; slotting
打孔的软片☆perforated film
打孔机☆perforating{boring} machine
(管道带压)打孔机☆tapping and plugging machine
打孔器☆bear; perforator
打孔眼☆eye
打孔装置☆contender
打垮☆crumple; strike down; defeat; beat
打捆工{机}☆bander
打蜡☆waxing; wax
打兰[药衡=3.888 克,常衡=1.771 克]☆dram
打捞[钻具、失落物]☆fish(ing); salvage; dredge
打捞(用的)槽☆catching groove
打捞叉子☆fishing-grab
打捞沉船用浮筒☆caisson
打捞出落鱼☆fish{fishing} up
打捞船☆salvor; pick-up boat
打捞船舶☆salvaging
打捞的岩石☆dredged rock
打捞吊篮☆reed basket
打捞断杆装置☆spiral worm
打捞队☆wrecking crew
打捞费☆salvage
打捞浮筒☆camel; salvage pontoon
打捞杆{棒}☆fishing rod
打捞工具☆fishing tool{tackle}; jack latch; tool grab{extractor}; grappling iron; box-bill; bulldog; jar knocker; spring dart; pick(-)ups; cable fishing tool; spud; red and yellow basket[孔内小物件]
打捞工具的导向筒☆bowl
打捞工具罩☆open-end basket; bonnet
打捞工人☆fisherman
打捞公司☆salvage company
打捞公锥☆(inside) tap; fishing taper{nipple}; die nipple; tap screw grab; thorn; screw grab; recovering{taper;pin} tap; rotary taper tap; male fishing tap
打捞公锥导向器☆screw grab guide
打捞公锥的导帽☆tap guide
打捞钩☆fishing{recovery} hook; recovery tap; pulling yoke; boot jack; fishhook; bit holder
打捞钩叉☆devil
打捞管☆(fishing) basket; bullet
打捞和取芯用震击器☆fishing/coring jar
打捞挤扁或破裂套管用打捞筒☆mandrel socket
打捞接头☆fishing joint; junk sub; die coupling
打捞接头(短节)☆catcher sub

D

打捞金刚石取芯钻头的公锥☆core-bit tap
打捞卡☆bull dog
(一种)打捞卡套[卡住落物颈部的]☆collar grab
打捞孔内脱落钻具☆engagement with the fish
(小落物)打捞篮☆junk basket
打捞篮头☆basket head
打捞捞砂筒的打捞工具☆boot and latch jack
打捞矛☆fox trip spear; bullodog; (fishing) spear; spear type fishing tool; spring dart; trip spear[可退出的]
打捞矛头☆spear-head; overshot spear head
打捞矛 V 形头☆spearhead
打捞锚爪☆box bill
打捞母锥☆(fishing) socket; die coupling{collar}; box tap{auger}; biche; beche; casing bowl; cherry picker; outside tap; socket type fishing tool; screw bell; bell screw{socket}; female fishing tap
打捞母锥钻☆fishing tap
打捞器☆fisher; yoke; ditch; devil's-steel hand; die coupling; latch jack; sand hitch[其中有砂岩可提高抓力]; reed basket[孔内小物件]; overshot assembly [绳索取芯]
打捞人员☆salvor
打捞绳[钻]☆bailing line
打捞失败而报废☆junked and abandoned; JaA
打捞矢锥☆thorn; die nipple
打捞丝锥☆screw grab
打捞碎物工具☆junk retriever
打捞套管公锥☆casing tap
打捞套筒或钻管的工具☆overshot
打捞筒☆junk basket; fishing collar{socket}; catch sleeve; overshot; basket (barrel); bell socket; os
打捞筒导向引鞋☆overshot guide shoe
打捞筒油管密封分压器☆overshot tubing seal divider
打捞筒主体☆basket body
打捞牙轮的工具☆rock bit cone fishing socket
打捞印模☆camera
打捞用震击器☆fishing jar
打捞罩☆skirt
打捞振动杆☆fishing jar
打捞震击环用的打捞筒☆jar socket
打捞抓钩☆pick-up grab
打捞爪☆junk catcher; devil's steel Land; crowfoot
打捞钻杆的工具☆crow's-foot; jar bumper
打捞钻具用的工具☆spudder
打捞钻头的公锥☆bit recovering tap
打雷☆thundering
打猎☆hunt
打乱☆dislocation; disconcertment; discomfiture; foil; disappointment
打落装置☆knock-off arrangement
打麻机☆scutcher
打煤钻机☆coal drill
打磨☆snag
(焊接坡口)打磨和抛光☆grinding and buffing
打磨机☆dresser; sander
打磨钎头☆dress a bit
打磨人☆burnisher
打木板桩☆timber-sheet{wooden-sheet} piling
打木桩☆wood piling
打拿极☆dynode
打泥芯☆decoring
打炮眼☆blast hole drilling
打泡☆boiling
打平☆planish
打破☆break; upset
打破者☆breaker
打旗语信号☆wigwag signal
打气☆inflation; inflate; pump{cheer} up; bolster up the morale; boost the morale; encourage
打气筒☆inflator
打浅孔(法)☆rat holing
打浅眼冲击式钻机[勘]☆jetting drill
(通过键盘)打入☆key-in
打入(地中)的[如管子等]☆bulged in
打入地层的管子☆drive pipe
打入地下☆be driven underground
打入(用的)顿锤☆drive collar
打入法取岩样☆drive sample
打入管下端引鞋☆drive shoe
打入管用的顶帽☆driving cap
打入尽头的桩☆home-driven pile
打入井☆driven well
打入式管底鞋☆drive-pipe shoe
打入式管子的箍☆drive pipe ring
打入式开缝管取土器☆drive-type split-tube soil-sampling device
打入式取样☆drive sampling
打入套管上的帽箍{下部引鞋}☆drive collar
打入套管时采用的导向接箍☆drive ring
打散机☆dispersing agitator
打扫☆dusting; scavenge
打扫工☆duster
打砂磨光☆sanding; sand polishing{smoothing}
打伤☆contuse; wound
打上钉子☆spiking
打上记号☆earmark
打蛇穴炮眼爆破☆snake holing undermining holing
打深(炮)眼☆long holing
打石膏绷带☆apply a plaster of Paris bandage
打实[用锤]☆driving fit
打手☆beater
打竖板桩☆vertical sheet piling
打竖井☆shaft sinking
打水☆water-drilling
打水井☆water well construction
打水泥塞☆cementing plug; spot a cementing plug
打松拌和机☆pulvimixer
打算☆intention; calculation; contemplation; plan for
打碎☆breaking down; smash; shatter; battering
打碎矿渣☆slag breaking
打碎者☆smasher
打榫☆cog
打套管钻孔用的钻头☆casing bit
打铁☆forge
打铁铺☆stithy
打通[巷道等]☆break into
打头☆drivehead
(枪弹)打歪☆glance
打小径分支孔[定向钻进时]☆rat-holing
打小孔☆eyelet
打楔锤☆ringer
打斜桩☆batter piling
打信号☆wigwag; communicate by signals
(用灯光)打信号☆wink
打眼☆boring blastholes; trepanning; bore; gadding; broach; drilling-off; holing; jet drilling; punch {bore} a hole; drill; catch the eye; punch; attract attention; perforate; cut hole
打眼锤☆striking hammer
打眼吊盘☆drilling scaffold
打眼法取样☆hole method
打眼放炮工作☆drilling and blasting operation
打眼工☆borer; driller; holer; drill man{runner}
打眼机☆trepan; jack; trepanner
打眼取样☆pit sampling
打眼设备☆drilling outfit; perforating equipment
打眼套管☆perforated casing
打眼钻☆bradawl
打样☆proofing process; draft; draught
打印机☆printer; stamping machine; stamper
打印模☆impression box; impregnation; fishing dies
打印器☆impression block; puncheon
打印用的烙铁☆brand
打油泵☆tickler
打折扣☆discount; rebate
打褶☆bunch; plait; crimp; pleated
打支撑板桩☆shoring sheeting
打制石器[古]☆chipped tool; chipped stone implement
打中心孔☆centering; centring
打中☆hit
打转向斜孔和前孔的钻头☆rathole bit
打桩☆piling; drive; drivepiping operation; pile driving {setting;driver}; stake{pegging} out; pile
打桩锤☆drop{falling} hammer; drive hammer{block; sleeve}; monkey; board drop hammer; battering ram; driving sleeve; tup; pile (driver) hammer; monkey of pile driver; jar block
打桩的基础☆piling foundation
打桩工程☆pile work; pilework
打桩机☆pile driver{engine;hammer}; drop hammer; gin; hammer-apparatus; ram pile driver; monkey {ram;pile-driving} engine; ram (impact) machine; pole press; piling rig
打桩架☆spud{pile} frame; pile driving rig{frame}
打桩抗沉点☆pile-stoppage point
打桩器☆drift
打桩汽锤☆ramming piston
打桩深度☆hold of piles
打桩天轮☆cathead sheave
打桩楔☆wedge for spiling
打桩压实☆compaction piling
打桩用的☆pile driving
打字机墨带☆typewriter ribbon
打字员☆typist; typewriter; typer
打钻☆drill(ing); boring; make a hole; Drig; Drg
打钻包工☆drill(ing) contractor
打钻区☆drilled area
打钻用钢丝绳☆drilling cable{line}

dà

大坳陷构造☆mega-depression tectonics
大螯虾☆lobster
大坳陷构造☆mega-depression tectonics
大坝☆large dam
大坝水泥☆dam cement
大白花[石]☆Big White Flower
大斑晶☆megaphenocryst; megaporphyritic
大斑晶的☆macroporphyritic; megaphyric; macrophyric
大班司钻☆stud driller
大板块☆macroplate
大瓣鱼(属)[D]☆Macropetalichthys
大瓣鱼类☆Macropetalichthyida
大半径☆long radius
大半径凹进成形☆dishing
大半径超高取线☆long-radius superelevated curve
大包☆bale
大孢子☆megaspore; macrospore; gynospore
大孢子壁☆megaspore membrane
大孢子囊☆megasporangium; macrosporangium
大孢子体☆macro(-)sporinite
大孢子叶☆megasporophyll[孢]; macrosporophyll; carpophyll[植]
大孢子叶球[植]☆ovulate strobilus
大雹☆heavy hail
大堡礁☆Great Barrier Reef
大宝贝属[腹;K_2-E]☆Megalocypraea
大暴雨☆severe storm
大刨☆jack plane
大爆发☆fire storm; outburst
大爆破☆major{large(-scale); bulk; mammoth; huge; chamber; heavy; coyote} blast(ing); mass breaking {shooting}
大爆炸☆big bang
大爆炸宇宙论者☆Big Banger
大背斜[顿钻起下套管用]☆ge(o)anticline; megaanticline
大本桑油管[美]☆Big Benson Pipe Line
大本书☆tome
大崩矿☆mass breaking
大崩落☆bulk{mass} caving
大鼻龙属[P]☆Captorhinus
大比例☆high range; vast{large} scale
大比例尺地质测量{调查}☆large-scale geological survey
大比例尺勘察{探}☆large-scale exploration
大比例尺钻探网☆large-scale drilling programme
大臂井径仪☆large arm caliper
大蝙蝠类{亚目}☆Megachiroptera
大变动☆catastrophe
大变革☆cataclysm
大变形☆large deformation
大变形虫☆amoeba proteus
大别运动☆Dabie orogeny
大冰川☆mer de glace; big floe
大冰斗☆amphitheater
大冰堆☆ice cluster{massif}
大冰盖[德]☆inlandeis
大冰块☆canga ice
大冰期☆great ice age
大冰隙☆bergschrund; schrund
大冰原☆large ice field; mer de glace
大波痕☆megaripple
大波状褶皱☆undation
大脖子病☆endemic hypothyroidism{goiter}; goitre
大不列颠☆Britannia

大部分☆bulk；generality；chunk
大部分的☆most
大残丘☆unaka
大槽☆vat
大槽流痕☆gouge channel
大草原☆pampa；savanna[非]；prairies；llano[南美]；veld[南非,不长树木]
大草藻☆eel grass
大侧牙形石属[C_1]☆Magnilaterella
大层理☆macrostratification
大差别☆chasm
大产量☆large output
大长身贝☆Gigantoproductus
大肠杆菌☆coliform bacteria；coliforms
大敞开的☆open to surrounding
大氅☆pella
大潮☆macro-tidal；spring (tide)；syzygy{syzygial} tide
大潮高潮☆HWS；high water springs
大车☆cart
大臣☆chancellor；secretary
大沉降带☆geodepression
大沉降区☆geodepressional region
大城市☆megacity；metropolitan
大秤☆heaver
大吃刀☆full depth
大池塘☆vlei；vly；big pond；vley
大齿☆cog
大齿轮☆big gear wheel；bull gear{wheel}；gear wheel
大齿圈☆girth gear
大齿圈和小齿轮☆gear and pinion
大尺寸的☆large size；heavy gauge
大尺寸土工试验☆large-scale soil test
大翅石蛾属[昆;K_1]☆Macropteryx
大冲积平原[南美]☆chaco
大冲掩断层☆nappe de chariage；mass overthrust
大出水量井☆large production well
大触角[甲]☆antenna
大川岩☆okawaite
大吹大擂☆ballyhooing
大槌☆maul
大锤☆forehammer；sledge (hammer)；beetle；maul；mash
大唇犀(属)[N]☆Chilotherium
大磁湾[地磁]☆Great Magnetic Bight
大刺☆macrospine
大刺孔[苔虫]☆megacanthopore
大错☆blunder
大大☆far and away；by far；materially；badly
大带☆megazone
大带羊齿属{羽叶蕨}☆Macrotaeniopteris
大代价☆toll
大袋鼠科☆Kangaroo；Macropodidae
大袋熊属☆Phascolonus
大胆☆bravery
大当量核爆炸☆large-yield nuclear explosion
大道☆thoroughfare
大德比贝属[腕;P]☆Magniderbyia
大的☆large (size)；great；coarse；bouncing；strong；massive；sizable
大敌☆enemy
大地☆terra firma；mother earth；geo-
大地凹陷☆geodepression；diwa
大地编码资料☆geo-referenced data
大地波动(运动)☆geoundation
大地槽☆big trough
大地测量☆geodetic survey(ing){measurement;engineering}；measurement of geodesy；geodesic survey{measurement}；geodesy；geosurvey；land traverse；geometrics
大地测量参考系统☆geodetic reference system；GRS
大地测量轨道卫星☆geodetic earth orbiting satellite
大地测量控制锁☆geodetic chain
大地测量学的☆geodetic(al)；geodesic
大地测量坐标系统☆geodetic{geodesic} coordinate system
大地成因学☆geocosmogony
大地磁变法☆geomagnetic-variation method
大地-大气电流☆earth-air current
大地的☆telluric；terrestrial；geodesic；geodetic；terrene
大地电磁噪声☆magnetotelluric noise
大地电磁阻抗张量☆magnetotelluric impedance tensor；MTIT
大地电流☆earth{electrotelluric;telluric;terrestrial;ground} current；natural earth current；ec；ET
大地电流场比法☆E-field ratio telluric method
大地电流法勘探☆telluric (current) prospecting
大地电流找矿法☆telluric current prospecting
大地断块☆geoblock
大地丰度☆terrestrial abundance
大地缝☆geosuture
大地辐射☆terrestrial{earth} radiation；eradiation
大地覆盖显示图☆land cover mapping
大地感应☆geo induction
大地沟☆fossamagna；Fossa Magna
大地沟带☆great rift valley
大地构造☆geotectonics；(geo)tectonic structure
大地构造变化带☆attic{actic} region
大地构造格局{架}☆tectonic framework
大地构造环境☆tectonic setting
大地构造作用☆tectonism
大地海进海退☆geodetic transgressions and regressions
大地介质☆earth medium
大地懒属[Q]☆Megatherium
大地脉动☆Earth pulsation；pulse of the earth
大地全息摄影术☆earth holography
大地热流☆geothermal flux；geothermal{terrestrial} heat flow
大地热流热源☆terrestrial heat source
大地水准面地平圈☆geoidal horizon
大地水准面高☆geoid(al) height
大地水准面归算☆reduction to geoid
大地水准剖面☆geoidal profile
大地天文学测量☆astrogeodetic measurement
大地位置☆geodetic position
大地峡☆macroisthmus
大地线☆geodesic{geodetic} line；geodesic(al)
大地向斜☆regional syncline
大地形☆megarelief；major relief；macrorelief
大地形的☆megageomorphical
大地形学☆macrogeomorphology
大地型重力仪☆geodetic gravity meter{gravimeter}
大地岩浆现象☆geomagmatic phenomena
大地震☆violent{large;major;violence} earthquake；megaseism；great
大地震动监测仪☆Geo-monitor
大地植物界石油产生学说☆terrestrial vegetation
大地坐标☆geodesic{geodetic(al)} coordinates；terrestrial coordinate
大电极距测井曲线☆long spacing curve
大电流保险丝{熔断器}☆power current fuse
大钉☆spike
大顶梁☆crown (bar)
大洞穴☆cavern
大豆根瘤菌☆soybean nodule bacteria
大豆油☆soja bean oil
大豆油胺[含 85%伯胺]☆Armeen S
大豆油胺醋酸盐☆Armac S
大豆油脂二胺☆Duomeen S
大豆油脂肪胺醋酸盐☆Duomac S
大都(市居民)☆metropolitan
大肚子井眼[冲蚀严重的井眼]☆out-of-round oversized hole
(伞齿轮的)大端☆heel；big end
大锻件☆heavy forging
大断层☆major fault
大断裂线☆tectonic line
大断面[地学]☆transect
大堆☆agglomerate
大队☆battalion；quiver
大对流孔{槽}☆megacell
大多数☆majority；generality；bulk
大鹅卵石☆cobble
大额牛属[N-Q]☆Bibos
大萼苔属[Q]☆Cephalozia
大颚☆mandibula
大颚肌痕[介]☆mandibular muscle scar
大颚鳃板[介]☆branchial plate of mandible
大颚提肌☆levator muscle of mandible
大颚型☆teleodont
大鲕状岩统☆great oolite series
大耳刺贝属[腕;P_1]☆Grandaurispirna
大阀☆gate valve
大法格子间平均值☆continental grid average
大法螺☆tritonis charonia；charonia tritonis
大法螺属☆Charonia
大范围的☆long range；extensive
大范围对比[长程关联]☆long-range correlation
大范围分布☆large-scale distribution
大啡珠[石]☆Imperial Brown
大飞角石壳☆tarphyceracone
大分类学☆macrotaxonomy
大分水岭☆great divide
大分子☆large{giant} molecule；macromolecule
大分子团☆aggregate of large molecules
大分子网状结构☆macromolecular network structure
大风☆(fresh) gale；strong{high} wind
大风雪☆barber；driving snow
大风子科[Ni 示植]☆Flacourtiaceae；Flacourtia
大幅度长周期漂移运动☆significant long-drift motion
大幅度下降☆precipitous decline
大幅相片☆photomural
大浮冰☆ice float；floe
大浮冰(川)块☆big floe
大副☆chief officer{mate}；mate
大复背斜☆megaanticlinorium
大复向斜☆megasynclinoria；megasynclinorium；megasynclinore
大腹海星属[棘;D]☆Loriolaster
大负载断续☆heavy intermittent test
大概☆likely；circa[拉]；maybe；probable；ca.；c.
大盖[高炉]☆large bell
大盖鱼属[K]☆Macropoma
大杆秤☆weighbeam
大干裂多边形☆giant desiccation polygon
大干燥期☆great interpluvial
大钢(锻)坯☆bloom
大纲☆general view；conspectus；argument；synopsis [pl.-ses]；syllabus [pl.-bi]；outline；schedule；schema [pl.-ta]；program(me)；prospectus
大高原☆high plateau
大隔壁[珊]☆main septum
大根状单针☆megarhizoclone
大工程☆macroengineering
大功率☆high power；high-duty{-performance}；uprated；hp
大功率泵☆high-duty{intensifier} pump
大功率电子聚束器☆rebatron
大功率沸腾式反应堆☆super power water boiler
大公里[=1,000km]☆megameter
大公司☆major company
大共生体☆macrosymbiont
大钩☆hook；casing{rotary;tackle;foot} hook
大钩负荷☆weight on hook；WOH
大钩负荷定值器☆load setter
大钩升速☆hook speed
大钩提链☆foothook chain
大钩销子☆bill of the hook
大钩游车组合☆hook block assembly
大钩载荷☆hookload；hook load；HKL
大构造☆macroscopic structure；macrostructure；macrotectonics；megatectonics
大构造分析☆macroscopic structural analysis
大构造学☆megatetonics；macrotectonics
大孤山[火星]☆mons
大姑冰期☆Taku Glacial stage；Taku glacial age；Taku glaciation
大古猬[K_2-E]☆pantolestids
大骨节病☆osteochondroarthrosis deformations endemics；Kaschin-Beck disease
大骨针[绵]☆megasclere
大股水☆deluge
大观釉☆Daguan glaze
大管堵{塞}☆bull plug
大规模(的)☆large{industrial;big;commercial; wide} scale；massive；industrial-scale；wholescale
大规模的进度表☆massive program
大规模地☆wholesale
大规模分布☆large-scale distribution
大规模集成化☆large {-}scale integration；LSI
大规模钻探工程☆large-scale drilling program {programme}
大锅☆caldron；cauldron
大海☆open{main} sea
大海沟带[日]☆Fossa Magna
大海林檎属[棘]☆Macrocystella
大巷☆(main;roadway;heading) entry；base{bottom} road；front entry；roadway

D

大号铅弹☆buckshot
大核[无脊]☆macronucleus
大河☆sungei；soengei；me-nam；scengei
大河床☆major (river) bed
大河狸(属)☆Trogontherium；Castoroides
大河猪[Q]☆Potamochoerus；river hog
大痕木属[C_{2-3}]☆Megaphyton
大横推断层☆paraphore
大洪山虫☆Taihungshania
大洪水☆deluge；diluvium [pl.-ia]
大洪水的☆diluvial
大红☆bright red；scarlet；crimson
大红斑[木星]☆great red spot
大红页岩☆Big Red
大后退回采煤柱的放顶线[房柱式法]☆pillar line
大后退式回采全部煤柱☆robbing on the retreat
大呼吸损耗☆filling evaporation losses
大花灰[石]☆Arabescato Grey
大花绿[石]☆Dark{Medium} Green
大华北陷落地☆Great North China Sink
大化石[古]☆macrofossil；megafossil
大环化合物☆macrocyclic compound
大环礁圈☆atollon
大环境治理☆megapolice
大环流☆general circulation
大黄丹宁酸[$C_{26}H_{26}O_{14}$]☆rheotannic acid
大黄酚苷☆chrysophan；chrysoretin
大黄药☆Elsholtzia
大回归潮差☆great tropic range
大会☆congress；convention；rally
大绘图板☆trestle-board
大混乱☆havoc
大火(灾)☆conflagration；big{conflagrant；heavy} fire；burnout
大基准面☆grand base level
大积矩(量)☆major product moment
大棘[无脊]☆megacanthopore
大戟贝属[腕;D_3-C_1]☆Megachonetes
大戟粉属[K_2-Q]☆Euphorbiacites
大戟科☆Euphorbiaceae
大戟叶☆Euphorbiophyllum
大戟甾-*7,24*-二烯☆eupha-7,24-diene
大剂量照射☆massive exposure
大家庭{族}[谑]☆quiverful
大间冰期☆great interglacial
大间距爆破☆wide-spacing blasting
大剪刀☆clipper
大建筑物☆edifice
大降[雨等]☆pelter
大焦兽属[E_1]☆Carodnia
大角斑羚属[Q]☆Taurotragus
大角度反射☆wide-angle reflection
大角雷兽(属)[E_3]☆Embolotherium
大角鹿☆Megaloceros；Irish elk Megaloceros
大角石☆cobble
大角苔属☆Megaceros；Megaloceras
大教堂☆cathedral
大街☆avenue；Ave.；boulevard；straat [pl.-e]
大阶段☆megastage
大截齿落煤滚筒☆large pick(ed) shearer
大截距螺钉☆coarse-pitch screw
大截面的☆heavy gauge
大节距☆coarse pitch
大节竹属☆Indosasa
大金☆unidyne
大金属粒☆buckshot；grape-shot；swan-shot
大进化☆macroevolution
大茎点菌属[真菌;Q]☆Macrophoma
大晶(体)的☆megacrystalline；macrocrystalline
大晶体☆megacryst
大井径井[油]☆big hole
大井距☆wide spacing
大井斜角范围[65～90°]☆high deviation range；HDR
大井眼下套管部分的井眼☆big hole
大径钻孔☆big hole
大径钻孔钻凿法[直径>30in.]☆large-hole drilling
大距[内行星离太阳最大角距]☆greatest elongation
大锯牙形石分子☆prionodina elements
大卡☆kilocalorie；large{great;kilogram;major;grand;kilo} calorie；kg-cal；kcal；therm；Cal；Cal.；Calorie；kilogram-calorie{-calory}
大开条砖☆brick with groove
大颗粒沉砂池☆detritus chamber
大刻度☆high range
大坑☆hoya
大空洞☆macroscopic void
大孔[苔]☆spiramen；megalospore
大孔爆破☆large {-}hole blasting
大孔道☆high-capacity channel
大孔洞☆macroscopic void
大孔径地震`台阵{检波组合}☆large-aperture seismic array；LASA
大孔距爆破☆wide-spacing blasting
大孔口☆large orifice
大孔率☆macroporosity
大孔筛☆griddle；coarse screen
大孔筛面☆wide-meshed screen
大孔隙☆macropore；megapore；pore bulge
大孔隙比☆macrovoid ratio
大孔隙的☆macroporous；open-grained
大孔隙度☆megaporosity
大孔隙率☆open grain
大孔隙土☆macroporous soil
大孔隙性☆open grain；bulk porosity；macroporosity
大孔眼射孔器☆big-hole perforator
大孔藻(属)[C-J]☆Macroporella
大孔钻机[直径 24～42 英寸]☆bighole drill
大口保温瓶☆wide mouth vacuum bottle；ice bottle
大口粉属[孢;T_3-J]☆Megamonoporites
大口径井☆open{large-diameter} well
大口径铁管井壁[凿井时防漏]☆cuvelage
大口径钻探系统{设备}☆large-scale drilling system
大跨度地下建筑物☆longspan underground structure
大块☆bulk；block；agglomerate；clod；chunk
大块崩落☆breaking-out in bulk
大块剥落顶板☆coffin lid
大块尺寸☆largest lump size；lump size
大块纯石英晶体☆rock crystal
大块粗锡矿石☆lofty tin
大块底部打眼爆破☆snake holing shooting
大块二次爆破药包☆boulder buster
大块浮冰☆pack ice
大块级煤[圆筛孔直径>6in.,英]☆large coal
大(岩)块渐近公式☆large blocks asymptotic formulae
大块乱石护面☆large riprap
大块煤☆block coal；plate{great;large-sized;large} coal
大块漂流植物☆sudd
大块破碎楔☆nutcracker
大块砂金[1 磅以上]☆slug
大块筛☆scalper
大块石混凝土☆cyclopean concrete
大块石墨(砖)☆heavy graphite block
大块式基础☆massive foundation
大块土体移动☆mass movement
大块岩石☆chunk rock；rill；bourock
大块岩石劈开孔☆lewis hole
大块硬暗煤[英]☆hards
大块运动☆en {-}block movement
大块钻孔岩屑沉淀仓☆rathole
大矿☆gulph of ore
大(而持续的)矿脉☆strong lode
大矿囊☆bonanza
大矿体☆gulf；large ore body
大捆☆bale
大括号{弧}☆brace
大喇叭☆typhon
大蓝石☆lazulite
大懒兽☆Megatherium
大浪☆billow；swell；(heavy) sea；seaway；rough sea[风浪 4 级]
大了☆overgauge
大雷兽属☆Manteoceros
大肋节[三叶]☆macropleural segment；macropleura
大肋节刺[三叶]☆macropleural spine
大类[矿物分类单位]☆class
大离子☆large ion；macroion[分子]
大离子亲石痕量元素☆LIL{large-ion-lithophile} trace element
大理冰期☆Tali glacial age；Tali glaciation
大理石[$CaCO_3$]☆marble；dolomite；griotte
大理石板贴面☆marble veneer facing；marble veneering
大理石(状骨)病☆marble bone disease
大理石渣☆chick(en) grit
大理石粉彩色砖☆marble powder colour brick
大理石灰☆albarium
大理石建筑板☆marble building panel
大理石开采工☆marbleworker
大理石块铺面☆opus alexandrinum
大理石粒☆marble grain
大理石墙面☆marble coating
大理石饰纹[刷]☆marbling
大理石贴面板☆marble veneer (panel)
大理石纹☆marbleizing；marbling；marble grain
大理石纹玻璃☆marbled{marble} glass
大理石纹印涂☆marbling print
大理石镶嵌技术☆bossi work
大理石屑☆chicken grits；marble chips
大理石样表面加工☆marblized finish
大理石样骨病☆marble bones；osteopetrosis
大理石釉☆marble glaze
大理石状断口☆marmorized{marble} fracture
大理岩☆(griotte) marble
大理岩化☆marmorize；marmorization；marmarosis
大理岩化灰岩☆marbleized limestone
大理岩状灰岩☆marbled limestone
大锂云母[$K(Li,Al)_3((Si,Al)_4O_{10})(F,OH)_2$]☆macrolepidolite；makrolepidolith
大砾☆cobble
大砾石坝☆boulder dam
大粒的☆large-grained
大粒度光亮型煤[英]☆brights
大粒金☆heavy gold
大粒控制筛☆guarding screen；oversize control screen
大粒凝胶☆macrogel
大粒子☆macroparticle
大力神牌地锚[地脚螺丝]☆Hercules anchor
大梁☆girder (beam)；summer；longeron；main timber；crown runner；cross-beam；ridgepole；ridgepiece
大量☆a large volume of…；flock；large scale；heap；mass；world；crowd；crop；bulk；chunk；plurality；multiplicity；much；volume；spate；stack；shoal；flood；ensemble[法]；slew；multitude；wilderness；quiverful；quantity；multitudinousness；lump；wad [pl.wadden]；ocean[喻]；infinity[数目、数额]
大量爆炸☆coyote blasting
大量崩落☆breaking-out in bulk
大量变形☆large deformation
大量产品☆large-tonnage product
大量充水区☆heavily-watered area
大量存在的矿物☆prolific mineral
大量的☆massive；abundant；abd；considerable；a wide range of；voluminous；bulk；macro；large scale；flush；substantive；heavy；profuse；mass
大量地☆substantially；vastly
大量回采☆mass{roundabout} stoping；mining in bulk
大量浸水区☆heavily watered area
大量流入☆onflow；high inflow
大量灭绝☆carnage；mass extinction
大量取样☆bulk sampling
大量生产☆quantity production{manufacture}；factory runs；large lot production；m. prod.
大量数据检验☆volume test
大量瓦斯侵入☆gas invasion
大量涌入☆onflow
大量涌水☆heavy {-}water flow
大量元素☆macroelement；major element
大量制造☆repetitive manufacturing
大裂缝☆macrofracture；macro-crack；macroscopic fracture{frac}
大裂谷☆Great Valley；great rift valley
大裂隙☆macro-crack；macro crack
大菱面尺☆major rhombohedral face
大羚羊属[Q]☆Oryx
大陵五☆Algol
大陵型变星☆Algol-type variable
大岭石☆pholerite
大瘤[海胆]☆primary tubercle
大流槽痕☆gouge channel
大流动砂体☆sand-flood
大流痕槽☆megaflow mark
大流量计☆large capacity meter
大流量温泉☆large-volume{-flow} warm spring
大流入量☆high inflow
大流行病☆pandemia
大楼☆bldg；building；block
大芦穗属[古植;C_1-P_2]☆Macrostachya
大炉级煤[圆筛孔 1.625～2.4375in,美]☆stove

大炉级无烟煤☆stove coal
大露头断面☆major detectable fault
大陆☆continent；fastland；mainland；epeiros
大陆拗折☆continental flexure
大陆板块☆continental{continent(al)-bearing} plate；continental slab{margin}
大陆泵模型☆continent pumping model
大陆边缘坡☆borderland slope
大陆冰川☆inlandeis；continental glacier
大陆冰川论者☆glacialist
大陆冰盖☆inland ice；continental ice-sheet
大陆车阀说☆continental brake hypothesis
大陆沉积扩展{超覆}☆continental transgression
大陆初始裂谷☆incipient continental rift
大陆-岛弧碰撞☆continent-island arc collision
大陆的拼合☆matching of continents
大陆地盾☆(continental) shield
大陆地幔☆continental mantle
大陆地区☆land area
大陆地热曲线☆continental geotherm
大陆度☆continentality
大陆反射剖面合作项目☆Consortium for Continental Reflection Profiling；COCORP
大陆分裂☆fragmenting of continents
大陆核☆nucleus of continent；cratogene；continental nuclei
大陆化☆continentization
大陆汇聚带☆continental convergence belt
大陆架☆continental shelf{platform}；precontinent；conshelf；continental slope；neritic zone
大陆架的☆sanidal
大陆架法☆continental-shelf act
大陆架较浅部分☆tidelands
大陆架区☆shelf area
大陆间的☆intercontinental
大陆坚稳块☆hochkraton
大陆均衡假说☆continental isostatic hypothesis
大陆酷热☆sharaf；sharav
大陆扩展期☆epeirocratic condition；geocratic phase
大陆扩张假说☆continental spread hypothesis
大陆裂谷成因机制☆mechanism of continental rift originesis
大陆绿[石]☆Mainland Green
大陆棚☆circum-continental terrace；continental shelf
大陆棚端☆continental shelf edge
大陆棚裂☆continental shelf break
大陆劈裂冲击☆continent-splitting impact
大陆漂移☆continental drift{displacement；migration}；drift{migration} of continents
大陆漂移说☆drift{displacement} theory
大陆拼合☆matching of continents；jig-saw puzzle of continents
大陆平均热流量☆mean continental heat flow
大陆坡☆continental slope{shelf}；slope
大陆坡底☆base of slope (continental slope)
大陆气团☆tropical continental air mass
大陆前沿{缘}☆precontinent
大陆热流☆continental heat flow；heat flow through the continent
大陆上的微型扩张中心☆miniature continental spreading center
大陆式海洋☆continental ocean
大陆水平漂移☆epeirophoric movement
大陆水体{域}☆continental water body
大陆台块☆continental table
大陆铁镁{镁铁}质岩浆☆continental mafic magma
大陆卫星☆landsat
大陆西岸沙漠☆west coast desert
大陆下沉☆creep of continents
大陆消亡{减}带☆continental subduction zone
大陆形成(作用)☆continentalization
大陆型地壳☆continental crust
大陆性☆territoriality；continentality
大陆永存假说☆permanence of continents hypothesis
大陆运移说☆epeirophoresis theory
大陆增长☆growth of continents；continental accretion
大陆之下的☆subcontinental
大卵石☆talus；cobble (stone)；hardhead；dog's-head
大略☆contour
大轮回堆积☆megacyclothem
大伦敦计划☆the Greater London plan
大螺帽{母}扳手☆dwang
大螺丝☆kingbolt
大落式轨道[罐笼装车]☆drop(set){end-hinged} rails
大麻☆(true) hemp；marijuana；gallow grass；cannabis
大麻子油☆hemp seed oil
大马士革钢(的)☆damask
大麦级煤☆barley coal
大满贯测井(法)☆grand slam
大冒顶☆bulk{mass} caving；gutter-up；clumber；cut-up；coffin lid；heavy roof fall
大煤☆great coal
大煤块☆judd
大煤柱☆(coal) barrier；ample coal
大门绷绳☆front line{guy}
大米☆rice
大米草☆cord grass
大面积冲击地压☆area burst
大面积的☆extensive
大面积(范围)的钻井合同☆blanket lease
大面积矿柱应力集中区☆continent abutment
大面积水污染综合调查☆wide area comprehensive water pollution survey
大面积组合[震勘]☆patch
大模块☆macromodule
大模数☆coarse pitch
大模型架☆buck
大拇指☆thumb
大踇趾[人]☆hallux
大木材☆late wood；summerwood
大木钉☆fid
大木锯☆buck saw
大脑脚盖[解]☆tegmentum
大脑皮层☆pallium [pl.-ia]
大鲵(属)[E_2-Q]☆Megalobatrachus；Andrias
大逆掩断层☆powerful{drag} thrust；overthrust folding
大扭矩☆high pulling torque
大耙☆drag
大排量泵☆high-duty pump
大盘螺属[腹;J_2]☆Amplovalvata
大炮☆artillery；cannon[旧式]
大配子☆macrogamete；megagamete
大配子体☆megagametophyte
大喷气孔☆strong fumarole
大篷货车☆van
大批☆bulk；multitude
大批的☆bulk；numerous；wholesale
大批量生产试验☆commercial scale trial
大批生产☆mass{large-lot;quantity} production；large scale production；large-scale{extensive} manufacture
大批数据☆mass data
大偏移距记录[震勘]☆long offset recording
大片冰裂隙☆skauk
大片的水☆water
大片浮冰☆field ice
大片麻岩杂岩☆great gneissose complex
大片水☆waters
大平底船☆scow
大平移断层☆megashear
大平原☆llanura
大屏幕显示☆large screen display
大坡度☆heavy grade{gradient}；steep gradient
大坡度圆锥形顶盖[油罐]☆high-pitch cone roof
大坡面[晶]☆macrodome
大破坏☆havoc
大破坏性地震☆large destructive earthquake
大破裂☆macrofracture
大破碎机☆large crusher
大瀑布☆cataract
大漆☆Chinese lacquer
大脐蜗牛属[Q]☆Aegista
大起伏☆macrorelief
大气☆atmosphere (air)；aerospace；air；atmospheric {free} air；at.；atm
大气安全隔膜☆atmosphere relief diaphragm
大气层☆atmosphere；aerosphere；atmospheric envelope{layer;mantle}
(生物)大气层☆ecosphere
大气层的空气☆free air
大气层外限☆aeropause
大气尘埃☆air-borne dust
大气尘粒☆lithometeor
大气成不整合☆atmodialeima
大气成的☆atmogenic
大气成岩☆atmospheric{atmogenic} rock；atmolith
大气成因地下水☆meteoric groundwater
大气的☆atmospheric(al)；aerial；ambient；meteoric；atmosphere；atm.；at.
大气等密度线的☆isosteric
大气堆积☆atmogenic deposit
大气浮尘☆airborne dust
大气浮力计☆baroscope
大气腐蚀☆atmospheric{air} corrosion；oxygen-consumption type of corrosion
大气干扰☆spherics；atmospheric interaction；tweeks；atmospherics；sturbs；sferics；statics
大气干扰场强仪☆radiomaximograph
大气光学现象☆photometeor
大气海水相互作用☆air sea interaction
大气-海洋边界作用☆air-sea boundary process
大气海洋交互作用☆atmosphere-ocean interaction
大气航空边界☆aeropause
大气红外衰减☆atmospheric infrared attenuation
大气候☆macroclimate
大气候学☆macroclimatology
大气环流地下水☆meteoric groundwater
大气极限☆limit of atmosphere
大气降水泉☆meteoric spring
大气井[美西弗吉尼亚 Tyler 郡著名气井]☆Big Moses
大气科学委员会☆Commission for Atmospheric Sciences；CAS
大气孔砂轮☆high porosity grinding wheel
大气离化层☆atmospheric ionized layer
大气粒子离子化☆blackout
大气霾雾{雾霾}[遥感]☆atmospheric haze
大气模式☆atmospherical model
大气曝晒试验☆outdoor exposure test
大气起源的水☆phreatic water
大气气柱☆zenith column
大气侵蚀☆aerial{meteoric} erosion；atmospheric corrosion
大气圈☆atmosphere；aerosphere；air-sphere；air
大气圈的☆atmospheric(al)
(陨石进入)大气圈前的大小☆preatmospheric size
(在)大气上层☆in the upper atmosphere
大气水侧分泌说☆meteoric-water lateral secretion theory
大气水环流基底☆base of meteoric convection circulation
大气水-热液对流系统☆meteoric-hydrothermal convection system
大气探测[金星]☆aerological sounding；atmospheric exploration{entry}
大气条件下的气油比☆atmospheric gas-oil ratio
大气透明度☆atmospheric transparency
大气透射(计)☆transmissometer
大气(状况)图(表)☆aerography
大气微粒☆aerosol
大气污染模式☆air pollution model
大气下形成的不整合☆atmodialeima
大气现象☆meteor
大气象学☆macrometeorology
大气学☆aerology
大气循环☆atmospheric circulation；general circulation of atmosphere
大气压☆atmosphere (pressure)；atm.；barometric {normal;atmospheric;bar;air} pressure；bp；B.P.
大气压力☆atmospheric{air;bar} pressure；atmosphere (pressure)；atm. pr(ess).
大气压腿☆barometric leg
大气氩校正☆atmospheric argon correction
大气氧☆aerial{atmospheric} oxygen
大气源气体☆atmospheric gas
大气折光差☆atmospheric refraction error
大气质量☆mass of atmosphere
大气质量监视网☆air quality surveillance network
大气质量判据☆air quality criteria
大气中散落物☆airborne debris
大气状态☆ambient conditions
大气阻力摄动☆atmospherical drag perturbation
大气组元{分}☆atmospheric constituent
大钳☆(rotary) tong
大钳搭咬部位☆tong space
大钳吊绳☆stayline
大钳口☆mouth of tongs
大钳拉力指示计☆tong-pull indicator
大钳扭矩总成☆tong torque assembly

D

大钳尾绳☆snub line
大钳牙板☆tong-die；tong dies
大前提☆major premise；premiss
大浅滩☆grand bank
大切刀[切割样品用]☆cheese cutter
大切削深度☆full depth
大侵入体☆major intrusion
大青(玻璃)☆smalt
大青山石{矿}☆daqingshanite
大蜻蜓☆Meganeura
大倾角☆high inclination{spud} angle
大球(形外壳)☆megalospheric
大球壳☆megalosphere
大趋势☆megatrend
大区[生物地理单元]☆region
大区地形☆macrorelief
大区统(地层)☆provincial series
大曲率☆high curvature
大圈航线☆great-circle course
大泉☆large spring；keld
大犬座☆Canis Major；Great Dog
大裙带菜属☆Alaria
大群☆quiver；army
大人物[来自公司本部而职位高于现场监督的职员]☆ big shot
大溶蚀残丘☆kegelkarst
大容积矿槽☆large capacity bin
大容积药壶钻孔☆high-volume hole
大容量☆high{large} capacity；HC
大容量采样器☆high volume sampler
大容量记忆设备☆bulk memory device
大容量提升斗☆super capacity elevator bucket
大软冰饼☆sludge floe
大软管☆bullhose
大森公式☆Omoris formula
大砂层☆big sand
大砂岩块☆sarsen
大沙波☆giant ripple
大沙漠☆nefud
大沙洲☆grand bank
大筛☆screener
大筛孔的☆wide-meshed；coarse-meshed
大山洞☆cavern
大山石[$(Zr,TR^{3+})((Si,P)O_4)$,约含 18%的稀土]☆oyamalite
大舢板☆launch
大舌鹦鹉螺属[头;C-P]☆Megaglossoceras
(霰石的)大射线状晶体☆raggioni [意;sgl.raggione]
大生境☆macrohabitat
大生态区☆biome
大生物☆macrolife
大绳滚筒[顿钻]☆calf wheel；casing spool；calf reel
大绳滚筒拉绳轮☆bull wheel
大绳滚筒拉绳轮上的零件☆arms
大绳滚筒与传动轮间的拉绳☆bull rope
大石板☆large slab；queen
大石腐乳☆Dashi preserved beancurd
大石块☆ratchel
大石块上钻的炮眼☆block hole
大石炭纪☆Anthracolithic period
大石炭系[石炭二叠系]☆Anthracolithic system
大食蚁兽属☆anteater；Myrmecophaga
大势☆major{main} trend
大事记☆chronicle
大手锤☆forehammer
大舒缓穹隆☆swell
大数☆great numbers
大数定律☆law of large numbers
大衰减☆lossy
大水☆inundation；cataract；spate
大水仓☆standage (room)；water standage
大(出)水量☆big yield
大水漫灌☆free flooding
大水獭属[N_2-Q]☆Enhydriodon
大苏打☆sodium thiosulfate
大碎屑☆megaclast
大损耗☆lossy
大笋螺☆Acus crenulatus
大缩尺☆large scale
大索☆hawser
大滩尖嘴☆giant cusp
大弹丸☆buckshot
大塘贝属[腕;C_1]☆Datangia
大掏槽[槽高能容人工作]☆bossing
大套管射孔器☆big casing gun
大提升绳钩[连接在箕斗上]☆foot hook
大蹄兔属[E_3]☆Megalohyrax
大体管的[鹦鹉螺;头]☆eurysiphonate
大体积的☆bulky
大体积的水[相对于分散状态的水]☆bulk water
大体积样品☆bulk sample
大体平行于地表的断面☆tangential section
大体上☆in essence；(taken) as a whole；generally
大体上的分析☆bulk analysis
大条带☆macroband
大铁钳☆grampus
大通虫属[三叶;$Є_2$]☆Datongites
大通道☆macroscopic path
大通风管☆air trunk
大桶☆hogshead；vat；tun；butt；keeve；puncheon；HD；hhd
大投资工业☆capital intensive industry
大头虫属[三叶;O-S]☆Bumastus
大头菊石(属)[头;J_{2-3}]☆Macrocephalites
大头篷螺属[腹;Q]☆Macrochlamys
大头岩墙☆headed dike
大头羽裂的[叶]☆lyriform；lyrate
大头螈属[两栖;T]☆Capitosaurus
大头轴承☆big end bearing
大突变☆macromutation；grossmutation
大图像投射器☆eidophor
大屠杀☆carnage；pogrom；hecatomb；holocaust；butchery；massacre；slaughter
大土类☆great soil group
大团块☆megalump
大推力钻机☆high-thrust drill
大推掩{掩冲}构造☆powerful thrust
大腿[井架]☆leg
大腿骨☆femur；thigh bone
大椭圆☆great elliptic
大弯☆bight
大王牌测井解释法☆grand slam
大网[笔]☆clathria
大网面藻属[D]☆Dictyotidium
大网目的☆wide-meshed
大网筛孔☆coarse mesh
大网羽叶属[植;T_3]☆Anthrophyopsis
大网状弱酸树脂☆macroreticular weak acid resin
大网状脂肪族聚合物☆macro reticulate aliphatic polymer
大尾虫属[三叶;O_1]☆Macropyge
大尾蜻蜓属[昆;C_3]☆Meganeura
大尾型[三叶]☆macropygous
大卫顿-弗莱彻-鲍威尔法☆DFP{Davidon-Fletcher-Powell} method
大吻☆dragon head ridge-end ornament
大蜗牛超科[腹]☆Helicacea
大涡流[挪威西海岸]☆maelstrom
大西洋☆Atlantic；Atl
大西洋板块接合(带)☆Atlantic connection
大西洋彼岸的☆transatlantic
大西洋海洋学实验室☆Atlantic Oceanographic Laboratories；AOL
大西洋阶[温湿阶]☆Atlantic phase
大西洋两岸种[生]☆amphi-Atlantic species
大西洋绿[石]☆Luarentide Green
大西洋(冰后)期[欧;7500～4500 年前]☆Atlantic
大西洋温湿阶☆Atlantic phase
大西洋型不活动陆缘☆passive Atlantic-type margin
大西洋沿岸大陆并合☆fit of Atlantic continents
大西洋岩套{组}☆Atlantic suite
大西洋中央脊☆Mid-Atlantic Ridge
大西洋中央水道{沟谷}☆Mid-Atlantic channel
大西洲[传说]☆Atlantis
大席型扇☆large-sheet-type fan
大系统理论☆large scale system theory
大细胞核☆macronucleus
大虾泥子☆minced prawn
大峡谷☆grand canyon；chasma
大峡谷统[美;Pt]☆Grand Canyon
大夏的[古欧洲地区,约现在的罗马尼亚]☆ Dacian
大限☆major limit
大线☆geophone line{cable}；detector{seismometer;spread;main} cable；jug line[连接检波器和仪器的电缆]；master cable[震勘]
(检波器)大线☆master cable
大线组☆seisphone{seismometer} cable assembly
大箱子☆woodcase
大相[地层、岩石]☆magnafacies；megafacies
大向斜☆megasyncline；geosyncline
大向斜谷☆geoclinal valley
大小☆dimension；nature；measure；magnitude；size；calibre；caliber；measurement；mag.
大小尺寸☆format
大小块乱石堆层☆derrick stone riprap
大小调和的装球量☆seasoned ball load
大小头☆crossover；reducing socket；(pipe) reducer；X-over；sub-coupling；X/O
(管子)大小头☆swedge；swage
大斜度井☆high-inclination{highly-deviated} well；high angle deviated hole
大斜度井测井系统☆toolpusher
大斜度井钻井润滑{解卡}剂☆high angle drilling lubricant
大斜面路缘石☆sloped curb
大新月形沙丘☆megabarchan
大信号分析☆large-signal analysis
大猩猩属[Q]☆Gorillas
大型☆big{large} scale；macrotype
大型铵油炸药装药器☆large capacity AN-FO loader
大型泵☆mammoth pump
大型壁板☆wall panel
大型层面板☆large roof slab
大型沉积盆地水文地质学☆hydrogeology of great sedimentary basins
大型地表水工程☆large surface-water project
大型动物☆megafauna
大型封闭岩溶洼地☆polje；polye；polya
大型复杂旋回(层)☆magnacyclothem
大型工程˙建筑计划[实际与计划进度对比]图☆Gantt chart
大型工业☆major industry
大型构造☆macrostructure；macrotectonics；megate(c)tonics；macroscopic structure
大型海藻☆kelp
大型核心☆macronucleus
大型化石☆body fossil；macrofossil；megafossil
大型回转凿岩机☆high capacity rotary rig
大型混凝土挡土墙☆mass concrete retaining wall
大型货运车☆landship
大型锯机☆sawmill
大型矿山☆large-tonnage mine；large size mine；large (mining) operation；sizable mining operation
大型矿柱☆stoop
大型楼板☆floor panel；one room size floor slab
大型履带式凿岩机☆quarry master
大型螺旋挖坑钻☆post {-}hole digger
大型炮孔☆wellhole
大型企业☆large enterprise
大型双联压缩机☆large twin compressor
大型水流刻槽☆megaflow mark
大型特征☆larger-scale feature
大型(圆)筒(圆)锥型磨机☆tricone mill
大型土砂铲运机☆Tournapull
(多层段)大型压裂☆big-frac treatment
大型野外载荷试验☆large-scale field load test
大型油船☆large crude carrying vessel；LCCV
大型支撑矿柱☆continent abutment
大型植物[指水生植物和水生大型藻类]☆macrophyte；megaflora
大型质子同步加速器☆cosmotron
大型组构☆megafabric；macrofabric
大型作业☆heavy duty service
大形颗石[钙超]☆macrococcolith
大形叶☆macrophyll
大行星☆major{giant} planet
大熊猫☆Ailuropoda；(giant) panda
大熊座☆Ursa Major；Great Bear
大修☆big{capital;major;heavy;thorough} repair；general reconstruction{overhaul}；top overhaul[油井]；O/H；(major) overhaul；heavy maintenance；substantial repair work[油井或注入井]
大修场☆reconstruction park
大修厂☆back shop
大修工作☆turnover job
大修件☆overhaul kit
大修周期☆time between overhaul；overhaul life {period}
大须鲸☆seis [sgl.sei]

大旋风☆hurricane
大旋回☆macrocycle
大旋脊纚属[孔虫;C_3]☆Montiparus
大旋涡流[挪威西海岸]☆maelstrom
大漩涡☆maelstrom
大学☆university；campus
大学毕业的工程师(学位)☆diploma(ed) engineer
大学附属学院☆cluster college
大学生☆student
大学校长☆president；chancellor
大穴孢属[D_3]☆Brochotriletes
大雪☆heavy snow
大循环☆major cycle
大压头☆high-head
大岩洞☆cavern
大岩螺☆reishia armigera
大岩桐☆gloxinia
大岩相☆macrofacies
大眼虫属[三叶;$Є_2$]☆Eymekops
大眼井☆big hole
大演化☆megaevolution
大洋板块消减作用☆oceanic plate subduction
大洋采矿☆open ocean mining；OOM
大洋岛区☆oceanic{pelagic}-island province
大洋地壳块☆oceanic block of crust
大洋断裂带系☆oceanic fracture zone{system}
大洋化(作用)☆oceanization
大洋盆表部的☆oceanopelagic
大洋破裂带体系☆oceanic fracture system
大洋三角洲☆oceanic delta
大洋水上层☆sea meadows
大洋图☆ocean chart
大洋涡动{流}☆oceanic turbulence
大洋峡谷☆ocean (ic) canyon
大洋下上地幔☆suboceanic upper mantle
大洋型地壳☆oceanic crust
大洋性生物群落☆pelagic community
大洋岩☆oceanite
大洋盐度(范围)☆thalassicum
大洋岩浆系☆oceanic magma series
大洋永存(假说)☆permanence of ocean (hypothesis)
大洋中脊☆mid-ocean ridge
大洋中脊玄武岩☆mid-ocean ridge basalt；MORB
大洋中隆系☆mid-ocean rise systems
大洋中央峡谷☆mid-ocean canyon
大洋洲☆Oceanica；Oceania
大洋洲的☆oceanian
大仰角☆high angle；HA
大样☆bulk sample
大样本☆large sample
大样图☆close-up view；detail drawing
大冶世☆Tayeh epoch
大叶☆grandifoliate
大叶蕨属☆Megaphyton
大叶藻(属)☆Zostera
大夜班[零点至 8 点]☆hoot-owl (tour;shift)
大一头沉孢属[P]☆Macrotorispora
大翼☆ala magna
大翼手亚目☆megachiroptera
大英帝国☆Britannia
大鹰属[Q]☆Accipiter
大营矿☆Pt-carrollite；dayingite
大应变☆large strain
大涌水量☆heavy water (flow)
大油藏☆mammoth pool
大油管[美二战时修建]☆Big Inch
大油气田☆major field
大游动孢子☆macrozoospore
大游{离}子☆large ion
大于☆great than；GT
大于标准(尺寸)☆overgauge
大于或等于☆greater than or equal to；GE
大于筛孔[颗粒]☆plus mesh
大余角正断层☆lag fault
大隅石[$(K,Na)(Fe^{2+},Mg)_2(Al,Fe^{3+})_3(Si,Al)_{12}O_{30}$•$H_2O$;六方]☆osumilite
大雨☆deluge；heavy rain；drencher
大雨期☆great pluvial
大羽羊齿(属)☆Gigantopteris
大圆[半径等于投影球半径的圆]☆great {-}circle；orthodrome
大圆赤平{迹线}图☆cyclographic diagram
大圆弧三角测量☆arc triangulation
大圆块煤☆cobcoal
大圆石☆boulder
大圆通过球体中心☆great circle
大圆头铆钉☆truss head rivet
大约☆(round) about；approximately；circa[拉]；ca.
大约的☆ill-defined
大跃变☆macrosaltation
大云状藻属[叠层石]☆Macronubecularites
大陨石☆macrometeorite
大韵律层☆megacyclothem
大杂烩☆hodgepodge
大灾祸{难}☆catastrophe；catastrophism
大载重量汽车☆oversize vehicle
大载重汽车运输☆heavy wheelload traffic
大凿☆flogging chisel；ebauchoir
大帐篷☆pavilion
大沼螺☆Parafossarulus eximius
大沼泽地☆everglade
大褶贝属[腕;P]☆Megapleuronia
大褶藻属[Z]☆Macroptycha
大褶皱带☆major folded zone
大针骨☆megascleres
大针状物[日冕中]☆macro-spicule
大震☆macroquake；megaseism；great earthquake{shock}
大震级地震☆large-magnitude earthquake
大阵雨☆heavy passing shower
大枝骨针[绵]☆megaclone；megaclad
大支承(扶正器)☆big bear
大直径☆major{full} diameter
大直径标准岩芯管[4～8in.]☆large-diameter design core barrel
大直径垂直炮孔☆wellhole
大直径刀具{割刀}☆Big-inch cutter
大直径井☆large-diameter well
大直径径向渗透率仪☆full diameter radial permeameter
大直径全断面牙轮钻头☆full-hole rock bit
大直径轴☆large diameter shaft
大直径桩☆big diameter pile；pier pile
大直径钻孔旋转掘进法☆rotary drilling of large-diameter holes
大植物化石群☆megaflora；macroflora
大趾☆hallux
大致变质层☆much-metamorphosed bed
大致相合☆peneconcordant
大质量支撑原理☆principle of massive support
大众的☆popular
大蛛属[C_2]☆Architarbus
大主动齿轮☆bull gear
大主平面☆major principal plane
大柱海百合属[棘;S-D]☆Macrostylocrinus
大柱头螺钉☆pan head screw
大铸型☆sow
大转矩旋转式钻机☆high-torque rotary drill
大装配架☆buck
大锥度☆steep
大棕绳☆rag line
大宗生产的☆staple
大足石窟☆Dazu Grottoes [in Sichuan Province]
大钻孔的导孔☆rathole
大钻孔器(管子钻孔)☆Big Bertha
大钻粒☆buckshot；buck shot；grape-shot；swan-shot

dāi

呆账☆bad debt
呆滞的☆dead；sluggish
呆滞矿体☆drowsiness{dead} orebody

dǎi

歹字形[构造]☆ζ{zeta}-type；η{eta}-type

dài

玳瑁斑☆tortoise shell spot；tortoise marks
甙[糖苷的旧称]☆glycoside
戴巴维泡沫浮选法☆De Bavay process
戴尔普拉特型起泡箱☆Delprat frothing box
戴伐若克斯型搅拌器☆Devereaux agitator
戴伏欧重介选法[利用黏土和重晶石做选浮液]☆De Vooy's process
戴格尔矿用炸药☆dygel
戴克斯特拉-帕森斯渗透率变异系数☆Dykstra-Persons permeability variation factor
戴里空档☆Daly gap
戴列平贝属[腕;C_1]☆Delepinea
戴玛管☆dematron
戴帽柱晶☆capped column
戴明循环☆Deming cycle
戴{代}那蒙炸药☆dynamon
戴纳法(金属爆炸)成形☆Dynaforming
戴纳钻具[用英伊诺单螺杆泵驱动的井底动力钻具]☆Dyna-drill
戴氏貘属[E_2]☆Deperetella
戴氏摇床☆Deister table
戴斯特型摇床☆Deister table
戴碳钙石[$Ca_3(CO_3)(OH,Cl)_4$•H_2O;斜方]☆defernite
戴特摇床☆Deister table
戴维灯☆Davy lamp
戴维斯虫属[孔虫;E]☆Daviesina
戴维斯式岩芯钻粒钻机☆Davis calyx drill
戴维斯学派[地貌学]☆Davisian
戴维斯循环说☆Davis' cycle theory
戴•扬奇型掏槽☆De Younge type cut
带☆zone；strip；aureole；string；band；bar；automatic coiling of tape；orthozone；take；tape；ribbon；carry；belt；aureola；tie；strap
带{含}(有)☆bear
带[菌类]☆taenia [pl. ae]
带安全钮的手柄带☆deadman s handle
带安全器铲柄☆releasable shank
带安全锥埋头钻头☆double-lip countersink bit
带暗盒摄影机☆magazine camera
带拔钉子叉头的大撬杠☆crowfoot bar
带班☆connection foremen
带板[裂甲藻]☆cingular plate
带半合管的取土器☆split-tube{split-barrel} sampler
带保安矿柱的平巷☆pillar drift
带保护盖的发射托架☆button-type lug
带保险销的大钩☆safety hook
带备用功率的扒矿绞车☆overpowered scraper hoist
带闭路分级的风扫干式球磨机☆air-swept dry ball mill with closed-circuit classification
带壁钩的打捞器☆half turn socket
带边密封☆lip packing
带变速器的发动机☆geared engine
带变压器的测定器☆self-contained meter
(磁)带标(志)☆tape mark
带标号{签}☆tape label
带柄半圆凿☆handle gouge
带柄管端支撑板[敷设螺纹管线用]☆lazy board
带波痕的潮坪☆ripple-marked tidal flat
带补偿贮油槽的主油缸☆compensating master cylinder
带槽的胀管器☆fluted swedge
带槽活塞☆grooved piston
带槽接头☆fluted sub
带槽臼炮[试验炸药用]☆angle (shot) mortar
带槽曲柄☆slotted crank
带槽圆盘☆grooved disk
带侧面刮刀取土器☆solid sampler with slit inside
带侧水眼钻头☆bit with lateral flushing hole
带测量装置的燃料组件☆instrumented fuel assembly
带层☆carcass；belt course；banding
带插头接点的☆plug-in
带铲斗的凿井掘进机钻进(法)☆bucket drilling
带长方形孔的冲孔筛板☆perforated plate surface with rectangle apertures
带尘空气☆dust-laden air
带衬板的螺旋片☆screw with liners
带衬管的拼合式取土器☆split-barrel sampler with liner
带衬管的双层岩芯管☆clay barrel
带秤☆belt scale
带齿铲斗☆tooth{toothed} bucket
带齿的☆toothed
带齿轮齿条副的摆动油缸☆piston-rack type actuator
带齿轮的马达☆gear motor
带齿磨盘☆peg mill；pin beater
带尺☆gauge tape；measuring reel
带翅片的☆finned
带出☆carry over；loss
带除滤波(器)电路☆stopper circuit
带除滤波器☆band-exclusion{-elimination} filter
带储能器的液压系统☆accumulation hydraulic hole
带传送☆tape transport
带窗标本法☆window-bearing sample method
带炊具和衣物的临时油矿工☆bindler

带唇密封☆lip packing
带刺铁丝☆barbed wire
带淬硬齿的螺旋斜齿轮☆bevel gears with hardened spiral-cut teeth
带存储器☆tape storage
带打滑☆belt creep
带大理石纹的☆marmorate
带挡板铠装给料输送机☆panzer feeder conveyor
(注水泥用)带挡圈的接箍☆baffle collar
带挡圈接箍[注水泥用]☆cement baffle collar
带导环的连接器☆guide ring coupling
带导向漏斗的打捞器☆horn socket with bowl
带导向全面钻头[不取芯]☆full round nose bit
带倒角的接箍☆turned-down coupling
(变质)带的重叠☆overlapping of belts
带底阀的抽泥浆筒或提升箕斗☆bailer
带地层测试器的管柱☆tool string
带垫锤的凿岩机☆drilling machine with anvil
带电☆electrification；electrization；electrize；charging；electrify
带电操作☆hot {-}line job{work}
带电导线☆live conductor
带电缆卷筒的梭车☆cable-reel shuttle car
带电体☆charged{electrified} body
带电网状薄膜☆charged net membrane
带电作业☆hot line job{work}
带吊臂的起重塔☆boom derrick
带吊卡的管抓☆dolly
带顶槽的六角螺丝☆castle nut
带顶梁支柱☆prop with an integral short bar
带定位销的钻头[用于测斜]☆trigger bit
带定向器钻机☆indexed jumbo
带动抽油杆的钢绳☆sucker rod line
带动式起重机☆belt lifter
带动销☆driving{anchor} pin
带斗式提升机☆belt-bucket elevator
带读数器☆tape reader
带堵头的三通☆bull-plugged tee
带端链节☆strap link
带钝边形坡口☆single-V groove with root face
带多孔的垫底的充气式浮选槽☆mat-type (-pneumatic) cell
带耳的夹紧鱼尾板☆clamping fishplate with lugs
带发动机的组装件☆unit power mounting
带阀的套管头☆control casing head
带阀捞砂筒☆valve bailer
带法☆ribbon method
带法兰口的筒子☆flanged cylinder
带翻光面琢型[宝石]☆facet(t)ed cut
带防滑凸缘的轮胎☆skid ring tire
带放大器的扩音器☆bullhorn
带放气孔的湿式凿岩机☆vented front-head machine
带放射性涂料的照相测斜仪☆radiolite compass
带分度器的台车☆indexed jumbo
带分块离合计的绞车滚筒☆sectional clutched hoisting drum
带分支编号的进风巷道图☆intake with number
带风蚀槽的巨砾☆wind-grooved boulder
带辐射轮叶的水轮☆hurdy-gurdy
带辅助眼的楔形掏槽☆wedge cut wish slab holes
带腹羽叶属☆Taeniozamites
带负电☆negative charge
带负电荷的☆anionic
带负荷的☆on-load
带盖片麻岩穹隆☆mantled gneiss dome
带干式捕尘装置的上向式无尘凿岩机☆dustless stoper
带杆虫属[翼鳃]☆Rhabdopleura
带钢☆strip{band} (steel)；ribbon{strap;band} iron；hoop
带蛤属[双壳;E-Q]☆Loripes
带3个磁头的转盘型连续高梯度磁选机☆carousel continuous high gradient magnetic separator with three magnet heads
带钩安全带☆pompier belt
带钩撑杆☆dog hook
带钩船锚☆fluke anchor
带钩滑车☆cat{hook} block
带钩螺栓☆hook(ed) bolt
带钩绳索☆tag line
带沟槽的中心管☆grooved pipe base
带箍的炸药盛器[光面爆破试验]☆ligamented charge holder
带箍桩☆capped pile
带刮板的振捣器[混凝土]☆screed vibrator
带刮刀的耙臂☆rake arm with blades
带刮刀清管器☆scraper blade pig
带管熔丝☆cartridge fuse
带辊架管车[便于焊接]☆pipe dolly
带褐色的☆brownish
带后向刃钎头☆retractable bit
带护巷柱的平巷☆pillar drift
带护沿的喷嘴[牙轮钻头]☆shrouded nozzle
带花岗岩☆teniogranite
带滑套的打捞母锥☆slip-socket bowl
带化的☆fasciated
带化石☆zone fossil
带环[孢]☆cingulum
带环孢属[E]☆Cingulatisporites
带环(拉)杆☆eyebar
带环螺母☆eye-nut
带环切壁孢属[C_2]☆Alexinis
带环三缝孢组[亚类]☆Zonotriletes
带环系[孢子分类]☆cingulati
带黄色的☆yellowish
带黄土气流☆loess flow
带簧闩的打捞钩[捞砂筒]☆latch jack
带火泥沸泉山☆paint pot
带计时针装置的`转杯{|车}式风速计☆clockwork cup{|windmill-type} anemometer
带记录组☆tape file
带加强筋的☆ribbed
带加重剂的洗井液☆loaded borehole flushing fluid
带甲残粒☆armored relict
带架绞车☆waughoist
带尖顶的单斜构造☆peaked monoclinal
带尖钻☆V-drill
带间的☆interband(ing)；interzonal
带间方差☆between-zone variance
带间时☆interzonal time
带间哑层☆barren interzone
带减速器的马达☆back geared type motor
带(泥)浆液循环泵☆slush pump
带胶质药芯的硝甘硝铵炸药☆gelatin(e) cored ammonia dynamite
带搅拌工具的汽车☆agitator truck
带搅拌器的锅☆agitated kettle
带角的☆angular
带角(调车)推{爬}车机☆horn creeper
带绞车的卡车☆hoist truck
带接☆belt joint
带接管的卸载阀☆unloading complete with nipples
带节[无脊]☆zonite
带筋的☆ribbed
带金刚石层面的切割轮☆diamond-coated cutting wheel
带鸠尾榫的☆dovetailed
带锯☆band{belt} saw
带锯机☆band {-}sawing machine
带卷结束(标志)☆end of reel；FOR
带蕨☆Taeniopteris；Taeniocrada
带菌体的☆vectorial
带卡瓦的封隔器☆hook wall packer
带卡瓦的起下油管用工具☆tubing ring with wedges
带开口朝上的取岩样筒的钻头☆basket bit
带开口销的螺栓☆bolt with cotter pin
带壳宝石☆coated stone
带壳密封☆cased seal
带壳桩☆shell pile
带刻度的☆graded
带刻度盘的罗盘☆dial compass
带刻度烧瓶☆marked flask
带孔衬套式稳定器☆perforated-pad stabilizer
带孔的机槽[输送机]☆slotted pan
带孔的木制排水管[水力充填用]☆mousetrap
带孔的碳钢中心管☆perforated carbon steel base
带孔端☆eye end
带孔短节☆perforated nipple；port collar
带孔接头☆ported sub
带孔螺栓☆bleed screw
带孔木管[水砂充填用]☆mouse-trap drain
带孔套筒式稳定器☆perforated sleeve stabilizer
带控伺服机构☆tape guide servo
带扣☆toggle；buckle；belt clamp{hook;fastener}
带扣(结构)[如斜长石]☆belt-buckle
带苦味的☆bitterish
带宽☆bandwidth；BW
带宽扩展率☆bandwidth expansion ratio
带宽排料口的摇动式输送机☆turtleback conveyor
带宽限定信号☆bandwidth limited signal
带矿粒气{汽}泡☆armored bubble
带扩壁刀翼的接头☆winged substitute
带拉紧轮的首轮驱动运输机☆head-pulley-snub-drive conveyor
带喇叭套筒的打捞工具☆socket
带来☆present；acquire；bring about{on;over;round}
带蓝色的☆bluish
带缆桩☆bollard
带雷管导火线☆capped fuse
带雷管药卷的制作☆primer making
带肋的前、后机架☆ribbed front and back
带类☆belting
带犁的耙臂☆rake arm with ploughs
带离合器☆band clutch
带离合器的双滚筒绞车☆double-drum clutch hoist
带连接套的外插式锥形活钎头☆detachable bit with external taper and coupling sleeve
带链插销☆chain bolt
带链传动的摆动油缸☆pistonchain type rotary actuator
带链式推进器的钻车☆wagon drill with chain feed
带料☆belting
带磷铝石[$Al(PO_4)•2H_2O$]☆trainite
带硫(的)阴离子捕(集)剂☆sulfur-connected anionic collector
带流线形水路的钻头☆streamlined water way bit
带绿色的☆greenish
带轮的抽油杆接箍[起抽油杆扶正器作用]☆wheeled rod guide coupling
带螺科[腹]☆Zonitidae
带螺纹的盖☆cap nut
带螺旋槽钻杆☆spiral drill pipe
带螺旋绳槽的圆锥形提升滚筒☆scroll drum
带螺旋推进器的凿岩机☆screwfeed machine
带螺旋形沟槽的钻铤☆spiral collar
带螺旋叶片的滚筒☆spiral-vane drum
带罗盘指针的日晷☆compass dial
带马达的推进器☆motor feed
带马蹄形切刀的棕绳切割器[靠近绳帽处切断]☆horseshoe trip knife
带毛的☆hairy
带帽盖的发射环☆button-type lug
带帽拉杆☆post-and-bar；post-and-cap
带帽螺栓☆nut bolt
带门打捞钩☆jack latch
带面观☆girdle view
带母螺栓☆nut bolt
带耐磨垫稳定器☆wear pad stabilizer
带囊裸蕨属[D-C]☆Taeniocrada
带内杆的管状火药柱☆rod-and-tube grain
带内合并方差☆pooled variance within zones
带内时代[生物地层带时代]☆intrazonal time
带内外螺纹的弯管接头☆street elbow
带内哑层☆barren intrazone
带内锥度的扩孔器☆bevel wall core shell
带内锥面(放岩芯卡簧用)的(金刚石)扩孔器☆taper-wall core shell
带逆止阀的套管接头☆float coupling
带(状)黏度计☆band{capillary} visco(si)meter
带黏性的☆adhesive
带盘☆tape reel
带盘根套筒[连接平头管子用]☆dresser coupling
带炮炮眼☆cutoff hole
带配件的钻塔☆derrick-and-rig
带配重的提升机☆counter weighted hoist
带喷口钻头☆jet bit
带喷嘴混合器☆jet mixer
带膨胀鞋的封隔器☆packer with expanding shoe
带偏心夹的连接装置☆vulcan jockey
带偏转滚筒的(机头)传动装置[胶带输送机]☆snubbed (head) drive
带平衡锤单容器提升井☆balance pit
带平衡锤的罐笼☆counterbalanced cage
带平行和螺旋槽的提升滚筒☆parallel-cum-spiral grooved drum
带蹼牙轮钻头[防斜特殊钻头]☆DM bit
带谱☆band spectrum
带起重装卸设备的卡车☆mechanized lorry
带启动`阀{凡尔}的气举井☆kick-off gas-lift well

带气剂☆air-entraining agent
带气室的水准器☆chambered level
带汽油机的凿岩机☆gasoline rock drill
带切线直管段的三倍直径弯头☆three-diameter ells with tangents
带青色的☆blueish
带球函数☆zonal spheroidal{spherical} function
带驱动装置的耙子☆rake with drive unit
带取样筒的钻头☆basket bit
带缺口斜口管接☆notched-mitre nipple connection
带熔(作用)☆zone melting
带塞的孔☆plugging hole
带塞头的排泄孔☆plug drain
带色的☆tinge
带色同步信号☆tape burst signal
带砂草籽☆sand burrs
带刹车☆belt{band;strap} brake
带沙风☆sand-bearing wind
带筛☆belt screen
带筛孔油管的井下取样器☆sand tester
带筛网的隔膜☆sieve diaphragm
带珊瑚属[D_2]☆Zonophyllum
带闪☆fillet lightning
带闪电☆ribbon lightning
带舌片的☆flapping
带伸缩套筒的铆锤☆jam riveter
带升降平台的钻车[高矿房用]☆scaling rig
带绳槽滚筒[提升机]☆grooved drum
带时☆zone time; instant
带式扳手☆strap wrench
带式焙烧机球团系统☆straight grate pelletizing system
带式充填机☆belt stowing machine; belt stower
带式电阻仪☆electrotape
带式堆放扒装两用机☆belt-type staring-raking machine
带式过滤机排料带☆discharge belt for belt filter
带式机卸矿点☆strand discharging station
带式进给辊筒砂光机☆endless bed drum sander
带式鳞☆slime-vanner
带式刹车轮毂☆band wheel
带式砂光机☆belt sander
带式砂纸打磨机☆band-type papering machine
带式输送机机架☆belt conveyor structure
带式送料装载机☆conweigh belt
带式(磁)选机☆belt separator
带式移动给矿机☆tripper{tripping} car
带式运输机机头{|尾}部☆belt head{|tail} section
带式运输机挠性托辊☆flexible conveyor idler
带式运输机下分支☆bottom set
带式运输机下部托辊架☆stool
带式运输机重量计☆poidometer
带式运输井斜井☆belt incline{slope}
带式制动器带闸☆band brake
带闩打捞器☆boot jack; bootjack
带闩捞钩打捞工具☆boot and latch jack
带水的☆water-laden
带水盆地☆ponded basin
带水散碎冰☆trash (ice)
带水凿井☆wet sinking
带丝藻属[S-T]☆Zonotrichiles
带速☆belt{tape;taper} speed
带酸味的☆acidulated; acidulous
带锁紧圈的稳定器☆lock-on stabilizer
带锁捞钩☆latch jack
带套圈管子棚腿[以便连接棚梁]☆pipe ferrule leg
(使)带特征☆imprint
带条[沟鞭藻]☆girdle list
带条状大理岩☆oriental alabaster
带调节口的风门☆regulator{scale;regulating} door
带调节器的给料输送机☆feed regulating conveyor
带铁☆ribbon iron
带通☆band pass
带通气孔的钎座☆vented chuck
带通信号☆bandpass signal
带通子波☆band-pass wavelet
带同轴电压电流线圈的欧姆表☆metrohm
带头式提升机☆belt bucket elevator
带凸头的键☆gib-head key
带凸缘砂箱☆flask with flange
(捞砂筒下)带突板的球阀☆dart valve
带突板球阀的捞砂筒☆dart (valve) bailer
带土砾石☆loamy gravel
带推靠器的伽马-伽马测井(下井)仪☆powered gamma-gamma tool; PGT
带推靠器的井径仪☆powered caliper device; PCD
带腿拱形金属临时支架☆steel arched temporary support with legs
带腿棚子[顶梁一端插入梁窝内]☆post-and-hitch
带托梁的垛式支架☆cantilever crib
带拖动(装置)☆tape drive
(频)带外信号☆out-of-band-signal
带碗形卡瓦的打☆overshot with howl
带尾标志☆end-of-tape marker
带纹[海面]☆slick
带纹构造☆banded structure
带纹玛瑙[SiO_2]☆undulata
带纹稀少的煤☆rare-banded coal
带纹玉髓[一种玛瑙;SiO_2]☆chalcedon(on)yx
带稳定器的铣鞋☆stabilized mill
带窝坑卵石☆dimpled pebble
带系[腰鞭毛藻]☆cingular series
带隙☆band gap
带隙跃迁☆band-gap transition
带限位链的悬挂装置☆restrained-link hitch
带限信号☆band(-)limited signal
带线[海胆]☆fasciole
带线藻属[蓝藻;Q]☆Desmonema
带相反电荷的粒子☆counterion
带箱档砂箱☆flask with sand rib
带橡胶钎肩的钎尾☆shrunk rubber collar shank
带橡胶钎肩的钢钎☆rubber collar drill steel
带橡胶套的双层岩芯管☆rubber-sleeve core barrel
带橡胶压缩环的压缩式管接头☆compression fitting with rubber wedging ring
带销螺栓☆cotter bolt
带销栓☆fore-locked bolt
带小叶植物☆meiophyllous{microphyllous} plant
带楔形落矿装置的联合采矿机☆stripping machine
带斜撑棚子☆K-support
(使)带斜角☆cone
带卸料小车的运输机☆tripper conveyor
带卸式过滤机☆string-discharge filter
带卸载闸门的铲运机☆door-equipped scraper
带芯股钢索☆seal construction rope
带心的☆centric
带心格子☆centered lattice
带形的☆taeniate
带形地区☆strip-area
带形分析☆band shape analysis
带形扩孔器☆strip type shell
带锈涂料☆on rust paint
带悬吊滑车的凿岩机支架☆pulley rig
带旋转头的滑轮☆swivel pulley
带压紧轮的动力油管钳☆power tubing tongs with rollover feature
带压开孔机☆tapping machine
带压气的机械搅拌式浮选机☆mechanical-air machine
带压移架☆sliding advance of the support
带岩芯的钻头☆plugged bit
带岩芯爪的岩芯管☆basket barrel
带岩芯爪(的)取芯钻头☆trigger bit
带眼玻璃盘[负压射孔器的]☆ported disc
带眼衬管☆screen{perforated} liner
带眼的套管☆perforated casing
带眼钢套筒☆perforated steel sleeve
带眼螺母☆castellated nut
带眼中心管☆perforated pipe base
带羊齿(属)☆Taeniopteris
带氧(的)阴离子捕(集)剂☆oxygen-connected anionic collector
带叶☆Desmiophyllum
带液压钻架的钻车☆hydro-boom jumbo
(谱)带(位)移☆band shift
带翼桩☆pile with wings
带硬甲片的叶足类☆armoured lobopods
带永磁转子的电动机☆stereomotor
带油废水排放☆oily discharge
带有安全手把的单杆回转式控制阀☆single lever rotary deadman's handle-control valve
带有凹坑的空心携弹管射孔枪☆scalloped-hollow carrier gun
带有记录数据的胶卷☆cassette
带有启动孔的接箍[气举井]☆kick-off collar
带有切口的☆notched
带有条件的☆qualificatory
带有中性元的半群☆monoid
带余量的尺寸☆oversize
带雨西风☆criador
带羽叶(属)[T-J]☆Doratophyllum
带圆角的方断面钻探用钢材☆quarter octagon drill rod
带`圆{|正方形}孔的冲孔筛板☆perforated plate surface with round{|square} holes
带云母[$KLiMg_2(Si_4O_{10})F_2$;单斜]☆taeniolite; tain(i)olite; teniolite
带运输机的斗式装载机☆bucket loader with conveyor
带藻属[Z]☆Taeniatum
带噪声地震(通)道☆noise seismic channel
带闸☆band{strap;link} brake
(软)带闸☆flexible brake
带闸坝☆gate{movable} dam
带罩☆belt cover{guard}
带折叠井架的钻机☆jackknife rig
带针虫属[三叶;O_2-S_2]☆Raphiophorus
带正电☆positive charge
带正电荷的区域[空穴]☆p-region
带支架炉顶☆scaffold top
带支座弯头☆base elbow
带执行机构的阀☆motorized valve
带植物纤维绳芯的钢绳☆vegetable-fiber rope
带指示灯的开关☆integrated position light
带制动的继电器☆biased relay
带中心管的全焊接筛管☆full weld-on pipe base screen
带中心水眼的钻头☆center-hole bit
带中央缆索的系船柱☆breasting dolphin
带柱帽柱脚的立柱☆collared and heeled prop
带贮矿堑沟的采矿法☆gully-stoping method
带抓斗式运砂船☆sand carrier with grab bucket
带爪船锚☆fluke anchor
带爪钻头☆trigger bit
带转台式清砂机☆rotary fettling table
带状☆ribbon; banding; banded; strip; striatus
带状板[古杯]☆taenia [pl.-e]
带状碧石☆riband jasper
带状碧玉☆ribbon{riband} jasper; jasperine
带状变质岩区☆belted metamorphic rock area
带状层☆ribbony bed; zonular layer; zonal stratum
带状层理☆banding; bedding
带状沉积☆string of deposits; banded sediment; zonal deposition
带状赤铁矿石英岩☆banded hematite quartzite
带状充填☆strip packing{pack}; partial stowage; rib fill; packed goaf
带状的☆zonal; zonate; banding; banded; ribbon
带状灯☆striplight
带状滴石☆bacon; bacon-rind drapery
带状电缆☆flat cable
带状分布☆zonal arrangement{distribution}; banded layout
带状构造☆banding; ribbon(ed){banded;zonal;brush; zonary;layered;stromatic} structure; zoning
带状骨☆(os) claustrum
带状刮板螺旋运输机☆ribbon flight screw conveyor
带状光谱☆band spectrum
带状火焰喷燃器☆ribbon-flame burner
带状加厚[孢]☆arcus
带状交代☆metasomatic zoning
带状结构☆ribbon texture{structure}; banded structure; bandeada
带状矿石流吨量[通过辊碎机开口]☆ribbon tonnage
带状矿体☆banded vein; run
带状矿柱的应力集中区☆strip abutment
带状脉☆crustificated{banded;combed;ribbon} vein; banded{ribbon} lode
带状毛细管系统☆ribbon-like capillary system
带状泥流☆solifluction stream
带状黏土☆bandy{book;ribbon;banded;band} clay
带状排列☆zonation; zonal arrangement
带状熔融☆zone melting
带状砂层圈闭☆shoestring-sand trap
带状砂石流吨量☆ribbon tonnage
带状闪电☆fillet lightning
带状生长分异作用☆zonal growth differentiation
带状石英赤铁矿☆banded quartz hematite; itabirite
带状体☆shoestring
带状土壤☆mature soil
带状纹泥层☆rhythmite
带状物☆belt; band; ribbon

D

带状细丝☆fiber ligature
带状线☆strip line
带状叶属[古植;T-K]☆Desmiophyllum
带状应力☆ligament stress
带状油气矿藏☆string of deposits
带状预制排水板☆band shaped prefabricated drain
带状云母☆taenolite
带状栅(栏)图☆ribbon diagram
带状沼泽☆slash
带状支撑矿柱☆strip abutment
带状织构☆zonal texture
带状织物☆webbing
带锥度的丝扣连接☆tapered coupling
带锥形接头的可卸式钎头☆tapered bit
带锥形台肩的单螺栓管子连接件☆unibolt coupling
带子☆string
带自安全包皮的药包☆permissible cartridge
带自备电源☆self-energizing
带纵条的烧丝筛管☆rod base wire-wrapped screen
带纵向切口的勺形取土器☆split spoon core sampler
带走☆rifle；entrainment
带走的油☆entrained oil
带阻☆band reject
带阻尼挡板的冲洗管☆buffered washpipe
带阻尼器的转子流量计☆dashpot rotameter
(化石)带组合☆zonenkomplex；zonegruppen
带钻粉筒螺旋钻机☆bucket drilling
带嘴火药筒☆jack
带座支架☆stock support
代☆era；generation；stead；code；pro-
代白金☆platinite
代办商☆commission merchant
代表☆representative；represent；rep.；typify；agent；delegate；proxy；type；deputation；example
代表称样☆representative portion
代表模量预估法☆prediction of representative modulus method
代表权☆proxy
代表团☆mission；delegation；contingent
代表形体☆general form
代表性☆representation；representativeness
代表性采样层☆representative sampling horizon
代表性的岩芯☆representative core
代表性取样层☆representative sampling horizon
代表性种☆representative species
代表组☆set of instruments
代铂☆proplatinum
代铂率☆platinum substitution ratio
代号☆code name{number}；digit；key-words
代换骨☆replacement bone
代换性盐基☆replaceable bases
代换预测法☆substitution forecasting
代价☆price；penalty
代价昂贵的问题☆costly problem
代客破碎☆custom crushing
代理☆agencies；commission；proxy；substitution；represent；vice-
代理(人)☆surrogate
代理(权)☆procuration
代理厂商的☆factorial
代理的☆acting
代理经营☆factor
代理人☆agent；representative；agency；succedaneum [pl.-ea]；attorney；assignee；agt；deputy；procurator；proxy；mandatory；substitute；subst.；bird {-}dog
代理商☆commission merchant
代理委任权☆power of attorney
代理业☆factorage
代理业务☆substitute service
代理佣金☆override
代理约束☆surrogate constraint
代理者☆succedaneum [pl.-ea]
代码☆code；word；language
代码字☆code(d) word
代名☆code name
代那里期[中三叠纪]☆Dinaric age
代那买特炸药☆Dyn
代那麦克斯炸药☆dynamex
代那蒙炸药[一种硝铵安全炸药]☆dynamon
代纳米克防污涂料☆Dynamic anti-fouling paint
代硼酸☆boric acid substitution
代签☆procuration endorsement
代入☆substitution；insert；substituting
代数闭合域☆algebraically closed field
代数乘积☆algebraic product
代数学的☆algebraical；alg
代替☆substitution；proxy[原子或离子]；cover；displacement；replacement；supersession；in place{lieu} of；pro-；substitute；stead；vicari-
代替的☆proxy；substituted
代替更换☆supersede
代替矿物☆proxy-mineral；metasom(e)；proxy (mineral)
代替利率☆opportunity interest rate；OIR
代替物☆succedaneum [pl.-ea]
代替者☆supplanter
代替转化☆ordering
代替作用[离子或原子]☆proxying；ionic substitution
代销货物☆consignment
代销用金☆override
(使发生)代谢变化☆metabolize
代谢产物☆metabolite；catabolite；metabolic product
代谢二元产物☆metabolic biproduct
代谢能☆metabolizable energy
代谢失调☆disturbance of metabolism
代谢指数☆metabolic index；MI
代谢作用☆katabolism；metabolism
代谢作用的☆metabolic
代液体流入(井内)☆fluid inflow
代用☆substitution
代用材料☆alternate{substitute} material
代用的☆ersatz；vicarious
代用户加工矿石☆custom ore
代用货{铸}币☆substitutionary coinage
代用名☆makeshift
代用黏土☆plasticine
代用品☆substitute；alternative；surrogate；stand-in；backup；succedaneum [pl.-ea]；ersatz[德]；subst.
代用燃料☆substitutional{substitute;alternative; alternate} fuel
代用燃料燃烧发动机☆alternative combustion engine
代用设备☆make-shift equipment
代用天然气☆substitute natural gas
代用条件☆fallback
代用药☆succedaneum [pl.-ea]
代赭石[含有多量的砂及黏土;Fe_2O_3]☆raddle；ochery hematite；red bole{chalk}；reddle；red ocher；ruddle；red ochre；ocherous rubrum；haematitum
代真码☆specific code
贷☆credit；cr.
贷方☆credit (note)；payment；C/NJ；C. N.
贷方对销☆contra credit
贷记{项;入}☆credit；cr.
贷借对照表☆balance sheet
贷款☆loaning money；loan；provide{grant} a loan；credit；extend credit to；lend；make an advance to；accommodation
贷款标准☆norm of lending
贷款利率☆lending rate
贷款人☆accommodator
贷项清单☆credit note；C/NJ；C. N.
贷与☆lend
黛丝香槟[石]☆Derert Litac
袋☆bag；case；sack；cyst；pocket；packet；SK
袋鞭藻属[眼虫藻]☆Peranema
袋貒属☆banded ant-eater；Myrmecobius
袋匙式挖泥船☆bag and spoon dredger
袋貂☆phalangers
袋粉属[孢;P]☆Marsupipollenites
袋骨☆marsupial bone；epipubis
袋海百合属[棘;S-D]☆Marsupiocrinus
袋獾属[Q]☆Sarcophilus；Sacrophilus
袋剑虎(属)[N_2]☆Thylacosmilus
袋角石目☆Aszozerida；Ascocerida
袋角石属☆Thylacoceras；Ascoceras
袋狼(属)[Q]☆Thylacinus；Tasmanian wolf
袋垒充填带☆bag packer{advance}
袋狸☆bandicoot
袋狸科☆Peramelidae
袋狸目☆Peramelina
袋驴属[Q]☆Phascolonus
袋滤器☆fabric{bag} filter
袋囊☆sac
袋勺{匙}式挖泥船{机}☆bag and spoon dredger
袋食蚁兽☆Myrmecobius
袋式取样☆bag sampling
袋室☆baghouse
袋鼠超目☆Marsupialia
袋鼠类☆kangaroos
袋兔类[澳等新几内亚袋狸科;Q]☆Peramelidae；bandicoot；parameloids
袋兔目☆Peramelina
袋形[钻头]☆pocket-type
袋形虫属[孔虫;K-Q]☆Baggina
袋形地☆pocket
袋形盆地☆bolson
袋形铅丝石笼☆sack gabion
袋熊[Q]☆wombat；Phascolomys；Phascolarctos；koala；Thascolomys
袋鼹[Q]☆Notoryctes；marsupial mole
袋鼬(属)[Q]☆Dasyurus
袋装混凝土护坡☆sacked concrete revetment
袋装砂井☆sand bag well；packed drain
袋装水泥☆bagged{sack(ed)} cement；bag of cement
袋装水下混凝土护坡☆sacked concrete revetment
袋装塑胶炸药☆bagged slurry explosive
袋装(药品)重量☆sack weight；SK WT
袋状充填☆pocket {-}fillings
袋状叠层石属[E]☆Sacculia
袋状脉☆blobby vein
袋状湾☆sac
袋锥壳[头]☆ascocone
待测物☆determinand
待定参数☆special parameter
待定系数☆indeterminate{undetermined} coefficient
待定因子☆undetermined factor{multiplier}
待定值☆required value
待发现的可及资源底数☆undiscovered accessible resources base
待发现可能储量☆undiscovered possible reserves
待发现潜在可采量☆undiscovered potential recovery
待付款☆obligation
待机状态[飞机准备出动状态]☆alert
待勘探的地热资源☆undiscovered geothermal resources
待令潜水☆callout diving
待命☆wait on；alert
待下套管截面积☆area of future casing diameter
待修时间☆awaiting-repair time
待选矿石☆concentrating ore
待选原矿☆original head
待寻元素[周期表中尚缺元素名]☆eka-element
待用的☆inactive；stand-by
待遇☆deal；treatment
待运精矿堆☆parcel
待运状态☆operational readiness
待证实储量☆unproved reserves
待装的岩石堆☆muckpile
待装料☆running charge
怠☆sloth；slow down；go slow；canny；idle；lax；slack；negligent；slighting；disrespectful；rude
怠速☆idling (speed)；idle

dān

担孢子☆basidiospore
担保☆guarantee；warrant
担保价格☆guaranteed prices
担保品☆collateral
担保契约☆hypothecation
担保书☆letter of guarantee；L/G
担保证券的总值☆omnium
担弓类☆Arcifera
担架☆barrow；stretcher
担架控制☆independent control；single support control
担架线系统☆single-trolley system
担架遥控☆individual remote control
担轮动物☆Trochelminthes
担轮幼虫☆trochophore
担子菌地衣☆basidiolichenes
担子菌类{纲}[真菌]☆basidiomycetes
担子衣纲☆basidiolichenes
担子真菌☆basidiomycetes
耽搁☆lag；wait；tarry
耽误☆delay
丹巴矿☆danbaite
丹布恩风☆tamboen
丹布纪丹布期☆Danburian age
丹德利昂盾形火山[火星]☆Dandelion shield volcano
丹粉☆Paris red；colcothar；crocus

丹佛底吹式浮选机☆Denver cell；Sub-A flotation cell
丹佛矿用{选矿}跳汰机☆Denver mineral jig
丹佛式水力分级机☆Denver hydroclassifier
丹佛烟霾[美]☆Denver's amaze
丹弗-巴克曼型翻床☆Denver-Buckman tilting concentrator
丹弗-迪隆型筛☆Denver-Dillon screen
丹弗式浮选机☆D-R cell
丹弗型捕金溜槽衬底☆Denver gold matting
丹弗型单底吹式浮槽[机械搅拌式]☆Denver sub-A flotation cell
丹弗型刮板脱水机☆Denver drag
丹弗型简易筛☆Denver simplicity screen
丹弗型矿浆条件{调和}箱{槽}[带中心管和叶轮搅拌器]☆Denver conditioner
丹弗型矿浆再调机☆Denver repulper
丹弗型套筛振动器[不平衡轮式]☆Denver shaker
丹弗型洗矿层式浓密机☆Denver washing tray thickener
丹弗型液下充气式浮选机☆Denver sub-A machine
丹弗烟霾[美]☆Denver's smaze
丹黄[点校文字的丹砂和雌黄;旧]☆cinnabar and ochre used in punctuating texts；collation
丹棱蚌属[J_3-K_1]☆Danlengiconcha
丹硫汞铜矿☆danielsite
丹麦[欧]☆Denmark；Demark
丹麦(阶)[欧;E_1 或 K_2]☆Danian
丹麦水力学会☆Danish Hydraulic Institute；DHI
丹纳法☆Danner process
丹尼冰期☆Dani glacial age
丹尼期[上白垩纪]☆Danian age
丹尼森式岩芯管取样器☆Denison sampler
丹尼亚阶☆Danian (stage)
丹聂耳电池☆Daniell's cell
丹宁☆tannin
丹宁酸[$(HO)_3C_6H_2COC_6H_2(OH)_2COOH$]☆tannic acid；tannin
丹宁酸钠☆sodium tannate
丹宁酸盐☆tannate
丹挪尔公式☆Denoel formula
丹铅[点勘书籍用的朱砂和铅粉]☆cinnabar and lead powder which were used in old times in punctuating old texts
丹砂☆cinnabar
丹斯石☆dansite；d'ansite
单☆flagellum；uni-；mon-；mono-
单氨基酸☆monoamino acid
单凹透镜☆plano-concave lens
单摆☆simple{mathematical} pendulum
单摆臂前装机☆one arm swinging frontloader
单班工作制☆single-shift working
单板[腕]☆henidium
单板贝属[腕;D_3]☆Monelasmina
单板纲[软;Q]☆Monoplacophora
单板古口☆haplotabular archaeopyle
单板机☆computer on slice；single board computer；single card microcomputer；SBC
单板块边缘说☆single plate-margin hypothesis
单瓣的☆unipetalous
单瓣腭☆anaptycha
单瓣容积式马达☆single-lobe positive displacement motor
单瓣石竹☆single pink
单胞☆outotheca；unit cell
单胞孢子☆amerospore
单孢体☆monad
单孢锈(菌)属[真菌;Q]☆Uromyces
单孢枝霉菌属[真菌;Q]☆Hormodendrum
单孢子☆monospore
单孢子的☆amerosporous
单孢子囊☆monosporangium
单爆炸[破]点排列☆single-shot spread
单杯圆顶海百合目[棘]☆Monobothrida
单背斜☆single anticline
单倍体☆monoploid；haploid
单鼻孔的☆monorhinal
单鼻亚纲☆Monorhina
单笔孤峰☆mogote
单笔石(属)[S]☆Monograptus
单笔石科☆monograptidae
单笔石类☆monograptid
单笔石式☆monograptid type
单蓖麻酸二甘醇磺酸酯☆diethylene-glycol monoricinoleate sulfonate
单闭合绕组☆single re-entrant winding
单壁波纹管☆single-wall corrugated pipe
单壁古杯纲☆Monocyathus；Monocyathea
单壁围堰☆single-wall cofferdam
单臂操纵☆mano-lever control
单臂刮板平环链☆pintle chain
单臂龙门刨☆open side planer
单臂偏心器☆one-armed excentralizer
单臂钻车☆single-boom drill rig；single boom jumbo
单鞭毛的[细菌细胞]☆monotrichous
单鞭藻属[Q]☆Pedinomonas
单边☆half-infinite
单边带☆single side band；signal sideband；SS；SSB
单边带长途通讯设备☆birdcall
单边放炮排列☆single-ended spread
单边隔间☆end compartment
单边刮沫充气式浮选槽☆shimming cell
单边卡钳☆hermaphrodite caliper
单边裂缝☆single-edge crack
单边排列☆unidirectional{single-ended} spread；single ender
单边屏蔽☆unilateral screening
单边坡口角接头☆single bevel corner joint
单边最小平方反滤波器☆one-sided least-squares inverse filter
单变二形☆monotropism；monotropy
单变法☆simple{single} variation method
单变反应☆monotropic{univariant} reaction
单变晶类型☆monoblastic type
单变量☆univariance；monovariant
单变量分析☆univariate analysis
单变量峰度系数☆univariate coefficient of kurtosis
单变量函数☆one-variable function
单变平衡☆univariant{monovariant} equilibrium
单变体系☆monovariant system
单变线[等压]☆univariant curve{line}；isobaric
单变形工艺变形丝☆single process yarns
单变性☆monotrop(y)；univariancy；monotropism
单变性同质异{多形现}象☆monotropic polymorphism
单变性转换☆monotropic transition
单变质带☆unpaired metamorphic belt
单遍☆single pass
单波☆separate wave
单波道☆single-channel
单波段的☆single-range
单波束☆single beam
单波形空气枪☆waveshape kit
单不饱和的☆monounsaturated
单步☆single step
单参数对称模型☆one-parameter symmetric model
单舱汽艇☆sedan
单仓管磨机☆one compartment tube mill
单槽☆single groove
单槽凹的[介]☆unisulcate
单槽的☆single groove；S.G.；monocolpate
单槽粉属[孢]☆Monosulcites
单槽浮选用的浮选机☆unit flotation cell
单槽速度☆flotation velocity
单槽型[腕]☆sulcate
单槽型的[孢]☆monosulcate；monocolpate
单槽缘型☆unisulcate
单侧的☆unilateral；one-sided；single-aided；unimodal
单侧函数☆one-sided function
单侧横向凹槽☆unilateral transverse trough
单侧进风扇风机☆single-inlet{single-intake} fan
单侧井底车场☆single station
单侧偏心回弯管☆single offset "U" bend
单侧限地槽☆monoliminal geosyncline
单侧椎(骨)体☆pleurocentrum；pleurocentri
单层☆monostratum；single layer{stratum;coat}；bed；monolayer；individual zone{layer;bed}；unilayer
单层测试☆single-interval test
单层的☆one{single}-layer；single-deck[罐笼、筛分机、摇床等]；unistrate；monostromatic；monolamellar
单层焊缝☆one-pass weld
单层炉☆one-story furnace
单层排料隔{箅}板☆single wall discharge diaphragm
单层纱包(线)☆single cotton-covered wire；S.C.C.
单层实验褶皱☆experimental single-layer fold
单层式[古]☆monolamellar
单层丝包的☆single silk-covered；SSC
单层天车☆straight rotary crown-block
单层摇床☆simplex{single-deck} table
单层支撑☆mono-layer propping
单层资料☆individual-layer data
单产量☆single rate；SR
单长石☆single feldspar
单成分系☆unary system
单成分的☆oligomict(ic)；monogen(et)ic；monogene
单成分炸药☆single component explosive
单成岩☆monogene(tic) rock；monolith (rock)
单成岩的☆monolithic
单成因的☆monogen(et)ic；monogene
单成因土壤[常态土]☆monogenetic soil
单程☆single pass
单程产率☆yield per pass
单程传播☆one-way propagation
单程的☆once-through
单程增益☆single-pass gain
单程终点☆headland
单齿冲击☆single-tooth impact
单齿辊破碎机☆single-toothed crusher
单齿类☆Simplicidentata
单齿犁松法☆single shank ripping
单齿鼠属[Q]☆sewellel；Aplodontia
单冲程(的)☆single cycle
单畴☆single domain
单畴微粒的临界半径☆critical radius of single-domain particle
单处理机☆uniprocessor；uni-processor
单触点☆single contact
单传热☆unidirectional heating
单船地震折射法☆single-ship seismic refraction shooting
单串虫属[孔虫;C-P]☆Monogenerina
单锤捣矿机☆single {-}stamp mill
单唇式☆haplocheilic type
单纯☆simplification；simplicity
单纯的☆tailored；simplicial；simplex
单纯浮选☆collective flotation；plain floatation
单纯晶格☆primitive lattice
单纯平衡☆homogeneous equilibrium
单纯切变☆pure shear
单纯乳突凿开术☆simple mastoidotomy
单纯形表☆simplex{simply} tableau
单纯形法☆simplicial{simplex} method
单纯型算法☆simplex algorithm
单纯性胆固醇结石☆simple cholesterol calculus
单纯注水☆straight waterflooding
单纯自引调优法☆simplex self-directing evolution operation method
单磁头转盘型高梯度磁选机☆single head carousel HGMS
单次覆盖☆single fold；single-coverage
单次覆盖剖面☆single-cover section；hundred percent section
单次散射☆single scattering
单次执行☆once-run
单错校正双错检测☆single error correction double detection；SECDED
单带☆single filament
单带型[四射珊瑚]☆einzoner[德]
单代表的☆monotypic
单刀单{|双|三}掷(开关)☆single-pole single{|double|three}-throw (switch)
单刀开关☆single-switch
单岛弧☆single inland arc
单岛弧系☆single {-}arc system
单导线☆single conductor；SC
单(通)道地震仪☆single-channel seismograph
单道电敏纸记录地震仪☆single-channel facsimile seismograph
单道分析器☆single-channel analyzer；SCA
单道工序☆individual operation
单道印影{影印}地震仪☆single-channel facsimile seismograph
单灯丝☆single filament
单底结构☆single bottom construction
单底型[海胆]☆monobasal
单地槽☆monogeosyncline
单地址☆single-address；one-address
单点爆炸排列(法)☆single-shot spread
单点测量(摄影)井斜仪☆single shot tool
单点测流☆spot measurement

D

单点测斜照相机☆single shot camera
单点浮筒系泊☆SPBM; single point buoy mooring
单点观测☆one-point observation
单点井斜方位测量仪☆single shot directional surveying instrument
单点刻度法☆single point calibration
单点排列☆single-shot spread
单点入口射孔技术☆single-point-entry perforating technique
单点扫描☆simple scan
单点系泊☆single-point{swinging;monobuoy} mooring; single buoy mooring; SPM; SBM
单点系泊塔(架)☆single point mooring tower
单点震源单点接收方式☆point-source point-detector mode
单点支撑式☆unipivot support
单点值☆punctual value
单电池接收电路☆solodyne
单电磁铁两位阀☆single solenoid two position valve
单电极电阻测井☆single point resistance ton
单电极`系{探头}☆monoelectrode sonde
单电位{压}☆univoltage
单电子键☆one-electron bond; semivalence
单吊桶☆single-bucket dredge
单调☆monotony; drab; uniformity; monotone
单调的☆pedestrian; blank; drab
单调函数☆monotonic quantity; monotone function
单调加载曲线☆monotonous loading curve
单调文件☆flat file
单调谐放大器☆single-tuned amplifier
单调性☆monotonicity
单调应变应力曲线☆monotonic strain-stress curve
单顶枝[植]☆monotelome
单动的☆single acting
单动作选择器☆uniselector
单斗☆single-bucket
单斗式挖掘机☆crane shovel; shovel excavator
单独出口☆single outlet
单独的☆independent; sole; solitary; separate; sep; single; sgl.; individual
单独的布格平板☆isolated Bouguer slab
单独工作的矿工☆hatter
单独井☆individual well
单独巨石☆monolith
单独开发☆stand-alone development
单独开拓☆opening {-}up individually
单独炮眼放炮☆single shot firing
单独屏蔽拖曳法☆individually screened trailing cable
单独驱动的抽油装置☆unit pumping outfit
单独下沉☆independent subsidence
单独异常☆separate anomaly
单独直接液压控制☆discrete direct hydraulic control
单独中断☆single-break
单独注水☆isolated waterflood
单堵塞器压水试验☆single packer test
单端孢属[真菌;Q]☆Trichothecium
单端股线☆single-end strand
单端(对称)轴☆uniterminal axis
单段排水☆single-stage pumping
单段破碎☆one {-}stage crushing
单段提升☆single-lift{single-stage} hoisting
单段研磨☆one-stage grinding
单断层☆single{single-lined;simple} fault
单断(层)崖☆simple fault scarp
单对称分散☆monosymmetric dispersion
单对称面☆monosymmetric face
单对流湖☆monomictic lake
单对应函数☆homographic function
单发爆破☆single-shot blasting{firing}; single-shot
单发动机☆monomotor
单反射层☆single reflecting horizon
单芳基二硫代氨基甲酸盐[R-NHCSSM]☆monoaryldithiocarbamate
单芳香的☆monoaromatic
单芳香族化合物☆monoaromatics
单方面的☆unidirectional; unilateral
单方式分类☆one-way classification
单房采煤法☆single stall
单房有孔虫☆Unilocular Foraminifera
单放多刺针☆acanthostyle
单分路上行式通风☆single branch ascensional ventilation
单分散层☆monodisperse layer
单分散性☆monodispersity; monodisperse
单分体☆monad
单分子[牙石]☆single element
单分子层☆unimolecular layer; monomolecular layer {sheath}; monolayer; unilayer; monofilm
单分子层薄膜☆monomolecular film
单分子膜☆unimolecular{monomolecular} film; monocoating; monofilm
单分子物体☆monomer
单封隔器地层试验☆single-packer test
单峰☆singlet
单峰分布☆unimodal distribution
单峰古水流模式☆unimodal palaeocurrent pattern
单峰极点分布☆unimodal pole distribution
单峰态模糊集☆unimodal fuzzy set
单峰值的☆single-peaked
单缝[孢]☆monolete suture
单缝联囊粉属[孢;T_3]☆Unatextisporites
单缝周囊孢属[C]☆Potonieisporites
单幅分析☆single-frame analysis
单浮标锚定☆single buoy mooning
单浮槽分级机☆simplex-bowl classifier
单浮筒☆monobuoy
单浮筒储油系统☆single buoy storage system
单浮筒系泊装油浮动码头☆SBM{single buoy mooring} loading terminal
单福☆single frame
单盖几丁虫类☆Simplex(o)perculati
单杆操纵☆mano-lever control
单杆操纵的液压系统☆single-lever hydraulics
单杆井架☆single mast
单杆式坝☆pole type bruch dam
单钢轮振动压路机☆single drum vibratory roller
单缸(单作用蒸汽)泵☆simplex pump
单缸出力☆power output per exhaust
单缸发动机☆single-barrel engine
单缸式双作用泵☆simplex double acting pump
单缸双级空压机☆single cylinder two stage air compressor
单杠杆操纵☆single-lever control
单杠挂钩短梯☆ceiling stick
单个的抽水井☆single pumping well
单个底板[海百]☆azygous basal plate
(在)单个建筑旁气流的改变☆airflow modified by a single building
单个精矿中央射流喷嘴☆single concentrate central jet burner
单个晶体☆unit crystal
单个颗石☆ortholith
单个矿物☆individual mineral; mineral separate; free grain
单个珊瑚☆cup coral
单个土体[土壤]☆pedon
单个样品☆separate{individual} sample
单个元素图☆uni-elemental map
单根☆single; joint
单根(钻杆)☆single pipe
单根长度☆joint length
单根立柱☆individual prop
单工☆simplex; SX
单工(通报制)☆simplex operation
单工电路☆simplex(ed) circuit
单工信号制☆simplex signalling system
单工作面☆single breast{stope}
单功能的☆monofunctional
单功能源水线☆unifunction pipeline
单弓目{类}☆Synapsida
单弓型颅☆synapsid type of skull
单弓亚纲[爬]☆Synapsida
单拱坝☆single arch dam
单共生☆monoparagentsis
单钩吊索☆hook rope
单钩提升☆single hoisting
单钩提升上山用平衡重☆ground(hog)
单沟粉属[孢;E_2]☆Monocolpopollenites; Monosulcites; Entylissa
单沟河狸(属)[N]☆Monosaulax
单沟型(孢粉)☆ascon
单沟型的☆monocolpate; monosulcate
单鼓式磁选机☆single-drum magnetic separator
单古杯(属)[$Є_1$]☆Monocyathus
单古杯纲[$Є_{1-2}$]☆Monocyathea
单古杯类☆Monocyatha
单骨针☆monaxon
单股线☆solid wire
(多井)单拐多连杆抽油设备☆back-side-crank pumping unit
单拐曲轴☆one-throw crankshaft
单官能的☆monofunctional
单官能团化合物☆monofunctional compound
单管(柱)☆single string
单管电桥☆Wheatstone bridge
单(控制)管阀☆single-line valve
单管分采完井☆tandem completion
单管(柱)可收回式封隔器☆single string retrievable packer
单管驱油☆linear displacement
单管柱☆monotube pole
单罐笼提升☆single {-}cage winding
单光路法☆one ray path method
单光圈法☆single diaphragm method
单光束法☆single-beam method
单光束汞探测器☆single beam mercury detector
单硅钙石☆crestmoreite; riversideite
单硅铝化带☆zone of monosiallization
单硅铝质化☆monosiallitization
单硅铝质化带☆monosialli(ti)zation zone
单硅酸☆monomeric silicic acid; monosilicic acid
单硅酸盐☆unisilicate; monosilicate
单硅酸渣☆unisilicate{monosilicate} slag
单轨(式)☆monorail
单轨车☆gyrocar
单轨道☆monorail; monotram
单轨道架空吊车运输☆overhead monorail
单轨的☆single-track; st
单轨吊车☆single rail hoist crane; monorail crane
单轨供料车☆mono-rail supply car
单轨平巷☆single-track drift{heading}
单轨式抛砂机☆bracket-type sandslinger
单轨往复无极绳运输☆reversible endless-rope haulage
单辊轮振动压路机☆single drum vibratory roller
单辊式托辊☆single-pulley belt idler
单辊碎矿机☆single-roll crusher
单滚筒☆single drum; single-ended machine
单滚筒式采煤机☆single-drum{-ended} shearer
单焊道☆one-pass weld
单行☆uniline
单行本☆reprint; pamphlet
单行孔爆破☆single-row blasting
单行铆对接☆single rivet butt joint
单行信号☆one-way signal
(勘测用)单航线相片钻嵌图☆reconnaissance strip
单巷法(巷道布置)☆single-entry method{system}
单巷开采法☆single entry method
单核☆monokaryon
单核配合物☆mononuclear complex
单核形成☆single nucleation
单痕☆monolete mark(ing)
单痕孢☆monoletes
单(岛)弧☆single arc
单花介属[N_2]☆Haplocythere
单环☆helix [pl.-ices]; monocycle; monocyclic ring
单环带组构☆single-girdle fabric
单环椎☆cyclospondylous vertebra
单换向直流发信号☆single-commutation direct-current signalling
单磺酸盐☆monosulfonate
单辉橄榄岩☆wehrlite
单回路☆single circuit; single-circuit
单活塞爆炸压力机☆single-piston explosive press
单火花发生器☆unisparker
单火山☆isolated{simple} volcano
单击(法)☆zap
单基的☆monogene; monogenetic
单基火药☆single-base powder
单基片[无脊]☆monocrepid
单基取代☆monosubstitution
单机磨光☆intermittent grinding and polishing
单机凿岩作业☆single drill operation
单机座轧机☆single-stand mill
单箕斗☆solo skip
单极☆single pole; SP; monopole; monopolar; s.p.
单极磁头☆single-pole-piece magnetic head
单极-单极电测深曲线☆pole-pole sounding curve
单极点☆first orderpole
单极天线☆unipole

单级☆single stage
单级(的)☆one-stage
单级分离☆single stage separation; one step separation
单级减速(齿轮装置)☆single reduction gear unit
单级离心式增压泵☆single-stage centrifugal booster pump
单级仪器☆single-stage apparatus
单几丁虫属[O_3-D]☆Haplochitina
单脊菊石☆Arietites
单脊周囊孢属[T_3]☆Aratrisporites
单季回水湖☆monomictic lake
单寄生(现象)☆monoparasitism
单钾芒硝[K_2SO_4]☆arcanite; arkanite; arcenite; aphthitalite [$(K,Na)_3$•$Na(SO_4)_2$]
单价☆unit price{cost}; monovalence; univalence {univalency}[化]
单价比☆price-proportion
单价表☆rate scale; ordinary bond
单价的☆univalent; monovalent
单价分析☆unitary analysis
单价元素☆monogen
单尖峰信号☆single spike
单检波器地震道☆single seismometer trace
单剪☆simple shear
单剪机☆unishear
单键☆single link(age){bond}
单键型晶格☆homodesmic lattice
单件工作☆piece work
单件生产☆job work
单件铸造☆individual cast
单胶浆状炸药[日]☆unigel slurry mixture; USM
单铰链连接☆single-swivel joint
单脚泥芯撑☆stalk-pipe{stem} chaplet
单角☆monodon
单角介属[T_3]☆Monoceratina
单角龙☆Ceratosaurus
单角质板☆anaptychus
单接点☆single contact; SC
单接收器速度测井☆single receiver velocity log
单接收时间☆single receiver time; SRT
单接收式声测井仪☆one receiver logging tool
单阶段不平衡分馏☆single stage disequilibrium fractionation
单阶段决策问题☆single stage decision problem
单阶段铅☆normal{single-stage} lead
单阶岩层☆monothem
单截齿齿座☆single-pick box
单节☆uninodal
单节末射枝的☆holodactylous
单节式涡轮钻具☆single-section turbodrill
单结☆unijunction
单结构的☆monoschematic
单结晶的☆monoclinic
单结型晶体管☆uni-junction transistor
单界面反射☆single-boundary reflection
单金属☆mono-metal
单金属的☆monometallic
单金属矿☆monometallic ore
单进风口扇风机☆single-inlet fan
单进路(开采法)☆single entry
单晶☆single{unit} crystal; monocrystalline; monocrystal
单晶的☆monomorph; monocrystalline; monoclinic
单晶刚玉☆monocrystalline fused alumina
单晶精细X射线分析☆Single-Crystal Refinement X-ray Analysis; SREF-XRA
单晶颗石☆ortholith
单晶矿物闪烁探测器☆monocrystal mineral scintillation detector
单晶炉☆crystal growth furnace; single-crystal furnace
单晶取向☆single crystal orientation
单晶X射线衍射☆Single-Crystal X-ray Diffraction
单晶体☆monocrystal; single crystal; unit cell
单晶体变形☆deformation of single crystal
单晶形☆fixed form; monomorph
单晶照片测量器☆film-measuring device for single crystal photograph
单晶质球粒☆monosomatic chondrule
单精度☆single precision
单井☆single{individual;solitary} well; single-well
(海上)单井采油系统☆single well oil production system
单井产量☆individual-well producing rate; per-well production
单井的控制面积☆well spacing
单井动态☆individual well performance
单井径向流模型☆single-well radial model
单井开采的油藏☆single-well reservoir
单井口完井☆single wellhead completion; SWC
单井框人行格☆single cribbed manway
单井试井分析{解释}☆single-well-test analysis
单井示踪剂回流试验☆single well backflow tracer test
单井示踪吞吐法☆single-well tracer; SWT
单井水量☆specific water yield
单井筒开拓法☆single-shaft system
单井注采"地窖"油☆cellar flooding
单井组{网}模型☆single-pattern model
单井最大可能出水量☆maximum feasible single well capacity
单景航空摄影机☆individual camera
单镜头反射(式)☆single-lens reflex; SLR
单据☆chit
单聚焦☆single-focusing
单聚物☆monomer
单翼裂缝长度☆fracture half-length
单卷筒提升机☆single-drum winder
单蕨☆Danaea
单咖啡酰酒石酸☆monocaffeyltartaric acid
单卡瓦可收回式套管封隔器☆single grip retrievable casing packer
单壳(的)☆univalve
单壳盖[头]☆anaptychus
单壳类☆Univalvia; univalve; Monoplacophora
单壳室的☆monothalamous; unilocular
单孔☆single well{opening;drillhole}; ulcus; haplopore[棘林檎]
单孔孢属[K_2]☆Monoporisporites
单孔插座☆tip jack
单孔抽水泵井☆single pumping log
单孔的☆uniporous; monoporate
单孔多胞孢属[E_3]☆Pl(e)uricellaesporites
单孔发射火药柱☆single-perforate grain
单孔粉属[孢;N]☆Monoporopollenites
单孔管状发射药☆single-perforated tube propellant
单孔环球孢属[E_2]☆Monoporisporites
单孔卷曲孢属[E_3]☆Involutisporonite
单孔类☆Univalvia; Monotremata
单孔目☆Monotremata; Amphorida
单孔射孔穿透试验☆single-perforation penetration test
单孔双胞孢属[E]☆Didymoporisporonites
单孔双管逆向流动☆counterflow in a single hole
单孔下传法☆down-hole method
单口道的[六射珊]☆monostomodaeal
单口的☆monocentric
单口阀☆single ported valve
单口盖[头足]☆anaptychus [pl.-hi]
单口井☆individual well
单块☆monolith; monoblock
单块(的)☆monolithic
单块模型☆single-block model
单框架式木垛☆pigstye frame
单框式木垛☆four-pointed pigsty(e)
单矿☆simple ore
单矿车翻笼☆single-tub wagon tipper
单矿沉积岩的☆monomict
单矿的☆monogene(tic); monomineral(lic)
单矿房☆single unit
单矿分凝(作用)☆monomineralic segregation
单矿物☆individual mineral; monomineral
单矿物萤石矿石☆simple fluorite ore
单矿物组合☆monomineralic assemblage
单矿岩☆monomineral(ic){monogentic} rock
单缆单车架空索道☆jig back
单肋(式)[笔]☆monopleural
单棱石☆zweikanter; einkanter
单砾岩☆monogenetic conglomerate
单立柱☆detached column
单粒的☆single-grained
单粒级煤[筛孔直径1～1/2英寸;英]☆singles
单粒结构土壤☆single-grained structure
单力偶☆single force couple
单力偶源☆single-couple source
单联法☆single-link procedure
单连岛沙坝☆single tombolo
单链☆single chain
单链板输送机☆monobar conveyor
单链虫属[孔虫;Q]☆Hormosinia
单链斗挖泥机{船}☆single ladder dredger
单链状硅酸盐☆single chain silicate
单量程☆single-range
单梁☆monospar; single beam
单梁棚子☆single-piece set
单梁V形切口☆Charpy-V-notch
单辆(矿)车(翻)车机☆single-tub wagon tipper
单辆货车☆SU-truck; single-unit truck
单列☆uniserial
单列的☆uniserial; monostichous; coiled-uniserial; monostichate
单列射线☆linear ray
单列式的☆haplostichous
单裂缝[孢]☆monolete suture; monoletus
单裂缝痕[孢]☆monolete mark(ing)
单裂痕☆monoletus
单裂片{瓣}☆unilobite
单磷灰石[Fe,Mn,Ca的磷酸盐,硫酸盐及氯化物]☆rhodophosphite
单铃状接头☆single bell joint
单领式[头]☆monochoanites
单硫化矿(物)浮选☆single {-}sulphide flotation
单硫铁矿☆troilite
单流☆uniflow
单流程冷却☆once-through cooling
单流阀{凡尔}☆ball-and-seat
单流器☆cut-off
单流取样器{机}☆single-split sampler
单流作用☆check action
单路☆simplex
单轮☆monowheel
单轮滑车☆single{gin} block; gin-block
单轮回地形☆monocyclic landforms
单轮泥斗车☆monowheel{one-wheel} handcart
单轮式☆monocycly
单轮托叶的[植]☆haplostephanous
单螺纹螺旋☆single-thread screw
单螺旋分级机☆simplex{single-}spiral classifier
单螺旋给料{矿}机☆single-spiral feeder
单螺旋柱钻机架☆single-screw column drill mounting
单脉冰☆single-vein ice
单脉冲☆monopulse
单脉冲区[荧光屏上]☆one-pip area
单脉的[植]☆uninerviate
单锚☆single anchor
单锚腿储存☆single anchor leg storage
单锚腿储油系统☆single anchor leg storage system
单毛(水霉)属[真菌;Q]☆Monoblepharis
单煤素质☆monomaceral
单门齿(亚)目[啮]☆Simplicidentata
单萌发沟的[孢]☆monocolpatus
单面☆pedion; monohedron; monoeder
单面槽砂轮☆single recessed wheel
单面搭接☆single-lap joint
单面的☆pedial; single-aided
单面定向聚能弹射孔器☆directional single-plane jet perforator
单面复合形坡口☆single compound angle groove
单面焊☆welding by one side
单面焊接☆one side welding
单面结构☆parallel{simple} planar texture
单面进车井底车场☆single-approach pit bottom
单面刻槽☆single notching
单面类☆pedical class
单面鬣丘☆cret
单面磨损☆lopsided wear
单面坡☆one-way slope
单面坡的☆single-slope
单面坡度☆superelevation
单面坡口对接焊☆open-single-bevel butt weld
单面乳胶底片☆single-emulsion film
单面山☆cuesta; scarped ridge; monoclinal mountain
单面山的陡坡☆front slope
单面山脊☆cote
单面山前低地☆inner vale
单面山造层☆cuesta-maker
单面斜口焊接☆single bevel butt
单面心格子☆one-face-centered lattice
单面V形坡口☆single bevel{V} groove
单面延展的☆uniplanar
单面药膜底片☆single coated film
单面叶☆unifacial leaf

D

单面应变☆plain strain
单面圆角搭(焊)接☆single fillet lap
单面装卸油栈桥☆single service rack
单面(晶)组[1 晶组]☆pedial class
单名☆mononomen
单模☆single mode
单母体☆single population
单幕变形☆single episode of deformation
单幕冲断层☆single-phase thrust
单目标测量☆single-target survey
单目的层钻进☆single-target drilling
单目分析☆monocular analysis
单囊的[孢]☆monosaccate
单囊粉属[孢]☆Monosacutes
单能的☆monochro(mat)ic；monoenergetic
单能中子☆monoenergetic{monoergic;single-end} neutron
单黏土矿物化(作用)☆monosiallitization
单捻[指一次捻成的绳]☆simple lay
单钮调谐☆unituning；unicontrol
单偶极子☆single dipole
单耙分级机☆simplex{single} rake classifier
单排☆single-row
单排爆破☆one{single} row blasting
单排布置炮孔☆single-row spacing hole
单排的☆coiled-uniserial；uniserial
单排孔布置☆single-row spacing
单排料口汞齐槽☆single-discharge mortar
单排炮孔{眼}爆破法☆single-line{-row} method
单排汽出力☆power output per exhaust
单排汽地热汽轮机☆single-exhaust geothermal steam turbine
单排桩围堰☆single row pile cofferdam
单盘[油罐浮顶]☆single-deck
单盘区回采☆one-panel{panel} stope
单炮点道集☆single-shotgather
单炮记录反演☆single shot record inversion；SRI
单炮孔测斜仪☆single-shot instrument
单炮眼手动电磁放炮器☆one-shot exploder；"Little Demon" exploder
单泡浮选☆single-bubble flotation
单配位点☆monohapto
单喷嘴的☆one-jet
单皮碗抽子☆single rubber swab
单偏光☆plainlight；plane-polarized light；ppl
单偏光(镜)☆single polar
单片☆uniwafer
单片式车身汽车☆unibody
单片系统工艺☆monolithic system technology；MST
单片组装法☆monobrid
单频道☆monorail
单频脉冲☆pure tone pulse
单频信号发生器☆single-frequency signal generator
单平硐(开拓法)☆single entry
单平巷法[巷道布置]☆single-entry method
单平面☆monoplane
单平面的☆uniplanar
单凭经验办事的人☆empiric
单凭经验的方法☆rule of thumb
单凭仪表操纵的(地)☆blind
单坡顶☆single-pitch roof
单坡顶侧{附}跨☆lean-to
单坡桁架☆shed roof truss
单坡尾顶☆lean-to roof
单坡屋顶☆pent{shed;penthouse;half-span} roof；single (slope) roof；pent-roof
单坡压顶石☆feather-edged coping
单谱线☆singlet
单歧藻(属)[蓝藻;Q]☆Tolypothrix
单桥探头☆single-bridge probe
单切变☆simple{single} shear
单切面结点☆unode
单倾斜层☆single dipping layer
单倾斜筛☆single inclination screen
单球藻亚群☆Monosphaeritae
单趋性☆monotaxis
单区的☆single-range
单圈反射测角仪☆single-circle{simple} reflection goniometer；simple reflection-goniometer；one-circle reflecting goniometer
单圈滑结☆sheet becket bend
单圈圆顶海百合目☆Monobathra；Disparata
单全积层☆holostrome
单全息图☆single hologram
单群囊[植]☆monangium
单燃料系统☆single-fuel system
单燃烧管锅炉☆one fuel boiler
单绕多速电动机☆single-winding multispeed motor
单绕射点☆single diffracting point
单绕组☆simplex winding
单绕组励磁的☆singly excited
单热石[$K_2Al_{10}Si_{15}O_{46}$•$10H_2O$]☆monot(h)ermite；endothermite
单人操纵平路机☆one-man grader
单人操作的设备☆one-man operated unit
单人洞☆proper cave
单人工作(打钻等)☆single-hand(ed) work
单人手持凿岩机☆one-man drilling machine
单人凿岩☆single-hand{single-hole} drilling
单人钻机☆one man drill；one-man drilling machine
单刃钎头☆single-chisel bit
单入口地槽☆monoliminal geosyncline
单软管☆simplex hose
单塞☆single packer
单色☆monochrome；isochrome
单色版☆autotype
单色的☆monochro(mat)ic；isochromatic；monotint；monochrome；monogenetic
单色光的☆monochroic；monochromatic
单色光束☆monochromatic beam
单色化☆monochromatization
单色画☆monochrome；monotint
单色(光)器{镜}☆monochromator；monochrometer；monochromate
单色 X 射线☆homogeneous{monochromatic} X-ray
单色图☆achromatic map{sheet}
单色信号电压☆monochrome voltage
单色性☆monochromaticity
单色仪☆monochromator；monochrometer；chromator
单色针孔法☆monochromatic-pinhole method
单沙颈岬串连河洲☆single tombolo
单沙嘴☆single spit
单纱强度试验仪☆tensile tester for strand
单珊瑚底座幼芽☆anthoblast
单珊瑚底座幼芽口盘☆anthocyathus
单珊瑚底座幼芽茎☆anthocaulus
单扇形闸门☆single quadrant gate
单射的☆monactinal
单射骨针☆monactine；monactin
单射海绵目☆Mon(o)actinellida
单射流喷燃器☆rat-tail burner
单伸缩单作用立柱☆single telescopic single acting leg
单身汉☆bachelor
单声道磁带录音机☆single-track recorder
单声信号☆monophonic signal
单生长轴的☆monopodial
单生的☆solitary
单生境生物☆hormozone organism
单绳架空吊车运输[井下运输材料]☆overhead-rope monorail
单绳摩擦轮提升系统☆Koepe system of hoisting
单绳式多爪片抓岩机☆single-line clamshell
单绳提升☆single-rope winding
单绳运输☆single{main} rope haulage；direct(-rope){direct-acting} haulage
单石墙☆perpend (wall)
单食性(的)☆monophagous
单式沉积☆unimodal sediment
单式原子散射因子☆unitary atomic scattering factor
单饰螺属[腹;E_3]☆Aplexa
单室房的[孔虫]☆unilocular
单室孔隙度计☆single-cell porosimeter
单室球形(潜水)舱☆single chambered sphere
单室砂矿跳汰机☆one-cell placer jig
单室性分级机☆unit type classifier
单收缩☆monopinch
单手锤☆single-hand hammer；single jack
单手钻眼☆single-hole drilling
单枢☆single pivot
单枢纽线☆individual hinge line
单枢纽型☆single-hinge type
单枢轴☆unipivot
单束松粉属[孢;E-N_1]☆Abietineaepollenites
单数☆singular；camerae；unity
单数齿的☆odd toothed
单数峰值☆odd peak
单数脉冲反应☆odd response
单水方解石☆hydrocalcite
单水鼓系泊☆single buoy mooring；SBM
单水化石灰☆normal hydrated lime
单水硫酸锂晶体☆lithium sulfate monohydrate crystal
单水铝石[Al_2O_3•H_2O]☆monohydrallite
单水平提升立井☆single-stage shaft
单水碳钙石[$CaCO_3$•H_2O;六方]☆monohydrocalcite
单水型的☆monohydrate
单水蚁酸锂☆lithium formate monohydrate
单丝☆filament；monofilament
单丝浸润☆sizing of filaments
单丝浸润器☆size applicator for filaments
单丝壳属[真菌;Q]☆Sphaerotheca
单四面体☆independent tetrahedron
单苔藓虫属[O-D]☆Monotrypa
单台分析☆single-station analysis
单台阶采石☆single-bench quarrying
单台预报☆single observer forecast
单搪☆one-covercoat enamel
单糖☆monosaccharose；monosaccharide；monose；simple sugar
单套牙的☆monophyodont
单套液化石油气装置☆single train LPG plant
单梯段上向采矿法☆heading-and-stope system
单梯式挖泥机{船}☆single ladder dredger
单体☆monomer；element；monobloc
单(晶)体(的)☆monocrystalline；individual
单体的☆elementary；one-piece；simplicial；monomeric
单体分离☆liberation
单体分离的颗粒☆released grain
单体构造☆monomict structure
单体硅酸☆silicic acid monomer
单体活性☆monomer reactivity
单体聚合活性☆monomer reactivity
单体矿物☆liberated mineral
单体珊瑚☆solitary{simple} coral
单体设计☆unit design
单体生物☆monosomic
单体首轮☆detached head pulley
单体性☆monosomy
单体元素☆free element
单体支柱☆single prop；individual jacks
单体中柱☆monostele
单萜☆monoterpene
单萜烯混合物☆terebene
单通道☆single channel
单通道鏇(属)[孔虫;P_2]☆Monodiexodina
单通开关☆unilateral switch
单通路☆single-pass
单筒式岩芯筒☆single type core barrel
单筒手(持)水准(仪)☆monocular hand level
单筒望远镜分析☆monocular analysis
单筒岩芯管☆single(-tube) core barrel
单投影法☆homographic projection
单头井壁封隔器☆single-end wall packer
单头螺纹☆single thread
单透镜摄影☆single {-}lens photograph
单凸透镜☆plano-convex lens
单腿(平台)☆monopod
单腿的(支架)☆unipod
单腿顶梁☆bar{wrecking} supported by one prop
单腿近海钻探平台☆monopod platform
单腿棚子☆half{corner} set；post-and-hitch
单腿桅杆☆single-pole mast
单腿支架☆half set
单网羊齿(属)[古植;P]☆Gigantonoclea
单维的☆unidimensional
单维管束型的[孢]☆haploxylonoid
单尾的[神经细胞等]☆unipolar
单尾分布☆one-tail distribution
单位☆unit (cell)；unity；denomination；element
API 单位☆American Petroleum Institute unit；API unit
X 单位[≈10^{-11}cm(10^{-3} 埃)]☆X-unit
kX 单位[1kX=1.00202 埃]☆kilo-X{kX} unit
Φ 单位[计算砾石尺寸]☆phi unit
单位爆破岩石体积的炸药消耗量☆explosive ratio
单位标轴形☆parametral form
单位表面摩擦力☆unit skin friction
单位侧面阻力☆unit shaft resistance
单位层型☆unit-stratotype
单位长度负荷☆linear load
单位长度套管重量☆casing weight{wt}

单位成本☆unit cost；cost per unit
单位冲刷动量☆specific momentum of wash-out
单位储水量☆specific storage
单位的☆per unit；specific
API 单位的自然伽马☆GAPI
单位电介强度☆unit dielectric strength
单位酚☆free phenol
单位功所破碎的岩石体积☆specific disintegration
单位过程线☆unit hydrograph；unitgraph
单位耗药量☆powder factor；specific charge
单位厚度压实{缩}☆unit compaction
单位换算☆conversion of units
单位降雨历时☆unit rainfall duration
单位晶胞☆unit cell (dimension)；Z
单位晶胞分子数[简称 Z 数;德]☆zahl
单位精矿回收☆unitary concentrate
单位距离预测☆unit-distance prediction
单位开采块段☆unit mining block
单位矿石赢利☆profit per unit of ore
单位亮度☆unit brightness
单位面积降雨流量☆specific discharge of rainfall
单位面积(输)沙量☆sediment-production rate
单位面积阻抗☆impedance per unit area
单位能量所破碎岩石的量☆specific rock removal
单位炮孔破碎的岩石量☆specific extraction of rock broken
单位区域价值☆u.r.v.；unit regional value；urv
单位燃料消耗率☆specific fuel consumption；s.f.c.
单位容积的散料重量☆bulk{loose} weight
单位容量装机费用☆specific installed cost
单位深度的增温梯度☆unit temperature gradient
单位深度上的压力差☆pressure-depth gradient
单位生铁耗矿石量☆ore ratio
单位时间导水量☆specific conductivity
单位矢量☆vector of unit length；unit vector
单位体积☆unit{specific} volume
单位体积的含量☆load per unit of volume
单位体积破碎功☆specific volumetric fracture work
单位体积热能(含)量☆volume heat
单位体积中的浓度☆volume concentration
单位线☆unitgraph
单位信号时间☆unit interval
单位形☆parametral{unit} form
单位延迟算子☆unit-delay operator
单位元素☆identity element
单位圆源☆unit circle source
单位增益☆unity gain
单位炸药崩矿量☆PF；powder factor
单位炸药崩落量☆duty of the explosive
单位炸药破碎的岩石量☆specific extraction of rock broken
单位(矩)阵☆unit-matrix；identity matrix
单位制☆system of units；unit system
C.G.S.单位制☆centimeter-gram-second system
CGSE 单位制☆cgs electromagnetic system
MKSA 单位制☆meter-kilogram-second ampere
单位质量的含量☆load per unit of mass
单位重量的表面积☆specific surface area
单位重量功率指数☆strength-weight characteristic
单位字数☆folio
单纹锉刀☆float
单纹孔☆simple pit
单稳定器结构☆single stabilizer configuration
单稳多谐振荡器☆monostable multivibrator
单稳态☆monostability
单稳态的☆monostable
单五角形颗石[钙超]☆simple pentalith
单矽酸渣☆unisilicate slag
单吸式叶轮☆single suction impeller
单吸收平衡☆monoresorptional equilibrium
单烯☆monoene
单烯(属)烃☆mono-olefin
单系☆monophyly
单系列☆uniserial
单系列的☆coiled-uniserial；uniserial；monophyletic(al)
单系群☆monophyletic group
单系同源☆orthologous homology
单系演化☆phylogenetic evolution
单细胞☆unicell；single cell
单细胞的☆unicellular
单先行定址☆one-ahead addressing
单纤维强度试验仪☆tensile tester for mono-filament
单显微组分☆monomaceral
单限山链☆monoliminal chain
单线☆uniline；single way{line;track}；one-way (contact)；single-line link；singlet[谱]
单线操作☆one-lice operation
单线电路☆single-wire circuit
单线多站通信☆multidrop
单线法☆single line method；practical loading method
单线结构☆parallel{simple} linear texture
单线控制井下安全阀☆single-line subsurface safety valve
单线螺杆☆single-thread worm
单线平巷☆single-track heading
单线圈变压器☆autotransformer
单线绕组☆unifilar winding
单线索道☆monocable (ropeway)；single-rope ropeway
单响爆竹☆single-sound firecracker
单响地震仪☆uniboomer
单项设备☆equipment item
单项式{的}☆monomial
单项误差☆individual error
单项作业☆single job
单相☆uniphase；single{singular} phase；unique facies；monophase；monofacies；SP；s.p.
单相的☆homogeneous；monophase；monophasic；uniphase；one-phase
单相关系数☆correlation coefficient
单相交变场☆single-phase alternating field
单相交流单机车☆single-phase alternation current locomotive
单相阶☆monothem
单相流体☆monophasic fluid
单相体系☆homogeneous system
单相线路☆uniline
单相造山循环{旋回}☆monophasic orogenic cycle
单像元{素}☆single pixel
单向☆simplex；single pass；unidirect(ion)；unique direction[晶体中与其他方向的性质均不相同的唯一方向]
单向标准体积管☆unidirectional prover
单向传导☆unilateral conductivity
单向传动☆unidirectional transmission
单向传热☆one-dimensional heat transfer
单向的☆one-way；irreversible；nonreciprocal；unimodal；monodirectional；unidirectional；one-dimensional；unilateral
单向灯信号☆single aspect lamp signal
单向电路☆single-phase circuit
单向定位{向}☆unidirectional orientation
单向发射激光装置☆one-way laser unit
单向阀☆one-way{check;flapper;claypit;non-return;back;retaining;inverted;antiflood;rebound} valve；CV
单向阀配流的泵☆check valve pump
单向反射☆specular{regular} reflection
单向放电☆unidirected discharge
单向割煤☆unidirectional working
单向古水流模式☆unimodal palaeocurrent pattern
单向(波导)管☆uniguide
单向化☆unilateralization
单向活门☆flowback valve
单向加载`多压砧式{|铰链式立方体}超高压装置☆unidirectional loading `multiple anvil{|link type cubic} ultra high pressure device
单向加载三{|四}对斜滑面式立方体超高压装置☆unidirectional loading three{|four}-pair sliding-face cubic ultra high pressure device
单向进水叶轮☆single-suction impeller
单向控制☆unicontrol
单向扩展断层☆unilateral fault
单向离子变频器☆cyclorectifier
单向流☆unidimensional stream
单向流动☆uniflux；uniflow
单向马达☆nonreversing motor
单向密封软管接头☆one-way seal hose coupling；single shut-off hose coupling
单向平衡☆homogeneous equilibrium
单向扑向☆monoclinal plunge
单向切变{剪切}☆unilateral shear
单向水流玫瑰图☆unimodal current rose
单向掏槽☆drag cut
单向透视玻璃☆one-way transparent glass
单向信号☆one-way signal
单向行车☆one way traffic
单向性☆unidirectionality
单向性的☆monotropic
单向循环门☆one-way circulating valve
单向应变☆plain strain
单向运行轨道☆unidirectional track
单象的[相对 polymorphous]☆monomorphous
单象管☆monoscope
单象投影仪☆single projector
单斜☆unicline；monocline；monoclinal；homocline
单斜半面类☆monoclinic hemihedral class
单斜半面象(晶)组[m 晶组]☆monoclinic hemihedral class
单斜铋钯矿☆froodite
单斜的☆monoclinic；monoclinal；homoclinal；uniclinal；clinorhombic
单斜顶{鼻}☆monoclinal nose
单斜毒砂☆plinian
单斜对称晶系☆monosymmetric system
单斜反半面体☆monoclinic antihemihedron
单斜锆石☆baddeleyite
单斜格子☆oblique lattice
单斜谷☆monclinal{homoclinal} valley；monoclinal ravine{valley}
单斜硅单斜辉石☆clino-augite
单斜辉铅锑矿☆semseyite
单斜辉石☆clinopyroxen(it)e；monopyroxene；clinoenstenite；klinoaugit；clinoaugite；klinaugite；polyaugite；klinopyroxen
单斜辉石{岩}☆clinopyroxenite
单斜脊☆monoclinal{scarped;homoclinal} ridge；wold；cuesta
单斜角坡口☆single bevel groove
单斜晶☆clinohedral
单斜垒垛山☆writing-desk mountain
β 单斜硫☆garibolidite；garibaldite
单斜硫矿☆garibaldite；sulfurite
单斜铝矾石☆jurbanite
单斜面☆single-taper
单斜钠钙石[$Na_2CO_3 \cdot CaCO_3 \cdot 5H_2O$]☆gaylussite
单斜挠曲☆(monoclinal;warping) flexure；uniclinal fold{flexure}
单斜挠褶☆flexure；monoclinal{monocline} flexure；flexing
单斜硼砂☆kernite
单斜硼酸钙石☆inyoite
单斜坡面(晶)组[m 晶组]☆monoclinic domal class
单斜坡形半面象☆monoclinic domatic hemihedrism
单斜坡形半面象(晶)组[m 晶组]☆monoclinic domatic hemihedral class
单斜铅矾☆sardiniane；sardinianite
单斜翘曲作用☆monoclinal warping
单斜倾伏{斜}☆monoclinal plunge
单斜全对称(晶)组[$2/m$ 晶组]☆monoclinic holosymmetric class
单斜全面类☆monoclinic holohedral class
单斜全面象(晶)组[$2/m$ 晶组]☆monoclinic holohedral class
单斜山☆homoclinal{monoclinal} mountain
单斜闪石☆clino(-)amphibole；klinoanmphibol
单斜石英☆coesite
单斜世系☆monoclinic ancestry
单斜钍石[$Th(SiO_4)$]☆huttonite
单斜系晶体☆monoclinic crystal
单斜楔体类☆monoclinic sphenoidal class
单斜斜面体(晶)组[m 晶组]☆monoclinic clinohedral class
单斜崖☆banke；monoclinal (fold) scarp
单斜崖面☆cinglos
单斜氧蒽醌☆graebeite
单斜异极半面象`类{(晶)组}[2 晶组]☆monoclinic hemimorphic-hemihedral class
单斜褶皱☆stop{monoclinal;uniclinal;monocline;monclinal} fold；one-limbed flexure；monocline
单斜正规(晶)组[$2/m$ 晶组]☆monoclinic normal class
单斜柱体类☆monoclinic prismatic class
单榍☆holacanthine septa
单芯电缆☆mono conductor cable；single (core) cable；single-conductor{-core} cable；single conductor line；monocable
单芯放炮{起爆}电缆☆single-core shot-firing cable
单芯的☆holocentric；monocentric
单信号☆monosignal；mono signal
单信号超外差法☆single {-}signal super-heterodyne

单信号哨叫☆single signal whistle
单星导航☆single star navigation
单型☆monotype
单型的☆monotypic[古]; monomorphic; monothetic; monomorphous
单型分割(分类)法☆divisive-monothetic strategy
单型键☆homodesmic bond
单形☆simple{single} form; monomorphism
单形的☆monomineral monomodal; monomorphic; monomorph(ous)
单形符号[结晶学]☆formset symbole; single form symbol; form symbol
单U形坡口☆single-U groove with sloping sides
单形体☆monomorph
单行程☆single-pass; one-way trip
单行程钻凿长度☆one-stroke boring length
单性[动植]☆unisexuality
单性合子[生]☆azygote
单性种群☆apomict population
单旋回☆monocycle; single cycle
单旋回山☆single-cycle mountain
单旋转接座☆single-swivel joint
单穴海百合目☆Monobothrida
单穴球形藻属[Z]☆Monotrematosphaeridium
单循环☆single cycle; monocycle
单循环湖☆monomictic lake
单循环山☆single-cycle mountain
单牙轮钻头☆zublin bit
单烟道☆single flue
单盐☆simple salt
单岩构造☆monolithic structure
单岩基☆simple batholith
单岩脉[一次岩浆侵入的岩脉]☆simple dike{dyke}
单岩山☆monolith
单岩屑的[自碎屑岩]☆monolithologic
单岩芯动力法[测相对渗透率]☆single core dynamic method
单岩芯管☆single-tube core barrel
单岩组的☆monoschematic
单眼☆simple eye[节]; ocellus[昆;pl.-li]
单堰式标准罐☆single-weir prover
单焰燃烧器☆rat-tail burner
单阳极水银(池)整流器☆excitron
单阳离子氧化矿物☆one-cation oxide
单养生物☆monotrophic
单样☆single sample
单药包☆single charge
单叶☆integrifolious
单叶的☆unifoliate; unilobate
单叶迹[遗石]☆unilobite
单叶菊石(属)[头;T_2]☆Monophyllites
单叶片式混砂机☆single-shaft paddle-type mixer
单叶双盖蕨☆Diplazium subsinuatum
单叶隙的[植]☆unilacunar
单液灌浆☆single shot grouting
单液系统注浆☆single-liquid system infection
单一☆unity
单一泵☆unipump
单一冰期☆monoglacial
单一层☆monostratum
单一的☆single; singular; monospecific; sgl.; unitary
单一地层感应回线☆unit ground loop
单一地质成因单位☆single genetic unit
单一分类单元带☆monotaxon zone
单一化☆simplification
单一价格☆single price
单一刻度常数☆simple scale constant
单一孔隙率热储☆single-porosity reservoir
单一控制☆unicontrol; monocontrol
单一矿物矿脉[如硫铁矿]☆simple vein
单一煤层开采法[水平煤层中]☆in the seam mining
单一炮眼组的爆破进尺☆advance per round
单一燃料推进系统[航]☆monofuel propulsion system
单一砂☆all-purpose sand
单一(型)砂☆system sand
单一砂屑岩层序☆monotonous psammitic sequence
单一水层湖☆oligomictic lake
单一水文过程曲线☆simple hydrograph
单一体☆individual
单一体系[构造型式]☆unitary system
单一同形{态}☆monomorphism
单一性☆unitarity; unicity
单一岩☆Monolith rock; monolith
单一岩的☆monolithic
单一因子☆unique factor
单一原样整体岩石☆intact rock
单一运算☆monadic operation
单一褶皱面☆single folded surface
单一自由面爆破☆grunching
单一组成喷气燃料☆monergol
单衣藻属[Q]☆Chlamydomonas
单乙醇胺[用于天然气处理]☆monoethanol(-) amine
单意义的☆unambiguous
单翼☆single flight
单翼机☆monoplane
单翼开采☆unidirectional working; one-way mining; unilateral extraction
单翼(开采的)矿山{采区}☆unilateral mine
单翼挠曲☆one-limbed flexure
单翼凿形犁☆single wing chisel plow
单因次的☆one-dimensional
单音☆tone
单音信号☆monosignal
单应函数☆homographic function
单应力☆simple stress
单用励磁机☆separate exciter
单优种社会☆consociation
单油层☆individual reservoir
单油管井口装置☆single tubing wellhead
单油酸二(聚乙二)醇磺酸酯[$C_{17}H_{33}COO(CH_2CH_2O)_2$-$SO_3M$]☆diethylene glycol monooleate sulfonate
单羽榍[珊]☆simple trabecula; monacanth
单育土☆monogenetic soil
单元☆element; block; cell; unit (cell); location; slab; pack; member; apartment[住宅]; blk
单元的☆unitary; unit
单元化☆blocking; unitization; unitize
单元畸变☆distortion of the element
单元机组☆monobloc
单元集☆singleton
单元件检波器☆single-element geophone
单元块☆cell block
单元内变形不连续有限元方法☆finite element method with embedded discontinuities
单元燃料☆monoreactant; monopropellant; monofuel
单元式池窑☆unit melter; unit tank furnace
单元特性选择☆natural choice of element
单元体☆element; unit body; haploid; elementary volume
单元体积增量☆incremental element volume
单元系☆unicomponent system
单元信号获取☆single-cell signature acquisition
单元性☆haploidy
单元演化☆monophyletic evolution
单元应变矩阵☆element strain matrix
单元杂种☆haplomict
单元组装密度☆packing density of the units
单原子层☆monoatomic layer{molecule}
单原子分子☆monatomic molecule
单圆(反射)测角计☆one circle goniometer
单圆骨针[绵]☆strongylote
单圆片☆uniwafer
单源的☆monophyletic(al)
单源砾岩☆diaglomerate
单源论{说}☆monotopism
单闸板防喷器☆single ram preventer; single ram-type preventer
单闸门☆homostrobe
单栅笔石属[S]☆Monoclimacis
单张地图☆map sheet
单张航摄底片☆single aerial negative
单障[变质岩晶体位错形成的]☆tree
单折的☆uniplicate
单折射☆single{simple} refraction
单折射的☆single-refracting
单褶海岸☆flexure coast
单褶曲☆simple fold
单褶无边粉类[Mz]☆monoptycha
单褶型[腕]☆uniplicate
单褶崖☆monoclinal fold scarp
单褶缘型☆unisulcate
单帧分析☆single-frame analysis
单针骨☆monaxon; uniaxial spicule
单振幅☆single amplitude
单振子☆Kipp oscillator
单正态分布☆single normal distribution
单枝虫霉属[真菌;Q]☆Empusa
单支枢(的)☆unipivot
单肢型☆uniramous
单直镜筒☆straight monocular tube
单值☆monodrome
单值(性)☆monodromy
单值操作☆monadic operation
单值的☆unambiguous; single{one}-valued; unique
单值函数☆monodrome{monotropic;single{one}-valued;univalued} function
单值化☆uniformization
单值进位☆single carry
单值形[只能取唯一的一种指数值]☆unique form
单值性☆uniqueness
单酯☆monoester
单掷的☆single-throw; ST
单质☆element
单质角砾陨石☆monomict breccia
单质晶体☆elemental crystal
单质砾岩☆oligomictic{homomictic} conglomerate
单中心演化☆monocentric evolution
单中柱☆haplostele
单种☆single species
单种闭果[植]☆caryopsis
单种的☆monospecific; monotypic
单种离子☆individual ion
单种属[生]☆monotypic genus; autogenus
单种性[生]☆monotypism
单重态☆singlet state
单众数分布☆unimodal distribution
单周期(的)☆monocycle; monocyclic
单轴☆monopodium; monad; single shaft
单轴的☆uniaxial; unipolar; monoaxial; monopodial
单轴对称☆monosymmetry
单轴对射骨针☆diact
单轴分支{枝}[古]☆monopodial branching
单轴骨针☆monaxon
单轴海绵目☆Monaxonida
单轴加载☆uniaxial loading
单轴抗压☆unconfined compressive strength
单轴霉属[Q]☆Plasmopara
单轴目{类}☆Monaxonida
单轴燃气轮机循环☆single turbocompressor rotor cycle
单轴式混合机☆single-shaft mixer
单轴式链☆single-axial chain
单轴天车☆in line crown block
单轴向压缩☆uniaxial compression
单轴应变试验☆uniaxial strain test
单轴应力温度循环试验☆uniaxial stress and temperature cycling test
单轴针[绵]☆monaxon
单轴支撑式☆unipivot support
单轴中横棒☆monocrepid
单肘板型颚式破碎机☆single-toggle type crusher
单肘板制粒机☆single-toggle granulator
单株☆individual
单主(寄生)的☆ametoecious
单柱刨床☆open side planer
单柱匙板☆spondylium simplex
单柱单梁式棚子☆prop-and-bar
单柱架冲击式钻机☆single-column-mounted percussive drill
单柱类[双壳]☆monomyarian; Monomyaria
单柱目☆Monomyaria
单柱起重架☆single pole mast
单柱式钻架☆single-jack bar
单柱装药☆single-grain charge
单砖拱☆jack arch
单砖砌层☆header course
单转筒☆single-drum
单转子反击破碎机☆single rotor impactor
单桩容许荷载☆allowable pile bearing load
单锥☆pyramid
单锥型☆simple cone type; unidentate
单锥牙形石属[$Є_3$-S_2]☆Distacodus
单缀[建]☆lacing
单子☆nucleon; monad
单子宫类☆Monodelphia
单子叶(植物)纲☆Monocotyledonae
单子叶植物类{亚纲}☆Monocotyledones
单自由度☆single degree of freedom; unidirect(ion)
单字码代换☆monoalphabetic substitution

单字母信号码☆single letter signal code
单踪记录仪☆monotrack recorder
单总体☆single population
单总线☆unibus
单组☆single population
单组防喷器装置☆single-stack system
单组分体系☆one-component{unicomponent} system
单组分显微类型☆monomaceral
单组分炸药☆single (component) explosive；simple explosive
单组元推进剂☆single propellant；SP
单嘴手杓☆one-lip hand ladle
单作用的☆single acting
单作用式千斤顶柱☆simplex jack
单作用双缸{联}泵☆twin single pump
单座☆single seat；single-place

dǎn

掸去☆flick
掸子☆whisk
胆胺☆cholamine；colamine
胆的☆choleic
胆矾[$CuSO_4$•$5H_2O$;三斜]☆c(h)alcanthite; copper{blue} vitriol; kupfervitriol; blue stone{vitrid}; bluestone; blue jack{copperas}; kupferchalcanthit(e); burnt brass; cyanos(it)e; chalkanthite; chalcanthil; copper{cupric} sulfate; calchante
胆固醇☆cholesterol；cholesterin(e)
胆红素☆cholerythrin；bilirubin
胆红紫素☆phylloerythrin
胆碱黄药[$R_3N^+CH_2CH_2OC(S)S^-$]☆choline xanthate
胆结石☆Biliary caculus；choleithiasis；chololith；bile stone；gallstone
胆绿蛋白☆choleglobin；verdohemoglobin
胆绿素☆dehydrobilirubin；biliverdin
胆绿素原☆verdohemochrome
胆囊切石术☆cholelithotomy
胆囊石病☆cholecystolithiasis
胆囊碎石术☆cholecystolithotripsy
胆青素☆bilicyanin
胆石[医]☆gallstone；biliary calculus；gall stone；chololith；cholelith
胆石性肠梗阻☆intestinal obstruction due to gallstone
胆酸☆cholic{chololic} acid；colalin
胆烷☆cholane
胆(甾)烷酸☆cholanic acid
胆甾醇[$C_{27}H_{45}OH$]☆cholesterol；cholesterin(e)
胆甾醇磺化醋酸酯[$HO_3SCH_2CO_2C_{27}H_{45}$]☆cholesterin sulfoacetate
胆甾二烯☆cholestadience
胆甾三烯☆cholestatriene
胆甾酮☆cholesterone
胆甾烷☆cholestane；cholane
胆甾烷醇☆cholestanol
胆甾烯☆cholestene
胆甾-α-烯☆cholest-α-ene
胆甾烯醇☆cholestenol
胆甾烯酮☆cholestenone
胆甾型化合物☆cholesteryl compound
胆汁☆chola；bili-
胆汁醇☆bilichol
胆汁的☆choleic
胆汁青☆bilicyanin
胆汁色素☆gall{bile} pigment
胆汁酸☆bile add{acid}
胆汁烷酸☆bilianic acid
胆总管结石症☆choledocholithiasis
胆总管石☆choledocholith
胆总管碎石术☆choledocholithotripsy

dàn

担[中]☆tan；dan
担体☆supporter
担子☆burden
旦[纤维细度单位;纤度单位]☆denier
氮☆nitrogen；N；azote [旧]；nitrogenium[拉]
氮爆搅动[摄]☆nitrogen-burst
氮苯☆pyridinpyridine
氮苯基[C_5H_4N-]☆pyridyl
氮川[N≡]☆nitrilo-
氮川三醋酸☆nitrilotriacetic acid；NTA
氮川三醋酸钙钠盐☆calcium sodium salt of NTA
氮的☆nitric
氮的硝化(作用)☆nitrification
氮的氧化物☆nitrogen oxide
氮的总量☆total nitrogen
氮蒽☆acridine
氮肥☆nitrogenous{nitrogen} fertilizer
氮肥肥料☆nitrogen fertilizer
氮腐殖质☆phytocollite；pitocollit
氮铬矿[CrN;等轴]☆carlsbergite
氮汞矾[$Hg_4(SO_4)N_2$;等轴]☆gianellaite
氮(素)过量☆nitrogen excess
氮化☆nitriding；azotize；nitridation
氮化处理☆nitriding；nitride hardening；nitrogen treatment
氮化钢☆nitralloy (steel)；nitriding steel
氮化合金☆nitroalloy
氮化铝晶体☆aluminium nitride crystal
氮化硼☆boron nitride
氮化燃料☆nitrid(e) fuel
氮化碳☆carbonitride
氮化物☆nitrifier；nitride
氮还原系数比[研究地层的含油性]☆nitrogen-reduction ratio；N/R
氮(-)还原系数比☆nitrogen-reduction ratio
氮基[N≡]☆nitrilo-
氮基乙酸☆amino acetic acid
氮己环[$CH_2(CH_2)_4NH$]☆piperidine
氮接收器☆hydrogen acceptor
氮芥子气☆nitrogen mustard
氮矿化☆nitrogen mineralization
氮离子指示剂☆hydrogen-ion indicator
氮沥青☆nigrite
氮量测定计☆nitrometer
氮量计☆nitrometer；azotometer
氮磷灰石☆nitratapatite
氮磷钾肥☆azophoska
氮硫沥青☆velikhovite；welichowit
氮麻醉☆nitrogen narcosis
氮茂[$(CH=CH)_2=NH$]☆pyrrole
氮萘☆quinoline；chinoline
氮硼石☆borazon
氮平衡☆nitrogen equilibrium
氮(素)平衡☆nitrogen equilibrium
氮气☆nitrogen
氮气发生系统☆nitrogen gas generation system
氮气扫罐☆nitrogen purging of tank
氮气修井法☆nitrogen workover
氮气预充阀☆nitrogen precharge valve
氮气中退火☆annealed in nitrogen；AN
氮羟氧石☆scharizerite
氮缺乏☆nitrogen deficiency
氮素复合体☆nitrogen complex
氮素计☆nitrometer；azotometer
氮素矿化☆nitrogen mineralization
氮素平衡表☆nitrogen balance sheet
氮素状况☆nitrogenous status
氮铁矿[Fe_5N_2;六方]☆siderazot(ite)；roaldite；siderazote；silve(r)strite
氮同位素比值☆nitrogen isotope ratio
氮吸附测定粉体比表面法☆Brunauer Emmett and Teller method；BET
氮熏晒图☆ozalid print
氮(素)循环☆nitrogen cycle
氮氧硅石☆sinoite
氮氧化物控制☆nitrogen oxide control
氮氧硫[石油所含]☆nitrogen,oxygen,sulphur；NOS
氮茚☆indole
氮-有机物比率☆nitrogen-organic matter ratio
氮源☆nitrogen(ous) source
氮杂苯☆pyridine；pyridinpyridine
氮杂环己烷[$CH_2(CH_2)_4NH$]☆piperidine
氮杂茂[$(CH=CH)_2=NH$]☆pyrrole
氮杂茂环☆azole
氮杂萘☆quinoline
9-氮杂芴☆carbazole
氮状态☆nitrogenous status
氮族炸药☆nitrogen family explosive
但尼尔☆denier
但`人{族的(后代)}☆danite
淡白响岩☆nenfro
淡钡钛石[$BaSi_4O_9$•$2Na_2(Ti,Zr)Si_3O_9$；$BaNa_4Ti_2B_2Si_{10}O_{30}$；单斜]☆leucosphenite；leukosphenit
淡变熔体☆chymogen
淡菜☆Mytilus
淡橙色☆light orange
淡赤黄色☆ginger
淡出[电视图像逐渐消失]☆fade-out；sneak out；SO
淡粗霞岩☆congressite
淡的☆fresh；nonsaline；dilute；watery；washy
淡地下水☆fresh groundwater
淡度☆freshness；dilution
淡方沸石☆blairmorite；analcite-phonolite
淡方钠{沸}岩☆blairmorite
淡沸绿岩☆heronite；bogusite
淡粉红色☆rose pink
淡钙铝榴石☆leucogarnet; leukogranat; leucogranat
淡钙霞正长岩☆deldoradoite
淡橄白榴正长岩☆synnyrite
淡硅锰矿☆leucopho(e)nicite
淡硅锰石[$Mn_7(SiO_4)_3(OH)_2$;单斜]☆leucophoenicite；leukophonizit；leukopho(e)nicit
淡褐霰石☆californian onyx
淡褐色☆biscuit；pale{light} brown；maple；hazel
淡褐色的☆brownish
淡红宝石☆feminine ruby
淡红沸石[$NaCa_2(Al_5Si_{13}O_{36})$•$14H_2O$；$CaAl_2Si_7O_{18}$•$7H_2O$;斜方]☆stellerite
淡红色☆rosiness；damask
淡红砷锰石[$MnAs^{5+}O_3(OH)$•H_2O;单斜]☆krautite
淡红银矿[Ag_3AsS_3;三方]☆proustite；sanguinite；red silver ore; arsensilver blende; light {-}red silver ore; light ruby silver{ore}; arsenical red silver; arsenical silver ore; light-ruby{ruby;red} silver; ruby blende; braardite; ruby-silver ore; rubinblende; silver ruby; arsenical silver blende
淡花岗岩☆leucogranite
淡化☆desalin(iz)ation；freshening；degradation；desalinate；desalt
淡化工厂☆distillation{desalination} plant
淡化海砂☆marine sand desalination treatment
淡黄☆yellowy；canary；jasmine；straw{primrose} yellow；wheat；flaxen
淡黄琥珀[碳氢化合物]☆bacalite
淡黄绿色☆pistachio
淡黄绿色绿柱石☆Brazilian emerald
淡黄色☆jonquil；amber
淡黄树脂☆wheelerite
淡黄玉☆saxonian chrysolite
淡灰褐色☆ficelle
淡灰玄白响岩☆viterbite
淡辉长细晶岩☆gabbrite
淡辉长岩☆labradorite
淡辉二长岩☆grobaite
淡辉石☆leucoaugite
淡基暗斑混成岩☆glamaigite
淡季☆off-season
淡碱岗斑{花岗}岩☆llanite
淡蓝☆pale{light;baby} blue；smoke
淡蓝色曙红[浮抑剂]☆eosin bluish
淡栗钙土☆light chestnut colored soil
淡粒二长岩☆microtinite
淡磷铵铁矿[$(K,NH_4)Fe^{3+}_2(PO_4)_2(OH)$•$2H_2O$]☆leucophosphite
淡磷铵铁石☆spheniscidite
淡磷甲铁矿☆collinsite
淡磷钾铁矿[$KFe^{3+}_2(PO_4)_2(OH)$•$2H_2O$]☆leucophosphite；leukophosphit
淡榴石[$K(AlSi_2O_6)$]☆leucogarnet
淡流纹岩☆tordrillite
淡绿矾[$HFe^{3+}(SO_4)_2$•$2H_2O$]☆leucoglaucite；ferrinatrite；leucoglancite
淡绿橄榄石☆glinkite；hawaiite
淡绿泥石☆rumpfite；leuchtenbergite
淡绿色☆pale{light;pea} green；absinthe-green；vir(id)escent
淡钠二长岩☆perthosite
淡青色☆nattierblue
淡入☆fade{sneak} in；fade-in[图像渐显]；FI；SI
淡色☆pale；tinge；light(-colored)；leucocratic；tint
淡色白榴岩{石}☆leucoleucitite
淡色斑岩☆leucophyre；oxyphyre
淡色变熔生成的☆chymogen(et)ic
淡色表层☆ochric epipedon
淡色部分☆leucosome
淡色的☆light-colo(u)red；leucocratic；light
淡色的岩☆leucocratic
淡色花岗闪长伟晶岩☆leucogranodiorite-pegmatite

D

D

淡色花岗状岩体☆leucogranitic massif
淡色钠长英闪岩☆leuco-sodaclase-tonalite
淡色闪石☆leucophane；leucophanite
淡色蚀变☆leuco-alteration
淡色似辉长岩☆leucogabbroid
淡色体[混合岩中]☆leucosome
淡色响岩☆leucophonolite
淡色岩☆leucolith；leucolite；leucocrate (rock)
淡色月岩☆lunarite
淡闪长岩☆leucodiorite
淡闪石☆edenite
淡蛇纹石☆marmolite
淡砷铜矿☆whitneyite；witneyite；semi-whitneyite；darwinite
淡石棉☆rock{mountain} cork
淡始成土☆ochrept
淡树脂☆α-jaulingite；jaulingite
淡水☆fresh{sweet;dilute;plain;light} water；freshwater；FW；limn
淡水草本沼泽☆freshwater marsh
淡水沉积☆fresh water deposit；freshwater deposit；fresh-water sediment
淡水的☆fluvioterrestrial；limn(et)ic；freshwater；oligohalobic
淡水度☆freshness
淡水罐☆fresh water tank；FWT
淡水海绵属[T-Q]☆Spongilla
淡水河谷☆VALE；CVRD；Companhia Vale do Rio Doce
(入海的)淡水河流☆freshet
淡水和盐水消泡剂☆fresh and saltwater defoamer
淡水湖☆fresh (water) lake；broad
淡水环境☆fresh water environment；limno-geotic
淡水解作用☆aquatolysis
淡水(水)解作用☆aquatolysis
淡水煤☆limn(et)ic coal
淡水凝胶泥浆体系☆fresh water gel mud system
淡水泉[自咸水中溢出]☆bottle spring
淡水群落的☆limnodic
淡水生物☆limnobios
淡水体的☆limnal
淡水桶[救生艇用]☆water breaker
淡水沼泽☆freshwater swamp{resource}；pantano
淡水阻体☆freshwater barrier
淡苏安玄岩☆peralboranite
淡苏英闪长岩☆epibugite
淡铁矾☆leukanterite；leucanterite
淡歪细晶[结构]☆bostonitic
淡纹长岩☆perthosite
淡污水☆weak sewage
淡霞斜岩☆rouvillite
淡霞岩☆leuconephelinite
淡响蓝白岩☆tavolatite
淡斜绿泥石☆leuchtenbergite{mauleonite}[$(Mg,Al)_6((Si,Al)_4O_{10})(OH)_8$]；pouzacite；maulconite；rumpfite[$Mg_3(Mg,Fe,Al)_3((Si,Al)_4O_{10})(OH)_8$]
淡盐酸☆weak hydrochloric acid
淡银灰色☆ocean-grey
淡英斑岩☆elvan；elvanite
淡英斑岩岩脉☆elvan-course
淡英二长岩☆windsorite；toienite
淡英苏玄质☆leucomiharaitic
淡硬绿泥石☆lennilenapeite
淡黝砷银铜矿☆binruit
淡黝铜矿☆binnite[$(Cu,Fe,Ag,Zn)_{12}As_4S_{13}$]；cuprobinite；cuprobinnite [$(Cu,Ag)_{12}As_4S_{13}$]；dufrenoysite
淡云母☆leucophyllite[$K_2(Mg,Al)_{4-5}((Al,Si)_8O_{20})(OH)_4$(近似)]；alurgite [$K_2MnAl_3(Si_7AlO_{20})(OH)_4$]；leukophyllit
淡晕☆hevelian halo
淡杂砷镍铜[以 Cu 为主的 Cu,Cu_6As,Cu_3As 混合物]☆mohawk-whitneyite
淡紫蓝色☆lavender blue
淡紫色☆heliotrope；lavender；lilac；orchid
淡棕色☆pale brown；light brown. maple
诞生{月}石☆birthstone
弹道☆trajectory；line of fire；LOF
弹道摆值☆ballistic pendulum swing
弹道降落距离☆drop
弹弓切坯机☆bow-type cutter
弹弓式井架底座☆slingshot substructure
弹壳☆cartridge-case
弹坑☆dead hole；(shell) crater
弹坑唇线高度☆height of crater lip
弹片☆debris
弹式装药☆bursting charge
弹体☆fuselage
弹体窝[双壳]☆resilifer
弹筒☆blasting cartridge
弹筒长度☆barrel length
弹丸☆bullet；shot
弹丸钻钻头☆pellet impact bit
弹型地震计☆bomb-type seimometer
弹药☆ammunition；cartridge；ammo
弹药库☆depot；magazine
弹药模腔☆explosive cavity
弹药箱☆caisson；ammunition chest；cartridge box
弹状储气瓶☆bomb
弹子夹☆ball cage
弹子孔塞销[牙轮钻头]☆ball plug
弹座式射孔器☆capsule gun
蛋☆egg；oo-
蛋氨酸☆methionine
蛋白☆glair；(egg) albumen；white
蛋白(质)☆protein；proteid[旧]
蛋白斑点岩☆opalmutter
蛋白碧玉☆opal jasper；eisenopal
蛋白光☆opalescence
蛋白光的☆opalescent
蛋白硅华☆pealite；perlite；perlite
蛋白硅屑岩☆opoka
蛋白核☆pyrenoid
蛋白铝石英☆schro(e)tterite
蛋白玛瑙[蛋白石的变种;$SiO_2 \cdot nH_2O$]☆opal agate；agate opal；opalacht
蛋白酶☆proteinase
蛋白胨☆egg albumin
蛋白石[石髓;$SiO_2 \cdot nH_2O$;非晶质]☆opal；indivisible quartz；gelite；gel-cristobalite；quartz-resinite；eye-of-the-world；vidrite；paederos；opaline；opalus
蛋白石华☆hydrothermal opal
蛋白石化☆opalize；opalization；perlitization
蛋白石质植物化石☆opal phytolite
蛋白脲☆serose
蛋白水解(作用)☆proteolysis
蛋白土☆opoka
蛋白物质☆albuminous substance
蛋白盐☆proteinate
蛋白岩☆opaline
蛋白质☆protein；albumin；proteo-[法]；proteide[用于蛋白质的细分]；cornuite[真菌]
蛋白质的☆protein(ace)ous；proteinic；albuminoid
蛋白状黏液☆glair
蛋长石☆opal
蛋粪石☆oozuanolite；ooguanolite
蛋化石☆oolithia
蛋黄☆yolk
蛋黄钒铝石[$NaAl_8V_{10}O_{38} \cdot 30H_2O$;单斜]☆vanalite
蛋级无烟煤[2.4375～3-3.75in.]☆egg coal
蛋壳皮☆egg-shell
蛋类☆Siphonaptera；oolithia
蛋丘☆drumlin
蛋形的☆egg shaped；ovatus；ovate；ovoid
蛋形煤砖☆ovoid
蛋形升液器☆montejus
蛋形窑☆egg-shaped kiln
蛋状的☆ovoid

dāng

当班☆watch
当班时间☆shift duration
当场☆on the spot
当场交货☆spot delivery
当场解释☆real-time interpretation
当代(的)☆today；cotemporary；living
当地☆on site；local
当地的办法☆indigenous method
当地交货价格☆loco price
当地燃料☆domestic{indigenous} fuel
当地式井☆native well
当地雨线☆local meteoric line
当地原油☆lease crude{oil}
当顿(统)[英;D_1]☆Downtonian
当顿堡砂岩☆Downton Castle sandstone
当量☆equivalent (weight)；equivalence；adequation；valent weight；equivalency；yield；equiv.；eq.
当量表面直径[粒度]☆equivalent surface diameter
当量的☆equivalent；equiv.；eq.
当量(浓度)的☆normal
目当量电位☆isopotential
当量混合物☆equivalent mixture
当量浓度☆normal{equivalent} concentration；normality；equiv. concn.
当量气压☆equivalent air pressure；EAP
当量球径☆equivalent spherical diameter；ESD
当量溶液校准时之差☆titre；titer
当量深度☆equivalent depth
当量/升☆equivalents per liter；epl
当量释放层☆current releasing seam
当量体积☆equivalent volume
当量体积直径[粒度]☆equivalent volume diameter
当量炸药☆equal-strength explosives；equivalent to sheathed explosives
当量蒸气体积☆equivalent vapor volume
当年生(的)☆current year's growth
当前国际惯例☆current international practice
当日汇率☆current rate
当十岭虫属[三叶;$Є_3$]☆Tangshihlingia
当事者☆party；client
当唐世☆Downtownian epoch
当心☆(exercise) caution；ware
当阳峪窑☆dangyangyu ware

dǎng

挡☆catch；stop；notch
(排)挡☆gear
挡板☆stopboard；guard；deflector (plate)；damper；dampener；apron；choke；baffle (plate)；check{splash} board；retaining sheet；battery；closure；coping；dam-board；lagging；retainer；bumper plate；trap；(swash) bulkhead；barrier；baffler；swashplate；splash pan；shield；sheeting；separating wall
(气举管)挡板☆diverting device
挡(泥)板☆fender
挡板式沉淀{浓缩}池☆baffle-plate thickener
挡板式收尘器☆baffle-type collector
挡板座☆apron block
挡步石☆kneeler
挡槽☆catching groove
挡潮堤☆tidal barrier
挡车块☆scotch (block)
挡车木☆chock block{lump}；drop log
挡车器☆car lock{stop;block;check}；kick-up{stop} block；arrester catch；headblock；skotch；tub stop；cow；derrick；drop warwick
挡车器支器挡☆retarder horn
挡风板☆weather board；windscreen；windshield
挡风玻璃☆windshield；windscreen
挡风门☆check door
挡风墙☆bayshon；air dam；cut-off setting；wind-break
挡风设备☆breakwind
挡风装置☆abattoir
挡盖密封帽☆blanking cover；closer cap
挡矸帘☆anti-flushing shield；gril
挡杆☆catch pin
挡河闸☆barrage
挡环☆retaining{stop} collar；stopper；retainer
挡簧☆catch spring
挡火墙☆fire bulkhead；fire-break
挡积石{岩}☆baffle stone；bafflestone
挡溅板☆splashplate
挡溅盘☆splash pan
挡开☆fence；parry
挡空气板☆shutter
挡块☆dog (segment)；(limit) stop；rest；backup
挡矿格条(流矿槽)☆retaining riffle
挡帘☆check flap；deflector
挡料圈☆dam ring
挡煤板☆cowl；spill plate cowl
挡木[溜口]☆stop log
挡泥板☆fender (apron;skirt;board;shield)；splasher；dasher；dirtboard；dash (board)；mud cover{baffle}；mudguard；catch-frame；undershield；mud(-)apron；dashboard；splash{bluff} board；antisplash guard；board；flipper；under-screen；trash rack；dashboard[车]
挡泥板灯☆fender lamp
挡泥板灯玻璃☆mudguard lamp glass

挡泥板壳☆fender shield
挡泥垂布☆mudflap
挡泡圈☆retaining ring
挡起☆damming
挡墙☆retaining{separating} wall；stope gob fence；baffle；barricade
挡球[憋压用]☆tripping ball
挡圈☆detent{shield;check;retaining;stop} ring；sprag；thackeray washer；(insert) retainer；retaining collar
挡砂浆闸[砂矿]☆sand lock
挡砂条☆sand strip
挡石片☆gravel stop
挡水坝☆(water-)retaining{check} dam
挡水板☆manager board；dash{snatch} plate；break water；overclock；eliminate；swashplate；watertight shutter
挡水井框☆up-over crib
挡水墙☆water barrier；stopping；retaining{frame} dam；bulkhead
挡水围栏☆coaming
挡水堰☆overfall
挡土板☆revetment
挡土墙☆retaining{breast;supporting;bulkhead} wall；abamurus；bulkhead；bund；backwall
挡烟桥[反射炉]☆(back) bridge
挡药板☆grate
挡油板☆oil guard{weir}；riffle board
挡油盘☆diverting device
挡油圈☆oil baffle
挡罩☆retaining cap
挡柱☆jack-prop
挡住☆catch；backstop；blockade；retention
挡住装置☆retaining device
挡爪☆catch pawl

dàng

荡涤污泥浊水☆clean up the filth and mire
荡漾☆popple
(速度)档☆velocity stage
档案☆file；archive；muniment
档案盒☆card index
档案库存储器☆archives；archival memory
档案制度☆filing system
档案中的☆archival
档岔道☆gathering parting
档绞车☆spotting hoist
当做浮沫扔掉☆despumate

dāo

氘[H^2,D]☆deuterium；heavy hydrogen；diplogen
氘靶☆deuterium target
氘氚燃料循环☆deuterium-tritium{D-T} fuel cycle
氘核☆deuteron；diplon；deuton
氘核靶☆target deuteron
氘化(合物)☆deuterate
氘化热水☆deuterated hot water
氘化碳☆deuteriocarbon
氘化物☆deuteride
氘水合化☆deuterate
氘烃☆deuteriocarbon
氘原子☆Datom
刀☆knife [pl.knives]；rotor；sword；any kind of cutting tool；sth. shaped like a knife；slasher；blade
刀把☆tool holder
刀蚌(属)[C_2-Q]☆Yoldia
刀蚌海期☆yoldia sea time
刀背脊☆razorback
刀边法☆knife-edge method
刀冰☆penknife ice
刀柄☆(tool) holder；shank
刀蛏科[双壳]☆Cultellidae
刀齿☆(cutter) teeth
刀锉☆hack-file
刀锋☆point or edge of a knife；tool point
刀杆☆cutter bar{arm}；arbor；toolholder；tod bar；tool holder
刀杆支架☆arbo(u)r support；bar steadier
刀蛤☆Yoldia
刀根☆tang
刀沟☆flute
刀痕☆slash
刀夹☆tool head
刀夹具☆toolholder；knife dog；cutter holder；toolholding device
刀夹支架☆tool(-)holder support
刀架☆knife holder；tool rest{slide;carrier;carriage;head;block;post}；rest；toolpost；cutter saddle{arm}
刀尖☆nose
刀尖角☆tool angle
刀尖直径☆point diameter
刀具☆cutter；(cutting) tool；cutlery
刀具后角☆relief；clearance
刀具前角☆rake angle
刀砍状痕☆slash-mark
刀口☆knife edge[天平支点]；cut(ting){crucial} point；edge of a knife；right spot；cut；incision；blade；edge；basil
刀口(支撑)☆knife edge bearing
刀口变形丝☆edge-textured yarn
刀口触片☆male contact
刀口荷载☆knife-edge load
刀口卷曲变形丝☆edge-crimped{-curled} yarn
刀口面黏度计☆knife-edge surface viscosimeter
刀口障板☆knife-edged baffle
刀面☆tool face
刀面角[机械]☆rake angle
刀面式支撑☆blade bearer
刀扭贝属[腕;S_3-D_1]☆Gladiostrophia
刀盘☆cutter head；cutterhead；impeller；impellor；capstan
刀盘开口率☆head aperture ratio
刀盘式盾构☆cutterhead shield
刀盘微动机构☆inching unit of the cutter head
刀片☆blade；cutting{razor} blade；knife-blade；((tool)) bit；tip
刀钳☆tool holder
刀鞘虫属[C-Q]☆Vaginulina
刀刃☆(knife) edge；lip；(cutting) blade；edge of a knife；where a thing can be put to best use；crucial point；bite；tool edge
刀刃脊☆razorback
刀刃面黏度计☆knife-edge surface viscosimeter
刀刃支撑轴☆blade-carrying axle
刀刃状的☆feather-edged
刀身☆blade
刀速{|体}☆cutter speed{|body}
刀头☆head knife；(tool) bit
刀线腐蚀☆knife-line attack
刀型阀☆knife-edge valve
刀型刮管{蜡}器☆knife-type scraper
刀形长扁甲属[昆;J_3-K_1]☆Ensicupes
刀形电极☆knife structure electrode
刀形开关☆blade
刀形支撑☆work rest blade
刀牙形石属[O]☆Scalpellodus
刀翼可撑出的扩眼器☆Morisette expansion reamer
刀翼受压张开的钻头☆paddy
(刮刀钻头的)刀翼形状☆blade contour
刀闸盒☆blade
刀闸开关☆chopper{knife-blad{-edge}} switch；contact breaker
刀闸开关的铜片☆switch blade
刀枕☆tool block
刀轴☆arbor；cutter{cutting} bar
刀状冰☆penknife ice
刀状的☆cultriform；cultrate
刀座☆tool rest

dǎo

捣☆pounding；pug；pestle
捣(成糊状)☆puddle
捣板☆stamped plate
捣棒☆tamping bar；beater；dolly
捣杵☆stamp pestle
捣锤☆pounder；tamper；rammer；stamp；pestle
捣打成形法☆ramming process
捣打料☆refractory ramming material
捣堆[露]☆recasting；overcasting
捣堆式开采法☆casting cut
捣杆☆stamp stem
捣固☆tamp(ing)；make firm by ramming or tamping；ramming；stamping；pack
捣固锤☆compactor
捣固的混凝土☆stamped concrete
捣固过度☆overtamping
捣固机☆beetle
捣固混凝土☆rammed{tamped} concrete
捣固装置☆stamping device；stamper
捣毁☆trash
捣击镐☆beater pick
捣机☆stamper
捣臼☆stamp mortar
捣具☆pounder
捣矿☆stamp；stamping
捣矿槽☆mortar box
捣矿槽混凝土基台☆concrete mortar block
捣矿锤杆☆lifter
捣矿锤悬杆☆finger bar
捣矿机☆stamp (mill)；stamper；ore{gravity} stamp；stamping{mortar;ore;crushing} mill；stamp box
捣矿机锤卡住☆hanging-up
捣矿机锤身☆boss
捣矿(的)机锤组☆battery
捣矿机的臼槽☆stamper box
捣矿机解离的精铜矿☆stamp copper
捣矿机精铜矿☆stamp copper
捣矿机筛垫块☆chock{chuck} block
捣矿机砧☆(stamp) die
捣烂☆mashing；mash
捣磨☆stamp milling
捣泥机☆pug
捣泥浆☆puddle
捣捏黏土☆pugging
捣塞☆tamp
捣砂锤☆plugging bar
捣实☆consolidation；tamp(ing)；ramming
捣实的土☆puddled soil
(铸工用)捣实工具☆brasque
捣实机☆stamper
捣实黏土☆clay pubble；puddled clay
捣实砂塞☆sand tamp
捣实土☆packed soil
捣实因素☆compacting factor
捣碎☆stamp milling{crushing}；comminute；pound to pieces；pounding；stamp(ing)；trituration；bruise；contuse；triturate；mash(ing)
捣碎的铜精矿☆stamp copper
捣碎机☆gravity{stamp} mill；bruiser；stamp
捣碎机臼槽☆stamper box
捣碎机筛垫块☆chuck block
捣碎器☆triturator
捣碎细锡矿☆floran-tin
捣土工作☆beat cob work
捣药棒☆tamping rod
捣制镁砂炉床(炉缸)☆rammed magnesite hearth
倒班潜水☆diving in rotation
倒层☆inverted stratum{strata}
倒场☆tumble
倒车☆car changing[空重矿车交换]
倒动☆back motion
倒堆☆overcast(ing)；side casting；baly；spade work；shovelling-in；backcast stripping；casting；overburden recasting
倒堆剥离☆cast stripping
倒堆剥离段☆cast overburden bank
倒垛☆collapse of setting
倒钩支流[以锐角向上游与主河交会]☆boathook bend；barbed tributary
倒换器☆negater；negator
倒毁的东西☆ruin
倒角☆deburr(ing)；chamfer{champfer;chanfer}[建]；fillet；bevel edge；CHAM
倒角钻铤☆turned-down drill collar
倒棱[建]☆chamfer；champfer；chanfer
倒频谱☆cepstrum [pl.-ra]；complex cepstrum
倒石堆☆talus；avalanche debris cone
倒石锥☆talus；debris cone
倒塌☆collapse；topple down；cave-in；fall(ing)；breakdown；cave (in)
倒塌机制☆collapse mechanism
倒台[垮台]☆fall from power,downfall
倒台阶☆inverted heading and bench
倒台阶采煤法☆inverted steps working；overhand step system
倒台阶采区☆inverted steps workings
倒坍☆decay；collapse
倒下☆drop down；fall
倒圆锥形的☆obconical；obconic
岛☆island；isle；I.

岛冰(帽)☆island ice
岛堤☆island mole{breakwater}；offshore{detached} breakwater
岛港☆island harbo(u)r
岛硅酸岩☆nesosilicate
岛后沙坝☆trailing spit；tail
岛后沙嘴☆tail
岛弧☆island arc{curve}；arc；arcuate islands
岛弧-边缘盆地体系☆island arc-marginal basin system
岛弧(对)岛弧碰撞(作用)☆island arc-island arc collision
岛弧的雁列型式☆echelon pattern of island arcs
岛弧地槽环境☆island arc-geosynclinal environment
岛弧-海沟对☆arc-trench couple
岛弧-海沟体系☆island arc-trench system
岛弧后的海渊☆back deep
岛弧间的☆interarc
岛弧间海渊☆interdeep
岛弧拉斑岩☆island arc tholeiite；IAT
岛弧内弧盆地带☆island-arc-inner arc basin zone
岛弧前☆forearc
岛弧区☆island-arc province
岛弧凸侧海槽☆hinter deep
岛弧向东扩张☆eastward spreading of island area
岛弧型☆island-type
岛火山☆island volcano
岛基台☆insular shelf
岛架{棚}☆insular{island} shelf
岛间海渊☆interdeep
岛间台地☆island{inter-island} platform
岛间峡谷☆inter-island gap
岛礁岸☆skerry coast
岛链☆island chain；chain islands
岛峁☆insular shoulder
岛坡☆island{insular} slope
岛丘☆island hill
岛山☆bornhardt{inselberg}[干旱带]；kop[荷]；island mountain {mount}；catoctin
岛式港口☆island harbo(u)r
岛式码头☆detached wharf
岛水瓶式孔隙☆inkbottle type pore
岛系☆island chain
岛斜坡☆insular slope
岛形的☆insular
岛形支撑矿柱☆island abutment
岛崖堆☆insular talus
岛岩堆☆insular talus{shoulder}
岛屿度☆insulosity
岛屿坡☆insular slope
岛屿性气候☆insular climate
岛宇宙☆Island Universe
岛状含长(结构)☆nesophitic
岛状浸染☆insular saturation
岛状丘☆island hill；Inselberg
岛状群☆isolated group
岛状山☆inselberg；island mountain
岛状生长(斑点)[晶面上]☆growth island
岛状永冻土带☆sporadic permafrost zone
导板☆skid；guidance；guide (strip;runner)；slide
导板室☆baffled chamber
导爆管☆detonator；detonating cord；plastic igniter cord；tube (booster)
导爆器☆detonating
导爆索☆detonating cord{fuse}；blasting{prima} cord；explosive{primacord;detonator} fuse；igniter wire；primacord；cordeau-detonant；fuse primer；cordeau
导爆线☆detonating fuse{cord}；detacord；primacord；deta{detonator} fuse；deta-cord；det-cord
导爆线短时推迟起爆物☆primacord short-period connector
导标☆leading mark{beacon}；range marker
导波☆guided wave
导波器☆waveguide；wave-guide
导槽☆guidance；guide channel
导衬☆guide bush
导程☆lead；motion
导出☆derive；elicitation；derivation；der.；delivery；develop；deriv；tracking out
导出函数☆derived{derivative} function
导出相关☆induced correlation
导出液体☆tapping
导磁体☆magnetizer
导磁性☆magnetic conductivity；permeability；permeance
导达☆dodar
导带☆conduction band
导带轮[传动磁带]☆tape guide roller
导弹☆(guided) missile；boiler；bird；vehicle；GM
导弹发射井{场}☆missile-site
导弹专家☆missileer
导灯☆leading light
导电☆electric conductance{conduction}；transmit electric current；conduct electricity；on
导电板☆arc-power lead
导电板{栅}模拟☆conductive-sheet analog
导电的☆electric(al)；conductive；(current-) conducting
导电地层☆conducting formation
导电敷层☆conductive coating；aquagraph；aquadag
导电弓架☆pantograph (trolley)
导电计☆conductometer
导电接头☆current connection tab；contact block
导电介质☆conductive medium
导电膜☆electro-conductive film
导电区☆zone of conductivity
导电水泥☆electroconductive cement
导电条☆bus
导电涂层☆electrically conductive coating
(电子管)导电系数☆perveance
导电性☆(electric(al)) conductivity；conductance；conduction；conductibility；electroconductibility；electroconductivity；EC；continuity [爆破线路]
导电液模拟☆conductive-liquid analog
导硐☆pilot (tunnel)；(pilot;tunnel;drift;bore) heading
导硐法掘进原理☆pilot-pull principle
导硐牵入原理[巷道掘进机]☆pilot-pull principle
导硐施工法☆construction method using pilot drift
导耳☆guide lug
导阀☆pilot (valve)
导阀操纵的单独控制☆piloted discrete control
导阀控制的安全阀☆pilot-operated relief valve
导风板☆(air) deflector；baffle
导风隔板☆bearing-up stop
导风筒☆bellows
导风叶片☆air guide vanes
导(向)杆☆guide (rod)；leader；guide-bar；rod-guide
导沟☆guide channel{trench}
导管☆guide pipe{tube}；slug；conduit (joint)；conductor casing；duct{vessel} [植]；conduct；leader conduit；pipe；ducting；tubing；trachea [pl.-e]；drill director；lead；conductor[套管之一种]；stovepipe casing[轻型、铆接大直径管子]
(井的)导管☆straight hole guide
导(向)管☆conductor-pipe
导管(柱)☆conductor string
导管舵螺旋桨☆steerable propeller
导管固定部[喷气飞机]☆island
导管环☆drivepipe ring
导管架☆template；templet
(海洋平台)导管架☆jacket
导管架腿柱☆jacket leg
导管角度☆angle of bend
导管内打桩(法)☆conductor-piling
导管植物☆vascular plant；tracheophyta；tracheophyte
导归☆homing
导轨☆guide (rail;apparatus;track)；lead{follower; slide} rail；slide (guide)；sliding way；track；rack
(防斜钻头上的)导轨槽☆guide-tack groove
导轨式凿岩机☆rail-mounted rock drill；rail guide type rock drill
导辊☆guide roller{idler}；sheave；roller guide；trainer
导航☆navigation；guidance；pathfinding；guiding；aeronavigation；beam[用波束]；nav.
导航的☆homing
导航灯☆range light
导航定位卫星☆transit satellite
导航建筑☆guide work
导航雷达☆navigation radar；pathfinder；navar
导航屏幕☆navascreen
导航器☆omniselector
导航人员☆pathfinder
导航设备☆navigator；navigation set；navascope；navigational aid；navaid；nav
导航图☆en-route chart
导航卫星☆navigation(al) satellite；Navsat
导航卫星过顶时段☆alert
导航系统☆navigation(al) aid{system}；navaid
导航线☆leading line
导航信标☆beacon
导航信号发送机☆transmityper
导航仪☆avigraph；navigating instrument；navascope
导航元素☆navigation element
导环☆guide bush{eye;ring}；lead ring
导火管☆powder squib；fuse primer
导火器☆primer
导火索{线}☆(blasting{safety;ignitor;primacord}) fuse；gutter；fuse{safty} primer；ignition harness；cordeau；powder-hose；match；flame{igniter} train；firing line；wick；quill；primer；igniter{blaster;ignitor; safety;ignition;primacord;tape;common} fuse；ignition harness；blasting stick；reed；(powder) train；blaster；cordeau-detonant；touch；detonating cord；lead gutter[成组点火放炮用]
B(号)导火索☆B-line
导火索超前长度☆lead of ignitor fuse
导火索点燃剂☆fuse ignition composition
导火索点燃器☆safety fuse ignitor
导火索封口器☆cap crimper
导火索领取室☆fuse-issue house
导火索留孔针☆stemmer
导火索燃速☆burning speed of fuse
导火索(线)雷管准备库[加工房]☆link house
导火索(线)切割器{工}☆fuse cutter
导火索(线)上装接雷管☆fuse capping；cap a fuse
导火筒☆portfire
导火线☆small incident that touches off a big one
导火线拉索闩☆fuse lock
导火线路☆igniting circuit
导火信号☆fused signal
导火药☆explosive train
导夹盘☆catch plate
导架☆guide frame
导接线☆bond (conductor)
导进率☆permeability
导井☆pilot shaft；pioneer well
导(纳阻)抗☆immittance；adpedance
导坑☆pilot{pinhole} tunnel；heading；drift (heading)；approach pit[基础托换]
导孔☆feed{approach;guide;pilot} hole；leadhole
导块☆guide block{shoe}；lead block
导矿构造☆ore-conduit structure
导缆钩☆fairlead；fairleader
导缆滚轮☆fairleader
导缆孔☆mooring pipe
导链轮☆track guides
导链器☆chain guide
导链式多斗挖掘机☆guided chain excavator
导梁☆slide rest
导料槽☆baffle box；gathering sill；loading skirts
导料挡板☆skirt (board)；skirting (plate)
导流☆diversion；deflect；river{fluid} diversion
导流坝☆weir
导流板☆baffle(r)；fair water fin；deflector；wind dam
导流板分裂设备☆splitter
导流堤☆jetty；training wall{mole;bank;jetty}；diversion dike
导流阀☆diverter valve
导流沟☆ditch diversion
导流管☆tubing guide
导流开挖法[管道穿越河流]☆diversion excavation
导流能力☆(flow) conductivity
导流能力逐渐减小☆tapered conductivity
导流器☆diverting device；baffler；flow diverter
导流闪击☆leader stroke
导流尾鳍☆skeg
导流系数☆perveance
导流叶片☆guide vane
导流闸门[储仓中]☆fly
导路☆guide passage
导轮☆jockey (pulley)；leading sheave{wheel}；guide pulley{roller}；pilot{guide;control;guiding} wheel；sheave{pony} wheel；angle sheave；jobbing{running; return} pulley
导(向滑)轮☆guide sheave
导轮叶片调整☆guide vane control
导轮支架☆wheel bracket
导论☆propaedeutic
导螺钉☆motion screw

导螺杆☆guide{driving;lead} screw
导脉☆leader (vein); lead(ing); guide; leader of the lode; bryle; conductor; indicator{lead} vein
导脉蕨属[T_3-K_1]☆Phlebopteris
导模生长法☆edge-defined film-fed growth
导目镜☆guiding eyepiece
导纳☆conductance; admittance
导纳单位☆unit of conductance
导纳线☆S-line
导偏器☆deflector
导频☆pilot carrier{frequency}; pilot
导频电平警报指示器☆pilot warning indicator; PWI
导气筒☆gas cylinder
导钳☆drive clamp
导前☆leading; lead
导前角☆lead angle; angle of lead
导墙☆guide wall
导燃喷头器[热]☆piloted head
导燃烧嘴☆pilot burner
导热☆(heat) conduction
导热单位☆thermal conductivity unit
导热的☆heat-conducting; conductive
导热计☆conductometer
导热率☆(thermal;temperature) conductivity; heat conduction; heat-transfer coefficient
导热姆[换热剂,二苯及二苯氧化物的混合物]☆dowtherm
导热损失☆conductive heat loss
导热析气计☆katharometer
导热系数☆coefficient of thermal conductivity; heat conductivity; thermal conductivity (coefficient)
导热性☆(thermal;temperature) conductivity; thermal {thermo}-conductivity; permeability of heat
导入高程☆induction height
导入化石☆derived fossil
(套管、桩等的)导入靴☆drive shoe
导闪流☆pilot streamer
导生的☆derived
导生岩☆derivative rock
导绳☆guide string
导绳滑轮☆leading sheave
导绳连接盒☆guide-line trap
导绳阻力☆rope guiding resistance
导师☆teacher
导数☆derivat(iv)e; derived number; deriv; der.
导数的阶☆derivative order
导数膨胀测定(法)☆derivative dilatometry
导数热重量测定法☆derivative thermogravimetry
导水☆water diversion
导水板☆backsheet; banning; barges
导水槽☆pilot trench
导水沟☆flume; water-diversion ditch
导水管☆aqueduct
导水结构☆lead water structure
导水井☆inlet{wet} well
导水(汽)裂隙☆producing fracture
导水率☆transmissivity; hydraulic conductivity
导水墙☆guide{diversion} wall; guide-wall
导水渠道☆diversion channel
导水隧洞☆diversion tunnel
导水通道☆conduit-pipe; conductor; permeable passage
导水系数☆coefficient of transmissibility; transmissibility coefficient{factor}; transmissivity
导水系数等值线图☆transmissivity {-}contour map
导水系统[绵]☆aquiferous system
导水线☆reed
导水性☆transmissibility; hydraulic conductivity
导索☆drag line
导索板☆fairlead
导索端固定盒☆guide-line trap
导索环☆fairlead; fairleader
导套☆guide bush
导体☆conductor; conductive body; cond.
导体化☆metallizing process
(二极管)导通电压☆forward voltage
导通轨道☆bonded rail
导瓦☆guide slipper{shoe}
导温系数☆temperature diffusivity{conductivity}; thermometric conductivity
导先☆look ahead
导线☆lacing; (lead) wire; conductor (line); traverse (line;wire;course); conducting{connecting;leading} wire; guideline; polygon; wireway; lead gutter
导线闭合☆linear discrepancy
导线边☆traverse side{course;line;leg}; leg of traverse
导线编号☆number of delay period
导线操纵☆wire-control
导线测量☆traverse (survey); poly(g)onometry; traversing
导线测量用表☆traverse table
导线点编号☆station identification
导线法☆method of traversing
导线管☆conduit
导线角☆polygonal angle
导线平衡转接器☆bazooka
导线色标☆wire colour code
导线束☆bundled conductor
导线图☆traverse map
导线相对闭合差☆relative length closing error of traverse
(用)导线引爆☆blast-by-wire line
导线应力☆stress of a conductor
导线支撑盒☆conductor support box
导线直径☆diameter of wire
导向☆orientation; leader; guide; guiding
导向安全☆failure to the safe side
导向板☆guide plate{bar}; steerage fin; shoe
导向臂端(顶)部喇叭口☆guide-arm funnel
导向井☆driftway
导向槽☆gathering sill
导向传播☆guided propagation
(钻头的)导向刀具☆lead blade (of bit)
导向撑杆☆guide bar
导向的☆rectrice; leading
导向杆☆guide bar{pole}; guidepost; stinger; pilot
导向构件☆guiding member
导向管☆tubing{tubular} guide; tube guidance; stand pipe; conductor-casing
导向辊{滚}☆drum sheave; steering idler
导向滚轮☆pony wheel
导向滚筒☆guide drum
导向活塞☆piston guide; pilot piston
导向架☆guide frame; jig; rider[吊桶]; crosshead
导向架支承臂☆guide frame support arm
导向键☆feather key
导向卡☆runner
导向孔钻机☆pilot drill
导向轮☆front idler; angle{deflection;guide} sheave; gate{guide} roller; deflection{guide;return} pulley
导向煤层☆guiding bed; coal lead
导向磨铣器☆pilot mill
导向盘☆director
导向片☆countervane
导向器☆guide (apparatus); pilot; rein; deflection {correcting} wedge; stabilizator
导向橇☆shifting sledge
导向刃片☆lead(ing) edge
导向绳轮☆guide pulley
导向式索斗挖掘机☆guided dragline bucket excavator
导向索☆guideline
导向套☆orienting sleeve
导向套管☆conductor-casing; conductor; drive casing; conductor-pipe; conductor casing pipe
导向头刮管器☆back bowl scraper
导向图☆guideline
导向托辊☆training{steering;guide} idler
导向系统☆guidance{tracking} system
导向楔[造斜用]☆pilot wedge
导向压力☆pilot pressure
导向叶☆directing vane
导向叶片☆directional-guide{counter;guide} vane
导向仪☆steering tool
导向元素☆pathfinder element
导向轴套☆guideway
导向柱☆guidepost
导向装置☆deflector; guiding device; guide (piece; apparatus;installation;mechanism); gathering unit; distributor; navigation; director
导向钻井☆guide-bore pit
导向钻杆☆guide{oversize} rod; pilot string; drill guide; pilot bit rod; core barrel rod
导向钻铤☆lead collar
导向钻头☆guide{lead;pilot} bit; pilot guide bit
导销☆guide{pilot} pin; guide finger fixture
导鞋☆guide shoe
导斜器☆deflector
导星☆guiding star
导压系数☆transmissivity
导压性☆conductivity
导烟旁道[火炉防止风与火焰接触]☆dumb drift
导眼☆pilot hole
导叶☆stator; guide vane{blade;bit}
导叶装置☆vane apparatus
导液法☆drainage
导翼阀☆wing (guided) valve
导音频信号☆pilot audio frequency signal
导引的☆conducting
导引角☆fleet angle
导引片☆fairlead
导引器☆introducer
导引套管☆conductor casing
导引筒系统☆guided capsule system
导引系统☆tracking system
导引信息☆intelligence
导引装置☆guidance device
导油管☆oil duct
导源☆stem; originate; [of a river] have its source; derive
导缘☆guide lug
导远镜☆guiding telescope
导针☆guide pin
导致☆generate; result (in); induce; give rise to; boil down
导致能量增加的散射☆upscattering
导轴☆guide shaft; leading axle
导桩☆leading{guide} pile; guide peg
导桩(测距)标杆[海洋测量]☆range pile
导桩套☆pile guide housing
导锥☆guide cone

dào

到☆unto; arrival
到(面上)☆topside
到岸价格[包括货价、保险费和运费]☆cost,insurance & freight; C.I.F.; CIF
到岸价格加 3%佣金☆CIFC 3%; cost,insurance, freight and 3% commission
到岸轮船吊钩下交货价☆CIF under ship's tackle; cost,insurance,freight under ship's tackle
到岸上☆ashore
到埠☆make harbour
到场的☆present
到处搜索☆comb
到达☆arrival[震波]; invasion; fetch; strike; gain; kick[震]
(水、气示踪剂)到达(生产井)☆breakthrough
到达的油品☆arriving product
到达(停在)底部☆bottoming; bottom
到达港☆port of destination
到达井底时间☆time on bottom
到达陆地☆landfall
到达日期☆date of arrival
到达时差☆stepout{step-out} time
到达时间☆time of advent{arrival}; arrival{advent} time
到达终端☆incoming terminal
到底☆bottoming
(接触)到底☆bottom out
到底深度☆inmost depth
到港价格☆free overside
到货通知☆notification of arrival
到货终点☆reception terminal
到来☆advent; call
到离后露出矿体☆berm
到某地☆round
到目标的距离☆range-to-go
到期☆maturity; mature; due
到期利息☆interest due
到期票据☆matured note
到时☆arrival time
到位☆in position
到无限自由面的抵抗线☆free burden
到现在☆to date
稻☆rice; paddy
稻草☆straw
稻草泥☆cat and clay
稻草纸浆☆yellow pulp
稻丰散[虫剂]☆ersan

D

D

稻负泥虫☆rice leaf beetles；oulema oryzae
稻谷☆paddy；rough rice
稻囊蕨属[C_2]☆Crossotheca
稻田☆paddy field
倒☆conversely；pour；ob-；running off[把皮带或绳从皮带轮或滚筒上退出]
倒鞍☆inverted saddle
倒鞍形{状}矿床☆reverse saddle
倒摆☆inverted pendulum
倒扳开关☆tumbler switch
倒采☆underhand stoping
倒铲☆back hoe
倒车☆backdraught；backdraft；astern (running)；back a car；reversal；back running{run}；backing；reversing
(汽车)倒车灯☆backup lamp；back light
倒车对井口中心[车装设备]☆back-in
倒车及停航试验☆back and stopping trial
倒车闩☆gear shift reverse latch
倒冲断层(作用)☆back thrust(ing)
倒出☆spill；pour；tip
倒刺(钩)☆barb
倒挡☆back action；backgear；back motion；speed in reverse；reverse gear
倒挡齿轮☆back{backward} gear；BG
倒(置)的☆inverted
倒电容(值)[1/C]☆elastance
倒斗铲☆dragshovel
倒反☆(rotary) inversion
倒反点(结晶)☆inversion point
倒反反相等☆inverse-anti-equality
倒反射☆retroreflection
倒反射器☆retroreflector
倒反相等☆inverse equality
倒反相等中心[对称中心]☆center of inverse equality
倒反中心☆inversion center；center of symmetry
倒费(密能级)☆imref
倒峰☆reversal peak
倒风现象☆reversal of ventilation airflow；reversed phenomenon of ventilation airflow
倒缝衬管☆slotted pipe liner
倒复反应☆reciprocal reaction
倒拱☆invert；inverted arch；counterarch
倒拱作用☆reverse arching
倒钩☆fluke
倒钩贝☆Uncinulus
倒钩骨针☆chela
倒钩器[打捞工具]☆J-tool
倒钩支流[以锐角向上游与主河交会]☆boathook bend；barbed tributary
倒挂龙骨☆hanging{projecting} keel
倒罐☆tank switching
(倒换油罐)倒罐工☆switcher
倒航阻力☆backing resistance
倒虹吸管☆inverted siphon；sag pipe
倒回用的钢绳☆reverse cord
倒脚螺栓☆cap bolt
倒角锥形矿房开采法☆inclined rill method；rill cutting
倒介电常数☆reciprocal dielectric constant；elastivity
倒镜☆change face；circle{face} right
倒镜观测☆inverted observation
倒镜位置[经纬仪测量]☆reverse face
倒锯齿(形)工作面☆rill
倒卷☆back-roll
倒开点☆back off point
倒空☆dump；depletion
倒空装置☆emptier
倒扣☆backoff；back-off；BO
倒扣(打捞)工具☆reversing tool
倒扣接头☆back off sub
倒扩☆ream back
倒拉缆索☆backhaul{back} cable
倒梨形(的)☆obpyriform
倒立金相显微镜☆overturning metallographic-microscope
倒粒序层理☆pseudogradational bedding
倒链☆chain hoist；block-chain
倒流☆refluence；backwash (refluence)；reflux；flow backwards；back-flow；counterflow[地幔]
倒流井☆inverted well
倒流入矿井的水☆mad water
倒卵形☆obovoid
倒卵形的☆obovate
倒落☆purler
倒煤场☆tipple
倒脉冲☆revertive pulse
倒逆过程☆umklapp process
倒排矸☆discharge of heavy dirt at feed end
倒披针形的[植]☆oblanceolate
倒器☆pressure governor
倒三角形☆del
倒色散系数☆constringency；constringence
倒扇状复背斜☆abnormal anticlinorium
倒生的☆anatropous；anatropal
倒生头☆mislocated start
倒绳☆stringing the line
倒十字支撑☆cross handstand
倒时数☆inhour
倒数☆inverse；count from bottom to top or from rear to front；count backwards
倒数第二次冰期☆penultimate glaciation
倒数第三次冰期☆antepenultimate glaciation
倒数读秒☆countdown
倒数☆reciprocal；recip；rec
倒数律☆reciprocity
倒数器☆reciprocator
倒速☆reverse speed
倒梯度☆inverse gradient；negative thermal gradient
倒梯段☆inverted heading and bench
倒推法[借鉴往事预测未来]☆hindcasting
倒退☆(fall) back；regress(ion)；retroversion；go backwards；recoil；backing
倒退的☆retral；retrogressive；recessive
倒退机构☆backward gear
倒退装置☆backup{backward} gear
倒拖☆motoring；towing astern
倒歪尾☆reversed heterocercal tail
倒位☆inversion
倒吸☆suck-back
倒相☆phase inversion；paraphase；reversed{inversion} phase
倒相器☆phase inverter{reverser}；inverter (unit)；inverted amplifier unit
倒像☆reversed{inverted} image；inversion of the image
倒像器☆image inverter
倒向褶曲☆back-folding
倒卸☆tipping
倒泄池☆dump box
倒泄阀[地层测试器的]☆dump valve；DV
倒心形[叶子]☆obcordate
倒V形构造☆tepee structure
倒V形上向梯段充填采矿法☆inclinedrill system；inclined cut-and-fill system
倒V形上向梯段留柱采矿法☆rill stope-and-pillar system
倒L形天线☆inverted L antenna
倒T形悬臂式挡土墙☆inverted T-shaped cantilever retaining wall
倒V形支架☆saddleback
倒序☆inverted position{order}
倒悬☆overhang
倒悬崖☆lip
倒眼☆back holes
倒焰式坩埚窑☆down-draught pot furnace
倒焰窑☆down(-)draft kiln
倒易☆reciprocal
倒易变辉石☆inverted pigeonite
倒易格子☆reciprocal{eciprocal} lattice
倒易律☆reciprocity (law)；law of reciprocity
倒易盐对图式☆reciprocal salt-pair diagram
倒易原理☆reciprocity principle
倒影(式测)距(仪)☆invert range finder
倒应变椭圆体☆reciprocal strain ellipsoid
倒纸☆paper reverse
倒置☆inversion；obverse；invert；bottom {-}up；(place) upside down；upending
倒置的☆obverse；obsequent；tilted up；inverse；resupinate[植]
倒置的楔体☆overturning wedge
倒置虹管式排水巷道☆blind level
倒置回声测声仪☆inverted echo-sounder
倒置倾入☆inverted plunge
倒钟式压力计☆inverted bell manometer
倒转☆(rotary) inversion；overturn(ing)；flyback；reverse (rotary;running;rotation)；upset；back motion；backing；invert；upsetting；turnover；change over；reversal；plunging；cant；flip；de-
倒转层☆oversteepened{upturned} bed；inversion layer；upturned strata；inverted stratum
倒转场☆reversed{reversal} field
倒转磁化☆magnetic reversal
倒转带☆vergence belt；inversion zone
倒转的☆reversed{overturned} [褶皱]；overtilted；inverse；reverse；tilted up；inverted；upsidedown
倒转地层☆overturned bed；overtipped strata；inverted bedding
倒转地形☆inverted relief；ennoyage
倒转分级层☆reversely-graded bedding
倒转基核推覆体[以倒转基底为核心的推覆体]☆overturned basement-cored nappe
倒转倾斜☆reversal of dip；dip reversal
倒转式布里奇曼密封☆inverted Bridgman seal
倒转水道{沟渠}☆upside-down channel
倒转水系☆backhand drainage
倒转效应☆Umkehr effect
倒转褶曲☆overfold；inverted{overturned} fold
倒转褶皱☆overturned{inverted;reflexed;returned;reversed;overthrust} fold；overfold(ing)；outfold；inverted fan fold；overturn
倒转褶皱(的)上翼☆arch limb (roof)
倒转轴☆rotary inversion axis；inversion rotation axis；rotoinversion {(rotation-)inversion} axis；gyroid
倒转状褶皱☆recumbent overfold
倒装机☆chamfering machine
倒装显微镜☆inverted microscope
倒锥☆upconing
倒锥体☆reverse taper
倒锥体格子☆reverse conegrate
倒锥形☆obconical form
倒锥状☆obconic；obconical
道☆road；tract；street；level；beam；ducting；meatus
(记录)道☆trace
道班☆railway{highway} maintenance squad
道板[船首楼尾楼间窄的]☆gangplank；gangboard
道勃雷[沉积颗粒磨损度单位,= 100g 重石英球磨掉 1g]☆daubrée
道岔☆(railway) switch；points；parting；switch turnout{thrower}；siding；beginner[铁路]；crossing
道岔区坡☆gradient within the switching area
道岔辙角☆frog angle
道重叠☆trace overlap
道床☆(railway) roadbed
道床边坡夯实机☆ballast shoulder consolidating machine
道次应变☆pass strain
道德☆ethics；morality；morale；morals
道的频率划分☆frequency division of channels
n 道地震仪☆n-trace seismograph
道叠加☆trace-stacking
道钉☆dog (nail;spike)；spike；rail{railway} spike；railway dog spike
道对比☆trace comparison
道耳顿{吞}定律☆Dalton's law
道尔浮槽-耙式分级机☆Dorr bowl-rake classifier
道尔吉利{里}阶($Є_3$)☆Dolgellian (stage)
道尔托克型浓缩机☆Dorr-Torq thickener
道尔拖式浓缩机☆Dorr traction thickener
道尔型{式}分级机☆Dory{dorr} classifier；DC
道芬-巴西(双晶)律☆Dauphine-Brazil law
道芬律[瑞士(双晶)律]☆Swiss law
道芬双晶☆Dauphine twin；electrical{orientational} twinning
道分析[震勘]☆trace analysis
道格(统)[欧;J_2]☆Dogger
道格拉斯-布莱尔-韦杰法☆Douglas-Blair-Wager method
道格拉斯海浪分级表☆Douglas sea state
道格拉斯浪级☆Douglas sea scale
道格拉斯-琼斯预测-校正法☆Douglas-Jones predictor-corrector method
道格统岩层[苏格兰北部中侏罗世形成]☆Dogger
道格岩☆dogger stone
道管的坡度☆pipeline pitch
道轨受压纵向应力自记仪☆stremmatograph
(地震)道合并☆trace merge
道积分[一种混波形式]☆trace integration
道集☆gather(ing)；trace gather{assemblage}
道记录☆trace record

道加权☆trace weighting
道间感应☆crosstalk；channel-to-channel cross talk
道间距☆group interval；tracking pitch
道间相对时延☆trace-to-trace time delay
道间一致性☆duplication between channels
道均衡☆trace equalization
道口☆road junction；level crossing
道口看守员☆gateman
道口坡路☆access ramp
道口信号☆level{grade} crossing signal
道口信号预报器☆grade crossing predictor
道口遮拦信号☆highway level crossing obstruction signal
(地震)道宽☆trace-width
道朗[一种中程的电子导航系统]☆Toran
道理☆reason；occasion
道力颚牙形石属[C_1]☆Doliognathus
道路☆way；road；route
道路的斜度☆gradient
道路急弯☆elbow
道路桥梁工程地质勘察☆road and bridge engineering geological investigation
道路选线☆selection a route；selection of route
道马矿[$CuPtAsS_2$;斜方]☆daomanite
道脉☆autolyte
道密度☆track density
道木☆sleeper
道纳乃特硝铵炸药 [70 硝铵，25 三硝基甲苯,5 硝甘]☆donarite
道纳瑞特炸药☆donarite
道奈-哈克原理[晶形发育的]☆Donnay-Harker principle
道内插☆trace interpolation
道内平衡☆dynamic equalization
道奇型颚式破碎机☆Dodge crusher
道缺失☆trace missing
道塞特菊石属[头;J_2]☆Dorsetensia
道森地球物理公司☆Dawson Geophysical Company
道氏运输机[美 Dashew S.A.发明的一种新式带车斗的连续运输设备]☆Dashaveyor
道斯科联合采煤机☆Dosco miner
道孙蕨属[古植;D_1]☆Dowsonites
道梯-艾斯莱华尔斯型垛式液压支架☆Dowty Isleworth chock
道梯液压支柱☆Dowty prop
道剔除☆selective trace muting
道头☆trace header
(磁带记录)道头字[记录地震道信息]☆header word
道威克斯☆Dowex
道选排[共深度点]☆trace gather
道义☆morality
道砟☆ballast；road-metal；ballast
道砟分布机☆ballast distributor
道砟规整机☆ballast regulator
道综合[一种混波形式]☆trace integration

dé

锝☆technetium；Tc
锝系元素☆technetides
德巴利酵母属[真菌;Q]☆Debaryomyces
德拜[电偶极矩单位]☆debye
德拜定律☆Debye law
德拜-瓦勒因数☆Debye-Waller factor
德拜-谢勒{乐}法☆Debye-Scherrer method
德拜-谢乐-赫耳法☆Debye-Scherrer-Hull method
德拜-谢乐图谱☆Debye-Scherrer pattern
德比贝属[腕;C_3-P]☆Derbyia
德比虫属[孔虫;T_3-N]☆Darbyella
德比石油公司[美]☆Derby Oil Company；DYO
德宾-瓦特逊检验☆Durbin-Watson test
德布罗意波☆de Broglie wave；associated wave
德恩型过滤机(板框压滤式)☆Dehne filter
德尔菲法☆Delphi method
德尔菲估计法☆Delphi estimation
德尔拉克双曲线相位导航系统☆Decca long range area coverage；Delrac.
德尔蒙特(阶)[北美;N_1]☆Delmontian
德尔普拉特泡沫浮选法☆Delprat process
德尔塔分级机☆Delta sizer classifier
德钒铋矿☆dreyerite
德方解石☆slawsonite
德费兰藻(属)[K-N]☆Deflandrea
德伏欧重介质选矿法☆De Vooy's process
德弗兰颗石[钙超;K_2-R]☆Deflendrius
德弗索伯斯基突变☆Defrisobski mutation
德干(玄暗色)岩☆Deccan trap
德国☆Germany
德国埃尔斯特[生产计量仪表]☆Elster
德国式丘宾井壁☆German tubbing
德国银☆Alpaka；German silver
德化窑☆Dehua ware；Te-ware
德卡定位收报机☆Decca navigator receiver
德卡跟踪和测距导航系统☆Decca tracking and ranging；Dectra
德卡航行定位仪☆Decca navigator
德科隆格偏转计[测地球磁场强度]☆De Collongue deflec tor
德可拉铬锰钼钒钢☆decors
德可素工具钢☆deco
德克虫属[孔虫;C_1-P_1]☆Deckerella
德拉岗(阶)[北美;E_1]☆Dragonian；Dragonian (stage)
德拉古[古希腊政治家,立法者]☆Draco
德拉肯岩☆drakon(t)ite；Drachenfels trachyte；dracontite
德拉威人(的{语})☆Dravidian
德朗奈约化法☆Delaunay's reduction method
德雷格型氧气呼吸器☆Draeger breathing apparatus
德雷琥珀☆delatynite
德里斯巴赫阶[北美;Є]☆Dresbachian (stage)
德利加型氧气呼吸器☆Dreager breathing apparatus
德鲁勃依重介质分选机☆Drew Boy separator；Drewboy (heavy medium) vessel
德律风根法☆Telefunkenis process
德洛勒斯矿☆doloresite
德玛拉金缎[石]☆Giallo Damara
德明罗莱特型离子消除器☆Deminrolit apparatus
德摩尔根对偶定律☆DeMorgan's law
德姆贝类☆Dalmanellacea
德姆贝属[O_1-S_1]☆Dalmanella
德钦虫属[三叶;D_{1-2}]☆Dechenella
德清窑☆Deqing{Te-ching} ware
德荣-布曼照相机☆de Jong-Bouman camera
德瑞克重叠式细筛原理图☆principle drawing of Derrick stack sizer
德瑞克重叠式细筛灯☆Derrick stack sizer lamp
德瑞克井[美 1859 年第一口顿钻井]☆Drake well
德士古煤气化工艺☆Texaco coal gasification
德式丘宾筒☆German type tub
德式预制弧形块井壁[凸缘和加强肋向内,用螺栓连接]☆German-type tubbing
德氏虫(属)[三叶;$Є_2$]☆Damesella
德氏盾甲虫属[三叶;$Є_3$]☆Damesops
德氏龙☆Teilhardsaurus
德氏鹿亚属[Q]☆Deperetia
德氏貘属☆Deperetella
德氏藻属[绿藻;Q]☆Derbesia
德水氯硼钙石☆strontiohilgardite
德斯卜朱斯虫属[三叶;$Є_1$]☆Despujolsia
德斯卡特定律☆Descartes' law
德斯莫尼斯阶[北美;C_2]☆Desmoinesian stage
德威-劳埃德型焙烧炉[移动炉箅式]☆Dwight-Lloyd machine
德威伊斯-马瑟龙模型☆De Wijs-Matheron model
德威伊斯图式☆De Wijs scheme
德维琪模型☆De Wij's model
德兴安石☆hingganite-(Yb)
德银☆nickel-silver；copper-nickel；German silver；Alfenide
德州粉红(金柱鹃)[石]☆Texas Red{Pink}
德州红[石]☆Texas Red；Dallas Pink
得到☆gain；find；obtain；acquire；acquisition；derive
得到改善的地带☆improved zone
得分☆score
得克萨斯菊石属[头;K_2]☆Texanites
得克萨斯钻杆立柱排列法☆Texas style of racking pipe

dēng

蹬下骨☆os infrastapediale
灯☆lantern；lamp；burner
灯标☆light beacon
灯彩☆illumination
灯船☆light vessel；lightship
灯房☆lamp house{room;root}
灯房管理员☆lamp cabin attendant
灯辐射☆lamp radiation
灯浮☆light float
灯杆☆light staff
灯光☆glim；luminary
灯光(设备)☆lighting
灯光报警(装置)☆visual alarm
灯光显示☆illuminated display
灯光信号☆lamp{light;wigwag} signal；wigwag
灯光信号指示盘☆optical indicator panel
灯光遮断☆cutoff
灯光转暗☆blackout
灯海绵☆lychnisc
灯黑☆black satin glass；lampblack；satin gloss
灯火暗淡☆brownout
灯火管讯号☆black-out signal
灯火管制☆blackout
灯火信号指示盘☆optical indicator panel
灯立标☆light beacon
灯列式信号机☆position light signal
灯列信号☆lamp bank signal
灯笼齿轮☆tupelo
灯笼(式小)齿轮☆trundle
灯笼海胆属[棘;E]☆Echinolampas
灯笼菌属[黏菌;Q]☆Dictydium
灯笼式小齿轮☆lantern pinion
灯泡☆lamp (bulb)；bulb；electric (lamp) bulb
(指示)灯驱动器☆lamp driver
灯绳☆lamp cord
灯饰☆illumination
灯丝☆heater；(cathode) filament；ligament
灯丝电路保险丝☆filament fuse
灯丝电源☆filament (power) supply；A-power supply；heater power
灯丝发射部件☆filament emission unit
灯丝杆☆stalk
灯丝型照明灯☆filament-type illuminator
灯塔☆light house；lighthouse；beacon；pharos；LH
灯头☆burner；head piece[矿帽]；lamp holder{base;cap;adapter}；electric light socket；holder for the wick and chimney of a kerosene lamp
灯线盒☆ceiling block
灯箱☆lamp house
灯芯☆(lamp) wick；lampwick
灯芯草属☆Juncus
灯芯绒床面摇床☆corduroy tables
灯芯绒类(布)☆cord
灯用保险丝☆light fuse
灯用煤油☆burning oil
灯盏石☆lamp {-}dish pebble
灯罩☆lamp house{shade}；shade；chimney
灯枝藻属☆Lychnothamnus
灯柱☆light staff
灯组信号装置☆lamp bank signal
灯座☆lamp holder{cup;base;socket}；cartridge；valve{bulb} holder；lampstand；base
登场☆come on the scene
登封群☆Dengfeng group
登高☆ascent
登记簿☆book；registry
登记处☆register office
登记过的☆on record
登记手续☆registration formalities
登记性工伤☆reportable injury
登加变质作用☆superimposed metamorphism
登凯伯型长方孔金属丝筛布☆Ton-Cap cloth
登凯伯型筛☆Ton-Cap screen
登陆☆land(ing)；disembarkation；disembark
登陆车辆☆landing vehicle；LV
登陆船[海上钻井]☆LCT；landing craft tank
登纳比炸药☆Denaby powder
登内肯普间冰期☆Denekamp interstadial
登尼尔☆denier
登宁石☆denningite
登煞特炸药☆Densite
登山家☆ascentionist；mountaineer；alpinist
登山索道☆mountain lift
登上☆mount；en-；em-
登斯炸药☆Densite
登原台[挑顶等用]☆scaling platform
登月舱☆lunar (excursion) module；LEM；LM
登月飞船☆moonship；mooncraft
登月回收实验室☆Lunar Receiving Laboratory
登载☆insertion；statement；carry[消息等]
登账☆keep accounts

děng

等☆equi-; notch; iso-
等螯[甲壳]☆isochela
等白霞岩☆niligongite
等摆长度☆length of equivalent pendulum
等百分比流量特性☆equal percentage flow characteristic
等斑晶基质结构☆sempatic texture
等瓣的[双壳]☆equivalve
等半角☆equant subhedron
等半周期信号波☆equal-alternation wave
等孢粉百分数线☆isopollen; isopoll
等饱和度☆isosaturation; equisaturation
等倍数{量}☆equimultiple
等比☆geometric proportion; ratio of equality
等比层☆isomodal layering
等比级数☆geometric(al) progression{series}; GP
等比例纬线[里卡托投影]☆mid-latitude
等比容面☆isosteric surface
等比容线☆isosteric; isostere
等比生长检验☆test of isometry
等比线☆isometric parallel
等比值线☆isomers
等比中项☆geometric(al) mean
等臂电桥☆equal arm bridge
等鞭毛的[藻]☆isokontean
等鞭毛类[藻]☆Isokontae
等边的截角八面体☆orthic tetrakaidecahedron of Lord Kelvin
等边角钢☆equal (leg) angle; equal-angle iron
等边三角形☆equilateral triangle
等边形(的)☆equilater
等变度☆isograde; isograd
等变度带☆isograd band
等变度的☆isogradal; isogradic; isograde
等变度面☆isograd surface
等变度束☆isograd bundle
等变幅线☆isoamplitude
等变高风☆isallohypic wind
等变高线☆isallohypse
等变晶线☆isoblast
等变速☆iso-variable velocity
等变温线☆isallotherm
等变线模式☆isograd pattern
等变形线☆isalloline
等变压的☆isallobaric
等变压线☆isallobar
等变岩☆isograde rock
等变应力☆uniformly varying stress
等变质反应级☆iso-reaction grade
等变质级☆isograd; isograde
等变质级的☆isofacial; isogradal; isogradic; isograde
等变质级线☆metamorphic isograd
等变质煤☆isometamorphic coal
等变质线☆isorank line; isograd(e)
等冰冻历时线☆isopag; isopague
等冰冻线☆congelont
等冰态线☆equiglacial line
等波长图☆equiwavelength pattern
等波法线速度方向[即第一对光轴方向]☆direction of equal wave-normal velocity
等波速面☆isotaque
等波纹滤波器☆equal-ripple filter
等参单元☆isoparametric element
等参数单元☆isoparametric element
等参数热单元☆isoparametric thermal element
等参数四边形单元☆isoparametric quadrilateral element
等参应变薄膜单元☆isoparametric strain membrane element
等槽定子☆uniformly slotted stator
等侧的☆equilateral
等侧向位移图☆isothismic map
等侧轴晶体☆isodiametric crystal
等测压面☆potentiometric surface; isopotential level
等测压水位的☆isopiestic
等测压线图☆potentiometric map
等层厚的☆isochoric
等层厚图☆isostratification{isochore} map
等层厚线☆isochore
等层理(指数)图☆isostratification map
等层压线图☆potentiometric map
等差级数☆arithmetic progression{series}; geometric {arithmetical} series; AP; A.P.
等差图☆arithmetic chart
等差线☆isodiff
等产量图☆isopotential map
等(计算)产量图☆isopotential map
等产油率☆isoproductivity
等长的☆equilong
等长龟属[E_2]☆Isometremys
等长三节槽形托辊☆three equal-length-roll troughing idler
等场强线☆contour
等场线☆equipotential line
等超额中子核素☆isodiaphere
等潮差线☆corange line; co-range lines
等潮图☆cotidal map{chart}; co-tidal chart
等潮线辐辏点{|区}☆amphidromic points{|region}
等沉比☆equal-falling ratio{factor}; equal settling factor; equal falling ratio
等沉积条件线☆isodietic
等沉降☆equal falling; equal-settling
等沉降的☆equal-settlin; equal-falling
等沉降线☆line of equal subsidence
等沉粒☆equal settling particle; particles of equal settling
等沉速颗粒☆hydraulically equivalent particles
等称百合☆Isocrinus
等称笔石(属)[O_1]☆Isograptus
等称虫(属)[三叶;$O_{2\sim3}$]☆Isotelus
等称海百合目[棘]☆isocrinida
等成本线☆iso(-)cost line
等成分面☆isopleth
等成分线☆isomarte
等成熟度线☆iso-maturity line
等成长☆isometry
等程差面☆surface of equal path difference
等程差曲线☆curve of equal retardation
等承压线☆equipotential{isopotential;isopiestic} line; piezometric contour
等吃水☆even keel
等迟差曲线☆curve of equal retardation
等齿距的☆equally spaced
等齿类[双壳]☆Isodonta
等齿型☆isodont
等尺寸☆equidimension
等翅类☆Isoptera
等翅目[昆]☆isoptera
等处☆et al; et alib; et alii
等氚值线☆isotrit
等传播时间☆equal travel time
等传输充填液☆equitransferent filling solution
等垂矩线图☆isochore map; convergence map
等垂直风速线☆isanabat
等磁变线☆isoporic line; isopore
等磁变线图☆isoporic{isovariational} chart
等磁差图☆isogonic chart
等磁场线☆isogamma line
等磁(力)的☆isomagnetic
等(强)磁力(线)☆isodynamic
等磁力磁选机☆isodynamic separator
等磁力的☆isomagnetic
等磁力分离{选}器☆isodynamic separator
等磁力分离仪☆isodynamic{isodynamtic} separator; isodynamtic magnetic separator
等磁力线☆isodynamic{isodynamtic} line; isog(r)am
等磁力线磁选机☆isodynamic separator
等磁力异常线☆isanomalic line
等磁偏线☆isogonal{isogonic} line; isogon; isogonic (curve)
等磁倾线☆isoclinic (line); isocline; isoclinal line
等磁倾线图☆isoclinal chart
等磁图☆isomagnetic chart{map}
等磁位面☆magnetic equipotential surface
等磁针坐标偏角线☆isogriv
等大的☆equidimensional
等大分歧☆isotomous
等大性☆equivalence; orthembadism
等待☆waiting; wait; stand-by
等待时间☆latency; waiting time; stand-by period
等当点☆equivalence point
等当系数☆equivalent coefficient
等倒钩骨针☆isochela
等等☆et cetera{alii}[拉]; et al; etc.; and so forth
等低温线☆isocryme
等地层图☆isostratification map
等地层系数图☆iso-capacity map
等地平☆isanomal
等地温的☆isogeothermal; ge(o)isothermal; syngeothermal
等地温面☆geoisothermal{isogeothermal} surface; geo(iso)therm; isogeotherm
等地温图☆isogeothermal map
等地温线☆isogeotherm(al); isogeothermal contour {line}; geo(iso)therm; geisothermal
等地下水位线☆water-table isohyps
等地下温度线☆chthonisothermal line
等电沉淀☆isoelectric precipitate
等电的☆iso-electric
等电位☆isopotential
等电位的☆isopotential; isoelectric
等电位面☆equipotential plane{surface}; niveau surface
等电位图☆isopotential map
等电位线☆equipotential{parallel-wire} line
等电位线勘探法☆parallel wire method
等电子结构系列☆isoelectronic series
等顶贝☆Homotreta
等冬温线☆isochimenal line; isocheim
等动力条件☆isokinetic condition
等动物群的☆isozoic
等冻期线☆isopague; isopag
等度渐近稳定性☆equiasymptotical stability
等度生长☆isometric growth
等断面渠道☆uniform channel
等二歧分枝☆isotomy
等二歧式[植]☆equal dichotomy
等发热量线☆isocals
等繁殖力线☆isobenth
等反射率线☆isoreflectance line
等反射时间(波前)图☆bathtub chart
等反应级☆isoreaction grade
等方位交错☆isogonal cross course
等方位线☆isogonal{isogonic;rhumb;loxodromic} line; isogonic curve; isoazimuth; loxodrome; isogon
等放射线☆isorad
等放射性图☆iso-radioactivity map
等费用曲线☆iso-cost curve
等费用线☆iso(-)cost line
等分☆equation; halving
等分(段)装药☆aliquot part charge
等分的☆equant
等分度盘☆uniform scale
等分角线☆bisectrix; angular bisector
等分线☆mean{neutral} line; bisectrix [pl.-ices]; bisector
等分线干涉图☆bisectrix figure
等分枝腕[海百]☆isotomous arms
等分装药☆equal section charge; aliquot part charge; aliquot propelling charge
等分子数的☆equimolecular
等峰分布☆equamodal distribution
等峰态曲线☆isokurtic curve
等风切线☆isoshear
等风速线☆isotach; isokinetic
等辐射剂量☆equivalent radiation dose
等幅☆equi-amplitude; uniform amplitude
等幅波☆cw; continuous{undamped;non-attenuating; persistent} wave
等幅的☆undiminished
等幅线☆isamplitude
等幅应力疲劳试验☆constant-amplitude stress fatigue test
等幅振荡☆continuous{self-sustained;persistent} oscillation
等浮电缆☆floating (marine) cable; streamer
等浮电缆位置图☆streamer polygon
等浮力☆neutrally buoyant
等腐蚀速率图☆iso-corrosion diagram
等腐殖(质)带☆isohumus belt
等负荷(刃的)钻头☆even-duty bit
等改正线☆isodiff
等概率曲线☆equiprobability curve
等刚度结构☆structure of constant stiffness
等高☆isometry
等高程点☆point of equal elevation

等高程线☆isobath
等高度☆equal altitude
等高度线☆isohypse
等高距☆vertical{contour} interval；VI
等高流☆contour current
等高圈☆circle of equal altitude；altitude circle；parallel of altitude；almucantar
等高调焦☆parfocalization
等高线☆hypsographic{hypsometric} curve；level line；isoheight；contour (line)；isohyps(e)；isoline；isobath；hypsographic curve line of constant elevation；isocatabase
等高线法☆hypsography；contour line method
等高线分析☆hypsometric analysis
等高线平距☆horizontal distance of the contour
等高线图☆contour map{chart;diagram}；horizontal map of heights；chartwith contour lines
等高线值☆contour value
等高线自动绘制☆automatic contouring
等高仪☆(prismatic) astrolabe；equiangulator
等铬法☆isochromium method
等构矿物☆isostructural mineral
等构岩系☆isophysical series
等构造☆isostructure
等构造的☆isostructural
等固定碳线☆isocarb
等光密度测量术☆equidensitometry
等光速方向[即第二对光轴方向]☆direction of equal ray velocity
等光线☆isophotic line
等光轴矿物☆isoaxial mineral
等规聚合☆isotaxy
等硅量线☆isomarte
等海百合属[棘;T-J]☆Isocrinus
等含硫值图☆isosulfur map
等含水饱和度图☆isowater saturation map
等含水量线☆isohydron
等含碳图☆isocarbon map
等含碳线☆isocarb
等含盐量图☆isosalinity{isohaline} map
等焓☆isoenthalpy
等焓流动☆isoenthalpic flow
等焓线☆isoenthalpic (line)；isenthalpic
等号☆sign of equality
等横轴晶体☆isodiametric crystal
等厚(度)☆uniform thickness
等厚的☆isopachous
等厚拱☆jack arch
等厚条纹☆equal-thickness fringe
等厚图☆isopach(ous){thickness} map；isopachyte
等厚微晶外壳☆equant micrite crust
等厚线☆isopach (map)；isopachyte；isopachous line{map}；thickness contour{line}；isolines of equal thickness
等厚叶片☆straightedge vane
等厚应力条纹图☆isopachic stress pat tern
等候☆tarry
等候并加重(方)法[压井方法]☆wait-and-weight method
等候(信号)车辆☆waiting vehicle
等候时间☆waiting period；stand-by time
等化石年代岩石单位☆isobi(o)lith
等化学出溶☆isochemical exsolution
等化学的☆isochemical
等环化合物☆isocyclic compound
等挥发分线☆isovol
等挥发物线☆isovol (line)
等辉正长岩☆yogoite
等回波线☆iso-echo
等火山活动线☆line of equal volcanic activity
等基线☆isobase；isanabase
等积(投影)☆equal-area{homolographic;authalic} projection；orthembadism；equivalence
等积波☆equivoluminal wave；S wave
等积孔☆equivalent orifice
等(面)积投影☆homolographic{homolosine;authalic;homalographic;orthembadic}projection ; equal {-}area projection；orthembadism；equivalence
等积投影地图☆equivalent{equal-area} map
等积网☆Schmidt{equal-area} net
等积形颗粒☆isometric grain
等积雪日数线☆equinival lines
等积映射☆equiareal mapping
等极的☆isopolar
等级☆grade；category；degree；class；gradation；rank；scale；rate；order and degree；graded standards；social estate{stratum}；tier；hierarchy；order；quality；ilk；cl；gr.；deg.；d.
等级变质☆isofacial metamorphism
等级分类☆grade separation
等级结构☆hierarchic structure
等级码☆hierarchical code
等级数据☆ordinal data
等(变质)级岩☆isograde rock
等级因素☆grading factor
等几何精度线☆constant geometric accuracy contours
等剂量(线)☆isodose
等伽线☆isogal
等加荷速率固结试验☆consolidation test under constant loading rate
等加速度☆constant{steady} acceleration
等甲片式[甲藻]☆plate-equivalent
等价☆equivalence；equivalency；of equal value；equal in value；adequation；par
等价的☆equivalent；tantamount；equiv.
等价关系☆equivalent{equivalence} relation ; relation of equivalence
等价年度费用☆equivalent annual cost
等价子波☆imbedded wavelet
等间隔☆equality spacer；EQSPA
等间隔的☆equal-spaced；equally spaced
等间距基准点☆equally spaced reference
等间距线☆isochore
等间区图☆isorange map
等减速运动☆uniformly retarded motion
等键的☆isodesmic
等降深线图☆drawdown contour map
等降水大陆度☆isepire
等降水量线☆isohyetal line；isohyet
等降水性☆isomer
等降线☆isokatabase；isocatabase
等降性分选☆separation by equal falling
等交变波☆equal-alternation wave
等脚角钢☆equal (leg) angle
等脚目☆isopoda
等角(现象)☆isogonism
等角变换☆isogonal transformation；isogonality
等角的☆isogonal；isogonic；equiangular (isogonic)；isometric(al)；orthomorphic
等角点☆isocenter
等角度投影☆equal angle projection
等角方位☆Mercator bearing
等角航线☆equiangular spiral；rhumb{loxodromic} line
等角交错[矿脉]☆isogonal cross course
等角螺形天线☆equiangular spiral antenna
等角投影地图☆identical{equal-angle} map
等角图☆isometric drawing{view}
等角网☆angle-true{Wulff} net
等角线规☆isometrography
等角性☆isogonality；conformality；orthomorphism
等截面☆uniform cross section
等节海百合目☆isocrinida
等结构☆isostructure
等结构(现象)☆isostructuralism
等(键型)结构☆isodesmic structure
等结构的☆isostructural
等结构族☆isostructural group
等解冻线☆isotac
等界线☆isobase
等晶粒的☆homeocrystalline
等精度线☆accuracy contours
等经度改正线☆isolong
等静力线☆isostatic
等静压烧结☆isostatic sintering
等静压应力状态☆equilateral state of stress
等径的☆equant；equidimensional；isometric
等径连接节套管☆inside-{flush-}coupled casing
等径生长☆constant diameter growth
等径他形的☆equant anhedral
等径(孔隙)性孔隙率☆equant-pore porosity
等径状颗粒☆equidimensional grains
等径钻孔☆even-diameter hole
等距☆isometry；isorange；equidistance
等距变换☆equilong transformation
等距参数☆isometric parameter
等距的☆isometric(al)；equilong；equally spaced；equidistant；equal-spaced
等距方位投影方位等距离投影☆azimuthal equidistant projection
等距晶格平面族☆equidistant lattice plane family
等距离的☆equidistant
等距平线☆isanomal；isanomalous line
等距三级排列☆three-array
等距四极排列☆carpenter (electrode) array
等距线☆equal {-}space line
等距异常线☆isanomal
等距栅栏图☆isometric fence diagram
等距正交网☆isometric orthogonal net
等均衡校正线☆isocorrection
等卡值线☆isocals
等抗性☆homogeneous resistance
等壳瓣☆equiralve
等壳的[双壳]☆equivalve
等壳目☆Atremata
等克拉克值图☆isoclarke map
等孔隙度☆isoporosity
等孔隙度线☆equal porosity line；constant-porosity line
等块图☆isometric block diagram
等宽☆equivalent width
等亏率线☆isodef
等拉德线☆isorad
等拉伸线☆iso-extension
等雷(雨)频(率的)☆isokeraunic
等雷频线☆isoceraunic line
等雷线☆homobront；isobront
等雷(暴日数)线☆isobront
等离子发射(分光)学☆plasma emission spectroscopy
等离子管☆plasmatron
等离子弧切割☆plasma arc cutting
等离子激发光学发射光谱测定☆plasma excitation- optical emission spectrometry
等离子粒团☆plasmoid
等离子流发生器☆plasmatron
等离子破岩钻井☆plasma jet drill
等离子射流加工☆plasma jet machining；PJM
等离子体[物]☆plasma
等离子体波导管☆plasmaguide
等离子体层☆plasmasphere
等离子体层顶☆plasmapause
等离子体成孔钻机☆plasma drill
等离子体流☆plasma current
等离子体判断法☆plasma diagnostics
等离子体柱☆plasma column
等离子体`子{激元}☆plasmon
等离子停留层☆plasmapause
等离子焰凿岩☆plasma drilling
等利润线☆isoprofit line
等粒变晶☆homeoblast
等粒变晶状☆hom(o)eoblastic
等粒的☆equigranular；homogranular；isogranular；even-grained；homeocrystalline；epigranular；consertal
等粒度的☆isogranular
等粒径线☆isomegathy
等粒岩☆equigranular rock
等粒岩组☆consertal fabric
等粒状(的)☆equigranular ; even-granular ; isogranular；even {-}grained
等粒状交互组构☆equigranular mutual fabric
等粒状结合构造☆equigranular interlocking structure
等粒状嵌套组构☆equigranular mosaic fabric
等力的☆equipotent
等力线☆isodynam；isodynamtic{isodynamic} line
等(磁)力线☆isodynamic line
等涟波响应☆equiripple response
等量☆equivalent；equal magnitude；half-and-half
等量的☆commensurate；isometric(al)
等量度晕☆equidimensional halo
等量放矿采场☆isometric drawing stope
等量纲的☆equidimensional；equant
等量曲线☆isoquant
等量线☆isograde；isometric line；isocontour；isoline
等量药剂记录器☆isodose recorder
等列☆homotaxy
等列层☆isopedin
等列的☆homotaxial；homotactic
等列堆积☆homotaxial deposit
等列性☆homotaxis；homotaxy；homotaxial
等裂口☆isochasm

D

等烈度的☆coseismal
等烈度线☆curve of equal intensity；coseismic {coseismal} line；coseism
等流☆uniform flow
等(热)流量线☆isoflux line
等流速线☆isotach
等隆起线☆isodeme
等露点线☆isodrosotherm
等铝氧法☆isoalumina method
等旅行时面☆equal travel time surface
等氯图☆isochlor map
等落比☆equal-settling{settling} ratio；equal settling factor{ratio}
等落的☆equal-falling
等落物料☆equal-settled material
等落性选矿☆separation by equal falling
等煤级线☆isorank (line)
等密度☆isodensity；equidensity
等密度的☆isopycnal；isopycnic
等密度(高)度☆isopycnic level
等密度流☆homopycnal flow
等密度面☆isopycnal；isopycnic (surface)
等密度扫描迹☆isodensitrace
等密度图☆isodensity map；contour diagram
等密度线☆isopycnic{isopycnal} (line)；isodensity；isostath；isodensitrace
等密度形象{影像}☆equidensity image
等密入流☆homopycnal inflow
等幂(元)☆idempotent
等幂矩阵☆idemfactor
等面☆equivalent face
等面(的)☆equilater
等面的☆isohedral
等面积标绘图☆equal-area plot
等面积的☆homolographic；homalographic
等面积作图☆equal-area plot
等面叶[植]☆isolateral{isobilateral} leaf
等磨损准则[用于钻头设计]☆equal wear criterion
等摩尔混合物☆equimolar mixture
等挠曲的☆isowarping
等内径☆uniform internal diameter
等内聚☆equicohesion
等能的☆isodynamic
等泥岩图☆isomudstone map
等泥质含量线☆equi-shaliness line
等年变率线☆isopors
等年温(较)差线☆iseoric line；isotalant(ose)；isoparllage
等年线☆isochron
等浓度☆isoconcentration
等浓度图☆isoconcentration map
等浓度线☆isoconcentration line；isocon；isopleth
等浓切面☆P-T section
等浓(度)切面☆isoplethal section
等排分子☆isosteric molecule
等盘蛤属[T-Q]☆Isognomon
等炮检距道☆equal offset traces
等炮检距剖面☆offset section
等配极变换☆equipolarization
等配位同分异构类型☆homeotect structure type
等喷燃烧器☆isojet burner
等膨胀(性)线[煤]☆isodeme
等偏(线的)☆isogonic
等偏差☆equideparture
等偏差线☆isogonic line；isametral；isoanomal；isametrics
等偏(角)线☆isogon；isogonal{isogonic} line
等(磁)偏线☆isogonic (line)
等偏向{移,转}法☆equal-deflection method
等片藻属[硅藻]☆Diatoma
等频(率)的☆equifrequent
等频率图☆isofrequency map
等平夷作用☆equiplanation
等坡度☆uniform slope
等坡后退☆equal slope recession
等坡角正切{|弦}图☆isotangent{|isosinal} map
等坡线☆grade contour
等气候线☆isoclimatic line
等气压变{较}差线☆isanakatabar
等气油比☆iso-gas-oil ratio；isogor
等气油比图☆isogor map
等牵引力坡度☆gradient of equal traction
等强度☆equal life；uniform strength
等强线☆contour line
等强线距☆isostrength interval
等(场)强线圈☆contour map
等强信号[电]☆equisignal
等强信号区显示☆split echo presentation
等切距{面}曲线☆tractrix
等氢离子浓度☆isohydric concentration
等倾的☆isoclinal；isoclinic
等倾伏线☆plunge isogon
等(磁)倾图☆isoclinic chart
等倾线☆isoclinic{isogonal;isodip;isoclinal} line；isocline
等倾(斜)线☆line of equal dip
等(磁)倾线☆isoclinic (line)；isoclinal
等倾线交点离距☆dip isogon intersection separation
等倾斜(测定)法☆equi-inclination method
等倾斜魏森堡照相法☆equi-inclination method for Weissenberg photograph
等倾斜线☆dip isogon
等倾斜线作图法☆isogon construction
等球粒人造`岩芯{多孔介质模型}☆pack of equal sphere
等(效)球粒直径☆equivalent sphere diameter
等球体{形}☆equal sphere
等权代替法☆method of equal-weight substitution
等权的☆isobaric
等全色(的)☆isopanchromatic
等群落线图☆isocoene diagram
等热☆isotherm
等热函线☆isenthalpic
等热量线☆isocal
等热线图☆thermal contour map
等人口密度图☆isarithmic map
等韧式☆parivincular
等日照线☆isohel
等容☆constant volume；CV
等容的☆isometric(al)；isopycnic；isochoric
等容法☆isovolume method
等容过程☆isochoric process
等容积波☆equivolumnar wave
等容积的☆isometric(al)；equivoluminal
等容积图☆isovol map
等容流动☆isochoric flow
等容燃烧式燃气{汽}轮机☆constant volume combustion gas turbine；Holzwarth gas turbine
等容热容☆heat capacity at constant volume
等容图☆isometric diagram
等容线☆isochore；isovois；isometric (line)；isoster；equal-space line；isometrical
等容线图☆convergence map{sheet}
等色☆isochrome
等色斑岩☆shonkinite-porphyry
等色次干涉条纹☆fringes of equal chromatic order
等色曲线☆lemniscate；isochromatic curve
等色条纹级数☆order of fringe
等色图☆isochromatic curve
等色线☆isochromatic line{curve}；isochromate
等色线的条纹级数☆order of fringes
等色岩☆shonkinite
等熵☆isoentropic；constant entropy
等熵分析☆isentropic analysis
等熵图☆entropy{isentropic} map
等熵线☆is(o)entrope；is(o)entropic
等上升速度线☆isanabat
等少量百分率线☆isodef
等射程面☆aplanatic surface
等伸缩剖面☆plane of uniform expansion or contraction
等深的☆isobathic；bathymetric(al)
等深度图☆equal depth map
等深积岩☆contourite
等深流☆contour current{flow}；contoured flow
等深流丘状地震相☆contourite mound seismic facies
等深浅☆bottom contour
等深图☆isobath{bathymetric} map；bathymetric(al) chart
等深线☆isobath (curve)；isobathic{isobathye;depth;fathom;bathymetric;water-depth} line；hypsographic {hypsometric;depth} curve；(isodepth) contour line；hydroisohypse；bathymetric{depth;underwater;(sea-)bottom} contour；contour；fathom curve[以噚表示]
等深(度)线☆depth contour
等深线流假说☆contour currents hypothesis
等渗的☆isotimic
等渗入线☆isopotal line
等渗透力的☆isopotal
等渗透率图☆permeability isopleth map
等渗透率线☆isoperm
等渗性☆isotope
等渗压的☆isosmotic；isotonic；homoiosmotic
等渗压溶液☆isotonic solution{sobase}
等渗压性☆isotone
等声强线☆isacoustic line
等生层☆isobilith
等生产率☆isoproductivity
等生产率最大值☆isoproductivity maximum
等生产曲线☆isoquanta (curve)；iso-product curve
等生活型线☆biochore
等生长季{期}线☆isophytochrone
等升降线(地壳)☆isobase
等湿度线☆isohume
等湿月线☆isohyomene
等石英法☆isoquartz method
等时☆equitime
等时变化线☆tautochron
等时差曲线☆isotime curve
等时差线☆isochore；isovois；isochrone；isotime curve
等时代☆time equivalence
等时间切片☆constant time slice
等时间歇生产测试☆isochronal flow test
等时降落轨迹☆tautochron；tautochrone
等时界面☆chronohorizon
等时面[地震反射]☆isochron{isochronous;isochronic} surface；equivalent time horizon；equal travel time surface
等时曲线☆tautochrone
等时燃延线☆isochronous fire front line
等时体模式☆isochronous-body model
等时图☆isochron chart
等时线☆isochore；isovois；isotime (line)；isochron (curve)；isochrone；time line；isochronism；synchrone
等时线拟合参数☆mean square of weighted deviates
等时线趋近☆isochronal approach
等时线图☆isochron diagram；time-contour map
等时信号畸变测试器☆isochronous signal distortion tester
等时性☆isochroneity；isochronism；tautochronism
等时值面☆isotimic surface
等时钟☆isochronon
等时组合☆time-averaged association
等式☆equation；equality
等势☆isopotential
等势面地球体☆normal earth
等势模型☆potentiometric model
等势图☆isopotential{potentiometric} map
等势线☆equipotential{isopotential;potential;isopiestic} line；isopiestics；potentiometric contour
等适居性☆isoikete
等视电阻率图☆iso-apparent resistivity map
等寿命☆equal life
等舒适线[对人类而言]☆isoterp
等数☆waiting
等数时间☆latency
等数值线☆isarithm
等霜日线☆isoryme
等水分线☆isohume
等水分的☆isohydric
等水分法☆isohumism method
等水平线☆horizontal equivalent
等水深线☆hydroisohypse；bathymetric line{contour}
等水位线☆contour of water (table)；potential line；water-table isohyps{contour}；iso-hypsometric curve
等水压线☆hydroisopiestic{isopiestic} line
等水值线☆hydroisopleth
等四射骨针☆calthrops
等速☆constant velocity{speed}；CV；CS；const-sp.
等速层位图☆isocron map
等速度面☆isovelocity surface
等速发育[地形上升速度等于夷低速度]☆uniform development
等速风沉颗粒☆aerodynamically equivalent particle
(射流)等速核☆potential core
等速剖面☆isovelocity cross section
等速蠕变阶段☆steady creep stage
等速上拔试验[桩工]☆constant rate of uplift test
等速扫描☆constant rate scanning

等速下落☆equal falling
等速线☆isovel；isotaque；isokinetic
等速应变试验☆constant rate of strain test
等速自由下沉粒径☆equivalent freefalling diameter
等塑性应变线☆equi-plastic strain line
等酸碱线☆isohydrics
等他形☆equant anhedron
等碳线☆isocarb
等梯度固结试验☆constant gradient consolidation test
等梯度图☆isogradient map
等梯度线☆isogradient (contours;curve;line)
等体度线☆isoster
等体粉属[K_2]☆Integricorpus
等体积波☆equivoluminal wave
等体积的☆isopycnic；isometric；equivoluminal；isochoric
等体积度线☆isoster
等体积交换☆volume-for-volume interchange
等体积图☆isovol map
等体积线☆isochore；isovois；isometrics；equal-space line
等体温温泉☆tepid spring
等跳汰作用☆equal jigging
等铁镁值{质}的☆isofemic
等停滞线☆equicesses
等(中子)通量☆isoflux
等通量线☆iso-flux contour
等同☆identify
等同点☆identical point
等同位素比值线☆isorat
(使)等同于☆identify
等同周期☆identity{identical} period
等凸贝属[腕;D_2]☆Isopoma
等退线☆isotherm
等外☆off-grade
等外管子☆junk pile；substandard pipe
等外矿石☆dradge
等外品☆irregular；substandard product；reject；second
等外铁☆off-iron
等网距☆equal mesh interval
等围压三轴试验☆conventional triaxial test
等维的☆equant；equidimensional；isometric
等尾☆isocercal{equal} tail
等尾检验☆equal tails test
等尾类☆Isopygous
等尾型[三叶]☆isopygous
等纬度改正线☆isolat
等位☆isopotential
等位(基因)变异☆allelic variation
等位的☆isopotential；level
等(电)位的☆equipotential
等位基因☆allele
等位能图☆isopotential map
等位数☆equal-order digits
等位温度☆equipotential temperature
等位线☆equipotential line；isoline；isopleth
等位线法[电勘]☆equipotential-line method
等温☆isothermal；constant temperature；CT
等温变质(作用)☆equitemperature metamorphism
等温残留磁化☆isothermal remnant magnetization
等温差商数线☆thermo-isodrome；isodrome
等温淬火☆austempering；isothermal quenching
等温淬火前加应力☆austemper stressing
等温带☆zone of constant temperature
等温的☆isothermal；isothermic；homo(iso)thermal
等温等压气相色谱(法)☆isothermal-isobaric gas chromatography
等温火焰电离色谱(法)☆isothermal flame ionization chromatography
等温降压轨迹☆isothermal decompression path
等温面{线}畸变☆isotherm distortion
等温切面☆isothermal{P-X} section
等温溶液混合☆ISM；isothermal solution mixing
等温深度线{面}☆isobathytherm
等温式火灾探测器☆constant temperature type fire detector
等温水表层☆mixed layer
等温梯度☆isothermic gradient
等温吸附式☆isotherm adsorption
等温吸附线☆sorption isotherm
等温线☆isothermal (line)；isotherm(ic)；constant temperature line; thermoisopleth; temperature contour
(地区)等温线☆choroisotherm
等温线密集带☆isotherm ribbon
等温压力-成分图☆isothermal pressure-composition chart
等温应力应变循环试验☆isothermal stress and strain cycling test
等温重量变化测定☆isothermal weight-change determination
等温转变曲线☆isothermal time-temperature-transformation curve
等纹贝属[腕]☆Isogramma
等无烟煤线☆isoanthracite line
等物候线☆isophene；isophane
等物理变质岩☆isophysical metamorphic rock
等误差分选密度☆equal-errors cut point
等误分选点☆equal errors cut-point
等习性线☆isoikete
等隙颗粒[选]☆par-interstitial particle
等峡☆isochasm
等下沉线☆isokatabase；isocatabase
等夏温线☆isothere；isotheral (line)
等夏雨线☆isothermobrose
等现象线☆isophenomenal line
等线☆isogonic curve
等线(贝属)[C_{1-3}]☆Isogramma
等线图☆isograph；isogonic chart{map}
等响线☆isacoustic line；loudness contour
等相☆isofacies
等相变质☆isofacial metamorphism
等相级变质☆isofacial metamorphism
等相面☆equiphase surface；constant phase front
等相位(的)☆equiphase；isophase
等相线☆isofacial line；isophase；facies{equiphase; phase} contour；isomesic；isopen
等向性的☆isotropic
等小长身贝(属)[腕;D_3-C_1]☆Productellana
等效☆equivalent；equivalence；equivalency；adequation；equipotent；efficient；equiv.；eq
等效点系☆equipoints；equi-points
等效电路☆equivalent (electrical) circuit；circuit equivalent
等效基础模拟☆(equivalent) footing analogy
等效集总体系☆equivalent lumped system
等效结点荷载☆equivalent nodal load
等效截面☆representative section；equivalent cross-section
等效均质油藏{系统}☆equivalent homogeneous system
等效梁法☆equivalent beam method
等效率曲线☆iso-efficiency curve
等效面☆equivalent face；isosurface
等效平均剪应力☆equivalent mean shearing stress
等效曲线☆iso-efficiency curve
等效渗透性{率}☆equivalent permeability
等效生产时间☆equivalent production time
等效衰减☆attenuation equivalent
等效特性☆lumped characteristic
等效体积☆equivalent volume
等效天线☆(antenna) eliminator
等效土层法[地基沉降]☆equivalent soil layer method
等效炮空☆equivalent drill pattern
等效行动方案{途径}☆equivalent alternative
等效应力屈服条件☆equivalent stress yield criterion
等效原理☆principle of equivalence
等效噪声温度☆effective noise temperature
等效炸药☆equal-strength explosive
等效重量代替法[粗粒土配料]☆equivalent weight replacement method
等效轴☆equivalent-axes
等效注水时间☆equivalent injection time
等斜层☆isocline
等斜的☆isoclinic；isoclinal
等斜坡定律☆law of equal declivities
等斜线☆isoclinal{isoclinic} line；isogon；isocline
等斜(航)线☆loxodrome
等斜向斜☆isoclinal syncline
等心(的)☆equicenter
等信号滑翔道☆equisignal glide path
等信号面[电]☆equisignal surface
等信号区☆equisignal zone{sector}；split
等信号区转换天线☆lobing antenna
等信号式(无线电)定位(信标)☆equisignal localizer
等信号线☆equisignal line
等信号制☆equisignal system
等信号着陆信标[航]☆equisignal{tone} localizer；equisignal radio-range beacon
等星珊瑚属[J_2-K]☆Isastrea
等型☆isotype
等型的☆isotypic；isotypous
等型性☆isotypism
等形☆equiform
等形的☆equant-shaped
等雪量线☆isonival line；isonif
等雪线☆isochion
等压☆isostatic pressure；equipressure
等压层位☆pressure matching level
等压单变量组合☆isobaric univariant assemblage
等压的☆isopiestic；isobaric
等压风强☆pressurized stopping
等压降温☆isobaric cooling；IBC
等压力☆uniform pressure
等压流线☆isopressure flow stream line
等压面☆isobaric{isopressure;isopiestic} surface；isopiestic level；constant pressure surface；surface of equi(-)pressure
等压切面☆T-X section
等压热合☆hot isostatic pressing；HIP treatment
等压热容☆heat capacity at constant pressure
(消防用)等压式比例混合器☆balanced pressure proportioner
等压吸附线☆adsorption isobar line
等压线☆isobar；isopiestic (line)；isostatics；isobaric {equipressure;isostatic;equipotential} line；equal pressure curve；isopressure contours；constant pressure line；(equipressure) contour；piezometric contour
等压性☆isotope
等压应力曲线区☆pressure bulb
等压重量变化测定☆isobaric weight-change determination
等压最低点{极小值}☆isobaric minimum
等盐度线☆isohal(s)ine；iso salines；isosalinity line
等盐量线☆isosalinity line
等岩☆isolith
等岩层☆isogeolith
等岩性图☆isolith(ic) map
等岩性线☆isolith；isolith(ic) line
等氧化铝法☆isoalumina method
等氧化物线☆isomarte
等腰三角形☆isosceles triangle
等叶石珊瑚☆isophyllia
等异常曲线☆isoanomaly{isanomaly} curve
等异常线☆is(o)anomaly (curve;line)；is(o)anomalic {anomaly} contour；iso(-)abnormal；is(o)anomalous {isanomalic;isanomaly} line；isa(b)normal；isanomal
等翼(的)矿山☆equilateral mine
等因子模型☆isofactor model
等荧光强度线☆isofluors
等硬度值☆equal hardness value
等应变率试验☆constant rate of strain test
等应变速率固结试验☆consolidation test under constant rate of strain
等应变图☆iso-strain{isostrain} diagram
等应变准则☆constant strain criterion
等应力☆equal stress；iso(-)stress
等应力层☆constant stress layer
等应力倾线☆isoclinic
等应力线☆isostress contours；isostatic
等铀钙锆钛矿☆tazheranite
等于☆equal；contain；amount；be equivalent to；equate；eq
等雨量线☆isohyet；isopluvial{isohyetal} line；equipluve
等雨量指数线☆isopluvial
等雨率线☆isomer
等雨月☆isohyomene
等云量线☆isoneph
等运行距离图☆isotachic map
等运行时间☆equal travel time
等张的☆isotimic
等张力封头曲面☆isotensoid head contour
等张力计☆isoteniscope
等张体积☆parachor
等张性☆isotope
等照度的☆isophotic
等照度面☆isolux

等照度曲线☆isolux
等照度线☆isophote
等折射率图☆isofract
等振动方向曲线☆curve of equal vibration direction
等振幅图☆isoamplitude map
等振幅线☆isoamplitude
等震☆isoseism
等震的☆isoseismal; isoseismic
等震度线☆isoseismal line
等震线☆isoseismal (line;curve); isoseismic line; isoseism; isoseist; seismal
等蒸发线☆isoombre
等蒸汽压仪☆isoteniscope
等正辉正长岩☆yogoite
等正温线☆iso-orthotherm
等正形贝属[腕;S_1-D_2]☆Isorthis
等直径的☆isodiametric
等植高线☆isophyte
等殖线图☆isocoene diagram
等值☆equivalent; adequation; equivalence
等值的☆equivalent; eq.; tantamount; isotimic
等值焦距☆equivalent focus; parfocal distance
等值面☆isosurface; contour surface
等值图☆equal-value{isopleth} map; isogram; contour diagram; chor(is)ogram
等值线☆isopleth; isoline; isoanomaly curve; isotinic; isometric{isontic;contour;isarithmic} line; isarithm; contour; isogram
等值线方位图解☆contoured orientation diagram
等值线图☆isogram; contour map{diagram}; map of isolines; chor(is)opleth; chorisogram
等值性☆equivalency; equivalence
等止线[冰]☆equicesses
等趾迹[遗石]☆isopodichnus
等质子元素☆isoprotonic element
等中子素☆isotone
等中子异荷素☆isotone
等中子族☆isoneutronic group
等重☆equiponderance
等重力势面☆geopotential surface; geop
等重力位面☆equigeopotential surface
等重力线[重勘]☆isogal; isogam; isodynamic line
等重量试样☆equal-weight sample
等周多边形☆isoperimeter polygon
等周期线☆equivalent periodic line
等周曲线☆isoperimetric curve
等轴(现象)☆isometry
等轴八面体类☆isometric octahedral class
等轴半面全轴体☆cubic hemihedral holoaxial
等轴半面象(晶)组[$m3$ 晶组]☆regular hemihedral class
等轴铋铂矿[Pt(Bi,Sb)$_2$;等轴]☆insizwaite
等轴铋碲钯矿[(Pd,Pt)BiTe;等轴]☆michenerite
等轴铋碲铂矿[PtBiTe;等轴]☆maslovite
等轴铂铬锑钯矿☆michenerite
等轴铂铜矿☆isoplatinocopper
等轴的☆equiaxial; isometric(al); equant; isoaxial; tesseral; equidimensional; monometrical
等轴碲锑钯矿[Pd(Sb,Bi)Te;等轴]☆testibiopalladite; isoter
等轴对称☆tesseral symmetry
等轴对称半面象晶类☆cubic enantiomorphic hemihedral class
等轴(左右)对映半面象(晶)组[432 晶组]☆isometric enantiomorphous hemihedral class
等轴反半面体☆cubic antihemihedral
等轴钙锆钛矿[(Zr,Ca,Ti)O_2;等轴]☆tazheranite
等轴锆石☆diamonesque; tasheranite; phianit
等轴钌锇铱矿[(Ir,Os,Ru);等轴]☆ruthenosmiridium
等轴硫钒铜矿[Cu_3VS_4;等轴]☆sulvanite
等轴硫砷铜矿[Cu_3(As,V)S_4;等轴]☆arsenosulvanite; arsensulvanite
等轴六八面体全面象(晶)组[$m3m$ 晶组]☆isometric holohedral hexakisoctahedral class
等轴偏半面象晶类☆cubic paramorphic hemihedral class
等轴偏形半面象(晶)组[432 晶组]☆isometric plagihedral hemihedral class
等轴铅钯矿 [(Pd,Pt,Au)$_3$(Pb,Sn); 等轴]☆zvyagintsevite
等轴穹隆☆cross-axes{quaquaversal} dome
等轴全面象晶类☆cubic holohedral class
等轴全面象(晶)组[$m3m$ 晶组]☆isometric{regular} holohedral class
等轴砷硫铜矿☆lazarevicite
等轴砷镍矿[$NiAs_2$;等轴]☆krutovite
等轴砷锑钯矿[$Pd_{11}Sb_2As_2$;等轴]☆isomertieite
等轴锶钛石☆tausonite
等轴四分面五角三四面体晶组[23 晶组]☆isometric tetartohedral tetartoidal class
等轴四分面象(晶)组[23 晶组]☆isometric{regular} tetartohedral class
等轴四面半面类☆isometric tetrahedral hemihedral class
等轴四面体形半面象(晶)组[$\bar{4}3m$ 晶组]☆isometric tetrahedral hemihedral class
等轴钽钙石☆koppite
等轴铁铂矿[Pt_3Fe]☆isoferroplatinum
等轴五半面体☆cubic parahemihedral
等轴五角半面象(晶)组[$m3$ 晶组]☆isometric pentagonal hemihedral class
等轴硒钯矿☆palladseite
等轴锡铂矿[(Pt,Pt)$_3$Sn;等轴]☆rustenburgite
等轴系晶体☆isometric{cubic} crystal
等轴形的[苔]☆parenchymatous
等轴异极半面象晶类☆cubic hemimorphic hemihedral class
等轴异极半面象(晶)组[$\bar{4}3m$ 晶组]☆isometric hemimorphic-hemihedral class
等轴异极象(晶)组[$\bar{4}3m$ 晶组]☆regular hemimorphic class
等轴正规(晶)组[$m3m$ 晶组]☆isometric normal class
等轴状的☆equant; equidimensional; isometric; monometrical
等轴状习性☆normal habit(us)
等柱类[双壳]☆isomyarian; homomyarian
等柱型☆isomyarian
等爪形骨针☆arcuate{anchorate} type; isochela
等转矩差速器☆differential of equal torque
等椎类☆Isospondyli
等自(电)势线☆self-potential contour
等自由沉落直径{粒度}☆equivalent free falling diameter
等足类☆Isopoda
等足目[节杆虾]☆isopoda
等阻坡度☆gradient of equal traction
等最低温线☆isokrymene

dèng

瞪☆glare (at{on;upon})
镫(状挂环)☆stirrup
镫骨☆stapes; stirrup
镫形夹☆stirrup
镫形孔☆stirrup-pore
澄出黏土☆washed clay
澄浆泥☆fine clay
澄水☆clarification of water
澄水器☆water clarifier
凳形石笋☆stool stalagmite
凳子☆stool
邓卡德(组)[北美;C_3-P_1]☆Dunkardian
邓肯-张模型☆Duncan-Chang model
邓禄普可变系数法☆variable Dunlap method

dī

堤☆embankment; stopbank; dike; barrier; mound; bank; dam; levee; dyke; bankette; banquette
堤岸☆stopbank; bulkhead; quay
堤岸工程☆bunds
堤岸坍塌☆sloughing of embankment; bank sloughing
堤岸土方测量☆bank measure
堤坝☆barrage; dike (dam); jetty; dyke; bank and dam; embankment; dykes and dams
堤坝工程钻☆damsite testing
堤坝后☆backbarrier
堤坝后相☆backbarrier facies
堤坝围成的人工湖☆barrier lake
堤成谷☆leveed channel
堤成盆地[自然]☆barrier basin
堤成扇谷☆leveed fan valley
堤岛☆barrier bar{island}
堤防☆levee; embankment; dyke; dike
堤防隐患探查☆dyke defect detecting
堤沟☆dike furrow
堤后草本沼泽☆back levee march; back-levee marsh
堤基☆base of levee
堤礁☆barrier{encircling} reef
堤脚☆toe
堤裂☆crevasse
堤岭☆dike ridge
堤内低地☆protected lowland
堤旁洼地☆backswamp{levee-flank} depression
堤坡☆dyke slope{batter}
堤坡冲刷☆erosion of levee slope
堤碛☆dump(ed) moraine
堤墙☆embankment wall
堤泉☆barrier{mound} spring
堤身隐患☆hidden danger in embankment
堤体☆structure trunk
(港口)堤头口门☆breakwater gap
堤外地☆fore land
堤堰☆barrage
堤状三角洲☆levee delta
镝☆dysprosium; Dy; arrowhead; arrow
低☆low; sub; shortness; hypo-; sub-; under-; infra-; proto-; des.; de-; oligo-
低矮火山☆homate
低矮平巷☆close level
低矮小岛☆skjaerga(a)rd; skerryguard; skjergaard
低凹地带☆hollow zone
低坝☆low dam
低爆力核爆炸☆low-yield nuclear explosion
低爆燃炸药☆low deflagrating explosive; cool explosive
低爆热{温}炸药☆cool explosive
低爆速炸药☆low explosive
低爆炸成形☆low-explosive forming
低背景值☆low background
低倍率地震计☆low-magnification seismograph
低倍泡沫☆low-expansion foam
低倍摄影☆photomacrograph
低本底☆low background
低比重☆low gravity
低边多辊(式)磨机☆low-side mill
低变形抗力合金☆low resistance alloy
低变质烛煤[褐煤到亚烟煤阶段]☆subcannel coal
低标高的☆low-lying
低标号水泥[400 号以下]☆low(-)grade cement
低标准☆substandard; low level; LL
低表面张力酸☆low surface tension acid; LST acid
低波能☆low wave energy
低残渣压裂液☆low residue fracturing fluid
低槽☆conditioner
低草地群落☆poium
低层大气☆lower atmosphere
低层房屋☆low-rise building
低层平硐☆deep adit
低层湿原☆hygrophorbium
低产☆minor production
低产层☆low-productivity zone{layer}
低产的☆low-duty
低产井☆stripper (well); low fluid{producing} well; stringer; low-volume{idle} producer
低产量水井☆low-capacity well
低产率地热储☆low-productivity geothermal reservoir
低产气井☆gas stringer
低场损耗☆low-field loss
低潮☆low water{tide;ebb}; neap{ebb} tide; ebb-reflex; L.W.; LW
低潮露出岩☆tide-rock
低潮面☆low {-}tide level; low-water plane; LWP; low water level
低潮期喷发☆minor eruption
低潮桥☆bridge islet
低潮时憩流☆low tide slack water
低潮停潮☆low-water stand
低潮位☆LWL; low water level
低潮线☆low water line{mark}; subtidal{low-water} line
低车厢式刮土{铲运}机☆lowbowl scraper
低沉☆downbeat
低沉声响[问顶时]☆heavy
低成本☆low-cost
低成熟源岩☆lower mature source rock
低翅片管☆low finned tube
低出水量井☆low-capacity well
低出叶[植]☆cataphyll
(管线)低处部分☆low section
低吹雪☆drifting snow

低纯度☆low-purity
低磁异常(区)☆magnetic low
低次叠加☆low fold stack
低次多项式子集☆subset of lower-degree polynomials
低次分类单位☆infraspecific category
低氮氧化物燃烧技术☆low-nitrogen oxides combustion technology
低当量核爆炸☆low-yield nuclear explosion
低挡☆low gear
低岛☆key；low island；cay；kay
低导电率☆low conductivity
低的☆low-lying；poor；low
低的液体载荷或液体燃料水平[航海]☆deep ullage
低的轴向稳定性☆low axial direction stability
低等粗钻石☆flat
低等三角测量☆detail triangulation
低等收入生活循环☆low-income life-cycle
低低潮☆lower low water
低地☆lowland；flat country{ground}；topographic low；howe；bro；bottom；low (ground)；bottomland；depression；callow；flow；senke；bottom(-)glade；lallan(d)
低地的冰川作用☆lowland glaciation
低地矿床☆low-lying deposit
低地球轨道☆low Earth orbit；LEO
低地区☆low-land{low-lying} area
低地下水位☆phreatic low
低地沼泽☆valley bog；(lowland) moor
低地钻☆earth borer；gouge bit
低点☆low point{focus}
低电流☆undercurrent
低电平信号输入塞孔☆low-level input jack
低电压☆LT；low tension
低电压断路器☆under-voltage circuit breaker
低电压室☆low tension chamber
低电阻率产层☆low resistivity pay zone
低冻点油酸☆low-titre oleic acid
低毒油包水乳化泥浆☆low toxicity water in oil emulsion drilling fluid
低度表示☆low-dimensional representation
低度传真的☆lo-fi；low-fidelity
低度固结(作用)☆underconsolidation
低 API 度`数{比重}油☆low gravity oil
低 API 度数原油☆low gravity crude
低端支撑辊☆lower support roller
低段☆low section
低额定价法☆penetration pricing
低发热量☆net calorific value
低钒铀矿☆vanuranilite；vanuranylite
低反差☆low contrast
低泛滥平原☆bet
低放射性测量仪器☆low-level instrumentation
低放射性工作室☆low-level cave
低飞探测☆low-level survey
低废技术☆low-waste technology
低沸点部分☆low-temperature cut
低沸点流体☆low-boiling{low-boiling-paint} fluid
低分辨率☆low {-}resolution
低分解有机土☆fibrist
低分子聚合物☆low polymer
低分子量化合物☆low-molecular-weight compounds
(交通)低峰时间☆slack hours
低峰态☆platykurtosis
低峰态分布☆platykurtic distribution
低风速测量☆low-velocity air-flow measurement
低风险法☆low risk method
低幅度不连续相☆low-amplitude discontinuous facies；L-D
低腐殖潜水灰壤☆low humic-gley soil
低腐殖酸☆subhumic acid
低负压扇风机☆low-duty fan
低钙辉石☆low calcium pyroxene
低高潮☆lower high water；LHW
低高度轨道☆low-altitude orbit
低高温钠长石转变☆low-high albite transition
低工率石墨实验性原子反应堆☆graphite low energy experimental pile；GLEEP
低工艺方法☆low-technology method
低功率☆underpower
低功率的[机器等]☆low-duty
低功率可调等幅波磁控管☆flute
低功率石墨实验性反应堆☆graphite low energy experimental pile；Gleep
低共熔冰盐结晶☆cryohydrate
低共熔的☆eutectic
低共熔混合物☆eutectic (mixture)
低共熔体☆eutectic
低共熔温度线☆eutectic temperature line
低共熔线☆cotectic；eutectic curve
低估☆underestimation；underrate；underestimate；discount；undervaluation；undervalue
低固体泥浆☆low-solid slurry
低固相不分散泥浆☆low solids non-dispersed mud
低固相无黏土泥浆☆low solids clay-free mud
低关井压力☆low shut pressure
低冠齿☆brachydont
低冠蹶鼠属[N_2]☆Brachyscirtetes
低冠竹鼠属[N_2]☆Brachyrhizomys
低硅产品☆low-silicate product
低硅生铁☆dry iron
低硅质的☆subsilicic
低硅质岩☆subsiliceous rock
低轨☆low rail
低轨道卫星☆near-Earth satellite
低柜☆lowboy
低海岸☆low coast
低海平面期的☆epeirocratic
低海滩☆lower beach；foreshore
低含蜡原油☆less-waxy crude
低含气地热系统☆low-gas geothermal system
低含水井☆low water cut well
低含水岩样☆quasi-dry sample
低含盐(的)☆hyposaline
低焓地热能☆low-grade geothermal energy
低焓水☆low-thermal water
低耗☆low (operation) cost；low-loss
低合金的☆low-alloy
低合金钢☆low {-}alloy steel；LAS
低缓[地势低而坡度小]☆low-lying and flat
低挥发的☆low-volatile
低挥发分脆烟煤☆soft structure coal
低挥发分烟煤☆low-volatile bituminous coal；smokeless (coal)
低挥发分蒸气煤☆low volatile steam coal
低挥发性燃料☆low-volatility fuel
低灰分煤☆low-ash coal
低辉铜矿☆djurleite
低回火☆low draw
低火山碎屑锥☆ubehebe
低火灾隐患☆low-hazard contents
低基质☆low background
低级☆low-rank
低级变质区☆low-grade area
低级别材料☆low grade material
低级储量☆low-grade reserves
低级的☆low end{grade;level}；lower；off-grade
低级的不结块煤☆dry burning coal
低级的数据尺度☆low-grade information scales
(一种)低级工业金刚石☆Congo bort
低级管理人员{阶层}☆first-line management
低级晶族☆lower category
低级煤☆low grade coal；low-rank{-grade} coal；grizzle
低级汽油☆low-test {-}gasoline
低级软煤☆dant
低级石墨☆mineral black
低级序反射☆low-order reflection
低级重(柴)油☆low-ranking heavy oil
低加工性☆low-machinability
低岬☆foreland
低钾拉斑岩☆low-potassium tholeiite；LKT
低钾霞石☆subpotassic nepheline
低价的☆low-cost
低价铁☆ferrous iron
低价氧化物☆suboxide
低价炸药☆low cost explosive
低架拖车☆low-bed trailer
低尖岬☆tang
低碱度水泥☆low pH value cement
低碱交换黏土☆low base-exchange clay
低碱水泥☆low-alkali cement
低剪切力浮选机{槽}☆low-shear flotation cell
低胶轮运输车☆low-height rubber-tired haulage unit
低矫顽(磁)性☆low-coercivity
低角度交错层理☆low-angle cross-bedding
低角倾伏☆low plunge
低角上冲断层☆low-angle overthrust fault
低阶地☆qurer
低阶反射☆low-order reflection
低(温)结构态☆low-structure state
低界面张力驱替☆low interfacial tension displacement
低介电损耗玻璃纤维☆low dielectric loss glass fiber
低浸沼泽[泛滥平原上排水不良之地]☆back marsh
低精度☆short precision
低井斜角范围[0～45°]☆low deviation range；LDR
低聚糖☆oligosaccharide
低聚体{物}☆oligomer
低卡气体☆low heating value gas
低克拉通[德]☆tiefkraton；niederigcraton；infracraton
低空爆炸信管☆proximity fuse
低空的☆subaerial
低空飞行☆flyby mission；contour-chasing
低空航空相片☆low-altitude aircraft photograph
低空盲区☆lower space of silence
低空相片☆low-altitude photograph
低孔隙岩石☆low-porosity rock
低矿车车架☆hutch mounting
低矿化☆low mineralization
低矿化度水☆low salinity water；dilute water
低矿渣水泥☆low-slag cement
低阔峰☆platy kurtosis；platykurtosis
低拉丝温度玻璃成分☆low fiberizing temperature glass composition
低利用系数炮眼组☆short round
低利资金☆low interest funds
低粒级产物☆infrasized product
低亮度图像☆low-luminosity image
低料位探测器☆low level detector
低劣的☆scrub
低磷铁矿(石)☆bessemer ore
低灵敏度☆sluggishness；insensitivity；muting sensitivity
低硫的☆doctor negative
低硫化碳☆carbon subsulfide
低硫化物☆protosulphide；protosulfide
低硫化作用☆low sulfidation
低硫 *C* 级重油☆low sulphur C heavy oil
低硫气☆sweetening
低硫酸盐☆protosulphate；protosulfate
低硫原油☆sweet crude (oil)；low-sulphur crude oil
低流动压力☆low flowing pressure
低流量断流特性☆low-flow cutoff characteristic
低流量期☆period of low discharge
低流速驱替注水泥法☆sloflo
低流态☆lower flow regime
低卤化物☆subhalibe
低铝安山岩☆icelandite
低氯化物☆protochloride
低滤失量泥浆☆low fluid loss mud
低滤失添加剂☆low-fluid-loss additive
低脉石球团☆pellet with low slag content
低煤化程度[低煤级]☆lower rank
低煤阶☆low coal rank
低镁方解石☆low-magnesian calcite
低锰铁☆spiegel
低密度☆low {-}density；low specific gravity
低密度层☆low-density layer
低密度高温水泥☆light density thermal cement
低密度固(体颗粒)☆low-density solids
低密度流☆hypopycnal flow
低密度泡沫清管器☆low density foam pig
低模量比岩石☆rock of low modulus ratio
低能地震源系统☆low-energy seismic-source system
低能量井☆low energy-well
低能位地热田☆low-energy geothermal field
低泥炭沼☆low low moor
低黏度柴油机燃料☆dribbling diesel fuel
低黏度层☆low-viscosity layer
低黏度浇注法☆low viscosity casting process
低黏度聚阴离子纤维素☆PAC LV
低黏度油☆light (viscosity) oil
低黏土☆seat clay
低黏性的☆softflow
低黏性流体☆low viscosity
低黏液☆low viscosity fluid；thin fluid
低镍磁黄铁矿精矿☆low-nickel pyrrhotite concentrate
低凝点高级润滑油☆squalane
低凝点石油☆cold-test oil

低凝固点的☆low-freezing；low freezing
低凝聚力材料☆low-cohesion material
低浓度可燃气报警☆low concentration gas alarm
低浓缩燃料☆slight enriched fuel
低排量充填☆low-rate placement
低排料水平磨☆low-discharge mill
低牌号硝甘炸药☆low-grade dynamite
低配合比☆lean mixture
低膨胀镍金铸铁☆minovar
低膨胀微晶玻璃☆low expansion glass-ceramics
低偏斜度☆low values of skewness
低频[30～300 千赫]☆low frequency；lf
低频地震谱☆seismic spectra at low frequencies
低频电感加热炉☆low frequency induction furnace
低频电流☆low frequency current；audio-frequency current；lfc
低频光电信号发生器☆photoaudio generator
低频监察信号☆ringdown signalling
低频率冲击式凿岩机☆low frequency-rock drill
低频声音☆bottom
低频输出☆audio-output
低频搜索与测距☆low-frequency acquisition and ranging；lofar
低频提升☆bass boost
低频响应☆LF-response
低频抑制☆LF reject
低频制动☆magnetic{low-frequency} braking
低频子波☆lower frequency wavelet
低品级的钻用金刚石☆junk
低品级金刚石☆poor diamond
低品位☆low(er)-grade；lean；low assay
低品位的☆low {-}grade；off-grade；lean
低品位堆置矿石☆low grade dump ore
低品位矿☆low-grade{poor} ore；low-metal content ore
低品位锰矿浸滤提锰法☆dithionate process
低平潮☆ebb slack
低平谷地☆valley flat
低平海岸☆flat coast；table shore
低平花岗岩穹形山麓面☆ruware
低平火口☆maar crater
低平火口内(的)☆intramaar
低平火山口沿☆crater ring
低平林地☆flatwoods
低平原☆low plain
低评序异常☆low priority of anomaly
低坡度☆shallow slope
低期☆lowstand
低起伏地面☆low-relief surface
低气压☆infrabar；barometric minimum{depression; low}；depression；low{subatmospheric} pressure
低气压或气旋或锋面雨☆depression or cyclonic or frontal rain
低气压区☆low area
低铅玻璃☆low lead crystal glass
低铅汽油☆low-lead gas
低前滨滩☆lower foreshore beach
低浅峡湾☆fiard；fjard
低强度干法磁选机☆low-intensity dry magnetic separator
低氢镜质体{组}☆subhydrous vitrinite
低氢煤☆subhydrous coal
低氢型焊条☆low hydrogen type electrode
低倾点(的)☆low-pour-point
低倾角的☆low-dipping
低倾角井☆low angle hole
低倾摄影术☆low-oblique photography
低倾斜[<45°]☆low dip
低倾斜不定形褶皱☆amoeboid
低倾斜组☆group of low dipping
低清晰度☆low definition
低穹丘☆parma
低丘陵☆haugh；haughland
低燃点产品☆low flash product
低燃料比操作☆low fuel-rate operation
低燃烧器☆lower{low} burner
低热流带☆low heat flow zone
低热流低波速带☆low Q and low V zone
低热微膨胀矿渣水泥☆low-heat slag expansive cement
低热值☆low heat value；net calorific value；low(er) heating value；LHV
低(发)热值燃气☆low-BTU fuel gas
低热质煤气☆low heating value gas
低熔玻璃☆low melting glass
低熔点☆low melting point；LMP
低熔点部分☆low-melting fraction
低熔密封胶结料☆low-melt point air-tight binder
低熔搪瓷☆low melting enamel
低熔组分☆minimite
低容重☆low-bulk density
低色散光学玻璃☆low dispersion optical glass
低沙脊[位于潮间带]☆fulli；windrow
低沙质平原[法;沿海]☆landes
低山(区)☆low mountain
低山脊☆rand
低熵相☆low-entropy phase
低砷铁矿☆leucopyrite
低伸☆flatness
低身竖炉☆low-shaft furnace
低渗透层☆less permeable layer；low permeability layer
低渗透夹{小}层☆low permeable sublayer
低渗透介质☆least permeable medium
低渗透率{性}☆low {-}permeability
低渗岩层☆tight formation
低声地☆low
低失水量水泥浆☆low water loss cement
低失水水泥☆low fluid-loss cement
低湿草地☆swale；meadow
低湿的☆swamp
低湿地☆swampy ground；low swampy land
低湿度堵(出铁)口泥☆low-moisture taphole mix
低湿肥沃大平原☆vega
低湿热泉☆hypothermal spring
低湿淤泥☆vega
低石灰法☆low-lime process
低石灰水泥☆low-limed cement
低石英☆low quartz
低收入环☆low income ring
低收缩添加剂☆low shrink additive
低艏楼☆sunk poop
低数据率输入☆low data-rate input；LDRI
低衰减带☆low attenuation zone
低衰减下沉板块☆low-attenuation sinking plate
低水分精矿☆low-moisture concentrate
低水灰比水泥浆☆low water ratio cement
低(放射性)水平☆low level
低水平排矿磨机☆low-level mill
低水平排料磨矿机☆low discharge mill
低水侵井☆low watercut well
低水位☆low water (level;line)；LWL
低水位期☆lowstand
低水位燃料切断器[机]☆low-water fuel cutoff
低锶文石☆low-strontium aragonite
低松弛☆underrelaxation
低松密度☆low bulk density
低速☆low speed{gear}；SS；ls
低速泵送☆slow-speed pumping
低速层☆low velocity layer；low-velocity{low- speed; weathered;weathering} layer；weathering；LVL
低速齿轮☆low (speed) gear；L.G.
低速传动扭矩☆low gear torque
低速大扭矩油马达☆low-speed and high-torque motor
低速带☆low {-}velocity zone{layer;channel; region}；weathering layer{zone}；LVL；Wz；LVZ
低速带厚度☆weathering thickness{depth}
低速带 ABC 校正法☆ABC method
低速带图☆weathering chart
低速挡☆bottom；gear
低(临界)速度运转[球磨机]☆cataract
低速高扭矩涡轮钻具☆low-speed-high-torque turbodrill
低速辊碾{磨}机☆slow-speed mill
低速滑坡☆low speed landslide
低速马达☆zero motor
低速燃油切断装置☆slow cut solenoid
低速信道{|异常}☆low-velocity channel{|anomaly}
低速运行☆slow running；SR
低速运转☆idling
低速转动发动机☆inching
低塑性混凝土☆semi-plastic concrete
低坍落度混凝土☆low-slump concrete
低碳环保☆environmental protection；low-carbon environment{green}
低铁☆ferrous iron
低铁次辉石[Ca(Mg,Fe)(Si_2O_6)]☆ferrosalite
低铁-高铁平衡☆ferrous-ferric equilibrium
低铁假板钛矿☆armalcolite
低铁镁铁橄{辉}石☆ferrohedenbergite
低铁镁质☆subfemic
低铁钼华☆ferromolybdite
低铁闪石☆ferroamphibole
低铁钽矿[Fe:Mn>3:1;(Fe,Mn)Ta_2O_6;(Fe,Mn)(Ta,Nb)$_2O_6$]☆ferrotantalite
低铁碳镁石☆ferropyroaurite
低铁棕锑矿☆ferrostibianite
低通信号☆low-pass signal
低铜石英玻璃☆low copper silica glass
低头振动筛☆low-head (vibrating) screen
低透长石☆low sanidine
低突起☆low relief
低洼采石厂☆trough quarry
低洼地☆sinkage；flat bog；lowland；low-lying land；depressed area；bottom
低洼地区☆low country；low-lying area{ground}；lowland area；low land area
低洼平原☆planitia
低洼区☆depressed area
低外差(法)☆infradyne
低弯度河流☆low-sinuosity stream
低威力炸药☆low(-strength) explosive
低维表示☆low-dimensional representation
低纬度☆low latitude
低纬度热带的天气系统☆low-latitude tropical weather system
低位冰河假说☆low altitude glacier hypothesis
低位穿孔☆underpunch
低位的☆low-order
低位泥炭☆fen peat；low-moor{located} peat[地灰]
低位泥炭沼泽☆black bog
低位射水冷凝器☆low-level jet condenser
低位沼☆spouty land
低位沼地☆reed swamp
低位沼泽☆(topogenic) low moor；fen；flat{low-level; valley} bog
低位直接接触式凝汽器☆low-level direct-contact condenser
低位组选通脉冲☆low byte strobe；LBS
低温☆microtherm；low temperature{pass}；cold spells；hypothermia；hypothermy；subambient temperature；cry(o)-；LT；kryo-
低温(抽气)泵☆cryopump
低温变形☆deformation of low temperature
低温表☆cryometer
低温测定(术)☆cryometry
低温测湿术☆low-temperature hygrometry
低温成型(加工)法☆cryoforming
低温处理☆softening；cryogenic process；subzero treatment[零度下]
低温吹炼☆blow-cold
低温脆性☆low-temperature brittleness
低温的☆cryogenic；cryic；hypothermal[热水]；microthermal
低温电缆☆cryocable
低温电子学☆cryoelectronics
低温分离☆low {-}temperature separation
低温钙华泉☆low-temperature travertine-depositing spring
低温干馏煤焦油☆tar from low temperature carbonization
低温干馏用煤☆resinous coal
低温固化涂料☆cold curing paint
低温管☆cryotron
低温含水溶液地球化学☆low-temperature aqueous geochemistry
低温焊☆solder
低温焊接☆soldering
低温合金[17.4Zn,82.6Cu]☆cazin
低温化学☆cryochemistry；low-temperature chemistry
低温化学法☆cryochemical method
低温回火消除应力☆low temperature stress relieving
低温计☆cryometer；frigorimeter；kryometer
低温甲醇洗涤装置☆rectisol wash unit
低温钾长石☆adular；adularia
低温焦炭☆char
低温结晶点液体的混合☆winter blend
低温截液罐☆cold catch pot
低温可控温度室☆cryostat
低温空气分离厂☆cryogenic air separation plant

(使)低温冷却☆subcool
低温炼焦☆semi-coking；devolatilization of coal
低温浓缩☆cryoconcentration
低温平原☆vega
低温期☆hypothermal；Katathermal
低温启动☆cold start(ing)
低温气候☆microthermal climate
低温强化退火☆inverse annealing
低温燃料级☆cryogenic (fuel) stage
低温热泉☆weak-hot spring
低温热液带☆epithermal zone
低温色谱(法)☆low temperature chromatography
低温闪蒸☆low-flash
低温生物学☆cryobiology
低温石英☆low{low-temperature} quartz；low-quartz；alpha(-)quartz
低温水汽☆warm vapor
低温碳化煤砖☆low-temperature briquetta
低温退火☆low-temperature{process;light} annealing
低温温泉☆lukewarm{tepid} spring
低温吸附☆cryosorption
低温吸热峰系☆low-temperature endothermic peak system
低温消除应力法☆low-temperature stress relieving
低温斜铁(紫)苏辉石☆low-clinoferrohypersthene
低温学☆cryogenics
低温学的☆cryogenic
低温雪崩开关[电]☆cryosar
低温氧化☆low {-}temperature oxidation；LTO
低温应力开裂☆stress cracking at low temperature
低温轧制☆zerolling
低温蒸气☆low-enthalpy steam；visible vapor
低温植物☆meiotherm；microtherm
低温准备☆arcticization
低污带☆oligosaprobic zone
低污染燃料☆low-pollution fuel
低污染液☆minimally damaging fluid
低污水域☆oligohalobic waters
低雾☆ground{radiation} fog
低析水性水泥☆low-water-loss cement
低吸水黏土☆low-water-adsorbing clay
低峡湾☆fiard
低狭通道[洞穴中]☆squeeze(way)
低下的人[地位、能力等]☆inferior
低限电流自动断路器☆under-current cutout
低限光对地☆liminal contrast
低限燃料限制器☆minimum-fuel limiter
低限信号☆threshold signal
低箱式铲运机☆lowbowl scraper
低向流动☆low-seeking
低硝甘炸药☆false dynamite
低硝酸盐无矿物溶液[浸铀]☆low nitrate barren
低小岛☆skerry
低效爆破☆hanging-up of round
低效崩落{掘进}☆breaking-short
低效井☆inefficient well
低效率☆poor{low-level} efficiency；inefficiency
低效炸药☆low explosive
低斜航照☆low oblique aerial photograph
低谐波☆subharmonic
低薪的☆poorly paid
低信道地震图☆low-channel seismogram
低型可调高采煤机☆low-type ranging shearer
低性的[炸药中活性化学含量<40%者]☆low-grade
低需氧的☆microaerophillic
低血糖☆hypoglycemia
低血压☆hypotension
低压☆low voltage{pressure;tension}；underpressure；depression；LV；LT；LP
低压安全保险器☆low-pressure safety cut out
低压保护开关☆under-voltage protective contactor
低压泵☆tow-lift{low-head;low-lift} pump
低压采暖锅炉☆low pressure heating boiler；LPHB
低压槽[气]☆trough；the passage of a depression
低压的封闭采区☆suction chamber
低压电子束摄像管☆orthicon
低压断路器☆low-voltage circuit breaker
低压-高压热水换热器☆LP/HP hot water heat exchanger
低压弧(离子)源☆low-voltage arc source
低压挤水泥法☆low-pressure method for squeeze
低压计☆vacuometer；low pressure gage
低压加热锅炉☆low pressure heating boiler；LPHB
低压开关☆low-voltage circuitbreaker
低压开关装置{设备}☆low-voltage switchgear
低压空气喷燃器系统☆low pressure air burner system
低压控制器弹簧☆Lo spring
低压冷却油☆low pressure cooling oil
低压轮胎☆balloon{low-pressure} tyre
低压气充填机☆low-pressure air stower
低压区☆meiobar；low-pressure area；depression；low
低压缩热汽化内燃机☆low compression hot vaporizer engine
低压梯度☆sub pressure gradient
低压跳闸压力传感器☆LO-TRIP pressure sensor
低压透平☆low-pressure turbine；L.P.T.
低压压缩级☆low pressure stage
低压钻井☆under-balanced drilling
低压钻探☆underbalanced drilling
低亚硫酸钠[$Na_2S_2O_4$•$2H_2O$]☆hydros
低盐的☆hypohaline
低盐度☆hyposaline
低盐性☆low salinity
低岩芯采取率☆poor core recovery
低堰分级机☆low-weir type classifier
低堰式分级机☆low weir classifier
低扬程泵☆low lift (pump)；low-head{low-lift} pump
低氧化钙水泥☆low-limed cement
低氧化条件☆less oxidizing condition
低氧化物☆protoxide；suboxide
低氧燃烧☆low oxygen combustion
低氧树脂☆middletonite
低氧症☆hypoxia
低液面井☆low fluid{level} well
低液面排矿磨碎机☆low-level mill
低夷(作用)☆down-wasting
低易燃性☆low inflammability
低溢流水平磨机☆low-level mill
低溢流堰分级机☆low-weir type classifier
低异常压力☆subnormal pressure；subpressure；low abnormal pressure
低音☆base
低音噪声☆thump
低音增强电路☆bass boost
低英二长岩☆ukrainite
低硬度退火☆quarter-hard annealing
低应变量放大☆low-strain amplification
低应力断裂☆low stress fracture
低优度异常☆low priority of anomaly
低于岸线的[如陆棚]☆subcoastal
低于饱和层顶面的压力面[地下水]☆subnormal pressure surface
低于标准的性能☆subpar performance
低于标准规格的☆substandard
低于1/10冰覆盖层的水☆open water
低于大气压的☆subatmospheric
低于额定值的电压☆subnormal voltage
低于法定标准的☆substandard
低于估计的产量☆underrun
低于固相线的复原☆subsolidus reconstitution
低于临界温度的温度☆subcritical temperature
低于零☆below zero
低于声频的☆infrasound
低于水平面的☆subhorizontal
低于压开地层的压力☆sub-fracturing pressure
低于预期水平☆subpar
低于正常的压力☆subnormal pressure；subpressure
低于致死量的☆sublethal
低缘☆root edge
低云☆low cloud
低载荷[油船]☆deep ullage
低噪声前置放大器☆low-noise preamplifier
低噪声微波放大器☆reactatron
低噪音凿岩☆quiet drilling
低造浆黏土☆low yield clay
低张力注水☆low-tension waterflooding
低沼☆valley{low} moor；black bog；low land moor；low level bog
低沼地☆callow
低沼木本泥炭☆low-moor wood peat
低沼泥炭☆lowmoor{low-moor;fen} peat
低沼气矿井☆low gaseous mine；lower gassy mine
低沼泽地☆flat bog
低沼泽泥炭☆low-moor peat
低折射率高色散光学玻璃☆low refractive index and high dispersion glass
低真空☆forevacuum
低真空泵☆roughing pump
低真空度☆low vacuum
低振幅显示☆low-amplitude display
低震☆amortize
低蒸气压组分☆low-vapor-pressure constituent
低值☆poor value
低值产品☆lean production
低pH值泥浆☆low pH mud
低指标试样☆low assay
低指数☆low index
低质材料☆low grade material
低质的☆subnormal；hungry
低质极限☆inferior limit
低质矿物☆base mineral
低质量油料☆poor oil
低质煤☆ravens；low-grade{wild} coal
低质锡铁砷合金[冶锡残余物]☆hard head
低质油☆poor oil
低重力区☆low gravity area
低重入流☆hypopycnal inflow
低注入压力☆low injection pressure
低桩承台☆low pile cap
低滋育的☆oligotrophic
低滋育沼泽☆oligotrophic bog
低自旋态☆low-spin state
低(电)阻层☆low resistivity zone；conductive bed{zone; formation}
低阻环剖面☆low resistivity annulus profile
低阻抗采样示波器☆low impedance sampling oscilloscope
低阻通道☆low-resistance path
低(电)阻引线☆low-resistance lead
低钻粉含量的钻泥☆low drilling-solids-content drilling mud
低钻井范围☆lower drilling limit
滴☆gutta [pl.-e]；drop；globule；drip；tear
滴虫的☆infusorial
滴虫类原生动物☆infusoria
滴出☆drop out；zigger
滴答声☆tick
滴点☆drop{drop-out;dropping} point；drop-point
滴定☆titration；break；titrate
滴定测水法☆aquametry
滴定度☆titer；titre；cue
滴定法☆titration (method)；titrimetric method；titrimetey
滴定分析☆analysis by titration；volumetric analysis；titrimetry
滴定管☆buret；burette；titrator
滴定计☆titrimeter
滴定剂☆titrant
滴定液☆titrated{volumetric} solution；titrant
滴定(用)液☆volumetric solution；vs
滴定仪☆titrator
滴定仪器☆volumetric apparatus
滴定用标准液☆titrant
滴水阀☆drip trap
滴法张力计☆guttameter
(衣服等)滴干☆drain
滴给加药器☆drip feeder
滴汞电极☆dropping {-}mercury electrode；DME
滴汞阴极☆dropping mercury cathode；DMC
滴管☆(eye) dropper；pipette
滴痕☆drip impression
滴剂☆drops
滴晶☆droxtal
滴径表面张力计表面张力滴计☆stalogometer
滴口☆drip
滴矿溜槽☆dribble chute
滴量计☆stalagmometer；stactometer
滴料供料机☆gob feeder
滴料热压成形法☆extrusion and press process
滴裂起电☆spray electrification
滴漏☆hour glass
滴滤器☆trickling filter
滴落☆dropping；dribbling
滴落(的水)☆drippage
滴落物☆dropping
滴瓶☆dropper (bottle)
滴碛☆dump moraine
滴丘☆driblet cone
滴泉☆mound spring

滴石☆drop stone；dripstone；dropstone
滴石成孔☆wear a hole by drippings
滴水☆eyebrow；weep(ing)；dribble；dripping water；drip；water drip
滴水不漏☆hold water
滴水槽☆throating；throat
滴水洞☆driphole；drip hole
滴水阀☆drip trap
滴水石[$CaCO_3$]☆drip stone；stagmalite；dripstone；anthodite
滴水瓦☆drip {-}tile；drip-tile placed at either end of an eaves
滴水帷幕☆drapery；drip curtain
滴水叶尖☆drip-points
滴水嘴☆gargoyle
(油)滴体积☆drop volume
滴误差☆drop error
滴下☆drop；drip；dribble；trickling；trickle；weep
(使)滴下☆distill；distil；drop
滴下的水声{液体}☆drippings
滴下物☆dropping
滴相☆drop phase
滴形气球☆teardrop balloon
滴液漏斗☆tap funnel
滴油开关☆drip cock
滴油器☆drop oiler；oil drip{feeder}
滴重法☆drop weight method
滴重计☆stalagmometer；stagonometer；stactometer
滴珠镶嵌☆teadrop set
滴注(物)☆instillation；instilment
滴状斑点☆guttula
滴状浸染☆insular saturation
滴状流机理☆blob-flow mechanism
滴状三角洲☆levee delta
滴状物☆drop
滴状岩体☆ductolith
滴状油罐☆hemispheroid

dí

迪宝斯基氏苔藓虫属[D-P]☆Dybowskiella
迪茨法☆Dietz method
迪德外燃式热风炉☆Didier-Dunkerque hot stove
迪尔帕克(阶)[北美;D_1]☆Deerparkian
迪尔石[$(Fe^{2+},Mn)_6(Fe^{3+},Al)_3Si_6O_{20}(OH)_5$;单斜、假斜方]☆deerite
迪化兽☆Urumchia
迪霍太凿井冻结法☆Dehottay process
迪基肯地球物理勘探公司[美]☆Digicon Geophysical Corporation；Digicon
迪`间蒙{开间蒙脱}石☆tosudite
迪开石[$Al_2Si_2O_5(OH)_4$;单斜]☆dickite
迪克斯公式☆Dix formula
迪肯森断层面理论☆Dickinson's fault-plane theory
迪兰诺型分级机☆Delano classifier
迪磷镁铵石[$(NH)_4Mg(PO_4)•H_2O$;斜方]☆dittmarite
迪那里克阿尔单斯山脉☆Dinaric Alps
迪纳尔阶☆Dienerian (stage)
迪纳尔矿☆dienerite
迪纳拉(造山)带☆Dinarides
迪纳`拉{里克}统[欧;T_2]☆Dinaric series
迪纳型动态涡流分选器场☆Dyna whirlpool separator
迪纳重介质旋流选矿方法☆dyna whirlpod process
迪南阶☆Dinantian stage
迪皮伊(固体燃料反应罐炼铁)法☆Dupuy process
迪平石☆dipingite
迪桑蒂斯(双晶)律☆Disentis law
迪闪石☆deerite
迪斯柯低温渗碳法☆Disco process
迪通阶[英;D]☆Dittonian stage
迪维斯阶☆Oxfordian{Divesian} stage
迪亚布洛峡谷陨石☆Canyon Diablo meteorite
迪亚布洛峡谷陨硫铁[硫同位素国际通用标准;美]☆Canyon Diablo Troilite；CDT
迪伊漏斗形活塞跳汰机☆Dee Jig
廸化兽☆Urumchia
敌稗[除草剂]☆propanil
敌冰☆hostile ice
敌对关系☆antagonism
敌对信号☆conflicting signal
敌手☆competitor
笛☆whistler
笛笔石属[O_1]☆Aulograptus
笛管珊瑚(属)[O-P]☆Syringopora
笛卡尔{儿}参考坐标轴☆cartesian reference axes
笛卡尔坐标☆Cartesian coordinates
笛孔苔藓虫属[C-P]☆Fistulotrypa
笛囊海绵属[C_{2-3}]☆Cystauletes
笛珊瑚☆Syringopora
笛式取样器☆whistle pipe sampler
笛苔藓虫(属)[O-P]☆Fistulipora
笛形物☆flute
笛枝苔藓虫属[S-P]☆Fistuliramus
狄尔斯-阿耳德反应☆Diels-Alder reaction
狄更逊水母☆Dickinsonia
狄克石☆dickite
狄克氏苔藓虫属[O]☆Dekayia
狄克逊型(高架)输送机☆Dixon conveyor
狄拉克函数☆Dirac{delta} function
狄莱姆法☆Direm
狄雷克矩阵☆Dirac matices
狄利克雷核☆Dirichlet's kernel
狄利克雷原理☆Dirichlet principle
狄莫阶[北美;C_2]☆Desmoinesian (stage)；Des Moinian
狄那孟炸药[一种硝铵炸药]☆dynamon
狄那米特(炸药)☆dynamite rendrock
狄纳菊石属[头;T_1]☆Dinarites
狄南(阶)[欧;C_1]☆Dinantian (stage)
狄南期☆Dinontian age
狄瑞尔矿☆tyrrellite；selenide spinal
狄塞尔{耳}☆diesel
狄塞耳煤气内燃机☆gas-diesel engine
狄赛尔内燃机☆diesel
狄氏剂[虫剂]☆dieldrin
狄氏水母☆Dickinsonia
狄硒铜镍矿☆tyrrellite
涤纶(织物)☆dacron
涤纶[聚对苯二甲酉己乙二醇酯]☆terylen(e)
涤纶重拉毛滤尘袋☆heavy-napped terylene bay
涤气☆scrub；scrubbing
涤气器☆scrubber；(gas) washer

dǐ

抵岸价格☆landed price
抵岸品质条款☆landed quality terms
抵触☆clash；interference；butt；conflict；collision；contradict；collide
抵触面☆butting face
抵触运动☆conflicting movement
抵挡☆withstand
抵盖☆retaining cap
抵抗☆dispute；resist(ing)；withstand；stand up to；resistance；counteract(ion)
抵抗得住☆resistibility
抵抗(性)的☆resistive
抵抗力☆resistibility；resistivity
抵抗线☆burden
抵抗性☆resistibility；repellency；resistivity；repellence
抵抗者☆resistant
抵力☆thrust
抵圈阀座☆retainer valve seat
抵消☆offset；neutralize；counterbalance；counter；counterweight；counteract(ion)；compensation；stand off；bucking；countervail；balance (out)
抵消井内的压力[造成对地层的回压]☆offset the pressure in a well
抵消均衡☆compensation isostasy
抵押☆hypothecation；borrow；mortgage
抵押(物)☆pawn
抵押贷款☆loan on security
抵押品☆collateral
抵押契约☆mortgage；mtg.
抵押权☆hypothecation；mortgage；mtg.
抵用票据☆kite
(联合)抵制☆boycott
抵住销☆retainer{retaining} pin
抵{后顶针}座☆tailstock
砥砺[磨炼;磨刀石]☆touchstone；whetstone；temper (oneself by self-discipline)
砥墙☆baffle wall
砥石☆grindstone；whetstone；rubber；whet-slate；whetstone-slate；shoe stone；rubstone
砥柱☆firm rock；axial{clear;nuclear} column；mainstay
骶的☆sacral
骶骨☆(os) sacrum；rump bone
骶骨底☆basis oasis sacri
骶关节☆articulatio sacralis
骶肋☆costae sacralis
骶髂关节☆articulatio sacroiliaca
骶翼☆ala sacralis
骶椎☆vertebra sacralis
底☆floor；bottom；bot；bed；bay；base；back end；background；ground；radix；apex[钻石的;pl.apices]
(阴极射线管的)底☆blank
底搬运☆bottom transport
底板☆ledger (wall)；foundation slab{plate}；support {end;floor;base;bed;bottom;antapical;drag} plate；sole-plate；entablature；lying{heading} side；floor[矿脉下岩层]；mat；footwall；underplate；bottom (board)；sole；bedplate；bay；backplane；backup；backing；back plane；basal part；ground；foundation；backplate；lower wall；floor-plate；rock blanket；underlier；base slab；strake；shoe；retinue；tray；motherboard；backboard；chassis
(基础)底板☆soleplate
(砂箱)底板☆foundation frame
底板凹陷☆sag
底板薄煤皮☆cropper coal
底板爆破☆bottom lifting；sumping
底板沉降{陷}☆bottom subsidence
底板沉落☆creep
底板-地面解耦☆baseplate-ground decoupling
底板分层☆floor pack
底板(压力)拱☆floor-pressure arch
底板鼓裂☆boiling up in the floor
底板和两帮☆roof,floor and ribs
底板基础☆mat foundation
底板加固☆propping of floor
底板裂隙☆floor break{crack}
底板隆起☆kettleback[树干化石造成]；bottom squeeze{heaving}；floor-heave；floor hump{lift;roll;heave}；creep(ing)；horseback (occurrence)；lift；floor-lift；bumming；crowning；pucking；squeeze；roll；cut(-)out；Floor uplift；horse-back
底板隆起沉落☆creep
底板螺钉☆bottom plate screw
底板黏土☆thill
底板炮孔☆sumper
底板起伏☆floor undulation；saddle back
底板上的溜槽☆ground chute
底板上浅集水洞☆lade hole
底板蚀变☆footwall alteration
底板式安装阀☆subplate mounting valve
底板塌落☆bottom subsidence
底板掏槽☆lifter cut
底板突出处☆horseback
底板岩层☆pavement stratum；bottom bed；lower beds
底板岩带☆footwall zone
底板岩石☆floor rock；underedge stone
底板杂矸浮煤☆floor dirty
底板支持的(海洋)钻探平台☆mat-supported drilling platform
底板支护☆floor propping；sill timbering
底帮☆flat{foot;bottom;lower;ledger;lying;under} wall；footwall；basalpart；underwall；floor
底帮上未采的煤☆footwall remnant
底壁☆lying side；footwall；lower wall{plate}；basal part
底边☆base
底边板☆bilge ways
底表动物☆epizoan
底表生物☆epibiont
底冰☆bodeneis；anchor{ground;depth; bottom;basal;underwater} ice
底冰坝☆anchor ice dam；anchor-ice dam
底冰流☆basal ice-flow
底冰碛☆basal moraine
底冰丘☆ground-ice mound；grounded hummock
底冰融化假说☆bottom melt hypothesis
底部☆bottom (section)；(cabinet) base；butt；floor；sole；foot；pavilion[钻石]；bottom；BTM
底部爆破☆sumping shot
底部冰分水岭☆basal ice-shed
底部不协调{整一}☆base discordance
底部采空☆chipping-away
底部敞口式潜水钟☆open-bottom diving bell
(油罐)底部沉淀☆bottom settlings{sediment}；basic sediments
底部沉积物和水☆basic sediments and water

底部承载压力☆bottom-loading pressure
底部充气浮选机组☆under-aerated bank
底部冲刷☆undermining
底部冲刷道☆bottom sluice
底部出口☆outlet at bottom
底部地层☆understratum
底部放料仓闸门☆bottom-draught bin gate
底部分层崩落采矿法☆bottom-slicing system
底部负载重的炮眼☆heavy toe hole
底部横材☆bottom transverse
底部横向水平支撑☆bottom lateral bracing
底部滑速☆basal sliding
底部基岩☆underlying bedrock
底部焦油垫层☆basal tar mat
底部截槽☆bottom cutting; undermining; under cut; underhollow
底部进料炉☆underfeed furnace
底部进水井☆tapping well
底部井眼☆down hole
底部境界线☆open-pit floor edge
底部拉槽回采法☆bottom slicing method; bottom-slicing system
底部锚具{固}☆bottom anchorage
底部煤层☆underseam
底部密封轴承装置☆bottom gland-bearing arrangement
底部炮眼[油罐]☆bottom{snake} hole; snakehole; samper
底部平巷☆sill drift{level}
底部侵蚀☆tail{basal} erosion
底部弹簧垫块☆lower spring segment
底部掏槽☆holing; bear; break-in; under cutting; jag; bottom{floor;draw;toe;stope;sill} cut; downcut; stope silling; undercut; lowercut; underhole; undermine; sill mining; underhollow; shooting-up of bottom; undercutting; underbreaking
底部掏槽回采☆undercut stope
底部掏槽用手镐☆rivelaine
底部淘刷下放[指沉井]☆jet to place
底部尾锥☆nose cone
底部物质负荷☆bed material load
底部页岩☆undercliff
底部涌浪沉积☆base surge deposits
底部淤泥☆bed silt
(船)底部粘满海藻☆foul
底部支撑的固定{|可移}式平台☆bottom-supported fixed{|movable} platform
底部中心卸料机☆central bottom-discharge outlet
底部纵材{骨}☆bottom longitudinal
底部钻孔☆snakehole; snake hole
底部钻眼☆slab hole
底部钻具组合性能☆BHA{bottom hole assembly} behavior
底部钻具组合的相对刚度☆BHA's relative rigidity
底材表面粗糙类型☆anchor pattern
底槽☆downcut; undercut; kerf; kerve; curf; lower {toe;bottom;stope} cut; (extracting) groove
底侧☆bottom side
底层☆bottom bed{layer;formation} [pl.-ta]; floor lay; substratum; basement[地下室]; underlayer; sublayer; underlay; bedding (course); bottomsets; base{bed; footing;cushion} course; substrate; underlie; bottom; seat-earth; substrata [sgl.-tum]; brash; underlying bed; ground floor[英]; seatearth; undercoat; first floor[美]; lowest rung; layer[孢]; BSMT
底层的☆underlying; underneath
底层地板☆cellar floor
底层焊条☆uranami welding electrode
底层灰泥☆coarse stuff
底层结构☆infrastructure; substruction; substructure
底层(基础)结构☆infrastructure
底层金属[焊接]☆parent metal
底层料☆bedded medium
底层黏土☆sill set; underclay
底层漆☆priming coat
底层气体注射☆deep bed injection
底层圈机架衬板☆bottom tier concaves
底层入流☆hyperpycnal inflow
底层上生的☆epibiotic
底层生物☆stratobios
底层涂料☆primer
底层土坡排水☆subsoil drainage
底层种群[生]☆demersal population
底长石砂岩☆basal arkose
底超☆baselap
底潮☆inferior tide
底沉积(物)☆bottom sediment
底沉陷[火山]☆basal wreck
底衬☆end{bottom} liner
底承板[棘]☆flooring plate
底冲断层☆floor thrust
底充气式(浮选)机☆sub-aerator
底虫迹模☆hypichnial cast
底床☆underlying bed
底床形态☆bed form
底吹☆bottom blowing
底吹法☆sub-aeration
底吹式(浮选)机☆sub-aerator
底唇喷射式钻头☆face ejection bit
底带[鹦鹉螺;头]☆basal zone
底带韵律☆bottom band cycle; sohlbank cycle
底带装载式(胶带)输送机☆bottom loading belt
底刀☆bottom blade
底导坑☆bottom gangway
(天)底点☆nadir{plumb} point
底垫☆floor plate; floor-plate
底垫层[路工]☆subbase course
底动石磨☆underdriven buhrstone mill
底冻冰原☆cold-based icesheet
底洞密封盖☆bottom-hole packer
底端☆bottom end
底端固定的桩☆fixed-end piles
底端面[{001}或{0001}型的单面]☆basal pedion
底端岩流☆subterminal outflow
底段覆盖式胶带输送机☆covered-bottom belt conveyor
底堆积☆prodelta deposit
底鲕状岩☆inferior oolite
底阀☆bottom{foot} valve
底反射波信号☆bottom echo
底分层☆bottom{lower} slice
底粉砂☆bed silt
底封[为防尘]密封(汽车)底部☆undersealing
底风☆bottom{under} blowing
底风暴流沉积☆base surge deposits
底负荷☆bed{bottom} load; bedload
底负载断路器☆under-load circuit breaker
底负载函数☆bed-load function
底盖☆bottom cap{head;plate;cover}; lower head {cap}
底隔板[苔]☆basal diaphragm
底拱☆inverted arch; foot-arching
底鼓☆floor lift{heave;roll;hump}; boiling up in the floor; floor-lift; floor-heave; crowning; lift; swelling; boiling {-}up; pucking; bottom heaving
底骨针[绵]☆basalia
底臌☆boiling-up
底冠[海胆]☆basicoronal
底寒武纪{系}☆Eocambrian; infracambrian; Infracambrian period
底焊焊道☆backing pass
底巷风桥☆undercast
底荷☆bed load
底痕☆sole mark(ing)
(集装箱)底横梁☆crossmember
底环[射虫]☆basal ring
底灰岩☆underclay limestone
底回流☆undertow
底火干燥器☆hearth dryer{drier}
底火雷管[工]☆primer-detonator
底基☆sole; mud sill; substrate
底基层☆subbase (course)
底基底☆underbasment
底基断层☆decollement thrust(ing); sole fault
底基痕☆hieroglyph; solemark
底基逆掩层位☆decollement horizon
底积层☆bottomset (bed); bottom set; bottom-set bed
底积堆积☆prodelta deposit
底迹[遗石]☆hypichnia
底痂[几丁虫]☆basal callus
底甲片☆antapical plate
底价☆floor price
底架☆underframe; chassis; base{foundation} frame; undercarriage; bogie; underbody; stake
底架横撑☆frame cross tie
底碱石英玻璃☆low alkali silica glass
底焦☆bedded medium; bed coke
底脚☆bottom settlings{sediments}; footing; bs; basic sediments; base
底脚枢轴中心☆foot pivot center
底角[藻]☆antapical horn
底角砾岩☆basal breccia
底节[节]☆coxa [pl.-e]
底节理☆bottom joint
底界矿化☆Contact mineralization
底界面☆bottom boundary
(螺纹的)底径☆bottom diameter
底开式车☆hopper (bottom) car; larry car
底开式料斗☆hinged bottom hopper
底壳的☆subcrustal
底孔[几丁、藻类]☆basal orifice{pore}; toe hole
底宽☆base width
底框☆underframe
底矿柱☆sill pillar
底扩桩☆underreaming pile
底拉(式)开锁机构[自动摘钩]☆bottom-pull unlocking mechanism
底棱☆basal edge
底砾☆anchorage{anchor} stone; anchorage-stone; basal debris; deep gravel
底梁☆(ground;brace;plate) sill; floor-bar; floor timber{joist;bar}; underbeam; bottom beams; grating beam; mudsill; sill piece{timbering}; breast; groundsill; undertow; sleeper; mud sill
底料☆bed charge
底料层☆initial bed
底流[浓缩机、水力旋流器等]☆underflow; bottom current{undercurrent;U;flow} [浓缩机等]; base {bottom} flow; undertow; U'flow
底流口(旋流器)☆apex (opening)
底流锥刮板☆underflow cone scraper
底轮(提升机)☆boot pulley
底毛☆backing felt
底煤☆ground coal
底煤层[主煤层下面的煤层]☆cellar coal
底煤柱☆sill pillar
底门☆bottom door
底面☆base (station;surface); subface[地层]; floor; basal face{pinacoid;surface}; grade level; lower plane; bottom{lower} surface; subsurface; sole[岩体、岩层、岩脉]; basal{base} plane[底轴面或底端面]; culet[钻石]
底面冲洗☆face ejection
底面的起伏[下凸]☆hyporelief
底面观☆Antapical view
底面积☆floor space; floorage; bottom surface
底面磨光砾☆soled boulder
底面双晶☆Manebach twin(ning); basal twinning; acline twins
底面图☆ground plot
底面印痕水流标志☆sole-mark current indicator
底模☆counter die; sole marking
底膜☆proximal membranacea
底摩擦系数☆bottom-friction factor
底木☆sill
底泥☆bed mud; substrate sludge
底泥板☆mud board
底泥采样☆bottom{sediment} sampling; substrate sludge sampling
底泥煤☆baken peat
底黏土☆underclay; root{seat;coal} clay; seat earth; underearth; warrant; dunstone; undercliff; coal{soft} seat; thill; prodelta clay
底(板)黏土☆spavin
底黏土层[煤层下]☆seat clay; underclay
底盘☆lying wall{side}; floor (price); FW; proximal {basal} disk; underpan; bottom price{floor}; body; chassis [of a car]; (landing) base; carriage; under pan; basal part{disc}; bottom; templet; main frame; template
底盘电线☆chassis wiring cable
底盘巷道运输☆footwall haulage
底盘情况☆toe condition
底盘石门溜井放矿采矿法☆footwall crosscut and ore pass method
底盘式平台☆template platform
底喷式钻头☆bottom{face}-discharge bit
底辟☆diapir (structure); diapire; piercement

(地槽中部的)底辟重褶构造{结构}☆diataphral tectonics
底辟上升☆diapiric uprise{rise;uplift}
底辟体☆diapris
底辟型盐丘☆piercement-type salt dome
底辟岩☆diapirite
底辟盐丘☆salt diapir; biercing fold; piercement salt dome
底辟盐丘隆起☆diapiric salt uplift
底辟褶皱☆diapiric{diapir;piercing;piercement; dispirit} fold; plis diapir
底辟作用☆tiphon; diapirism
底片☆negative[照相]; (antapical) plate; (negative; plate; picture;photograph) film; negative picture (plate); photocopy; original
底片暗盒☆plate magazine; optical film magazine
底片测量尺☆film-measuring rule
底片观测器☆film viewer; negatoscope
底片黑度☆photographic density
底片刻图法☆negative method
底漂积☆basal drift
底平☆sill level
底平面☆baseplane
底坡☆bed slope; foothill
底铺碎石沟排水☆stone drainage
底栖的☆benth(on)ic; bottom-dwelling{-living}
底栖动物☆bottom fauna; zoobenthos; benthic animal; benthonic organism
底栖生物☆benthonic life{organism}; benthos; benthon; bottom-dwelling; benthic (organism)
底栖游移生物☆vagrant benthos; vagile organism
底栖有壳动物群☆benthonic shelly fauna
底栖有孔虫组合☆benthonic foraminiferal assemblages
底栖植物☆phytobenthon; bottom flora
底栖种[生]☆demersal species
底漆☆paint base; primer; priming coat{paint}; undercoat; ground coat; precoat
底漆涂敷机☆priming machine
底起爆[军]☆base initiation
底(冰)碛☆infraglacial deposit; ground{bottom;basal} moraine; lodg(e)ment till; moraine profonde; basal ground moraine
底碛物☆basal till
底碛滨线☆ground-moraine shoreline
底碛丘陵☆ground moraine mound
底碛洼地☆swale
底牵法[海底管线施工]☆bottom tow
底切☆undercutting; undercut (effect); undermine
底切槽☆nip
底切面☆basal section
底切式钻井工具☆undercut drilling tool
底切应力☆bottom shear stress
底侵(作用)[地壳底部侵位]☆underplating
底燃火炉☆baseburner
底刃☆kerf
底融沉积☆undermelt deposit
底融作用[浮冰]☆undermelting
底熔岩☆bench lava
底鳃弓☆basibranchial
底塞[注水泥用]☆bottom plug
底塞[轮藻]☆bottom{base} plug; basal plug
底色☆ground color; color base; background; base colo(u)r; bottom
底砂☆bed load
底砂岩☆basal sandstone
底沙☆bed load{silt}
底筛☆bottom screen
底生藻类☆benthic algae
底绳☆ground rope
底石☆earth table; bed stone; bedstone
底视(图)☆bottom view; backplan
底属沉积☆bottom sediments
底数☆base number
底水(水体)☆bottom aquifer
(油层下部的)底水☆basal water
底水[油层下部的]☆basal groundwater{water}; bottom water
底水驱动型储层☆bottom water drive type reservoir
底水入口☆water inlets
底水入侵☆bottom-water breakthrough
底水上涌☆coning
底水水面☆basal water table
底水突破☆bottom-water breakthrough
底水锥进☆bottom water coning; water-cone breakthrough
底碎屑相☆basal-clastic phase
底特律型砂杯状试验☆Detroit cup test
底梯段☆stope heel
底图☆base map{chart}; compilation sheet; mother map; map{cartographic} base; cartoon; chart; master tracing
底图纸☆detail paper
底涂层☆undercoating; undercoat
底土☆subsoil; bottom{natural} soil; undersoil; pan (formation); underearth[煤层]
底土层☆substratum [pl.-ta]; ground layer; seggar
底土的承载能力☆efficiency of subgrade soil
底土控制☆edaphic control
底土岩☆seat earth{stone;rock}; underclay
底托☆culet; collet
底托架☆underframe; bottom bracing{bracket}
底拖法[河流穿越和近海管道敷设法]☆drag pipe method; bottom pull method
底网☆backing mesh
(海)底下☆subbottom
底限☆threshold
底线☆back crease; base{end} line; end-line; under thread; underscore; planted agent; baseline; underline
底箱☆nowel
底卸卡车☆bottom-discharging truck
底卸泥驳☆spilt barge
底卸式☆drop bottom
底卸式车☆bottom dump(ing) car; drop{flap}-bottom car; trap bottom car; hopper
底卸式的☆bottom-discharge-type; bottom-dump {emptying}
底卸式吉斯莫万能采掘机☆bottomdumping Gismo
底卸式门☆bottom-dumping door
底心格子☆base-centered{end-centered;C-centered} lattice; C-lattice; basal face-centered lattice
底卸式运料车☆bottom-discharge conveyor bucket
底心晶胞☆end-centered unit cell
底心晶架☆base-centered lattice
底型☆end plate
底形☆bottom configuration; bed form
底穴井☆boulder well
底压力[隧道]☆bottom pressure
底烟道☆sole flue
底岩☆bed{underlying;base} rock; subsoil; rocky bottom; rock bed; bedrock; hard seat; subterrane; firm ground; shelf[砂矿]; bottom stone
底岩突起☆high reef
底岩屑☆floor debris
底眼☆foot hole; bottom shot
底样☆ground pattern
底曳☆bottom drag
底移质☆bottom{bed;traction;tractional} load
底翼☆trough{floor} limb
底涌云☆base surge
底涌云沉积{积层}☆base{ground}-surge deposit
底釉☆ground coat
底缘☆root edge
底整合☆base concordance
底质☆bed{bottom} material; bottom soil; substrate; substratum [pl.-ta]
底质采集器☆dredge
底质移动(的)河床☆movable bed
底轴承☆base bearing
底轴面[{001}或{0001}板面]☆basal pinacoid{plane}
底柱☆sheet pillar; sill{floor} pillar; stope sill
底铸法☆uphill casting
底注☆uphill casting; rising pouring
底注式浇包☆stopper ladle
底着的☆innate
底子☆ground; background
底座☆seat; base (unit;plate); foundation; foot(ing); pedestal; floor-bar; seat(ing); undercarriage; dolly bar; clam; bed plate; underframe; plinth; basement; back(ing); bracket; bedplate; keelblock; set{seating} shoe; frame
底座(盘)☆bed
底座大梁[井架]☆sill
底座导向滑靴☆underframe trap
底座的墩身☆die
底座架☆pony sill
底座框架☆bedframe
底座螺钉☆base screw
底座螺母☆back nut
底座式钎头☆bottom drive bit

dì

地☆earth; ground; Ea
地板☆floor; planking
地板擦☆mop
地板隆起☆bulge
(在)地板下的☆underfloor
地板下面☆underfloor
地板支架☆floorstand
地磅☆track scale; car{platform} scale; geanticline; weighbridge
地堡☆bunker; blockhouse
地背斜[地质地槽内部的隆起]☆ge(o)anticline; regional anticline
地背斜带☆geanticlinal belt
地背斜脊造山根☆geanticlinal crest orogenic root; geoanticline crest orogenic root
地背斜岭☆geanticlinal ridge
地背斜前坡带☆ge(o)anticlinal fore(-)slope zone
地背斜穹拱☆geanticlinal arch
地崩☆landslide; landslip; earth fall{slip}
地边保护带☆headland
地标☆ground target; landmark (feature); terrestrial reference; land mark
地表☆(terrain) surface; terrene; daylight; surface of the earth; grass roots{rooming}; ground (surface); zero depth; field{land} surface
地表保护区域☆protected surface area
地表标高☆datum
地表采动影响带☆zone of affected overburden
地表层☆surface layer
地表层井段☆surface hole
地表沉积下的基岩☆subterrane
地表沉陷停止地带☆dead ground
地表沉陷限{界}线[地表沉陷盆地边缘点和地下采空区相应边缘点连线]☆limit line
地表沉陷纵剖面[与回采工作面推进方向平行的剖面]☆longitudinal subsidence profile
地表充分采动☆super-critical mining
地表储留☆surface detention
地表的☆su(pe)rficial; surface; subaerial; superterrene; terrestrial; superterranean; superterrestrial; supracrustal
地表地貌[不反映下伏构造]☆morphosequent
地表断层☆near-surface fault
地表断裂活动☆surface faulting
地表非充分采动☆sub-critical mining
地表沸点☆surface boiling temperature; atmospheric boiling point
地表古热流☆surface paleoheat flow
地表建筑的破坏☆surface structural damage
(使)地表建筑物破坏最小☆minimizing surface structure damages
地表结构☆geotexture
地表境界线☆open-pit top edge
地表径流☆surface runoff{flow}; rainwash; direct run off; floating{flowing} sheet water; direct (surface) runoff; flowing surface water; run-off{overland} flow; overland{sheet} runoff
地表径流距离{长度}☆length of overland flow
地表径流雨水☆rainwash
地表空穴☆kettle hole
地表排放☆free flow
地表盘形下陷☆dishing
地表平均高度☆mean level of earth's surface
地表平面☆plane of surface
地表起伏☆disfigurement of surface
地表迁移☆global migration
地表热泉喷发处☆gryphon
地表蠕动☆land creep
地表散水流☆overland flow
地表上的☆superterranean; superterrene; superterrestrial
地表摄影☆terrestrial photograph
地表渗出{漏}☆surface seepage
地表水供水工程☆surface water supply work
地表水岭☆surface inflow
地表水流☆insulated stream
地表水平移动变形☆lateral movement deformation of surface

地表水体☆areal surface waters; open waters
地表塌陷[指岩盐矿]☆earth surface collapse; surface sinking; flash
地表塌陷极限☆limit of draw
地表通行程度☆ground accessibility
地表土层☆surface {-}horizon
地表土壤☆living soil
地表温度☆surface{earth} temperature; ST
地表温度测图☆surface-temperature mapping
地表无显示热储☆hidden reservoir; quiescent underground hot reservoir
(在)地表下☆inframundane
地表下的☆undersurface
地表显示☆surface display{shows;trace;manifestations; occurrence;phenomena;expression}; natural emissions
地表显示孔内爆炸作用☆shot hole disturbance
地表陷落洞穴☆cave hole
地表一致性反褶积☆surface consistent deconvolution
地表一致性子波处理☆surface consistent wavelet processing
地表移动的全向量☆surface movement vector of point
地表移动过程的三个时期☆three periods of ground movement
地表移动线☆displacement limit line
地表移动与变形预计☆prediction of surface displacement and deformation
地表组分测图辐射计☆surface composition mapping radiometer; SCMR
地冰☆underground ice
地波☆earth{surface;ground} wave
地采☆underground mining{winning;working}
地槽☆geosyncline; trough; geosynclinal; geotectocline
地槽边缘单斜沉积☆geomonocline
地槽薄堆积物☆leptogeosynclinal deposit
地槽产生☆bringing about of geosyncline
地槽沉积(作用)☆geosynclinic sedimentation
地槽沉积棱柱☆geosynclinal prism
地槽的☆geosynclinal; miogeosynclinal; geosynclinic
地槽-地台说☆geosyncline-platform theory
地槽堆积柱☆geosynclinal (prism)
地槽内复向斜☆geosynclinal synclinorium
地槽期后构造☆post-geosynclinal structure
地槽期前火山活动☆pre-geosynclinal volcanism
地槽迁移☆migration of geosyncline; geosynclinal migration
地槽前的火山作用☆pre-geosynclinal volcanism
地槽山脉{链}☆geosyncline chain
地槽式凹陷{槽地}☆geosynclinal trough
地槽型层序☆geosynclinal-type sequence
地槽性褶曲☆geosynclinal folding
地槽演化☆geosynclinal evolution; evolution of geosyncline
地槽造山带学说☆geosynclinal-orogen theory
地测深☆seismic sounding
地层☆strata [sgl.-tum]; (earth's) layer; bed; horizon; (subterranean) formation; geostrome; pile; (heavy) ground; assise; measure; terrain; zonality; percentage method for correlation; stratigraphy; terrane; ground
地层爆破☆breaking ground
地层变薄☆lens out
地层变厚☆swelling; swell
地层表型分析法☆stratophenetic method
地层测试器密封板☆formation tester seal pad
地层测验☆drilling stem test; DST
地层侧转☆overtipping
地层层面与井壁相交的模拟迹线☆FAST; formation anomaly simulation trace
地层层位☆stratigraphic horizon; geologic(al) position
地层层序☆stratigraphic succession{sequence; order}; formational sequence; succession of strata
地层产状☆attitude of stratum
地层超复☆overlap
地层沉积岩石构架☆stratigraphic-sedimentologic frame work
地层成因层序☆genetic sequence of strata; GSS
地层成因(层)段☆genetic interval of strata; GIS
地层重复☆repetition of beds; stratigraphic repetition
地层储量桶数☆reservoir barrels; res.bbl.; res. bbl.
地层垂直边界☆cutoff; cut-off
地层次序☆strata sequence; sequence of strata
地层带☆stratigraphic{chronostratigraphic} zone; chronozone; chronthem
地层单位☆stratigraphic unit; lentil
地层单位对比☆correlation of stratigraphic units
(岩石)地层单位[群/组/段/层]☆rock-stratigraphic unit [Group/Formation/Member/Bed]
(时间年代)地层单位[宇/界/系/统/阶/时带]☆chronostratigraphic unit [Eonothem/Erathem/System/Series/Stage/Chronozone]
地层单元[翼或鞍部等]☆section of reservoir
地层倒倾☆titting of bed
地层倒转☆tilting{overturn} of strata; upturning of beds; overtipping
地层的☆stratigraphic(al); stratal; static
地层(学)的☆stratigraphic(al)
地层的成因增量☆genetic increment of strata
地层的逆倾斜☆reversed dip
地层的物理特性平面图☆composite plan
地层的整合☆concordancy; concordance
地层的钻后特性☆post-drilled behavior of formation
地层典☆lexicon
地层电性参数☆formation electrical parameter
地层电阻率因数[岩层电阻率与岩层所含液体电阻率之比]☆formation (resistivity) factor
地层电阻仪☆Strata scout
地层顶板☆top of formation
地层顶部岩石☆cap
地层段☆stratomere; member
地层对比☆correlation{parallelism} of strata; stratigraphic {strata;geologic;subsurface} correlation; identification of seams{strata}; coenocorrelation
地层多次压裂☆multiple fracturing
地层分布☆stratigraphic distribution
地层分布关系律☆law of surface relationships; low of surface relationships
地层分类☆stratigraphic{formation} classification
地层覆盖规律☆law of superposition
地层供油能力☆deliverability
地层构型☆configuration of the ground
地层构造☆tectonics
地层构造学的☆stratotectonic
地层构造仪☆tectonometer
地层固体骨架☆formation solid matrix
地层关系☆stratigraphical relationship; strata relation; stratigraphic correlation
地层规范草案☆project of stratigraphic code
地层厚度☆formation height{thickness}; bed{zone} thickness; depth of stratum
地层厚度对比☆interval correlation
地层划分☆stratigraphic(al) division{classification}
地层活动压力☆active earth pressure
地层或岩层模型☆strata mode
地层记录☆(stratigraphic) record
地层间裂理☆gleg parting
地层尖灭☆depositional termination; die out; stratal pinch-outs; (stratigraphic) pitch-out; thinning; thinning out of strata
地层尖灭地带☆fringe
地层间断☆stratigraphic gap{break;hiatus}; gap in succession; hiatus; gap
地层间隔测试器☆formation interval tester
地层交互☆convergency
地层焦化固砂☆formation sand coking
地层交汇☆convergency; convergence
地层界面☆interface between horizons; formation{bed} boundary
地层界线☆type-boundary section; boundary stratotype
地层-井眼系统压力平衡☆formation-wellbore pressure balanced
地层静止压力☆static formation pressure
地层抗钻强度☆formation drilling strength
地层颗粒尺寸☆formation grain size
地层可钻性参数☆formation-drillability parameter
地层敛合☆convergency; convergence
地层鳞状推覆层☆stratigraphic wedge
地层流体取样☆formation fluid sampling
地层漏移☆stratigraphic leak
地层露头☆basset
地层露头部分☆basset (edge)
地层旅行时间☆formation travel time
地层滤波效应☆earth-filtering effect
地层密度电测☆formation density log
地层命名法规☆code of stratigraphic nomenclature
地层模式{拟}☆stratigraphic model
地层模型☆layered earth model
(在)地层内☆in place
地层内的流体☆resident fluid
地层内进行的反应☆in situ reaction
地层内生成酸体系☆in-situ acid generating system
地层能量☆producing energy
地层逆断距☆reduplication
地层年(代)表☆stratigraphical{chronological} time scale; stratigraphical timescale{timetable}
地层年代☆chronologic(al) age; stratigraphic time
地层年代单位☆stratigraphic-time unit
地层扭曲☆drag
地层膨胀卡钻☆formation swelling sticking
地层破裂压力梯度☆fracture pressure gradient
地层剖面☆stratigraphic (cross-)section{profile}; strata {geological} profile{section}
地层剖面中最厚的岩层☆predominant formation
地层前提☆stratigraphy prerequisite
地层倾角☆angle of bedding (formation dip); pitch angle; stratigraphic dip; amount of inclination
地层倾角测量仪☆dipmeter
地层倾角测量成果图☆tadpole plot
地层倾角道☆dip channel
地层倾角方位频率图☆azimuth frequency diagram
地层倾斜☆tilting of strata; pendage; inclination of seam
地层泉☆stratum spring
地层缺失☆break in the succession; gap in geological record; stratigraphic gap{hiatus;break}; lost strata {record}
地层缺失范围{部分}☆range of lost strata
地层群☆group of strata
地层人工破裂☆formation fracturing
地层溶解度☆formation solubility
地层蠕动☆earth creep
地层砂部分充填的炮眼☆partially sand packed perforation
地层砂冲蚀在衬管上形成的孔☆blast joint hole
地层砂的阻挡☆stoppage of formation sand
地层砂胶结树脂☆sand consolidation resin
地层砂金洗选槽☆ground sluice
地层砂块☆formation chunk
地层砂与砾石粒度比☆formation-to-gravel size ratio
地层深部堵塞☆deep-bed formation plugging
地层深部渗透性损害☆deep permeability damage
地层渗漏沉积☆intrapositional deposit
地层视电阻率系数☆apparent formation resistivity factor; Fa
地层试验器试井测压卡片☆DST{drillstem test} chart; drill stem test chart
地层竖向变化图☆vertical-variability map
地层衰减☆earth-attenuation
地层水产量☆formation water rate
地层水桶数☆barrels formation water; BFW
地层水图件☆formation water map
地层损害指数☆formation damage index; FOI
地层损耗☆earth-loss
地层塌落☆ground subsidence; fall of ground
地层塌陷☆land{ground} subsidence
地层坍塌卡钻☆formation collapse sticking; sloughing hole sticking
地层体积系数的倒数☆reciprocal formation volume factor
地层条件下(石油储量)桶数☆reservoir barrels; res. bbl.; res bbl
地层头部☆face of bed
地层透射特性☆earth transmission characteristics
地层弯曲☆bend of strata
地层(使井眼)弯斜度☆formation crookedness
地层完整性试验☆formation integrity test; FIT
地层微扫描器☆formation microscanner; FMS
地层位移☆strata displacement
地层系☆series; assise
地层细节图☆residual map
地层系数☆formation (flow) capacity; formation conductivity; flow{reservoir;permeability} capacity; permeability-thickness product
地层下陷☆fault sag
地层衔接☆syntaxis; syntaxis
地层小间断☆diastem
地层斜削☆beveling of strata
地层型☆stratotype
地层形成的柯尔莫戈罗夫模型☆Kolmogorov model of bed formation

D

地层学☆stratigraphy; stratigraphic{formation} geology; stromatology
C^{14}地层学☆radiocarbon stratigraphy
地层学的定量化☆quantification of stratigraphy
(北美)地层学分类委员会☆NACSN; North America Commission stratigraphic Classification
地层学高分辨率地层倾角测井(下井)仪☆stratigraphic high resolution dipmeter tool; SHDT
地层学家☆stratigrapher
地层压降速率☆rate of decline
地层压力☆rock{reservoir;formation;bottom-hole;formational;sand} pressure
地层压力的控制☆sand-pressure control
地层压力衰减{竭}☆reservoir pressure depletion
地层压裂☆formation fracturing{breakdown}; stratafrac
地层压裂压力梯度☆formation fracture gradient
地层压漏试验☆formation leak off test; F.L.T.
地层压缩性{率}☆formation compressibility
地层研磨性参数☆formation-abrasiveness parameter
地层岩芯柱状样品☆formation core plug
地层岩性调查☆strata and rock type investigation
地层岩样☆formation sample
地层岩柱图☆geogram
地层仪☆stratascope; stratameter
地层移动☆strata{land;earth;ground;rock} movement; earth-shift; ground{rock} flow; flow of rocks; rock subsidence
地层因数-孔隙度关系☆formation factor-porosity relationship
地层油藏☆stratigraphic(-type) `reservoir{oil pool}
地层由老至新的方向☆way up
地层由上至下的顺序☆subterposition
地层原油☆in-place oil; formation crude
地层增厚☆thickening of formation
地层支护平巷☆pillar drive
地层止水封闭☆formation shut-off
地层中渗流孔道系统☆flow matrix
地层中渗透率的变化☆permeability stratification
地层中原有油量☆original oil in place
地层逐渐变薄☆lensing
地层柱☆stratigraphic cola{column}; column
地层专用名词☆stratigraphic terminology
地层转向☆diverticulation
地层总厚度☆aggregate{overall} thickness
地层走向☆direction of strata; strike; course of seam
地层组合☆stratigraphy
地层-钻头(相互作用)力☆formation-bit force
地产☆(landed) property{estate}; (real) estate; acre
地产主☆land owner
地产主应得的原油☆farmer's oil
地颤☆earth tremor
地潮☆Earth{bodily} tide
地承压力☆ground bearing pressure
地出[航天器上看到地球从月球地平线升起的现象]☆earthrise
(阳极)地床☆ground bed
地磁☆earth{terrestrial;earth's} magnetism; telluric magnetic force; geomagnetism; terrestrial
地磁变☆magnetic variation
地磁变异法☆geomagnetic-variation method
地磁测量☆geomagnetic survey(ing){measurement}; magnetometry; magnetic{magnetometric} survey; magnetometric surveying
地磁测流器☆Geomagnetic Electrokinetography
地磁差☆variation
地(球)磁场☆terrestrial{earth's} magnetic field; geomagnetic field
地磁场倒转假说☆field-reversal hypothesis
地磁场的往返变化☆flip-flow of magnetic field
地磁场等年变线图☆harradou
地磁赤道☆(geo)magnetic equator; aclinic line
地磁垂直强度☆magnetic vertical intensity
地磁导航☆earth-magnetic navigation
地磁倒转☆(geo)magnetic reversal; reversal of magnetism; reversal
地磁等年变线☆isopor(e); magnetic isopor
地磁低缓带☆magnetic quiet zone
地磁电动{流}测量仪{器}☆GEK; geomagnetic electrokinetograph
地磁发电机理论☆dynamo-geomagnetic theory
地磁负向场☆reversed field
地磁感应罗盘☆earth induction compass
地磁化作用☆geomagnetization
地磁极期☆geomagnetic polarity epoch
地磁极事件{亚期}☆geomagnetic polarity event
地磁极性时间表☆geomagnetic polarity time scale; geomagnetic polarityscale
地磁平静区☆quiet magnetic zone
地磁强度观测仪☆ground magnetometer
地磁微变化☆geomagnetic microvariation
地磁学☆geomagnetism; terrestrial magnetism; geomathematics
地磁仪☆(ground) magnetometer; magnetograph
地磁仪勘探法☆magnetometer method
地磁异常☆(geo)magnetic anomaly; anomaly in geomagnetism; abnormal variation
地磁自记图☆magnetogram
地带☆terrane; terrain; zone; belt; district; region; area; territory; band; climate; range swath; tract; ground swath[卫星对地成像]
地带露头☆surface outcrop(ping)
地带内的☆intrazonal
地带特有化(现象)☆zonal endemism
地带性☆zonality; zonation
地带之间的☆interzonal
地单斜[边缘地槽单斜沉积,地槽边缘单斜沉积]☆geomonocline
地导体☆earth(ing) conductor
地道☆subway; underpass; tunnel; gallery; genuine; real; pure; typical; well-done; thorough; underground
地的☆terranean
地点☆situ; place; spot; site; locale; locality; situation; locus [pl.loci]; stage; location; sit.
地点和位置☆site and situation
地电☆electrotelluric(al) currents; geoelectricity; terrestrial{earth} electricity; telluric current; ET
地电基底{盘}☆geoelectrical basement
地电勘探法☆geoelectrical work
地-电离层波导☆earth-ionosphere{terrestrial} waveguide
地电流☆earth{vagabond;telluric;natural} current
(大)地电流☆Earth current
地电剖面☆geoelectric(al) section
地电势☆earth potential
地电位☆ground{earth} potential
地电学☆geoelectrics
地电仪☆terrameter
地电阻率☆earth-resistivity; geoelectrical resistivity
地动☆motion of the ground; quake; earth{ground} movement{motion}; earthquake
地动物学☆geozoology
地动性海面升降☆deformational eustatism
地动压力☆geodynamic pressure
地动仪☆seismoscope
地冻深度☆frost line
地冻现象☆frozen-ground phenomena
地冻胀☆ground heave
地洞☆burrow
地段☆plat; allotment; lot; section; site; tract; plot
地断块☆geoblock
地断裂(带)☆geosuture; geofracture
地盾☆continental shield{nucleus}; shield; nuclear land[大陆]; cratogene; continental nucleus (shield)
地盾区[钙超]☆shield area
地盾伸展区☆shield extension
地盾形成旋回☆chelogenic{shield-forming} cycle
地方☆ground; loc; district; locality; country; tract; territory; room; topo-; dist.
地方带☆local zone; lona
地方的☆local; loc; country; vicinal
地方法☆bye-law; by-law; bylaw
地方繁殖种群☆local breeding population
地方化☆localize
地方时☆local (zone) time; LZT
地方时带☆teilcbron; teilzone
地方时间☆zone time; Z.T.
地方型(标本)☆topotype
地方性☆endemism
地方性变形性软骨关节病☆osteochondroarthrosis deformations endemics
地方性的☆endemic; sectional
地方性氟牙病☆endemic dental fluorosis
地方性幕☆local phase
地方性种☆endemic species
地方真时☆local true time
地方震震级☆magnitude for local shock; ML
地方植被☆lichen{native} vegetation
地方中心☆endemic center
地缝合带☆suture zone{belt}
地缝合线☆geosuture; geofracture; suture (line)
地伏地形☆broke{rugged} terrain
地埂排水口☆terrace outlet
地工序☆working operation
地宫[佛寺保藏舍利、器物等的地下建筑物]☆terrestrial palace; a shrine housing Buddhist relics
地拱作用☆arcogenesis
地沟☆ground sluice; trench; tunnel
地沟冲洗砂矿☆lampan; gouging; ground sluicing; booming
地沟支撑☆trench timbering
地沟状岩体☆taphrolith
地鼓☆boiling up in the floor; swelling ground
地冠层☆geocorona
地管物资☆local controlled material and equipment
地(震)光☆ashes of light preceding an earthquake; earthquake light(ing); Earth light{shine}
地光反照☆earthshine
地规☆travmel
地滚波☆Rayleigh wave; ground roll
地函☆Mantle; Earth mantle
地函地核不连续面☆mantle-core discontinuity
地函对流☆mantle convection
地壕☆fossa
地核☆(Earth('s)) core; nucleus [pl.-ei]; inner core of Earth; centrosphere; core{nucleus} of (the) Earth; barysphere
地核差异旋转☆differential rotation of earth core
地核地幔边界☆core-mantle boundary
地横波☆secondary wave
地衡补偿☆isostatic compensation
地吼☆subterranean rumble; bramidos
地华[地球大气最外层,主要含氢]☆geocorona
地滑☆landslide; landslip; landfall; (mountain) slide; earth fall{slip;creep}; land{mountain;solid} slip
地滑后顶部未动部分☆crown
地滑体☆sliding earth mass
地滑(块)体☆landslide-mass
地滑阻塞湖☆landslide lake
地化史☆geochemical history
地回波☆land return
地回路☆ground circuit{return}; earth-return
地回线☆earth return
地基☆subgrade; foundation (soil); subsoil; ground (base); bed; base
地基沉降☆settlement of foundation; setting of ground
地基反力模量☆modulus of subgrade reaction
地基反应阻力系数☆coefficient of subgrade resistance{reaction}
地基刚度☆stiffness of foundation soil
地基回弹☆rebound of foundation
地基勘探☆soil exploration
地基坑☆foundation pit
地基锚固{杆}☆ground anchor
地基排水☆drainage of foundation
地基破坏☆failure of ground{foundation}
地基破坏类型☆failure types of foundation
地基试验{采样}☆foundation testing
地基土可灌性☆injectability of soil
地基土图件☆foundation soil map
地基无线电定位☆surface-based radiopositioning
地基主动变形区☆active zone of foundation
地极☆earth{geographic(al);terrestrial} pole; pole
地极摆动☆wobbling of the pole
地极的☆polar; geopolar
地极轨迹☆polhode
地极径迹☆polar path
地极迁移☆polar wandering; Chandler motion
地极移动☆motion of Earth poles; polar migration
地籍☆cadastre
地籍图☆cadastral map
地架☆sill timber
地脚板☆soleplate
地脚螺栓☆anchor{foundation;holding-down;barb;foot} bolt; staybolt; foot screw; lewis; ab
地脚螺丝☆foot{anchor} screw; anchor (bolt); corner foundation bolt; foundation bolt
地角界桩☆property corner station
地窖☆basement; cellar; silo; sotano

地接头☆ground terminal
地界☆metes and bounds; boundary; the boundary of a piece of land
地界标志☆witness corner{mark}
地界图☆property map
地浸法☆in-situ leaching
地井☆underground shaft
地景☆landscape
地颈☆sowneck
地静力{的}的☆geostatic; stereostatic
地静压比[流体静压与盖层静压之比]☆geostatic ratio
地静压平衡☆geostatic equilibrium
地卷菌属[地衣;Q]☆Peltigera
地开石[$Al_4(Si_4O_{10})(OH)_8$]☆dickite; pholidite; pholerite
地克[10^{20}g]☆geogram; Gg
地坑☆cellar; silo
地坑砂☆pit sand
地-空电流☆earth-air current
地窟[地下贮藏室]☆cellar
地块☆(land;mass) block; landmass; lot; diastrophic {crustal} block; table; massif; (block) mass; plot
地块(数据档)☆parcels file
地块断层☆block fault{faulting}
地块滑坍☆blockglide; blockslide
地块内的☆intramassif
地块褶曲山块褶山地☆block-fold mountain
地矿☆geologic minerals products
地蜡[C_nH_{2n+2}]☆ozocerite; ozokerite; mineral wax; earth{fossil;mountain;ader;marble} wax; cererin; cerin; neft(de)gil; pungernite; petrostearine; mineral tallow{fat}; cer(es)ine; gumbed; lep; cire fossile[法]; naphthadil; a(e)gerite; ozocerlte; naphtagil; native paraffin; paraffinite
地蜡类☆curtisitoids
地蜡烯[$C_{26}H_{38}$]☆icosinene
地懒类☆ground sloth; Megalonychoidea
地懒属[Q]☆Nothrotherium
地雷☆mine; caisson; ground{land} mine
地雷管起爆时间☆firing time
地雷引爆架☆spider
地垒☆horst; lifted{heaved} block; fault ridge; uplift
地垒地堑体系☆horst and graben system
地垒断层☆ridged fault
地垒式基底☆basement horst
地理☆geography; geog
地理北极☆north geographic(al) pole
地理方位☆azimuth of geography; geographic orientation
地理分布☆geographic(al) distribution
地理极☆terrestrial pole
地理邻近性☆geographic proximity
地理命名常务委员会☆Permanent Committee Geographical Names; PCGN
地理南极☆south geographical pole
地理区多地理区划☆geographic(al) region
地理上的牵连☆geographic implication
地理速测☆geostenography
地理速测图☆geostenogram
地理相邻性☆geographic proximity
地理型☆topomorph; geotype
地理性演化系统[生]☆geocline
地理学家☆geographer; Geograph
地理学上的☆geographic(al)
地理医学☆geomedicine
地理异常☆geophysical anomaly
地理远缘种族☆geographical distant race
地理战略论☆geostrategy
地理政治论☆geopolitics
地理知识学☆geosophy
地理制图研究所☆Mapping Geography Institute; MGI
地理中心☆geographic(al) center
地沥青☆land pitch{asphalt}; (asphaltic) bitumen; asphalt (stone;natural); asphaltum; asphaltos; asphaltus; mineral{iron} pitch; albanite; pitch earth; asphaltic bitum; landasphalt; bitumen of Judea; courtzilite; neuquenite; mckittinite; pez; slime
地沥青膏☆asphalt(ic) mast; asphalt cement
地沥青湖☆asphalt{pitch} lake
地沥青矿☆asphalt deposit
地沥青砂☆asphalt sand; sandasphalt
地沥青砂胶☆asphalt mastic
地沥青石☆asphaltite
地沥青酸☆asphaltous acid
地沥青土☆soil-asphalt
地沥青质石灰石☆asphaltic limestone
地力☆fertility power of soil
地力保持☆preservation of fertility
地力衰竭☆soil exhaustion
地梁☆foundation{ground} beam; sill; floor{mud} sill; floor-bar; underbeam; ground brace
地裂☆ground fissuration{fracturing}
地裂坳陷☆paar
地裂带☆taphrogen; taphrogenic belt
地裂的☆taphrogenic; tafrogenic
地裂缝☆geosuture; geofracture; geofissure; ground fissure{fracture}
地裂上升☆taphrogenic uplift
地裂线☆geofracture
地裂运动☆taphrogeny; tafrogeny; taphrogenesis; taphrogenic movement
地裂作用☆taphrogenesis; tafrogenesis
地裂作用的☆taphrogenic
地瘤☆geotumour; geotumor
地流体☆geofluid
地龙类☆Geosaurs
地龙属[J]☆Geosaurus
地隆☆ground swelling{swell}; geotumo(u)r
地绿色☆terre verte
地螺(旋)钻☆earth auger
地螺钻头☆auger-bit
地脉动计☆microseismometer
地脉动学☆microseismology
地脉动仪☆microseismograph
地幔☆mantle; mantle of the Earth; Earth's mantle
地幔滴块☆mantle blob
地幔底辟{挤入}作用☆mantle diapirism
地幔-地核界面☆mantle-core boundary
地幔-地壳混杂体☆mantle-crust mix
地幔对流☆mantle convection; configuration of the earth's surface
地幔规模的对流☆mantle-wide convection
地幔排列{族系}☆mantle array
地幔-熔体体系☆mantle-melt system
地幔蠕变活化☆mantle creep activation
地幔蠕动说☆hypothesis of mantle creep
地幔上部☆upper{outer} mantle
地幔深部☆inner mantle
地幔下部☆lower mantle
地幔岩☆pyrolite
地幔羽对流☆plume convection
地幔柱☆(mantle) plume
地幔最内圈☆stereosphere
地锚☆anchorage-block; earth{ground} anchor; deadman; anchor(ed) block; anchorage
地貌☆landform (topography); (land) feature; lay of land; lineament; hill{surface;relief;ground} feature; geomorphy; topographic features{expression}; ground; relief; topography; terrane; physiognomy; terrain; general configuration of the earth's surface
地貌成因区☆morphogenetic region; formkreis
地貌成因学☆geomorphogeny; morphogenesis; genetic physiography; morphogeny
地貌的☆geomorphic; morphologic(al); physiographic; topographic(al)
地貌地震分带性☆geomorphologic-seismic zonation
地貌发生☆morphogenesis
地貌发生力☆morphogenetic force
地貌发生幕☆morphogenic phase
地貌分析☆terrain{morphologic(al)} analysis
地貌构造☆morphotectonics; (geo)morphostructure
地貌构造关系☆geomorphic structural relationship
地貌校正数☆terrain correction
地貌量测☆morphometry
地貌描述学☆geomorphography
地貌区☆morphologic{geotectonic} region
地貌图☆geomorphologic(al){relief} map
地貌图解☆morphographic map
地貌信息☆geomorphic information
地貌形成(作用)☆morphogeny
地貌学☆geomorphology; morphology; geomorphic (geology); geomorphy; topography
地貌学的☆geomorphic; geomorphologic(al)
地貌学者☆geomorphologist
地貌原理☆geomorphologic principle
地貌晕渲图☆wash-off relief map
地貌特征☆morphologic characteristics
地霉属[真菌;Q]☆Geotrichum
地面☆ground (surface); floor; (land) surface; terrain; earth (surface); gnd; topside; grass roots[矿语]; day; grass rooming; the earth's surface; area; region; territory; mother earth; grd; boden[德]
地(球表)面☆Earth's surface
地面安装的☆surface-mounted
地面标准状态下的原油☆stock tank oil
地面波☆surface-guided{surface;ground} wave
地面波谱测量☆ground spectral survey
(由)地面操作的深井泵☆unlimited pump
地面产能指数☆surface potential index
地面产油量☆surface oil production rate
地面长距离带式运输{胶带输送}机☆overland belt
地面沉积☆superficial deposit
地面沉降☆land{ground;surface} subsidence; ground setting; depression of ground; settlement of soil
地面沉陷曲率☆curvature of subsiding surface
地面陈雪☆fallen snow
地面充分采动的(开)采(面积)☆supercritical area of extraction
地面冲刷☆ground ablation
地面储罐油桶数☆stbo; stock tank barrels oil per day
地面处理场☆land disposal site
地面处理压力☆surface treatment pressure; STP
地面穿透雷达☆ground penetrating radar; GPR
地面传感器增益☆surface sensor gain; SSGA
地面打钻棚☆change{changing} house
地面大矿堆☆bank
地面导线电磁勘探法☆ground cable EM survey
地面的☆su(pe)rficial; above-ground; above grade; superterranean; superterrene
地面-底板共振[可控震源]☆earth-baseplate resonance
地面-地下运输系统布置☆surface-underground transportation
地面点的☆topocentric
地面电源临时电缆☆umbilical cord
地面定向☆orient at surface; surface orientation
地面定向标志☆visual ground sign
地面读出计☆surface readout (gear)
地面读数仪表☆surface-reading device
地面堆料装载☆bank loading
地面反射回波☆terrain echo
地面分辨像元☆ground resolution element{cell}
地面分光辐射测量☆ground spectroradiometric measur ement
地面分析☆terrain analysis
地面覆盖范围☆ground coverage
地面辐射表☆pyrgeometer
地面复原{田}☆surface reinstatement
地面干燥率☆geoclimatic drying power
地面感测范围☆ground coverage
地面钢罐内储油☆steel storage
地面高度☆relief height; ground altitude; street {floor;ground} level
地面工人☆surface labo(u)r; surfaceman; outside man; topman; top man[矿山]
地面工务员☆outside{surface} foremen
地面估测☆terrain estimation
地面固体颗粒清除设备☆surface solids removal equipment
地面管道保温☆above ground piping insulation
地面光谱辐射图☆terrestrial spectral radiance map
地面龟裂☆polygonal marking
地面过水浅槽☆swale
地面和埋地管线过渡段☆above/below ground transition
地面环形路线☆surface circuit
地面或路之状况☆walking
地面基地的☆land-based
地面积水☆excess surface water
地面积雪☆snow blanket
地面记录的井底压力计☆surface-recording gauge; surface-recording pressure instrument
地面监控设备{测仪表}☆surface-monitoring equipment
地面检查☆(ground) follow-up; ground-checking; surface check
地面拣煤工长☆heap keeper
地面捡煤台☆pit hill

D

D

地面接收和指令站☆ground acquisition and command station；GA & CS
地面结冰指数☆surface freezing-index
地面井口出秤(水平)☆banking level
地面镜像☆mirror image of surface
地面距离图像☆ground-range image
地面勘探仪器☆ground prospecting apparatus
地面可接近程度☆ground accessibility
地面刻度装置☆surface calibration facility
地面空气☆atmosphere air
地面控制的阀☆surface-actuated valve
地面控制的井下安全阀☆surface controlled subsurface safety valve；SCSSV
地面控制的井下阀☆downhole surface-operated valve
地面控制的球形安全阀☆ball type surface controlled safety valve
地面控制进场雷达装置☆ground controlled approach
地面矿车环行线路☆surface tub circuit
地面矿床☆hypotaxic{surficial} deposit
地面缆线及管☆umbilic
地面立体摄影学☆ground stereophotography
地面落尘图☆ground fallout plot
地面脉冲地震震源☆impulsive surface seismic source
地面目标☆terrain object；landmark；ground target
地面目测☆eye for the ground
地面拍摄测量☆terrestrial photogrammetry
地面炮眼钻凿☆surface blasthole drilling
地面平均高度☆mean sphere level
地面平整☆land-leveling
地面坡度☆ground slope{inclination}；lie；ground line gradient
地面破坏☆surface damage{rupture}；ground failure；failure of ground
地面破裂☆broken ground
地面起伏☆surface irregularity{relief}；terrain relief；accident of the ground
地面起伏图☆relief map
地面切向缩短☆tangential shortening of Earth surface
地面倾倒式砾石充填☆surface gravel pack
地面倾角☆geometric dip
地面倾斜度测量仪☆tiltmeter
地面倾斜因素[地基承载力]☆ground slope factor
地面取样☆ground sample
地面权出让证书☆quit claim；quitclaim
地面确定的断层☆ground-identified fault
地面热异常图☆ground thermogram
地面融冰{化}指数☆surface thawing-index
(在矿井{山})地面上☆at grass
地面上不稳定的永冻层管道☆unstable permafrost pipeline above ground
地面上的☆sub(-)aerial；superterrestrial；superterrene
地面上的锥状体☆exotic cone
地面上拱☆ground-up
地面上拖行☆skidding
地面设备☆ground installation{system}；(above) ground equipment；day arrangement；uphole equipment；surface plant {equipment;installation; hardware}；GE
地面设备的管线☆surface connection
地面摄影相片☆terrain{ground;terrestrial} photograph
地面生产系统☆surface production system
地面识别的断层☆ground-identified fault
地面实测资料{况调查}☆ground truth
地面收缩☆shrinkage of ground
地面水供应☆surface water supply
地面水管灌溉法☆surface pipe irrigation method
地面水流选矿☆ground sluicing
地{水}面控制站☆surface control station
地面水平收缩☆tangential shortening of Earth surface
地面塌陷☆surface collapse{subsidence}；earth's surface sinking；surface ground fall；land collapse；ground movement{collapse}
地面塌陷洞☆plump{light} hole
地面淘金☆surfacing
地面套管☆surface casing；collar piping
地面天底点☆ground plumb point
地面天然裂口☆chimney
地面条件下的数量☆original oil in place
地面通信站☆earth station
地面(标准状态)桶数☆stock tank barrels；S.T.B.；STB
地面图☆ground plot{plan}；surface chart；yard plan
地面推算的井下温度☆surface hole temperature；SHT
"地面微迹"地球化学勘探{查}采样系统☆Surtrace
地面尾煤胶带机☆overland refuse belt
地面未充分采动的`采区{|采区宽度}☆subcritical area{|width} of extraction
地面温度☆surface{ground} temperature；ST；land surface temperature
(在)地面下☆below surface{day}
地面下沉☆submerge{submergence} of ground；land subsidence{sinking}；flash[地下采矿引起]
地面下的☆subsurface
地面下气体☆subsurface air
地面显示油气☆surface indication
地面效应车{船}☆ground effect machine；GEM
地面信标天线☆ground beacon antenna
地面信号发射器☆ground signal projector
地面信号机柱☆ground mast
地面(无线电)信号接收机☆surface-based receiver
地面虚反射☆surface ghost
地面压力☆surface{ground} pressure；pressure applied at the surface
地面压力直读系统☆surface pressure read out system
地面芽植物☆hemicryptophyta
地面掩盖物☆ground cover
地面仪器☆surface instrumentation；above-ground equipment
(液体的)地面溢溅☆ground spill
地面用机铲☆surface shovel
地面噪音测量☆noise survey
地面炸药库☆explosive store；surface powder magazine
地面窄轨运输☆narrow-gauge surface haulage；surface narrow gauge haulage
地面站☆ground{land;earth} station；ES
地面真值{象}☆ground truth
地面振荡☆Earth motion
地面蒸发☆soil discharge{evaporation}
地面直读☆surface read out；SRO
地面直读井底压力计☆surface pressure read-out
地面直观测量☆visual surface survey
地面转样阀☆surface drain valve
地面装油点☆ground filling point
地面装置管线☆surface connection
地面状态字☆uphole status word；USW
地面钻孔{探}☆surface drilling
地面(测得的)钻压☆SWOB；surface weight on bit
地鸣☆earth din；bramidos
地名☆geographic(al) nomenclature{name}；name of site；toponym；place name；ground line
地名索引☆gazetteer；skyline；topographical index
地名图☆place-name map
地名学☆toponymy；onomastics
地模标本[古]☆topotype
地耐力☆earth bearing strength
地(球)内的☆subterranean；subterrestrial；intratelluric
地内绝灭模式☆terrestrial extinction model
地内潜爆发构造☆geobleme
地内热☆interior heat of Earth
地内生成期☆intratelluric stage
地内水☆intratelluric water
地内液相组合☆intratelluric liquidus assemblage
地盘下陷☆ground subsidence
地盆[深厚水平沉积盆地]☆geo(-)basin
地皮☆lot
地坪风道☆floor flue
地平☆horizon；geographic{terrestrial} horizon；ground level；G.L
地平程度☆horizontality
地平俯角☆dip of horizon
地平经差☆azimuth constant
地平经度☆azimuth；longitude
地平经圈☆vertical (circle)
地平蒙气差☆horizontal refraction
地平面☆ground level；GL
地平圈☆horizontal circle
地平纬度☆altitude；height；alto
地平纬圈☆almucantar；altitude circle；circle of equal altitude；parallels{parallel} of altitude
地平线☆sky-line；ground line{level}；horizontal；(geographic(al);local) horizon；landline；skyline
地栖的☆geophile；geocole
地栖生物☆geobiont
地契☆title
地气☆ground gas
地钱目☆Marchantiales
地潜移☆land creep
地堑☆(summit) graben；trough (fault)；fault{faulted} trough；sunken block；rift valley；trenched fault
地堑断裂{陷}作用☆graben faulting
地堑断片块状下沉☆graben segment block subsidence
地堑后☆postgraben
地堑湖☆sag pond；fault troughlake；fault-trough {rift (-valley);fault-graben;graben} lake
地堑宽隆起☆graben-wide upward
地堑前☆pregraben
地堑式地槽☆taphrogeosyncline
地堑填充盆地☆graben-fill basin
地堑楔状断块☆graben wedge block
地堑型盆地☆graben-type basin
地堑形盆地☆graben-shaped basin
地枪鲗属[J]☆Geoteuthis
地壳☆crust [earth]；earth crust{shell}；crust of the Earth；lithosphere；the earth's crust；terrestrial crust；(rocky) shell；EC
地壳板块☆plate
地壳变动☆crustal disturbance{deformation}；diastrophism
地壳变动性海面升降作用☆diastrophic eustatism
地壳变动作用力☆diastrophic force
地壳变迁过程☆earth processes
地壳变形☆crustal deformation；diastrophe
地壳表层☆crustal derm；veneer of crust
地壳波浪系统☆crustal wave system
地壳波速结构☆crustal velocity structure
地壳薄块冲浪式漂动☆surf-riding of crustal slice
地壳薄弱带☆zone of crustal weakness
地壳不(均)匀性☆crustal inhomogeneity
地壳沉降部分☆sagging
地壳储库[成矿元素的]☆crustal reservoir
地壳垂直变形(作用)☆cymatogeny
地壳垂直运动构造☆vertical tectonics
地壳的缓慢升降运动☆bradyseism
地壳的水平形变☆crustal horizontal deformation
地壳地幔混合物☆mantle-crust mix
地壳动定转化递进说☆theory of progression (with transformation between mobile and "stable" regions)
地壳断块☆crust-block
地壳缝合☆geosuture
地壳构造上的☆tectonic
地壳海准升降☆diastrophic eustatism
地壳花瓣状构造☆geopetal structure
地壳滑动假说☆crust-sliding hypothesis
地壳缓慢升降运动☆bradyseism；secular movement
地壳基本稳定区☆basically stable area of the earth crust
地壳激变☆catastrophe；cataclysm
地壳及动☆crustal shock
地壳减薄☆attenuation of crust
地壳结构(圈)层[硅铝层、硅镁层]☆tecto(no)sphere
地壳均衡☆isostasy；isostatic balance{equilibrium}
地壳均衡补偿☆isostatic compensation
地壳均衡假说☆isostasy hypothesis
地壳均衡说☆isostasy{isostatic} theory
地壳均衡下降{|异常}☆isostatic depression{|anomaly}
地壳均衡学☆isostatics
地壳扩张方式☆mode of crustal extension
地壳隆起结构☆crustal architecture
地壳内层☆subcrust
地壳内带☆infrazone of crust
地壳内的☆intercrustal
地壳内玄武岩层☆gima
地壳起伏统计曲线☆hypsometric{hypsographic} curve
地壳迁移☆migration of continents
地壳牵引假说☆crust-dragging hypothesis
地壳弱化线☆line of crustal weakness
地壳上带☆suprazone of crust
地壳上隆(作用)☆cymatogeny
地壳上隆的☆cymatogenic
地壳弯曲☆earth curve；buckling of crust
地壳下部变形☆infrastructure
地壳下部补偿物质流☆bathyrheal underflow
地壳下的☆infracrustal；subcrustal
地壳下地震☆subcrustal earthquake
地壳下弯☆downbuckling；crustal down-buckle
地壳下弯假说☆down-buckling hypothesis
地壳岩层构造仪☆tectonometer
地壳岩石突变☆discontinuity

地壳应力☆crust(al) stress; earth crust stress; stress in earth crust
地壳运动☆crustal{earth;diastrophic;crust;tectonic} movement; diastrophic activity; movement of earth's crust; diastrophe; revolution; diastrophism
地壳运动后隆起☆post-diastrophic uplift
地壳运动历史☆diastrophic history
地壳运动期的☆orocratic
地壳运动性海面升降☆diastrophic eustatism
地壳韵律波动☆undation
地壳运移说☆theory of continental drift
地壳震动部分☆nervous earth
地勤人员☆ground crew{personnel}
地倾斜☆ground tilt
地穹☆geodome; ge(o)anticline
地穹脊☆geanticlinal ridge
地穹运动☆arcogenesis
地球☆earth; globe; the earth{globe}; earth's sphere; Earth{terrestrial} globe; world; orb; terrene; terra[拉;pl.-e]; terre; geo-
地球爆发效应学☆geoplosics
地球扁率☆flattening of the earth; compression of the earth; ellipticity of the earth; earth's ellipticity; earth's flattening
地球扁率近似值☆Earth flattening approximation
地球表层科学☆earth surface science
地球表面☆terrene; earth('s) surface
地球表面形态的☆geomorphic
地球颤动☆wobble of earth
地球成因☆geogenesis
地球成因学☆geogony; geogeny
地球赤道☆terrestrial equator
地球磁场的☆magnetotelluric
地球磁潮说☆dynamo theory
地球磁性☆geomagnetism
地球大气☆Earth's atmosphere
地球带☆earth zone
地球的☆tellurian; global; earthly; terrestrial; earth; telluric; tellural
地球的地极半径☆polar radius of the Earth
地球的主要演变期☆main phase of Earth's evolution
地球的最早期历史☆the very earliest history of the earth
地球等势面差☆spheropotential number; normal geopotential number
地球电☆geoelectricity
地球定位系统☆Global Positioning System; GPS
地球动力扰动的震源区☆focal area of geodynamic disturbance
地球动力事件☆geodynamic event
地球动力学的综合模型☆synthetic model of geodynamics
地球动力学对偶系统☆Earth's dynamic coupling system
地球动力学法☆geodynamic(al) method
地球动力学模型的心理学选择☆psychological preference for geodynamic model
地球对月球的反照☆earthshine
地球发生论☆geogenesis
地球反照☆earth light; earthshine
地球分层☆Earth layering
地球公转☆revolution of the earth; Earth('s) revolution
地球公转轨道☆earth's orbit
地球观察{测}☆Earth observation
地球轨道☆earth's orbit; geospace
地球轨道的偏心率☆eccentricity of Earth's orbit
(行星在)地球轨道内侧的☆inferior
地球轨道卫星☆earth-orbiting satellite
地球和大气层☆earth and atmosphere
地球恒定半径假说☆constant-radius-Earth assumption
地球化学☆geochemistry
地球化学胞池☆geochemical cell
地球化学标(准)样☆geochemical standard
地球化学的积聚点☆geochemical culmination
地球化学的隐潜☆geochemical concealing
地球化学亲合性{和力}☆geochemical affinity
地球化学圈☆geochemical sphere
地球化学位守恒☆constancy of geochemical potential
地球化学一览表☆geochemical inventory
地球化学找矿法☆geochemical prospecting method
地球化学指示剂{物}☆geochemical indicator
地球化学柱剖面{状图}☆geochemical column
地球基本磁场☆main geomagnetic field
地球纪年的☆diachronic
地球纪年学☆geochronology
地球揭层法☆layer stripping; stripping the Earth
地球进动☆precession of the Earth
地球景影传感器☆Earth-looking sensor
地球居民的☆tellural
地球科学☆earth science; geoscience
地球科学实验室计划☆Earth lab Program
地球科学信息学会☆Geoscience Information Society
地球空间☆geospace
地球扩张☆global expansion
地球力学☆geomechanics
地球流体☆geofluid
地球脉动☆pulse of the earth
地球内部☆interior of the earth; earth('s) interior; entrails of earth; underearth; bowels of the earth
地球内部学☆plutology
地球内部组成{结构}☆Earth's internal constitution
地球内核☆inner core of Earth
地球内力☆internal earth force
地球内热☆subterranean{original} heat
地球内热引起的地温异常☆intrinsic ground temperature anomaly
地球暖化☆global warming
地球膨胀理论☆Earth expansion theory; expanding earth theory
地球偏转率☆geostrophic force
地球期☆geonomic stage
地球起源☆origin of the earth
地球起源学☆geocosmogony
地球起源与地史学☆geocosmology
地球气圈器☆spherical shell apparatus
地球球形说☆spherical Earth's theory
地球曲率☆Earth's curvature; curvature of the earth
地球曲率效应☆effect of Earth's curvature
地球圈☆geosphere
地球圈层☆earth shell; earth's layers
地球热含{容}量☆Earth's heat content
地球热能☆geoheat
地球热液体系☆Earth hydrothermal system
地球人☆Earthian
地球三轴说☆theory of triaxial Earth
地球上的☆tellural; tellurian
地球深处条件{环境}☆deep-earth condition
地球生化学☆geobiochemistry
地球生物化学的循环☆geobiochemical circulation
地球收缩☆earth contraction; contract of earth
地球数学☆geomatics
地球水面☆hydrosphere
地球水平(线)传感器☆Earth sensor
地球顺从系数☆earth's compliance factor
地球四面体说☆tetrahedral theory of the earth
地球体☆geoid; Earth ellipsoid
地球同步探测卫星☆synchronous earth observation satellite
地球椭圆体说☆ellipsoidal earth's theory
地球外层{带}☆outer shells of Earth
地球外的冲击能☆extraterrestrial impact energy
地球外地质学☆extraterrestrial geology
地球外古生物学☆exopalaeontology
地球外壳的纵波☆K wave
地球外物质☆extraterrestrial material
地球外重力位☆external potential of Earth
地球温度的测量学☆geothermometry
地球温度状态☆Earth's temperature regime
地球物理(学)☆physics (of the Earth)
地球物理场☆geophysical field; geon
地球物理分析组☆geophysical analysis group; GAG
地球物理勘探☆geophysical prospection
地球物理勘探仪☆geophysical instrument
地球物理探测技术☆geophysical probing technique
地球物理学的☆geophysical
地球物理遥感勘探☆geophysical sensing
地球物理找矿法☆geophysical prospecting method
地球物质科学☆earth material science
地球相交轨道☆Earth-crossing orbit
地球形☆geoid
地球形态☆figure of the Earth
地球学☆geonomy; geophysiography
地球岩石圈☆stereosphere; geosphere; lithosphere
地球演化☆geoevolution; evolution of the earth
地球演化学☆geocosmogony
地球仪☆(terrestrial) globe; tellurion; tellurian; sphere
地球阴形☆earth's shadow
地球引力☆terrestrial gravitation; gravitational{earth} attraction; gravity force; earth's gravity
地球-月球体系☆Earth-moon system
地球植物探矿☆geobotanical prospecting
地球质量☆mass of Earth (the earth)
地球质心椭球☆earth-centered ellipsoid
地球中心☆geocentre; geocenter
地球中心说☆geocentricism
地球重力分层说☆gravity-layered Earth theory
地球重力位势☆geopotential
地球轴☆Earth's axis
地球资源技术卫星☆earth resources technology satellite
地球自转☆Earth('s) rotation; rotation of the Earth; notation of the earth
地球自转偏向力☆Coriolis force
地区☆region; area; reg.; section; district; territory; zone; lot; prefecture; site; tract; country; corner; terrain; quarter[城市中]; plot; neighbo(u)rhood; plat; terrane; locality
地区仓库☆local stock
地区的☆sectional; regional; areal; territorial
地区分布☆regional distribution
地区隔离☆spatial isolation
地区监督[矿]☆head knocker{roustabout}; Czar
地区阶☆regiostage
地区金属矿带图☆district metal zone map
地区平均雨量☆areal mean rainfall
地区时☆local zone time; LZT; zone standard time
地区事故防止☆area accident prevention
地区台网☆local network (of stations)
地区统☆provincial series
地区图绘制☆chorography
地区型☆topotype
地区性☆zonality; provincialism
地区性的☆zonal
地区噪声☆community noise
地区指挥☆head roustabout{knocker}
地区中心☆areal center
地圈☆geosphere; earth zone
地壤残留的(构造)☆pedorelic
地热☆underground{terrestrial;internal;subterranean; geothermal;earthly;intrinsic;earth's;original} heat; heat of the earth's interior; geoheat; geotherm(al); geothermy
地热测量☆geothermal surveying{observation; measurement}; measurement of geothermics
地热测温仪☆geothermometer
地热储☆geothermal reservoir{reserve;occurrence; pool;formation;deposit}; geothermal energy stock; geothermalpool
地热带☆thermal belt{zone}; geothermal girdle; belt of fire
地热电站☆geothermal (power) station; geothermal power generation{plant}; plutonian power plant; geothermoelectric{geopower;geothermal} plant
地热动力反馈☆geothermodynamic feedback
地热对井开发系统☆geothermal doublet
地热发电☆geothermal power generation; natural generation of electric power; geothermal-electricity production
地热发电的装机容量☆installed geothermal power capacity
地热供热工程☆geothermal-heating project
地热含水层激发☆geothermal aquifer stimulation
地热活动☆geothermals; geothermal occurrence {activity; behavior}
地热活动产物☆geothermal issue
地热活动的地表显示☆surface geothermal phenomena
地热机制{条件}☆geothermal regime
地热尖峰电站☆geothermal peaking plant
(天然)地热井☆natural geothermal well
地热开发效应☆geothermal effect
地热-矿物燃料混用电站☆hybrid geothermal-fossil plant
地热利用系统☆geothermal-energy system
地热流体☆geofluid; hydrothermal{endogenous; geothermal} fluid; geothermal issue{flow}; natural emissions
地热流体汲取☆geothermal extraction
地热漏泄带☆leakage zone
地热卤水矿床{盐沉积}☆geothermal brine deposit

D

地热能☆geothermal{geothermic} energy；earthly heat；geothermals；GTE
地热能储☆geothermal energy stock
地热能汲取效率☆extraction efficiency of geothermal energy
地热能量采收率☆geothermal recovery factor
地热能强化回收☆forced geoheat recovery
地热汽轮机发电机组☆geothermal turboset
地热潜力{能}☆geothermal potential
地热区☆geothermal area{field;province;locality}；hot zone
地热水泥☆earth heat cement
地热梯度图☆geothermal gradient map
地热图件☆geothermal map
地热温标温度☆geothermometry temperature
地热温度☆geotemperature
地热系统激发☆stimulation of geothermal system
地热显示☆geothermal discharge{feature;behavior;indicator}；sign of geothermal energy
地热学☆geothermics；geothermy
地热学的☆geothermal
地热盐水矿床☆geothermal brine deposit
地热诱发的地震活动☆geothermally-induced seismicity
地热增温☆geothermic{geothermal} gradient；rock temperature gradient
地热增温级☆thermal{geothermal;geothermic} degree；geothermic step
地热蒸气☆hydrothermal{geothermal;indigenous;induced;endogenous} steam；geosteam
地热制冷☆geothermally-heated cooling
地热致污组分☆geothermal pollutant
地热专家模拟☆geothermal expert modeling
地热资源产品☆geothermal product
地热自记测温仪☆geothermograph
地热钻进机组{系统}☆geothermal drilling system
地闪流☆ground streamer
地上的☆above {-}ground；earthly；terrestrial；superterranean；overground
地上堆场☆ground storage
地上河☆levee ridge
地上芽植物☆chamaephytes
地上油罐☆over ground tank；land storage tank
地声☆earthquake sounds；subterranean rumble；earth noise{sound}；brontide
地声技术☆geoacoustical technique
地声学☆geoacoustics
地声遥测☆earth-sound telemetry
地声仪☆geophone
地(质)生态学☆geoecology
地生物区☆geobios
地生物学☆geobiology
地生藻类☆geobiontic algae
地升运动☆geocratic movement
地石膏[$CaSO_4•2H_2O$]☆ground gypsum
地时单位☆geologic time unit；geologic(al)-time unit
地时间隔☆geochron
地史☆geologic(al) history{record}；Earth history；geohistory；anhydrous period
地史的☆geochronic；geochronologic
地史分析☆geohistory analysis
地史情况曲线☆geohistoric posturation curve
地史时期☆geohistorical time
地史学☆geochronic{historical;historic} geology；the earth('s) history；geohistory；geologic(al) history
地势☆(surface) relief；topography；terrain；physical features of a place；(topographic) feature；ground contour；terrane；geopotential；geography
地势倒置☆inversion of topography
地势倾向☆lie
地势趋向☆(topographic(al)) grain
地势图☆hypsographic{landform} map
地势向背效果[对冰川运动方向而言]☆onset-and-lee effect
(北美)地鼠☆gopher
地水沉积☆stygian deposit
地烁☆laurence
(对)地速(度)☆ground speed
地速-偏流角指示器☆ground-drift indicator
地缩☆shrinkage of ground
地塌☆earth fall{slip}
地台☆platform；bench；paraplatform
地台活化☆activation{mobilization} of platform
地台基底☆platform basement
地台阶段☆platformal stage
地台裂缝☆epeiroclase
地台浅部☆epiplatform
地台型成矿建造☆metallogenic formation of platform type
地毯☆carpet；teppe
地毯式轰炸☆carpet
地套☆mantle
地体☆terrain；terrane；terrene
地体潮汐☆body tide
地体结构☆geotexture
地铁[美]☆terrestrial iron；tube；subway
地凸☆roll
地图☆(geographical) map；chorography；chart；carto-
地图编制学☆chorography
地图册☆atlas
地图测量☆cartometry
地图重测☆remapping
地图的坐标方格☆grid
地图分幅☆sheet line system
地图分幅线☆sheet line
地图观测☆eye for map
地图基点测量☆topographic control survey
地(形)图控制☆map control
地图圈☆geosphere
(在)地图上标出☆map out
地图上的距离☆map distance
地图上未标明的☆unmapped
地图投影学{法}☆map projection
地图学☆cartography；cartology
地洼☆geodepression；diwa；tiwa；depression
地洼区☆geodepressional{diwa;geodepression} region；tiwa regional
地洼型成矿建造☆metallogenic formation of diwa type
地漥☆geodepression
地外变质(作用)☆extraterrestrial metamorphism
地外沉积☆extra-terrestrial sediment
地(球)外的☆extratelluric；extraterrestrial；extraplanetary
地外电流☆extratelluric current
地(球)外化学☆extraterrestrial chemistry
地(球)外空间☆extraterrestrial space
地外物质造成地球增大☆Earth's accretion by extra-terrestrial matter
地(球)外陨石☆extraterrestrial meteorite
地(球)外噪声☆extraterrestrial noise
地网☆capacity earth；neutralator
地网效应☆fence effect
地位☆status；footing；position；character；estate；term；standing；place；state；site；char.；FTG
地温☆ground{earth;geothermal} temperature；geotherm；geotemperature
地温表☆ground-thermometer
地温测井☆geothermic logging；temperature survey
地温计☆earth thermometer；geothermometer；ground- thermometer
地温剖面☆geothermal profile
地温深度曲线☆ground temperature depth curve
地温梯度☆geothermal{geothermic;temperature;thermal} gradient；rock gradient temperature；geothermic degree；underground temperature gradient
地温图的等梯度线☆isogradient line of geothermal map
地温学☆geothermometry
地温压条件☆geothermobar
地温增加率☆geothermic degree
地温增温级☆thermal degree
地文地质(学)☆physical{physiographic} geology
地文航法☆geonavigation
地文航海☆geo-navigation
地文区☆physiographic province{division;zone}
地文图像图☆physiographic pictorial map
地文学☆physiography；physiographic geology；physical geography
地文演化系列☆clisere
地文演替顶极☆physiographic climax
地文制图☆landform mapping
地涡☆earth-vortex
地物☆terrain feature；ground{culture-ground} object；surface feature [usu. man-made features of a region]；landmark；detail
地物(数据档)☆planimetric details file
地物分析☆terrain analysis
地物干扰☆clutter
地物高度☆object height
地物评价☆terrain appreciation
地物图☆line map
地物图像☆cartographic feature
地物信号抑制系数☆cancelled ratio
地物阴影特征☆geobody shadow feature
地蜥鳄类☆geosaurs；Metriorhynchidae
地峡☆isthmus；sowneck；neck (of land)；strait；isth
地峡带☆isthmian link
地峡连岛☆dumbbell island
地下☆underground；subterranean；interior of the earth；subsurface；secret (activity){underground.}[秘密活动]；below day；on the ground；u.g.；u/g
地下爆发效力☆mining effect
地下爆破☆contained{underground} explosion；underground blasting{burst}
地下爆炸☆camouflet{underground;contained;blast underground;subsurface} explosion；subsurface burst；underground blast{burst;detonation}
地下爆炸试验☆underground explosion test；UET
地下泵液系统☆underground pumped hydro system
地下变电所{站}☆underground substation
地下冰☆subsoil{underground;subterranean;ground;stone;subsurface} ice；crystosphene；bodeneis[德]
地下补给☆groundwater feed；underfeed
地下步行道☆walk-through
地下采空区范围☆underground working-out section area extent
地下采矿☆underground mining；undermining
地下采石作业☆underground quarrying operation
地下餐馆☆caveteria
地下仓库☆silo；underground storehouse；mattamore；palace
地下测绘☆topographic mapping
地下车辆修理硐室☆repair bay
地下冲蚀面☆buried erosion surface
地下充填☆gobbing underground
地下储藏☆ground{subsurface;underground} storage；subsurface tank
地下储藏池☆underground storage tank
地下储存☆below-ground{underground;subsurface;subterranean;cavern;buried} storage
地下储存库☆basement{underground} storage
地下储罐☆sunken{buried;underground} tank；underground storage (tank)；subsurface storage
地下储气☆gas conservation；underground gas storage
地下储气库中不能收回的残存气☆cushion gas
地下储油仓☆oil reservoir；underground oil reservoir
地下弹着点测量系统☆bottom mounted impact location system
地下导电轨制☆conduit system
地下道施工☆subway construction
地下的☆subterranean；underground；subterrestrial；subsurface；subterraneous；hypogeal；buried；below {-}ground；hypogeic
地下(生成)的☆hypogene
地下电池窖☆underground battery well
地下电缆检修孔☆cable vault
地下硐室☆rock cavity；underground station{cavity;excavation}
地下洞水生物☆troglobite
地下多管排水系统☆underground perforated drainpipe system
地下发射阵地☆hard point
地下反应堆电站☆underground reactor power plant
地下防空建筑物☆underground airraid shelter
地下防渗墙☆underground cut-off wall
地下防水☆subsoil waterproofing
地下非湿相☆in-place nonwetting phase
地下肥水☆nutritive groundwater；subterranean water；underground stream
地下废弃物注入☆subsurface waste injection
地下粪尿池☆underfloor manure tank
地下覆盖段☆subsurface coverage
地下富源☆hidden resources
地下干管☆submain；underground main
地下干馏处理☆below-ground retorting processing
地下根☆subterraneous root
地下工厂☆underground factory{work}；sweat shop；

wildcat factory
地下工程机械☆underground construction machinery
地下公墓☆catacomb；subterranean cemetery
地下供水☆groundwater supply
地下公用管道设施☆underground utilities
地下工作的人☆subterranean
地下沟渠☆buried channel
地下构造情况(图)☆subsurface picture
地下古物市场☆underground antique market
地下管道列车☆tube-line train
地下灌溉☆subsurface{underground} irrigation；sub(-)irrigation
地下灌溉干渠☆buried main
地下过滤场☆underground filtration field
地下巷道☆underworkings；underground roadway {heading;gallery;excavation;digging;opening}
地下巷道布置☆mine layout
地下河☆estavel；swallet；estavelle；underground river {stream;channel}；subterranean stream{river}
地下核爆炸形成的垂直筒形破裂带☆nuclear chimney for underground gasification
地下河入口洞☆cave inlet
地下河水系的☆cryptorheic；cryptoreic
地下河系☆network underground streams
地下河销蚀洞[喀斯特区]☆inlet cave
地下横木☆anchor block
地下火山☆subterranean volcano；subvolcano
地下火山岩流☆subhorizontal volcanic flows
地下火烧油层☆in-situ combustion
地下基岩☆subterrane；subterrain
地下给水☆subwatering；groundwater supply
地下加热管线☆buried{underground} heated line
地下建设☆infrastructure
地下建筑☆underground{subsurface} construction；hypogee
地下建筑工程地质勘察☆engineering geological investigation of underground construction
地下焦点效应[震勘]☆buried focus effect
地下交易☆covert transaction；underground exchange
地下接触轨集电器☆underground collector
地下结果[植]☆geocarpic
地下结果性[植]☆geocarpy
地下金属管探测仪☆underground metallic pipeline detector
地下浸出☆underground leaching；in situ leaching
地下茎☆underground{subterraneous; subterranean} stem；rhizome；rhizoma
地下井☆cell
地下径流☆ground water runoff{flow}；subsurface runoff{drainage;flow}；subterranean{seepage} flow；groundwater run-off{runoff}；run in depth；underflow；interflow subsurface drainage
地下径流分割☆separation of groundwater flow
地下径流过程线☆base flow hydrograph；groundwater hydrograph
地下径流模数☆subterranean flow modulus
地下聚焦效应☆buried focus effect
地下卷取机顶部辊道☆down-coiler top table
地下开采巷道☆underground mining workings
地下开挖工程☆subsurface excavation
地下勘探图示系统☆graphic exploration of the subsurface；GEOS
地下库水位☆phreatic high
地下矿[与露天矿相对]☆deep (level) mine
地下矿藏资源☆mineral resources
地下矿床露头[德]☆rasenlaufer
地下矿石(所有权)☆ore delfe
地下廊道☆(underground) gallery
地下冷水资源☆underground cold water resource
地下礼堂☆auditorium built below the ground；basement auditorium
地下沥滤☆in-situ leaching
地下沥青贮仓☆underground asphalt storage
地下廉价商场☆bargain basement
地下连续墙☆trench wall; (underground) diaphragm wall；continuous concrete wall
地下料仓☆ground bunker{bin}；sublevel bin
地下裂漏[管道或油罐]☆subterranean leak
地下淋溶☆subrosion；suffosion
地下流动图式☆subsurface flow pattern
地下流体☆phreatic fluids；subsurface fluid；geofluid
地下露头☆subcrop
地下旅馆☆underground hotel；air-raid shelter hotel
地下滤场☆subsurface (sand) filter
地下罗盘测链测量☆latch
地下锚定横木☆anchor(ed) block
地下煤仓☆coal hole
地下煤的气化☆in-situ coal gasification process
地下煤库☆coal-cellar
地下煤矿照明☆underground lighting in hardcoal mining
(古代)地下墓室☆hypogeum；hypogea
地下能源☆fossil energy resources
地下排水☆subdrainage；underdrain(age)；subsurface {subsoil;under;underground} drainage；subsoil drain
地下排水节制闸☆subsurface drainage check
地下炮眼钻凿☆underground blasthole drilling
地下气化的煤气☆underground gas
地下气化燃烧法☆combustion method
地下气化站☆underground gasification station
地下钱庄☆black market money charger
地下侵蚀☆subrosion；underground{subsurface} erosion
地下侵蚀破坏☆failure by subsurface erosion
地下氢储藏☆underground hydrogen storage
地下全部采空区☆critical area of extraction
地下热卤水型矿床☆hot geothermal brine type deposit
地下热水☆geothermal (hot) water；hydrothermal solution；hot water drawn out to the surface；underground hot water；underground{subterranean} thermal water；hot{warm;thermal} groundwater；ground warm water；thermal subterranean water
地下热水型矿床☆hot geothermal brine type deposit
地下溶洞储存[储石油产品或液化石油气]☆salt dome storage
地下溶盐体☆reservoir
地下入流☆(subsurface) inflow
地下入流河☆inflow stream
地下散射噪音☆subsurface-scattered noise
地下山地工作☆closed work
地下商场☆market place built below the ground；basement{underground} shop
地下商店☆walkdown
地下设备室☆canyon
地下渗流力学☆underground permeation fluid mechanics
地下渗水道☆infiltration tunnel
地下生产☆illicit{underground} production
地下生成期☆intratelluric stage
地下声音反射器☆subsurface acoustic reflector
地下石室☆Picks' house
地下石油剩余可采储量☆remaining recoverable oil in place
地下石油蒸馏甑☆subterranean oil retort
地下室☆cellar；basement；vault；cell；underground chamber；subterrane；souterrain；bsmt；mattamore；dugout；undercroft
地下室采光井☆(basement) areaway
地下室层☆basement floor{level}
地下室窗☆cellar window
地下室顶光☆pavement{vault} light
地下室二层☆subcellar
地下室干管系统☆basement main system
地下室灭火管☆cellar pipe
地下室前凹地☆area
地下室墙☆basement wall
地下室型变压器☆vault-type transformer
地下式蓄水池☆underfloor type receiving tank
地下输油管道☆buried oil pipeline
地下水☆ground{subsurface;underground;buried; subterranean;phreatic;sub {-}soil;meteoric;plerotic; unconfined} water；(phreatic) groundwater；base blow；underwater；swallet；phreatic ground water
地下水泵汲{抽出}控制☆control of pumping up of underground water
地下水补给槽☆groundwater recharge trench
地下水补给河☆influent river
地下水采水层☆mining level of ground water
地下水仓☆pocket；lodge
地下水池☆covered reservoir；underground tank；water cellar
地下水重蓄☆replenishment of groundwater
地下水抽取量☆groundwater pumpage
地下水出流区☆groundwater discharge area
地下水出入计算☆groundwater budget
地下水出现条件☆occurrence condition of groundwater
地下水储存量☆subsurface water storage；groundwater storage capacity
地下水储体☆groundwater reservoir
地下水导流装置☆groundwater deflector
地下水道☆underground watercourse；subterranean river course；kanat；qanat；emissarium
地下水道网☆underground conduit net
地下水的☆isothermal layer；phreatic
地下水的冻结☆groundwater freezing
地下水等变幅图☆equal range map of groundwater level change
地下水等水压线图☆isopiestic contour line of groundwater
地下水点调查☆investigation of groundwater point
地下水动态成因型☆genetic type of groundwater regime
地下水动态☆groundwater regime
地下水分布☆groundwater occurrence
地下水分水岭{界}☆groundwater{phreatic} divide
地下水封石洞油库☆underground water seal stone cave oil reservoir
地下水供水蕴藏量☆potential groundwater yield
地下水管[沙漠地区供水]☆foggara
地下水过量开发☆ground water over development
地下水耗减曲线☆ground-water depletion curve
地下水恢复活动☆resurgence
地下水混浊度{性}☆groundwater turbidity
地下水脊☆groundwater ridge
地下水降深{落}☆groundwater drawdown
地下水径流场{|带}☆runoff field{|zone} of groundwater
地下水开采直方图☆histogram of groundwater development{mining}
地下水可采量☆ground-water yield
地下水亏损曲线☆groundwater recession curve
地下水量枯竭☆groundwater depletion
地下水岭☆ground-water ridge
地下水流☆subsurface{groundwater;underground; subsoil} flow；underflow；interflow；ground water flow；subterranean stream
地下水流出面积☆groundwater discharge area
地下水流量率☆rate of groundwater discharge{flow}
地下水露头处☆cropping-out of the groundwater；water-table outcrop
地下水面☆water table{plane;level}；groundwater level {table;surface}；surface of underground water；ground water table{surface;plane;elevation;line; level}；underground water level{surface;table}；waterline；phreatic{saturated} surface；GWL；W.T.；free-water elevation；level{plane} of saturation；ground-water level；free water table
地下水面出露泉☆water-table spring
地下水面集中水流☆water-table stream
地下水面穹起☆groundwater mound
地下水排泄量☆phreatic water discharge
地下水平衡账☆groundwater budget
地下水丘☆water-table{groundwater} mound；groundwater hill；ground water mound
地下水区☆groundwater province；phreatic zone
地下水渠☆specus
地下水权☆groundwater right
地下水人工补给量☆artificial recharge of groundwater
地下水上部含水层☆phreatic high
地下水渗流力学☆groundwater permeation fluid mechanics
地下水渗透速度单位☆velocity of flow
地下水省☆groundwater province
地下水实地流速☆field velocity of ground water
地下水使用量☆groundwater consumption
地下水室☆gallery
地下水收支情况☆groundwater budget
地下水水位泄降☆groundwater drawdown
地下水水温动态曲线☆regime curve of groundwater temperature
地下水水质图☆groundwater quality map
地下水天然动态☆natural regime of groundwater
地下水头高程☆groundwater head level
地下水图☆groundwater map
地下水位☆groundwater level{elevation;stage;table; depletion;surface}；water table；level of subsoil

D

water; (under)ground water table{level;elevation}; phreatic water level{surface}; free-water elevation; saturated surface; elevation of ground water
地下水位变化周期☆phreatic cycle
地下水位波动带☆belt of phreatic fluctuation
地下水位槽陷☆groundwater trench
地下水位等降深图☆equal drawdown map of groundwater
地下水位高的土地☆aquafalfa
地下水位升降变化☆groundwater{phreatic} fluctuation
地下水位下降区☆area of pumping depression
地下水位壅高值☆damming value of groundwater table
地下水文不连续线☆geohydrolic discontinuous line
地下水文模型{拟}☆geohydrologic model
地下水污染起始值☆initial value of groundwater pollution
地下水系☆lithic{subterranean;underground; subsurface} drainage; ground(-)water (flow) system
地下水系"天窗"☆gulf
地下水下部含水层☆phreatic low
地下水下降漏斗☆cone of depression{influence}; drawdown cone
地下水形成条件☆groundwater {-}forming condition; condition of groundwater formation
地下水学☆geohydrology
地下水循环成矿模式☆groundwater-circulation metallogenic model
地下水溢出带☆area of groundwater discharge
地下水溢出区☆groundwater discharge area
地下水允许开采量☆safe yield of groundwater
地下水运动理论☆flow theory of underground water
地下水再补充☆groundwater recharge
地下水正常枯竭曲线☆normal ground water depletion curve
地下水质恶化☆groundwater quality deterioration; groundwater degradation
地下水资源估算☆groundwater resource estimation
地下水总抽取量☆total groundwater pumpage
地下水阻体☆groundwater barrier
地下水最佳开采方案☆plan of optimal groundwater mining
地下体积☆subsurface volume
地下天然气黏度☆reservoir gas viscosity
地下天线☆underground{buried} antenna; earth buried antenna
地下铁道☆subway[美]; underground (railway); tube[英]; tube railroad{railway}; underpass; metro; sub.; the subway
地下铁道车站☆subway station; underground railroad station
地下隧{铁}道☆subway tunnel
地下听音器☆geophone
地下通道☆kanat; underpass; buried channel; qanat; undercrossing; underground passageway{passage}; natural tunnel; souterrain
地下桶(数)/日☆reservoir barrels/day; RB/D
地下瓦管☆subdrain tile
地下瓦斯仓库☆subterranean gas storage
地下温度☆geotemperature; subsurface temperature
地下舞厅☆unlicensed cabarets
地下物流运输☆Underground Freight Transport; UFT
地下咸水☆saline groundwater
地下消火{防}栓☆underground hydrant
地下芽植物[休眠芽深在土层中的多年生植物]☆geophyte; geocryptophytes; cryptophyte
地下岩洞☆zawn
地下岩溶☆subsoil karst
地下盐水☆salt{saline} groundwater; underground brine; saline ground water
地下掩埋☆burial land; sallon land burial isolation
地下掩埋废物处理场☆landfill waste disposal site
地下掩体☆bunker
地下窑居☆underground dwelling
地下液化石油气储穴☆storage jug
地下液化石油气库☆underground liquefied petroleum gas storage
地下液体力学☆underground liquid dynamics
地下一致性参数☆subsurface-consistent parameter
地下油☆cavern storage
地下油罐☆underground petrol tank; sunken oil storage; subterranean{submerged;buried} tank
地下油罐裂漏☆subterranean leak
地下油库☆oil cellar; underground oil storage; cellar oil; subterranean storage
地下油库排污系统☆oil cellar drainage system
地下油气比☆reservoir gas-oil ratio
地下原油比重☆ground specific gravity of crude oil
地下运输☆underground hauling{transportation; haulage}; haulage underground
地下运输露天矿☆pit quarry
地下珍宝馆☆underground treasure chamber
地下真空硐室☆Torricellian chamber
地下蒸馏油母页岩法☆underground retorting oil shale method
地下蜘蛛☆trap-door spider
地下贮存用的采竭油层☆underground storage pool
地下贮热☆underground heat storage
地下资源开发工程学☆geotechnology
地下钻井室[坑道采油时的]☆drill room
地下钻机☆subterrane drill; drill for underground
地陷☆land collapse; settlement
地线☆earthing{ground;earth} wire; earth; ground (lead); earth(ing){grounding} conductor; Ea; gnd
地线盒☆earth link box
地线网络☆neutralator
地向斜☆geosy(n)cline; geosynclinal; regional syncline
地震证据☆seismological evidence
地斜☆geocline
地斜的☆geoclinal
地心☆geocenter; Earth('s){inner} core; geocentre; Earth's center
地心圈☆barysphere; centrosphere; core of the Earth
地心投影地图☆gnomonic chart
地心吸力☆force{pull} of gravity
地心引力☆gravity; terrestrial gravity{attraction}; earth force
地心原点☆geocentric origin
地形☆landform; topography; (land;form) feature; terrain (relief); lay of land (the) land; (surface;feature) relief; terrene; topographic expression{form}; relief{physical} feature; (ground) configuration; lay; landscape; configuration of the ground; geography
地形变化☆modification; land (modification)
地形变化假说☆hypsometric hypothesis
地形不平☆accident; accident of the ground
地形不平整☆topographic irregularity
地形草图☆ground sketch
地形测绘人员☆geometrician
地形测量☆topographic survey{surveying}; topometry; morphometry; topography; topographical{plane} surveying; ordnance survey
地形测量家☆geometrician; geometer
地形差型☆geocline
地形差型的☆geoclinal
地形成因(学)☆morphogenesis
地形成因学☆geomorphogeny
地形-大地均衡区域异常☆topo-isostatic regional anomaly
地形倒置☆inversion of relief; relief inversion
地形的☆topographic(al); orographic; geomorphic
地形(学)的☆geomorphologic(al); topographical; topog
地形(学;测量)的☆topographical
地形的继承性☆inheritance of relief form
地形雕塑作用☆glyptogenesis
地形发达史☆geomorphic history; history of topographic evolution
地形发生☆morphogenesis
地形发生分类☆morphogenetic classification
地形发展史☆history of landform
地形分类☆morphological classification
地形分析☆topographic{landform;morphological; terrain} analysis
地形改(正)量板☆terrain correction template
地形高度的☆hypsometric(al)
地形和土链☆topography and catena
地形环境☆geographic
地形记录图表☆topolog sheet; topologsheet
地形校正☆correction for topography
地形举升☆orographic lifting
地形均衡垂线偏差☆topographic isostatic deflection
地形轮廓☆configuration
地形排列线☆topographic(al) alignment
地形盆地☆morphologic basin
地形评解☆terrain evaluation
地形剖面☆topographic(al){ground} profile; profile line
地形起伏☆topographic(al) relief; fold; topographic inequality{irregularity}; roughness of relief; roll; terrain undulation; hypsography
地形起伏校正☆correction for relief
地形起伏图☆hypsography
地形侵蚀回春☆rejuvenated landform
地形区☆morphologic province{region}; geotectonic region
地形时期☆stage of relief
地形塑造要素☆elements of morphosculpture
地形抬升☆orographic lifting
地形填图☆surface mapping
地形条件恶劣(的)地区☆rough terrain
地形突变☆breaks; geomorphic accident
地形图☆topographic(al){landform;physiographic; relief; ground;geographic;land} map; topographic drawing; chart; surface contour map; toposheet; topomap; ordnance map[英]
地形图测绘☆surveying and mapping of topomap
地形图图例☆topographic{topographical} symbols
地形显示☆relief{topographic} expression
地形线☆terrain{form;landform} line; form(-)line
地形形成营力☆relief-forming agents
地形序列☆toposequence
地形学☆geomorphy; topography; geomorphology; topog
地形学的☆topographic(al)
地形学图☆geomorphological map
地形演化(史)☆history of landform
地形要素☆landform element; terrain details; topographic feature{entity}
(使)地形夷平☆remove the relief
地形因子{素}☆terrain factor
地形影响☆orographic{topographic} effect
地形雨沙漠☆orographic desert
地形壮年期☆topographic maturity
地形准卷曲效应☆topographical quasi-curl effect
地形纵断面记录器☆terrain profile recorder
地(球)学☆earth{geological} science; geoscience; geonomy
地学层析成像技术☆geotomography
地学家☆geonomist
地压☆ground{earth;strata;rock;formation;geostatic} pressure; rock thrust; geopressure; pressure of ground; land weight
地压测定☆rock pressure measurement; geopiezometry
地压大的顶板☆heavy hanging wall
地(质)压(力)带☆geopressured zone
地压带砂岩☆geopressured sandstone
地(质)压(力)计☆geobarometer; pressure capsule
地压井☆geopressured well
地压控制☆strata control
地压力☆geostatic pressure; geopressure
地压力计☆earth pressure gauge
地压能源井☆geopressured energy well
地(质)压(力)盆地☆geopressured basin
地压破煤☆cascading of coal
地压系数☆coefficient of earth pressure
地压型沉砂体☆geopressured sands
地压型储层☆geopressured reservoir
地压型(热)水☆geopressured water
地压应力☆lithostatic stress
地压支柱尖端压裂☆burring of taper prop
地岩浆轮回☆geomagmatic cycle
地衣☆Lichenes; lichen
地衣测年(法)☆lichenometry
地衣共生菌☆mycobiont
地衣门[真菌类,与藻类共生;Q]☆lichenes
地衣年(代测定)☆lichenometric dating
地衣型☆lichenoid form
地衣学☆lichenology
地因学☆geogeny; geogony
地音仪☆geophone
地影☆Earth shadow
地应变☆earth{crustal} strain
地应力☆ground{earth;crustal;terrestrial} stress
地应力场☆(crustal){geostatic} stress field
地应力解除法☆stress-relief method

地域☆terrain; region; district; tract; terrene; territory
地域分异☆regional differentiation
地域性☆topomorphism
地狱般的☆sulphurous
地狱的☆hadean
地原学☆geogony; geogeny
地缘战略学☆geostrategy
地缘政治造成的资源短缺☆resource scarcity due to geopolitics
地院☆geological institute
地月共同重心☆center of gravity of earth-moon pair
地月体系☆Earth-moon system
地月系的☆geoselenic
地噪声☆ground{earth} noise
地站☆earth station
地障(说)☆land barrier
地震☆seism; earthquake; earthshock; tremblor; (earth) shock; quake; seismos; temblor; convulsion of nature; seismic vibration; earthquake shock; earthdin; seismo-
地震安全度评价☆seismic safety evaluation
地震伴随波☆seismic ghost
地震爆破孔用钻头☆seismograph bit
地震闭合测线☆seisloop
地震标示层☆seismic marker bed{horizon}
地震表层剥除法☆seismic stripping
地震冰川学研究☆seismic-glaciological research
地震波☆(seismic) wave; earthquake{earth;tidal; ground;acoustic} wave; returning echo
地震波初动方向☆direction of a first motion of a seismic wave
地震波的低速带☆weathered layer
地震波峰☆scheitel
地震波幅比☆ground vibration; damping ratio
地震波记录的尾部☆end of discemable movement
地震波谱声谱仪☆sonograph
地震波曲线记录☆seismogram record
地震波散☆dispersion of seismic waves
地震波射线层析技术☆seismic tomography
地震波时距曲线☆hodograph
地震波速☆seismic velocity; velocity of seismic wave
地震波速度突变面[地物]☆discontinuity
地震波调向接收法☆controlled-direction seismic wave reception method
地震波显示仪☆seismoscope
地震波行进时☆seismic travel time
地震波阻抗曲线☆seismic acoustic impedance log
地震波最大传播深度☆maximum depth of seismic rays
地震测井☆well{uphole} shooting; (borehole) seismic log(ging); well velocity survey; seislog; well-shooting; wellside seismic service; WSS
地震测勘汽车☆recording truck
地震测倾法☆dip shooting
地震测线[海油勘]☆seismic profile{line}; seismic survey lines; on-line
地震测线勘探法☆profile shooting
地震测线上的转折☆dogleg
地震层序分析☆seismic sequence analysis
地震产生的喷气孔☆earthquake-created fumarole
地震场论☆field theory of earthquake
地震车☆seismopickup; seismic pick-up
地震成因☆seismic origin; seismogenesis; origin of earthquake
地震初(始)波☆primary seismic wave
地震初至☆first arrival{break}
地震储层研究☆seismic reservoir study
地震处理技术☆seismic processing technique
地震触发☆earthquake triggering; triggering of earthquake
地震传感器组☆seismic sensor cluster
地震垂向分辨率☆seismic vertical resolution
地震磁带记录仪☆seismograph tape recorder
地震次生灾害☆seismic secondary disaster
地震大地构造效应☆seismotectonic effect
地震带☆earthquake zone{belt}; hinge zone of earth; seismic belt{area}; Benioff zone
地震道反演☆trace inversion
地震道距☆trace spacing
地震的界面反射☆seismic boundary reflection
地震的先兆☆indications of an impending earthquake
地震地层(学)☆seismic stratigraphy interpretation
地震地层学分析☆seismic-stratigraphic analysis
地震地磁效果☆seismomagnetic effect
地震地点☆location of earthquake
地震地质(学)☆seismogeology
地震电效应☆seismoelectric effect; seismicity electric effect
地震动☆ground shock; earthquake vibration
地震动水作用力☆earthquake hydrodynamic force
地震动载☆dynamic earthquake load
地震断坎☆earthquake scarplet
地震断裂☆seismodislocation; earthquake rift
地震法海底测量绳☆seismic seastreamer
地震法勘探☆seismic method of exploration {prospecting}; seismic prospecting
地震法勘探员☆lineman
地震反射层析☆seismic reflection tomography
地震反应分析☆seismic response analysis
地震分析☆seismic{earthquake} analysis
地震复发率☆earthquake recurrence rate
地震覆盖电缆☆seismic coverage cable
地震概率☆probability of earthquake
地震干扰{涉}噪声☆seismic interference noise
地震构造区域划分☆seismotectonic zoning
地震光缆☆seismic optical cable
地震海啸☆tsunami; seismic surge
地震荷载的区域系数☆zone coefficient for seismic load
地震横波☆secondary{transverse} wave
地震后喷发☆post-earthquake eruption
地震环线☆seisloop
地震回波☆returning echo
地震回放仪☆seismic playback apparatus
地震会商☆seismologic(al) consideration
地震活动的年平均值{|最低年值}☆mean {|minimum} annual value of seismic activity
地震活动度☆seismicity
地震活动分布图☆seismicity map
地震活动空白地带☆seismic{seismicity} gap
地震活动少的地区☆quiet location
地震活动性图☆seismicity map
地震机制☆mechanism of earthquake; earthquake mechanism
地震级☆magnitude; earthquake magnitude{scale}
地震计摆☆seismometer pendulum
地震记录☆(earthquake) record; seismogram; seismography; seismologic record
地震记录的震相☆phase of seismogram
地震记录法☆seismography
地震记录时标器☆seismic interval timer
地震记录线☆trace
(一种)地震记录转换装置☆Geodata
地震计射仪☆seisma chronograph
地震计折算摆长☆seismometer reduced pendulum length
地震加速度检波器☆accderometer
地震检波器短排列☆short spread of detectors
地震检波器组(合)记录系统☆seismometer group recorder{recorder system}; SGR
地震检波器组合☆seismometer array
地震检波仪☆doodlebug
地震检测法☆seismography
地震(资料)交互解释系统☆seismic interactive data interpretation system; SIDIS
地震居里面☆seismic Curie surf
地震矩张量☆seismic moment tensor
地震勘探☆seismic exploration{prospecting; survey}; prospecting; seismographic survey; seismics
地震勘探集合记录☆composite recording
地震勘探计时用接触钟☆contact clock
地震勘探用炸药☆seismic explosive; seismex
地震勘探锥摆☆conical pendulum
地震可断面☆seismic discontinuity
地震空区☆seismic gap; seismogap
地震孔用钻机☆seismic drill
地震孔(用的)钻杆☆seismograph rod
地震浪☆tsunami
地震力☆seismic{earthquake} force; earthquake load; streamer
地震力矩张量☆seismic moment tensor
地震历时☆duration of earthquake
地震亮点技术☆seismic bright spot technology
地震烈度☆seismic{earthquake} intensity; intensity of earthquake; intensity
地震烈度分区图☆map of seismic intensity zoning
地震裂缝☆earthquake fissure; quebrada
地震流值(线)☆streamline of earthquake
地震录制系统☆seismic transcribing system
地震脉冲全息☆seismic impulse holography
地震慢度☆seismic slowness
地震面剖面☆seismic plane profile
地震模糊带☆seismic smear zone
地震能量的最大年值☆maximum annual value of seismic energy
地震能源☆seismic energy source
地震排列组合☆seismic array
(打)地震炮井☆augering
地震炮眼钻工☆doodlebug; doodlebugger
地震频度☆seismic{earthquake} frequency; frequency of earthquake
地震评定等级☆level of seismic qualification
地震平静期☆aseismic{seismically-quiet} period; seismically quiet period
地震剖面编绘器☆seismic compiler
地震剖面勘探☆(seismic) profile shooting
地震迁移☆migration of earthquake; seismic migration
地震前兆☆forerunning effect of earthquake; seismic precursor; forerunner; preliminary symptom; premonitory symptoms; earthquake precursors
地震强度分级☆scale of seismic intensity
地震墙影响☆seismic wall effect
地震屈服烈度☆yield seismic intensity
地震区划分☆seismic regionalization{zoning}
地震区域☆seismologic zone
地震群☆swarm of earthquake; seismic cluster; cluster
地震扰动的振幅范围☆seismic disturbance range of amplitudes
地震人员☆geologist
地震蠕动{变}☆seismic creep
地震色彩显示☆Seis-chrome
地震射线的纵波部分☆longitudinal portion of seismic rays
地震深度☆depth of shock
地震声波☆earthquake sound; air wave
地震声学☆seismoacoustics; seismic acoustics
地震实迹☆seismological evidence
地震时间切片☆time slice
地震时期☆earthquake's period
地震时土压☆earth pressure during earthquake
地震史☆earthquake{seismologic} history
地震事件识{鉴}别☆seismic event identification
地震受灾程度☆seismic risk{damage}
地震属性测量☆seismic attribute measurement
地震术☆seismometry
地震数据定向滤波☆directional filtering of seismic data
地震数据自动处理机☆automatic earthquake processor
地震水平(运)动☆sideward motion of earthquake
地震瞬时脉冲☆seismic transients
地震损失保险☆earthquake damage insurance; insurance against earthquake damage
地震塌片☆quake sheet
地震台☆seismostation; seismographic station
地震台网☆seismic network; network of seismographic stations
地震探测法☆seismics; seismic prospecting method
地震探查装置☆seismic prospecting system
地震探矿炮孔☆slim hole
地震探矿用电雷管☆fast cap
地震体波☆seismic body waves; bodily seismic wave
地震同相轴识别☆seismic event identification
地震透射勘探☆seismic transmission prospecting
地震图☆seismic{seismographic;earthquake} map; seismogram; seismicchart; earthquake chart
地震图分析☆seismogram analysis
地震危险分区☆earthquake risk zoning
地震位置☆location of earthquake
地震物探法☆seismic geophysical method
地震系数圆法☆seismic coefficient circle method
地震先兆现象☆earthquake precursor
地震显示仪☆seismoscope
地震险图☆seismic risk maps
地震详查{测}☆detail shooting
地震响应谱☆seismic response spectra
地震相☆facies; seismic phase{facies}
地震相单位{元}☆seismic facies unit

地震小裂谷☆earthquake rent；reverse scarplet
地震信号相干(性)☆seismic signal coherence
地震性变形☆seismic deformation
地震学☆seismology；seismics；seismography；seismicity
地震学的☆seismographic；seismological
地震学家☆seismologist
地震学手册{指南}☆manual of seismology
地震学者☆seismographer
地震岩☆seismite
地震研究观测台☆seismic research observatory
地震岩性模拟☆seismic lithologic modeling；Slim
地震验波器台基☆seismometer pier
地震遥测浮标☆seismic telemetry buoy
地震曳引法☆seistrach
地震仪☆s(e)ismograph；seismic instrument{detector; instrumentation;apparatus;pick-up}；seismopickup；seis [sgl.sei]；acceleration detector；seismometer；tortuga；seismoscope；seismolog
地震仪布置的倾斜定位☆oblique orientation of spread
地震仪重叠记录☆overlapping seismometer output
(用)地震仪记录或研究地震现象☆seismometry
地震仪器学☆seismography；instrumental seismology
地震仪倾斜排列[与倾斜线成一角度]☆oblique orientation of spread
地震仪野外台阵☆field array of seismic sensors
地震仪直线排列☆line spread
地震仪钟☆seismograph clock
地震易损性分析☆seismic vulnerability analysis
地震引起的震动☆earthquake shocks
地震影响☆effect of earthquake
地震诱发的地质灾害☆earthquake induced geological hazard
地震诱发力☆seismic trigger
地震预报☆seismological{earthquake} prediction；earthquake forecast(ing)；forecast of earthquake；prediction of earthquakes
地震预报网遥测系统☆telemetering systems for earthquake prediction
地震预报学☆earthquake prognostics
地震预处理系统☆seismic preprocessing system
地震预期程度☆expected seismic coefficient
地震元法☆seismic element method
地震运动☆seismic motion；taphrogeny
地震运动补偿☆seismic motion compensation
地震灾害评价☆earthquake hazards evaluation
地震灾区☆earthquake-stricken area
地震再现系统☆seismic transcribing system
地震折射波(传播)时(间)曲线☆seismic refraction travel time curve
地震震动质量☆seismic mass
地震震源☆centrum；centra；earthquake origin
地震震中☆earthquake epicenter
地震征兆☆premonitory symptom
地震中心☆seismic center；epicenter of earthquake
地震周期理论☆earthquake periodic theory
地震纵波☆primary (seismic) wave
地震组合☆seismic array
地震阻抗测井☆seismic impedance log
地震阻抗道☆seismograph-impedance trace
地震作用☆seismism；seismic effect{action}；geological process
地知学☆geognosy
地植法☆geobotanical method
地植群☆geoflora
地植物法☆geobotanical method
地植物分区☆geobotanical regionalization
地植物学☆geobotany
地植物学的☆geobotanical
地植物找矿法☆prospecting by geobotanic plant
地植学☆geobotany
地址☆location；address[计]；cell；bucket；Add; add.；ADRS；ads.；ads
地址错误☆error in address；EIA
地志☆topography；geography
地志编(纂学)☆chorography
地志的☆topographical
地志图☆topological maps
地志学☆topology
地志学的☆topological
地质[地壳的成分和结构]☆geology
地质报告☆geologic(al) report；record
地质报告日期☆date of geological report
地质编录图☆geolograph chart
地质变动顺序☆geologic(al) sequence of events
地质变异度指数☆index of geological diversity
地质标(准)样☆geostandard
地质标志物☆geologic(al) tracer
地质标准地形图图幅☆geologic quadrangle map
地质采矿研究院☆Institute of Geological and Mining Research；IGME
地质参数☆geologic parameter
地质、测量及可行性研究☆geology,surveying and feasibility studies
地质测压学{术}☆geobarometry
地质沉积☆geological sediments；isotropic deposit；geologic sedimentation
地质成果利用率☆usable rate of geological report
地质成因杂岩☆complex of geologic origin
地质储量☆geologic reserve；geological reserves {ore}；possible ore{reserves}；oil in place；oil initially in place
地质锤☆prospecting{geologic(al)} hammer；geologist's pick
地质磁带记录仪☆geologic(al) tape recorder
地质代☆geologic age；geological era
地质的☆geologic(al)；geol.；geology
地质地面勘查☆geologic(al) ground survey
地质点☆geological observation point
地质调查☆geologic(al) examination{investigation; survey; research}；survey(ing)；geological study{reconnaissance}；geol.surv.
地质断层☆geofault；geological fault
地质发展论☆geoevolutionism
地质发展史☆geologic history
地质分布☆geology{geological} distribution；geological distributor{distributer}
地质分析☆geologic(al) analysis
地质概况☆geologic(al) aspects；general geology
地质工程勘查{研究；调查}☆geologic(al) engineering investigation
地质工学☆geotechnique
地质工艺(学)☆geotechnology
地质工艺方面☆geotechnically
地质工作前的☆pregeologic
地质工作用镐☆geologist's pick
地质构造☆(geologic(al)) structure；tectonics；tectonic structure；geological formation
地质构造-地貌过程-发育阶段三要素☆structure-process-stage
地质构造钻探☆structural{structure} drilling；drilling for structure
地质古生物学方法☆geologic(al)-palaeontologic method
地质顾问☆consulting geologist
地质观察[拉]☆peccavi
地质观察路线☆traverse of geologic observation
地质化[进行地质研究,了解地质情况]☆geologize
地质混杂体☆chaotic geological body
地质记录缺失☆gap in geologic(al) record
地质技术学☆geotechnics
地质加工流程☆geological treatment flow
地质检索和摘要程序☆geological retrieval and synopsis program
地质简图☆generalized geologic map
地质界线☆geological boundary；line of geological limitation
地质经济☆geoeconomy
地质经济管理☆geologic economic management
地质静态模拟☆geologic static simulation
地质勘查☆geologic(al) examination；reconnaissance geology
地质勘查图☆geological survey map
地质勘探☆geologic(al) prospecting{exploration}；geoexploration；mineral exploration
地质勘探用照准仪☆gale{explorer's} alidade
地质考查☆boring
地质考察用航空摄影☆geophoto
地质考古(学)的☆geoarchaeological
地质科学☆geological science；geoscience
地质矿产部{局}☆ministry of geology and mineral
地质矿山仪☆geological and mining instrument
地质-矿物因素☆geologic-minerologic factor
地质类比误差☆geologic analogical error
地质类脂(类)☆geolipid
地质历史分析法☆geo-historic analysis
地质力学☆geomechanics
地质力学计算模型☆geomechanical computation model
地质略图☆schematic geological map; geologic scheme
地质罗盘☆geologic(al) compass；circumferentor
地质模型建立(法)☆geologic(al) model building
地质内成过程☆endogenous process
地质年表☆geochronometric scale
地质年代☆geochron；geochronology；geologic(al) age{time}；geologic(al) period；chronology
地质年代测定法{学}☆geochronometry
地质年代的☆geochronologic；geochronic
地质年代的放射性测定☆radiometric age dating
地质年代较晚的☆young
地质年代信息☆geochronologic information
地质年代学家☆geochronologist
地质年代学体系☆geochronological system
地质年龄☆geologic(al) age
地质泡沫☆rigid foam
地质剖面☆stratigraphic-section；geologic(al) section {profile;cross-section}；(geologic cross) section
地质剖面中最厚的岩层☆predominant formation
地质普查☆reconnaissance (geological) survey；geological survey；geo-reconnaissance
地质普查用钻机☆reconnaissance drill
地质期演替系列☆geosere
地质-气候单元☆geologic(al) climate unit
地质情报学☆geologic(al) informatics
地质色层☆geochromatography
地质上的凹陷☆geologic(al) low
地质摄影☆geophoto
地质生物学☆geobiology
地质诗☆geopoetry
地质师的助手☆pebble pup
地质时☆geochrone
地质时`标{间标尺}☆geological time scale
地质时代☆geologic(al) period{era;age;time}；aeon；geological group；eon
地质时代单位☆geologic-time{time} unit
地质(年代)时代单位[宙/代/纪/世/期/时]☆geologic(al) time unit [Eon/Era/Period/Epoch/Age/Chron]
地质实践☆geologize
地质时距单位[m/Ma]☆Bubnoff unit
地质时期☆geologic(al) time{epoch;term}；paleo-
地质时期动物(区系)☆chronofauna
地质史☆geological{geologic;Earth} history
地质(史)诗☆geopoetry
地质事件☆geologic(al) event
地质事件顺序☆geologic(al) sequence of events
地质(工作)手锤☆cross-peen sledge
地质数据☆geodata；geological data
地质数学☆geomathematics
地质素描学☆geologic sketch
地质探测雷达☆earth-probing radar
地质探眼☆scout boring
地质体走向☆course
地质统计储层模拟☆geostatistical reservoir modeling
地质统计传递论☆geostatistic transitive theory
地质图的注解{解释}☆interpretation of geological maps
地质图图例☆geologic(al) symbols
地质卫星☆geological{geologic} satellite；GEOSAT
地质温标☆palaeotemperature scale；geologic(al) thermometer
地质温度测定法☆geothermometry
地质温压计☆geothermobarometer
地质物探工作的配合☆geologic(al)-geophysical coordination
地质系统动力学☆geological system dynamics
地质相☆geologic facies；geofacies
地质协会☆geological institute；institute of geology；GIN；GI；IG
地质信息(资料)的固有结构☆natural structure of geological information
地质性地震☆glyptogenic earthquake
地质旋回☆geocycle；geologic(al) cycle
地质学☆geology；geoscience；geognost；geol.
地质学的☆geologic(al)；geo；geognostical
地质学的定量化过程☆quantification process in geology
地质学会☆geological society；GS

地质学家☆geologist；geologian
地质学史☆history of geology
地质学系☆department of geology
地质学院☆college of geology；geological institute
地质压力测量学☆geobarometry
地质压力计☆geologic(al) barometer；geobarometer
地质压力计的☆geobarometric
地质遥感中心☆center of remote sensing for geology
地质野外资料系统☆geologic(al) field data system
地质异常情况☆geologic surprises
地质因素☆geologic(al) factor{agent}；geofactor；geogen
地质因子☆geogen
地质印痕☆geoglyphic
地质营历☆geological process
地质营力☆geologic(al) agent；geological agency
地质有机单体☆geomonomer
地质语言☆geologese；geologic(al) language
地质灾害评价☆geologic(al) hazard assessment
地质炸弹☆geobomb
地质战争☆geo-warfare
地质哲学☆geophilosophy
地质制品[地质成因的似人工制品]☆geofact
地质专业的学生☆pebble pup
地质柱状剖面(图)☆geologic(al) columnar section
地质资料文件记录☆geologic(al) data file record
地质钻孔☆structural boring
地质钻探☆geologic(al) drilling；geological boring；formation testing
地质钻探参数测试仪☆geological drill-hole parameter tester
地质钻机☆exploration drill
地质作用力☆geologic(al) agent
地中的☆subterranean；sunk；sunken
地中地槽☆mediterranean
地中海☆Mediterranean (sea)；intercontinental sea
地中海的东北暴风☆Euroclydon
地中海地区夏天的热风☆youg
地中海式三角洲☆Mediterranean delta
地中海夏旱灌木群落☆macchia
地中海型☆mediterranean；Mediterranean type
地中海以东的国家☆orient
地重力势高度☆geopotential height
地轴☆earth('s) axis；axis of earth；axis
地轴(承)架☆floorstand
地轴倾斜☆tilt of the earth's axis
地主土地的使用费☆landowner's royalty
地柱☆plume
地砖☆mosaic
地转风定律☆geostrophic wind law
地转偏差☆geostrophic departure{deviation}
地租总额☆rental
地阻仪[北欧习用名称]☆terrameter
地钻☆earth borer；gouge bit
地做波初至☆seismic arrival
蒂奥得螺属[腹;E-Q]☆Theodoxus
蒂布尔{格}(深度)定则☆Tiburg rule
蒂尔黑土[北非]☆tirs
蒂方阶☆Tiffanian stage
蒂弗利斯(双晶)律☆Tiflis law
蒂里努姆海[火星]☆Mare Tyrrhenum
蒂姆方程式☆Thiem equation
蒂羟硼钙石[$Ca_2B_5O_8(OH)_2(OH,Cl)$;三斜]☆tyretskite
蒂森重力仪☆Thyssen gravimeter
蒂斯特曼方法☆Testerman's technique
蒂坦选矿法☆Titan process
蒂托阶☆Tithonian
棣美弗定理☆DeMoiver's theorem
碲☆tellur(ium)；sylvanite；silvan；Te；tellur-
碲钯矿[$(Pd,Pt)(Te,Bi)_2$;六方]☆merenskyite；biteplapalladite
碲钯银矿☆sopcheite
碲铋铂矿☆maslovite
碲铋华[$(BiO)_2(TeO_4)•2H_2O$]☆montanite
碲铋矿[Bi_2Te_3;三斜]☆tellur(o)bismuthite；bismuthic tellurium；tellurbismuth；pilsenite[Bi_4Te_3]；telluric bismuth；joseite
碲铋矿与碲银矿混合物☆von diestite
碲铋齐[Bi_7Te_3]☆hedleyite
碲铋银矿[$AgBiTe_2$;斜方]☆volynskite
碲铋铀矿☆tellur-uran-bismuth
碲铂矿[$PtTe_3$;$(Pt,Pd)(Te,Bi)_2$;三方]☆moncheite；biteplatinite；chengbolite；niggliite[现认定为锡铂矿;PtSn]
碲赤铁矿☆basanomelan
碲的☆telluric；tellurian
碲等轴铋铂矿☆tellurian insizwaite
碲钙石[$CaTe_2^{4+}Te^{6+}O_8$;单斜]☆carlfriesite；carlsfriesite
碲镉汞探测器☆mercury-cadmium-telluride detector
碲镉矿☆tellurcadmium
碲汞钯矿[Pd_3HgTe_3;斜方]☆temagamite
碲汞矿[$Hg_2(TeO_4)$;HgTe;等轴]☆coloradoite；magnolite；tellurious quicksilver
碲汞矿与碲金银矿混合物☆kalgoorlite
碲汞石[Hg_2TeO_4]☆magnolite
碲化铋☆bismuth telluride
碲化物☆telluride
碲化锡透红外陶瓷☆cadmium telluride infrared transmitting ceramics
碲黄铁矿[$Fe(S,Te)_2$]☆telaspyrine；tellurpyrite；telaspirin
碲金矿[$AuTe_2$;单斜]☆calaverite；telluride gold ore
碲金银矿[$(Ag,Au)_2Te$；Ag_3AuTe_2;等轴]☆petzite；antamokite
碲矿☆tellurium ores
磅/立方英尺☆pounds per cubic foot；PCF
碲硫铋矿[Bi_2Te_2S]☆cziklovaite；csiklovaite
碲硫镍铋锑矿☆tellurian hauchecornite
碲硫砷铅矿[$Pb_{14}(As,Sb)_6S_{23}$]☆jordanite
碲硫银锡矿☆Te-canfieldite
碲六方铋钯矿☆tellurian sobolevskite
碲锰铅石{矿}[$PbMn^{4+}Te^{6+}O_6$;斜方]☆kuranakhite
碲锰锌石[$(Mn,Zn)_2Te_3O_8$;单斜]☆spiroffite
碲镍铂钯矿☆palplatnictellite
碲镍矿[$NiTe_2$;三方]☆melonite；tellurnickel
碲铅铋矿[$(Bi,Pb)_3Te_4$;三方]☆rucklidgeite
碲铅华[$PbTeO_3$]☆dunhamite；micro-dunhamite；mikrodunhamite；microdunhamite
碲铅矿[PbTe;等轴]☆altaite；elasmosine；elasmose；lead telluride；micro-dunhamite
碲铅石[$PbTe^{4+}O_3$;三斜]☆fairbankite；girdite
碲铅铜金矿[$Au_3Cu_2PbTe_2$;假等轴]☆bilibinskite
碲铅铜石[$PbCu_3Te^{6+}O_4(OH)_6$;斜方]☆khinite；choloalite
碲铅铀矿[$Pb(UO_2)(TeO_3)_2$;三斜]☆moctezum(a)ite
碲酸盐☆tellurate
碲酸盐类☆tellurates
碲锑矿[Sb_2Te_3;三方]☆tellurantimony
碲铁矾[$Fe_2^{3+}(TeO_3)_2(SO_4)•3H_2O$]☆poughite
碲铁矿[$Fe_2(TeO_3)_3$]☆blakeite；frohbergite；durdenite；blackeite
碲铁石[$Fe_2^{3+}Te_3^{4+}O_9•2H_2O$;三斜]☆emmonsite；durdenite；dussertite
碲铁铜金矿[$Au_5(Cu,Fe)_3(Te,Pb)_2$;斜方?、假等轴]☆bogdanovite
碲铜金矿[$Au_4Cu(Te,Pb)$;斜方]☆bessmertnovite；kostovite
碲铜矿☆rickardite[Cu_7Te_5; Cu_4Te_3;斜方、假四方]；sanfordite[$Cu_{4-x}Te_2$,其中 x 约为 1.2]；vullanite [Cu_3Te_2]；teineite [$Cu((Te,S)O_4)•2H_2O$]；valcanite；weissite
碲铜石[$CuTeO_3•2H_2O$;斜方]☆teineite
碲硒铋矿☆skippenite
碲硒矿[(Se,Te);三方]☆selen {-}tellurium；selentellur
碲硒铜矿[$Cu(Se,Te)_2$;四方]☆bambollaite；bombollaite
碲锡铅晶体☆lead-tin telluride crystal
碲 130-氙 130 年龄测定法☆tellurium-130/xenon-130 age method
碲锌钙石☆yafsoanite
碲锌锰石[$(Mn,Zn)_2Te_2O_5$;四方]☆denningite
碲银钯矿[$(Pd,Ag)_3Te$?]☆telargpalite
碲银铋矿[碲银矿和碲铋矿的混合物]☆von diestite
碲银矿[Ag_2Te;单斜]☆hessite；botesite；savodinskite；telluric silver；botesite.hessite；empressite；tellurium silver glance
碲银铜矿☆henryite
碲铀钯矿☆telargpalite
碲铀矿[$(UO_2)TeO_3$;斜方]☆schmitterite
碲黝铜矿[$Cu_{12}Sb_4(S,Te)_{13}$;$Cu_{12}(Sb,As)_4(Te,S)_{18}$;等轴]☆goldfieldite
碲赭石[TeO_2]☆telluric ocher
第比利斯[格鲁吉亚首都]☆Tbilisi；Tiflis
第斗兽属[E]☆Didolodonts
第二(工作)班☆back shift
第二板面[三斜及单斜晶系中{$h0l$}型的板面]☆second-order pinacoid；pinacoid of the second order
第二(相邻)波道干扰☆second-channel interference
第二步反应☆secondary reaction
第二产业☆secondary industries
第二触角[介]☆second antennae；antenna
第二触角的双枝[介]☆antenna biramous
第二次变形☆second deformation
第二次采☆second mining
第二次重介质液体分离器☆secondary heavy medium pulp divider
第二代褶皱☆next generation of fold
第二单面[三斜及单斜晶系中{$h0l$}型的单面]☆second-order pedion；pedion of the second order
第二单斜板面[单斜晶系中{$h0l$}型的板面]☆monoclinic pinacoid of the second order
第二单柱期☆dentomonomyaria stage
第二的☆dvi-；secondary；sec
第二段冷却风机☆second stage cooling fan
第二对光轴☆optic biradials；secondary optic axis
第二法向应力差☆second normal-stress difference
第二房室☆deuteroconch；denteroconch
第二感应辊筒☆second induced roll
第二个家☆second home
第二光轴☆optic biradials；secondary optic axes
第二级传动滚筒☆secondary drive drum
第二级相变☆second order phase change{transition}
第二纪☆Secondary；Mesozoic era
第二架粗轧机☆pony rougher
第二尖[前臼齿]☆deuterocone
第二阶段☆subordinate phase
第二阶段变形☆second deformation
第二壳室[孔虫]☆deuteroconch
第二矿浆取样段☆second sampling stage
第二矿业☆second-mining industry
第二类六方四分面象(晶)组[$\bar{3}$晶组]☆hexagonal tetartohedral class of the second kind
第二类四方半面象(晶)组[$\bar{4}2m$ 晶组]☆tetragonal-hemihedral class of the second kind
第二流的☆silver；mediocre
第二六方单位柱[{$11\bar{2}0$}六方柱]☆hexagonal unit prism of the second order
第二幕褶皱☆second-phase fold
第二坡面[正交晶系中{$h0l$}型的双面]☆dome of the second order；second-order dome
第二期山☆mountain of second generation
第二期余震☆secondary aftershock
第二圈机架衬板☆second tier concaves
第二条出口☆escape way；second outlet
第二位的东西☆beta
第二线☆B wire；BW
第二斜桅的下方支索☆martingal(e)
第二枝[鹿角]☆bez-tine
第二种应力☆stress of the second kind
第二柱[{$h0l$}型的菱方柱]☆second-order prism；deuteroprism；prism of the second order
第谷坑[月面]☆Tycho crater
第谷(体)系☆Tychonic system
第何蒂冻结凿井法☆Dehottay freezing method (method of sinking)
第九(的)☆ninth
第勒尼安褶皱带☆Tyrrhenide
第六条扫描线失录☆sixth-line dropout
第六线条带☆sixth-line banding
第纳尔菊石属[头;T_1]☆Dieneroceros
第 n 期{次}变形☆nth deformation
第七年的☆septenary
第三☆tertiary
第三板面[三斜晶系中{$hk0$}型的板面]☆third-order pinacoid；pinacoid of the third order
第三次采☆third mining
第三次浪潮☆third wave
第三次脉[植]☆tertii
第三代山岳☆mountain of second generation
第三单面[三斜晶系中{$hk0$}型的单面]☆third-order pedion；pedion of the third order
第三的☆tertiary；ternary
第三定律熵[热动力学]☆third-law entropy
第三段井筒☆tertiary shaft
第三感应辊筒☆third induced roll
第三个☆third
第三轨☆contact rail
第三轨条闸车法☆third-rail braking
第三国汇付☆cross exchange
第三级的☆tertiary

第三级干涉色☆third-order color
第三纪[65～2.48Ma;地球表面初具现代轮廓,喜马拉雅山系和台湾形成,哺乳动物和被子植物繁盛,重要的成煤期]☆Tertiary (period); Astiar age; ter.; tert.; R
第三纪的☆Tertiary
第三纪后☆Post-tertiary
第三纪型矿床[低温浅成矿床,常与火山作用有关]☆Tertiary-type ore deposit
第三尖[前臼齿]☆tritocone
第三矿浆取样段☆third sampling stage
第三幕褶皱☆third-phase fold
第三脑室纹[解]☆stria ventriculi tertii
第三坡面[单斜晶系中{hk0}叶型的反映双面]☆third-order dome; dome of the third order
第三期的☆tertiary
第三圈机架衬板☆third tier concaves
第三蠕变阶段☆tertiary creep; acceleration creep stage
第三若虫{螨}[无脊]☆tritonymph
第三世界☆Third World
第三四分(位数)直径☆third quartile diameter
第三位的☆tertiary
第三位井控{控制}☆tertiary control
第三系[第三纪形成的地层]☆Tertiary (system); R
第三楔[单斜晶系中{hk0}型的轴双面]☆third-order sphenoid; sphenoid of the third order
第三楔骨☆os ectocuneiforme
第三者☆stranger
(鹿角的)第三枝☆treztine
第三种应力☆stress of the third kind
第三柱[{hk0}型的菱方柱]☆prism of the third order; third-order prism; tritoprism; prism of the third order
第三锥☆pyramid of third order; tritopyramid
第三姿势☆tierce
第三族元素☆triels
第斯特(阶)[欧;N_2]☆Diestian
第四板面[三斜晶系中{hkl}型的板面]☆pinacoid of the fourth order; fourth-order pinacoid; forth-order pinacoid[结晶学]
第四产业☆fourth industry; quaternary industries
第四次煤化跃变☆fourth coalification jump
第四单面[三斜晶系中{hkl}型的单面]☆pedion of the fourth order
第四度空间☆space time
第四附节刚毛栉[蛛]☆calamistrum [pl.-ra]
第四纪[248 万年至今;初期冰川广布,黄土形成,地壳运动强烈,人类出现]☆Quaternary (period); alluvium period; Q
第四纪的☆quaternary; Quaternary
第四纪地貌地质图☆quaternary geomorphogeological map
第四尖[前臼齿]☆tetratocone
第四坡面[单斜晶系中{hkl}型的反映双面]☆dome of the fourth order; fourth-order dome
第四圈机架衬板☆fourth tier concaves
第四头部附肢[甲;第一小颚]☆maxillule
第四系☆Quaternary (system); Q
第四楔[单斜晶系中{hkl}型的轴双面]☆fourth-order sphenoid; sphenoid of the fourth order
第四周年☆quadrennial
第四柱[单斜晶系中{hkl}型的菱方柱]☆fourth-order prism; prism of the fourth order
第五产业☆fifth industry
第五圈机架衬板☆fifth tier concaves
第五位的☆quinary
第五族元素☆pentels
第一☆proto-; first; arch-; top; prot-
第一百☆hundredth
第一板面[三斜晶系中{0kl}型的板面]☆first-order pinacoid; pinacoid of the first order
第一半衰反应段[酸化]☆first half life
第一步炮眼充填☆first-stage perforation pack
第一参比燃料☆primary reference fuel
第一层漆☆priming coat
第一层套管☆soil pipe
第一触角[介]☆first antennae; antennule
第一次采☆first mining
第一次分级筛☆primary classifying screen
第一次追加矿石☆first feed ore addition
第一代机器☆first-generation machine
第一单面[三斜晶系中{0kl}型的单面]☆first-order pedion; pedion of the first order
第一读数☆FR; first reading
第一段冷却风机☆first stage cooling fan
第一段重介质给料箱☆primary heavy medium head box
第一对光轴☆optic binormals; primary optic axes
第一、二级反击板☆1st and 2nd breaker plate
第一法向应力差☆first normal-stress difference
第一泛音带☆first overtone band
第一分量☆first component
第一扶握枝[叶肢]☆first clasper
第一感应辊筒☆first induced roll
第一个井筒☆foundershaft
第一光轴☆primary optic axis; optic binormals
第一过渡系元素☆first-series transition elements
第一焊层☆root pass
第一级传动滚筒☆primary drive drum
第一级反击板排料口调节棒☆1st breaker plate setting rod
第一级软胶塞[注水泥用容管附件]☆first stage flexible plug
第一纪[旧]☆Primary; Primitive
第一架棚子☆lead set
第一阶☆prime
第一阶段☆first stage; f/s
第一阶段石墨化☆first stage graphitization
第一节套管☆standpipe; conductor (string;casing); surface casing
第一颗结晶出现的温度☆first crystal to appear temperature; FCTA temperature
第一口井☆pioneer (well)
第一类内应力☆macroscopic stress
第一{|二;三}联汇票☆first{|second;third} of exchange
第一菱面☆rhombohedron of the first order
第一流的☆foremost; first; crack; classic; champion; banner; leading; topnotch; tiptop; ranking; tuff; Ace
第一流的钻石☆water
第一流电报员☆bonus man
第一六方单位柱[{10$\bar{1}$0}六方柱]☆hexagonal unit prism of the first order
第一秒失水初滤失量[泥浆接触新岩面瞬时失水]☆spurt loss
第一模盘☆mother
第一幕褶皱☆first-phase fold
第一坡面[单斜及正交晶系中{0kl}型的双面]☆first-order dome; dome of the first order
第一期背形褶皱枢纽☆antiformal first-fold hinge
第一期变形☆first deformation
第一期褶皱线理☆first-fold lineation
第一蠕变阶段☆primary creep
第一手现场经验☆first-hand field experience
第一水平提升☆first level lift
第一速度齿轮☆first gear
第一探测(时间)间隔☆first detection interval
第一腕板☆primibrachial
第一蝇形体管☆ancestroecium
第一象限投影法☆first-angle protection
第一小颚[介]☆first maxilla; maxillule
第一楔[单斜晶系中{0kl}型的轴双面]☆sphenoid of the first order
第一振型共振☆first mode resonance
第一执握枝[叶肢]☆first leg prehensile
第一种应力☆stress of the first kind
第一周期增产效果☆first-cycle response
第一柱[{0kl}型的菱方柱]☆first order prism; prism of the first order; protoprism
第一锥☆pyramid of first order; protopyramid
帝国☆empire
帝皇白(纯)[石]☆Imperial Dumby
帝皇玉[一种硬玉]☆imperial jade
帝密斯卡敏系☆Timiskaming system
帝诺化石☆Diano Peal
帝王虫属[三叶;O_2]☆Basilicus
帝王星石[钙超;K-R]☆Imperiaster
帝汶珊瑚(属)[P_1]☆Timorphyllum
弟窑☆Di{Ti} ware
递变☆grading
递变层☆graded bed{layer}
递变系列☆paedomorphocline
递次褶皱幕☆successive fold episodes
递发地震☆relay{relais} earthquake
递归[数]☆recurrence; recursion
递归分析☆recursive analysis
递归滤波☆recursive filtering; regressive filter
递归性☆recursiveness
递归状态☆recurrent state
递归子例(行)程(序)☆recursive rubroutine
递回式轧机☆pull-over mill
递加☆scale up
递减☆lapse; decrease progressively{successively}; decrease by degrees; descending; scaling{scale} down; diminution; depletion; degression; decline; scale-down
递减比法☆loss ratio method
递减法☆successive subtraction method
递减函数☆decreasing function
递减混波[震勘]☆taper mix
递减计数☆countdown
递减阶段☆depletion stage; stage of depletion
递减率☆lapse{declining;decline} rate; gradient; decline fraction{factor}
递减期☆period of depletion; decline period
递减器☆demultiplier
递减速度☆depletion{declining} rate; rate of decline
递减压力☆diminishing pressure
递减直至消失☆taper off
递减作用☆degradation
递降(分解)☆degradation
递降的☆descendant; descendent
递降率☆rate of descent
递进变形☆progressive deformation
递进成矿说☆progressive metallogenesis
递进法☆method of successive approximations
递开阀☆graduating valve
递升排序☆ascending sort
递时时差☆moveout
递送管☆delivery pipe
递推☆recursion; recurrence
递推滤波☆recursive filtering
递延贷项☆deferred credit
递增☆scaling up; scale-up
递增供料{给}法☆incremental feeding technique
递增级数☆increasing series
递增加载☆incremental loading
递增剪切☆progressive shear
递增释放技术☆incremental release technique
递增资本产量比☆incremental capital-output ratio
缔合☆association; associate
缔合律☆law of association
缔结☆conclusion; close
缔结契约☆enter contracts
缔约各方☆contracting parties
缔造者☆founder

diān

颠簸☆jounce; jolt; jerk; bump(ing); bumpiness; buck; reel; tramp; thrashing; surge
颠簸的☆bumpy
颠簸地移动☆jag
颠簸运动☆jerking motion
颠倒☆reversal; invert; bottom up; reverse; upside down; turn; reversion; upend; transpose; topsy-turvy; purl; trs
颠倒地(的)☆topsy-turvy
颠倒了的事物☆invert
颠倒顺序☆transpose
颠倒型[腕]☆resupinate
颠峰值☆hump
颠覆☆overthrow; overset
颠跳干扰☆shot bounce
巅☆point
巅点☆summitpoint
巅孔贝属[腕;D_2]☆Acrothyris
巅石燕(属)[腕;D_{1-2}]☆Acrospirifer
巅{峰}值☆crest (value)
巅值功率☆peak power
滇层孔虫属[D_2]☆Tienodictyon
滇东瓣甲鱼属[D_1]☆Diandongpetalichthys
滇东鱼属[D_1]☆Diandongaspis
滇化试验☆bromine test
滇金丝猴☆Rhinopithecus roxellanae bieti
滇雷兽属[E_2]☆Dianotitan
滇缅结晶杂岩带☆Yunnan-Burmese crystalline complex
滇西经向构造体系☆western Yunnan meridional system

滇鱼属[D]☆Dianolepis
滇越古地块☆Yunnan-Vietnam massif
滇藏地槽系☆Yunnan-Xizang{-Tibet} geosynclinal system

diǎn

碘☆iodine；iodum[拉]；iodide[根]
碘苯☆iodobenzene
(用)碘处理☆iodate
碘代苯☆iodobenzene
碘代十六烷☆iodohexadecane
碘的☆iodic
碘丁二酰亚胺(晶)组[4*mm* 晶组]☆iodosuccinimide type
碘钒铅矿☆jodvanadinit；iodovanadinite
碘仿☆iodoform
碘钙石[$Ca(IO_3)_2$;单斜]☆lautarite；iodate of calcium；calcium chromoiodate
碘铬钙石[$Ca_2(IO_3)_2(CrO_4)$;$2CaO \cdot I_2O_5 \cdot CrO_3$;单斜]☆dietzeite；iodchromate；jodchromat[德]
碘汞矿[HgI_2]☆mercury iodide；iodquecksilber；iodic quicksilver；jodquecksilber[德]；coccinite；mercuric iodide；moschelite
碘光卤石☆iodcarnallite；jodkaliumcarnallit[德]；jodcarnallit
碘化铵[NH_4I]☆ammonium iodide
碘化钡☆barium iodide
碘化茶子油☆sulfonated tea-seed oil
碘化淀粉☆starch iodide
碘化汞☆mercuric iodide
碘化钾☆potassium iodide{iodite}
碘化甲烷☆methylene{methyl} iodide
碘化钠☆sodium iodide
碘化钠纯☆sodium iodide pure
碘化铯☆cesium{caesium} iodide
碘化物☆iodide
碘化物法晶棒☆iodide crystal bar
碘化物热离解法金属☆iodide metal
碘化锌☆zinc iodide
碘化乙烷☆ethyl iodide
碘化银☆silver iodide
碘化油☆iodated oil
碘化作用☆iodination
碘甲烷☆methane iodide
碘金酸盐☆auriiodide
碘酒☆tincture of iodine
碘矿床☆iodine deposit
碘离子☆iodine ion
碘量法☆iodometric method
碘磷铅矿☆iodopyromorphite
碘硫化锑型结构☆antimony iodi-sulphide type structure
碘硫酸奎宁☆herapathite
碘氯溴银矿☆jodobromit；jodbromchlorsilber；jodembolit
碘钠石[NaI]☆natrodine
碘铅[PbI_2]☆bustamentite
碘羟铅矿[PbIOH]☆iodolaurionite
碘砷铅矿☆jodmimetite；jodmimetsit；iodomimetite
碘树脂☆iodine resin
碘酸钾晶体☆potassium iodate crystal
碘酸盐☆iodate
碘酸盐类☆iodates
碘铜矿[CuI;等轴]☆marshite；mercury iodide；marszyt
碘氙法☆iodine-xenon method
碘溴银矿☆iodobromite
碘银汞矿[(Ag,Hg)I]☆tocornalite
碘银矿[AgI;六方]☆iodargyrite；iodyrite；iodargyre；iodite；jodyrit{jodsilber;jodargyrit;jodit}[德]；iodic silver；jodargyrite
碘引爆剂☆iodine booster
碘值☆iodine number{value}
点☆drib；point；spot；station；pt；burn[灯等]
点斑☆stigma
点半方差图☆point semi-variogram
点爆炸☆point source explosion
点爆炸接合法☆spot explosive bonding
点变量☆punctual{point} variable
点变体函数☆point-anamorphosis function
点变形[数]☆point deformation
点标☆point target
点标高☆spot level
点播器☆dibble
点波束☆spot beam
点彩☆stippling decoration
点测[湿度、孔身弯曲]☆accurate pointing；spot measurement；stationary{point} measurement
点测式地层倾角测井☆station type diplog
点层裂缝☆fault break
点尺度☆point scale
点抽样(法)☆point sampling
点丛☆cluster of points
点淬火☆spot hardening
点的轨迹☆locus [pl.loci]
点的校正位移☆corrective movement of point
点的克里格法☆method of punctual kriging
点灯☆lighting
点滴☆drop；hint；dribble；spot；dropping；a bit；intravenous drip；spatter
点滴分析☆spot{on-the-spot} analysis；drop test
点滴式充电☆trickle charge
点滴注油☆drip lubrication{oiling;feed}
点点滴滴地落下☆drib
点电极[电法勘探]☆point electrode
(针)点电极[静电选矿机]☆pin-point electrode
点动☆inching
点读[用风速计按点测量风速]☆spot-reading method
点断论☆punctuationalism
点断论者☆punctualist
点断平衡论☆punctuated equilibrium
点断演化☆punctuational evolution
点对称[点群]☆point symmetry
点对称要素☆point symmetry element
点对点连接☆point-to-point connection
点法☆Glagolev-Chayes method
点方差图☆point variogram
点放射源☆point source
点分散☆minima [sgl.-mum]
点分析☆point analysis
点(源)辐射器☆point radiator
点辐射源☆point source
点腐蚀☆hot spot corrosion
(麻)点腐蚀☆pitch corrosion
点负载☆point load
点高斯-塞得尔方法☆point Gauss-Seidel method
点格信号☆dot signal
点估计☆point estimate
点固焊☆tack weld
点光源☆point source；point-source light；point source of light；spotlight；pointolite
点过程☆point process
点过程法☆method of point process
点函数☆function of position；point function
点焊☆spot welding{soldering}；spotweld；point{shot} welding；button-spot{button;dot} weld
点焊缝☆spotweld
点焊固定☆tacking
点焊机☆spot{point;mash} welder
点焊黏结☆weldbonding
点号☆dot mark；dit[电码的]
(焊点)点核☆nugget
点和短划虚线☆dash and dot line
点荷载☆point load
点衡☆point measurement
点划线☆dot-and-dash{chain-dotted;dash-and-dot} line；dot dash line；dash and dot line；dot and dash line；dash(-)dot-line
点划信号☆dot-and-dash signal
点回波☆pip
点汇☆point sink
点火☆ignition；firing；ignite；combustion initiation；priming；set light to；light a{the} fire；fire up；strike a light；lighting-off；striking；sparking；kindle the flames；lighting；kindling；firing up；stir up trouble；fire (combustion)；combustion；initial burning；inflammation；initiation；allumage；ign.
点火棒☆tchesa{cheese;firing} stick；(two-minute) lighter；lighting fuse{torch}
点火爆管☆igniter squib
点火爆破☆fuse blasting
点火爆震音☆ignition knock
点火冲量☆Igniting impulse
点火电极☆ignitor；spark electrode
点火电路☆firing circuit；electric firing circuit
点火发动[制动发动机的]☆retrofire
点火放炮☆fuse blasting；cap-and-fuse firing
点火管☆ignition (tube)；flame tube；fire-tube
点火及照明磁电机☆ignition and lighting magneto
点火剂☆(booster) igniter
点火检查示波器[发动机]☆autoscope
点火具☆flame igniter
点火脉冲传感器电源☆firing pulse sensor source
点火起爆☆inflammation
点火器☆igniter (body)；ignitor；firing module；ignition device；blaster；(spitter) lighter；spitter；flame lighter
点火前的☆prefiring
点火区☆seed (region)
点火烧嘴助燃风机☆combustion fan for pilot burner
点火室燃烧垒☆ignition chain
点火瞬间☆moment of sparking
点火顺序[内燃机]☆firing order；FO
点火速度☆speed of ignition
点火温度☆firing temperature
点火物☆lighter；fire light
点火线☆spittercord；ignitor fuse；ignitacord；ignition harness；squib
点火线路☆igniting circuit
点火线圈☆bobbin；ignition coil
点火线圈低压线☆ignition coil primary cable
点火药☆(flame) igniter；ignition charge{powder}；primer charge
点火药材料☆priming materials
点火用燃料油☆pilot fuel oil
点火源☆ignition source；seed
点火者☆firer
点火装置☆ignition (device)；flame igniter；portfire
(加热炉)点火嘴☆pilot
点积☆dot{scalar} product
点极☆point pole
点计数☆point counting
点尖☆tip
点间☆intersite
点间距离☆interpoint distance
点检制☆spot inspection system
点礁☆patch{point} reef
点焦点☆spot focus
点接触☆point contact
点金石☆philosophers'{philosopher's} stone
点聚焦☆point focusing
点距☆station spacing
点克里格(法)☆punctual kriging；point kriging
点块段协方差☆point-block covariance
点列☆arrangement of points；range of point
点炉用燃料☆starting fuel
点锚固☆point anchorage
点密度☆dot density
点面积☆dot area
点面三缝孢属[D-Mz]☆Punctatisporites
点描法地图☆dot (distribution) map
点内方差☆within-site variance
点啮合☆point toothing{gearing}
点偶极子☆point pole
点炮☆fire a hole
点频率☆dot frequency
点评法[通风计算]☆point rating method
点区域化变量☆point-regionalized variable
点缺陷☆point imperfection{defect}；site defect
点群☆point group{maximum;cluster}；cluster of points；swarm of paints
点对称群☆point symmetry group
点群分析☆cluster analysis
点燃☆firing (up)；fire；light；enkindle；ignite；kindle；put{place;set} a match to；igniter；set fire to；set alight；spit；lighting-up；inflammating；kindling；inflammation
点燃导火线(的)蜡头☆snuff
点燃电压☆keep-alive voltage
点燃剂成分☆igniter composition
点燃起爆☆igniting
点燃区燃料组件☆seed bundle
点燃式发动机☆spark-ignition engine
点燃物☆spark
点燃引信☆spitting；spit
点绕射体模型☆point-diffractor model
点热源[岩浆囊热源]☆point heat source
点散射体☆point scatterer
点扫描☆spot scanning
点砂{沙}坝☆point bar
点(状)沙坝☆bar point

D

点(-)栅信号发生器☆grating and dot generator
点石成金☆transmutation
点蚀☆pitting
点蚀控制指数☆pitting control index
点蚀深度☆pitting penetration; pit depth
点式☆dot mode
点式机车信号☆intermittent type cab signaling
点式取样☆spot sampling
点事件☆point event
点束☆point cluster
点数☆check the number; tally
点数据☆punctual data
点松弛☆point relaxation
点松弛法☆point relaxation method
点损伤☆point damage
点探测器☆point probe
点特性曲线☆lumped characteristic
点条[硅藻]☆stria [pl.-e]
点条状图案信号发生器☆dot-bar generator
点投影尺度☆point scale
点头☆bow; nutation; nod
点突变☆point mutation
点图☆spot map
点图分析☆dot-map analysis
点图形信号发生器☆dot pattern generator
点网格☆dot grid
点位高程☆spot height
点位精度☆positional accuracy
点位略图☆plan sketch
点位预算☆preplot
点纹板岩☆fruchtschiefer
点污染☆point pollution
点污染源☆point source
点系☆point system
点线☆dot{dotted;stipple;pecked} line
(用)点线表示☆dot(ting)
点线器☆dotter
点线信号☆busy-back signal
点相关☆spot correlation
点像{象}☆dot image; point image
点协方差图☆point covariogram
点斜式☆point-slope form
点信号☆dotting{dot} signal
点型火灾探测器☆spot type fire detector
点循环☆dot cycle
点压力读数☆spot pressure reading
点雅可比方法☆point Jacobi method
点样☆spot sample; sample application
点样品☆point sample
点叶藻属[褐藻;Q]☆punctaria
点一组炮眼☆fire a round
点异常源☆point source
点应变☆strain at a point
点应力☆stress at a point
点雨量☆point rainfall
点预处理☆point-precondition
点圆☆null circle; point-circle
点源分布☆point-source distribution
点源透射波☆point-source transmission
点源阵☆point source array
点源组合☆point source array
点载荷☆point load
点凿☆pointing chisel
点凿面☆pointed finish
点震源☆single{point} source
点阵☆lattice; grating; point group; wire{dot} matrix; screen
点(矩)阵打印机☆dot-matrix printer
点阵带约化法☆band-reduction method
点阵的不变变形☆lattice invariant deformation
点阵峰函数☆lattice peak function
点阵复容☆lattice complex
点阵行列指数☆crystal axial indices; indices of lattice row
点阵论☆theory of lattice
点阵排布☆lattice configuration{array}
点阵平面☆lattice plane; net plane
点阵平面载荷☆lattice plane loading
点阵应变理论☆lattice-strain theory
(单)点值☆punctual value
点值法地图☆dot (distribution) map
点质量☆point mass
点中心网格☆point-centered grid
点逐次超松弛☆point successive over relaxation
点柱☆pointed prop
点柱校直☆prop alignment
点注油系统☆point feed system
点状[缩小成一点]☆punctation
点状腐蚀☆tubercular corrosion
点状亮影☆dot angel
点状散布矿床☆spotty deposit
点状色调☆dotted tone
点状图☆scattergram
点状图案信号发生器☆dot signal generator
点状图像☆dotted picture
点状相交☆point intersection
点状栅状信号发生器☆grating and dot generator
点状注水☆isolated waterflood
点缀☆star; intersperse (with)
点缀石☆stone ornament
点着☆burn
点子花纹☆stippled pattern
(X 射线)点子像☆dot image
点组☆stud
点组构图☆point diagram
点坐标☆point coordinate
典范分析☆canonical analysis
典礼☆ceremony; ceremonial; celebration; exercise
典型☆typical case{example}; type; emblem; canon; quintessence; exemplar; image; pink; prototype; ideal; model; representative; exponent; airfoil; typo-
典型边界剖面☆type-boundary section
典型变量分析☆canonical variable analysis
典型变数{量}☆canonical variable
典型称样☆representative portion
典型大罐笼☆typical large compartment cage
典型代表者☆typifier
典型的☆typical; paradigmatic; representative; model; typal; typic; canonical; classic; ideal; rep.
典型地区[生物群]☆type area{region;locality}; transect
典型{范;则}分析☆canonical analysis
典型化☆typification
典型臼炮☆classical mortar
典型例子{证}☆case history
典型模式☆characteristic pattern
典型区段布置☆typical section layout
典型曲线☆master{typical} curve
典型设计☆modular design
典型事例史☆case history
典型形态☆type-form
典型性☆typicality
典型旋回☆modal cycle

diàn

玷污☆pollution; contamination; foul; maculation; speckle; tarnish; smirch; slur
靛酚蓝☆indophenol blue
靛蓝☆indigo (blue); anil; thumb blue
靛青☆indigo
靛青(油)☆aniline; anilin
靛铜矿☆covellite; covelline; indigo copper
垫☆tray; bolster; mat; pad; cushion[压力机]; pedestal; fill in gap; insert; mattress
垫板☆lagging; sole(-)plate; tie{floor;bottom} plate; spacer; foot-plate; chair; bedplate; bearing plates; sole; backing (board;strap); under bar; baseplate; solepiece; bed piece; under-boarding; turn sheet; footboard; floor-plate; chair backing block; pillow
垫补法☆shimming
垫槽☆chock hole
垫层☆blanket; floor lay; footing; cushion (course); underlayer; mattress; mat; subsoil; bed{base} course; ore cushion
垫层砂☆bedding sand
垫叉☆fork; lie key
垫衬☆pallet
垫衬材料☆gasket material
垫衬物☆ledger
垫床[管沟垫层]☆equalizing bed
垫铧☆anvil block
垫凳☆stool
垫底料☆bedded medium
垫底水☆water bottom
垫付☆imprest
垫高料☆furring
垫轨扒矿巷道底☆sailed floor
垫辊子[运输带]☆rollers
垫海蕾纲[棘;O_2]☆Edrioblastoidea
垫环☆gasket{backup;backing;support;spaced} ring; rim
(用)垫环的焊缝☆backing well
垫架☆poppet
垫胶溜槽☆rubber-mat strake
垫胶筛箱☆rubber-support screen box
垫脚石☆stepping-stone
垫圈☆bed down the livestock; spread earth in a pigsty, cowshed,etc.
垫块☆bearer; pillow; backing{packing;cushion;spacer; foot} block; bearer supporting brocket; cushion; seat pad; heel
(用)垫块制动☆chock
垫块钻井[浅水、沼泽区钻井]☆pad drilling
垫款☆make advance
(用)垫料填塞☆quilt
垫料胀圈☆packing expander
垫帽☆setting cap
垫密环☆gasket ring
垫木☆chock (block;lump); templet; template; crosser; bed{sole} timber; dunnage; bolster; crosstie; clog; upstander
垫木便道[沼泽地]☆cord road
垫木楞场☆skidway
垫片☆insert; back up plate; gasket; backing; spacer (strip); clout; shim; filler (piece); layer; jointing; backup
垫片调整☆shim adjustment
垫气☆cushion gas
垫圈☆washer (flap); (ring) gasket; clout; collar; (seal) ring; burr; grommet; bead; insert; backing; separator; backup{packing;backing} ring
垫绒☆felting
垫砂☆setting{kiln} sand
垫升☆hover
垫石☆padstone; pinner; template; bed{pad} stone; templet
垫套式支脚☆footpad
垫托物☆substrate
垫箱砂☆bedding sand
垫形天线☆bedspring
垫形植物☆cushion plant
垫藻岩☆stromatolite
垫毡☆felting
垫枕(状的支撑物)☆bolster
垫整电容器☆padder; padding condenser{capacitor}; permaliner; PC
垫轴台☆footstep
垫砖☆cheese
垫桩☆dolly
垫状植物☆polster
垫子☆cushion; mat
垫座☆tray
(荷重分配)垫座[拱坝的]☆pulvino
电☆electricity; electro-; elec
电(流)☆galvano-
电耙☆power scraper machine; scraper
电耙道☆pullway
电耙贮矿堑沟采矿法☆scraper-gully method
电耙装载的采矿方法☆scraper-loading mining method
电班刻度装置☆electromagnetic calibration device
电版(印刷物)☆electro(type)
电版法☆electrography
电伴热☆electric tracing
电伴热的☆electrically heat tracing
电报☆telegram; telegraph; flimsy; cable; tel; tgm
电报传真☆telefacsimile
电报电缆浮标☆telegraph-cable buoy
电报方程☆telegraphic equation
电报挂号☆cable address
电报机☆telegraph; tel; tg
电报键☆tapper
电报信号☆telegraph signal
电报用语☆cablese
电报噪音☆thump
电暴☆electric(al) storm
电爆成形☆electrospark forming
(放)电爆(炸)成形☆electro-spark forming; ESF
电爆机☆blasting machine; electric blasting machine

电爆(及)击发信管☆epf；electric and percussion fuze
电爆破☆electrical blasting
电爆破法☆method of electric blast
电爆炸☆discharge induced explosion
电爆装置☆electro-explosive device
电焙水泥☆ciment de La Farge
电(力)泵☆electric pump
电比拟☆electric analog(ue)
电笔☆electronic stylus；electrography
电变换器☆electric transmitter
电变流互感器☆current transformer
电变送器☆electric transmitter
电标定装置☆electrical calibration device
电表☆electric meter；ammeter
电表管☆electrometer tube
电冰箱☆refrigerator
电波☆electric wave；airway
电波槽☆duct
电波的消散☆attenuation
电波反射☆hop
电波吸收(装置)☆wave absorber
电波直线路径☆ray path
电擦器☆electric eraser
电测☆electrical survey{measurement}；logging；electrometry；electric coring[钻孔]；ES
电测测井井段☆logging interval
电测的☆electrometric；electrometrical
电测(量)的☆electrometric(al)
电测(功率)计☆electrodynamometer
电测记录☆electric log；E-log；record of electric survey；electrical survey
电测(资料)解释☆electric-log interpretation
电测井☆electrical survey(ing){log(ging)}；hole probe；electrolog(ging)；electric (well) logging；electric log{coring}；electrical well logging；E-log；ES；EL
电测井图☆electric{elec} log
电测扭力仪☆electric torsiograph
电测燃料仪☆electric fuel gauge
电测深量板☆template of electrical sounding
电测水深器☆electrical water sounder
电测水位卷尺☆electric tape
电铲☆scraper；(power) shovel；(electric) excavator；electric shovel{dipper}
电铲吊车运输(法)☆telpherage
电铲工作装置☆shovel head
电铲配机车开采方法☆shovel-train system
电铲配汽车剥离☆shovel-truck stripping
电铲司机☆shovel runner；boom cat
电铲-索斗铲联合倒堆作业☆shovel-pull back operation
电场☆electric field
电场浮选☆electro-flotation
电场感生变形☆electric field-induced deformation
电场光学☆electrooptics
电场力线☆electroline
电场平面内的方向特性☆electric plane characteristic
电场强度☆electric(-field) intensity；electric {-}field strength；voltage gradient；EFS
电场烧结☆sintering in electric field
电场事故☆electricity accident
电场梯度☆electric field{force} gradient；EFG
电场向量☆electric-field vector
电场引起的红外吸收☆electric-field-induced infrared absorption
电场致双折射☆electric birefringence
电厂燃料系统☆power plant fuel system
电唱机☆electric phonograph
电唱头☆acoustic pickup
电唱头臂☆arm
电车☆(street) car；tram；tramcar；trolley (bus)；streetcar；trolleybus
电车道☆tram road；tramway
电车吊线分叉☆frog
电车轨道[英]☆tramrail；tram；tramline
电车架空线岔线☆trolley frog
(用)电车运输☆tram
电车站☆halt
电沉淀☆electroprecipitation；electric precipitation
电沉积☆electrodeposition
电沉积浮搪☆electro-deposition enamelling
电称量法☆electric weighing
电成型☆electroforming
电成形筛☆electroformed sieve
电成岩作用☆electrodiagenesis
电池☆battery；(electrolytic) cell；electric element{cell}；element；pile；C.
C 电池☆trigger battery
B 电池(组)☆anode battery
电池不灵敏点☆battery insensitive point
电池充电用低压直流电机☆milker
电池电流的☆galvanic
电池式的☆cordless
电池碳素石墨☆graphite carbon for batteries
电池箱☆accumulator case；cell box
电池引爆系统☆battery-fired system
电池用软锰矿☆battery ore
电池淤泥{渣}☆battery mud
电池组☆(electric) battery；battery；bat.；BAT
A{|B|C}电池组☆A{|B|C}-battery
电池作备用电源的☆battery-protected
电冲岩石钻☆electric percussion rock drill
电畴☆ferroelectric domain
电畴壁☆electric domain wall
电畴反转☆domain reversal
电除尘法☆electrical separation prose.
电除尘器☆electric dust collector
电触点☆electrical contact
电触式气动测量仪☆air relay
电传打字电报员☆teletyper
电传打字机交换机☆teletypewriter exchanger；TWX
电传动内燃机车☆diesel-electric locomotive
电传感器☆electric pickup
电传绘图仪{器}☆teleplotter
电传机复凿孔机☆teletypewriter reperforator
电传排字(法)☆teletypesetting
电传书写机☆telewriter
电传印字机选择性控制☆unblind
电传照相(机)☆telelectroscope
电传真☆phototelegraphy
电锤☆power hammer
电磁☆electromagnetism
电磁(学)☆galvanomagnetism；electromagnetics
电磁爆破记录地震仪☆electromagnetic blast-recording seismograph
电磁标定装置☆electromagnetic calibration device
电磁波☆electromagnetic{ether;EM;Hertzian} wave；electric{electron} ray；electro-magnetic pulse；EMP
电磁波波道弯曲改正☆bending correction of electro-magnetic wave path
电磁波传播测井☆electromagnetic propagation log
电磁波传播衰减增益☆EPT attenuation gain；EAG
电磁波辐射控制☆control of electromagnetic radiation；Conelrad
电磁波谱☆ether{electromagnetic} spectrum
电磁波吸收涂层☆electromagnetic wave absorbing coating
电磁簸动☆Hummer screen
电磁操纵{控制}的☆solenoid-operated
电磁测量☆electromagnetometry；electromagnetic measurement{survey}；EM survey
电磁场☆electromagnetic{EM;geomagnetic} field；elecrtic and magnetic field；earth magnetic field
电磁场法☆Sundberg method
电磁场勘探系统☆electromagnetic field system
电磁充填器☆electromagnetic plugger
电磁单位☆electromagnetic unit；emu；e.m.u.；oersted
CGS 电磁(单位)制法拉{|伏特|亨利|库伦}☆abfarad{|abvolt|abhenry|abcoulomb|abobm}；aF{|aV|aH|aC}
CGS 电磁(单位)制欧姆☆abobm
电磁的☆electromagnetic(al)；electric-resistivity；magnetic-electric；EM；M.E.
电磁地下测探☆electromagnetic subsurface probing
电磁吊车☆magnet crane
电磁阀☆electromagnetic{solenoid} valve；solenoid pilot actuated valve；electron magnetic valve；magnet-valve；MgV；SV
电磁阀汇流{油路}板☆solenoid manifold
电磁法勘探☆electromagnetic prospecting
电磁辐射☆electromagnetic radiation{irradiation；energy}；simple radiation；EMR
电磁干扰安全幅度☆electromagnetic interference safety margin
电磁感应☆electromagnetic induction
电磁感应法勘探☆electromagnetic prospecting
电磁感应加速器☆rheotron
电磁感应式地震检波器☆electromagnetic inductance seismometer
电磁共振☆electron magnetic resonance；EMR
电磁化☆electromagnetization
电磁化渗透地下气化法☆gasification by electro-linking method
电磁激发☆electromagnetic excitation
电磁几何测深☆geometric(al) sounding
电磁计☆electromagnetometer
电磁记录{数}☆electromagnetic registration
电磁加热的油层区☆target-area electromagnetic heating
电磁卡盘☆magnechuck
电磁开关☆Magnistor；magnetic contactor；magnetic cutout；electromagnetic switch
电磁勘探☆electromagnetic prospecting{survey}；electrical-magnetic prospecting；EMP；EM survey
电磁勘探法☆galvanic electromagnetic method
电磁勘探发射接收机☆electromagnetic transceiver
电磁勘探直接找油技术☆electraflex
电磁离合器驱动☆magnetic drive
电磁滤器☆ferrofilter
电磁脉动阀☆magnetic pulse valve
电磁枪法☆EMG{electromagnetic gun} method
电磁声子☆polariton
电磁石☆electromagnet
电磁拾音器☆electromagnetic pickup
电磁式交流继电器☆electromagnetic alternating current relay
电磁式拾波{音}器☆magnetic pickup
电磁探测飞机{车;船}☆ferret
电磁套管测厚仪☆electromagnetic casing-thickness (logging) tool；ETT
电磁体☆elcctromagnet；electromagnet
电磁铁☆electromagnet；electric magnet
电磁铁螺线管☆actuator
电磁铁芯☆limb
电磁微震筛砂机☆electromagnetic sifter
电磁吸药泵☆electro-magnetic pump
电磁线圈☆electromagnetic{magnet} coil；solenoid
电磁型地震仪{计}☆electromagnetic type seismometer
电磁型同位素分离器☆calutron
电磁学☆electromagnetism；electromagnetics；magnetoelectricity
电磁延时线☆electromagnetic time-delay line
电磁遥测法☆electromagnetic telemetry
电磁仪☆electromagnetometer
电磁振动喂料机☆electro-vibrating feeder
电磁制动☆electromagnetic brake；magnetic braking
电磁转换通量探测线圈☆electromagnetic-diverted{-}flux search coil；EDFSC
电磁装置☆electromagnetic{electromagnetism} device
电磁阻地震计☆electromagnetic reluctance seismometer
电磁(遥测)钻孔偏斜仪☆electromagnetic teleclinometer
电磁钻粒检测仪☆electromagnetic pellet detector
电磁作用式仪表☆motor meter
电瓷☆electrical porcelain
电瓷釉☆glass for electric porcelain
电单位☆electrical unit
电当量☆electric equivalent
电导☆cd；conductance；electric conductance{guide；conduct；conduction}；(electrical) conduction
电导爆炸药卷☆electric primer
电导单位☆unit of conductance
电导调浓器☆salinometer；salinimeter
电导(定量)分析☆conductimetric analysis
电导计☆diagometer；conductometer
电导率☆(electrolytic) conductivity(specific)；(specific electrical) conductance；electroconductivity；electric{electrical} conductivity；electroconductibility；cond.
电导率导出的孔隙度☆conductivity derived porosity
电导率-厚度乘积☆conductivity-thickness product
电导率试探电极☆conductivity probe
电导耦合☆conductive coupling
电导式二氧化硫分析仪☆conductometric sulfur dioxide analyzer
电导性异常☆conductivity anomaly
电导仪☆conductivity meter
电的☆electric(al)；elec；galvanic

D

电灯光度一致试验图☆target diagram
电灯泡☆(electric) (light) bulb
电灯线☆lamp cord
电笛☆klaxon
电地球化学的☆electrogeochemical
电地球物理测井☆geophysical well logging
电点火☆electric squib{ignition;firing}；electrical ignition
电点药线放炮☆squib firing
电淀积☆electrodeposition
电动☆electromotion；motor{power}-driven；electric；electro-
电动扳手☆electric{electrically-driven} wrench；spinner
电动臂板信号机构☆electric motor signal mechanism
电动操作控制阀☆electrically operated control valve
电动测深式料位器☆electro level-meter
电动产生静电的☆dynamostatic
电动打磨砂盘☆electric sander disc
电动单元组合仪表☆electrodynamic unit combination instrument
电动的☆electromotive；electric(al)；power driven；electrokinetic；electrodynamic(al)；electric-powered；electrically powered；dynamic(al)；power-operated
电动电位☆electrokinetic{zeta} potential
电动吊车☆telpher conveyor
电动发电弧焊机☆motor-generator arc welder
电动发电机拖动提升机☆Ward-Leonard winder
电动翻笼☆power-driven rotary dump{car dump}
电动风挡刮水臂☆electric wind shield wiper arm
电动感应钻机☆induction drill
电动钢轨砂轮机☆electric rail grinder
电动高压润滑泵☆electrotically driven high pressure lubrication pump
电动管道`割刀{切割具}☆electrical line cutter
电动管锚☆motorized pipe anchor
电动滚筒☆motorized drum{pulley}
电动滚筒驱动☆motorized pulley drive
电动焊机☆electric-driven welder
电动回转☆motoring
电动机☆electromotor；motor；electric{fan} motor；driving engine；mot；phonomotor[电唱机、录音机等]
电动机操纵式风门☆electric-motor operated door
电动机控制排料☆motor-controlled discharge
电动机驱动计时器☆motor driven timer
电动机拖动的☆motor-operated；mot op
电动机械☆electromechanical
电动机型积算仪表☆motor meter
电动机直接驱动☆direct motor drive
电动绞车☆electric hoist{winch}；motor-winch；electrical winch；EH
电动绞盘☆winch motor
电动卷带装置☆motorized belt reeling unit
电动缆车☆telpher
电动离心式吊泵☆electric sponge
电动力(学)的☆electrodynamic；EC
电动力学☆electrodynamics；electrokinetics
电动轮卡车☆electric-wheel truck
电动螺旋式泥浆输送机☆electric sludge conveyer worm
电动泥炮☆electric screw clay gun；electrically-driven mud gun
电动汽车☆electromobile
电动器触点☆starter contact
电动-气动变换器☆electric to pneumatic transducer
电动气动信号机☆electropneumatic signal (motor)；E-P signal motor
电动气压阀☆electropneumatic valve
电动潜没泵☆electric submersible pump
电动砂盘磨床☆electric disc sander
电动石膏锯☆electric gypsum cutter；electric oscillating plaster cutter
电动时仪☆electric timer
电动势☆electromotive{electro-motive} force；electrodynamic potential；electromotive difference of potential；electromotance；EMF；e.m.d.p.
电动势序☆galvanic{electro-chemical;electromotive} series；electromotive force series；EMF
电动式仪表☆electrodynamic meter
电动势源☆emf source
电动水力冲击钻机☆electrohydraulic crusher
电动水泥抗折仪☆electric cement anti-fracture apparatus
电动拖动(装置)部件☆electrics
电动位☆electrokinetic potential
电动雾笛☆nautophone
电动小吊车☆telpher
电动效应☆electro-kinetic effect
电动学☆electrokine(ma)tics
电动岩石钻☆electric rock drill
电动遥控面板☆electric remote control panel
电动-液压复合控制系统☆multiplexed electro-hydraulic control system
电动凿岩☆electric-motive drilling
电动凿岩锤☆electric rock hammer
电动注浆☆electrokinetic injection
电动抓斗☆power operated grab
电动转筒记录仪☆electrokymograph
电动钻进取岩芯☆electric coring
电动钻进式井壁取芯器☆electrically-driven rotary sidewall sampler
电动钻岩机☆electric rock drill{hammer}；electric(al) rock-drill
电动钻机☆dynadrill
电动钻具☆electric drill；electrodrill
电镀☆galvanoplasty；galvanoplastics；plating；galvanization；electroplate；electrodeposit(ion)；electro-gilding
电镀的☆galvanized；galvanic；electroplated；plated
电(化学)镀法☆electrochemical plating
电镀工{器}☆galvanizer；plater
电镀术☆electrogild(ing)
电镀铜(法)☆copper plating；electrocoppering
电镀锡☆electrotinning；electrotinplate
电镀浴☆electrobath
电镀作用☆galvanic action；plating actins
电度表☆kilowatt-hour{electric;watt(-)hour;energy;kilowatthour} meter
电度计☆supply meter
电断路☆broken circuit
电对称的☆homopolar
电耳控声器[磨机自动调节给料装置]☆electric ear sound control
电发光☆electric firing；electroluminescence
电发火☆electrically-fired
电发生机理☆electrogenesis
电法☆electrical{resistivity} method
电法测量☆electrical survey{surveying}；ES；resistivity survey
电法测深(排列)☆expander；expanding spread
电法测温仪☆electric thermometer
电法还原工厂[如制磷]☆electric reduction plant
电法勘探☆electric(al) prospecting{survey(ing)}；electrical method{exploration}；conductive method；resistivity prospecting
电法勘探的低频脉冲法☆Elflex
电法破岩☆rock fracture by electrical means
电法取剖面☆electric{electrical} profiling
电方变压器☆power transformer
电放炮器☆electrical exploder
电费☆power rate
电分解作用☆electrodispersion
电分离☆eleotroparting
电分离法☆electrical separation prosess
电分离器☆electric separator
电分配线☆harness
电(解)分析☆electrolysis；electro(-)analysis
电分析器☆electroanalyzer
电封闭的☆conductively closed
电风☆aura [pl.-e]
电浮法☆electro-float process
电浮选☆electro-flotation
电辅助加热☆electric boosting
电腐蚀☆electrocorrosion
电赋能☆electroforming；electrical forming
电负性☆electronegativity；electro negativity
电改锥☆electric screwdriver
电干扰☆hum；electric(al) noise{interference}
电干燥器☆electric drier
电杆(的拉线)☆pole brace
电杆抗弯试验☆bending test for pole
电杆拉线☆pole guy
电感☆inductance；inductor
电感表☆inductometer；inductoscope；secohmmeter
电感电抗☆inductive reactance；XI
电感电容联合耦合☆complex coupling
电感负荷{载}☆inductive load
电感光纸☆electrosensitive paper
电感计☆inductometer；henrymeter；inductance meter；inductoscope
电感耦合等离子质谱仪☆inductively coupled plasma-mass spectroscopy；ICP-MS
电感耦合三点振荡器☆Hartley oscillator
电感平衡☆induction{inductance} balance
电感器☆inducer；inductor
电感式地震检波器☆inductance seismometer
电感线圈☆inductor；inductance coil；inductive winding；telefault
电感性负载☆inductive load
电感应☆electro-induction；electrical{electric} induction
电感应的☆electrosensory
电感应法钻进☆induction drilling
电感应拒斥☆electro-inductive repulsion
电感应信号制☆induction signalling
电感与电容之`乘积{|比}☆LC product{|ratio}
电隔离的☆conductively closed
电跟踪☆electric tracing
电工☆electrician；electrical engineering
电工程学☆electro-engineering
电工工长☆motor boss
电工技术☆electrotechnics；electrical engineering
电工陶瓷☆electric porcelain
电工学☆electrotechnics；electrical engineering
电工用碳素用品☆electrical engineering carbons
电工用铁{钢}片☆electrical sheet
电功☆electric work
电功率计☆electrodynamometer
电功率热核装置测量表☆zetameter
电共振☆electric resonance
电光☆lightning
电光爆竹☆flashlight firecracker
电光成像和录像磁带☆electrooptical imaging and storage tape
电光的☆electric-light
电光管☆sylvatron
电光晶体☆elector-optic{electro-optic} crystal
电光饰☆illumination
电光陶瓷☆electro optic ceramics
电光图像增强器☆electron-optical image intensifier
电光效应☆electro-optic(al) effect
电光学☆electrooptics
电焊☆electric (arc) welding；electrowelding
电焊辅助工用护目镜玻璃☆electric welding assistant's protecting glass
电焊工面罩☆welding hood
电焊机☆arc welding generator；electric arc welder；arc welder
电焊铆钉☆rivet{riveted} weld
电焊条☆electric welding rod；(stick;welding;rod) electrode
电焊用护目镜玻璃☆electric welding shield glass
电(流消)耗(量)☆current consumption
电合成(法)☆electrosynthesis
电荷☆(electric) charge；chg.
电荷不足☆unsatisfied electrical charge
电荷对称的赝标量场☆charge symmetric pseudoscalar field
电荷分布☆distribution of charge
电荷割阶☆charged jog
电荷管☆chargistor
(电荷存储管的)电荷减少☆decay
电荷均衡数/模转换器☆charge equalizing D/A converter
电荷灵敏前置放大器☆charge-sensitive preamplifier
电荷密度☆electric{charge} density；density of charge
电荷耦合器件☆charge coupled device；CCD
电荷收集时间☆charge collection time
电荷转移效应☆charge-transfer effect
电葫芦☆larry；motor hoist
电弧☆(electric) arc；power arc
电弧等离子体{区}☆arc plasma
电弧电流☆flame current；arc-power lead
电弧对焊☆flash butt welding
电弧放电☆flashing；arc-over
电弧光☆lightning
电弧焊[功率]☆(electric(al)) arc welding
电弧炉(内)气氛☆arc atmosphere

电弧漂移☆wandering of an arc
电弧切割法☆arc cutting
电弧熔炼(的)晶棒☆arc melted crystal bar
电弧熔融法☆electric arc melting method
电弧仪☆arcer
电弧凿岩☆drilling by arcs
电花☆(electrical) spark
电花谱线☆enhanced line
电滑环☆electric slip ring
电化☆electro-
电化传感与控制装置☆solion
电化当量☆electroequivalent；electro(-)chemical equivalent
电化分析☆electrochemical analysis
电化价☆electrovalence；electrovalency
电化教学☆audio-visual instruction
电化序☆electro(-)chemical{volta;electromotive} series
电化序列☆galvanic series
电化学☆electrochemistry；electrical {galvano} chemistry
电化学处理法☆electrochemical approach
电化学(电)位{势}☆electrochemical potential
电化学分析☆electrochemical analysis
电化学自然电位☆electrochemical SP；spontaneous potential
电化元素序☆electrochemical series
电话☆telephone；tel；th；phone；ph.
电话(学)☆telephony
电话闭塞制☆telephone block system
电话拨号(连接)终端☆dial-up terminal
电话传真☆telefacsimile
电话电报☆photogram
电话电视☆phonevision；phonovision
电话分机☆extension
电话挂钩开关闪烁信号☆hookswitch flash
电话会议☆conference call；teleconference；syncon
电话机☆telephone；tel；teleset
电话机上附加的记录器☆telecord
电话(交换)局☆exchange
电话录音装置☆telecord
电话室☆call-box
电话式继电器☆telephone-type relay
电话通信{讯}☆telephone communication
(用)电话通知☆phone
电话线☆voice channel
电话总局☆central
电换能器☆electric transducer
电黄英岩☆topazoseme；topazite
电汇☆(telegraphic) transfer；telegraph；T.T.
电火花☆electric{jump} spark；electrospark
电火花防止器☆spark arrester
电火花加工机床☆electric spark machinery
电火花间隙激发器☆spark gap exciter
电火花潜孔锤钻进☆spark hammer drilling
电火花塞☆electric squib
电火花型震源装置☆spark source
电火花仪☆arcer
电火花源☆sparker；spark source
电火花震源的地震勘探☆sparker survey
电火花组合☆sparkarray；spark array
电火象☆igneous meteors
电击穿☆electric breakdown
电击(或震动、冲击)危险☆shock hazard
电机车☆electric locomotive；tramming motor
电机车集电杆轮☆trolley wheel
电机车架线电话☆trolley-wire phone
电机车牵引运输☆electric haulage
电机车用蓄电池☆locomotive battery
电机放大机传动装置☆amplidyne drive
电机工程☆EE；electrical engineering
电机轨闸☆slipper brake
电机和减速机☆motor and speed reducer
电机启动器☆motor starter
电机拖动阀☆motorized valve
电机械模拟{类比}☆electromechanical analogy
电机学的☆electromechanic(al)
电机用铁{钢}片☆electrical sheet
电机转子测试装置☆growler
电积☆electrowinning；deposition
电(解沉)积(物)☆electrodeposit
电积槽☆electrowinning cells reducing pot
电积分☆electrical integration
电积金属☆deposit(ed) metal；metal deposit
电激发极化法☆EIP
电(磁)激励☆electric excitation
电极☆pole；electrodes
A 电极[一般指供电电极]☆A-electrode
电极表面电流密度☆surface current density of electrode
电极玻璃☆electrode glass
电极布置☆configuration of electrodes
电极沉淀(物)☆electrodeposit
电极导电头☆electrode transition tip
电极的☆terminal
电极反应☆half-reaction
电极化☆electric polarization
电极化率☆(electric) susceptibility；susceptiveness
电极夹支架☆electrode prong
电极间的强迫电流☆current impressed across electrodes
电极间之几何形式☆electrode geometry
电极间隔☆electrode separation；electrode-spacing
电极距☆spacing of electrode；electrode spacing；spread of electrodes
电极聚结面积☆electrode coalescing area
电极均衡势☆electrode equilibrium potential
电极粒状物☆kryptol
电极排列{布}方式☆configuration of electrodes
电极偏压☆electrode bias
电极圈直径☆pitch diameter
电极探头法☆electrode probe method
电极头[电冶]☆insert；tip；top electrode
电极系☆sonde；electrode system{array;arrangement; configuration}
电极性的☆electropolar
电极压力☆welding force
电极圆表面比功率☆power density of electrode surface
电极支架[电冶]☆electrode support{holder;prong; jib}；electrode-carrying superstructure
电极座☆candle
电集尘(法)☆electric (dust) precipitation
电记录器☆electrograph
电记录术☆electrography
电记录纸☆teledeltos
电加工☆electromachining
电加固☆electric stabilization
电加热带☆heat tape
电加热(破岩)钻井☆electric heating drill
电甲鱼(属)[D_1]☆Kiaeraspis
电价☆electro(-)valence；electrovalency
电价键[离子键]☆electrovalent bond{link(age)}
电价配键☆coordinate electrovalent link(age){bond}
电价中和☆electric neutrality
电键☆switch；(telegraph) key；bug；button；tapper；manipulator；sender[电报]
电键盘☆key board
电键罩☆switch cover
电浆☆plasma
电浆层☆plasmasphere
电焦石英☆fulgurite；astrapialith；astraphyalite
电绞车☆electric winder{hoist}
电接☆electrolinking
电接触液位信号器☆electric contact level signal
电接地☆electrical earthing
电接头☆electric connection
电解☆electrolysis；electrolyzing；electro-
电解槽☆electrolytic tank；electrolyzer；cell；electrolyser；electrowinning cells reducing pot
电解槽泥浆{渣}☆cell sludge
电解车间☆tank room{house}；potroom
电解沉淀☆electrodeposition；electrolytic precipitation {deposition}
电解沉积☆electrolytic deposition；electrowinning；electro-deposition
电解沉积痕迹测斜法☆Kiruna method
电解当量☆electrochemical equivalent
电解的☆electrolytic(al)；EC
电解电势☆electroaffinity
电解发光☆galvanoluminescence
电解法[晶育]☆electrolytic method{process}
电解分离☆electrolytic separation{fractionation}
电解分析☆electro-analysis
电解富液☆advance electrolyte
电解过度☆overelectrolysis
电解还原☆electrolytic{electrochemical} reduction
电解极化现象☆electrolytic polarization
电解剂☆electrolyzer
电解加工☆electro-chemical machining；ECM
电解精炼☆electro(-)refining；electro-deposition；electrolytic refining；electrolytic refinement[晶]
电解矿渣☆electroslag
电解磨削☆electrolytic{electro-chemical} grinding
电解磨制砂轮☆electrolytic grinding wheel
电解泥沉淀☆slurry sedimentation
电解镍板☆sheet nickel
电解抛光☆electropolishing；electrolytic polishing
电解贫液☆spent electrolyte
电解溶解☆electrolytic dissolution；electrodeplating
电解溶解(的核)燃料☆dissolving fuel
电解溶矿☆electro(-)extraction
电解溶液再制槽☆liberator cell
电解室☆tank room{house}
电解式电量计☆electrolytic meter
电解酸洗{蚀}☆electrolytic pickling
电解提纯☆electrorefining
电解提取☆electro(-)extraction
电解铜溶液☆copper bath
电解物☆ionogen
电解箱模型☆electrolyte-tank model
电解冶金法☆electrolytic extraction winning；electrowinning
电解液☆electrolytic solution{conductivity}；bath；electrolyte；electrolyzed solution；electrolyzer
电解浴☆electrobath
电解质-槽罐模型☆electrolyte-tank model
电解质导(电)体☆electrolytic conductor
电解装置☆electrolyzer；electrolyser
电解组分☆electrolyte constituent
电解作用☆electrolytic action{effect}
电介体☆dielectric
电介质☆dielectric (substance;medium)；dielectrical；nonconductor
电介质感受率☆dielectric susceptibility
电介质中的光电效应☆electrooptical effect in dielectrics
电精炼☆electrorefining
电警报器☆electric alarm
电警笛☆klaxon
电灸☆electrocautery
电矩☆electric moment
电聚☆voltolization
电聚结区☆electrical coalescing section
电锯☆electric saw；sawing machine
电绝缘☆electrical isolation
电卡计☆electrocalorimeter
电开关☆circuit closer；switch
电抗☆reactance
电抗部分☆reaction{wattless;reactive} component
电抗(性)负荷☆imaginary loading
电抗管调制器☆warbler
电抗器☆reactor；reactance
电抗线圈☆impedance{reactance} coil；reactor
电抗线圈调节功率☆hysterset
电抗性信号☆reactive signal
电抗元件☆ohm unit；reactive element
电靠模加工☆electrical profiling
电刻☆glyphograph；electroengraving
电刻器☆electrograph
电刻术☆electrography
电控报时器☆chronopher
电控风动☆electro-pneumatic control
电控风动控制器☆electro-pneumatic controller
电控光散射效应☆electro-optic scattering effect
电控双折射效应☆electro-optic birefringent effect
电控停止信号机☆electrically-operated stop semaphores
电控阴极☆electrocathode
电控阴极射线发光☆electrocathodoluminescence
电控制☆electric control
电控制器☆electric controller
电扩散☆electrodiffusion
电喇叭☆klaxon
电缆☆(electric;line) cable；conductor line{cable}；rope；real；lead
电缆波[速度测井中沿测井电缆传播的波至信号]☆cablebreak；cable wave
电缆操作的封隔器☆wireline packoff
电缆操作封隔器坐封☆wireline packer setting

电缆测试[用钢丝起下试井]☆wireline test；WLT
电缆测试总深度☆wireline total depth；WLTD
电缆车轨道☆tramway
电缆充满率☆cable fill
电缆的铠装☆armature
(用)电缆吊车(运输)☆telpher；telfer
电缆吊架☆stay clamp
电缆吊绳☆messenger (strand)；lacing messenger
电缆吊线夹板☆cantilever；cantalever；cantaliver；lip
电缆端☆cut cable
电缆端不固定☆ends free
电缆端衔套☆cable lug
电缆分接箱☆cable dividing box
电缆敷设图☆cabling diagram
电缆工具压力坐封装置☆wireline pressure setting assembly
电缆沟☆cable tunnel{canal;channel;race;duct}；tunnel
电缆故障位置检测线圈☆telefault
电缆管道☆culvert；cable conduit{conduct;duct}；conduit tile；raceway
电缆管道的管孔☆ways
电缆管道分线盒☆conduit box
电缆管孔道☆cableway
电缆灌胶密封☆sealing of cable
电缆滑程☆wire line slippage
电缆汇接间☆cabin substation
电缆击穿或折断☆cable breakdown
电缆记号探测器☆cable mark detector；CMD
电缆加帽端☆capped end
电缆架☆cable carrier{bracket;rack;stand;horse}；cable dividing box；trough
电缆交接箱☆cable joint box
电缆接地连接线☆earthing cable bond
电缆接口模块☆cable interface module；CIM
电缆接头☆cable splice{joint;bond;coupling;coupler;fitting}；thimble；tag；wireline adapter
电缆接头夹套☆cable gland
电缆进线盒☆cable entry
电缆卷盘车☆reel truck
电缆卷筒式☆cable-reel type
电缆铠甲的连接☆bonding
电缆馈电方案☆cable-feeding arrangement
电缆缆芯☆cable conductor
电缆连接盒盖☆joint-box cover
电缆密封接线盒☆cable sealing box
电缆模板☆forming board；cable form
电缆盘☆cable drum{reel}；hank of cable
电缆起下的工具☆wireline tool
电缆铅包皮☆lead sheath
电缆铅壳的连接☆bonding
电缆铅皮中电流☆sheath current
电缆式☆crab reel type
电缆式多次压力测试器☆wireline multiple pressure tester
电缆收放技术[海洋地震]☆yo-yo technique
电缆输入接头☆cable input plug
电缆水平偏转角(度)☆cable feathering angle
电缆速度☆cable speed{velocity}；CS
电缆速度面板☆cable speed panel
电缆套管☆(splice) box
电缆套管接合器☆cable coupler adaptor
电缆通道☆cable duct；CD
电缆通断情况☆cable continuity
电缆通信电子线路☆cable communication cartridge
电缆头☆cable head{carrier}；CH；cablehead
电缆拖移装置☆cable handler
电缆尾部浮标读数☆cable tail-buoy readings
电缆误差监控系统☆cable error monitor system
(用)电缆下入的过油管射孔器☆wireline through tubing gun
电缆心的对绞☆pairing
电缆引出箱☆cable outlet box
电缆占用率☆cable fill
电缆张力参考点☆tension reference of the cable
电缆振动☆cable vibration；strum
电缆终端盒☆cable head
电缆中心☆central core
电缆总成☆cable assembly；ca
电缆组合☆cable assembly
电缆坐封封隔器☆wireline{electric line} set packer
电缆作业[电测井等]☆wireline operations
电烙器☆electrocautery
电烙铁☆electric (soldering) iron；electrocautery
电雷管☆electric detonator{fuse;exploder;primer}；electric-primer；electric blasting cap；electric(al) cap；vibrocap；squib；electric powder fuse
电雷管电桥导线☆bridge wire
电雷管起爆电压☆ignition{striking} voltage
电雷管球形燃烧剂☆pill
电雷管铜镍电桥导线☆copper nickel bridge
电离☆ionization；electrolytic dissociation{ionization}
电离比值☆specific ionization
电离层☆ionized layer{stratum}；ionosphere；ionization layer
D 电离层☆D-region；D layer
E 电离层☆E-layer；(Kennelly-)Heaviside layer
F 电离层☆Appleton{F} layer
电离层的不均匀性☆ionospheric irregularities
电离层`特性图{回波探测}☆ionogram
电离层突发扰动☆sudden ionospheric disturbance
电离层吸收测定器☆riometer
电离层下面的大气层区域☆neutrosphere
电离层直接测深☆ionospheric direct sounding
电离常数☆dissociation{ionization} constant
电离的☆ionized；ionised
电离电位{势}☆ionization{ionic;ionizing;ionisation} potential；firing point
电离电泳(作用)☆ionophoresis
电离度☆ionicity；degree of ionization (electrolytic dissociation)
电离分子☆ionization molecule
电离高频特性曲线图☆ionogram
电离合成过程☆electroionization process
电离剂☆ionizer
电离解作用☆electro-dissociation
电离气体探测器☆ionized-gas detector
电离区域☆ionized space
电离热☆heat of ionization
电离室☆ionization{ion} chamber；IC
电离图☆ionogram
电离箱☆ion chamber
电离-烟雾检测器☆ionization/smoke detector
电离质☆ionogen；electrolyte
电离作用☆ionization；ionizing event；electrolytic dissociation；electro-ionization；electro(-)ionization
电励磁☆electric excitation
电力☆electric force{power}；power；electrical energy；electro-
电力爆破☆electric(al) blasting；blasting lead
电力爆破拒爆☆electric misfire
电力传动内燃机车☆dieselelectric locomotive
电力的☆electrically powered
电力地面电缆☆electrical umbilical
电力点火母线☆electric master fuse
电力电源☆electric power supply；EPS
电力发动☆electromotion
电力放炮机☆blasting unit
电力风动控制器☆electro-pneumatic controller
电力供应☆electric power supply；power supply；EPS
电力机车☆electric locomotive；conductor engine
电力技师☆electrician
电力{气}路签制☆electric train staff system
电力滤尘☆electrofiltration
电力破碎凿岩☆electric disintegration drilling
电力起爆☆electric blasting；firing by power current
电力驱动回转扒[浓密机]☆power-driven rotary plow
电力生产☆electric-power production；power generation
电力提升机☆electric hoist；EH
电力拖动的☆electrically-driven；electric-powered
电力网☆electric{power} network；mains；power circuit
电力网路设计☆power network design
电力线☆electrostatic{power} line；electroline；line of electric force；electric wireline；electric line of force
电力消耗☆power consumption
电力液压遥控系统☆electro-hydraulic remote-control system
电力引爆☆firing by power current
电力装石机☆electric rock loader
电联法☆electrolinking
电量☆electric quantity
电量滴定☆coulometric titration
电量计☆electricity{coulomb} meter；coulometer；voltameter；ampere hour meter；a.h.m.
电量热计☆electrocalorimeter
电疗法☆electropathy；electrotherapy
电裂弧☆arc of disjunction
电零点☆electric zero；EZ
电铃☆electric bell；ringer；trembler
电铃信号☆bell signal
电榴堇青岩☆sondalite
电流☆(electric) current；galvanic current；power supply；galvanism[原电池产生]；curt.；cur；Ct.；c.
电流表☆current meter；galvanometer；ammeter；amp gauge；ampere(-)meter；amperometer；r(h)eometer；a.m.
电流不足☆undercurrent
电流测定☆amperometric determination；rheometry
电流层☆disc{sheet} of current；current sheet{disc}
电流畅通点☆electrical free point
电流导体☆ampere-wires
电流的☆galvanic；galv.
电流的故障☆failure of the current
电流电极☆galvanic{current} electrode
电流断路器☆breaker；BRKR
电流发光☆galvanoluminescence
电流反常☆failure of the current
电流返回电极☆current-return electrode
电流范围☆range of current
电流方向☆direction of current；current direction
电流分布☆distribution of current
电流分量☆current component
电流分配噪声☆partition noise
电流分析(法)☆amperometry
电流回路接口☆current loop interface
电流集中测井☆focused-current log；current focused log；current focusing log
电流计☆galvanometer；rheometer；galvo；galv.；amperemeter；electric current meter；ammeter
电流接触☆galvanic contact
电流接通信号☆power-on-signal
电流密度☆ampere density；(electric) current density；c.d.
电流耦合作用☆galvanic couple action
电流强度☆current intensity{strength;rate}；strength of current；CS；amperage
电流强度变换器☆rheonome
电流式色温计☆bioptix
电流线☆long line current；long-line currents
电流线圈☆current winding
电流谐振☆inverse{current;parallel} resonance；antiresonance
电流源☆current source
电流整定值☆current setting
电流中断期☆outage
电溜子☆chain{face} conveyor
电漏☆leakance
电炉☆electric furnace{stove;fire}；hot plate；electric heater
电(弧)炉☆electric arc furnace
电炉焊接☆arc welding
电炉石墨☆electrographite
电炉冶炼☆electrosmelting
电路☆(electric) circuit；contour；connection；chain；connexion；channel；network；canal；hook-up；scheme；path；circuitry[整机]；Net.；Ct.；cir.；ckt；ch；cct
电路常数☆network constants
电路传动翻车机☆electric-driven car dump
电路放炮☆remote control ignition
电路分析☆circuit analysis
电路检验{测试}器☆circuit tester
电路交换☆circuit switching
电路耦合☆hookup
(集成)电路片(块)☆chip
电路设计☆circuit{wiring} design；design of circuit
电路图☆circuit (diagram)；circuitry；electric circuit；wiring diagram；w.d.
电路脱尘☆electro-dedusting
电路线☆power wire
电路原理☆circuitry
电铝(石)☆electrit
电滤(作用)☆electrofiltration
电滤器☆electrofilter；electro filter
电罗经☆gyroscopic compass；gyro(-)compass
电码[code]☆element；code；cd
电码雷送☆code-sending radiosonde

电码指令☆coded order
电码组合☆character; char.
电(动)马力☆electric(al) horse(-)power; e.h.p.; ehp
电脉冲☆electric impulse
电毛细曲线☆electrocapillary curve
电煤钻☆electric coal drill
电描记图☆electrogram
电敏晶体(三极)管☆phototransistor
电敏雷管☆electrically responsive blasting cap
电敏纸记录地震仪☆facsimile seismograph
电模拟☆electric(al) analogy; electric analog(ue){model}; resistor network
电模型☆electric model
电磨光☆electropolishing
电木☆bakelite
电木塑料☆Roxite
电木压层材料☆dilecto
电纳☆susceptance
电脑☆electronic brain; computer
电脑术语☆computerese
电脑显示仪☆alphascope
电脑用词☆compuword
电脑站☆terminal
电内渗(现象)☆electro-endosmose{endosmosis}
电能☆electric{electrical;electronic} energy
电能模拟☆electrical energy analog
电黏效应☆electro-viscous effect
电黏滞性☆electroviscosity
电钮☆push{electric} button; button; push-button
电耦合☆electric{galvanic} coupling
电偶☆(galvanic) couple; electro-couple
电偶层☆double layer; electric double layer
电偶腐蚀☆bimetallic corrosion
电偶极矩☆electric dipole moment
电偶极子☆electric dipole{doublet;dioles}
电耙☆dragline{drag} scraper; scraper
电耙出矿方法☆slusher method
电耙道☆pullway; scram; scraper{slushing} drift; drag path; slusher drift/runner{runner}; slushing lane
电耙工☆slusherman
电耙巷道☆slushing drift{lane}
电耙绞车☆slusher{scraper} hoist; drag scraper hoist
电排流☆electrical drainage
电排字机☆electrotypograph
电抛光☆electropolishing
电炮☆electric blasting
电喷射气流☆electrojet
电偏转☆electrical runout
电平[功率]☆power{electrical} level; level
电平表☆level indicator; decibelmeter
电平固定☆clamp
电平衡☆electrobalance
电平交叉信号☆level crossing signal
电平控制☆levecon
电平钳位☆clamping
电平调整☆level(l)ing adjustment
电平调整衰减器☆level adjusting attenuator
电瓶☆jar; battery{accumulator} jar; cell; storage battery; accumulator
电瓶车☆electromobile; electric car; electrocar; storage battery car; accumulator vehicle
电屏蔽☆electric shield
电破碎钻机☆electric disintegration drill
电剖面(法填图)☆electric trenching
电剖面法☆electrical{electric} profiling
电谱法☆electrography
电起爆☆electric firing{initiating;blasting}; fired elec.
电起爆管☆electric(al) primer
电起爆器☆electric firing machine
电启动(装置)☆electric starter
电器插口☆electrical outlet
电气安装☆electro-assembling
电气保护☆electric protection
电气爆破回路☆electric firing circuit
电气报时器☆chronopher
电气瓷套☆apparatus porcelain sleeve
电(动)-气动信号装置☆electropneumatic signaling
电气化☆electrification; electrization; electrify(ing)
电气火灾报警器☆electric fire alarm
电气路签制☆electric train staff system
电气绿泥石英岩☆peach
电气片岩☆tourmaline-schist
电气牵引工程☆electric traction engineering
电气闪英岩☆carrack; capel
电气设备的接地☆earth of electrical equipment
电气石[族名;碧硒,璧玺;成分复杂的硼铝硅酸盐,有显著的热电性和压电性;$(Na,Ca)(Li,Mg,Fe^{2+},Al)_3(Al,Fe^{3+})_6B_3Si_6O_{27}(O,OH,F)_4$]☆tourmaline; taltalite; verdelite; xeuxite; t(o)urmalinite; brazilian ruby; turmalin; iochroite; jochroite; inchroite; cockle; Brazilian chryaolite; carvoeila; ash drawer; kalbaite; Brazinan chrysolite{peridot}
电气石放射丛☆tourmaline sun
电气石化(作用)☆tourmalinization
电气石夹架☆tourmaline pincette
电气石铗☆tourmaline pincette
电气石钳☆tourmaline tong
电气石色☆tourmaline
电气石岩☆hyalotourmalite; tourmaline rock
电气室☆electrical room
电气式安全阀☆electric(al) relief valve
电气体动力学☆electrogasdynamics
电气体自动信号机☆electrogas automatic signal; electro gas automatic signal
电气凸版☆glyphograph
电气信号☆electric(al) signal
电气信号学☆electric signalling
电气岩☆tourmalinite; carvoeil(a)
电气应变计负荷发送器☆electric strain-gauge load cell
电气应变效应☆electro-strain effect
电(动)/气(动)转换器☆electro/pneumatic{E/P} transducer
电牵引采煤机☆electrical haulage
电潜泵☆electrical submersible pump; ESP
电桥☆(conducting) bridge
电桥效应☆bridging effect
电亲和势{力}☆electro {-}affinity
电倾析☆electrodecantation
电驱动☆electric drive
电取芯[电测井]☆electrical coring
电去电离作用☆electrodeionization
电燃式弹☆electrically-fired bomb
电燃式发动机☆spark ignition engine
电扰☆electric disturbance
电热[采暖]☆electric heat{heating}; electrothermal
电热板☆hot plate; electric hot plate
电热玻璃☆electro-heated glass
电热层筛分☆heated screening
电热发光☆electrothermoluminescence
电热分析☆ETA; electrothermal analysis
电热计☆electrocalorimeter
电热加压破碎(法)☆electrothermal forcing
(高频)电热疗法☆diathermy
电热喷镀☆thermospraying
电热器筛分☆heated screening
电热清蜡车☆electrothermal paraffin vehicle
电热筛☆electrically heated deck; electric heated screen
电热效率☆electro thermal efficiency
电热效应☆electrocaloric effect
电热学☆electrothermics
电热仪器{表}☆electrothermic instrument
电热元件的比表面功率☆specific surface power of electric heating
电热张拉法☆electro-heating tensioning methods
电熔成孔钻机☆electric heater{melting} drill
电熔电流旁路☆by-passing of electrode current
电熔刚玉☆fused corundum
电熔砂☆electro-fused magnesia grain
电熔石英☆electroquartz
电熔式铂漏板拉丝炉☆electromelting type partly platinum bushing furnace
电熔丝☆electric fuse
电熔再结合刚玉砖☆rebonded electrically fused corundum brick
电熔铸莫来石砖☆electric cast mullite brick
电溶胶☆electrosol
电(解)溶解☆electrolytic dissolution
电容☆(electric) capacity; capacitance; capacitivity; storage capacity; cap.
电容(性电纳)☆permittance
电容测量计☆capacitometer
电容储能点焊☆condenser type spot welding
电容的☆condensive; capacitive
电容等信号区转换☆capacitance beam switching
电容电桥地震仪☆capacity (bridge) seismograph
电容电阻☆capacitance-resistance
电容法下井仪☆capacitance tool
电容汞弧(整流)管☆capacitron
电容回授振荡器☆Collpitts oscillator
电容检查{波}器☆capacitive detector
电容控制振荡器☆capacitor-controlled oscillator
电容量☆(electric) capacity; capacitance; capacity; condensance; cap.; capy
电容率☆specific (inductive) capacity; dielectric constant{capacity;capacitance;coefficient}; inductive capacity; capacitivity; permittivity; S.I.C.; SIC
电容密度☆ionization density
电容耦合触发器☆capacitance-coupled flip-flop
电容平衡☆capacitance balancing; capacity balance
电容器☆capacitor; (electric) condenser; cond.; cap.
电容器板☆(condenser) armature; capacitor armature
电容器薄片云母☆condenser sheet mica
电容器玻璃☆capacitor glass
电容器充电按钮☆charge button
电容器的静电荷☆soakage
电容器-二极管存储器☆capacitor-diode memory
电容器式计时器☆capacitor timer
电容器箱☆condenser box
电容器油☆capacitor oil
电容器纸☆capacitor paper
电容器组☆condenser battery
电容式位置指示器☆capacitive position indicator
电容型仪用高压装置☆potential device; PD
电容性电流☆permittance current
电(压)扫描☆voltage scanning
电色层(分析)法☆electrochromatography
电色谱(法)☆electrochromatography; ECM
电色谱法[限区带电泳]☆electrochromatography
电刹车{制动}☆electric braking
电闪光☆lightning
电渗☆electro-osmosis; cataphoresis; electro osmose
电渗(作用)☆electroosmotic process
电渗(现象)☆electric osmose
电渗(透)☆electroosmosis; electroosmose
电渗加固☆consolidation by electroosmosis; electro-osmosis stabilization
电渗力☆electrophoretic force
电渗流☆osmotic flow
电渗排水☆drainage by electro-osmosis; electro-drainage; electroosmosis drainage
电渗透压力☆electro-osmosis pressure
电渗透岩芯切割(法)☆electroosmotic core cutting; electro-osmotic core cutting
电渗析☆electrodialysis
电渗析器☆electrodialyser; electrodialyzer
电渗作用☆electro(-)osmosis; electroosmose
电-声(的)☆electro-acoustic
电声类比☆eleetro-acoustic(al) analogy
电声学☆electro(-)acoustics
电生成☆electrogenesis
电生光☆third contact
电绳☆cord
电湿度计☆electrohygrometer
电拾音器☆electric pickup
电石[CaC_2]☆calcium carbide; carbide; carbide of calcium; tourmaline; acetylene lime; carbite
(打火机用)电石☆flint
电石储罐☆carbide drum
电石灯阀☆acetylene torch valve
电石法☆calcium carbide process
电石加{入}水式乙炔发生器☆carbide-to-water {water-to-carbide} (acetylene) generator
电石加水乙炔制取法☆carbide-to-water process
电石聚氯乙烯悬浮树脂☆carbide polyvinyl chloride suspension resin
电石屏☆tourmaline plate
电石气☆acetylene; ACET
(乙炔发生器)电石筒☆generating chamber
电石投入式乙炔制取法☆carbide-to-water process
电石消化的石灰泥渣☆slaked carbide
电石渣还原精炼的高级强韧铸铁☆sendait metal
电蚀☆electrolysis
电蚀加工☆electro-erosion machining
电(化学腐)蚀作用☆galvanic action
电矢量☆electric vector
电势☆electric{current} potential; electromotive

force；electromotance；potential；E.M.F.
电势测定☆potentiometric determination
ζ电势层☆zeta-potential layer
电势差☆electromotive difference of potential；electric potential difference；potential difference{differential}
电势滴定☆electrometric{potentiometric} titration
电势计☆potentiometer
电势梯度☆electric-force gradient
电势图☆potential map
电视☆television；video；electric vision；radiovision；photovision；TV；tele；tel；tele-
(用)电视播送☆telecast
电视唱片☆videodisk
电视传送电影术☆telecinematography
电视传真☆televise
电视电话☆viewphone；videophone；picturephone
电视电影☆film television
电视(传送的)电影☆telecine
电视干扰☆television interference；TVI
电视广播☆faxcasting；videocast；telecast
电视画面☆fax
电视会议☆syncon
电视(接收)机☆televisor；television receiver；teleset；radiovisor；radiotelevisor
电视校准信号发生器☆television calibration generator
电视接收管☆teletron；oscillight
电视接收机使用者☆televisor
电视节目中的声音中断[因擦去录音而引起的]☆blip
电视镜头拼合摄影法☆cutback
电视剧本☆telescript
电视(传授的)课程☆telecourse
电视雷达导航仪☆teleran
电视录像☆telerecord；television recording；TVR
电视频道信号发生器☆TV frequency channel signal generator
电视屏幕☆TV{video} screen；telescreen
电视屏幕录像{记录}片☆teletranscription
电视商仪☆video conference
电视射线管☆teletron
电视摄像机信号混合☆camera mixing
电视摄像机移离{移向}目标☆zoom
电视书刊☆teletext
电视图像☆televised{television} image
电视图像配准☆registration
电视文字广播☆teletext
电视相片☆vidpic
电视信号干扰☆television interference
电视影片☆telefilm
电视帧☆frame
电视中心☆television operating center；TOG
电收尘法☆electrical dust precipitation
电收尘器☆cottrell (dust-precipitator)；electrical dust collector
电收尘室☆cottrell plant
电枢☆arm.；anchor；armature
电枢电压控制☆armature {-}voltage control
电枢端板{盖}☆armature flange
电枢平滑铁芯☆armature smooth core
电枢绕法{组}☆armature winding
电束☆electric flux
电刷☆(collector) brush；electrobrush；carbon body
电刷接触压降☆brush contact drop
电刷装置☆brushgear
电栓焊☆stud welding
电双晶☆electrical twinning
电水锤钻进☆electrohydraulic drilling
电瞬变法☆Eltran
电四极分裂☆electric quadrupole splitting
电四极矩☆electric quadrupole moment
电四极子☆electric quadrupole
电碎石术{法}☆electrolithotrity
电损耗☆electrical loss
(溶剂)电缩作用☆electrostriction
电台☆station
电探☆electric prospecting
电探法☆electrical prospecting method
电碳☆electrocarbon
电碳化法☆electrocarbonization
电碳化渗透地下气化法☆gasification by electro-linking method
电梯☆elevator；car；(electric) lift
电梯厢☆cage
电通☆displacement{electric} flux
电通量☆electric flux
电图☆electrograph
电脱水☆electric dehydration；electrical dewatering
电脱水器☆electric dehydrator
电脱盐法☆electrical desalting process
电网(络)☆network；electric {-}network
电网效率☆network efficiency
电位☆(electric{current;liquid-junction}) potential
电位测量☆potentiometry
电位差☆potential difference；P.ds.；potential difference{differential}；DP；d.p.；pd；electric potential difference；difference of potential
电位差比法[电勘]☆potential ratio method
电位(测定)的☆potentiometric
电位滴定☆electrometric{potentiometric} titration
电位电极☆potential electrode
电位电极测井☆normal log
电位电极系曲线☆normal curve
电位计☆potentiometer；electrometer；pot；three-wire compensator
电位降☆fall of potential；potential drop
电位降比☆potential-drop ratio；PDR
电位降法☆fall-of-potential method
电位决定离子☆potential determining ion
电位排列☆two{pole-pole} array
电位起伏图☆electric image
电位器☆potentiometer；pot
电位器电阻分布特性☆taper
电位曲线☆normal (log)
(元素)电位序☆electrochemical series
电位移密度☆electric displacement density
电(测)温度计☆electropsychrometer
电文☆text
电稳定性☆electric(al) stability
电物理学☆electrophysics
电析出☆electroprecipitation
电吸附☆electro-adsorption
电吸力{引}☆electric attraction
电吸着☆electrosorption
电限速器☆electric speed limitator；electric overspeed limit device
电线☆cord；electric cable{wire}；(fire) wire；line；lead
电线被覆绝缘物☆voltite
电线杆坑☆post hole
电线管道☆wiring conduit
电线套管☆cable conduct
电相似模拟☆electric-analog simulation
电向量☆electric vector
电象☆electric image；electrical phenomenon
电效率☆electrical efficiency
电谐振☆electric resonance
电信☆telecommunication；telegram；telegraph；tel；(electric) communication；wire；tele-
电信法☆telegraphy
电信号保真度☆electric(al) fidelity
电信号机☆electrosemaphore
电信号输出探测器☆electrical-type detector
电信连接方法☆telecommunications access method
电性☆electric(al) property；electric properties
电性法☆electronic means
电悬陀螺仪☆electrostatic gyro
电选☆electric concentration{separation}；electron concentration；electrostatic separation
电选矿☆electrodressing
电学☆electricity
电学机械硬件☆electromagnetism
电学家☆electrician
电讯☆telecommunication；telegraphic{telephone} dispatch；dispatch；radio telecommunication signals
电压☆(flash-over) voltage；electric tension{pressure}；tension；V
电压比较编码☆voltage comparison encoding
电压表☆voltmeter；voltage meter{table}；VM
电压表附加电阻☆reductor
电压不足信号器☆under-voltage warning device
电压电流两用表☆voltammeter
电压分量☆voltage component
电压固定☆clamping
电压过高☆overtension
电压降☆(voltage) drop；fall of potential；bucking；potential drop；loss of voltage
电压控振荡器☆voltage controlled oscillator
电压控制调谐磁控管☆metron
电压零点☆point of zero voltage
电压频率模/数转换器☆voltage frequency A/D converter
电压曲线记录仪☆rheograph
电压损失☆effective voltage drop；loss of voltage
电压塌缩☆voltage collapse
电压梯度☆electric field intensity；voltage gradient
电压突升☆voltage surge
电压线{绕}圈☆potential winding
电压振子☆piezoelectric resonator
电压指示灯☆voltage indicator lamp
电延迟线☆electric delay line
电眼☆electric{electronic;magic;cathodic} eye；EE；tunoscope
电眼法[用光电管装置拣选粗粒金刚石]☆electric-eye method
电(子)衍射☆electro-diffraction；electron diffraction
电阳性的☆electropositive
电(解)氧化☆electrooxidation
电氧化法☆electro-oxidation process
电养护☆electric curing
电遥测计☆electric telemeter
电冶金(学)☆electrometallurgy；electro metallurgy
电冶金法☆electrometallurgy
电液艾可马蒂克☆electro-hydraulic
电(力)液(压)的☆electrohydraulic
电液掘进装置☆electro-hydraulic powered development rig
电液联合拖动的☆electric-hydraulic combination powered
电液劈石器☆electrohydraulic rock splitter
电液伺服控制☆electro-hydraulic servo control
电液调压装置☆electro-hydraulic pressure regulating device
电液压☆electrohydraulics
电液元件☆electrohydraulic element
电液远距离手动或自动控制☆electrohydraulic remote manual or automatic control
电(解迁)移[同位素分离法]☆electromigration；electro-migration
电移位通量☆displacement flux
电异常☆electrical anomaly
电异极矿 $[Zn_4(Si_2O_7)(OH)_2{\cdot}H_2O]$ ☆electric(al) calamine
电阴负性{度}☆electronegativity
电阴性的☆electronegative
电引爆☆electrically-fired
电引火器☆squib
电引绞车☆haulage{hauling} winch
电引力☆electric attraction
电引线点火器☆electric fuse igniter
电英岩☆tourmaline；tourmalite
电影☆movie；pic [pl.pix]；cine-
电影制片术☆cinematograph；kinematograph
电应变式扭矩仪{计}☆electronic torque meter
电应变仪☆electric strain gage
电应力☆electrical stress
电应力过度点☆electrically-overstressed spot
电泳☆electrophoresis；cataphoresis；electrophoretic method[测定电动电位]
电泳槽☆electrophoresis tank
电泳的☆electrophoretic；cataphoretic
电泳放电☆surge discharge
电泳分析☆electrophoretic analysis
电泳图☆electrophoretogram
电涌☆surge；surging
电有序☆electric order
电诱导吸附(法)☆electrically-induced adsorption
电原理图☆electronic schematic；ES
电源☆power supply{source}；feed；mains；supply；electric power supply；unit；power；source of power supply；source；PS
A电源☆A-power supply
电源板☆power panel；PP
电源触发☆line trigger
(测井仪)电源单元☆power supply unit；PSU
电源机组☆power-supply set
电源接线☆power-line connection；power wiring
电源设备☆power equipment；power (supply) unit；pu
电源室☆source chamber

电源线☆main{power;supply} lead；power cord{line; conductor}；feeder
电源引出线盒☆outlet supply box
电源正极引线☆positive wire
电源中断☆power interruption
电晕☆corona；aurora
电晕放电☆corona discharge{charge}；corona [pl.-e]；effluve
电晕放电电阻☆corona-resistant
电晕式选矿机☆corona-type separator
电晕型分级{除尘}器☆corona-type separator
电再生燃料电池☆electrically-regenerative fuel cell
电凿芯☆electric-driven chiseling drill core
电噪声☆electric(al) noise
电造石英☆electroquartz
电渣堆焊☆electroslag surfacing
电渣焊☆electroslag{slag} welding；ESW
电闸☆switch
电栅极☆electric grid
电站☆power station{plant}；power generating station；plant
电站满发时的蒸汽压力☆steam pressure at full power
电站容量☆plant size
电站装机成本☆installed plant cost
电真空玻璃☆electric vacuum glass
电真空石墨元件☆carbon element for electro-vacuum technique
电振荡☆electric oscillation
电振极☆trembler
电震☆commotion；electric shock；electroshock
电震动效应☆electroseismic effect
电蒸馏炉☆electric distillation furnace
电致变色显示(技术)☆electrochromics
电致发光☆electro(-)luminescence；electrofluorescence
电致晶体☆electrocrystallization
电致伸缩☆electrostriction；indirect piezoelectric effect；converse piezoelectricity
电制版☆galvanograph
电制水泥☆electrocement
电滞后☆electric hysteresis
电滞回线☆ferroelectric hysteresis loop
电滞效应☆electro-viscous effect
电滞性流体☆electroviscous fluid
电中性☆electric{electrical} neutrality
电重叠☆electrical overlap
电重量分析☆electro-gravimetry
电轴☆electrical{piezoelectric} axis；synchrotie
电铸☆electroforming
电铸(技术)☆galvanoplasty
电铸(术)☆galvanoplastics
电铸版☆electrotype；worker
电铸板[法]☆cliché
电铸术☆electrotype
电铸制版术☆galvanography
电注浆☆elecrolytic casting
电转子式磁电机☆armature type magneto
电转子芯☆armature core
电灼式打印机☆electrosensitive printer
电子☆electron(ics)；election
电子(-空子偶)☆electron-hole pair
电子安全控制器☆electronic safety controller
电子八隅态☆electron octet
电子捕获气相色谱法☆electronic-capture gas chromatography；ECGC
电子不足区☆p-region
电子测绘系统☆electronic mapping system
电子测距☆EDM；electronic distance measurement {measuring}
电子测距仪三角测量☆trilateration
电子测偏航设备☆electronic yaw equipment；EYE
电子测图系统☆electronic mapping system
K 电子层☆K-shell
电子程序喷化☆electron-program decorating spray
电子秤☆electronic scale；electronic-weighing system
电子弛豫极化☆electronic relaxation polarization
电子充填原理☆aufbau principle
电子船位测定☆electric position-determining
电子磁力仪{强计}☆electronic magnetometer
电子存储压力计☆electronic memory pressure probe
电子灯☆velocitron
电子等离子体☆electron plasma
电子读出方式☆electronic readout method
电子渡越时间☆electron-transit time
电子对的产生☆pair production
电子对键☆electron-pair bond{link(age)}
电子发射减弱剂☆poison
电子发射器定位系统☆electronic emitter location system
电子阀☆electrovalve
电子翻印(术)☆reprography
电子反干扰设备☆electronic counter-countermeasures
电子放射☆evaporation of electron
电子飞越时间☆electron-transit time
电子分析和模拟设备☆electronic analysis and simulation equipment；EASE
电子俘获☆electron{E} capture；EC
电子俘获气液色谱(法)☆electron capture-gas liquid chromatography；EC-GLC
电子伏特☆electron {-}volt；ev.；ev；e.v.
电子干扰措施☆electronic countermeasures；ECM
电子感应加速器☆betatron
电子工业协会[美]☆Electronic Industry Association
电子构型亨德第一定律☆Hund's first rule of electronic configuration
电子管☆(electron) tube；lamp；(electric;vacuum; tube;electronic) valve；vacuum{radio;electronic} tube；val
电子管间的☆intervalve
电子管帽☆cap
电子管学☆radionics
电子光学像差☆electron-optical aberration
电子轨道☆electron trajectory{orbit}；tramway
电子轨迹法☆electron-orbit method
电子航行仪☆electronic navigation system
电子毫秒表☆electronic time meter
电子合成仪☆electronic combiner
电子核磁双共振谱学☆electron nuclear double resonance spectroscopy
电子轰击☆electron bombard{impact; bombardment}
电子轰击炉☆electronic impact furnaCe
电子轰击源☆electron-impact source
电子激发光☆cathodoluminescence
电子记录管☆electron-recording tube
电子计算机油井测验设备系统☆cyber service unit
电子记账机☆electronic accounting machine；EAM
电子捡选机☆electronic sorter
电子间谍☆ferret
电子交换树脂☆electron exchange resin
电子接合体☆electron acceptor
电子结合合金☆electron compound
电子金属比较器☆electronic metal comparator
电子-晶格相互作用☆electron r-lattice interaction
电子镜检术☆electron microscopy
电子(显微)镜检术☆electron microscopy
电子静质量☆rest mass of electron
电子开关☆electronic{electron} switch；ES
电子勘探法☆electronic method of prospecting
电子壳层☆(electron) shell；electric atmosphere
电子-空穴对☆electron-hole pair
电子控光相片☆electronically dodged print
电子控制燃料喷射装置☆electronic-controlled fuel injection
电子控制仪{台}☆electronic console
电子累积器☆electronic totalizer
电子篱笆☆fence
电子流☆electron current{stream}；rain
电子路程长度☆electron path length
电子录像器☆electronic video recorder；EVR
电子脉冲振幅分析器☆electronic pulse-height analyzer
电子密度切面☆electron-density section
电子密集带☆electron conduction
电子描图装置☆electronic tracer
电子能带隙理论[多型性的]☆electron energy band gap theory
电子能量损(失)谱(分析)☆EELS；electron energy loss spectroscopy
电子能谱☆electron{electronic} spectrum；electronic spectra；electron spectroscope for chemical analysis
电子偶☆duplet；electron pair
电子耦合☆electronic{beam} coupling
电子偶素☆positronium
电子排布☆electron configuration
电子培训设备☆trainer
电子碰撞(离子)源☆electron-impact source
电子欺骗[电子频率干扰]☆spoofing
电子器件包☆electronics package
电子欠集聚☆underbunching
电子亲和力{性}☆electron affinity
电子琴☆mellotron
电子情报[美]☆elint；electronic intelligence
电子圈☆electrosphere
电子缺陷位置☆electron defect site
电子燃料调节器☆electronic fuel regulator
电子入射☆electron-injection
电子扫描光学跟踪器☆electronically scanned optical tracker
电子扫描微波辐射仪☆electrically scanning microwave radiometer
电子晒像机☆log-electronics
电子闪光☆speedlight
电子闪光装置{部件}☆electronic flash unit
电子设备☆electron device；ED；EC；electronic equipment{installations}
电子射线管☆scope；oscillatron；magic eye
电子射线束☆cathode-ray beam
电子摄影☆electrophotography
电子声拣器[检查轨道]☆electronic listening equipment
电子声学☆acoustoelectronics
电子剩余区☆*n*-region
电子施主☆electronogen；electron donor
电子石英晶体手表☆electronic quartz crystal watch
电子式分解器☆electronic resolver
电子式燃料调节器☆electronic fuel controller
电子式谐音系统☆electronic chimes
电子手表☆accutron
电子受主☆electron-accepter
电子输出方式☆electronic readout method
电子束☆electron beam{ray;bundle}；electric ray；electro-beam；pencil；EB
电子(射线)束☆cathode beam
(离子)电子数☆ionic number
电子束管支架☆CRT{cathode-ray} tube mount
电子束焊☆electron {-}beam welding；EBW
电子数据处理系统☆electronic data processing system
电子束扫描显示器☆cathode ray scan display
电子束相交区最小截面☆beam crossover
电子数字化器☆electronic digitizer
电子水分测定仪☆electronic moisture meter
电子顺磁共振光谱☆electron paramagnetic resonance spectrometry；EPR；EPRS
电子探测雷电器☆sferics
电子探针☆electron probe (microanalyser)；(electron) microprobe；EMP；EPMA
电子探针扫描迹☆microprobe trace
电子探针(X 射线显微分析)仪☆electron probe X-ray microanalyser
电子调谐滞后☆electronic tuning hysteresis
电子通道花纹☆ECP；electron channel(l)ing pattern
电子图像☆electron image；electronogram
电子位移极化☆electronic displacement polarization
电阻温度计☆resistance thermometer
电子吸收能谱☆electronic absorption spectra
电子徙动☆migration of electrons
电子显微光波干涉仪☆electronic profilometer
电子显`像{微镜照片}☆electronograph
电子线路☆electronics; electronic circuitry; electron circuit
(下井仪)电子线路部分☆electronic cartridge
电子线路短节外壳☆cartridge housing
电子相互作用积分☆electron interaction integral
电子信号输入☆electronic signal input
电子性化合物☆electron compound
电子学☆electronics；radionics
电子雪崩倍增☆electron avalanche amplification
电子衍射☆electron diffraction；EC；ED
电子液化石油气炉☆electronic liquefied petroleum gas stove
电子仪器☆electronics；electronic device
电子仪器化☆electronicize
电子异构体{物}☆electromer
电子抑制栅☆electron suppressor
电子音响信号应答器☆electronic aural responder
电子影像增强☆electronic image enhancement
电子邮件{递}☆electronic mail
电子乐器☆electrophone

电子跃迁阻抗☆electron-transit reactance
电子云☆electron cloud{atmosphere}
电子匀光印象机☆electronic dodging printer
电子占位分析☆electronic population analysis
电子照相仪☆aniseikon
电子振荡离子源☆electron oscillation ion source
电子振动耦合☆vibronic coupling
电子致发光☆cathodoluminescence
电子注熔炼☆electronic-torch melting
电子注入[半导体中]☆electron {-}injection；in a semiconductor
电子转换☆electronic commutation
电子装置☆electronic means；black box
电子撞击☆electron impact；EI
电子自动电势计☆speedomax
电子自旋☆electron spin (Resonance)；ESR
电子自旋共振仪☆electron spin resonance apparatus
电子作图☆electric mapping
电阻☆(electric(al){complex}) resistance；resis(ter)；res.
电阻表☆ohmmeter
电阻部分☆energy component
电阻测量剖面☆resistivity profile
电阻测深{探}☆electrical-resistivity sounding
电阻测温仪☆electric resistivity thermometer；thermistor；resistivity thermometer
电阻电感应变仪☆resistance induction emergency instrument
电阻法勘探☆resistivity prospecting
电阻焊☆(electric(al)) resistance welding；ERW
电阻弧花对缝焊接☆resistance flashing welding
电阻计☆ohm meter
电阻勘查法☆resistivity exploration
电阻勘探(法)☆electrical resistivity method of prospecting；resistivity prospecting；resistivity survey
电阻抗☆reactance
电阻率☆resistivity；specific resistance{resistivity}；electrical{electric} resistivity；electric-resistivity；power of resistance；sr；sp.r.；RES
电阻率测井得到{求得}的含烃指数☆hydrocarbon resistivity index；HRI
电阻率测深布置形式☆resistivity sounding configuration
电阻率差☆differential resistivity
电阻率对比因素☆resistivity-contrast factor
电阻率法测井纪录☆resistivity logs
电阻率分布☆resistivity. distribution
电阻率和激发极化勘探法☆resistivity and induced-polarization-prospecting method
电阻率-厚度积☆resistivity {-}thickness product
电阻率-极距曲线☆resistivity-spacing curve
电阻率计☆resistivity meter
电阻率-孔隙度交绘图☆resistivity-porosity cross-plot；resistivity-porosity cross plotting；RPCP
电阻率偏差比☆resistivity-departure ratio
电阻率谱☆resistivity spectrum
电阻率-声波组合测井☆combination resistivity-acoustilog method
电阻率图☆resistivity map
电阻耦合晶体管逻辑☆resistor-coupled transistor logic
电阻器☆resistor；RES
电阻热☆joule heat
电阻式应变测扭仪☆strain-gauge type torque transducer
电阻丝应变仪☆resistance wire strain ga(u)ge；wire strain gage；wire-strain gauge
电阻探测法☆electrical resistivity method
电阻系数☆resistivity；resistance coefficient；unit resistance；coefficient{power} of resistance
电阻线应变规☆resistance wire strain gauge
电阻箱☆resistance box；rheostat；rheo
电阻性分量☆resistive component
电阻性负荷{载}☆resistive load
电阻性信号☆R-signal；resistive signal
电阻应变计检测☆resistance strain-gauge test
电阻应力规☆resistance stress ga(u)ge
电阻增大系数☆resistivity index
电钻☆electric{power} drill；electrodrill
电嘴☆ignition plug；candle
甸子[$CuAl_6(PO_4)_4(OH)_8$•$4H_2O$]☆turquoise；turkey stone；agaphite
奠基☆ground breaking
奠基人☆father
奠基石☆cornerstone；foundation{corner;head;pillar} stone
奠基者☆founder
淀粉☆starch{amylum}[$(C_6H_{10}O_5)_n$]；zinc paste；hoosier pearl[絮凝剂]
淀粉(状朊)☆amyloid
淀粉(絮凝剂)☆Hoosier pearl
淀粉的纤维素☆farinose
淀粉胶☆amylan；amylopectin
×淀粉类絮凝剂☆Floc gel
淀粉酶☆amylase；diastase；amylolytic enzyme
淀粉糖☆granulose
淀粉星体[轮藻]☆amylum stars
淀粉型浸润剂☆starch-oil size
淀积☆deposit(ion)；sedimentation；illuviation
淀积层☆illuvial horizon{layer}；horizon B；illuvium；B-horizon；illuvial
淀积带[即B层]☆zone of illuviation{accumulation}
淀积晶体[初淀晶]☆cumulus crystal；primary precipitate crystal
淀积器☆depositor
淀积土☆illuvial (soil)
淀积屑器☆deposit gage
淀积岩☆precipitated sedimentary rock
淀积作用☆illuviation
淀降对流作用☆setting convection
淀晶☆sparry
淀物☆amylum
淀线趋向☆strand-line trend
殿板牙形石属[O_2]☆Pygodus

diāo

碉堡☆blockhouse
雕笔石(属)[O-S_1]☆Glyptograptus
雕槽☆chamfer
雕齿兽属[Q]☆Glyptodon
雕刀☆point
雕海百合目[棘]☆Glyptocrinina
雕花☆fret
雕壳叶肢介属[节;K_2]☆Glyptostracus
雕刻☆engraving
雕刻(术)☆sculpture
雕刻的☆glyphic
雕刻石像☆cut a figure in stone
雕刻石砚☆carved inkslab
雕刻术☆engraving
雕刻凿刀☆carving chisel
雕刻者☆chaser
雕肋虫属[介;C-P]☆Glyptopleura
雕绫蛤属[双壳;P]☆Glyptoleda
雕镂(金属)☆chase
雕球接子属[三叶;$Є_3$]☆Glyptagnostus
雕曲海(百合)科[棘]☆Glyphocyphidae
雕蛇尾属[棘海星;J-Q]☆Ophioglypha
雕舌贝属[腕;O_2]☆Glyptoglossa
雕石螺亚科[腹]☆Lithoglyphinae
雕饰阿斯姆叶肢介属[节;P_2]☆Glyptoasmussia
雕塑☆sculpture；plastic art
雕塑地貌☆morphosculptore；morphosculpture
雕凸贝属[腕;O_1]☆Glyptotrophia
雕纹☆ornamentation
雕纹海百合亚目☆Glyptocrinina
雕像☆statue
雕鸮属☆Bubo
雕形轧槽☆rougher
雕正形贝(属)[腕;O_{2-3}]☆Glyptorthis
凋(存)的☆marcescent
凋而不落的(植物)☆marcescent
凋蔫点☆wilting point
凋萎的☆marcid
凋萎含水率☆wilting percentage
凋谢☆wilt；fade
凋谢冰☆decaying ice
凋谢的☆sear

diào

掉(牙轮)☆fall-off
掉出的岩芯☆dropped core
掉道☆derailment
掉队☆straggle
(重力仪)掉格☆drift
掉链☆chain disengagement
掉落在孔内的套管组☆string of lost casing
掉皮☆crumbling
掉砂☆ram-off (defect)；ram(-)away；drop[冶]；sand drop；clamp-off；push-up[铸]；ram off；ramoff
掉头方向(角)☆back bearing
掉头区☆turning basin
掉牙轮☆spinning cones off；lost cone
掉渣☆sluff；dribbling
吊包架☆bail
吊泵☆suspended pump；sinking-pump；running lift
吊泵排水☆drainage by vertical pump；electrical suspended-pumping
吊泵悬挂钢丝绳☆pump rope
吊臂☆hanger arm；gibbet；sideboom；davit[船边上]
吊臂角☆boom angle
吊舱☆car；nacelle；(towed) bird[航空物探]；pod[发动机,塔门]；gondola[飞艇等]
吊舱式航空电磁系统☆towed bird AEM system
吊仓☆catenary{suspended;suspension} bin；suspension bunker
吊铲☆cable{dragline} excavator；drag line；dragline (cableway)；dragline tower excavator
吊车☆(ingot) crane；tram；draw works；cable car；hoist；mobile type hoists；crab
吊车道☆runway；tramway
吊车的行走机构☆bogie
吊车滑道☆runway
吊车机☆car lift
吊车卷筒☆trommel
吊车器☆wagon jack
(用)吊车运输☆tram
吊撑☆hanging brace
吊床状构造☆hammock structure
吊锤☆jar block；drilling jars
吊垂绳☆load{carrying} rope
吊带☆harness
吊灯☆ceiling light；pendent lamp
吊灯架☆pendant
吊顶式液化天然气储罐☆suspension deck LNG tank
吊顶窑☆kiln with movable roof
吊锭吊车☆ingot crane
吊斗☆(cableway) bucket；cask；bin；lift van；winging hopper；spoon
吊斗式矿泥给料机☆skip-type feeder
吊斗式取样机☆geary-jennings sampler
吊舵☆hanging{hanged} rudder
吊舵支架☆rudder horn
吊耳☆ear；hanger；lifting lug
吊杆☆boom；gib (arm)；transverse member；hanger (rod)；jib；gibbet；suspension{swing;trapeze} bar；sag rod；gallows；well-sweep；sweep；steeve；suspender
吊杆承座☆derrick socket
(用)吊杆装货☆steeve
吊钢筋☆pendent fitting
吊隔墙[玻]☆suspended shadow wall
吊钩☆hanger；(lift) hook；cliver；suspension hook；sling (dog)；ear；lifting hook
吊钩的锁栓☆bill of the hook
吊钩夹☆crampon
吊挂井框的螺栓孔☆hanging bolt hole
吊挂井圈☆skeleton tubbing
吊挂螺栓☆hanger (bolt)；hanging bolt
吊挂配件☆pendent fitting
吊挂丘宾筒☆underhung tubbing
吊挂式导向架☆hanging leader
吊挂用的绳索☆rope slings
吊挂在缆索上的☆cable supported
吊管☆down pipe
吊管带☆pipeline sling
吊管钩☆pipe{tubing} hook
吊管机☆laying caterpillar；pipelayer；layer；sideboom
吊管架☆tube{pipe} hanger
吊管下沟☆cradling
吊罐☆mobile cage；cage (lift)
吊罐法天井掘进☆cage raising
吊环☆landing collar；elevator link{bail}；slinger；ear；looped link；(lifting) bail；(hand;eye;hanging;suspension;lift) ring；lifting ball{eye;lug}；clive；cliviss；hoisting eye ring；sling
吊环螺母☆eye-nut
(用)吊环起吊☆slinging
吊环式张力仪☆ring tensiometer

吊货滑车☆cargo block
吊货绳套☆raising sling
吊机架☆gauntree
吊架☆gallows; hanger; suspension (frame); trapeze [pl.-zia]; shed; (drop hanger) frame; hanging bracket; steadier; pendant; pendent; pylon[飞机]
吊架式航空电磁系统☆towed boom AEM system
吊接☆suspended joint
吊救生艇柱☆davit
吊具☆sling; suspender
吊卡☆lifting cap{dog}; elevator{lift sub} [油]; hanger; thumb bustar
(带)吊卡(的)管抓☆dolly wrench
吊卡-卡盘[下重套管柱用]☆elevator-spider
吊筐☆corve; keeve; cauf; corf; corfe
吊框支架☆square timber support
吊框支柱☆underhang lining
(气球的)吊篮☆basket
吊篮[气球的]☆cradle; bird; nacelle
吊缆☆hoist{messenger} cable; (rope) pennant
吊链☆chain hoist
吊(重)链☆suspension{bridle} chain; chain hanger {sling;attachment}; sling
吊梁☆lazy balk; hanging beam
吊笼☆basket; cradle
吊螺栓[井筒护板]☆hanger
吊锚架☆cat-head; cathead
吊锚器☆fish
吊锚索☆cat fall
吊门☆drop{flap} door; overhang-door
吊门(矿)车☆drop-door wagon
吊盘☆(hanging) stage; scaffold{suspension frame; sinking stage} [凿井]; hinged deck; (swinging) {sinking} platform; suspended bulkhead; balsa; hanging scaffold; cradle
吊盘保险盘☆catch scaffold
吊盘作业人员☆stage hand
吊铺☆hammock
吊起☆hoist; sling; trice; lifting
吊钳☆tongs
(用)吊钳上紧螺纹☆tong pipe up
吊桥☆suspension{hanging;lifting} bridge; drawbridge
吊砂☆coping out{cut}; cod (projection); cope down
吊砂钩[冶]☆gagger
吊砂环☆bail
吊(风)扇☆ceiling fan
吊上☆hook on
吊升用动、定滑轮组☆block and fall
吊绳☆hoist cable; bridle{lifting} rope; messenger strand
吊绳钻进滑轮☆spudding pulley
吊石夹钳[建]☆nippers; stone tongs
吊式炉顶☆suspended arch
吊式炮棍☆cable system
吊式跳板☆hinged ramp
吊索☆suspension cable{line;rope}; sling; slinger; crowfoot; rigging{messenger} line; crow's foot; hoist{carrier} cable; trapeze; crane rope; rope slings
吊索环☆choker rope
吊台☆cape
吊艇杆☆boat davit
吊艇绞车☆boat winch
吊艇柱☆davit
吊桶☆tub; bucket; corve; corf(e); bail; bamke; hopper; bailing{sinking;shaft;mucking} bucket; gig; kettle; hudge; cauf; dragon; kibble[凿井、提升]; hoppit; balde; kibbal; well-bucket; bawke; bale
吊桶导向架停止器☆carrier stop
吊桶的安全吊钩☆clive; cliviss
吊桶翻卸台☆strike tree
吊桶工☆(top) lander; kibbler; bailing machine operator
吊桶骨架停止器☆carrier stop
吊桶挂钩☆clipper
吊桶井架☆sinking bucket crosshead
吊桶孔☆pigeonhole
吊桶拉绳☆tag line
吊桶平台☆doghouse
吊桶提升掘进☆bucket sinking
(用)吊桶提水☆bucket
吊桶通过口[吊盘的]☆kibble opening
吊桶 U 形环☆bail
吊网架☆gantry; gauntry
吊物工人☆slinger
吊线☆cable; plumb-line; suspension{messenger} wire
(吊挂电缆用的)吊线☆catenary; catenarian
吊楔☆lewis
吊悬的☆pendent; pendulous
吊悬药包放炮试验☆suspended cartridge test
吊旋式装载机☆over loader
吊椅[建筑或修理用]☆bosun chair
吊鱼钩☆fishhook
吊运器☆aerial conveyor
吊运式底座☆swing lift{up} substructure
吊在……之上☆overhang
吊重绳☆carrying rope
吊重物活动大钩☆snag hook
吊轴承☆suspension bearing; hanger
吊柱☆davit
吊(艇)柱跨距☆davit span
吊装☆hoisting; suspension setting
吊装架☆mast-up
钓钩☆fishhook; fishing hook
钓鱼☆fishing
钓鱼岛石☆diaoyudaoite
调班日☆change day
调拨☆commit
调查☆investigation; investigate; survey(ing); inquiry; inspection; inquire{look} into; enquiry; examine; census; burrow; bur; (exploratory) search; seek; exploration; examination; study; ascertain; surv.; research; surving; scout; look
调查表☆questionaire; questionary
调查船☆survey vessel{boat}; research vessel; surveying {expeditionary;research} ship; R/V
调查地质☆geologize
调查分析☆diagnosis [pl.-ses]
调查机☆straightener
调查人员☆investigator
调查研究问题☆look into a problem
调查影像☆examining image
调查用潜艇☆research submarine
调查者☆investigator; researchist; researcher
调车☆tub changing; switching; car gathering {switching;spotting}; shunting
调车岔线☆gathering siding
调车场☆marshalling{shunting} yard; shaft station; switch yard[铁路]; switchyard; yd; yard
调车场编车机☆trip maker
调车场场长☆yard-master
调车硐室☆turn-around room; wagon hole
调车房[机车的]☆roundhouse
调车管理☆car-change control
调车呼叫信号音☆shunting calling tone
调车机车☆switcher; shunter; shunting engine {locomotive}; switching{arranging} locomotive
调车器☆cherry picker
调车人员☆yard crew; yardman
调车设备☆tub-changing arrangement; car switching arrangement; shunting equipment
调车系统☆car-changing system
调车线☆service{switching} track
调车用小机车☆dinky; dinkey
调车员☆former
调车装置☆car-change control; car-spotting device; car change{changer}; car switching arrangement
调档☆transfer the files; examine sb.'s record
调动☆translation; mobilize; maneuver; transfer; manoeuvre; swapping[程序]
调动速度☆flitting speed
调度☆dispatching; dispatch (trains,buses,etc.); (trip) spotting; scheduling; dispatcher; manage; despatch; deployment; control
调度程序☆scheduler program
调度程序分配器☆despatcher; dispatcher
调度电车☆tram
调度机车☆swing loco(motive)
调度绞车☆car pulling hoist; car spotter; car puller (hoist); spotting{cherrypicker;pickrose;dispatching; trip-spotting} hoist; car spotting hoist; dispatch winch
调度员☆dispatcher; despatcher; yardman; (traffic) controller; coordinator; starter
调度长☆yard-master; chief despatcher
调度中心☆dispatch(ing) center; despatching centre
调度主任☆yard-master
调换☆exchange; transposition; change; transpose; change-over; swop; substitution; replacing; replacement; trans; trs
调换器☆changer
调配☆allocation
调遣☆maneuver; manoeuvre
调任☆transfer
调入☆call (in)
调入指令☆call instruction; calling order
调水☆water diversion; transfer
调水泵☆surge pump
调头☆reverse end for end
调头时间☆turning time
调移☆transposition
调研处☆research department
调用☆call; invoke; transfer; transfer under a unified plan; mobilize
调用序列☆calling sequence
调运☆transfer
调转☆transposition
调子☆cadence

diē

跌盖构造☆nappe structure
跌积☆by-pass
跌积边缘☆bypass margin
跌价☆depreciation
跌落电压☆drop off voltage
跌扑☆flop
跌入坑穴事故☆accident of falls of persons
跌伤事故☆slip accident
跌水☆hydraulic drop; (water) fall; (flow) cascade; fall of water; waterfall; cataract; overfall
跌水井☆drop shaft
跌水坑☆drop pit; pool
跌水潭☆plunge pool{basin}; waterfall lake
跌下☆spill; take a toss; tumble off

dié

堞形的☆castellated
碟☆saucer
碟颚牙形石属[C_1]☆Patrognathus
碟海胆类☆discoidea
碟环三缝孢群☆Patinati
碟饰孢属[C]☆Discernisporites
碟形沉降☆bowl-shape settlement
碟形的☆dished; saucer-shaped
碟形底[顶]☆dished head
碟形底板式锅炉☆dished end plate boiler
碟形底储罐☆dish(ed)-bottom tank
碟形封头☆dished head
碟形砂轮☆dish (emery) wheel; saucer{plate} wheel
碟形洼地☆pod
碟-柱状构造☆dish and pillar structure
碟状沉陷模式☆saucer-shaped subsidence pattern
碟状方解石[德]☆scheibenspat
碟状构造☆dish{platy} structure; saucer structures
碟状盆地☆sag basin
蝶阀☆flygate; butterfly bamper{gate;valve}
蝶骨☆spheno-
蝶骨的☆sphenoidal
蝶簧☆coned disc spring
蝶值带通☆Butterworth bandpass
蝶铰☆hinge
蝶蕨属☆weichselia
蝶呤☆pterin
蝶轮开关☆thumbwheel switch
蝶囊粉属[孢;P-T]☆Platysaccus
蝶式滤波器☆butterfly filer
蝶形贝(属)[腕;K-Q]☆Discinisca
蝶形的☆papilionaceous
蝶形阀☆disc{butterfly-type;butterfly} valve; butterfly
蝶形阀式溜槽闸门☆butterfly chute door
蝶形螺钉☆thumb{butterfly} screw
蝶形螺帽☆castellated nut
蝶形螺母☆fly{butterfly;thumb;wing;winged;castle} nut; lamb
蝶形目的鱼☆fluke
蝶形砂轮☆dish type grinding wheel
蝶形双晶☆butterfly twin
蝶岩裂☆fissura sphenopetrosa
蝶翼珊瑚属[D_1]☆Papiliophyllum

蝶螈☆Dimyctylus
蝶枕脊☆crista sphenooccipitalis
蝶-柱状构造☆dish and pillar structure
蝶状构造☆dish{saucer} structure
蝶锥形弹簧☆coned disc spring
迭☆folding；wad [pl.wadden]；change；repeatedly；alternate
迭代☆iteration；reiteration
迭代本征值析取☆iterative eigenvalue extraction
迭代插值☆iterated interpolation
迭代法☆iteration (method;technique;process)；iterative method{procedure;process}；process{method} of iteration
迭代优势法☆iterative dominance
迭代中值叠加☆iterative median stack；IMS
迭更物{的}☆alternative
迭接的☆iterative
迭侵带☆intrusion-over-intrusion zone
迭侵入体☆multiple intrusion
鲽☆Plaice
谍报☆espionage
叠☆stack；wad；bundle；repeat；fold；pile up
叠板式弹簧☆laminated spring
叠包机☆palletizing machine
叠边☆overlay edge
叠标线☆range line
叠彩☆fold-over
叠槽☆trough-in-trough
叠层☆stromatolith；lamination；laminate；overlapping layers；superposed seam；superincumbent stratum{seams;bed}；multiple bed
叠层(的)☆multiple-bedded
叠层贝属[腕;O_1]☆Imbricatia
叠层构造☆sandwich{stromatolitic;stromatolithic} structure；stromatolith
叠层分析☆differential analysis
叠层构造☆stromatolithic structure
叠层灰岩[主要成分为方解石,$CaCO_3$]☆stromatolithic {stromatolitic} limestone
叠层结构☆laminated construction；rhythmo structure
叠层结构支柱☆lamellar prop
叠层木☆laminwood
叠层木板☆laminated wood
叠层山☆cameo mountain
叠层生物孔层{洞}构造☆stromatactis
叠层石☆(stratiform) stromatolite；stromatolith
叠层石类☆stromatoid
叠层石柱体[藻]☆stromatolite pillar
叠层石状硅华☆stromatolitic sinter
叠层式地热系统☆stacked geothermal system
(一种)叠层塑料☆tufnol
叠层弹簧☆laminared spring
叠层涂膜☆lamination
叠层系数☆stacking factor
叠层岩的☆stromatolitic
叠超☆uplap
叠次沉积☆recurrent deposition
叠氮化钠☆sodium azide
叠氮化铅[起爆剂]☆lead azide{hydronitride}
叠氮化物☆azide；hydronitride
叠氮化银☆silver azide
叠的☆superincumbent
叠冻冰饼☆compound pancake ice
叠断层☆multiple fault
叠放(的)☆criss-cross
叠覆{复}☆overlap[钙超]；superimposition；overstep；rideover；super position；overprint[构造]
叠覆层☆superimposed seam
叠覆层序☆supersequence
叠覆沉积(作用)☆overlapping{recurrent} deposition
叠覆的☆incumbent；superincumbent；superposed
叠覆地壳☆overprinted crust
叠覆构造☆imbricate structure
叠覆和交叉的分枝矿脉☆flying veins
叠覆结构☆superimposed texture
叠覆律☆law of superposition
叠覆扇☆suprafan
叠覆岩层☆superincumbent rock
叠覆原理☆principle of superposition
叠盖[钙超]☆imbrication
叠盖块☆klippe；patch of overthrust sheet
叠盖因素☆superimposed factor
叠谷☆valley {-}in {-}valley
叠函数☆function of functions
叠合☆fold；congruence；congruency；congruence；coincidence；superimpose
叠合层☆overlapping layers
叠合法☆method of superposition
(曲线)叠合法☆overlay technique
叠合反相等☆congruent anti-equality
叠合分布☆congruent distribution
叠合峰☆superposed peak
叠合花样☆congruent pattern
叠合结构☆super structure
叠合相☆coincident phase
叠合原则☆summation principle
叠后☆post-stack
叠后相位处理☆post-stack phase treatment
叠积{置}☆super(im)position；aggradation
叠积(作用)☆upgrading；aggradation；aggrading
叠积定律☆law of superposition
叠积高度☆stack-up height
叠加☆super(im)position；fold；stacking[地震数据]；supraposition；overprint；superimpose；superprint；overlying；super position
叠加变形☆superimposed deformation
叠加标记[组构]☆overprint
叠加参数☆additive constant
叠加穿插构造☆superimposed penetrative structure
叠加(记录)道组☆stack set
叠加的☆super(im)posed；synergistic；stacked
叠加的波痕系统☆superimposed ripple system
叠加电流☆impressed current
叠加电路☆supercircuit
叠加定理☆superposition theorem
叠加法☆method of superposition；stacking；additive method
叠加分解☆desuperposition
叠加公理☆axiom of superposition
叠加贯穿构造☆superimposed penetrative structure
叠加河☆superinduced stream
叠加慢度☆stacking slowness
叠加能量准则☆stack power criterion
叠加剖面图☆stacked profile map
叠加起爆(法)☆cumulative priming
叠加顺序☆order of superposition
叠加图☆stacking chart{diagram}；overlay chart
叠加响应☆stack response
叠加信号[电]☆superposed signal；superposition
叠加原理☆principle of super(im)position；super(position) principle；superposition theorem
叠加晕☆addition halo
叠加褶皱☆cross{super(im)posed;overprinting} fold
叠加总次数☆effort；multiplicity
叠加组构模式☆superimposed fabric pattern
叠架和排列☆cribbing and matting
叠接☆lap (joint)
叠句☆epistrophe
叠卡机☆card stacker
叠卡片机☆stacker
叠垒☆nest
叠磷硅钙石[$Ca_3(PO_4)_2$•2(α-Ca_2SiO_4)]☆nagelschmidtite
叠鳞贝属[腕;P]☆Lepismatina
叠流☆superimposed flow
叠镁硫镍矿[4(Fe,Ni)S•$_3$(Mg,Fe^{2+})$(OH)_2$;六方]☆haapalaite
(卡片)叠名称☆deckname
叠木☆cribbing
叠木石笼☆rockfill timber crib
叠片☆laminate；lamination；laminating
叠片层状☆laminated stratiform
叠片法☆multiple-film method
(水平)叠(加)前☆pre-stack
叠前部分偏移☆prestack partial migration；partial pre-stack migration；PSPM
叠前层替换☆prestack layer replacement
叠前成像☆prestack imaging；PSI
叠前处理☆pre-stack processing
叠前偏移[震勘]☆migration before stack；MBS；prestack migration
叠前频率-波数域偏移法☆prestack F-K migration method
叠前深度全偏移☆full pre-stack depth migration
叠前真偏移☆true migration before stack
叠羟镁硫镍矿☆haapalaite
叠绕(法)☆lap winding
叠绕线卷☆banked winding
叠珊瑚属☆Digonophyllum
叠生☆telescope；diplogene
叠生成因☆diplogenesis
叠生的☆diplogenetic
叠生矿(作用)☆telescoped mineralization
叠生矿床☆telescoped{diplogenetic} deposit；superimposed mineral deposit
叠生作用☆telescoping
叠石☆stones laying
叠石庭园☆rock garden
叠式存储器☆stacker
叠式焊接☆lap-weld(ing)
叠饰叶肢介属[J_2]☆Diestheria
叠水河☆gaining stream
叠水镁矾☆caminite
叠套矿床☆telescoped deposit
叠套作用☆telescoping
叠行现象☆pairing
叠瓦(作用)☆imbrication
叠瓦断层☆imbricate fault
叠瓦蛤属[双壳;J-K]☆Inoceramus
叠瓦构造☆schuppen{imbricate(d);decken;shingle-block;shingle} structure；shingling；imbrication
叠瓦结构☆roof-tile-like{imbricated} texture
叠瓦黏土☆argille scagliose；scaly shale
叠瓦山☆imbricate(d) mountain
叠瓦式冲断裂(作用)☆imbricate thrusting
叠瓦式逆掩断裂(作用)☆imbricate thrusting
叠瓦状背斜☆imbricated anticline
叠瓦状冲断层☆imbricate thrust
叠瓦状冲断层岩片☆imbricate thrust sheet
叠瓦状地震结构☆shingled reflection configuration
叠瓦状泉华壳☆imbricated shell
叠瓦作用☆imbrication
叠网状的☆overlapped reticulation
叠线☆lap winding
叠像☆fold-over
叠岩基☆multiple batholith
叠岩墙☆multiple dike{dyke}
叠影☆secondary reflection
叠藻层☆stromatolite
叠褶[重力滑曲褶皱]☆cascade fold
叠置☆overriding；super(im)position；superimpose；super position
叠置波痕☆compound ripple (mark)；superposed ripple mark
叠置的☆incumbent
叠置海岸☆contraposed coast
叠置焊道☆beading
叠置片☆overlay
叠置剖面☆projected{superimposed} profile
叠置峡谷☆superimposed{superposed} gorge
叠置桩☆overhanging pile
叠珠焊缝☆hot pass
叠锥☆cone-in-cone；cone in cone
叠锥灰岩☆cone-in-cone limestone；nagelkalk
叠锥片☆conic scale
叠锥状火山口☆nested craters

dīng

丁胺[$C_4H_9NH_2$]☆amino butane；butylamine
丁坝☆spur；groyne；groin
丁坝头部坡度☆end slope of groin{groyne}
丁苯☆butylbenzene
丁(基)苯☆butyl benzene
丁苯基聚氧乙烯醚醇[$C_4H_9C_6H_4(OCH_2CH_2)_nOH$]☆butyl-polyoxyethylene ether-alcohol
丁苯橡胶☆government rubber-styrene；GR-S
丁(基)苄基过氧(化)氢[C_4H_9•$C_6H_4CH_2OOH$]☆butyl benzyl hydroperoxide
丁虫旋动膜☆membranelle；membranella
丁醇[C_4H_9OH]☆butanol；butyl alcohol；butyralcohol
丁醇胺[$HO(CH_2)_4$•NH_2]☆butanol amine；amino-butanol
丁达尔仪尘粒计数☆dust counting with tyndallometer
丁代花☆tyndall flowers
丁道尔冰花☆Tyndall star{flower;figure}；negative snowflake
丁德尔[宝石]☆dentelle
丁堤☆groin；groyne
丁丁虫☆tintinnida

丁丁类[原生]☆tintinina
丁丁藻目☆tintinnida
丁二胺-(1,4)[$NH_2(CH_2)_4NH_2$]☆putrescine
丁二琥珀☆ambrosine
丁二腈[$(CH_2CN)_2$]☆succinonitrile
丁二酸[$HOOC(CH_2)_2COOH$]☆succinic acid
丁二酸盐{|酯}[$MO•CO•(CH_2)_2•CO•OM${|R}]☆succinate
丁二酮肟[$CH_3•C(=NOH)•C(=NOH)•CH_3$]☆dimethylglyoxime
丁二烯☆butadiene；divinyl
丁(间)二烯☆bivinyl
丁菲羊齿(属)[T_3-J_1]☆Thinnfeldia
丁(基)(苯)酚[$C_4H_9C_6H_5OH$]☆butyl phenol
丁沟藻属[J_3-E]☆Dingodinium
丁古岩☆tinguaite
丁硅烷☆tetrasilane
丁黑药类浮选剂[60～64%丁基硫代硫酸钾或碳酸钠并混有少量黄原酸盐]☆butyl aero reagents
丁黄氰酯[$C_4H_9OC(S)SCH_2CH_2CN$]☆cyanoethyl-butylxanthate
丁(基)黄(原)酸钾☆potassium butyl xanthogenate
2-丁(基)黄(原)酸钠☆sodium 2-butyl xanthate
丁黄药[C_4H_9OCSSM]☆Raconite；butyl xanthate
丁基[C_4H_9−]☆butyl
丁基胺[$C_4H_9NH_2$]☆butylamine
丁基苯☆butylbenzene
丁基苯基酮[$C_4H_9COC_6H_5$]☆butyl phenyl ketone
丁基海派隆☆butyl-hypalon
丁基黄药☆butyl xanthate
丁基黄原酸氰乙酯[$C_4H_9OC(S)SCH_2CH_2CN$]☆cyanoethyl-butylxanthate
O-丁基-N-甲基硫代氨基甲酸酯[$CH_3NH•C(S)OC_4H_9$]☆O-butyl-N-methylthiocarbamate
丁基聚氧化亚硝基酚{醚}[$C_4H_9(OC_6H_3(NO))_nOH$]☆butyl polyoxynitrosophenol
丁基聚氧化乙烯醚醇[$C_4H_9(OCH_2CH_2)_nOH$]☆butyl polyoxyethylen-ether-alcohol
丁基卡必醇二聚乙二醇丁醚[$C_4H_9(OCH_2CH_2)_2OH$]☆butyl carbitol
丁基膦酸[$CH_3CH_2CH_2CH_2PO_3H_2$]☆butane phosphonic acid
丁基硫亚磷酰氯[$(C_4H_9)_2PSCl$]☆butyl thiophosphoryl- chloride
丁基萘磺酸钠☆Alkanol B
丁基亚磺酰胺[$C_4H_9SONH_2$]☆butyl sulfonamide
丁基异硫脲溴化物[$C_4H_9S•C(NH_2):NH•HBr$]☆butyl isothiuronium bromide
丁积分☆J-integral
丁积分法☆method of J-integral
丁甲☆lorica
丁(基)甲酚[$CH_3C_6H_4(C_4H_9)OH$]☆butyl cresol
丁甲硫氨酯[$CH_3NH•C(S)OC_4H_9$]☆O-butyl-N-methylthiocarbamate
丁钾黄药☆potassium butyl xanthogenate
丁间醇醛☆aldol
丁腈橡胶☆government rubber acrylonitrile；acrylonitrile-butadiene{nitrile} rubber；buna-N；chemigum；nitrile butadiene rubber；NBR；GR-A
(标准)丁腈橡胶☆government rubber nitrile butadiene；GR-N
丁块☆butine
丁硫铋锑铅矿☆tintinaite
丁硫醚[$(C_5H_{11})_2S$]☆amyl sulfide
丁醚[$(C_4H_9)_2O$]☆butyl ether
丁钠橡胶☆buna
丁萘聚氧乙烯醚醇[$C_4H_9•C_{10}H_6(\text{-}O\text{-}CH_2\text{-}CH_2)_nOH$]☆butyl naphthalene-polyoxyethylene ether alcohol
丁内脂☆butyrolactone
丁醛☆butyraldehyde
丁炔☆butyne；butine
丁炔二醇☆butynediol
2-丁炔二丁基缩醛[$CH_3C≡C•CH_2(OC_4H_9)_2$]☆2-butynal dibutylacetal
丁省☆tetracene；naphthacene
丁石边框[建]☆inbandrybat
丁氏贝属[腕;D_2]☆Tingella
丁氏蕨(属)☆Tingia
丁氏头虫属[三叶;$Є_3$]☆Tingocephalus
丁酸[$CH_3(CH_2)_2COOH$]☆butyric acid；butanoic acid
丁酸盐{|酯}☆butyrate
丁糖☆tetrose
丁酮[$(C_4H_9)_2CO$]☆butyl ketone；butanone；methyl ethyl ketone
丁酮-2[$C_2H_5COCH_3$]☆methyl ethyl butanone；butanone-2
丁烷[$CH_3CH_2CH_2CH_3$]☆butane
丁烷火焰连续记录沼气浓度仪☆butane flame methanometer；sigma recording methanometer
丁烷馏除器☆debutanizer
丁烯[C_4H_8]☆butene；butylene
丁烯醛[$CH_3CH=CH•CHO$]☆crotonic aldehyde；crotonaldehyde
丁烯酸酯[$CH_3CH=CHCO_2R$]☆crotonic acid ester
丁酰苯[$C_3H_7COC_6H_5$]☆propyl phenyl ketone；*n*-butyrophenone [n-$C_3H_7COC_6H_5$]
丁香酸☆syringic acid
丁香油☆clove oil
丁形槽销钉式坐封☆jay-pin setting
丁形套筒☆T-socket
(电缆)丁形终端接续套管☆crutch；crotch
丁(基)氧化乙烯醚醇[$C_4H_9OCH_2CH_2OH$]☆butyl-oxyethylene ether alcohol
丁氧基苯[$C_4H_9OC_6H_5$]☆butoxy benzene
丁氧基三甘醇☆butoxy triglycol
丁氧基烷基多硫(化物)[$(C_4H_9OR)_2S_x$]☆butoxy alkyl polysulfide
丁氧乙氧基丙醇☆butoxy ethoxy proganol
丁子香酚[$CH_2=CH\text{-}CH_2\text{-}C6H_3(OH)(OCH_3)$]☆eugenol
丁字扳手☆T-wrench
丁字(形)板☆T-plate
丁字槽☆T-slot
丁字尺☆T-square；T square
丁字大梁☆T-girder
丁字钢☆T-bar；T-section；tee-iron；T-beam；tee steel；tee-profile；T-steel
丁字钢☆T-bar
丁字镐☆mandril；bede；pick {-}axe；mandrel；hack iron
丁字管☆T-branch{tee} pipe；tee-piece
丁字管节☆T-pipe；union tee
丁字件☆T-piece
丁字接头☆T-joint
丁字梁☆tee-beam；T-beam；T-girder；T-bar
丁字螺栓☆tee-head bolt
丁字(形)螺栓☆T-bolt
丁字手柄☆T-handle
丁字铁☆T-iron；T-bar；tee-iron；T-girder
丁字头☆Tee head
丁字(形)头☆T-head
丁字形☆T-shaped
丁字形(物)☆tee
丁字形安全接头☆T-type safety joint
丁字形分线屏☆tee-off panel
丁字形片☆T-piece
丁字形钎{钻}头☆T-chisel
(用)丁字形物支撑☆crutch
丁字形凿☆T-chisel
丁字杖☆crutch
丁字支架式(下行)分层(陷)落(开采)☆tee-set slicing
酊(剂)☆tincture
叮当地响☆clink；clang
叮当声☆jingle；clink
叮铃(作响)☆clank
叮哨声☆chink
钉☆nail；pin
钉(头饰)☆nailhead[头饰]
钉齿☆spike
钉齿构造☆peg structure
"钉床"函数☆bed of nails
(用)钉钉住木支架☆stitch
钉环孢属[C_2]☆Mirisporites
钉接帆布运输带☆stitched canvas belt
钉结模板☆form-tying
钉条密闭舱口设备☆hatchway battening arrangement
钉头☆nailhead
钉头砾岩☆nagelfluh；gompholite
钉头模凿☆nail smith(s) chisel
钉头敲弯☆clinch
钉头石☆nailhead{nail-head} spar
钉头型☆dolly
钉头状擦痕☆nailhead scratch{striation; striae}
钉形骨针[绵]☆clavule
钉形杏仁体☆spike amygdule
钉扎应力☆locking stress
钉爪☆tack claw
钉状(冰)擦痕☆nailhead striation；nail-head striae
钉状翅片[加热炉]☆pin-fin
钉状的☆helatoform
钉状方解石☆nailhead spar
钉状构造☆peg structure
钉状龙☆Kentrosaurus
疔座霉属☆Polystigma

dǐng

顶☆lid；apex [pl.-xes,apices]；(axis) culmination；hood；head；summit；epi；crest；roof；top；cupula；vertices；tip；vertex；phao；ridge；peak；crown [of the head]；nosepiece；acron[生]
顶板☆hanger；roof[井巷]；hanging (wall;layer)；apical plate[藻]；hat；upper plate；top (layer)；abacus；roof,floor and ribs；stegidium；headboard；ceiling；bed top；backwall；back；superjacent bed；top plate[油罐]；top tray
顶板凹形下沉☆roof concave subsidence
顶板坳陷☆sag of roof
顶板崩落☆roof fall{failure;collapse;dilapidation;caving}；fall of roof；blow；weighing(-down)
顶板测试☆testing of roof
顶板出压☆first weigh
顶板高的☆high-roof
顶板拱部☆crown section
顶板沟道[洞穴]☆upside-down{ceiling} channel
顶板管理线☆roof control line
顶板活动规律☆strata behavior
顶板或底板凸出处☆horseback
顶板加固☆propping of roof
顶板控制☆strata{roof} control
顶板垮落长壁开采法☆longwall working with caving
顶板裂缝☆roof crack；foig
顶板落石☆scalings
顶板锚杆☆roof bolt；post horn
顶板锚杆钻孔☆roof bolt hole
顶板锚栓(孔)钻机☆roof control drill；roof bolting stoper；roof-bolt drill
顶板锚头☆roof-bolt head
顶板冒落☆roof caving{burst}；bounce；fall of ground；caving in
顶板冒落洞穴☆lofthead
顶板黏土☆myckle；mickle
顶板三角形支护法☆triangular system of roof support
顶板上的测桩☆roof survey plug
顶板塌陷☆subsidence of top
顶板统计观测法☆roof statistical observation
顶板凸形下沉☆roof convex subsidence
顶板脱粒[垮落前落石]☆picking
顶板尾巷☆upper tailing way
顶板下沉☆(roof) weighting；weighing；swag；weight；roof convergence{sag(ging);sinking}；(top) squeeze；roof-to-floor convergence；weigh
顶板下沉测定记录器☆convergence recorder
顶板下沉早期征兆☆pounce
顶板下的瓦斯层☆roof layer firedamp
顶板下凸☆kettleback；horse(-)back；horse；roll
顶板线☆roofline
顶板悬壁[矿体]☆hanging side
顶板悬石☆detached{dislodged} rock
顶板压力显现☆roof behaviour
顶板压落☆weighing down
顶板岩层微震听测仪☆microseismic instrument
顶板岩石☆balnstone；cap；balkstone；top rock；roof stone
顶板岩石分层☆roof layer
顶板移动[矿井]☆block movement
顶板`易脱落岩石{下垂部分}☆lype
顶板凿岩☆overhead drilling
顶板支护☆roof support{timbering;holding}；back timbering；ground support
顶板支护布置方式☆roof {-}support pattern
顶板中锅形砾石☆saddle
顶板中含大量海相化石的结核☆bullion
顶板中钟形空洞☆bell hole
顶板中的易落锅形石块☆kettlebottom
顶板周期垮落☆roof periodic caving
顶板自由跨度☆unsupported back span
顶帮☆top wall{slope}
顶包珊瑚☆Lophamplexus
顶孢藻属[蓝藻;Q]☆Gloeotrichia

顶壁☆hanging wall{side}；hat；roof；upper{distal} wall
顶壁洞穴☆ceiling cavity；joint pocket
顶壁断块☆hanging-wall block
顶鞭毛[藻]☆front flagellum
顶鞭毛束☆Loricula
顶边☆topside
顶标☆topmarks；topmark buoy
顶薄褶皱☆supratenuous fold
顶部☆top；distal end；crest segment；roof；tip；crown{crest;peak}[褶曲]；apical region{area}；acron
顶部不整合{谐调}☆top-discordance
顶部的钻孔[地质构造]☆roof hole
顶部点火燃烧器☆top firing burner
顶部阀☆crown valve
顶部分层(下向)留矿联合开采法☆combined topslicing-and-shrinkage method
顶部负荷☆load of roof
顶部红色砾岩☆top red conglomerate；TRC
顶部间隙☆crest{tip} clearance
顶部接箍☆top coupling；TC
顶部截槽☆bannock；top cut
顶部井☆roof hole；crestal well
顶部螺栓☆cap bolt
顶部密封☆top-seal；top seal
顶部驱动动力头☆top-drive power head
顶部燃烧均热炉☆top-fired (soaking) pit
顶部塔盘进料蒸馏塔☆top-tray feed distillation column
顶部掏槽☆top cutting{cut}；back cut
顶部物☆headpiece
顶部物质的清除☆handling of top material
顶部陷落☆subsidence of top
顶部岩石☆rock crown
顶部岩钟☆summit cupola
顶部造山运动☆acro-orogenic movement
顶部直的☆straight crested
顶部轴承☆head bearing
顶槽☆over cutting；overcutting
顶侧探测☆top side sounding
顶层☆top layer{coat;bed}
顶超☆toplap；toplag
顶朝下的褶皱☆downfacing fold
顶撑☆crown stay
顶齿☆apical denticle
顶冲断层☆roof thrust
顶出装置☆ejector
顶吹法☆top-blowing
顶垂体[火成岩]☆(roof) pendant
顶垂线☆altitude
顶唇☆apical lip
顶刺[软]☆apical spine
顶存油[在构造上最高一排油井之上部残存的难于采出的一部分原油]☆attic oil
顶导坑及平台法☆top heading and bench method
顶底板☆adjoining rock
顶底板的会合☆convergence
顶底板移距计☆romometer
顶底板中直立的硅化木☆cauldron bottom
顶底板中的树干化石[常为封印木化石]☆cauldron bottom
顶底标志☆top {-}and {-}bottom criteria
顶底收拢☆convergency；convergence
顶底围岩☆enclosing roof and floor
顶底效应☆top-bottom effect
顶点☆culmination[构造]；lid；height；climax；apex[pl.-xes,apices]；vertex；top；apex{culmination} point；acme；acnode；vertices；zenith；summit；pole；topnotch；sum；apical region；pinnacle；acron；noon；meridian
顶点带☆acme-zone
顶点的☆apical；acnodal
顶垫☆lid
顶定☆initialize
顶端☆topping；apiculus；pinpoint；termination[晶]
顶端成尖形的[叶子]☆apiculate
(在)顶端的☆apical
顶端喷发☆summit{terminal} eruption
顶锻变形速度☆forge rate
顶段旋回☆roofbank{dachbank} cycle
顶断层☆crest(al) fault
顶阀式发动机☆overhead-valve engine
顶分层☆top slice
顶峰☆crest；summit；comb；peak；climax；pinnacle；apotheosis
顶峰变质条件☆peak metamorphic condition
顶峰带☆acme zone{biozone}；acme-zone
顶峰需求☆full demand
顶风☆head wind；HW
顶风锚☆windward anchor
顶风锚泊☆wind-rode
顶盖☆header；cope；canopy；roof；topping；cap
顶盖板☆top cover plate
顶盖沉陷(岩浆房)☆cauldron subsidence
顶盖虫(属)[三叶;O_{2-3}]☆Stygina
顶盖次数图☆coverage plot
顶盖面☆envelope surface
顶盖器官[蠕虫]☆apical organ
顶盖岩☆roof rock；caprock
顶杆☆push rod
顶钢机☆ejector
顶高☆crest elevation；jack-up
顶隔舱☆summer tank
顶箍☆roof ring
顶古口☆apical archeopyle
顶骨☆parietal (bone)
顶骨的☆parietalis
顶管[管路穿越公路铁路]☆push pipe；(pipe) pushing；pipe driving
顶管法☆conduit jacking；thrust boring；pipe jacking method；pushing method[穿越公路、铁路等]
顶管机☆push bench；pipe pusher；pipe-jacking system
顶冠☆apical cap
顶冠半径[金刚石钻头]☆nose radius
顶和底☆top and bottom；T & B
顶横支撑☆top lateral
顶护盾☆roof support
顶积层☆topset (bed)
顶极☆apical pole
顶极(动物)群落☆climax
顶棘☆apical papilla
顶棘藻属[绿藻;Q]☆Chodatella
顶级☆upstage
顶级群落☆climax (community)
顶脊贝属[腕;D_1]☆Apicilirella
顶脊线[双壳]☆mid-umbonal line
顶甲片☆apical plate
顶架☆exfractor；beam
顶尖☆centre；apex
顶尖孔☆center hole
顶尖座☆foot block；tail stock
顶角[射虫]☆apex{apical;vertex;vertical;point} angle；vertex；apical horn
顶角龙(属)[K_2]☆Stegoceras
顶(部边)界☆top boundary
顶筋痕[腕]☆umbonal muscular scar
顶坑☆apical pit
顶空盲区☆upper space of silence
顶孔☆apical pore{orifice}[藻]；distal pore；roof hole；apical aperture[腹]
顶孔贝(属)[腕;O]☆Acrotreta
顶口☆apical aperture
顶宽面[硅藻]☆apical plane
顶砾岩☆top conglomerate
顶梁☆headpiece；lid；cap；(cross) bar；head board；capping；canopy；back{roof} timber；roof beam；set collar；carrying bar；crossbar；ceiling girder
顶鳞☆squama parietalis
顶馏分☆tops
顶流☆upflow
顶流锚泊☆tide-rode
顶流岩浆☆superfluent magma
顶楼☆loft
顶落(作用)☆roof foundering
顶帽☆drift cap
顶煤☆top coal
顶面☆superface[岩]；top (surface)；upper surface；apex{cap} face；table[石]；superface of a bed；apical plane[结晶]
顶面切平的金刚石☆table diamond
顶面向下的重褶皱☆downward-facing refolded fold
顶面琢平的宝石☆tablet
顶膜☆distal membrane；terminal membranacea
顶囊蕨属[D_1]☆Cooksonia
顶盘☆highest quotation；hanging wall{side}；superincumbent bed；back
顶盘带☆hanging-wall zone
顶喷岩流☆superfluent lava flow
顶篷☆ceiling
顶偏光镜☆top{cap} nicol；cap analyzer
顶坡☆normal crown
顶期开采量☆anticipated recovery
顶脐[牙石]☆apical navel{umbilicus}
顶起☆jack up；jacking
顶起器☆jack up unit
顶侵作用[地壳顶部侵位]☆overplating
顶区☆proparea；apical region{area}
顶燃式热风炉☆top burning hot blast stove；top combustion stove；top-fired{dome-combustion} stove
顶入式样品台☆top-entry stage
顶萨列海胆科☆Acrosaleniidae
顶塞☆wiper{top} plug；upper plug
顶砂层☆top sand
顶上☆crest；overhead；atop
顶上去☆force up
顶梢枯死☆dieback
顶生孢子☆acrospore
顶生孢子式的☆acrosporous
顶生的☆terminal；apicillary；apical；acrogenous
顶生长☆cap growth
顶蚀喷出☆extrusion by deroofing
顶蚀作用[岩浆]☆stoping
顶饰[宝石]☆crown
顶饰蚌属[双壳;J_3-K_1]☆Comptio；Martinsonella
顶饰面☆table
顶饰珊瑚属[C]☆Lophophyllum
顶室[射虫]☆cephalis
顶视图☆top view{drawing}；plan{overhead} view；TD
顶水☆underscreen water
顶丝藻(属)[红藻;Q]☆Acrochaetium
顶提式砂箱☆slip flask
顶体☆parietal organ；acrosome
顶替☆displacing；cover；overdisplace
顶替过量☆overdisplacing
顶替液储罐☆displacement tank
顶替展开(法)☆displacement development
顶头波☆head wave
顶头风☆headwind
顶突☆rostellum；apical prominence{papilla}
顶推法☆successive launching method
顶托试验☆jacking test
顶托应力☆jacking stress
顶桅☆topmast
顶系[海胆]☆apical system{series}
顶线☆apical{crest} line；apex [pl.apices]
顶箱☆top box
顶向[头]☆adapical
顶斜度☆top rake
顶须孢类☆barbate
顶穴☆apical pit
顶压液☆chaser
顶岩☆roof pendant；overburden；rimrock
顶岩崩落☆overhead{cover} caving；wrecking；blasting down the roof
顶(熔)岩流☆superfluent lava flow
顶眼☆top hole
顶氧[硅氧四面层中未共用顶角上的氧]☆apical oxygen
顶样器☆extruder
顶叶[球结三叶]☆acrolobe
顶翼☆roof limb
顶应力钢丝☆compressor wire
顶原孔☆apical archeopyle
顶缘线[牙石]☆summit line
顶针☆centre；penetration tip
顶整合☆top-concordance
顶枝[植]☆caulody；caulosome；telome
顶枝叶☆telomic leaf；telome leaves
顶枝植物☆telomophyta
顶支护☆roof support
顶置式喷燃器☆ceiling burner
顶重压力☆jack pressure
顶轴☆(axis) culmination；apical axis[硅藻]
顶轴角☆optic{axial} angle
顶柱☆back-up post
顶柱☆shore；upper prop
顶柱珊瑚(属)[C-P]☆Lophophyllidium
顶柱珊瑚科☆Lophophyliidudae
顶装配的☆prefabricated

顶撞☆butting；butt；buck
顶座☆footstock
鼎盛造山期的☆kata-orogenic

dìng

碇泊区☆roadstead
碇泊税☆harbour dues
碇系☆anchorage
钉板☆boarding
钉板条☆lathing；furring
钉道机☆spike driver
钉牢☆clench；bite；rivet
(给……)钉平头钉☆hob
钉平头钉于☆hobnail
钉上板子的☆boarded-up
钉上大钉☆spike
钉栓岩石☆rock pinning
钉在井架上的接板☆listing
钉住☆impale；clinch；tack；staple
订单☆order-form；order
订货☆order；indent；O.
订货单☆purchase order；order-form；P.O.；order (form)；contract for goods；PO
订货付款☆cash with order
订货量决策☆order quantity decision
订书机☆stitcher；stapler；stapling machine
锭☆ingot；butt；(stock) pig；spindle；[of medicine, Chinese ink,etc.] ingot-shaped tablet
锭白榴石☆thallium leucite{analcite}
锭底☆ingot butt
锭料☆ingot
锭模☆ingot mo(u)ld
锭坯☆ingot (blank)
锭钳☆ingot dogs{tongues;gripper}
锭铁金红石☆ilmenorutil；niobium rutile
锭形金属☆bullion
锭翼☆flyer
锭状比重计密度☆spindle-hydrometer density
锭子☆spindle
定☆close；stat-；stint；take；stato-
定白窑☆Ding{Ting} white ware
定比定律☆law of constant{definite} proportions；scaling law
定比例☆scaling
定鞭藻纲[钙超]☆Haptophyceae
定边界的轮廓☆profiling of boundaries
定边{界}井☆delineation well
定边坡☆benching
定标☆flagging[仪器、炮点等的]；intercalibration；scaling；calibrate；rating；calibration；gauging
定标板☆index pad
定标比例因数☆scaling factor
定标电路分析器☆scaler analyzer
定标函数☆scaling function
定标脉冲☆scaled pulse
定标器☆scaler；calibrator
定标信号☆rate-aided signal
定标星☆reference star
定波☆standing{stationary} wave；clapotis
定波说☆stationary wave theory
定泊港☆port of definite anchorage
定步长模型☆fixed-step model
定测阶段☆final survey stage
定差减压阀☆fixed differential reducing valve；uniform-pressure-drop valve
定差调制☆delta modulation；DM
定产量☆single rate
定常迭代☆stationary iteration
定常流☆steady state flow
定常流动☆permanent flow
定常沙波☆standing wave
定长管线☆non-telescoped line
定长纤维毛纱☆staple sliver
定场所☆emplacement
定程租船☆voyage charter
定尺寸☆dimensioning
定尺剪切☆dividing
定初始值☆initialize
定出☆single out；ascertain
定出断面特型设计☆designing of construction lines
定床模型☆fixed bed model
定次序☆gradation
定存年金☆deferred annuity
定等级☆classify；classification；class
定点☆spot；fix；pinpoint；fixed{fixation} point
定点部分☆fixed-point part
定点定位☆static fixing
定点法☆method of fixed points
定点观测☆anchored observation
定点轨道卫星☆stationary satellite
定点化验法☆spot-assay method
定点取水样装置☆in-situ liquid sampler
定点取样☆dab{spot} sampling
定点时间☆spotting time
定点微调移动座盘☆shifting head
定点旋转☆finite rotation
定点压力标准☆fixed-point pressure scale
定端☆fixed end
定断面掘进☆cleanly cut
定额☆rating；rate；quota；allowance；quantum；stint；standard；par；fixed amount；quantity；ration；norm
定额备用☆imprest
定额备用金制☆imprest (fund) system
定额到期债券☆fixed-maturity bonds
定额分配制☆quota{quotient} system
定额负载☆specific load
定额过高☆overrate
定额消耗☆rated consumption
定额预付法☆imprest method
定额制度☆system of rating
定颚衬板☆fixed jaw plate
定方位☆orient(ate)；direction-finding；orientation
定分度☆calibrate
定风针☆weather cock
定缝销钉☆joggle；dowel (pin)；treenail
定负荷损失☆dead-load loss
定高面☆constant height surface
定稿☆finalize
定稿人☆finalizer
定稿原图☆final compilation
定规测高器☆konometer
定航向☆vectoring
定和变量☆constant sum variable
定和数据☆fixed sum data
定和效应☆effect of closure
定厚器☆doctor
定厚褶曲☆distance-true fold
定滑车☆immobile block；single-whip tackle
定滑轮☆fixed pulley
定基调的人☆keynoter
定积储集层☆constant volume reservoir
定积-`定{|火山}氯化物假说[海洋成因]☆constant volume-constant{|volcanic} chloride hypothesis
定积分☆definite integral
定级☆grade estimation
定加密井位☆infill location
定价☆pricing；flat charge；rates；nominal{fix(ed)；list} price；quotation；price
定价表☆price catalogue{list}；P/C
定价格☆set a price
定碱法☆alkalimetry
定降深☆constant drawdown
定焦灯☆prefocus lamp
定截深刨煤机☆incremental ploughing
定解条件☆definite condition
定界☆delimit(ation)；demarcation；bounding；peg (out)；determination of boundaries；peg out the line；definition
定界符☆delimiter
定金☆handsel；earnest{purpose} money；bonus
定井位☆location of `well{mine shaft}；stake；make location
定镜水准仪☆dumpy level
定径☆sizing
定径管☆former
定径计量板[测管道圆度]☆sizing disc
定居[植]☆ecesis；establishment；settle (down)；oecesis
定居生物体席☆sedentite
定居藤壶☆sessile barnacle
定局☆finality
定矩阵☆definite matrix
定距☆controlled interval
定距飞行[按平均海平面之上一恒定高度飞行的航空物探方法]☆drape flown
定距式底盘☆spacer template
定距支杆☆distance bar
定孔位☆make location；hole spotting
定口径☆calibrate
定理☆theorem；proposition；theor
定量☆dosing；quota；ration；fixed{definite} quantity；quantum [pl.-ta]；determine the amounts of the components of a substance；hatching；norm
定量(调节)☆batching
定量泵☆constant{fixed} displacement pump；dosing{volume(-fixed);proportioning} pump
定量变形研究☆quantitative deformation study
定量槽☆measuring chute
定量储量评定☆quantitative reserve assessment
定量的☆quantitative；quant.；quan.
定量地层学分析☆quantitative stratigraphic analysis
定量地震活动分布图☆quantitative seismicity map
定量斗☆skip measuring pocket
定量阀☆proportional{metering} valve
定量分类☆quantitative classification
定量分配☆rationing
定量分析☆quantitative analysis{examination;assay; determination}；essaying；volumetric analysis；analysis by measure；quant. anal
定量分析(实验)☆quantitative test
定量风险☆quantifying risk
定量供给☆constant feed
定量估计☆quantitative estimation
定量古生物地理分析☆quantitative paleobiogeographic analysis
定量光学测定☆quantitative optical determination
定量化☆quantification
定量给料槽口☆measuring chute
定量给砂机☆constant {-}weight feeder
定量解译{释}☆quantitative interpretation
定量决策工具☆quantitative decision-making tools
定量库存控制法☆fixed order size system；order point system
定量矿物学分析☆quantitative mineralogical analysis
定量器☆dosage；batchmeter；proportioner
定量气[按合同确定交付和输送的气体]☆firm gas
定量情景技术☆quantitative scenarios
定量生物地层分析☆quantitative biostratigraphical analysis
定量水[拌和时用]☆gauge water
定量显微自动放射学☆quantitative microautoradiography
定量仪☆quantometer
定量纸色谱(法)☆quantitative paper chromatography
定料销☆pilot
定零点{位}☆zeroing
定流☆steady flow
定流充电☆constant-current charge
定流量抽水试验☆constant discharge pumping test
定律☆law；increasing specialization；rule
定率计☆ratemeter
定率价值递减法☆fixed percentage of diminishing value method
定螺距☆constant pitch
定名☆designation；terminology；name；denominate
定年☆age determination
定年龄☆dating
定年学☆geochronometry
定排量泵☆constant displacement pump
定盘☆chock
定泡点☆fixed bubble point
定片☆stator
定平装置☆level(ing) device
定坡降线☆grading
定(管路的)坡降线☆grading
定期☆regular；periodical；fix{set} a date
定期保养☆constant{time based} maintenance
定期订货☆terminal subscription
定期分析☆periodic analysis
定期付款☆payment on terms；periodical payments
定期货轮☆cargo liner
定期检查☆periodic inspection
定期检查☆routine{periodic(al);regular} inspection；regular check(ing)
定期检修☆prophylactic{periodic} repair；regular overhauling；periodic inspection
定期交货☆delivery on term
定期交易☆time transaction

定期刊物☆journal
定期扒集☆periodic plowing
定期排放{污}☆periodic blow down
定期钳尘器[测浮尘]☆periodic pincers
定期取货☆offtake
定期修装☆periodic trimming
定期巡检☆regular visit
定期指定区探矿许可证☆exclusive prospecting license
定倾中心☆metacenter
定日镜☆heliostat
定(注)日期☆dating
定容☆constant volume；CV
定容比热☆specific heat at constant volume
定容积瞬息提{注}水试验☆slug test
定容式循环内燃机☆constant volume cycle engine
定筛跳汰机☆fixed-sieve{buddle} jig
定伸应力☆stress at definite elongation
定深测流器☆drogue
定深器☆towfish
定时☆definite time；timing
定时崩解☆timed disintegration
定时的☆timed；time；delay(ed)-action
定时点火☆ignition timing
定时计☆timing gauge；TG
定时间隔☆regular interval
定时开关☆time cut-out{switch;break}；time {-}limit switch
定时开启☆time opening；TO
定时雷管☆delay detonator；time clock detonator
定时喷发率☆short{age-specific} eruption rate
定时器☆keyer；intervalometer；timer
定时取集的样品☆grab sample
定时显影☆time-development
定时信管☆time fuse
定时信号产生器☆timing generator
定时信号控制机☆pretimed{timing} controller
定时循环取样器☆time-cycle type sampler
定时仪☆timer
定时滞后☆constant time lag
定时自动开关给料机☆automatic timed gate feeder
定式☆formulary
定数反褶积法☆deterministic deconvolution
定水头☆constant head
定速☆constant speed
定(转)速变(钻)压法☆constant rotary speed,variable weight；CRSVW
定速应变试验装置☆strain pacer
定速运送器{机}☆creeper
定态☆stationary{steady} state
定态燃料转换比☆steady state fuel-conversion ratio
定态特性☆steady-state characteristic
定碳比[碳中固定碳与全碳量之比]☆(fixed-)carbon ratio
定碳比说☆carbon-ratio theory
定碳仪[测定钢的含碳量]☆carbometer
定体积比分样系统☆pipette system
定天仪☆coelostat
(固)定头(磁)盘☆fixed-head disk
定推力燃烧☆neutral burning
定网度爆破[震勘]☆pattern shooting
定位☆position (finding;fixing;location)；location；layout；emplacement；positioning；fix(ed) position；immobilization；fixing；spot；fixation；finding；setting；clamp；detent mechanism；loc；orientation；referencing；siting；allocate；staking；detect；anchorage；spotting；orientate；allocation；localize
定位扳手☆set spanner
定位板☆strong back；orientation plate
(磁盘的)定位臂☆access arm
定位测深系统☆positioning-sounding system
定位搭焊☆tack
定位搭焊工☆tacker
定位的☆locational；located
定位点☆setpoint
定位垫圈☆space washer
定位法☆localization{ordination} method；scaling procedure
ρ-θ{|ρ}定位法☆rho-theta{|rho} determination
定位符号☆sprocket bit
定位附着☆oriented absorption
定位杆☆registration arm；anchorage bar
定位钢丝☆retaining wire
定位工具☆orientating tool
定位焊☆tack{positioned} weld；tacking
定位件☆keeper
定位接头☆landing nipple；locator sub
定位孔☆gage{pilot;sprocket} hole
定位螺钉☆setscrew；seat{set(ting);positioning;fixing;retention} screw
定位螺钉扳手☆set screw spanner
定位螺栓☆jack{drag} bolt
定位螺丝☆check screw
定位能力☆location {-}capability；station-keeping ability
定位器☆position indicator；positioner；localizer；locator；spotter；steady area；setter
定位曲线☆ordination curve
定位取样分析☆located assay
定位圈☆nest
定位塞☆bullnose；limit{restriction} plug
定位三角(形)☆astronomical triangle
定位砂浆[建]☆screed mortar strip
定位石膏管型☆localizer cast
定位石工☆fixer mason
定位式旋塞阀☆position plug valve
定位托架☆alignment bracket
定位系统坐标☆positioning-system coordinate
定位线☆line of position；position line；PL；LOP
定位(等值)线☆line of position；LOP
定位销☆dowel (pin)；click；locating plunger；steady area；positioning dowel；alignment pin
(薄板)定位销☆sheet-holler
定位销钉☆tommy
定位销套☆pin bush
定位信号☆framing{positioning} signal
定位仪☆orientator
定位站☆station
定位置☆make location；mark；allocate
定位中心☆center of location
定位桩☆guide{guiding;leading;dowel;gauge;nose;gaute} pile；dowel；spud
定位桩罐☆spud can
定位装置☆seating{locating} arrangement；locator means；positioning {clamp;locating} device
定位资料☆navigation data
定温带☆zone of constant temperature
定温动物☆warm-blooded animal
定温浴☆fixed temperature bath
定纹[纤]☆weave setting
定限雨量器☆limit-gauge
定线☆alignment；(route) location；range out a line；staking{set;peg;laying} out；siting；lining；layout；alin(e)ment；alining；laying-out；aligne；peg out the line；ranging；locating
定线标杆☆aligning pole
定线不准确的地下平巷☆lost level
定线定坡标桩☆line-and-grade stake
定线器☆aligner
定线误差☆alignment error；error of alignment
定(轴)线轴承☆alignment bearing
定香剂☆fixative
定相☆phase；phasing
定像☆fixation；fix(ing)
定像剂☆fixer
定像液☆fixing solution
定向☆ranging；guiding；orient(ate)；alignment；take a bearing；fixing；orient(ation)；directional；sense of orientation；alinement；direction finding
定向爆破☆directional blasting{bit;explosion}；blast-oriented；directed{controlled} blasting
定向爆破{炸}回声测距☆directional explosive echo ranging；DEER
定向变化型☆directional variation type
定向变异☆determinate variation
定向传播☆beaming
定向、导航和大地测量用卫星☆satellite for orientation, navigation and geodesy；SONG
定向发出☆beam
定向方位(优选方位)☆preferred orientation
定向分布{|析}☆orientation distribution{|analysis}
定向分枝☆oriented branch
定向附生☆epitaxy
定向杆☆identification post
定向构造☆directional{oriented} structure；aligned current structure
定向和测距☆direction finding and ranging
定向几率[单斜、三斜晶体的]☆probability of orientation
定向进化说☆theory of orthogenesis
定向井☆directional hole{well}；controlled directional well；slant{deflected;orientation} well
定向井井眼设计图☆well plat
定向井剖面吻合{接近}法☆directional well profile approximation
定向井眼☆oriented hole
定向井钻开点的限制范围☆target area
定向臼炮爆破试验☆angle-mortar test
定向掘进☆driving on sights{line}
定向控制☆directional control
定向连接☆connection of orientation
定向连生边界☆epitaxial boundary
定向流向量☆directional flow component
定向滤光{波}☆directional filtering
定向面☆face direction
定向凝固☆orientated solidification
定向排列☆lineation
定向排列水膜☆oriented water film
定向喷射☆vectored-injection
定向喷射式燃烧室☆directed spray type combustion chamber
定向器☆finder；orienting device；azimuth mirror；orientor；locator；bridle[水中地震拖缆]
定向切面☆oriented section
定向侵蚀☆directive erosion
定向趋性☆topotaxis；tropotaxis
定向取芯☆orientational coring
(弯接头)定向时滑扭☆flopover
定向双联晶☆oriented bicrystals
定向锁吸心轴☆orienting lock mandrel
定向套管☆conductor casing
定向天线元件☆tier
定向贴(井)壁仪器☆directional sidewall device
定向投点☆projected point for orientation
定向微包裹体☆endoblastic
定向微观结构微晶玻璃☆orientated microstructure glass-ceramics
定向无线电声呐浮标☆directional radio sonobuoy
定向系数☆coefficient of orientation；directivity factor
(用)定向楔使钻孔变向☆wedge off
定向楔装置☆orienting member
定向信号接收机☆directional receiver
定向型三牙轮钻头☆directional-type tricone bit
定向性☆directivity；directionality；directing property
定向性的☆direction-sense
定向选择☆directional selection；orthoselection
定向压力☆directed{direct;directional;directive} pressure；differential force
定向岩芯测井☆oriented core logging
定向药包☆pin-point charge
定向仪☆orientator；direction finder{detector}
定向应变☆normal{orientation} strain
定向孕镶☆oriented-impregnated bit
定向炸药☆broomstick charge
定向支承☆guide post
(晶体)定向值☆value of orientation
定向钻进☆guided{directed;directional;controlled (-angle);angled} drilling；direct-drilling technique；directional work；controlled directional drilling
定向钻进技术☆direct(ed)-drilling technique
定向钻进用转向楔☆deflecting{deflection} wedge
定向钻井侧向距离☆kickout
定向钻孔[用于管线穿越]☆diverted{angle(d); controlled-angle} hole；directional drilling
定向钻孔地下气化法☆gasification by directed boring method
定向钻头侧向分力☆directional bit side force component
定(向井井)斜测定仪☆directional clinograph
定心☆centering；centreing
定(中)心☆centring；centering
定心划规☆hermaphrodite caliper
定心夹☆alignment clamp
定心夹具☆centralizer；line-up clamp
定心架☆footstock
定心器☆centering apparatus{guide}；centralizer
定心弹簧☆centering spring
定心套☆centring{adaptor} sleeve
定心销☆centers；aligning pin

定心销套☆pin bush
定心轴☆spigot shaft
定心钻☆spotter；centre machine；pilot drill；spot drilling
定星镜☆coelostat
定型☆stereotype
定型产品☆shaped goods；approved product
定型的☆formalized
定型结构☆modular construction
定型试验☆type test
定形☆fixed{constant} form；singular crystal form；fix；boarding[针织]；fibre setting；knitting boarding；shape；fixiform
(使)定形☆jell；jell
定形虫科[三叶]☆Menomoniidae
定形假捻变形丝☆set false twist yarn
定形群体☆coenobium
定形液☆fixer
(涡轮)定形叶片☆profile blade(d)
定性的☆qualitative；qual.；qua.
定性地质变量☆qualitative geologic variables
定性分析☆qualitative analysis{assay;examination; determination}；qual. anal.
定性估定☆qualitative assessment
定性解译{释}☆qualitative interpretation
定性矿化分带☆qualitative mineralization zoning
定性模型{式}☆qualitative model
定性情景技术☆qualitative scenarios
定性全谱扫描☆qualitative spectral scan
定性响应数据☆qualitative response data
定性因子☆quality factor
定性应变图样☆qualitative strain pattern
定性指标☆stationarity indices
定序☆sequence；sequencing
定序技术☆ordination technique
定序器☆sequencer
定压☆constant pressure
定压充电☆constant-voltage charge
定压阀☆constant pressure valve；pressure maintaining valve；priority valve
定压燃烧式燃气轮机☆constant pressure combustion gas turbine
定压式循环内燃机☆constant pressure cycle engine
定压水角锥分级机☆spitzkasten with hydraulic water
定压箱☆head box
(恒)定压(力)型曲线☆constant-pressure type curve
定样钻眼法[爆]☆pattern drilling
定窑☆Ding{Ting} Ware
定药量配剂☆dosing
定义☆definition；df；delimit；def.；circumscription
定义变量☆defining variable
定义符☆delimiter
定义和特征☆definitions and characteristics
定义域☆field{domain} of definition；domain
定义状态☆qualifier state
定影剂☆fixing agent；fixer
定影液☆fixing solution；fixative；(stop) bath
定域☆localization
定域键☆localized bond
定员☆complement；fixed number of staff members or passengers；personnel quota
定员表☆manning table
定圆心器☆centering apparatus
定源场☆fixed {-}source field
定源式双线框交流电法☆Turam
定约设计☆contract design
定则☆formulary；formula
定振☆seiche
定值☆fixed{definite} value；constant；evaluate；const；threshold；measure of value
定值范围☆error band
定值控制☆set point control
定值零页面☆demand zero page
定址级数☆level of addressing
定止体☆stationary{steady} mass
定制☆make to order；custom-made；custom-built；custom-engineered
定质的☆qualitative
定中板(凿井)☆plate for orientation point
定中垂球☆adjustable plumb bob
定中簧片☆centralizer blade
定中心☆center(ing)；centring
定中心点☆centre mark
定中心凿☆centring chisel
定中装置☆centralizing gear
定轴卵☆aeolotropy；anisotropy
定轴式回旋碎矿机☆fixed-spindle gyratory crusher；gyratory pillar shaft crusher
定锥☆bowl
定锥和动锥锰钢衬板☆concave and mantle of manganese steel alloy
定子☆stator；reaction ring[油泵]；sta
定子电压调速控制☆stator voltage control
定子-电阻启动☆stator-resistance；starting
定子叠片(组)☆stator pack
定子线圈☆stator winding{coil}；electrical stator connection
定子芯和护罩☆core and housing
定做☆customize；have sth. made to order{measure}
定做的☆custom；tailor-made；custom-built；custom-engineered；custom-made；made to order
定坐标☆position fixing
订舱单☆booking note
订出☆formulate
订(阅)费☆subscription (fee;rate)
订购☆take；place orders for
订购单☆buying{placing} order；order for goods；order form
订购者☆subscriber
订(立)合同☆contract；make a contract
订合同方☆contractor
订户☆subscriber
订货☆order goods；place an order for goods；placing an order for goods；require；indent[用双联单]
订货单编号☆number of indent
订货到交货时间☆lead time
订货费用☆ordering cost
订货商☆indentor
订计划☆blueprint；scheduling；make a plan
订金☆foregift
订书机☆stapler
订约☆contraction；contract
订约人☆contractor
订正☆reduction
订制的☆tailor-made

diū

铥☆thulium；Tm；Tu
(使)丢脸☆discredit；disgrace；dishono(u)r
丢码率☆dropout rate
丢弃☆discard；drop
丢失☆drop
丢失巷☆lane loss
丢失系数☆loss coefficient
丢失岩芯☆lost core
丢失支柱☆abandoned support
丢手☆back-off
丢手工具☆releasing tool{means}
丢手接头☆back off sub；release sub

dōng

东岸南下浮冰☆east ice
东半球☆Eastern hemisphere
东北☆northeast；n.e.；NE
东北的☆northeast(ern)；n.e.；NE
东北地块☆North-east China block
东北东☆northeast by east；East-North-East；ENE
东北风☆nashi；n'aschi；northeaster
东北季风☆north-east monsoon
东北角石属[头]☆Manchuroceras
东北偏东☆northeast by east
东部高地[月球-20 着陆位置]☆Eastern highlands
东侧☆eastern limb
东侧下落边界断层☆east-side-down bounding fault
东大距☆(greatest) eastern elongation
东帝汶人☆East Timorese
东方☆orient；east；eastward
东方洞正形贝☆Eosotrematorthis
东方囊鼠属[N_2-Q]☆Geomys；pocket gopher
东方区☆oriental realm；Oriental region
东方人(的)☆oriental
东方似渔乡叶肢介属[节;J_{1-2}]☆Eosolimnadiopsis
东方鱼属[D_1]☆Orientolepis；Dongfangaspis
东方祖熊☆Ursavus orientalis
东非地堑☆East African Graben
东非人(属)☆Zinjanthropus
东风带☆easterlies；easterly winds
东风螺属[腹;E-Q]☆Babylonia
东海[月]☆Mare Orientale
东航☆easting
东横坐标☆easting
东家☆host
东杰炭炸药☆Tungites
东京大学地震研究所☆Earthquake Research Institute,University of Tokyo；ERI
东京型烟雾☆Tokyo type smog
东经☆east longitude；E long
东距角[行星]☆eastern elongation
东兰菊石属[头;T]☆Tunglanites
东陵石☆aventurine stone
东贸易风☆easterly trade wind
东盟☆Association of Southeast Asian Nations
东南☆south-east；SE
东南地区☆southeastward
东南东☆East-South-East；ESE
东南焚风[爪哇]☆kumbang；koembang
东南风☆southeaster
东南刚块☆the southeastern craton
东南微东☆SEbE；south-east by east
东南微南☆SEbS；south-east by south
东南亚国家联盟☆Association of Southeast Asian Nations；ASEAN
东南亚疣猪属[Q]☆Babirousa；babirusa
东南运动[中]☆Dongnan epeirogeny
东尼兹期☆Donetz stage
东瓯窑☆Dongou ware
东偏北☆east by north；E by N；EbN
东萨摩亚[美]☆Eastern Samoa
东太平洋板块☆East {-}Pacific plate
东太平洋洋隆成矿作用☆submarine metallization at East Pacific Rise
东图廓☆right-hand edge
东吴运动☆Tungwu movement；Dongwu revolution
东西☆thing；tack；article
东西复杂构造带☆complex latitudinal tectonic belt
东西距☆departure；dep；easting
东西南北点☆cardinal point
东西圈☆prime vertical
东西向褶皱☆latitudinally-trending fold
东西效应[宇宙线]☆east-west effect
东向坐标系☆east coordinate
东亚大地构造和资源研究会☆Study of East Asia Tectonics and Resources；SEATAR
东洋区☆oriental realm
东窑☆Dong ware
(横坐标)东移假定值☆false easting
东翼☆eastern limb
东营介属[E_3]☆Dongyingia
东周铜矿遗址☆Eastern Zhou copper mine
氡☆Rn；radon；niton；radium emanation
氡测法☆radon method
氡法测量☆radon measurement
氡气☆gas radon
氡-钍-氦法☆radon-thoron-helium method
氡泄漏☆radon leakage
氡子体☆radon daughter
冬孢子☆teliospore；teleutospore
冬冰☆winter ice
冬防[过冬的安全措施]☆security measures taken in winter [e.g.,against fire]
冬肥草[学名优若藜,藜科,硼局示植]☆winter fat
冬湖夏沼[爱]☆turlough
冬回水湖☆monomictic lake
冬季表层浮游生物☆chimopelagic plankton
冬季发育的☆chimonophilous
冬季泛滥平原上的厚冰层[1～4m 厚]☆aufeis
冬季防冰雪设施☆winter service
冬季管道敷设{输油}☆cold-weather pipelining
冬季(反气旋)寒潮[巴]☆surazo
冬季河☆winterbourne
冬季湖[夏干]☆blind lake
冬季滑油☆winter oil
冬季浇注砼☆winter concrete
冬季浪积台☆winter berm
冬季平衡☆winter balance
冬季施工☆winter construction；cold weather construction
冬季停滞期☆winter stagnation period

冬季岩屑堤☆winter-talus ridge
冬季运行的准备☆winterization
冬眠☆hibernation
冬纳氏螺属[O-S]☆Donaldiella
冬青☆(Chinese) ilex; hollytree; holly; evergreen
冬青粉属[K-N]☆Ilexpollenites
冬青科[Q]☆Aquifoliaceae
冬青属[植;Q]☆Ilex
冬湿夏旱的[地中海式]☆xeric
冬石[中医]☆winter pulse is stony
冬天(的)☆winter
冬小麦☆winter wheat
冬型海滨☆winter profile
冬性植物☆winter plant
冬汛☆winter flood
冬岩屑堆脊☆nivation{winter-talus} ridge
冬至(点)☆winter solstice
冬至线☆tropic of Capricorn

dǒng

董事☆director; trustee
懂得一点☆have some knowledge of

dòng

动☆motion
动靶X射线发生器☆moving-target X-ray generator
动臂☆(live) boom
动臂把杆☆cantilever gin pole
动臂式凿岩机☆boom-mounted drifter
动臂装置☆pantagraph; pantograph
动鞭毛类[原生]☆Zoomastigophor
动标气压表{计}☆movable-scale barometer
动泊松比☆dynamic Poisson's ratio
动不平衡☆unbalance dynamic
动差☆moment
动产☆personal property; good
动程☆movement
动承载力☆dynamic bearing capacity
动储量☆positive{dynamic} reserve
动触点☆moving contact
动床☆mobile channel; shifting bed
动荡☆vacillation; fermentation; roil
动荡(的)☆unquiet
动荡和捉摸不定的事物☆quicksand
动导体地震仪☆moving-conductor seismograph
动导体电磁摆地震仪☆moving-conductor electromagnetic pendulum seismograph
动点☆free point
动点超高压高温法☆dynamic ultra high pressure and high temperature press
动电☆dynamic{galvanic;voltaic} electricity
动电电流☆galvanic current
动电分量☆electrokinetic component
动电感应☆electrodynamic induction
动电计☆electrokinetograph
动电势{位}☆electro(-)kinetic potential
动电势分量☆electrokinetic component
动电位法☆potentiodynamic technique
动电学☆electrokinetics; dynamic electricity
动电学分量☆electrokinetic component
动、定组滑轮组☆block and tackle
动颚☆swing{moving} jaw
动颚板轴☆swing-jaw shaft
动颚轴☆swing jaw shaft; suing-jaw shaft
动反馈放大器☆motional feedback amplifier
动负荷{载}☆dynamic load
动格筛☆travel(l)ing grizzly
动工☆break ground; groundbreaking
动关节☆diarthrosis
动合接点☆normally opened contact; front contact
动荷载☆travelling{dynamic;live} load
动互溶性☆dynamic miscibility
动滑车☆mobile block
动滑轮☆movable pulley
动滑移法☆dynamic slip approach
动画片☆animation; cartoon
动画序列[三维图片]☆animation sequence
动火批准证☆fire permit
动基床反力☆dynamic subgrade reaction
动机☆motivation; motif; persuasive; motive; spring
动剪切模量{力模式}☆dynamic shear modulus
动校正☆dynamic correction; normal moveout correction
动校正器☆normal moveout remover
动界面张力☆dynamic interfacial tension
动静力变质作用☆dynamostatic metamorphism
动静态万能试验机☆dynamic and static universal testing machine
动筐式跳汰机☆basket jig
动来动去☆move about
动力☆(motive) power; motivation; dynamic (force); vector; mover; impetus; moving{driving} force; propulsion; dynamo-; PWR; pr.
动力扳手{钳}☆power wrench
动力变质☆dynamometamorphism; dynamic metamorphism
动力变质破裂碎屑☆cataclast
动力不足☆underpowered
动力厂☆power plant; PWR PLT
动力锤的头部☆tup
动力地下动态☆dynamic subsurface performance
动力定位☆dynamic positioning{stationing}; dynamic position[海钻船]; dynamically position(ing); DP
动力定位油轮☆dynamically positioned tanker
动力多温条件☆dynamo-polythermal condition
动力反应法☆dynamic response approach
动力非混相驱替机理☆dynamic immiscible displacement mechanism
动力分析☆kinematic{dynamic(al);kinetic} analysis
动力负荷☆live load; L.L.
动力附着☆impaction; impingement
动力过剩☆surplus of power
动力含水变质作用☆dynamohydral metamorphism
动力化学变质☆dynamo chemical metamorphism; dynamochemical metamorphism
动力机工☆motorman [pl.-men]
动力计☆dynamometer
动力剪力模量☆dynamic shear modulus
动力进给设备☆power feeder
动力卡瓦☆rotary power slip; power slips
动力零面☆depth of no motion
动力煤冲洗筛☆thermal coal rinsing screen
动力片岩☆dynamoschist
动力坡度☆momentum grade
动力迫{挠}曲☆dynamic deflection
动力起落操纵杆☆power lift lever
动力钳吊绳☆backup line
动力钳扭矩仪组件☆power tongs torque assembly
动力潜入式钻机☆down-the-hole drill
动力驱动弧形装煤板系统☆powered cowl system
动力上紧的☆power-tight
动力设备☆power equipment{plant;unit}; P.E.; PP
动力式起落机构☆power lift
动力输出传动齿轮☆power take-off drive gear
动力输出轴安全罩☆PTO shaft housing
动力水头☆dynamic head
动力探头阻力☆dynamic point resistance
动力特性测定☆dynamic response computation
动力提升联结器☆power-lift hitch
动力头钻机☆top head drive drill
动力推动楔☆power-driven wedge
动力推斗☆power cup
动力推进器滑座☆power feed shell
动力拖动☆power-pulling
动力涡轮☆work turbine
动力吸渗毛细管压力☆dynamic imbibition capillary pressure
动力吸振器☆dynamic vibration absorber
动力线哼声☆power-line hum
动力性疲劳☆dynamic fatigue
动力学☆dynamics; kinetics; energetics; power engineering; electrodynamics; dyn
动力学的☆dynamic(al); kinetic
动力学反射地震模型☆dynamic reflection seismic model
动力学分析☆dynamic(al) analysis
动力学模型的期望值[地球]☆expectancies of geodynamic models
动力学弹性性质☆dynamic elastic properties
动力杨氏模数☆dynamic young's modulus
动力液中心站☆central power-fluid plant
动力仪☆(resistance) dynamometer
动力用煤☆fuel{power-station;power} coal
动力用中煤☆boiler fuel-coal middlings
动力油缸☆jack
动力油缸活塞杆止动器☆cylinder stop
动力油箱☆kinetic tank
动力有效应力法☆dynamic effective stress method
动力运动☆kinematic(al) motion
动力再生式运输机☆regenerative conveyor
动力站☆powerstation
动力支架☆powered support
动力支柱☆powered prop; dynaprop
动力轴☆line shaft
动力装载工作面☆power-loaded face
动力装置☆power unit{plant}; propulsion; p.u.
动力装置燃油消耗率☆power plant effective specific fuel oil consumption
动力资源☆power-generating resources
动力自吸毛细管压力☆dynamic imbibition capillary pressure
动力钻机☆power drill; dynadrill
动力作用☆corrasion; dynamic process; power actuate
动量☆momentum [pl.-ta]; moment; impetus; quantity of motion
动量比☆ratio of momentum
动量传递☆momentum transfer
动量分布☆momentum spectrum
动量矩☆moment of momentum; momentum moment; angular momentum
动量流矢量☆momentum flow vector
动量密度应力☆momentum density stress
动量守恒☆conservation of momentum
动量输送说☆momentum-transport hypothesis
动量轴☆axis of momentum
动流分选法☆flowing current separation
动路基反力系数☆dynamic coefficient of subgrade reaction
动乱☆unrest; commotion
(主)动轮☆driver
动脉☆artery
动脉石☆arteriolith
动敏式检波器☆motion-sensitive geophone
动摩擦☆dynamic{kinetic;dynamical} friction; friction of motion
动摩擦系数☆dynamic friction coefficient
动目标视频信号☆moving target video
动能☆kinetic energy; energy of motion; impact
动能学☆energetics
动黏(滞)度{系数}☆kinematic(al){kinetic;dynamic} viscosity
动黏滞力☆dynamic viscous force
动泡[浮]☆dynamic bubble
动配合☆movable{working} fit
动平衡☆inertia{dynamic} balance; transient equilibrium
(道内)动平衡☆dynamic equalization
动平衡的☆dynamically balanced
动破断应力☆dynamic breaking stress
动切变弹性模数☆dynamic shear elastic modulus
动球式元件☆moving sphere element
动(态)屈服强度☆dynamic yield strength
动圈☆movable coil
动圈式仪表☆moving-coil instrument
动热变质☆thermodynamical{dynamothermal} metamorphism
动热变质(作用)的☆dynamothermal
动热区域变质作用☆dynamothermal regional metamorphism
动热效应☆kinetic heat effect
动韧度☆kinematic(al) ductility
动筛☆moving screen
动筛式跳汰机☆vibro-assisted{buddle;movable-sieve} jig; movable sieve type washbox
动身☆start; leave
动生阻抗☆motional impedance
(泥浆)动(态)失水率☆dynamic filtration rate
动势☆kinetic {-}potential
动视差☆dynamic(al) parallax
动手工作☆attack
动(力)水位☆dynamic level
动水压(力)☆flow{hydrodynamic} pressure
动丝测微计☆filar micrometer
动态☆dynamic (state;condition); trends; kinesis; behavio(u)r; development; performance; regime; movement
动态扁率☆dynamic ellipticity
动态标准应变装置☆dynamic standard strain device
动态参数☆(dynamic) parameter; operational

{performance} parameter
动态磁化☆dynamic magnetization; shock remanent magnetization
动态存储支配☆dynamical allocation
动态道集☆dynamic trace gathering; DTG
动态道平衡☆dynamic trace equalization
动态的☆dynamic(al)
动态反射系列☆dynamic reflection series
动态分辨带宽☆dynamic resolution bandwidth
动态分类(法)☆dynamic classification{cataloging}
动态分析☆dynamic(al){performance} analysis; performance evaluation
动态规划☆dynamic programming; DP
动态规律☆law of dynamic state
动态化学体系☆dynamic chemical system
动态回轮试验☆dynamic wheel test
动态控制☆dynamic control; kinetic-control
动态类型☆regime type
动态理论[河流]☆regime-theory
动态拟合☆performance matching
动态扭斜☆dynamic skew
动态偏离{移}☆dynamic deviation
动态平的☆consecutive mean
动态平衡☆dynamic balance{equilibrium}; mobile {dynamical;kinetic} equilibrium; homeostasis
动态史☆case history
动态试验☆dynamic test{experiment}; service tests
动态特性模拟器☆kinetic simulator
动态特征☆behavio(u)ral characteristic
动态系数☆performance coefficient
动态系统安全概念☆dynamic(al) system safety concept
动态下沉☆active subsidence
动态相对渗透率☆dynamic relative permeability
动态旋流重介质分选机☆Dynawhirlpool separator
动态应力奇点☆dynamical stress singularity
动态增益比☆dynamic gain ratio
动态张力平衡[用于铺管船,监察并保持管子张力合适]☆dynamic tensioning
动态综合数据显示☆dynamic integrated-data display
动态总线☆dynabus
动态钻井模式☆dynamic drilling model
动(态)弹性极限☆dynamic elastic limit
动弹性性质☆dynamic elastic property
动体式地音探测器☆moving conductor geophone
动(衔)铁式地音探测器☆moving armature geophone
动(态)弯曲角☆dynamic bend angle
动吻动物(门)☆kinorhyncha
动稳定性☆dynamic stability
动物☆animal; zoo-; creature; zo-
动物播种植物☆zoidospore; zoochore
动物残骸{屑}☆animal debris
动物成因☆zoogene
动物成因构造☆zoogenic structure
动物传布☆synzoochory
动物的☆zoic
动物地理的隔离(作用)☆zoogeographic isolation
动物地理阻限☆zoogeographical barrier
动物淀粉☆hepatin
动物分布植物☆zoidospore; zoochore
动物分异(作用)☆faunal differentiation
动物粪燃料☆animal dung as fuel
动物化石☆zoolith; zoolite; animal remains
动物化学☆zoochemistry
动物迹类[遗石]☆Zoonichnia
动物胶☆gelatin(e); animal glue{size}
动物节间☆internode
动物界☆animal kingdom; zo(o)-
动物(动)力学☆zoodynamics
动物媒的☆zoidophilous
动物媒植物☆zoidogamae
动物内生小球藻☆zoochlorellae
动物排泄沉积☆koprogenin
动物排泄物成因的☆coprogenic
动物区系☆fauna; faunal province
动物区系演替律☆law of faunal succession
动物圈☆zoosphere
动物群更迭定律☆law of faunal succession
动物群阶☆faunal stage
动物群落☆animal community; zoobiocenose; zoocoenosis
动物群区☆faunal region{province}
动物群时☆faunichron
动物群顺序定律☆law of faunal succession
动物群岩层带☆faunizone
动物群中的优势种☆faunal dominance
动物群组合定律☆law of faunal assemblages
动物扰动构造☆zooturbation structure
动物生境☆zootope
动物食草痕☆grazing mark
动物式营养☆holozoic nutrition
动物数计☆zoometer
动物顺序进化定律☆law of faunal succession
动物随纬度的分群☆faunal diversity with latitude
动物碳☆carbo animalis
动物体内生物☆endozoophyte
动物小区系☆faunula
动物学☆zoology; zo(o)-
动物岩☆zoogenic{zoogenous} rock; zoolith
动物螠纲☆Echiuroidae
动物(差)异(性)原理☆principle of faunal dissimilarity
动物油脂肪酸[选剂]☆neo-fat-DD-animal
动物诱起变态☆zoomorphosis
动物园☆zoo
动物脂[$C_{38}H_{78}$]☆tallow
动物脂肪☆adipose
动物脂肪胺醋酸盐☆tallow amine acetate
动物志☆zoography
动衔铁式地音探测器☆moving armature geophone
动(态)相关分析☆dynamic correlation
动向☆sense of movement; trend; tendency; tenor; momentum [pl.-ta]
动性椎骨☆vertebrae mobiles
动压☆kinetic{dynamic;velocity;live} pressure
动压充填☆dynamical pressure stowing
动压力梯度☆dynamic pressure gradient
动压密封☆hydrodynamic seal
动压印痕☆moving tool mark
动压制钻屑效应☆dynamic chip hold-down effect
动眼神经☆oculomotor nerve
动杨氏模量☆dynamic Young's modulus
动摇☆shake; whiffle; unsteady
动叶片☆moving blade{vane}
动液面☆producing fluid{liquid} level; working level
动液压传动☆hydrokinetic transmission
动因☆agent
动应变放大器☆dynamic strain amplifier
动应力☆dynamic(al){kinetic} stress
动应力场☆dynamical stress-field
动用储量☆producing reserves
动员☆mobilization
动源(式电磁)法☆moving-source method
动载☆dynamic{mobile} load
动载冲击☆impulsive blow
动载应力☆live (load) stress; dynamic(-load) stress; advancing load stress
动针罗盘导线☆loose{swinging} needle traverse; needle traverse
动震源☆impulsive electrical source
动植物的刺☆spine
动植物分泌黏液☆mucosal; mucus
动植物疏开线☆sweepstakes route
动植物种类史☆phylogenesis
动重度☆dynamic bulk density
动轴☆moving axis
动转矩☆dynamic torque
动锥☆head
动锥衬板☆mantle
动锥衬板锁紧螺母☆head nut
动锥上衬套☆upper head bushing
动锥围边☆head skirt
动锥下衬套☆lower head bushing
动子☆runner
动阻力☆dynamic resistance
动作☆motion; action; kinesis; movement; act; start moving; agency; man(o)euvre; behavio(u)r; stroke
动作位置☆pull-up position
动作信号☆actuating signal
动作元件☆initiating element
动作震颤☆tremor
动作周期☆action cycle
栋梁☆rooftree
硐口☆portal; debouchure; openings; gate
硐室☆chamber; cavity; cavern; excavation; (service) room; stable (hole); opening; cutout; niche; gopher hole
硐室爆破☆chamber blast(ing); heading blast(ing); gopher hole blasting; coyote blast
硐室结构☆alveolar texture
硐室设计☆cavern design
硐室(爆破)试验☆gallery experiment
硐室收敛观测☆monitoring of tunnel as astringency
硐室水溶法[采盐]☆underground leaching of rock salt in rooms
硐室围岩变形{|压力}监测☆monitoring of surrounding rock deformation{|pressure} of tunnel
胨水☆peptone water; p.w.
胴甲鱼目☆antiarchi
冻☆freeze
冻斑☆mud spot; frost scar
冻冰☆freeze; ice
冻成带☆Cryogenic zone
冻蛋白石☆liardite; lardite; ljardite
冻滴石☆striolite
冻地☆frozen ground
冻点测定仪☆cryscope
冻点降低测定法☆cryoscopy
冻附力☆adfreezing force
冻干☆lyophilisation; lyophilization
冻港☆ice harbor{harbour;port}
冻龟裂☆frost-crack{frost} polygon
冻害☆frozen injury
冻痕☆frost marking
冻坏☆frost damage; freeze off
冻季☆freezing season
冻迹☆spot medallion; mud spot; frost scar
冻降水☆freezing precipitation
冻胶☆gel; jel; jelly; jell
冻胶状结构☆jelly-like structure
冻胶作用☆jellification
冻搅☆cryoturbation
冻结☆congeal(ing); congelation; jellification; frost; icing; gelation; jelly; freeze up; tie-up; sterilization; blocking; cold application; jellifica; freezing; tion; [of wages,prices,etc.] freeze
冻结比☆frozen-in ratio
冻结壁交圈☆connection of freezing column
冻结壁自然解冻☆natural defrosting from freezing wall
冻结草甸森林土☆cryogenic meadow forest soil
冻结层☆tjaele; frozen crust
冻结带☆frost{freezing;frozen} zone; seasonally frozen ground
冻结的液体☆frozen fluid
冻结法开凿的井筒☆frozen{freezing} shaft
冻结法凿井☆freeze sinking{method}; shaft sunk by freezing
冻结护壁☆sheath of frozen
冻结混融☆solimixtion
冻结井壁☆ice wall
冻结井筒☆frozen shaft
冻结孔排列型式☆freezing hole pattern
冻结款项☆blocked funds
冻结敏感土☆frost-susceptible soil
冻结圈☆dog collar; ice wall
冻结-融{溶}化循环☆freeze-thaw cycle
冻结深度☆depth of freezing (frost penetration); frost depth{penetration}
冻结土☆pergelisol
冻结仪☆cryopedometer
冻结应力条纹图☆frozen stress pattern
冻结钻孔排列方式☆freezing-hole pattern
冻结作用☆congelation; frost action; freezing process; pergelation
冻蓝闪石[$NaCa(Mg,Fe^{2+})_3Al_2(Si_7Al)O_{22}(OH)_2$;单斜]☆barroisite
冻砾原☆stone field
冻连冰群☆consolidated ice
冻裂☆frost crack{work;damage;fracture;shake}; frost- work; congelifraction
冻裂多角形地☆frost-crack polygon
冻裂谷☆derasional valley
冻裂搅动☆cryoturbation
冻裂搅动构造☆cryoturbation structure
冻裂角砾☆angular drift
冻裂隙☆frost cleft; ice crack
冻裂岩片☆congelifractate
冻乱☆congeliturbate; congeliturbation
冻霾☆frost haze

冻泥鳅☆frozen loach
冻凝(作用)☆congelation; congeal
冻劈☆gelivation
冻劈砾块沉积☆congelifractate deposit
冻劈性☆gelivity
冻劈岩块☆congelifract
冻劈作用☆gelifraction; gelivation; frost weathering {shattering;splitting}; congelifraction
冻壳☆frozen crust
冻丘☆frost hillock{mound}; soil blister
冻融☆frost boil; unfreezing; derasion
冻融包裹土☆involution; brodelboden[德]; brodel soil
冻融变质(作用)☆melt-freeze metamorphism
冻融层☆active layer
冻融互层永冻土☆layered permafrost
冻融缓滑☆gelifluction
冻融粒雪☆melt firn
冻融泥流☆solifluction
冻融泥流堆积☆solifluctional accumulation
冻融扭曲底层☆underplight
冻融扰动☆geliturbation
冻融扰动作用☆congeliturbation; frost churning
冻融试验☆freezing-and-thawing{frost-thawing; freeze-thaw} test
冻融压缩☆thaw compression
冻融周期☆freezing and thawing cycle
冻融作用☆freeze-and-thaw{cryopedological} action; freeze-thaw processes
冻融作用边界☆freeze-thaw boundary
冻伤☆frozen injury; frostbite
冻深线☆frost line
冻石[$Al_2(Si_4O_{10})(OH)_2$]☆l(j)ardite; figure{pagoda} stone; pagodite; agalmatolite; steatite; soapstone; restormelite; agalmatolith; coreite; ko(i)reiite; larderite; ko(i)reite
冻石斑鱼☆frozen grouper
冻石鸡胸腿☆frozen chukar breast and leg
冻石陶瓷基片☆steatite porcelain substrate
冻石线圈骨架☆steatite bobbin
(地下)冻水上胀☆suffosion
冻碎☆frost shattering
冻碎作用☆cryoclastic process; frost shattering
冻态干燥☆lyophilization; lyophilisation
冻透[土壤]☆straight freezing
冻透湖☆freeze-out lake
冻凸土☆frost boil soil
冻土[冰]☆frozen earth{ground;soil}; tja(e)le[瑞]; taele; merzlota[俄]; gelisol; tele[挪]
冻土变厚☆pergelation
冻土层☆frozen soil layer; frozen ground; layer of frozen earth; permafrost
冻土带土壤☆tundra soil
冻土地带☆tundra
冻土花纹土☆frost pattern soil
冻土间融层形成作用☆tabetification
冻土年融层☆annually thawed layer
冻土丘☆frost mound{blister}; earth hummock
冻土融化作用☆depergelation
冻土消融☆degradation of permafrost
冻土学☆cryopedology; permafrostology
冻楔☆frost wedging
冻烟☆frost smoke; frostrok
冻岩☆frozen rock
冻岩学☆cryology
冻液☆frost mark
冻硬壳☆frozen crust
冻雨☆frozen{freezing} rain; verglas; sleet
冻原☆tundra; cold desert; crymic; xerophorbium
冻原龟裂纹☆ice-wedge{tundra} polygon
冻原灰黏土☆tundra gley soil
冻原喷沙口[融冻时泥沙受压上升]☆tundra crater
冻原穹丘口☆tundra crater
冻渣☆dross slag
冻胀☆frost heave{boiling;boil}; swell; swelling; heaving; blowup; freeze expansion; frozen bulge
冻胀计☆dilatometer
冻胀力☆frozen-heave force
冻胀率☆ratio of frost heaving
冻胀能力☆frost-heave capacity
冻胀穹丘☆hydrolaccolith; pingo
冻胀丘☆thufa[冰;pl.thufur]; suffosion{heaving} knob; frost-heaved mound; stone ring
冻胀盐泽☆swelling solonchak
冻胀土☆frost boil soil; swelling ground; boiling up soil; frost-heaving{swelling;boiling-up} soil
洞☆cavity; hole; excavation; bore; cave; aperture; burrow; cavern; penetratingly; thoroughly; pierce; penetrate; opening
(空)洞☆cavitas
洞壁收敛☆convergency; convergence
洞察(力)☆insight
洞察的☆ingoing; percipient
洞察力[法]☆clairvoyance
洞底☆cavern floor
洞顶☆ceiling; roof
洞顶(溶蚀现象)[德]☆deckenkarren
洞顶垂石☆rock pendant
洞顶交织状通道☆roof spongework
洞顶节理窗☆ceiling cavity; joint pocket
洞顶破裂☆overbreak
洞顶蚀槽☆upside-down channel
洞顶下垂(物)☆pendant
洞顶悬垂体☆horst
洞顶穴☆ceiling pocket{cavity}
洞顶岩壳☆roof crust
洞脊贝(属)[腕;O]☆Porambonites
洞角☆hollow horn
洞龛☆niche
洞孔层孔虫属[$D_{2\sim3}$]☆Trupetostroma
洞孔雪面☆perforated crust
洞口☆entrance to a cave
洞窟☆vault; cavern
洞窟遗迹☆cave site
洞螺贝属[S-D_2]☆Trematospira
洞内通道连接点☆debouchure
洞栖的[生]☆troglobi(o)tic; troglocolous
洞栖生物☆troglobiont; troglodyte; troglobite
洞泉☆vauclusian spring
洞生的☆troglobiotic
洞苔藓虫属[O-D]☆Trematopora
洞厅☆hall
洞隙☆miarolitic
洞隙充填☆cavity lining{filling}
洞穴☆cave; grotto; cavern; hoya; cavity (void); zawn; abri; spelaeum; senke; scoop; rock opening; subterrane; underground openings; ogof
洞穴孢粉层☆sporite
洞穴爆米花状沉积☆cave coral{popcorn}
洞穴崩塌堆积(物)☆cave breakdown
洞穴沉积[侵蚀揭露的]☆cave{spelean} deposit; cavern breccia; petromorph
洞穴的☆cavernous; spelean; cavernose
洞穴地基☆cavernous ground
洞穴方解石☆calcite ice
洞穴钙质穹形体☆pegostylite
洞穴构造☆burrow structure
洞穴化☆cavitation
洞穴灰华☆cave travertine
洞穴浸出☆hole-to-hole leaching
洞穴矿脉☆hollow lode
洞穴年代(测定)☆speleochronology
洞穴(沉积)黏土☆guhr
洞穴珊瑚☆coralloid
洞穴珊瑚状沉积☆coralloid; cave coral
洞穴生物☆cavernicole
洞穴探查☆caving
洞穴探险☆pothole
洞穴天窗☆threshold
洞穴填塞矿床☆cavity-filled ore de posit
洞穴通道☆couloir; cave passage
洞穴突出(岩片)[成为间壁或桥]☆blade
洞穴形成过程☆speleogenesis
洞穴型管井☆cavity type tube well
洞穴性☆cavernosity
洞穴学☆spel(a)eology; caveology
洞穴学家☆speleologist
洞穴状的☆cavernous; cavernose
洞穴状含水层☆cavernous aquifer
洞穴锥石☆conulite
洞圆货贝属[腕;Є]☆Trematobolus
洞缘晶☆druse
洞缘突岩☆shelfstone
洞正形贝属[腕;O_1]☆Trematorthis
洞爪贝属[腕;S_2]☆Onychotreta
洞状陷穴☆cenote
洞锥石☆conulite

dōu

兜笔石☆corynoides
兜笔石科☆corynograptidae
兜齿兽☆coryphodon
兜甲[古]☆lorica
兜螺属[腹;K_2-N]☆Hipponix
兜衣属[地衣;Q]☆Lobaria

dǒu

抖出☆knockout
抖出器☆shake-outs
抖掉☆shake out
抖动☆flutter; buffet(ing); ditter; jarring; whipping; kick; shake; tremble; vibrate; thrill; shudder; quiver
抖动板☆oscillating; deck
抖动器☆reciprocator; jitter; dither
抖动筛☆travelling{vibrating} sieve
抖动式溜槽☆vibrating chute
抖动信号☆dither signal
抖开☆fluff
抖纹[螺纹缺陷]☆jutter
斗☆clam bucket; bail; bagger; bowl[挖土机]
斗板石☆intermediate pier
斗臂☆bracket arm
斗臂主销☆foot pin
斗柄☆dipper stick{handle;bail}
斗彩陶☆contending color; blue-and-white with overglaze color; dou cai
斗仓☆hopper; bunker
斗仓挡车梁[防车坠入]☆lazy balk
斗仓离地面高度☆hopper clearance
斗槽式取样机☆simplex sampler
斗车☆skip; scoop{hopper} car; trolley (in a mine or at a construction site); tram; little vehicle
斗齿☆bucket tooth{teeth}; dipper{shovel} teeth
斗唇☆dipper lip
斗底车[装炼焦炉用]☆larry; lorry
斗底开启[挖掘机铲斗]☆dipper door trip rope
斗阀☆bucket valve
斗杆☆skipper arm
斗根☆bucket heel
斗刮☆strickle
斗架[挖泥船等]☆ladder; ladderlike truss; edge {bucket;digging;elevator} ladder
斗距[多斗式挖掘机]☆bucket pitch
斗坑[牙]☆embrasure cavity
斗链[挖掘机]☆bucket-chain; elevator link; scoop chain
斗链式提升机底部给料室☆bucket-elevator boot
斗链式挖掘船☆bucket-chain dredger
斗淋☆doline [pl.-en]; dolina; swallet hole; solution doline
斗轮☆scoop{excavating;bucket} wheel
斗轮单位驱动功率☆specific bucket wheel power requirement
斗轮式采矿{金}船☆wheel dredge
斗轮式取料机☆rotary bucket reclaimer; rotary mechanical shovel
斗轮式挖掘机剥离☆bucket-wheel excavator stripping
斗轮自由切割角☆clearance angle of bucket wheel; free-cutting angle of bucket wheel
斗门☆canal off-let
斗门绳☆bucket latch cord
斗篷☆pella
斗篷状☆blanketlike
斗刃☆bucket{digger} edge; cutting lip
斗容☆scoop{bucket} capacity; bucket size
斗式储浆池☆bucket rabbling vat
斗式刮板机☆bowl scraper
斗式连续提升机☆continuous bucket elevator
斗式铺砂机☆hopper gritter
斗式升料机☆paternoster elevator
斗式提升机功率☆bucket elevator power
斗式拖车☆hopper{hopper-shaped} trailer
斗式转载车☆bucket conveyor
斗闩☆dipper latch
斗星介属[K_2-Q]☆Cypridopsis
斗形侧卸☆scoop side-dumping car
斗形前卸式矿车☆scoop car
陡岸☆steep coast{bank}; bluff; jamb; bold coast; overhanging bank

陡岸湖型沼泽☆schwingmoor
陡岸坡☆car
陡帮开采☆mining with steeper working slope
陡壁☆abrupt wall; mountain scarp; steep face
陡壁干沟☆donga
陡壁谷☆lumb; strath
陡壁横谷☆cluse; congost
陡壁坍毁☆bluff failure
陡壁狭口☆geo; gja
陡边沟☆gully
陡边穹隆☆steep-sided dome
陡边三角洲☆bracket delta
陡变曲线☆abrupt curve
陡变条件☆jump condition
陡槽跌水☆inclined drop
陡冲☆ramp
陡冲断层☆high {-}angle thrust; ramp
陡的☆hanging; high angle; bluff; pitching; steep; subvertical; stey
陡度☆abruptness; steepness; sharpness; incline; (heavy) gradient
陡度曲线☆abrupt curve
陡反射[地震波]☆steep reflection
陡拱顶☆raised arch
陡沟☆steep cut
陡沟开拓☆development with steep cut
陡海岸☆mountain coast
陡急偏斜[钻孔]☆sharp decline
陡岬☆noup
陡降的☆steep dipping
陡角☆high-angle
陡角井☆high angle hole
陡角山峰☆Matterhorn
陡峻☆high and precipitous
陡峻峡谷☆sawback-cut; saw-cut
陡坎☆scarp
陡浪☆abrupt wave
陡立和平伏裂隙☆flats and pitches; pitches and flats
陡立岩层☆rearer
陡脉☆rake vein
陡(矿)脉☆pitching{rake;steep} vein
陡坡☆heavy gradient{grading;grade}; abrupt{high; steep;stiff} slope; high-grade; escarpment; brow; brae; cove; steep hill{pitch;gradient;grade;incline; descent}; scarp; bank; scarpside; cliff; cleve; lip; steilwand[德]; ascent; pali [sgl.palus]
(过)陡坡(度)☆excessive grade
陡坡冰川☆wall-sided glacier
陡坡冰河滑雪运动☆ski mountaineering
(陆架边缘)陡坡带☆actic region
陡坡的☆steep-dipping
陡坡地☆dip
陡坡度☆steep ascent{gradient}
陡坡涵洞☆culvert on steep grade
陡坡巷道☆sprag road
陡坡林地☆hanger
陡坡(水)流☆flow of steep slope
陡坡茂密森林☆tapestry
陡坡面[山的]☆sty
陡坡屋顶☆high-pitched{steep} roof
陡坡用康拜因☆extreme hillside combine
陡剖面☆cliff section
陡堑沟☆steep trench
陡峭☆steepness; cliffy; abrupt; precipitous; bluff
陡峭边坡☆steepened slope
陡峭层☆upridging of beds
陡峭的☆precipitous; abrupt; arduous; steep; craggy; steep-to[海岸]
陡峭度{性}☆abruptness
陡峭砾脊☆shingle ridge
陡峭前沿☆steep rise
陡峭山坡☆mountain wall
陡峭崖石☆precipice and cliff
陡倾☆steep dip; heavy pitch(ing)
陡倾(斜)☆steep pitch
陡倾层☆pitching seam
陡倾长翼☆steep long limb
陡倾的☆subvertical; steep dipping
陡倾角偏移☆steep-dip migration
陡倾穹隆☆steep-sided dome
陡倾斜的☆high dipping; high-dipping
陡倾斜组☆group of steep dipping
陡倾岩层☆pitching{steep;steeply-dipping} bed; rearer seam steep bed; rearer seam
陡曲线☆steep curve
陡砂层☆bluff sand
陡升曲线☆high curve
陡头谷☆steephead
陡斜层☆edge seam; steep bed
陡斜层理[如沙丘滑动面]☆avalanche bedding
陡斜的提升☆steep lift
陡斜巷道☆sprag roadway
陡斜井☆steep incline
陡斜煤层☆steep seam; steeply sloping seam; steeply inclined{pitching} seam; edge coal[倾角>30°煤层]
陡斜褶皱☆stop fold
陡崖☆klint [pl.-tar]; glint; banke; escarpment; scar; palisade; scaur; scaw; pali[夏威夷语;sgl.palus]
陡崖顶☆cop
陡崖后退☆cliff recession
陡崖岬角☆cliffed headland
陡崖面☆sheer
陡崖坡[单面山的]☆scarp slope
陡岩岸☆klip; iron-bound coast
陡岩坡☆scaur; scar
陡翼☆steep flank; short limb
陡折点☆sharp knick
陡直采矿☆vertical mining
陡直起跳[与 emersio 反]☆impetus
(飞机)陡直上升☆zoom
陡轴褶皱构造[德]☆schlingentektonik

dòu

豆☆bean
豆房沟角石属[头;O_2]☆Tofangoceras
豆纺锤虫☆Pisolina
豆腐花米黄[石]☆Botticino Fiorito
豆羹雾☆pea-soup fog
豆海百合属[棘;S_2]☆Pisocrinus
豆褐铁矿[Fe_2O_3•$n$$H_2O$]☆pisolitic limonite
豆级煤☆bean
豆荚☆pod
豆荚属[植;E-N]☆Podogonium
豆荚状☆podiform; pod-shaped
豆荚状脉☆pod vein
豆科☆leguminosae; pulse family; bean{pea} family
豆科植物☆leguminous plant; legume
豆科植物类☆Leguminosae
豆类☆legume
豆类植物☆pulse
豆砾(石)☆pea gravel
豆粒☆pisolith; pisolite
豆粒灰岩☆pisolitic limestone
豆粒石☆pea stone; peastone
豆粒脂石☆chemawinite
豆绿☆pea green (glaze)
豆螺(属)[腹;J-Q]☆Bithynia
豆青[陶]☆yellowish pea green glaze
豆石[$CaCO_3$]☆pisolith; pisolite; peastone; Agnostus; Favolithora[钙超;$E_{1\sim2}$]; cave pisolite
豆石介(属)[O-D_1]☆Leperditia
豆石介目[生]☆Leperditicopida
豆石类的[介]☆leperditiid
豆石状结构☆pisolitic structure
豆钛矿[金红石的变种]☆paredrite; pea iron
豆铁矿[Fe_2O_3]☆pea (iron) ore; pea iron
豆鋌☆Pisolina
豆铜矿[$Cu_2Al(AsO_4)(OH)_4$•$4H_2O$]☆liroconite; lentil-ore; lentulite; couphochlor(it)e; lentalite; lirocone (malachite); lirokonit; chalcophacite; linsenkupfer; linsenerz; liroko(n)malachit
豆蚬属[双壳;J_2-Q]☆Pisidium
豆星介属[C-P]☆Fabalycypris
豆形☆fabiform
豆形果实☆bean
豆形棘皮类{纲}☆cyamoidea
豆形螺属[腹]☆Warthia
豆岩☆peastone
豆艳花介属[E_2-Q]☆Leguminocythereis
豆甾烷☆stigmastane
豆甾烷醇☆stigmastanol
豆甾烯醇☆stigmastenol
豆重晶石☆barytpisolith
豆状☆fabiform; pisiform; pisolitic
豆状波纹岩☆owharoite
豆状的☆fabaceous; pisolitic
豆状结构☆shot{pisolitic} texture
豆状矿☆pisolith
豆状砾☆pea gravel
豆状铁矿[$2Fe_2O_3$•$3H_2O$]☆bean ore
豆状岩☆lenticulite; pisolite; peastone
豆足类{目}[介]☆Leperditicopida
逗号☆comma
逗留☆continuance; tarry
逗留者☆stayer
痘痕☆pit
痘痕的☆faveolate
斗争☆fight(ing); contend; battle; straggle
窦螺属[腹]☆Sinum
窦套的☆sinupalliate

dū

都卜勒法☆Doppler method
都城秋穗型造山作用☆Miyashiro-type orogeny
都马粗安岩☆dumalite
都市化☆urbanization
都阳菊石属[头;T_1]☆Tuyangites
都匀虫属[三叶;$Є_1$]☆Duyunia
都匀鱼属[D_1]☆Duyunaspis
督三水铝石☆doyleite
嘟嘟声☆beep; blare

dú

毒☆poison; toxo-
(有)毒的☆toxic
毒度☆toxicity
毒番石榴[植]☆manchineel; poison guava; Hippomane mancinella
毒风☆poison wind
毒钙镁石[$(Ca,Mg)HAsO_4$•$3\frac{1}{2}H_2O$]☆wapplerite
毒谷☆poison valley
毒害☆poison
毒害作用☆toxic action
毒棘虫属[多足;C_2]☆Acantherpestes
毒居石☆monazite
毒理学☆toxicology
毒力☆toxicity
毒铝钡石[$Ba(Al,Fe^{3+})_4(AsO_4)_3(OH)_5$•$5H_2O$]☆barium- alumopharmacosiderite
毒品☆drug; dopes
毒气☆gas; poisonous{toxic;poison} gas; toxic smoke; mephitis; miasma[腐败有机物的]
毒气弹☆gasbomb
毒气的☆mephitical; mephitic
毒气中毒事故☆gas-poisoning accident
毒球蛋白☆toxoglobulinum
毒伞属[Q]☆Amanita
毒砂[FeAsS;单斜、假斜方]☆(mispickel) arsenopyrite; arsenical {white} pyrite; white mundic; dalarnite; arsenikstein; arsenomarcasite; mispickel; arsenic iron;weisserz; hoffmannite; delarnite; mis(s)pickel; thalheimite; pacite; mistpuckel; arsenical iron
毒蛇石☆adder{serpent} stone
毒舌类☆toxoglossa
毒石[$CaH(AsO_4$•$2H_2O)$;单斜]☆pharmacolite; arsenical iron ore; arsenic bloom; arsenicite; pharmacolith; calcium arsenate[钙砷酸盐]; pharmakit
毒水☆poisonous water
毒素☆toxin; poison; toxic ingredient; toxicant; toxo-
毒铁钡石[$Ba(Fe^{3+},Al)_4(AsO_4)_3(OH)_5$•$5H_2O$;四方?]☆barium {-}pharmacosiderite
毒铁矿[$KFe_4^{3+}(AsO_4)_3(OH)_4$•$6\sim7H_2O$]☆cube ore; farmacosiderite; pharmacosiderite; arsenicated iron ore[$Fe_3(AsO_4)_2(OH)_3$•$5H_2O$]; arsenate-zeolite; siderite; farmacosiderita
毒铁石[$KFe_4^{3+}(AsO_4)_3(OH)_4$•$6\sim7H_2O$;等轴]☆pharmacosiderite
毒瓦斯☆poisonous{poison} gas
毒物☆toxic; toxicant; toxo-
毒物学☆toxicology
毒性☆toxicity; virulence; poisonousness
毒性检验☆poisonous matter test
毒性矿山瓦斯☆toxic mine gas
毒性下限☆lower toxic limit
毒性元素☆toxic{poisonous} element
毒烟☆toxic smoke

毒盐[德]☆schwadensalz
毒药☆toxic
毒野豌豆[硒及铀通示植]☆poison vetch
毒蝇石☆fly stone
毒莠定[一种内吸性除草剂]☆picloram
毒质☆toxin
毒重石[$BaCO_3$]☆witherite[碳酸钡矿]；barium carbonate；barolite；viterite；witerite；witherine
髑髅贝(属)[O-Q]☆Crania
独唱☆solo [pl.soli]
独创性☆ingenuity；originality
独地槽☆idiogeosyncline
独断的☆pragmatic
独杆井架☆pole derrick
独轨输送机☆mano-rail conveyor
独巷☆single entry
独寄生☆eremoparasitism
独家经营☆monopoly
独家新闻☆scoop
独礁☆outlying reef
独脚架☆unipod
独角鲸☆Narwhale
独角莲☆Paris polyphylla
独角龙☆monoclonius
独角龙属[K_2]☆Monoclonius
独角犀☆rhinoceros
独角犀属☆Rhinoceros
独居石[(Ce,La,Y,Th)(PO_4); (Ce,La,Nd,Th)PO_4;单斜]☆monazite；kararfveite；eremite；kryptolith；edwardite；edwardsite；erikite；monacite；mengite；turnerite；urdite；cryptolite；monazite (rock{ore})；edwarsite；phosphocerite；corarfveite；korarfveite；monazitoid；monacitoid
独居石分解☆monazite breakdown
独居石砂[(Ce,La,Y,Th)(PO_4)]☆monacite；monazite (sand)；turnerite；mengite；kryptolith；edward(s)ite；eremite
独具特征☆autapomorphy
独块巨石的☆monolithic
独立☆independence；detachment；stand alone
独立变化假设☆assumption of independent variation
独立参考模型☆independent reference model
独立操作☆off-line operation
独立存在的实体☆substantive
独立的☆self-contained；independent；absolute；separate；self-sustaining；self-consistent
独立地槽☆autogeosyncline；residual geosyncline
独立地物☆isolated feature
独立工作☆autonomous working
独立工作站系统☆stand alone work station system
独立函数☆independent function
独立滑车☆loose pulley
独立回转行走系统☆independent-swing-and-travel
独立回转凿岩机☆independent rotary percussive rock drill
独立进程☆detached process
独立开发☆stand-alone development
独立卵胞[苔]☆independent{recumbent} ovicell
独立密度源☆independent density source
独立摄食苔藓虫个体☆autozooid
独立审计师☆independent auditor
独立式套筒{管}☆individual jacket
独立事件☆independent event
独立水流☆separated flow
独立随机沉积作用的联合概率☆joint probability of independent random sedimentation
独立随机数列☆independent random series
独立通道操作☆autonomous channel operation
独立图像单元☆individual picture element
独立行走系统☆independent-travel
独立性检验☆independence test
独立于……之外的☆independent of
独立柱☆insulated column
独立组分数☆number of independent component
独粒宝{钻}石(饰物)☆solitaire；nonpareil
独瘤☆azygous node
独轮车☆(single-wheel) barrow；monocycle；Irish buggy；wheelbarrow
独轮台车☆dolly
独轮小车☆wheelbarrow；dolly
独面取向☆uniplanar orientation
独木支柱☆one-piece set
独木舟☆dugout；canoe
独球藻属[绿藻;Q]☆Eremosphaera
独赛(曲)☆solo
独山☆kopje；koppie
独生类☆moneron；monera
独石☆monolith
独苔藓虫属[S-D]☆unitrypa
独态☆singular state；singlet
独特☆oneness
独特的☆distinct；individual；proper；unique；typical；nonparallel；peculiar
独特特征{性}☆unique feature
独特性☆peculiarity
独体层孔虫(属)[D_2]☆Idiostroma
独头岔道☆lay-by
独头巷道☆dead{airless} end；blind heading{level;workings;room;gallery;headway}；impasse；cull-de-sac；stub heading{drift;entry}；enclosed place；fast；deadplace；dead-end；single entry；heading face
独头会让站☆switchback station
独头进路(留)柱式煤{矿}柱回采☆pocket-and-fender{-stump} pillaring{work}
独头平巷☆blind level{headway;drift}；stub heading {entry;drift}；one open end tunnel
独行菜☆Lepidium apetalum
独行菜属☆Lepidium
独牙轮钻头☆zublin bit
独一☆unity
独一无二的东西☆unique
独异点☆monoid
独有衍征☆autapomorphy；autapomorphic character
独占地☆exclusively
独征☆autapomorphy
独资☆individual proprietorship
独自变量☆independent variable
独自负责☆sole charge
读出☆readout；pick up；take；spell；sense；reading out
读出磁头☆playback{reading} head
读出校验☆reader check；Rch.
读出器☆readout；reader unit
读出数据自锁信号☆read{sense} data latch signal
读带机☆(magnetic) tape reader
读回信号☆read(-)back signal
读卡机{器}☆card reader；card-reader；CR
读卡仪☆chart scanner{reader}
读片灯☆negatoscope
读频率输入☆read frequency input；RFI
读取☆take a reading；fetch
读取脉冲☆strobe
读入☆read in；read-in
读数☆(numerical) reading；indication；count；read number；registration[计数器]；playback[从磁带]；readout
读数比☆read-around ratio
读数法☆numeration
读数器☆reader (unit)；transcriber
X-Y 读数器☆coordinatograph
读数误差☆error in reading；reading{indication} error
读数显示箱☆readout box
读数显微镜☆reading microscope
读数信号☆read signal
读数轴☆reference axis
读数装置☆reader unit；readout；reading(-off) device
读水准器☆take level
读速度☆read rate
读图☆interpret drawings{blueprints}；map reading
读图器☆graph follower
读物☆reading
读写☆read and write；read/write；read-write；RW
读写磁头☆read-record{-write} head
读信号☆read signal
读选通脉冲☆read strobe；RS
读者☆audience；reader

dǔ

堵☆plug (up)
堵壁☆bulkhead
堵出铁口泥☆ball stuff
堵缝☆ca(u)lk(ing)
堵缝锤☆ca(u)lker
堵缝索环☆ring of caulking rope
堵截☆bank up；intercept
堵节理☆mural joint
堵绝☆seal off；sealed-off
堵孔率☆percentage of plugged hole
堵口堤☆closing dike
堵口机☆tapping hole gun；notch gun
堵口泥☆tap(ping)-hole clay；taphole loam{clay}；tapping (hole) clay{mix}；stopping mix{clay}
堵(出铁)口泥☆taphole mix
堵漏☆stop water loss；blocking leakage{leaking}；seal
堵漏材料☆bridging{lost-circulation} material
堵漏化合剂☆caulking compound
堵漏剂☆bridging particle；lost circulation additive
堵漏卡箍[管道用]☆leak clamp
堵漏水泥箱☆cement box
堵漏碎塑料☆ground plastics
堵漏网垫☆collision mat
堵漏作业☆dental work
堵炮杆☆plug-stick；stem-stick
堵炮泥☆stem；stemming
堵塞☆choke；choking-up；blockage；ball-up；plug；plugging (off)；hang-up；block up{in}；clog(-up)；sealed-off；bridging{blind;seal;seam} off；stem；bott；blockade；blinding[筛孔]；building in；ball{blocking; stopping;stop;balling} up；fouling；stick；stoppage；caulk；slugging；seal；colmatage；lodge；tap；pack；locking；bridge (over)；dam；congestion；choking；blind[筛孔]；bridge-up；jammed；ponding；obstruction
堵塞比☆damage ratio[增产处理前堵塞井与未堵塞井生产指数之比]；DR；blockage[障碍物与管道截面比]
堵塞层☆colmatation zone
堵塞程度☆degree of damage{bridging;plugging}
堵塞充填体的细砂☆packing-plugging fine
堵塞的☆locked；sealed；choking；banked-up
(污物)堵塞的☆foul
堵塞的溜槽{眼}☆clogged{jammed} chute
堵塞点☆chock{clogged} point
堵塞端[管子]☆dead end
堵塞废弃[井]☆Plugged and abandoned；P a A
堵塞管子或孔隙等☆clogging
堵塞巷道☆chocked opening
堵塞回采☆plugged back；PB
堵塞接缝☆packed joint
堵塞井☆blocked{bridged} hole
堵塞孔☆bridged hole；plughole
堵塞料块☆stuck rock
堵塞黏油☆Selectojel
堵塞平原☆ponded plain
堵塞器☆plug；packer；blanking plug[断流]
堵塞器回收工具☆plug retrieving tool
堵塞球☆ball sealer
堵塞区☆bottleneck area
堵塞物[油井爆炸时用的]☆stemming
堵塞岩芯管的岩芯块☆key
堵塞浊{混}积岩☆ponded turbidite
堵塞钻孔☆plugging-back
堵塞钻孔法☆blind borehole technique
堵砂☆sanding up；hand-up
堵水☆exclusion of water；water shut-off{shutoff;packing-off;plugging}；water shut off；block off；WSO；blocking against water
堵水物☆dry-hole plug
堵(死的)水眼☆blank nozzle
堵死☆blank (off)
堵死的☆dead
堵填物☆plugging
堵铁口泥炮☆tap{taphole} gun
堵头☆bulkhead；cap；stopple；bottom sub；caulking[电]；caulk[电缆]
堵头建筑☆end construction
堵蓄水☆ponded water
堵住☆stem
堵住的☆clogged；plugged
堵住管道☆block a line

dù

杜阿林炸药[主要由硝化甘油、硝酸钾组成]☆dualin
杜傲依莎灰[石]☆Grey Duauesa
杜邦浮选剂☆D.P. reagent
杜邦重介选矿法[利用有机液体做重液]☆Du Pont mineral separation process
杜博斯克比色计☆Dubosq colorimeter

杜伯瑞方程☆dupre equation
杜尔石☆dorrite
杜钒`铜铅{铅铋铜}石☆duhamelite
杜弗洛起泡剂[浮]☆dowfroth
杜哈美原理☆Duhamel's principle
杜亨定理☆Duhem's theorem
杜基维奇鏟属[孔虫;C_2]☆Doutkevickiella
杜鹃粉属[孢;E_2]☆Ericipites
杜鹃科☆Ericaceae
杜鹃(花)属[E_2-Q]☆Rhododendron
杜鹃座☆toucan
杜绝☆preclude
杜克维奇鏟属[孔虫;C_2]☆Dulkevichiella
杜克炸药{煞特}☆duxite
杜拉铝☆duralumin; duraluminium
杜拉门矿☆tulameenite
杜兰戈(阶)[北美;K_1]☆Durangoan (stage)
杜勒定律☆Thoulets law
杜里龙高硅钢☆Duriron
杜利特尔法☆Doolittle method
杜列重液☆Thoulet solution
杜罗回跳式硬度计☆duroscope
杜美(合金)丝☆dumet wire
杜蒙珊瑚属[D_2]☆Dohmophyllum
杜纳特矿☆donathite
杜内(阶)[欧;C_1]☆Tournaisian
杜内虫属[孔虫]☆Tournayella
杜努依微调张力仪☆Dunouy vernier tensiometer
杜平石☆dypingite
杜普雷方程(式)[关于气液固界面的黏着力]☆Dupre equation
杜启明公式☆Duchemin's formula
杜契乃阶[E_2]☆Durangoan (stage)
杜切斯尼阶☆Duchesnian stage
杜石绿釉☆turquoise glaze
杜氏牙形石属[C]☆Duboisella
杜氏藻属[Q]☆Dunaliella
杜树脂☆Dowex
杜斯伯木属[古植;D_2]☆Duisbergia
杜松烷☆cadinane
杜松烯☆cadinene
杜铁镍矾☆dwornikite
杜托里叔爆炸速度试验法☆Dautriche method
杜瓦瓶☆Dewar flask{vessel;Bask}; Dewar thermos bottle
杜威(哲学思想研究者)[美哲学家]☆Deweyite
杜烯☆durene
杜远☆Hammel
杜仲胶海底电缆☆gutta-percha cable
杜撰☆fiction
钍[Db,序 105]☆dubnium
镀☆coat; plating; plate; blanket; overlay; wash
镀铂☆platinizing
镀铂的☆platinum-plated
镀铂钛阳极☆platinized and titanized anode
镀槽☆coating bath
镀层☆coat; cladding; deposit; coating
镀层涂膏密室放置耐蚀试验☆corrodokote test
镀层样品☆coated sample
镀磁线存储器☆magnetic plated wire memory
镀覆装置☆plater
镀镉的☆cadmium plated
镀铬☆chrome (plating); chromiumplating; chromi(zi)ng
镀铬的☆chrome {-}plated; chromed
镀钴☆cobalt-plating
镀过金属的☆clad
镀金☆gold coating{plating}; gilding; get gilded
镀金材料☆gold; gilt; gilding
镀金的☆gilt; aureate; inaurate
镀金的铜☆vermeil
镀金黄铜☆talmi gold
镀金青铜☆gilding metal
镀金属☆metallization
镀金属的☆plated; metallised
镀金属云母电容☆metallized mica capacitor
镀金属纸(质)电容器☆metallized paper capacitor
镀金物☆ormolu
镀铝的☆alclad
镀铝钢☆aluminium-plated steel
镀铝钢板☆Aludip
镀面☆surfacing
镀膜☆filming
镀镍☆nickel plating; nickel(age)
镀镍铁☆nickel-clad iron
镀铅☆terne
镀铅的☆lead-covered
镀铅锡钢{铁}板☆terneplate; terne
镀铅锡合金的钢板☆terne plate
镀青铜☆bronze
镀上☆cover
镀铁☆steeling
镀铜☆copperization; coppering; copper plating
镀锡☆tin; terne; tinning; tin-coat; tin-plating
镀锡板☆tinplate
镀锡的☆tinned
镀锡钢皮☆tin plate; plate tin
镀锡铅的钢片☆terne
镀锡铁皮☆tin-plate; tin
镀锡铁片☆lattin; latten
镀锡铁丝☆lead wire
镀锌☆galvanizing; zincification; zincify; zinc plating {coating}; zinc-plating; bethanizing
镀锌的☆galvanized; galvanic; galv.
镀锌偶☆galvanic couple
镀锌设备☆galvanizing plant
镀锌铁皮☆galvanized sheet{iron}; galvanized {tinned} sheet iron; galvanized iron plain sheet; tinned sheet
镀锌铜线☆tinned copper wire; WTC
镀液☆bath
镀以硬质合金☆hard facing
镀银☆silvering; silver
镀银板[混汞用]☆electrosilvered plate
镀银的☆silver plated; SP
镀硬铬☆hard chrome plating
镀有铬合金的东西☆chrome
镀(金等)于☆wash
肚☆belly
肚窗☆porthole
肚脐☆navel
度☆kilowatt-hour; grade; graduation; degree; dimension; deg.; grad; d.; linear measure; surmise; estimate; extent; limit; rule; standard; criterion; tolerance; bound; magnanimity; temperament; time; bearing; mien; attitude; calculation; consideration; occasion; KWH
API 度☆API gravity; degree API
度过☆weather
度量☆measure; callipering; size
度量标准☆metrics
度量单位☆cape foot; (unit) measure
度量衡☆weights and measures; length capacity and weight; weight and measure; measures and weights
度量衡学☆metrology
度量化☆metrization
度量空间☆measurement space
度量值☆metric value
度量值内平方和☆within measurements sum of squares
度盘☆limb; indicator dial; scale; circle[仪器]; dial (scale); meter
(刻)度盘☆meter dial
度盘灯☆pilot lamp{light}
度盘读数仪表☆scale reading instrument
度盘位置☆circle setting
度盘重力值☆dial gravity
度-日[日平均温度与标准温度差值]☆degree-day
度数☆dimensionality; dimension; degree
渡槽☆aqueduct (bridge); flume; chute; aqueduct I aqueduct bridge
渡槽支架☆pass horse{trestle}
渡船☆ferry (boat); ferryboat
渡点☆bridge-point
渡过☆voyage
渡口☆ferry (crossing); ford (duan); (stream) crossing; bridge-point; river crossing
渡口叶属[古植;T_3]☆Dukouphyllum
渡桥☆transfer bridge
渡线道岔☆cross-over switch
妒忌☆envy

duān

端☆fringe; top; thimble; terminal; shoe; point; nosepiece; member; lip
端板☆end{terminal} plate; end(-)plate; terminal
端帮☆side{end} wall
端壁☆end wall
端边间格[矩形井筒]☆end compartment
端部☆tip
端部半磨圆钻头☆single-round nose bit
端部槽钢罐道梁☆channel end bunton
端部打坡口☆beveled end; BE
端部挡块☆endstone
端部镦粗的钻杆☆upset drill pipe
端部镦粗(钻)杆☆upset rod
端部放矿分段崩落法☆sublevel caving method
端部滚筒☆terminal pulley
端部加厚的套管☆upset-end casing
端部加厚(钻)杆☆upset rod
端部间隙☆crest{end;top} clearance
端部节点值☆end nodal values
(接箍的)端部宽度☆bearing face
端部排料{矿}☆end discharge
端部起燃的火药柱☆end burner
端部燃烧[化]☆cigarette burning
端部未镦粗的管材☆plain-end pipes
端部斜支撑☆end sway bracing
端部形成环状槽的钻头[因金刚石损坏]☆ringed out bit
端部约束效应☆end restraint effect
端部支承☆tail bearing
端部支承槽形轧辊[胶带输送机]☆end supported troughed idler
端部支架☆end-bracket
端部周边排矿棒磨机☆end-peripheral-discharge rod mill
端成分☆end member
端承桩☆point bearing pile; end-bearing{column; bearing} pile
端齿☆terminal fang
端触手☆terminal tentacle
端窗型盖格弥勒计数器[放射性矿选研究]☆end-window-type G.M. counter
端刺☆polar spine
端搭叠{接}☆endlap
端到端测量☆end-to-end measurement
端点☆end(-)point; end (point); business end; e.p.
端点放炮☆shooting off end; off-end shooting
端点放炮排列☆end-on (spread); single-ended{offend} spread
端点符合法☆end-coincidence method
端垫误差[三轴试验]☆bedding error
端电压☆terminal voltage
端叠☆endlap
端对端(的)☆end-to-end
端对准的☆end-on
端阀☆end valve
端反应☆end reaction
端封☆end seal
端缝螺栓☆fox bolt
端缝锚杆☆slit-end (rock) bolt
端负载[钢绳]☆suspended load
端盖☆end cap; head (cover)
端割理☆butt{end} cleat
端固溶体☆primary solid solution
端横梁☆end floor beam
端环☆end ring
端基☆end{terminal} group
端键☆end bond{link(age)}; terminal link(age)
端件☆extremity
端接☆terminating; terminate
端接法☆ending
端接接头☆abutting joint
端截面☆end section
端节点☆end node
端解理☆acrotomous; end cleat
端孔放射虫目☆Osculosida
端里衬里[磨机]☆end liner
端梁☆tail beam
端瘤[硅藻]☆terminal nodule
端铝绿泥石[$Al_2SO_3(OH)_4$]☆nagolnite
端螺母☆end nut
端面☆end plane{face;surface}; terminal face(t); face; butt; termination; pedion; side surface; shoulder
(管子的)端面☆bearing face
端面车刀☆facing tool
端面齿的☆contrate
端面分块回收煤柱[从煤柱端侧面按一定顺序分

D

块回收]☆open-ending method
(钻杆接头)端面检验环☆shoulder test ring
端面距离☆bar-tip-to-face distance
端面开采☆abut{end-face} winning
端面密封☆face seal；butt-end packing；end face seal
端面磨床☆face-grinding machine
端面切削☆surfacing
端面燃烧固体火箭☆endburning rocket
端面跳动☆face runout
端面镶装火药柱☆end-restricts grain
端面震摆☆end wobble
端面装载☆frontal loading
端囊[叶肢介壳腺构造]☆end sac
端钮支架☆contact support
端盆地☆terminal basin
端屏蔽☆end shield
(平炉)端坡[钢]☆apron
端坡椽[四坡屋顶]☆hip jack rafter
端碛☆end{terminal} moraine
端潜移☆terminal creep
端墙☆headwall；parapet
端燃药柱火箭☆cigarette burning rocket
端熔岩流☆terminal lava flow
端生牙{齿}☆acrodont
端视图☆end(-on) view
端套筒☆end socket
端提阶[欧;T_3]☆Rhaetic
端头☆abut
端突[苔]☆mucron
端位移☆end movement
端烯烃☆terminal olefine
端铣刀☆end mill
端隙☆end gap
端线☆tip line
端线排列☆end-on
端销☆end pin
端卸车☆drop {-}end car；end-gate{-door;-dump} car
端卸式☆end-discharge type
端胸目[节蔓足]☆Acrothoracica
端旋虫属[孔虫;E_1-Q]☆Turborotalia
端压☆lip-pressure
端压力☆end{terminal} pressure
端眼☆dead ended hole
端元☆end member
端员[矿物或组分]☆end(-)member；minal
端员三角洲类型☆end-member delta type
端员组分☆end {-}member component
端缘住点{黏住}☆tip stick
端载式溜槽[与铁道平行]☆end-loading chute
端正☆neatness；regular
端支柱☆end stand
端轴☆end axle
端轴承☆tail{end} bearing
端轴颈☆feather piece
端主齿[牙石]☆terminal cusp
端转翻卸☆endwise tipping
端转式弯轨返回翻车机☆cradle dump
端装式回转溜槽☆radial end-loading chute
端子☆terminal；post；term
端足目[杆虾]☆amphipoda；Amphipode
端阻力☆point resistance force

duǎn

短☆shortness；brevi-；brachy-
短凹螺属[腹;E-Q]☆Brachytoma
短板珊瑚属[O_3-S_1]☆Brachyelasma
短半径☆minor semi-axis
短棒角石☆plectronoceras
短棒角石属[头;$Є_3$]☆Plectronoceras
短棒图☆stick plot
短棒状石墨☆chunky graphite
短背斜☆brachyanticline
短(轴)背斜☆brachyanticline
短(轴)背斜褶皱☆brachyanticlinal fold
短背叶肢介属[K_2]☆Brachygrapta
短鼻鳄☆Alligator
短壁☆shortwall
短壁采煤机移运车☆mining machine truck
短壁工作面截煤机☆shortwall undercutter
短壁开采☆shortwalling；short-wall mining
短壁开拓☆shortwalling development
短壁式回采☆shortwall working
短壁型薄煤层连续采煤机☆shortwall-type continuous miner
短臂☆small arm；SA
短臂紧凑型轮斗挖掘机☆shortboom and stubby-design bucket wheel excavator
短冰脊☆kam
短柄大链钳☆Big Bertha
短柄的☆brachypodous
短柄斧☆hatchet
短柄砂舂[铸]☆bench rammer
短柄小石斧☆mogo
短柄圆形铲☆holing shovel
短波☆short{decameter} wave；high-frequency waves
短波测距(系统)☆shoran；short range navigation
短波地震脉冲辐射器☆short wave seismic pulse radiator
短波消逝☆short wave fadeout；SWF
短波信号标准☆short-wave signal standard
短波长重力图☆short wavelength gravity map
短舱☆nacelle
短层段☆short interval
短车身卡车☆bobtail
短程☆short range{distance}；short-range
短程多次(反射)☆short-path multiples
短程多普勒计算☆short doppler count
短程精确测距导航仪器系统☆autotape
短程泥路赛{跑}车☆sprint car
短程无线电定位☆short-range-radio positioning
(最)短程线☆geodesic
短程相位导航系统☆Hi-Fix Decca{survey}
短程有序☆short range order；SRO
短程运输道☆lead
短齿☆brachydont；shallow tooth[钻头]
短齿蛤属[双壳;J-Q]☆Brachidontes；Brachydontes
短齿貘属[E_2]☆Breviodon
短齿兽(属)[E_3]☆Brachyodus
短尺☆short measure；undergauge；UG
短抽油杆☆pony rod
短除法☆short division
短唇大孢属[P-K]☆Istisporites
短丛生草☆short bunch
短粗的针☆blunt
短粗石墨铸铁☆vermicular iron
短促脉冲串信号☆burst signal
短大背斜☆brachygeoanticline
短单沟粉属[孢;K]☆Brevimonosulcites
短导火线引爆[工]☆short fuse
短(而粗)的☆stub
短地背斜☆brachygeoanticline
短地槽☆brachygeosyncline
短电极矩☆short spacing
短电位(曲线)☆short normal
短顶支☆(cap) lid
短对角线☆brachy-diagonal
短吨[美;=907.2kg=2,000lb]☆short ton；net ton；ton short；st；sh tn；tn.sh.
短多普勒计数☆short Doppler count
短而不清楚的解理面☆butt cleat
短而宽的桨☆paddle
短而硬的毛☆bristle
短耳兔☆Ochotona[N_2-Q]；cony；pika
短放顶线[房柱式采煤法]☆short pillar line
短缝联囊粉属[孢;P]☆Vestigisporites
短缝藻属[硅藻;Q]☆Eunotia
短(轴)复背斜☆brachy-anticlinorium
短(轴)复向斜☆brachy-synclinorium
短钢锭☆squat ingot
短钢钎☆moil
短隔板[珊]☆breviseptum
短隔壁珊瑚属[D_2]☆Breviseptophyllum
短工☆by-workman；daytaler；journeywork；seasonal{casual} labourer
短工作面☆shortwall；short face
短工作面链式截煤机☆chain breast machine
短沟蜷属[腹;N-Q]☆Semisulcospira
短冠齿☆short-crowned tooth
短管☆stub (pipe)；spool piece；pup joint；pipe nipple{junction}
短管螺旋钻具☆bucket auger
短管柱[双油管柱中]☆short string
短棍☆bat
短横巷☆thwarting
短弧[焊接]☆short arc
短划线☆dash line
短环链☆short-link{pitch} chain
短回次☆short run
短货☆underrun
短基线(水声定位)系统☆short baseline system；SBL
短极距曲线☆short spacing curve
短(程)挤水泥☆short squeeze
短荚☆silicle
短尖头[生]☆mucro
短间隔取样☆close sampling
短间距介电测量☆short-spaced dielectric measurement
短剑虎属[哺]☆Machairodus
短剑类☆Machaeridia
短剑牙形石属[牙石;D-S_2]☆Machairodus
短角(果)☆silicle
短角石式壳[头]☆brevicone
短接☆short circuit{out}；pipe nipple
(管子)短接☆nipple
短接触[几丁]☆short connection
短截电缆☆stub cable
短截线支撑传输线[电]☆stub-supported line
短节☆collar bushing；short piece；pup joint
短节距绕组☆short-pitch winding
短茎☆pedicle
短颈{领}式[头]☆ellipochoanitic
短径☆minor axis
短距导航☆shoran
短距离定向设备☆omnirange
短距离起下钻具☆short trip
短距排列法☆short spread of detectors
短距碎裂☆closely-spaced fracturing
短距序☆short range order；short distance order
短空晶石[金刚石的双晶晶体;Al_2SiO_5]☆macle
短口☆interrupt
短扣☆ST；short thread
短矿柱☆pillar stub
短馈电线保护装置☆translay
短莱得利基虫属[三叶;$Є_1$]☆Breviredlichia
短垒开采☆short-wall mining
短冷期☆snap
短立根☆greyhounds
短立柱☆stump prop
短联络道☆spout
短联络横巷☆cross cut
短链化合物☆short chain compound
短留{时}潜水☆bounce{short-duration} diving
短路☆short circuit{circuiting;out}；Sc；S.C.；shorts
短路棒☆short-circuiting bar
短路保护开关☆short-circuit protection switch
短路过渡焊接技术☆dip transfer technique
短路开关☆crowbar switch
短路探查器☆short circuiting locator
短路线圈测试仪☆growler
短螺纹☆short thread；ST
短螺纹和接头[套管的]☆short thread and collar
短螺亚属[腹;E_2-Q]☆Brachystomia
短脉冲☆short pulse
短脉冲群☆burst
短矛☆pila [sgl.pilum]
短矛牙形石属[O_1]☆Paltodus
短门☆hatch；short suit
短命昆虫☆ephemera [pl.-e]
短命生物☆angonekton
短命一年生旱生植物☆ephemeral annual xerophyte
短末射枝的☆microdactylous
短内沟珊瑚属[S-C_1]☆Breviphrentis
短跑☆dash
短炮眼☆pop hole
短评☆critique；comment；paragraph；notice
短期☆short period
短期负债☆current liability
短期荷载容许应力☆allowable stress for temporary loading
短期湖☆redir [pl.redair]
短期计划☆tactical planning；short-term plan
短期决策☆short-run decision
短期强度☆temporary strength
短期燃烧磁流体发电机☆short-time combustion MHD generator
短期试验☆short-term test；test of short duration
短期投资☆current investment；liquid investments
短期信号带通☆short-period signal band pass
短期预报☆short-range forecast；short {-}term

forecasting
短期中断☆short-term interruption
短期租船☆spot chatter
短期阻体☆short-term barrier
短(程)起下钻试验☆short trip test
短气泡周期☆shorter bubble periods
短钎钢☆handsteel
短撬棍☆jimmy
短切片☆short cut{slice;chip}
短切原丝☆chopped strands
短切原丝薄毡机组☆chopped strand mat machine
短球茎介属[O_{2-3}]☆Brevibolbina
短缺☆shortage
短缺气量☆deficiency gas
短燃烧室☆short combustor
短绒石棉☆short {-}fibered asbestos
短蠕孢属[真菌;Q]☆Brachysporium
短扫描信号☆short sweep
短珊瑚属[S-D]☆Breviphyllum
短上衣☆jacket
短少的☆short
短神介属[K-Q]☆Brachycythere
短生植物☆ephemeral plant
短石门☆short cross-cut
短石棉加筋中波瓦☆short-fibril reinforced corrugated tile
短石细胞[植]☆brachysclereid；stone cell；bracheid
短时闭合☆impulse contact
短时测试☆short-duration test
短时的☆fast time；part-time
短时负荷☆fringe load
短时间☆spurt；spirt；little
短时间的流量脉冲☆shorter-rate pubs
短时间流量脉冲☆short-rate pulse
短时间生产脉冲☆short-rate pulse；shorter-rate pubs
短时间停开☆brief stoppage
短时矩方程☆eikonal equation
短时距☆eiconal；eikonal
短时期☆short duration；span
短时信号☆short{fast} signal
短时信号发送装置☆short transmitting unit
短(周期)时钟[走时短]☆short-range clock
短时中断☆spell
短饰叶肢介属[K_2]☆Brachygrapta
短寿命☆short life
短水☆shortage
短缩比☆shortening ratio
短缩的☆breviate
短套管单根☆short casing joint
短梯度测井曲线☆short lateral curve
短梯形螺纹☆stub acme thread
短天井☆box hole
(金属的)短条☆billet
短艇索☆boatfall
短通道☆jitty
短筒式水力分级器[实行用]☆Cooke elutriator
短头筛☆low-head screen
短头型{式}圆锥破碎机☆short head cone crusher；short-head crusher{cone}；S.H. cone
短头鱼龙科☆Omphalosauridae
短头圆磨☆short head cone crusher
短凸缘工具支架☆short flanged tool holder
短突肋纹孢属[K]☆Plicatella
短途穿梭☆shuttle
短途拖运☆short haul
短途用的小推{煤}车☆buggy
短途运输☆short haul；short-distance transport
短团毛菌属[蓝藻;Q]☆Brachytrichia
短腿石膏管型☆short leg cast
短腿犀牛☆Teleoceras
短歪尾☆hemihomocercal tail；abbreviated heterocercal tail
短腕幼虫☆auricularia
短艉楼☆half poop
短尾刺虫属☆Acaste
短尾管☆stub liner
短尾石蝇☆nemourid
短吻鳄☆alligator
短纤维☆flock
短弦☆subchord
短线☆stub；hatchures
短线图☆stickogram；stick
短箱挡☆chuck
短向斜☆brachysyncline
短(轴)向斜☆brachysyncline
短小齿轮☆short pinion
短小{次级}隔壁[珊]☆minor septum
短小精悍☆bantam
短效的☆fugitive
短型干式球磨机☆preliminator
短行☆point row
短行程不压井起下作业装置☆short stroke snubbing unit
短胸目{类}[盾皮纲]☆Brachythoraci
短悬臂☆cut-down boom
短悬轴旋回破碎机☆short-shaft suspended-spindle gyratory{crusher}
短训班☆workshop
短岩芯管{取芯筒}[顿钻]☆biscuit cutter
短延期引信☆short-delay fuze
短焰煤[瘦煤]☆lean{dry;steam} coal；short {-}flame coal
短焰炸药☆short {-}flame explosive
短药包☆short charge
短叶的[植]☆brevifoliate
短叶杉属[裸子;T_3-K]☆Brachyphyllum
短翼☆short limb
短英里气体消耗计量器☆gas-per-mile gauge
短应力线轧机☆short stress path rolling mill
短油管采油☆short-string production
短于☆short of
短余辉磷光体☆short-persistence phosphor
短语☆phrase
短圆柱状装药☆short cylindrical charge
短源距☆short spacing；ss
短源距声波自由套管传播时间☆short free pipe time
短运距☆short-length haul
短暂☆transiency；brief；passing；fugacious；near-term；short-time
短暂河流☆ephemeral stream
短暂湖☆evanescent lake
短暂喷发☆temporary eruption
短暂起停法☆flying-start-and-finish method
短暂浅湖☆laguna；lagune
短暂种☆opportunistic{fugitive} species
短暂状态☆momentary state
短錾形钻头☆spudder
短早熟禾☆Wasatch Bluegrass
短窄里亚谷[灰岩岸上]☆cala
短振周期结构物☆short-period structure
短正尾[鱼类;半歪尾]☆abbreviated homocercal tail
短枝[植]☆dwarf shoot；brachyblast
短支线☆spur{stub} track
短直领类☆Stenosiphonate
短指藻属[Q]☆Biachydaclylui
短重力波☆short gravity wave
短周期☆short {-}period；SP；minor cycle
短周期垂直分向地震仪☆short-period vertical component seismograph
短周期地面导波☆Lg-wave
短周期混响☆short-period reverberations
短周期组合☆short-period array
短轴☆minor axis{of ellipse}；brachyaxis；stub axle{shaft}；brachy-axis{brachy-diagonal}[三斜及正交晶系中的 a 轴]；jack shaft；short dimension；transversal{transapical} axis；brachdiagonal；stud
短轴背斜☆brachyanticline；brachy anticline
短轴背斜圈闭☆brachy anticline trap
短轴地槽☆brachygeosyncline
短轴端面[三斜晶系中{0k0}型的单面]☆brachypedion
短轴距☆short wheelbase；SWB
短轴面☆transversal{transapical} plane；brachypinacoid
短轴坡面☆brachy(-)dome；brachy dome
短轴坡式半板面[三斜晶系中{0kl}型的单面]☆brachydomal hemipinacoid
短轴坡式柱[正交晶系中{0kl}型的菱方柱]☆brachydomal prism
短轴穹隆☆brachydome
短轴鑓属[孔虫;P]☆Brevaxina
短轴向斜☆brachy(-)syncline
短轴向斜褶皱{维}☆brachy-synclinal fold
短轴型回旋破碎机☆short-shaft type gyratory crusher
短轴褶曲☆brachy{brachy-axial} fold
短轴褶皱☆brachyfold；brachy fold
短轴轴面[三斜和斜方晶系中的{010}轴面;三斜及正交晶系中的{010}板面]☆brachypinacoid
短轴柱[正交晶系中 $h>k$ 左的{hk0}型的菱方柱]☆brachyprism；braehyprism
短轴锥[正交晶系中 $h>k$ 左的{hkl}型的菱方(双)锥]☆brachypyramid
短柱☆short pillar；stump；pony post；short column stump；puncheon
(粗)短(支)柱☆stub
短柱梁窗支护法☆short-post and hitch timbering
短柱硫银矿[Ag_2S]☆daleminzite；delemin(o)zite
短柱石[$Na_2TiSi_4O_{11}$; $Na_2(Ti,Fe^{3+})Si_4(O,F)_{11}$;四方]☆narsa(r)sukite；goureite
短柱式开采法☆honeycomb method{system}；honeycombing
短柱状☆stumpy；short-prismatic
短转距装载机☆short-boom；loader
短字☆short word
短嘴贝(属)[腕;D_3]☆Paurorhyncha
短嘴蛤(属)[双壳;C-P]☆Phestia

duàn

椴☆(Chinese) linden；Tilia
椴粉属[孢;K-N_1]☆Tiliaepollenites
椴科☆Tiliaceae
椴属[K_2-Q]☆Tilia
锻☆forge；malleate；malleation；hammering
锻成的锚链[约 90 英尺长]☆shot
锻成状态☆as forged condition
锻锤☆(forge) hammer；about-sledge；blacksmith's {power} hammer
锻粗部分[螺栓或铆钉的]☆heading
锻打☆strike；stamping
锻的☆wrought
锻法☆forging
锻钢☆forged{wrought;forging;hammered} steel；steel forging；FS
锻工☆ironsmith；iron{hammer} smith；hammer man；hammerman；blacksmith；smithy；hammersmith；smith (work)；forger；forging
锻工场☆forge{blacksmith} shop；stithy
锻工工艺☆smithery
锻工钳☆band jaw tongs；hammer{forge} tongs
锻工凿☆forge{anvil} chisel；breaking down tool
锻焊☆forge-welding；forge{blacksmith} welding
锻焊接☆blacksmith welding
锻化☆malleablization
锻尖☆tagging
锻件☆forging (part)；blackwork
锻接☆percussion{forge;hammer} welding；forged weld
锻接变径配件☆swaged fitting
锻炼☆forge；exercise；training；school；anneal(ing)
锻炼成☆form
锻裂☆forge crack{bursting}；forging bursting
锻炉☆forge (furnace)；hearth
锻镁氧矿☆burnt magnesia
锻模☆swage；swedge；press mould；forging die
锻平☆planish
锻钎☆bit dressing{grinding}
锻钎场☆drill building
锻钎工☆dresser；drill maker；drillsmith
锻钎工长☆drilling foremen
锻钎机☆dressing{sharpening} machine；bitsharpener；dresser；drill maker；jackmill；drill{mechanical} sharpening machine
锻钎炉☆jackfurnace
锻钎器☆hot miller
锻铁☆wrought{wr't;malleable;puddled;wear;forge} iron；forge pigs；MI
锻细☆swaging
锻屑☆slug；anvil scale
锻修☆sharpening
锻压☆forging and pressing；press forging；swaging；smithy
锻冶☆forge
锻冶煤☆smithing{smithy} coal
锻冶者☆vulcan
锻应变☆forging strain
锻凿☆hardie
锻造☆forge；forging；smithing
锻造比☆ratio of forging reduction

D

锻造出的毛坯☆forged blank
锻造的☆forging；struck
锻造风箱☆blacksmith's bellows
锻造钢磨珠☆forged steel bell
锻造管☆hammer welded pipe
锻造合金☆wrought alloy
锻造余热淬火☆ausforging
锻轧☆forging rolling
锻轧机☆forging rolls；reduce roll machine
锻砧☆smith anvil
锻制☆strike
段☆section；member[地层]；segment；division；zone；para(graph)；nexus；piece；par.；sect.；mbr
段表☆segment table
段长☆section (mine) foreman；section {-}boss
段地层☆member
段高☆bench height；lift
段间方差☆between-zone variance
段肩☆bench crest
段界☆paragraph boundary
段落☆paragraph；stage；phase
段落的☆sectional
段密度[测井]☆interval density
段内合并方差☆pooled variance within zones
段塞☆slug
段塞式流动☆plug flow
段塞状☆slug-wise
段式☆segmentation
段数☆number of sections{spans}；rank scale；tier{rank;segment;section} number
段水岩芯管☆water-cutoff core barrel
段台☆berm
段信号☆segment signal
断坳☆fault sag
断斑石鲈☆Queensland trumpeter；grunter
断笔石(属)[O_1]☆Azygograptus
断臂☆failed arm
断波☆breaking wave
断槽[构造]☆trough (fault)
断草结构☆jackstraw texture
断层☆dislocation；(pug) fault；jump；break；trap；abruption；leap；paraclass；check；disrupted bed；heave；gae；robble；chop；chasm；fracture with displacement；blatt(er)；paraclase；trap-down；trouble；fissure displacement；slide；bar
断层鞍部构造☆fault saddle
断层壁间巨石块☆horse
断层变位脊☆shutterridge
断层并置砂岩☆fault-juxtaposed sands
断层补角☆slope
断层擦(痕)面☆slickenside
断层槽☆fault(ed) trough；graden；graben
断层槽湖☆sag pond；fault-trough lake
断层侧丘☆kernbut
断层侧洼☆kerncol
断层层组☆broken ground
断层沉降☆taphrogenic breakdown
断层沉陷沟☆fault-subsidence furrow
断层错动矿脉☆heave
断层错失的矿体☆faulted body
断层带☆fault(ed){shear;crush} zone；distributed fault (zone)；step{distributive} fault
断层的右旋滑动☆dextral slip on faults
断层底板翼☆underside
断层地堑☆fault trough；graden
断层断距☆amplitude of fault；fault displacement；offset
断层封闭背斜☆fault-closed anticline
断层复活☆rejuvenation of fault
断层沟☆fault groove{trench;gully}；downfaulted trough；trenched fault；fault trace rift
断层拐弯点☆turning point of fault；node of (the) fault
断层X光摄影装置☆tomograph
断层海槽{湾}☆fault embayment
断层汇集带☆fault gathering zone
断层活动段☆active segment
断层脊☆bridge of fault；fault ridge
断层迹☆fault trace；trail of the fault；furrow；trail of a fault[断层泥、断层擦痕等]
断层间距{隔}☆fault space
断层交错☆intersection of fault；fault crossing
断层角砾岩☆breccia
断层角盆地☆fault-angle basin
断层阶地☆fault bench{terrace}；kern butt
断层掘进☆gather；fault drilling
断层靠近程度指数☆fault proximity index
断层控制冲沟☆fault-controlled gully
断层控制的下沉{沉陷}☆fault-controlled subsidence
断层块☆massif
断层扩展褶皱☆fault-propagation fold
断层离距☆separation
断层裂谷☆fault trough；fault-trace rift
断层露头☆fault outcrop；outcrop of the fault；rift
断层脉动式生长☆fault growth
断层密集的区段☆densely faulted section
断层面☆fault surface{plane;polish}；plane of fault；rutschflachen
断层面附近的层理歪曲☆fault drag
断层面解☆fault plane solution
断层面与地面交线☆furrow
断层面与煤层之间所夹的锐角☆vees；veez
断层模式☆pattern of fault
断层挠曲☆fault-flexure；fault flexure
断层内夹块☆horse in fault
断层泥☆selvage；leaderstone；pug；(fault;clay;fluccan) gouge；leader stone；clay gouge；selvedge
断层黏土☆friction clay；gouge
断层偶发蠕动☆fault creep episode
断层盘☆side of fault；fault wall
断层劈开☆splitting of fault
断层频度图☆fault-frequency diagram
断层破坏☆tectonic termination
断层破坏的矿床☆faulted deposit
断层破裂☆fault {-}fracture
断层迁移☆migration of dislocation
断层翘曲☆fault-warp
断层区☆area of faulting
断层区水☆fault zone water
断层圈闭☆fault trap{closure}；closure against fault
断层圈闭油捕☆closure against fault
断层群☆fault group{bundle;population;complex}；group of faults
断层蠕动事件☆fault-creep event
断层三角面☆terminal{fault} facet
断层山☆fault{dislocation;faulted} mountain
断层山嘴☆faulted spur-end
断层上块☆upfaulted block
断层上盘☆hanging wall；upper wall
断层上盘的☆upfaulted
断层上投侧☆upthrow side
断层台阶☆offset of faults
断层推压鳞片脊☆fault-slice{slice} ridge
断层外侧丘☆kernbut
断层弯转褶皱☆fault-bend fold
断层网☆network of fault；regmatic network
断层位移幅度☆magnitude of fault (displacement)
断层系☆fault system；system of faults
断层峡谷☆fault gap{rift}；gap of the outcrop of a bed
断层下降盘☆downthrow wall；downthrown{downcast} side
断层下块☆down faulted block
断层下落☆downfaulting
断层下落盘上的背斜☆Tepetate-type structure
断层下落翼☆downcast{downthrow} side；downthrow
断层下盘☆lower plate；footwall
断层下盘的☆downfaulted
断层下投☆downfaulting；downthrow
断层线☆fault line{strand;trace}；rift；fault-line-valley shoreline；line of rent
断层限定的深槽☆fault-bounded trough
断层线谷☆fault {-}line valley
断层线峡谷☆fault-line gap
断层线崖☆fault-line scarp；erosion fault scarp
断层线垭口☆fault line gap
断层形成阶段☆fault {-}forming stage
断层序列☆line-ups of fault
断层崖☆fault scarp{cliff;escarpment;face;ledge}；scarp；facing；face of fault；cliff of displacement；facet；faultscarp
断层岩脉☆slip dike
断层移动性质☆sense of fault
断层余角☆angle of hade；hade
断层预兆☆precursor fault
断层褶皱☆fault fold；fault-fold
断层褶皱作用{活动}☆fault-folding
断层中岩块☆horse in fault
断层状构造☆fault-like feature
断层走向转变处☆node of the fault
断层组☆fault set{group}；set of faults
断层组合☆fault complex
断层阻截泉☆fault-dam spring
断层作用☆faulting；fault
断叉线☆branch line
断错☆dislocation；(fault) throw；offset；displacement
断错边界☆fault boundary
断错脊☆shutterridge
断错矿体☆faulted body
断错脉☆dislocation vein
断错坡尖{山嘴}☆offset spur
断错迁移☆migration of dislocation
断错线☆line of dislocation
断错油(气)藏☆dislocated deposit
断错运动☆rotational movement；movement of dislocation
断带保护装置☆belt breakage protection
断代☆dating；division of history into periods；date
断点☆break{breaking} point；break(-)point
断点强度☆breaking strength
断电☆interrupt；interruption of power supply；supply interruption{suspension}；switch off；(power) break；blackout；breakdown；power fail interrupt；outage
断电火花☆spark at break
断电时间☆off-time
断定☆find；predication
断定错误☆ascertainment error
断(错)缝☆break joint；broken joint
断谷☆downfaulted rift valley
断股钢绳☆stranded cable
断滑劈理☆fault-ship cleavage
断藿烷☆secohopane
断夹尖线☆tip line
断夹块☆horse
断键水☆broken bond water
断阶带☆step-fault zone
断截误差☆truncation error
断距☆fault throw{displacement;heave}；slip；slip of fault；separation；amplitude；magnitude of fault (displacement)
断距的垂直分量☆throw
断绝☆severance
断开☆(kick) off；turnout；disconnect；disjunction；cutout；cut-off；rupture；cutoff；dis.；deenergize；deenergization；breakthrough；blanking；blank；trip (out)；tripping；disconnection；release；switch out{off}；cutting-off；open；make dead；TO
断开的☆disconnected；opened；dead；abrupt；out；off state
断开力☆tearaway load
断开盆地☆pull-apart basin
断开器☆disconnector
断开容量☆breaking{interrupting} capacity
断开时间☆turn-off{trip} time
断开式安全装置☆breakaway release
断开线☆break line
断开信号☆cut(-)off{shut-off} signal；disconnectsignal
断开油{液}滴☆stranded blob
断开装置☆disconnecting device；trip
断口☆fracture[矿物破裂面]；rent；destruction cut；chasm
断口分析☆fractography
断口外观试验☆appearance fracture test
断口(组织的)显微(镜)观察☆fractography
断块☆block；fault{tectonic;faulted} block
断块边棱挠曲☆block-edge flexure
断块地形☆fault-block topography
断块构造说☆theory of fault-block tectonics
断块海岭☆block ridge；nematath
断块内的☆intramassif
断块山☆block mountain{structure}；massif；faulted mountain；blockgebirge[德]
断块山岭☆basin range
断块旋转铲形冲断面☆block-rotating listric
断块运动组分☆component of block motion
断离(作用)☆calving
断链保护装置☆chain breakage protection
断裂☆fracture；rift；break(ing)；rupture；fracturing；fault(ing)；interruption；breakage；crack；abruption；

outbreak；disrupt(ion)；crippling；destruction；crowbar；disarrangement；fault-fracture；broken-in；robble；breakdown；failure；part(ing)；tafrogeny；taphrogeny
断裂半径☆radius of rupture
断裂保险块[防护辊碎机轧辊折断]☆breaking block
断裂变形☆ruptural deformation
断裂标志☆evidence of faulting
断裂层☆disrupted bed；faulted deposit
断裂程度很大的背斜☆much-faulted anticline
断裂带☆zone of faults{fracture}；faulted{fracture;rift;ruptured;fault;troublesome} zone；fracture belt；distributive step fault
断裂倒褶曲☆faulted overfold
断裂的☆faulted；fractured；broken up；regmatic；rifted；disrupted；abrupt
断裂的钻具或管子☆break offs
断裂地槽☆taphrogeosyncline
断裂地貌☆geofracture；rift geomorphology
断裂点☆breaking point；point of fracture
断裂负载☆charge of rupture；breaking load
断裂格架☆framework of fault
断裂功☆absorbed-in-fracture energy
断裂谷☆fault rift{valley}；fault-trace rift；rift valley；faulted trough；vale
断裂后的☆post-rift
断裂后下挠☆post-rift downwarping
断裂滑块☆failed arm
断裂机理☆failure mechanism; mechanism of fracture
断裂角☆angle of fracture{break}
断裂空隙的支撑物☆fracture proppant
断裂块谷☆rift block valley
断裂块盆地☆rift block basin
断裂面☆plane of disruption{break;rupture}；fracture plane；fractured face{surface}；surface of fracture；rupture surface
断裂模数☆rupture modulus；modulus of rupture
断裂幕☆fault{faulting} episode；breakup phase
断裂能☆energy to fracture
断裂喷发作用☆dislocation eruption
断裂片☆split pieces
断裂屏隔油藏☆tectonic screened oil accumulation
断裂破坏的坳陷☆faulted trough
断裂前陆☆broken-foreland
断裂强度☆breakdown{breaking;rupture;fracture} strength；breaking force；strength of rupture
断裂丘陵☆broken hill
断裂区☆breakdown zone
断裂扰乱☆disruptive disturbance
断裂韧性☆flexibility of fracture
断裂伸长☆extension at break；elongation at rupture
断裂深度分类☆classification of faults based on depth
断裂时间的确定☆timing off faulting
断裂试验☆destructive test(ing)；fracture{breaking;break;breakdown;tearing} test
断裂体系☆fracture system
断裂投影☆recentered projection
断裂线☆breaking edge；line of rent{disturbance;dislocation}；fracture{breakage} line；geosuture
(区域)断裂线☆lineament
断裂形成期☆fault-forming stage
断裂型错动☆fracture pattern disturbance
断裂压力☆break down pressure
断裂应力☆breaking{break;rupture;faulting} stress；stress to rupture；fracture (breaking;rupture) stress；fracture strength；tearing strain；eular crippling stress；stress at break
断裂应力表面能关系曲线☆fracture stress-surface energy relation curve
断裂应力水准{平}☆failure stress level
断裂运动☆fault(ing) movement; faulting; taphrogeny
断裂载荷☆collapse{fracture} load；crippling loading
断裂(破坏)载荷☆crushing load
断裂褶曲☆fold with fractures
断裂整合☆fractoconformity
断裂组☆fracture set；line-ups of fault
断裂作用☆rifting；r(h)egmagenesis；taphrogenesis；faulting
断裂作用的☆taphrogenic
断裂作用幕☆episode of faulting
断流☆cutoff；cut-off；block
断流点☆point of zero flow
断流阀☆ stop{cut-off;disconnection;disconnecting;shut-off} valve；SV
断流开关☆chopper switch
断流器☆cut(-)out[电]；interrupter；interruptor；cut-off device；rheotome
断流水位☆stage of zero flow
断流旋塞☆shut-off cock
断路☆interruption；tripping；disconnection；break；disconnect；turn out{off}；broken line{circuit}；trip (out)；blanking；abruption；turnout；throw {switch} off；de-energization；shutting{shut} down；block；throwoff；open circuit；trip-out；waylay；hold up；throwout；shut；shut-off；make dead；dis.；sd
断路(线)☆breakage
断路电流☆rupturing{breaking} current
断路电位☆open-close potential
断路机构☆tripping{trip} mechanism
断路检查☆testing for continuity
断路开关☆trip switch；circuit-breaker
断路期间☆off period
断路器☆(circuit) breaker；killer；trigger；disconnector；chopper；release；breaking device；circuit-breaker；interrupter；disjunctor；disconnecting{isolating} switch；disconnecter
断路器小车☆circuit-breaker carriage
断路容量☆breaking{interrupting} capacity
断路位置☆off-position
断路信号☆chopping signal
断路指令☆clearance order
断路装置☆tripper；tripping{shutting-off;stopping} device
断路状态的☆off state
断乱岩☆chaos
断螺钉联出器☆screw extractor
断落侧(盘)☆downcast side
断煤交线☆intersection line of coal seam with fault
断面☆fractured surface；(cross) section；plane of fracture；cross-section；fault{divisional} plane
断面擦痕☆slickenside；slickenside
断面测绘器☆profilometer；profilograph
断面尺寸☆cross-sectional size
断面刀盘☆cone cutterhead
断面法☆profile method[地]；method of section；two-dimensional{cross-sectional} method
断面分割法☆division method
断面绘图设备☆profile plotter
断面平均流速☆overall mean velocity
断面上总风压☆section total pressure of air flow
断面收缩☆necking down
断面图☆sectional drawing{view}；(cross;profile) section
断面为三角形的钢丝☆triangular shaped wire
断面线☆line of section
断挠构造☆fault-tilted structure
断盘☆fault wall
断盘岩石☆wall rock
断片☆fragment；discerption
断片脊☆fault {-}slice ridge
断坪☆flat；fault flat
断坪-断坡滑脱☆flat-and-ramp detachment
断坡☆(fault) ramp
断坡-断坪几何形状☆ramp-flat geometry
断气☆air-off; breathing one's last; dying; cut off the gas
断气闸☆air-flap
断钎☆steel{rod} breakage
断缺☆breakthrough
断然的☆pronounced；peremptory
断热器☆thermal cutout
断塞式循环接头☆break-off plug type Circulating sub
断绳保险器☆holding apparatus；cage safety catch；parachute；(safety) catch；banging piece
断绳防坠器抓爪☆parachute cam；safety catches cam
断绳器☆(rope) chopper；blind rope chopper[紧时用]
断绳试验☆rope {-}breaking test
断失矿体☆faulted and buried ore body
断水☆water-break；water block；water-off
断丝☆broken{cracked} wire；loose weld
断损区域☆failure zone
断头☆filament breakage；broken end；end breaking
断头河☆beheaded river{stream}
断头率☆rate of filament breakage
断头螺丝[螺孔中]☆dutchman
断头器☆decollator
断头作用☆beheading
断网☆network breaking
断网脊[孢]☆fragmenticulat
断尾河☆betrunked river{stream}；bertunked stream
断隙☆fault crevice
断陷☆fault subsidence{depression}；rift
断陷槽[克拉通内]☆aulacogen；avlakogene
断陷的☆taphrogenic
断陷沟☆fault-subsidence furrow
断陷湖☆rift (valley) lake；sag pond
断陷裂谷☆downfaulted rift valley
断陷盆地☆rifted-basin；fault(ed){downfaulted} basin
断陷塘☆fault pond{sag;sagpond}；rift-valley{rift;fault-trough} lake；sag pond
断线☆broken{killed;break} line；breaking；off-line
断线崖☆fault-line scarp
断线状(构造)[变质岩的]☆disrupted
断斜谷☆fault-angle valley
断屑槽☆chip breaker
断续☆make-and-break；straggle
断续爆破☆staccato explosion
断续齿轮传动定时器☆interrupted-gear timer
断续地☆intermittently
断续分布☆disjunction
断续函数☆discontinuity
断续焊缝☆stitch-and-seam welding
断续河☆interrupted stream
断续矿床☆spotty deposit
断续矿脉☆flying reef
断续流☆slugging
断续坡度☆intermittent gradient
断续器☆interrupter；interruptor；chopper；contact maker；trembler；oscillator；int；pulsator；ticker[无线电]；make-and-break device
断续式挖方支撑☆open sheathing{sheeting；timbering}
断续式信号机☆semaphore block signal
断续斜线上升应变试验☆interrupted-ramp strain test
断续型☆collinear pattern
断续性对流☆intermittent convection
断续指令☆discrete command
断续装置☆chopper；tikker
断崖☆(fault) scarp；scar；klip；cliff of displacement；cliff；palisade；scary
断崖顶[滑坡]☆crown
断崖下的塌落石堆☆talus
断言☆affirm；allegation；pronounce
断移河☆offset stream
断移煤层☆displaced seam
断移沙坝☆flying bar
断油开关☆shut-off valve
断源☆starvation
断折层面☆faulted bedding plate
断折点☆breaking point
断褶☆fault-fold；fault-folding
断褶(构造)带☆zone of bruchfalten
断褶构造☆bruchfaltung；fault fold
断椎类☆Temnospondyli
断钻杆☆string failure
断钻钢打捞器☆drill (steel) extractor
煅白黏土炉☆clay burner
煅矿炉☆ore furnace
煅黏土☆terra cotta
煅烧☆incineration；calcination；furnacing；roasting；conflagration；firing；calcin(at)e；burning；scorifying
煅烧的菱镁矿☆calcined magnesite
煅烧硅石☆silica refractory grog
煅烧过度☆dead burned
煅烧焦炭☆calcined coke
煅烧料☆baked mass
煅烧炉☆calciner；calcinator；calcar；incinerator；calcining furnace
煅烧镁砂☆grain magnesite
煅烧镁石☆magnesia
煅烧黏土☆terra cotta
煅烧石灰☆lime kilning；burnt lime
煅烧室☆calciner
煅烧燧石片☆calcined flint chip
煅石膏☆calcined gypsum{plaster}；plaster of paris
煅石膏床☆plaster of Paris bed；P.P. bed
煅石灰☆burnt lime
煅页岩☆burnt shale
煅渣☆cinder

缎带☆riband
缎面冰☆satin ice
缎纹☆satin (weave)
缎子☆satin；damask

duī

堆☆pile；dump；mass；stack；heap；bank；bulk；lot；bing
堆比重☆bulk density；loose bulk density；weight of struck volume；bulk specific gravity
堆冰☆hummocked ice
堆仓矿石☆ore in paddock
堆场☆stacking yard；bing place；dump；yard store；store space
堆场矿石☆ore in paddock{stock}
堆虫科[孔虫]☆Soritidea
堆存☆piling；bank-out；store up
堆存费☆stowage
堆存工☆stocker
堆存矿石☆ore in stock{paddock}；stored (ore)；stacking height
堆存[物料]水分☆stock-pile moisture
堆存用输送机☆stacker{stockpile} conveyor
堆捣☆baly
堆底粗矿☆rill
堆雕☆piling sculpture
堆叠☆tier
堆垛☆stacking；stack
堆垛层错扩张理论[多型性的]☆stacking-fault expansion theory
堆垛层错面☆stacking-fault plane
堆垛机☆hay{buck} stacker；handler；lifter；stacker；wood-stacker
堆垛退火☆pack annealing
堆垛状(铀)矿床☆stack deposit
堆法取样☆pile sampling
堆房虫属[孔虫;N-Q]☆Acervulina
堆放☆stockpile；stack(ing)；handle；pile up；bank up congeries；handling；dump；stockpiling
堆放耙装两用机☆stacking-reclaiming
堆放区☆storage area
堆肥☆compost
堆焊☆surfacing；bead weld；built-up{bead;build-up;stack;overlaying;pile-up} welding；weld-deposit；build(-)up (welding)
堆焊填充丝☆surfacing welding rode
堆合分类[与 splitting 反]☆lumping
堆货场☆storage{freight} yard
堆积☆accumulation[岩]；stack；cumulus[晶体]；heap (up)；building-up；stocking；congestion；congeries[单复同]；cumulation；bank (up)；conglomeration；packing；package [of rocks]；accretion；pile-up；lodge；pile[岩]；lodgement；stacking；pile up；hummocking[冰]；aggradation；cumul-
堆积冰☆hummocked ice；hummock
堆积冰列☆windrow
堆积冰原☆hummocky ice field
堆积残留磁化☆depositional remanent magnetization
堆积层☆accumulation horizon；accumulative formation
堆积场☆dump room
堆积成层☆tier
堆积出售的木料☆cordwood
堆积带☆zone of accumulation；accumulation zone
堆积岛☆accumulated{accumulation;heaped-up} island
堆积的☆accumulative；accumulational；constructional
堆积底☆fill toe
堆积地形☆accumulation{depositional} (land)form；accumulational relief；accretion topography
堆积构造☆lump structure
堆积过程☆banking{pile-up} process
堆积后成物质☆postcumulus material
堆积后的☆postaccumulative
堆积环境☆depositional environment
堆积火山☆cumulo-volcano；volcanic dome
堆积机悬臂☆stacker boom
堆积角☆angle of surcharge
堆积阶地☆depositional{accumulation(al);built(-up);fill;constructional;wave-built} terrace；normal flood plain terrace；aufschuttungs terrace
堆积结构☆cumulate{cumulated} texture
堆积晶☆primary precipitate crystal
堆积晶体间孔隙☆intercumulus
堆积矿物☆cumulus mineral
堆积量☆volume of deposit
堆积面滑坡☆drift surface landslide
堆积平台☆built{wave-built} platform
堆积平原☆constructional plain；plain of accumulation
堆积期☆accretionary phase
堆积器☆piler
堆积缺陷☆stacking fault
堆积山☆accumulation mountain
堆积生长☆accumulated growth
堆积台地☆accumulation(al){built;wave-built} platform
堆积体滑坡☆talus slide
堆积尾矿☆stacked tailings
堆积物☆accumulation；drift
堆积型三角洲☆constructive delta
堆积岩☆cumulate；accumulative{sedimentary} rock
堆积岩体☆nepton
堆积岩组☆deposition fabric
堆积杂岩☆accumulate{cumulate} complexes
堆积在卵石下的泥炭☆pebble peat
堆积中心☆depocenter
堆积轴☆depoaxis
堆积组构☆deposition fabric
堆集(作用)☆conglomeration
堆集器☆piler
堆集作用☆conglomeration；(ac)cumulation
堆挤装料☆choke feeding
堆浇混凝土☆heaped concrete
堆浸☆heap{dump} leaching；leaching (in dumps)
堆晶☆cumulus crystal
堆晶间孔隙☆intercumulus
堆晶期后的☆postcumulus
堆晶岩☆cumulate
堆宽焊缝☆weaving
堆矿场☆ore plot{yard;dock}；stock dump；ore stock yard
堆矿机☆stacker
堆料场☆stack-yard；stockyard；stocking ground；dump
堆料工☆stacker
堆料机☆stocker；(ore) stacker；stacking truck
堆料机排砂的挖掘船☆stacker dredge
堆料与取{装}料设备☆stocking and reclaiming equipment
堆满☆burst；pile up with
堆煤场☆coal yard
堆密度☆tap density
堆木场☆woodyard；lumber{block;timber} yard
堆起☆mound
堆起的☆banked-up
堆碛堤☆till wall
堆砌☆packing；pile up
堆砌圬工☆uncoursed masonry
堆取法☆pile sampling
堆取料机☆stocking and reclaiming equipment
堆砂☆heap sand
堆砂堤☆debris dam
堆砂模拟☆sand heap analogy
堆砂石路段[铁路车挡]☆sanded siding
堆珊瑚(属)[S_2]☆Acervularia
堆(积焙)烧☆heap roasting
堆石☆rock mound{filling;piling}；rock(-)fill；pell mell rubble；drop-fill rock；enrockment[水文]
堆石坝[天然]☆rock-fill{rubble} dam；rockfill dam；dumped rock embankment
堆石标☆cairn
堆石觇标{标记}☆cairn；earn
堆石成山☆gather stones into a heap
堆石护面坝☆rock-faced dam
堆石护坡☆rockfilling{rock} facing
堆石结构☆rubble structure
堆石引水堰☆rockfill diversion weir
堆摊沥滤☆heap leaching
堆桶☆racking of drum
堆桶机☆barrel lifter
堆土机☆earth mover；stocker
堆芯支撑☆reactor support
堆岩机☆stocker
堆渣场☆slag dump；escorial
堆栈☆godown；dump；stack；warehouse；depot；storehouse；store
堆栈(使用)费☆yardage
堆阵顶☆stack top
堆置背砂☆heap sand
堆置场☆yard
堆置尾矿☆impound
堆筑坝☆fill dam
堆筑体边坡☆embankment slope
堆砖场地☆brick yard
堆装☆heap
堆装矿石☆topping
堆装容积[铲斗]☆heaped capacity
堆状火山☆puy type volcano
堆锥四分(取样)法☆cone sampling；quartering and coning；coning and quartering (sampling) method

duì

兑换☆turn；exchange
兑换率☆rate of conversion；exchange rate
兑晶作用☆metamictization
兑现☆cash；negotiate；melt
队☆group；gang；team；brigade；unit；company
(工作)队☆crew
队列☆alignment；queue；alinement；formation
队列中去项[出列]☆dequeue
队伍☆battalion
队员☆crewmate
队长☆headman[pl.-men]；(mine) captain；group leader；director；chargeman；gang pusher{foremen}；party{-}chief；team boss{captain;leader}；leading hand
对☆versus；vs；vs.；brace；subtend；duplet；dyad；right；against；pair；para-；agt；par-；unto；with-
对氨基苯磺酸☆diazotized sulfanilic acid
对胺☆enamine
对板☆calibre
对半平分☆fifty-fifty
对苯二酚[$C_6H_4(OH)_2$]☆hydroquinone
对苯二酚配葡糖[$HO•C_6H_4•O•C_6H_{11}O_5$]☆arbutin
对苯二甲酸单甲酯☆monomethyl terephthalate
对比☆correlation；balance；comparison；contrast；ratio；collate；against；weigh；match；agt
对比层☆reference horizon
对比电位☆compared potential
对比定律[地层]☆law of correlation
对比度强的图像☆hard image
对比度调整{节}☆contrast control
对比度信号☆contrasting signal
对比断层☆autithetic fault
对比法☆pairing method{comparison}
对比放炮法☆correlation shooting
对比分数☆coefficient of correlation
对比分析☆comparative analysis
对比函数☆correlation function
对比井☆offset well
对比轮回☆round of correlation
对比实验☆check experiment
对比试验☆contratest；simultaneous{comparative} test
对比体积☆reduced volume；vr
对比(度强的)图像☆hard image
对比线☆line of correlation；reference line
对比限值☆threshold value of contrast
对比炸测☆correlation shooting
对比值☆correlative value
对比指数{标}☆correlation index；CI
对笔石(属)[O_{1-2}]☆Didymograptus
对笔石科☆Ditymograptidae
对边☆subtense；opposite side
对边宽☆square size
对边通风☆boundary ventilation
对丙烯基苯甲醚[$CH_3CH:CHC_6H_4OCH_3$]☆p-propenyl anisol(e)
对部☆counter (quadrant)
对槽的☆dicolpate
对槽缘型☆episulcate
对……草率从事☆underwork
对策☆game；resource；strategy；countermeasure；cure；countermove；solution
对策论☆game theory；theory of games
对策模型☆gaming model
对策值☆game valve；value of the game
对侧部☆counter-lateral quadrant
对产生截面☆pair production cross-section
对称☆(bilateral) symmetry；balance；symmetria；sym
对称变形☆symmetric(al) distortion；symmetrical deformation

对称波痕☆symmetrical ripple marks；oscillation ripple (mark)；para(-)ripple；component{symmetrical} ripples；oscillatory ripple mark
对称层脉☆symmetrically banded vein
对称场☆antipode
对称道岔☆symmetrical switch；scissors{double} crossover
对称等效(的)☆symmetry-equivalent
对称定律☆law of symmetry；symmetry law
对称二氯乙烯☆acetylene dichloride
对称方阵☆square symmetric matrix
对称分布☆symmetrical distribution
对称分量☆symmetric(al) component
对称分析☆symmetry argument
对称分子☆symmetric molecule
对称封闭油藏{系统}☆symmetric closed system
对称钩☆double{match;sister} hook
对称花瓣石[钙超;E_1]☆Biantholithus
对称化(作用)☆symmetrization
对称尖脊波痕☆symmetrical sharp-crested wave ripple mark
对称尖岬☆simple spate foreland
对称交替晶体☆altern
对称角柱掏槽☆diamond cut
对称浸水系统☆counter flooding system
对称镜面☆mirror plane of symmetry
(反映)对称面☆reflection plane of symmetry
对称面[腕]☆plane of symmetry；symmetry{median} plane
对称(于爆炸点的)排列☆split{symmetric} spread；symmetric offset spread
对称排列法☆split spread
对称偏置排列(法)☆symmetric offset spread
对称频率加权☆symmetrical frequency weighting
对称桥型网络☆balanced lattice network
对称曲面☆symmetroid
对称锐峰波痕☆symmetrical sharp-crested wave ripple mark
对称式自由运动法☆symmetric free motion method
对称四极排列☆Wenner arrangement
对称型☆type{class} of symmetry；symmetry type；symmetric form
对称形体的部分单元☆symmetry element
对称要素☆symmetry element；element of symmetry
对称载荷☆balancing{balanced} load
对称褶曲☆normal fold
对称振子☆dipole
对称中间梯度排列☆AB rectangular array
对称中心☆symmetry{symmetric} center；symcenter；center{centre} of symmetry
对称轴☆symmetry{rotation} axis；axis of symmetry；symmetry axis of rotation
对称组合☆symmetric(al) array{component}
对齿类☆Isodont
对齿轮☆counter gear
对齿兽(目)☆Symmetrodonta
对齿型☆isodont type
对冲断层☆ramp
对冲断层位错☆dislocation ramp
对冲击敏感的☆sensitive to impact
对穿螺栓☆through bolt
对搭接☆halved joint
对答☆answerback
对待☆make of；use；treat；take
对氮蒽蓝☆induline
对刀规☆tool setting gauge
对等☆reciprocity；equity；coordinates
对等的☆coordinate
对等地☆evenly
对等工休制☆even time
对等影响[代谢产物导致的植物间相互影响]☆allelopathy
对等质☆homologue；homolog
对抵接头☆butt{abutment} joint
对地安全工作电压☆safe working voltage to ground
对地比压☆specific ground pressure
对地电压{|阻}☆voltage{|resistance} to earth
对地球同步轨道☆GEO；geosynchronous orbit
对地同步轨道☆geostationary{geosynchronous} orbit
对地泄漏信号继电器☆earth leakage relay
对(中间)电极☆target
对调☆contraposition
对顶☆opposite vertex
对顶的{线}☆diagonal
对顶角☆vertical angle；vertically opposite angles；opposite angles
对动活塞☆opposed piston
对端测量☆end-to-end measurement
对二氮己环[$C_4H_{10}N_2$]☆piperazin(e)
对二甲苯☆p-xylene；P-xylol；paraxylene
对二氧化碳反应性☆carboxyreactivity
对方☆counterpart
对方账户☆contra account
对分☆halve
对分检索☆binary search
对缝焊管☆butt welled pipe；butt-welded pipe
对缝焊接☆jam{butt} welding
对缝连接角钢☆bosom
对付☆deal (with)；breast；tackle；meet；maneuver；manoeuvre
对……感到奇怪☆wonder
对肛侧[林檎]☆antanal side
对隔壁☆counter septa{septum}
对根[地壳均衡]☆antiroot
对挂车钩☆opposing coupler
对管夹具[焊管时用]☆pipe jack
对管小组☆line-up crew
(铺管船)对管站☆pipeline-up station
对光☆alignment；focus [pl.foci]；focalization；focus {set} a camera；alinement
对光反应变色☆photochromism
对辊成球机☆double-roll pelletizer
对辊法☆asahi process
对辊机☆rolls；roll breaker
对焊☆welded butt joint；plain butt-weld；butt joint；longitudinal welded
对焊套管☆butt {-}welded casing
对合☆involution；convolution
对合孢属[C_1]☆Didymosporites
对合金中一种或多种组分的选择性腐蚀☆dealloying
对弧{极}亚类☆Diacromorphitae
对话☆talk；duologue[两人]
(人机)对话法☆speak-back method
对话(方)式☆conversational mode；dialog mode
对环境无害的☆environmentally sound
对环境有指示作用的生物指示品种☆bio(-)indicator
对换☆contraposition；transposition；swap；change；exchange
对混凝土侵蚀作用☆concrete-aggressive action
对机壳电阻[阻抗]☆resistance to chassis
对极☆antipode
对极的☆antipodal
对-甲苯胺[$CH_3{\cdot}C_6H_4{\cdot}NH_2$]☆p-toluidine
对-甲苯胂酸☆paratoluene{p-tolyl} arsonic acid；PTAA
对甲基吡啶[$C_{10}H_9N$]☆lepidine
对甲氧基丙烯基苯[$CH_3CH{:}CHC_6H_4OCH_3$]☆methoxy propenyl benzene
对驾驶盘反应迟钝☆understeer
对键☆pair bond
对键合{结构}☆para-linkage
对健康的危害(性)☆health hazard
对讲☆talk
对讲电话装置[飞机等]☆intercom(munication)
对讲机☆interphone
对焦☆focusing；focussing
对角☆opposite{subtended;alternate} angle
对角布置法☆diagonal layout system
对角测线剖面☆diagonal lines section
对角长壁工作面开采法☆diagonal long wall work
对角的☆digonal；diagonal；diag.
对角缔合双晶[长石的一种双晶]☆diagonal association
对角轭石[钙超;K]☆Chiastozygus
对角分层上向回采☆rill stoping
对角蛤属[双壳;Q]☆Antigona
对角工作面开采法☆cross{crosscut} mining
对角化☆diagonalization
对角阶段长壁工作面采矿法☆stepped longwall working at angle system
对角宽☆across corner
对角矿层回采☆rill-cut mining
对角拉条{筋}☆diagonal brace
对角炮眼☆samper
对角平巷☆diagonal drift{entry}；angle
对角式上向梯段回采工作面☆rill-cut vertical stope
对角位☆diagonal position
对角犀属☆Diceratherium
对角线垂直时间剖面[三维显示]☆vertical diagonal time section
对角线的☆diagonal；cater-cornered；corner-wise；diag.
对角线扩延法☆magnified diagonal
对角线型象移面☆diagonal glide plane
对角向打眼☆sump
对角斜撑拉条☆diagonal brace
对角形上向梯段式回采☆rill (cut) stoping
对角占优矩阵☆diagonally dominant matrix
对角支撑☆cross brace；X-bracing；diagonal bracing {strut}
对绞电缆☆paired cable
对接☆interface；end-to-end{butt;abutment;opposite} joint；a butt joint；butt (contact)；link up；dock
对接搭板焊接☆strapped weld
对接法兰☆intermediate{counter;mating} flange
对接(平面)法兰☆plain flange
对接缝衬垫☆butt block
对接焊☆butt welding{weld(ed);joint}；welded butt joint；jam weld(ing)；jump{end-to-end} joint；plain butt-weld；BW
对接焊缝☆butt-jointed seam；butt weld
对接接头☆abutment{abutting} joint
(管子)对接接头☆open joint
对接面☆butting face
对接木端固定钉☆brob
对阶☆match exponents
对金刚石分级☆grading diamond
对(矿石)进行预处理[冶炼前]☆beneficiate
(钻头各齿圈)对井底的覆盖程度☆bottom hole coverage
对井方案☆coupled-wells solution
对径[颗粒]☆across
对径压缩☆diametrical compression
对距☆range finding
对句法☆paralelism
对开半圆梁☆half beam
对开本☆folio
对开管锤击式取土器☆split-tube drive sampler
对开螺母☆clasp{split} nut；half-nut
对开三通☆split tee
对开式模筒☆two-way split
对开式取样器☆split tube sampler
对开式锥形矿槽☆split cone bin
对开行车☆opposing traffic
对开圆木☆half(-rounded) timber
对开支持环☆half supporting ring
对开纸☆folio；fo
对开轴承☆two-part{split;split-type} bearing
对抗☆antagonism；countermeasure；counterwork；countercheck；cope；face；opposition；stand up to；countermove
对抗措施☆countermove；countermeasure；counter-measures
对抗分异趋向☆ambivalent differentiation trend
对抗能力☆counterforce
对抗手段☆countermove
对抗物{者;体}☆antagonist
对抗原注射无反应性☆anergy
对抗作用☆antagonism；antagonistic action；opposing reaction；counteraction
对空观察☆surveillance
对空排放☆discharging to atmosphere；free flow
对孔[海胆]☆pore pair
对口☆line up
对口皮碗☆opposed cup
对口皮碗冲洗工具☆opposing cup washing tool
对口线☆match line
对扣☆stab
对扣插销{螺栓}☆crossbolt
对扣接管工☆stabber
对扣台[井架工进行套管对扣时用]☆stabbing board
对款项☆logarithmic term
对矿山投资和提供设备☆habilitate
对拉工作面☆double(-unit) face
对立☆antithesis；opposition；oppose
对立的☆counter；opposite；opposed；opponent；opp.
对立面☆obverse；antithesis [pl.-ses]；opposite faces
对立事件☆complementary events
对立物☆opposite

对联☆paralelism
对裂藻属☆Schizosporis
对零☆zero-point adjustment
对硫磷[虫剂]☆parathion
对流☆convection (current); counter{convective} current; counter(-)flow; contraflow; advection
对流滗析(法)☆counter-current decantation; cascade upgrading
对流部分☆convection section
对流不稳空气☆convectively unstable air
对流层☆troposphere; convective zone; convection layer
对流层顶图☆tropopause chart
对流层散射通讯☆tropospheric scatter communication
对流传热☆mass transfer of heat; heat transfer by convection; heat convection; convective{convection} heat transfer; mass transport of heat
对流法☆counter-current
对流器☆convector
对流潜流{行}☆convective undercurrent
对流圈地幔☆convection cell
对流热量传递☆convective heat transfer
对流热流分量☆convective heat flow component
对流式干燥机☆convectional dryer
对流(假)说[地幔]☆convection-current hypothesis
对流吸入{渗}☆countercurrent imbibition
对流系数☆factor of convection current; convection coefficient
对流型地热系统☆convective geothermal system
对流性倒转☆convective overturn
对流作用☆convection; effect of convection
对轮☆coupled wheels
对轮法☆co-acting roller process
对面☆stoss side
对面虫属[三叶;$Є_1$]☆Antagmus
对面的☆opposite; opp
对面顶☆opposed anvil
对……敏感☆susceptible to
对模模具☆matched-die mold
对囊粉属[孢;C_2]☆Parasporites
对内沟☆counter fossula
对能量(变化)灵敏的☆energy-sensitive
对偶☆contraposition
对偶变换☆dualistic transformation
对偶变向造山带☆coupled orocline
对偶单纯形法☆dual simplex method
对偶断块旋转☆antithetic block rotation
对偶放大电路☆dual amplification circuit
对偶基☆reciprocal basis
对偶理论☆duality theory; principle of duality
对偶信号☆dual signal
对偶性☆duality
对喷式T字形池窑☆T-shaped counter-flame tank furnace
对棚☆paired frames
对品质有害的物质☆deterioration agent
对平面剪裂隙☆antiplane shear crack
对齐☆align; alignment; justification; alinement; aline
对……起作用☆impinge; reach; operate up{upon}
对羟福林酒石酸单酯☆neupentedrin; p-methyl aminoethanolphenol tartrate
对切☆bevel
对热反应的☆thermoreactive
对日照☆counterglow; gegenschein
对三联苯[$C_6H_5•C_6H_4•C_6H_5$]☆p-terphenyl
对伞花烃☆p-cymene
对筛☆duo-screen
对射(变换)☆correlation; diact
对射的☆correlative
对身体有害的☆insalubrious
对生成截面☆pair-generation cross-section
对生受精☆geminate fertilization
对生尾☆double{diphycercal} tail
对生尾型☆diphycercal type
对生叶☆opposite leaf
对生羽形☆paripinnate
对是成立的☆be true for
对手☆match; antagonist; rival; opponent
对数☆logarithm; log; lg; log.
对数的☆logarithmic; logistic
对数的底☆base of a logarithm
对数等值线距☆logarithmic contour interval
对数电平指示器☆leg level indicator; LLI
对数分布的径向结点☆logarithmically distributed radial mode
对数粒级标度☆logarithmic size scale
对数模☆modulus of logarithm
对数逆谱☆cepstrum [pl.-ra]; complex cepstrum
对数浓度因子☆log concentration factor
对数判定法☆logarithmic criterion{criteria}
对数尾数☆mantissa
对数正态☆lognormality; lognormal
对数正态克里格法☆lognormal kriging
对数正态累积频率图☆lognormal cumulative frequency plot
对双锥形的[射虫]☆diploconical
对水不敏感的☆water insensitive
对速度(变化)灵敏的☆rate-sensitive
对体管叶☆antisiphonal lobe
对头焊☆jam welding
对头(缝)焊接☆butt-weld
对头接合☆jump joint
对头接头☆abutment joint
对头拼接☆back-to-back
对外的☆external; foreign
对外负债☆exterior liabilities
对外关系☆public relations
对外经济贸易部☆ministry of foreign economic relations and trade
对外联系☆outside contact
对外投资利润额☆income on investments abroad
对外轴承☆split type bearing dun
对位☆p-; par-; para-
对位黄碲矿晶体☆para-tellurite crystal
对位键合☆para-linkage
对温度敏感的☆temperature-responsive
对烯丙基苯酚[CH_2:$CHCH_2C_6H_4(OH)$]☆chavicol
对……先规定方向☆prodetermine; predetermine
对向☆opposite direction; subtend
对向笔石属[O_1]☆Janograptus
对向道岔☆faced{facing} points
对向的☆bilateral
对向辙尖☆facing point
对象分类(方式)☆object basis
对销传票☆cross slip
对销账户☆contra account
对消☆elimination; cancellation; compensation; offset; cancel each other out
对消应力☆neutral stress
对心碰撞☆central collision
对心误差☆error of centering; centering error
对形体☆enantiomorph
(左右)对形性☆enantiomorphism
对旋☆disrotatory
对旋作用☆disrotation
对压力的依赖性☆pressure dependence
对压力敏感的☆pressure-sensitive
(正负电子)对湮没☆pair annihilation
对阳极☆antianode
对氧氮乙环☆morpholine
对叶蕨属[C_3-P_1]☆Zygopteris
对-乙基膦酸[$C_2H_5•C_6H_4•PO(OH)_2$]☆p-ethylphenyl phosphonic acid
对已知灾害采取跟进行动的原则☆react-to-known-hazard principle
对易关系☆commutation relation
对易性☆commutativity
对译语☆synonym
对异丙基苯甲烷☆p-cymene
对阴极☆anticathode; target
(左右)对映(现象)☆enantiomorphism; enantiomorphy
(左右)对映半面象(晶)组☆enantiomorphous hemihedral class
(左右)对映变形{变态、变种}☆enantiomorphic variety
对映大陆☆antipodal continent
(左右)对映等同的☆enantiomorphous equivalent
对映点☆antipode; antipodal point
(左右)对映偶☆enantiomorphic pair
对映体☆enantiomorph; enantiomer; antipode; antimer; antipoda
对映位置☆antipodal position
对映现象☆enantiotropy; (regular) enantiomorphy
(左右)对映像☆enantiomorphism; enantiomorphy
对映形态☆enantiomorphism; dis(s)ymmetry
对应☆correspondence; homology; correspond(ing); homologous; paral(l)elism
对应部分☆counterpart; obverse
对应单元面☆opposite element faces
对应的☆corresponding; correspondent; opposite
对应的注采井☆injector-producer pair
对应地☆correspondingly
对应分析☆correspondence analysis
对应基金☆counterpart funds; CF
对应阶地☆paired{matched} terrace
对应解☆homographic solution
对应井☆offset well
对应力☆counter stress
对应力的灵敏性☆stress sensitivity
对应裂隙☆reflection crack
对应面☆matching surface
对应(状)态定律☆law of corresponding state
对应物☆counterpart; tally; similitude
对应相分界曲线☆pertinent boundary curve
对应于☆(be) corresponding to with
对应状态定律☆corresponding state law
对……有利☆stead; in favour of
对造成严重破坏☆raise{play} havoc among; make havoc of
对……增压☆hypercharge
对账☆tally
对照☆contrast; compare; match; confront; collation; comparison; control; cp
对照(法)☆antithesis [pl.-ses]
对照表☆balance; synopsis
对照计年的☆cross-dating
对照井☆manhole
对照区☆control plot
对照取样☆check sampling
对照色☆contrast color
对照试验☆competitive{check} experiment; control {contrast;check} test
对照索引☆correlation index
对照图表☆parallel tables
对照图像☆comparison picture
对照物☆control; tester
对照要素☆comparative feature
对折的☆folio
对折的一叠纸☆quire
对折电缆☆fold-back
对正☆align; registration
对枝[海绵骨针]☆didymoclone
对枝芦木(属)[古植;$C_{2\sim3}$]☆Diplocalamites
对直☆line-up; lining; line up
对植物有毒的☆phytotoxic
对跖☆antipode
对跖潮☆antipodal bulge; opposite tide
对跖点突起☆antipodal bulge
对跖关系[海陆]☆antipodal relation
对跖极☆antipole
对跖日☆antipodes day
对趾足☆zygodactylous foot
对峙反应☆opposing reaction
对置滨线☆contraposed shoreline
对中☆centering; centre; centralization
对中器☆centralizer; centraliser; centralizing fins
对中丝扣☆alignment thread
对中心误差☆centering error
对踵☆antipode
对重☆counterweight; cuddy[轮子坡]; counterpoise; back weight{balance}
对重车[自重滑引坡用]☆donkey
对重箱☆balance box
对轴☆counter shaft; layshaft; countershaft
对转双螺旋输送机☆paddle mixer conveyor
对锥兽属[$E_{2\sim3}$]☆Didymoconus
对准☆direct; pinpoint; set; align(ment)[直线]; spot; aim at; square; true up; registration; alinement
对准架☆alignment bracket
对准零位☆zero setting
对准中心☆centring{centering} (adjustment)
对着☆subtend
对钻压敏感的井底钻具组合☆weight-responsive bottom-assembly
对……作X射线摄影☆sciagraph

dūn

墩☆pier; pillar; pile
墩基☆pier footing
墩-梁体系☆pier-beam system

墩式基础☆pier foundation
墩式桥台☆abutment pier
墩栓☆abutment
墩台地基沉陷☆subsidence of pier-abutment foundation
墩台基坑滑塌☆slipping of foundation pit of pier and abutment
墩台剪断破坏☆shear failure of pier and abutment
墩台压力☆abutment pressure
墩柱☆pier column
墩桩☆pier pile
(公)吨[1,000kg]☆(metric) ton; tonne; t.; tn
吨标准燃料☆metric ton standard fuel
吨达[力单位,=309.6911 牛顿]☆tondal
吨分析值[毫克数/29.166 克样品≈金衡英两数/短吨]☆ assay ton
吨/工班☆tons per man-shift
吨公里☆ton kilometer{kilometre}; ton-kilometer
吨量因数☆tonnage factor
吨煤成本☆cost per ton of mined coal
吨煤电耗☆ton coal electrical consumption
吨每人☆tons per man; tpm
吨每天☆tons per day; tpd
吨每小时☆tons per hour; tph
吨/年☆tons per year; t/yr
吨/日☆tpd; tons per day
吨数☆tonnage
吨数(-)体积曲线☆tonnage-volume curve
吨位☆tonnage; burden; tonn
吨位调整垫[震击器]☆tonnage adjusting spacer
吨/小时☆tph; tons per hour
吨-英里☆ton-mile; TM
蹲伏☆crunch; scrunch
镦粗☆upset; starving
镦粗变形☆sinking strain
镦粗的钻杆接头☆swelled coupling
镦粗机☆upsetter
镦粗螺纹☆starved up thread; bumped-up thread
镦粗模☆joggling die
镦粗试验☆upsetting test
镦锻☆upset
镦锻机☆upsetter
镦化强度☆magnetizability; magnetisability
镦射状平坦纹理☆diffuse flat lamination
敦煌石窟☆the Dunhuang Caves [Gansu Province, dating from 366 A.D., containing Buddhist statues, frescoes, and valuable manuscripts]
敦煌石窟艺术学☆artistics of the Dunhuang caves
敦刻尔克期[欧 2300～1000 年前的暖期]☆ Dunkerquian phase

dǔn

趸船☆flat pontoon

dùn

楯齿龙属[T]☆Placodus
楯海胆☆clypeaster
楯鳃目☆aspidobranchia
楯胸类☆Aspinothoracida
顿巴黄铜☆tomac
顿巴斯石[$Al_2(SiO_4)(OH)_2$]☆donbassite; α-chloritite
顿巴鏇属[孔虫;C-P]☆Dunbarinella
顿德伯格虫属[三叶;Є$_3$]☆Dunderbergia
顿光☆occulting light
顿绿泥石☆donbassite
顿涅茨{兹}统[C_1]☆Donetzian series
顿频☆frame frequency
顿砂钻☆churn{chum} shot drill
顿斯贝格岩[挪威]☆tonsbergite
顿足爵士舞☆stomp
顿钻☆crown drill; boring by percussion; anvil type percussion drill; cable drilling[绳式]; cable
(绳式)顿钻大扳手☆cable tool wrench
顿钻的传动轴☆band wheel shaft
顿钻、反循环旋转钻钻井法☆Mesabi structural drilling
顿钻活环☆drilling jars
顿钻井眼☆cable-tool hole
顿钻开钻☆spudding in
顿钻捞砂轮刹车支架☆back-brake support
顿钻司钻☆jarhead; yo-yo driller
顿钻四杆防斜器☆auger-sinker-bar guides
顿钻下套管用天车☆casing pulley
顿钻、旋转钻两用钻机☆combination rig
顿钻用打捞工具☆blind box
顿钻装卸钻头工具☆jack and circle
顿钻钻井大绳☆bull rope
顿钻钻孔爆破☆churn-drill blasting
顿钻钻的井眼☆cable tool hole
顿钻钻杆☆boring rod
(绳式)顿钻钻机☆cable rig; churn drill
顿钻钻具☆cable tools; CT
顿钻钻具下击☆free fall
顿钻钻铤☆stem
(绳式)顿钻钻头☆cable tool bit
钝凹坑☆dent
钝边[焊接]☆root face
钝齿冬青☆ilex crenata
钝齿轮☆cog-wheel
钝齿啮合☆cogging
钝齿系数☆tooth wear coefficient
钝冲击钻杆☆blunt jumper
钝的☆inert; obtuse; dull; blunt; thick; muticous; muticate
钝等分线☆obtuse bisectrix
钝点☆battery insensitive point
钝度☆bluntness
(磨)钝(程)度☆dullness
钝感☆desensitization
钝感度☆insensitiveness
钝感性☆insusceptibility; immunity
钝肛道型☆amblyproct
钝管海绵(属)[C-P]☆Amblysiphonella
钝化☆desensitize; phlegmatization; passivation; deactivate; inactivation; desensitization; inaction; deactivation
钝化的催化剂☆inactive catalyst
钝化剂☆passivator; desensitizer; inactivity agent
钝化作用☆deactivation; passivation; inactivation; passivating
钝尖状[植]☆obtusatus
钝剪切带模型☆Smeared Shear Band Model; SSBM
钝胶珊瑚亚纲☆Ceriantipatharia
钝脚目☆Amblypoda; Pantodonta
钝角☆broad{obtuse;blunt} angle; sally
钝角孢属[K_2]☆Pyramidella
钝角突出支撑矿柱☆obtuse peak abutment
钝截齿☆dulled{dull} bit
钝金刚石钻头☆flat bit
钝扩张器☆undergage reaming shell
钝菱面体☆obtuse rhombohedron
钝镁质硅酸镍矿[$(Mg,Ni)_6(Si_4O_{10})(OH)_8$]☆pure true gurnierite ore
钝钠辉石☆aegirine; aegirite; aegyrite
钝器☆blunt
钝气☆inert gas
钝钎☆blunt drill{jumper}
钝钎头☆undergage{flat} bit
钝钎子☆stump; blunt jumper
钝肉齿兽☆Mesonychids
钝砂粒☆dull grain
钝兽类☆Barytheres
钝兽属[长鼻目;E_2]☆Barytherium
钝态☆passive state
钝头虫属[三叶;O_1]☆Amblycranium
钝头轮藻[K-E]☆Obtusochara
钝头桩☆blunt pile
钝吻鳄属[爬;K-Q]☆Alligator
(钻头的)钝型楔形齿☆blunt chisel insert
钝性☆insensitiveness; passivity
钝性的☆inactive
钝叶绢藓☆Entodon obtusatus
钝缘☆blunt edge
钝锥虫属[三叶;Є$_2$]☆Conocoryphe
钝钻☆blunt drill
钝钻头☆dull{worn;dulled;bunt;blunt} bit
盾☆shield; buckler; shield-shaped object; dong[越]; guilder[荷]; scutum
盾板[海胆等]☆(abdominal) scute; plastron
盾板海扇(属)[双壳;C]☆Dunbarella
盾棒石(属)[钙超;E_2-Q]☆Aspidorhabdus
盾笔石属[Є$_3$-O]☆Aspidograptus
盾齿龙☆Placodont
盾齿龙属☆Placodus
盾地[中介地区]☆betwixtoland
盾轭螺属[腹;C_2]☆Plocezyga
盾盖式开采法☆shield mining method
盾构☆shield
盾构法开挖隧道☆shield tunneling
盾构式隧道掘进机☆shield tunnel boring machine
盾构支护☆support shield
盾海胆属[棘海胆;E-N]☆Clypeaster
盾海果属☆Placocystites
盾海扇属[双壳;E-Q]☆Amussiopecten
盾环[孢]☆crassitudo
盾火山☆shield volcano
盾甲锥石☆Conchopeltis
盾颗石(属)[钙超;K_2]☆Aspidolithus
盾孔[射虫]☆parmal pore
盾块☆shield block
盾蝰属☆aspis
盾鳞☆placoid scale; squama placoidea
盾鳞目☆Coelolepida; Thelodontia
盾鳞鱼属[S_3-D_1]☆Coelolepis
盾轮藻属[K_1]☆Clypeator
盾面[牙石]☆escutcheon
盾牌菊石属[头;T_1]☆Clypeoeeras
盾牌牙形石属[C_1]☆Clypagnathus
盾牌座☆Scutum; Shield of Sobieski
盾皮(鱼类)☆placodermi
盾皮鱼纲☆placodermi
盾片☆scutellum; plate[钙藻]; shield[轮藻]
盾蛹属☆Scutus
盾鲭鱼(属)[D_1]☆Pteraspis
盾球接子属[三叶;Є$_3$]☆Aspidagnostus
盾区[钙超]☆shield area
盾鳃(目)☆aspidobranchia
盾鳃式☆aspidobranchiate
盾鳃虫足(属的)☆athyroid
盾珊瑚属[C_1]☆Aspid(i)ophyllum
盾舌类[腹]☆Sacoglossa
盾手海参目☆Aspidochirotida
盾苔藓虫属[O-S]☆Aspidopora
盾头鱼☆Cephalaspis
盾尾密封☆tail seal
盾纹面[双壳]☆escutcheon
盾纹面脊[双壳]☆escutcheon ridge
盾虾类☆hoplocarids
盾星类☆clypeastroida
盾形[叶]☆clypeatus
盾形虫属[三叶;S-D]☆Scutellum
盾形的☆shield-shaped; peltate
盾形火山☆shield volcano; basalt dome
盾形颗石[钙超]☆Placolith
盾形沙丘☆shield dune
盾形叶☆peltate
盾形种子科☆Peltaspermaceae
盾胸类☆Aspinothoracida
盾牙形石属[D_3]☆Scutula
盾藻属☆Clypeina
盾中心的浮雕☆umbo[pl.-nes,-s]
盾状背斜☆placanticline
盾状火山☆aspite; lava shield; basaltic dome
盾状加厚[孢]☆aspis
盾状沙丘☆shield dune
盾状体☆clypeus
盾锥状火山☆aspikonide
遁词☆quirk; quiddity
遁点☆vanishing point
炖☆stew
燉☆braise; braize

duō

多☆plenty; pleio-; multi-; plei-; plio-; poly-
多暗礁的☆shelfy
多暗色岩☆polymelanic rock
多胺☆polyamine
多白(榴碱)玄岩☆parchettite
多百叶式干燥机☆multilouvre dryer
多斑☆spottiness
多斑晶[C.I.P.W.]☆dosemic
多斑晶的☆dosemic; plesiophyric
多斑晶岩☆pleistophyric rock
多斑石鲈☆bull grunter
多班工作制☆multishift working system
多板纲软体动物☆chiton
多板类[软]☆polyplacophora
多板目☆Polyplacophora; Loricata
多瓣的☆multifid(ous); multi-lobe

D

多瓣式戽斗挖土机☆orange-peel excavator
多瓣式抓斗机☆multijaw grab；multleaf mechanical muckerl；orange peel grab
多瓣形管端☆orange-peel end
多瓣抓斗{斗式}挖泥{掘}船☆orange-peel dredge
多半☆likely
多胞粉属[孢;E_{2-3}]☆Polyadopollenites
多胞(嘧啶核)苷酸☆polycytidylate
多胞体☆polyad
多胞形☆polytope
多孢子现象☆polyspory
多报进尺☆steal hole
多报进尺的司钻☆hogger
多爆破点[震勘]☆multiple shot points
多贝尔安全炸药[高爆速防水性,多用于煤矿]☆coubel
多贝壳(化石)的☆conchitic
多倍长度工作单元☆multilength working
多倍的☆multiple；multifold；multipled
多倍精度☆long{multiple} precision；multiprecision
多倍频效应☆frequency multiplification
多倍体☆polyploid
多倍投影测图仪☆multiple projector；multiplex (plotter)；aeroprojector multiplex；photomultiplex
多倍仪(测图)☆multiplex；multiple projector
多倍仪型仪器☆multiplex type instrument
多倍增强☆multienhancement
多倍字长☆long precision
多泵抽油☆multiple pumping
多笔尖☆multi-stylus
多壁珊瑚(属)[C_3-P_1]☆Polythecalis
多臂☆multi-boom
多臂井径仪☆multi-finger caliper
多臂钻☆multiboom drill
多鞭毛虫目☆polymastigina
多鞭藻属[绿藻]☆Polyblepharides
多边度☆degree of polygonality
多边化石英☆polygonized quartz
多边界☆multiple barrier
多边裂理☆polyhedric parting
多边契约☆multilateral treaties
多边形☆polygon；stereogram
多边形的☆polygonal
多边形化☆polygonization
多边形计算矿量法☆polygonal method
多边形节理的☆polygonally jointed
多边形喀斯特网络☆polygonal karst
多边形块☆polygon mat
多边形拼图结构☆polygonal mosaic
多边形砂[假泥裂充填物]☆sand polygon
多边形土☆patterned{polygonal;structure} ground；(soil) polygon；strukturboden[德]；polygonal soil{marking}
多边性☆polygonality
多变的☆protean；polytropic；multivariant
多变化的☆diverse
多变量的☆multivariate；multivariable
多变量分析☆multivariate analysis
多变平衡☆multivariate equilibrium
多变系☆polyvariant system
多变性☆polytropy；polytrope
多变压头☆polytropic head
多变异的☆polyzoic
多遍(扫描)编译程序☆multi-pass compiler
多标度的☆multirange
多冰期说☆multiple glaciation theory
多冰穴平原☆kettle plain
多玻岩☆pleovitrophyric rock
多玻质[C.I.P.W.]☆dohyaline
多波☆multiwave
多波道彩色传感器☆multichannel colour sensor
多波道图像☆multichannel image
多波段传感器☆multiband sensor
多波段点扫描仪☆multispectral point scanner
多波段扫描{摄影}相片☆multiband photograph
多波段线扫描仪☆multispectral line scanner
多波群信号☆multi(-)burst signal
多波束扫描成像{图}法☆multi-beam scan imaging method；MBSIM
多波型☆multimode
多波型波☆multimode wave
多波性☆multimolding
多伯拉型前端式挖掘☆dobler front-end on mining-shovel base
多不饱和化合物☆polyunsaturated compound
多布罗斯基-布朗尼尔数[黏滞力或重力与毛细管力的比值]☆Dombrowski-Brownell number
多布森分光计☆dobson instrument
多布森液压支柱系统☆Dobson support system
多步工艺过程☆multistage processes
多步过程☆multistep process
多步雪崩室☆multi-step avalanche chamber
多部门问题☆multidivisional problem
多部图[一种岩性图]☆multipartite map
多参数☆muitiparameter
多参数综合测井数据显示☆Digilog
多槽的☆multicamerate；pericolpate
多槽粉[孢]☆stephanocolpate
多槽浮选(采煤)机☆multiple cell flotation machine
多槽轮☆multi-groove sheave；multiple grooved pulley
多槽绳轮☆magazine wheel
多侧的☆multilateral
多侧脉的☆venulose
多侧限地槽☆multiliminal geosyncline
多测计☆polymeter
多层☆multi-layers；layering；multiple-lift；multi bed；multilayer；multiwall
多层板组☆lamella plate packs
多层薄层[煤或矿石]☆plies
多层泵抽☆multiple pumping
多层壁管珊瑚☆Multithecopora
多层冰☆rafted{nabivnoy} ice
多层剥离☆multi-seam stripping
多层箔隔热涂层☆multi-foil heat insulating coating
多层布线技术☆polylaminated wiring technique
多层采矿☆multiple-seam mining；sandwich tape
多层次地热系统☆stacked geothermal system
多层带☆ply-type belt
多层的☆sandwich；layered；multilevel；multistory；multiple-deck{-stage;-bedded}；polylaminate；laminated；multizone；multideck；multilayer；polystromatic[藻类原植体]；polymictic[湖间]；lam.
多层垫板☆sandwich plate
多层电缆☆coaxial cable
多层吊盘☆manifold platform
多(油)层动态☆multilayer performance
多层封接法☆polylaminated sealing process
多层管柱割刀☆multi-string cutter
多层罐(笼)☆multi decker cage；multiple-decker；multideck{multiple-deck} cage
多层罐笼同时装车☆simultaneous decking
多层过滤☆bed filtration
多层合采系统☆commingled system
多层灰岩油气藏☆multizone limestone reservoir
多层箕斗☆giraffe
多层交织整体运输带☆solid woven conveyor belt
多层结构☆sandwich；multilayer construction；multistrata
多层结构物☆multi-story structure
多层结烧炉☆multihearth roaster
多层界面生长理论☆multilayer interface theory of crystal growth
多层介质☆multilayered medium
多层介质问题☆multilayer problem
多层井☆multiple zone well
多层开采☆multiple {-}sand exploitation；multi-seam working；multiple-zone production
多层楼☆multistory building
多层炉☆multiple-story furnace
多层裸眼井砾石充填☆multiple zone open hole gravel pack
多层棉花、尼龙混纺帘布胶带☆polytype cotton and nylon carcasses belt
多层面的☆multifaceted
多层面反射☆multiple reflection
多层牛皮纸防潮层☆polykraft moisture barrier
多层喷淋洗涤塔☆multiwash spray tower
多层坡度加大筛☆varislope screen
多层气举☆multiple-point gas lift
多层绕绳☆multi-layer coiling
多层热储地热系统☆multilayer reservoir system
多层式罐笼装卸调动☆deck changing
多层式探梁☆multi-leaf type cantilever
多层天线☆stacked antenna
多层洗涤收尘器☆multiwash collector
多层系☆multilayered system
多(地)层效应☆multiple layering effect
多层性油气藏☆multizone reservoir
多层摇床☆multiple-deck table
多层印刷布线板☆multilayer printed-wiring board
多层油☆multiple-sand{multizone} reservoir
多层油(气)藏☆layered{multizone} reservoir
多层皂膜分光晶体☆multilayer soap film spectroscopic crystal
多层皂膜硬脂酸铅晶体☆multilayer soap film lead stearate crystal
多层注水驱油☆multizone-flooding
多层注液井☆multizone injection well
多层阻体☆multilayer barrier
多产层井☆multiple zone well
多产的☆prolific；fertile；proliferous
多产块矿爆破法[使用低速、低级炸药]☆rending
多产块煤的安全炸药☆"Lump Coal"
多产品的☆multiproduct
多产品分离☆multiple-product separation
多长硅质[C.I.P.W.]☆dofelsic
多长英质☆dofelsic
多尘的☆dusty
多尘矿井{山}☆dusty mine
多尘煤矿☆safety-lamp{safety-light} mine
多城堡的☆castellated
多成分的☆polygene
多成分种☆multi-element species
多成因☆multiple genesis
多成因的☆polygene(tic)；polyene；polygenous
多成因山☆polygenetic range
多程☆multiple-pass
多程回波☆multiple trip echo
多程信号☆multipath signal
多程序控制☆multiprogram control；MP
多冲程☆multiple stroking
多冲击筛☆multirap screen
多重插值☆multiple interpolation
多重处理☆multiprocessing
多重的☆multiple(x)；multiplicate；multifold
多重度☆multiplicity
多重分类☆multiple classification
多重分析☆multi-analysis
多重观测☆redundant observation
多重关系☆multirelation
多重回声☆multiecho
多重极值☆multiple extreme
多重假设方法☆multiple hypothesis technique
多重交错滑动☆multiple cross-glide
多重胶卷{片}法☆multiple film method
多重校验☆multiple check
多重节理带☆multiple joint zone
多重开关☆multibreak
多重孔隙介质☆multi-pore media
多重联系(的)资料库管理(法)☆multirelational data-base management
多重模态分布☆multimodal distribution
多重任务{作用}的☆multirole
多重属性数据☆multiattribute data
多重态☆multiplet
多重调制☆compound{multiple} modulation
多重调制指点标☆multibeacon
多重统计决定理论☆multiple statistical decision theory
多重向量☆multivector
多重信号分配器☆multi-signal distributor
多重性因子☆multiplicity factor
多重阵列处理器☆multiple array processor
多畴☆polydomain
多出齿[哺]☆polyphyodont
多处理机系统☆multiple processor system
多处理器{机}☆multiprocessor
多触点的☆multiple-contact
多触点开关☆multifinger contactor；multicontact {miscible} switch
多川粉白麻[石]☆Docheung
多传动轮胶带输送机☆multiple-drum conveyor
多传感器随钻测量系统☆multisensor MWD system
多(谱段)传感器拖鱼☆multisensor towfish
多船(作业)法[海洋震勘]☆multiship method
多床(层的)☆multi bed
多垂线(井筒)定向法☆multiple-wire plumbing method
多刺☆spinoso-

多刺的☆aculeate；spinose；spinigerous；spiniferous
多刺菊石属[T_3]☆Acanthinites
多刺球孢属[疑;O_1-C_1]☆Multiplicisphaeridium
多刺牙形石属[$Є_3$-O_1]☆Hirsutodontus
多刺状[植]☆aculeate
多次爆破☆multi-blasting
多次爆破快速开拓☆multiblast high-speed development
多次变形☆polydeform；polyphase{multiple} deformation
多次变形(地体；区)☆multideformed terrain
多次变质(作用)☆polymetamorphism；multiple metamorphism
多次波偏转☆multiple migration
多次操作☆multi-pass operations
多次抽样检验方案☆multiple sampling inspection plan
多次捣{倒}堆☆cast-after-cast
多次的☆polygen(et)ic；numerous；polygene；multiple(d)；polygenous
多次叠加构造带☆multiple superimposed tectonic belt
多次断裂活动☆multiple faulting
多次反射☆multiple (reflection)；repeated{zigzag; secondary} reflection；multireflex；multihop
多次反射的自适应消减☆auto-adapted subtraction of multiples
多次反射人工分解消去法☆desynthetization
多次反射相消☆multiple cancellation
多次分叉的☆polyfurcate
多次覆盖[震勘]☆multiple{multifold} coverage
多次覆盖剖面法☆multifold profiling
多次覆盖浅层反射波法☆shallow reflection wave multiple coverage method
多次关闭式取样器☆multiple closed-in pressure sampler；MCIPS
多次关井器☆multi-shut-in tool；MUST
多次回声☆multi-echo；multiecho
多次混合☆frequent-mixing
多次混杂(沉积)☆polykinematic melange
多(层)次挤压砂浆充填技术☆multiple squeeze slurry pack technique
多次计算(测量)☆multimetering
多次接触☆multiple-contact
多次接触混相☆multicontact miscibility；MCM
多次接触混相驱☆multiple-contact miscible displacement
多次开关地层测试器☆multiflow evaluator；MFE
多次膨胀☆multi-expansion
多次碰撞的☆multicollisional
多次破裂☆multistage fracturing
多次曝光☆multiple-exposure
多次起下管柱作业☆multiple trip
多次起下作业☆multiple runs
多次迁移(成矿)观点☆multiple migration(s) concept
多次侵入的火成岩床☆multiple sill
多次取样☆multisampling；repeated sampling
多次去矿化作用☆multiple demineralization
多次燃烧☆score of firings
多次扫描分类☆muitipass sort
多次上升脉☆poly-ascendant vein
多次升降说☆multiple incursion theory
多次使用可能性☆returnability
多次输入☆reentry
多次体☆supersolid
多次形成☆polyformation
多次修理过的钻探设备☆posthole rig
多次循环☆manifold cycles
多次循环谷☆multiple-cycle valley
多次用肩座式活钎头☆shoulder drive multi-use bit
多次运动☆multimovement
多次造山事件{运动}☆multiple orogenic events
多次增强☆multienhancement
多次张开和充填[成矿裂隙]☆multiple gaping and filling
多次照相定向仪[钻孔]☆multiple photograph orientation instrument
多次褶皱的复杂层☆complex multifolded layer
多次注入☆staccato injection
多带☆multiple filaments
多带(离子)☆multifilament source
多袋式集尘器☆multibag filter
多单元☆multiple cell；multicell
多单元的☆multicell
多档流量泵☆multiple-flow pump
多刀车床☆multi-tool{multicut} lathe
多刀切削☆multicut；multiple cut{tooling}；multicutting
多岛海☆archipelago
多导坑法☆multi-drift method
多道☆multitrack；muitipass；multi-channel
多道(记录)☆multitrace
多道程序作业☆multiprogram operation
多道处理☆multichannel processing{procession}；multiprocessing
多道传感系统☆multisensor acoustic system
多道传输☆multiplexing；multiplex
多道定标☆multiscale；multi(-)channel scaling；MCS
多道反射地震测量☆multichannel reflection seismic surveying
多道伽马射线谱仪☆multichannel gamma ray spectrometer
多道干扰☆babble
多道干涉☆multipath interference
多道工作☆multitasking
多道焊☆multi-run{-pass} welding
多道系统☆diversity system
多道相干滤波器☆multichannel coherency filter
多道遥测地震系统☆multichannel telemetry seismic system
多道作业☆multi-job
多灯丝☆multiple filaments
多底齿兽亚纲[哺]☆Allotheria
多底井☆multi-bore well；multiple laterals{wells}
多(井)底井钻井☆multibranched drilling
多底排油井☆multidomain well
多地震仪勘探法☆multiple-detection method
多点☆multipoint
多点测量☆multimetering
多点测斜仪钟表☆multiple-shot contact watch
多点测斜照相机☆multishot camera
多点稠度曲线☆multipoint consistency curve
多点菌属[Q]☆Polystigma
多点锚定钻孔伸长仪☆multianchor borehole extensometer
多点取样☆multidraw
多点伸缩计☆multiple point extensometer
多点无阻流量测试☆multi-point open-flow potential test
多点照相测斜☆multiple-shot survey
多点装载调节器[胶带运输机]☆tripper belt
多电动机驱动的胶带输送机☆multi-drive{multipledrum} belt conveyor
多电极系☆multiple electrode system
多淀粉藻属☆Polytoma
多顶级学说☆polyclimax theory
多动力性☆polydynamism
多洞构造☆cavernous structure
多洞穴的☆cavernous
多洞穴岩层☆cavey formation
多斗式挖掘机☆ruth{elevating;bucket} excavator；multiple shovel；continuous-bucket excavator multi-bucket excavator
多度空间源☆multispatial dimensioned source
多端口存储器☆multiport memory
多端输入☆multi-input
多端网络☆multi-terminal network
多段(的)☆multistage
多段爆破☆multiple shotfiring
多段沉积型硅华体☆multiple-stage sinter
多段刀片式刨煤机☆stepped (knife) plough
多段的☆multistage；multirange；multiple-stage
多段降深试验☆multiple-stage test
多段精选☆multi-stage cleaning
多段排水水泵组☆lifting set
多段式硅华☆fragmental sinter
多段研磨☆step grind；multistage grinding
多断点的☆multibreak
多盾齿牙形石属[O_2]☆Polyplacognathus
多萼的[珊]☆polycentric
多萼芽生[珊]☆polystomodaeal budding
多颚刺科☆Polygnathidae
多颚式☆multijaw
多颚牙形石类☆polygnathids
多颚牙形石属[D-C_1]☆Polygnathus
多恩效应[颗粒在液体中下沉产生的电泳势差]☆Dorn effect
多尔格利阶☆Dolgellian (stage)
多尔科型真空过滤机☆dorrco filters
多尔玛型润湿性[油]☆Dalmatiam wettability
多尔斯阶☆Toarcian (stage)
多尔拖式浓密机☆Dorr traction thickener
多尔效应☆Dole effect
多尔型浮槽耙式分级机☆Dorr bowlrake classifier
多尔型双联式分级机☆Dorr duplex classifier
多尔型洗砂机[带旋转提升铲]☆dorrco sand washer
多尔型重型耙式分级机☆Dorr heavy-duty type rake classifier
多发爆破☆multiblasting；multiple-shot blasting unit；multi-shotfiring；multiple firing
多发爆破炮孔组☆multishot round
多发射极晶体管☆multiemitter transistor
多法测年的☆multichronometric
多范围(的)☆multirange
多芳基化反应☆polyarylation
多芳香核☆polyaromatic nuclei
多方案的☆multivariant
多方面的☆versatile；multiphase；all-around；various；multiphasic；multifold；manifold
多方面分析☆multi(-)analysis
多方面性☆universality
多方曲线☆polytropic curve
多方式☆multimode
多方位(的)☆multi-azimuth
多方向☆multi-direction
多方向的☆polydirectional
多方向点火枪☆multidirectional firing gun
多房贝属[腕;O_1]☆Polytoechia
多房海林檎{百合}属[棘;O]☆Camarocrinus
多房角石属[头;$Є_2$]☆Multicameroceras
多房室的[孔虫]☆multilocular
多菲内双晶[曾用名:道芬双晶]☆Dauphine twin
多酚☆polyphenol
多分孢子[植]☆paraspore
多分层采矿法☆multiple slicing
多分叉的(煤层)☆multiple splitting
多分管的☆multican；multcan
多分类单元带☆polytaxon zone
多分量地震勘探☆multicomponent seismic survey
多分散性☆polydispersity
多分枝的☆multi-branched；multiramose
多分支的☆intermeshed
多分支线☆multidrop line
多分子层☆multilayer
多分子反应☆multimolecular reaction
多分子性☆polymolecularity
多粉尘工种☆dust-producing{dusty} occupation
多封堵油捕☆poly-seal trap
多峰齿兽类☆allotheria
多峰分布☆multimodal distribution
多峰曲线☆multispike
多峰态分布☆polymodal distribution
多峰移动☆multiple peak shift
多峰状孔隙大小分布☆multiple-peaked pore size distribution
多风的☆windy
多风向沙丘☆complex dune
多缝的☆jointy
多佛尔海峡☆Straat van Dover
多浮筒系泊系统☆multi-buoy mooring system
多钙铀云母☆(calcium) autunite
多橄玄武岩☆mas(s)afuerite；dorgalite
多钢绳牵引带式运输机☆multiple-cord belt conveyor
多缸泵☆multicylinder pump
多缸发动机☆multi-cylinder{multicylinder} engine
多港埠的☆multiport
多哥☆Togo
多格基础☆egg box foundation
多格井筒☆multicompartment shaft
多隔壁孢子☆phragmospore
多隔膜的☆multiseptate
多铬酸盐类☆polychromates
多根导火线点火☆multifuse (igniter)
多根平行油管[油]☆multiple-(parallel-)tubing string
多工厂企业赫莫佛里斯模型☆Humphrys' model of multi-plant firms
多工传输格式☆multiplex format
多工器☆multiplexer
多工序变形丝☆multi-process yarn
多工序作业☆multijob operation

D

多工作面掘进☆multiple-heading
多功能(的)☆multifunction(al); multi-purpose; all purpose; polymorphous; multiple acting
多功能相控阵雷达☆multifunction array radar
多功能性☆multifunctionality
多拱坝☆multi-arch dam
多共生的☆polyparagenetic
多沟☆stephanocolpate
多沟的[孢]☆polyplicate
多沟粉属[孢;K_2]☆Polycolpits
多沟亚类[孢]☆Polyptyca; Polyptyches
多构件预应力☆multi-element prestressing
多古坟的☆tumulous; tumulose
多股虫属[三叶;O_2]☆Pliomera
多股导线☆stranded conductor
多股绞合芯电缆☆stranded wire cable
多股(绞合)缆线☆multistrand cable
多股绳☆multiple-core cable
多股眼虫属[三叶;O_2]☆Pliomerops
多股引线点火器☆multifuse igniter
多刮板式平道机☆multiple-blade grader
多刮刃型旋转头☆drag bit
多官能化合物☆polyfunctional compound
多官能团分子☆multifunctional molecule
多冠脊牙形石属[D_3]☆Polylophodonta
多管管道☆multiple-duct conduit
多管回旋干燥机☆multitube revolving drier
多管可收回封隔器☆multiple-string retrievable packer
多管冷却器☆multi-tube cooler
多管式分粒器☆multiclone sizer
多管水力坐封封隔器☆multistring hydraulic-set packer
多管完井☆multiple string completion
多管旋流联合集尘器☆combination multiclone precipitator (unit)
多管藻属[红藻;Q]☆Polysiphonia
多管注水泥☆multiple zone completion cementing
多管装药火药柱☆multiple-tube grain
多罐储存☆multiple tank storage
多灌木的☆bushy
多光带光谱侦察☆multiband spectral reconnaissance
多光谱地面摄影☆multispectral terrain photography
多光谱段的☆multispectral
多光谱分类法☆image{multispectral} classification
多光谱遥感{测}☆multispectral remote sensing
多光束全息术☆multi-beam holography
多硅白云母[$K(Al,Mg)_2((Al,Si)_4O_{10})(OH)_2$]☆lepidomorphite; phengite
多硅钙铀矿[$Ca(UO_2)_2Si_6O_{15}•5H_2O$;单斜]☆haiweeite
多硅钾铀矿[$K_2(UO_2)_2(Si_2O_5)_3•4H_2O$;斜方]☆weeksite
多硅锂云母[$KLi_2Al(Si_4O_{10})(OH,F)_2$;单斜]☆polylithionite
多硅铝质[C.I.P.W.]☆dosalic; dosalane
多硅酸盐类☆polysilicates
多轨记录☆multitrack record(ing)
多辊破碎机☆multiroll{multiple-roll} crusher
多滚筒传动☆multiple drum conveyor drive
多滚筒深井提升机☆multiple-drum hoist for deep shaft
多国公司☆multinational company
多含水层井☆multiaquifer well
多行☆multi-row
多行扫描☆fine scanning
多巷拖运{运输}☆multiple-entry haulage
多核(生长形式)☆multinucleation
多核成像(技术)☆multinuclea imaging
多核的☆polynuclear; multinuclear; coenocytic; polynucleated; polykaryotypic; plurinuclear
多核(体)的☆coenocytic
多核芳烃☆polynuclear aromatic hydrocarbons; PAH
多核环☆polycyclic ring
多核键☆heteronuclear bond
多核模型☆multiple-nuclei model
多核凝聚芳香物系☆polynuclear condensed aromatic system
多核体☆syncytium; coenocyte
多核细胞☆multinucleate cell
多核藻属[Z]☆Polynucella
多(元)合金钢☆complex alloy steel
多合体花粉[孢]☆polyad
多河流的☆streamy
多湖的☆lochy
多湖泊地区☆lakeland
多弧☆multi sphere
多弧扁球储罐☆noded hemispheroid
多弧罐☆multisphere tank
多弧水滴形油罐☆Horton multispheroid
多护盾隧道掘进机☆poly shield TBM
多化石脆(性)页岩☆slag
多化石延限带☆multifossil range(-)zone
多环的☆polycyclic; polynuclear; polyannulate; multinuclear
多环芳烃☆PAH; polynuclear{polycyclic} aromatic hydrocarbon; polyaromatic hydrocarbon
多环分子☆polycyclic molecule
多环螺属[腹;T_3]☆Anulifera
多环三缝孢属[Mz]☆Polycingulatisporites
多环式止推轴承☆multi-collar thrust bearing
多环体系☆polycyclic system
多环烷烃☆polycycloalkane; polycyclic naphthene
多环状盆地[水星]☆multiringed basin
多环椎☆tectospondylous vertebra
多换性牙{齿}系☆multiphyodont dentition
多灰燃料☆ash-rich fuel
多辉二长岩☆pyroxene mangerite
多辉橄质☆dopalic
多辉粗{粒}玄岩☆soggendalite
多辉石类☆polyaugites
多回分裂☆decompound
多回路示波器☆multichannel oscillograph
多混合(电路)☆polyhybrid
多混合波导连接☆polyhybrid
多活动性☆polydynamism
多活塞泵☆multiple piston pump
多基晶胞☆multiply primitive unit cell
多基因[生]☆polygene
多基质[C.I.P.W.]☆dopatic
多机式钻架☆multiple drilling
多机台车☆jumbo rig
多机系统☆multi-computer system
多机凿岩台车☆multiple-drill jumbo; multiple drill-rig
多激波的☆multishock
多极(的)☆multipole
多极安全☆multilevel security
多极化☆multipolarization
多极扇区☆multipolar magnetic region
多极性☆multipolarity
多极值☆multiple maximum
多棘鼓藻属[Q]☆Xanthidium
多级☆multistage; multiple-order
多级爆破☆multibench blasting
多级变速的☆multispeed
多级的☆multigrade; stepwise; multilevel; multiple; many-staged; multistage; multiple-stage{-order}
多级多压砧容器☆multi stage multi-anvil vessel
多级分离☆stage trapping; multi(-)stage separation
多级分选☆muitipass sort
多级过滤☆cascade filtration
多级互连式信号发生器☆multilevel interconnection generator; MIG
多级活塞装置☆multiple piston apparatus
多级活性污泥处理☆multistage activated sludge treatment
多级进汽汽轮机☆multi-inlet{-admission} turbine
多级净化☆stage purification
多级扩容蒸馏器☆multistage flash distiller
多级离心式增压泵☆multistage centrifugal booster pump
多级流量测试样板曲线☆multirate type-curve
多级流量地层测试器☆multiflow evaluator
多级扭矩型叶片马达☆multi-torque type vane motor
多级排汽☆multiple exhaust
多级盆地说[矿床]☆gradational multiple basin theory
多级气举☆stage-gas lift; multistage gas lift
多级软化☆series softening
多级闪蒸☆multistage flash; multi-flash; MSF
多级摄影取样图☆multistage sampling scheme
多级摄影相片☆multistage photograph
多级式扇风机☆multi-stage fan
多级适应☆nultifarious adaptation
多级推压{挤}式离心机☆multi-stage push-type centrifuge
多级系统☆hierarchical{multistage} system
多级液罐组合配置☆multi-vessel configuration
多级应力☆multistage stressing; multi-stressing
多级褶☆multiplicate
多级柱塞泵☆stage-plunger pump
多级注水泥器☆multiple stage cementer
多级钻头☆ear bit
多季性陆地结冰☆taryn
多寄生(现象)☆multiparasitism
多计☆overstate
多加燃油器☆enriching device
多甲藻(属)[K-N]☆Peridinium
多甲藻类☆Peridinieae
多甲蛛属[C_2]☆Polychera
多钾铁矾[$KFe_3^{3+}(SO_4)_2(OH)_6$]☆potash {-}jarosite
多假设检验☆multihypothesis test
多假说的地球动力学方法☆multiple-hypothesis approach of geodynamics
多价☆multivalence; heterovalent; polyvalence; polyvalency; multivalency
多价螯合☆sequester
多价的☆polyvalent; multivalent; quantivalent
多价个体[孔虫]☆polyvalent
多尖齿兽目[哺]☆Multituberculata
多尖刺骨针☆comitalia
多检波器电缆☆multiphone cable
多检波器组合☆multiple seismometer array; multidetector array
多碱度烧结矿☆different basicity sinter
多键槽☆multikeyway
多键型晶格☆heterodesmic lattice
多键轴☆spline{splined} shaft; multiple spine shaft
多箭牙形石属[O_{1-2}]☆multioistodus
多间隔立井☆multicompartment shaft
多建造☆polyformation
多建造晕☆multiformational halo
多礁区☆foul area
多脚架☆spider
多角窗格颗石[钙超;K_2]☆Angulofenestrellithus
多角地☆polygonal ground
多角骨☆os multangulum
多角花珊瑚☆Stylidophyllum
多角颗石☆prismatolith; porolith
多角珊瑚(属)☆Prismatophyllum; Hexagonaria
多角石地☆stone polygon
多角石圬工☆polygonal masonry
多角形☆polygon; megagon
多角形的☆polygonal
多角形法[储量计算]☆polygonal method
多角形裂缝土☆polygonal fissure soil
多角型{形}砂☆angular-grain(ed){angular} sand
多角形土[德]☆rautenboden
多角藻属[E]☆Polygonella
多角状珊瑚属[C_1]☆Donophyllum
多角状位错☆polygonal dislocation
多接点继电器☆multiple contact relay
多阶段的☆polyphase
多阶段铅☆multistage lead
多阶段熔融作用☆multistage melting
多阶段优化☆multistage optimization
多阶梯钻头☆multiple step bit
多节☆nodosity
多节的☆multinodal
多节理的☆soft
多节理岩体☆jointed{joint} rock mass
多节木材☆knaggy wood; wavy-grown timber
多节石[钙超;J_1?]☆Nodosella
多节式流体取样器☆multiple fluid sampler; MFS
多节异常☆multiple disrupted anomaly
多节桩☆multisection pile
多结构包体[法]☆plesiomorphe
多解调电路☆multidemodulation
多介质☆multimedia
多金刚石整修工具☆multiple diamond dressing tool
多金属☆polymetal
多金属重整触媒☆multimetallic reforming catalyst
多金属的☆polymetallic
多金属矿☆polymetallic{multimetal;complex} ore
多金属硫化物矿床☆polymetallic sulfide deposit
多金属硫化物精矿☆polymetallic sulphide concentrate
多金属锌矿石☆multimetallic zinc ore
多金属组合☆polymetallic association
多进路☆multiple opening
多茎板的[海百]☆pluricolumnal
多茎目☆Stolonifera
多茎牙形石属[O_2]☆Polycaulodus
多晶☆polycrystal

(同质)多晶(现象)☆polytropism
多晶畴的☆polysomatic
多晶畴现象☆polysome
多晶的☆polycrystalline; pleomorphic
多晶洞矿脉☆vuggy lode
多晶硅☆polysilicon
多晶假象☆multi-crystal pseudomorph
多晶金刚石☆polycrystalline diamond
多晶(沉积)颗粒☆multigranular particle
多晶面的☆much-faceted
多晶平面(工艺)☆polyplanar
多晶体☆polycrystal
多晶体的☆polysomatic
多晶体(陨石)球粒☆polysomatic chondrule
多晶现象☆heteromorphism
多晶形铁☆polyiron
多晶形{型}物☆polymorph
多晶性☆polycrystallinity
多晶质☆docrystalline
多经丝筛布☆twill cloth
多井爆炸☆multiple shotholes
多井不稳定试井☆multi(ple)-well transient test
多井测试☆multiple-well test
多井抽油☆gang{multiple} pumping
多井抽油动力站☆lease power
多井底井☆multiple wells
多井底盘☆multiwell template
多井干扰试验☆multiwell interference test
多井环绕油藏☆multi-well bounded reservoir
多井井网☆multiwell pattern
多井开发☆multiwall development
多井立管浮式采油系统☆multibore riser floating production system
多井联动抽油简易抽油架☆pumping jack
多井联动抽油系统☆multiple well pumping system
多井平台☆multiwell platform; multiple well platform
多井试验☆multi-well experiment; MWX
多井筒穿过岩层或矿脉☆multiple intersection
多(垂线)井筒定向法☆multiple-shaft plumbing method
多井筒钻穿岩层☆multiple intersections
多井眼钻井☆multidirectional{multihole} drilling
多镜(头)空中摄影装置☆multiple camera assembly
多镜(头)摄制{影}相片☆multiple (lens) photograph
多镜头联配相片☆multilens composite photo
多径传输信号☆multipath signals
多居里☆activity; multicurie
多局制☆multiorifice
多聚合物☆heteropolymer
多聚甲醛☆paraformaldehyde
多聚能空底装药☆plurajet{multiple-jet} charge
多聚物☆polymer; polymeride
多锯条锯石机☆gang saw
多卷集☆series
多卷筒提升☆multi-drum hoisting
多卷文件☆multivolume file
多菌盖的☆multipileate
多开关控制器☆multiple-switch controller
多壳室[孔虫]☆polythalamous
多壳室的☆multiocular
多刻度仪{电}表☆unimeter
多客晶的{质}☆doxenic
多坑冰水平原☆pitted (outwash) plain
多孔(云)☆lacunaris; lacunosus
多孔坝☆multiple-arch dam
多孔板☆porous plate; cribellum
多孔板阀[用固定孔板和可动孔板拎制流量]☆multiple-orifice valve
多孔爆破测量仪☆multiple-shot instrument
多孔杯属[古杯;$Є_1$]☆Somphocyathus
多孔杯张力仪☆porous cup tensiometer
多孔冰山☆sugar berg
多孔玻璃☆fritted{porous} glass
多孔玻璃离子膜☆porous glass tonic membrane
多孔材料☆porosint
多孔槽粉[孢]☆stephanocolporate
多孔层实心球[用作液相色谱固定相]☆vydac
多孔产层☆porous pay zone
多孔冲模☆perforating die
多孔虫目[腔]☆Milleorina
多孔抽水记录☆multiple pumping log
多孔储积岩☆reservoir rock
多孔磁芯☆multi(ple)-aperture{multiapertured} device; transfluxor magnetic core; transfluxor; MAD
多孔带☆porous formation; poriferous zone
多孔单圈柱体火药柱☆multiple-perforated single cylindrical grain
多孔导液软管☆multi-core pilot hose
多孔的☆porous; cribellate; honeycombed; spongy; poriferous; vuggy; spongeous; perforated; vesicular; multiporous; myriadoporous; cavernous; open textured; multi-aperture; vugular; multiple-hole; spongious; mushy; cribellatus; periporate[孢]; barren[岩石等]
多孔底气压式浮选机{槽}☆air-pan cell; blanket-type pneumatic machine
多孔底桶☆porous-bottom barrel
多孔底型压气式四段浮选机☆four-mat pneumatic cell
多孔底钻穿矿层☆multiple intersections
多孔地层☆porous ground{strata;formation}; vuggy formation
多孔地壳☆scum crust
多孔动物(门)☆porifera; spongia
多孔度☆vesicularity
多孔阀☆multi-orifice valve
多孔粉[孢]☆stephanoporate
多孔粉属[孢;E_2]☆Polyporina; Multiporopollenites
多孔隔膜仪[测毛细管压力]☆porous diaphragm device
多孔沟的[孢]☆pericolporate
多孔构造[岩]☆vesicular{porous} structure; hiatal texture
多孔管☆antipriming pipe
多孔管道☆multiple-duct conduit
多孔含烃介质☆porous hydrocarbon-bearing medium
多孔集块砾岩☆slaggy agglomerate
多孔孔隙☆cellular porosity
多孔煤☆mushy coal
多孔黏土☆adobe (clay)
多孔镍引爆杯☆porous nickel cup
多孔炮眼爆破法☆multiple-row method
多孔喷嘴☆multi-jet spray nozzle
多孔喷嘴喷雾器☆multi-nozzle spray
多孔瓶电阻☆pot resistance
多孔器件☆multiapertured{multi(ple)-aperture} device
多孔墙式防波堤☆porous walled breakwater
多孔青铜过滤器☆porous bronze filter
多孔软管☆multi(bore) hose; multi-core pilothose
多孔软岩[砂岩、石灰华等]☆tuft
多孔砂岩☆bray stone; filter sandstone
多孔射孔穿透特性☆multishot perforation penetration performance
多孔射流☆multiple jet
多孔石墨青铜轴承☆porous graphite-containing bronze bearing
多孔石英☆cell(ular) quartz; float-stone
多孔式结构☆open {-}grain structure
多孔水泥☆honeycombed{honey-combed} cement
多孔松散冰山☆sugar iceberg
多孔塑料☆expanded plastic
多孔燧石☆pinhole chert
多孔体金属过滤器☆metal filter
多孔铁☆iron-oilite
多孔铁铅石墨轴承☆porous iron-lead-graphite bearing
多孔庭粉属[孢]☆Polyatriopollenites
多孔螅(属)☆Millepora
多孔螅目☆Milleporina
多孔隙的☆fatiscent; porous; mushy
多孔隙均密石英岩☆Washita stone
多孔隙砂(层)☆open sand
多孔斜长(石)熔岩☆asperite
多孔型燃料块☆multihole block
多孔性☆porosity; poriness; hollowness; porous nature; sponginess; porousness
多孔性扁透镜体☆porosity pod
多孔岩栓☆perfo-rockbolt
多孔眼定向钻进☆most hole directional drilling
多孔窑☆multi pass kiln
多孔页岩集料☆expanded-shale aggregate
多孔质充填剂☆filler material
多孔状土壤☆cellular soil
多口的☆polycentric
多(端)口的☆multiport
多口阀☆multiport valve
多矿斑晶☆polyphyre
多矿斑晶岩☆polyphyric rock
多矿层☆multiple seams
多矿层采场对照图☆overlay tracing
多矿物的☆polygene; polygenic; polymineralic; polymere
多矿物脉☆compound vein
多矿物岩☆polymineralic rock
多矿物岩石☆polymineralic{compound} rock
多矿物质煤☆carbopolyminerite
多矿(物)岩☆polymineralogic rock
多拉塔黄沙石☆Pietra Dorata
多兰系统[多普勒测距系统]☆doran
多肋粉属[孢;C-P]☆Striatites
多肋式衬里(磨机)☆multiridged lining
多类型孢粉的☆eurypalynous
多棱角的☆very angular
多棱星石[钙超]☆Polycostella
多离子检测器☆multiple ion detector; MID
多离子源☆multi-ion source
多锂酸盐类☆polylithionates
多锂云母☆polylithionite
多砾石的☆shingly
多利牙形石属[C_1]☆dollymae
多粒的☆grainy
多粒径混合砂☆mixed-grained sand
多粒状☆graininess
多联画屏☆polyptych
多联开关☆multigang switch
多连晶☆multiplet
多链聚合物☆multichain polymer
多量程(的)☆multirange
多量程(测量仪)表☆multimeter
多列孢子☆multiseriate spore
多列的☆polystichous; multiseriate; multiserial
多列电极☆plural electrode array
多列天线☆mattress antenna
多列藻属[Q]☆Stigonema
多裂的☆multifid; multifidous
多裂缝的☆fissured; choppy
多裂缝干冰☆dried ice
多裂纹的☆choppy; rimous
多裂隙的☆rifted
多裂隙岩☆seamy rock
多磷酸☆polyphosphoric acid
多磷酸盐☆polyphosphate
多鳞的☆squamaceous; squamose; scabrate
多龄林☆all-aged forest
多榴粗玄岩☆parchettite
多硫化合物☆polysulfide
多硫化物类☆multiple sulfides
多硫质气孔的火山☆solfataric volcano
多瘤齿兽亚纲☆Allotheria
多瘤目{类;齿类}[哺]☆Multituberculata
多流道加热炉☆multistream heater
多流量测试☆multirate test
多流体位势☆multiple fluid potential
多流系统☆multi-delivery system
多卤化物☆polyhalide
多卤烃☆polyhalo((geno)hydro)carbon
多路☆multiple-pass; muitipass
多路(的)☆multi-channel
多路编排☆multip(l)ex; multiplexing; Mux
多路传输☆channel(l)ing; multiplex; multipath transmission
多路传送终端设备☆multiplex data terminal
多路存取(的)☆multi-access; multiple-access
多路导航传感器☆multiple navigation sensor
多路的☆polysleeve; multichannel; multiple(d)
多路地☆multiply
多路反馈☆multiloop feed-back
多路分离☆demux; demultiplex
多路感应的复杂失真{畸变}☆babble
多路供电☆multiple-way feed
多路汇管☆multiple connect manifold
多路解编☆demultiplex(ing); demux
多路径传播☆multipath propagation
多路径信号传播☆multipath signal propagation
多路开关☆multi-way switch
多路输出选择☆demux; demultiplex
多路通信发射机☆multiplex transmitter
多路系统式操纵杆☆multiple-mode joystick
多路信号显示器☆multidisplay
多路载波通信设备☆rectiplex
多路转换通道☆multiplexer channel
多铝红柱石[$3Al_2O_3$•$2SiO_2$]☆mullite

D

多氯化萘☆polychloro-naphthalene
多氯化石蜡☆polychlorparaffin
多氯联(二)苯☆polychlorinated biphenyl；PCB
多率滤波[滤波中一种减少运算率的技术]☆multirate filtering
多绿滑石片岩☆dorerine；dolerine
多卵石的☆pebbly
多轮的☆polycyclic
多轮式☆pleiotaxy
多轮轴矮平板拖车[短距离运输重物]☆lowboy
多伦多大学电磁勘探系统☆University of Toronto EM System
多螺杆泵☆multi-screw pump
多螺栓法兰☆multibolt flange
多螺旋的☆multispiral
多螺旋钻式连续采煤机☆multiple-auger continuous miner{coal-miner}
多罗戈米洛夫阶[C_2]☆Dorogomilovsk
多洛多蒂珊瑚属[C_1]☆Dorlodotia
多麦尔阶[英;J_1]☆Domerian (stage)
多脉冲☆multiple-pulse
多脉冲传输{发射}☆multipulse transmission
多脉的☆veined；nervose
多脉管的☆venulose
多脉络的[动]☆venous
多髦毛的☆erinaceous
多毛的☆hairy
多毛纲{类}☆Polychaeta
多毛目[动]☆polychaete
多毛目(动物)的☆polychaetous
多煤层☆multiple seam
多煤尘矿☆fiery{foul} mine
多煤的☆coaly
多媒体系统☆Multimedia System；MS
多镁铁云石☆parankerite
多镁铁质[C.I.P.W.]☆domafic；dofemic
多门齿类[哺]☆polyprotodonts
多门齿亚目☆Polyprotodontia
多门热中子衰减时间测井☆thermal multigate decay log；TMD
多锰黑钨矿☆domangano wolframite
多米尼加共和国☆The Dominican Republic
多米诺(骨牌)☆domino
多(小)面凹斑☆multifaceted pit
多面的☆various；much-faceted
多面等应力状态☆equilateral state of stress
多面顶☆multi anvil device
多面发现☆pleiotropism；pleiotropy；pleiotropia
多面交往系统☆multi-access system
多面临空爆破☆open face blasting
多面手☆generalist
多面体☆polyhedron [pl.-ra]；polytope
多面体宝石的底面☆culet
多面体的☆polyhedrous
多面体的对棱☆opposite edge of a polyhedron
多面体群☆polyhedron{polyhedral} group
多面体式模型☆polyhedral model
多面体型孔隙☆polyhedral pore
多面体藻群☆Edromorphida
多面体藻亚群☆Polygonomorphitae
多面型宝石光☆brilliancy
多面形宝石光泽☆brilliancy；brilliance
多面形光泽[宝石]☆brilliant
多面性☆versatility
多面柱扫描器☆multifaceted prismatic scanner
多模☆multimode
多模式性☆plurimodism
多末(的)铅矿石☆belland
多姆纳费特(固体燃料回转窑直接炼铁)法☆Domnarfvet process
多幕☆multiple phase
多幕变形☆multiple phases of deformation；polyphase deformation
多幕的☆multiphase；multiphasic
多幕构造☆multiphase structure
多目标☆multiple goal
多目标坝☆multipurpose dam
多目标函数☆multiple objective function
多钠锆石[$Na_2ZrSi_3O_9$•$2H_2O$]☆soda-cataplei(i)te；natronkatapleite；natro(n)(-)cataplei(i)te
多钠硅锂锰石☆natronambulite
多囊(的)[孢]☆multisaccate
多囊腔属☆Myriangium
多瑙(冰期)☆Donau
多瑙-贡兹(间冰期)☆Donau-Gunz
多瑙菊石属[头;T_2]☆Danubites
多能☆versatility
多能测定计{湿度表}☆polymeter
多能的☆versatile；all service
多霓丁古岩☆aegirine tinguaite
多泥的☆muddy
多泥沙河流☆sediment-laden{silt-laden} river；overloaded{fully-loaded} stream
多泥石☆polynite
多年冰☆multi-year ice
多年陈冰☆sikussak
多年的☆overyear
多年冻层☆ever-frozen layer
多年冻土☆ever{perennial} frost；permafrost；ever-frost；permanently frozen ground；perennially frozen soil{ground}；pergelisol；perpetually frozen soil{ground}；permafrosted soil
多年冻土面☆permafrost table
多年冻土区☆permafrost region{area}
多年海冰☆old ice
多年积冰☆multiyear ice
多年积雪☆neve penitent
多年年平均值☆pluriannual average
多年生作物☆perennial crop
多年调节☆pluriennial regulation
多年调节库容☆overyear storage
多黏土泥浆☆shale laden mud
多凝作用☆dephlegmation
多诺拉[美城]☆Donora
多耙分级机☆multiple-rake classifier
多排(的)☆multi-line；multi-bank
多排多段毫秒迟发爆破☆multirow and multiinterval MS blasting
多排孔爆破☆multi-shooting；multiple-row blasting；multirow firing；row shooting
多排孔间隔爆破☆rotation firing
多排矿管表流分级机☆multispigot surface current classifier
多排矿管分级机☆multispigot-classifier
多排矿口的☆multi-spigot
多排链☆multistrand chain
多排列爆破☆area blasting
多排炮孔{眼}爆破法☆multiple-row method
多盘☆multiple-disc
多盘标定技术☆compass calibration techniques
多盘虫属[孔虫;C_3-P]☆Multidiscus
多盘式容器☆multi-trayed vessel
多炮点处理☆multiple shot processing；MSP
多炮眼爆破☆multishot round{blasting}；multiple shotfiring；multi-shot firing
多炮组合☆multiple shot array
多泡构造☆foamy{vesicular} structure
多泡海星亚目[棘]☆pustulosa
多泡化(作用)☆vesiculation
多泡角石属[头;O_1]☆Polydesmia
多泡沫的☆frothy；foamy
多泡体[射虫]☆polycystins
多泡性黏土☆foam clay
多泡状☆vesicular
多配偶动物☆polygamous animal
多配性[动]☆polygamy
多喷发口☆multiple vent
多喷口水塔☆multi-wash spray tower
多喷头喷燃器☆multiport burner
多喷嘴☆multi-nozzle
多皮的☆corticous
多(头)皮屑的☆furfuraceous
多片☆multiple-disc
多片的☆lamellar
多片电路☆multichip circuit；MCC
多片构造☆splintery structure
多片式☆multi-leaf type
多频(的)☆multi frequency；multiple {-}frequency
多频带☆multi-band；MB
多频脉冲群信号☆multiburst signal
多频调制☆frequency shift keying
多频信号☆multiple-frequency signal
多频音☆multitone
多品位润滑油[冬天不失流动性,夏天能保持一定黏度]☆multigrade lubricating oil
多平壁的☆multiplanomural
多平巷☆multiple opening
多平巷开拓系统☆multiple-entry system
多坡密子[物]☆multipomeron
多普勒测速和测位器☆Doppler velocity and position
多普勒定位与测距系统☆Doppler location and range system；DOLARS；
多普勒分析☆Doppler analysis
多普勒伏尔☆DVOR；Doppler VOR
多普勒-惯性-劳兰组合导航系统☆Doppler-inertial-Loran integrated navigation system
多普勒光学导航系统☆Doppler optical navigation system
多普勒激光测速(法)☆laser Doppler velocimetry
多普勒-雷达定位☆Doppler-radar positioning
多普勒声呐导航仪☆Doppler sonar navigator
多普勒声学(定位)系统☆acoustic doppler system
多普勒相位同步装置☆Doppler phase lock
多谱带系统☆multizonal{spectra-zonal} system
多谱段的☆multispectral；multiband
多(频)谱分析☆multispectral analysis
多谱光度(计)☆multispectral photometer
多谱线扫描器☆multispectral scanner；MSS
多谱信号☆multispectrum signal
多期☆multiple phase
多期变形☆multiple phases of deformation；polyphase deformation
多期变质☆polymetamorphism
多期重复摄影☆multidate photography
多期的☆multiphase；polychronic；polyphase；multiphasic
多期构造☆multiphase structure
多期活动☆multiperiodic activity
多歧管☆branch manifold
多歧式☆polytomy
多鳍鱼(属)[Q]☆Polypterus
多气孔的☆blistered
多气泉☆aerated spring
多浅滩的☆shelfy；shoaly
多枪的☆multigun
多腔磁控管空腔间的导体偶合系统☆strapping
多腔菌属☆Myriangium
多腔珊瑚☆polycoelia
多羟基醇☆polyhydroxy alcohol
多羟基细菌藿烷☆polyhydroxybacteriahopane
多切削(加工)头☆multiple machine-head
多倾斜筛☆multiple inclination screen
多球形储气罐☆multisphere gas holder
多球藻☆Sphaeroplea
多球藻属[Q]☆Pleodorina；Sphaeroplea
多区分枝图☆multi-area cladogram
多区无线电导航系统☆electra
多曲线☆multicurve
多曲线电阻率测井记录☆multi-curve resistivity recording
多取代(作用)☆polysubstitution
多圈电位器☆multiturn potentiometer
多泉水☆springiness
多群理论☆multigroup theory
多群模型☆many-group model
多燃料发动机☆multifuel engine
多燃烧室加热炉☆multi-combination chamber heater
多绕组励磁的☆multiply excited
多韧式[双壳]☆multivincular
多刃刀具☆multiple-(cutting-)edge{multipoint} tool
多刃式扩孔旋转钻头[刃排列在塔形钻头后面]☆fir-tree bit
多刃钻头☆bladed{multiple-point} bit
多日期摄影相片☆multidate photograph
多日摄影术☆multidate photography
多容晶[C.I.P.W.]☆doxenic
多乳头的☆papillose
多入口地槽☆multiliminal geosyncline
多鳃鲨科☆Hexanchidae
多鳃鱼(属)[D_1]☆Polybranchiaspis
多塞栓式分级机☆multispigot classifier
多扫描地震仪☆multi-trace seismograph
多色(现象)☆polychroism
多色的☆polychromatic；multicolo(u)r；polychrome；heterochromatic；pleochro(mat)ic
多色灯光信号器☆multiple light signal
多色光束☆polychromatic beam
多色光晕[偏振光显微观察矿物所见]☆pleochroic halo

多色环☆halo
多色玛瑙☆sardonyx
多色热泥喷泉☆paintpot
多色三维图像☆multicolor three dimension image
多色 *X* 射线☆heterogeneous X-ray
多色图☆multicolo(u)r map
多色相片☆chromophotograph
多色性☆pleochroism; polychroism
多色性的☆pleochroic; polychroic
多色晕法☆pleochroic-halo method
多色晕年龄测定(法)☆pleochroic halo dating
多砂拌和料☆oversanded mix
多砂层油☆multiple-sand reservoir
多砂的☆sabulous; sandy; oversanded
多砂轮☆multiwheel
多砂黏土☆doab
多沙的☆arenaceous
多沙河流☆sediment-laden stream
多筛面(筛分机)☆multiple decks
多山的☆mountainous; montanic
多山地区☆mountainous territory
多摄影机系统☆multi-camera system
多射骨针[海绵类]☆polyactin; polyact
多射珊瑚(亚纲)☆Zoantharia
多射线的☆multiradiate
多深壑的☆chasmy
多深裂的[植]☆pluripartite
多深湾海岸☆cheiragraphic coast
多声子吸收☆multiphonon absorption
多生包体☆enclave polygene
多生境生物☆heterozone organism
多绳缠绕提升☆double-rope wound type hoist
多绳戈培式提升☆multi rope koepe hoisting
多绳卷扬☆multi-rope winding
多绳摩擦轮提升系统☆whiting system
多绳式☆multirope
多绳提升☆multi-cables hoisting; multirope winding {hoisting}
多绳提升法☆multi rope winding system
多石地☆stony ground; stonebrash
多石地护刃器☆stony-land guard
多石地犁体☆stony bottom
多石灰水泥☆overlimed cement
多石基质☆dopatic
多石土壤☆stony soil
多石英质☆doquaric
多石子构造☆pebbly structure
多时代的☆polygene; polygenetic
多食性的[生]☆polyphagous
多示踪☆multitracing
多示踪剂☆multitracer
多释放矿物的☆dolimorphic
多饰肋蛤☆pleurophorus costatus
多室池窑☆multi-compartment tank furnace
多室的转环☆compartmented rotating ring
多室浮选机{槽}☆multi-compartment cell
多室式磨机☆compartment mill
多受波计☆multiple geophone{seismometer}
多受波器☆multiple detectors
多枢纽☆multiple hinge
多枢纽型☆multiple-hinge type
多属性效用☆multi-attribute-utility
多树地区☆woody area
多树脂的坑木☆resinous timber
多束干涉仪☆multiple-beam interferometer
多束线图☆multiple bundle diagram
多数的☆multifold
多数判决法[确定测量值的一种方法]☆majority vote method
多数字的☆multidigit
多双列盖板[棘海座星]☆multiple biseries
多水的☆abounding in water; aqueous; well-watered
多水分的☆watery
多水硅铀钙石 [$1.5CaO•2UO_3•5SiO_2•12H_2O$] ☆ranquilite
多水巷道☆wet workings
多水合物☆polyhydrate
多水磷铯石☆Erinaceus
多水磷酸钙铀矿 [$Ca(UO_2)_2(PO_4)_2•12H_2O$] ☆uranospathite
多水菱镁石☆lansfordite
多水硫磷铝石 [$(Al,Fe^{3+})_{14}(PO_4)_{11}(SO_4)(OH)_7•83H_2O$?;斜方]☆sasaite
多水铝泻盐☆dumreicherite
多水氯硼钙石 [$Ca_2B_4O_4(OH)_7Cl•7H_2O$; 单斜] ☆hydrochlor(o)borite; hydrochlorbechilite
多水钼铀矿[$H_4U^{4+}(UO_2)_3(MoO_4)_7•18H_2O$;非晶质]☆moluranite
多水泥混凝土☆rich concrete
多水硼钙石[$Ca_4B_{10}O_{19}•20H_2O$;单斜?]☆tertschite
多水硼镁石[$MgB_3O_3(OH)_5•5H_2O$;单斜]☆inderite
多水硼钠石[$Na(B_5O_6(OH)_4)•3H_2O$]☆sborgite
多水平节理矿脉[英康威尔]☆dicy lode
多水平井段的井☆multiple laterals
多水平开采☆horizon mining
多水平提升操作☆multi-level hoisting operations
多水碳铝钡石 [$BaAl_2(CO_3)_2(OH)_4•3H_2O$] ☆hydrodresserite
多水碳铝石☆hydroscarbroite
多水铁矾☆louderbackite
多水铀矿☆janthinite; ianthinite
多水沼泽☆damp marsh
多瞬时传感☆multitemporal sensing
多斯桑托斯和杨储水系数☆dos Santos and Young's storage coefficient
多丝埋弧焊☆multiple-wire submerged-arc welding
多丝绳芯[钢丝芯]☆wire-stand core; WSC
多似长质☆dolenie; doleric
多速凸轮☆multispeed cam
多酸的☆polyacid
多榫(连接构)架☆multiple-set framing
多羧酸☆polycarboxylic acid
多缩戊糖☆pentosan
多台阶爆破☆multibench blasting
多态骨针☆desma; desmon
多态模型☆multistate model
多态群体☆polymorphic colony
多钛钙铀矿☆tangenite
多钛铌矿☆blomstrandinite
多肽(类)☆polypeptide
多探测器☆multidetector
多探头测量☆multiprobe measurement
多醣分解酶☆polysaccharidase
多膛式干燥机☆multiple hearth dryer
多糖☆polysaccharose; polysaccharide
多糖类☆polyose
多糖酶☆polysaccharidase
多糖醛酸苷☆polyuronide
多糖盐泥浆☆polysaccharide salt mud
多套管深井☆multicased deep well
多梯度磁选☆polygradient magnetic separation
多梯段回采露天矿☆multiple bench open-pit mine
多体生物☆polysomic
多体问题☆problem of many bodies; many-body problem
多体系☆multisystem; polysomy[生物]
多体中柱[植]☆polystele
多条钢丝绳捻成的钢丝绳☆cable-laid (wire) rope
多条管线穿越☆multipipeline crossing
多条件☆multiple conditions; "m"-ary
多条接合运输带☆segmented belt
多萜☆polyterpene
多铁矿质☆domitic
多铁镁质[C.I.P.W.]☆dofemane; dofemic
多铁天蓝石[$(Fe,Mg)Al_2(PO_4)_2(OH)_2$]☆scorzalite
多通道☆hyperchannel
多通道的☆multi-channel; multiport
多通阀☆multiway{multiport;multi-orifice} valve
多通滤油器试验法☆multi-pass filter testing method
多铜绿矾[$Na_2Cu(SO_4)_2•2H_2O$]☆salvadorite
多筒式燃烧室☆multican type combustion chamber
多筒钻井☆multihole{multidirectional} drilling
多头(螺纹)☆multi-start
多头冲床☆multiple punching machine
多头冲割{组合落料}模☆gang blanking die
多头管系☆manifold system
多头螺纹☆multi-step thread
多头砂光机☆multiple-head sander
多(接)头线圈☆tapped coil
多头(状)油滴☆multiheaded oil blob
多途径统计分析法☆statistical shotgun
多推板式平路机☆multiple-blade grader
多瓦尔型导控阀组系统☆pilot control dowval modular system
多湾海岸☆embayed coast
多腕海绵属[O]☆Brachiospongia
多网格的☆intermeshed; multicell
多网络☆multiple cell; multicell
多微孔的☆microporous
多维☆many dimension
多维定标法☆method of multidimensional scaling
多维尔贝属[腕;O_1-D_2]☆Douvillina
多维几何(学)☆hypergeometry
多维空间☆hyperspace; multidimensional space
多维组织☆multi-dimensional organization
多维最优化☆multidimensional optimization
多未饱和油脂☆polyunsaturate
多位☆multidigit
多位气缸☆multiposition cylinder
多位数字☆long number
多位置换☆multisite substitution
多温层湖☆polymictic lake
多文件磁带卷☆multi-file volume
多纹☆striation; striature
多纹的☆multicostae; multicostellae
多纹鞘属[昆;P_2-K_1]☆Polysitum
多稳定器底部钻具组合☆multistabilizer BHA
多稳定器稳斜组合☆multistabilizer holding assembly
多稳定器组合☆multistabilizer hook up
多稳态(的)☆multistable; multiple-stable-state
多污水腐生的☆polysaprobic
多雾的☆foggy
多硒硫镍矿☆selenio-vaesite
多硒铜铀矿[$Cu_4(UO_2)(SeO_3)_2(OH)_6•H_2O$;斜方]☆derriksite
多烯☆polyene
多系☆polyphyly
多系列源☆polyphyletic origin
多系统给料☆multi-stream feed
多细胞丝状体☆multicellular filament
多霞响岩☆muniongite
多显示色灯信号机☆multi-aspect colour light signal
多险阻的☆shoaly
多限的☆multirange
多线☆multi-line
多线(的)☆multiwire
多线采集☆multi-line acquisition
多线激发☆multiline shooting
多线圈感应测井装置☆multicoil induction (logging) system
多线索道☆multi-rope ropeway
多线性破坏☆multilinear failure
多(砂)箱铸型☆multiple part mould
多项分布☆multinomial distribution
多项目资源分配☆resource allocation of multi-project
多项式☆multinomial; polynomial (expression); polynome; entire rational function
多项式拟合方法☆polynomial fitting method
多相☆multiple phase; polyphase
多相变质☆plurifacial metamorphism
多相变质(作用)☆polymetamorphism
多相变质岩系☆polymetamorphic series
多相(流动)达西模型☆multiphase Darcy model
多相的☆multiphase; heterogeneous; multiphasic; polyphasic; inhomogeneous; polycyclic; polyphase; nonuniform; nonhomogeneous
多相分散气溶胶☆polydisperse aerosol
多相混合物☆multiphase mixture
多相机系统☆multi-camera system
多相聚合☆heterophase{heterogeneous} polymerization
多相流内之单相流☆fractional flow
多相流型☆polyphasic-flow regime
多相凝结☆heterocoagulation
多相体系☆heterogeneous{multiphase;polyphase} system; multisystem
多相烃☆mixed phase hydrocarbon
多相位(的)☆tailing; leggy
多相性☆heterogeneity; inhomogeneity; nonuniformity; nonhomogeneity
多像摄影术☆multiple-image photography
多向(现象)☆pleochromatism
多向阀☆change-over valve
多向接收☆diversity reception
多向偏振☆multipolarization
多向偏振图像☆multipolarization image
多向色性☆pleochroism
多向水流玫瑰图☆polymodal current rose

多向调整轴承☆self-setting bearing
多向性☆pleiotropy；pleiotropism；pleiotropia
多向应力☆multi-axial stress
多向应力模型☆multi-directional stress pattern
多向振幅比较电路☆multiar
多小丘的☆tumulose；tumulous
多效性☆pleiotropism；pleiotropy；pleiotropia
多效蒸馏☆multi(ple)-effect distillation
多楔劈石工具☆multiple wedge
多斜橄玄岩☆dorgalite
多斜褶皱☆polyclinal fold
多谐振荡器☆multivibrator；multiport；MV；MVB
多芯导线☆cable
多芯电缆☆multicore cable{conductor}；multiple conductor cable；multiconductor cable；multicable
多芯管☆multi(bore) hose
多新翅类[昆;E-Q]☆polyneoptera
多新世☆Polycene
多心电缆☆multiple-core{multicore;multiconductor;stranded} cable
多心线☆split conductor
多信道的☆polysleeve
多信道无线电领航仪☆omnigator
多型☆polytype；polymorphism；plurality
多型变体☆polymorph
多型虫属[N_3-Q]☆Polymorphina
多型的☆polythetic；polytypic；pleomorphic
多型符号☆type{polytype} symbol
多型键☆heterodesmic bond
多型性☆polytypism；superperiodicity；polytopism；polytypy；multimolding；plurimodism
多型种古生物☆polytypic species
多型转变☆polymorphic transition
多形☆polymorph；multiformity；pleomorph(ism)
多形(形式)☆polymorphic form
多(晶)形(现象)☆pleomorphism
多形(的)☆multiform
多形变体☆polymorphic modification；polymorph
多形虫☆polymorphina
多形的☆polymorphic；polymorphous；multiform；pleomorphous；pleomorphic
多形等粒状岩☆consertal
多形晶☆pleomorph；polymorph
多形态的☆polymorphous
多形体☆polymorph
多形性☆polymorphism；pleomorphism；polymorphy；multiformity
多形种类☆macrospecies
多行程转轴式搅拌机☆multiple-pass rotary mixer
多行动方案问题☆multiaction problem
多性能光源☆multisource
多溴联苯☆polybrominated biphenyls；PBB
多旋(光)☆multirotation
多旋回☆polycycle；multicycle；multiple cycle
多旋回的☆polycyclic；multiple-cycle；multicyclic；multicycle
多旋回谷☆multiple-cycle valley
多旋回山(丘)☆multiple-cycle mountain
多旋回说☆theory of polycycle
多旋流式分级机☆multiclone sizer
多旋螺属[腹;E_2-Q]☆Polygyra
多旋熔沥青☆cyclite
多旋式☆multispiral
多学科分析☆multidisciplinary analysis
多穴冰碛☆kettle moraine
多雪气候☆nival climate
多循环的☆polycyclic；multicyclic；multiple-cycle；multicycle
多循环湖☆polymictic lake
多循环作业☆multi-cycle operation
多压的☆polybaric
多压力体系☆multiple pressure regime
多压砧超高压装置☆multiple anvil ultra high pressure device
多牙轮式钻井机☆multiple-roller-cone machine
多牙螺纹砂轮☆multiple rib grinding wheel
多盐(生物)☆polyhaline
多岩岸礁☆rocky ledge
多岩的☆craggy；rocky
多岩海岸☆rockbound coast
多岩浆带☆pliomagmatic zone
多岩石的☆rugged；rocky
多岩屑的☆multilithic
多眼泄油井☆multidomain well
多眼钻探☆multihole drilling
多焰燃烧器☆multiple tubed{jet;flame} burner；multiflame blowpipe
多阳极计数放电管☆polyatron
多氧化物类☆multiple oxides
多氧树脂[树脂酸]☆retinellite；retinic acid
多氧性☆polyoxibiotic
多样☆variety；var.；multiformity
多样的☆manifold；diverse；various；multifold；multiform；multiple
多样化☆diversity；diversification；variety
多样化的☆variegated
多样品测量☆multisample survey
多样性☆diversity；multiplicity；multiformity；variety；diversification；biodiversity
多药包破碎☆multiple charge breakage
多叶的☆leafy；frondose
多叶脉的[植]☆venous
多叶片的☆multi-lobe
多叶片扇风机☆multiblade fan
多叶三角洲☆multilobate delta
多叶隙的☆multilacunar
多义性☆multivalency；multivalence；polysemy
多异性异霞正长岩☆eudialyte-lujavrite
多翼(的)☆multi-blade
多因的☆polygenetic；polygene
多因复成矿床☆polygenetic and compound deposit
多因子的☆multifactor(ial)；polyfactorial
多因子分析☆multivariant analysis
多引线☆multioutlet
多英白云母岩☆esmeraldite
多(种)用(途)钢水龙带☆all purpose steel rotary hose
多用供应船☆multiservice vessel；MSV
多用名☆nomen ambiguum；nom. ambig.
多用途☆multiuse；multi-usage
多用途的☆versatile；multipurpose
多用(途)性☆versatility
多用自动测试仪☆multivator
多疣☆papillose
多疣(肿)的☆verrucose
多疣海胆属[棘]☆Polysalenia
多油层[油]☆multiple zone
多油层油藏模型☆multilayer reservoir model
多油的☆butyraceous
多油滴的☆pluriguttulate
多油浮选☆bulk {-}oil flotation
多油管井口装置☆multiple tubing wellhead
多油混合物☆rich mixture
多油品管线☆multi-product (pipe) line
多油气层{藏}☆multireservoir
多余☆redundance；redundancy；superfluity
多余参数☆nuisance parameter
多余的☆plus；excess；extra；odd；expletive；spare；epactal；redundant；needless
多余的场☆extraneous field
多余的人{物}☆supernumerary
多余(性)分析☆redundancy analysis
多余力变量☆redundant force variable
多余零件☆odd parts；odds and ends
多余名☆nomen superfluum；nom. superfl.
多余水☆surplus water
多余压力☆excess pressure
多余元素☆superfluous element
多雨的☆moist；wet；pluvial
多雨地区☆pluvial region
多雨气候☆rainy{wet} climate
多域的[仪表]☆multirange
多域技术☆multi-domain technique
多育的☆proliferous
多育{孕}石竹☆childing pink
多阈值模数转换器☆multi-threshold A/D converter
多元☆multivariant；"m"-ary；polyphyly；plurality；multivariate
多元胺☆polybasic amine
多元醇☆polyhydric alcohol；polyol
多元的☆multicomponent；polynary；complex；multifactor(ial)；multiple-unit；multivariate
多元定性数据☆multivariate qualitative data
多元二次曲面法☆multiquadric method
多元发生☆multiple creation
多元酚☆polyhydric{polyatomic} phenol
多元分布☆multivariate distribution
多元分析☆multivariant{multivariate} analysis
多元峰度系数☆multivariate coefficient of kurtosis
多元函数☆function of many variables；multivariate function
多元回归☆multiple regression
多元基因☆polygenes
多元件电路☆multicomponent circuits；MCC
多元结构☆pluralistic structure
多元可转天线☆musa
多元来源☆polyphyletic origin
多元盘制动器☆multiple disk brake
多元判别{断}分析☆multivariate discriminant analysis
多元切尾法☆multivariate trimming
多元素分析☆multi-element analysis
多元素专属性图☆multi-element specialization map
多元酸☆polyacid
多元随机过程☆multivariate stochastic process
多元羧酸苯☆benzenepolycarboxylic acid
多元碳化物硬质合金☆cemented multicarbide
多元天线☆multiple-element antenna
多元无源天线阵☆multielement parasitic array
多元信号获取☆multicell signature acquisition
多元形态统计学☆multivariate morphometrics
多元性☆complexity；polytrope
多元一般线性假设☆multivariate general linear hypothesis
多元异形生长☆multivariate allometry
多元资源模型☆multivariate resources model
多元自控系统☆multiproject automated control system；VACS
多原子的☆polyatomic
多原子分子☆polyatomic molecule
多圆锥地图投影☆polyconic map projection
多圆锥投影地图☆polyconic chart
多源☆polygeny；multiple source
多源(污染)☆multiple source
多源包体☆enclave polygene；polygenetic enclave；polygenic inclusion
多源的☆polygene(tic)；polymictic；polygenic；polygenous
多源发生☆polygenesis
多源回声☆flutter echo
多源距中子测井☆multispaced neutron logging
多源土壤☆polymorphic soil
多源系统发展☆semophytogeny
多源性[产地]☆polytopism
多云☆cloudy；overcast
多云正煌岩☆kamperite
多杂质岩☆polymictic rock
多泽型门式装煤机☆dozer door
多增强剂☆reinforcement
多渣的☆drossy
多站(的)☆multistation
多站摄影相片☆multistation photograph
多站位测链☆multistation chain
多爪式抓岩机☆cactus grab；multileaf mechanical mucker
多爪抓斗☆cactus(-type){multi-jaw;multipointed} grab；orange peel grab
多转轴搅拌机☆multiple-rotor mixer
多沼泽的☆fenny；swampy；boggy
多沼泽(低)地☆slash
多折滴状油罐☆noded hemispheroid
多褶层☆sharply folded strata
多真空管(的)☆multitube
多砧滑动压机体系☆multiple-anvil-sliding system
多砧设备☆multi anvil device
多砧座机☆multisite case
多针式混合机☆multiple-type{-pin} mixer
多震区☆earthquake-prone area
多枝的[晶]☆dendritic；branchy；ramose
多枝晶体☆demdritic{dendritid} crystal
多枝颗石[钙超;E_2]☆Polycladolithus
多枝型☆multiramiform
多支分裂☆multiple splitting
多支管☆manifold
多支链☆highly branched chain
多肢介属[D-Q]☆Polycope
多脂的☆greasy；fatty
多脂肪的☆adipose
多值函数☆multivalued{many-valued;multiform} function；multiple valued function

多指{趾}☆hyperdactylism
多指{趾}型☆hyperphalangeal
多痣的☆verrucate；verrucose
多中段平面图☆composite map
多中段水平开采法☆horizon mining system
多中心键☆multicenter bond
多中心演化☆polycentric evolution
多中型孢子☆miospore
多中子核裂说☆polyneutron fission theory
多种波动描记器☆polygraph
多种产品定价法☆multiple-product pricing
多种的☆manifold；multiplicate；polysomatic
多种工作假说☆multiple working hypotheses
多种价值性☆multivalency；multivalence
多种经营☆diversification
多种科技的☆polytechnic
多种可能假说☆multiple working hypothesis
多种矿层矿☆"sandwich" mine
多种目的的☆multipurpose
多种燃料发动机☆multifuel{omnivorous} engine
多种数据孔测量回转仪☆multi-shot gyroscopic instrument
多种速度(的)☆polyspeed
多种雪崩☆combination avalanche
多种因素的☆multifactor(ial)
多种用途☆versatility；all-around；omnibus；all purpose；multipurpose
多种用途型钢☆merchant bar
多种炸药☆multicharge；multicharging
多种猪毛菜[俗名盐草,藜科,沥青矿局示植]☆Solsola spp；Salsola spp
多种装药☆multicharge
多种组分☆multiple constituents
多众数分布☆polymodal distribution
多周期的☆multiple-cycle；polycyclic；multicycle；multicyclic
多轴☆multiple spindle；multiaxial
多轴向应力☆multiaxial stress
多轴型☆polyaxial
多轴钻床☆multiple spindle perforating machine
多皱的☆rugose
多皱囊状地层☆sharply folded strata
多主晶[C.I.P.W.]☆domoikic
多主脉的[植]☆multicostate
多主题图像☆multithematic presentation
多主轴圆鼻錾凿榫机☆multihead hollow chisel mortiser
多柱虫属[孔虫;E]☆Lockhartia
多柱塞泵☆multiplunger pump
多柱式(的)☆polystyle
多专题的☆multithematic
多转筒云滴仪☆rotating muticylinder
多状态☆"m"-ary；multimode；multiposition
多锥水力旋流器☆compound water cyclone
多锥牙形石属[O_3]☆Multicornus
多子叶的[植]☆polycotyledonous
多自由度爆破☆shooting-on-the-free
多自由度的☆multivariant
多自由面爆破☆shooting {-}on-the-free
多字码密码☆polyalphabetic cipher
多字母(组合)☆polygram
多字形☆ξ {-}type；xi-type
多总线☆multibus
多足纲☆myriapoda
多足纲少足目☆Pauropoda
多足类☆Myriapoda
多组的☆multi-bank
多组分☆polycomponent；multicomponent
多组分混合物☆multicomponent mixture
多组分闪蒸计算☆multicomponent flash calculation
多组分酸☆hybrid acid system
多组分岩石体系☆multicomponent rock system
多组理论☆multigroup theory
多组模型☆many-group model
多钻机式钻车☆multiple-drill mounting
多钻孔爆破☆multiple-hole blasting
多钻头凿岩机☆gang drill
多钻凿井机☆multiple-drill shaft sinker
多作用的☆multiple acting
多坐标交叉绘制图解(法)☆cross plot
多座机☆multiseater

duó

夺☆seizing；strip；wrest；lose；decide；seizing；contend for；compete for；strive for；deprive；take by force
夺得☆snatch；carry；bear away
夺回☆retake；；recapture；reconquer；seize back
夺流☆beheading of river；stream；piracy；pirate
夺流河☆beheaded river{stream}；river robber；pirate{beheading} stream
夺流源☆captured source
夺取☆capture；usurp；wrest；seizure
夺去☆deprivation；offtake
铎罗定律☆Dollo's law

duǒ

躲避☆getaway；hide (oneself)；avoid；elude；dodge
(地下)躲避处☆burrow
躲避洞☆refuge pocket；safety hole
躲避硐室☆refuge shelter{station;chamber;pocket}；shelter{safety} hole；manhole
躲避所☆safe location；refuge chamber
躲藏☆hide
躲炮室☆blast shelter
躲闪☆hedge
朵间☆interlobate
朵体☆lobe
朵状三角洲☆lobate delta
朵状砂体☆sand lobe

duò

垛☆bing；chock；mass；pile
垛坝☆buttress dam
垛硐式动力支架☆packhole powered support
垛积☆pack
垛架垫楔☆chock block
垛架输送{运输}机☆cribbed conveyor
垛架卸载装置☆chock release
垛间支撑☆buttress bracing
垛石工☆packer
垛石墙☆pack
垛式动力支架☆powered support choc
垛式支护☆cribwork；brattice
垛式支架☆cog{crib;chock} timbering；crib(work)；brettis；chock (support)；brattice；chock-type (roof) support；nog；pigsty(e) framework；brattis；corduroy
垛式支架的顶梁篷盖☆roof plate
垛式支架的基本架☆basic chock
垛式支架千斤顶☆chock mover
垛桶☆racking of drum
跺脚☆stomp
舵☆helm；vane；rudder；motivator；fin{flap}[火箭]
舵板☆rudder plate
舵臂☆rudder arm；rudder-stay
舵柄☆helm；tiller
舵柄进入转向轮系舱的孔口☆helm port
舵侧向推进器☆lateral stern thruster
舵承☆rudder carrier{bearing}
舵的枢轴☆gudgeon
舵杆☆tiller；stock
舵杆孔☆rudder port{hole}
舵机装置☆helm gear
舵角☆helm angle
舵框☆rudder frame
舵楼甲板☆poop
舵轮☆steering wheel
舵轮风[北苏格兰伊登河谷的寒冷强风]☆helm wind
舵扇☆rudder quadrant
舵十字头☆rudder crosshead
舵手☆helmsman
舵手室☆wheel house
舵栓☆pintle
舵头{|托|叶|柱}☆rudder head{|carrier|blade|post}
舵位指示器☆telltale
舵效{能}☆steerage
舵效性能☆steering quality
舵羽☆rectrices
剁斧石☆artificial stone with textures cut with an axe
剁斧石楼地面☆hammered granolithic flooring
剁斧石面☆bushhammered finish；hammered granolithic finish
剁假石☆axed artificial stone
惰辊{滚}☆idler roller
惰轮☆idling{idler;idle} gear；idle wheel{pulley}；idler (pulley;roll;wheel;sheave)；dead pulley
惰轮总成{装置}☆idler assembly
惰气☆inert gas
惰气屏蔽电弧切割☆inert-gas shielded arc cutting
惰态☆passive state
惰性☆inertness；inertia；sluggishness；inertance；nonreactivity
惰性尘末{岩粉}☆inert dust
惰性成分[降低煤炭使用价值]☆inert fraction{component}；inerts
惰性的☆inert；indifferent；sluggish；noble[气体]；reactionless
惰性隔离炮塞☆spacer
惰性固体☆inactive{inert} solid
惰性固体燃料组分☆inert solid component
惰性化[腐蚀]☆deactivation
惰性凝胶☆inert gel
惰性配合物☆inert complex
惰性气保护金属弧焊法☆shielded inert gas metal arc welding
惰性气保护[金刚石钻头烧结炉中]☆controlled atmosphere
惰性气体☆inert (gas)；noble{indifferent;inactive;rare} gas；atmophile element
惰性(不凝)气体☆fouling gas
惰性气体保护金属极弧焊☆aircomatic welding
惰性气体手套箱☆inert-atmosphere glove box
惰性气体型(电子)构型☆noble-gas configuration
惰性气体中退火☆inert-atmosphere annealing
惰性区☆inert segment；cathodic area
惰性碎屑☆inertodetrinite；inert detritus
惰性填料☆mineral filler
惰性物质☆inert (matter)；inactive substance；inertinite
惰性压力☆passive pressure
惰性盐粉☆inert dust
惰性氧化物☆indifferent oxide
惰性铀☆immobile uranium
惰性元素☆lazy{inert;immobile;ballast} element
惰性增加的部分[一组染色体的]☆supernumerary
惰性组[煤炭]☆inertinite；inerts；I
惰性组分☆inert (constituent;component)；initial value component
惰质体{组}☆inertinite
堕石落径☆trajectory of boulder fall
堕胎☆abortion

E

ē

阿魏臭纸煤☆stink coal

é

蛾☆moth
蛾眉月☆crescent moon
蛾眉藻属[硅藻;Q]☆Ceratoneis
蛾蛀特征☆moth-eaten appearance
峨眉虫属[三叶;O_1]☆Omeipsis
峨眉孔贝属[腕;T_2]☆Emeithyris
峨眉{嵋}矿[$(Os,Ru)As_2$;斜方]☆omeiite
峨眉山玄武岩☆Omeishan basalt
锇[$(Mn_2,Zr,Ca_2,Ba_4)O_2•(Si,Zr)O_2$]☆os; osmium
锇法☆osmium method
锇矿☆osmium ores
锇铼法年龄测定☆osmium-rhenium dating
锇硫钌矿☆osmian laurite
锇硫砷铱矿☆osmian irarsite
锇铱矿[(Ir,Os),Ir>Os;等轴]☆osmiridium; osirita; polyosmin; irosita; osmium-iridium; osmiridin
锇自然钌☆osmian ruthenium
鹅☆goose [pl.geese]
鹅肠菜属[褐藻;Q]☆Endarachne
鹅耳枥(属)[植;K_2-Q]☆Carpinus
鹅粪石[$Fe(AsO_4)•2H_2O$,不纯]☆goose-dung ore
鹅膏属[真菌]☆Amanita
鹅颈臂☆cranked{swan-neck} jib
鹅颈管(构)☆goose{swan} neck; goose-neck; neck
鹅颈式抓叉[无极绳]☆goose-neck jockey
鹅颈锁榫凿☆swan-neck lock mortise chisel
鹅卵石☆handstone; pebble; cobble (stone); shingle; cobblestone; grail
鹅毛大雪☆wild snow
鹅绒菌属[真菌]☆Ceratiomyxa
鹅绒石☆goose down ware
鹅头[管道穿越河流用]☆drawing head
鹅银矿☆goose silver ore
鹅掌菜属[Q]☆Ecklonia
鹅掌螺属[腹;K_1-Q]☆Aporrhais
鹅掌楸☆Chinese tulip tree; liriodendron
鹅掌楸属[植;K_2-Q]☆Liriodendron
俄国☆Russia
俄国的☆Russian; Rus.; Russia
俄国啡珍珠[石]☆Brown Pearl
俄国人(的)☆Muscovite
俄亥俄州[美]☆Ohio
俄克拉何马州[美]☆Oklahoma
俄亥阿诺斯神☆Oceanus
俄勒冈州[美]☆Oregon
俄罗斯☆Russia
俄罗斯的{人}☆Russian
俄罗斯木属[P_2]☆Tundrodendron
俄农达格期☆Onondaga age
俄氏贝☆Oldhamina
俄西特地槽☆Ouachita geosyncline
俄歇电子产额☆Auger yield
俄歇电子谱仪☆AES; Auger electron spectrometer
俄歇扫描电子显微镜☆Auger scanning microscope
俄语☆Russian
俄语的☆Russia; Russian; Rus.
俄制烷基羟肟酸盐☆IM-50
额☆forehead; brow; capacity; quantity; crown[逆掩盖覆]; cap.
额鼻角犀属[E_3-Q]☆Dicerorhinus; Dicerorhynus
额岛炸药☆Aldorfit
额顶骨☆os frontoparietale
额定安全工作压力值☆safe working pressure rating
额定白信号☆nominal white signal
额定产量☆rated output
额定产量工作{计工}制☆drag
额定的☆off peak; rated; nominal; normal
额定电压☆rated{nominal} voltage; voltage rating; RV
额定电压值☆voltage rating
额定堆装☆nominally heaped
额定{岛}费特☆Aldorfit
额定风速☆wind rating
额定风载(荷)☆wind-load rating
额定功率☆horsepower{wattage;power} rating; rated power{output;capacity}; nominal capacity {horsepower}
额定精度☆accuracy rating
额定马力☆indicated{rated;rating} horsepower; normal horse power; n.h.p.; rhp; r.h.p.
额定容量☆nominal{rated;level} capacity; (capacity) rating
额定输出产量☆nominal output
额定数量☆standard amount
额定提升负荷☆hoist rating
额定推力☆normal rated thrust; rated thrust
额定压力☆rated pressure; pressure rating
额定载荷电流☆nominal{rated} carrying current
额定值☆rating (value); rated value; excursion; nominal rating; specified rate
额定最小屈服强度☆specified minimum yield strength
额定作用力☆nominal effort
额尔古纳褶皱系☆Ergun fold system
额尔齐斯深断裂带☆Ertix deep fracture
额骨☆frontal (bone)
额后骨☆postfrontal
额棘☆spina frontalis
额脊线☆rostral ridge
额角{部;剑}☆rostrum [pl.-ra,-s]
额鳞☆squama frontalis
额钼钠矿☆irtyshite
额外☆extra-; extro-
额外的☆extra; epactal; Xtr; supernumerary; special
额外电流☆extraneous current; contraflow; confraflow
额外反射☆extrareflection
额外费用☆extra cost{expenses}; premium; additional charges
额外工资☆furtherance
额外工作☆odd work
额外津贴☆bonus; extra allowance
额外收费☆overcharge
额外消耗☆overhead
额外信号☆extra
额外信息☆extraneous information
额外要价☆surcharge
额外应力☆extra-stress
额闸克斯炸药☆Azax powder

ě

恶心☆nausea [潜水员病状]; rotten; lousy; feel{turn} sick; disgusting; repugnant; feel like vomiting; feel nauseated

è

扼☆yoke
扼爆装药☆windy shot
扼流☆throttling; throttle
扼流孔板☆restricted orifice
扼流(线)圈☆inductive choke; choking turns; choker; reactance coil; restriction; restrictor; (power) choke coil; ChC
扼杀剂☆killer
扼要☆conciseness
扼要重述☆recapitulation
扼要的☆summary
扼止☆choke
苊☆acenaphthene
苊叉☆acenaphthenylidene
苊撑☆acenaphthenylene
苊基☆acenaphthenyl
苊烯☆acenaphthylene
萼☆calyx[pl.calyces;-es]; theca
萼板☆Thecal-plate
萼杯☆dorsal cup
萼杯腕板[棘海百]☆cup-brachial
萼杯羽枝[棘海百]☆cup-pinnule
萼部[珊瑚、植物等]☆calyx[pl.calyces;-es]; caliculum
萼部坟状瘤结☆calicular boss
萼盖☆tegmen; operculum
萼盖板[棘海百]☆tegminal
萼管笔石属[O_1]☆Calycotubus
萼坑[珊]☆calycal pit
萼螺珊瑚(属)[六射珊;E-Q]☆Turbinaria
萼内分芽[珊]☆calcinal budding
萼片☆sepal
萼台[珊]☆platform
萼状取芯{岩芯}钻☆calyx core drill
萼状钻☆calyx; calyces
垩白色的☆calcareous
垩磷锌铝石☆Kehoeite
垩石☆chalkstone
垩铁矾☆cyprusite; natrojarosite
垩状磷酸锌钙铝石[$3(Zn,Ca)O_2•2Al_2O_3•P_2O_5•27H_2O$]☆kehoeite
垩状铁矾☆cyprusite
恶丙环☆oxirane
恶病质☆cachexia
恶臭☆offensive{objectionable} odour; mephitis
恶臭的☆foul; fetid
恶臭灰岩☆liverstone
恶臭空气☆mephitic air
恶臭物质☆odorous substance
恶地☆bad land; scabland
恶化☆deteriorate; degradation; deterioration; worsen; corruption; aggravate; exacerbate; take a turn for the worse; impairment; dys-
恶化带☆deteriorated zone
恶劣的地形条件☆extreme topographic condition
恶劣的油田条件☆harsh oilfield condition
恶劣地[worst;worse]☆badly
恶劣地形☆rough topography
恶劣环境☆harsh{hostile} environment; adverse circumstances; environmental extremes; rugged surroundings
恶劣环境测井☆hostile environment logging; HEL
恶劣气候☆harsh climate; vile{rough} weather
(极)恶劣气候☆weather extremes
恶劣天气☆inclement{difficult;severe;rough} weather
恶劣条件☆extreme condition
恶劣条件下工作的管系[指高温、高压、介质带有磨粒和腐蚀性等]☆severe-service piping
恶劣钻井环境☆rugged drilling environment
恶煞螺属[腹;E-Q]☆Lanistes
恶性☆malignant; pernicious; vicious
恶性事故☆fatality
恶意(的)☆ill; spite
厄尔几丁虫属[D_2]☆Earlachitina
厄尔兰德虫属[孔虫;C_1]☆Earlandia
厄尔朗根分布☆Erlangen distribution
厄尔尼诺☆El Nino; Elnino
厄尔斯特冰期☆Elster
厄缶☆Eotvos
厄瓜多尔☆Ecuador
厄立特里亚☆Eritrea
厄立特里亚古海[今阿拉伯海、红海和波斯湾地区]☆Erythr(a)ean; Erythracean
厄塞岩☆essexite
厄司特☆oersted
厄特堡极限☆Atterberg's limit
厄特沃什单位☆Eotvos unit
厄帖普石☆attapulgite; palygorskite
厄欣贝属[腕;T_3]☆Euxinella
厄运☆doom
轭☆yoke
轭棒颗石[钙超;E_2]☆Zygrhablithus
轭棒石[钙超;J]☆Zeugrhabdotus
轭胞介属[O-D]☆Zygobolba
轭齿鲸属[E_2]☆Zeuglodon
轭齿象(属)[N]☆Zygolophodon
轭颚牙形石属[O_{2-3}]☆Zygognathus
轭骨☆jugal
轭合基☆conjugated radicle
轭架☆yoke support
轭连接☆yoke connection
轭螺贝(属)[腕;O_2-S_1]☆Zygospira
轭盘(藻属)[钙超;K_2-E]☆Zygodiscus
轭球(藻属)[钙超;Q]☆Zygosphaera
轭石[钙超;J_3-Q]☆Zygolithus
轭铁☆yoke (block)
轭形的☆zygal
轭形蕨属☆Zygopteris
轭形瘤石介属[S-D]☆Zygobeyrichia
轭形石[钙超;J_3-Q]☆zygolith
轭状物☆yoke
噁唑[C_3H_3NO]☆oxazole
噁唑啉[$OCH:NCH_2CH_2$]☆oxazoline
遏抑的☆suppressant; suppresant
遏制爆炸{破}[四周有控制]☆contained explosion
颚☆jaw; maxilla
颚板☆jaw (plate); crushing plate[颚式破碎机]; cheek; maxilla; chops
颚部化石☆rhincholite; rhyncholite
颚齿刺科☆Gnathodontidae

颚齿牙形石属[C-P_1]☆Gnathodus
颚窦[介]☆anterior palatal foramen
颚方骨☆palato-quadrate
颚骨☆palatine
颚化石[头]☆rhincholite；rhyncholite
颚基☆gnathobase
颚角[蛛]☆chelicera [pl.-e]
颚口虫属☆gnathostoma
颚口亚目☆Gnathostomata
颚片[苔]☆mandible
颚前窝[介]☆anterior palatine vacuity
颚式夹(钳)☆jaw clip
颚式夹钳☆alligator grab
颚式剪☆alligator lace shears
颚式偏心碎石机☆eccentric jaw crusher
颚式破碎机给料钩☆hook for jaw-crusher feeding
颚碎机☆jaw crusher
颚头蜿☆Stringocephalus
颚形碎石机☆jaw breaker{crusher}
颚形突☆scaphium
颚旋式破碎机☆jaw gyratory crusher
颚肢☆pedipalp(us) [pl.-pi]
颚肢[昆]☆maxilliped
颚足[节甲]☆maxilliped
颚嘴贝属[腕;T-J]☆Maxillirhynchia
鄂毕菱形断谷☆Ob rhombochasm
鄂博矿[稀土的碳酸盐]☆oborite；oboit
鄂尔多赛特岩☆ordosite
鄂尔多斯虫属[三叶;$Є_{2\sim3}$]☆Ordosia
鄂尔多斯角石属[头;O_2]☆Ordosoceras
鄂尔多斯台洼☆Ordos Syneklise
腭方骨[鱼类]☆palatoquadrate
腭骨☆palatine；os palatinum
腭后窝☆posterior palatine vacuity
腭裂充填器☆cleft palate obturator
腭筛缝☆ethmoidalis
腭翼骨☆os palatopterygoideum
鳄口形挤渣机☆alligator
鳄目{类}[爬]☆Crocodilia
鳄式碎石机☆alligator
鳄属☆Crocodylus；Crocodilus
鳄纹[涂膜缺陷]☆alligatoring
鳄牙剪(床)☆alligator shears
鳄鱼☆crocodile；alligator
鳄鱼皮☆alligator hide{skin}；crocodile-skin
鳄鱼皮状表面☆alligator skin
噩梦☆nightmare

ēn

蒽☆anthracene
蒽酚☆anthrol；anthranol
蒽绛酚[$C_{14}H_6O_2(OH)_2$]☆anthrarufine
蒽醌☆hoelite；anthraquinone
蒽酮☆anthrone；anthranone
蒽烯☆anthrene
蒽油☆anthracene oil
恩布里型摇带式流槽☆Embrey vanner
恩昌加统一铜矿有限公司[赞]☆Nchanga Consolidated Copper Mines Ltd.；NCCM
恩福拉(双晶)律☆Emfola law
恩福拉双晶☆Emfola twin
恩格勒黏度计☆Engler viscosimeter
恩惠☆grace；favour；favor
恩硫铋铜矿[$CuBiS_2$;斜方]☆emplectite；emplektite
恩派尔型旋转冲击机[钻]☆Empire drill
恩舍尔(阶)[欧;K_2]☆Emscherian
恩氏度☆°E；Engler degree
恩氏(黏)度☆E；Engler degree
恩氏蒸馏☆ASTM distillation
恩氏蒸馏曲线☆Engler curve
恩斯林法☆Enslin method
恩苏塔矿[MnO_2]☆nsutite；yokosukaite
β 恩苏塔矿☆pyrolusite；β-manganese dioxide；graues manganerz[德]
γ 恩苏塔矿☆γ-mangandioxyd；γ-manganese dioxide
β 恩苏铁矿[德]☆leptonemerz
恩吐龙属[T_3]☆Aetosaurus
恩维尔泥灰岩☆Enville marls
恩文临界速度☆Unwin's critical velocity

ér

而不☆rather than
鸸鹋☆Dromaeus；Dromaius novaehollandiae
鸸鹋科☆Dromiceidae
儿茶☆catechu
儿茶酚[$C_6H_4(OH)_2$]☆catechol
儿科专家☆pedologist
儿童发展阶段☆decalage
儿头变形☆molding
鲕褐铁矿[$Fe_2O_3{\bullet}nH_2O$]☆minette (ore)
鲕(状)褐铁矿☆minette (type iron ore)
鲕迹状的☆oophasmic
鲕颗石[钙超;Q]☆Oolithotus
鲕拉泥晶灰岩☆oomicrite
鲕粒☆oolith；ooide；ooid；oolite
鲕粒的☆ooidal；oolitic
鲕粒亮晶微晶灰岩☆oosparmicrite
鲕粒内碎屑亮晶灰岩☆oointrasparite
鲕粒泥晶灰岩☆oomicrite
鲕粒浅滩☆oolitic shoal
鲕粒微晶亮晶灰岩☆oomicsparite
鲕粒岩的☆oolitic
鲕亮晶灰岩☆oosparite
鲕绿泥石[$(Fe,Mg)_3(Fe^{2+},Fe^{3+})_3(AlSi_3O_{10})(OH)_8$;单斜]☆(ferrous) chamosite；ferrochamosite；metachlorite；bavalite；daphnite；chamoisite；Chamaleon；Chameleon
鲕模☆Oolimold
鲕(粒)模☆oomold
鲕模状燧石☆oomoldic chert
鲕泥晶灰岩☆oomicrite
鲕腔☆oolicast；oocast
鲕球粒☆oopellet
鲕砂磷块岩☆oophospharenite
鲕石☆oolite；oolith[小如鱼子的矿物结核胶接而成的岩石]；eggstone；ooid；ooide；ovulite
鲕石的☆ooidal
鲕石化☆oolitization
鲕石建造☆oolitic formation
鲕石外形☆oolicasts
鲕铁矿[$(Fe^{2+},Mg,Al,Fe^{3+})_6(AlSi_3)O_{10}(OH)_8$]☆oolitic {politic} iron ore；clinton{shot} ore
鲕隙☆oovoid
鲕形藻群☆Ooidomorphida
鲕形藻属☆Ooidium
鲕穴☆oovoid
鲕穴状的☆oomoldic
鲕铸型☆oolicast
鲕状褐铁矿床☆minette deposits
鲕状灰岩☆oolitic{globulitic} limestone；roestone；oolite lime；Ketton stone[英国侏罗纪]
鲕状灰岩结构☆biogenic limestone
鲕状粒☆oolitoid
鲕状三角洲☆oolitic delta
鲕状铁矿☆ballstone
鲕状团粒微晶灰岩☆oolitic pelmicrite
鲕状性质☆ooliticity
鲕状穴[鲕状岩风化后形成的洞穴]☆oomold
鲕状岩☆amm(on)ite；oolite；oolitic；rog(g)enstein；roestone；ovulite
鲕状岩化☆oolitization

ěr

耳☆ear{auricle;lug} [古]；claw；handle；auris
耳凹[海扇;双壳]☆auricular sulcus
耳巴泥☆clay gouge
耳板[海胆]☆auricle
耳柄☆ear；lug
耳部☆otic region
耳垂☆lobe of the ear
耳垂形[叶基部]☆auriculatus
耳带脊☆auricular crura
耳格☆erg；Koum；sand desert
耳鼓骨☆tympanic bone
耳环大孢属[K_1]☆Membranisporites
耳环端[拉杆或活塞杆]☆eye end
耳环三缝孢亚类☆auritotriletes
耳环系☆auriculati
耳机☆headphone；headset；earphone；earpiece；bipbone；phone
耳机头环☆headband
耳机组[头戴]☆earphone unit
耳角孢属[C-P]☆Ahrensisporites
耳颈区☆otico-occipital
耳菊石属[头;T_1]☆Otoceras
耳蕨属☆Polystichum
耳壳藻属☆Peyssonnelia
耳廓☆pinna
耳螺(属)[K_2-Q]☆Ellobium
耳膜☆eardrum
耳目法☆eye-and-ear method
耳瓶几丁虫属[O_1]☆Amphorachitina
耳气压伤☆barotrauma
耳区☆otic region
耳曲蝠属[T]☆Parotosaurus
耳塞☆ear plugs；earplug
耳砂☆otoconia；eardust；otolith；otolite；statoconia；lapillus；otoconium；statoconium；statolith
耳石☆otolith[鱼类等]；eardust；otoconium；otolite；statoconium；statolith；lapillus；statoconia；otoconia；earstone；aural calculus
耳石病☆otolithiasis
耳石膜☆otoconium{statoconium;otolithic} membrane
耳式钎尾☆lugged shank
耳梭☆auricular crura
耳听法☆aural method
耳围的☆peri-otic；periotic
耳小骨☆auditory ossicles
耳形的☆auriform
耳形介属[E_2-Q]☆Aurila
耳咽管☆eustachian tube
耳岩☆petrosal
耳羊齿属[C_2-P]☆Alethopteris
耳羊齿型☆alethopteroid
耳叶属[植;P_2]☆Otofolium
耳翼☆ear；earflap；pinna
耳语☆whisper
耳羽叶(属)[T_3-K_1]☆Otozamites
耳枕凹☆otico-occipital depression
耳周的☆peri-otic；periotic
耳轴☆gudgeon；trunnion
耳轴端磨机☆trunnion-end mill
耳轴排矿式磨机☆trunnion-discharge mill
耳轴式万向接头☆trunnion joint
耳轴型棒磨机☆trunnion-type；rod mill
耳柱骨[两栖]☆columella auris
耳柱链☆columellarchain
耳状的☆auriform；auriculate
耳状体☆ear；auricula
耳状突起[植]☆enation
耳状幼虫[棘]☆auricularia
铒☆erbium；Er
尔冈[光子能量单位]☆ergon
尔格[能量单位]☆erg
尔格计☆ergometer
尔格图☆ergogram
尔朗[话务单位]☆erlang
迩人☆Plesianthropus

èr

二☆binary；diad；dyad；dif-[f 前]；bi-；dis-；bin-；twi-；twy-
二(酰)氨基☆diamido-
二氨基二苯基硫醚[$(NH_2C_6H_4)_2S$]☆thioaniline；diamino diphenyl sulfide
二氨基酸☆diamino acid
二胺☆diammonium
二-八进制☆binary-coded octal
二八面体☆dioctahedron；dioctahedral
二八面体层☆dioctahedral layer
二班制☆two-shift
二班(井下)总管☆back overman
二瓣的☆bivalvat
二包[第二次转包的单位或工厂]☆subcontractor
二棓酰-1-葡萄糖[可水解丹宁的一种;$C_{20}H_{18}O_{13}$]☆digalloyl-1-glucosan
二倍的☆double；du(l)plex；duplicate；dupe；diploid；di-；db
二倍器☆doubler
二倍酸☆tannin
二倍体☆diploid
二苯☆biphenyl
二苯胺☆dianiline；diphenyl amine
二苯并吡咯[$(C_6H_4)_2NH$]☆dibenzo-pyrrole
二苯并蒽☆dibenzanthracene
二苯并菲☆dibenzophenantbrene
二苯撑(基)[$C_6H_4{=}C_6H_4$]☆diphenylene
二苯呋喃☆dibenzofuran
二苯胍☆diphenylguanidine；DPG
二苯基☆diphenyl

E

二苯基甲醇[$(C_6H_5)_2CHOH$]☆benzhydrol
二苯基硫代二氨基脲☆diphenyl thiocarbazid
二苯基酮[$(C_6H_5)_2CO$]☆phenyl ketone
二苯甲基[Ph_2CH-]☆benzhydryl
二苯胺☆diphenylamine
二苯肼☆hydrazo-benzene
二苯硫(代)二氨基脲[$(C_6H_5NH{\cdot}NH)_2CS$]☆diphenyl thiocarbazid
二苯硫腙[$C_6H_5N{:}NCSNHNHC_6H_5$]☆diphenyl thiocarbazone
(均)二苯脲[$CO(NHC_6H_5)_2$]☆carbanilide
二苯噻吩☆dibenzothiophene
二苯乙醇酮[$C_6H_5{\cdot}CH(OH){\cdot}CO{\cdot}C_6H_5$]☆benzoin
二苯(基)乙二酮[$(C_6H_5CO)_2$]☆benzil
二苯乙酮基☆desyl; α-phenylphenacy
二变量分析☆bivariate analysis
二变系☆divariant system
二丙醇胺[$(HOC_3H_6)_2NH$]☆dipropanol amine
二丙基-二甲基氯化铵☆diallyldimethylammonium chloride
二丙(基)酮[$(C_3H_7)_2CO$]☆dipropyl ketone
二布兰肯动物群[北美;N_1]☆Blancan fan
二步法三维偏移☆three-D migration in two steps
二槽纹紫云英[俗名毒野豌豆,豆科,硒通示植]☆Astragalus bisulcatus
二层平台☆attic; thribble-platform
二层台☆monkey{kelly} board; forble board working platform; hay rake; monkey-board; quadruple board platform[四单根钻杆组成一立根高度的]; thribble board[钻机]
(井架)二层台☆racking board{platform}; working platform
二层型结构☆two-layer type structure
二叉分枝☆dichotomy
二叉骨针[绵]☆forceps
二叉羊齿(属)[T_3]☆Dicroidium
二茬油☆second crop oil
二长安山响岩☆latite phonolite
二长斑岩☆ivernite; monzonite-porphyry
二长透辉云闪片岩☆vullinite
二长岩☆monzonite
二程回波☆second-trip echo
二齿兽(属)[T]☆Dicynodon
二齿兽龙☆Dicynodon
二冲程内燃机☆two-stroke internal combustion engine
二重☆diplo-; dipl-
二重摆地震仪☆duplex pendulum seismograph
二重潮☆stratified currents
二重成因矿床☆diplogenetic deposit
二重氮化合物☆disazo compound
二重的☆duplex; dual; amphimorphic; dyadic; duplicate; dupe; double; duo-; di-; db; dx
二重(对称)的☆diad
二重谷☆two-story valley
二重寄生☆diploparasitism
二重式火山☆double volcanoes
二重无穷总体☆doubly infinite population
二重性☆dualism; duplicity; parallelism
二重岩☆amphimorphic rock
二重轴的☆diadic
二重状态☆doublet state
二次☆quadric; quadr(i)-; after-; twy-; twi-
二次安全壳☆secondary containment
二次拌和混凝土☆retempered concrete
二次爆破☆secondary (hole) blasting; block holing; boulder blasting{buster}; popping; pop-shoot(ing); spider{plaster;buller} shoot(ing); popholing; buller shot; bucking; blasting boulders; blockholing; bulldoze; chopping; secondary shooting{breaking; blast}; chunk reduction; reblasting; breaking-up of boulders
二次爆破的小炮眼☆blocked hole
二次爆破小药包☆plugging; plug shot
二次爆破眼☆pophole; pop (hole;shot)
二次爆破凿岩☆secondary drilling
二次变换☆back shift
二次波☆secondary (wave); s-wave; secondaries
二次采油☆after-production; secondary production {exploitation;depletion}; secondary (oil) recovery; petroleum secondary recovery
二次采油动态☆secondary performance
二次采油体积波及系数☆secondary volumetric sweep efficiency
二次沉积☆redeposition
二次成形☆post forming
二次充电☆recharge
二次除油罐☆secondary oil removal tank
二次传动提升机☆second-motion hoist
二次垂直微商☆second vertical derivative
二次打开☆reopen
二次导数☆second-time derivative
二次倒反{转}轴☆inversion diad
二次的☆quadr(at)ic; secondary; secant; binary; sec.
二次地面多次波☆second-order surface multiple
二次点火[航;燃]☆reignition
二次电子像☆Secondary Electron Imaging; SEI
二次动差比☆variance ratio
二次煅烧的白云石☆magdolite
二次对称☆twofold{binary} symmetry
二次发现的矿脉☆secondary vein
二次方程判别式☆quadratic discriminant
二次方项☆quadratic component
二次仿样☆quadratic spline
二次放炮☆buller shoot; boulder{blockhole} blasting
二次放射系数☆production coefficient; yield
二次分层化☆sub-stratification
二次分级☆regrading; secondary classification
二次根☆square root
二次光谱☆side spectrum
二次规划☆QP; quadratic program(ming)
二次函数☆quadratic function
二次呼叫☆recall
二次回采☆secondary{stump} recovery; back{stump} extraction; working the broken; abstraction{dropping} of pillars; stooping; pillar extracting; splitting pillars; rob; stumping pillar taking; stump pulling; second {broken} working
二次回采的煤柱煤☆hunting coal
二次回火☆double tempering
二次火灾☆spot fire
二次击穿☆second break
二次加热☆reheating
二次加注(燃料)☆defuelling
二次矩范数☆second moment norm
二次开采☆secondary recovery{production; depletion}; broken{second} working; reworking
二次开采见效产油量☆secondary oil response rate
二次开采模式☆secondary recovery mode
二次开采能量☆secondary energy
二次开发☆redevelopment
二次拉伸☆redrawing
二次冷却☆aftercooling; after cooling; recool
二次离子成像质谱测定法☆secondary ion imaging mass spectrometry; SIIMS
二次硫{硬}化☆post-cure
二次流体动力循环☆secondary fluid power cycle
二次磨矿☆rock{secondary} grinding
二次排替{泄}曲线☆secondary drainage curve
二次破碎☆block holing; secondary crushing {breaking;fragmentation}; chopping; recrushing; regrinding; two-stage crushing
二次破碎巷道上工人[美]☆chorro man
二次曲面☆quadric (surface); conicoid
二次驱替☆subordinate displacement
二次曲线☆quadratic{quadric;conic(al)} curve; conic (section); curve of second degree
二次取样☆resampling; subsampling; subsample; secondary sampling
二次燃料油滤器☆secondary fuel filter
二次燃烧☆secondary combustion{burning}; aftercombustion; after(-)burning; second burning; post(-)combustion; after-fire
二次燃烧氧枪☆post-combustion lance
二次燃烧用风{空气}☆secondary combustion air
二次绕组☆secondary (winding); SW; sec.
二次筛分☆regrading; rescreen(ing); regratation
二次生反应边☆secondary corona
二次生油说☆secondary oil generation theory
二次塌落☆after-burst; afterbreak
二次调整☆dual{double} setting
二次调制☆secondary modulation; remodulation
二次投影☆reprojection
二次退火☆white annealing
二次完成井[回采另一层,或改变井的用途等]☆recomplete a well
二次完井☆recompletion
二次吸附☆re-adsorption
二次下水污泥[土]☆secondary sewage sludge
二次相位因子☆secondary phase factor
二次项效应☆second order effect
二次谐波型磁性调制器☆magnettor
二次形式布拉格方程☆quadratic form of the Bragg equation
二次选取[地震记录解释]☆alternate pick
二次循环湖☆dimictic lake
二次压力☆periodic weight
二次压碎☆recrushing
二次乙基[$-CH_2{\cdot}CH_2-$]☆diethylene
二次引燃☆reflash
二次蒸气循环☆steam-to-water cycle; indirect steam cycle
二次(对称)轴☆diad; digonal
二醋精☆diacetin
二代(无机盐)☆Secondary
二代的[盐]☆dibasic
二氮化五铁☆siderazote
二氮烷☆diazane
二氮烷基☆diazanyl
二氮芴☆carboline
二氮烯[$HN{:}NH$]☆diazene
二氮烯基[$HN{=}N-$]☆diazenyl
二氮杂苯[$C_4H_4N_2$]☆diazine
1,3-二氮杂茂[$C_3H_4N_2$]☆glyoxaline; imidazol(e)
2,3-二氮杂茂☆Miazol; 2,3-diazacyclopentadiene
二道底漆☆base coat
二道体区[海胆]☆bivium
二的补码☆two's complement
二等分☆bisection; halve
二等分裂[植物叶]☆bipartition
二等分物☆bisector
二等分线☆bisector; bisectrix; bisecting{halving; mean} line
二等(测地)控制☆secondary control
二底图☆safety copy; second negative
二碘化物☆diiodide
二碘甲烷[CH_2I_2]☆methylene iodide; methylene; diiodo-methane
二碘甲烷浸液☆methylene iodide (immersion); immersion
二电子衍射花样☆electron diffraction pattern
二叠钙藻(属)[P-Q,以P为主]☆Permocalculus
二叠纪[290～250Ma;华北从此一直为陆地,盘古大陆形成,发生大灭绝事件,95%生物灭绝;P_{1-2}]☆Permian (period); Dyassic; Dias; P
二叠纪层☆Dyas
二叠纪的☆Permian; Permian; Dyassic
二叠石燕属[腕;P]☆Permospirifer
二叠网翅蛉属[昆;P_2]☆Permotipula
二叠系☆Dias; Dyas; Permian (system); Dyassic; P
二丁醇胺[$(HOC_4H_8)_2NH$]☆dibutanol amine
二丁(基)二硫醚[$(C_4H_9S)_2$]☆dibutyl disulfide
二丁基胺[$(C_4H_9)_2NH$]☆dibutylamine
二丁基多硫醚[$(C_4H_9)_2S_n$]☆dibutyl polysulfide
二丁基胍[$(C_4H_9NH)_2C{:}NH$]☆dibutyl guanidine
二丁基硫代磷酰溴[$(C_4H_9)_2PSBr$]☆dibutyl thiophosphoryl bromide
二丁基脲[$(C_4H_9NH)_2CO$]☆dibutyl carbamide
二丁基酮[$(C_4H_9)_2CO$]☆dibutyl ketone
二丁甲醇☆di-butyl carbinol
二丁(基)(甲)酮[$(C_4H_9)_2CO$]☆valeron(e)
二度☆bis
二度的☆planar-dimensional; bivariate
二度简并☆doubly{two-fold} degenerate
二度界面☆two-dimensional interface
二端交流开关元件☆Diac
二段分选☆two-stage separation
二段铜镍浮选☆secondary CuNi flotation
二对的☆bijugous
二对流平衡(态)☆convective equilibrium
二对小叶的☆bijugate
二噁烷[$(CH_2)_4O_2$]☆dioxane
二噁英☆dioxin
二-二硫醚[$HOC_6H_3(CH_3)\text{-}S\text{-}S\text{-}C_6H_3(CH_3)OH$]☆dicresyl disulfide
二芳基二硫代磷酸盐☆phenol-aerofloat
二芳烃基一硫代磷酸盐[$(RO)_2P(S)OM$]☆diaryl monothiophosphate
二方赤平(晶)组[2/m 晶组]☆digonal equatorial class

二方的☆digyric；digonal
二方极性(晶)组[2 晶组]☆digonal polar class
二方全轴(晶)组[222 晶组]☆digonal holoaxial class
二方映转(晶)组[2 晶组]☆digonal alternating class
二分标计数器☆scale-of-two counter
二分叉主突起[腕]☆bifurcate cardinal process
二分岔煤层☆simple split seam
二分称面☆dimetric face
二分的☆bipartite
二分点[春分点和秋分点]☆equinox(es)；equatorial points
二分点的☆equinoctial
二分点风暴☆line storm；equinoctial thunderstorm
二分点雷暴☆line thunderstorm
二分法☆binary divisive procedure；dichotomy；two-fold division
二分力(量)的☆two-component
二分量采集☆two-component acquisition
二分脉岩☆diaschistic dike (rock)；diaschistic dyke rock
二分(缩样)器☆sample riffler；riffle
二分取样☆binate
二分圈☆equinoctial circle；colure
二分数据☆dichotomous data
二分体[生]☆dyad
二分寻找法☆dichotomizing search
二分岩☆diaschistite；diaschist{diaschistic} rock
二分羊齿属[古植;$C_{1\sim2}$]☆Diplothmema
二分枝式[古]☆dichotomous
二分之一的☆subdouble
二分子聚合物☆dimer
二氟二溴甲烷[灭火剂]☆ dibromodifluoromethane
二副☆second mate{officer}
二钙化物☆dicalcium
N-二(羟乙基)甘氨酸☆bicine
二甘醇☆diethylene {-}glycol
二甘醇胺☆diglycol amine；DGA
二甘醇单丁(基)醚[$C_4H_9O\text{-}CH_2CH_2OCH_2CH_2OH$]☆diethylene-glycol monobutyl ether
二甘醇一丁醚☆diethylene glycol monobutyl ether
二甘油十二酸酯[$C_{12}H_{25}COO\cdot CH_2\cdot CHOH\cdot CH_2\cdot O\cdot CH_2\cdot CHOHCH_2OH$]☆diglycerin dodecyl acid ester
二甘油一胺[$CH_2OHCHOHCH_2OCH_2CHOHCH_2\cdot NH_2$]☆diglycerin monoamine
二甘油酯[$HOC_3H_5(OR)_2$ 的化合物]☆diglyceride
二格的☆bilocular
(由)二个平面构成的☆dihedral
二庚基硫代磷酰氯[$(C_7H_{15})_2PSCl$]☆diheptyl thiophosphoryl chloride
二构件支架☆two-piece set
二股线☆twine
二官能单体☆bifunctional monomer
二管轮☆second engineer
二硅化钼电炉☆molybdenum silicide furnace
二硅酸盐☆disilicate
二硅铁矿[$FeSi_2$;等轴]☆ferdisilicite
二癸基酮[$(C_{10}H_{21})_2CO$]☆decyl ketone
二哈马拉牙形石属[$O_{2\sim3}$]☆Hamarodus
二号荞麦级煤☆rice；buckwheat No.2
二合体☆dyad；dyas
二花紫树[Co 示植]☆Nyssa sylvatica var. biflora
二环☆bicyclo-
二环己烷基二硫代氨基甲酸盐☆dicycyohexyl dithiocarbamate
二环己烷基二硫代氨基甲酸钠[$(C_6H_{11})_2NC(S)SNa$]☆R-10
二环氧甘油☆diglycidyl
二环氧甘油醚☆diglycidyl ether
二黄原酸盐☆dixanthogen；dixanthate
二磺酸[$R:(SO_3H)_2$]☆disulfonic{dissulfonic} acid
二磺酰化二硫[$RO\cdot CS\cdot S_2\cdot CS\cdot OR$]☆xanthic disulfide
二灰橄榄岩☆garnet lherzolite
二辉石相☆two-pyroxene facies
二辉石岩☆ehrwaldite
二辉岩☆websterite
二回☆bis
二回羽状全裂的[植物叶]☆bipinnatisect
二回羽叶☆pinule；pinnule
二回羽状分裂的[植物叶]☆bipinnatifid
二基取代了的☆disubstituted
二肌纲☆dimyaria
二极管☆diode (valve)；double diode；D.D.；two-element tube；two-electrode valve
二极溅射☆diode sputtering
二极排列[即单极-单极排列]☆two array
二极配合物☆dipolar complexes
二极型☆diarch
二级(的)☆second
二级传动(的)☆duplex-drive；D.D.
二级刺[棘海胆]☆secondary spine
二级分布☆bivariate distribution
二级粉磨系统☆two-stage grinding system
二级固定式空气压缩机☆two-stage stationary air compressor
二级减速提升机☆third-motion hoist
二级精度☆fine grade
二级矿石☆second-class{milling} ore
二级离心式空气分级机☆double-whizzer classifier
二级品☆waster；seconds
二级蠕变☆secondary{steady-state} creep；pseudoviscous flow
二级三联射汽抽气器☆two-stage triple-element steam jet gas ejector
二级式旋流器☆two-stage cyclone
二级双锥面☆second order dipyramid
二级纹层☆second order lamellae
二级线列☆regulus
二级相变理论[多型性]☆second-order transformation theory
二级延发☆B delay
二级制动☆double-stage{two-period} braking
二己醇胺[$(HOC_6H_{12})_2NH$]☆dihexanolamine
二己基胺[$(C_6H_{13})_2NH$]☆dihexyl amine
二己基硫代磷酰氯[$(C_6H_{13})_2PSCl$]☆dihexyl thiophosphoryl chloride
二甲氨荒酸锌☆ziram
二甲(基)氨基巯基苯并噻唑[$(CH_3)_2NC_6H_2(SH)CHNS$]☆dimethyl-amino-mercapto benzothiazol
二甲氨乙醇酸式酒石酸盐☆deanol hydrogen tartrate
二甲胺☆dimethylamine
二甲胺基乙腈☆dimethylaminoacetonitrile
β-二甲胺乙酯☆β-dimethyl-aminoethylmethacrylate
二甲苯☆xylene；dimethyl benzene
二甲苯酚[$(CH_3)_2C_6H_3OH$]☆xylenol
二甲苯基☆xylyl；ditolyl
二甲苯酸☆xylic acid
二甲代苯胺[$(CH_3)_2C_6H_3NH_2$]☆xylidine
二甲酚☆methyl cresol；xylenol
二甲酚-二硫醚[$HOC_6H_3(CH_3)\text{-}S\text{-}S\text{-}C_6H_3(CH_3)OH$]☆dicresyl disulfide
二甲基☆dimethyl
1,7-二甲基苯☆pimaradiene
二甲基大豆油叔胺[含 80%叔胺]☆Armeen DMS
二甲基-二大豆油基季铵盐氯化物[$(R_2N(CH_3)_2)^+Cl^-$, R=大豆油烷基]☆Arquad 2S
二甲基二氯化硅与甲基三氯化硅混合物[法]☆Chlorosilane 23
二甲基-二氢化牛油基季铵盐氯化物☆Arquad 2HT
二甲基-二烷基季铵盐氯化物[$(R_2N(CH_3)_2)^+Cl^-$]☆Arquad 2C
二甲基二乙氧基硅烷☆dimethyldiethoxysilane
二甲基反异链烷☆2-methyl anteiso-paraffin
二甲基菲☆dimethylphenanthrene
1,7-二甲基菲☆pimanthrene
二甲基菲/菲比值☆dimethyl phenanthrene/phenanthrene ratio；DPR
二甲基化作用☆dimethylation
二甲基环乙醇☆hexahydro-xylenol
α,α-二甲基甲苯基甲醇[$CH_3C_6H_4\cdot C(OH)(CH_3)_2$]☆α,α- dimethyltolylcarbinol
二甲基甲酰胺☆dimethyl formamide
二甲基聚硅油☆Dow Corning Silicone Flceid F-258
二甲基联苯二元推进剂☆aerozine
二甲基萘☆dimethylnaphthalene
二甲基萘(基)甲基过氧(化)氢[$(CH_3)_2C_{10}H_5CH_2OOH$]☆dimethyl naphthyl methyl hydroperoxide
二甲基十八{|十六|椰油}叔胺[含 80%叔胺]☆Armeen DM18{|16|C}
二甲基-正十六烷基-苄基季铵盐氯化物[$(C_{18}H_{37})C_6H_5CH_2N(CH_3)_2Cl$]☆Triton K-60
二甲胂基☆cacodyl
二甲亚砜☆DMSO；dimethylsulfoxide
二价☆bivalence
二价的☆dyadic；bivalent；divalent；diadic；diatomic
二价汞的☆mercuric
二价锰的☆manganous
二价铅的☆plumbous
二价碳基[−C−]☆carbyl
二价铁☆ferrous iron
二价铁(的)☆ferrus
二价铁的☆ferrous；ferro-
二价铜的☆cupric
二价锡的☆stannous
二价锡石☆romarchite
二价铀离子☆uranyl divalent ion；urangl divalention
二价元素☆divalent element；dyad；diad
二价原子☆bivalent atom；diad
二尖牙{齿}☆bicuspid tooth
二兼性细菌☆facultative bacteria
二碱价的[酸]☆dibasic
二降藿烷☆bisnorhopane
二降羽扇烷☆bisnorlupane
二角的☆digonal
(球面的)二角形☆lune
二阶导数近似式☆second derivative approximation
二阶段法☆two-phase method
二阶段体系☆two stage system
二阶多次(反射)波☆second-order multiples
二阶矩范数☆second moment norm
二进码密度☆bit density
二阶谱☆bispectrum
二进时间☆bit time
二进位制☆binary scale；BS
二进位组计算机☆byte computer
二进制比率倍增器☆binary rate multiplier
二进制编码的八进制☆binary {-}coded octal；BCO
二进制编码的十进制数字☆coded-decimal-digit
二进制编码地震系统☆binary encoded seismic system；BESS
二进制乘法规则☆binary multiplication rule
二进制的☆binary；binary；dyadic
二进制发送信号☆binary signalling
二进制码形式☆binary code representation
二进制数☆binary number
二进制位☆binary bit
二晶☆bicrystal
二腈[含有两个-CN 基的化合物]☆dinitrile
二肼羰☆carbazide
二聚(作用)☆dimerization
二聚硅酸☆dimeric silicic acid
二聚环戊二烯铁☆ferrocene
二聚三聚酸☆dimertrimer acid
二聚水[$(H_2O)_2$]☆dihydrol
二聚物☆dimer；dipolymer
二聚乙二醇单油酸酯[$C_{17}H_{33}CO(OCH_2CH_2)_9OH$]☆Lipal 40
二聚乙二醇硫酸盐{|酯}[浮捕剂;$ROCH_2CH_2OCH_2CH_2OSO_3M$ {|R}]☆diethylene-glycol sulfate
二聚乙二醇一甲醚[$CH_3(OCH_2CH_2)_2OH$]☆diethylene-glycol monomethyl ether
二均差☆moon's variation
二苦氨化物☆dipicrylaminate
二苦胺法☆dipicrylamine method
二矿物组合☆bimineralic assemblage
二矿岩☆binary rock
二肋粉属[C-P]☆Lueckisporites
二联不锈钢☆duplex stainless steel
二联的☆dual
二联二苯[$C_6H_4:C_6H_4$]☆diphenylene
二连晶[双晶]☆d(o)ublet；twoling
二连沙洲☆double tombolo
二连石☆erlianite
二链烷烃☆bicyclic alkane
二列的☆distichous；bifarious
二列型☆biserial
二裂[植物叶顶形]☆bilobus
二裂的☆bifid
二磷酸☆diphosphonic acid
二棱石☆zweikanter
二硫撑二醋酸[$HOOCCH_2\text{-}S\text{-}S\text{-}CH_2COOH$]☆dithiodiglycollic acid
二硫代[−SS−]☆dithio-
二硫代氨基甲酸[$H_2N\text{-}CSSH$]☆dithiocarbamic acid
二硫代氨基甲酸二乙胺(酯)[$NH_2CSSN(CH_2CH_3)_2$]☆carbothialdine
二硫代氨基甲酸酯{盐}[$H_2N\cdot C(S)SR$ {M}]☆dithiocarbamate
二硫代磷酸型捕收剂☆aerofloat
二硫代磷酸盐{|酯}[:PSSM{|R}]☆thionothiol

E

phosphate
二硫代磷酸盐类☆Aerofloat promoter
α-二硫代萘酸四甲季铵盐[$C_{10}H_7C(S)S^-,(CH_3)_4N^+$]☆α-dithio-naphthoic acid tetramethyl ammonium salt
二硫代碳酸[$CO(SH)_2$]☆dithiolcarbonic acid
二硫代偕肼腙[$(C_6H_5{\cdot}N{:}N)_2CS$]☆diphenyl carbodiazone
二硫酚☆dithiol
二硫化二砷☆realgar
二硫化钼☆molybdenum disulfide
二硫化秋兰姆[$(R{\cdot}NH{\cdot}CS)_2S_2$型或$(R_2N{\cdot}CS)_2S_2$型的化合物]☆thiuram disulfide
二硫化碳[CS_2]☆carbon bisulfide{disulfide}；carbon disulphide
二硫化羰[COS_2]☆carbonyl disulfide
二硫化铁☆iron disulphide
二硫化物☆disulfide；disulphide；bisulphide；bisulfide
二硫化锡☆mosaic gold
二硫茂☆dithiole
二硫锡矿[SnS_2]☆berndtite
二铝酸一钙☆calcium dialuminate
二铝铜矿☆khatyrkite
二氯苯[$C_6H_4Cl_2$]☆dichlorobenzene
二氯[代]苯☆dichlorobenze
二氯苯酚[$Cl_2C_6H_3OH$]☆dichloro-phenol
二氯二苯三氯乙烷☆dichloro-diphenyl-trichloroethane
二氯二氟甲烷制冷剂☆freon
二氯二甲基硅烷☆dichlorodimethyl silane
二氯化锰[$MnCl_2$]☆manganous chloride
二氯化物☆bichloride；dichloride
二氯化物阴离子树脂柱☆double chloride anion resin column
二氯化锡☆stannous chloride
二氯化指数☆chloride index
二氯甲烷☆carrene；dichloromethane；methylene chloride
9,10-二氯十八烷基硫酸钠☆sodium 9,10-dichloro-octadecyl sulfate
二氯乙烷☆ethylene chloride；dichloroethane
二轮回谷{|说}☆two-cycle valley{|theory}
二轮静压压路机☆two drum road roller
二轮列[古植]☆dicyclic
二轮马车☆cart
二螺旋转式空气压缩机☆two-stage rotary air compressor
二茂(络)铁☆ferrocene
二枚贝☆notation of bivalve
二[孢]密穴孢属[K_2]☆Foveotriletes
二面的☆dihedral
二面顶压机☆opposed anvil
二面对切☆bevel；bevelment
二面群☆dihedron{dihedral} group；dieder-group
二面体☆dihedron
二面形孢子☆bilateral spore
二名法☆binomial nomenclature
二钠盐☆disodium salt
二萘并晕苯☆dinaphthocoronene
二萘甲烷二磺酸钠[$HO_3S{\cdot}C_{10}H_6{\cdot}CH_2{\cdot}C_{10}H_6{\cdot}SO_3Na$]☆sodium dinaphthylmethane disulfonate
二萘品苯☆picene
二萘嵌苯☆perylene
二年三熟☆three crops in two years
二年生的[植]☆second year's growth
二年生植物☆biennial
二偏压电阻器☆bias resistor
二平分☆bisect
二期梅毒疹[医]☆secondaries
二期蠕变☆steady-state{secondary} creep
二期微晶基质☆biphyletic mass
二歧性☆dichotomy
二歧岩浆的☆bimagmatic
二铅汞矿☆leadamalgam
二羟(基)☆dihydroxy
二羟醇☆diatomic alcohol
二羟酚☆dihydric phenol
二羟基☆dihydroxyl
二羟基苯[$C_6H_4(OH)_2$]☆dioxy-benzene
二羟基的☆dihydric
二羟基二苯基二硫醚[$(HO{\cdot}C_6H_4{\cdot}S)_2$]☆dioxydiphenyl disulfide
二羟基酒石酸脎钠☆sodium dihydroxytartarateosazone
二羟乙基胺[$HN(CH_2CH_2OH)_2$]☆diethanolamine
二羟硬脂酸☆dihydroxy stearic acid
二嗪[$C_4H_4N_2$]☆diazine
二氢☆dihydrogen
二氢卟酚☆chlorin
二氢(化)的☆dihydro-
二氢苊☆acenaphthene
二氢(化)蒽☆dihydroanthracene
二氢化物☆dihydride
二氢基卟啉☆dihydroporphyrin
二氢-N-甲基异石榴皮碱☆dihydro-N-methylisopelletierine
二氢(化)萘☆dihydronaphthalene
二氢石蒜基☆sekisanine
二氰(基)☆dicyan
二区肋蛤属[双壳;K-Q]☆Musculus
二壬基萘微酸钡盐☆barium dinonyl naphthalene sulphonate
二噻茂☆dithiole
二鳃类☆Dibranchiata
二鳃式的[头]☆dibranchiate；coleoid
二鳃亚纲☆endocochlia；dibranchia
二三硅酸盐☆sesquisilicate
二色镜☆dichroscope
二色试板☆dichroiscope
二色性☆dichroism；dichromatism
二色性的☆dichroic；dichromatic
二沙颈岬☆double tombolo
二沙漂移☆quadratic drift
二闪石岩☆polyamphibole
二射棒[绵]☆rhabdodiactin
二深裂的[植物叶]☆bipartite
二生齿型☆diphyodont
二十☆score
二十八(碳)烷☆octacosane
二十度不连续☆twenty-degree discontinuity
二十二烷☆docosane
二十二烷酸☆docosanoic acid
二十二烯酸[$C_{21}H_{41}COOH$]☆docosenoic acid
二-十进制☆binary (coded) decimal；BCD
二-十进制码☆BCD code
二十九(烷)酸☆montanic acid
二十九(碳)烷☆nonacosane
二-十六进制转换☆binary-to-hexadecimal conversion
二十六(碳)烷☆hexacosane
二十面体☆icosahedron [pl.-ra]
二-十七碳烷基酮[$(C_{17}H_{35})_2CO$]☆diheptadecyl ketone
二十七(碳)烷☆heptacosane
二十三(碳)烷☆tricosane
二十四(碳)烷☆tetracosane；lignocerane
二十四小时作业☆around-the-clock service
二十(烷)酸[$CH_3(CH_2)_{18}COOH$]☆arachidic acid
二十碳烷☆eicosane；petrosilane；icosane
二十烷☆eicosane
二十位☆ten's place
二-十五碳烷基酮[$(C_{15}H_{31})_2CO$]☆dipentadecyl ketone
二十五烷☆pentacosane
二十烯酸[$C_{20}H_{38}O_2$]☆eicosenoic acid
二十一(烷)基☆heneicosyl
二十一(碳)烷[$C_{21}H_{44}$]☆heneicosane
二石英砂岩☆quartzose sandstone
二室型的☆biloculine
二数操作☆dyadic operation
二双列☆double biseries
二双眼视差☆binocular parallax
二水钒石[$V_2O_4{\cdot}2H_2O$]☆lenoblite
二水方解石☆hydrocalcite
二水高岭土{石}☆metakaolinite
二水钴矿☆hallonite
二水芒硝☆hydrothenardite
二水硼砂☆metakernite
二水石膏☆calcium sulfate dihydrate；dihydrate gypsum
二水(合)物☆dihydrate
二水泻盐[$MgSO_4{\cdot}2H_2O$]☆sanderite
二酸☆dipic acid；diacid
二随机变量和☆sum of two random variables
二羧基乙基甘氨酸钠☆Cyquest EDG
二羧酸[带有二个-COOH基的酸]☆dicarboxylic acid
二羧乙基[$(HOOC)_2CH{\cdot}CH_2-$]☆dicarboxyethyl-
二缩三乙二醇☆triethylene glycol
二态变量☆binary-state{binary} variable
二态数据☆binary{dichotomous} data
二态特征☆two-state character
二态(形)性☆dimorphism
二羰基☆dicarbonyl
二糖☆disaccharide；diose；biosis；biose
二体的☆dual；disomic
二体课题☆two-body problem
二体模型☆two-mass model
二体生物☆disomic
二体性[生]☆disomy
二萜化合物☆diterpenoid
二铁铝酸六钙☆hexacalcium dialuminoferrite
二烃(烷)基胺☆dialkylamine
二烃(烷)基的☆dialkyl
二烃基亚磷酸酯☆diaikylphosphinate
二通消火栓☆two-way hydrant
二酮☆diheptadecyl{dipentadecyl} ketone
二烷基丙烯酰胺[$CH_2{:}CHCONR_2$]☆dialkyl acrylamide
二烷基二硫代氨基甲酸氰乙酯[$RR'N{\cdot}C(S)S{\cdot}CH_2CH_2CN$]☆cyano vinyl dithiocarbamate
二烷基二硫代氨基甲酸盐[$(R)_2NC(S)SM$]☆dialkyldithiocarbamate
二烷基芳基甲基过氧化氢[R_2ArCH_2OOH]☆dialkyl aryl methyl hydroperoxide
二烷基甲基苄基溴化铵☆AMB
二烷基磷酸硝基苯酯[$(RO)_2P(O)OC_6H_4NO_2$]☆nitrophenyl dialkyl phosphate
二烷基硫代氨基甲酸酯[$R'NH{\cdot}C(S)OR$]☆dialkyl thionocarbamate
二烷氧烷基多硫醚[ROR−]☆dialkoxy alkyl polysulfide
二维成核理论☆two-dimensional nucleation theory
二维的☆two-dimensional；bidimensional；planar-dimensional；planar；bivariate
二维方法☆profile method
二维(晶)核☆planar nucleus
二维校正☆two-dimensional correction；2DC
二维结构☆two dimensional feature；tow-dimensional structure
二维颗粒流程序☆particle flow code in 2 dimensions
二维空间的节点网格☆node network for two space dimensions
二维孔隙网络模型☆2D pore network model
二维乱向☆2D randomly orientated
二维数据的分区{段}法☆segmentation of two-dimensional data
二维水平承压水流☆two-dimensional horizontal confined flow
二维图形☆stereogram
二维土壤水方程☆two-dimensional soil-moisture equation
二维型铁电体☆two dimensional ferroelectrics
二维应力☆plane{two-dimensional} stress
二维有限差分含水层模型☆two-dimensional finite difference aquifer model
二维最佳化法☆two dimensional optimization procedure
二位三通☆two-position three way
二五混合进制检查码☆biquinary checking code
二五进制☆biquinary scale
二戊基☆diamyl
二戊基胺[$(C_5H_{11})_2NH$]☆diamyl amine
二戊基芳基甲基过氧化氢[$(C_5H_{11})_2Ar{\cdot}CH_2OOH$]☆diamyl aryl methyl hydroperoxide
二戊基甲酮[$(C_5H_{11})_2CO$]☆diamyl{amyl} ketone
二戊基硫代磷酰氯[$(C_5H_{11})_2PSCl$]☆diamyl thiophosphoryl chloride
二戊烯[$C_{10}H_{16}$]☆cinene
二戊烯基☆diamylene
二硒银矿☆riolith；tascine
二锡二钯三铂矿☆Y cabri
二烯☆diols
二烯(烃)☆diene
二烯丙基[$(CH_2{=}CHCH_2{-})2$]☆diallyl
二烯的☆diolefinic
二烯基☆dialkylene
二烯类☆dienes
二烯属☆diolefine；diolefin；diene
二烯属烃☆alkadienes
二烯烃☆diene；diolefin(e)；dialkene；alkadiene
二霞正长岩☆cancrinite nepheline syenite
二下颚骨☆Meckelian bone
二酰胺☆diamide

二酰基乙二胺☆diacyl ethylene diamine
二线分雷暴☆line thunderstorm
二线制☆two-wire system
二项(式)分布☆binomial distribution
二项式分布函数☆binomial distribution function
二项式系数☆binomial coefficient
二相(的)☆biphase
二相沉积(物)☆binary sediment
二相混合物☆two-phase mixture
二相交流电☆two-phase alternating current
二相流体地热储☆two-phase geothermal reservoir
二象性☆duality
二向的☆two-dimensional
二向分色镜☆dichromic beam splitter
二向量和☆sum of two vectors
二向流☆two-dimension flow
二向色反射镜☆dichroic mirror
二向色镜☆dichroscope
二向色性☆dichroism
二向应力☆biaxial stress
二硝化乙二醇[炸药防冻剂]☆diethyleneglycol dinitrate
二硝基苯☆dinitro benzene
二硝基甲苯[炸药;$C_7H_6N_2O_4$]☆dinitrotoluene；DNT；dinitro toluene
二硝基萘[$C_{10}H_5(NO_2)_2$]☆dinitronaphthalene
二硝基重氮酚☆diazodinitrophenol；Dinol
二硝酸盐☆dinitrate
二斜系☆diclinic system
二辛醇胺[$(HOC_8H_{16})_2NH$]☆dioctanol amine
二辛基☆dioctyl
二型(现象)[生]☆dichotocarpism
二型的☆dichotypic
二形(晶)☆dimorph；dimorphism
二形的☆dimorphic；dimorphous
二形矿☆dimorphite
二形现象☆diamorphism；dimorphism
二溴百里酚磺酞☆dibromothymolsulfonphthalein；bromothymolblue；
二溴苄☆cyclite
二溴氮基丙酰胺☆dibromo nitrilopropionamide；dibromonitrilopropionamide；DBNPA
二溴化物☆dibromide
二溴化乙烯☆ethylenedibromide
二溴甲烷[CH_2Br_2]☆methylene bromide；dibromomethane
二溴乙烯{烷}[$CH_2Br:CH_2Br$]☆dibromo ethylene；ethylene bromide；ethylenedibromide
二压缩机组☆compressor
二亚胺碳☆carbodiimide
二亚甲基☆dimethylene
二亚硝基间苯二酚[$(ON)_2C_6H_2(OH)_2$]☆dinitroso-resorcinol
二亚乙基☆diethylene
二氧化钚☆plutonia
二氧化氮☆nitrogen dioxide
二氧化碲晶体☆tellurium dioxide crystal
二氧化锆☆zirconium dioxide；zirconia
二氧化硅[SiO_2]☆silica；silicon dioxide；earth silicon；silicon deoxide
二氧化硅法温度测量☆silica thermometry
二氧化硅过饱和线☆excess silica line
二氧化硅和杂质☆silica and impurities
二氧化硅胶结物☆silica cement
二氧化硅温标估算温度☆silica-estimated temperature
二氧化硅温标温度☆silica-estimated{silica} temperature
二氧化硫☆sulfur{sulphur} dioxide；sulphuric deoxide；sulfurosite；disulphide
二氧化氯☆chlorine dioxide
二氧化锰☆manganese dioxide
二氧化铈☆ceria
二氧化钛[TiO_2]☆titania；titanium dioxide
二氧化碳☆carbon dioxide (gas)；surfeit；black damp{choke}；carbon-dioxide；fixed{mephitic} air；heavy air[井下空气]；choke damp
二氧化碳爆破筒爆破(法)☆cardox blasting{blast}；carbon dioxide blasting{breaking}
二氧化碳爆破系统☆carbon-dioxide system
二氧化碳测定仪☆anthra(o)cometer
二氧化碳和硫化氢☆carbon dioxide and hydrogen sulphide
二氧化碳甲烷比地热温标☆carbon dioxide/methane geothermometer
(用)二氧化碳冷冻☆carbon freezing
二氧化碳流☆CO_2-streaming
二氧化碳驱油☆carbon-dioxide flooding；carbon dioxide drive
二氧化碳砂造型☆carbon-dioxide mo(u)lding
二氧化碳水玻璃硬化砂法[铸]☆CO_2-sodium silicate process
二氧化碳水平百分率的变化☆percent changes in carbon dioxide levels
二氧化碳-雪花灭火器☆carbon-dioxide-snow fire extinguisher
二氧化碳硬化砂法☆carbon {-}dioxide process
二氧化碳指示{检定}器☆carbon dioxide indicator
二氧化钍☆thorium dioxide；thoria
二氧化物☆dioxide
二氧化锗☆germanium dioxide
二氧磷基[O_2P-]☆phospho-
二氧六圜[$(CH_2)_4O_2$]☆dioxane
二氧嘧啶核苷☆uridine
二氧杂环乙烷☆dioxane
二叶(石)迹☆Cruziana
二叶石☆crusiana
二叶型[苔]☆bifoliate
二液分配系数☆two-liquid partition coefficient
二乙氨基次甲基黄原酸盐[$(C_2H_5)_2NCH_2OC(S)SNa$]☆diethylaminomethylene xanthate
二乙氨基乙基油酰胺醋酸盐[$C_{17}H_{33}CONHCH_2CH_2N(C_2H_5)_2{\cdot}CH_3COOM$]☆diethylaminoethyloleoylamideacetate
二乙胺[$(C_2H_5)_2NH$]☆diethylamine
二乙撑[$-CH_2{\cdot}CH_2-$]☆diethylene
二乙醇氨基丁二酸二乙醇酰胺☆diethanolaminosuccinic acid diethanolamide
二乙醇胺[$HN(CH_2CH_2OH)_2$]☆diethanolamine；DEA
N,N-二乙基二硫代氨基甲酸苄酯[$(C_2H_5)_2NC$]☆benzyl-N,N-diethyldithiocarbamate
二乙基二硫代氨基甲酸蓝[$(CH_3{\cdot}CH_2)_2N{\cdot}CS_2M$]☆di-ethyl dithio carbamate
二乙基二硫代氨基甲酸钠{|铜}[$(C_2H_5)_2NC(S)SNa\{|Cu\}$]☆sodium{|copper} diethyl dithiocarbamate
二乙基芳基甲基过氧化氢[$(C_2H_5)_2ArCH_2OOH$]☆diethyl aryl methyl hydroperoxide
二-2-乙基己基磷酸☆di-2-ethyl hexyl acid phosphate
二乙基硫代磷酰溴[$(C_2H_5)_2PSBr$]☆diethyl thiophosphoryl-bromide
二乙基酮[$C_2H_5{\cdot}CO{\cdot}C_2H_5$]☆diethyl ketone
二乙醚☆ethyl ether
二乙三胺[$NH_2C_2H_4NHC_2H_4NH_2$]☆DETA；diethylenetriamine
二乙(撑)三胺[$NH_2C_2H_4NHC_2H_4NH_2$]☆diethylenetriamide
二乙酸亚乙(基)酯[$(-CH_2OOCCH_3)_2$]☆ethylene diacetate
二乙烯基☆divinyl
二乙烯三胺☆diethylenetriamine
二乙氧基丁烷[$(C_2H_5O)_2C_4H_8$]☆diethoxy butane
二异丙基二硫代磷酸钠☆Aerofloat 243{B}
二异丙基硫代磷酰氯[$((CH_3)_2CH)_2PSCl$]☆diisopropyl thiophosphoryl chloride
二异丙钠黑药[二异丙基二硫代磷酸钠]☆reagent B
二异丁苯氧☆diisobutylphenoxy
二异丁基二硫代氨基甲酸盐[$(C_7H_9)_2NC(S)SM$]☆diisobutyldithiocarbamate
二异戊基甲酮[$((CH_3)_2CH{\cdot}CH_2{\cdot}CH_2)_2CO$]☆isoamyl ketone
二因次的☆two-dimensional
二元玻璃生成区☆region of binary glass formation
二元的☆dual；binary；dibasic；dualistic；diatomic；bivariate
二元酚☆dihydric phenol
二元γ分布☆bivariate gamma distribution
二元分析☆bivariate analysis
二元分子☆binary molecule
二元固熔体☆binary solid solution
二元合成☆dual combination
二元混合物☆binary mixture
二元孔隙体积分布☆bivariate pore volume distribution
二元流☆two dimensional flow
二元论的☆dualistic
二元切尾法☆bivariate trimming
二元燃料液体液体火箭发动机☆bipropellant rocket
二元溶体{液}☆binary solution
二元乳状液☆binary emulsion
二元酸☆diacid；dibasic acid
二元算子{符}☆dyadic operator
二元误差回归计算☆two-error regression treatment
二元物系☆two-component system
二元系☆dual-number{two-component;binary} system
二元相容图形☆binary compatibility figure
二元信息☆two-dimensional information
二元形式数据☆binary data
二元性☆duality；dualism；binary behavior
二元异形生长☆bivariate allometry
二原型☆diarch
二原子的☆biatomic
二源的☆diphyletic
二月☆February；Feb.；F.
二云母的☆dimicaceous
二云母片底岩☆muscovite-biotite gneiss
二褶贝科[腕]☆Dimerellidae
二-正丁基二硫代氨基甲酸盐[$(C_4H_9)_2{\cdot}N{\cdot}CS_2Me$]☆di-N-butyl dithiocarbamate
二正丁基-2-巯基乙胺盐酸盐[$(C_4H_9)_2NCH_2CH_2SH{\cdot}HCl$]☆di-N-butyl-2-mercaptoethylamine hydrochloride
二-正戊基二硫代氨基甲酸盐[$(C_5H_{11})_2{\cdot}N{\cdot}CS_2Me$]☆di-n-amyl dithio carbamate
二值变量☆two state variable
二值变数☆binary-state variable
二酯☆diester
二至潮☆solstitial{solstice} tide
二至点☆solstice；the solstices
二至圈☆colure
二中择一☆yes-no decision
二种状态的器件☆binary cell
二轴对称☆bisymmetry
二轴晶☆biaxial{diaxial} crystal
二轴晶负光性矿物☆biaxial negative mineral
二轴性☆biaxiality
二轴应变☆biaxial strain
二柱单铰掩护支架☆two leg simple calipers
二柱-梁棚子☆three-stick timbering；double timber
二柱双铰掩护支架☆two leg lemniscate calipers
二锥☆plug tap
二子宫类☆Didelphia
二自由度变量☆two parameters of freedom
二字形钻头☆double-chisel bit
二足架☆bipod
二组分体系☆two-component{binary} system
二组分相容图形☆binary compatibility figure

F

F

fā

发暗☆darkening
发白☆blushing
发包价格☆contract price
发报☆keying
发报机☆sending box; transmitter; manipulator
发爆☆detonation
发爆剂☆detonating (agent); detonator
发爆裂声☆sputter; splutter
发爆能力☆firing capacity
发爆器☆exploder; priming apparatus; detonator; blasting machine
发爆声☆pink[内燃机]; knock[汽油机等]
发表☆publish; publication; appearance; issue; deliverance; airing[意见等]
发表的☆issued
发表独创性意见☆brainstorm(ing)
发表意见☆commentary
发病☆pathogenesis; pathogeny
发病的☆morbific; pathogen(et)ic; nosogenic; morbifereus
发病率☆sick{attack;sickness} rate; morbidity; prevalence; incidence
发布☆issue; release
发颤音☆quaver
发车进路信号机☆route signal of departure
发车信号☆outbound signaling
发臭☆stink
发出☆evolve; raise; send (forth); issue; effluvium [pl.-ia]; spit; sendout; shotting; emergence; iss.
发出颤音☆trill
发出刺耳的声音☆jarring
发出的☆effluent; issued
发出的警告喊声☆headache
发出话终信号☆clearing signalling
(碰击后)发出火花的☆ignescent
发出火舌☆spit
发出激光☆lase
发出尖锐刺耳的声音☆scream
发出尖声☆shrill
发出砰声☆ping
发出气味☆scent
发出射频电流的接收机☆blooper
发出声响☆talking; bark
发出声音☆voice
发出微光☆glimmer
发出信号☆outgoing signal; discrete sampling
发出信号的水平☆signalling level
发出最大脉冲☆auctioneering
发刺耳的杂音☆bloop
发刺耳声☆rasp
发达☆development; progress; germinate
发单☆invoice; inv
发灯光信号☆wigwag
发电☆generating; power generation; electric-power production; electrify
发电报☆telegraphy
发(海底)电报☆cable
发电厂☆power plant[美]; powerstation; generating plant; power station[英]; electric power plant; power house; PP
发电厂房☆powerhouse
发电的☆electrogeneous
发电机☆dynamo[多指直流]; generator; generating machine{set}; electric(al) generator; GEN; gn.
发电机(组)☆power supply unit
发电机传动联轴节☆generator drive coupling
发电机-电动机系统控制☆ward-leonard control
发电机额定功率{容量}☆generating rating
发电机式发爆器[多指直流]☆generator(-type) blasting machine; generator type blasting machine
发电机引燃☆dynamo ignition
发电机组☆generating complex{unit}; electric (generator) set; generator{power} set; genset; power unit; engine block
发电能源☆power-generating resources
发电燃料☆fuel for electric generation{power}
发电(机)式放炮器☆dynamo exploder
发电脱盐联合装置☆power-desalting plant
发电用煤☆utility coal
发电站☆powerhouse; electric generating station; power house{plant;station}; electric-power static; generating plant; PWR PLT
发叮当声的东西☆jingle
发动☆onset; initiate; starting; invoke
发动机☆(driving) engine; power (machine); Eng; compressed air motor; mover; motor; propulsion
发动机安全架☆engine stabilizer bracket
发动机不均匀行程☆looping
发动机舱☆nacelle
发动机盖☆louvre; louver
发动机后支架☆engine rear support
发动机活塞(位移容)量☆engine displacement
发动机加力燃烧系统☆engine afterburner system
发动机间☆engine housing
发动机空{慢}转喷油嘴☆idling jet
发动机排气管消音器☆barker
发动机棚☆engine shed
发动机启动燃料☆engine priming{starting} fuel
发动机前支架☆engine front support (bracket)
发动机推力渐增☆transition
发动机熄火☆engine kill
发动机罩☆engine cover; cowl; engine housing {bonnet;cover}
发动机支架垫☆engine support cushion
发动机支座支撑脚☆engine bearer foot
发动机组☆cluster engine
发动机座☆entablature; engine bed
发动力☆motivity
发动制动[电动机切断电源后利用短路涡流阻尼]☆dynamic braking
发抖☆dither; tremble; shake
发斗时距☆bucket interval
发放☆dispense
发放器☆sending trap
发沸☆steaming-like mattness
发沸石☆ptilolite $[(Ca,Na,K_2)_4(AlSi_5O_{12})_8 \cdot 28H_2O]$; flokite $[(Ca,Na_2,K_2)(Al_2Si_{10}O_{24}) \cdot 7H_2O]$; hair-zeolite
发稿☆file; send manuscripts to the press
发给☆issue; distribute; grant
发光☆irradiancy; flame; luminescence; beam; glint; radiation; bloom; give off light; shine; glow; light emission; throwout; irradiance; gleam; fire
发(强)光☆blaze
发光材料实验室[美]☆Irradiated Materials Laboratory
发光的☆illuminant; luminescent; luminiferous; flaring; radiant; luminous
发光度☆luminous emittance; luminosity
发光沸石$[(Ca,Na_2)(Al_2Si_9O_{22}) \cdot 6H_2O]$☆mordenite; steeleite; ptilolite; flo(c)kite; fassaite; feather-zeolite; pseudo(-)natrolite; arduinite; robertsonite; ashtonite; steelit
发光分析☆luminescent analysis
发光管☆luminotron
发光合金☆ferrocerium
发光呼叫信号系统☆luminous call system
发光花☆blink
发光计☆luminoscope; luminometer
发光结构☆ray structure
发光器☆illuminator; lighter
发光强度☆illuminous intensity; luminous intensify {intensity;efficiency}
发光砂岩☆sparkling sandstone
发光体☆luminous{luminescence} body; twinkler; lum(in)ophor; illuminant; luminary; light; fire; luminaire; shiner
发光物体☆radiant
发光细菌☆photobacteria
发光信号剂☆illuminating flare
发光性☆luminescence; prefulgency; luminosity; photism
发光岩相{石}学☆luminescent petrography
发光云☆glowing cloud; nuee ardente
发光中心☆center of luminescence; luminescence centre; luminescent center
发汗☆sweat; sweating
发汗蜡脱油☆sweat
发汗石蜡☆sweated{sweat(ing)} wax
发黑处理☆black oxide coating; blackening
发红☆flush
发弧光☆arcing
发挥☆display; exert
发挥出来的剪力☆mobilized shear force
(宇宙飞船)发回地球的资料☆readout
发火☆combustion (initiation); blowing; flame out; fume; ignite; catch (fire); ignition; fume-off; priming; inflammation; detonate; go off; get angry; flare up; deflagration; lighting
发火棒☆datonation bar
发火点☆fusing{ignition;flash;flammability;flashing} point; (spontaneous) ignition temperature; S.I.T.
发火管☆squib
发火合金☆ferrocerium; ignition alloy
发火花☆blink; spark; sparkle; flashing
发火剂☆ignition compound; incendiary composition
发火间隔☆firing interval
发火开关钥匙☆ignition switch key
发火器☆firer; igniter; ignitor
发火速度☆speed of ignition
发火头☆firing head
发火物☆pyrophoric material
发火阳极☆igniting{ignition} anode
发火源☆source of ignition
发火装置☆firing head{mechanism}; snapha(u)nce; ignition; snaphaan
发货☆despatch; shipping
发货单☆despatching note{sheet}; issue{shipment} voucher; invoice
发货人☆shipper; consigner; consignor
发货设备☆delivering device
发货中心☆despatching{shipping} centre
发溅泼声☆squash
发奖金☆subsidization
发酵☆fermentation; ferment; zymolysis; sour; leaven; zymosis [pl.-ses]; zym(o)-
发酵残落物层☆F horizon{layer}
发酵的☆fermentative
发酵粉☆yeast
发酵剂☆leaven
发酵力计☆zymoscope
发酵泡沫☆barm
发酵型微体植物☆zymogeneous microflora
发酵性微生物区系☆zymogeneous flora
发酵学☆zymology
发酵作用☆zymosis [pl.-ses]
发掘☆tag; disinterment; dig; excavation; explore; exhumation; unearth; excavate
发掘地下宝藏☆unearth buried treasure; tap mineral resources
发觉☆detect; show up; detection
发菌属[黏菌;Q]☆Comatricha
发皲☆chap
发铿锵声☆clang
(使)发狂☆craze
发蓝(处理)☆blu(e)ing
发蓝退火☆blue annealing
发亮☆flush
发亮白火焰的煤☆ghost coal
发亮的☆splendent
发裂☆craze
发裂纹☆microflow
发磷光的☆phosphorescent; noctilucent
发毛的桩头☆broom head
发霉☆organic degradation; fog; mildew
发门那期☆Famennian age
发明☆devise; father; invent(ion); contrivance
发明家☆inventor; artificer
发明奖☆award for invention
发明人☆creator; contriver
发明者☆deviser; inventor; father
发黏☆stickiness
发黏的性质{状态}☆tackiness
发暖(作用)☆calefaction
发暖器☆calefactor
发暖作用☆calefection
发盘人☆offerer
发炮距☆range
发泡☆intumescence; sparkle; effervescence; froth; foaming; barbotage; effervescency
发泡倍数☆coefficient of foaming; foam expansion
发泡的☆bubbly
发泡剂☆foamer; foaming{frothing; gas-development; blowing} agent
发泡能力☆foamability
发泡试验☆effervescent test

发泡体积☆foam volume
发泡性☆foaminess
发泡性耐燃漆☆intumescent paint
发票☆invoice；inv
发起☆sponsorship；sponsor；promote
发起人☆originator；breeder；author；promoter；sponsor；organizer
发起者☆starter
发气混凝土调节剂☆regulator for gas concrete
发气剂☆gas former
发气沥青☆cloustonite
发强烈的光☆glare
发球阀[流量计标定装置部件]☆sphere-lok
发热☆radiation；glow；burn；(generate) heat；be hotheaded{impetuous}；heating；have{run} a fever {temperature}；give out heat
发热(性)☆heat generation
发热当量☆calorific equivalent
发热的☆ex(o)energic；calorific；radiant；exoergic
发热剂☆exothermic composition
发热力☆caloricity；caloric power
发热量☆heating value{power}；heat-rate；calorific power{capacity}；energy output；caloricity；heat of combustion；caloric power；CP；cal. val.
发热率☆rate of heat generation
发热器☆calorifere；heater
发热气体☆exothermal gas
发热丝☆heater
发热元件☆heating element
发散☆defocusing；emanation；diverge(nce)；disperse the internal heat with sudorifics；transpiration；divergency；diversity
发散出☆exhale
发散的☆divergent；diverging
发散地震反射结构☆divergent seismic reflection configuration
发散点☆point of divergence
发散电流☆stray current
发散反射组态☆divergent reflections
发散角☆angle of divergence；divergence angle
发散力☆spreading force
发散气体☆gas；exhalation
发散射线(束)变换☆divergent-beam transform
发散系数☆coefficient of divergence
发散狭缝[衍射仪]☆divergence slit [of diffractometer]
发散序列☆diverge sequence
发色的☆chromophoric
发色团☆chromophore
发闪光☆sheen
发射☆emission；em.；transmit[电波等]；bounce back；launch(ing)；emittance；discharge；eradiate；shoot；sending；departure；start-up；Xmit；transmission；ejection；radiation；project(ion)；fire (out)；take-off；emanation；trigger；fusing；dart；firing；bolt；evaporation[电子]
发射波☆emitted{transmitting;transmitted} wave
(日光反射信号器)发射的信号☆heliogram
发射电路☆transmission{firing} circuit
发射方向☆downrange
发射辐射☆emission-radiation；outgoing{emitted} radiation
发射伽马射线的示踪剂☆gamma-ray-emitting tracer
发射功率☆transmitted{emissive;emission} power
发射管☆emitter；power valve
发射光单色器☆emission monochromator
发射光谱☆Emission Spectroscopy；ES
发射火焰分光光度测量☆emission flame spectrophotometry
发射机☆transmitter；tmtr；translator；sender；xmtr；transmitting set；tr；source coil
发射机答应器☆transponder
发射机寄生信号测量仪☆transmitter spurious meter
发射极-基极电容☆emitter-base capacitance
发射架☆tray；starter；launcher
发射角☆emission angle；angle of emergence
发射-接收方向☆emitter-receiver direction
发射井☆silo
发射 $\alpha\{|\beta\}$ 粒子的☆alpha{|beta} {-}emitting
发射率☆emissivity (factor)；emittance；emissive power
发射率比☆emissivity ratio
发射逻辑☆transmitter logic；TL
发射频带响应☆transmitting band response
发射起始信号☆commencing signal
发射器☆transducer；emitting device；launcher；projector；sender
发射器-接收器间距☆transmitter-receiver spacing
发射器组☆transmitter array
发射三通☆launching tee
发射时间☆on time
发射时刻☆T-zero
发射式电子显微镜☆emissive type electron microscope
发射输出☆emit output
发射速度☆speed of transmission
发射台☆transmitting station；firing pad；launching pad{stand}
发射特性☆ballistics
发射体☆emitter；emitting material
发射调整电路☆emission-regulation circuit
发射物☆emission；missile
发射线圈☆transmitting coil{loop}；energizing loop；transmitter coil
发射信号☆outgoing{transmitted} signal；transmit
发射性☆emissivity
发射性回降物☆fallout radioactive materials
发射药☆gunpowder；propellant (explosive;powder)
发射荧光分光光度法☆emission spectrofluorometry
发射应答机☆transmitter-responder
发射者☆discharger
发射中心☆emission center
发射中子☆given-off neutron
发射装置☆transmitting set；feedway；discharger；emitting{emission} device；ramp；trigger；projector
发射准备过程☆countdown
发射作用☆propellant effect
发声☆sounding；phonation；cant；sound
发声器☆sounder；acoustic generator
发声式应变计☆acoustic type strain gauge
发声信号☆audible sign(al)
发生☆occur(rence)；transpire；generation；arise；initiation；genesis [pl.-ses]；proceed；oscillate；succeed；originate；find；take place；start；incidence；nascency；nascence；emergence；synchronize；fall[事故]
发生层[土壤]☆genetic horizon
发生次数☆incidence
发生故障☆stall；getting out of order
发生过再平衡的水☆reequilibrated water
发生后冲☆backlash
发生火花的☆ignescent
发生火灾☆breaking-out of fire
发生裂变☆smash
发生裂缝☆fissuring
发生炉☆producer
发生炉煤气管路☆generator gas ducts
发生期☆origin time
发生器☆generator；producer；deviser；GEN
发生区☆generating area
发生三种效果的☆triplex
发生适度☆bonitation
发生线☆generator (line)；line of generation
发生学☆genetics
发生意外预留量☆margin for contingencies
发生影响☆impose
发生于☆stem
发生在一平面上的☆uniplanar
发誓☆pledge
发咝咝声的☆sibilant
发送[无线电]☆sending；transmission；transmit；send；transmit by radio；transmitting
发送泵站☆despatching pump station
发送波☆transmitted{transmitting} wave
发送测试信息☆send test message；STM
发送超前脉冲☆prepulsing
发送汇管☆outgoing manifold
发送机☆transmit(ting) set
发送脉冲☆pulsing
发送能力☆transmittability
发送器☆transmitter；generator；sender
(清管器)发送器☆launcher
发送人☆sender
发送速度☆speed of transmission
发送员☆despatcher；dispatcher
发送站☆launching{outgoing;sending} station
发酸☆souring
发条☆winding mechanism；spring
发条促动的☆spring actuated
发微光☆shimmer
发问☆question
发嗡嗡声的东西☆hummer
发现☆strike[石、煤等矿藏]；discover(y)；locate；detect(ion)；find (out)；acquisition；hit；catch
发现储量☆discovered{discovery} reserves
发现率预测☆discovery-rate forecast
发现石油☆oil strike
发现油的井☆discovery well
发现者☆discoverer；finder
(石油)发现指数☆discovery index；DI
发线☆hairline
发啸声☆squeal
发泄☆vent
发薪日☆pay{wage} day
发信穿管器☆signalling pig
发信号☆signal(l)ing；signalise；singalling；signalize
发行☆distribute；distribution；publish；issue；issuance；put on sale；sell wholesale；iss.；publ.
发行公司债的合约☆indenture
发行日期☆issuing date
发行证券成本☆cost of floatation
发锈的☆rusty
发许可证者☆licencer；licenser；licensor
发碹☆arch (walling)
发讯器☆sending box
发芽☆germinate；shot；gemmation；sprout；bud
发芽沟☆colpi
发芽螺属[腹;K_2-Q]☆Surcula
发芽生殖☆gemmation
发烟☆fuming
发烟硫酸☆oleum；fuming sulfuric acid；Nordhausen acid
发烟器☆smoke generator；smk gen
发烟燃烧☆smoulder(ing)；smoke burning
发烟信号[军]☆smoke signal
发烟信号剂☆smoke flare
发烟性☆fume characteristic{property}；smokiness
发言☆pronounce；parlance；speech
发言权☆say；voice；floor
发言人☆speaker
发炎☆inflammation
(使)发焰☆flame
发扬☆carry
发音器☆sound transmitter
发音清晰(的)☆articulate
发音学☆phonetics
发音沼气检定仪☆acoustic methanometer
发荧光☆luminescence；fluoresce；fluorescent
发荧色散☆epipolic dispersion
发育☆development；growth；grow；develop；upgrowth
发育不良☆maldevelopment
发育不全[生物器官的]☆abortion
发育不全的☆vestigial
发育不全的卵☆abortive egg
发育不完善的底辟构造☆immature diapir
发育不完善的波痕☆starved ripple
发育差型☆ontocline
发育过度☆hypergenesis
发育好的☆supermature
发育减退☆diminished growth
发育良好的剖面☆well-developed profile
发育事件☆developmental event
发育受阻☆inhibited growth
发育停滞变形[动]☆stasimorphy
发育完全的土壤☆well-developed soil
发育未全的晶体☆immature crystal
发育旋回☆cycle of development
发源☆spring
发源地☆egress；source；birthplace；place of origin；womb；nidus；seminary；seedbed
发源洞☆outflow cave；cave of debouchure
发源区域☆generating area
发运☆shipment
发展☆progress；sprout；develop(ment)；expand；evolve；evolution；career；expansion；blossom；growth；upgrowth；frame
发展的☆progressive；developing
发展动态☆state of the art
发展阶段☆generation；phase
发展决策准则☆develop decision rules

发展快的城市☆boom town
发展期☆development stage
发展式的☆heuristic
发展水平{现状}[科技]☆state of the art
发展速度☆rate of development；development rate；tempo [意;pl.-pi]
发展途径☆evolutionary path
发站☆from-station
发震断层☆causative fault
发震模式☆seismogenic model
发震时间☆time of commencement
发震时刻☆origin time；earthquake origin time
发作☆onset；access；break

fá

罚函数☆penalty function
罚款{金}☆fine；penalty
筏☆floatboard；catamaran；raft
筏(移质)☆raft load
筏冰☆ice raft；rafted ice
筏冰沉积☆ice-rafted sediment
筏道☆chute
筏基☆raft foundation
筏木堆积☆raft
筏塞湖☆raft lake
筏式海洋钻探底座☆marine drilling catamaran
筏式基础☆raft foundation
筏形基础☆mat foundations
筏运角砾(岩)☆raft breccia
筏状冰☆rafted{nabivnoy} ice
伐☆hew；fell；cut down；attack；strike；send an expedition against；boast about oneself
伐尔达尔风[希]☆vardar(ac)
伐尔型选矿机☆val mineral separator
伐木☆logging；lumber
伐木工☆feller
伐木机☆feller；cutting machine；tree cutter
伐木者☆chopper；logger
伐去森林☆disforest
伐树爆破☆timber blasting
乏[无功功率单位]☆var
乏风☆last of (the) air
乏核燃料后处理☆spent fuel reprocessing
乏计☆varmeter
乏汽{气}☆exhaust steam
乏汽压力☆abandonment pressure
乏燃料☆spent fuel
乏热☆spent{reject} heat；spent thermal energy
乏时[无功电能单位]☆var-hour
乏味的☆tedious；sour
乏氧生活☆anoxybiosis
阀☆valve；stopper；check；VL；val
阀瓣☆clack；valve clack{flap}
阀比例位置☆proportional position valve
阀柄☆valve handle
阀部件[泵]☆door piece
阀操纵器☆valve operator
阀衬☆valve bushing{bush;liner}
阀冲程☆valve stroke
阀传动装置☆valve actuating gear；valve actuator
阀促动器☆valve actuator
阀打捞锥☆valve tap
阀导套{承}☆valve guide
阀的闭塞☆gag
阀的出口☆valve outlet
阀的卡塞☆sticking of a valve
阀的开启压力☆valve opening pressure
阀定时装置☆valve timing gear
阀定位☆valve setting
阀动机构☆valve operation mechanism
阀轭☆valve yoke
阀盖☆valve cap{bonnet;cover;deck}；lockout cap
(在)阀盖外的阀杆螺纹☆outside screw
阀杆☆valve stem{rod;lever}
阀杆螺套{螺母}☆stem nut
阀杆驱动衬套☆stem's drive bushing
阀杆填料☆valve stem packing；stem packing
阀缸{|环|间隙|阱|壳|孔|口|块|框}☆valve base{|collar|clearance|well|capsule|orifice|port|block|buckle}
阀柜压盖☆valve chest gland
阀盒☆valve box{cage;casing}
阀簧座环☆valve spring collar
阀漏失☆valve leakage
阀帽☆(valve) bonnet
阀门☆valve (gate)；spigot
阀门半开供风☆half-air
阀门补心{衬套}☆valve bushing
阀门打开,水进入跳汰机筛下室☆valve open and water enters jig hutch
阀门的法兰☆flange of valve
阀门法兰面到面尺寸☆face-to-face
阀门开度☆valve opening
(用)阀门手轮轮辐位置指示的流量计☆spoke
阀门用硅铬钢☆silicrosteel
阀门组☆valving
阀密封☆valve seal
阀面☆valve face
阀盘☆valve disk；port plate
阀配磨☆valve setting
阀腔内的压力☆cavity pressure
阀敲击☆valve knock
阀球☆valve ball
阀球被卡住☆balling up of valves
阀球返回弹簧☆ball return spring
阀圈打捞器[钻]☆valve-ring grab
阀塞☆valve{vent} plug
阀式捞砂筒☆valve bailer
阀室☆valve chamber{box}
阀闩☆valve latch
阀弹簧☆valve spring
阀套☆valve bushing{cover;jacket;barrel;sleeve;bush;pocket}
阀体☆valve block{chest;casing;body}；valve-body
阀调节器☆valve adjuster
阀调整螺钉☆valve adjusting screw
阀挺杆☆valve tappet
阀头☆valve head
阀托架☆valve bracket
阀位☆valve position
阀(相)位指示器☆valve phase indicator
阀位指针☆position indicator pointer
阀隙☆valve play；play of valve
阀箱☆chamber gate；valve housing
阀相伸长部☆valve stem extension
阀销☆valve pin
阀芯☆valve core
阀芯座伸长部☆valve case extension
阀信号☆valve signal
阀型避雷器☆auto-valve arrester
阀行程☆valve travel
阀摇臂支架☆valve rocker arm support
阀摇杆☆valve rocker
阀余隙☆valve clearance
阀缘☆flange of valve
阀罩☆bonnet；valve housing
阀针☆valve needle
阀振动{震颤}☆valve chatter{flutter}
阀支架☆valve stand
阀执行机构☆valve actuator
阀轴☆valve spindle{shaft}
阀柱塞☆valve plunger；plunger valve
阀装置[风钻]☆valve gear
阀状的☆valvular
阀锥☆valve cone
阀组☆valve block{box;assembly;pack}；group valve
阀组干箱☆dry compartment for valve gear
阀组间☆manifold building
阀座☆(valve;holder) seat；clack seat；seat of valve
阀座拆装扳手☆barrel wrench
阀座式扩眼器☆seat reamer
阀座松紧扳手☆seat wrench
阀座修整☆resenting
阀座修整铰刀☆seat reamer
阀座增压试验☆incremental seat test

fǎ

砝码☆weight [used on a balance]；counterweight；counterpoise；counterbalance；poise
砝码盘☆scale pan
法☆law；piton；peak；Pn
ABC 法[计算低速带厚度的三点法]☆ABC method
AOD 法☆AOD process
BVT 法☆bivariate trimming
CNDO 法☆complete neglect of differential overlap method；CNDO method
MVT 法☆multivariate trimming
NDDO 法☆neglect of diatomic differential overlap method；NDDO method
Pa^{231}-Th^{230} 法☆protactinium-231 to thorium-230 age method
Q-BOP 法[一种底吹氧转炉炼钢法]☆quality basic oxygen process；Q-BOP
Xa 法☆self-consistent field Xa scattered wave method；SCF-Xa-SW method
VCR{V.C.R.}法[大孔径深孔球状药包倒漏斗爆破采矿法]☆vertical crater retreat method
法(拉)[电容国际单位]☆farad
法奥利特石棉管☆faolite pipe
法包线☆evolute
法标准方程式☆normal equation
法伯尔黏度计☆Faber viscosimeter
Ca-K 法测定年龄☆calcium-potassium dating
法翠☆sacrifice-ware green
法达摩加纳☆Fata Morgana
法登贝属[腕;S]☆Fardenia
法典☆code
法定的☆legal；prescribed；statutory
法定灯火☆regulation light
法定伏特☆legal molt；LV
法定汇率☆official rate of exchange
(英国)法定加仑☆imperial gallon；I.G.；Imp.{I.} gal.
法定英里☆statute mile
法定值☆legal value；LG
法定注水☆legalized waterflooding
法都尔硬合金☆verdur
法尔茨造山作用[P_2]☆Pfalzian{Palatinian} orogeny
法尔康选矿机☆Falcon concentrator
法尔琴运动☆Pfalzian movement
法伐尔集中滑脂润滑系统☆Farval system
法方程☆normal equation
法佛斯哈姆炸药☆Faversham powder
法格葛仑浮选机☆Fagergren (flotation) machine
法格古伦式浮选机☆Fagergren flotation cell
法格化型回转子浮选机☆Fagergren (flotation) machine
法格里定律☆Faegri laws
法格伦长方形直流型回转子机械搅拌式浮选机☆fagergen oblong-type machine
法格伦实验回转子浮选机☆Fagergren laboratory flotation machine
法格斯塔掏槽☆Fagersta cut
法贡勃利奇提镍法☆Falconbridge process
法规☆regulation；law；constitution；by(e)-law；act；bylaw；enactment；laws and regulations；legislation
法规的☆statutory
法规控制☆regulatory control
法国☆France；Fr
法国标准☆Normes Francaises；NF
法国地质学家协会☆Union Francaise des Geologues
法国红[石]☆Rosso Antico
法国煤炭工业管理局☆Charbonnages de France
法国民法☆Code Napolean
法国欧莱雅☆loreal
法国石油研究院☆Institut Francais du Petrole；IFP
法国式排水沟[填有带孔砾石的隧道排水沟]☆French drain
法国威兹珀河谷的寒冷夜风☆wisperwind
法国专利☆French Patent；FrP；F.P.；Fr.P.
法褐块云母☆fahlunite
法花☆fa color；sacrifice-ware colors{decoration}
法花三彩☆sacrifice-ware tricolor
法黄☆fa{sacrifice-ware} yellow
法截线{面}☆normal section
法拉[电容单位]☆farad；fd；F.
法拉第杯☆Faraday cup
法拉第筒☆Faraday cage{cup}
法拉第圆筒☆Faraday cylinder
法拉第阻抗☆Faradaic impedance
法拉计☆faradmeter
法拉牙形石属[O_{1-2}]☆Falodus
法莱密施砖☆Flemish brick
法兰☆(blind) flange；flg.；pad；fa blue
法兰垫残余应力☆flange gasket residual stress
法兰基灌注桩☆Frankie pile
法兰凯尔缺陷☆Frenkel defect
法兰克福冰期☆Frankfort stage
法兰毛坯☆blank flange
法兰密封☆flange{hat} seal；lip packing
法兰盘☆pad；flange (plate)；collar；ring flange；lip

法兰绒(揩布)☆flannel
法兰绒袋[集尘用]☆flannel bag
法兰赛灌浆凿井法☆Francois Cementation process
法兰三通☆flanged tee{T}
法兰三通短接☆open-flange flow tee{cross}
法兰瓦尔德-丹佛型浮选机☆Fahrenwald-Denver type cell
法兰瓦尔特{德}(式{型})分级机☆Fahrenwald classifier{sizer; machine}; Fahrenwald flotation cell
法兰组☆mating flange
法郎[币制]☆franc; fr
法林顿石☆farringtonite
法令☆decree (law); act; edict; statute; enactment; laws and decrees; ordinance
法律实体☆juridical entity
法律制裁☆legal sanction
法律制定论☆nomography
法绿☆fa green
法伦(阶)[欧;N_1]☆Falunian
法伦式矿床☆Falund-type ores
法螺☆charonia; Charonia tritonis
法螺属[腹]☆Triton; charonia
法罗群岛[丹]☆Faeroe Islands
法罗特虫属[三叶;$Є_1$]☆Fallotaspis
法门(阶)[欧;D_3]☆Famennian
法面☆normal plane{surface}
法姆达尔期[北美威斯康辛冰期早期]☆Farmdale phase
法囊藻属[绿藻]☆Valonia
法呢烷☆farnesane; 2,6,10-trimethyldodecane
法呢烯☆farnesene
法硼钙石[$Ca(B_3O_5(OH))$;单斜]☆fabianite
S 法铺管[铺管船法铺管]☆S-method pipelaying
法权地质学☆legal geology
法人☆juridical{legal} person
法人资格☆legal personality
法氏石松定碱☆fawcettiine
法属圭亚那☆French Guiana
法铁高岭石☆iron kaolinite; faratsihite
法庭判决☆court-decree
法维尔炸药☆Favier explosive
法维勒钻井法[原始的水循环钻井方法]☆Fauvelle
法线☆normal (line); normals to plane; perpendicular line
法线理论[地层陷落]☆normal theory
(用)法线切断的☆subnormal
法向分量☆normal component
法向剪切☆direct shear
法向入射反射☆normal-incidence reflection
法向位移☆normal shift
法向压力☆normal pressure; NP
法学家☆lawyer
法逊炸药☆Fason powder
法雅归算{校正}☆Faye reduction
法雅异常☆Faye anomaly
法因型真空过滤机☆Feinc vacuum filter
法应力☆normal stress
法语☆French; Fr
法则☆rule; law; theorem; wise[数]
法制☆legislation
法重力(值)☆normal gravity
法紫☆sacrifice-ware purple
法坐标☆normal coordinate

fà

珐琅(质)☆gloss
珐琅质[脊]☆enamel; glaze; substantia adamantina
发☆hair; capillus
发辫☆queue; tress
发雏晶☆trichite; trichyte
发冠虫属[三叶;$Є_2$]☆Komaspis
发夹(形物)☆hair-pin
发金红石[石英中;TiO_2]☆venus' hair stone; cupid's darts; love arrows; Venus hairstone; Venus hair; fleches d'amour[法]
发径☆capillus
发蕨属[D]☆Thursophyton
发芒硝☆wattevillite
发珊瑚☆Chaetetes
发丝裂缝☆hair (line) crack; hair cracking; flakes; hairline
发丝弹簧☆hairspring; hair spring
发丝状裂缝☆hairline fracture
发网菌属[黏菌;Q]☆Stemonitis
发纹玛瑙☆sagenetic agate
发矽线石☆fibrolite
发盐☆hair salt
发油☆oil discharge
发针形沙丘☆hairpin dune
发状☆filiform; hairy
发状骨针[绵]☆trichite
发状金☆Mossbauer{moss} gold; moss
发状裂缝☆capillary{hair;minute} crack; hairline
发状裂痕{纹}☆hair crack
发状牙形石分子☆trichonodella elements
发状牙形石属[O-D]☆Trichonodella
发状盐华☆hair-like efflorescence

fān

幡状(云)☆(snow) virga
帆☆sail; cloth
帆蚌属[双壳;E-Q]☆Hyriopsis
帆布☆canvas (cloth); duck; tarpaulin; sailcloth; canvass
帆布层☆carcass; belt car
帆布衬垫洗矿槽☆canvas table
帆布风帘☆air canvas{curtain}; brettis; drop sheet; canvas brattice
帆布风筒☆canvas air-tube{tube}; cotton tubing
帆布风障☆canvas brattice{check;stopping}; clothing
帆布干粮袋☆haversack
帆布联结扣☆canvas fastener
帆布木风门☆canvas wood door
帆布伞[裸眼井段油管上装的接受塌落岩块起封隔作用]☆cave catcher
帆布头☆duckbucket
帆布制的通风筒☆windsail
帆船☆sailing ship; sailboat; sail
帆桁状☆yard-arm; yardarm
帆缆长☆boatswain; bosn
帆螺属[腹]☆Calyptraea
帆水母☆vellela
帆水母属[腔]☆Vellela
帆索高处☆aloft
帆苔藓虫属[K-Q]☆Velumella
帆状(云)☆velum
帆状物☆sail
番红花(色的)☆saffron
番木鳖碱盐酸盐[$C_{23}H_{26}O_4•HCl$]☆brucine chloride
番奈特黄铜☆fanite
番{蕃}茄红素☆lycopene
番石榴☆guava; piscidia; psidium guajave
番石榴苷☆guaijaverin; psidiolic acid
番石榴汁☆guava juice
番松烷☆cedrane
番樱桃[Cu 示植]☆Eugenia
翻☆turn over; rout; cross[山]
翻板☆image; tapping bar
翻板式拣矸台☆pan-type picking table
翻板闸门☆flopper door
翻杯式给料机☆tilting {-}cup feeder
翻边☆flanging; belled
翻边端☆bell end
翻边管弯头☆lap joint stub end
翻查☆thumb
翻车☆turnover; [of a car] overturn; fail in doing sth.
翻车保护结构☆roll-over protection structure; ROPS
翻车场☆tipping station
翻车工☆car cutter; dumper; tipp(l)er; dumpman; tippleman
翻车滚笼☆dump roller
翻车机☆(car;dumper) dump; car-dumper; (trip) dumper; dump cradle; dumping plant; tipple; (wagon) tipper; pendula; wagon dump; tip; (ratary) tippler; wagontipple; tripper; cardump; trip; tripping device
翻车机间☆tippler house
翻车机前推车机☆dump{dumper} feeder
翻车机门☆dump latch
翻车器☆car tripper; emptying{tripping} device; trip; kick {-}up; triplet; wagon tippler
翻倒☆tump; upset; turn{tip} over; turnover; purl; overturn; overset
翻倒的☆tilted up
翻倒力矩☆overturning moment
翻底双晶☆acline twinning; Acline twin(ning)
翻底拖车☆tilt trailer
(船、车)翻掉☆capsize
翻锭机☆ingot tumbler
翻动☆flip
翻动气压器☆tilting pneumatic cell
翻斗☆skip{tipping} bucket; tipping bin
翻斗车☆dump car{truck;cart}; dumper; dumping car {wagon}; rocker-type (self-tipping mine) car; rocker (dump) car; skip{side-dump(ing);tilting; tripper; tip(ping)} car; tipper; (tilting) buggy; tip(-)cart; tip(-)wagon; rocker side-dumping car
翻斗车厢☆tilter; tilting-box
翻斗机☆dead-fall
翻斗卡车☆tipping{tip} lorry; tip truck
翻斗矿车☆rocker (side) dump car; cocopan; tipping {skip} mine car
翻斗器☆dump
翻斗式小车☆tip cart
翻斗提升机沉淀池☆dredging sump
翻斗装置☆bucket-tipping device; tipping unit
翻覆作用☆turnover processes
翻罐笼☆kick-up
翻光面型宝石☆faceted gems
翻滚☆rolling; tumbling; popple
翻过来☆overturn
翻花熔岩☆(flower-like) lava
翻悔☆retractation
翻浆☆frost boil(ing); bleeding (cement); aqueous slurry
(道路)翻浆☆froth(ing)
翻浆冒泥☆mud pumping
翻卷的☆upturned
翻卷褶皱☆convolute fold
翻卷褶皱孤山☆outlier of overthrust sheet{mass}
翻掘的☆upturned
翻开☆strip
翻框式调车器☆folding frame-type shunting device
翻笼☆cardump; car-dumper; cradle dump; (car; dumper) tipper; dump cradle{roller}; kick-up; pendula; revolving tipper; tipple; tumbler; (rotary) tippler; tilting deck cage
翻路机☆scarifier
翻路机齿☆scarifier tine{tooth}
翻落轨节☆drop rail set
翻落式格筛☆drop-bar grizzly
(水泥)翻沫☆laitance
翻起物☆turnup
翻倾机构☆tipple
翻倾装置☆tipping unit
翻砂☆founding; forming; moulding; casting
翻砂厂☆iron foundry; iron-foundry
翻砂车间设备☆foundery machinery
翻砂工☆founder; foundry worker; Yammer; caster; foundery hand
翻砂工具☆slick
翻砂间☆captive foundry
翻砂箱☆molding box
翻砂型心☆foundry core
翻砂用油☆batch oil
翻砂铸铁☆sand-cast pig iron
翻砂铸造模型☆foundry pattern
翻山(越谷的道)路☆hill-and-dale road
翻身器☆turnover device
翻石☆facet(t)ed gems
翻松☆scarify; rotovation
(波浪似的)翻腾☆billow
翻腾作用[月球表土]☆gardening
翻天覆地的☆earth shaking
(筑路用)翻土机☆rooter
翻卸☆dumping; tipping; dump
翻卸场☆tipple
翻卸废石☆debris tipping
翻卸工☆tipman
翻卸(吊桶)绳☆tripping{trip} rope
翻卸式矿车☆kip car
翻卸箱☆tilting box
翻卸箱手推车☆tip barrow
翻新☆retrofit; revamp; remake
翻修☆(general) reconstruction
翻修工作☆rebuilding work
翻修路面☆resurface
翻译☆interpret(er); translation; trans; interpretation; translating; translator; turn; rendition; metaphrase
翻译机☆(electronic) translator; translation machine; interpreter

翻印☆reproduce
翻阅☆thumb；browse[随意]
翻褶☆flap
翻转☆invert；eversion；coup；flip；tipping；turnover；tumble；cowp；tilt；cant；upset；overturn；upturn；tip；turn (down)；retroflexion；upend；turning；tuck；overrolling；obversion；rollover[滚动]
翻转的☆upturned；tilting；retroflexed；overtilted
翻转地层☆tilted layer
翻转吊桶[凿井排水等]☆overturning kibble
翻转俯冲☆flipped subduction
翻转罐笼☆drop{overturning} cage；tilting (deck) cage
翻转河道☆upside-down{ceiling} channel；ceiling meander
翻转机☆drawer
翻转箕斗装置☆camel-back；camelback
翻转机构☆switchover
翻转开关☆(tumbler) switch；TS
翻转力矩☆turning torque
翻转坡度☆tipping gradient
(磁芯的)翻转时间☆switching time
翻转式滚筒混凝土搅拌机☆tilting drum concrete mixer
翻转式卸矿车☆rotary-dump car (rotalift)
翻转台☆tilting table
翻转卸载矿车☆revolving dump car
翻转运动☆tilting motion；over(-)rolling movement
翻转褶皱☆facing down fold；facing dawn fold
翻转装置☆tilter；lifting finder；tilting device
翻转作用[藻]☆inversion
翻钻☆facet(t)ed gems

fán

矾[$K•Al(SO_4)_2•12H_2O$]☆alum；alumen；vitriol
矾钡铜矿☆vesignieite
矾磁铁矿☆coulsonite
矾的☆aluminous
矾钙铜矿☆tang(u)eite；vesignieite
矾红☆allite{iron} red
矾华☆vitriolic sinter；vitriolic tufa vitriolic tufa
矾类☆vitriol；chalcanthum
矾硫酸盐泉☆alum-vitriol spring
矾煤☆alum coal
矾石[$Al_2(SO_4)(OH)_4•7H_2O$;单斜、假斜方]☆aluminite；alley stone；websterite；hydrargyrite；hydrargillite；hallite；argil
矾石雕☆vitriol carving
矾土☆alumina [Al_2O_3]；bauxitic clay；alumine；argil [$Al_2(SiO_4)(OH)_4•7H_2O$]；bauxite；aluminaut
矾土肺☆aluminosis
矾土石☆aluminite
矾土水泥☆aluminous{bauxite;alumina;aluminate;high-alumina} cement；cement fondu
矾土陶瓷制造者协会☆Alumina Ceramics Manufacturers Association；ACMA
矾铀矿☆uvanite
矾油☆oil of vitriol
钒☆vanadium；V
钒钡铜矿[$BaCu_3(VO_4)_2(OH)_2$;单斜]☆vesignieite；calciovolborthite
钒钡铀矿[$(Ba,Pb)(UO_2)_2(VO_4)_2•5H_2O$;斜方]☆francevillite
钒铋矿[$Bi(VO_4)$;斜方]☆pucherite
钒铋石☆schumacherite
钒卟啉☆vanadium porphyrin
钒磁赤铁矿☆v-maghemite
钒磁铁矿[含氧化钒达5%; $Fe(Fe,V)_2O_4$; $Fe^{2+}V_2^{3+}O_4$;等轴]☆coulsonite；vanado-magnetite；vanadium spinel；vanadiomagnetite；vanadinspinell
钒磁铁矿矿石☆vanadiomagnetite ore
钒的☆vanadic；vanadous
钒地沥青☆raphaelite
钒电气石☆vanadium {-}tourmaline
钒矾[$V_2^{4+}(SO4)_3(OH)_2•15H_2O$;$VO(SO_4)•5H_2O$;单斜]☆minasragrite
钒钙碱石☆straczekite
钒钙锰石☆palenzonaite
钒钙石☆metahewettite
钒钙铜矿[$CuCa(VO_4)(OH)$;斜方]☆calciovolborthite；tang(u)eite
钒钙铀矿[$Ca(UO_2)_2(VO_4)_2•nH_2O$; $Ca(UO_2)_2(VO_4)_2•5\sim8H_2O$;斜方]☆t(y)uyamunite
钒钢☆vanadium steel
钒古铜石[$MgCaSi_2O_6$]☆vanadinbronzite；vanadium bronzite
钒硅锰铝矿☆dewalquite
钒黑沥青☆rafaelite；raphaelite
钒辉石[$MgCa(Si_2O_6)$,含少量V和Cr的透辉石]☆lavroffite；lawrovite；lavrovite；lawrowite；vanadian augite{vanadinaugite}；vanadinaugit
钒泲铀矿[$(H_3O,Ba,Ca,K)_{1.6}(UO_2)_2(VO_4)_2•4H_2O$?;斜方?]☆vanuranylite；tyuyamunite；vanuranilite
钒钾铀矿[$K_2(UO_2)_2(VO_4)_2•3H_2O$;单斜]☆carnotite (ore)；kaliocarnotite；potassio-carnotite
钒尖晶石☆vanadiomagnetite；coulsonite；vanadium spinel；vanado-magnetite；vanadinspinell
钒碱石☆bannermanite
钒金红石☆V-rutile；schreyerite
钒矿☆vanadium ore；paramontroseite
钒帘石[$Ca_2Al_2V(SiO_4)_3(OH)$;单斜]☆mukhinite；muchinite；mukhilite
钒榴石☆vanadium-garnet
钒铝矿☆vanalite
钒铝铁石[$KAl_3Fe_6^{3+}V_6^{4+}V_{20}^{5+}O_{76}•30H_2O$?]☆bokite
钒铝铀矿[$Al(UO_2)_2(VO_4)_2(OH)•11H_2O$;单斜]☆vanuralite；strelkinite
钒氯酸铅☆lead chlorovanadate
钒锰硅铝矿[$Mn_5Al_5(VO_4)(SiO_4)_5(OH)_2•2H_2O$]☆vanadio(-)ardennite
钒锰矿☆manganoniobite
钒锰铅矿[$PbMn(VO_4)(OH)$;斜方]☆pyrobelonite
钒钼铅矿[$Pb(Mo,V)O_4$]☆eosite
钒钠铀矿[$Na(UO_2)(VO_4)•3H_2O$;斜方]☆strelkinite；sodium carnotite；natroncarnotite
钒霓石☆vanadous acmite
钒镍矿[铝和镍的硅酸盐和钒酸盐]☆kolovratite
钒镍沥青矿☆quisqueite；Peruvian asphalite
钒铅辉石[Ca的钒酸盐和硅酸盐]☆vanadiolite
钒铅矿[$Pb_5(VO_4)_3Cl$; $(PbCl)Pb_4V_3O_{12}$;六方]☆vanadinite；chlorvanadinite；johnstonite；vichlovite；wicklowite；vicklovite
钒铅铈矿[$(Ce^{3+},Pb^{2+},Pb^{4+})VO_4$;四方]☆kusuite
钒铅铜矿☆mottramite；psittacinite
钒铅锌矿[$Pb(Zn,Cu)(VO_4)(OH)$]☆descloizite；descloisite；araeoxene；tritochorite；eusynchite
钒铅铀矿[$Pb(UO_2)_2(VO_4)_2•5H_2O$;斜方]☆curienite
钒铯铀矿☆margaritasite
钒砷铋石☆schumacherite
钒-砷锗石☆V-As germanite
钒石☆scherbinaite；shcherbinaite
钒酸铅矿☆bayldonite
钒酸盐☆vanadate
钒酸盐类☆vanadates
钒酸钇晶体☆yttrium vanadate crystal
钒酸铀矿☆ferganite；ferghanite
钒钛磁铁矿矿床☆vanadic titanomagnetite deposit
钒钛矿[$V_2Ti_3O_9$;单斜]☆schreyerite
钒钛铁矿[$CuCa(VO_4)(OH)$]☆sefstromite；V-Ti-bearing iron ore
钒锑矿[Sb_2VO_5;单斜]☆stibivanite
钒铁(合金)☆ferro(-)vanadium
钒铁钴磁钢☆Vicalloy
钒铁精矿☆iron concentrate
钒铁铅矿[$Pb_5Fe_2^{2+}(VO_4)O_4$;单斜]☆heyite
钒铁铜矿☆lyonsite
钒铜矿[$Cu_5V_2^{5+}O_{10}$;单斜]☆stoiberite；vanadinite；volborthite
β钒铜矿☆ziesite
钒铜铅矿[$(Cu,Zn)Pb(VO_4)(OH)$;$PbCu(VO_4)OH•3H_2O$(近似)]☆mottramite；psittacinite；vesbine；cuprodescloizite；cuprovanadite；volborthite
钒铜铀矿[$Cu_2(UO_2)_2OHV_2O_8•10H_2O$]☆sengierite
钒透辉石☆lavrovite；lawrowite；lawrovite；lavroffite；vanadinbronzite；vanadio-bronzite；vanadinaugit
钒土[钒的氧化物或水化氧化物]☆vanadic ochre{ocher}；vanadine
钒污染☆vanadium pollution
钒钇矿[YVO_4;四方]☆wakefieldite
钒铀矿[$(UO_3)_2(V_2O_5)•15H_2O$;$U_2^{6+}V_6^{5+}O_{21}•15H_2O$?;斜方?]☆uvanite
钒云母[$KV_2(AlSi_3O_{10})(OH•F)_2$; $K(V,Al,Mg)_2AlSi_3O_{10}(OH)_2$;单斜]☆roscoelite；vanadium mica；colomite；vanadic{vandiferous} mica；vallachite；vanadinmica；vanadinglimmer
钒云母型矿床☆roscoelite deposit
钒赭石[V_2O_5;斜方]☆shcherbinaite；vanadic ochre
钒赭土☆vanadine；vanadic ocher
钒锗石☆vanadium germanite；v-germanite
钒脂铅铀矿[U,Pb,Ca等的钒酸盐和硅酸盐]☆vanadin-gummite；vanadia{vanadium} gummite；vanadio-gummite；vanadingummite
钒锥辉石[$Na(Fe,V)(Si_2O_6)$]☆vandous{vanadous} acmite
钒浊沸石☆vanadio(-)laumontite
钒族☆vanadium family
繁棒藻属[K-E]☆Cleistosphaeridium
繁多☆voluminosity
繁分数☆complex fraction
繁孔粉属[E_2-N_1]☆Multiporopollenites
繁瘤孢属[T-K]☆Multinodisporites
繁茂☆thrift；overgrowth；luxuriance
繁群☆population
繁荣☆flower；flourish；prosper(ity)
繁荣期☆age of flourish
繁盛☆blossom；bloom；opulence
繁盛期☆epacme
繁殖☆breed；reproduce；propagation；propagate；culture；reproduction；multiplication；procreation
繁殖场☆breeding ground
繁殖单元☆diaspore
繁殖方式☆reproductive system
繁殖器官☆propagative organ；organs of multiplication
繁殖适度☆bonitation
繁殖体☆propagula
繁重的☆heavy；hard；onerous
繁重业务☆severe service
凡得瓦方程(式)☆Van der Waals equation
凡尔打捞锥☆valve tap
(泵的)凡尔盖☆cover plate
凡尔海平面曲线☆Vail curve
(气举)凡尔配置的范围{间距}☆bracketing spacing
(气举)凡尔配置设计范围☆bracketing design envelope
凡尔曲线☆Vail curve
凡尔砂☆grinding powder；valve grinding compound
凡尔式捞砂筒☆valve bailer
凡尔体☆valve body
凡尔座打捞器☆valve cup grab
(气举)凡尔座配置的范围☆bracketing mandrel spacing
凡金型取样机☆vezin sampler
凡兰吟(阶)[欧;131～123Ma;K_1]☆Valanginian (stage)
凡立水☆varnish
凡伦期[S_1]☆valentian age
凡士林☆petrolatum；kaydol；vaseline；geoline；petroleum jelly
凡士林油☆vaseline oil
凡特荷甫因子☆Van't Hoff's factor
烦恼☆bother
烦扰☆plague
烦扰因素☆factor of annoyance
烦斜磨蚀☆ramp abrasion

fǎn

反☆converse；ob-； anti-；op-；des.；de-
反爆破☆back shooting
反倍半氧化物结构☆anti-sesquioxide structure
反比☆reciprocal ratio{proportion}；proportion by inversion；reciprocity；inverse proportion
反比的☆inversely proportional
反比叠加☆diversity stack
反编排☆deformat
反变(性)☆contravariance
反变层☆reversing layer
反变换☆inverse transform(ation)
反变形☆reversible deformation
反变形法☆predistortion method
反波☆return wave
反波痕☆antiripple；antiripplet
反波散☆inverse dispersion
反波振荡☆back oscillation
反驳☆retort；repulse；repulsion
反插值法☆inverse interpolation
反差☆contrast；reflectance
反差分算子☆inverse difference operator
反差加大图像☆contrast-stretched image
反差强☆denseness
反差强的☆hard
反差色调☆contrasting tone

反差再现☆rendering of contrast
反觇☆backsight
反(向)铲☆drag bucket; back digger{acter}; back-acting{hoe;rocker} shovel; dragshovel; backacter; hoe excavator; backhoe; pullshovel; backhoe; back hoe{action}; pullscoop; pullshovel
反铲式掘沟机☆shovel-trench-hoe unit; hoe-type trenching machine
反铲状倾滑断层☆antilistric dip-slip fault
反常☆anomaly; freak; abnormal(ity)
反常笔石属[O_1]☆Atopograptus
反常的☆freak; abnormal; excentric; eccentric; anomalous; preposterous; pervasive
反常点☆anomalistic point
反常(试样)分析☆erratic assay
反常核态☆abnormal nuclear state
反常回波☆ghost
反常燃烧☆spasmodic burning
反常性融雪☆anomalous snow melting
反常压力☆supernormal{abnormal} pressure
反常运转☆prank
反称笔石(属)[O_1]☆Anisograptus
反称笔石科☆Anisograptidae
反称虫属[孔虫;K-Q]☆Sigmomorphina; Polymorphina
反(号对)称的☆skewsymmetric
反(号对)称性☆skewness
反衬☆contrast; set off by contrast; serve as a foil to
反衬度☆gamma
反衬色☆contrast(ing) colo(u)r; contrast-color
反衬信号☆contrasting signal
反成键轨道☆antibonding orbital
反赤道流☆equatorial countercurrents
反斥☆retortion
反冲☆impact of recoil; bounce{kick} (back); recoil; backwash; bounce-back; return shock; backsurging
(从炮眼)反冲出的碎屑☆backsurged debris
反冲地层☆kicking ground
反冲断层☆recoil fault; back thrust
反冲断裂☆back-thrust
反冲工具尾管☆backsurge tool stinger
α反冲径迹☆alpha recoil track
反冲式打捞篮☆jet-powered junk retriever
反冲式防滑输送机☆jig-back (retarding) conveyor
反冲洗☆backsurge; back{return} flush; backflush; reverse{reversal} circulation
反(循环)冲洗☆counter flush
反冲洗工具的低压室体积☆backsurge clamber volume
反冲洗口盘阀☆backsurge disc valve
反冲洗型(过滤)装置☆back-flushing type unit
反冲运动☆recoiling motion
(喷气)反冲钻进☆reactive drilling
反抽☆suck-back; back suction
反出料☆back discharge
反刍动物☆ruminant
反刍兽类☆pecorans
反刍亚目[哺]☆Ruminantia
反触变性☆anti-thixotropy
反传播模型☆depropagation model
反磁场☆counter magnetic field
反磁化☆reversal{reverse(d)} magnetization; magnetic reversal
反磁体☆diamagnetic body; diamagnet
反磁性☆diamagnetism
反磁致伸缩效应☆inverse magnetostriction effect; converse magnetostrictive effect
反催化剂☆anticatalyst
反萃(取)☆back-extract(ion); backwash
反(溶剂)萃取☆countercurrent solvent extraction
反萃取塔☆counterflow stripping column
反萃溶剂☆counter solvent
反萃液☆strip solution
反搓☆reverse lay
反弹道导弹预报系统☆ballistic missile early warning system; BMEWS
反倒反☆anti-inversion
反导数☆antiderivative
反的☆inverted; inverse; reverse(d); rev; wrong
反等倾斜☆anti-equi-inclination
反等型性☆anti-isotypism
反底片☆diapositive
反地(热增)温(率)☆reciprocal gradient
反地心吸力的☆antigravity
反递变层理☆inverse graded bedding
反电动势☆back{counter} electromotive force; counter emf; back EMF
反电荷的颗粒☆oppositely charged particle
反电极☆counter electrode
反电极系[测量电极和供电电极互换而得]☆inverse configuration
反电流☆countercurrent
反电势☆back electromotive force
反电位☆counter potential
反电压☆inverse{counter;back} voltage
反电晕罩漆☆anticorona varnish
反电子☆antielectron
反迭代☆inverse iteration
反叠加☆desuperposition
反(式)丁烯二酸[HOOC•CH:CH•COOH]☆fumaric acid
反定理☆converse theorem
反定向☆opposite orientation
反动式水轮☆reaction water wheel
反动校(正)☆inverse dynamic correction
反都市化☆counter-urbanisation
反(向)读(出)☆backward reading
反对☆(be) against; contra-; counter-; anti-; oppose; withstand; fight; combat; except(ion); thwart; opposition; object(ion); buck; negation; dis-; agt; dif-[f前]; with-; cat(a)-; re-
反对(物)☆counter
反对称☆anti(-)symmetry; reverse{reversal} symmetry
反对称的☆antisymmetric
反对称核☆skew symmetric kernel
反对的☆negative; counteractive; opposed; counter; opponent; cross; opp
反对建造☆protest against
反对数☆antilogarithm; antilog; inverse logarithm
反对应☆reciprocal correspondence
反对者☆challenger; foe; opponent
反对作用☆counterwork
反多路转换☆demultiplex; demux
反反映☆antireflection
反方位☆reverse bearing
反方位角☆back azimuth{angle;bearing}; reciprocal {reverse} bearing
反方向☆back bearing; reverse{negative} direction
反方向角☆back{reverse;reciprocal} bearing
反沸石[$(Ca,Na_2,K_2)_4(Al_8Si_{40}O_{96})•28H_2O$]☆steeleite; steelit
反分级☆reverse classification
反峰☆negative peak
反峰值电流☆peak inverse current
反风☆reversing the ventilation; air flow-back; back blast; reversing of airflow{air current}; diversion {reversal} of ventilation; flushing
反风化作用[海水中非晶质退变铝硅酸盐合成黏土矿物的作用]☆reverse weathering
反风流☆inverted air current
反风门绞车☆reversing door hoist
反风向隔墙☆reversed bratticing
反辐射☆counterradiation; back radiation
反符合计数器☆anticoincidence counter
反符合门☆anticoincidence gate
反浮力☆negative buoyancy
反浮选☆reverse{counter} flotation
反弗伦凯尔缺陷☆anti-Frenkel defect
反复☆repetition; repeat; recurrence; reduplication
反复(出现)☆reiteration
反复抽提☆reextraction
反复的☆repetitive; repeating; repetitional; iterative
反复电路☆toggle
反复结晶☆periodic crystallization
反复老化☆reaging
反复模拟☆iterated simulation
反复平整土方☆repeated blading
反复曲式的☆strophic
反复取样☆multisampling
反复溶结作用☆multigelation
反复熔炼(法)☆meltback
反复闪光式信号机☆slot signalling
反复试验(法)☆trial-and-error{trial} method; TE
反复双晶☆oscillatory{repeated;multiple} twin(ning)
反复四次☆quadruplication
反复推(或拉等)☆worry
反复推敲☆hash
反复弯曲☆alternating bending
反复弯曲应力疲劳强度☆fatigue strength under reversed bending stress
反复无常☆volatility; whiffle
反复应力(疲劳)试验机☆repeated-stress (fatigue) testing machine
反复运动筛☆reciprocating grid
反附着作用☆negative adsorption
反干扰☆combating noise; counter-jamming; anticlutter
反感☆allergy; rebel; revolt
反攻☆counterattack
反功率加权☆inverse power-weighting
反拱☆concave crown; invert{jack;inverted} arch
反共振☆antiresonance; anti-resonance
反光☆repercussion; glisten; glister; retroreflection
反光(色素层)[解;昆]☆tapetum [pl.-ta]
反光灯☆reflector lamp
反光电效应☆inverse photoelectric effect
反光镜☆reflector (glass); reflecting{reflex} mirror; (il)luminator iconometer; viewfinder; retroreflector
反光性☆reflectance
反光仪☆light reflectance apparatus
反光远镜☆reflecting telescope
反过来也(是一样)☆vice versa
反骸晶☆antiskeleton crystal
反函数☆inverse function
反号☆opposite{reverse} sign
反核子☆anti-neucleon; antinucleon
反黑云母☆anomite
反虹吸(能力)☆back siphonage
反弧形☆ogee
反滑行装置☆anticreeper
反环斑结构☆anti-rapakivi texture
反环带[斜长石]☆reversed zoning
反辉绿结构☆reverse-diabasic texture
反晖☆gegenschein
反回电极☆return electrode
反回旋加速器☆anticyclotron
反混合☆de-mixing
反混响☆dereverberation
反混淆☆antialiasing
反活化☆deactivation
反击☆backstroke; retort; counter
反击式水轮机☆reaction type wheel
(相)反极☆antipole; antipode
反极化(作用)☆contrapolarization
反极象图☆inverse pole figure
反极性☆reversed{reverse} polarity; buck
反加热☆backheating
反尖晶石型结构☆inverse spinel structure; inverse spinal type structure
反键分子轨道☆antibonding molecular orbital
反溅☆backwash(ing)
反角脊贝属[腕;O_1]☆Antigonambonites
反绞☆reverse lay
反接☆transposition; opposition
反接线圈☆bucking{backing} coil
反接线制动☆countertorque braking
反结构☆antistructure
反介子☆antimeson
反μ介子☆antimuon
反进化论☆antievolution
反井☆raised{rising} shaft
反井法暗井凿进☆winze raising
反井法凿井☆sinking by raising
(用)反井掘进机凿井的天井☆drilled raise
反井钻机[开凿天井和上山用]☆raise-boring {-drilling} machine
反九点注水井网☆inverted nine-spot injection pattern
反卷☆warp
反喀斯特平衡☆anti-karst equilibrium
反抗☆resistance; revolt; rebel; withstand; resist; reluctance; reluctancy; counter(-)
反抗力☆counteragent
反科学☆anti(-)science; opposition to science, scientific research or the scientific method
反孔距比☆reciprocal geometric factor
反控制☆revertive control
反口侧☆aboral side{pole}
反口方的☆abactinal
反口螺属[腹;T_{2-3}]☆Anisostoma
反扣☆left-hand thread

反扣钻柱☆lefthand{left-hand} string
反夸克☆antiquark
反馈☆feedback; back feed{coupling}; recuperation; feedfack (a response); feed back; re(tro)action; return coupling; backing off; flyback; BF; FDBK; FB
反馈(差动电路)☆feedback differentiator
反馈电路☆feedback{reaction;reactive;retroactive;beta} circuit; ultraudion; regenerative loop
反馈放大器特性☆feedback amplifier characteristic
反馈能力☆recuperability
反馈耦合☆feedback coupling; couple back
反馈系统自动化☆feedback-system automation
反馈线圈☆tickler; feedback{reaction} coil
反馈消除☆antireaction
反馈预测法☆feedback forecasting technique
反扩散☆back diffusion
反拉顿变换☆inverse Radon transform
反拉力☆counter-pull
(带材)反拉装置☆drag unit
反蓝闪石☆antiglaucophane
反类质同象☆anti-isomorphism; anti-isomorphy
反离子☆gegenion; counter {-}ion
反离子层☆anti-ion layer; outer layer of electrical double layer
反励☆deexcitation
反立体镜☆inverted stereoscope
反立体效应☆pseudostereoscopic{pseudoscopic} effect
反粒级层理☆reverse {-}graded bedding
反粒子☆antiparticle
反力☆counterforce; reaction{counteracting} force; retroaction; upward{uplift} pressure
反力矩☆countertorque
反力牵引系统☆reactive haulage system
反量☆inverse
反菱面体☆inverse{reverse} rhombohedron
反硫化的☆devulcanizing
反流☆contraflow; backward flow; counter{reverse(d); opposed} current; reversal of flow; back rush; backwash[铀矿沥滤;离子交换柱]
反流河☆reversed river
反流筛☆counterflow screen
反漏斗状界面☆upconed interface
反滤波☆inverse filtering; antifilter
反滤波器☆inverse filter
反滤层☆filter layer{material}; inverted{protective} filter; invented gravel filter
反滤井☆filter well
反滤物料☆inverter filler
反论☆paradox
反螺旋☆backpitch; antispin
反螺旋桨☆counterpropeller
反码☆radix-minus-one{base minus one's} complement
反脉冲☆revertive pulse
反弥漫☆back diffusion
反密码子[遗]☆anticodon
反面☆inverse{reverse;negative} (side); overleaf; buck; counter; verso; noncelluliferous face; back; opposite; wrong side
(在)反面☆overleaf
反面观☆reverse view
反面滚筒☆tail end drum
反面焊接☆backwelding
反模造船法☆invert hull-building
反挠☆inflexion; contraflexure
反挠度☆camber
反挠高度☆camber height; depth of camber
反逆次序☆inverted order
反逆点☆inversion point
反逆作用☆cutback
反黏结剂☆antiplastering agent
反捻☆untwist
反凝析☆retrograde condensation; retrograde fall out
反凝析液☆retrograde condensed liquid
反凝析油☆retrograde gas condensate
反凝絮{絮凝}(作用)☆deflocculation
反凝絮{聚}剂☆deflocculant; deflocculator
反扭矩☆anti-torque; counter{reactive} torque
反扭转☆detorsion
反浓缩器☆deconcentrator
反排矸☆inverse discharge
反劈理扇☆reversed cleavage fan
反偏压☆reverse bias

反偏移☆demigration; pseudomigration; inverse migration
反平移☆antitranslation
反坡☆counter-slope; reverse slope
反坡度☆counter-gradient
反坡降☆reversed gradient
反起爆☆reverse{inverse;indirect} initiation
反气旋☆anticyclone
反汽化☆retrograde vaporization
反(向)牵引☆dip reversal; turnover; rollover
反前刺☆antecrochet
反切法☆resection
反轻子☆antilepton
反倾断层☆counter-inclined fault
反倾斜☆reversal dip; antidip
反倾斜河☆antidip stream
反趋光性[动]☆aphototropism
反曲☆retroflexion; sigmoid; recurvature; reverse
反曲的☆retroflexed; sigmoid
反曲鳞牙形石属[D_3]☆Deflectolepis
反曲率☆reversal of curvature; inverse curve
反曲式☆sigmoid; recurved
反曲式的[笔]☆reflexed; sigmoid; deflexed
反曲线形构造☆cymoid structure
反曲褶皱☆sigmoidal fold
反燃☆backfire
反燃素学说☆antiphlogistic theory
反绕[磁带等]☆rewind; back-spacing; back-roll
反热剩磁☆reverse thermo-remanent magnetism
反日☆anthelion
反日弧☆anthelic arc
反日向☆contra solem
反乳化☆de(e)mulsification; demulsify
反乳化剂☆demulsifying agent{compound}; demulsifier
反三角函数☆antitrigonometric function; inverse trigonometric function; inverse circular function
反三氧化二物结构☆anti-sesquioxide structure
反散射☆backscatter; backward scattering
反(向)散射[光波、射线、微粒]☆backscatter
反散射电子成像☆back-scattered electron imaging
反色心☆anti-colour centre
反沙丘☆antidune
反山根☆antiroots
反闪☆flash-back; back flash; backflash
反扇形复背斜☆abnormal anticlinorium
反射☆reflection; reverberation; glint; flash; image; reflex(ion); reflect (light,heat,sound,etc.); bounce back; reflectance; mirror; deflect; pop-up; return
反射板☆deflection plate; baffle; DP
反射爆轰波速度☆speed of reflected detonation wave
反射爆破☆jump correlation
反射比分光光度学☆reflectance spectrophotometry
反射比检测术☆reflectogram
反射边界单位☆reflection-bounded unit
反射波瓣☆reflecting lobes
反射波垂直时距表☆brachistochrone
反射波到达时间面☆reflection-time surface
反射波的偏移(处理)[震勘]☆migration of reflection
反射测角仪{器}☆reflecting goniometer
反射测试仪☆reflectoscope
反射层☆reflector; reflecting{reflection} horizon; backscatterer; tamper
反射成像☆catoptric imaging
反射的☆reflex; specular; reverberatory
反射的连续追踪[震勘]☆continuous control
反射地震勘探☆reflection shooting
反射点☆apex [pl.-xes,apices]; pip; reflection spot{point}; mirror{reflecting} point
反射点拖影{模糊}☆reflection-point smear
反射定律☆law of reflection
反射法勘探☆reflection prospecting{survey}
反射光斑[物镜的]☆flare
反射光观察工作[显微镜]☆reflected work
反射光谱测试☆reflective spectral measure
反射光显微术☆reflected-light microscope
反射光学☆reflective optics; catoptrics
反射弧脊柱☆backbone of reflex arc
(可移动的)反射炉炉盖☆bung
反射幻灯☆episcope
反射极☆repeller; reflector
反射角☆angle of reflection; reflection{reflected; reflecting;Bragg} angle

反射角测仪☆reflecting goniometer
反射接勘探☆reflection survey
反射界面☆horizon[震勘]; hor.; reflecting boundary
反射介质☆reflecting medium
反射镜☆mirror; reflector; catoptron; reverberator; speculum [pl.-la]
反射块状褶皱☆reflecting-block folding
反射浪☆clapotis
反射裂缝{隙}☆reflection crack
反射炉☆reverberatory (furnace); reverberator
反射率☆(Bond) albedo; reflectance; reflectivity; reflection factor; R; reflecting{reflective} power
反射率标准片☆reflectance standard
反射率测定仪☆albedometer
反射率函数☆reflectivity (function)
反射率值☆reflectance value
反射{葛莱;葛雷;格雷}码☆Grey{Gray} code
反射脉冲☆echo impulse; blip
反射脉冲调整☆pip matching
反射面曲率☆reflector curvature
反射能力测定☆reflectance measurement
反射偏光计{镜}☆reflection polariscope
反射器☆reflector; diverting device; reverberator
(中子)反射器☆tamper[中子]; parasite[天线]
(雷达探测天线)反射器☆dish
反射球☆reflection{reflecting} sphere
反射色☆reflection{reflecting} color; color background
反射时间下弯[低速层造成]☆time sag
反射式加热炉☆reflector oven
反射特性☆echoing characteristics
反射体☆reflector; reflecting body; white object
反射体用石墨☆reflector graphite
反射调速管质谱仪☆velocitron
反射图[探伤器波形图]☆reflectogram
反射系数☆reflectance; coefficient of reflection; reflection factor{coefficient}; (Bond) albedo; mirror ratio; power reflection coefficient; reflectivity
反射系数比☆reflectance ratio
反射系数测试仪☆reflection coefficient meter; reflectoscope
反射系数图☆stickogram
反射线指数☆line indices
反射像☆reflected{reflection;mirror} image; reflectance imagine; RD
反射信号☆echo (signal); reflected{echoed} signal; image; returning echo
反射信号强度指示器☆echo {-}strength indicator
反射型仪器☆reflection-type instrument
反射性☆reflectivity; reflection quality; reflexivity
反射仪☆reflectometer; albedometer
反射映画器☆episcope
反射原理☆principle of reflection
反射炸测☆reflection shooting
反射罩☆bowl
反射指数☆reflective index; RI
反射紫外线摄影法☆reflected ultraviolet method
反伸☆inversion
反伸点[结晶学]☆inversion{inverse} point
反伸反相等☆inverse-anti-equality
反伸中心[对称中心]☆inversion center; center of inversion {symmetry}
反渗(析)☆reverse osmosis; RO
反渗压力☆back-osmotic pressure
反湿润☆dewetting
反十八烯[$C_{17}H_{33}COOH$]☆elaidic acid
反时☆inverse time
反时(针)☆inhour
反时针的☆inverted hour; inh
反时针方向旋转☆counterrotation; C.C.W.; counter-clockwise; CCW
反式☆transform; trans-
反式构型☆transconfiguration; anti-configuration
反式化合物☆transcompound
反式立构☆syndyotaxy
反式迁移(作用)☆transmigration
反式十八碳烯[$C_{17}H_{33}COOH$]☆elaidic acid
反式异构(现象)☆trans(-)isomerism
反试验☆negative test
反视☆backsight
反手(向)☆backhand
反手焊接☆back hand welding
反授☆back feed
(用泵)反(向)输(送)☆back pumping

反束光导管摄像机☆RBV camera
反束光导摄像管☆return-beam-vidicon; RBV
反数☆reciprocal
反衰减(作用)☆antidamping
反双曲函数☆arc-hyperbolic function; inverse hyperbolic function
反斯托克斯发光☆anti-stokes luminescence
反搜索☆antihunting
反算的数据☆back-figured data
反算法☆back calculation
反太阳☆withershine
反弹性变形弯曲☆antielastic bending
反坦克火箭炮☆bazooka
反梯度☆antigradient
反天然剩磁☆reverse natural remanent magnetism
(半导体)反添加☆contradope
反填充☆backfill
反条纹长石伟晶岩☆antifenite pegmatite
反条纹二长岩☆vallevarite
反条纹正长闪长岩☆amherstite
反调幅器☆DEMO; demodulator
反调节水库☆balancing{counter} reservoir
反调制☆countermodulation; demodulation; demodulate
反调制器☆demodulator
反跳☆recoil; springing
反跳冲击☆impact of recoil
反铁磁体☆antiferromagnet(ics); anti(-)ferromagnetism
反铁电(现象)☆antiferroelectricity
反铁电的☆antiferroelectric
反铁电体☆anti-ferroelectrics
反同态☆anti-homomorphism
反同形性☆anti-isomorphy; anti(-i)somorphism
反团聚作用☆deflocculated particle
反推进☆retropropulsion
反推力☆reaction{reacting;reverse} thrust
反退式开采(法)☆retreat
反拖曳☆reverse drag
反(向)拖曳☆turnover; dip reversal; rollover
反歪尾☆hypocercal tail
反弯☆recurvature
反弯的☆retrocurved
反弯点☆point of inflection
反弯点法☆inflection-point method
反弯角石属[O_2]☆Antiplectoceras
反望远镜位置[经纬仪]☆reverse face
反微分☆antidifferential
反微商☆antiderivative
反微纹长石☆microantiperthite
反微中子☆anti-neutrinos
反尾旋☆antispin
反位错☆anti-dislocation
反纹长石☆antiperthite
反(条)纹长石☆antiperthite
反(条)纹长石化☆antiperthitization
反(条)纹结构☆antiperthitic texture
反(条)纹正长闪长岩☆amherstite
反纹中{二}长岩☆amherstite
反污染☆antipollution
反污染者☆antipollutionist
反五点(井网)☆inverted five spot
反物质☆antimatter
反吸☆back suction; suck-back
反吸收作用☆negative absorption
反洗☆backwash(ing); reverse washing
反洗(井)☆cross-over circulation
反洗管线☆back wash line
反(循环)洗孔☆counter flush
反洗效率☆backwash efficiency
反线性的☆antilinear
反响☆backwash; replication
反相☆antiphase; phase inversion{opposition}; opposite {inversion;minus} phase; opposition; inversion
反相畴☆APD; antiphase domain
反相分配☆reversed phase partition
反相交☆backward crossover
反相界☆antiphase boundary; APB
反相连接☆phase-reversing connection
反相器☆inverter (amplifier); complementer
反相气液色谱(法)☆inverse gas liquid chromatography
反相乳化钻井液[油为连续相]☆balanced activity drilling fluid
反相色层法☆reversed phase chromatography
反相似褶皱☆reverse similar fold
反相位☆(in-)phase opposition; in phase opposition
反向☆reversal; inverse{reverse;opposite} direction; inversion; reverse; invert; buck; reverse of direction; transoid
反向爆破☆suction{back} blast; backlash
反向爆炸☆reversed shooting; backlash; back blast
反向笔石属[S_1]☆Diversograptus
反向变形☆prespringing
反向标度指示定位☆reverse dial indicator alignment
反向波散☆inverse dispersion
反向差分有限差分法☆backward difference finite difference method
反向铲勺杆☆ditcher stick
反向冲击☆back blast{lash}; suction blast; afterblast
反向冲刷☆backscour
反向冲洗☆counterflush; indirect flushing
反向冲洗钻进法☆counter flush boring
反向畴☆antiphase domain
反向传播☆back propagation
反向刺[射虫]☆diametral spine
反向的☆reverse(d); backward; back; retrodirective; adverse; oppositely directed; obsequent; antithetic
反向递变☆reverse{inverse} grading
反向电极电流☆inverse electrode current
反向电流电刹车☆back current brake
反向调动☆reversing man(o)euvre{maneuver}
反向斗装岩机☆overshot mucker
反向断层☆antithetic fault
反向阀☆reversing valve
反向铲☆backhoe
反向反射观测☆reverse reflection observation; RRO
反向放炮☆counter-shots
反向沸腾☆retrograde boiling
反向分支☆backward branch
反向风☆contrastes
反向风沙波痕☆wind anti-ripples
反向峰(值电)压☆inverse peak voltage
反向辐射☆back radiation; reradiate; reradiation; reaction[天线]
反向辐射体波☆reradiate body wave
反向谷☆obsequent valley
反向环带☆reverse zoning
反向机构☆reversing mechanism
反向挤出☆back extrusion
反向卡瓦☆inverted slips
反向控制☆reverse control
反向快速冲程活塞跳汰机☆quick-return plunger jig
反向扩孔[从下向上]☆reverse reaming; ream back
反向力☆opposite force
反向力矩☆opposing torque
反向力偶☆opposed couple
反向蛎属[双壳;T]☆Enantiostreon
反向流动☆reverse(d){counter} flow; contraflow
反向密度层☆inverse density stratification
反向排列☆reversed arrangement
反向喷注☆contra-injection
反向喷嘴☆contrainjector
反向皮碗☆inverted cup
反向平行☆antiparallel
反向坡度☆reverse gradient{grade}; counter-slope
反向起爆☆indirect initiation{priming}; bottom firing; reverse{inverse} initiation
反向器☆reverser
反向倾斜☆reversal (of) dip; dip reversal
反向曲线☆counter{reverse} curve
反向曲线变换点☆countraflexure
反向区域断层☆counter-regional fault
反向热剩磁化强{程}度☆inverse thermoremanent magnetization
反向散射☆back(ward) scatter; backscatter(ing)
反向散射地滚波☆back-scattered ground roll
反向{向后}散射体☆backscatterer
反向散射紫外辐射仪☆backscatter ultraviolet radiometer; BUV
反向沙丘☆reversing dune; anti(-)dune
反向时间☆reversed time; RT
反向速度☆reaction rate
反向通风☆reversed{inverse;inverted} ventilation; diversion of ventilation; ventilation reversal
反向通路信号☆backward path signal
反向投射☆backprojection; back projection
反向拖曳☆rollover; dip reversal
反向弯曲☆contraflexure
反向洗孔☆indirect flushing
反向旋转☆counterrotation; reverse rotation{rotary}; contrarotation
反向循环☆backcycling; recycle back
反向压力☆uplift{upward} pressure
反向崖☆reverse scarplet; earthquake rent
反向牙板☆inverted slips
反向异常☆anomaly formed in opposite direction
反向应力构件☆reverse stress member
反向预测误差滤波器☆backward prediction error filter
反向跃迁☆opposite transition
反向运动☆retrogression; countermove; back{counter; retrograde;reverse} motion; inversion{retrogressive; reverse} movement; cutback
反向运动(的)☆retrograde
反向振动法☆inverted-vibrating method
反向转变☆reversed inversion
反向装置☆reversing gear{arrangement}
反象限角☆back bearing; B.B
反硝化(作用)☆denitrification
反硝化剂☆denitrifying agent
反肖特基无序☆anti-Schottky disorder
反效果☆countereffect
反效应☆adverse effect
反(电动势)效应[服从于楞次定律]☆bucking effect
反效用☆negative utility
反协同(试)剂☆antagonist
反协同效应☆antagonistic effect
反斜面坡口☆reverse bevel groove
反谐振☆antiresonance; anti-resonance
反信风☆antitrade{counter-trade} wind; antitrades; countertrades
反信号☆inverted signal; designature
反信用☆contra credit
反星系[反物质构成的星系]☆antigalaxy
反型☆transoid
反 J 形铺管法☆reverse J-tube method
反形体☆antimorph
反行弥散☆back diffusion
反行装置☆kick-back
反省的☆introspective
反虚反射[消除虚反射的一种滤波方法]☆deghosting
反序☆inverted sequence{order}; antitone
反序粒层理☆reverse {-}graded bedding
反序映像{射}☆antitone mapping
反絮凝(作用)☆defloculation
反絮凝剂☆deflocculating agent; defloculant; decoagulant
反旋☆inverted arch; antidromy
反旋卷☆deconvolution
反旋式通风机☆contra {-}rotating fan
反旋弹簧☆negator spring
反旋转☆antirotation
反循环☆inverse circulating; reverse{cross(-)over; reversal} circulation; reversed flow; countercurrent circulation[洗孔]; counterflush
反循环冲洗钻进☆reversed flush boring{drilling}; drilling with counterflow
反循环阀☆reverse circulation valve; reverse circulating valve
反循环法[砾石充填]☆reverse circulation method; reversing method; crossover-circulating type method
反循环滑套打捞筒☆circulating slip socket
反循环砾石充填技术☆crossover circulation technique; reverse circulation gravel pack technique
反循环清洗管鞋☆circulation reversing shoe
反循环洗井钻井法☆counter-circulation-wash boring method
反循环洗孔钻进☆reverse circulation drilling
反循环钻☆reverse circulation; RC
反循环钻进(用的)岩芯管☆reverse circulation core barrel
反压☆back pressure; back-pressure; BP
反压电效应☆converse{inverse} piezoelectric effect; electrostriction; reciprocal piezoelectric effect{inverse piezoeffect} [电致伸缩]
反压电性☆converse piezoelectricity; electrostriction
反压护道☆banket
反压力☆back{opposite;counter} pressure; counter(-) pressure; counter{back;opposite} pressure
反压流☆antibaric flow
反岩浆论者☆transformist; anti-magmatist

F

反延时继电器☆inverse time lag relay
反演[数]☆inversion; reversal development; conversion
反演分析☆back{inverse} analysis
反演模型☆inverse model
反焰☆back fire; backfire
反焰的☆reverberatory
反焰炉☆reverberating{reverberatory} furnace; reverberator
反异烷烃☆anteisoalkane
反异-支链☆anteiso-branched chains
反异质同形(现象)☆anti-homomorphism
反因河☆antegenetic river
反引力的☆counterattractive
反引力均夷作用☆antigravitational gradation
反萤石☆antifuorite; antifluorite
反萤石(型)结构☆anti-fluorite structure
反影镜☆euscope
反映☆reflect(ion); mirror; reflex(ion); image
反映反相等☆mirror anti-equality
反映构造的地形☆tectosequent
反映罗盘☆projection compass
反映双晶☆symmetric{reflection} twin
反映体☆antimer
反映像☆reflected image
反映者☆reflector
反应☆response; repercussion; reaction; react; echo; respond; feedback; feedfack; reactivity
反应边(岩)☆coronite
反应边[交代作用]☆corona [pl.-e]; reaction rim {border}; border ring{rim}
反应不足☆underaction
反应层☆responding layer
反应产物☆reaction product; resultant
反应程度☆extent of reaction
反应-重吸收成因[铬铁矿]☆reaction-resorption origin
反应带☆metamorphic{reaction} zone
反应的变量[自由度]☆variance of reaction
反应地块褶曲☆reflecting-block folding
反应堆☆reactor; furnace
反应堆安全保险(装置)☆reactor safety fuse
反应堆槽☆vessel
反应堆燃料循环技术☆technology of reactor fuel cycles
反应堆燃炉☆reacting furnace
反应堆用的石墨☆reactor graphite
反应管☆reactron
反应过程☆course of reaction
反应后酸液☆reacted acid
反应环☆border ring
反应机理☆reaction mechanism; mechanism of reaction
反应级☆order of reaction
反应剂☆reagent
反应井☆reaction{responsing} well; responder
反应矿物☆synantectic{reaction} mineral
反应力☆reagency; reaction; counter{uplift} stress; antistress; recoil force; reagent; kick; response strength
反应力巷道支护法☆counterstressing rocks
反应量☆norm of reaction
反应裂缝☆reflection crack
反应灵敏☆rapid-response
反应面{|谱}法☆response surface{|spectrum} method
反应器☆reactor; reaction vessel
反应器的控制☆reactor control
反应区宽度☆reaction-zone width
反应曲线[桩工]☆response{reactant;reaction} curve; reaction line; bearing graph
反应热☆reaction heat; heat of reactions
反应上的惰性☆reactionlessness
反应烧结☆reaction-sintering
反应设备☆conversion unit; reaction equipment
反应式☆equation
反应速度☆reaction velocity{rate;speed}; reactivity; reactive velocity
反应速率☆reaction rate; reactivity; speed of reaction
反应完全的泥浆☆mature mud
反应温度☆temperature of reaction
反应物☆reagent; interactant; reacting substance; reactant
反应物质☆reaction mass; RM
反应系列原理☆reaction principle
反应性☆reactivity; reactance; reactibility
反应值☆reacting value
反有效的☆contravalid
反余切☆arc cotangent
反鱼尾钻头☆reversed fish(-)tail bit
反原子[反粒子组成的原子]☆antiatom
反月☆antiselene
反(物质)陨石☆antirock
反运动☆counter-motion; counter-motion
反韵律储集层☆inverted layered reservoir
反炸(敌雷的)水雷☆countermine
反照☆reflexion; reflection
反照(率测定仪)☆albedometer
反照辐射☆albedo radiation
反照率☆(Bond) albedo
反折的☆retroflexed
反折回程{空}段胶带{带式}输送{运输}机☆flipping conveyor
反褶积☆deconvolution; Decon.; inverse convolution
反震中☆anti(epi)center; anti-epicentrum
反正螺丝杆☆turnbuckle
反正切☆arc{inverse} tangent
反正弦☆arcsine; anti-sine; inverse{arc} sine
反证☆counterevidence
反支撑脚☆back leg
反之☆vice versa; inversely
反之亦然☆vice versa; vv
反置预应力千斤顶☆upside down prestressing jack
反质点☆antiparticle
反质子☆antiproton
反中微子☆anti-neutrino
反中子☆antineutron
反重合☆anticoincidence
反重力☆antigravity
反重子[重子的反拉子]☆antibaryon
反(对称)轴☆antiaxis
反主齿[牙石]☆anticusp
反转☆back run; contrarotation; inversion; reverse; reversion; backward running; reversal; eversion; contrarotating[风机]
(倾斜方向的)反转[电磁法]☆rollover
反转成像法☆reversal process
反转的☆reverse; rev
反转电流☆reverse(d) current
反转基腔☆inverted basal cavity
反转胶片☆reversible{reversal} film
反转凝析☆retrograde condensation
反转润湿泥浆☆reverse-wetting mud
反转湿式筒形弱磁选机☆counter rotation wet drum low intensity magnetic separator
反转式扇风机☆inverted{reversible} fan
反转寿命☆life time of set and reset cycles
反转土☆vertisol
反转信号☆reverse signal
反转型☆scandent
反转圆☆inversion circle
反转褶皱☆reversed fold
反装起爆☆indirect initiation{priming}
反S状构造☆reversed S-shaped structure
反状态☆opposite state
反锥状☆obconical; obconic
反自然电位☆reverse SP
反自旋☆reversed spin
反祖(现象)☆atavism; reversion
反阻力{的}☆anti-drag; antidrag
反阻尼(作用)☆antidamping
反阻塞干扰☆antijamming
反嘴板[内耳石]☆antirostrum
反作用☆back action; bucking (effect); react; recoil (force); counteract(ion); re(tro)action; retroactive {adverse} effect; counter reaction
反作用安培匝☆back ampere turn
反作用的☆reflex
反作用剂☆counteractive; counteragent
反作用力☆reacting{counteracting} force
反作用式涡轮☆reaction turbine
反作用体☆reaction mass
返波管☆carcinnotron; carcinotron
返测☆reverse{back} measurement; reversed run
返程☆kickback; back swing; return; reverse running
返(回冲)程☆backstroke
返冲☆recoil
返稠☆after-thickening
返出☆reversing out
返出(的泥浆)☆returns
返出端☆return side
返出排量☆return flow
返出液☆returns
返滴定☆back titration; retitrating
返粉☆repetition material
返风沙丘☆echo dune
返辐射☆back radiation
返工☆do (poorly done work) over again; rework
返航☆home bound; return voyage; return-to-base
返回☆back-spacing; back space; retrace; return; retortion; replacement; rebound
返回侧V形托辊☆V-type return idler
返回侧自清理托辊☆self-cleaning return idler
返回成脉☆back veining
返回抽出的地下水☆returning pumped groundwater
返回的高温热水{钻液}☆high-temperature returns
返回的盐水☆return brine
返回点☆reentry point
返回段托辊☆return idler{roller}
返回过程☆back-up process
返回基地☆return-to-base
返回空气外壳☆return air casing
返回料☆revert
返回轮☆backing pulley
返回器☆returner
返回软管☆recycle hose
返回砂吨数☆return tonnage
返回时限[爆破后许可进入工作面的时限]☆re-entry period
返回挖掘位置☆return-to-dig
返回信号☆inverse{backward;return} signal
返回选厂的污水☆spillage water to reuse in dressing plant
返回指令☆link{break-point;bridging} order; return instruction
返矿☆sintering revert fines; sinter fines; return sinter fines; return fine sinter; returned dust; recycle; return mine; returns; R.F.; rf
返矿(粉)☆sinter dust
返矿比☆return fine rate; ratio of return fines; proportion of return fines; percentage of returns
返矿槽☆return fines bin; reclaim hopper
返矿(贮)槽☆backing ore bin
返矿产出量☆returns-out; return fines make
返矿量☆return fines output{make}; tailings volume
返矿率☆rate of return mine; return fine rate; percentage of returns
返矿用槽式输送机☆fine pan conveyer
返老还童☆greening; rejuvenescence
返料☆return; repetition material; revert
返料管☆reject pipe
返流☆ebb-reflex; upward flow; reflux
返排☆flowback
(作业后)返排液量☆backflow volume
返砂☆recirculated sand; sand return; repetition material return
返砂量[吨]☆return tonnage; circuit feed
返砂能力☆sand-raking capacity
返束视像管☆return-beam vidicon
返水☆backwater
返细料☆return fines
返销原油☆buy-back crude (oil)
返焰☆reverberation
返焰炉膛熔炉☆reverberatory pot fusion furnace
返渣☆return slag
返折辐射☆reflected radiation
返注式套管浮力装置☆fill-up floating equipment
返祖发育异常☆atavistic developmental anomaly
返祖现象☆atavism
返祖遗传☆reversion; atavism; revert

fàn

范•阿仑带☆Van Allen belt
范艾伦磁力辐射带☆Van Allen magnetic radiation belt
范艾伦带☆Van Allen band
范本☆copy
范畴☆domain; category; league
范德格拉夫加速器☆Van de Graaff accelerator
范`德华{(氏}键{|力}☆van der Waals(') bond{|force}
范德考克法☆van der Kolk method
范德`瓦尔{华}斯吸附☆Van der Waals adsorption
范动轮☆cam
范多恩取样器☆Van Dorn sampler

范克瑞费伦分类☆D.W.Van Krevelen；v.k.
范拉尼罗旱期[中美洲]☆veranillo
范{凡}拉诺旱期[美洲]☆verano
范例☆exemplification；example；paradigm
范模☆master pattern
范宁公式☆Fanning equation
范•萨恩模型☆Von Thunen's model
范•施穆斯和伍德(球粒陨石)分类☆Van Schmus and Wood Classification
范氏刻度盘读数☆Fann dial reading
范数☆norm
范斯通接合☆vanstoning
范托夫定律☆Van't Hoff law
范围☆extent；hemisphere；interval；field；dimension；context；circumscription；compass；boundary；range；sphere；circle；region；circuit；extension；bound；stretch；band；area；scope；ground；zone；threshold；basin；confinement；periphery；realm；tether；sweep；spread；spectrum [pl.-ra]；ambit；ambitus；regime(n)；limit；distribution[生态]；rge.
范围限定☆ranger{range} restriction
范文咬合采样器☆Van Veen grab
范性☆plasticity
范性切变☆plastic shear
梵蒂冈☆Vatican City State
梵格宙绿[石]☆Verde Mergozzo
梵格祖绿[石]☆Mergozzo Green
梵舍威图灰[石]☆Moncervetto
贩子☆dealer
犯错误☆blunder；stumble
犯法☆violation
犯规的☆foul
犯罪☆crime；guilty
饭店☆restaurant
饭盛石☆iimoriite
泛☆pano-；pan-
泛白现象☆whiting；whitening
泛齿类☆Pantodenta
(水泥混凝土表面)泛出水泥浮浆☆bleeding
泛大陆☆Pangea；pangaea
泛大洋☆Panthalassa
泛地槽☆pangeosyncline
泛地台☆panplatform
泛非综合体☆pan-African syndrome
泛沸法☆boiling-through marks
泛高加索板块☆Transcaucasian plate
泛构造运动☆pantectogenesis
泛古陆☆Pangea；pangaea
泛古洋☆Panthalassa
泛光灯☆flood (light)；floodlight
泛光照明☆floodlighting；floodlight
泛广盐性(生物)☆holeuryhaline
泛海相☆eupelagic facies
泛函☆functional；functionelle
泛函分析☆functional analysis
泛函性☆functionality
泛洪积扇☆panfan
泛集☆universal set
泛克里格法☆universal kriging
泛滥☆inundate；inundation；glut；flowage；flood(ing)；freshet；flow；deluge；divagation；overflow(ing)；be in flood；overbank process；submergence
泛滥(斜面堆积)☆splay
泛滥冰层☆flooding ice；aufeis[冬季泛滥平原上的厚冰层,1～4m]；flood-plain icings；flood{river} icing
泛滥沉积☆splays
泛滥的☆flush
泛滥低地☆river bottom
泛滥地☆washland；flowage land
泛滥地区☆overflowed{flowage} land
泛滥法☆flooding method
泛滥河流☆spill{overflow} stream；overflow steam
泛滥盆地☆flood basin；haugh swamp；nackswamp
泛滥平原☆flood{valley} plain；haughland；kachchi；haugh；bet lands；floodplain；sailaba；first bottom；river bottom[沿河两岸]；varzea[葡]；fadama[西非]
泛滥平原上曲流遗迹☆flood-plain meander scar
泛滥期☆flushing period；overflow stage
泛滥水道☆overbank
泛滥原☆flood plain；floodplain
泛滥原卷☆flood-plain scroll
泛滥原斜面沉积☆floodplain splay
泛滥作用☆overbank process
泛流式间歇泉☆flooded geyser
泛美采矿工程与地质学会☆Pan-American Institute of Mining Engineering and Geology
泛美公路☆trans-Amazonia highway
泛美式浮选机[带中心叶轮的机械搅拌式]☆Pan-American machine
泛美型(均衡)砂矿跳汰机☆Pan-American balanced placer jig；Pan-American placer jig
泛美自动阀脉动跳汰机☆Pan-American pulsator jig
泛平面化(作用)☆panplanation
泛平原☆panplain；panplane
泛平原化☆panplanation
泛热带的☆pantropic
泛色胶卷☆panchromatic film
泛扇期☆pan(-)fan stage
泛生论☆pangenesis
泛生学☆theory of hologenesis
泛兽次亚纲☆Pantotheria
泛酸盐{酯}☆pantothenate
泛向{嗜}性的☆pantropic
泛亚马孙造山作用☆Transamazonian orogeny
泛溢平原☆valley plain
泛溢水道☆overbank
泛溢水位☆overflow level
泛音☆overtone
泛营养物☆universal nutrient
泛油☆bleed；bleeding
泛域土☆azonal soil
泛(滥)原蜿曲带☆flood-plain lobe

fāng

芳代脂烷基☆aralkyl
芳构化☆aromatization
芳环☆aromatic ring
芳基☆aryl
芳(族)基☆aromatic radical{group}
芳基核☆aromatic nucleus
芳基金属☆arylide
芳基-烷基乙氧盐类☆aryl-alkyl ethoxylates
芳(族)聚酰胺空心纤维☆aromatic polyamide hollow fiber
芳水砷钙石☆phaunouxite
芳烃☆arene
芳烃化☆aromatization
芳烷基☆aralkyl
芳烷基黄原酸乙烯芳甲酯[$R(CH_2)_nOC(S)SCH_2RCH:CH_2$(R=芳基)]☆S-vinylarylmethyl-o-aralkyl xanthate
芳脘基☆aralkyl
芳酰基☆aroyl
芳香☆aroma
芳香的☆aromatic；suaveolent
芳香度☆aromaticity
芳香化☆aromatization
芳香环烷型石油☆aromatic-naphthenic oil
芳香基原油☆aromatic base crude
芳香剂☆deodorant；aromatic
芳香沥青型石油☆aromatic-asphaltic oil
芳香树胶☆bdellium
芳香树脂☆aromatite
芳香烃☆aromatic hydrocarbon；AH
芳香族的☆aromatic
芳香族含量☆aromatic content
芳香族化合物☆aromatic compound{substance}；aromatics
芳香族馏分☆aromatic fraction
芳香族烃(类)☆aromatic hydrocarbon
芳(香)族化合物☆aromatics；aromatic compound
芳(香)族聚合(作用)☆aromatic polymerization
芳(香)族取代☆aromatic substitution
芳族燃料油☆aromatic naphtha
钫☆Fr；francium；bronze round-bellied wine vessel with a square mouth；cooking utensil；(square) pot
方[响度单位,=1 分贝]☆phon；ph.
方鞍虫☆Quadraticephalus
方案☆version；scheme；project；plan；program(me)；formula[pl.-e]；scenario；alternative；excogitation；arrangement；derivative；arrgt
方案设计☆conceptual design
方钯矿[PdO]☆palladinite
方白榴石☆cuboleucite
方堡海参属[棘;Є_2]☆Redoubtia
方铋钯矿[$PdBi_2$]☆michenerite
方便☆facility；expedience；expediency；easement
方便的☆handy
方便货品☆convenience goods
方便接近的观察孔☆easy access inspection holes
方便旗标☆flag of convenience
方柄锤[凿]☆hardie
方柄凿☆hardy
方波☆square wave
方波信号☆bar{square(-wave)} signal
方补心☆master bushing
方差☆variance
方差的传播☆propagation of variance
方差分布☆variance distribution
方差分量估计量☆variance component estimate
方差分析☆variance{covariance} analysis；ANOVA
方差估计☆estimate of variance
方差极大旋转☆varimax rotation
方差齐性☆homoscedasticity
方差套合分析☆nested-analysis of variance
方差图☆variogram；variograph
方差图分析☆variographic analysis
方差型本{特}征值分析☆variance mode of eigenvalue analysis
方程(式)☆equation
方程次数☆degree of equation
方程的法线式☆normal form of equation
方程论☆theory of equations
方程式☆equation；formula [pl.-e]；eq
方程式的阶☆order of an equation
方程(式)组☆system of equation；set of equations；equation group
方程组的解☆solution of equations
方赤铁矾[$MgFe^{3+}(SO_4)_2(OH)\cdot 7H_2O$]☆kubeite；cubeite；botryogen
方赤铁矿[$Mg_3Fe^{3+}_4(SO_4)_6(OH)_6\cdot 27H_2O$]☆rubrite
方次☆degree
方锉☆square file
方底金刚石棱锥体☆square-based diamond pyramid
方碘汞矿[HgI_2]☆hoppingite
方垫圈☆square washer
方斗塞☆shank plug
方端面钻头☆flatnose bit
方轭骨☆quadratojugal(e)
方轭介属[O_1]☆Quadrijugator
方法☆way；approach；procedure；device；route；modus [pl.-di]；course；mode；technique；system；resource；regime(n)；means；wise；process；tool；tack；recipe；medium[pl.-ia]；measure；methodology；method；manner
方法测定☆direction-finding
方法分类☆classification of methods
方法学的☆methodological
方房(式)开采法☆square-chamber system{method}
方沸丁古岩☆analcimite tinguaite；analcite-tinguaite
方沸橄玄岩☆caltorite
方沸化(作用)☆analcitization
方沸灰玄岩☆analcite-tephrite
方沸碱煌岩☆monchiquite
方沸石[$Na(AlSi_2O_6)\cdot H_2O$;等轴]☆analcime；analcite；cuboite；cubicite；analcidite；cubizite；eut(h)alith；kubizit；kuboit；euthal(l)ite；cubic zeolite；sarcite；analcitite；calcanalcime
方沸石化☆analcimization；analcitization
方沸石粒玄岩☆analcime dolerite
方沸石-片沸石带☆analcime-heulandite zone
方沸碳酸黄长岩☆turgite
方沸霞辉{闪}岩☆bekinkinite
方沸响岩☆blairmorite；analcite-phonolite
方沸岩☆analcitite；analcimite；analcimolith
方沸云玄岩☆ghizite
方沸正云橄玄岩☆kidlaw basalt
方氟硅铵石[$(NH_4)_2SiF_6$;等轴]☆cryptohalite；cryptonalite；criptoalite；kryptohalite
方氟硅钾石[K_2SiF_6]☆hieratite；potassium-faujasite
方氟钾石[KF,含 NaCl;等轴]☆carobbi(i)te
方钙锆钛矿☆tageranite
方钙石[CaO;等轴]☆lime
方钙铈镧矿[$Ca_3(Ce,La,Di)_4SiO_{15}$;$(Ca,Ce,La,Nd)_5(SiO_4)_3(O,OH,F)$]☆beckelite
方钢☆square bar{steel;iron}；quadrant iron
方锆石☆ruffite
方格☆checker；cage；trellis；cell
方格北☆grid north

F

方格层孔石☆clathrodictyon
方格的☆checkered；chequered
方格法(取样)☆quadrangle{quadrangular} method
方格构造☆crisscross structure；criss cross structure
方格孔网钻进☆checker board drilling
方格盘☆checkerboard；chequerboard
方格取样☆grid；criss-cross sampling
方格式钻进☆checkerboard drilling
方格水系☆trellis drainage；trellis(ed) drainage pattern
方格投影☆plate carree projection
方格图☆graticule；grid chart
方格图案☆check
方格图解☆chart-square
方格图像☆crisscross pattern
方格网☆square grid{network}；grid square；grids
方格微尺☆grating micrometer
方格形☆gridiron
方格纸☆graph{scale;square(d);section(al);Cartesian;coordinate;plotting;quadrille} paper；sectional riling；cross {-}section section paper；rectilinear
方格状(炮眼)排列样式☆square pattern
方格状(钻孔布置)网☆square pattern
方镉石{矿}[CdO;等轴]☆monteponite；cadmium oxide；genaruttite
方骨☆quadrate
方钴矿[$CoAs_{2-3}$;等轴]☆skutterudite；gray cobalt ore；hard cobalt ore；modumite
方管螺属[软舌螺;$Є_1$-O]☆Quadrotheca
方管珊瑚☆Tetrapora；Hayasakaia
方硅钙钛石☆imanite
方硅石☆christobalite；cristobalite
方颔船型☆hard chine form
方盒信号☆box signal
方花介属[E_1-Q]☆Quadracythere
方黄铁矿☆chalmersite
方黄铜矿[$CuFe_2S_3$]☆cubanite；cuban；chalmersite；cupropyrite；barracanite；chalcopyrrhotite
方黄锡矿☆isostannite
方辉橄榄岩内的☆intraharzburgitic
方辉甲基性岩类☆palatinite
方辉铜矿☆harrisite；digenite
方辉玄质岩[方辉中基性岩类]☆palatinite
方尖塔{碑}☆obelisk
方碱沸石[含 Ca 和 K 的沸石]☆paulingite
方角平开接合☆square-corner halving
方接头☆square joint
方解变文石☆palaeocalcite
方解沸石榴云岩☆turjite
方解黄(长)煌(斑)岩☆aillikite
方解辉长混杂{染}岩☆hortite
方解闪辉岩☆vibetoite
方解石[$CaCO_3$;三方]☆calcite (limestone)；kalkspath；(glass) tiff；calcareous{Iceland;paper;calc} spar；calc(-) spar；limespar；kalzit；kanonenspath；conchite；reichite；dog-tooth{hog-tooth;nail(-)head} spar；caliza；vaterite-A；kalchstein[德]；applelite；drewite；kevell Iceland crystal；paracite；calcitum；kieselkalk[德;不纯]
α方解石☆elatolite；alpha-calcite
方解石-白云石测温法☆calcite-dolomite thermometry
方解石-白云石溶线地质温度计☆calcite-dolomite solvus geothermometer
方解石粉☆rock meal；calcite powder
方解石化☆calcitization
方解石胶结的石英砂岩☆Fontainebleau sandstone
方解石(双晶)律☆calcite law
方解石粒☆calcite grains
方解石墨☆cliftonite
方解石墨团块☆bruyerite
方解石泡☆cave{calcite} bubble
方解石式解理☆calcite cleavage
方解石碎屑颗粒☆detrital calcite particles
方解石岩☆calcitite
方解石萤石矿石☆calcite-fluorite ore
方解石与文石交互层☆erzbergite
方解伟晶岩☆calcite pegmatite
方解霞辉脉岩☆hollacite；hollaite
方解形石英砂☆sand-calcite
方金锑矿[$AuSb_2$]☆aurostibite
方晶石☆cristobalite
方晶石墨[C;碳的具立方体变体]☆cliftonite；graphite
方晶炭☆cliftonite
方井采矿法☆paddock

方颈螺栓☆carriage bolt
方卡瓦☆break-out block
方孔☆square aperture{hole;opening}
方孔筛☆square-hole{-mesh} screen；square-mesh sieve
方孔筛板☆square-punched sheet
方孔筛网☆square-aperture woven mesh；square-mesh screen
方孔凿☆hollow chisel
方口☆square opening
方口挖掘机铲☆square-mouth navvy shovel
方块☆quadrat
方块节理构造☆mural joint structure
方块毛石☆rubble ashlar；square rubble
方块毛石墙☆square rubble wall
方块石☆right-angle block；quadrel
方块图☆block diagram{scheme;map}
方框☆cap set；square frame
方框罗盘☆box-trough compass
方框图☆block (diagram{scheme;chart})；box section；skeleton diagram；schematic outline；blockdiagram
方框支护☆square-set timbering
方框支护巷道出矿的块段崩落法☆square-set block caving
方框支护下向回采法☆square-set underhand
方框支架☆square set{timber}；end block
方框支架的对角撑木☆X-frame brace
方框支架的天井☆square-set raise
方框支架顶层下面铲矿层☆shovelling floor
方框支架上部水平分层☆flat floor of square sets
方框支架式下行分层陷落开采法☆square-set slicing
方框支架纵向横梁☆stuttle
方框支架最高采掘层☆mining floor
方矿槽☆square bin
方括(号)☆square bracket
方粒铍矿☆aminoffite
方磷锰矿[$(Mn,Fe,Mg,Ca)Al_2(PO_4)_2(OH)_2$]☆tetragophosphite
方硫镉矿[CdS;等轴]☆hawleyite
方硫钴矿[CoS_2;等轴]☆cattierite
方硫锰矿☆hauerite；mangankies
方硫镍矿[NiS_2;等轴]☆vaesite
方硫铁镍矿[$(Ni,Fe)S_2$;等轴]☆bravoite
方硫银矿☆ialpite
方氯铜铅矿[$PbCuCl_2(OH)_2$;$Pb_4Cu_4Cl_8(OH)_8$•H_2O]☆cumengite
方螺纹☆square thread
方帽式填料函☆square kelly packer
方镁石[MgO;等轴]☆periclase；periclasite；periklas
方镁石尖晶石耐火材料☆periclase-spinel refractory
方锰矿[MnO;等轴]☆manganosite
方锰铁矿[$(Fe,Mn)_2O_3$]☆bixbyite
方面☆aspect；hand；field；direction；facet；dimension；behalf；phase；bearing；respect；angle；quarter；line
(在)……方面起很大的作用☆play a large role in
方木☆square(d){building} timber；lumps of wood
方木材☆brick
方木木垛☆duplex chock pack
方木纵横叠架成的底座☆cribbing and matting
方钠斑岩☆sodalitophyre
方钠二霞正长岩☆ditroite
方钠霓辉岩☆tawaite；tawite
方钠石[$Na_4(Al_3Si_3O_{12})Cl$;等轴]☆sodalite；ditroyte；glaucolite；chloridsodalith；alkali-garnet；odalite
方钠石类☆sodalite group
方钠石岩☆sodalithite；sodalitite
方钠霞石正长斑岩☆hilairite
方钠霞玄岩☆pollenite
方钠岩☆sodalitite
方铌钽矿[$Fe(Nb,Ta)_2O_6$]☆mossite；niobium tapiolite
方镍矿[$NiAs_{2-3}$;等轴]☆nickel(-)skutterudite；chloanthite；niskutterudite；nickel skutterudite
方宁方程☆Fanning's equation
方棚横木☆square-set cap
方硼矿☆borate of magnesia
方硼石[$Mg_3(B_3B_4O_{12})OCl$;斜方]☆boracite；paracite；parasite；metaboracite；boric spar
方铅矿[PbS;等轴]☆galena；lead glance；dice mineral；mole；boleslavite；eldoradoite；blue lead{lead-ore}；galenite；lead sulphide；archifoglio；acerilla；potter's ore；plumbago；molybdaena；parakobellite[不纯]
方铅矿的☆galenic

方铅矿类☆galenoid
方铅矿型☆galena type
方铅矿(晶)组[m3m 晶组]☆galena type
方球虫属[孔虫;E_2-N_2]☆Globoquadrina
方颧骨[两栖]☆quadratojugal(e)
方入☆kelly-in；kelly-down
方筛条☆square bar
方山☆mesa
方山崖[美西南部]☆ceja
方砷锰矿[$(Mn,Mg,Cu)_5(AsO_3)_3(OH,Cl)$]☆magnussonite
方砷铁矿☆iron {-}skutterudite
方砷铜银矿[Cu_2AgAs;等轴]☆kutinaite
方石☆ashlar；ashler；dressed stone
方石路面☆cube pavement
方石圬工☆squared stone masonry
方石英[SiO_2]☆c(h)ristobalite；crystobalite
α{β}方石英[SiO_2]☆alpha{|beta}-cristobalite
方石英嵌体包埋料☆cristobalite inlay investment
方石筑墙☆opus quadratum
方式☆fashion；mode；regime(n)；system；pattern；modality；modus [pl.-di]；schedule；wise；manner；aspect[信号]
方铈矿铝钛矿☆celanite
方铈镧钛矿☆celanite
方铈铝钛矿☆zeraltite；ceraltite；c(o)elanite；celanese
方铈石[CeO_2;$(Ce^{4+},Th)O_2$;等轴]☆cerianite
方试块☆test cube
方栓☆spline
方栓接缝板桩☆splined sheet pile
方霜晶石[$NaCaAlF_6$•H_2O]☆thomsenolite
方水硅铝石☆dixeyite
方水钍石[钍和稀土的含水硅酸盐]☆mozambikite
方钛铁矿[Fe_2TiO_4;Fe_2TiO_3]☆ulvite
方锑钯矿☆sudburyite；palstibite
方锑金矿[$AuSb_2$;等轴]☆aurostibite
方锑矿[Sb_2O_3;等轴]☆senarmontite
方条料☆brick
方铁矿[FeO;等轴]☆wu(e)stite；iozite；iosiderite；wüstite；iocite；jozite
方铁锰矿[Mn_2O_3; $(Mn^{3+},Fe^{3+})_2O_3$;等轴]☆bixbyite；sitaparite；partridgeite
方铁体☆wu(e)stite
方铜蓝[CuS]☆cantonite
方铜铅矿[Cu_6PbO_8]☆murdochite
方头{槽}☆square groove
方头铲☆square-point shovel
方头虫属[三叶;$Є_3$]☆Quadraticephalus
方头的☆truncated
方头夹垫圈☆coach clip washer
方头尖螺丝☆lag screw
方头窄铁锹[修管沟用]☆sharpshooter
方头钻头☆square-nose bit
方钍石[$(Th,U)O_2$;ThO_2;等轴]☆thorianite；aldanite；toryanite
方团矿机☆plunger type briquetting machine
方网地震采集系统☆seisquare
方网孔☆square mesh
方艉☆transom stern
方尾☆square tail
方位☆orientation；aspect；azimuth (bearing)；bearing；direction；points of the compass；direction and position；placement；position；exposure；locality；quarter[罗盘针]；ORIEN；AZIM；BRG；az；Bg
方位变化☆direction change；bearing rate；orientation variant；azimuthal variation；lateral deviation；turn
方位标☆azimuth mark；prominent feature
方位测定☆azimuth{bearing} test；direction {-}finding
方位测量☆azimuthal survey{measurement}；bearing measurement；directional surveying (of well)；measurement of bearing
方位动线测微计☆position-filar micrometer
方位对比☆correlation of orientation；contrast of direction
方位分布☆azimuthal{orientation} distribution
方位分量☆direction component
方位分析☆orientation analysis
方位高度☆azimuth {-}elevation；azel
方位基点☆cardinal point
方位极密☆orientation maxima
方位计☆declinometer
方位角☆azimuth；azimuth(al){bearing;direction;directional;declination; orientation;position} angle；

bearing (bar); angle of strike{orientation}; declination; AZIM; az.
方位角变化脉冲☆azimuth change pulse; ACP
方位角的☆azimuthal
方位角读数标尺☆azimuth scale
方位角度盘测角仪☆azimuth circle instrument
方位角函数☆azimuth function
方位角信号消隐管☆azimuth blanking tube
方位罗盘☆azimuth compass{dial}; bearing compass; surveying azimuth compass
方位偶极装置☆azimuthal-dipole arrangement
方位盘☆pelorus
方位器[钻头上方,防止钻头变方位]☆rebel tool
方位同步传动装置☆azimuth synchro drive gear
方位投影地图☆azimuthal{zenithal} chart
方位图☆orientation diagram{chart}; location map; directional diagram
方位物☆landmark{prominent;terrain} feature; land mark; topographic marker
方位线☆bearing{azimuth;position} line; line of bearing
方位行星轮传动装置☆azimuth planetary gear
方位仪☆azimuth finder{sight;mirror}; azimuthal telescope
方位引导单元☆azimuth guidance element
方位组合☆azimuthal array
方钨矿☆reinite
方无窗贝☆Quadrithyris
方硒钴矿[$CoCo_2Se_4$;等轴]☆trogtalite; bornhardtite
方硒硫镍矿[$Ni(S,Se)_2$]☆selenio-vaesite
方硒镍矿[Ni_3Se_4;等轴]☆trustedtite
方硒铜矿[$CuSe_2$;等轴]☆krutaite
方硒锌矿[ZnSe;等轴]☆stilleite; zinkselenid; zinc selenide
方箱式加热炉☆box type heater
方向☆trend; direction; orientation; heading; Hdg; aspect; bearing; facet; sense; set; quarter; locality
T方向[岩组]☆T direction
方向标☆guiding landmark; outstanding{description} point; leading mark
方向不对的定向井☆misdirected hole
方向传递☆transfer of orientation
方向的☆directional; versatile
方向度量☆orientation measurement
方向对直器☆lining sight
方向舵☆(yaw) rudder
方向分划[瞄准镜]☆azimuth scale
方向分量☆direction component
方向改变角☆heading angle
方向概念☆sense of direction
方向计☆telegoniometer
方向校正☆correction for direction
方向(位)精度☆bearing accuracy
方向井☆controlled directional well; direction well
方向聚焦☆direction-focusing
方向可调接收(法)☆controlled directional reception
方向控制☆direction control
方向灵敏计数器☆directional counter
方向盘☆steering wheel; handwheel; bearing circle
方向偏差☆directional{direction} bias; walk
方向曲线☆directivity curve
方向矢量平均数☆directional vector mean
方向特性图☆directivity graph
方向调节接收(法)☆controlled directional reception
方向图☆directional diagram; lobe pattern
方向陀螺基准☆directional gyroscope reference
方向误差☆carbon error
方向系数☆direction coefficient
方向线☆trend{heading;directional;direction} line; directional ray
方向相反的合力分量☆opposite resultant force component
方向响应分布图☆directional response pattern
方向效应☆directive{directional} effect
方向性☆directivity; directionality; orientation; directional property
方向性图☆field{directional} pattern
方向性移向器☆gyrotor
方向修正☆adjustment in direction
方向压☆non(-)uniform pressure
方向因数☆directivity factor
方向影响[目标]☆aspect effect
方向指示☆sensing
方向桩☆bearing stake
方楔柏属[K_2-Q]☆Tetraclinis
方锌矿☆black jack
方信号☆square signal
方星介属[K_2]☆Quadracypris
方形☆square (figure); square-shaped
方形的☆quadrangular; quadrate; quadratic
方形环☆quad ring; Q-RING
方形结构☆boxwork texture
方形矿房采矿法☆square-chamber method
方形矿柱☆post pillar
方形炮眼排列法☆square pattern
方形浅井☆paddock
方形系数☆block coefficient
方形藻(属)[Z]☆Quadratimorpha
方言☆dialect; vernacular; provincialism
方银铜氯铅矿[$AgPb_3Cu_3(OH)_6Cl_7$]☆boleite
方英石[SiO_2;四方]☆cristobalite; christobalite; α-cristobalite; c(h)rystobalite; melanophlogite
β方英石☆beta-cristobalite; metacristobalite
方英玉髓☆lussatite; pseudolussatine
方铀矿☆ulrichite[特指原来未经氧化的 UO_2]; uranopissite; uranatemnite; nasturan; uraninite; kirshite; uranopissinite; nivenite
方铀钍石[方钍矿的变种,其 U:Th 达 1;$(Th,U)O_2$]☆uranothorianite
方油石☆square oil stone; brick
方黝铜矿☆harrisite
方余☆kelly-up; kelly above rotary
方玉髓☆cubosilicite; cubosilicate
方圆茎属[棘海百;C]☆Tetragonocyclicus
方陨铁☆hexahedrite
方陨铁类☆hexaedrite
方照[天]☆quadrature
方针☆direction; guideline; ticket; tack
(基本)方针☆keynote
方针决策☆policy decision
方阵☆(square) matrix
方轴☆square shaft
方柱变钠长石☆palaeoalbite
方柱采煤法[原煤层]☆square work
方柱辉石☆pseudoscapolite
方柱石[为 $Na_4(AlSi_3O_8)_3(Cl,OH)—Ca_4(Al_2SiO_8)_3(CO_3,SO_4)$ 完全类质同象系列]☆scapolite; chelmsfordite; humboldtilite; fuscite; wernerite; luscite; skapolith; arcticite; mel(l)ilite
方柱石化(作用)☆scapolitization
方柱石假象钠长石☆paleo-albite
方柱石类☆scapolite; scapolite group
方柱石岩☆werneritite
方柱式采矿法☆square work
方柱岩☆scapolite rock
方柱中长辉长岩☆scapolite-belugite
方砖☆square brick
方状节理☆cubic joint
方锥珊瑚(属)[S_{1-2}]☆Goniophyllum
方锥石属[腔;Є-P]☆Conularia
方琢石☆square stone; ashlar; ashler
方祖母绿琢型[宝石的]☆square emerald cut
方钻杆☆kelly (bar;stem;rod); driving stem; grief stem {kelly;joint}; square kelly
方钻杆补心下入盘☆kelly bushing stabbing skirt
方钻杆防磨用油☆gunk
方钻杆钳☆dick grip
方钻杆上{|下}旋塞(阀)☆upper{|lower} kelly cock
方钻杆用鼠洞☆kelly's rat hole; kelly hole

fáng

房地产☆real estate{property}; estate; realty
房东☆landlord
房古杯属[Є]☆Thalamocyathus
房基塌陷☆The foundations have sunk.
房基线☆building line
房间☆chamber; apartment
房间矿柱☆interchamber pillar; (solid) rib; ribpillar
房间占用检查信号系统☆room check signal system
房角石(属)[头;O-S]☆Cameroceras
房颈[由大巷导入矿房的短巷区]☆room neck
房式开采☆room{chamber} mining
房式开采随后崩落矿柱开采法☆room and pillar caving
房式下行水平分层崩落采矿法☆topslicing by rooms
房室的双形现象[介]☆locular dimorphism
房室间☆intercameral
房室孔☆apertura auriculoventricularis
房室通道☆chamber passages
房屋☆house; building; housing
房屋的正面☆facade
房屋基础☆house foundation; housefoundation
房型目☆camaroidea
房柱采煤法回风道☆bleeder
房柱法☆room and pillar (mining) method; pillar and stall; room-and-pillar working; breast-and-pillar; barrier system; pillar-and-room method
房柱法采区维修工☆bordroom man
房柱法的第二次回采☆headway
(用)房柱法回收煤柱☆robbing by pillar-breast method
房柱开采法☆room-and-pillar mining
房柱连续拉底[分段崩落用]☆stope-and-pillar undercut
房柱式采煤法☆pillar-and-stall; room-and-pillar (mining); room-and-pillar{bord-and-pillar} system; breast-and-pillar; wide-work; narrow working; rib-and-pillar method[厚煤层]; North-Staffordshire method; room-and-stoop; punch-and-thirl system; straight ends and wall; post-and-stall; bord and pillar working
房柱式采煤法大后退回采煤柱的长放顶线☆long line pillaring
房柱式采煤法的回风道☆bleeder
房柱式充填采煤法☆room-and-pillar with filling
房柱式充填(开采)法☆pillar-and-room system
房柱式开采法☆pillar and breast method; board and pillar (method)
房柱式贮煤开采法☆battery breast method
房柱状构造[珊瑚礁]☆room-and-pillar
(带呼吸装备的)防氨服☆ammonia suit
防白剂☆blush preventive agent
防暴催泪瓦斯☆riot{tear} gas
防暴风雨的☆storm-proof
防暴警察☆riot police
防爆☆explosion-proof; antiknocking; blast-proof; explosion prevention{protection}; anti-detonation; flameproof; flameresistant
防爆安全措施☆explosion protection
防爆板☆rupture pressure disc; explosion disc
防爆包装☆anti-explosion packaging
防爆玻璃☆implosion guard
防爆充油型电气设备☆explosion-proof oil-pilled electrical equipment
防爆的☆flame(-)proof; fl prf; explosion{blast} proof; explosion-safe{-proof}; permissible; blast(-)proof; flame-resistant; fully{totally} enclosed; gas-tight; FLP; fp
防爆灯☆explosion-proof lamp{light;luminaire}; flameproof luminaire; game safety lamp
防爆垫☆blasting mat
防爆电话☆iron-clad telephone
防爆电机☆fire proof motor; explosion-proof electric machine; explosion-proof{fire-proof} motor
防爆电接点压力表☆electric contact explosion-proof pressure gauge
防爆电器设备☆explosion-proof electric equipment
防爆电钻配电箱☆flameproof drill panel
防爆断路器☆flameproof circuit breaker
防爆防风雨设备☆explosion-proof weather-proof equipment
防爆防炮器☆approved shot-firing apparatus
防爆浮球液位控制器☆explosion-proof ball float level controller
防爆浮筒液位计☆explosion-proof floating cylinder level meter
防爆钢筋☆bursting reinforcement
防爆管☆explosion stack; pressure-relief device
防爆罐☆flash back tank
防爆锅炉☆unexplosive boiler
防爆盒☆armoured cassette
防爆环☆guard rim
防爆机器☆intrinsically {-}safe machine{circuit}
防爆机座☆fire-proof frame; flameproof enclosure
防爆剂☆antiknock agent{additive;substance;reagent}; dope; detonation suppression{inhibitor}; antidetonant; anti-knock substance
防爆间隔舱壁☆explosion proof divisional bulkhead
防爆结构☆explosion-proof construction; blast

resistant construction
防爆可逆磁力启动器☆explosion-proof reversible magnetic starter
防爆框带☆implosion protection band
防爆门☆explosion door{vent;flap}; explosion-proof {blast-resistant;blast-proof} door; fire seal; explosion-proof metal cover
防爆膜☆blow-out disc; blowout disk; tearing foil; rupture pressure disc
防爆木挡墙☆breaking-off timber; bobby prop
防爆盘☆bursting{explosion} disc; explosion disk
防爆坡☆apron
防爆气氛☆nonexplosive atmosphere
防爆汽油☆doped{ethyl} gasoline
防爆设备☆antiknock device; explosion-proof {approved} apparatus; explosion-tested{permissible} equipment; explosion proof equipment; permissible electrical equipment
防爆设计☆blast-proof design
防爆设施☆blasting protection facilities
防爆式的[电动机等]☆enclosed-type
防爆式定子架☆explosion-proof stator frame
防爆式鼠笼电动机☆enclosed squirrel-cage motor
防爆试验☆explosion-proof test; flameproof testing
防爆式仪表☆explosion-proof instrument
防爆通风型电气设备☆explosion-proof fanning electrical equipment
防爆小组☆bomb squad
防爆型多显示信号灯☆flameproof multi-aspect colo(u)r light signal
防爆性[指矿机炸药等]☆permissibility; knock {flame} resistance; antiknock property
防爆岩粉☆protective dust
防爆仪表☆permissible instrument
防爆荧光灯具☆flameproof fluorescent lamp fitting
防爆炸的☆firedamp-proof
防爆震☆anti-knock
防爆装甲门☆explosion-proof armoured door
防爆装置☆explosion-proof{explosion-protection} equipment; hydrostat; flameproof apparatus
防爆子弹☆baton round
防备☆prevent
防变色☆anti-tarnish
防变形筋☆tiepiece
防变质剂☆antideteriorant
防冰设备☆deicer
防冰套罩☆overshoe
防病☆prophylaxis
防波板☆breakwater; swash plate
防波堤☆jetty; wave breaker; groyne; groin; seawall; break(-)water; water {-}break; bulwark; pier (dam); mole; sea bank; levee
防波堤堤头☆breakwater tip{end}; mole head
防波堤铺石面[土]☆breakwater-glacis
防波堤头☆mole head
防波动圈[机]☆anti-surge ring
防波墙☆dyke; dike; sea{wave} wall
防波岩礁☆skerry-guard
防波油☆storm oil
防擦板☆chafing plate
防超速装置☆overspeed preventer
防潮☆damp-proofing
防潮层☆damp(proof) course; damp-proofing coating; wet{damp}-proof; dc; moistureproof; moisture-tight {-repellent;-resistant}
防潮带☆bandage
防潮的☆impervious to moisture; damp proofing; damp-proof; moisture-repellent; nonhygroscopic; moisture {-}proof; moisture-resistant; NH; DP
防潮堤☆coastal levee; sea embankment
防潮灰泥☆sarangousty
防潮绝缘☆non-hygroscopic insulation
防潮湿的☆damp-proof(ing); D.P.
防潮水泥☆moisture-proof cement
防潮纸☆building paper
防潮砖☆brown-glazed brick
防尘☆dust control{suppression;prevention;ring}; dust(-)proof; dust-tight; dust-allaying
防尘处理☆dust-proofing
防尘的☆dust tight{proof;protected}; dust(-)proof; dust-tight; dirt proof; dirtproof; DP; DT
防尘垫圈☆dust ring{washer}; sand collar
防尘法☆dust-reduction method
防尘工☆dust-suppression man
防尘呼吸器法☆dust respirator
防尘剂☆dust-allaying medium; dust-reducing spray compound; dust palliative{preventive}; dust wetting agent
防尘口罩☆dust mask; respirator
防尘密封☆dust seal (ring); dirt seal; dust sealing
防尘密封上保持架☆upper dust seal retainer
防尘密封系统{装置}[圆锥破碎机]☆dust-sealing system
防尘喷枪☆anti-dust gun
防尘圈☆wiper (ring); dust ring{seal}
防尘圈缘☆wiping edge
防尘套☆dust wrapper{collar}; dw
防尘眼镜☆goggles
防尘罩☆dw; dust cover{cap;shield;wrapper;cowling; helmet;collar}; cover dust; dirt shroud; protector cap; dust-sealed casing
防冲沉排☆erosion control mattress
防冲出☆anti-extrusion
防冲大块石☆rip-rap
防冲堤☆fending groin
防冲护坦☆scour apron
防冲乱石☆riprap
防冲抛石☆iprap
防冲铺砌☆downstream floor
防冲器☆bumper
防冲设施头部☆prow
防冲蚀接头☆blast joint
防冲刷☆antiscour
防冲托辊{滚}☆impact idler
防冲物☆fender
防冲支撑☆collision strut
防触电开关☆shock-proof switch
防磁☆anti-magnet; protect against magnetization; be antimagnetic
防弹玻璃☆bullet(-)proof glass; armoured glass
防弹的☆shell proof
防弹钢板☆armor plate
防倒的☆anti-toppling
防盗报警器☆bug
防滴保护☆drip proof protection
防滴(水)的☆dripproof; dri-tight; antidrip
防地震的☆earthquake-proof
防电晕放电装置☆corona-resistant
防吊环碰撞器[装在水龙头上]☆link bumper
防冻☆freezing resistance{protection}; antifreeze; deicing; antifreezing; winterization; winterization frost proof; freeze protection; prevent frostbite
防冻处理☆freeze-proofing
防冻阀☆frost valve
防冻方法☆winterizing procedure{method}; antifreeze method
防冻剂☆freeze-point depressant; antifreezer; deicer; antifreezing compound{agent}; antifreeze (substance); anti-icing additive; paraflow; anticreaming agent; deicing chemicals; freeze proof agent; AIA
防冻煤☆freezeproofing coal
防冻深度☆frost-proof depth
防冻液☆anti-freezing{antifreeze} solution; anti-freeze {anti-icing;deicing} fluid
防冻炸药☆polar explosive
防毒呼吸器☆gas{air} mask
防毒面具☆(gas;helmet) mask; (dust) respirator; breathing apparatus; antigas{air;protective} mask; gaspirator
防毒面具的滤毒器☆canister; cannister
防毒面具呼吸器☆aerophore
防毒面具用活性炭☆gas mask charcoal
防毒气☆antigas; gas-protection; gasproof
防堵滤布☆non-blind cloth
防堵塞的☆anti-clogging; clogproof
防蠹丸☆mothball
防(泥浆)发酵处理剂☆anti-fermentative
防反向安全装置☆anti-kickback attachment
防范崩落[雪崩、崩岩等]☆avalanche defence
防范措施☆countermeasure
防风☆protect against the wind; provide shelter from the wind; windbreaking
防风暴的☆storm proof
防风玻璃☆perspex
防风间栽☆wind strip cropping
防风窖☆cyclone cellar
防风拉筋☆wind bracing
防风林☆windbreak (forest); breakwind; wind protecting plantation; wind-protection plantation; shelter belt; wind break forest
防风墙☆windbreak
防风雨的☆weathertight; weatherproof; weather-protected
防风雨司机室☆weather proof
防风罩☆windshield
防辐射的☆radiation proof
防辐射混凝土☆radiation shielding concrete
防腐☆corrosion treatment; preservation; a(nti)sepsis; preserve; corrosion control{prevention}
防腐包扎☆rust preventing wrapping
防腐层☆anti-corrosion insulation
防腐的☆antiseptic; antirot; a.c. ; ac; anti(-)corrosive; antisepsis; corrosion prevention; mitigate corrosion; corrosion-proof; corrosion-resistant; anticorrosive
防腐法☆antisepsis
防腐剂☆inhibiter; inhibitor; corrosion inhibitor {remover;chemical;preventive}; conservative; antiseptic{preservative;antirot} (substance); anti-corrosive{anticorrosive} agent; aseptic; conserve; antiputrefactive; palliative; impregnant; antifouling composition; permafilm inhibitor[喷涂在钻具上的]
防腐浸渍坑木☆impregnated timber
防腐蚀☆inhibition of corrosion; corrosion protection
防腐蚀的☆corrosion-resistant
防腐涂层☆corrosion prevention film; corrosion-inhibiting{anti-corrosive} coat(ing)
防腐物☆preserver
防腐橡胶套卡箍☆rubber sleeve clamp corrosion resistant
防腐性☆non-corrodibility
防腐油☆anti-corrosive{antiseptic} oil; carbolineum; corrosion inhibitor oil; cosmoline
防矸式三角区[掩护支架]☆debris guard lemniscate mechanism
防感应☆anti-induction
防垢☆antiscale[锅炉]; anti-fouling; scaling{scale} control; prevention of scaling; scale prevention
防垢剂☆antiscale; antisludge agent; antifoulant; scale inhibitor; boiler fluid
防垢药剂☆anti-scalant
防故障的☆trouble-proof; trouble-saving
防光的☆light-tight
防光晕滤色镜☆anti-vignetting filter
防滚索☆anti-rolling guy
防过卷安全装置☆overwinding safety gear
防过压装置☆excess voltage preventer
防过载安全装置☆overload relief
防过载的☆anti-overloading
防海生物剂☆antifoulant
防寒☆winter-proofing; winter protection
防旱林☆drought disaster control forest
防核尘地下室☆fallout shelter
防洪☆flood control{protection;prevention}; control of flood; prevent or control flood
防洪堤☆floodwall; flood bank{wall}; flood protection embankment{dike}; dike
防洪工程☆flood-protection{flood-control} works; flood control works; flood retarding project; flood prevention project
防洪能力☆ability of flood control
防护☆guard; protect(ion); fence; defence; shield(ing); safeguard; defense; proofing; shelter
防护板☆doubling; protective shield{apron}; shield; protection apron; wing; fender
防护壁☆revetment
防护(白)玻璃☆cover glass
防护层☆inhibitory coating; shielding; protective layer
防护堤☆fending groin; (protection) embankment
防护洞☆shelter (cave); refuge pocket
防护剂☆repellent; protective agent; protectant; proofing
防护块体☆armour unit
防护栏☆protective grating; lifting guard
防护林☆shelter{protective;protection} forest
防护帽☆(crash) helmet; protection{protective; safety} hat; protective cap
防护门☆explosion door
防护面罩☆face guard

防护喷器☆cocoon
防护器☆preventer; guard
防护墙☆fender{protecting} wall; protective shield{apron}; protection apron
防护区☆protected area
防护圈☆guard collar; baffle ring
防护筛板☆screen deck
防护手段☆muniment
防护手套☆gantlet; protective gloves
防护水泥☆radiation proof cement
防护台☆safety platform
防护托架☆arm guard
防护网☆safety net; wire guard
防护型电动机☆protected motor
防护眼镜☆protected{snow} glasses; protective spectacles{goggles}; snow goggles
防护衣☆vest
防护用尘末[岩粉]☆protective dust
防护油☆preservative oil
防护罩☆canopy; hood; safety guard; protective casing{shield;covering}; protecting cover
防护装置☆guard; safety equipment{guard}; shield assembly; protector; protective device; safeguard (device)
防滑☆antislip; antiskid; skid prevention
防滑板☆checkered plate
防滑的☆antiskid; skid-resistant; skid-free; non-slip; non-skid; skid-proof
防滑块☆non-slipping block
防滑轮胎☆non-skip{adhesive;antiskid;ground-grip; non-slip} tyre; adhesion{adhesion-type;antiskid} tire
防滑轮胎面☆non-skid tread
防滑器☆non-skid device
防滑梯级☆non-slip
防滑系数☆antiskiding factor
防滑装置☆traction aid; non-skid (device); anti-creep equipment; antiskid device
防化学安全措施☆chemical security
防回火网☆fireproof mesh
防火☆fire protection{prevention;control}; prevent fires; fireproof(ing); firefighting; guard
防火安全型☆fire safe
防火布☆asbeston
防火的☆fireproof(ed); flame-proof; fire-fighting; fire preventing; fire-retardant; apyrous; fp; fl prf; FLP
防火堤☆fire embankment{bank}; dike; spill wall; levee
防火帆布☆fire-resistant tarpaulin
防火封闭☆flame-proof enclosure
防火花型电路☆intrinsically-safe circuit
防火门☆fire{fire-check} door; bulkhead
防火幕☆safety curtain
防火墙☆fire-resisting{fire} bulkhead; fire (division) wall; firewall; dam; fireproof wall; spill wall[罐区]; fire partition{break;dam;barrage;barrier; stopping}
防火水池☆lagoon
防火涂层{料}☆fire retardant coating
防火衣☆fire-protection{fire-entry} suit
防火油箱☆fire-proof petrol tank
防火灾检查☆fire-watch
防箕斗超速保险链☆jig chain
防挤出☆anti-extrusion
防渐晕效应☆anti-vignetting effect
防溅板☆splasher; splash baffle{shield}; splashplate
防溅挡板☆splash curtain; spatter shield; splashback
防溅挡圈☆splash ring{collar}
防溅盒☆lubricator
防溅器[起钻时防止油喷]☆oil saver
防溅式电动机☆splash-proof motor
防胶合润滑剂☆anti-seize lubricant
防胶剂☆antigum agent{inhibitor}
防结块剂☆anti-blocking agent
防结皮剂☆anti-skinning agent
防结石的{药}☆antilithic
防静电接地☆anti-static grounding
防空洞☆dugout; bombproof
防空工程☆air defence work
防蜡☆paraffin control
防蜡剂☆paraffinic inhibitor
防浪板☆seawall; weather board
防浪堤☆breakwater; water-break
防浪墙☆parapet{breast} wall
防老化(添加)剂☆antiager; ag(e)ing resisting agent; antioxidant; anti-aging dope
(军舰的)防雷隔堵☆blister
防冷冻的☆cryoprotective
(管材的)防裂材料☆cracking-resistant material
防裂的☆shatterproof
防淋滤☆leachate control
防流挂☆sag prevention
防漏☆leak resistance{protection}; water sealing
防漏材料☆lost-circulation material
防漏的☆leakproof; leakless
防漏剂☆leak preventer; loss circulation material
防漏夹板☆cleat
防漏接头☆Matheson and Dresser joint
防漏密封☆leakproof seal
防漏失处理液☆bridge-type fluid pill
防漏礦土、珠光岩和木屑的混合物☆Mojave super seal
防漏性☆leak-proofness
防铝铁石☆bokite
防滤失剂☆fluid loss additive{agent}; filtrate reducer
防霉剂☆mildewproof agent; mildewcide
防磨衬板☆wear protection lining
防磨带☆wearing strap
防磨损的☆wearproof
防磨损剂☆extreme pressure composition
防摩(擦)的☆antifriction
防挠材☆stiffener
防泥板☆splash board
防泥绑腿☆spatterdash
防泥封☆dirt seal
防泥渣剂☆slimicide
防逆行装置☆hold-back device
防凝固剂☆anticoagulant
防凝结的☆anti-setting
防凝水内衬☆anti-condensation lining
(钢轨)防爬器☆anticreeper
防爬支撑☆anti-creep strut
防跑车保险杆☆dog-iron
防跑车挡[装在斜井轨道上]☆jack {-}catch
防跑车挡杆☆warwich
防泡{沫}剂☆antifroth{antifoam(ing)} agent; antifoamer
防泡沫隔板☆anti-foam baffle
防喷☆blowout control{prevention}
防喷板☆spray guard
防喷出☆anti-extrusion
防喷措施☆blowout prevention procedure; preventive measure
防喷阀☆blowing out preventer
防喷管☆lubricator
防喷盒☆saver
防喷器☆ (blowout) preventer; blow-off preventer
防喷器环状橡胶芯子☆stripper
防喷器间连接用的四通☆drilling spool
防喷器全闭芯子[或闸板]☆blind ram
防喷器下的加高管☆blowout-preventer riser
防喷器中间的四通☆spool
防喷器组合装置☆BOP stack unitization
防喷压井装置的放空管线☆blow-down system
防喷罩☆spray guard; (oil) saver
防膨胀剂☆antiswell agent
防碰罐道导绳☆rubbing guides
防碰天车装置☆crown block saver; crown-block protector; CBS
防偏用重钻杆☆drill collar
防偏钻眼{进}☆prevention {-}of {-}deviation drilling
防起泡添加剂☆antifrother
防气窜水泥☆gas block cement; gasblock
防汽蚀阀☆anti-cavitation valve
防气性☆gas proofness
防汽层☆vapour barrier
防卡极板☆anti-stick pad
防卡塞☆antiseize
防敲☆anti-knocking
防撬安全弹子挂锁☆hidden hook safety padlock
防燃剂☆flame {-}retardant; fireproof{fireproofing} reagent; antiflammability agent; flame-resistant; fire proofing agent
(浇注镁合金时用)防燃剂☆dusting
防燃器☆burning preventer
防燃烧蔓延性☆smoulder proof
防燃纤维☆flame-proof fiber
防燃性☆resistance to flame
防燃性质☆fire-retardant property
防燃液体☆fire-resistant fluid
防染剂☆resist
防热层☆heat shield
防热的☆antipyrogenous; heat-proof; heat-resistant
防热屋顶☆cricket
防溶滤☆leachate control
防蠕动的☆anti-creep
防{抗}乳化剂☆non-emulsifying agent; non- emulsifier
防乳化酸☆non-emulsifying{nonemulsified} acid
防乳剂☆emulsion preventer; emulsion preventative surfactant
防撒料导槽☆sandboard guide
防塞燃烧器☆drip-proof burner
防塞物质☆antifoulant
防散矿堆采矿法☆skeleton shrinkage
防砂☆sand prevention{protection;control;exclusion}; formation solid control; solid retention
防砂堤☆groin; groyne; sand control dam; sand trap dam; pier dam
防砂及挤水泥对口皮碗工具☆sand control cementing straddle tool
防沙☆sand prevention; sand-drift control
防沙林☆sand-defence{sandbreak} forest; sand-break (forests); sand protecting plantation; forest for protection against soil denudation
防沙效果☆sand-controlling{-protecting} result; result of sand control
防沙植林☆sand-protecting plantation
防晒裂剂☆anti-sun cracking agent
防X射线玻璃☆X-ray proof glass
防射线抹灰☆barium plaster
防渗☆water sealing; seepage prevention; sealing up
防渗板桩☆cut-off sheet piling
防渗材料☆impermeable material
防渗井☆anti-seepage well
防渗涂层☆penetration resistant coating
防渗帷幕{|斜墙}☆watertight screen{|facing}
防渗心墙☆impervious{watertight} core
防声砂盔☆ear-protection helmet
防失光泽☆anti-tarnish
防失速☆antistall; anti-stall
防湿(的)☆moisture-proof; dampproof; damp-proof
防湿层☆damp course; moisture barrier
防石护刃器☆rock{stone} guard
防石栏☆boulder fence; rock fall fence
防石屏蔽物☆stone guard
防蚀☆corrosion prevention{control;proof}; anticorrosion
防蚀坝☆check dam
防蚀剂☆anticorrosive (agent); corrosion inhibitor
防蚀铝☆alumite
防蚀漆☆anti-corrosive paint
防蚀锌板☆zinc protector
防水☆proofing water; watertight; waterproof(ing)
防水布☆canvas (sheet); anorak; waterproof {proofed;water-repellent} cloth; repellent; pegamoid
防水舱壁☆buckhead
防水层☆waterproof{waterproofing} layer; water barrier; damp course; hydraulic seal
防水的☆water(-)proof; damp-proof(ing); watertight; water resisting; water-resistant; repellent; D.P.; WP
防水堤坝☆levee
防(海)水电缆☆seawater-proof cable
防水对接耦合器☆waterproof back to back coupler
防水帆布☆tarp; tarpaulin; paulin
防水工程☆waterwork
防水剂☆water-repellent (admixture); waterproof compound; waterproofing admixture{agent}
防水胶布☆mackintosh
防水井壁☆(sheeting) coffering
防水矿柱☆pillar of water prevention; water proofing pillar; water barrier
防水雷器☆paravane
防水连靴裤☆waders
防水龙头☆bleeder{delivery} cock
防水煤岩柱☆safety pillar for avoiding water rush
防水门☆dam; lock gate; waterproof door
防水木墙☆wooden dam
防水墙☆watertight barrier; stank(ing); waterproofing wall; astyllen; water-proof{water} dam; firebreak
防水砂浆涂层☆plaster coat waterproofing

F

防水式电动机☆submersible motor
防水套罩☆overshoe
防水性☆waterproofness; waterproofing property; impermeability
防水锈剂☆boiler fluid
防水岩柱☆rock column of water prevention
防水药包{卷}☆waterproof cartridge; water-proof charge
防水闸门☆bulkhead; emergency{water;watertight} door
防水炸药☆water-resistant{waterproof} explosive
防水支架☆caisson
防水轴承☆water-sealed bearing
防水作业服☆canvas sheet
防松垫圈☆check{lock} washer
防松杆☆lock post
防松螺钉☆backing-up screw
防松螺帽☆back{stop} nut; stop-nut
防松螺母☆grip{checking;locking;retainer;lock;jam; check} nut; rivnut
防松螺栓☆set{check;locking} bolt
防松套筒☆sleeve retainer
防酸保护层☆acid-proof coating
防酸封漆☆acid seal paint
防酸浮选机{槽}☆acid-proof flotation cell
防酸剂☆antacid
防酸水泥☆acid-resisting cement
防酸性气体腐蚀面层[油田设备俗]☆sour-service trim
防酸渣形成剂☆anti-acid-sludge agent
防碎溜槽☆anti-breakage chute
防塌硐☆avalanche gallery
防坍工程☆avalanche prevention works
(井壁)防坍剂☆anti-sloughing agent
防跳装置☆antibouncer
防铁水冲击泥芯块☆splash core
防脱碳涂层☆decarbonization preventing coating
防瓦斯☆antigas
防瓦斯式电机☆gas-proof machine{motor}
防卫工事☆entrenchment
防卫设施☆ward
防涡流板☆anti vortex plate
防涡器☆vortex breaker
防污毒料☆anti-fouling poisonous agent
防污剂☆anti-fouling agent; antifoulant
防污井☆scavenger well
防污染☆antipollution
防污染剂☆decontaminant
防务☆defence; defense
防下滑工具☆hold-up
防斜组合钻具☆packed-hole assembly
防锈☆rust protection{prevention}; anticorrosion; anti-tarnish{-resist}; antirust; rustproof(ing); stainproof
防锈(处理)☆rust proofing
防锈包裹层☆rust preventing wrapping
防锈的☆antirust; rust proof; ac; a.c.; non-rusting
防锈和防氧化液压液☆R and O hydraulic fluid
防锈剂☆rust prevent(at)ive{inhibitor;preventer}; rust preventing agent; antirust{antirusting} agent
防锈漆☆antirust{anti-corrosive;preventing} paint; rust; anticorrosive varnish
防锈溶液☆anti-rust solution
防锈性能☆rust-preventing characteristic
防锈颜料☆corrosion preventive pigment; rust-inhibitive pigment
防锈油☆anti-corrosive{pickling;anti-rust} oil; preservative
防锈油膏☆slushing compound
防絮凝作用☆antiflocculation
防眩玻璃☆anti-dazzle{antiglare} glass
防雪堤☆snowbreak
防雪林☆snow protection plantation; snowbreak
防汛☆flood protection{prevention;control}
防烟面具☆smoke helmet
防盐浸井☆scavenger well
防岩尘的☆grit-proof
防岩粉尘的☆rock-dust protected door
防岩石切割型轮胎面☆rock tread
防岩石损伤的护板☆rockshield
防焰器☆flame trap
防氧化☆antioxygen
防氧剂☆antioxidant
防摇晃杆☆anti-roll bar
防摇水舱☆anti-rolling tank
防(船)摇装置☆anti-roll(ing) device
防耀眼灯☆antidazzle lamp
防(阴)翳剂☆antifoggant
防溢板☆spillplate; spill plate
防溢定量给料器☆non-flooding feeder
防阴极反加热式磁控管☆sentron
防油的☆grease-proof; oil-proof
防油罩[防溅]☆oil shield
防诱爆装置☆detonation trap
防淤环☆silt barrier ring
防雨的☆rainproof
防御☆defence; defense; counter; bulwark; defender
防御的☆defensive
防御工事☆defence; defense
防御墙[火药库周围]☆barricade
防御手段☆muniment
防御物☆defence; defense; bulwark; rampart
防御(素)学☆phylaxiology
防御者☆defender
防御桩☆fender pile
防原子辐射涂层☆atomic radiation shielding coating
防晕映效应☆anti-vignetting effect
防杂音设备☆bloop
防灾☆disaster prevention
防灾效果☆efficiency of disaster defence
防藻水泥☆anti-weeds cement
防噪声的☆antinoise
防噪音送话器☆anti-noise microphone
防炸的☆bombproof; permissible
防黏☆antiseize
防黏附卡钻☆no-wall-stick
防黏剂☆detackifier; abhesive; abherent
防黏扣油☆antigalling compound
防黏砂涂料☆antipenetration wash
防粘连剂☆anti-blocking agent
防振☆antivibration; vibration control
防振的☆vibration-proof
防振器☆antivibrator; anti-rattler
防振信号☆antihunt signal
防振支撑☆shock mounting
防震☆antihunt(ing); anti-hunt; take precautions against earthquakes; shock-resistant; shockproof
防震(的)☆antiknock
防震措施☆earthquake counter measure; precautions against earthquakes
防震的☆jar-proof; earthquake-proof; shockproof; antiseismic; vibration proof; shake-proof; antihunt; quake-resistant; damped; shatterproof; shock-resistant; incabloc[手表等]
防震垫圈☆shakeproof washer
防震短节☆damping sub
防震工程☆earthquake-proof construction
防震规范☆aseismic code; earthquake-resistant regulation
防震基础☆vibration-proof foundation
防震基座☆anti-vibration mounting
防震建筑☆earthquake proof construction
防震器☆antivibration; antivibration vibration device
防震弹簧☆anti-rattler spring
防震托辊☆impact roll
防震信号☆antihunt signal
防震油☆dope
防蒸发罩☆vaporproof closure
防止☆guard against; amortize; protect(ion); avoid; deterrence; ward; stay; avert; prevent(ion); forestall; prevent…from
防止爆炸☆anti-detonation; antiknocking
防止崩落安全措施☆anti-flushing measures
防止齿隙游动的弹簧☆antibacklash spring
防止冲刷☆scouring{scour} prevention
防止错误操作的☆fool(-)proof
防止反冲的☆anti-kickback
防止矽尘危害☆protection against silicosis
防止过热装置☆anti-superheating system
防止滑移☆slide prevention
防止结冰☆deicing
防止结冰装置☆deicing device
防止结垢☆scale prevention
防止结蜡☆paraffin control
防止井内涌水☆water control
防止井中油管进水☆seal her off
防止空气污染系统☆anti-air-pollution system
防止漏油在水域扩散的设备☆oil-spill boom
防止落物通过的变径短节☆no-go landing nipple
防止跑车的撑杆☆bar hook
防止侵蚀☆erosion control
防止蠕动装置☆anti-creep equipment
防止砂粒冲蚀☆sand erosion control
防止砂子下落装置☆sand stop
防止(向)上顶的爪簧☆hold-down finger
防止上移的卡瓦☆hold-down slip
防止事故☆accident prevention
防止水力裂缝向上、下地层伸展的压裂方法☆invertafrac-divertafrac
防止损耗☆loss control
防止提前坐封机构☆pre-set prevention mechanism
防止脱水的添加剂☆fluid-loss additives
防止污染☆antipollution
防止细末撒落的导槽[溜槽装载时]☆sandboard guides
防止下滑☆hold-up
防止油品蒸发损耗的气囊集气系统☆balloon-system loss prevention
防止炸药包装纸壳[水下爆破]☆submarine packing
防止蒸发☆evaporation suppression
防止坠落☆anti-falling
防治☆control
防治滑坡☆correcting landslides
防治滑坡措施☆landslip preventive measures
防治要点☆main points of controls
防中子玻璃☆neutron proof glass
防中子水泥☆neutron shielding cement
防转装置☆anti(-)slew equipment
防撞(击)☆anticollision
防撞吊绳☆rubbing guides
防撞度☆crashworthiness
防撞护梁☆fender restraint beam
防撞木条☆rubbing bar
防撞绳☆damping{rubber;rubbing} rope
防撞网兜☆collision mat
防撞桩☆bumper piles
防撞装置☆collision avoidance system; rubbing {rubber} device; CAS
防坠器☆safety catch{clutch}; grip (block); forward runaway catch[斜井]; banging piece; parachute (gear)[罐笼]; holding apparatus
防坠器撑轴☆safety catches jackshaft
防坠器轴☆parachute axle
防钻液漏失用添加剂☆fluid loss additive
妨碍☆hamper(ed); preclude; interfere (with); retard; bottleneck; hedge; balk; cross; bar; check; blanket; clog; impede; obstruct; stall; hindrance; hinder; trammel; obstructiveness; interference; obstacle; prevention; counteractive; obstructive
妨碍公共安全罪☆offence against public safety
妨碍航行的流木、浮冰☆raft
妨碍物☆hamper
妨碍阴极保护的物质☆cathodic protection parasites
妨碍因素☆barrier
妨害☆encumbrance; hinder

fǎng

仿(效)☆copy
仿大理石纹☆marbleizing; marbling
仿大理石纹涂装法☆marble figure coating
仿倒钩贝☆Uncinunellina
仿放射层孔虫属[J_3]☆Actinostromaria
仿海绵釉陶☆spongeware
仿黑色信号☆artificial black signal
仿红木嵌青田石首饰盒☆wood jewelry box inlaid with carved soapstone
仿花岗石地面☆granitoid floor
仿几何的☆quasigeometrical
仿金铜箔☆ormolu
仿纱型变形丝☆spun replacement fabric
仿射估计(符)☆affine estimator
仿射性☆affinity
仿射坐标系统☆affine coordinates
仿生学☆bionics
仿生学的☆bionic
仿石混凝土☆granolithic concrete
仿视星等☆photo-visual magnitude
仿田鼠属[N_2-Q]☆Microtoscoptes
仿效☆after the manner; imitate; follow the example of; stylization; echo; follow; emulation

仿效器☆emulator
仿星器☆stellarator
仿型机床☆profile machine
仿型加工☆form copying
(机械)仿型仪☆diagraph
仿形☆replica；profiling；imitative shape；forming；copy；imitative form
仿形板☆gage finder
仿形刀具☆copy cutter
仿形滑阀☆tracer valve
仿形机☆duplicator；copying machine
仿形机床☆profiling{copying} machine
仿形控制样板☆form control template
仿形器☆feeler
仿形切割☆shape cutting
仿形切削☆copying (cutting)；copy turning
仿形修坯机☆model turning machine
仿样函数☆spline function
仿云石☆scagliola
仿造☆simulate；imitate；model；copy；be modelled on
仿造黄晶☆false topaz
仿造品☆imitation product；postiche
仿造者☆imitator
仿照☆imitation
仿真☆emulation；simulation；bootstrapping；phantom；analog(ue)
仿真的☆artificial；dummy
仿真器☆emulator；imitator；simulator
仿真天线☆mute{phantom;artificial} antenna
仿真线☆simulated{artificial} line
仿真线路积分器☆bootstrap integrator
仿真信号功率测量仪☆spurious power meter
仿制☆imitation；reproduction；imitate；reproduce
仿制品☆mimicry；mimic；mock；imitation
访问☆interview；interrogation；call (on)；addressing；access；visit；make reference[存储器]
纺☆spin；spinning；thin silk fabric
纺成土工织物☆woven fabrics{geotextile}
纺锤☆spindle
纺锤半环[笔]☆fusellar half rings
纺锤贝属[腕;C_1]☆Fusella
纺锤虫类☆fusulinacean
纺锤颗石[钙超;J_3-Q]☆Fusellinus
纺锤螺(属)[腹;K_2-Q]☆Fusus
纺锤体溶胶☆tactoid
纺锤蜓☆fusulina；fusulinid
纺锤蜓灰岩☆fusulinid limestone
纺锤蜓目[孔虫]☆Fusulinida
纺锤蜓属[孔虫;C_2]☆Fusulina
纺锤形☆fusoid
纺锤形的☆fusiform
纺锤状☆fusular；fusiform
纺锤状集(合)球锥晶☆spiculite
纺脚目☆Embioptera
纺纱☆spin(ning)
纺丝应力☆spinning stress
纺织工人☆weaver
纺织机☆spinner
纺织机械宝石模销☆stone mo(u)ld pins for textile machinery
纺织型浸润剂☆fiber size for textile
纺足目☆Embioptera；Embiidina；Embiodea

fàng

放☆exo-；send forth
放(枪、炮等)☆fire
放(气)☆bleed
放爆竹☆let off firecrackers
放玻璃水☆draining；tapping
放槽[洗选用]☆planilla
放长☆lengthen
放车工☆car dropper
放尺率☆augmentation coefficient
放出☆evolve；free；emission；emit(tance)；draw out[矿石]；discharge；drain；jettison；emanation；bleed(ing)；expel；evolution；blowoff；draw-off；release；void；vent；eduction；leak{blow} off；send forth；liberation
放出瓣☆delivery clack{flap}
放出(射线)的☆alpha emitting
放出的气☆off-gas
放出的液体{气体}☆bleed
放出毒气☆development of gas
放出管☆escape；bleeder；flowing line
放出口☆escape orifice；drain{tap;tapping} hole；taphole；tapping paint{point}
放出煤气☆exit gas
放出气体或液体☆bleeding
放出软管☆outlet hose
放出输气管或分离器中的冷凝液☆bleed off
放出物[炉内]☆tappings
放出油罐中的底水或油脚☆bleed off
放出沼气☆methane liberation；make the gas
放大☆enlargement；enlarge；gain；magnification；enhancement；amplification；magnify；amplify；photo enlarging；zoom in；multiplication；enhance
放大(的照片)☆blowup
放大倍数☆power of magnification；component of movement；enlargement factor；amplification；magnification
放大尺☆copy rule；pantograph
放大的图格☆expanded chart division
放大杠杆☆multiplying lever
放大过度☆overamplification
放大镜☆(hand) lens；magnifier；magnifying glass；amplifier；amplifying lens；megaloscope；loupe[小型]
放大率☆magnification；magnifying power；amplification (ratio)；mu-factor；multiplying factor
放大率计☆dynameter
放大器☆amplifier；enlarger；booster；multiplicator；enhancer；amplifier encapsulation assembly；magnifier；reinforcer；AMP；ampl.
放大(比例)曲线☆amplified curve
放大四倍☆quadruplication；quadruplicate
放大透镜☆zoom lens
放大图☆expanded view；enlarged drawing
放大系数调整电位器☆matrix gain control
放大相片☆enlarged print
放大效应☆scale effect
放大压差☆increased drawdown
放大因数倒数☆penetrance
放大因子{数}☆amplification factor
放大油嘴{流}☆bean up
放大照相(术)☆macrophotography
放大装置{设备}☆multiplying arrangement
放倒☆lay down[井架、钻柱立根等]；jackknife
放倒(钻塔)☆overtoppling
放倒井架☆derrick lowering
放低速带☆short shot
放电☆(electric) discharge；eye up；discharging；spark gap；deexcitation；sparking；strike；dis.；d.；DIS
放电(作用)☆electrical discharge
放电笔☆sparkpen
放电电板☆discharge electrode
放电电压☆sparking{discharge} voltage
放电管☆discharge tube；ignitron；discharging lamp
放电弧☆arcing
放电加工☆electro(-)discharge machining；EDM
放电开始☆breakdown
放电缆☆pay-out；payout
放电率☆rate of discharge；dischargerate
放电器☆(electric) discharger；arrester；arc-arrester；lightning arrester；arrestor；excess voltage preventer
放电强度☆strength of discharge
放电涂覆处理☆electro-arc depositing；EAD
放电值☆place value
放电作用☆discharge process
放掉☆blowdown；bleed off
放顶☆prop drawing；cave；(cover) caving；roof caving；wrecking；blasting down the roof
放顶步距☆caving distance{space;interval}；caving space interval；rate of caving
放顶采煤法☆caving method
放顶理论☆theories of roof caving
放顶排柱☆waste edge support
放顶线☆break{break-off;caving;breaking-off;rib} line；face break；line of break
放顶支柱☆solid prop
放毒气☆gassing
放方钻杆洞☆kelly hole
放废{矸}石天井☆waste raise
放光☆deexcitation；cant；burn
放化净化(法)☆radiochemical purification
放火的☆incendiary
放火花☆sparking
放火者☆firer
放肩☆diameter enlarging
放金属☆tapping
放进☆en-；em-
放静电☆electrostatic discharge
放久了的[指泥浆]☆aged
放开☆hang off
放开弯曲[走向断层]☆released bend
放空☆gas blow {-}off；(free) vent；drop out；work empty；empty(ing)；depletion；deplete；unloading；vent to atmosphere
放空池☆blow-down pit
放空管线☆blowdown line
放空坑☆sump pit
放空孔☆relieve hole
放空螺丝☆cleaning screw
放空炮☆blowout；talk big；spout hot air；indulge in idle boasting
放空气体☆relief gas
放空燃烧装置[化]☆flare
放空时间☆time of emptying
放空旋塞☆drain cock
放宽失水(要求)的泥浆☆relaxed filtration mud
放款☆cr.；credit
放款利率☆interest rate on loans
放矿☆bring down；draw(ing)；drawing-off；ore drawing [of caving mining methods]；pulling ore；muck drainage{drawing}；withdrawal of ore
放矿槽☆off-take chute
放矿(溜)道堵塞☆hanging-up
放矿点口☆drawpoint brow
放矿端☆issuing end
放矿工☆(chute) drawer；draw man
放矿规程☆ore-drawing order
放矿计数员☆chute checker
放矿角☆angle of draw；drawdown angle
放矿口☆discharge opening{lip}；draw hole{point}；drawpoint；hurry；mill(-)hole；ore-drawing-hole；drawhole
放矿矿房☆drawn{empty} stope
放矿溜槽☆running{car-loading} chute
放矿溜槽检查工☆chute sealer
放矿溜道☆ore pass{chute;way}；pass；chute
放矿溜井☆cone{ore-pass;extraction;drawn;chute;draw-point} raise；bing hole；rockhole；ore chute{pass; passageway;paw}；draw point raise；ore passage way
放矿溜口☆bing-hole；ore{pull;running} chute；pull{bing} hole
放矿溜眼间距☆draw-point spacing
放矿漏斗分段平巷☆mill sub
放矿(闸)门☆delivery gate
放矿坡度☆working slope
放矿区(域)☆area of draw；draw{drawpoint} area
放矿时在放落矿堆中形成管洞☆chimney forming
放矿天井☆drawoff{extraction;ore-pass;draw} raise；extraction chute
放矿岩石溜道☆rock hole
放矿闸门操作工☆chute gate operator
放矿装置☆draw-off；eduction gear
放流工☆tapper
放落☆bring down
放落的矿石☆withdrawn ore
放落矿石☆running ore
放落装置☆release device
放慢☆retard
放煤溜槽☆coal chute{shoot}
放牧☆pastoral；pasturing；pasture
放牧地☆grazing-land；grazing land
放牧者☆pastoralist
放能的☆exoergic；exoenergic；exergic
放能反应☆exergic reaction
放泥口☆slime run-off
放炮☆shooting；blast (firing)；shotfiring；blasting[爆破]；firing the blast；barrenar；fire；blow(ing)；explosion；firing；shot；fire a hole{gun}；set off；set off firecrackers[竹爆]；[of a tyre,etc.] blow out；shoot off one's mouth；blowup；torpedoing；blowout of a tyre,etc.[车胎]
放炮次序☆blasting{firing} sequence；firing{ignition; lighting} order；ignition pattern
放炮电路试验器☆blasting galvanometer

F

放炮电线☆shot-fire cord；shot-firing blasting cord
放炮队☆crew
放炮工☆(rock) blaster；blower；fireman；firer；shot lighter；shooter；hole{charge} man；shotsman；cannonier
放炮后的☆post-blast；post-blasting
放炮后压气喷水☆air-water blast spray
放炮母线☆shotfiring cables；leading wires{line}
放炮器☆exploder；blaster；battery；blasting box{gear; machine}；blasting machine tester；detonator；firer；firing machine；shot exploder{lighter}；shot-firer；shot-firing apparatus{battery}
放炮器的钮键☆firing key
放炮器匣☆blasting machine case
放炮前的☆pre-blast
放炮射孔☆gun perforating
放炮生成的洞穴☆shot-produced cavity
放炮时保护井壁支架的吊盘☆blasting bulkhead
放炮时的支架保护板☆blasting board
放炮线路☆blasting line；electric firing circuit
放炮消防工☆fire runner
放炮引起的瓦斯爆炸☆shotfirers' explosion
放炮用欧姆表☆blasting ohmmeter
放喷☆venting；blowout；blow off
(油井)放喷产量☆boosting output
(油井短时)放喷(清)除(积)水与(积)砂☆blowing a well
放喷管☆blooie{discharge} pipe；blowpipe；blow line；bleeder
放喷管线☆relief lire{line}
放气☆air relief{discharge}；gas(s)ing；air-out；outgas；gas (blow-off)；gas blow off；degassing；blowdown；deflation；venting；breathing；pop off；bumping；blowoff；degas；belch；ventage；BD
放气地面☆smoking ground
放气阀☆leak{blowdown;snuffle;venting;bleed;relieve} valve；air bleed valve；air release (valve)；air escape valve{cock}；air relief valve；reliever；air bleeder；safety bleeder valve
放气管☆air-escape{eduction;exhaust} pipe；air bleeder
放气过多☆overgassing
放气活动☆gaseous exhalation
放气活塞☆aircock；relief piston
放气机壳☆vented enclosure
放气孔☆vent (hole)；blow hole；louver；louvre
放气口☆exhaust{kicker;relief} port；air{gas} vent
放气收缩☆deflate
放气栓☆blow{air} cock
放气旋塞☆release{vent;bleeding} cock
放气作用☆degassification
放弃☆give up{away}；yield (up)[被迫]；chuck；trade {-}off；abolition；discard；surrender；walkout；set aside；resignation；relinquishment；quit
放弃的☆abandoned；abnd；abd
放弃井☆abandoned well
放弃条款☆waiver clause
放汽笛☆whistle
放枪式☆shotgun approach
放热☆heat release{evolution;liberation;leak;emission}；liberation{evolution} of heat；exothermic；thermal discharge；throwout；released heat
放热的☆exothermic；exothermal；exoe(ne)rgic；exergic；thermopositive
放热地面☆hot surface{spot;soil;patch;ground}；hot ground surface；thermal-discharge area；thermal ground
放热反应☆exothermic{exothermal;heat-producing; heatgenerating;thermopositive} reaction
放热率☆rate of heat release
放热器☆radiator
放热曲线☆exotherm；thermal release curve；exothermic curve
放热系数☆coefficient of heat emission；heat-transfer coefficient
放热性气体☆exogas
放任☆abandon
放入☆imbed；insert；put in
放入晶种☆seeding
放入卡瓦☆slip setting
放入物☆input
放散☆evolution
放散管☆monkey
放哨☆be on sentry duty；standing guard；sentry

放射☆shoot；radiate；emittance；emanation；eradiate；emit；ray；radialization；radiation；emission；beam；discharge；em；radio-
放射(现象)☆radioactivity
放射(针晶球粒)☆radiolite
放射锕☆radioactinium
放射凹陷☆sulcus [pl.sulci]
放射斑岩[德]☆radiophyr
放射玢岩☆radiophyrite
放射材料☆active material
放射测定术☆emanometry
放射测线扫描系统☆radiometric line-scan system
放射层析图☆radiochromatogram
放射产生的铅☆radiogenic lead
放射成因元素☆radiogenic element
放射虫☆radiolarian
放射虫纲☆Radiata
放射虫壳化石☆radiolarite
放射虫壳子☆radiolarian remains
放射虫类{目}[原生]☆Radiolaria
放射虫泥☆radiolarite
放射虫石☆Barbados earth
放射虫土☆radiolarian earth；radiolarite
放射虫型☆radiolarian type
放射虫岩☆radiolarite；euabyssite；radiolarian rock
放射出☆sendout
放射刺[射虫]☆radial spine
放射的☆radiant；actinal；radial；rad.；radiologic(al)
放射动物☆Radiata
放射毒性☆radiotoxicity
放射断层☆radial fault
放射断裂{陷}☆radial rift
放射鲕☆radial ooid
放射发光☆radioluminescence；radioactive luminescence
放射分析☆radiometric analysis
放射锆石☆auerbachite
放射构造☆radiated structure
放射管☆banjo；radial tube
放射光线☆ray
放射海绵属[绵;C-P]☆Radiatospongia；Choia
放射核类☆radionuclide
放射化分析☆activation analysis
放射化学☆radiochemistry；radiation chemistry
放射化学中子活化分析☆radiochemical neutron activation analysis；radiochemical NAA；neutron activation analysis；RNAA
放射激光☆lase
放射棘[射虫]☆basal leaf cross
放射迹示法☆radioactive tracer technique
放射镜☆radioscope
放射聚心球粒☆granosphaerite
放射颗石[钙超;K_1]☆Radiolithus
放射(微)粒☆radion
放射率☆emissivity
放射率比☆emissivity ratio
放射螺线☆neoid
放射面积☆emitting area
放射能探勘☆radioactivity prospecting
放射能照相☆radioautograph；autoradiograph
放射铅[Pb^{210}]☆radiolead
放射强度[以居里计]☆curiage
放射球粒☆granosph(a)erite
放射圈☆radiated corona
放射热成因岩浆假说☆asthenolith hypothesis
放射扇状结构☆radiolitic{radiolith} texture
放射式润滑☆banjo lubrication
放射衰变系列☆radioactive decay series
放射说☆theory of radioactivity
放射体☆emitter；radioactive{radiating} body；emitting material
放射污染☆radiocontamination
放射物☆emission；radiation
放射系族☆radioactive family
放射纤红宝石☆ballas
放射纤(维)状结构☆radial columner；radial fibrous texture
放射显迹图☆radio autogiration
放射线☆radial line{striae;ribblet}；radioactive rays；radiation；stria [pl.-e]
放射线电信号转换器☆radiation electric signal transducer
放射线计量仪☆dosimetric apparatus

放射线物料搬运箱☆coffin
放射线学☆actinology
放射线照相分析☆radiography analysis
放射线状☆actinoform
放射镶嵌[结构]☆radiated mosaic
放射型水系☆concentric drainage pattern
放射性☆activity；radioactivity；R/A
放射性锕☆radioactinium
放射性癌☆X-ray cancer
放射性材料容器☆needle
放射性测定年龄☆radio dating
放射性床☆radioactive occurrence
放射性带[地层]☆radiozone
放射性的☆radioactive；active；radiologic(al)；live；radiogenic；r.a.
放射性的等量线☆isorad
放射性地层年代测定法☆radioactivity age method
放射性碘☆radioiodine
放射性废物玻璃固化☆vitrification of radioactive waster
放射性分析☆radioassay；radioactive assay；radioanalysis
放射性分选法[根据铀矿和其他矿物放射性差异]☆radioactive sorting process
放射性钴☆radioactive cobalt；radiocobalt
放射性核☆active{radioactive} nucleus
放射性活动地壳的热盖层☆thermal blanket of radioactive crust
放射性检测法☆radioscopy
放射性矿石探测器☆radioactive {-}ore detector
放射性粒种☆radioactive species
放射性母子体系☆radioactive parent-daughter system
放射性年代测定☆radiometric{radioactive; radiogenic} dating；radioactive{radiogenic} age determination
放射性气体电极法☆radioactive air-electrode method
放射性铅☆radiolead
放射性强度单位☆activity unit
放射性泉☆radioactive spring
放射性燃料元素☆radioactive fuel element
放射性(衰变)热☆radioactive heat
放射性热盖层☆radioactive thermal blanket
放射性铯☆radiocesium
放射性砂浆浓度计☆radioactive pulp density meter
放射性试样自动测定器☆robot scaler
放射性示踪剂测井☆radioactive tracer log
放射性衰变律☆radicand{radioactive} decay law
放射性衰变热产率☆radioactive heat production
放射性水☆radioactive water
放射性锶☆radiostrontium
放射性碎屑{片}☆radioactive debris
放射性损坏结构☆metamictization
放射性碳[C^{14},C^{10},C^{11}]☆radiocarbon；radioactive {active} carbon
(用)放射性碳测定年龄{鉴定时代}☆radiocarbon {carbon-14} dating
放射性碳定{纪}年法☆radiocarbon dating {chronology}
放射性碳示踪物☆radiocarbon tracer
放射性同位素`纪年{测定年代}(法)☆radioisotopic dating
放射性同位素测厚计☆radioactive{radioisotope} thickness gauge
放射性同位素刮管器☆radioactive isotope equipped go-devil
放射性同位素料位计☆radioisotope level indicator
放射性同位素砂☆radioisotope sand
放射性同位素 X 射线荧光分析仪☆radioisotope X-ray fluorescence analyser
放射性同位素示踪物{指示剂}☆radioisotopic tracer；radio isotope；RT
放射性涂料照相测斜仪☆radiolite survey instrument；radiolite compass
放射性土☆radioactive earth
放射性物料搬运箱☆coffin
放射性学说☆theory of radioactivity
放射性源☆radioactive source
放射性元素矿床☆ore deposit of radioactive elements
放射性晕☆radioactive halo
放射性沾污区☆hot area
放射性钟☆radioactive{radiometric} clock
放射性自然衰变☆natural radioactive decay
放射性自热作用☆radioactive self-heating
放射性自显影☆radioautograph

放射性钻孔检查仪☆Barnaby instrument
放射性最强处☆hotspot
放射学☆radiology
放射学的☆radiological
放射雪量计☆radioactive snow-gage
放射岩的☆radiolithic
放射医学☆radiologic medicine
放射荧光☆radiofluorescence
放射源☆(radio)active source；bomb；source emitter
放射原子核类☆radionuclide
放射晕☆radiohalo；radio-halo
放射轴嵌晶☆radioaxial{radiaxial} mosaic
放射柱状结构☆radial columnar
放射状☆radiated；radiating；radiation；radiant[演化]
放射状丛生体☆radiated tufts
放射状导航法☆radial navigation
放射状方解石☆radiaxial calcite
放射状沟☆radial groove{furrow}
放射状`晶{文石}丛☆anthodite
放射状井☆radial well
放射状粒点☆radial dots
放射状脉的[植]☆peltinerved
放射状排瘤☆radial tubercle
放射状束☆radiated tufts
放射状小瘤点☆radial granule
放射状展布的冰碛☆radial moraine
放射自显影术☆radioautography
放射自显影图☆radioautogram
放射族☆decay{radioactive} family；nuclear series
放绳☆slack{reel} off
放石槽☆rock chute
放石工☆lasher
放石间[掘天井]☆muckway
放石溜口☆rockchute
放手的☆off-hand
放水☆drain(age)；tap；withdrawal；draw-off[水库]；sew
放水沟☆relief ditch；flume
放水管☆a(d)jutage；offlet；dewatering conduit；take-off{relief} pipe
放水管道☆unwatering conduit
放水孔☆drain{relief} hole；reliever
放水口☆relief outlet
放水平硐☆tye
放水平巷☆free-drainage level
放水渠道☆outflow channel
放水旋塞☆bleeding{bleeder;drain;vent} cock
放水闸☆outlet sluice
放水闸门☆boomer；waste{water} gate
放水钻孔☆breast bore；drain{drainage} hole
放水嘴☆water faucet
放松☆ease{slacking} off；unstressing；laxation；undo；unclasping；surge；slack-off；slacken；release；loosen
放松(绳)☆reel；douse；dowse
放松绳索☆pay-out (the rope)；pay(-)out
放松手柄☆release{releasing} handle
放松弹簧☆releasing spring
放松位置☆released position
放体提取(法)☆liquid extraction
放瓦斯钻孔☆breast bore
放完电的蓄电池☆exhausted cell
放下☆(laid) down；hang off
放下铲斗☆bucket-down
放下铅锤☆plumbing-down
放线☆taking-off
放线车☆barrow
放线工☆jug hustler；juggie；lineman
放线菌病☆actinomycosis
放线菌类☆actinomycete
放线菌酶☆actinozyme
放线菌目☆actinomycetales
放线员☆juggie；jug hustler{planter}
放线装置☆payoff
放像(电视)机☆videoplayer
放像镜☆magnascope；magnescope
放卸阀☆dump valve
放泄☆blowoff；bleed-off；BO
放泄道☆discharge passage
放泄阀☆bleed(-off){drain;release;draw-off;waste;by-pass;purge; air-bleed} valve；blow down valve；BDV
放泄管☆vent{run;return;relief;release} pipe；offlet
放泄接头☆leak off connection
放泄孔☆escape{bleed;bleeder;drainage} hole
放泄器☆drainer
放泄压力☆blow down pressure
放泄用小型旋塞☆pet cock；petcock
放泄周期☆drain period
放行单☆clearance
放行信号☆all-clear
放血☆bleeding
放压☆blowdown；relief
放压阀☆bleed-off valve
放压容器☆let-down vessel
放演☆playback
放样☆layout；alignment；laying out{off}；location；lofting；setting-out；staking{set} out
放样工☆developer；loftsman
放样套☆access sleeve
放样员[造船或造飞机]☆loftsman
放液孔{口}☆tap(ping) hole
放液{水;油}嘴☆faucet
放音☆playback
放音失真☆flutter
放音装置☆tape deck
放映安全技术☆safety technique of film projection
放映机☆(film) projector
放油☆drain(age) stopper；withdrawal；oil discharge{outlet;drain}
放油阀☆oil-release valve
放油软管☆bleeder hose
放油塞☆by-pass{drainage;clean-out} plug
放淤☆warp(ing)；desilting；colmatage；colmatation；sediment ejection
放渣☆tap cinder；tapping slag
放在槽内处理☆tank
放在当中☆interposition
放在发动机燃油中的一种添加剂☆scientifically treated petroleum；STP
放在漏斗上的折叠滤纸☆folded filter
放在前面☆preposition
(把……)放在……上面☆superimpose；em-；en-
放在枢轴上☆pivot
放在下面☆underset
放在一边☆set by
放在柱窝里☆set in a hitch
放置☆house；lay (out;up;aside)；emplacement；implacement；set；rest；leave；laid up
放置放射性质的容器☆bomb
放置卡瓦☆slip setting
放置性纯(度)☆radiopurity
放走☆bleed off

fēi

菲[用于合成染料和药物]☆Fresnel；phenanthrene；phenanthrine
菲地棒石[钙超;K_1]☆Rhabdophidites
菲恩斯型折带式真空过滤机☆Feine filter
菲环☆phenanthrene ring
菲辉锑银铅矿[$Pb_5Ag_2Sb_8S_{18}$;单斜]☆fizelyite
菲吉皂石[$Mg_3(Si_4O_{10})(OH)_2$]☆Fijian soapstone
菲利普博石☆philipsbornite
菲利普虫☆Phillipsia
菲利普斯应变能量理论☆Phillip's strain-energy theory
菲利普锑锰矿☆filipstadite
菲利普星珊瑚(属)[D_{2-3}]☆Phillipsastraea
菲利浦游离计☆Philip ionization gauge
菲力克鱼属☆Phlyctaenaspis
菲列罗公式☆Ferrero's formula
菲氯砷铅矿[$Pb_5(As^{3+}O_3)_3Cl$;六方]☆finnemanite
菲律宾☆Philippines
菲律宾合欢木☆akle
菲律宾熔融{玻陨}石☆philippinite
菲涅耳[频率单位,=10^{12}Hz]☆Fresnel
菲羟砷铜石☆philipsburgite
菲砷铅铝石☆philipsbornite
菲特罗牌膨润土☆Filtrol
菲锑铅矿☆fyzelyite；fizelyite
菲烷☆perhydrophenanthrene
菲希特尔石☆fichtelite；thecoretine；tecoretin；terosin；tekoretin
霏细斑岩☆felsophyre；aphanophyre；felsite{-}porphyry
霏细斑状☆aphanophyric；felsiphyric；felsophyric
霏细玢岩☆felsophyrite
霏细凝灰岩☆thonstein
霏细球粒☆felsosphaerite；felsospharite
霏细岩☆felsite；eurite；felstone；felsyte；petrosilex
霏细岩的☆felsitic
霏细状☆felsitic；petrosiliceous
霏细状岩☆felsitoid
非☆ir-；in-；im-[b,m,p 前]；il-[l 前]；dis-；dif-[f 前]；des.；de-；anti-；an-；un-；re-；ob-；non-；no-；no；negation；mal-；NOT[逻辑算符]
非安全电路继电器☆nonvital circuit relay
非安全型继电器☆non-safety relay
非安全炸药类☆non-permissible explosives
非白噪声☆nonwhite noise
非摆动环带☆nonoscillatory zoning
非斑状的☆nonporphyritic
非板状矿床☆nontabular deposit
非伴生的☆non-associative
非伴生气☆unassociated gas；nonassociated nature gas
非伴生天然气☆nonassociated (natural) gas
非半球形推进☆nonhemispherical advance
非保持域☆nonretentive domain
非保护域☆unprotected field
非保密的☆u/c；unclassified；UNCL
非保守元素[海水]☆nonconservative element
非饱和充电(的)☆undercharge
非饱和的☆nonsaturated；unsaturated
非饱和量☆undercapacity
非饱和土☆unsaturated soil
非饱和土壤水分流动☆unsaturated flow
非爆击的☆knock-free
非爆(炸)破(岩)法[不用炸药]☆non-explosive process
非爆炸性喷发☆non-explosive eruption
非爆炸源☆nonexplosive source
非爆震的☆knock-free
非爆震燃料☆knock-free fuel
非背斜圈闭☆non-convex trap
非本池层的水☆extraneous water
非本地产的☆adventive
非本地的☆azonic；exotic
非本行业的收益☆unrelated business income
非本色的☆allochroic；allochromatic
非本征不稳定性☆extrinsic instability
非本质安全电路☆immaterial safety circuit
非本质的☆non-essential
非崩落采矿法☆noncaving method
非比较浸油☆nonmatching oil
非闭合几何相☆the noncyclic geometric phase
非必需元素☆nonessential element
非必要的水[负水]☆nonessential water
非变动构造☆nontectonic structure
非变形体☆undeformed body
非变形域☆nondeforming region
非变质的☆nonmetamorphic
非标准部分☆foreign element
非标准的☆off-gauge；non-standard；NON-STD
(设备的)非标准件☆bastard
非表面活性剂☆nonsurfactant
非冰川冰☆nonglacial ice
非冰川{冻}的☆acryogenic
非铂漏板拉丝炉☆non-platinum bushing furnace
非补偿盆地☆starved{uncompensated} basin
非布拉格角☆non-Bragg angle
非布拉格式 X 射线漫反射☆non-Bragg diffuse X-ray reelection
非采矿人员☆non-mining personnel
非彩色☆achromaticity；achromatism；neutral
非参数法☆nonparametric procedure
“非”操作☆negation
非草隆[杀草剂]☆fenuron
非侧限的☆unconfined
非层岩☆unstratified rock
非层状冰川沉积☆nonstratified drift
非层状土☆unstratified soil
非插入式泵☆non-inserted pump
非产品目录内的产品尺寸规格☆non-cataloged size
非产气层☆non-productive gas zone；NPG
非产油层☆non-productive oil zone；nonpay (zone)
非产油层段☆non-pay interval
非常☆far；enough；almighty；badly [worst;worse]；rare；unduly；super；much
非常仓库☆emergency storage{store}
非常的☆huge；high；extraordinary；tremendous；rare；utmost；thundering
非常光☆extraordinary ray{light}；E ray

F

F

非常光波☆E{extraordinary} wave
非常规原油☆non-conventional crude oil
非常活动的熔岩☆hypermobile lava
非常年的☆nonperennial
非常年青的河谷☆I-shaped valley
非常强的☆brute
非常时期☆exigence; exigency; eventuality
非常手段☆extremity
非常水位☆exceptional water level
非常损失☆abnormal loss
非常吸引人☆fascinate
非常细的线☆hairline
非潮上的☆nonsupratidal
非潮汐变化☆nontidal variation
非潮性洋流☆nontidal current
非沉积不整合☆non {-}depositional unconformity
非沉积区☆nondepositional area
非成本项目☆non-cost items
非成层矿层{床}☆unstratified deposit
非成层岩☆non(-)stratified rock; unstratified rock
非成带性土☆azonal soil
非成像☆nonimage
非成像仪的☆nonimager
非程序决策☆non-programmed decision
非承压的☆unconfined
非承压含水层☆unconfined{water-table} aquifer
非承压流☆flow with water table; unconfined flow
非承压墙☆non-load-bearing wall
非承载固体颗粒☆non-load bearing solid
非承重墙☆nonbearing wall
非持久水流☆nonpermanent flow
非持续脉☆nonpersistent vein
非齿轮构件☆non-gear member
非尺度估计☆scale-free estimation
非冲积的山麓平原☆subaerial bench
非冲击式筛☆non(-)impact screen
非充气的☆unaerated
非重复信号☆nonrepeated signal
非抽水的☆nonpumping
非初基(单位)晶胞☆nonprimitive unit cell
非出煤班☆back shift
非出水井☆dry hole
非储集层☆nonreservoir
非触变性的☆nonthixotropic
非触点径向变形传感器☆non-contacting radial deformation transducer
非穿透(的)☆non-penetrating
非传导流体☆non conducting fluid
非传动端☆non-driving end
非传动绳滑轮☆deadline pulley
非垂直入射☆non-normal incidence
非磁性部分☆nonmagnetic fraction
非磁性船☆non-magnetic vessel
非磁性的磁黄铁矿尾矿☆non-magnetic pyrrhotite tails
非磁性整体具片式稳定器☆non-magnetic integral blade stabilizer
非磁滞的☆anhysteretic
非刺穿型☆nonpiercement type
非催化燃烧☆non-catalytic combustion
非脆性地震☆non-bridle earthquake
非达西可压缩流动☆non-Darcy compressible flow
非大量生产的机器☆custom-built machine
非带状煤☆non-banded coal
非代表性样品☆nonrepresentative sample
非单价的☆un-univalent
非单色光束☆polychromatic beam
非单体分离百分数☆degree of locking
非单源的[生]☆nonmonophyletic
非单值函数☆non-uniform function
非单值性☆ambiguity
非蛋白质☆nonprotein
非导电油基泥浆☆non-conductive oil base mud
非导体☆dielectric medium; non(-)conductor
非等比生长☆anisometric growth
非等浮式海上电缆☆nonfloating marine cable
非等化学的☆nonisochemical
非等径的☆non-equant
非等距线☆non(-)isometric line
非等粒沉积☆anisometric deposit
非等粒的☆hiatal
非等粒状☆unequigranular
非等熵流☆non-isentropic flow
非等时同步信号☆anisochronous signal
非等温的☆non-isothermal
非等温注入☆nonisothermal injection
非等效的☆nonequivalent
非等效对称要素☆nonequivalent symmetry elements
非等轴的☆inequidimensional; nonisometric; anisometric
非等轴晶体☆anisometric crystal
非底辟型☆nonpiercement type
非底栖的☆pelagic
非地槽☆nongeosyncline
非地带性☆azonality
非地带性土☆azonal soil
非地壳运动构造☆non(-)diastrophic structure
非地球物质☆nonterrestrial material
非地区性的☆azonic
非地形相关因数☆nonterrain-related factor
非地震模型系统☆non-seismic modeling system
非地震区☆non-seismic region
非地震物化探测☆non-seismic geophysical and geochemical exploration
非地震振动☆non-seismic vibration
非地质破裂{裂隙}☆non(-)geologic fracture
非地转风☆ageostrophic wind
非地转运动☆ageostrophic motion
非递变成层☆non-gradational stratification
非递增的☆nonincremental
非点源污染☆non-point-source pollution
非点支撑体☆nonpoint support
非典型的☆atypic(al)
非典型样品☆atypical sample
非电爆拒爆☆non-electric misfire
非电导爆系统☆non-electric initiation system
非电化体{的}☆anelectric
非电加热探测器☆non-electric heat detector
非电解质☆non(-)electrolyte
非电离层☆neutrosphere
非电离的☆non-ionic
非电离分子☆nonionized molecule
非电起爆点火系统☆non-electric blast ignition system
非电子的☆nonelectronic
非叠层石的☆non-stromatolitic
非叠加性☆nonadditivity
非定常流☆unsteady{non-equilibrium} flow
非定常燃烧☆nonstationary burning
非定和变量☆open variable
非定期损益☆non-periodical profit and loss
非定向键☆non-directed bond
非定向压力☆directionless pressure
非定形的☆agraphitic
非定域键☆delocalized bond
非定制品☆stockwork
非动力应用☆nonpower use
非冻层☆unfrozen layer
非毒性的☆nontoxic
非独立数据处理☆on-line data processing
非堵塞性损害[指油湿损害]☆nonplugging damage
非度量多维定标☆nonmetric multidimensional scaling
非端铜镍(合金)☆ferry
非断层张力裂缝☆nonfault tension fissure
非断裂下挠☆unfaulted downwarp
非对称(性)☆dissymmetry; asymmetry
非对称的☆dissymmetric(al); asymmetri(cal); skew; asymmetical; non(-)symmetrical; unsymmetrical
非对称的多次波射线☆asymmetric multiple ray
非对称法☆asymmetric(al) method
非对称谷☆asymmetric valley
非对称函数☆asymmetric step function
非对称计☆asymmeter
非对称角柱形掏槽☆non-pyramided cut
非对称面☆asymmetric faces
非对称性分布☆asymmetry distribution
非对角线的☆off diagonal
非对偶的☆azygous
非对易☆noncommutative
非对映体☆diastereomer
非对应信号方式☆non-associated signalling
非鲕状的☆nonoolitic
非鲕状泥铁矿[英;J_2]☆dogger stone
非二进制开关理论☆non-binary switching theory
非发电应用☆nonpower use
非发光面☆nonluminescent surface
非发光焰☆non-luminous flame
非法代码☆improper{illegal;forbidden;false;unused; nonexistent} code
非法的☆illicit; contraband; undue
非法拉第电流路径☆nonfaradaic path
非法利润☆illegal profit
非法码校验☆nonexistent code check
非法名☆nomen illegitimum; nom. illegit.
非法占用矿地者☆jumper
非法组合☆forbidden combination
非翻转式混凝土搅拌机☆non-tilting concrete mixer
非反射波(至)☆abnormal events
非反射的同相轴☆non-reflection event
非反向安全装置☆non-return finger (device)
非反象的☆image; nonreversed
非芳香烃☆non-aromatic hydrocarbon
非方向灵敏计数器☆non-directional counter
非防爆变压器☆non-flameproof transformer
非防爆的[电机等]☆non-explosion-proof; open-type; non-flameproof
非防爆型设备☆open-type equipment
非放射(性)成因铅☆unradiogenic lead
非放射性成因氩☆nonradiogenic argon
非放射性区(域)☆cold area
非沸泉☆nonboiling spring
非分布方法☆distribution-free method
非分带土☆azonal soil
非分离的☆nonseparated
非分离性状☆nondiscrete character
非分歧解☆unambiguous solution
非分散的☆nondispersive
非分散性泥浆☆non-dispersed mud
非分散增效低固相泥浆☆non-dispersed beneficiated lowsolids mud
非分选的☆nongraded; non-graded
非封闭的☆unplugging; open-type
非封闭式褶皱☆open-type fold
非封闭性(油捕)☆misclosure
非峰值的☆off peak
非风化的☆unweathered
非缝合结构☆nonsutured texture
非辐射的☆radiationless
非辐射复合☆nonradiative recombination
非浮游异养幼虫☆nonplanktotrophic larva
非腐蚀的☆non-corrodible
非腐殖质的☆nonhumic
非负变量☆nonnegative variable
非负结伴对策☆nonnegative companion game
非负性约束(条件)☆nonnegativity constraint
非附着垢☆non-adherent scale
非钙喀斯特地形☆non-calcareous karsts
非钙质黏土☆noncalcareous clay
非干旱条件☆non-arid condition
非干性油☆non-drying oil
非刚体振动☆non-rigid-body vibration
非刚性支承法☆dynamic suspension
非高峰时间☆non-peak hours
非高斯的☆nonnormal
非高斯线性过程☆non-Gaussian linear process
非隔爆的[电动机等]☆open-type
非隔行(扫描)方式☆non-interface mode
非隔离式蓄能器☆barrier(-)less accumulator
非各向同性储层☆nonisotropic reservoir
非更新资源☆nonrenewable resource
非工会(会员)矿工☆non-union miner
非工业病☆non industrial disease
非工业矿石层☆dead bed; unproductive stratum
非工业性生产井☆non-commercial well{producer}
非工作帮☆non-working wall
非工作时安全☆off the job safety
非工作位置☆off-position
非工作斜坡面☆non-working `slope{slanting face}
非公差尺寸☆untolerated dimension
非公开的☆private
非公路型轮胎☆off-the-road tyre
非公路作业☆off-road work
非公莫入☆no admittance except on business
非公制的☆nonmetric; non-metric
非共沸二元溶液☆non-azeotropic binary solution
非共格沉淀☆incoherent precipitation
非共面力☆noncoplanar force
非共溶部分☆non-consolute fraction
非共生的☆nonsymbiotic
非共生嫌气性固氮☆closteridium pasterianum
非共生型珊瑚☆ahermatypic coral

非共线点☆non-colinear point
非共振反应☆nonresonant reaction
非共轴性☆non-coaxiality
非共轴应变☆non(-)coaxial strain
非构造的☆atectonic; nonstructural; nonorgenic; non-diastrophic; non(-)tectonic; non-structured
非构造化的☆nontectonized
非构造崖☆nontectonic scarp
非构造岩☆nontectonite; nonstructured rock
非(地质)构造因素☆non-tectonic factors
非骨骼灰岩☆non(-)skeletal limestone
非骨架相☆non-skeleton (facies)
非骨屑沉积物☆nonskeletal sediments
非故意的☆unintended
非故障安全部件☆non-fail-safe unit
非固定的☆nonstationary
非固定土壤☆unfixed soil
非固定型应变仪☆unbounded type strain ga(u)ge; unbonded strain ga(u)ge
非固结地层☆unconsolidated stratum
非固结性砾石☆noncemented gravel
非固有的☆extrinsic; extrinsical
非固有吸收☆extrinsic absorption
非固着脉壁☆free wall
非官方的☆non-official
非灌溉的☆nonirrigated
非惯性参考坐标☆non-inertial reference frames
非光合作用的☆nonphotosynthetic
非光谱色☆non-spectral colour
非规定大小{尺寸}☆off-size
非硅酸盐☆nonsilicate
非硅质砂☆non-siliceous sand
非归零脉冲☆non-return to zero pulse
非国际单位☆non SI unit
非过出油管(技术)☆non-through flowline; Non-TFL
非过渡型离子☆nontransition-type ion
非过渡元素☆nontransitional element
非过筛煤☆unsized{unscreened} coal
非过型形成种类(分子)☆aperamorph
非海成{洋}的☆nonmarine
非海相淡水环境☆nonmarine aquatic environment
非海相介形虫☆non-marine Ostracoda
非海盐渍{碱}化☆non-sea-related salinization
非含蜡原油☆non-waxy crude
非含水矿物☆nonhydrous mineral
非焊接人员☆nonwelder
非禾本草本植物☆forb
非合金钢☆unalloyed steel
非合作对策☆noncooperative game
非河流的☆non-fluvial
非黑体☆non-black-body
非恒定流☆unsteady flow
非互控信号方式☆non-compelled signalling
非互易的☆nonreciprocal
非互易性☆nonreciprocity
非花岗岩质结晶岩☆granitine
非滑动传动☆non-slip drive
非化合的☆uncombined
非化学计量(性)☆nonstoichiometry
非还原的☆non-reducing
非挥发性元素☆nonvolatile element
非回归点☆nonrecurrent point
非混成彩色图像☆noncomposite colo(u)r-picture
非混合岩(类)☆ectinite
非混溶部分☆non-consolute fraction
非混溶滴☆non-consolute drop
非混相动态☆immiscible performance
非混相区☆immiscibl region
非混相驱替☆immiscible displacement (apparatus)
非混相水驱{注水}☆immiscible waterflood
非混相液对☆pair of immiscible fluid
非混相液-液驱替☆immiscible liquid-liquid displacement
非活动期[钙超]☆nonmotile{nonmobile} phase
非活塞端☆eye end
非活性源岩☆inactive source rock
非活跃营力☆passive agent
非火成成因☆nonigneous origin
非火山喷发☆non(-)volcanic eruption
非火山热原的地热系统☆nonvolcanic geothermal system
非火山型地热区☆nonvolcanic geothermal region
非基本的☆false
非机械分级机☆non-mechanical classifier
非机械脱泥器☆nonmechanical deslimer
非积极性效应☆nonconstructive effect
非极化的☆nonpolarized
非极化电极☆non-polarizable electrode
非极性☆nonpolarity
非极性端☆nonpolar end
非极性分子☆nonpolar{non-polar} molecule
非极性基☆nonpolar group
非极性键[共价键]☆non-polar link; nom-polar bond; nonpolar link(age){bond}
非极性憎水官能团☆non-polar hydrophobic functional group
非极原子☆non-polar atom
非集成元件☆non-integrable component
非集中性的☆uncentralized
非挤压环☆non-extrusion ring
非挤压性褶皱(作用)☆false folding
非技术工☆common labo(u)r
非计量化合物☆nonstoichiometric compound
非计算条件☆off-design condition
非加热无法破坏的乳化液☆bushwash
非假铰蚌属[双壳;T_3-$J_{1\sim2}$]☆Apseudocardinia
非价电子☆nonvalence electron
非监督多光谱分类☆unsupervised multispectral classification
非监督分类☆unsupervised classification
非渐缩型地热钻进☆nontapering geothermal drilling
非简并的☆non-degenerate
非键分子轨道☆non-bonding molecular orbital
非建筑性措施☆nonstructural measure
非礁灰岩(储集层)☆non-reef limestone reservoir
非焦性煤☆non-coking coal
非胶结充填(料)☆uncemented fill
非胶质安全炸药☆Nu-Gel; nongelatinous permissible explosive
非交代岩☆ectinite
非交互的☆nonreciprocal; noninteractive
非交互性☆nonreciprocity
非交换的过程☆noncommutative process
非交换性离子☆nonexchangeable ion
非交联凝胶☆uncrosslinked gel
非交切的☆uncrossed
非铰结构☆hingeless construction
非角度不整合☆disconformity; nonangular unconformity
非接触式传感器☆non-contacting sensor
非接触式液位传感☆non-contact level sensing
非结构的☆nonstructural
非结构用水泥☆nonconstructive cement
非结合的☆uncombined; unbound; non-associative
非结合水☆unbound water
非结晶的☆agraphitic; uncrystalline
非结晶学组构要素☆noncrystallographic fabric element
非结块的☆non-agglomerating
非界面位移☆non-interface displacement
非金刚石岩芯钻机☆non(-)diamondcore drill
非金属☆nonmetal; metalloid; non-metal
非金属的☆non(-)metallic; nonmetalliferous; metalloid
非金属罐☆non-metallic tank
非金属矿☆nonmetallic mine{ore}; nonmetalliferous ore; nonmetallics; non-metallic ores
非金属矿物类☆nonmetallic minerals
非金属色☆nonmetallic colo(u)r
非紧坡地段☆section of unsufficient{insufficient} grade
非晶的☆amorphous; non {-}crystalline
非晶化☆vitrifying; non-crystallizing; metamictization
非晶砷铁石[$Fe_3^{3+}(AsO_4)_2(OH)_3$•$5H_2O$;非晶质]☆ferrisymplesite; ferri-symplesite
非晶态固体☆noncrystalline solid
非晶体☆non-crystal (body)
非晶体分子立方排列☆cybotaxis
非晶型聚合物☆amorphous polymer
非晶形石墨☆amorphous graphite
非晶形碳☆amorphous carbon
非晶性☆amorphism
非晶铀矿☆pitchblende
非晶质☆amorphous (substance); non(-)crystalline substance; massiveness
非晶质的☆amorphous; amph; uncrystalline; non {-}crystalline; porodic; non(-)crystalline; massive
非晶质类☆amorphous variety
非晶质菱镁矿[$MgCO_3$]☆non-crystalline magnesite
非晶质岩☆porodine
非经常的修理☆non-recurring repair
非经常收益☆non-recurring income
非经验性地热温标☆nonempirical geothermometer
非井下工作人员☆non-mining personnel
非静(水)压(力)☆nonhydrostatic pressure
非镜面☆nonspecular surface
非径向的☆nonradial
非竞争性(的)☆noncompetitive
非局部模型☆nonlocal model; NM
非局域化☆delocalization
非聚结微生物☆non-agglomerating microorganism
非绝热脉动☆non-adiabeatic pulsation
非均变论☆nonuniformitarianism
非均变论的地质发展☆nonuniformitarian geological development
非均变论者☆nonuniformist
非均布应力☆non-uniform stress
非均分布☆maldistribution
非均衡挠曲☆non-isostatic warping
非均键结构☆anisodesmic structure
非均相波☆inhomogeneous wave
非均相分散☆heterodisperse
非均斜层☆antihomocline
非均型键☆anisodesmic bond
非均一介质☆heterogeneous medium
非均匀☆nonhomogeneity
非均匀的☆heteropic(al); heterogenetic(al); heterogeneous
非均匀节[伞藻侧枝无规律的排列]☆aspondyle
非均匀扩散系统☆diffusive heterogeneous system
非均匀流☆varied flow
非均匀性☆heterogeneity; nonuniformity; inhomogeneity; nonhomogeneity
非均匀总体压扁☆inhomogeneous bulk flattening
非均质层☆heterogeneous layer
非均质的☆inhomogeneous; heter(o)geneous; anisotropic; heterogenetic; eolotropic; nonuniform; nonhomogen(e)ous; aeolotropic; unhomogenous
(光性)非均质的☆optically anisotropic
非均质多孔隙介质☆heterogeneous porous media
非均质混合物☆heterogeneous mixture
非均质连续介质构造☆nonhomogeneous continuum structure
非均质煤☆heterogeneous coal
非均质体☆heterogeneous{anisotropic;amorphous} body; anisotrope; anisotropic substance; anisotropy
非均质体岩☆anisotropic rocks
非均质土☆heterogeneous{inhomogeneous; nonhomogeneous} soil
非均质性☆anisotropism; inhomogeneity; heterogeneity; aeolotropism; anisotropy; aeolotropy; eolotropism; nonuniformity
非均质岩☆complex rock
非开采井☆unexploited well
非开采性破坏☆non-mining{pseudo-mining} damage
非开挖产业☆no-dig engineering
非铠装电缆☆unarmored cable
非可采储量☆non-recoverable reserves
非可换的作用☆noncommutative process
非可见光部分☆nonvisible portion
非可燃的☆noncombustible
非可燃物☆incombustible material
非可燃性有机岩☆akaustobiolite
非可燃性植物成因岩☆acaustophytogenic rock; acaustophytolith
非可塑性黏土☆non-plastic clay
非可缩性拱☆nonyielding arch
非克拉通化的☆noncratonized
非肯定型网络☆indeterministic network
非空(的)☆non-null
非空气喷砂处理法☆non-air blasting process
非空隙性碳酸盐岩☆non(-)porous carbonate rock
非孔隙性碳酸岩☆non(-)porous carbonate
非控制崩裂[冰]☆uncontrolled disintegration
非控制流☆free flow
非块状矿床☆nontabular deposit
非矿化脉☆buck reef
非矿化泡沫☆unmineralized froth
非矿物燃料☆non-fossil{nonfossil} fuel
非矿异常☆false{nonsignificant;non-ore} anomaly;

F

anomalies not related to mineralization; tramp
非矿质组分☆nonmineral constituent
非扩容的☆nondilatational
非扩张海岭☆nonspreading ridge
非扩张脉☆nondilatant vein
非蜡质油☆nonwax oils
非来源于陆架的☆non-shelf-derived
非雷管引爆炸药☆not-cap-sensitive explosive
非类质同象混入物☆nonisomorphous addition
非冷凝的集流环☆non-condensible collecting ring
非冷却式燃烧室☆uncooled chamber
非离子的☆non-ionic
非离子化偶极子☆unionized dipole
非离子烃类活性剂☆non-ionic hydrocarbon surfactant
非离子型表面活性剂溶液☆nonionic surfactant solution
非离子型洗涤剂☆non-ionic detergent
非离子性晶体☆nonionic crystal
非离子键☆nonionic bond
非理想爆破{轰}☆non-ideal detonation
非理想的☆imperfect; non perfect
非理想化合比晶体☆nonstoichiometric crystal
非理想配比成分☆nonstoichiometric composition
非砾石预充填筛管☆nongravel-packed screen
非立方环境☆non-cubic environment
非立体音的☆monaural
非沥青基石油☆non-asphaltic base oil
非沥青质焦沥青☆nonasphaltic pyrobitumen
非联合劳动者☆non-unionized labour
非联结应力轨迹☆noninterlocking stress trajectory
非连锁式信号方式☆independent signal method
非连贯性的[变形结构]☆nonpenetrative
非连通孔隙度☆cul-de-sac porosity
非连续(性)☆discontinuity; non-continuity
非连续法☆discrete method
非连续性变化☆uncontinuous change
非炼焦煤☆dead{noncoking;non-baking;noncaking; non-coking;mill} coal
非炼焦性的☆noncoking
非量子化的☆unquantized
非亮度信号☆luminance-free signal
非裂变的☆non-fissile
非裂缝性储(集)层☆non-fractured reservoir
非裂(缝)性(碳酸盐地)层的(天然)渗透率☆matrix permeability
非磷灰质岩层☆nonphosphatic sequence
非临界的☆noncritical
非临界性☆noncriticality
非淋滤土壤☆inleached soil
非零(的)☆non-null
非零和对策☆nonzero-sum game
非零井源距垂直地震剖面☆offset vertical seismic profiles{profiling}; OVSP
非零偏移距地震剖面☆offset seismic profile
非零位☆nonzero digit
非零延迟☆nonzero-lag
非零转移☆branch on non-zero; BN
非灵敏区☆dead band
非硫化矿{物}浮选☆nonsulfide flotation
非流线体☆bluff
非露明椽坡度☆slope of concealed rafter
非屡变环带☆nonoscillatory zoning
非轮回阶地☆non-cyclic terrace
非轮列的[生]☆acyclic
非螺纹紧固件☆non-threaded fastener
非逻辑的☆illogical
非马尔科夫过程☆non-Markov process
非满载(容量)☆undercapacity
非毛细孔隙度☆non(-)capillary porosity
非煤矿山☆non-coal mine
非美国石油学会标准管材☆non-API tubular
"非"门☆complementer; NOT{negation} gate; negater
非米制的☆non(-)metric
非密封的☆unsealed
非密合晶(粒间)界☆incoherent grain boundary
非密接{实}装药☆decouple charge
非模的[方程]☆nonnormal
非模式的☆atypical; atypic
非模型单元☆non-model cell
非磨蚀性岩石☆non-abrasive rock
非摩擦面☆non-rubbing surface
非木本植物☆nonwoody plant
非目的层☆nontarget zone
非难☆censure
非挠性的☆nonflexible
非能源矿物☆non-energy producing minerals
非能(源)资源☆nonenergy resource
非黏带流体☆non-viscous fluid
非黏合应变计[工]☆unbonded strain gage
非黏结性颗粒流动☆cohesionless grain flow
非黏土矿物☆non-clay minerals
非黏(结)性的☆cohesionless
非黏性流☆nonviscous flow
非黏合的☆unbonded
非黏合应变计☆unbonded strain ga(u)ge
非黏结(性)煤☆non-bituminous{non-baking;non-caking; sand(y)} coal; dry burning coal
非黏结蒸汽煤[英煤分类,略低于无烟煤]☆dry steam coal
非黏土矿物☆non-clay minerals
非黏性流☆non(-)viscous flow
非黏性润滑油馏出物☆non-viscous lubricating distillate
非黏滞性流☆non-viscous flow
非黏中性油[防止铸模黏砂用;制绳用]☆batch oil
非粘连滑坡☆incoherence{incoherent} slump
非涅耳绕射☆Fresnel diffraction
非牛顿反平面流☆non-Newtonian antiplane flow
非牛顿界面流动☆non-Newtonian interfacial flow
非牛顿流☆non-Newtonian flow
非牛顿黏度特性☆non-Newtonian viscosity behavior
非牛顿原油☆non-Newtonian crude
非扭式[腕]☆nonstrophic
非偶极场☆non-dipole field
非爬行☆creep-free
非旁通压力管路过滤器☆non-by pass pressure-line filter
非泡沫层☆non-frothing layer
非配谐的☆non-periodic
非配子[植]☆agamete
非膨胀土☆non-expansion soil
非碰撞板块边界☆noncollision plate boundary
非匹配封接☆non-match sealing
非偏牵引位置☆no-side-draft position
非偏振的☆unpolarized
非偏振光☆unpolarized light
非片状☆nonschistose
非片状的☆aschistic
非平壁导热☆heat transfer through curved wall
非平衡的☆unequilibrated
非平衡力☆unbalanced force
非平衡流☆nonequilibrium flow
非平衡熵☆non-balance entropy
非平衡态☆nonequilibrium
非平面应变裂纹应力分布☆stress distribution for crack in antiplane strain
非平面圆桶状褶皱☆nonplane cylindrical fold
非平面褶曲{皱}☆nonplane fold
非平稳过程☆non-stationary process
非平行劈理面☆nonparallel cleavage planes
非平移的☆nontranslational
非屏蔽中断☆nonmaskable interrupt
非破坏性地震☆non(-)destructive{non-damaging} earthquake
非破坏岩层☆unbroken ground
非破损检验☆non-destructive test
非谱色☆nonspectral color
非期望信号☆undesired signal
非奇异(矩)阵☆nonsingular matrix
非齐次☆nonhomogeneity
非齐次函数☆inhomogeneous function
非起爆高级炸药☆non-initial high explosive
非气成作用☆anti-pneumatolysis; anti-pneumatogenic
非气体的☆nongassy
非强干☆incompetent
非强制的☆optional
非强制给进钻进☆nonpressure method of drilling
非桥氧☆non-bridging oxygen
非乔木花粉[孢]☆nonarborescent{nontree} pollen
非切向流[水力旋流器]☆non-tangential current
非侵入带[测井]☆noninvaded zone
非侵蚀速度[水流]☆noneroding velocity
非侵位的☆non-emplaced
非倾倒式拌和机☆bantam mixer
非倾伏褶皱{曲}☆non-plugging fold
非倾(斜)相片☆untilted photograph
非穷举办法{程序}☆nonexhaustive procedure
非球形的☆nonspherical
非球形硬合金齿(牙轮)钻头☆shaped insert bits
非驱动后轮☆rear non driven wheel
非取向附生☆distaxy
非圈闭(储集层)☆misclosure
非全对称☆merosymmetry
非全面象☆merohedry; merohedrism
非全面象晶组☆merohedral crystal class
非全面象双晶☆merohedric{merohedral} twin
非全面(象单)形☆merohedral form
非全日工作☆parttime work
非全时工作制☆part-time job system
非全息摄影成像☆non-holographic imagery
非缺面双晶☆nonmerohedral twin
非确定型决策☆decision making under uncertainty
非确切中断☆imprecise interruption
非群体生物☆noncolonial organism
非燃料☆nonfuel
非燃烧体☆non-combustible
非燃式蒸汽发生器☆unfired steam generator
非燃性☆non-ignitibility
非燃性的☆noncombustible
非燃性合成油浸变压器☆noninflammable oil-filled transformer
非燃性油☆noninflammable{non-inflammable} oil
非染色质☆achromatin
非让压的☆unyielding
非让压支架☆unyieldng{unyielding} support
非热采法☆non-thermal process
非热敏钻液☆thermaly non-sensitive drilling fluid
非热区☆nonthermal area
非热塑性变形丝☆non-thermoplastic textured yarn
非热异常地面☆nonthermal ground
非热自流系统☆nonthermoartesian system
非人工震源地震技术☆passive seismic
非人为破碎☆involuntary breakage
非人行道侧☆tight side
非人造的☆inartificial
非熔化的☆non-melt
非熔结凝灰岩☆sillar
非熔融成因☆nonmolten origin
"非溶性"阳极☆insoluble anode
非容积式压缩机☆non-positive compressor
非乳化酸☆NEA; nonemulsified acid
非润湿弯月面☆non-wetting meniscus
非润湿相前缘☆non-wetting phase front
非润湿性流体☆nonwetting fluid
非润湿液☆nonwetting fluid
非润湿滞留液☆non-wetting resident fluid
非三角洲相☆non-deltaic facies
非商品性石油产品☆freak stocks{oil}
非商业性产油井☆noncommercial well
非烧结矿的☆non-agglomerating
非烧制砖☆unburned brick
非摄影传感器☆nonphotographic sensor
非设计情况☆off-design condition
非伸缩变形[力]☆inextensional deformation
非伸缩式管线☆non-telescoped line
非伸缩性变形纱☆non-stretch bulked yarn
非深海灰岩☆nonpelagic limestone
非渗透层☆impervious formation{bed}
非渗透性不连续线☆nonpenetrative linear discontinuity
非生产班☆idle shift
非生产层☆nonproductive formation; nonpay (zone)
非生产的☆nonproductive; nonproducing
非生产井☆nonproducing{non-productive} well; nonproducer
非生产性工作☆dead work
非生物成因论☆abiogeny
非生物成因气☆abiogenic gas
非生物的☆abiological; abiotic; nonliving
非生物浮聚物质☆abioseston
非生物降解有机物☆nonbiodegradable organic substance
非生物膜污泥☆nonbiological film sludge
非生物限制元素☆biounlimited element
非生物性物质☆abiotic substance
非生物学☆abiology
非生物岩相区☆physiotope
非生物元素☆nonbiological element
非湿化性黏土☆non-slaking clay

非湿润流体☆nonwetting fluid
非湿陷性土☆non-collapsing{non-slumping} soil
非湿胀土☆non-expansion soil
非十进制数系统☆non-decimal system
非石灰性土☆non calcareous soil
非石墨的☆agraphitic
非石墨化碳☆non-graphitizing{ungraphitised} carbon
非石墨碳☆agraphitic{agraphite} carbon
非石油的☆nonoil
非石油`基{|资源}☆non-petroleum base{|sources}
非实时的☆non real-time
非实时显示☆non real-time display
非实体性权利[专利、票证等]☆incorporeal rights
非适应性辐射☆nonadaptive radiation
非适应状态☆inadaptive phase
非收敛级数☆non-convergent series
非收缩性土☆nonshrinking soil
非守恒的☆nonconservative
非守恒型方程☆equation in nonconservation form
非熟练☆common labo(u)r；roustabout
非熟练工☆roustabout
非竖直带隙☆indirect band gap
非数学的☆nonmathematical
非数值的☆non-numerical
非数值数据处理☆non-numerical data processing
非数字信息☆nonnumerical information
非衰减的☆undepleted
非衰减性☆unremittance
非双变质带☆decoupling zone of metamorphism
非双带☆unpaired belts
非双晶的☆untwinned
非双曲线时差☆non-hyperbolic moveout
非水工质☆alternative fluid
非水浇地☆dry-farmed land
非水介质☆non-aqueous media
非水力分级机[如矿砂分级槽、机械分级机]☆nonhydraulic classifier
非水平地质效应☆non-level geologic effect
非水溶液燃料反应堆☆non-aqueous fluid fuel reactor
非水硬性石灰☆non-hydraulic lime
非顺向谷☆insequent valley
非顺向河☆insequent stream{river}；inconsequent stream
非顺向水系☆inconsequent{insequent} drainage
非顺序☆non-sequence
非顺序型蛇绿岩☆non-sequence type ophiolite
非死亡事故☆non-fatal accident
非塑性的☆aplastic
非塑性土壤☆nonplastic soil
非酸性土☆sweet soil
非酸性转炉铁矿石☆non-Bessemer ore
非算术移位☆non-arithmetic shift
非随机的☆nonrandom
非随机化策略☆nonrandomized strategy
非碎屑的☆nondetrital；nonclastic；nonmechanical
非碎屑岩☆nonclastic rock
非燧石的☆noncherty
非损毁性检查☆nondestructive inspection；NDI
非弹性部分的应变☆unrecovered strain
非弹性的☆inelastic；anisoelastic；stiff；nonelastic
非弹性回弹{跳}☆inelastic rebound
非弹性中子散射☆inelastic neutron scattering
非碳氢化合物☆nonhydrocarbon
非碳酸盐☆noncarbonate
非碳酸盐硬度[指水]☆non(-)carbonate hardness
(葡糖苷之)非糖部☆aglucon；aglucone
非特[失效率单位,10^{-9}/元件•小时]☆FIT
非特定的☆unspecified
非特化定律☆law of non-specialization
非特殊的☆non-special
非特征(性)的☆adiagnostic
非天然的☆non-natural
非天然条件☆unnatural condition
非条带状煤☆non-banded{nonbanded} coal
非条纹状的☆nonlamellar
非调和分析法☆non-harmonic method
非调谐的☆aperiodic(al)；untuned
非调谐性☆aperiodicity
非调制方式☆non-modulation system
非铁合金☆nonferrous alloy
非铁合金工具☆nonsparking tool
非铁冶金(学)☆non-ferrous metallurgy
非烃☆nonhydrocarbon
非烃类气体☆non-hydrocarbon gases
非同步干扰抑制☆asynchronous interference suppression
非同分熔融☆incongruent melting
非同期的☆asynchronous；noncontemporaneous
非同期叠加弧形构造☆nonsynchronous superposed arcuate structure
非同生的☆noncontemporaneous
非同时的☆nonsimultaneous
非同调☆non-coherence
非同形群☆asymmorphous {nonsymmorphous; asymmorphical;nonsymmorphical} group
非同形生长☆anisometric growth
非同源包体☆noncognate inclusion
非同轴的☆noncoaxial
非统计分布☆non-statistical distribution
非透明的☆nontransparent
非透明性☆nontransparency
非透入性的☆nonpenetrative
非湍流☆nonturbulent flow
非退化(矩)阵☆nonsingular matrix
非拖拉式钻机☆non {-}tractor drill
非外贸产出和投入☆non-traded output and input
非外延的☆nonepitaxial
非完美晶体☆imperfect crystal
非完全弹性介质☆imperfectly elastic media
非完整井☆nonpenetrating well；well of partial penetration；partially penetrated well
非微管孔隙率☆non-capillary porosity
非微生物(性)的☆amicrobic
非唯一性☆nonuniqueness
非维管束植初☆nonvascular plant
非温泉☆nonthermal spring
(蒸发岩)非纹层结构☆crystal texture
非稳定饱和地下水流☆subsurface transient saturated flow
非稳定波型磁控管☆barratron
非稳定的☆nonstationary；non-stable
非稳定的饱和自由面水流☆transient saturated free-surface flow; saturated transient free-surface flow
非稳定地下水☆nonsteady groundwater flow
非稳定式的☆astable
非稳态☆astatization
非稳态的☆astable
非稳态流☆unsteady-state flow
非紊流☆nonturbulent flow
非无效解☆nontrivial solution
非物质的☆immaterial
非物质化☆dematerialization
非物质性☆incorporeity
非吸收性材料☆non-absorbent material
非系统失真{畸变}☆nonsystematic distortion
非纤维的☆nonfibrous
非显晶的☆aphanocrystalline；aphanitic
非显晶基斑状☆felsiphyric；aphaniphyric
非显晶岩☆aphanite
非现场监督☆offsite surveillance
非限定的☆infinite
非限定关系☆non-definite relation
非限制性算法☆non-restricted algorithms
非线性☆nonlinear(ity)；nonproportionality
非线性波☆nonlinear wave
非线性层流水流{运动}☆nonlinear laminar flow
非线性电阻避雷器☆thyrite arrester
非线性掉格☆non-linear drift
非线性杆件☆non-linear beam element
非线性光学效应☆nonlinear optical effect
非线性函数☆nonlinear function
非线性孔隙流☆nonlinear porous flow
非线性力向量☆nonlinear force vector
非线性流☆nonlinear flow
非线性声效应☆nonlinear acoustical effect
非线性椭圆稳定流☆steady nonlinear elliptic flow
非线性应力应变性状☆non-linear stress-strain behavior
非线性映射图☆nonlinear mapping plot
非线性映像{制图}算法☆nonlinear mapping algorithm
非线状异常☆nonlinear anomaly
非相干光全息术☆incoherent light holography
非相干散射测深☆incoherent scatter sounding
非相干系流☆noncoherent system
非相干信号☆incoherent{noncoherent} signal
非相关函数☆incoherence function
非相关性指标☆independent criterion
非相加性☆nonadditivity
非相于光系统☆incoherent light system
非硝甘炸药[15～18 梯恩梯,85～82 硝酸铵]☆non-nitroglycerine explosive{powder}；non-nitroglycerin
非消耗品☆nonexpendable；NX
非楔蚌属[双壳;J_{1-2}]☆Acuneopsis
非协调单元☆inadmissible{inconsistent} element
非谐共振☆anharmonic resonance
非谐和年龄(序列)☆discordant age
非谐性☆anharmonicity
非谐振☆dissonance；disresonance
非信号区指{表}示灯☆non(-)signal indication light
非信号指挥运行☆non-signaled movement
非性变异☆non-sex-associated variation
非许用炸药☆non-permissible{permitted} explosives
非序粒沉积☆nongraded sediment
非悬粒浆液☆nonparticulate grout
非旋回的☆noncyclic
非旋转式胶{性橡}皮套筒稳定器☆non-rotating rubber sleeve stabilizer
非旋转式水力振击器☆nonrotational hydraulic jar
非旋转因子加载☆unrotated factor loading
非选通噪声☆ungated noise
非选择回采法☆non-selective mining
非选择性化学堵水☆nen-selective chemical plugging
非循环剥蚀☆noncyclic denudation
非循环导流装置[磨机]☆noncirculating diversion head
非循环型地热系统☆storage geothermal system
非循环序集☆acyclic set
非寻常波☆extraordinary wave；X-wave
非寻常光☆extraordinary ray
非压电性铁电体☆non-piezoelectric ferroelectrics
非压力罐☆non-pressure tank
非压实粉砂岩☆non-compacted silt
非压缩体波☆non-compressional event
非压缩性模量☆bulk{incompressibility} modulus; modulus of incompressibility
非盐碱性工☆nonsaline sodic soil；nonsaline alkali soil
非盐丘的盐☆undomed salt
非岩浆(活动)的☆amagmatic
非岩浆论者☆transformist；anti-magmatist
非岩浆深部成矿说☆nonmagmatic hypogenesis
非岩浆水☆nonmagmatic water
非岩浆岩层☆amagmatic formation
非岩浆岩序{序列}☆amagmatic succession
非延伸性变形☆inextensional deformation
非氧的☆anoxigenic
非氧化物玻璃☆non-oxide glass
非叶片状(的)☆nonfoliate
非液化基性物质☆nonliquefied basic material
非液态水☆non(-)liquid water
非液体用桶☆slack barrel
非一次反射☆nonprimary reflection
非一致加权☆non-uniform weighting
非遗传变异☆non-genetic variation
非遗传的☆extragenetic
非易燃性☆nonflammability
非易失(性)存储器☆nonvolatile memory
非意外推测☆surprise-free projection
非溢流☆nonoverflow
非异构(现象)☆anisomerism
非异构的☆anisomeric
非因果信号☆noncausal signal
非饮用水☆impotable{non(-)potable;undrinkable} water；nondrinkable coral
非引火的☆non(-)pyrophoric
非营利性的[机构等]☆noncommercial
非营业利润☆unearned profit
非硬质的☆non-rigid
非应力腐蚀☆stressless{stress-free} corrosion
非永久(性)☆impermanency；impermanence
非油质的☆non-oleaginous
非有机的☆anorganic
非幼型形成种类(分子)☆apaedomorph
非宇称性☆imparity
非预混式气体燃烧器☆nonpremixing type gas burner
非预应力钢筋☆non-prestressed reinforcement
非原地生成油☆nonindigenous oil
非原件☆non-original；NO

非原生气☆non-idiogenous gas
非原始{来}的☆non-original
非原始格子☆nonprimitive lattice
非圆桶状平面褶皱☆noncylindrical plane fold
非圆形滑落☆noncircular failure
非圆柱状挠曲滑动褶皱☆noncylindrical flexural slip fold
非圆柱状褶曲{皱}☆noncylindrical fold
非远洋海区☆suboceanic region
非约束的☆unrestricted
非约束殉爆试验☆unconfined gap test
非越流性各向同{|异}性自流含水层☆nonleaky isotropic{|anisotropic} artesian aquifer
非月海岩石☆nonmare rock
非运行的☆not operational; NO
非运行期☆inoperative period
非再环行☆nonrecirculating
非再生性资源☆nonrenewable resource
非造礁型☆ahermatypic
非造礁型生物礁☆ahermatypic reef
非造山带{|省}☆non-orogenic zones{|province}
非造山的☆nonorogenic; anorogenic
非造山期☆anorogenic time{period}
非造山性地形☆anorogenic form
非造山运动深成岩体☆atectonic pluton
非皂化物☆unsaponifiable matter
非增效的☆non-beneficiated
非增压的☆nonpressurized
非栅状[孢子]☆integillate
非炸药震源☆non-dynamite source; nondynamite seismic source
非张开的☆nondilatational
非褶皱区☆unfolded zone
非真溶液☆oblique solution
非真实的☆fictitious
非真实液体☆non-Newtonian liquid
非针状骨体[钙绵]☆sclerosome
非振荡的☆nonoscillating; non-periodic
非振荡序列☆nonoscillating series
非(地)震的☆aseismic
非震运动☆aseismic movement
非蒸发水☆non-evaporable water
非整合☆non-conformity; nonconformity
非整合的☆nonconformable
非整数量☆non-integral quantity
非正常土☆abnormal soil
非正常位置☆off-normal position
非正常重力沉积物☆atypical gravity sediment
非正规的☆nonnormal; informal; irregular
非正规曲线☆abnormal curve
非正交的☆anorthic; nonorthogonal
非正交偏光☆uncrossed polars
非正交性☆nonorthogonality
非正式☆irregularity
非正式的☆non-official; casual; off-the-record
非正态的☆nonnormal
非正态分布☆abnormal{skew;skewed} distribution
非正态性☆abnormality; nonnormality
非正统的☆heterodox
非正弦波☆nonsine-wave; non-sinusoidal wave
非正弦型波☆nonsine-wave
非正则的☆non-regular
非支撑面☆non-bearing surface
非职业病☆nonindustrial disease
非职业照射☆non-occupational exposure
非直角的☆oblique
非直接生产工作☆byework; dead work
非直线波☆nonlinear waves
非直线性☆misalignment
非植被区☆nonvegetated area
非指数趋势☆nonexponential trend
非致密粉砂岩☆non-compacted silt
非致命的☆non-fatal
非致死剂量☆non-lethal dose
非智能终端☆dumb terminal
非滞后的☆anhysteretic
非滞后剩余磁化☆anhysteretic remanent magnetism {magnetization}
非滞流☆nonviscous flow
非滞水(稳定)海盆☆nonstagnant basin
非中天观测☆extra-meridian observation
非中心井☆eccentric well
非重力式地下水☆fixed groundwater

非周期(的)☆non-periodic
非周期摆☆aperiodic pendulum
非周期波☆aperiodic{non-periodic} wave
非周期(性)的☆aperiodic(al); acyclic; noncyclic; dead-beat
非周期分量☆aperiodic component
非周期函数☆aperiodic function; non periodic function
非周期性☆aperiodicity
非周期性不对称波☆nonperiodic asymmetrical wave
非周期制☆aperiodic damping
非洲☆Africa
非洲肺鱼(属)[Q]☆Protopterus
非洲黑[石]☆Zimbabwe
非洲人(的)☆African
非洲人种☆Negroid
非洲象(属)[Q]☆Loxodonta
非洲疣{野}猪(属)[Q]☆Phacochoerus; wart hog
非洲叶肢介科☆Afrograptidae
非轴面破劈理☆non-axial fracture cleavage
非轴向的☆nonaxial
非轴向应力☆non-axial stress
非主体的☆marginal
非主要储层☆non-essential reservoir
非主要的☆side bar
非专攻计算的沉积学家☆noncomputer-oriented sedimentologist
非专业人员☆layman
非专有许可证☆non-exclusive licence
非转动应变☆irrotational strain
非转接链路☆non-switched line
非转移电弧凿岩☆drilling by nontransferred arcs
非浊流层{岩}☆nonturbidite
非自动弧焊接法☆manual electric arc welding
非自动火灾报警☆non-automatic fire alarm
非自动伸缩单作用气腿伸进装置☆single-acting jacking feed
非自动推进式的☆non-propelling
非自航式抓斗挖泥船☆non self-propelled grab dredger
非自航吸扬式挖泥船☆nonpropelling suction dredger
非自耗电极☆inert{non-consumable} electrode
非自记雨量计☆nonrecording gage
非自洁式牙轮钻头☆non-self-clearing bit
非自(动推)进式挖泥船☆non(-)propelling dredge
非自控系统☆nonautonomous system
非自流井☆nonflowing (artesian) well
非自流性受压水☆non-flowing confined water
非自磨式钻头☆single-use bit
非自喷井☆unflowing{nonflowing} well; nonflowing artesian well
非自燃的☆non-flammable
非自燃混合物☆nonhypergolic mixture
非自燃推进剂☆non(-)hypergolic propellant
非自生的☆anautogenous
非自体产卵的☆anautogenous
非自由射流☆non-free jet
非自由水☆unfree water
非自重湿陷性黄土☆non-self-weight collapse loess; self weight non-collapse loess
非总合式估计☆disaggregated estimate
非纵排列☆cross spread; broadside
非纵信息☆cross information
非阻尼的☆undiminished
非钻进作业☆nondrilling operation
非最大的☆off peak
非最低点熔体☆non-minimum melt
非最小相位☆non(-)minimum phase
非最终产品☆unfinished product
蜚蠊超目☆Blattopteroidea
蜚蠊目[昆]☆blattaria; Grylloblattodea; Blattodea
啡红根[石]☆Café Rosita
啡红麻[石]☆Derby Brown
啡网纹[石]☆Emperador (Dark)
啡珠麻[石]☆Imperial Brown
啡钻[石]☆Baltic{Botic} Brown; Ba
啡钻麻[石]☆Baltil Brown
鲱骨式的☆herringbone
鲱骨式交错层理☆herringbone cross lamination
鲱形目☆clupeiformes; Clupeomorpha
鲱形总目☆Clupeomorpha
鲱油☆menhaden oil
鲱鱼属[E-Q]☆Clupea; Alosa
扉页☆title page
飞☆femto-; f

飞奔☆galloping; career; scud
飞笔石目☆Graptolithoidea
飞边☆spew; overflush
飞镖☆dart
飞镖形穹隆构造☆boomerang-shaped dome structure
飞车[发动机不正常运转]☆galloping
飞尘☆dust drift; dry haze; flying dust
飞尘型火山灰☆fly ash-type pozzolan
飞程☆fly; flight distance
飞驰☆speed
飞驰兽龙☆Dromatherium
飞翅裂缝☆fin crack
飞出☆departure; fly out; dep
飞船☆dirigible; airship
飞船上的☆spaceborne
飞船式卫星☆satelloid
飞刺[玻璃制品缺陷]☆overflush
飞弹☆missile
飞弹鏈属[;孔虫;C_2]☆Hidaella
飞刀☆fly tool
飞地[插花地]☆enclave
飞(光)点☆flying spot
飞点扫描☆flying {-}spot scanning
飞点扫描存储器☆flying-spot store
飞点式测试图信号发生器☆flying-spot pattern generator
飞碟☆unidentified flying object; UFO
飞碟人☆saucerman
飞碟学☆ufology
飞光点投影仪☆light-spot projector
飞过☆hop
飞航高度☆flight altitude
飞狐猴☆Galeopithecus; flying lemer
飞弧☆flash(-)over
飞灰☆fly{flying} ash; fly-ash
飞灰型火山灰☆fly {-}ash-type pozzolan
飞击式打印机☆hit-on-the-fly printer
飞机☆aircraft; flyer; airplane; aerocraft; aeroplane; plane; ship; avion[法;尤军机]; aero-; aeri-; aer-
飞机编队低空飞行☆flyover
飞机场☆drome; airport; AP; aerodrome
飞机导航☆air (craft) navigation; aircraft navigation
飞机反射干扰信号☆aeroplane flutter
飞机检修处{架}☆dock
飞机库☆hangar; dock
飞机脉冲导航☆aircraft pulse navigation
飞机跑道☆airstrip
飞机上的☆A/B; airborne
飞机上的反干扰探寻设备☆lobster
飞机失速信号装置☆airplane stall warning device
飞机询问应答器☆Rebecca
飞机用德卡☆Decca long range area coverage; Delrac.
飞溅☆spray; splash(ing); splattering; spatter; fly out
飞溅区☆splash zone
飞溅声☆spatter
飞近探测☆flyby
飞快的☆fleet
飞来层☆klippe; patch of overthrust sheet
飞来峰☆klippe [pl.-n]; fault{tectonic;nappe; thrust} outlier; detached mass{block}; outlier; outlier of overthrust mass{sheet}; drong mountain; patch of overthrust sheet
飞来山☆mountain without roots
飞来石☆erratic
飞龙☆Draco{gliding lizard}[Q]; pterosaur[T_3-K_2]
飞龙科☆Agamidea
飞龙目{类}[爬]☆Pterosauria
飞龙属[蜥]☆agama; gliding lizard; Draco
飞轮☆free{fly(ing);balance} wheel; flywheel; flyer; free wheel of a bicycle
飞轮剪断安全螺栓☆flywheel shear bolt
飞马座☆Pegasus; Winged Horse
飞沫☆scud; droplet
飞沫痕☆spray-splash-impression
飞沫印痕☆splash impression
飞母托[10^{-15}]☆femto
飞跑☆career; whisk; tear
飞青☆celadon with flyspots; feiqing
飞散石块☆flyrock
飞散物☆flying
飞砂料☆sandy clinker
飞沙☆blown{wind-drift;shifting} sand
飞石☆flyrock; spraying{fly;popping} rock; flying

rocks；scattering stone
飞石震瓦☆Flying pebbles clattered on the tiles.
飞逝☆fly；fleet
飞丝☆fiber flying；snap out
飞丝率☆rate of fibre flying
飞速的☆flying；feathered
飞速跃过☆rush
飞梭☆fly
飞炭斑☆fly speck carbon
飞跳☆flyer
飞艇☆aerocraft；airship；dirigible balloon
飞艇(驾驶员)☆aeronaut
飞土☆wind-blown soil
飞驒带☆Hida belt
飞蜥☆Draco；gliding lizard
飞蜥属☆Agama[爬;E_1]；gliding lizard{Draco} [Q]
飞屑☆flying chip
飞行☆hop；flying；fly；flip；flight；manoeuvre；wing；maneuver
飞行的地面标志☆airmarker
飞行高度☆height of flight；flying{flight} height；flight elevation{altitude}
飞行器☆aircraft；craft；beast；A/C；vehicle
飞行用导航设备☆navascope
飞行员☆flyer；aviator；airman；aeronaut；pilot
飞行资料☆air data
飞旋☆whir
飞旋镖☆boomerang
飞扬(散)☆fly
飞鱼座☆Volans；Flying Fish
飞越[电子]☆transit(ion)；flyover
飞越上空☆over flight
飞跃☆leap；transition
飞跃性发生☆lipogenesis
飞云☆ragged clouds；scud
绯红☆crimson；bright red

féi

腓跗骨☆fibulare
腓骨☆fibula
腓骨应力性骨膜炎☆stress periostitis of fibula
肥大☆overgrow
肥厚☆thickening；plump；fleshy；thick and fertile
肥厚的☆incrassate
肥蛎属[双壳;E]☆Sokolovia
肥沥青☆fat asphalt
肥力☆fertility
肥料☆fertilizer；manure；dung；fertiliser
肥料的使用☆use of fertiliser
肥料级硝(酸)铵(炸药)☆fertilizer-grade ammonium nitrate
肥料`型{粒级}炸药☆fertilizer-type explosive
肥煤☆fat coal；rich{orthobituminous;metabituminous;fatty} coal
肥泥☆loam
肥黏土☆fat{rich;strong;long} clay；gumbo
肥胖的☆fat
肥气☆fat gas
肥砂☆gummy{fat;bonding} sand
肥石灰[建]☆rich{fat} lime
肥水☆nutritive water
肥体贝属[腕;O_{2-3}]☆Pionodema
肥{富}混凝土☆rich concrete
肥土☆fertile soil；muck
肥土壤☆fatty soil
肥沃☆fertility
肥沃的☆fat；fertile
肥沃地幔☆fertile mantle
肥沃土壤☆generous{rich} soil
肥型砂☆strong (moulding) sand
肥皂☆soap
肥皂泡☆lather；sud；soap bubble
肥皂水☆suds
(用)肥皂洗☆soap
肥肿☆hypertrophy
肥猪☆hog
肥嘴贝属[腕;J_1]☆Piarorhynchia

fěi

榧(属)☆Torreya
榧螺属[腹;E-Q]☆Oliva
斐[单位]☆phi unit
斐标准偏差☆phi standard deviation
斐波纳契选法☆Fibonacci search
斐耳☆bel
斐济皂石[$Mg_3(Si_4O_{10})(OH)_2$]☆Fijian soapstone
斐克第一定律☆Fick's first law
斐克扩散(定律)☆Fick's law of diffusion
斐平均直径☆phi mean diameter
斐希德尔石[$C_{18}H_{32}$]☆fichtelite
翡翠[$NaAl(Si_2O_6)$]☆jade；jadeite；jade-stone；jadite；jadestone；halcyon[动;a bird]；green{common} jade；feitsui；chalchuite；chloromelanite；chalchewete；soda-jadeite；natronjadeite；emerald；kingfisher
翡翠红[石]☆Verde Eucalipto
诽谤☆slander

fèi

吠☆bark
镄☆Fm；fermium
肺癌☆pulmonary{lung} cancer
肺病☆lung trouble；pulmonary tuberculosis {disability}；TB
肺部☆chest
肺矾土沉着病☆aluminosis
肺滑石沉着病☆talc pneumoconiosis
肺活量☆vital capacity
肺结核☆TB；tuberculosis；consumption
(一种)肺结核特效药☆hydrazide
肺螺亚纲[腹]☆Pulmonata
肺泡的☆alveolate；alveolar
肺泡小{微}结石病{症}☆pulmonary alveolar microlithiasis
肺石☆pneumolith
肺石病☆pneumolithiasis
肺石末沉着病☆mason's lung
肺石屑病☆lithosis
肺损害☆lung lesion
肺炭末沉着病☆miner's lung；coal miner's lung
肺铁质沉着病☆siderotic pneumoconiosis
肺外的☆extrapulmonary
肺纤维化☆pulmonary fibrosis
肺炎☆inflammation of lungs
肺鱼☆lungfish
肺鱼类☆Dipnoi；Lungfishes
肺鱼亚纲☆Dipnoi
肺组织☆lung tissue
狒狒[Q]☆cynocephalus；papio；baboons
废材燃烧炉☆refuse burner
废采区☆abandoned workings
废产品☆waste products
废除☆abolish；abrogate；supersede；annul；repeal；dissolve；defeat；abolition；revocation；defeasance；relinquishment；undo；abrogation[法令、条款等]
废穿孔卡袋☆reject pocket
废的☆exhaust；unproductive；dead；spent
废地热流体☆geothermal waste fluid
废电极☆butts
废电解液☆spent electrolyte
废动力液[水力活塞泵采油]☆exhaust power fluid
废风☆bad{used} air
废矸石☆waste (ore)；worthless gangue
废矸子堆☆goaf
废钢(铁)☆steel{dormant} scrap；iron scrap
废管子头[留在接箍中]☆dutchman
废巷道☆abandoned workings{heading}；inactive workings；waste room
废核燃料☆depleted material
废河道☆bayou；dry gap；abandoned channel
废河道湖☆mortlake
废河道淤沙☆sand plug
废河网☆abandoned loop
废话☆gas；nonsense
废活性污泥☆waste activated sludge
废碱液☆exhausted{waste} lye
废件☆waster
废金刚石☆used diamond
废金属☆scrap (metal)；old metal
废金属渣[掉入钻孔内的]☆junk
废井☆dead{failure;depleted;disused;abandoned;spent;failing} well；junked hole；abandoned pit{shaft}
废旧工具堆[口]☆big tool box
废坑木☆scrap timber
废孔☆exproduction bore；dry{lost} hole
废(钻)孔☆abandoned well
废孔允许数☆lost hole allowance
废矿☆abandoned mine；rough；borasco；waste{spent} ore；borasque；bor(r)asca
废矿仓☆gangue{reject} bin
废矿重采工作☆reclamation operation
废矿硐☆abandoned workings
废矿井蓄气库☆depleted field air storage reservoir
废矿石☆ettle；waste{spent;refuse} ore
废矿图☆abandoned mines' plan
废矿中拣{采}矿☆fossick
废料☆scrap；lean{waste;rejected;reject} material；waste (scrap)；left(-)over；junk；discard；trash；garbage；short；offal；muck；mullock；outthrow；salvage；refuse；abatement
废料场☆scrap yard；dump pit
废(矿物)料堆☆bing
废料回收☆reclamation
废零件☆odds and ends
废馏分☆slop cut
废卤水☆exhaust{effluent;residual} brine；(brine) blowdown
废煤☆lamb and slack；waste coal
废棉纱☆cotton waste
废名☆abandoned name
废泥☆waste sludge
废泥浆池☆dirty mud sump
废炮☆blown-out{invalid} shot；blown out shoot；spent shot[震勘]；blowout[岩石不破裂]
废品☆discard；waster；wastrel；waste (product)；offal；reject(ion)；shoddy；throw-out；scrap；spoil；spoiled products；wastage；unacceptable product；outshot
废品率☆rate of spoiled；rejection rate
废气☆exit{end;discharge;spent;combustion;exhaust;burned;waste;up;burnt;tail} gas；waste air{steam}；exhaust (steam;gases;fume)；exhaust gas；spent steam；effluent{off} gases；off-gas；gaseous waste
废气处理塔☆gas conditioning tower
废气分析☆effluent gas analysis；EGA
废气管☆snorkel；exhaust pipe
废气后处理净化装置☆exhaust after-treatment device
废气回注☆reinjection of exhaust gas
废气混合物☆exhaust-gas mixture
废气净化系统{装置}☆exhaust air system；exhaust cleaning-system
废气门{阀}☆exhaust valve
废气去烟道☆exhaust gas to stack
废气燃烧☆waste {-}gas burning
废气调节{过滤}器☆exhaust conditioner
废气脱硫☆desulphurization of exhaust gas
废气污染极限☆exhaust emission limit
废气洗孔钻进☆exhaust gas drilling
废气(再)循环☆exhaust gas recirculation；EGR
废弃☆discard；abandon(ment)；absolescence；out of use；cast aside；obsolescence；disuse；scrap；reversal；reject(ion)；supersession；supersede；nullification；trash
废弃的☆abandoned；obsolete；dead；defunct；on {-}the {-}shelf；waste；desuete
废弃的矿☆dead pit
废弃谷☆strath valley
废弃河道☆bayou；abandoned channel；moat
废弃河曲☆abandoned{cutoff} meander；flood-plain meander scar
废弃金属☆discarded metal
废弃井☆abandoned well
废弃矿浆☆depleted{barren} pulp
废弃矿山排水系统☆abandoned mine drainage
废弃矿石☆refused{rejected} ore；waste heap ore
废弃雷管☆disposal cap
废弃名☆hyponym
废弃前对煤柱进行最后一次刷帮☆skipping the pillar
废弃曲流河道☆abandoned meander
废弃温度☆reinjection temperature
废弃物☆dereliction；abandonment
废弃学名[古]☆rejected name；nomen rejiciendum；nom. rejic.
废弃支柱☆non-reusable prop
废汽☆dead{exhaust;waste} steam
废钎头☆rejected bit
(待选的)废铅矿石☆faulted ore
废渠☆dead channel
废取芯筒☆spent barrel
废燃料☆waste{spent} fuel；fuel wastage

废燃料和燃料替代品☆waste material and substitute fuels
废燃料箱☆scrap{spent} fuel tank
废燃料油☆waste fuel oil
废热☆excess{waste;spent;reject;exhaust;used} heat; heat-rejection load; thermal waste; spent thermal energy
废热发电☆cogeneration
废热锅炉☆waste {-}heat boiler; W.H.B
废热锅炉发电装置☆waste-heat steam plant
(用)废热加热☆waste heating
废热利用☆waste {-}heat utilization; waste heating
废热排放设备☆heat-rejection equipment
废砂☆waste{antiquated;barren;exhausted} sand
废石☆gangue; (rock;mine) waste; muck; barren rock {gangue;stone;material}; lean{nonore} material; dirt; (residual) discard; burrow; graphite scrap; roach; rubbish; deads; recrement; offscourings; refuse (ore); debris; dead{country} rock; gob; trash; attal; rock refuse; (stent) spoil; rubble; nitting[从矿石中拣出]; tailing; veinstone; barren; bluff; stent
废石仓☆refuse bin{fin}; rock{waste} bin; stone box
废石场☆waste-rock yard; (dirt) bing; dump (pit;site); rock-disposal{waste-disposal} site; recrement; spoil area{ground}; waste space{dump}
废石车☆debris wagon; stacker
废石成层☆bedding down
废石充填☆waste fill(ing){pack}; goaf{gob} stowing; rock{rubble} filling; wastefill; solid gob; dirt pack; gobbin(g); gobbing-up (rockfill); rockfill
废石充填采矿法☆stoping with waste filling
废石充填带间距☆wastes width
废石充填料运输平巷☆waste roadway
废石处理场☆refuse-disposal plant
废石倒堆(设备)☆haymake; haymaker
废石堆☆ (rubbish;spoil;dirt;refuse;rock;waste) heap; gob pile{dump}; coup; waste-dump; waste rock pile; refuse dump{pile}; recrement; bing; redd bing[坑出]; burrow; barrow; dirt{refuse} tip; hillock; dumped fill; mullock (tip); refuse{spoil; waste-rock} pile; muck stack; (rock-disposal) dump; spoil bank{area}; waste dam; spoilbank; spoil; broken material
废石堆形成方法☆spoil heap formation system
废石垛☆pack; waste pack{stull}; pickwall; refuse
废石垛墙☆pack wall; packwall
废石含量☆gang(ue) content
废石灰☆used lime
废石夹层☆barren intercalation; horse of barren
废石拣出器☆shale extractor
废石棉☆asbestos lumber
废石排弃线☆waste line
废石墙☆puck; pack wall
废石倾倒场☆dumping site
废石突然放落☆muck rush
废石装运工☆mullocker
废试剂☆spent reagent
废水☆waste (water); effluent; sewage (water); effluent waste water; discharge{residual;outlet;bleed;tail; devil;discarded} water; running-off; wastewater; liquid waste; waterwaste
废水池☆spoil pool
废水处理☆wastewater{sewage;waste-water} treatment; waste water disposal; effluent disposal; WWT
废水处理厂☆waste water plant
废水道☆wasteway
废水的三级处理☆tertiary treatment
废水地下压入试验☆ground injection test
废水和废气☆effluent
废水回收☆waste{waster} water reclamation
废水渠☆abandoned channel; waste water canal
废水深度处理☆advanced waste treatment; AWT
废丝☆silk waste; waste fiber{silk}
废酸☆spent acid
废酸回收厂☆acid-restoring plant
废酸洗液☆waste pickle liquor
废(活性)炭☆spent carbon
废套管利用☆casing salvaging
废铁☆scrap{junked;waste} iron; oldiron
废土弃置☆spoil disposal
废土石☆muck
废文件☆dead{scratch} file
废污泥☆waste sludge
废物☆waste (substance;material;products); wastage; good-for-nothing; waster; trash; rubbish; refuse; scrappage; froth; dross; discard; junk; spent residue; ejects; trade; scrap; running-off; raffle; offal; litter; lees; soup[化学变化产生]
废物沉处☆waste deposit
废物储存场☆waste storage farm
废物处理☆waste disposal{treatment}; disposal of wastes
废物处理场☆waste disposal site; disposal site
废物处理厂☆waste plant
废物的地面处理☆land treatment of wastes
废物的永久性储藏☆permanent waste storage
废物焚烧☆incineration of waste
废物隔离中间试验场[美]☆Waste Isolation Pilot Plant; WIPP
废物积载量☆waste load
废物利用☆salvaging; make use of scrap material; turn scrap material to good account; making use of waste material; converting waste into useful material; waste reuse; salvage
废物污染度☆waste strength
废物转化技术☆waste conversion techniques
废物最少化☆waste minimization
废锡☆tin refuse
废屑☆attle; sweepings
废屑孔☆dirt-hole
废型砂☆used sand
废墟☆debris
废盐☆abraum salt
废岩溜眼☆waste chute
废阳极☆anode scrap
废样☆dump sample
废页岩☆spent shale
废液☆spent liquor{solution;liquid}; exhausted liquid {solution;lye}; devil{barren;waste} liquor; effluent; backwater; barren (solution); liquid waste; barren cyanide solution; waste{used} liquid
废液沉处☆waste deposit
废液井☆waste well
废液燃烧装置☆waste fluid burning plant
废油☆oil refuse; used{waste;scavenge} oil; slop
废油泵☆scavenge oil pump
废油坑☆sump
废油收集池☆salvage sump
废油再生☆waste oil regeneration; oil salvage
废渣☆muck; culm; feigh; dirt; waste residue{slag; products}; reject[选]; fagend; discard[选煤]; attal; steriles; slime; spoil; refuse; attle; off-scum
废渣车翻笼☆refuse tipper
废渣处理☆waste disposal
废渣处理法☆refuse-disposal system
废渣堆☆culm bank
废渣流槽☆rejects slubice
废渣铸石☆tailings glass-ceramics
废蒸汽☆bled{exhaust} steam
废止☆extinguish
废纸☆old paper
废置隧道☆disused tunnel
废铸件☆waste{faulty} casting
废钻孔☆barren drill-hole; lost hole
废钻头☆used{ruined} bit
沸斑岩☆blairmorite
沸程☆boiling range; BR; b.r.
沸点☆boiling point{pit}; bp; boil; bpt; B.P.
沸点测定表☆hypsometer
沸点测高仪{器}☆hypsometer
沸点(气压高程)测量☆thermometric leveling
沸点低的☆low-boiling
沸点高压计☆hypsometer
沸点计☆ebullioscope
沸点深度曲线☆boiling paint with depth curve; BPD
沸点升高常数☆boiling constant
沸点温度☆steam-point; boiling temperature
沸点压☆bubble point pressure
沸橄闪煌岩☆espichellite
沸湖☆boiling lake
沸化☆slake
沸黄霞辉岩☆tasmanite
沸煌岩☆monchikite
沸辉粗面凝灰岩☆blairmontite
沸基(钛)辉(棕)闪斑岩☆lugarite
沸绿岩☆teschenite; analcite-teschenite
沸泥☆boiling mud
沸泥堆☆puff cone
沸泥塘☆frog pond; puff cone; mud pool{cauldron; crater}; boiling mud pool{pot;lake}; pool of boiling mud; muddy pool; macaluba; maccaluber
沸喷泉☆perpetual spouter
沸泉☆boiling{scalding} spring; stufa; boiler
沸泉水混合模式☆boiling spring mixing model
沸泉塘☆hyperthermal{ebullient;bubbling;boiling} pool; boiling pit{lake}; pool of boiling water; cooking pool[可用于烹调]
沸热的☆red
沸热泉☆boiling hot spring
沸石[$(Na,K)Si_5Al_2O_{12}\cdot 3H_2O$]☆ze(n)olite; kuphit; hydrite; zeolum; iberite
沸石处理法[使水软化]☆zeolite process
沸石复分体☆zeolitic complex
沸石化(作用)☆zeolitization
沸石裂化催化剂☆zeolite cracking catalyst; molecular sieve cracking catalyst
沸石吸附泵☆zeolite sorption pump
沸石银化合物法淡水化☆desalination by zeolite-silver method
沸石状的☆zeolitiform
沸水☆burning{boiling} water
沸水储☆boiling reservoir; boiling hot aquifer
沸水(反应)堆☆boiling water reactor; BWR
沸水硅磷钙石[$NaCa_5Al_{10}(SiO_4)_3(PO_4)_5(OH)_{14}\cdot 10H_2O$?;等轴]☆viseite
(用)沸水{蒸气}清洗☆scald
沸水塘☆lagone; lagoni; boiling pool; pool of boiling water
沸腾☆froth-over; froth; ebullition; ebullience; fizz; effervesce(nce); ebulliency; bubble; boiling; boil (up;over); seethe; bubbing; overswelling
沸腾焙烧☆fluosolids{fluidized;fluosolid} roasting; fluidized bed roasting
沸腾层☆fluidized bed
沸腾层焙烧法☆fluidized roasting process
沸腾层法☆fluidization method
沸腾床层干燥机☆flow{fluid-bed} dryer; fluidized bed thermal dryer
沸腾范围☆boiling range; b.r.; BR
沸腾钢☆rimmed{effervescing;rimming;open} steel; rimmer
沸腾钢锭☆rimming ingot
沸腾面深度☆boiling-paint{boiling} depth
沸腾泡沫☆effervescent bubbles
沸腾器☆generator; ebullantor
沸腾汽化带☆boiling zone
沸腾燃烧[机]☆fluidized-bed combustion
沸腾撒砂☆stucco fluidized bed
沸腾式流化床燃烧☆bubbling fluidized bed combustion
沸腾蒸发☆explosive evaporation
沸腾状熔池☆boiling molten pool
沸歪粗面岩☆shackanite
沸穴☆boiling holes
沸涌☆overswelling
费☆expend; take
费伯克蜓☆Verbeekina
费城地理学会[美]☆Geographical Society of Philadelphia; GSP
费多罗夫(双圈反射)测角仪☆Fedorov goniometer
费多罗夫平行面体学说☆Fedorov theory of parallelohedra
费多罗夫群[空间群]☆Fedorov group
费尔班克石☆fairbanksite
费尔德常数☆Verdet constant
费尔干蚌属[双壳;J]☆Ferganoconcha
费尔干贝属[腕;$S-M_2$]☆Ferganella
费尔干杉属[植;T_3-N]☆Ferganiella
费尔米能☆Fermi energy
费尔斯曼☆Fersman
费格尔液☆Feigl's solution
费格牙形石属[T]☆Veghella
费杰核窗☆Fejer kernel window
费拉里感应测试仪器☆Ferraris instrument
费拉瑞斯型摇动托架☆Ferraris truss
费利尔定律☆Ferrel's law
费力☆labor; ado; painstaking; labor-consuming; strenuous; arduous; uphill; tough

费力取得☆wrest
费林溶液☆Fehling's solution
费隆阶[S]☆Fronian
费率☆tariff; rate
费伦纽斯条分法☆Fellenius method of slices
费伦提-雪莱黏度计☆Ferranti-shirley viscometer
费罗马提克支桩☆ferromatic prop
费洛丁炸药☆Flo-Dgn
费马数☆Fermat number
费马原理☆Fermat's principle
费麦克无烟燃料[焦炭砖]☆Phimax
费米[10^{-13}cm]☆fermi; imref
费米{密}子☆fermion
费密分布函数☆Fermi distribution function
费镍钴焊接点(密封)☆fernico seal
费镍钴合金☆fernico
费硼钙石☆fedorovskite
费羟铝矾[$Al_4(SO_4)(OH)_{10}$•$5H_2O$;斜方]☆felsöbanyaite; felsobanyte; felso(e)banyite
费羟镁钙硼石☆fedorovskite
费瑞定律☆Ferrel's Law
费瑞圈☆Ferrel Cell
费舍尔换算☆Fischer's transformation
费时☆take hours
费时的☆time {-}consuming
费时间的☆time taking
费氏虫☆Phillipsia
费氏台☆universal stage; U-stage
费氏万能(旋转)台☆Fedorov universal stage
费氏星珊瑚☆Phillipsastraea
费氏重油黏度测定☆Furol viscosity test
费水砷钙石[$Ca_5H_2(AsO_4)_4$•$9H_2O$;三斜]☆ferrarisite
费水锗铅矾[$Pb_3Ge(SO_4)_2(OH)_6$•$3H_2O$;六方]☆fleischerite
费斯丁(阶)[欧;$Є_3$]☆Festiniogian (stage)
费斯廷尼奥阶☆Festiniogian stage
费-托合成(法)[一种用CO和H_2合成烃类的方法]☆Fischer-Tropsch synthesis
费希德尔石[$C_{18}H_{32}$]☆fichtelite
费夏型夹具[无极绳运输]☆Fisher clip
费歇尔分布☆Fischer('s) distribution
费歇尔精确概率☆Fisher's exact probability
费歇尔-欧文检验☆Fischer-Irwin test
费歇尔信息测度☆Fisher information measure
费歇尔-耶茨检验☆Fischer-Yates test
费用☆expenditure; charge; expense; outlay; cost; consumption; outgoing; term; rate
费用分摊账☆deferred expense account
费用分析☆cost analysis
费用概念☆cost-consciousness
费用合理的设计☆cost-effective design
费用-时间权衡特征{性}☆cost-time trade-off feature
费用效果分析☆cost effectiveness analysis; CEA
费用增加率☆cost slope
费用支出☆expenses; expenditure

fēn

芬蒂化石脂☆vendeennite
芬钒铜矿☆fingerite
芬芳橘色藻☆Trentepohlia odorata
芬格莱顿的正负反馈☆Fingleton's positive and negative feedback
芬格雷克(阶)[北美;D_3]☆Fingerlakesian; Finger Lakes
芬根伯贝属[腕;$Є_3$-O_1]☆Finkelnburgia
芬莱挠性联轴节☆Fanaflex coupling
芬兰红[石]☆Finland Red
芬氯砷铅矿☆finnemanite
芬纳公式☆Fenner's formula
芬尼冰期☆Finiglacial age
芬诺-萨尔马古陆☆Fenno-Sarmatia
芬诺斯堪的亚古陆☆Fennoscandia
芬诺斯堪的亚地块隆起☆Fennoscandia uplift
芬诺斯堪的亚地盾☆Fennoscandian shield
酚[C_6H_5OH]☆phenol
酚钙矿巢☆crystalline aggregate of phenylcalcium
酚红浆液试验☆phenol red serum test
酚基☆phenolic groups
酚类化合物☆phenol (compound)
酚-硫酸法☆phenol-sulfuric method
酚酶☆phenolase
(苯)酚钠☆sodium phenolate
酚羟基团☆phenolic hydroxyl group
酚醛胶泥勾缝☆phenolic mastic pointing
(线型)酚醛清漆☆novolac; novalak
酚醛清漆树脂☆Novolac resin
酚醛溶液浸透的聚酯纤维☆phenolic-impregnated cellulose polyester
酚醛树脂☆phenol-formaldehyde{phenolaldehyde; phenolic} resin; phenolics; novalac
(苯)酚(甲)醛树脂☆phenol-formaldehyde
酚醛树脂地层砂胶结☆phenolic sand consolidation
酚醛树脂结合剂砂轮☆bakelite bonded wheel
酚醛树脂清漆☆bakelite varnish
酚醛塑料☆phenolplastics; phenolics; bakelite; phenolic plastics; phenoplast; pertinax
酚醛塑料层胶木☆Formica
酚醛塑料混合物☆bakelite mixture
酚醛缩硅酮树脂☆phenolic-silicone resin
酚酞☆phenolphthalein
酚污染☆phenol pollution
酚盐☆alkoxide; phenolate
(苯)酚盐☆phenoxide
吩咐☆bid
吩噻嗪[$C_6H_4NHC_6H_4S$]☆thiodiphenyl amine
分☆minute[1/60`小时{度}]; divide; fold; division; cent; min.; DIV; de-; sub-; deci-[10^{-1}]; for-; di-; Ct.
分巴[压力单位]☆decibar
分瓣☆valving
分瓣投影☆recentered{interrupted} projection
分半搜索☆bisection search
分办事处☆subordinate office; suboffice
分棒法☆divided-bar
分包☆subpackage; farm-out
分包(合同)☆subcontract
分包(工)☆sublet
分包单位☆subcontractor
分包工☆sub-contracting
分保明细账☆bordereaux
分贝[声]☆decibel; db
A分贝[测量音强的单位]☆DBA; decibel A
分贝计☆decibelmeter; db meter
分贝衰减☆db-loss
分贝图算表☆decibel calculator
分比☆proportion by subtraction
分壁[苔]☆integrate wall
(局内电缆)分编☆lacing
分辨☆discern; resolution; dissection
分辨带☆resolved bands
(已)分辨的双线☆resolved doublet
分辨极限☆resolving limit; limit of resolution
分辨力☆resolving ability{power}; resolution (capability;power); discriminability; discernment; definition
分辨率☆resolution ratio{factor;power}; resolving power{ability}; discernibility; resolution; degree of sophistication; distinguishability
分辨率图☆resolution chart
分辨能力☆acuity; resolving power; resolution capability{characteristic}; resolution
分辨能力测视图☆resolution pattern
分辨误差☆discrimination{resolution} error
分标☆minute-mark
16分标☆scale-of-sixteen
分标度☆scale division
分表☆sublist
分别地☆respectively; resp
分别对待☆discriminate
分别浮选☆concentration by differential flotation
分别交代☆selective metasomatism{replacement}
分别开拓☆opening-up individually
分别排料☆split discharge
分别润滑☆individual lubrication
分别提升☆separate hoisting
分冰岭☆ice shed{divide}; culmination zone
分冰岩丘☆platte [pl.-n]
分不开的☆inseparable
分布☆distribute; spread(ing); planning; partition; range; dist.; distr.
F{|t|γ}分布☆F{|t|γ}-distribution
χ^2分布☆chi-square distribution
分布板[空气]☆constriction plate
分布半径☆radius of extent
分布比[七侧向电极系的]☆spacing factor
分布不匀☆maldistribution; skew
分布参数延迟线☆distributed parameter delay line
γ分布的循环形式☆γ-distributed recurrence pattern
分布叠合☆distributional congruence
分布广的☆widespread
分布和变化☆distribution and change
F分布检验法☆F test
分布量☆abundance
分布器☆sparger; spreader
分布区☆distributive province; areal area
分布区重叠种☆sympatric species
分布曲线☆distribution graph{curve}; grain-size distribution curve
分布区域☆lebensraum [pl.-e]
分布式控制☆distributed control
分布图☆distribution graph{plan;map;pan}; profile; scattergram; distributing graph; areal map
分布系数☆distribution coefficient{ratio}; d.c.; DC
分布型网络☆distributed network
分布源☆spread source
分步沉淀☆precipitation; fractional (precipitation)
分步处理☆multiple-stage treatment
分步的☆fractional; fractionary
分步方案☆step-by-step program
分步增益放大器☆stepped-gain amplifier
分部☆subdivision; branch; subdivide; subd
分部拣选☆fractional selection
分部制成☆built in sections
分部制度☆departmental system
分采☆selective mining
分采区上向回采充填法☆block system of stoping and filling
分采三层的生产井☆triple producer
分舱☆compartment
分舱吃水☆subdivision draft
分槽铲☆U-shovel; split shovel
分层☆slice stratify; s(ubs)tratification; bed; slab; de(-)mixing; layering; cuts; splitting separate ledge; foliation; delamination; zonation; member; bedding; lamination; quantization; lift; splitting; sublayer; delaminate; in layers; mbr; split; demixion; hierarchy
(测井曲线)分层☆blocking
分层爆破☆slab blasting
分层爆炸☆decked explosive{explosion}
分层崩落回采☆top-slicing stoping
分层崩落开采☆slicing and caving
分层波浪流[两相和多相管路中的一种流型]☆wavy stratified flow; stratified wavy flow
分层布料☆charging in alternate layers
分层采掘☆dass; slice stoping
分层采掘充填开采法☆cut-and-fill method
分层采样☆group sampling
分层参数☆individual-layer data
分层测试☆zonation test; stratification{zonal} testing
分层掺和☆bedding
分层程度☆degree of stratification{layering}
分层充填采矿☆slicing-and-filling
分层单位☆stratigraphic unit
分层捣堆☆course stacking
分层的☆multizone; straticulate; stratified; bedded; deck; laminar; hierarchical; layered; graded
分层叠绕线圈☆pile winding
分层定量采油量☆separate layer quantitative oil production
分层堵水☆separate-layer water shutoff; separate-zone water plugging; separate layer water plugging
分层堆石☆bedded rockfill
分层方块堆石☆coursed square rubble
分层固化☆layer curing
分层管理☆layer-management
分层光滑流[气液两相和多相管路的一种流型]☆smooth stratified flow
分层含水率{量}☆separated layer water cut
分层夯实☆tamping in layers
分层巷道☆heading
分层厚度☆lift{slice} height
分层回采☆slice stoping; sub-slicing; slicing
分层回采的上层☆top leaf
分层浇注混凝土法☆bulkhead method
分层接合☆spliced joint
分层结构☆sandwich
分层结石☆laminated calculus
分层介质☆layered medium{media}
分层开采☆slice (mining); lift; layer{leaf} mining;

selective{separate} zone production；bench to bench；mining in strips{slices}；slicing；stossbau；production from separate zones；zonal withdrawal
(按压力)分层开采☆stage development
分层块石圬工☆coursed rubble masonry
分层煤样☆interstratified coal sample；stratified coal seam sample
分层面☆boundary；sheeting plane
分层模型☆hierarchical model
分层配产{|注}管柱☆regulating separate stratum production{|injection} string
分层剖面☆differential profile
分层器☆quantizer
分层取样☆stratified{stratification} sampling；separate stratum sampling
分层绕法{组}☆layer winding
分层设色☆graded colour tint；layer{gradient} tint；colo(u)r layers；layering[绘图]；layer-colors
分层随机抽样格式☆stratified random sampling pattern
分层台阶深孔开采☆sublevel long hole benching；sublevel longhole benching
分层替代叠加☆layer-replaced stack
分层陷落开采☆sub slicing
分层效应☆layering{stratification} effect
分层信号集电极☆quantized collector
分层压裂☆fracturing of separate layers
分层压实☆compaction in layer
分层岩芯长度☆core length of divided seam
分层移动[跳汰床层]☆proper strata migration
分层永冻土☆layered permafrost
分层支柱回采法☆slicing-timbered stoping
分层装载☆layer-loading；slicer loading
(煤炭)分层装载法[铁路车]☆layer-loading
分层装置☆decker
分层着色地图☆layered{color-patch;chorochromatic} map
分层作用☆stratification；bed separation
分岔[山脉、道路等]☆fork；branch(ing)；splitting up；split
分岔(岩)层☆forking bed
分岔出去☆turn out
分岔{叉}洞穴☆branch work；branchwork cave
分岔管☆diverging tube
分岔接头☆joint branch
分岔连接☆forked connection
分岔现象☆bifurcation phenomenon
分岔性☆branchedness
分汊[水流等]☆branch(ing)
分汊{叉}河道☆divaricating channel
分汊河口道☆branching bay
分叉[泛指]☆branch{tee} off；bifurcation；offset；fork；furcation；diverge；branching；splaying out[断层]；splitting；bifurcate
分叉冰川☆distributary glacier
分叉的☆forficate；bifurcate(d)；split；forked；furcate
分叉地震反射结构☆divergent seismic reflection configuration
分叉断层☆diverging fault
分叉杆☆forked bar
分叉管☆bifurcation；Y-branch；pipe manifold
分叉河槽网络☆bifurcating link
分叉脊[波痕]☆cross bar
分叉接头☆Y splice；Y-connection
分叉率☆bifurcation ratio；Bifurcation Ratio；Rb
分叉煤层☆split (coal;seam)；coal split
分叉式☆dichotomy
分叉式`射饰{放射壳饰}☆bifurcated radial sculpture
分叉弯头☆Y-bend
分叉虚角☆pronghorn
分叉岩层☆forking bed
分叉凿☆cleaving chisel
分叉状流痕☆bifurcating rill mark
分拆检验☆partition test
分铲取样☆fractional shoveling
分产合销☆separated production and united sales
分产账☆nostro ledger
分场☆partial field
分潮☆component (tide)；tidal component{constituent}；constituent
分潮沙坝☆middle ground
分车道岔☆car sorting switch
分尘器☆dust separator
分成薄片☆laminate；foliation
分成格子☆compartmentalize
分成工作[矿工分得一部分产量作为工资]☆pitchwork
(把……)分成几部分☆fractionate
分成几份的☆fractional；fractionary
分成若干部分☆parcel
分成三份☆trisection
分成三支的风流☆treble coursing
分成四部分的☆quadrifid
分成细丝☆sleave
分成小块☆morsel
分成音节☆syllable
分抽井☆dual pumping well
分出☆diversion；remove；dissolve{section} out；cut-off；diverge(nce)；divergency；take-off；segregation
分出分路☆tee off
分出来☆branch off
分出未满期责任☆portfolio ceded
(分离器的)分出物☆underflow
分出信号☆extraction of signal
分词☆participle
分次成巷☆completion of drifting in by stages
分错距☆offlap
分大类派[与 splitter 反]☆lumper
分带☆zoning；zonation
分带成矿说☆zonal theory
分带的☆zonate；zoned；zonal
分带理论☆zone theory
分带模型的改进☆modifications to the zonal model
分带剖面☆zonal profile
分带性☆zonality；zonation
分带序列☆zoning{zonality} sequence
分代理处☆subagency
分担☆share；contributory
分担额☆contribution
分担关闭井产量的生产井☆recipient well
分单位☆sub-unit
分挡电阻☆step resistance
分挡器☆stepper
分导进料管☆split feed line
分道岔☆turnout
分等☆grade；classify；gradation
分等级☆class；graduate；graduation；classification
分等级的☆taper；scalar
分底座[液压支架]☆twin base
分底座的连接桥[液压支架]☆bridge
分点☆equinox
分点大潮☆equinoctial spring
分点的岁差☆precession of the equinoxes
分点取样☆dab sampling
分点探明含油区☆spotted oil territory
分点注水☆spot flooding
分电器{盘}☆distributor disk
分电压☆component voltage
分店☆branch (office)
分动卡盘☆independent chuck
分动箱☆transfer case；power take-off
分斗卸载斗轮☆celled wheel
分度☆graduation；graduate；scaled-division；divide；calibration；scale{grade} division；compartition
(铣床)分度(头)☆index [pl.-xes,indices]
分度尺☆(graduated) scale；diagraph
分度的☆graded；calibrated
分度度盘☆calibrated dial
分度格网☆grade grid
分度棘爪{轮}☆index pawl
分度镜☆graticule
分度盘☆dividing dial；index plate{disc}；compass rose；limb
分度器☆indexing attachment；index{divided;dividing} head；graduator；indexer
分度圈☆graduated circle；limb
分度头☆dividing{index;divided;spiral} head；index
分度误差☆error of division；indexing error
分度线☆retic(u)le；pitch line；relic(u)le；gauge mark
分度仪☆protractor
分度圆☆divided circle
分度圆筒与天平☆graduated cylinder and balance
分度值☆scale interval
分段☆segmentation；subsection；sublevel；by-level；subfloor；intermediate；section(a)lization；block；bay；partition；sectionalized；piecewise
分段爆破☆segment blast；stage blasting；sectional blasting method
分段爆破采矿法☆sublevel blast(-)hole system
分段崩落式采矿法☆sublevel-caving
分段变动安全系数☆stepped factor of safety
分段沉淀☆fractional precipitation
分段冲截☆nibble
分段抽汲法☆stepwise depletion procedure
分段垂球定向法☆stage plumbing
分段的☆sectional；segmental；staged；step-shaped；stepwise
分段多层跳焊☆skip block welding
分段法☆panel(l)ing；sublevel{discrete} method
分段放炮配电箱☆sparker box
分段风☆sector wind
分段高度☆sublevel interval；height of lift{sublevel}
分段巷道☆sublevel；blind level
分段厚度☆lift height
分段回采☆semi horizon mining
分段回采程序☆face-and-slab plan；sublevel{drift} stoping
分段加压挤水泥☆hesitation squeeze
分段加药☆stage (agent) addition；stage-addition；stage addition of reagent；stage dosage
分段建造法☆block system
分段节井架☆sectionalized derrick
分段井架☆sectionalized derrick
分段掘进☆sublevelling
分段开关☆sectionalizing switch
分段枯竭法☆stepwise depletion procedure
分段连接管道法☆sectorial pipe-coupling method
分段刨煤法☆sectional ploughing method
分段炮眼开采法☆sublevel blasthole method
分段平巷☆sublevel (drift;drive;roadway)；by-level；center gate；subentry；monkey gangway；sub-level road；subdrift
分段平巷回采☆sub-level drift stoping
分段平滑子程序☆piecewise smoothing subroutine
分段气举☆multistage gas lift
分段强制崩落开采法☆induced block caving
分段切块自行崩落开采☆cutoff mining
分段区☆section area
分段筛分作业☆step-sizing operation
分段设计☆step-by-step design
分段深孔崩矿的梯段式采矿法☆sublevel blasthole benching method of mining
分段深孔梯段式回采☆sublevel long-hole benching
分段深炮眼崩落回采(法)☆sublevel blast-hole stoping
分段式导管架☆sectionalized-jacket
分段水解☆graded hydrolysis
分段梯段采矿☆sublevel caving mining
分段梯阶式开采☆sublevel bench stoping；sublevel stoping mining
分段退焊☆back-step welding
分段完井☆segregated completion
分段无充填工作面采矿法☆sublevel open stope method
分段下部掏槽崩落开采(法)☆sublevel undercut {-}caving method
分段下管[随钻孔加深]☆carry
分段下钻[间歇循环泥浆]☆staging the pipe
分段限流量(压裂)法☆staged limited-entry technique
分段信号☆block signal
分段压裂☆staged fracturing
分段研磨☆stage-grinding；step grind
分段依次计算法☆stepwise method
分段凿岩阶段矿房法☆sublevel blasthole stoping；sublevel open stope method；method
分段炸药☆bamboo spacer
分段制成☆built in sections
分段装药的单独部分[爆]☆deck load
分段装药☆divided{broken;deck(ed);extended;broked;part} charge；alternate{sectional} charging；decking；deck loading{load}
分段装药法☆alternate method of charging；decking
分队☆a troop unit corresponding to the platoon or squad；element；sub-section
分对数☆logit
分发☆dispatching；ration；deal out
分发机☆sorter
分发炸药辅助人员☆powder helper{monkey}
分放槽☆distributing trough
分封爆破☆water infusion blasting

分蜂窝构造☆honeycomb structure
分风☆air split；skail；splitting ventilation；splitting of air；ventilation splitting
分风流☆split current
分风器☆distribution manifold
分幅☆frame；framing
分干线☆service main
分高速率[重力驱油]☆segregation rate
分割☆partition(ing)；splitting；branch；split；cut apart{up}；break{carve} up；divide；segmentation[如沙洲分割泻湖]；set off；dissection；discerption；split-up；segment；division
分割比☆ratio of division
分割长条煤柱法☆split-and-fender method
分割成板块☆slabbing
分割的层面平原☆cut plain
分割点☆cut-point；cut point
分割面[包括节理面、劈理面、断层面、层面等]☆divisional plane
分割平巷☆shrink drift
分割器☆splitter
分割球式超高压装置☆divided sphere ultra high pressure device
分割石板☆coping
分割替代☆substitution by division
分割天井☆cut(-loose){cutout} raise
分割图像☆separate image
分割箱☆dividing box
分割圆法☆cyclotomy
分格矿仓☆compartmented bin
分格轮密闭卸料器☆air sealed rotary discharging device
分格轮喂料机☆rotary air lock feeder
分格砂箱☆sectional flask
分格式码头☆cellular type quay
分格缩分铲(取样)☆riffle
分隔☆compartition；compartment；splitting；spacing out；separate；division；divide；sept(o)-；septi-
分隔舱壁☆parting bulkhead
分隔的储层☆isolated reservoir
分隔号☆separatrix
分隔频率☆crossover frequency
分隔器☆separation pig{scraper}；divider
分隔球☆separation go-devil；separating sphere
分隔塞☆batching plug；batcher
分隔式蓄热室☆divided regenerator
分隔信号☆separated{separative} signal
分隔装置☆partition device；batching set-up
分给☆deal
分工☆division of labor
分工厂☆branch plant
分工法测图☆differential method of photogrammetry
分公司☆branch (office)；subsidiary company
分股集束☆gathering of split strands
分股卷绕☆double cake winding
(钢丝绳头取去麻芯后)分股连接☆blind splice
分管型燃烧室☆multcan
分光☆spectroscopical
分光变阻测热计☆spectrobolometer
分光测定☆spectral photometry；spectro-measurement
分光测热自计图☆bologram
分光的☆prismatic
分光法☆method of spectral separation；optical spectroscopy
分光辐射谱仪☆spectroradiometer
分光光度分析法☆spectrophotometric determination
分光计室☆spectrometer chamber
分光镜分析☆spectroscopic analysis
分光目镜☆pupillary spectroscope
分光器☆light splitter；spectroscope；monochrometer
分光束镜☆beam sputter
分光双星☆spectroscopic binary
分光投射器☆spectroprojector
分光元件☆dispersing unit
分规☆divider
分果爿[植物果实]☆coccus [pl.-ci]
分行☆branch；subbranch
分号☆semicolon
分核☆pyrene
分洪☆flood diversion；reducing flood
分洪道☆by-pass of flood；floodway
分洪区☆flood-diversion{spreading} area；flood diversion area
分红率☆rate of dividends
分红制☆profit sharing plan
分划☆division
分划板☆reticle；reticule
分划尺显微镜☆scale microscope
分化☆fractionation；differentiation；disintegrate
分化(作用)☆dissimilation
分化变质(作用)☆katamorphism
分化脉岩☆differentiated rock
分化脉岩类☆shizolites
分化幕☆splitting episode
分化枝☆clade
分化值☆fractionation value
分环的☆sectionalized
分喙石燕☆Choristites
分会☆filiation；chapter；camp；chap.
分活度☆partial activity
分机键☆subswitch
分机清洗☆off-line washing
分机线☆extension line
分激☆shunt excitation；shunt-wound
分激磁场☆shunt field；SHF
分集☆diversity
分集出版☆serialization
分集效应☆fractionation effect
分级☆grading；grad(u)ation；sorting；fractionate；pick off；fractionation；classification；stepping；classify；elutriation；graduate；sizing；ranking；staging
分级比☆size scale
分级标准☆grade scale
分级差的☆poorly graded
分级产品☆graded product
分级产品仓☆classified product bin
分级沉淀☆fractional (precipitation)；class settling；graded sediment；precipitation
分级淬火☆marquench(ing)；martempering；stepped quenching；graded{step} hardening
分级的☆graded；step-shaped；hierarchical；sized；fractional；fractionary；sectional(ized)；classified
分级的煤☆graded coal
分级底流☆oversize
分级点☆cut{classification} point
分级分解☆hierarchical decomposition
分级后的物料☆graded material
分级机☆classifier；sizer；grader；grading machine；sorter
分级机返砂取样☆classifier returns sampling
分级机式分{|洗}选机☆classifier separator{|washer}
分(粒)级机械☆sizing machinery
分级机溢流取样☆classifier overflow sampling
分级集料混合物☆graded aggregate mixture
分级界限☆gradational boundary
分级控制☆step(ping) control
分级扩容☆cascade flash
分级磨矿{碎}☆stage grinding
分级偏移☆cascaded migration
分级器☆grader；order sorter；classifier；decanter
分级倾析☆fractional decantation
分级区☆classifying pool
分级燃料元☆ladder fuel element
分级燃烧循环☆staged combustion cycle
分级入选☆classified feed；preparation of sized raw coal
分级筛☆classifying{grading;sizing;classification;separating;separation;succeeding} screen；scalper
分级石灰块☆lump-graded lime
分级室☆classifying pocket；sorting column
分级数据☆ranked data
分级顺序存取法☆hierarchical sequential access method
分级调速式电动机☆change-speed motor
分级凸轮☆stepped cam
分级系列☆graduated series
分级效率☆classification{classifier;sizing} efficiency
分级卸荷☆decrementation
分级因子☆grading factor
分级注水泥法☆stage method
分级作用☆gradation
分脊☆costula；rachis
分记☆minute mark{time-mark}
分架☆subframe
分拣☆sorting
分拣员{器}☆sorter
分浆脉岩☆diaschistic dyke rocks
分浆岩☆diaschistite
分角☆subangle
分角规☆angle protractor
分接☆shunting
分接的☆tapped
分接头☆tap
分阶(段)☆sub-bank；sublevel
分阶段崩落采矿☆substoping and caving
分阶段回采工作面☆substope
分阶梯采矿法☆substoping
(部)分截面☆partial cross-section
分节☆sectionlization；strophic[歌曲]
分节浮坞☆sectional box dock；self docking dock
分节滚筒☆segmented drum
分节锅炉☆section boiler
分节连接☆articulated joint
分节模型☆segment model
分节式输送机☆sectional-type conveyor
分节现象☆metamerism
分节摇动(式)输(送)机☆pendulum conveyor
分节作用☆segmentation
分结冰☆segregated ice
分结晶(作用)☆fractional crystallization
分结作用☆segregation
分解☆decompose；disintegration；aerate；dissociate；splitting；dis(a)ssociation；breakdown；dissection；decay；dialysis [pl.-ses]；dissolve；resolve；rotting；dismantling；disassemble；split-up；decomposition；decompression；cut；analysis；decompound；parse；resolution；resolving；demorphism；break down；radioactive desintegration；digestion；breakup；dialyse；break [化合物]；dil.；dec.
分解(混合物)[用分馏法等]☆fractionate
分解槽☆precipitators
分解产物☆decomposition{decomposed;decay} product；product of decomposition
分解串联两用矿山电机车☆separate tandem electric mine loco(motive)
分解带☆calcination{calcining} zone
分解代谢☆katabolism；catabolism；catabiosis
分解的☆katagenic；cracking；resolvent；decayed；analytical；rotten；katogenic；resolvent
分解的煤☆danty；decomposed coal
分解的有机屑☆algon
分解电位{势}☆decomposition potential
分解动作☆micromotion
分解度☆degree of decomposition
分解峰☆decomposition peak
分解过程☆decay process
分解还原体[绵]☆reduction body
分解机理☆dissociative mechanism
分解剂☆splitter
分解简图☆disassembled schematic
分解巨砾☆boulder of decomposition
分解开☆breaking down
(鼓泡剂)分解开始温度☆kick off temperature
分解矿糊☆breakdown paste
分解了的炸药☆decomposed explosive
分解力☆resolution；resolving power
分解率☆rate of dissociation
分解年龄☆breakup age
分解膨胀☆decompression
分解器☆resolver；cracker；splitter；decomposer
分解曲线☆breakdown curve
分解热☆heat of decomposition
分解熔融☆fractional fusion
分解时间偏移法☆resolved-time migration
分解水☆water of decomposition
分解体☆decomposer
分解烃类的微生物☆hydrocarbon-splitting microorganism
分解烃类的酶☆hydrocarbon-splitting enzyme
分解为☆resolve into
分解物☆resolvent；decomposer
分解系数☆coefficient of dissociation
分解形式☆decomposed form
分解性☆decomposability
分解学☆analytics
分解者[生态]☆decomposer；disintegrator
分解蒸馏☆destructive distillation
分解植物☆moder

分解作用☆decomposition；decompose；decompound；disassemble；disintegration；disjoin；dissociation；resolution；breakdown；katabolism；decementation
分界☆demarcation；delimit；delimitation；divide；have as the boundary；dividing line；be demarcated by；line of demarcation；parting；set out；boundary
分界(岩)层☆contact bed
分界点☆cutting point；point of divergence
分界断层☆bounding{discordogenic} fault
(长期活动的)分界断层☆discordogenic fault
分界灰分☆cut-point ash
分界井☆offset(ting) well
分界粒度物质☆near mesh material
分界粒径颗粒☆near-mesh grain
分界煤柱☆(field) barrier
分界面☆interphase；interface；division plane {surface}；internal boundary；plane of separation；limit plane；dividing range[油水;油气等]
分界线☆boundary；dividing{shed;demarcating} line；separatrix；line of demarcation；marking；DL
分经销处☆subagency
分局☆outstation
分距点☆fractional distance point
分卷碎浪☆spilling breaker
分开☆partition；boult；detachment；separation；part；unpack；segregation；secernment；disconnect(ion)；severance；secern；split；filiation；space；unstick；compartition；come{set} apart；cause to separate；sort；apart；delaminate；detach；divide；dividing；demarcate；demark；disintegrate；fall away[火箭级]
分开的☆parted；parting
分开电缆芯☆fan out
分开面☆plane of decollement
分开排料☆split discharge
分开式卡瓦☆slit slip
分开作用☆disagglutinating action
分科☆branch；faculty[大学的]
分克☆decigram(me)；dg.
分刻度☆scale division
分刻度的☆graduated
分块☆partitioning
分块崩落式采矿法☆block-caving
分块参数☆lumped parameter
分块顶蚀☆piecemeal stoping
分块石☆blocked stone
分块式(轻便)钻井井架☆sectioned drilling mast
分块图☆block plan
分块钻孔法☆block holing method
分矿板☆splitter (plate)；flow splitter
分矿器☆distributor
分拉拉丝机☆double strand winder
分类☆classification；sort；division；assort；grouping；assortment；sorting；breakdown；classify；rank class；bracket；grade；specification；catalog；ordination；separation；category；taxis [pl.taxes]；system；categorization；pick out；batch；taxon [pl.taxa]；group；cluster；digest；asst.
A.S.T.M.分类☆The American Society for Testing and Materials Classification；A.S.T.M.Classification
分类标号[煤炭]☆code number
分类错误地区☆misclassified area
分类单位☆taxonomic unit；category；taxon
分类单元☆taxon；taxa
分类单元延限带☆taxon-range-zone
分类的☆sorted；classified；graded；taxonomic；assorted；taxon [pl.taxa]
分类法☆sorting；systematics；taxonomy；grouping technique；classification (process)；system；rating method
C.I.P.W.分类法☆quantitative system
Valentin 分类法☆Valentin's classification
分类分化☆taxonomic differentiation
分类符☆specificator；specifier
分类/归并☆sort/merge
分类机☆collator；interpolator
分类及指标数试验☆classification and index tests
分类技术☆grouping technique
分类计数☆differential count
分类目录☆split catalog
分类频率速度☆taxonomic frequency rate
分类器☆grader；segregator；sorter；categorizer；classifier
分类群☆taxa；taxonomic group
分类数据☆grouped data
分类提升[不同矿石或矿石与岩石分别提升]☆separate hoisting
分类条件☆class condition
分类位置☆pigeonhole
分类位置不明的松柏类☆Conifers incretae sedis
分类信息☆classified information
分类学☆systematics；taxonomy；taxology；toxonomy；taxon [pl.taxa]
β{γ}分类学☆beta{gamma} taxonomy
分类学的☆taxonomic；taxon
分类学家☆taxonomist
分类学频率速度☆taxonomic frequency rate
分类域☆sort field
分类账☆ledger
分类者☆systematization
分类整理☆cast
分离☆fractionation；discerption；breakup；secern；detachment；dis(a)ssociation；disrelation；parting；decohesion；segregation；abstraction；unmixing；scission；trip；disengagement；apart；divorce(ment)；secernment；separation；split up；separating；trap；winnow；disjoin(t)；declutch；removal；departure；free；severance；unlocking；sever；[of people] leave；part；concision；fractionate；sunder；dialysis [pl.-ses]；selection；dis(j)unction；eliminate；emancipation；splitting；division；divide；kick off；disintegrate；sublation；fractionating；partitioning；chorisis[叶花部]；decouple；sepn；sep；di(a)-；dis-；dif-[f 前]
分离板☆detaching plate
分离背匙形台☆discrete cruralium
分离比重☆specific gravity of separation
分离变量法☆method of separation of variables
分离不干净☆poor separation
分离层位☆detachment horizon
分离叉☆release yoke
分离掣爪☆disengaging latch
分离出☆shake out
分离出的子波☆isolated wavelet
分离带☆zone of detachment
分离岛☆detached island
分离的☆separate；parting；sep；abjoint；disjunct；discrete[牙石]；segregational；separatory
分离点☆cut {-}point；point of separation
分离度☆degree of separation
分离耳蕨☆Polystichum discretum
分离杆☆kickout{kick-out} lever
分离钩☆disconnecting{detaching;disengaging;self-detaching} hook；safety detaching hook
分离罐☆separating{wash} tank；knockout drum
分离海百合目[棘]☆Disparida
分离机☆splitter；separator
分离机构☆disengaging{separation} mechanism；tripper
分离机器☆eliminator；splitter
分离结晶说☆theory of fractional crystallization
分离介质[选]☆separating medium
分离距☆separation；apparent relative movement
分离克里格(法)☆disjunctive kriging
分离粒度☆cut-off{separation} size；mesh of separation；separating mesh
分离裂变燃料☆separated fissile fuel
分离淋滤☆fractional leaching
分离流☆separated flow
分离漏斗[折光仪]☆separatory funnel
分离率☆grade efficiency；separation rate
分离密度☆partition density
分离面☆parting (plane;surface)；separate surface；plane{surface} of separation
分离膜☆disjoining film
分离囊盖[藻]☆free operculum
分离器☆flash{separation;separating} vessel；trap；separator；classifier；segregator；extractor；settler；dissociator
分离器的进口装置☆header
分离器型井孔消音器☆separator-type well silencer
分离气组分分析器{色谱仪}☆partition gas chromatograph
分离墙岩☆pegmatitoides
分离燃烧☆segregated combustion；limited vertical coverage
分离熔融☆fraction{fractional} melting
分离熔融作用☆fractional melting
分离砂糖☆turbinado (sugar)
分离事件法☆separate event method
分离式污泥消化☆separate sludge digestion
分离式液压站☆off-board hydraulic power unit
分离顺序☆order of separation
分离说☆fragmentation hypothesis
分离速度☆separating velocity；velocity of separation
分离条信号发生器☆split-bar generator
分离细粒物料的筛分站☆screening station separating the finer materials
分离信号☆discrete{separative;separation} signal
分离型胞管[笔]☆isolate type of theca
分离性☆dissociability
分离液☆parting liquid
分离仪☆separometer
分离用的☆separatory
分离蒸气-热水闪蒸电站☆double flash plant
分离指数☆separation{fractionation} index；SI
分离指数模式☆separation-index pattern
分离质☆isolating matter
分离柱☆partitioning column
分离装置☆extractor；disengaging{disengagement；disconnecting} gear；splitter unit；tripping device
分离子活度☆partial ion activity
分离作用☆separation effect；segregation
分离作用指数☆FI；fractionation index
分立石{礁}☆detached rock
分立元件☆discrete component
分粒(作用)☆gradation；classification；size separation
分粒沉降☆grain-by-grain settling
分粒器☆classifier；sizer
分粒效率☆efficiency{yielding} of sizing
分力☆component (force)；component of force
分链器☆striper
分两期的☆two stage
分量☆component (product)；constituent
分量表☆subscale
分量分析☆component analysis
分量运动☆componental movement
分料(漏斗)☆separatory funnel
分料器☆gob distributor
分列☆particularization
分裂☆disrupt(ion)；cleavage；desintegration；decay；split (up;off)；chap；compartition；fission (action)；splitting；disintegration；divide；fragmentation；break up；split-up；fissus；abruption；dis(j)unction；demixing；chasm；disassociation；segmentation；spallation；delaminate；disrupture；breakdown；rend；disorganization；scissure[团体等的]
分裂变位☆disjunctive dislocation
分裂冰☆calf；calved ice
分裂产生的☆spallation-produced
分裂成因说[月球]☆fission hypothesis
分裂匙板[腕]☆spondylium discretum
分裂的☆split (off)；disrupted；partite；lobate；cracking
分裂分类[生]☆splitting
分裂痕迹定年法☆fission track dating method
分裂后获得的☆fission-produced
(组构)分裂环带☆cleft girdle
分裂机{派}[与 lumper 反]☆splitter
分裂角☆angle of splitting
(使……)分裂开☆break apart
分裂煤层☆coal split；split seam
分裂面线理☆current (plane) lineation
分裂器☆splitter；smasher
分裂室☆fission chamber
分裂试验☆cleavage test
分裂说☆Fission Theory
分裂算法☆slit-step algorithm；splitting-up method
分裂体☆schizont
分裂图像☆split image
分裂信号调节者☆regulator of mitogenic signals
分裂性☆fissibility；cleavability
分裂性的☆disruptive
分裂岩浆☆submagma
分裂影像☆multiimage
分裂运动☆taphrogeny；taphrogenesis
分裂藻类☆Schizophyta
分裂蒸油法☆cracking of oil
分裂子☆oidium [pl.-ia]
分裂作用☆lobation；slicing
分馏☆fractionation；fractional distillation；deflegmate；

dephlegmation；fractionate；fractionating
分馏的☆fractional；fractionary
分馏器☆fractionator；diverter；dephlegmator
分馏塔盘☆tray
分馏物(部分)☆fraction
分馏系列[同位素]☆systematics
分馏因子{数}☆fractionation factor
分流☆(fluid) diversion；fork；distributary；diffluence；bifurcation；shunt；shunting；split (flow)；branch {partial} flow；[of communications and transport] split-flow；stream air split；splitting；split-flow of human resources；(in economic restructuring) repositioning of redundant personnel；bayou
分流板☆spreader plate
分流道☆subchannel
分流的☆diffluent
分流点☆separation
分流电流☆partial current
分流河道☆distributary channel；by-channel
分流河道间介壳滩☆interdistributary shell bank
分流河道间区☆interdistributary area
分流河道砂圈闭☆distributary channel-fill trap
分流量☆fractional{split} flow
分流排污系统☆separate sewer system
分流劈☆divider
分流器☆splitter；shunt；divider；diverting device；flow divider{diverter}；diverter[电阻]
分流取样☆split-stream sampling
分流沙坝{洲}☆distributary bar
分流砂岩☆distributor sandstone
分流式燃气轮机☆parallel flow gas turbine
分流箱☆dividing box
分流叶片☆divided flow blade
分流站☆distribution station
分流正摄像管☆superisocon
分流直像{象}管☆isocon
(沟渠)分流制☆separate system
分流中心☆dispersal center
分流作用☆partition process；shunting action
分笼摄像管☆superisocon
分路☆branching；divided{shunt} circuit；alternative route；derivation (wire)；shunt；conducting bridge；bypath；split；go along separate routes or from several directions；derive；spur-line；bridging[电工]
分路电流☆fractional{branch} current
分路电阻☆by-passed resistor；branch resistance
分路调编☆submultiplex
分路式流量阀☆spill-off valve
分路信号☆shunting sign{signal}
分路用滤波器☆branching filter
分路迂回☆bypass
分罗经☆repeater gyro-compass
分脉☆dropper；caprice
分脉点☆point of horse
分脉矿的☆dropper
分煤设备☆coal scatter
分米☆decimeter；decimetre；dec.；dcm；dm.
分米波☆decimetric wave
分米大小的☆decimetric-sized
分泌☆secretion；secrete；exudation；ooze；exude；excretion；dissolve out
(促进)分泌的☆secretive
分泌二氧化硅的☆silica-secreting
分泌巩膜体☆secretion sclerotinite
分泌硅的[生]☆silica-secreting
分泌硅生物☆silica-secreting organism
分泌金属的生物☆metal-secreting organism
分泌脉☆segregation{segregated;secretion;exudation} vein
分泌器官☆secretory
分泌物☆secretion；excreta；secrete；exudation；ooze
分泌性浮游生物☆hidroplankton
分泌硬骨质细胞[八射珊]☆axoblast
分娩后禁欲☆post-birth abstinence
分面☆division plane
分秒爆破☆DS blasting
分秒表☆microchronometer
分秒延期电雷管☆decimal-second delay electric detonator
分明的☆sharp；well-defined
分明度☆sharpness
分沫器☆catchall
分母☆nominator；denominator
分目☆subtitle
分目录☆sub-directory
分奈(培)[衰耗单位,=0.8686dB]☆decineper；dN
分凝☆secretion；segregate；unmixing；segregation；deflegmate；fractional condensation
分凝冰☆taber{segregation;sirloin-type;segregated} ice
分凝的☆segregational；segregative
分凝定律☆law of segregation
分凝矿床☆exudation deposit；deposit of segregation
分凝器☆segregator；fractional condenser；dephlegmator
分凝岩☆exudate
分凝作用☆dephlegmation；segregation；deflegmation
分派☆allotment；filiation；divide；allocation；assignment
分派红利☆cut a melon
分泡室☆froth-separating compartment
分配☆distribute；share；parcel；allotment；dispose；dispense；dispatching；p(r)oportion；allocate；divide；sharing；deal (out)；assignment；allot；partition(ing)；(resource) assignments；allocation；apportion；assign；compartition；dispensation；disbursement；admeasure；give away；distr.；dist.
分配板☆instrument board
分配泵☆proportioning pump
分配仓☆distributing bin
分配的矿地☆pitch
分配分析☆distribution analysis
分配函数☆partition function
分配料☆batching
分配律☆distributive{distribution} law
分配码☆configuration code
分配频率☆assigned frequency
分配器☆distributor (mechanism)；dispenser；delivery arrangement；allocator；segregator；divider；allotter；dispatcher；splitter；distributer；divisor；distr.；DR；div.
分配器阀☆distributor valve
分配色层法☆partition chromatography
分配式刮板输送机☆distributing scraper conveyor
分配系数☆partition coefficient{factor}；d.c.；distribution ratio{modulus}
分配系数-离子半径图☆Onuma diagram
分配性☆distributivity
分配因素曲线☆distribution factor curve
分配站☆dispensing station；distribution plant
分配指标曲线☆distribution factor curve
分配指令☆branch instruction
分配轴☆camshaft
分批☆batch；batching
分批操作球磨机☆batch ball mill
分批操作筒型磨机☆batch-type tumbling mill
分批称重器☆weigh(ing) batcher
分批成本核算制☆lot lost system
分批混合凝胶☆batch-mixed gel
分批混合砂浆充填泵车☆batch slurry packing unit
(混合料)分批计☆batchmeter
分批加工☆batch-treatment
分批加入☆stage addition
分批检验☆testing batch
分批搅拌仓☆batch(er) bin
分批搅拌混凝土仓☆batch bin
分批式操作☆batch operation
分批式的☆batch-type
分批试验☆block search；batch test{analysis}
分批输送☆batchwise
分批箱☆batcher
分批研磨{磨矿}☆batch grinding
分批装料磨矿机☆batch-type mill
分批装船☆partial shipment
分批装料☆charging by batches
分批作业{出产}☆batch
分片灌溉方式☆block system
分片消光☆sectorial extinction
分片作用☆slicing
分频☆frequency division
1:2 分频电路☆divide-by two circuit
分频器☆frequency divider{demultiplier}；counter-down[脉冲]；divider
分频通道放大器☆frequency-shared channel amplifier
分坡平段☆level stretch between opposite sign gradient
分谱的☆spectral
分谱计管☆spectrometer tube
分期☆substage
分期偿还☆amortize；amortization
分期冻结☆freezing in stages
分期付款☆installment (payment)；payment by instal(l)ments；hire purchase；pay by instalment
分期付款的每期款项☆instal(l)ment
分期改善☆stage improvement
分期规划☆step-by-step plan
分期后退冰斗☆stadial cirque
分期交货☆installment{spread} delivery
分期开采☆mining by stages；mining in installments
分歧☆fork；gap；diverge(ncy)；discrepance；furcation；variance；virgation；splitting；divergence
分歧的☆ambiguous；divergent
分歧点☆branch point；point of divergence；fork；crotch
分歧性状☆divergent character
分歧演化☆cladogenesis
分歧状态☆bifurcation
分歧作用☆diverticulation
分气器☆air trap
分汽缸☆steam manifold
分遣部队☆contingent
分切应力☆component of shear stress；resolved shear stress
分清☆discriminate
分区☆division；block；sectionalization；zonation；zoning；zone；subregion；sector；subarea
分区的☆sectional；zonal；zoned；zonate；sectionalized
分区断接器☆selector-repeater
分区风港☆section airway
分区漫灌☆check flooding；border-strip flooding irrigation
分区煤房陷落采煤法☆zonal rooming with caving
分区取样☆areal sampling
分区填筑[坝工]☆zonal embankment
分区通风☆divided{split;unit;separate} ventilation；separate aeration
分区维修☆area maintenance
分区文件存取☆partitioned file access
分区线☆section line
分区性☆regionalization
分渠☆by-pass channel
分权☆decentralization；divisionalize
分权决策☆decentralized decision making
分权制☆system featuring divided power；system of decentralization
分燃室☆separate combustion chamber
分绕的☆shunt-wound
分熔☆exsolution
分熔(作用)☆liquation
分熔构造☆exsolution structure
分熔结构☆unmixing texture
分熔石[Ca 和 Mg 的铝硅酸盐]☆chonicrite；conichrite
分溶层析法☆partition chromatography
分容☆partial volume
×分散剂☆Dri-Film
×分散剂[木素磺酸钠,部分脱磺酸的木素磺酸钠]☆Maracell E
×分散乳化剂[脂肪酸聚乙二醇酯;$RCOO(CH_2CH_2O)_nH$]☆Emulphor AG
分散☆dispersion；dispersal；breakup；dissemination；aeration；scatter(ing)；disgregate；distraction；spit；disperse；decentralization；divergence；demobilize；dispersiveness；deconcentration；disassembly；straggle
分散孢粉☆sporae dispersae
分散程度☆rate of divergence
分散的☆sporadic；discrete；dispersive；sparse；split；disseminated；scattered；particulate
分散的皱纹状线理☆sporadic crenulation lineation
分散定理☆divergence theorem
分散(程)度☆dispersion degree；dispersity；degree of subdivision{dispersion}；divergency；dispersibility；divergence (rate)
分散范围☆range of scatter
分散函数☆dissipation function
分散和沉积作用☆dispersion and deposition
分散化☆decentralization
分散机制{理}☆dispersion mechanism
分散剂☆dispersing{dispersion;deflocculating;diverting;spreading} medium；dispersant；disperser；dispersion medium{phase}；Blancol；deflocculant；thinner
分散接合☆divergent junction
分散介体☆dispersion medium

分散开发☆sporadic development
分散矿化晕☆dispersed mineralization halo
分散馈给法☆disperse feed method
分散力☆dispersancy
分散粒结构☆particulate texture
分散流[化探]☆dispersion train{flow}; train; dispersed flow
分散流找矿法☆prospecting by dispersion train
分散率☆dispersion rate{ratio}; index of dispersion
分散率差☆dispersivity
分散媒☆disperse{dispersion} medium
分散泥质模型☆dispersed shale model
分散器☆decollator; disperser
分散气浮选☆dispersed gas flotation
分散气孔[焊接]☆scattered porosity
分散器罩☆disperser hood
分散渗透☆water spreading
分散式帧定位信号☆distributed frame alignment signal
分散输入法[测相对渗透率]☆disperse feed method
分散体☆dispersing medium; dispersoid
分散物系☆dispersion{disperse} system
分散系☆separate{dispersion;disperse} system
分散系数☆dispersion{dispersing} coefficient; d.c.
分散小矿巢组成的矿体☆bunchy
分散型捕收剂☆spreading-type collector
分散型磺化木质素缓凝剂☆DTLR; dispersant type lignosulfonate retarder
分散型燃料组元☆dispersion-type fuel element
分散性☆dispersi(vi)ty; dispersancy; dispersibility
分散性土☆dispersive soil
分散压力☆dispersive pressure
分散异常☆stray anomaly; hard-to-evaluate spot anomalies
分散源☆spread source
分散元素矿床☆ore deposit of dispersed elements
分散晕☆dispersion halo{aureole}; halo of dispersion
分散指数☆dispersion{dispersancy} index; D.I.
分散质☆dispersate
分散中心☆dispersal center
分散装置☆diverting device
分散状态☆puddled{dispersed} condition; disperse state
分散状微粒☆discrete particles
分散组分的分配☆partition of dispersed constituent
分散作用☆disaggregation; dispersion; peptisation; pepti(di)zation; dis(a)ggregation; deconcentration; dispersal; divergence dissemination; dispersed; scatter; dissemination
分色☆color separation; delimitation of colo(u)rs
分色底片☆(color) separation negative
分色镜☆dichroic mirror; color selective mirror
分色图☆chorochromatic map
分色信号☆colo(u)r separation signal
分色原图☆separate tracing; individual image
分色原图描绘☆separate tracing
分砂器☆desander; sand separator
分珊瑚(属)[D]☆Disphyllum
分社☆chapter; chap.
分设委员会☆subcommission
分生孢子[孢粉]☆conidium; conidiospore; conidiophore
分生孢子盘☆acervulus
分生组织[植]☆generating{secondary} tissue; meristem; meristematic tissue
分升[0.1L]☆deciliter; decilitre; dl
分时☆time(-)sharing; time-share(d); time division
分时记☆minute time-mark
分时系统☆time sharing system; time-shared{multi-access} system; TSS
分式☆fraction
分式的☆fractional; fractionary
分式指数☆fractional exponent
分室☆separate compartment
分室矿仓☆compartmented bin
分数☆score; fraction; fractional{broken} number; numeric; fractal; mark; grade
分(取的)数☆broken number
(用)分数表示的☆fractional; fractionary
分数部分☆fractional part
分数的☆fractional; fractionary
分数化☆fractionation
分数式比例尺☆representative fraction
分数相☆disperse(d) phase
分水☆diversion of water; water diversion
分水尖☆cutwater
分水界移动☆divide migration; leaping divide
分水岭☆(water;parting;shed) divide; watershed (line; divide;subdivide); dividing crest{ridge;range; line}; drainage{topographic;water-table} divide; shed; ridge; back-bone; water-part; line of demarcation
分水岭的争夺☆struggle for divide (the divide)
分水岭谷☆col
分水岭区☆interstream area
分水岭上河段☆summit reach
分水面积☆spreading area
分水器☆water trap{separator;segregator;knock-out}; catch-all steam separator; moisture separator; water knack out
分水闸☆diversion sluice; turnout
分水闸门☆division{bifurcation} gate
分送☆delivery
分送器☆distributor mechanism
分速度☆component (of) velocity
分速器☆differential [pl.-ae]
分速器箱☆differential case; case of differential
分缩{馏;凝}(作用)☆dephlegmation
分台☆substage; slave station; substation
分台阶☆sub tank; sub-bank
分摊☆apportion; rating; share; prorate; amortize
分摊的成本{费用}☆allocated cost
分提取☆fractional extraction
分体积☆partial volume
分体类[节]☆Merostomoidea
分体说☆fission theory
分体中柱[植]☆meristele
分条☆cuts; slot; itemize
分条整理机☆sectional warper
分涂☆separation drafting
分土器☆riffler; sample divider{splitter}
分腕板[海百]☆axillary
分为多区{部}☆divisionalize
分为三部分的☆tripartite
(把……)分为四部分☆quarter
分委员会☆subcommittee; sub-committee
分位数☆quantile; fractile
分析☆analysis; test; analyse; assay; treatment; dissection; separation; anal.; diagnose; question; study; essay; decomposition; interpretation; breakdown; analyzing; parse; analyze
分析纯☆analytically pure; A.P.
分{解;可}析的☆analytical
分析的不确定性☆analytic(al) uncertainty
分析吨砝码☆assay ton weight
分析功能基☆functional-analytical group
分析管☆tube
分析化学家协会[美]☆Association of Official Analytical Chemists; AOAC
分析基☆analyzed basis
分析镜☆analyser; analyzer; analyzing prism; analyzer Nicol prism; upper Nicol
分析偏差☆analytic(al) bias
分析器☆analyser; analyzer; resolver
分析室☆assay office; lab; laboratory
分析试样的水分☆moisture in the analysis sample
分析塔板数☆analytical plate number
分析系统加工☆analytic hierarchy process; AHP
分析箱☆test kit; lab
分析(用)药剂☆analytical reagent; A.R.
分析(用)液相色谱仪☆analytical liquid chromatograph
分析仪☆analyser
分析仪表☆analytical instruments
分析英尺☆assay foot
分析用纯煤试样☆unit coal
分析用配定试剂☆fixanal
分析员☆assayer; analyst; analyzer
分析(化验)员☆analyst
(待)分析元素☆analyte
分析照相测量☆analytic(al) photogrammetry
分析者☆analyst; analyzer; analyser; dissector
分析证法☆analytic demonstration
分析值☆assay value
分析中心☆analytic centre; analysis center
分析作用☆dissection
分系(统)☆subsystem
分线☆service main
分线规☆divider
分线盒☆cable{joint} box; block terminal
分线夹☆tee connector
分线开关☆tap switch
分线面板☆patch panel
分线盆☆adapter junction box; box junction; branch {distributing;junction} box; distribution cabinet; cable brace; tap-off unit
分线箱☆coupling{splitter} box
分箱器☆distributor
分享☆participate; share
分项☆itemize; component part
分项工作☆branch works
分项通货膨胀法☆component inflation method
分巷☆lane fraction; centi-lane
分巷数据☆fractional lane information
分相☆parvafacies; phase splitting{separation}; split phase
分相流动公式☆fractional-flow formula
分相器☆resolver
分小层开发☆separate subzone development
分谐波☆subharmonic; submultiple
分谐(波)频(率)☆subfrequency
分卸输送机☆distributing conveyor
分泄电阻☆bleeder (resister;resistance)
分屑沟☆chip breaker
分心☆diversion; distraction
分星海胆科☆disasteridae
分型剂☆parting power{agent}
分型面☆mould joint
分型砂[冶]☆tap{parting} sand
分形☆fracting
分形分析☆fractals; fractal analysis
分形几何☆fractal geometry
分行机件☆line-follower
分须藻属[蓝藻;Q]☆Amphithrix
分选☆sorting; separating; gradation; (selective) separation; grading; sizing; sort; size; classification; cut-point; pick out; preparation
分选比☆sieve ratio; concentration criterion
分选比重☆separating gravity; separation density; specific gravity of separation
分选参数变化☆separation parameter variable
分选槽☆(separating) bath
分选差的☆poorly sorted{graded}; non(-)graded; assorted
分选点[按比重或粒度]☆cut(-ting) point; point of separation
分选度☆degree of sorting; performance of separation
分选多边性土☆sorted polygon
分选工☆grader man
分选过程☆process of separation
分选好的☆well-sorted; well-graded
分选机☆cobber; grader and separator; grading{sorting} machine; sorter; separator; classifier
分选介质密度{比重}☆separating medium density
分选精度☆sharpness of separation{split}; separation precision
分选精确度指标☆sharpness-of-separation criterion
分选良好的颗粒☆well-sorted grains
分选密度[相当于分配曲线上50%回收率的密度]☆partition{separation} density
分选密度±0.1含量法☆classification {washability} based on 0.1 near-density material
分选判据☆concentration criterion
分选砂☆graded sand
分选石网眼☆stone net{mesh}
分选室☆compartments
分选筒☆separating drum; separatory vessel
分选系数☆separation factor{coefficient}; GF; sorting coefficient
分选系统☆washing system
分选下限☆lower limit of separation
分选效率☆efficiency of classification{separation}; separation grade
分选液体☆parting liquid
分选组合泥裂☆sorted crack
分选作业☆operation of separation; separation process
分压☆partial{differential;fractional} pressure; dp; p.p.
分压定律☆law of partial pressure
分压阀☆distribution valve
分压力指示器{计}☆farvitron
分压器☆bleeder; divider; voltage{potential}

divider; helipot; three-wire compensator; divisor; div.; volt box; potentiometer
分压器用的自耦变压器☆divisor
分压线圈☆potential coil
分芽繁殖的☆proliferous
分洋流☆component current
分样☆decimate; sample division; sample-splitting; subsample
分样器☆splitter (box); (clark) riffler; sample splitter {divider}; riffle sampler{box}
分样球☆pipette system
分样台☆riffling bench
分野☆dividing line; interfluve
分液☆liquation
(气管上的)分液包☆volume tank
分液漏斗☆separatory{extraction;separating} funnel
分液器☆knockout drum
分液作用☆liquid fractionation
分异☆differentiate; differentiation; segregation
分异搬运模式☆differential transport model
分异定律☆law of segregation
分异度原理☆diversity principle
分异脉岩类☆schizolites
分异熔融☆differential fusion{melting}; fraction melting
分异深溶作用[带状混合作用]☆metataxis
分异位移☆differential displacement
分异岩脉☆differentiated dike; schizoliths
分异指数☆differentiation index; index of differentiation
分音☆partial
分应变{|力}☆strain{|stress} component
分油罐☆skimming tank
分油器☆oil separator{trap}
分叉河槽☆distributary channel
分域采样☆stratigraphical sampling
分元☆cyclotomic
分圆锥☆pitch cone
分站☆substation; substage; subst.
分帧☆framing
分针☆minute hand [of a clock or watch]
分阵列☆subarray
分蒸气压☆partial vapor pressure
分枝☆branch; braid; virgation; bifurcation; plant division; ramifications; offset{offshoot}[矿床]
分枝成种☆branching speciation
分枝的☆ramose
分枝灯架☆lustre; luster
分枝断层☆branch(ing){auxiliary;spray;distributive} fault
分枝断裂☆spray fault
分枝发生[进化]☆cladogenesis
分枝发生活动☆cladogenetic activity
分枝复合脉☆flying vein
分枝花介属[E_3]☆Clonocythere
分枝矿脉☆segregated vein; split of the vein; bifurcation; boke
分枝理论[生类]☆cladism
分枝脉☆forking of vein; swither
分枝式☆ramification
分枝图☆cladogram
分枝系统解释☆cladistic interpretation
分枝限界法☆branch and bound method
分枝岩盖☆divided laccolith
分枝异常☆separate anomaly
分枝珠霉☆Thamnidium elegans Link
分枝状的☆dendroid
分枝状断层☆fault branch
分支☆branch (off); branching; crunode; offshoot; path; ramification; parting; shunting; node; affiliate; bifurcation; subdivision; filiation; tee off; tap; offset; derivation; ramus[解;植;动;pl.rami]
分支保险器开关组☆tee-off fuse-switch unit
(使……)分支出来☆branch out
分支导线☆branch line; leg wire
分支的☆branchy; branched; subsidiary
分支电流☆partial{fractional} current
分支电路☆subcircuit; branch circuit
分支断层☆subsidiary{branch(ing);distributive;spray; tributary; diverging;auxiliary} fault
分支风流☆scale of air; split flow{current}; air split; splitting
分支管道☆branch(ing) pipe
分支管汇☆divided manifold
分支巷道☆side gallery{drift}; branch heading; spur road
分支红索藻☆Thorea ramosissima
分支机构☆branch office; embranchment; BO
分支基座[苔]☆(basis) rami
分支接头☆take-off connection
分支进程☆fork process
分支矿脉☆flying veins; branched lode
分支连锁爆炸☆branched-chain explosion
分支裂隙☆swither
分支脉[主脉的]☆switcher
分支煤层☆split seam
分支渠☆sublateral
分支上山崩落采矿法☆branch {-}raise system
分支天井☆branch(ed){bypass;by-pass} raise; raise branch; backover (branch)
分支性☆branchedness
分支支流☆branched tributary
分肢亚目☆Cladocopa
分指数☆subindex [pl.-dices]
分指状水系☆digitate drainage pattern
分至圈☆colure
分至周☆tropical revolution
分钟☆minute; min.
分钟记号[测井曲线的时间标志]☆minute-mark
分轴式压气机☆split compressor
分注井☆separate injection well
分注两层的注入井☆dual-zone injection well
分装☆subpackage
分装式☆segmental type
分装药☆fractional charge
分椎目[两栖]☆Temnospondyli
分锥☆reference cone
分子☆molecule; numerator[分数的]; numerator in a fraction; member; element; mol.
分子重排☆rearrangement
分子当量☆equivalent molecular unit
分子的大小☆bulk of molecule
分子的平动振动☆translational vibration of molecule
分子轨道☆mo; molecular orbit
分子轨道图☆molecular orbital scheme
分子轨函数法☆molecular orbital method
分子间键☆inter-molecular linkage
分子间(作用)力☆intermolecular force
分子键力☆intermolecular bonding force
分子晶体☆van der Waals crystal; molecular crystal
分子离心变形☆molecular centrifugal distortion
分子离子☆molecular ion; molion
分子链伸展☆molecule elongation
分子量☆molecular{formula} weight; MW; mol wt
分子量分布☆molecular weight distribution; MWD
分子流导☆molecular conductance
分子内重排作用☆intramolecular rearrangement
分子内交联☆intramolecular crosslinking
分子浓度定律☆law of molecular concentration
分子配合物☆molecular complex
分子牵引说☆molecular attraction theory
分子取向变形纤维☆textured molecularly-oriented fiber
分子热☆molecular heat; mol ht
分子筛☆molecular sieve; MS
分子式☆(molecular) formula
分子束外延☆molecular beam epitaxy
分子碎片☆molecular fragment
分子态气导☆molecular conductance
分子体积与温度关系☆thermochor
分子填充法☆molecular stuffing method
分子团☆micell(e) [pl.-les]; molecular group; micella [pl.-e]
分子性标准矿物☆molecular norm
分子氧化物☆moloxide
分子运动假说☆kinetic hypothesis
分子振动☆molecular vibration; MV
分子作用☆molecularity
分总成☆subassembly; SUBASSY
分总体☆subpopulation
分租☆sublet; grouping
分组☆cluster; batch; lot; block sort; group; grouping
分组法☆grouping technique; method of grouping
分组分析☆fractional analysis
分组控制☆bank{batch;group} control
分组入选☆preparation of grouped raw coal
分组数据☆integrated{grouped} data
分组追踪调查☆cohort
纷乱☆whirlpool; perplexity
纷乱(的)煤层☆shaken coal

fén

坟墓☆tumulus; tomb; grave; sepulchre; sepulcher
坟墓基石☆footstone
坟起的泉华锥☆exotic cone
坟丘☆cemetery mound; baydzherakh
坟状丘☆cemetery hummock
焚风☆fo(e)hn (wind){fohn} [沿山坡下降热而干的风]; Chinook; samun[伊]
焚化☆incineration; incinerate; cremate
焚化炉☆incinerator
焚烧工厂☆incineration plant
焚烧炉☆incinerator
焚香(时的烟)☆incense
鼢鼠(属)[N_2-Q]☆Myospalax; zokor; Siphneus
汾河鳄属[T]☆Fenhosuchus
汾{文}丘里管☆Venturi (tube)

F

fěn

粉☆powder; powdered cosmetics; meal; crush{turn} to powder; whitewash; white (powder); pink; pdr
粉孢属[真菌]☆Oidium
粉孢子☆oidium [pl.-ia]
粉笔☆chalk
粉彩☆arts and crafts mixed glaze; powder doped colors
粉尘☆breeze; dust; powder-like waste
粉尘测定仪☆dust determinator
粉尘的形成☆dust formation
粉尘末聚集☆dust accumulation
粉刺☆hicky; hickey
(易成)粉大的☆powdery
粉蛋白石☆granuline
粉的☆palverulent
粉地幔底辟☆mantle diapir
粉点白麻[石]☆Rosa Beta
粉蝶石☆Perlino Rosato
粉定[陶]☆light opal Ding{Ting} ware
粉(末)镀(锌)☆sheradizing
粉镀(锌)☆sheradizing
粉镀锌(处理)☆sherardizing
粉硅镁石[$MgSi_2O_4(OH)_2$(近似)]☆ellonite
粉红克卢西亚木[藤黄科,铁局示植]☆Clusia rosea
粉红矿☆agapite
粉红绿麻[石]☆Pink Green
粉红麻[石]☆Red Sesame; Pink Porrino
粉红色☆pink; incarnadine; incarnate
粉红沙石☆Pink Quarzite
粉红水晶[石]☆Royal Pink
粉糊状冰晶[一种针状冰]☆mush frost
粉华☆ocrite
粉化☆efflorescence; atomize; chalking; triturate; atomization; dust(ing)
粉化的☆efflorescent
粉化效应☆pest effect
(可)粉化性☆pulverability
粉痂菌属[真菌;Q]☆Spongopora
粉焦☆coke fines; breeze
粉金☆flour{fine} gold
粉晶☆crystal(line) powder
粉晶法☆powdered crystal method
粉晶谱☆powder pattern
粉矿☆fine (ore); small; dust{comminuted;powder(ed); undersize;ground;milled;pulverized} ore; ore fines; fine ore{material}; small ore[铜、铅、锌]; agaric mineral; finely divided ore; direct pellet feed
粉矿仓☆fine-ore{fine} bin; fines silo; spillage pit; fine ore bin; spill pocket
粉矿槽☆miscellaneous material fines bin
粉矿处理☆handling of ore fines
粉矿率☆ratio of fines; rate of fine ores
粉矿收集仓☆spillage bin
粉矿造块☆agglomeration of fine ore
粉蓝铁矿☆blue-iron earth
粉理论孔隙度☆theoretical porosity
粉砾岩☆ouklip
粉粒☆silt grain; dust particle
粉粒粒组☆silt fraction
粉粒石墨☆small graphite
粉粒岩☆pulverulite
粉瘤菌属[黏菌]☆Lycogala
粉煤☆fine (coal); (duff) dust; ground{powdered;

pulverized;powder(y)} coal
粉煤灰☆fly ash
粉煤灰硅酸盐砌块☆lime fly ash block
粉煤灰加固土☆fly ash stabilized soil
粉煤灰砖☆fly ash brick
粉煤离心机筛网脱水溢流槽☆fines centrifuge screen drainage effluent tank
粉煤离心机溢流槽☆fines centrifuge effluent tank
粉煤离心机溢流液面控制给料箱☆fines centrifuge effluent head box for level control
粉煤燃烧☆pulverized coal burning{firing;tiring}; coal-dust firing
粉煤燃烧器{炉}☆pulverized coal burner
粉煤团矿☆pelleting
粉煤脱出量☆fine extraction
粉煤造粒☆coal fines pellelization
粉末☆powder; flour; dust; pelvis[拉]; pulv
粉末包渗☆pack cementation coating technique
粉末成型前后体积之比☆bulk factor
粉末磁铁☆lodox
粉末分析☆powdery analysis
粉末工艺学☆micromeritics
粉末化☆slacking; pulverization
粉末金属模铸(法)☆powder metal molding
粉末金属胎体钻头☆powder metal bit
粉末矿石[德]☆schlich
粉末燃料发火☆dust-firing
粉末烧结(金刚石钻头的)胎体☆sintered matrix
粉末X射线绕射计☆powder x-ray diffractometer
粉末涂层涂敷器☆powder coating applicator
粉末吸收(光)谱法☆powder absorption spectrometry
粉末雪崩☆staublawine[德]
粉末冶金☆cerium cermet; powder {-}metallurgy
粉末冶金金刚石复合片☆sintered diamond compact
粉末炸药☆free-flowing dynamite
粉末状的铁磁体☆ferramic
粉末状态☆powdered; pulverulence; (puddled) condition
粉末状碳酸钙镁石☆mountain milk
粉末状岩石☆rock powder
粉磨☆pulverizing; grinding; trituration
粉磨法☆powder method
粉磨机☆pulverizer; pulverising{pulverizing} mill
粉磨煤☆pulverized{powdered} coal
粉磨石膏☆mineral white; pulverized gypsum
粉磨石墨☆blacking; pulverized graphite
粉磨作用☆pulverization
粉片☆particulate block
粉碛土☆sittil
粉青[陶]☆lavender grey glaze; light opake greenish blue glaze
粉砂☆(fine) silt; flour{silty;dust;mealy} sand; vase; aleurite; bulldust; limon
粉砂冰碛☆silttil
粉砂层☆siltage; outage
粉砂沉积☆dess; silt deposit
粉砂的☆silty
粉砂级颗粒☆silt-sized particle
粉砂结构☆aleuritic texture
粉砂粒度{径}☆silt size
粉砂粒级☆silt-size
粉砂泥岩☆siltpelite
粉砂磐☆siltpan
粉砂体☆siltage; outage
粉砂土壤☆silt(y) soil
粉砂屑白云岩☆dolosiltite
粉砂岩☆siltstone; aleuvite; siltite; aleurolit(h)e; very fine sand; stony-bind; stone{rock} bind; silt rock
粉砂液化☆liquefaction of silt
粉砂在水中悬浮☆water-silt suspension
粉砂藻类☆silt-algae
粉砂指数☆silt index; SI
粉砂质垆坶☆silt(y) loam
粉砂质泥{|砂}☆silty mud{|sand}
粉砂状(碎屑)灰岩☆calcisiltite
粉石齿面☆depeter; depreter
粉石灰☆powder(ed){pulverized} lime
粉石英[SiO_2＞98%]☆koni(li)te; conite
粉饰☆whitewash; veneer; varnish
粉饰灰泥☆stucco
粉刷☆wash; stucco; rendering; plaster
粉碎☆grind; crush; dismantling; crash; levigation; smash; desintegration; crumbling; comminute; crack; buck[矿石等]; size reduction{degradation}; shatter; pulverization; scarification; comminution; breaking; broken (in)to pieces; degradation in size; mill; pulverize; triturate; steamroller; pulverisation
粉碎程度☆degree of comminution
粉碎的☆crushed; shattered
粉碎的岩石样品☆crushed rock sample
粉碎粉末☆disintegrated powder
(金银矿石的)粉碎和混汞☆free-milling
粉碎机☆destroyer; comminutor; bucker; pulverator; cracker; kibbing{reducing} machine; pulverizer; crasher; feng; grinder; kibbler
粉碎矿石☆powder(ed) ore
粉碎器☆pulverizer
粉碎区☆crushed zone
粉碎燃料☆pulverized fuel
粉碎扰动波☆wave of pulverizing disturbance
粉碎性掏槽☆shatter cut
粉体☆pulverulent body
粉土☆silt
粉(砂)土☆silty soil
粉土质砂☆silty sand
粉雾燃烧☆dust cloud combustion
粉屑☆chip; wood-powder
粉屑灰岩☆calcisiltite
粉雪☆snow dust; powder snow
粉雪崩☆powdery avalanche
粉芽☆soredium
粉样法☆powder method
粉衣属[地衣;Q]☆Callicium
粉赭土☆ocrite
粉枝藻属[红藻;Q]☆Liagora
粉质的☆farinose
粉(土)质的☆silty
粉质轻亚砂土☆silty light mild sand
粉质壤土☆silty clay loam
粉质土壤☆pulverulent soil
粉重叠象对☆overlapping pair
粉状☆farinaceous; pulverulent; powdery; mealiness
粉状半焦☆fine semi-coke
粉状的☆pulverescent; pulverous; powdery; nesh[煤]; pulverulent; pulverized; efflorescent; mealy; palverulent; dust-like
粉状狄那米特硝甘炸药☆free flowing dynamitef; powdery dynamite
粉状构造☆mealy structure
粉状固体输送泵☆solid pump
粉状硅岩粉☆ground ganister
粉状矿石☆dust{powder;powdered} ore
粉状泥土☆bulk mud
粉状黏土☆silty clay
粉状铅矿☆belland; balland
粉状燃料☆pulverized{powdered;dusty;dust;hog; pulverised} fuel
粉状燃料的管线☆pulverized fuel pipe
粉状燃料磨制厂☆powdered fuel plant
粉状燃料燃烧☆dust-firing
粉状石墨☆powdered{powder;ground} graphite; plumbago
粉状石英☆flint
粉状水泥☆powdered cement
粉状物☆farina; powdery material; powder
粉状细砂☆pulps
粉状雪崩[德]☆Staublawine
粉状云母☆ground mica
粉状炸药☆bag{bulk} powder; powder(y){pour-type; powder-type} explosive; free-running blasting agent

fèn

份额☆share; quotient; quota; proportion; fraction
份子☆constitution
分量☆an amount; weight; impact
分外生孢子[植]☆ectoconidium
鲼目☆Hypotremata
粪便☆feces; dung; rejectment; ordure
粪便群落☆coprocoenosis
粪便污水☆fecal sewage
粪便学☆coprology
粪卟啉☆coproporphyrin
粪卟啉原☆coproporphyrinogen
粪池{坑}污染☆septic tank pollution
粪臭素☆skatole
粪后胆色素原☆urobilinogen
粪化石☆guano; coprolite; phospholite; osteolite
粪化石学☆coprology
粪坑☆cesspool; cesspit
粪(球)粒☆fa(e)cal pellet
粪粒泥☆fecal pellet mud
粪粒体[褐煤组分]☆coprolite
粪粒研究☆scatology
粪磷岩☆guano-phosphorite
粪泥(质)☆copropel
粪球粒☆fecal{faecal} pellet; pellet
粪生的☆fimetarius; coprogenic
粪生动物☆coprozoon
粪生植物☆coprophyte
粪石☆coprolite; stercorolith; fecalith; coprolith(us); bezoar[伊]
粪(化)石☆casting
粪石学☆scatology
粪水☆fecal sewage
粪团粒☆fecal pellet
粪(甾)烷☆coprostane
粪(甾)烯☆coprostene
粪(甾)烯醇☆coprostenol
粪学☆scatology
粪甾醇☆coprosterol
粪质磷灰岩☆guano-phosphorite
愤慨☆chafe
愤怒的☆noire
愤世嫉俗☆cynicism

fēng

丰产的☆fertile
丰产井☆prolific producer
丰产油井☆bonanza
丰度☆abundance
丰度比☆abundance ratio; ratio of abundance
丰度测定{量}☆abundance measurement
丰度大的元素☆abundant element
丰度系数☆richness factor
丰度序(列)☆order of abundance
丰富☆luxury; riches; abundance; profusion; wealth; opulence; affluence; plenitude; plenty; amplitude; fullness; luxuriance; riot[色彩等]
丰富的☆prolific; abundant; thick; ample; abd; profuse; a wealth of
丰富海[月]☆Mare Fecunditatis
丰富矿脉☆strike
丰富油藏☆bonanza pool
丰富元素☆abundant element
丰后石[$Mg_3(Mg,Cr)_3(Cr^{3+}Si_3O_{10})(OH)_8$]☆bungonite; kammererite; rhodochrome; chromochlorite; chrome-chlorite; rhodophyllite
丰滦矿☆fengluanite; antimonian guanglinite
丰满(度)☆fullness
丰宁纪☆Fenningian period
丰宁式磷矿床☆Fengning type phosphate deposit
丰盛的☆bumper
丰水☆ample flow
丰水河流☆profluent stream
丰水年☆wet{high-flow} year
丰水期☆high-water period
丰素石☆lithosite
丰颐螺属[腹;O-P]☆Bucania
封☆envelop; cuff; densification; blind flange; seal[如油封、水封等]
封闭☆hermetization; sealing; cut(-)off; seal{closing} (off); blackout; blockade; close; trap; confinement; enclosure; inclose; capping; closure; lock; tighten; plug-back; encapsulation; lock-out; envelope
封闭层☆confining bed{sealant;closing layer} [油]; aquiclude; confining layer{zone}; seal (boat)
封闭层防剥离药剂☆desealant
封闭储层☆volumetric{bounded} reservoir; bounded system; confining layer
封闭的☆landlocked; closed; dead; confined; blind; sealed in{off}; enclosed; sealed
封闭的沉积层表面☆smothered bottom
封闭的井孔☆capped hole
封闭的水热隔间☆closed hydrothermal cell
封闭分解法☆decomposition in seal vessel
封闭(地层用的)工具☆patch tool
封闭构造☆enclosing{closed} structure
封闭谷☆hope
封闭巷道☆blind road{way}; block off

封闭滑坡边崖☆confined scar
封闭环形露头☆closed annular outcrop
封闭环状礁☆closed ring reef
封闭火区☆fire(-area) sealing; sealed fire
封闭胶芯[环形防喷器]☆sealing element
封闭井口☆moat; closed well
封闭绝缘档☆barrier enclosing voltage
封闭孔隙☆storage{dead-end;blind} pore
封闭脉冲☆disabling pulse
封闭排料式里欧洗煤槽☆sealed Rheolaveur
封闭盆地☆closed{enclosed;cutoff;silled;cut-off;sill} basin; inner vale
封闭器☆obturator; lute
封闭区☆closed{sealed(-off);confined} area; dead space
封闭曲河{流}☆inclosed meander
封闭曲线☆enveloping curve
封闭圈钢丝绳☆locked-coil cable
封闭容积☆trapping volume
封闭上部钻杆不使泥浆进入的阀☆trip valve
封闭深度☆depth of sealing; DS
封闭式保险丝☆enclosed fuse
封闭式泵☆housed pump
封闭式的☆enclosed; enclosed-type
封闭式防尘提升机☆enclosed dust-tight elevator
封闭式干钻凿岩☆hooded ary drilling
封闭式钢丝绳头承窝☆closed socket
封闭式进路崩矿方案☆drift stoping
封闭式螺旋给料{矿}机☆enclosed screw feeder
封闭式鼠笼电动机☆enclosed squirrel-cage motor
封闭式天然裂缝性储层☆bounded naturally fractured reservoir
封闭式线股结构☆locked coil construction
封闭式再循环冷却☆closed recirculating cooling
封闭水☆pent-up{occlusion;confined} water
封闭水层☆shutting-off water; shut off water
封闭桶处理法[坑木防腐]☆pressure process
封闭椭圆轨迹☆closed elliptical path
封闭洼地☆closed{topographic} depression; sink; bolson [pl.-es]; playa basin; gulf[岩溶区]
封闭温度☆blocking{closure} temperature
封闭形变运动☆closed-cast movement
封闭型冰核丘☆closed system pingo
封闭循环体系☆closed circulation system
封闭液体☆trapped liquid
封闭遗传体系☆closed genetic system
封闭用材料☆sealing material
(把……)封闭在里面☆trap
封闭折线☆polygon
封闭褶曲☆synform
封闭钟潜水法☆closed-bell diving procedure
封闭装置☆locking device
封冰☆freeze-in; freeze-up
封舱楔☆hatch wedge
封层☆seal boat
封存☆cocoon; canning; can; mothball; sterilization
封存水☆connate{included;burial;pent-up;occlusion;old;fossil;stored;fossilized;relic} water; pal(a)eo(-) groundwater
封存型地热系统☆storage geothermal system
封袋☆packaging
封袋机☆bag seating machine; bagger; bag-closing machine
封底☆verso; back cover; subsealing
封底焊道☆sealing run
封底焊缝☆backweld
封底焊条☆uranami welding electrode
封顶型重介质圆锥分选机☆closed-top dense-medium cone
封冻[河道]☆take
封冻的☆frost-bound
封冻水位☆freezing level
封堵☆seal{closing;close;shut;seam;plugging} off; blockage; plug-back; blocking; sealed-off; lute; plugging; pack-off; blind in[管子]
(用弹性塞)封堵(管道)☆stop off
封堵(管子)☆blind in
封堵废弃[井]☆plugged and abandoned; P and A
封堵机☆stopple plugging machine
封堵剂☆blocking agent
封堵井☆plugged well
封堵炮泥爆破试验☆gallery testing of explosive
封堵炮泥的炮孔☆stemmed hole
封堵球☆ball sealer
封堵性能☆sealing characteristics
封堵元件☆pack-off element
封堵作业☆cement squeezing
封端[电缆]☆sealed end
封盖☆sealing gland
(被)封隔层段☆isolated interval
封隔衬管☆blank liner
封隔储层☆sealed reservoir
封隔开☆packoff
封隔密封区☆pack-off sealing area
封隔盆地☆restricted basin
封隔器☆packer; excluder
封隔器活瓣图☆packer flapper value
封隔器挤水泥法☆squeeze packer method
封隔器挤注法☆packer squeeze method
封隔器密封件变形☆packer deflection
封隔器收回打捞矛☆packer retriever spear
封隔器下的液体☆behind-the-packer fluid
封隔器以上的液体☆packer fluid
封隔器与转换工具总成☆packer-crossover assembly
封隔器主体锁紧圈☆body lock ring
封隔器坐封液压控制管☆packer setting control line
封隔式组合测井仪☆inflatable combination tool
封隔元件☆pack-off element
封管☆pipe sealing
封罐☆seal her off
封罐机☆seamer
封海季[冬季强西南季风]☆bat hiddan
封焊☆seal; soldering and sealing
封火☆bank a fire; fire sealing
封火墙☆fire seal; fireproof wall
封接的☆sealed-in
封井☆killing well; outside sealing; plugging a well
封井开关☆shut-in switch
封井头☆stripper head
封井眼闸板☆hole-closure rams
封壳☆capsule
封孔☆seal of hole; cap; plugging; plug
封孔泥浆☆sealing-grout
封孔器☆hole packer
封口☆seal; heal; blank off
封口(割裂)冲管☆bull plugged wash pipe
封口的炮眼☆stemmed hole
封口法兰☆blind{blank} flange
封口河☆rios tapados
封口机☆capper; seamer
封蜡☆adhesive{sealing} wax; sealing-wax
(水面漏油)封拦法☆containment method
封流井☆sealing leaky well
封炉☆bannock
封密绳☆rope packing
封密式叶轮☆closed impeller
封泥☆(loam) lute; mudcap; stop-off; mastic; clay impression of seal; stemming; capping[爆]; jointing; sealing clay
封泥爆破☆mudcapping method; stemmed shot
封泥袋☆tamping bag
封泥封胶☆mastic
封炮眼袋☆stemming{temping} bag
封皮☆envelopment; binding
封鲭铁路连接器☆railway coup
封气黏胶(水泥)☆air tack cement
封入☆encompassment; enclosure; seal in
封入剂☆gumchloral
(防喷器)封绳闸板☆wire line ram
封水☆water shut off; exclusion of water; water shut(-) off{packing-off}; w.s.o.; WSO
封死☆closing off
封锁☆block (up); blocking; blockade; blank; block {seal} off; latching; lock(-)out; suppression
封锁线☆blockade (line); cordon
封锁状态☆blockage
封套☆gland; wrapper; packet
封套岩石☆envelope rock
封填气体☆packer fluid
封头☆dome
封箱泥☆barrier{carton-sealing} cream
封严☆densification; packing off; pack; obturate
封严的☆hermetical; hermetic; packed
封严能力☆sealing ability
封印木☆sigillaria
封印木属[C]☆Sigillaria
封印木穗(属)☆Sigillariostrobus
封印土☆sealed earth; terra sigillata
封用器型流量计☆packer flowmeter
封油罐☆seal her off
封柱流体的☆fluid-tight
封住☆cap; sealed against
封装☆capsulation; encapsulation; encapsulate
封装的☆housed; packaged
封装密度☆packing{packaging} density
封装土样☆jacketed specimen
封装物☆encapsulant
封装(炸)药桶☆Superseis Can
封装阻容☆rescap
葑醇[工业纯]☆fenchyl alcohol; fenchol; Flotol
葑(基)黄(原)酸盐[$C_{10}H_{17}OCSSM$]☆fenchyl xanthate
葑基[$C_{10}H_{17}$]☆fenchyl
葑烷☆fenchane
葑烯☆fenchene
葑烯酸☆fenchenic acid
枫☆Liquidambar; maple
枫丹白露砂岩☆Fontainebleau sandstone
枫丹彩虹[石]☆Regina Pink
枫木☆maple
枫香粉(属)[孢;E-N_1]☆Liquidambarpollenites
枫香属[植;E-Q]☆Liquidambar
枫杨粉属[孢;E-N_1]☆Pterocaryapollenites
枫杨属[E_3-Q]☆Pterocarya
枫叶黑[石]☆Negro Espana
枫叶红[石]☆Maple-Leaf Red
枫叶绿[石]☆Verbe Fontam
枫叶棕[石]☆Caledonia D-Brown
砜☆sulphone; sulfone
砜胺☆sulfinol
蜂半宽度☆peak half width
蜂巢☆hive; comb
蜂巢层[孔虫]☆keriotheca
蜂巢虫科[孔虫]☆Alveolinidae; Alveolitidae
蜂巢虫状☆alveolinid
蜂巢孔[鏇类]☆alveola [pl.-e]
蜂巢面介属[N]☆Kerioleberis
蜂巢球形藻(属)[Pt-Z_1]☆Favososphaeridium
蜂巢珊瑚(属)[O-P]☆Favosites
蜂巢状☆scrobiculate
蜂巢状的☆faveolate; comby
蜂巢状物☆hive
蜂房☆beehive
蜂房炉焦炭☆beehive coke
蜂房式存储器☆honeycomb memory
蜂房式炉☆beehive furnace
蜂房星珊瑚☆Favistella
蜂房星珊瑚属[O_{2-3}]☆Favistelia
蜂房岩☆honeycombed rock; honey combed rock
蜂房状的☆comby
蜂房状室☆hypocaust
蜂虎[鸟类]☆bee eater
蜂花基[$C_{30}H_{61}-$]☆myricyl
蜂花烷[$C_{30}H_{62}$]☆triacontane
蜂花酯[$C_{30}H_{61}COOR$]☆melissyl ester
蜂蜡☆bee's{bees} wax; bee(s)wax; wax
蜂蜡燧石☆pressigny flint
蜂蜜☆honey
蜂鸣☆singing
蜂鸣器☆buzz(er); hummer; buzzerphone; trembler
(用)蜂鸣器传信☆buzz
蜂鸣信号☆buzzer phone; singing signal
蜂鸟☆hummer
蜂群☆swarmer
蜂窝☆honeycomb; alveolus [pl.-li]; honeycomb-like thing; cancellus
蜂窝层☆keriotheca
蜂窝洞☆tafone; taffoni
蜂窝构造☆ojosa; honeycomb structure; alveolus
蜂窝结构☆honeycomb (texture;structure); honey-combed
蜂窝煤状燃料块☆multihole block
蜂窝珊瑚☆honeycomb coral; Favosites
蜂窝式开采法☆honeycomb system
蜂窝似的☆comby
蜂窝型腐蚀☆corrosion cell type
蜂窝(状)岩☆honeycomb(ed) rock
蜂窝状☆foveolate; cancellate
蜂窝状冰☆rotten ice
蜂窝状的☆cellular; honeycomb(ed); cellulated;

faveolate; beehive; alveolar; alveolate
蜂窝状构边☆cell structure
蜂窝状褐铁矿沉积☆boxwork
蜂窝状孔☆vesicular pore
蜂窝状裂缝{隙}☆honeycomb crack
蜂窝状砂眼(废)铸件☆honeycombed casting
蜂窝状体☆honeycomb; melikaria
蜂腰状峡谷☆shut-in
蜂音☆buzz
蜂音呼叫器☆phonic ringer
蜂音器☆ticker; buzzerphone; buzzer
蜂音信号☆buzzerphone; buzzer signal
蜂拥(找矿)☆rush
蜂拥而至法☆“gold rush” approach; “sheep” approach
蜂拥找金{|铀}(矿)☆gold{|uranium} rush
昉[响度单位,今作“方”, =1 分贝]☆phon
峰☆crest; peak; high; point; acron; acme; cusp; hump[异常曲线的]; finger-point[色层分析]
峰背比☆peak to background ratio
峰比值☆peak ratio
峰部☆crest segment
峰残强度比☆ratio of peak strength to residual strength
峰长☆crest length
峰丛☆peak cluster
峰道☆crest value
峰道因数[最大值与有效值之比]☆peak factor
峰的☆platykurtic
峰的变宽☆peak broadening
峰顶☆peak top; crest; point; pt
峰顶点[波痕]☆summitpoint
峰顶面等高☆concordance of summit level
峰顶平原☆peak plain
峰度☆kurtosis; peakedness
峰段☆formant
峰分裂☆peak splitting
峰峰值☆peak-to-peak value
峰高☆peak height
峰高一半的宽度☆peak width at half-height
峰谷比☆peak-to-valley{-trough} ratio
峰谷时间厚度☆peak-trough time thickness
峰谷振幅☆peak-to-trough amplitude
峰荷量☆peak demand
峰后定形☆forming after peak temperature
峰化器☆peaker
峰畸变☆variance of peak
峰加宽☆peak broadening
峰尖强度☆peak strength
峰间信号幅度{值}☆peak-to-peak signal amplitude
峰间值☆peak-to-peak value; peak to peak
峰礁☆coral pinnacle
峰角(度)☆peak angle
峰开关☆peak switching
峰宽☆peak width
峰林☆hoodoo; peak forest
峰林岩溶☆needle karst
峰岭崎岖地形[壮年早期]☆feral landscape
峰峦☆ridges and peaks
峰面积☆peak area
峰匹配☆peak match
峰漂移☆peak shift
峰坪☆peak plateau
峰期涌水量☆water yield in peak runoff period
峰强度☆peak intensity
峰山☆crestal mountains
峰态☆kurtosis; leptokurtosis
峰跳系统☆peak jumping system
峰位☆peak position
峰位保持线路☆peak-holding circuit
峰位信号检出器☆spike sensor
峰温度☆peak temperature
峰线☆crest(al) line
峰型☆ridge type
峰形☆peak shape
峰形冰山☆pinnacled iceberg
峰值☆peak{crest} (value); hump; high; spike
峰值白色信号☆peak-white signal
峰值保持☆peak-and-hold
峰值背景比☆line/background ratio
峰值带☆peak strip
峰值地震震动加速度☆peak earthquake-shock acceleration
峰值电压☆spike{peak;crest;ceiling} voltage; Pv
峰值{高峰}负荷☆surge peak head
峰值负载{载荷}☆peak load
峰值概率☆cres probability
峰值谷值比☆peak-to-valley ratio
峰值过冲电压☆peak overshoot voltage
峰值和残余破坏包络线☆peak and residual failure envelope
峰值间的☆peak to peak
峰值孔压比☆peak pore pressure ratio
峰值溶线☆spinodal solvus
峰值形成☆spiking
锋☆front
锋带☆frontal zone
锋后雾☆post-frontal fog
锋利的金刚石☆sharpstone
锋利钎头☆sharp bit
锋面☆front; frontal surface
锋面地带的温度特征☆temperature characteristics of a frontal zone
锋灭☆frontolysis
锋逆温☆frontal inversion
锋区☆frontal zone
锋刃☆cut(ting) point
锋生☆frontogensis
锋生过程☆frontogenesis
锋雾☆frontal fog
锋线☆tip line
锋消(作用)☆frontolysis
风☆anemo-; air-; wind
风坳☆wind gap
风搬物料☆wind-blown material
风板☆windscreen
风包☆bellows chamber; receiver; compressed air receiver{accumulator}; air distribution chamber; air-receiver; storage cylinder; accumulator
风暴☆(wind) storm; tempest; windstorm; violent commotion
风暴波涌☆storm surge
风暴层{岩}☆tempestite
风暴潮☆surge; storm tide{surge}
风暴大浪☆tidal wave; storm surge
风暴大浪防波堤☆storm-surge protection breakwater
风暴度☆storminess
风暴激荡说☆stormfury hypothesis
风暴卷涌☆storm rollers
风暴浪底☆wind storm wave base; storm wave base
(狂)风暴(雨)天气☆rough weather
风暴线☆line of storm
风暴洋☆Ocean(us) Procellarum[月面]; Procellarum Basin
风暴洋纪[月面]☆Procellarian; Procellarum
风暴洋系☆Procellarian
风暴样品☆storm{atypical} sample
风暴引起的雪崩☆direct-action avalanche
风暴用浮锚☆sea anchor
风暴之发展形成☆cyclogenesis
风暴转向☆recurvature of storm
风变线☆wind-shift line
风标☆weather vaning{cock;vane}; anemovane; wind indicator{cock}; weathercock; vane; wind-vane
风标翼☆air vane
风表☆anemometer
风表校正仪☆calibrator of anemometer
风播☆anemochory
风波☆turmoil
风波区☆fetch; generating area
风箥作用☆air flo(a)tation process
风布☆canvas (stoping); canvass; anemochory; brattice cloth{sheeting}; air canvas; cloth stoping; fly
风布的☆aeolophilous
风布植物☆anemochore
风层☆wind layer{strata}
风铲☆pneumatic (chipping) hammer; pneumatic chisel
风场☆wind field
风潮☆wind tide
风潮密度☆storm density
风潮淹漫☆wind-tide inundation
风车☆windmill; aerovane; winnowing machine; winnow(er); pinwheel
风车的(叶片)☆windsail
风车式风速计☆windmill-type anemometer
风车旋转☆windmilling
风车子属之一种[Cu 示植]☆Combretum zeyheri Sond; combretum
风尘☆blow{windblown;wind-blown} dust
风(力)沉积的☆wind-deposited; wind-laid
风城☆wind-eroded castle
风成☆aeolian; eolian
风成(作用)☆aeolation
风成波☆wind-generated wave
风成波脊☆windrow ridge
风成波浪☆air current ripple
风成沉积砂层☆wind-borne sand deposit
风成沉积物☆eolian sediment
风成的☆aeolian; eolian; eolic; windblown; airborne; windborne; aeolic
风成地形{貌}☆aeolian landform
风成碟形坑☆wind scoop
风成堆积☆windblown{aeolian} accumulation
风成海流☆drift (current)
风成环境☆eolian-environment
风成黄土☆loss; loess
风成砾波☆wind granule ripple
风成砾层☆lag gravel
风成砾漠☆deflation armor
风成流☆wind-driven current
风成盆地☆wind-formed{aeolian} basin
风成砂☆aeolian{wind(-)blown;eolian;airborne} sand; anemoarenyte
风成沙☆aeolian dune; airborne{blown} sand
风成沙丘原{塬}☆aeolian dune field
风成沙纹☆aeolian sand ripple
风成砂屑☆anemoclast
风成砂屑石英岩☆anemosilicarenite
风成碎屑☆anemoclast; atmoclast
风成同级颗粒☆aeodynamically equivalent particle
风成土☆aeolian{eolian} soil; parna
风成新月形脊☆lunette
风成雪壳☆wind crust{slab}
风成雪球☆slush ball
风成岩☆aeolian{eolian;dune;wind-formed} rock; eolian(ite); eolith; aeolianite; eolite
风成硬雪块☆wind slab
风成作用☆eolation
风舂☆sand rammer
风窗☆(air) regulator; opening
风吹的☆windblown; wind-blown
风吹管☆air lance
风吹管式浮选机☆air-lance type cell
风吹砂阵☆sandblast
风吹水面幅度☆fetch length
风吹损失[矿末]☆wind loss(es)
风吹物料☆wind-blown material
风吹(钻粉)凿岩☆air-flush drilling
风锤☆sand rammer
风刺[松动贮仓和其他容器中的堵塞物]☆air-lancing
风淬火玻璃☆air tempered glass
风带☆wind belt
风袋☆drogue
风挡☆abatis; air{check} damper; windbreak; windshield; wind guard; (automobile) windscreen
风挡玻璃☆windshield glass
风导单位☆unit of conductance
风道检修工☆airway repairor
风道交叉☆airways intersection
风的☆aeolian
风笛☆bagpipe
风电闭锁装置☆interlocked circuit-breaker
风动☆compressed-air drive
风动扳手☆air-driven wretch
风动舂砂机☆chipper
风动舂砂器☆pneumatic sand rammer
风动冲击凿岩机☆pneumatic{air} hammer drill; hammer drill
风动冲击凿岩风钻☆air hammer drill
风动传动☆pneumatic drive
风动捣砂机☆pneumatic{airdriven} rammer
风动电力照明☆electro-pneumatic lighting
风动多(瓣式)抓岩机☆pneumatic cactus grab
风动翻卸式矿车☆air-dump car
风动刮斗绞车☆airslusher
风动机车☆air trammer{loco}; air-locomotive train; air-powered locomotive
风动机车的贮气筒☆air bottle
风动绞车☆air hoist{tugger}; airwinch; compressed- air{pneumatic} winch; airslusher;

air driven hoist
风动溜口闸门☆cylinder-operated gate
风动履带式扬斗装载机☆air-powered crawler-mounted over-shot loader
风动履带式凿岩机☆air-track drill
风动落下式闸门☆air-operated drop gate
风动马达钻进☆air motor drilling
风动拧紧螺帽工具[锚杆的螺帽]☆nut runner
风动牵引马达☆pneumatic traction motor
风动撒砂器☆air sander
风动砂轮磨光机☆air sander
风动石渣漏斗车☆pneumatic ballast hopper car
风动式混合机☆compressed-air mixer
风动手提砂轮机☆air hand grinder; pneumatic grinder
风动输送机反冲托辊☆pneumatic impact idler
风动水泵☆wind-driven water pump
风动水泥喷(射器)☆air cement gun
风动碎石机{锤}☆air chipper
风动台(车)☆air-motor driven jumbo
风动台式砂箱捣实机☆pneumatic bench sand rammer
风动捣锤☆compressed air tamper
风动推进的(架式钻)机☆air-feed drifter
风动涡旋☆wind-spun vortex
风动扬斗装载机☆air-operated overcast loader
风动遥控☆pneumatic remote control
风动药卷装药器☆pneumatic cartridge loader
风动运输机防震托辊☆pneumatic impact idler
风动凿岩☆pneumatic{air} drilling; air-drilling
风动凿岩机消音器☆pneumatic rock-drill muffler
风动支架☆air leg; air-leg attachment; pneumatic column
风动支架凿岩机☆pneumatic rock drill
风动支架钻凿(岩)机☆air leg mounted (rock) drill
风动钻架☆feedleg; feed{pusher} leg; air leg attachment
风硐☆wind tunnel; air{fan} drift
风洞☆channel; wind tunnel{hole}; blast {-}hole; blowing cave; tunnel; wind-tunnel
风洞扩散段☆diffuser; diffusor
风洞气流☆windstream
风洞试验☆blasting
风兜☆windsail
风盾☆wind strata
风阀☆valve control; air{pneumatic} valve
风阀开口角度☆degree of air window
风浮生物☆anemoplankton
风干☆air seasoning{setting;drying;seasoned}; air; air-dried; air-dry; venting; season(ing)
风干的☆air {-}seasoned; A.S.
风干基分析☆air-dried basis analysis
风干了的☆air-dried
风干煤的水分☆moisture in the air-dried sample
风干木材☆air-dried wood; seasoned the timber
风干试样(的)水分[煤样]☆moisture in the air-dried sample
风干水分☆surface moisture
风干砖☆adobe (brick); sun-dried brick; air-brick
风干作用☆wind desiccation
风镐☆jack drill{hammer}; buster; cutter; compressed-air hammer{pick}; (pneumatic;digger) pick; plugger drill; jackhammer; air pick{puncher}; airpunching machine; mechanical{coal} pick; hammerpick; pick-hammer; gadder; puncher; jack-hammer; jackbit hammer[手持式]
风镐采煤☆pneumatic-pick hewing; pick coal mining
风格☆aroma; fashion; touch; tone; style; manner
风格化的☆stylized
风谷☆wind valley
风固结雪☆wind toughened snow
风管☆(air) ducting; (air;stack;trunk) duct; compressed air line; wind{tuyere;blast;fan;ventilation} pipe; air-pipe; compressed-air hose{line}; ventilation duct; airline; ventilating tubes; tuyere block[转炉]
风管加长☆airline extension
风管接头☆air connection
风管节段长度☆length of ducting
风管网路☆ductwork
风管型扇风机☆duct-type{tube-type} fan
风管嘴☆tuyere
风罐☆pneumatic accumulator
风海流☆wind current{drift}; wind-driven current
风害迹地☆wind-slash
风道☆air duct{course;way;passage;conduit;channel; flue;pass;path;chute}; flue; aircourse; back entry; trunking; draughty workings; windhole; ventilation duct{passages}; wind road; windway; airway
风巷☆aircourse; airway; air way{level;gallery;heading; gate;channel;drift;entry;endway;opening; pass(age)}; wind tunnel{roadway;road;way}; airheading; invert; airhead; top{barrier} gate; draughty workings; back heading{vent}; vent{ventilating} drift; ventilation level{opening}; windhole; entry air course[双巷掘进]; ventilating entry{roadway}
风巷周长☆perimeter of airway
风荷载☆wind loading{load}
风花图☆wind rose
风化☆weather; efflorescence; erosion; demorphism; desintegration; air slaking; dote; air-slake; rotting; wasting; alteration; ablation; aeolation; eolation; seasoning; decency
风化(作用)☆clastation
风化(盖层)☆veneer
风化崩解硅质砂☆atmosilicarenite
风化变色☆patina
风化变质(作用)☆demorphism
风化冰☆weathered ice
风化残积黏土☆residual clay; baliki
风化残余{留}物☆weathering residue
风化层☆regolith[表土]; weathered horizon{layer}; mantle of rock{soil}; solum [pl.sola]; aerated layer; rock{waste; alteration} mantle; rhegolith; regolite; weathering (zone); overburden; mantle; Wx
风化层底界☆base of weathering
风化层底面速度☆subweathering velocity
风化产物☆weathering{sedentary} product
风化程度☆degree of weathering{decomposition}; rate of decay
风化程度系数☆weathering index
风化成块的黏土☆clump
风化窗☆alveolae; tafoni
风化次生物☆secondary product of weathering
风化粗沙☆arene
风化带[表土]☆zone{belt} of weathering; weathered {weathering} zone
风化带测定爆破地震勘探☆weathering shooting
风化的☆weathered; efflorescent; rotten; mouldy; wind-blown
风化方解石☆bergmeal
风化分类☆weathering classification
风化硅石☆tripoli(te); rottonstone; terra cariosa
风化硅土☆tripoli
风化过程☆disintegrating{weathering} process
风化含铁片岩☆krassyk
风化褐煤☆leonardite
风化灰岩☆famp
风化阶段☆stage of weathering
风化巨砾☆boulder of weathering; residual boulder
风化壳☆residuum; weathering{weathered} crust; weathered mantle; crust of weathering; residue; patina; mantle of waste
风化壳离子吸附型稀土矿床☆weathering crust ion-adsorbed REE deposit
风化壳下基岩顶面☆basal surface
风化壳型硅酸镍矿床☆nickeliferous silicate deposit in weathering crust
风化坑☆weather{weathering} pit; oven[化学]
风化块石☆rachill; ratchel
风化矿☆dust ore
风化矿床☆deposit produced by weathering; mineral deposit by weathering
风化矿苗☆blowout
风化矿石☆efflorescent{weathered} ore
风化砾面☆weathering rind
风化裂隙含水带☆water-bearing zone of weathering fissure
风化率☆rate of decay
风化煤☆fringe{decomposed;windblown;weather(ed); crop;eenie;smut;set} coal; danty; coal smut; slack
风化煤层露头☆bloom
风化面☆basal{weathered} surface; weathering front
风化膜☆patina
风化泥炭☆mouldy peat
风化破碎(作用)☆detrition
风化强度☆intensity of weathering; weathering intensity
风化砂岩的洞穴☆aeroxyst
风化石☆landwaste; land waste; sap
风化石膏☆copi
风化石灰☆air sla(c)ked lime; air-slaked lime
风化石料☆weathered stone
风化石油☆brown petroleum; inspissated oil; mineral tar
风化势指数☆weathering-potential index
风化速度☆decay rate; weathering velocity
风化碎石☆brash
风化碎屑岩类[长石砂岩、砾岩、杂砂岩等]☆sparagmite
风化铁矿☆friable iron ore
风化铁质片岩☆krassyk
风化土☆regolith; saprolith
风化物☆waste; residuum [pl.residue]; weathered material; weathering residue{product}
风化系数☆coefficient of weathering
风化(环境)相☆eksedofacies
风化形成的燧石结核☆W-chert
风化穴☆tafoni
风化岩☆decayed{decomposed;mantle;weathered} rock
风化(表皮)岩☆mantle of rock; rock mantle; sap; weathered{decayed;rotted;decomposed} rock; spurt
风化岩面高度☆altitude of weathering rock surface
风化岩石☆sap; decomposed{decayed;mantle;rotten; weathered;crumbling} rock; saprolite
风化岩性土☆weathered rocky soil
风化页岩地段☆rotten shale section
风化印痕☆hyperglyph
风化渣☆slaking slag; slacking alas
风化指数☆weathering index[岩]; slacking index[煤]; index of alteration
风化作用☆weathering (effect); clastation; slacking; witterung; disintegration; alteration; aeolation
风化作用带☆belt of demorphism
风击波痕☆wind impact ripple
风机☆air motor drill; fan; air machine
风机反转反风☆fan reversed ventilation
风积☆aeolian{eolian} accumulation; wind deposit; blow over; eolian deposition
风积的☆eolian; eolic; windblown; aeolian; atmogenic; aeolic
风积地貌☆wind-accumulated landform
风积干硬雪崩☆wind-slab avalanche
风积海岸☆wind-deposition coast
风积黏土☆parna
风积平原☆sand{aeolian} plain
风积砂层☆cover-sand
风积砂土☆anemoarenyte
风积土☆aeolian deposit (soil;soil); eolian deposit; aeolic{wind-borne;wind-deposited;wind-laid} soil
风积土壤☆wind-deposited{windblown} soil
风积物☆eolian deposit{sediment}; eluvium; wind laid deposit; aeolian deposit{material;sediment}; aeolic deposit
风积细砂土☆eluvium
风积雪堆☆snowdrift
风积盐☆windborne salt
风积岩☆atmolith; aeolianite; aeolian rock
风级☆wind scale; scale of wind-force; windscale
风脊☆wind ridge
风寂区☆wind shadow; shadow zone
风剪应力☆wind shear
风窖☆storm cellar
风界☆wind divide
风井☆removing{air;ventilating;fan;tender} shaft; air pit; airshaft; bypit; windhole
风景☆scenery; landscape
风景点☆landmark
风景区☆landscaped area
风镜☆goggles
风径图☆hodograph
风距☆fetch
风锯☆pneumatic saw
风刻石☆glyptolith; gibber; ventifacts
风口☆wind{air} gap{tuyere;twyere} [冶]; dry gap; wind valley; twyer; twere; air vent
风口拱墙☆tuyere arch
风口冷却器外壳☆tuyere cooler housing
风口前燃烧带温度☆raceway flame temperature
风口前燃烧带绝热火焰温度☆raceway adiabatic

flame temperature；RAFT
风口沙丘☆wind-rift dune
风口套管☆tuyere stock
风口铁套[高炉]☆breast
风口外箍☆tuyere breast
风口型燃烧器☆tuyere type burner
风况☆wind regime
风兰易☆Valanginian
风浪☆wind sea{wave}；wind-generated wave；sea；stormy waves；storm；hardship；difficulties；wind denivellation[增水、减水]
风浪区☆generating area；fetch；wind generating area
风浪云☆windrow cloud
风棱砾☆windkanter；dreikanter；pyramid pebble
风棱石☆(wind-whetted) ventifact；gibber；glyptolith；dreikanter[德]；wind-worn{-scoured；-cut；-faceted；-grooved} stone；wind shaped stone；windkanter；sand-blasted{facetted;windworn;pyramid} pebble；rillstone；ventbart；vantifact
风冷☆air cooling；air blast cooled；ABC
风(扇)冷(却)的☆fan-cooled
风冷式压缩机☆air-cooled compressor
风力☆wind strength{force}
风力表☆anemometer
风力充填☆blowed{pneumatic} fill；backfill under pressure；pneumatic stowing{packing;filling}；stow pneumatically
风力充填法控制顶板☆pneumatic filling roof control
风力堆积☆aeolian deposit
风力分级☆air sizing{classification}；pneumatic sizing；dry classification[选]
风力分离☆air separation
风力马达☆compressed-air engine
风力马达驱动的☆air-motor-powered
风力磨光☆wind polish
风力排粉管☆blooey line
风力喷射充填机☆jet stower
风力坡蚀☆planorasion
风力输送混凝土☆air placed concrete
风力推进伸缩式凿岩机☆air-feed stoper
风力选☆winnowing；pneumatic separation
风力选矿☆pneumatic separation{cleaning;preparation；concentration}；winnowing；air sifting{cleaning}
风力选矿扇风机☆separator fan
风力选煤☆air{pneumatic} cleaning
风力影响☆windage
风力装药☆blow{pneumatic} charging；pneumatic loading；blow(-)charging
风力自记表☆anemogram
风力作用☆wind action；blowing
风涟☆wind ripple (mark)
风帘☆(air;sheeting) brattice；(wind-cloth) curtain；air sheet{canvas}；air-brattice；bearing-up stop；canvas (check)；check；clothing；cloth stopping；screen；ventilating curtain；brettis
风帘支柱☆brattice prop；vent past
风量☆air quantity{output;volume}；volume of air；wind rate
风量测量☆air-quantity survey；quantity of air flow；air quantity
风量始算值☆air-quantity of initial computation
风量自然分配☆flow natural distribution
风冽因子☆wind {-}chill factor
风流☆air flow{draft;current;circulation;draught}；wind (current;stream)；airstream；ventilating current；outstanding；distinguished and accomplished；talented and free-spirited；romantic；amorous；licentious；dissolute；loose
风流槽[沙丘迎风坡上]☆wind sweep
(使)风流反向☆reversing the ventilation
风流分支☆split；air splitting{split}；splitting of air；ventilation parting{split}
风流负压仪☆minimeter
风流会合点☆air junction
风流能量☆current capacity
风流强度☆draft{draught} intensity
风流速度☆air velocity；velocity of air current
风流阻力☆air {-}flow resistance
风路☆airway
风轮☆air propeller{vane}
风轮式风速计☆wind wheel anemometer
风马达☆compressed air motor；air (feed) motor
风帽☆cow；a cowl-like hat worn in winter；hood
风玫瑰图☆wind rose{diagram}
风媒(作用)☆anemophily
风媒植物☆anemophic{anemophilous} plant；anemogamae；anemophilae
风门☆damper；dampener；(ventilation) door；(air;gate) throttle；trap；shell door[临时]；airlock{isolating；mine;storm} door；bulkhead；trapdoor
风门工☆air door tender；air man；doorboy；doorman；door tender；trapper
风门绞车☆pneumatic winch；compressed-air{air-driven} hoist
风门开闭装置☆air-door opener
风门片[整流罩等]☆flap
风门闸☆airlock door
风磨光☆wind polish
风磨石☆ventifact；wind {-}polished rock；rillstone；wind-grooved{wind-cut;windcut} stone
风磨蚀面☆wind-abraded pavement
风摩擦☆wind friction
风幕☆air{brattice;drop} sheet
风能☆wind energy{power}{source}
风漂流☆wind drift
风频图☆wind rose
风坪☆aeolian flat
风平浪静☆calm
风剖面☆wind profile
风气☆fashion；climate[社会]
风气输送☆air conveying
风枪[松动堵塞物]☆air lance
(用)风枪吹除☆lance
风枪松动{清理}[堵塞物]☆air-lancing
风墙☆stopping；air partition{stopping}；brattice (wall)；bearing-up stop；bulkhead；ventilation stopping{wall}；abatis
风强化☆air tempering
风桥☆bridge；overcast；crossing；air-bridge；air bridge {crossing}；air(-)crossing；airways intersection；overgate；over-throw；overcross(ing)
风桥的上部风巷☆overcast；overgate
(用)风桥接通的☆bridged
风切☆wind shear
风切线☆shear line
风琴☆organ
风区☆fetch；wind field{fetch}
风扫磨☆air swept mill
风砂分选法☆air-sand process
风砂轮☆pneumatic grinder
风沙☆sand of storm；sand blown by the wind；wind- drift{(wind)blown} sand
风沙尘[塔里木盆地]☆karaburan
风沙吹移☆sand drift
风沙流☆wind-drift sand
风沙磨蚀☆abrasion of blown sand
风沙磨蚀岩☆ventifact
风沙侵蚀区☆dust bowl
风沙丘陵☆bhur
风沙区[印、巴基]☆bhur
风沙作用☆wind-sand action
风扇☆fan；blower；fanner；blast{electric;ventilating} fan；air machine；van
风扇笔石属[O_1]☆Licnograptus
风扇导叶☆fan guide vane
风扇进风门☆air valve
风扇冷却的交流电动机☆fan-cooled alternating current motor
风扇刹车☆moulinet
风扇式泵☆fan pump
风扇推进燃气轮机☆fan propulsion gas turbine
风生海流[吹流]☆wind-driven{-drift} current
风生洋面流☆wind-driven ocean-surface current
风时☆wind duration
风蚀☆deflation；erosion；erode；wind erosion {corrasion;abrasion;corrosion}；eolation；wind
风蚀凹地☆deflation{wind-scoured} hollow；blowout
风蚀壁龛☆tafone；tafoni
风蚀波痕☆granule ripple；deflation (ripple) mark
风蚀的☆wind eroded；wind(-)blown；windworn；wind-carved；aeolian
风蚀地☆blow land
风蚀灰岩方山{高原}☆kharafish
风蚀巨砾☆wind-grooved boulder
风蚀砾☆wind-carved{sandblasted;windworn;three-edge} pebble
风蚀砾漠☆pebble armor
风蚀卵石(盖层)☆pebble-strewn deflation pavement
风蚀面☆plane of deflation
风蚀平原☆plain of eolation
风蚀浅宽槽☆yardang trough
风蚀砂斑☆sandblow
风蚀山脊☆cockscomb ridge
风蚀山麓石坡☆subida
风蚀石☆wind-worn{-faceted} stone
风蚀土脊☆yardang；jardang；yarding
风蚀穴☆air well；blowhole
风蚀雪沟☆zastruga
风蚀柱☆witness rock；zeuge；sarsen (stone)；wind erosion pillar；sarsden{Saracen} stone
风蚀桌状石☆zeuge；witness rock
风蚀作用☆wind{(a)eolian} erosion；weathering wind carving；wind abrasion；aeolation；eolation；deflation
风蚀作用力☆weathering agent
风矢☆barbed arrow
风速☆wind velocity{speed;rate}；air velocity；WS；wind-speed；rate of current{air-flow}
风速表☆(cup) anemometer；aerodromometer；air-flow meter
风速测量☆air metering
风速风压记录器☆anemobiagraph
风速和风向测定法☆anemometry
风速计☆anemograph；anemometer；aerovane；air(-) meter；wind ga(u)ge{meter}；airometer；registering anemometer
风速突变线☆surge line
风速图☆anemobiagraph；anemograph
风速仪☆anemoscope；anemobiagraph
风梭石☆ventifact
风态☆wind regime
风通道☆wind tunnel
风筒☆air stack{duct;pipe}；ducting
风筒组☆string of ventilating tubes
风土☆climate；sky
风土病☆endemic
风土化☆acclimatization；acclimation
风土学☆climatology
风土驯化☆climatization
风土医学☆geomedicine
风涡{|窝|系|隙}☆wind eddies{|scoop|system|gap}
风险☆risk；play
风险分析☆risk{venture} analysis
风险加权储量☆risk-weighted reserve
风险赔偿☆indemnity for risk
风险偏差☆bias of risk
风险期望值☆expected risk
风险型☆state of risk
风险性决策☆decision making under risk
风箱☆(air) bellow；fan；windbox；blower；duck machine；wind box；wind and frost hardships of a journey or of one's life；air cheat{box}[转炉]
风箱换热风机1{|2}号☆windbox recuperation fan No.1{|2}
风箱排风风机☆windbox exhaust fan
风箱式油缸☆bellows-type actuator
风相☆wind facies
风向☆wind direction；wc
风向标☆vane；drogue；weathervane；weathercock；wind cock{vane}
风向计☆aerovane；anemoscope；registering weather vane；weather cock
风向仪☆anemoscope；wind indicator
风向指示筒☆drogue
风歇☆lull
风斜表☆anemoclinometer
风信子石☆zir(c)on；hyacinth；azorite
风选☆winnowing；dry concentration；selection by wind {winnowing}；pneumatic separation{concentration}
风(力)选☆pneumatic preparation
风选金矿法☆winnowing gold
风选作用☆air elutriation
风穴☆wind hole{cave}
风雪崩☆wind-slab avalanche
风雪风☆flurry
风雪黄土☆eolian-nivational loess
风雪壳☆wind crust
风雪作用的☆niveo-eolian；niveolian
风压[船在进行中被吹向下风]☆wind{ventilation；ventilating;blast} pressure；air-pressure；leeway

风压风量特性曲线☆pressure-volume characteristic curve
风压计☆anemometer；blast-pressure ga(u)ge
(自记)风压计☆anemobiagraph
风压损失☆draught loss
风眼☆air{cross} hole；airhole；back vent；doghole；windhole
风险标准☆risk criterion
风音☆aeolian tones；eolian sound
风引起的☆wind-induced
风影☆wind shadow
风影沙丘☆lee{wind-shadow} dune
风硬石[$Ca_3Si(CO_3)(SO_4)(OH)_6•12H_2O$]☆thaumasite
风应力☆wind stress；wind-stress
风壅水☆wind onset
风-油比☆air-oil ratio
风雨甲板☆weather deck
风雨侵蚀☆weathering
风雨线☆weather-proof wire
风雨雪黄土☆eolian-pluvionivational loess
风羽☆barb
风运物☆airborne material
风载能力[井架的]☆wind load capacity
风錾☆pneumatic (chipping) hammer；pneumatic chisel
风凿☆(scaling) chipper；air{pneumatic} chisel；pneumatic chipping hammer
风噪音☆wind noise
风增水☆wind tide{set-up;onset}；windstau[德]
风闸☆air brake{barrage}；airlock；pneumatic brake
风障☆windbreak；(air;sheet) brattice；(air) curtain；brettis；(air;ventilation;cloth) stopping；fly；canvas；check curtain；clothing；damp{drop} sheet
风障工☆braddisher；braddish{ventilation} man
风罩[通风进入空油舱]☆windsail
风筝观测☆kite observation
风致的☆wind-induced
风致偏差☆windage
风炙☆windburn
风阻☆windage；wind resistance
风钻☆air drill{rig}；percussive air machine；rock hammer drill；percussion borer；pneumatic rock drill；shot hole drill
风钻冲击☆drilling stroke
风钻冲击锤轴衬☆drill anvil block bushing
风钻导向衬套☆drill chuck bare
风钻垫锤衬套☆drill anvil block bushing
风钻管连接盖☆drill hose connection cap
风钻和自动推进气腿联合装置☆jackhammer-pusher leg combination
风钻夹钎爪☆drill chuck jaw
风钻软管连接管☆drill hose connection cap
风钻转动轴箱衬套☆drill chuck bushing
风嘴☆tuyere (nozzle)；twyere
风嘴口☆opening of tuyere
风作用☆wind action
疯长[植]☆excessive vegetative growth
烽火☆beacon

féng

冯巴尔定律☆von Baer's law
冯卡曼涡流尾迹☆von Karman vortex trail
冯卡门定律☆Von Karmans law
冯柯贝尔熔(度)标☆Von Kobells scale of fusibility
冯米(塞)斯准则☆Von Mises criterion
冯米泽斯分布☆Von Mises distribution
冯诺依曼计算机结构☆Von Neumann architecture
冯施密特波☆Von Schmidt wave
冯乌尔夫分类[火成岩]☆Von Wolff's classification
缝(被)☆quilt
缝袋机☆sack sewing machine；bag closer
缝合☆sew (up)；suture；lace；(surgical) stitching；suturing；tack；seam
缝合带盆地☆sutural basin
缝合的☆stylolitic；sutural；consertal；seamed
缝合钩[胶带]☆lacing hook
缝合构造☆stylolitic structure
缝合构造同期的☆synsuturing
缝合骨[鱼类]☆symplectic bone
缝合机☆lacing machine
缝合平边☆limbate
缝合石英☆sutured quartz
缝合线☆stylolite (line)；lignilite；suture line[藻]；(loose) suture；(devil's) toenail；partition{lobe} line；furrow line[轮藻]
缝合线分子[如鞍、叶;头]☆sutural element
缝合线状边界☆sutured boundary
缝合岩面☆stylolite
缝合叶[头]☆sutural lobus
缝合作用☆stylolitization
缝间骨☆epactal
缝接皮带☆stitched belting
缝纫☆sewing
缝纫工{机}☆seamer
缝头虫属[三叶; $Є_3$]☆Fissocephalus
缝线☆suture (line)；stylolite
缝制☆tailor
缝制物☆sewing

fèng

风城矿☆fynchenite；fenghuangite；finchenite
凤凰石[$(Ca,Ce,La,Th)_5((Si,P,C)O_4)_3(O,OH)$]☆fynchenite；fenghuanglite；fenghuangite；thorium{thorian} britholite；thorobritholite；thorobritholith；finchenite；feng-huang- shih；fenghuangshi
凤凰座☆Phoenix
凤螺☆strombus
凤螺壳化石☆strombite
凤螺属[腹;E-Q]☆Strombus
凤台式磷矿床☆Fengtai-type phosphate deposit
凤尾蕨孢属[K-E_3]☆Pterisisporites
凤尾蕨科☆Pteridaceae
凤尾蕨目☆pteridales
凤尾蕨属[E_2-Q]☆Pteris
缝☆seam；gap；slit (slot)；gate；hag；stitch；sew；crack；crevice；slot；chink；fissure；suture
缝槽矿尘采样器☆slotted dust sampler
缝错☆fissure displacement
缝带机☆belt lacing machine
缝法☆stitch
缝焊☆seam{stitch} welding
(模)缝脊☆flash
缝口☆seam
缝口虫属[孔虫;N-Q]☆Fussurina
缝宽☆slot width
缝裂的☆rimose
缝裂形☆hysterioid；hysterine；hysteriform
缝脉☆sutural vein
缝式掏槽☆seam cut
缝希望虫属[孔虫;E_2]☆Fissoelephidium
缝隙☆slot；gaping；chine；chap；gap；chink；crack；crevice；(joint) opening；seam；play；nick
缝隙快门☆slotted shutter
缝隙宽度☆clearance width
缝隙漏气☆blowby
缝隙式喷燃器☆flat{cross-tube;flat-flame;flat-type;split} burner
缝隙位移☆fissure displacement
(页岩)缝隙油☆seep oil
缝隙装药爆破☆seam blast
缝形掏槽☆slot{line} cut
缝毡机☆stitching machine

fó

佛勃斯卫星☆Phobos
佛布斯弧形条带[冰]☆Forbes band
佛得角☆Cape Verde
佛岗青[石]☆Fu Gang Blue
佛卡诺式喷发☆Vulcanian eruption
佛克特体[即黏弹体]☆Voigt solid
佛克脱效应☆voigt effect
佛兰德海侵[欧洲全新世，9000 年]☆Flandrian transgression
佛兰德阶☆Flandrian stage
佛兰都利安海进☆Flandrian transgression
佛雷德曼增长阶段☆Friedmann's stages of growth
佛里斯塔灰[石]☆Grey Forresta
佛利(阶)[北美;N_2]☆Foley；Foleyan
佛罗里达土☆Florida earth；floridine
佛麦特泡沫灭火剂☆foamite
佛蒙特州[美]☆Vermont
佛青[$(Na,Ca)_8(AlSiO_4)_6(SO_4,S,Cl_2)$]☆ultramarine
佛氏菊石☆Flerningites

fǒu

否☆no
否定☆negate；negation；nay；ignore；denial；dis-；dif-[f 前]；di-；de-；des.
否定学名☆nom. neg.；nomen negatum；denied name；nom.neg.
否定应答信号☆negative acknowledg(e)ment
否定(区)域☆rejection region
否认☆denial；sublation；negation
否认的声明☆disclaimer
否认者☆negator；denier
鉟[Vi,钫之旧名]☆virginium

fū

夫来潜水灰壤☆vlei soil
夫琅和费绕射☆Fraunhofer diffraction
夫累涅尔公式☆Fresnel's formula
敷布☆compress
敷层☆coating[漆等的]；blanket；coverage；backing
敷底物☆backing
敷镀金属(法)☆metallization
敷盖☆plate
敷镉的☆cadmium plated
敷挂褶皱☆sedentary folding
敷管滑道☆lay ramp
敷管机☆pipelayer
敷焊的硬合金☆facing alloy
敷焊的硬合金圈☆hard banding
敷焊硬合金层☆hard face
敷焊用的碳化钨粉☆interspersed carbide
敷焊用硬金☆hard facing metal
敷金属☆metallizing；metallising；metallization
敷金属纸☆metallized paper；MP
敷金属纸质电容器☆metallized paper condenser{capacitor}；MPC
敷料器☆applicator
敷面锤☆dressing hammer
敷设☆lay [pipes,mines,etc.]
敷设成本☆laid down cost
敷设电缆☆cabling
敷设管道☆pipe stringing；plumbing services；tubing
敷设管道钻进☆drilling far conduit ducts
敷设机☆layer
敷设水管☆water piping
敷设通风管钻进☆drilling for ventilation ducts
敷设一水道☆sewer
敷霜☆blooming
敷水膜☆water-filming
敷贴器☆applicator
敷铜箔的☆copperclad
敷用的☆adequate
敷用的饱和潜水系统☆adequate saturation system
呋喃[CH:CHCH:CHO]☆furan(e)；furfuran；tetrole
呋喃甲叉☆furfural；furfurol
呋喃胶结树脂☆furan consolidating resin
呋喃树脂固砂☆furan sand consolidation
呋喃树脂-酸催化剂体系☆furan resin-acid catalyst system
呋喃乙醇树脂☆furfural alcohol resin
跗骨☆tarsus [pl.tarsi]；tarsal bone；ossa tarsi
跗骨间关节☆articulatio intertarsea
跗关节☆tarsal joint
跗关节[有蹄]☆joint；hock
跗猴☆Tarsier
跗猴(亚目)☆Tarsioidea
跗基节☆planta；metatarsus
跗(骨)间关节☆intertarsal joint
跗节[节]☆tarsus [pl.tarsi]
跗内关节☆intratarsal joint
跗吸盘[昆]☆pallet；pallete
跗小骨☆tarsale
跗掌☆planta [pl.-e]
跗跖(骨)☆tarsometatarsus；ossa tarsometatarsi
肤浅的☆superficial；shallow；tangential
肤色☆complexion
肤缩式轴节☆expansion coupling
肤状熔岩☆dermolithic lava；dermolith
孵蛋的☆incubative
孵化☆incubation；incubating
孵化箱燃料油☆incubator oil
孵化幼虫☆brooded larva
孵育囊[节甲]☆brood pouch{chamber}

fú

扶壁☆buttress；counterfort；abutment；abamurus
扶壁式挡土墙☆counterfort wall；buttressed{counterforts} retaining wall

扶壁支撑斜坡☆buttressing slope
(用)扶壁支柱(加固)☆buttress
扶持☆hand; help sustain; give aid to; support
扶垛☆buttress
扶垛式挡土墙☆counterfort retaining wall
扶垛状凸起带☆buttress zone
扶栏☆handrail
扶墙☆counterfort
扶手☆handrail; hand guard{rail;rest}; guard rail; arm rest; rail(ing); banisters; armrest; arm[椅子]
扶手栏☆hand guard
扶手螺栓旋凿[木]☆hand-rail punch
扶套管入扣的钻工[接套管时]☆stabber
扶突[牙石]☆buttress
扶余叶肢介属[K_2]☆Fuyuestheria
扶正的套管☆off-centered casing
(封隔器)扶正块☆wiper block
扶正力☆uprighting force
扶正力臂☆arm{lever} of stability; stability{righting} arm
扶正力矩☆(up)righting moment
扶正器☆centralizer; centering guide{device}; centralizing fins; centraliser; stand off
扶正器凸缘{叶片}☆centralizer lug
(钻杆)扶正台☆stabbing board
扶正凸耳☆stabilizer lug
扶正轴承☆alignment bearing
拂掠☆sweep; sweepage
拂晓的☆crepuscular
芙蓉石☆rose quartz
芙蓉铀矿[$Al_2(UO_2)(PO_4)_2(OH)_2•8H_2O$;三斜]☆furongite
茯苓属[Q]☆Poria
辐☆radialis; spoke; spider; radius of vector
(轮)辐☆arm
辐板☆septal lamellae
D辐板[棘]☆D ray
辐板[腔;棘]☆web; radial plate; ray; radiale; spoke; septal lamellae
辐板(的)[棘]☆radial
辐板的翼枝[海百]☆limb
辐刨(片)☆spokeshave
辐杯属[古杯;$Є_1$]☆Radiocyathus
辐辏状云☆radiatus
辐盾☆radial shield
辐杆藻属[硅藻]☆Bacteriastrum
辐肛板[棘海百]☆radianal
辐管☆radial canal
辐管虫属[孔虫;E]☆Actinosiphon
辐合☆convergence
辐合度☆convergence; convergency
辐合区☆zone of convergence
辐合岩脉☆converging dikes
辐合褶皱☆converged fold
辐脊孢属[K_1]☆Cyclosporites
辐聚水系☆convergent drainage
辐孔藻属[J_2]☆Actinoporella
辐(射)肋☆costule
辐流式沉淀池☆radical sedimentation basin
辐流式燃气{汽}轮机☆radial-flow gas turbine
辐毛大孢属[C_2]☆Radiatisporites
辐鳍☆actinopterygium
辐鳍(亚)纲☆Actinopterygii
辐鳍鱼目☆Acanthopterygii
辐散☆divergence
辐散板块☆diverging{divergent} plate
辐散冲断层系☆divergent thrust system
辐散阶地☆diverged terrace
辐散轴☆axes of divergence
辐射☆radiation; emittance; emanation; radiate; emit; irradiation; radiate from a central point; eradiate; emission; beam(ing); divergence; radialization; radio-; R/A
辐射安全物理学☆health physics
辐射背景☆radiation background
辐射笔石属[O_1]☆Radiograptus
辐射表面☆emitting surface
辐射波☆radiated{radiant;radiation;outgoing} wave; irradiance; irradiancy
辐射测壁厚仪☆radiation wall thickness measure device
辐射测定术☆actinometry
辐射测井☆electronic logging
辐射测量分析☆radiometric analysis
辐射处理☆irradiation treatment; radiation processing
辐射传热☆heat transfer by radiation; heat radiation
辐射带☆radiation belt{band}; ray
辐射的☆radiant; radial; rad.; radiologic(al)
辐射等盲区☆dead angle
辐射电子孔穴中心☆radiation electron-hole center
辐射定律☆law of radiation; radiation law
辐射动物☆actinozoa; Radiata
辐射毒性☆radiotoxicity
辐射度☆radiant emittance
辐射度的☆radiometric
辐射对称☆radial symmetry; symmetria radialis
辐射-对流模式☆radiative-convective model; RCM
辐射发光☆radioluminescence
辐射防护☆radioprotection; radiation protection
辐射分解☆radiolysis; radiolytic decomposition
辐射分析☆activation analysis
辐射干燥☆radiation-drying
辐射感生缺陷☆radiation-induced defect
辐射蛤科[双壳]☆Radiolitidae
辐射沟☆radial canal; diarhysis
辐射光谱☆emanation spectra
辐射光线☆radius [pl.radii]
辐射光致发光剂量玻璃☆radiophotoluminescent dose glass
辐射硅藻☆centric diatom
辐射果☆actinocarp
辐射海百合属[棘;C_1-P]☆Actinocrinites
辐射和日照☆radiation and sunshine
辐射互作用☆radiant interaction
辐射环式的☆mushroomed
辐射激化分析☆radioactivation analysis
辐射计☆radiometer; bolograph; ratiometer; radiac
辐射剂量测定学{法}☆radiation dosimetry
辐射架(螺旋桨)☆spider
辐射间区环三缝孢群☆tricrassati
辐射交换☆radiative interchange
辐射进路式下行分层陷落开采法☆radial slicing
辐射勘探法☆radio(metric) prospecting method
辐射抗阻☆radioresistance
辐射孔☆hohlraum
辐射量☆radiance; radiative{radiant} quantity
X-辐射量计☆intensitometer
辐射率☆radiance; radiant emittance; steradiancy; radiancy
辐射脉☆diverginervius; radiate veins
辐射盲角☆dead angle
辐射密度☆density of radiation; radiant{radiation} density; radiance; radiancy
辐射面☆radiating surface
辐射耐受量☆radiotolerance
辐射能☆radiant{radiation} energy
辐射能级☆level of radioactivity; radiation level
辐射能量☆radiated energy
辐射年龄☆irradiation{radiation} age
辐射屏蔽层☆radiation shield
辐射平衡☆radiation balance; radiative equilibrium
辐射破坏{裂}☆radiation destruction
辐射器☆radiator; irradiator; exciter
辐射强度☆radiant{radiation} intensity; intensity of radiation; level of radioactivity; radiation level {strength}
辐射强度表{计}☆pyranometer
辐射强度测量计☆quantometer
辐射切割仪☆radial-secateurs
辐射区环三缝孢群☆auriculati
辐射燃料检验☆irradiated fuel inspection
辐射热☆radiant{radiation;radiogenic;radiating} heat; calorific radiation
(电阻)辐射热测量记录器☆bolograph
辐射热(测量)计☆bolometer
辐射热计记录☆bolograph
辐射热致发光(现象)☆radiothermoluminescence
辐射色层分离谱☆radiochromatograph
辐射山脊☆radiating ridge
辐射式供热☆radiant heating
辐射衰变☆emission decay
辐射损伤阈☆radiation damage threshold
α辐射探测☆alpha detection
辐射特性图☆radiation pattern
辐射体☆radiator; irradiator; radiant{radiating} body; radiation emitter
辐射通量☆radiant flux{power}; flux of radiation; radiative flux
辐射同心状构造☆radial-concentric structure
辐射同源☆actinology
辐射腕痕面[棘海百]☆radial facet
辐射微热计☆radio-micrometer
(月面)辐射纹☆lunar rays
辐射螅系[腔水螅]☆cyclosystem
辐射显像☆radiological imaging
辐射线☆ray; radiation; beam; radial line; radiant rays
辐射向爆破☆radial boring blasting
辐射信息☆radiometric information
辐射形炮眼排列方式☆radial drilling pattern
辐射性能☆radiance; radiancy
(应用)辐射学☆radiology
辐射冶金(学)☆radiometallurgy
辐射仪☆actinograph; radiacmeter
辐射荧光☆radiofluorescence
辐射诱致转变☆radiation-induced transformation
辐射源☆radiator; radiant; irradiation bomb; radiation source{emitter}
辐射噪声☆radiated noise
辐射支条[钙超]☆ray
辐射致发光☆radioluminescence
辐射栉牙☆actinodont
辐射中心☆radial center
辐射中心假设[制图学]☆radial assumption
辐射中毒☆radiation poisoning
辐射皱纹孢属[K_1-N_3]☆Radiorugoisporites
辐射柱连接点[绵]☆radiante
辐射转移☆radiative transfer
辐射状☆radiating; rotate
辐射状部分☆radius [pl.radii]
辐射状布置方式☆radial pattern
辐射状的☆radial; radiating; Rad
辐射状竖立炮眼组圈☆vertical ring
辐射着色☆colouration by radiation
辐射阻抗☆radioresistance
辐射最强区☆hot spot
辐式横梁☆spider beams
辐条☆spoke; spoke of a wheel
辐透☆phot
辐线珊瑚属[J_3]☆Actinaraea
辐向三角测量☆radial triangulation
辐向叶片扇风机☆radial (bladed) fan
辐腋片[昆]☆radialis
辐月贝属[腕;D_2]☆Radiomena
辐照☆irradiation; irradiate; bombardment
辐照度☆irradiance; irradiation; irradiancy
辐照度级☆irradiance level
辐照二氧化铀燃料元☆irradiated uranium dioxide fuel element
辐照核燃料储存☆irradiated nuclear fuel storage
辐照后☆postirradiation
辐照前☆pre-irradiation
辐照区☆radiation zone
辐照燃料后处理☆irradiated fuel reprocessing
辐照燃料模拟合金☆fissium alloy
辐中板[棘海星]☆radiocentral
辐状(云)☆radiatus
辐状鳍条☆radialium
蜉蝣目[昆]☆Ephemerida; Ephemeroptera
蜉游类☆ephemera [pl.-e]
幅☆amplitude; argument; width; vector
幅度☆format; vertical relief; amplitude; excursion; range (ability); argument; ampl.
幅度不足☆underswing
幅度差[电测井]☆separation
幅度-脉冲变换电路☆sample circuit
幅度衰减分析☆amplitude attenuation analysis; AAA
幅度调节指数法☆amplitude-adjusted indices
幅度有限的褶皱☆finite-amplitude fold
幅高比☆beam-to-depth ratio
幅合☆convergence
幅角☆argument
幅宽☆coverage
幅裂☆check
幅面☆format; broadness; breadth[布的]
幅散☆divergence
(船的)幅深比☆beam-to-depth ratio
幞状(云)☆pileus
氟☆fluorine; fluor; fluorum[拉]; fluor-; F; fluo-
氟(化)☆fluoro-
氟白云母☆fluor-muscovite

氟斑牙☆dental fluorosis
氟钡石[BaF_2;等轴]☆frankdicksonite
氟带云母☆fluortainiolite；fluortaeniolite
氟蛋白泡沫液☆fluoroprotein
氟定年法☆fluorine dating method
氟多硅锂云母☆fluor-polylithionite
氟仿☆fluoroform；fluoform
氟富铁黑云母☆fluor-lepidomelane
氟钙铝石☆gearksite；gearksutite
氟钙镁石[CaF_2•$2MgF_2$]☆zamboninite
氟钙钠钇石[$NaCaY(F,Cl)_6$;六方]☆gagarinite；nakalifite
氟钙柱石☆fluor(-)meionite
氟硅铵石[$(NH_4)_2SiF_6$;六方]☆bararite；criptoalite
氟硅锭钍矿☆achynite
氟硅钙镁石☆silicomagnesiofluorite
氟硅钙钠石[$NaCa_2Si_4O_{10}F$;三斜]☆agrellite
氟硅钙石[$Ca_2SiO_2(OH,F)_4$;三斜]☆dytoitspanite；bultfonteinite；dutoitsponite
氟硅钙钛矿[$(Ca,Na)_3(Ti,Al)Si_2O_7(F,OH)_2$;三斜]☆götzenite
氟硅钾石☆camermanite；hieratite
氟硅铝石☆zungite
氟硅锰石☆sonolite
氟硅钠石[Na_2SiF_6;三方]☆malladrite
氟硅铌钙石☆niocalite
氟硅铌钍矿☆achynite
氟硅石[SiF_4]☆proidonite；proidonina
氟硅铈矿{石}☆johnstrupite；mosandrite
氟硅酸☆hydrofluosilicic{flusilicic;silicofluoric} acid
氟硅酸钙☆calcium fluorosilicate
氟硅酸钾☆potassium fluosilicate
氟硅酸钠[Na_2SiF_6]☆sodium fluo(ro)silicate{silicofluoride}
氟硅酸盐☆flusilicate
氟硅钛钇石[$(Y,Dy,Er)_4(Ti,Sn)O(SiO_4)_2(F,OH)_6$;斜方]☆yftisite
氟硅酮☆fluorosilicone
氟硅钇石[$Y_3(SiO_4)_2(F,OH)$;非晶质]☆rowlandite
氟硅油☆fluorosilicon oil
氟铪(化合物)☆hafnifluoride
氟黑云母[$K(Mg,Fe)_3(AlSi_3O_{10})F_2$]☆fluor-biotite；fluor{-}meroxene；fluorbiotite
氟化☆fluorate；fluoride；fluorination
氟化焙烧法☆fluoride roasting process
氟化钡透红外陶瓷☆barium fluorite infrared transmitting ceramics
氟化法☆calcination
氟化反应☆fluoridation
氟化钙☆calcium fluoride
氟化钙型结构☆calcium fluoride structure
氟化镧薄膜电极☆lanthanum fluoride membrane electrode
氟化锂晶体☆lithium fluoride crystal
氟化铝☆aluminum fluoride
氟化镁晶体☆magnesium fluoride crystal
氟化钠[NaF]☆sodium fluoride
氟化氢☆hydrogen fluoride
氟化氢铵☆ammonium bifluoride
氟化氢的☆hydrofluoric
氟化石墨☆fluorographite
氟化铈陶瓷☆ceria ceramics
氟化锶透红外陶瓷☆strontium fluoride infrared transmitting ceramics
氟化物☆fluorochemicals；fluoride
氟化物玻璃☆fluoride glass
氟化物法☆fluoride process
氟化物燃料反应堆☆fluoride fuel reactor
氟化橡胶☆fluoro-elastomer；Viton
氟化乙丙烯☆fluorinated ethylene propylene；FEP
氟化钇锂晶体☆yttrium lithium fluoride crystal
氟化银☆tachyol
氟化作用☆fluorization；fluorination
氟钾云母[K 的硅酸铝和氟化物]☆chacaltaite；czakaltaite
氟碱锰闪石[$(Na,K)_2(Mg,Mn,Ca)_6(Si_8O_{22})F_2$]☆fluor- richterite
氟胶磷石[$Ca_5(PO_4)_3F$]☆fluorcollophane；fluocollophanite
氟交代作用☆fluorine metasomatism
氟角闪石☆fluor-amphibole
氟金云母☆fluor-phlogopite；fluorophlogopite
氟金云母纸☆reconstituted fluorophlogopite sheet
氟块硅镁石☆fluor-norbergite
氟镧矿☆fluocerite-(La)
氟冷剂☆freon；chlorofluoromethane
氟离子电极☆fluoride ion electrode
氟锂皂石☆fluorhectorite
氟利昂[冷冻剂;Cl_3CF]☆chlorofluoromethane；freon；chlorofluorocarbons
氟粒硅镁石[$Mg_5(SiO_4)_2F_2$]☆fluor-chondrodite
氟量计☆fluorimeter；fluorometer
氟磷钙镁石[$CaMg(PO_4)F$;单斜]☆(F) isokite
氟磷钙钠石[$Na_2Ca(PO_4)F$;斜方]☆nacaphite；nefedovite
氟磷钙石[$Ca_2(PO_4)F$;斜方]☆spodiosite；fluor-spodiosite
氟磷灰石[$Ca_5(PO_4)_3F$;六方]☆fluorapatite；fluor-apatite
氟磷铝钙钠石[$Na(Ca,Mn^{2+})Al(PO_4)(F,OH)_3$;单斜]☆viitaniemiite
氟磷铝石[AlF_3•H_2O; $Al_2(PO_4)F_2(OH)$•$7H_2O$;斜方]☆fluellite
氟磷氯铅矿☆fluor-pyromorphite
氟磷镁石[$(Mg,Fe^{2+})_2PO_4F$;单斜]☆wagnerite；pleuroclase；kjerulfine；pleuroklas
氟磷锰石[$(Mn,Fe^{2+},Mg,Ca)_2(PO_4)(F,OH)$;单斜]☆triplite
氟磷钠锶石[$Na_2Sr_2Al_2(PO_4)F_9$;单斜]☆boggildite
氟磷铍钡石[$BaBe(PO_4)(F,O)$;四方]☆babefphite；babepfite；babeffite
氟磷铍钙石☆fluoherderite；fluor{-}herderite
氟磷酸钙晶体☆fluorapatite crystal
氟磷酸钙钇矿☆yttroparisite
氟磷铁镁矿[$(Mg,Mn,Fe,Ca)_2(PO_4)(F,OH)$;单斜]☆magniotriplite
氟磷铁锰矿[$(Mn,Fe,Mg,Ca)_2(PO_4)(F,OH)$]☆triplite；eisenapatit；eisenpecherz；retinbaryte；pitchy iron ore；phosphormangan[德]
氟磷铁石[$(Fe^{2+},Mn)_2(PO_4)F$;单斜]☆zwieselite
氟菱钙铈矿[$Ce_2Ca(CO_3)_3F_2$,常含 Y、Th]☆parisite；bunsite
氟硫岩盐☆sulfohalite；sulphohalite
氟铝钙矿[$CaAl(OH)F_4$•H_2O;单斜]☆gearksutite；gearksite
氟铝钙锂石[$LiCaAlF_6$]☆colquiriite
氟铝钙石[$CaAl_2(F,OH)_8$;单斜]☆prosopite；gearksutite
氟铝镁钡石[$Ba_2CaMgAl_2F_{14}$;单斜]☆usovite；usowite
氟铝镁钠石[Na_2MgAlF_7;斜方]☆weberite
氟铝钠钙石[$Na(Ca,Sr)_3Al_3(F,OH)_{16}$;单斜]☆calcjarlite
氟铝钠锶石[$NaSr_3Al_3F_{16}$;单斜]☆jarlite；metajarlite
氟铝石[AlF_3•H_2O]☆fluellite；kreuzbergite；pleysteinite
氟铝石膏[$Ca_3Al_2(SO_4)(F,OH)_{10}$•$2H_2O$;单斜]☆creedite
氟铝酸☆hydrofluoaluminic{fluoaluminic} acid
氟氯黄晶☆zunyite；dillnite
氟氯钠矾[Na_2SO_4•$Na(F,Cl)$]☆schairerite
氟氯铅矿[$PbFCl$;四方]☆matlockite
氟氯烃化合物☆hydrochlorofluorocarbon；HCFC
氟氯烷☆freon；chlorinated and fluorinated hydrocarbon
氟绿铁闪石[$(Na,K)_{2.5}(Mg,Fe^{2+},Fe^{3+},Ca)_5(Si_8O_{22})(OH,F)_2$]☆fluotaramite
氟镁钾石☆kamagflite
氟镁钠石[$NaMgF_3$;斜方]☆neighborite
氟镁石[MgF_2;四方]☆sellaite；picrofluite；belonesite
氟蒙脱石☆fluoro(-)montmorillonite
氟锰闪石☆fluor-richterite
氟冕玻璃☆fluor crown glass
氟钠矾[$Na_{15}(SO_4)_5F_4Cl$;三方]☆galeite；kogarkoite
氟钠镁铝石[$Na_xMg_xAl_{2-x}(F,OH)_6$•H_2O;等轴]☆ralstonite；alstonite
氟钠铍石☆ferruccite
氟钠(钙镁)闪石☆fluo(r)-richterite
氟钠钛锆石[$Na_4MnTi(Zr_{1.5}Ti_{0.5})O_2(F,OH)_2(Si_2O_7)_2$; $(Na,Ca)_2(Zr,Ti,Mn)_2Si_2O_7(O,F)_2$;单斜]☆seidozerite
氟钠盐矾☆sulfohalite
氟年代{龄}测定法☆fluorine dating
氟硼钙石☆frolovite
氟硼硅钇钠石[$(Na,Ca)_3(Y,Ce,Nd,La)_{12}Si_6B_2O_{27}F_{14}$;三方]☆okanoganite
氟硼钾石[$(K,Cs)BF_4$;斜方]☆avogadr(o)ite
氟硼镁石[$Mg_3(BO_3)(F,OH)_3$;六方]☆fluoborite；nocerite；nocerine；noceran
氟硼钠石[$NaBF_4$;斜方]☆ferruccite
氟浅闪石☆fluor-edenite
氟羟硅钙石☆knollite；glimmer zeolite；radiophyllite；zeophyllite
氟羟锶铝石☆acuminite
(刻蚀用的)氟氢酸☆etching acid
氟氢酸测斜仪停候时间☆etch period
氟氢酸平底玻璃试管☆glass culture tube；sarget tube
氟三氯甲烷☆freon
氟闪石☆fluoramphibole
氟砷钙镁石[$Ca(MgF)(AsO_4)$;单斜]☆tilasite；fluor(-) adelite
氟石[CaF_2]☆fluorspar；fluorite；kilve；kelve；fluor；kawk；floor；blue john；fluoritum；cam；F
氟石膏☆fluro-gypsum
氟铈矿[$(Ce,La,Di)F_3$;六方]☆fluocerite；basicerine；cerium fluoride；tysonite [$(Ce,La,Nd)F_3$]；flu(o)cerine
氟铈镧矿☆tysonite；fluocerite；fluocerine
氟树脂☆fluoro resins
氟水铝镁钙矾☆lannonite
氟酸盐☆fluorate
氟碳钡铈矿[$Ba(Ce,La)_2(CO_3)_3F_2$;六方]☆cordylite；kordylite；pseudo(-)parisite；barium-parisite
氟碳铋钙石[$CaBi(CO_3)OF$;四方]☆kettnerite
氟碳钙石[$Ca_2(CO_3)F_2$;斜方]☆brenkite
氟碳钙铈矿{石}[$(Ce,La)_2Ca(CO_3)_3F_2$;六方]☆parisite
氟碳钙钇矿☆yttroparisite；yttrosynchysite；doverite；synchysite-(Y)；yttrosynchisite
(日本)氟碳化合物协会☆(Japan) Fluorocarbon Association；JFA
氟碳镧矿[$(La,Ce)(CO_3)F$;六方]☆bastnaesite-(La)
氟碳铝钠石☆barnetsite；barentsite
氟碳铝锶石[$(Sr,Ba,Na)_2Al(CO_3)F_5$;单斜]☆stenonite
氟碳钕矿☆bastnaesite-(Nd)
氟碳铈钡矿[$Ba_3Ce_2(CO_3)_5F_2$;六方]☆cebaite
氟碳铈矿[$CeCO_3F$,常含 Th、Ca、Y、H_2O 等杂质;六方]☆bastnaesite；(fluor) bastnasite；fluocerine；kyshtymite；kyshtymo-parisite；kischtym parisite；kischtymite；weibyeite；karnasurtite；kischtimite；ha(r)martite；hydrocerite；buszite；fluorbastnasite；buccite；be(i)yinite；basicerine；basiskfluorcerium；bayunite
氟碳铈镧矿☆bustnaesite；bastnaesite
氟碳酸钡铈矿☆barium-parisite；cordylite
氟碳酸钙铈矿[$(Ce,La)_2Ca(CO_3)_3F_2$]☆musite；mussite；pseudoparisite；bunsite [$Ce_2Ca(CO_3)_3F_2$]
氟碳酸铈镧矿[$(Ce,La)(CO_3)F$]☆bastna(e)site
氟碳酸盐铋钙石[$(CaF)(BiO)(CO_3)$]☆kettnerite
氟碳钇矿[$(Y,Ce)(CO_3)F$;六方]☆bastnaesite-(Y)；Y-bastnasite
氟锑钙石☆atopite；weslienite
氟锑钙石族矿物☆antimon-pyrochlore
氟锑铅矿☆ochrolite
氟铁叶云母☆fluor{-}siderophyllite
氟铁云母☆fluorannite
氟透辉石[$CaMg(Si_2O_6)$;含多量 F]☆mansjoite；mansjoeite；fluor-diopside；fluorate diopside
氟透闪石[$Ca_2Mg_5(Si_4O_{11})_2(F,OH)_2$]☆fluo(r)-tremolite
氟钨锡矽卡岩☆wrigglite
氟橡胶☆viton
氟溴银矿☆megabromite
氟亚铁钠闪石☆fluor-arfvedsonite
氟盐[NaF;等轴]☆villiaumite
氟盐矾[$Na_6ClF(SO_4)_2$]☆sulphohalite；sulfohalite
氟氧铋矿[$BiOF$;四方]☆zavaritskite；zavarizkite；zawaryzkite
氟氧磷灰石☆fluoroxyapatite；fluor oxyapatite
氟叶蛇纹石☆fluo-antigorite；fluorantigorite
氟液氧混合剂☆fluorine plus liquid oxygen；FLOX
氟钇钙矿[$Ca_{1-x}(Y,TR)_xF_{2+x}$,(x≈0.33);单斜]☆tveitite
氟钇钙石☆yttrocalciofluorite
氟鱼眼石[$KCa_4Si_8O_{20}(F,OH)$•$8H_2O$;四方]☆fluorapophyllite
氟云母☆fluor-mica
氟云母-氟闪石陶瓷☆fluoromica-fluoroamphible ceramics
氟云母类☆fluor-micas
氟针钠钙石☆fluor-pectolite
氟中毒☆fluorosis；fluoride poisoning
符号☆symbol；emblem；denotement；denotation；code；sign；notation；mark；badge；insignia；signal；character；sym
hkl 符号☆hkl indices
符号表☆symbol dictionary{table}；legend
符号表示☆designation

F

符号差☆signature
(用作)符号的☆symbolical；symbolic
符号控制触发器☆sign-control flip-Sop
符号(代)码☆symbol(ic) code；signs code；SC
符号密度☆character density
符号识别☆character recognition；mark sensing
符号说明☆chart of symbols；nomenclature
符号体系☆symbolism
符号图表☆chart of symbols
符号位☆sign bit{position}
符号位导线遥测☆sign-bit line telemetry
符号组☆language；field
符合☆fitting；fall in；coincide(nce)；correspondence；consilience；conformation；conformity；consistency；conform to；accord{tally;consistent} with；in line with；cohere；tally；meet；measure up to
符合尺寸要求的砾石☆on-size gravel
符合的☆correspondent
符合反符合伽马射线谱仪☆coincidence anticoincidence gamma ray spectrometer
符合管道外输标准的`原油{|天然气}☆pipeline(-quality) oil{|gas}
符合规定要求的设计☆point design
符合规格的☆standard
符合计数谱☆coincidence count spectrum
符合态☆corresponding state
符合要求☆past muster
符合质量要求的注入水☆injection-quality water
符山石[$Ca_{10}Mg_2Al_4(SiO_4)_5$,Ca 常被铈、锰、钠、钾、铀类质同象代替,镁也可被铁、锌、铜、铬、铍等代替,形成多个变种；$Ca_{10}Mg_2Al_4(SiO_4)_5(Si_2O_7)_2(OH)_4$;四方]☆vesuvianite；idocrase；jevreinovite；duparcite；pyramidal garnet；laboite；hyacinth(ine)；kolophonit；hyacinte；jewreinowit(e)；heteromerite；gokumite；genevite；Italian chrysolite；jefreinoffite；idokras[德]；egeran；brown jacinth；gahnite；fahlunite；evreinovite；egran；vesuvian；italian chrysotile；pechgranat；loboit
伏(特)☆volt；v.
伏-安☆volt-ampere；va
伏安表☆volometer
伏安(测量)法☆voltammetry
伏安计☆voltammeter；galvano-voltameter；unimeter；voltampere meter
伏安特性☆voltage-current characteristic
伏安特性曲线☆volt-ampere characteristic；current-voltage diagram
伏背斜☆pitching{recumbent} anticline
伏打电☆voltaic electricity
伏尔机载天线☆VOR airborne antenna
伏尔加阶☆Volgian (stage)
伏尔堪烈性炸药[30 硝化甘油,52.5 硝酸钠,10.5 碳,7 硫]☆Vulcan powder
伏尔塔瓦玻陨石☆vltavite；moldavite
伏格列波糖半水合物☆Voglibose Semihydrate
伏河☆sinking creek
伏角[地层]☆plunge；pitch；rake angle
伏-库仑☆volt-coulomb；VC
伏流☆swallet (stream;river)；buried river；insurgence；underground flow{stream}；underflow；disappearing stream；sinking stream
伏流河☆disappearing{sinking;swallet;subterranean;underground;sunken} stream
伏流泉☆concealed spring
伏秒[磁通单位]☆volt-line
伏欧表☆volt-ohmmeter；VOM
伏欧计☆voltohmyst
伏(特)欧(姆)计☆voltohmmeter
伏萨尔梁☆Voussoir beam
伏石蕨二烯☆lemmaphylladiene
伏斯偏极光镜☆Voss polariscope
伏特☆volt；V
伏特安培☆volt-ampere
伏特表☆voltage meter
伏特电偶☆voltaic couple
伏特分贝[以 1V 为零电平]☆decibels above one volt；bV
伏特计☆voltmeter；VM；v-m；v.m
伏特数☆voltage
伏特线☆volt-line
伏体☆underlying mass；undermass
伏天☆dog day
伏卧☆recumbence
伏卧包裹褶皱☆recumbent infold
伏卧褶曲☆lying{recumbent} fold
伏卧褶皱脊线部分[推覆大断层]☆front of fold
伏卧褶皱前缘部分[推覆大断层]☆frontal region of fold
伏卧褶皱上翼☆arch limb (roof)
伏向☆pitch
伏崖谷☆fiard
伏在……上面☆overlie
伏褶皱☆recumbent{lying} fold；lying overfold
伏脂杉☆voltzia
伏脂杉属[P_2-$T_{1\sim2}$]☆Voltzia
俘滴法☆captive drop technique
俘获☆trap；capture；trapping；entrap(ment)；seize
E 俘获☆electron capture
俘获电子☆trapped electron
俘获辐射的 γ 量子计算☆capture-gamma counting
俘获辐射剂☆capture-radiation dose
俘获伽马射线能谱测量☆capture gamma-ray spectrometry
俘获机理☆trapping mechanism
俘获介质☆capturing medium
俘获器☆catcher
俘获事件☆capture event
俘获吸收☆absorption capture
俘获信号☆signal capture
俘获中心☆trapping center
俘虏☆captive；captivity
俘虏岩☆xenolith
俘门炸药☆Fulmenite
蹼属[Q]☆genet；Genetta
服从☆compliance；yield to；submission；subjection；resignation；obedience
服从规律☆discipline
服侍(的)☆waiting
服水土☆acclimation；climatize；acclimatization
服务☆service；employ(ment)；servi(ci)ng；attendance；Svc
服务部门☆auxiliary{service} department
服务部门费用☆service department expenses
服务对象☆customer
服务费☆toll；cover charge；cost of services
服务年限☆life of the property{mine}；service-life of the mine；overall{service} life；servicing period；service age；standing time[矿井的]
服务期限☆viability
服务时间☆service time；spell
服务完成本☆rate of service completion
服务性企业☆service-type businesses
服务质量☆service quality
服装☆dress；wear
服装燃烧性模拟装置☆apparel flammability modeling apparatus；AFMA
匐生[珊等]☆reptant；reptoid
匐枝☆stolon
浮☆floatation；flotation；float；afloat
浮安凝灰岩☆wilsonite
浮胞[笔]☆floating vesicle
浮标☆flotation{floating} buoy；floating mark；buoy；floater；drogue；flip；float (ga(u)ge)；bob gauge；wander；float-head；swimmer
浮标式水位计☆float-type water-level recorder{indicator}
浮标系统☆buoyage
浮鳔☆swimming bladder
浮冰☆(ice) floe；floe{floating;drift;calved;pan;sea} ice；sea floe{snow}；plankton snow；pan-ice
浮冰搬运☆(ice) rafting
浮冰搬运的巨砾☆rafted erratics
浮冰川舌☆glacier tongue afloat
浮冰带☆(ice) belt
浮冰架{棚}☆sea ice shelf
浮冰脚☆drift ice foot
浮冰块☆ice floe{cake}；glacon；floe；cake；bergy bit
浮冰碛☆berg till；berg-till
浮冰丘☆floeberg
浮冰球☆ball ice
浮冰区☆patch；sea-ice field
浮冰群☆pack ice
浮冰群间的界线☆concentration boundary
浮冰通道☆blind lead
浮冰推砾堤☆boulder barrier
浮舱☆buoyancy module{chamber}
浮槽[分级机的]☆bowl
浮槽式分级机☆bowl installation
浮槽自动调节式旋涡分级机☆autovortex bowl classifier
浮产品☆float product
浮产品脱水和冲洗筛☆float drain and rinse screen
浮尘☆floating{aerial;surface} dust；airborne dirt{dust}
浮尘重量取样器☆conicycle
浮沉☆sink-float；float-and-sink；drift along；now sink now emerge
浮沉法☆flotation method；float-and-sink{sink-(and-)float} process
浮沉快速测定试验☆express determination of float and sink
浮沉煤泥☆slime from float-and sink test
浮沉试验☆float-and-sink analysis{test}；float-and sink test；float-sink{sink-and-float} test；sink-and float test；specific gravity analysis
浮沉试验取样☆float {-}and {-}sink sampling
浮沉物排{泄}水架[浮沉试验用]☆float and sink drain rack
浮沉子☆Cartesian diver
浮沉组成☆density composition
浮称法☆floatation weighing method
浮称气压仪☆float barograph
浮承桩☆floating piles
浮秤☆areometer；araeometer；hydrometer
浮尺☆float meter
浮(动)充电☆floating charge
浮出地形☆emergent form
浮出水面部分[船]☆floatage
浮船☆floating pontoon{hull}；pontoon
浮船泵☆barge-mounted pump
浮船式外浮顶油罐☆external pontoon floating roof tank
浮船坞☆floating drydock；coffer
浮船钻井☆barge drilling
浮蛋白石☆floatstone；swimming stone
浮岛☆floating island
浮的☆floating；buoyant
浮底[以水垫作底的水下贮油设备]☆floating bottom
浮地下水☆basal groundwater
浮点加法☆floating add；FAD
浮点减(法)☆floating subtract；FSU
D{|F|G}-浮点数据☆D{|F|G}-floating (point) datum
浮雕☆cuvette；cameo；curvette；embossment；relief (sculpture)
浮雕宝石☆phalera；cameo
浮雕宝石玻璃☆cameo glass
浮雕珐琅☆basse-taille{relief} enamel；relief
浮雕拼合宝石☆cameo doublet
浮雕师☆chaser
浮雕照相图☆photorelief map
浮雕柱☆pedestal in bas-relief
浮吊☆floating crane{derrick}；derrick{crane} barge；pontoon crane
浮顶☆floating cover{roof}
(油罐的)浮顶☆floating{pontoon} roof
浮顶板☆roof deck
浮顶单盘人孔☆deck manhole
浮顶二次密封☆secondary roof seal
浮顶油罐☆floater；floating-roof tank；pontoon-deck-tank
浮顶油罐顶上积水的排泄☆roof drain
浮动☆float(ing)；flicker；bobbing；flotation；swim；drift；unsteady；fluctuate；relocation；waft
浮动测标☆floating{wandering} mark；half-mark；wander
浮动潮标计☆float-operated tide gauge
浮动冲洗☆float rinse
浮动道岔☆Dutch drop；flying carpet{switch}
浮动的☆floating；flying；buoyant；relocatable；flg.
浮动第三桥☆floating third axle
浮动吊架☆floating suspension
浮动观测平台☆floating instrument platform
浮动过程☆location free procedure
浮动环密封☆floating ring seal
浮动极板效应☆floating pad effect
浮动块☆slider pad
浮动码头☆(floating) terminal
浮动密封石墨环☆float seal graphite ring
浮动模块☆relocatable module
浮动泥浆帽☆floating mud cap

浮动配流器☆floating distributor
浮动平台装置☆floating installation
(汽车)浮动桥空气弹簧支撑[行驶时用]☆air ride axle
浮动式☆free-floating type
浮动式海洋钻探装置☆floating drilling rig
浮动套筒☆tripping sleeve
浮动头磁鼓☆floating head magnetic drum
浮动性☆floatability；flo(a)tation；flo(a)tation
浮动旋塞☆ball cock
浮动圆锥法☆floating cone method
浮动中心皮带轮☆floating-center sheave
浮动柱型☆floating-post type
浮动装置☆configuration；floating plant
浮动阻浪堤☆floating breakwater
浮趸船☆floating landing stage
浮筏☆flotation jacket
浮筏基础☆floating{buoyant} foundation；buoyancy raft
浮阀☆float-and-valve；float valves；floater
浮法☆float process
浮法玻璃☆float glass
浮泛物☆floatage
浮放道岔☆drop on；Dutch drop；portable switch；portable (rail) crossing；superimposed crossing
浮盖层☆overburden
浮杆☆float spindle
浮垢☆scum
浮箍[套管附件]☆float(ing) collar；float-sub；float coupling；orifice fill collar
浮罐☆floatation{buoyant} tank
浮规☆float gauge
浮海石☆pumex；costazia bone
浮化浮选☆emulsion flotation
浮化液低液位控制卸载阀☆low level emulsion control unloading
浮化油低油位控制☆low level emulsifying oil control
浮环☆gathering ring
浮环沉箱☆floating caisson
浮环式固结仪☆float-ring consolidometer
浮火山弹☆flotation bomb
浮加风☆viuga
浮架☆pontoon
(水泥)浮浆☆laitance
浮礁☆floating reef
浮接头☆float-sub
浮金[薄片金、淘金时浮起]☆float(ing) gold
浮举力☆free lift
浮空(器操纵术)☆aerostation
浮空器☆aerostat
浮夸☆turgescence
浮缆☆streamer
浮浪幼体☆planula；planulae
浮肋☆false and floating ribs
浮离(海底)☆float off
浮砾石☆pumice gravel
浮力☆buoyant{buoyancy;elevating} force；uplift pressure；flo(a)tation；buoyancy；floatage；buoy(ance)；lift
浮力可控系统☆controlled buoyancy system
浮力系数☆buoyancy factor；BF
浮力中心☆center of buoyancy；C.B.
浮力作用☆flotational process
浮露地区☆exposed country
浮码头☆landing stage{place}；floating landing stage；floating berth{terminal}；float；stair；stage
浮码头[油罐浮顶中提供浮力的]空气舱☆pontoon
浮锚☆drag-anchor；drogue；floating anchor[帆布制]；buoy{water} anchor
浮煤☆raft；float coal
浮密度☆buoyant{submerged} density
浮沫(选矿)法☆froth flotation process；FFP
浮囊[笔]☆basal cyst；pneumatophore；pneumatocyst
浮囊状颗石☆float cocolith{coccolith}
浮泥☆floating sludge；mud scum
浮盘式浮顶☆open pan type floating roof
浮抛金属液☆supporting metal
浮疱体☆buoyant blister
浮漂的遗弃物☆flotsam
浮漂物☆bob
浮萍科☆Lemnaceae
浮萍属[E_3-Q]☆Lemna
浮瓶☆drift bottle
浮起☆float；levitation；buoy；float off[搁浅船]
浮起部分☆float fraction
浮起气泡☆emerging{levitating} bubble
浮起外流散布模式☆buoyant outflow dispersion model
浮器☆pneumatophore
浮桥☆boat{bateau} bridge；raft；pontoon
浮撬[沼泽地带运载物探仪器的平底浮车]☆skid
浮球[用于选择性封堵上部射孔孔眼]☆ball float；swimmer；floater
浮球控制安全阀☆float-operated relief valve
浮球式自动关闭阀☆float-ball self-closing valve
浮区法☆float(ing)-zone method
浮区晶体☆float crystal
浮容重☆buoyant unit weight；submerged weight
浮塞☆floating plug{mandrel}
浮散矿☆float ore
浮散矿石☆float ore；floater
浮砂☆float{running;floating;loose} sand；quicksand
浮生☆overgrowth；epitaxial growth；epitaxy
浮生产量☆net production
浮生植物(群落)☆phytoplankton
浮升☆buoyant ascent
浮升(作用)☆levitation
浮石☆float(-)stone；foam；holystone；igneous rock froth；fragmented{float;loose;running} rock；pumice (stone)；balmstone；float{swimming} stone；loose part of rock；crop；pumice volcanic foam；lapis pumicis；schaumopal[德]；pumite；nectilite；Pumex [a light porous stone of lava][酸性喷出岩之一]
浮石粉☆pumice powder；ground{powdered} pumice
浮石构造☆pumiceous structure
浮石骨料混凝土☆pumice aggregate concrete
浮石火山灰砂浆[土]☆trass mortar
浮石降落沉积物☆pumice-fall deposit
浮石块流☆lump pumice flow
浮石渣砖☆pumice-slag (brick)
浮石状渣☆honeycombed slag
浮式采油、储油和卸油油轮☆floating production, storage and offloading tanker；FPSO tanker
浮式储油装置☆floating storage vessel
浮式海洋钻井装置☆floating offshore drilling rig
浮式井架☆floating derrick
浮式离底拖管法☆buoyant off bottom tow method
浮式离开井底接管法☆buoyant off-bottom connection method；BOCM
浮式平台☆floating structure{platform}；vessel
浮式生产系统☆FPS；floating production system
浮式住宿船☆flotel
浮式(钻井)装置☆floater
浮式钻探平台☆floating drilling platform
浮水☆basal groundwater{water}；ice-floa{-floe}；pack{floe;floating} ice；pan-ice
浮水支撑☆float bracing
浮水植物☆floating plant
浮台[海底采矿和钻井用]☆floating platform
浮体☆float；floater；buoy
浮体单元☆elemental floating body
浮铜☆float copper
浮桶泊☆buoy mooring
浮筒☆launching dolly；flotation{floating} buoy；buoy；(buoyancy) float；floating pipe；buoyant tank；pontoon
浮筒操纵安全阀☆float-operated relief valve
浮筒顶标☆perch
浮筒切力计☆shearometer
浮筒式回水盒[汽阀]☆bucket steam trap
浮筒液位信号器☆float level signals
(换热器的)浮头☆floating head
浮凸☆relief
浮土☆grime；capping mass；eluvial{quick;floating} soil；regolith；overburden；covering；regolite；floating earth；flow{mantle} rock；aggradation；surface dust {wash}
浮托力☆uplift force{pressure}
浮托压力☆uplift pressure；buoyancy
浮(船)坞☆floating dock
浮物☆float (material;product;fraction)
浮物堆积☆raft
浮物灰分☆ash of float product
浮物曲线☆cumulative float curve
浮现☆emersion；emerge
浮现大陆☆emerged continent
浮现气泡☆F-bubble
浮线图☆traverse map
浮箱☆launching dolly；float{buoyancy} chamber
浮箱基础☆floating box foundation
浮鞋[套管附件]☆foot{float} shoe；float plug；orifice fill shoe
浮心☆center of floatation{buoyancy}；CF.
浮心轨迹☆locus of buoyancy
浮心与重心间的距离☆distance between MB and MG
浮性☆buoyancy；buoyance
浮悬剂☆deflocculator
浮悬运料☆suspended load
浮悬重量☆buoyant weight
浮选☆flotation (concentration;separation)；floatation；enrichment{dressing} by flotation；float(ing)；selection by floatation；select flotation
浮选泵和泵池☆flotation pumps and sumps
浮选槽的泡沫导板☆crowding baffle
浮选槽平台☆flotation floor
浮选槽液面调整☆cell level adjustment
浮选槽液位设定点☆flotation cell level setpoint
浮选粗选☆rougher flotation
浮选毒物☆toxic reagent
浮选二次精选槽☆flotation second cleaners
浮(游)选法☆flotation process
浮选高压浸出钛精矿☆flotation and autoclave titanium concentrate
浮选工☆flotator
浮选回路控制示意图☆flotation circuit control scheme
浮选机☆flotation machine{cell;unit}；flotator；(float) cell
浮选基本控制回路☆basic flotation control loop
浮选机入料箱☆flotation cell feed box
浮选剂☆flotation agent{chemical;reagent}
220 浮选剂[$C_{17}H_{33}$-$C_3H_4N_2$-C_2H_4OH]☆Amine 220
DLT 浮选剂[二乙醇胺和高级脂肪酸的缩合产物]☆DLT reagent
×浮选剂[生产亚麻仁油的副产品]☆Elastoil LL{|LZ}
×浮选剂[1 mol 硬脂胺与 5{|50}摩尔环氧乙烷反应产物]☆Ethomeen 18/15{|18/60}
×浮选剂[1 mol 椰油脂肪胺与 2 摩尔环氧乙烷反应产物]☆Ethomeen C/20
×浮选剂[叔胺]☆Ethomeen S/10
×浮选剂[1mol 大豆油脂肪胺与 2{|5|10|15}摩尔环氧乙烷反应产物]☆Ethomeen S/12{|15|20|25}
×浮选剂[1mol 牛油脂肪胺与 2{|5|15}摩尔环氧乙烷反应产物]☆Ethomeen T/12{|15|25}
×浮选剂[C_8-C_{12} 脂肪胺与环氧乙烷的反应产物]☆Ethomeen
Nokes 浮选剂[P_2S_5 与 NaOH 及 As_2O_3 的反应产物]☆Nokes reagent
×浮选剂[巯基苯并噻唑钠盐]☆Flotagen S
×浮选剂[巯基苯并噻唑]☆Flotagen
浮选精煤☆frothed coal；flotation concentrate
浮选精煤煤浆☆flotation coal slurry
浮选精煤贮存分配槽☆froth concentrate holding and distribution tank
浮选矿化泡沫顶部的无矿部分☆window
浮选矿浆准备器☆apparatus for prefloatation pulp conditioning
浮选沥滤(车间)☆flotation-leaching plant
浮选能力☆flotative capacity
浮选气☆afloat gas
浮选气泡拣取矿粒试验☆pick-up (flotation) test
浮选三次精选槽☆flotation third cleaners
浮选室(槽)排☆bank of cells
浮选调和矿浆☆pulp climate；conditioning pulp
浮选尾矿☆flo(a)tation tailings{rejects}；nonfloat
浮选性曲线☆floatability curve
浮选摇床☆table flotation；flotation table
浮选药剂☆floating agent；flotation reagent
浮选药剂分布式☆reagent partition
浮选一次精选槽☆flotation first cleaners
浮选用筛☆flotation screen
浮选优选分析☆release analysis
P.E 浮选油☆P.E. Flotation oil
Barrett 4(号)浮选油☆Barret float oil No.4
浮选中煤{矿}☆flotation middling
浮选柱☆flotation column；column flotation{flotator}；columnar flotation container
浮选桩☆bubble column
浮选作业☆operation of flotation
浮靴☆float shoe

浮烟☆buoyant plume
浮岩[一种多孔火成岩,常含 53%～75%SiO_2,9%～20% Al_2O_3]☆ pumice; (volcanic) foam; koka seki; igneous rock froth; pumice{float} stone; pumi(ci)te; holystone; spumulite; float stone.pumice; pumica
浮岩构造☆pumiceous structure
浮岩漂流☆raft of pumice
浮岩球☆flotation bomb
浮岩绳钓☆pelagic longiline
浮液☆supernatant liquid
浮移石☆float
浮移质☆surface load
浮油☆floating oil; oil slick
浮油回收船☆oil collection vessel
浮游尘末☆floating dust
浮游虫科☆tintinnidae
浮游带☆pelagic zone
浮游的☆pelagic; floating; plankt(on)ic; natant
浮游动物☆zooplankton; animal{zoo} plankton
浮游矿尘测定仪☆floating mine dust tester
浮游矿物☆float
浮游煤层☆suspending{flue} coal dust
浮游生物☆pelagic{planktonic;floating} organism; plankton (inorganism)
浮游生物的过量繁殖☆bloom
浮游生物淤泥☆pelogloea
浮游食动物☆suspension feeder
浮游式流量计☆free-float{tapered tube} flowmeter
浮游性☆floatability; flotability
浮游选☆flo(a)tation
浮游选矿☆floating separation
浮游选煤☆coal flotation
浮游烟气信号☆buoyant smoke signal
浮游异养☆planktotrophy
浮游异养幼虫☆planktotrophic larva
浮游植物☆phytoplankton; plant plankton
浮游植物大量繁殖☆phytoplankton bloom
浮于水上的☆waterborne
浮云式空间珍珠岩吸音板☆floating space pearlite soundproof boards
浮运(作用)☆rafting
浮运到井位☆float into position
浮运木材☆logging
浮载矿物的☆mineral-laden
浮在表{上}层的(东西)☆supernatant
浮藻海☆Sargasso sea
浮渣☆dross; froth; floss; scum; dirt; skimmings; skim; spume; crust
浮渣锰土[德]☆schaumwad
浮栈桥☆floating pier; floating passenger landing
浮沼☆quaking bog
浮褶☆detachment; abscherung
浮褶基面断层☆sole{decollement} fault
浮褶皱☆superficial{decollement} fold
浮褶作用☆decollement; detachment
浮针☆float spindle{needle}
浮置☆levitation
浮置岩体☆floating reef
浮肿☆dropsy; edema
浮重[钻具或套管在泥浆中]☆buoyant weight
浮重度☆buoyant unit weight; submerged weight
浮洲☆channel shoal
浮砖☆floater
浮桩☆buoyant pile
浮桩基础{式桩基}☆floating (pile) foundation
浮浊澄清(作用)☆deemulsification
浮浊剂☆opalizer; opacifier; opacifying agent
浮子☆float(er); buoy; float in fishing; carburettor float; carburettor float in automobile
浮子阀[液面控制]☆float-actuated valve
浮子控制式自动排水泵☆float-controlled drainage pump
浮子式压力计☆float type pressure gage
浮子式油罐液面计☆float type tank gauge
浮子调节进油☆float feed
福勃氏衬里☆Forbes lining
福地矿☆fukuchilite
福尔马林[HCHO,甲醛]☆formalin
福尔森(粉矿造块)法☆Follsan process
福辉锑铅矿☆fülöppite
福克方程☆Fock's equation
福克斯顿沃伦☆Folkestone Warren
福克斯式钢绳冲击钻探法☆Fauck's boring method
福拉布鲁克(双晶)律☆Manebach law; Four la Brouque law
福莱尔水色计☆Forel scale
福勒式磁选机☆Forrer magnetic separator
福雷水色计☆Forel scale
福雷{里}斯特型充气式浮选机☆Forrester machine
福里斯特气升式浮选机☆Forrester air-lift flotation cell
福利☆material benefits; welfare; well-being
福利金☆benefit fund; fringe benefits
福磷钙铀矿[$Ca(UO_2)_3(PO_4)_2(OH)_2•6H_2O$;斜方]☆phosphuranylite
福罗吉式冻结凿井法☆Foraky freezing process
福美锌[用作橡胶促进剂及农业杀菌剂]☆ziram
福明那特炸药☆Fulmenite
福纳振动式磁力仪☆vibration{Foner} magnetometer
福瑞斯特型充气式浮选机☆Forrester machine
福赛特炸药☆Forcite
福氏浊度单位☆Formazin turbidity unit; FTU
福斯特定律☆Faust's law
福斯特珊瑚属[O_{2-3}]☆Foerstephyllum
福碳硅钙石[$Ca_4Si_2O_6(CO_3)(OH,F)_2$;斜方]☆fukalite
福特黏度杯☆Ford viscosity cup
福特人☆Fordist
福特制☆Ford system
福帖康管☆photicon
福柱锑铅矿☆fuloppite
弗钙霞石[$(Na,Ca)_7(Si,Al)_{12}O_{24}(SO_4,CO_3OH,Cl)_3•H_2O$;六方]☆franzinite
弗硅钒锰石☆francinsoanite
弗吉尔纪☆Virgil age
弗拉登[德]☆fladen
弗拉康(阶)[欧;K_{1-2}]☆Vraconian (stage)
弗拉里合金[钙钡铅合金]☆Frary metal
弗拉摩罗高地[阿波罗 14 着陆位置]☆Fra Mauro highlands
弗拉摩洛{罗}玄武岩☆Fra Mauro basalt
弗拉瑞斯型摇床☆Ferraris table
弗拉{赖}什硫黄{磺}水力开采法☆Frasch process
弗拉斯(阶)[欧;D_3]☆Frasnian (stage)
弗拉斯尼期☆Frasnian age
弗拉索夫石☆wlasowite
弗莱彻分批卸料离心机☆Fletcher batch centrifuge
弗莱格取芯管☆phleger corer
弗莱明定则☆Fleming's rule
弗莱明菊石属[头;T_1]☆Flemingites
弗莱明蛎属[双壳;E]☆Flemingostrea
弗莱契珊瑚科☆Fletcheriidae
弗赖尔型砂泵[螺旋轮式]☆Frenier (sand) pump
弗赖什法采硫☆Frasch process
弗赖什法采硫`厂{装置}☆Frasch plant
弗赖什溶浸提硫法钻井☆Frasch-process well
弗兰哥尼期☆Franconian age
弗兰克-里德(位错)源☆Frank-Read source
弗兰克位错☆Frank dislocation
弗朗茨-费罗电磁过滤机☆Frantz Ferro-filter
弗朗茨型等磁力线磁选机☆Frantz isodynamic separator
弗朗霍菲谱线☆Fraunhofer line
弗朗霍菲衍射☆Fraunhofer diffraction
弗朗康阶☆Franconian (stage)
弗朗西斯亚型地槽☆Franciscan subtype geosyncline
弗劳德数☆Froude number; Fr
弗雷德霍姆积分方程☆Fredholm integral equation
弗雷德里克斯堡(阶)[北美;K_1]☆Fredericksburgian
弗雷里合金☆Frary metal
弗雷瑟尔杨绥公式☆Fraser and Yancey formula
弗雷斯(阶)[北美;E_3]☆Fresnian
弗雷斯诺石☆fresnoite
弗雷西奈式双动千斤顶☆Freyssinet jack
弗雷西内预应力法☆Freyssinet system of prestressing
弗雷泽风砂分选法☆Fraser's air-sand process
(X 射线)弗里德尔反射定律☆Friedel's reflection law
弗里德尔直角(双晶)律☆Friedel's rectangular law
弗里克塞牙形石属[$Є_3$-O_1]☆Fryxellodontus
弗利特法☆fleet method
弗立希☆flysch
弗林螺旋状洗涤集尘塔[带格子]☆Freyn tower
弗林特虫属[孔虫;N_2-Q]☆Flintina
弗硫铋铅铜矿[$Pb_5Cu_5Bi_7S_{18}$;斜方]☆friedrichite
弗鲁德☆Froude
弗鲁德里希等温吸附式☆Freundlich adsorption isotherm
弗伦克尔{耳}缺陷{|无序}☆Frenkel defect{|disorder}
弗罗德曲线☆Froude's curve
弗罗多闸带料☆ferodo
弗罗迈藻属[K-Q]☆Fromea
弗罗斯特水泥☆Frost's cement
弗罗型侧摇带式流槽☆Frue vanner
弗洛丁炸药☆Flo-Dyn
弗洛他根[浮剂]☆flotagen
弗洛塔诺尔浮选起泡剂☆flotanol
弗洛脱尔[起泡剂]☆flotol
弗纳赛特无烟燃料[焦炭砖]☆Phurnacite
弗尼斯牙形石属[T_1]☆Furnishius
弗农产品生命循环模型☆Vernon's product life-cycle model
弗硼钙石[$CaB_2(OH)_8$;三斜]☆frolovite; frolowite
弗瑞德烷☆friedelane
弗氏标数[流速与水深的比例关系]☆Froude number
弗氏粉属[C-P]☆Florinites
弗氏角石☆Volborthella
弗氏螺属[腹;D-T_3]☆Flemingella
弗氏犀属[E_2]☆Forstercooperia
弗氏值☆Froude number
弗水钡硅石☆verplanckite
弗水硅磷钙石☆viseite
弗梯勒型流速测定器☆Fteley current meter
弗霞石☆pharoonite

fǔ

抚顺层☆Fushun formation
抚顺雕饰叶肢介属[E]☆Fushungograpta
抚顺粉属[E]☆Fushunpollis
抚恤金☆pension for the disabled and for survivors; pensionary fund
辅泵☆auxiliary pump
辅舱☆summer tank
辅触媒☆cocatalyst
辅磁☆auxiliary magnet
辅催化剂☆cocatalyst
辅峰☆subsidiary maximum
辅机☆donkey; peripheral machine
辅肌痕☆auxiliary{accessory} muscle scar
辅件☆auxiliaries
辅角[360°与该角之差]☆explement
辅井☆service shaft
辅量子数☆subsidiary{subordinate} quantum number
辅酶☆coenzyme
辅燃区☆secondary (combustion) zone
辅送设备☆grasshopper
辅(增)塑剂☆coplasticizer
辅台☆substage
辅牙☆auxiliary denticles
辅音(字母)☆consonant
辅助☆assist; sub-
辅助(的)☆BU; backup; pre-emergency
辅助爆破☆relief{spread} blasting
辅助仓库☆sub-depot
辅助操作☆auxiliary{overhead;non-productive} operation; overhead
辅助测量(短节)☆auxiliary measurement sub; AMS
辅助测试装置☆auxiliary test unit
辅助层型☆plesiostratotype
辅助车间☆branch work; auxiliary shop; service department
辅助齿轮☆equipment gear
辅助储罐☆day tank
辅助船☆tender ship; support vessel{boat}
辅助导引传爆药☆auxiliary booster lead
辅助的☆subsidiary; auxiliary; assistant; intermediate; coadjutant; associated; ancillary; adjunct; adjective; service; additive; stand-by; second(ary); tributary; supplementary; subordinate; pony; pilot; AUX; ass.
辅助底盘☆subchassis
辅助电压☆boosting voltage
辅助动作☆underaction
辅助发动机带动的小型绞车☆donkey hoist
辅助放矿溜井{子}☆jockey chute
辅助干线☆submain
辅助高压过载阀☆auxiliary high pressure overload valve
辅助工☆back{handy;odd} man; auxiliary worker; shifter
辅助供电装置☆auxiliary power unit

辅助工具☆secondary tools；appurtenance
辅助工人☆helper
辅助工作☆ancillary (work)；by-work；nonproductive operation；shiftwork；subsidiary{dead;donkey;back} work
辅助构架☆subframe
辅助罐道☆offtake{receiving} rod
辅助函数☆auxiliary function
辅助巷道☆service roadway{road}；adit
辅助极☆compole；consequent poles
辅助极架☆consequent-pole frame
辅助(猫头)绞车☆catworks
辅助接头☆sub-joint
辅助井☆service{relief} well；slab hole
辅助井筒☆secondary{service;servicing} shaft；slab hole
辅助决策☆aid decision making
辅助开关☆auxiliary switch；AuS
辅助孔☆cut spreader hole；cut streader hole；reliever；accessory pores；pilot hole
辅助控制☆sub-control
辅助框架☆slave unit
辅助冷却☆positive cooling
辅助路线☆alternative route
辅助门☆check gate
辅助面板☆subpanel
辅助模型☆submodel
辅助母线☆connecting wire
辅助炮孔{眼}☆cropper hole{easer}；easer (hole)；crop {shot} easer；subsidiary shot；skimmer；pony cut；reliever；relieving cut{hole}；pop{reliever;satellite;slab;relief} hole；helper；opener；bencher
辅助炮孔凿岩☆satellite drilling
辅助炮眼☆easer (hole)；relieving cut；pop{reliever;relieving;satellite;slab;relief} hole；helper；shot easer；skimmer；opener；bencher
辅助平硐☆auxiliary adit
辅助平巷☆auxiliary{by-hand;hand} level；by-level；service drift{entry}；subsidiary gate road；tailgate；subsidiary beading{heading}
辅助平台☆satellite{non-production} platform
辅助墙☆relieving wall
辅助橇装设备☆auxiliary skid
辅助绕组[电]☆additional{auxiliary} winding；A.W.
辅助人员☆auxilian；support personnel
辅助刹车☆assist brake
辅助设备☆accessory (equipment)；utility appliance；(auxiliary) accessary；ancillary equipment{facilities；outfit}；auxiliaries；auxiliary facilities{apparatus}；secondary equipment{device}；auxiliaries；peripheral (equipment)；supplemental{support} equipment
辅助设备及工具☆ancillary
辅助设计☆aided design
辅助数据☆peripheral data
辅助水平☆by-hand level
辅助掏槽☆reinforced{relieving} cut
辅助掏槽炮孔{眼}☆pony cut；cut spreader hole
辅助提升☆auxiliary winding；supplemental hoisting
辅助天井☆service raise；subraise
辅助通道☆subchannel；service entrance
辅助推进系统☆auxiliary{secondary} propulsion system；APS；SPS
辅助系统☆backup{accessory} system；servosystem
辅助线路☆alternate route
辅助信号☆cue{auxiliary;subsidiary} signal
辅助信息☆additional{addition} information；tag
辅助性☆subservience；subserviency
辅助遥测下井仪☆auxiliary telemetry tool；ATT
辅助业务☆indirect activities
辅助仪表☆accessory{supporting;secondary} instrument
辅助仪器☆supplementary instrument
辅助因素☆cofactor
辅助支柱☆catch prop；helper{relief} post；servo-prop；sub-post
辅助柱塞☆kicker cylinder ram
辅助装置☆auxiliary apparatus{plant;set;device}；stand-by{servicing} unit；assistor；aid；service
辅助资料☆addition information
辅助字符☆special character
辅助阻隔墙{物}☆secondary barrier
辅助钻工☆driller's helper
俯☆underthrust earthquake
俯采☆underhand stoping
俯采式的☆underhand
俯冲☆subduction；underthrust(ing)；nose dive；underriding；downgoing
俯冲板块☆subducting{downgoing;underthrusting;underthrust;subduction;descending} plate；diving {downgoing} slab
俯冲波浪☆plunging wave
俯冲带☆Benioff{subduction;subducted} zone；zone of subduction；subduction belt
俯冲的海底☆subducted sea floor
俯冲攻击☆pique
俯冲后的☆postsubduction
俯冲机☆diver
俯冲极性☆polarity of subduction
俯冲接合☆subduction-junction
俯冲拍摄的相片☆diving photograph
俯冲型地震☆thrust type earthquake
俯冲洋壳☆subducted{subducting} oceanic crust
俯冲着月点☆steep lunar slopes
俯冲作用的滑移速率☆slip rate of the underthrusting
俯伏的☆prone
俯焊☆down hand welding；downward welding
俯焊的☆downhand
俯角☆quadrant depression；dip；depression{dip;down;negative} angle；angle of depression；descending {negative} vertical angle；negative angle of sight；QD
俯角磁针罗盘勘探工作☆dip-needle work
俯角改正☆height-of-eye correction
俯角圈☆dip circle；dip-circle
俯瞰☆survey
俯瞰构造法☆down-structure method；looking-down structure
俯瞰倾伏投影(法)☆down-plunge projection
俯视☆overlook
俯视(图)☆top view
俯视角☆depression
俯视图☆plan (view)；bird's eye view
俯卧☆prostration
俯斜长壁后退开采法☆longwall retreating to the dip
俯斜回采☆advancing to the dip
俯斜开采☆dipping extraction
俯仰☆pitching；pitch[船的]
俯仰角☆angle of pitch{sight}；pitch angle
俯仰角变化☆pitching
俯仰运动☆luffing
俯越☆bend over
俯状☆proneness；prone
釜☆pot；cauldron[煮皂]
釜馏☆stilling
釜馏物☆stillage
釜式重沸器☆kettle-type reboiler
斧柄☆axe handle；helve
斧锤☆axe hammer
斧蛤科[双壳]☆Donacidae
斧辉岩☆limurite
斧刃☆axe blade
斧刃砖☆ordinary brick
斧石[族名;$Ca_2(Fe,Mn)Al_2(BO_3)(SiO_3)_4(OH)$]☆axinite；thumite；thum(m)erstone；tumite；hyalite；axe-stone；glass schorl(axinite)；violet schorl；aksynite；oisanite；afterschorl
斧石化(作用)☆axinitization
斧石(晶)组☆anorthite type
斧形锤[琢石用]☆hack hammer
斧牙形石属[S_3-D]☆Pelekysgnathus
斧凿☆pitching tool；set chisel[砍切铆钉头或螺钉头]
斧子☆chopper；ax(e) [pl.axes]
斧足纲☆Lamellibranchiata；Pelecypode；Pelecypoda
斧足类☆pelecypoda
腐☆sapropel
腐胺[$NH_2(CH_2)_4NH_2$]☆putrescine
腐败☆decomposition；corruption；putrefaction；staleness；sept(i)-；sept(o)-
腐败(的)☆saprogenic；stale；sepsis；putrid；rotten；decayed
(由)腐败产生的☆saprogenous
腐败(性)的☆septic；stale；rotten；putrid
腐败过程☆decay scheme
腐败性☆putrescibility
腐败作用☆mo(u)ldering
腐蛋臭☆fetid odor{smell}
腐褐帘石☆pyrorthite
腐黑物☆humin
腐化(作用)☆putrefaction
腐解☆necrolysis
腐烂☆decay；putrefaction；decompose；rottenness；dote；decomposition；putrescence；rot
腐烂度☆putrescibility
腐烂分化成油作用☆putrefactive generation of oil
腐烂过程☆decay process
腐烂物☆septic；putrefaction
腐烂有机质肥料☆compost
腐锂辉石[一般已变为白云母与钠长石的混合物]☆cymatolite；kymatolith；cumatolite；aglaite
腐砾层☆decayed gravel bed
腐霉属[真菌]☆Pythium
腐木泥炭☆woody peat
腐木质☆ulmin
腐木质体[褐煤显微组分]☆ulmi(ni)te
腐铌钇矿☆nohlite
腐泥☆(slimy) sapropel；putrid{sapropelic} mud；gyttja；gyiteja；rotten slime
(软)腐泥☆decay ooze
腐泥层☆putrid slime
腐泥的☆sapropelic；cumulose
腐泥腐殖型☆sapropelic-humic type
腐泥钙藻岩☆sapropel-calc
腐泥褐煤☆saprodite；saprodil
腐泥化☆putrefaction
腐泥基质体☆sapropelic groundmass
腐泥煤☆sapropelic coal[包括胶泥煤]；gayet；sapropel (coal)；sepropelite；sapropelite；sapropelitic coal；organic slime
腐泥泥炭☆saprocol；sepropel-peat；sapropel-peat
腐泥黏土☆sapropel-clay；sapropelic{sapropel} clay
腐泥土☆saprolite；gyttja{cumulose;muck} soil；muck；muckland；organic mud；saprolith
腐泥型裂解气☆sapropel-type cracking gas
腐泥型天然气☆sapropel type natural gas
腐泥烟煤☆sapanthracon；sapropelic bituminous coal；sapanthrakon
腐泥岩☆sapropelic rock；sapro(pe)lite；rotten{organic} slime；saprolith
腐泥页岩☆cannel shale
腐泥油田质油页岩☆sapropelic kerogen oil shale
腐泥质油页岩☆sapropelic oil shale
腐闪石☆kirwanite
腐生☆saprophytic；pythogenesis
腐生的☆saprozoic；saprogenous；saprogenic；saprophytic
腐生风化☆saprolitic weathering
腐生生物☆saprogen；saprobe
腐生物☆saprophage
腐生细菌☆metatrophic bacteria
腐生植物☆saprophyte；sapront；saprobe
腐生植物性营养☆saprophytic nutrition
腐尸学☆necrology
腐食☆saprophage
腐食动物☆scavenger
腐食性☆saprophagous
腐蚀☆corrosion (attack)；eat away；corrode；erosion；etch(ing)；erode；corrupt；cautery；cauterization；burn into{in}；bite；canker；rot；mordanting
腐蚀变质(作用)☆optalic{caustic} metamorphism
腐蚀的☆eating；corroded；cankerous；pyrotic
腐蚀点☆hot shot
腐蚀电极☆corroding electrode
腐蚀电位仪☆corrosion voltmeter
腐蚀法印刷电路☆etched wiring
腐蚀剂☆escharotic；corrosive (agent;chemicals)；corrodent；cautery；caustic；etchant；pyrotic；mordant
腐蚀计☆corro(so)meter；corrosimeter
腐蚀加速剂☆corrosion accelerator
腐蚀监视仪☆corrosion monitor
腐蚀检定计{仪}☆corrosimeter
腐蚀介质☆corrosive medium
腐蚀介质浓度☆corrosive concentration
腐蚀刻痕线☆line of etch
腐蚀控制指数☆pitting-control index
腐蚀-劳损☆corrosion-fatigue
腐蚀裂纹☆corrosion cracking；CC
腐蚀瘤☆tuberculation
腐蚀麻点☆pithole
腐蚀面☆erosional{corrosion} surface
(已)腐蚀区☆affected area

腐蚀损坏(随深度)剖面☆failure plot
腐蚀污{沾}染☆corrosion contamination
腐蚀物☆eater
腐蚀陷斑☆etched dimple
腐蚀性☆corrosivity；corrosiveness；aggressiveness；corrosion (nature)；corrosive characteristic；causticity
腐蚀性的☆escharotic；corrosive；caustic；aggressive；erosive；acrid
腐蚀性硫☆active sulphur
腐蚀性水☆corrosive water
腐蚀性物质引起的磨损☆corrosion wear
腐蚀抑止剂{器}☆corrosion barrier
腐蚀余量测试孔☆sentinel hole
腐蚀增重(作用)☆surrosion
腐蚀作用☆corrosive attack{action}；corrosion reaction {behavior;action}；abrasive{erosive} action；corroding process
腐殖(腐熟)质☆mull
腐朽☆disintegration；rotten；decayed；decadent；degenerate；rot；dote[木材]
腐朽坑木☆dazed timber
腐锈斑☆aerugo
腐岩☆mantle rock；regolith；saprolite；sathrolith；saprolith
腐叶土☆leaf mould{mold}
腐沼[月面]☆Palus Putredinis
腐殖☆sapropel
腐殖层☆sod；humus layer
腐殖沉积☆putrid slime
腐殖腐泥型☆humic-sapropelic type
腐殖黑泥☆gyttja [pl.gyttjor]；gyttia
腐殖湖泥☆pelphyte
腐殖化☆humify；humi(ni)fication
腐殖化的☆humified
腐殖镜质体{组}☆humovitrinite
腐殖聚积作用☆sod formation
腐殖铝石☆pigotite
腐殖煤☆hum(ul)ite；humulith；humolith；humic {humus} coal；humolite；cahemolith；chameolith；chaemolith
腐殖泥☆humic{putrid} mud；humopel；sapropel；dy
腐殖泥炭☆dry peat
腐殖凝胶☆huminogel；dopplerite；phytocollite；humic gel
腐殖软泥☆saprogenous ooze
腐殖砂漆☆ulmite
腐殖素☆humin
腐殖酸分解(作用)☆humic decomposition
腐殖酸钙☆calcium humate
腐殖酸铬☆chromium humate
腐殖酸钠☆sodium humate
腐殖酸盐{酯}☆humate
腐殖体☆huminite
腐殖体醇溶渣☆melanellite
腐殖铜络合物☆humic-copper complex
腐殖土☆(vegetable) mould；humus (soil)；muck (soil; swamp)；cumulose{organic} soil；mold；terreau[法]
腐殖物质形成☆moder formation
腐殖型干酪根☆humic kerogen
腐殖岩☆humulith；humulite
腐殖营养湖☆dystrophic lake
腐殖质☆humus；humin；humic substance {compound;material}；humopel[腐殖煤系列第一煤化阶段]；humics；humic degradation matter；mouldy {organic} substance；soil ulmin；HDM
腐殖质层☆humus layer；H-layer
腐殖质的☆lignohumic；putrid
腐殖质红色土☆rubrozem
腐殖质煤☆saprodil
腐殖质泥炭☆humocoll
腐殖质硬盘{磐}☆humus ortstein
腐殖烛煤☆humic-cannel{pseudocannel} coal
腐殖作用☆humification
腐质土(壤)☆humus

fù

副☆set；secondary；suit；sub(-)；counter-；vice(-)；pro-
副埃洛石☆parahalloysite
副矮菊石属[头;T_1]☆Paranannites
副奥长石☆paroligoclase
副坝☆auxiliary{minor} dam
副板[腕]☆accessory lamellae
副板孔[射虫]☆parapyla [pl.-e]
副瓣☆minor{secondary} lobe；side lobe
副瓣状步带☆subpetaloid ambulacra
副半岛☆sub-peninsula
副(象)半面象☆paramorphic hemihedry
副胞管[笔;古生]☆bitheca
副孢子☆accessory spore
副北极带☆subarctic zone
副北极带的☆subarctic
副北极水☆subarctic water
副北极中层水☆subarctic intermediate water
副背斜☆subsidiary anticline
副贝加尔螺属[软舌螺;E-Q]☆parabaicalia
副钡长石[$Ba(Al_2Si_2O_8)$;单斜]☆paracelsian
副钡细晶石☆parabariomicrolite
副本☆copy；carbon{backup} copy；duplicate；dupe；ectype；transcript(ion)；counterpart；repetition；salinan
副本记录☆hard-copy record
副闭肌痕[腕]☆accessory adductor scars
副鞭体[藻]☆paraflagellar body
副边绕组☆secondary winding
副变基性岩☆parametabasite
副变晶作用☆parablastesis
副变质基性岩☆parametabasite
副变质岩☆para(-)rock；para(-)metamorphic rock；parametamorphite；parablastesis
副标度☆subscale mark
副标题☆subtitle；sub(-)heading；subhead
副标准☆substandard
副表☆subtabulation
副波☆complementary wave
副波角石属[头;J_3-K_2]☆Paracymatoceras
副不整合☆para-unconformity
副步带板[海星]☆adambulacral
副残积物☆para-eluvium；paraeluvium
副槽☆minor trough
副测量员☆deputy surveyor
副层☆sublayer；underlayer
副层型☆parastratotype
副层序☆parachronism
副产品☆by-product；secondary{by-pass} product；coproduct；spinoff；sideline{residual} products；accessory substance；outgrowth
副产物☆by-pass product；after-product
副长山虫属[三叶;$Є_3$]☆Parachangshania
副长石☆foid；fel(d)spathoid；feldspathoidite
副长石的☆foidal
副长石类☆feldspathoid；feldspathide
副长石岩☆feldspathoid(ite)；foidite；feldspathoidal rock
副长岩☆foidite
副撑☆sub-strut
副成分☆accessory ingredient{constituent}；minor component
副承包人☆associate contractor；A/C
副齿轮☆pinion
副齿柱☆posttrite
副赤道带☆subequatorial belt
副冲击坑☆secondary crater
副虫室☆nanozooecium
副传动轴☆counter drive shaft
副传动装置☆auxiliary transmission
副船长☆mate
副脆硫锑铅矿[$Pb_4FeSb_6S_{14}$;斜方]☆parajamesonite
副大巷☆sub-mains
副大洋的☆paraoceanic
副代理人☆subagent
副的☆duplicate；dupe；assistant；subsidiary；accessary；second(ary)；accessory；by(e)-；asst.
副堤☆auxiliary{secondary} levee
副低压☆secondary depression{low}
副底板[棘]☆parabasal plate
副地槽☆intrageosyncline；parageosyncline；miogeosyncline
副地层单位☆parastratigraphic unit
副地层学☆parastratigraphy
副地台☆paraplatform
副地下层☆sub-basement
副碲铅铜石[$PbCu_3Te^{6+}O_4(OH)_6$;六方]☆parakhinite
副第三系{纪}☆para-Tertiary；sub-Tertiary
副电极☆auxiliary electrode
副电流☆secondary current
副蝶窝☆parasphenoid vacuity
副迭盖块☆paraklippe
副定形虫属[三叶;$Є_3$]☆Paramenomonia
副都匀鱼属[D_1]☆Paraduyunaspis
副断层☆auxiliary{companion;branch} fault
副队长☆deputy director
副对称面☆auxiliary plane of symmetry
副对角撑☆counterbracing
副多颚牙形石属[D_{2-3}]☆Parapolygnathus
副萼☆calycule；accessory calyx
副鳄亚目☆Parasuchia
副二层台[井架 12m 处]☆double board platform
副法线☆binormal
副发冠虫亚属[三叶;$Є_2$-O_1]☆Parakomaspis
副反射器☆subreflector
副反应☆secondary{side;subsidiary} reaction
副防波堤☆interior breakwater
副纺锤䗴属[孔虫]☆Parafusulina
副菲利普虫属[三叶;P_1]☆Paraphillipsia
副分水界☆subdivide
副锋☆secondary front
副辐鳍鱼超目☆Paracanthopterygii
副腹菊石科[头]☆Paragastrioceratidae
副钙铝氟石[$Ca_4Al_4F_8(F,OH)_{12}\cdot3H_2O$]☆paragearksutite
副钙霞石[$Na_8(AlSiO_4)_6(CO_3)\cdot nH_2O$]☆paracancrinite
副钙铀云母[$Ca(UO_2)_2(PO_4)_2$]☆para-autunite
副干季☆veranillo
副高岭石☆parakaolinite
副隔板☆accessory septa
副隔壁☆septulum；septula
副工☆by-worker；by-workman
副工作☆subtask
副构件☆submember
副构造型☆paratectonics
副构造型褶皱☆paratectonic fold
副管[为提高输送量而铺设的平行于或回行于干管的管段]☆looped pipeline
副管法☆looping method
副光谱☆secondary spectrum
副光枝苔藓虫属[D-T]☆Paralioclema
副光轴☆optic biradials；secondary optic axes
副硅灰石[$CaSiO_3$;单斜]☆parawollastonite
副硅钠锆石[$Na_2ZrSi_2O_7$;三斜]☆parakeldyshite
副硅酸盐☆parasilicate
副锅炉☆donkey boiler
副海百合纲☆Paracrinoidea
副海泡石[$H_8Mg_2(SiO_4)_3$]☆parasepiolite
副海洋性气候☆submarine climate
副寒带☆subfrigid zone
副航行员[宇航]☆copilot
副合沟[孢]☆parasyncolpate
副黑钒矿[VO_2;斜方]☆paramontroseite
副黑铜矿[CuO; $Cu_2^{1+}Cu_2^{2+}O_3$;四方]☆paramelaconite；paratenorite
副虹☆secondary rainbow
副红磷铁矿☆parastrengite
副蝴蝶虫属[三叶;$Є_3$]☆Parablachwelderia
副花冠[植]☆corona [pl.-e]
副化合价☆subsidiary valence
副黄碲矿[TeO_2;四方]☆paratellurite
副灰硅钙石[$Ca_5(SiO_4)_2(CO_3)$]☆paraspurrite
副辉沸石[$Ca(Al_2Si_6O_{16})\cdot5H_2O$]☆parastilbite
副辉铜矿[具有高温辉铜矿副象的辉铜矿;Cu_2S]☆para-kupferglanz[德]
副辉银矿[具有辉银矿副象的螺状硫银矿; Ag_2S]☆para-silberglanz[德]
副回风煤巷☆air endway
副回路☆subloop；loop with loop
副火口☆satellite{satellitic} vent
副火山口☆subsidiary crater
副基层☆subbase
副基铁矾[$Fe^{3+}(SO_4)(OH)\cdot2H_2O$;斜方]☆parabutlerite
副基准☆secondary standard
副激磁机☆sub-exciter；SEx
副极带☆subarctic zone
副极地低压☆subpolar low
副极地湖☆subpolar lake
副极地期☆Sub-boreal age
副极小☆secondary minimum
副棘[绵]☆paraclavule
副棘鳍总目☆Paracanthopterygii
副几丁虫属[O]☆Parachitina
副脊索☆parachorda

副鲚鱼(属)[J]☆Paraclupea
副钾钙(纹)长石☆para-oranite
副钾镁煌斑岩☆para-lamproite
副价☆subsidiary valence
副架☆subframe
(飞机)副驾驶员☆copilot
副肩螺属[腹;Q]☆Paracampeloma
副铰齿[腕]☆accessory denticle{denticula}; denticle
副铰窝[腕]☆accessory socket
副角☆subangle
副角闪岩☆paraamphibolite
副教务长☆subdean
副接头☆sub-joint
副节理☆subjoint; end
副解理☆head
副晶粒☆subgrain
副经理☆assistant manager
副井☆service{auxiliary;chippy;tender} shaft; b(-)pit
副井提升☆service{supply} winding; auxiliary shaft hoisting
副井同体建筑☆service shaft combined structure
副颈缘片☆paranuchalo-marginal plate
副菊面石☆Paraceratites
副巨犀属[E_3]☆Paraceratherium
副柯度虫属[三叶;$Є_2$]☆Parakotuia
副壳☆accessory valve
副肯氏兽属☆Parakannemeyeria
副孔[苔]☆accessory pores
副口环☆parachomata; parachoma
副库司虫属[三叶;$Є_2$]☆Paracoosia
副矿长☆assistant{deputy} manager; under-manager
副矿脉☆companion lode; secondary vein
副矿物☆auxiliary{accessory} mineral; paramineral
副馈线☆subfeeder
副拉应力☆secondary tensile stress
副蓝磷铝铁矿[$Fe^{2+}Al_2(PO_4)_2(OH)_2•8H_2O$;三斜]☆paravauxite
副蓝铁矿☆paravivianite
副冷锋☆secondary cold-front
副理☆sub-manager
副励磁机☆sub-exciter; SEx
副砾石{岩}☆conglomeratic{conglomerate} mudstone; paraconglomerate
副沥青铀矿☆parapitchblende
副量子数☆subsidiary quantum number
副裂脉叶属[P_2]☆Paraschizoneura
副磷钙锌石☆parascholzite
副磷铝石☆paravariscite
副磷铝铁矿☆paravauxite
副磷钼铁钠铝石☆paramendozavilite
副磷铁铝矿☆paravauxite
副磷锌矿[$Zn_3(PO_4)_2•4H_2O$;三斜]☆parahopeite
副临界流☆subcritical flow
副鳞绿泥石☆parathuringite
副淋溶物☆paraeluvium; para-eluvium
副领工员☆subforeman
副溜煤眼☆counter chute
副硫锑钴矿[CoSbS;斜方]☆paracostibite
副流☆secondary flow
副芦木属[C_2-P_2]☆Paracalamites
副陆☆sub-continent
副陆地函☆subcontinental mantle
副氯硼钙石[$Ca_2(B_5O_8(OH)_2)Cl$]☆parahilgardite
副氯羟硼钙石[$Ca_2B_5ClO_8(OH)_2$;三斜]☆parahilgardite
副氯铜矿☆paratacamite [$Cu_2(OH)_3Cl$]; ateline; atelite; trigoatacamite; para-atacamite
副绿泥石类☆parachlorite
副落羽杉属[古植;K_1]☆Parataxodium
副马(属)[N_1]☆Parahippus
副脉☆dropper; epiphysis
副脉冲☆ghost pulses
副毛矿☆parajamesonite
副美女神虫属[三叶;$Є_3$-O_1]☆Parabolina
副美女神壳虫属[三叶;O_1]☆Parabolinopsis
副美女神母虫属[三叶;O_1]☆Paradionide
副美洲貘属[N_2]☆Parataxidea
副门策贝属[腕;T_3]☆Paramentzelia
副蒙脱石[$Al_2(Si_4O_{10})(OH)_2$]☆paramontmorillonite
副模标本[古]☆lectoparatype; paralectotype; paratype
副模式[标本]☆paratype
副钠沸石[$Na_2Al_2Si_3O_{10}•3H_2O$;单斜?、假斜方]☆paranatrolite
副南极带☆subantarctic zone
副囊☆ballonet
副内角石属[头;O_1]☆Paraendoceras
副霓长岩☆parafenite
副泥芯☆branch core
副年代学☆parachronology
副黏合剂☆secondary binder
副诺利菊石属[头;T_1]☆Paranorites
副爬行亚纲☆Parareptilia; Parareptilis
副抛出物☆ejecta
副喷出物☆ejecta; accessory{resurgent} ejecta
副喷发☆subterminal eruption
副喷发口☆subordinate vent
副皮罗矿☆parapierrotite
副片麻岩☆paragneiss
副片岩☆paraschist
副平巷☆back entry{heading}; companion heading; side gallery
副平流层☆substratosphere
副起爆药包☆second{secondary} primer
副启筋痕[腕]☆accessory diductor muscle scars
副气缸☆auxiliary cylinder
副气囊☆ballonet
副气室☆subchamber
副气旋☆secondary cyclone
副(氧)枪☆sub-lance
副羟钒石☆paraduttonite
副羟氯硼钙石☆calcium-hilgardite-3Tc; hilgardite-3Tc; parahilgardite
副羟氯铅矿[PbCl(OH);单斜]☆paralaurionite
副羟砷锌石[$Zn_2(AsO_4)(OH)$;三斜]☆paradamite
副羟碳硫镍石☆paraotwayite
副穹隆☆subsidiary dome
副区长☆section man
副圈☆secondary winding
副泉口☆satellite vent
副燃油☆primary fuel
副绕射☆secondary diffraction
副热带☆subtropics; subtropical belt{zone}
副热带的☆subtropic(al); semitropical
副热带东风指数☆subtropical-easterlies index
副热带脊☆subtropical ridge
副热带[植]区☆subtropical district
副人猿属[Q]☆Paranthropus
副熔岩☆paralava
副三对叶属[古植;C_3-P_2]☆Paratrizygia
副三角洲☆paradelta
副砂屑岩☆pararenite
副山东虫属[三叶;$Є_3$]☆Parashantungia
副熵力☆secondary entropic force
副砷锰钙石☆parabrandtite
副砷铅铜矿[$(Pb,Cu)_7(AsO_4)_4(OH)_2•½H_2O$]☆parabayldonite
副砷锑矿[$Sb_2(Sb,As)_2$;单斜]☆paradocrasite
副砷铁石[$Fe_3^{2+}(AsO_4)_2•8H_2O$;单斜]☆parasymplesite; parasymplecite
副砷锌矿[$Zn_2(AsO_4)OH$]☆paradamite; paradamine
副生态学☆para-ecology
副石英岩☆paraquartzite
副时间地层单位☆para-time-stratigraphic unit
副时岩(石)单位☆para-time-rock unit
副署☆counter signature; countersign
副鼠(属)[E]☆Paramys
副竖杆☆subvertical
副水硅锆钾石☆paraumbite
副水(碳)铝钙石[$CaAl_2(CO_3)_2(OH)_4•6H_2O$]☆para-alumohydrocalcite
副水氯硼钙石☆parahilgardite; calcium-hilgardite-3Tc
副水硼锶石[$Sr_2B_{11}O_{16}(OH)_5•H_2O$;单斜]☆p-veatchite
副司罐工☆cageman{cager} helper
副司钻☆assistant {-}driller; driller{rotary} helper; bully; helper
副苏铁属[J_2]☆Paracycas
副台信号☆slave signal
副碳钙铀矿[$Ca_3(UO_2)_7(CO_3)_2O_2(OH)_{12}•5$~$7H_2O$]☆parawyartite
副碳硅钙石☆paraspurrite
副桃针钠石☆paraserandite
副添加剂☆subadditive
副条纹长石☆paraperthite
副调制☆submodulation
副调制器☆submodulator
副铁钒矿☆paramontroseite
副钍石☆parathorite
副推进油缸☆auxiliary thrust cylinder
副腕骨☆os carpi accessorium
副围脊贝属[腕;C_3-P_1]☆Paramarginifera
副卫细胞☆subsidiary cell
副卫星☆subsatellite
副乌苏里菊石属[头;T_1]☆Parussuria
副西保罗菊石属[头;P_1]☆Paracibolites
副西藏菊石属[头;T_3]☆Paratibetites
副硒铋矿[$Bi_2(Se,S)_3$;三方]☆paraguanajuatite
副希瓦格蜓属[孔虫]☆Paraschwagerina
副系主任☆subdean
副纤(维)蛇纹石[$Mg_3Si_2O_5(OH)_4$;斜方]☆parachrysotile
副弦☆subchord
副现象☆epi-phenomenon
副线☆siding
副线圈☆secondary coil
副相☆parafacies; subordinate phase
副象☆paramorph(ism); allomorph(ism); dimorph; polymorph; conversion pseudomorph
副象半面象(晶)类☆paramorphic hemihedral class
副象的☆allomorphic; polymorphic; paramorphic
副象交代☆paramorphic replacement
副象属[Q]☆Parelephas
副象现象☆paramorphism
副效应☆side{secondary} effect
副楔骨[两栖]☆parasphenoid
副楔叶属[古植;P_{1-2}]☆Parasphenophyllum
副斜长角闪岩☆para-amphibolite
副斜方砷镍矿[$NiAs_2$;斜方]☆pararammelsbergite
副斜杆☆subdiagonal
副斜井☆subincline; auxiliary incline
副信号☆sub-signal
副型☆paratype; sub-type; allotype
副雄黄[AsS;单斜]☆pararealgar
副旋脊☆parachoma; parachomata
副选型{模}☆paralectotype; lectoparatype
副学科☆scientific subdiscipline
副压恒定变压器☆constant-voltage transformer
副芽☆accessory bud
副牙[腕]☆accessory tooth
副牙形石☆paraconodont
副烟煤☆parabituminous{sub-bituminous} coal
副檐☆label
副研究员☆associate (senior) research fellow; associate professor
副样☆accessory{duplicate} sample; subsample
副野营虫属[三叶;$Є_1$]☆Paragraulos
副业☆bywork; sideline; side-line{side} occupation
副叶☆accessory{minor} lobe
(飞机的)副翼☆aileron
副翼骨☆epipterygoid
副翼羽[航]☆secondaries
副应力☆secondary stress
副油雾发生器☆backup mist generator
副羽毛矿☆parajamesonite
副元素☆minor{accessory} element
副圆形蛋属[K_3]☆Parasphaeroolithus
副猿(属)[E_3]☆Parapithecus
副缘脊☆paramarginal crista
副院长☆subdean
副云母铀矿[受热失水的云母铀矿]☆para-uranite
副载波导引信号☆subcarrier pilot signal
副载波信号整流☆subcarrier signal rectification
副掌颚牙形石属[T_{1-2}]☆Parachirognathus
副帧☆subframe
副针绿矾[$Fe_2^{3+}(SO_4)_3•9H_2O$;三方]☆paracoquimbite
副针钠钙石☆parapectolite; pectolite-M2abc
副枕角石属[头;O_1]☆Parapiloceras
副振动☆secondary undulation
副震☆minor{accessory} shock
副枝☆accessory branch; ramulus
副支架☆slave unit
副质☆paraplasm
副中心☆subcenter
副重土长石☆paraeclsian
副轴☆countershaft; jackshaft; lay(-)shaft; counter{lay; auxiliary} shaft
副轴衬☆supplementary bearing
副轴内轴套☆inner countershaft bushing
副轴首目☆Paraxonia
副轴外轴套☆outer countershaft bushing

F

副轴箱保护装置☆countershaft box guard

副烛煤☆subcannel coal

副主任工程师☆associate principal engineer

副柱沸石[$Ca(Al_2Si_6O_{16})•5H_2O$]☆parastilbite

副柱头☆pulvino

副柱铀矿[$5UO_3•9½H_2O$; $UO_3•2H_2O$?;斜方]☆paraschoepite；schoepite (III)

副助理主教{监督}☆subdean

副锥☆heel cone

副准位☆sublevel

副子午线☆secondary meridian

副总(经理)☆vice president；V.P.

副总工程师☆associate chief engineer{geologist}

副族☆subgroup；subunit；subunite

副组分☆incidental{minor;accessory} constituent；accessory (ingredient)；minor component

副作用☆side effect{reaction}；after-effect(s)；spinoff；by-effect；aftereffect；secondary action

覆板☆cleading；doubling plate

覆包[介]☆overlap

覆被沼泽☆blanket bog

覆冰纪[新元古代第二纪]☆Cryogenian

覆材甲板☆sheathed deck

覆层☆overlying bed{strata}；superincumbent stratum superstratum；deposit；superincumbent bed

覆船层☆inverted boat-shaped stratum

覆刺☆rhabdacanth

覆盖☆draping；blanket；drape；investment；coverage；overlay；cover(ing)；house；hover；lap；plant cover；span；vegetation；overwrite；decken[德]；coating；mantle；wrap；cope；superimposition；spread over；smother；smoulder；sheathe；serving；overcast；roofing；overlying

覆盖(物)☆cloak

覆盖宝石☆cap jewel

覆盖材料☆coating material

覆盖操作☆overlapping operation

覆盖层☆layer of overburden；overburden；cover (rock)；capping；draping{overlying;superjacent; superincumbent} bed；burden；baring；overlay；top；coat；mantle；covering formation{layer}；crowings-in；overlying seam {measures}；nappe；superincumbent layer{stratum}；surfacial；blanket；coverage；exolamelle；superjacent stratum；superstratum；superstratus；tectate-(im)perforate；sedimentary veneer；superstratum [pl.-ta]；mulch

覆盖层厚度☆capping thickness

覆盖层下沉压力☆land weight

覆盖层与煤层接触线☆cover line

覆盖层钻孔法☆overburden drilling method

覆盖长度☆smearing

覆盖处理☆overlap processing

覆盖次数☆multiplicity

覆盖的平原☆covered plain

覆盖地层的本身重量[岩压]☆body load

覆盖度☆cover-degree；covering

覆盖负荷☆incumbent load

覆盖矿石的脉石☆burden

覆盖铝☆aluminium coating

覆盖面☆pavement

覆盖平原☆covered plain

覆盖区☆areal coverage；area of coverage

覆盖体☆nappe；cover mass

覆盖土☆mantled soil

覆盖物☆dress；capping material；mantle(d)；overlay；covering；cover (mass)；deck；coat；mulch；sheath；wrap(per)；serving

覆盖效应☆coating effect

覆盖岩层☆capping (cap;rock)；burden；overburden (rock)；cover；rock cap；overlying{top} rock

覆盖岩层荷重{负载}[岩石压力]☆cover load

覆盖岩石☆caprock；overlying capping{stratum}；rock cover{overlying}；overlying；superincumbent {cover; top;overburden;mantle} rock；superstrata

覆盖作物☆cover crop

覆礁阶地☆reef-covered terrace

覆孔贝属[腕;O_1]☆Pomatotrema

覆面砂☆facing sand

覆面石☆cover stone

覆面涂层☆top coating

覆面效应[井壁等抹面改善通风]☆shrouding effect

覆模砂☆precoated sand

覆膜☆leather coat

覆膜砂☆precoated sand

覆鳃类☆Tectibranchiata

覆砂装药☆sand blast；sandblast

覆生☆overgrowth

覆生结晶☆epitaxy；oriented overgrowth

覆树脂砂壳型法☆permanent-backed resin shell process

覆涂层☆top coating

覆土☆capping mass；covering；earthing；mantle of soil；earth backing；sheath

覆土爆破☆mud blasting；mudcap (shot)

覆土器☆closer

覆土装药爆破☆adobe{plaster} shooting

覆瓦断层☆imbricate fault

覆瓦构造☆shingle{shingle-block} structure

覆瓦结构☆roof-tile-like texture

覆瓦式排列☆shingling

覆瓦状☆imbricate；tiled

覆瓦状的☆tegulate；tegular

覆榍☆rhabdacanth

覆压☆rock cover

覆压胶带☆cover conveyor

覆岩☆quarry-rid；cover{mantle} rock；overlying strata；rock cover

覆岩爆破☆overburden blasting

覆岩剥离☆removal of overburden

覆以铜板☆copper

覆以硬壳☆incrust

覆硬层☆hard facing

覆有刚毛的[部分;植]☆setaceous

覆罩电弧☆shielded arc

覆舟形褶皱☆inverted canoe fold

蝮蛇属[Q]☆Agkistrodon

赋存☆occurrence；host

赋存处所☆lodging point

赋存量[资源]☆endowment

赋存条件☆habitat；in-place condition

赋存于页岩中的☆shale-hosted

赋存状态☆stand-by condition；occurrence

赋矿岩石☆host rock

赋色石英☆colorated quartz

赋压地层☆confining stratum

赋有☆endowed with

赋予☆assign[速度、动能等]；gird；en-；em-[b,p,m 前]

赋予生命☆vitalization

赋予资格的☆qualificatory

赋值☆(value) assignment；evaluation；call by value；valuation

复☆dipl(o)-；poly-

复摆☆compound{physical} pendulum

复板[海胆纲]☆compound place

复爆炸☆second blast

复背斜☆anticlinorium[pl.-ria]；abnormal anticlinorium；composite{compound} anticline

复背斜层☆anticlinorium；anticlinoria

复本征值☆complex eigenvalue

复比例☆compound proportion

复壁管☆cased pipe

复变大气☆polytropic atmosphere

复变函数☆complex function；function of a complex variable

复变量分析☆multivariate analysis

复变谱幅度☆complex spectral magnitude

复变形☆multiple deformation

复变质(作用)☆polymetamorphism

复变质岩☆polymetamorphic rock

复冰(现象)☆regelation

复波绕组☆multiplex wave winding

复采☆second mining

复采试样☆duplicate samples

复侧列的[矿体]☆multilateral

复侧缺☆mixilateral notch

复测☆repetition measurement；reiteration

复测定☆replicate determination

复测法☆reiteration；method of reiteration

复测角导线☆double-angle traverse

复测水准☆relevel

复测正确度☆repeatability

复层☆multiple layer；onlap；superincumbent seams；superposed seam

复层(岩)系☆multilayer system

复层型褶皱☆fold of multilayered type

复层组☆coset

复查☆countercheck；review

复查卡规☆redressing gage

复成冲积扇☆composite alluvial fan

复成的☆polygen(et)ic；polygene；polygenous

复成堆积☆metagenic deposit

复成多阶段矿床☆complex polystage ore deposit

复成分的☆polymictic；polygenic

复成分岩☆diamictite

复成火山☆stratovolcano；composite{polygenetic, polygene} volcano

复成角砾陨石☆polymict breccia

复成脉☆composite{mixed} vein；lode

复成土☆polygene soil

复成岩墙☆composite dyke{dike}；mixed dike

复成岩株☆multiple boss

复成因的☆polygenetic

复齿轮☆compound gear；gear compound

复齿目☆lagomorpha

复翅[昆]☆tegmen

复出盐☆elimination salt

复穿孔☆gang punch

复穿孔机☆reproducing punch{puncher}；reproducer

复传播常数☆complex propagation constant

复传力法预应力☆prestressing by subsequent bond

复唇型保卫细胞☆syndetocheilic guard cells

复磁导率☆complex permeability

复刺☆rhabdacanth

复打[桩工]☆redriving

复大孢子☆auxospore

复带状的☆multiply-zoned

复单元☆complex deposit

复道水系☆multiple channel flow

复得☆regain

复的☆superincumbent

复地槽☆polygeosyncline

复地震☆multiple earthquake

复(数)地震道☆complex seismic trace

复碲铅石[$Pb_3H_2(Te^{4+}O_3)Te^{6+}O_6$;单斜]☆girdite

复点阵☆compound lattice

复电导串☆complex conductivity

复电流☆vector current

复电容率☆complex permittivity

复电位☆complex potential

复电阻率☆complex resistivity

复冻融(作用)☆multigelation

复端孢属[真菌;Q]☆Cephalothecium

复锻模☆multiple die

复断层☆multiple{complex} fault

复对称☆polysymmetry

复多边形的☆multipolygonal

复二次轴☆didigonal axis

复二方赤平(晶)组[*mmm* 晶组]☆didigonal equatorial class

复二方极性(晶)组[*mm*2 晶组]☆didigonal polar class

复二方偏三角面体(晶)组[$\bar{4}2m$ 晶组]☆didigonal scalenobedral class

复二方映转(晶)组[*mm*2 晶组]☆didigonal alternating class

复发[震]☆recurrence

复发变形☆recurrent deformation

复钒钙石[$Ca_2V^{4+}V_8^{5+}O_{24}•8H_2O$;斜方]☆hendersonite

复钒矿[$2V_2O_4•V_2O_5•8H_2O$; $V_4^{4+}V_2^{5+}O_{13}•8H_2O$?]☆vanoxite

复钒石☆protodoloresite

复反射☆multiple reflections；repeated reflection

复方含氯石灰溶液☆compound chlorinated lime solution

复方硼砂溶液☆Dobell's solution

复方硼砂溶液片☆compound tablets of sodium borate

复放射板☆compound radial

复分解☆double decomposition{dissociate}；metathesis

复分裂☆multiple fission

复分子☆complex molecule

复辐板[海百]☆compound radial

复腐殖体☆melanchym

复根☆compound radical

复功率图☆geometric power diagram

复共轭☆complex conjugate

复共轭对配合物☆heteroconjugate

复沟型[绵]☆leucon(oid)；rhagon type

复构造的☆polytectonic

复钴硼石☆Co-ludwigite

复关节☆articulatio composita

复光谱☆complex spectrum
复光柱干涉计测☆multiple beam interferometry
复硅锆钡{铍}矿☆erdmannite；michaelsonite
复硅镍矿☆schuchardtite；chrysoprase earth
复硅酸盐☆polysilicate
复硅铜镁矿☆karamsinite
复硅作用☆resilication；resilicification
复归信号器☆slot signalling
复轨器☆(wagon) rerailer；ramp (chucker-on)；(car) replacer；chuck(er)-on；re-railing ramp
复轨斜坡台☆re-railing ramp
复轨装置☆rerailing apparatus
复核☆double check
复核试验☆proof test
复合☆compound(ing)；complex；composite；merging；junction [of lodes{veins}]；combination；multiplicity；recombination；overlapping[道]
复合标准参考剖面☆composite standard reference section；CSRS
复合冰河☆polysynthetic glacier
复合波痕☆complex{compsite} ripple mark
复合彩色同步信号☆composite colo(u)r sync signal
复合侧凹☆mixilateral notch
复合层理☆mixed bedding
复合层型☆composite {-}stratotype
复合成因矿床☆compound origin deposit；deposit of compound origin
复合冲击{积}扇☆compound alluvial fan；bajada
复合充填树脂液☆compound filling resin liquid
复合重叠组合带☆composite overlap assemblage zone
复合磁铁☆built-up{compound} magnet；magnetic battery
复合道岔☆double-switch turnout
复合的☆compound；composite；complex；multiplex；multiple(d)；multiple-unit；comp；compd；cpd.
复合地☆multiply
复合地层试井☆composite system testing
复合顶枝☆syntelome
复合分布☆compound distribution
复合分子☆compound molecule
复合钙钛矿型电陶瓷☆complex perovskite type piezoelectric ceramic
复合(层)钢板☆clad sheet steel
复合构造☆complicated{compound} structure
复合管气体流量计☆compound tube flowmeter
复合管柱☆combined{graduated} string
复合函数☆function of functions；compound function
复合环带☆multiple zoning
复合火山☆composite{compound;complex} volcano；stratovolcano
复合集中机制解☆composite focal mechanism solution
复合剂☆complexing agent
复合焦点测距仪☆cut-image range finder
复合结构面滑坡☆landslide of compound structural plane
复合金属☆bimetal；clad{composite} metal
复合进位☆accumulative carry
复合抗力☆associated stress
复合控制☆multiplexed control
复合矿☆grandidierite；complex ore
复合量化信号☆combined quantized signal
复合流☆combined-flow
复合流体带☆composite fluid bank
复合脉带☆laminiform network
复合平衡式抽油机☆compound-balanced pumping unit
复合汽缸工作[机]☆compound (steam) working；compounding
复合切削☆combined cut
复合熔岩流☆composite lava flow；composite lave flow；composite lava,flow
复合色信号☆composite colour signal
复合时间平均法☆complex time average method
复合式(井下)安全灯☆compound lamp
复合式冷硬铸铁管[风力充填用]☆compound hard cast pipe
复合式水泥混凝土路面☆composite type concrete pavement
复合树脂充填材料☆composite resin filling material
复合双晶☆(combined) twinning；compound twin(ning)；edge-normal{kanten-normal;combination；double} twin
复合碎石锥☆coalescent debris cone
复合体系☆multisystem；compound system
复合图像☆combination picture；combined image
复合土☆polygene soil
复合污染物指数☆combined pollutant index
复合物☆compound；composite；compd
复合系数☆recombination coefficient
(离子)复合系数☆coefficient of reunion (of ion)
复合相片☆composite photograph
复合消隐(脉冲)图像信号☆picture signal with composite blanking pulse
复合斜坡运动☆composite slope movement
复合信号☆complex wave{signal}；composite signal
复合型铝土矿矿石☆combined bauxite ore
复合型坡☆composite slope
复合型钨矿石☆combined W ore
复合S形斜交反射结构☆complex sigmoid-oblique reflection configuration
复合形应力图☆complex {-}type stress pattern
复合型钻液☆compounded drilling fluid
复合岩系☆Comprehensive series
复合岩自全☆multiple laccolith
复合氧化物☆composite oxides
复合应力疲劳试验☆complex-stress fatigue test
复合炸药☆composition of charge
复合支脉☆sweep
复合中心☆recombination center
(空穴和电子的)复合中心☆deathnium
复合种☆aggregate species
复合钻柱☆combination string
复虹☆supernumerary rainbows
复滑车☆burton；polyspast；tackle block
复滑轮☆block pulley
复环构造☆multiring structure
复环礁圈☆atollon
复黄药[浮剂]☆dixanthogen
复回☆replacement
复回归分析☆multiple regression analysis
复活☆revive；exsurgence；revitalization；revival；resurgence；revivification；reactivation；come back to life；rejuvenate；resurrect(ion)；rejuvenation；reactivate
复活冰川☆recemented glacier
复活地形☆revived forms
复活断层☆renewed{rejuvenated;revived;recurrent；reactivated} fault
复活构造☆posthumous{revived} structure；resurgent tectonics
复活剂☆revivifier
复活节破裂带☆Easter Fracture Zone
复活器☆reviving apparatus；resuscitation appartaus；rejuvenator
复活前的☆preresurgence
复活水系☆palingenetic drainage
复活现象☆posthumous-phenomenon
复活作用☆actification
复火山☆multiple{complex} volcano
复基因☆multiple genes
复激☆compound (excitation)；compounding
复极性☆heteropolarity
复极性分子☆heteropolar molecule
复礁体☆reef complex
复交叉[神经]☆multiple chiasma
复接☆multiple (connection)
复接引线点火器☆electric master fuse；multifuse igniter
复解调☆complex demodulation
复介电常数☆complex (dielectric) permittivity；complex dielectric constant
复晶☆compound{composite} crystal
复晶体☆multiple crystal
复晶质冰川冰☆polycrystalline glacier ice
复矩阵☆complex matrix
复孔壁☆multiporous septulum
复孔机☆reperforator
复口盖☆aptychus [pl.-hi]
复矿☆complex ore
复矿的☆polygene；polymictic；polymineralic
复矿化作用☆polymineralization
复矿(矿)石☆multimineral ore
复矿物的☆bimineralic
复矿岩☆binary{polymineral(og)ic;compound} rock
复矿质☆polymere
复馈☆multiple{multiple-way} feed
复肋菊石属[头;J_3]☆Paraboliceras
复离子☆complex ion
复理层☆flysch；flysh
复理石漂浮体向下挤入☆undertucking of flysch raft
复理石漂移体☆flysch raft
复理石期后的☆postflysch
复理石圈闭☆flysch trap
复理石相☆macigno；flysch facies
复理式层理☆flysch bedding
复励电动机☆compound-wound motor
复利表☆compound interest table
复立方的☆ditesseral
复立方极性(晶)组[$\bar{4}3m$ 晶组]☆ditesseral-polar class
复立方中心(晶)组[$m3m$ 晶组]☆ditesseral-central class
复粒☆composite grain
复联☆series parallel；SP；multiple
复链构造☆double chain structure
复量☆complexor；complex quantities
复量(法)☆repetition measurement
复量(子)化信号☆combined quantized signal
复零☆return-to-zero；return-to zero
复硫化物☆polysulphide；polysulfide
复硫盐类☆sulfo-salts；sulpho-salts
复六次轴☆dihexagonal axis
复六方赤平(晶)组[$6/mmm$ 晶组]☆dihexagonal equatorial class
复六方单锥☆dihexagonal pyramid
复六方的☆dyhexagonal；dihexagonal
复六方极性(晶)组[$6mm$ 晶组]☆dihexagonal polar class
复六方双锥晶组☆dihexagonal dipyramidal class
复六方双锥类☆dihexagonal bipyramids class
复六方双锥(晶)组[$6/mmm$ 晶组]☆dihexagonal bipyramidal class；dihexagonal dipyramidal class
复六方异极象(晶)组[$6mm$ 晶组]☆dihexagonal hemimorphic class
复六方映转(晶)组[$\bar{3}m$ 晶组]☆dihexagonal alternating class
复六方锥☆dihexagonal pyramid；dihexahedron
复六方锥体类☆dihexagonal pyramidal class
复六方锥(晶)组[$6mm$ 晶组]☆dihexagonal pyramidal class
复炉箅☆multigrate
复露起伏☆posthumous relief
复露侵蚀面☆resurrected erosion surface
复露准平原岸线☆resurrected peneplain shoreline
复绿乔木群落☆aestisival
复轮回地形☆polycyclic landform
复螺属[腹;K-Q]☆Tectus；trochus
复脉☆compound vein
复毛区[昆]☆radula [pl.-e]
复(合)煤层☆complex coal；composite seam；multiple coat seam
复煤化沥青☆polynigritite
复锰矿☆rancieite-(Mn)
复密封圈闭☆poly-seal trap
复面砂☆facing sand
复面效应☆shrouding effect
复明☆emersion
复模砂☆precoated sand
复钠锂云母☆poly-irvingite
复耦合☆complex coupling
复配溶液☆combination solution
复喷发☆polygene eruption
复碰撞的☆multicollisional
复偏流修正☆multiple drift corrections
复片底岩☆mixed gneiss
复片麻岩☆composite{mixed} gneiss；migmatite
复片石[$NaKAl_4Si_4O_{15}•2H_2O$]☆igalikite；igaeikite
复频率☆complex frequency
复频振动☆multifrequency vibration
复谱☆complex {-}spectrum
复谱幅度☆complex spectral magnitude；CSM
复气候(残余)地形☆polyclimatic relic
复腔笔石(属)[O_1]☆Bithecocamara
复(合)侵入(体)☆composite intrusion
复侵入体☆composite intrusion
复倾褶皱☆polyclinal fold
复曲面☆toroidal；toroid
复曲线☆compound curve
复圈闭☆multiple trap
复全积层☆holosome

F

复燃(地区)☆reburn；rekindle
复燃[消防]☆after-combustion；afterburning；burn-back
复燃处理法☆afterburner system
复燃烧器☆after-burner
复燃室☆afterburner；reheat chamber
复绕☆compound(ing)
复绕机☆rewinder
复韧式[双壳]☆duplivincular
复鳃目☆Pleurocoela
复三次轴☆ditrigonal axis
复三方赤平(晶)组[$\bar{6}m2$ 晶组]☆ditrigonal-equatorial class
复三方倒反(晶)组[$\bar{3}m$ 晶组]☆ditrigonal-inversion class
复三方的☆dytrigonal；ditrigonal
复三方极性(晶)组[$3m$ 晶组]☆ditrigonal-polar class
复三方偏三角面体(晶)组[$\bar{3}m$ 晶组]☆ditrigonal-scalenohedral class
复三方双锥(晶)组☆ditrigonal-dipyramidal class
复三方异极象(晶)组[$3m$ 晶组]☆ditrigonal-hemimorphic class
复三方锥体类☆ditrigonal dipyramidal class
复三方锥(晶)组☆ditrigonal-pyramidal class
复三角双锥☆ditrigonal bipyramid
复三角锥体类☆ditrigonal pyramidal class
复色☆compound colour
复色石☆polychroilite
复色信号☆composite colo(u)r signal
复闪锌矿☆polywurtzite
复扇形褶皱☆multiple fan-shaped fold
复砷方镍矿☆chloanthite
复砷镍矿[$(Ni,Co)As_{2-3}$]☆chloant(h)ite；kobaltspiegel；nickel skutterudite；Ni-skutterudite；rammelsbergite；cloanthite；boothite
复审☆review
复生(作用)☆telescoping
复生矿☆telescoped ore
复式簿记☆double entry；double-entry
复式成因☆dual origin
复式齿轮传动辊碎机☆compound gear-driven rolls
复式充填衬套☆compound filled bushing
复式除盐作用☆multiple demineralization
复式串联空气升液器☆compound air lift
复式的☆duplex；duplicate；compound；complex；multiplex
复式多旋回盆地☆complex multicycle basin
复式风动混合器☆pneu-multi-matic mixer
复式干扰☆jaff
复式功能☆cross-functional
复式构造☆complicated structure
复式滑坍面☆compound sliding surface
复式火山☆composite{compound;double} volcano；stratovolcano；double volcanoes
复式减速(齿轮)☆double reduction gear；D.R.
复式减速轴☆double reduction axle
复式胶带输送机系统☆duplicate belt conveyor system
复式接点☆multiple contact；MC
复式接头☆manifold
复式盘簧☆nest spring
复式企口☆tongue-aad-groove labyrinth
复式三角滩☆complex cuspate foreland
复式闪光元件☆multi-flash unit
复式托架☆duplex bracket
复式弯涡轮钻具☆bent multi-turbodrill
复式物性计☆polymeter
复式系统☆multisystem
复式悬臂液压支架[单位支架]☆goalpost
复式压砧☆multi-anvil
复式岩层☆polyformation
复式岩系☆multilayer system
复式运动☆multimovement
复式褶皱的复杂层☆complex multifolded layer
复式装秤带式运输机☆double feedoweight conveyor
复示器☆repeater
复室虫属[孔虫;J]☆Labyrinthina
复试(验)☆duplicate test
复视☆diplopia
复视频信号☆composite video signal
复枢纽型☆multiple-hinge type
复述☆hash
复述信号☆repeating signal
复数☆complex{plural} (number)；plurality；plural；complexor；pl.
复数乘☆complex multiply；CM
复数的☆complex-valued；plural；complex
复数的极式☆polar form of complex number
复数对的模☆modulus of pair of complex numbers
复数(值)函数☆complex functions
复数域☆complex field
复双晶☆double{compound} twin
复水(作用)☆rehydration
复水泵☆complex drainage
复水锰矿[$MnO_2 \cdot nH_2O$]☆vernadite
复水石[Fe_2O_3,FeO,SiO_2 带 Al_2O_3,MnO 及水]☆polyhydrite
复四次轴☆ditetragonal axis
复四方赤平(晶)组[$4/mmm$ 晶组]☆ditetragonal-equatorial class
复四方倒反(晶)组[$\bar{4}2m$ 晶组]☆ditetragonal-inversion class
复四方的☆dytetragonal；ditetragonal
复四方极性(晶)组[$4mm$ 晶组]☆ditetragonal-polar class
复四方双锥(晶)组☆ditetragonal-dipyramidal class
复四方异极象(晶)组[$4mm$ 晶组]☆ditetragonal-hemimorphic class
复四方映转(晶)组[$\bar{4}2m$ 晶组]☆ditetragonal-alternating class
复四方锥(晶)组☆ditetragonal-pyramidal class
复苏☆rejuvenation；resuscitation
复苏河☆revived river{stream}；rejuvenated stream
复速度{算子}☆complex velocity{|operator}
复碎屑的☆polymictic
复台布式褶皱☆multiple drape fold
复台物☆double compound
复套海扇属[双壳;T_3]☆Antijanira
复特征值☆complex eigenvalue
复体☆complex
复体颗粒☆composite grain
复体矿物☆locked mineral
复体珊瑚☆compound coral
复田☆reclamation (work;operation)；restoration；land restoration{reclamation;rehabilitation}；recovery work；landfill；surface reinstatement{reclamation}；resoiling；reinstatement
复田区域☆reclaimed{reclamation} area
复田造田☆reclamation
复调制☆multiple modulation
复铁矾[$Fe^{2+}Fe^{3+}_2(SO_4)_4 \cdot 22H_2O$;单斜]☆bilinite
复铁钙闪石[$Ca_2(Fe^{2+},Mg)_3Fe^{3+}_2Si_6Al_2O_{22}(OH)_2$;单斜]☆ferroferritschermakite；ferro-ferri-tsechermarkite
复铁绿纤石[$Ca_2Fe^{2+}(Fe^{3+},Al)_2(SiO_4)(Si_2O_7)(OH)_2 \cdot H_2O$;单斜]☆julgoldite
复{重}铁天蓝石[$Fe^{2+}Fe^{3+}_2(PO_4)_2(OH)_2$;单斜]☆barbosalite；ferrous ferric lazulite
复铁云母☆ferroferrimuscovite
复通道[孔虫]☆multiple tunnel
复同步信号☆composite synchronization signal；composite synchronizing signal
复图像信号☆composite picture signal
复土☆reclamation；land rehabilitation
复位☆restoration；reentry；complex potential；reset；reposition；replace
复位阀☆resetting valve
复位器☆restorer
复位弹簧☆back spring
复温变质(作用)☆poly metamorphism
复纹长石☆double perthite
复稳带[岩压]☆re-calming zone
复硒镍矿[$NiSeO_3 \cdot 2H2O$]☆ahlfeldite；ahlfeldide
复稀金矿[$(Y,Er,Ce,U,Pb,Ca)((Ti,Nb,Ta)_2(O,OH)_6)$；$(Y,Ca,Ce,U,Th)(Ti,Nb,Ta)_2O_6$;斜方]☆polycras(it)e；polykras
复洗☆backwasting
复系☆polyphyly
复纤维柱[软]☆complex prism
复现☆emersion；recur(rence)；resurgence；reproduce
复现的☆recurrent
复现联合☆repeatable association
复现指数☆reproducibility index；R.I.
复线☆double{loop;dual} line；parallel lines
复线地平☆recurrence horizon
复相变质(作用)☆polyphase metamorphism
复相对基因☆multiple alleles
复相关☆multiple correlation
复相燃烧☆heterogeneous combustion
复相体系☆multiphase system
复相造山循环☆polyphasic orogenic cycle
复像☆multiimage
复向河☆resequent stream
复向水系☆reconsequent drainage
复向斜☆synclinorium [pl.-ria]；synclinore；composite syncline
复向斜带☆synclinorial zone
复消色差(性)☆apochromat(ism)
复斜层顶☆gambrel roof
复斜褶曲☆polyclinal fold
复谐振☆complex resonance
复写☆copying；autotype；manifold；copy
复写副本☆carbon copy；CC
复写器☆duplicator；polygraph；copygraph
复写仪☆pole-star recorder polygraph
复写用纸☆flimsy
复榍☆rhabdacanth
复屑沉积物☆polymictic sediment
复屑的☆polygenetic
复屑砾岩☆polygenetic conglomerate；mixed stone conglomerate
复信号☆complex signal
复兴☆rehabilitation；revival；revive
复型☆replication；replica[化石]
复型作用☆replication process
复性的☆plural
复性河☆complex river
复旋回地形☆composite topography
复旋转滑动☆multiple rotation slip
复循环☆recirculate
复循环河☆complex stream
复压缩☆compound compression
复盐☆compound{double;complex} salt
复岩墙☆multiple dike
复岩碎砂岩☆polylitharenite
复岩系☆multilayer system
复岩屑砂屑岩☆polylitharenite
复眼[生]☆compound eye；composite eyes；holochroal eye；aggregate eye
复演☆reproduction
复演律☆patrogony
复氧化物☆multiple oxide
复样☆duplicate samples
复叶☆compound leaf
复叶的头☆ultimate segment
(机组)复役☆recommission
复因子☆multifactor
复隐的☆tectate
复印☆duplication；manifold；printthrough[磁带]
复印机☆duplicator；copier；duplicating (photocopy) machine；copy(ing) camera；xerox (machine)；copying apparatus{press}；copyflex；photostat；photocopier；mimeograph；xerocopy[静电]
复印件数控制[打印机]☆penetration control
复印品☆autotype
复印器☆hard copy
复硬鳞☆squama palaeoniscoidea
复应力☆combined{compound} stress
复用☆diplex；re-use
复用表☆circuit tester
复用性☆reusability
复羽榍[珊]☆rhabdacanth；compound trabecula
复域☆complex domain
复元☆restoration；complex element；recover from an illness
复原☆reclaim；recuperate；recovery；reversion；reset；replace；recuperation；reclamation work；restoration；rehabilitation；return；recondition；regradation；restitution[弹性体]；reconstitute；reposition；de-emphasis[频应]；unscramble
复原部分☆restoration part
复原碱土☆regraded alkali sail
复原力☆restoring force
复原剖面☆restored{palinspastic} section
复原图☆palingenetic{palinspastic} map
复原土地使用☆after-use
复原性☆nerve
复原状态注入试验☆restored-state flooding experiment
复员☆demobilization
复圆[日月食]☆fourth contact
复源河☆composite{complex} stream
复杂☆multiplicity；plurality；regradation；complex

(使)复杂☆sophisticate；tangle
复杂(性)☆complexity
复杂背形向形耦合体☆complex antiform {-}synform couple
复杂变形☆composite deformation
复杂的☆complex；heterogeneous；comprehensive；sophisticated；elaborate；intricate；involved[形式]；multiple；polygenic
复杂的多期逆掩体☆complex multiphase thrust mass
复杂的事物☆complexity
复杂地基☆complicated ground
复杂多期逆掩体☆complex multiphase thrust mass
复杂反应☆multiple reaction
复杂分子☆complex molecule
复杂管网☆integrated network
复杂化☆complication；thicken；sophistication
复杂混合物☆complex{composite} mixture
复杂结构煤层☆composite seam；complex texural coal seam
复杂井眼☆bad hole
复杂矿石氯化☆chlorination of complex ores
复杂煤层☆split seam；complex coal seam
复杂平衡☆heterogeneous equilibrium
复杂缺错☆complex fault
复杂山间沟谷☆inverted intermont trough
复杂蜃景☆Fata morgana
复杂问题☆challenge
复杂相干噪声系列☆complex coherent noise train
复杂斜坡运动☆complex slope movement
复杂性☆heterogeneity；complexity；complicacy；complication
复杂循环☆loop-within-loop
复杂循环燃气轮机☆complex-cycle gas turbine；complex cycle gas turbines
复杂岩性储层☆complex lithology reservoir
复杂岩性储集层测井分析(程序)☆lithology complex reservoir analysis；LCRA
复杂褶皱的岩石☆complexly folded rock
复杂褶皱断裂地带[煤系地层]☆tremor tract
复杂种[异地异时的]☆composite species
复载机☆reloader
复凿机☆reproducer；reperforator；receiving perforator
复凿孔机☆reperforator；reproducing punch
复凿孔机转报制☆reperforator switching system
复照☆photographic reproduction
复照仪☆copy(ing){process;reproduction} camera
复折沙嘴☆compound (recurved) spit
复折射系数法☆complex refractive index method
复褶曲{皱}☆complex fold
复振幅☆complex amplitude
复正方的☆ditetragonal；dytetragonal
复正方双锥☆ditetragonal dipyramid
复正方楔{榍}☆disphenoid
复正方锥体类☆ditetragonal pyramidal class
复殖(亚纲)☆Digenea
复值的☆complex-valued
复指数☆complex exponential
复制☆manifold；reproduction；reproduce；rendition；copy(ing)；facsimile；duplicate；printing；make a copy of；duplication；duplicating；repetitions；replication；fax；transfer；autotype
复制(录音)☆duping
复制本☆facsimile；fac
复制函数☆replicating function；comb
复制机☆duplicator
复制件☆hard copy
复制品☆similitude；duplicate；reflex；dupe；doublet；copy；ditto；replica；ectype；reproduction；autotype；duplication；backup；likeness
复制器☆follower；reproducer
复制(测井)曲线☆facsimile log
复制头☆reproducing head
复制图☆reconstructed chart
复制相片☆duplicate photograph；photo duplicate
复制型☆plastotype
复制装置☆duplicating{reproducing} unit
复质砾石☆polymictic conglomerate
复中柱[腔;珊]☆central{axial} column
复重速率☆recurrence rate
复众数分布☆polymodal distribution
复周河☆complex river
复州虫属[三叶;$Є_2$]☆Fuchouia
复州黏土☆Fuzhou clay
复柱☆biprism
复壮☆rejuvenate
复总状花序☆panicle
复阻抗☆complex impedance
付(价)☆charge
付出☆toll
付出传票☆debit slip
付给现金☆moneying-out
付还☆pay back；repayment
付款☆quittance
付款方式{条件}☆payment terms
付款交单☆documents against payment；D/P
付款宽限☆grace of payment
付款凭单☆warrant
付款凭单制☆voucher system
付款清单☆schedule of payment
付款人☆payer
付款银行☆paying bank
付款原始凭证簿☆book of original documents for payments
付讫☆(account) paid；A/P；pd.
付清☆pay up
付息☆payment of interest
付息期间☆interest payment period
付现☆cash
付薪金用支票☆paycheck
傅硅钙石[$Ca_4Si_3O_9(OH)_2$;三斜]☆foshagite
傅科摆☆Foucault pendulum
傅劳霍佛线☆Fraunhofer lines
傅里叶-贝塞尔级数☆Fourier-Bessel series
傅里叶变换式地震图☆Fourier transformed seismograph
傅里叶反变换公式☆Fourier inversion formula
傅里叶分析☆Fourier{harmonic} analysis
傅里叶级数形态分析☆Fourier series shape analysis
傅氏分析☆Fourier analysis
傅氏域☆Fourier-domain
傅斜硅钙石☆foshagite
阜平运动☆Fuping movement
阜洼地形☆kame-and-kettle topography
父猫属[E_2]☆Patriofelis
腹[三叶]☆abdomen；web；ventral
腹鞍☆ventral{siphonal} saddle
腹板☆web；hypoplax；sternum；plastron；abdominal scute；sternite[昆]
腹板背部☆apotome
腹板孔[射虫]☆sternal pore
腹瓣☆ventral valve；pedical{pedicle} valve
腹背叶☆bifacial leaf
腹边☆ventral margin
腹边缘[三叶]☆doublure
腹边缘板[三叶]☆epistome；epistomal plate；rostrum [pl.-ra,-s]
腹部☆bilge；abdomen；urosoma；venter[动]；urosome；postgenital segments；pleomere{pleonite}[节]；pleon；stomach；pars abdominalis
腹部(腔)☆belly
腹侧☆ventral side
腹侧的[生]☆ventrolateral
腹窗孔角[腕]☆delthyrial angle
腹窗孔支板[腕;即牙板之一类]☆delthyrial supporting plate
腹窗型茎孔[腕]☆delthyrial foramen
腹的☆ventral
腹地☆back(-)land；hinterland；umland；hinderland
腹地谷地堑☆hinterland valley graben
腹点[物]☆antinode
腹盾☆ventral shield；abdominal scute
腹沟☆ventral furrow
腹股沟支撑架☆groin rest
腹关节片☆ventral articular plate
腹后斜凹线沟☆posterior oblique abdominal pit-line
腹环☆ventral rim
腹肌的{类}[收缩筋在腹部;头]☆ventromyarian
腹甲☆sternite[甲壳;昆]；plastron；sternum[节]
腹甲蜥属[C]☆Pholidogaster
腹节☆abdomen；abdominal segment
腹结节☆ventral tuberarity
腹茎纲[腕;无铰纲]☆Gastrocaulia
腹菊石属[头;C_{2-3}]☆Gastrioceras
腹菌(类)☆gasteromycetes
腹壳[腕]☆ventral{pedicle} valve
腹孔☆gastropore；gastrostome
腹孔类☆Hypotremata
腹框沟[节]☆gastro-orbital groove
腹肋☆ventral{abdominal} rib
腹棱角石☆Gastrioceras
腹梁☆girder with web
腹鳞☆squama ventralis
腹陆☆backland；hinderland；hinterland
腹螺属[N-Q]☆Etrema
腹毛纲[显微蠕虫类]☆Gastrotricha
腹面☆venter；ventral face
腹膜爆裂音☆peritoneal crepitus
腹膜肋☆gastralia [sgl.-ium]
腹片☆sternite；lobule
腹鳍☆pelvic fin[脊]；ventral fin；abdominal fin[鱼类]
腹鳍鱼科[T]☆Catopteridae
腹腔☆lapa
腹腔纲☆Gastrocaulia
腹区后甲片☆posterior sulcal plate
腹区前`甲片{板}☆anterior sulcal plate
腹躯龙属☆Pleurosaurus
腹鳃类☆Pleurocoela
腹三角板[腕]☆deltidium
腹三角孔[腕]☆delthyrium
腹视☆ventral view
腹苔藓虫属[E]☆Gastropella
腹体椎☆gastrocentrous vertebra
腹突起[腕]☆ventral process
腹外侧的☆posterior ventrolateral
腹外式[头]☆exogastric
腹弯[头]☆hyponomic sinus
腹尾部[甲壳纲]☆pleotelson
腹叶[头]☆ventral{siphonal} lobe；amphigastrium
腹羽叶☆zamites
腹缘☆ventral margin
腹中的☆ventro-central
腹中沟☆ventral median groove
腹柱(纤)虫属☆gastrostyla
腹足☆abdominal leg；pleopod；proleg；uropoda
腹足纲[软;Є-Q]☆Gastropoda
腹足类[软]☆gasteropod；gastropod
腹足类的☆gastropodous
腹足类壳口小柱☆labium [pl.labia]
负半锥(体)☆negative hemipyramid
负本征值☆negative eigenvalue
负变压区☆katallobaric area
负变压线☆katallobar
负表层(皮)摩擦☆negative skin friction
负差压卡钻☆negative differential sticking
负超几何分布☆negative hypergeometric distribution
负沉降☆negative settlement
负成长☆negative allometry
负乘方☆negative power
负赤纬☆minus declination
负磁极☆negative pole
负催化☆negative catalysis
负催化剂☆negative catalyst
负担☆imposition；burden(ing)；bear；load；tax；saddle；entail
负担得起☆afford
(使)负担过度☆overburden
负担装载☆tote
负的☆negative；minus；subzero；neg
负的表层摩擦☆negative skin friction
负地形☆negative form{landform}
负电☆negative (electricity)
负电的☆electron-negative
负电荷雨☆negative rain
负电性☆electronegativity；negative potential
负电子☆negatron；(negative) electron
负叠加☆negative superposition
负定的☆negative definite
负鲕☆negative ooid
复鲕☆synthesize{compound} ooid
负二次方☆inverse square
负二价硫☆sulfide sulfur
负二项分布☆negative binomial distribution
负反馈☆negative feedback{reaction}；inverse back coupling；degeneration；reverse coupling；NF
负反力☆negative reaction
负反射系数☆negative reflection coefficient
负方向☆negative direction
负峰☆negative peak
负幅度差☆negative separation

F

负浮力☆negative buoyancy
负感现象☆solarization
负公差☆negative allowance; minus tolerance
负共生带☆negative association zone
负构造运动☆bathygenesis; bathygenic movement
负光率体☆negative indicatrix
负光性☆negative (character)
负函数☆negative function
负号☆negative{minus} sign; minus
负荷☆load(ing); burden; cargo; bear; charge; duty; weight
负荷变形曲线图☆load-deformation (curve) diagram
负荷不够{足}☆underloading
负荷的☆load-carrying
负荷过量的河流☆overburdened stream
负荷极限☆load limit; ld. lmt
负荷接点☆face contact
负荷量☆carrying capacity
负荷囊☆load pocket{pouch}; sandstone ball
负荷能力☆bearing{load-carrying;load} capacity; carrying capacity load-carrying capacity
负荷区☆loaded region
负荷屈服曲线☆load-yield curve
负荷曲线☆lode{load} curve
负荷系数☆load factor{coefficient}; l.f.
负荷下沉构造☆load-flow structure
负荷线理☆load-cast lineation
负荷压力☆lithostatic{load} pressure
负荷应力☆overburden stress
负荷应力系数☆load stress factor
负荷韵律☆loading rhythm
负荷者☆bearer
负荷铸型☆teggoglyph; load cast
负荷状态☆load-up condition
负互导管☆transitron; pliodynatron
负回授☆degeneration; degenerative feedback; negative reaction
负火山地形☆negative volcanic form
负畸变[扫描影像]☆barrel distortion
负激发极化效应☆negative IP effect
负极☆negative pole{electrode;terminal}; cathode; kathode; anelectrode; catelectrode[电池]
负极区☆cathodic area
负极性图像信号☆negative picture signal
负加速度☆negative acceleration
负价☆negative valency
负尖峰☆undershoot; negative spike
负尖峰(信号)☆underswing
负角☆negative angle
负角砾岩☆negative breccia
负结晶(作用)☆negative crystallization
负晶☆negative crystal
负静水位☆negative static water level
负开口[阀上]☆closed-center slide valve
负孔隙水压力☆negative porewater pressure
负孔隙压力☆negative pore pressure
负跨导管☆transitron
负矿石☆minus-mineral
负矿物☆minus{negative} mineral
负离子☆negative ion; anion
负菱面体☆inverse{reverse;negative} rhombohedron
负零☆negative zero
负留量☆negative allowance
负绿方石英[具负延长的纤维状方英石]☆lussatine
负脉冲☆undershoot; negative pulse
负脉冲(信号)[电]☆underswing
负毛细孔水压力☆negative pore-water pressure
负幂☆negative power
负摩擦力☆negative skin{mantle} friction
负目镜☆negative eyepiece{ocular}
负泥虫科☆Crioceridae
负旁锋刀面角☆negative side rake{angle}
负偏差☆minus deviation
负偏斜分布☆negatively skewed distribution
负偏压☆negative bins
负片☆negative (film;plate;picture;photograph); negative picture (plate)
负片-正片反转晒印法☆negative-positive procedure
负片状的☆lamellar
负频率☆negative frequency
负平衡☆underbalance
负屏蔽现象☆negative screening
负气压☆negative air pressure
负气压计☆contra-barometer
负迁移☆negative transfer
负前角☆negative rake
负切削角☆negative cutting angle
负倾斜度☆negative side rake{angle}
负趋地{|光}性☆negative geotaxis{|phototaxis}
负曲率☆negative curvature
负热量☆coolth
负热性的☆thermonegative
负刃倾角☆negative side rake{angle}
负容许误差☆negative allowance
负三价的☆trinegative
负熵☆negative entropy; negentropy
负盛誉的☆reputed
负时钟信号☆negative clock (signal)
负矢量☆negative vector
负输入-正输出☆negative input-positive output; NIPO
负鼠(属)[有袋;K-Q]☆Didelphis; oppossum
负鼠类☆Didelphinae; opossum
负鼠亚科☆Didelphinae
负数☆negative (number); minus
负数穿孔☆eleven punch; X-punch
负β衰变☆beta-minus decay
负双折射率☆negative birefringence
负水[H_2O^-]☆minus water
负水头☆negative static water level
负水头承压水井☆subartesian well
负税能力☆ability to pay
负四方英石☆lussatite; lussatine
负四价的☆quadrinegative
负四价状态☆tetranegative state
负四面体☆negative tetrahedron
负台阶☆negative step
负碳离子☆carbanion
负特征值☆negative eigenvalue
负梯度☆inverse{negative} gradient
负调制载波☆negative carrier
负投资☆negative investment
负突起☆negative relief
负弯矩☆hogging moment
负网[孢]☆reticuloid
负位错☆negative dislocation
负温度☆negative temperature
负五角十二面体☆negative pyritohedron
负吸收☆negative absorption
负相关☆inverse{negative} correlation
负相☆minus phase
负相区☆negative area
负相运动☆bathygenesis; negative{bathygenic} movement
负像☆negative (image)
负向地性☆negative geotropism
负向偏态☆negative skewness
负向信号☆negative-going signal
负效应☆negative effects
负信号☆negative signal
负形☆negative form
负性☆negativity
负性滨线☆negative shoreline
负需求☆negative demand
负徐变☆negative creep
负雪花☆Tyndall figure; negative snowflake
负压☆underpressure; negative{subnormal;suction; subatmospheric} pressure; underbalance; suction
负压表{计}☆depression meter
负压操作☆operation under negative pressure
负压测定仪[孔隙水压]☆pressure membrane apparatus
负压力波☆negative pressure wave; NPW
负压区☆zone of negative preserve
负压燃烧☆low-pressure combustion; negative-pressure firing
负压射孔枪枪身☆scalloped steel carrier
负压碳化☆vacuum carbonating
负压通风☆induced draft{ventilation}
负压通风扇风机☆induced (draught) fan
负压稳定塔☆negative pressure stabilization tower
负压效率☆manometric efficiency
负压钻井☆under-balanced drilling
负延长符号☆negative sign of elongation
负延性☆negative elongation; length fast
负氧富燃料推进剂☆negative-oxygen rich fuel propellant
负氧平衡[炸药]☆negative oxygen balance; oxygen- negative balance
负一价离子☆uninegative ion
负异常☆negative anomaly
负异常带☆negative belt
负异常区☆negative area
负异形生长☆negative allometry
负异性石☆eucolite; eukolite
负异性榍石☆eucolite-titanite
负应力☆negative stress
负涌浪压力☆negative surge pressure
负杂胶磷石☆quercyite-α
负载☆load; charge; burden; duty
负载变化自动控制☆loadamatic control
负载变形曲线图☆load-deformation diagram
负载不足☆underload(ing); under load; UL
负载擦痕构造☆load striation structure
负载承转作用[岩压]☆load carryover effect
负载电阻☆load(ing) resistance
负载电阻(器)☆pull-up resistor
负载定值器☆load setter
负载段☆load strand; carrying run
负载防转绳☆tag line
负载管[测量岩石应变用]☆load-cell
负载量☆charge capacity
负载-挠曲特性☆load-deflection response
负载能力调整因数☆rating adjustment factor
负载-偏斜特性☆load-deflection response
负载气(体)☆supporting gas
负载弹簧☆loading spring
负载因数☆load {-}factor; l.f.
负载应力因数☆load stress factor
负载铸型(构造)☆sag structure
负载铸型作用☆load-casting
负载转移机构☆load-transfer mechanism
负责☆take charge; be responsible for; be in charge of; conscientious; undertake
负责打扫工作的船员☆swabber
负责人☆person in charge; leading cadre; rector; responsible person
负增量☆negative increment
负债☆liability; contract
负折射☆negative refraction
负-正法☆negative-positive process
负枝晶☆negative dendrite
负值☆negative value
负指数分布☆negative exponential distribution
负中心[异常的]☆negative center
(使)负重担☆burden
负重的☆on load
负重力异常带☆negative strip; Vening Meinesz zone
负轴☆negative axis
负转移☆branch on minus; BM
负走向滑断层☆negative strike slip fault
负阻抗管☆kallirotron
(打拿)负阻器☆dynatron
负阻元件☆negative-resistance element; NRE
负(相互)作用☆negative interaction
富白榴(石)碱性(类)玄武岩☆volzidite
富包体石英☆aventurine (feldspar)
富孢子微暗煤☆black durain; spore-rich durains
富薄矿脉☆chute
富比尼定理☆Fubini's theorem
富冰永冻层☆ice-rich permafrost
富玻璃质火山灰☆vitric ash
富玻流纹岩☆mienite
富铂冰铜☆platinum-rich matte
富长石云母片麻岩☆feldspar-rich mica gneiss
富赤铁矿☆jacutinga; brush
富赤铁岩☆jacutinga
富川式磷矿床☆Fuchuan-type phosphate deposit
富磁铁岩☆magnetite-rich rock
富氮泉☆laug
富氮石油☆venturaite
富氘水☆deuterium-rich water
富的☆high-grade; quick
富地红[石]☆Richearth Red
富尔顿(阶)[美;E_2]☆Fultonian
富尔丘方程☆Fulcher equation
富矾土的☆high-alumina
富氟氯黄晶☆dillnite
富钙二长霏细岩☆maenaite
富钙灰石☆high-calcium limestone

富钙铝包体☆calcium-aluminum-rich inclusion
富钙热泉☆calcareous hot spring
富钙水☆calcic water
富钙霞石☆calciocancrinite
富钙皂石☆cardenite
富橄暗玄岩☆oceanite
富橄榄石的☆picritic
富橄霞长岩☆montrealite
富铬尖晶石☆chrome-ceylonite
富硅水☆silica-rich water
富硅陨石☆silicate-rich meteorite
富硅皂石☆spadaited
富硅质的☆silicic
富贵米黄[石]☆Beige A1 & A2；Egyptian Yellow
(沉积岩)富海绿石过程☆glauconitization
富含腐殖质和植物根系的土壤表层☆turf bed
富含黄铁矿的煤☆brassil；brazil；cat coal
富含黄铁矿煤☆brassil
富含硫化合物的[石油或天然气]☆sour
富含硫酸钙的☆gypsic
富含凝析油的天然气☆rich gas condensate
富含气体和流体的晚期岩浆阶段☆tardi-magmatic
富含三水铝石的红土☆gibbsitic laterite
富含石膏的☆gypsic
富含水的溶液☆watery solution
富含有机物页岩☆organic-rich shales
富褐铁矿☆brush
富黑云母包体☆enclave surmicacee
富花粉泥炭☆pollen peat
富化☆enrich；enrichment
富化剂☆enriching agent
富化气☆enriched gas
富化气驱(动)☆enriched-gas drive
富化石石灰石☆biomicrite
富黄玉花岗斑岩☆ongonite
富挥发分气体☆rich gas
富辉橄玄岩☆ankaramite
富辉黄斑岩☆homite
富混合料☆rich mixture
富混凝土☆rich{fat} concrete
富积层☆enrichment horizon
富集☆concentration；concentrate；emplacement；banking；enrich(ing)；enrichment；inrichment
富集比☆concentration factor；ratio of enrichment
富集产品☆enrichment product
富集场☆concentrated field
富集带☆prolific{enriched;abundance} zone；zone of enrichment
富集地幔☆enriched mantle
富集混合物☆enriched mixture
富集矿☆enriched ore；mineral concentrate
富集矿物☆heads
富集燃料指数实验☆enriched exponential experiment
富集体☆concentrate
富集系数☆concentration factor{coefficient}；enrichment coefficient；coefficient of concentration
(矿泥)富集斜面☆jagging board
富集摇床☆concentrating table
富集域☆rich domain
富集中心☆locus of concentration
富集作用☆enrichment；inrichment；concentration；ore concentration dressing
富甲烷气工艺☆methane-rich gas process
富钾拉玄暗玄岩[月岩]☆K-rich tholeiitic mela-basalt
富碱性的☆hyperalkaline
富解理小面的☆paratomous
富金带☆run of gold
富金砂矿(短程运输道)☆lead
富金属卤水储层☆metal-wished pool
富金线☆pay streak
富精矿☆rich concentrate
富钪精矿☆rich scandium ore
富可摆☆Foucault pendulum
富块矿☆direct-shipping ore
富矿☆rich{enriched;bucked;direct-smelting;shipping;bucking;best;premium} ore；paystreak；high(-)grade ore；direct smelting ore
富矿(石)☆valuable ore
富矿部分[矿体的]☆make
富矿层[砂矿底部]☆rich ground；pay lead；gutter
富矿床[砂矿底部]☆high{higher} grade deposit；highgrade deposit
富矿带☆prolific zone；bonanza；payzone
富矿段☆bunch
富矿石☆high-grade{pay;rich;bucked;shipping} ore
富矿实践☆rich-ore practice
富矿石块☆prill
富矿体☆shoot；ore shoot{course}；(rich) bonanza；chute；flood[沉积岩中]；pride
富矿线☆pay streak；paystreak
富兰克林(阶)[美;E_2]☆Franklin(ian)
富兰克林四箱跳汰机☆four-hutch Franklin jig
富勒尔-金尤型泵[输粉状干料]☆Fuller-kinyou pump
富勒尔型粉磨机[球式]☆Fuller pulverizer
富勒格栅式水泥冷却器☆Fuller cement cooler
富勒-金尼昂干粉末输送泵☆Fuller-kinyon pump
富勒烯[C_{60}晶体]☆fullerence
富里酸☆fulvic acid
富里酸盐☆fulvate
富锂蒙皂石☆swinefordite
富丽蚌属[双壳;Q]☆Odhnerella
富磷辉闪正长岩☆ladogalite
富磷岩石☆phosphate-rich rocks
富硫铋铅矿[$Pb_{10}AgBi_5S_{18}$;斜方]☆heyrovskyite
富硫石油☆mayberyite
富硫树脂☆trinkerite
富硫酸铁泥炭☆vitriol peat
富硫酸盐水泥☆supersulphated cement
富硫烟煤☆sulfur coal
富硫银铁矿☆friseite；frieseite
富硫铀矿☆sulfide{sulphide}-rich uranium ore
富铝底漆☆aluminium rich primer
富铝风化☆alitic weathering
富铝红柱石砖☆mullite brick
富铝铁风化(作用)☆allitic weathering
富铝土☆allite
富铝性土☆allitic soil
富马酸[HOOC•CH:CH•COOH]☆fumaric acid
富脉矿☆pay lead
富煤气☆rich gas
富镁皂石☆hectorite；auxite；hekatolith；magnesium bentonite{beidellite}；spadaite；lucianite；stevensite；ghaussoulith；ghassoulite
富锰绿泥石[$(Mn,Mg)_6(Si_4O_{10})(OH)_8$；$(Mn,Mg)_5Fe^{3+}(Si_3Fe^{3+})O_{10}(OH)_8$;斜方?]☆gonyerite
富锰闪石[$(Na,Ca,Mn)_3(Mn,Fe^{2+},Fe^{3+},Al)_5((Si,Al)_8O_{22})(OH)_2$]☆juddite
富钠煌响岩☆murite
富钠闪花岗岩☆lindinosite
富钠土☆sodic soil
富萘石油☆markovnikite
富铌矿☆columbium-rich ore
富泥沙的☆silt-laden
富黏土☆fat clay
富黏土的☆argilliferous
富镍滑石☆willemseite
富镍绿泥石[$(Ni,Al)_3•Si_2O_6(OH)_4$]☆nimite
富铍硅铍石[$Be_5(Si_2O_7)(OH)_4$]☆spherobertrandite
富钷精矿☆rich promethium ore
富气☆fat{rich;combination;unstripped} gas；wet gas
富气气井☆gas-distillate producer
富铅晶质玻璃☆strass
富铅矿☆bing ore
富氢煤☆kolm
富氢燃料☆hydrogen-rich fuel
富球粒的☆pelletoid
富燃料{气}火焰☆fuel-rich flame
富饶的☆fertile；prolific
富溶剂☆rich solvent
富砂浆☆fat{rich} mortar
富砂矿☆pay lead{wash}
富山皂石☆Fujian soapstone
富闪二长霏细岩☆maenaite
富闪深成岩类☆appinite；appianite
富砷矿泥☆arsenic-rich mud
富石灰[建]☆fat{rich} lime；high calcium lime
富饰蚌属[双壳]☆Nipponomaia
富水的含水层☆productive aquifer
富水矾石[$Al_4(SO_4)(OH)_{10}•7H_2O$]☆paraluminite
富水井☆productive well
富水矿物☆water-rich mineral
富水硼镁矿[$Mg(B_8O_{10}(OH)_6)•H_2O$]☆paternoite
富水性☆water abundance
富水性的☆watery
富燧石叠层石☆abundant-chert stromatolite
富钛铝钛铀矿☆titanobetafite
富钛闪石[成分近于钛角闪石,但含 Fe^{2+}低及含有较多的 Fe^{3+}]☆linosite；oxykaersutite；linocite
富碳有机废物☆carbon-rich waste
富天然气☆combination gas
富铁沉积☆ferrite
富铁的镍铁陨石☆iron-rich ataxite
富铁钙辉石[$CaFe(Si_2O_6)$]☆ferrohedenbergite
富铁滑石☆jerntalk
富铁辉石☆ferroaugite
富铁矿☆high-grad iron ore deposit；high grade iron ore
富铁毛矾石☆ferrialunogen；tecticite
富铁钠闪霞石岩☆monmouthite
富铁泥石☆epiphanite
富铁闪石[为富含$(Al,Fe)_2O_3$青褐色的普通角闪石;$Ca_2Na(Mg,Fe)_4(Al,Fe)((Si,Al)_4O_{11})_2(OH)_2$]☆rimpylite
富铁土☆iron-rich{ferruginous} soil
富铁岩☆taconite；taconyte；ironstone
富铁云母☆monrepite
富铁杂色沉积物☆iron-rich variegated sediment
富铁皂石[近似$(Mg,Fe^{2+},Al)_3((Si,Al)_4O_{10})(OH)_2•nH_2O$]☆cardenite
富土山式火山☆konide
富钍独居石[$(Ce,La,Th,U,Ca)(P,Si)O_4$,其中 ThO_2可达 31.5%]☆cheralite
富涓霓霞歪长岩☆pienaarite
富沃地幔[如含 K,P,Ti]☆fertile mantle
富吸收油☆fat oil
富稀土精矿☆rich earth concentrate
富霞正长岩☆nordsjoite
富线☆pay streak
富斜二长斑岩☆ostern porphyry
富斜帘绿片岩☆valrheinite
富榍霓霞歪长岩☆pienaarite
富锌孔雀石☆zincrosasite
富锌油漆☆zinc rich paint
富选☆beneficiation
富选矿石☆upgraded
富选铁矿☆beneficiated iron ore
富牙形石属[O-D]☆Dapsilodus
富氧的☆oxic
富氧化硅的岩石☆high-silica rock
富氧空气☆oxygen-enriched {-}air
富氧块脂☆guayaquil(l)ite；guyaquillite
富氧燃烧☆oxygen-enriched combustion
富养分的☆eutrophic
富养分木本沼泽☆eutrophic swamp
富养化水☆eutrophic water
富钇复铀矿☆cleveite
富钇混合稀土精矿☆high yttrium rare earth mixture concentrates
富钇精矿☆rich yttrium ore
富银铜银铅铋矿☆silver-rich benjaminite
富英石灰岩☆quartz-flooded limestone
富营养的☆eutrophic
富营养湖☆eutrophic{rich;enriched} lake
富营养化☆eutrophication；ultrophication
富铀岩体☆uranium-rich massif
富油☆rich{fat} oil
富油母质(的)油页岩☆pungernite
富有创造力的☆prolific
富有机质沉积☆euxinic deposition
富有机质的上涌水☆organic-rich upwelling water
富铕精矿☆rich europium ore
富余量☆excess
富余平盘☆remnant berm
富裕☆opulence；affluence；flush；ample
富云母包体☆surmicaceous (enclave)；surmicacee；mica-rich enclave
富渣☆rich flag
富钟板珊瑚属[D_3-C_1]☆Fuchungopora
富柱玄武岩☆labradorite
附孢子☆accessory spore
附壁矿脉☆frozen vein
附壁式放大器☆wall attachment amplifier
附壁效应☆wall-attachment{wall} effect
附壁型元件☆profield member
附边[介]☆list
附标☆affix
(研究工作中的)附带成果☆fallout
附带的☆by(e)-；accidental
附带各种权利☆cum-all
附带结果☆spillover
附带前视(点)☆duplicate foresight

附带权利☆cum-rights
附带权益☆carried interest
附带事件☆incidental
附带讨论☆excursus
附带现象☆epi(-)phenomenon
附动物藻类[附生于动物上]☆epizoic algae
附果☆accessory fruit
附和☆conformation；annexation
附合导线☆annexed traverse
附合的☆fringe
附环☆follower-ring
附肌(隔壁)[贫齿型双壳]☆myophoric septum
附肌骨☆myophore
附加☆extension；annexation；ext；add；affixture；addition(al)；add-on；addendum [pl.-da]；additive；tack；affix；attach(ed)；appended
附加变形☆redundant{additional} deformation
附加标签☆label
附加舱☆summer tank
附加处理☆adjunctive treatment
附加穿孔☆overpunching
附加磁极☆interpole
附加的☆extraneous；extra；expletive；supplementary；additional；additive；excess；accessory；pony；accessional；suppl.
附加的领航数据[图上加印]☆aerooverprint
附加发育☆hypermorphosis
附加费☆cover charge
附加符号☆additional character
附加负载☆superload；additional load
附加工资☆indirect{supplementary} wages；fringe benefits；supplemental{extra} wage
附加荷载☆superimposed load
附加剂☆admixture
附加降深[水位下降]☆added drawdown
附加校正因子{数}☆additive correction factor
附加绝缘☆superinsulation
附加栏板☆ladder
附加力☆extraneous force
附加励磁的☆biased；biassed
附加码☆extra-code
附加器☆unit；adapter；modification kit；mk.；Mk
附加器官☆affixing organ
附加热量☆extra-heat
附加蠕变☆steady-state{secondary} creep
附加软件驱动器☆additional software driver
附加设备☆optional{auxiliary} equipment；extras
附加石油税☆supplementary petroleum duty
附加税☆additional tax；surcharge
附加损耗☆stray loss
附加条件☆auxiliary{subsidiary} condition
附加投影屏☆microprojection attachment
附加外壳☆blister
附加位☆additional bit；extra order
附加物☆expletive；condiment；addition(al)；appendix [pl.-es;-ices]；annexation；annex；add.；additive；tagger；subjunction；appendage；plus；affix
附加压力带☆supplementary pressure zone
附加药包☆component charge
附加应力☆additional{subsidiary;load-induced;extra;superimposed} stress；extra-stress
附加应力系数法☆additional stress factor method
附加褶皱☆marginal fold
附加支持处理机☆attached support processor
附加支柱☆double-up post
附加值☆value-adding
附加指令☆extra-instruction；extra order
附加装置☆booster
附加阻力☆additional{secondary} resistance；assistance
附笺☆docket
附件☆inclosure；hardware；fixing；gadget；fittings；accessories；accessarys；equipment；attachment；fitting metal；fitment；annex；adjunct；appliance；adapter；unit；tool；armature；adaptor；accessories；ancillaries；appendix；appended document；enclosure；modification kit；ATT；eq.
附近☆environs；vicinity；near；handy；somewhere；in the vicinity of；adjacent；nr
附近受扰动的古生物集群☆disturbed-neighborhood assemblage
附聚剂☆agglomerant；agglomerating agent{reagent}
附聚物☆agglomerate
附聚作用☆modulizing；agglomeration
附刻[射虫]☆by-spine
附连物[节]☆appendage
附录☆appendix [pl.-es,-ices]；excursus；appx；addendum [pl.-da]；add.；Add；supplement；tab；postscript；post scriptum[拉]；app.；PS
附面层☆boundary layer
附黏着力☆adhesion
附器☆podite
附气的☆air-adherent
附球菌属[真菌;Q]☆Epicoccum
附入的☆enclosed
附上的☆attached；ATT
附生☆overgrow(th)；intercrescence
附(晶)生(长)☆overgrowth
附生的☆adnascent
附生动物☆epizoan
附生断层☆auxiliary fault
附生构造☆enation
附生矿物☆accessory mineral
附生脉☆incidental vein
附生生物☆epibiont
附生游泳动物的生物☆epinekton
附生植物☆epiphyte；air plant
附属☆pertain(ing) (to)
附属部分☆appendage；accessory constituent
附属船☆tender vessel
附属岛☆attached island
附属的☆collateral；auxiliary；ancillary；adjective；adjunct；accessory；accessary；pertaining；subsidiary；subordinate(d)；tributary
附属海☆dependent{adjacent} sea
附属机构☆subsidiary；subsidiery body
附属口☆adventive crater
附属品☆accessory；appendage
附属穹隆☆subsidiary dome
附属设备☆equipment outlay；subset；appurtenance；accessory equipment
附属托架☆attachment bracket
附属物☆belongings；adjunct；subsidiary；satellite；tag；appendix [pl.-ices]；attendant；appurtenances；pertaining
附属物的☆appendicular
附属性工作☆underwork
附属岩脉☆satellite dike
附属医院☆clinic
附属仪器☆accessory apparatus
附属于☆be attached to
附属注入☆satellitic injection
附栓植物☆epiphylloeophyte
附随的☆concomitant
附随应力☆contingent stress
附条件价格☆conditional offer
附图☆inset{insert;accompanying;attached} map；figure；accompanying figure{diagram}；(attached) drawing
附文☆proviso [pl.-s,- es]
附物纹孔[植]☆vestured pit
附吸沼气☆occluded methane
附息贷款☆lend money on interest
附言☆post scriptum[拉]；postscript；PS
(合同的)附页☆follower
附叶植物☆epiphyllophyte
附庸☆tributary
附庸国化☆satellization
附庸岩干{株}☆satellitic stock
附庸岩墙☆satellite{satellitic} dyke
附有条件的契约{合同}☆conditional contract
附于☆be attached to
附则☆by(e)-law；bylaw；supplementary provisions
附肢☆appendage；trunk limb
附肢骨骼☆skeleton appendiculare
附植藻(属)☆Epiphyton
附指羽☆addigital
附栉虫属[三叶;$Є_2$]☆Asaphiscus
附轴☆accessory shaft
附注☆foot(-)note；excursus；remark
附注条款☆memorandum clause
附装(件)螺母☆attaching nut
附着☆adhesion；attachment；cohere(ncy)；adhere (to)；coherence；stick to；adherence；deposit
附着胞☆appresorium
附着鞭毛[藻]☆haptonema
附着沉积☆adventitious deposit
附着的☆attached；apposite；adhesive；ATT
附着点☆appendifer；apodemes
附着点坑☆appendifer pit
附着功☆work of adhesion
附着锯齿[牙石]☆appressed denticle
附着力☆adhesion；adhesive{cohesive} force；traction；tackiness；force of cohesion
(涂膜)附着力测定仪☆adherometer
附着囊盖[藻]☆attached operculum；attached opercular piece
附着能☆energy of attachment；attachment kinetics
附着能力☆adhesive capacity；adhesiveness
附着器☆hapteron
附着石英[冶]☆bosh
附着式振动器☆form vibrator
附着水☆attached water；soil moisture film
附着物☆deposit；attachment；ATT；coherent mass；adhesive material；arming[测深锤的]
附着系数☆attachment coefficient；coefficient of adhesion
附着性☆tack
附着于水下物体上的生物☆fouling
附着枝☆hyphopodium
附着重量☆abhesion weight
缚☆cord；gird；tie up；bind fast
缚在一起☆constipate

G

gā

嘎夫航空地磁仪☆Gulf airborne magnetometer
嘎尼埃洛石☆Garnier halloysite
嘎声☆asperity
伽(利略)[加速度单位]☆Galileo；gal
伽伐尼电池☆galvanic battery
伽勒金法☆Galerkin method
伽利津地震仪☆Galitzin{Galizin} seismograph
伽马[磁场强度,10^{-5}Oe]☆gamma
伽马带☆gammaband
伽马分布{|函数}☆gamma distribution{|function}
伽马-伽马测井图☆gamma-gamma log
伽马蜡烷☆gammacerane
伽马谱学☆gamma spectroscopy
伽马射线测井剖面☆γ-ray log；gamma ray log
伽马射线激射器☆gaser
伽马衰变☆gamma decay；γ-decay
τ-伽马映射☆tau-gamma mapping
伽马-中子反应☆gamma-neutron reaction
伽米乌斯[未蚀变砂岩中的 γ 异常,探铀用]☆gamius [gamma in unaltered sandstone]

gá

噶尔本结构[以柱状矿物定向分布于片理面上为特点]☆Garben texture
钆☆Gd；gadolinium
钆沸石☆gadolinium zeolite
钆镓石榴石☆gado linium gallium garnet crystal；gadolinium galium garnet；GGG；Gd-Ga garnet
钆矿☆gadolinium ore
钆矿石☆gadolinite
钆铁石榴矿☆gadolinium iron garnet

gāi

垓[10^{12}]☆tera-；T
垓欧☆teraohm

gǎi

改比例☆rescale
改编☆transcription；adapt；tailor；arrange；reform
改编(本)☆adaption；adaptation
改编者☆adapter；adaptor
改变☆variate；fashion；modification；convert；alter；change；boilerhouse；alter(n)ation；transform；vary；alt.；transfer；stepping[指令]；flip[流型]
改变产量试井☆multiple flow rate test
改变尺度☆rescaling
改变稠度[砼等]☆retemper
改变方向☆face-around；cant；jib；diversion；reversal；redirection
改变方向注水☆crossflooding
(突然)改变方针☆tack
改变局部钻具组合☆BHA changes
改变频率使(通话)不被窃听☆scramble
改变坡度☆regrading；regratation
改变燃料操作☆flexible fuel practice
改变润湿性驱油☆wettability alteration flood
改变态度☆face-around
改变土地用途☆changing land uses
改变挖掘机悬臂倾角☆derricking
改变外形☆reconfiguration
改变悬臂的跨距[挖掘机]☆luff
改变悬臂倾角的钢丝绳[挖掘机等]☆derricking rope
改测程弹簧☆reset spring
改错信号☆erasure signal
改道☆diversion[河流]；changing course；change one's route；[of a river] change its course；redirection
改道河☆diverting stream
改道肘弯☆elbow of diversion
改动☆alter
改革☆innovation；reform；reformation；restructuring；perestroika；transformation；transform
改革者☆innovator；reformer；regenerator
改化水准面☆R.L.；reduced level
改换格式☆reformat
改换顺序☆reorder
改建☆change-over；reconstruct(ion)；rebuild(ing)；rehabilitation
改建计划☆conversion scheme
改建井筒☆rehabilitated shaft
改进☆refinement；modify；improve(ment)；adaptation；make better；modification；amelioration；innovation；development；progress；mechanization；sophistication
改进的高强钢丝绳☆"improved" plow-steel-grade rope
改进的黑色炸药☆modified black powder
改进的三轴仪☆modified triaxial apparatus
改进的特高强钢丝绳[抗拉强度 1750～1900MPa]☆special improved plow rope
改进剂☆improver
改进了的采油方法☆improved recovery method
改进现有设备以消除射频干扰源☆sourcing
改进型☆improved generation
改进型气冷反应堆☆advanced gas-cooled reactor
改良☆amelioration；reclamation；reform；meliorate；upgrade[品种]
改良的☆modified；ameliorative
改良多圆锥投影☆modified polyconic projection
改良剂☆modifier；amendment；densifier；modifying agent；MOD
改良库存质量☆improved stock quality
改良兰勃特正形投影地图☆Ney's chart
改良者☆reformer
改善☆improvement；improve；condition；betterment；better grading；amend；remedy；perfecting；mend；redemption；meliority；meliorate；melioration
改善爆炸稳定性☆octane improvement
改善的☆amenable
改善井☆improved well
改善井眼状态☆condition the hole
改善落砂性能用添加剂☆breakdown additive
改善作用☆ameliorating effect
改水☆improve water quality；recreational water
改塑☆remould
改线☆relocation；realignment
改相界线☆antiphase boundary；APB
改向滚筒☆bend pulley
改向河☆diverted river{stream}；diverter；stream
改向劈理☆refracted cleavage
改向峡谷☆gorge of diverted river
改向压裂☆Divertafrac
改写☆turn；rewrite
改型☆modification；version；remodel(l)ing；retrofit
改型喇叭口式卡瓦打捞筒[其下端一侧切成构形]☆cherry picker
改型试件☆remoulded specimen
改性(乙)二醇醚☆modified glycol ether
改性剂☆modifier
改用另一种方法☆change-over
改造☆remo(u)ld；conversion；reform(ation)；convert；reclaim；reclamation；reconversion；alteration；reworking；transform(ation)；recreation；reconstruct；regeneration；redevelopment
改造冰碛☆modified drift
改造的☆reworked；converted；remedial
改造黄土☆loessoide；reworked loess
改造自然☆remodelling of nature
改正☆correct(ion)；amend；put right；correctness；rectify；amendment；cct
改正表☆table of correction
改正黏度☆viscosity correction
改正数☆residual
改正学名[生]☆corrected name；nomen correctum；nom.corred.
改正因数☆coefficient of correction；correction factor
改制过的岩芯管☆modified core barrel
改质☆upgrade
改铸试件☆remoulded specimen
改装☆change-over；modification；re-pack(ag)ing；repack(age)；reequip；refit(ment)；conversion；convert；repairing；tailor
改装的☆converted
改装所需零件☆conversion details
改装用附带工具☆modification kit；mk.；Mk
改锥☆(screw) driver；screwdriver
改锥调的电位器☆screwdriver potentiometer
改组☆shuffle
改组转变☆reshuffle
改做☆alter；recast
改作的☆reworked

gài

概测☆rough{reconnaissance} survey
概(然误)差☆probable error；p.e.；pe
概观☆bird's eye view；overview
概观图像☆synoptic view
概化方法☆homogenization
概化剖面☆generalized section
概极大值☆probable maximum
概况☆generalization
概况图☆synoptic chart
概括☆generalization；generalize；gather up；coverage；tabulate；summarization；epitomization；abstraction；generality；general；summary；in general terms
概括性分析☆general analysis
概率☆probability；chance；expectation
概率单位☆probit
概率的☆probable；probabilistic
概率分布☆chance{probability} distribution
概率分析☆probability{probabilistic} analysis
概率关系曲线图☆probability plot
概率函数☆probability function
概率化☆randomization
概率积☆product of probability
概率机制{理}☆probabilistic mechanism
概率加法☆addition of probabilities
概率决策分析☆probabilistic decision analysis
概率累积曲线☆probability cumulative curve
概率律☆law of probability；probability law
概率论☆probability (theory)；theory of probability {chances}；law of probability
概率配置法☆random arrangement
概率散度☆spread
概率式推理☆probabilistic reasonini
概率寿命☆expectancy life
概率误差☆probable error；pe；p.e.
概率型网络计划☆probabilistic network
概率性误差估计☆probabilistic error estimate
概率原理☆principle of probability
概率坐标纸☆probability paper
概略☆compendium；abridg(e)ment
概略(储量)☆probable
概略高程☆preliminary elevation
概略图☆general sketch{map}；schematic{skeleton} diagram；sketch map
概论☆generality；topic
概貌☆general view
概念☆intention；idea；concept(ion)；picture；notion；paradigm
概念的☆conceptual；intelligible
概念化☆conceptualization
概念上的☆conceptual
概然比☆likelihood ratio
概然误差☆probable error
概述☆sketch out；overview
概算☆estimate；estimated cost；budget{general；rough；budgetary} estimate；guestimate；lump off；preliminary computation
概算储量☆probable reserves
概图☆delineate；delineation
概要☆sum；general view{remark；outline}；contour；compendium [pl.-ia]；brief；summary；epitome；outline；schema [pl.-ta]；essentials
概要的波浪数据☆synoptic wave data
概要图☆synoptic diagram
概要遥测范围☆synoptic coverage
概值☆probable value
钙☆Ca；calcium；calc-
钙奥长石[$Ab_{50\sim30}An_{50\sim70}$]☆calc oligoclase
钙白碧玄岩☆fiasconite
钙板金藻科☆Coccolithaceae
钙贝塔石☆calciobetafite
钙钡长石☆calciocelsian
钙钡砷铅矿[$(Pb,Ca,Ba)_5(AsO_4)_3Cl$]☆calcium barium mimetite hedyphane；calcium barium mimetite；calcium-barium-mimet(es)ite；baryt-hedyphane
钙铋榴石☆ugrandite
钙变燧石☆calc-flinta
钙冰晶石☆jaroslavite；yaroslavite
钙层土☆pedocal；pedcal
钙层土的☆pedocalic
钙长铬透辉岩☆quenite
钙长辉斑安山岩☆inninmorite
钙长辉长无球粒陨石☆eucrite
钙长块云母☆pyrrholite；polyargite
钙长榴橄(榄)玄武岩☆fiasconite

钙长闪辉岩☆vibetoite; yamskite
钙长石[$Ca(Al_2Si_2O_8)$;三斜;符号 An]☆anorthite; anorthitite; calciclase; amphodelite; lepolite; biotine; cristianite; diploite; barsowite; thiorsauite; calcium {lime} feldspar; cyclopite; labrodite; labrobite; rosite; lime-feldspar; huronite; christianite; crystianite; tjorsanite; sundvi(c)kite; thjorsauit; sundwikite; beffonite; beffanite; barsovite; hurouite
钙长石类☆calcium feldspar; Ca-spar
钙长形块云母☆ros(ell)ite; rosellan; rosine
钙长岩☆anorthitite; calciclasite; calcielase; anorthitfels
钙长岩脉☆anorthitissite
钙成土☆calcimorphic soil
钙虫属[孔虫]☆Calcarina
钙处理泥浆☆calcium {-}treated mud
钙磁铁矿☆calciferous magnetite
钙的☆calci-
钙(质)的☆calcic
钙铒钇石{矿}[$Ca(Al,Mn,Er,Y)_3(SiO_4)_2•(OH)_3$]☆hellandite
钙二长岩☆calcimonzonite
钙二氧化碳浓度积地热温标☆calcium×carbon dioxide geothermometer
钙矾石☆ettringite; woodfordite
钙钒华[$Ca_2V_2O_7•9H_2O$]☆pintadoite
钙钒磷铅矿☆collieite
钙钒榴石[$Ca_3(V,Al,Fe^{3+})_2(SiO_4)_3$;等轴]☆goldmanite; uvarovite
钙钒铜矿[$CaCu(OH)(VO_4)$]☆calciovolborthite; calciovolborite; calciorolbortite; tangeite; tanguéite; calc(o)volborthite
钙钒铀(矿)[$Ca(UO_2)_2(VO_4)_2•8H_2O$,其中钙可被钾所代替]☆tyuyamunite; tujamunite; calciocarnotite; tjuiamunit; calcium carnotite; tiujamunit; calcio-carnotite
钙方沸石☆calcium-analcime
钙方铁矿☆calciowustite
钙放射虫亚目☆phacodarina; Phaeodarina
钙沸石[$Ca(Al_2Si_3O_{10})•3H_2O$;单斜]☆scolecite (lime) mesotype; episcolecite; ; kalkmesotyp; calcium zeolite; weissian; poonahlite; scolesite; needle stone
钙沸石岩☆scolecitite
钙氟磷铁矿☆richellite
钙氟钠钛锆石☆calcium seidozerite
钙腐泥☆talc-sapropel; cala sapropel; calc-sapropel
钙杆沸石[Ca 和 Mg 的碳酸盐和硅酸盐的变种]☆calciothomsonite
钙橄榄石[$(Mg,Ca,Mn)_2SiO_4$]☆lime-olivine; larnite; lime olivine; calcio-olivine; kalkorthosilicat[德]
钙橄榄石镁蔷薇辉石相☆larnite-merwinite facies
钙锆榴石[$Ca_3(Zr,Ti)_2(Si,Al)_3O_{12}$;等轴]☆kimzeyite
钙锆石[$CaZrSi_3O_9•2H_2O$;六方]☆calcium catapleiite {catapleit}
钙锆钛矿[$CaZr_3TiO_9$;四方]☆calzirtite; calcirtite
钙铬矾[$Ca_6(Cr,Al)_2(SO_4)_3(OH)_{12}•28H_2O$;六方]☆bentorite
钙铬榴石[$Ca_3Cr_2(SiO_4)_3$;等轴]☆uvarovite; uwarowite; ouvarovite; trautwinite; calcium chromium garnet; kalkchromgranat; hanleite; uvarovit; chrome-garnet; owarowite
钙铬石☆latrappite; chromatite
钙更长石☆calc-oligoclase
钙沟瓦颗石科[钙超;K-Q]☆Calciosoleniaceae
钙古铜石[含 $CaSiO_3$ 多达 9%,古铜辉石的不稳定变种]☆lime(-)bronzite
钙固定☆calcipexis; calcipexy
钙冠毛石[钙超;Q]☆Calciopappus
钙管石[钙超;Q]☆Calciosolenia
钙硅矾☆ellestadite
钙硅华☆calcareous siliceous sinter
钙硅结核☆dorbank
钙硅镧铟矿☆lessingite
钙硅铍钇矿[$Be_2FeY_2Si_2O_{10}$,常含少许的钙]☆calciogadolinite
钙硅石☆wollastonite
钙硅铈镧矿☆beckelite; lessingite
钙硅铈石[$Ca_2Ce_4Si_3O_{13}(OH)_2$]☆lessingite
钙硅酸盐☆calc-silicate; lime silicate
钙硅酸盐岩☆calc{lime}-silicate rock
钙硅钍矿☆calciothorite
钙硅岩☆lime-silicate rocks
钙硅铀矿☆calcursilite
钙硅柱石[Ca,Al,Fe 的硅酸盐]☆grothine
钙海绵纲☆Calcispongea
钙褐帘石☆treanorite
钙黑锰矿☆marokite
钙黑云母[含 14%CaO 的黑云母]☆calcio(-)biotite
钙红☆calcon-carboxylic acid; Cal-Red
钙红土☆terra rossa{rosa}
钙红锌矿[ZnO,常含少许的钙]☆calcozincite
钙华[$CaCO_3$]☆travertine; adarce; calc-sinter; inolith; inolite; tufa; calcareous sinter{tufa;tuff}; calc-tufa; calcic travertine; calcium carbonate sinter; bouquet
钙(质泉)华☆calcareous sinter
钙华花☆travertine frostwork; petrified bouquet
钙华花篮☆(petrified) basket
钙华环绕泉☆encrusting spring
钙华刘海☆slender stalactite
钙华膜☆pellicle; scum
钙华球☆(wart-like) excrescence; travertine pellet
钙华体底板☆travertine floor
钙华柱☆pillar travertine
钙滑石☆calcio(-)talc; kalziotalk; calcium talc; calciotalk; kalcio-talk; magnesiomargarite
钙化☆calcification; calcify; liming
钙化壁[介]☆duplicature
钙化醇☆calciferol
钙化的☆calcific
钙黄长石[$2CaO•Al_2O_3•SiO_2$;$(Ca,Na_2)_2Al((Al,Si)O_7)$]☆velardenite; gehlenite; stylobat; calcium{sub}-melilite
钙辉安山岩☆inninmorite
钙辉沸石[$Ca(Al_2Si_7O_{18})•7H_2O$]☆puflerite; desmine; stilbite
钙基多磨沸石☆calciothomsonite
钙积层☆calcic horizon; caliche; tepetate; sabach
钙积层的上部☆chuco
钙-钾法测定年龄☆calcium-potassium dating
钙钾铁矾[$KFe_3(OH)_6(SO_4)_2$,常含少许的钙]☆calcium {-}jarosite; calciojarosite
钙碱系列☆calc-silicate rock; calc-alkaline series
钙碱性☆calc-alkalic; calc-alkali
钙碱性岩☆lime-alkali{calc-alkali;alkali-calcic} rock
钙碱性岩石旋回☆calc-alkaline rock cycle
钙碱岩类☆calc alkaline rocks
钙碱岩套☆cal c-alkaline rock suite
钙交沸石[$(K_2,Na_2,Ca)(Al_2Si_4O_{12})•4½H_2O$(近似)]☆lime {-}harmotome; wellsite [$(Ba,Ca,K_2)(Al_2Si_3O_{10})•3H_2O$]; phyllpsite; christianite
钙脚盘棒石☆Percivalia
钙角闪石☆calciferous amphibole
钙结层☆calc(ic)rete; caliche (crust)
钙结层化(作用)☆calichification
钙结核☆kunkur; kankar; kunkar
钙(质)结核☆lime nodule{concretion}
钙结壳☆kankar; kunkar; kalkkruste[德]
钙结砾岩☆calc(ic)rete; calcirudite
钙结球☆calcisphere
钙钶钇矿☆calciosamarskite
钙壳☆carapace
钙孔雀石☆calciomalachite[$CaCO_3•Cu(OH)_2$]; calcomalachite; lime malachite [$CuCa(CO_3)_2$]
钙块云母[具有钙长石假象的致密白云母]☆pyrrholite
钙矿物[主要为方锌石、白云石、硬石膏、石膏等]☆calcium minerals
钙拉帕兰石☆laparite
钙蓝宝石[$(Ca,Mg,Fe)Al_2(Si_3O_{10})$]☆didymolite; didjumol(i)te
钙蓝方石☆anorthite-hauyne
钙兰石[钙超;K_1]☆Calcicalathina
钙离子☆calcium ion
钙锂电气石[$Ca(Li,Al)_3Al_6(BO_3)_3Si_6O_{18}(O,OH,F)_4$;三方]☆liddicoatite
钙锂皂石☆Ca-heotorite
钙(质)砾石☆calcigravel
钙砾岩☆calcirudite; calcirudyte
钙磷钙矿☆calcioferrite
钙磷铝锰矿[$(Mn,Ca,Fe)_2Al(PO_4)_2OH•2H_2O$]☆roscherite
钙磷氯铅矿[$(Pb,Ca)_5(PO_4)_3Cl$]☆polysphaerite; calcium pyromorphite; collieite; miesite
钙磷镁石☆calcium-wagnerite; hautefeuillite
钙磷霓辉岩☆aegiapite
钙磷铅矿[钙磷氯铅矿的变种]☆nussierite
钙磷石☆brushite
钙磷铁矿[$6CaO•3Fe_2O_3•4P_2O_5•19H_2O$]☆calcoferrite; calci(o)ferrite
钙磷铁锰矿[$(Fe^{2+},Mn^{2+},Ca)_3(PO_4)_2$]☆graftonite; huhner(-)kobelite; repos(s)ite; roscherite
钙磷铀矿☆Ca-uranospinite
钙鳞绿泥石☆aerinite
钙菱锰矿[$MnCO_3$ 与 $FeCO_3$、$CaCO_3$、$ZnCO_3$ 可形成完全类质同象系列]☆calciodialogite; ropperite; greinerite; calciorhodochrosite; roepperite; coconucite; mangan(o)calcite; calcium{calcite}-rhodochrosite; kalkrhodochrosit; calciodiadochite; parakutnohorite; mangankalkspat; mangandolomite
钙菱锶矿[$(Sr,Ca)CO_3$,含 $CaCO_3$ 13.14%]☆calcium strontianite; emmonite; calcistrontite; calciostrontite; calciostrontianite; emmonsite; Ca-strontianite
钙菱铁矿[$(Fe,Ca)(CO_3)$]☆siderodot; Ca-siderite; calcium siderite
钙(法年)龄☆calcium age
钙榴石类☆ugrandite
钙炉☆calcium furnace
钙铝矾[$Ca_6Al_2(SO_4)_3(OH)_{12}•26H_2O$;六方]☆ettringite; woodfordite
钙铝氟石☆evigtokite; gearksutite
钙铝钙榴石☆romanzovite; romanzowite
钙铝硅酸盐岩☆calc-aluminosilicate rock
钙铝黄长石[$2CaO•Al_2O_3•SiO_2$; $Ca_2Al(SiAlO_7)$;四方]☆gehlenite; stylobat; submelilite; cacoclasite
钙铝碱辉长岩☆modumite
钙铝榴石[$Ca_3Al_2(SiO_4)_3$;等轴]☆grossular; essonite; grossularite; cinnamon stone; garnet{granat}-jade; calcium aluminium garnet; tellemarkite; succinite; olyntholite; hessonite; viluite; transvaal{transvoal} jade; South African jade; kane(e)lstein; ernite; kalktongranat; hyacinthgranat; wiluite; ugrandite; gooseberry stone{garnet}; canehlstein[德]
钙铝石[$Ca_{12}Al_{14}O_{33}$;等轴]☆mayenite
钙铝稀土矿☆prawdite; pravdite
钙铝柱石☆grothine
钙氯铅矿☆Ca-pyromorphite
钙绿松石[$(Ca,Cu)Al_6(PO_4)_4(OH)_8•4\sim5H_2O$;三斜]☆c(o)eruleolactite; planerite; coeruleolactine
钙绿铜锌矿☆buratite
钙芒硝[$Na_2Ca(SO_4)_2$;单斜]☆glauberite; brongniartine; wattevillite
钙芒硝(假象)方解石☆glendonite
钙芒硝与无水芒硝混合物☆ciempozuelite
钙镁比☆lime-magnesia ratio
钙镁冰晶石☆boldyrevite
钙镁电气石[$(Ca,Na)(Mg,Fe^{2+})_3Al_5Mg(BO_3)_3Si_6O_{18}(OH,F)_4$;三方]☆uvite
钙镁非石[$Ca_2(Mg,Al)_6(Si,Al,B)_6O_{20}$;三斜]☆serendibite
钙镁橄(榄)石[$CaO•MgO•SiO_2$;斜方]☆monticellite
钙镁钾硅酸铅矿☆rosellan; rosite
钙镁铝硅水系统☆Ca-Mg-Al-Si-H_2O{CMASH} system
钙镁闪石☆tschermakite; pargasite
钙镁砷矿☆irhtemite
钙镁质磷块岩矿石☆calcareous-magnesian phosphorite ore
钙镁质岩石☆camgit
钙蒙脱石☆calcium mont(o)morillonite; calcium {Ca}-montmorillonite
钙锰矾[$Ca_3Mn^{4+}(SO_4)_2(OH)_6•3H_2O$;六方]☆despujolsite
钙锰硅直闪石☆valleite
钙锰辉石[$CaMnSi_2O_6$;单斜]☆johannsenite
钙锰矿[$(Ca,Na,K)_{3\sim5}(Mn^{4+},Mn^{3+},Mg^{2+})_6O_{12}•3\sim4.5H_2O$;单斜]☆todorokite; rancie(r)ite; delatorreite
钙锰帘石[$Ca_2(Mn^{3+},Al)_3(SiO_4)(Si_2O_7)(OH)_3$;单斜]☆macfallite
钙锰榴石☆calc spessartine
钙锰石[$(Ca,Mn^{2+})Mn_4^{4+}O_9•3H_2O$;六方?]☆rancieite
钙钼铅矿[$PbMoO_4$,常含少许的钙]☆calcowulfenite
钙钠长石[$(100-n)Na(AlSi_3O_8)•nCa(Al_2Si_2O_8)$]☆lime-soda {-}feldspar; calcic-alkalic plagioclase
钙钠长石系☆lime-soda-feldspar series
钙钠矾☆cesanite
钙钠锰锆石☆la(a)venite; lovenite
钙钠霞正长岩☆cancrinite nepheline syenite
钙钠斜长石☆labradorite
钙钠质的☆calcosodic
钙钠柱石☆leucolite; leukolith; wernerite; riponite; dipyr(it)e; pseudohumboldtilite; ontariolite

钙钠柱石化(作用)☆werneritization
钙霓石☆calcioaegirine；Ca-aegirin(e)
钙霓霞正长岩☆saernaite
钙铌水石☆ellsworthite
钙铌钛矿☆dysanalite；dysanalyte
钙铌钽矿[$(Y,Fe,U,Mn,Ca)(Nb,Ta,Sn)_2O_6$]☆hjelmite；hielmite；hjelmit
钙铌铁铀矿☆mendelejevite
钙铌稀土矿☆calciosamarskite
钙铌钇矿[$Ca_3Y_2((Nb,Ta)_2O_7)_3$]☆calciosa(r)marskite
钙(处理)泥浆☆calcium mud
钙泥岩☆calcilutite；calcilutyte
钙镍华[$(Ni,Ca)_3(AsO_4)_2•8H_2O$]☆dudgeonite
钙硼石[$Ca_5B_8O_{17}$]☆calci(o)borite
钙铍三斜闪石☆welshite
钙铍柱石☆grothine
钙片沸石[$Ca(Al_2Si_7O_{18})•6H_2O$]☆oryzite；orizite
钙坡缕石☆calciopaligorskite；calciopalygorskite
钙蔷薇辉石[$(Mn,Ca)SiO_3$,含 Ca 的灰红色蔷薇辉石变种]☆bu(ch)stamite；bustamite
钙侵☆calcium contamination
钙球(石)☆calcisphere
钙泉☆calcareous spring
钙砂岩☆calcarenite；calcarenyte
钙闪石☆istisuite
钙闪石类☆calcium amphiboles
钙扇藻属[钙藻;E-Q]☆Udotea
钙砷铅矾☆pleonektite；pleonectite
钙砷铅矿[$(Pb,Ca)_5(AsO_4)_3Cl$]☆hedyphan(it)e；hediphane
钙砷铁矿[$Ca_3Fe_4^{3+}(AsO_4)_3(OH)_9$]☆arsenocrocite；arseniosiderite
钙砷钇矿☆calciosamarskite
钙砷铀云母[$Ca(UO_2)_2(AsO_4)_2•10H_2O$;四方]☆uranospinite
钙生植物☆calcicole；calcicolous plant；calciphile
钙十字沸石[$(K_2,Na_2,Ca)(AlSi_3O_8)_2•6H_2O$；$(K,Na,Ca)_{1\sim2}(Si,Al)_8O_{16}•6H_2O$;单斜]☆phillipsite；lime harmotome；marburgite；christianite；spangite；zeagonite；crystianite；cristianite；kalkkreuzstein；sasbachite；calciharmotome；phyllipsite；saspachite；phillipsine；normalin；abrazite；gismondite
钙十字石☆phillipsite；marburgite
钙石棉[Ca 和 Mg 的铝硅酸盐]☆calciopalygorskite；calciopaligorskite；calciopaligarskite
钙水白云母☆calcium-gumbelite；Ca-gumbelite
钙水钙铁铀矿☆Ca-ursilite；calcium-ursilite{-urcilite}
钙水碱[$Na_2CO_3•CaCO_3•2H_2O$;斜方]☆pirssonite
钙锶重晶石[Ba,Sr,Ca 的硫酸碳酸盐混合物；Ba,Sr,Ca…]☆calstronbarite
钙丝光沸石☆Ca-mordenite
钙索动物亚门[脊索]☆Calcichordata
钙钛锆石[$CaZrTi_2O_7$]☆zirconolite；zirkelite
钙钛矿[$CaTiO_3$;斜方]☆perovskite；metaperovskite；perowskite；perofskite；hydrotitanite；metaperowskit
钙钛矿型晶体☆perovskite crystal
钙钛矿氧化物☆perovskite oxide
钙钛榴石☆schorlomite
钙钛铌矿☆latrappite
钙钛铀矿[$(U,Ca)(Nb,Ta,Ti)_3O_9•nH_2O$]☆betafite
钙钛云辉岩☆bebedourite
钙钽石☆calciotantite；calciotantalite
钙钽铁矿[$(Fe,Mn)Ta_2O_6$,常含少许的钙和铌]☆calciotantalite；cacio tantalite
钙碳(酸盐)☆calcium carbonate
钙碳锶矿☆emmon(s)ite；calcium strontianite；calciostrontianite
钙碳锶铈矿☆mangan-ansilite
钙天蓝石☆calcium {-}lazulite；calciolazulith
钙天青石[$(Sr,Ca)SO_4$]☆calciocelestite；calciocelestine
钙铁非石[$Ca_2(Fe^{2+},Fe^{3+},Mg,Ti)_6(Si,Al)_6O_{20}$;三斜]☆rhoenite；rhonite
钙铁橄榄石[$CaFe^{2+}SiO_4$;斜方]☆kirschsteinite
钙铁辉石[$CaFe^{2+}(Si_2O_6)$;单斜]☆hedenbergite；lotalite；lotalalite；protheite；bolopherite；proteit；asteroite；euchysiderite；protheeite；lotalalite；lodalite
钙铁堇青石☆kalkeisencordierite
钙铁矿☆srebrodolskite
钙铁榴石[$Ca_3Fe_2^{3+}(SiO_4)_3$;等轴]☆andradite；calcium iron garnet；kalkpyralmandit；calc-pyralmandite；kalkgranat；dimanthoid；diamantoid；demantoid；ugrandite；polyadelphite；polyadelphine；allochroite
钙铁榴石绿色变种☆jelletite
钙铁铝石[$Ca_2(Al,Fe^{3+})_2O_5$;斜方]☆brownmillerit(e)
钙铁镁铝硅系统☆Ca-Fe-Mg-Al-Si{CFMAS} system
钙铁镁质组分☆cafemic constituent
钙铁闪石[$Ca2(Fe^{2+},Al)_5((Si,Al)_4O_{11})_2(OH)_2$]☆noralite
钙铁砷石☆cafarsite
钙铁石[Ca_2AlFeO_5,因 Al_2O_3 少,可写为 $Ca_2Fe_2O_5$]☆celite；celith；ferrite；brownmillerite；brown millerite；perovskite
钙铁钛矿[$(Ca,Mg)(Fe^{3+},Al)_2Ti_4O_{12}•4H_2O$;斜方]☆cafetite；cafatite
钙铜矾[$CaCu_4(SO_4)_2(OH)_6•3H_2O$;单斜]☆devilline；lyellite；devillite；herrengrundite；urvolgyite；serpierite
钙铜砷矿☆schubnikowit
钙土植物☆calciphytes
钙钍黑稀金矿☆calciolyndochite
钙钍石[含有 CaO 等杂质;$ThSiO_4$]☆calcio(-)thorite
钙歪碱正长斑岩☆kjelsasite porphyry
钙稳定的木质素磺酸盐☆calcium-stable lignosulfonate
钙钨矿☆scheelite
钙污染☆calcium contamination
钙锡石☆burtite
钙钐钍矿☆calcio-thorite
钙霞石[$Na_3Ca(AlSiO_4)_3(CO_3,SO_4)•nH_2O$;$Na_6Ca_2Al_6Si_6O_{24}(CO_3)_2$;六方]☆cancrinite；kankrinite；canoxinite
钙霞正长岩☆deldorad(o)ite；cancrinite-syenite；busorite
钙硝石[$Ca(NO_3)_2•4H_2O$]☆wall saltpeter；nitrocalcite；kalksaltpeter；calcinitre；calctetrahynitrite；salitre；saliter；aphronitrum；wall saltpeter [$Ca(NO_3)_2•nH_2O$]；mauersalz[德]
钙斜长石[$CaAl_2Si_2O_8$]☆anorthite
钙斜古铜辉石☆calc-clinobronzite；diopside-bronzite
钙屑灰岩☆calcarenite
钙屑岩☆calcarenyte；calcithite
钙型植物☆calcium-type plant
钙性岩☆calcic rock
钙循环☆calcium cycle
钙盐☆calcium salt；calc-
钙叶绿矾[$CaFe_4^{3+}(SO_4)_6(OH)_2•19H_2O$;三斜]☆calcio(-) copiapite；tusiit
钙叶藻属[C]☆Calcifolium
钙伊利石☆ammersoaite；Ca-illite
钙钇铒矿[$CaY_2(SiO_3)_4•Ca(CO_3)•2H_2O$]☆kainosite；cainosite；cenosite
钙钇铍硼硅矿☆calcybeborosillite
钙钇铈矿☆kainosite
钙银星石[$CaAl_3H(PO_4)_2(OH)_6$]☆deltaite；lime {-}wavellite；pseudowavellite；calciowavellite；crandallite [$CaO•2Al_2O_3•P_2O_5•6H_2O$]
(水的)钙硬度☆Calcium hardness；CaH
钙硬锰矿[$(Ca,Mn^{2+})Mn_4^{4+}O_9•3H_2O$]☆rancierite；rancieite；calcium psilomelane
钙铀矿[$(Ca,Ba,Pb)U_2O_7•5H_2O$;非晶质]☆calcio(-) uranoite；caltsuranoite
钙铀钼矿☆calcurmolite；calcium urmolite
钙铀铜矿☆uranochalcite；urangreen
钙铀云母[$Ca(UO_2)_2(PO_4)_2•10\sim12H_2O$;四方]☆autunite；lime-uranite；calcouranite；calcourenite；kalkuranit；kalkuranglimmer；calcium-phosphor {lime} uranite；calcium-autunite；Ca-phosphoruranite
钙云☆calcium cloud
钙云母片岩☆lime-mica schist
钙藻☆calcareous algae
钙藻腐泥☆calc-sapropel；cala sapropel
钙皂☆lime{calcium} soap
钙直闪石[$(Mg,Ca,Mn)_7(Si_8O_{22})(OH)_2$]☆valleite
钙指示剂☆calcon-carboxylic acid
钙质[词冠;德]☆kalk；lime；calcareous
钙质板岩☆calcareous slate；calc-slate
钙质贝壳☆lime shell
钙质层☆kankar；caliche；kunkar；calcareous layer
钙质超微化石圆锥颗石☆coccolithophora
钙质超微化石鉴定☆calc-nannofossil identification
钙质超微体浮游生物☆calcarecous nennoplankton
钙质沉积☆stereoplasm；calcareous deposit
钙质次生加厚沉积[珊]☆stereome
钙质带☆stereozone
钙质的☆calcareous；limy；calcic[含]
钙质堆积☆sabach
钙质肥大带☆stereo-zone
钙质粉屑☆calcareous silt
钙质粉屑岩☆calcisiltite
钙质腐泥☆calc-sapropel
钙质干盐滩☆lime pan
钙质隔壁[珊]☆scleroseptum
钙质骨骼☆calcareous skeleton；sclerynchyme
钙质骨骼沉积物[棘]☆stereome
钙质硅酸盐大理岩☆calc-silicate marble
钙质海绵(纲)☆Calcarea
钙质海绵目[D-Q]☆Calacea
钙质混杂{积}岩☆calcimixtite
钙质几丁膜[介]☆chitin coating of calcareous layer
钙质减少☆calcipenia
钙质胶结(作用)☆calcitic cementation
钙质胶结构☆calcareous cement
钙质结核☆calcareous{lime} concretion；caliche {lime} nodule；kindchen[德]；doll；puppet
(煤层顶板中的)钙质结核[煤层或顶板中]☆baum pot
钙质结壳☆calcareous crust；croute calcaire
钙质晶石☆calc-spar；calcspar
钙质壳☆calcareous{calc;caliche} crust；calc(ic)rete；dur(i)crust；caliche
钙质砾石层☆calcigravel
钙质砾岩☆calcibreccia；calcirudite
钙质料姜石☆calcareous doll；calcareous ratchel
钙质绿藻☆calcareous green algae
钙质内层[软]☆calcitostracum
钙质泥炭☆calcareous peat
钙质泥岩☆calcilutite
钙质黏土☆calcareous clay；marne
钙质膨润土矿石☆calc bentonite ore
钙质片岩☆calc-schist；calcareous {-}schist
钙质砂屑沉积石英岩☆calcarenaceous orthoquartzite
钙质砂土☆malm
钙质砂屑沉积石英岩☆calcarenaceous orthoquartzite
钙质砂岩☆calcareous sandstone；malmrock
钙质砂岩中的固结核☆dogger
钙质石灰☆calcium lime
钙质石屑岩☆calclithite
钙质水☆limewater；calcareous{lime} water
钙质体☆sclerite
钙质土☆calcareous earth；calcium{lime} soil；terra calcis{calcia}；calcisol；calcareous-soil
钙质土壤壳☆calcareous duricrust
钙质歪正细晶斑岩☆maenaite porphyry
钙质相☆calcareous facies
钙质锌铅硅酸盐矿☆calcium larsenite
钙质岩☆calcareous{calc(ic)} rock；calcarenite；calcilith
钙质岩系☆calcic (rock) series
(暗色细粒)钙质页岩[意]☆scaglia
钙质硬度☆calcium hardness
钙质硬盘☆lime pan
钙质有孔目☆calcareous foraminifera
钙质淤泥☆caustic lime mud
钙重晶石[$(Ba,Ca)SO_4$]☆calciobarite；calcareobarite；calciobaryte；calciobiotite；kalkschwerspat
钙珠虫属[孔虫;E]☆Sphaerogypsina
钙柱石[$Ca_4(Al_2Si_2O_8)_3(SO_4,CO_3,Cl_2)$；$3CaAl_2Si_2O_8•CaCO_3$;四方]☆meionite；scolexerose；tetraklasite；ersbyite；mionite；hyacinth；hyacinte；nuttal(l)ite；calciocancrinite；kalkcancrinit；tetraklasit；mejonit；tetraclasite；scolexerase；skolexerose；anhydrous scolecite
钙锥球石[钙超;Q]☆Calcioconus
钙锥锶铈矿[$(Ce,La)_4(Ca,Sr)_3(CO_3)_7(OH)_4•3H_2O$]☆calcio-ancylite；calcio-ankylite
盖☆lid；head；deck；CSG；cowl；cap；casing；capote；bonnet；cover；opercule；top；canopy；operculum；porta；mantle；dk；tectum[动;pl.tecta]
盖板☆deck{cover;butt} plate；decking；ceiling；coverplate；closure；lacing；lap (onlay)；detent plate cover；plate cap；tegmen；top hold-down；onlay；pelta[古杯]；covering plate[棘]；stegidium[腕]；thecal plate[非步带板;棘海胆]
(用)盖板覆盖☆shingle
盖板接头☆strap joint
盖板螺栓☆bonnet bolt
盖板通道[棘海座星]☆coverplate passageway
盖保岩☆cap rock
盖冰碛☆cover moraine
盖玻璃☆glass-cover{cover} slip
盖玻片☆cover glass{slip}
盖层☆drape；lap seam；covering (strata)；caprock；housing；cover coat{rock;strata}；deck；cover；lining；capping bed{formation}；cap formation{rock}；rock cap；seal；overburden；callow；corniche；veneer；roof{overlying} rock；capping；mantle；overlying

strata{formation}; confined lid; blanket; tegmentum
盖层厚度☆depth of cover; overburden amount
盖层滑动☆gliding of cover
盖层纪[中元古代第一纪]☆Calymmian
盖层建造☆cap{capping} formation
盖层模型☆overlying model
盖层排驱☆displacement pressure of roof rock
盖层漂移☆flotation of overburden
盖层穹隆☆mantled dome
盖层-热储界面☆cover-reservoir interface
盖层软流[德]☆freigleitung
盖层物☆capping
盖层系☆calymmian
盖层下地质☆submask geology
盖层压缩褶皱☆drape fold
盖层岩☆cover rock
盖层岩石☆caprock; supracrustal rocks
盖层岩性☆lithological character of roof rock
盖层与煤层接触线☆cover line
盖层藻属[E_3]☆Tectocorpidium
盖层褶皱[法]☆mantle fold{folding}; cover folding; plis de couverture

G

盖虫属☆opercularia; Operculina
盖虫亚目☆operculata
盖的☆opercular
盖地釉☆cladding glaze
盖顶☆coping
盖顶石☆capping
盖耳式照准仪[勘]☆Gale alidade
盖尔芳德-莱维坦方程☆Gelfand-Levitan equation
盖尔霍夫泉☆Gehlhoff spring
盖尔陨铁☆caillite
盖覆☆blanketing
盖哥型取样☆Geco sample
盖哥型直线运动取样机☆Geco sample cutter; Geco sampler
盖哥型自动横向截流取样机☆Geco sampler
盖革计数器{管}☆Geiger tube
盖革(计数器)勘探设备☆Geiger probing equipment
盖革-密{弥}勒计数器☆Geiger-Muller{G-M} counter
盖革坪☆Geiger plateau
盖革型计数器☆Geiger counter
盖格-弥{密}勒探测器☆Geiger-Muller probe
盖格探测法☆Geiger test(ing)
盖护板的☆sheet-plated
盖脊石板☆ridge slate
盖夹☆cap{cover} clamp
盖壳构造☆overcrusting
盖氯砷铅石☆gebhardtite
(有)盖轮藻属[K-Q]☆Jectochara
盖螺母☆box{capped;domed} nut
盖螺栓☆bonnet{cap} bolt; cover tap bolt
(羊毛般)盖满☆fleece
盖帽☆blocking a shot; capping cap
盖帽模型☆cap model
盖帽屈服模型☆capped yield model
盖面焊道☆final pass; capping bead
盖面石料☆cover stone
盖膜☆epiphragm
盖片☆cover plate{slip}; covering
盖(玻)片☆cover glass
盖碛☆cover moraine
盖珊瑚☆operculate coral
盖上☆close; top
(在)……盖上纯度检验印记☆hallmark
盖上阀☆valve in head
盖石☆coping (of) stone
盖石冰桌☆glacial{glacier} table
盖氏凿井砌壁多吊盘☆galloway sinking and walling stage
盖斯定律☆Hess law
盖斯托型复式刨煤机☆Gusto multiple plough
盖筒☆cup
盖土☆earthing
(在屋顶上)盖瓦☆heal
盖瓦式构造☆imbricated series
盖硒铜矿☆geffroyite
盖箱☆cope
盖销☆cancel
盖心☆cake
盖形贝属[腕;C_3]☆Tequliferina
盖形螺母☆cap nuts
盖雪冰☆snow-covered ice
盖雅假说☆Gaia hypothesis
盖岩☆roof{cap} rock; rimrock
盖岩影响☆cap effect
盖一层气[如灭火]☆gas blanketing
盖以金属☆metalling
盖以篷☆tilt
盖印☆imprint
盖有捕收剂反应的薄膜☆reaction-coated
盖约特☆guyot; tablemount
盖在上面的☆superincumbent
盖章人☆sealer
盖重防渗☆putting soil to press the seepage
盖住☆cap
盖祝石☆gedroizite; gedroitzite
盖子☆cover; lid
盖子植物☆chlamydospermae

gān

干☆dry; xero-; xer-
干板匣☆cassette
干`板X线{放射性}照相术☆xeroradiography
干拌☆dry mix
干拌喷射(混凝土)设备☆dry-mix shotcrete equipment
干拌砂浆☆mortar of dry consistency
干拌砂浆试验☆test by dry mortar
干饱和蒸汽☆dry-saturated steam
干爆炸剂[硝铵和燃料油的混合物]☆dry blasting agent; ammonium nitrate-fuel oil
干杯☆drink
干背燃烧室☆dry-back combustion chamber
干崩(解)[冰川冰在干地上的]☆dry calving
干边坡☆dry slope
干变性土☆ustert
干变质(作用)☆dry metamorphism
干标本☆exsiccata
干冰☆drikold; dry{carbon} ice; carbonic snow; solidified carbon dioxide
干冰种云☆dry-ice seeding
干布利雨期☆Gamblian phase
干材干燥机☆timber dryer
(油船的)干舱☆cofferdam
干草☆hay
干草叉☆pitch-fork; pitchfork; hay fork
干草堆☆haystack
干草原☆steppe
干草原土☆xerorendsina
干草自燃☆mowburn
干潮☆low tide
干沉(积作用)☆dry deposition
干沉淀式润滑(作用)☆dry sump lubrication
干成孔灌注桩☆dry-drilled pile
干冲沟☆talet; talat; agouni
干出的浅水湾☆dry wash{bed}
干出礁☆drying reef; dry rock; rock above water
干出岩☆dry rock
干处理☆dry treatment{processing}
干船坞☆dry{graving} dock
干船坞形冰山☆valley{drydock} iceberg
干次火山岩相☆dry subvolcanic facies
干打垒墙☆puddle wall
干带燃料电池☆dry-tape fuel cell
干单位重☆dry unit weight; unit dry weight
干捣水泥砂浆☆dry tamped cement mortar
干的☆dry; moisture-free; holosteric
干地☆dry land; fastland
干地热梯度热源☆dry geothermal-gradient heat source
干地植物☆Xerophile; Xerophyte; Xerosere
干点☆dry point; dp; final boiling point; dry spot[无油的地方]
干电池☆dry cell{battery;element}; cell
干电池防爆安全帽灯☆dry-cell cap light
干电池用软锰矿☆battery ore
干电池组☆cluster; dry(-cell) battery
干电解质电容器☆dry-electrolytic capacitor
干电容器☆dry condenser
干冻☆dry freeze
干洞穴☆dry{dead} cave
干镀☆dry coating
干度☆dryness fraction; mass dryness fraction
干度指数☆index of aridity
干吨☆dry metric ton; DMT; dry tonnage
干额☆dry capacity
干法☆dry-process; dry method{process}
干法带式制板机☆belt type sheet machine for dry process
干法分级☆air{dry} classification
干法分析☆analysis by dry way; dry assay
干法激淬☆dry quenching
干法搅拌的☆dry mixed; d.m.
干法搅拌混凝土☆dry-mix concrete
干法配料☆dry-process blending
干法筛分(筛)☆dry screen
干法摄影术☆dry photography
干法试验☆dry analysis; analysis by dry way
干法淘盘选{金盘}☆dry panning
干法制棉板☆dry process for making mineral wool slab
干分析☆dry analysis; assay
干粉☆dry powder
干粉煤☆dust coal
干封泥[材]☆dry lute
干封升降[呼吸]顶☆dry-seal lifting roof
干风化作用☆dry weathering
干腐蚀☆dry corrosion
干给矿机☆dry feeder
干给矿式表层浮选机☆dry-feed film-flotation machine
干耕☆dry farming
干公吨☆dry metric ton; DMT
干汞齐化☆dry amalgamation
干沟☆coulee
干(乾)谷☆wadi[pl.-ies,-is]; wady; gulch; dry{dead; main;master} valley; bourn(e); uadi; waddy; oued [pl. -s,-i,-a]; saoura; widiyan; arroyo; ouadi; koris[北非]
干谷型洼地☆wadi type depression
干谷钻探计划☆Dry Valley Drilling Project; DVDP
干股☆carried interest
干固水泥☆Keen(e)'s{keenes} cement
干管☆collecting{delivery} main; main pipe
干海滩☆dry beach
干旱☆drought; (physiological) aridity
干旱的☆xeric; arid; dry
干旱地☆punja
干旱地带☆arid tract{zone}
干旱地区☆drylands; arid{dry} region; dry
(在)干旱地区的砂矿☆dry place
干旱和半干旱环境的分布☆distribution of arid and semi-arid environments
干旱内陆盐水体☆caspian
干旱平原[巴基]☆pat
干旱侵蚀☆arid erosion
干旱区的干谷☆wadi; uadi
干旱区内陆盆中部平原☆schala
干旱土☆xerosol
干旱演替☆xerasium
干旱与内涝☆drought and waterlogging
干旱指数☆index of aridity
干焊☆dry welding
干河☆trunk stream; arroyo
干河床☆dry wash{bed}; dry river bed; raml; ramla; wadi; blind creek; rambla[西]
干河道☆resaca
干河谷☆enneri; asif; wadi; coulee; coulie
干涸☆dry (up); drying up; desiccation
干涸残渣[化学分析中]☆total solids
干涸河床☆blind creek
干涸湖☆dead lake; extinct (lake)
干黑药☆dry aerofloat
干湖☆dry{fossil} lake; extinct lack
干湖地☆bolson
干湖原☆playa
干化☆desiccation; anhydration
干化学剂粉尘☆dry chemical dust
干荒漠(群落)☆siccideserta
干荒盆地☆playa
干荒植物☆chersophyte
干黄铁帽☆rabban
干灰化☆dry fishing
干(式;法)混合的☆dry mixed
干混凝土☆dry(-packed) concrete
干火泥☆dried cement
(油船上的)干货舱☆dry cargo hold
干击法[试件制备]☆dry tamping
干脊☆principal crest
干季☆dry season
干钾碱☆dry potash

干检修☆dry repair
(用)干胶片(封)☆wafer
干胶体☆dry colloid
干(法)搅拌的☆dry mixed
干截槽☆dry cutting
干结碎石路☆dry bond macadam
干精矿☆dry concentrate
干井☆dry hole{well}；dustor；blank；powder hole；salted{posthole} well
干井废弃☆dry and abandoned；D & A
干井封堵器☆dry-hole plug
干净☆neatness；clear
干净的☆clean；fair；detersive；detergent
干净等径射孔孔眼☆clean uniform perforation
干净空气☆fresh air
干净油料☆white cargo
干绝热直减率☆dry adiabatic lapse rate
干喀斯特宽谷☆uvala；ouvala
干颗粒☆dry particles
干空隙比☆dry void ratio
干孔☆dry hole；lost{powder} hole
干孔允许数☆lost hole allowance
干枯☆drying up；dry；sear
干枯河道☆dead channel
干宽谷☆ouvala；uvala；karst valley
干矿仓☆dry ore bin
干矿粉☆pulp
干老成土☆ustult
干酪☆cheese
干酪饼状石☆cheesewring
干酪根☆kerogen；kerabitumen
干酪根残余物☆kerogen remains
干酪根的☆kerogenic
干酪根类型及其特征☆type of kerogen and its characteristic
干酪根热降解成油说☆kerogen thermal degradation theory on origin of petroleum
干酪根岩☆kerogenite；kerogen rock
干酪根页岩沥青☆keronigritite
干酪素塑胶纤维☆Aramaic
干酪状团块☆cheese
干冷☆friagem
干冷风☆bize；bise
干冷凝器☆dry condenser
干冷区☆cold dry area
干砾地☆geest
干砾石体积☆dry gravel volume
干粒雪☆polar{dry} firn
干量☆dry measure
干料☆drier；siccative
干料给料{药}机[浮剂]☆dry feeder
干裂☆desiccation crack{fissure}；air-crack；xerochase
干裂果实☆schizocarp
干裂破坏☆breaking damage
干裂纹☆klizoglyph；sun crack
干裂小砾☆Sun-cracked pebbles
干裂印模☆fossil crack
干洌风☆gregale；Euroclydon
干磷块岩产品储存仓☆dry phosphate rock storage bins
干淋溶土☆ustalf
干馏☆destructive{dry} distillation
干馏带☆distillation zone
干馏法☆retort method
干流砂☆sandrock run；dry quicksand
干垆坶砂☆dry loamy sand
干陆☆dry land
干滤器☆drier filter
干霾☆dust drift；dry haze
干脉☆backbone range
干煤☆dry coal
干煤灰分☆ash on dry coal
干煤气净化法☆dry gas purification
干密度☆dry density
干膜厚度计☆dry-film thickness gage
干膜检验☆dry film test
干磨☆dry grinding{finishing;grind;comminution}；dry-milling
干磨回路☆drying-grinding circuit
干磨碾☆dry pan；dry-pan grinding
干摩擦☆coulomb friction
干摩擦点☆dp；dry point{spot}
(风)干木材☆seasoned timber
干泥浆{渣}☆dry mud
干泥炭堆☆clamp
干黏石☆drydash
干黏卵石☆pebble dash
干黏砂饰面☆sand-float finish
干黏石☆drydash；chipped marble finish；rock dash；rough cast
干碾盘式碾磨机☆dry-pan mill
干扭贝属[腕;S_3-D_1]☆Areostrophia
干暖气候☆optimum
干炮眼☆dry hole
干泡☆draining froth
干泡沫☆dry foam
干配料砂浆☆package mortar
干喷汽孔☆dry-steam jet；vapor-phase{dry} fumarole
干喷气孔☆dry fumarole
干喷砂清洗☆dry blast cleaning
干坯强度☆dry body strength
干瀑布☆extinguished water fall
干期☆dry spell
干砌☆dry laying{walling}；dry-walling
干砌方法☆dry-wall method
干砌块石☆dry rubble；placed rockfill
干砌块石圬工☆dry rubble masonry
干砌毛石☆dry-laid{dry} rubble
干砌石☆loose-stone；dry-laid stone；stone pitching{wall}
干砌石坝☆loose stone dam
干砌石壁放矿溜眼☆dry wall chute
干砌石壁溜眼{道}☆dry-wall mill hole
干砌石墙☆dry stone wall；dyke
干砌石墙运输巷☆dry-wall gangway
干砌圬工坝☆dry masonry dam
干气☆lean{dry;dry-lean;net} gas；residue gas
干(天然)气☆dry natural gas
干气保存下限☆dry-gas preservation limit
干气回注装置☆cycling plant
干气驱☆lean-gas drive
干汽☆dry steam
干强度☆dry strength
干球温度☆dry-bulb temperature
干球温度计读数☆dry-bulb reading
干燃烧气量☆amount of dry combustion gas
干燃室锅炉☆dry combustion boiler
干扰☆interfere(nce) (with…)；irrelevant information；disrupt(ed)；hindrance；hindered；disturbance；handicap；excitation；jamming；countermeasure；bug；backdrop；disturb；storm；sturbs；trouble；jam；interaction；noise；upset；perturbation；perturbance；perturb；mush；interfering；obstruct；mess；pigeons；pickup[邻近电路引起的]
干扰波痕☆interference ripple (mark)；cross ripple mark；dimpled current mark；tadpole nests
干扰波研究☆noise analysis
干扰测量(术)☆interferometry
干扰沉落管☆hindered settling tube
干扰带☆fringe
干扰的☆interferential
干扰点☆offending point
干扰反射☆noisy reflection
干扰分析☆interference analysis
干扰雷达的电台☆beaver
干扰试井☆active well；interference{multiple-well} test
干扰(体)势位☆potential of disturbing masses；disturbing potential
干扰式沼气检定仪☆interference methanometer
干扰素☆interferon
干扰台无源探测和定位(系统)☆passive detection and location of counter measures；PADLOC
干扰体☆disturbing mass
干扰系数☆interference{interaction;influence} coefficient
干扰下沉式水力分级机☆hindered settling hydraulic classifier
干扰下沉柱{室}☆hindered-settling column
干扰消除设备☆clarifier
干扰信号比☆jam-to-signal (ratio)；disturbed signal ratio
干扰信号带宽☆jamming signal bandwidth
干扰仪☆interferometer
干扰抑制器☆suppressor
干扰中心☆center of disturbance
干热储☆dry-reservoir
干热的☆lithothermal；petrothermal；xerothermic
干热焚风[阿根廷]☆zonda
干热软土☆xeroll
干热型地热储☆hot dry geothermal deposit；dry geothermal reserve
干热岩体☆dry geothermal formation{reserve}；hot dry rock{rock formation}；dry-heat rock body；hot rock deposit；dry-reservoir；dry rocks；HDR
干热岩体地热井☆man-made geothermal well
干热岩体能量汲取☆hot dry rock energy extraction
干热岩体提供的电力☆drilled geothermal power
干热植物☆xerotherm
干热指标☆xerothermal (Marketing) index
干热指数☆xerothermic index
干熔融☆dry melting
干熔融体☆dry melt
干容重☆dry bulk density (unit weight)；unit dry weight；dry unit weight；dry density
干软土☆ustoll
干三角洲☆dry delta
干散雪崩☆dry-snow{dust;drift} avalanche
干森林群落☆carpohylile
干砂[冶]☆dried{dry} sand
干砂充填☆sand filling
干砂沟☆rambla
干砂流☆sandrock run
干砂喷射清理☆dry grit {-}blast cleaning
干砂型☆roast sand mo(u)ld；dry sand (mo(u)ld)
干砂型芯☆baked core；dry sand core
干砂铸法☆dry sand cast
干(样过)筛☆dry screening{sieving;screen}；dried-sieving
干闪络电压试验☆dry flash over test
干闪试验☆dry flash test
干烧法☆dry combustion method
干烧砖☆unfined brick
干涉☆interfere(nce)；intervention；interaction；cutting in；interposition；meddle；relation；intrusion；crab
干涉背斜☆intervening anticline
干涉波痕☆interference ripple (mark)；mark；cross ripple mark；dimpled current mark；cross-ripple；compound ripple
干涉沉降☆hindered {-}settling
干涉沉降圆锥分级机☆hindered-settling cone
干涉计的☆interferometric
干涉镜☆interferoscope
干涉量度学☆interferometry
干涉色表☆color scale；interference color chart
干涉色单斜对称色散☆monosymmetric dispersion of interference colors
干涉色图(谱)☆interference color chart
干涉条纹反差☆fringe contrast
干涉图☆interference{axial} figure；interferogram；convergent light figure
干涉图样☆fringe pattern
干涉序数☆order of interference
干涉仪☆interferometer
干涉子波☆interfering wavelet
干深成岩相☆dry plutonic facies
干渗入☆infiltration
干生植物☆xerophytic vegetation
干牲畜粪☆argol；argul；argal
"干绳"焊锡清除器☆"dry-wick" solder remover
干湿交替(耐腐蚀)试验☆alternate immersion test
干湿球信号发送器☆dry moist ball signal transmitter
干湿试验☆wetting and drying test
干石☆drystone
干石灰☆anhydrous lime
干石灰法☆lime dry process
干石灰岩法☆dry limestone process
干石块铺砌☆dry rock paying
干式安全壳☆dry (type) containment
干式充填☆dry-placed fill；dry stowing{filling}
干式封堵☆dry seal；surface sealing
干式风力选矿槽☆dry rocker
干式感应辊式磁选机☆induced-roll dry magnetic separator
干式混合法☆dry-mix process
干式金分析技术☆dry-assay technique
干式磨碎产品☆dry-ground product
干式皮带型磁选机☆dry belt magnetic separator
干式气柜☆dry seal gas holder；stationary gas holder
干式潜水☆dry diving
干式潜水装具☆dry suit

干式砂泥分离机☆dry sand-slime separator
干式上向凿岩机☆windowmaker
干式水井法[用于人工补给]☆dry type well method
干式淘选机☆dry vanning
干式往复摇床[选煤]☆dry reciprocating table
干式吸粉钻机☆dryductor drill
干式洗选机☆dry washer
干式压气{缩}机☆dry compressor
干式影印☆xerox
干式凿岩☆dry drilling{running}; drilling without water flushing
干式凿岩取样☆chicharra sampling
干式锥型球磨机☆dry-grinding conical ball mill
干式钻眼上向凿井☆dry raising
干式钻机☆dryductor
干试剂加入器☆dry reagent feeder
干试金分析技术☆dry-assay technique
干水道☆dhoro
干水泥☆dried{dry} cement
干缩☆air shrinkage; drying{dry} shrinkage
干缩节理☆desiccation joint
干缩裂缝☆desiccation fissure; mud crack; drying shrinkage crack
干缩裂隙☆desiccation crack{fissure}; shrinkage {drying} crack; klizoglyph
干缩泥裂☆shrinkage crack
干缩体积☆air shrinkage
干态密度☆dry density
干碳酸钾☆dry potash
干体密度☆dry bulk density
干填☆dry pack
干同人☆Ngandon man
干透了的☆bone-dry
干土☆dry{arid} soil
干土密度☆density of dry soil
干团粒☆dry pellet
干挖☆excavation in the dry conditions
干瓦斯☆dry gas
干温的☆xerothermic
干温期[冰期后]☆Xerothermic period
干污泥☆dry sludge
干雾☆dry fog
干物☆dry
干物料过滤☆dry solids filtration
干物质组成☆dry matter basis
干溪☆spruit
干洗床☆dry concentrating table
干峡[雨季可能有水]☆nullah; wadi
干峡口☆air gap
干舷☆topside; freeboard
干舷勘划☆freeboard assignment
干向指数☆drying curve
干消(石灰)☆air-slack; air {-}slake
干芯电缆☆dry core cable
干新成土☆ustent
干型砂☆dry sand
干型用砂☆sand for dry mold
干性显像粉☆dry developer
干性油☆tung{drying} oil
(木材)干朽☆dry rot
干朽菌属[真菌;Q]☆Merulius
干选☆dry blowing{separation;treatment; preparation; concentration}
干选煤☆dry-cleaned coal
干雪☆powder (snow); dry snow
干雪崩☆dry(-snow){powder;wind;drift} avalanche; staublawine
干雪地带☆dry snow zone
干压成形☆dry pressing{process}
干压实☆dry compaction
干盐湖☆salar [pl.-s,-es]; playa (lake); dry{play} lake; salt playa; calicheres
干盐湖上刮具[一般为粗砾或巨砾]☆playa scraper
干盐湖上刻蚀沟☆playa furrow
干盐盘相☆dry salt-pan phase
干盐沼☆sabkha; sebkha
干研盘☆dry pan
干岩[巴]☆lapa sêca
干岩样☆dry (core) sample
干岩样的取样器☆dry sampler
干氧化☆dry oxidation
干氧化土☆ustox
干(岩)样[干钻取出未经冲洗液污染的]☆dry sample
干幺重☆unit dry weight; dry unit weight
干印件☆xerocopy
干印术☆xerography
干硬度☆stiffeness
干硬性混凝土☆dry{stiff} concrete
干硬雪☆sand snow
干永冻层☆dry permafrost
干油槽油雾润滑☆dry sump oil mist lubrication
干预☆interposition; interference; interpose; intervene
干预购买和储藏☆intervention buying and storage
干原料泡沫浮选机☆dry-feed film-flotation machine
干燥☆drying; dryness; aridity; desaturation; dull; dehumidification; insiccation; desiccation; unwater; grid; uninteresting; dry (out); exsiccation; xer(o)-
干燥厂静电除尘器☆drying plant electrostatic precipitator
干燥处理☆seasoning
干燥的☆desiccant; drying; arid; dry; exsiccative; desiccative; aridic; unwatered; siccative
干燥度☆aridity; dryness; rate of drying
干燥风☆bize; bise; dryth
干燥柜☆cabinet drier
干燥基☆db; dry{moisture-free} basis
干燥机滚筒☆dryer drum
干燥机横杆☆buckstay
干燥剂☆desiccant; drier; drying{desiccating} agent; exsiccative; dehydrator; dehumidifier; dessicant; dryer; siccative; des.
干燥介质☆drying medium
干燥聚合机☆binder curing oven
干燥空气☆instrument air
干燥炉☆drying furnace{oven}; dryer; drier; kiln; gloom; baking oven
干燥煤灰分☆ash on dry coal
干燥年☆drought year
干燥器☆drier; deseccator; exsiccator; dryer; dessicator; water extractor
干燥区☆arid region; drying zone
干燥筛(筛分)镁砂☆dry graded magnesite powder
干燥蚀夷平原☆plain of desert leveling
干燥室☆hothouse; drying chamber
干燥塔☆tower drier
干燥筒☆drying cylinder; heating drum
干燥无灰基☆dry ash free basis; d.a.f. basis
干燥型砂☆dry moulding sand
干燥硬化裂缝☆drying shrinkage crack
干燥用的☆desiccant
干燥支柱☆seasoned prop
干燥制粒器☆dryer-pelletizer
干燥作用☆exsiccation; desiccation; siccation
干渣☆dry residual{residue}
干沼泽☆fenland
干蒸气☆dry steam
干蒸气井☆dry-steam well
干植丛群落☆lochmodium
干植物☆dried vegetation
干终馏点☆dry point
干重☆dry weight; dw
干重度☆dry bulk density; dry bulk unit weight; unit dry weight
干重混合☆dry-weighted batch
干重基的☆on a dry weight basis
干柱色谱法☆dry-column chromatography
干砖坯☆air brick
干转☆run dry
干转变☆dry inversion
干状泡沫☆dry-looking froth
干(摩擦)阻尼☆dry friction damping
干钻☆dry drilling{boring}; drilled{run;running} dry
干钻卡断(岩芯)☆burn in
玕琪子☆agate beads
坩埚☆crucible; crux [pl.cruces]; xble; (melting) pot; copple; hearth
坩埚法拉丝☆marble melt process
坩埚分析☆crucible assay
坩埚红热处理☆nailing
坩埚加速旋转法☆ACRT
坩埚焦炭☆coke button; crucible coke
坩埚钳☆hawkbill; crucible tongs
坩埚试金法[冶]☆crucible method
坩埚下降晶种法☆descending crucible with seed
坩埚窑作业室☆hearth of pot furnace
坩埚质鳞片状石墨☆crucible grade flake graphite
甘氨酸[NH_2CH_2COOH]☆glycine; aminoacetic acid; glycocoll; amino acetic acid
甘醇[$HOCH_2CH_2OH$]☆(ethylene) glycol
甘噁啉[CHNCH:CHNH]☆glyoxaline
甘汞[HgCl;Hg_2Cl_2]☆calomel; quick horn; calomelite; horn mercury{quicksilver}; kalomel; mercurous chloride; horn quick silver; turpeth; calomelano; merkurspat; merkurkerat; merkurhornerz; mercuric {mercurial} horn ore
甘汞矿[Hg_2Cl_2;四方]☆calomel; calomelite
甘蜊蛤☆Glycymeris
甘露-丰乳聚糖☆manno-galactan
甘露庚酮糖☆mannoheptulose
甘露聚糖☆mannan
甘露糖☆mannose
甘石黄素☆kanugin
甘肃贝属[腕;C_1]☆Kansuella
甘肃长身腕☆Kansuella
甘特图☆Gantt chart
甘特线圈☆Gantt bar chart
甘味☆sweet{sweetish} taste
甘油[CH_2OH•CHOH•CH_2OH]☆glycerin(e); glycerol
(用)甘油处理☆glycerinate
甘油二醋酸精☆diacetin
甘油基☆glyceryl; glycero-
甘油内醚[CH_2O-CHCH$_2$OH]☆glycide
甘油三(酸酮)☆triglyceride
甘油三酸酯☆triglyceride
甘油三硝基酸酯☆nitroglycerine; NG; NGL
甘油三硬甾酸酮☆tristearin
甘油三硬脂酸酯☆tristearin; stearin; glycerol{glycerin} tristearate
甘油三油酸酯☆olein; tri-olein
甘油渗出☆sweat; sweating
甘油酸盐☆glycerate; glycerinate
甘油酸酯[CH_2OH•CHOH•COOR]☆glycerinate
甘油硬脂酸酯[$(C_{17}H_{35}COO)_3C_3H_5$]☆stearin
甘油炸药☆(gelatin) dynamite; blasting gelatine; grease
甘油炸药用甘油☆dynamite glycerin(e){glycerol}
甘油酯☆glyceride; glyceryl ester
甘蔗☆sugarcane
甘蔗渣☆bagasse
(葡糖)苷配基☆aglucon; aglucone
柑橘爆皮虫☆agrilus auriventris; citrus flatheaded borer
酐☆anhydride
矸煤☆spoil
矸石☆gangue; dirt; chat; attle; jamb; discard; waste (rock); broken{barren} rock; spoil; condie; lean material; ore-waste; waster; deads; debris; refuse (reject;yard); gob; tailing; veinstone; bone coal; recrement{trash} [选]; stone; muck; rock refuse; mullock; rock dumping yard
矸石采取样☆refuse sampler
矸石仓☆rock bin{pocket}; (waste) bunker
矸石场☆culm dump; refuse yard; broken material
矸石车☆dolly wagon; (refuse) car; muck car
矸石处理☆dirt{refuse;rock;waste} disposal; refuse handling; disposal of spoil
矸石倒堆[露]☆casting of rocks
矸石堆☆heap; coast; hillock; culm{waster} bank; burrow; dirt{refuse;waste;waste-rock} pile; bing; dump(er); goaf(ing); goave; refuse{waste} heap; spoil area; heap of gangue; mullock; waste dump
矸石堆复用{田}☆spoil reclaiming
矸石堆拣煤人☆coaster
矸石垛☆pack
矸石隔墙☆parting
矸石和中煤控制装置☆refuse and middling control assembly
矸石坑☆dump pit
矸石溜槽☆slate{debris;waste} chute
矸石溜管☆waste chute
矸石轮☆shale{dirt} wheel
矸石墨☆escorial
矸石墙☆pack (wall); puck
矸石桶☆dan
矸石中精煤☆float in refuse
矸质☆chat
矸子☆waste; gangue; dunnbass; spoil; muck; refuse; dirt; chat; attle; deads
尴尬的☆awkward
竿[长度,≈5.0292m]☆rod
肝癌☆hepatoma; liver cancer

肝辰砂[HgS]☆paragite；liver ore；hepatic cinnabar
肝赤铜矿[褐铁矿与砖孔雀石或赤铜矿的混合物]☆hepatin(erz)
肝臭重晶石[德]☆liverstone；hepatite；leberstein
肝胆管结石☆hepatic calculus；hepatolith
肝蛋白石[为呈淡灰褐色的结核状蛋白石；$SiO_2•nH_2O$]☆liver opal；(chert) menilite；leberopal；vierzonite；melinite；grossouvrite
肝汞矿☆hepatic mercury ore；mercuric ore；hepatic mercuric ore
肝管切开取石术☆hepaticolithotomy
肝管碎石术☆hepaticolithotripsy
肝黄铁矿☆lebereisenerz；hepatopyrite；hepatic{liver} pyrites
肝硫黄[磺]☆hepar sulphuris
肝区[节]☆hepatic region
肝色矿☆liver ore
肝石☆hepatolith；hepatic calculus
肝铁矿☆hepatic pyrite
肝铜矿☆kupferlebererz
肝下区[节]☆subhepatic region
肝锌矿[Zn(S,As)]☆voltzite；leberblende；voltzine

gǎn

赶出☆out
赶光☆roller-smoothing
赶紧☆hurry；haste；rush
赶快☆hastening
赶快完成☆dash
赶浪头{潮流}☆jump on the bandwagon
赶马车工☆wheeler
赶马工☆hauler
赶上☆catch-up；emulate；overtake；catch (up with)；keep pace with；run into (a situation)；outgo
赶牲口运货的人☆packer
杆☆bar；leg；lever；rod；spindle；beam；arbor；staff；stick；stem；tower；wand；stalk；pole[长度;=5码半]；post；arm；peel；perch[英长度]
(用)杆(操纵)☆lever
杆壁虫属[K-E_1]☆Rhabdopleura
杆臂☆lever arm
杆臂虫☆Rhabdopleura
杆秤☆steelyard；Vallentine scale；lever scales
杆尺校正☆bar check
杆雏晶☆bacillite；baculite
(钻)杆的平头接合☆flush joint of rods
杆端连接叉☆rodend yoke
杆阀☆stem valve
杆沸石[$NaCa_2(Al_2(Al,Si)Si_2O_{10})_2•5H_2O$;$NaCa_2Al_5Si_5O_{20}•6H_2O$;斜方]☆thomsonite；mesole；mesolitine；uigite；carphostilbite；fibrous zeolite；karphostilbite；scoulerite；feather-zeolite；koodilite；sphaerostilbite；tonsonite；triploclase；harringtonite；winchellite；hydrothomsonite；picrot(h)omsonite；mesolithin；thomosonit；lintonite；faroelite；triphoclase；ozarkite{comptonite}[$Na_2O•3CaO•4Al_2O_3•9SiO_2•9H_2O$]
杆钩☆pole hook
杆环☆collar
杆机构☆linkage
杆几丁虫属[O]☆Pistillachitina
杆架☆bar frame
杆角石属[头;O_2]☆Bactroceras
杆接头[深井泵]☆knock-off joint
杆菊石☆Baculites；baculite
杆菊石壳☆bactricicone
杆菊石式[头]☆bactritoid
杆菊石属[头;K]☆Baculites
杆菊石属卵圆形动物群☆Baculites ovatus fauna
杆菊石锥☆bactriticone
杆距☆pole clearance
杆菌☆bacillus [pl.bacilli]
杆孔虫属☆Rhabdammina
杆控(快开)针形阀☆bar-stock needle valve
杆棱石☆Bactrites
杆棱石属[头]☆Bactrites
杆盘珊瑚(属)☆Rhabdocyclus
杆珊瑚属[D_3]☆Mochlophyllum
杆上放炮[排除溜眼堵塞]☆poleblasting
杆上信号☆semaphore signal
杆石☆rhabdolith
杆石壳☆bactricicone
杆石属[头]☆Bactrites
杆石亚纲☆Bactritoidea
杆式泵☆sucker rod pump；inserted barrel pump；rod (liner) pump
杆式(抽油)泵☆rod-drawn pump
杆式井架☆pole-type{pole} mast
杆式拉紧螺杆{钉}☆bar tension screw
杆式驱动液压排出孔☆bar actuated pressure
杆送药包爆破[处理漏斗堵塞用]☆poleblasting
杆苔藓虫属[C-P]☆Rhabdomeson
杆系☆linkage
杆销☆pole pin
杆形受电器☆trolley
杆闸☆post brake
杆中三叉骨针[绵]☆mestrian
杆轴承☆rod bearing
杆柱☆line of rods；roof bolt
杆状☆rod-shaped；bacilli-form
杆状浮标☆spar buoy
杆状辅助装药☆rod booster
杆状构造☆rodding (structure)；rodded structure
杆状骨素[珊]☆rhabdacanthine scherenchyme
杆状骨针☆tylotoxea
杆状节理☆pencil joint
杆状晶体☆rod-like crystal
杆状菌☆bacillus [pl.-li]
杆状藻属[Q]☆Bacillaria
杆状肢[节]☆stenopodium
橄奥安粗岩☆kohalaite
橄白玄武岩☆mikenite
橄斑玄武岩的☆chrysophyric
橄长反应边结构☆hyperite texture
橄长岩☆troctolite；forellenstein；allivalite；troutstone
橄(榄钙)长岩☆allivalite
橄沸粒{粗}玄岩☆crinanite
橄钙辉长石☆allivalite
橄黄白榴岩类☆kamafugite
橄黄煌岩☆polzenite
橄黄岩☆kugdite
橄煌岩☆cancalite
橄辉白榴玻斑岩☆gaussbergite
橄辉玻基粒{粗}玄岩☆woodendite
橄辉钾(霞斑)岩☆mafurite
橄辉绿岩☆kinne diabase
橄辉钠质粗面岩☆skomerite
橄辉霞(玄)岩☆onkilonite
橄辉云煌岩☆cascadite；prowersite
橄金黄白斑岩☆euctolite；euktolite
橄金黄白玄斑岩☆venanzite
橄金云斑岩☆venanzite；euktolite；euctolite
橄苦岩☆picrite
橄榄☆olive
橄榄斑岩☆olivinophyre
橄榄粗(安)岩☆mugearite
橄榄古铜辉石球粒陨石☆bronzite
橄榄古铜球粒陨石☆olivine-bronzite chondrite
橄榄古铜陨铁☆lodranite
橄榄黄长霞岩☆covdorite
橄榄辉玄岩☆ankaramite
橄榄钾镁{金云}煌斑岩☆fortunite
橄榄碱辉岩☆kylite
橄榄榴霞岩☆lutalite
橄榄绿[石]☆Olive Green
橄榄钠长斑岩☆skomerite；marloesite
橄榄球投掷☆rugby pitch
橄榄(绿)色☆olive (green)；olivaceous
橄榄石[浓绿色;$(Mg,Fe)_2SiO_4$]☆peridot；c(h)rysolite；olivine；evening emerald；olivinoid
橄榄石的蛇纹石假象☆pseudomorphic of serpentine after olivine
橄榄石化(作用)☆olivinization
橄榄石假象阳起石☆pilite
橄榄石-尖晶石型转变☆olivine spinel transition
橄榄石类☆olivine group
橄榄石(矿)砂[Mg_2SiO_4]☆forsterite sand；olivine sand
橄榄石型巨晶釉☆olivine type macrocrystalline glaze
橄榄石-易变辉石无球粒陨石☆ureilite；olivine-pigeonite achondrite
橄榄苏长岩结构☆hyperite teature
橄榄铜矿[$Cu_2(AsO_4)(OH)$;斜方]☆olivenite；olive (copper) ore；pharmacochalcite；leucochal(c)ite；wood copper；leukochalcit；pharmacolzit；pharmacochalzite
橄榄霞斜辉长岩☆olivine theralite gabbro
橄榄霞岩☆ankaratrite；nepheline basalt；olivine nephelinite
橄榄斜霞岩☆luscladite
橄榄形宝石☆brillolette；briolette
橄榄玄粗岩☆shoshonite
橄榄玄武石☆dorgalite
橄榄岩[主要成分为橄榄石、斜方辉石、单斜辉石、角闪石]☆peridotite；olivinite；olivinfels；heavy silicate
橄榄岩壳☆peridotite shell
橄榄岩圈☆peridosphere
橄榄易变辉石无球粒陨石☆ureilite
橄榄油石☆olivin(e)
橄榄陨铁☆pallasite；olivine stony iron
橄榄陨铁壳☆pallasite shell
橄榄紫苏辉石(球粒陨石)☆olivine {-}hypersthene
橄榄紫苏球粒陨石☆olivine-hypersthene chondrite
橄绿石棉{绵}☆byssolite
橄去霞辉岩☆fasinite
橄闪白玻斑岩☆gaussbergite
橄闪斑岩☆espichellite
橄闪粗玄斑岩☆espichellite；espickellite
橄闪歪煌岩☆kvellite
橄闪岩☆argeinite；ampholite；amphogneiss
橄闪正(长)煌(斑)岩☆kvellite
橄钛辉长岩☆rougemontite
橄歪粗面岩☆kaiwekite；shihlunite
橄无球粒陨石☆chassignite
橄霞二长安山岩☆pollenite
橄霞玄武苦橄岩☆ankaratrite picrite
橄云二长辉长岩☆hovlandite
橄云闪碱脉岩☆koellite
橄云霞辉岩☆fasinite
橄正辉长岩☆ricolettaite
感潮河☆tidal river
感磁☆induced magnetism
感磁物☆magnetizer
感度☆sensitivity；sensitiveness
感杆束[昆虫小眼中一杆状构造]☆rhabdome
感官☆sense
感光板支架☆plate holder frame
感光玻璃☆Fotoceram；photosensitive glass
感光测定(法{术})☆sensitometry
感光层☆photosensitive coating{layer}；photolayer
感光的☆(light) sensitive；photosensitive；sensitometric
感光底片胶☆photogelatin
感光度☆light {-}sensitivity；photosensitiveness；actinism
感光度测定的☆sensitometric
感光度图☆sensitogram
感光分解(作用)☆photodecomposition
感光计☆actinometer；sensitometer；sensitivity guide
感光剂☆sensitizer；sensistor
感光器官☆photoreceptor
感光去氯(作用)☆photodechlorination
感光乳胶☆sensitive emulsion
感光时间☆timing up
感光速率☆speed
感光图☆sensitogram
感光性☆sensitivity；sensitiveness；sensibility
感光性短暂提高☆hypersensitization
感光学☆sensitometry
感光异构(现象)☆photoisomerism
感光纸☆photosensitive{heliographic;sensitized} paper
感红的☆red-sensitive
感化☆reclamation
感胶离子☆lyotrope
感觉☆sensing；sentience；sentiency；feeling；sense；sensation；percept(ion)
感觉得到的☆appreciable
感觉的☆percipient
感觉刚毛☆sensory setae
感觉力☆perceptibility
感觉温度☆sensible temperature
感觉仪☆feeler
感抗☆inductive reactance{impedance}；XL
(有)感(电)抗☆inductive reactance
感蓝的☆blue-sensitive
感偶等离子源发射光谱仪☆induction coupled plasma emission spectrometer
感铅性☆lead susceptibility
感情☆emotion；heart；feeling；sentiment
感染☆catch
感染矽肺☆infective silicosis

G

感染力☆appeal
感热的☆thermolabile
(电)感(电)容调谐☆inductance-capacitance tuning
感色计☆leucoscope
感色敏感度☆chromatic sensitivity
感生电流支架☆induced current support
感生应力☆induced stress
感氏螺纹☆Whitworth；W.
感受☆feel；sense；be affected by；experience；taste
感受到☆pick up
感受器☆susceptor；receptor
感受性☆receptivity；susceptibility；sensibility
感受元件☆sensing unit
感叹☆interjection；exclamation
感调谐器☆inductuner
感痛苦☆smart
感温式(火灾探测)装置☆heat-actuated device；HAD
感温元件☆temperature sensor
感想☆impression；sentiment
感谢☆acknowledgement
感性磁性☆induced magnetism
感性认识☆acquaintance；feel；perception
感性知识☆experimental knowledge
(使)感兴趣☆interest
感兴趣的事☆interest
感压晶体[石英晶体压力计中]☆sensor crystal
感压箱☆bellows
感压元件☆pressure element
(压力计)感压元件☆sensing element
感烟火灾探测器☆smoke fire detector
感应☆influence；induct(ion)；inf.；induce；response；reaction；interaction；irritability；sympathy；respond
感应爆炸☆detonation by influence
感应测井☆induction log(ging)；inductolog；induced current log；conductivity log；electrical logging；IL
感应测井检验筒☆induction sleeve verifier；ILV
感应测井 90°相移分量☆induction quadrature
感应充电☆charging by induction
感应的☆inductive；inductional
感应地震☆sympathetic earthquake
感应电测井模块☆induction electrical module；IEM
感应电的☆farad(a)ic
感应电流☆induced{induction} current；faradism
感应法电测井☆induction logging
感应辊式磁选机☆induced-roll (magnetic) separator
感应极化电势☆induced polarization potential
感应加热☆induction heating
感应加热淬火☆induction quenching
感应雷防爆器☆anticountermining device
感应率[物]☆inductivity
感应脉冲瞬态法☆INPUT；induced pulse transient
感应密度☆field density
感应起电☆electrification by influence
感应器☆sensor；inductor
感应式航空电磁系统☆inductive AEM system
感应式机车信号☆inductive cab signaling
感应式仪表☆induction meter
感应损耗☆eddy-current loss
感应体☆inductor
感应系数☆inductance；induction{influence} coefficient
感应线☆influence line；line of induction
感应线圈的排列{结构}☆induction coil configuration
感应仪☆inductance gauge
感应直角相移☆induction quadrature
感知器☆perceptron
秆☆beam；stalk；stem
敢死队员☆perdue

gàn

干☆trunk；stem
干部☆cadre；scapus
干道☆backbone road；boulevard；thoroughfare；main highway；trunk mad
干{幹}谷☆master valley
干航海事业的☆seafaring
干基☆dry basis
干{幹}流☆main stream{course;river;current}；principal river{stream}；master stream{river}；mainstream；trunk (stream)；main channel flow；master river
干路☆arterial{primary} road；stem
干渠☆primary canal-distributer；main channel flow
干事☆secretary；officer
干线☆trunkline；trunk (line;road;route)；artery；arterial {backbone} road；main circuit{line;lead;pipeline}；main-line (track)；bus (wire)；generating line；backbone pipeline；spine；principal circuit；main
干线电压☆rail voltage
干线供电爆破☆mains firing
干线平巷☆mother entry
干线拖运☆mainline haulage
干线用管☆line pipe
干线运输(电机车)司机☆main-line motorman
干线照明[井下供电线照明]☆power{mains} lighting
赣南矿[α-BiF_3]☆gananite

gāng

岗基辉绿岩☆konga diabase
岗粒岩☆granofels
冈{岗}☆hill；humpy
冈比亚☆Gambia
冈底斯地槽区☆Gandise geosynclinal region
冈弗林特藻属[蓝藻;Ar]☆Gunflintia
冈加矿☆warthaite；goongarrite
冈陵☆mound
冈陵地区☆mima mound
冈陵泉☆mount spring
冈尼森河(群)[美;AnЄ]☆Gunnison River
冈珀兹定律法☆Gomperz law
冈特测链☆pole{Gunter's} chain
冈瓦那{纳}((古)大陆)☆Gondwanaland；Gondwana (land)
冈瓦纳古陆碎块的极移☆polar-fugal drift of Gondwana fragment
冈瓦纳后的☆post-Gondwana
冈瓦纳克拉通☆Gondwanaland craton
冈瓦纳型煤层☆Gondwana coals
冈瓦纳周边地区☆peri-Gondwana
冈纹辉绿岩☆konga diabase
冈状裂隙☆network of cracks；ramifying fissures
刚(的)☆stiff；harsh
刚度☆stiffness；rigidity；toughness；severity；hardness
刚度计☆rigidimeter
刚度系数☆stiffness coefficient；coefficient of rigidity{stiffness}；rigidity factor
刚度因子{数}☆rigidity factor
刚刚开始☆on the threshold of
(经营上)刚够维持成本的矿山☆marginal mine
刚果红[染料,浮剂;$(C_{10}H_5(NH_2)(SO_3Na)N{:}NC_6H_4)_2$]☆Congo red
刚果石[$(Fe^{2+},Mg,Mn)_3B_7O_{13}Cl$;三方]☆congolite
刚果钻石☆coated diamond
刚架结构☆rigid frame structure
刚劲梁☆stiff beam
刚晶☆crystalon
刚开井或刚关井后的一段短时间☆short test time
刚露出的顶板☆green rock
刚铝石☆alundum；corindon
刚铝石(人造金刚石)☆abrasite；alumdum
刚铝玉☆alundum
刚毛[环节]☆seta [pl.-e]
刚毛具褶双极藻属[Є-O]☆Dasyrytidodiacrodium
刚毛(双极藻)属[Є-O]☆Dasydiacrodium
刚毛藻(属)[Q]☆Cladophora
刚毛状突起☆setiferous process
刚黏性的☆firmoviscous
刚砂☆emery；corundum
刚{玉}砂布☆emery {-}cloth
刚砂轮砻谷机☆emery scourer
刚闪辉长岩☆sesseralite
刚石☆corundum；diamond{adamantine} spar
刚石粉☆emery
刚塑性模型☆rigid-plastic model
刚体☆rigid mass{body}；rigidity
刚体力学☆geostatics；rigid dynamics
刚体弹簧元法☆rigid body spring method；RBSM
刚体运动☆displacement
刚体振动☆rigid-body-vibration
刚性☆rigidity；stiffness；inflexibility；inflexible
刚性板块说☆rigid plate hypothesis
刚性包体岩石应力计☆rigid inclusion stress meter
刚性卷筒爆炸剂☆rigidly cartridged blasting agent
刚性传动☆positive drive
刚性的☆inflexible；rigid；stiff；positive；nonflexible
刚性的下部钻具组合☆stiff bottom hole hook up
刚性底架☆straight-frame
刚性地壳☆cratonic crust
刚性反馈☆direct feedback
刚性俯冲地块☆rigid plunger block
刚性拱☆nonyielding{rigid} arch
刚性构架☆rigid (jointed) frame；braced frame
刚性构架装载机☆rigid-frame loader
刚性罐道☆fixed{rigid} guide
刚性化☆rigidization；rigidize
刚性机械试验技术☆stiff-machine testing technique
刚性结构☆girder{rigid} construction；rigid structure
刚性界面点☆rigid interface point
刚性井壁☆rigid wall
刚性梁☆stiffener；strengthener
刚性密封泡沫法☆rigid seal foam system
刚性模量☆modulus of rigidity{elasticity in shear}；rigidity{shear} modulus
刚性模数☆rigidity modulus；module of rigidity
刚性木垛☆solid wooden chock
刚性尿烷泡沫法☆rigid urethane foam system
刚性圈☆stereosphere
刚性双岩芯管☆rigid-type (double-tube) cone barrel
刚性台架☆stiff gantry
刚性条件☆hard condition
刚性腿平台起重机☆"stiff-leg" platform crane
刚性腿座架支承的钻井平台☆mat-supported drilling platform
刚性稳定器组合☆stiff stabilizer assembly
刚性稳斜组合☆rigid holding assembly
刚性系数☆stiffness coefficient；coefficient{factor} of rigidity
刚性旋转前锋断块☆rigidly-rotated frontal block
刚性元件☆stiffener
刚性支撑☆rigid support；non-yielding prop
刚性柱架☆stiff-leg derrick
刚性柱腿的☆stifflegged
刚性桩基式[平台]☆rigid piled
刚性组合☆stiff assembly
刚性钻铤组合☆rigid bottom hole assembly
刚硬性☆stiffness
刚玉[Al_2O_3;三方]☆corundum(ite)；harmophane；hard {diamond} spar；corundite；corivendum；emery；white sapphire；soimonite；corindon；korunduvite；jacut；korund[德]；hyacinthos；Alundum；adamantine spar[绢丝状褐色]；corinindum；naxium；adamant；corivindum；taosite；corinendum；corindite[合成]
刚玉奥长伟晶岩☆plumasitic pegmatite
刚玉粉☆(powdered) emery；schmirgel
刚玉钙长黑云岩☆kyschtymite
刚玉-莫来石瓷☆corundum-mullite ceramic
刚玉熔块☆fused alumina ingot
刚玉砂[刚玉与磁铁矿、赤铁矿、尖晶石等紧密共生而成]☆smiris；schmirgel[德]；pulverized corundum；fused alumina plate；smergal；smirgel；e(s)meril；emery；emerite；smyris
刚玉砂轮☆emery disc{wheel;cutter}；alundum wheel
刚玉石粉☆alumdum powder
刚玉霞长岩☆raglanite
刚玉霞辉正长岩分异系☆sivamalai series
刚玉斜长石岩☆corundum plagioclasite
刚玉型结构☆corundum type structure
刚玉岩☆corundolite；schmirgel[德]；emery {-}rock；corindonite；corundumite；corundum rock
刚玉正长岩系☆sivamalai series
刚玉珠云伟晶岩☆marundite
钢☆steel；stl；sidero-
钢安全白☆steel pad
钢安装框架☆steel mounting frame
钢板☆steel plate{sheet;sheeting}；plate；spring [of a motorcar,etc.]；stencil steel board；stave[容器]
钢板对称浮放道岔☆symmetrical portable switch based on steel plate
钢板工☆plater
钢板弹簧☆spring leaf
钢板外壳☆sheet-metal enclosure
钢板网☆expanded metal；XPM
钢板轧制厂☆plate mill
钢(制)板桩☆steel (sheeting) piling；iron and steel sheet piling；steel sheet pile
钢板桩法☆steel sheet pilling
钢板桩墙护岸☆steel sheet pile bulkhead
钢板桩圈☆steel sheet-pile cell
钢板桩式岸壁☆steel sheet piled quaywall

钢棒☆steel bar{driver}; steel grinding rod; cylpeb
钢棒劈石手工工具☆plug and feathers; multiple wedge
钢棒筛板☆bar deck
钢包车☆ladle car
钢包砂☆burning-in
钢包石棉垫片☆metal jacket gasket
钢背板☆steel lagging{lacing}
钢标☆steel tower
钢材☆steel product{section}; rolled steel; steels
钢材表面镀铬☆alphatization
钢材酸蚀反应☆acid-steel reaction
钢厂☆steel mill{works}; steelworks
钢衬{|齿}☆steel liner{|tooth}
钢齿琢石☆combed{dragged} work
钢齿钻头☆steel tooth bit (rock bit); steel-tooth bit
钢尺☆steel rule
钢传动带☆steel belt
钢带☆band{strap} iron; steel band{strap;belt;tape}
钢带螺旋[螺旋分级机]☆ribbon spiral
钢带托架座舱式射孔器☆strip carrier capsule gun
钢弹☆steel bomb
钢导管☆steel conduit
钢导管架平台☆steel jacket platform
钢的含碳☆temper
钢的磷酸盐保护敷层☆bonderizing coating
钢的牌号☆grade of steel
钢垫☆steel washer
钢顶梁☆steel cap{bar}
钢锭☆steel ingot; ingot (steel); cake
钢锭帽☆box-hat
钢段☆cylpeb
钢阀{|拱}☆steel valve{|arch}
钢拱支撑☆steel-arched support
钢箍☆intermediate implement; stirrup (bolt); steel hoop
钢骨水泥☆beton armee; reinforced concrete
钢刮板履带给料机☆steel-flight caterpillar feeder
钢管☆steel tube{pipe}
钢管厂☆pipe mill
钢管垛笼支架[支架中央装木材砂子]☆steel mat
钢管井架☆tubular (steel) derrick
钢管轻便井架{钻塔}☆hollow steel mast
钢管组合☆steel pipe assembly
钢罐道☆steel guide
钢轨☆steel rail
钢轨垂曲☆depression of rail
钢轨挡板☆steel-rail rifle sluice
钢轨垫板☆sole{base} plate
钢轨格条流洗槽☆steel-rail riffle sluice
钢轨拱☆arched rail
钢轨混凝土端盖衬板[磨机]☆rail-cement end liner
钢轨扣件☆clip
钢轨筛条☆grizzly rail
钢轨凸缘☆rail foot; flange of the rail
钢轨弯曲阻力☆rail bending resistance
钢轨应力自记仪☆stremmatograph
钢轨灼损裂缝☆engine burn fracture
钢号☆steel grade; grade of steel
钢横梁☆steel bunton
钢桁架☆steel-truss; S.T.
钢化玻璃☆armoured{toughened;tempered} glass; Herculite; superduralumin; stalinite
钢灰石☆tellite
钢夹☆clip
钢架支护☆steel rib support
钢尖冲(头)☆steel taper drift
钢节☆steel node
钢结构☆steel construction{structure}; steelwork
钢筋☆(iron) reinforcement; armo(u)ring; reinforced bar; carcass; (reinforcing) bar; wire binder; concrete reinforcing bar; rebars; armature; reinforcing rod
钢筋布置☆arrangement of reinforcement
钢筋箍☆stirrup; re-bar hoop
钢筋混凝土防爆壁☆reinforced concrete barricade
钢筋混凝土浮箱式干船坞☆reinforced concrete growing-dock from floating tank
钢筋混凝土工程船☆reinforced concrete service boat
钢筋混凝土构架设计☆plastic design
钢筋混凝土支架(巷道)掘进☆reinforced concrete drivage
钢筋混凝土桩突码头☆reinforced concrete piled jetty
钢筋混凝土钻采平台☆reinforced concrete offshore drilling platform
钢筋笼☆cage of reinforcement
钢筋挠曲器☆bar bender
钢筋混凝土☆reinforced{steel} concrete; ferro-concrete
钢筋伸缩计☆bar extensometer
钢筋束☆tendon
钢筋水泥☆reinforced concrete
钢筋弯具☆steel bender
钢筋弯折机{曲器}☆bar bender
钢筋网☆reinforcement mat; steel reinforced fabric; reinforcing fabric; mesh reinforcement; mattress
钢筋用线材☆reinforcing wire
钢筋预应力松弛损失☆loss due to tendon relaxation
钢井壁☆shaft steel casing; steel (shaft) lining
钢井架正面☆iron horse
钢锯☆hack-saw
钢锯条☆hacksaw blade
钢卷尺☆steel (hand) tape; steeleite hand tape
(现浇)钢壳混凝土桩☆cased pile
钢块☆bloom
钢框架☆steel frame
钢框架步行桥☆steel-framed footbridge
钢拉杆☆reinforcing pull rod
钢缆☆cable-laid{wire} rope; wireline
钢缆电铲☆cable dredging machine
钢缆式震击打捞器☆dog-leg jar
钢(钻)粒☆(steel) shot; chilled steel shot; adamantine shot
钢粒喷净(法)☆shot peening{blasting}
钢粒钻进☆steel shot drilling; chilled-shot drilling
钢粒钻头☆calyx bit
钢梁☆steel bar{girder}
钢笼[海洋地震用]☆cage
钢锚桩绞车☆steel spud hoist
钢毛☆steel wool
钢(丝)棉☆steel wool
钢面(烧蓝用)盐溶液☆blueing salt
钢木结构矿车☆composite car
钢木支架☆steel timber set
钢盘☆steel disks
钢盘式内浮顶☆steel pan type internal cover
钢坯☆billet; bloom
钢坯烧剥器☆scarfer
钢皮☆thin-gauge plate
钢皮尺☆steel band tape
钢皮带轧机☆cotton mill
钢瓶☆steel cylinder
钢钎☆drill steel{rod}; churn{steel} drill; gadder; steel
钢钎裁切机☆drill-steel cut-off machine
钢琴弦索{钢丝}☆piano wire
钢球☆steel ball{shot}; ball
钢球冲击成孔钻机☆pellet-impact drill
钢球式砂型硬度计☆autopunch
钢球(粉)碎(磨矿)机☆ball pulverizer mill
钢球压印试验法[测定硬度]☆ball method of testing
钢圈填砂支柱☆sandow
钢圈支架☆steel ring set; (circular) steel support
钢容器☆steel vessel
钢砂☆(cast-steel) shot; steel grit{emery;shot}; steel shot{grit}{abrasive}; emery; corundum; abrasive; abradant; chilled steel shot; metallic grit
钢砂(钻粒)☆chilled steel pellet
钢砂磨粒☆steel shot abrasive
钢砂钻井☆steel shot drilling; shot drilling
钢砂钻井钻头☆crown for chilled shot
钢砂钻孔{探}☆shot boring
钢砂钻头☆drag shoe
钢筛板☆steel screen plate
钢筛碾辊☆steel-shod circular roller
钢(丝)绳☆(steel) cable; rope; steel wire rope; wire rope{cable;line}
钢绳操纵平路机☆rope grader
钢绳侧架运输机☆rope side-framed conveyor
钢绳缠绕速度☆lineal travel
钢绳冲击法钻孔☆kick a hole
钢绳冲击炮眼{穿孔}爆破☆churn-drill blasting
钢绳冲击式岩芯钻头☆free-fall core cutter
钢绳冲击式钻孔法☆cable-drilling system
钢绳冲击式-钻粒联合钻机☆churn shot drill
(美国)钢绳冲击式钻进法☆American boring system
钢绳冲击钻进司钻☆cable-tool driller
钢绳冲击钻进(取出的)岩样☆bailer sample
钢绳冲击钻进打捞工具☆devil's pitchfork
钢绳冲击钻滑动装置☆jar
钢绳冲击钻机装置☆cable-tool drilling unit
钢绳冲击钻配重用撞杆☆sinker bar
钢绳冲击钻绳锁☆free-falling device
钢绳冲击钻司机{钻}☆spudder
钢绳传动凹轮☆tug rim
钢绳窜动☆rope plucking
钢绳顶板锚板☆rope roof bolt
(顿钻)钢绳端悬重[无钻具时下钢绳用]☆watermelon; cow sucker
钢绳挂钩☆wire hanger
钢绳罐道导向套☆rope shoe{slipper}
钢绳夹☆wire-rope clamp{clip}; gripper fork
钢绳夹具转动限止器☆jockey stick
钢绳铰链接头☆wireline knuckle joint
钢绳锚杆☆rope-bolt; wire-rope anchor
钢绳摩擦运输☆friction haulage
钢绳捻距☆lay of rope
钢绳牵引带式运输机☆cable-supported belt
钢绳驱动带式运输机☆cable selvage belt
钢绳丝☆cable wire
钢绳松弛自动断电开关☆slackrope switch
钢绳行速☆line speed
钢绳运输回采工作面☆haulage stope
钢绳在卷筒上的偏角☆angling
钢绳张紧带式输送机☆cable belt (conveyor)
钢绳张紧度[钢绳冲击钻]☆cable take-up
钢绳"张力腿"稳定的半潜式钻井平台☆tension-leg platform
钢绳支架运输☆rope-supported conveyor
钢绳钻进用长螺杆☆temper screw
钢刷清管器☆brush scraper
钢水包{罐}☆ladle
钢丝☆(steel;line) wire; solid wire; slick line
钢丝包皮软管☆armoured hose
钢丝尺☆tape line measure
钢丝刀一次快速成型☆steel wire cutter one step quick forming
钢丝焊珠☆wire bead
钢丝滑轮☆wireline pulley
钢丝加强的软管☆armoured hose
钢丝锯☆keyhole{fret;wire} saw; fret-saw
钢丝铠装☆steel-wire armouring
钢丝连接元件☆wire retained component
钢丝连续电镀法☆baylanizing
钢丝破断拉力总和☆aggregate breaking force; ABF
钢丝起下的仪器☆wire line equipment
(用)钢丝起下试井☆wireline test
钢丝钳☆combination pliers; wire cutter
钢丝筛布☆steel wire cloth; steel-wire screen
钢丝绳☆(hoist) cable; (wire) rope; wireline; steel wire rope; steel{non-conductor} cable; hoisting rope[提升]; cordage[钻井用]; s.w.r
(提升)钢丝绳包头合金[含80%铅]☆capping metal
钢丝绳冲击式钻机的绞车滚筒☆spudding drum
钢丝绳冲击钻进刀具☆cable(-drilling) tool
钢丝绳冲击钻用打捞工具☆cable fishing tool
钢丝绳冲击钻钻杆☆dumper stem
钢丝绳垂曲☆rope deflection
钢丝绳导向法☆cable-guide method
钢丝绳道☆wire-rope way; wireway; ropeway
钢丝绳的安全系数☆factor of safety for wire rope
钢丝绳的拉伸与弄直☆bird cage
钢丝绳的死端☆dead end
钢丝绳吊挂胶带输送机☆rope-side-frame belt conveyor; wire-rope (supported) conveyor; wire-rope side-frame belt conveyor; rope side frame conveyor
钢丝绳股间填隙的细钢丝☆filler
钢丝绳罐道☆(cable) guide; flexible top-hat sections; rope-hoisting{steel-rope;wire-rope} guide; flexible cage guide; suspended guided
钢丝绳和吊环的接头☆rope capping
钢丝绳夹☆cable clamp; wire rope{line} clamp; rope clip{clamp}; wire-rope clip; bulldog grip
钢丝绳铰接☆splicing of wire rope
钢丝绳井底导向工具☆wireline downhole guidance tool
钢丝绳局部断股☆birdcage
钢丝绳锯煤{石}机☆wire line saw
钢丝绳锯(岩机)☆wire saw
钢丝绳(传动)轮☆wire-rope pulley
钢丝绳轮支架☆cable sheave bracket
钢丝绳偏导轮[无极绳运输]☆rope deflection pulley
钢丝绳起下的工具{|设备|钻头|作业}☆wire(-)line tool{|equipment|bit|rip}

钢丝绳钳☆devil's steel Land
钢丝绳潜伸☆rope creep
钢丝绳绕扎环☆wire rope thimble
钢丝绳入口导向器☆wireline entry guide
钢丝绳砂浆锚☆arope creep
钢丝绳式钻机☆rope drill
钢丝绳输送机组☆beetle
钢丝绳拴钩结☆cat's-paw knot
钢丝绳丝☆cable{rope} wire
钢丝绳芯胶带运输送机☆steel core belt conveyor
钢丝绳芯填钢丝结构☆filler-wire construction
钢丝绳(用)油☆cordage oil; cable oil{compound}
钢丝绳与吊环接头☆rope capping
钢丝绳运输下山☆rope winze
钢丝绳扎结☆rope fastening
钢丝绳扎紧端☆dead end
(用)钢丝绳遮挡的☆wire rope barricaded
(用)钢丝绳支护顶板☆cabling
钢丝绳支架金属板☆cable support plate
钢丝绳钻眼法☆cable drilling system
钢丝刷☆scratch{wire;steel} brush; card
钢丝网☆hardware cloth; steel wire gauze; wire fabric{mesh;net}; wire-mesh; woven wire
钢丝网坝☆wire dam
钢丝网加固喷射混凝土☆wire mesh-reinforced shotcrete
钢丝网水泥波瓦☆ferro-cement corrugated sheet
钢丝网水泥分布顶推驳船☆ferro-cement knock down pusher barge
钢丝网水泥农船☆ferro-cement agricultural boat
钢丝网填石沉排(护底)☆stonemesh mattress{apron}
钢丝网填石丁坝☆stonemesh groynes
钢丝网围栏废石垛☆wire pack
钢丝网栅☆wire fabric
钢丝下井总深度☆wireline total depth; WLTD
钢丝线规☆steel wire ga(u)ge; S.W.G
钢丝应力测定仪☆steel wire dynamometer
钢索☆cable
钢索眼环头☆capel
钢套管☆steel casing; steel cylindrical sleeve
钢条☆steel bar
(用)钢条做成的筐式铲斗☆slat bucket
钢铁(业的)☆steel
钢铁厂☆ironworks; iron and steel plant
钢铁的☆siderous
钢铁工程☆steelwork
钢铁工业☆the steel industry; steel
钢铁局☆Iron and Steel Board; ISB
钢铁热处理后出现的雾状花纹☆damascene
钢铁熔炼☆manufacture of iron and steel by melting
钢铁冶金☆siderurgy; ferrous metallurgy; siderology
钢筒☆(steel) cylinder
钢瓦拼合件井壁☆segmental steel lining
钢网☆steel mesh (mat)
钢网水泥石棉复合板☆wire-cement-asbestos slab
钢屋面(材料)☆steel roofing
钢纤维混凝土☆steel fiber concrete
钢弦式伸长仪☆strain wire
钢弦应变{式伸长}仪☆strain wire; vibrating string strain meter
钢线绳下放式钻孔套定点塞☆wireline bridge plug
钢箱型桩☆steel-box pile
钢楔☆gad (picker)
钢屑☆steel scrap
钢芯带运输机☆cord-belt conveyor
钢芯铝线(带)☆steel-cored aluminium wire; aluminium cable steel-reinforced; ACSR
钢芯皮(胶)带☆steel cord belting; wire-core belt
钢型☆die [pl.-s]
钢性铸铁☆ferrosteel
钢研钵[试验炸药]☆steel mortar
钢样氧燃定碳法☆Strohlein method
钢铀族☆actinouranium series
钢玉岩☆corundolite
钢凿☆clink; flat chisel
钢凿承托☆stump
钢造贮仓☆steel bunker
钢渣水泥☆(steel) slag cement
钢支撑箍☆steel supporting
钢支撑框架☆steel support frame
钢支护☆steel support
钢制(压力容器)☆steel bomb
钢制侧衬板☆steel side liners
钢制隔离(风)门[进风道和回风道之间]☆steel separation door
钢制活钎头☆detachable steel bit
钢制品☆steelwork; steel
钢制束缚环☆steel binding ring
钢制瓦轴承☆steel-backed bearing
钢制洗矿槽☆steel-log washer
钢制整体式环首螺母☆steel weldless eye nut
钢制支配环☆steel binding ring
钢质导管架☆steel jacket
钢铸件☆steel casting; SC
钢字码☆steel figure
钢钻粒钻进☆steel shot drilling
钢钻头☆steel bit
缸☆crock; urn
缸壁应力控制器☆wall stress controller
(汽)缸衬筒☆cylinder liner
缸瓷☆stoneware
12缸发动机[V型或水平对置型]☆twin-six engine
缸盖☆cylinder lid; head of cylinder
缸径☆cylinder bore
缸砂粉☆earthen clay powder
(汽)缸套☆cylinder sleeve{liner}; liner (barrel); lining
缸套拉拔器[泥浆泵]☆liner puller
(泵的)缸套磨损☆barrel wear
缸体☆housing; cylinder body
缸体V-形排列多级压缩机☆angle compound compressor
缸筒☆barrel
缸瓦管☆earthenware{ceramic} pipe
缸瓦器☆stoneware
缸砖☆clinker
肛板X[海百]☆anal X
肛板[棘]☆anal plate
肛板系列[海百]☆anitaxis
肛齿[海参]☆anal teeth
肛带{束}[腹;棘]☆anal fasciole
肛道☆proctodaeum
肛盾[龟腹甲]☆anal scute
肛辐板[海百]☆aniradial plate
肛隔☆septula [pl.-e,sgl.-lum]
肛沟[腹]☆gutter
肛管☆anal tube
肛孔☆vent
肛裂隙[腹]☆anal notch
肛蔓[蠕]☆anal cirri
肛门☆vent; anus
肛门的☆anal
肛囊[游离海百]☆anal sac
肛区☆anaal area
肛三角板[棘]☆anal deltoid; hypodeltoid
肛上☆suranal
肛上板[节]☆supra-anal plate
肛水管☆anal siphon
肛围☆periproct; anaal area
肛围区[棘]☆anal area
肛下小带☆subanal fasciole
肛周☆crissum
肛锥[棘林檎]☆anal pyramid
纲☆class; classis
纲领☆program
纲目不能确定[(古)生;拉]☆incerti classis et ordinis
纲要☆fundamentals; schema; compendium [pl.-ia]; outline; design; sketch; essentials; skeleton

gǎng

岗地水☆mound water
岗陵状构造☆mound structure
岗坡☆hillside; mountain slope
岗哨人员☆sentry
岗亭☆box
岗位☆post; station
岗位外事故☆off-job accident
岗位责任制度☆system of personal post responsibility
港☆harbor; harbour; sound; port
港岸起重机☆quay crane
港池☆basin
港灯☆harbour light
港地☆dock basin; wet dock
港阜☆water terminal
港规☆harbour regulation
港海管理局☆port conservancy
港界线☆harbor limit
港口☆harbo(u)r; port; have; chop; navigation opening
港口耽搁日☆lay days
港口护岸坡脚线☆bulkhead line
港口宽度☆entrance width
港口污染☆harbo(u)r pollution
港口油库☆shipping terminal; port depot
港口站☆harbour-station
港口最外边的浮标☆farewell buoy
港内锚地☆port anchorage
港内盆地☆camber
港内水面振动☆oscillations of harbour
港内系泊☆harbour mooring
港区☆harbor reach
港水台☆diving stage
港税☆port duties
港外浮标☆outer buoy
港湾☆harbo(u)r; estuary; dock and harbour; ecronic; bay; fauces terrae[为岬角包围的]
港湾沉积☆estuarine{estuary} deposit; estuarial sediment
港湾海岸地质学☆gulf coast geology
港湾和水道☆embayment and channel
港湾间的☆interestuarine
港湾设施☆port facilities
港湾相☆bay-sound{estuarine} facies
港湾形接触(面)☆embayed contact
港湾状嵌插☆embayment
港湾状外形☆embayed outline
港务局☆harbo(u)r board{authority; port}; port office

gàng

杠☆handspike
杠凹型☆solid concave bit
杠杆☆lever; heaver; pry (bar); cuddy; long pole trick; acrobatics on a bamboo pole; arm; beam; seesaw
杠杆(作用)☆prize; prise
杠杆臂☆lever arm{area}; arm of lever
杠杆臂长比☆leverage
杠杆操纵滑动闸门☆lever-operated slidegate
杠杆传动{作用}☆leverage
杠杆力臂☆actuating arm
杠杆式光学比较仪☆microlux
杠杆调整☆dash adjustment
杠杆效率{机构}☆leverage
(用)杠清理管道内壁☆rodding

gāo

皋兰系☆Kaolan system
高☆altitude; aloft; height; homo-
高矮混合林☆parang
高安全度炸药☆high safety explosives
高岸☆high bank
高帮车☆gondola car
高帮卡车☆high-sided truck
高帮矿车☆side-boarded car
高保真处理☆Hi-Fi processing
高保真度(的)☆hi-fi; high {-}fidelity
高爆力核爆炸☆large-yield nuclear explosion
高爆热性炸药☆high explosive
高爆速炸药☆quick-acting explosive
高爆压起爆药包☆HDP{high detonation pressure} primer
高爆炸药☆high explosive; H.E.
高杯菌属[黏菌;Q]☆Crateriun
高背压☆high back pressure
高贝尼奥夫(震)带☆supra-Benioff (seismic) zone
高倍放大☆high {-}magnification; microscopic
高倍放大视场{域}[显微镜]☆high-power field
高倍率地震计☆high-magnification seismograph
高倍数显微照相☆high-power photomicrography
高逼真度☆hi-fi; high fidelity
高比☆hyperbaric
高比重☆high {-}gravity
高比重油品☆high-gravity oil
高比转速泵☆high-specific speed pump
高比阻铜镍合金☆advance
高闭合度储层☆high relief reservoir
高壁珊瑚☆Montlivaltia
高边[指弯曲井眼高边]☆high side
高边多辊式磨机☆high-side mill
高边墙地下建筑物☆high retaining wall underground structures
高变质级的☆high-grade

G

高变质无烟煤☆peranthracite
高标号水泥☆high-grade{-quality;-mark;-strength} cemen; high grade{strength} cement
高标准的☆high-level
高丙体六六六☆lindane
高波能☆high {-}wave energy
高草草原☆tall-grass prairie
高草群落☆altherbosa; altoherbiprata
高草原☆prairie
高层☆upper level
高层大气动力学☆upper atmosphere dynamics
高层建筑(物)☆high-rise building
高层位的☆high-level
高层云☆altostratus; As
高差☆elevation{height;level;altitude} difference; drop in level; discrepancy in elevation; difference in height
高差计☆cathetometer
高差仪☆statoscope
高差异压力☆high differential pressure
高掺杂晶体☆heavily doped crystal
高产☆high-volume withdrawal; high level of production
高产层☆high productivity layer; high-production layer
高产的☆large-duty
高产工作面开采法[煤;日产 2000t 以上]☆super face mining
高产井☆large produce(r); large production well; high-yielding{-capacity;-productivity;strong;large-capacity;prolific;highly-productive} well; high rate producing well
高产量{能}井☆large{high}-capacity well
高产区☆high yield area; high-withdrawal area; richest producing area; prolific zone
高产热花岗岩☆high heat production granite
高产油井☆paying well
高产油率☆high productivity
高产种的采用☆adoption of HYVs
高产作物☆highly productive crop; heavy yielder
高场畴雪崩☆high-field domain avalanche
高场强元素☆high field strength element; HFS elements; HFSE
高超声波学☆praetersonics
高超音速燃烧☆hypersonic combustion
高潮☆high water{tide}; higher water; upsurge; spring (tide); meridian; climax; HW; H.W.
高潮标记☆high (water) mark; flood mark; high-tide shoreline{marls}
高潮不等☆high water inequality
高潮岛☆bridge islet
高潮间隙☆high-water interval; vulgar establishment
高潮排浪☆bore tide
高潮滩面☆beach crest
高潮位☆high-water{-tide} level; high water (mark)
高潮位润湿地☆tidelands
高潮线☆high (water) mark; landwash; flood{high-water; high-tide} line
高潮雪崩☆climax avalanche
高车帮☆high side
高尘末浓度☆heavy concentration of dust
高成熟源岩☆higher mature source rock
高程☆height; elevation (coordinate); altitude; vertical rise
高程标记☆spot level
高程表☆altitude-tint legend; table of altitudes
高程测量☆height measurement; level(l)ing survey
高程差☆difference of elevation; height deviation; depth displacement
高程传递☆transfer of elevation
高程点☆height{altimetric;elevational} point; spot height{elevation}; ground elevation; level mark
高程归算☆height redaction
高程划分尺☆altitude scale
高程计☆elevation meter; altimeter
高程平差☆vertical adjustment; adjustment for altitude
高程提升运输机☆high-lift conveyor
(相片)高程位移☆relief displacement
高程相同的点☆point of same elevation
高程注记☆elevation number{figure}; ground elevation; hypsographic feature; altitude figure
高齿羊亚目☆Oreodonta
高冲强摩擦压砖机☆high-stroke friction press
高充填密度☆high package density
高稠度黏度计☆high-consistency viscometer
高出地面的井筒☆outset
高出海面(的)☆above tide
高出基准水面的地下水☆high-level groundwater
高出井底的距离☆off-bottom spacing
高出平均海面的潮高☆tide amplitude
高出水量井☆high-yield{high-capacity} well
高储量矿床☆multimillion-ton ore (deposit)
高处☆high; height; altitudes; up-
高传导层☆high conductive layer
高传导性☆HC; high conductivity
高垂直台阶{堤岸}☆high vertical bank
高纯度☆high-purity
高纯度铁☆puron
高纯度压缩石墨☆delanium graphite
高纯、高强、高密石墨☆high-purity, high-strength and high-density graphite; graphite paste for caulking slits
高纯涂层石英玻璃☆pure coating quartz glass
高磁导率合金☆Nicalloy
高磁导率铁镍合金☆permalloy
高磁异常(区)☆magnetic high
高次的☆high(er)-order
高次方程☆equation of higher degree
高次增长方程☆higher order growth equation
高次轴[结晶学]☆axis of higher order{degree}
高氮石油☆high nitrogen oil
高氮硝化纤维火药☆pyrocellulose powder
高蛋白(质)食物☆high-protein diet
高档的东西☆topper
高档琢型☆modern{fancy} cut
高岛[太平洋的火山岛]☆high island
高导磁铝铁合金☆Alfenol
高导电流体☆highly conductive fluid
高导电率☆high conductivity; HC
高德学说☆Gold's theory
高的☆high; hi; H.
高登粒度分布方程☆Gaudin's equation
高登舒曼粒度分配函数☆Gaudin-Schuhman function
高等代数☆higher algebra
高等级的☆high-grade
高等(专科)院校的☆academic
高低不平☆ruggedness
高低潮☆higher low water; HLW; H.L.W.
高低挡手柄☆high-low lever
高低地相间侵蚀面{准平原}[差别风化造成]☆belted outcrop plain
高低端检查☆hi-lo-check
高低角☆angular altitude; angle of sight{site}; tilt angle
高低面积曲线☆hypsographical curve
高低平面间相差的距离☆drop
高低位报警☆hi-lo signal alarm
高低位镶嵌水藓沼泽☆aapa moor
高低温(相)转变☆high-low inversion
高低相间地形☆swell-and-swale topography
高低压安全切断系统☆high-low{Hi-Lo} safety system
高低压传感装置☆high-low sensing device
高低压转换回路☆high-to-low changeover circuit
高地☆highland; elevation; height; (topographic) high; eminence; upland; coteau[法;pl.-x]; fastland; toft; altitude; chapada[葡]; alto; plateau; rising; rise; moorland; kyr; el.
高地隘口☆geocol
高地矿床☆high-lying deposit
高地矿床露天开采☆bank mining
高地老冲积层[印]☆bangar; bhangar
高地群落☆pediophytia
高地砂矿☆bench; high-level{sea-beach} placer
高地酸沼☆moss moor
高地下水位☆phreatic high
高地沼泽☆hygrosphagnium; upland moor{swamp}; raised bog; high moor
高地震波速度带☆high seismic-wave velocity zone
高碘的☆periodic
高碘酸盐☆periodate
高点☆high; culmination; eminence; high focus[钙超]
(构造)高点☆prominent
高电导率地层☆high conductivity formation
高(分子)电解质☆polyelectrolyte
高电平射频信号[讯]☆high-level RF signal
高电位☆high{noble} potential; hi pot
高电压☆high voltage{tension}; h.v.; h.t.; HV
高电压处理(法)☆voltolization
高电阻☆high resistance; h.r.
高电阻转子电动机☆high resistance rotor motor
高调☆high contrast
高顶板☆inaccessible roof
高定向热解石墨☆highly-oriented pyrolytic graphite
高陡槽谷☆complete trough
高度☆level; height; altitude; elevation; heuvel[荷兰]; a high degree; hgt; H.; ht; hypso-; alt.
高度变化传感器☆height control
高度补偿运输机☆booster conveyor
高度测量术{法}☆altimetry
高度差☆difference in height; cliff H
高度带☆altitudinal belt
高度发育喀斯特☆holokarst; holo karst
高度范围☆heightband
高度分布☆altitude distribution
高度分解泥炭☆older peat
×高度分散硅胶☆Aerosil
高度集中应力☆highly concentrated stress
高度计☆height indicator{finder}; altimeter; altitude ga(u)ge; altigraph; orometer
(巷道)高度减小☆height reduction
高度减小的油柱☆thinning oil leg
高度角☆vertical angle
高度紧凑的注砂混合罐☆super-compact injection blender
高度跨{|宽}度比☆depth-span{|-width} ratio
高度矿化☆permineralization
高度面积分析☆hypsometric analysis
高度平衡多边形法☆height balance polygon method
高度平齐☆accordance of heights
高度深度曲线☆hypsometric{hypsographic} curve
高度石灰喷射☆high rate of lime injection
高度死区效应☆altitude-hole effect
高度损失☆height loss; loss of height
高度提升倾斜输送机☆high-lift conveyor
高度图☆hypsogram
高度消色(透)镜☆apochromat
高度学☆altimetry
(用)高度研光机加工☆supercalender
高 API 度油☆high-API gravity oil; high-gravity oil
高度游离气体流{|谷}☆plasma flow{|trough}
高度之间应力状态☆high triaxiality
高度指标器☆altitude indicator
高度致密石墨☆high density graphite
(工作面的)高端☆high side
高断块☆high block
高堆位层错能(金属中)的流变应力☆flow stress of large stacking-fault energy
高对比度异常☆high-contrast anomalies
高额地租(租金)☆rack rent
高额定价法☆skimming pricing
高萼珊瑚属[D_2]☆Blothrophyllum
高颚牙形石属[C_1]☆Elictognathus
高尔半岛上的小乡村☆small villages on the Gower peninsula
高尔夫球道☆golf course
高尔特(阶)[英;K_1]☆Gault (stage)
高发热量☆gross calorific value
高发热值燃气☆high B.T.U. gas
高伐尔型垛式液压支架☆Gorfar chock
高矾土水泥☆high alumina cement
高钒钾铀型矿☆high vanadium carnotite type ore
高反差☆hard{high} contrast
高反照率☆high albedo
高放(射性)核废物☆high-level nuclear waste
高放射性层☆hot zone
高放射性水平报警器☆high-level alarm
高飞☆soar
高飞探测☆high-level survey
高沸点的☆high-boiling
高沸点副产品☆higher-boiling byproduct
高分辨力☆high resolution; HR
高分辨率☆high resolution{definition}; high resolving power; fine resolution; high-resolution capacity; HR
高分辨率地层倾角测量仪☆high-resolution dipmeter tool; HDT
高分辨率(脉冲)声呐剖面仪☆pinger profiler
高分辨谱☆high resolution spectrum
高分辨同步辐射 X 射线粉末衍射☆High-Resolution Synchrotron X-ray Powder Diffraction; HRSXPD
高分辨中子粉末衍射☆High-Resolution Neutron Powder Diffraction; HRNPD
高分辨柱☆high resolution column

G

高分解有机土☆saprist
高分散性☆polymolecularity
高分子☆high molecule{polymer}; macromolecular; macromolecule
高分子的☆high molecular
高分子量☆high molecular weight; HMW
高分子絮凝剂☆polymeric flocculant; high molecular weight flocculant
高焚风☆free foehn
高粉尘作业☆dusty{dust-producing} occupation
高峰☆crest; climax; peak; summit; height; alp
高峰产量☆production peak
高峰负荷☆surge peak head{load}
高峰后稳产值☆post-flush production
高峰期变质温度☆peak metamorphic temperature
(气管)高峰(供气)期(用的)液化气装置☆peak-shaving LNG plant
高峰曲线☆peaked{peaky} curve
高峰时间内{|外}供电需求☆on{|off}-peak demand
高峰信号放大器☆peak pass amplifier
高峰值☆spike
高风化氧化土☆acrox
高风险区☆high risk area
高辐射通路☆high-radiation pass
高幅度连续相☆high-amplitude continuous facies; H-C
高腐泥沉积物☆cumulose deposit
高腐殖质淤泥土☆cumulose soil
高负值井壁阻力☆very negative skin
高钙粉煤灰水泥☆high calcium fly-ash cement
高钙泥浆☆high lime mud
高钙质推覆体☆high calcareous nappe
高低潮位[潮汐日两次低潮中较高的潮位]☆higher low water
高感地震仪☆high sensitive seismometer
高高潮☆higher high water; HHW
高格条摇床☆high-riffle table
高铬钢☆high chrome steel
高根矿☆takanelite
高工作面台车☆high-back jumbo
高功率微波窗测试装置☆windowtron
高功能的☆high duty; H.D.
高估☆overestimation; overstate; overmeasure
高固相含量☆high solid loading
高刮板输送机☆push-plate conveyor
高冠齿{牙}☆hypsodont
高惯性温度计☆high inertia thermometer
高硅尘末☆high silica dust
高硅铬铁☆high-silicon chromi(ni)um iron; HSCI
高硅耐热耐酸铸铁☆tantiron
高硅砂岩☆Dinas rock
高硅岩☆high-silica rock
高硅氧玻璃☆vycor (glass)
高硅氧布☆highsilica glass fabric; vitreous silica fabric
高硅氧棉☆high silica wool
高硅质岩石☆high-silica rock
高硅铸铁☆high silicon iron; HSI; high-silicon (cast) iron; ferrosilicon; silal
高硅铸铁阳极☆high silicon cast-iron anode; Duriron anode
高轨☆high rail
高贵☆nobleness
高贵褶菊石属[头;T_2]☆Aristoptychites
高过人头的炮眼☆header
高铪精矿☆high hafnium concentrate
高海拔(地区)工作☆high-altitude work
高海面时期的[地史上]☆thalassocratic
高含灰量☆high-ash content
高含蜡原油☆high wax content oil
高含硫原油☆high-sulphur crude; acid oil
高含气地热系统☆high gas geothermal system
高含氢煤☆perhydrous coal
高含砂采油☆high sand content production
高含水原油☆high water-content crude oil
高含盐油田卤水☆highly saline oilfield brine
高含液气井☆high-liquid-ratio gas well
高焓井孔☆high-enthalpy well
高寒带☆paramos; subnival belt{region}
高寒气候☆puna
高寒水泥☆high frigid cement
高合金的☆high alloy
高合金钢☆high {-}alloy steel
高还原度烧结矿☆high reducibility sinter; highly reduced sinter

高挥发分烟煤☆high-volatile bituminous coal
高挥发煤☆high-volatile coal
高挥发性(沥青)煤☆high volatile bituminous coal
高灰分不纯洁煤(层)☆bastard coal
高灰分的☆high-ash; high ash
高灰分燃料☆high-ash fuel; pseudo-fuel
高灰煤☆bone{dirty;ditty;bony;ash} coal; slate
高灰(分)煤☆high-ash coal; bastard{ash} coal
高回收率开采(法)☆clean mining
高汇率☆high exchange
高活性晶体☆crystal of high activity
高火灾隐患☆high-hazard contents
高基准点☆high reference point
高机动性挖沟机☆high-mobility trencher
高积云☆alto(-)cumulus [pl.-li]; alto- clouds
高肌虫类☆Bradoricopida
高肌介{虫}目[T]☆Bradoricopida
高极地冰川☆high-polymer{high-polar} glacier
高级☆altitude[指等级、地位等]; upgrade; top grade; high (level); senior; high-ranking; advanced; high-level{-grade;-quality}
高级安全性服务☆advanced security services
高级白☆high-order{high} white; white of the higher order; high order white
高级保密报告☆advanced confidential report; ACR
高级变质(作用)☆high(ly)-rank metamorphism
高级变质区☆high-grade terrains
高级变质组合☆high-grade assemblage
高级纯白钻石☆river
高级醇硫酸盐☆higher alcohol sulfate
高级的☆high-class; high(er)-order; high-rank(ing); deluxe[法]; first-grade; sophisticated; superior; advanced; senior; premium; high-grade
高级钢☆high grade steel; high-tension steel
高级汽油☆premium motor fuel
高级燃料☆high-rank{-grade} fuel; super-fuel
高级石棉☆amiant(h)us; earth flax
高级石油☆green oil; amiant(h)us
高级水泥☆high-test{high-grade;high-quality} cement
高级烟煤☆chinley coal
高级语言☆higher-order language
高级皂石☆alberene
高级炸药☆detonating{high} explosive
高级职员☆staff executive; officer; superior official
高级综合性服务站☆superservice station
高技术☆high tech(nology); hi-tech
高加浓燃料浸取器☆high-enrichment leacher
高加索人种☆Caucasoid
高加索岩☆kaukasite
高岬☆bluff
高钾(碱性)花岗岩☆karlsteinite
高价的☆premium-priced
高价煤☆premium coal
高价天然气☆high-priced gas
高价铁☆ferric iron
高价琢型[宝石]☆fancy{modern} cut
高架☆platform
高架仓☆overhead bin
高架冲洗箱☆high flush tank
高架公路☆flyover; skyway
高架罐☆head(er){overhead} tank
高架(储)罐☆elevated tank
高架焊管法☆stove-pipe{stovepipe} welding
高架集电铁轨☆overhead rail collector
高架可移式皮带运输机☆belt transporter on elevated track
高架空矿车轨道[重矿车可在高架下通过]☆car passer; Grasshopper car
高架缆车索道☆tramway
高架桥☆viaduct; dolly way; scaffold bridge; trestle; fly-over crossing; elevated highway
高架渠☆aqueduct
高架式(潜孔)钻机☆drillmaster
高架索道(的)☆telpher; telfer
高架铁轨集电器☆overhead rail collector
高架狭窄人行道☆catwalk; cat-walk
高碱玻璃☆Alkali glass
高碱度水泥☆high pH value cement
高碱泥浆☆high-alkalinity mud
高碱水泥☆high {-}alkali cement
高剪切型混合器☆high-shearing-type mixer
高建设性三角洲☆high constructive delta
高建筑物☆tall building

高胶质含盐水泥☆high-gel salt cement; HGS cement
高矫顽(磁)力{性}☆high coercivity
高脚杆自动成形法☆stemware automatic forming process
高角度☆high-angle; high angle
高角度井☆high {-}angle hole
高角分辨率☆fine angular resolution
高阶☆higher-order
高阶导数☆higher derivative; derivatives of higher order
高阶段工作面☆high face
高阶干扰☆high(er)-mode interference
高阶弹性模型☆high-order elastic model
高阶微分☆differentials of higher order
高(温)结构态☆high-structure state
高介电质系统☆high-dielectric system
高进气孔隙水压力测头☆high air entry piezometer tip
高茎草类草原土☆prairie soil
高精度☆high precision{accuracy}; high-precision; pinpoint accuracy; high level of precision
高精度标准无液气压计☆high-precision standard anemometer
高精度的☆high {-}precision; high-class
高精度光学跟踪仪☆cinetheodolite
高精度台卡☆Hi-Fix Decca
高精密电子测距仪☆tellurometer
高精确度☆pin(-)point accuracy
高井口☆high shaft collar
高静点☆top dead center
高镜组☆anthrinoid group
高径向叶片☆high radial vane
高净度液体☆high clarity fluid
高举☆exaltation
高举式钻机底座☆high lift substructure
高聚合物☆high polymer; superpolymer
高聚物☆high polymer; H.P.; superpolymer
高峻地形☆high relief
高卡值☆high caloric power{value}
(一种)高抗爆燃料☆triptane
高抗爆性汽油☆super-gasoline
高抗贯穿性玻璃☆high penetration resistance glass
高抗拉强度钢筋☆high-strength reinforcement
高抗硫水泥☆high sulfate resistant cement; HSR cement
高抗磨损辊面技术☆highly wear resistant roller surface technology
高抗盐聚合物☆hi-salt-stable polymer
高抗振性能☆high-damping capacity
高科技☆high-tech
高克拉通☆hochkraton
高空☆high altitude; HA; upper air; upstairs
高空病☆bends
高空测风报告☆pinal
高空测高计☆aerohypsometer
高空磁学☆aeromagnetism
高空低压☆upper low; low aloft
高空风分析图☆hodograph
高空工作升降台[矿内用]☆aerial platform; giraffe
(高空中使用的)高空级汽油☆altitude grade gasoline
高空脊☆ridge aloft
高空间分辨率☆fine spatial resolution
高空控制☆height control
高空暖舌☆trowal; trowell
高空气球☆high-altitude balloon; aerostat
高空气团☆superior air
高空气污染排放☆high air pollution emission
高空气象分析☆aerological analysis
高空气象仪☆aerograph
高空摄影相片☆high-altitude photograph
高空探测☆aerological{upper-air} sounding
高空图☆upper-air{upper-level} chart
高空(无线电)信号发射机☆apace-based transmitter
高空悬浮(物)☆high-altitude suspension
高空走道☆catwalk
高空作业工人☆steeplejack; boatswain; bosun
高孔隙度的☆highly porous
高孔隙率热储☆high porosity reservoir
高(与)跨(度)比(例)☆depth(-to)-span ratio
高跨导☆high transconductance
高跨导孪生管☆biotron
高宽比☆depth-width{aspect} ratio
高矿房回采☆high-roof `operation{mining system}
高矿化☆hypersalinity
高矿化度☆high salinity; hypersalinity
高矿化度水☆concentrated water

高矿化水☆highly mineralized water
高矿山压力☆high ground pressure
高拉力[电]☆high-tension
高拉应力铝合金☆Avional
高蜡石油☆high wax oil
高莱室☆Golay cell
高(分子)离子☆macroion
高丽角石☆Coreanoceras；Coreaceras
高丽头虫属[三叶;$Є_3$]☆Coreanocephalus
高丽小须石蛾☆Indocrunoecia koreana
高利☆juice
高利贷款☆lend money on usury
高利率☆high interest rate
高立柱与低立柱的允许抗弯应力比☆reduction factor
高沥青泥炭☆creashy peat
高量程☆high range
高亮度降落信号灯☆high intensity approach lights
高料面电子指示器☆electronic high-level indicator
高料面排矿☆high-discharge
高料位探测器☆high level detector
高磷铁矿☆high phosphorus iron ore
高菱镁水泥☆magnesia{magnesium oxychloride} cement
高灵敏度☆high sensitivity
高灵敏度的☆high(ly) sensitive；hypersensitized
高灵敏度航空磁测☆high-sensitivity aeromagnetic measurement；HSS measurement
高灵敏度肖兰系统☆extended-range{XR} Shoran (system)
高岭化土☆kaolisol
高岭黏土☆kaolinton
高岭石[$Al_4(Si_4O_{10})(OH)_8$;Al_2O_3•$2SiO_2$•$2H_2O$;$Al_2Si_2O_5$;单斜]☆kaolinite；kaolin(e)；ancudite；kleit；fuller's {porcelain} earth；endothermite；clayite[胶状高岭石]；collyrium；monot(h)ermite；cleite；smoelite；smelite；kaopaque；creniadite；montmorillonite；porcelain clay；sma(e)lite；severite；marga porcellana；lithocolla
高岭石化带☆kaolinized zone
高岭石族☆kandite
高岭石族富铁黏土矿物☆ginzbergite；ginsburgite
高岭土[$Al_4(Si_4O_{10})(OH)_8$]☆kaolin(e)；hunterite；argil；white{kaolinite} clay；kleit；kaolinite；argilla；bolus albs；porcelain earth；carclazyte kaolin
高岭土的☆kaolinic
高岭土化☆kaolinization；kaolinize
高岭土类☆kandite；kaolin group
高硫的☆doctor positive
高硫(分)的☆high-sulphur
高硫低级煤☆grizzle
高硫钒沥青☆quisqueite
高硫化煤☆high-sulfur{sulfur} coal
高硫化作用☆high sulfidation
高硫煤☆sulfur{high-sulphur;sulphur} coal
高硫酸盐水泥☆supersulphated cement
高硫原油☆high-sulfur crude oil
高流动性型砂☆free flowing sand
高流量井☆high-yield well
高流量期☆period of high discharge
高流态☆higher-flow regime；upper flow regime
高流体势能区{带}☆high fluid potential belt
高炉☆(blast) furnace；high{shaft} furnace；coke blast furnace
高炉硅铁☆silvery pig iron
高炉矿渣硅酸盐水泥☆portland blast-furnace cement
高炉煤气☆blast {-}furnace gas；BFG
高炉煤气燃气轮机☆blast {-}furnace gas turbine
高炉渣砂☆blast-furnace slag sand
高炉渣水泥☆blast-furnace (slag) cement
高铝矾土熟料☆bauxite chamotte；high-alumina clay chamotte
高铝红柱石砖☆mullite brick
高铝黏土[主要成分为硬水铝石α-Al_2O_3•H_2O]☆high-alumina clay
高铝水泥☆(high-)alumina{aluminous;aluminate;bauxite} cement；Rolands' cement；fondu
高铝砖☆alumina{high-alumina} brick
高氯的☆perchloric
高氯化物☆perchloride
高氯酸铵☆ammonium perchlorate
高氯酸钾☆potassium perchlorate
高氯酸镁☆dehydrite
高氯酸盐☆perchlorate
高氯酸盐-煤油炸药☆perchlorate-kerosene
高氯酸盐炸药☆perchlorate explosive；cheddite
高落搅拌[浮选机]☆agitation-cascade
高落式磨矿机☆cascade mill
高骆驼属[N]☆Alticamelus
高马炸药☆Homoartonite
高脉冲式助推器试验☆high-impulse booster experiment
高满潮☆higher high-water
高冒顶☆gutter-up
高帽窑☆high-hat kiln
高煤化沥青体☆meta-bituminite
高煤化烛煤☆metacannel coal
高镁玻璃☆taiwanite
高镁方解石☆high-magnesian{-Mg} calcite
高镁硅砖☆high-silica magnesite brick
高镁霰{文}石☆high-magnesian aragonite
高镁石灰☆high magnesium lime；dolomitic lime
高镁水泥☆high-magnesia cement
高锰白云石☆mangan-dolomite
高锰酸钾[$KMnO_4$]☆potassium permanganate {hypermanganate}；mineral chameleon
高锰酸盐[$MMnO_4$]☆permanganate
高锰酸盐法☆permanganate method
高猛度炸药☆rending{brisant} explosive；brisant high explosive
高密度☆high {-}density；HD；high specific gravity
高密度边缘的密度曲线☆the density curve with a high-density rim
高密度层☆mascon
高密度地层倾角计算☆high {-}density dip computation
高密度化☆densification
高密度挤压(充填)技术☆high density squeeze technique
高密度流☆hyperpycnal flow；high-density current；current of higher density
高密度同质多象体☆higher-density polymorph
高密度网格取样☆close-grid sampling
高密度物料偏析☆segregation of dense material
高密封层☆high containment
高密高强石墨☆high-density and high-strength graphite
高敏度炸药☆sensitive{sensitizing} explosive
高敏感性的☆extra-sensitive
高模量比岩石☆rock of high modulus ratio
高模量钻孔探测器☆high-modulus borehole probe
高目数筛网☆fine mesh screen
高钠高硫燃料油☆high-sodium high-sulfur fuel oil
高耐腐蚀状态☆immunity
高耐磨性☆high-wearing feature
高耐热性苯乙烯树脂☆styremic
高能的☆high-powered；energetic
高能电子☆hard{high-energy} electron
高能伽马活化分析☆high-energy gamma activation analysis
高能化学燃料☆energy-rich chemical fuel
高能量气体☆high-energy gas
高能率的☆heavy duty；HD；H.D.
高能气体散发期☆Perret phase
高能燃料☆high-energy fuel{propellant}；high energy fuel；high grade fuel；jet fuel；high power fuel；HEF
高能水下动力源☆high-energy underwater power source
高能速变形☆high {-}energy {-}rate deformation
高能同步稳相加速器☆cosmotron
高能位地热田☆high-energy geothermal field
高能效的☆energy-efficient
高能炸药☆high (energy) explosive；cyclonite；hex.
高能值燃料☆exotic fuel
高能中子☆high-energy neutron
高泥料浆☆high slime feed pulp
高年级的☆senior
高黏充填☆viscous packing
高黏度☆high viscosity；h .v.；HV；heavy body
高黏度聚阴离子纤维素☆PAC HV
高黏度酸☆high viscosity acid
高黏凝胶携砂液☆high viscosity gelled carrier fluid
高黏前置液☆viscous pad
高黏土型砂☆loam sand
(用)高黏携砂液作业的砾石充填☆viscous carrier placed pack
高黏性岩浆☆latent magma
高黏液☆dense fluid；viscous pill
高黏原油☆highly viscous crude
高镍低膨胀钢☆platinite
高镍铁矿☆bobrovkite
高扭矩检验☆high torque test
高浓度☆high-density；high strength
高浓度可燃气报警☆high concentration gas alarm
高浓度支撑剂压裂☆enhanced prop treatment；EPT
高浓卤水☆hypersaline fluid
高浓缩燃料☆high enriched fuel；high enrichment fuel
高欧漫散层☆Gouy layer
高欧姆电阻器☆high-ohmic resistor
高排量真空泵☆high displacement vacuum pump
高排料水平(式)磨(矿)机☆high-discharge mill
高炮孔☆header
高配合比的混合物☆rich mixture
高硼钙石[CaB_6O_{10}•$5H_2O$;$Ca(B_6O_9(OH)_2)$•$4H_2O$]☆gowerite
高硼硅酸盐耐热耐蚀玻璃☆vycor glass
高膨体变形☆hibulking
高膨胀(性)泡沫☆high-expansion foam
高膨胀性石膏☆high expansive plaster
高偏角☆high drift angle
高频☆high{hi;radio} frequency；treble；h.f.
高频测试架☆high frequency test bay
高频测向☆hfdf；high-frequency direction finding
高频冲击凿眼☆high frequency drilling
高频瓷☆radioceramic
高频等离子体熔融法☆high-frequency plasma melting method
高频笛音☆beep
高频电磁波破岩☆high-frequency electromagnetical cutting rock
高频电力钻探{进}☆high-frequency electric drilling
高频电流☆high {-}frequency current；HFC；h.f.c
高频电流测镀层厚度计☆Dermitron
高频电炉☆HFF；high frequency furnace；electronic oven；radio-frequency generator
高频分量☆high-frequency component
高频干燥☆high frequency seasoning；radio frequency drying
高频感应☆high-frequency induction；HFI
高频高压电源屏蔽罩☆doghouse
高频混合信号☆mixed high frequency signal；mixed-highs signal
高频火花检漏仪☆radio-frequency spark tester
高频加热☆heating；high-frequency{HF} heating
高频接触法破岩☆high-frequency contact cutting rock
高频介电分离器☆high-frequency dielectric separator
高频率的☆high frequency；h.f.
高频率法[电勘]☆high-frequency method
高频率信号☆radio frequency signal
高频脉动泵☆dither pump
高频黏结☆spot gluing
(用)高频扫描快速读出☆radio-frequency reading
高频损失☆loss of high frequency
高频铁粉芯{心}☆magicore
高频响应☆HF-response
高频信号标准☆high-frequency signal standard
高频预先滤波器☆preselector
高频振动(颤动)☆dither
高频振动等离子(体)射流☆high-frequency-vibration plasma jet
高品级的☆high test；high-grade
高品位☆high-grade；high value
高品位冰铜浇铸☆high-grade matte casting
高品位矿☆high-grade{valuable} ore；high grade ore
高品位矿石浸出☆high grade ore leaching
高平潮☆flood slack
高平原☆upland{high} plain；planalto
高坡☆high-grade；high grade
高破坏性三角洲☆high destructive delta
高蛾亚科[昆]☆Emarginulinae
高鳍石首鱼☆guapena
高起☆rise；raise
高气压☆high (pressure;atmospheric;barometric;cyclone;barometer)；barometric high；anticyclone
高气压计☆high barometer
高气油比☆high gas-oil ratio；HGOR
(锅炉)高汽压低水位警报器☆high-low alarm
高铅晶质玻璃☆high lead crystal glass
高铅酸盐☆plumbate
高千穗离水期☆Takachiho period of emergence

高前滨[在饱和水带之上的]☆upper foreshore
高暂河☆poised stream
高强度☆high tension{intensity}；hi(gh)-strength
高强度玻璃☆hard glass；high strength glass fiber
高强度玻璃盘☆high strength glass disc
高强度的☆high-strength；high tensile；high-intensity
高强度方镁石砖☆super-strength periclase brick
高强度钢☆high tensile steel；high-strength{-tensile;-duty} steel；plow{plough}-steel[钢绳用]；HTS
高(抗拉)强度钢☆high tensile steel；high-tensile steel
高强度瞬时光源☆microflash
高强度铸铁☆meehanite
高强度砖☆engineering brick
高强水泥☆high-strength cement；high strength portland cement
高桥下通道☆underpass
高切力树脂溶液☆high yield resin solution
高氢镜质体{组}☆perhydrous vitrinite
高氢微镜煤☆perhydrous vitrite
高氢烟煤☆perbituminous coal
高倾点原油☆high pour-point crude
高倾斜[>45°]☆high dip
高清晰度☆fine{high} definition；high resolution
高丘陵☆crick；alto
高区☆culmination
高屈服值的(黏土)☆high yield
高燃点发射药☆high ignition temperature propellant
高燃耗燃料☆high burnup fuel
高燃烧器☆high(er) burner
高燃速推进剂☆high burning rate propellant
高燃炸药☆high incendiary explosive
高热☆high temperature；h.t.
高热变质(作用)☆pyrometamorphism
高热富气岩浆☆pyromagma
高热剂☆termite；thermit；thermite；term
高热交代(作用)☆pyrometasomatism
高热流带☆high heat flow zone
高热流和高波速带☆high Q and high V zone
高热能工作剂[热载体]☆thereto-energetic agent
高热水泥[材]☆high-heat cement
高热液矿床☆hypothermal deposit
高热异常☆large thermal anomaly
高热值☆high heating{colorific} value；HHV；H.C.V.
高韧度☆high tenacity；h.t.
高熔点☆high melting point；HMP
高熔点的☆high-melting
高熔(点)混合物☆dystectic mixture
(取自高炉的)高熔金属☆hot metal
高溶解度石脑油[材]☆high-solvency naphtha
高溶陷盆地☆perched sinkhole plain
高容量☆high-capacity；heavy body
高色散冕玻璃☆high dispersion crown glass
高沙丘☆nefud
高山☆(high) mountain；alp
高山矮曲林☆krummholz；elfin wood{forest}
高山兵[意;受山地战训练]☆Alpino
高山冰川☆alpine{mountain;valley} glacier
高山冰缘植物☆alpine subnival plants
高山病☆mountain{high altitude} sickness；puna
高山剥夷作用☆altiplanation
高山草地[在树线以上]☆bald；alp；marg
高山草甸☆coryphile；mesophorbium
高山的☆alpine；alpestrine
高山低牧场{草地}☆voralp
高山寒土植物☆psychrophyte
高山辉☆alpenglow
高山流石滩稀疏植被☆alpine talus vegetations
高山平地☆alb
高山鼹属[Q]☆Alticola
高山丘☆ben
高山石松☆dwarf{heath} cypress；ground fir
高山水文地理学☆orohydrography
高山稀疏草地☆paramo
高山型冰蚀槽☆alpine trough
高山型的☆Alpine
高山岩溶☆alpino karst；nival karst
高山硬叶灌木群落☆fynbos
高山永冻带[西]☆tierra helada
高山植被☆paramo
高山植物☆acrophyte；acrophyta；alpenfloras；alpine plant
高闪点油☆high-flash oil
高熵相☆high-entropy phase
高尚☆noble(ness)
高射孔密度☆high shot density
高渗溶液☆hypertonic solution
高渗透层☆high permeability zone；thief zone；most permeable zone
高渗透带☆high permeability zone
高渗透多孔介质☆most permeable medium
高渗透率地层☆high permeability formation
高渗透性☆high permeability
高声信号器☆(loud) hailer；howler
高生产率☆high productivity{efficiency}；large-duty；high-capacity{duty}
高升程(起重机吊杆)☆high-lift boom
高石蒜碱☆homolycorine
高氏沉(降)速(度定)律☆Goldstein's law of settling velocity
高氏链☆Gall's chain
高视点目镜☆spectacles ocular；high-eye point ocular
高收缩率原油☆high shrinkage oil
高输出检波器☆high-output geophone
高树脂泥炭☆torch peat
高数位☆left-hand digit
高水分煤[如褐煤]☆hydrogenous coal
高水分含量☆high {-}moisture content
高水流能量☆high stream power
高水平的野外人员☆high {-}caliber field personnel
高水平排料☆high-discharge
高水头水电站☆high headwater power plant
高水位☆high water (stage)；high-water level {elevation}；high-tide line；H.W.；h.w.l.；HW
高水位期☆highstand
高水位以上的☆above high water mark
高斯[磁感应或磁通密度单位]☆gauss；G；gs
高斯变体模型☆Gaussian anamorphosis model
高斯插值公式☆Gauss interpolation formula
高斯定律☆Gauss's Law；Gauss law
高斯分布☆Gaussian{bell-shaped;Gauss} distribution
高{考}斯风[波斯湾冬季带雨的东南风]☆quas；kaus
高斯函数☆Gaussian function
高斯计☆gaussmeter
高斯颗石[钙超;N_2-Q]☆Koczyia
高斯-克吕{鲁}格坐标☆Gauss-Kruger coordinate
高斯-拉蒙特磁力仪☆Gauss Lamont magnetometer
高斯-马尔柯夫定理☆Gauss-Markov theorem
高斯内插(法)☆Gaussian interpolation
高斯-牛顿算法☆Gauss-Newton method
高斯-赛德尔法☆Gauss-Seidel method
高斯数☆gaussage
高斯正(磁极)期☆Gauss epoch
高斯著作全集☆Werke Banden
高锶文石☆high-strontium aragonite
高死亡量☆excess death rate
高耸☆soar；dominant；topping
高速☆high speed；HS；quick-speed
高速(挡)☆top gear
高速泵☆express pump
高速变形☆very high rate of deformation
高速车道☆speedway
高速尘卷☆zobaa
高速冲击☆hypervelocity{high-speed} impact；high velocity impact
高速带图☆high-speed strip chart
高速道路☆speed-way
高速的☆high-speed；high-performance；fast-speed
高速等温烧嘴☆iso-jet
高速地滤波☆high velocity ground roll
高速电视摄影管☆resisticon
高速电子[或正电子]☆beta particle
高速度☆high velocity；h.v.；HV
高速度化☆speed up；speed-up
高速断路器☆high-speed circuit breaker；quick break；high-speed switch{circuitbreaker}；qb
高速对流燃烧器☆high velocity convection burner
高速多触点跳闸继电器☆high-speed multicontact tripping relay
高速公路☆expressway[美]；autobahn；motorway；highway；freeway；autostrada；autoput；autoroute；high-speed{fast} highway；superhighway
高速公路中央的护栏☆crash barrier
高速缓存布局策略☆cache placement policy
高速机车拖运{牵引}☆high-speed locomotive haulage
高速卡片凿孔机☆high speed card punch
高速开采☆high-volume withdrawal；high level of production
高速快艇☆speedboat
高速扩大再生核燃料反应堆☆fast breeder reactor
高速流出(的射流)☆outrush
高速流体加工☆high velocity liquid jet machining
高速磨削砂轮☆high-speed grinding wheel
高速生产☆high-run production
高速双座敞篷汽车☆speedster
高速完全爆炸☆high-order detonation
高速微波功率开关☆multipactor
高速旋转叶轮轴扭应力☆high cyclical rotor shaft torque stress
高速氧化燃料☆high velocity oxidization fuel；HVOF
高速液压软管接管机☆high-speed hydraulic hose coupling machine
高速应变脆性☆rheotropic brittleness
高速运动水☆fast-moving water
高速运转☆high-geared operation；high (speed) gear
高速轴润滑油☆spindle oil
高速自动精密冲床☆dieing machine
高速钻进☆run in high
高塑性土☆high plasticity soil；highly plastic soil
高酸性的☆highly acidic
高锁口盘☆high shaft collar
高苔原山[瑞;树线以上未受切割的平坦苔原山区]☆fjall
高台☆catwalk
高台虫属[三叶;Є$_2$]☆Kaotaia
高台阶工作面☆high face
高台阶连续爆破法☆high bench continuous method
高滩脊☆beach crest
高弹性模量玻璃纤维☆high modulus carbon fiber
高坦粒度分配方程式☆Gaudian (distribution) function
高坦-休曼函数☆Gaudian-Schuhmann function
高碳(的)☆high {-}carbon；HC
高碳钢☆high(-carbon){hard;high} steel；HCS
高碳钢矿石脱碳法☆oreing
高碳钢丝☆hardwire
高碳合金☆high carbon alloy
高碳化惰性生物☆fusinite
高碳煤[介于无烟煤与超烟煤间]☆carbonaceous coal
高碳泥煤☆sapanthrakon
高碳酸血(症)☆hypercapnia
高碳页岩☆black stone
高炭泥煤☆sapanthrakon
高特纲☆Cordaitopsida
高腾粉属[孢;K_2-E_3]☆Gothanipollis
高腾羊齿属[C_3]☆Gothantopteris
高梯度磁选机☆high {-}gradient magnetic separator
高天井掘进工☆high-raise miner
高萜酸☆homoterpenylic acid
高铁次透辉石类☆ferrisalites
高铁冻蓝闪石☆ferri-barrosite
高铁橄榄石☆talasskite
高铁褐闪石☆weinschenkite
高铁红闪石[$Na_2Ca(Fe^{2+},Mg)_4Fe^{3+}Si_7AlO_{22}(OH)_2$;单斜]☆ferrikatophorite；ferri-katophorite
高铁锂大隅石[$Na_4Li_2Fe_2^{3+}Si_{12}O_{30}$;斜方]☆emeleusite
高铁镁电气石[$(Na,K)(Mg,Fe^{2+})_3Fe_6^{3+}(BO_3)_3Si_6O_{18}(O,OH)_4$;三方]☆ferridravite
高铁镁钙的[矿岩]☆femic
高铁锰砂☆ferruginous manganese ore
高铁钼华[$Fe_2(MoO_4)_3•8H_2O$]☆ferrimolybdite
高铁钠闪石-亚铁钠闪石☆riebeckite-arfvedsonite
高铁群球粒陨石☆high iron group；H
高铁闪石☆ferriamphibole；ferrtungstite
高铁石棉[$(Fe^{2+},Mg,Al)_7(Si,Al)_8O_{22}(OH)_2$]☆amosite
高铁水泥☆ferric-cement
高铁酸盐☆ferrite
高铁钨华[$Ca_2Fe_2^{2+}Fe_2^{3+}(WO_4)_7•9H_2O$]☆ferritungstite；tungstic{wolfram} ocher
高铁血红蛋白症☆methemoglobinemia
高铁亚铁平衡☆ferric-ferrous equilibrium
高铁氧钛闪石☆oxyjulgoldite
高铁叶绿矾[$Fe^{3+}Fe_4^{3+}(SO_4)_6O(OH)•20H_2O$;三斜]☆ferricopiapite
高铁云母☆ferri-annite
高铁皂石☆soda-nepheline-hydrate
高通☆high pass；hp
高通过性轮胎☆flotation type tyre
高透力 X 射线☆hard X-rays
高透水性☆high permeability
高突起☆high relief

高推力凿岩机☆high-thrust drill
高瓦斯矿☆highly gassy{gaseous} mine
高瓦斯煤矿区☆gas high mine
高弯度河道☆high-sinuosity channel
高弯曲井☆high-inclination well
高威力炸药☆high (strength) explosive
高维空间☆higher space
高纬☆high latitude
高纬度地区☆high latitudes
高纬度均夷阶地☆equiplanation terrace
高纬沼☆muskeg
高位☆high-order bit
高位槽☆high-level tank; over head tank; gravity tank
高位海滩堤☆perched beach ridge
高位湖相☆high-lake phase
高位泥炭☆ombrogenous{moss;moor} peat; high located peat
高位泥炭层周缘☆lagg
高位泉华丘{冢}☆raised spring mound
高位数☆seniority
(梭车)高位卸车(装置)☆elevating discharge
高位芽植物☆pha(e)nerophyte
高位盐沼☆high marsh; high-marsh
高位油罐☆gravitation tank
高位油箱☆top petrol tank
高位沼(泽)☆raised bog{moss}; hochmoor; high moss{moor}; moss moor; ombrogenous{mountain} bog; high moor bog
高温☆high{elevated} temperature; ht; hi-temp; megatemperature; megatherm; pyro-; macrotherm
高温焙烧石灰☆hard burned lime
高温变形☆elevated{high} temperature deformation
高温变质☆pyro-metamorphism; pyrometamoraphism
高温变质带的☆katazonal; catazonal
高温表☆pyrometric(al) scale
高温材料☆high {-}temperature materials; HTM
高温测定(学)☆pyrometry
高温(冶金)处理☆pyroprocessing
高温的☆pyrometric(al); hyperthermic; hi-temp; high-temperature
高温(气候)的[冰后]☆altithermal
高温灯泡感温包☆thermobulb
高温等静压处理☆hot isostatic pressing; HIP treatment
高温地蜡☆pietricikite; zietrisikite; petricichite
高温地热现象☆hyperthermal phenomena
高温电绝缘涂层☆high temperature electrical insulating coating
高温发酵☆thermophilic fermentation
高温方英石☆metacristobalite
高温防黏涂层☆high temperature antisticking coating
高温分接☆hot-tapping
高温分解☆high-temperature{pyrogenic;pyrolytic} decomposition; pyrolysis
高温分解石墨☆pyrolytic graphite; PG
高温腐殖酸树脂☆hi-temp. resin-lignite
高温高效稀释剂☆hi-temp. hi-effective thinner
高温高压☆high-temperature/high-pressure; HTHP
高温固化法[团矿]☆high-temperature induration process
高温合金☆high {-}temperature alloy; superalloy; high temperature-resisting alloy
高温化学☆pyrochemistry
高温计☆pyrometer; ardometer[光测]
高温(热液)交代矿床☆pyrometasomatic deposit
高温结晶点液体的混合☆summer blend
高温井☆hot hole
高温快烧颜料☆high temperature rapid firing stains; rapid firing stains
高温矿井☆warm{hot} mine
高温老化☆high temperature ageing
高温裂解☆pyrolysis
高温裂解气相色谱☆chromatography; pyrolysis; PGC
高温鳞石英☆high-tridymite
高温凝胶☆high temperature gel; HTG
高温扭转强度☆high-temperature torsional strength
高温期[冰期后]☆Hypsithermal; Altithermal (period); thermal maximum; Hyperthermal; pliotherm period
高温期的[地史]☆pliothermic
高温气(体)☆hot gas
高温气候☆megathermal climate
高温热矿脉☆hypothermal vein
高温热田☆high-energy geothermal field
高温熔融碳酸盐燃料电池☆high-temperature molten carbonate fuel cell
高温蠕动{变}☆high-temperature creep
高温润滑涂层☆high temperature lubricating coating
高温三角锥☆pyrometric(al) cone
高温X射线衍射仪☆high-temperature X-ray diffractometer
高温石墨☆pyrographite; pyrocarbon
高温石英[>573℃]☆high(-temperature) quartz; hochquarz
高温石英固溶体☆high quartz solid solution
高温水☆high temperature water; Hi-temperature w
高温水解(作用)☆pyrohydrolysis
高温水泥[材]☆thermal{high-temperature} cement
高温水浴☆hyperthermal bath
高温塑性☆pyroplasticity
高温无水硬石膏☆high-temperature anhydrite
高温消化☆thermophilic digestion
高温斜铁紫苏辉石☆high-clinoferrohypersthene
高温型的☆megathermal
高温压缩管柱☆high temperature compression string
高温岩浆☆pyromagma
高温冶金☆thermometallurgy; pyrometallurgy
高温炸药☆HT powder
高温植物☆megatherm; macrotherm; megistotherm
高蛟红[石]☆Marron Guaiba
高稳定度石英晶体振荡器☆high stability quartz crystal oscillator
高紊流燃烧室☆high-turbulence combustion chamber
高雾☆high fog
高狭通道☆aisle
高咸度流体☆hypersaline fluid
高咸水☆haline water
高限自动开关☆maximum cutout
高线☆altitude
高线滑车[用于把管子拖出井架]☆pipe trolley
高效铵油炸药装药器☆large capacity AN-FO loader
高效传热流体☆high-heat transfer fluid
高效的☆high duty; large-duty
高效核能爆炸☆high-yield nuclear explosion
高效率☆high{high-level} efficiency; HE
高效螺纹☆premium thread
高效能的☆dynamic; dynamical
高效能射孔器☆ultrajet
高效浓密机三维视图☆three dimension view of high rate thickener
高效旋流{风}器☆high performance cyclone
高效炸药爆炸成形☆high explosive operation {forming}
高效钻进☆efficient drilling
高斜航照☆high oblique aerial photograph
高卸式开采☆casting cut
高辛烷☆anti-knock gasoline
高辛烷值☆high-octane rating
高辛烷值汽油掺和料☆platformate
高新技术☆high tech; hi-tech
高性能导航装置☆high performance navigation system; Hipernas
高性能的☆high-performance
高兴☆joy; pleasure
高悬式矿仓☆trestle{catenary} bin
高选择性超外差接收电路☆stenode circuit
高血压(病)☆hypertension
高压☆high tension{pressure;voltage}; maximum {elevated} pressure; plenum; high; highhanded (persecution); ht; h.p.; hp; H.V.
高(电)压☆high voltage{tension;potential}; H.V.
高压安全切断器☆high-pressure safety cut-out
高压板☆hardboard
高压泵☆high-pressure{-lift;-head} pump; HPP
高压变质型☆high-pressure metamorphic type
高压层检测☆overpressure detection
高压冲蚀钻头☆high-pressure erosion bit
高压的☆high-voltage{-tension}; hi(gh)-pressure; highbaric; hyperbaric; hi-volt
高压-低温变质作用☆high-pressure/low-temperature metamorphism
高压电火花成孔钻机☆spark drill
高压电器外壳探伤器☆"holiday detector"
高压电线支架☆tower support
高压电选机☆high {-}tension separator
高压电源☆high-voltage (power) supply; high {-}tension supply; H.T.S.; H.V.P.S.; HTS
高压电晕[高压分选;放电电线放出的]☆spray discharge
高压锻钢阀门[由锻钢件焊接装配的阀门]☆fabricated value
高压防漏(油)设备☆high-pressure oil saver
高压放电☆electrion; effluve
高压分选☆high-tension separation
高压风动装置☆high-pressure pneumatics
Ti-Mo-Zr 高压釜☆TMZ pressure vessel
高压釜处理的☆autoclave-treated
高压高速水力喷射式挖掘船☆hydro-jet dredge
高压固体燃料喷吹系统☆high pressure solid injection system
高压管件☆high pressure fitting; H.P.F
(由)高压灌浆凝固的钻孔☆injected hole
高压硅酮螺纹油[套管用]☆high pressure silicone thread compound
高压辊磨机工作原理☆operation principle of HPRG
高压锅盖☆manhead
高压过热循环☆high-pressure superheated cycle
高压和低压导阀☆high-low pilot
高压辉光放电(离子)源☆high-voltage glow-discharge source
高压脊☆(pressure) ridge
高压脊冰☆ridged ice
高压挤水泥法☆high-pressure squeeze method
高压浸出☆autoclaving; pressure leaching
高压井☆high pressure well{hole}; strong well
高压控制器弹簧☆Histiodella
高压跨接安全阀☆high-pressure crossline relief valve
高压雷管☆H.T. detonator; high tension detonator
高(电)压连接☆high resistance joint
高压气动学☆high-pressure pneumatics
高压潜水☆hyperbaric{pressurized} diving
高压侵蚀成孔钻机☆high-pressure erosion drill
高压取芯☆pressure coring
高压燃油管☆injection line
高压人造石英☆coesite
高压射流成孔钻机☆high-pressure erosion drill
高压射水切割法☆water jet cutting
高压射线摄影☆high-voltage radiography
高压实验☆experiment under high pressure
高压输电线网☆gridiron
高压水力采煤机☆jet cutting shearer
高压水喷嘴{射流}☆high-pressure water jet
高压(喷)水枪☆hydraulic monitor
高压水枪冲掘接通(法)[地下气化]☆hydro-linking
高压水砂破裂法☆hydraulic fracturing
高压水射流平巷{硐}掘进机☆water jet tunneling machine
高压水射流钻井☆high pressure water jet drilling
高压酸淋滤☆high-pressure acid leach
高压隧洞☆heavy-duty pressure tunnel
高压同质多象体☆high-pressure polymorph
高压头的☆high-head
高压头支管☆high head extension
高压物性试验☆P.V.T. test
高压系统☆high {-}pressure system; H.P.
高压线☆hi(gh)-line; high tension line{wire}; high-tension wire{line}; high voltage cable
高压线干扰清除器☆high-line eliminator
高(低)压信号器☆high lock alarm
高压悬式半自动成形机☆semi-automatic machine for disc insulator forming
(用)高压压倒☆steamroller
(用)高压压缩空气渗透接通☆air-linking
高压扬程泵☆high-pressure{high-head} pump
高压液相色谱分析☆high-pressure liquid chromatography
高压油泵☆injection pump; high pressure oil pump
高压油水取样筒☆bomb
高压蒸汽破碎法☆explosive shattering
高压注水式(凿岩)机[软和松散岩层钻探用]☆wash-boring{water;water-fed;water-hammer} drill
高压转换管☆injectron
高压最后阳极[阴极射线管的]☆ultor
高崖海岸☆high-cliff coast
高(铁)亚铁阳起石☆ferritremolite
高烟囱☆stalk; high chimney
高盐的[植]☆hyperhaline; halophyle; salsuginous
高盐度卤水☆hypersaline brine
高盐分的☆highly-saline; brachyhaline
高盐三角江☆hypersaline estuary

G

高盐水☆haline water
高盐性☆high salinity
高盐沼☆salting
高研磨性岩石☆very abrasive rock
高岩溶带☆high-karst zone
高堰式分级机☆high-weir (type) classifier
高焰泥炭☆tallow peat
高扬程☆high-lift
高扬程泵☆high-head{high(-)lift} pump
高氧琥珀☆simetite
高氧琥珀酸脂☆vamaite；schraufite
高氧化态☆higher oxidation state
高氧树脂☆β-jaulingite；posepny(i)te；schraufite；vamaite；posepnit
高仰角☆superelevation
高液面排矿式磨{磨碎}机☆high-level mill
高液限土☆high liquid limit soil
高伊扩散层☆Gouy layer
高夷作用☆altiplanation
高溢流面排料口[锥形球磨机]☆high-level discharge spout
高溢流水平磨☆high-level mill
高溢流堰式分级机☆high-weir type classifier
高异常压力☆surpressure
高音☆treble
高音重发逼真度[物]☆brilliancy；brilliance；brill
高音汽笛☆high-pitched buzzer
高音雾笛☆nautophone
高引爆温度☆higher firing temperature
高应变率成形☆high strain rate forming
高应力层☆high stress layer
高应力区☆region of high stress；high-stress zone
高油☆talloel；talloil；tallol
高油气比☆hihg gas-oil ratio；hgor
高于基准面的高度☆height above datum
高于平均值的地壳热流量☆higher-than-average crustal heat flow
高于一切的☆overriding
高于原定级别的☆above grade
高原☆(high) plateau；tableland；highland；meseta；table；coteau[法;pl.-x]；planalto
高原边沿岩石☆rimrock
高原冰川☆highland{plateau} glacier；plateau-glacier
高原冰沿岩石☆rimrock
高原陡缘☆klint；glint
高原红土[俄]☆high-level laterite
高原泥炭崖☆peat hag
高原平顶☆mesa plain
高原切割山(脉)☆plateau mountain
高原(草本)群落☆altoherbosa
高原式喷发☆plateau eruption
高原状峰顶☆plateau-like summit
高原子序数物质☆high Z material
高圆球虫属[三叶;O_2-S]☆Sphaerexochus
高圆柱形塔☆bubble tower
高云☆high cloud
高甾化合物☆homosteroid
高载荷变形试验☆high load deformation test
高早(期)强(度)水泥☆high-early-strength cement
高增益地震仪☆high-gain seismograph
高张力☆high tension；h.t.
高涨☆upsurge
高涨程度☆soar
高涨的☆soaring
高沼☆upland{highland} moor；moor
高沼草原☆moorland
高沼面腐殖层☆tirr
高沼泥炭☆moss{bog;moor(land);ombrogenous} peat；high moor peat；moorpeat
高沼气矿井☆high(ly) gassy mine；high methane mine
高折射玻璃细珠☆high refractive glass beads
高褶贝属[腕;D-P]☆Altiplecus
高真空☆high vacuum；h.v.；HV
高真空泵{|阀}☆high {-}vacuum pump{|valve}
高震源☆high focus
高枝杉☆Elatocladus
高植脂☆vegifat
高值☆high value
高Q值和高V值带☆high Q and high V zone
高pH值泥浆☆highly pH mud
高值燃料☆premium fuel
高指标试样☆high assay
高指数☆high index
高质的☆high test；high-grade
高质精矿☆high-grading
高质量☆high{superior;top} quality；high quality；high-level{-class;-grade}；h.q.
高质量砂☆good-quality sand
高质量消费时代☆the age of high-mass consumption
高质量因数的☆high-quality；Hi-Q
高中心风☆central air blow at higher location
高重度油☆high-API gravity oil；high-gravity oil
高重力区☆high gravity area
高舟(牙形石)属[T]☆Epigondolella
高柱信号机☆high signal
高转矩旋转钻机☆high torque rotary drill
高转速电机☆pot motor
高桩承台☆high-rise pile cap
高椎虫属[孔虫;T_3-Q]☆Gaudryina
高准确度☆pin-point{pinpoint} accuracy
高准确度远程脉冲导航☆long-range accuracy；Lorac
高(度)准直(射线)束☆highly collimated beam
高滋养环境☆hypertrophic environment
高自旋态☆high-spin state
高阻☆high-ohmic resistor
高阻表☆megohmmeter；(tra)megger；megameter
高阻层☆resistive formation{bed}
高阻抗☆high impedance
高阻尼性能☆high-damping capacity
高阻仪☆earthometer
高钻速而取芯完整的地层☆smooth drilling formation
高钻台(钻机底座)☆high lift substructure
高钻压钻进☆rough drilling
高座起重机☆abutment crane
膏☆mastic
膏化度☆degree of creaming
膏结物☆gypcrete
膏团☆dough
膏岩层☆gypsolyte
羔皮纸[半透明]☆vellum
羔羊气流类型☆lamb's airflow type

gǎo

搞错☆fluff；falsification；misguide
搞垮☆disrupt；break{get} down；collapse；funeral；upset；undermine；do in
搞乱☆jumble
藁覆盖☆straw mulch
镐☆pick；gad picker；pickaxe；nooper
镐把☆helve
镐柄☆pick hand
镐锤[游梁运动时,用以敲打给进螺杆下端轭上T形螺杆]☆billy club
镐和钎杆☆pick and bar
镐式平巷掘进机☆road ripper{header}；road-header
镐形截齿☆conical pick
稿件☆contribution
缟碧玉☆jasponyx
缟玛瑙[SiO_2]☆onyx；chalcedon(on)yx；onyx agate；onice
缟燧石☆sierranite
缟玉髓☆chalcedon(on)yx；serrastein
缟状构造☆banded structure；compositional banding
缟状含钻石石灰岩☆banded diamondiferous limestone

gào

锆☆Zr；zirconium
锆白釉☆zirconia enamel
锆贝塔石☆zirconium betafite
锆蛋白石☆zircopal
锆的水化物☆hydrous zirconia
锆矾[$Zr(SO_4)_2•4H_2O$;斜方]☆zircosulfate；texasite；zircosulphate
锆钙钛矿[$3Ca(Ti,Zr)_2O_5•Al_2TiO_5$；$Ca_3(Ti,Al,Zr)_9O_{20}$?;等轴]☆uhligite
锆刚玉☆fured alumina-zirconia abrasive
锆刚玉砖☆zircon corundum brick
锆硅钾石☆dalyite
锆硅离子发射剂☆zirconium silicate ion emitter
锆硅石☆zirsite
锆硅铁☆zirconium-ferrosilicon
锆合金☆zircalloy；zircaloy
锆黑稀金矿☆zirconeuxenite
锆化合物☆zirconium compound
锆辉石☆zircon-pyroxene
锆矿☆zirconoid；zirconium ore
锆矿石☆zirconium ore；baddeleyite
锆锂大隅石[$(K,Na)_2Li_2(Li,Fe^{3+},Al)_2ZrSi_{12}O_{30}$;六方]☆sogdianite；sogdianovite
锆榴石[为含锆的石榴石]☆kimzeyite
锆卵石☆zircon favas
锆(-)镁耐火水泥☆zircon cement
锆锰大隅石[$KNa_2Li(Mn,Zn)_2ZrSi_{12}O_{30}$;六方]☆darapiosite；darapiozite
锆钠石☆lavenite
锆铌钙钛石☆belyankinite
锆砂[ZrO_2]☆zircon(ia) sand；zirconia
锆砂粉浆料☆zircon slurry
锆石[$ZrSiO_4$;四方]☆zircon；engelhardite；calyptolite；zirkon；jacinth；kalyptolith；kaliptolite；lyncurion；azorite；hyacinthtopas；heldburgite；auerbachite；zirconite；jacynth；acorite；azurite；calypotolite；diocroma；diochrom；hyacinth；ostranite；zirconia；caliptolith；polykrasilith；melichrysos；jargoon；jargon；Zr
锆(英)石[$ZrSiO_4$]☆zirconite
锆石-电气石-金红石成熟指数☆ZTR{zircon-tourmaline-rutile} maturity index
锆石晶形☆zirconoid
锆(英)石耐火材料☆zircon refractory
锆石双晶☆elbow{knee} twin
锆石(晶)组[4/*mmm*晶组]☆zircon type
锆石砂[$ZrSiO_4$]☆zircon sand
锆酸钙陶瓷☆calcium zirconate ceramics
锆酸锶陶瓷☆strontium zirconate ceramics
锆酸盐[M_4ZrO_4;M_2ZrO_3]☆zirconate
锆钛钙石[$2CaO•12TiO•½Nb_2O_5•ZrO_2•SiO_2•28H_2O$;非晶质]☆belyankinite；beljankinite
锆钛榴石☆zirconium schorlomite
锆钛铌钙石☆rosenbuschite；zircon-pektolith
锆钛酸铅镧铁电陶瓷☆lead lanthanum zirconate-titanale ferroelectric ceramics；transparent PLET ceramics
锆钽矿[$(Mn_2,Zr,Ca_2,Na_4)O_2•(Si,Zr)O_2$]☆lovenite；lavenite；laavenite
锆铁矿[$(ZrO_2,Fe_2O_3)•SiO_2•nH_2O$(近似)]☆zirfesite
锆锡合金☆zircalloy；zircaloy
锆星叶石[$(K,Na,Ca)_3(Mn,Fe^{2+})_7(Zr,Nb)_2Si_8O_{27}(OH,F)_4$;三斜]☆zircophyllite；zirkophyllite
锆叶石☆zircophyllite
锆英石☆zirconia sand；zircon
锆英石[$ZrSiO_4$]☆zircon
锆英石氟化物分解☆fluoride breakdown of zircon
锆英石-氧化铝砖☆zircon-alumina brick
锆英石-叶蜡石砖☆zircon-pyrophyllite brick
锆英石质耐火材料☆zircon refractory
锆铀矿☆naegite
锆针钠钙石[$6CaSiO_3•2Na_2ZrO_2F_2Ti•(SiO_3)(TiO_3)$; $(Na,Ca,Mn)_3(Fe^{3+},Ti,Zr)(SiO_4)_2F$;三斜]☆rosenbuschite
锆支撑剂☆Z-prop fused ceramic
告警系统☆warning system
告警信号☆alarm (signal)；guard{warning} signal
告密者☆rat
告示☆manifesto
告知☆acquaint；intimation

gē

搁板材料☆shelving
搁冰☆stamukha
搁脚板☆toe board；toeboard
搁浅☆ground；(run) aground；strand(ing)；stranded；reach(ing) a deadlock；beach；ashore；sew[船]
搁浅冰☆grounded ice
搁浅(堆积)冰群☆stamukhi [sgl.-ha]
搁浅冰山[俄]☆stamukha [pl.-has,-hi]
搁浅冰山碛☆berg till
搁浅浮冰形成的冰脚☆stranded ice foot
搁栅☆joist
搁栅撑☆bridging
搁置☆laydown；set-aside；rack[架上]
搁置道轨☆lay-down rack
搁置的☆suspensory
搁置寿命☆shelf-life；shelf life
哥白尼坑[月球]☆Copernicus crater
哥白尼体系[太阳中心说]☆Copernican system
哥本哈根水☆normal{Copenhagen} water
哥达德航天中心☆Goddard Space Flight Center
哥德堡☆Goteborg；Gothenburg
哥德列夫矿☆godlevskite

哥德施密特矿物相律☆Goldschmidt's mineralogical phase rule
哥德式屋面坡度[60°]☆Gothic pitch
哥蒂{底}冰期[欧;15,000 年前]☆Gotiglacial；Goti glacial age
哥恩[角度单位,等于直角的百分之一]☆gon；grade
哥尔丹斯基效应☆Goldanckii effect
哥尔登公式☆Gordon's formula
哥尔迪奇稳定性系列☆Goldich's stability series
哥尔斯马公式☆Geertsma formula
哥拉斯哥城市的再发展☆urban redevelopment in Glasgow
哥里马尔底人☆Grimaldi
哥磷铁铝石☆gormanite
哥伦布红[石]☆juparana
哥伦布菊石属[T_1]☆Columbites
哥伦布乱粉(红)[石;卡罗姆波红]☆Juparana Colombo
哥罗酊☆collodion
哥罗仿☆chloroform
哥钠菱沸石☆groddeckite
哥氏沉降速度定律☆Goldstein's law of settling velocity
哥氏菊石☆Columbites
哥斯笔石属[S_3]☆Gothograptus
哥斯达黎加☆Costa Rica
哥斯亚灰[石]☆Qasia Auzl
哥太尼苔藓虫属[O]☆Gortanipora
哥特兰(系)[欧;S]☆Got(h)landian
哥特兰纪☆Gotlandian (period)
哥特萘特法[测定煤炭含砷量]☆Gutzeit method
哥特式屋面坡度[60°]☆Gothic pitch
哥希米特结晶化学定律☆Goldschmidt's law of crystal chemistry
哥窑☆Ko ware
歌唱{声;词}☆song
歌伎贝属[腕;D_{1-2}]☆Hysterolites
歌曲☆song；melody
歌曲选☆album
歌骚灰岩[K_2]☆Gosau limestone
戈(瑞)[(放射性)吸收剂量国际单位]☆gray；Gy
戈比[俄辅币,=1/100 卢布]☆kopek；kopeck
戈壁☆gobi；stone desert；serir；ramla；raml
戈壁阿尔泰☆gobi Altai
戈壁恐角兽属[E_2]☆Gobiatherium
戈壁犬属[N_1]☆Gobicyon
戈壁沙漠开阔草原区☆tala
戈壁兔属[E_{2-3}]☆Gobiolagus
戈壁猪兽(属)[E_2]☆Gobihyus
戈德尔水泥砂造型法☆Godel process
戈得绘图仪☆Gould plotter
戈迪迹[遗石]☆Gordia
戈丁曲线[粒度分配]☆Gaudin plot [of screen analysis of crushed ore]
戈端[吸收剂量单位]☆gray；Gy
戈尔德施密特元素分类☆Goldschmidt's classification of elements
戈尔德施密特富集原则☆Goldschmidt enrichment principle
戈尔德施密特(双晶)律☆Goldschmidt's law
戈尔德施密特矿物相律☆Goldschmidt's mineralogical phase rule
戈尔德施密特规则{定则}☆Goldschmidt's rule
戈尔投影☆Gall projection
戈硅钠铝石☆gobbinsite
戈海百合(属)[棘;$Є_2$]☆Gogia
戈雷柱☆Golay column
戈培尔式双绳摩擦提升机☆twin-rope Koepe winder
戈培型提升机制动器☆Koepe winder brake
戈硼钙石[$CaB_6O_{10}\cdot 5H_2O$;单斜]☆gowerite
戈皮纳思-桑德希法☆Gopinath-Sondhi method
戈期特阶[S]☆Gorstian
戈氏矿物相律☆Goldich mineral phase rule
戈斯列丁螺亚科[腹]☆Gosseletininae
戈四方钠沸石☆gobbinsite
戈索牙形石属[O_{1-2}]☆Gothodus
戈梯尼指数☆Gottini index
锝{鎶}[序 112]☆copernicium；Cn
鸽(棚式架)☆pigeonhole
鸽彩石☆peristerite
鸽血红宝石☆pigeon's-blood ruby
鸽子☆pigeon
疙瘩☆hicky；hickey
割帮巷道开采☆cutoff mining
割槽☆ore channel
割草法[一种三维勘探]☆swath method
割草机刀刃磨石☆mower knife grinder
割成板块☆slabbing
割刀☆cutter (knife)
割道☆swath
割的☆secant
割断☆overcut；sever；cut off
割断(压缩)空气☆air-off
割断曲流☆cutoff meander{channel}；abandoned meander；chute{meander} cutoff
割断山嘴☆cutoff spur
割断套管☆casing severing
割断岩芯☆core breaking
割颚牙形石属[C]☆Rhachistognathus
割缝衬管☆slotted pipe{screen;liner}；saw-slotted {screen} liner
割缝衬管防砂☆slotted liner sand control
割缝尺寸偏小☆slot undersizing
割缝公差☆slot tolerance
割缝机☆perforating machine
割缝排列形式☆slotting pattern
割缝套管☆slotted casing
割管器☆milling cutter；(drill) pipe cutter；tube cutler
割浆☆tapping
割阶☆jog
割截值☆cut value
割经线☆secant meridian
割炬☆cutting torch
割开☆cut{rip} open；splitting；slash；rip
割口☆scarfing
割口石墨电阻棒☆split-rod graphite resistor
割理☆cleat{reed;cleap;hugger} [煤的内生裂隙]；jointing；cleet；cleating
割理方向☆headway
割链☆cutting chain
割裂☆chipping；division
割裂爆破☆slitting shot
割裂带走的岩块☆erratic mass
割裂机☆ripping machine
割平面法☆cutting-plane method
割枪☆burning torch
割切☆crossover；dismember
割取岩芯☆core breaking
割去☆pruning
割刃角[钻头]☆rake angle
割入☆cut-in
割石机☆stone {-}cutter；jadder
割石手锯☆fillet saw
割铁凿☆chisel for cutting iron
割线☆secant；cut；sec.；sec
割屑☆cuttings
割岩机☆rock cutter
割元☆cyclotomic
割圆锥投影地图☆secant conic chart

gé

革☆strap
革翅类☆Derma ptera
革翅目[N-Q]☆Dermaptera
革龟亚目☆Atheca
革裥菌属[真菌;Q]☆Lentzites
革利甙[甘酞树脂]☆glyptal
革命☆revolution
革新☆innovation；update；streamline；reformation；reform；innovate；improve
革新的☆innovatory；innovative
革新事件☆innovation-event
革新者☆innovator
革叶蕨属[T]☆Scytophyllum
葛阿二氏说☆Gerstenkorn-Alfven theory
葛伯特蕨属[T_3]☆Goeppertella
葛金干馏试验☆Gray-King assay
葛金焦型☆Gray-King coke type
葛金煤炭黏结性试验法☆Gray and King's method
葛拉斯贝属[腕;S-D]☆Glassia
葛拉晓夫数[流体特性无因次参数]☆Grashof number
葛莱{雷}码☆Gray{Grey} code
葛来{格雷}格投点图☆Greig plot
葛里菲斯理论☆Griffith theory
葛里炸药☆gelignite
葛帘比层☆Grenville formation
葛氯砷铅石☆gebhardite
葛伦斯层☆Grens horizon
葛美拉贝属[腕;P]☆Gemmellaroia
葛尼木目{类}[古植]☆Gnetales
葛拟锈病菌☆Synchytrium puerariae
葛氏海上动力计☆Graf sea gravimeter
葛提贝属[腕;C]☆Girtyella
葛万藻属[Є-K]☆Girvanella
葛西尼定律☆Cassini's law
格☆compartment；grid；cascade；(man/cage) way；grill；grille；style；pane；standard；square (formed by crossed lines)；check；rule；pattern；character；manner；case；resist；hinder；obstruct；impede；probe；fight；hit；ripple[摇床、洗矿槽底]
格板☆clathrus
(晶)格波☆lattice wave
格布哈特型钻孔偏斜测量仪☆Gebhardt survey instrument
格槽式分样器☆bank{combination}-riffle sampler
格层孔虫属[$S-C_1$]☆Clathrostroma
格床[建]☆girder grille{grill}
格碲硫铋矿[Bi_4TeS_3;三方]☆gruenlingite；grunlingite
格点☆lattice{grid} point
格点外推☆grid extrapolation
格调☆touch
格尔哈特提升系统☆Gerhard's hoisting system
格筏基础☆grid-mat foundation
格分辨率☆lattice resolution
格构☆lattice；trellis；cancelled structure
格构桁架☆lattice truss
格构式支架☆lattice construction tower; lattice mast
格哈特型冻结钻孔垂直度测定仪[冻结法凿井]☆Gebhardt survey instrument
格几丁虫属[O_3-D_1]☆Clathrochitina
格架☆framework；hake；hack；gerust[德]；grillwork；lodge
格架状结构☆skeletal structure
格颈石[钙超;E_2]☆Isthmolithus
格局☆framework；pattern；configuration；structure；setup
格孔间距☆interior distance between brick course
格孔间隙☆width of checker channel
格孔隙度☆fenstral porosity
格框铁☆grid iron
格拉顿矿☆gratonite
格拉夫海洋重力仪☆Graf sea gravimeter
格拉弗拉姆(石墨-铝)混合料☆Graphram
格拉戈列夫-切伊斯法☆Glagolev-Chayes method
格拉格[质量单位]☆glug
格拉霍夫数☆Grashof number
格拉朗日算子☆Lagrangian
格拉林[热泉盆中一种松软含油脂的沉淀物]☆glairine；glarin
格拉姆(组)[AnЄ]☆Grampian
格拉斯顿-戴尔关系式☆Glaston-Dale relation
格拉斯霍夫准数☆Grashof's number
格莱纳姆☆Glenarm
格莱斯堡周期☆Gleissberg cycle
格兰贝{比}型侧卸式矿车☆Granby car
格兰扁区[苏格]☆Grampian
格兰茨石☆grantsite
格兰棱镜☆Glan prism
格兰诺拉燕麦卷[早餐营养食品]☆granola
格兰氏染色阳{|阴}性细菌☆Gram-positive {|-negative} bacterium
格朗隆德式(梅花形)掏槽☆Gronlund type cut
格朗米黄[石]☆Gran Beige
格劳颗石[钙超;K]☆Glaukolithus
格劳斯特尔型采煤机☆Gloster getter
格勒克斯半胶质硝甘炸药☆Gelex dynamite
格雷大风☆gregale
格雷厄姆火灾系数☆Graham fire factor
格雷戈里历(法)☆Gregorian calendar
格雷里(试剂加入器)☆Greary reagent feeder
格雷沙丘☆Grey dune
格里顿阶[S]☆Gleedon
格里菲斯{非思}初始破裂准则☆criterion of Griffith's initial fracturing
格里菲斯脆性破坏准则☆Griffith criterion of brittle
格里菲斯破裂理论☆Griffith crack theory
格里菲斯破坏准则☆Griffith-failure criterion
格里菲斯破坏理论☆Griffith theory of failure
格里芬型磨机[水平磨环单辊式]☆Griffin mill
格里夫海上重力仪☆Graf sea gravimeter

格里格斯-赫德(高压)弹☆Griggs-Heard bomb
格里历☆Gregorian calendar
格里森炸药☆Grison dynamite
格里斯巴赫(阶)[248.2～243.4Ma;T_1]☆Griesbachian (stage)
格丽丝金麻[石]☆Grand Gris
格林堡-史密斯碰撞(采样)器☆Greenburg-Smith impinger
格林等效层☆Green's equivalent layer
格林函数☆Green's{source} function
格林河组[北美;R]☆Green River formation
格林河组[R]☆Green River Formation
格林加顿样板{解释}曲线{图版}☆Gringarten type curves
格林纳达☆Grenada
格林赛-麦`阿尔潘{卡尔派恩}型连续平硐掘进机☆Greenside-McAlpine continuous `miner{tunnel boring machine}
格林石[$Ca_5H_2(AsO_4)_4$•$9H_2O$]☆guerinite
格林威治天文平时☆Greenwich mean astronomical time；GMAT
格林维尔(群)[北美;An€]☆Gre(e)nville
格林韦{维}尔公式[弧形预制块井壁厚度计算]☆Greenwell formula
格林维尔造山运动☆Greenville{Grenville} orogeny
格陵定理☆Green's theorem
格陵兰东岸浮冰☆west ice
格陵兰式冰川{型冰河}☆Greenland-type glacier
(克拉)格令[英,=1/4 car. =64.8mg]☆(carat) grain
格溜考夫炸药☆Gluckauf
格硫锑铅矿[$Pb(Sb,As)_2S_4$;单斜]☆guettardite
格留戈里-牛顿公式☆Gregory-Newton formula
格隆达尔型磁选机☆Grondal separator
格鲁勃衬里[磨机]☆Globe lining
格鲁德克斯干料预热装置☆Grudex system
格鲁格☆glug
格鲁吉亚☆Georgia
格鲁津蒙脱石☆gruzinskite
格鲁涅尔叠层石属[Z]☆Gruneria
格伦冰流律☆Glen flow law
格伦达尔(矿石直接还原)法☆Grondal process
格伦福尔斯组[北美;$€_1$]☆Glen falls formation
格伦加里夫粗砂岩☆Glengarriff grit
格伦金页岩☆Glenkiln Shales
格伦科型火口☆Glencoe-type caldera
格伦纳姆(统)[美;An€]☆Glenarm
格伦纳特-库伦短周期垂直向地震仪☆Grenet-Coulomb short period vertical component seismograph
格伦宁格图☆Grenninger chart
格伦伍德组[O]☆Glenwood Formation
格罗古无烟燃料[焦炭砖]☆Gloco
格罗宁根效应☆Groningen effect
格罗威(纺锤虫)☆Gallowaiinella
格洛勃衬里[锥形槽沟衬里,有护板,磨机用]☆Globe lining
格洛弗型气体洗涤冷却器☆Glover tower
格洛玛开发者号(钻探船)☆Glomar Explorer
格脉蕨(属)☆Clathropteris
格蒙脱石☆gruzinskite
格尼特法[隧道壁上喷洒混凝土浆]☆Gunit method
格涅茨虫属[孔虫;D-P]☆Geinitzina
格排☆girder grill(e)
格排垛☆grillage；grill；grille
格热尔(阶)[俄;C_3]☆Gzhelian{Gshelian} (stage)
格锐烧那{太}特(炸药)☆Grisounite
格桑{搔}炸药☆grisounite
格筛[由固定或运动的棒条、圆盘或滚轴组成]☆bar screen{grizzly}；grizzl(e)y (bar;grate;screen)；riddle
格筛底梁☆grating beam
格筛硐室☆dozing{grizzly} chamber；grizzly station
格筛工☆grizzlyman；grizzly man；drawman
格筛巷道☆double-deck gangway；grizzly drift
格筛孔☆grate opening
格筛溜槽{漏斗}☆grizzly chute
格筛水平放矿{采矿}法☆gravity-chute ore-collection method；grizzly method
格筛水平分井☆grizzly raise
格筛水平-分支天井放矿采矿法☆grizzly-branch raise transfer system
格筛水平人行道☆grizzly manway
格筛天井☆grizzly raise
格筛装煤溜槽☆screen loading chute
格舍尔阶☆Gzhelian
格式☆form；format；style；pattern
格式变换☆format conversion
格式吊架☆skeleton cage
格式化程序☆formatter
格式纸☆form
格氏链☆Gall's chain
格氏轮藻属[K_2-Q]☆Grambastichara
格氏隧道掘进护盾☆Greathead shield
格水铬矿☆grimaldite
格水砷钙石[$Ca_5H_2(AsO_4)_4$•$9H_2O$;单斜]☆guerinite
格思里-格林伯格法☆Guthrie-Greenberger method
格索(油气藏形成的)差异聚集原理☆differential accumulation theory
格特菊石科☆Girtyoceratidae
格田灌溉法☆check irrigation method
格条[溜槽、摇床等]☆riffle；takong[马来]；lace{lattice} bar；ripple；riffle bar
格条面积☆grate area
格条筛☆grill；grillage
格外☆inter alia；exceptionally；notably
格网☆graticule mesh；clathrus；grid
格网交点{十字}☆reseau cross
格网中的质点计算法☆particle in cell computing method；PIQM
格纹☆check
格型{形}围堰☆cellular cofferdam
格形藻属[Q]☆Clathromorphum
格序群☆lattice-ordered group
格言☆dictum [pl.dicta]；axiom；precept；adage
格栅☆trap；grating；grate；catch-frame；grill；grille；lattice；hurdle
格栅底座☆grillage
格栅结构☆waffle
格栅平顶☆joist ceiling
格栅柱☆grid column
格值☆scale value{unit}；calibration
格状☆trellis
(窗)格状☆fenestral
格状冰☆lattice ice
格状构造☆grating structure{texture}；mesh structure
格状结构☆grating texture；honeycomb
格状裂隙☆break joint
格状水系☆grapevine stream-pattern{drainage}；trellis drainage (pattern)；lattice drainage；trellised drainage pattern；trellis diagram
格状图解☆fence diagram
格状图像☆cellular picture
格状土☆tessellated soil
格状微结构☆trellis microstructure
格状物☆gridiron；cascade
格状亚目[双壳]☆Cancellata
格子☆lattice；latticework；hurdle；grid；grating；trellis；(unit) cell；check；chequer
C-格子☆C-lattice；base-centered lattice
F-格子☆F-lattice；face-centered lattice
H{|P|R}格子☆H{|P|R} lattice
I-格子☆I-lattice；body-centered lattice
格子板☆ceiling；grate plate
格子采样☆cell sampling
格子分析☆lattice analysis
格子构造☆reticular{grating} structure；grid system；cross(-)hatching；tartan structure[双晶的]；quadrille structure[微斜长石双晶的]
格子架☆grillage
格子间平均值☆grid average
格子蕨属[T_3-J_2]☆Clathropteris
格子颗石[钙超;E_2]☆Clathrolithus
格子量板☆graticule
格子螺属[腹;O-S]☆Clathrospira
格子排矿湿式磨机☆grate-type wet mill
格子排矿式棒磨机☆grate rod mill
格子排料式球磨机☆grate{grate-discharge} ball mill
格子筛☆grill；grille
格子式门☆lattice door
格子式球磨机☆grate ball；mill
格子双晶☆cross-hatched{crossed} twin(ning)；grid{tartan} twin；gridiron{tartan;crosshatch} twinning
格子体☆checker (work)
格子体构筑系数☆coefficient of checker work structure
格子体热负荷值☆heat duty of checker
格子体受热比表面☆specific heating surface of checker
格子鲢属[孔虫;P]☆Cancellina
格子头[磨机]☆division head；grid-type division head
格子图☆trellis diagram
格子图像☆crisscross pattern
格子信号☆grating signal
格子型球磨机☆grate (discharge) ball mill
格子砖填充系数☆packing coefficient of checkerwork
格子状☆clathrate；fenster；reticulation
格子状的☆clathrose；clathratus；clathrate；cellular
格组构架☆cancelled structure
蛤斗☆clam bucket；clamshell scoop
蛤(壳式抓)斗☆clamshell；scoop clamshell
蛤斗式挖掘机☆clamshell (excavator)
蛤蜊☆Mactra；clam；surf clam
蛤壳☆clamshell
蛤壳采泥器☆clamshell snapper
蛤壳`戽斗挖泥机{型挖泥船}☆clamshell dredger
蛤壳式取样器☆clamshell snapper
蛤壳式挖泥机{船}☆clamshell dredge
蛤壳式抓斗☆clamshell bucket
蛤壳式抓斗装置☆clamshell attachment
蛤壳式装载机☆clamshell-type loader
蛤壳形单斗挖泥机☆clamshell dipper dredge
蛤壳抓斗装置附件☆clamshell attachment
蛤壳状挖泥器{机}☆clamshell
蛤(壳)式取样器☆clamshell snapper
蛤式挖掘机☆clamshell shovel
蛤珍珠☆clam
骼翼☆ala ossia ilium
镉☆cadmium；Cd
镉白云石☆cadmium-dolomite
镉标准电池☆cadmium standard cell
镉橄榄石☆cadmium olivine
镉过滤器☆cadmium filter
镉黑辰砂☆saukovite；cadmium metacinnabar
镉黑锰矿☆cadmium-hausmannite
镉华☆cadmium ocher
镉黄玻璃☆cadmium yellow glass
镉精矿☆cadmium concentrate
镉矿床☆cadmium deposit
镉磷钙铀矿☆phosphuranylite
镉屏蔽☆cadmium shield
镉闪锌矿[$(Zn,Cd)S$]☆pr(z)ibramite；cadmiferous blende；cadmium-zinkspat；szaszkaite
镉污染☆cadmium contamination{pollution}
镉硒矿[CdSe]☆kadmoselite；cadmoselite；cadmosellite [$Cd(Se_{0.85}S_{0.15})$]
镉氧☆cadmia
镉致(过度紧张)☆cadmium hypertensive
膈[脊]☆diaphragm
阁楼☆attic storey；loft
阁楼油开采☆attic-oil recovery
隔☆lag
隔板☆iris；distance piece；diaphragm；closure；bay；compartment；bulkhead；boarding；septa；barrier；barricade；cell；baffle (plate;board)；lagging；screen；berm；partition (board)；divider；separator；brattice；septal plate[腕]；septum[电]；orifice；paries [pl.parietes]；membrane；brettis；separating wall；battery；clapboard；walling board；compartment{mural} plate[节蔓足]；lining；spacer[电渗析器]
隔板贝属[腕;D]☆Septalaria
隔板壁☆septotheca
隔板槽[腕]☆septalium
隔板槽贝属[腕]☆Septaliphoria
隔板环孔贝属[腕;T_3]☆Septocyclothyris
隔板间的距离☆baffle spacing
隔板式压气机☆diaphragm-type compressor
隔棒虫属[孔虫;J]☆Rhapydionina
隔爆☆flame proof
隔爆磁力启动器☆flameproof gate-end box
隔爆的☆flame-resistant；firedamp-proof；flameproof
隔爆灯☆isolating explosion lamp
隔爆电钻变压器☆FLP drill transformer
隔爆兼本质安全型电气设备☆flame proof and intrinsically safe electrical equipment
隔爆间隙☆gap of flameproof
隔爆式{终端}接线盒☆flameproof terminal box
隔爆式鼠笼电动机☆enclosed squirrel-cage motor
隔爆型☆flame-proof{enclosed} type
隔爆性☆non-transmission of an internal explosion
隔爆自动馈电开关☆explosion isolation automatic

G

feeder switch
隔壁☆septum[动;pl.septa]; brattice; cross wall[动]; paries [pl.parietes]
隔壁贝属[腕;D_2]☆Phragmophora
隔壁刺☆septal spine
隔壁的☆next
隔壁沟[珊]☆septal{external} furrow
隔壁厚结带[珊]☆septal stereozone
隔壁脊[珊;外隔壁]☆costa [pl.-e]
隔壁间的外壁[古杯]☆intersept
隔壁间脊[珊]☆interseptal ridge
隔壁间区[珊]☆interseptal loculi
隔壁孔[孔虫]☆septal pore; septal foramen; septal perforation; foramen [pl.-na]
隔壁内墙[珊]☆phyllotheca
隔壁山脊☆interseptal ridge
隔壁生长程序[珊]☆septal insertion
隔壁外壁☆septotheca
隔壁星珊瑚属[N_{1-2}]☆Septastrea
隔壁序生环[珊]☆septa cycle
隔壁褶皱☆septal fluting; chomata
隔壁组合☆septal grouping
隔扁螺属[腹;E-Q]☆Segmentina
隔舱☆compartment; compt; cofferdam
隔层☆separation layer; (restraining) barrier; insulation; berm
隔潮(层)☆moist insulation
隔潮河段☆tidal compartment
隔尘罩☆dust-tight housing
隔粗磁极☆scalper pole
隔代遗传☆reversion; atavism
隔担耳属[真菌;Q]☆Septobasidium
隔挡结构☆baffle structure
隔挡煤柱☆barrier pillar
隔挡褶皱☆ejective fold
隔底(水流)☆insulated stream
隔电子☆insulator
隔定距环☆distance collar
隔段☆interleave
隔断☆exclusion; block up; shut off
隔断矿脉☆jamb
隔风道系统☆air-lock system
隔风墙☆bulkhead; wall-stopping; partition; air dam
隔行☆interleave; interlacing
隔行扫描☆interleave; interlace; intercalation; staggered{alternate-line} scanning
隔行帧配置☆pairing
隔号☆interleave
隔号存储☆interlace
隔颌骨☆septomaxilla
隔阂☆chasm
隔环☆distance piece{collar}; spacer ring
隔(离)环☆distance ring
隔火的☆flameproof; flame-resistant
隔火服☆fire-entry suit
隔火墙☆fire (division) wall; firedamp; fire-division wall; fire break{bulkhead;stop(ping)}
隔尖瓣[解]☆cuspis septalis
隔间☆bay; compartment; partition; interseptal
隔间化☆compartmentalize
隔距时间差☆moveout
隔绝☆isolation; isolate; insulate; packoff
隔绝层☆insulating layer
隔绝盆地☆barred basin
隔绝式自救器☆oxygen self-rescuer
隔绝原理☆adiabatic principle
隔开☆divide; compartmentalize; cut{set} off; parry; spacing out; seclusion; stop-off; severance; blank off[用法兰等]; isolation; brattice[造隔壁]; DIV
隔开的☆killed; spaced
隔开排列[震勘]☆shooting under
隔块☆distance piece
隔离☆insulation; isolate; insulate; cutoff; disparity; seal; screen; tighten; seclusion; scab{case} off; keep apart; quarantine; segregate; confinement[火灾]
隔离板☆barrier; inserter
隔离仓☆segregation bunker
隔离舱☆cofferdam
隔离层☆buttering; sealing{seal} coat
隔离衬套☆dividing bushing
隔离的☆insular; insulated; isolate
隔离垫圈☆distance ring
隔离堵塞☆isolation packer
隔离分化☆vicariance
隔离海盆☆silled basin
隔离含盐层的技术套管☆salt-string; salt string
隔离巷道☆dammed entry
隔离环☆guard ring; cage
隔离剂☆separant
隔离胶☆squeegee
隔离开☆case-off; cased
隔离开关☆disconnecting switch; disconnector; isolating switch (assembly); isolator (switch); DS
隔离开关轴装配☆isolator shaft assembly
隔离块体☆stoped block
隔离矿柱☆barrier (pillar); curtain wall
隔离煤柱☆coal curtain
隔离膜☆intervening film
隔离盘☆trap-out tray
隔离盆地☆restricted{sill;silled} basin
隔离器☆isolator; separation pig
隔离(刮管)器☆separation scraper
隔离球☆ball; separation pig{go-devil}; (separating) sphere [管道输送]
隔离球标准体积管☆ball prover
隔离区☆isolated area; quarantine; barricading; bashing
隔离塞☆batching plug; spacer[分段装药]
(罐笼防撞)隔离绳☆division rope
隔离室☆insulated chamber
隔离式单片集成电路☆isolith
隔离体☆isolated{free} body
隔离土☆pug
隔离尾管☆scab liner
隔离文件☆off-limit file
隔离物☆insulator; separator; spacer; isolator
隔离液☆spacer fluid{pad}; spacer; space material
隔离增压系统☆separate intensifier System
隔离者☆insulator
隔离种群☆isolates
隔离作用☆buffer action
隔联锯齿[牙石]☆fused denticles
隔流电容器☆stopping{isolating} capacitor
隔膜☆diaphragm; iris; septa; septum[植;无脊;pl.-ta]; dissepiment; compartment; mesentery[珊]; pallium [昆;pl.-ia]; membrane
隔膜的☆septal
隔膜给料{矿}器☆diaphragm feeder
隔膜间腔[珊]☆exocoele
隔膜渗透作用☆membrane filtration
隔膜式泵☆surge pump
隔膜式污泥泵☆diaphragm type sludge pump
隔膜式液气蓄能器☆diaphragm type hydro-pneumatic accumulator
隔膜型料位控制☆diaphragm-type level control
隔膜液集卤水☆membrane-concentrated brine
隔泥器☆silt separator
隔年冰☆second-year{two-year} ice
隔年层☆pereletok
隔年收获☆periodic yield
隔片[机]☆distance piece
隔片泥芯☆washburn core
隔屏☆screen
隔汽衬里☆vapor barrier lining
隔墙☆dam; barricade; barrier{partition;cross;brattice; cut-off;separating;dividing} wall; astillen[平硐]; stopping; partition; wall{isolation} partition; septum; bulkhead; abutment; barricade separating wall; dyke; dike; barricade partition wall; stope gob fence; brettis; stop; brattice; block off
(用)隔墙{板}隔开☆barricade
隔墙迁移☆partings changing
隔区[解]☆area septalis
隔热板☆bulkhead
隔热材料☆heat-barrier material
隔热层☆lagging; insulating layer{course}; thermal isolator; thermocase[油管隔热]
隔热的☆heat-proof
(消防)隔热服☆approach{proximity} suit
隔热管☆gut
隔热流体☆insulation fluid
隔热屏☆heat shield; thermoscreen
隔热(容)器☆thermoisolated vessel
隔热墙☆heat dam; insulating wall
隔热砂浆[油管隔热]☆heat-insulated mortar; heat {thermal} insulating mortar
隔热箱☆hotbox
隔热性能☆solar heat controlling properties
隔热油管☆insulated tubing
隔鳃目{类}[双壳]☆septibranchia
隔鳃型[双壳]☆septibranchiate
隔鳃亚纲☆septibranchia
隔砂☆parting (dust)
隔砂器☆silt separator
隔山炮☆undershoot
隔声☆sound insulation; draping; insulate against sound
隔声间☆acoustic booth
隔声用人造石☆Maycoustic
隔石燕属[腕;C_2-P_1]☆Septospirifer
隔时采取试样☆spaced sample
隔蚀晶体☆brotocrystal
隔室☆compartment; bay
隔室容量不均的油罐车☆bastard car
隔水☆exclusion of water; impermeable; cutoff
隔水坝☆check dam
隔水采油两用套管柱☆combined casing column
隔水层☆impermeable bed{layer}; barrier; confining bed{stratum;layer}; roof clay; aquifuge; water-resisting{-resistant;waterproof} layer; aquiclude; watertight{waterproof;impervious} stratum
隔水的☆watertight; water resisting; waterproof
隔水底板☆negative confining bed
隔水顶板☆top impermeable layer; positive confining bed
隔水盖层☆insulating caprock; impermeable capping horizon{formation}; impermeable cap formation; impervious{impermeable} cover
隔水管☆(marine) riser
隔水管挤扁☆riser collapse
隔水河☆insulated stream
隔水盘☆clay pan
隔水墙☆pressure bulkhead
隔水套管(柱)☆water string
隔水体☆moisture barrier
隔水性☆impermeability; watertightness; permeability barrier; water-resisting property
隔套☆distance bush
隔(物)望(远)镜☆altiperiscope; altiscope
隔岩尘的☆grit-proof
隔焰炉☆muffle (furnace); muffle-type furnace
隔氧☆oxygen exclusion
隔音☆acoustic{sound} insulation; sound deafening; deafen; deadened; give sound insulation
隔音板☆coffer; cofer
隔音材料☆draping; deadening; deadener; celotex; sound-proof{acoustic} material; pugging
隔音层☆pugging
隔音的☆anacoustic; sound {-}proof
隔音灰泥☆pug
隔(噪)音室☆acoustic plenum
隔音小室☆blimp
隔音用人造石☆maycoustic
隔音纸☆building paper
隔油池☆oil trap
隔月(的)☆bimonthly
隔振☆isolation; vibration insulation
隔振子☆insulator
隔震器☆vibration isolator
隔直电容器☆block condenser

gè

铬☆chromium [Cr]; chrome; Cr; chromo-
铬埃洛石☆chrome {-}halloysite
铬白铅矿☆chrome-cerussite
铬白云母☆fuchsite; ga(e)bhardite; chromian muscovite; chrommuskovite; chrommuscovite; chrome-mica
铬白云石耐火材料☆chrome-dolomite refractory
铬贝得石☆chrome beidellite; chrom(e)-beidellite
铬不锈钢☆chromium stainless steel
铬磁铁矿[$Fe(Fe,Cr)_2O_4$]☆ishkulite; ischkulite; chrome {-}magnetite; ferroferrichromite
铬当量的☆dichromic
铬电气石☆chrom(e)-tourmaline; chrome tourmaline; chromium-tourmaline
铬镀(层)☆chrome plating
铬多硅白云母☆kromfengite; chrome phengite; mariposite
铬(明)矾☆chrome alum
铬钒钢☆chrome vanadium steel

铬钒辉石☆natalyite
铬符山石[$Ca_{10}(Mg,Fe)_2(Al,Cr)_4(Si_2O_7)_2(SiO_4)_5(OH)_4$]☆chrome idocrase；genevite；duparcite；chrom(e-)vesuvian
铬钙石[$CaCrO_4$;四方]☆chromatite
铬钙铁矿☆ishkulite
铬钙铁榴石类[钙铬榴石、钙铝榴石、钙铁榴石]☆ugrandite
铬橄榄石砖☆chrome-olivine brick
铬刚玉☆pink fused alumina
铬刚玉砖☆chrome corundum brick
铬钢☆chromium steel
铬高岭石☆volchonskoite；chrome {-}kaolinite
铬高岭土☆chrome-kaolin
铬锆斜方{阿尔}镁钛{马科}矿☆Cr-Zr-armalcolite
铬硅铜铅石[$Pb_3Cu(CrO_4)SiO_3(OH)_4•2H_2O$;单斜]☆macquartite
铬硅线石耐火材料☆chrome-sillimanite refractory
铬硅云母[一种铬铁质云母]☆mariposite
铬褐煤泥浆☆chromnite mud
铬黑 T☆Eriochrome Black T
铬黑云母☆chrombiotite
铬黑蛭石[Mg,K,Fe 及 Cr 的铝硅酸盐,大概是一种水黑云母]☆lucasite
铬华☆anagenite；chrome ocher{ochre}
铬滑石☆chromtalk
铬黄(颜料)☆chrome
铬黄铅矾☆chrom lanarkite
铬辉石☆chrome augite
铬钾矿[$K_2Cr_2O_7$;三斜]☆lopezite
铬尖晶石[$(Mg,Fe)O•(Al,Cr)_2O_3$]☆picotite；chrome spinel{ceylonite}；chrompicotite；chromite；chromic iron；kromspinel；lherzolite；chromspinel(l)
铬尖晶石类☆chromspinellide
铬尖晶岩☆picotit(it)e；chrompicotite
铬金红石☆chromrutile；Cr-rutile
铬金云母☆chrome(-)phlogopite
铬矿☆chrome (ore)；Cr；chromite brick
铬矿类[主要为铬铁矿]☆chromium minerous
铬蓝晶石☆chrome cyanite；chrome-kyanite；chrom disthene；chrom(e-)disthene；chrome-cyanite
铬磷铝石☆redondite；tangaite
铬鳞镁矿[$Mg_6Cr_2(CO_3)(OH)_{16}•4H_2O$]☆stichtite；bouazzer(ite)
铬鳞铁镁矿☆chrompyroaurite；chromian pyroaurite
铬岭石☆volkonskoite；wolchonskoite；volchonskoite
铬榴石[$Ca_3Cr_2(SiO_4)_3$]☆chrome garnet；chromgarnet；hanleite
铬硫碳铅石☆chrom leadhillite
铬铝合金☆chromel-alumel；Ohmax
铬铝石[$(Al,Cr)_2(Si_2O_7)•H_2O$]☆selwynite
铬铝石英[非晶质的硅铝胶体,含 4%的 Cr_2O_3]☆miloschite
铬绿帘石[$Ca_2(Al,Fe,Cr)_3(Si_2O_7)(SiO_4)O(OH)$]☆chrome{Cr}-epidote；tawmawite；chromepidote；chrome-pistazite
铬绿泥石[$Mg_3(Mg,Cr)_3(Cr^{3+}Si_3O_{10})(OH)_8$]☆chrome-chlorite；rhodochrome；rhodophyllite；bungonite；chrom(o)chlorite；ka(e)mmererite
铬绿脱石☆volchonskoite；chrome {-}nontronite；chrome-ferrimontmorillonite
铬绿纤石☆shuiskite
铬镁硅石☆krinovite
铬镁尖晶石☆picrochromite
铬镁榴石[$Mg_3Cr_2(SiO_4)_3$]☆hanleite；hanléite
铬镁水泥☆chrome-magnesite cement
铬镁砖☆chrome {-}magnesite brick
铬蒙脱石[$(Cr,Fe,Al)_2O_3•2SiO_2•2H_2O$]☆volkonskoite；wolchonsk(o)ite；wolkonskoit；volchonskoite
铬锰钢☆chrome-manganese steel
铬锰榴石[$Mn_3Al_2(SiO_4)_3$]☆erinadine
铬明矾☆chrome-alum；chrom alum
铬木素泥浆☆chrome-lignin mud
铬-钼合金膜电位器☆chrome-molybdenum potentiometer
铬钼铅矿☆chromowulfenite
铬钼特殊耐磨钢☆Adamant steel
铬钠镁矾☆chrome loeweite；chromlo(e)weite
铬霓石☆chrome acmite
铬泥浆☆chrome mud
铬黏土☆alexandrolite；chrome ochre{ocher}
铬镍合金☆chrome-nickel alloy
铬镍矿[$NiCr_2O_7$]☆(nichromite) niccochromite
铬镍-铝镍热电偶☆chromel-alumel thermocouple
铬镍钼钢☆chrome-nickel-molybdenum steel
铬镍钼耐热钢☆Timken
铬镍叶绿泥石☆chrom-nickel pennine
铬膨润石☆volkonskoite；wolchonskoite
铬坡莫合金[78Ni,3.8Cr,余 Fe]☆chrome permalloy
铬普通辉石☆chromeaugite
铬铅矿[$PbCrO_4$;单斜]☆crocoite；crocoisite；red lead ore{spar}；lehmannite；callochrome；krokoite；beresofite；lemanite；beresowite；krokoisit；kollochrom；kallochrom；berezovite；beresovite；crocoise
铬铅锌矿☆jossaite
铬软玉☆astridite
铬三铁矿☆chromferide
铬砷铅矿☆bellite
铬砷铜铅矿[$(Pb,Cu)_3((Cr,As)O_4)_2$]☆furnacite；fornacite
铬石榴石☆chrome garnet
铬水钒铝石{矿}☆chromsteigerite
铬酸☆chromic acid
铬酸钾☆potassium chromate{dichromate}
铬酸镧陶瓷☆lanthanum chromate ceramics
铬酸钠[Na_2CrO_4]☆sodium chromate
铬酸铅☆lead chromate
铬酸铅矿[$PbCrO_4$]☆red lead ore
铬酸锶镧陶瓷☆strontium lanthanum chromate ceramics
铬酸锡玻璃[矿物染料]☆mineral lake
铬酸盐[M_2CrO_4]☆chromate
铬燧石☆chrome chert；chrom(e)-chert
铬钛铁晶石☆chromian ulvospinel
铬铁(合金)[紫铜]☆ferro(-)chromium；soldering copper
铬铁矾[$Na_2Mg((S,Cr)O_4)_2•2½H_2O$]☆chromlo(e)weite
铬铁合金☆ferrochrome
铬铁合金板坯☆ferrochrome slab
铬铁矿[$Fe^{2+}Cr_2O_4$;等轴;铁铬铁矿 $FeCr_2O_4$、镁铬铁矿 $MgCr_2O_4$ 及铁尖晶石 $FeAl_2O_4$ 间可形成类质同象系列]☆chromite；chrome ironstone；chromic iron；chrome (spinel)；kromspinel；iron chromate；chrome iron ore{stone}；ferrochromite；eisenchrom；cromite；chrom(o)ferrite；chromspinell；siderochrome
铬铁硫陨石☆daubreelite
铬铁岩☆chromitite
铬铜铅矿☆laxmannite
铬透辉石☆chrome diopside{diopsite}；chromian-diopsite；chrom diopsite；chrome-diopside
铬透闪石☆chrom(e-)tremolite；chrome tremolite
铬涂料☆plastic chrome ore
铬土☆chrom chromochre
铬污染☆chromium pollution
铬酰[CrO_2−]☆chromyl
铬斜绿泥石☆ka(e)mmererite；ko(ts)chubeite；chrome-clinochlore；chromian{chrome} clinochlore
铬榍石☆chromsphene
铬氧化矿☆chromium oxide ore
铬叶蜡石☆chrom(e-)pyrophyllite
铬叶绿矾[$(Mg,Fe^{2+})_3(Fe^{3+},Cr,Al)_8•(SO_4)_9(OH)_{12}•24H_2O$]☆knoxvillite
铬叶绿泥石☆kammererite；kaemmererite
铬伊利石☆avalite
铬钇锰铝榴石☆erinite；erinadine
铬硬玉☆chromojadeite；chrome {-}jadeite；astridite
铬黝帘石☆chrome {-}zoisite
铬玉髓☆matorolite
铬云母[$K(Al,Cr)_{2-3}Si_3O_{10}(OH)_2$]☆gaebhardite；verdite；fuchsite；gabhardite；avalite；chrome mica{glimmer}；chrommuskovite；chrommuscovite；chrome-mica
铬渣☆chromium slag
铬质火泥浆☆chrome mortar
铬质燧石☆chrom-chert；chrome-chert
铬重晶石☆hashemite
铬砖☆chrome{chromite} brick
铬锥辉石☆chrome acmite
个☆piece；cusec；PC.；pcs
个别产量☆specific yield
个别传动☆individual transmission
个别导数☆particle derivative
个别的☆individual；particular；separate；discrete
个别分析☆specialised analysis
个别供暖机组☆unit heater
个别进化☆idioevolution
个别试样[石油产品]☆spot sample
个别适应☆idioadaptation；idloadaptation
个别微粒☆discrete particle
个虫☆polypide
个虫列☆zooidal row
个例研究☆case study
个人☆individual (person)；man；I
个人保险☆personal risk
个人的☆individual；personal；private
个人拥有的土地☆fee simple
个人用灰尘检测器☆personal dust monitor
个生☆ontogenesis；ontogeny
个生变异☆ontogenetic variation
个体☆unit；zooid；individual；zoid
个体变异定律☆law of individual variability
个体带☆ontozone
个体的☆unitary
个体发生☆ontogeny；ontogenesis；individual development
个体发生变异☆ontogenetic variation
个体发育的☆ontogenetic
个体经营☆self-employment
个体企业☆microbusiness；individual enterprise
个体适应☆ideal adaptation
个性☆personality；identity；individual (character)；individuality；idiosycracy；idiosyncrasy；individualism
个员[珊瑚、水螅或管形]☆polypite
各半☆half {-}and {-}half；fifty-fifty
各别元素地球化学☆geochemistry of individual element
各部应负责任概要☆summary of responsibilities
各地用户间通信☆intersite user communication
各方互成直角而劈开的[晶]☆orthoelastic
各个的☆individual
各期间价值变化☆period-to-period value changes
各色的钻石☆fancy diamond
各态历经的☆ergodic
各态历经性☆ergodicity
各(铁路)线之间的联系☆interline
各项采油修理工作☆intervention
各向不等压固结☆anisotropic consolidation
各向不匀的☆anisotropic
各向导性导体☆anisotropic conductor
各向等辐射天线☆unipole
各向`等压{|不等压}固结不排水试验☆consolidated isotropically{|anisotropically} undrained test
各向等压加荷☆isotropic loading
各向同性☆isotropism；isotrope；isotropy；isotropic (homogeneity)
各向同性层☆isotropic formation
各向同性的简化☆isotropic plain
各向同性电磁介质☆isotropic electromagnetic media
各向同性蠕变柔量☆isotropic creep compliance
各向同性现象☆isotropy
各向相同特性[如抗风浪能力等]☆omnidirectional characteristic
各向异性☆anisotropy；aeolotropy；(a)eolotropism；anisotropism；(o)eolotropy
各向异性化作用☆anisotropisation；anisotropization
各向异性交错☆anisotropy paradox
各向异性流☆anisotropic flow
(由)各种成分组成的溶剂☆component solvent
各种各样☆spectrum；all sorts of；various；miscellaneous；one…or another；misc.；MISC
各种机动车辆的使用☆automobilism
各自(的)☆each；ea

gěi

给泵灌水使泵启动☆prime a pump
给(竞赛者)不利{有利}条件☆handicap
给{推}车机☆car feeder
给……称号☆entitle
给出☆give；present
给船装燃料油☆bunkering
给打成包裹☆parcel
给(人)带来☆cause
给定☆set；assign
给定尺寸☆intended size
给定的值☆specified value
给定器(装置)☆setter
给定数(值)☆datum
给定压力☆setting pressure

给定值☆given{set} value; set point; SP
给篝火加燃料☆feed a bonfire
给(油)回(油)软管☆feed and return hose
给剂☆dosing
给进长度☆length of feed
(钻井)给进控制☆drilling control
给进螺杆[下放钢绳]☆temper screw
给进器☆feeder
给进速度[钻头]☆feed rate{speed}; rate of feeding
给进压力☆feeding pressure
给孔底事故钻具打印痕☆take a picture
给矿☆(ore) feed(ing)
给矿操作☆charging practice
给矿槽☆feed launder{box;chute}; charging trough; loading tray; feed tank{bin}; feeding hopper; charging spout[选]
给矿秤☆feedometer
给矿端衬板☆feed end-liner
给矿过多☆overfeeding
给矿机☆mechanical{ore;rock} feeder; feeder
给矿机倾斜速度☆feeder tip speed
给矿记录器{机}☆feedometer
给矿口☆mouth[破碎机]; jaw{receiving} opening; feed port; gap
给矿漏斗硐室☆hopper station
给泥☆mud feeding
给热能力☆heating capacity
给人印象☆impress
给石机☆rock feeder
给食☆feeding
给体(-)受体键☆donor-acceptor bond
给以(一击)☆fetch
给纸装置☆feeding device
给(船)装甲板☆deck
给(机器、齿轮等)装外罩☆house
给钻杆装接头☆bucking the tool joint
给钻头镶金刚石{硬合金}☆bracing the bit
给作凸缘☆collar

gēn

根☆radical; radix [pl.-ices]; root; rhizome
根杯属[古杯;$Є_1$]☆Rhizacyathus
根本的☆fundamental; ultimate; capital; radical; bottom; underlying; substratal; primary
根本来源☆ultimate source
根本上☆primarily
根本原理☆keystone; grammar
根部☆heel; radical; root; proximal{butt} end; stump; rootage[总称]
根部焊道☆first{root} pass; penetration bead; root run
根成岩☆rhizolith
根齿☆rooted tooth
根齿鱼类☆Rhizodonts
根除☆eradication; stub (up)
根串珠霉属[真菌]☆Thielaviopsis
根簇☆rooting{root} tuft
根带☆rhizic{root} zone; rootzone
根底☆(tight) bottom; left{unshot;rock} toe; ledge; spur; high bottom; foundation; root; toe rock[岩石]
根底率☆frequency of rock toe
根冠☆calyptra; root cap
根管充填☆root-canal filling
根管充填银尖☆root canal silver point
根管藻属[硅藻]☆Rhizosolenia
根轨迹法☆root-locus method
根焊☆root pass
根号☆radical (sign); sign of evolution; rad.
根互依赖☆interdependence; interdependency
根化石☆radicites
根基☆root; underwork
根脊☆shutterridge
根尖☆root tip
根结核☆rhizoc(onc)retion; rhizomorph; root cast; rhyzoconcretion
根金藻目☆Rhizochrysidales
根茎☆root
根茎蕨属[C-K_2]☆Rhizomopteris
根据☆authority; ground; foundation; evidence; basis; base; warrant; comply (with); in accordance with; by virtue of; score; epi-
根据地☆stronghold
根据砂矿追索原生矿床[地表物质取样试验]☆loaming
根据事实分析☆factual analysis
根据所对角度来测量的☆subtense
根据现场资料的☆on a field basis
根据详细探测和取样计算的储量☆measured ore
根据要求进行的试验☆request test
根据液面下降求储层基本参数的试井法☆draw-down exploration
根孔☆root hole
根瘤菌☆bacterium radicicola
根瘤菌剂{素}☆nitragin
根瘤细菌肥料☆nitragin
根毛☆root hair
根毛的☆fibrillar
根霉属[真菌]☆Rhizopus
根模☆root cast
根目录☆root directory
根攀缘植物☆root climber
根劈作用☆splitting of root
根皮菌索☆rhizomorph
根鞘[植]☆root sheath
根切[齿轮]☆undercut
根圈☆rhizosphere
根溶性☆root soluble
根珊瑚☆Rhizophyllum
根珊瑚迹[遗石;Є-E]☆Rhizocorallium
根珊瑚属[S_2-D_2]☆Rhizophyllum; Rhizophyleum
根深蒂固的☆deep-seated
根生植物带☆phytal zone
根式☆radical (expression); surd
根式指数☆index of radical
根首目[节蔓足]☆Rhizacephala
根数☆radical; rad.
根套☆cuff
根特纳矿☆gentnerite
根头目☆rhizocephala
根土[煤层下]☆seat earth
根土层☆rootlet bed
根土岩☆root clay; seat earth{stone;rock}; spavin; underclay; coal{soft} seat
根托☆rhizophore
根围☆root zone; rhizosphere
根系☆rhizotaxis; root system; rhizotaxy
根须[动]☆rhizoid
根序☆rhizotaxy; rhizotaxis
根芽地下芽植物☆geophyta radicegemmata
根牙☆rooted tooth
根岩溶沟☆rootlapies
根域☆root field
根圆☆root circle
根源☆father; spring; provenance; root; whence; seed; rootage
根枝[棘海百]☆radix; radicle
根枝骨针[绵]☆rhizoclone; rhizoclad
根枝藻属[绿藻;Q]☆Rhizoclonium
根肿菌属[真菌;Q]☆Plasmodiophora
根株爆破☆stump-blasting
根状的☆rhizoid; radiciform
根状茎☆root stock; rhizomoid; rhizome; cervix
根状菌索☆rhizomorph
根状瘤☆rhizoconcretion; rhyzoconcretion
根状体☆rhizomorph
根状团块☆root-nodule
根状物☆root
根着型☆radicantia
根足[孔虫]☆rhizopod; rhizopodium
根足虫纲☆Rhizopoda
根足虫类[原生]☆rhizopoda
根足虫式的☆rhizopodial
根足型的☆rhizopodial
根足亚纲☆Rhizopoda
根座☆stigmaria
根座蕨属[D_2]☆Stigmophyton
根座属[古植]☆Stigmaria
跟凹☆talon basin
跟不上潮流☆irrelevance; irrelevancy
跟部{面}☆heel
跟车工☆conductor; car coupler{rider}; runner; trip runner{sender;rider}; brake(s)man; trainman; run{set;rope;tail-end;gang} rider; keeper; swamper; motor brakeman; spragger; triprider; rider
跟单汇票☆documentary draft
跟刀架☆follow{follower} rest; travelling stay
跟骨☆calcis; calcaneum
跟骨塌陷畸形足☆talipes calcaneoexcavatus
跟管钻进☆follow down; follow-down drilling
跟进行动☆follow-up action
跟随☆follow
跟随脉冲☆afterpulsing
跟随器☆follower
跟在后面走☆trail
跟着发生的☆consequent
跟踪☆follow-up; following; follow (up); trac(k)ing; track; trace; accompaniment
跟踪部分☆tracking unit
跟踪磁北基准☆continuous magnetic north reference
跟踪段塞☆followup slug
跟踪惯性☆coast
跟踪和制导☆tracking and guidance; TG
跟踪能力☆tracking power; traceability
跟踪球☆trackball
跟踪数据处理器{机}☆tracking data processor; TDP
跟踪头☆follower head
跟踪系统☆tracker; following-up system
跟踪(装置)系统☆servosystem
跟踪找矿☆heavy-mineral prospecting
跟踪装置☆follow-up; tracker; following mechanism
跟座☆heel; talon

gēng

耕☆farm; till
耕层☆topsoil; tilth top soil; plowed layer
耕地☆field{cultivated;agricultural} land; arable; till; ploughland
耕地符号☆culture symbol
耕地上的作物☆till
耕期☆ploughing season
耕土伏`岩溶{喀斯特}☆anthropogenic karst
耕土机☆tiller
耕性☆tilth
耕植层☆arable layer
耕种☆farm; dress; till
耕种过度☆overcultivation; overcropping
耕作☆tillage; farming; tilth; cultivation; husbandry; plough; till; plow
耕作(层)☆topsoil
耕作表层☆anthropic epipedon
耕作层☆cultivated{agric;plough} horizon; plowed{plough} layer
耕作(熟化)层☆agric horizon
耕作区☆cropped location
耕作土壤☆cultivated{cropped;anthropogenic} soil
耕作系统☆farming system
耕作性☆tilth
更比☆proportion by alternation
更{奥}长石[$Ab_{90\sim70}An_{10\sim30}$;$(NaSi,CaAl)AlSi_2O_8$]☆amausite; oligoclase; soda-spodumene; sodium spodumene
更层构造☆stromatolithic structure
更迭☆supersede; alternation
更迭双键☆alternating double bond
更迭装药法☆alternate method of charging
更改☆modification; modify
更改的通知单☆notice of change; NOC
更猴(属)[E_{1-2}]☆Plesiadapis
更换☆supersede; renewal; replace
更换的管段☆replacement section
更换功能☆exchange function
更换管子☆retube
更换罐道(井筒)☆reguiding
更换(钻头)时间☆changing time
更换支护☆reline
更换支架☆retimber; retimbering
更换钻头☆bit change
更生☆rejuvenation; revitalization
更替路(径选择)☆alternate routing
更新☆renewal; renew(ing); renovating; rejuvenate; replace; retrofit; updating; regeneration; regradation; update; rebirth; turnover; refresh
更新的☆reborn; update
更新点数☆number of renewals
更新井☆new-replacement well
更新世[248～1.2 万年;人类进化到现代状态,冰河期大量大型哺乳动物灭绝,冰川广布,黄土生成]☆Pleistocene (epoch); Qp; Malan age
更新世寒冷期[如冰期]☆kryomer
更新世前的冰期☆pre-Pleistocene glaciation

G

更新统☆Pleistocene{Pleistoene} (series); Qp
更新统狼☆canis dirus
更新问题☆replacement problem
更新猿☆Plesianthropus
更衣室☆change house{room}; mine-dry; doghouse; changing{locker;dressing} room; dryhouse; dry (house); drying{field} house; slocker
更衣室管理员☆dry boss
庚☆hept(a)-
庚醇☆heptanol
庚二☆pimelic acid
庚二酸二丁酯[$H_9C_4OOC(CH_2)_5COOC_4H_9$]☆dibutyl pimelate
庚二酸二庚酯[$(CH_2)_5(COOC_7H_{15})_2$]☆diheptyl pimelate
庚二酸戊盐{|酯}[$C_5H_{11}OOC(CH_2)_5COOM${|R}]☆amyl pimelate
庚二酸盐{|酯}[COOM{|R}$(CH_2)_5$COOM{|R}]☆pimelate
庚基☆heptyl
庚醛[$CH_3(CH_2)_5CHO$]☆enanthal; enanthic aldehyde
庚炔☆heptine; heptyne
庚酸☆enanthic acid; heptanoic{heptamoic} acid
庚酮-3[$C_2H_5COC_4H_9$]☆ethyl butyl ketone
庚烷☆heptane
庚烯☆heptylene; heptene

gěng

埂口☆pass
耿氏效应☆Gunn effect
梗☆bead
梗概☆epitome; vidimus[拉]; conspectus; skeleton; comprisal; synopsis [pl.synopses]; substance; (broad) outline; rough; main idea; gist; précis
梗节☆pedicle; pedicel
梗塞{死}☆bottleneck
梗状枝☆cladophore

gèng

更(多(的))☆much; more
更格卢鼠(属)[Q]☆Dipodomys; kangaroo rat
更可取☆preferable; prefer
更少地{的}☆less

gōng

工班☆manshift; man-shift; man shift
工班产量☆output per man-shift{manshift}; tons/employee-shift
工场☆work; yard; workshop; yd; shop
工场间☆workroom
工厂☆factory; facility; work; fabric; mill; (industrial) plant
工厂安全卫生☆plant health and safety
工厂保养(维护)☆shop maintenance
工厂标号☆house brand
工厂厂牌☆label
(在)工厂打孔的管子☆shop-perforated pipe
工厂的☆factorial; commercial
工厂管理☆plant control; plate manager; PM
工厂机器(的设计或安装)☆millwork
工厂交货价格☆ex-works price
工厂生产的钻头☆processed bit
工厂无害废水☆innocucus effluent from plant
工厂镶嵌(的)☆factory-set
工厂预制模板☆prefab form
工厂制造(的)☆factory-made
工厂主任☆works superintendent
工厂装配☆workshop{factory} assembly; WA
工程☆engineering (work); construction; project; technic (working); Eng
工程爆破☆engineering blasting; engineered shooting
工程爆破线☆engineering explosive wire
工程部件清单☆engineering component parts list
工程车☆machineshop car{truck}; technical vehicle; shop truck
工程地球物理测深☆engineering geophysical sounding
工程地质估价☆engineering geologic(al) evaluation
工程地质勘察报告☆engineering geologic(al) investigation report; document of engineering geologic investigation
工程地质水平切面图☆engineering geological horizontal profile
工程地质条件☆engineering geologic condition
工程地质性质指标☆index of engineering geological properties
工程地质钻☆engineering geological drilling rig; test boring
工程符号☆tn; technical note
工程更改建议说明书☆engineering change proposal work statement; ECPWS
工程工业协会[美]☆Engineering Industry Association
工程管理☆engineering supervision{management}; schedule control
工程记录☆field record
工程技术费☆engineering cost
工程进度☆rate of progress
工程科学研究中心☆Center for Research in Engineering Sciences; CRES
工程控制技术☆project control techniques
工程量表☆bill of quantities
工程抢修☆salvage
工程上的应用☆technical application
工程设计改变☆engineering design change; EDC
工程生物学施工方法[植被护坡]☆engineering-biological methods of construction
工程师☆engineer; slip-stick artist; brainstorm; brain; geologist; engr; Eng
工程实录☆case history
工程手册☆engineering manual; EM
工程数量表☆quantity sheet
工程索引☆engineering index; EI
工程特征☆engineering{job} specification{character; characteristic}
工程停顿☆suspension of work
工程图纸改变☆engineering drawing change; EDC
工程学☆engineering; Eng; technics
工程学博士☆Doctor of Engineering; Eng D
工程验收☆acceptance of work
工程与环境地质(学)☆engineering and environmental geology
工程质量☆workmanship
工地☆camp{working;construction;building;job} site; site of work; job; work area; worksite; workplace; working place; site; construction; yard
工地搅拌的[混凝土]☆mixed-in-place
工地勘察{测}☆site investigation
工地配制炸药☆"mixed on the job" blasting agent
工地上的小房☆boar's nest
工地设置的计算机☆on the site computer
工地{井场}施紧接箍的套管端☆field end of casing
工地食堂☆canteen
工地试验☆in-situ{site} test
工地完工清扫☆job cleanup
工地煨制弯头☆field bend
工地制造的弯头☆field elbow
工段☆section
工房☆bunkhouse; barrack
工号☆job number
工后沉降☆settlement after construction; post-construction settlement
工会☆trade{labo(u)r} union; TU; union
工会会员矿[只接纳工会会员做工]☆closed mine
工间休☆break
工件☆workpiece; job; work (piece); piece of work
工件夹具☆fixture; workholder
工件架☆workrest
工件支架☆work trestle{support}; backrest; work {-}supporting device
工匠☆craftsman [pl.-men]; tradesman; artisan
工具☆instrument; facilities; implement; hookup; equipment; apparatus; instrumentality; facility; aid; machinery; means; agent; tool(ing); medium; gear; implementation; weapon; device; app; facs; dev.; inst
(沿管线的)工具储备☆deposit of tools
工具打开☆tool open; TO
工具袋☆kit (bag); workbag; hold-all; tool bag
(临时)工具房☆toolhouse
工具钢☆tool{shear} steel; TS
工具公接头☆tool joint pin
工具机☆machine tool
工具接头的硬合金抗磨圈☆tool joint hard band
工具接头泄漏检测器☆tool joint leak detector
(钻杆)工具接头与套管接触力☆tool joint/casing contact force
工具面方位(角)☆tool face azimuth
工具面角☆tool face orientation; TFO
工具磨床☆tool-grinding machine; tool grinder
工具牌号☆tool-mark; tool mark
工具下入位置☆run in position
工具箱☆tool box{kit;set;case}; kit; hold-all; toolbox; workbox; possum belly[卡车平板下]
工具修磨工☆tool grinder
工具用金刚石☆tool stone
工具自动转位装置☆automatic tool changer; ATC
工具组☆set of tools
工蕨属[植;D_1]☆Zosterophyllum
工矿☆industry and mining; industry,mining industry
工矿产品☆industrial and mineral products
工矿企业☆factories,mines and enterprises (other enterprises); industrial and mining establishments {enterprises}; factories and mining enterprises
工况☆behavio(u)r; performance
工况分析☆performance analysis
(预算)工料费☆flat cost
工龄☆seniority
工牌☆work badge; time card
工棚☆bail out; boar's nest
工频☆line frequency
工频电干燥☆industrial electric drying
工频电流☆power current; industrial frequency
工频火花电压试验☆power-frequently sparking test
工期☆completion{construction} period
工钱☆hire
工区房屋☆section house
工人☆labor(er); worker; workman; hand; husky[钻探]; crew; wright
(技术)工人☆operative
工人出勤表☆labour distribution chart
工人工伤死亡等赔偿☆workman's compensation
工人集会地点☆kist
工人上底漆的☆mill-primed
工人下井☆lowering of labo(u)r force
工人装☆coveralls
工伤☆work{industrial;occupational} injury; injury in service; injury suffered on the job; injury sustained in the performance of duty
工伤补偿费用☆compo
工伤率☆injury rate; frequency of injuries
工伤死亡等赔偿金☆workman's compensation
工商税☆industrial and commercial income tax
工商业界☆business circle
工时☆man(-)hour; working hours; manhour; MH
工时报表☆running hours sheet
工时测定☆time and motion; stop watch measurement
工时测定员☆time-study clerk
工时测量☆stopwatch measurement
工时电耗☆energy consumption per man hour
工时定额☆task time
工时定额测定法☆methods-time measurement; MTM
工时研究{分析}☆time{time-and-motion;work} study
工事☆working
工头☆(farm) boss; foreman; overseer; headman; overman [pl.-men]
工位☆position
工效☆labor{work} efficiency
工效学☆ergonometrics; ergonomics
工形槽☆I-groove
工形坡口☆square groove
工休日☆day off; holiday
工序☆working order{process;procedure;operation}; operating{operational} sequence; procedure; process; operation
工序技术检查{监督}☆procedure control
工序间退火☆process annealing
工序控制☆sequence control
工序能力指数☆process capability index
工学士☆bachelor of engineering{science in engineering}; BSc Eng; BE
工业☆industry; ind.
工业标准☆industrial{commercial} standard; production specification
工业病☆industrial (occupational) disease; professional diseases of industrial workers
工业产油相对渗透率☆commercial relative permeability
工业产值{品}☆industrial output
工业纯☆commercially{technical} pure; technical-pure
工业的多样化☆industrial diversification
工业电视☆industrial{closed-circuit} television

工业电视装置☆utiliscope
工业发展程度☆industrial maturity
工业废水☆industrial waste (water); trade waste (sewage;effluent); industrial effluent; effluent
工业分析☆technical{proximate} analysis ; commercial assay
工业股票☆industrials
工业管理学☆industrial engineering; I.E.
工业广场矿柱☆surface plant pillar
工业规模☆commercial size{scale}; industrial {-}scale
工业锅炉燃气器☆industrial boiler gas burner
工业国有化主义☆nationalism
工业化☆industrialization
工业级喷砂清理☆commercial blast cleaning
工业技术☆technology
工业价值☆economic{commercial} value
工业间关系分析☆interindustry relations analysis
工业金刚石协会☆Industrial Diamond Association
工业局☆bureau of industry
工业矿床☆minable{commercial;significant;valuable; economic} deposit; commercial bed
工业矿石采区☆profitable workings
工业矿石层☆productive ground; quick bed
工业矿体☆make of ore
工业矿物和岩石☆industrial minerals and rocks
工业雷管☆plain{commercial;industrial} detonator
工业频率☆line frequency
工业品位☆industrial{commercial} tenor; commercial grade of ore; pay{economic} grade; production-grade
工业品位矿石☆milling-grade ore
工业区☆industrial area{park;district} ; manufacturing district
工业区划☆location of industry
工业区位{布局;配置}☆industrial location
工业区位置论☆theory of location of industry
工业三角☆industrial triangle
工业生产的品位☆production-grade
工业试验☆full-scale test
工业水☆service water
工业酸☆stock acid
工业特许使用费☆industrial royalties
工业卫生协会☆Industrial Hygiene Association
工业污染肇事者☆industrial polluter
工业戊醇☆Pentasol
工业系统☆the industrial system
工业性的☆payable
工业性分析☆commercial assay
工业性油气聚集☆commercial accumulations
工业性作业☆industrial operation
工业用电频率☆commercial{power} frequency
工业用罐槽管理工☆tankman
工业用砂☆productive sand
工业用 X 射线学☆industrial radiology
工业用吸收剂☆industrial absorbent
工业用氧☆tonnage oxygen
工业油酸☆red oil
工业原料岩石☆industrial rock
工业中心☆hub of industry; industrial center
工业主义者☆industrialist
工业自动化仪表☆industrial automation instrument
工业组合☆industrial grouping
工艺☆technology; technol.; art; technique; craft; technic; process; technicology; tech.
工艺(品)☆artwork
工艺参数自动分析记录仪☆logger
工艺操作控制室☆process controller
工艺处(科)☆processing department
工艺的☆technical; technological; tectonic; technol
工艺发展☆technological development
工艺方法☆technic; technique
工艺管线安装☆process pipeline installation
工艺规程☆procedure; process
工艺过程☆technological process{chain} ; work process; procedure; processing; unit operations
工艺过程参数调节☆monitoring of process variable
工艺过程放大问题☆scale-up problems
工艺过程卡☆process sheet
工艺技术☆engineering
工艺(学)家☆technologist
工艺进展研究☆research of technical progress; RTP
工艺流程☆schedule; process flow
工艺美术原料矿产☆mineral material for artware
工艺品☆workmanship
工艺气体热交换器☆process gas heat exchanger
工艺燃料☆(in-)process fuel
工艺设备☆process unit; manufacturing equipment
工艺图☆flowsheet
工艺性☆manufacturability
工艺性能[材料的]☆shop characteristic
工艺性能保证☆process performanceguarantee
工艺学☆technic; techn(ic)ology; technology
工艺学院☆technical institute
工艺用蒸汽☆process steam
工艺原则流程图☆basic flowsheet
工艺装备标准化☆process tools standardization
工长☆headman [pl.-men]; master; foreman; gang pusher{foreman;boss}; ganger; farm{big} boss; big savage ; boss ; (mine) captain ; skilled workman; section chief; pot man
工质☆actuating{working} medium
工质泵☆feedpump
工质流体☆working fluid
工种☆category of workers
工装裤☆overalls
工资☆pay; wage; earning; salary; labour charges; paycheck
工资册☆wages list
工资单☆payroll; acquittance roll
工资单价☆unit of wages
工资等级(表)☆wages tariff{scale}; wage-scale
工资费☆labor costs; labour cost
工资费用☆cost of labor
工资净得☆net earnings
工资率☆pay{wage} rate; (wages) tariff
工资支出[企业等的]☆payload
工资总额☆gross pay
工字笔石属[O_1]☆Etagraptus
工字钢☆joist (steel); I-bar{-beam;-steel;-iron} ; steel bar; H-steel; double (T) iron; flanged beam; H-beam steel
工字钢拱☆I-arch; I arch
工字铰链☆H-hinge
工字梁☆joist (steel); H-beam; I-beam; double T-rail {T-iron}; flanged beam; I-girder
工字梁腹☆web
工字铁棚子支护☆I-set
工字铁支撑☆I-strut
工字销☆connection link
工字形的☆girder-shaped
工字形极限卡规☆I-gauge
工字形剖面☆I-section
工字形桩☆H-piles
工字柱☆I-column
工组☆brigade
工作☆labo(u)r; job; employ; work(ing); operation; oper.; business; task; service; worked out section; run; on-going; busy[运算正常进行]; burning[火箭发动机]; lab.
工作(项目)☆effort
工作靶区类型☆play type
工作班☆turn; shift; (operating) crew
工作板☆workstone
工作半径☆working radius; level-luffing crane
工作帮剥采比☆working-slope stripping ratio
工作报告☆report; REP
工作比☆stacking factor; activity coefficient
工作便桥☆ga(u)ntry; service bridge
工作部件支柱☆tool post
工作步骤☆algorithm
工作草图☆base map; draft
工作场☆yard
工作程序☆working routine{order;system}; logic
工作处理监控器☆job-processing monitor
工作触点☆make contact
工作船☆work boat; workboat
工作创造力技术☆operational creativity
工作单☆job note; work sheet; shop order
工作单元☆working cell; temporary location
工作电压☆working{operating;running} voltage; WV
工作电阻(器)☆pull-up resistor
工作吊架{盘}☆working scaffold
工作吊座☆boatswain's chair
工作定额☆job rate; stent
工作定量☆stint
工作段☆loaded strand; carrying run{side}
工作队☆crew ; brigade ; gang ; working crew{force}; work team
工作费用☆cost of operation; working expenses{costs}
工作分类☆job classification
工作服☆overall ; working cloth{clothes;jig} ; blouse; coveralls; fatigue dress{clothes}; work clothes{suit}; boiler suit; smock; slop
工作负载☆live{working} load
工作管理☆task management
工作管柱☆workstring; work string
工作管柱上下往复运动☆workstring reciprocation
工作滚筒☆bull reel
工作辊支撑装置☆work roller supporting apparatus
工作过度☆overwork
工作基☆as-fired basis
工作记录☆log; operating data; job record
工作技术检查{监督}☆procedure control
工作架☆workbench; workrest; falsework; hanging-up
工作间☆cabin
工作间平衡重盖板[压气凿井]☆counterweight deck
工作间隙☆outage; intermission; interval; working clearance
工作间歇☆outage
工作接点☆face contact
工作介质☆working{actuating} medium
工作进度(计划)☆work-schedule
工作井☆well in operation; active well
工作可靠但性能下降[个别部件发生故障]☆fail-soft
工作梁☆walking beam
工作量☆(work) capacity ; amount of work ; workload; working (capacity)
工作量估算表☆quantity estimate sheet
工作轮☆fast pulley; impeller; impellor; disc wheel
工作马虎☆underwork
工作帽☆helmet; workman's cap
工作(安全)帽☆helmet shield
工作面☆highwall; breast; heading; working face {front;place;surface} ; face (zone) ; operating floor; frente; backwall[斜井]; wall (face)[长壁]; work range[露,采石场]; bank; front; fore field; workings; stall; wall; workplace
工作面不用支护的分层充填采矿法☆open cut-and-fill stoping
工作面采煤组☆face crew
工作面侧面支承压力带☆side abutment
工作面超前带☆zone in front of the face
工作面的回程采煤方向☆opposite hand of face
工作面的回收率☆face recovery coefficient
工作面端部{缺口}☆buttock
工作面端(和巷道)侧壁☆ribside
工作面端头支架☆working face ended support
工作面风流与采空区污浊气体接触地带☆firedamp fringe
工作面附近平巷刷大☆face canch
工作面和井底之间的巷道☆backbye workings
(在)工作面和井筒之间的工作☆back{oncost} work
工作面回采的准备工作☆coal preparation
工作面回采期☆face life; life of face
工作面接近顶板部分☆head
工作面矿车运输长壁式采矿(法)☆Barry mining
工作面矿物价值☆bank-run value
工作面每次推进进度[每循环进度]☆increment of face advance
工作面耙矿{运}☆face scraping
工作面配电点☆face distribution point
工作面平行于煤层主割理的掘进方向☆on face; face-on
工作面切{起}割槽☆cutoff { end} stope
工作面前壁护板☆face board
工作面清理车☆scoop tractor
工作面区☆face zone; area of face
工作面全长一次爆破☆full-face blasting
工作面上方支承压力☆front abutment pressure
工作面上下平巷☆gate
工作面输送机的装煤高度[采用煤机装煤板装煤]☆loading height for the conveyor
工作面顺槽内端☆gate end
工作面推进空顶面积递增量☆area increment of face advance
工作面无支架回采法☆self-supported opening
工作面斜支撑☆face sprag
工作面延长短轨☆bridge rail
工作面一侧☆faceside
工作面与主节理{解理}成直角的房柱式采煤{矿}

G

法☆end-on (working)
工作面运输巷(下顺槽)☆headentry
工作面在主次割理之间通过☆half-on
工作面整刷撬棍☆scaling bar
工作面支护计划☆face {-}timbering plan
工作面自(行)式液压(回)转(螺)旋钻机☆self-propelled hydraulic rotary auger face drill
工作母机☆(machine) tool；mother machine
工作能力☆capacity for work；working (capacity)；capacity；workability
工作年限☆mission life
工作喷嘴☆main jet
工作平巷☆going headway{road}
工作平盘线路☆working{operating} bench track
工作平台☆working platform{floor;scaffold}；staging；working berm [of the back]；hanging-up
工作期☆under-stream period
工作期限☆service；life
工作区☆working section{area;room;space}；workings；workplace；work space{area}；working region[测绘]
工作区侧向推进☆grip of rib
工作区间通道☆crossheading
工作区两侧煤的顶采空☆loose
工作区域☆perform region
工作人员☆crew；work{operating} force；workman；staff (member)；working personnel；functionary
(长输管线的)工作人员☆carrier
工作任务指示单☆work order
工作日☆day；workday；working{labour} day
工作深度☆WD；operating{working} depth
工作时间☆rotating{work} time；HRON；on-time
工作室☆atelier[法]；workroom；operating{working} room；working chamber
工作手册☆workbook
工作寿命☆serve{operating;mission} life；working life
工作授权证明书☆job order
工作水(样)☆reference water
工作水平☆working level{floor}；producing horizon
工作顺序☆flow chart
工作所需时间☆time
工作台☆(working;work;face) bench；workbench；work table{deck;head}；working stand{deck;table}；work-rest；battery；scaffold；worktable；platform；bank (face)；terrace；bankette；racking platform[钻塔]
工作台上试验☆block test
工作特性[液压传动的]☆operating{performance} characteristic；oc；torque characteristics
工作特性测定☆performance measurement
工作体积☆working space
工作条件☆working{service;operating} condition；mode of operation
(维修)工作通知单总卡☆work-order master file
工作筒☆mandrel
工作筒凡尔[深井泵的]☆working barrel valve
(联合掘进机)工作头刀盘☆coupler head
工作图板☆operative sheet
工作外衣☆overall
工作位置☆working{run;pull-up} position；workplace
工作线☆front；firing line
工作线圈☆actuating{working} coil
工作小时☆running hour
工作效率☆coefficient of performance；work(ing) efficiency
工作性☆workability
工作性能☆serviceability；operating performance
工作循环☆duty{working;operating;work;motive} cycle；attack；cycle of operation{stoping operations}；round of stoping operations [includes drilling, blasting, drawing, mucking and transportation of sands,timbering and roof control]
工作循环时间分配☆time cycle
工作压力☆working{effective;operating;operation; actuating} pressure；W.P.；WP
工作压头☆operating head
工作验规[检查钻具接头螺纹验规等]☆working gage
工作液☆driving{working;treatment;pressure; operating} fluid
工作液密{浓}度☆working density
工作应变片☆active strain gage
工作用煤柱☆face pillar
工作油☆power oil
工作油缸☆slave ram
工作原理☆operating principle；principle of work
工作载荷☆operating load；workload
工作早班☆morning shift
工作者☆worker
工作指示单☆work order
工作质[燃]☆as received basis
工作制度☆working system；routine of work
工作质量☆workmanship；work (quality)
工作中分析☆on-stream analysis
工作周☆week
工作周期☆stream time；action{work} cycle；work period
工作状况☆serviceable condition
工作座☆workrest；work-rest
攻击☆attack；aggression；strike；onset；offense；offence；offensive
攻坚爆破☆assault and explode fortified positions
攻角☆incidence；angle of attack
攻螺丝{纹}☆tapping
攻泥器☆mud penetrator
攻破☆breach
攻丝☆thread；tapping；threading
攻丝机☆thread cutter；tapper；screw{threading; tapping} machine
功过☆desert
功函数☆work function
功绩☆deed；feat；desert
功课☆school；lesson
功利的☆utilitarian
功力电平☆power level
功率☆power (capacity;efficiency)；capacity (factor)；activity；horsepower；efficiency；duty；capability；PWR
功率表☆power{watt} meter；wattmeter
功率不足☆underpower；undercapacity
功率测试车[机]☆dynamometer car
功率电感调整☆hysterset
功率电平☆power level
功率方向继电器☆power-directional relay；PDR
功率激增☆flash-up
功率级检测器☆power-level detector
功率计☆(resistance) dynamometer
功率密度☆power density；PD
功率密度谱☆power density spectrum
功率谱显示☆power spectra display；POWSPEC
功率曲线☆horsepower{power;efficiency} curve；power trace；curve of output
功率输出☆power output；P.O.；PO
功率输出接头☆power take-off connector
功率无限大的汇流排☆infinite bus
功率系数☆power factor{coefficient}；specific power {capacity}
功率消耗☆watt{power} consumption；power dissipation
功率需求量系数☆demand factor
功率因数指示器☆power {-}factor indicator；pfi
(反应堆的)功率振荡☆chugging
功率值☆power level；performance number
功率重量特性☆strength-weight characteristic
功能☆duty；function；fn
功能层[假设的环绕太空黑洞的外层]☆ergosphere
功能缺失☆afunction
功能失调☆malfunction
功能试验☆function test；breadboard
功能损失☆loss function
功能位石膏☆plaster bandage in functional position
功能元件☆functor；function
功能诊断测试☆diagnostic function test
功能字段☆function field
功塔尔型测链☆Gunter's chain
功效☆efficacy；efficiency；effect；behavio(u)r
功效曲线☆power curve
功用☆duty；function；use
功指数[碎磨]☆work index
恭维者☆complementer
鴂形目[鸟类]☆Tinamiformes
供☆supply-exhaust ventilation
供不应求的☆tight
供参考☆for your information；FYI
供产销平衡☆balancing supply；production and sales
供偿电流☆supply current
供带盘☆supply reel
供电☆power{electric;current} supply；feeding；supply (electricity;power)；feed
供电部分☆power pack
供电导线☆electric power conductor
供电的☆running
供电电极☆sender{transmitting;current;AB;current-emitting;source} electrode
供电电缆☆service{primary} cable；power supply cable
供电电源☆electric power supply；EPS
供电频率☆line frequency
供电时间☆on time
供电系统☆feeder system；power distribution system；power network；electric power system
供方罐☆suppliers' tank
供分离空气进入的螺旋罩☆spiral housing for controlled air flow in the separating zone
供风(量)☆air supply
供过于求☆glut
供呼吸的空气☆vital air
供货订单☆supply order
供货公司☆carrying company
供给☆supply；provision；furnish(ing)；service；provide；feed；fit；deliver(y)；imput；find；supplementation
(再)供给☆replenishment
供给半径☆radius of drainage
供给泵☆charge{delivery} pump
供给不足☆undersupply
供给电压☆service voltage
供给房屋☆housing
供给价☆supply price
供给空气☆air-in
供给空气于燃烧区☆combustion air inlet
供给矿质(法)☆mineralization
供给量☆efficiency；delivery volume
供给能力☆efficiency
供给区☆contributing region；contributory area
供给燃料☆fuel charge
供给探矿者的物品{贷款}☆grubstake
供给系统☆feed system
供给压力☆feeding pressure
供给装置☆feeding device；supplier；feedway
供给资金☆financing
供给总量☆total supply
供矿通道☆feeder channel
供矿中心☆feeding center
供两者用的☆double
供料不足☆underfeed
供料槽☆forehearth；feeder channel
供料发货单{卡}☆supply-issue card
供料计划☆materials supply
供料室☆supply room
供料系统☆feeder system；feed-system
供煤☆coal
供能☆energization；supply of energy
供暖(的)☆heating
供气☆air feed{supply}；air-feed；air-on；gas supply
供气负荷持续时间曲线☆load duration curve
供(空)气管☆air-circulating umbilical
供气量自动调节式面具☆demand-type mask
供气式呼吸器☆airline respirator
供气压力☆supply gas pressure
供气装置☆air-feeder
供燃油管路☆bunker line
供热☆heating；heat supply
(平台的)供热、通风和空调系统☆HVAC {heating,ventilating and air-conditioning} system
供热系数☆coefficient of heat supply
供砂(能力)☆sand handling
供膳(宿)的☆boarding
供水☆water supply{delivery;service;handling}；feed {providing} water；supply
供水泵☆make-up{supply} pump
供水不足☆short supply
供水车☆nurse tanker；water tender
(进入用户的)供水管线☆service pipe
供水量☆yield
供水区☆contributing region；contributory{recharge} area
供水曲线☆curve of water supply
供水水库☆feeding reservoir
供水水源☆watering place；water supply source
供水系统☆supply{water;feeder} system；water supply system；waterworks

(消防)供水线☆attack line
供水液流[湿冶]☆feedstream
供送凉水矿车☆bathtub
供销☆supply and marketing
供-泄水循环☆recharge-discharge cycle
供需失调☆maladjustment of supply and demand
供悬挂用的小突出部☆tab
供氧呼吸器☆supplied-air respirator
供冶炼(用)的矿石☆shipping ore
供液☆feed flow
供液罐☆fluid supply reservoir；feed tank
供以新式武器☆rearm
供应☆supply；provision；fill；stock；accommodate；delivery；feed to；provide；furnish；SUP
供应仓库待发的设备和产品☆off the shelf
供应厂商☆supplier
供应处☆purchasing and store department
供应船☆supply{tender} boat；tender (ship;vessel)
供应点☆delivery{supply} point；supply centre；S.P.
供应服务设备☆commissary equipment
供应管☆supply-line
供应规格☆specifications for delivery
供应过多☆overstock
供应过剩☆oversupply
供应混凝土的吊桶☆concrete bucket
供应科☆purchasing and store department；supplies section
供应孔道☆feeding{feeder} channel
供应流☆feeder current
供应能力☆deliverability
供应曲线的弹性☆offer curve elasticity
供应商商品目录☆suppliers' catalog
供应受限制的矿物☆critical mineral
供应线☆supply {-}line；line of supply
供应岩浆的岩墙通道☆feeding dike
供……用☆allow for；be devoted to
供用电合同☆power supply contract
供油☆oil servicing
供油半径☆radius of drainage；drainage radius
供油泵☆charge{oil-feed} pump
供油管线☆feeder line
供油库☆supplying depot
供油区平均压力☆drainage-region average pressure
(有效)供油体积☆contributory drainage volume
躬身道☆crawlway；crawl
躬行道☆stoopway
公报☆bulletin；gazette；bul.；bull.
公倍(数)☆common multiple
公比☆common ratio
公布☆publication；promulgate；promulgation
公测度☆common measure
公测曲线☆gain trace；wild goose
公差☆tolerance；allowable{margin} tolerance；(remedy) allowance；limit；common difference；public errand；permissible error；arithmetical ratio；admittance；official business；noncombatant duty；fineness；tol
公差表☆table of limits
公差带☆tolerance zone；variation of tolerance
公差范围☆tolerance range{zone}；limit of tolerance；limited field；margin tolerance
公差配合试验☆allowance test
公差制☆limit system
公差制度☆tolerance system
公称管径☆nominal bore；NB
公称节距☆nominal pitch；NP
公称应变☆conventional{nominal;apparent; engineering} strain
公称直径☆nominal diameter；ND
公称转速{速度}☆nominal speed
公称作用力☆nominal effort
公尺☆meter；metre
公担[=100kg]☆quintal；centner；ql.；kintal；q
公石☆hectolitre
公地☆common
公地采矿权的撤销☆withdrawal of public land
公地排水权☆right of way；right-of-way
公吨☆metric ton；tonne；mt；millier[法]
公多道信息处理机☆multichannel processor
公法☆Public law
公法线☆common normal (line)
公方差☆common variance
公费☆fee；(at) state expense；at the public expense
公分{寸}☆centimetre
公分母☆common denominator
公分烛光☆phot
公告☆declaration；bulletin
公告号☆notification number
公根☆common root
公共产品☆public goods
公共环境管理局☆Bureau of Community Environmental Management；BCEM
公共机构[慈善、宗教等性质的]☆institution
公共交通系统☆transit 公共接头☆bus
公共汽车☆motorbus；omnibus；bus
公共汽车专线☆busway
公共燃烧空窝[鼓风炉风嘴处焦炭的]☆common raceway
公共事业☆utility
公共卫生署[美]☆Public Health Service
公共线☆concentration line
公共因素方差☆communality
公共因子☆general factor
公共运输事业☆traction
公共轴线☆concentric line；common axis
公共子午圈古半径测量☆common meridian palaeoradius measurement
公共总线多处理机☆common bus multiprocessor
公光亮煤☆lustrous coal
公海☆high{open} sea；public waters；broad{open} ocean
公海自由☆freedom of the high seas
公害[指工业废气、废水等的危害]☆hazard；public nuisance{hazard}；nuisance
公害分析☆nuisance analysis
公积金☆surplus
公斤☆kilogramme；kg；kilogram；kilo；k.
公斤体积热阻系数☆thermal resistance per kg volume
公开☆publicity；daylight；pro-
公开出版(物)☆public publication
公开的☆patent；outward
公开实验☆demonstration
公开讨论☆ventilation
公开信用借款☆open fiduciary loan
公扣钻头☆male type bit
公款☆chest
公理☆postulate；axiom
公理的☆axiomatic(al)
公理学☆axiomatics
公里☆kilometer；klm；km；kilometre；kilom
公路☆highway；(public) road；causeway；motorway
公路安全信息系统☆highway safety information system
公路穿越钻孔机☆road boring machine
公路防冻化合物☆highway deicing compound
公路交叉☆road{highway} crossing；cross-road
公路路堤边坡☆high road bank slope
公路桥☆vehicular{road;highway} bridge
公路铁路两用的☆road-rail
公路岩体边坡☆highway rock slope
公路运输☆transport by road
公螺纹连接☆pin-to-pin
公民身份☆citizenship
公亩☆are
公母(接头)☆box and pin；box to pin
公母插头☆hermaphrodite connector
公牛☆bull；Toros
公配函数☆partition function
公平☆equity
公平的☆square；equas
公平价格☆arm's length price
公平交易☆fair trade
公切线☆common tangent
公顷[10,000m^2]☆hectare；ha.；hect.
公认☆adopt；recognition
公认安全☆GRAS；general(ly) recognized as safe
公认的☆received；approved；recognized；well-established；recd；rec
公认的基准油价☆deemed marker crude price
公认地☆admittedly
公勺☆centilitre；centiliter
公社☆community
公升☆litre；liter
公式☆formula [pl.-e]；equation；expression
公式编译(语言)☆formula translator；FORTRAN
公式化☆formulation；formulate；formulism (in art and literature)；formulistic；stereotyped
公司☆company；Inc.；incorporation；establishment；outfit；corporation；inoorporated；firm；Co.；C.
公司法☆corporation{company} law
公司印章☆corporate seal
公司章程☆by law of corporation；by-law
公孙树☆Ginkgo
公孙树目{类}☆Ginkgoales
公榫☆cog；tongue
公文☆missive；diploma
公文的☆documentary
公文格☆tray
公文纸☆document paper
公务车☆officer's car
公务员☆servant
公息☆mutual information
公隙[公差中]☆clearance
公因子☆common factor；common-factor
公盈☆negative allowance；interference
公用地址☆public address；PA
公用电子☆shared electron
公用服务事业☆utility service
公用火灾报警机☆public fire alarm
公用块☆common block
(参数)公用区☆merge zone
公用事业☆public works{service;utility;utilities}；utility；public service industries；PW
公用事业公司☆utility
公用数据网☆public data network
公用通道☆highway
公用土地☆right-of-way
公用信号☆global semaphore
(采区)公用主要运输平巷☆mother gate
公有肉[珊瑚虫等个体间相互联系的部分]☆coenosarc
公有土地☆public land{domain}
公寓☆dwelling；apartment；flats
公元☆Anno Domini[拉]；A.D.；the Christian era
公元前☆before christ；Ante Christum；BC；AC
公园☆park；garden
公约☆convention；covenant
公约数☆common divisor
公债☆fund；(government) bonds
公正☆justice；fair
公正评价☆unbiassed estimate
公证人☆notary (public)；greffier；justiceman；public notary
公证手续☆notarial acts
公制☆metric{meter-kilogram-second;c.g.s.} system；MKS；MS
公制标准套管☆metric standard casing
公制化☆metrification；metrication
公制系列☆meter series
公众注意点☆spotlight
公转☆revolution
公转周期☆period of revolution
公锥☆pin{die;rod} tap；male coupling tap；die nipple
肱☆brachium [pl.brachia]
肱板☆humeral scute
肱部的☆humeral
肱盾[龟腹甲]☆humeral scute
肱骨☆humerus；humerous
肱骨的☆humeral
肱骨颈☆collum humeri
肱肌☆processus brachialis
肱梁☆cantilever
肱木☆bolster
肱羽☆humerals
宫代铁铝钠闪石☆ferromiyashiroite
宫廷☆court
弓☆stub；bow；toxo-
弓背梁☆camber beam
弓笔石☆cyrtograptus
弓笔石(属)[S_2]☆Cyrtograptus
弓齿兽☆Toxodon
弓海百合目[棘]☆Cyrtocrinida
弓海螂属[双壳;J]☆Ceratomya
弓颌猪(属)[N_2]☆Chleuastochoerus
弓脊孢(属)[D_2]☆Retusotriletes
弓脊(孢)状的☆retusoid
弓(鱼)鲛☆Hybodus
弓鲛鲨类☆hybodont sharks
弓角石☆cyrtoceras
弓角石壳☆cyrtoceracone

弓角石式[头]☆cyrtoconoid
弓角石属[头;O-S]☆Cyrtoceras
弓角锥☆cyrtocone
弓颈式☆cyrtochoanitic
弓锯☆hack(-)saw；bowsaw；hack saw
弓颗石[钙超;J-Q]☆cyrtolith
弓(形顶)梁☆cambered girder
(转子)弓面检查☆bow check
弓内角石属[头;O]☆Cyrtendoceras
弓鳍(鱼属)[J-Q]☆Amia
弓舌族☆toxoglossa
弓石燕(属)[腕;D_3-C_1]☆Cyrtospirifer
弓式接线☆martingale；martingal
弓体类软体动物[双壳类除外]☆cyrtosome
弓头虫属[三叶;$Є_3$]☆Acerocare
弓小泡虫科[孔虫]☆Ceratobuliminidae
弓形☆arc；arch；arciform；bow-shaped；segment of a circle；curved；camber；lune
弓形(部分)☆bow
弓形贝属[腕;S-P]☆Cyrtina
弓形雏晶群☆arculite
弓形的☆arcuated；segmental；arcuate
弓形顶巷道☆cambered road
弓形拱☆segmental arch
弓形构造☆bow-shaped structure
弓形管☆by-pass pipe
弓形管柱扶正器☆bow string centralizer
弓形桁梁☆bowstring
弓形湖☆cutoff meander{lake}；horseshoe{crescentic;moat;oxbow} lake；banco；mort meander；mortlake；abandoned channel；moat；mart-lake
弓形喙[腕]☆curvature of beak
弓形脊☆arcus
弓形脊突刺孢属[S-D]☆Apiculiretusispora
弓形锯☆hack-saw；bow saw
弓形卡☆clamp
弓形壳[头]☆cyrtocone
弓形拉线☆martingale；martingal
弓形梁☆cambered girder；bow beam
弓形尼比角石属[头;O_2]☆Cyrtonybyoceras
弓形射线波[地震折射法]☆diving wave
弓形弹簧☆half-elliptic{bow} spring
弓形弹簧扶正器☆bow spring centralizer
弓形体☆segment
弓形同抛虫属[三叶;O_1]☆Cyrtosymbole
弓形褶皱☆kyrtom
弓形支架☆arch support
弓形铸铁☆cast-iron segment
弓形钻☆fiddle drill
弓牙形石(属)[O]☆Cyrtoniodus
弓翼蛤属[双壳;T_{2-3}]☆Arcavicula
弓珠角石属[头;O_2]☆Cyrtactinoceras
弓状脊椎☆aspidospoudylous (vertebrae)
弓状脊椎亚纲[两栖]☆Apsidospondyli
弓状晶子☆arculite
弓状异常☆arcuate anomaly

gǒng

珙桐科☆Nyssaceae
珙桐属☆Nyssa
拱☆arch(ing)；cove；kiln roof；encompass；encircle；surround；hunch{hump} up；bake
拱坝{|帮}☆arch dam{|sides}
拱背(线)☆extrados
拱背圈☆haunch of arch
拱壁压应力☆wall compression stress
拱埠流量☆peak discharge
拱承脚压力带☆abutment zone
拱的(轴向压)力☆thrust of arch
拱的内表面☆intrados
拱的弯度☆arch camber
拱底☆concave crown；arched floor
拱底面☆intrados
拱底石[建]☆springing block；springer；elbow
拱点☆apsis [pl.apsides]；apse
拱顶☆vault(ing)；crown；dome (roof)；roof arch；capstone；top{arch} crown；arch (cover;apex)
拱顶断层☆keystone fault
拱顶盖☆canopy
拱顶罐☆dome-roof tank
拱顶曲率☆bending{bend} of vault
拱顶石☆key (block;stone)；choke{crown} stone；arch keystone{key}；keystone；capstone；crown block；key stone{block}；soffit cusp；arch crown block；lech
拱顶石饰☆headwork
拱顶小室[古罗马地下墓穴中安放石棺的]☆arcosolium
拱顶压力☆over-arching weight
拱顶支架☆bow supporter
拱洞☆arch cave
拱洞的外弧面☆extrados
拱度☆camber；bulge
拱腹(线)☆intrados
拱高☆camber；arch rise{pitch;camber}；depth of camber；rise of arch(er)；height of arch{arc}
拱冠(石)☆capstone
拱核☆arch core
拱滑☆cascade
拱或拱桥端部所受的水平推力☆bridge thrust
拱基☆impost；skewback；arch abutment；springing block
拱基脚压力☆abutment pressure
拱基石☆coussinet
拱积平原☆flood plain
拱极星☆circumpolar star
拱极星座☆Circumpolar Constellation
拱架☆curve piece；(arched) falsework；centre；coom；center(ing)；arch{vault} centering；bow member
拱肩☆spandrel
拱脚☆springer；skewback；abut；arch abutment{feet}；springing block；spring[平巷]
拱脚石[土]☆(impost) springer；rein；springing
拱脚压力☆abutment pressure
拱脚压力带☆abutment zone
拱脚砖☆skew brick
拱截面☆arch section
拱壳砖☆brick for arched roof
拱跨☆arch span
拱跨中心垂距☆versed sine
拱块☆arch block
拱廊☆archway
拱廊式排列☆arcade-type arrangement
拱肋☆arch rib
拱梁☆bow
拱梁稳定撑☆arch girder stabilizer
拱梁支架巷道☆arch-girdered roadway
拱陆运动☆cymatogeny
拱门☆arch
拱门饰缘☆archivolt
拱面石[楔形]☆arch block；ringstone
拱面水闸墙☆arch dam
拱内圈☆intrados
拱起☆arching；doming；crowning；tenting[海冰受压而成]；camber
拱起带☆mole track
(侵入体)拱起的山☆subtuberant mountain
拱起泥裂☆vaulted mud crack
拱砌合☆arch bond
拱桥☆arch{arched} bridge
拱曲☆hog；hogging
拱曲颚牙形石属[O_2]☆Curtognathus
拱曲作用☆arcogenesis；arching；bending
拱圈应力调整☆arch ring stress adjustment
拱上空间☆spandrel
拱石☆voussoir；arch stone{key}
拱矢☆arch rise；rise of arch(er)
拱式☆arcuate
拱式建筑☆arcuated construction
拱通{道}☆archway
拱凸应力☆bulge stress
拱推力☆arch thrust
拱外圈☆extrados
拱弯曲☆arch bend
拱线☆line of apsides
拱效应☆arching effect
拱楔断层☆keystone fault
拱楔块石☆voussoir
拱楔石☆quoin；arch stone
拱心☆arch-core；arch core
拱心石☆keystone；closer；capstone；key stone
拱星的☆circumstellar
拱星介属[E]☆Camarocypris
拱形☆arch (form)；concave；cambered
拱形(顶板)☆coom
拱形冰堆☆tented ice
拱形冰山☆arched iceberg
拱形衬砌☆arch{archy} lining；lining of arch
拱形的[顶板]☆arched；arenal；coom
拱形滴水石凸缘☆mask stop
拱形顶梁☆arched cap；cambered girder
拱形钢轨支架☆arch rail set；arched rail
拱形钢支架构件☆steel arches
拱形夹☆arch clamp
拱形可塑性支架☆yielding arch
拱形矿房☆dome stope
拱形梁☆arch(ed){cambered} girder；bow beam
拱形木支撑☆arched timbering
拱形坡顶☆rainbow{whaleback} roof
拱形石☆keystone
拱形体☆ogive
拱形支架☆arch(ed) support；arch (set;lining)；pit arch(ing)；overcast
拱形支架吊车☆arch lifter
拱碹块☆arch block
拱腰☆haunch
拱翼☆arch limb (roof)
拱应力☆arch stress{thrust}
拱褶皱☆bending fold
拱支撑☆arch brace
拱支架屋顶☆arch braced roof
拱轴☆arch axis
拱砖☆arch brick
拱状泥裂☆roofed mud crack
拱(平衡)作用☆arch(ing) action
拱座☆skewback；(arch;dam) abutment；butment；abut
汞☆mercury；Hg；hydrargyrum[拉]；mercurius；quick silver；quicksilver；quecksilber[德]
汞钯矿[PdHg;四方]☆potarite；allopalladium；eugen(e)site；selenpalladium；selenpalladite；palladium amalgam
汞的☆mercurius；mercuric；mercurial
汞灯☆mercury vapor lamp
汞地热温标☆mercury geothermometer
汞碲矿☆shahovite；shakhovite
汞毒☆mercury poisoning
汞矾[$Hg_3(SO_4)O_2$;六方]☆schuetteite
汞封☆mercury seal
汞杆测倾{震}仪☆tiltmeter
汞膏[Hg_2Cl_2]☆calomel(ene)；kalomel；natural pella；corneous mercury；horn quicksilver{mercury}；silver amalgam；amalgam(e)；merkurspat；merkurkerat；turpeth；merkurhornerz；caromel；mercurial silver；calomelite；mercure argental；mercurial horn ore
汞膏法☆amalgamation
汞膏矿☆calomel(ite)；horn mercury；calomelano
汞合金☆amalgam
汞合金充填器☆amalgam plugger
汞弧☆mercury arc
汞弧阴极水银整流管☆pool cathode mercury-arc rectifier tube
汞弧整流器供电的提升机☆mercury-arc converter drive winder
汞化(产物)☆mercurate
汞化物☆mercuride
汞金矿☆amalgam
汞矿☆mercury{mercuric} ore；mercurial horn ore[角汞矿 Hg_2Cl_2]；quicksilver mine；mercury chloride [氯化汞 $HgCl_2$]
汞矿物{类}[主要为辰砂]☆mercury mineral
汞量测量☆mercurometric survey；mercurimetry；mercurometry
汞齐☆amalgam；metal-laden mercury
汞齐槽[捣碎机]☆amalgamating mortar
汞齐化(作用)☆amalgamation
汞齐化后的☆post-amalgamation
汞齐化盘☆amalgam-pan；amalgam pan
汞齐化器☆amalgamator
汞齐化提金盘☆amalgamation table
汞齐化桶☆amalgam-barrel
汞齐化物☆amalgamator
汞齐蒸馏金分离器☆amalgam retort bullion
汞气整流管☆excitron
汞汽☆mercury-vapo(u)r
汞汽灯☆mercury vapor lamp
汞汽勘探法☆mercury-vapour method
汞铅矿☆leadamalgam
汞砂☆mercuric blende
汞(-)闪锌矿☆Hg-sphalerite
汞升华物☆mirror mercury

汞石髓☆quicksilver rock
汞水平☆mercury level
汞水银☆quick silver
汞炱☆mercurial soot
汞锑矿☆shahovite
汞污染☆mercury pollution; sickening
汞污染的☆mercury-contaminated
汞烟☆mercury flame
汞盐☆mercury salt
汞液滴定法☆mercurimetry
汞银矿☆kongsbergite; bordosite
γ-汞银矿☆moschellandsbergite
汞黝铜矿☆mercurial tetrahedrite{mercury fahlore} $[(Cu,Fe,Zn,Hg)_{12}(Sb,As)_4S_{13}]$; spaniolite{hermesite} $[(Cu,Hg)_{12}Sb_4S_{13}]$; schwatzite $[(Cu,Fe,Hg)_{12}(Sb,As)_4S_{13}]$; schwa(rt)zite; mercuric{mercurial} fahlore; merkurfahlerz
汞玉髓☆quicksilver rock
汞晕☆halos of mercury; mercury halo
汞蒸气仪☆mercury vapormeter
汞致晶界腐蚀开裂☆mercury cracking
汞制剂☆mercurial
汞中毒☆mercurialism; mercury poisoning{intoxication}
汞柱☆column of mercury
汞柱英寸数☆in. Hg; inches of mercury
巩固☆consolidation; corroboration; cement
巩膜☆sklero-; sclero-
巩膜板[古]☆sclerotic plate
巩膜层间充填☆sclera interlaminar implant

gòng

贡博黏土☆gumbo
贡布林石☆gumbrine
贡加矿☆goongarrite
贡献☆contribution; devote; contribute; dedicate; offer(ing)
贡献利益☆contributing interest
贡兹(冰期)[更新世第一冰期]☆Günz; Gunzian stage; Gunz glaciation
贡兹阶☆Gonz; Gonzian
贡兹-民德间冰期[欧;更新世第一间冰期]☆Gunz-Mindel (interglacial)
共☆sym-; col-; con-; com-; cor-; syn-
共本征态☆simultaneous eigenstate
共壁珊瑚属[八射珊]☆Coenothecalina
共变(式)☆covariant
共槽珊瑚属[S-P]☆Coenites
共层☆coenelasma
共层流动☆cocurrent laminar flow
共沉淀☆coprecipitate; coprecipitation
共沉淀剂☆coprecipitator
共沉淀物堆积☆coprecipitates accumulation
共沉积☆codeposition
共成的☆syngenetic
共成因的☆cogenetic
共处☆coexist
共簇晶体☆shared-cluster crystal
共萃取☆coextraction
共存☆coexistence; coexist(ing); concomitance
共存程序☆symbionts
共存程序管理程序☆symbiont manager
共存地☆concurrently
共存粒子☆coexistent particle
共存水☆connate water
共存线☆compatibility{tie} line
共存延限生物带☆concurrent-range biozone
共存延续带☆concurrent-range{overlap} zone
共存元素效应☆interelement effect
共地面点☆common {-}ground {-}point; CGP
共点的☆stigmatic; concurrent
共点力☆concurrent force
共电式电话☆common-battery telephone
共顶八面体☆corner-sharing octahedra
共顶{享}系数☆sharing coefficient
共动潮☆cooperating tide
共轭☆adjugate; conjugate
共轭齿廓☆mating profile
共轭次坡度法☆conjugate subgradient method
共轭的☆conjugate; liminal; adjoint
共轭对配合物☆homoconjugate
共轭二烯☆conjugated diene{diolefine}
共轭方向搜索法☆conjugate direction search method
共轭分子☆conjugated molecule
共轭复根对☆conjugate pair of complex roots
共轭函数☆conjugate function
共轭湖☆yoked lake
共轭剪切面组☆complementary sets of shearing planes; conjugate sets of shear plane
共轭剪切裂缝{|模式}☆conjugate shear fracture {|pattern}
共轭劈理系☆conjugate cleavage system
共轭球石[钙超;Q]☆Homozygosphaera
共轭梯度☆conjugate gradient; CG
共轭线☆join; conjugation line
共轭效应☆conjugative effect
共轭性☆conjugacy
共轭岩☆conjugate(d) rocks; conjugated rock
共轭余量法☆conjugate residual method
共轭正断裂作用☆conjugate normal faulting
共轭组分☆associated constituent
共轭作用☆conjugation
共二聚体☆interdimers
共发射极☆common {-}emitter
共反射点☆common reflection point; CRP
共反射面元(显示)☆binning
共沸混合物☆azeotropic mixture; azeotrope
共分离☆coseparation
共格☆coherency
共格面网☆common net
共骨[珊]☆coenosteum
共骨骼☆coenenchyma
共骨生芽法[珊]☆coenenchymal method of budding
共骨生殖{芽}☆coenenchymal increase
共和国☆republic
共还原☆coreduction
共活化剂☆coactivator
共活化作用☆co(-)activation
共基极☆common base; common-base
共积谱☆co-cumulative spectra
共积作用☆codeposition
共激活剂☆coactivator
共激活作用☆coactivation
共集电极☆common-collector
共计☆grand total; aggregate; sum; agg.
共价☆covalence; covalency; contravalence
共价程度☆degree of covalence
共价的☆homeopolar
共价电子☆shared electron
共价分子☆covalent molecule
共价键☆homopolar bond{link(age)}; covalent link(age){bond;bonding}; atomic linkage{link}
共价键的固体☆covalent solid
共价键联☆electron binding
共价结合键☆covalent bond
共价晶体☆homopolar{covalent} crystal
共价均成☆colligation
共价络{配}合物☆covalent complex
共价配键☆coordinate covalent bond{link(age)}
共检波点叠加☆common geophone stack
共剑尾目☆Synxiphorura
共焦点的☆confocal
共胶束化☆comicellization
共接收点选排(道集)☆common-receives-point gather
共接枝☆cograft
共结斑岩☆eutectophyre
(类)共结的☆eutectoid
共结富集☆eutectic-enriched
共结交生☆eutectic intergrowth
共结晶作用☆cotectic crystallization; cocrystallization
共结区(域)☆cotectic region
共结纹长面☆eutectic-perthite{eutectic} curve
共结纹长石☆mesoperthite; eutectoperthite
共结文象状☆eutectic {-}pegmatitic
共结物☆eutectics
共结岩☆eutectite
共结正歪长石☆eutecto-oranite
共结状结构☆eutectic like texture
共界层型☆mutual-boundary stratotype
共界面☆coboundary
共界线层型☆mutual-boundary strato(-)type
共晶☆eutectic; eutecticum
(似)共晶的☆eutectoid
共晶格取向连生☆syntaxy; syntactic growth
共晶焊焊条☆eutecrod
共晶合金☆cazin; eutectic alloy
共晶混合物☆eutectic mixture
共聚单体☆comonomer
共聚多酰胺☆copolyamide
共聚反应☆co(-)polymerization
共聚合☆combined polymerization
共聚合物☆copolymer
共聚体☆interpolymer
共聚物☆copolymer; interpolymer; multipolymer
共聚烯烃☆copolyalkenamer
共聚用单体☆comonomer
共聚作用☆interpolymerization; copolymerisation; copolymerization
共蕨类☆Coenopteridalis
共克里格方差☆cokriging variance
共扩散☆co-diffusion
共棱四{|八}面体☆edge-sharing tetrahedral {|octahedra}
共离散☆covariance
共离子☆common ion
共裂解☆copyrolysis
共面☆coplane
共面电极列☆coplanar electrode array
共面法☆coplaning
共面网取向连生☆epitaxy
共面线圈系统☆coplaner loop system
共面应力☆coplanar stress
共鸣☆resonance; consonance; sympathy; sympathetic response; echo; resonate
共鸣板☆soundboard
共鸣器☆resonator
(声)共鸣器☆acoustic resonance device
共模☆syntype
共模电压☆common {-}mode voltage; CMV
共模式[标本]☆cotype
共模信号☆common {-}mode signal
共膜☆coenelasma
共凝集(作用)☆conglomeration
共凝胶的☆cogelled
共凝作用☆cocondensation
共炮点☆common-source point; shot record migration
共炮检距选排☆common-offset gather
共偏系☆monotectic system
共平面的☆coplaner
共平面消光曲线☆coplanar extinction curve
共栖☆commensalism; symbiosis; messmateism
共栖体☆commensal
共鞘目☆Coenothecalia
共区域化(法)☆core-regionalization
共熔冰☆eutectic ice
共熔混合物☆eutectic mixture
共熔面{|区}☆cotectic surface{|region}
共溶度{性}☆cosolvency
共溶剂☆cosolvent
共溶性的☆consolute
共肉(生物)☆coenosare; coenosarc
共栅极电路☆common grid circuit
共射共基放大器☆cascade amplifier
共(发)射极☆common emitter
共深(度)点[震勘]☆CDP; common reflection point; common {-}depth point
共深点叠加☆common depth point-stacking; CDPS
共深度点覆盖次数☆CDP multiplicity
共深度点选排图☆spit-out
共生☆paragenesis{intergrowth;overgrowth}[同一矿床中]; syngenesis; coexistence; symbiosis; intergrown; commensalism; associate; intercrescence; parag.
共生次序图☆paragenesis diagram
共生的☆commensal; paragenetic(al); syngenetic; intergrown; associate; paragenous; coextensive; connate; symbiotic[生]
共生分析☆paragenesis analysis
共生关系☆paragenetic{symbiotic} relationship; paragenic relation; paragenesis
共生关系图☆paragenesis diagram
共生矿☆paragenetic{paragenic} ore; paragenesis of minerals; paragenic; mineral intergrowth
共生离子☆coion
共生能源工程[从一种燃料中同时产生两种形式的能]☆cogeneration project
共生体☆association; Assn.; symbiont; commensal
共生体系☆syntaxial system
共生同斜☆syn-homocline

共生细菌☆symbiotic bacteria
共生相容性☆compatibility
共生相☆coexisting phase；associated facies
共生型泥石流☆symbiotic mud flow
共生岩☆associated rock
共生岩石☆associated rock；para(-)rock
共生组合☆paragenetic association{assemblage}；association；paragenesis；symbiotic association[生]
共生作用☆syngenetic process；syngenetism
共水解作用☆co(-)hydrolysis
共缩聚(作用)☆copolycondensation
共缩作用☆cocondensation
共态信号抑制比☆common-mode resection ratio
共体☆covolume；coenosarc
共调聚(合)物☆cotelomer
共通度☆communality
共通沟[笔]☆common canal
共同☆in common；homo-；co-
共同爆破☆companion blasting
(在)共同边界内的☆conterminous
共同变形☆concurrent deformation
共同沉淀☆coprecipitation
共同沉积(作用)☆codeposition
共同承袭特征☆shared derived character
共同出现的物种☆co-occurring species
共同的☆(in) common；oscillatory；conjunct
共同丰度值☆common abundance value
共同海损☆general average；GA
共同生产☆cogeneration
共同诉讼☆joinder
共同特性☆denominator
共同性☆community；relationship
共同研究☆synergetic approach
共同演化☆coevolution
共同衍征☆synapomorphic character；synapomorphy
共同用色谱分析(法)☆cochromatography
共同运动☆movement “en masse”
共同账户☆joint account
共同祖传特征☆shared primitive character
共同祖征☆symplesiomorphy；symplesiomorphic character
共凸贝(属)[腕;O_1]☆Syntrophia
共尾☆cofinal
共析(体)☆eutectoid
共吸附(作用)☆co(-)adsorption
共吸收☆coabsorption
共细胞型☆coenocytic form
共线☆col(l)inearity；collineation；co-linear
共线的[若干个点]☆col(l)inear；unilinear
共线(载波)电话☆party telephone
共线力☆collinear force
共线偶极☆colinear dipoles
共线显示☆isoline display
共线状水系☆colinear drainage pattern
共享☆share；pool；communion；enjoy together
共享系数[四面体结构]☆sharing coefficient
共心的☆homocentric
共心性☆homocentricity
共信道信号传送☆common-channel signalling
共星珊瑚属[E_2]☆Astrocoenia
共型☆syntype；cotype
共形☆conformal
共行列取向连生☆monotaxy
共氧化☆co-oxidation
共一个集气系统的油罐☆interconnected tanks
共益☆bootstrap
共用☆in common；share
共用河流者☆co-riparian
共用母线设备☆common busbox equipment
共用区☆common area
共用天线耦合器☆telecoupler
共用信道☆shared channel
共用性☆community
共有的背形顶点☆mutual antiformal culmination
共有的向形凹部☆mutual synformal depression
共有沟☆common canal
共有骨☆coenenchyma
共有基金投资☆mutual fund investment
共有权☆joint ownership
共有同源特征☆shared homologue
共有资源国☆co-sharing states
共圆☆concylic
共源小信号☆commonsource small-signal
共振☆sympathetic vibration；resonance；syntony；covibration；sympathy；mesomerism；resonate；cooscillation
共振板☆soundboard
共振法☆resonant{resonance} method；syntonization
共振峰☆formant
共振喇曼光谱术☆resonance Raman spectroscopy
共振器☆syntonizer；resonator
共振筛筛分☆resonance screening
共振式刨煤机☆resonance plough
共振箱法☆resonant chamber method
共振增强带☆resonance-enhanced band
共振周期☆resonant period
共振柱法☆resonant column method
共振柱三轴仪☆resonant column triaxial test apparatus
共{等}震线☆homoseismal line；homoseism
共震源☆common source
共枝苔藓虫属[C-P]☆Synocladia
共支配种☆codominant
共中心点☆common midpoint；CMP
共中心点抽道集☆sorting CMP gather
共轴☆corotation
共轴变形☆coaxial deformation
共轴的☆co(-)axial；syntaxial；syntaxic
共轴复褶皱作用☆multiple coaxial folding
共轴生长☆syntaxial overgrowth
共轴性☆coaxality
共注射☆coinjection
共转☆corotation
共祖关系☆patristic relationship
共祖近度☆recency of common ancestor
供养道☆feeding vent

gōu

钩☆hook (stroke)；hitch；(dog) clip；mark；check；tick；bail；explore；crochet；crook；secure with a hook
钩扳手☆crescent wrench
钩齿鱼属[D_3-C_1]☆Rhamphodopsis
钩尺☆hooked{hook} rule
钩虫病☆ancylostomiasis；hookworm disease；ankylostomiasis
钩刺孢属[C_2]☆Ibrahimispores
钩刺骨针[绵]☆uncinate
钩刺状的☆lappaceous
钩搭☆engage
钩顶蛤属[双壳;T-K]☆Opis
钩杆☆shackle bar
钩骨☆unciform；os hamatum
钩管环☆pipe dog
钩规☆hook gauge
钩棍☆peavey
钩环☆clive；cliviss；clamp；stirrup；shackle；bale；bail；hackle；staple
钩环节链☆hook link chain
钩喙石燕☆Rostrospirifer
钩键☆hook switch；switch-hook；heaver
钩角石属[头;O_2]☆Ancistroceras
钩接☆hook joint
钩筋☆hooked bar
钩紧☆clench；clinch
钩菊石(属)[K]☆Hamites
钩口☆mouth of hook
钩扣☆fastener
钩扣铰链☆hook and eye hinge
(用)钩联结{连接}☆hook
钩镰☆bill；sickle
钩链☆shackle
钩毛☆glochidium
(用)钩弄紧{抓住}☆dog
钩曲构造☆hook-shaped structure
钩珊瑚(属)[D_2]☆Grypophyllum
钩上☆hook on
钩式精密液位计☆hook gage
钩式水位计☆hook gage
钩丝壳属[真菌]☆Uncinula
钩梯☆hook ladder
钩梃☆peavy；peavey
(车)钩头☆coupler head
钩头键☆stock key
钩头(地脚)螺栓☆hook(ed) bolt
钩头螺栓接头☆hook-bolt connection
钩头楔☆hose key
钩头斜键☆gib head taper key
钩形{头}扳手☆hook spanner{wrench}
钩形贝属[腕;D_{1-2}]☆Uncinulus
钩形鼻☆beak
钩形槽☆J-slot
钩形固紧器☆setting claw
钩形砂嘴☆hooked bac
钩形突☆hamulus
钩形嘴☆rhamph(o)-
钩旋壳[头]☆scaphitoid
(大)钩载(荷)储备系数☆store coefficient of book load
钩住☆hook (up)；grapple；catch；take a hitch on
钩爪[甲壳]☆knuckle；finger latch；clasper
钩爪铁铤☆claw tool
钩状(云)☆uncinus
钩状的☆hamous；hamose；unciform[动]；hamate
钩状构造☆hook-like structure
钩状沙丘☆hooked{fishhook} dune
钩状沙嘴☆recurved{hooked} spit；hook
钩状物☆crotchet
钩状岩墙{脉}☆hook dike
钩子☆clasp；hanger；clasper
钩嘴贝属[腕;O_2]☆Ancistrorhyncha
篝灯☆jacklight
佝偻病☆Ricker rickets
勾☆pawl；(small) side；stroke with a hook；tick off；check；cross{strike} out；delineate；sketch；draw；point；thicken；induce；evoke；arouse；entice
勾边使图像轮廓鲜明☆crispening
勾齿轮廓☆block out
勾缝☆pointing (joint)；jointing
勾股定理☆Pythagorean theorem{proposition}
勾股形☆right triangle
勾号☆tick
勾画轮廓☆block-out
勾绘构造等高线☆structure contouring
勾销☆strike off；cancel
勾销期☆write-off period
勾选[地震记录上的有效波]☆pick
沟☆ditch；furrow；groove；trench；kluf；gutter；flute；flume；clough；claugh；canal[腹]；coulisse；chamfer；duct；trough；fasciole；riffle；colpa [pl.-e]；channel；tidal creek rill；slot；chase；fluting；fosse；kennel；vale；rut；drain；waterway；gullet；gully；sulcus[牙石;孢;pl.-ci]；mortice；mortise；colpate[孢]；CHAM
沟板☆sulcal plate
沟壁☆trench wall
沟壁珊瑚(属)[S-D]☆Aulacophyllum；Aalecophyllum
沟鞭藻☆Dinoflagellata
沟鞭藻纲☆Dinophyceae；Diniferae；Dinoflagellata
沟鞭藻类{素}☆dinoflagellate
(管)沟边涂法☆over-the-ditch coating
沟边缘[孢;变薄或加厚的]☆margo
沟边组装☆operation beside ditch
沟槽☆delve；gaw；flute；trench；gouge；furrow
沟槽腐蚀☆guttering corrosion
沟槽节段☆trough section
沟槽坡尖状构造☆groove-and-spur structure
沟槽式分选机☆channel-type separator
沟槽效应☆channel effect
沟槽型颚板☆corrugated jaw plate
沟槽支撑系统☆trench shoring system
沟槽铸型☆furrow flute cast；gutter{sludge} cast
沟漕☆sulcus
沟齿兽(属)[E_3]☆Bothriodon
沟齿系☆holcodont dentition
沟带螺科[软舌螺]☆Sulcavitidae
沟道☆channel；trench；canal[腹]
沟道骨针[绵]☆canalaria
沟道效应☆channel(l)ing (effect)；channel effect
沟道增强X射线发射谱☆channeling-enhanced X-ray emission spectroscopy；CHEXE
沟道作用☆channelling；channeling
(地)沟底☆floor of trench
沟底坡度☆gutter{ditch} grade
沟底组装☆operation in ditch
沟洞☆gully hole
沟颚牙形石属[C_1]☆Solenognathus
沟腹纲[软]☆solenogastres；Aplacophora
沟盖虫属[孔虫;K]☆Sulcoperculina
(海)沟-(海)沟转换断层☆trench-trench transform fault
沟谷☆cleugh；cleuch；clough
沟冠菊石属[头;K_1]☆Olcostephanus

沟管☆vallecular canal
(阴)沟管模板☆dod
沟管土☆sewer-pipe clay
沟壑☆ravine；gill；gully；ghyll
沟壑形成☆ravinement
沟痕☆groove{channel} mark；furrow cast
沟后板☆postcingular plate
(海)沟-(岛)弧-弧后体系☆trench-arc-back arc system
沟弧盆体系☆trench-arc-basin system
(海)沟-(岛)弧-盆(地)体系☆trench-arc-basin system
沟弧体系☆trench-arc system
(管)沟回填☆trench backfill
沟颊虫属[三叶;Є2]☆Solenoparia
沟间[孢]☆intercolparis
沟间的☆intercolpate
沟间区[孢]☆mesocolpium
沟脚掏蚀☆gullying undercut
沟界极区☆apocolpium
沟菊石属[头;T]☆Aulacoceras
沟颗石[钙超;E2]☆Striatococcolithus
沟孔贝属[腕;J]☆Holcothyris
沟孔珊瑚属[床板珊;S-D]☆Striatopora
沟肋虫☆solenopleura
沟肋虫属[三叶;Є2]☆Solenopleura
沟粒☆colpate grain
沟裂☆rima [pl.-e]
沟鳞鱼(属)☆Bothriolepis
沟裸藻属[J-K]☆Dinogymnium
沟模☆gutter{groove} cast
沟膜☆furrow membrane；membrana colpae
沟内输送机☆entrenched conveyor
沟坡冲蚀后退☆gully gravure
沟坡底蚀☆gullying undercut
沟前板系☆precingular series
沟前原口☆precingular archeopyle
沟切高原{地}☆grooved upland
沟切熔岩☆grooved lava
沟渠☆trench；ditch；dike；aqueduct；dyke；sike
沟渠化☆channelization
沟渠扫污机☆crowder
沟渠网☆net of canals and ditches
沟取样☆trench sampling
沟珊瑚属[C]☆Bothrophyllum
沟勺铸型☆sludge cast
沟蚀☆gully erosion；rillwork；gullying；channeling；ravinement
沟蚀高地☆channeled upland
沟蚀火山☆furrowed volcano
沟蚀作用☆rill erosion；rilling
沟铁☆sow (iron)
沟头冲蚀☆headcut in gully
沟头帕海胆(属)[O]☆Bothriocidaris
沟头侵蚀☆gully head erosion
沟头瓦☆gulley-head tile
沟网苔藓虫属[D-P]☆Sulcoretepora
沟纹☆flute；colpa[孢;pl.-e]；rill(e) [月面]
沟纹腐蚀[焊口处电化学腐蚀]☆grooving corrosion
沟纹后角石属[头;P]☆Aulametacoceras
沟纹模型☆groove cast
沟纹笋光螺☆Terebralia sulcata
沟纹砖☆grooved-back brick
沟下道☆vallecular canal
沟形☆flute profile
沟形刮刀☆trench scraper
沟形印痕☆groove mark
沟旋菊石属[头;J3]☆Aulacosphinctes
沟牙系☆holcodont dentition
沟眼花介属[E1-2]☆Alocopocythere
沟缘☆furrow rim；ditch edge
沟缘颗石[钙超;J1-2]☆Striatomarginis
沟折[孢]☆geniculus
沟中孔槽☆fossaperturate
沟铸型☆groove{furrow} cast
沟状冲刷☆gullying
沟状刺球藻(属)☆Hystrichosphaera
沟状的☆grooved
沟状断层☆trenched{moatlike;trench} fault
沟状侵蚀☆gully erosion
沟状铸型☆furrow cast

gǒu

狗☆dog
狗脊(蕨)属[植;K2-Q]☆Woodwardia
狗头钉☆crooked nail
狗腿☆sudden bend；dogleg
狗腿状弯曲☆dogleg bend
狗形超科☆Canoidea；Arctoidea
狗形亚目☆Arctoidea

gòu

垢☆filth
垢层☆scale buildup
垢的成核(作用)☆scale nucleation
垢泥☆dirt；filth；deposit of sweat, dirt and oil on the skin
垢物☆encrustation；crust
垢物堆积☆scale buildup
垢下腐蚀☆subscale attack
构成☆formation；comprise；form；constitution；build；construct(ion)；composition；constitute；weave；compose；make (up)
构成的☆component
构成地球的元素☆earth-forming element
构成幻路☆phantoming
构成接近于真实的人为(试验)条件☆stage
构成裂谷边界的断层☆rift-bounding fault
构成者☆former
构架☆frame (member)；framework；framing；carcass；carcase；bedstead；skeleton；truss；boom；staging；stage；airframe；structure；establish；binding[平炉]
构架板坝☆frame and deck dam
构架工程☆framework；panel work
构架梁☆frame{framed} girder；trussgirder
构架墙☆framed wall
构架梯☆trussed ladder
(生物)构架元素☆framework-forming element
构件☆member；component (part;element)；hardware；structural{structure} member；structure{construction} unit；mem.
构件变形☆deformation of member
构件端部应力☆end stress of member
构件刚度检验☆stiffness test of structural member
构件互换性☆component compatibility
构件裂缝宽度检验☆crack width test of structural member
构件支撑☆member support
构克拉通☆tectons
构控燧石☆T-chert
构属[植;Q]☆Broussonetia
构思[意]☆design；conceive；scenario [pl.-s]
构图☆composition；map development；composition of a picture
构想☆framing
构象反差☆picture contrast
构象分析☆conformational analysis
构型{|形}[化{|数}]☆configuration
L 构形☆L-configuration
构形的双中心规整性☆ditactic
(机器翻译)构形成分☆formant
构造☆configuration；frame；form(ation)；construction；fabrication；conformation；constitution；structure[地、岩]；composition；contexture；build (up)；texture；fabric；feature；organization；mode of arrangement；organism；architecture；tectonic；structural；str
构造坳陷型汽田☆structural-depression-type steam field
构造鼻☆(structural) nose；anticlinal nose
构造变动☆tectonic event{disturbance}；tectonism；diastrophism
构造变动事件☆deformational event
构造变晶☆tectonoblast
构造变形岩石☆tectonically deformed rocks
构造变移☆tectonic transport
构造变质单位☆structural {-}metamorphic unit
构造表象的☆tectosequent
构造不稳定地区☆extreme tension region
构造槽☆geotectogene
构造层☆structural{tectonic} layer；synthem；stockwerke[德;地球]
构造层准☆structural level
构造差异作用☆structure differentiation
构造长廊☆gallery of structure
构造沉积演化☆tectono-sedimentary evolution
构造沉降☆tectonic sinking{descent;subsidence}；bathygenesis
构造沉降部分☆structural saddle
构造成矿单位{元}☆tectono-metallogenic unit
构造成因的构造☆offtrend structure
构造冲积扇-三角洲复合体☆tectonic fan-delta complex
构造窗☆fenster；(geologic(al)) window；(fault) inlier；knob；fenetre；fenêtre[法]；nappe inlier；fenestra [pl.-e]；tectonic window fault inlier
构造磁活动☆tectonomagnetic activity
构造磁学☆tectonomagnetism
构造脆弱带☆zone of structural weakness
构造错位☆structural dislocation
构造带☆structural belt{zone}；tectogene；tectonic belt
(晶体结构中的)构造单元☆building unit
构造倒置☆inversion of structure
构造的作用☆tectonic role
构造等级范畴☆tectonic scale category
构造等值线绘制☆structure contouring
构造低部位☆down-structure location
构造低陷☆structural low
构造地层区☆tectono-stratigraphic terrane
构造地带☆tectotope
构造地貌☆morphostructure；tectonic{structural} landform
构造地质☆formationalgeology；structural geology
构造叠覆☆piling-up
构造叠积{置}☆tectonic stacking
(在)构造顶部附近☆on the structure
构造顶部区域☆top structure area
构造断裂☆separation fracture
构造对比关系☆structural correlation
构造发育史☆structural history
构造反差强度☆tectonic contrast
构造飞来体☆tectonic enclave{inclusion}
构造分割作用☆structural segmentation
构造分类☆structural classification
构造分类(系统)☆tectonic systematics
构造分析☆tectonic{structure;structural} analysis；structural examination
构造封闭度☆structural closure
构造缝期后的☆postsuturing
构造盖前锋☆brow
构造纲要图☆structure{structural} outline map
构造高点☆structural high；culmination
构造高点井☆roof hole
构造海岸☆diastrophic{tectonic} coast
构造海面升降{变动}☆tectono-eustatism
构造海震{啸}☆tectonic seaquake
构造痕迹☆tectonic overprinting
构造后的☆apotectonic；posttectonic；postkinematic
构造后幕☆apotectonic phase
构造后深成运动☆post-tectonic plutonism
构造后位☆posttectonic{postkinematic} position
构造化(作用)☆tectonization
构造划分☆tectonic{structural} division
构造化学测量☆tectonochemical survey
构造混体☆tectonic mixture
构造混同层{杂体}☆tectonic melange
构造活动带☆mobile belt
构造活动区☆extreme tension region；tectonically {tectonic} active region
构造活化带☆tectonically mobile belt
构造基底☆tectonic foundation；infrastructure
构造基准层{面}☆datum horizon；structural datum
构造挤压煤☆pressed coal
构造间断{隙}☆lag fault；tectonic gap
构造-建造分析☆structural-formation analysis
构造交切{叉}☆structural intersection
构造阶地的下弯折部分☆lower break
构造解释☆structural interpretation；structure elucidation
构造井☆core hole；on-structure well
构造局部特征☆structural localization
构造孔☆record hole
构造孔隙(度)☆looseness of structure
构造类型构造样式☆tectonic style
构造力中心☆thrust center
构造裂缝☆diaclase；structural fracture；tectoclase；tectonic fissure
构造裂隙☆diaclase；structural fracture；fracture {fissure} without displacement
构造隆起☆structural high；swell；tectonic upwarping {uplift}
构造轮廓确定☆structural localization
构造埋没变质(作用)☆tectonic burial metamorphism
构造面位置☆attitude

G

构造敏感传导率☆structure-sensitive conductivity
构造模型图☆mantle-map；mantle-model
构造排列线☆structural alignment
构造判别☆tectonodiscrimination
构造盆地☆basin fold；tectonic{structural;structure} basin
构造偏高度☆structural divergence
构造片体☆tectonic slice
构造平衡☆kinematic(al) equilibrium
构造平原☆stratum{structural} plain
构造期后构造☆posttectonic{postkinematic} structure
构造期前的☆pretectonic
构造起源☆tectonoprovenance
构造迁移☆tectonic transport
构造前变晶☆pre-tectonic blast
构造前的☆pretectonic
构造切面☆tectonic profile
构造侵入☆protrusion
构造倾斜☆structural dip
构造圈闭☆structural{deformational;structure} trap；closure of structure
构造热液成矿论☆tectonic hydrothermalism
构造如城的☆castellated
(在)构造上☆on the structure
构造上升模式☆tectonic elevation model
构造渗透性通道☆structural permeability channel
构造升区☆tectonic culmination
构造生长☆structural growth
构造识别☆tectonodiscrimination
构造时代图☆tectonogram
构造事件持续时间☆duration-of tectonic event
构造水动力地层复合圈闭☆structural-hydrodynamic-stratigraphic combination trap
构造塑变岩☆tectonoplastic rock；tectonoplastite
构造碎片☆tectonic shards
构造体☆tectosome
构造体系的复合☆compounding of structural systems
构造体系控矿作用☆tectonic system control of ore deposition
构造图☆structural diagram{map}；structure{formation;tectonic} map；tecto(no)sphere；construction drawing
构造图解☆tectonogram；structural diagram
构造推覆学说☆nappe theory
构造外(的)☆off (the) structure
构造物☆fabric
构造物理(学)☆tectophysics
构造物质组合☆structural-material complex
构造细节☆structural detail
构造系统的联合☆tectonic syntaxis
构造下部注气(法)☆downdip gas injection
构造线☆tectonic{structural;trend} line；lineament
构造现象规模☆scale of tectonic phenomena
构造线走向☆course
(机械)构造详图☆detail of construction
构造相☆tectonic facies；tectofacies
构造相层☆tectosome
构造信息☆structure{structural} information
构造形成力☆structural capacity
构造形式☆structural form；form of structure
构造型油气田☆structural oil-gas field
构造性天然气☆structural natural gas
构造序次☆tectonic order
构造学☆tectonics；structurology
构造岩☆tectonite；tektonite；tectonic rock
B{|L|R|S|L-S}构造岩☆B{|L|R|S|L-S}-tectonite
构造岩浆分类☆magmatectonic classification
构造研究☆conformational study
构造掩埋变质作用☆tectonic burial metamorphism
构造引起的☆tectonically-induced
构造-营力-阶段三要素☆structure-process-stage
构造诱发的☆tectonically-induced
构造源区☆tectonoprovenance
构造运动☆tectonic{tectogenetic} movement；tectonization；tectogenesis
构造运动的全球旋回性☆global cyclicity of tectonic movement
构造运动圈☆tectonosphere
构造早期花岗岩☆primorogenic granite
构造造山作用构造造山过程☆tecto-orogenic process
构造置换☆transposition
(在)构造中☆under construction
构造中部☆mid-structure
(在)构造中无油区钻的井☆off structure well
构造中线☆median tectonic line
构造柱状体☆tectonic pile
构造装备☆hardware
构造总格局☆tectonic model
构造纵深部位☆tectonic level
构造组合☆tectonic association
构造组织地形☆morphostructure
构造钻进☆formation testing
构造钻井☆geologic{structure;core} drilling
构造钻井钻机☆core drilling rig
构造钻孔☆province hole
构造钻探☆drilling for structure；structural boring；geologic(al){structural;structure} drilling
构造钻☆structure test
构造作用☆tectonization；internal agency；tectonism；tectonic process{action}；tectogenesis[区域]
构造作用的牵引☆draught of tectogenesis
构造作用力☆tectonic force；internal agent
构造作用幕☆phase of tectogenesis
构筑块☆building block
构筑隧道的工人☆sand-hog
构筑围堰☆coffering
购货合同☆purchase contract
购来矿石☆custom ore
购买☆buy；purchase
购买矿物付款条件☆data for settlement
购买力☆ability to pay；purchasing power
购入成本☆buying cost
购入权益☆farm in
购物☆trade
购置费☆prime cost
购自[拉]☆ex
够本值☆break-even value
够得上☆measure up to
够生产地带☆production zone

gū

葍葖果[植]☆follicle
菇岩☆mushroom{pedestal} rock
菇状土柱☆demoiselle
箍☆hoop；ferrule；collar；buckle；bridge；band；binder；hook；staple bolt；fasten round；bind fast
箍钢☆hoop-iron
箍筋☆stirrup
(加)箍筋☆hooping
箍紧☆banding
箍圈☆hook；binding screw clamp
箍式岩芯爪☆core gripper with slip-collar
箍缩位错☆pinching dislocation
箍套☆bracelet
箍条☆strake；wale
箍铁☆hoop-iron；hoop
箍应力☆hoop{circumferential} stress
箍用角条[机]☆boom angle
估测☆estimation
估测调查☆estimate survey
估定☆assessment；estimation；evaluate
估计☆allow for；reckon(ing)；estimation；take-off；cast；suspect；calculate；valuation；evaluation；figure；appraise；assessment；appraisement；boilerhouse；appraisal；appreciation；assess；est；calc.；fig.
估计不足☆underestimation；underestimate
估计产量☆estimated yield
估计尺寸☆size-up
估计储量☆estimated reserves；expected tonnage
估计船位☆EP；estimated position
估计的☆estimated；est.；est
估计的地层原始储油量☆estimated original oil in place
估计过高☆overrate；overestimate
估计价值☆appraised value
估计量的极小方差性质☆minimum variance property of estimator
估计量的有效性☆efficiency of estimator
估计寿命☆expectancy{expected} life
估计数字☆estimative figure
估计损耗添量☆tret
估计误差☆evaluated error
估计岩基线☆assumed rock-line
估计值☆estimator；estimated value
估计重量☆EST WT；estimate(d) weight
估价☆estimate of cost；cost estimating；appraisal；appraise；estimate；evaluate；evaluation；rating；appreciation；estimation；value；assessing a price；valuation；price assessment；appraised price
估价表☆schedule of prices
估价单☆quotation；quot
估价的☆estimated；est.
估价者☆valuer
估价征税☆taxation
估量☆size-up；span；ponderation
估评☆evaluation
估算☆estimate；appraise；reckon(ing)；evaluation；estimation；estimating；compute
估算的容量☆estimated capacity
估算损害比☆estimated damage ratio；EDR
估算温度☆inferred{indicated} temperature
估算值☆estimated value；estimator
孤波☆soliton；solitary wave
孤残层☆klippe [pl.-n]；patch of overthrust sheet；outlier of overthrust sheet{mass}；fault{tectonic} outlier；drong mountain
孤残层带☆klippen belt
孤残推覆体☆nappe outlier；klippe
孤残岩块☆detached mass
孤岛☆detached island
孤点☆acnode；isolated point
孤点的☆acnodal
孤电子☆lone electron
孤独☆loneliness
孤对电子☆lone paired electron
孤峰☆hum；isolated peak；tolt；butte；tind
孤火山☆isolated volcano
孤基岩丘☆island hill
孤几丁虫属[O]☆Eremochitina
孤礁☆chapeir(a)o；isolated reef
孤井☆solitary well
孤立☆insulation；isolation；seclusion
孤立碍航物浮标☆isolated danger buoy
孤立波☆solitary wave
孤立残丘☆lost hill
孤立的☆solitary；isolate
孤立的前陆拱形{起}构造☆isolated foreland arch
孤立地层内部褶曲☆rootless intrafolial fold
孤立点☆isolated point；acnode；acnodal
孤立电子☆lone-pair electron(s)
孤立堆砌{积}☆isolated stacking
孤立海盆☆barred{silled} basin
孤立礁☆detached{isolated} rock
孤立角峰[挪]☆tind
孤立巨砾[干盐湖上]☆skid boulder
孤立矿柱的应力集中区☆island abutment
孤立煤柱☆abandoned coal pillar
孤立珊瑚☆horn coral
孤立双四面体硅酸盐☆sorosilicate
孤立水流☆separated flow
孤立水区☆enclosed water
孤立样点☆isolated sample
孤立油滴☆isolated oil droplet；isolated globule；insular oil
孤立子☆soliton
孤立组分☆indifferent components
孤零包裹体☆isolated inclusion
孤盆地☆isolated basin
孤丘☆kopje；kop；isolated{single} hill；butte；toft；koppie；monadnock-barge[海蚀台上的]
孤山☆butte；isolated hill；morro；lost mountain
孤赏石☆monolith,standing stone
孤石☆core-stone；boulder；lonestone
孤形蛤属[双壳;S_2-P_2]☆Modiomorpha
孤崖☆scaw；scar；scaur
孤岩☆scar
孤羊属[N_2]☆Oioceos
孤子☆soliton
姑息手段☆palliative

gǔ

鼓☆drum；tympan；trommel；tambour
鼓包☆humping；bulge
鼓出部分☆bulge
鼓出的☆popping
鼓吹☆trumpet
鼓底☆bottom raising；creep；hoove-up
鼓底压力☆crown-in；heaving pressure
鼓底作用☆heaving action
鼓顶钢锭☆rising ingot
鼓动家☆agitator

(轮齿的)鼓度☆barreling
鼓风☆blast(ing); forced draft; fan; blow(ing); airblast; blow-outs; air blasting{blast;blow}; dry blast
鼓风出口☆outlet for blast air
鼓风机☆(gas;fan;air;blast;fan) blower; gas pump; force {blast;blowing;ventilating;blowdown} fan; blowing {blasting} engine; blast (engine); air-blower; BLO
鼓风机阀☆blower valve
鼓风机组☆unit blower
鼓风(出)口☆outlet for blast air; tuyere; blast orifice
鼓风量☆volume of blast; blast capacity
鼓风炉☆blast{shaft} furnace; forced draft oven; coke blast furnace
鼓风能力☆blowability; blast(ing) capacity
鼓风式喷气(发动)机☆fanjet
鼓骨☆tympanic bone
鼓海龟☆snapping turtle
鼓励☆incentive; stimulation; stimulate; rouse; nerve
鼓励企业政策☆business encouragement policy
鼓励性定价[高于市价,促进生产]☆incentive pricing
鼓轮式磁选机☆drum-pulley separator
鼓螺属[腹;E-Q]☆Dolium
鼓面☆drumhead
鼓膜☆tympanic membrane; tympan(um)
鼓膜凸☆umbo [umbones;pl.umbos]
鼓泡☆barbotage; effervescence; bubble formation; bubbling
鼓泡冷泉☆gaseous cold spring
鼓泡器☆bubbler
鼓泡泉塘☆ebullient{bubbling} pool
鼓泡热泉☆degassing{bubbling} hot spring
鼓泡现象☆ebullition
鼓盆地形☆hummock-and-hollow topography; rundhall
鼓起☆bulging; cockle; bulge; blowup; belly; upswell; upheaval; swell; blow up; summon; baggit; inflate
鼓起的底板☆heaving floor
鼓气☆air blowing
鼓丘☆drumlin; ispatinow; mammillary hill; hogback; drum
鼓丘地形☆drumlinoid surface
鼓丘原☆drumlin field; basket-of-eggs topography
鼓丘状冰碛尾丘☆drumlinoid drift tail
鼓声☆drummy sound
鼓式打印☆barrel print
鼓式过滤机☆drum filter
鼓式制动器☆drum brake
鼓室[耳]☆tympanum [pl.-na]; tympan; tympanic cavity
鼓筒式混凝土搅拌机☆drum mixer
鼓舞☆inspiration; stimulate; vitalization; spark
鼓舞人心的☆encouraging
鼓型给矿器☆drum feeder
鼓形☆ovaloid
鼓形度盘☆drum dial
鼓形水车☆tympanum [pl.tympana]
鼓形柱☆tambour
鼓翼☆flop
鼓藻[绿藻]☆desmid
鼓藻孢属[N_1]☆Desmidiaceaesporites
鼓藻属[绿藻门;Q]☆Cosmarium
鼓胀☆heave (up); bulge; ballooning; heaving; bag
鼓胀的☆mammilar
鼓胀岩石☆swelling rock
鼓支架☆drum support bracket
鼓转☆tumbling
鼓状的☆tympanoid
鼓状物☆drum
毂☆casing; nave
毂盖☆hub cap{cover}
毂套☆hub sleeve
毂型齿轮☆hub-type gear
毂形的☆modioliform
毂缘☆hub flange
古☆pale-; pal(a)eo-; palaio-; palae-; paleo-; Palaeo-
古(冲积层)☆old drift
古阿胶☆guar gum
古安山岩☆mixpah; palaeoandesite
古拗拉槽☆pal(a)eoaulacogen
古巴[拉美]☆Cuba
古巴矿[$CuFe_2S_3$;斜方]☆cubanite; barracanite; cuban; chalcopyrrhotite
古斑岩☆pal(a)eoporphyry
古板块☆fossil{ancient} plate; pal(a)eoslab
古板块边界☆pal(a)eo-plate boundary
古板片☆pal(a)eoslab
古半翅目[昆;P-J]☆Pal(a)eohemiptera
古半径☆pal(a)eoradius
古孢粉学☆pal(a)eopalynology
古孢体[D]☆Sporogonites
古薄扭贝属[腕;D_{1-2}]☆Protoleptostrophia
古宝石[$Fe_3Al_2(SiO_4)_2$]☆anthrax
古杯动物(门)☆Archaeocyatha
古杯纲☆Archaeocyathida
古杯海绵纲☆Pleospongia
古杯(海绵)类☆archaeocyathid; Archaeocyathus; pleosponge
(似)古杯属[O]☆Archaeoscyphia; Archaeocyathus
古北极的☆Palaeo-Arctic; Palaearctic
古北极区☆palaeoarctic{Palaeo-Arctic} region
古北矿☆gupaiite; gupeiite
古边界☆fossil boundary
古变晶☆paleoblast
古变形☆pal(a)eodeformation
古鳖属[爬;K-Q]☆Aspideretes
古玢岩☆pal(a)eoporphyrite
古滨海浅水环境学☆palaeoagrostology; palaeoaktology
古滨线☆ancient strand line; pal(a)eoshoreline; former shore line; old{ancient} shoreline
古冰☆fossil ice
古冰川学☆pal(a)eoglaciology
古冰斗☆schrund; bergschrund
古冰斗线☆schrund line
古冰楔☆fossil ice wedge; ice-wedge pseudomorph; ice wedge fill
古病理学☆pal(a)eopathology
古波痕☆fossil ripple
古勃贝属[腕;P_2]☆Gubleria
古彩☆antique colors
古仓鼠属[E_3]☆Cricetops
古草本(类)学☆palaeoagrostology
古测温学☆pal(a)eothermometry
古长脚目[蛛;C]☆Phalangiotarbi
古长颈鹿属[N_2]☆Pal(a)eotragus
古长身贝属[腕;C_3-P_1]☆Antiquatonia
古长鱼☆Palaeoniscus
古潮{汐}差☆pal(a)eotidal range
古潮汐☆pal(a)eotide
古巢面藻属[Z]☆Archaeofavosina
古巢珊瑚☆palaeofavosites
古沉积岩石图☆pal(a)eolithologic map
古沉没带☆fossil subduction zone
古蛏螂属[双壳;D-P]☆Janeia
古成体☆pal(a)eosome
古齿兽次目☆Paleodonta
古齿亚目[哺]☆palaeodonta; Paleodonta
古赤道☆pal(a)eoequator
古翅目☆Paleoptera
古翅下纲☆Palaeoptera
古冲积的☆paleo-fluvial
古虫属[E_2-Q]☆Archaias
古串珠虫属[孔虫;D_1-P]☆Pal(a)eotextularia
古磁场☆paleofield
古(地)磁场☆ancient magnetic field
古磁极☆pal(a)eomagnetic pole
古磁(极)位置☆Palaeomagnetic site
古磁性☆pal(a)eomagnetism; fossil magnetism
古刺壳虫属[三叶;$Є_3$]☆Eoacidaspis
古刺球藻属[甲藻;K-E]☆Pal(a)eohystrichophora
古刺猬类☆Zalambdonta
古次生模式☆secondary fossil pattern
古粗枝藻属[J]☆Pal(a)eodasycladus
古锉蛤属[双壳;C-T]☆Pal(a)eolima
古大陆图☆palaeocontinental map
古大西洋☆Iapetus
古大洋☆palaeo-ocean; paleo-ocean
古代☆antiquity
古代冰☆stone{fossil} ice
古代玻璃☆antique glasses
古代采掘巷道☆ancient workings
古代沉积☆ancient{old} sediment
古代的☆archaic; precontemporary; antique; old; pristine
(一种)古代红色陶器☆terra sigillata
古代石壁画☆pictograph
古代体☆archaic
古淡水☆fossil fresh water
古岛☆palaeo-island; paleo-island
古岛国[理论]☆pal(a)eoinsular
古岛弧☆former island arc
古岛弧-海沟断谷沉积系列☆fossil arc-trench gap succession
古岛状陆块[熔岩流中央的]☆dagala; steptoe
古德罗茨型筛☆Good Roads screen
古德曼应力图☆Goodman's stress diagram
古德门型采煤机[中厚煤层用]☆Goodman miner
古德斯普林双晶律☆Goodsprings twin law
古德伊尔电子测图系统☆Goodyear Electronic Mapping System
古的☆archaic; fossil; fossiliferous; fos
古登堡不连续面☆Gutenberg discontinuity
古登堡-李希特走时☆Gutenberg-Richter travel times
古登堡-韦谢特(界面)☆Gutenberg-Weichert
古等称虫属[三叶;O_1]☆Eoisotelus
古等深积岩☆ancient contourite
古等温线☆pal(a)eoisotherm
古等压线☆pal(a)eoisobar
古等足蛛属[D_1]☆Pal(a)eoisopus
古地磁☆pal(a)eomagnetism; archeo-magnetism; archaeomagnetism
古地磁场☆paleomagnetic{palaeomagnetic} field
古地磁场强度☆paleointensity of geomagnetic field
古地磁的☆archaeomagnetic; pal(a)eomagnetic
古地磁地层学☆palaeomagnetic{paleomagnetic; magetic} stratigraphy; magnetostratigraphy
古地磁极☆palaeopole; paleomagnetic pole
古地磁学☆archaeomagnetism; pal(a)eomagnetism; archeo-magnetism
古地极☆pal(a)eopole
古地块☆diastrophic block; kern(el); older mass; old landmass
古地理☆paleogeography
古地理重塑☆palaeogeographic reconstruction
古地理的☆pal(a)eogeographic(al)
古地理(-)古构造再造剖(面)☆palinspastic section
古地理期☆palaeogeographic stage; palstage
古地理区☆palaeogeographic province
古地理图☆pal(a)eoareal{pal(a)eogeographic} map
古地理学☆pal(a)eogeography; palaeogeograpy; pal(a)eophysiography
古地幔☆pal(a)eomantle
古地貌的☆palaeogeomorph(olog)ic(al)
古地貌图☆paleogeomorphologic map
古地貌学☆pal(a)eogeomorphology; historic(al) geomorphology; pal(a)eophysiography
古地面等高线☆eo(iso)hypse
古地壳变动的☆pal(a)eotectonic
古地球动力学的☆paleogeodynamic
古地球演变学☆pal(a)etiology
古地热☆pal(a)eogeothermics
古地热区☆extinct geothermal area
古地台☆older platform
古地温☆palaeogeothermal; paleogeotemperature
古地文学☆pal(a)eophysiography
古地下水☆pal(a)eogroundwater; fossil ground water; old{fossil} groundwater; palaeo-groundwater
古地形☆fossil landscape{relief}; ancient landform; dead{old} form; pal(a)eotopography; old topography
古地形图☆pal(a)eotopographic(al) map
古地形学☆paleogeomorphology; pal(a)eotopography
古地震☆paleoearthquake
古地震的☆paleoseismic
古地震学☆palaeoseismology
古地质图☆pal(a)eogeologic map
古地质学☆pal(a)eogeology
古地中海☆Tethys (Sea)
古地中海地槽☆Tethyan geosyncline
古蒂勒尼安海进[地中海,相当于民德-里斯间冰期]☆Pal(a)eotyrrhenian transgress
古第三纪☆Ludian{Wemmelian} Subage
古第三系☆Old Tertiary
古典回归☆classic(al) regression
古典金麻[石]☆Giallo Anitco
古典区位理论☆classical location theory
古典熔融地球(假)说☆classic molten-earth hypothesis
古典时代后的☆post-classic
古典作品{家}☆classic
古董石☆curio stone

G

古动物区系☆pal(a)eofauna
古动物鲜☆fossil fauna
古动物学☆pal(a)eozoology
古胴甲鱼属[D_1]☆Eoantiarchilepis
古洞穴☆fossil cave
古断裂☆fossil fracture
古断陷☆palaeoaulacogen
古堆积学☆palaeosedimentology
古对锥齿兽属[E_1]☆Archaeoryctes
古顿伯格波[一种长周期勒夫波]☆G-wave
古多边形土☆fossil patterned ground
古多齿亚纲☆Palaeotaxodonta
古颚软骨☆hyomandibular cartilage
古腭型☆pal(a)eognathism
古鳄亚目☆Proterosuchia
Jaguar 387 古尔胶[刺槐豆胶]☆Jaguar 387
古泛滥平原☆fossil flood plain
古泛南方☆Panaustral
古方位☆pal(a)eo-orientation；palaeoazimuth
古纺锤䗴型[孔虫]☆pal(a)eofusulinid type
古分喙石燕属[腕;C_1]☆Palaeochoristites
古坟丘☆tell；teppe
古粪石学☆palaeocoprology
古封印木(属)[D_2-C_1]☆Archaeosigillaria
古蜂巢珊瑚属[O_2-S_3]☆Palaeofavosites
古风☆pal(a)eowind；archaic
古风化壳☆paleocrust of weathering；palaeo-weathered crust
古风化作用☆fossil weathering
古俯冲带☆pal(a)eo(-)subduction zone
古腹足类[软]☆archaeogastropoda
古腹足亚纲☆Protogastropoda；Archaeogastropoda
古钙华☆fossil travertine
古橄角砾无球粒陨石☆rodite
古干水道☆chebka
古高地☆old upland；paleohigh
古高加索古{大}陆☆Palaeo-Caucasia
古戈尔(派勒斯)[=10^{100}]☆ googol(plex)
古弓笔石属[S_1]☆Procyrtograptus
古沟藻属[J-K]☆Pal(a)eocystodinium
古构造☆pal(a)eostructure；pal(a)eotectonics
古构造层☆old structural beds
古构造带☆palaeides
古构造的☆pal(a)eotectonic
古构造图☆ pal(a)eostructure {pal(a)eotectonic; paleostructural} map
古构造学☆paleotectonics
古谷☆fossil valley；paleovalley
古谷底☆former valley bottom
古管刺球藻属[Z-O]☆Archaeohystrichosphaeridium
古管螅属[腔;O]☆Pal(a)eotuba
古光生物学☆palaeophotobiology
古硅华☆fossil geyserite{sinter}
古果实学☆palaeocarpology
古海岸☆old coast
古海岸线☆ancient shoreline；palaeoshoreline
古海百合目{纲}☆Palaeocrinoidea
古海胆目[棘]☆Palaechinoida
古海底峡谷☆fossil submarine canyon
古海底下陷☆entrapment of old sea floor
古海盆☆palaeobasin
古海球石[钙超;J-K_1]☆Pal(a)eopontosphaera
古海扇属[双壳;J_1-K_1]☆Eopecten
古海蚀崖☆old{dead} cliff
古海滩(砂)脊☆accretion ridge
古海湾☆paleo-estuary
古海崖☆falaise
古海洋学☆pal(a)eo(-)oceanograph
古海洋再造☆pal(a)eo-oceanographical reconstruction
古含水层☆pal(a)eoaquifer
古含铀页岩☆fossil uraniferous shale
古行动学☆palaeotexiology
古颌`类{总目;超目}[鸟类]☆Pal(a)eognathae
古河床☆palaeochannel；fossil river bed
古河道☆fossil{ancient} stream channel；old channel {course;stream}；pal(a)eochannel；pal(a)eostream；crease；paleocurrent
古河谷☆former river valley
古河口☆paleo-estuary
古河口的☆palaeo-estuarine
古河狸属[E_3]☆Palaeocastor
古河流☆paleoriver
古河流的☆paleo-fluvial
古河系学☆pal(a)eofluminology
古痕迹(化石)学☆pal(a)eoichnology
古红色土☆old red earth
古猴兽属[南美有蹄目;E_2]☆Archaeopithecus
古后刺蝎属[节;C]☆Pal(a)eopisthacanthus
古狐猴☆Notharctus
古狐兽属[E_2]☆Vulpavus
古湖☆fossil lake
古湖泊☆paleolake
古湖泊{沼}学☆pal(a)eolimnology
古花岗岩☆urgranite
古华夏古陆☆Palaeocathaysia
古华夏式☆Pal(a)eocathaysian
古滑坡☆fossil{ancient} landslide；ancient (rock) slide
古化合物☆fossil compound
古踝节兽属[E]☆Meniscotherium
古环境☆pal(a)eoenvironment；palaeoenvironmental setting
古环境分析☆pal(a)eoenvironmental analysis
古环流☆paleocirculation
古浣熊属[N_1]☆Phlaocyon
古黄土☆loessite
古火口☆dead vent；decayed crater
古火山☆pal(a)eovolcano；fossil{ancient} volcano
古火山的☆pal(a)eovolcanic
古火山口☆old crater
古火山学☆pal(a)eovolcanology
古火山岩☆palaeovolcanic rock；old volcanic rock
古基底☆palaeobasement；palaeosole
古极☆pal(a)eopole
古戟贝属[腕;O]☆Eochonetes
古脊齿兽属[E_1]☆Archaeolambda
古脊椎动物☆palaeovertebrates
古迹☆antiquities；historic(al) sites
古加里东造山运动☆Older-Caledonian orogeny
古甲藻属[J-E]☆Pal(a)eoperidinium
古箭蜓属[昆;J_2]☆Archaeogomphus
古剑虎属[E_3]☆Hoplophoneus
古剑珊瑚☆Palaeosmilia
古间歇喷泉☆dead geyser
古间歇泉☆extinct geyser
古礁☆fossil reef；paleoreef
古脚亚目[爬]☆Pal(a)eopoda
古皆足蛛属[昆;D_1]☆Pal(a)eopantopus
古节球藻属☆Nodularites
古结晶冰☆pal(a)eocrystic{pal(a)eocrystalline} ice
古今一致☆uniformitarianism
古近纪(的)☆Paleogene (period)
古近水平的☆paleo-subhorizontal
古近系☆Palaeogene (system)
古鲸亚目☆archaeoceti
古经度☆pal(a)eolongitude
古景观☆pal(a)eolandscape
古径迹☆fossil track
古菊石属[头;T_3]☆Arcestes
古巨猪属[E_3]☆Archaeotherium
古卷尾猴属[N_1]☆Cebupithecia
古蕨(属)☆Archaeopteris
古菌类学☆pal(a)eomycology
古龟裂☆fossil polygon
古喀斯特☆pal(a)eokarst；fossil karst
古壳目[双壳]☆Palaeoconcha
古孔目[腕]☆Pal(a)eotremata
古孔隙压力☆paleopore pressure
古孔藻属[Є-D]☆Pal(a)eoporella
古苦橄岩☆pal(a)eopicrite
古矿井遗址☆remains of mines at ancient times
古老的☆primeval
古老地形起伏☆pal(a)eorelief
古老滑坡区☆old sliding area
古老面☆postmature surface
古老页岩☆nonesuch
古雷兽(属)[E_2]☆Pal(a)eosyops
古棱象(属)☆Pal(a)eoloxodon
古里亚式谷☆pal(a)eo-rias
古栗蛤属[双壳;T-J]☆Palaeonucula
古砾岩☆old gravelstone
古利特炸药☆gurit
古立特炸药☆Gurit
古粒玄岩☆pal(a)eodolerite
古鬣齿兽属[E_2]☆Sinopa
古鬣狗属[N]☆Ictitherium
古列齿亚纲☆Palaeotaxodonta
古裂齿蛤属[双壳;D-P]☆Eoschizodus
古裂谷☆pal(a)eorift
古菱齿象属☆Pal(a)eoloxodon
古灵鼬属[E_2]☆Viverravus
古流☆pal(a)eocurrent
古流(向)分析☆palaeocurrent analysis
古流体运移作用☆paleofluid migration
古流纹岩☆pal(a)eoliparite
古隆起☆palaeohigh
古芦木(属)☆Archaeocalamites；Calamophyton
古芦穗属[C_2-P_1]☆Pal(a)eostachya
古卤水☆fossil brine
古鹿属☆Archaeomeryx
古陆☆ancient{old} land；diastrophic block；block mass；oldland
古陆核☆craton
古陆块☆old landmass；epeirocraton
古陆棚☆cratonic shelf
古陆坡☆pal(a)eoslope
古陆桥☆Pangea；pangaea
古绿石☆verd(e) antique；serpentine marble
古轮藻属[C_3]☆Palaeochara
古罗马步兵的短矛☆pila [sgl.pilum]
古罗马帝国的道路☆agger
古罗马剧场☆amphitheater
古马通蕨☆Pheldopteris
古埋藏深度☆palaeoburial depth
古满月蛤属[双壳;C_1]☆Pal(a)eolucina
古煤☆s(c)hungite
古美洲大陆☆Pal-Amerika
古锰结核☆fossil nodule{manganese}；fossil manganese nodule
古米台蚌属[双壳;P]☆Palaeomutela
古墓☆tumulus
古南美有蹄(亚目)☆Notioprogonia
古囊藻属[J-K]☆Pal(a)eostomocystis
古泥火山☆fossil mud volcano
古泥盆贝属[腕;D_{1-2}]☆Eodevonaria
古泥石流☆ancient mud flow
古泥土☆paleosoil
古尼罗蛤属[双壳;O-K]☆Pal(a)eoneilo
古拟念珠藻属[Z]☆Nostocomorpha
古溺谷☆pal(a)eo-rias
古年代学☆palaeochronology
古念珠藻属☆Nostocites
古鸟目☆Archaeopterygiformes
古鸟属[J_3]☆Archaeornis
古偶蹄类☆Paraxonia
古偶蹄兽属[E_2]☆Diacodexis
古盘虫属[孔虫;C_{1-2}]☆Archaeodiscus；Eodiscus
古盘形藻属[Є]☆Archaeodiscina
古喷出岩☆paleoeffusive rock；pal(a)eoeffusives
古盆地☆pal(a)eobasin；fossil basin
古皮劳德层状地层模型☆Goupillaud layer-earth model
古皮劳德介质☆Goupillaud medium
古片麻岩☆urgneiss
古贫齿类☆Palaeonodonta
古平流沉积☆fossil contourite
古平原☆pal(a)eoplain[被后期沉积所覆盖]；fossil plain；pastplain
古坡地☆pal(a)eoslope
古坡向☆paleoslope
古破火山口☆paleocaldera
古剖面☆pal(a)eoprofile
古瀑布湖☆cataract lake
古期花岗岩☆older granite
古企鹅属[E_2]☆Palaeeudyptes
古气候☆geologic(al) climate；pal(a)eoclimate
古气候带☆climatic paleozone
古气候的同位素记录☆isotopic palaeoclimate record
古气候图☆palaeoclimatologic(al) map
古气候学☆pal(a)eoclimatology
古气候学上的☆palaeoclimatologic(al)
古堑壕构造☆palaeoaulacogen
古腔贝属[腕;O_{1-2}]☆Eocoelia
古(地磁化)强度☆paleointensity
古侵蚀面☆fossil erosion surface
古侵蚀平原☆fossil plain
古倾斜☆paleotilt
古球虫属[孔虫;D-C_1]☆Archaeosphaera
古球接子属[三叶;$Є_1$]☆Archaeagnostus
古球藻属[蓝藻;Ar]☆Archaeosphaeroides

古趋性学[生]☆pal(a)eotexiology
古区域(分布)☆palaeoareal
古圈闭☆paleotrap
古泉☆quiescent spring
古泉华☆fossil geyserite; fossil products of hot spring; ruin; extinct sinter
古泉口☆decayed crater; dead vent
古群落☆palaeocommunity
古群落分布学☆pal(a)eosynchorology
古(生物)群落梯度☆palaeocommunity gradient
古壤☆barnyard
古热带的☆pal(a)eotropic
古热带第三纪植物群☆paleotropical-tertiary geoflora
古热带区☆pal(a)eotropical realm{region}
古热喀斯特☆fossil thermokarst
古热泉(区)☆ended hot spring
古人类土丘☆teppe[波斯]; tell[阿]
古人类学☆pal(a)eoanthropology; human paleontology
古溶洞☆fossil cave
古乳齿象☆Palaeomastodon
古(板块)三叉点☆ancient triple junction
古三角洲☆fossil delta; pal(a)eodelta
古(板块)三联点☆ancient triple junction
古三趾马属☆Anchitherium
古色印泥☆bronze stamping pad
古砂矿☆fossil placer; pal(a)eoplacer
古沙丘☆fossilized{fossil;ancient} dune
古珊瑚(属)[O_{2-3}]☆Pal(a)eophyllum
古闪辉玢岩☆pal(a)eophyrite
古深度☆pal(a)eodepth
古神苔藓虫属[O-S]☆Dianulites
古生☆saltation; sport
古生变晶☆paleoblast
古生代[570～250Ma]☆Pal(a)eozoic (era); Pz; Paleozoic; Erathem
古生痕学☆pal(aeo)ichnology
古生化学☆palaeobiochemistry
古生界☆Palaeozoic (erathem;group;era); Paleozoic erathem; Pz; primary geochemical differentiation; Primary group
古生菌类☆archimycetes
古生拟猴☆Omomys
古生态的☆palaeoecologic(al)
古生态分带(性)☆pal(a)eoecologic zonation
古生态图☆palaeoecologic map; palaeoecological picture
古生态学☆pal(a)eoecology
古生态演替进程☆pal(a)eosere
古生体☆pal(a)eosome
古生物☆ancient life; palaeobios
古生物博物馆☆museum of paleontology
古生物带☆paleontologic(al) zonation
古生物境☆palaeobiotope
古生物埋藏群☆pal(a)eothanatocoenosis
古生物描述学☆palaeontography
古生物生活水深☆pal(a)eodepth
古生物学☆pal(a)eontology; petrifactology; fossilology; pal(a)eobiology; Pal.; pal
古生物学的☆pal(a)eontological; palaeontologic; pal
古生物学家☆pal(a)eontologist
古生物钟☆palaeontologic(al) clock
古生物种☆pal(a)eospecies; palaeontologic species
古石箍☆amgarn
古石孔藻属[C-P]☆Archaeolithoporella
古石叶藻属[C-P]☆Archaeolithophyllum
古石藻属[Z]☆Antiquophytolithus
古时☆old
古食肉目[哺]☆Creodonta
古兽次亚纲☆Panthotheria
古兽(马属)[E_2-N_1]☆Pal(a)eotherium
古兽目☆Pant(h)otheria
古舒马德虫属[三叶;$Є_3$]☆Eoshumardia
古双壳类☆Palaeoconcha
古水☆fossilized{old;relic} water; pal(a)eowater
古水流☆pal(a)eocurrent; palaeoflow
古水流分析☆palaeocurrent analysis
古水盆海湾☆bodden
古水深分析☆palaeobathymetric analysis
古水深图☆palaeobathymetric map
古水体☆connate{fossil} water
古水文地质☆palaeohydrogeology
古水文学☆pal(a)eohydrology
古水系☆pal(a)eodrainage pattern; ancestral river
古水压计☆pal(a)eohydrometer
古斯塔夫矿☆gustavite
古丝菌属[D]☆Pal(a)eomyces
古丝藻属[D]☆Archaeothrix
古似渔乡叶肢介属[节;D-K]☆Pal(a)eolimnadiopsis
古松柏粉属[孢;T-J]☆Palaeoconiferus
古苏铁属[植;T_3]☆Palaeocycas
古索克氏虫属[三叶;$Є_3$]☆Eosaukia
古塔胶☆gutta [pl.-e]
古苔属[J_1]☆Pal(a)eohepatica
古苔藓虫属[$Є_3$]☆Archaeotrypa
古太古代[3800～3000Ma]☆Pal(a)eoarchean
古太古界☆Paleoarchean
古太平洋的☆paleo-Pacific
古碳☆ancient carbon
古碳酸盐线☆fossil carbonate line
古碳质岩☆thucolite
古特提斯☆paleotethys
古蹄兽(目)☆Condylarthra
古同心层火山渣☆fossil raindrop
古铜☆bronze
古铜钙(长)无(球)粒陨石☆howardite
古铜(-)橄榄石铁陨石☆bronzite-olivine stony-iron
古铜硅质斑玄武岩☆bronzite tholeiite
古铜滑石☆phoestine; phastine
古铜辉石[含 FeO 5%～13%;$(Mg,Fe)_2(Si_2O_6)$;$(Mg,Fe)SiO_3$] ☆ broncite ; bronzite ; bronzite-augite ; protobastite
古铜辉石橄榄石铁陨石☆lodranite
古铜辉石鳞石英铁陨石☆siderophyre
古铜绢石[具有古铜辉石假象的蛇纹石]☆pha(e)stine
古铜-鳞英石铁陨石☆siderophyre
古铜无球(粒)陨石☆diogenite
古铜岩☆bronzitite; bronzitfels
古铜云母☆caswellite
古头帕海胆属[O-P]☆Archaeocidaris
古凸贝(属)[腕;$Є_3$-O_1]☆Pal(a)eostrophia
古土层☆duricrust
古土壤☆pal(a)eosol; gumbotil[冰碛层下]; fossil {buried;ancient} soil; pal(a)eopedological
古土壤学☆pal(a)eopedology
古兔(属)☆Pal(a)eolagus
古推覆基底☆palaeoautochthon
古拖拉迹[遗石]☆Pal(a)eohelcura
古玩石☆curio stone
古网笔石属[O_3]☆Archiretiolites
古网翅目[C_2-P]☆Pal(a)eodictyoptera
古网迹[遗石;O-R]☆Pal(a)eodictyon
古微孢藻属[蓝藻;Z]☆Pal(a)eomicrocystis
古微体动物☆Palaeomicroanimal
古围脊贝属[腕;C-P]☆Eomarginifera
古纬度☆pal(a)eolatitude; palaeolatitudinal
古猬兽☆Zalambdalestes
古温测定☆pal(a)eothermometry; palaeotemperature measurement
古温层位{次}☆palaeotemperature stratification
古温度☆pal(a)eotemperature; fossil temperature
古温度的同位素记录☆isotopic paleotemperature record
古温分层☆palaeotemperature stratification
古温暖气候的☆pal(a)eothermal
古文物☆antiquity
古文字状结构☆runic texture
古乌帽螺属[腹;C]☆Palaeocapulus
古无齿蚌属[双壳;P]☆Palaeanodonta
古无窗贝属[腕]☆Protathyris
古无脊椎动物学☆invertebrate paleontology
古物抢救工程☆salvage arch(a)eology
古物种☆pal(a)eospecies
古西猯属[Q]☆Mylohyus
古蜥龙次亚目☆Pal(a)eosauriscia
古鼷鹿(属)[E_2]☆Archaeomeryx; Palaeomeryx
古习性学☆ethologo-palaeontology
古隙间水☆fossil interstitial water
古虾目☆Palaeocaridacea
古虾属[节;C_2]☆Palaeoacris
古狭叶肢介属[节;J_2-K]☆Pal(a)eoleptestheria
古咸度☆palaeosalinity
古相☆pal(a)eotype; pal(a)eotypal
古相(安山)斑岩☆pal(a)eophyre
古相岩☆palaeotypal rock
古香鼬属[E_2]☆Stenoplesictis
古消减带☆fossil subduction zone
古消亡线☆fossil consuming boundaries
古小粟虫属[孔虫;T_3-J]☆Pal(a)eomiliolina
古蝎属[节;S]☆Pal(a)eophonus
古斜坡☆pal(a)eoslope
古新世[65～53Ma]☆E_1; Pal(a)eocene (epoch)
古心蛤属[双壳;T]☆Palaeocardita
古型☆architype; prototype; arquetype
古形态学☆pal(a)eomorphology
古穴目[腕]☆Pal(a)eotremata
古鳕类☆palaeoniscoidea
古鳕鳞☆pal(a)eoniscoid scale
古鳕目☆Palaeonisciformes
古鳕鱼属[P]☆Pal(a)eoniscus
古压力☆pal(a)eopressure
古亚洲大陆☆Pal Asia; Pal-Asia
古亚洲的☆paleo-Asian; paleo-Asiatic
古盐度☆pal(a)eosalinity
古盐水☆fossil salt water
古岩溶☆fossil karst; pal(a)eokarst; ancient karst
古岩石滑坡☆ancient rock slide
古岩相测井☆pal(a)eofacies logging
古岩性的☆palaeolithologic
古岩性图☆paleolithologic{palaeolithologic} map
古演替系列☆pal(a)eosere
古羊齿类☆archaeopterides
古羊齿属[D_3]☆Archaeopteris
古洋脊☆fossil ridge
古洋壳☆pristine oceanic crust
古洋流☆palaeocurrent
古氧☆fossil oxygen
古仰冲作用☆paleoobduction
古窑☆ancient chinese pottery{ware}
古叶菊石属[头;T_1]☆Pal(a)eophyllites
古依-查普曼理论[解释磨蚀 pH]☆Gouy-Chapman theory
古依双层模型☆Gouy double-layer model
古遗传学☆pal(a)eogenetics
古遗迹(化石)学☆pal(aeo)ichnology
古异常☆fossil anomaly
古异齿目[双壳;C-Q]☆pal(a)eoheterodonta
古异兽属[N]☆Pal(a)eoparadoxia
古翼类☆Pal(a)eoptera
古翼目☆Archaeopterygiformes
古银杏(属)☆Baiera
古隐藻叠层石属[Z?]☆Archaeozoon
古印模☆fossil cast
古英铁镍陨石☆siderophyre
古应变分析☆pal(a)eostrain analysis
古应力场☆pal(a)eostress field
古永冻土☆passive{fossil} permafrost
古油苗[轻馏分已挥发掉的固体石油显示]☆fossil seepage
古油栉虫属[三叶;$Є_1$]☆Pal(a)eolenus
古渔乡叶肢介属[节;P_2-J_2]☆Pal(a)eolimnadia
古雨滴☆fossil raindrop
古元古代[2500～1800Ma]☆Pal(a)eoproterozoic (era); Erathem
古元古代{界}☆Pal(a)eoproterozoic (era); Erathem
古原地岩体☆palaeoautochthon
古原生代☆Pal(a)eoprotozoic
古原植体☆archethallus
古圆货贝属[$Є_1$]☆Palaeobolus
古月球(的)☆archlunar
古月轩☆Kuyuen-hsuan
古云英斑岩☆paleophyre
古陨击坑☆astrobleme
古陨石(冲击)坑☆astrobleme; fossil meteorite crater; old crater
古陨石学☆pal(a)eometeoritics
古藻类学☆pal(a)eophycology; pal(a)eoalgology
古爪哇人☆Meganthropus palaeajavanicus
古沼泽类型☆fossil-swamp types
古褶皱☆paleofold
古褶皱带☆palaeides
古真菌学☆pal(a)eomycology
古肢亚纲☆Palaeocopa
古直翅目[昆]☆Protorthoptera
古植代☆pal(a)eophytic; palaeophyte; Algophytic; proterophytic; pteridophytic; Archeophytic
古植代的☆pal(a)eophytic; pteridophytic
古植生代☆Paleophytic era
古植物☆fossil plant
古植物地质时期的☆pteridophytic; pal(a)eophytic

G

古植物分布学☆synchronology
古植物(地理)区{省}☆pal(a)eobotanic(al) province
古植物学☆pal(a)eobotany; fossil botany; paleob; phytopaleontology; pal(a)eophytology; paleo-botany
古植物学的☆pal(a)eobotanical
古植物学家☆pal(a)eophytologist
古栉齿目[双壳]☆Pal(a)eotaxodonta
古栉齿型[双壳]☆pal(a)eotaxodont
古栉齿亚纲☆Palaeotaxodonta
古质点径迹☆fossil particle track
古中科迪勒拉☆paleo-Central Cordillera
古中兽属[E_1]☆Chriacus
古种☆paleospecies
古重力测量☆pal(a)eogravity measurement
古周囊孢属[D_3]☆Archaeoperisaccus
古蛛目[节;C]☆Kustarachnida
古猪兽属☆therium
古柱齿兽属[E]☆Pal(a)eostylops
古柱沸石[$CaAl_2Si_6O_{16}$•$5H_2O$;单斜]☆goosecreekite
古铸型☆fossil cast
古转换断层☆fossil transform fault
古庄氏虫属[三叶;$Є_3$]☆Eochuangia
古椎鱼目{类}☆Palaeospondyloidea
古椎鱼(属)[D_2]☆Pal(a)eospondylus
古准平原☆fossil{stripped} peneplain
古浊流层{积岩}☆ancient turbidite
古资料☆paleo-data
古紫色☆antique violet
古子午线☆pal(a)eomeridian
古足迹学☆pal(aeo)ichnology; paleoichnology
古足介目☆Palaeocopide
古足亚目[O_1-P]☆Palaeocopa
古组织学☆palaeohistology
罟笔石属[O]☆Retiograptus
罟石燕属[腕;S-C_1]☆Cyrtia
罟苔藓虫属[S]☆Sagenella
骨☆bone; os
骨板☆bone lamella
骨瓣[钙超]☆keel
骨棒☆synapticula; bar
骨棒状☆bar-shaped
骨贝类☆Muricacea
骨鳔(鱼超)目☆ostariophysi
骨材☆skeleton member; aggregates
骨层☆bone{bond} bed
骨发生☆osteogenesis; ostosis
骨干☆cadre; backbone; diaphysis; mainstay
骨骼[动]☆skelet(on); osseous framework
骨骼残骸☆skeletal remains
骨骼构造☆bone structure
骨骼化石☆osteolith
骨骼灰岩☆framestone
骨骼内的☆intraskeletal
骨骼石化症☆marble bone disease; osteopetrosis
骨骼学☆osteology
骨构灰岩☆framestone
骨骸☆skeleton
骨琥珀☆bone{osseous} amber
骨(质)化☆ossification; ossify
骨化(作用)☆calcification
骨化醇☆calciferol
骨化作用☆sclerization
骨灰☆bone (black;ash); ashes of the dead
骨甲(亚纲)☆osteostraci
骨甲鱼目☆osteostraci
骨架☆keleton (frame); frame{framework;carcass; bone; carcase;armature;scaffolding;grid} [物体内部支架]; shull; bedstead; solid matrix; matrix[孔隙性岩石的固体部分;pl.-ices]; cage[施工的]; bone
骨架代码☆skeletal code
(岩石)骨架的中子俘获截面☆sigma matrix
骨架密度☆matrix density; MDEN
骨架密封☆cased seal
骨架内的☆intraskeletal
骨架砂☆load bearing solids
骨架识别☆matrix identification; MID
骨架体积☆solid volume
骨架拓扑结构☆matrix topology
骨架岩☆framestone; frame stone
骨架状结构☆skeletal structure
骨间裂隙☆dehiscence
骨胶☆bone glue
骨胶磷石☆bone turquois; odontolite
骨胶原的☆collagenous
骨角砾岩☆bone{osseous} breccia
骨结单叉式[绵]☆monocrepid
骨孔[绵]☆skeletal pore
骨葵目[腔]☆Scleractinia
骨粒☆skeletal particle{grain}; skeleton grain
骨粒灰岩沉积☆bank
骨料☆aggregate
骨料水泥比☆aggregate cement ratio
骨料土☆soil-aggregate
骨磷灰石☆osteolith
骨磷矿☆bone phosphate; bone-phosphate
骨磷酸钙☆bone phosphate of lime; BPL
骨鳞鱼属[D_2]☆Osteolepis
骨龄☆bond age
骨颅☆cranium osseum
骨绿松石☆bone turquoise
骨螺属[腹;E-Q]☆Murex
骨螺族☆Muricacea
骨煤☆bone (coal;char); true midd(l)ing; slate coal
骨膜层☆periostracum
骨牌☆domino
骨盆☆pelvis
骨盆部☆pars pelvina
骨盆带☆cingulum extremitatis pelvinae
骨皮鱼☆Osteolepis
骨片☆sclerite; spicula[海参]; blade[牙石]
骨片灰岩☆skeletal limestone
骨片形成☆sclerization
骨软化☆bone softening
骨舌鱼属[Q]☆Osteoglossum
骨生成☆osteogenesis; ostosis
骨(质)石化病☆osteopetrosis
骨石镶嵌漆器☆bone and stone inlaid lacquer article
骨丝☆spongin
骨素☆sclerite
骨髓☆medullaossium; marrow
骨髓瘤☆myeloma
骨碎补属[蕨类;Q]☆Davallia
骨炭☆bone coal{black}; carbo; bony coal; animal charcoal{black}
骨条藻属[硅藻;Q]☆Skeletonema
骨痛病☆itai-itai disease
骨头☆bone
骨头的冠状突☆coronid process
骨网[绵]☆skeletal framework
骨屑☆skeletal fragment
骨屑层☆bone bed
骨性结合☆synostosis
骨学☆osteology
骨硬化☆osteosclerosis
骨鱼目{类}☆osteostraci
骨圆凿☆bone gouge
骨凿☆osteotome; bone-chisel
骨折☆fracture
骨褶边[节鳃足]☆skeletal duplicature
骨针☆spicule{sclere;spicula} [绵]; bone needle; root tuft; sclerite; double-headed spicules
骨针短枝[绵]☆brachyome
骨针基☆spiculin
骨针连接芽[绵]☆crepis [pl.-ides]
骨针细胞☆scleroblast; spiculoblast; sclerocyte
骨针纤维☆spiculofiber; skeletal fiber
骨针形成☆spiculation
骨针岩☆spicularite; spiculite
骨针状的☆spiculoid
骨制品☆bone
骨质的☆osseous
骨质化☆ossification
骨质结合骨性连接☆synostosis
骨质鳞☆bony scale
骨质软化☆haloteresis; softening of bones
骨质石化病☆marble bones; osteopetrosis; Albers-Schonberg disease
骨质碎屑☆skeletal detritus
骨质形成的☆sclerotized
骨状的[德]☆knochenformig; knochen; osseous
骨状燧石☆bone chert
骨组织☆osseous{bone;bony} tissue
钴☆Co; cobalt; cobaltum[拉]
钴包碳化钨粉☆cobalt coated tungsten carbide powder
钴焙砂☆zaffre; zaffer
钴铋砷黝铜矿☆kobaltwismuthfahlerz
钴铂合金[磁性合金]☆platinax
钴臭葱石☆cobalt {-}scorodite
钴毒砂[含钴的毒砂,指毒砂中5～10%的Fe被Co所替换;Fe:Co=2:1;(Fe,Co)AsS]☆danaite; vermontite; cobaltian arsenopyrite; cobaltoan arsenopyrite; akontite; glaucodite; alloclas(it)e
钴矾[$CoSO_4$•$7H_2O$]☆bieberite; rhodhalose;cobalt; cobalt vitriol{melanterite;chalcanthite}; biebrite; kobaltvitriol; biberite; rhodhalite
钴方解石[$(Ca,Co)CO_3$]☆cobaltocalcite; black cobalt; cobalt{kobalt} calcite
钴辐射源☆cobalt radiation source
钴钙铀云母☆cobalt autunite
钴橄榄石☆cobalt olivine
钴铬合金用砂石针☆abrasive points for chrome-cobalt alloy
钴铬铁矿[$(Co,Ni,Fe^{2+})(Cr,Al)_2O_4$;等轴]☆cochromite; Co-chromite
钴铬钨刀具合金☆Akrit
钴固结的碳化钨合金☆cobalt-bonded tungsten carbide
钴黑[$(Mn,Co)O_2$•nH_2O]☆black oxide of cobalt
钴华[$Co_3(AsO_4)_2$•$8H_2O$;单斜]☆erythrite; erythrine; red cobalt (ore); cobalt bloom{ocher}; cobalt crust{ochre; mica}; kobaltbluthe; kobaltbeschlag; erythryte; kobalt blute; rhodoit; rhodoise; rhodoial; remingtonite
钴滑石☆kobalttalkum; cobalt talc
钴黄铁矿☆cobalt pyrite; kobaltpyrit
钴基合金☆cobalt-base alloy
钴钾铁矾[$HK_2Co_4(Fe,Al)_3(SO_4)_{10}$•$13H_2O$]☆cobalt {-}voltaite
钴精矿☆cobalt concentrate
钴孔雀石[$(Cu,Co)_2(CO_3)(OH)_2$;三斜]☆kolwezite
钴矿☆cobalt ore
钴矿物{类}[主要来源于处理复合矿石的副产品]☆cobalt minerals
钴蓝☆zaffer-blue
钴蓝色☆cobalt{Hungary} blue
钴蓝釉☆zaffre; zaffer
钴锂硬锰矿☆elizavetinskite
钴菱锰矿[$(Mn,Co)CO_3$]☆cobaltorhodochrosite; cobalt- manganese-spar; cobaltomanganese spar; cobalt- rhodochrosite; kobaltmanganspat
钴菱铁矿☆cobaltsphaer(o)siderite
钴菱锌矿☆warrenite; cobalt(-)smithsonite
钴硫砷铁矿[$(Co,Fe)AsS$]☆akontite; glaucodote; glaucodot(ite); glaukodot; glucodote
钴铝尖晶石☆kobalt aluminium spinel
钴镁明矾[$(Mg,Co)Al_3(SO_4)_5(OH)$•$28H_2O$]☆kasparite
钴镁镍华☆cobalt-cabrerite; kobaltcabrerit
钴锰土☆cobaltiferous wad
钴明矾[$(Mg,Fe,Mn,Co)Al_2(SO_4)_4$•$22H_2O$]☆masrite; johnsonite
钴镍黄铁矿[Co_9S_8;等轴]☆cobaltpentlandite
钴镍精矿焙砂☆calcined cobalt-nickel concentrate
钴镍矿☆dschulukulite
钴七水镁矾☆cobalt epsomite
钴羟砷锌矿☆cobaltoadamite; cobalt adamit
钴球菱铁矿☆cobalt{kobalt}-oligonspar; cobalto(-) sphaerosiderite; cobalt-oligonite
钴染蛇纹石☆remingtonite
钴砷铋矿石☆bismutosmaltite
钴砷矿☆cobalt-arsenic ore
钴砷铁矿[$(Fe,Co)As_2$]☆glaucopyrite; glaukopyrite
钴砷锌矿☆kobalt adamin
钴十字石☆lusakite; cobalt
钴水砷锌矿[$(Zn,Co)_2(AsO_4)(OH)$]☆cobaltoadamite
钴水铀矾☆cobalt-zippeite
钴碳铁陨石☆cohenite
钴锑硫镍矿[$(Ni,Co)SbS$]☆willyamite
钴铁(合金)☆ferrocobalt
钴铁矿☆cobalt-frohbergite
钴铁镍矿☆avarovite
钴铁氧体☆vectolite
钴铜银和锰等氧化物的混合物[防毒面具用]☆hopcalite
钴土☆asbolan(e); asbolite; kobaltschwarze; black cobalt (ochre); kobaltocker; kobaltmanganerz asbolan; kobaltgraphit; kobaltmulm; aithalite; cobalt graphite; schlackenkobalt[德]
钴土矿[锰钴的水合氧化物,$CoMn_2O_5$•$4H_2O$;$(Mn,Co)O_2$•nH_2O]☆asbolan(e); aithalite; black (oxide of)

cobalt；asbolite；earthy cobalt；cobalt earth
钴温石棉☆cobalt chrysotile
钴(结碳化)钨硬质合金☆cobalt cemented tungsten carbide
钴斜方碲铁矿☆cobalt-frohbergite
钴泻利盐☆cobalt epsomite
钴叶蛇纹石☆cobalt-pimelite
钴铀云母[$Co(UO_2)_2(PO_4)_2 \cdot 8H_2O$]☆cobalt autunite
钴黝铜矿[$(Cu,Co)_{12}Sb_4S_{13}$]☆kobaltfahlerz
钴云母[$Co_3(AsO_4)_2 \cdot 8H_2O$]☆cobalt mica
钴皂石☆cobalt-pimelite
谷☆dale；valley[曲线]；vale；hollow；draw；ravine；gully；gorge；grain[英美最小的重量单位，=64.8mg]；cereal；millet；unhusked rice；dol；dal；trough
谷氨酸[$COOHCHNH_2 \cdot (CH_2)_2COOH$]☆glutamic {glutaminic} acid
谷氨酸脱羧酶抗体☆agad
谷氨酸盐☆glutamine
谷氨烷☆glutane
谷壁☆valley wall；valley-side slope
谷壁冰河☆wall-sided glacier
谷壁坡折☆slope crack in valley wall
谷边坡☆valley-side{ground} slope
谷边碛☆valley{outwash} train；valley-train deposit
谷边泉☆valley spring
谷滨线☆fault-line-valley shoreline
谷冰川☆intermontane{valley} glacier
谷冰河☆intermount glacier
谷冰山☆valley{drydock} iceberg
谷仓☆barn；garner；granary
谷侧冰川☆wall-sided glacier
谷侧后退☆recession of valley sides
谷侧陵削平台☆valley-floor side strip
谷侧流☆valley-side flow
谷道☆thalweg；talweg；hollow way
谷道迁移☆shifting{migration} of valley
谷的☆vallecular
谷底☆valley floor{bottom;plain}；bottom of a valley；floor；bottom
谷底基岩面☆valley-floor basement
谷底平原阶地☆valley-plain terrace
谷地☆hoya；dish；bottomland；bottom(-)glade；valley；vale；bro
谷地沉积☆valley-fill deposit
谷地加积☆valley {-}floor increment
谷地矿床☆low-lying{valley-fill} deposit
谷地沼泽☆vly；vley；vlei；valley moor
谷电压☆valley voltage
谷坊坝☆check dam
谷粉☆farina
谷风☆valley breeze{wind}；talwind
谷歌地球☆Google Earth
谷痕☆valley track
谷(粒)级煤[圆筛孔直径 1/4～1/8in.]☆grains
谷加宽(作用)☆valley widening
谷肩☆replat；(valley) shoulder
谷间隔☆valley spacing
谷脚☆valley foot
谷阶☆valley {-}floor step
谷坎☆verrou
谷壳☆chaff
谷口☆valley mouth
谷来飑☆gully-squall
谷类(的)☆cereal
谷粒☆kernel；corn
谷岭纵横的[地形]☆chaotic
谷脑☆valley head
谷内的☆intravalley
谷盆☆valley basin
谷平原☆valley floor{plain}
谷坡☆valley wall{side}；brae；valley-side slope
谷坡后退☆recession of valley sides
谷坡洼地☆slade
谷碛☆valley train{drift}
谷碛阶地☆valley-train terrace
谷碛阻塞湖☆valley-moraine lake
谷曲流☆valley meander
谷曲流峡谷☆valley meander gorge
谷泉☆valley spring
(海底)谷-扇系☆canyon-fan system
谷上游段☆valley head
谷神星[小行星 1 号]☆Ceres
谷氏绘龙☆Pinacosaurus grangeri
谷氏螺属[腹;E-Q]☆Gourmya
谷栓☆valley plug
谷特曼法[化学加固]☆Guttmann process
谷头☆valley head；dale-head
谷头冰斗☆valley-head cirque
谷头陡壁☆headwall；backwall；head scarp
谷头后退☆headwall recession
谷湾海岸☆ria coast
谷雾☆valley fog
谷物☆corn；grain；grans
谷物脱皮机☆scourer
谷系{|线|缘|沼}☆valley system{|line|margin|fen}
谷酰胺☆glutamine
谷型冰川☆valley-type glacier
谷形{型}洼地☆valley sink；moat
谷崖☆cleuch；cleugh；clough
谷源☆valley head；dale-head
谷缘冰水沉积☆valley train (deposit)
谷甾醇☆sitosterol
谷甾烷☆sitostane
谷值☆valley
谷中低地☆tarai
谷中谷☆valley {-}in {-}valley；trough-in-trough；two-story valley；multiple{two}-cycle valley
谷中心线☆valley line
谷中岩坝[德]☆riegel
谷中岩槛☆verrou
谷子☆foxtail millet
谷纵剖面☆valley profile
股☆strand；thigh；ply[绳]；section [of an office, enterprise,etc.]；share of stock；one of several equal parts；longer leg of a right triangle；cohort；lentil；prong[音叉的]
股板☆femoral scute
股本☆capital stock；equity (capital)
股髌关节☆articulatio femoropatellaris
股窗贝属[腕;D-P]☆Crurithyris
股东☆stockholder；shareholder；stock holder；partner
股东大会☆general meeting of shareholders
股东权益☆stockholder's equity
股动脉☆femoral artery
股盾[龟腹甲]☆femoral scute
股份☆share；stock；interest；Stk.；sh
股份公司☆joint(-stock){stock;shareholding} company
股骨☆femur；thigh bone；thighbone；os femoris
股海扇属[双壳;C-P]☆Pernopecten
股绞绳☆strand rope
股金制度☆system of cash payment for shares
股胫关节☆articulatio femorotibialis
股利票[法]☆coupon
股流☆plume
股票☆stock；share；equities[无固定利息]；Stk.
股票买卖特权☆stock option
股票投资☆investment in stocks
股权公司☆holding company
股息☆dividend

gù

故事☆tale；story；narration
故苏安玄岩☆peralboranite
故乡的☆country
故意☆knowing；deliberately
故意毁坏☆sabotage
故意修整矿山[诱投资者诈骗行为]☆dressing a mine
故意有计划的破坏☆destruct
故意作出的☆calculated
故障☆failure；fault；jam；breakdown[机器等]；fail；hitch；foul-up；trouble；disturbance；bug；accident；conk；hoedown；stoppage；defect；damage；disaster；collapse；shut down；casualty；mischance；lesion；abort；malfunction；sd；S.D.
故障保护☆emergency protection
故障表示信号☆trouble blinking
故障测查☆trouble-location；trouble-shooting
故障查找☆trouble shooting；trouble-locating；troubleshooting
故障(紧急)传感控制装置☆abort sensing control unit
故障地带☆troublesome zone
故障点☆trouble-spot；culprit；trouble point
故障定位技术☆fault locating technology；FLT
故障分析☆failure{fault;disturbance;trouble;accident} analysis；troubleshooting；FA；TA
故障货物☆goods in bad order；G.B.O.
故障检修☆corrective maintenance；trouble hunting；trouble(-)shooting；CM
故障检修员☆troubleshooter
故障检寻器☆tracer
故障检验☆diagnostic check
故障检验法☆defectoscopy
故障排除☆troubleshooting；removal of faults；trouble clearing
故障排除{查找}(人)员☆troubleshooter
故障平均间隔时间☆mean time between failures
故障弱化☆fail-soft
故障时间☆downtime；fault-time
故障树分析☆fault tree analysis；FTA
故障探测☆fault finding{detection}；tracing
故障停工☆outage
故障维修☆breakdown maintenance；BM
故障信号☆breakdown{trouble;accident} signal；fault signaling；trouble back signal；abort light
故障信号表☆error alarm list
故障信息☆failure message
故障寻找器☆tracer
故障原因☆source of trouble
故障自动保险的☆fail safe
故障自(动)开(放)阀☆fail-safe open valve
故障自动排除系统☆fail(ure)-safe system
故障自开阀☆FSO valve；fail-safe open valve
顾及☆take into consideration{account}
顾家石[$Ca_2Be(Si_2O_7)$;四方]☆gugiaite；gujiaite
顾客☆custom；correspondent；client；trade
顾客自取饭菜的食堂☆cafeteria
顾虑☆consideration；scruple
顾-莫定则☆Guldberg and Mohn's rule
顾氏孢属[C_3]☆Guthorlisporites
顾氏数系[特劳姆普选矿分配曲线的表示方法]☆Grumbrecht number series
顾-维不连续面☆Gutenberg-Wiechert discontinuity
顾问☆consulting；assessor；adviser；advisor
顾问班子☆council
顾问团☆advisory body
固尘☆dust consolidation
固醇☆sterol
固氮(作用)☆azotification
固氮菌☆nitrogen fixation bacteria；azotobacteria
固氮酶☆azotase；nitrogenase
固氮植物☆nitrogen fixing{gathering} plant
固氮作用☆fixation by organisms；nitrogen fixation
固定☆holding；immobilization；fixation；const(r)aint；fix (position)；clamp；tackle；regular(ize)；rootage；stay；cramp；tighten(ing)；bed；setting-up；lock；rigidify；mount(ing)；settle；hold-down；fasten(ing)；locate；tab；fixture；anchorage；settling；anchoring；fixedness；rivet；affix；set；tabbing[火药块的]
固定(性)☆immobility
固定凹圆形淘汰盘☆concave buddle
固定泵阀的管道段☆Aitch piece
固定泵筒杆式泵☆standing barrel rod pump
固定臂☆locking arm
固定闭式装置圆锥壳[圆锥破碎机]☆fixed-close-fitting bowl
固定标志☆fix marker
固定滨岸坝☆fixed coastal barrier
固定冰☆fast{landfast} ice
固定部分☆fixed part
固定采掘船☆stationary dredge
固定参考点海拔高度☆elevation of perm datum；EPD
固定舱{枪}座[军用机观察、射击用]☆blister
固定层间对比法☆fixed-interval correlation
固定产量☆settled production
固定车厢式车☆solid bottom car；solid-end car
固定沉积学因素☆permanent sedimentological factors
固定尺寸☆set dimension；fixed measure
固定冲管式打捞矛☆anchor washpipe spear
固定出口压力型减压阀☆fixed outlet pressure type reducing valve
固定储罐☆standing tank
固定船位☆position holding
固定床层汽化器{炉}☆fixed-bed gasifier
固定磁铁(筒式)磁选机☆stationary-magnet drum separator
固定大钳☆clamping{back-up} tong
固定导航站☆fixed{beacon} station

G

固定的☆invariable; sedentary; immobile; fixed; static; stationary; fixative; built-in; permanent; motionless; standing; steady; dormant; regular; fastening; fxd
固定的产品收集盘☆stationary collecting tray
固定点☆fixed point{station;position}; point of fixity; standpoint
固定电极勘探法☆fixed electrode method
固定垫圈☆lock washer
固定吊车单缆架空索道☆fixed clip monocable
固定吊盘用可伸缩插销☆scaffold bolt
固定顶储罐☆fixed roof tank
固定订货量系统☆fixed order-quantity system
固定冬冰☆winter fast ice
(深井泵)固定凡尔打捞杆☆Garbutt attachment{rod}
固定反应☆fixation reaction
固定方位的☆stationary oriented
固定负荷☆firm demand
固定负载状态☆continuous rating
固定坩埚法[晶育]☆stational crucible method
固定格筛☆fixed{stationary} grizzly; grizzly deck
固定格式系统☆fixed-format system
固定拱脚斜石块☆fixed skewback
固定(岩石)骨架模型☆fixed matrix model; FIX
固定管板(式)换热器☆fixed tube-sheet exchanger
固定罐道钢夹☆guide bracket
固定光束云幕计☆fixed-beam ceilometer
固定滚筒☆keyed drum; resting barrel
固定含量☆constant concentration
固定荷载速率☆constant rate of loading
固定后备☆backup
固定环☆set collar
固定环式固结仪☆fixed-ring consolidometer
固定活塞打{击}入式取土器☆stationary piston-type sampler; stationary piston drive sampler
固定剂☆fixing{fixed} agent; solvent; fixative
固定夹钳式单线索道☆fixed clip monocable
固定颊☆fixed cheek; fixigena
固定颊刺[三叶]☆fixigenal spine
固定架☆captive stand
固定件☆mounting
固定间隙火花放电调制器☆fixed spark-gap modulator
固定焦点☆fixed focus; f.f.
(轮子坡)固定绞车[不用自重运行时用]☆jinny
固定接线☆link
固定结构☆fixed structure; anchorage system
固定节流机构☆fixed restriction mechanism
固定截深刨煤法☆fixed-cut ploughing method
固定界面☆immobile interface
固定介质☆stationary medium
固定金额(的)☆close end
固定晶形☆fixed form; singular crystal form
固定井台☆fixed platform
固定卷筒☆keyed drum
固定卡钳型☆fixed-caliper-type
固定空间间隔☆constant space interval
固定孔[苔]☆firmatopore
固定矿租☆dead rent
固定拉索☆stay rope
固定拉线☆guy (wire)
固定梁理论☆clamped plate theory
固定流量☆base runoff
固定流体层理论☆fixed fluid-layer theory
固定炉燃烧室☆combustion chamber of stationary furnace
固定(磨体)路径式磨机☆fixed-path mill
固定轮和游滑轮☆fast and loose pulley
固定论☆fixism; permanence theory; fixist concept
固定论的{者}☆fixist
固定螺距叶片☆fixed pitch blade
固定螺栓☆captive{anchor;set;carriage} bolt
固定螺丝☆backing-up{anchor} screw
固定泥心的铁杆[铸]☆lance
固定耦合☆rigid coupling
固定泡沫导板环☆fixed baffle ring
固定偏差☆droop
固定偏压☆clamp{fixed} bias
固定频率震源☆constant-frequency source
固定器☆anchor; fastener; gripping apparatus; choke holier; trip; fixer
固定切割器段☆stationary cutter stage
固定曲度坡段☆slope sector
固定燃料发动机☆dry-fuel engine
固定沙丘☆dikaka; anchored{fixed;stabilized} dune; bult
固定砂箱☆tight{rigid} flask
固定筛☆stationary (grizzly) screen; grate
固定扇形盘☆fixed sector disk
固定绳☆backup line
固定石☆anchor stone
固定式玻璃罩保险电灯☆well glass lamp
固定式地面记录井底压力计☆permanently installed surface-recording gauge
固定式对滚机☆rigid rolls
固定式机械取样机☆stationary mechanical sampler
固定式井底压力计☆permanent bottom-hole pressure gauge
固定式落砂栅☆stationary knockout grid
固定式密垫☆fixed packing
固定式双筒岩芯管☆double-tube rigid barrel
固定式水冷燃烧器☆fixed water cooled burner
固定式同轴偏导器☆fixed concentric deflector
固定式挖泥机{船}☆stationary dredger
固定式圆形淘汰盘☆buddle
固定收益法☆law of constant returns
固定竖犁板☆fixed shear blade
固定水泵☆station pump
固定碳☆fixed{filed;solid} carbon; FC
固定头磁鼓☆fixed head magnetic dram
固定凸圆形淘汰盘☆convex buddle
固定腿三脚架☆solid leg tripod
固定拖架式航空电磁系统☆fixed boom AEM system
固定物☆fixture; stationary
固定洗矿盘☆rack
固定系泊大型油轮☆floating storage
固定相位关系☆fixed {-}phase relationship
固定销☆adjusting{fixing;set;securing;fixed} pin; anchored peg
固定楔☆setting wedge
固定型应变仪☆bounded type strain ga(u)ge
固定性故障☆constant fault
固定压板[V形]☆check clamp
固定掩模型只读存储器☆fixed-mask type ROM
固定氧☆fixed oxygen
固定液☆immobile liquid
固定叶轮式水力旋流器☆fixed impeller hydro(cy)clone
固定翼飞机☆fix-wing aircraft
固定油嘴☆positive choke
固定预算☆regular budget; rb
固定圆形精选淘汰盘☆cleaning cell
固定在中心位置☆center-lock
固定增益地震记录☆constant-gain seismogram
固定沼泽☆standmoor
固定照明☆stationary illumination
固定支架桅杆起重机☆stiff-leg derrick
固定指标☆stationarity indices
固定中心☆permanent{dead} center; dead centre
固定周期操作{运算}☆fixed-cycle operation
固定周期信号☆fixed-time signal
固定轴型旋回破碎机☆fixed-spindle type crusher
固定轴圆锥破碎机☆fixed {-}spindle gyratory crusher
固定桩☆spud pile
固定装置☆fixing{setting;anchor;nut-locking;retaining} device; stationary installation; stiff hook-up; setting device (for props); fixture[房屋内]
固定状态☆fixture
固定椎骨☆vertebrae immobiles
固定锥式钻架{形托盘}☆fixed cone cradle
固定锥体☆concave
固定资本☆(capital) stock; stock-in-trade; fixed capital
固定资产☆capital{fixed;permanent} assets; fixed capital
固定资产更新资金☆renewal and replacement fund
固定资产投资☆fixed investment
固定组件☆solid state component
固端梁☆built-in beam
固根盘☆anchoring disk
固-固反应☆solid-solid reaction
固-固相边界☆solid-solid boundary
固化☆cure; solidification; stabilization; curing; solidify(ing); stiffening; consolidate; petrification
固化(作用)☆induralization
固化的☆petrified; solidified
固化点☆solidifying{solidification} point; S.P.
固化点(温度)☆set point
固化度☆degree of cure
固化过度☆over cure
固化剂☆curing{firming;hardening} agent; hardener
固化热☆heat of solidification
固化(的合成)树脂☆hardened plastic
固化与加固效果☆solidifying and stabilizing effect
固件☆firmware
固脚螺母☆hold-down nut
固接☆fixed coupling
固接型☆monimostyly
固结☆concretion; consolidation; solidification; cake; induration; solidifying; concrete; consolidate; bind; conglutination; concrete
固结的岩石☆incoherent rock
固结度☆degree of consolidation{settlement}; percent consolidation
固结反应☆cementing reaction
固结腐(殖)泥☆saprocol; sapropelite
固结灌浆☆compaction{consolidation} grouting
固结过程☆process of consolidation
固结快剪实验☆consolidated-undrained shear test
固结矿槽☆hardening bin
固结慢直剪试验☆consolidated slow direct shear test
固结排水☆drainage by consolidation
固结排水三轴压缩试验☆consolidated-drained triaxial compression test; CD-test
固结'排{|不排}水剪切实验☆consolidated-drained {|undrained} shear test
固结前变形构造☆preconsolidation deformation structure
固结圈☆stereosphere
固结熔岩☆solidified lava
固结时间☆time of consolidation
固结水泥☆bond{solid} cement
固结速率☆rate of consolidation
固结体☆cumulates
固结系☆Statherian (system)
固结系数☆coefficient of consolidation
固结雪崩☆packed snow avalanche
固结岩层☆competent rock
固结岩石☆indurated{consolidated} rock
固结岩石含水层☆consolidated rock aquifer
固结仪☆consolidometer; oedometer; consolidation apparatus
固结仪三轴仪联合试验法☆oedotriaxial test
固结指数☆solidification index; SI
固紧☆fastening; tightening up; clamp
固紧夹箍☆binding clip
固井☆well cementation[油]; anchoring; (primary) cementing
固井队工人[卡车司机除外]☆cementer
固井工人☆dentist
固井公司☆cementer
固井留下的窜槽☆primary cement channel
固井水泥☆casing cement
固井水泥与地层的界面☆cement-formation interface
固井用工程模拟器☆engineering simulator for cementing; ESC
固控☆solid control
固粒胶体☆solid particle colloid
固鳞超科[总鳍鱼]☆Porolepiformes
固流体[软]☆rheid
固流限☆rheidity
固颞头骨☆stegocrotaphic skull
固气界面☆mineral-air interface
固气平衡线☆sublimation curve
固气溶胶☆solid-gas sol
固气液接触☆mineral-air-water contact
固溶度{性}☆solid solubility
固溶体☆solid{crystalloid;crystalline} solution; mixed crystal; sosoloid; mix-crystal; mischcrystal; miscicrystal; S.S.
固溶体分解、出溶☆exsolution
固溶体分解线☆solvus
固溶物☆dissolved solid matter
固色剂☆fixing agent
固砂☆petrification of sand; sand consolidation
固砂棒☆soldier
固砂工程☆dune fixation
固砂木片☆soldiers
固沙群落[植]☆enaulium
固石销☆rock pin
固守☆cling; stick (to)
固态☆solid state{condition}; solidity; solid; SS; sol.

固态地球☆lithosphere; solid earth
固态点☆solidus
固态电路传感器☆solid-state survey sensor
固态反应☆solid-state reaction
固态集成电路井底(压力、温度)记录{|处理}仪☆solid state downhole recorder{|processor}
固态径迹记录仪☆solid state track recorders; SSTR
固态沥青☆fix-bitumen
固态排渣燃烧方式☆dry bottom firing system
固态排渣式燃烧室☆dry slagging combustion chamber
固态侵入(体)☆protrusion
固态溶液☆sosoloid; solid solution
固态蠕变机制☆mechanism of solid state creep
固态转换☆subsolidus inversion
固碳酸盐的浮游生物☆carbonate-fixing planktonic organisms
固体☆solid (body;mass); sol.
固体氨酯塑料☆solid urethane plastics; SUP
固体层☆solids blanket
(可测)固体潮的灵敏度☆tidal sensitivity
固体潮值表☆earth tide table
固体电解质燃料电池☆solid electrolyte fuel cell
固体废物处理{置}☆solid waste disposal
固体分散胶溶沥青☆bitusol
固体浮槽连续式离心机☆solid-bowl continuous centrifuge
固体-固体反应☆solid-solid reaction
固体含量百分数☆percent solids
固体火箭燃料黏结剂☆solid-propellant binder
固体加重材料☆solid weighting material
固体介质压力(元件)☆solid-media pressure cell
固体介质压力装置☆solid-medium pressure apparatus
固体径流☆sediment-transport rate; sediment runoff{discharge}
固体径流曲线☆sediment-runoff curve
固体颗粒☆solids; particulate matter; solid particle{particulate}
固体颗粒含量☆solidity
固体颗粒形成的滤饼☆solids-formed filter cake
固体-空气界面☆solid-air interface
固体矿产取样☆solid mineral sampling
固体沥青☆acid coke; solid bitumen
固体排除效率[即矿粒分选效率]☆solid elimination efficiency
固体气体地热温度计☆solid-gas geothermometer
固体气压表的☆holosteric
固体燃料发动机☆dry-fuel engine
固体燃料起飞发动机☆solid-propellant booster
固体-熔体平衡☆solid-melt equilibrium
固体渗碳☆pack carburizing
固体渗碳硬化钢☆Harvey steel
固体声☆solid-borne noise
固体石蜡☆solid{hard} paraffin; petroline; paraffin wax; paraffinum; hardparaffin
固体石油☆petroleum coal; solid petroleum
固体碳计数☆solid-carbon counting
固体推进剂燃气发生器☆solid propellant hot gas generator
固体物☆solids; statolith
固体相的[混合岩]☆stereogen(et)ic
固体压力装置☆solid pressure apparatus
固体样品计数☆solid-sample counting
固体硬壳☆rigid crust
固体源火花质谱☆solid source spark mass spectrography
固体炸药爆炸成形☆solid explosive forming
固相☆solid phase; solidoid; solids[泥浆中的]
固相出溶☆subsolidus exsolution
固相含量百分数☆solid concentration
固相控制指数☆solid control index; SCI
固相桥接作用☆solids bridging
固相曲线☆solidus [pl.solidi]
固相容积浓度分数☆volumetric solid fraction
固相乳浊剂☆solid opacifier
固相体系☆solid-phase system
固相线以下☆subsolidus
固相悬浮乳浊剂☆solid suspension opacifier
固锈剂☆rust stabilizer
固液比☆solid-to-liquid ratio
固液分离☆solid-liquid separation
固-液-固生长[晶]☆S-L-S{solid-liquid-solid} growth
固液界面☆solid-fluid{-liquid} interface
固液态的[如地幔]☆soliqueous
固有☆eigen-; designed-in
固有(性)☆inherence; inhesion; inherency
固有错误☆inherited error
固有的☆intrinsic(al); inherent; eigen; innate; original; in-house; immanent; fundamental; indigenous; natural; organic; resident
固有地☆innately
固有电抗☆self-reactance
固有电容☆self-capacitance; self-capacity; natural capacitance
固有电阻☆self-resistance
固有反馈☆self feedback
固有辐射☆characteristic radiation
固有感受☆proprioception
固有刚度☆self-stiffness
固有抗剪强度包线☆intrinsic shear strength curve
固有亮度☆intrinsic(al) brightness
固有能量☆self-energy
固有频率☆natural{inherent;free-running;free;base} frequency; eigenfrequency
固有频谱☆eigenfrequency; spectrum
固有的平滑谱☆inherently smooth spectrum
固有强度曲线☆intrinsic strength curve
固有热中子衰减时间☆intrinsic thermal-neutron decay time; intrinsic thermal neutron decay tins
固有柔变矩阵☆natural flexibility matrix
固有渗透性{率}☆intrinsic permeability
固有衰减☆regularity{natural} attenuation
固有误差☆constant{inherent} error; inherent uncertainty
固有谐振☆periodic{natural} resonance
固有振荡☆built-in{natured} oscillation
固有振动☆natural vibration{motion}; inherent{proper} vibration; eigenvibration; natural{natured} oscillation
固有值☆eigenvalue; proper value
固有中子法☆passive neutron method
固有种☆endemic species
固有周期☆natural{proper} period; eigenperiod
固执☆tenacity
固着☆adhere; fixation
固着匙板☆sessile spondylium; Polystichum sessile
固着的☆adligans; sedentary; sessile
固着端[几丁]☆mucron
固着蛤类☆rudists
固着根☆anchoring root
固着痕☆attachment scar
固着盘☆disc of attachment
固着器☆holdfast
固着器官☆anchoring-organ
固着生物☆epontic; sessile
固着在岩礁上的海藻☆rockweed
固着藻类岩☆algal anchor stone
崮山页岩☆Kushan shale
锢囚(作用)☆occlusion
锢囚锋☆occluded front
雇☆hire; engage
雇工☆hired labourer{hand;worker}; journeyman; hire labour{hands}; journey-man; farmhand; farm labourer
雇佣☆employment
雇佣劳动☆wage labour
雇用☆employment; engagement; fee; employ
雇用采煤包工☆chartered master
雇用职员☆staffing
雇员☆employee; servant; pencil pusher
雇员、雇主、政府三方会议[国际劳工组织]☆Tripartite
雇主☆employer

guā

刮☆scrape(r); skive; scratch; shaving; scraping; strickling; shave; smear with (paste,etc.); plunder; fleece; rob; extort; scold; [of wind] blow; drag
刮板☆skimmer (blade); rake; blade{scraper}[推土机]; scraper blade{bar}; flight; grattoir; rip; plough; rabbler; flight bar[链板运输机]
刮板机装载☆flight loading
刮板链条☆en masse chain
刮板清扫[除]器[输送机]☆plough{scraper} cleaner
刮板式升运机☆flight elevator
刮板式水泥装卸机☆cement hog
刮板型☆drag-flight type
刮板运输机链☆scraper chain
刮板转轮式给药机[液体浮选剂用]☆pulley-and-finger{-scraper} feeder
刮刨作用☆plowing-scraping action
刮臂☆scraper arm
刮边☆edge brushing
刮擦☆abrade; abrase
刮擦声{的}☆scraping
刮铲☆spatula; spatule
刮除☆scraping
刮带器☆belt wiper
刮刀☆scraper (blade;knife); rabbler; slicker; carryall; erasing{picking} knife; spokeshave; spatula; drag blade{cutter}; cleanser; cutter; scraping{gauge} cutter; metal scraper; staler; scratcher; slickness; plough; adze; adz; rip; scaler; blade; doctor; chasing; grattoir[法]
(木工用的)刮刀☆drawknife; drawshave
刮刀排矿☆plough discharge
(刮刀钻头)刮刀片☆wing
刮刀取芯钻头的刀翼☆core bit wing
刮刀式挖泥船☆scraper dredge
刮刀外形☆blade contour
刮刀钻头☆drag{finger;single-bladed;blade} bit; winged scraping bit; Dr.
刮刀钻头的刮刀片☆bit wing
刮刀钻头刃磨损成指状☆fingering
刮刀钻头(保径)外缘刃☆gauge edge
刮刀钻头翼片☆bit prong
刮掉☆scrape off
刮斗☆skip
刮斗机☆bullclam
刮钢刀☆steel scraper
刮垢器☆rabbler
刮管器☆scratcher; (tube) scraper; pipeline scraper; bug; bullet; cutter; slug; porcupine[表面带钢刷的圆柱形筒]
刮管器座槽[输油管的]☆trap for scraper
刮痕☆scratch (mark); scratching; scrape
刮痕(硬度)试验法☆scratch method
刮浆☆starching
刮浆工具☆strike
刮胶器☆spreader
刮具☆rabbler
刮孔口刀☆spot face-plate
刮蜡☆paraffin cutting
刮蜡片☆paraffin scraper{knife;cutter}; cutter
刮蜡器☆scraper; paraffin bit{knife;scraper}; rabbler
(抽油杆上装的)刮蜡器☆automatic rabbit
刮蜡塞☆soluble plug
刮蜡作业☆pigging
刮(板输送机)链☆scraper chain
刮链式沉淀槽☆dredging sump; drag tank
刮路机[平路面]☆drag planer; draw plough; road drag
刮路机手☆dragman [pl.dragmen]
刮煤机开采☆scow mining
刮面(法)☆facing
刮(蜡)能力☆scraping ability
刮泥板☆mud scraper; mudflap; sludge scraper; wiper
刮泥机☆mud scraper; carryall
刮泥器☆(wall) scraper; scratcher
刮泥器止动块☆stripper stopper
刮泥铸型☆sweeping loam mo(u)ld
刮泡☆froth skimming
刮泡产品☆skimming
刮泡器☆froth baffle{scraper}; (froth) skimmer
刮片法☆scraping method
刮平☆strickle; striking; scraping
刮平道路☆scalp
刮器☆rabbler
刮切岩屑☆scrapers
刮去☆scrape off
刮去锅垢☆furring
刮塞☆wiper plug
刮砂☆strike-off
刮砂板[铸]☆straight edge; sand plow{scraper}
刮砂刀☆sand cutter
刮勺☆spatula; spatule
刮式推土机☆blade drag
刮水器☆(windscreen) wiper
刮涂☆blade coating
刮土☆scraping
刮土板☆clean-up scraper
刮土板侧转控制☆blade-side shift control
刮土板反转控制☆blade-reverse control

刮土机☆earth-scraper；scraper；bull-clam shovel
刮削☆gouging；scrapes；scraping；scraper
刮削加工☆skive-action machining
刮削下来的碎屑☆scraping
刮削作用☆scraping (action)；effect of dragging
刮屑☆scrapers；scraping
刮型器☆strickle
刮油环☆wiper ring；scraper
刮油器☆oil stripper
刮运式松土机☆scraper ripper
刮子☆scratcher；wiper
瓜氨酸☆citrulline
瓜达卢普{德鲁普;达路}(阶)[北美;P]☆Guadalupian
瓜德罗普岛[法]☆Guadeloupe
瓜尔豆种子☆guar seed
瓜尔胶☆guar gum
瓜海参目[棘]☆Cucumariida
瓜海胆属[棘;$C_{1\sim2}$]☆Melonechinus
瓜角石☆Plectroceras
瓜角石类☆Plectronoceratidea
瓜星介属[E]☆Berocypris
瓜形☆meloniform
瓜形虫☆MIsellina
瓜形簸属[孔虫;P]☆Doliolina
瓜子石☆chicken girt
瓜子玉☆andesite
胍☆guanidine；carbamidine
胍尔豆胶☆guar gum
胍基☆guanido
胍基氨基戊酸[NHC(NH$_2$)NH(CH$_2$)$_3$CH(NH$_2$)COOH]☆guanidine amino valeric acid
胍盐酸盐☆guanidine hydrochloride

guǎ

寡层植物部分的☆oligostromatic
寡毛目{类}☆oligochaeta
寡毛亚目☆Oligotricha
寡糖☆oligosaccharide
寡牙形石属[C_1]☆Oligodus
寡盐(生物)☆oligohaline
寡盐度☆oligohalinicum
寡盐性的☆oligohalobic
寡盐性种[生]☆oligohalobion
寡养分沼泽☆oligotrophic bog
寡营养湖☆oligotrophic lake
寡嘴贝属[腕;O_2]☆Oligorhynchia

guà

挂☆hang (up)；hang(ing)-up；suspend；put{call;ring} up；be pending{anxious}；ring off；hitch；get caught；register；a set{string} (of sth.)
挂板☆hanging deal；hanging wall panel
挂壁☆wall build-up
挂槽浮选机☆batch flotation cell
挂车☆car coupling；(drawbar) trailer；towed vehicle
挂车安全围栅☆side bumper
挂车工[无极绳运输或利用夹钳连接装置]☆gripman
挂车牵引杆支撑自位轮☆drawbar jack caster wheel for trailers
挂车摘车工☆hanger-on；knuckle man
挂挡☆engaging a gear；pur into gear
挂灯☆lantern
挂斗振浆法☆hopper vibration method
挂断电话☆hang off
挂风布用伸缩钢柱☆vent post
挂钩☆hooking-on；hitch (iron)；dropper；hanger；dog clip；(drawbar) clevis；hitching；hook-up；couple；couple two railway coaches；articulate；link up with；establish contact with；get in touch with；pendulum
(斜井吊车)挂钩工☆cable hooker；coupler；flatman；hooker(-on)；jink carrier；knuckleman
挂钩开关☆hook switch
挂钩联结孔☆drawbar pin hole
(消防用)挂钩梯☆pompier ladder
挂钩梯链☆pompier chain
挂钩砖[玻]☆tuck stone；tuckstone
挂管钩☆pipe hanger
挂好的列车☆coupled trip
挂号处☆registration office；registry
挂滑坡☆cascade
挂机信号☆on-hook signal
挂架☆gallows
挂接箍吊卡☆collar-pull elevator
挂结☆lash-on；lashing
挂结钩环☆hitching shackle
挂结器☆attacher
挂井框☆set swinging
挂了钩的车[钢绳运输]☆grip car
挂离合器☆in gear
挂链☆lashing chain
(车辆)挂链工☆lasher-on
挂链式多斗挖掘机☆hanging-chain excavator
挂料[鼓风炉故障]☆hang(ing)-up
挂轮☆gear change；change wheel；change (speed) gear
挂罗盘☆hanging{swing} compass
挂门沙☆river month bar
挂泥作用☆mudding action
挂念☆care；solicitude
挂牌☆listing
挂片☆coupon
挂起☆hang-up
挂墙石板☆slate hanging；weather slating
挂砂☆projection cod
挂上(齿啮合)☆pur into gear
(车辆)挂上钩的☆hitched
挂绳装置☆rope-suspension device
挂失汇票☆lost bill of exchange
挂石板瓦☆slate hanging
挂锁☆padlock
挂图☆wall map；hanging chart
挂瓦条☆batten
挂线盒☆ceiling rose
挂`衣室{|线夹子}☆hanger room{|adapter}
挂淤☆colmatage
挂在穿钉上以供悬吊滑轮☆tripod clevis
挂在船尾的电极[水上电法勘探]☆towed electrode
挂在钩上☆hook
挂在……上面☆hangover
挂在竖井铅垂线下的重锤☆pilot bob
挂住☆catch；hook up
挂着的(东西)☆hanging
卦[中、日等国用作占卜等用]☆trigram
卦限☆octant

guāi

乖僻☆acidulated；morose；erratic；odd；eccentric；perversity；warp；jaundice；distortion

guǎi

拐点☆knee{knick;inflection;flex;turning;break} point；inflexion；spinodal；point of inflection {inflection guan; of}；bump；breakpoint；t.p.
拐点法☆inflection-point method
拐点正切交线法☆Naudi method
拐度☆flection
拐角☆corner
拐角处夹紧条☆corner grip strip
拐曲的☆contorted
拐弯井☆crooked well
拐杖☆crutch
拐折☆inflection；inflexion；flex；stagger
拐轴销☆crank pin
拐钻☆brace

guài

怪诞虫属[Є]☆Hallusigenia
怪击☆stamp
怪鸟☆teratorn
怪石☆fairy stone
怪物☆monster
怪形类[节]☆Marellomorpha
怪异☆monstrosity

guān

棺材☆coffin
棺盖状晶本☆coffin-lid crystal
关☆put{switch} out；plug up；close；off[电门]
关(灯)☆switch off
关闭☆(turn) off；tripping；blackout；remove from the line；shut (down;in)；cut-out；turndown；shut-off；closing-in；phase-down；cut off；trip (out)；cutout；close；shutdown；cutoff；closure；stoppage；switch out；throwoff；trip-out；close down[厂、店]；block up；gag；close-up[伸缩节]；winding up[商店]；co
关闭-半阀门供给压缩空气[钻机]☆half-air
关闭部分管道☆blank off
关闭厂矿☆deadlock
关闭的☆plugged；tripping；close；locked
关闭的矿☆dead pit
关闭发动机信号☆cut-off command
关闭法试验☆locked test
关闭功能☆shut-off capability
关闭件☆closing{closure} member
关闭井☆shut-in{closed-in} well
关闭井口套管闸门形成的挤压压力☆bradenhead squeeze pressure
关闭快门☆shutter
关闭脉冲☆stop pulse
关闭位置☆off-position；closed position
关闭效应[接收机]☆black-out effect
关闭泄漏(防冻)阀[旋塞阀关闭时,阀体上有小孔允许液体泄漏防止冻结]☆stop-and-waste valve
关闭信号☆shutdown{closing;(cut)off;shut-off} signal
关厂决策☆plant shut-down decision
关车☆power cut；cutoff
关岛[美]☆Guam
关灯☆switch off；turn off the light
关掉☆fold；tune out
关断☆turn off
关断闸门☆check gate
关固定沙丘☆semi-fixed dune
关怀☆care
关机☆tailoff；shutdown；power off；close down
关键☆keystone；crux [pl.cruces]；key (point)；hinge；linchpin
关键词的定义☆definitions of key words
关键的☆critical；king；key；strategic；nodal
关键技术☆gordian technique
关键井增产法☆key well system
关键路(线)分析☆critical path analysis；CPA
关键路线(规划)方法☆critical {-}path {-}method
关键事件☆critical event
关键途径法图☆critical-path-method diagram
关键性因素☆critical factor
关键字☆key-words；key word
关节☆articulation；knuckle；joint；articulus；a key link{point}；a crucial link{point}
关节半环☆half ring；articulating half ring
关节变形☆dysarthrasis；joint deformity
关节病☆joint-evil
关节层☆articulamentum
关节的☆articular
关节构造☆ball-and-socket structure
关节骨☆articular；ossa articularia
关节骨面☆articular facet
关节海百合亚纲☆Articulata
关节僵硬☆ankylosis；anchylosis
关节面☆articular facet；articulum
关节面支脊[棘海百]☆fulcral ridge
关节盘☆desci articulates
关节石病☆arthrolithiasis
关节式阀☆hinged valve
关节式连接液压越野车☆articulated hydrostatic vehicle；AHV
关节式内燃液力传动机车☆articulated-type diesel hydraulic locomotive
关节突☆processus articularis；zygapophysis；articular process；culmen[棘海蕾{百};pl.culmina]；cardella {condyle} [苔]
关节窝☆fossa articularis；glenoid cavity；muscle fossa；fossa[海胆]
关节销☆articulating{knuckle} pin；kingpin
关节压机☆knuckle-joint press
关节状构造☆ball-and-socket{cup-and-ball} structure
关进☆crib
关井☆shut{close} in；well off{shut-in;shutdown}；shut{closing}-in；close a well in；shut in a well；hang her on the wrench；capping[防漏油、气]；Sh I；SI
关井阀☆shut-off valve
关井环形空间测试法☆shut-in annulus test
关井挤水泥法☆bradenhead squeezing
关井口套管闸门挤压☆bradenhead squeeze
关井前开采时间☆past producing life
关井前稳定生产期☆pre-shut-in constant-rate period
关井时的套管压力☆static casing pressure
关井时间☆closed-in{shut-in;idle} time；production downtime{shutdown}；off-time
关井时井口稳定压力☆wellhead static pressure
关井套压☆CPSI；casing pressure shut-in

关井稳定井口压力☆static wellhead pressure
关井压力☆shut-in{closed} pressure; zip; CIP; SIP
关井压力恢复动态☆shut-in pressure behavior
关井状况☆well shut-in; WS
关井钻杆(立管)压力☆shut-in drill type pressure
关境☆customs frontier
关-开☆close(d)-open; co; c.o.
关口☆customs pass
关联☆linkage; relevancy; be related{connected}; connexion; (correlation) incidence; relevance
关联变量☆associative variable
关联词☆correlative
关联的☆relative; associated
关联度☆degree of association
关联分析☆association{associative} analysis
关联能谱法☆correlation spectroscopy
关联子☆correlator
关贸总协定☆General Agreements Trade and Tariffs; GATT
关门蚌属[双壳;K_1]☆Kwanmonia
关门时间☆off-time
关灭☆dying out
关气阀☆air shut-off valve
关卡☆customs pass{barrier}; pike
关切(的问题)☆concerns
关税☆custom (duty); tariff; customs duty{dues}; duty
关税制度☆tariffs
关态电流☆OFF-state current
关态电阻☆OFF-resistance
关态漏电流☆OFF-leakage current
关系☆bearing; relation; footing; connection; nexus; regard; concern; connexion; relationship; influence; implication; relevance; significance; affect; have a bearing on; have to do with; terms
关系到☆touch
关系的确定☆filiation
关系式☆relational expression; dependence; relation
关心☆care; regard; attention; respect; interest
关心(的事)☆concerns
关于☆with respect to; in regard to; in the case of; as to (how;what;when;where;whether;why); in relation to; pertain; relative to; be with respect to; w.r.t.; w-r-t; in re[拉]; rel.; cat(a)-
关于这[拉]☆ad hoc
关员☆customs officer
关闸☆brake
官方☆authority
官方汇率☆official exchange rate; OER
官立的☆governmental
官僚机构☆bureaucracy
官僚资本企业管理☆bureaucrat-capitalist enterprise management
官能☆sense; faculty
官能度☆functionality; degree of functionality
官能团保留指数☆functional retention index; FRI
官能异构(现象)☆function isomerism
官腔{话}☆bureaucratese
官窑☆Guan; ware; Kuan{Official} ware
官印☆chop
官员☆officer; official
冠☆corona [pl.-e]; crowns; pileus; coronula; crista
(锚)冠☆crown
冠蚌属[双壳;E-Q]☆Cristaria
冠冰柱☆capped column
冠部[棘]☆corona[pl.-e]; acron; crown
冠齿轮☆crowngear
冠齿兽属[E_2]☆Coryphodon
冠的☆coronary
冠顶☆crown
冠盖硅藻属[J]☆Stephanopyxis
冠沟粉属[孢;K_2]☆Stephanocolpites
冠海胆目☆Diadematoida
冠环[孢]☆corona [pl.-e]
冠几丁虫属[D_{2-3}]☆Stephanochitina
冠脊☆crest (ridge)
冠脊孢属[C_2]☆Camptotriletes
冠菊石☆Stephanoceras
冠孔虫科[射虫]☆Lophophaenidae
冠孔粉属[孢;E1]☆Stephanoporopollenites
冠廓☆crown profile
冠轮藻属[E_{1-2}]☆Stephanochara
冠螺属[腹;E-Q]☆Cassis
冠毛[植]☆pappus
冠冕类☆Diadematoida
冠女星介属[K_3-E]☆Crestocypridea; Cristocypridea
冠盘藻属[硅藻]☆Stephanodiscus
冠石☆keystone
冠头虫☆Coronocephalus
冠细胞[轮藻卵囊顶端]☆coronula cell
冠岩☆cap rock; caprock
冠岩盖层☆roof rock; caprock
冠岩瀑布☆cap-rock fall
冠翼孢属[T_3]☆Callialasporites
冠藻属[K-E]☆Coronifera
冠状的☆coronate; coronary; coronal
冠状骨☆coronary bone; coronoid
冠状颗石☆stephanolith
冠状偏斜☆capped deflection
冠状山脉☆cap range
冠状石英☆cap-quartz; capped quartz; kappenquarz
冠状体☆corona [pl.-e]
观测☆observe; observe and survey; gauging; watch; observation; collimation; survey(ing); span; sight
观测潮汐变化☆observed tidal variation
观测程序☆observing procedure{program}
观测点☆observation point{station}; station; point
观测点呈线状布置[如地震测线]☆on-line
观测方程☆observational{observation} equation
观测记录☆observational data; record value
观测角☆view angle
观测精度☆accuracy of observation
观测井☆observation(al){ga(u)ge;recorder;measuring; measurement} well; observer
观测井群☆nested observation wells
观测镜☆viewing mirror
观测孔☆peephole; observation hole{borehole;port}; aperture of sight; test hole; viewport
观测落差☆head on view
观测配对的 t 检验☆paired t-teat
观测平差☆adjustment of observation
观测气球☆obbo
观测区☆area of coverage
观测设备☆scope
观测深度☆accepted{observed} depth
观测时间☆elapsed time; time of observation
观测数据☆od; observation(al){observed} data
观测台☆observatory; measuring platform
观测台网☆surveillance network
观测误差☆malobservation; error of observation; observational{observation} error
观测系统☆observation system; layout; field setup; recording geometry
观测仪☆visualizer
观测仪的☆scopic
观测仪器☆observation instrument; viewer
观测员☆instrument{transit} man; observer
观测站☆observation{meteorological;gauge;ga(u)ging; reading;research;recording} station; clearing house; recording statics; observatory
观测值☆observation (value); observed value{reading}
观测值对☆paired observations
观察☆observe; inspection; watch; survey; vision; view; span; sighting; tend; overview; surv.
观察报告☆observations
观察窗☆observation{inspection;viewing;perspex} window; glass
观察点☆geologic(al) observation spot; viewpoint; point of observation; observation point
观察符号☆observable
观察和取样软管[试井过程]☆bubble hose
观察井☆observer; observation{pressure-observation; measurement} well; inspection shaft; responder
观察孔☆inspection door{window;hole}; observation hole{well;port}; viewing port{window}; (perspex) window; sight (hole); spyhole; viewport; peep hole
观察控制进料☆sight feed
观察口☆viewing window; porthole
观察力☆eye
观察剖面(图)☆observed profile
观察器☆viewer; sight cell
观察人☆watchman
观察容器☆visual cell
观察软管☆bubble hose; BH
观察时间☆time of observation
观察室☆room for further observation; observation ward; viewing chamber
观察天文☆astronomize
观察误差☆observation error; malobservation
观察仪☆scope; sight cell
观察员☆operator
观察者☆observer; viewer; obs
观点☆idea; view(-)point; point of view; standpoint; view; angle; perspective; outlook
观光者☆tourist
观孔镜☆borescope
观念☆concept; perception; sense; notion; ideo-
观念上的☆ideal
观日镜☆solar eyepiece
观视井☆observation well
观象台{所}☆observatory
观象仪☆astrolabe
观音座莲☆Marattia
观音座莲孢属[T_3-J]☆Angiopteridaspora
观众☆audience; spectator; onlooker
观众厅坡度线☆line of auditorium rake
观众席☆auditorium

guǎn

G

管☆tube; drifted casing; pipe; tubing; inside upset; conduit; duct(ing); wind instrument; valve; cell; rohre; tract; sleeving; obscuration; meatus
α 管[测量电离程度]☆alphatron
Y(形)管☆Y-bend
管扳手☆alligator{crocodile;pipe} wrench; pipe dog
管扳子☆crab winch
管板☆tube sheet; tubesheet
管棒石[钙超;J_{1-2}]☆Tubirhabdus
管蚌属[双壳;J~Q]☆Solenaia
管胞[植]☆tracheid
管胞藻属[蓝藻;Q]☆Chamaesiphon
管胞植物☆tracheophyta
管爆裂☆pipe explosion{explosive}
管笔石目☆Tuboidea
管壁☆bodywall; wall{shell} of pipe; pipe wall; tube skin[加热管]
管壁厚☆thickness of pipe
管壁厚度系列☆schedule
管壁摩擦☆pipe friction
管壁曲率☆pipe-wall curvature
管壁石杯纲☆Aphrosalpingidea
管波☆tube-wave; tube wave
管材☆tubes; tube stock; tubular goods; tubing; skelp
管材回收☆pipe recovery
管材外加厚☆external upset (end); EUE; EU
管沉积物的动物☆sediment-ingesting animals
管衬☆pipe lagging
管衬里☆pipelining
管程[换热器]☆tube pass
管齿海胆目☆Aulodonta
管齿目{类}[哺]☆Tubulidentata
管床☆pipe bed
管刺[孔虫]☆tubulospine
管带☆band
管带地貌复原☆right-of-way restoration
管带开拓☆development of right of way; right-of-way operation
管蛋白石[$SiO_2 \cdot nH_2O$]☆pipe opal
管道☆pipeline; duct(ing); delf; channel; tube; culvert; pipe (line;run); delft; conduct{conduit} pipe; canal; conduit; trunking; pipage; sluice; passage; P/L
管道安装(铺设)☆pipelay; pipelining
管道保护[防腐]☆pipe protection
管道泵☆in-line{pipeline;line} pump
管道波导波☆channel wave
管道充填☆line fill; pipeline pack
管道穿越打洞机☆boring machine
管道电话修理工☆telewire twister
管道电缆☆conduit
管道分叉管组☆piping manifold
管道浮拖法☆pipeline float and drag method
管道干线☆trunk pipe-line; trunkline; main
管道隔热片☆ducted heat baffle
管道工☆collar pocker{pounder;pecker}; pipeliner; piper; cat[旧]
管道工程☆pipework; pipeline engineering
管道公司职员☆collar pocker{pounder;pecker}; club man
管道工用平板篷车☆man rack
管道沟☆pipe-line ditch

管道沟掘沟爆破☆pipeline trench blasting
管道刮除器☆pipe(line) scraper
管道焊接对管器☆welding clamp; pipe
管道焊况检测仪☆stool pigeon
管道化☆canalization; channelization
管道汇集器☆pipe manifold
管道或隧道的内断面底部☆invert
管道机械化施工队☆spread
管道夹☆tubing clamp
管道架空穿越☆aerial crossing
管道间[井筒]☆pipeway; pump way
管道监督☆gang pusher
管道建造队的旧称☆tong gang
管道建筑工程负责人☆spread boss
管道交点☆tye
管道接管工☆jackman
管道绝缘工☆pipe coater
管道开孔机☆pipe tapping machine
管道控制门☆pipeline control valve
管道连接工作队☆tie-in crew
管道流量网计算器☆pipe-line fluid network calculator
管道漏检器☆pinpointer
管道盲板阀☆line blind valve
管道内存油量☆pipeline storage
管道内底坡度☆invert grade
管道内积存油☆pipeline stock
管道排泄量☆pipe capacity
管道铺设☆pipe(line) laying; pipelining; pipelaying; piping
管道式侵蚀☆piping
管道首站或末站的储罐区☆break-out tankage
管道输砂☆sediment transport through pipeline
管道输送☆pipelining; pipeage pipage; piping; pipeline (transportation); pipe line
管道输送洁净石油☆pipeline oil
管道输油☆run the oil
管道探测镜☆borescope
管道涂层裂缝检测仪☆snitcher
管道弯头☆sweep of duct
管道完工队[负责管带土地平整、清理、种树、植草等项工作]☆dress-up crew
管道网☆pipe network; piping system; network of pipelines
管道维护☆pipeline maintenance
管道无支撑跨距☆unsupported span
管道系统☆ducting; canalization; tubing; pipework; pipage; plumbing{pipeline;piping} system; piping
管道下水坡道☆launching ramp
管道线路☆duct{pipeline} route
管道线路剖面图☆profile of pipe-line route
管道泄漏处☆holidays
管道泄水能力☆carrying capacity of pipe
管道巡查人员☆pipeline walker
管道沿线概况表[管道施工]☆line list
管道仰拱☆invert
管道因温度变化收缩☆temperature contraction of pipes
(水力)管道运煤☆coal pipelining
管道运输☆pipeline transport; transportation by pipelines
管道支架☆pipe carriers{support}; duct support
管道支架配件☆piping support fittings
管道中储存(油品或气体)☆line pack storage
管道中的油☆oil in storage
管道装修工☆swabber
管道自动控制泵站☆push-button pipe line station
管道(敷设)作业☆ductwork
管的☆tubulous
管灯员☆lampman
管底☆tube{vacuum-tube} base
管底试样☆bottom sample
管地电位☆pipe-to-soil potential
管垫☆pipe pad{bed}
管电压[X射线]☆tube voltage
管洞贝目[腕;Є$_1$-O]☆Siphonotretida
管堵☆hose cap; dry-hole plug
管堵(头)☆pipe plug
管端☆pipe end
管端成平坦线套管{|接头}☆extreme line casing {|joint}
(海底)管端汇管☆pipeline-end manifold; P.L.E.M.
管端坡口机☆pipe end facing machine
(套管或油管)管端缩径☆bottlenecking
管段吹扫☆section purging
管墩☆thrust block; pips support; pipe pier
管蛾螺属[腹]☆Siphonalia
管颚牙形石属[C$_1$]☆Siphonognathus
管阀☆pipe valve
管(式)分配器☆tubular distributor
(输气)管(的水)封管☆dip pipe
管缝式锚杆☆slit wedge tubing bolt
管盖贝属[腕;P]☆Aulosteges
管隔壁珊瑚☆Siphonophyllia
管工☆plumber; pipe man{fitter}
管工黑油☆plumber's soil{black}
管钩☆pipe hook{clip}
管沟☆pipe trench{ditch}; siphonoglyph
管沟边坡☆side slope
(挖)管沟铲☆Mexican dragline
管沟盖板☆channel cover
管沟工☆patty
管沟回填队☆backfilling gang
管沟回填土压实机☆backfill compactor
管沟锹☆idiot stick
(挖)管沟(的)锹或铲☆canal wrench
管沟珊瑚☆Siphonophrentis
管沟挖掘犁☆pipeline plough
管沟走向偏移☆dogleg
管垢☆pipe scale
管垢清刮器☆pipe go-devil
管箍☆female connection; pipe coupling{collar;clamp}
管古杯属[Є$_1$-S]☆Syringocnema
管海螂属[D-Q]☆Solemya
管海绵属[绵;K-N]☆Siphonia
管簧☆tubular spring
管汇☆header; (pipe) manifold
管汇压力☆manifold pressure; MP
(计量站)管汇支管数☆runs per header
管基黏泥☆base cements
管几丁虫属[O$_{2-3}$]☆Siphonochitina
管迹[遗石]☆fucoid
管给的☆piped
(换热器)管际空间☆shell side
管夹☆pipe clamp{grapple;clip}; stirrup bolt; tube holder{clip}; pipeline clamp[修管道用]
管夹持器☆tube holder
管架☆pipe rack[存放套管、钻杆等]; tube holder; pipe carrier; tubular space frame
管架车☆pipe buggy
管架连接夹☆frame connecting clamp
管间环(状空间)☆tubular annulus
管间燃烧器☆intertube burner
管件☆fitting; tube{pipe} fittings; plumbing
管件与管件焊接☆fitting to fitting weld; F.FW.
管脚☆limb; prong
管脚插座☆pin jack
管接口有折角☆dogleg
管接头☆pipe connection{coupling;adaptor;joint; fittings;adapter}; junction of pipe; adapter; union (adapter;coupling); swivel; adaptor; perkins joint
管接弯头☆socket bend
管节☆adapting pipe; union; pipe junction
管节弯头☆socket bend
管节藻属[E]☆Solenomeris
管结构☆tubular construction
管进系统☆pipe-in system
管茎☆stolon
管茎蕨属[C$_3$-P]☆Tubicaulis
管井☆tubular{tubed} well; tubewell; Abyssinian wall
管径☆caliber; pipe diameter
管(内)径☆caliber; calibre
管具承座☆pipe retainer
管卡☆pipe grapple{clamp}; perkins joint
管壳☆cartridge
管壳缝[硅藻]☆canal raphae
管壳式冷凝器☆shell-and-tube condenser
管孔☆tube; siphonopore; pore; rodding eye; syrinx[腕]
管孔贝属☆syringothyris; Siphonotreta
管孔的[孔虫]☆fistulose; fistular
管孔腕类☆Siphonotretacea
管孔藻☆solenoporian algae; solenopora
管孔藻科☆solenoporaceae
管孔藻属[C-N]☆Solenopora
管口☆mouth of pipe; pipe orifice; nosepiece
管口导接☆guide rib
管口盖(凸缘)☆blank flange
管口扩张角☆angle of flare
管口式[腹]☆siphonostomatous
管缆控制的☆umbilically-controlled
管廊☆pipeline corridor
管类☆tubular goods
管理☆govern; (supervisory) control; handle; engineering; conservancy[自然资源]; dispensation; conduct; supervision; charge; management; care; administration; mine administration{management}; manage; run; administer; supervise; regulation; take care of; handling; superintendence; ruling
管理(机构)☆government
管理不善☆ill management
管理成本☆handling{managed} cost
管理程序☆hypervisor; executive{supervisory;master} routine; supervisor; manager; supervisory program
管理处☆office; management; off.
管理的☆directory; administrative; rectrice; supervisory
管理顶板☆roof-control
管理方格理论☆management grid theory
管理费☆overhead expense{cost;charge}; overhead; general mine costs; oncost; cost of supervision {administration;operation}; establishment charges; running expenses{cost}; administration cost
管理风格☆style of management
管理幅度☆span of control{management}
管理工程☆administrative{management} engineering
管理惯例☆management practice
管理过程理论☆management process theory
管理会计☆accounting for management
管理几部钻机的人☆head roustabout
管理技术☆management engineering; ME
管理局☆conservancy; directorate; administration; authority
管理人☆guardian; supervisor; superintendent; manager
管理人员☆superintendent; supervisor; supervisory staff{personnel}; administrator; operating personnel
管理人员职能☆function of manager
管理失当☆misadministration
管理手段☆ladder of management
管理数学☆managerial mathematics
管理水平☆level of management
管理体制☆regime
管理图☆control chart
(在)管理下的后退☆managed retreat
管理效率☆efficiency of management
管理信息☆administration information
管理学家☆managerialist
管理样☆monitor sample
管理员☆controller; handler; clerk; keeper; steward
管理原则☆governing principle
管理员专用车☆supervisor's car
管理者☆supervisor; supvr; superintendent; supt
管理指令☆executive{supervisory} instruction
管理中心☆administrative center
管理咨询☆management consultancy
管理总计☆control footing; CF
管链藻属[蓝藻;Q]☆Aulosira
管料场☆flare
管裂缝☆pipe leak
管流☆conduit{pipe} flow; tube current
管流现象☆suffosion
管漏☆pipe leak
管漏壁珊瑚属[C$_1$]☆Siphonophyllia
管炉热解器☆tube furnace pyrolyzer
管路☆culvert; conduit; canal; (pipe) line; pipeline; channel; tube; passage
管路报告自动发报机☆bug
管路的输送(能力)☆pipe capacity
管路隔离阀组☆line isolating valve assembly
管路工☆club man
管路进油端☆pipe head
管路配置☆plumbing configuration
管路铺成直线☆line up
管路清除☆blowout; blow out
管路上流动截面有突变的部件[如孔板、各种阀类]☆abrupt component
管路伸缩补偿器☆pipe line compensator
管路填上机☆padding machine
管路图☆piping plan{diagram}
管路弯折处摩阻损失☆loss in bends
管路沿线的油库[美]☆line tank farm; line depot

管螺纹☆gas{pipe} thread
管螺纹机☆pipe threading machine
管毛类[原生;R]☆Chonotrichida
管毛目☆Tubicola
管帽[在把管子打入地层中时保护管子用]☆hose {drive} cap；cup
管面沥青涂料熔化点测定☆flow test
管面涂层☆pipe coating
管磨机外壳☆tube mill shell
管内冲砂作业☆casing clean-out operation
管内充填☆casing pack
管内腐蚀☆internal corrosion
管内沟☆siphonofossula
管内 X-射线检测仪☆internal X-ray crawler
管内自动监测记录仪☆intelligent pig
管内自行式 X 光焊缝检验机☆crawler
管泥☆ball clay
管扭虫属[孔虫;T_3-K]☆Aulotortus
管排[防喷器控制管汇]☆pipe rack
管盘石[钙超;K_1]☆Tubodiscus
管配件润滑油☆goo
管坯炉☆bending furnace
管片☆segment
管(形)瓶☆phial
管屏粗磨机☆panel rough grinding machine
管屏连续细磨抛光机☆in line panel grinding and polishing machine
管坡口☆pipe bevel{groove}
管栖的☆tubicolus
管栖管☆tube
管栖类☆Tubicola
管钳☆lay{pipe;slide} tongs；canal{bulldog;stillson; pipette;pipe} wrench；tong；trimowrench；pipe twist{spanner;grip;dog}；nipper for pipe
(用)管钳夹持管子的工人☆backup man
管腔笔石属[O_1]☆Tubicamara
管桥☆pipeline bridge
管清管器☆pipeline cleaner
管球石[钙超;E_2-Q]☆Calcitrema
管球藻属[K-N]☆Hystrichosphaera
管区☆district
管取法☆pipe sampling
(铺)管权☆right-of-way
管泉☆conduit spring
管塞☆stopcock；pipe plug；line stopper
管塞式排出阀[干涉沉降分级机]☆pipe-and-plug spigot
管珊瑚☆organpipe coral
管珊瑚科☆laccophyllidae
管珊瑚属[八射珊;Q]☆Tubipora
管石☆pipe rock
管式扳手☆rod wrench
管式标定装置[体积管]☆pipe prover
管式采样器取样☆gun sampling
管式传动轴☆tubular drive shaft
管式(高压)弹☆test-tube bomb
管式电炉☆electric tube furnace
管式换热器制造商协会[美]☆Tubular Exchanger Manufacturers' Association；T.E.M.A.
管式加热器☆tube{tubular} heater
管式矿石采样器☆pipe ore sampler
管式流量计标定装置☆pipe-type meter prover
管式同轴选矿机☆concurrent separator；coaxial tube separator
管式玄武岩(石)衬里☆pipe basalt lining
管式压滤机系统☆tube press plant system
管式注浆锚杆☆grouted tubing bolt
管输费用☆pipage；pipeage
管输能力☆throughput of pipeline
管输油☆clean oil
管输油品分隔球☆batching sphere
管输原油☆pipe line oil；PLO；pipeline{piped} oil
管树笔石属[O_1]☆Tubidendrum
管束☆bundled tubes；pipe column{bundle}；restrain；check；control；tube bundle{bank}
管刷☆pipe brush
管闩☆cock；stopcock
管水准器☆cylindrical{tubular} level
管苔藓虫属[E-Q]☆Tubulipora
管套☆tube socket；scabbard；tube shield；pipe sleeve {liner;lagging}
管体☆shell
管体植物☆Nematophyta
管筒海绵属[O-S]☆Aulocopium
管头☆tip；shoe
管头凝缩汽油☆casinghead gasoline
管土☆terra alba；cutty{pipe} clay
管托☆saddle；pipe bracket
管外伽马射线探测仪{检漏仪}☆external gamma ray detector
(油)管外径☆outside diameter of tubing；O.D.T.
管外自动焊接机☆bug
管腕海星亚纲☆Auloroidea
管网☆gridiron；grid；pipe range{network}；network of pipelines
管系☆tubulature；tubing；pipe arrangement；piping system
管辖☆yoke
管辖(范围)☆jurisdiction
管辖区☆jurisdictional boundaries
(套)管下扩眼☆underream
(套)管下扩眼器刀刃☆underreamer cutter
管线☆pipeline；line (pipe)；pipe line；incher；PL；P/L
管线(输送)☆pipage；pipeage
管线充填气量☆line-pack gas
管线储{存}液量☆pipeline fluid inventory
管线的挠度☆deflection of pipe line
管线地床被海流淘空☆spanning
管线敷设☆pipeline installation
管线防腐用沥青锅☆pipeline kettle
管线腐蚀泄漏☆pipeline corrosion leak
管线供应{交付}端☆delivery end of piping
管线计量工☆pipeline gauger
管线检查球形潜水器☆pipeline inspection sphere
管线检漏法☆line leak-detection method
管线接箍堵漏工☆collar corker
管线节点☆knot
(用)管线连接的☆pipeline-connected
管线裂缝限制器☆pipeline crack arrester
管线略弯处☆spring of the line
管线内涂层☆internal pipe coating
管线内油品☆on-line product
管线偏斜☆deflection of pipe line
管线破裂检测☆line break detection
管线式泡沫比例混合器☆foam eductor
管线停输☆pipeline shutdown；line turndown
管线涂层性能☆pipeline coating property
管线微波网☆pipeline microwave network
管线位置探测仪☆line locator
管线下水坡道☆launching stand{ramp}
管线销售原油规格☆pipeline sales oil specification
管线泄漏报警系统☆leakage alarm system for pipeline；LASP
管线修理用配件产品☆piping repair products
管线用燃气轮机☆pipeline turbine
管线与电缆的交叉☆pipeline and cable crossing
管线支垫☆pipeline bedding
(在)管线中混合☆in-line mixing
管线中混合{调和}☆in-line blending
管线周围环境☆pipeline's surrounding environment
管线组对台☆line-up station
管箱开口☆channel nozzle
管鞋☆(drive) shoe；pipe shoe
管鞋下扩孔器的推出式切刀☆underreamer cutter
管鞋钻头☆pipe shoe bit
管芯☆die；mandrel
管心距☆tube pitch
管星亚纲[海星]☆Auloroidea
管型砾磨机☆pebble-tuble mill
管形☆tubiform
管形的☆tube；tubular
管形电阻☆tubular resistance
管形构件☆tabular member
管形类☆Tuboidea
管形熔断片☆enclosed fuse
管形勺杆☆tubular handle
管形石膏☆cylinder{plaster} cast
管形提泥钻头☆miser；mizer
管穴[生]☆tube
管牙☆solenoglyphic tooth
管牙形石☆siphonodella
管盐☆salt
管岩☆pipe-rock
管岩潜穴☆scolite；pipe-rock burrow
管眼扩大器☆underreamer
管蚓的☆tubicolus
管蚓目☆Tubicola
管涌☆piping (effect)；sand boil；water creep；subsurface erosion
管涌比☆coefficient between layers
管涌力学☆mechanics of piping
管涌破坏☆failure by piping
管用的☆eating
管缘角石属[头;C_1-P_1]☆Solenocheilus
管藻目{类}☆Siphonales
管藻属[绿藻]☆Siphonia
管藻型原管藻☆Protosiphon
管藻亚目[硅藻]☆Solenoideae
管杖虫属[孔虫;S-Q]☆Lituotuba
α管真空计☆alphatron gauge
管枝迹[遗石]☆chondrite；Chondrites；fucoid
管枝藻属[Z-Q]☆Siphonocladus
管支撑☆tubular brace
管支架{|座}☆pipe shoe{|support}
管指数☆solenoidal index
管制☆regulate；henpeck；surveillance；control
管制瓶☆tube-formed bottle
管中局部{聚集}水流☆trapflow
(在)管中输送的部分储品☆tender
管中物送的油☆run
管轴珊瑚属[S-D]☆Syringaxon
管蛛网珊瑚属[C_1]☆Auloclisia
管柱☆mounting pipe；pipe column{string}；limb；string[钻杆、套管]
管柱基础☆colonnade foundation；tube caisson foundation
管柱基础施工法☆colonnade foundation process
管桩(法打)井☆abyssinian well
管柱珊瑚☆Siphonodendron
管柱伸展法☆pipe stretch method
管砖☆tubing brick
管桩☆tubular pile{pole}
管桩井☆abyssinian well
管桩(法打的)井☆Abyssinian wall
管状☆pipe；tuba
管状材料☆tubing
管状产物☆tubular product
管状的☆tubular；siphonaceous；tubulous；mantolike；tubing；tubiform
管状个体{员}[八射珊]☆siphonozooid
管状过滤衬砌井☆open-end well
管状火药☆cylindrical and hollow powder
管状尖灭效应☆tubular pinch effect
管状矿脉☆ore-pipe；pipe；ore pipe{chimney}；chimney；meck；stock
管状矿脉膨大部分☆bunch
管状矿样采取器☆pipe ore sampler
管状扩孔器具☆reaming barrel
管状立柱☆tubular prop
管状泥芯☆pencil core
管状钎头☆annular borer
管状渗蚀☆piping
管状提泥钻头☆miser
管状体☆tube-like body
管状通道☆stolon
管状线[绿藻]☆siphonous line
管状型钢罐道☆steel tube section guide
管状岩☆piperock
管状岩体☆manto
管状中柱☆siphonostele；solenostele
管状钻头☆structure{pipe;overman} bit
管子☆pipe；tube；incher；rohre；pipage；TU；transite pipe[专输腐蚀液体和盐水]
管子变形☆tube swelling；pipe deformation
管子操作☆pipe-handling
管子缠带机☆pipe wrapping machine
管子承头☆female end of pipe
管子的☆tubular
管子的分布☆distribution of pipe
管子的裂口☆gap
管子的玄武岩衬里☆pipe basalt lining
管子的应力-破裂试验☆stress-rupture testing of tube
管子定心夹具☆line-up clamp
管子堵头☆end cap
管子短接☆nipple joint
管子对口再用套筒铆住的连接☆butt and strapped joint
管子对扣{准}器☆pipe stabber
管子腐蚀处☆pithole
管子割缝间隙☆pipe opening

管子工☆pipe fitter；plumber；pipeman
管子公扣端☆spigot end of pipe
管子箍☆holderbat
管子和容器内壁上的硬水结垢☆gyp
管子(内径)检查仪☆tuboscope
管子{钻杆}接头[俗]☆stalk
管子浇灌在管沟中☆pipe-casting in trenches
管子校直器☆pipe straightener
管子接头☆pipe collar；union joint；sub
管子接头处垫料☆pipe joint composition
管子接头的内径☆drift diameter
管子截面模{系}数☆pipe section modulus
管子紧扣器☆jack board
管子内壁刮除器☆bug
管子内径☆internal pipe size；pipe bore；ips
管子内螺纹端☆female end of pipe
管子扇形保温块☆pipe insulating segment
管子渗漏检验仪☆pipe prover
管子梯子隔间☆pump and ladderway compartment
管子涂层预制厂☆pipe casting plant
管子涂敷机☆pipe coating machine
管子未加厚端部☆plain end
管子位置探测器☆stool pigeon
管子因温度骤变管线收缩而在接箍处脱开☆pull out
管子丈量☆pipe tally
管子胀子☆pipe swedge
管子整形器{模}☆swage；swedge
管子正方形错排[流动方向与对角线平行]☆rotated square pitch
管子支垫☆cradle bedding
管子止漏夹板☆clamp
(用)管子制成工☆tubular
管子坠[落留在钻台上的]☆cat-head
管足[棘]☆tubefoot；ambulacral{tube} foot；podium；podia；pedicle；pedicel
管组☆pipe manifold
管钻☆tubular drill
管嘴☆nozzle；nipple；NOZ
管嘴鱼目☆Mormyriformes
管座☆tube holder{socket;support}；socket；pipe saddle{carrier}

guàn

鹳形目☆ciconiiformes
罐☆ladle；can[金属制液体容器]；crock；canister；corf；corfe；pot；corve；far；pail；jar；tin；tank；pitcher；coal tub；bottle；vessel；pod
(卧)罐鞍座☆tank cradle
罐板☆tank shell
罐壁☆tank skin{shell}；shell of tank
罐车☆tank truck{car}；cistern；tanker
(散装水泥)罐车☆tank-transport truck
罐车待装区☆waiting zone
罐车卸油点☆tank car unloading point
罐稠原油☆heavy viscous oil
罐储☆tank storage
罐存石油☆stock tank oil
罐挡☆banging piece；cage stop；catch dog；tub catch
(管道输送)罐到罐流程☆put and take system
罐道☆guide；cage{shaft} conductor；cageway；slide；rod
罐道滑槽☆sliding{slotted} guide
罐道梁☆bunton；divider；guide beam stemple
罐底☆tank bottom
罐底凹囊{袋}☆tank pockets
罐底残油观测孔☆manhead
罐底垢水监测器☆bottom sludge and water monitor；BS & W monitor
罐底积污清除铲[宽平头铲]☆spud bar
罐底机械沉渣☆mechanical and bottom sludge
罐顶☆back deck
罐顶栏杆☆tank railing
罐顶馏分☆top cut
罐顶人孔☆roof manway{manhole}
罐顶行桥{走道}☆roof walkway
罐顶至油面距离[据此测算存油量]☆outage
罐顶中心通气孔☆center roof vent
罐耳☆cage guide{shoe}；shoe；runner
罐阀☆tank{pot} valve
罐缝试验[试漏]☆tank seam testing
罐盖☆tank cap
罐基础☆tank base
罐计量基准点☆tank datum point
罐脚☆tank heels
罐壳☆tank shell
罐客☆passenger
罐空(测)量杆☆wantage rod
罐梁☆divider；stemple；stempel；holing prop；shaft bunton
罐梁窝☆bunton pocket；putlog
罐留空间☆tank outage
罐(式蒸)馏器☆pot still
罐笼☆cage[矿]；carriage；bogie；chase
罐笼层☆deck
罐笼层台☆deck of a mining-cage
罐笼出车☆uncaging
罐笼的装卸时间☆winding interval
罐笼顶盖☆(cage) bonnet；cage cover umbrella
罐笼断绳防坠装置☆(cage safety) catch gear
罐笼防坠器机构☆cage parachute；grip gear
罐笼和箕斗☆skip-cage
罐笼箕斗☆combined cage and skip；skip-cage
罐笼间☆cageway
罐笼交会位置☆meeting position of cage
罐笼内稳车杆☆finger bar
罐笼上的车挡☆banging piece
罐笼升降位置指示器☆visual indicator
罐笼失事坠落☆run
罐笼式矿车☆giraffe
罐笼锁门杆☆cage bar
罐笼提升天轮梁☆cage sheave girder
罐笼推车器摇臂轴☆cager rocker shaft
罐笼稳车杆☆finger bar
罐笼用推车机☆decking gear
罐笼运行间隙☆clearance for the cage
罐笼中的稳车器☆catch
罐笼中的稳车杆☆cage bar
罐笼装卸☆onsetting
罐笼装卸处☆cage landing
罐笼装卸点☆landing point
罐笼装卸矿车装置☆decking plant
罐笼座☆catch；landing；shuts；cage set
罐炉☆pan furnace
罐内立式潜没泵[当罐内油泥高于出油管线时使用]☆in-tank pump
罐内污油{油泥}☆tank sludge
罐内液面传送器☆tank level transmitter
罐区☆tank field
罐区存油☆tank farm stock；oil in storage
罐区管系☆piping for tank farm
罐圈☆tank shell
罐群☆tank group
罐容积表☆tank capacity table
罐容积测定误差☆tank calibration error
罐身☆tank shell；shell of tank
罐式加热炉☆jug heater
罐式磨机[主实验室用]☆jar mill
罐台☆cage seat
罐头☆tin；can[盒]
罐头食品的制造☆canning
罐头食品工人☆packer；tinner
罐托☆cage chair{sheet;shut;seat;keps}；fallers；fangs；folding board keeps；(landing) keps；lander；wing；land{landing} chair；landing{safety} dog
罐形浮标☆can buoy
罐窑☆jar-shaped kiln
罐贮的☆canned
罐转钻井给进控制☆rotary feed control
罐装的☆tinned
罐装砾石☆pot-load gravel
(加砂)罐装设备☆pot-type equipment
罐装样品☆canned sample
罐状物☆pot
罐子☆jar
罐组☆tank battery
罐座☆kep；chair；bearing-up stop；banging piece；cage {land;landing} chair；catch；fangs；rests；wing；folding{faulding} board；grip{landing} block；lift stop；keeps；lander；landing (keps)；positioning lug
罐座垫梁☆landing ba(u)lk
罐座缓冲(器空气)缸☆cager cylinder
罐座联动装置开关☆kep switch
罐座手柄☆bankman's handle
盥洗室☆lavatory；washroom
灌☆filling；fill；pour；besprinkle
灌薄浆☆larry
灌丛☆bush-wood；scrub；thicket；shrub
灌丛草原☆bushveld
灌丛带☆shrubland
灌丛沙丘☆shrub-coppice dune
灌丛藻属[O-D]☆Frutexites
灌封放大器☆encapsulated amplifier assembly
灌溉☆irrigation；flooding；irrigate
灌溉的土地☆irrigated land
灌溉过度☆over irrigation
灌溉回渗水☆irrigation return flow
灌溉率☆duty of water；water duty
灌溉区[乌尔都语]☆ayacut
灌溉渠☆irrigation canal；feed ditch；channel for irrigation；auwai[夏威夷]
灌溉(用)水☆irrigation(al) water
灌溉水量☆duty
灌浆☆grout(ing)；cement injection{grouting}；gunite；[of grain] be in the milk；form a vesicle
灌(水泥)浆☆cement grouting
灌浆齿墙☆cut-off of grout
(用)灌浆法黏结的上部岩层☆cementation cover
灌浆法凿井(法)☆cementation sinking
灌浆封闭裂缝防漏☆slug
灌(水泥)浆封堵☆grout sealing
灌浆工程检查员☆grouting inspector
灌浆管环☆grouter ring
灌浆混凝土☆grouted aggregate concrete
灌浆机☆grout injector{machine}；grouter；grouting machine；injector
灌浆加固☆consolidate by injection
灌浆孔☆grout{grouting;injected} hole；injection boring
灌浆孔组☆cementation round
灌浆锚固锚栓☆grouted rockbolt
灌浆区☆grouted area
灌浆渗流力☆grouting seepage force
灌浆双液法☆two-shot grouting
灌浆速度☆grout-acceptance rate
灌浆(提)桶☆dump bailer；liquid dump bailer
灌浆头☆cementing head；grouter；grouthead
灌浆土工布护排☆grout-filled fabric mat
灌浆岩石铆栓{锚拴}☆grouted rock bolt
灌浆用填料{绵塞}☆grout(ing) packer
灌浆装置☆cementer
灌(水泥)浆装置☆cementer
灌浇☆pour over
灌林泥炭土☆heath peat
灌满井眼☆hole fill-up
灌满能力☆liquid capacity
灌满系数☆volumetric coefficient
灌木☆brushwood；shrub；frutice；frutex；bush；scrub；arbuscle；arbustum；arboret；thamnos[希]
灌木丛☆shrub；shrubbery；brush；bush；thicket
灌木地☆shrubland
灌木林☆brush；scrub (forest)；sibljack；coppice；brushwood；shrubbery
灌木泥炭☆heath peat
灌木群落☆fruticeta
灌木珊瑚属☆Thamnopora；Thamnophyllum
灌木十字花科果实☆silicle
灌木星珊瑚属[T-N]☆Thamnasteria；Thamnastraea
灌木状☆arbuscular；fruticose
灌泥浆☆slush{mud} grouting；mud(ding) off；siltation
(起钻)灌泥浆冲数☆strokes to fill
灌片☆transcription
灌气☆gas injection
灌铅接合☆lead joint
灌区☆irrigation district；irrigation-developed{irrigated} area
灌区泥沙☆sediment of irrigation area
灌渠☆irrigation ditch{canal}
灌入☆infusion；penetration
灌入瓶内☆bottle
灌砂法☆sand cone method；sand replacement method
灌砂法容量测定仪☆sand filling volumeter
灌输(思想等)☆inoculation
灌水☆watering；flooding；spreading
灌水次数☆frequency of irrigation
灌水沟☆irrigation furrow{ditch}
灌水间距☆irrigation interval
灌水泥浆[加固井孔周围浅部松散层]☆(cement) grouting
灌水泥浆机☆grout machine{injector}

G

灌水泥浆嘴☆grout nipple
灌水频率☆frequency of irrigation
灌水岩层☆water-impregnated strata
灌水引动(水泵)☆fang
灌听☆tin filling
灌桶☆barrel filling
灌桶机☆drum filler
灌油孔☆filling orifice
灌油桥台☆loading rack{bridge}
灌铸☆cast；pour
灌筑柱{桩}☆cast-in-situ pile
灌注☆impregnate；irrigation；impregnation；infusion；influx；fill-up；fall；imbue；infuse；inject；pour into；packing；recharge；potting；perfusion；prime[泵]
灌注泵☆charging{charge} pump；infusion pump
(岩芯分析)灌注法☆reflux
灌注机☆bottler
灌注沥青☆bituminous grouting
灌注期☆replenish period
灌注启动水(泵)☆prime
灌注器☆infuser[煤层灌水用]；syringe
灌注砂浆☆mortar grouting
灌注上水☆pressurized suction
灌注树脂锚杆法☆resin bolting
(孔内)灌注水泥压力☆feed pressure
灌注吸入☆filling suction
灌注线☆loading line
灌注效率☆charging efficiency
灌注压力☆injection pressure
灌注桩☆cast-in-place{cast-in-situ;filling} pile
灌装时间☆filling time
灌装液化石油气钢瓶☆bottle liquefied petroleum gas in steel bottles
惯例☆tradition；institution；convention；observance；custom；routine；usage；common{usual;conventional;universal;accepted} practice；conventionality；usance；prescription；praxis [pl.praxes]
惯例的☆customary；traditional；orthodox
惯量☆inertia；inertance
惯能电机车☆inertia-type loco(motive)
惯态☆habit；habitus；habitue
惯析面[新相在母相中]☆habit plane
惯性☆inertia；inertness；inertance；lag
惯性半径☆radius of gyration
惯性导航测量仪器☆inertial navigation survey tool
惯性定律☆law of inertia；inertia law
惯性定向振动装置[运输筛]☆inertia-anchored vibrating device
惯性飞行导弹☆coaster
惯性负荷☆mass loading{load}
惯性滑行☆coast
惯性矩☆moment of inertia；inertia moment{couple}
惯性矩比☆inertia ratio；ratio of moment of inertia
惯性矩面积仪☆integrometer
惯性力☆force of inertia；inertia{inertial;amass} force；internal work
惯性筛☆unbalanced-throw screen
惯性抬系☆inertial coordinate system
惯性调节{速}器☆inertia governor
惯性-紊状流☆IT{inertial-turbulent} flow
惯性物质☆steady motion
惯性卸料离心脱水机☆inertial discharge centrifuge
惯性运转☆coasting
惯性振动筛☆inertia vibrating screen
惯性制导☆inertial guidance
惯性质量☆inertial{inertia;stationary} mass
惯性中心☆centre of inertia
惯性转子☆inertia-rotor
惯性作用☆inertia effect；effect of inertia
惯用地名☆conventional place name
惯用名☆traditional name
冠词☆article
冠军☆champion；title
冠军保持者☆titlist
观☆Taoist temple
贯层侵入☆transgressive intrusion
贯彻☆following out；carry；pursue；implement；put through
贯彻到底☆follow up
贯穿☆penetration；breakthrough；penetrate；perforate；transfixation；permeate；cut-through；bending{run;work} through；perforation；permeation；penetrance
贯穿笔石属[S-C_1]☆Ptiograptus
贯穿开挖☆through cut
贯穿矿床☆transgressive deposit
贯穿流通闸阀[适用于腐蚀介质]☆through-conduit valve
贯穿螺栓☆through bolt；thru-bolt
贯穿能力☆penetrating power；penetrative quality；penetrability
贯穿器[用于完井射孔]☆permeates
贯穿器套☆permeates sleeve
贯穿式通风☆air coursing
贯穿双晶☆interpenetration{interpenetrant;penetrate} twin；penetration twin(ning)
贯穿性对流☆penetrative convection
贯穿叶理☆penetrative foliation
贯地槽☆through-geosyncline
贯顶的☆excurrent
贯联带[腕(环)]☆interconnecting band
贯流式☆throughflow
贯壳轴[藻]☆pervalvar axis
贯入☆inject(ion)；diapiric injection；stick；penetration
贯入变质☆impregnation；injection metamorphism
贯入度☆(set) penetration
贯入构成{造}岩☆penetrative tectonite
贯入深度☆depth of penetration
贯入速率☆rate of penetration
贯入体☆injected mass{body;masses}；injection mass；riveting intrusion
贯入通道☆orifice for injection；orifice of injection
贯入性☆penetrability
贯入岩块☆injection-fels
贯入仪☆penetrometer；super-penetrometer
贯入褶曲☆diapir{piercement} fold
贯入褶皱☆incompetent{injection} fold
贯入锥☆penetrating cone；penetration cone chuan
贯入阻抗☆driving resistance
贯石☆perpend (stone)；through stone；parpend
贯通☆cut through；heading through hole-through；thirling；thurl；have a thorough knowledge of；be well versed in；link up；thread together；pierce；trans-
贯通冰川☆through glacier
贯通测量☆connecting survey
贯通堆积☆perforation deposit
贯通孔[地下气化]☆linkage bore hole
贯通误差预计☆estimation of through error
贯通装置[测井下井仪的]☆pass-through facility
贯线☆transversal
贯眼☆full bore{hole}；FH；throughbore
贯眼阀☆full-opening valve
贯眼式接头☆full hole tool joint；FH
贯眼完成(法)☆perforated pipe completion
贯眼油管测试器☆full-bore tubing tester

guāng

光☆light；phos-；phot-；photo-
光(亮)☆shine
光斑☆(light) spot；facula [pl.-e]；hotspot
光斑清晰度☆spot definition
光薄片☆polished thin section
光报警信号☆visual alarm
光崩解高聚物☆photodegradable polymer
光泵磁强仪☆optically pumped magnetometer
光泵原子旋进磁力仪☆optical pumping atomic precession magnetometer
光比色法☆photocolorimetry
光笔☆light pen{gun}
光边☆optical margin
光扁球形储(油)罐☆plain-type Horton spheriod
光变频效应☆optical frequency conversion effect
光变曲线☆light curve；light-curve
光标☆cursor
光波☆light wave；blip
光波传信法☆telefax
光波导纤维的传送损耗☆transmission loss of waveguide fiber
光波动说☆wave theory of light
光波干扰波长测定仪[用以测沼气含量]☆interferometer
光彩☆lustre；luster；sheen；splendour；radiance；honourable；honoured；glorious
光彩石[$Al_2(PO_4)(OH)_3$;$2Al_2O_3\cdot P_2O\cdot 3H_2O$;单斜]☆augelite
光彩壮丽☆splendour；splendor
光参量振荡器☆optical parametric oscillator
光测☆flash ranging；FR
X光测定器☆r-meter；roentgenometer；roentgen meter
光测法☆photometric method
光测挠度计☆sphingometer
光测弹性(学)☆photoelasticity
光测弹性模式☆photoelastic model
光差☆light equation
光产生的☆photogenic；photoproduced
光场[光学仪]☆light field
光车☆smooth{finish} turning
光成形☆optiform
光程☆optical path{distance;length}
光程差☆retardation；optical path difference
光程函数☆eiconal；eikonal
光冲量☆photoimpact
光抽面☆plane of optic axes
光出射度☆luminous exitance
光穿透作用☆light penetration
光(学)传递函数☆optical transfer function；OTF
光传电话☆phototelephony
光传输☆light transmission
光串体球面投影图☆indicatrix stereogram
光唇角石属[C_1]☆Argocheilus
光磁电效应☆photomagnetoelectric effect
光磁性钻孔测量☆photomagnetic borehole surveying
光催化(作用)☆photocatalysis
光催化剂☆photocatalyst
(用)光催化☆photoactivation
光存贮玻璃半导体☆optical memory glass semiconductor
光达☆lidar
光(谱)带☆band
光导☆light guide
光导层☆photoresistance
光导电缆☆fiber-guide cable
光导发光元件☆optron
光导器件☆photocon
光导摄像管☆vidicon
光导纤维☆fibre optics；optical fiber；light guide
光导纤维传感器☆fiber optic sensor
光导纤维海底电缆系统☆optical fiber submarine cable system
光(电)导元件☆photocon
光的☆plain；denudate；luminiferous；photo(genic)；optic(al)；ground
光(产生)的☆photogenic
光点☆(light) spot；spot{dot} of light；luminous spot；smudge
光点测标☆illuminating mark
光点处理仪☆photodot processor
光点大小分辨率☆spot(-size) resolution
光点式标绘仪☆photo-dot plotter
光垫圈☆finished washer
光电☆photo electricity；photoelectricity；actino-electricity
光电倍增管电路☆photomultiplier circuit
光/电变换器☆O/E converter；optical to electrical converter
光电辨色分选装置☆photoelectric color sorter
光电测硬器☆photoelectric scleroscope
光电池☆photoelectric{photovoltaic;electric} cell；eye；photocell；P.e.c.
光(敏)电池☆photo-electric{selenium} cell；photocell
光电池对☆dual photocell
光电磁带记录器☆photoelectric tape recorder
光电磁的☆photoelectromagnetic；PEM
光电单函数发生器☆monoformer
光电导☆photoconduction；photoconductive；material
光电导的☆photoconductive；PC
光电导航信号发射机☆transmityper
光电导摄像{象}管☆conductron
光电导体☆photoconductor；PC
光电导性☆photoconductivity
光电的☆photo(-)electric；photoelectrical；photon-electric；photovoltaic；P.E.；PV
光电动势☆photoelectromotive force
光电发射☆photoemission；photoelectric emission；photoemissivity
光电法调制☆electro-optic-light-modulator；EOLM
光电放射☆electronogen；photoelectron emission
光电分离☆photodetachment；photodissociation
光电分子☆electrogen

光电管☆photoelectric tube{cell}；(photoemissive; electric) cell；photoelement；photoemissive tube；electric eye；phototube；photocell；PEC；P.e.c.
光电管控制式自动风门☆photo-electric cell operated door
光电光度表{计}☆photoelectric photometer
光(传)电话☆phototelephone
光电继电器装置☆radiovisor
光电检瘢装置☆aniseikon
光电开关☆photoswitch
光电控制☆light-ray{photoelectric} control
光电离☆photoionization
光电离(离子)源☆photoionization
光电流☆light current；photocurrent
光电时间继电器光电计时器☆photoelectric timer
光电式定波形发生器☆photoelectric wave-form generator
光电式分级{选}机☆photoelectric grader
光电式音频信号发生器☆photo(-)audio generator
光电探测器☆photodevice；photovoltaic detector；photo(-)detector
光电透射计☆photoelectric transmittance meter
光电图像变换管☆image converter
光电吸收☆photoelectric absorption
光电吸收截面测井☆photoelectric cross-section log
光电现象☆photoelectricity
光电效应☆photovoltaic{photoelectric;electrooptical} effect；photoeffect；photoelectric efficiency
光电效应界限☆photoelectric threshold
光电信号☆vidicon
光电信号发送机[导航]☆transmityper
光电型流量计☆photoelectric-type meter
光电性☆actino-electricity；photoelectricity
光电旋光分光光度计☆photoelectric spectropolarimeter
光电学☆photoelectricity
光电学的☆PV；photovoltaic
光电压☆photovoltage
光电阴极保护系统☆photovoltaic cathodic protection system
光电元件☆(photoelectric) cell；optical-electronic sensor；photovalve；photoelement；photounit
光电子☆photoelectron
光电子的☆optoelectronic
光电子能损光谱☆photo electron energy-loss spectroscopy；PEELS
光电子谱☆photoelectron spectroscopy (PES)；PES
光电子枪☆photogun
光电子学☆optoelectronics；photoelectronics
光独立营养☆photoautotrophism
光度☆tone；luminance；luminosity
光度分析☆photometric analysis
光度计☆photometer；luminometer；optimeter；light meter
光度计的☆photometrical
光度量☆luminous quantity
光度探测法☆photographic detection method
光度头[投影器]☆optical head
光度学☆photometry
光度遥测法☆telephotometry
光对裂孢属[K_2-E]☆Psiloschizosporis
光对准☆optical registration
(荧光屏的)光惰性☆afterglow
光萼苔属[Q]☆Bellineima
光颚牙形石属[O_2-S]☆Aphelognathus
光发射☆luminous emission
光发射率☆luminous emittance
光(电)发射体☆photoemitter
光阀☆light valve
光房贝属[腕;C_3-P_1]☆Psilocamara
光沸石☆geolyte
光分解作用☆photolysis
光分选机☆optical separator；photoelectric sorter
光峰☆photopeak
光辐射☆light emission
光辐射计☆optitherm radiometer
光符号识别☆optical character recognition；OCR
光复活(作用)☆photoreactivation
光盖虫超科[三叶]☆Leiostegiacea
光杆☆polish{slick;polished} rod；slipstick
光杆衬套{筒}☆polished rod liner
光杆钳☆dick grip
光杆头☆polished rod head
光杆下行撞击☆bump down
光杆载荷☆polish rod load；PRL
光杆最大悬重☆peak polished rod load
光感受器☆photoreceptor
光感应变☆photo-induced strain
光感元件☆photosensor
光钢丝绳[不镀锌]☆bright rope
光孤子☆soliton
光固化涂料☆photo-cured coating
光管☆blank casing；light pipe
X-光管☆X-ray tube
光管柱☆bare string
光滚筒☆bare-barrel drum
光海扇属[双壳;T-K]☆Entolium
光焊接☆photocoagulation
光合成物☆photoproduct
光合磷酸化☆photophosphorylation
光合生物☆photosynthesizer
光合氧化作用☆photosynthetic oxygenation
光合自养☆phototrophy
光合作用☆photosynthesis
光合作用的☆photosynthetic
光厚片☆polished thick section
光呼吸(作用)[植]☆photorespiration
光滑☆smooth；velvet；smoothness
光滑冰☆glare ice
光滑层面☆slicks
光滑长身贝属[腕;C_3-P]☆Liosotella
光滑的☆smooth；slippery；slick；soft；glossy；psilate；sleek；laevigate；glace；psilatus[孢]
光滑函数☆smooth(ing) function
光滑护面堆石结构☆smooth-faced rubble armoured structure
光滑流动☆frictionless flow
光滑螺属[N-Q]☆Liotia
光滑面接触角☆smooth-surface contact angle
光滑明亮的表面☆glare
光滑球虫科☆Liosphaeridae
光滑曲线☆fair curve
光滑双板贝属[腕;D_2]☆Levibiseptum
光滑微商☆smoothed derivative
光滑性☆slickness
光滑岩☆slickrock
光滑叶肢介属[D-P]☆Lioestheria
光化产品☆photoproduct
光化电☆actinoelectricity
光化度☆actinity；actinicity
光化反应☆photochemical reaction
光化力☆actinity
光化圈☆chemosphere
光化吸收☆actinic absorption
光化线强度计☆actinometer
光化学☆photochemistry；actinology；photochemical；actinochemistry
光化学的☆photochemical；actinic
光化学烟雾效应☆effect of photochemical smog
光化作用☆actinism
光环☆aureole；aureola
光环反日华☆glory
光环迹[遗石;$Є_1$-T]☆laevicyclus
光幻觉☆photistor；pseudophotoesthesia
光幻视☆optical illusion
光辉☆brilliance；blaze；glisten；brill；flame；glister；brilliancy；splendo(u)r；sheen
光辉层☆myostracum
光辉掩模层☆film mask
光绘(原图)☆photoplotting；photo-plot
光混频☆photomixing
光活性☆optical activity
光激发的☆photoexcited
光激发光☆photoluminescence
光激活☆photoactive
光激氧化作用☆photostimulated oxidation
光激质子☆photoproton
光激中子☆photoneutron
光脊的☆psilalophate
光计时☆phototiming
光记录系统电源☆optical power nest；OPU
光记录仪☆optical recorder
光继电器☆photorelay；light relay
光加工☆photofabrication
光颊虫属[三叶;$Є_3$]☆Lioparia
光甲目[节腿口纲]☆aglaspida
光检测☆photodetection
X 光检查(法)☆X-ray inspection
X 光鉴定☆X-ray examination
光降解作用☆photodegradation
光阶☆light step
光洁的☆glabrous；finished
光洁度☆(smooth) finish；fineness；degree of finish
光洁度高☆smooth finish
光解☆photolysis
光解(作用)☆photodissociation
光解电池☆photolytic cell
光解作用☆photodissociation；photolysis
μ 光介子☆photo muon
光晶体管☆optotransistor
光景☆spectacle
光静电影像☆photoelectrostatic image
光径☆path
光聚作用☆photopolymerization
光具组☆optical train{system}
光绝缘器☆opto-isolator
光壳虫属[三叶;$Є_3$]☆Liostracina
光壳节石☆styliolina
光刻(法)☆photolithograph(y)；photoscribe process；photoetching；photoengraving；photolithography
光刻和电子轰击法☆optical etching and electron bombardment
光刻胶☆photoresist
光控场效应晶体管☆photo-FET；field effect transistor
光控管☆photran
光控脉冲☆photoimpact
光口螺属[腹;N-Q]☆Marmorostoma
光阑☆collimator；diaphragm；stop；membrane
f 光阑☆f stop
光阑定位☆diaphragm setting
光阑孔径☆aperture of diaphragm
光缆☆optical (fiber) cable；fiber-optic cable
光缆系统☆fiber optic cable system
光雷达☆optical detecting and ranging；opdar；optical radar；ladar
光蛎属[双壳;T-Q]☆Liostrea
光力摄影法☆calotype
光量计☆quantometer
光量开关☆Q-switch
光量子☆photon{light} quantum
光亮☆burnish；illumination；brightening
光亮(度)☆lightness
光亮冰☆glare ice
光亮带☆euphotic zone
光亮的☆brilliant；splendent
光亮度☆radiancy；luminous emissivity；radiance；luminance brightness
光亮煤☆bright{glance;specular} coal；brights；peaw
光亮煤和暗淡煤夹层☆bright and dark bands
光亮条带☆lustrous band
光亮型煤☆bright coal；glossy{peacock} coal
光磷酸化作用☆photophosphorylation
光灵敏度☆light sensitivity
光镂☆photofabrication
光卤石[$KCl•MgCl_2•6H_2O$;斜方]☆carnallite；carnallitite
光卤石岩☆carnallitolite
光路☆light{ray} path；path of rays
光率体☆indicatrix [pl.indicatrices]；optical{optic} indicatrix；index ellipsoid
光卵藻属[E_3]☆Leiovalia
光轮☆burr；halo
光轮质☆coronium
光螺属[腹;N-Q]☆Fulguraria
光霾☆optical haze
光脉冲☆light pulse
光密度☆(optical) density；absorbancy；od；absorbance
(用)光密度测定的油品色度☆optical density colour
光密度分析☆densitometric analysis
光密度计☆densi(to)meter；opacimeter
光密媒质☆optically denser medium
光面[行星的]☆rock slab；polished{smooth} surface；dayside
光面孢系☆Laevigati
光面爆破☆smooth (wall) blasting；blasting of profiles
光面大孢属[C_2]☆Laevigatisporites
(用)光面带拖光☆belting
光面单缝孢群☆laevigatomonoleti

光面单缝孢属[C_2-K]☆Laevigatosporites
光面顶膜的☆psilotegillate
光面橄榄藻属[O_1-D]☆Leioarachnitum
光面滚筒☆bare pulley；smooth-faced drum
光面厚切壁孢(属)[孢子;C_2]☆Laevexinis
光面介属☆Xestoleberis
光面螺属[腹;K_2-Q]☆Homalopoma
光面皮带轮驱动☆bare pulley drive
光面器☆surfacer；refacer
光面切壁孢属[C_2]☆Cadyexinis
光面球藻属[E_3]☆Leiosphaeridia；Leiosphaeridium
光面三缝孢群☆Laevigati
光面石☆sleek stone
光面石块☆plain ashlar；smoothed surfaced stone
光面水下(作用形成的)不整合☆lenrohydrodialeima
光面修整☆smooth finish
光敏变阻器☆photovaristor
光敏表面☆photosurface
光敏材料☆photochromics；photosensitive material
光敏层☆photolayer
光敏的☆photoactive；light {-}sensitive；photosensitive
光敏电管☆selenium cell
光敏电阻☆photoconductor；photoresistance；light sensitive resistor；photoconducting{photoconductive} cell；photovaristor；LSR；PC
光敏电阻器☆photoresistor
光敏分子☆electronogen
光敏剂☆photosensitizer
光敏结☆photojunction
光敏开关☆light activated switch；LAS
光敏零压开关☆light activated zero voltage switch
光敏器件☆photosensor
光敏色素☆photopigment
光敏性☆photosensitiveness；photosensitivity；light sensitivity
光敏元件☆light activated element
光敏作用☆photosensitization
光模拟数字信号☆optical analog digital signal
光耐高温计☆optical pyrometer
光能☆luminous{optical;light} energy
光能测定(器{仪})☆actinoscope
光能合成☆photosynthesis
光能级☆optical power level
光能记录☆actinogram
X 光能源扩散分析仪☆X-ray energy dispersive analyzer
光能转化体☆quantasome
光能自养☆photoautotrophy
光年☆light year；light-year
光黏弹性☆photoviscoelasticity
光凝聚☆photocoagulation
光扭贝属[腕;S-D_1]☆Lissostrophia
光耦合器☆opto-isolator
光盘☆optical disc
光盘播放机☆compact disc player
光泡☆blob
光片☆polished section
光偏极化☆polarization of light
光偏振表{计}☆photopolarimeter
光偏振性☆opticity
光偏转器☆light deflector
光频折射率☆optical frequency refractive index
光屏(上)余辉☆screen afterglow{persistence}
光谱☆spectrum [pl.spectra]；optical spectrum；light spectrum；spec.
光谱波段比☆spectral band ratio
光谱测定☆spectrophotometric determination
光谱测井☆spectrolog
光谱纯☆spectroscopically pure；S.P.
光谱纯的☆specpure
光谱带状系统☆spectral-zonal system
光谱的☆spectral；spectrographic；spectroscopic(al)
光谱法☆optical spectrographic method
光谱分布{|类}☆spectral distribution{|classification}
光谱分析☆spectrographic analysis{determination}；emission spectroscopy；spectroscopic examination
光谱辐射通量☆spectral radiant flux
光谱(线)复度☆spectral multiplicity
光谱化学测井☆spectrochemical logging
光谱化学阴离子交换技术☆spectrochemical-anion exchange technique
光谱级☆order of spectrum
光谱计☆spectrometer
光谱鉴定☆spectrographic(al) identification
光谱亮度☆spectral brightness
光谱亮度图☆spectral radiance map
光谱灵敏度曲线☆spectral sensitivity curve
光谱七色☆prismatic colours
光谱双重线☆doublet
光谱态☆spectroscopic state
光谱探测☆spectrographic detection
光谱特征信息☆spectral signature information
光谱投射器☆spectroprojector
光谱图☆spectrogram
光谱位移律☆spectroscopic displacement law
光谱响应率☆spectral responsivity
光谱序☆spectral sequence
光谱选择吸收(发射)涂层☆spectrally selective absorption (emission) coating
光谱学☆spectroscopy
光谱学(工作者)☆spectroscopist
光谱学的☆spectroscopic(al)
光谱仪☆spectrograph；spectrometer
光谱指数☆spectrum{spectral} index；SI
光谱中出现束☆banding
光气[$COCl_2$]☆phosgene；carbonyl chloride
光气候☆light climate
光腔贝属[腕;S]☆Liocoelia
光(的)强(度)☆light intensity；intensity of light
光强记录☆actinogram
光球(层)☆photosphere
光球爆发☆photospheric eruption
光球虫科[射虫]☆Liosphaeridae
光球藻属[Pt-Є]☆Leiopsophosphaera
光圈☆diaphragm；stop；aperture of diaphragm；aperture；iris；membrane
光圈数☆f number；f-number
光圈效应☆halo effect
光热弹性☆photothermoelasticity
光日[光一日行程,约 259 亿公里]☆light-day
光荣☆glory
光熔剂☆barren flux
光三角蛤属[双壳;J_1]☆Liotrigonia
光散射仪☆optical{light} scattering meter
光扫描☆photoscanning
光色玻璃☆photochromic glass
光色的变幻☆play of colour
光色互变(现象)☆phototropism；phototropy
光色石英☆photo-chromic quartz
光色效应☆photochromic effect
光栅☆raster；grating；echelette[红外]
光栅伴线☆grating satellite
光栅的桶形失真☆barrel
光栅段发生器☆raster segment generator
光栅格式☆raster-format
光栅畸变☆aperture distortion
光栅位移☆pattern displacement
光栅荧光光谱仪☆grating fluorescence spectrometer
光栅用交互图示系统☆graphic interactive raster-oriented system；GIROS
光栅元☆raster element
光闪烁器☆photoscintillator
X 光射线分析☆X-ray analysis (of crystals)
光身管☆bare pipe
光深☆optical depth
光渗☆irradiation
光声反射学☆anacamptics
光声谱☆photoacoustic spectroscopy；PAS
光声效应☆photoacoustic effect
光声学☆acoustooptics
光生☆photoproduction
光生成的☆photogenic
光生伏特效应☆photovoltaic effect
光生物学☆photobiology
光石韦☆Pyrrosia calvata
光(线侵)蚀☆light etching
光适应☆pre-adaptation；light adaptation
光视效率☆luminous efficiency
光输入机☆optical reader
光束☆streamer；bundle；pencil；aigrette[日冕]；light beam
光束(法平差)☆bundle adjustment
光束分裂镜☆beam splitting mirror
光束焦距短的车辆前灯☆dimmers
光束偏移☆beam deviation
光束式安全设备☆beam type safety device
光双晶[巴西双晶]☆optical twinning
光顺[除去数据或曲线中的测量误差或干扰因素,以显示其有意义之部分]☆fairing
光丝弧焊☆bare wire arc welding
光速☆velocity{speed} of light
光速面☆ray(-velocity) surface
光塑力学☆photoplasticity
光髓玉☆carnelian
光损伤☆optical damage
光损失☆vignetting
光笋螺属[腹;K_2-Q]☆Terebralia
光弹单{|双}轴仪☆photoelastic uniaxial{|biaxial} gauge
光(测)弹(性)法[岩力]☆photoelastic method
光弹分析☆photoelastic analysis
光弹加载传感器☆photoelastic load cell
光弹条纹级测定☆fringe
光(测)弹(性)效应☆photoelastic effect
光弹性☆photoelasticity
光弹性双向应变计☆photoelastic biaxial ga(u)ge
光弹性涂层(测应力)法☆photoelastic-coating method
光(测)弹性仪☆photoelastic apparatus
光弹性应力灵敏度☆photoelastic stress sensitivity
光弹性轴☆optic elastic axis
光(电)探测☆photodetection
光探测技术☆optical detector technology
光调谐指示管☆magic eye
光调制☆light modulation
光调制器☆light modulator；photomodulator
光通量☆luminous{light} flux；optical throughput
光通信纤维☆optical communication fiber
光同步☆phototiming
光头☆optical head
光头管子☆unthreaded pipe
(一种用)X 光透视检查违禁品的器械☆inspectoscope
光秃长身贝属[腕;D_3]☆Leioproductus
光图像☆light image
光图样☆optical pattern
光退色☆photobleach
光网☆reticle
光微中子作用☆photo-neutrino process
光尾叶肢亚目[K-Q]☆Laevicaudata
光污染☆light pollution
光吸收☆tenebrescence；optical absorption
光吸收谱☆optical absorption spectroscopy；OAS
光吸收型磁力仪[光泵磁力仪]☆optical absorption magnetometer
光系☆optical system
光细琢石[房]☆smooth ashlar
光纤☆fibre optics
光纤电缆☆fiber optic cable
光(学)显微镜☆light microscope
光显影☆photodevelopment；photo develop
光现象☆optical phenomena
光线☆(light) ray；photoline；beam (of light)；radio-
光线程☆ray path
光线的☆radial
光线电话机☆phototelephone；photophone
光线断路器☆photochopper
光线发射学☆anacamptics
光线法☆method of radiation
光线跟踪☆raytrace
光线光轴☆secondary optic axes；optic biradials
光线石{矿}[$Cu_3(AsO_4)(OH)_3$；$Cu_3(AsO_4)_2$•$3Cu(OH)_2$；单斜]☆aphanesite；siderochalcite；clinoclase；abichite；clinoclasite；clinoklase
光线路径☆optical path
光线速度面☆rays-velocity surface
光线损害[医]☆phototoxis
光线轴☆biradials
光响应☆photoresponse
光像☆luminous meteors；light figure
光向量☆light vector
光效应☆luminous effect
光斜程☆optical slant range
光信号☆optical{light} signal；photosignal
光形成的☆photoproduced
光形态发生☆photomorphogenesis
光行差☆aberration；aberration of light
光行时差☆equation of light
光性☆optic(al) character{property}
(晶体)光性的左右旋方向☆optical hand
光性分析☆optical analysis

光性指示体☆indicatrix [pl.-ices]
光选☆photometric selection
光学☆optics；photology
光学曝光头☆optical exposure head
光学比测器{较仪}☆optical comparator
光学玻璃坩埚熔炼法☆pot melting method for optical glass
光学玻璃连续熔炼法☆continuous melting process for optical glass
光学玻璃压形法☆optical glass pressing process
光学部分☆opticator
光学测距的☆anallatic
光学沉淀图示法[测定 1～50μm 粒度]☆photosedimentographic method
光学传感器头☆optical sensor head
光学定向与测距☆optical detecting and ranging
光学定中器☆optical centering device
光学多道共振拉曼光谱☆optical multi-channel resonance Raman spectroscopy
光学法线☆optic normal；optical normalline
光学反馈图像增强系统☆optical feedback image intensifying system
光学方解石☆optical calcite
光学非激活吸收系数☆optical nonactivated absorption coefficient
光学分析☆optical analysis
光学分像系统☆image-dividing optical system
光学缝隙式全景摄影机☆optical-bar panoramic camera
光学符号阅读机☆optical mark reader
光学感生☆photoinduction
光学隔离装置☆opto-isolator
光学幻觉☆blind image
光学加色投影观察器☆optical additive color projection viewer；OACPV
光学校整{直}☆optical alignment
光学均匀性退火☆annealing for optical homogeneity
光学密度☆optical density；O.D.
光学内插系统☆optical interpolation system
光学扭簧测微仪☆opticator
光学坡度改正器☆optical slope corrector
光学器件☆optics
光学扫描显微镜☆optical scanning microscopy；OSM
光学摄影测距仪☆telestereoscope
光学石英矿床☆optical quartz deposit
光学式地震计☆optical seismograph
光学视差☆optical parallax
光学系统☆optical system{train}；optics
(由)光学系统内部反射产生的图像亮区☆womp
光学系统部分[仪表]☆opticator
光学纤维☆optical fibre；light guide；fiber optics
光学纤维传像束☆image guide
光学纤维平像场器[玻]☆optical fiber flattener
光学显示报警信号☆visual alarm
光学显微镜法☆optical microscopic method
光学信息处理机☆optical processor
光学旋转☆optical{optic} rotation；OR
光学旋转色散☆optical rotatory dispersion
光学一轴性☆optically uniaxial
光学仪器☆telescope；optical instrument
光学仪器的十字线☆hairlines
光学影像增强☆optical image enhancements
光学原料矿产☆raw material for optical use
光学振动模☆optical mode of vibration
光学主轴☆principal optic axis
光穴☆photohole
光雪崩激光器☆optical avalanche laser
光压(压)检波器☆photovoltaic detecter
光延迟线☆optical delay line；ODL
光掩蔽☆photographic masking
光掩模☆photomask
光焰☆luminous flame
光氧化☆photo-oxidation
光氧化物☆photooxide；photoxide
光耀式{的}☆brilliant
光叶菊石属[头;T_{1-2}]☆Leiophyllites
光`音{电话}机☆photophone
光(电)阴极☆photocathode
光印☆brand
光应力☆photostress
光泳(现象)☆photophoresis
光油管☆blank tubing
光釉面☆plane of optical axis
光诱导的☆photo-induced
光玉髓[SiO_2]☆carnelian；carneol；corneline；cambay stone[印]；cornaline；cor(n)elian；corneal；karneol；demion
光源☆light source；source of illumination{light}；luminaire；illuminant；lamp；font；photosource；lamp house[仪器上]
光源[底片观察用]☆illuminator
光源和控制☆lamp supply and control
光阅读器☆optical reader
光云☆luminous cloud
光晕☆halo；vignetting；halation
光甾醇☆lumisterol
光载波☆light carrier
光泽☆luster；gloss(y)；glossiness；varnish；sheen；burnish(ing)；blare；leam；brill；flash；brightness；glance；lustre；glitter；glazing；brilliance；silk；brilliancy；water；prefulgency；learn
光泽计☆glossmeter
光泽剂☆brightener
光增益☆optical gain
光闸流管☆photothyristor
光照发射电子分子☆electrogen
X 光照片☆X-ray film{photograph}；shadowgraph；exograph；skiagram
光照期☆photoperiod
光照气候☆light climate
X 光照相检验☆microradiograph
X 光照相术☆sciagraphy
光折射学☆anaclastics
光褶蛤属[双壳;T]☆Leviconcha
光正晶体☆optically positive
光枝苔藓虫属[O-P]☆Leioclema
光植物学☆photobotany
光指数[表示黏度与折光率之间的关系]☆optical index
光致☆phot(o)-
光致爆炸☆photo-induced explosion
光致变色玻璃☆photochromic glass
光致产生{作用}☆photoproduction
光致氘核☆photodeuteron
光致的☆photoproduced
光致电离☆photoelectric ionization；photoionization
光致电压效应☆photovoltaic effect
光致发光☆photoluminescence
光致反应☆photoreaction
光致分解☆photodisintegration
光致分离☆photodetachment
光致还原(作用)☆photoreduction
光致混合(作用)☆photopolymerization
光致激发☆photo(-)excitation
光致降解☆photodegradation
光致解离{离解}(作用)☆photodissociation
光致老化☆photoageing
光致(核)裂变☆photofission
光致凝结☆photocoagulation
光致迁动☆photophoresis
光致弹性☆photoelasticity
光致吸附☆photoadsorption
光致氧化☆photo-oxidation
光致应力☆photo stress
光致驻极体☆photoelectret
光制☆finishing；(smooth) finish
光质晶体☆optically negative crystal
光质子☆photoproton
光中子☆photoneutron
光周[光一周的行程,约 1814 亿公里]☆light-week
光周期☆photoperiod
光周期(现象)☆photoperiodism
光轴☆optic{optical} axis；optic-axis；OA
光轴计☆axometer
光轴角柱状图☆axial angle histogram
光轴面☆optic(-axial) plane；plane of optic axes
光轴面法线干涉图☆optic normal figure
光轴色散☆dispersion of optic axes
光轴图☆axial figure
光轴影☆melatope
光柱☆tree；streamer；beam of light
光转偏极系数☆specific rotatory power
光子☆photon；light quantum
光子`活{放射}化分析法☆photon activation analysis
光自养生物☆photoautotrophic organism
光阻材料☆photoresist
光阻摄像管☆resistron
光钻铤组合[无稳定器]☆slick assembly
光嘴贝属[腕]☆Nudirostra
胱氨酸☆cystine

guǎng

广鼻类☆platyrrhini
广边虫属[三叶;O]☆Bathyceilus
广播☆call；broadcast
广播波段☆broadcast band；BC
广播干扰☆broadcast interference；BCI
广播间歇信号☆identification signal
广播器☆public addressor
广播扫频信号发生器☆broadcast scanning frequency signal generator
广播时间☆airspace
广播卫星☆broadcasting satellite
广播员☆speaker
广博的☆all-around；large[见解]
广布的[生态]☆euryoic
广布动物群☆megafauna
广布种☆polytopism；polytopic
广彩☆Guang colors
广场☆concourse；piazza；esplanade；(public) square
广翅超目☆Megasecopteroidea
广翅目{类}[昆]☆Megaloptera
广翠青[陶]☆Guang kingfisher blue
广大☆immensity
广大的☆extensive；ample；areal；spread；sizable
广大范围的☆long range
广带性的☆euryzonous
广岛和长崎☆Hiroshima and Nagasaki
广度☆(horizontal) range；extent；extension；breadth；scope
广泛的☆extensive；comprehensive；long range
广泛污染☆pollution in wide area
广泛应用☆widespread use
广肛海绵类☆euryproct
广告☆advertisement；bill；poster；ad；advt
广告策略☆advertising strategy
广告牌☆signboard；billboard
广光性的☆euryphotic
广海☆open sea；broad ocean
广海沉积☆open-sea deposits
广海台地{地台}相☆open marine platform facies
广厚地层☆persistent stratum
广环境性生物的☆eurybiontic
广渐屈线☆evolutoid
广角反射☆wide {-}angle reflection；WAR
广角反-折射时间图绘制☆wide angle reflection refraction time plotting
广角共反射{|中心}点叠加☆wide-angle common `reflection point{|midpoint} stack
广角深地震剖面测量☆WADSP；wide angle deep seismic profiling
广角物镜☆wide-angled object-glass；wide-angle lens{objective}
广居的[生]☆polydemic
广钧釉[陶]☆Guang-Jun glaze
广口的[海绵动物纤毛室]☆eurypylous
广口螺属[腹;O-P]☆Platyostoma
广口瓶☆wide-necked{wide(-)mouth} bottle
广口烧瓶☆wide neck flask
广阔☆width；broadness；breadth；amplitude
广阔(的区域)☆expanse
广阔的☆champaign
广阔地☆vastly
广阔地面☆tract
广阔范围☆megasurface
广阔矿产☆extensive deposit
广阔山前侵蚀面☆partial-pediment
广阔(的)遥测{摄影}范围☆broad coverage
广林矿☆guanglinite；isomertieite；kuanglinite
广南鱼属[D_1]☆Kwangnanaspis
广平(喀斯特)高原☆planina
广栖性的☆euryoecic
广群☆space groupoid
广忍耐种☆tolerant species
广深性的[水生生物]☆eurybathic
广深性生物☆eurybathyal{eurybathic} organism
广生境的☆eurytopic；eurytope
广生态的☆eurybiontic；euryoic
广生性物种☆generalist species

广食性☆euryphagy；polytrophic；euryphagous
广适深的☆eurybathic
广适性的☆euryt(r)opic；eurytope；curytropic
广适应性的[生]☆euryplastic
广视野☆wide-field
广顺石燕属[腕;D_2]☆Guangshunia
广酸性的☆euroxybiotic；euryoxybiotic
广酸性生物☆euryoxybiont
广温动物☆eurytherm(ic)；eurythermal
广温性☆eurythermy
广西白[石]☆Guangxi White
广西贝属[腕;D_2]☆Kwangsia
广西螺(属)☆Kwangsispira
广西珊瑚(属)[C_1]☆Kwangsiphyllum
广相生物☆euryfacies biota
广旋光性生物☆euryphotic organism
广压性的☆eurybaric
广盐分☆euryhaline
广盐性☆euryhalinity；eurysalinity
广盐性的[海洋生物]☆euryhaline；euryhalinous
广延参数☆extensive parameter
广氧性生物☆euryoxybiotic organism
广义单元☆macroelement
广义的☆sensu lato；macro；generalized
广义反射率等值线图☆generalized isoreflectance contour map
广义菲克定律☆generalized Fick's law
广义函数☆generalized function；distribution
广义互逆法☆generalized reciprocal method
广义化地热模型☆generalized geothermal model
广义积分☆improper integral
广义雷诺数☆generalized Reynolds number
广义例(行)程(序)☆generalized routine
广义上界约束☆generalized upper bound constraint
广义相对论性坍缩☆general relativistic collapse
广义一次反射(波)☆generalized primary reflection
广义指令☆extra-instruction；macro-instruction；macro facility
广翼类☆Eurypterids
广翼亚纲☆Eurypterida
广域☆macrozone
广域地形☆macrorelief
广域原地层☆allochthony；hypautochthony
广域种[植]☆widespread species
广足类[腹]☆platypoda
广嘴鹳属[Q]☆Balaeniceps

guī

规☆ga(u)ge；profile board；dividers；compasses；rule；regulation；convention；admonish；counsel；advise；plan；devise；map out
(线)规☆calibre；caliber
规板☆straightedge；sighting board
规测☆gaging
规差(位)☆gauge difference
规程☆law；code；instruction；specification；regulation；rule；scheme
规尺☆calibre；calliper；caliber
规定☆stipulation；prescribe；provide；stipulate；rule；regulation；provision；allocate；enactment；mount；define；dictate；standard；code；specification；statute；regulate；prescription
规定标准装置☆standardizing device
规定采油面积☆proration unit
规定产量☆proration；prorate
规定尺寸☆fixed measure；fixing{set} dimension
规定的☆formulary；established；statutory；prescribed；specified；regulation；normal
规定的砾石尺寸范围☆specified gravel size range
规定的最小屈服强度☆specified minimum yield strength；SMYS
规定范围☆specialized range
规定分析平均值☆assay split
规定工资☆tariff wages
规定荷载☆ordinance load
规定厚度☆nominal thickness
规定价格☆valorize
规定孔深☆selected depth
规定粒度☆set size；given particle
规定流量☆flow specification
规定路线☆routing
规定浓度☆normal concentration；normality
规定频率☆assigned frequency
规定入选的矿脉厚度☆milling width
规定砂浆☆ga(u)ged mortar
规定时间☆preset{schedule} time
(在)规定时间内买卖双方的合同价格☆term-limit pricing；TLP
规定水头☆head specification
规定条件☆rated condition
规定限差☆accepted tolerance
规定压力☆authorized{rated} pressure
规度☆normality；normal concentration
规度化☆normalizing
规范☆specification(s)；code；canon；norm；criteria [sgl.-ion]；regime；scale；schedule；standard；pamphlet；specs；spec.；SPEC；S.P.；SP
API 规范☆API specification
规范化☆normalization
规范趋势外推预测法☆normex forecasting
规范式决策论☆normative decision theory
规范形式☆canonical form
规范预测法☆normative forecasting technique
规杆☆ga(u)ge bar
规格☆specification；rating；specs；standard；gage；norm；requirement；SPEC；ordination；ordinance
规格尺寸表☆gauge table
规格号☆gauge number
规格化☆normalization；normalize；standardization；standardizing
规格化数☆standardizing{normalized} number
规格化正交方阵☆square orthonormal matrix
规格炮孔☆right sized hole
规格石料[材]☆dimension stone
规格学会☆Specification Institute；ASI
规划☆layout；planning；plan；laying-out；programme；make a program(me)；draw up a plan；project；regulation；block out；(scavenging) scheme
规划大纲☆framework plan
规划的☆tactic
规迹苔藓虫属[S-D]☆Loculipora
规矩块☆gage block
规矩线☆register mark
规距标杆[视距尺]☆stadia rod
规距规☆plate layer's gage
规律☆law；axiom；rhythm；rule
规律沉淀☆rhythmic precipitation
规律性☆regularity；law
规律岩☆rhythmite
规面☆gage surface
规模☆scale；dimensions；scope；size (of)；extent；large-scale；criterion [pl.criteria]
规模经济☆economies of scale
规模扩大☆scale-up
规模缩小☆scale-down
规线☆gauge line
规型☆formalism
规一化互相关☆normalized cross-correlation
规则☆regulation；imperative；canon；rule；code；law；regular；precept；reg.
规则程度☆degree of orderliness
规则抽样方式☆regular sampling pattern
规则海胆亚纲☆Regularia
规则花粉类[孢]☆normapolles
规则化☆weighted moving average；regularization
规则裂缝☆pattern cracking；regular cracks
规则排列矿柱的空场法☆open-stope with regular pillars
规则系统☆algorithm
规则性☆regularity
规则噪声☆organized noise
规章☆by-law；regula
规准尺☆gage board
圭水{羟}铬矿[$CrO(OH)$;斜方]☆guyanaite
圭亚那☆Guyana
硅☆silicon；silicium[拉]；Si；silica；Sil；silic(o)-
硅氨烷[$H_2Si(NHSiH_2)_nNHSiH_3$]☆silazane
硅靶☆silicon target；ST
硅白钨矿☆kieselscheelite；siliceous scheelite；molybdoscheelite
硅半导体检测器☆silicon semiconductor detector
硅饱和岩☆Si-saturated rock
硅钡铍矿[$BaBe_2(Si_2O_7)$;斜方、假六方]☆barylite
硅钡石[$BaSi_2O_5$;斜方]☆sanbornite
硅钡钛石[$Na_2BaTi_2Si_4O_{14}$;斜方]☆batisite；nabatitasilite
硅钡铁矿☆gillespite；taramellite
硅钡铁石[$BaFe_2^{2+}Si_2O_7$;单斜]☆andremeyerite
硅钡铁钛石[$BaFe_2TiSi_2O_9$]☆bafertisite
硅铋矿☆eulytite；kieselwismuth[德]；agricolite；eulytine；bismuth blende；arsenicated iron ore
硅铋石[$Bi_4(SiO_4)_3$;等轴]☆eulytite；eulytine；agricolite
硅鞭(毛虫)☆silicoflagellate
硅鞭毛类[金植]☆Silicoflagellata
硅鞭藻目☆Dictyockales
硅变压整流器☆silicoformer
硅宾☆silene
硅玻璃☆silica glass
硅不饱和☆silica undersaturation
硅尘☆pulverized silica；silica{siliceous} dust
硅沉积岩☆silicastone
硅醇☆silanol
硅单向开关☆silicon unilateral switch；SUS
硅氮烷☆silazane
(二氧化)硅的水化物☆hydrated silica
硅碲铁铅石[$Pb_2(Fe^{3+},Mn^{3+})Te^{4+}(AlSi_3)O_{12}(OH)\cdot H_2O$;单斜、假六方]☆burckhard(t)ite
硅电阻☆sensistor
硅独居石☆silicomonazite；silicorhabdophane
硅铍石型结构☆phenacite-type structure
硅对称二端开关元件☆sidac
硅鲕石☆siliceous oolite
硅二极管☆silicon diode
硅法☆silicon-32 age method
硅钒钡石☆suzukiite
硅钒锰石☆medaite
硅钒锶石[$SrVSi_2O_7$;斜方]☆haradaite
硅钒铁石☆almbosite
硅钒锌铝石[$(Zn,Ni,Cu)_8Al_8V_2Si_5O_{35}\cdot 27H_2O$?]☆kurumsakite；kuramsakite
硅方解石☆spurrite
硅肺☆silicosis
硅粉☆fine silica；silica flour；finely divided silica；ganister sand；SF
硅氟酸☆silicofluoric acid
硅氟(铁)钇矿[$(Y,La,Ce)_4Fe(Si_2O_7)_2F_2$;$(Y,Ce,La)_4Fe(Si_2O_7)_2\cdot F_2$]☆rowlandite
硅钙板☆calcium silicate board
硅-钙比测井☆silicon-calcium ratio log
硅钙矾石[$2Ca((SiO_3)(CO_3)_2(SO_4))\cdot 2Ca(OH)_2\cdot Al(OH)_3\cdot 10H_2O$]☆woodfordite
硅钙交生泉华☆silico-calcareous sinter
硅钙钪石☆cascandite
硅钙镁石☆jurupaite；roedderite
硅钙锰石☆neltnerite；bostwickite
硅钙磨石☆Turkey stone
硅钙钠石☆kvanefjeldite
硅钙硼铅铀矿☆nenadkevite
硅钙硼石☆datolite；humboldtite
硅钙铍钇石☆minasgeraisite-(Y)
硅钙铅矿[$Ca_2Pb_3Si_3O_{11}$]☆ganomalite
硅钙铅锌矿[$(Ca,Pb)ZnSiO_4$;单斜]☆esperite；calcium-larsenite
硅钙铅铀钍铈矿☆nenadkevite
硅钙石[$Ca_3(Si_2O_7)$;单斜]☆rankinite；rustumite；alite；alit；afwillite
α硅钙石☆silicoglaserite
β硅钙石☆belite；larnite；felite；belith
硅钙铈镧矿☆beckelite；beckelith
硅钙铁矿[$CaFe_2^{2+}Fe^{3+}(Si_2O_7)O(OH)$]☆yenite
硅钙铁石[$Ca_4Fe_2^{2+}Si_6O_{15}(OH)_6$]☆tungusite
硅钙铁铀钍矿[$(Th,U)(Ca,Fe,Pb)_2(Si_8O_{20})$]☆ekanite
硅钙铜矿☆cuprorivaite；Egyptian blue；vestorien
硅钙锡矿{石}[$CaSnSi_3O_9\cdot 2H_2O$;斜方]☆stokesite
硅钙锌矿☆hardistonite
硅钙铀矿[$Ca(UO_2)_2(Si_2O_7)\cdot 5\sim 6H_2O$;单斜]☆uranotile；uranophane；uranotilite；lambertite；uranophanite；uranotite；lambergite
α硅钙铀矿[$CaO\cdot 2UO_3\cdot 2SiO_2\cdot 6H_2O$]☆alpha-uranotile
β硅钙铀矿[$Ca(UO_2)_2(Si_2O_5)_2(OH)_2\cdot 5H_2O$]☆beta{β}-uranotile{-uranophane}；uranophane{uranotile}-beta
硅钙铀钍矿[$(Th,U)(Ca,Fe,Pb)_2Si_8O_{20}$;四方]☆ekanite
硅钙质磷块岩☆siliceous-calcareous phosphorite ore
硅钢☆silicon{flinty} steel；ferrosilicon；Si-steel；stalloy；tantiron[耐酸合金]
硅钢片☆stalloy；siliconized plate
硅锆钡石[$BaZrSi_3O_9$;六方]☆bazirite
硅锆钙钾石[$K_2CaZr(SiO_3)_4$;六方]☆wadeite

G

硅锆钙钠石[$Na_6(Ca,Mn,Fe^{2+})ZrSi_6O_{18}$; 三方]☆zirsinalite
硅锆钙石[$CaZrSi_2O_7$;单斜]☆gittinsite
硅锆合金☆silicon-zirconium
硅锆锰钾石☆darapiosite
硅锆钠钙石☆orthoguarinite
硅锆钠锂石[$LiNaZrSi_6O_{15}$;斜方]☆zektzerite
硅锆钠石[$Na_2Zr(Si_4O_{11})$;单斜、三斜]☆vlasovite
硅锆石☆auerbachite
硅铬镁石[$NaMg_2CrSi_3O_{10}$;三斜]☆krinovite
硅铬锌铅矿[$Pb_{10}Zn(CrO_4)_6(SiO_4)_2F_2$; 三斜]☆hemihedrite
硅钴孔雀石[$Al(OH)_3$ 与 $CuSiO_3•2H_2O$ 的混合物]☆traversoite
硅钴铀矿☆oursinite
硅管石☆fulgurite
硅铪锆矿☆alvite
硅海绵☆silicisponge
硅褐铁石{矿}[$5Fe_2O_3•2SiO_2•9H_2O$]☆avasite；eisenpecherz
硅华[$SiO_2•nH_2O$]☆geyserite；hydrolite{fiorite}；silica sinter{siliceous tufa}[SiO_2]；lassolatite；quartz sinter；kieselsinter[德]；hydrotite；tufa；siliceous sinter{geyserite}；(hot-spring) silica；terpi(t)zite；geysirite；terpezite；sinter；stillolite；opalsinter；santilite；perlsinter；perlite；pealite；passyite；amiatite
硅华冻☆jelly sinter
硅华豆☆beaded sinter
硅华壳☆incrustation sinter；silica armoring
硅华丘☆sinter hill
硅华碎块☆fragmental sinter
硅华体☆siliceous geyserite
硅华纤维☆fibrous sinter
硅华珍珠☆fiorite
硅滑石[$Mg_3Si_5O_{12}(OH)_2$]☆talcoid
硅化☆silicification；silication；silicatization；siliconizing；silicify；silicate
硅化带☆backed{silicified} zone
硅化带型铀矿☆silicified zone type u-ore
硅化铬铁橄榄岩☆chrome {-}chert
硅化硅陶瓷材料☆thyrite
硅化化石☆silicified{silica-replaced} fossil
硅化灰岩☆metachert；silicated limestone；meuliere；meulière[法]
硅化矿石☆siliceous ore
硅化木☆silicified{petrified;fossil;siliceous;agatized;opalized} wood；woodstone；chinarump；petrified log
硅化钼陶瓷☆molybdenum silicide ceramics
硅化树干☆dendrolith
硅化树脂☆melanchyme
硅化碳☆carbon silicide
硅化物☆silicide
硅化作用☆sili(ci)fication；silic(if)ation；silicatization
硅黄长石☆humboldtilite；umboldilite
硅(藻)黄素☆diatoxanthin
硅灰铝矿☆laumentite
硅灰硼石☆datolite
硅灰石[$CaSiO_3$;三斜]☆wollastonite；aedelforsite；tabular{table} spar；gillebackite；grammite；vilnite；wilnit；gjellebekite；gjellebakite；stellite；rivaite；gellibackite；schalstein{schaalstein}[德]；photolite；okenite
硅灰石-2M☆wollastonite-2M；parawollastonite
硅灰石-7T☆wollastonite-7T
硅灰石膏[$Ca_3Si(OH)_6(CO_3)(SO_4)•12H_2O$;六方]☆thaumasite
硅灰伟晶岩☆wollastonite pegmatite
硅辉铁橄岩☆eulysite
硅集成电路☆SIC；silicon integrated circuit
硅钾钙石☆tokkoite；denisovite
硅钾锆石[$K_2ZrSi_6O_{15}$;三斜]☆dalyite
硅钾铝石☆offretite
硅钾钛石☆davanite
硅钾钍石☆steacyite
硅钾铀矿[$(H_3O)K(UO_2)(SiO_4)•H_2O$; 单斜]☆boltwoodite
硅尖晶石☆silicon spinel
硅检波器☆silicon detector
硅碱钡钠石☆noonkanbahite
硅碱钡钛石☆scherbakovite；noonkanbahite
硅碱钙石[$(Na,K,Ca)_5(Ca,Mn)_4(Si_2O_5)_5(F,OH)_3$;单斜]☆canasite；kanasite；fedorite
硅碱钙钇石[$KNaCaY_2Si_6O_{12}(OH)_{10}•4H_2O$;四方]☆ashcroftine
硅碱铌钛矿[$(K,Ba,Na)(Ti,Nb)(Si,Al)_2(O,OH)_7•H_2O$;单斜]☆labuntsovite
硅碱铁镁石☆roedderite
硅碱铜矿[$KNaCuSi_4O_{10}$;三斜]☆litidionite；lithidionite
硅碱钇石[$(Na,K)_6(Y,Ca)_2Si_{16}O_{38}•10H_2O$;斜方]☆monteregianite
硅碱指数☆silic-alkali index
硅胶☆silica gel；silastic；silicagel
硅胶发射剂☆silicate gel emitter
硅胶结体系☆silicalock system
硅胶湿度指示剂☆humidity-indicator silica gel
(氧化)硅胶体☆colloidal silica
硅交代化石☆silica-replaced fossil
硅结砾岩☆silcrete；kollanite
硅结岩☆klastogelite；silcrete；clastogelita
硅金矿床☆gold placer
硅晶体管☆silicon transistor
硅镜铁☆silicospiegel
硅卡岩☆skarn
硅卡岩化(作用)☆skarnization
硅开关☆transwitch
硅钪矿☆bazzite
硅钪石☆befanamite；thortveitite
硅钪钇石☆thortveitite
硅(质)壳☆siliceous armor
硅可控开关☆silicon controlled switch；SCS
硅孔雀石[$(Cu,Al)H_2Si_2O_5(OH)_4•nH_2O$;$CuSiO_3•2H_2O$;单斜]☆chrysocolla；kupfergrun；chalcostaktite；katangite；green copper (ore)；mountain blue{green}；somervillite；kieselmalachit{kieselkupfer;malachitkiesel}[德]；beaumontite；dillenburgite；crysocolla；chrysokolla；chrysocollite；llanca；liparite；sommervillite
硅控整流器☆thyristor
硅块☆silex block
硅矿☆silica ore
硅蓝宝石器件☆silicon on sapphire device
硅锂铝石[$LiAlSi_2O_6•H_2O$;单斜]☆bikitaite
硅锂石[$Li_xAl_xSi_{3-x}O_6$;六方]☆virgilite
硅砾岩☆silico-rudite
硅磷灰石[$Ca_5(Si,S,C,PO_4)_3(Cl,F,OH)$; $Ca(SiO_4,PO_4,SO_4)_3(OH,Cl,F)$;六方]☆ellestadite；steadite；silico apatite；abukumalite
硅磷钪石☆kolbeckite
硅磷氯铅矿☆silicate-pyromorphite
硅磷镍矿[$(Ni,Fe)_5(Si,P)_2$]☆perryite
硅磷铅钍铝矿☆eylettersite
硅磷铈镧矿☆erikite
硅磷铈石[$H_4CaMg(Ce,Y)_{12}(Si_2P_{12}O_{56})•13H_2O$]☆erikite
硅磷酸盐☆silicophosphate
硅磷钛钠石☆sobolevite
硅磷钍钙石☆yanshynshite
硅磷钍石☆yinshanite；silicosmirnovskite
硅磷稀土矿☆hydrocerite；silicorhabdophane
硅磷钇铈矿☆hydrocerite
硅硫磷灰石[$Ca_5(SiO_4,PO_4,SO_4)_3(O,OH,F)$]☆wilkeite
硅铝钡钙石☆armenite
硅铝钡石☆cymrite
硅铝层☆sial；sal；sialsphere；sialic layer
硅铝层表层型构造作用☆epidermal type of tectogenesis
硅铝层的外来成因☆external origin of sial
硅铝层上的☆ensialic
硅铝层深部地壳形变☆bathydermal deformation
硅铝层下部变形☆bathydermal deformation
硅铝层下部运动级[重力造山运动]☆bathydermal class
硅铝带☆sal；sial；sialma；sialsphere
硅铝低速层{道}☆sialic low-velocity channel
硅铝富集风化☆sialitic weathering
硅铝钙镁石☆arctolite；metaxoite；arktolith
硅铝钙石[$Ca_2SiO_4•H_2O$(近似)]☆chalcomorphite；chalkomorphite；jane(c)keite
硅铝钙铁隐晶☆isopyre
硅铝合金☆alumigium silicon；AlSI；silumin；alader
硅铝化(作用)☆siallitization
硅铝壳表层变形的☆epidermal
硅铝壳层☆granitic layer
硅铝壳的板块下加厚作用☆sialic underplating
硅铝壳的基性岩化☆basification of sialic crust
硅铝壳上层变形{形变}☆dermal deformation
硅铝壳下部变形☆bathydermal deformation
硅铝磷钇钍矿☆saryarkite
硅铝镁层☆sialma；salsima；sialsima
硅铝镁带☆sialma
硅铝锰铜铁矿☆stubelite
硅铝明☆Alpax；silumin
硅铝镍石{矿}☆comarite
硅铝铅石[$Pb_4Al_2(SiO_3)_7$?;斜方]☆plumalsite
硅铝圈☆sial (sphere)；sialsphere
硅铝石☆kochite；anchosine
硅铝水胶☆alumina-silica{silica-alumina} hydrogel
硅铝酸盐☆aluminosilicate；silico-aluminate
硅铝锑锰矿[$(Mn,Mg)_{13}(Al,Fe^{3+})_4Sb_2^{5+}Si_2O_{28}$;单斜]☆katoptrite；hematostib(l)ite；catoptrite；hematostibiite
硅铝铁玻璃☆bombite；siderosilicite
硅铝铁钙石☆ginilsite
硅铝铁镁矿☆glasurite
硅铝铁锰石☆polyhydrite
硅铝铁钠石[$Na_6(Fe^{2+},Mn)Al_4Si_8O_{26}$; 单斜]☆naujakasite
硅铝铁石☆siderosilicate
硅铝铜钙石[$CaCuAlSi_2O_6(OH)_3$;单斜]☆papagoite
硅铝土☆siallite；siallitic soil
硅铝土化(作用)☆sialitization
硅铝锡钙石[$Ca_2SnAl_2Si_6O_{18}(OH)_2•2H_2O$;单斜]☆eakerite
硅铝钇石☆vyuntspakhkite
硅铝质层☆salic horizon
硅铝质原大陆☆sialic protocontinent
硅氯仿[$SiHCl_3$]☆trichloro-silicane
硅氯钙铅矿☆nasonite
硅绿脱石☆fettbol
硅镁钡石[$KBa(Al,Sc)(Mg,Fe^{2+})_6Si_6O_{20}F_2$]☆magbasite；magbassite
硅镁层☆sima；basaltic{intermediate} layer；siferna；simasphere
硅镁层上的☆ensimatic
硅镁带[岩]☆simasphere；sima (sphere)；intermediate layer
硅镁地层岩石☆simatic rock
硅镁氟石☆silicomagnesiofluorite
硅镁铬钛矿[$Mg_4Cr_6Ti_{23}Si_2O_{61}(OH)_4$?; 四方]☆redledgeite；chromrutile
硅镁铝石[$(Al,Mg,Fe^{2+})_3(Si,Al)_2(O,OH)_8$; 单斜]☆surinamite
硅镁镍矿[$(Mg,Ni)_6(Si_4O_{10})(OH)_8$]☆garnierite；pure true garnierite ore；noumeite；numeite；garnierite ore；noumeaite；nepuite
硅镁硼氯石☆tschelkareite
硅镁铅矿[$(Pb,Mg)_2(SiO_4)•H_2O$; $Pb_2Mg_2Si_2O_7(OH)_2$;六方]☆molybdop(h)yllite
硅镁圈☆sima (sphere)
硅镁石[$(Mg,Fe)_7(SiO_4)_3(F,OH)_2$;斜方]☆humite；umite
硅镁石类☆humite group
硅镁萤石{虫}☆silicomagnesiofluorite
硅镁铀矿[$Mg(UO_2)_2Si_2O_6(OH)_2•5H_2O$; 单斜]☆shinkolobwite；sklodowskite；chinkolobwite
硅镁质岛弧系☆ensimatic arc system
硅蒙脱石☆daunialite
硅锰☆silicomanganese
硅锰钡锶石☆taikanite
硅锰钙铌石☆komarovite
硅锰合金☆silicomangan；silico-manganese
硅锰灰石[$Ca_2(Mn,Fe^{2+})Fe^{3+}Si_5O_{14}(OH)$; 三斜]☆manganbabingtonite
硅锰矿☆siliceous manganese ore；agnolite；bementite
硅锰铝脱氧合金☆simanal
硅锰钠钙石[$Na_2Ca_2Mn_6Si_{10}O_{28}(OH)_2$]☆marsturite
硅锰钠锂石[$NaLiMn_8Si_{10}O_{28}$;三斜]☆nambulite
硅锰钠石☆shafranovskite
硅锰铅矿[$Pb_8Mn(Si_2O_7)_3$;三方]☆barysilite；barysil
硅锰石[$(Mn,Mg)_7(SiO_4)_3(OH)_2$;斜方]☆manganhumite
硅锰铜矿[$Cu(Fe^{3+},Mn^{3+})_2(SiO_4)_2•4H_2O$]☆stübelite
硅锰锌矿[$MnZn_2SiO_5•H_2O$;单斜]☆hodgkinsonite
硅锰锌石☆troostite
硅磨损试验☆wear test
硅钼酸☆silicomolybdic acid
硅钠钡钛石[$3Na_2O•6BaO•5TiO_2•16SiO_2$; $Ba_2NaCe_2Fe^{2+}(Ti,Nb)_2Si_8O_{26}(OH,F)•H_2O$;单斜]☆joaquinite
硅钠钙石[$(Na,K)Ca(Si,Al)_4(O,OH)_{10}•1.5H_2O$;单斜、假六方]☆fedorite
硅钠锆石[$(Na,H)_2Zr(Si_2O_7)$; $Na_{2-x}H_xZrSi_2O_7•nH_2O$;三斜]☆keldyshite

硅钠铜矿☆chalcolamprite
硅钠石[$Na_2Si_2O_5$;单斜]☆natrosilite; vlasovite; ertixiite; sodasilite
硅钠锶钡钛石☆strontio joaquinite
硅钠锶镧石[$(La,Ce)(Sr,Ca)Na_2(Na,Mn)(Zn,Mg)Si_6O_{17}$;斜方]☆nordite
硅钠钛钙石[$(Ca,Na)_4(Ti,Nb)_2Si_2O_{11}(F,OH)_2$;三斜]☆fersmanite
硅钠钛矿[$Na_2(Ti,Zr)_4O_9$•$Na_2Si_4O_9$; $Na_2Ti_2Si_2O_9$;斜方]☆ramsayite; lorenz(en)ite; rammelsbergite; ramzaite
硅钠钛石☆mourmanite; fersmanite
硅钠锡铍石☆sorensenite
硅钠锌铝石☆sauconite
硅钠锶镧石☆nordite
硅铌钡钠石[$Na(K,Ba)_2(Ti,Nb)_2(Si_2O_7)_2$]☆s(h)cherbakovite; schtscherbakovrite; noonkanbahite; stcherbakovite
硅铌钡钛石☆scherbakovite; noonkanbahite
硅铌钙石[$(H,Ca)_2Nb_2Si_2O_{10}(OH,F)_2$•$H_2O$;斜方]☆komarovite
硅铌锆钙钠石[$NaCa_2(Zr,Nb)Si_2O_8(O,OH,F)$;单斜]☆wo(e)hlerite
硅铌钠矿☆endeiolite; pyrochlore
硅铌钠石[$(Na,Ca,H)_2Nb_2Si_2O_{10}(OH,F)_2$•$H_2O$;斜方]☆Na-komarovite
硅铌钛碱石[$(K,Na,Ba)_3(Ti,Nb)_2Si_4O_{14}$;斜方]☆shcherbakovite
硅铌钛矿[$5Na_2O_2Nb_2O_5$•$9(Si,Ti)O_2$•$10H_2O$]☆epistolite
硅铌钛钠钙石☆nacalniotitasilite
硅泥钡钠石☆schtscherbakowit
硅-32年龄测定法☆silica{silicon}-32 age method
硅镍矿[$Ni_2Si_3O_6(OH)_4$]☆connarite; konnarite
硅镍镁石[$(Mg,Ni)_2Si_2O_5(OH)_2$?;单斜]☆karpinskite
硅镍石☆genthite
硅硼(钠)钡石[$Ba_3NaSi_2B_7O_{16}(OH)_4$;单斜]☆garrelsite
硅硼钙钡石[$(Ba,Ca)_2(SiO_4)(B_3O_3(OH)_3)$]☆garrelsite
硅硼钙石[$CaB(SiO_4)OH$;$Ca_2(B_2Si_2O_8(OH)_2)$;单斜]☆datolite; datholite; datolithe; humboldtite; datolith; botryolite; calcium-boratosilicate; dystome{distome} spar; esmarkite; natrocalcite
硅硼钙铁矿[$Ca_2(Fe^{2+},Mg)B_2Si_2O_{10}$;单斜]☆homilite
硅硼钙状玉髓☆haytorite
硅硼钾铝石☆kalborsite
硅硼锂铝石[$LiAl_4(BSi_3O_{10})(OH)_8$]☆manandonite
硅硼镁铝矿[$(Mg,Fe^{2+})Al_3(BO_4)(SiO_4)O$;斜方]☆grandidierite
硅硼钠石☆reedmergnerite; searlesite
硅硼铍钇钙石[$CaYBeBSi_2O_8(OH)_2$]☆calcybeborosillite
硅硼铈矿☆tritomite
硅硼钽钍稀土矿☆karyocerite
硅硼稀土矿☆okanoganite
硅硼钇矿☆tritomite-(Y)
硅铍钙锰石[$(Ca,Mn)BeSiO_4$;单斜]☆trimerite
硅铍钙石[$Ca_4Be_2Al_2Si_9O_{26}(OH)_2$;斜方]☆bavenite
硅铍铝钠石[$Ba_4AlBeSi_4O_{12}Cl$;四方]☆tugtupite; beryllosodalite; beryllium-sodalite
硅铍锰钙石[$Ca_6(Mn,Mg)Be_4Si_6(O,OH)_{24}$;斜方]☆harstigite
硅铍钠石[$Na_2BeSi_2O_6$;斜方]☆chkalovite; tschkalowit
硅铍铅矿☆lead barylite
硅铍石[$Be_2(SiO_4)$;三方]☆phenakite; bertrandite; phenacite; hessenbergite; sideroxene
硅铍石化☆bertranditization
硅铍石式☆phenakite type
硅铍铈矿[$(Ce,La,Nd,Y)_2Fe^{2+}Be_2Si_2O_{10}$;单斜]☆gadolinite-(Ce); gadolinite
硅铍锡钠石[$Na_4SnBe_2Si_6O_{16}(OH)_4$;单斜]☆sorensenite
硅铍稀土石{矿}[$(Ca,Ce,La,Na)_{10-12}(Fe^{2+},Mn)(Si,Be)_{20}(O,OH,F)_{48}$;斜方]☆semenovite
硅铍钇矿[$Y_2Fe^{2+}Be_2Si_2O_{10}$;单斜]☆gadolin(ite); ytt(e)rbite; ytterite; yttesten; schwarzer zeolith[德]
硅片☆silicon chip
硅铅矿[$Pb_3(Si_2O_7)$]☆barysilite; bleibarysilite; lead barysilite; barysil
硅铅锰矿[$Pb_3(Mn_4O_3)(SiO_4)_3$; $Pb_2Mn^{3+}_2Si_2O_9$;斜方]☆kentrolite; manganikentrolite; kentrolith
硅铅石[$PbSiO_3$;单斜]☆alamosite
硅铅铁矿[$3PbO$•$2Fe_2O_3$•$3SiO_2$; $Pb_2Fe^{3+}_2Si_2O_9$;斜方]☆melanotekite; melanotecite
硅铅锌矿[$PbZn(SiO_4)$;斜方]☆larsenite
硅铅铀矿[$Pb(UO_2)(SiO_4)$•H_2O;单斜]☆kasolite; wolsendorfite; droogmansite
硅羟锰石☆ribbeite
硅青铜☆silicon bronze
硅球[玉髓、蛋白石、玛瑙等;熔结凝灰岩中]☆thunder egg
硅(核)燃烧☆silicon burning
硅溶胶☆silicasol
硅乳石☆menilite; liver opal
硅润滑油☆silicone grease
硅三铁矿[Fe_3Si;等轴]☆suessite
硅砂☆silica{quartz;river;sea;siliceous;gan(n)ister} sand; siliceous silt; ganisand
硅砂石☆dinas silica
硅砂水泥☆silica-sand cement
硅珊瑚[德]☆korallenachat
硅烧绿石☆chalcolamprite
硅砷锰石[$Mn_4AsSi_3O_{12}(OH)$;单斜]☆tiragalloite
硅砷锑锰矿[$(Mn,Mg)_5Sb(As,Si)_2O_{12}$;单斜]☆parwelite; parweelite
硅石☆silic(e)a; gan(n)ister; earth silicon; dinas (rock); flint; silex
硅石玻璃[材]☆silica glass; vitreous{fused} silica
硅石的☆silicic
硅石矿床☆silicastone deposit
硅石磨盘☆buhrstone mill
硅石条☆stegma
硅石岩☆silexite
硅铈铒矿☆buszite; bushite
硅铈钙钾石[$K(Ca,Ce)_4Si_5O_{13}(OH)_3$;三斜]☆miserite
硅铈矿☆johnstrupite
硅铈钠石[$Na_3CeSi_6O_{15}$•$6H_2O$;斜方]☆sazhinite
硅铈铌钡矿[$Ba_2Na_4CeFe^{3+}Nb_2Si_8O_{28}$•$5H_2O$;六方]☆ilimaussite
硅铈石[$(Ce,Ca)_9(Mg,Fe^{2+})Si_7(O,OH,F)_{28}$;三方]☆cerite; cererite; cerine; cerin; cerium silicate; ochroite [$(Ca,Fe)Ce_3H(Si_2O_7)(SiO_4)(OH)_2$]; ferricalcite[$Ce_4Si_3O_{12}$•$3H_2O$;$(Ce,Ca)_2Si(O,OH)_5$]
硅铈钛矿☆rinkite
硅树脂☆silicone
硅树脂液☆silicone fluid
硅水白钨矿☆kieselscheelite
硅水磷铈石☆silicorhabdophane
硅水铀石☆parafan
硅锶钡钛石☆strontiojoaquinite
硅锶铍石☆strontium-barylite
硅酸[H_4SiO_4]☆silicic{silic} acid; silica
硅酸铋晶体☆bismuth silicate crystal
硅酸的☆silicic; siliceous; silicious
硅酸度☆silicate degree
硅酸二钡{|钙|锶}☆dibarium{|dicalcium|distrontium} silicate
硅酸方解石[$Ca_5(SiO_4)_2(CO_3)$]☆spurrite
硅酸钙石☆afwillite
硅酸钙岩矿☆wollastonite
硅酸钾或钠溶性玻璃☆soluble glass
硅酸壳[硅藻]☆frustule
硅酸铝☆alumina silicate
硅酸铝类☆aluminum silicate group
硅酸铝质耐火材料☆aluminite-silicate refractory
硅酸镁[$MgSiO_3$;Mg_2SiO_4]☆magnesium silicate
硅酸镁锂☆laponite
硅酸镁盐☆britesorb
硅酸锰矿[$MnSiO_3$•H_2O]☆bementite
硅酸锰锑铁矿[Sb_2O_3•Fe_2O_3•SiO_2]☆langbanite
硅酸钠[Na_2SiO_3]☆sodium silicate; waterglass
硅酸铍钡矿☆barylite
硅酸铍石[$H_2Be_4Si_2O_9$]☆bertrandite
硅酸铅矿[$Pb_3(Si_2O_7)$]☆barysilite
硅酸三钡{|钙|锶}☆tribarium{|tricalcium|tristrontium} silicate
硅酸三钙☆tricalcium silicate
硅酸三钙石[$Ca_3(Si_2O_7)$]☆alite; alith; ja(e)neckeite; rankinite; alit
硅酸铈铒矿☆buszite; bushite
硅酸四乙酯[$(C_2H_5)_4SiO_4$]☆ethyl silicate
硅酸钍石☆thorite
硅酸系数☆silica modulus; SM
硅酸锌矿[Zn_2SiO_4]☆willemite
硅酸锌型巨晶釉☆zinc silicate type macrocrystalline glaze
硅酸盐☆silicate; metasilicate
硅酸盐玻璃☆silicate glass
硅酸盐大坝水泥☆portland cement for dam
硅酸盐垢{|硅}☆silicate scale{|silicon}
硅酸盐化(作用)☆silication
硅酸盐胶结砂轮[设计]☆silicate grinding wheel
硅酸盐棉☆silicate cotton
硅酸盐黏合的烧结镁石☆silica-bonded magnesite clinker
硅酸盐黏结剂砂轮☆silicate bonded wheel
硅酸盐熔体包裹体☆silicate melt inclusion
硅酸盐水泥与火山灰水泥的混合物☆pozzolan cement
硅酸盐铁镁矿☆ferromagnesian mineral
硅酸盐铁镁矿物类☆ferromagnesians
硅酸盐相含铁建造☆silicate-facies iron formation
硅酸盐型蛇纹石矿☆silicate type serpentine ore
硅酸盐砖☆calcium silicate brick
硅酸氧磷灰石晶体☆SOAP
硅酸氧磷灰石激光器☆silicate oxyapetite laser
硅酸铀矿☆coffinite
硅酸酯胶结砂轮☆silicate-bond wheel
硅钛钡钾石[$Ba_4(K,Na)_2Ti_4Al_2Si_{10}O_{36}$•$6H_2O$;斜方]☆jonesite
硅钛钡钠石☆batisite; nabatitasilite
硅钛钡石[$Ba_2TiSi_2O_8$;四方]☆fresnoite; nabatitasilite; muirite; batisite
硅钛钙钾石[$K_2Na(Ca,Mn)_2TiSi_7O_{19}(OH)$;三斜]☆tinaksite
硅钛钙钠石[$Na_6(Ca,Mn)(Ti,Fe)Si_6O_{18}$•$H_2O$;斜方]☆koashvite
硅钛钙石[$Ca_4Na_2Ti_4Si_3O_{18}F_2$]☆fersman(n)ite
硅钛钾钡矿☆labuntsovite
硅钛锂钙石[$KCa_7(Ti,Zr)_2Li_3Si_{12}O_{36}F_2$;单斜、假六方]☆ baratovite
硅钛镁钙石☆rhonite
硅钛锰钡石[$(Ba,Sr)_2TiMn_2(SiO_4)_2(PO_4,SO_4)(OH,Cl)$;三斜]☆yoshimuraite
硅钛锰钠石☆janhaugite
硅钛钠钡石[$Na_2(Ba,K)_4(Ca,Mg,Fe^{2+})Ti_3Si_4O_{18}(OH,F)_{1.5}(SO_4)$;三斜]☆innelite
硅钛钠石[$Na_2Ti_2Si_2O_9$•H_2O; $Na_6H_2TiSi_6O_{18}$;三方]☆kazak(h)ovite; murmanite; mo(u)rmanite
硅钛铌钙钠石☆nacalniotitasilite
硅钛铌矿☆epistolite
硅钛铌钠矿[$(Na,Ca,K)(Nb,Ti)Si_2O_6(O,OH)$•$2H_2O$;斜方]☆nenadkevichite
硅钛铌钠石☆zorite
硅钛钕矿☆tundrite-(Nd)
硅钛铈矿[$Ce_4(Fe^{2+},Mg)_2(Fe^{3+},Ti)_3(Si_2O_7)_2O_8$]☆chevkinite; tschewkinite; tscheffkinite
硅钛铈钠石[$Na_4CeTiPSi_7O_{22}$•$5H_2O$;斜方]☆laplandite
硅钛铈铁矿[$(Ca,Ce,Th)_4(Fe^{2+},Mg)_2(Ti,Fe^{3+})_3Si_4O_{22}$;单斜]☆chevkinite; tschevkinit; tschewkinite; tscheffkinite; ferchevkinite
硅钛锶铁矿☆strontian-chevkinite
硅钛铁钡石[$Ba_9Fe^{2+}_2Ti_2(SiO_3)_{12}(OH,Cl,F)_6$•$6H_2O$;六方]☆ traskite
硅钛铁矿[由二氧化硅和钛铁矿组成的固溶体]☆silico(-)ilmenite; silicoilmentite
硅钛铁钠石☆enigmatite; ainigmatite
硅钽铌石☆arrhenite
硅探测器☆silicon detector
硅碳棒☆kryptol
硅碳钙镁石☆thomsonite
硅碳刚石☆silundum
硅碳石膏[$8.5CaSiO_3$•$8.5CaCO_3$•$CaSO_4$•$15H_2O$]☆birunite
硅碳铁锰矿[$(Fe,Mn)_3(C,Si)$(人工)]☆spencerite
硅锑锰矿[$(Mn^{2+},Sb^{3+})_4(Mn^{4+},Fe^{3+},Mg)_3SiO_{12}$(近似); $(Mn^{2+},Ca)_4(Mn^{3+},Fe^{3+})_9SbSi_2O_{24}$;三方]☆langbanite; longbanite; laangbanite; ferrostibian(ite)
硅锑锰石☆orebroite
硅锑铁矿[$Fe_5Sb_2Si_5O_{20}$•$2H_2O$]☆chapmanite; ho(e)ferite
硅锑锌锰矿[$(Mn,Zn)_{15}Sb^{5+}_2Si_4O_{28}$;三斜]☆yeatmanite
硅铁☆ferrosilicon; ferrosilicine; Duriron[耐酸]
硅铁钡矿[$BaFe^{2+}Si_4O_{10}$;四方]☆gillespite
硅铁铋矿☆bismuthoferrite
硅铁粉发热自硬砂法☆process
硅铁钙钡石[$Ba_2Ca(Fe,Mg)_2Si_6O_{17}$;斜方]☆pellyite
硅铁钙钠石[$Na_{12}Ca_3Fe^{3+}_2Si_{12}O_{36}$;斜方]☆imandrite
硅铁钙石☆tynite; bombite
硅铁锆石[锆石的变种,含铁]☆alvite; ho(e)gtveitite
硅铁合金☆Antaciron; ferrosilicon; stalloy
硅铁灰石[$4CaO$•$2FeO$•Fe_2O_3•$10SiO_2$•H_2O;$Ca_2(Fe^{2+},$

Mn)$Fe^{3+}Si_5O_{14}(OH)$; 三斜]☆babingtonit(e); ferrobabingtonit
硅铁矿[FeSi;等轴]☆fersilicite; ferrosilicium; avasite
硅铁矿岩☆greenalite-rock
硅铁铝镁石☆lucasite
硅铁镁层☆sifema
硅铁镁钙石☆ginilsite
硅铁镁钠石☆taneyamalite
硅铁锰钙石☆keckite
硅铁锰钠石[$Na(Fe^{2+},Mn)_{10}(Fe^{3+},Al)_2Si_{12}O_{31}(OH)_{13}$;三斜]☆howieite
硅铁模数☆iron-silicon modulus
硅铁钠钾石[$(K,Na,Ca)_4(Fe^{2+},Fe^{3+},Mn)_2Si_8O_{20}(OH,F)$;三斜]☆fenaksite
硅铁钠石[$(Na,K)Fe^{2+}Fe^{3+}Si_6O_{15}$;斜方]☆tuhualite; chkalovite
硅铁石[$Fe_2Si_2O_5(OH)_4•5H_2O$; $Fe^{3+}_4(Si_4O_{10})(OH)_8•10H_2O$]☆hisingerite; gillingite; degeroite; němecite; giesenherrite; degerveite; orthoferrosilite; canbyite [$Fe_2O_3•2SiO_2•4H_2O$]; bertrandite; phenacite; phenakite
硅铁锶石☆ohmilite
硅铁铜铅石[$Pb_2Cu_2Fe^{3+}_2Si_5O_{17}•6H_2O$;斜方]☆creaseyite
硅铁土[$Fe^{3+}_4(Si_4O_{10})(OH)_8•10H_2O$]☆hisingerite; degeroite; nemecite
硅铁陨石☆grahamite
硅酮[R-Si(O)-R']☆silicone
×(号)硅酮油☆H-120
硅铜☆silicon copper
硅铜钙石[$CaCuSi_4O_{10}$;四方]☆cuprorivaite
硅铜合金☆copper-silicon alloy
硅铜铅石☆luddenite
硅铜铀矿[$Cu(H_3O)_2((UO_2)(SiO_4))_2•3H_2O$;$Cu(UO_2)_2Si_2O_7•6\sim7H_2O$;$Cu(UO_2)_2Si_2O_6(OH)_2•5H_2O$;三斜]☆cuprosklodowskite; cuprosklodovskite; jachymovite; cuprosklovskite; cuprosklowskite; jackymovite
硅土☆silicon{siliceous} earth; silica soil; silic-
硅土的☆siliceous; silicious
硅钍独居石[$(Ca,Ce,Th)(P,Si)O_4$;单斜]☆cheralite
硅钍锆石☆tachyaphal(t)ite
硅钍钠石☆thornasite
硅钍钠锶石[$Na_3Sr_4ThSi_8(O,OH)_{24}$;非晶质]☆umbozerite
硅钍石☆huttonite; silicosmirnovskite
硅钍铈矿☆eucrasite
硅钍钇矿[$8(Y,Gd)_2Si_2O_7$加12%ThO_2; $(Y,Th)_2Si_2O_7$;六方?]☆yttrialite
硅烷[Si_nH_{2n+2}]☆sil(ic)ane
硅烷醇☆silanol
硅烷化☆silanization
硅烷化的化合物☆silylated compound
硅钨镁矿{石}[$2MgO•W_2O_5•SiO_2•nH_2O$]☆farallonite
硅钨锰矿[$(Mn^{4+},W)_{1-x}(Mn^{2+},W,Mg)_{3-y}Si(O,OH)_7$;六方]☆ welinite
硅锡钡石[$Ba(Sn,Ti)Si_3O_9$;六方]☆pabstite
硅稀土石[$Ce_3(SiO_4)_2(OH)$]☆to(e)rnebohmite
硅烯☆silene
硅纤蛇纹石☆is(c)hkyldite; is(h)kildite
硅线浸渗混合岩☆morbihanite
硅线石[$Al_2(SiO_4)O$;$Al_2O_3(SiO_2)$]☆sillimanite; glance-spar; fibrolite; monrolite; glancespar; bournonite; bamlite; gan(n)ister; bucholzite; radelerz[德]
硅线石-钾长石等变级☆sillimanite-K feldspar isograd
硅橡胶☆silastic; silicone{silicon} rubber
硅屑的☆siliciclastic
硅锌☆galmey
硅锌矿[Zn_2SiO_4;三方]☆willemite; belgite; hebetine; william(s)ite; wilhelmite; villemite; mancinite; galmei; willelmine
硅锌铝石[$Zn_7Al_4(OH)_2(SiO_4)_6•9H_2O$; $Zn_2AlSi_2O_5(OH)_4•2H_2O$?;单斜]☆zinalsite
硅锌镁锰石[$(Mg,Mn)_2ZnSiO_4(OH)_2$;斜方]☆gerstmannite
硅锌镍矿[$(Ni,Zn)SiO_3•2H_2O$(近似)]☆desaulesite; De Saulesite
硅雪崩☆silicon avalanche
硅循环☆silica{silicon} cycle
硅岩☆silica rock
硅氧☆silica
硅氧淋失(作用)☆desilication
硅氧烷[$(H_3Si(OSiH_2)_nOSiH_3)$]☆siloxane; silicone
硅氧烷膜☆siloxane film
硅氧烷油☆silicone oil
硅氧烯☆siloxen
硅氧橡胶☆silicone rubber
硅页岩☆passauite; porcellanite
硅钇石[钇的硅酸盐]☆thelline; thellite; yttrium silicate; keiviite-(Y)
硅镱石☆keivyite; keiviite
硅英岩☆quartzolite
硅硬绿泥石☆venasquite
硅铀矿[$(UO_2)_5Si_2O_9•6H_2O$; $(UO_2)_2SiO_4•2H_2O$;斜方]☆soddyite; soddite; coffinite; uranosilite; bilibinite; paraphane
硅铀铅钍矿[$PbTh(UO_2)(SiO_4)_2•4H_2O$]☆pilbarite
硅铀钍铅矿☆pilbarite
硅油☆silicone{silicon} oil
硅杂铌矿☆silicate wiikite
硅杂盐☆kieserohalocarnallite; hauptsalz; hauptsalt
硅藻☆diatom; diatomaceous silica
硅藻板岩☆saugkiesel; polierschiefer
硅藻分析☆diatom analysis
硅藻腐泥[褐煤阶段]☆diatom-sapropal; diatomaceous gyttja; dysodile
硅藻纲☆Diatomacae
硅藻科☆Diatomaceae
硅藻壳的☆frustulent
硅藻类☆diatomeae; diatom
硅藻(生油)理论☆diatom-saprocol theory
硅藻门☆Bacillariophyta
硅藻黏泥物☆diatom slime
硅藻泉华☆algal sinter
硅藻石[$SiO_2•nH_2O$]☆mountain flour{meal}; randanite; kieselgu(h)r; zeyssatite
硅藻鼠属[N_1]☆Diatomys
硅藻素☆diatomin
硅藻土[$SiO_2•nH_2O$]☆diatomite; infusorial{tripoli} earth; kieselguhr[德]; diatomaceous earth; earthy tripolite; infusoriolite; fossil flour; kieselgur; guhr; kieselmehl[德]; infusorial (silica); ceyssatite; fossil farina; diatomaceous{diatom;desmid;siliceous;aceous} earth; earth tripolite; flour; celite; bergmeal; moler; bergmahl; bergmehl; mountain meal{flour}; terra cariosa; tripoli(te); randan(n)ite; tripoli-powder; white peat; tripolith; zeyssatite; rottenstone; molera; telluride; tellurine; flint; silex; DE
硅藻土的☆diatomic; diatomaceous
硅藻土精过滤☆polishing diatomaceous filiation
硅藻土石棉灰(浆)☆diatomite asbestos plaster
(一种)硅藻土载体☆Chromosorb W
硅藻细胞(壳)☆frustule
硅藻岩☆diatomite; tripoli; rotten-stone
硅藻页岩☆diatom{diatomaceous} shale; chalk rock
硅藻质土☆infusorial earth
硅锗铅石☆mathewrogersite
硅锗酸铋晶体☆BGS; bismuth strontium tantanate
硅整流堆☆silicon rectifier stack
硅整流二极管天线☆Rectenna
硅脂☆silicone grease
硅质☆kiesel; silicic
硅质鞭毛类[始先类海生原生动物]☆ebridian
硅质层☆silicrete
硅质虫科[孔虫]☆Silicinidae
硅质储集岩层☆siliceous reservoir rocks
硅质分异体☆silicic differentiate
硅质海绵☆spongioid; siliceous sponge; hexactinellid
硅质海绵纲☆Hyalospongea; Silicispongiae
(一种)硅质海绵骨针[绵]☆bipocillus [pl.-li]
硅质灰泥☆silicious marl
硅质壳☆silica test; frustule; silcrete
硅质壳层☆silcrete; siliceous crust
硅质空心团块☆pedode
硅质矿物☆silicoide
硅质砾岩☆kollanite; silica{siliceous} conglomerate; silcrete
硅质磷块岩矿石☆siliceous phosphorite ore
硅质脉石铁矿石☆siliceous ore
硅质蒙脱岩{石}☆daunialite
硅质磨石☆bu(h)rstone; burystone; burrstone; buhr
硅质囊膜☆silicalemma
硅质黏土☆kiesel ton
硅质片[硅藻]☆silicalemma
硅质砂☆siliceous{silicic} sand; silica-sand
硅质砂岩☆bertholite; siliceous sandstone; silicarenite
硅质土☆silica earth; siliceous soil
硅质细粒凝灰岩☆argillolite
硅质岩☆siliceous{silica;silicic} rock; silic(al)ite; silicastone; silicolites; acidite; sandstone; silicilith
硅质岩类☆silicolites; silicites
硅质岩石☆silica stone
硅质原料[石英砂岩、石英岩、石英砂、脉石英等, SiO_2]☆silica stone
硅重晶石[Na_2SiO_3]☆scho(h)arite; schcarite
硅铸铁☆silicon cast iron
硅砖☆silica{dinas} brick
归本因素☆idemfactor
归并☆merge (into); incorporate into; lump together; add up; grouping; reduction
归并断层☆apposite fault
归并海滩☆apposition beach
归并现象☆trailing
归并旋回(沉积)☆concyclothem
归档☆file (away); place on file
归档存储☆archival storage
归档系统☆filing system
归航☆home; homing
归航的☆inbound; homing
归航台☆homer; radio beacon
归航信标(机)☆homer
归化频率☆normalized frequency
归化纬度☆geometric(al){reduced} latitude; parametric- latitude
归还☆restore; restitution; replacement; render
归极(换算)法☆reduction to the pole
归结☆follow; resolve into; be attributed to
归来的☆homing
归类☆taxis; subsumption
归零☆kill; clear[计数器]; clean; adjust{return} to zero
归零差☆misclosure of round
归路☆return circuit
归纳☆induction; extrapolation; extrapolate; induce; conclude; sum up; generalization; generalize; reduce
归纳的☆generalized; (a) posteriori[拉]; inductive
归纳法☆inductive method{approach}; method of induction; induction; the inductive method
归纳区域分枝图☆reduced area cladogram
归入☆carried forward; carry over; fall in; C/F
归属度☆grade of membership
归位☆homing
归心改正☆correction for centring
归心计算☆reduction to centre
归心投影☆centring projection
归心性☆centricity
归心元素☆elements of centring
归一化☆normalization; normalize
归一化重力梯度☆normalized total gravity gradient
归异兽类☆metatheria
归(因)于☆be attributed to; ascribe; ascription
归总☆lumping
归组校正☆correction for grouping
归组数据☆group data
龟背构造☆turtle structure
龟背甲☆suprapygal{neural} plate
龟背石☆septarium[pl.-ia]; septarian boulder{nodule}; turtle{beetle} stone
龟背状(地形)☆turtleback
龟鳖类{目}☆Chelonia; turtles
龟腹甲☆hy(p)oplastron; xiphiplastron; epiplastron (onlap); entoplastron
龟甲☆tortoise-shell
龟甲构造☆septarian structure
龟甲结核☆septarium [pl.septaria]; septarian boulder {nodule}
龟甲石☆septarian nodule{boulder}; septarium [pl.-ia]; turtle stone
龟甲纹状☆cerioid
龟科☆emydidae
龟龙属[T_3]☆Placochelys
龟形构造☆turtle structure
鲑(鱼)☆salmon
闺房[古希腊人家的]☆thalamium

guǐ

(钢)轨☆rail; level
轨撑☆shrut rail; thrust block
轨次☆orbit number
轨道☆orbit; track(ing); trajectory; rail (track); tram; (orbital) path; trackage; trackway; trace; pathway;

orb；circle[天体]；railway[轻便车辆等]
轨道变形☆distortion of track；track deformation {disorder;distortion}
轨道重叠☆overlap of orbitals；orbital overlay
轨道的夯实☆tamping
轨道的圆度☆orbital eccentricity
轨道衡☆track scale；wagon balance
轨道极☆pole of orbit
轨道交叉☆track crossing
轨道交点☆node of orbit
轨道角动量量子数☆orbital angular momentum quantum number
轨道校正机☆track liner
轨道尽头装车法☆tail-track system
轨道科学站☆orbital scientific station；OSS
(卫星)轨道控制☆station keeping
轨道来复条溜槽☆steel-rail rifle sluice
轨道螺栓{钉}☆track bolt
轨道爬坡胶带机☆railmounted steep conveying belt wagon
轨道倾角☆orbit inclination；inclination of orbit
轨道上山☆gig；ginney；gravity runway；hill；jinny road(way)
轨道上山底部车场工☆bencher
轨道摄动☆perturbation of orbit
轨道式单臂台车☆single-boom trackmounted jumbo
轨道式凿岩台车☆track-mounted drill jumbo
轨道太阳观测台☆orbiting solar observatory；OSO
轨道套叠(处)☆gantlet
轨道突起处☆knuckle
轨道行走的☆trackbound
轨道运行的采煤机☆trackmounted shearing machine
轨道转弯处导绳轮☆bottle chock
轨道自动车轴挡笼座[防跑车]☆automatic axle catch
轨底☆rail bottom{base}
轨底崩裂☆burst of rail base{bottom}；broken rail base
轨端崩裂☆rail end breakage
轨端连接导线☆bond conductor
轨端通电横连接☆cross bond
轨缝{|腹|钢|钩}☆rail joint{|web|steel|hook }
轨幅☆slack
轨高☆depth of rail
轨辊☆roller；mill rolls
轨函数☆orbital
轨基☆base of rail；rail base
轨迹☆footprint；(desired) trajectory；trace；(orbital) path；track；trail；routing；route；locus[pl.loci]；tr
PTT 轨迹☆pressure-temperature-time{PTT} path
轨迹不正☆skew
轨迹的☆local
(井眼)轨迹方向☆course bearing；trajectory direction
轨迹复演机构☆path generator
轨迹交叉失调☆across-track misregistration
轨迹偏移☆course deviation
轨迹为☆trace out
轨迹线☆trochoid；locus；path；trace；trail；track；trajectory
轨迹坐标☆trailing coordinate
轨夹☆rail bond
轨脚☆flange of the rail；rail foot
轨接头☆rail connection
轨截面☆rail section
轨节☆track section
轨距☆ga(u)ge；track spacing{gauge}；tie rod；tierod；rail(road){railway} gauge
轨距尺☆gage template；GT
轨距杆☆crossband；gauge bar；tie rod
轨距规☆profile board
轨距连杆☆cross-tie
轨锯☆rail saw
轨宽☆track-width
轨梁矫直工具组☆flight bar straightening kit
轨路尽头☆rail head
轨密度☆track density
轨面☆tread
轨疲劳☆rail fatigue
轨频☆orbital frequency
轨蹼☆base of rail；rail foot
轨钳☆rail tongs
(在)轨上滑动的☆underhung
轨式抛砂机☆bracket-type sandslinger
轨索鞍座☆trackrope saddle
轨索坡度☆track-cable gradient
轨条筛☆rail grizzly
轨头☆crown{head} of rail；rail head
轨头座栓☆rail clamp
轨弯☆track curve
轨尾层☆trailing layer
轨隙☆gage play
轨线☆trajectory；pathway；path curve
轨靴☆rail shoe
轨腰☆(rail) web
轨腰裂缝☆split web
轨移式输送机☆shiftable conveyor
轨载式钻车☆track-mounted{track-type} jumbo
轨闸☆rail brake
轨枕☆(cross) tie；sleeper；rail ties；track
轨枕槽规☆adzing gauge
轨枕距☆pitch of sleepers
轨枕距调整机☆tie spacer
轨座☆(rail) chair
鬼怪(似)的☆spectral
鬼火[拉]☆ignis fatuus
鬼伞属[真菌;Q]☆Coprinus
鬼线☆phantom line
鬼旋风☆geg
鬼岩段☆ghost member
鬼针草属[Q]☆Bidens
诡辩☆quirk；quibble；sophism；syllogism；sophistry
诡秘☆furtive；secretive；surreptitious
癸胺[$CH_3(CH_2)_9NH_2$]☆decyl amine
癸胺盐酸盐[$C_{10}H_{21}NH_2HCl$]☆decylamine-hydrochloride
癸醇[$C_{10}H_{21}OH$]☆decanol；decyl alcohol
癸二腈☆sebaconitrile；decyl dinitrile
癸二酸[$HOOC(CH_2)_8$]☆sebacic acid
癸二酸盐[$MOOC(CH_2)_8COOM$]☆sebacate
癸基[$CH_3(CH_2)_8CH_2-$]☆decyl
癸基吡啶(鎓)氯[$C_{10}H_{21}\bullet C_5H_5N^+Cl^-$]☆decyl pyridinium chloride
癸基次磺酰胺[$C_{10}H_{21}SONH_2$]☆decyl sulfenamide
癸基碘☆iododecane
癸基芳基聚氧乙烯醚醇[$C_{10}H_{21}Ar(OCH_2CH_2)_nOH$]☆decylaryl-polyoxyethylene-ether-alcohol
癸基聚氧亚硝基酚[$C_{10}H_{21}(OC_6H_3(NO))_nOH$]☆decyl polyoxynitrosophenol
癸基聚氧乙烯醚醇[$C_{10}H_{21}(OCH_2CH_2)_nOH$]☆decyl-polyoxyethylene-ether-alcohol
癸基氯化吡啶盐[$C_{10}H_{21}\bullet C_5H_5N^+Cl^-$]☆decyl pyridinium chloride
癸基氧乙烯醚醇[$C_{10}H_{21}OCH_2CH_2OH$]☆decyl-oxyethylene-ether-alcohol
癸膦酸[$C_{10}H_{21}PO(OH)_2$]☆decane phosphonic acid
癸硼烷☆decaborane
癸炔☆decyne；decine
癸酸[$CH_3(CH_2)_8COOH$]☆capric acid
癸酸盐{|酯}[$C_9H_{19}COOM${|R}]☆caprinate
癸酮[$(C_{10}H_{21})_2CO$]☆decyl ketone
癸烷[$C_{10}H_{22}$]☆decane
癸烯☆diamylene；decene
癸烯-1[$C_{10}H_{20}$]☆1-decene

guì

桂冠螺属[N-Q]☆Daphnella
桂榴石[$Ca_3Al_2(SiO_4)_3$]☆hessonite；cinnamon stone {garnet}；hyacinth(oid)；romanzowite；jacinth；essonite；cinnamite；romanzovite
柜☆chest；tank
柜阀☆tank valve
柜面介属[N_2]☆Cibotolebenis
柜式供暖☆cabinet heating
柜台☆counter
桧☆(Chinese) juniper；spruce fir
桧林地☆juniper woodland
桧木☆juniper
桧属[植;Q]☆Juniperus
桧萜{烯}☆sabinene
桧烷☆thujane；sabinane
贵蛋白石☆noble{precious;white} opal
贵电气石☆noble tourmaline
贵橄榄石[$(Mg,Fe)_2(SiO_4)$]☆chrysolite；peridot；bottle stone；chrysolyte；krysolith；evening emerald；hrysolite
贵刚玉☆adamantine spar
贵黑电气石☆precious schorl
贵尖晶石[$MgAl_2O_4$]☆noble spinel{spinal}
贵金属☆noble{precious;edel} metal
贵金属矿☆bonanza
贵金属矿床☆precious metal deposit
贵榴尖晶石[一种紫色的尖晶石]☆almandine {-}spinel
贵榴石[$Fe_3Al_2(SiO_4)_3$]☆almandite；almandine；anthrax；greenlandite；felsenrubin；precious{oriental} garnet
贵榴透辉角闪岩亚相☆almandinediopside-hornblende subfacies
贵蛇纹石[暗绿色微透明的蛇纹石;$Mg_6(Si_4O_{10})(OH)_8$]☆noble serpentine；noble serpentine；noble bowenite；precious serpentine
贵蛇纹岩☆precious serpentine
贵石斛碱☆nobiline
贵重☆nobleness；valuable；precious
贵重矿物分布分析☆sizing-assay test
贵重物品☆valuable；treasure；asset
贵重元素☆noble element
贵州贝属[腕;C_1]☆Guizhouella
贵州海扇属[双壳;P]☆Guizhoupecten
贵州珊瑚(属)☆Kweichouphyllum；Kueichowphyllum
贵州鱼属[D_1]☆Kueichowlepis
贵族的☆noble
贵族化☆gentrification

gǔn

辊☆roll；roller
辊齿☆roll tooth
辊带因数☆ribbon factor
辊道☆roller track{path}；rolling bearing
辊底窑☆roller hearth kiln
辊动筛☆(revolving-)disk grizzly
(辊碎机)辊缝☆rod slot
辊光器☆burnisher
辊花☆roller bump
辊间 V 形空隙[大型辊碎机]☆inter-roll vee
辊颈支架☆neckrest
辊距☆opening between rolls
辊壳☆roller housing
Lopulco 辊磨机☆Lopulco roller mill
辊碾机☆rubbing{Chilean;roller(-type)} mill；edge runner
(辊碎机)辊上槽沟☆ragging
辊上的槽沟[辊碎机]☆ragging
(辊碎机)辊上黏附矿石☆ore ribbon
辊身☆barrel
辊式板材矫直机☆mangle
辊式侧支座☆roller side bearing
辊式分级{选}机☆roller grader
辊式感应磁选机☆induced roll separator；induced magnetic separator
辊式卸料算子☆roller type discharge grate
辊式闸门吊桶☆roller gate bucket
辊碎机☆crushing rolls；roll (breaker)；roller crusher；rollcrusher
辊碎机辊上黏附物☆ribbon
辊碎机排料口宽度调节☆roll setting
辊筒涂色(法)☆roller coating
辊压☆roll form
辊印☆roller mark
辊轴架☆roller frame
辊轴筛☆live-roll{rotating;rotary} grizzly；roll{axle} screen
辊轴支架[焊管用]☆rollers
辊子☆roller；roll
辊座部分☆roller section
滚拌混砂器☆roll system
滚边☆beading
滚边构造☆welt
滚边机☆binder
滚槽☆cannelure
滚槽机☆channeling{channelling} machine
滚齿机☆(gear-)hobbing machine；hobber
滚刀☆hob；hobbing (cutter)；roller；rolling cutter
滚刀盘☆cutter mounting ring
滚刀式粉碎机☆knife grinder
滚道☆rollaway nest
滚点焊☆roll spot welding；roll-spot welding{weld}
滚动☆roll(ing)；bowl；wheel；tumble；overrolling (movement)；trundle
滚(转运)动☆rolling motion
滚动刺痕[德]☆rollspuren
滚动的☆rolled；rolling

G

滚动度图☆rollability diagram
滚动构造☆rollover structure；roll
滚动计划法☆rolling plan
滚动介质[磨机]☆tumbling medium
滚动勘探☆rolling exploration
滚动摩擦☆friction of rolling；rolling friction
滚动式打印机☆drum printer
滚动条云☆roll cloud
滚动图形☆roll pattern
滚动牙轮式扩眼器☆rolling-cutter reamer
滚动轴承☆antifriction{anti-friction;rolling} bearing
滚动铸型☆roll cast；rollcast
滚动装置☆tourelle
滚镀法☆barrel plating
滚杠[搬移储罐用的]☆rollarounds
滚焊☆roll welding
滚焊机☆seam welder
滚花☆knurl(ing)
滚花刀具☆roulette
滚花轮☆knurled wheel；roller turner；knurling tool
滚花头螺钉☆milled screw
滚花旋钮☆knurled knob
滚减☆rolled out
滚卷构造☆rollover structure
滚卷前缘☆roll front
滚浪☆rollers
滚料板☆marver
滚料工☆marverer
滚轮[电车和架空线]☆trolley；roller；truck
滚轮平台☆roller deck
滚轮式无链牵引系统☆roll rock chainless haulage system
滚轮组☆wheel assembly
滚轮钻头☆rolling cutter；rotary disc bit
滚磨☆barreling；tumble
滚(筒式)磨机☆tumbling mill
滚磨机混汞试验☆tumbling-mill amalgamation test
滚磨介质☆tumbling medium
滚木球☆bowl
滚泥弹☆mud pellet
滚黏熔岩球☆accretionary lava ball
滚碾裂隙☆roller check
滚盘钻头☆disk bit
滚泡☆beading
滚瓶磨粉法☆roller mill method
滚切法☆generating method
滚(齿)切(削)法☆generating cutting
滚球☆bowl；spin
滚球滑槽轴承☆ball runner bearing
滚球式离心式磨机☆centrifugal ring-ball mill
滚球支座☆ball-frame carriage
滚球轴承粉磨机☆ball-baring pulverizer
滚圈☆riding ring
滚射法喷浆机☆mortar injecting machine
滚升砾☆rolled-up pebble
滚石☆creeping rubble；float；rolling stone
滚石防棚工程☆rock shed
滚水坝☆spillweir{overflow;weir;overfall} dam；an(n)icut[印]
滚丝机☆thread{screw} rolling machine
滚碎机☆rollcrusher
滚条☆binding
滚桶☆barrel；tumbler
滚桶试验☆tumbling-barrel experiment
滚筒☆drum；reel；bowl；roll(er)；rotor；cylinder；revolving barrel；tumbler；tumbling box；revolver；trommel；spooler[卷绳]；hoisting drum[提升]
滚筒凹板间隙☆cylinder-concave clearance
滚筒表面☆winding face
滚筒表面导幅☆horn
滚筒采煤机调头割煤☆filt
滚筒缠绳总长度☆rope capacity
滚筒掣子☆roller pawl
滚筒的绳槽[提升机]☆drum rope grooves
滚筒法[测定煤焦等的脆性]☆drum drawing process；Schuller process；tumbler method
滚筒胶带式过滤机☆rotobelt filter
滚筒径-绳径比☆drum to rope ratio
滚筒摩擦阻力☆pulley friction
滚筒磨损试验损失☆rattler loss(es)
滚筒皮带式过滤机☆rotobelt filter
滚筒清理☆rumbling
滚筒清洗矿石机☆rotocleaner
滚筒容绳量☆capacity of drum
滚筒砂磨机☆drum sander
滚筒筛☆trommel (screen)；shaft{drum;revolving;roller;rotary;trunion} screen；bolting reel；cylindrical{round;separating;screening;sectionalized} trommel；riddle{separating;screening} drum；screening-drum；revolving drum screen；trommelling
滚筒筛选☆trom(m)elling；tromelling
滚筒式固定磁铁磁选机☆stationary-magnet drum separator
滚筒式联合装载{采煤}机☆shearer loader
滚筒式连续混砂机☆rotary muller
滚筒式磨矿机☆tumbling mill
滚筒式逆流洗矿机[即叶片式洗矿筒]☆drum-type counter-flow scrubber
滚筒式砂光机☆drum sander
滚筒式图像记录器☆drum image recorder
滚筒式卸载机☆rotary-drum unloader
滚筒体☆drum spool
滚筒洗矿☆trommelling
滚筒型除尘器☆drum-type deduster
滚筒轴装置☆drum shaft assembly
滚涂☆roller coating
滚铣☆hob(bing)
滚铣刀☆hobber；hob
(齿轮的)滚铣法☆generating
滚削齿☆gear hobbing
滚形机☆roll forming machine
滚雪球似地迅速增长☆snowball
滚压边缘修饰☆edging
滚压成形☆roll(er) forming
滚压齿☆gear rolling
滚压传感器☆hydraulic pressure transducer
滚压刀刃☆rolled edge
滚压的变斑晶☆rolled porphyroblast
滚压顶柱☆roof jack
滚压机☆roller mill
滚压螺纹☆upset thread
滚研磨☆edge-runner mill
滚圆槽☆roller cell
滚圆的☆well-rounded；rounded；rolled
滚圆形产品[磨碎]☆rounded product
滚轧厂☆mill
滚轧机☆rolling mill；reeling machine
滚针轴承☆needle (roller) bearing；roller bearing
滚轴☆truck；roller
滚轴筛☆live-roll{revolving;roller-type;rotating;spool} grizzly；roll screen
滚轴式折叠运输机☆accordian roller conveyor
滚轴型棒条筛☆live-roll grizzly
滚珠☆(bearing) ball
滚珠环止推轴承☆ball collar thrust bearing
滚珠支座☆ball-frame carriage
滚珠轴承内筒不转的岩芯管[单动双层岩芯管]☆ball bearing core barrel
滚珠轴承式磨机☆ball-bearing mill
滚柱☆roller
滚柱泵☆cam pump
滚柱齿轨☆roll track
滚柱-滚珠-滑动(轴承)☆roller-ball-friction；RBF
滚柱链☆rotary{roller} chain
滚柱式单向超越离合器☆roller clutch
滚柱型钻头☆roller type cutter
滚柱涨管器[套管整圆用]☆roller swage
滚柱轴承☆roller{cylindrical;pin} bearing；rb
滚柱轴承钻头☆roller bearing bit
滚爪式碎石机☆roll jaw crusher
滚转☆tumbling
滚转度☆rollability
滚子☆bowl；sheave；roller
滚子隔离圈☆roller cage{holder}
滚子烘炉☆roller oven
滚子式扩眼器切削齿☆rolling reamer cutter
滚子式砂轮修整器☆rotary dresser
滚子支撑式升运器☆rollgang elevator

gùn

棍☆stick；staff；wand；stave
棍棒几丁虫属[O_2-S_1]☆Clavachitina
棍棒介属[O_1]☆Ogmoopsis
棍棒石☆cordylite
棍棒状(的)☆clavate
棍笔石属[O]☆Corynites
棍虫属[孔虫;K-O]☆Virgulina
棍海绵属[T-K]☆Corynella
棍几丁虫属[D_{1-2}]☆Cladochitina
棍苔藓虫属[O-P]☆Ropalonaria
棍牙形石属[D_3]☆Clavulodus
棍柱骨针[绵]☆rhopalostyle
棍状☆rod
棍子☆rung

guō

锅☆ladle；bosh
锅底☆pot bottom
锅底形[顶板]☆horseback
锅底状底板[煤的]☆saddle
锅盖☆manhead
锅钩☆trammel
锅垢☆furring；fur；boiler scale
锅垢层☆scale crust
锅垢产生水☆scale-producing water
锅垢清除棒☆scaling bar
锅几丁虫属[O_1]☆Ollachitina
锅炉安全塞合金☆boiler plug alloy
锅炉爆炸☆boiler explosion；bursting of boilers
锅炉车☆truck with boiler
锅炉车间☆boiler-plant
锅炉底部排污☆blowdown
锅炉点火☆start a boiler；raise steam
锅炉隔热套层☆boiler lagging
锅炉管安全端☆safe end
锅炉灰坑的衬泥边缘☆mud run
锅炉级无烟煤☆stove coal
锅炉给水☆boiler feed (water)；feed water；bfw；BF
锅炉结垢☆gyp
锅炉聚泥锅☆boiler mud drum
锅炉聚汽室☆dome of boiler
锅炉壳板☆boiler shell plate
锅炉炉管☆generator tube
(蒸汽)锅炉炉身温度☆stack temperature
锅炉炉膛☆duck's nest；boiler furnace
锅炉马力☆boiler horsepower；boiler horse power；bhp
锅炉煤☆steam(-size) coal
锅炉燃油系统☆boiler fuel oil system
锅炉熔渣☆engine cinder
锅炉室☆stokehold
锅炉水泵☆donkey pump{engine}
锅炉停炉腐蚀☆stand still corrosion
锅炉外伸曲管☆pigtail
锅炉性能☆performance of boiler
锅炉压力☆boiler pressure；BP
锅炉用水☆boiler water；B/W
锅炉用无烟煤☆stove coal
锅炉蒸气☆manufactured steam
锅炉正常水位距地面的高度☆waterline
锅炉砖座{砌}☆boiler brickwork
锅式炉☆pot furnace
锅水垢☆fur
锅塌刺嫩芽☆baked shoots
锅形断层☆kettle fault
锅形石块☆tortoise；kettle bottom
锅形陷坑☆cauldron
锅形穴☆churn hole；evorsion hollow；pothole
锅形岩块☆hoseback
锅形页岩块☆kettle bottom
锅穴☆kettle (hole)；pothole；giant's kettle{cauldron}；baum pot[煤层顶底板中]
锅状凹地☆kettle
锅状冰川☆caldron glacier
锅状断层☆pit{kettle} fault
锅状火山☆Maar
锅状塌陷☆cauldron (subsidence)
锅状洼地`带{|组合}☆kettle chain{|complex}
郭维特想法☆Govett's idea

guó

国产品☆domestic{national;home-made} products
国产设备☆home{Chinese-made} equipment
国定子午线☆national meridian
国会☆congress；parliament
国会年报[美]☆Annual Report to Congress；ARC
国籍☆nationality；nat
国际埃☆international angstrom；I.A.
国际标样{准}☆international standard
国际标准化组织☆International Standardization

Organization；ISO
国际参考地磁场☆International Geomagnetic Reference Field；IGRF
国际单位☆international unit；IU；I.U.
国际的☆international；int；internat
国际地层划分小组委员会☆International Subcommission on Stratigraphic Classification；ISSC
国际地质科学联合会[国际地科联]☆International Union of Geological Sciences；IUGS
国际电码信号[讯]☆international code signal
国际海洋钻探计划☆International Program of Ocean Drilling；IPOD
国际航空测量中心☆ITC；International Training Centre for Aerial Survey
国际化和全球化☆internationalization and globalization
国际货币基金组织☆International Monetary Fund；IMF
国际极年☆International Polar Year；IPY
国际计量单位制☆international system of units
国际科技常数手册☆international critical tables；ICT
国际矿物学协会☆International Mineralogical Association；IMA
国际煤岩委员会☆International Committee for Coal Petrology
国际米原尺☆international prototmeter
国际名词信息中心☆Infoterm；International Information Center for Terminology
国际能源机构☆International Energy Agency；IEA
国际泥炭协会☆International Peat Society；IPS
国家☆state；nation；country；St
国家安全局☆NSA；National Security Agency
国家大地测网☆national geodetic network
国家计量局☆National Bureau of Metrology；NBM
国家科学基金会[美]☆National Science Foundation
国家矿产局☆state mining bureau；S.M.B.
国家配产表☆national prorationing schedule
国家石油储备[为防务需要,不允许开采的油藏]☆national petroleum reserve
国家收支决算☆final account of state revenue and expenditure
国家水准点☆government benchmark
国家主义☆nationalism
国家资源局☆National Resources Board；NRB
国家资助的☆state-supported
国家坐标系统☆state coordinate system
国界☆border
国境税☆border tax
国库☆treasury；coffer
国立布鲁克哈文实验室[美]☆Brookhaven National
国领虫属[三叶;$Є_3$]☆Kokuria
国民☆citizen；national(ity)；nation
国民产出净额☆NNP；net national product
国民生产净值☆net national product；NNP
国民收入平减指数☆GDP deflator
国民支出总额☆gross national expenditures；GNE
国内的☆interior；inland；intestine；domestic；internal；onshore；on shore
国内供应☆domestic supply
国内航行☆cabotage
国内价格申报☆home value declaration
国土☆land；soil
国土资源局☆Bureau of Land and Resources
国外采购☆offshore purchases
国外同业存放我方账户☆vostro account
国外文献☆foreign literature
国王☆king
国营{有}的☆state-run；national；state-owned
国有化☆nationalization

guǒ

果孢子☆carpospore
果被[植]☆pericarp
果断☆promptitude
果沟藻属[K]☆Carpodinium
果胶☆pectin
果胶的☆pectic
果壳粉[堵漏材料]☆walnut shells
果鳞☆ovuliferous scale；cone-scale
果泥☆puree；fruit paste{pulp}
果皮☆peridium
果然☆sure enough
果仁盘石[钙超;K_2]☆Rhagodiscus
果实☆fruit；fruitage；fructus[拉]；Juglans
果实(分类)学☆carpology
果穗杉属[T_3]☆Stachyotaxus
果糖☆fructose；levulose
果特勒旋流☆Gortler vortices
果心☆core
果园☆garden
果子剥离机☆macerator；macerater
裹☆envelop；wrap；wind
裹柄[植]☆suspensor
裹层☆coating
裹好☆parcel

guò

过☆hyper-；ultra-；preter-；per-；over-
过摆☆overswing
过斑晶岩[C.I.P.W]☆Persemic rock
过半数☆majority
过磅员☆weigher；weighman；weighmaster
过保护☆overprotection
过饱和☆oversaturation；supersaturation；super saturation；overweight[钻头上金刚石]
过饱和的☆oversaturated；supersaturated；silicic
过饱和度☆degree of supersaturation；supersaturation
过饱和水☆water of supersaturation{dilation}
过饱和岩☆oversaturated rock；silicic
过爆破☆backbreak；overbreaking
过苯甲酸叔丁酯☆t-butyl perbenzoate
过玻璃岩[C.I.P.W]☆perhyaline rock
过玻璃质☆perhyaline
过补偿☆over-compensation
过采☆overgetting；overmining
过长☆overlength
过长球形☆Perprolate
过长石(质)岩[C.I.P.W]☆perfelic rock
过长英(质)岩[C.I.P.W]☆perfelsic rock
过陈化☆overag(e)ing
过称河☆overfit stream
过成熟☆post-mature
过成熟气☆overmature gas
过程☆course；procedure；process(es)；history；split process；current；run[一段]
S 过程☆slow process；S-process
过程部分☆procedure division
过程分段流程图☆block flowsheet
过程模型☆process-model
过程曲线☆development curve
过程体☆procedure body
过秤☆weigh(ing)；weigh on the steelyard
过冲(击)☆overshoot(ing)
过冲带[地震记录]☆burstout
过充电☆surcharge；excess charge
过重叠☆lap over
过出油管泵送采油工具☆through-flowline pump-down production tool
过出油管修井能力☆TFL workover capability
过出油管用的泵☆Throngh-flow-line{TFL} pump
过处理☆overtreatment
过吹☆overblown；overblowing
过粗装药☆large butt
过大尺寸钻孔☆oversize(d) hole
过大坡度☆excessive grade{gradient}
过当量溶液☆supernormal solution
过道☆passage(way)；aisle；corridor；gangplank {gangboard} [上甲板两侧]
过低估计☆underestimation
过低熔的☆hypereutectic
过碘酸钠(晶)组[3 晶组]☆sodium periodate type
过碘酸盐☆periodate
过电流☆excess current；overcurrent
过电压☆overvoltage；superpotential；overpotential
过电压摄测仪☆klydonograph
过电压吸收器☆surge absorber
过顶的☆overhead
过顶流量☆crest discharge
过冬☆winter
过冬(防冻)试验☆winterization test
过陡谷☆oversteepened valley
过陡作用☆oversteepening
过度☆excess；overage；over-；ex.
过度补偿☆overcompensate
过度捕捞☆overfishing
过度操纵☆oversteer
过度操纵防止器☆bungee
过度成熟(现象)☆postmaturity
过度充电☆s/c；surcharge；oyerload
过度抽取☆overdraught；overdraft
过度抽水☆over(-)extraction；overpumping
过度储{贮}备☆overstock
过度淬火☆overquenching
过度打气☆overinflation
过度的☆intolerance；exorbitant；excessive；undue；superlative
过度断裂☆overbreak
过度发展☆overdevelopment
过度放牧☆overgrazing
过度辐照☆overirradiation
过度负担☆overburden
过度富集☆super-concentration
过度耕种☆overcultivation
过度估价☆overestimate
过度固结☆overconsolidation
过度还原☆overreduction
过度回火☆overtempering；hot shot；overheating
过度混合{搅拌}☆overmixing
过度给料☆overfeed
过度进化☆hypertely
过度开采☆over(-)exploitation
过度开发☆overexploitation；over(-enthusiastic) development
过度开拓☆over-development
过度刻划☆overcutting
过度控制☆over-control
过度冷却☆sub-cooling
过度利用土壤☆ultisol
过度裂化☆overcracking
过度硫{硬}化☆overvulcanization
过度密集农业☆overintensive agriculture
过度拟合☆overfit
过度碾压☆over-rolling
过度喷涂☆overspray
过度膨胀☆hyperinflation；overexpansion
过度破碎☆overbreakage；over(-)crushing
过度燃烧☆overfiring；over firing
过度熔炼☆overmelt
过度润湿{湿润}☆overwetting
过度伸长☆over stretch
过度生长☆overgrowth；hypertrophy
过度施肥☆overfertilization
过度适合☆overfi
过度收敛{幅合}☆overconvergence
过度受辐射☆overexposure
过度酸性☆superacidity
过度碎磨的☆overground
过度条件下检验☆exaggerated test
过度通风☆overdraught；overdraft
过度涂层☆gradated coating
过度推进[凿岩机]☆overfeed
过度弯曲☆over-bending；overbend
过度显影☆over development
过度压实☆over-compaction
过度压缩☆supercompression；overdraught；overdraft
过度研磨{磨细}☆overgrind(ing)
过度应变☆overstrain
过度应力☆overstress
过度拥挤☆overcrowding
过度中和☆overneutralization
过度钻进☆overdrilling
过渡☆transit(ion)；interim；transient；tr
(微电子学中的)过渡(层)☆buffer
过渡玻璃☆intermediate glass
过渡层☆carrier{transition;passage} bed；intermediate {transitional;transition} layer；interlocking；cambic horizon；bed of passage
过渡场法☆transitional field method
过渡带☆transition zone{belt}；belt{zone} of transition；intermediate{transitional} belt；transition cone[冰碛与冰水沉积之间的]
过渡的☆transient；intermediate；transitional；trans；transitive
过渡地壳盆地☆intermediate-crust basin
过渡地形☆intermediate landform；mesorelief
过渡段供给半径☆transient drainage radius
过渡干扰☆transient disturbance
过渡辊台☆lift-up rollers；tray rolls
过渡后跟元素☆posttransition element
过渡寄主☆bridge host

G

过渡阶段(形成的)气☆transition gas
过渡金属交联剂☆transition metal crosslinker
过渡流☆laminar-turbulent transition；transition(al) flow
过渡流量[换向时阀口间的流量]☆interflow
过渡流态区域☆transitional flow region
过渡频率☆crossover{transition} frequency
过渡期☆transition
过渡期尾甲[三叶]☆transitory pygidium
过渡区☆transitional{transition} area；transition zone；intervening{transition} region；zone of transition
过渡曲线☆easement{transition;transient; connecting} curve
过渡式土☆transitional soil
过渡酸性☆superacidity
过渡特性的上冲[峰突]☆overswing
过渡土壤☆intermediate soil
过渡系[原始岩 Primitive 与成层岩 Floetz 之间]☆Transition
过渡型☆gradational{intermediate;transition} type
过渡型层系{建造}☆transition formation
过渡型花岗岩质岩浆活动☆intermediate granitic magmatism
过渡型尖顶背斜☆transition tip-line anticline；transitional tip-line anticlines
过渡形式☆intergradation；transitional form
过渡形象{影像}☆intermediate image
过渡性(土壤)☆intergrade
过渡性的☆interim
过渡油☆bridging oil
过渡元素☆transition(al){intermediate} element
过渡种☆intergrading species
过渡状态学说☆transition state theory
过端量规☆go-ga(u)ge
过断层[掘进或回采工作面]☆fault piercing
过钝化{态}☆transpassivity
过多☆redundancy；superabundance；nimiety；plethora；overplus；overabundance
过多崩落[超过预定边界]☆overbreaking
过多的☆excessive；overmuch
过多的库存器材☆inflated stock
过多放出{矿}[矿房放矿]☆overdrawing
过多基质的☆perpatic
过多客晶的☆perxenic
过多起泡[浮]☆overfrothing
过多需求☆overfull demand
过多主晶的☆peroikic
过多装药爆炸☆overshoot(ing)
过放电☆overdischarge
过分☆in excess of；supra-；super-
过分处治☆over cure
过分的☆excessive；undue；super
过分放大☆overamplification
过分干旱☆overdraught；overdraft
过分简化☆oversimplification
过分精细☆metaphysics
过分开采☆overexploitation
过分开发的☆overdeveloped
过分膨胀☆overinflation
过分起泡☆overfrothing
过分生长☆mantle
过分投资学说☆overinvestment theory
过分洗井☆overflush
过分消耗☆luxury consumption
过分拥挤☆overcrowding
过丰富元素☆superabundant element
过辐射☆overswing；overshoot(ing)
过覆☆overstep
过负荷☆overcharge；overload(ing)；supercharge loading；superincumbent load
过负荷的☆overladen
过负载正向电流☆overload forward current
过高电荷☆excess charge
过高(的)估计☆overestimation
过高热的☆Hyperthermal
过共晶(的)☆hypereutectic
过共析☆hypereutectoid
过固结黏土☆overconsolidated clay
过固相线☆super-solidus
过硅铝岩[C.I.P.W]☆persalane rock
过硅铝质☆persalic；persalane
过硅(酸)质的[SiO_2>60%]☆persilicic
过硅质岩☆persiliceous{persilicic} rock
过海管路☆seagoing pipeline
过焊☆overwelding
过河管子☆river pipe
过河航道☆crossing
过荷传感{指示}器☆accelerometer
过厚的☆over-thickened
过户(凭单)☆transfer
过户通知☆notice of transfer
过辉橄质☆perpolic
过(度)混合☆excessive mixing
过火的☆hard-burnt
过火地表演☆hamming
过基质岩[C.I.P.W]☆perpatic rock
过激励☆superexcitation；overexcitation
过钾质霞石☆perpotassic nepheline
过碱性☆peralkaline
过碱性残余体系☆peralkaline residua system
过碱性的☆peralkalic
过碱性度☆peralkalinity
过碱性岩☆peralkaline (rock)
过街天桥☆overbridge
过结晶作用☆percrystallization
过进化☆hypertely
过近地点时间☆perigee passage time
过近点期☆time of perihelion passage
过晶岩[C.I.P.W]☆percrystalline rock
过境自由☆freedom of transit
过聚束☆overbunching
过卷(扬)☆overwind；overriding；overrunning；overtravel；overtravel；pulleying
过卷断路器[提升]☆over-wind circuit-breaker
过卷防止器[提升机]☆overwinder
过卷解绳☆overwind detacher
过卷曲轴☆catcher
过卷脱绳钩☆detaching{knock-off;safety} hook；safety{king} detaching hook
过卷抓爪☆headgear safety catches；over-wind catches
过客晶岩☆perxenic rock
过扣[旋螺纹过头]☆overturn the thread
过拉伸☆overstretching
(使)过劳☆tax；overwork
过老的(化)☆overage；overag(e)ing
过冷(却)☆overcooling；su(pe)rfusion；subcool；undercooling
过冷(现象)☆supercooling
过冷淬火☆overquenching
过冷的☆supercooled；subcooled
过冷度☆degree of supercooling{undercooling}
过冷断过冷却☆undercooling
过冷却器☆subcooler
过冷石墨☆undercooled{supercooled} graphite
过冷水☆extremely cold water；supercooled{subcooled} water
过冷水冰滴☆droxtal
过冷现象☆undercooling；surfusion；supercooling
过冷云☆supercooled cloud
过励磁☆overexcitation
过梁☆lintel；bridge；cross piece；bressummer
过量☆excess(ive)；overbalance；over-；ex.
过量播撒☆overseeding
过量充电☆overcharge；over charge；overcharging
过量抽取☆overdraft；overextraction
过量抽水☆overdraft；over(-)pumping；overdraught
过量的树脂☆excess plastic material
过量电流☆overcurrent
过量放大☆overamplification
过量负荷☆overriding
过量估计☆overestimation
过量给料☆overfeeding
过量开采☆overextraction
过量率☆overrate
过量偏移☆overmigrate
过量生产☆overproduction
过量剩余☆overmeasure
过量通风☆overventilation
过量下蚀作用☆overdeepening
过量卸料☆overdischarge；over discharge
过量需求☆overfull demand
(用)过量氧焰烧除生铁表面石墨[焊]☆searing
过量优化☆overoptimization
过量增压☆overpressurization
过量注入☆overprime；overinjection
过量装填☆overfill
过量装填炮泥☆overtamping
过量装药☆overcharge；su(pe)rcharge；overload；overcharging
过量装药爆破☆overcharging
过磷酸钙☆(calcium;lime) superphosphate；acid phosphate
过磷酸盐☆superphosphate
过零☆crossover；zero crossing
过零编码☆cross-axis-code
过零晃动☆cross over walking
过硫酸铵{|钾}☆ammonium{|potassium} persulfate
过硫酸盐☆persulfate；persulphate
过流面积☆open area
过流自动断流器☆maximum cutout
过路人☆passer
过路水☆through-water
过铝质的☆peraluminous；peralumious
过铝质岩☆peraluminous rock
过氯酸☆perchloric acid
过氯酸盐炸药☆perchlorate explosives
过氯乙烯树脂☆chlorinated polyvinyl chloride resin
过滤☆filter(ing)；filtration；colation；filtrate；seepage；strain(ing)；displacement；screenage
过滤板支撑汗☆plate support bar
过滤并经酸化处理的水样☆filtered and acidified sample；FA sample
过滤采样☆sampling by filtration
过滤槽排水孔☆filter tank drain place
过滤层设计☆filter design
过滤产品☆filtered product
过滤电位{势}☆electrofiltration potential
过滤风速☆superficial air velocity
过滤工程☆percolating work
过滤罐☆hay{filtering} tank
过滤和贵族化☆filtering and gentrification
过滤机的筒箍和检漏器☆filter drum bailer and leak detector
过滤机阀门组件☆filter valve assembly
过滤机非驱动端轴承☆filter non drive bearing
过滤机剖面☆section of Agidisc filter
过滤机驱动齿轮、涡轮和外壳☆filter drive gear worm and housing
过滤机驱动支撑平台☆filter drive support platform
过滤机圆盘直径☆filter disk diameter
过滤介质☆filter(ing) medium；filter media
过滤介质支架☆cover{decking} support
过滤壳筒☆filter thimble
过滤空气面具☆filtered air helmet
过滤面面积☆filtering surface area
过滤膜☆filtering membrane；membrane filter
过滤母液☆filtrated stock
过滤浓缩机{槽}☆filter thickener
过滤器☆filter (strainer;cell;screen)；filtering unit；rose head；strainer；filtrator；displacer；cleaner；screen；well point
过滤器盖☆strainer cover
过滤器箱☆filter box
过滤器组☆filter bank
过滤区☆filtrating area
过滤式分离器☆filter separator
过滤水储水池☆filtered-water reservoir
过滤套管☆slotted casing
过滤筒☆filter basket；cartridge filter
过滤网☆filter screen；strainer；screener
过滤位场☆electrofiltration potential field
过滤物焚烧法☆burning of filter
过滤细度☆filtering fineness；degree of filtration
过滤系数☆transmissivity
过滤限装置☆filter restrictor
过滤性☆filt(e)rability；filterableness
过滤仪☆filtrator
过滤用硅藻土☆filter aid
过滤用无烟煤☆anthrafilt
过滤元件寿命☆filter element longevity
过滤圆筒管☆filter drum pipe
过滤(用)烛管☆filter candle
过满☆overfill
过镁铁岩[C.I.P.W]☆permafic rock
过镁铁质☆permafic；perfemic
过密[人口]☆over crowding
过敏(性)☆irritability
过敏的☆supersens
过敏反应☆anaphylactic reaction

过敏性中毒☆anaphylatoxin
过敏症☆allergy
过磨☆overgrind
过磨损钎头☆over-run bit
过能河☆overfit river
过凝固(现象)☆supersolidification
过扭转堇青石☆perdistortional cordierite
过抛掷作用☆ballistic effect
过硼酸盐☆perborate
过偏晶☆hypermonotectic
过频率☆overfrequency
过平衡☆overbalance
过(度)曝(光)☆overexposure
过期☆out of date
过期的☆back；overdue
过期期刊☆back numbers
过期水泥☆aged cement
(使)过期限而失效☆prescribe
过强信号状态☆hard-over condition
过氢化物☆perhydride
过去☆flow by；past；bygone；in the past；elapse
过去成本☆historical cost
过去和现在的分布☆past and present distribution
过去全球变化☆past global change
过热☆over{excessive} heat；superheat(ing)；overheat；excessive heating；hot shot；bakingout；overheating；overfiring；overtemperature
过热度☆degree of superheat
过热(蒸汽)降温器☆desuperheater
过热解除☆desuperheating
过热器☆superheater；suphtr；overheater
(蒸汽)过热器的盘管☆superheater coil
过热熵☆entropy of superheating
过热水团☆blob of superheated water
过热态喷汽孔☆superheated fumarole
过热信号☆overtemperature signal；heat{temperature} alarm
过热蒸汽{气}☆superheated steam{vapor}；steam-gas
过热蒸汽法氧化☆barffing
过热蒸气管系☆superheated steam piping
过熔☆super fusion；superfusion
过熔(作用)[岩石遇高温流体熔融的作用]☆transfusion
过溶度☆supersolubility
过筛☆sieving；colation；sift
过筛产品☆graded product
过筛的☆sized；screened
过筛废料☆screened refuse
过筛块煤☆grate coal
过筛砂☆sifted{graded;screened} sand
过筛碎石☆hoggin
过筛型砂☆riddled sand
过筛因子☆screen factor
过山管线☆transmountain line
过山蕨属[Q]☆Camptosorus
过山强风☆moazagotl wind
过烧☆overburn(ed)；over burning；over(-)firing；overroasting；burning[热处理]
过烧砂☆burned sand
过烧石膏☆burnt gypsum
过烧石灰☆overburnt{over-burned} lime
过烧熟料☆over-burned clinker
过深炮眼☆dead hole
过甚的☆excessive
过渗碳钢☆perished steel
过生长☆overgrowth
过剩☆excess；redundancy；surplus；overplus；plethora；superfluity；overflow；overabundance；nimiety；ex.
过剩变形☆redundant deformation
过剩人口的☆overspill
过剩水压☆excess water pressure；hydrostatic excess pressure
过剩型导电[N 型导电]☆excess conduction
过剩压力☆extra{excess} pressure；overpressure
过剩油品☆overaged product
过剩元素☆superfluous{superabundant} element
过失☆negligence；mistake
过失放炮[煤]☆premature ignition
过失误差☆gross error
过湿地☆overwet land
过湿喷射混凝土☆over-wet shotcrete
过湿气候☆perhumid climate
过石英(英)岩[C.I.P.W]☆perquaric rock
过时☆rustiness
过时的☆obsolete；bygone；desuete；out {-}of {-}date；overdue；outworn；outdated
过时效☆overageing；overaging
过蚀谷☆overdeepened valley
过适河☆overfit stream
(管道)过水☆water crossing
过水地面☆overflow area
过水断面☆water-carrying section；wettability cross section
过水断面面积☆discharge section area；wettability wetted area
过水公路☆watersplash
过水合物☆perhydrate
过水孔道半径☆pore entry radium
过水(横断)面积☆area of wetted cross-section
过水系数☆coefficient of transmissibility
过水(断面)形状☆hydraulic shape
过似长石质的☆perlenic
过速停车装置☆overspeed shut-off
过酸☆peracid
过酸化的☆superacidulated
过酸洗[板、带材等]☆over-pickling
过酸性☆peracidity
过酸性岩☆peracidite
过碎☆overbreak(age)；degradation；overcrushing
过碳酸盐☆percarbonate
过调☆over travel{modulation}；overcorrection
过调节☆overswing；overshoot(ing)
过调谐点☆over-tuned points
过调制☆overmodulation；overcutting
过铁保护装置☆tramp iron spring safety device
过铁矿质☆permitic
过铁镁岩[C.I.P.W]☆perfemane rock
过铁镁质☆perfemic；perfemane
过铁释放总成☆tramp release assembly
过头钻进[岩芯管装满岩芯后]☆over drilling
过腿柱完井☆through-the-leg completion
过腿柱钻井的平台☆drill-through-the-leg platform
过弯曲区[管子离开铺管船托管架的管段]☆overbend region
过稳船☆stiff vessel
过稳定的☆metastable
过稀可燃混合气☆weakest mixture
过膝长筒靴☆jack-boots
过细的☆meticulous
过下刻(作用)☆overdeepening
过咸水☆supersaline water
过限爆破((台阶)后冲破坏)☆overbreak
过限块粒☆oversize piece
过型发生{形成}☆peramorphosis
过型形成梯变☆peramorphocline
过选矿石☆sorted ore
过压☆overpressure；overtension；overdrive；excess voltage{pressure}；overvoltage；o.v.
过(电)压☆overvoltage
过压保险旁通管☆excess-pressure relief by-pass
过压的☆over-pressured
过压固结的土壤沉积☆overconsolidated soil deposit
过压射孔☆overbalance perforating
过压实☆overcompaction
过压水☆overpressured water
过压缩☆overdraft；overdraught
过压状态☆over-voltage condition
过岩浆的☆pliomagmatic
过堰流量☆weir flow
过氧☆peroxygen；peroxy-
过氧二苯甲酰☆benzoyl peroxide
过氧化☆overoxidation
过氧化钡☆barium dioxide
过氧化二异丙苯☆dicumy peroxide
过氧化钠☆sodium peroxide
过氧化铅☆lithanode
过氧化氢☆hydrogen peroxide{dioxide}；hydroperoxide
过氧化物☆peroxid(at)e；superoxide；hyperoxide
过氧物酶☆hydrogen peroxidase
过夜晾干☆overnight dried
过夜时效☆age overnight
过盈☆interference
过盈量☆wring；W.
过盈配合☆stationary fit
过硬的☆superhard
过应变☆overstrain
过(度)应变状态☆overstrained condition
过应力☆overstress(ing)；supertension
过油管井径仪☆thru-tubing{through-tubing} caliper
过油管砾石挤压充填☆through-tubing squeeze gravel packing
过油管桥塞探测仪☆through-tubing bridge plug tool
过于安全的设计☆over-designed
过于简化☆oversimplify
过于强调☆overstress
过于热(衷的)☆overburn
过于详细论述☆labor
过载☆overburdening；overload(ing)；overcharge；surcharge；supercharge (loading)；over-carry；force；transship；superimposed loading；excess charge；override；overdrive；lugging[引擎]；OL；s/c
过载保护(装置)☆overload{surge} protection
过载的☆overladen
过载电流☆overcurrent
过载断路器☆overload circuit breaker；OCB
过载阀☆yield valve
过载反应☆acceleration response
过载荷传感{指示}器☆accelerometer
过载警报机构☆overload-alarm mechanism
过载开关☆over-load switch
过载失真[电话发射机调制系统的]☆blasting
过载系数☆factor of over capacity；overload factor
过载信号机构☆overload-alarm mechanism
过载压力☆overburden pressure
过早☆beforehand；premature；rash
过早出现砂桥☆premature bridge
过早点燃☆backfire
过早发生的事物☆premature
(使橡胶)过早硫化☆scorch
过早起爆☆predetonation；premature burning
过早损坏☆early failure
过早提钻[为交换钻头]☆pull it green
过蒸汽化☆pervaporation
过整流☆overcommutation
过中窗型[茎孔;腕]☆permesothyrid
过中孔型☆permesothgrid
过重☆overweight；overbalance；overburden
过重介质☆over-dense medium
过重料☆over burdening
过重装载☆supercharge
过主晶岩[C.I.P.W]☆peroikic rock
过装药☆excess charge
过准区☆pleion
过阻尼型☆overdamped version

G

H

hā

哈埃卓克斯爆破筒☆hydrox
哈巴型瓦斯警报器☆Haber firedamp whistle
哈比丝卡丝红[石]☆Habiscuss
哈别加圆形硬岩隧道开巷机☆Habegger circular-type hard-rock tunneling machine
哈勃定律☆Hubble's law
哈布尘{沙}暴☆haboob；habub
哈茨(型活塞)跳汰机☆Harz jig
哈德格鲁夫机法[试验煤炭可磨性]☆Hardgrove-Machine method
哈德格鲁夫可磨性指数☆Hardgrove grindability index{number}
哈德利室☆the Hadley cell
哈德瑞纪[元古代;Pt]☆Hadrynian (Period)
哈德塞尔型自磨机☆Hadesl mill
哈迪克斯型凿岩机☆Hardiax machine
哈迪-皮克型平巷掘凿机☆Hardy-Pick drifting machine
哈迪-史密斯圆形动筛跳汰机☆Hardy-Smith circular buddle jig
哈丁奇型水平转盘给料机☆Hardinge disk feeder
哈丁式超级浓缩机☆Hardinge superthickener
哈丁式{奇}超细分级机☆Hardinge superfine classifier
哈丁式{型}环状分级机☆Hardinge loop classifier
哈丁(奇)型(圆锥)球磨机☆Hardinge (conical) mill
哈丁型水力分级机☆Hardinge hydro classifier
哈丁牙形石属[O_2]☆Haddingodus
哈顿说☆Huttonian theory
哈盾目[昆]☆Hadentomoidea
哈尔滨介属[K_1]☆Harbinia
哈尔纳格阶[O_3]☆Harnagian
哈尔效应☆Hall effect
哈佛小型击实试验☆Harvard miniature compaction test
哈夫型静电分选机☆Huff separator
哈格杜恩法[地震折射解释法]☆Hagedoorn method
哈格斯特兰德模型☆Hagerstrand's model
哈汞硫矿☆haringtonite
哈管☆hytron
哈硅钙石[Ca_3SiO_5]☆hatrurite
哈金定律☆Harkin's law
哈科巴连续膨化变形法☆Hacoba bulking system
哈壳式挖泥斗☆clamshell bucket
哈克艾贝科☆Harkneselidae
哈克切面☆Harker section
哈克石英☆hacked quartz
哈莱奇阶☆Harlechian
哈莱斯法[一种图解折射解释方法]☆Hales method
哈勒尔型粉碎机☆Harrel pulverizer
哈雷彗星☆Halley's Comet
哈里波顿管线[固井用耐高压管]☆Halliburton line
哈里蒙特(浮选)管☆Hallimond tube
哈里斯地质产状模型☆Harris' geologic occurrence model
哈里希(阶)[欧;$Є_1$]☆Harlechian{stage}
哈利(阶)[北美;Q]☆Hallian
哈利格隧道掘进护盾☆Hallinger shield
哈利蒙法☆Hallimond method
哈利蒙型单泡(浮选试验)管☆Hallimond tube
哈硫铋铜铅矿[$Pb_2Cu_2Bi_4S_9$;斜方]☆hammarite
哈卤石[$2MgO•4B_2O_3•5H_2O$]☆halurgite
哈洛克拉炸药☆haloklasite
哈马达☆hamada；hammada；rock desert
哈马拉牙形石属[O_{2-3}]☆Hamarodus
哈马型筛☆Hummer screen
哈麦丹风[撒哈拉沙漠]☆harmattan
哈曼(铁矿石直接还原)法☆Harman process
哈米莎介属[C-P]☆Chamishaella
哈密顿函数☆Hamiltonian function
哈密尔顿算子☆Hamilton operator
哈默尔公司[德]☆Hammel
哈默法☆Hammer's method
哈默斯利型铁矿床☆Hamersley-type iron deposit
哈姆族人☆Hamite
哈内耳深度法则☆Haanel depth rule
哈镍碳铁矿☆haxonite
哈帕矿☆haapalaite
哈硼镁石[$Mg_2(B_4O_5(OH)_4)_2•H_2O$;单斜]☆halurgite
哈任公式☆Hazen's formula
哈萨克菊石属[头;C_{1-3}]☆Kazakhoceras
哈萨克斯坦☆Kazakhstan
哈赛布莱德多波段摄影机☆Hasselblad multiband camera
哈士德风暴☆haster
哈氏可磨性指数☆Hardgrove grindability index
哈氏气体重力仪☆Haalck gas gravimeter
哈水压计程仪☆Sal log
哈斯丁斯湾组[北美;$Є_2$]☆Hastings Cove formation
哈斯克尔矩阵☆Haskell matrix
哈斯勒式渗透率仪☆Hassler type permeameter
哈斯塔尔阶[C_1]☆Hastarian
哈斯特合金☆hastelloy
哈斯特矿☆hastite
哈斯牙形石属[C_1]☆Hassognathus
哈特菲尔德型介电分选法☆Hatfield process
哈特福特28型成形机☆Hartford No.28 press-blow machine
哈特莱[信息量单位]☆Hartley
哈特莱式振荡器☆Hartley oscillator
哈特里[原子单位制的能量单位]☆Hartree
哈特曼定则{律}☆Hartmann's law
哈特曼色散网☆Hartmann's (dispersion) net
哈特曼线☆Hartmann('s) lines
哈通多弧扁球{折滴状}储罐☆nodded Horton spheroid
哈通多弧形扁球体(油)罐☆Horton nodded spheroidal tank
哈通葫芦形扁球体(油)罐☆Horton multispheroid
哈脱雷带☆Hartley bands
哈脱重力仪☆Hoyt gravimeter
哈威低碳表面渗碳法☆Harvey process
哈文特型抗吸入式隔膜跳汰机☆Harengt anti-suction jig
哈雾[苏格兰东部的一种海雾]☆haar
哈西陨铁☆ieknite
哈伊型喷雾器☆Hay mist projector
哈泽管桩凿井法☆Haase system
铪☆hafnium；Hf；celtium；Ct
铪锆石[$HfZr(SiO_4)$]☆hafnian zircon
铪精矿☆hafnium concentrate
铪矿床☆hafnium deposit
铪(英)石[$Hf(SiO_4)$;四方]☆hafnon
铪铁锆石☆ho(e)gtveitite；alvite
鉿☆celtium [former name of hafnium]

há

虾蟆螈属{龙螈}[T_2]☆Mastodonsaurus
蛤戽(抓岩机)☆clamshell

hái

还是☆nevertheless；still；yet；or；never the less
骸骨构造☆skeletal structure
骸晶☆skeleton{skeleted;skeletal} crystal
骸晶内的☆intraskeletal
骸晶形貌☆skeletal morphology
骸晶枝体空隙☆dendrite spacing
骸粒☆skeletal grain
骸泥☆faulschlamm；gyttja
骸炭☆bone black
骸土☆skeletal soil
骸形☆skeletal form
骸状包裹体☆skeletal inclusion

hǎi

胲☆hydroxylamine
浬[=1853.248m]☆nautical mile；(admiralty) knot；admiralty mile；nm
海☆sea；ocean；thalassoid[月面]；mare[月球、火星表面;pl.maria]
海岸☆coast；seashore；fringe of sea；seastrand；board；cote；sea bank{front}；seacoast；ripe；seaside；oceanside；seaboard
海岸被淹地☆wash
海岸冰崖☆isblink；iceblink；ice blink
海岸草本沼(泽)☆coastal marsh
海岸侧上升断层☆up-to-coast fault
海岸层☆marginal-marine formation
海岸层序☆maritime sequence
海岸沉积沙带☆linksland
海岸(岩石中的)吹穴☆buller
海岸带上的☆epilittoral zone
海岸的演化☆evolution of shore
海岸堤防☆embankment；dike；dyke；sea defence
海岸地形☆coastal landform{features}；shoreline feature
海岸分带平原☆belted coastal plain
海岸分类☆coastal classification
海岸高程☆elevation of coast
海岸管线☆onshore pipeline
海岸湖☆cove
海岸护坡☆revetment
海岸监视中心☆coastal surveillance center；CSC
海岸进积作用☆coastal progradation
海岸泥☆coastal{coast} mud
海岸棚☆submerged coastal plain；coast shelf
海岸漂泊带☆zone of littoral drift
海岸侵蚀的特点☆features of coastal erosion
海岸沙坝☆barrier
海岸沙脊☆chenier
海岸沙丘☆coast(al){strand} dune；medano
海岸沙洲☆ball
海岸山链☆bank chain
海岸山脉造山作用[J-K或Cz]☆Coast Range orogeny
海岸上超☆coastal onlap
海岸上超下移☆downward shift of coastal onlap
海岸坍陷☆shore subsidence
海岸特征☆coast-feature；coastal features
海岸推进☆progradation of coast
海岸维护[防止浪潮侵蚀]☆defense；coastal defence
海岸无线电站☆coastal radio station
海岸{滨}线☆sea{coast;beach;strand;water;shore} line；coast(-)line；coasting；strand(-)line；marine limit
海岸线负向迁移☆negative shifting of the strand line
海岸线削平作用☆simplification of coast line
海岸效应☆coastal refraction；coastline{land} effect
海岸信号站☆coastal signal station
海岸(变化)旋回☆littoral cycle
海岸学水文数据☆oceanographic hydrological data
海岸崖☆marginal escarpment
海岸岩☆beach rock
海岸岩石[低潮时露出]☆scalp
海岸淤填土☆beach fills
海岸走向☆trend of coast
海拔☆(height) above sea level；elevation；height；altitude；above tide；A.S.L.；ASL；el
海拔高度☆sea level elevation；elevation{altitude;height} above sea level；sea-level elevation；above sea {-}level；absolute altitude；A.S.L.；ASL
海白垩☆sea-chalk
海柏尔怀特-格雷火焰安全灯☆Hepple White-Gray lamp
海百合☆sea lily；encrinite；Camerata；crinoid
海百合柄中部☆mesistele
海百合层☆Crinoid bed
海百合纲{类}[棘;P_2-Q]☆crinoidea
海百合屑灰岩☆criquina
海搬运☆marine transportation
海雹菜☆Brachytrichia
海报☆poster
海豹属[N_1-Q]☆seal；Phoca
海笔纲☆Homostelea；Homotelea
海笔石[海鳃]☆sea pen
海鞭硅鞭毛藻(属)[E_3-Q]☆Halicalyptra
海边☆sea front；oceanside；seaside
海边浪☆edge wave
海边区☆perimarine area
海边沙丘地带☆linksland
海边围垦☆empolder；impolder
海边盐沼{滩}☆marine salina{saliva}
海扁果亚门[棘]☆Homalozoa
海滨☆s(eas)trand；seaboard；fringe of sea；beach；seashore；seaside；(sea) shore；side；praya；coast
海滨冰川☆strandflat glacier
海滨草原☆litorideserta
海滨冲刷{切蚀}☆shore cutting
海滨的☆circumlittoral；seaside
海滨地槽☆paraliageosyncline
海滨堆移物☆shore drift
海滨风景☆beachscape
海滨开采砂矿☆beach {-}combing
海滨矿床☆shoreline deposit
海滨砾石☆seashore{beach} gravel；shingle
海滨林{沼}泽☆marine swamp
海滨泥地☆mud flat；mudflat
海滨平原☆strand plain；strandplain
海滨气候☆littoral climate
海滨区管线☆pipeline shore-approach
海滨群落☆psamathium；agium；litus；psammic

海滨砂矿☆beach placer
海滨上{的}☆ashore; onshore
海滨销售油库☆coastal sales terminal
海滨盐丘群[美墨西哥湾沿岸]☆coastal domes
海滨盐沼{盘}☆marginal salt pan
海滨浴场☆lido
海滨植物☆agad
海冰☆sea ice{snow}; plankton snow
海冰波动[结冰初期,因风、潮侧压作用使冰产生上下运动]☆bending
海冰的漏水裂口☆opening
海冰碎片☆glacon
海冰塔☆ropak
海冰学☆glaciology of the sea
海波[定影剂]☆Hypo
海波干扰压制☆sea clutter suppression
海波可[高导磁与高饱和磁通密度的磁性合金]☆hyperco
海波洛伊[高导磁率的铁镍合金]☆hyperloy
海波摩尔[高导磁串的铁铝合金]☆hypermal
海波尼克[铁镍磁性合金]☆Hypernic; Hypernik
海波施音[一种磁性合金]☆Hiperthin
海波西尔[磁性合金]☆Hypersil
海菜☆furrow
海槽☆(ocean) trough; submarine furrow; trench
海槽轴☆axis of trough
海草☆seagrass; seaweed; kelp
海草灰盐☆kelp salt
海草蜡沥青☆sea wax
海草泥炭☆sea peat
海草球☆lake ball
海草生育地☆seagrass habitat
海草素☆algin
海草沼泽☆marine grass swamp
海产的☆marine
海昌蓝☆hydron blue
海晨☆tunami; tsunami
海成☆marine origin
海成沉积(作用)☆thalassogenic sedimentation
海成的☆marine; marine-built; thalassogenous
海(水生)成的☆halmyrogenic
海成泥炭☆sea peat
海成岩☆neptunic rock
海船☆sea craft
海床☆sea bed{floor}; seabed; floor
海床上的夹紧构件☆off bottom fixture
(管道在)海床上的稳定性☆on-bottom; stability
海床下面的沉积层☆subfloor deposits
海床下水热系统☆subseafloor hydrothermal system
海达斯普(阶)[欧;T_2]☆Hydaspien
海带☆sea-tangle; kelp
海带属[褐藻]☆Laminaria
海胆[棘]☆echinus [pl.echini]; Schizaster; sea urchin; sand dollars; sea chestnut
海胆(亚门)的[棘]☆echinozoan
海胆化石☆fairy stone
海胆类[棘]☆Echinoidea; echinoid
海胆目☆Echinoida
海胆色素☆echinochrome
海胆酮☆echinenone
海岛玄武岩☆oceanic island basalt
海盗飞行计划☆Viking missions
海道☆seaway
海道测量☆nautical surveying
海德堡人☆Homo heidelbergensis; Heidelberg man
海德华效应☆Hedcall effect
海德里耳内平型[钻杆扣型]☆Hydril IF style
海德里耳内外加厚型[钻杆扣型]☆Hydril IEU style
海德罗林炸药[海洋震勘用硝铵基炸药]☆Hydrolin
海德赛尔型自生磨矿机☆Hadsel mill
海德石☆haydite
海得贝格期[下泥盆纪]☆Helderbergian age
海得学说☆Hide's theory
海的☆thalassic; maritime
海的边界☆marine limit
海的深处☆deep
海登棒磨机[细碎用]☆Hayden rod mill
海登贝属[腕;P]☆Haydenella
海堤☆groyne; sea embankment{bank;wall}; seawall; coastal {marine} levee; groin; sea-walls
海迪斯特[海道测量用无线电定位系统]☆hydrodist
海底☆sea bottom{floor;bed}; ground; floor; bottom; seabottom; seabed; bottom of the sea; seafloor benthos{benthon}; Davy Jones's Locker; ocean floor{bed}; marine bed; underseas; subsea
海底暗礁☆beach barrier
海底爆破勘探☆sea-floor exploration by explosives
海底采掘[矿物]☆ocean-mine
海底采矿工作平台☆bottom contact platform
海底采矿{钻井}工作平台☆marine platform
海底采砂船采矿(法)☆sea-bottom dredging
海底采样(法)☆sea(-)floor sampling
海底采油基地☆submarine oil production base
海底采油站☆subsea production station
海底采油装置{设施}☆undersea oil production plant
海底草原{地}☆submarine meadow
海底测试树管缆绞车☆hose reel unit for subsea test tree
海底测站☆OBS; ocean {-}bottom station
海底(采油井口装置)成组更换采油法☆development per module; DPM
海底储油设施☆sea floor storage facility
海底村庄☆village at the bottom of the sea
海底的☆sub(-)marine; thalassogen(et)ic; undersea; benth(on)ic; thalassogenous; sub
海底的钻井井口底盘☆drilling template
海底低地☆bathymetric low
海底地层剖面仪☆sub bottom profiler; bottom profiler; sub-bottom profiling system
海底地层剖面调查☆subbottom profile runs
海底地貌☆submarine geomorphy; sea-bed topography
海底地貌仪☆side-looking sonar
海底地球物理分析与研究☆Geophysical Ocean Floor Analysis and Research; GOFAR
海底地形☆bottom topography{configuration;contour}; sea(-)floor relief; underwater{sea-bottom} topography; submarine features{morphology;relief}
海底地形摄影测量☆submarine topographic photogrammetry
海底地震☆ocean bottom earthquake; submarine earthquake{shock}; earthquake under sea bottom; sea shock; seaquake; subocean{suboceanic} earthquake; baylcable[勘探电缆]
海底地震剖面法☆subbottom seismic profiling
海底地质取样☆seafloor soil sampling
海底电报☆cablegram; cabling; submarine telegraph; cable; under sea cable
海底电缆敷设船☆cable laying ship; cable layer; (subsea) cable ship
海底电缆作业浮标☆cable buoy
海底调查车☆bottom-crawling vehicle
海底调查和开发中心[美]☆Naval Undersea Research and Development Center; NURDC
海底动物☆infauna; zoobenthos
海底陡坡☆escarpment
海底陡崖☆sea-scarp; seascarp
海底反潜设备☆seabottom antisubmarine equipment
海底反射声呐☆bottom-bounce sonar
海底防喷器装置☆subsea blowout-preventer stack
海底峰☆seapeak
海底风化☆halmyrolysis; submarine weathering
海底风化沉积物☆halmyrolytic sediment
海底封罩☆subsea enclosure
海底高地☆sea-floor high{heights}; seahigh; sea floor high; tableland; submarine plateau
海底高原☆plateau; tableland; tableknoll; submarine{sea} plateau; microcontinent
海底跟踪☆bottom track
海底工程基底☆sea-floor foundation
海底沟渠☆gulley; gully
海底谷☆submarine{sea-floor} valley; seavalley
(不连续)海底谷☆slope{sea} gully
海底谷(-)扇系☆canyon-fan system
海底观察船☆deep-diving submersible
海底管线☆submerged{submarine;subsea;offshore} pipeline; submarine line; pipeline under the ocean; marine (pipe) line; sea line[指井口至海上或陆上的出口管线]; PLUTO
海底管线与平台立管侧弯连接法☆deflect-to-connect connection
海底光导纤维电缆☆submarine optical fiber cable
海底光缆通信☆undersea lightware communication
海底海流冲刷☆subsurface erosion
海底含油地层{建造}☆submarine oil formation
海底含油罐层☆submarine oil formation
海底黑烟柱☆black smoker
海底红泥☆red mud
海底滑动☆submarine sliding{slide}; subsolifluction
海底环状洼地☆sea moat
海底缓滑☆subsoilfluction
海底灰岩滩☆marine bank
海底绘图系统☆seafloor mapping system; SMS
海底火山☆submarine{oceanic} volcano; volcanic seamount
海底火山孔道系统☆submarine volcanic vent system
海底基板☆spud base
海底集声器☆submarine sound receiver
海底金属沉积矿床☆submarine mineral deposit
海底考察者☆aquanaut
海底科学考察☆undersea scientific expedition; USE
海底矿技术工艺☆marine technology
海底扩展☆ocean{sea} floor spreading; spreading concept; spreading floor hypothesis
海底扩张☆sea{ocean}-floor spreading; spreading of sea floor
海底扩张假说☆spreading-floor hypothesis; ocean-floor spreading hypothesis
海底零星杂活工作舱☆seashore work chamber
海底流作用☆submarine exhalative process
海底隆起☆submarine swell{rise}; swell; swell of seafloor; subsea elevation
海底漏☆fistula of perineum
海底陆源沉积扁{扇}☆submarine fan
海底履带式钻进机☆bottom crawler
海底漫游动物☆vagil-benthon
海底镁铁质岩堆☆submarine mafic pile
海底锰块☆halobolite; pelagite
海底模拟反射层☆bottom-simulating reflector; BSR
海底泥滑动☆mudslides
海底爬行装置☆bottom-crawling device
海底喷流作用☆submarine exhalative process
海底平顶山☆guyot
海底平原☆sea-bottom{submarine;seabottom} plain
海底屏障☆beach barrier
海底剖面☆sea-bottom profile
海底(地层)剖面声呐☆subbottom profiling sonar
海底浅层☆subbottom
海底浅层剖面仪☆sub-bottom profiling system
海底侵蚀(作用)☆sublevation; submarine erosion
海底丘☆knoll; seaknoll
海底区划☆benthic division
海底绕射面☆sea-floor diffractors
海底热流☆heat flow of ocean floor; submarine {oceanic} heat flow
海底热泉喷孔☆submarine hot spring vent
海底人☆aquanaut; aquaspaceman
海底软泥☆globigerina; ooze
海底沙坝{洲}☆submarine bar
海底沙滩☆manul
海底山☆seamount
海底山脊☆sill; threshold; submarine ridge{sill}; cill
海底山脉☆sea(mount) range; submarine mountain chain
海底扇☆subsea apron; sea{abyssal} fan; submarine fan{apron;cave;delta}; abyssal cave
海底扇谷☆fan valley
海底上升喷气成矿说☆submarine hypogene exhalation theory
海底摄影仪☆deep-sea camera
海底深陷区☆submarine depression
海底深穴☆halistas
海底声呐定位☆sea-bed acoustic position-fixing
海底生物☆epibiota; benthon(ic); benthos; submarine; marine benthic organism; benthic
海底水雷☆ground mine
海底松☆jelly fish soup with parsley
海底隧道☆submarine tunnel{tube}; undersea tube; underwater{seabed} tunnel; tunnel beneath ocean
海底台地☆terrace; submarine plateau{platform}; bodenschwelle
海底坍塌☆submarine landslide
海底探测船☆habitat
海底图☆sea-floor{ocean-floor} map
海底土☆seafloor{submarine} soil
海底拖车☆sea bed vehicle; SBV
海底拖缆数据☆bottom streamer data
海底洼地☆submarine depression; bathymetric low
海底湾☆sac
海底完井☆subsea-completed well; sea-floor {subsea;underwater} completion

H

海底温度☆bottom-water temperature
海底物质分布图☆material distribution map on seabottom
海底系泊塔☆bottom-mounted mooring pylon
海底峡谷☆submarine canyon{valley}；sea channel
海底峡湾☆marine strath
海底下层☆sub-bottom
海底斜坡☆clino
海底岩土变质☆submarine weathering
海底岩芯☆sea bottom core
海底养殖☆bottom{submarine} culture
海底遗痕☆submarine track
海底应用☆submersible service
海底油管☆seagoing pipe line
海底油管输送☆offshore oil delivery
海底油库☆submerged tank
海底油田☆offshore oilfield；offshore{submarine} oil field；submarine oil field
海底油田反应堆☆subsea oilfield reactor
海底鱼雷☆ground torpedo
海底元素[海外生成的]☆thalassoxene element
海底运动☆thalassogenic movement
海底闸☆sea-bed lock
海底张力☆bottom-tension
海底至海滨管线☆offshore-onshore line
海底锥形山☆seapeak
海底资源☆submarine{seabed} resources
海底钻进☆submarine drilling；off {-}shore boring；ocean floor drilling；OFD
海底钻井☆ocean floor drilling；OFD
海底钻井台☆sea drilling platform
海底钻孔船☆drill-ship
海底钻探器☆coring apparatus
海底作业车☆underwater vehicle
海地☆Haiti
海地平☆sea horizon
海垫属[棘;S_1]☆Edrioaster
海蝶☆sea butterfly
海豆芽☆linguloid
海对水下导弹☆sea-to-underwater missile
海顿电解精炼法☆Hayden process
海多弗洛三硝基甲苯炸药☆Hydroflo
海鳄亚目☆Thalattosuchia
海恩斯跃变{跳跃}☆Haines jumps
海恩应力☆Heyn{textural} stress
海耳金型动筛跳汰机☆Halkyn jig
海尔道克斯爆破筒☆hydrox cylinder
海尔-帕特森型干燥机☆Heyl and Patterson dryer
海尔微{阶}[欧;N_1]☆Helvetian (stage)
海阀☆submarine sill
海泛☆ingression
海费尔特介电分选法☆Hatfield process
海峰☆seapeak
海风☆sea breeze；virazon
海风锋☆sea-breeze front
海浮石☆bryozoatum
海福德带☆Hayford zone
海福特修正☆Hayford modification
海弗赖克斯高压软管☆Hi-Flex hose
海釜☆cauldron；caldron
海该剖面☆shore profile
海港☆harbo(u)r；seaport；sea inlet{arm}；coastal harbour；spt
海港工程☆harbor work；port works
海港油库☆sea-port bulk station
海格法则☆Hagg's principle
海工☆maritime work
海工结构(物)☆marine structure
海拱☆sea bridge
海(蚀)拱☆sea arch
海沟☆fosse；trench；submarine{sea(-floor);suboceanic; oceanic;(deep-)ocean} trench；tectogene；deep
海沟大陆坡沉积☆trench-slope deposit
海沟带☆trench belt
海沟的☆hadal
海沟底平地☆trench abyssal plain
海沟地震☆trough earthquake
海沟-海沟转换断层☆trench-trench transform fault
海沟弧前地质学☆trench-forearc geology
海沟(-陆坡;斜坡)坡折(带)☆trench-slope break
海沟型地槽☆Fossa Magna
海沟型消亡{减}带☆trench-type subduction zone
海谷☆furrow；(sea) valley
海(底)谷☆(sea) valley；seawall；seabottom valley
海关☆customs office{house}；custom
海关保税输出证☆bond note
海关关栈仓租费☆bond fee
海关进口税交纳证☆import duty memo
海关免税单☆bill of store
海关手续和规定☆customs formalities and requirements
海冠纲[棘]☆Thecoidea
海冠毛球石[钙超;Q]☆Halopappus
海冠亚门[棘;Є-Q]☆crinozoa
海龟草☆Thalassia
海龟目[T_3-Q]☆Chelonia
海棍藻属[Q]☆Halicoryne
海果纲[棘]☆Carpoidea
海壕☆(sea) moat
海河底取样☆sub-bottom sampling
海虹☆marine rainbow
海湖地质作用☆geological process of sea and lake
海湖磨蚀作用☆abrasion of sea and lake
海花石☆Siderastrea；coral
海花头☆wobbler
海环檎(属)[棘;O_2-D_2]☆Cyclocystoides
海环石纲☆Cyclosteroidea
海回风☆sea turn
海积☆marine accumulation
海积岸☆marine-deposition coast
海积台地☆marine-built platform
海积作用☆sea deposit
海几丁虫属[S_3]☆halochitina
海脊☆ridge；submarine{midocean} ridge
海脊海沟{|盆地}组合☆ridge-trench{|basin} complex
海脊山口☆abyssal gap
海季风☆sea monsoon
海岬☆marine foreland；promontory；cape
海箭纲[棘;$Є_3$-D_1]☆Homoiostelea
海礁☆fjord
海角☆foreland；cape；headland；spit；(beak) head；frontland；ross；promontory；naze；ness；prom；nase；point
海阶☆coast{marine} terrace
海解产物☆halmyrolysate
海解的☆halmyrolytic；halmyrolitic
海解作用[矿物的海底分解]☆halmyro(ly)sis；submarine weathering
海界☆sea realm
海金沙(属) [植;K_2-Q]☆Lygodium
海金沙孢属[K-E]☆Lygodiumsporites
海金沙科☆Schizaeaceae
海进☆transgression；advance of sea；transgression of the sea；ingression；progression；marine transgression {onlap;ingression}；overlap of oceans
海进层序☆transgressive sequence
海进规程☆canon of marine transgression
海韭菜☆eel grass
海居计划☆man-in-the-sea
海菊蛤☆spondylus
海菊蛤属[双壳;J-Q]☆Spondylus
海菊石科[头]☆Thalassoceratidae
海均夷平原☆plain of marine gradation
海军☆navy
海军部[英]☆admiralty
海军石油储备[美]☆Naval Petroleum Reserve；NPR
海军通信☆naval communication；NC
海槛☆(submarine) sill；threshold
海颗石[钙超;K_2]☆Pontilithus
海克耳定律☆recapitulation theory；Haeckel's law
海空动量转移☆ocean-atmosphere momentum transfer
海空交互作用☆ocean-atmosphere interaction
海口☆seaport；spt
海口浮标☆sea buoy
海况☆sea state{condition}；oceanic condition；wave conditions；state of the sea
海况概图☆synoptic chart
海况概要资料☆synoptic data
海况数据☆environmental data
海况型☆oceanographic pattern
海葵[腔]☆sea anemone
海葵赤素☆actinoerythrin
海葵目☆Actiniaria
海葵血红朊☆actinio hematin
海拉烛颗石[钙超]☆Helatoform cyrtolith
海蜡☆sea wax
海蓝[$(Na,Ca)_8(AlSiO_4)_6(SO_4,S,Cl_2)$]☆ultramarine
海蓝宝石[$Be_3Al_2(Si_6O_{18})$]☆aquamarine；aguamarite；aigue-marine；aeroides[淡天蓝色]
海蓝色☆pale bluish green
海蓝柱石[Ma_5Me_5-Ma_2Me_8]☆glaucolite；glaukolith
海兰☆high precision Shoran；hiran
海螂(属)[双壳;Q]☆Mya
海螂目[双壳]☆Myoida
海浪☆sea (wave)；seaway
海浪冲刷☆alluvion
海浪储存☆onshore storage
海浪蛤属[双壳;C-J]☆Bositra；Posidonia
海浪蚀台☆abraded{abrasion} platform
海蕾类[棘]☆Blastoidea；blast(o)id
海狸坝[海狸在小河上啮倒树草,拦河成坝]☆beaver dam
海里{浬}[=1.852km]☆nautical{sea} mile；{admiralty} knot；geographic(al){admiralty} mile；nm；n.m.；Kts；kt；mi. N.；kn
海砾石☆beach{sea} gravel；seagravel
海利克(群)[北美;Pt]☆Helikian
海力蒙浮选试验管☆Hallimond tube
海莲蓬属[K]☆Jerea
海鲢(鱼超)目☆Elopomorpha
海链藻属[硅藻]☆Thalassiosira
海林变换☆Mellin transform
海林檎纲[棘;O-D]☆Cystoidea
海林檎类☆cystoidea；cystidea
海岭☆sea{submarine;ocean;oceanic} ridge；ridge；seamount range
海岭-岛弧(型)转换断层☆ridge-arc transform fault
海岭(-)海沟{|盆}组合☆ridge-trench{|basin} complex
海岭系☆ridge-system
海岭垭口[海洋地质]☆gap
海岭轴☆ridge axis；axis of ridge
海流☆(current) drift；(ocean) current；oceanic current；marine drift
海流浮冰成因说[沉积物的]☆drift theory
海流计☆current-meter；current meter
海龙卷☆waterspout
海隆[海洋地质]☆rise；submarine{oceanic} rise；swell
海隆顶火山活动☆ridge-crest volcanic activity
海路☆sea route{passage}
海陆变迁☆change of sea level
海陆差异☆maritime-continental contrasts
海陆交互的☆paralic
海陆交替相沉积矿床☆paralic sedimentary deposit
海陆升降☆bradyseism
海驴属动物☆Zalophus
海绿垩☆glauconite chalk
海绿方解石☆hislopite
海绿灰岩☆glauconitic limestone
海绿泥☆green mud
海绿色☆sea green
海绿色的☆glaucous
海绿石[$K_{1-x}((Fe^{3+},Al,Fe^{2+},Mg)_2(Al_{1-x}Si_{3+x}O_{10})(OH)_2)\cdot nH_2O$;$(K,Na)(Fe^{3+},Al,Mg)_2(Si,Al)_4O_{10}(OH)_2$;单斜]☆glauconite；green earth；glauconie；terra verde；ter(r)e verte；glaukoni(t)e；celadon {mountain} green；chlorophanesite；chloropha(e)nerite；neopermutite
海绿石化☆glauconitization
海绿石基分子☆proglauconite
海绿石泥☆glauconite mud
海绿石砂☆greensand；green{glauconitic} sand
海绿云母细砂岩[生物蛋白岩]☆gaize
海轮☆seacraft
海伦氏颗石[钙超;K_1]☆Helenia
海螺壳[腹]☆conch
海马式(焊接架)☆sea horse
海锚☆drag
海门冬属[红藻;Q]☆Asparagopsis
海米埃石[钙超;Q]☆Heimiella
海绵☆sponge；spongia；foam rubber{plastic}；swab；swob
(一种)海绵变形细胞☆archaeocyte
海绵层☆stratum spongiosum；spongiostrome
海绵赤铁矿☆iron froth
海绵动物(门)☆spongia；porifera；Spongiaria
海绵锆☆zirconium sponge
海绵构造☆spongy structure
海绵骨丝☆chiastoclone
海绵骨针☆calthrop；sponge spicule
海绵骨针燧石☆sponge chert
海绵硅灰土☆spongiolite

(一种)海绵或其幼虫☆Sycon
海绵礁☆sponge-reef
海绵胶☆gelatin sponge
海绵金☆gold sponge；spongy gold
(用)海绵揩试☆sponge；sponging
海绵泥渣☆slime sponge
海绵腔☆spongocoel
海绵水☆sludge
海绵丝☆spongin；spongine；spongiolin
海绵钛☆titanium sponge
海绵套岩芯筒☆sponge core barrel
海绵铁球☆ball
海绵铜☆cement copper
海绵土☆mellow{spongy} soil
海绵团块☆shuga
海绵网络状洞穴☆spongework cave
海绵岩☆spongolite；spongolith；spongiology；sponge rock
海绵釉陶☆spongeware
海绵幼体☆parenchymella
海绵陨铁结构☆sideronitic texture
海绵针丝骨骼☆ectyonine
海绵质☆spongeous；spongin(e)；spongiolin；sponginess；sponginese
海绵状☆spongeous；sponginess；sponge
海绵状的☆spongy；foam；spongiform；spongious
海绵状硫酸铝丛生☆treeing
海绵状铅☆mossy lead
海绵状物☆sponge
海绵状橡胶护膝☆sponge-rubber knee protector
海绵状陨铁结构☆sideronitic texture
海面☆sea surface{level}；water level；surface；offing
海面变动☆fluctuation of sea level；eustatic{sealevel} fluctuation；sea level fluctuation；sea-level change
海面变动假说☆eustatic hypothesis
海(平)面变化☆change of sea level
海面的☆supermarine
海面的全球性相对变化{|静止}☆global relative change{|stillstand} of sea level
海面浮标(应答器)☆jellyfish
海面环流☆surface circulation
海面进退☆eustasy；eustacy；eustatism；eustatic
海面纳油拦挡☆container boom
海面平静期的☆thalassostatic
海面坡度☆slope of sea surface；sea-surface slope
海面起伏☆shifting
海面倾斜☆wind set-up；slope of sea surface
海面群落☆pelagium
海面上升☆hydrocratic motion；positive movement
海面升降[因地球转动影响的]☆eustacy；eustasy；eustatism
海面升降事件☆eustatic(al) event
海面温度☆sea surface temperature；SST
海面下淡地下水☆basal groundwater{water}
海面下的☆undersea
海面下降☆lowering of sea level；recession of level (sea level)；negative movement
海面相对变化旋回☆cycle of relative change of sea level
海面相对变化的全球性亚周期☆global paracycle of relative change of sea level
海面正向运动滨线☆positive shoreline
海鸣☆sea noise
海膜属[红藻;Q]☆Halymenia
海磨☆tide-mill；sea-mill
海默量板☆Hammer chart
海漠☆marine desert
海姆假说☆Heim's hypothesis
海南坡鹿☆Cervus eldi hainanus
海难☆maritime destress；marine disaster
海难信号☆distress signal
海内等温线☆isobathytherm(os)
海(软)泥☆(sea) ooze；sea{marine} mud
海泥取样☆dredge sample
海尼蕨目[古植楔叶类]☆Hyeniales
海尼蕨属[古植]☆Hyenia
海尼颗石[钙超;Q]☆Heyneckia
海溺地形☆drowned topography
海鲇科☆Ariidae
海鲶科[N_2-Q]☆Ariidae
海牛[Q]☆Trichechus；Manatus；manatee
海牛目{类}☆sirenia
海女神蛤属[J-Q]☆Panope
海盘菊石属[头;D_3]☆Ponticeras
海盘囊纲☆Cyclocystoidea
海泡石[$Mg_4(Si_6O_{15})(OH)_2$•$6H_2O$;斜方]☆sepiolite；sea-scum；sea(-)foam；meerschaum；kinsite；magnesite；keffekill；quincite；quincyte；quincyit；parasepiolite
α 海泡石☆alpha-sepiolite
β 海泡石[$Mg_4(Si_6O_{15})(OH)_2$•$6H_2O$]☆beta-sepiolite
海泡石类☆sepiolite
海泡石棉☆xylotile
海泡石-坡缕石组☆hormites
海盆[月]☆marine{sea} basin；mare basin
海盆-海盆型{间}分化{异}作用☆basin-basin fractionation
海盆陆架间分异作用☆basin-shelf fractionation
海盆-微大陆体系☆basin-microcontinent system
海膨☆submarine swell
海平校正数☆free air correction
海平面☆sea{datum} level；geoid surface；SL；S.L.
海平面升降变化☆eustatic sea level change
海平面下等深线☆below-sea level contour
海平线☆sea horizon{rim}
海坡姆磁性材料☆Hyperm
海蒲团☆Camptostroma
海蒲团属[棘;$Є_1$]☆Camptostroma
海埔地☆tidal (mud) flat
海栖爬行类☆marine reptiles
海碛土☆marine till
海气作用☆ocean-atmosphere{air} interaction
海桥☆sea bridge
海鞘(属)[尾索或被囊;Q]☆Ascidia
海切阶地☆marine-cut terrace
海侵☆ingression；invasion (of the sea)；marine invasion {transgression; ingression}；inundation；incursion；transgression；transgression{advance} of the sea；progression；marining[边缘海短暂泛滥,海啸等]；overlap of oceans
海侵层序☆transgressive sequence
海侵超覆☆sedimentary{transgressive} overlap；marine progressive overlap
海侵地区☆transgressing sea
海侵海滩沉积物☆transgressive-beach sediment
海侵河☆dismembered stream
海侵平原☆plain of transgression
海侵滩☆flood plain
海侵旋回☆progressive{transgressive} cycle
海(蚀)穹☆sea arch
海蚯蚓属[环节]☆Arenicola
海丘☆seaknoll；oceanic rise；sea knoll
海球石[钙超;E-Q]☆Alisphaera；Pontosphaera
海球藻属[黄藻;Q]☆Halosphaera
海区☆waters
海渠☆furrow；sea channel；farrow
海雀亚目☆Alcae
海裙☆subsea-apron
海人草属[红藻;Q]☆Digenea
海鳃类[八射珊]☆Pennatulid
海鳃亚目[八射珊]☆Pennatulacea
海森堡测不准原理☆Heisenberg uncertainty principle
海森伯格矩阵☆Hessenberg matrix
海森-斯里希特-亥依法[磁勘]☆Mason-Slichter-Hay method
海砂☆marine{sea} sand
海砂砾☆sea gravel
海珊瑚[石]☆Hassan Green
海山☆seamount；sea mount；sea-mount
海山调查和海底科学考察☆Seamount Exploration and Undersea Scientific Expedition；SEAUSE
海山脉☆seamounts
海(底)山群☆seamount group
海扇☆sea fan；scallop；Pecten
海扇蛤科☆(Family) Pectinidae
海扇蛤属☆Pecten
海扇壳☆cockle
海扇类壳化石☆pectinite
海商法☆marine law
海上☆offshore；outshore；offing；marine；afloat；outside
海上城市☆floating town
海上(资料)处理技术☆marine processing technique
海上打捞☆salvage
海上单井开采系统☆single-well offshore production system；SWOPS
海上的☆oversea；maritime；marine
海上地震作业☆marine seismic operation
海上调查☆marine-based investigation；marine ground investigation
海上堵(船)漏☆fother
海上飞机☆supermarine
海上焚化{烧}☆marine incineration
海上浮船钻探☆floating drilling
海上浮式钻井☆offshore floating drilling
海上机场☆seadrome
海上检波电缆☆marine detector cable
海上建造辅助潜水☆offshore construction support diving
海上接运☆sealift
海上景观☆seascape
海上抛锚停泊☆offshore anchorage
海上柔性浮式储油围栅☆containment boom
海上三维(地震)勘探☆three-dimensional marine survey；marine 3-D survey
海上扫描☆seascan
海上石油合作勘探☆cooperative exploration of offshore oil
海上视距☆kenning
海上疏运☆sealift
海上腾空运输船{艇}☆hovermarine
海上拖缆☆streamer
海上拖轮☆sea-going tug
海上卫星导航{通信}系统☆Marisat
海上西风☆traversia
海上系泊岛式建筑物☆offshore mooring-island structure
海上油斑☆oil slick
海上油气井☆offshore well
海上油田装置☆offshore installation
海上油页岩储量☆naval oil shale reserve；NOSR
海上有雾信号器☆typhon
海上震源☆vaporchoc；marine (energy) source
海上装卸油码头☆sea terminal
海上装载管道(线)☆sea loading pipe line；SLPL
海上钻井☆jack-up；offshore{marine} drilling
海上钻井导管☆marine conductor
海上钻井用工程模拟器☆engineering simulator for offshore；ESO
海上钻探附属船☆offshore drilling tender
海上钻机操作监督☆rig manager
海上作业☆offshore operation{acquisition}；operation on the sea；marine operation
海蛇☆sea serpent
海蛇尾亚纲[O-Q]☆Ophiuroidia；Ophiuroidea
海蛇匣纲[O_1-D_1]☆Ophiocistioidea
海深图☆bathygraphic chart
海深温度自记仪☆bathythermograph；BT
海参☆sea cucumber
海参纲[棘;P_2-Q]☆Holothur(i)oidea
海参脊科[棘]☆Etheridgellidae
海参科☆Holothuriidae
海参锚科[棘]☆Calcancoridae
海参锚状骨[棘]☆anchor
海神☆Neptune
海神的☆Neptunian
海神石(属)[头;D]☆Clymenia
海神石目☆Clymeniida；Clymenoda
海生的☆thalassogenous；submarine；marine
海生迹[甲壳类潜穴;T-R]☆Thalassinoides
海生矿物☆halmeic mineral
海生无脊椎动物时代[Є-P]☆age of marine invertibrates
海生元素☆thalassophile element
海生植物☆Thalassiophyte；thalassophyte
海升期☆thalassocratic period
海狮属[N-Q]☆Zalophus
海石[钙超]☆Alisphaera
海石蕊☆archil
海石蕊素☆roccellin
海石蕊酸☆roccellic acid
海石蟹☆lithodid
海石竹[Cu 局示植]☆thrift；marsh daisy；Armeria；Armeria maritima[兰雪科,俗名滨簪花]
海石竹属(植物)☆Armeria
海蚀☆marine abrasion{erosion;denudation}；sea{wave} erosion；abrasion；alluvion；marine
海蚀岸☆marine-erosion coast
海蚀壁龛☆wave-cut notch
海蚀变狭作用☆retrogradation

H

海蚀的☆abrasive；marine-cut；seaworn；sea-cut
海蚀洞☆sea{marine;coastal} cave；goe
海蚀洞门☆sea arch
海蚀拱☆natural{marine} arch
海蚀拱桥☆sea arch
海蚀后退作用☆retrogradation
海蚀阶地☆marine-cut bench{terrace}；abrasion {backshore} terrace
海蚀龛☆goe；sea chasm
海蚀轮回☆marine cycle
海蚀平台☆(wave-cut) bench；erosion{high-water; shore;submarine;beach} platform；submarine plain；marine-erosion{-cut} platform
海蚀平原☆marine plain{plane}；plain of abrasion；plain of marine erosion{abrasion;denudation}
海蚀深穴☆sea chasm
海蚀石☆aquafact
海蚀台☆cut{wave-cut} platform；marine(-cut) bench
海蚀旋回☆marine cycle；cycle of marine erosion
海蚀崖☆marine{sea} cliff；cliff
海蚀崖龛☆sea chasm
海蚀崖线☆line of cliff
海蚀柱☆rauk [pl.raukar;瑞]；stack；sea{marine} stack；rok [pl.rokir]；chimney rock
海蚀桩☆stump
海事☆maritime peril；marine
海事救援☆salvage
海氏笔石属[O_1]☆Herrmannograptus
海氏层☆Kennelly-Heaviside layer
海氏定律☆Hally's law
海氏菊石☆Hedenstroemia
海氏石[钙超;E_2]☆Hayella
海氏星石[钙超;N_1-Q]☆Hayaster
海氏液压给进转盘钻机☆Hydril hydraulic feed rotary rig
海市蜃楼☆mirage
海兽属☆Hallitherium
海兽亚科☆Halitheriinae
海水☆brine；salt{ocean} water
海水按摩☆thalasso
海水草本沼泽☆marine marsh
海水-沉积物界面☆seawater-sediment interface
海水冲(刷引起)的(浪花)☆swash
海水处理站☆seawater treatment plant
海水淡化厂☆desalinator
海水倒灌☆inwelling
海水的☆briny
海水反复循环成因假说☆hypothesis of recirculation of seawater
海水沸泉☆boiling sea-water spring
海水锋(面)☆water front
海水腐蚀☆marine corrosion
海水隔管☆marine riser
海水环境☆briny environment
海水量方案☆seawater flood project
海水罗伯尔耐水炸药☆Hydrobel
海水镁进侵☆sea-water encroachment
海水镁砂☆sea(-)water magnesia (clinker)
海水镁砂白云石耐火材料☆seawater magnesia-dolomite refractories
海水镁砂烧结块☆seawater magnesia clinker
海水面变化☆sea-level change
海水喷涌[海底火山喷发引起]☆water fountain
海水侵入☆sea breach；salt water encroachment
海水侵蚀☆encroachment
海水侵蚀(作用)☆marine denudation
海水群落☆thalassium
海水溶解的有机物☆yellow substance
海水入侵☆seawater encroachment{intrusion}；salt water encroachment{intrusion}；transgression of seawater；saline intrusion
海水深度温度自动记录(仪)☆bathythermograph；BT
海水透光带☆euphotic zone
海水脱盐☆sea water desalinization
海水脱氧☆seawater deaeration
海水温泉☆thermal see-water spring
海水元素☆thalassophile element
海水蒸发槽☆salina
海水转化淡水☆sea water conversion
海斯卡纳修正☆Heiskannen modification
海斯纳技术[确定波前的方法]☆Meisner technique
海斯却姆珊瑚属[S_2]☆Hedstroemophyllum
海斯铁管桩法凿井☆Haase system

海松二烯☆pimaradiene
海松属[管藻]☆Codium
海松酸☆pimaric acid
l-海松酸[$C_{20}H_{30}O_2$]☆l-pimaric acid
海松酸石[$C_{20}H_{32}O_2$;斜方]☆refikite；befikite；reficite
海松烯☆pimanthrene
海宋炸药☆Hexonit
海损☆sea damage；average；casualty
海损沉船☆broken shipwreck
海损理算人☆averager
海笋(属)[双壳;K-Q]☆Pholas
海索面(属)[红藻]☆Nemalion
海塔其阶[200～203Ma;J_1]☆Hettangian
海台☆terrace；tableland；(submarine) plateau；marine bench{platform}；oceanic bank{plateau}；seaknoll；marine-cut platform
海滩☆lagune；laguna；beach；seabeach；coastal {marine} beach；foreshore；sea bank；seashore；seaside；praya；perils of the sea；offshore strip
海滩宝石☆catalinite
海滩低脊平原☆beach-ridge plain
海滩堆积☆beaching；beach accretion
海滩后退☆retrogression (of beach)；recession of beach
海滩回流痕☆backwash mark
海滩尖头湾☆bay of cusp
海滩巨砾☆aquafact；water {-}faceted stone
海滩开采砂矿☆beach combing
海(湖)滩流槽☆beach chute
海滩面☆beach face
海滩剖面和粒径☆beach profiles and particle size
海滩前岸带☆beach face
海滩侵蚀☆beach erosion
海滩群落☆agium
海滩砂☆beach sand；sea sands
海滩砂矿☆beach ore{placer;concentrate}；sea((-)beach) placer
海滩砂粒(的排列方)向☆orientation of beach grains
海滩沙埂{堤}☆beach barrier
海滩(向海)推进☆advance of beach
海滩形成过程☆beach building
海滩循环{旋回}☆beach cycle
海滩岩[石化的海滩砂]☆cay{beach} sandstone；beach rock；beachrock
海滩沿岸☆coastal beach
海滩-障壁(岛)系统☆beach-barrier system
海滩植物☆agad
海滩重沙富集体☆beach concentrates
海滩嘴☆beach cusp；cuspate{cusp} beach
海塘☆bulkhead；seawall
海塘工程☆maritime work
海涛☆sea bore
海特劳炸药☆Hydra powder
海特勒-伦敦近似法☆Heitler-London approximation
海特龙(大型电子管)[一种电子管]☆hytron
海特罗伯尔炸药[耐水炸药]☆hydrobel
海特罗麦克斯浆状炸药☆Hydromex
海痛声呐探测装置☆sea-bed sonar survey system
海头红属[红藻;Q]☆Plocamium
海图☆chart；hydrographic{bathymetric;sea;marine} map；sea{sailing;nautical;admiralty} chart
海图的经纬度网格☆nautical scale
海图水深☆charted depth
海图图廓☆border of chart
海图作业图纸☆track chart
海土的☆maritime
海兔属[N_2]☆Alilepus
海退☆recession；(marine) regression；reliction；retreating{retreat} sea；sea retreating
海退变化☆eustatic regression
海退层序☆regressive sequence
海退超覆☆offlap；regressive overlap
海退建造作用☆outbuilding
海退期☆epeirocratic period
海退遗地☆derelict
海豚(属)[N_2-Q]☆Delphinus；(beaked) dolphin
海豚(式游动)☆porpoise
海豚颌兽属[T]☆Delphinognathus
海陀螺纲☆Helicoplacoidea
海陀螺属[棘;$Є_1$]☆Heliocoplacus
(在)海外(的)☆oversea
海外的竞争☆overseas competition
海外生成元素☆thalassoxene element
海外市场☆market abroad

海外行星☆ultra-Neptunian{trans-Neptunian} planet
海外业务☆ overseas services
海湾☆bay；gulf；embayment；geo；gouffre；loch；fretum [pl.freta]；voe；sea arm{inlet}；sinus；inlet；arm of the sea；estuary；sound；mere；meare；lock
海湾(的)☆estuarine
(臂状)海湾☆arm
海湾沉积☆estuarine deposit
海湾大学研究集团☆Gulf Universities Research Consortium；GURC
海湾的☆thalassic
海湾分会☆Gulf Coast Section；GCS
海湾割切岛☆gulf-cut island
海湾口☆bay mouth；baymouth
海湾口障壁坎☆bay barrier
海湾式地磁仪☆Vacquier{Gulf-type} magnetometer
海湾水中的固体物质☆bay-water solid
海湾形成(作用)☆embayment
海湾型海岸☆estuary coast
海湾沿岸式断层☆gulf coast type fault
海湾状熔蚀☆embayment
海王龙☆Rhinosaurus
海王龙属[K]☆Tylosaurus
海王星☆Neptune；Neptunian
海网藻属[Q]☆Hydroclathrus
海维留幻日☆Hevelius's parhelia
海维留晕☆hevelian halo
海卫一{|二}☆Triton{|Nereid}
海伍德岩[美]☆highwoodite
海雾☆sea fog
海西继承性☆Hercynian heritage
海西期的[C-P]☆Hercynian
海西期后的☆epi-Hercynian
海西(运动)期后的☆post-Hercynian
海西前陆☆Hercynian foreland
海西型的☆Hercynotype
海袭夺河☆sea-captured stream
海席☆sea mat
海峡☆strait；channel；gullet；kyle；(sea) gate；gat；fretum [pl.freta]；euripus [pl.-i]；belt；sound；portal；narrow；St；str.
海峡轴☆axis of channel
海下电动取样管☆undersea electrical corer
海下航道式地压地热储集层☆geothermal fairways
海下潜球☆undersea satellite
海下三角洲☆undersea delta
海险☆sea risk
海险信号☆distress signal
海相☆marine{sea} facies
海相冰碛☆glacial marine drift
海相沉积磷块岩矿床☆marine sedimentary phosphorite deposit
海相储油层{集岩}☆marine reservoir rock
海相凝灰质沉积物☆marine tuffaceous sediment
海相生油说☆marine facies theory
海相碎屑层☆marine facies clastic bed
海相铁锰矿床☆marine iron-manganese deposit
海象属[N-Q]☆walrus；Odobenus
海啸☆t(s)unami；(tide) bore；tsunamic{tidal;seismic} wave；seismic sea wave；sea(-)quake
海啸地震☆tsunamigenic{tsunami} earthquake
海啸警报☆seismic sea wave warning
海啸岩☆tsunamite
海啸源区☆tsunami source area
海蝎☆Eurypterida
海星☆sea star[棘]；starfish；asteroid
海星纲☆Asteroidea；Stelleroidea
海星介属[E-Q]☆Pontoccypris
海星类☆Stelleroidea；starfish
海星亚门☆Asterozoa
海性度☆oceanity
海性率☆oceanicity；oceanity
海削☆marine denudation
海雪☆marine{sea} snow
海寻{噚}[测水深单位,=1‰海里]☆nautical fathom
海牙型气锚☆Hague anchor
海崖☆sea cliff；sea-scarp；seascarp
海烟☆sea smoke
海淹☆marining
海淹相☆inundation phase
海盐☆sea{bay} salt
海盐沉积☆halogenic deposit
海盐核☆sea-salt nucleus

海岩群落☆actium
海燕贝属[腕;T_3]☆Halorella
海燕蛤(属)[双壳;T_{2-3}]☆Halobia
海羊齿☆Antedon
海洋☆ocean；maritime；sea (realm)；Neptune[比喻]；apastron；oc；mer-
海洋白[石]☆White Marine
海洋表面带☆epipelagic zone
海洋采掘船☆oceanographic dredge
海洋采矿☆ocean(ic){marine;offshore} mining；deep ocean mining
海洋测井船☆barge unit
海洋测深导航系统☆bathymetric navigation system
海洋测深☆oceanic sounding
海洋沉积☆oceanogenic{marine} sedimentation；marine{oceanic} deposit；marinedeposition
海洋磁测☆seaborne magnetic survey
海洋大陆差异☆maritime-continental contrasts
海洋-大气交换☆ocean-atmosphere interchange
海洋岛☆ocean(ic) island
海洋的☆thalassic；mareographic；maritime；marine；oceanographic；oceanic；naval
海洋底样采集器☆oceanographic dredger
海洋底质采{取}样器☆marine bottom sampler；oceanographic dredger
海洋地震☆oceanic{offshore} earthquake；offshore seism；seaquake；marine seismic generator
海洋地震(的)☆hydroseismic
海洋地震剖面仪☆seismic profiler
海洋地震拖缆☆marine seismic streamer
海洋地质调查局☆Bureau of Marine Geological Investigation；BMGI
海洋度[气候]☆oceanity；oceanicity
海洋法☆law of the sea；maritime law；LOS
海洋反射测量☆marine reflection survey
海洋防污法规☆marine pollution prevention law
海洋浮游硅藻☆marine planktonic diatom
海洋负荷应变潮汐☆ocean loading strain tide
海洋工程☆ocean{oceanographic} engineering；oceaneering
海洋工程调查船☆ocean engineering research vessel
海洋观测绞车☆oceanographic winch
海洋光学☆optical oceanography
海洋-海洋型岩浆☆oceanic-oceanic magma
海洋航线☆lane-route
海洋化☆oceanization
海洋化学☆marine{oceanographic;oceanic} chemistry；thalassochemistry
海洋化学资源☆marine chemical resource
海洋环境腐蚀试验☆marine exposure test
海洋火成岩基底☆oceanic igneous basement
海洋开发☆exploitation of the ocean；ocean exploitation
海洋勘探☆seafari
海洋克拉通的☆thalassocratic
海洋矿产公司☆Ocean Minerals Co.；OMC
海洋扩展运动☆thalassocratic movement
海洋扩张期海面☆thalassocratic sea level
海洋绿[石]☆Verde Marina；Ocean Green (India)
海洋鸟属[K]☆Enaliornis
海洋女神[希]☆Oceanid
海洋盆底☆ocean basin floor
海洋平台底座☆templet；template
海洋平台试井燃烧器☆forced-draft burner
海洋普查☆census of the sea
海洋气团雾☆marine air fog
海洋气象声学测量☆acoustic meteorological oceanographic survey；AMOS
海洋潜水承包商协会☆Association of Offshore Diving Contractors；AODC
海洋侵蚀☆marosion
海洋缺氧条件☆oceanic anoxic event
海洋群落☆oceanium
海洋热卤液☆hydrothermal marine brine
海洋三角洲平原☆marine delta plain
海洋上层带☆epipelagic zone
海洋摄影相片☆ocean photograph
海洋深处☆benthos
海洋声波{纳}测量{深}仪☆marine sonoprobe
海洋声波测速仪☆acoustic marine speedometer
海洋生的☆halobiotic
海洋生物☆marine organism{life}；halobios；sea life；halobion
海洋生物图☆marine biocycle
海洋生物污着☆marine fouling
海洋盛期的☆thalassocratic
海洋石英过阻尼重力仪☆marine quartz overdamped gravimeter
海洋石油开发企业☆offshore oil exploitation projects
海洋石油平台☆offshore platform
海洋数据资料☆oceanographic digital data
海洋水温升高☆ocean warming
海洋水文模式☆oceanographic motel
海洋水域☆inner space
海洋探测☆hydrospace detection
海洋天气船☆OSV；ocean station vessel
海洋条约☆the law of the sea treaty
海洋通用海深曲线☆general bathymetric chart of the ocean；GEBCO
海洋卫星☆oceansat；oceanographic satellite；seasat
海洋性冰川☆oceanic{marine;maritime} glacier
海洋学☆oceanography；thalassography；oceanology；oceanics；thalassology
海洋学的☆thalassographic(al)；oceanographic(al)；oceanologic(al)
海洋学分析☆oceanographic analysis
海洋学家☆oceanographer；oceanologist
海洋学模型{式}☆oceanographic motel
海洋学上界线☆oceanographic boundary
海洋颜色试验☆ocean color experiment；OCE
海洋岩石圈{层}☆oceanic lithosphere
海洋要素图表☆oceanographic diagram
海洋油井砾石充填作业☆off-shore gravel packing operation
海洋油轮☆seagoing tanker
海洋预报☆hydropsis；oceanic forecast；synoptic oceanography；oceanographic forecasting
海洋预报学☆synoptic oceanography；hydropsis
海洋元素☆thalassophile
海洋运输保险合同☆marine insurance contract
海洋噪声☆seam noise
海洋沼泽☆merseland
海洋折射测量☆marine refraction survey
海洋之神☆Oceanus
海洋植物时代☆oceanic plant eon
海洋中央☆midocean
海洋中的冰山☆iceberg
海洋重力摆仪☆sea pendulum
海洋资源保护协会☆Ocean Resources Conservation Association；ORCA
海洋钻探给养船☆supply boat
海洋钻探井口装置☆offshore well head assembly
海洋作业设备☆Seatask unit
海夷(作用)☆marine planation
海因里希事件☆Heinlich event
海萤类☆cypridina
海涌☆swell
海用气压计☆sea-barometer
海屿☆skerry
海域☆sea area；waters
海域掘凿☆marine excavation
海阈☆threshold
海渊☆tectogene；(ocean) deep；abyssal sea；oceanic abyss；fosse
海员☆sailor；seaman [pl.-men]；seafarer；marine group
海员的☆nautical；naut
海员用的防水帽☆southwester
海运☆sea{ocean} transport；shipping；S.T.
海运法☆Merchant Marine Act
海运事务☆maritime affair
海运同盟☆freight conference
海蕴属[褐藻;Q]☆Nemacystus
海杂草☆sea ork
海藻☆seaweed；Thalassiophyte；varek；varec；marine alga{algae}；sea ork
海藻层☆kelp bed
海藻成因论{油说}[油]☆seaweed theory
海藻糖☆trehalose
海藻污染[河流湖泊等的]☆eutrophication
海栅☆submarine sill
海沼沙脊☆chenier
海沼泽☆marine marsh
海蜇☆jellyfish
海震☆seaquake；tsunami；sea shock
海震强度☆intensity of seashock
海蜘蛛☆sea spider
海蜘蛛(亚门)☆Pycnogonida
海中采油基地☆submarine oil production base
(在)海中的☆submerged
海中居住设施☆aquanote apparatus
海中抛锚处☆road
海中入水潜水技术[人从海底舱中入水]☆man-in-the-sea diving technique
海中停泊处☆road
海中钻塔☆off shore rig；offshore rig
海州香薷[Cu 示植]☆Elsholtzia Haichowensis
海筑的☆marine-built
海桩(纲)[棘;O_3]☆Stylophora；stylophora
海准☆sea-level datum
海准变动☆eustasy；eustatic movement；eustatism
海准变动回春☆eustatic rejuvenation
海准不变说☆theory of stational level
海准面☆sea level
海准气温控制☆eustatic temperature control
海桌山☆guyot
海卓克斯炸药☆Hydrox{Hydra} powder
海浊☆seston
海座星(属)[棘;S_1]☆Edrioaster
海座星纲[棘;$Є_1$-C_1]☆edrioasteroidea
海座星类☆Edrioasteroidea

hài

氦☆helium；He
氦保存性☆helium retentivity{retention}
氦辨音器☆helium voice unscrambler
氦测定年龄法☆helium age method
氦电离检测器☆helium ionization detector
氦法[测定地质年代]☆helium method
氦核☆helion；helium bullet
氦弧焊(法)☆heliarc welding
氦计数管☆helium counter tube
氦冷却剂☆helium coolant
氦漏失☆helium loss{leakage}
氦氖激光器☆helium-neon laser
氦年代测定法☆helium age method；helium dating
氦年龄法☆helium age method
氦气层☆helium layer
氦燃料箱增压☆helium fuel tank pressurization
氦(核)燃烧☆helium burning
氦同位素比值☆helium isotope ratio
氦星☆helium (star)
(供深水呼吸用的)氦氧混合剂☆heliox
氦源☆helium supply
氦指数☆helium index
氦族元素☆helium family element
亥伯龙神☆Hyperion
亥明佛德(阶)[N_1]☆Hemingfordian
亥姆菲尔(阶)[N_2]☆Hemphillian
亥姆霍兹分离法☆Helmholtz separation method
亥普[衰减单位,=1/10 奈培]☆hyp
亥氏层☆Heaviside layer
亥维赛层☆Heaviside layer
亥维赛函数[一种阶梯函数]☆Heaviside function
害虫☆vermin；destructive insect{pest}；pests
害怕☆dread；fear；afraid
害鼠☆bandicoot
害羞的☆shy
骇波☆short wave

hān

蚶类☆Arcacea
蚶蜊(属)[双壳;K-Q]☆Glycymeris
蚶线☆limacon

hán

韩国☆Republic of Korea
含铵泥炭☆ammoniated peat
含白垩黏土☆malm
含孢粉的☆palyniferous
含孢子的水☆spore-hearing water
含孢子泥炭☆fimmenite
含宝石的☆gemmiferous
含贝壳化石的燧石☆Clear Creek chert
含钡重冕牌玻璃☆dense barium crown
含钡火石玻璃☆baryta flint
含碧玉的☆jaspidean
含铋层状氧化物铁电体☆ferroelectrics with bismuth-containing oxide layer
含冰层冻土☆ice gneiss
含铂的☆platiniferous
含不饱和烃的燃料☆olefinic fuel

含长[结构]☆granitotrachytic
含长辉绿[结构]☆sporophitic
含长石斑晶的☆feldsparphyric
含长石的☆feldspathic
含辰砂白云石☆ziegelite
含尘的☆dust-laden；pulverescent
含尘空气☆dusty{dust-laden;dust;dustladen} air
含尘量测定☆dust estimation
含尘气流☆dust-laden stream
含尘性☆dustiness
含尘指数☆dustiness index；dust count
含赤铁水晶☆Moat Blanc ruby；rubasse
含氚率☆tritium ratio
含磁铁钛铁矿☆titanic magnetite
含大量水的石油☆watered oil
含大量二氧化碳的☆dampy
含大量二氧化碳的空气☆dead air
含大量废石的贫矿☆halvings
含大量矸石的煤☆drossy coal
含大量胶质的油☆gummy oil
含大量氯化物消焰剂的安全炸药☆surchloxure explosive
含大量砂砾的河流☆debris {-}laden stream
(天然气)含大量重烃组分的☆wet
含氮卟啉☆nitrogenous porphyrin
含氮的☆nitric；nitrogenous；nitrogen-bearing
含氮和二氧化碳的地下热水☆nitric carbonoxide thermal water
含氮量☆nitrogen content
含岛弧板块☆island arc-bearing plate
含灯芯草属褐煤☆rush coal
含低铁的☆ferroan
含碲α硫☆tellursulphur
含顶替液百分数☆displacing fluid cut
含动物化石的☆zoichnic
含毒气体☆poison gas
含断层矿脉☆slip vein
含鲕粒微晶(石)灰岩☆oolite-bearing micrite
含二价铁的☆ferroan
含矾黏土☆vitriolic clay
含矾页岩☆vitriol shale
含钒的☆vanadiferous；aluminiferous；vanadous；vanadic
含钒辉石☆vanadian augite
含钒石油☆vanadium bearing oil
含钒铀矿☆roscoelite deposit
(裂缝中)含方解石薄片的煤☆sparry coal
含方解石的薄煤层☆brat
含肥泥炭盆☆fertile peat pot
含废石的铁矿☆incrustated iron ore
含沸石矿床☆zeolitic ore deposit
含酚废水☆phenolic wastewater；phenol waste
含粉磁带☆dispersed magnetic powder tape
含粉的☆farinose
含氟废水☆fluoride waste
含氟化合物☆fluorochemicals
含氟水☆fluorinated water
含副长石的☆foid-bearing
含副长石碱长正长岩☆foid-bearing alkali feldspar syenite
含钙的原生动物☆calcareous protozoa
含钙水亚组☆calcium subgroup
含钙土☆calcareous earth；calcareous-soil
含钙岩石☆calcic rock
含钙岩系☆calciferous series
含钙质结核黏土☆clay-with-race；clay with calcareous nodules
含钙浊积层☆calciturbidite
含干酪根的☆kerogenous
含矸量☆dirt content
含矸率☆percentage of shale content；refuse rate
含橄蓝方碱玄{粗安}岩☆ordanchite
含橄榄方碱玄岩☆ordanchite
含橄榄石辉长岩☆olivine-bearing gabbro
含钢量☆steel content
含高挥发物的[煤]☆fat
含高黏重质原油砂层{砂岩}☆tar sand
含高铁的☆ferrian
含高铁亚铁角闪石☆philipstadite
含高铁氧钛闪石☆oxyjulgoldite
含铬的☆chrome-bearing
含铬废水☆chromate waste water
含铬泥水☆chrome mud water
含铬铁矿白云岩☆chromite-dolomite
含铬云母☆listvenite
含铬直闪石质闪石☆kupfferite
含工业矿脉的岩石☆kindly ground
含汞的☆mercurial
含汞量☆mercury level
含汞污泥☆mercury-containing sludge
含古(骨)化石地层☆bone bed
含骨煤的(煤层)☆ribbed
含钴毒砂☆cobaltian arsenopyrite
含钴黄铁矿[FeS_2]☆(Co)-pyrite
含钴精矿☆cobalt-bearing concentrate
含固体颗粒的液体☆solids-laden fluid
含固相体系☆solids-laden system
含硅的☆siliceous；silicious
含硅热泉☆siliceous hot spring
含硅软土☆rottenstone
含硅酸盐的水泥☆silicate mixed cement
含果胶的☆pectic
含铪矿物☆hafnium containing mineral
含海生化石层☆marine bed
含核燃料的单位格子☆fuel cell
含褐煤的☆lignitic
含褐煤夹层的黏土☆brisket
含褐铁结核的土{|砂}☆buckshot soil{|sand}
含褐铁矿的☆ironshot
含黑电气石☆schorlaceous rock
含糊☆ambiguity；hesitate；vague；obscure；ambiguous
含糊函数☆ambiguity function
含糊其辞☆weasel
含花粉的☆palyniferous
含滑石的☆talcose
含化石的☆fossiliferous；fossil；zoic；fos
含化石的粗砂质灰岩☆lagstone
含化石的砂质粗石灰岩☆ragstone
含化石地层☆fossiliferous stratum{strata}
含化石足迹的岩石☆ichnolite
含黄铁矿的☆pyritiferous；pyritaceous；brassy；brat
含黄铁矿的煤☆dross(y){metal} coal；cat dirt
含黄铁矿多的煤[FeS_2]☆braz(z)il
含黄铁矿或碳酸盐的煤☆brat coal
含黄铁矿沥青质泥岩☆alum shale{earth}
含黄铁矿似碧玉岩☆pyritic jasperoid
含黄铜的☆brass
含黄玉石英角斑岩☆ongonite
含灰的☆ashy
含灰量☆ash content
含灰岩岩系☆calciferous series
含灰质夹层☆limy streak
含混不清的☆involved
含夹矸煤层☆ribbed coal seam
含镓矿物☆gallium-bearing mineral
含甲基的☆methylic
含钾矿物☆potassium-bearing mineral
含钾泥浆☆potassium mud
含尖晶石的☆spinelliferous
含碱的☆alkaliferous；alkaline；alcaline；alkaloid
含碱植物☆soda plant
含礁的☆reefy
含胶量☆gel{latex} content
含胶乳的☆latex-bearing；laticiferous
含胶束的溶液☆micelle-containing solution
含介壳化石层☆shell bed
含金冰碛☆auriferous drift
含金的☆auriferous；gold-containing；auric；aurigerous；gold
含金刚石冲积砂砾[巴]☆cascalho
含金刚石的橄榄石☆blue ground
含金红石水晶☆Rutilated Quartz
含金砾层岩☆banket
含金砾石☆auriferous{wash} gravel；gold-bearing conglomerate；greda
含金砾岩☆auriferous{gold-bearing} conglomerate；greda；banket；almendrilla
含金砾岩内的黄铁矿晶体☆binches
含金量☆gold content{parity}；tenor in gold；real worth{value}；fineness
含金裂隙☆crevice
含金(矿)泥☆wash dirt
含金泥的混合器☆barrow
含金溶液☆"pregs"；"royals"；auriferous solution
含金乳石英☆gold matrix{quartz}
含金砂☆cascajo；arena de oro；gold bearing sand
含金属的☆metal-bearing；metalline；metal(l)iferous
含金属的泥浆☆metalliferous mud
含金属低的无价值矿脉☆hungry
含金属粉末的浆状炸药☆metallized blasting slurry
含金属粉末的爆炸剂☆metallized agent
含金属粉末的硝铵浆状炸药☆metallized ammonium nitrate{nitrate slurry}
含金属泥☆metalliferous mud
含金水热角砾岩☆auriferous hydrothermal breccia
含金银的☆auri-argentiferous
含金银脉☆auri-argentiferous vein
含浸染状闪锌矿的硬燧石☆jack iron
含晶洞的☆geodiferous
含巨砾的☆bouldery
含可见金的矿石☆specimen ore
含矿标志☆showing of ore；showings；ore guide
含矿层☆bearing stratum；producing formation
含矿大区☆ore province
含矿的☆ore {-}bearing；live；pay；mineral-bearing
含矿的小块石头☆chats
含矿地层☆producing formation
含矿地带☆glebe
含矿地区☆holding；parcel；mineral land
含矿构造☆pay structure；mineral{ore} bearing structure
含矿建造☆re{ore} formation
含矿砾岩层☆banket reef
含矿流体☆mineral-charged fluid
含矿脉☆ore bearing vein；quick{ore-bearing} vein
含矿泥砂☆pay(-)dirt
含矿凝胶☆ore-bearing gel
含矿凝结水☆metal containing condensate
含矿水☆mineral-laden water
含矿碳酸盐主岩☆carbonate ore hostrock
含矿土☆wash
含矿土地☆mineral land
含矿围岩☆congenial host rock
(使)含矿物☆mineralization
含矿物的[围岩中]☆impregnated
含矿岩☆pay{ore} rock；ore bearing rock；pay-rock
含矿远景☆potentiality
含蜡的☆waxy；wxy
含蜡地层☆paraffin laden formation
含蜡原油☆waxy crude (oil)；wax-containing crude
含离子键的聚合物☆ionomer
含锂的☆lithian
含锂闪石☆lithium amphibole
含锂水☆lithia water
含砾的☆pebbled；pebbly
含砾泥岩[德]☆pebbly mudstone；gerollton；tilloid
含砾砂☆conglomeratic sand
含砾生物泥晶石灰岩☆biomicrudite
含砾石的☆shingly
含砾石液体☆gravel bearing fluid
含砾土(壤)☆pebble soil
含沥青的☆bituminous；asphalt {-}bearing；asphaltic；bituminiferous；fat
含沥青10%的砂岩或石灰岩☆rock asphalt
含沥青的碳质黏土{页岩}[煤层中]☆pitcher bass
含沥青砂☆tar sand
含沥青岩☆kir
含沥青质灰岩☆stink limestone
含两个铬原子的☆dichromic
含量☆content；cont；loading；load；assay
含量少的☆poor
含亮晶球粒灰岩☆dispellet limestone
含磷的☆phosphoric
含磷钙土的岩石☆phosphate matrix
含磷灰石铁矿石☆apatite iron ore
含磷水☆phossy water
含磷酸盐的☆phosphate-bearing
含磷酸盐的三水铝石型铝土矿☆phosphatic gibbsitic bauxite
含磷岩☆phosphate rock
含磷(层)组[P]☆Phosphoria formation
含硫的☆thio；sulphur(e)ous；sulfa-；sulfur(e)ous；sour；sulfur-bearing；sulf-
含硫高的干气☆sour dry gas
含硫和硫醇试验[轻质燃料油的]☆doctor test
含硫琥珀☆rumanite；roumanite；romanite
含硫化合物的☆sour
含硫化氢的水☆solfataric water
含硫化氢气井☆sour gas well

含硫化物的☆sour
含硫化物含碳层☆sulphide and carbonbearing layer；SC-layer
含硫黄{磺}的☆sulphurous；sulfuretted
含硫黄铁矿的层状矿床☆kieslager
含硫井☆sour well
含硫矿水☆hepatic{sulfur} water
含硫沥青☆tschirwinskite；chirvinskite；tscherwinskite
含硫量☆sulphur{sulfur} content
含硫煤☆grizzle；sulphocoal
含硫泥火锥☆puff cone
含硫气体管线管☆sour gas line pipe
含硫砂岩☆grayback post
含硫石油腐蚀☆sour corrosion
含硫树脂☆thioretinite；allingite；tasmanite
含硫酸基最少的硫酸盐☆protosulphate；protosulfate
含硫盐☆sulfosalt
含硫盐华壳☆sulfur-bearing incrustation
含硫原油☆sulfur{sulphur}-bearing{sour} crude；sour (crude) oil；sulfurized base oil
含硫杂质☆sulphur-containing impurity
含流体的孔隙空间☆fluid-filled pore space
含卤的☆halogenous
含卤岩地蜡☆aladra
含铝矿物☆aluminium bearing mineral
含铝水泥☆aluminous cement
含铝土的☆aluminiferous
含氯沸石☆ameletite
含氯氟烃☆CFC；chlorofluorocarbon
含氯化物消焰剂安全炸药☆surchlorure explosive
含氯量☆chlorinity；chlorine content
含卵石的☆pebbly
含脉裂缝☆crevice
含煤的☆coaly；coal-bearing
含煤地区☆coal-bearing area；coal land
含煤痕碳质页岩☆rashings
含煤砾的搬运煤☆coal gravel
含煤区☆coal bearing region
含煤线页岩☆wild coal
含煤岩系古地理☆paleogeography of coalbearing series
含煤页岩☆trub；drug；drub coal
含煤玉的沥青页岩☆jet shale
含镁大理岩☆magnesian marble
含镁的☆magniferous；magnesia-bearing；magnesian；magnesial
含镁钴华☆cobalt-cabrerite
含镁石灰☆dolomitic lime
含镁水亚组☆magnesium subgroup
含锰方解石☆manganoan calcite
含锰灰岩☆manganiferous{Mn-bearing} limestone；spartaite
含锰砂岩☆handite；manganese sandstone
含锰砷镁石☆manganiferous hornesite
含米特人[居于东北非洲]☆Hamite
含棉率☆fiber content of ore
含明矾页岩☆alum shale
含磨料喷嘴{流}☆abrasive-laden jet
含木屑腐泥☆amphi-sapropel
含钼的☆molybdic
含钼方钠石☆molybdosodalite
含钼矿物☆molybdenum bearing mineral
含钠辉石☆soda-augite
含钠水亚组☆sodium subgroup
含钠岩石☆sodic rock
含奶油的☆butyraceous
含能量☆energy content
含铌易解石☆niobo-aeschynite
含泥的☆argilliferous；clay-bearing
含泥动物☆deposit{sediment} feeder
含泥很少的地层☆clean(er) formation
含泥很少的地层夹层☆cleaner formation streak
含泥矿浆☆slime pulp
含泥砾石☆loamy{binding} gravel
含泥量测定☆silt test
含泥量测定仪☆elutriator
含泥率计☆mud meter
含泥末煤☆lama and slack
含泥黏土☆coating clays
含泥沙的☆silt-laden
含泥沙河口☆sediment-carrying estuary
含泥沙(的)河流☆burdened stream
含泥水☆mud {-}laden water
含泥质☆mud-bearing
含泥质岩石模型☆shaly rock model
含黏土的☆argilliferous；argill(ace)ous；clayish；clayey
含黏土的小矿粒☆pryan
含黏土地层☆clay-bearing formation
含黏土多的砂☆gummy sand
含黏土夹层的铁矿石层☆rake
含镍磁黄铁矿[$Fe_{1-x}S$,x=0～0.2]☆Ni-pyrrhotite
含镍的☆nickeliferous
含镍基性岩☆nickel-bearing basic rock
含镍抗腐铸铁☆niresist iron
含镍蛇纹石矿[$(Mg,Ni)_6(Si_4O_{10})(OH)_8$]☆serpentine nickel ore
含硼石墨☆boronated graphite
含硼水☆boracic{boric} water
含硼水泥☆boron {-}containing cement
含铍凝灰岩☆berylliferous tuff
含气层☆gas-bearing horizon{reservoir;formation; bed}；fiery seam；gas column
含气地层☆gas-bearing formation
含气地段☆gaseous section
含气度☆degree of aeration
含气夹层☆gas streak
含气量☆gas concentration{content}；gassiness
含气量极高的[地热田]☆very-gassy field
含气率☆air voids{content}；airspace{air-space} ratio
含气热泉☆hot gaseous spring
含气三极管☆trigatron
含气石油☆thinned{live;gas-bearing} oil
含气原油☆live crude
含汽冷泉☆gaseous cold spring
含铅的☆leaded；plumb(e)ous；plumbiferous
含铅很少的银矿石☆dry ore
含铅水泥☆lead cement
含铅硬焊药☆leady spelter
含铅釉☆lead-bearing enamel
含强碱的☆alcaline；alkaline
含羟的☆hydric
含羟根矿物☆hydroxyl-bearing mineral
含羟矿物☆hydrous mineral
含氢的热活动☆hydrogenous thermal activity
含氢屏蔽层☆hydrogenous shield
含氢溴酸的化合物☆hydrobromide
含氢氧根的☆hydrous
含氢指数☆hydrogen index
含氢指数测井☆hydrogen index log
含氰废水☆cyanide(-containing) waste
含球粒的微晶灰岩☆pelletiferous micrite
含球屑顽辉无球粒陨石☆whitleyite
含曲脉的☆crook-veined
含驱替流体百分数☆displacing fluid cut
含燃料石墨心核☆fuel-bearing graphite kernel
含溶解气石油的黏度☆gas-oil fluid viscosity
含散布矿石的岩石☆dredgy ore
含砂当量试验☆sand equivalent test
含砂的☆sandy；sand laden；arenous；sdy
含砂低液限粉土☆sandy silt of low liquid limit
含砂方解石☆Fontainebleau sandstone
含砂高液限黏土☆sandy clay of high liquid limit
(泥浆)含砂量测定瓶☆elutriometer
含砂量测定仪☆sand content set{apparatus}
含砂量☆sand content{cut}；sand-carrying capacity；silt content；sand carrying capacity
含砂量的控制☆sand control
含砂屑灰岩☆calcarenitic limestone
含砂液☆sand-laden fluid
含砂页岩☆sandshale
含沙量☆silt{sediment} concentration；solid{sand} content；silt {-}carrying capacity；turbidity；(sediment) charge；load
含沙率☆sediment charge
含珊瑚的☆coralliferous
含少量金属而无开采价值的矿{脉}石☆ore-protore；protore
含砷的☆arsenic；arsenical
含砷废水☆arsenic effluent
含生物层☆biohorizon
含生物凝灰岩☆pyrobiolite
含湿量☆moisture content
含石膏的☆gyps(e)ous；gypsiferous
含石膏泥灰岩☆vauquelite
含石膏砂☆gyps(e)ous sand
含石灰的☆limy
含石灰熔剂☆lime-bearing flux
含石蜡和异构石蜡混合物的气态或液态沥青☆warrenite
含石榴子石的☆garnetiferous；garnet-bearing
含石墨的☆graphitiferous
含石墨渣☆kish slag
含石土壤☆rocky{stony} ground；stony soil；rammel
含石盐的☆halitic
含石盐砂岩☆halitic sandstone
含石英的☆quartziferous；quartz-bearing；quartzous；quartzic；quartzy
含石英二长岩☆quartz-bearing monzonite
含石油的☆petroliferous
含示踪剂的注入水☆tagged injection water
含示踪原子的化合物☆labeled compound
含铈绿帘石☆cerium epidote
含5%熟石膏的石灰☆selenitic lime
含水饱和度的零线☆zero water saturation line
含水饱和度截止值☆water saturation cutoff
含水层☆aquifer (reservoir;fluid-bearing;bed;water; permeable)；water-bearing level{formation;horizon; bed;zone;strata}；water bearing stratus{stratum; layer}；wet formation{layer}；water horizon{bearer; strata}；aqueous{watery} stratum；permeable level {reservoir;horizon}；payzone；aquafer；water-filled reservoir；damp zone；water-carrier；groundwater horizon{storey}；water yield formation
含水层的二氧化硅温标温度☆silica-estimated aquifer temperature
含水层顶板岩层厚度☆thickness of apical plate of aquifer
含水层上下的不透水层☆confining bed
含水层式热储☆aquifer thermal reservoir
含水层水☆aquifer water
含水层污染潜势{|危害}图☆aquifer-contamination potential{|hazard} map
含水常数☆hydrologic constant
含水带注水[即边外注水]☆aquifer injection
含水但不透水的地层☆aquiclude
含水当量☆moisture equivalent
含水的☆hydrous；hydrated；aqu(if)erous；watered；water-bearing{-holding;-carrying;-laden}；aquatic；moisture-laden；enhydrous；aqua；aq.
含水层顶(板)☆aquifer roof
含水的层状硅酸铝☆layered hydrous aluminum silicate
含水的镍镁硅酸盐混合物[成分近似镍纤蛇纹石]☆genthite
含水地层☆aquifer；water-bearing bed{strata;ground; formation}；water-logged measures；wet formation；watery{water-logged} stratum；water carrier{zone}；water-carrying seam；watered ground
含水煅石膏☆hydrocal
含水多的岩样☆wet sample
含水分煤气☆moisture-laden gas
含水钙钡铝硅酸盐[$NaCa_2(Al_6Si_8O_{28})•2H_2O$]☆armenite
含水硅铝锈矿物☆naesumite；nasumite
含水硅酸盐包裹体☆hydrosilicate inclusion
含水很多的地层☆heavily watered ground
含水介质☆water-bearing medium
含水浸渍☆impregnation on partially dried basis
含水喀斯特岩溶☆aquiferous karst
含水矿物☆water-bearing{hydrated;hydrous} mineral；hydroites；enhydrite
含水量☆dampness；water content{cut;capacity}；moisture (content;weight;capacity)；water-retaining {-holding;-bearing} capacity；damp；M.C.；WC
含水量-密度同位素测定仪☆moisture-density isotopic gauge
含水裂缝{隙}☆water fissure
含水硫酸镁矿☆Epsom salt；epsomite
含水铝氧☆alumina hydrate
含水率☆water ratio{cut;percentage}；water content (ratio)；moisture content；percentage of moisture (content)；specific moisture content；WC
含水率变化趋势☆water-cut trend
含水率计☆hydro tool
含水黏土性质☆clay-water property
含水泡玉髓☆enhydrite
含水区☆aquifer region；water leg
含水砂层☆water (bearing) sand；sand aquifer
含水砂岩☆bleeding rock
含水石☆hydrophite；waterstones

H

含水蚀变矿物填充☆hydrous altered mineral filling
含水说☆hydration water theory
含水苏打[Na_2CO_3•$10H_2O$]☆natron
含水塑性☆hydroplasticity
含水塑性沉积物☆hydroplastic sediment
含水塑性碳酸盐泥☆hydroplastic carbonate mud
含水梯度☆water-content gradient
含水体系☆aqueous{hydrous;aquiferous} system
含水土☆moist ground；aqueous soil
含水土壤☆water-bearing{aqueous} soil；watered ground
含水团粒☆watery aggregate
含水物☆hydrate
含水霞石[合成]☆nepheline {-}hydrate；lembergite
含水纤维状硫酸铝☆mountain butter
含水限度☆consistency limit
含水性☆water-retaining {-bearing; -holding} capacity；aquosity
含水性的☆water-dwelling
含水雪☆cooking{water} snow
含水岩浆成的☆aqueo-igneous
含水岩浆成伟晶岩☆aqueo-igneous pegmatite dike
含水岩石☆wet ground；waterstone
含水岩系☆aquifer{water-yielding} system；water-yielding rock system；water bearing system
含水氧化物☆hydrous oxide
含水玉髓☆hydrolite
含水玉髓晶洞☆enhydros；water agate
含水原油☆wet oil{crude}；water cat oil；bad oil
含水针铁矿[$HFeO_2$]☆hydrogoethite
含锶的☆strontianifeous
含锶矿床☆strontium ore deposit
含四乙基铅的汽油☆TEL；tetra-ethyl lead
含塑量☆plastic content
含酸的☆acidiferous
含酸井☆sour well
含酸量☆acidiferous；acid content
含酸渣的废水☆sludge water
含碎石黏土☆stony clay
含燧石的地层☆cherty ground
含燧石地带☆flinty ground
含铊的☆thallous；thallic
含钛磁铁矿矿床☆titaniferous magnetite deposit
含钛的☆titaniferous；titanium-bearing
含钛火山灰砂岩☆menaccanite
含钛钾钠透闪石☆magnophorite
含钛尖晶石磁铁矿☆mogensenite
含碳的☆carboniferous；carbon(ace)ous；carbonic；carbon-bearing
含碳富铀矿☆tree ore
含碳琥珀☆delatinite；delatynite
含碳矿物☆carbon {-}containing mineral
含碳量☆carbon content；temper
含碳铅丹☆radium vermillion
含碳酸盐的水☆carbonated water
含碳物料☆carbonaceous material
含碳页岩☆kilve；kelve；cannel bass
含锑黝铜矿[$Cu_{12}Sb_4S_{12}$]☆antimonial gray copper ore
含天然(贵)金(属)的石英☆free-milling quartz
含天然气的☆gas bearing
含天然气片岩☆gas schist
含添加剂柴油机燃料☆doped fuel
含铁的☆ferruginous；chalybeate；ferrous；ferriferous；ferrian；iron-bearing；ferroan；ferro-
含(正)铁的☆ferri-
含铁方解石☆ferroan calcite
含铁核的☆ironshot
含铁和镁的矿物类☆femic minerals
含铁辉石☆collbranite
含铁钾钠钙镁闪石☆simpsonite
含铁建造☆iron-bearing{iron} formation；calico rock
含铁胶结物的☆ferruginate
含铁矿石☆ironstone；iron-bearing ore
含铁矿石结核的页岩☆rake (bind;shale)
含铁冷泉☆cold iron spring
含铁磷铬矿☆phosphochromite
含铁脉石☆rither；rider
含铁镁的☆ferromagnesia-bearing
含铁黏土☆ferruginous clay；gluing rock
含铁砂☆sandy ore
含铁砂金☆ferriferrous gold sand
含铁石结核的页岩☆rake
含铁水泥☆iron cement
含铁酸☆Fe-laden acid
含铁碳质片{页}岩☆greda
含铁土☆ferruginous earth
含铁锡石☆ferrian-cassiterite
含铁性☆ferruginosity
含铁陨石☆oligosiderite
含铁皂石[4(Mg,Fe,Ca)O•(Al,Fe)$_2$O$_3$•5SiO$_2$•7H$_2$O]☆griffithite
含烃地层☆hydrocarbon-bearing formation
含烃类孔隙体积☆HPV；hydrocarbon pore volume
含烃区域☆hydrocarbon realm
含铜斑岩☆copper porphyry
含铜铋硫化矿物[$Cu_2Bi_2S_4$]☆emplectum
含铜的☆cupr(if)erous；coppery；copperish；cupric；copper-bearing
含铜砾状砂岩☆sandy ore
含铜片岩☆cambric schist
含铜砂岩矿床☆cupreous sandstone deposit
含铜铁矿☆cuprous iron ore
含铜页岩☆kupferschiefer；cupriferous{copper} shale
含铜页岩型矿床☆kupferschiefer type deposit
含土锡砂☆squad
含钍碳酸岩型矿床☆thorium-bearing carbonatite deposit
含瓦斯的☆gas bearing
含瓦斯的矿井{山}☆gassy；gaseity
含瓦斯煤系岩层☆gas-logged strata
含微量动物碎屑的[白云岩]☆clastizoichnic
含微量脉石的矿石☆dredgy ore
含鎓捕收剂☆onium collector
含钨的☆tungstiferous
含无烟煤的☆anthracitous
含硒硫黄☆volcanite
含硒植物☆seleniferous plant；selenophile
含矽粉尘☆silicium dust
含锡的☆tinny；stanniferous；stannous
含锡砾石下的无矿基岩[马来]☆kong
含锡石沙☆cassiterite-bearing
含细菌水质☆bacteriological water quality
含细粒砂土☆sand-containing fine grains
含霞碱玄岩☆linosaite
含霞粒{粗}玄岩☆westerwaldite
含腺小刺[植]☆glandular spine
含硝酸的硝(化)甘(油)炸药☆straight gelatin(e)
含硝酸钠的吉里那特炸药☆N.S. gelignite
含小管的☆tubulous
含小粒有用矿物的脉壁泥[指示主矿体]☆deaf ore
含小树根化石的岩层☆rootlet bed
含锌☆zincic
含锌黏土☆oravi(t)zite；oraviczite；orawiczite
含溴产品☆brominated species
含溴化物的盐水☆bromide brine
含须根的底黏土☆rootlet bed
含蓄☆implicate
含蓄的指责☆implied criticism
含血的☆sanguine
含牙形石动物☆conodontifer
含亚铁的☆ferro-
含烟空气☆smoke-laden atmosphere
含盐的☆saline；sali(ni)ferous；salt (bearing)；salty
含盐度☆saline concentration；salt(i)ness；salineness；brinishness
含盐共生水☆saline connate water
含盐过多的水☆excessive high salinity water
含盐量测定计☆salinometer
含盐量校正系数☆salinity correction factor
含盐黏土☆salt-water{saliferous} clay
含盐剖面☆salt-bearing section
含盐剖面测井☆salt profile logging
含盐浅水盆地☆salt pan
含盐热液泉☆salty hydrothermal spring
含盐水脱盐☆demineralization of Saline water
含盐碳☆salt-impregnated carbon
含盐统[美;S_2]☆Salinan series
含盐土壤☆salty soil
含盐油井☆subsalt well
含岩土☆rocky soil
含氧成分[双组元推进剂中]☆oxidant
含氧的☆oxic；oxygenous；oxygenated；oxygenic；oxo；oxy-
含氧度☆oxicity
含氧化硅的☆silica-charged
含氧化硅热水☆silica-bearing thermal water
含氧化钛的水合锆石☆oerstedite
含氧化铁水泥☆iron-oxide cement
含氧化物矿石☆oxide bearing ore
含氧环境☆aerobic environment
含氧量☆level of oxygen；oxygen level{content}
含氧水☆oxygenated water
含氧酸☆oxyacid；hydroxy acid
含氧系数☆oxygen coefficient
含氧盐☆oxysalt
含页层{岩}砂岩☆broken sand
含液质的☆aerohydrous
含钇锆石☆ribeirite
含钇榍石☆keilhauite
含易燃气体的大气环境☆dangerous atmosphere
含义☆import；implication；connotation
含异戊(间)二烯基的☆prenyl
含铟角闪石☆indiferous amphibole
含银的☆argentiferous；argentic；argental
含银方铅矿☆argentiferous galena；silver lead ore
含银泥土☆lama
含银石盐☆lechedor；huantajayite
含铀的☆uraniferous；uranium-bearing；uranic
含铀块石墨☆live graphite
含铀矿物矿床☆deposit of uranium-bearing minerals
含铀磷矿石☆uraniferous phosphate rock
含铀煤型矿床☆uraniferous coal type deposit
含铀砂岩矿床☆uranium {-}bearing sandstone deposit
含油☆oiliness
含油百分数曲线☆oil-cut curve
含油饱和度剖面☆oil saturation profile
含油边界☆oil-bearing boundary；productive limit
含油(气)标志☆Show
含油层☆oil{container;oil-bearing} horizon；pay；oil-bearing{containing} formation{stratum;strata}
含油的☆pay；oil-bearing；oleaginous；butyraceous；oily；petroliferous
含油蜡☆patch
含油量[产液的]☆oil content；oleaginousness；oil-cut
含油剖面☆oil-saturated section
含油气圈闭☆oil and gas bearing trap；oil gas trap
含油气省☆petroleum province
含油区☆petroleum{oil;petroliferous} province；petroliferous{oil} area
含油区块☆oil-bearing block
含油砂☆tar sand
含油砂岩地层☆sands
含油石蜡☆paraffin slack wax
含油树脂☆oleoresin
含油岩芯☆saturated care
含油页岩☆petrolo-shale；wax{oil-bearing;paraffin;petroliferous} shale；sapanthracon stone；dice；hone；pyroschist；sapanthrakon
含油轴承☆self-lubricating{oil} bearing
含游离硅石的黏土☆mild clay
含有☆incorporate；hold；contain；carry[矿石、石油等]
含有(意义)☆carry
含有大量汽油馏分的吸收油☆fat oil
含有动植物化石的☆zoic
含有机矿物的红铁矿☆clinton ore
含有机物地表层[天然气逸出所造成的]☆gas spurts
含有价成分的溶液[水冶]☆"royals"
含有角形颗粒的☆argulated
含有空气的蒸气☆aerated steam
含有孔虫的☆foraminiferous
含有沥青的残留物☆asphalt-bearing residue
含有两个原子{分子;基团}的☆di-
(使)含有硫黄☆sulfurize；sulphurize
含有磨料的☆abrasive(-)laden
含有去垢剂的润滑油☆detergent oil
含有少量油的地层水☆slight oil cut water；SOCW
含有生物化石的☆zoic
含有添加剂的润滑油☆additive lubricating oil
含有添加剂的车用机油☆additive motor oil
含有微(矿)脉的岩石☆dredgy ore
含有洗涤剂的☆detergent
含有氧化铅的闪亮玻璃☆strass
含有……意思☆imply；implicate
含淤泥的☆limous
含云母的☆micaceous
含云母碎片的硝甘炸药☆mica powder
含杂质的☆dirty；impure
含杂质水{|油}☆dirty water{|oil}

H

含藻岩☆kukersite
含针晶石英☆sagenetic quartz
含针铁石类{英}☆hedgehog-stone
含蒸气的热卤水☆wet steam brine
含支链分子☆branched molecule
含植物化石的☆phytophoric
含植物组织的腐泥☆dy
含植屑腐泥☆amphisapropel
含中砾泥岩☆pebbly mudstone
含重硬物砾石层☆gem gravels
含族☆Hamite
含钻粉泥浆☆cuttings-laden mud fluid
焓☆enthalpy；heat content{function}；H；total heat
焓差法☆enthalpy potential method
焓分析☆enthalpy analysis
焓降☆heat drop；enthalpic decrease
焓-氯化物混合图解☆enthalpy-chloride mixing diagram
焓-熵图☆enthalpy-entropy diagram
涵洞☆culvert；tube
涵洞闸门☆clough
涵(洞)管☆culvert pipe；pipe culvert
涵管口☆return port
涵管式进水洞☆culvert type head gene
涵养带☆discharge zone
涵义☆purport
寒奥纪☆Cambrovician period
寒北风☆scharnitzer
寒潮☆cold wave{spell}
寒带☆cold zone{cap;belt}；frigid zone
寒冻风化☆congelifraction；frost weathering
寒荒漠群落☆frigorideserta
寒极☆cold {-}pole
寒冷☆chilliness
寒冷的☆inclement；chill；frigid
寒冷地区研究和工程实验室☆cold regions research and engineering laboratory；CRREL
寒冷气候☆frigid{cold} climate
寒冷山风☆puna
寒林☆taiga
寒流☆cold current{wave}
寒漠☆fell-field；cold desert；tundra
寒日☆winter day
寒暑表☆thermometer
寒暑表的☆thermometric
寒水石☆gypsum rubrum
寒温带☆cool temperate zone
寒武奥陶(纪)☆Cambro Ordovician
寒武古杯海绵(属)[$Є_1$]☆Cambrocyathus
寒武骨片类☆Cambroscleritid
寒武管螺属[似软舌螺类;$Є_1$]☆Cambrotubulus
寒武纪[542～488Ma,浅海广布,生命大爆发,三叶虫极盛;$Є_{1-3}$]☆Cambrian；Cambrian period
寒武纪后的☆post-Cambrian
函核不连续面☆mantle-core discontinuity
函皮类☆Ostracodermi
函数☆function；dependent variable；fn；F.
Ei 函数☆exponential integral function；Ei-function
β{|γ|δ|ζ|η|θ}函数☆beta{|gamma|delta|zeta|eta|theta} function
函数逼近☆approximation of function
函数的褶积☆faltung
函数关系☆functional relationship{relation}；history
函数极限{|增量|论|域}☆limit{|increment|theory|domain} of function
函数命名{|指示}符☆function designator{|designator}
函数求值程序☆function-evaluation routine
函数相依{关}☆functional dependence
函数性☆functionality
函子(数)☆functor

hǎn

喊☆call
喊出☆scream
喊叫☆roar
喊声☆shout
鉮[Ha,第 105 号元素]☆hahnium
罕盖类[钙超;K]☆Oligostegina
罕见☆seldomness；rare；out of the way
罕见暴雨☆extreme rainstorm

hàn

旱☆drought
旱采☆dry excavation process
旱成土☆aridisol
旱稻☆upland rice
旱地☆dry-farmed land；dryland；dry farm
旱地动物☆xerocole
(在)旱地发展的☆xerarch
旱地群落☆xerophytia
旱地植物☆xerophyte
旱谷☆wadi [pl.-es,-s]；oued [pl.-s;pl.-a]；waddy；wady；ouadi[法]；enneri；arroyo；omuramba[非洲班图语;pl.-bi]
旱河☆spruit
旱黑石灰土☆xerorendsina
旱化(作用)☆desiccation
旱季☆dry{arid} season
旱季降雨☆isolated storm
旱境☆arid region
旱涝演替☆xerasium
旱年☆drought year
旱坡☆xerocline
旱桥☆tresses；overbridge
旱生的☆xeric
旱生化☆xerophilization
旱生森林群落☆xerodrymium；xerohylium
旱生型☆xeromorph
旱生形态☆xeromorphism
旱生演替的☆xerarch
旱生植被☆xeromorphic vegetation
旱生植物☆xerophilous plant；xerophyte；xerophile；siccocolous；xerocole
旱生植物化☆xerophytization
旱田☆upland field
旱峡☆air gap；wind gap
旱性形态☆xeromorphism
旱原☆ariplain
旱灾☆drought；drought dry damage；dry damage
旱作☆dry farming
颔线☆bow line
焊☆soldering；weld
焊把☆electrode holder；welding electrode holder
焊把操作☆holder manipulation
焊边☆toe
焊波☆stringer bead；weld ripples
焊蚕☆(stringer) bead
焊层☆layer
焊穿☆weld penetration；burn through
焊带☆solder strip
焊道☆bead (welding)；weld bead{pass}；(welding) pass
焊道底边或内表面咬肉☆internal (root) undercut
焊道内冷搭接[焊缝缺陷]☆interpass cold lap
焊道下裂纹☆underbead crack
焊灯☆blowlamp；heating lamp；blowtorch
焊点☆soldered dot；welding spot；welding pore；solder head
焊点脱开☆slip-off
焊粉☆welding powder
焊缝☆joint；weld bead{joint}；soldering{welded;brazed;welding} seam；welded{soldered} joint；bond；tinker's dam；weld；shut
焊缝代号☆welding symbol
焊缝的波纹☆weld ripples
焊缝管☆butt welled pipe
焊缝厚度☆throat depth{thickness}
焊缝间隙校正验收人员☆spacer
焊缝烧穿☆arc burn
焊缝外边缘咬边[焊缝缺陷]☆external undercut
焊缝位置☆position while welding
焊膏☆butter
焊工☆(arc) welder；welding (operator)；soldering；solderer
焊工帽罩☆welder's{welding} helmet
焊工面罩☆helmet{face} shield；welder's helmet
焊工助手☆welder's helper
焊工资格审定☆welder qualification
焊管架☆scat (welding) rig
焊管脚☆tubulating；tubulation
焊管铁条☆skelp
焊合裂缝☆welded fissure
焊喉☆throat
焊后加热☆postheating
焊后退火☆post annealing
焊弧☆welding arc
焊机☆welder；welding machine
焊机床面☆platten
焊剂☆flux；welding flux{compound}；solder
焊剂层下自动焊☆lincoln weld
(用)焊剂处理☆flux
焊剂芯焊丝电弧☆flux-cored arc welding；FCAW
焊(接部)件☆weldment
焊件支架☆welding manipulator
焊接☆weld(ing)；solder (connection)；(welded) joint；bonding；braze；sealing(-in)；welder
焊接变形☆welding deformation{distortion}；welding distorsion{deformation}；fingernailing
焊接处☆commissure
焊接灯☆blow lamp{torch}；torch
焊接点☆welding spot；soldering pearl
焊接电缆接线柱☆welding connector
焊接端☆sealed{welding} end
焊接发电机☆welding generator
焊接钢丝{筋}网☆welded wire fabric
焊接工☆bonder
焊接工具☆pistol
焊接管☆welded tubing{pipe}；weld(ing) pipe；sheet iron tube；W.P.
焊接管件☆weld-end fittings
焊接管拉制机☆skelper
焊接管坯☆skelp；tube strip
焊{铆}接行距☆back pitch
焊接护鞋罩☆protective spats for welding
(钢板)焊接滑轮☆fabricated sheave
焊接剂☆brazing compound
焊接接头晶间腐蚀☆weld decay
焊接结构☆weldment；welded construction{structure}
焊接金属☆welded metal
焊接坑[在管沟内焊接管路时用]☆bell hole
焊接矿物☆chrysocolla
焊接棱翼式稳定器☆welded rib stabilizer
焊接螺旋翼片式稳定器☆spiral welded-on wing stabilizer
焊接密封☆bonded seal
焊接面☆face of weld
焊接缺陷☆weld defect；defect of welding
焊接设备车☆welding truck
焊接式应变计☆weldable strain gauge
焊接头☆soldered joint{splice}
焊接弯曲试验片☆kinzel test piece
焊接性☆weldability
焊接咬边☆under cut
焊接翼片式稳定器☆welded blade stabilizer
焊接用的手持面罩☆hand shield
焊接用具☆welding accessories；WA
焊接钻头用铜片☆copper form
焊炬☆blowpipe；(welding) torch
焊口☆crater
焊口的第二层焊道☆hot pass{bead}
焊口焊缝☆girth welding
焊口设计☆joint design
焊烙铁☆soldering pearl
焊料☆(brazing) solder；master{welding} alloy
焊料玻璃☆solder glass
焊裂缝☆welding crack
焊瘤☆welding beading；overlap
焊炉☆brazier
焊片☆lug；LG
(线头)焊片☆burr
焊坡口面☆fusion face
焊钳☆hawkbill；forceps；pinch weld；cramp；tip holder；soldering turret；welding electrode holder
焊枪☆welding gun{torch;blowpipe;pistol}；blowpipe；blowtorch
(用)焊枪烧焊☆torch
焊上☆brazed-in；sealing-on；welded-on
焊上焊道☆beading
焊丝☆(welding) wire
焊丝盘☆(electrode-)wire reel
焊死的☆sealed in
焊条☆welding rod{wire}；filler rod；solder strip
焊条电焊☆stick electrode welding
焊条夹钳☆electrode holder
焊条金属☆weld metal
焊条上的焊药☆welding rod coating
焊条芯☆core wire
焊铁☆soldering iron
焊头☆welding head
焊透☆through welding
焊透深度☆weld penetration

焊锡☆solder
焊线机☆seamer
焊线距☆pitch of weld
焊眼☆welded eye
焊药☆welding compounds；solder；auxiliaries
焊药心焊丝电弧焊☆flux-cored arc welding；FCAW
(直接)焊在工作管柱上的扶正片☆weld-on centralizer
焊渣☆welding{solidified} slag；slag (blanket)
焊趾裂纹☆toe crack
焊制的☆welded
焊制结构☆fabriform
焊制顺序☆welding sequence
焊珠☆hot pass
焊嘴☆(welding) tip
汗滴效应☆liquid hang-up effect
汗衫☆shirt
汉白石☆white marble
汉博尔特型(动筛式两段)跳汰机☆Humboldt jig
汉布尔公式☆Humble formula
汉德逊硫化铜矿氯化法☆Hendersen process
汉丁顿型磨机[盆式多悬辊磨机]☆Huntington mill
汉佛德溪组[北美;$Є_1$]☆Hanford Brook formation
汉弗雷{莱}型螺旋精选{选矿}机☆Humphrey's spiral concentrator
汉基小塑性变形理论☆Hencky's theory of small plastic deformation
汉考克型分室动筛跳汰机☆Hancock jig
汉克尔函数☆Hankel function
汉克尔-尼科尔森型积分☆Hankel-Nicholson type integral
汉米敦期☆Hamilton age
汉密尔顿层[北美;D_2]☆Hamilton beds
汉明(修匀)☆Hamming
汉纳尔规则☆Hannell rule
汉纳硅鞭毛藻(属)[E_2]☆Hannaites
汉尼尔菊石属[T_1]☆Hanielites
汉尼格苔藓虫属[S_1]☆Henigopora
汉宁(修匀)☆Hanning
汉努维亚汞气灯[探测矿物荧光用]☆Hanovia lamp
汉森承载力公式☆Hansen's bearing capacity formula
汉森问题☆two-point problem
汉水动物化石群☆shallow-water fauna
汉塔克研磨机☆Hametag mill
汉特德恩型浮选机☆Hunt-Dunn cell
汉逊酵母属[真菌;Q]☆Hansenula
汉阳鱼(属)[D_1]☆Hanyangaspis
汉中(三瘤)虫(属)[三叶;O_1]☆Hanchungolithus
汉字处理方式☆ideographic word processing mode

hāng

夯☆ram；punner；tamp(er)；rammer；pound；buffet；thrash；carry on one's shoulder with effort
夯锤☆rammer；pounder
夯镐☆tamping pick
夯击碾☆tamping roller
夯紧☆tamp；compact
夯具☆beater；punner；rammer；tamper；beetle；bettle
夯坑☆crater
夯路机☆road packer
夯砂锤☆peen rammer
夯实☆compact(ion)；beetle；packing；compaction by driving；ram；tamp(ing)
夯实分层厚度☆compacted lift
夯实混合物☆compressed mixture
夯实机☆beater
夯实扩底混凝土桩☆compacted expanded base concrete pile
夯实量测量☆compaction measurement
夯实土☆packed{compact;compacted} soil
夯实土墙☆puddle wall
夯实土心坝☆puddle-core dam
夯实土桩☆rammed-soil pile
夯实物料☆ramming material
夯实系数☆compacting factor
夯实压力☆compaction pressure
夯土机☆(earth) rammer；tamper
夯压☆compaction
夯桩定位☆pin piling

háng

杭灰[石]☆Hang Grey
行☆column；array；row；range；tier；line；dromo-
11 行穿孔☆eleven punch；X-punch
行地址☆row address；RADD
行迭代☆row iteration
行幅☆swath
行刚性模量☆modulus of rigidity
行规则☆line discipline
行话☆jargon；cant；slang
行会☆guild
行矩阵☆row matrix
行距☆linewidth
行宽☆row span
行列☆file；row[结晶学]；array；train；queue；line
行列(注采)井网☆line-drive well network
行列设计分析☆analysis of row-column design
行列式☆determinant
行列式秩☆determinant rank；rank of a determinant
行露头☆row crop
行/秒☆lines per second；LPS
行内的☆in-row
行偏转☆line deflection
行频☆horizontal (line) frequency；TV line frequency
行清晰度☆line definition
行情表☆quotation (list)；tabulated quotation
行情波动☆business fluctuations
行驱动线☆line driver；LD
行扫描☆line scanning{deflection;scan}；horizontal scanning；line-scanning
行式印刷☆line-(at)-a-time printing
行市☆quotation；quot
行数{号}☆line number
行同步☆horizontal hold
行推动信号☆horizontal{line} driving signal
行系数{|向量}☆row coefficient{|vector}
行消隐信号☆horizontal blanking signal
行序图像向量☆row-ordered image vector
行业☆interest；walk；trade；occupation；vocational
行业计划☆sectional{department} plan
行业术语☆cant
行子波☆row-wavelet
航标☆navigational mark
航标工作情况指示器☆tell-tale
航标税☆beaconage
航材☆Aeromat
航测☆aerial-photogrammetry；aerial{air(borne)} survey
航测成图☆photoplotting
航测飞机☆air survey aircraft；air-mapping aeroplane
航(空)测(量)摄影机☆air survey camera
航测术☆photogrammetry
航测业务公司[美]☆Aero Service Corporation；ASC
航测综合法地物转绘☆photo(-)planimetry
航测作业☆phototopography
航差☆drift
航差角☆crab
航程☆range ability；voyage；race
航程测验板☆chip
航程时间☆elapsed time
航程延误☆delay of voyage
航船☆sailing ship
航磁测量☆air magnetic survey；aeromagnetic survey；aeromagnetics；magnetic airborne surveys
航磁剖面☆airborne magnetometer profile；aeromagnetic profile
航(空地)磁图☆aeromagnetic map
航次☆voyage；cruise
航带☆airborne trace；range{ground} swath；(air) strip
航道☆fairway；(navigation) channel；waterway；lane；(water) course；seaway；watercourse；way；shipway；passage；midway
航道艇信号☆channel boat signal
航道图表☆nautical chart
航道中央浮标☆midchannel buoy
航道最外边的浮标☆farewell buoy
航高☆flight altitude{height;elevation}；flying height；height of flight；aircraft altitude
航高上限☆ceiling
航海☆navigation；(return) voyage；sea
航海标志☆seamark
航海的☆sea-going；nautical；naut
航海家☆voyager
航海历☆Ephemerides；nautical ephemeris{almanac}
航海罗盘☆boat{sea} compass
航海锚☆marine anchor
航海日志☆day{sea;log} book；(ship) log；official log book
航海术☆navigation；seamanship；seacraft；sailin
航海图☆(hydrographic) chart；pilot chart；sea boo
航海线☆sail line
航海性能☆seaworthiness
航海业☆seafaring
航海仪器☆navigational instrument；nautical equipmen
航海指南☆sailing directions
航海装{设}备☆nautical equipment
航机改型燃气轮机☆aircraft derived gas turbines
航迹☆flightpath；flight track{path}；airborne trace；trace of aircraft and ship；race；path；airtrace
航迹恢复☆flight-path{track} recovery
航迹图☆track chart{plot}
航迹推算图解法☆graphic dead reckoning
航迹云☆contrail
航迹自绘仪☆track plotter
航空☆avi(g)ation；navigation；air-；aero-；aeri-；aer-
航空阿夫麦格电磁系统☆airborne AFMIAG
航空表演☆aerobatics
航空兵☆airman
航空测绘和情报中心[美]☆Aeronautical Chart and Information Center；ACIC
航空测量方法☆aerial survey method
航空测量仪{图}☆aerocartograph
航空测深☆flying sounding
航空测图法☆aerocartography
航空测向器☆airborne direction finder
航空长波台法☆airborne VLF
航空磁测☆aeromagnetic survey；airborne{air} magnetic survey；aeromagnetics
航空(地)磁(探)测☆aeromagnetic detection
航空磁测仪☆aero-magnetometer
航空磁力勘探图☆aeromagnetic (prospecting) map
航空磁学☆aeromagnetism
航空的☆aerial；aeronautical；airborne
航空地层剖面测定法☆Aerial Profiling of Terrain System
航空地球物理(资料)解释☆aerogeophysical interpretation
航空地质(学)☆aerogeology；aerial geology
航空地质标志☆photogeologic guide
航空地质勘测图☆aerogeologic(al) reconnaissance map
航空电磁测量法☆aeroelectromagnetic surveying method；aeroelectromagnetics
航空电刷☆brush for aeroelectromachine
航空电子技术委员会☆Airline Electronic Engineering Commission；AEEC
航空多光谱摄影系统☆aircraft multispectral photographic system；AMPS
航空发动机燃烧☆aeroengine combustor burning
航空分光辐射探测判读☆airborne spectro-radiometric discrimination
航空风镜玻璃☆aviation spectacle glass
航空改装型燃气轮机☆aircraft-derivative{derived} gas turbine
航空港电气信号灯☆airport signal light
航空工程(学)☆aeronautical engineering；AE
航空公司☆airways；airline company
航空汞气测量☆airborne mercury survey
航空光谱摄影术☆aerial spectrophotography
航空航天工程学☆aerospace engineering
航空基地☆air base
航空激光剖面测绘仪☆airborne laser profiler
航空景观☆aerolandscape
航空勘测摄影☆aerial reconnaissance photography
航空勘探☆aerial survey{surveying}；airborne survey{exploration}；air prospecting；aeroprospecting
航空矿产测量和勘探☆airborne mineral survey and exploration
航空力学☆aeromechanics
航空脉冲法系统☆airborne INPUT
航空目测☆aerovisual observation
航空普查☆reconnaissance flight
航空器☆aircraft；aerocraft；flyer
航空汽油☆aviation gasoline；avgas；aircraft motor gasoline；aircraft fuel
航空汽油抗爆液☆aviation mix
航空热辐射测量☆airborne thermal survey
航空摄影☆aerial photography{photograph}；airphoto；airview；aerophoto(graph)；aeroplane photography
航空摄影地层年代学☆photochronology
航空摄影普查☆photoreconnaissance
航空摄影嵌镶图☆photomosaic

航空摄影术☆space photography
航空摄影相片☆aerial photographic image
航空术☆avigation
航空探矿☆mineral exploration aviation；aerial prospecting
航空填图☆aeroplane{aerial} mapping
航空图☆aerochart；aerial{aeronautical} chart；air navigation map{chart}；aviation{aeronautical} map；aeromap；aerial navigation map
航空微迹系统☆airtrace system
航空系统☆airline
航空相片☆aerophotograph；air{survey;aeroplane; aerial} photograph；aerial print；aerophoto
航空相片标志☆airphoto criteria
航空信号☆navigating signals
航空信件☆aerogram(me)
航空学☆avi(g)ation；aeronautics
航空用电子设备☆avionics
航空站☆depot；aerodrome
航空照片☆aerophoto；air photo{photograph}；aerial photograph；air-view；airphoto；pinpoint
航空照片图☆photomap
航空照相☆airphoto
航空照相地质学☆aerial photogeology
航空侦察☆aerial reconnaissance
航空制图☆aeroplane{aerial} mapping
航空注记☆aerooverprint
航路☆lane；highway；air{sea;sailing} route；seaway；skyway；waterway；passage
航路分风☆route component
航路角☆approach angle
航路图志☆coast pilot
航路指南☆sailing directions
航模内燃机☆diesel engine for model airplane
航偏角☆yaw；angle of drift
航片地质解译标志☆photogeologic guide
航摄带☆(flight) strip；photographic strip
(嵌接)航摄带☆reconnaissance strip
航摄地区略图☆photokey
航摄飞机☆photo aircraft；photoplane；air survey aircraft；air-mapping aeroplane
航摄镜头☆aerotar
航(空)摄(影)勘测☆aerophotographic{aerial photographic(al)} reconnaissance
航摄像对☆airphoto pair
航摄相片☆airview；airphoto；air{aerial;aeroplane} photograph；aerophotograph；aerial photogram；aerial photographic image
航摄相片镶嵌图☆airphoto mosaic
航摄仪常数☆camera constant
航摄侦察☆aerophotographic reconnaissance；aerial photographic reconnaissance
航速☆cruise speed；airspeed
航速燃油消耗量条款☆vessel's speed and fuel consumption clause
航天☆spaceflight
航天地质(学)☆aerogeology
航天电子(设备)☆astrionics
航天多波段摄影机☆space multiband camera
航天多光谱红外辐射计☆shuttle multispectral infrared radiometer；SMIRR
航天飞船☆spaceship
航天飞机☆space shuttle{plane;aircraft}；spaceplane；shuttle；astroplane
航天飞行器与发射者之间的联系☆catenary；catenarian
航天工程☆aerospace engineering
航天火箭☆space rocket；astrorocket
航天技术☆space technology；spationautics
航天器发射场[俄]☆cosmodrome
航天器感测范围☆aircraft coverage
航天器天线整流罩☆spacedome
航天器载的☆spacecraft-based
航天器载干涉仪☆spaceborne interferometer
航天相片☆space photo(graph)
航天学☆astronautics
航天员☆astronaut
航天站☆space station{platform}；satellite station；spaceport
航图☆chart
航位推测法☆dead reckoning
航线☆lane；flight line{track;path;course}；cruise；path of flight；flightpath；(sailing) route；(water) course；way；airway；airline；(air;navigation) strip；aerial line；vector；shipping track；passage(way)；race
航线记录☆odograph
航线间隔☆flight-line spacing
航线图☆en-route{strip;route} chart；aerial line map
航向☆heading；(flight) course；tack；course of a ship{plane}；vector；seaway；Hdg；Co
航向重叠☆forward{end;fore-and-aft;longitudinal} overlap；endlap
航向改变角☆heading angle
航向偏差指示器☆deviometer
航向倾角☆fore and aft tip
航向倾斜☆fore-and-aft{longitudinal} tilt
航向信标☆course beacon；localizer
航向重叠☆longitudinal overlap
航行☆fly；cruise；voyage；travel；navigation；sail(ing)；ride；navig；log；nav.；nav
航行安全通讯☆navigation safety communication
航行表☆chronometer
航行灯☆running lights
航行台甲板舱☆bridge deckhouse
航行特约条款☆sailing warranty
航行图☆flight map；aeronautical chart
航行信息☆navigational information
航行员☆navigator
航行者☆voyager
航行自由☆freedom of navigation
航业☆shipping
航用煤☆boat coal
航运☆ship(ping)
航运煤☆steamboat coal
航照判读☆air photo{aerial photograph} interpretation

hàng

巷☆lane；tunnel
巷壁崩落的预防☆wall {-}caving prevention
巷壁煤{矿}柱☆wall pillar
巷壁压力☆wall pressure
巷道☆drift[不通地表]；entry[煤]；adit；lane；driftway；alley；gallery；heading；opening；gangway；gateway；tunnel；workings；slash；(hutch) road；slipping (out)；driving；groove；gurmy；way；roadway；excavation；course；lateral；exploring opening[勘探]
巷道帮壁☆rib；(roadway) side；wall；buttock
巷道帮上的立槽[安插闸板等用]☆gain
巷道保护附加措施☆auxiliary measures to protect the road
巷道壁☆wall
巷道侧☆roadside
巷道侧帮废石墙☆roadside{rib-side} pack
(在)巷道侧壁处易于垂直切变的顶板☆cutter roof
巷道侧的充填{石垛}墙☆ribside{roadside} pack
巷道超前打桩时用的棚梁上盖板☆bridge
巷道超挖☆overbreak
巷道重新扩大[受压后;修整支护]☆re-rip
巷道出口☆mouth
巷道挡头☆way end{head}
巷道导绳滚柱[无极绳运输]☆gate roller
巷道的内端☆gate end
巷道底板☆pavement
巷道底板测站钉☆floor spad
巷道底部铺板☆floor board
(在)巷道底上的☆underfoot
巷道顶☆roofing；breaks
巷道顶板☆door head；back；roof of road
巷道顶板中的绿纤石☆turtle
巷道顶底板相对位移☆convergency
巷道端部动力支架☆roadhead powered support
巷道端头☆gate-end；roadhead
巷道端头转车盘☆gate-end plate
巷道断面☆cross-section；tunnelsize；drift section
巷道风化☆weathering of roadway
巷道风幛☆pinning
巷道高度[顶底板间的高度]☆headroom
巷道隔墙背后的水☆backwater
巷道工作面前壁护板☆breast board
巷道拱顶☆crown of roadway
巷道贯通☆holing
巷道横梁☆stemple；stempel
(用)巷道划出的矿块☆block
巷道回采☆entry working
巷道挤拢☆collapse of mine
巷道间煤柱☆stenton wall
巷道角隅部分☆entry corner
巷道尽头☆fast end；roadway head
巷道掘进☆drivage；heading advance；driving of headings{the openings}；tunnel(l)ing；bord drivage；roadway excavation{construction}；road-making；driftage
巷道掘进导向☆controlling the advance of mining workings
巷道掘进截面周线☆pay line
巷道掘进用铲斗式装载机☆tunnel shovel
巷道开拓☆lateral{level} development；development drifting
巷道空间体积☆roadway excavation
巷道口☆mouth；throat；brow；access adit
巷道宽度☆span (length)
巷道矿柱☆mine roadway pillar；chain pillar；heading chain pillar
巷道立柱☆doorstead；buckstay；king-post；leg；plumb post；column-type support；stanchion
巷道两帮☆roadway sides
巷道两侧煤柱☆chainwall
巷道留顶煤☆under the top
巷道露出面☆skin rock
巷道铆接金属拱形支架构件☆ring{arch(ed)} girder
巷道煤柱☆chain pillar
巷道煤柱与巷道平行☆ (heading) chain pillar
巷道密封☆sealing of a gallery
巷道面通风☆heading ventilation
巷道模糊☆lane ambiguity
巷道木板☆deal
巷道内的☆inbye；inbyeside；in-over
巷道内端☆back
巷道排水☆drainage by drift
巷道破裂☆breaks of mine openings
巷道欠挖☆underbreak
巷道清扫工管理员☆master wasteman
巷道让压接头拱形支架☆sliding roadway arch
巷道撒落煤☆way dirt
巷道石垛墙☆road packwall
巷道试验☆gallery test
巷道刷白☆road whitewashing
巷道刷帮☆flitching；slashing
巷道刷大☆slipping
巷道挑顶☆entry brushing；rip
巷道通风☆dash；dashing
巷道头扇风机☆drift{heading} fan
巷道外形☆configuration of the openings
巷道网☆openings network；drift system
巷道维护矿柱☆stump pillar
巷道维修☆roadway{laneway;road} maintenance；re-rip
巷道围岩应力显现☆rock stress behavior around mine openings
巷道位置☆opening location
巷道卧底☆bate
巷道细部测量左右垂距(法)☆lefts-and-rights
巷道系统☆channel way；roadway system
巷道下(部侧壁)☆dip side
巷道岩尘结固☆roadway consolidation
巷道腰线☆gradeline；gradeline of road
巷道一侧的风道☆ricketing；ricket
巷道迎头矸石☆debris from heading
巷道与矿脉交叉处☆intersect
巷道在采空区内的前进式长壁法☆gob-road system
巷道再扩大[受压后]☆re-ripping
巷道直角联结处☆T-intersection
巷道中建立挡墙☆blind
巷道中深孔崩矿采矿法☆drift stoping
巷道中线☆centre line
巷道中斜炮眼掏槽☆angled cut
巷道中最大风流区☆core velocity
巷道周围的形变☆excavation deformation
巷道纵向风巷隔板☆sollar；soller
巷底支护☆floor propping
巷端☆heading
巷宽☆lanewidth
巷内集车岔道☆inside parting
巷旁支护☆support beside the roadway
巷柱式采矿法☆straight-ends-and-walls；checker board system；tub-and-stall；heading-and-stall system

hāo

蒿(属)[N-Q]☆Artemisia
蒿里山虫☆Kaolishania

蒿囊藻属[E_3]☆Artemisiocysta
蒿属荒漠[北美]☆sagebrush desert

háo

壕☆fosse
壕沟法☆ditch method
壕沟护板☆trench sheet(ing)
壕沟围绕的☆entrenched
壕珊属[C_2-P]☆Orygmophyllum
壕环孢属[T]☆Canalizonospora
蚝[双壳]☆oyster
蚝场☆oyster ground
蚝礁☆oyster reef
蚝壳藻属[Q]☆Ostreobium
蚝滩☆oyster bank
蚝珠黑[石]☆Oyster Pearl
嗥鸣器☆howler
豪德飕☆haud
豪尔顿型淘(砂)矿机☆Haultain superpanner
豪格海☆hogshead
豪古风☆haugull；havgula
豪卡特炸药☆Hawkite
豪克矾☆hauckite
豪柔的爆破公式☆Hauser's equation of blasting
豪氏定律☆law of Haüy
豪斯曼蕨属[T_3-K_1]☆Hausmannia
豪特里维{夫}(阶)[123～117Ma;欧;K]☆Hauterivian (stage)
豪希尔 DK9/51 型钻机☆Hausherr DK 9/51 drilling machine
豪雨堆积物☆proluvium
豪泽爆破公式☆Hauser's equation of blasting
豪猪☆Hystrix
豪猪虫属[三叶;O_3]☆Hystricurus
豪猪科☆Hystricidae
豪猪型(亚目)☆Hystricomorpha
豪猪形啮齿类☆Hystricomorph rodents
豪猪亚目☆Hystricida；Hystricidea
毫☆milli-；m
毫安☆milliampere；mA.；mA；milliamp
毫安表{计}☆milliammeter
毫安秒☆milliampere-second；mAS
毫奥☆millioersted
毫巴[压力单位;10^{-3}巴]☆millibar；mbar；mb
毫靶(恩)☆millibarn；mb
毫尘☆atto
毫达西[渗透率单位]☆millidarcy；mdarcy；md
毫法☆millifarad；mF
毫反应性单位☆millinile
毫分子☆millimole
毫辐透[照度单位]☆milliphot
毫伏☆millivolt；mV
毫伏安计☆rnillivoltammeter
毫伏计☆millivoltmeter
毫伏计式高温计☆millivoltmeter；pyrometer
毫伏(电压)-气压变送器☆millivolt/pneumatic transducer
毫高斯☆milligauss
毫规(度)的☆millinormal
毫赫☆millihertz；mHz
毫亨☆millihenry；mh；mh.
毫弧度☆milliradian；mradian；mil.
毫伽☆mgal；milligal
毫伽(重力勘探的重力加速度)☆milli-gal
毫居(里)☆millicurie；mc；mCi
毫克☆milligramme；mg；milligram；mgm
毫克当量☆milli(gram)(-)equivalent；meq
毫克当量碘滴定法☆millinormal iodine titration procedure
毫克当量/克☆milligramequivalent/gram；meq/gr
毫克/分米²•日[腐蚀速率单位]☆milligram per square- decimeter per day；mdd
毫克原子(量)☆milliatom
毫拉德[放射剂量单位]☆millirad
毫朗(伯)☆millilambert；ml.；mL
毫伦计☆milliroentgenometer
毫伦琴☆milliroentgen
毫米☆millimeter；mm；millimetre；m/m
毫米波段☆millimeter-wave band
毫米波信号发生器☆millimeter{millimetre} wave signal generator
毫米的☆millimetric
毫米汞高☆millimeters of mercury (column)；mmHg
毫米汞柱☆mmHg；millimeters of mercury (column)；millimetres of mercury；mm Hg
毫米级的☆millimetre-sized
毫米纸☆graph paper
毫秒☆millisecond；ms；msec
毫秒迟发爆破炮孔组☆millisecond round
毫秒电爆雷管☆millisecond electric blasting cap
毫秒延发继爆管☆MS connector；detonating relay
毫秒延期☆MS delays；short-period delay
毫秒延期连接装置☆MS{millisecond} connector
毫秒延时电雷管☆millisecond delay detonator
毫摩尔☆millimole；mM
毫姆欧☆mmho；millimho
毫欧(姆)☆milliohm
毫欧计☆milliohmmeter
毫沙[10^{-15}]☆femto
毫升☆milliliter；millilitre；mil.；mil；ml
毫瓦☆milliw att；mW
毫瓦分贝[以 1 毫瓦为零电平]☆decibels above or below one milliwatt；dbm
毫微[10^{-9}]☆nano；miltimicro-；billi
毫微安(培)☆nanoampere
毫微安计☆nanoammeter
毫微电路☆nanocircuit
毫微法(拉)[10^{-9}法拉]☆bicrofarad；nanofarad；nF；millimicro-farad
毫微亨(利) [10^{-9}H]☆nanohenry；nH
毫微克☆nanogram；ng
毫微米[10^{-9}cm]☆nanometer；milli(-)micron；bicron；millicron；nm；mμ
毫微秒[10^{-9}秒]☆millimicrosecond；nanosecond；billisecond；nanos；nsec；nsec.；ns.
毫微升[10^{-9}升]☆millilambda
毫微瓦☆nanowatt；nW
毫微微☆femto
毫微微克☆femtogram
毫无疑问☆unquestionably
毫周☆millicycle
毫状☆millivolt
濠☆fosse；dike；moat；taphr-
濠颚牙形石属[C_1]☆Taphrognathus

hǎo

郝登型取样机☆Horden sampler
郝露贝属[腕;O_2]☆Hallina
郝普勒落球黏度计☆Hoeppler rolling ball viscosimeter
郝氏鏟属[孔虫;P_2]☆Haoella
郝屯学派的☆Huttonian
郝韦尔石燕属[腕;S-D_1]☆Howellella
好处☆good；benefit；profitability；sweetener；asset；account
好的☆satisfactory；quick[矿床]；good
好地石[$Al_4(SiO_4)_3$•$5H_2O$]☆kochite
好能见度☆good visibility
好区[位错的未滑移区]☆good area
好色蛋白石[乳蛋白石墨西哥名]☆lechosos opal
好时机☆timeliness
好望角红宝石☆Cape ruby
好像不是而又可能是的双晶☆paradox twin
好转☆improvement；improve；upturn[情况]

hào

耗电量☆power consumption
耗电器☆customer
耗费☆devote
耗减补偿☆depletion premium
耗浆量☆grout consumption{take}
耗竭☆allowance；depletion
耗竭土壤☆exhausted soil
(矿层)耗竭组合曲线☆composite decline curve
耗尽☆exhaust；drain；depletion；deplete；swallow；finish；use up；petering out
耗能☆dissipation of energy
耗能的☆energy-intensive
耗能元件☆dissipative element
耗气量☆gas{air} consumption；air rate
耗汽率☆steam rate
耗取自然资源的☆extractive
耗燃油率☆specific fuel consumption
耗热的☆endoergic；endoenergic
耗热率☆heat consumption rate
耗散☆scatter；leaking
耗散波运动☆dissipative wave motion
耗散功率☆dissipated power
耗散结构论☆dissipative structure theory
耗散器☆dissipator；dissipater
耗时的☆time-consuming
耗水比☆water-use ratio
耗水量☆water consumption；consumption (water)
耗水率☆water (consumption) rate
耗水泥浆☆grout consumption
耗酸矿物☆acid-consuming mineral
耗损☆detrition；waste；consume；lose；exhaust；wear；ullage
耗损率☆coefficient of losses
耗土作物☆soil depleting crop
耗氧腐蚀☆oxygen-consumption type of corrosion
耗氧计☆oxygen consumption gauge；OCG
耗氧量☆oxygen consumption{utilization}；consumed oxygen；oxygen-consuming consent；oc
耗氧率☆oxygen consumption rate；OCR
耗氧是☆oxygen-consuming quantity
耗营养层☆tropholytic layer
耗用率☆use rate
耗油率☆specific fuel consumption
耗子☆mouse
号笛☆hooter；horn pipe
号笛浮标☆whistling buoy
N 号加拿大标准无岩芯钻头[直径 2.94"]☆N rod bit
号角测井[即微侧向测井]☆trumpet log
号角孔藻属[K-E]☆Salpingoporella
号角形☆salpingiform
号码☆number；nos.；No.；nr；num.；Nos
号码簿☆directory
号码组☆number group；NG
号牌☆flapper
号声☆trump
号数☆number；nos.；Nos
号外的☆off-specification
号型螺属[腹;O-D]☆Tremanotus
号召☆call；summon
号志☆tab
皓矾[$ZnSO_4$•$7H_2O$;斜方]☆goslarite；gallizinite；white vitriol{copperas}；salt of vitriol；zinc-vitriol；zinc sulfate；galizinite；gallicinite；gallicianite；copperas；galizenstein；zinc vitriol{epsomite}；whitecopperas
浩劫☆havoc；holocaust；catastrophe；great calamity
浩渺☆expanse
浩水磷铝钒☆hotsonite
好干燥的☆xerophilous
好寒性的☆cryophilic；psychrophilic
好气(性)的☆aerobiotic；oxybiotic；aerobian
好气反硝化作用☆aerobic denitrification
好气生物☆aerobiont
好热性☆thermophily
好生元素☆biophile element
好碳元素☆carbophile elements
好盐生植物☆halophilous plant
好盐性☆halophility；halophilism；halobic
好氧生活☆aerobiosis
好氧条件☆aerobic condition
好氧微生物☆aerobe
好战的☆fighting

hē

喝干☆drain；；drink down{off；up}；take off
喝醉☆intoxication
诃(黎勒)酸[$C_{41}H_{24}O_{27}$]☆chebulinic acid

hé

荷尔介属[D-C]☆Hollina
荷尔蒙☆hormone
荷花绿[石]☆Lotus Green
荷兰☆Holland；Netherlands
荷兰国营煤矿重介选法[利用黄土做悬浮液]☆Dutch State Mines process；Stantsmijnen process
荷兰菊石属[T_2]☆Hollandites
荷兰式三轴仪☆Dutch triaxial cell
荷兰式(圆)锥(触探仪)☆Dutch cone penetrometer
荷兰探头{|圆锥}试验☆Dutch cone test
荷叶蕨☆Hausmannia
荷叶状(的)☆patellate
核☆nucleus [pl.-ei]；kernel；kern；nucle(o)-
核安全☆nuclear safety
核靶☆nuclear target
核爆矿和挖掘船挖掘海底固结矿床法☆Breaking

by nuclear blasting and dredging
核爆破裂煤层地下气化法☆gasification by nuclear fracturing method
核爆幸存者[日]☆hibakusha
核爆炸☆nuclear blast{explosion;blasting;detonation; burst}; atomic blast
核爆炸的能量当量☆energy equivalent of a nuclear explosion
核爆炸复合伤☆combined injury following nuclear explosion; nuclear blast combined injury
核爆炸取碎成的含水层☆nuclear-fractured aquifer
核爆炸物☆nuclear explosive
核爆筑港☆nuclear harbour
核崩解☆karyoclasis; caryoclasis
核崩裂☆break-up of nucleus
核标度☆nuclear scale
核表面能☆nuclear surface energy
核不稳定性☆nuclear instability
核部[褶皱等]☆core
核部断层(作用)☆core-faulting
核材料安全保障☆nuclear materials safeguard
核采矿☆nuclear mining
核测井☆nuclear log(ging)
核测年(法)☆nucleus dating
核查用试样☆witness sample
核尘计☆kern counter
核弛豫时间☆nuclear relaxation time
核磁测井☆nuclear magnetic logging; nuclear magnetism log(ging); FFI{free(-)fluid index} log
核磁共振☆nuclear{nucleus} magnetic resonance
核磁矩排列☆nuclear magnetic alignment
核磁力仪☆nuclear magnetometer
核蛋白☆nucleoprotein
核(糖核)蛋白体☆ribosome
核蛋白质☆nuclein
核的☆nuclear
核的平衡形☆equilibrium form of nucleus
核地磁仪☆nuclear magnetometer
核地球化学☆nuclear geochemistry
核(子)地球化学☆nuclear geochemistry
核地质学☆nuclear geology
核电荷数☆nuclear charge number
核电站工程地质勘察☆engineering geological investigation of nuclear power station
核电子☆nuclear electron
核定位器☆nuclear orientor
核冬天☆nuclear winter
核动力船☆nuclear powered ship
核对☆check {-}up; collate; checking; verification; ; control
核对(记号)☆check
核对标准☆control
核对表☆checksheet
核对位置☆referencing
核对信号☆checking signal
核对员☆verifier
核发生☆nucleogenesis
核反应☆nuclear reaction
核反应堆☆nuclear reactor; pile
核反应堆安全壳☆nuclear reactor containment
核方程☆nuclear equation
核废料处理☆nuclear waste disposal
核分裂☆nuclear fission{division}; karyokinesis; fission
核辐射计数管☆nuclear radiation counter
核俘获(粒子)☆nuclear capture
核伽马射线共振☆nuclear gamma ray resonance
核苷☆nucleoside
核苷酸☆nucleotide
核苷酸间链☆internucleotide bond
核工程☆nuclear engineering
核工艺学☆nuclear technology; atomics
核共振☆nuclear resonance
核果☆drupe
核函数☆kernel{Stefanesco} function
核合成☆nucleosynthesis; atomic fusion
核轰击☆nuclear bombardment
核化☆coring
核化速率☆rate of nucleation
核化学☆nuclear chemistry
核黄素☆flavin; lactochrome; lactoflavin; riboflavin
核黄素缺乏症☆ariboflavinosis
核活化分析☆nuclear activation analysis
核激磁☆nuclear magnetisation
核激发地热井☆nuclear-stimulated geothermal well
核激发法地热开发☆nuclear-stimulated geothermal development
核级煤☆nut (coal)
核级煤筛☆nut screen
核技术☆nuclear technology
核计☆calculate
核(辐射)计数器☆nuclear counter
核加速器☆nuclear accelerator
核监视委员会☆Nuclear Regulatory Commission
核间斥力☆internuclear repulsive force
核键能☆nuclear bonding energy
核浆☆nucleoplasm
核角动量☆nuclear angular momentum
核结构☆nuclear structure
核结合能☆nuclear-binding energy
核晶作用☆nucleation
核径迹☆nuclear track
核聚变☆nuclear{atomic} fusion
核聚合☆nucleosynthesis
核壳☆nucleoconch; embryonic apparatus
核类☆nuclear species
核类图☆nuclide chart
核粒子加速器☆atom smasher
核力☆nuclear force
核联合企业☆nuplex
核链式反应☆nuclear chain reaction
核裂变☆(nuclear) fission
核磷铝石[$Al_3(PO_4)(OH)_6•6H_2O$?; 非晶质]☆evansite; bernonite
核磷酸铝石[$2AlPO_4•4Al(OH)_3•12H_2O$]☆evansite
核临界安全性☆nuclear criticality safety
核菱铀钙石[$Ca_2(CO_3)_4•10H_2O$]☆liebigite
核流体密度测井(下)井仪☆nuclear fluid density tool
核螺贝属[腕;S-C_1]☆Nucleospira
核幔边界☆core {-}mantle boundary
核密度计☆nuclear density meter
核内的☆intranuclear
核内体[裸藻]☆endosome neucleolus
核能☆nuclear energy; A-power
核年代学☆nucleochronology
核年龄测定☆nuclear age determination
核黏土☆buckshot
核浓度表☆nucleonic density gauge
核排列{|碰撞|频率|平衡}☆nuclear alignment {|collision|frequency|equilibrium}
核盘菌属[真菌;Q]☆Sclerotinia
核破坏{裂}☆nucleus destruction
(陆)核期☆nuclear stage
(元素的)核起源☆nucleogenesis
核潜艇☆nuclear submarine
核-壳构造☆core-and-shell structure
核丘遗迹洼地☆pingo remnant
核区☆nuclear area
核圈☆centrosphere
核燃料☆nuclear{reactor;fission} fuel; atomic fuel; fissionable{fuel} material; positive ray
核燃料棒束☆cluster of nuclear fuel rods
核燃料更换装置☆nuclear fuel-changing gear; nuclear fuel reprocessing
核燃料后处理厂☆nuclear fuel reprocessing plant
核燃料回收分析化学☆analytical chemistry in nuclear fuel reprocessing
核燃料级品位☆fuel grade
核燃料加工工厂☆nuclear fuel fabrication facility
核燃料芯块☆fuel ball; nuclear fuel pebble{pellet}; reactor fuel pellet
核燃料循环节约措施☆nuclear fuel cycle economy
核燃料氧化物☆nuclear fuel oxide
核燃料中毒☆denaturation of nuclear fuel
核热凿岩☆nuclear drilling
核仁海胆属[棘;K_2]☆Nucleopygus
核乳胶☆nuclear emulsion
核朊☆nucleoprotein
核散射☆nuclear scattering
核嬗变☆nuclear transmutation
核射线指示器☆magic eye
核设备☆nucleonic equipment
核石墨☆nuclear graphite
核时间表☆atomic time scale
核实☆verification; verify; (double) check; trueing
核实测量[确定原有数据的可靠性]☆confirmatory measurement
核实过的褶皱☆tested fold
核试后地下水☆post-bomb groundwater
核寿命☆nuclear lifetime
核衰变☆nuclear decay{disintegration}
核水泥测井☆nuclear cement logging{log}
核顺磁共振☆nuclear paramagnetic resonance
核四极矩共振☆nuclear quadrupole resonance; NQR
核素☆nuclide; nuclein; species
核酸☆nucleic acid
核酸酶☆ribonucleic acid; nuclease
核算☆check computation; audit; allocation; reckoner; examine and calculate; assess; business accounting
核算单位☆unit of account
核算范围☆ring fence
核碎片☆nuclear debris
核探测☆nuclear detection
核糖☆ribose
核糖核酸☆ribonucleic acid; RNA.; RNA
核糖体☆ribosome
核铁矾[$Fe_3^{3+}(SO_4)_2(OH)_5•2H_2O$]☆apatelite
核酮糖☆ribulose
核蜕变☆nuclear decay{disintegration}
核外电子☆extranuclear electron
核稳定性☆nuclear stability
核武器☆nuke
核物探☆nuclear geophysical prospecting
核物质安全保障措施☆nuclear material safeguards
核吸收☆nuclear absorption
核相互作用☆nuclear interaction
核心☆core; nucleus [pl.nuclei]; kern; centre; (nuclear) center; tricore; quick; nub; nerve; bullet; kernel
核心硬件☆kernal hardware; hardcore
核型☆karyotype
核型改变☆karyotypic change
核形石☆onkolite[藻灰结核的]; oncolite; oncolith(es)
核岩☆core-stone; core rock
核验表单☆check list
核医学☆nuclear medicine
核原子质☆nucleoplasm
核跃迁☆nuclear transition
核炸药☆nuclear explosive
(地)核震☆corequake
核震相☆core phase
核正因子☆correction factor
核质☆nucleoplasm
核钟☆radioactive{nuclear} clock
核种☆nuclear species; nuclide
核转变☆event; nuclear transmutation
(原子)核装置☆nuclear device
核状结构☆nutty structure
核准☆approve; authorization
核准的☆authorized
核子☆nucleon
核子爆炸挖掘(法)☆nuclear excavation
核子沉积物比重计☆nuclear sediment density meter
核子地质(学)☆nuclear geology
核子共振磁力仪☆nuclear resonance magnetometer
核子计☆nucleometer
核子计数器☆nuclear gauge
核子数☆nucleon number
核子双探针量雪计☆profiling snow gage; nuclear twin-probe gage
核子心☆nucleor
核子旋进磁力仪☆nuclear {-}precession magnetometer
核子学☆nucleonics
核子仪器☆nuclear device
核子诱导型磁力计☆nuclear precession magnetometer
核自旋☆nuclear spin
核作用合成元素☆nucleosynthesis
骱[咬合,闭塞]☆occlusio; occlusion
骱板☆biteplate
骱翼片☆bite-wing
禾本粉属[Q]☆Graminidites
禾本科☆Gramineae
禾本科的☆gramineous; graminaceous
禾本科上(寄)生的☆graminicolous; graminicole
禾草草原☆grass steppe
禾秆☆straw
禾谷☆cereal
禾科达亚属[植;T]☆Poacordaites
禾木树脂☆acaroid resin

禾叶蕨属☆grammitis
和差变换☆partial summation
和差系统☆sum-and-difference system
和发动机组装成一体的装置☆unit power mounting
和峰☆sum peak
和风☆moderate breeze; zephyr
Penford Gums 200 和 300 号絮凝剂[玉米淀粉的环氧乙烷衍生物]☆Penford Gums 200 and 300
和缓地☆gently
和缓期☆slowly retardation stage
和检验☆sum check
和解☆heal; accommodation
和井眼直径相同的稳定器☆full gauge stabilizer
和局☆standoff
和均性☆alligation
和类人猿有亲缘关系的猿☆proconsul
和平方偏{离}差☆sump squared deviation
和平共处☆coexistence
和气☆kindness
和声☆harmonic
和氏罗勒[唇形科,铜通示植]☆Ocimum homblei
和数☆sum accumulator
和息☆joint-information
和谐☆concord; cosmos; congruence; consonance; concent[古]; concordancy
和谐的☆harmonic; consonant; tunable
和谐平衡对☆concordant equilibrium pair
和谐图☆concordia plot
和谐性☆congruity; concordancy
和以上一样地☆ditto
和易性☆remoulding effort; workability
和应地震☆sympathetic earthquake
何处☆whence; whereabouts
何顿(河流)等级☆Horton order
何顿定律☆Horton's law
何氏叶肢介属[T_3]☆Howellites
合☆conjunction; appulse[天]; cor-; con-; com-; col-
(用)合板钉钉合☆dowel
合瓣的[植]☆gamopetalous; sympetalous
合瓣勺斗式挖掘船☆clamshell (type) dredge
合瓣式抓岩机☆clamshell mucker
合办企业☆joint enterprise
合胞体☆syncytium [pl.syncytia]
合胞体的☆coenocytic
合比☆proportion by addition
合闭砂型☆closed sand mould
合壁(类)☆amalgamata
(使)合标准☆calibrate
合并☆incorporate; mergence; fold; incorporation; coalition; coalesce(nce); inosculation; merge; combination; consolidation; annexation; collate; affiliate; packing[增大存储数据的密度]
合并冰川☆apposed glacier
合并带内方差☆pooled variance within zones
合并的☆incorporated
合并的组内协方差矩阵☆pooled within-groups covariance matrix
合并地震反射结构☆convergent seismic reflection configuration
合并段内方差☆pooled variance within zones
合并河☆inosculating river
合并经营☆pooling-of-interest
合并矿(山)☆combined mine
合并离差{散}矩阵☆pooled scatter matrix
合并排序☆sequencing by merging
合并派[生类]☆lumper
合并台阵☆coarray
合并文件☆merged file
合并型结构[地震反射]☆convergent configuration
合并样本统计(量)☆pooled sample statistics
(混)合(开)采☆commingling
合采井☆commingled producing well
(全层系)合采井☆full-zone producing well
合采开发井网☆full zone development pattern
合成☆fusion; composition; synthetize; combination; compound; synthesis [pl.-ses]; synthesize; compost; complexity
合成宝石☆synthetic stone{gem}; reproduction; assembled stone[层状 2 以上天然或人工宝石组成]
合成变量☆compositional variable
合成变石☆scientific alexandrite
合成变质(作用)☆anamorphism
合成玻璃☆synthetic glass
合成波阻抗测井☆seislog
合成测井(图)☆synergetic log
合成超声测井☆synthetic sonic log
合成醇☆synthol
合成代谢☆anabolism
合成丹宁☆syntan; synthetic; tanning agent
合成的☆synthetic; resultant; composite; complex; anamorphic; built-up; ersatz[德]; syntactic; factitious
合成地震测井剖面☆seislog section
合成电流☆resultant current
合成叠加剖面☆synthetic stacked section
合成堆积☆accretion deposit
合成法☆diversity; synthetic tree model; STM; synthetic method; synthesis [pl.syntheses]
合成峰☆composed peak
合成刚玉☆crystolon; alundum; adamite
合成硅铁☆iscorite
合成函数☆composite function
合成琥珀☆ambroin
合成剪力☆resulting shear force
合成胶黏剂焊接法☆cycle welding
合成孔径声呐☆synthetic aperture sonar
合成蓝宝石仿钻的一种商品名称☆walderite
合成龙脑[$C_{10}H_{18}O$;$C_{10}H_{17}OH$]☆borneol
合成逻辑☆combination logic
合成码☆generated code
合成镁质白云石砂☆monolithic ore of magnesium dolomite
合成膜衬层☆synthetic membrane liners
合成能☆accretion energy
合成炮棍☆tamping pole of jointed sections; sectional tamping rod
合成品☆synthetics
合成器☆compositor; synthesizer; synthetics
合成气☆syngas; manufactured{synthetic} gas
合成曲线☆resultants{resultant} curve; composite characteristic curve
合成燃料☆synthol; synthetic(al){patent} fuel; synfuel
合成染色树脂☆synthetic colored resin
合成鞣剂☆synthetic tanning; tanning agent; syntan
合成色☆secondary color
合成声波{速}测井☆seislog
合成石棉☆synthetic(al) asbestos
合成石油[通过液化、气化生产的洁净燃料]☆syncrude; synthetic petroleum
合成树法☆synthetic tree model; STM
合成树脂☆synthetic resin; bakelite
合成树脂清漆☆synthetic resin varnish
合成水泥☆blended cement
合成水系☆integrated drainage
合成速度测井曲线☆pseudo velocity log
合成特性曲线☆composite characteristic curve
合成图☆synoptic map
合成物☆synthetic; composite; complex; composition
合成纤维☆synthon; synthetic fiber{fibre}; polyfiber
合成纤维织物☆synthetic
合成橡胶☆elastomer; synthetic rubber; paragutta; westoflex
合成橡胶密封(件)☆elastomeric seal
合成效率☆combined efficiency
合成信号☆composited{composite} signal
合成型砂☆synthetic(al) molding sand; synthetic moulding sand
合成压头分布☆resulting head distribution
合成一体☆embody
合成阴离子交换树脂☆amberlite
合成原油☆synthetic crude; syncrude
合成凿孔纸带☆synthetic punching tape
合成装置☆synthesizer
合成钻杆☆joined rod
合成钻石研磨膏☆synthetic diamond-lapping compound
合成作用☆synthesis; anabolism
合带☆crossed-belt
合点☆vanishing point
合订本☆file; volume
合-断☆close(d)-open; c.o.; co
合法☆validation; justice
合法的☆legal; legitimate
合法化☆regularization
合法性☆validity
合法学名[生物命名法]☆legitimate name
合法注水☆legalized waterflooding
合分比☆proportion by addition and subtraction
合缝☆scribe
合缝棒销{榫头}☆bar dowel
合缝处☆commissure
合缝钉☆dowel
合缝钢条☆(blind) dowel
合缝线印☆mold seam
合缝销☆(dowel) pin
合腹菊石属[头;C_2]☆Syngastrioceras
合格☆past muster; habilitate
合格标志☆mark of conformity
合格标准☆approval standard
合格产品☆acceptable product
合格产品一览表☆qualified products list
合格的☆qualified; approved; acceptable
合格的爆炸物贮存装置☆approved storage facility
合格的技术人力☆qualified technical manpower
合格的物{人}☆qualifier
合格介质☆correct{qualified} medium
合格井☆usable hole
合格考试☆qualifying examination
合格矿☆shipping ore
合格判断值☆acceptance value
合格品质量水平☆acceptable quality level; AQL
合格缺陷标准☆acceptable defect level; ADL
合格认证☆conformity certification
合格司钻☆qualified driller
合格油☆correct(ed) oil
合格证书☆acceptance certificate; qualification
合沟的☆syncolpate; fossulate
合沟孔粉属[孢;K_2]☆Syncolporites
合股线☆rope{cable} wire
合股者☆copartner
合股资本☆joint stock
合乎标准☆up to standard
合乎环境要求的☆environmentally sound
合乎技术规范的☆specified
合乎情理的☆justifiable; rational
合欢属[植;N-Q]☆Albizzia
合欢属之一种[Ni 示植]☆Albizzia amara
合伙☆partnership; consortium
合伙寄销☆joint consignments
合伙人☆copartner
合伙者☆partner
合剂☆composition
合计☆aggregate; bulk; sum total; total (amount); footing; reckon up; count; tale; tote; integrate; muster; amount; foot; tot
合计数量☆amount; amt
合甲鱼☆Poraspis
合角铁☆knee
合金☆(metal) alloy; rafting; alligation; compound metal; alloying; blend
合金薄区结晶(作用)☆thin alloy zone crystallization
合金床{底}层☆doped substrate
合金钢☆alloy {-}steel; steel alloy
合金钢(抽油)杆☆alloy steel rod
合金焊条取代钨电极的氩弧焊☆aircomatic welding
合金球粒☆pellet
合金陶瓷☆ceramal
合晶☆crystal combination
合颈式[头]☆mixochoanitic
(高分子化)合(物解)聚作用☆depolymerization
合刊本☆omnibus
合口盖[头]☆synaptychi
合黎运动☆Heli movement
合理☆advisability; fitness
合理的☆reasonable; feasible; appropriate; advisable; sensible; possible; rational; wise
合理的工程间距☆reasonable prospecting spaces
合理地☆reasonably
合理化☆streamlined; rationalization
合理井深☆rational depth
合理井位☆proper well location
合理开发油田的压力[经济上]☆pressure at the economic level
合理使用☆intelligent use
合理性☆justifiability; rationalization; rationality
合理性和重新组织☆rationalization and restructuring
合力☆resultant (force); composite{resulting;resultants} force; join forces; resultant of force; pool efforts
合力角☆accumulated{resultant} angle
合力销固装置☆combined-force anchorage

合量☆resultant
合量曲线☆resultants{resultant} curve
合流☆confluence; conflux; interflow; river junction; flowing together; collaborate; conflow; cocurrent flow; flow convergence
合流的☆interfluent; confluent
合流点☆confluence; junction; junction of streams
合流分析☆confluence analysis
合流河☆compound river; confluence; confluent (streams)
合流污水☆combined sew age
合龙☆docking
合拢☆heal; closure; fold
合拢轨☆lead{follower} rail
合囊蕨孢属[J_2]☆Marattisporites
合囊蕨目☆marattiales
(机器)合拍☆in gear
合片椎☆stereospondylous vertebra
合普虎☆Hoplophoneus
合讫☆account balanced
合取☆conjunction; intersection
合熔☆congruent melting
合上开关☆switch on
合生☆adnation; accrete
合生的☆adnate; coadunate; accrete
合适程度☆justifiability
合适的☆expedient; fitting; favorable; appropriate; fit; equal; apposite; sortable
合速度☆sum{resultant} velocity
合算的☆budget; remunerative
合体共生☆conjunctive symbiosis
合同☆cont; compact; contract; stipulation; agreement; charter; pact; settlement; indent
合同报告☆contract report; CR
合同采煤组☆butty-gang; contract coal-mining group
合同的更改☆change of contract; coc
合同法☆law of contracts
合同滑动条款☆escalation clause
合同井深☆contract depth; CD
合同纠纷仲裁☆arbitration of contract dispute
合同矿工☆taker; efficiency{boss;contract} miner
合同期满☆termination of contract
合同签订日期☆contract award date; CAD
合同项目☆contract item; C.I.
合同效力☆validity of treaty
合同性投资☆contractual investment
合弯矩☆resultant bending moment
合为一体☆embodiment
合位移☆resultant displacement
合纹石[铁纹石和镍纹石的混合物]☆plessite
合息☆joint-information
合虾总目☆Syncarida
合心皮(果)的[植]☆syncarpous
合叶☆hinge
合宜☆seemliness
合意☆desirability; agreeable
合营(企业)☆partnership
合营法☆pooling of interest method
合营企业☆joint adventure
合应变脉冲☆resulting strain pulse
合应力☆resultant{resultants;resue} stress
合用的☆available
合用电缆☆all-in-one cable
合用线☆party line; P.L.
合用性☆serviceability
合有者☆joint tenants
(使)合于……之用☆appropriate
合约价格☆contract price
合约条款的协商☆negotiation of contract terms
合约线突出☆overflush
合(电)闸☆switch on
合肢[节]☆sympodite; sympod
合制者☆collaborator
合种群[二新种群]☆c(o)enospecies
合轴☆alignment; sympodium
合轴二歧式[植]☆sympodial dichotomy
合轴分枝[植]☆sympodial branching
合轴调整☆cent(e)ring; centreing
合著者☆co(-)author; collaborator
合铸☆alloy
合注☆commingled water injection
(全层系)合注井☆full zone injector
合资☆joint capital
合资管线☆undivided-interest pipeline
合资经营企业☆enterprise of joint investment
合资开采的油田☆unit pool
(有孔虫)合子☆zygote
合作☆participation; cooperation; consortium [pl-ia]; collaboration
合作成果☆combined effort
合作的☆synergetic
合作(化)的☆cooperative
合作关系☆symbiosis
合作精神☆bossmanship
合作开发{采}☆cooperative exploitation
合作研究☆joint{cooperative} study
合作者☆coagent; collaborator; participator; co(-)author; coadjutant; co-workers
颌☆jaw
颌骨☆os frontale
颌口类[脊]☆Gnathostomata; Gnathostomes; gnathostoma
颌穴☆mandibular fossa
盒☆cell; case; cage; jacket; cabinet; box; blockhouse; banjo; chamber; pod; magazine; bx
盒的共振☆boominess
盒螺属[腹;K_2-Q]☆Cylichna
盒入流☆hyperpycnal inflow
盒式磁带☆cassette (tape); cartridge; magnetic tape cassette
盒式构造☆cardhouse structure
盒式剪切仪☆box shear apparatus
盒谐振☆boominess
盒形硅藻属☆Biddulphia
盒形天线☆cheese box{antenna}
盒形小室☆box
盒装绘图仪☆drafting set
盒状孔隙☆box-like pore
盒状石☆box; box-stone
盒状室☆box
盒状铁、磷质结核☆box-stone
盒状星云☆socket-shaped nebula
盒子☆enclosure; cassette
盒子模型☆box model
貉(属)[N_2-Q]☆Nyctereutes; raccoon dog
河☆river; kill; r.; ea; ab
河岸☆brink; stream{river} bank; bench; bank of stream; riverbank; river wall; riverside; ripa
河岸边坡放缓☆sloping of river bank
河岸的☆riparian; ripicolous
河岸堤防☆embankment; levee
河岸顶层(的)☆topstratum
河岸滑坡☆tearing away of (a) bank; bank sliding
河岸矿床☆riverine ore deposit
河岸内坡☆inside bank slope
河岸平台☆haugh; haughland
河岸坡☆bankside
河岸坡度☆slope of river bank
河岸侵蚀☆stream {-}bank erosion
河岸砂堆☆hirst
河岸砂开采权☆bank claim
河岸砂砾☆bank-run gravel
河岸石堆☆run-of-benk gravel
河岸坍塌☆channel-bank slumping
河岸外坡☆outside bank slope
河岸稳定☆Bank stabilization
河岸拥有☆riparian
河岸整坡☆grading of river bank
河蚌类☆mussel
河蚌幼虫☆glochidium
河北角石属[头;O_1]☆Hopeioceras
河边☆riverside
河边的☆riverain; riverine; riparian
河边的冲积平原☆carse
河边低地☆holm(e); fluvial bog; palus [pl.pali]
河边居民☆riparian
河边矿☆kobeite; cobeite
河边螺属[腹;J_2-Q]☆Amnicola
河边沼泽☆river marsh
河滨冲击低地☆carse
河冰☆stream{river} ice
河冰的☆fluvioglacial
河冰筏☆river ice rafting
河槽☆fluviatile facies; channel bed{way}; course of river; trough; channel(-way); stream{river} channel
河槽糙率☆roughness of channel
河槽储水量☆channel storage
河槽的遇阻堆积☆encroachment on the river channel
河槽扩大段☆channel expansion
河槽坡降比☆stream gradient ratio
河槽容量☆channel capacity
河槽深潭☆overdeepening river channel
河槽输水{通过}能力☆channel capacity
河槽刷深☆stream-channel degradation
河槽网络布局长度☆topologic path length; link distance
河槽网络河源段☆exterior link
河槽形状比☆stream channel form ratio
河槽蓄水(量)☆storage in channel
河槽整治☆rectification of channel
河汊☆fork; river branch
河长比☆stream-length ratio
河成的☆fluviatile; fluvial; riverine; fluviatic
河成堤坝☆fluviatile dam
河成壶穴☆pothole
河成阶地☆river{fluvial} terrace; stream(-built) terrace
河成磷块岩砾石☆river-pebble phosphate
河成平原☆river{fluvial;fluviatile} plain
河成三角洲复合体☆fluviodeltaic complex
河成砂坝☆river bar
河成沙坝砂矿☆river-bar placer
河成砂矿☆stream placer
河成土☆fluvial soil
河成岩☆potamogenic rock
河成油(气)藏☆channel deposit
河成作用☆fluviation
河池矿☆hechiite
河川的☆potamic
河川工程(学)☆river engineering
河川径流☆streamflow
河川径流损耗☆streamflow depletion
河川流量波☆streamflow wave
河川泥沙☆stream sediment
河川学☆potamology; fluviology
河床☆waterstead; floor; bed bottom; (river;stream; way;bed) channel; (river) bed; hoya; channel-way; sauce; stream{underlying;natural} bed; sill{bed} of river; cauce; runway; streamway; streambed; riverbed
河床凹地☆olletas
河床变迁☆deformation of river bed
河床糙度☆channel{bed} roughness; roughness of river beds
河床底形☆bed-configuration
河床负荷{载}☆bed load
河床锅穴☆rock{eddy} mill
河床壶穴☆eddy mill
河床扩河槽☆channel bed
河床面滞流层☆laminar sublayer
河床瓯穴☆evorsion hollow
河床平均形态☆bed state
河床平均形态组合☆bed phase
河床坡降☆gradient of river bed; slope of river bed
河床坡降比率☆channel gradient ratio
河床铺石☆stoning; river bed paving
河床浅槽☆riffle hollow
河床侵蚀交叉点☆knickpoint; nickpoint
河床沙岛☆bel; bhel
河床砂矿☆river(-)bed{stream;river} placer; bajo
(使)河床升高☆aggrade
河床稳定河流☆poised stream
河床下管线穿越☆under-river pipeline crossing
河床下水流☆underflow
河床演变的☆fluviomorphological
河床游荡的控制☆shifting control
河床淤高☆accretion of bed level; bed accretion
河床质搬运☆bottom sediment transport
河床轴☆axis of channel
河道☆watercourse; lade; runway; (stream;course; way;river) channel; gote; (river;water) course; course of river; streamway; strand; fairway
河道变迁☆channel migration{change}; shifting of river
河道测流量☆stream gauging
河道测站网☆stream gauging network
河道沉积泥沙☆silt
河道出口☆outfall
河道的缓变平衡流量[造床流量]☆regime discharge
河道夺流☆piracy
河道化内部扇☆channelized inner fan

H

河道间区长度☆interbasin length
河道交织☆braiding (anastomosis); anastomosis
河道密度☆drainage texture; channel frequency
河道坡降☆slope of river; stream channel slope; channel gradient
河道迁移☆channel migration; migration of stream channel
河道侵蚀☆concentrated wash; channel{river} erosion
河道取直加深☆channelization
河道沙坝{洲}☆channel bar
河道砂体圈闭☆channel fill sand trap
河道疏浚☆channelization; dredging of river course
河道图☆hydrographic chart
河道外(的)☆off-channel
河道维持常数[流域面积与河道总长之比]☆channel maintenance constant
河道淤积☆silting in watercourse
河道源头☆riverhead
河道整治☆improvement of river bed; river improvement {regulation}; (river) realignment; rectification of channel
河道支流☆by-passing of river; river fork{branch}
河道治理☆regulation of river
河道中流☆mid-channel; midchannel
河道中游☆valley tract
河道主流线[最大水面流速轨迹]☆thread
河的☆fluvial; riverain; riverine; potam(o)-
河堤☆dike; dyke; riverbank; river bank{embankment}
河堤决口☆crevasse
河底☆bed of river; river bottom{bed}
河底沉积阶坎[垂直于流向,缓坡向上流,陡坡向下流]☆ bottom terrace
河底的☆subfluvial
河底管线固定卡☆river clamp
河底滚沙{砂}☆saltation
河底拖力☆bottom tractive force
河底滞留沉积物☆channel lag deposit
河段☆(river) reach; channel{stream} segment; tract; stretch of river
河段距离[某一节间河段至河口间的河段数]☆topologic path length; link distance
河段整直☆stream straightening
河墩☆river bed pier
河泛☆streamflood
河风成因的☆fluvioeolian
河幅☆river width
河沟☆foso; brook; stream; runway; foss
河谷☆bottom-glade; embouchure; (stream) valley; river valley; bottomglade; bottomland; vale
河谷变狭☆constriction of valley
河谷低地☆interval(e); valley train
河谷底线☆thalweg
河谷堆{填}积☆valley fill
河谷湖☆strath lake
河谷加长作用☆valley lengthening
河谷开凿作用☆circumvallation
河谷盆地☆channel basin
河谷迁移☆migration{shifting} of valley
河谷砂☆low-lying sand
河龟科☆emydidae; Dermatemydidae
河海测量☆hydrographic{hydrographical} survey
河海成的☆fluviomarine
河海堆积☆fluviomarine deposits
河函数☆stream function
河洪☆freshet
河湖成的☆fluviolacustrine
河湖污染☆dystrophication
河积(作用)☆river deposition
河积垆坶{壤土}☆fluviatile loam
河积平原☆fluvial loam
河积砂砾矿床☆fluvial gravel deposit
河积淤泥☆vega
河间☆interchannel
河间冲积(平原)☆doab
河间岛☆branch{channel;river} island; towhead
河间的☆interfluvial; interstream; interfluminal; interfluve
河间地☆interfluve; riedel
河间地块渗漏☆seepage through interfluve
河间地下水(分)水(岭)☆interstream groundwater ridge
河间平顶丘陵☆interfluve hill
河间潜水脊☆interstream groundwater ridge
河间区☆interstream area

河阶☆river terrace
河金☆stream gold
河径流☆stream runoff
河控三角洲☆fluvial{river}-dominated delta
河口☆influx; issue; embouchure; debouchment; liman; debouch(ure); river{water} mouth; aber; lade; foum; bogue; entry; chop; water-foot; estuary; water-fit; mouth; streamline{stream} outlet; boca; outfall; ostiary; outlet; mouth of river
河口(的)☆estuarine
河口坝☆river mouth bar; mouth bar
河口潮水信号☆bar signal
河口岛☆innis
河口的地形、沉积和水运动☆landforms,sediments and water movements in estuaries
河口堆积☆potamogenic deposit
河口航道的维持☆maintenance channel in estuary
河口泥砂☆estuarial sediment
河口泥沙☆estuary sediment
河口沙坝☆river mouth bar; channel{river} month bar
河口砂地☆playa
河口砂体圈闭☆estuary sand trap
河口沙洲☆channel(-)mouth bar; sandbar
河口湾☆firth; (river) estuary; frith; (river) branching bay; ecronic; bayou; negative delta; estuaries
河口湾的☆estuarine
河口湾旁滩地☆estero
河口湾舄湖☆estuarine lagoon
河口湾相☆estuarine facies
河口整治☆outlet regulation
河跨☆river span
河宽☆river{stream} width
河(流状)况☆stream regime
河勒内斯`卡片{|码}☆Hollerith card{|code}
河狸☆beaver
河狸形啮齿类[脊]☆castorimorph rodents
河砾☆fluviatile{river} gravel
河砾磷块岩{酸盐}☆river rock; river-pebble phosphate
河砾石☆river gravel
河流☆river; stream (current;flow); floss; drainage channel; soengei{sung(g)ei;aer}[马]; avon[塞尔特]; darya; strand; scengei; riviere[法]
河流安全流量☆safe yield of stream
河流摆动带☆belt of wandering
河流搬运☆river{stream} transportation; the river's load; fluviatile{stream;fluvial} transport
河流搬运的☆river-borne
河流变迁情况☆regimen of river
河流并合作用☆stream abstraction
河流波浪潮汐相互作用☆fluvial-wave-tide interaction
河流不适性☆underfitness of river
河流侧夷平原☆river-cut plain
河流长度定律☆law of stream length
河流沉积海岸☆river-deposition coast
河流沉积物测量☆stream sediment survey
河流冲蚀的☆river-worn
河流冲刷磨蚀☆fluvial abrasion
河流穿越槽☆crossing pit
河流穿越坑☆river crossing pit
河流单位宽度泥沙排放量☆unit bed-material discharge
河流单位宽度流量☆unit water discharge
河流倒流☆riverhead{river} inversion
河流倒淌☆reversal of rivers
河流的☆fluvial; fluviatile; riverine; autopotamic; fluviatic; cross sectional area; riverain
河流的可靠流量☆safe yield of stream
河流的壮年期☆maturity{mature stage} of a stream
河流等级☆streamline{stream;river} order
河流调查☆drainage survey
河流断尾(作用)☆betrunking
河流堆积☆fluviatile deposit; stream deposition
河流发育度☆stream development
河流泛滥冲积扇☆channel{flood-plain} splay
河流分汊{岔}(作用)☆branching of river; forking
河流分级☆stream ordering; order of streams{river}
河流分支☆divarication
河流负荷☆stream{river} load; burden of river
河流改道☆river realignment{diversion}; rerouting of river; migration of stream channel; diversion of river course
河流贯穿洞☆through cave
河流含水层{岩}系☆stream-aquifer system

河流环境☆fluvial {-}environment
河流回春☆rejuvenation of stream
河流汇合☆junction; confluence
河流积物☆river deposit
河流级数定律☆law of stream numbers
河流夹砂☆burden of river drift
河流监控☆watercourse monitoring
河流截夺☆river piracy{pirate;capture}; piracy; stream capture
河流径流亏竭☆streamflow depletion
河流静水段☆quiet reach
河流可靠流量☆safe yield of stream
河流挟带的泥沙☆stream-borne sediment
河流扩展率☆stream development
河流砾石浅滩☆bar gravel
河流量大输沙能力☆stream capacity
河流流程☆reach
河流流量退落曲线☆streamflow recession curves
河流流向倒转☆reversal of rivers
河流流域☆hydrographic{river} basin; drainage area
河流描述学☆potamography
河流泥沙☆load of river{stream}; (river) load
河流泥沙工程☆river silt engineering
河流逆流现象☆reversal of rivers
河流盆地☆river{stream} basin
河流频数{率}☆stream frequency
河流平原☆wash plain
河流平原相☆streamplain facies
河流坡降☆stream slope{gradient}; gradient of river{stream}; river gradient
河流坡降定律☆law of stream gradient
河流潜入点☆stream sink
河流浅(石)滩☆rift
河流侵蚀☆river erosion{etching}; flurosion; fluviatile erosion
河流侵蚀循环☆fluvia(ti)le cycle of erosion
河流泉源☆springhead
河流群落☆potamium; polamium
河流入(海)口☆bayou
河流三角洲沼泽☆river delta marsh
河流砂矿☆stream placer
河流沙丘☆subaqueous sand dune
河流上源沉积☆upstream deposit
河流生物☆eupotamic
河流式的☆streaming
河流数目定律☆law of stream numbers
河流水道☆streamway
河流水位☆river stage; water level of river; stage of river
河流水文(过程)线☆river hydrograph
河流塑造地形☆autogenetic topography; autogenetic land forms
河流问题的起因☆causes of river problems
河流(搬运)物质☆river-borne material
河流袭夺☆river capture; (stream;robber) capture; river beheading{capture;piracy;abstraction;pirate}; piracy of streams; robbery
河流袭夺急转弯段☆elbow of capture
河流下游☆lower course
河流(搬运)效率☆efficiency of a stream
河流挟带的泥沙☆stream-borne sediment
河流挟带物含量☆stream load
河流协调交会定律☆Playfair's law; law of accordant junctions
河流形态☆river morphology; fluviomorphology
河流学☆fluviology; potamology; rheology; theology
河流与人☆rivers and people
河流运来的☆river-borne
河流中部☆mid-channel; midchannel
河流中线☆midstream
河流主道☆thread of maximum velocity
河流自净(作用)☆stream's self-purification
河流总数☆number of streams
河流最大输沙能力☆stream capacity
河流作用☆stream{fluvial;fluviatile} action; fluviation
河流作用论者☆fluvialist
河卵石☆bank{river} gravel; cobble; pebble
河马☆hippopotamus; hippo; river horse
河马属[Q]☆Hippopotamus
河漫滩☆fluviatile flood-plain{floodplain}; washland; flood land{bed;plain}; alluvial{valley} flat; flooding land; sediment bar; floodplain; bet
河漫滩草本沼泽☆back marsh
河貌(学)☆fluvial morphology

河面比降☆surface gradient
河面未封冻部分☆window
河南虫属[三叶;$Є_2$]☆Honania
河南中兽属[E_2]☆Honanodon
河泥☆river mud{silt}；canal{fluviatile} mud
河旁草地☆haughland；haugh
河切阶地[岩石阶地]☆stream {-}cut terrace
河区☆reach
河曲☆meander (bend)；crook；bend[尚未发展成曲流]；bend in river；bend of a river；links
河曲带☆flood-plain lobe；meander belt
河曲的环状河道☆meander loop
河曲痕☆(meander) scar
河曲凸角☆lobe
河曲下移☆sweeping (of meander)
河曲状☆meandriform；meandroid
河渠疏浚☆channel dredging
河砂{沙}[石英、长石为主，少量黑云母、磁铁矿等]☆river{fluvial} sand
河(成)砂☆fluviatile sand
河砂矿☆stream placer
河山永固☆permanence of the landscape
河上取水口☆river intake
河身比降☆gradient of stream
河神蚌(属)[C_2]☆Naiadites
河生植物☆rheophyte
河湿地☆river swamp
河蚀(作用)☆fluvial{river} erosion
河蚀旋回☆cycle of river erosion；fluvia(ti)le cycle of erosion
河蚀悬崖☆river cliff
河水☆runoff{drainage;courant;stream} water
河水的提取☆river water abstraction
河水流出☆debouch
河水绿[石]☆River Green
河水猛涨☆spate
河水溶解物质含量☆river dissolved load
河水入渗灌注[补给]☆recharge by seepage of stream
河水上涨☆stream rise
河水水文(过程)线☆streamflow hydrograph
河水推动的轮叶水轮☆hurdy-gurdy
河水位☆stream stage{level}；river level
河滩☆river shoal{rapids}；beach；benchland
河滩地☆flood{overflow;flooding} land
河滩金砂矿开采法☆bar mining
河滩开采砂金☆bar digging{mining}
河滩区☆riffle area
河滩砂金矿区☆bar diggings
河滩沼地☆bottom-glade
河炭蚌属[双壳;C_{2-3}]☆anthraconaia
河套岩☆ordosite
河头☆streamhead
河外层空间☆extragalactic space
河弯☆hook
河弯间区☆reach
河湾☆bay；hook；river bend；rincon；cove；ancon；inlet
河湾顶点☆summit of bend
河网☆network stream；drainage net(work)；river network；network of waterways；a network of waterways
河网密度[河道数/盆地周缘长度]☆drainage density；texture ratio；topographical texture
河网图☆stream pattern
河西构造体系☆Hosi tectonic system；Hexi structural system
河西石☆hoshiite；nickelianmagnesite；choschiite
河系☆water{river;stream} system；river drainage
河虾☆shrimp
河虾属[K-Q]☆Astacus
河下潜流☆stream underflow
河下潜水道☆underflow conduit
河下隧道☆subfluvial tunnel
河线☆stream line
河相☆fluviatile{river} facies
河心岛☆ait；eyot；river island
河心沙坝☆diara；channel{mid-channel} bar
河心沙洲☆(mid-)channel bar；chur；char；diara
河心小岛☆holm(e)
河星介属[N_1-Q]☆Pota(mo)cypris
河型☆stream pattern
河性☆regime of river
河遗残丘☆mosor [pl.mosore]
河淤塞湖☆silted-river lake
河源☆font；feeder；headstream；headwaters；head (waters)；streamhead；headland；riverhead；river source{head}；fontein；wellspring；wellhead；water head；blaen [pl.blaenau]；head of river
河源池☆headpool
河源地区☆stream source area
河源顶池☆summit pond
河源谷洼地☆dell
河源泉☆fountainhead
河源围场☆headwater amphitheater
河中岛☆holm；towhead
河中的小岛[英方]☆eyot；ait
河中湖[河流变宽处流速减慢部分]☆fluvial lake
河中浅滩☆wath；watersplash
河中沙丘☆hurst
河中小岛☆ait
河中心☆midstream
河洲☆eyot；inch；ait；batture
河洲砂矿☆river-bar{river} placer
河猪☆Potamochoerus
涸竭[水源]☆dry up
涸井☆dry well

hè

赫☆hz；hertz；cycles/second；cycle{periods} per second；c/o；c/sec；c/s
赫(兹)[每秒周数]☆cycles per second；C.P.S.
赫艾-韦斯特加德应力空间☆Haigh-Westergard stress space
赫伯贝属[腕;O_{2-3}]☆Hebertella
赫布里底(群岛的土著或居民)[英;苏格;AnЄ]☆Hebridean
赫曾-霍利斯特-鲍马准则 [鉴别浊积岩与等深积岩]☆Heezen-Hollister-Bouma criteria
赫茨普龙-罗素图☆H-R diagram
赫茨应力区☆Hertzian field of stress
赫德森海星(属)[棘;O-S]☆Hudsonaster
赫碲铋矿[Bi_7Te_3;三斜]☆hedleyite
赫定虫属[三叶;$Є_3$]☆Hedinaspis
赫顿分析☆Horton analysis
赫耳{尔}-肖(氏)对流圈模型☆Hele-Shaw convection cell model
赫尔-戴维图表☆Hull-Davey chart
赫尔德堡(阶)[北美;D_1]☆Helderbergian
赫尔科尔F炸药☆Hercoal F
赫尔曼-毛根标志法[点群、平面群、空间群]☆Hermann-Mauguin notation
赫尔门方解石☆helminthólite
赫尔默特矩阵☆Helmert matrix
赫尔姆霍兹定理☆Helmholtz theorem
赫尔珊瑚属[D_1]☆Hallia
赫尔维西亚人的☆Helvetian
赫钒铅矿☆heyite
赫夫型静电分选机☆Huff separator
赫金斯-莱顿几何(形状)因子☆Higgins-Leighton geometric factor
赫卡苏羊齿属[蕨类植物;C_{1-2}]☆Chacassopteris
赫科吉尔胶质炸药☆Hercogel
赫科麦特炸药[一种硝铵类硝甘炸药]☆Hercomite
赫克里斯炸药[弱性,硝化甘油基]☆Hercules powder
赫克斯勒特矿尘取样器☆Hexhlet sampler
赫库莱特炸药☆Herculite
赫立奇珊瑚属[P_1]☆Heritschiella
赫硫镍矿[Ni_3S_2;三方]☆heazlewoodite
赫鲁特介属[D_3-P]☆Healdia
赫罗夫斯基矿☆heyrovskyite
赫罗图(解)☆Hertzsprung-Russell{H-R} diagram
赫罗主列序图☆Russel-Hertzsprung diagram
赫米斯[小行星]☆Hermes
赫墨式筛☆Hummer screen
赫(尔)默特重力公式☆Helmert's gravity formula
赫默型振动筛☆Hum-mer vibrator
赫姆堡阶[D]☆Hemberg stage
赫姆霍兹不稳定性☆Helmholtz instability
赫姆塞群[S]☆Hemse Croup{Group}
赫南特贝属[腕;O_3-S_1]☆Hirnantia
赫南特阶[O_3]☆Hirnantian
赫涅曼矿井钻进法☆Honigman shaft-boring process
赫诺分析(法)☆Horner analysis
赫诺(压力恢复)曲线的直线段☆Horner straight line
赫诺时间函数☆Horner time function；HTF
赫诺型(压力恢复)曲线☆Horner type-curve
赫钦森分度器☆Hutchinson protractor
赫曲基氏超倾磁力仪☆Hotchkiss super-dip
赫森伯格矩阵☆Hessenberg matrix
赫氏笔石属[O_1]☆Hallograptus
赫氏猛度[用赫斯法测出的炸药猛度]☆Hess brisance
赫氏圆盘充气混砂机☆Herbert's duplex sand mixer
赫氏钻头给进差动装置☆Hild differential drive
赫斯定律☆Hess law
赫斯加费尔(铁矿石竖炉低温直接还原)法☆Husgafvel's process
赫斯莱特型矿尘取样器☆Hexhlet sampler
赫斯特法☆Hurst method
赫碳甲铁☆heynite
赫唐(阶)[欧;J_1]☆Hettangian
赫特唐阶☆Hettangian
赫维赛德层☆Heaviside layer
赫羽依定律☆Hauy law
赫芝长波☆Hertzian long wave
赫兹☆cycle{periods} per second；hertz；hz；cps
赫兹伯带☆Herzberg bands
赫兹应力☆Hertzian stress
荷电补偿☆complement of chargeability
荷电的☆charged
荷电率☆chargeability
荷克尔阶[C_1]☆Holkerian
荷量☆cargo
荷属安的列斯☆The Netherlands Antilles
荷斯坦间冰期[德北部相当民德-里斯间冰期]☆Holstein stage
荷烷☆hopane
荷性淀粉☆starch-caustic
荷性氧化镁☆caustic magnesia
荷移光谱☆charge transfer spectrum
荷载☆load；burden
荷载比☆specific charge；loading ratio
荷载变形痕迹☆load-deformed mark
荷载不足河流☆unloaded stream
荷载传递☆transference{transmission} of load
荷载传递分析☆load-transfer analysis
荷载分布☆load distribution
荷载倾角☆inclination of load
荷载因数法☆load factor method
荷载引起的应力☆loading induced stress
荷质比☆specific charge；charge-mass ratio
荷重测录器☆load measuring recorder
荷重架☆loading frame
荷重强度☆bearing strength
荷重弹簧☆weighted spring
壑☆donga；gully；big pool
喝彩☆applause
褐埃洛石☆brown halloysite
褐白云石☆brown spar
褐赤铁矿☆brown hematite
褐醋石☆brown calcium acetate
褐脆云母☆chrysophane
褐氮树脂☆walchowite
褐地蜡[碳氢化合物]☆baikerinite
褐地沥青☆broggite
褐碲铁矿☆kinichilite
褐点苔纹玛瑙☆mocha stone
褐独居石☆turnerite
褐氟碳酸铈矿[$(La,Ce)(CO_3)F$]☆kyshtymoparisite；kischtimite
褐符山☆xanthite
褐钙榴石[$Ca_3Al_2(SiO_4)_3$]☆romanzovite；romanzowite
褐盖图☆peel map
褐锆石☆zirconite
褐硅锰矿[$(K,H_2O)(Mn,Fe^{3+},Mg)Al_{<3}(Si_4O_{10})(H_2O)_2]$]☆errite；parsettensite；errite
褐硅钠钛矿[$Na_2Ti_2(Si_2O_6)O_3$]☆ramsayite
褐硅硼钇矿☆spencite；tritomite-(Y)
褐硅铈矿[$NaCa_6Ce_2(Ti,Zr)_2Si_7O_{24}(OH,F)_7$;$Na_3Ca_8Ce_2(F,OH)_7(SiO_3)_9$]☆mosandrite；rink(ol)ite；khibinite；rincolite
褐硅铈石☆khibinite；lovchorrite；mosandrite；rink(ol)ite
褐硅铁矿☆avasite
褐黑色☆brownish black
褐红帘石☆macfallite
褐红色☆maroon
褐红玉{石}髓☆sardoine
褐红云母☆oosite
褐红紫晶☆madeiratopas
褐化石脂☆reussinite

H

褐黄帘石☆escherite
褐黄色多色性☆pleochroism brown-yellow
褐灰色耐火黏土☆bannock
褐火药☆brown powder
褐角闪石☆brown hornblende
褐堇块云母☆auralite
褐堇青玉☆fahlunite
褐壳藻属[褐藻;Q]☆Ralfsia
褐块石棉 $[(Mg,Fe^{2+})_3Fe^{3+}_2Si_7O_{20}•10H_2O]$ ☆rockwood; rock wood{wool}
褐块石棉沥青板☆rock wool asphalt board
褐块云母☆oosite; auralite; pinit; fa(h)lunite; cosite; esmarkite; triclasite
褐蜡土☆ermakite
褐蓝素☆phaeocyan
褐帘片麻岩☆orthite-gneiss
褐帘石 $[(Ce,Ca)_2(Fe,Al)_3(Si_2O_7)(SiO_4)O(OH)$,含 Ce_2O_3 11%,有时含钇、钍等; $(Ce,Ca,Y)_2(Al,Fe^{3+})_3(SiO_4)_3(OH)$;单斜]☆allanite; orthite; tautolite; cerium epidote; bagrationite; bodenite; cerepidote; cerium-epidote; treanorite; bagrationite treanorite; cererine; uralorthite; cererite; bucklandite; skotine; cerine; scotine; bragationite; ortite; orthoide
褐磷灰岩☆brown rock
褐磷灰岩矿床☆brown rocs deposit
褐磷锂矿☆sicklerite
褐磷锰高铁石☆earlshannonite
褐磷锰铁矿 $[(Mn,Mg)_9Fe^{3+}_3(PO_4)_8(OH)_3•9H_2O$;斜方]☆landesite
褐磷酸钙铁矿☆borickite; boryckite
褐磷铁矿 $[4Fe_2O_3•3P_2O_5•5½H_2O; Fe^{2+}Fe^{3+}_2(PO_4)_2(OH)_2•4H_2O$;单斜]☆whitmoreite; cyrilovite; asovskite; avelinoite
褐磷云母☆oosite
褐榴石☆colophonite[为含 Al 的钙铁榴石变种]; haplome; kolophonit; aplome; pechgranat
褐榴正长岩☆andradite syenite
褐硫钙石☆oldhamite
褐硫锰矿 $[MnS_2$;等轴]☆hauerite; mangankies
褐硫钠质正长岩☆sviatonossite
褐硫砷铅矿 $[Pb_3As_4S_9$;三斜]☆baumhauerite(-Ⅰ)
褐硫铁铜矿 $[Cu_9Fe_9S_{16}$;四方]☆mooihoekite
褐氯汞矿 $[Hg_4Cl_2O;Hg_6Cl_3O_2H$;等轴]☆eglestonite; egrestonite
褐绿泥石☆chlorophaeite; hullite; chlorophacite
褐绿色☆brownish green
褐绿石☆phaeactinite; phaactinite
褐绿脱石☆morencite; epimillerite
褐煤☆lignite; brown coal [A.S.T.M.分类]; lignitic coal{material}; fulvurite; mesokaite; black earth; braunkohle; azabache; white coal[含大量孢子]
(一种)褐煤☆palm{bevey} coal
褐煤和沥青质油页岩☆lignitic and bituminous oil shale
褐煤化☆lignitize; lignification
褐煤化的☆lignitiferous
褐煤级腐殖煤[腐殖煤系列第三煤化阶段]☆humodil
褐煤焦油☆lignite tar oil
褐煤镜煤☆previtrain
褐煤蜡☆Montan wax
褐煤类表面活化剂泥浆☆lignite-surfactant mud
褐煤树脂☆valchovite; walchowite; befikite; reficite
褐煤酸☆montanic acid
褐煤酸酯☆montanate
褐煤质的☆lignitiferous; ligniferous
褐煤质页岩☆ligniferous shale
褐煤状☆lignitoid
褐镁铁矾☆quetenite
褐锰锆矿☆lovenite
褐锰矿 $[Mn^{2+}Mn^{3+}_6SiO_{12};Mn^{2+}Mn^{4+}O_3;3Mn_2O_3•MnSiO_3$;四方]☆braunite; pesillite; leptonematite; heteroklin; heteroklas; brachytypous{brown} manganese ore; heleroclin; sarganzite; marceline
褐锰锌矿☆hodgkinsonite
褐钼铀矿 $[U(MoO_4)_2$;斜方]☆sedovite
褐泥铁石☆brown clay ironstone (iron stone)
褐黏土☆red{brown} clay
褐铌铌矿☆fergusonite-(Nb)
β 褐钕铌矿☆fergusonite-beta-(Nd)
褐片☆peel
褐球藻属[甲藻]☆Phaeococcus
褐壤☆brown earth
褐壤和潜育☆brown earth and gley

褐色☆brown (coal); filemot; tawny; dark brown; tan; phaeo-
褐色斑状白云石☆flame dolomite
褐色含铁矿☆brown spar
褐色褐煤[美国分类]☆brown lignite; lignite B
褐色类☆phaeodaria
褐色砂石☆brownstone
褐色闪光矿物☆blende
褐色土☆cinnamon soil
褐色物质☆brown{semi-translucent;semiopaque} matter; humic degradation matter; brown cell wall degradation matter
褐色细胞壁分解物质[腐殖分解物质]☆brown matter; brown cell wall degradation matter; humic degradation matter
褐色氧化铁粉☆colcothar
褐色植物门☆Phaeophyta
褐砂岩☆brown stone{sandstone}; brownstone
褐闪(石)岩☆davainite
褐砷锰石{矿} $[Mn_3(AsO_4)(OH)_4$;斜方]☆flinkite
褐砷镍矿 $[Ni_5\text{-}xAs_2$;六方]☆orcelite
褐砷铁矿 $[Fe_2(AsO_4)(OH)_3•4½H_2O]$☆kerstenine
褐石☆brownstone
褐石灰☆brownlime
褐石榴石☆colophonite
褐石油☆brown petroleum
β 褐铈铌矿 $[(Ce,La,Nd)NbO_4$;单斜]☆β{-}fergusonite-(Ce)
褐水钒矿 $[VO(OH)_2;V_2O_4•2H_2O]$☆duttonite
褐水炭泥☆jonite
褐水碳泥☆ionite
褐铊矿 $[7Tl_2O_3•Fe_2O_3$;等轴]☆avicennite
褐钛石 $[TiO]$☆fulvite
褐炭☆lignite; brown coal
褐锑锌矿 $[ZnSb_2O_6$;四方]☆ordonezite; ordonesite
褐铁碧玉☆bayate
褐铁矾☆castanite; hohmannite
褐铁华 $[Fe_2O_3•nH_2O]$☆brown ocher
褐铁结核土☆buckshot land
褐铁矿 $[FeO(OH)•nH_2O;Fe_2O_3•nH_2O$,成分不纯]☆limonite; hydrosiderite; hyposiderite; ferrohydrite; ferrite; hydrogo(e)thite; aetite; brown hematite{ore}; brown{bog} iron ore; hydroferrite; ferrogel; brown ocher{ochre;ironstone}; morass ore; meadow{bean} ore; gel-goethite; eisenrahm; anhydroferrite; lake (iron) ore; perlimonite; brown ironstone; iron ore; marsh{swamp} ore; ballstone; ironstone; umber; valley{mountain} brown ore; xanthosiderite; bog mine ore; limnite; ball stone; myrmalm; bog iron; pecheisenstein{melanerz;kalkeisenstein}[德]; yellow ochre; ortstein; Lim; klump
褐铁矿的☆limonitic
褐铁矿的球粒集合体 $[Fe_2O_3•nH_2O]$☆pisolite
褐铁矿蜂房状构造☆limonite boxworks
褐铁矿化☆ferritization; limonitization
褐铁矿类矿(石)☆brown ore
褐铁矿脉☆rib of limonite
褐铁矿质碧玉☆limonitic jasper
褐铁岩☆limonite rock
褐铜矾 $[Cu_2(SO_4)O$;单斜]☆dolerophan(it)e
褐土☆cinnamon{drab} soil; umber; brown earth
褐稀土矿☆caryocerite; karyocerite
褐虾☆shrimp
褐显煤微组分亚组☆humotelinite
褐斜闪石 $[(Na,Ca)(Fe^{2+},Ti,Al,Fe^{3+})_5(Si_4O_{11})O_3]$☆rho(e)nite
褐斜闪玄武岩☆rhoenite basalt
褐榍石☆lederite
褐锌锰矿☆hodgkinsonite
褐羊膻脂☆hircine; hirzite; hirzine; hircite
褐钇铌矿 $[YNbO_4;Y(Nb、Ta)O_4$;不同产状下,含稀土元素的种类和含量不同,常含铈、铀、钍、钛或钽;四方]☆fergusonite; arrhenite; tyrite; sipylite; bragite; sipyrite; erbium niobate; β-fergusonite-(Ce); brocenite; rutherfordite; archenite
α 褐钇铌矿 $[Y(Nb,Ta)O_4]$☆alpha{-}fergusonite
β 褐钇铌矿 [β-$YNbO_4$;单斜]☆beta-fergusonite; fergusonite-beta
(不纯)褐钇铌矿☆kochelite
褐钇钽矿 $[(TR,Ca,Fe,U)(Ta,Nb)O_4]$☆bragite; tyrite; fergusonite
β 褐钇钽矿 $[Y(Nb,Ta)O_4]$☆beta-fergusonite
褐铀钍矿☆jiningite

褐釉砖☆brown-glazed brick
褐云母 $[K(Mg,Fe,Mn)_3(AlSi_3O_{10})(F,OH)_2]$☆anomite
褐藻☆phaeophyceae; brown algae{alga}
褐藻胶☆algin
褐藻类☆Phaeophyta; brown algae; Phaeophyceae
褐藻酸☆alginic acid
褐藻酸盐☆alginate
褐针镍矿☆brown-millerite
褐枝藻属[Q]☆Phaeothamnion
褐侏罗纪☆brown jura
褐侏罗统 $[J_2]$☆brown Jura
褐紫闪石 $[(Ca,Na)_3(Mg,Fe^{3+})_5((Si,Al)_4O_{11})_2(OH)_2]$☆tibergite
鹤(形目)☆Gruiformes
鹤壁窑☆Hebi ware
鹤嘴锄☆hack; bede; pickax(e); mattock; pecker
鹤嘴锄状☆picklike
鹤嘴斧☆mattock
鹤嘴斧☆jedding axe
鹤嘴螺☆grubscrew
贺兰山虫☆Holanshania
贺兰石☆Helan jade
贺硫铋铜矿 $[Cu_8Bi_{12}S_{22}$;单斜]☆hodrushite
贺梅尔多层介质理论☆Hummel theory
贺县鱼属 $[D_2]$☆Hohsienolepis
贺伊耳学说☆Hoyle's theory
贺伊特重力计☆Hoyt gravimeter

hēi

黑☆black; melan-
黑矮星☆black dwarf
黑矮星末日说☆dark dwarf Nemesis
黑桉丹宁 $[C_{19}H_{20}O_9]$☆maletto tannin
黑暗☆noire; opaque; obscuration; night; obscurum[明暗试验]
黑暗色☆dull
黑暗中发光的☆noctilucent
黑白颠倒的鬼影☆negative ghost
黑白分明的图像☆hard image
黑白根[石]☆Nero Margiua
黑白混合砂粒☆salt-and pepper sand
黑白间层冰山☆black-and-white iceberg
黑白榴霞斑岩☆arkite
黑白铅矿 $[PbCO_3]$☆black-lead ore
黑白图像☆soot-and-whitewash; monochrome; black- and-white {monochrome} picture{image}
黑白相片☆white photograph; black-and-white picture
黑白相片立体图☆black-and-white stereograph
黑白信号☆monochrome{brightness} signal; black and white signal
黑白云石 $[CaMg(CO_3)_2]$☆teruelite
黑斑(点)☆black dot; carbon spot; freckle
黑斑病☆necrosis
黑斑信号☆shading signal; dark spot signal
黑斑云闪岩☆antisohite
黑板☆blackboard
黑板钛矿☆arkansite
黑孢属[真菌;Q]☆Nigrospora
黑孢藻属[绿藻;Q]☆Pithophora
黑碧硒☆schorl(ite); shorl; schirl; pierrepontite; schurl; schrul
黑碧玉☆pramnion
黑铋金矿 $[Au_2Bi$;等轴]☆maldonite; black gold; bismuth aurite; bismuth(ic) gold
黑变病的☆melanic
黑玻璃☆jet glass; welding glass[焊接]
黑铂☆platinum black
黑不里坦系☆Hebridean system
黑草炭土☆black turf soil
黑长流纹岩{石}☆kanzibite
黑潮[日]☆kuroshio; Japan Current{Stream}; black current{stream}
黑辰砂 $[HgS$;等轴]☆metacinnabar; metacinnabarite; black mercuric sulphide; aethiops mineral; saukovite; metazinnober; metazinnabarit
黑赤铁矿☆black hematite
黑磁铁矿砂☆arentilla
黑大理石☆nero antico
黑带铁矿☆black band ironstone
黑蛋白石 $[SiO_2•nH_2O]$☆black opal; blackmorite
黑蛋巢菌属☆Cyathus
黑的☆black; noire
黑地金纹大理岩☆black and gold marble

黑地蜡☆moldavite
黑碲铜矿[Cu_2Te; Cu_5Te_3;假等轴]☆weissite
黑点☆heavy dot；spot；smudge；shading
黑点补偿信号发生器☆shading generator
黑电气石[$(Na,Ca)(Li,Mg,Fe^{2+},Al)_3(Al,Fe^{3+})_3(B_3Al_3Si_6O_{27}(O,OH,F))$; $NaFe^{2+}_3Al_6(BO_3)_3Si_6O_{18}(OH)_4$;三方]☆schorlite; schorl; jetstone; aphrizite; jet stone; shorl; schurl; schrul; schirl; aphryzite; pierrepontite; caple
黑丁菊石科[头]☆Hedenstroemiidae
黑顶藻(属)[褐藻;Q]☆Sphacelaria
黑定盏☆black Ding bowl
黑冻☆black frost
黑洞☆black hole；singularity
黑度☆blackness；blackening
黑度分析☆densitometric analysis
黑度计☆densimeter；densitometer
黑度曲线☆densograph
黑垩☆black chalk
黑尔斯法[一种应用于地震折射勘探的图解解释方法]☆Hales' method
黑尔兹牙形石属[$Є_3$-O_2]☆Hertzina
黑钒钙矿[$Ca_2V^{4+}_4V^{5+}_6O_{25}$•$nH_2O$;三斜]☆melanovanadite
黑钒矿[$(V^{3+},Fe^{3+})O(OH)$;斜方]☆montroseite
黑钒砂岩☆kentsmithite
黑钒铁矿[$3FeO$•V_2O_3•$3V_2O_4$]☆nolanite
黑钒铀矿☆black uranite
黑方解石☆anthracolite；anthraconite
黑方石英[SiO_2;等轴、四方]☆melanophlogite
黑肺病☆black {-}lung disease
黑粉菌属☆Urocystis；Ustilago
黑风☆reshabar
黑风暴☆karaburan
黑腐的☆humic
黑腐皮壳属[真菌]☆Valsa
黑腐殖酸☆Pyrotomalenic acids
黑复铝钛石[$(Ca,TR)(Al,Fe^{3+},Ti,Si,Mg,Fe^{2+})_{12}O_{19}$]☆hibonite
黑富铀矿☆nivenite
黑钙钒矿[$2CaO$•$2V_2O_4$•$3V_2O_5$•nH_2O]☆melanovanadite
黑钙锰矿{石}[$CaMn^{3+}_2O_4$;斜方]☆marokite
黑钙土☆chernozem (soil)；ts(c)hernosem；black earth；tschernosiom；chernozyom；tchornozem[俄]；dark soil；chernosem；steppe black soil
黑矸子☆bone (coal;black)；battie；batt；bass
黑杆属☆Melanosclerites
黑岗岩☆black granite
黑刚玉☆black fused alumina
黑钢板☆black sheet{plate}
黑格兽(属)☆Hegetotherium
黑骨杆石属[O-D]☆Melanosclerites
黑钴钼华☆pateraite
黑光[探测矿物荧光的紫外光及仪器]☆ black light
黑硅大理岩☆porto marble
黑硅铜铀矿☆bilibinite；coffinite
黑硅砷锰矿{石}[$Mn^{2+}_{11}Mn^{3+}_4(AsO_3)_6(SiO_4)_2(OH)_8$;三方]☆dixenite
黑硅石☆chert
黑硅钛钠锰矿☆chinglusuite
黑硅(铝)锑锰矿☆katoptrite；catoptrite
黑硅铁矿[由 Fe_2O_3,Al_2O_3,SiO_2,H_2O 等组成的铝硅酸盐]☆melanosiderite
黑硅铁石☆melanolite；delessite
黑海白黏土☆kil
黑盒子☆black box
黑河统[O_2]☆Black River series
黑河亚阶[O_2]☆Blackriverian substage{stage}
黑褐煤☆straight coal
黑琥珀☆black amber；almashite；stantienite
黑虎[石]☆Black Tiger
黑花岗石[包括辉绿岩、闪长岩、辉长岩等]☆black granite
黑花岗岩☆black granite；syenite
黑华☆black ocher
黑滑硬黏土☆slum
黑化☆blackening
黑化的[土壤]☆melanized
黑黄玉[$(Na,Ca)(Li,Mg,Fe^{2+},Al)_3(Al,Fe^{3+})(B_3Al_3Si_6O_{27}(O,OH,F)_4)$]☆schorlite
黑灰[BaS]☆black ash
黑火山砂[含钛]☆menaccanite
黑火头☆dark part of flame
黑(色)火药☆gunpowder；black{blasting;miner's} powder
黑火药类炸药☆phrolite
黑麂[$(Zn,Fe)S$]☆muntijac；mun(ti)jak
黑迹管☆skiatron
黑尖晶石[$Mg(Al,Fe)_2O_4$(含有过量的$(Al,Fe)_2O_3$)]☆magnalumoxide；black spinel；magnalumoid
黑碱土☆kara；black alkali soil
黑建窑☆black Jian Ware
黑礁块☆niggerhead
黑礁砾☆niggerhead; hardhead; negro head; negrohead
黑脚病☆blackfoot disease
黑角闪石☆syntagmatite
黑(色砂)金☆black gold
黑金刚石☆carbon(ado)；carbonate；boart(z)；boort；bort(z)；black{carbon} diamond；casting bort
黑金红石[TiO_2,含 $Fe(Nb,Ta)_2O_6$ 可达 60%]☆umongite；ilmenorutile；ilmenorutil；niobium rutile
黑金花[石]☆Portoro (Extra)
黑金沙[石]☆Galaxy Black
黑晶[SiO_2]☆morion；motion
黑晶石☆magnalumoxide
黑晶脂石☆walaite；valaite
黑精矿☆black concentrate
黑钶钙铀矿☆betafite
黑矿[FeS_2]☆kuroko ore；black ore；kuroko[日本产黑色复合硫化矿石]；baryte-polymetallic sulfide ore
黑矿层[$FeCO_3$]☆blackband；blackband ore{ironstone}
黑矿的一类矿石☆sekkoko ore
黑矿矿床☆"kuroka ore" deposit
黑矿型矿床☆kuroko{kuroko-type} deposit；kurokotype ore deposit
黑锂钍矿☆mackintoshite
黑沥青☆albertite；albert{stellar} coal；stellarite；nigrite；gilsonite；melan-asphalt；nigrate[美]
黑沥青煤☆albertite
黑沥青脂☆scleretinite；sklerotin
黑帘石☆bucklandite
黑料浆☆black slurry
黑磷锰钠石{矿}[$(Na,Ca)Mn(Mn,Fe^{2+},Fe^{3+})_2(PO_4)_3$;单斜]☆varulite
黑磷铁钠石[$(Na_2,Ca)(Fe^{2+},Mn^{2+})_2(PO_4)_2$; $(Na,Ca)Mn(Fe^{2+},Fe^{3+},Mg)_2(PO_4)_3$;单斜]☆hagendorfite
黑鳞云母[$K_2(Li,Fe^{2+}Fe^{3+},Al)_6((Si,Al)_8O_{20})(OH,F)_4$]☆protolithionite
黑淋溶土☆altalf
黑菱铁矿[$FeCO_3$]☆blackband (ironstone)；black-band iron(-)ore；blackband (iron) ore；black band
黑榴霓辉岩☆cromaltite
黑榴石[$Ca_3Fe_2(SiO_4)_3$]☆melanite；iiwaarite；pyreneite
黑榴响岩☆melanite-phonolite
黑硫汞矿☆ethiops mineral
黑硫(矿)水[含硫化铁的矿泉水]☆black sulfur water
黑硫铁锡矿☆canfieldite
黑硫铜镍矿[$(Cu,Ni,Co,Fe)S_2$;等轴]☆villamaninite
黑硫银锡矿[$4Ag_2S$•SnS_2]☆canfieldite
黑馏浮岩☆kofelsite
黑瘤☆melanoma
黑龙江羽叶属[J_3-K_1]☆Heilungia
黑龙潭☆black vauclusian spring
黑鹿亚属[Q]☆Rusa
黑铝钙石[$(Ca,Ce)(Al,Ti,Mg)_{12}O_{19}$;六方]☆hibonite
黑铝镁钛矿[$(Mg,Fe^{2+})_2(Al,Ti)_5O_{10}$;六方、三方]☆högbomite
黑铝镁钛岩☆hogbomitite
黑氯铜矿[$CuCl(OH)$]☆melanotallo；marcylite；melanothallite
黑氯血红素☆pheohemin
黑绿琥珀☆alimachite
黑绿辉石[$(Ca,Mg,Fe^{2+},Fe^{3+},Al)_2((Si,Al)_2O_6)$]☆maclureite
黑螺属[腹;K_2-Q]☆Melania
黑莓黄铁矿☆blackberry pyrite
黑煤☆black coal
黑镁铁钛矿[$MgFe^{3+}_2TiTi_2O_{10}$;斜方]☆kennedyite
黑锰矿[$Mn^{2+}Mn^{3+}_2O_4$,其中 Mn^{2+}和 Mn^{3+}呈有限类质同象代替,Zn^{2+}代替 Mn^{2+}达 8.6%,称为锌黑锰矿,Fe^{3+}代替 Mn^{3+}达 4.3%,称为铁黑锰矿;四方]☆hausmannite；black manganese；black iron ore；pyramidal manganese-ore
黑锰石☆calvonigrite
黑锰铁矿[$MnFe_2O_4$]☆manganoferrite
黑锰土☆groroilite
黑米粉属[P_2-K]☆Limitisporites
黑密熟料☆black dense clinker
黑棉土☆black cotton soil；regur
黑绵土☆black cotton soil
黑钼钴矿[$CoMoO_4$•nH_2O?]☆pateraite
黑钼铀矿[UO_2•$3UO_3$•$7MoO_3$•$20H_2O$]☆moluranite
黑钠闪石☆laneite；orthoriebeckite
黑泥☆black mud；hydrogen-sulfide{reduced} mud
黑泥铁矿☆blackband ore{ironstone}；blackband iron ore；blackband；black-band ironstone
黑泥土☆mall
黑黏土☆dilsh；stone butter；smonite；smolmitza；blacktery；black clay；margalitic soil
黑镍矿☆nicomelane
黑硼锡镁石{矿}☆magnesiohulsite
黑硼锡铁矿[$(Fe^{2+},Mg)_2(Fe^{3+},Sn)BO_5$;单斜]☆hulsite；paigeite
黑皮☆black rust
黑片石[$(Mg,Ca,Fe^{2+})_3(Fe^{3+},Al)_2Si_6O_{18}$•$3H_2O$]☆gunnbjarnite
黑漆嵌青田石首饰盒☆black lacquer jewelry box inlaid with carved soapstone
黑气铜矿☆marcylite
黑铅☆black lead；graphite
黑铅矿☆black lead spar；black-lead spar{ore}
黑铅铜矿[$PbCu_6(O,Cl,Br)_8$;等轴]☆murdochite
黑铅铀矿[Pb 和 U 的氧化物；UO_3•$2H_2O$•PbO；$Pb(UO_2)(OH)_4$;单斜?]☆richetite
黑墙☆blackwall
黑球☆black spheres
黑区信号压缩☆black compression
黑热☆black heat
黑人[俚]☆noire；Negro；dinge
黑人种☆Negroid
黑软土☆altoll
黑三棱粉属[孢;E-N_1]☆Sparganiaceaepollenites
黑三棱科☆Sparganiaceae
黑三棱属[植;E-Q]☆Sparganium
黑色☆black；blk；dark；noire；nigrum；dk
黑色暗煤☆black durain；spore-rich durains
黑色斑点☆blackspot
黑色板岩☆black slate；melantherite
黑色冰带☆dirt{dust} band
黑色超基性接触岩 [黑云母岩、绿泥石岩、闪石岩等]☆blackwall
黑色带状砂矿☆black strip placer
黑色单包皮导火线☆black singletape fuse
黑色单皮导火线☆black singletape fuse
黑色的☆dark-colored；melanic；noire
黑色地区[英斯塔福德郡和约克郡的煤铁区]☆Black country
黑色(信号)电平(的)☆black-level
黑色电平信号☆black level signal
黑色方解石[受石油浸渍]☆urinestone
黑色复合硫化矿石☆kuromono
黑色含钒砂岩☆kentsmithite
黑色褐煤☆lignite A；black lignite；straight coal
黑色环状冲击坑☆dark halo crater
黑色辉石☆polylite
黑色火药☆black{gun;miner's} powder；charcoal gunpowder；gunpowder explosive；gunpowder
黑色火药点火剂☆black powder base igniter
黑色或褐色腐殖泥☆gyttja
黑色金属☆ferrous (metal)
黑色金属冶金(学)☆ferrous metallurgy
黑色绝缘胶布☆black tape
黑色亮烟煤☆glassy black bituminous coal
黑色硫酸☆black sulphuric acid
黑色煤质岩层☆grist
黑色锰矿物[软锰矿、黑锰矿、硬锰矿等]☆black manganese
黑色泥炭☆peat humus；black turf{peat}
黑色片岩☆black schist；melantherite
黑色片状碳质页岩夹层☆bat
黑色铅矿☆black-lead ore
黑色色料☆noire
黑色闪锌石☆black-jack
黑色石灰软土☆rendoll
黑色素瘤☆melanoma
黑色素树脂体☆corpohuminite；melanoresinite
黑色碎石☆coated macadam
黑色涂料☆blackwash；blacking
黑色土☆Cologne umber{earth}
黑色退火☆scaled{black} annealing

黑色信号基准电平☆reference black level
黑色信号用电缆☆black cable
黑色压缩烟砖☆niggerhead
黑色冶金辅助原料矿床☆raw material for ferrous metallurgy
黑色页岩☆black shale；biopelite
黑色重油润滑油☆black strap
黑色锥形信标☆black conical shape
黑森威廉斯公式☆Hazen and Williams formula
黑砂[冶]☆black{old} sand；blacksand
黑砂海滩☆black {-}sand beach
黑砂糖☆muscovado
黑砂质黏土☆doab
黑纱☆noire
黑闪电效应☆dark lightening
黑闪锌矿[(Zn,Fe)S]☆christophite；black jack；chrystophite；marmatite
黑蛇纹方解石☆bardiglio
黑蛇纹石☆black serpentine
黑砷铁矿[$Ca_3Fe_4(AsO_4)_4(OH)_6$•$3H_2O$]☆mazapilite
黑生料法☆black meal process
黑十字☆isogyre；dark{black} cross
黑石膏☆dark plaster
黑石榴石☆black garnet
黑市外汇☆dark change
黑树脂石☆black amber；stantienite
黑霜☆black frost
黑双曲线分离度☆separation of isogyres
黑水晶☆morion；black quartz
黑素☆melanine；melanin；melan-
黑酸☆black soap{acids}
黑碎矿☆naphtha；naftha
黑穗病☆noire
黑燧石☆flint；chrysitis；pht(h)anite；touchstone
黑索金☆cyclotrimethylene trinitramine；hexogen；cyclonite
黑钛硅钠锰矿[$NaMn_5Ti_3Si_{14}O_{41}$•$9H_2O$(?)]☆chinglusuite；tschinglusuit(e)；mangantschinglusuite；tchinglusuite
黑钛矿[TiO]☆brookite；arkansite
黑钛石[$Ti_2^{3+}(TiO_5)$]☆anosovite
黑钛铁钠矿[$Na_2Fe_2Ti_7O_{18}$;$Na_2(Ti,Fe)_8O_{16}$;单斜、假六方]☆freudenbergite
黑钛铀矿[(U,Ca,Pb,Bi,Fe)(Ta,Nb,Ti,Zr)$_3O_9$•nH_2O]☆djalmaite
黑檀(色)的☆ebony
黑碳钙铀矿[$Ca_3U^{4+}(UO_2)_6(CO_3)_2(OH)_{18}$•3~$5H_2O$;斜方]☆wyartite
黑碳化硅☆black silicon carbide
黑炭质页岩☆bride cake
黑陶[考古,新石器时代的一种陶器]☆black pottery；a kind of pottery in New Stone Era
黑锑锰矿[Mn(Sn_5+,Fe^{3+})O_3;三方]☆melanostibite
黑锑铁锰矿[(Mn,Fe)$_6$(SbO_3)$_2O_3$]☆melanostibian；lamprostibian；melanostibite
黑体☆blackbody；boldface；black body
黑体辐射☆black(body) radiation；radiation of blackbody
黑体辐射亮度曲线☆blackbody radiance curve
黑铁☆black iron
黑铁钒矿[(V,Fe)O(OH)]☆montroseite
黑铁辉石☆hudsonite；huosonite
黑铁矿[(Fe,Mn)WO_4]☆black{magnetic} iron ore；tenorite
黑铁石☆anosovite
黑铜矿[CuO;单斜]☆tenorite；black copper (ore)；marcylite；lampadite；kupferschwarze；melaconite；melakonit(e)；melaconis(a)；melaconise；copper black；nero rame；walleriite；valleriite；melanokonit
黑铜铅矿☆murdochite
黑头砖☆chuffs
黑图像☆picture black
黑土☆black earth{soil}；terra nera[意,古代美术家用作绘画颜料的]；chernozem；tchornozem[俄]；Cassel brown；opium
黑钍铀钇矿☆brannerite
黑外同步信号☆infra-black synchronizing signal
黑尾鹿☆Odocoileus hemionus
黑钨矿[(Mn,Fe)WO_4]☆wolfram(ite)；wolframine；cal；tobacco jack；megabasite；volfram；blumite；tungstenite
黑锡矿[SnO;四方]☆romarchite；black tin
黑稀金矿[(Y,Ca,Ce,U,Th)(Nb,Ta,Ti)$_2O_6$;斜方]☆euxenite；wiikite；titano-euxenite
黑稀金矿-复稀金矿系[Y(Nb,Ta,Ti)$_2O_6$-Y(Ti,Nb,Ta)$_2O_6$，当 Nb+Ta>Ti 为黑稀金矿，当 Nb+Ta<Ti 为复稀金矿]☆euxenite polycrase series
黑稀金矿和钇烧绿石混合物☆beta-wiikite
黑稀土矿[由 Ce,Y,Ca,B,Fe,Si 等组成；(Ce,Ca)$_5$(Si,B)$_3$ O_{12}(OH,F)•nH_2O?]☆melanocerite
黑犀属☆Diceros
黑细粒☆opacite
黑纤蛇纹石☆webskyite
黑线☆heavy line
黑线纹☆hairlines；black line
黑箱☆black box
黑箱技术☆black-box technology
黑硝(火药)引线☆german
黑斜钒矿[V_2O_3•V_2O_4•$3H_2O$;$V_2O_2(OH)_3$]☆haggite
黑锌锰矿[(Zn,Mn,Fe)Mn_2O_5•$2H_2O$; (Zn,Fe^{2+},Mn^{2+})$Mn_3^{4+}O_7$•$3H_2O$;三斜]☆chalcophanite；halkafanite；hydrofranklinite；habazit；chalcophane
黑心☆black heart{core}；evil mind；coring；blackheart
黑信号☆dark signal；black signal[电]；(picture) black
黑星孢属[真菌;Q]☆Fusicladium
黑星菌属[真菌;Q]☆Venturia
黑猩猩☆pongo
黑猩猩属[Q]☆Chimpanzees；Pan
黑形周围的半阴影☆penumbra [pl.-e]
黑锈☆black rust
黑玄玻璃☆sideromelane
黑烟囱[位于海下洋隆之中,由硬石膏、磁黄铁矿、黄铁矿、闪锌矿和黄铜矿组成]☆black smoke(r) (chimney)
黑烟灰☆soot
黑眼☆blinding hole
×黑药[环烷酸黑药;商;俄]☆Phosphoten
203{|211}(号)黑药[二异丙基二硫代磷酸钠]☆Aerofloat 203{|211}
208(号)黑药[乙基钠黑药与仲丁基钠黑药 1:1 混合中性盐]☆Aerofloat 208
238{|226}(号)黑药[仲丁(基)钠黑药;二仲丁基二硫代磷酸钠{|铵}]☆Aerofloat 238{|226}
239(号)黑药[含 10%乙醇或异丙醇]☆Aerofloat 239
241{|242}(号)黑药[25{|31}号黑药的铵盐水溶液]☆Aerofloat 241{|242}
33(号)黑药 [与 31 号黑药相似, 非极性基多一个甲基]☆Aerofloat 33
R-228{|226}(号)黑药[仲丁基钠{|铵}黑药,二仲丁基二硫代磷酸钠{|铵}盐]☆Reagent 228{|226}
R-243(号)黑药 [异丙基钠黑药,烷基二硫代磷酸钠盐]☆Reagent 243
`R-213{|213}(号)黑药[二异丙基铵黑药,二异丙基二硫代磷酸铵]☆Reagent{|Aerofloat} 213
黑药[浮剂]☆aerofloat；slow powder；black blasting powder
黑药类浮选捕收剂☆Aerofloat promoter
黑耀岩[全由酸性火山玻璃组成,斑晶极少]☆fusible quartz；obsidian
黑曜脉岩☆kofelsite
黑曜石☆black lava glass
黑曜岩☆hyalopsite；iceland{glass} agate；hraftinna；obsidian；mountain mahogany；bergmahogany；pitch-stone；marathonstein
黑曜岩球☆Apache tear
黑曜岩水(化)年代测定(法)☆obsidian hydration dating
黑页岩☆black cat{shale}；sterile；plate
黑页岩煤☆shalecoal；shale-coal
黑夜☆noire；night
黑液[造纸副产品]☆black liquor
黑衣☆noire
黑银矿☆black silver (ore)
黑银锰矿[(Mn,Ag,Ca)$Mn_3^{4+}O_7$•$3H_2O$;三斜]☆aurorite
黑影☆black shadow
黑影照片☆photogram
黑硬绿泥石[K(Fe^{2+},Fe^{3+},Al)$_{10}Si_{12}O_{30}(OH)_{12}$;单斜、三斜]☆stilpnomelane
黑硬黏土(页岩)☆tow
黑铀钶钇矿☆annerodite
黑铀矿☆uranotemnite
黑铀钍矿[UO_2•$3ThO_2$•$3SiO_2$•$3H_2O$]☆mackintoshite
黑油☆black oil；blacksrap；car oil[润滑油]；naphtha residue；masout
黑油模型☆black-oil-type simulation model；black-oil simulator{model}；black oil；BO
黑油土☆smonitza
黑油烟☆soot
黑油脂烛煤☆blackjack
黑黝铜矿[(Cu,Hg)$_{12}Sb_4S_{13}$]☆hermesite
黑鱼☆Onychodactylus
黑鱼属[N_2-Q]☆Ophiocephalus
黑玉髓☆black onyx
黑云奥长环斑花岗岩☆morepite
黑云倍长岩☆achnakaite
黑云黄长霞石岩[助记名称]☆binemelite
黑云碱煌岩☆bermudite
黑云角岩☆corneite
黑云绿泥混层石☆sangarite
黑云母[K(Mg,Fe)$_3$($AlSi_3O_{10}$)(OH)$_2$;K(Mg,Fe^{2+})$_3$(Al,Fe^{3+})Si_3O_{10}(OH,F)$_2$;单斜]☆biotite；meroxene；black mica；katzengold[德]；hydroxyl-biotite；magnesia mica；biot；magnesia-eisen-glimmer
黑云母的色晕☆halos in biotite
黑云母等变度{级}☆biotite isograd
黑云母化☆biotitization；biotitize
黑云母绿帘{|纹长|斜长}石片麻岩☆biotite epidote{|perthite|plagioclase} gneiss
黑云母石榴石片岩☆biotite garnet schist
黑云母岩☆biotitite
黑云杉☆black spruce
黑云石绿泥石亚相☆biotite-chlorite subfacies
(富)黑云霞辉岩☆algarvite
黑藻门☆Melanophyta
黑渣油☆dirty cargo
黑赭石☆black{manganese} ocher
黑珍珠[石]☆Emerald Pear
黑脂石☆walaite；valaite
黑蛭石[K(Mg,Fe^{3+},Al)$_6$((Si,Al)$_8O_{20}$)(OH)$_4$•$4H_2O$]☆maconite
黑种人☆noire
黑侏罗统{纪}[德;J_1]☆black Jura
黑柱石[$CaFe_2^{2+}Fe^{3+}(SiO_4)_2(OH)$;斜方]☆jenite；yenite；lievrite；ilvaite；elbaite；renite
黑柱石形磁铁矿☆dimagnetite
黑紫鲕陨石☆limerickite
黑子☆macula
黑子日珥☆prominence of the sunspot type
黑子周期☆sunspot cycle
黑棕☆black oak
黑钻石☆framesite
镙[Hs,序 108]☆hassium

hén

痕☆cat-head；mark
痕迹☆vestige；trace；hachure；fillet；imprint；mark；trail；touch；tincture；stamp；spur；sign；print
痕迹化石☆trace fossil；ichnofossil；fossil lebensspur
痕迹化石沉积相☆ichnofacies
痕迹器官☆vestigial organ
痕迹群☆ichnocoenose
痕刻☆indentation
痕量☆trace[地化]；trace amount{quantity}；tr.；tr
痕量金属分析☆trace {-}metal analysis
痕量元素☆guest{trace;accessory} element
痕量元素分配☆trace element partitioning
痕量元素覆盖模式☆trace-element veil model
痕木(根座)☆Stigmaria
痕色试验☆streak test
痕印[指化石晶体等遗留在岩石中]☆matrix

hěn

很薄的煤层☆coal shed{pipe}
很差的渗透率[孔隙被堵塞]☆blocking{blocked} permeability
很长的时间☆eternity
很稠{黏}的☆heavy-bodied
很大的采空区☆extensive goaf
很低级变质作用☆very low-grade metamorphism
很多的☆voluminous；plenty
很复杂的☆sophisticated；sophisticated
很干的☆bone-dry
很高突起☆very high relief
很尖的穹隆☆very pointed dome
很快地下降☆dowse
很冷的☆frigid
很少☆seldomness；seldom；tiny；negligible
很玄武玻璃☆pseudotachylite

hēng

(交流)哼声遏抑线圈☆hum-bucking coil

哼声器☆hummer
亨☆henry；hen.
亨德定则☆Hund's rule
亨基应力方程☆Hencky stress equation
亨利[电感单位]☆henry；H.；hen.
亨利定律常数☆Henry's law constant
亨利计☆Henrymeter
亨利片晶☆Henry laminae
亨尼亚木(属)[D_2]☆Hyenia
亨氏大孢属[K_1]☆Henrisporites

héng

珩磨机☆honing machine
横岸☆transversal coast
横岸线☆transverse coastline
横把[钙超]☆cross bar
横板☆tabula[腔;古杯;pl.-e]；cross deal；diaphragm[苔;腕]
横板贝属[腕;C_1]☆Diaphragmus
横板带☆tabularium
横板珊瑚亚纲☆Tabulata
横棒☆synapticula [sgl.-lum;pl.-e]
横棒轮藻(属)[E-N]☆Rhabdochara
横(接合)棒条[固定格筛]☆depressed cross bar
横背斜☆cross anticline
横壁☆transverse member
横臂☆crossarm；transverse member；cross arm
横臂拉条☆arm-tie
横臂式重力仪☆beam-type gravimeter
横臂调零器☆beam nuller
横臂位置☆beam position
横鞭毛☆transverse flagellum
横变位☆transverse dislocation
横(向)变形☆transversal deformation
横标☆crossfoot
横冰隙☆transverse crevasse
横波☆transversal{S;tangential;transverse;shear(ing);distortional;equivoluminal;secondary;rotational;shake;rotation;Love;Q} wave；querwellen waves[德]；S{crossing}-wave
横波的水平分量☆SH-wave
横波分量☆shear component
横波痕☆transverse ripple mark
横波慢度☆shear-wave slowness
横波蟹式可控震源☆shear wave crab vibrator
横波中间发炮排列☆shear-wave splitting spread
横波-纵波转换☆shear-to-compressional conversion
横舱☆elevating rudder
横(燃料)舱☆cross bunker
横舱壁☆transverse bulkhead
横槽☆colpus transversalis；transverse furrow
横测尺☆subtense bar
横差☆heave
横长[孢]☆lalongate
横潮(流)☆beam tide
横潮流(航行)☆cross tide
横撑☆cross-tie；stull；bunton；transverse{cross;collar} brace；brace[垂直采场]；wale；hole prop；girth；girt；cross strut{poling}；cross-brace；holing prop[支柱]；bolster；traverser；post；strut timber；cap[平行采场]
横撑底采矿法☆stull-floor system
横撑垫楔☆stullheading
横撑杆☆spreader {-}bar；jack column
横撑梁☆distance bar
横撑木☆stull piece；needle
横撑支护的☆stulled；stull-timbered
横撑支护天井☆stulled{stull-laced} raise
横撑支架☆cross-support arm；stretcher
横撑支架采矿法☆leaning-stope method；leaning stope-sets system；stull-set system
横撑支柱☆hole{holing} prop；stull；girt；tie
横撑支柱充填采矿法☆filled stull stope
横撑支柱底板开采法☆stull-floor method
横撑支柱阶段平巷留矿开采法☆stull-level method
横弛豫时间☆transverse relaxation time
横齿的☆contrate
横齿桥[牙石]☆transverse bridge
横尺☆crossfoot
横冲断层☆transcurrent{transversal;transverse;lateral;strut} thrust
横冲水☆transverse flush (water)
横出三叉骨针☆orthotriaene
横川☆jig dip
横穿☆cross；across；traverse
横穿(的)☆crosscut
横穿采煤{矿}法☆cross (cut) method
横穿的☆traversing；cross
横穿结晶(作用)☆transcrystallization
横穿煤系石门☆cross-measure{shaft} tunnel
横磁波☆transverse magnetic wave
横刺☆synapticulum；synapticula
横大陆穹隆☆transcontinental arch
横带[腕]☆transverse band
横带间截☆strip cropping
横担☆cross arm
横担拉线☆crossarm guy
横挡☆cross piece；crosspiece
横挡条横槽☆ripple
横档☆cross piece；rung
横导轨☆cross rail
横导坑☆crosscut
横道☆cross-road
横道图☆bar chart
横的☆lateral；tra(ns)verse；transversal；horizontal
横电磁波☆transverse-electro-magnetic{TEM} wave
横动☆traversing
横动(刀架)台☆transverse slide
横渡大洋的☆transoceanic；transocean
横断☆intersect(ion)；intersecting；crossbreaking；cross(ing)；transect(ion)；across；trans-
横断背斜☆cross-faulted anticline
横断的☆transverse；transversal；interveined
横断断层☆tear fault
横断距☆heave
横断面☆cross section{profile}；transect；transverse surface{profile}；transversal{bench}；body plan；(transversal) cross-section section；transection；across
横断面积☆(cross-)sectional area
横断剖面☆cross-sectional profile
横断山地槽☆Hengduanshan geosyncline
横断物☆traverser
横堆断层☆blatt；blatter
横舵柄☆(rudder) yoke
横放☆cross
横风☆cross{beam} wind
横缝☆cross joint
横幅☆fly
横副隔壁[孔虫]☆transverse septulum
横杆☆cross bar{rod}；crossbar；beam；rail；overarm；buckstay；horizontal{transverse} bar
横杆圆规☆beam compasses
横杠☆whiffletree
横割端面☆cross-cut end
横格条(摇床)☆cross-riffle
横隔☆tabula [pl.-e]
横隔板☆cross spacer
横隔膜☆diaphragm
横隔膜截断墙☆diaphragm cutoff wall
横隔片☆trabecula [pl.-e]
横沟☆girdle；cross drain；transverse furrow{colpa{colpus} transversalis} [孢]；horizontal groove[笔]
横沟两端间区域[藻]☆intercingular area
横沟缘☆costae transversales
横构件☆cross rail；cross(-)member
横谷[延伸方向与地质构造走向近乎正交的谷地]☆transverse{transversal} valley；cluse；cross-valley
横刮板☆cross flight
横管☆cross{crossing} canal
横罐道梁☆cross bunton
横贯☆crossover；traverse
横贯阿拉伯抽油管线☆trans-Arabian pipeline
横贯采样分析☆crosscut assay
横贯层条的钻孔☆cross-measure borehole
横贯高加索板块☆Transcaucasian plate
横贯全矿的平巷☆lateral{side} drift
横贯亚马孙的造山作用☆Transamazonian orogeny
横光学频率☆transverse optic frequency
横轨☆cross rail
横滚☆roll
横过☆cross；across；tra(ns)verse；di(a)-；trans-
横过船地{的}☆thwartship
横过的☆transcurrent
横海岸☆transversal{transverse} coast
横巷☆crosscut (tunnel)；jack{bolt} hole；cross gate{gateway;cut(ting);drift;entry;gangway;tunnel;drive;level;measures;opening;road}；crossdrift；roadhead；slit；transverse{traverse} gallery；headway；X-cut；cut-off drift{entry}；cut-through；thwarting；fosse；cross gate way；thirling；wing；side drift；doghole；cross pitch entry；bord gate；adit；chute；course of ore；cross-measure tunnel；cutting；cross-opening
(穿脉)横巷☆ort
横巷回采☆entry working
横巷掘进☆cross drifting{holing}
横巷开凿☆crosscutting
横号☆bar
横河☆right {-}angled stream
横荷重☆transverse load
横桁☆cross girder
横滑☆sideslip
横滑褶曲☆passive-slip folding
横环[古]☆annulation
横火焰池窑☆cross-fire tank furnace
横击☆sideswipe
横基尺☆subtense bar
横脊(线)☆transverse ridge
横键☆lie key
横件☆cross member
横交单元边界☆across interelement boundaries
横交结构☆diablastic texture
横交倾斜☆cross pitch
横交走向☆across{pitch;cross} strike；cross-strike；transverse to the strike
横角☆transverse angle
(固定格筛)横接合支架☆depressed support
横截流动面积☆cross-sectional flow area
横截面☆cross{lateral;transverse} section；transversal surface；cross-sectional area；CS
横截面积☆sectional area；sec. ar.
横节理☆transverse{orthogonal} joint；cross{transversal} joint(ing)；Q-joint；sline
横节理扇☆cross-joint fan
横结晶(作用)☆transcrystallization
横结晶的☆transcrystalline
横晶的☆transcrystalline
横颈脊☆transverse nuchal crista
横距☆departure；dep；transverse pitch；lateral extent；longitude difference
横距和☆total departure
横锯(的)☆crosscut
横抗力☆transverse resistance
横坑☆adit
横口斧☆adz；adze
横口目☆selachii
横跨☆span
横跨巴拿马(输油)管线☆trans-Panama pipeline
横跨……的两边☆straddle
横跨风桥☆overhead crossing
横跨弯头☆cross-over bend
横跨褶皱☆cross{superimposed} fold
横拉筋☆cross-tie；transverse brace
横拉条☆cross brace；spanner
横拉线☆cross-span
横浪☆beam sea；cross{broadside} sea
横浪航行☆running on beam sea
横肋☆transverse rib；cross-rib
横肋螺属[腹;$S-J_3$]☆Zygopleura
横肋状碎屑带☆transverse ribs clast stripes
横棱☆lambdoidal crest
横力伸支承☆radial arm bearing
横连板☆chord
横镰形☆transcrescent
横涟痕☆transverse ripple mark
横帘蛤属☆Paphia
横梁☆joist；girth；girder (frame)；holing prop；gird；dormant；cross rail{beam;bar;piece;girder}；traverser (cap)；bunton[井筒]；spider；transverse (member)；crossbar transverse beam；(set) cap；beader；synapticula[绵;珊;sgl.-lum;pl.-e]；stull；capping；lock{bracing} piece；transom(e)；balk；strap；transbeam；horizontal bar；cross-member；crossgirder；liner；cross member [of a car]；traverse；headtree；cappi(e)ce；girt；floor beam；headpiece；stemple；crossbeam；crossmember[车架]
横梁臂护套☆spider arm shield
横梁衬套油封☆spider bushing oil seal
横梁和支柱支护☆crossbar-and-prop timbering
横梁圈衬板☆spider rim liners

H

横梁式结构☆trabeation
横梁通气口盖☆spider vent cover
横梁外壁[珊]☆synapticulotheca
横梁窝☆egg-hole
横梁线☆crosshatching
横梁支护☆cross timbering
横梁支架☆overarm brace；girder propping
横梁轴承润滑软管☆spider bearing lube hose
横梁作用☆beam effect{action}
横列定向(天线)☆billboard
横列型[气孔]☆diacytic type
横列组织☆transverse{horizontal} tissue
横裂缝☆cross crack{fissure}；transversal fissure；transverse fissure{fracture}
横裂谷火山活动☆cross-rift volcanism
横裂甲藻纲☆Dinophyceae；Diniferae；Dinoflagellata
横裂纹☆transverse crack
横裂隙☆cross{edge} crack；cutter；transverse fissure
横流☆cross{transverse} current；overflow；lateral flow
横路☆crossroad
横螺纹☆horizontal thread
横络[藻]☆trabecula [pl.-e]
横脉☆traverse；transverse{cross;transversal} vein；caunter lode
横面渗透性☆cross-plane permeability
横面线☆cross hatching
横木☆bail；cross bar{member;piece;timber}；timber；crossbar；crosstie；ledger
横木规☆trammel
横木滑道[林]☆skidway
横扭蛤属[双壳;T-J$_2$]☆Hoernesia
横排环管☆row loop
横排列☆cross-spread
横盘式钻进☆checkerboard drilling
横盆地☆transverse basin
横劈理☆transverse cleavage
(船等)横漂☆leeway
横平推断层☆lateral thrust
横平移断层☆transverse strike-slip fault
横坡☆crossfall；transverse slope；cross fall
横剖面☆bench{cross;transverse;lateral} section；cross{transverse} profile；sectional area；s.a.
横剖面的编制☆construction of cross-section
横剖面线☆cross-section line
横蹼☆spreite
横碛☆transverse moraine
横墙☆cross wall
横桥☆cross-bridge
横桥藻属☆Transversopontis
横切☆intersect；crosscut；cross cutting；transect(ion)
横切层分带☆across {-}layer zoning
横切层面渗流☆across-the-bedding seepage
横切成直角之物☆transverse
横切储集层的封闭☆transverse seal
横切硐室☆crosscut room
横切断层☆cross-cutting fault；cross tear fault
横切(褶皱)河☆diaclinal stream
横切机☆horizontal cutter
横切矿脉☆cut
横切捩断层☆cross tear fault
横切(矿)脉☆cross course{vein}
横切取样☆sampling by crosscutting
横切纹理☆transverse lamination
横切线☆traverse
横倾角☆heeling angle；angle of heel
横倾力矩☆heeling moment
横区域断裂{构造}线☆transverse lineament
横渠☆transverse channel
横入坑道☆cross cut
横扫频率☆horizontal frequency
横扫声呐☆lateral sonar
横砂丘☆dune of transversal type
横沙丘☆elb；transverse dune
横声频☆transverse acoustic frequency
横生胚珠[植]☆amphitropous ovule
横(切矿体的)石英脉☆cross-spur
横式海岸☆discordant coast
横式(起重)滑车☆traversing pulley
横式码头☆marginal type wharf
横视差☆x-parallax
横顺向河☆transverse consequent river
横丝☆horizontal wire{thread;hair}
横送刀☆lateral feed
横索[笔]☆funicle
横条孢囊☆trabeculate
横条信号发生器☆horizontal bar generator
横调☆side{lateral} adjustment
横突间关节☆articulatio intertransversa
横推(作用)☆transcursion
横推断层☆flaw (fault)；transverse fault{thrust}；wrench fault；blatt；blatter
横推断裂(作用)☆tear faulting
横推块段{部分}☆transcurrent segment
横弯曲☆transversal bending
横弯褶皱☆bending fold
横纹☆transverse striation
横纹理☆oblique lamination
横稳性力臂☆transverse righting arm
横卧的☆decumbent；recumbent
横卧卵胞☆recumbent{independent} ovicell
横卧脉☆blanket vein
横卧褶曲☆reclined fold
横峡谷☆transverse gorge；tangi
横纤维[如石棉脉]☆cross-fiber
横线☆line abscissa；LABS；crossmember；sideline
横线工程(计划)图表☆bar chart
横线理☆orthogonal lineation
横向☆laterally；abeam；cross direction；horizontal；crosswise
横向摆动☆heave；lateral movement；sideway floating；side-to-side floating[仪表指针]
横向摆动焊接☆weave bead welding
横向崩落回采(法)☆side stoping
横向变薄☆lateral thinning
横向不连续单位☆laterally discontinuous units
横向布置硐室☆cross-pitch room
横向测井{录}☆laterologging
横向测线剖面☆crossline section
横向长度伸缩振动模式☆transverse length extension vibration mode
横向重叠砂体☆multilateral sand
(卡片)横向穿孔区☆curtate
横向磁场[电磁波]☆transverse magnetic；TM
横向错开☆lateral offset
横向的☆tra(ns)verse；transversal；lateral；trans；horizontal；cross
横向地☆laterally
横向地震☆transversal earth quake
横向地震覆盖☆lateral seismic coverage
横向电测曲线☆resistivity-departure curve
横向电场电磁波☆transverse electric electromagnetic wave
横向电阻率下井仪☆lateral resistivity tool
横向度☆horizontal directive tendency；H.D.T.
横向对位纸边检测信号☆cross-ways registration paper edge detection signal
横向分辨度{率}☆lateral resolution
横向分层崩落采矿法☆side slicing
横向分层性☆lateral zonation
横向分带☆latitudinal{transversal} zoning；transverse zonality
横向分段回采工作面☆sublevel stoping with transverse stope
横向复(合)盆地☆laterally composite basin
横向干扰构造☆intervening transverse tectonics
横向钢筋☆transverse reinforcement
横向构架☆bent
横向巷道☆cross-entry
横向河☆diaclinal{transverse;transversal} stream
横向滑移☆cross-slip
横向回采☆entry working；cross-working；transverse {cross} stoping
横向极化☆cp；cross polarization
横向记录地震仪☆seismogram modulator；Seismod
横向剪切变形理论☆transverse shear deformation theory
横向间隙☆side{lateral} clearance
横向结晶☆transcrystallization
横向进刀☆surfacing{cross} feed
横向进磨法☆feed grinding
横向均衡滤波器☆cross-equalization filter
横向拉杆☆cross(-)tie；lateral tie
横向肋状碎屑带☆transverse ribs clast stripes
横向粒级递变☆lateral grading
横向连接☆crossbinding
横向联系杆☆crossbinding
横(截)向量☆transversal vector
横向溜板☆cross slide
横向溜槽☆athwartship table
横向流动☆horizontal{cross} flow；transcurrent
横向流动式泡沫溜槽☆cross flow froth launder
横向偏振☆cross polarization；cp
横向平巷[垂直于走向]☆transverse{traverse} gallery；cross-gang；cross level
横向坡☆crossfall
横向坡(度)☆cross-fall
横向迁移☆latitude migration
横向切削井壁能力☆lateral cutting ability
横向沙坝{洲}☆transverse bar
横向伸展☆lateral extent
横向渗溢☆transverse seep
横向生芽☆lateral gemmation
横向收缩☆transversal shrinkage
横向受拉裂缝☆transverse tension crack
横向输送机千斤顶☆cross conveyor jack
横向弯曲☆lateral bend；cross-buckle
横向位移☆lateral shift{displacement}；transversal{transverse} displacement
横向下沉曲线图[垂直于回采工作面推进方向]☆transverse profile
横向下水☆sideway{side} launching
横向线偏移☆cross-line migration
横向洋脊☆nematath
横向摇动☆end play；side-shake
(船的)横向摇滚和纵向仰伏运动☆roll and pitch
横向应变电阻比☆transverse sensitivity
横向运输☆cross haulage
横向运输机系统☆cross conveyor system
横向运移☆lateral{parallel} migration
横向支撑☆transverse brace；crossbinding；lateral bracing
横向支撑系统☆lateral bracing{support} system
横向组合☆lateral array
横向坐标☆cross-track coordinate
横销☆crosspin；lateral{traverse} pin
横楔☆transverse wedge
横斜度☆transverse slope；cross fall
横(侧)斜面☆side gradient
横斜坡☆side gradient
横斜三叉骨针[绵]☆plagiotriaena
横新月形☆transcrescent
横行通道☆cross traffic
横须贺[日]☆Yokosuka
横须贺矿☆yokosukaite；nsutite
横旋☆transverse rounding
横压力☆lateral compression；thrust
横压仪☆pressure-meter
横崖☆transverse escarpment
横摇☆sway；rolling
横摇角☆angle of bank{roll}；roll angle
横摇周期☆roll period
横曳力☆cross-drag
横移☆traverse；sway
横移断层☆strike-separation{lateral;transcurrent} fault
横移经纬仪头☆co-planing；coplaning
横移模式☆lateral pattern
横移式起重器{机}☆traversing jack
横溢☆inundation
横应力☆transverse stress
横涌☆cross swell
横圆单缝孢属[C_{2-3}]☆Latosporites
横越船的☆thwartship
横越地槽☆embayment
横越口部中线[棘海座星]☆transverse oral midline
横越速度☆traverse speed
横越准地槽☆exogeosyncline
横云母☆transverse{cross} mica
横(向)运动☆cross{lateral;translational} motion
横在……的下面☆underlie
横张弛时间☆transverse relaxation time
横张力裂纹☆transverse tension crack
横褶☆tuck
横褶皱☆cross{subsequent} fold
横震☆transversal earthquake
横枝[苔藓虫]☆dissepiment
横支撑☆lateral bracing
横支架☆fingerboard；cross-support arm；cross-braced frame
横中筋痕☆transmedian muscle scar

横仲偏转☆beam deviation
横轴☆cross shaft{axle}；lateral{transverse;horizontal; transversal;transapical} axis；transverse；cross-shaft；axis of abscissa；horizontal scroll；trans
横轴分量☆quadrature component
横轴附近的振动☆cant
横轴裂缝☆cross-axis fracture
横轴墨卡托投影地图☆inverse Mercator chart
横轴投影等变形线☆inverse{transverse} thumb line
横轴投影地图☆(inverse) chart；transverse
横柱[非{*hk*0}型的菱方柱]☆nog；spreader (bar)；horizontal prism
横柱环链☆studded (link) chain
横纵波时间间隔☆S-P interval
横纵单槽粉属[孢;T_3]☆Decussatisporites
横纵方向变形尺寸比☆cross contraction ratio
横走刀☆lateral feed
横坐标☆abscissa [pl.-e]；lateral axis{coordinate}；line abscissa；X-coordinate{axis}；horizontal ordinate {scale}；LABS；HS
横坐标轴☆axis of abscissa；x-axis；abscissa axis
桁☆trabecula；boom
桁板☆flitch
桁构架结构☆truss-frame structure
桁构梁☆trussed beam
桁架☆truss (frame)；bolt；girder；subtruss
桁架结构井架☆beam-leg dynamic derrick
桁架结构桅式井架☆structural mast
桁架盘式浮顶☆trussed pan-type floating root
桁架式刮泥机☆truss-type mud scraper
桁架式柱☆girder pole
桁架中柱☆king-post；crown post
桁梁☆girder
桁条☆flitch；stringer
桁弦☆chord
衡☆weigh(t)ing；balance；measure；graduated arm of a steelyard；weighing apparatus；judge；levelled
衡量☆gage；measure；judge；consider；deliberate；scalage；weight
衡平法☆equity
衡器☆weighing apparatus{machine}；weigh(t)er
衡消☆balancing out
衡消(接收法)☆neutrodyne
衡消法☆zero{null} method
衡消假设☆null hypothesis
衡消滤波片☆Ross filter
衡阳运动☆Heng Yang movement
衡重☆balancing weight
衡重体☆counterpoise
衡准数☆criterion numeral
衡准仪☆balance level
恒安全几何条件☆always safe geometry
恒比☆constant proportion
恒比定律☆rule of constant proportion
恒差☆constant error
恒常宽度曲流[内侧堆积与外侧侵蚀相等]☆forced(-cut) meander
恒齿☆permanent dentition{tooth}；dents permanentes
恒磁场☆constant magnetic field
恒磁导率铁镍钴合金☆isoperm
恒等☆identity
恒等变换☆identical transformation
恒等关系☆relation of identity
恒(向;流)电流☆continuous current
恒电流技术☆galvanostatic technique
恒电位脉冲技术☆potentiostatic pulse technique
恒电压☆constant voltage
恒定☆constant；const；steadiness
恒定场☆stationary field
恒定的☆constant；invariant；invariably；plastic；nonvariant；const
恒定低压☆permanent depression
恒定电位☆constant potential；CP；c.p.
恒定分层现象[湖水]☆meromixis
恒定风☆permanent wind
恒定工作周期☆constant-duty cycle
恒定火焰☆permanent flame
恒定零点☆zero-point constancy
恒定脉冲☆isopulse
(定推力燃烧的)恒定燃烧火药柱☆neutral burning charge
恒定水头渗透试验☆constant head (permeability) test
恒定体积取样器☆constant volume sampler；CVS
恒定位势☆constant potential；c.p.
恒定性☆constancy
恒定性能的破碎腔☆CLP crushing chamber
恒定液面☆constant level；CL
恒定应变试验☆constant strain test
恒定应力(下的)拉伸蠕变☆constant-stress tensile creep
恒定油位润滑☆constant-level lubrication
恒定载荷☆constant load
恒定重量给料机☆constant {-}weight feeder
恒沸点的☆azeotropic
恒沸性☆hylotropy
恒功率控制☆constant horse-power control
恒焓绝热膨胀☆adiabatic expansion at constant enthalpy
恒河鳄☆Gavialis
恒河菊石属[头;T_2]☆Gangadharites
恒河螺属[腹;E-Q]☆Gangetia
恒河羊齿属[古植;C_3-T_2]☆Gangamopteris
恒静水头装置☆constant hydrostatic head device
恒径钻孔☆even-diameter hole
恒力☆constant force
恒力冲击机镐☆constant-blow hammer
恒量☆constant
恒量应力蠕变试验☆constant stress creep test
恒流☆constant current
恒(压)流(量)给药机☆flow-type feeder
恒(定)流量注入泵☆constant flow injection pump
恒流润滑☆constant-flow lubrication
恒(电)流源☆constant current source
恒面燃烧火药柱☆neutral characteristic grain；constant-area grain
恒燃面火药柱☆constant-area grain
恒溶性☆hylotropy
恒容发热量☆calorific value at constant volume
恒容燃烧☆constant-volume burning
恒容热容☆heat capacity at constant volume；isovolumic heat capacity
恒湿器☆hygrostat；humidistat；humidostat
恒湿箱☆humidor
恒速☆constant rate{speed}；const-sp.
恒速测井☆continuous velocity log
恒速期☆constant-speed period
恒体积取{进}样器☆constant volume sampler
恒同变换☆identical translation{transformation}
恒同周期☆identity period
恒推力火药柱☆neutral characteristic gram
恒温☆constant temperature；CT
恒温槽☆calibration cell；water{thermostatic} bath
恒温层☆stratosphere
恒温层顶☆stratopause
恒温带☆constant temperature zone
恒温的☆thermostatic(al)
恒温动物☆warm-blooded{homiothermic} animal；homeotherm
恒温度☆stationary temperature
恒温控制风扇☆thermostatically controlled fan
恒温流动循环法☆isothermic circulation method
恒温器☆thermostat；calor(i)stat；thermoregulator；attemperator；THERMO；oven
恒温线☆isotherm
恒温箱☆incubator；thermostatic oven；calorstat；constant temperature oven；thermostatted container；thermotank；thermostat
恒温性☆homoiothermy；homeothermia
恒温浴☆fixed temperature bath；thermostatic bath
恒相相干成像☆constant phase coherent image
恒向方位☆Mercator bearing
恒向航线☆constant course line
恒向线☆rhumb (line)；loxodrome；loxodromic line
恒星☆(fixed) star；sun
恒星编目☆uranometry
恒星光计差☆stellar aberration
恒星前物质☆pre-stellar matter
恒星相片☆stellar photograph
恒星原子核合成☆nucleosynthesis in star
恒星周期☆sidereal period
恒压☆constant pressure；CP
恒压冷却☆isobaric cooling
恒压流量给料器☆flow-type feeder
恒压器☆manostat；barostat；pressurestat
恒压潜水设备☆isobaric diving equipment
恒压燃烧☆constant-pressure burning{combustion}
恒压热容☆heat capacity at constant pressure；isobaric heat capacity
恒压水箱☆steady-head tank
恒压箱☆constant-head{gravity} tank
恒液面装置☆constant level device
恒应变节理单元☆constant strain joint element
恒应力型试验机☆constant stress type tester
恒载☆dead{permanent} load
恒(定)载(荷)☆dead load；dead-weight
恒载动力☆dead-load power
恒载荷试验☆dead load test
恒载下的应力松弛☆stress relaxation under constant load
恒张力系统☆tensioning system
恒振幅载流子{送器}☆constant-amplitude carrier
恒值线☆contour
恒重☆constant weight
恒阻力☆constant resistance

hōng

轰动事件☆sensation
轰发☆explode
轰击☆bombardment；impinge；bombard
轰击器☆bombardier
轰击束☆bombarding beam
轰隆声☆crash；thunder
轰鸣☆growl；boom；roar
轰鸣器[利用高压电激发的海上地震震源]☆boomer
轰鸣砂☆roaring sand
轰响☆thunder；rolling
轰眼炸药☆squib
轰炸机☆bomber
轰炸声☆bomb
轰震器☆boom
烘☆baking；firing；carbonado；roast；dry；warm
烘板☆hot plate
烘焙☆bakeout；bake-out
烘焙过度☆overbaking
烘焙加工☆cure
烘焙炉☆enameling furnace
烘鬏炉☆pot preheating oven
烘船底☆sweal
烘道☆oven；drying tunnel
烘房☆donghouse；dry{dry-ing} house
烘干☆stoving；(oven) drying；heat drying；dry over heat；desiccate；desaturation；bake-out；airing；stove
烘干的[炉中]☆heat-dry；oven-dried；baked
烘干的木材☆desiccated wood
烘干法☆oven-drying method
烘干机☆dryer；drier；dehydrator；drying machine
烘干机系统热效率☆heat efficiency of the dryer system
烘干兼粉磨系统☆combined drying and grinding system
烘干炉☆dry oven；kiln
(线材)烘干器☆baker
烘干氢脆清除法☆baking
烘干室☆hothouse；drying chamber
烘干速度☆rate of drying
烘干筒☆heating drum
烘干土☆oven-dry soil
烘干样☆oven-dried sample
烘干(岩粉)样品☆cook out sample
烘过的☆baked；roast
烘花窑☆decoration firing lehr
烘烤☆bakeout；bake-out
烘烤变质(作用)☆optalic{caustic} metamorphism
烘烤带☆baked zone
烘烤过度☆overbaking
烘炉☆baker；heating-up；toaster；(baking) oven；oast
烘模☆mould-drying
烘漆☆baking{stoving} finish
烘砂器☆sand drier{dryer}
烘箱☆(drying) oven；dry{bake} oven；stove
烘样☆roasting sample
烘窑☆kiln-drying
烘制☆fume
烘装接头☆shrunk-on (tool) joint
烘装热压(冷缩)配合☆shrinkage fit

hóng

虹☆bow；rainbow
虹彩☆iridescence；rainbow colors；iridescent；irisation
虹彩的☆irised

虹彩式光度计☆iris photometer
虹管[棘]☆siphon
虹膜式光圈☆iris diaphragm
虹色石英☆iridescent quartz
虹湾[月面]☆Sinus Iridum
虹吸☆siphon；syphon；siphoning
虹吸泵☆siphon-pump
虹吸管☆siphon (pipe)；syphon (tube)；siphon-pipe；siphon-trap；U trap
虹吸管式加料器{吸药机}☆siphon feeder
虹吸给药(料)器[浮剂]☆siphon feeder
虹吸器☆crane；siphon
虹吸式的☆syphonic
虹吸作用☆siphonage；syphonage；suction{syphonic} effect；siphoning
虹吸作用的☆siphonic
虹蛹螺属[E-Q]☆Pupilla
鸿钊石☆hungchaoite；hungtsaoite
洪保德海[月]☆Mare Humboldtianum
洪波特珊瑚属[C_1]☆Humboldtia
洪波系列☆rain wave train
洪都拉斯☆Honduras
洪泛沉积☆splays
洪泛平原沉积☆flood-plain deposit
洪泛平原相☆flood-plain facies
洪泛区☆flooded{flood-stricken} area；floodplain
洪峰☆flood peak{crest}；crest (of) flood；the highest point of a flood；peak (flood)；crest
洪峰(水位)标记☆crest-stage indicator
洪峰(的)消退☆subsidence of flood wave
洪荒纪☆deluge；Oceanic period
洪积☆diluvial；proluvial
洪积层☆diluvium [pl.-via]；deluvium；diluvion；diluvial formation{deposit}；pluvium
洪积的☆diluvial；deluvial；p(ro)luvial
洪积堤☆torrent-built levee
洪积黏泥☆limon
洪积平原☆flood plain
洪积前的☆prediluvian
洪积时期☆pluvial age
洪积世☆Diluvial epoch；Diluvium
洪积世后的☆postdiluvial
洪积世前的☆antediluvial；antediluvian
洪积说☆diluvianism；diluvial hypothesis{theory}
洪积说者☆diluvialist
洪积统[欧;更新统]☆Diluvium；Deluvium
洪积土壤☆diluvial soil；overwash
洪积物☆diluvium [pl.diluvia]；drifted{deluvial;drift} material；diluvion；flood deposit；diluvial；proluvium；torrential sediment；proluvial
洪积锥☆dejection cone；cone of detritus{dejection}
洪流☆flood current{flow}；(mighty) torrent；high flow；powerful current；onflow
洪流定迹☆flood routing
洪流形成堤☆torrent-built levee
洪水☆inundation；flood (information;message)；high {pluvial} water；deluge；floodwater；water flood；waterflood；spate；cataclysm；H.W.
洪水成的☆pluvial
洪水冲蚀[与 alluvion 反]☆diluvion
洪水重现概率☆flooding recurrence probability
洪水发生概率☆flood probability
洪水泛滥☆landflood
洪水过程线☆flood profile{hydrograph}
洪水计☆floodometer
洪水径流☆storm water runoff
洪水控制问题☆flood control problems
洪水流量☆maximum discharge；high{flood} flow；volume of flood
洪水期☆overflow stage；flood{freshet} period
洪水区☆flooded area
洪水说☆diluvial theory
洪水位☆flood (water) level；flood stage；flood-plane；flood-discharge{flooding} level
洪水形式☆flooding pattern
洪水追踪{演算}法☆routing process
宏定义☆macro definition
宏观参数☆bulk parameter；macroparameter
宏观的☆macroscopic(al)；visible；megascopic；macro
宏观地形☆macrorelief
宏观地震考察☆macroseismic survey
宏观多单元结构矿床☆macropolyschematic deposits
宏观法☆macromethod
宏观反应☆macroreaction
宏观非均一性☆megascopic heterogeneity
宏观分配理论☆macro-theory of distribution
宏观分析☆macro(-)analysis；macroscopic analysis
宏观构造☆macrostructure
宏观观测场☆megascopic field of observation
宏观化石☆megafossil；macrofossil
宏观检验☆macroexamination；macroscopic test
宏观结构☆macrostructure
宏观结构矿床☆macropolyschematic deposits
宏观金相试片☆macrosection
宏观浸蚀☆macroetching
宏观经济模型☆macroeconomic model
宏观决策☆macro-decision
宏观孔隙☆macropore
宏观力☆macrostress
宏观历史循环☆macrohistorical cycle
宏观裂缝☆macrocrack；macrofissure；macro-cracks；macrofracture；macroscopic fracture{frac}
宏观流体☆macrofluid
宏观煤层柱状剖面图☆macropetrographical section of a coal seam
宏观模式☆macro-model
宏观偏析☆macrosegregation
宏观气候☆macroclimate
宏观热中子吸收俘获截面☆macroscopic thermal neutron absorption capture cross section
宏观摄影☆photomacrograph
宏观摄影像{相}片☆macrophotograph
宏观世界☆macrocosm；macrocosmos
宏观缩孔☆macroshrinkage
宏观态☆macroscopic state；macrostate
宏观特征☆macrofeature
宏观图☆macrograph
宏观纹层☆macrolaminae
宏观紊流☆macroturbulence
宏观效应☆macroeffect
宏观研究☆macroexamination；macrovisual study
宏观演化☆megaevolution；macroevolution
宏观应变☆macrostrain；macro-strain
宏观应力☆macro(-)stress；macroscopic(al)
宏观预测☆macro-forecast
宏观照片{相}☆photomacrograph
宏观照相术☆macrography
宏观褶皱☆macrofold
宏观组构☆megafabric；macrofabric
宏广(观)沉积学☆megasedimentology
宏汇编程序☆macroassembler
宏晶(的)☆macrocrystalline
宏量元素☆macroelement
宏亮☆sonorousness
宏亮度☆sonority
宏流水线处理☆macropipelining
宏模块☆macro block
宏生成☆macrogeneration
宏伟☆grandeur；nobleness；magnificence
宏星介属[E_{2-3}]☆Megacypris
宏型病毒☆macrotype viruses
宏演化型式☆macroevolutionary pattern
宏应变☆macrostrain
宏应力[物]☆macrostress；macroscopic stress
红矮星☆red dwarf star
红铵铁盐[$(NH_4,K)_2Fe^{3+}Cl_5\cdot H_2O$;斜方]☆kremersite
红白带纹玛瑙☆carnilionyx；carneolonyx
红白条带碧玉☆creolite
红斑☆red spot
红斑穴☆Red Spot Hollow
红宝石[Al_2O_3]☆ruby；oriental ruby；karfunkel[德]；carbuncle；rubine；rubylith；jacinth；carbunculus；rubin；barklyite；anthrax；lychnis
红宝石棒{|刀|光|模}☆ruby rod{|knife|light|die}
红宝石晶体激光器☆ruby crystal laser
红宝石脉冲激光器☆pulsed ruby laser
红宝石丝☆ruby filament
红宝石圆盘钉☆ruby pi n
红碧玺☆rubellite；siberite；elbaite；da(o)urite；apyrite
红波段☆red-band
红草原土☆reddish prairie soil
红层☆red beds{rock}；redbeds；Rote Faule
红层式沉积(物)☆red-bed type deposit
红层铜矿浸染体☆red-bed copper impregnations
红超巨星☆red supergiant
红潮☆red tide
红橙石[$(Ca,Mn,Sr)_3Al_6(PO_4,SiO_4)_7\cdot 3H_2O$;斜方]☆attakolite；attacolite；attakolith
红赤铁矿[Fe_2O_3]☆red hematite
红大理石色☆red marble
红丹☆red lead
红蛋白石☆rose opal
红灯信号复示继电器☆red signal repeater relay
红碲铅铁石☆eztlite
红碲铁石[铁的无水碲酸盐]☆blakeite
红点石斑鱼☆garrupa
红电气石☆rubellite[$Na(Li,Al)_3Al_6(BO_3)_3Si_6O_{18}(OH)_4$]；apyrite{daurite;daourite}[$(Na,Ca)(Mg,Al)_6(B_3Al_3Si_6(O,OH)_{30})$]；siberite；red schorl；elbaite；aphrite
红豆白麻[石]☆Apex White
红豆杉目☆Taxales
红矾☆manganese vitriol
红钙铀矿[$Ca(UO_2)_2V^{5+}_{10}O_{28}\cdot 16H_2O$]☆rauvite
红钒铅矿[$Pb(VO_3)_2$]☆dechenite；araeoxen(e)；araeoaene
红方沸石☆cluthalite；triphanite
红沸石☆crocalite
红粉☆rouge；red iron oxide；rouge and powder；women；the fair sex
红粉丹宁[鞣质]☆phlobatannin
红风砂[德]☆wustenquartz
红钙长石☆tankite
红钙质页岩☆scaglia rossa
红锆石[$Zr(SiO_4)$]☆hyacinth；jacinth；jacynth；hyazinth；hyacinte
红铬铅矿[$Pb_3Cr_2O_9$; $Pb_3(CrO_4)_2O$; $Pb_2(CrO_4)O$;单斜]☆phenicochroite；phoenicite；beresovite；scheibeite；phoenicochroite；melanochroite；subsesquichromate of lead；phenicohroite；chrominium；phonicochroit；berezovite；beresowite；beresofite；phoenikochroite
红铬石☆hyacinth；hyacinte
红根[制丹宁的原料]☆rubia cordifolia
红钴矿[$Co_3(AsO_4)_2\cdot 8H_2O$]☆red cobalt (ore)
红光信号☆red flare
红硅钙镁石☆fluo-siderite；fluorsiderite
红硅钙锰矿[$Ca_2Mn_7Si_{10}O_{28}(OH)_2\cdot 5H_2O$;三斜]☆inesite
红硅镁石[$MgSiO_2(OH)_2\cdot H_2O$?]☆spadaite；β-cerolite
红硅锰矿[$(Mn,Mg)(SiO_3)\cdot H_2O$; $(K,H_2O)(Mn,Fe^{3+},Mg,Al)_{<3}(Si_4O_{10})(OH)_2\cdot nH_2O$; $(K,Na,Ca)(Mn,Al)_7Si_8O_{20}(OH)_8\cdot 2H_2O$?;单斜、假六方]☆parsettensite；mangan(o)stilpnomelane
红硅锰石☆parsettensite
红硅钠锰矿☆janhaugite
红硅硼铝钙石[$Ca_2(Si,B)Al_{10}O_{19}$]☆painite
红硅铁锰矿☆friedelite；ferroschallerite
红硅钇石☆t(h)alenite；ho(e)gtveitite
α红硅钇石☆yttrialite
红硅藻土☆chromosorb
红贵榴石☆ruby almandine
红海海底成矿作用☆submarine metallization in the Red Sea
红海葵(属)[腔;Q]☆Actinia；Actinic
红海热卤水槽☆hot brine pools in Red Sea
红氦氖光☆red helium-neon light
红河结晶片岩带☆Red River crystalline zone
红褐硅酸钍矿☆uranothorite
红褐色☆henna；mahogany；rufous；russet(y)；bronze；reddish orange
红褐色(的)☆sorrel
红花黄☆safflower yellow
红化土类☆latosol
红化作用☆rubefication；rubification
红黄准灰壤☆red-yellow podzolic soil
红灰基泥浆☆red lime mud
红灰煤☆red-ash coal
红灰壤☆reddish podsol
红辉沸石[$NaCa_2(Al_5Si_{13}O_{36})\cdot 14H_2O$]☆stellerite；epidesmine；parastilbite
红钾铁盐[$2KCl\cdot FeCl_3\cdot H_2O$; $K_2Fe^{3+}Cl_5\cdot H_2O$;斜方]☆erythrosiderite；eritrosiderite；eritrosidero
红坚岭石☆nefedieffite
红尖晶石[$Mg(Al_2O_4)$]☆ruby spinel；carbuncle；spinel{almandine} ruby；anthrax；lychnis；almandine spinel
红椒色☆paprika
红酵母属[真菌;Q]☆Rhodotorula
红结晶釉☆red-crystallinic glaze
红金沙[石]☆Noisette Fleury Classico

红晶石☆metasimpsonite
红巨星☆red giant (star)
红孔藻属[E]☆Fucoporella
红矿☆laterite type iron ore；lateritic ore
红矿层☆red beds
红蜡石[成分未确定,与晶蜡石相似]☆ixolyte；ixolite；ixolith
红蓝宝石矿床☆ruby and sapphire deposit
红蓝色☆reddish blue
红锂电气石☆rubellite
红栗钙土☆reddish chestnut soil
红利☆bonus
红利股票☆stock dividend
红帘角闪份岩☆porfido rosso antico
红帘片岩☆piedmontite-schist
红帘石[$Ca_2(Al,Fe,Mn)_3Al(Si_2O_7)(SiO_4)O(OH)$; $Ca_2(Al,Mn^{3+},Fe^{3+})_3(SiO_4)_3(OH)$; 单斜]☆piedmontite；piemontite；mangan(ese) epidote；manganepidote
红磷铝铁矿☆clinobarrandite
红磷锰矿[$(Mn,Fe^{2+})_5H_2(PO_4)_4•4H_2O$; 单斜]☆hureaulite；palaite；wen(t)zelite；magnesium wentzelite；bastinite；hureaulith；manganwentzelite；baldaufite；pseudopalaite
红磷锰铍石[$MnBe(PO_4)(OH,F)$;单斜]☆väyrynenite
红磷锰石☆bastinite
红磷铍锰矿☆vaeyrynenite；vayrynenite
红磷铁矿☆strengite[$Fe^{3+}PO_4•2H_2O$;斜方]；globosite[$Fe_5(PO_4)_4(OH)_3•10H_2O$]；fehreaulith；vilateite；phosphosiderite
红磷铁锰矿☆repossite
红磷盐矿☆jezekite；morinite
红鳞锂铝岩☆lithiophilite
红鳞铁镁矿[$Mg_6Fe^{3+}(CO_3)(OH)_{13}•4H_2O$;六方]☆brugnatellite
红菱沸石[$(Ca,Na_2)(Al_2Si_4O_{12})•6H_2O$]☆acadialite；akadialyte；acadialith
红菱锶铈矿☆ambatoarinite
红菱铁镁矿☆brugnatellite
红榴石[$FeO•Al_2O_3•3SiO_2$;$Fe_3Al_2(SiO_4)_3$]☆carbuncle；cape ruby；rhodolite；hessonite；South African ruby；pyrope；vogesite；carbunculus；Arizona ruby
红硫砷矿[As_4S;斜方]☆duranusite
红硫锑砷钠矿[$Na_4Al_2Sb_8S_{17}•6H_2O$; $Na_2(Sb,As)_8S_{13}•2H_2O$;单斜]☆gerstleyite
红柳坝☆red willow dam
红龙石☆Red Dragon
红铝铁矿☆ferrite
红氯汞矿☆poyarkovite
红绿(宝石)☆morganite
红绿灯交通信号☆stop-go signal
红绿眼镜☆macyscope
红绿柱石☆rose beryl；bixbite
红螺(属)[腹;N-Q]☆Rapana
红瘰疣螈☆Tylototriton verrucosus
红玛瑙☆red agate
红猫眼{睛}石☆rubingirasol
红毛菜属[红藻;Q]☆Bangia
红玫瑰色(的)☆damask
(木材腐烂的)红霉☆red rot
红镁铝榴石☆cape ruby
红蒙脱土☆dubuissonite
红锰矿☆red manganese；friedelite
红锰榍石☆greenovite；pseudarmone；greenoughite
红庙岭砂岩[P]☆Hungmiaoling sandstone
红莫来石☆porzite
红漠(钙)土☆red desert soil
红木☆blood wood；mahogany；Sequoia；redwood
红钠沸石☆fargite
红钠闪石[$NaCaFe_4^{2+}Fe^{3+}((Si_7Al)O_{22})(OH)_2$]☆katophorite；cataphorite；catoforite；katoforit；brabanite；kataforite；catophorite；kataphorite
红钠闪正长斑岩☆lundyite
红泥☆red mud
红黏土☆adamic earth；red clay{mud}
红镍矿[NiAs]☆copper nickel；nickeline；nickelite
红铍镁石☆taprobanite
红皮藻(属)[Q]☆Rhodymenia
红旗矿[TiO?;等轴]☆hongquiite；hongqite
红铅☆minium；red lead
红铅矿[$PbCrO_4$]☆crocoite；red lead ore；plattnerite
红铅油☆catsup；red lead；goo；stabbing salve[螺纹油]；dope
红铅铀矿[$Pb_2U_2O_4Si_2O_8•H_2O$; $(Pb,Ca)U_2O_7•2H_2O$;斜方]☆wo(e)lsendorfite
红球藻属[Q]☆Haematococcus
红曲(霉)属[真菌;Q]☆Monascus
红壤☆krasnozem{crasnozem}[俄]；red loam{earth；soil}；reddle earth；latosols；lateritic soils
红壤化☆lateri(ti)zation；rubefication
红壤区☆khoai
红壤型陆相矿石☆lateritic type terrestrial facies ore
红菇属[真菌;Q]☆Russula
红软泥☆red ooze
红色☆redness；red (coloration)
红色豆粒燧石☆welded chert；beekite
红色灰岩[英]☆trug
红色黏土☆ferriallophanoid
红色砂岩☆rotten rock
红色蚀变☆red-color alteration
红色水成{沉积}岩☆red rock
红色云母☆ruby mica
红砂☆red sand
红砂土☆arenosol；arenoso
红砂质新成土☆arent
红沙土☆arenosol；arenoso
红珊瑚(属)☆Corallium
红杉☆Chinese larch；California redwood；sequoia
红杉粉属[孢;E-Q]☆Sequoiapollenites
红杉属[J-Q]☆Sequoia
红杉树皮☆redwood bark
红闪石[$NaCaFe_4^{2+}Fe^{3+}((Si_4Al)O_{22})(OH)$]☆cataphorite；kataphorite；katophorite；katoforit；kataforite；catoforite；tamarite；catophorite
红闪石英正长斑岩☆kataphorite-quartz orthophyre
红闪锌矿[因常含少许的铁而成红色或淡红褐色；ZnS]☆ruby blende；ruby zinc{zink}
红闪云母☆polyargite
红闪正斑岩☆lundyite
红砷钙锰石[$(Ca,Mn)_4(Fe,Mn)_3(AsO_4)_4(OH)_5•2H_2O$;单斜]☆arseniopleite
红砷矿[AsS]☆red arsenic ore
红砷榴石[$Ca_3(Mg,Mn)_2((As,Sb)O_4)_3$]☆pyrrh(o)arsenite
红砷铝锰石[$(Mn,Mg,Al)_{15}(AsO_3)(AsO_4)_2(OH)_{23}$;三方]☆hematolite
红砷镁锰矿☆dradelphit；diadelphite
红砷锰[$Mn_3(AsO_4)(OH)_3$]☆chondrarsenite
红砷锰矿[$Mn_2^{2+}(AsO_4)(OH)$;单斜]☆sarkinite；sarcinite；polyarsenite；chondr(o)arsenite；kondroarsenite；chondro-arsenite；hematolite[$(Mn^{2+},Mg)_4(Mn^{3+},Al)(OH)_8$]
红砷锰镁矿[$(Mn,Mg,Fe)_5(AsO_4)(OH)_7$]☆diadelphit(e)
红砷镍矿[NiAs;六方]☆nickeline；niccolite；arsenical nickel；nickelite；kupfernickel；copper-nickel；copper nickel；kupfernickel niccolite；NiAs
红砷铁矿[$(Ca,Mn)_3(Mn^{2+},Mn^{3+},Mg,Fe^{3+})_4(AsO_4)_3(AsO_3OH)•(OH)_4$]☆arseniopleite；pleurasite；eritrosiderite
红砷锌矿[$Zn_3(AsO_4)_2•8H_2O$]☆ko(e)ttigite；koettige
红砷锌锰矿[$(Mn,Zn,Mg)_9(AsO_4)_2(SiO_4)(OH)_8$;斜方]☆holdenite
红石灰泥浆☆red lime mud
红石矿[PtCu;六方]☆hongshiite
红石榴石☆rock{cape} ruby
红石髓☆carnelian；carneol
红树(林)☆mangrove；sundri
红树丛林☆mangrolle
红树林浦☆mangrove flat
红树泥炭☆mangrove peat
红树群落☆halodrymium；avicennielum；mangrove
红树脂☆red resins
红水晶[SiO_2]☆rubasse[因含Fe_2O_3而呈玫瑰红色]；ancona ruby[因含Ti而呈红色]；rubace；mont Blanc ruby；red quartz[因含Ti的氧化物而呈淡红色或蔷薇红色]；Moat Blanc ruby
红丝玛瑙☆sardonyx
(特指)红松☆cedar
F-445红酸钠皂☆mahogany soap F-445
红索藻属☆Thorea
红铊矿[$TlAsS_2$;单斜]☆lorandite
红铊铅矿[$(Tl,Pb)_2AgAs_5S_{10}$;$(Tl,Ag)_2Pb(AsS_2)_4$]☆hutchinsonite
红苔钒矿[$VO_2(OH)$]☆alaite；aloite
红钛锰矿[$MnTiO_3$;三方]☆pyrophanite
红钛铁矿☆arizonite
红碳锰矿☆holdawayite
红糖状岩☆muscovado
红锑☆kermesite
红锑汞矿☆kelyanite
红锑矿[Sb_2S_2O;单斜]☆kermesite；purple{antimony} blende；kermesome；pyrostibite；pyrantimonite；red antimony ore；kermes (mineral)；red antimony；goldschwefel；pyrostibine；antimonblende
红锑锰矿☆ha(e)matostibiite；hematostiblite
红锑镍矿[NiSb;六方]☆breithauptite；hartmannite；antimonial nickel；breithauptine；antimonnickel
红锑铊矿[$Tl(As,Sb)_3S_5$]☆urbaite；vrbane；urbane
红锑铁矿[$Fe_5Sb_4O_{11}$; $Fe^{2+}Sb_2^{3+}O_4$;四方]☆schafarzikite
红铁碲矿☆blakeite
红铁矾[$Fe^{3+}(SO_4)(OH)•3H_2O$;三斜]☆amarantite；paposite
红铁粉☆rouge
红铁矿[Fe_2O_3]☆hematite；red iron ore；raddle；mineral rouge；rose iron
红铁铅矿[$Pb_4Fe_3^{3+}O_8(OH,Cl)$;四方]☆hematophanite
红铜☆(rose) copper；red metal{brass}
红铜矿[Cu_2O]☆red copper (ore)；cuprite；octahedral copper ore；red oxide of copper
红土[Fe_2O_3,含多量的泥和砂]☆laterite (soil;clay)；red {lateritic} soil；terra rossa{raja}；ruddle；krasnozem {crasnozem}[俄]；adamic earth
红土化☆laterization；lateritization；lateritic
红土化型铁矿床☆laterized iron deposit
红土剖面顶部的铁质风化壳☆cuirasse de fer；cuirasse
红土型铁矿石☆laterite type iron ore
红外☆infra red
红外玻璃杂质吸收带☆absorbing bands in infrared glass
红外波束俘获☆infrared-beam capture
红外部分☆infrared portion
红外参考体☆infrared reference body
红外测温仪☆infrared temperature measuring meter；infrared thermometer
红外(线)的☆infrared；ultra-red；i.r.；IR
红外地面背景扫描器☆infrared terrestrial background scanner
红外辐射率图☆infrared radiance pattern
红外光谱☆infrared spectroscopy{spectrum}；IRS
红外光域☆infrared region
红外光栅☆echelette
红外活性☆IR-active
红外激射器☆iraser；indrared maser
红外近距引爆☆infrared proximity action
红外目标判别☆infrared target discrimination
红外穹门☆irdome
红外天空背景☆infrared sky background
红外调制☆infrared{indicated} modulation
红外吸收剂{器}☆infrared absorber
红外线☆infrared (ray;light)；ultrared ray{line}；infra red；ultrared；black light；IR
红外线浮石探测仪☆infrared loose rock detector
红外线气体分析仪{器}☆infrared gas analyzer
红外(光)线区☆infra-red region
红外信息特征识别☆infrared signature identification
红纹长石[$K(AlSi_3O_8)$]☆murchisonite
红纹(大理)岩{石}☆griotte
红硒铜矿[Cu_3Se_2;四方]☆umangite
红稀金矿[$(Y,Er,U,Th)(Nb,Ta,Ti,Fe)_2O_6$]☆eschweg(e)ite
红纤石☆pumpellyite-(Mn)
红纤维石[$Mn_3(AsO_4)(OH)_3•H_2O$]☆h(a)emafibrite；hamafibrite；aimafibrite
红纤云母[白云母的变种]☆schernikite；sernikit
红线☆red line
红线米黄[石]☆Tranifiorito；Filetto Rosso
红线玉[石]☆Pink Porriny
红向移动☆red shift
红斜方沸石☆acadialite；acadialith
红榍石[$(Ca,Mn)Ti(SiO_4)O$]☆greenovite；greenoughite
红锌矿[ZnO; $(Zn,Mn)O$;六方]☆zincite；zinkite；ruby blende{zinc}；sterlingite；red zinc ore；zinctite；red oxide of zinc；spartalite；zinkit；stirlingite；brucite
红锌矿(晶)组[6*mm*晶组]☆zincite type
红信石☆red arsenic
红玄武土☆bole；bolus；terra miraculosa；melinite
红雪☆red{blood;pink} snow
红血球☆erythrocyte；red (blood) corpuscle；red blood cell；RBC
红岩☆redstone；red stone
红颜料☆red
红焰信号☆red flare
红窑☆hot spot of kiln shell

H

红页岩☆red shale
红叶藻属[红藻;Q]☆Delesseria
红移[宇宙地质]☆red shift
红钇石[$Y_4Si_4O_{13}(OH)_2$; $Y_3Si_3O_{10}(OH)$?;单斜]☆t(h)alenite
红银矿[$Pb_3Cr_2O_9$]☆red{ruby} silver (ore); silver ruby
红银矿类☆braarite
红硬性☆red hardness
红铀矿[$PbO•4UO_3•nH_2O(n=4\sim7)$;斜方]☆fourmarierite
红油☆red oil
红雨☆blood{red} rain
红玉☆carbuncle; balas; ruby; carnelian
红玉髓☆carnelian; cornelian; carneol
红玉条带玛瑙☆sardachate
红云母☆rubellan; lepidolite
红藻☆red algae{alga}; Rhodophyceae
红藻的☆floridean
红藻科☆Florideophyceae; Rhodophyceae
红藻门☆rhodophyta
红藻石☆rhodolith; rhodolite
红藻石属[J-Q]☆Rhodolith
红藻素☆phycoerythrin
红藻植物门☆Rhodophyta
红赭石☆reddle; raddle; red ochre{ocher}
红赭土☆kokowai
红皱岩螺☆Rapana venosa
红柱角岩☆andalusite-horns tone; andalusite-hornstone
红柱石[$Al_2O_3•SiO_2$;Al_2SiO_5;斜方]☆andalusite; hard spar; cross-stone; micafilit; micaphilit; stanzaite; hollow spar; andaluzite; micaphilite; micaphyllite; (feldspath) apyre; micafilite; chizeulite; cross stone; mikaphyllit
红柱石-硅线石型☆andalusite-sillimanite type
红柱云母角岩☆astite
红砖色的☆testaceous
红浊沸石☆caporcianite; laumontite
红紫彩[石]☆Kinawa
红紫晶[石]☆Lillas Gerais
红紫色(的)☆heliotrope; haematine
红棕钙红壤☆reddish brown soil
红棕色☆reddish brown
红棕砖红壤性土☆reddish-brown lateritic soil
红钻(麻)[石]☆Carmen Red

hǒng

哄骗☆spoofing; trick; cajole; cozen; delude; doodle; dupe; outwit; spoof; wangle; trick; put on; cheat

hóu

喉部可变形的☆throatable
(喷管)喉部速度☆throat velocity
喉道☆throat
喉道大小☆thrust size
喉道-孔隙体积比☆throat to pore volume ratio
喉道排空☆emptying of throats
喉道通达程度{过能力}☆throat accessibility
喉盾☆gular scute
喉径☆neck diameter
喉孔☆throat pore
喉口☆aditus laryn; throat opening
喉鳞鱼(属)[S_3]☆Pharyngolepis
喉咙☆throttle
喉舌☆organ; voice
喉头☆fauces
骺☆epiphysis [pl.-ses]
侯申树脂☆hercine
侯氏笔石属[O_1]☆Holmograptus
侯氏大孢属[K_1]☆Hughesisporites
侯氏(泡沫)珊瑚(属)[S_3]☆Holmophyllum
猴超科☆Cercopithecoids
猴`科{亚科}☆Simiidae
猴类☆Cercopithecine monkey
猴裂兽属[裂齿目;E_2]☆Adapidium
猴面石☆monkey {-}face concave pebble
猴台☆monkey-board
猴子☆monkey

hǒu

吼☆roar
吼猴[南美]☆howler

hòu

厚☆thick; thk
厚白碧玉☆herbeckite
厚板☆slab; plank; heavy plate
厚板状☆tabular
厚孢囊型☆eusporangiate type
厚孢子囊☆eusporangium
厚保温层☆heavy insulation
厚杯属[绵;$Є_1$]☆Pycnoidocyathus
厚壁☆thick wall
厚壁孢子☆hypnospore; akinete
厚壁虫属[孔虫;P]☆Pachyphloia
厚壁打入式取土器☆thick-wall drive sampler
厚壁单缝孢属[J-Q]☆Monolites
厚壁的☆heavy walled; double extra heavy; XXH; double-extra-strong; XXS
厚壁钢制防爆盒☆thick-wall steel cassette
厚壁海绵属[J_3]☆Pachyteichisma
厚壁节石属[D_{1-2}]☆Crassilina
厚壁内墙☆stereotheca
厚壁容器☆thick-walled cylinder
厚壁珊瑚☆Tachylasma
厚壁珊瑚属[D_{1-2}]☆Thecosmilia; Hadrophyllum
厚壁套管☆heavy casing
厚壁组织[植]☆sclerenchyma
厚壁钻杆☆heavy wall drill pipe; grief kelly; thick walled drill pipe; HWDP
厚边羊齿属[J]☆Lomatopteris
厚冰☆heavy ice
厚冰层☆ice slab; naled
厚剥(离层)☆thick overburden
厚薄☆thickness
厚薄不均☆bad{uneven} distribution
厚薄规☆feeler (gage;gauge); thickness{sheet} gauge
厚薄图☆thick-thin chart
厚槽珊瑚属[床板珊;D]☆Crassialveolites
厚层☆heavy layer{film}; latilamina [pl.-e]; thick bed {seam}
厚层白云岩化☆massive dolomitization
厚层的☆heavy(-)bedded; massive; thick(-)bedded; thickly-stratified
厚层灰岩☆post
厚层泥岩☆argillite; argillyte
厚层切底☆bossing
厚层土壤☆deep soil
厚层纹泥☆drainage varve
厚层状的☆heavy-bedded
厚巢珊瑚属[D]☆Pachyfavosites
厚齿目[双壳]☆Pachyodonta
厚齿象☆Synconolophus
厚齿形☆Pachyodont
厚齿型[双壳]☆pachyodont
厚唇孢属[J_1]☆Auritulinasporites
厚唇介属[D_2-P]☆Barychilina
厚唇螺属☆Diacria
厚地槽☆geotectocline
厚地层☆thick bed{seam}
厚度☆thickness; thk; ply; depth; height[矿层]; thick; width[煤层]; density
(刀刃的)厚度☆land
厚度变化☆variation in thickness
厚度(变化)不定的矿脉☆block reef
厚度切变振动机电耦合系数☆thickness shear vibration electromechanical coupling factor
厚度伸缩振动模式☆thickness extension vibration mode
厚度弯曲振动模式☆thickness-flexure vibration mode
厚度仪☆thicknessmeter
厚度振动机电耦合系数☆thickness vibration electromechanical coupling factor
厚颚牙形石属[S]☆Hadrognathus
厚浮冰块☆heavy floe
厚覆盖(层)☆heavy cover{overburden}; thick overburden
厚钢板☆plate steel; thick steel plate
厚蛤(属)[双壳;J_3-Q]☆Codakia
厚根底☆heavy toe
厚拱坝☆thick arch dam
厚管☆thick walled pipe
厚(壁)管☆heavy-wall{thick-walled} pipe
厚罐底沉淀层☆high bottom
厚海球石[钙超;N_2-Q]☆Crassapontosphaera
厚环孢属[C_2]☆Crassispora
厚基座☆strong back
厚夹层☆heavy parting
厚夹石层☆gobbing slate
厚甲龙☆Scolosaurus; Struthiosaurus (transilvanicus austriacus)
厚浆型涂料☆high build paint
厚角(三缝)孢属[C-P]☆Triquitrites
厚角组织[植]☆collenchyma
厚截面☆heavy section
厚径比☆ratio of wall thickness to size
厚绝缘☆heavy insulation
厚均质层☆thick homogeneous formation
厚孔珊瑚属[S_1]☆Pachypora
厚块结构☆massive texture
厚块岩样☆rock chunks
厚矿层☆thick bed{seam;deposit}; high seam
厚矿脉[from 5 to 15-20m]☆strong vein; thick bed{seam}; thick ore deposits
厚矿体采矿法☆thick orebody reining method
厚棱兽属[E_1]☆Barylambda
厚煤层☆thick{high} coal; high seam; high-coal deposit; thick seam [>4ft]
厚煤层采区的主要支架☆man-of-war pillar
厚煤层的(下分)层☆nether coal
厚煤层工作区近旁的落煤☆odd knobbing
厚煤层中的横巷☆straight stall
厚密封☆heavy seal
厚密疣状叠层石属☆Pycnostroma
厚密疣状叠层石式{藻饼}☆pycnostromid
厚灭☆thickening out
厚膜☆heavy film{layer}
厚膜涂层☆thick film coating; high-build coating
厚膜组织☆sclerenchyma
厚木板桩☆plank pile
厚南兽属[N]☆Pachyrukhos
厚囊的{蕨}☆eusporangiate
厚囊蕨亚目{纲}☆Eusporangiatae
厚内层的☆crassinexinous
厚耙牙形石属[T_1]☆Pachycladina
厚皮构造☆thick-skinned structure
厚皮珊瑚属[D]☆Pachyphyllum
厚片☆(deep) slab; hunch; junk
厚壳的[腹]☆trachyostracous
厚壳蛤☆Crassatella
厚壳蛤礁☆rudistid reef
厚壳蛤类☆Rudistes; rudists[双壳]; rudistids[古]
厚壳蛤粒状碳酸盐岩☆rudist grainstone
厚壳蛤属[双壳;J-K]☆Rudistes; Crassatella
厚壳山☆thick-shelled mountain
厚壳体☆thick shell
厚绒布☆terry
厚鞣皮☆mountain cork
厚砂页岩夹层☆flysch
厚生产层☆thick producing section
厚生矿物☆primary mineral
厚石板☆slab slate
厚实☆massiveness
厚松木(板)☆deal
厚碎屑堆积[形成冲积锥或扇;上升海成阶地上]☆coverhead
厚胎缘☆heavy shoulder
厚苔沼☆maskeeg; muske(e)g; bog lake
厚体牙形石属[O]☆Pachysomia
厚透镜体☆fat lens
厚网藻(属)[褐藻]☆Pachydictyon
厚纹层☆macrolaminae
厚隙规☆thickness gauge
厚斜壁锥珊瑚☆Nardophyllum
厚心蛤科[双壳]☆Pachycardiidae
厚星孔珊瑚属[D_2]☆Pachystelliporella
厚羊齿属[T_3-K_1]☆Pachypteris
厚叶的[植]☆pachyphyllous
厚翼薄轴褶皱☆reverse similar fold
厚于1英寸的煤☆boggs
厚垣孢子☆chlamydospore
厚缘螺属[E-Q]☆Hinia
厚缘三缝孢属[S-D]☆Ambitisporites
厚云☆spissatus
厚鲗箭石属[头;J_3-K_1]☆Pachyteuthis
厚褶孢属[T]☆Crassulina
厚纸☆paperboard
厚纸板☆presspaper; millboard
厚重的☆massive
候补会员☆associate member
候补者☆Aspirant

候潮港☆bar port
候罐硐室☆rest-and-waiting room
候鸟☆migrant
候凝期☆waiting-on-cement；WOC
候凝时间☆waiting on cement；curing time
候水泥凝固☆waiting on cement
候选井☆candidate well
后☆rear；met(a)-；after-；re-；post-；ana-；r.；retro-
后(面的)☆posterior
后阿尔冈造山期☆Epi-Algonkian orogenic period
后凹☆postfossette
后凹壁☆trailing wall
后凹型☆opisthocoelous
后板☆metaplax
后报☆hindcasting
后爆炮眼组☆back holes
后爆炸☆after-explosion
后背侧片☆posterior dorsolateral plate
后背的☆posterodorsal
后背湿地☆back slough{marsh;swamp}
后备☆reservation
后备保险系统☆override system
后备程序☆background program
后备的☆spare；mothball；stand-by
后备的人☆backup
后备基金☆reserve fund
后备位置[钻台上的新工人工作位置]☆back-up corner
后备信息☆back up information
后备油(气)藏☆candidate reservoir
后备组织☆standby organisation
后鼻骨☆postnasal bone
后鼻孔☆choana
后闭肌痕[双壳]☆posterior adductor scar
后壁[冰]☆backwall；headwall；back
后变动期☆postkinematic stage
后变动岩浆活动☆postkinematic magmatism
后变结晶[岩]☆mimetic crystallization
后变晶的☆metablastic
后变形☆afterstrain
后变形器☆post-former
后边的☆hinder；backward
后边缘☆posterior border
后边缘环☆submarginal ring
后滨[一般潮汐和波浪浸不到的海边陆地]☆backshore；backbeach
后滨带☆epilittoral zone；subterrestrial
后滨阶地☆backshore terrace；berm
后滨阶地前☆foreberm
后滨滩☆back (shore) beach
后冰期☆late(-)glacial；late glacial；Postglacial age
后哺乳下纲☆metatheria
后部☆backside；after-；bottom；rear (end)；back end；posterior；aft[飞机]；backhead[钻机]
后部的☆rear；retral
后部工艺☆postprocessing
后部开启式卸载☆open-end dump
后部卸载☆rear dump
后部支柱☆aft support
后槽☆back(-)trough；posterior sulcus
后侧☆posterior side；backside
后侧刺☆posterolateral spine
后测☆backward prediction；back measurement
后插公式☆back interpolation formula
后产物☆after-product
后车厢板☆tail board
后沉淀☆post precipitation
后沉效应☆after-settling
后沉延迟☆envelope delay
后撑☆back brace；back-up shoe
后撑条☆backstay
后成变晶☆tecoblast
后成叉生结构☆symplex structure
后成的☆epigen(et)ic；subsequent；xenogenous；epigene
后成地槽☆secondary geosyncline
后成河☆subsequent river{stream}；subconsequent stream；epigenetic river
后成合晶☆simplectite；symplektite；symplectite；implication；synplectite；ymplectite
后成合晶-次变边交生☆symplektitic synantectic intergrowth
后成交叉褶皱作用☆subsequent cross-folding
后成交织连晶[后成合晶]☆symplectite；symplektite
后成矿物☆guest (mineral)；epigenetic mineral
后成体☆xenogenite
后成纹长石☆deuteric perthite
后成岩☆deuterogene (rock)
后成作用☆metagenesis；catagenesis；epigenesis；epigenetic process
后澄江运动☆Post-Chengjiang movement
后承☆consequence
后吃水☆aft draft；draft aft
后耻骨突起☆post pubic process
后齿带☆postcingulum；posterior lingual cingulum
后冲☆back break；crazing of top bench；backbreak
后冲(座)☆backlash
后冲爆破☆backbreak；overbreak
后冲断层{裂}☆back thrust；back-thrust
后冲洗☆post-flush
后冲洗液☆overflush fluid；afterflush
后处理☆postprocessing；after(-)treatment；finishing；post treatment
后处理(液)☆afterflush
后触点☆back contact
后传动轴☆inter-axle shaft
后吹[炼钢中]☆after(-)blow
(停炉)后吹扫☆post-purge
后唇瓣[三叶]☆metastoma [pl.-ta,-me]；labrum [pl.-ra]；postoral plate
后唇基[昆]☆nasus
后刺☆posterior spine
后次指定☆subsequent designation
后带板系[甲藻]☆postcingular series
后代☆offspring；descendant
后代粒子☆progeny
后代人☆futurity
后挡☆back stop
后挡板☆backplate；tail gate
后挡泥板☆rear mudguard
后刀架☆back rest
后岛弧☆back island arc
后导向板☆rear deflector door
后倒齿轮☆backgear
后道[绵]☆apochete
后地☆backland
后地槽☆back geosyncline
后地槽期☆post-geosynclinal epoch
后地台活化(作用)☆post-platform activization
后顶板[裂甲藻]☆antapical plate
后顶梁☆rear canopy
后顶针架☆footstock
后顶针座☆deadhead
后端☆trailing{back;posterior} end；posterior；adapical
后端衬板☆back liner
后端头☆follower head
后端卸载[矿车]☆rear dump
后段加速☆post-acceleration
后多颚牙形石属[T]☆Metapolygnathus
后垛墙☆counterfort wall
后额骨☆postfrontal
后耳☆posterior auricle
后耳骨☆opisthotic(a)
后发烟☆afterfume
后发座☆Coma berenices
后翻☆rollback
后方☆rearward；posterior
后方的☆rear；hinder
后方交会☆resection；three-point intersection
后方位角☆back bearing{azimuth}；B.B
(钻)后分析☆post analysis
后跗骨☆metatarsals
后扶垛[建]☆counterfort
后扶架☆backrest
后复理石的☆postflysch
后腹侧片☆posterior ventrolateral
后腹角☆posteroventral angle
后腹结[射虫]☆postabdomen
后附尖☆metastyle
后冈瓦纳的☆post-Gondwana
后肛板[棘]☆postanal
后隔壁通道[孔虫]☆postseptal passage
后工业的☆post-industrial
后工业化和再工业化☆deindustrialization and reindustrialization
后弓兽属[Q]☆Macrauchenia
后拱脚☆back abutment
后汞齐化的☆post-amalgamation
后沟[古]☆posterior canal
后沟牙☆opisthoglyphic tooth
后沟组[蛇类]☆opisthoglypha
后构造缝的☆postsuturing
后构造结晶☆mimetic{facsimile} crystallization
后古杯目☆Metacyathida
后古典☆post-classic
后古马属[N_2]☆Hypohippus
后(眼窝)骨☆postorbital
后固化☆post cure；post-cure
后关节角☆postobstantic corner
后关节突☆postzygapophysis
后规则花粉类[孢;K-Q]☆Postnormapolles
后滚☆roll back
后滚俯冲☆roll-back subduction
后滚筒☆trailing{tail} drum
后果☆consequence；sequent；sequel；aftermath
后海岸地带☆backbeach；backshore
后海沟[岛弧凸侧海槽]☆hinter deep
后海蕾属[棘;C_1]☆Metablastus
后寒武纪地层☆Post cambrian strata
后行油品[顺序输送的]☆trailing oil product
后航向重叠☆end lap
(火山活动)后弧☆back(-)arc
后弧区☆back-arc area
后护盾☆gripper shield
后护盾支撑系统及推进系统☆rear shield with gripping and thrust system
后华力西造山运动复活☆Postvariscan regeneration
后滑推覆体☆back-sliding nappe
后悔(值)函数☆regret function
后活动接盘☆rear follower
后火成作用☆post igneous action
后火山作用☆postvolcanism；post-volcanic action
后基角☆posterior cardinal angle
后机架☆rear frame
后积层☆backset bed
后脊☆metaloph；posterior carina；backfin；retral process[孔虫]
后脊角[叶肢]☆beta angle；angle of posterior carina
后麂属[N_2-Q]☆Metacervulus
后寄存器☆late register
后继地槽☆sequent geosyncline
后继构造☆posthumous structure
后继回代值☆subsequent backsubstituted value
后继喷发☆follow-up eruption
后继形貌☆epimorphism
后夹板骨☆postsplenial；postplenial
后加[岩石变质组构]☆superprint；overprint
后加工☆postprocessing
后加拉力☆post-tensioning
后加里东造山运动复活☆Post Caledonian regeneration
后加权☆posterior weighting
后加热☆postheating
后加压力☆follow-up pressure
后加演化☆anaboly
后加应力☆post-stressing
后加重☆postemphasis
后颊刺[三叶]☆metagenal spine
后颊类面线[三叶]☆opisthoparian suture
后颊目{类}[三叶]☆Opisthoparia
后甲板☆aft{quarter} deck；afterdeck
(挖掘船)后架☆rear gantry
后(框)架☆rear frame
后尖[古]☆metacone
后尖舱☆after peak；AP
后尖棱☆metacrista
后间辐带第一板[棘海百]☆tergal
后肩峰突☆metacromion process
后检波☆postdetection
后剪面☆postvallum
后剪切的☆postshearing
后见之明☆hindsight
后礁相☆back(-)reef facies
后焦点☆back focus
后铰式掩护支架☆hinged shield support
后脚☆pes
(用)后脚站立的马☆rearer
后角☆relief{clearance} angle
后接触弹簧☆back contact spring
后接点☆back contact
后街小巷☆back street
后节距☆back pitch

后金星介属☆Metacypris
后进先出☆last-in first-out
后颈☆nape；hind neck
后颈凹☆postnuchal notch
后颈沟[节]☆postcervical groove
(最)后净化☆after-purification
后居间甲片[古]☆posterior intercalary plate
后举加厚区☆postlevator thickening
后巨火口锥☆post-caldera cone
后锯齿牙形石属[D_3-C_1]☆Metaprioniodus
后开沟☆post-trenching
后壳顶脊[双壳]☆posterior umbonal ridge；diagonal ridge；carina
后坑☆metafossete
后孔☆posticum；apopore
后孔颅☆parasidan type of skull
后口☆apopyle
后口动物[生]☆deuterostomia
后口盖[苔]☆vanna
后眶突☆postorbital process
后眶下片☆postsuborbital
后拉☆posttensioning
后拉杆☆back stay；bar hook
后拉缆☆backstay cable
后拉伸☆post-tension；after stretching；after-drawing
后拉索☆dar hook；back stay；back-guy；derailing drag
后来☆subsequence；afterward(s)；subsequently；after-
后来发生的事件☆subsequent event
后拦板☆tail board
后肋刺[三叶]☆posterior pleural spine
后冷却(作用)☆aftercooling
后冷却器☆after(-)cooler；after cooler
后连接环{钩}☆back clevis
后梁☆rear canopy
后两栖犀属[E_3]☆Metamynodon
后裂☆backbreak
后裂爆破☆post-splitting
后裂谷的☆postrift
后领膜[几丁]☆postcollarette
后领式的[头]☆retrochoanitic
后硫化☆post-cure
后芦木属[C_2-T_1]☆Apocalamites
后颅顶骨☆postparietal
后陆☆hinterland；backland
后陆盆地☆hinter{hinterland} basin
后掠(角(的))☆backswept；arrow(-)headed
后掠形☆sweepback
后掠翼飞机☆bentwing
后轮☆heel sheave；rear wheel
后轮动力联合驱动装置[前轮打滑时用]☆power rear-wheel combine drive
后轮轴转向架☆rear bogie
后螺母☆back nut
后冒烟☆after-fume
后门(的)☆postern
后面☆rear；reverse side
后面板☆backplane；rear panel
后面带斗仓的扬斗式装载机☆hopper loader
后面的☆hinder；rear；posterior；following；trailing；retral；back；sequentes{sequentia}[拉]；postern；rearward；seq
后模(标本)☆metatype
后膜☆backwall
后内侧角☆angulus posteriomedialis
后内横脊☆crista transversalis interna posterior
后逆向河☆postobsequent stream
后颞孔☆foramen posttemporale
后颞颥骨☆posttemporal
后耙角[指钻头切削齿角度]☆back rake angle
后配套电容器☆back-up capacitor
后配套设备拖拉油缸☆back-up equipment tow cylinder
后膨胀☆after-expansion
后坡☆back{cardinal} slope；adverse grade；back slope of cuesta
后曝光☆post-exposure
后期☆after-；deutric
后期成岩固结作用☆metaharmosis metharmosis
后期地壳位移☆post-earth shift
后期发生☆deuterogenesis
后期反应☆paulopost effect
后期火山☆epigenetic volcano
后期强度☆later strength
后期熔化结构☆tectomorphic texture
后期生成☆deuterogene；deuterogenesis
后期收缩☆after shrinkage
(试井)后期数据☆late time data
后期形成孔隙度{性}[专指碳酸岩在地下水面之上所形成的孔隙性]☆telogenetic porosity
后期形成作用☆telogenesis
后期旋回☆succeeding cycle
后期岩浆分泌的☆pneum(at)otectic
后期影像☆after-image
后期硬化☆after(-)hardening
后期作用[岩浆固结]☆deuteric action
后牵索☆backstay
(汽车)后-前桥☆rear front axle
(堤防)后戗☆banquette
(汽车)后桥☆rear axle
后勤☆logistics
后勤供应人员☆field support personnel
后勤基地☆support base
后倾☆rearward-facing；rollback；reclined；trim by stern；opisthocline[铰齿]
后倾轨道☆retrograde orbit
后倾角☆back rake angle；angle of rake
后倾节理☆lying back cleat
后倾斜☆back-tilted
后倾型齿板☆receding dental plate
后清洗☆post-purge
后(继)取样概率☆postsampling probability
后燃☆afterburning
后燃期☆after burning period
后燃器{室}☆afterburner
后燃式火焰吹管☆post-burning flame torch
后燃效应☆afterfiring effect
后让角☆relief angle
后热☆afterheat
后热液角砾岩☆post-hydrothermal breccia
后韧带☆opisthodetic ligament
后韧式[双壳]☆opisthodetic
后肉柱痕☆posterior adductor muscle scar
后入先出(法)☆last in,first out；LIFO
后鳃类☆Opisthobranchia
后鳃亚纲[腹]☆opisthobranchia
后鳃亚目☆Opisthobranchiata
后山东虫属[三叶;$Є_3$]☆Metashantungia
后山间盆地[靠近海洋一侧]☆back intermontane basin
后上颌片☆posterior supragnathal
后上新世☆Post-pliocene
后蛇绿岩的☆postophiolitic
后伸体管[头]☆retrosiphonate
后生☆epigenesis
后生(作用)[沉积岩]☆katagenesis；catagenesis
后生变态☆coenogenesis；coenogenetic metamorphosis
后生变形(的)☆deuteromorphic
后生变形结晶☆deuteromorphic crystal
后生冰☆epigenetic ice
后生成岩(作用)☆anadiagenesis
后生成岩期(的)☆epidiagenetic phase；epidiagenetic
后生充填☆subsequent filling
后生的☆deuterogenous；deuterogenic；hysterogen(et)ic；epigenetic；xenogenous；subsequent；hysterogenous
后生动物☆metazoa；metazoan
后生飞岩(作用)☆anadiagenesis
后生隔壁[珊]☆metasepta
后生河☆secondary consequent stream
后生基质☆epimatrix
后生{后成;次生}结核☆epigenetic concretion
后生矿床☆epigenetic{metagenic} deposit；exogenite
后生论☆epigenetism
后生适应☆post-adaptation；secondary-adaptation
后生水文矿床☆epigenetic-hydrologic deposit
后生丝质{载}体☆rank fusinite
后生型☆epigenotype
后生岩☆epigenetic rock；deuterogene
后生原生模式☆epigenetic primary pattern
后生植物☆metaphyte
后生作用☆catagenesis；epigenesis；metadiagenesis；katagenesis
后生作用阶段☆catagenetic stage
后十字头导杆☆rear crosshead guides
后石炭兽属[Q]☆Merycopotamus
后世☆futurity
后适应☆post-adaptation
后视☆plus{backward} sight；backsight；back vision；posterior view；BS
后视镜☆rearview{driving;rear-vision;back} mirror；rear-vision minor；rear view mirror
后视图☆back view{elevation}；rear elevation；back elevation drawing；rearview
后收缩☆after-contraction{-shrink(age)}；post-shrinkage
后兽次亚纲☆metatheria
后枢轴☆rear pivoting axle
后水解☆posthydrolysis
后松果孔的☆postpineal
后锁骨☆postclavicle
后台处理机☆background processor
后太古代的☆Eparchean
后太古宙的☆post-Archean
后滩☆backshore；backbeach；back (shore) beach
后滩肩☆back-berm
后探梁☆back-cantilevered bar
后体☆metasoma[无脊]；metasome；opisthosoma[节]；opisthosome[几丁]
后体环节☆metasomatic segment
后天变异☆modification
后天的[拉]☆a posteriori
后天性☆acquired character
后同名☆secondary homonym
后投影算子☆back-projection operator
后头[昆]☆occiput
后头的☆occipital
后头孔[昆]☆foramen magnum
后突起☆metapophysis
后推机车☆back locomotive
后腿☆back-leg
后退☆retreat(ing)；recession；draw{fall} back；back；retrogression；backset；backing；retrograde；astern；retire[波浪、海岸等]
后退崩坏☆backwasting
后退冰碛☆moraine of recession{retreat}
后退差值法☆backward difference method
后退冲程☆back(ward) stroke
后退的海☆retreating sea
后退房式采矿法☆retreat room mining system
后退风化[山坡]☆backweathering
后退俯冲☆roll-back subduction
后退距离☆backway
后退偏航☆backdrift
后退平巷垛式支架☆retreat entry
后退浅滩砂体☆shoal-retreat massif
后退驱动☆receding drive
后退燃烧渗透地下气化法[透气性较差的煤层用]☆gasification by backward burning percolation method
后退融流滑塌☆retrogressive thaw flow slide
后退沙波☆regressive sand wave
后退式回采☆working home；bring-back；retreating mining method；draw{bring(ing)} back；return cut；retreat stoping {mining}；home mining{working}；back coming；retreating working{system}；robbing on the retreat；mining retreating；taking-back
后退式连续盘区分块崩落☆retreat continuous panel caving by blocks
后退式梯段工作线☆stepped retreat line
后退速度☆recedence rate
后退演化☆retrogressive{regressive} evolution；katagenesis；catagenesis
后退运动☆retreated{retrogressive} movement
后退障壁毯状沉积☆barrier-retreat carpet
后退装置☆backward gear；set back device
后拖☆towing astern
后拖量☆drag
后拖物☆train
后挖型开沟机{犁}☆post-trenching plow
后外侧角☆angulus posteriolateralis
后外架☆posterior stylar shelf
后弯☆sweepback；recurvature
后弯海堤☆recurved sea wall
后弯叶片☆backward bent{curved} blade
后弯翼型叶片☆backward aerofoil blade
后湾☆back bay
后腕骨☆metacarpal
后桅☆after mast
后桅灯☆range light
后吻的{骨}☆postrostral
后窝☆postfossette
后无肩虫属[三叶;$Є_2$]☆Metanomocare

后无节幼虫☆metanauplius
后项☆consequent
后向测点法☆backward-station method
后向差分近似式☆backward-difference approximation
后向传播☆back propagation
后向反射☆retrodirective reflection
后向三叉骨针[绵]☆anatriaene
后向散射紫外线辐射仪☆backscatter ultraviolet radiometer
后向弹簧☆backspring
后向梯板颈的[头]☆macrochoanitic
后向体管☆retrosiphonate
后象限角☆back{reverse} bearing
后小尖☆metaconule
后小尖后棱☆postmetaconule crista{wing}
后小指☆postminimus
后效[弹性]☆after(-)effect{(-)working}；creep recovery
后效概率☆probability after effect
后效作用☆ulterior action
后斜(式)[双壳]☆opisthocline
(飞机翼梢)后斜☆retreat
后斜齿板☆receding dental plate
后斜肌[腕]☆posterior oblique muscle
后斜式[腹;生长线]☆opisthocline
后卸盖☆back cylinder cover
后卸卡车☆end dumping truck
后卸汽车☆rear-unloading vehicle
后卸式☆end-discharge type
后卸式车☆end-door car；rear-dump wagon
后信号☆postamble
后胸☆opisthothorax
后胸(腹板)[昆]☆metasternum
后休伦造山期☆epi-Huronian orogenic period
后续工作{序}☆succeeding jobs
后续事件☆successor
后悬臂梁☆back-contilevered bar
后悬挂装载机☆tail loader
后旋肌☆retractor muscle
后选择☆postselection
后牙组☆opisthoglypha
后岩浆地热活动☆post-magmatic geothermal activity
后岩浆期☆postmagmatic stage
后沿☆falling edge；trailing edge[脉冲]
后焰[熄后再燃的火焰]☆back flame
后验分布☆posterior distribution
后验概率☆posterior probability；probability posteriori；a posteriori probability
后验概率极大化算法☆maximization of posterior probability algorithm；MAP algorithm
后验估计{算}☆a posterior(i) estimate
后验误差界线☆a posteriori error bound
后腰板系☆postcingular series
后腰部[沟鞭藻]☆hypotract
后野营虫属[三叶;$Є_2$]☆Metagraulos
后叶☆posterior lobe
后曳☆pull back
后曳距离☆drag
后移☆post-displacement
后裔种☆descendant species
后翼☆backlimb
后因子☆postfactor
后硬化☆afterhardening
(海绵的)后幽(门)孔☆apopyle
后油栉虫属[三叶;O_1]☆Hysterolenus
后右间射辐[棘]☆interray postero-right
后于堆晶的☆postcumulus
后渊☆back{hinter} deep；backdeep
后援☆backing；backup
后援工作☆back work
后缘☆trailing edge[板块]；after{tail} skirt；rear；trail
后缘海岸☆trailing-edge coast
后缘脊☆posterior edge
后缘片☆postmarginal plate
后缘水☆trailing water
后(期)载荷☆after load
后造山期☆apotectonic stage
后造山同期的☆syn-post-orogenic
后张的☆post-tensioned；post-stressing；poststressed
后张法预应力梁☆post-tensioned prestressed concrete girder
后张拉锚杆☆post-tensioned anchor
后张自锚法预应力☆self-anchored post tensioning prestressing
后掌板[海百]☆postpalmar
后障☆backstop
后沼雷兽属[E_2]☆Metatelmatherium
后枕骨☆postoccipital bone
后振(动)☆after vibration
后震☆aftershock；repetition of earthquake
后枝[后部的叉枝,指分叉叶脉的叉枝]☆posterior branch{limb}
后支☆opisthoclade
后支(承点)☆rear abutment
后支架☆after-poppet；rear support
后支柱☆back leg
后肢带☆cingulum extremitatis inferioris{pelvinae}
后直蛏(属)[双壳;O_2-D_2]☆Orthonota
后趾☆hind toe；hallux
后至[震波]☆late arrival
后置☆postposition；overdisplace；post-
后置地☆hinterland；backland
后置液☆post-pad{overflush;subsequent} fluid；after- pad；afterflush
后置液注入☆overdisplacement
后中齿带☆metacingulum
后中突☆posterior median process
后中央棱☆postcentrocrista；premetacrista
后轴☆rear{back;trailing} axle；backshaft；semiaxis
后轴承☆back{reverse} bearing；B.B
后肘板☆rear toggle
后皱☆aporrhysum
后主齿[双壳]☆posterior cardinal tooth
后主翼梁☆rear main spar
后柱头☆meta-stylo cone
后柱腿☆rear leg
后注浆☆follow-up grouting
后转[古]☆opisthogyrate
后转板{面}[双壳]☆palintrope
后转地块山崩☆toreva-block landslide
后转向架☆trailing bogie
后装货-先卸货☆LIFO；last in,first out
后锥石属[腔;O]☆Metaconularia
后缀☆suffix
后缀表示(法)☆postfix notation
后着火☆postignition
后纵壁[海胆]☆parietal septum
后纵切点☆posterior frontal point
后足☆pleopod
后足亚目☆Metacopina；Metacopa
后坐骨☆Os hypoischium；os hypogastroidale
后坐力☆recoil (stress)
后坐运动☆recoiling motion
后座☆rear seat
后座井☆thrust shaft
后座议员席{的}☆backbench
鲎☆limulus
鲎虫☆Apus
鲎属{类}[节;P-Q]☆Limulus

hū

呼出☆exhale
(压力)呼出阀[油罐]☆pressure vent valve
呼出管☆exhalation tube
呼出物☆expiration
呼尔嘎那鼠属[E_3]☆Hulgana
呼喊☆shout
呼号☆call signal{sign}
呼呼声☆whir
呼叫☆call(ing)；export
呼叫信号☆call sign(al)；calling code；ringing tone
呼叫者☆caller
呼救信号☆mayday；distress signal；emergency pulse；signal for help；SOS [save our ship;save our souls]
呼气☆expiration；exhalation；breathing out
呼声☆call
呼吸☆breath(ing)；respiration；spiro-；pneum(o)-
呼吸保护☆respiratory protection
呼吸测污仪☆scentometer
呼吸道癌☆respiratory cancer
呼吸顶☆expansion roof；breathing tank
呼吸阀[油罐]☆breather{exhalation;breathing;vent;respiration} valve；vacuum pressure valve；vapor balancer；pressure-and-vacuum release valve；vent
呼吸根☆pneumathodium；respiratory root
呼吸管[常压储罐小呼吸通气管]☆vent line
呼吸孔☆spiracle；stoma [pl.stomata]；stigmator；spiracular
呼吸孔的☆stomatic
呼吸困难[因空气稀薄]☆puna
呼吸面具☆breathing apparatus{mask}；aerophor(e)
呼吸囊☆breaker lug
呼吸器☆inspirator；respirator；respiration{breathing} apparatus；breather；rebreather；respirometer；life-saving apparatus；breathing mask；aspirator；inhaler
(防毒面具)呼吸(气)软管☆exhaling hose
呼吸性粉尘☆respirable dust
呼吸暂停☆apnoea；apnea
呼吸中毒☆inhaled toxicity
呼啸☆screech
呼啸风☆whistling wind
呼吁☆appeal
忽变(地层界面)☆interrupt
忽布烷☆hopane
忽略☆ignore；for-；omit；oversight；neglect；overlook
忽略双原子微分重叠法☆NDDO{neglect of diatomic differential overlap} method
忽米☆centimillimeter；cmm.；centimillimetre
忽前忽后{忽上忽下}(的)☆seesaw
忽视☆bypass；overpass；slur；neglect
滹沱系☆Huto system

hú

壶☆kettle；urn；pot
壶苞苔属[Q]☆Blasia
壶贝类☆Rissoacea
壶壁层[苔]☆tremocyst
壶底形岩块☆kettlebottom
壶洞☆pothole
壶腹☆ampulla
壶腹帽[解]☆cupula
壶公窑[陶]☆Hu-gong ware
壶孔[苔]☆tremopore
壶石☆lapis ollaris；lapis-ollaris
壶形藻属[J-E]☆Chytroeisphaeridia
壶穴[河床;地貌]☆kettle；pot；churn hole；pothole
葫芦☆cucurbit；calabash
葫芦爆破☆bulling-hole blasting
葫芦形罐☆multisphere tank
葫芦状的☆lageniform
葫形穴☆Corophioides
胡伯尔定律☆Hubble's law
胡佛式浮选法☆Hoover's flotation
胡根贝尔格型应变仪☆Huggenberger type strain meter
胡椒草☆Lepidium mentanum
胡椒碱☆piperine
胡克定律☆Hooke's law
胡克固体☆Hooke's-solid
胡克型刨煤机☆Hook planer
胡累米特型-氧化碳检定器☆Hoolamite indicator
胡磷锰矿[$(Mn,Fe^{2+})5H_2(PO_4)_4•4H_2O$]☆palaite
胡萝卜☆carrot
胡萝卜醇☆xenthophylls；phytoxanthin
胡萝卜碱☆daucine
胡萝卜属☆Daucus
胡萝卜素☆car(r)otene；carratene；carotane；carotin；caritinoid
胡萝卜素形成作用☆carotenogenesis
β-胡萝卜素氧化物☆β-carotene oxide；mutatochrome
胡萝卜烷☆carotane
胡萝卜形井眼☆carrot-shaped hole
胡敏素☆humin
胡敏酸☆humic acid
胡姆-罗瑟莱 8-N 原则☆Hume-Rothery's 8-N rule
胡闹☆nonsense
胡珀选矿跳汰机☆Hopper vanning jig
胡说(八道)☆nonsense；crock
胡斯台贝(属)[腕;C-P]☆Hustedia
胡桃☆juglans；walnut；nut
胡桃粉属[E_3-N_1]☆Juglanspollenites
胡桃科{类}☆Juglandaceae
胡桃壳☆hull；walnut shell{hull}
胡桃块烧结矿☆“nut” sinter
胡桃色☆nut-brown
胡桃属[N_1-Q]☆Juglans
胡桃叶(属)☆Juglandiphyllum
胡腾洛赫互生[斜长石中]☆Huttenlocher intergrowth
胡同☆alley
胡颓子粉属[孢;E_2-Q]☆Elaegnacites

H

胡颓子科☆Elaeangnaceae
胡须草[学名芒草,禾本科,铅局示植]☆beardgrass
槲☆Quercus
槲皮(黄)酮☆quercetin
槲树皮(浸膏)☆oak bark extract
槲叶☆Dryophyllum；Quercophyllum
蝴蝶☆butterfly；vanna；butterflies
蝴蝶虫(属)[三叶;Є$_3$]☆Blackwelderia
蝴蝶结状构造☆bow-tie structure
蝴蝶绿[石]☆Butterfly Green
蝴蝶石☆blackwelderia
狐(狸)☆fox
狐猴☆Lemur；Lemuria；Amosnuria
狐猴科☆Lemuridea
狐猴类☆Lemurid
狐猴亚目☆Lemuroidea
狐狸座☆Vulpecula；Fox and Goose
狐鼬属☆galera
(一种)斛果的壳子☆Valonia
糊☆magma；brei；paste
FAS 糊[直链饱和十碳-十六碳烷基硫酸盐]☆FAS paste
Orvus Es-糊{伯-烷基硫酸盐,烷基大于 C_{12}}☆Orvus Es-paste
糊粉粒☆Aleurone grains
糊剂☆butter
糊精[$(C_6H_{10}O_5)_n$]☆dextrin(e)；starch{artificial} gum
152(号)糊精[玉蜀黍淀粉部分水解产品]☆Dextrin(e) 152
糊精化(作用)☆dextrinization
糊精黄药[$(C_6H_9O_4)_m(CSSNa)_n$]☆Dextrin(e) xanthate
糊泥☆lake clay；claying
糊炮☆dobie (blasting)；spider shooting{shoot}；plaster shoot(ing) {shot;slab}；unconfined shot{charge}；adobe (blasting)；sandblast；mud cap；plastering；plaster-shooting
糊炮爆破☆contact{adobe} blasting；mud(-)capping；plaster{adobe;spider} shooting；bulldoze；dobie shot；externwouls{externnos} charge boosting；plaster-shooting；bulldozing
糊炮(封)泥☆capping
糊炮药包爆破☆adobe blasting
糊墙泥☆cob
糊墙纸效应☆wallpaper effect
(使)糊涂☆bewilder；bother
糊住金刚石钻头的地层☆sticky formation
糊住☆lodging
糊状的☆slimy；pasty
糊状泥浆{渣}☆pasty sludge
糊状物☆paste；mush；mash
糊状悬浮液☆doughy suspension
糊钻☆gummed in；ball-up；balling (up)
湖☆lake；lough；llyn；lac；nor[淖尔]；lacus；tso；co；ojo；L.
湖岸☆lakeshore；lakeside；ripa
湖岸线☆lake strandline
湖白垩☆bog lime；alm
湖北虫属[三叶;Є$_1$]☆Hupeia
湖北盘虫属[三叶;Є$_1$]☆Hupeidiscus
湖边☆lakeside
湖边半岛☆presque isle
湖边沙滩☆psammolitteral；psammolittoral
湖滨☆beach；strand；shore；lakeshore；lakeside
湖滨冰砾链☆shore boulder chain
湖滨的☆riparian；ripicolous
湖冰☆lake ice
湖冰脊☆ice{lake} rampart；ice-thrust ridge；rampart
湖波☆seiche
湖草球☆lake ball
湖汊☆arm of lake
湖沉积☆lake{lake-bed;lacustrine} deposit
湖沉积物☆lake sediment
湖成冰砾阜☆lake kame
湖成地形☆lacustrine landform
湖成煤盆☆limnic coal basin
湖出口☆lake outlet
湖床☆lakebed
湖的☆limnetic；lymnetic
湖的沿岸部分☆paralimnion
湖底☆lake floor{bottom}；lakebed；soil
湖底的☆sublacustrine；pythmic
湖底静水层☆hypolymnion；hypolimnion；bathylimnion
湖底平原☆lake-floor{central} plain
湖底泉(眼)☆bottom spring
湖底软泥☆gyttija
湖底砂矿☆lake-bed placer
湖底峡谷☆sublacustrine canyon
湖底植物沉积☆dy；dyjord
湖堆积☆lacustrine deposit
湖风{|谷}☆lake breeze{|valley}
湖、海的底☆bed
湖号{吼}☆brontide
湖河泥炭☆bottom peat
湖花介属[K-Q]☆Limnocythere
湖环境☆lacustrine environment
湖积☆lacustrine deposit
湖积层☆lakebed；lacustrine (formation)
湖积黏土☆lacustrine {-}clay
湖积物异常☆lake sediment anomaly
湖间泛滥{溢流}河☆interlacustrine overflow stream
湖阶☆lacustrine terrace
湖阶地☆lake terrace
湖景观☆lakescape
湖居人[新石器时代]☆Lake-dwelling
湖居文化[新石器时代]☆Lacustrine civilization
湖口☆lake outlet
湖沥青☆lake asphalt{pitch}
湖流☆current
湖龙(属)[两栖;P_1]☆Limnoscelis
湖面变化☆denivellation
湖面波动☆seiche
湖面积雪☆snowcap；snow cap
湖面温水层的☆epilimnial；epilimnetic
湖鸣☆brontide
湖南孢属[P_2]☆Hunanospora
湖南长身贝属[腕;C_1]☆Hunanoproductus
湖南角石属[头;P_1]☆Hunanoceras
湖南石燕(属)[腕;D_3]☆Hunanospirifer
湖南头虫属[三叶;Є$_1$]☆Hunanocephalus
湖南鱼属[D_2]☆Hunanolepis
湖南运动☆Hunan movement
湖泥☆lake mud
湖泥灰岩☆bog lime；lake marl
湖黏土☆pond clay
湖盆(区)☆lake basin
湖盆的高地形☆sunken island
湖棚☆uferbank
湖平原☆lake{lacustrine} plain
湖泊☆lacus；lake；hypolimnion
湖泊岸脊☆lake rampart
湖泊出口☆outlet head；outlet of lake
湖泊的滞洪作用☆retention effect of lake
湖泊地形☆lacustrine landform
湖泊流域☆hydrographic basin；lake drainage
湖泊史学☆pal(a)eolimnology
湖泊淤塞☆obliteration of lakes
湖泊中部☆lacuster
湖栖的☆lacustrine
湖球☆lake ball
湖区☆lake district
湖熔岩☆lake magma
湖三角洲☆lake{lake-head} delta
湖沙☆lake sand
湖声☆lake gun
湖石☆stone from the Taihu Lake；Taihu stone,famous for its cavities and unique shape,and good for rockery in landscaping
湖首☆lake head
湖水倒转☆lake turnover
湖水的间歇泉式喷发[火口]☆lake geysering
湖水对流☆overturn
湖水分层☆stratification of water
湖水浮游生物带☆zonolimnetic
湖水蓝[石]☆Lake Placid Blue
湖水煤☆limnetic coal
湖水面测高计☆lake gage
湖水上层☆trophogenic layer
湖水异常☆lake-water anomaly
湖滩☆lake{lacustrine} beach；beach
湖滩环境☆beach environment
湖铁矿☆lake ore
湖弯☆bend
湖湾☆arm of lake；inlet
湖下层滞水带☆hypolymnion；hypolimnion
湖下泉☆sublacustrine spring
湖下演变[沉积物]☆tholQlysis
湖相☆lake{limnetic;lacustrine} facies
湖相白垩☆alm
湖相沉积☆lacustrine sedimentation；gyttia
湖相泥炭☆limnic peat
湖相砂矿☆harfour deposit
湖心岛☆eyot；ait
湖心小岛☆holm(e)
湖盐☆lake salt
湖屿☆sunken island
湖猿(属)[N_1]☆Limnopithecus
湖源河☆effluent
湖缘☆brink；lake rim
湖(盆边)缘☆lake rim
湖缘沼泽☆basin swamp
湖沼☆lacustrine bog；lake (swamp)；lake basin bog
湖沼带☆limnetic zone；limnion
湖沼的☆limn(et)ic；lymnetic；limnal；eulimnetic
湖沼地形☆limnic landform
湖沼煤系☆limnic coal deposits
湖沼群落☆limnium
湖沼生的☆paludal
湖沼生物☆limnobios
湖沼现象☆limnological events
湖沼学☆limnology；lymnology
湖沼`学家{工作者}☆limnologist
湖沼植物☆lacustrine plant
湖赭石☆lake ocher
湖震☆seiche
湖中岛☆presque isle；ait；eyot；holm
湖中小岛☆ait
湖{河}洲☆eyot；ait
弧☆arc；bow
45°弧☆octant
弧(线)☆camber
弧边菱形孔型☆gothic pass
弧长☆arc length
弧齿☆curved tooth
弧触头☆sparking
弧的张裂作用☆arc rifting
弧顶架☆cradling
弧度☆radian[=57.29578°]；rad；grade{degree} of arc；radian measure；curvature；radn；rad.
弧度测量☆arc measurement
弧度法☆circular{radian} measure
弧段☆segment of a curve
弧分☆minute of arc；minute
弧高☆height of arc
(机翼的)弧高☆camber
弧拱☆segmental arch
(岛)弧-(海)沟☆arc-trench
弧沟间狭口☆arc-trench gap；arc trench gap
弧沟缺口{|体系|组合}☆arc trench gap{|system|couple}
弧光☆arc (light)
弧光放电充气管☆krytron
弧光碳棒☆arc-light carbon
弧光型照明器☆arc-type illuminator
弧焊发电机☆arc welding generator
弧焊机☆arc welder；electric arc welder
弧后☆back-arc；behind-arc；backarc
弧后环境☆retroarc setting
弧后扩张☆back {-}arc spreading
弧后陆前盆地☆retroarc foreland basin
弧后盆地☆back arc basin；retroarc{back-arc;arc-rear} basin；arc rear basin
弧后洋盆☆rear {-}arc oceanic basin
弧(-)弧转换断层☆arc-to-arc transform fault
(岛)弧-(岛)弧转换断层☆arc-(to-)arc transform fault
弧化☆arcing
(岛)弧汇合点☆arc junction
弧击穿☆arcing
弧间海槽☆indeep
(岛)弧间洋盆☆interarc oceanic basin
弧结☆syntaxis
弧距[震勘]☆arcual distance
弧锯☆sweep-saw
弧坑裂纹☆crater crack
弧口旋凿☆turning gouge
弧口凿☆gouge
弧流☆arc stream
弧路式取样机[干料]☆arc-path sampler
弧陆碰撞☆arc-continent collision
弧面形[宝石]☆cabochon

弧面形红色宝石☆carbuncle
弧秒☆seconds of arc
弧内的☆interarc
弧内盆地☆intra-arc basin
弧前盆地☆fore(-)arc basin；FAB
弧曲脉序☆camptodroma
弧烧☆arcing
弧束☆syntaxis
弧刷☆wiper
(井壁)弧瓦☆shaft liner
弧外侧☆extrados
弧下点☆sub-arc point
弧陷口☆arc crater
弧线爆破☆arc shooting
弧线定向器☆Thompson arc cutter
弧象炉☆arc imaging furnace
弧心角☆centering angle
弧型(煤)壁☆arcwall
弧型反射波展开地震勘探法☆arc shooting
弧形☆arc；curve；egg hole；arc-like
弧形(爆炸法)☆arc shooting
弧形板推上机☆arc-dozer
弧形壁☆arcwall
弧形齿顶的镶齿☆circumferential crest tooth
弧形齿条☆rack circle
弧形挡板☆annular guide
弧形的☆arcuate；arcual；arcuated
弧形洞顶☆arched roof
(锤碎机)弧形格栅☆circumferential-curved grate
弧形滑道☆cambered way
弧形滑动☆circular slide
弧形基底☆Archean basement
弧形截槽☆arcing
弧形截槽煤巷掘进机☆arcwall header
弧形矿柱的应力集中区☆arch abutment
弧形列岛☆island arc；arcuate islands
弧形脉☆cymoid vein
弧形砌碹装置☆lining segment erector
弧形沙丘☆wishbone-shaped dune
弧形筛☆sieve bend；Dutch sieve bend；bow-screen；Bogensieb sizer；sieve-bend screen；pressure crank sifting machine
DSM 弧形筛[荷]☆DSM screen
弧形弯曲☆cambering
弧形腕环板☆hood
弧形液面修正[氢氟酸测斜仪]☆capillary correction
弧形预制井圈☆tubbing ring
弧形预制块井壁支护☆tubbing support
弧形闸门☆circular chute door
弧形支架☆scythe support
45°弧旋转☆octantal rotation
弧岩☆scar
弧元素☆linear element
弧状构造☆bogen structure
弧状脉的☆campylodromous
弧状线☆arclike line
弧状云☆roll cloud；arcus

hǔ

琥珀[$C_{20}H_{32}O$]☆amber；lambre；lynx stone[树脂化石]；lambyr；lambur；grabstein；lamber；karabe；gles(s)um；kahruba；succinite[$Ca_3Al_2(SiO_4)_3$]；elektron；bernstein；electrum；succin(um)；saka；muntenite；agstein；alamashite；legumocopalite；guayaquilite；amb；sakal；retinite[褐煤或泥炭中]；lyncurium；lynx-stone
琥珀玻璃☆amber glass
琥珀的☆succinic
琥珀红[石]☆Najran Red
琥珀黄(色)☆yellow amber；Perlato Svevo
琥珀腈[$(CH_2CN)_2$]☆succinonitrite；succino(-)nitrile
琥珀螺属[腹;E-Q]☆Amberleya；Succinea
琥珀色(树)脂☆penak
琥珀树脂☆kochenite
琥珀酸[$HOOC(CH_2)_2COOH$]☆succinic acid；flos succini；succinellite[矿物]
琥珀酸(盐)☆succinate
琥珀酸胺酸盐☆succinamate
琥珀酸化石脂☆krantzite
琥珀酸戊酯[$C_5H_{11}OOC(CH_2)_2COOH$]☆amyl succinate
琥珀酸盐{|酯}[$MO•CO•(CH_2)_2•CO•OM${R}]☆succinate
琥珀蜗牛科☆Zonitidae
琥珀乙烷☆ethosuximide
琥珀玉髓☆amberine
琥珀炸药☆amberite
琥珀中的包裹体☆enelectrite
琥珀状的☆amberoid；ambroid
琥珀状化石脂☆kochenite
琥石离子交换树脂☆amberlite ion exchange resin
虎斑☆rindle
虎睛宝石☆tiger{tigers} eye
虎睛石[具有青石棉假象的石英;SiO_2]☆tiger's eye；pseudo(-)crocidolite；tigereye；cape blue asbestos；tigerite；tiger-eye；crocidolite；pseudokrokydolith
虎克钉☆Huck bolts
虎克定律☆Hooke's law；Hookes Law
虎克固体☆Hookean{Hookian} solid；elastic substance
虎克体☆Hookean body
虎克应变☆Hooke's strain
虎口碎矿☆jaw crushing
虎毛斑[陶]☆tiger down spot glaze
虎皮黄[石]☆Yellow Tiger Skin
虎皮石☆Tiger Skin；Rosso Salome
虎皮石墙☆polygonal rubble
虎钳☆(jaw) vice；vise；pincer pliers；nip
(老)虎钳式机制☆vice-like mechanism
虎晴石☆tiger's eye
虎鲨类☆Heterodontoidei
虎鲨属[Q]☆Heterodontus(killer)
虎纹孢属[T]☆Tigrinispora
虎纹砂岩☆tiger sandstone
虎纹石☆tigerite
虎眼☆chatoyancy
虎眼石☆tiger('s) eye；tiger-eye；tigerite
虎子[陶]☆chamber pot
浒苔属[绿藻;Q]☆Enteromorpha

hù

护岸☆bank revetment{protection}；bulkhead；shore wall；revetment；seawall
护岸(工程)☆bank-protection work
护岸堤☆seawall
护岸工程☆beaching of bank；bank {-}protection work
护岸墙☆bulkhead
护岸土墙☆bulk head
护岸岩礁☆skerry-guard
护板☆fender；sheeting；canopy；guard plate{board}；protecting piece；backplate；armoring；rock blanket；cover plate
护壁板☆cleading
护壁加热管☆wall tube
护壁套管☆protection{protective} casing
护城河☆moat
护持器☆tamper
护床☆apron
护唇类{纲}☆phylactolaemata
护带装置☆belt protection device
护道☆berm
护堤☆retaining dam；mound；banquette
护堤板桩☆sheeting planks of dike
护堤工程☆banquette；dyke fortifying project
护堤桩☆embankment pile
护底☆rock blanket
护顶☆canopy guard
护顶板☆strap；platform
护顶层☆top leaf{ply}
护顶钢板☆steel strap
护顶矿层☆bank roof；thin ore slice in the hanging wall；top seam；left ore slab；celling；coal layer；protective ore cover
护顶矿柱☆cramp；cranch
护顶锚杆金属网☆chain mesh (of roof-bolt)
护顶煤☆head{roof} coal
护顶盘☆roof shield；protective bulkhead
护顶石垛☆cock head
护顶条杆☆lagging bar；roof stringer
(锚杆)护顶网☆airfield landing
护顶支架☆back timbering
护顶支柱☆backup post；roof propping；stence
护墩桩☆dolphin
护盾☆protective shield
护盾式全断面岩石掘进机☆shield full face rock TBM
护耳器☆ear protectors
护腹顶线☆upper bosh line
护盖☆protecting cover
护盖层☆deflation armor
护管道工☆line walker
护管塞☆bull plug
护轨☆guardrail；check{safety} rail；counter(-)rail
护航☆convoy
护航飞机{部队;舰}☆escort
护巷煤柱☆chain pillar
护环[发电机转子的]☆gird
护胶作用☆protective colloid effect
护脚☆banket
护脚石☆apron stone
护角条☆angle bend
护角桩石☆hurter
护井☆guide-wall
护井板桩☆lath
护井房☆well room
护井平台☆protector platform
护孔壁泥浆☆hole-wall-protecting mud
护框☆lath crib{frame}；jacket set
护矿☆conservation of resources
护栏☆(guard)rail；safety guard；enclosure；guard bar
护理☆care；nurse
护理人员☆paramedic
护路工☆track worker；linesman
护路石堆☆dock
护轮板☆wheel guard
护轮轨☆funnel{guard} rail；counter-rail
护帽☆protecting cap
护面☆surface cover；surfacing
护面层☆armo(u)r layer
护面块体☆armor stone
护面罩☆helmet；face shield
护膜胶体☆dopplerite
护木☆fender；apron block
护目镜☆(safety) goggles；eyes protector；lunette；protective spectacles；snow goggles；visor
护目镜片☆screening glass
护目眼☆(protective) goggles
护目罩☆eye guard
护盘☆hood
护皮☆sheath
护皮垫☆skin pad
护坡☆revetment；slope protection；bank protection revetment；pitching
护坡道☆banquette；banket(te)；bakette；berm
护坡工程☆foot protection works；revetment；bank protection
护坡铺面☆storm pavement
护坡山嘴☆revet-crag
护坡植覆☆erosion control planting on slope
护 墙 ☆ counterfort ； protecting{guard} wall ；overcloak；revetment；parapet；apron
护墙板☆(wall) panel；clapboard
护圈☆retaining ring；retainer；RTNR
护圈阀座☆retainer valve seat
护筛☆guarding screen
护筛粗网☆scalper；scalloper
护士☆nurse
护手安全装置☆hand rejector
护丝☆protector；thread{screw} protector
(管子)护丝☆pipe thread protector
护丝(管箍)☆thread protector
护送(者)☆escort
(汽车的)护胎带☆breaker
护坦☆apron；floor
护套☆sheathing；safeguard
护土板☆walling board
护土鲨属[K-Q]☆Ginglymostoma
护腿靴☆protective boots
护臀革[矿工用]☆arse leather
(船上)护桅索☆shroud
护膝☆knee pad{protector;cap}；kneepad；kneecap
护膝垫☆knee pad{boss}；knee(-cap) protector
护舷材☆fender
护销☆guard pin
护岩阶地☆rock-defended terrace
护眼罩☆eye guard
护油圈☆oil {-}control ring；oil retainer
护垣☆apron
护运{送}☆convoy
护照☆passport
护罩☆guard；housing；shroud；mud saver bucket；cleading；safeguard；shield；protecting cap

护趾板☆safety toe guard；toe guard
护趾盖☆toecap
护柱☆bollard；guard-post；guard stake；fender pile
护桩☆fender pile
互变(现象)☆interconversion
互变潮流构造☆ebb-and-flow structure
互变量分析☆analysis of covariance
互变性(现象)☆enantiotropy
互变异构(现象)☆tautomerism
互变异构性☆tautomerism
互变异数最小法☆quartimin
互补分析☆complementary assay
互补分异作用☆complementary differentiation
互补金属氧化半导体☆cmos
互补色眼镜☆macyscope
互补双晶☆supplementary twin(ning)
互补松弛性☆complementary slackness
互补性☆complementation
互补岩墙☆associated{complementary} dike
互不连通的层☆noncommunicating layers
互不相容的☆mutually exclusive
互槽叠压☆stagger
互层☆interbedding；interbed；interstratify；alternating {alternated} beds；alternation of strata；interbedded strata；interdigitation；interstratification；interlay(er)；alternate layer；alter(n)ation；interstratified bed
互层层理☆interlayered bedding
互层的☆interbanding；interlaid；interbedded；interstratified；interbanded
互层理☆interbedding；inter layering；interlayering
互层状(生油气)岩☆interbedded source rock
互插☆interfix
互差☆discrepancy
互沉淀理论☆mutual precipitation theory
互乘积☆cross product
互斥事件☆(mutually) exclusive event
互斥型锁☆exclusive-NOR gate
互辍☆interfix
互搭☆overlap；lap
互代☆mutual substitution
互代性☆diadochy
互导☆transconductance；mutual conductance
互导倒数☆transimpedance
互导纳☆transadmittance
互电导☆transconductance
互电抗☆transreactance
互电纳☆transsusceptance
互电容☆mutual capacitance
互反函数☆reciprocal function
互反律☆law of reciprocity
互反曲(面)的☆anticlastic
互反演☆mutual inversion
互感(系数)☆mutual inductance
互感电桥☆Heaviside bridge
互感器☆transformer；mutual inductor
互感系数☆mutual inductance；coefficient of mutual induction
互感线圈☆induction{inductance} coil
互功率谱☆crosspower spectrum
互钩螺栓☆maneton (clamp) bolt
互钩体☆coupler body
互关联☆cross-association
互换☆interconversion；switch(ing)；reciprocation；interchange；interlocking；frogging；exchange
互换的☆reciprocal；alternant
互换电极☆staggered poles
互换机☆commutator
互换件☆interchangeable part
互换(旅行)时☆reciprocal time
互换位置☆transposition
互换性☆interchangeability；mutual substitutability；duplicity；reciprocity；transposability
互换原理☆reciprocity principle
互惠☆mutual advantage；reciprocal
互惠法☆law of reciprocity
互惠交易☆fair trade
互混溶性☆intermiscibility
互混压力☆miscibility pressure
互激励☆mutual excitation
互济河流☆related stream
互检☆mutual inspection；cross-check
互交单元连续性☆interelement continuity
互交可育性☆interfertility
互接种族☆cross inoculation group
互结合☆cross-association
互结生长☆intergrowth；interpenetration
互界☆mutual boundary
互聚物☆interpolymer
互聚作用☆interpolymerization
互均化☆cross {-}equalization
互抗☆transreactance
互扩散☆interdiffusion
互棱齿象属[N_2-Q]☆Anancus
互利共生☆mutualism
互联孔隙☆interlocking pore
互联控制☆interconnected control
互连☆interlink(ing)；interconnect(ion)；shuffle interconnection；interlinkage
互列纹孔式☆alternate pitting
互磨☆attrition；intergrind
互纳☆transsusceptance
互逆风☆contrastes
互黏结煤☆baking coal
互黏性☆mutual viscosity
互扭中轴[珊]☆streptocolumella
互耦合效应☆cross-coupling effect
(相)互耦(合)系数☆mutual coupling factor
互配零件组合☆matched assembly
互碰☆collide
互(频)谱☆cross-spectrum
互谱密度☆cross-spectral density
互嵌肩接合☆dapped shoulder joint
互嵌接合☆dapped joint
互嵌现象☆mutual indenture
互嵌状☆aphroid
互(自)切点☆tacnode
互燃☆reverse combustion
互扰信号☆interference channel
互溶的☆mutually soluble；intersoluble
互溶度☆intersolubility；mutual solubility
互溶剂☆mutual solvent{chemical}
互溶性☆intersolubility；intermiscibility；mutual solubility；miscibility
互溶压力☆miscibility pressure
互商性决策☆tradeoff decisions
互生☆intergrowth
互生的☆aestival；alternate；alternant
互生法则☆law of intergrowth
互生岩层☆interbedded strata
互生叶☆alternate leaf
互生羽状[植]☆alternately-pinnate
互锁不平整☆interlocking asperity
互套环☆looped link
互调测试☆intermodulation testing
互通的☆interconnected
互通珊瑚(属)[T-N]☆Thamnastraea；Thamnasteria
互通式立体交叉☆interchange
互通状[珊]☆thamnastraeoid；thamnasterioid
互通状态☆communicating states
互为单值☆biunique
互为条带的☆interbanded
互相垂直的节理组☆mutually perpendicular joint sets
互相关☆mutual correlation；cross {-}correlation；simple crosscorrelation
互相关检测☆cross-correlation detection
互相关谱功率☆cross spectral power
互相关(记录)图☆cross-correlogram
互相贯穿{通}☆interpenetration
互相交错☆intermesh
(使)互相交错搭接☆jigsaw
互相交切的石英脉☆cases of spar
互相校对{核}[用不同方法验证结果]☆cross-check
互相连合☆interwork
互相连接☆interconnect(ion)
互相联系☆interrelationship
互相凝结☆intercoagulation
互相平均(法)☆reciprocal averaging
互相起作用的事物☆reciprocal
互相迁就☆co-adaptation
互相渗透☆interpenetration
互相食[生态]☆autophagy
互相同意☆mutual assent
互相依赖的生物集团☆guild
互相作用☆mutual effect
互(相关)协方差☆cross-covariance
互养作用☆syntrophism
互易定理☆reciprocal theory{theorem}；reciprocity theorem
互易律☆law of reciprocity
互易频程☆reciprocity range
互易性原理☆reciprocity principle
互易原理☆principle of reciprocity
互用的背形顶点☆mutual antiformal culmination
互用的向形凹部☆mutual synformal depression
互余完全椭圆积分☆complementary complete elliptic
互撞☆collide
互阻☆transresistance
互阻抗☆mutual impedance；transimpedance
互阻抗百分下降率☆percent decrease in mutual impedance；PDMI
(相)互作用力☆interreaction force
笏(状)石英[Si_2O]☆sceptre {-}quartz；scepter-quartz
狚属[Q]☆ojam；Galago；bush bady
户☆door
户多细胞的异养生物☆multicellular heterotroph
户内的☆indoor
户同生印模☆synglyph
户外☆open air；without；open to the sky
户外工作☆outwork
户外曝晒☆outdoor exposure
戽(水)车☆noria
戽出☆bail out；ladle
戽斗☆dipper；hopper；bale；bail；scoop
戽轮☆shovel wheel
戽水斗☆bailing tank

huā

花☆knurl；flower；anth(o)us；anthos；blossom[果树的]；bloom
花白点☆white specks in decoration area
花柏属☆chamaecyparis
花斑泥岩☆graphophyric mud stone
花斑岩☆gran(it)ophyre；graphophyre；pegmatophyre
花斑状☆graniphyric；granophyric；pegmatophyric
花版☆stencil
花瓣[植]☆petal
花瓣笔石(属)[S_1]☆Petalolithus
花瓣海百合属[S]☆Petalocrinus
花瓣球石[钙超;Q]☆Petalosphaera
花瓣形平衡过程☆equilibrio-petal processes
花瓣状步带[棘]☆petaloid ambulacra
花被☆floral envelope；perianth
花被卷叠式☆aestivation
花笔石属[O_1]☆Anthograptus
花碧玉☆zonite
花边☆lace；(decorative) border；bordered edge；floret；bordering ornament；flourishes；unneat beading；fancy borders in printing
花边结构☆caries{lace-like;cusp-and-caries} texture
花边瓦☆segmented gully tile with fancy rim
花边褶皱☆goffering
花边状残渣☆lacy residue
花变形病☆double blossom
花彩弧状交错层理☆festoon cross-stratification {cross(-)edding}
花彩列岛☆island festoon
花侧柏烯☆cuparene
花巢珊瑚亚科☆Antherolitinae
花虫生态学☆anthecology
花簇骨针[绵]☆floricome
花的☆floral
花灯支架☆electrolier
花耳属[真菌;Q]☆Dacrymyces
花费☆expense；cost；employ；outlay；expenditure；take；payout
花费的作业时间☆elapsed activity times
花费过多☆overspending
花费在井内的代价{费用}☆lost-in-hole price
花粉☆pollen；anther dust
花粉分析☆pollen analysis{statistics}；palynology
花粉盖☆stopples
花粉和孢子聚集体☆spora
花粉化石☆fossil pollen
花粉化石分析☆pollen analysis
花粉块☆massula；pollinium
花粉粒[孢]☆pollen grain{granule}；microdiode
花粉门[种子植物]☆Pollina
花粉母细胞☆pollen mother cell
花粉囊[孢]☆pollen sac；anthersac；microdiodange

花粉囊营养细胞组织☆tapetum [pl.tapeta]
花粉体☆pollenite
花粉外孔☆exopore
花粉相谱☆pollen spectra
花粉小块☆pollinium；massula
花杆☆range pole{rod}；boning board；flagpole；ranging pole{rod}；line rod
花绀青☆zaffer
花岗斑岩☆granite {-}porphyry；porphyry granite
花岗变晶[结构]☆granoblastic
花岗变晶多缝合结构☆granoblastic-polysutured texture
花岗变晶状☆homeoblastic；granoblastic
花岗变晶状结构☆granoblastic texture
花岗长玢岩☆corcovadite
花岗粗面[结构]☆granitotrachytic
花岗辉长混杂{染}岩☆marscoite
花岗辉长岩相☆malgachite
花岗粒玄{粗粒}岩☆granodolerite
花岗绿岩区☆granite-greenstone terrain
花岗片麻岩区☆granite-gneiss terrain
花岗片状☆granoschistose
花岗闪长岩化作用☆granodioritization
花岗闪长质岩类☆granodioritic rocks
花岗闪长岩质基底☆granodioritic basement
花岗深变岩☆granolite
花岗石☆granite；grano
花岗石板地面☆granite slab flooring
花岗石荒料☆granite in block
花岗石建筑板☆granite building slab
花岗石墙面☆granite coating
花岗石纹呢{|纸}☆granite cloth{|paper}
花岗石状人造石饰面☆granitic finish
花岗碎裂(结构)☆granoclastic
花岗伟晶长岩☆granite pegmatite
花岗岩☆granite；grouan；growan；crouan
花岗岩层☆sial；sialsphere；granitic layer
花岗岩层下的☆infragranitic
花岗岩出现前的基底☆pregranitic basement
花岗岩花纹瓷{陶}器☆granite ware
花岗岩化(作用)☆granitification；granitization
花岗岩化成矿说☆granitization theory of metallization
花岗岩化剂☆granitizing agent
花岗岩化论☆transformism
花岗岩化论者☆granitizer；transformist
花岗岩壳☆granitic shell{crust}
花岗岩类☆granitoid；granide；granitic rock
花岗岩类岩石☆granide
花岗岩-绿岩地区☆granite-greenstone terrains
花岗岩卵石的砾岩☆arkosic{granite-pebble} conglomerate
花岗岩期☆granite stage
花岗岩前成分☆pregranite composition
花岗岩丘☆ruware
花岗岩深成体☆granitic pluton；granite plutons
花岗岩碎砾☆grus；grush；gruss；grouan；growan
花岗岩体内矿床☆endogranitic ore deposit
花岗岩体外的☆exogranite
花岗岩条石☆granite set
花岗岩纹纸☆granite paper
花岗岩屑沉积物☆granitogene
花岗岩型铀矿☆granite type U-ore
花岗岩岩株热源☆granite-stock heat source
花岗岩质层☆granitic layer；P layer
花岗岩质囊包☆granitic pocket
花岗岩质熔体{浆}☆granitic melt
花岗岩状☆granitoid；eugranitic
花岗岩状岩石☆granitic rock
花岗云英岩☆granite-greisen
花岗质岩☆granitics
花岗质岩石☆granitic rock
花岗状变质岩☆granitoidite
花岗状火成岩☆granolite
花岗状的☆granitiform
花岗状微地形{貌}☆granitic microfeature
花钢板☆checkered plate
花格平顶☆lacunar
花格墙☆baffle{shadow} wall
花蛤☆Astarte
花蛤亚阶[英;J_3]☆Sequanian stage；Astartianstage
花梗[植]☆pedicel；pedicle；stalk；peduncle
花梗的[植]☆pedunculate
花古杯纲☆Anthocyathea
花冠☆coronal；corolla
花冠的☆coronary
花冠颗石[钙超;K_2]☆Corollithion
花管☆perforated casing{pipe}；screen pipe；slotted liner
花龟属[E_2-Q]☆Ocadia
花滚筒颗石[钙超;K_2]☆Cylindralithus
花痕状☆cicatricose
花很多钱才能解决的问题☆costly problem
花环☆garland；wreath
花环构造☆rosette structure
花环列岛☆festoon islands
花环斜挂[水泥]☆garland chain system
花环状的☆festoon-shaped
花环状构造☆festoon structure
花键☆integral key；spline；multiple (spline) keys
花键式钻杆接头☆fluted coupling
花键心轴☆splined mandrel
花键轴☆castellated{splined;spline} shaft
花键轴套☆hub spline
花键柱形规☆spline plug gage
花角石属[头;O_1]☆Anthoceras
花结形网状装饰☆rosette sculpture
花篮☆petal basket
花篮螺丝☆turnbuckle；steam boat rachet{ratchet}
花篮式导流器☆petal-basket flow diverter
花鳞鱼(属)☆Thelodus
花轮鲍螺☆Haliotis roei
花轮增多☆pleiotaxy
花螺母☆horned{clam;clamp} nut
花蜜☆nectar
花呢正长岩☆tweed orthoclase
花盘☆faceplate；face plate[机]；discus[植]
花盘藻属[Z-E]☆Cymatiosphaera
花炮☆fireworks
花期☆blooming period
花期反常☆abnormal flowering
花钱大手大脚的人☆splasher
花钳青☆zaffer
花青☆cyanine；flower blue
花球接子属[三叶;$Є_3$]☆Lotagnostus
花球石[钙超;Q]☆Anthosphaera
花群☆apetalae
花蕊石☆ophicalcite；marmor serpentinatum；ophicalcitum
花蕊异长植物☆heterogone
花色苷☆anthocyanin
花色素☆anthocyan
花珊瑚类☆Zoantharia
花珊瑚属[C_{2-3}]☆Antheria
花神介属[Q]☆Callistocythere
花生壳状砂岩顶板☆peanut roof
花生酸[$CH_3(CH_2)_{18}COOH$]☆arachidic acid
(溜冰、飞行等)花式☆figure
花式的☆fancy
花式构造☆rosette structure
花式切法☆rose cut
花饰矿石☆lace ore
花鼠属[N_1-Q]☆chipmunk；Eutamias
花丝☆filament
花体字☆decorated letter
花头形☆cauliflorate
花图式☆floral diagram
花托☆torus [pl.tori]；floral receptacle；receptacle[植]；tor.
花帷☆arras
花纹☆device；(decorative) pattern；figure；tread[外胎]；flowers[有色金属铸件]
花纹(结构)的☆arabesquitic
花纹地表层[严重的冻结作用造成]☆patterned ground
花纹路☆white lines in decoration area
花纹轮胎☆rib tire
花纹模糊☆faint impression；dim pattern
花纹伸长☆pulled pattern
花纹石☆catagraph(ite)；katagraphyra；katagraphia
花纹石笋[$CaCO_3$]☆onychite
花线☆flex
花销轴☆splined shaft
花星珊瑚属[C_3]☆Antheriastraea
花形底板[射虫]☆rosette
花形目☆Anthomorphida
花形图☆rose diagram
花序[植]☆inflorescence
花芽☆floral bud
花样☆pattern
花样叠加☆diversity stacking
花样叠加(地震)记录☆diversity recording
花样图☆symbol map
花药[植]☆anther
花椰菜状☆cauliflower-like
花叶兼具的☆ambiparous
花园☆garden
花轴☆rhachis；rachis
花柱[植]☆style
花柱草科☆Stylidiaceae
花柱棘[棘海星]☆paxilla [pl.-e]
花柱珊瑚属[C-P]☆Stylidophyllum
花状冰☆efflorescent ice
花状构造☆flower structure

huá

划☆paddle；row；scratch
划玻璃刀☆diamond cutter
划槽☆channel
划动{手}☆oar
划痕☆scribe；scoring；scratch；score；gouge；mar
划痕(磨损)☆scratching
划痕测硬法☆scratching hardness test
划片器☆scriber
划破☆rip；tear；lacerate；scarification
划伤☆scuffing
划眼[下套管前]☆ream down；redressing；log
划针☆scriber
华☆blossom；bloom
华北地台☆North China platform
华北介属[E_{2-3}]☆Huabeinia
华德-利奥纳特式拖动☆Ward-Leonard drive
华而不实的☆tinsel
华格纳接地(线路)☆Wagner ground
华花介属[E_{1-2}]☆Chinocythere
华莱士线[以生物群区分亚洲澳洲]☆Wallace's line
华雷斯搅拌机☆wallace agitator
华丽☆luxuriance；bravery；magnificence
华丽粉属[孢;E_3]☆Callistopollenites
华丽颗石[钙超;Q]☆Coccochrysis
华力西山地☆Variscan mountains
华伦西(统) [S_1]☆Valentian (series)
华脉蕨属[T_3]☆Abropteris
华脉目[昆]☆Caloneurodea
华美叶肢介(属)[K_2]☆Aglestheria
华美正形贝属[腕;O_2]☆Saucrorthis
华南古地块☆South china block
华南忍冬[Ag，Au 指示植物]☆Lonicera confusa；honeysuckle
华南鱼(属)[D_1]☆Huananaspis
华沙溪阶[E_2]☆Wasatchian stage
华盛顿州[美]☆Washington
华氏(温标)[温度]☆Fahrenheit；Fr
华氏度数[°F]☆degree{deg.} Fahrenheit；deg. F.；deg F
华氏温标☆Fahrenheit scale；Fahrenheit's thermometric scale
华特曼环分析☆Waterman ring analysis
华威克郡采煤法[近距离煤层柱式开采]☆Warwickshire method
华威克型矿车防堕梁[斜井用]☆Warwick girder
华夏贝属[腕;P]☆Cathaysia
华夏的{系;式的}☆Cathaysian
华夏地槽☆Cathaysian geosyncline
华夏古(大)陆☆Cathaysia；Cathysia
华复古陆☆Cathysia
华夏木属[C_3-P]☆Cathaysiodendrous
华夏式☆Cathysian；Cathaysoid
华夏羊齿(属)[蕨;P_1]☆Cathaysiopteris
华星介属[E_{1-3}]☆Chinocypris
华蓥山珊瑚属[P_2]☆Huayunophyllum
滑☆slip；slide
滑岸☆sliding bank
滑板☆gleitbretter；sledge；slide(r)；bilge ways；skid；feint play；skateboard；pad；sled；saddle
滑板式黏度计☆sliding plate viscometer
滑槽☆chute；runner；tray；coulisse；slot；sliding way；slideway
滑草坡运动☆grass skiing
滑层☆callus
滑场☆slumping
滑车☆block (pulley)；tackle；pulley；gin；rope block；sheave；travelling carriage{trolley}；whip；

unit; sled; blk
(复)滑车☆pulley block
滑车车轮☆pulley-sheave; pulley-wheel
滑车穿绳☆string the block; line string up
滑车带☆strop
滑车的☆trochlear
(用)滑车吊起☆bouse
滑车钢丝绳的缠绕☆reeve
滑车架☆marco; pulley frame
滑车轮(绳)槽☆sheave groove
滑车绳数☆line reeving
滑车(所穿)绳数☆line string up
滑车系统☆tackle system
滑车形的☆trochoid
滑车装绳☆(line) reeving; reeve
滑车状关节面☆trochlea
滑车组☆(tackle) block; block-and-pulley; travelling block; pulley-block; block and fall{tackle}; polyspast
滑沉系数[钻屑在泥浆中下滑的]☆drag coefficient
滑程☆slippage
滑尺☆slider; slipstick
滑出☆swerve
滑触头☆slider
滑触作用☆wiping
滑船台☆slipway
滑床☆slide bed
滑唇螺属[C-T]☆Lissochilina
滑带☆slipband
滑导承☆sliding guide
滑道☆slipways; skid; chute; slideway; ramp; slide; skidway; ski run; course; runway; runner
滑道式钻机☆slide drill
滑的☆slippery
滑顶☆slip cover
滑动☆slip; glide; slippage; slide; sliding (motion); slump(ing); detachment gravity slide; sleek; skid; actual relative slip{movement}
滑动比☆ratio of slip; slip ratio{factor}
滑动变形☆slip deformation; detrusion
滑动部分☆slipper
滑动擦痕☆fault striation
滑动层理☆slump{slip} bedding; slurry bed
滑动沉积☆olistostrome
滑动沉陷☆slump
滑动齿轮☆clash{slide} gear
滑动齿轮式传动☆sliding-gear type transmission
滑动冲断岩席☆sliding thrust sheet
滑动窗口☆moving window
滑动带☆sliding{glide;slip} zone; slipband; slip band
滑动导向(管座)☆slide-and-guide
滑动断层☆transitional{glide;slide;slump} fault
滑动方向☆glide direction
滑动风阀☆jig slide valve
滑动构造☆gliding tectonics{structure}; slide structure
滑动关节☆arthrodia
滑动花键联轴器(连接)☆sliding spline coupling
滑动滑坡☆flowing landslide
滑动回复☆creep recovery
滑动机制☆gliding mechanism
滑动极限☆slip limit; limit of creep
滑动迹线☆Luders lines
滑动剪断闸阀☆guillotine sliding gate valve
滑动鉴定☆detecting slide
滑动角☆angle of slide; sliding angle
滑动铰扁口鲤鱼钳☆channel lock
滑动阶段☆sliding stage
滑动阶梯面☆riedel-treppe
滑动接头☆slick joint
滑动接头套管☆slip-joint casing pipe
滑动径规☆beam calipers
滑动镜面☆fault striation
滑动镜面纹[德]☆harnischstriemung
滑动块体☆slipped mass
滑动力矩☆moment of sliding force
滑动砾块☆skid boulder
滑动量☆amount of creep; slippage
滑动面☆glide plane{surface}; sliding-surface; surface of sliding; gliding{slip;landslide;slipping} surface; slip face; slickenside; sliding{slide;slip(ping)} plane; tread; rutschflachen[德]
滑动磨损☆skimming wear
滑动挠褶☆flexural-slip fold
滑动逆掩片☆sliding thrust sheet
滑动黏附现象☆slipstick
滑动啮合齿轮箱☆sliding-mesh gearbox
滑动配合☆easy push fit; slip{snug;slide;sliding} fit
滑动平均☆moving average; running{rolling} mean
滑动平行板式黏度计☆sliding parallel-plate viscometer
滑动破裂[剪切破裂]☆slip{slipping} fracture
滑动前伸轨道板☆"magic" carpet; sliding floor
滑动曲线☆curve of sliding
滑动弱化模型☆slipweaking model
滑动时窗☆sliding window
滑动式人员运输机☆ski-lift conveyor
滑动式吸入管口罩☆sliding wind-bore
滑动套筒节☆telescoping{telescopic} joint
滑动套筒上的孔☆sliding sleeve port
滑动线场☆slip line field
滑动相邻性☆sliding neighborhood
滑动心轴☆link mandrel
滑动压力☆hovering pressure
滑动崖下{脚}坡☆undercliff
滑动岩体☆slip block; olistolith; slipped mass
滑动岩席{片}☆slip sheet
滑动叶片式压缩机☆sliding vane compressor
滑动移位☆transitional slide{movement}
滑动游探{梁;架}☆trolley beam
滑动圆弧分析☆slip circle analysis
滑动圆心☆center of slip circle
滑动者☆glider
滑动褶皱☆slump fold; strain-slip folding
滑动支架☆sliding support; slip-on mount
滑动轴承☆plain bearing{metal}; plain journal bearing
滑动轴承球齿钻头☆journal bearing button bit
滑动阻力☆slide{sliding} resistance; sr
滑动钻臂式座☆sliding drill arm
滑动座架☆saddle
滑斗☆skid hopper
滑(动)断层☆glide{slip} fault
滑断裂☆sliding fracture
滑堆构造☆banking structure
滑(动)阀☆sliding{slide;spool;plunger} valve; D-valve
滑(柱式)阀☆spool valve
滑阀机构(的)消音装置☆valve silencer
滑阀套☆slide valve buckle
滑阀心☆spool
滑阀止动装置☆plunger stop
滑缝(板)☆coulisse
滑盖☆slip cover
滑盖开关☆valve
滑杆☆slide bar; sliding rod{pole}
滑杆式托架☆slide bar bracket
滑感☆soapy feeling
滑钩☆pelican hook
滑构造岩☆slip tectonite
滑管☆slip pipe
滑管混凝土浇注装置☆slick-line place
滑硅镍矿☆noumeaite; noumeite; numeite
滑轨☆slide {-}rail; skid-rail; slideway; rack
滑滚体{块}☆roller block
滑滚系数☆slide-roll ratio
滑过☆skate
滑巷☆lane slip
滑痕☆slip scratch{mark}; slide mark; landslide scar; slip-striae; slip-mark[岩面]
滑弧☆slip circle
滑环☆slip{sliding} ring; SR
滑环护罩和支撑结构☆slide ring housing and superstructure
滑环式转子电动机☆wound-rotor motor
滑积层☆olistostrome
滑剂油☆lubricating oil
滑夹托架☆slipper bracket
滑架☆crosshead; sliding carriage{guide}; skid
滑架返回☆carriage return; CR
滑架簧导承☆sliding guide
滑间皂石[滑石-皂石的规则混层矿物]☆aliettite
滑键☆feather key{tongue}; sliding{draw} key; joint tongue; feather
滑键槽☆featherway
滑键和键槽☆tongue and groove
滑降[登山者沿冰雪覆盖的斜坡]☆glissade
滑接导线☆trolley conductor
滑接集电轮☆trolley glider{wheel}
滑节理☆slip joint
滑结点☆trolley
滑距☆actual relative movement{slip}; slip (throw) slip of fault; total displacement
滑距骨目[哺]☆Litopterna
滑距马属[N]☆Thoatherium
滑距貘属[N_1]☆Theosodon
滑口螺属[腹]☆Aegista
滑扣☆thread slipping
滑扣螺纹☆pulled thread
滑块☆gliding{sliding;slide;tumbling;guide} block; jaw; slide(r); cursor; slipper; platten
滑块石[$Mg_3(Si_4O_{10})(OH)_2$]☆talcite
滑块销子☆pin for shoes
滑块岩☆olistostrome
滑拉石☆vallachite; valahite
滑来层☆olistostrome
滑来岩☆olistolite
滑来岩块☆olistolith; olistolite
滑离☆roll-off
滑裂☆slip crack
滑裂带☆glide
滑裂线☆line of slide
滑流☆slipstream; gliding{slip} flow
滑溜槽☆slide chute
滑履☆skid
滑履轴承☆slide shoes (type) bearing
滑履轴承安装支座☆pad bearing mounting cradles
滑率☆slip; specific sliding
滑绿泥石[$(Mg,Fe^{2+},Fe^{3+},Al)_6((Si,Al)_4O_{10})(O,OH)_8$]☆steatargillite
滑绿石☆kulkeite
滑乱层☆olistostrome
滑轮☆(return) pulley; chain wheel; tackle; (running) sheave; block; unit; truckle; slug
滑轮侧板☆face of pulley
滑轮吊架横梁☆gin beam
滑轮式电磁选矿机☆electromagnetic pulley separator
滑轮式分选机☆pulley separator
滑轮型磁体☆pulley-type magnet
滑轮支座☆poppet
滑轮组☆block (pulley); tackle (block); assembly pulley; block and tackle; teagle
滑轮组合☆rope block
滑螺☆Voluta
滑螺属[腹;O-S]☆Liospira
滑落☆backfall; creep; creeping; fall
滑落冰川☆falling glacier
滑落陡坡☆slide scarp
滑落概度曲线☆probability of failure curve
滑落轨迹☆sliding path; failure trace{track}
滑落区☆failure area{zone;district}
滑落物伤害事故☆material sliding accident
滑落线☆slip line
滑落褶皱☆cascade fold
滑门☆sliding door
滑门阀☆gate valve
滑面☆sliding face{surface}; gliding{slip} plane; slip(ping){slide} surface; slide face
滑面接头☆slick joint
滑模☆slipform
滑模浇注补壁[巷道等]☆slip form liners
滑模浇注法☆slip-form method of pouring
滑模式混凝土铺路机☆slipform concrete paver
滑模套壁☆slippermuld lining
滑磨石☆slip-stone
滑木☆runner
滑泥☆slip
滑泥扬波☆chase current with the stream
滑腻感☆greasy feeling
滑腻黏土☆unctuous clay
滑黏效应☆slip-stick effect
滑盘[直升机]☆swashplate
滑盘式轨`闸{道制动器}☆skidpan track brake
滑配合☆facing-up
滑劈理☆crenulation{slip;close-joints} cleavage
滑片☆gliding slab; gleitbretter; slip sheet; gleithretter; sledge
滑片泵☆sliding-vane pump
滑片构造☆slip-sheet structure
滑片式流量计☆sliding vane meter
滑坡☆landslide; landsliding; land(-)slip; eboulement; hill creep; (earth;load) slide; rockslide; slip slope; earth creep {slump(ing);slip}; slump; failure of earth

slope; land {mountain} slip; soil{mountain} creep; decline; downslide; come down; drop; scarplet; go steadily downhill; slide downhill
滑坡仓☆gravity loading storage; slant-bottom bin
滑坡侧边☆lateral edge of sliding
滑坡处理☆treatment of landslide
滑坡底泉☆landslide spring
滑坡地设路基☆subgrade in slide
滑坡堆积土☆landslide accumulation soil
滑坡防治工程☆landslide control works; landslip preventive works
滑坡分析☆landslide analysis
滑坡风险☆risk of landslip
滑坡后壁☆head scarp; slide cliff
滑坡后缘☆crown of slide
滑坡湖☆lake due to landslide
滑坡机理☆mechanism of landslide
滑坡几率☆slope failure probability
滑坡基面☆base of slide
滑坡监测☆monitoring of landslide
滑坡剪出口☆shear outlet of landslide
滑坡角☆angle of slide
滑坡阶地☆cat(-)step; landslip{landslide} terrace
滑坡空间预测☆landslide spatial prediction
滑坡力学☆mechanics of landslide
滑坡敏感性指数☆landslide susceptibility index; LSI
滑坡频率☆frequency of landslide
滑坡舌部☆tongue of landslide
滑坡时间预测☆landslide temporal prediction
滑坡体☆sliding{slide;slip} mass; landslide body; landslide-mass
滑坡土移区☆depletion zone of slide
滑坡型断层☆landslide fault
滑坡崖☆(landslide) scar
滑坡灾害防治☆landslide disaster prevention
滑坡足部☆foot of landslide
滑橇☆slide; skid; skid; runner
滑橇架装钻机☆frame and skid mounted drill
滑橇式台架☆frame and skid mounted
滑橇装钻机☆skid mounted drill
(重力)滑曲☆cascade
滑入洼地的岩体☆backslide
(一种)滑润油☆cosmoline
滑蛇纹石☆hampshirite
滑石[$Mg_3(Si_4O_{10})(OH)_2$; $3MgO•4SiO_2•H_2O$; $H_2Mg_3(SiO_3)_4$; 单斜、三斜]☆talc; speckstone; french chalk; ollite; talcum; soap(-)stone; talc stone; French clalk; speckstein[德]; federweiss; agalmatolite; colubrine; mussolinite; steatite; telgsten; soap-rock; pencil{pagoda} stone; biconite; specksten; agalmatolith; pagodite
滑石板阶{|期}☆Huashibanian stage{|age}
滑石板岩☆indurated talc; magnesian slate
滑石板组☆Huashiban Formation
滑石尘(埃沉着)病☆talcosis
滑石沉着症☆talcosis
(用)滑石处理☆talc
滑石瓷☆steatite ceramics
滑石瓷器☆talcum porcelain
(含)滑石的☆talcose
滑石肺病☆talc pneumoconiosis; pulmonary talcosis
滑石粉☆talcum (powder); French chalk
滑石含量☆talc content
滑石化(作用)☆talcization
滑石矿类☆talcose minerals
滑石菱镁片岩化☆listvenitization; listwanitization
滑石菱镁岩☆listwanite; listvenite
滑石绿泥角闪花岗岩☆arkesine
滑石棉☆asbestine; asbestic; asbestos
滑石片岩☆talc-schist; talc{talcose} schist; ovenstone
滑石岩☆talc rock
滑石云母片岩☆talc-mica schist
滑石状的☆talcoid
滑水板☆aquaplane
滑水蛭石☆sangarite
滑塌☆slump(ing); creeping; landsliding; slouge; rockslide; slough
滑塌岸☆slipping bank
滑塌堆积☆olistostrome
滑塌灰岩块体☆calcolistolith
滑塌块集石灰岩☆allodapic limestone
滑塌体☆slumped mass; slip block
滑塌物☆slurry slump
滑塌岩带{席}☆slump sheet
滑塌岩块☆olistolith
滑台☆tool slide; skid platform; slipway
滑台驳船☆ramp barge
滑坍☆slough; creeping[土的]
滑陶蛇纹石☆antigorite; porcellophite
滑套☆sliding sleeve
滑套(式)凸缘☆slip-on flange
滑套移位{动}器☆sliding-sleeve shifting device
滑体☆gliding{failing;sliding} mass
滑体(两栖)亚纲☆Lissamphibia
滑筒☆sliding sleeve
滑脱☆detachment; décollement; shearing-off; slip; surge
滑脱函数☆slip function
滑脱逆掩层位☆décollement horizon
滑脱砂箱☆taper{easy-off} flask
滑脱式砂箱☆slip flask
滑脱效应☆slippage effect
滑瓦☆riding{sliding} shoe
滑席☆slip sheet
滑系☆slip system
滑下/推上模型☆roll-off/roll-on model
滑陷(构造)☆slump
滑陷球☆slump ball; slump-ball
滑线☆line of sliding
滑线电键☆meter key
滑线电阻☆slide resistance; sr
滑线电阻调压器☆slidac
滑线藻属[红藻]☆Nemastoma
滑线装置☆slick line device
滑翔☆coasting; coast; sailing
滑翔导弹☆glider
滑翔机☆aerodone; soarer; sailplane
滑相推移[河流输沙]☆smooth-phase traction
滑楔☆sliding wedge
滑楔式锚杆☆sliding wedge bolt (roof bolt)
滑斜面☆slideway
滑行☆coasting; taxi; swim; skidding
滑行板☆glide plate
滑行车☆scooter
滑行道[飞机出入机库]☆taxiway
滑行的刨煤机☆toe in plough
滑行坡☆slide wave
滑行坡道☆ramp for railing
滑行式底托架☆sliding-type underframe
滑行下坡☆coast down a slope
滑靴☆riding{machine} shoe; skid
滑雪☆skiing; ski
滑叶压气机☆sliding vane compressor
滑曳驳船☆launching barge
滑移☆glide; slip; sliding (movement); slump; gliding; skid; creepage
滑移带☆slipband; deformation{glide} band
滑移带群☆Hartmann lines; Lüders line
滑移带碎裂化☆fragmentation of glide bands
滑移断裂☆gliding fracture; twist-off
滑移反映面☆glide reflection plane
滑移分量☆glide component
滑移贯通☆breakthrough of glide
滑移角☆angle of slip{shear}
滑移量☆slippage
滑移流动☆gliding flow; secondary flowage
滑移面☆glide plane[矿物结晶]; sliding surface; slip face; gliding{translation;T;slip} plane; glide reflection plane; slickenside
滑移面积☆shear area
滑移面上的运动方向☆T direction
滑移时与底板成钝{|锐}角的层面☆on the back{|face}
滑移式扩展☆mode of plane-slide
滑移双晶☆glide{deformation} twin; mechanical twin(ning)
滑移线☆glide{slip} line; strain figure
滑移作用☆glide; gliding; sliding; phorogenesis[地壳]; slipping
滑榆胶☆ulmin
滑缘螺属[腹;N-Q]☆Niotha
滑运道☆chute
滑运式钻机☆skid rig
滑皂石☆aliettite
滑闸☆shuttle
滑褶面☆detachment surface
滑褶曲☆slip fold
滑褶皱☆gleitbrett{slip;glide;shear} fold
滑脂分离器☆grease separator
滑脂盆☆grease box
滑脂枪☆grease compressor{gun}; doper
滑转式安全离合器☆safety snap clutch
滑锥式托盘☆sliding cone cradle; sliding-cone shell
滑准法☆sliding scale
滑子☆slider
滑走坡☆slip-off slope; river cliff
滑嘴贝(属)[腕;D]☆Leiorhynchus
滑座☆slider

huà

桦[铁局示植]☆birch; Betula sp.
桦粉属[孢;E-N]☆Betulaepollenites
桦焦油☆birch tar oil
桦科☆Betulaceae
桦木☆birch (wood)
桦木脑☆betulin
桦木属☆Betula
桦属[K-Q]☆Betula; birch
桦树☆birch; Fagus
桦树条☆wood bundle
画☆paint
画板☆panel board
画报☆pictorial
画笔☆brush
画笔藻属[Є-Q]☆Penicillus
画笔状的☆penicillatus; penicillate
画草图☆block in; sketching
(把……)画成方格图案形☆chequer; checker
画齿规☆odontograph
画出☆frame out; draw up
(压力计记录笔尖在卡片上)画出☆burnish
画等高线☆contour
画法几何(学)☆descriptive geometry
画基线☆draw base line
画家☆painter
画架☆easel
画框☆picture frame
画(位置)略图☆block out
画轮廓☆delineate; outlining; outline
画面☆frame
画曲线☆plot
画曲线的仪器☆curved-drawing instrument
画圈☆circumscribe
画入☆frame-in
画线☆lineation; setting-out; cross
画详图☆detail
画像石☆stone relief [on ancient tombs,shrines,etc.]
画像石墓☆tomb with stone relief
画像砖☆brick with moulded design
画阴影线☆hatching; hatch
画影线☆shade
划☆draw; delimit; transfer; assign; plan
划出☆mark{trace} out; burnish
划蝽科[昆]☆Corixidae
划等值线☆contour
划点器{工}☆dotter
划掉☆cancellation
划定(路线)☆lay out
划定边界☆delimitation of the frontier
划定界限☆delineate; circumscribe
划定界线☆contouring
划定矿区☆locating
划分☆plot; compartition; divide; zonation; layout; set off{out}; demarcation; subdivide; division; lot; partition(ing); differentiate; branch[地层]; DIV
划分(坐标)☆lay off
划分部门☆departmentation; departmentalization
划分出的矿体☆blocked-out ore
划分房柱☆multiple openings
划分井田{地区}☆block(ing) out
划分矿块☆blocking (out); delimiting the extraction block
划分矿体☆ore blocked out
划分农业☆classifying agriculture
划分区段[采区]☆block(ing)-out
划分为扇形区☆sectorization
划分页面☆paging
划分终止准则☆subdivision termination criterion
划格法附着力试验☆grid test

H

划横线☆cross
划界☆demarcation；delineation；delimitation；mark off；boundary settlement；description；peg out；meare；bracketing
划区规划☆zoning scheme
划曲线☆tracing
划时代的☆epoch-making
划线☆scoring；layout；scratch；(scribed) line；ruling；score；scribing；delineate (esp. into political camps during the Cultural Revolution)；linework；scribe
划线板☆ruler；marking off plate
划线刀☆race knife
划线工☆marker
划线工具☆marking tool
划线蓝铅油☆marking ink
划线器☆scriber
划线小组[管线施工中的;专司划线、标记、编号及标弯管记号]☆measurement crew
划销☆crossed out
划占(矿用地)☆dispossession
划帧方法☆method of framing
化成整数☆round-off
化肥☆chemical fertilizer
化肥原料矿产☆fertilizer minerals
化粪池☆digestion{septic;sewage} tank
化工厂☆chemical plant
化工和化肥原料☆chemical and fertilizer raw materials
化工用玻璃☆glass for chemical engineering
化工原料矿产☆mineral material for chemical industry
化合☆combination；chemical combination{union}；composure；combine
化合当量☆equivalent weight
化合的☆compound；fixed；combined
化合反应☆combination reaction
化合价☆valency；valence；(chemical) valence；(atomic) valency；quantivalence；quantivalency；adicity；atomicity
化合价键☆valence bond
化合亲和势☆combining affinity
化合热☆heat of combination
化合水☆chemically combined{bound} water；water of constitution；water in solid solution；constitution(al){combined;combination} water
化合水分☆combined moisture
化合碳☆combined carbon；CC
化合物☆(chemical) compound；comp；CPD；compd
化合氧☆fixed oxygen
化合自养性☆chemosynthetic autotrophs
化合(物)组合☆composure
化灰炉☆incinerator
化简☆simplification
化结石☆inducing decomposition of calculi；induce decomposition of calculi
化名☆alias
化能合成☆chemosynthesis
(使)化脓的☆maturative
化脓剂☆maturative
化身☆personification；embodiment
化石☆fossil (remains)；reliquiae；(organic) remains；fossiliferous；fos
化石保存学☆biostratonomy；biostratinomy
化石冰☆palaeocrystalline{paleocrystalline;fossil} ice
化石冰川☆dead-glacier；fossil glacier；rock ice
化石冰楔龟裂☆fossil ice-wedge polygon
化石层相论☆biostratonomy
化石场模型☆fossil field model
化石的☆fossil；petrous
化石地冰丘☆fossil pingo
化石地质年{时}代测定法☆fossil geochronometry
化石动物☆zoolith；zoolite
化石堆积论☆biostratinomy
化石分类延限带☆taxon-range-zone
化石分异性☆fossil diversity
化石个体群☆fossil population
化石根☆radicies；radicite
化石果☆carpolithus；carpolit(h)es
化石果属[D-Q]☆Carpolithus
化石海藻☆gymnosolen
化石湖☆fossil{extinct} lake
化石花粉大类☆pollenites
化石“花”属[非生殖部分,亲缘关系也不明的似“花”的化石;C-Q]☆Antholithes
化石化作用☆fossilation；fossilization
化石记录重叠☆fossils record overlap
化石结构☆fossitexture
化石结核☆bullion
化石库☆fossil-lagerstatten
化石块☆steinkem
化石蜡☆ozocerite；fossil wax
化石卤水☆fossilized brine；connate water
化石埋藏群☆pal(a)eothanatocoenosis
化石奶油☆butyrellite；butyrite
化石内模☆cast
化石能燃料☆fossil-energy fuel
化石迁移学☆fossil transport theory
化石壳方解石☆patagosite
化石球果☆conites
化石确定地层定律☆law of strata identified by fossils
化石群☆colony；pal(a)eothanatocoenosis；fossil coenosis；oryctocoenose
化石群落☆fossil community；in {-}place assemblage
化石燃料☆fossil {-}fuel
化石生成论☆taphonomy
化石生命形态☆fossil life forms
化石时代{间}☆fossil time
化石树干[顶板中]☆coffin lid
化石树脂☆fossil resin[如琥珀]；ambrosine；kauri (resin;gum;copal)；plaffei(i)te；agathacopalite；kopol
化石穗☆strobilite
化石碳☆fossil-carbon
化石碳酸盐线☆fossil carbonate line
化石铁矿☆dyestone
化石溪组[北美;$Є_2$]☆Fossil Brook formation
化石相☆biofacies；ichnofacies
化石橡胶☆elasticite
化石新人☆Homo sapiens fossilis
化石学☆orycto(geo)logy；fossilology；petrifactology；pal(a)eontology；palaeontography
化石学家☆paleontologist
化石叶☆phyllites；lithophyll
化石遗迹☆geoglyphics
化石鱼☆ichthyolite
化石杂聚层位☆stratigraphic condensation
化石造型☆mold
化石植虫☆choanite
化石植物☆fossil plant；phytolite
化石滞后堆积☆lag concentrates of fossils
化石铸型☆casting mould
化石资料☆paleo information
化石足迹☆ichnolite；ichnite
化石组合☆fossil assemblage
化石作用☆fossilization；fossilification
化探☆geochemical exploration{prospecting}；chemical exploration
化探采样☆survey{geochemical} sampling
化探分析☆geochemical exploration analysis
化探解释推断☆geochemical interpretation
化铁炉☆cupola (furnace)
化为☆reduction to
(使)化为石☆lapidify
化污池☆digestion tank
化纤厂变形工艺☆producer-texturing
化纤条☆top
化香树粉属[孢;E-Q]☆Platycaryapollenites；platycaryoidites
化学☆chem.；chemistry
化学板排水☆chemical board drain
化学爆炸☆molecular{chemical} explosion
化学变化☆methylosis；chemical change{variation；transformation}
化学变化图解☆chemical variation diagram
化学变形法☆chemical texturing
化学剥离作用☆chemical exfoliation
化学捕收{集}剂☆chemical collector
化学不稳定泥浆☆chemically-unstable mud
化学测(流)速法☆chemical gaging
化学厂☆laboratory
化学沉淀作用☆chemical precipitation
化学沉积矿床的模式☆model of chemical sedimentary ores
化学成分变异图☆chemical variation diagram
化学成分未明的[除水外]☆oligidic
化学成因岩石☆chemically formed rock
化学除气{氧}☆chemical deaeration
化学处理过的冲洗液☆processed drilling fluid
化学处理膜☆chemical conversion film
化学传递介质☆chemical transmitter
化学纯☆chemically pure{clean}；CP；C.P.
化学当量平衡☆stoichiometric balance
化学的☆chemical；chemico-；chemo-
化学涤气系统☆chemical scrubber system
化学地层学划分☆chemo-stratigraphy division
化学-电化学清砂☆chemical-electrochemical cleaning
化学电离☆chemi-ionization
化学电离质谱学☆chemical ionization mass spectrometry；CIMS
化学惰性表面[防腐]☆chemically-inert surface
化学发光☆chemiluminescence；chemicoluminescent
化学发光法☆chemiluminescent method
化学发生法[浮]☆chemical-generation process
化学法地热温度量度☆chemical geothermometry
化学法凝聚污泥☆chemically coagulated sludge
化学反应制动原理☆chemical reaction brake principle
化学防蚀法☆chemical protective method
化学分析☆chemical analysis；chemolysis
化学分析(用)电子(能)谱法☆electron spectroscopy for chemical analysis；ESCA
化学分析用光电子谱仪[电子能谱仪]☆electron-photo-spectrograph for chemical analysis
化学风化☆chemical weathering；decomposition decay
化学腐蚀成孔钻机☆chemical (reaction) drill
化学共沉淀工艺☆chemical coprecipitation process
化学固定能☆chemically-fixed energy
化学灌浆土☆chemical-grouted soil
化学光泽处理☆chemical polishing
化学合成☆chemosynthesis；chemical synthesis
化学合成物☆synthetic
化学痕量成分☆chemical trace constituent
化学活度{性}☆chemical activity
化学活泼性☆chemical activity
化学活性液体☆chemically active fluid
化学活性组分不明的[除水以外]☆oligidic
(加)化学剂泵☆chemical pump
化学计量化合物☆stoichiometric compound
化学剂驱☆chemical flooding
化学计算☆stechiometry；stoichiometry
化学计算平衡☆stoichiometric balance
化学剂注入☆chemical injection
化学家☆chemist
化学加固法☆chemical reinforcement
化学键☆chemical bond(ing){link(age)}；bond
化学结合耐火泥☆chemically bonded refractory cement
化学浸{侵}蚀(作用)☆corrosion；chemical erosion
化学矿物图解☆chemico-mineralogical diagram
化学-矿物学组成☆chemico-mineralogical composition
化学类型☆species；chemotype
化学力学耦合☆chemomechanical coupling
化学疗法☆chemotherapy
化学能平衡(浮选)☆climate
化学黏结型砂☆chemically bonded sand
化学黏砂☆fusion penetration
化学凝固法☆chemocoagulation
化学喷镀☆electroless plating
化学品停留{存在}时间☆chemical residence time
化学平衡变化☆fugacity
化学破坏剂☆chemical breaker；breaker chemical
化学铅法☆chemical lead method
化学前体☆precursor
化学强拉法☆chemically tensioning method
化学亲和能{性}☆chemical affinity
化学驱油模型☆chemical-flooding model
化学缺错☆chemical fault
化学燃料导弹☆chemical missile
化学燃料发电☆electricity generation from chemical fuel
化学(反应)色谱(法)☆chemichromatography
化学(成分)上的亲缘关系☆chemical lineage
化学上惰性的☆unreactive
化学渗滤☆chemi-osmosis
化学渗透☆chemosmosis；chemi-osmosis
化学生氧呼吸器☆chemical oxygen breathing apparatus
化学剩(余)磁(化)☆chemical remanence；chemical remanent magnetization；CRM
化学式☆formula [pl.-e]
化学式单位☆formula unit
化学示踪剂{物}☆chemical tracer
化学受纳体☆chemoceptor
化学(结合)水☆hydration{chemical} water

化学位移☆chemical shift；C.S.
化学温标温度☆chemical thermometer temperature；predicted temperature
化学文摘社[美]☆CAS；Chemical Abstracts Service
化学物种{类}☆chemical species
化学吸附☆chemi(ad)sorption；chemical adsorption {absorption}
化学吸附表面层☆chemisorbed surface layer
化学吸收☆chemisorption；chemical absorption
化学显影法☆chemical-development
化学线透射性能☆diactinism
化学相☆chemofacies
化学性不活泼的岩石☆non-reactive rock
化学性质不活泼流体☆inert fluid
化学需氧量测定☆COD{chemical oxygen demand} determination
化学药品处理物品者{的东西}☆treater
化学药品化☆chemicalization
化学液体运输船☆chemical carrier
化学液相沉积法☆chemical liquid deposition
化学抑垢剂☆chemical inhibitor
化学营养☆chemotrophy
化学硬化型砂☆chemically solidifying moulding sand
化学应力衰减定律☆chemical stress-decay law
化学跃层☆chemocline
化学蒸气沉积法[一种制人造金刚石的方法]☆chemical vapor deposition；CVD
化学制版☆chemitype
化学制剂☆chemicals
化学种☆(chemical) species
化学注液法☆chemical injection process
化学转变护膜[金属与环境化学反应造成的防护膜]☆chemical conversion coating
化学自养☆chemoautotrophism
化学组合☆chemical association
化学作用☆chemical attack{action}；chemism
化学作用式防毒面具☆chemical cartridge respirator
化验☆testing；assay；(laboratory) test；chemical examination；assaying
化验吨☆assay ton；AT
化验员☆(chemical) analyst；analyzer；laboratory technician；analyser；assayer；analytical chemist；A.C.
化验者☆tester
化验值块段协方差☆assay-block covariance
化油器☆carburet(t)or；carburet(t)er
化育性土类☆genetic soil type
化育因子☆genetic factor
化跃层{面}☆chemocline
化渣☆slag；slugging
化整误差☆rounding error
话传电报☆telephonograph
话路☆voice channel
话频☆voice
话筒☆mike；transmitter；microphone
话务员☆telephonist；operator；oper.

huái

槐木☆ash
槐叶苹☆Salvinia
槐叶萍孢属[K-Q]☆Salviniaspora
槐叶苹科☆Salviniaceae
槐叶苹目☆Salviniales
踝☆malleolus；ankle；talus
踝带类☆Condylarthra
踝带目☆condylarthra；Condylarths
踝骨[脊]☆condyle
踝关节☆ankle joint
踝节部☆ankle
踝节目☆condylarthra
淮南运动☆Huainan movement
淮阳地盾{质}☆Huaiyang shield
淮阳地台☆Huaiyang platform
怀抱☆bosom
怀比阶[J_1]☆Whibian stage
怀丁型磨机☆Whiting mill
怀俄明岩☆wyomingite
怀格救护器☆Weg rescue apparatus
怀利关系式☆Wyllie relationship
怀斯四边法[地面地下联合定线测量]☆Weiss quadrilateral method
怀特菲贝属[腕;S-D_1]☆Whitefieldella
怀疑☆doubt；suspect；incertitude；incredulous；discredit；swither；question；mistrust
怀有☆bear；harbor；cherish；harbour；nourish
怀远活{运}动☆Huaiyuan movement
怀孕☆conception

huài

坏☆mis-；badly [worst,worse]；ill；malus
坏磁带☆faulty tape
坏顶板☆bad hanging
坏井眼标志☆flag of bad hole；FBH
坏疽崩蚀性溃疡☆ulcus phagedaenicum corrodens
坏{弱}拟合☆poor fit
坏区[位错的已滑移区]☆bad area
坏人☆shaitan；evildoer；villain；bad person；scoundrel
坏事☆wrong；go bad；bad thing；evil deed；ruin sth.
坏死☆necrosis
坏线消除[遥感]☆bad line removal
坏血病☆scurvy；scorbutus
坏账☆bad debt
坏钻孔☆lost hole

huān

獾(属) [Q]☆Meles；badger
獾类☆melines

huán

环☆annulation；hoop；gyro-；collar；gyr-；circle；cycle；ring；annulus [pl.annuli]；loop；tore；wrap；aureola；aureole；tor.；torus；thimble；race；peri-；link；zveno[俄]；ear[支撑]；cyclo-
环阿屯烷☆cycloartane
环艾烷☆cycloartane
环鞍[头]☆annular lobe
环铵☆cycloaminium
环岸的☆circumlittoral
环斑卵形体☆rapakivi ovoid
环斑状的☆rapakivi；rapakiwi
环孢穗(属)[古植;C_{2-3}]☆Cingularia
环保局☆Environmental Protection Agency
环保人员☆sanitationman
环宝石☆ring jewel
环抱虫属[孔虫;K-Q]☆Spiroloculina
环抱的☆amplexus；amplectant
环抱式斗臂☆outside bucket arm
环背斜断层☆perianticlinal fault
环笔石属[S_2]☆Cyclograptus
环壁☆ring-wall；rampart
环壁芽生☆circummural budding
环边☆rim
环柄菇属[Q]☆Lepiota
环丙烷☆cyclopropane；trimethylene
环丙烯☆cyclopropylene
环饼状[矿体]☆donut-shaped
环菠萝烷☆cycloartane
环槽☆zonisulculate
环测☆environmental measurement
环承☆rim bearing
环齿兽(属)☆Amphilestes
环齿型☆cyclodont
环虫动物(门)☆Annelida
环虫类☆annelida
环次联氨基☆hydrazi-
环大陆的☆circum-continental
环大陆圈☆circum {-}continental ring
环大洋地槽☆circum-oceanic geosyncline
环带☆girdle[岩组图]；endless belt；zoning；girdle band{zone}；annulus [pl.-li]；clitellum；zone
环带孢子☆densospore
环带贝属[双壳;E-Q]☆Campages
环带构造☆zonal structure{texture}
环带结构[树脂体]☆zonary{zonal} structure；atoll texture
环带量板[地形校正和均衡校正]☆zone chart
环带面☆girdle plane
环带面积法☆annular zone area type
环带式点群☆girdle maximum
环带型[腕]☆campagiform
环带形最密区☆girdle maximum
环带状包体☆zoned enclave
环带状晶体外带☆mantle
环带状萌发孔的☆zonaperturate
环单芳藿烷☆ring monoaromatic hopane
环刀☆cutting{edged} ring
环刀法☆core-cutter method
环的☆cyclic；cyclical；cyclo-
环的(组)成(物)☆annulation
环的启开☆ring opening
环地平弧☆circumhorizonal arc
环地球空间☆circumterrestrial space
环地中海区☆circum-Mediterranean region
环吊索☆endless rope
环丁砜☆sulfolane
环丁砜法☆sulfinol
环丁甲二羟吗喃☆torate
环丁烷☆cyclo-butane
环丁烷基羧酸[$(CH_2)_3CHCOOH$]☆cyclobutane carboxylic acid
环动☆gyration；gyrate；gyro-
环动仪☆gyroscope
环端螺栓☆ring bolt
环锻☆swanging
环鲕形藻属[$Є_{2-3}$]☆Zonooidium
环二芳藿烷☆ring diaromatic hopane
环二烯☆cyclic diolefine
环封☆ring seal
环风管☆bustle (pipe)；bustle gas duct；bostle pipe
环缝焊接☆circular seam welding
环冈瓦纳的☆peri-Gondwanian
环庚基☆suberyl
环庚烷☆cycloheptane
环庚烯☆cycloheptene；suberene
环钩☆ring{eye} hook
环沟☆ring furrow；zonicolpate
环沟藻类☆Peridinieae
(加)环箍☆hooping
环箍钢筋☆hooped reinforce
环箍应力☆hoop stress
环骨[海胆]☆compass
环冠颗石[钙超;E_3-N]☆Coronocylus
环冠状金刚砂钻头☆diamond-inset annular bit
环(形)管☆ring
环管[棘海胆]☆ring canal；grummet；anellotubulates
环规☆gage ring；ring gauge
环硅灰石☆cyclowollastonite
环硅酸盐☆cyclosilicate
环辊式压团(制)机☆ring roll press
环海扇属[双壳;C-P]☆Annuliconcha
环含量☆ring content
环化☆cyclation；cyclization
环化合物☆cycle compound
环(状)化合物☆cyclic compound
环化橡胶☆thermopren
环化作用☆cyclic action；cyclation；cyclization
环黄药[$C_6H_{11}OCSSM$]☆cyclohexyl xanthate
环簧☆ring spring
环击☆bang
环基型预充填筛管☆ring base type pre-pack screen
环肌痕类[单板类的]☆Cyclomya
环极冰川作用☆circumpolar glaciation
环极带沉积物☆circum-Antarctic zone sediment
环脊痕☆ring mark
环己胺☆cyclohexyl-amine
环己醇[$CH_2(CH_2)_4CHOH$]☆cyclo(-)hexanol；hexalin
环己二烯☆cyclohexadiene
环己基[C_6H_{11}−]☆cyclohexyl
环己基戊烯硫醇[浮捕剂]☆cyclohexyl pentene thiol
环己酸[$C_6H_{11}OH$]☆hexahydro-phenol
环己酮[$(CH_2(CH_2)_4CO)$]☆cyclohexanon
环己烷☆cyclohexane；hexamethylene；hexahydro-benzene
环己烷基羧酸[C_6H_{11}•COOH]☆cyclohexane carboxylic acid
环己烯[C_6H_{10}]☆cyclohexene
环己烯二醇四酮[$C_6O_4(OH)_2$]☆rhodizonic acid
环己仲胺[$(C_6H_{11})_2NH$]☆dicycyohexylamine
环甲鱼(属)[D_1]☆Anglaspis
环甲鱼鱼(属)[D_1]☆Anglaspis
环(状)碱☆cyclic base
环剪☆Brom-head ring shear
环剪力试验☆ring-shear test
环(内)键☆cyclic link(age){bond}
环礁☆atoll；lagoon (island)；annular{ring} reef；reef ring{atoll}
环(状珊瑚)礁☆atoll reef
环礁边缘带说☆marginal-belt theory of atoll
环礁(形成)冰川控制下沉说☆glacially controlled subsidence theory of atoll
环礁状构造☆atoll structure

H

环角☆cingular horn
环角石(属)☆Gyroceras；Cycloceras
环角石式壳☆gyroceracone；gyrocone
环角石状壳☆gyroceracone
环接☆eye splice
环接的☆articulated
环接合带盆地☆perisutural basin
环节☆link；portions [of the mining cycle]；sector；segment；part
环节动物☆annulation；annulata
环节动物(门)☆Annelida
环节石属[竹节石类;D_{1-2}]☆Viriatellina
环节藻属[红藻;Q]☆Champia
环节珠沉积[头]☆annulosiphonate deposit
环结脉序[植]☆brachyodroma
(钢筋混凝土)环筋☆hooping
环晶沸石[$(Ca,Na_2,K_2)_5Al_{10}Si_{38}O_{96}$•$25H_2O$;单斜]☆d(')achiardite；zeolite mimetica
环颈沉积[头]☆circulus
环境☆surrounding；environment(al)；circumstance；setting；envelopment；situation；ambience；ambiance；milieu[法]
环境癌发生{病}率☆environmental cancer attack rate
环境保护局[美]☆environmental protection agency {authority}；EPA
环境超空间模型☆environmental hyperspace lattice
环境储库☆environmental reservoir
环境的☆ambient；environmental；amb
环境地质标志☆environmental geological index
环境调研区☆environmental study area；ESA；EAS
环境分析☆environmental analysis
环境格局{式}☆environmental pattern
环境光照度☆ambient light
环境化学演化☆chemical evolution of environment
环境健康危害☆environmental health hazard
环境界面地球化学☆environmental interface geochemistry
环境经济问题☆environmental economic issues
环境可持续性☆environment sustainability
环境空气质量☆ambient air quality
环境美化☆landscaping
环境敏感区域☆environmentally sensitive areas；ESA
环境模型☆habitat model
环境适应[设备的]☆environmental adaptation；acclimatization；soak
环境水文地质总站☆central observation station of environmental hydrogeology；COSEH
环境条件载荷☆environmental load
环境推移率☆environmental lapse rate
环境退化造成的资源短缺☆resource scarcity due to environmental degradation
环境卫生☆environmental health{hygiene;sanitation}；sanitation；general{environment} sanitation
环境温度☆environment{ambient} temperature；AT
环境污染损害☆environmental damage
环境物质形态☆form of environmental substance
环境效应{果}☆environmental effect
环境谐音☆music atmosphere cast
环境学家☆environmentalist
环境医学☆environmental medicine；geomedicine；environmental medical science
环境因子的空间梯度☆spatial gradients in environmental factors
环境影响☆environmental impact{effect;influence}；effect of surroundings；ambient influence
环境影响报告☆environmental impact statement；EIS
环境应力开裂{裂纹}☆environmental stress cracking
环境友好岩土工程☆environment friendly geotechnical engineering
环境噪声☆ground unrest；environment(al){ambient; neighbourhood} noise
环境噪音测量☆noise survey
环境致癌物的安全剂量☆safe dose off environmental carcinogen
环境质量格局{模式}☆environmental quality pattern
环境质量准则☆environmental quality criterion
环境制造柜{箱}[创造如温度、湿度等必要周围条件用]☆environmental cabinet
环境钟[德]☆zeitgeber
环颗粒的☆circumgranular
环颗石[钙超;J_1]☆Annulithus；Cricolithus；caneolith
环空测流立管☆annulus access flow test riser
环空(中泥浆)流前☆annulus flow profile
环空流速☆annular velocity；AV
环空泥浆速度☆annular mud velocity
环空体积☆annular volume
环空压控循环阀☆APR-type circulating valve；annulus pressure response type circulating valve
环空压力特性曲线☆annulus Pressure response；APR
环空岩屑浓度☆solid concentration in annular space
环空翼阀☆annulus wing valve
环空油管转换接头☆annulus-tubing crossover
环孔[孢]☆collar pose；annular ring；zoniporate
环孔粉属[孢;K_2-E]☆Zonorapollis
环孔隙☆circumpolar lacuna
环孔藻属☆Cylindroporella
环口目[苔]☆Cyclostomata
环口芽生☆circumoral budding
环块平原[月球火山口]☆ring plain
环棱螺属[腹;J-Q]☆Bellamya
环冷机和卸料漏斗☆annular cooler and discharge hoppers
环粒度[测量岩块大小,以便筛分]☆ring size
环链☆endless{calibrated;loop} chain
环梁☆(mantle) ring
环量☆circuitation[空气动力学]；vorticity
环列石柱☆cromlech
环裂顶蚀☆ring-fracture stoping
环鳞☆cricolith
环硫乙烷[CH_2CH_2S]☆ethylene sulfide
环瘤孢属[K_1]☆Taurocusporites
环流☆(convective;current;air) circulation；circulating；circuit；circumfluent；circumfluence；circumpolar {circulating;ring;circular} current；gyre；circulatory {circular;circumferential;circulation} flow；circumflux
环流供暖☆space heating
环流量运行☆circulation
环流式对流☆circulation{circulatory} convection
环流水周转时间☆water turnover time
环流速度☆annulus velocity
环流原理☆principle of circulation
环芦木(属)[C_{2-3}]☆Calamitina
环路☆circuit
环(大)陆地槽☆circum-continental geosyncline
环陆阶地☆continental shelf；circum-continental terrace
环轮[双鞭毛]☆annulus；periphract
环轮藻属[J-K]☆Perimneste
环螺栓☆collar bolt
环毛海绵属[O]☆Cyclocrinites
环面☆torus；zonal
环面观☆girdle view
环囊(三缝)孢(属)[C_2]☆Endosporites
环囊孢属☆Zonalosporites
环囊粉属[孢;C-T]☆Zonalasporites
环内的☆intra-annular
环盆地物质☆material；circumbasin (material)
(藻类)环壳☆circumcrust
环球虫属[D_3-C_1]☆Tournayella
环球地热带☆planetwide geothermal belt
环球法[沥青软化点测定法]☆boll and ring method
环球航行☆circumnavigation
环球壳☆globe-encircling crust
环球石[钙超;Q]☆Cricosphaera
环球性地热系统☆planetwide geothermal system
环球性断裂系统☆world rift system
环球运转☆circumglobal operation
环圈☆circumcinct；girdle；toroidal ring
环圈孢属☆Chomotriletes
环圈沟粉属[E_3]☆Margodoporites
环绕☆engirdle；encompassment；embrace；circle；circuity；coil；encompass；encircle；spiral；surround；revolve around；round；ring；peri-；circum-
环绕的☆circumferential；circumambient
环绕细胞☆encircling cell
环绕系数☆looping coefficient
环壬烷☆cyclononane
环三芳藿烷☆ring triaromatic hopane
环三亚甲基三硝胺[$C_3H_6N_6O_6$]☆cyclotrimethylene trinitramine；hexogen
环珊瑚☆Syringaxon
环山平原☆walled plain
环扇形炮眼组☆ring-fanned holes
环蛇菊石属[头;T_1]☆Gyrophiceras
环射浮选机{槽}☆jet-ring flotation cell
环生体☆verticil
环石蜡属烃☆cycloparaffin series
环食☆annular eclipse
环蚀☆circumdenudation；circumerosion
环蚀丘陵☆hill of circumdenudation
环(状侵)蚀山☆remainder mountain；mountain of circumdenudation
环式☆concentric type
环式通用破碎机☆universal ring-type crusher
环式圆筒格筛☆ring rotary grizzly
环饰柱[有环纹的柱]☆annulated column
环视检查☆walkaround inspection
环视信号☆all-sky signal
环首带肩螺栓☆shoulder nut eyebolt
环首螺母☆eye-nut；eyebolt regular nut
环首螺栓☆eye screw；banjo bolt union
环数☆ring content
环四黄药[$(-S(S)CO(CH_2)_nOC(S)S-)_2$]☆tetraxanthogen
环酸☆naphthenic acid
环(状)缩合☆cyclic condensation
环缩作用☆ring contraction
环索[滑车的]☆strop
环索系统☆endless-cable system
环索线[数]☆strophoid
环太平洋-飞驒变质带[日]☆circum-Hida metamorphics
环太平洋钙碱性岩区☆circum-Pacific calc-alkaline petrographic province
环太平洋火(山)带☆fire girdle of Pacific
环太平洋火山带铜钼成矿省☆Pacific ring-of-fire Cu-Mo metallogenic province
环太平洋能源矿产资源会议☆Circum-Pacific Energy and Mineral Resources Conference；CPEMRC
环体☆carousel；carrousel
环天顶弧☆circumzenithal arc
环烃☆cyclic hydrocarbon；naphthenic
环酮☆cyclic ketone；cyclone；cycloalkanone
环头螺栓☆box eye bolt
环头铁杆☆eyebar
环烷[C_nH_{2n}]☆naphthene；cycloalkane；cycloparaffin；polymethylene
环烷胺盐酸盐[$C_nH_{2n-1}NH_2$•HCl]☆amino naphthene hydrochloride
环烷-芳香环的☆naphthenoaromatic
环烷基油☆asphalt-base oil
环烷基原油☆naphthene-base crude；naphthene base crude{crude oil}
环烷属烃[C_nH_{2n}]☆cycloparaffins；cycloalkanes；naphthene (hydrocarbon)
环烷酸盐☆naphthenate
环烷烃☆cyclane；naphthene；cycloparaffinic {naphthene;naphthenic} hydrocarbon
环烷烃环数分布☆ring-number distribution
环烷烃属☆cycloparaffin series
环烷油☆naphthenic oil；NO
环烷质残油☆naphthenic residual oil
环围带☆collar
环位错☆loop dislocation
环纹☆concentric annulation
环纹导管☆annular duct；ringed vessel
环纹管☆annulate tube；annulate-tube
环窝节头☆ball-and-socket head
环戊基☆cyclopentyl
环戊硫醚☆pentamethylene{cyclopentane} sulfide
环戊烷☆cyclopentane；thiacyclopentane
环戊烯☆cyclopentene
环烯☆cycloolefines；cyclenes；cycloalkene；cyclic olefine
环烯属烃☆cyclo-alkenes
环隙(中泥浆)流前☆annulus flow profile
环隙压力☆annular pressure
环蚬属[双壳;E-Q]☆Eupera
环线☆schort；loop line
环线电极[电勘]☆circular line electrode
环线法☆looping method
环线螺属[腹;O-C]☆Cyclonema
环向焊道☆circumference weld
环向压力☆circumferential pressure
环向应力☆hoop{circumferential} stress
环销锚☆hoop pin anchorage
环斜微闪长岩☆pawdite
环辛烷☆cyclooctane
环辛烯☆cyclooctene
环心结构☆atoll{core} texture
环型电磁选机☆electromagnetic ring-type separator
环型对流☆cellular convection

H

环型聚合(作用)☆cyclopolymerization
环型流动[波浪]☆cell circulation
环型钻车☆ring jumbo
环形☆circl(in)e; annular; ringlike
环形(套筒)☆annulus
环形(物体)☆donut; doughnut
环形壁[月面]☆ringwall
环形冰碛岭☆closed ridge
环形剥蚀☆circumdenudation; circumerosion
环形槽☆ring channel[活塞胀圈的]; ring-shaped channel; cannelure; ring groove
环形测深{探}☆loop-shaped sounding
环形产状☆ring-shaped occurrence
(井底)环形车场☆car (circulation) hall; transport circulation hall
环形磁铁☆annular{ringshaped} magnet; magnet ring
环形的☆circular; annular; donut-shaped; rotaliform; toroidal; armillary
环形地层回路☆circular ground-loop
环形度盘☆circular scale
环形多筒式燃烧室☆cannular combustor
环形分布的锁紧块☆ring segments
环形钢板☆doughnut-shaped steel plate
环形固定装药机构☆grate
环形管加热炉☆hoop type heater
环形管线☆ring line
环形光圈{阑}☆annular diaphragm
环形海沟☆moat
环形焊接☆girth welding
环形河湾☆inclosed meander
环形喉道☆toroidal throat
环形护丝[打捞母推下端的]☆skirt thread protector
环形火口堆积☆rampart
环形棘皮类{纲}[棘;C-T]☆cycloidea
(钻杆接头表面)环形加硬层☆hard banding
环形交叉☆roundabout; traffic circle[美]; gyratory intersection{function}
环形阶式轴承☆collar step bearing
环形井框☆ring crib
环形锯☆band saw
环形聚合(作用)☆cyclopolymerization
环形颗石[钙超]☆cricolith
环形可变滤光片☆circular variable filter
环形可缩性金属支架☆steel circular yielding support
(油套管)环形空间卸压☆annulus unloading
环形孔板☆annular orifice
环形孔凿岩☆ring drilling
环形口☆zonaperturate
环形立式井底车场☆circular pitbottom of vertical type
环形裂隙☆annulus
环形螺母☆collar{ring} nut
环形炮孔☆blasthole ring; blast hole ring
环形炮孔凿岩☆ring drilling
环形破裂顶蚀(作用)☆ring-fracture stoping
环形丘☆ring hill
环形燃料密实段☆annular fuel compact section
环形沙坝☆looped bar{barrier}; loop
环形砂浆垫块☆doughnut
环形山☆mountain ring; ring structure; (lunar) crater
环形山边[月面]☆rim
环形山脊☆doughnut
环形山坑☆crater pit
环形绳结☆bow line
环形试件扭剪仪☆torsion ring shear apparatus
环形试验管道☆test loop
环形收集溜槽☆annular collection launder
环形天线☆box loop; loop (antenna); tours antenna
环形天线接收机☆loop receiver
环形填塞空间☆stuffing box
环形铁心☆toroidal ring
环形铁芯平衡变流器[漏电保护]☆ring core-balance; current transformer
环形微声波测井下井仪☆circumferential microsonic tool
环形尾碛☆loop (moraine)
环形涡旋板☆circular swirl plate
环形物☆annulus [pl.annuli]; cirque; annulation; ring
环形线☆roundabout route; toroid; circular {run-around} track
环形线路☆loop
环形线圈☆doughnut{donut} coil; torus; toroid winding
环形斜式井底车场☆circular pitbottom of oblique type
环形谐振腔磁控管☆turbator
环形堰采砂船转角筛☆hold-back ring
环形油管☆endless tubing
环形运输☆loop-haulage
环形运输布置☆circle haulage arrangement
环形凿井钻机吊架☆ring drill jumbo
环形藻属[K-E]☆Circulodinium; Toromorpha
环形支架☆support ring; circular closed support
环形皱缩运动☆ring puckering motion
环形钻眼{进}☆ring drilling
环形钻头☆annulated{borway} bit
环行☆circ(u)late; circuit; round trip; going in a ring; orbit
环行层☆mixolimnion
环行吊斗☆circulating gondola
环行轨道式抓岩机☆circular track-type grabloader
环行井底车场☆transport{car} circulation hall
环行器☆circulator
环行卧式井底车场☆circular pitbottom of horizontal type
环行系统☆loop system
环行星空间☆circumplanetary space
环行洋流☆gyre; gyral
环洋安山岩☆circumoceanic andesite
环氧☆epoxy
2,3-环氧丙醇-(1)☆glycide; glycidol
环氧丙烷☆propylene oxide; epoxypropane
环氧丙烷化丁醇 [$C_4H_9(OCH_2CH•CH_3)_nOH$] ☆oxypropylated butyl alcohol
环氧酚醛涂料☆epoxy-phenol resin paint
环氧化(作用)☆epoxidize; epoxidation; epi-oxidation
环氧化(合)物☆epoxide
环氧聚酰胺漆☆epoxy polyamide paint
环氧聚乙烯涂层☆epoxy-polyethylene coating
环氧类树脂☆epon
环氧氯丙烷☆epichlorohydrin
环氧煤焦油漆☆coal tar epoxide paint
环氧煤沥青漆☆epoxy-coal tar paint
环氧树脂☆epoxy (resin;resis); ethoxyline; epikote; epon; epoxide resin; EP
环氧树脂低毒固化剂☆low toxicity curing agent of epoxy resin
环氧树脂揭{撕}片☆epoxy peel
(用)环氧树脂黏合的☆epoxy-bonded
环氧树脂酸酐类固化剂☆anhydride type curing agent of epoxy resin
环氧型增塑剂☆epoxy plasticizer
环氧乙烷☆ethylene oxide; epoxyethane; oxirane
环氧乙烯☆oxirene
环氧异氰酸漆☆epoxy isocyanate paint
环叶菊石属[头;P]☆Cyclolobus
环叶属[植;P_1]☆Annulina
环异构☆ring isomerism
环异构(化)☆cycloisomerization
环翼机☆coleopter
环硬绿泥石☆venasquite
环应变☆hoop strain
环应力☆ring stress
环晕效应☆halo effect
环藻属☆Sphaeroplea
环轧机☆looping mill
环脂化合物(的)☆cycloaliphatic
环(状)酯☆cyclic ester
环种☆ring species
环周断层☆peripheral{periphery;circumferential} fault
环周焊接☆girth welding
环周裂隙☆circumferential crack
环轴☆collared shaft
环轴的☆circumaxile
环转化作用☆ring conversion
环状☆circularity; ring (structure); cyclic; annular; ring{loop}-like
环状坳陷☆peripheral{ring} depression; ring syncline
环状冰碛☆valley-loop moraine
环状剥蚀☆circumdenudation
环状布置方式☆ring pattern; ring-type layout
环状沉陷☆cauldron subsidence; ring depression
环状沉陷火口☆Glencoe-type caldera
环状的☆endless; cyclo-; cyclic(al); annulate; annular; ring-shaped
环状电阻耦合器☆resistive-loop coupler
环状分带☆bull's-eye type zoning
环状腐蚀☆ring worm corrosion
环状构造☆annulation; ring (structure); ring like structure; circular{cockade;ring-like} structure; atoll structure[岩]; cocarde structure[矿]
环状构造矿石☆cockade{ring;ring-like;atoll;circular} structure; annulation
环状管道☆stinger loop
环状轨道☆caterpillar (chain)
环状河曲☆looping meander
环状回填注浆空隙☆annular space
环状(钢筋)加固☆hoop reinforcement
环状间隙☆annular dearance{gap}; tubular annulus
环状结构☆atoll{ring} texture; cyclic{ring} structure; annulation
环状金刚石扩孔器☆ring-type reaming shell
环状井网☆peripheral pattern
环状空间☆annulus; annular space
环状空间返流速度☆annular return velocity
环状孔底☆curf
环状口☆annular port
环状矿(石)☆cocarde{ring;cockade;sphere} ore
环状矿体☆doughnut-shaped orebody; ring ore body
环状裂缝☆circular crack ring fissure; ring fissure
环状流动☆circulatory flow
环状螺母☆screw collar
环状排孔炮眼☆ring-pattern
环状碛☆valley-loop moraine
环状钎头☆annular borer
环状壳层☆circumcrust
环状侵蚀(作用)☆circumerosion; circumdenudation
环状沙坝{砂埂}☆flying bar
环状式☆cyclic formula
环状双晶☆ring-shaped{cyclic} twin
环状隧道开挖法☆ring cut method
环状缩聚核☆cyclic polycondensatic nucleus
环状弹簧式岩芯提断器☆spring (core) lifter
环状体☆ringed formation
环状天线馈电电缆☆loop feeder cable
环状凸缘☆collar flange
环状网络☆loop network
环状物☆girdle; annulus
环状线圈☆toroidal winding
环状橡胶芯子防喷器☆stripper type preventer
环状向斜☆ring syncline
环状星云☆looped{ring;annular} nebula
环状穴☆spherical cavity
环状岩墙☆ring dike{dyke}; ring-fracture intrusion
环状岩体☆annular-shape massif
环状应力☆hoop stress
环状油槽☆endless oil groove
环状元素☆cyclic elements
环状注水☆perimeter flood
环状注水驱油☆radial waterflooding
环椎目[两栖]☆Lepospondyli
环锥法(取样)☆coning and quartering
环走肌[双壳]☆orbiculan
环族的☆cyclic; cyclical
环(状)坐标☆cyclic coordinate
还本周期☆capital recovery period
还价☆make an offer
还流井☆returning well
还盘☆counter offer
还清☆paid-up; redeem; acquit; pay up{off}; wipe out
还童☆rejuvenation; rejuvenate
还原☆reduction; deoxidation; recondition; return to the original condition or shape; restore; disoxidation; desoxidate; desorb; deoxygenize; deoxidise; reduce; deoxidize; reducing; deacidizing; reaeration; poling
(金属)还原☆revive; revival
还原焙烧浸出法☆reduction roasting
还原不足的铜☆underpoled copper
还原带☆reduction{reduced;reducing} zone; zone of reduction; reduced chimney
还原的☆hydrogenant; reductive
还原度☆reducibility
还原钢弹☆(reduction) bomb
还原环境☆reducing{oxygen-free} environment
还原剂☆reducing agent{reagent}; neutralizer; reducer; reductant; reduction reagent; reductor; reductive
还原介质☆reducing medium
还原金属矿浆☆reduced metal slurry
还原晶胞的选择☆selection of reduced cell
还原井☆returning well
还原率☆percent reduction
还原气层{氛}☆reducing atmosphere

H

还原圈☆deoxidation sphere；bleach spot
还原熔炼☆retailoring；reducing smelting
还原容量☆vr；reduced volume
还原色试验☆reduction color test
还原杀菌效果☆reducing biocidal effectiveness
还原时间☆recovery time
还原熟料☆clinker produced under reduced condition
还原物☆reduzate；reduceate
还原性☆reducibility；reproducibility
还原岩☆reduzates
还原指数☆reduction index{number}；R.I.；RI
还原作用☆deoxygenation；deoxidisation；reducing action；deoxidization
寰枢关节☆articulatio atlantoepistrophica
寰枕关节☆articulatio atlauto-occipitalis
寰椎孔☆foramen atlantale
寰椎窝☆fossa atlantis

huǎn

缓爆☆delayer explosion
缓爆雷管☆delayed blasting cap
缓比降☆mild slope
缓闭阀☆slow-closure-type valve
缓步(动物门)[似节]☆tardigrada
缓齿鲨类☆Bradyodont shark
缓齿鲨属[D_3-P]☆Bradiodonti
缓齿鱼目[D-P]☆Bradyodonti
缓冲☆damp；buff(er(ing))；cushion(ing)；counterbuff；absorption of shock；amortization；amortize；snub
缓冲板☆baffle；battery{buffer;cushion;cushioned；dash} plate；crossboard
缓冲爆破的排钻孔☆buffer row
缓冲泵送☆floating line pumping
缓冲仓☆surge bin{box;bunker;hopper;pocket}
缓冲舱壁☆swash bulkhead
缓冲槽☆surge tank；boil box
缓冲层☆cushion；blanket
缓冲挡☆cushioned bumper；bumper stop
缓冲挡板☆feeding baffle；cushion stop
缓冲电池☆balancing battery
缓冲反应[变质岩矿物与流体间]☆buffer(ed) reaction
缓冲防石器☆bumper stone deflector
缓冲活塞☆dash-pot plunger
缓冲击传动☆snubbed (head) drive
缓冲剂☆buffer (reagent)；depressor；buffering agent
缓冲接头☆flexible coupler
缓冲控制☆dash control
缓冲矿仓☆ore-surge bin；feed surge bin
缓冲立管[油气分离器和油罐间安装]☆boot
缓冲排孔☆buffer row
缓冲炮泥☆expansion tamping
缓冲器☆(impact) damper；energy disperser；dashpot；depressor；buffer (stop)；dampener；cushion；surge damper；bumper；counterbuff；cataract；amortisseur；(oscillation) absorber；anti-fluctuator；snubber；silent block；vibration-control device；vibroshock；baffler；shock reducer；pad；riffle board[管路上]；BU
(模具)缓冲器☆die cushion
缓冲气罐☆relief holder
缓冲器组☆buffer pool
缓冲墙☆baffle wall
缓冲渠☆forebay
缓冲绳☆buffer{snub} rope；hold-back rope
缓冲水池{箱}☆equalizing tank
缓冲弹簧联结装置☆cushion-spring hitch
缓冲筒☆dash pot (relay)；DP；dashpot
缓冲橡皮☆yielding rubber
缓冲液☆damping{cushion;buffer;pad} fluid；buffer pad{solution}；pad
(用)缓冲液处理☆buffer
缓冲液调节的土酸☆buffer regulated mud acid
缓冲用(垫)纸☆blotter
缓冲原理☆moderation theorem
缓冲轴☆elastic axis
缓冲转载漏斗☆feet boot
缓冲装置☆buffer unit；draft gear；bumping mechanism；snubber assembly
缓动(作用)☆slow action
缓动断路器☆slow-break switch
缓动式滑坡☆slow-moving landslide
缓动物☆slug
缓动V形节风闸门☆walker shutter
缓动装置☆decelerator
缓冻☆slow freezing
缓发引火☆late ignition
缓发荧光☆delayed fluorescence；DF
缓发中子(测井)技术☆delay fission neutron technique
缓放☆time delay in open
缓拱顶☆low arch
缓沟开拓☆development with easy cut
缓和☆ease off{up}；easement；moderation；alleviate；mitigate；relax；détente；relief；relieve；deadening；modification；temper；mollification；thaw
缓和冲击☆cushion
缓和的☆moderate；mitis
缓和地☆mildly
缓和法☆relaxation method
缓和剂☆mollient；moderator；mitigator；mitigative
缓和坡度☆grade elimination；slight{flat;easy} grade
缓和坡段☆transitional grade
缓和热应力材料☆thermal stress relaxing material
缓和弯管☆easy bend
缓和物☆alleviator
缓和性的☆mitigatory；mitigative
缓和药☆mollifier
缓滑☆slow slide
缓化(作用)☆negative catalysis
缓角交错层理☆low angle cross-bedding
缓角延伸脱顶作用☆low angle extensional detachment
缓角掩冲山☆thin-shelled mountain
缓解信号☆caution release signal
缓进化☆bradytely
缓冷☆annealing
缓流☆tranquil{subcritical;sluggish} flow；slack water
缓流动☆slow flowage
缓流水☆lagging water
缓龙属[P]☆Bradysaurus
缓脉☆flat vein
缓慢☆laxation；sluggishness；slacken；slack
缓慢变化(的)☆slow-varying
缓慢的☆sluggish；lax；secular
(使)缓慢地移动☆inch
缓慢度☆slowness
缓慢堆积层序☆condensed succession{sequence}
缓慢对流☆step-by-step convection
缓慢反应☆deferred reaction
(用绳绕柱)缓慢放车☆snubbing
缓慢沸腾☆simmer
缓慢降低☆slowdown
缓慢降解☆slow degradation；SD
缓慢流动☆sluggish flow
缓慢偏斜☆chronic tilting；moderate deviation
缓慢燃烧☆retarded{slow} combustion
缓慢燃烧软导火线☆slow plastic igniter cord
缓慢抬升{掀动}☆chronic tilting
缓慢下沉法☆gentle subsidence
缓慢氧化☆slow oxidation
缓慢移动☆snail
缓慢运动的冰川☆inactive{passive} glacier
缓能爆炸材料☆slow-burning charge
缓凝☆slow freezing；retardation
缓凝剂☆retardant；retarder；moderator
缓凝水泥☆retarded{slow(-taking)} cement；delayed {slow} setting cement
缓凝注井水泥☆Starcor
缓平曲线☆flat{long-radius;easy} curve
缓坡☆gentle slope{gradient;ascent;grade}；glacis；flat gradient；light{minus;easy} grade；low-grade；low pitch；back-slope；ramp；mild slope
缓坡堤☆dike with mild front slope
缓坡地段☆section of easy grade,section of gentle slope
缓坡度☆gentle incline；gentler gradient
缓坡火山☆dyngia [pl.dyngjur]
缓坡面☆gently-sloping surface
缓坡区☆shelving
缓坡屋顶☆low-pitched roof
缓坡无应变沉陷盆地☆slope-and-strain-free basin of subsidence
缓坡缘石☆lip curb
缓倾☆light pitch
缓倾(法)☆decantation
缓倾层☆flat-lying bed
缓倾短翼☆short shallow-dipping limb
缓倾构造☆shallow dipping structure
缓倾交代岩{矿}体☆flat replacement
缓倾角节理☆sheet jointing
缓倾角速度函数☆flat dip velocity function
缓倾斜☆flat pitch{gradient}；flat dip [0°～15°]；low dip [15°～30°]；gentle slope；gently dipping{inclined；dip}；low{light;slight;small;medium} pitch；dip at low angle [25°～30°]；flatly inclined；flat-dipping {gently sloping}[0°～25°]；sloping dipping；easy gradient；moderate dip [25°～30°]；semi-steep；moderate inclination；light-pitching；slightly dip
缓倾斜层矿山☆flat {-}grade mine
缓倾斜矿☆flat-grade mine
缓倾斜山坡{腰}☆smooth hillside
缓燃☆slow combustion{burning}；deflagration
缓燃剂☆delayer；chemical burning inhibitor；slow burner；delay powder；delay element[迟发电雷管]
缓燃塑料导火线[燃烧速度 3cm/s]☆slow plastic igniter cord
缓燃引线☆deferred-fire fuse
缓燃炸药☆slow-acting{progressive} powder；slow-action explosive；slow-powder；slow-burning charge
缓染剂☆dye retarding agent
缓鲨类☆bradyodont shark
缓蚀☆corrosion mitigation{control}；mitigation
缓蚀的☆corrosion-retarding
缓蚀剂☆inhibiter；(corrosion) inhibitor；anti-corrosive agent
缓蚀作用☆inhibition of corrosion
缓释☆slow release；SR
缓速剂☆retarder；retardant
缓速酸☆(chemically) retarded acid；CRA
(罐笼)缓速装车装置☆slow banking gear
缓弹性变形☆delayed{slow-elastic} deformation
缓弯☆flat{long-radius} curve
缓弯管☆easy bend
缓下风移动☆eolomotion
缓下离子☆slow-down ions
缓下坡蠕动☆eolomotion
缓斜☆moderately pitching
缓斜岸☆gently sloping coast
缓斜层☆flat (seam)
缓斜的☆easy；low-dipping
缓斜矿层☆flats
缓斜坡☆gentle slope
缓斜岩层☆flat-dipping bed；medium-steep seam
缓斜褶曲☆open fold
缓S型盆地☆lazy-S basin
缓行螺属[腹;N-Q]☆Bradybaena
缓移☆creeping；creep
缓翼☆backlimb
缓硬石膏☆hard finish plaster
缓硬水泥☆slow hardening cement
缓增阻支柱☆late bearing prop
缓震☆bradyseism
缓转速度☆inching speed
缓作用炸药☆slow-acting{slow-speed} powder

huàn

换班☆shift (change)；change (of) shift；tour；changing of the guard；relief；relieve
换车点☆(car) change point
换车站☆junction station
换衬(里)☆reline
换衬器☆reliner
换衬套☆rebush
换出☆swap-out
换船☆transshipment
换挡☆gearshift；(transmission) shift；gear change{shift}；shift (gear)；change-over speed gear；change gear
换挡叉☆gear shift(er) fork；gear shifting fork
换挡杆☆gear selector lever；shift bar
换挡机构☆gear-shift mechanism
换挡手柄☆change lever
换挡装置☆gearshift
换低挡☆gear down；downshift；kick-down
换风☆air change
换风扇☆scavenger fan
换行[打印机]☆line feed{advance}
换行控制☆carriage control；CC
换货☆barter
换机放映☆change over
换极器☆pole changing switch；PCS
换季工作☆climatization
换接☆change over；switch

换接口☆alias
换接元件☆switching element
换镜盘☆revolving nosepiece
换镜旋座{转盘}☆nosepiece
换径☆diameter；change size
换空气☆air change
换量系数☆exchange{austausch} coefficient
换流☆inversion
换流分站☆converter substation
换流器☆converter；distributor；changer；DR；(current) transducer；transverter
换炉信号☆switchover signal
换路☆switching-over
换码字符☆escape character；ESC
换能器☆transducer；converter；transmitter；charger；sensor；feeler unit；changer；sink；transverter
换皮带用的杆☆deflecting bar
换气☆air change{renewal;conditioning}；(alternated) breathing；take a breath (in swimming)；aerate；renewal of air；ventilation；ventilating；scavenging；scavenge；purge；perflation
换气的☆ventilative
换气器☆breather；rebreather
换气扇☆scavenger fan
换钎☆rod change；changing of drill steel
换钎长度☆drill{steel} change
换热☆heat interchange{exchange}
换热器☆interchanger；heat exchanger{interchanger}；recuperator；heatexchanger
换热器列管☆heat-exchange tubes
换热器型凝结器☆heat-exchanger type condenser
换热式坩埚窑☆recuperative pot furnace
换热作用☆recuperation
换入☆swap-in
换速☆throw over
换算☆reduction；convert；conversion；recalculation；scale；converse；scaling；transformation；transform；revaluation；reduce；matrixing
换算表☆coversion{conversion} table
换算层☆imaginary layer
换算成标准条件下的石油体积☆tank volume
换算成地面条件下的未开采石油☆virgin tank oil
换算到磁极☆reduction to the pole
换算法☆conversion (details)；barter
换算公式[通过校准或标定确定]☆conversion{reduction} formula；calibration equation
换算过的☆converted
换算率☆conversion rate{factor}；rate of conversion
换算坡度☆equivalent grade
换算器☆scale unit；converter；scaler
换算压力系数☆reduced pressure coefficient
换套筒☆rebush
换土法☆remove-and-replace method
换位☆transposition；transpose；contraposition；change of position；replacement
换位的☆transpositive
换位构造[沉积岩]☆transposition structure；transposed {transpositional} structure
换位机构☆switchover
换位劈理☆umfaltungsclivage[德]
换位器☆transposer
换位无序☆antistructure{substitution} disorder
换相☆commutation
换相器☆phase changer{switcher;convertor}
换向☆(direction) change；commutation；reverse；jibe；changing-over；switch；switching-over；throw over；diversion；reverse of direction；reset
换向(的)☆reversing
换向板☆baffle
换向(磁)场☆commutating field
换向齿轮☆change-gear bracket
换向触点☆break-make contacts
换向传动☆reverse drive
换向的☆reversed
换向点☆crossover point
换向电流☆commutated{commutating} current
换向阀☆commutation{diverter;change;reversing;reversal;cross} valve；directional selecting valve
换向滑轮☆angle pulley
换向回路☆directional selecting circuit
换向机构☆reversing mechanism{gear}；changement；throw-over gear；reverse mechanism
换向极☆consequent poles
换向开关☆reversing{commutation;changeover} switch；reverser；direction control switch
换向轮☆change wheel
换向器☆commutator；collector；switch；reverser
换向时间[使用半双工通信线路]☆turn-around (time)
换向蜗杆轴承☆steering worm bearing
换向转心阀☆change-over cock
换新☆renewal
换形断层☆transform fault
换言之[拉]☆i.e.；id est
换油☆change oil；oil-renewing；replacement of oil；oil change
换油周期☆drain period
换羽☆ecdysis；molting；molt
换职业☆job-hopping
换置{质}☆hyperphoric；alteration
换质{置}(作用)☆hyperphoric change
换质假象☆metasomatic pseudomorph
换质矿物☆metasome
换质论者☆metasomatist；transformist
换质石棉☆xylite
换质岩☆metasomatite；metasomatic rock
换质作用☆metasomatose；metasomatosis
换装☆transshipment；shifting；reconstruction
换装机☆reloader
换装器☆replacer
换钻头☆drill{bit} change
患处☆sore
患胆石病☆suffer from cholelithiasis
患佝偻病的☆rickety
患水肿病的☆dropsical
患腺病的☆strumose
患者☆sufferer
唤起☆evoke；jog；raise
唤醒☆rouse；wake
唤雨巫师☆rainmaker
鲩鱼属☆Ctenopharyngodon
浣熊☆Procyon；coon；racoon
浣熊属[Q]☆Procyon；Nasua；coati
浣熊尾状矿[条带状萤石-闪锌矿石]☆coon-tail ore
幻彩巴拉麻[石]☆Prata Ornamental
幻彩豆麻[石]☆Ghibli
幻彩红[石]☆Multicolor{Molticolor} Red
幻彩金麻[石]☆Giallo SF Peal
幻彩绿[石]☆Martiaca；Multicolor Green
幻灯☆projector；projection lantern
幻灯片☆(lantern) slide；filmstrip；diapositive
幻底☆false{phantom} bottom
幻多型现象☆polymorphism；pleomorphism
幻回声(记录)☆false target{echo}
幻(象)晶☆ghost{phantom} crystal
幻景☆mirage
幻觉剂☆psychedelic
幻龙☆Nothosaurus
幻龙亚目☆Nothosauria
幻路负载☆phantom load
幻绕射[因速度变化而产生]☆phantom diffraction
幻日☆sun dog
幻日环☆parhelic{paraselenic} circle
幻视镜☆pseudoscope
幻视立体像☆pseudoscopic space image
幻数☆magic number
幻想☆fantasy；fancy；illusion；phantasy；mirage；whim
幻想的☆fancy；fantastic；transcendental
(使)幻想破灭☆disillusion
幻想线☆imaginary line
幻想雪花[石]☆Fantasy Snow
幻象☆ghost (image)；illusion；phantom；mirage；phantasm；phantasma [pl.-mata]
幻象(多谐振荡器)☆phantastron
幻象重叠☆fold-over
幻象电路☆phantom circuit
幻象效应☆ghost effect
幻象信号☆phantom signals
幻象延迟脉冲电路☆phantastron
幻形水系☆phantom (drainage) pattern；phantomatic drainage pattern
幻眼☆oculus [pl.oculi]
幻影☆ghost；unreal image；secondary reflection；phantasma [pl.phantasmata]
幻影玫瑰[石]☆Rosa Bellissimo
幻影水系☆illusory drainage pattern；phantom pattern
幻影头虫属[三叶;O_1]☆Apatokephalus
幻影响造☆ghost structure
幻月☆mock moon
幻月环☆paraselenic circle
幻中子数☆magic neutron number

huāng

荒川石☆arakawaite；veszelyite
荒地☆landes；desert；wasteland；wild{uncultivated;undeveloped;waste;barren} land；fresh{uncropped} soil；uncropped location；wilderness；bald
荒地垦拓{复田}☆reclamation of desert
荒地群落[生]☆chledium；chersic
荒废☆overrun
荒废的矿山☆derelict mine
荒高地☆fell-field
荒砾漠[澳]☆gibber plain
荒凉☆loneliness
荒凉的☆desolate
荒谬的☆fantastic；preposterous
荒磨☆snagging
荒漠☆(harsh) desert；desolate and boundless；bleak and boundless desert；wilderness
荒漠的☆eremic
荒漠孤山☆lost mountain
荒漠灌木☆desert shrub
荒漠化☆desertification
荒漠化的原因☆cause of desertification；the causes of desertification
荒漠化反馈周期☆desertification feedback cycles
荒漠结壳☆patina
荒漠泥流砂矿☆bajada placer
荒漠群落☆eremium；deserts
荒漠植被☆desert vegetation；deserts
荒漠植物☆eremophyte；xerophyte
荒漠中的大教堂☆cathedrals in the desert
荒泥炭地☆cladina heath
荒山☆barren hill；fell；barren{waste} mountain
荒山造林☆afforestation
荒酸[R•CSSH]☆dithiocarboxylic{dithionic} acid；dithio-acid
荒酸盐[罕用,泛指]☆dithionate
荒芜☆aridity；barren；desolate；desert；wild
荒溪☆wildbach；devastated stream
荒雪☆wild snow
荒野☆wilderness；heath；the wilds；moorland；wild
荒野植物☆ericophyte
荒原植物☆xerophyte；eremophyte
慌乱☆confusion
慌忙☆hurry

huáng

黄☆chryso-；chrys-；xantho-；xanth-
黄矮病☆yellow dwarf
黄铵汞矿☆mosesite
黄铵铁矾[$(NH_4)Fe_3^{3+}(SO_4)_2(OH)_6$；三方]☆ammoniojarosite
黄白色☆yellowish white
黄斑光应力试验☆macular photo-stress test
黄宝石☆(oriental) topaz
黄钡铀矿[$BaO•6UO_3•11H_2O$;$6(UO_2(OH)_2)•Ba(OH)_2•4H_2O$;斜方]☆billietite
黄碧玉蛋白石☆jaspopal；jasper opal
黄铋碲钯矿☆koupletskite；kot(o)ulskite；yanzhongite
黄饼[八氧化三铀的通称]☆yellowcake
黄长斑岩☆melilitophyre
黄长黑云霞岩☆turjaite
黄长辉霞岩☆melilite fasinite
黄长石[$Ca_2(Al,Mg)((Si,Al)SiO_7)$]☆melilite；mellilite；somervillite；melilitite；humboldtilite
黄长石岩☆melilitolite
黄长玄武岩☆mel(l)ilite-basalt
黄长岩☆melilitite
黄赤交角☆obliquity of ecliptic (the ecliptic)
黄脆云母☆waluewite；valuevite
黄单孢杆菌☆xanthomonad
黄单胞菌☆xanthomonas campestris
黄氮汞矿[$Hg_2N(SO_4,MoO_4,Cl)•H_2O$;等轴]☆mosesite
黄蛋白石[$SiO_2•nH_2O$]☆blackmorite
黄道(的)☆ecliptic
黄道带☆zodiac；zodiacal band
黄道反晖☆gegenschein
黄道光锥☆zodiacal cone
黄道面☆ecliptic plane；plane of the ecliptic

黄道十二宫☆zodiacal sign
黄道云☆zodiacal cloud
黄灯区[交通信号灯的一种]☆amber traffic signal
黄地[指金刚石矿上层含金刚石岩层]☆yellow ground
黄地黑花☆yellow on black；black and yellow
黄地蜡[$C_{33}H_{17}O$;$C_{24}H_{12}$;单斜]☆karpat(h)ite；carpathite；pendletonite
黄碲钯矿[Pd(Te,Bi);六方]☆kot(o)ulskite；koupletskite；yanzhongite
黄碲华☆telluric ocher
黄碲矿[TeO_2;斜方]☆tellurite；telluric ocher；telluric ochre；tellurocker
黄碲铁石☆cuzticite
黄碲铀矿☆schmitterite
黄碘银矿[(Al,Cu)I;等轴]☆miersite；Majatheca majersyt
黄电黑奥锂云英长岩☆topatourbiolilepiquorthite
黄电气石☆peridot
黄肚新娘☆venustus
黄矾[$KAl_3(SO_4)_2(OH)_6$]☆low(e)igite；loewigite；loevigite
黄钒铀矿☆vanuranylite；uvanite；vanuranilite
黄方解石[$CaCO_3$]☆sideroconite
黄方石[砷的磷酸盐]☆patinoite
黄沸石☆deeckeite；bergalith
黄粉金☆porporino
黄风☆yellow wind
黄符山石☆xanthite；siskiyon；siskyon
黄腐殖酸☆fulvic acids
黄钙橄石☆sacchite
黄钙铀矿[$CaU_6O_{19}•11H_2O$;斜方]☆becquerelite
黄干油☆cup grease
黄杆菌☆Flavobacteria；xanthomonad
黄杆菌纲{门}☆Flavobacteria
黄杆菌属☆xanthomonas
黄橄榄石☆chrysolite
黄橄霞玄岩☆ankaratrite
黄刚玉[Al_2O_3]☆oriental topaz
黄高岭石☆faratsihite
黄锆石[$ZrSiO_4$]☆jargo(o)n
黄铬钾石[$K_2(CrO_4)$;斜方]☆tarapac(a)ite
黄铬铅矿[$9PbO•2PbO_2•CrO_3$;六方]☆santanaite
黄钴土[$Fe_2O_3•2(Ca,Co)O•As_2O_5•3\sim6H_2O$]☆hovaxite；kh(o)vakhisite；khovakhsite；chowachsite；tuvite；tuwite
黄瓜形☆cucumberiform
黄硅钙铌矿☆niocalite
黄硅钠铀矿[$(H_3O)(Na,K)(UO_2)SiO_4•H_2O$;斜方]☆sodium boltwoodite
黄硅铌钙石[$Ca_4NbSi_2O_{10}(OH,F)$;三斜]☆niocalite
黄硅铅矿☆belmontite
黄硅铀矿[$R(UO_2)_2(Si_2O_7)•nH_2O$]☆usihyte；usihite；usigite
黄合欢木☆akle
黄河猴(属)[E_2]☆Huanghonius
黄河角石☆Huanghoceras
黄河角石属[头;C-P]☆Huanghoceras
黄河矿[$BaCe(CO_3)_2F$;六方]☆huanghoite；hwanghoite
黄河上游☆upper reach of Yellow River
黄河石☆huanghoite
黄褐块炭[$C_{40}H_{68}O_4$;$C_{30}H_{50}O_3$]☆bathyillite；bathvillite
黄褐帘石☆xanthorthite
黄褐色☆drab；khaki；snuff color
黄褐色(的)☆tawny；russet
黄褐色的☆khaki；fulvous；drab
黄褐色黄玉似雪利酒色☆sherry topaz
黄褐铁矾[$(H_2O)Fe_3(SO_4)_2((OH)_5H_2O)$]☆borgstromite
黄褐云母☆gongylite
黄红帘石☆withamite
黄喉貂属☆Charronia
黄琥珀☆yellow amber
黄化(现象)[植]☆aetiolation；etiolation
(金属丝)黄化☆sull
黄化病☆chlorosis
黄化现象[植]☆aetiolation
黄化雨☆sulfur rain
黄化症☆chlorotic symptom
黄灰壤☆yellow podzolic soil
黄昏☆dusk；twilight
黄昏(行性)的☆crepuscular
黄昏鳄属[T_3]☆Hesperosuchus
黄昏鸟(属)[K]☆Hesperornis
黄昏犬属[E_3]☆Hesperocyon
黄昏视觉☆noctovision
黄昏霞光[石]☆Aurora Bianco
黄昏相片[图像]☆post-sunset image
黄昏猪属[N_1]☆Hesperhys
黄极☆poles of ecliptic
黄麂☆muntijac；muntijak；munjak
黄钾钙铀矿[$K_2CaU_6^{4+}O_{20}•9H_2O$;单斜]☆rameauite
黄钾铬石☆tarapacaite
黄钾明矾[$KAl_3(SO_4)_2(OH)_6$(有时含有较多的Na)]☆lowigite；loewigite；loeweite
黄钾铁矾[$KFe_3^{3+}(SO_4)_2(OH)_6$;三方]☆jarosite；pastréite；kolosorukite；autunezite；moronolite；utahite；misy；mysite；kalijarosite；antun(es)ite；raimondite；misit
黄钾铁矾除铁法☆jarosite process
黄钾铁石☆jarosite
黄钾铀矿[$K_2U_6O_{19}•11H_2O$;斜方]☆compreignacite
黄焦蜡☆yellow wax
黄胶块土☆melinite；melinine
黄胶磷矿[$Ca_5(PO_4,CO_3OH)_3OH$]☆monite
黄金☆gold；yellow metal
黄金芭拉[石]☆Giallo Veneziano
黄金纯度☆fineness of gold；gold fineness
黄金分割☆golden section；extreme-and-mean ratio
黄金刚石☆cape (diamond)
黄金光泽☆inaurate
黄金灰麻[石]☆Bianco Argento
黄金米黄[石]☆Jekmar Cream
黄金钻[石]☆Tropic Brown
黄晶[$Al_2(SiO_4)(OH,F)_2$]☆citrine (quartz)；gold{quartz;occidental} topaz；topaz(-safranite)；topaz quartz；citron；safranite；apricotine；apricosine；citrite
黄(水)晶☆citrine
黄精☆topaz
黄经☆astronomic{celestial;astronomical;ecliptic} longitude；longitude
黄经圈☆circle of longitude
黄绢石[一种蚀变的古铜辉石;$(Mg,Fe)SiO_3•¼H_2O$(近似)]☆diaclas(it)e；diaklas；disclasite；deaclase
黄块云母☆gongylite
黄矿☆yellow{oko} ore
黄葵油☆ambutte-seed oil
黄蜡☆cere；yellow wax；beewax；beeswax
黄蜡带☆linotape
黄蜡煤☆denhardtite
黄蜡石☆chrismatine；chris(t)matite
黄蓝铁矿☆bosphorite
黄粒浊沸石☆leonhardite
黄沥青☆aragotite
黄磷☆phosphor
黄磷铝钙石[$Ca_3Al_2(PO_4)_3(OH)_3$]☆cirr(h)olite
黄磷铝铁矿[$(Fe^{3+},Fe^{2+})Al_2(PO_4)_2(O,OH)_2•8H_2O$;三斜]☆sigloite
黄磷铅铀矿[$Pb(UO_2)_4(PO_4)_2(OH)_4•7H_2O$;斜方]☆renardite
黄磷铁矾[$K_5Fe_3^{3+}(SO_4)_6(OH)_2•8H_2O$]☆mausite
黄磷铁钙矿{石}[$Ca_4Fe_2^{3+}(PO_4)_4(OH)_2•3H_2O$;三斜]☆xanthoxenite
黄磷铁矿[$Fe_4^{3+}(PO_4)_2(OH)_6•9H_2O$;$Fe_9^{3+}(PO_4)_4(OH)_{15}•18H_2O$;六方]☆cacoxen(it)e
黄菱钡铈矿☆khanneshite
黄菱铋铅矿☆boksputite
黄菱沸石☆haydenite
黄菱锶铈矿[$Na_2(Ca,Sr,Ba,Ce,La)_4(CO_3)_5$]☆burbankite
黄菱锌矿☆turkey-fat ore
黄菱银铈矿☆brubankite
黄菱铀矿☆randite
黄陵背斜☆Huangling anticline
黄榴石[$Ca_3Fe_2^{3+}(SiO_4)_3$]☆topazolite
黄硫镉矿☆hawleyite；turkey-fat ore
黄龙石灰岩☆Huanglung limestone
黄窿石[罗马洞石]☆Travertino Romano
黄露石[石]☆Travertino Dune
黄铝铁矾☆cyprusite
黄铝土☆ochran
黄氯汞矿[Hg_2ClO;$2HgO•Hg_2Cl_2$;单斜]☆terlingua(r)ite
黄氯铅矿[$Pb_7Cl_2O_6$;$6PbO•PbCl_2$]☆lorettoite；chubut(t)ite
黄绿黄玉☆peredell；perdel
黄绿帘石☆thallite；delphinite
黄绿色☆juniper
黄绿石[$(Ca,Ce)_2Nb_2(O,F)_7$]☆pyrochlor(it)e
黄绿玉髓☆amberine
黄绿云母☆kerrite
黄绿藻☆chrysophyta；yellow-green algae
黄绿蛭石[$(Mg,Fe^{2+},Fe^{3+},Al)_{6\sim7}((Si,Al)_8O_{20})(OH)_4•8H_2O$]☆kerr ite
黄绿柱石☆chrysoberyl；heliodor；davidsonite
黄麻(纤维)☆jute
黄煤[介于烛煤与油页岩之间的不纯煤]☆tasmanite；yellow coal
黄镁橄榄石☆boltonite
黄钼酸[$MoO_3•(RO•CS•SH)_2$]☆xanthomolybdic acid
黄钼铀矿[$(UO_2)Mo_2O_7•3H_2O$;$UO_3•2MoO_3•4H_2O$;单斜]☆iriginite；priguinite
黄(水)钼铀矿[$UO_3•2MoO_3•4H_2O$]☆iriginite
黄钠铁矾☆amarillite
黄泥☆yellow mud
黄黏土☆yellow earth
黄镍铁矿☆heazlewoodite；heazle woodite
黄硼镁石[$Mg_3(B_5O_7(OH)_4)_2•H_2O$]☆preobrazhenskite；preobrazhensquite；preobrajenskite；preobratschenski
黄片沸石☆beaumontite
黄嘌呤☆xanthine
黄平象限☆nonogesimal point
黄芪胶☆tragacanth
黄芪属☆Astragalus
黄杞粉(属)[孢;E-N_1]☆Engelhardtioidites
黄铅矾[$Pb_2(SO_4)O$;单斜]☆lanarkite；lead sulphatocarbonate；kohlenvitriolbleispath[德]
黄铅矿[$PbO•PbSO_4$]☆lanarkite；dyoxylith；dyoxalite；lead sulphatocarbonate；kohlenvitriolbleispath[德]；dioxylith；dioxalite；mimetite；dioxynite
黄铅铁矾[$PbFe_6(SO_4)_3(OH)_{14}$]☆vegasite
黄曲霉☆aspergillus flavus
黄群藻属☆Synura
黄壤☆yellow soil{earth}；jeltozem；zheltozem[俄]
黄壤土☆clay
黄韧碲钯矿☆kotulskite
黄软铵汞矿☆mosesite
黄颡鱼科☆Bagridae
黄色☆yellow；yellowness；y.；xanth(o)-；maize
黄色的☆yellow；xanthic；flavus
黄色琥珀☆krantzite；wheelerite
黄色结晶的天然沥青☆aragotite
黄色曙红[浮选用作抑制剂]☆eosin yellowish
黄色(光)玉髓☆canary stone
黄色炸药[$CH_3•C_6H_2(NO_2)_3$]☆gum{nitroglycerine;true;gelatin} dynamite；gelatin explosive；trinitrotoluene；trinol；dynamite；trinitrototuol；yellow powder；2,4,6-trinitrotoluene；gelation；TNT
黄砂{沙}☆yellow ground{sand}
黄沙石☆Perlato Sictlla
黄闪锌矿[ZnS]☆rosin jack
黄砷榴石[$(Mg,Mn)_2(Ca,Na)_3(AsO_4)_3$;等轴]☆berzeli(i)te；kuhnite；magnesioberzeliite；magnesia pharmakolith；magnesian pharmacolite
黄砷硫银矿[Ag_3AsS_3]☆xanthocon(ite)
黄砷氯铅石☆sahlinite
黄砷锰钙矿[$(Mn^{2+},Ca,Pb)_9Fe_2^{3+}(AsO_4)_6(OH)_6$]☆sjogru(f)vite；pleurasite
黄砷锰矿[$Mn_5((As,Sb)O_4)_2(OH)_4•3H_2O$]☆xanth(o)arsenite
黄砷镍矿☆xanthiosite；yellow arsenate of nickel
黄砷酸钙锰矿☆berzelite；berzeliite
黄砷铀铁矿[$Fe(UO_2)(AsO_4)•8H_2O$]☆kahlerite
黄蓍[植]☆Astragalus
黄石☆yellowish brown stone
黄石蜡☆yellow paraffin{wax}
黄石髓[SiO_2]☆canary stone
黄石英[SiO_2]☆pseudo(-)topaz；false topaz；citrine
黄示醇☆luteol
黄氏珊瑚[P_1]☆Huangophyllum
黄鼠属[N-Q]☆ground squirrel；Citellus
黄树脂☆muntenite；yellow resin
黄束沸石[$Ca(Al_2Si_6O_{16})•5H_2O$]☆beaumontite
黄水钒铝矿[$Al_{12}V_2^{4+}V_6^{5+}O_{37}•30H_2O$;斜方?]☆satpaevite
黄水晶[SiO_2]☆citrine；gold topaz{topas}；false topaz；yellow quartz；safranite；citrite；citron；apricotine；Bohemian{occidental} topaz；apricosine
黄水精☆citrine；topaz-safranite
黄水晶[SiO_2]☆citrine；gold{Bohemian;occidental} topaz；false topaz；yellow quartz；safranite；citrite；citron；apricotine；apricosine
黄水铈钙{铜}石☆hydrocerite
黄水铁矾[$6Fe_2(SO_4)_3•Fe_2O_3•63H_2O$]☆challantite
黄丝藻属[Q]☆Tribonema

H

黄松☆yellow pine
黄素☆flavin；yellow substance
黄素(蛋白)☆flavoprotein
黄酸钾[ROCSSK]☆potassium xanthogenate
黄(原)酸钾☆potassium xanthogenate；pentasol xanthate
黄(原)酸钠☆sodium xanthate
黄酸盐☆xanthate
黄(原)酸盐☆xanth(on)ate；xanthogenate
黄(原)酸β-乙氧基乙酯☆β-ethoxyethyl xanthogenate
×黄酸酯[俄;丁(基)黄药甲酸甲酯; $C_4H_9OC(S)SCOOCH_3$]☆STsM-2
黄钽铁矿[$(Fe,Mn,Na)_2(Ta,Nb)_2(O,OH,F)_7$]☆neotantalite
黄碳钡钠石☆khanneshite
黄碳锶钠石[$(Na,Ca,Sr,Ba,Ce)_6(CO_3)_5$;六方]☆burbankite
黄锑华[Sb_2O_4•H_2O; $Sb^{3+}Sb^{5+}_2O_6(OH)$;等轴]☆stibiconite；antimony ocher；stibianite；stibilite；antimony ochre
黄锑矿[$Sb^{3+}Sb^{5+}O_4$;斜方]☆cervantite；stibiconite；stiblite；stibianite；hydroromeite；idroromeite；volgerite；hydrocervantite；stib(con)ite；antimony ocher{ochre}；hydroroméite；cumengite；stibi(o)lite
黄锑酸钙石[$Ca_2Sb_2O_7$]☆atopite
黄锑铁矿[$4FeSbO_4$•$3H_2O$]☆flajolotite
黄体素☆lutein
黄天目☆yellow Tenmoku
黄铁矾☆metavoltine{metavoltine}[$(K,Na,Fe^{2+})_5Fe^{3+}_3(SO_4)_6(OH)_2$•$9H_2O$]；melavoltine；ihleite[$Fe_2(SO_4)_3$•$12H_2O$]；metavoltaite；copiapite；melavoltite
β黄铁矾[$K_5Fe^{3+}_3(SO_4)_6(OH)_2$•$8H_2O$]☆beta-metavoltine
黄铁过酸岩☆pyritosalite
黄铁华☆yellow iron ore；yellow ocher{earth}
黄铁绢英岩☆beresite
黄铁矿[FeS_2;等轴]☆pyrite；iron{sulphur} pyrite；fool's gold；inca{copperas} stone；iron disulphide；mundic；brazil{brassil}[煤中]；eisenkies；pyritic{sulphur;sulfur} ore；xanthopyrite；fools' gold；sulphur{alpine} diamond；brazzil；kies；brasil；tombazite；coal brass；common pyrites；sulfur diamond；sideropyrite；brazzle；marc(h)asite
黄铁矿的☆pyritic
黄铁矿粉焙烧炉☆pyrite dust roaster{furnace}
黄铁矿垢☆pyrite scale
黄铁矿化(作用)☆pyritization
黄铁矿化植物☆pyritized plant
黄铁矿机械烧结炉☆pyrite mechanical oven
黄铁矿块☆brass；brasses
黄铁矿类☆pyritoides
黄铁矿硫[FeS_2]☆pyritic{ferroudisulfide} sulphur
黄铁矿球☆rust ball
黄铁矿烧渣浸出☆leaching of pyritic cinder
黄铁矿式☆pyrite type
黄铁矿屉式烧结炉☆pyrite shelf roaster
黄铁矿形☆pyritoidal form
黄铁矿型铜矿☆pyritic copper deposit
黄铁矿与辉铜矿混合物☆ducktownite
黄铁矿渣烧结矿☆pyrite sinter
黄铁矿质煤☆brassyn
黄铁矿滓☆pyrite cinder
黄铁矿(晶)组[$m3$晶组]☆pyrite type
黄铁钠矾[$NaFe^{3+}(SO_4)_2$•$6H_2O$;单斜]☆amarillite
黄铁锑矿☆tripuhyite；flajolotite
黄铁铜矿☆fukuchilite
黄铁细晶岩化(作用)☆beresitization
黄铁岩☆pyritiferous rock；pyritite
黄酮☆flavone
黄酮醇☆flavonol
黄酮类化合物☆flavonoid
黄铜[60Cu, 40Zn]☆(yellow) brass；orichalc(h)；yellow metal；brs；Br
黄铜安全螺钉☆brass shear screw
黄铜板[孟兹合金板]☆muntz metalplate
黄铜保险螺钉☆brass shear screw
黄铜的☆brassy
黄铜焊料☆brazing solder
黄铜剪切螺钉☆brass shear screw
黄铜矿[$CuFeS_2$;四方]☆copper{yellow} pyrite；fool's gold；yellow copper (ore)；chalcopyrite；kupferkies；towanite；brass；peacock{pyritous} copper；horse flesh ore；peacock ore；cupropyrite；chalkopyrite
黄铜矿(晶)组[$\bar{4}2m$晶组]☆chalcopyrite type
(锤成的)黄铜片☆lattin；latten
黄铜制的☆brass
黄铜轴衬☆brass；brasses
黄铜轴瓦☆bearing brass
黄铜铸件☆brassing
黄透绿柱石☆heliodor
黄透脂石☆legumocopalite
黄土☆lehm；loess；yellow earth{soil}；huangtu；loss；limon
黄土沉积☆loess deposit
黄土地区☆loessland
黄土风成说☆eolian hypothesis of loess
黄土化(作用)☆loessification
黄土姜结人☆fairy stone
黄土结核☆doll；loess concretion{doll;child;nodule;kindchen}；kinder；loess-child；loess-doll
黄土类(的)☆loessal；loessial
黄土类土☆loessial{loess;loessal} soil
黄土垆坶☆loess loam
黄土泥☆muddy loess
黄土期☆loessic stage
黄土台塬地下水☆ground water in loess platform
黄土小人[德]☆kindchen
黄土性土☆loess(i)al soil
黄土压缩实验☆collapsing test
黄土岩☆loessite
黄土质土壤☆loess soil
黄土状土☆loess-like soil
黄纬☆celestial{astronomic(al);ecliptic} latitude
黄纬圈☆parallel{circle} of latitude
黄雾[沙霾]☆bai
黄硒铅石[$Pb(SeO_4)$;斜方?]☆kerstenite；kerstenine；glasbachite
黄锡矿[Cu_2FeSnS_4;四方]☆stannite；bell-metal ore；tin pyrite；cassiterolamprite；kassiterolamprite；bolivianite；stannine
黄硝☆nitron
黄鞋蜡石☆napalite
黄斜方沸石☆haydenite
黄榍石☆xanthotitanite；anatase
黄屑石☆xanthotitanite
黄心料(水泥)☆clinker with brown core
黄星☆yellow star
黄玄岩☆polzenite
黄雪[伴有黄色花粉的雪]☆yellow snow
黄血盐[$K_4Fe^{2+}(CN)_6$•$3H_2O$]☆kafehydrocyanite；potassium ferrocyanide；yellow prussiate of potash [$K_4Fe(CN)_6$]；kafehydrozyanite
黄血盐钠☆yellow prussiate of soda
黄(原)盐酸☆xanthate
黄杨粉属[孢;E_2-Q]☆Buxapollis
黄杨木☆boxwood
黄杨属[E_2-Q]☆Buxus
黄药☆xanthate；xanthogenate
×黄药☆AC301{|303|317|322|325|343|350}
Aero317黄药[异丁(基钠)黄药;异丁基黄原酸钠]☆Aero-xanthate 317
×黄药[次乙基-双(二硫代氨基甲酸钠); $(-CH_2NHC(S)SNa)_2$]☆Nabam
Z-4{|3}黄药[`乙{|乙钾}黄药,乙基黄原酸钠{|钾}]☆ Xanthate Z-4{|3}
Z-8黄药[仲丁钾黄药,仲丁基黄原酸钾]☆Xanthate Z-8
Z10-黄药[己钾黄药,己基黄原酸钾; $C_6H_{13}OC(S)SK$]☆Z10-xanthate
Z11-黄药[异丙黄药,异丙基黄原酸钠;$(CH_3)_2CHOC(S)SNa$]☆Z11-xanthate
Z3-黄药[乙钾黄药,乙基黄原酸钾;$C_2H_5OC(S)SK$]☆Z3-xanthate
Z5-黄药[戊钾黄药,戊基黄原酸钾;$C_5H_{11}OC(S)SK$]☆Z5-xanthate
Z6-黄药[异戊钾黄药,异基黄原酸钾;$(CH_3)_2CHCH_2CH_2OC(S)SK$]☆Z6-xanthate
Z7-黄药[丁钾黄药,丁基黄原酸钾;$C_4H_9OC(S)SK$]☆Z7-xanthate
Z9-黄药[异丙钾黄药,异丙基黄原酸钾;$(CH_3)_2CHOC(S)SK$]☆Z9-xanthate
Z`8{|12}-黄药[仲`丁钾{|丁}黄药,仲丁基黄原酸钾{|钠}]☆ $CH_3CH_2CH(CH_3)OC(S)S$`K{|Na}]☆Z`8{|12}-xanthate
R-301{|322}(号)黄药[仲丁钠{|乙丙钾}黄药]☆Reagent 301{|322}
R-325{|343}(号)黄药[`乙{|异丙}黄`药[原酸钠]]☆Reagent 325{|343}
黄药[浮剂]☆xanthate
黄药型捕收剂☆xanthate-type collector
黄叶蜡石[$Al_2(Si_4O_{10})(OH)_2$]☆biharite
黄钇钽矿[$YTaO_4$;四方]☆formanite
黄银矿[$Ag_3As(S,Se)_3$; Ag_3AsS_3;单斜]☆xanthocon(ite)；rittingerite；xanthocone
黄英岩☆topazite；topazoseme；topazfels；topazogene
黄萤石☆false topaz
黄铀钒矿[$3UO_3$•$3V_2O_5$•$15H_2O$]☆uvanite
黄油☆grease[石油中分馏出来的油脂]；cup grease；consistent{solid} lubricant；butter；tallow
黄油盒{箱}☆grease box
黄油枪☆grease gun{compressor}；doper；lubricating screw；hand operated；alemite{pressure;lubricating} gun
(用)黄油枪加入的润滑脂☆pressure gun grease
黄油嘴☆grease nipple；alemite (grease) fitting；alemite
黄黝锡矿☆stannite
黄雨☆sulfur rain
黄玉[$Al_2(SiO_4)(OH,F)_2$;斜方]☆topaz；saxonian chrysolite；leucolite；leukolith；flinder(s) diamond；hydroxyl-topaz；chrysolithos；schorlite；aluminium fluosilicate；Brazilian ruby；topas
黄玉化(作用)☆topazization
黄玉髓☆canary stone
黄玉岩☆topazite；topaz rock；topazoseme；topazfels；topazogene
(由)黄原单孢杆菌产生的聚合物☆xanthomonas campestris polymer；XC polymer
黄原(酸)化作用☆xanthogenation
黄原胶☆xanthan (gum)
黄原酸[RO•CS•SH]☆xanthogenic{xanthonic} acid；xanthic acid；ROCSSH xanthic acid；xanthogen
黄原酸化阻力☆xanthating resistance
黄原酸钾[ROCSSK]☆potassium xanthogenate
黄原酸聚合物☆xanthate polymer
黄原酸锌☆zinc xanthate
黄原酸亚汞盐[ROCSSHg]☆mercurous xanthate
黄原酸盐☆xanthate；xanthogenate
黄原酸乙酯☆ethyl xanthate
黄原酸酯☆xanthogenate；xanthate
(乙)黄原酰☆xanthogen(ic)-amide(s)
黄原酰胺(类)[$ROCSNH_2$]☆xanthogen(ic)-amide(s)；xanthic amide
黄藻☆zooxanthellae
黄藻(门)☆Xanthophyta
黄渣☆speiss
黄樟素{脑}[$C_{10}H_{10}O_2$]☆safrole
黄赭石[Fe_2O_3•nH_2O]☆yellow iron ore；sil；yellow ocher；yellow ochre [$2Fe_2O_3$•$3H_2O$]；stone yellow
黄赭石色☆yellow ocher
黄珍珠云母☆dudleyite
黄针晶☆hoelite；anthraquinone
黄针铁矿[Fe_2O_3•$2H_2O$;Fe_2O_3]☆xanthosiderite
黄脂石[树脂的化石,含氧比一般琥珀少;$C_{12}H_{18}O$]☆copalite；copaline；fossil copal；kopalite；highgate resin；retinite
黄脂岩☆retinite
黄植染方解石☆crenite
黄质☆xanthine
黄浊沸石[$CaAl_2Si_4O_{12}$•$4H_2O$]☆leonhardite；metalaumontite；caporcianite
β黄浊沸石[$Ca_2(Al_4Si_8O_{24})$•$7H_2O$]☆beta-leonhardite
黄棕色☆cinnamon
黄钻[带浓黄色钻石]☆by-water
磺胺☆sulfa-；sulf-
磺胺(基)的☆sulfa
磺胺剂☆sulfonamide
磺胺类药☆sulfonamide
磺胺类药剂{的}☆sulfa
磺胺嘧啶☆diazin
磺胺酸☆diazotized sulfanilic acid
磺胺酸钠☆sodium sulfanilate
磺胺酸盐☆sulfanilate
磺酚阳离子交换树脂☆Lewatit PN{KS;DN}
磺化☆sulfonate(d)；sulfonating；sulfonation；sulphonate(d)；sulphonation
磺化高分子脂族醛缩合物☆Alframin DCS
磺化琥珀酰胺酸盐☆sulfosuccinamate
磺化环酸☆green acid
磺化鲸油☆whale oil sulfonate；sulfonated whale oil
磺化聚苯乙烯阳离子交换树脂☆Lewatit KSN；

H

Chempro C-20；Permutit Q；Nalcite HGR{HDR；HCR}
磺化煤阳离子交换剂☆Zeo-Karb HI
磺化木质素泥浆☆lignosulfonate mud
α-磺化软脂酸钠[$C_{14}H_{29}CH(SO_3H)COONa$]☆sodium-α-sulfopalmitic acid
磺化石油产物☆sulfonated petroleum product
磺化乙烯聚合物☆sulfonated vinyl copolymer
α-磺化硬脂酸钠[$C_{16}H_{37}CH(SO_3H)COONa$]☆sodium-α-sulfostearic acid
磺化油☆sulphonated oil；atreol
磺化脂肪油☆sulfonated fatty oil
磺化作用☆sulfurization
磺基[$-SO_3H$]☆sulfo；sulpho group[硫酸基或磺酸基]；sulfo-；sulfa-；sulf-
磺基乙酰化作用☆sulfoacylation
磺基鱼石脂酸☆sulfoichthyolic acid
磺甲基丹宁☆sulfonated methyl tannin
磺酸[RSO_3H]☆sulfonic{sulphonic} acid；sulfo-acid
(石油)磺酸☆mahogany acid
磺酸铵☆ammonium sulphonate
磺酸化洗涤剂☆sulphonated detergent
磺酸基☆sulfo
Cololan 磺酸钠☆Cololan-Na-Sulfonate
磺酸盐☆sulfonate(d)；sulphonate(d)；sulfosalt；sulphosalt
×磺酸盐[$C_{11}H_{23}•COOCH_2CH_2•SO_3Na$]☆Drucol CH
Ioct 磺酸盐{油溶性石油磺酸盐}☆Ioct sulfonate
磺酸酯☆sulfonic acid esters
磺酰(基)☆sulfonyl
磺酰胺[RSO_2NH_2]☆sulfamine；sulphonic acid amide；sulfamide
磺乙基纤维素☆SE-cellulose；sulfoethyl cellulose
蝗虫☆locusts
簧板夹角☆angle of nip
(开口)簧环☆circlip
簧片☆reed；leaf-spring；leaf
簧片触点☆spring contact
簧片阀☆leaf valve；leaf-valve
簧片振动频率计☆reed-frequency meter
簧片组☆springset
簧圈接合☆spring ring joint
簧闩☆latch dog
簧闩式吊卡☆latch type elevator
簧套☆spring socket
簧音☆beep
簧振阻尼☆damping of the oscillation of the spring
皇帝的☆imperial
皇妃红[石]☆Red Ruby
皇冠鹿(属)[N]☆Stephanocemas
皇冠螺属[腹;P]☆Coronopsis
皇后红[石]☆Queen Rose
皇家采矿学校[英]☆Royal School of Mines；R.S.M.
皇家玛瑙☆royal agate
皇家奶油[石]☆Cream Royal
皇家水晶[石]☆Bianco Royal
皇玫[石]☆Queen Rose
皇室白麻[石]☆Camelia White
皇室啡[石]☆Iundra Brown
皇室灰[石]☆Royal Grey
皇室米黄[石]☆Shukuh
徨绿岩☆dolerite；greenstone
煌斑脉岩☆lamprophyric dike rock；antsohite
煌斑片岩☆lamproschist
煌斑岩☆lamprophyre
煌斑岩的☆lamprophyric
煌斑岩墙☆lamprophyric dike
煌斑状玄武岩☆anchibasalt
湟水期☆Huangshui stage

huǎng

幌别矿[$(Bi,Sb)_2S_3$]☆horobetsuite
谎报进尺☆cheat about footage；pad the log book
谎话{言}☆lie；falsehood；tale；fairy tale；fiction；mendacity；figure of speech

huàng

晃动☆jitter；rock；sway；whiffle；swash；sloshing[液体燃料的]；wobble；panting
晃晃摇摇的人☆wobbler

huī

挥☆wave；whisk
挥打☆bat
挥动☆flourish
挥动弧度过大☆overswing
挥发☆evaporization；volatilization
挥发的油品☆evaporated product
挥发度☆volatile grade；volatility；fugacity
挥发度计☆vaporimeter；vaporometer
挥发分☆volatile component{combustible;matter;flux}；residual liquid；volatil flux；fugitive constituent；volatile；VM
挥发分压☆partial volatile pressure
挥发(清)漆☆spirit varnish
挥发器☆volatilizer
挥发气体探测[差热]☆evolved gas detection；EGD
挥发物☆volatile (matter;combustable;combustible)
挥发物析出率☆volatile-matter yield
挥发相地球化学☆volatile-phase geochemistry
挥发性☆vapor(iz)ability；fugitiveness；evaporability；volatil(i)ty；volatibility
挥发性胺☆volatile amine
挥发性覆盖层☆volatile covering
挥发性碱☆volatile alkali
挥发性炭☆fluid carbon
挥发冶金☆vapometallurgy
挥发油☆benzin(e)；volatile {-}oil；naphtha[粗]
挥拍☆flapping
挥舞☆flourish；shake
灰☆kiln dust；grey；gray；ash；cinder；tephr-
灰暗的☆dead
灰白☆hoar
灰白冰☆gray-white ice
灰白长石☆cottaite
灰白的☆grizzly
灰白色☆off-white；offwhite；hoar
灰白色的☆linen
灰白岩☆graywacke
灰斑病[缺锰症状]☆gray speck disease
灰比☆grey{gray} scale
灰壁珊瑚属[D_2]☆Stereolasma
灰边☆edge fog
灰标☆gray scale
灰冰☆gray ice
灰仓☆ashpit
灰槽☆ash pit
灰曹长石☆labradorite
灰长石☆anorthite
灰尘☆dust；dirt；speck；pulverulence
灰尘的☆palverulent
灰尘圈{层}☆staubosphere；dust horizon
灰尘罩连接件☆dust hood connection
灰匙☆trowel
灰吹法☆cupellation
灰吹炉☆cupel furnace
灰醋石☆gray acetate of lime；grey lime acetate
灰的☆ashen；ashy
灰底世☆Grauliegendes epoch
灰斗☆ash hopper；ashpit；soot pit
灰(色标)度☆grey{gray} scale；tonal value
灰度标☆gray scale
灰度梯尺☆gray seale
灰度(非线性)系数☆gamma
灰度值☆gray-scale value
灰度作图(法)☆gray-scale plotting
灰堆☆ash (dump)
灰方柱石☆gabbronite；gabronite
灰分☆ash (content;specification)；dirt content；mineral matter；crozzle
灰分的粒度分析☆ash analysis by size
灰分分析☆ash analysis{test}
灰分含量☆ash content；ash-content
灰分曲线☆yield-ash curve
灰缝☆mortar joint
灰钙土☆sierozem[俄]；gray earth；gray desert soil；serozem soil；cerozem；sierozem soil gray earth
灰盖☆tepetate
灰膏☆emplaster
灰钧☆grey jun glaze
(混凝土)灰骨比☆cement-aggregate ratio
灰硅钙石[$Ca_5(SiO_4)_2(CO_3)$;单斜]☆spurrite
灰硅角页岩☆lime-silicate-hornfels
灰褐煤☆pitch and glance coal
灰褐色☆taupe；grayish brown；mouse
灰黑榴石[$Ca_3Fe_2^{3+}(SiO_4)_3$]☆pyreneite；pyrenait；pirenait
灰红根[石]☆Rosso Salome
灰红玉髓☆myrickite
灰化☆ashing；podzolization
灰化的☆spodic
灰化法☆ash method
灰化红黄壤☆red yellow podzolic soil
灰化黄壤☆yellow podzolic soil；podzolized yellow earth
灰化垆坶☆podzolized loam
灰化土☆podzolic soil；podsol{podzol} (soil)；ash grey soil
灰化样☆ashed sample
灰化作用☆podzolization; podsolization; podzolisation
灰黄琥珀[$C_{40}H_{66}O_5$(近似)]☆amberite；ambrite；amberine
灰黄化石脂☆ambrite；amberite
灰黄霉酸☆fulvic acid
灰黄色☆grayish yellow
灰辉铜钴矿[$(Co,Cu)_4S_5$,常含有 Ni]☆sychnodymite
灰基泥浆☆lime-treated mud
(石)灰基泥浆☆lime base mud
灰集比☆cement-aggregate ratio
灰镓矿[$CuGaS_2$]☆gallite
灰碱岩类☆lime-alkali rocks
灰浆☆mortar；grout
灰浆回填☆backfill with mortar
灰浆混合物☆mortar mixture
灰浆胶层☆veneer of mortar
灰浆桶☆hod
灰浆压块☆mortar cube
灰礁☆carbonate cay
灰角石(属)[头;O_1]☆Stereoplasmoceras
灰阶☆gray level{scale}
灰金花[石]☆Portoro
灰烬☆cinder；ash
灰烬化作用☆moldering；mouldering
灰坑☆ash pit；ashpit
灰口(生)铁☆gray{grey} iron；grey cast{pig} iron
灰矿☆fahlore；fahlerz
灰蓝灰岩{石灰}☆calp
灰蓝色☆stone blue
灰粒☆soot particle
灰领工人☆gray-collar
灰硫铋铅矿☆bursaite
灰硫砷铅矿[$Pb_{27}As_{14}S_{48}$]☆renifor(m)ite；jordanite
(火山)灰流凝灰岩☆ash-flow tuff
灰绿色泥☆gray-green-mud
灰墁☆stucco
灰镘☆brick trowel
灰芒硝[$Na_2Ca(SO_4)_2•4H_2O$;斜方、单斜]☆wattevillite
灰玫瑰[石]☆Ash Rose
灰煤☆culm
灰锰矿☆grey manganese ore
灰皿☆cupel；test
(用)灰皿鉴定{提炼}☆cupel
灰皿试验法☆cupellation
灰模墝土☆sierozem；gray desert soil
灰末润滑剂☆dag
灰漠土☆sierozem；gray desert soil；gray earth；desert grey soil
灰木科☆Symplocaceae
灰泥☆plaster；lime mud；drewite；parget；mortar；marl；gatch；stucco；mud lime；compo(st)；chunam
灰泥板☆gypsum
灰泥层☆parging
灰泥澄清☆slurry clarification
灰泥抛毛☆dabbing
灰泥丘☆lime-mud mound
灰泥炭☆bawn
灰泥桶☆boss
灰泥土批荡☆chunam
灰泥岩☆lime mudstone{mudrock}；calcilutyte；vaughanite；calcilutite；lime mud rock
灰泥支撑的生物微晶灰岩☆mud-supported biomicrite
灰盘☆hawk
灰片岩☆limestone schist
灰气藓属[苔;Q]☆Aerobryopsis；Aerobryopsia
灰铅矿☆tinyte
灰枪晶石☆custerite；cuspidine
灰青色(细粒)电气石☆blue peach
灰青炭质页岩☆calm；blaes；blaize
灰鲭鲛{鲨}☆Isurus oxyrinchus

灰壤☆podzol；gray{podzolic;podsol} soil；podsol；serozem[俄]；Ash grey soil
灰壤的☆podzolic
灰壤化作用☆podzolization；podsolization；podzolisation
灰熔点☆ash fusion
灰熔点测定仪[煤]☆ash fusion point determination instrument
灰熔温度☆ash-fusion{ash-softening} temperature
灰乳☆agaric mineral
灰软泥☆gray mud
灰色☆grey；gray；neutral color
灰色暗煤☆gray{grey} durain；spore-poor durite
灰色的☆gray；grizzly；grey；ashy；tephr-
灰色的古石☆hoarstone
灰色范围☆middle-gray range
灰色荒漠草原土☆gray desert steppe soil
灰色沥青☆dopplerite
灰色泥炭☆dopplerite；bawn
灰色圈☆gauze ring
灰色软脆石灰岩☆malmrock；malm rock
灰色森林土☆gray forest soil；gray podzolic soil；gray wooded soil
灰色沙漠土☆gray desert soil；sierozem soil gray earth；sierozem
灰色土☆ashen-grey soil
灰色岩☆graystone
灰色玉米[珍珠米]☆Hoosier pearl
灰色中性脱蜡蒸馏液☆pale neutral dewaxed distillate
100(号)灰色中性油[辉钼矿捕收剂]☆Pale neutral oil vis 100
灰砂☆dust；tabby
灰砂比☆cement sand ratio
灰砂层☆mortar bed；bastard sand
灰砂斗☆hod
灰砂岩☆malmstone
灰砂砖☆limesand{malm;sand-lime} brick；Dinas bricks
灰闪霞石正长岩☆covite
灰砷锰矿[$Mn_3(AsO_4)(OH)_3•H_2O$]☆elf(e)storpite
灰砷铅矿☆rathite
灰砷铜矿☆darwinite；whitneyite
灰生铁☆gray pig iron
灰石☆limestone
灰石比☆stone rate；ratio of lime and gravel
灰石沉着症☆chalicosis
灰石棉☆mountain leather；gray asbestos
灰水☆buck
灰-水比☆cement-water ratio；c/w
灰苔熔岩[冰岛]☆apalhraun
灰锑矿☆gray antimony
灰体☆gray body；graybody
灰铁白云石☆tautoklin；tautoclin
灰铁锰矿[Mn_2O_3]☆partridgeite；partschin
灰土☆orthod；spodosol；lime soil；dirt；dust；lime siliceous clay mixture
灰土井柱☆lime-soil column
灰瓦克[德]☆graywacke；greywacke；grauwacke
灰瓦克岩☆grauwacke
灰瓦石☆gray wacke
灰网纹[石]☆Grigio Carnico
灰纹理大理石☆calacata
灰雾☆(photographic) fog
灰硒汞矿☆tiemannite
灰硒铜矿[Cu2Se;四方]☆bellidoite
灰硒银矿☆aguilarite
灰霞石☆cancrinite
灰硝石☆nitrocalcite
灰屑☆limeclast
灰屑砂岩☆calcarenaceous sandstone
灰屑岩☆calcarenite；calclithite；calcarenyte
灰心☆dismay
灰性石膏☆montmartite；montmartrite
灰玄响岩☆vetrallite
灰岩☆limestone；calcareous rock；lime；chalkstone
灰岩参差地☆karrenfeld[德]；karren；feld
灰岩参差蚀面☆rascle
灰岩残丘☆mogote；hum；haystack{pepino} hill；karst tower；limestone cone；pepinohill；pepino
灰岩大洼地☆hojo；hoje
灰岩的泥屑结构☆pelitomorphic texture
灰岩洞☆lime(stone) cave；emposieu
灰岩干谷☆karst valley；uvala
灰岩高原☆causse
灰岩沟☆lapiaz；lapiez
灰岩沟化(作用)☆lapiesation
灰岩沟区[德]☆karrenfeld
灰岩尖柱☆painted pillar
灰岩井☆jama；sotano；jame
灰岩喀斯特面☆limestone pavement
灰岩坑☆swallow{sink} hole；doline [pl.-n]；dolina；sink(-)hole；sotch；notch；creu；cloup；swallet
灰岩坑池☆sinkhole pond
灰岩坑湖☆dolina lake
灰岩裸露面☆glade
灰岩落洞☆limestone solution cave
灰岩毛石☆calico rock
灰岩面浅槽[西]☆tinajita
灰岩盆☆uvala；ouvala；vala
灰岩盆地☆polje；cockpit；polya；polye；interior valley；ouvala
灰岩盆地喀斯特☆cockpit karst
灰岩丘☆hum
灰岩溶沟☆lapies；lapiaz；lapis
灰岩溶沟化☆lapiesation
灰岩溶坑☆cockpit
灰岩深沟☆grike；gryke
灰岩洼地湖☆lake polje
灰岩洼盆☆ouvala；uvala
灰岩小丘☆tourelle
灰岩屑☆limeclast
灰岩锥残丘☆piton
灰岩锥丘☆cockpit；cone karst
灰羊背石☆greywethers
灰叶石☆spodiophyllite
灰叶素☆tephrosin
灰叶岩扇☆shortia galacifolia
灰铱锇矿☆sis(s)erskite；sysertskite；syserskite；irosite
灰雨☆shower of ash；ash{air} fall
灰雨沉积☆airfall deposition
(火山)灰雨堆积☆ash fall deposit
灰雨凝灰岩☆ash-fall tuff
灰云☆ash cloud
灰藻☆lime-algae；calcareous algae
灰渣带[煤炭地下气化]☆ash and clinker zone
灰渣排弃作业☆ash removal operation
灰渣石灰地{铺}面☆lime-ash flooring
灰锗矿[$Cu_2(Fe,Zn)GeS_4$;四方]☆briartite
灰正长石☆cottaite
灰汁☆lye；lixivium
灰质簇[珊]☆sclerodermite
灰质带☆stereo-zone
灰质腐泥☆saprocol
灰质腐泥煤岩☆saprocollite
灰质骨骼☆sclerynchyma；sclerynchyme；sclerenchyma；sclerenchyme
灰质核☆kunkur；kankar
灰质加厚带☆stereozone
灰质胶结砂岩☆lime-cemented sandstone
灰质结砾岩☆calcicrete
灰质壳☆hardpan；hard{iron} pan；ortstein；moorband
灰质内墙☆stereotheca
灰质黏土☆adobe (soil;clay)；adobe clay soil
(砂)灰质黏土龟裂土☆adobe soil
灰质体☆sclerite
灰质土壤☆limy soil
灰质物☆stereoplasm
灰质岩☆limerock
灰质淤泥☆caustic lime mud
灰质中柱{轴}[珊]☆stereocolumella
灰中元素☆ash element
灰柱珊瑚属[C_{2-3}]☆Stereostylus
灰铸铁☆gray cast iron；casting pig
灰状土☆spodosol
灰棕壤☆gray brown earth；gray-brown podzolic soil
灰棕色☆grayish brown
灰棕色人☆phaeoderm
灰棕准灰壤☆gray-brown podzolic soil
辉安山岩☆pyroxene andesite
辉安岩☆auganite
辉斑煌长岩☆coppaelite
辉斑混染岩☆glamaigite
辉铋矿[Bi_2S_3;斜方]☆bismuthinite；bismuthine；bismuth glance{sulphide}；wismuthglanz[德]；bismutinite；bismutolamprite；bismutholamprite；bismuthite
辉铋镍矿[为 Ni_3S_4,Bi_2S_3,$CuFeS_2$ 的混合物]☆saynite；grünauite；theophrasite；grunauite；theophrastite；bismuth nickel
辉铋铅钙矿☆beegerite
辉铋铅矿[$PbBi_2S_4$;斜方]☆galenobismut(h)ite；bismutoplagionite；beegerite
辉铋锑矿☆horobetsuite；borobetsuite
辉铋铜矿[$Cu_{10}Bi_{12}S_{23}$;单斜]☆cuprobismutite
辉铋铜铅矿[$PbCuBi_3S_6$；$Pb_3Cu_3Bi_7S_{15}$;斜方]☆lindströmite；lindotromite
辉铋银铅矿[$PbAgBi_3S_6$?;斜方]☆gustavite
辉玻无球粒陨石☆shergottite
辉苍铅矿☆bismuthine；bismuthinite
辉长斑岩☆gabbro-porphyry；gabbrophyre
辉长玢岩☆gabbro(-)porphyrite
辉长苏长结构☆hyperite texture
辉长伟晶岩☆gabbro(-)pegmatite
辉长细岩☆beerbachite
辉长岩☆gabbro；graniton
辉长岩的☆gabbroic
辉长岩化(作用)☆gabbroization
辉长岩类☆gabbride；gabbroite；gabbroid
辉长岩状(的)☆gabbroid
辉赤铁矿[Fe_2O_3]☆spiegel(erz)；spiegeleisen；specular iron
辉磁花斑岩☆valamite
辉碲铋矿[Bi_2TeS_2；Bi_2Te_2S;三方]☆tetradymite；bismuthic tellurium；daphyllite；bismuthotellurite；bornine；eutomite
辉点☆spot
辉度☆brightness；brilliancy；tint；brilliance
辉沸煌岩☆baldite
辉沸石[$NaCa_2Al_5Si_{13}O_{36}•14H_2O$;单斜]☆stilbite；desmine；foresite；foliated{radiated} zeolite；fassaite；cookeite；stibite；garbenstilbite；epidesmine；pyrgom；heulandite；cuccheite；syhedrite{syhadrite} [不纯]
辉沸岩☆tasmanite
辉橄碱二长岩☆sorkedalite
辉橄岩☆pyrolite；augite peridotite
辉汞矿☆onofrite；merkurglanz
辉钴矿[CoAsS]☆cobaltite；cobalt glance；linnaeite；kobaltit；kobaltin；gray cobalt ore；bright white cobalt；kobaltglanz；glance{arsenical} cobalt；cobaltine
辉光☆glow；emitting light；aura [pl.-e]
辉光灯☆glow lamp；aeolight
辉光点燃器☆glow-switch starter
辉光放电☆glow discharge；photoglow
辉光管☆luminotron
辉光特性☆fluorescent characteristic
辉硅钙石☆spurrite
辉褐铁矿☆hyposiderite
辉红铁矾☆erusibite
辉滑石[$MgSiO_3•½H_2O$(近似)]☆vargasite；pyrallolite；wargasite
辉黄白榴岩☆tusculite；vesbite
辉(石)黄(长)白榴岩☆vesbite
辉煌☆glory
辉镓矿☆gallite
辉角页岩相☆pyroxene-hornfels facies
辉矿类☆glance
辉铼铜矿[$CuReS_4$]☆dzhezkazganite
辉沥青☆glance pitch；manjak
辉亮部分☆highlight
辉榴霞长岩☆mestigmerite
辉榴正长岩☆sviatonossite
辉绿斑岩☆diabase-porphyry
辉绿板岩☆memphytic slate
辉绿玢岩☆al(l)govite；diabase-porphyrite；sillite；porfido vedre antico
辉绿充填物☆basimesostasis
辉绿粉岩☆sillite
辉绿橄玄岩☆gallaston basalt
辉绿基斜橄玄岩☆jedburgh basalt
辉绿泥石[$(Mg,Fe^{2+},Al)_6((Si,Al)_4O_{10})(OH)_8$]☆diabantite
辉绿嵌晶[结构]☆poikilophitic
辉绿斜橄玄岩☆jedburgh basalt
辉绿岩☆diabase；dolerite；Db；dibase
辉绿岩状结构☆ophitic texture
辉麦长无球粒陨石☆sherghottite
辉煤☆glossy{peacock} coal；peaw
辉锰矿☆alabandite；glance-blende；manganblende；

H

alabandine
辉木(属)☆Psaronius
辉钼矿[MoS_2;六方]☆molybdenite; molybdenum glance; plumbago; plombagine; molybdaena
辉钼矿-3R[MoS_2;三方]☆molybdenite-3R
辉钼矿化☆molybdenizing
辉镍矿[Ni_3S_4]☆polydymite; beyrichite; theophrastite; nickellinneite
辉片岩☆erlan; erlanfels
辉铅斑铜矿☆galenobornite
辉铅铋矿[$PbS•Bi_2S_3$]☆galenobismut(h)ite; cannizzarite; bismutoplagionite
辉铅矿☆galenoplumbic
辉铅铼矿☆djeskasganite
辉铅铜矿☆cuprobismuthite
辉熔长石无球粒陨石☆shergottite
辉熔长无球粒陨石☆sherghottite
辉熔岩☆raqqaite
辉闪矿物☆lamprite
辉闪石类☆pyribole; pyrobole; pyrabol(e)
辉闪霞煌岩☆tamaraite
辉闪岩☆tebinite
辉闪岩类☆perknite
辉砷钴矿[CoAsS;斜方]☆cobaltite; kobaltit; kobaltin; cobalt glance{gris}; linnaeite; kobaltglanz; bright white cobalt; arsenical{gray;glance;white} cobalt; cobaltine
辉砷镍矿[NiAsS;等轴]☆gersdorffite; amoibite; nickel glance; plessite; stirian; dobschauite; disomose; tombazite; dobachauite
辉砷铜矿[CuAsS;斜方]☆lautite
辉砷银铅矿[$Pb_6(Ag,Cu)_2As_4S_{13}$;单斜]☆lengenbachite; jentschite
辉石[$W_{1-x}(X,Y)_{1+x}Z_2O_6$,其中,$W=Ca^{2+},Na^+$;$X=Mg^{2+},Fe^{2+},Mn^{2+},Ni^{2+},Li^+$;$Y=Al^{3+},Fe^{3+},Cr^{3+},Ti^{3+}$;$Z=Si^{4+},Al^{3+}$; x=0～1]☆augite; pyroxene; pyroxen(ite); basaltine; volcanite; octobolite; porricin; porrizin; pentaklasit; pentaclasite; schorl noir[法]
辉石斑岩☆augitophyre
辉石变纤闪石☆pal(a)eo-uralite
辉石的☆augitic; basaltine
辉石滑石☆rensselaerite
辉石黄长石岩☆uncompahgrite
辉石假象滑石☆hortonite
辉石-角闪石橄榄岩☆pyroxene-hornblende-peridotite
辉石榴石连晶☆griquaite
辉石钠长石伟晶岩☆augite albite pegmatite
辉石熔岩☆raqqaite
辉石-钛铁矿转变☆pyroxene-ilmenite transition
辉石相阳起石☆green diallage
辉石形块滑石☆strakonitzite
辉石型阳起石☆smaragdite
辉石岩☆pyroxen(ol)ite; augitite
辉石岩的☆pyroxenic
辉石岩类[野外用]☆pyroxenide
辉石云斜岩☆aiounite
辉石状滑石☆hortonite
辉苏闪长岩☆hyperite-diorite
辉铊矿[Tl_2S;三方]☆carlinite
辉锑铋矿☆horobetsuite
辉锑钴矿[(Co,Ni)SbS;单斜?]☆willyamite
辉锑矿[Sb_2S_3;斜方]☆stibnite; antimonite; antimony glance{sulphide}; gray antimony (ore); stibium[拉]; allcharite; platyophthalmite; lupus metallorum; grey antimony (ore); federerz{zundererz}[德]; feather ore; stibine; alcohol; antimony; platyophthalmon; stibi
辉锑镍矿[NiSbS;三斜]☆ullmannite
辉锑镍矿(晶)组[23 晶组]☆ullmannite type
辉锑铅矿[$Pb_4Sb_{14}S_{27}$; $Pb_6Sb_{14}S_{27}$;六方]☆zin(c)kenite; meneghinite; keeleyite
辉锑铅银矿[$Pb_2Ag_3Sb_3S_8$;单斜]☆diaphorite; ultrabasite
辉锑铁矿[$FeS•Sb_2S_3$;$FeSb_2S_4$]☆berthierite; chazellite; martourite
辉锑铜矿[Cu_3SbS_3]☆falkenhaynite
辉锑铜银铅矿[$Pb_4Ag_3CuSb_{12}S_{24}$;单斜、假斜方]☆nakaseite
辉锑锡铅矿[$Pb_5Sn_3Sb_2S_{14}$;三斜]☆franckeite; frankeite; lepidolamprite; llicteria
辉锑银矿[$AgSbS_2$;单斜]☆miargyrite; kenngottite; ruby blende; hypergyrite; hypargyrite; hypargyronblende; rubinblende; myargyrite
辉锑银铅矿[$Ag_2S•3PbS•3Sb_2S_3$; $PbAgSb_3S_6$;斜方]☆ramdohrite; fyzelyite; fizelyite; ultrabasite
辉铁橄榄岩☆koswite
辉铁矿☆iron glance
辉铁铊矿[$TlFe_2S_3$;斜方]☆picotpaulite
辉铁锑矿[$FeS•Sb_2S_3$;斜方]☆berthierite; ang(e)lardite; haidingerite; eisenantimonglanz; martourite; chazellite
辉铜铋矿[$CuBiS_2$]☆cuprobismut(h)ite
辉铜矾☆vitreous copper
辉铜矿[Cu_2S;单斜]☆chalcocite; chalcosine; copper glance; glance copper; chalcosite; vitreous copper (ore); cupreine; cyprite; kuprein; kupferglaserz; kupferglanz; kopparmalm; kopparglas; redruthite; vitreous copper; β-chalcocite; low-chalcocite; coperite
α辉铜矿☆alpha-chalcocite; digenite
β辉铜矿[在高于103℃的条件下形成; Cu_2S]☆beta- chalcocite
辉铜矿化(作用)☆chalcocitization
辉铜铼矿[$CuReS_4$]☆dzhezkazganite; dscheskasganite; djeskasganite
辉铜铅铋矿☆rezoanyite
辉铜锑矿[$CuSbS_2$]☆chalcostibite
辉铜银矿[$(AgCu)_2S$,含Cu约14%的辉银矿;四方]☆jalpaite
辉纹长二长岩☆pyroxene mangerite
辉钨矿[WS_2;六方]☆tungstenite
辉钨矿-3R[WS_2;三方]☆tungstenite-3R
辉硒铋铜铅矿[$Pb_3CuBi_7S_{10}Se_4$;单斜]☆nordströmite
辉硒铋铅矿[$PbBi_2(S,Se)_4$]☆weibullite
辉硒银矿[Ag_4SeS;$Ag_2(S,Se)$;斜方]☆aguilarite
辉霞斑岩☆ampasimenite
辉线☆bright line
辉斜玢岩☆allgovite; algovite
辉斜岩(类)☆algovite
辉榍流霞正长岩☆assyntite
辉岩☆pyroxen(ol)ite; pyrozenite
辉耀光泽☆shining luster
辉叶石[$(Na,K)(Mn,Fe^{2+},Al)_5(Si,Al)_6O_{15}(OH)_5•2H_2O$;单斜]☆ganophyllite; manganzeolith
辉银矿[Ag_2S;等轴]☆argentite; argyrose; vitreous silver; argyrite; henkelite; silver glance
α辉银矿[Ag_2S]☆alpha-argentite
β辉银矿[在高于179℃的条件下形成; Ag_2S]☆beta-argentite
辉银铜锑矿[$Pb_4Ag_3CuSb_{12}S_{24}$]☆nakaseite
辉银锑锗矿[$28PbS•11Ag_2S•3GeS_2•2Sb_2S_3$; $28(Pb,Fe)S•11(Ag,Cu)_2S•3GeS_2•2Sb_2S_3$]☆ultrabasite
辉银锑铅锗矿☆ultrabasite
辉英安岩☆pyroxene-dacite
辉英斑岩☆pyroxene quartz porphyry
辉云碱煌岩☆damkjernite
辉云斜岩☆aiounite
徽章☆ensign; badge; medal
恢电臂☆feed arm
恢复☆restoration; initialization; recovery; resumption; rehabilitation; retrieve; resume; reconstruction; refresh; recovering; renew; return; recover (regain); revive; reinstate; buildup; revivification; restitution; retrieval; recuperation; renewal; recall; reversion; recuperate; reconstitute; recapture; refreshment[精力或精神]; heal
恢复操作信号☆enabling signal
恢复到应有尺寸☆resizing
恢复到中心位置☆recentralizing
恢复的☆resilient
恢复地层压力工作剂☆repressuring medium
恢复费☆renewal cost
恢复工作☆resumption of work; recovery work
恢复过程☆rejuvenation
恢复活性☆reactivation
恢复极性信号☆restored polar signal
恢复剂☆restorer
恢复力☆buoyancy; buoyance; restoring force; resilience
恢复力矩☆countermoment
恢复能力☆recuperability
恢复平稳[船等]☆right
恢复期病人☆convalescent
恢复潜移☆creep of recovery
恢复青春☆greening
恢复生产☆put back on production
恢复时间☆healing{recovery;release} time
恢复水头☆recovering head
恢复系数☆coefficient of restitution
恢复信号☆restoring signal
恢复性修理☆thorough repair
恢复循环☆break circulation
恢复压力☆build-up pressure; repressuring
恢复应力☆restress
恢复原态(的)岩芯☆restored-state core
恢复原状☆involute; reconversion; undo
恢复原状技术☆restored-state technique
恢复正常灵敏度☆decoherence
恢复植被☆revegetation
恢复注水能力{驱油}☆revitalizing waterflood

huí

茴香醚☆anisole
茴香脑[$CH_3CH:CHC_6H_4OCH_3$]☆anethole
回☆circum-; chapter; chap.; time; round
回摆晶体法☆oscillating-crystal method
回摆图☆oscillation photograph
回爆☆popping
回爆发动机启动☆back kick
(船舶)回本国的☆inbound
回避☆bypass
回避反应实验☆avoidance reaction experiment
回波☆back(ward){echo;return;retonation} wave; echo; return (echo); doubling effect; blip; BW
回波测距☆echo ranging; ER
回波测深☆(depth) echo sounding; reflection sounding
回波计☆echometer
回波勘定器☆echo locator
回波脉冲☆echo-pulse; echo impulse; return pulse
回波起伏☆glint
回波强度指示器☆echo-strength indicator
回波特性☆echoing characteristics
回波图像☆echo-image
回波信号抑制☆echo suppression
回波振荡☆back oscillation
回步[海上地震定位]☆stepback
回采☆extraction; get; win; stope; cut-back; free-working; stoping; withdrawing; withdrawal; work away; beat; drawing-back; draw(ing); actual mining beat; recovery; back production; back-stoping
回采的矿石☆withdrawn ore
回采硐室☆opening
回采方式☆system of working
回采方向☆direction of working{extraction}
回采房矿☆winning bord
回采分层☆sublayer
回采工☆stoper; stope miner
回采工艺☆ore winning technology
回采工作☆stoping; robbing work; face operation; actual mining
回采工作面采煤损失☆coal-face extraction losses
回采工作面的工作☆bank work
回采工作面上壁{部梯段}☆stope {-}back
回采工作面上部梯段片层爆破炮眼☆back-slabbing hole
回采工作面支护{架}☆stope support
回采巷道☆actual mining roadway; breakage heading; extraction opening; stope drift active workings; stoping excavation{drift}; drawing road{roadway}
回采厚度☆working thickness; stoping width
回采空间☆free-working; excavation
回采矿房☆extraction chamber; rooting; rooming; winning bord
回采矿量☆visible ore reserve
回采矿量变动☆variation of extraction reserves
回采矿{煤}柱☆pillaring; rob; pull; robbery; second mining; harrie; third mining; abstraction of pillar; pulling back; pillar drawing{extracting;removal; robbing}; winning{drawing;robbing} pillar; draw; stooping; stumping pillar taking; splitting pillars; dropping of pillars; stump pulling{recovery; extraction;drawing}; stumping; herrie; getting coal pillar; winning{drawing; robbing; pulling;bring-back} pillar; back pulling; posting; pillar extracting {robbing; drawing; pulling;taking}; drainage (back) a pillar; whole working; drainage a jud(d)
回采率☆recovery (value;rate;fraction); coefficient {percentage} of recovery; proportion{degree} of extraction; extraction ratio{percentage}; (percentage) extraction; rate of recovery{withdrawal}; recovery

ratio[取样]；ore{coal} recovery
回采率值☆recovery value
回采煤带☆following-up bank
回采煤房☆winning bord；rooming
回采面井筒间维修工长☆back-bye deputy
回采平巷☆extraction gallery{drift}；stope{stoping} drift；drawing road(way)；gate road；production {mining} heading；actual mining roadway；level gallery
回采区段☆block of stoping ground
回采区矿石试金图☆stope assay plan
(由)回采区通主巷的运输巷道☆stall roadway
回采区小型风动绞车☆stope hoist
回采区用风钻[小架式]☆waughammer{stope(r)} drill
回采区自产充填料☆own filling material
回采上部分层☆drop
回采水平☆extracting{stoping;production} level
回采梯段☆lift
回采梯段前壁☆face of stope
回采用凿岩机☆waugh hammer
回采凿岩☆production-hole drilling
回采中心(点)☆center (point) of extraction
回测☆reverse running
回产油砂层☆productive sand
回潮☆damping；resurgence；reversion；moisture regain
回车☆carriage return；CR
回车按钮☆carriage-return button
回车场☆turnaround
回车道☆roundabout；circuit；turnaround (circuit)
回撤用工具☆withdrawer
回程☆return (trip)；retrace；back swing{motion}；return{recoil;back(ward)} stroke；reverse drive
(返)回(行)程☆backstroke
回程端托辊站☆idler station of return side
回程段胶带☆bottom belt
回程改向折返终端☆terminal return end
回程托辊☆return idlers
回程拖运☆back haul
回程用弹簧☆retracting spring
回程油缸☆draw back cylinder
回程运费☆home freight
回冲☆backwash(ing)；backsurging
回传☆feedback
回吹(气)☆blowback
回吹阶段☆back-flush phase
回春☆rejuvenation；rejuvenescence；return of spring；bring back to life；rejuvenate
回春地台☆rejuvenated platform
回春地形☆revived forms
回磁比☆gyromagnetic ratio
回次[钻探]☆trip；roundtrip
回次进尺☆footage per round trip；run
回次提取岩芯长度☆pull length
回次钻速☆rate of round trip
回答☆answer；ans.；reply；ANS；respond；response
回答器☆responser；responder
回答信号☆echo；answerback；recall{receipt;inverse;answer} signal；call-back；answer back
回代☆back substitution
回荡☆resound；reverberate；swirl
回到零位☆reset
回到中心位置☆recenter
回的☆circular；cir
回电击☆return stroke
回动☆drop out；reverse motion
回动(的)☆reversing
回动弹簧☆return spring
回动弹簧回程弹簧☆backspring
回动头☆reverse head
回动止杆☆reverse stop
回动装置☆reverse (gear)；kicker；reversing gear
回堵[井底注水泥，防止涌水]☆plug-back；plug(ging) back；P.B.
回堵后的井底{|水泥面}深度☆plugged back total bottom{|depth}
回返☆inversion；reversion
回返温度☆return temperature
回放☆playback
回放中心☆play back center
回风☆air return；outgoing{upcast;return} air；return current；backdraft；backdraught
回风大巷☆main return way；main ventilation opening
回风道☆air return way；bleeder[房柱式采煤]；foul air flue；outtake；waste；outlet；upcast workings；return {-}air course；return ((air)way;opening;passage)；air-end way；top road
回风管☆exhaust ventilation pipe
回风巷☆return (airway)；top gate
回风巷道☆foul air flue；bleeder；outtake；return (opening;passage;(air)way;heading;aircourse)；return air course；tailgate
回风井☆upcast shaft{pit}；(return-air) raise；discharge air shaft；outlet{return} shaft
回风井上的出风筒[增加风量用]☆lum
回风口☆outlet opening
回风平巷☆tail gate；counterhead；off-take gallery；return tunnel；tailgate
回覆式☆laid back
回复☆restore；back；reflex；reply；reply to a letter；return to normal state；feedfack；retro-
回复变异☆reversion
回复力臂☆arm{lever} of stability；righting {stability} arm
回复频率☆recurrence frequency
回复稳定状态的时间☆recovery time
回复信号发送装置☆repeat-back
回复原位☆homing；home
回购价☆buy-back price
回顾☆review；retrace；retrospect
回拐面☆inflection surface
回拐线☆line of inflection
回管☆return pipe
回管系统☆loop system
回灌☆reinjection；recharge；artificial{water} recharge；reentry；replenishment
回灌井☆reinjection {inverted; injection; recharge; disposal} well；reinjector
回灌井的受水能力☆capacity of reinjection well
回灌流体☆returning fluid
回灌率☆reinjectivity
回灌水☆injectate；recharge water
(用)回光通信机(传达信号)☆heliograph
回光信号☆heliogram
回归[统]☆regress(ion)
回归潮☆tropic tide
回归方程的(独立)变量☆regressor
回归方程中的从属变量☆regressand
回归分析☆regression(-type) analysis
回归故土的人☆remigrant
回归年☆tropical year
回归水☆returning{return} water；water return
回归凸轮☆return cam
回归习性☆homing behavior
回归系数☆regression coefficient
回归线☆line of regression；tropic；regression line
回归线下的☆tropical
回归现象☆dehardening
回归因子☆regressor
回归值☆regressand
回国的☆home bound
回过头☆overlay start
回火☆temper(ing)；drawback；flare{drainage} back；drawing-back；draw(ing)；flareback；back fire；backfire；flashback{flareback back fire} [氧炔吹管等的火焰向反方向燃烧，常引起事故]
回火爆炸☆back draft
回火的☆temp；tempered
回火屈氏体☆temper troostite
回火色☆temper (drawing) color；hot-tinting；heat color；oxidation tint；letting tints；temper colour
回火色泽☆blu(e)ing
回火温度☆draw temperature
回火性☆drawability
回火硬度☆tempered-hardness
回火应力☆temper-stressing；tempering stress
回溅☆backwash
回降放射性微粒☆fallout radioactive materials
回叫信号☆call-back (signal)
回接☆tie back
回接工具☆tieback tool
回接连接座☆tie-back receptacle
回接密封喷嘴{短节}☆tie-back sealing nipple
回接凸缘短节☆tie-back spool
回卷☆backwash；backrush；undertow
回孔设计☆casing program(me)
回空☆backhaul
回空段[输送机]☆return{empty} strand；return run
回空段圆盘式托辊[胶带输送机]☆disc return idler
回空滚筒☆loose drum
回扣☆kickback
回扩散☆back diffusion
回廊☆corridor
回浪极限☆limit of backrush{backwash}
回礼☆recompense
回链槽☆unloading trough
回料搅拌机[胶]☆waste dissolver
回磷☆phosphorus kick-back；rephosphoration
回铃信号☆backward signalling
回流☆back(-)flow；backwash；reflow(ing)；return current{flow;streamer}；flow(-)back；back(-)water；reflux；recirculation；backward{reversed;upward} flow；backrush；drainback；reentry；undertow
回流泵送☆reverse pumping
回流比☆reflux ratio；RR
回流层☆backset bed
回流抽提法☆countercurrent extraction
回流管线☆excess-oil return line
回流式燃烧室☆reverse-flow can type combustor；return flow combustion chamber
回流速度控制室☆exhaust speed controller
回流稳定塔☆reflux stabilizer
回流污泥☆returned sludge
回流烟气管☆recoup gas tube
回流油品☆recycle product
回流蒸馏☆cohobation
回流钻液☆returning fluid；return water
回流作用☆refluxing
(制冷用)回笼间☆anteroom
回炉渣☆return slag
回路☆(mesh) circuit；(open) loop；closed grinding circuit；return (passage;circuit)；chain；contour；RTN
回路电流法☆cyclic current method
回路分析☆loop analysis
回路失调☆stagger
回路系数☆looping coefficient
回录☆play-back
回轮[无极绳运输]☆return wheel
回落☆fallback；fall after a rise
回落爆发碎屑[火山]☆fallback
回落冲击碎屑[陨坑]☆fallback
回描☆(sweep) retrace
回挠[板块]☆flip
回能☆resilience
回黏性[漆膜缺陷]☆after tack(iness)
回气☆air return
回气管尾管☆muffler tail pipe
回曲☆inflection
回燃☆backflash；strile-back
回绕管☆bypass
回热加热☆recuperative heating
回热炉☆muffle{regenerative} furnace
回热器☆regenerator
回热室☆regenerative chamber
回热式燃气轮机☆gas turbine with regenerator
回热式热交换器☆recuperative heat exchanger
回热循环☆heatexchanger{regenerative} cycle
回热循环燃气轮机☆regenerative cycle gas turbine
回熔☆meltback
回扫(描)☆flyback (retrace)；return trace
回砂☆sand sweeping
回闪流☆return streamer
回射☆retroflexion；retroreflection
回射器☆retroreflector；retroflector
回声☆(returning) echo；resonance；repercussion；replication
回声测井[探测地下盐层内空洞的设备]☆echo-log
回声测距与测深综合系统☆combined {-}echo ranging and echo sounding；CERES
回声测深(法)☆echo (depth) sounding；ES；acoustic depth sounding；echo-fathom
回声测深信号☆sonic depth signal
回声测深仪发出信号☆outgoing signal
回声测液面仪☆sonic fluid-level sounder
回声(的)回响{反射}☆reecho
回声-混响比☆echo-reverberation ratio
回声勘定☆echolocation
回声勘定器☆echo locator
回声勘探☆exploration by echoes
回声频谱因数☆echo spectrum factor

回声探测(法)☆echo-sounding; reflection sounding; acoustic sounding; exploration by echos
回声图(谱)☆echogram
回声现象☆echoing
回声寻[换算成英寻的声波传播时间]☆echo-fathom
回声仪☆echo sounder; echograph; sounding device; echo liquid level instrument
回声再发装置☆echo repeater unit
回声自记图☆echogram
回绳☆feed rope
回绳尾轮☆return wheel
回视☆backsight
回收☆reclamation; recover(y); recuperation; draw back; withdrawal; withdrawing; drawing-off[坑木]; reclaim(ing); retrieve; salvage; buyback; regain; restore; return; recycle; restoration; recuperate
(从废金刚石取芯钻头)回收(金刚石)☆cutout
回收车间[处理尾矿]☆reclamation plant
回收的☆returned; secondary; breaking-off; ret.
回收的采出水☆reclaimed produced water
回收拱形钢支架的起重机☆arch lifter
回收管☆TFL; through flow line; through flowline
回收价值☆recoverable value
回收金刚石镶嵌的钻头☆reset (diamond) bit
回收井☆recovery well
回收坑木☆reclaiming{reclaimed;claiming} timber; taking of prop; prop taking{pulling}; timber removal {removing;extraction;withdrawing;reclaiming}
回收孔☆withdrawal hole
回收利用☆reutilization
回收率☆yield; rate of recovery{return;withdrawal; reclamation}; extraction ratio{percentage}; recovery (percent;value;rate;ore;ratio;percent); recoverability; degree{proportion} of extraction; percentage extraction; coefficient{efficiency} of recovery; returns-ratio[物勘工作投资]; yld; y.
回收率值☆recovery value
回收煤柱☆rob; abstraction of pillar; drainage (back) a pillar
回收煤柱工长☆pillar{rib} boss
回收密封暗盒☆reentry capsule
回收(率)内标☆internal yield standard
回收期☆payback period
回收期倒数法☆pay back reciprocal method
回收期法☆payback method
回收器☆withdrawer; saver
回收气☆gassing
回收水☆reclaimed water
回收银☆desilverizing
回收用设备☆recovery equipment
回收釉☆recovered{waste} enamel glaze
回收余热☆recovering waste heat
回收支架☆drawing timber
回收支柱☆taking of props; rob; strike; draw props
回收支柱用环链☆release link
回收装置☆absorption plant
回收作业☆recovery operation; RO
回授☆flyback; feed back; back coupling {feed}; FB
回授电路☆feedback loop; beta circuit; feed back circuit
回授系数☆reaction coefficient
回授线圈☆feedback coil; tickler
回授消除☆antireaction
回输☆refusion
回输系统自动化☆feedback-system automation
回水☆return(ing){back;reused;dammed} water; wet return; back(-)water; drainback; ascent; damming
回水池☆reclaiming tank
回水排放☆discharge of drilling water
回送检查☆loop back test
回送检验☆echo check(ing)
回送脉冲☆revertive pulse
回溯到☆data back to
回缩刮板式装载机[长壁面]☆retracting-flight loader
回缩器☆retractor
回缩性☆nerve
回弹☆resilience; rebound(ing); springback; bounce; resiliency; rebounded; snapping back[钻杆卸开时]
回弹的☆resilient
回弹理论☆elastic rebound theory
回弹模量☆modulus of resilience; rebound modulus
回弹模量试验☆modulus of resilience test
回弹系数☆coefficient of resilience
回弹效应☆bounce-back{spring-back} effect
回弹仪☆rebound hammer{apparatus}; sclerometer
回弹指数☆swelling{expansion} index
回填☆back(-)fill(ing); backing; tamping at the coyote blasting; back-packing; refilling; plug-back
回填工程☆resoiling
回填机☆backfiller; back filler
回填土☆backfill(ing); earth backing; back filler; backing (earth)
回填土{料}☆backfill
回挑☆back-slabbing
回跳☆rebound; bounce-back; spring
回跳硬度☆scleroscope{scleroscopic;rebound;Shore} hardness; SH
回头螺栓☆button head bolt
回图☆circle vector diagram
回土机☆back filler
回推泥土☆blading back of earth
回弯头☆return elbow; close return bend; tube turn
回位☆return
回纹(饰)☆fret
回纹饰面泉华体☆fretted sinter
回纹饰泉华垣☆fretted rim
回纹岩层☆fretted terrain
回吸☆resorption
回洗☆backwash(ing); crossover circulation; return flush; backflush
回线☆return wire{conductor}; loop (circuit); schort; kink; channel[示波器]
回线试验☆go-and-return test
回线中心频率感应测深(法)[电磁勘探]☆central induction sounding
回想☆afterthought; retrospect; recall
回响☆roar; reply; resonant; reverberatory
回形无线电航标☆circular radiobeacon
回形针☆clip
回行段☆return strand
回行装置☆return{reverse} gear
回性砂☆tempering sand
回修☆rehandling
回旋☆involution; convolution; gyre; troll; circle round; manoeuvre; room for manoeuvre
回旋虫属[孔虫;P-Q]☆Meandrospira
回旋刀架☆swivelling tool post
回旋的☆gyral; convolutional
回旋共振☆cyclotron resonance
回旋粒析器☆cyclosizer
回旋频率☆Lamor frequency
回旋曲线☆clothoid
(船与灯塔之间的)回旋余地☆berth
回旋状[双壳]☆spirogyrate
回讯☆return signal
回压☆back{uplift} pressure; BP; back-pressure
回压冲洗☆backsurge; back pressure washing
回压阀☆check valve; BPV; back pressure valve
回压凡尔☆back pressure valve; BPV; inverted valve
回压控制自喷井☆well flowing under back pressure control
回压试井☆back pressure test; four point test; open-flow potential test; OFPT
回压钻进☆drilling under pressure
回演☆playback
回焰锅炉☆return-tube boiler
回叶式(立体)交叉☆cloverleaf
回忆☆recollection; remembrance
回音☆echo; reply; turn
回应模型☆response model
回应者☆normalin
回用废渣☆reclaimed spoil
回用水池☆reuse water pond
回油☆replenishment; recharge
回油泵☆oil scavenger pump; dump pump
回油管☆scavenge pipe
回油管路☆returnline
回油活门☆bypass
回油节流回路☆meter-out circuit
回油器☆oil scavenger
回游☆migration
回游性鱼☆migrating fish
回游种☆migratory species
回运☆backhaul
回照器☆heliotrope
回折点☆inflection point
回折反挠☆contraflexure
回滞模量☆hysteresis modulus
回柱☆prop drawing{pulling}; barrel; prop-pulling; draw up; recovery of pit prop
回柱班☆prop-drawing shift
回柱工☆prop retriever{withdrawer;drawer}; pack drawer
回柱机☆(post) puller; drawing hoist; pull-jack; prop withdrawer{puller;retriever;drawer}; timber puller; pole-and-chain; pulling machine{jack}; sylvester; extractor jack; ringer-and-chain
回柱绞车☆drawing{prop-pulling} hoist; swapping winch; post puller{withdrawer}
回柱平巷☆roadway in course of withdrawal
回柱器☆sylvester; pout; timber drawer; extractor jack
回柱器链☆sylvester chain
回柱稳车☆winch for pulling out props
回柱装置☆retraction{withdrawing} device
回注☆reinjection[油]; recycle; backfilling; recycling
回注比☆recirculating ratio
回注氮气装置☆nitrogen reinjection unit; NRU
回注的☆recirculating; reflooded
回注管☆back filler; backfiller[井口泥浆的]
回注井☆recharge{reinjection} well
回注气☆recirculated{recycle} gas
回注气量☆gas cycling volume
回注水量☆reinjectivity
回注速率☆reinjection rate; rate of reinjection
回转抄板干燥器{机}☆rotary louvre drier
回转冲击式钻机钻车☆rotary percussion drill jumbo
回转地带☆turn strip
(跳汰机)回转风阀☆rotary air valve
回转供水接头☆water swivel
回转器回旋器☆gyroscope
回转型干燥机☆rotary drier
回转窑式干燥机☆rotary-kiln dryer
回转窑铁矿处理法☆Basset process
回转中心☆return center
回转转向☆slew-steering
回转钻进钻头☆rotary bit
回转☆whirl; gyration; gyrate; circumgyration; angulation; circle; swing; change of direction; slew; turn (round); slue; revolution; swivel; circumgyrate; turnback; gyro-
回转(的)☆slewing
回转板(式选)矿机☆longdal log washer
回转半径☆radius of gyration; turning radius
回转泵☆gerotor{rotor} pump; rotary type pump
回转扁圆体☆spheriod
回转波☆bow tie
回转冲击式联合钻机☆combination rig
回转冲击凿岩台车☆rotary-percussion drill jumbo
回转磁比☆gyromagnetic ratio
回转磁学☆gyromagnetics
回转带式流{溜}槽☆gyrating vanner
回转单照仪☆gyroscopic single shot
回转导叶☆hinged guide bit
回转的☆gyroscopic; gyratory; rotative; gyroidal; rotary
回转地磁论☆gyromagnetic theory
回转法打眼☆borehole drilling
回转高压胶管☆rotary hose
回转机构☆revolving{swinging;slewing} gear; swinger line; swing(ing) mechanism
回转机构的电动机[挖掘机]☆rotating{slewing; swing} motor
回转机构制动器☆slewing gear brake
回转计☆cyclometer
回转件(指示器)☆cursor
回转角☆swing{swivel(l)ing} angle; angle of rotation
回转进刀{给}☆circular feed
回转栏☆turnstile
回转轮☆gyrostat; turn pulley
回转轮式岩芯定位仪☆gyrostatic core orientator
回转(式)罗盘☆gyro(-)compass; gyroscopic {gyrostatic} compass
回转模☆mould rotation
回转磨石☆runner mill
回转炮塔☆tourelle
回转频率☆gyro-frequency
回转器☆gyroscope; gyrator; gyrotor; circulator
回转器轴☆gyroaxis

回转球☆gyroshere
回转筛筒破碎机[破碎煤炭]☆rotary breaker
回转杓☆rotoscoop
回转时间☆turn-round
回转矢(量)☆gyration vector
回转式火力穿孔机☆rotary-piercing drill
回转式倾斜计☆gyroclinometer
回转式湿矿取样机☆rotary wet-pulp sampler
回转式压瓦机☆rotary tile press
回转式岩芯管钻粒钻机☆calyx (shot) drill
回转试验☆circle test
回转式摇矸台☆revolving picking table
回转式凿岩法☆rotary system (of drilling)
回转水槽防摇装置☆gyro and fume stabilizer
回转速度☆rotating{swing} speed; speed of rotation
回转台式喷砂机☆rotary table sand blasting machine
回转体☆tumbling body; solid of revolution; gyrorotor
回转筒☆shaft screen
回转头☆(rotating) turret
回转椭(圆)面☆ellipsoid of revolution
回转尾轮☆castor; caster
回转形破碎机☆rotary crusher
回转性能☆dirigibility
回转窑产品☆run-of-kiln product
回转窑用耐火砖☆rotary kiln brick
回转仪☆gyroscope; gyro; gyrostat
回转圆形淘汰盘淘洗☆buddle
回转运动☆circumgyration; gyroscopic motion
回转支☆reverse branch
回转轴☆gyro-axle; pivot{gyro;revolving} shaft; center pintle; gyroaxis
回转爪☆rotary pawl; catch hook
回转装置☆return device; turning gear; lifting finder; cant
回转阻尼☆gyrodamping
回转钻☆abrasion drill
回转作用☆gyroscopic action
廻弯头☆close return bend
洄水☆water return
洄游于海水和淡水中的[鱼类]☆diadromous

huǐ

虺龙☆Dolichosoma; Bitter dragon
毁坏☆eversion; disrupt; catastrophe; collapse; ruin; depredation; ruination; wreckage; fragmentation; destroy; damage
毁坏火山☆lost volcano
毁坏力☆disrupture force
毁坏器☆destructor
毁坏性点蚀☆destructive pitting
毁机安全性☆crash safety
毁林[垦田]☆disforest
毁林线☆trimline
毁灭☆destruction; doom; confusion; fate; wreck; perdition; ruination; destroy; exterminate
毁灭的原因☆destruction
毁灭火山☆lost volcano
毁灭性地震☆ruinous earthquake{shock}; destructive earthquake
毁灭鱼属[K]☆Portheus
毁损(物)☆defacement
毁约☆breake an agreement
悔过的☆penitent
悔悟者{罪的}☆penitente

huì

彗差[光]☆coma{comatic} aberration
彗发☆coma; cometary luminosity
彗核☆cometary nucleus
彗头☆head of comet; cometary head
彗尾☆tail of comet; cometary tail
彗星☆comet
彗星尘尾☆dust tail
彗星冲击☆cometary impact
彗星虫属[三叶;O_2-S]☆Encrinurus
彗星群☆group of comets; comet group
彗星志☆cometography
彗星族☆family of comets
彗形像差散射图形☆coma scattering pattern
彗状星云☆comet-shaped{cometary} nebula
惠比寿铅矿☆bismuthine; bismuthinite
惠尔科茨(双晶)律☆Wheal Coates law
惠更斯作图法☆Huygenian construction
惠勒(阶)[北美;N_2]☆Wheelerian
惠勒尔盘☆Wheeler pan
惠山泥塑☆Huishan clay figures,a kind of coloured sculpture made in Wuxi[无锡],Jiangsu Province
惠氏螺纹☆Whitworth thread
惠斯通凿孔机☆Wheatstone perforator
惠司登电桥☆Wheatston bridge
惠特比(阶)[英;J_1]☆Whitbian (stage)
惠特尼阶[E_3]☆Whitneyan stage
晦暗☆eclipse; tarnish
晦暗冰☆opaque ice
晦的☆obscurus
晦陨石☆sphenomite; sphenomatite
喙☆umbone; mandible
喙板[三叶]☆rostral plate
喙部[昆]☆proboscis
喙部化石☆rhyncholite; rhincholite
喙部腔☆umbonal cavity
喙刺大孢属[C_2]☆Colisporites
喙的☆rostral
喙顶控[腕]☆apical cavity
喙骨☆coracoid; os coracoideum
喙脊☆beak ridge; rostral carina
喙甲☆nail
喙尖[腕]☆apex [pl.apices]
喙肩胛骨☆coracoscapula
喙交角[腕]☆beak angle
喙角☆rostral angle
喙节☆rostrate segment
喙壳类[软]☆Rostroconchid
喙裂☆gap
喙龙科的☆rhynchosaur
喙龙类☆rhynchosaurs
喙{头}龙(属)[T]☆Rhynchosaurus
喙螺属[E-Q]☆Rostellaria
喙片☆rostral (plate)
喙腔[腕]☆umbonal chamber
喙切迹[介]☆rostral incisure
喙头鳄属[T_3]☆Sphenosuchus
喙头目[爬]☆rhynchocephalia
喙头蜥(属)[Q]☆Sphenodon
喙突☆coracoides
喙突窝☆coronid fossa
喙线☆rostral suture
喙状骨☆coracoid
喙嘴龙(属)☆Rhamphorhynchus
喙嘴象属[N-Q]☆Rhynchotherium
秽臭气☆fouling gas
秽气☆noxious gases; stink; bad{offensive} smell
会☆society; fellowship; council; tend to; soc
会报☆bulletin; transactions; proceedings; trans.; bul.; proc; bull.
会缠绕的植物☆winder
会产生酸渣的原油[酸化]☆sludge-forming oil
会长☆chairman; chair
会反射的☆specular
会费☆fee
会合☆conjunction[天体]; close; catch-up[轨道交会]; concrescence[原肠口]
会合点☆junction; point of junction
会合对接[太空船]☆docking
会合双晶☆synneusis twin
会合周☆synodic revolution
会话型系统☆conversational system
会见☆meeting; mtg.; audience
会晶格☆layer lattice
会聚☆converge(nce); assemble; converging; flock together; convergency; convergent
会聚的☆vergent
会聚电流☆focusing current
会聚电流测井☆focused current log; guard-electrode log(ging)
会聚角☆convergence{convergent} angle
会聚倾角等方位线☆convergent dip isogons
会聚式构造☆convergent type of structure
会聚束电子衍射☆convergent beam electron diffraction; CBED
会聚型板块边界☆destructive plate boundary
会刊☆transaction; bulletin; trans; bull.; bul.
会客室☆parlor; parlour
会面☆interview
会期☆sitting
会签☆counter-sign; countersign
会切点☆cusp
会让线☆passing track
会让站☆meeting station
会溶点☆critical solution point; consolute point
会溶温度☆consolute temperature
会生矿物☆synantectic mineral
会(收)缩的☆shrinkable; contractible
会谈☆parley; converse; talk
会堂☆hall
会突燃的☆deflagrable
会议☆meeting; mtg.; conference; convention; conf; session; sitting; congress[正式]
会议的☆synodical
会议(记)录☆minutes; proceedings
会议室☆chamber
会议讨论☆panel discussion
会议桌☆board
会员☆member; mem
会员资格☆membership; fellowship
会战☆battle
会址☆institution; institute
浍砷铀云母[$(UO_2)_3(AsO_4)_2\cdot 12H_2O$; 四方?]☆tro(e)gerite
浍铁矾☆hydroniojarosite; carphosiderite
汇☆congruence
汇报☆debrief; consolidated return; report(ing)
汇编☆compilation; assembly; assemble; thesaurus [pl.-ri,-es]; ASSEM
汇单☆order; O.
汇点☆sink (point;node); point-sink
汇点函数☆sink function
汇兑☆currency exchange; transfer; trs
汇费在内的到岸价(格)☆cost,insurance,freight and exchange; CIFE
汇付☆remittance
汇合☆joinder; inosculation; fusion; converge(ncy); confluence; convergence; conflux; concourse
汇合冰川☆apposed glacier
汇合处[河流]☆junction
汇合(流)处☆confluence
汇合的☆concurrent
汇合点☆junction; meeting; aber
汇合流量☆aggregate discharge
汇划银行☆Giro banks
汇集☆influx; integrate; funnel; digest; omnibus volume; collect; compile; come together; converge; assemble
汇集的油品☆pooled products
汇集地☆catchment basin
汇集矩阵☆assembly matrix
汇集区☆collectingarea; catchment{collecting} area
汇集时间☆binding time
汇集室式气举☆chamber lift
(用拦河坝)汇集尾矿☆impound
汇聚☆convergent; syntaxis
汇聚型板块边界☆convergent plate boundary
汇聚压力☆convergence pressure
汇聚轴☆axes of convergence
汇口间岛☆durchbruch(s)berg
汇款☆remittances; remit; make remittance
汇流☆inosculation; (river) junction; flow convergence {together}; confluence; afflux(ion); convergence of flow; conflow; affluent; doab; converge; aggregate discharge
汇流冰(川)☆confluent ice
汇流的☆confluent; collective; affluent
汇流点☆confluence[河]; conflux; watersmeet; river {riverhead} junction; waters meet; junction.; aber
汇流角☆entrance{axil;stream-entrance} angle; stream entrance angle
汇流排[电]☆collecting bar{main}
汇流条☆bus (wires;bar); bus-bar{busbar} (wire); omnibus{collecting} bar
汇流通道☆highway
汇率溢价☆foreign exchange premium
汇螺属[腹;K_2-Q]☆Potamides
汇票☆draft; (money) order; O.; M.O.
汇票号☆number of order
汇入☆afflux
汇入款☆inward remittance
汇-散型流动☆convergent-divergent flow
汇输裂缝☆feeder fracture
汇水☆(water) catchment

汇水坑☆catch pit
汇水流域☆slope basin
汇水面积☆catchment area{basin}; gathering ground; collectingarea; water catchment area; drain area
汇水盆地☆catchpit; catchment (basin); reception {slope;retaining;flood} basin; catch(ment)-basin
汇水区☆collection area; watershed; gathering zone
汇水渠☆braiding channel
汇水洼地☆catch-pit
汇水总管☆collecting main
汇线☆sink line; line sink
汇油☆catchment
汇总☆summarizing
绘出☆mapping out
绘出草图☆sketch out
绘等值线☆contouring
绘地形图☆topographic mapping
绘地震剖面图☆profiling
绘格线☆gridding
绘画☆drawing; paint
绘画的☆pictorial; graphical
绘画珐琅☆limoge; painted enamel
绘架座☆Painter's Easel; Pictor
绘龙☆Pinacosaurus; Ninghsiasaurus; Viminicaudus
绘曲线☆curve plotting
绘神介属[E-Q]☆Limnocythere
绘示功图☆indicator test; indicating
绘图☆plot; draw; dwg; chart(ing); drafting; map; map-making; mapping (out); graphics
绘(制成)图☆map out
绘图机☆(graphical) plotter; drafting{draught; drawing} machine; plotting unit
绘图机编辑阶段☆plotter edit phase
绘图精度☆draughting{drafting;plotting} accuracy
绘图器☆diagraph; plotter
绘图仪☆graph(ical) plotter; drafting machine; plotter; plotting apparatus
绘图员☆draftsman [pl.-men]; draughtsman [pl.-men]; cartographer; draughter; drawer; drafter; plotter; delineator
绘图纸☆elephant; drawing{plotting} paper
绘图装置☆curve plotter; plotting device
绘图桌☆easel
绘纹蛤属[双壳;D]☆Grammysia
绘星介属[K_1]☆Limnocypridea
绘晕滃线☆hatch
绘在图上的☆plotted
绘制☆description; drafting; plot; design; draw (a design,etc.); trace; protraction; map (out)
绘制边界轮廓☆profiling of boundaries
绘制草图☆skeletonizing
绘制成图☆mapout
绘制的☆drawn
绘制的图☆plot
绘制井的地质剖面☆well logging
绘制剖面☆plotted section; profile drawing
绘制曲线☆curve plotting
绘制图表☆charting

hūn

昏暗☆dinge; somberness; sombreness; noire; gloom; dim; dusky
昏迷☆coma; exanimation
昏星☆evening star
婚神星[小行星 3 号]☆Juno

hún

魂瓶☆burial object in the shape of a jar
魂崖☆rock face
浑沌☆chaos; chaotic
浑河☆sand river
浑(水)河☆mudstream
浑炉钧[陶]☆nebulous oven Jun{Chun} glaze
浑水☆turbid water
浑天仪☆armmillary
浑圆冰碛低丘☆paha
浑圆处理的金刚石☆tumbled diamond
浑圆的☆rounded
浑圆峰顶[美南部]☆bald
浑浊☆turbidity; turbidness; muddle; roily
浑浊层☆turbidity screen; nepheloid layer
浑浊层流☆turbid layer flow
浑浊度☆haziness; cloudiness; opacity
浑浊滤液☆cloudy filtrate

hùn

混☆melange accumulation
混白蚁目[昆;C]☆Mixotermitoidea
混拌沥青碎石路☆mixed bituminous macadam
混拌炸药☆explosive mixture
混波☆mixing
混波器☆mixer
混波装置[震勘]☆compositor
混采☆unclassified excavation; mass{roundabout} stoping
混彩玻璃☆spatter glass
混层☆interlayer mixture; mixed layer
混层结构☆interstratified{mixed-layer} structure
混层矿物☆mixed {-}layer mineral
混差比重计☆thermohydrometer
混成层☆homosphere
混成层与水滞层的界面☆chemocline
混成泥炭☆mixed peat
混成砂☆compo
混成式油罐☆bottom mounted tanks
混成岩☆mictite; hybrid; migmatite
混成杂岩☆melange
混成作用☆migmatization
混齿类[哺]☆mixodectids
混刀式刨煤机☆compound-blade plough
混叠(频)段☆alias bands
混动☆commotion
混冻冰☆ice mosaic{breccia}
混沌结构☆chaotic structure
混法鼓式磁选机☆wet drum cobber
混钙银星石☆deltaite
混高频信号☆mixed-highs signal
混蛤属[双壳;E-Q]☆Taras
混汞☆amalgamation; quickening
混汞板☆amalgamating{apron;amalgam} plate; apron
混汞不良☆poor amalgamation
混汞还原☆amalgam reduction
混汞流槽☆plate sluice
混汞磨盘☆Wheeler pan
混汞盘☆amalgam(ation) pan
混汞器☆amalgamator
混汞台☆amalgamating table
混汞提金☆gold amalgamation
混汞桶☆(amalgamating) barrel; amalgam-barrel
混汞污斑作用☆staining
混汞摇床☆quicksilver cradle
混合☆mixture; mix; blend; hybridize; heterodyne; compost; intermixture; mingle; intermix; immixture; interfusion; incorporation; compound; disannealing; commingle; combine; combination; jumble; batter; stirring; admixture; tempering; commingling; contamination; concoct(ion); commix; compositing; commixture; shuffle; high up; destratification[水层]; fold-back[两组信号]; intermingle (with)[互相]
BG 混合胺醋酸盐[C_{14}:5%,C_{16}:31%,C_{18}:65%,捷克]☆BG amineacetate
混合摆动颚式破碎机☆compound swing jaw crusher
混合搬运河道砂体☆mixed-load channel-fill sand
混合爆发{炸}☆mixed explosion
混合崩坍☆mixed avalanche
混合(物成分)比☆ratio of mixture
混合比例☆blending ratio
混合比例尺曲线☆hybrid curve
混合比湿☆saturation specific humidity
混合边界型油藏☆mixed boundary-type reservoir
混合边界值问题☆mixed boundary value problem
混合不均{匀}☆under mixing; undermixing
混合仓☆mixing bunker{bin}; blending bin
混合槽☆mixing vat{tank;trough}; mixing {tempering; holding} tank
混合草地[英]☆lea; lay; ley
混合侧片☆mixilateral plate
混合层☆mixolimnion[湖泊]; mixed layer[海]; mixing layer[气]
混合程度☆mixability
混合床磨光器☆mixed-bed polisher
混合大块煤和核桃级煤☆three-quarter coal
混合大小原煤☆through coal
混合的☆hybrid; compound; set up; combined; mixed; medley; SU
混合地层☆mingled ground
混合点火{引爆}剂☆ignition mixture
混合定律☆rule{law} of mixtures
混合度比值图[地层]☆entropy ratio map
混合法☆combination {mixed; compound; hybrid} method; hybrid procedure; melee; alligation
混合废水{物}☆composite waste
混合分布☆mixing distribution
混合分类☆hybrid classification
混合粉矿球团☆blended ore pellet
混合浮选☆bulk{mixed} flotation; all-flotation approach
混合腐泥☆amphi-sapropel
混合负荷河床砂☆mixed-load channel-fill saud
混合负载系统☆crop system
混合工段☆mixing department
混合工组☆composite gang
混合管柱☆combination string
混合航法☆composite sailing
混合花粉[孢]☆pollen mixture
混合滑油☆blended oil
混合换热循环☆direct-contact cycle
混合挥发分反应☆mixed-volatile reaction
混合回采☆bulk{wholesale} mining; unclassified excavation; roundabout{mass} stoping
混合积☆parallelopiped al product
混合机☆(batch) mixer; Pekay mixers
混合基原油☆mixed base crude oil; polybase crude
混合给料☆unclassified feed
T-T 混合剂[15 白药，85 邻甲苯胺]☆T-T mixture
混合记录[震勘]☆diversity recording
混合碱效应☆mixed alkali effect
混合介质过滤器☆mixed-media filter
混合晶格黏土矿物☆mixed-lattice clay mineral
混合精矿☆concentrate blend; bulk{blended; mixed; composite;combined} concentrate
混合精矿去过滤机☆bulk concentrate to filters
混合晶体☆mixed crystal; mix-crystal
混合井☆hybrid{mixing} well; shaft provided with skips and cages
混合开采☆bulk mining; mining in bulk
混合矿☆mixed ore; brooch
混合矿石☆ore mix; bedded{mixed} ore
混合链☆combination chain
混合料☆blend
混合料燃料含量☆fuel content of raw mix
混合零点改正☆compound zero correction
混合馏分☆sloppy{slop} cut
混合硫化物精矿☆bulk sulphide concentrate
混合流体☆total{daughter} fluid
混合炉☆holding hearth{furnace}
混合律[混合双晶]☆complex law
混合煤☆all-ups; altogether coal
混合能源☆energy mix
混合泥浆☆mix mud
混合排放☆combined discharge
混合配料选择器☆mix selector
混合配位体螯合物☆heterochelate
混合器☆blender; admixer; commingler; mixer; combiner unit
混合气爆炸测定器☆fire detector
混合器桨臂☆mixer arm
混合气体☆gas mixture; mixed{miscellaneous} gas
混合气体爆炸测定器☆fire detector
混合气体可燃范围☆limit inflammability of the gaseous mixture
混合气体体系☆mixed gas system
混合驱动储油层☆combination drive reservoir
混合驱型储层☆combination-type reservoir
混合群落☆mictium
混合燃料☆fuel blend{combination;mixture}; blended {dual} fuel; hybrid-propellant combination; burning mixture; combustible gas mix
混合燃料推进[航]☆hybrid propulsion
混合燃烧系统☆dual-burning system
混合热☆heat of mixing; mixture heat
混合溶剂☆component solvent; combination of solvent
混合溶剂离子交换☆mixed-solvent ion exchange
混合入选法☆bulk cleaning method
混合软水☆sludge
混合润湿性水驱☆mixed wettability waterflood
混合式☆hybrid-type
混合式的☆overlaping
混合式堤☆composite dyke{dike}

混合式润滑轴承☆hybrid bearing
混合式挖掘{泥}船☆compound dredger
混合试样☆recombined sample
混合树脂交换器☆mixed-bed exchanger
混合双晶☆complex{compound;edge-normal} twin
混合水☆mixed {mixing; admixing; miscellaneous} water; commingled water
混合水泥☆blended{mixed} cement
混合酸☆acid mixture
混合陶器☆terra cotta
混合体[胶质镜质体与微粒体的混合体]☆mixtinite
混合同余法☆mixed congruence method
混合涂料☆compo
混合退覆相☆mixed offlap facies
混合瓦斯☆double gas
混合微膜组件☆hybrid module
混合物☆mixture; hybrid; admixture; intermixture; compound; hodgepodge; blend; composite; farrago; composition; alligation; conglomerate; concoction; mash; medley; commix(ture); potpourri; amalgam; melange; miscellany; jumble; mixt; compo
混合物的组成部分☆ingredient
混合物搅拌☆agitation of mix
混合相☆chaotic{mixed} facies
混合相粒子波☆mixed phase wavelet
混合相位☆mixed-phase
混合芯砂☆core sand mixture
混合信号☆composite{mixed} signal; signal mixture
混合型河☆composite stream
混合型喷发☆mixed type of eruption
混合型砂☆hybrid sand; moulding sand mixture
混合性胆固醇结石☆mixed cholesterol calculus
混合性排代☆miscible displacement
混合悬浮结晶器☆mixed suspension crystallizer
混合岩☆chorismite; migmatite; mixed rock; aorite; chroismite; crocydite[具雪片状或绒毛状构造]
混合岩的主要部分☆kyriosome
混合岩化☆migmatization; migmatism; hybridization; chorismitization; migmutization
混合岩化前峰☆migmatitic front
混合岩浆☆(nebulous) migma; ichor
混合岩浆深成体☆migma pluton
混合岩类☆mictosite
混合岩论者☆migmatist
混合岩前缘{锋}☆migmatite front
混合岩涌出体☆migmatitic upwelling
混合岩组{结}构☆fabric of migmatite
混合氧化物燃料厂☆mixed oxide fuel fabrication plant
混合液悬浮固体颗粒☆mixed liquor suspended solids
混合用搅拌桶☆mixer agitator tank
混合优先浮选流程图☆bulk-differential flowsheet
混合原孔☆combination archaeopyle
混合元素☆admixture element
混合原油☆commingled crude
混合云☆mixed cloud
(汽车火车)混合运输☆dual haulage
混合杂岩☆migmatic{migmatite} complex
混合炸药☆multicharge; multicharging; composite {mixed} explosive; detonating{explosive} mixture; exploding composition; mixed powder
混合褶皱(作用)☆interfolding
混合中(间产品)☆combined middlings
混合装药爆炸{破}☆combination shot
混合锥楔式空炮孔掏槽☆combination burn
混合作用☆intermingling; contamination; hybrid process; migmatization[岩]
混滑(塌堆积)体☆olistostrome
混基石油☆mixed base crude (oil)
混积的☆diamictic
混积物☆diamicton; symmicton
混积岩[熔岩沉积物混合体,如冰碛岩]☆peperite; diamictite; diamict; symmictite
混浆☆(nebulous) migma
混(合岩)浆深成岩☆magma pluton
混胶状☆metamict
混交林☆mixed forest
混交林区☆bocage
混交群落☆mictium
混晶☆mix-crystal; mixed crystal; miscicrystal; intimate crystalline mixture; mischcrystal
混晶系列☆series of mixed crystals
混精矿处理☆bulk concentrate treatment
混均☆homogenizing
混粒沉积☆symminct; symmict
混粒砂☆mixed-grained sand
混粒岩☆diamictite; symmictite
混联☆series-multiple connection; parallel {-}series
混联电路☆series and parallel circuit
混炼☆pugging
混料☆tempering; disannealing; blending
混料机☆blender; edge-runner
混硫方铅矿☆johnstonite; supersulfuretted lead
混流☆interflow; turbulent flow
混流螺旋桨式涡轮机☆mixed-flow propeller turbine
混流式叶轮☆mixed-flow impeller
混龙亚纲☆Synaptosauria
混乱☆jumble; involvement; indistinctness; chaos; indistinction; distraction; disorder; disorganization; dislocation; discomposure; disarray; derangement; confusion; clutter; complication; turmoil; turbidity; tumult; tumble; topsy-turvy; ataxia; tangle; mull; snarl; pell-mell; muss; muddle; mess; anarchy; cobwebs
(使)混乱☆confuse; disrupt; ravel; tangle
混乱层☆disordered layer
混乱的☆out of order; pell-mell; perturbative
混乱构造☆chaotic structure
混乱取向☆disorientation
混乱状态☆crisscross
混脉岩☆phlebite
混煤☆blended{mixed} coal
混磨机☆mixer-mill
混末煤[0～25 mm]☆mixed small coal
混泥机☆mud mixer
混碾机☆pug mill
混捏☆kneading
混凝冰块[各种浮冰冻结成一体]☆conglomerated ice
混凝沉淀污泥处理☆treatment of coagulated sludge
混凝土☆concrete; beton; béton[法]
混凝土板☆concrete slab
混凝土包围{裹}的☆concrete-enveloped
混凝土泵☆concrete pump
混凝土壁立井☆concrete-lined shaft
混凝土表面(用金刚砂块)磨光☆block finish
混凝土池[贮存含固相重油的]☆ecology pit
混凝土打碎机☆concrete breaker; cement-chipping hammer
混凝土的防水膜处理☆membrane curing of concrete
混凝土断裂假说☆hypothesis for concrete fracture
混凝土方块试验☆concrete cube test
混凝土防渗墙☆concrete cut-off wall
混凝土防水油☆concrete water-proofing oil
混凝土分批搅拌厂☆concrete-batching plant
混凝土风力压{输}送机☆concrete blower
混凝土覆盖层☆concrete coating
混凝土工☆concreter; concrete worker
混凝土拱☆concrete arch
混凝土骨集料☆aggregate for concrete; concrete aggregate
混凝土固浇{结}的☆concrete-bound
混凝土管☆concrete pipe
混凝土护层[基础开挖]☆blinding concrete
(用)混凝土加固☆concrete
混凝土加重层☆concrete weight-coating
混凝土浆☆concrete grout
混凝土浇灌斗☆concrete placing skip
混凝土浇注{灌}工{机}☆concrete placer
混凝土浇注器☆concrete-placing{concrete} gun
混凝土搅拌车{船}☆concrete mixer truck{|vessel}
混凝土搅拌站☆concrete-mixing plant
混凝土聚合物复合材料☆concrete-polymer composite
混凝土块养护☆curing of concrete units
混凝土立方体试块☆concrete cube
混凝土裂缝自行黏{弥}合☆autogenous healing of concrete
混凝土流动试验器☆flow tester
混凝土面板堆石坝☆concrete face rock fill dam
混凝土面修补☆concrete patching
混凝土模壳夹子☆form clamp
混凝土抹面(材料)☆concrete finish
混凝土模板接合装置☆form-tie assembly
混凝土模板用木材☆concrete timber
混凝土配筋比☆steel ratio of concrete
混凝土配料规定☆defining of concrete mixes
混凝土喷射机☆shotcreting machine
混凝土砌壁井筒☆concrete-lined shaft
混凝土砌块井壁☆concrete block fining{walling}
混凝土枪☆concrete-placing{concrete} gun
混凝土圈[圆井筒立窖筒支护]☆concrete ring
混凝土圈支护井筒法☆ring method of shaft support
混凝土塞☆concrete plug
混凝土散布机☆concrete spreader
混凝土输送吊桶☆concrete bucket
混凝土缩拌法☆concrete shrink mixing
混凝土塌落度☆slump
混凝土体积早期变化☆early concrete volume change
混凝土向下浇注箱☆drop box
混凝土心墙的毛石砌体☆opus incertum
混凝土碹{礦}☆concrete arch
混凝土压舱块☆concrete ballast
混凝土用毛石料☆plum
混凝土预应力钢(筋)☆concrete-prestressing steel
混凝土预制块支护☆precast concrete-block support
混凝土圆钢筋☆reinforced steel bar round
混凝土载运车☆concrete delivery truck
混凝土支护的☆concrete-lined
混凝土制溜槽☆concrete chute
混凝土中的气泡☆popouts
混凝土重力式挡墙☆concrete gravity wall
混凝土桩射水沉桩法☆concrete pile betting
混凝土桩淘刷打入法☆concrete pile jetting
混凝土锥体坍落度试验☆cone test
混凝作用☆coagulation
混频☆mixing
混频器☆mixer; mixing{combiner} unit; mixed
混气☆aerating
混(入空)气(的)地热流体☆aerated geothermal media
混气石油☆live oil
混气水☆gassy{aerated} water
混气(压裂)液☆aerated fluid
混燃式发动机☆mixed combustion engine
混染☆contamination; hybridization
混染带☆hybridized zone
混染晶体☆polycrystallite
混染条带☆hybric band
混染土☆blended soil
混染岩☆hybrid (rock); hybridized{contaminated} rock; mictite; contaminate
混染作用☆hybridism; hybridization
混溶反应沉积物☆reactionite
混溶极限☆limit of solution
混溶间隔{隙}☆miscibility gap
(可)混溶性☆miscibility
混入☆inflow; drop in[信息]
混入超粒级(颗粒)☆tramp oversize
混入的化石☆introduced fossils
混入的铁体☆tramp iron
混入物☆admixture
混色斑纹☆mottle
混色玻璃☆end-of-day glass
混色光☆mixed colour light
混砂☆(sand) mulling
混砂车☆blending equipment; (truck-mounted) blender; fracturing blender truck
混砂罐☆mixing sand tank; gravel pack pot; muting {slurry} tank
混砂机☆blender; puddle mixer; sand muller{mixer; mill}; mixing machine[铸]; sand mixing machine sand mill; mix muller[摆轮式]; batch sand mixer; muller; sand mill; edgemill
混砂砾☆unscreened gravel
混砂器☆sand-oil blender
(压裂)混砂拖车☆fracturing blender trailer
混沙焦油☆sand-filled tar
混生的☆conjunct
混酸☆mixed acid
混酸铵[肥料]☆leuna saltpetre
混铁炉☆metal mixer; pig iron mixer
混响☆ringing; reverberation
混响回波☆reverberating echo
混响计☆reverberometer
混响脉冲波列☆reverberating pulse train
混响声☆reverberant sound
混响掩蔽水平☆reverberation masking level
混响子波☆reverberatory wavelet
混相的☆heterofacial; miscible
混相段塞驱动☆miscible plus process; solution flood; miscible plug process
混相段塞驱油☆miscible-slug flooding

H

混相前缘☆miscible front
混相驱动采油☆miscible phase recovery
混相型注水驱油☆miscible type waterflooding
混相压力☆miscibility pressure
混淆☆indiscrimination；confusion；confuse
混淆带☆mictium
混辛癸烷胺萃取剂[N((CH_2)$_n$$CH_3$)$_3$]☆tri-fatty amine RC-3749
混型数据{资料}☆mixed type data
混养的[生]☆mixotrophic
混油☆contaminant
(顺序输送管道)混油☆contaminated product
混油处理设施☆contamination (processing) facility
混油段☆mixed contamination plug
混油罐☆contaminate(d) product tank；slop tank
混油(乳化)泥浆☆oil emulsion mud
混油头[管路顺序输送两种油品时相混部分的头部]☆ spear-head
混有矿石的废石☆bouse
混有黏土的细砾状矿石☆pryan
混有黏土的烛煤☆hoo cannel
混有石膏的灰泥☆gypsum ready-mixed plaster
混有异物的样品{水样}☆adulterated sample
混匀矿仓☆blending{sweetener} bunker；mixing bin
混匀矿槽☆homogenizing silo
混匀矿石☆blended{bedded} ore
混杂☆dose；confounding；contaminate；commingling；chaos；commix；mix；medley；scramble；commixture；mingle；complication
混杂(物)☆farrago
混杂的☆miscellaneous；misplaced；hybrid
混杂电荷☆heterocharge
混杂堆积☆melange (accumulation)；chaotic melange
混杂古口☆miscellaneous archaeopyles
混杂晶体☆crystal mixture
混杂陆源沉积岩☆diamictite；symmictite
混杂率☆miscellany rate
混杂名☆nomen confusum{confusium}
混杂母体☆heterogeneous population
混杂泥砾☆coombe rock
混杂砂样☆composite sample
混杂设计☆confounding
混杂填充☆chaotic-fill
混杂无规律包体☆assorted random inclusion
混杂物☆impurity；stew；mishmash
混杂岩☆hybrid{hybridized} rock；melange；mixtite；block clay；contaminated rocks；mictite
混杂组合☆chaotic assemblage
混杂作用☆hybridism；contamination
混锥牙形石属[O_2]☆Mixoconus
混浊☆cloud(y)；haze；muddy；turbid(ity)；thickness；milkiness
混浊层{幕}☆turbidity screen
混浊的☆cloudy；feculent；limous；clouded；turbid；thick；muddy；milky
混浊度☆turbidity；cloudiness
混浊度仪☆transmissometer
混浊流海盆☆alee basin
混浊砂岩☆graywacke；greywacke
混浊梯度☆lutocline
混浊性含砂量☆turbidity
混浊液澄清点☆breaking point

huō

(平底)锪孔☆counterbore
豁口式小狭谷[英]☆chine
豁裂的☆gapped

huó

和泥☆mix and stir plaster
活(性)☆activation
活班增压器☆piston supercharger
活扳手☆clyburn{adjustable;monkey;English} spanner；adjustable wrench；monkey-wrench；universal screw- wrench
活板门☆trap (door)
活瓣☆flap；valve
活瓣控制阀☆flapper-type control valve
活背斜☆live anticline
活(动)冰川☆live glacier{ice}；active glacier
活冰斗☆active cirque
活搭☆flexible overlap
活的☆alive；detachable
活底☆false{drop;live;removable;flap;loose} bottom
活底板吊框☆bottom-dump platform
活底车☆hopper (bottom) car；larry Car
活底吊桶☆collapsing bucket
活底炉☆live-bottom furnace
活底泥驳☆hopper
活底式料斗☆drop-bottom bucket
活底拖车☆drop-frame{moving-floor} trailer
活底箱☆trip-bottom box
活地板☆raised floor
活顶尖☆live center
活动☆motions；function；activity；doings；activate；act(uat)ion；travel；processus
活动安全桥☆safety bridge
活动(海)岸☆mobile coast
活动凹板☆moving concave
活动扳手☆adjustable spanner{wrench}；monkey；Stillson{monkey;coach} wrench
活动扳子☆coeswrench；coes wrench
活动板式平台☆mobile template platform
活动板牙☆adjustable die
活动半径☆radius of action；reach；handling radius；range ability；RA
活动北极岛☆Mobil Arctic Island；MAI
活动边缘盆地☆active margin(al) basin
活动变形☆active deformation
活动冰☆live ice
活动波导管连接☆motional waveguide joint
活动布景☆getaway
活动层☆active{annually thawed} layer [冻土]；moving overburden；mobile bed；mollisol；active zone[冻土,膨胀土]
活动车钩☆flexible head coupler；articulated coupling
活动磁性选矿机☆removable magnetic concentrator
活动带☆active{mobile} zone{belt}；zone of mobility
活动挡板☆shifting board
活动刀片切削器☆inserted-blade cutter
活动道岔☆run-over-type；turnout
活动的☆active；live；hinged；alive；mobile；versatile；dismountable；motile；motive；movable
活动底☆removable{false;free} bottom
活动地板☆raised floor
活动垫圈☆driving washer
活动短轨☆bridge rail
活动断裂{陷}☆active rift
活动颚板[颚式破碎机]☆moving (jaw) plate
活动范围☆field；activity
活动方式☆regime
活动浮标☆pivoted float
活动负载☆running load
活动坩埚☆job pot
活动钢轨☆loose rail
活动高潮☆full activity
活动管钳☆alligator wrench
活动灌浆阀☆disposable grout valve
活动辊☆moveable
活动过强☆superactivity
活动滑车的上挂钩☆Becky
活动化(作用)☆mobilization
活动环☆loose collar
活动基数☆removable foundation
活动机头座☆adjustable head stock
活动剂☆mobilizer
活动颊[三叶]☆librigena[pl.-e]；free{movable} cheek
活动颊刺[三叶]☆librigenal spine
活动架☆tresses
活动间距☆movable space
活动键☆draw key
活动接头☆swivel；woggle joint
活动节点网络[单代号网络计划]☆activity oriented network
活动界面☆moving interface
活动井盖☆fall table；running bridge
活动井架☆portable derrick
活动距标☆variable range marker
活动卡爪☆movable jaw
活动空间☆Lebensraum
活动连接☆woggle{swing} joint；flexible{live} connection；swivel(ling) coupling
活动连接式越野车☆articulated hydrostatic vehicle
活动连接支柱☆articulated column
活动梁☆portable beam
活动炉☆movable furnace
活动露天小棚☆bail
活动论☆mobilism；mobilistic theory
活动论者☆mobilist
活动门☆shutter
活动密垫☆floating packing
活动目标探测器☆butterfly
活动配合☆clearance fit
活动平台☆traverser；movable{moving;mobile} platform；drawbridge
活动坡(度)☆activity gradient
活动气体☆active gas
活动钎头☆retractable rock bite
活动钳☆adjustable clamp{cramp}
活动曲线规拟合法☆spline-fitting
活动软管☆wander hose
活动筛分式跳汰机☆movable-sieve-type washbox
活动绳夹☆swivel rope socket
活动时间可以预知的间歇泉☆predictable geyser
活动式磁性选矿机☆removable magnetic concentrator
活动式刚玉冶炼炉☆movable alumina-fusing furnace
活动式海底生物呼吸测量器☆free vehicle respirometer
活动式井下泵☆free pump
活动水平向量☆activity level vector
活动体[德]☆mobilisat
活动头板☆moveable{moving} head
活动弯头☆chiksan
活动腕[海百]☆free arm
活动物体照相术☆photochronography
活动系数☆mobility coefficient
活动相干雷达☆moving coherent radar
活动相☆mobilizate；mobilisate；mobile phase
活动像摄影术☆moving-image camera photography
活动型接收机☆movable receiver
活动性☆activity；mobility；avidity；mobilization
(化学)活动性☆reactivity
活动性分析☆activity analysis
活动性极强的火山☆supracritical volcano
活动性小的火山☆semiactive volcano
活动序☆activity gradient
活动序列☆mobile series
活动压载☆shifting ballast
活动焰切机☆radiagraph
活动洋脊沉积物☆active ridge sediment
活动油嘴☆adjustable bean
活动元件☆movable element
活动元素☆mobile element
活动元素吸收系数☆mobile element absorption coefficient；MAC
活动载荷☆travelling load
活动正地槽区☆eugeosynclinal realm
活动支架☆travel(l)ing support
活动支架单柱刨床☆convertible open side planer
活动支柱☆collapsible prop
活动钻机☆mobile drilling rig
活动钻头☆interchangeable bit；removable cutter；drift{rock} bit drill；bottom type bit；removable drill bit；removable rock bit
活动作用☆mobilization
活洞穴☆live cave{speleothem}；active speleothem
活度☆degree of activity；activity
活度-成分表达式☆activity-composition expression
活度系数[化学活度/浓度]☆activity{mobility} coefficient；coefficient of activity
活度系数项☆activity coefficient term
活度指数☆activity index；index of activity
活端[绳成链的]☆running end
活断层☆active fault
活断层错动率☆displacement rate of active fault
活断层错动周期☆dislocation cycle of active fault
活断层迹(线)☆active fault trace
活断裂活动☆renewed faulting
活多边形土☆active patterned ground
活颚(牙)板☆closing jaw
活泛滥平原[高水位时漫流的]☆living flood plain
活负荷☆live load
活盖☆detachable cap
活根☆live root
活构造区☆active tectonic region
活轨☆extension rail
活轨尖转辙器☆movable-point switch
活滚筒[提升机]☆clutch drum
活荷载☆live load
活化☆activate；activ(iz)ation；treat；sensitization；

life-in；reactivation；reactivate
活化产物☆activate
活化的☆activated；activatory
活化分析☆activation{radioactivation;radioactivity} analysis；AA
活化分子☆activated molecule
活化环境☆environment of mobilization
活化(作用)机理☆mechanism of activation
活化剂☆activating{active} agent；activator；promoter；mobilizer
活化矿床☆mobilized ore deposits
活化陆棚☆mobile shelf
活化能☆energy of activation；activation{activating;activity} energy
活化黏土装置[精炼设备]☆activator
活化配合物☆activated complex
活化期稳定性☆pot stability
活化区☆region of activation；activizing{activated;mobilized} region
活化热☆heat of activation；activation heat
活化熵☆entropy of activation；activation entropy
活化石[生]☆living fossil
活化寿命☆pot life
(阴极)活化套☆active sleeve
活化污泥法☆activated-sludge process{method}
活化系数☆activity quotient{coefficient}
活化中心☆activation center
活化周期☆reactivation cycle
活化转移☆remobilization
活化转移成矿作用☆ore-forming process by remobilization
活化作用☆activ(iz)ation；sensitization；activating effect；mobilization
活火加热☆direct fire heating
活火口☆active crater
活火焰☆naked flame
活间歇泉☆active geyser
活接式伸缩轴☆articulated telescopic shaft
活接头☆union；swivel adapter head
活接头扣圈☆female union
活节☆swivel；eye joint；articulation
活节混凝土块褥垫[护坡]☆articulated concrete mattress
活节接合☆articulated (joint)
(用)活节连接☆swivel
活节螺栓☆swing{eyelet;dog} bolt
活镜式天体望远镜☆coelostat
活口[油罐壁板留下的最后一道焊口]☆open lap
活口扳手☆adjustable wrench{spanner}；shifting wrench
活力☆activity；vigour；vitality；energy；marrow
活力论☆vitalism；elan vital
活轮☆free wheel
活螺距☆variable{controllable} pitch
活络链☆detachable chain
活门☆faucet；bib；valve；bibb；trap；flapper；cock
活门的☆valvular
活门盖密封阀☆valve cover gasket
活门状断层☆trap-door fault
活命的☆survival
活泼☆animation；airiness；mercuriality；liveliness
活泼的☆alive；reactive；vigorous；active；quick；live
活泼气体☆active gas
活泼元素☆mobile{active} element
活期存款☆current deposit
活器(口)☆mouthpiece
活刃铣刀☆assembled milling cutter
活塞式风`钻{动凿岩机}☆piston air drill
活塞☆piston；forcer；embolus [pl.emboli]；stopcock；ram；bucket[往复泵的]
活塞爆震☆knocking of piston；piston knock
活塞(式)泵☆displacement{piston-type;piston} pump
活塞泵的空气包☆air dome
活塞操作阀☆piston operated valve
活塞冲程☆piston stroke{path;travel}；stroke of piston
活塞传动垂直回转取样机☆piston-actuated vertical- swing sampler
活塞促动的☆piston-actuated
活塞端☆little end
活塞杆☆connecting{piston} rod
活塞杆防尘密封圈☆rod scraper
活塞杆组合☆piston rod assembly
活塞缸式超高压装置☆piston-cylinder ultra high pressure device
活塞缸筒设备☆piston-cylinder apparatus
活塞环☆piston curl；piston (packing) ring；obturator (ring)
活塞夹☆slip-socket clip
活塞漏气☆blow-by of piston
活塞磨损板☆piston wearing plate
活塞平环☆compression ring
活塞汽缸装置☆piston-in-cylinder apparatus
活塞敲击(声)☆slap
活塞裙☆skirt
活塞上行☆upstroke；piston stroking upward
活塞室☆plunger compartment
活塞式管状取样器☆piston-pipe sampler
活塞式击入取样器☆piston drive-sampler{sampler}
活塞式流动☆piston-like{plug;piston(-type)} flow
活塞式驱动取样器☆piston drive sampler
活塞式随动传动装置☆servopiston
活塞式系☆piston-type pump
活塞式下向凿岩机☆piston sinker
活塞式自落岩芯采样器☆free-fall coring tube with piston
活塞吸井☆surging
活塞下降行程☆downstroke
活塞下裙部胀圈☆apron ring
活塞下行☆descent of piston
活塞销☆gudgeon{piston;wrist} pin
活塞行程☆stroke{throw} of piston
活塞型跳汰机☆Harz{plunger} jig
活塞岩芯器☆piston corer
活塞圆筒式装置☆piston-in-cylinder apparatus
活塞胀圈槽☆piston ring groove
活塞置换式检定装置☆piston displacement prover
活塞状前缘☆piston-like front
活塞作用☆piston effect{action}
活砂芯☆false core
活砂造型[铸]☆drawback
活砂箱☆hinged mo(u)lding box
活生物☆living organism
活绳☆live line；live end of the line
活石斑鱼☆live grouper
活石灰☆lime
活栓☆tap；stopcock；spigot；stop cock；shut-off cock
活水☆running{flowing;runoff;circulating} water
活水湖☆fluvial lake
活套筒扳手☆free box wrench
活体☆living body
活头车钩☆flexible coupler
活头丁字尺☆adjustable head T-square
活头集电轮☆side-running trolley
活头钎子☆crown bit{drill}
活土层☆active layer
活物寄生的☆biogenous
活细胞趋性☆biotaxis；biotaxy
活细菌☆living microbe
活楔子☆retrievable{retractable} wedge；removable-type whipstock
活性☆activity；actinity；active；activated；reactivity
活性白土☆atlapulgite
活性层☆emission coating；active layer
活性蛋白☆palygorskite；attapulgite
活性的☆active；reactive；act.
活性-钝态电池☆active-passive cell
活性化(作用)☆activation
活性剂☆activating agent；activator
活性剂段塞后缘☆surfactant rear
活性金属法陶瓷-金属封接☆ceramic-to-metal seal by active metal process
活性煤泥层☆active sludge bed
(污水等)活性曝气法☆bio-aeration
活性起爆药包☆live primer
活性气体☆reactive{active} gas
活性溶液驱油(法)☆surfactant flooding{flood}
活性鞣剂☆tan
活性树脂☆reactant resin
活性炭☆active{activated} carbon{charcoal; char}；absorbite；acticarbon；Darco (absorbent) charcoal
活性炭法☆absorbent charcoal method
活性炭吸附法☆activated carbon adsorption
活性体☆aktiv-korper
(污水等)活性通气法☆bio-aeration
活性污泥`槽{|处理法|动力学|氧化作用}☆activated sludge tank{|process|kinetics|oxidation}
活性污泥饲料化☆fodderal use of activated sludge
活性铀☆mobile uranium
活性组分☆active component{constituent}；reactives；mobile component
活性组分在化学方面未定的☆oligidic
活页☆loose-leaf
活翼式泵☆sickle pump
活油嘴☆retrievable choke
活跃☆bustle；vibrancy；vibrance；liven
活跃冰斗☆active cirque
活跃的☆go-go；animated；alert；stirring；quick；popping
活跃洞穴☆live cave
活跃水驱☆active{strong} water drive
活载应力☆live{life-load} stress
活褶曲☆active fold
活植物☆living vegetation
活质☆bioplasm；living substance{matter}
活柱☆upper prop
活装油嘴☆retrievable choke
活字铗☆bodkin
(印刷)活字盘☆case
活组织二氧化碳测定仪☆biometer
活钻头☆jackbit；detachable {collapsible; knockoff; slip-on} bit；detachable drill head；removable drill bit；removable{retractable} rock bit；collapsible drilling bit；removable cutter；ripbit
活嘴{弹簧、节流、管}夹[夹在软管上调节液流用]☆pinchcock

huǒ

钬☆holmium；Ho
钬玻璃☆holmium glass
伙伴☆ally；companion；mate；fellow；coagent；match
火☆fire；blaze；pyr(o)-
火把虫属[$Є_1$]☆Facivermis
火把点燃仪式☆flame-lighting ceremony
火爆☆fiery；irritable
火表☆gasometer
火拨☆rake
火彩[宝石的]☆fire
火层☆fire bed
火柴☆match
火车☆train
火车的检修工☆carman
火车轮渡费☆floatage
火车上交货(价格)☆free on rail；FQR
火车司机☆engineman；runner
火车头☆locomotive
火车运行情况指示器☆describer
火车站☆railroad station
火成(作用)☆pyrogene
火成爆发作用☆pyro(-)explosion
火成的☆ign(ig)enous；pyrogene(tic)；pyrogenous；anogene；pyrogenic；subnate；magma(to)gene；eruptive；vulcanian；anogenic；ig.
火成堆积☆igneous accumulate；eruptive deposit
火成混合角砾岩☆diamictite；symmictite
火成活动导致的热异常☆igneous-derived thermal anomaly
火成活动的碱性趋势☆igneous alkaline trend
火成角闪石岩类[野外用]☆amphibolide
火成结晶☆pyromorph
火成晶石[$Pb_5Cl(PO_4)_3$;$Pb_5(PO_4)_3Cl$]☆pyromorphite
火成晶质结构☆pyrocrystalline texture
火成矿床☆eruptive{pyrogenic;igneous} deposit
火成矿物☆pyrogen(et)ic{plutonic;pyrogenous} mineral；pyrogenetic minerals
火成论☆plutonism；plutonic theory
火成论者☆vulcanist；volcanist；plutonist
火成母体☆parent igneous mass
火成片岩☆orthoschist
火成亲缘矿床☆deposit of igneous affiliation
火成热液源☆igneous-hydrothermal source
火成砂☆firesand
火成闪岩☆amphibololite；amphibolous
火成事件☆igneous event
火成碎屑☆pyroclast；pyroclastic debris
火成碎屑流台地☆pyroclastic flow plateau
火成碎屑物键层☆pyroclastic key bed
火成碎屑岩涌☆pyroclastic ground surge
火成型花岗岩类☆igneous-type{I-type} granitoid
火成学派☆plutonist

H

火成岩☆igneous (rock); ig.; pyrolith; pyrogenic {effusive;typhonic;pyrogenous} rock; eruptive; silicic; petrosilex; picritic; Osann's classification
火成岩的☆anogenic
火成岩的接触受冷部分[呈细粒结晶]☆chilled contact
火成岩的易冷部分[呈细粒结晶]☆chilled zone
火成岩浆☆(igneous) magma; molten rock; rock magma
火成岩接触带滨线☆igneous-contact shoreline
火成盐类☆igneous salt
火成岩内的镁铁矿物块☆clot
火成岩区的地热井☆igneous geothermal well
火成岩体☆igneous terrain{mass;body}; eruptive body; mass of igneous rock
火成岩系☆igneous rock series; series of igneous rocks
火成岩学☆igneous petrology
火成岩英岩☆orthoquartzite
火成岩族☆igneous rock clan; families of igneous rocks
火成浊流☆pyroturbidity
火成作用☆pyrogenesis
火床☆fire bed
火刺☆kiln stain
火大理石☆fire marble
火蛋白石[红色如火;$SiO_2 \cdot nH_2O$]☆fire{sun} opal; zeasite; pyrophane; sun opal
火(成)的☆igneous
火的强度☆intensity of fire
火电厂☆fossil-fuel (power) plant; fossil-fuel generating plant; boiler-plant
火电站☆thermal power station
火端☆fire-end
火法☆dry method
火法精炼☆pyro-refining
火法试金☆fire assay(ing)
火法冶金(学)☆thermometallurgy; pyrometallurgy
火风压☆flow pressure of heated air
火钙沸石☆zeagonite
火工☆hot work
火工品☆fire work
火管(式)锅炉☆fire-tube boiler; fire tube boiler
火管信号☆fusee (signal); fuzee
火光焰谱法☆flame spectrometry
火海[沉积火山作用的海下标志]☆burning sea
火焓☆total heat
火红矿☆feuermineral
火红色☆flame
火红银矿[Ag_3SbS_3;单斜]☆pyrostilpnite; pyrichrolite; pyrochrotite
火花☆spark; ignescent; flake; scintilla; flash; spit; sparkle; light
火花点火煤气机☆spark-ignition gas engine
火花点燃式发动机☆park-ignition engine
火花电爆器☆sparker
火花电位☆disruptive potential
火花发火喷油式内燃机☆spark ignition fuel-injection engine
火花放电☆spark discharge; sparkover; flash-over voltage
火花放电显微计☆spark micrometer
火花弧☆flash-arc
火花技术☆sparking technique
火花间隙☆arcing{disruptive;sparking} distance; discharger; spark gap
火花侵蚀岩☆spark erosion rock
火花塞☆ignition{spark(ing)} plug; candle; plug; S.P.
火花塞瓷套☆spark plug porcelain
火花塞柱☆spark plug post
火花塞发火发动机☆spark plug engine
火花设备[勘]☆"sparker" equipment
火花式内燃机燃烧室☆spark-ignition engine combustion chamber
"火花筒"探测器☆sparker probe
火花隙☆spark (plug) gap; S.G.
火花消灭☆blowout
火花源质谱(测量)☆spark source mass spectrometry
火环☆girdle of fire
火箭☆rocket; vehicle; missile
火箭爆破器☆rocket towing explosive device
火箭、导弹和卫星的试验发射中心☆spaceport
火箭的助推器☆booster
火箭固体燃料稳定剂☆centralite
火箭喷气成孔式钻机☆rocket-exhaust drill
火箭燃料☆propellant; rocket fuel; katergol; propellent; stoff
火箭燃料仓库☆propellant storage
火箭塔架☆gantry; gauntry
火箭探测☆rocketsonde
火箭筒☆bazooka
火箭学☆rocketsry
火箭运载式地磁仪☆rocket-borne magnetometer
火箭专家☆racketeer
火箭装药☆propulsion charge; propulsive
火(棉)胶☆collodion
火界☆pyrosphere
火晶的☆pyrocrystalline
火精炼☆fire refining
火精铜☆pole tough pitch
火警☆(fire) alarm
火警警铃☆fire bell; fire-alarm
火炬☆jumbo burner; flare; flambeau; torch
火炬点燃细块☆flare ignition package
火炬管线☆scare line
火炬气☆flare-gas
火炬损耗☆flaring loss
火炬信号☆fire alarm signal
火炬引燃气☆flare pilot gas
火炬栈桥☆flare bridge
火烤法采掘☆fire setting
火烤弯管☆fire bending
火口☆(volcanic) vent; chimney; crater
火口凹陷☆cauldron
火口冰川☆caldron glacier
火口沉陷顶蚀(作用)☆ring-fracture stoping
火口岛☆caldera island
火口底平原☆sand sea
火口陡缘☆crater lip
火口堆积说☆craters-of-accumulation theory
火口湖☆crater{caldera} lake; maar
火口濑[火山坡上的扇形沟]☆barranco; barranko; sector graben
火口里的喷气孔☆crater fumarole
火口隆起假说☆elevation-crater hypothesis
火口内喷气孔田☆crateric fumarole field
火口内熔岩外流☆intercrateral lava outflow
火口堑☆volcanic sink; pit crater
火口式冰斗☆crater cirque
火口坍陷说☆calderas-of-engulfment theory
火口洼地群☆cluster of cauldron
火口外围的喷气孔田☆external fumarole field
火口沿☆rim
火口岩浆☆epimagma; crateral magma
火口原湖☆atrio lake
火(山)口缘☆crater rim; lip of a crater
火口再生堆积☆allochthonous; allochthonic
火雷管☆(blasting) cap; non-electric detonator; plain (fuse) detonator; fire{fuse} blasting cap
火力[利用燃料所获得的动力]☆thermal{heat} power; firepower; fire (power)
火力穿孔喷流[工作喷嘴]☆piercing bet
火力破石[旧法]☆fire setting; firing
火力强度☆intensity of fire
火力切割法☆jet channel process
火力凿岩☆igneous drilling; jet piercer drilling; fusion {thermal} piercing; drilling by flame; thermal boring{drill}
火力凿岩法☆flame drill method
火力钻孔法☆jet perforating process
火力钻眼法☆thermal drilling process
火力钻机☆jet-drill; thermal{jet-piercing;piercing; jetting;flame-throwing} drill
火帘[夏威夷式裂隙喷发]☆curtain of fire
火硫锑银矿[Ag_3SbS_3]☆pyrostilpnite; pyrichrolite; fire blende; pyrochrotite; pyrostilpmite; feuerblende
火(色)硫锑银矿☆pyrostilpnite; fire blende
火流星☆bolide; fireball; fire meteor
火炉☆fire; hearth
火炉管☆stovepipe
火炉助风立井☆furnace shaft
火帽☆primer
火煤柱☆ample coal
火门☆nipple
火棉☆gun(-)cotton; gun cotton; pyroxylin(e); cotton powder; celloidin; GC
火(星表)面图☆areographic chart
火面学☆areography
火苗☆flame; tongue of flame; flare
火泥☆chamotte; seggar; fireclay; fire{segger;seat; sagger} clay; mortar[耐]
火泥罐☆clay pot
火泥密封☆luting
火泥箱土☆saggar{sagger} clay
火泥砖☆chamber brick
火黏土☆fire clay
火捻[引火易燃物]☆kindling
火抛光☆fire polishing
火炮☆cannon
火泡畴☆magnetic domain
火喷泉☆fire fountain
火盆☆brazier
火漆☆sealing wax; sealing-wax
火器☆firearm
火钳☆poker (bar)
火墙☆fire wall
火桥☆fire-bridge; back bridge
(反射炉)火桥☆bridge; altar
火桥炉坡☆bridge bank
火球[亮的流星]☆fireball; fire ball
火球陨石☆bolide
火区☆fire area{district}; burning section
火区密闭☆obturation of burning zone; fire enclosure{isolation}
火驱☆combustion drive
火驱法[将压缩空气注入油层并燃烧部分石油]☆fireflood; fire flooding (process)
火圈☆pyrosphere; belt of fire
火泉☆fire fountain
火热☆fire heat
火绒☆tinder
火色☆hot-tinting; heat color
火山☆volcan(o); vulcano; volcanic{burning} mountain
火山凹地[陷]☆cauldron
火山爆发☆volcanic explosion{eruption}; explosive eruption; convulsion of nature
火山爆发口☆diatreme; volcanic explosion vent
火山崩流☆fire{volcanic} avalanche
火山崩塌岸☆volcanic collapse coast
火山滨线☆volcano{volcanic} shoreline
火山饼☆dish stone; volcanic cake; cow-dung bomb
火山并发物☆volcanic emanation
火山玻璃☆(volcanic) glass; scorilite; cinder wool; skorilite; unbreakable glass
火山玻屑☆glass shard; vitric pyroclast
火山残架☆volcanic skeleton
火山层☆volcan; volcanic layer
火山沉积☆volcanic-sedimentary
火山沉积型矿床☆volcano-sedimentary deposit
火山沉陷地☆volcano-tectonic depression
火山尘雨☆airfall; shower of volcanic dust; blood rain
火山成因单位☆volcanogenic unit
火山成因块状硫化物矿床☆volcanogenic massive sulfide deposit
火山成因论[油说]☆volcanic theory
火山带☆volcanogenic{volcanic} belt; volcanic zone{chain}; belt of fire
火山弹☆bomb; lava{volcanic} bomb
火山弹雨☆bomb shower
火山弹渣☆bomb sag
火山的上层机构[构造]☆superstructure of volcano
火山地层☆volcanic sequence; volcanostratigraphy
火山顶漫溢☆summit overflow
火山顶陷沟☆volcanic summit graben
火山断裂[陷]带☆volcanic rift zone
火山堆积说☆theory of volcano accumulation
火山复活☆regrowth of volcano
火山构造凹槽☆volcano-tectonic trough
火山构造地堑系☆volcano-tectonic graben system
火山构造扩张说☆volcano-tectonic extension theory
火山构造筑积体☆volcano-tectonic architecture
火山管道岩☆chimney rock
火山规模[大小]☆girth of volcano
火山红[石]☆Rosso Alicante
火山喉道☆(volcanic) vent
火山喉管☆chimney
火山后期活动☆secondary-volcanic activity
火山弧岩石☆volcanic arc rock
火山灰☆(lava) ash; pozzolan; dust; tephros; tuff; volcanic ash{dust;cinder}; pozzolana; tephra; tetin; pozzuolana; pumicite; pyrolutite
火山灰层☆volcanic layer; ash bed; volcanic ash deposit

火山灰的☆pozzolanic
火山灰砾阵☆volcanic shower
火山灰流☆glowing{fire} avalanche；ash{sand; pyroclastic;agglomerate} flow
火山灰球☆ash ball
火山灰石☆volcanic ash；ashstone
火山灰-石灰水泥☆pozzolan-lime cement
火山灰岩☆ash-stone；pumilith；ash rock
火山灰雨☆ash shower{fall}；airfall
火山灰云☆eruption{ash;explosion;glowing} cloud
火山灰质硅酸盐水泥☆portland-pozzolava cement
火山灰锥☆ash{tephra} cone
火山活动☆volcanicity; volcanism; volcanic activity {event; manifestation}；vulcanicity
火山活动的碱性阶段☆alkalic stage of volcanism
火山机构☆volcanic apparatus{edifice}；edifice
火山角砾岩☆volcanic breccia；eruptive breccia；lava breccia；auto-brecciated lava
火山晶屑☆crystal pyroclast
火山颈☆(volcanic) neck；stump；lava neck；stump of volcanic column；(magmatic) plug
火山聚积说☆theory of volcano accumulation
火山口☆vent；crater(let)；volcanic crater{vent}；orifice of ejection；soufriere；piper volcanic vent；cauldron；throat
火山口壁☆flare of crater
火山口边缘☆lip of a crater
火山口底部固结熔岩☆crater fill
火山口港☆volcanic harbor
火山口湖☆crater{caldera} lake；maar
火山口块积岩☆vent agglomerate
火山口链☆crater chain
火山口内熔岩崩塌☆intracrateral downfall；internal avalanche
火山口内上升的熔岩盖☆upheaved lid
火山口形成作用☆cratering
火山口状☆crateriform
火山(岩)块☆block
火山块集岩☆volcanic agglomerate
火山濑☆barranco；barranko；barranca
火山砾☆lapillus[pl.lapilli]；volcanic gravel{lapilli; rubble}；rapilli
火山砾丘☆lapilli mound
火山砾岩☆volcanic conglomerate；lapillistone
火山砾状熔岩☆lapillo
火山砾锥☆lapilli cone
火山链☆volcanic chain；chain of volcanoes
火山裂槽☆volcanic rent；volcanic fissure trough
火山裂隙沟☆volcanic fissure trough
火山瘤☆acromorph
火山硫黄{磺}☆volcanic sulfur
火山隆起☆tumescence
火山隆起测定仪☆tilmeter
火山绿[石]☆Verde Lavars
火山轮回顺序☆volcanic sequence
火山毛☆Pele's{volcanic} hair；lauoho o pele；cinder wool；filiform lapilli；capillary ejects
火山内侧弧☆volcanic inner arc
火山泥☆volcanic{volcano} mud；moya；moja
火山泥砾☆accretionary lapilli
火山泥流☆lahar[印尼]; (volcanic) mudflow; volcanic mud flow；aqueous lava；submarine lahar[爪哇]
火山泥流物☆lahar
火山泥区☆mud field
火山泥锥☆puff cone
火山凝灰石☆ashstone
火山喷出率☆volcanic production rate
火山喷发的类型☆types of volcanic eruptions
火山喷发前裂隙☆pre-volcanic fissure
火山喷发作用☆volcanic eruption
火山喷气的☆volcanic-exhalative
火山喷气现象☆volcanic exhalation-phenomenon
火山喷物编年☆tephrochronology
火山坡☆flank of volcano；volcanic slope
火山期后活动{|作用}☆postvolcanic activity {|process}
火山气体吹熔(作用)☆volcanic blow(-)piping
火山前缘{锋}☆volcanic front
火山穹隆☆volcanic dome；blister cone
火山穹丘☆(volcanic) dome；cumulo-dome {-volcano}；thrust{exogenic} dome；tholoid
火山丘☆volcanic dome{mound}；dome volcano；puy；quellkuppe[德]；cumulo-volcano{-dome}；blister cone
火山(穹)丘☆volcanic dome；cumulovolcano
火山泉☆gushing{volcanic} spring
火山群☆volcanic cluster{group}；group of volcanoes；volcano group
火山热射气的☆phreatomagmatic
火山融冰洪流[冰岛语]☆jokulhlaup；jeculhlaupe
火山塞☆magmatic{volcanic} plug
火山散发物☆volcanic emanation
火山石☆lava；pelelith；lapillus [pl.lapilli]
火山式☆vulcanian type
火山栓☆spine；volcanic plug{obelisk}
火山碎屑☆volcanic debris{rubble}；tephra；pyroclast；pyroblast；moraine[熔岩流表面的]
火山碎屑丘☆homate
火山碎屑云☆tephra cloud
火山塔☆aiguille
火山通道☆volcanic conduit{vent;feeder}; conduit; vent
火山筒☆volcanic chimney；pipe
火山突发{变}☆volcanic accident
火山土☆volcanic clay{soil}; volcanogenous soil; trass
火山物质山[经过侵蚀与变动]☆tushar mountain
火山陷沟☆volcanic graben
火山陷没☆volcanic engulfment
火山现象☆volcanicity；volcanism；vulcanism；volcanic manifestation{phenomenon;event}
火山形成☆construction of volcano
火山型泥流☆mudflow of volcanic type
火山性☆vulcanicity；volcanicity
火山须☆Pele's hair；pogonite
火山旋回☆volcanic cycle；cycle of volcano
火山学☆volcanology；vulcanology；pyrogeology
火山学家☆volcanist；volcanologist；vulcanist
火山岩☆volcanics；volcanic{extrusive;eruptive; pyroid} rock；volcanite；vulcan(n)ite；lava
火山岩黄铁矿型多金属矿床☆pyritiferous polymetallic deposit in volcanic rocks
火山岩流管道☆volcanic flow drain
火山岩屑☆lithic pyroclast；volcanic detritus{cinder; debris}
火山岩型铀矿☆volcanic type U-ore
火山岩渣☆volcanic scoria；dross
火山岩滓☆volcanic scoria
火山原☆volcanic field；piano
火山源高温蒸气☆fumarolic steam
火山源供给☆volcanogenous supply
火山缘海底的☆perivolcanic submarine
火山源水☆volcanic water
(炽热)火山云☆fire cloud
火山云雾☆eruption cloud
火山渣☆cinder；volcanic cinder{scoria}；slag；scoria [pl.-e]
火山渣块☆blob{lump} of slag
火山渣砾凝灰岩☆cinder lapilli tuff
火山渣泥☆alluvion
火山渣碛☆scoria moraine
火山渣丘☆scoria mound
火山渣土☆cinder soil
火山渣岩☆scoria{cinder} rock；cinerite
火山渣(凝灰)岩☆cinerite
火山渣岩状☆scoriaceous
火山渣状[德]☆schlackig
火山渣锥☆cinder{scoria;blowing} cone
火山质凝灰岩☆tuff
火山钟☆tumulus；pressure dome
火山柱☆volcanic needle{pile}；obelisk；stump
火山柱的根部☆stump of volcanic column
火山筑积物☆edifice
火山状砂堆☆sand volcano
火山锥☆(volcanic) cone; kameni; volcano; blister cone
火山锥的类型☆types of volcanic cones
火山锥链{|群}☆chain{|cluster} of cones
火山滓块☆lump of slag
火山阻塞湖☆volcanic barrier lake
火山作用☆volcanism；volcanicity；volcanic action {process;event}；vulcanism
火伤☆burn caused by fire；burn
火上加煤机☆overfeed{spreader;sprinkler;sprinkling} stoker
火烧驱油☆combustion drive
火烧油层☆ISC；in {-}situ combustion；fire flood；combustion (of oil) in-situ[油]
火舌☆flame；spit；tongues of fire；tongue of flame
火神☆Vulcan
火圣☆hydrocarbons
火石☆flint；fire(-)stone；fire stone；feuerstein
火石玻璃☆flint glass；flintglass
火石器☆stoneware
火势蔓延速率☆rate of fire spread
火室☆fire-box；fire chamber
火试法☆pyrognostic test
火(法)试金☆fire assay
火树石☆flint
火(-)水成的☆igneo-aqueous；hydatopyrogenic
火丝(菌)属[真菌;Q]☆Pyronema
火塔正长岩☆fire tower syenite
火腿薄片☆rasher
火腿石☆bacon；beef
火腿状矿石☆bacon ore
火烷布☆Houwaan cloth
火卫二☆Deimos
火卫一[火星内侧卫星]☆Phobos
火蜥蜴☆salamander
火下加煤机☆underfeed stoker
火险☆fire insurance[保险]；fire hazard；fire danger[危险]
火线☆fire{live} wire；battle{firing;front} line；wire under voltage
火箱☆fire box；combustion source
火巷☆fire lane
火象☆igneous meteors
火硝[硝酸钾;KNO_3]☆potassium nitrate；nitre
火星☆Mars；spark；iron[炼丹术语]
火星暗斑☆oasis [pl.oases]
火星地形类型☆Mars terrain type
火星地震☆marsquake
火星陆地☆continens；continentes
火星条纹☆canali
火星学☆areography；areology
火星学家☆martianologist
火焰☆blaze；flame；flare；flaming
火焰安全灯的网罩☆lamp gauze cap；bonnet；lamp {gauze} bonnet；safety lamp gauze
火焰安全矿灯网罩☆safety lamp gauze
火焰斑杂凝灰岩☆pipernoid (tuff)；piperno
火焰包围面☆flame envelope
火焰测定仪☆flame test apparatus
火焰长度☆length of flame
火焰除锈燃烧器☆flame cleaning burner for removing rust
火焰穿孔☆rock drilling by flame
火焰淬火☆torch{flame} hardening；flame hardnessing
火焰的最高温度☆peak flame temperature
火焰电离测定☆flame-ionisation-detection；FID
火焰发射度☆flame emissivity
火焰防止罩☆flame trap
火焰分光光度测量法☆flame spectrophotometey
火焰分析☆flame analysis
火焰构造☆flame{fiamme} structure
火焰光度检测器☆flame photometric{photometry} detector；FPD
火焰弧☆arc of fire
火焰化学发光检测☆flame chemiluminescence detection
火焰可调式燃烧器☆variable-flame burner
火焰空间☆combustion space
火焰窥孔☆gloryhole；glory hole
火焰离子分析探{检}测器☆flame {-}ionization analyzer and detector；FIAD
火焰蔓延分级☆flame {-}spread classification；FSC
火焰喷吹法☆burner blowing process
火焰喷枪☆jet torch；flame-spraying gun
火焰喷射☆flame jet{ejaculation}；piercing jet；fiery blast
火焰喷射钻具☆jet piercing drill
火焰切割☆flame{autogenous} cutting；torch cut
火焰熔化测试☆flame and fusion testing；FFT
火焰山☆burning mountain
火焰升长☆spire up
火焰石☆flame；fiamme
火焰似的☆flamy
火焰筒☆can
火焰温度☆flame temperature；FT
火焰稳定☆flame-holding
火焰消雾器☆fog investigation dispersal operations
火焰原子荧光光谱法☆flame atomic fluorescence

H

spectrometry；FAFS
火焰制止器☆arrester
火焰状☆flamboyant
火焰钻进☆flame(-throwing) drilling；drilling by flame
火焰钻机☆jet pierce drill；jet-flame drill
火药☆(blasting) powder；gunpowder (explosive)；slow {gun} powder；pyrolite；propellant；low explosives
火药爆破[石场]☆black powder blasting
(使)火药爆炸☆explode gunpowder；blow up gunpowder
火药的特征☆characteristics of explosives
火药点火☆pyrotechnic{cartridge} ignition
火药卷☆carpet roll
火药颗粒几何形状☆grain geometry
火药类管理法☆explosives control law
火药棉炸药☆guncotton explosive
火药片☆pellet；powder cake
火药驱动起爆器☆cartridge actuated initiator
火药特性☆characteristic of explosive
火药威力☆explosive strength
火药芯☆gunpowder core
火药柱☆(powder) grain；burner；stick；propulsion {solid;powder} charge；propulsive
火药助推器☆powder booster
火药装药☆solid charge
火(法)冶(金)的☆pyrometallurgical
火源☆combustion{ignition} source；burning things which may cause a fire disaster；ignition cause；fire seat；source of ignition
火云☆fiery clouds；nuee ardente
火灾☆fire hazard{risk}；conflagration；(accidental) fire
火灾的阶段☆phase of fire
火灾分类☆fire (hazard) classification
火灾后果☆net fire effect
火灾监视员☆fire-watcher
火灾扩展☆spreading fire
火灾蔓延动态图☆movement map of fire spreading
火灾损失☆direct{fire} loss；loss on fire；fire damage
火灾探测☆fire-detection
火灾现场☆scene of fire
火灾巡查☆fire-patrol
火灾隐患☆fire hazard；hazard associated with fire
火灾征兆☆breeding fire
火葬用柴堆☆funeral pyre
火种☆fire light；kindling (material)；tinder；live cinders kept for starting a new fire
火状大理岩☆lumachelle；fire marble
火琢☆fire-polishing
火钻☆thermal piercing；jet piercer{drill}；fusion drill；jet piper drill；jet piercing drill
火钻喷流☆piercing jet
火钻喷嘴☆burning nozzle

huò

藿烷☆hopane
藿烷类(化合物)☆hopanoid
获得☆gain；lade；acquisition；draw；ensure；acquire；obtain；cop；buy；acquirement；purchase；gain access to；procuration
获得的[非遗传的]☆adventitious
获得服务的可能性☆service availability
获得利益☆acquired advantages
获得率[岩芯]☆recovery ratio
获得胜利☆triumph
获利井☆paying well
获利能力☆earning power
获利指数☆profitability index
获能腔☆catcher
获取☆acquisition
获胜(的)☆winning
获释离子☆released ion
获益☆gaining
获月☆harvest moon
获准专利的权限☆patented claim
或抽油杆装置☆pulling machine
或多或少☆more or less
或然比☆likelihood ratio
或然率☆probability；chance
或然偏差☆probable deviation
或然数☆the most probable number；MPN
或然误差☆probable error；p.e.
或然性☆probability
或许☆likely；perhaps
或有估价法☆contingent valuation method；CVM
霍巴铁陨石☆Hoba iron
霍勃说☆Hobb's theory
霍登型自动顺向全宽截流取样机☆Horden sampler
霍顿定律☆Horton's law
霍顿分析☆Horton analysis
霍耳{尔}-诺导向楔☆Hall-Rowe wedge
霍尔冰晶石电解质☆Hall bath
霍尔达维石☆holdawayite
霍尔-德纳-施蒂勒观点☆Hall-Dana-Stille concept
霍尔登燃气分析装置☆Halden's gasanalyzer
霍尔法[稳定注水试井法]☆Hall's technique
霍尔-罗氏(偏斜)楔人工造斜法☆Hall-Rowe wedging method
霍尔曼(冲击式凿岩机集)尘器☆Holman dust extractor
霍尔曼型带配重的凿岩台车☆Holman counterbalanced drill rig
霍尔曼型钻孔集尘器☆Holman dust extractor
霍尔曼型钻机气腿☆Holman airleg
霍尔姆虫[三叶;$Є_1$]☆Holmia
霍尔姆型旁侧冲洗接头☆Holmes box
霍尔若型偏斜楔子定向钻进法☆Hall-Row wedging method
霍尔氏深型浮选机☆Hall deep cell
霍尔效应☆Hall effect
霍夫曼降解☆Hofmann degradation
霍格几丁虫属[O_2-D_2]☆Hoegisphaera
霍加拉特催化剂☆hopcalite catalyst
霍克斯尼阶☆Hoxnian stage
霍克斯双轴仪☆Hawkes' biaxial gauge
霍克斯线应变仪☆Hawkes' linear strain gauge
霍拉加特氧化接触剂[用于防毒面具除去 CO]☆Hopcalite
霍来-舍特来测水仪☆Horley Sedgley water-finder
霍劳夫连续膨化变形机☆Horouf continuous bulking machine
霍勒里思域☆H{Hollerith} field
霍利无洞贝属[腕;$D_{1\sim2}$]☆Holynatrypo
霍洛-弗利特干燥机☆Holo-Flite dryer
霍玛尔目镜☆Homal ocular
霍麦{梅}尔(阶)[北美;N_1]☆Homerian (stage)
霍梅{麦}尔(火成岩)分类☆Hommel's classification
霍姆斯(火成岩)分类☆Holmes' classification
霍姆斯型旁侧给水冲洗接头☆Holmes box
霍姆吸泥管☆Holme suction grab
霍姆吸入式取样{吸泥}机{器}☆Holme suction grab
霍尼曼(制动轮)沉井法☆Honigmann drop-shaft method
霍尼希曼分段钻进法☆Honigmann process
霍涅曼钻井法☆Honigmann (shaft-boring) process
霍普非带☆Hopfield bands
霍普岬灰岩☆Hope's nose limestone
霍普金森棒☆Hopkingson bar
霍普页岩☆Hope Shale
霍奇基斯磁秤{针}☆Hotchkiss super-dip
霍桑效应☆Hawthorne effect
霍氏穿孔卡编码[计]☆Hollerith code
霍氏粒度区分☆Hopkins scale
霍氏区分☆Hopkins scale
霍伍德油浮选法[先行焙烧硫化矿]☆Horwood process
霍伊特通{重}力仪☆Hoyt gravimeter
霍伊 B300 型截齿☆Hoy B300 cutting pick
货币☆currency；coin；money
货币虫(属)[孔虫;$E_{1\sim2}$]☆Nummulite；Camerina
货币虫纪☆Paleogene；Nummulitic (period)
货币虫科[孔虫]☆Nummulitidae
货币虫系[早第三纪{系}]☆Paleogene；Nummulitic (period)
货币虫相☆Nummulitic facies
货币的时间价值☆time value of money
货币的效用☆utility of money
货币等价效用值☆certainty monetary equivalent
货币兑换率计价标准[法]☆numeraire
货币流通速度☆velocity of money
货币石☆Camerina
货币石纪☆Nummulitic；paleogene
货币岩☆coinstone
货币值☆monetary value
货舱☆hold；cargo hold{space}；bulk
货舱护条☆hold batten
货舱装卸匀称☆proper trim
货场☆freight yard{depot}；goods yard；outdoor storage
货车☆goods train{car;van;wagon}；(wagon) truck；freight car{train;wagon}；carrier；cargo vehicle；lorry；wagon
货车标重☆marked loading capacity
货车的倾翻卸载装置☆car dump
(铁路)货车排列场☆marshalling yard
货车司机☆teamster
货车装卸安全间距☆truck handling safety interval distance
货车阻力☆freight car resistance；rolling resistance of freight car
货船结构安全证书☆cargo ship safety construction certificate
货单☆manifest
货到付款☆pay{cash} on delivery；payment upon arrival of goods；P.O.D.；COD
货到收款☆cash on delivery；cod
货机☆aerovan
货价☆charge
货价加运价☆cost and freight；CAF
货架☆storage rack；goods shelf
货款☆loan
货轮☆cargo carrier
货轮吨位☆freight ton
货轮卸货机☆ship unloader
货名表☆menu sheet
货盘☆pallet
货物☆goods；freight；merchandise；commodity；cargo；charge；gds；mdse.
货物供应☆freight supply；FS
货物运费☆carriage freight
货物站台☆dock
货物转向架支架距☆distance between centers of freight turning rack
(船、车上)货物装平稳☆trim
货油泵☆cargo pump
货运☆freight；frt
货运标签☆shipping tag
货运路线☆goods line
货运收据☆cargo receipt
货运业☆haulage
货运重量☆shipping weight；shipp. wt.
货载处理☆freight handling
货栈☆warehouse；storehouse；storage yard
货重☆loadage
獾属☆Okapia
豁免(税捐、债务等)☆remit
祸患☆plague

J

jī

击☆beat; hit; knock; strike; attack; assault; assail; come in contact with; bump into; collide with
击岸浪☆beating of waves; alluvion
击变玻璃☆diaplectic{thetomorphic} glass
击变熔长岩☆diaplectic maskelynite
击变岩☆impactite
击波致炸引信☆airburst fuse
击波自炸引信☆concussion fuse
击穿☆disrupture; punch; arcing; breakdown; breakage; disruption; puncture; arc; flashover; strike{spark} through; hoedown
击穿(绝缘)☆rupture
击穿点☆breakdown point; breaking spot
击穿电压☆breakdown voltage{potential}; flash-over {puncture;shorting;disruptive} voltage; BV; BD
击穿电阻☆resistance to sparking
击穿感度☆sensitiveness to perforation{propagation of detonation}
击穿试验☆disruptive{breakdown;puncture;flash} test; destructive test(ing); breakdown
击穿信号☆breakdown signal
击穿压力☆disruptive pressure
击锤[产生地震波]☆hammer
击倒☆drop
击发☆cocking
击痕☆percussion mark{scar}
击坏的桩头☆broom head
击回☆repercussion
击溃☆rout
击落☆take down
击平锤[锻造工具]☆set(ting) hammer
击破器☆smasher
击器☆whip
击入管撞击头☆drive pipe head
击入式取土{样}器☆drive sampler
击石工人☆sledger
击实功☆compactive effort
击实仪☆compaction device
击数☆number of blows; blow count
击碎☆spall; impact
击碎式扁铲钻头☆straight chopping bit
击退☆repulsion
击像☆percussion figure; impact{percussion} marks
击振细筛☆Rapifine screen
击中☆hit
基☆radical; group; gr; radix [pl.radices]; bedding; base; statumen [pl.-mina]; basi-; rad.
基奥瓦页岩☆Kiamitia shales; Kiowa shale
基巴拉(山)系☆Kibara system
基摆☆base pendulum
基板[棘海百;绵]☆basal (plate); basalia; base{bed; bottom} plate; plate; columnal
基板底部☆bottom of base plate; B.B.P
基板去耦☆base plate decoupling
基本☆sill; basis
基本(的)☆basic
基本标高☆ordnance datum
基本部分☆bulk
基本材料☆woof
基本产量☆baseline production rate
基本单价☆base rate
基本单元[三维共反射点叠加单元]☆elementary cell
基本导线☆principal traverse
基本道轨☆stock rail
基本的☆fundamental; elementary; first; ultimate; nett; essential; elem; substratal; primitive; capital; cardinal; primary; radical; rudimentary; basal; propaedeutic
基本点阵线☆fundamental line
基本顶板☆main roof
基本段☆root segment
基本垛盘☆plugged crib
基本反射☆fundamental reflection
基本反射分析☆elementary reflection analysis
基本分量☆fundamental component
基本分区存取法☆basic partitioned access method
基本负荷电站☆base-load station
基本负载☆baseload
基本格子☆fundamental lattice
基本格子线☆fundamental line
基本工差☆basic tolerance
基本工程☆capital work
基本海侵岩相☆basal transgressive lithofacies
基本花样{纹}☆motif
基本化学元素的混合物☆soup
基本假定☆fundamental assumption
基本建设工程☆capital work
基本解矩阵☆fundamental-solution matrix
基本金属☆mother metal
基本径流☆base flow{runoff}; fair-weather{sustained} runoff; baseflow
基本径流和土内水流☆baseflow and interflow
基本孔隙度公式☆basic porosity equation
基本控制导线☆basic net survey
基本脉冲电平☆basic impulse level; BIL
基本贸易☆organic trade
基本频带☆baseband
基本频率☆basic frequency; fundamental (frequency)
基本平巷☆lateral{bottom} road
基本坡度☆ruling gradient
(成矿)基本前提☆ground preparation
基本情况☆background
基本上☆essentially
基本上无矿石的矿段{矿山}☆bor(r)asca; borasque; borasco
基本设施☆infrastructure
基本事实☆bedrock
基本输入输出系统☆basic input output system; BIOS
基本属性☆inherence; inherency
基本数据☆master{base;basic} data
基本水平(面)☆standard datum level
基本水文情报☆basic hydrologic information
基本四点井网☆radical four-spot pattern
基本速度☆ground speed
基本条件☆pacing items{factor}
基本投资☆capital investment; investment in capital construction
基本图☆mother{parent} map
基本位移法☆basic displacement method
基本误差☆fundamental error
基本信号☆baseband{basic;base} signal
基本信息☆essential information
基本信息带☆basic information tape; BIT
基本油料☆base stock
基本元件☆primary element
基本原理☆fundamentals; postulate; philosophy; rationale; ultimatum; ultimate principle; basis; groundwork; ground works; elementals
基本原则☆bedrock; cardinal rule
基本值☆key value
基本轴向厚度☆base thickness
基本装药☆main{primary;principal} charge
基本装药与附加装药☆base and increment charge
基本资料☆base{baseline} data; general datum; basic document; data base
基本作业☆unit operations
基变凝灰岩☆schalstein
基标☆fiducial mark
基标线☆range line
基(谐)波☆principal{fundamental} wave; fundamental (harmonic); first harmonic
基波分量☆fundamental component
基布拉风☆quibla
基部☆base; sole; basal; basis
基部骨棒☆basal bar
基材燃烧☆base burn
基槽☆foundation trench
基槽定线☆marking out of foundation trench
基槽支撑☆shoring of trench; timbering of foundation trench
基层[生态]☆substratum [pl.-ta]; substrate; subbase; base (course); hypothallium; hypothallus[pl.-es,-lli]; brash; basic{primary} level; grass-roots unit; basal lamina[环口苔]
基层处理☆subsedaling
基层管理☆lower management
基层砂☆bedding sand
基层生态☆substratum; substrate
基层支架☆sill set
基长闪斑辉绿岩☆vintlite
基畴☆basic domain
基出脉的[植]☆basal nerved; basinerved
基础☆ground; foundation; fundamentals; basement; body; establishment; substratum [pl.-ta]; sole; basis {base} [pl.bases]; bedding; bedrock; footing; root; infrastructure; understructure; radical; underplate; background; warp; scene; pricipium [pl.-ia]; rudiment; economic base{basis}; FTG
基础(工作)☆groundwork
基础沉陷☆foundation (settlement); yielding of supports
基础冲刷☆rushing foundation
基础代谢计☆metabolimeter
基础的☆key; fundamental; underlying; basal; substratal; elementary
基础垫层☆coussinet; blinding; foundation bed
基础冻结加固☆foundation by means of freezing
基础垛盘☆wedging{wedge} crib; crib bed
基础垛盘盘框的把钩环☆shaft curbing
基础放样☆setting out of foundation
基础工程☆foundation engineering{work}; substructure works
基础滑动☆sliding of foundation
基础加固☆underpinning.
基础建设☆infrastructure
基础结构☆substructure
基础井框☆bearer; crib bed; curb(ing); foundation crib {curb}; curb ring; horn set; plugged{walling} crib
基础科学☆background science
基(础)梁☆footing{foundation} beam
基础埋深☆embedment of foundation
基础面☆fundamental plane; plane of reference
基础砌置深度☆depth of foundation
基础墙☆footwall
基础设施☆infrastructure
基础数据☆basic{base} data; data base
基础水平☆level of foundation; foundation level
基础抬升☆jacking of foundation
(成矿)基础条件☆ground preparation
基础图显示☆basemap dissplay
基础土质科学☆foundation soil science
基础托换☆underpinning
基础信息带☆basic information tape
基础压力☆base pressure
基础研究☆fundamental research{studies}; research in basic science
基础摇摆☆rocking of foundation
基础油☆base oil; BO
基础支撑☆shoring of foundation
基础轴承☆filbore; base bearing
基础注入{水}井网☆basic flooding pattern
基床☆subgrade; bedding; foundation bed
基床反力系数☆coefficient of subgrade reaction; foundation modulus
基床系数☆modulus of subgrade reaction
基刺[绵]☆basal spicula
基次通藻属[蓝藻;D_2]☆Kidstoniella
基带☆baseband
基的☆mother
基底☆basement (rock); fundamental complex; basal; substrate; foundation (bed); sub-bottom; substratum [pl.-ta]; base; sole; basis; bedding; basalia; main bottom
基底层☆stratum germinativum{basale}
基底的埋深☆buried depth of basement
基底等深{高}线☆basement contour
基底风桥☆undercast
基底-盖层关系☆basement-cover relationship
基底构造☆basal{basement;sole} structure; basement tectonics; structure of basement
基底构造走{趋}向☆basement tectonic grain
基底海侵岩相☆basal transgressive lithofacies
基底计数☆background count
基底胶结☆basalcement; basal cement
基底角石属[头;O_1]☆Lebetoceras
基底结晶建造☆fundamental crystalline formations
基底金属碱金属☆base metal
基底控制的圈闭☆basement controlled trap
基底捩裂☆basement tear
基底内异常☆intrabasement anomaly
基底倾斜因素☆base tilt factor
基底山脉[法;建于基底原有弱线之上的山脉]☆chaine de fond
基底式胶结☆basal cementation
基底输水隧道☆basal{basalt} tunnel

基底水平☆sill level
基底缩(短作用)☆shortening of basement
基底填石☆enrockment
基底-外壳岩关系☆basement-supracrustal rock relationships
基底下岩石☆subbasement rock
基底型☆fondoform
基底压力☆footing base pressure; foundation pressure
基底岩☆primary formation; fundamental rock; basement
基底岩涌☆base surge
基底域☆benthonic realm
基底噪声☆ground noise
基底褶皱☆plis{plissement} de fond[法]; foundation {basement} folding; plis du fond
基底之上的☆supracrustal
基地☆base; depot
基地外库存☆off-base storage
基点☆base (station); datum [pl.data]; guiding{bench} mark; base point; cardial{full-station;basic;starting; cardinal;fiducial;datum} point; actual zero point; point of reference; BP; BM
基点控制☆basic control
基点网☆first order net; base-point net; survey grid
基点移动☆datum drift
基电极☆base electrode
基调☆mood
基调反射☆fundamental reflection
基蝶骨☆basisphenoid; os basisphenoidale
基督教圣诞节☆Christmas
基端☆cardinal extremity; proximal end
基墩☆cradle; corner foundation[井架的四角]
基尔[完成一次给定操作的时间单位]☆gin
(钢和木制成)基尔贝支柱☆kirkby prop
基尔霍夫偏移☆kirchhoff{kirchoff} migration
基尔霍夫折射方程☆Kirchhoff diffraction equation
基尔库卜型风力摇床☆Kirkup table
基尔试块☆keelblock
基尔卓安石☆kilchoanite
基矾石☆basaluminite
基峰☆base peak
基缝☆basal suture
基腹片{节片;肢节}☆coxite
基干☆cadre; backbone; hard core
基高比☆base-height ratio
基隔板[头]☆basal septum
基函数☆basis{basic} function
基荷电站☆baseload power plant
基痕☆basal scar
基化环烷烃☆parathene
基极[晶体管中]☆base (electrode)
基极负载☆baseload
基极阶跃信号发生器☆base step signal generator
基级☆ground level
基价☆base price{rate}; basic price
基架☆base{foundation} frame
基建☆capital construction
基建剥离☆advance{preproduction} stripping
基建矿井☆projected mine
基建投资☆initial cost; capital investment{outlay}; pre-production capital cost
基建项目计划任务书☆preliminary plan of a capital construction project
基建总投资☆capitalized total cost
基胶溶液☆base gel solution
基脚☆footing; toe; socle; foot (stall)
基角☆cardinal angle
基节☆coxae [sgl.coxa]
基节肢[节甲]☆coxopod
基金☆foundation; capital stock; endowment; treasury; dotation; fund
基晶☆ground form
基矩阵☆basis matrix
基克(塑性变形)定律[破碎]☆kick's law
基坑☆foundation pit{ditch;trench}; bedding; ground pit
基坑边坡☆excavation slope
基坑底隆起☆basal heave
基坑划线☆marking out of foundation trench
基坑涌水☆discharge into foundation pit
基坑支撑☆shoring of trench; trench shoring
基孔☆basic{base} bore; foramen
基孔制☆basic hole system; system of basic hole
基块孔隙度☆block porosity
基矿物☆base mineral
基拉(尔)尼造山运动[北美;AnЄ 末期]☆Killarney Revolution
基拉斯[花岗接触变质岩]☆killas
基拉索带藻属[Z]☆Tyrasotaenia
基浪☆base surge
基里巴斯☆Kiribati
基粒状☆pilum [pl.pila]
基连叶属[C_{2-3}]☆Autophyllites
基料☆base material{stock}
基磷重铁矿☆rock bridgeite; rockbridgeite
基流☆baseflow; base flow
基龙(属)[P]☆Edaphosaurus
基隆德超阶[N_1]☆Girondian (stage)
基律{鲁}纳测斜法☆Kiruna method
基律纳式{型}铁矿床☆Kiruna-type iron ore deposit
基罗泡洛斯法☆Kyropoulos method
基马型刮斗刨煤机☆Kema plough
基米{梅}里(阶)[黑海地区;N_2]☆Kimmerian (stage); Cimmerian
基面☆baseplane; basal{datum} plane; base (surface); interarea; card; cardinal area; datum surface
基(准)面压力☆datum-level pressure
基默里奇阶☆Kimmeridgian stage
基姆布型隧道钻巷机☆Jumbo (type) tunnel boring machine
基内岩体☆intrabasement body
基尼[速度单位,厘米/秒]☆kine
基颞骨☆os basitemporale; basitemporal (bone)
基努纳式钻孔偏斜测量法☆Kiruna method
基诺拉造山运动[加;Ar]☆kenoran orogeny
基盘☆basal disk{disc}[珊]; basal dish; pedal disk
基盘岩群{杂岩}☆basement complex
基盘岩石☆basement rock
基硼钙石☆cryptomorphite
基硼钠钙石[$NaCaB_5O_9·5H_2O$]☆bodyite; boydite
基片☆substrate; coxite
基(波)频(率)☆fundamental (frequency); base frequency
基频带信号☆base(-)band signal
基普振荡器☆Kipp oscillator
基期☆base period
基腔☆basal cavity
基墙☆foundation wall
基鞘☆vaginula [pl.-e]
基(部)鞘[牙石]☆basal sheath
基区☆base region
基群☆basic group
基鳃骨☆os basibranchiale; copula
基色信号监控器☆primary (colour) signal monitor
基舌骨☆basihyal (bone)
基生叶☆basal leaf
基石☆basement; base-stone; foot{bottom;foundation; footing;bed;base} stone; ground-stone; cornerstone; foundation of masonry; bedrock; socle; agraf(f)e; sill; sommer; cill; anvil; rock
基石革新☆keystone innovation
基石霉素☆itamycin
基石线[土]☆sommering lines
基蚀☆(basal) sapping; undermining; undercutting
基蚀坡☆undercut slope
基矢☆basic vector
基始增长曲线☆primary growth curve
基氏塑性测定☆Gieseler plastometer test
基数☆cardinal (number); mantissa; establishment; base (number;statistics); simple{radix} number; radix
基数井☆stratigraphic well
基台(值)☆sill
基台随机方差图☆sill random variogram
基态☆ground state
基态分裂☆ground-state splitting
基特利矿☆kittlite
基锑矾[锑的盐基性含水硫酸盐; $Sb_4O_4(OH)_2(SO_4)$; 斜方]☆klebelsbergite
基体☆matrix; substrate; pala(eo)some; pal(e)osome; substratum
(聚合体的)基体☆mer
基体处理☆base conditioning
基体清洗法☆matrix-flushing method
基体岩浆☆host magma
基体元素☆matrix element
基铁矾[$Fe^{3+}(SO_4)(OH)·2H_2O$;单斜]☆butlerite
基铜矾[$(Cu,Zn)_5(SO_4)_2(OH)_6·6H_2O$;单斜]☆ktenasite
基图☆base map
基团保留指数☆group retention index
基团节距☆base pitch
基团转移反应☆group transfer reaction
基威廷{丁}(统)[北美;早 Ar]☆Keewatin (series); Kewatinian
基韦诺(统)[北美;Pt]☆Keweenawan (series)
基温☆fiducial temperature
基伍岩[东非]☆kivite
基线☆base (line); shale{datum;range} line; basis; straight-line basis datum line; baseline; BL; BA
基线补偿☆bias control
基线测量器械☆base apparatus
基线长(度)☆length of base
基线尺寸(法)☆base line dimensioning
基线端点中心标石☆base centre
基线方向☆direction of base
基线航高比☆base-height ratio
基线横尺☆subtense bar
基线横尺视差法☆subtense method with horizontal staff
基线轮廓☆baseline configuration; BLC
基线偏移☆baseline wander; base-line shift
基线上的横稳心☆transverse metacenter above base line
基线网图☆base loop map
基(本)项☆basic term
基向量☆basis vector
基谐波的☆fundamental
基谐方{模}式☆fundamental mode
基形☆fundamental{ground;primitive} form
基性☆basis property; basicity; basic
基性铵矾[$(NH_4)_3H(SO_4)_2$]☆letovicite
基性边缘☆mafic margin; basic border
基性玻璃☆basic glass
基性铬酸铅{铅矿}☆mock vermilion
基性硅酸盐类☆subsilicate
基性含长(结构)☆basiophitic
基性含长填隙物☆basimesostasis
基性化☆basification; basify
基性辉绿结构的☆basiophitic
基性磷锰铁石☆landesite
基性铝矾[$Al(SO_4)(OH)·4½H_2O$]☆lapparentite
基性硼钙锶石[$(Sr,Ca)(B_7O_9(OH)_5(OH)_5)·1½H_2O$]☆strontioginorite
基性片岩☆basic schist; metabasite
基性铜铝矾[$4CuO·Al_2O_3·SO_3·8H_2O$]☆namaqualite
基性盐☆subsalt
基性岩☆basic{subsilicic;subsiliceous} rock; basite
基性岩石☆basite; subsilicic{basic} rock
基性异性石[$Na_2Ca(Zr,Ti)Si_6(O,OH)_{18}$]☆lovozerite
基性月岩☆lunabase
基岩☆bed(ding){ledge;underlying;base;original;solid; basement;foundation;pedestal;bottom;seat} rock; firm ground; ledge; bedrock; subsoil; undermass; basal complex; basement; matrix [pl.-ices]; rock drilling {base;bed}; rockhead; mother-rock; solid-rock; main bottom; batholith; foundation; hard seat; parent material; stone head; subterrane; rimrock
基岩残丘☆nubbin
基岩层☆horizon D; feu; D horizon; bedding course
基岩岛☆rocky island
基岩岛丘[熔岩流内]☆kipuka; steptoe
基岩地区☆bare land
基岩鼓丘☆rock drumlin; rocdrumlin
基岩巨型多边形构造☆megapolygonal bedrock structure
基岩内声速☆matrix velocity
基岩松弛带☆bedrock slack zone
基岩图☆solid{uncovered} map
基岩应力系数☆matrix stress coefficient
基岩油汽藏☆basement hydrocarbon reservoir
基岩中声速☆matrix acoustic velocity
基眼目[腹]☆Basommatophora
基药☆basic explosive
基液☆base solution{fluid}
基翼骨☆basipterygoid
基因☆gene [pl.genera]
基因变化☆genic change
基因渗入{透}☆introgression
基因型☆genotype
基因型的☆genotypic
基因转变☆conversion
基因组☆genome

J

基音☆fundamental (tone)
基优先级☆base priority
基疣☆basal callus
基有蹄目☆Procreodi
基于地区的积极性☆locally-based initiative
基于数量的折扣☆quantity discount
基元灰分☆elementary ash
基元曲线☆ash-specific gravity curve
基元识别☆primitive recognition
基圆☆base{generating;primitive} circle
基圆半径☆base radius
基圆投影☆primitive circle
基圆直径☆base (circle) diameter; BD; B.C.D
基缘(脊)[几丁]☆periaboral edge
基站☆base
基站值订正☆base correction
基枕骨☆basioccipital; os basioccipitale
基枕髁☆condylus basioccipitalis
基阵☆give away; array
基枝藻属[绿藻;Q]☆Basicladia
基肢☆protopod(ite); sympod(ite)
基值☆base value
基址图☆plot plan
基质☆matrix [pl.-ices]; host; groundmass; substrate; base (material); interstitial matrix; substratum [生化; pl.-ta]; basis; mesostasis; background; stroma [pl.-ata]; texture; matrix material
基质玻璃☆base glass
基质的水平渗透率☆horizontal matrix permeability
基质分析☆matrix analysis
基质吸力☆matric suction
基质吸力分布[剖面]☆matric suction profile
基质应力☆rock frame stress
基质支撑☆matrix {-}support
(在)基质中的传播速度[地震波]☆matrix velocity
基质状结构☆matrix structure
基周☆primitive period
基轴☆basic shaft
基轴制☆basic shaft system; shaft-basis system of fit; system of basic shaft
基柱[孢;外壁外层]☆pilum [pl.pila]
基柱龙眼粉属[孢;$K-N_1$]☆Beaupreaidites
基柱头部[孢]☆caput
基转角☆elementary angle of rotation
基桩☆foundation pile
基准☆basis; datum [pl.data]; reference; datum{base} level; standard; criterion
基准(点{标记})☆benchmark
基准测点☆control station
基准层☆key horizon; datum bed; reference level {lamina}; mandatory layer
基准产量☆baseline production rate
基准尺寸☆characteristic dimension
基准点标高{高程}☆bench mark elevation
基准顶塞☆key wiper
基准管[标准体积管部件]☆prover pipe
基准化作用☆base levelling
基准井☆key well{hole;borehole}; stratigraphic{index} well
基准脉冲☆basic pulse
基准面☆datum level{plane;surface;horizon}; base face; reference basal{base;grade} level; reference field{area;plane;surface}; anvil; base(-)level; DL; DP
基准面变化☆deleveling
基准面低地☆base-level lowland
基准面改{标}正☆datum correction
基准面作用定律☆law of base-levelling
基准炮孔☆parent{original} hole
基准偏差☆datum drift
基准频率☆reference frequency
基准曲线☆chart datum
基准燃油低热值☆fundamental fuel lower calorific value
基准生产限额☆base production control level
基准时间☆fiducial{reference} time
基准体积☆base{reference} volume
基准物质☆primary standard substance
基准线☆zero line{datum}; basic line; BA; GL.; ZL
基准信号交流声比☆reference signal to hum ratio
基准信号转盘噪声比☆reference signal to rumble ratio
基准压力☆initial{datum;base;reference} pressure
基准窑速☆standard kiln speed
基准英里☆data mile
基准圆[45°纬圈的心射极平投影圆]☆fundamental {ground} circle
基准原油[评估其他原油质量和价格]☆marker crude
基准站☆base station{point}; BP
基准中央(子午)线☆reference central meridian
基准轴☆axis of reference; reference{fiducial} axis
基座☆foundation stay{support;bed}; seat; back; base (structure;template); pedestal; underplate; footing; main bottom; susceptor; baseboard; tribrach
基座信号☆baseplate signal
基座形脉冲☆pedestal pulse
基座藻(属)[O-C]☆Hedstroemia
机班☆machine shift
机磅☆geepound
机臂控制☆boom control
机变数☆magic number
机柄☆drill back head
机采的☆machine-mined
机采泥炭☆machine-cut peat
机舱☆engine room{compartment}; cabin; ER
机槽支架☆trough support
机(械)铲☆mechanical{power;plant} shovel; spader
机铲工☆dragman [pl.-men]
机铲工作装置☆shovel front
机铲司机☆shovelman
机场☆airport; drill shack
机场(的)跑道☆runway
机场信标☆dog
机场信号区[航]☆signal area
机抄☆hard copy
机车☆locomotive; engine; loco; trammer; loco.
机车房☆engine house; locomotive barn{shed}; punning shed
机车库☆depot; round{engine} house
机车拉绳☆crab rope
机车起重吊☆locomotive crane
机车燃料☆railway fuel
机车燃油加热器☆engine oil heater
机车式锅炉火箱☆fire box
机车司机☆loco(motive) driver; hauler; locomotive operator
机车信号测试区段☆cab signaling testing section
机车信号作用点☆cab signaling inductor location
机车型锅炉[其立姿似桶]☆barrel-type boiler
机车运输☆loco(motive){motor} haulage; locomotive- transport
机床☆machine (tool); bed; tool; mother machine
机床厂☆machine tool plant; machine-tools plant
机床主轴柱☆jack post
机锤☆mechanical{power} hammer
机道[采煤工作面]☆machine runway machine access; shearer track
机电传动装置☆electromechanical drive
机电工程师☆electrical and mechanical engineer
机(械)电(子)的☆mechano-electronic
机电学☆electromechanics
机电应力裂开☆electromechanical stress-cracking
机动☆manoeuvre; maneuver
机动车辆☆vehicle
机动车辆排放物☆motor vehicle emission
机动车燃料税☆motor fuel tax
机动大钳☆machine tongs
机动的☆power operated{driven}; automotive; mobile; locomotive; mechanical; maneuverable; P.O.
机动飞行☆evasion
机动化☆motorization; mechanization; motorized
机动炉排☆stoker
机动式经纬仪☆kinetheodolite
机动系统☆kinematic system
机动小车☆motor-bug
机动性☆mobility; maneuverability; flexibility; trafficability; manoeuvrability
机动预算☆flexible budget
机动支撑构架☆supporting mobile structures
机盖分段衬板☆segmented lid liner
机盖开启装置☆cover opening
机割☆machine cut
机(械)工(人)☆machinist; engineman; machine attendant{workers}; mechanist; mach; mechanic
机工应力☆mechanical stress
机工用孔锯[雕琢宝石用]☆mechanical hole saw
机构☆mechanism; agency; organization; frame; set up; organ; setup; house; institution; gear; facility; entity; bit feeding mechanism; activity; movement; work; wheel; outfit; mechanics; medium [pl.media]; mech.
机构内部的☆in-house
机关☆establishment; facility; body; service; organ
机会☆circumstance; chance; room; time; scope; opportunity; occasion
机会利率☆OIR; opportunity interest rate
机会图式☆aleatory scheme
机会种☆fugitive{opportunistic} species
机(械)加工☆machining
机加工残余应力重分布☆rearrangement of residual stresses by machine
机加工产品☆machinofacture
机架☆(press) frame; bay; framing; gauntree; stander; standard; framework; housing; holster; chassis; bed; undercarriage; locker
机架变形☆stand stretch
机架衬板☆base liners
机架衬板支撑圈☆concave support ring
机架告警信号电路☆bay alarm circuit
机架接地☆rack earth
机架牌坊弹性变形☆elastic displacement of mill housing
机架体分离装置☆shell separator
机件☆(machine) parts; gadget; works
机件缺油摩擦的尖叫声☆mockingbird singing
机井☆pumping{pumped} well
机警的☆knowing; sharp
机具☆machines and tools
机具设备部门☆equipment division
机龛☆stable hole
机壳☆mantle; framework; envelope; chassis; cubicle; cabinet; casing; tank shell; body
机壳衬板插件☆frame plate liner insert
机壳地线☆rack earth
机壳支撑☆case support
(主)机控(制)的☆on-line
机理☆mechanism
机力锚杆拉紧装置☆powered bolt-tightening device
机力凿岩机☆power drill
机列☆mill train
机灵的☆alert
机密安全等级☆security class{level}; confidential inquiry
机磨钎头(截齿)☆machine-sharpened bit
机磨石棉☆mill fibers
机内☆entrails
机内天线☆built-in antenna
机内物料落差☆fall through machine
机内巷识别系统☆built-in lane identification system
机内装置☆inboard installation
机能☆enginery
机能过敏☆superactivity
机能亢进☆hyperfunction
机能上的☆dynamic
机能性应力☆functional stress
机能障碍☆dysfunction
机能组构☆physical{functional} fabric
机盘架☆bay of racks
机器☆machine; mach; machinery; M.A; MC
机器安全操作条例☆machine safety regulation
机器等上的缺陷☆bug
机器底座{架}连接☆chassis connection
机器地址控制☆hardware address control
机器吊起装置[底部有游动钩]☆cant hook
机器翻译☆mechanical{machine} translation
机器翻译词典☆mechanical dictionary
机器房☆engine house; engine-room; machine(ry) hall
机器间☆engine-room; machine(ry) hall; propulsion plant
机器校验中断☆machine check interrupt
机器开动☆gear
机器可处理形式☆machine-processable form
机器(代)码☆basic{absolute;machine} code
机器人☆robot; robotic
机器人化☆robotize; robotization
机器寿命☆service life of a machine
机器维护消耗☆machine charges
机器先中断☆hardware priority interrupt
机器油☆mobiloil
机器语言程序☆machine language program

机器运转中有规则的小停顿☆dwell
机器罩☆bonnet
机器制造用钢☆machine steel
机器装备的☆machine-assembled
机群☆fleet
机上的防噪橡皮`套{护圈}☆ear muff
机上冷却烧结矿☆strand-cooled sinter
机身☆hull; body; case; fuselage
机身变形☆frame deflection
机身侧部☆broadside
机身腹部☆belly
机身进入煤体的采煤机☆in-web coal-getting machine
机身前部☆forebody
机身应力☆fuselage stress
机身装配☆rigging
机声效率☆mechano-acoustical efficiency
机首传动装置☆headgear construction
机碎碎石☆crusher-run material
机台☆machinery deck
机台支架☆substructure
机套☆mantle
机体☆body
机体后端部☆drill back head
机体再生论☆pangenesis
机头☆drilling head; head (end); nose [of an aircraft]; machine end; nosepiece; prow[飞机]
机头传动☆head-end drive
机头架☆drive head frame
机头往复移动式拉丝机☆winder with reciprocating collect
机头心轴支撑架☆mandrel carrier
机头罩☆spinner; nose covering
机头转速☆rotational speed of collet
机尾☆tail end{section}; backhead; foot section; tail [of an aircraft]
机尾传动☆tail-end drive
(伸出)机尾的支架☆tail boom
机尾反向轮装置☆pulley unit for return end
机尾轮☆end{tail} pulley
机窝☆wall niche; stable (hole); stable-hole; revetment; pen [aircraft shelter]
机务员☆boss
机误回归☆error regression
机匣☆casing; banjo
机下溶缸形突出物☆bathtub
机镶(细粒金刚石) (取芯)钻头☆mechanically set bit; machine(-)set bit
机箱☆chassis
机械☆machine(ry); mach; mechanics; movement; M.A; mechan(o)-
机械扳手☆power wrench
机械臂扳信号机☆mechanically operated semaphore
机械变速☆power shifting
机械播煤燃烧☆mechanical-spreader firing
机械部分☆mechanics
机械采油[气举或抽油]☆; mechanical oil production mechanical recovery; production on artificial lift
机械参数图☆MECH plot
机械舱☆service module
机械测井仪表[记录钻进时间、井深和停工时间]☆snitch
机械铲☆mechanical shovel{digger}; shovel(l)ing machine; shovel; vertical arc-type loader
机械铲的斗柄高程☆shovel-handle lift
机械铲勺斗☆dipper (scoop); shovel
机械铲铁道剥离☆shovel-train stripping
机械厂厂房☆shop building
机械沉积富集☆physical sedimentational concentration
机械冲击☆physical{mechanical} shock
机械冲击筛☆mechanical impact screen
机械充填☆mechanical filling{stowing;packing}; power{mechanized} stowing; mechanized packing
机械除气{氧}☆mechanical deaeration
机械穿孔☆machine drilling
机械传动内燃机车☆diesel-mechanical locomotive
机械捣锤☆stamp{stamping} hammer
机械的☆mechanic; mech.; mechanical
机械底座☆machinery deck
机械电子测力计[测锚杆张力]☆mechanical{electronic} load cell
机械发生故障的时间☆mechanical down-time
机械方法消除应力☆mechanical stress relieving
机械分段冒{崩}落法☆mechanized sublevel caving
机械分解☆desintegration
机械分析☆mechanical analysis; sizing
(蓄水池)机械浮标阀☆mechanical float valve
机械高压法☆mechanical high pressure method
机械给进☆gar{power;positive} feed
机械工☆mechanic; mech.; machine works
机械工程☆mechanical engineering
机械工段☆machine bay
机械功率[钻压×转速]☆mechanical horsepower {power}; MHP
机械工人☆machinist; M.A
机械工长☆master mechanic
机械关门装置☆door check
机械光学地震仪☆mechanical optical seismograph
机械光制☆machine finish{finishing}; m.f.; MF
机械滑行座☆skid mounting
机械化☆mechanization; mechanize(d); motorization
机械化部分{采区}☆mechanized section
机械化采掘充填开采法☆mechanized cut-and-fill method
机械化采煤量☆mechanized output
机械化的变因素☆mechanization variables
机械化(开采)矿(山)☆machine-worked mine
机械化燃烧锅炉☆mechanically fired boiler
机械化学☆mechanochemistry
机械化岩石清理☆mechanized mucking
机械化支架☆mechanized support
机械混合物☆mechanical mixture
机械机构☆mechanism
机械加工☆machine; fmechanical treatment{working}
机械加工余量☆stock{machining} allowance
机械加煤燃烧炉☆stoker fired furnace
机械加压割心法☆core breaking by mechanical loading
机械架腿☆machine leg
机械搅拌☆mechanical agitation
机械搅拌泻{瀑}落式浮选机☆mechanical cascade machine
机械进料☆positive-geared{power} feed
机械掘进的☆machine-cut
机械开采矿山☆machine mine
机械靠模☆direct copy
机械拉伸消除应力☆mechanical stress relieving
机械类☆enginery
机械利用(率)☆machine utilization; MU
机械连接☆mechanical joint{continuity}; ganging
机械零件☆machine element; machinery parts; mechanical component
机械录井仪☆geolograph
机械论者☆mechanist
机械锚固式锚杆☆mechanical anchor
机械黏砂☆abreuvage; metal{(sand)} penetration; burned-on{burnt-in} sand
机械黏砂[冶]☆abreuvage; penetration; burnt in sand; burn-penetration; metal penetration (type)
机械排料式重力浓密{缩}机☆mechanical-discharge gravity-type-thickener
机械排水{泄}☆mechanical drainage
机械破坏☆(radioactive) desintegration; mechanical disruption; physical disturbance
机械牵引采煤机☆mechanical hauling shearer
机械切割器☆mechanical cutter
机械切割式井壁取芯器☆mechanical core taker
机械侵蚀空洞☆mechanical erosion interstices
机械清理崩落矿石☆mechanical cleaning of broken ore
机械燃烧锅炉☆mechanical-fired boiler
机械扰动的传播速度☆propagation velocity of mechanical disturbance
机械人学☆robotics
机械容量☆capacitance
机械筛析装置☆mechanical screening device
机械伤事故☆machinery accident
机械设备利用学☆human engineering
机械伸长顶梁☆mechanical extension bar
机械渗流{透}☆mechanical filtration
机械师☆machinist; serviceman; mechanist; mach
机械式地反复☆chime
机械事故☆mechanical breakdown; mishap
机械式内径割管器☆mechanical internal pipe cutter
机械式偏移指示仪☆mechanical drift indicator
机械式(井壁)取芯器☆mechanical core taker
机械手☆manipulator (device); fingers manipulator; magic {machine} hand; extraman; mechanical arm; handler
机械松动器☆mechanical dislodger
机械送料手☆finger feed
机械损伤☆physical disturbance; mechanical damage
机械锁紧密封圈☆mechanically locked seal ring
机械索具[不经猫头而吊管入鼠洞]☆bozo line
机械台日完好率☆percentage of machine-days in good condition
(用)机械探寻(水源、矿脉等)☆dowse
机械提升浅(矿)井☆gin pit
机械跳闸装置☆mechanical trip
机械停顿的时间☆mechanical down-time
机械停运时间百分率☆percentage of downtime
机械通风☆dadding; forced{induced;artificial} draft; mechanical(ly) ventilation; mechanical draught
机械脱泥(分级)器{机}☆mechanical deslimer
机械误差☆imperfection
(油船上)机械洗舱管头☆Butterworth head
机械效率☆mechanical efficiency{effectiveness}; ME
机械楔☆power-drive wedge
机械性双晶☆mechanical{glide} twin
机械选矿能力☆mechanical sortability
机械学☆mechanics; mech.
机械液压式伸长☆hydro-mechanical extension
机械移动工作面皮带输送机☆mechanically shifted face belt conveyor
机械印痕☆mechanoglyph
机械应力成孔钻机☆mechanical drill
机械原理☆theory of machines; principle of machinery
(注入水的)机械杂质☆injected particles
(油中)机械杂质粗粒☆heavy solids
机械张拉法☆mechanical tensioning method
机械支柱组自动控制☆bank control
机械制造☆machine manufacturing{building}; machinofacture
机械转动噪声☆birr
机械装配管道☆machine-banded pipe
机械装载☆continuous{machine} loading; mechanical filling
机械装载工作面☆power-loaded face
机械装置☆labour-saving{mechanical;labor-saving} device; mechanism; machinery; mechanical hook-up; power unit; mech.; M.A
机械钻进☆mechanized{machine} drilling; machine holing; bit penetration
机械钻孔{探}☆machine drilling
机械钻速☆rate of penetration; penetration speed {rate}; drilling rate; ROP
机械坐封封隔器☆mechanical(ly) set packer
机修厂☆(repair) shop
机修车间☆overhaul{machine} shop
机修钎头☆machine steel
机修站☆service station
机选☆mechanical preparation
机选级☆size fractions of feed
机选石棉☆milled asbestos
机压成型法☆mechanical pressing
机翼☆aerofoil; airfoil; pterate chorate cyst
机翼顶架☆cabane
机翼端☆wingtip
机翼倾角☆incidence
机翼涂料☆dope
机用青铜☆machinery bronze
机油☆engine{machine;mobile} oil; mobiloil
机遇律☆law of chance
机遇散布☆chance dispersal
机遇性☆randomness
机载测地雷达☆airborne {-}ground-mapping radar
机载德卡联合导航系统☆Decca integrated airborne navigation system; Dian
机载的☆airborne; aircraft-based; piggyback
机载非相干雷达☆airborne noncoherent radar
机载激光测深系统☆airborne laser sounding system
机载激光地形剖面记录仪☆airborne laser terrain profiler
机载脉冲导航☆airborne pulse navigation
机载(仪器)平台☆airborne platform
机载剖面记录仪☆airborne{terrain} profile recorder
机载相干雷达☆coherent airborne radar
机载遥测台☆airborne telemetering station
机长☆skipper
机罩☆bonnet of an aircraft; bonnet; helmet; engine

cover{hood}; housing cap
机罩铰链拉杆支架☆hood hinge rod bracket
机罩手柄☆hood handle
机制☆mechanism; machine; machine-processed {-made}
机智☆tact; artifice
机轴箱☆crankcase; crank case
机组☆(aggregate) unit; engine group; squadron; set; aircrew; assembly; flight crew; machine unit; team; aggregate; (mill;machine) train; subassembly; ass.
机组成员☆crewman
机组组装(试轧)[在运走前]☆mock-up
机座☆housing; (main) frame; holster; foundation; engine seat; machine base; stand; bed (plate)
机座筋护板☆narrow arm liner
矶波☆surf
矶松石竹☆deptford pink
矶蟹☆Ocypoda
奇次谐波☆odd harmonic
奇次轴☆axis of odd degree
奇的☆zygous
奇底板☆basal azygous
奇(异)点☆singularity; singular point
奇对称☆odd symmetry
奇核☆odd nucleus
奇函数☆odd function{number}; uneven
奇解☆singular solution
奇脉冲☆odd pulse
奇脉冲响应值☆odd response
奇偶错误☆bad parity
奇偶归并分类☆odd-even merge sort
奇偶校验发生器☆parity generator
奇-偶碳数比☆odd-to-even carbon-number ratio
奇偶位☆parity bit
奇偶性☆odevity; parity; pairity
奇鳍☆unpaired{median} fin
奇数☆odd number{member}; impair
奇数的☆odd; uneven
(筛网)奇数经丝☆odd-numbered warp wire
奇数行(上)穿孔[卡片上]☆interstage punch
奇碳数☆odd-carbon number
奇蹄☆perissodactyl
奇蹄类动物☆perissodactyla
奇蹄目[哺]☆perissodactyla
奇同位素☆odd isotope
奇宇称(性)☆odd parity
奇 A 元素☆odd-A element
奇整数☆odd-integral number
畸变☆distortion (settlement); distorsion; deformation; distort; aberration; deformity
畸变波☆distortion(al){distorted;S} wave; wave(s) of distortion
畸变的☆distortional; distorted; variable
畸变度☆degree of distortion
畸变力☆distorting force
畸变式转变☆distortional transition
畸变图像☆fault image
畸变系数☆klirr{distortion} factor; percentage distortion
畸变信号☆distorted signal
畸齿龙☆heterodontosaurus
畸齿龙属[T_3]☆Heterodontosaurus
畸颚牙形石属[O_2]☆Pravognatus
畸鸟☆teratorn
畸盘蛤属[双壳;E-Q]☆Anomalodiscus
畸像☆eleutheromorph
畸斜值☆biased value
畸心蛤属[双壳;E-Q]☆Anomalocardia
畸形☆deformity; freak; anisotropy; aeolotropy; unhearth; abnormality; teratosis; mal(con)formation; deformation; monstrosity; monster; misshape
畸形波☆wave of distortion
畸形的☆freak; bastard; teratological; anamorphotic
畸形的小个体☆kuemmerform
畸形发育☆aberrant development; anamorphosis
畸形火山☆abortive volcano
畸形晶体☆malformed{misshapen} crystal; malformation-crystal
畸形名☆nom. monst.; nomen monstrostitis
畸形珊瑚属[S_2-D_1]☆Teratophyllum
畸形生长☆hyperplasia; anomalous growth
畸形形成☆heteroclite
畸形学☆teratology
畸形学的☆teratological
畸形岩体☆chonolith; chonolite
畸形叶态[植]☆polyphylly
畸性(光电)导体☆partial conductor
畸羊齿类☆Mariopterides
畸羊齿属[C_{2-3}]☆Mariopteris
畸正形贝属[腕;O_1]☆Anomalorthis
唧入☆suck in
唧筒☆syringe; pump
羁留学说☆capture hypothesis
犄叶肢介属[P-T]☆Cornia
积☆product
积冰☆icing; ice pack{accretion;deposit}; aufeis; accretion; naled[俄,pl.-]; pack ice
积尘☆build-up of dust
积尘病☆dust disease
积成物☆accretion
积成因论者☆placerist
积存☆pile-up
积存热量☆stored heat
积顶点☆culmination
积分☆integral; integrating; integration; integrate; accumulated points
积分半球仪☆integrating hemisphere
积分场☆field of integration
积分垂向响应☆integrated vertical response
积分的☆int; integral
积分法☆integration
积分公式☆integral formula; formula of integration
积分荷电力☆integration of chargeability
积分立方仪☆integrating cube
积分通量☆fluence
(时间)积分通量☆flux-time
积分信号☆integrated{sum} signal
积分仪☆integraph; integrator; integrating{totalizing} instrument
积分元素☆element of integration
积高山☆mountain of accumulation
积垢☆sediment (incrustation); incrustation; scale deposition
积垢井孔☆scaled well
积红☆sking red
积灰☆soot formation
积极的后工业化☆positive deindustrialization
积极交替带☆active zone
积极性☆initiative; enthusiasm; positivity
积极因素☆positive factor
积极主动的☆proactive
积架红[阿根廷红;石]☆Red Sierra Chica; Jacaranda; Forest Green
积矩☆product moment
积矩相关☆product-moment correlation
积聚☆aggregation; gather; accumulate; build up; accumulation; store; lodge
积聚带☆gathering zone; zone of accumulation
积聚的☆accumulative
积聚电容☆storage capacity
积聚在低洼处的爆炸性气体[煤矿井下]☆bottom gas
(元素)积聚植物☆accumulator plant
积累☆integrate; heap; fund; collection; stockpile; accumulation; buildup; pile-up; integration[信号]
积累过程☆accumulative process
积累器☆integrator; count detector
积累区[冰]☆accumulation{surplus} area
积累效应☆buildup{building-up} effect; pile-up
积累应力☆cumulative stress
积累资料☆stockpile
积量图☆quantity diagram
积满淤泥的平原☆silt-covered flat country
积木☆building block
积木化☆modularization
积木式器件{材}☆cordwood
积木式元件{单元}☆building block
积木性☆modularity
积球雏晶☆cumulite
积砂矿床☆placer deposit
积石☆rubble (stone)
积时法取样☆time-integration sampling
积蚀阶地☆fill strath terrace
积水☆water accumulation{log(ging)}; flowage; ponding; load water[井中]
积水凹地的☆tiphic; ombrotiphic
积水放水冲洗砂矿法☆self-shooter
积水巷道☆drowned level; water logged workings
积水坑☆plash
积水库☆ponding
积水老采空区☆drowned waste
积水砾石平地☆pakihi
积水森林☆waterlogged wood
积水洼地☆waterlogged depression; soak; daya
积水现象☆waterlogging
积算仪器☆integrating instrument
积炭☆carbon deposit
积炭爆震☆carbon knock
积铁矾☆apatelite
积土压力☆overburden (pressure)
积温☆cumulative{accumulated} temperature
积屑的☆hysterogenous
积屑矿床☆hysterogenite
积屑瘤切削☆silver white ship cutting; SWC
积蓄☆amass
积蓄性中毒☆retention toxicosis
积雪☆accumulated{perpetual} snow; snowpack; snow cover{deposit;mantle;wreath}; snows; firn; retention of snow
积雪区☆surplus area
积雪山☆jokul; jokull
积压☆overstock; keep long in stock
积压(而未交付)的(订货)☆backlog
积盐☆salification
积盐层☆salic horizon
积叶层☆litter
(井筒内)积液☆liquid loading
积夷平原☆aggradated{aggradation} plain
积夷作用☆aggradation
积雨凹地的☆ombrotiphic
积雨云☆cumulonimbus
积云☆cumulus [pl.-li]; cumulo-
积云晶土☆cumulus crystal
积云状☆cumuliform
积在井底的金属碎屑☆junk
积滞☆backup
积贮☆repertory
箕斗☆skip (bucket); balde; can; gig; mine skip
箕斗侧垂直向上打开的卸载门☆skip guillotine door
箕斗储矿石的仓库☆skip bunker
箕斗吊架☆bail frame
箕斗翻卸器☆skip dump
箕斗防碎衬板☆skip anti-breakage plate
箕斗工☆lander; skipman; skipper
箕斗钩☆foot hook
箕斗罐笼调换装置☆skip centralizing gear
箕斗罐笼改挂☆skip and cage changing
箕斗罐笼两用提升容器☆combined cage and skip
箕斗和乘人组合罐笼☆combination skip-man cage
箕斗计量仓☆skip-measuring pocket
箕斗井☆skip pit{shaft}; skipshaft; Draw foul air drift
箕斗轮[进入卸料弯轨上用]☆delley wheel
箕斗提升道☆skip road; skipway
箕斗提升吊架☆skip bridle
箕斗卸矿☆jetison; jettison
箕斗卸载曲轨☆dump rail; skip dump track
箕斗用装载机☆skip loader
箕斗载重量☆skip load
箕斗直接装载[从矿车]☆skip direct loading
箕斗装载硐室☆skip loading pocket
箕舌线☆versiera
箕状{形}地堑☆halfgraben; half graben
箕状构造☆half-graben structure
几乎水平的倒转褶皱☆recumbent overturned fold
几率☆probability; chance
几率论☆theory{law} of probability
肌☆muscle
肌(力描记图)☆ergogram
肌氨酸[$CH_3NHCH_2CO_2H$]☆sarcosine
肌病变☆myocardiopathy
肌醇☆inositol
肌电信号☆electromyographic{myoelectric} signal
肌隔[石燕]☆myophragm
肌(肉印)痕[腕]☆muscle scar; muscle's impression; impressions muscularis; scar
肌迹☆muscle track
肌间骨☆intermuscular bone
肌节腔☆myocoele
肌瘤☆myoma
肌泌壳质☆myostracum

肌球蛋白☆myosin
肌肉☆brawn；Musculus；muscle
肌肉系统{组织}☆musculature
肌石☆burrow
肌束蛤属[双壳;C-P]☆Myalina
肌台[腕]☆platform
肌突☆adductor ridge
肌序☆musculature
肌原细胞[绵]☆myocyte
饥饿☆hunger
饥饿盆地☆starved basin
饥荒☆famine
饥螺属[腹;Q]☆Buliminus
激昂的☆boiling
激变[地壳]☆convulsion；change violently；cataclysm
激变说者☆paroxysm(al)ist；catastrophist
激波☆waves of compression；shock wave
激波面☆detonation front
激波系☆multishock
激潮☆tide rip{blow}；tidal rip
激磁☆exciting；energization；ex；Ex.
激磁分路☆field shunt
激磁回路☆energizing loop
激动☆emotion；heat；fermentation；ferment；convulsion；concussion；brace；actuate；agitation；percussion；warmth；seethe；trouble
激动井☆active{pulsing;pulse;perturbed} well；pulser
激动空气[泥浆输出口或混合漏斗排出口激发空气进入泥浆]☆whipping air
激动压力☆surge pressure
激发☆induction；excitation；excite；initiation；energization；blazing；blaze；stimulation；arouse；stimulate；set off；vitalization；spurt；spirt；spark；shooting；pop-up；popping[气枪]
激发波☆excitation wave
激发补给☆supplemental recharge
激发参数☆firing parameters；shooting parameter
激发点☆shotpoint；shot point
激发{励}电位{势}☆excitation potential
激励电位{势}☆excitation potential
激发电压☆exciting{excitation} voltage
激发回路☆exciting loop
激发极化☆induced polarization；IP
激发极化测井☆induced polarization well logging
激发极化的{角}直线性☆linearity of IP
激发剂☆excitant；stimulus
激发技术☆shooting techniques
激发快拍☆snapshot
激发裂隙型地热储☆fracture-stimulated geothermal reservoir
激发率☆firing rate
激发起☆trigger
激发器☆initiator；exciter；energizer
激发气泡☆shot bubble
激发气体☆energizing gas
激发射光谱学☆micro-emission spectroscopy
激发渗入☆induced infiltration
激发态☆excited state
激发态的半衰期☆half life of excited state
激发体的几何形态☆geometry of causative bodies
激发位置☆shot position
激发物☆excimer
激发信号起始点☆shot{time} break；TB
激发性冰川☆surging{galloping} glacier
激发荧光☆fluorescence excitation
激发荧光分光光度法☆excitation spectrofluorometry
激发源面积☆excitation source area
激发指令☆firing command
激发中心☆excitation center
激发状态☆excited state
激光☆laser (beam)；light amplification by stimulated emission of radiation
γ激光☆gaser
激光爆聚技术☆laser implosion technique
激光表现损伤☆laser induced surface damage
激光玻璃☆laser glass
激光彩色胶片记录器☆laser color film recorder
激光测量地震☆earthquake measurement with laser
激光测图系统☆laser mapping system
激光刺点仪☆laser marker
激光打印机☆laser printer；laser beam printer
激光等离子体☆laser plasma
激光地球动力卫星☆laser geodynamic satellite
激光地震报警器☆laser earthquake alarm
激光电脑排版机☆lasercomp
激光定向控制☆laser line control
激光多普勒测量系统☆laser Doppler
激光氟化同位素分析☆laser-fluorination isotope analysis；LFIA
激光光谱微区分析仪☆laser spectral micro-zone analyzer
激光焊☆laser beam welding；LBW
激光航道标☆laser channel marker
激光活化凿岩☆laser activated drilling
激光激发荧光法☆laser excited fluorescence
激光激化法☆induced polarization method
激光激励爆炸系统☆laser-energized detonation
激光接件组件☆laser pickoff unit
激光勘测系统☆laser reconnaissance system
激光拉曼探针☆laser Raman microprobe
激光拉曼探针光谱☆laser-Raman microprobe Spectroscopy；LRMS
激光雷达☆lidar；light detection and ranging；ladar；laser radar
激光离子化表面分析☆surface snalysis by saser ionization；SALI
激光磨蚀硫同位素探针光谱☆laser-ablation sulfur isotope microprobe spectroscopy；LASIM
激光破岩☆rock breaking by laser
激光起爆聚变☆laser-initiated fusion
激光器☆laser；optical maser；light amplification by stimulated emission of radiation
激光器共振腔☆laser (resonator) cavity
激光熔融法☆laser melting method
激光散射分析☆laser scattering；IS
激光射束图像记录仪☆laser beam image recorder
激光摄影系统☆laser-camera system
激光束信号☆laser beam signal
激光丝状损伤☆laser induced filamentary damage
激光碎石术☆lasertripsy
激光损伤阈值☆laser induced damage threshold
激光探测和测距☆lidar
激光探针质谱测定☆laser microprobe mass spectrometry
激光微量光谱化学分析☆laser micro-spectrochemical analysis
激光向(中)心爆炸☆laser implosion
激光衍射粒度分析仪☆laser diffraction particle size instrument
激光应变地震计☆laser strain seismometer{seismo meter}
激光云幂仪☆laser ceilometer
激光杂质损伤☆laser induced inclusion damage
激光振荡阈值☆threshold of laser oscillator
激光指向仪☆laser guide instrument
激光质谱测定☆laser mass spectroscopy
激光作用☆las(er)ing；laser action
激化☆stimulation；stimulate；activate
激化剂☆activating agent
激化中心☆activation center
激活☆activate；activation；sensitization；stimulate
激活比率☆activity ratio
激活的同位素☆isotope-activated
激活分析☆activation analysis
激活剂☆activator；sensitizer；activating agent
激活能量灵敏度☆activating energy sensitivity
激活态☆state of activation；activated state
激进式地槽☆revolutionary geosyncline
激井☆surging
激浪☆breaker；surf；wash；choppy；rip；breach；bore；current rip[水流]
激浪潮☆rip tide
激浪带☆surf{surge;splash} zone
激浪植物☆cumatophyte
激冷☆chill
激冷材料☆densener
激冷槽☆chilling tank
激冷钢☆chilled steel
激冷铸钢砂☆chilled shot
激冷装置{设备}☆chiller
激励☆launching；excitation；impetus；stimulus [pl.-li]；driving；actuate；stimulate；challenge；energize；encourage；urge；impel；whet；ACT
激励部分☆driver unit
激励场☆field of excitation
激励电路☆feed{exciting;driving;drive} circuit
激励管☆excitron；exciter{driver} tube
激励函数☆excitation function
激励剂☆energizer
激励力☆exciting force
激励期间☆energized period
激励器☆exciter；actuator；driver；stimulator；activator
激励状态☆excited state
激烈(的)☆heat；drastic；stormy
激烈地☆violently
激烈沸腾☆heavy boiling
激烈竞争☆cut-throat competition
激流☆wildwater；rip current
激怒☆exacerbate；aggravate
激喷☆great{full} eruption；surge；full display
激喷的间歇喷泉☆boiling geyser
激破浪☆surging breaker
激起☆arouse；evoke；cause；stir up；trigger-off
激散碎{破}波☆surging breaker
激射☆mase
激射导流☆dart leader
激升水头☆swell-head
激素☆hormone
激素学☆hormonology
激碎☆shattering by quenching
激态☆excited state
激性爆发☆climax of eruption
激性爆发作用☆explosive ejection
激性喷发☆paroxysmal eruption
激性喷发幕☆paroxysmal phase
激涌☆ground swell
激元☆excimer
激增☆boom；balloon；steep rise
激振器☆actuator；vibrator
激振运动☆shock motion
激震☆impulse
激震前沿☆shock front
激(发(核))子☆exciton；baryon；barion
激子传热☆heat transfer by exciton
激子学☆excitonics
姬鼠属[N_2-Q]☆Apodemus；field mouse
鸡冠☆crest
鸡冠(状物)☆comb
鸡冠菜属[红藻]☆Meristotheca
鸡冠壶☆cock comb pot
鸡冠矿☆cocarde{cockade} ore
鸡冠石[As_2S_2]☆realgar；eolite；eolide；sandarae；red orpiment{arsenic}；sandarac(ha)；rejalgar；realgarite；ruby sulphur
鸡冠式架台[捕金器安置条棒用]☆comb rack
鸡冠羽毛☆Stanleya
鸡冠状山脊☆cockscomb ridge
鸡笼构造☆chicken-wire{chickenwire} structure
鸡笼式井网☆chickenwire pattern
鸡笼状硬石膏☆chickenwire{nodular} anhydrite
鸡毛菜属[红藻;Q]☆Pterocladia
鸡尾式喷发☆cock's-tail eruption
鸡尾榫式构{框}架☆dovetail framing
鸡窝顶☆kettle；bell hole；back saddle；cauldron
鸡窝煤☆nest
鸡窝(状)煤层☆wandering coal
鸡窝状矿体☆nest-like ore body
鸡心环☆capel；caple
鸡心螺☆conidae
鸡心螺类☆Conacea
鸡形日[鸟类]☆Galliformes
鸡胸变形☆chicken{pigeon} breast deformity
鸡血石☆heliotrope[深绿玉髓含有红色碧石小点]；oriental jasper；blood(-)stone；xanthus
鸡血石雕☆chicken-blood stone carving
鸡血玉髓☆sard
鸡油菌属[真菌;Q]☆Cantharellus
鸡爪簕粉属[E-Q]☆Randiapollis

jí

吉☆G；giga-
吉奥发克斯炸药[震勘]☆Geophex
吉奥麦普[一种在地质制图中存储和处理数据的系统]☆GEOMAP
吉奥式取样机☆Geo sampler
吉奥斯佩斯型数据标绘仪☆Geospace plotter
吉本-赫兹伯格条件☆Ghyben-Herzberg condition
吉博托乙醇胺脱酸性气过程☆Girbotol process
吉柏应力图☆Gerber's stress diagram

吉勃利风☆ghibli
吉伯[磁通势单位]☆gilbert；gb；Gi.
吉布斯[吸收单位]☆gibbs
吉布斯-杜亨关系☆Gibbs-Duhem relationship
吉布斯分布☆Gibbs distribution
吉布斯函数值☆Gibbs function value
吉布斯-马尔科夫模型☆Gibbs-Markov model
吉布斯-坡印亭方程式☆Gibbs-Poynting equation
吉布斯吸附定理☆Gibbs adsorption theorem
吉布斯液滴模式[晶长]☆Gibbs liquid-drop model
吉布提☆Djibouti
吉布现象☆Gibb phenomenon
吉布逊型混汞提金机☆Gibson amalgamator
吉村石☆yoshimuraite
吉达红[石]☆Ruweidah Pink
吉电子伏☆giga-electron-volt
吉丁(阶)[欧;D_1]☆Gedinnian
吉耳[液量,=1/4 品脱]☆gill；gi
吉尔伯特反向期[N_2]☆Gilbert (reverse) epoch
吉尔伯特反向磁极期☆Gilbert reversed polarity epoch
吉尔伯特型三角洲☆Gilbert-type delta
吉尔吉斯斯坦☆Kirgizstan
吉尔曼钎头热处理机☆Gilman heat-treating machine
吉尔摩水泥稠度试验针☆Gilmore needle
吉尔萨亚期☆Gilsa event
吉尔萨正向事件☆Gilsa (normal) event
吉尔文球接子属[三叶;O_2]☆Girvanagnostus
吉芬页岩☆Gyffin shales
吉哈地层陷落理论☆Rziha theory
吉黑褶皱系☆Jilin-Heilongjiang fold system
吉加斯-蔡司正射投影仪☆Gigas-Zeiss orthoprojector
吉柯式浮选机☆Geco flotation cell
吉克旋风☆geg
吉拉买特半胶质炸药☆Gelamite
吉赖克斯炸药☆Gelex
吉兰泰龙属[爬;K]☆Chilantaisaurus
吉里那特{炸药}☆Gelignite
吉里-詹宁斯型自动取样机☆Geary-Jennings sampler
吉利红[石]☆PR Red
吉利特炸药☆Gurit
吉连菊石属[头;K_1]☆Kilianella
吉林地槽☆Jilin geosyncline
吉林叶肢介属[节;K_2]☆Jilinestheria
吉硫铜矿[Cu_8S_5;假等轴]☆geerite
吉-鲁尼地电仪☆Gish-Rooney geohmeter
吉纶[聚氯乙烯树脂]☆geon
吉罗拜安全炸药☆gelobel
吉罗达因硝(化)甘(油)炸药☆Gelodyn
吉罗鱼☆Gyrolepis
吉普车☆jeep；beep[特大]
吉瑞杰宁斯型自动取样机☆Geary-Jennings sampler
吉瑞型自动取样机☆Geary sampler
吉赛尔角石属[头;Q_2]☆Chisiloceras
吉什(-)鲁尼法☆Gish-Rooney method
吉水硅{沸}钙石[$Ca_2Si_3O_7(OH)_2•H_2O$;六方]☆gyrolite
吉斯摩型装矿机☆mucking gismo
吉斯莫(万能)采掘机[钻眼、装载、运输]☆Gismo
吉斯莫型采掘机组开采法☆Gismo method of mining
吉斯莫装载{|钻眼|底卸式}万能采掘机☆mucking {|drill|bottomdumping} gismo
吉维齐期☆Givetian age
吉维特(阶)[欧;D_2]☆Givetian (stage)
吉文思效应☆Jevons effect
吉州窑☆Jizhou ware
蒺藜骨针[绵]☆calthrops
极☆pole；far；pl.；almighty；polari-；per-
AB 极☆AB electrode
极[孢]☆polus；polar cap
极安全的☆foolproof
极摆动说☆pendulation theory
极斑☆polar spot
极板☆wafer；pad；plate (electrode)；pl.
极板对极板的特征{|间隔}对比☆pad-to-pad feature {|interval} correlation
极板贴井壁☆pad contact
极板型下井仪☆pad-type tool
极半径☆polar radius
极孢子☆polar spore
极北的☆hyperborean
极北(第三纪)火山活动区[包括不列颠、冰岛、格陵兰等地]☆Thulean province
极北蝰☆Vipera berus{limnaea}
极北区☆boreal region
极扁平☆polar flattening
极冰☆polar ice
极薄层矿体☆extremely thin-bedded orebody
极薄的☆wafer-thin；very thin
极薄矿脉☆seam
极薄煤层☆coalshed
极不均匀分布☆hyperdispersion
极不良淘选☆extremely poor sorting
极槽☆polar trough
极差☆range；extreme deviation
极超短波晶体声学☆praetersonics
极潮☆pole tide
极成熟的☆supermature
极纯(的)☆ultimate purity；extra-pure
极磁铁矿[Fe_3O_4]☆loadstone；lodestone；leading {lode;Hercules} stone
极刺[颗石、射虫]☆polar spine
极次[构造]☆order
极粗晶粒的☆very coarsely crystalline
极粗晶质☆extremely{very} coarsely crystalline
极粗粒晶质的☆extremely coarsely crystalline
极大(值)☆maximum [pl.-ma]；max
极大的☆tremendous；maximal；thundering；great
极大化☆maximization
极大化极小策略☆maxmin strategy
极大极大准则☆maximax criterion
极大极小[极大中的极小]准则☆minimax criterion
极大流转极小割截定理☆max-flow-min-cut theorem
极大似然估计量☆maximum likelihood estimator
极大值☆max (value)；high；maximum (valve)；peak
极大值函数☆max-function
极大中的极小☆minimax
极的激励☆pole excitation
极低空飞行☆hedgehop
极低能量海岸☆zero-energy coast
极低频☆extra{extremely} low frequency；ELF
极低温冷冻☆superfreeze
极地☆Arctic{polar} region
极地大陆架计划☆Polar Continental Shelf Project
极地地形符合☆polar topographic coincidence
极地东风(带)☆polar easterlies
极地反气旋☆polar anticyclone
极地分布☆biopolarity
极地寒潮爆发☆polar outbreak
极地厚冰河☆high polar glacier
极地化☆arcticization
极地环境☆arctic environment
极地或寒带的冰川☆polar{cold-based} glaciers
极地冷空气堆☆polar cap
极地平流层云☆polar stratospheric cloud
极地气团气候☆polar air mass climate
极地软土☆boroll
极地图投影☆polar projection
极地研究委员会☆Committee on Polar Research
极点☆vertex；consummation；climax；pole[结晶;岩组]；acnode；zenith；apices；summit；top；sublimity；pitch；perihelion [pl.-ia]；acme；culmination；point；the limit{extreme;utmost}；apotheosis
极点的☆acnodal
极点图☆polar map{diagram}；pole diagram
极顶☆zenith
极顶带☆acrozone；acme-zone
极顶群落系列☆geosere
极顶植被☆climax vegetation
极定位(法)☆polar ordination
极度☆denseness；acme；agony；extreme；superlative；hyper-
极度沉陷☆ultimate subsidence
极度的☆excessive；profoundness；ut(ter)most
极度地☆violently
极端☆extreme(ly)；extremity；pole terminal；ulart；exceedingly；ultra-
极端的☆intolerance；radical；extreme；noire；violently；utmost；ultimate
极端恶劣的环境☆extreme environment
极端非乡村的☆extreme non-rural
极端荷载条件☆extreme loading condition
极端化☆extremalization
极端环境☆extreme environment；environmental extremes
极端值☆extremum [pl.-ma]
极断面模数☆polar section modulus；PSM
极多☆superabundance；ocean
极多的☆ultradominant
极恶劣条件☆extreme condition
极分散☆hyperdispersion
极锋[钙超]☆polar front
极锋利的☆knife edged
极富矿囊☆treasure box
极高频[毫米波段]☆extremely high frequency；extra-high frequency；EHF；E.H.F.
极高热的☆Hyperthermal
极高温度变质作用☆very-high-temperature metamorphism
极高性能☆very high performance；VHP
极高(电)压☆extra-high tension{voltage}；e.h.v.；e.h.t.
极高真空☆extreme high vacuum；XHV
极管[射虫]☆polar tubule
极管藻属[E_3]☆Bipolaribucira
极冠[火星的]☆polar cap
极冠冰☆polar-cap ice
极冠吸收☆polar cap absorption；PCA
极光☆aurora [pl.-e]；polar aurora{lights}；aurora polaris
极光(地带)☆auroral zone
极光带吸收☆auroral absorption；AA
极光等频(率)线☆isaurore
极光地磁带☆geomagnetic auroral zone
极光光谱☆auroral spectrum
极光矿☆aurorite
极轨道☆polar orbit
极轨道地球物理观察卫星☆polar orbiting geophysical observatory；POGO
极贵重的☆priceless
极好的☆tuff；super；unique；topping
极厚条带[>50mm]☆very thick bands
极化☆polarization；polarize；polarisation
极化饱和☆pole saturation
(可)极化的☆polarizable
极化电阻监测仪☆polarization resistance monitor
极化反{|方}向☆reversal{|direction} of polarization
极化分析☆polarographic analysis
极化光镜☆polariscope
极化计☆polarimeter
极化剪切波速☆polarized shear wave velocity
极化角☆angle of polarization；polarization angle
极化力☆polarizing power；polarization force
极化率☆chargeability；polarizability
极化椭圆☆ellipse of polarization；polarization ellipse
极化依赖性☆polarization dependence
极化因子{数}☆polarization factor
极化张量☆polarizability tensor
极化轴☆polaxis；polarization axis
极化子☆polaron
极坚固岩石天井☆bald-headed raise
极间法[磁粉探伤]☆yoke (magnetizing) method
极间极☆compole；interpole
极间极架☆consequent-pole frame
极间距离☆interpolar distance
极间漏泄☆interelectrode leakage
极简单的☆foolproof
极角☆polar angle
极节点☆vertex node
极节球[硅藻]☆polar nodule
极精密的☆knife edged
极距☆polar distance；pole clearance{pitch}
(电)极距☆spacing of electrodes
极距点☆apse；apsis
极距角☆pole distance angle；polar angle
极距线☆line of apsides
极孔☆polar hole；hilum
极快的☆cracking
极冷的☆frozen；freezing；glacial
极冷水[<0℃]☆extremely cold water
极劣焦炭☆cinder coal
极帽[孢]☆polar cap
极面☆pole face；polar area；apocolpium[孢]；positio polaris[孢]
极渺茫的希望☆perdue
极漠☆arctic desert
极难得☆seldom if ever；scarcely ever
极难选煤☆most difficult coal
极难选特性☆very difficult cleaning characteristic
极泥沉淀[色]☆slurry sedimentation
极泥下腐蚀☆hide-out corrosion

J

极年☆polar year
极偏粗☆strongly coarse skewed
极贫矿石☆halvans
极平面投影☆polar stereographic projection
极平投影☆gnomonic projection
极谱☆polarograph；polarogram
极谱分析☆polarographic analysis；polarography
极其丰富的☆ultradominant
极迁移☆pole migration
极浅海地震☆very shallow water seismic
极浅水波[水深/波长<0.04]☆very-shallow-water wave
极强(大的)☆superpower；super power
极强烈的构造变形☆extreme tectonic deformation
极强烈活动的火山☆supracritical volcano
极强烈型爆发活动☆Perret type of activity
极轻的☆imponderable
极球面投影☆polar stereographic projection
极区☆polar region{space}
极圈☆polar circle
极缺的☆critical
极热的☆boiling
极软的☆extrasoft
极软钢☆dead soft steel
极软退火☆dead-soft annealing
极锐利的☆very angular
极弱黏结煤☆very weakly caking coal
极三面形☆polar trihedral
极珊瑚☆Acrophyllum
极少量☆hoot；minute quantify
极少碎屑的角砾岩☆plum-cake rock
极少杂质☆extra low impurity；ELI
极射赤平(投影)分度器☆stereographic protractor
极射赤平网投影☆stereographic net
极射纹理☆polar lamination
极射栅栏图☆stereographic fence diagram
极深带☆ultraplutonic zone
极盛带☆peak zone；epibole
极盛时期☆hemera
极式(投影)网☆polar net
极疏区☆minima [sgl.-mum]
极岁差周期☆polar precession cycle
极逃力☆pole-fleeing force
极体☆polar body
极投影☆polar projection
极突出☆extremely leptokurtic
极图☆pole figure
S 极图☆S-pole diagram
极完全解理☆eminent cleavage；(most) perfect cleavage
极网图☆polar net diagram
极微☆hair
极微的☆indivisible；atomic
极微的量☆hair；trace
极微分子☆indivisible
极微(细)粒☆extreme fines
极微泥☆ultra mud
极微小的东西☆atom
极涡☆polar vortex{cyclone}
极细贝壳沉淀{积}☆tangue
极细的☆impalpable
极细的线☆hairline
极细晶粒的☆very finely crystalline
极细粒的☆aphanocrystalline
极细粒岩石☆tight rock
极细裂隙☆ultramicro crack
极细散悬浮液☆finely divided suspension
极细砂岩☆hone；very fine sandstone；honeycombed
极细纹泥☆microvarve
极咸的☆highly-saline
极咸含水层☆highly saline aquifer
极限☆limit；limitation；deadline；boundary；terminus [pl.-ni]；ultimate；maximum；lim；lm
极限 pH☆ultimate pH
极限承载压力☆ultimate bearing pressure
极限的☆ultimate；critical；terminal；ult.；limiting
极限法☆method of ultimate lines
极限分析{|函数}☆limit analysis{|function}
极限龟裂应力☆threshold crazing stress
极限剂量☆threshold dosage；limit doze
极限井距☆critical spacing
极限抗剪应力☆ultimate shear stress
极限抗拉强度☆ultimate tension
极限拉伸值☆ultimate elongation
极限老化期☆threshold aging period；TAP
极限励磁☆ceiling excitation
极限能力☆top{ultimate;headed;head;peak} capacity
极限品位☆cut-off limit
极限平衡分析☆limit equilibrium analysis
极限平衡稳定性分析法☆stability analysis of limit equilibrium
极限起爆药量☆minimum initiating charge
极限气象情况☆limiting weather conditions
极限强度☆ultimate{maximum} strength；US
极限强度设计☆limit design
极限球面☆horosphere
(材料力学)极限设计☆plastic design
极限深度☆bounding depth
极限伸距☆outreach
极限生产含水量☆limiting producing water cut
极限弹性☆perfect elasticity
极限图☆polar diagram
极限位置☆limiting{extreme} position
极限误差☆worst{limiting;limited} error
极限信号☆(limit) signal；saturation
极限徐变应力☆limiting creep stress
极限许可振动☆limiting vibration
极限压力☆extreme{limiting} pressure；EP
极限应变值☆limiting strain rate
极限应力☆limiting{ultimate;failure;limit;threshold} stress；stress limit
极限域☆domain in the limit
极限圆☆horocycle；horicycle；oricycle
极限载荷☆collapsing strength；ultimate load；total critical load
极限载荷安全系数☆safety factor for ultimate load
极限载重测量器☆load-limit gage
极限支承{撑}应力☆ultimate bearing stress
极限值☆limiting{limit;ultimate} value；extreme；LV
极限周值☆limit cycle
极限状态☆(ultimate) limit(ing) state；limiting conditions
极限状态强度☆critical state strength
极限状态设计法☆limiting state design
极线☆extreme-line；polar (curve)
极线套管☆extreme line casing
极相似的东西☆counterpart
极向指数☆polarity index
极象图☆pole figure
极小☆minimal
极小参差法☆minres
极小的☆tiny
极小化☆minimization
极小化极大准则☆minimax criterion
极小极大后悔准则☆minimax regret criterion
极小矿体☆extremely small orebody
极小量☆infinitesimal
极小值☆minimum；mnm.
极星记录器☆pole-star recorder polygraph
极性☆polarity；polar nature
极性超间隔☆polarity superinterval
极性倒转面☆polarity {-}reversal horizon
极性倒转年表☆polarity time scale
极性反转☆reversal of poles；polarity-reversal
极性分子☆polar molecule
极性符合相关器☆polarity coincidence correlator
极性规则☆rule of polarity
极性年代单位☆polarity-chronologic unit
极性溶剂提{萃}取法☆polar-solvent extraction
极性特超带☆polarity hyperzone
极性图☆pole diagram
极性相反的极☆opposite poles
极性亚时☆polarity subchron
极性药剂☆heteropolar reagent
极性指数☆index of polarity
极靴☆pole piece{shoe}；shoe
极压☆extreme pressure；EP
极夜☆polar night
极移☆polar wandering{migration;shift}
极移曲线☆pole path；polar wandering curve
极硬水☆very hard water
极硬雪☆marble crust
极硬岩石☆high-hard rock
极游动☆polar wandering
极游移曲线{轨迹}☆polar wandering path
极隅角☆polar solid angle
极原始介属[C_1]☆Perprimitia
极圆的☆well rounded
极运动☆polar motion
极震区☆meizoseismal area
极震震例☆extreme seismic event
极值☆extreme (value)；extremum [pl.-ma]；bays
极值逼近☆minimax approximation
极值法☆extreme-value method
极值函数☆extremal
极值原理☆extremum principle
极值指数☆extreme value index；EVI
极重要的☆vital
极轴☆pola(r a)xis；polarachse[德]；axis polaris[拘]
极昼☆polar day
极状灰岩[德]☆Plattenkalk
极仔细的☆meticulously
极坐标☆polar{radial} coordinate
极坐标的辐射图☆polar radiation pattern
极坐标法☆polar method；angle and distance measurement
极坐标仪☆polar coordinatograph
极坐标载荷图☆polar load diagram
棘☆calthrop；spina；thorn；sclerodermite[棘、海参等]
棘背龙兽☆Spinomon
棘笔石属[S_3]☆Spinograptus
棘齿☆ratch；rachet；ratchet
棘齿轮的掣子☆dot chart
棘刺☆spine
棘刺孢属[K_2-E]☆Echinatisporis
棘刺贝属[腕;C]☆Echinaria
棘的☆spinosus；spinosa；spinosum
棘放射虫亚目☆Acantharina
棘干[棘海胆]☆shaft
棘沟藻属[甲藻;K-E]☆Spinidinium
棘骨虫亚目☆Acantharina
棘冠星鱼☆crown of thorns；crown-of-thorns starfish
棘海林檎属[S]☆Echinocystites
棘后窝☆post-spinous fossa
棘基(肌环)[海胆]☆milled ring
棘几丁虫属[O-S]☆Spinachitina
棘甲龙☆Acanthopholis (horrida)：Acould likehopholis
棘领[海胆]☆collar
棘瘤大孢属[C_2]☆Setosisporites
棘龙☆spinosaurus；Spinosaurus aegyptiacus；Spino
棘轮☆ratchet (wheel)；click pulley；rachet；ratch；paw wheel；pall[锁销或制动爪]
棘轮扳手☆ratchet wrench{spanner;handle}；rircle jack
棘轮掣爪机构☆ratchet-and-pawl (mechanism)
棘轮冲击式振动器[振筛]☆ratchet-impact type vibrator
棘轮传动运输机☆ratchet-actuated conveyor
棘轮和棘爪☆ratchet and pawl
棘轮机构☆ratchet (gear;device;mechanism)；click；ratch；pawl{ratchet-wheel} mechanism
棘轮拧管器[钢绳冲击钻]☆tool jack
棘轮起重器{机}☆ratchet jack
棘轮式起落机构☆ratchet lift
棘轮式外对管器☆ratchet outside line-up clamp
棘轮型封隔器☆ratchet type packer
棘轮运动机构☆click motion
棘轮闸☆drag brake
棘轮止回装置☆catch reversing gear
棘轮装置☆escapement；racketing{ratchet} device；ratchet-wheel gear
棘螺栓☆rag{jag;barb;Lewis;stone;expansion} bolt
棘皮的☆echinate
棘皮动物☆echinoderm；asterozoan；actinozoa
棘皮动物(门)☆Echinodermata
棘片☆spinal
棘鳍(鱼)目☆Acanthopterygii
棘前窝☆prespinous fossa
棘球大类[疑]☆Sphaerohystrichomorphida
棘球海林檎属[棘;O]☆Echinosphaerites
棘手的☆spiny；formidable；thorny；knotted；ticklish
棘头虫☆acanthocephalan worm
棘头动物(门)☆Acanthocephala
棘突的☆spinosus；spinosa；spinosum
棘尾虫属[三叶;S_2-D_2]☆Acanthopyge
棘窝[海胆]☆acetabulum
棘星介属[E_3]☆Echinocypris
棘形亚类[疑]☆Acanthomorphitae
棘鱼目☆Acanthodii；Acanthodiformes
棘鱼属[D-P]☆Acanthodes

棘鱼亚纲☆Acanthodii
棘爪☆pawl；backstop；ratch；ratchet；dot chart；click；pallet；detent
棘爪和凸轮机构☆pawl-and-cam mechanism
棘质☆acanthin
棘状鳞[鱼类]☆fulcrum [pl.fulcra]
棘状椎☆rachitomous vertebra
棘椎式迷齿类☆Rachytomous Lalyrinthodontia；Rachitomous Labyrinthodontia
棘籽属[古植;P]☆Acanthocarpus
嵴帽沉{顶结}石病{症}☆cupulolithiasis
籍别☆identity
集☆culvert；set；multitude
集(合)☆aggregate
集胞藻属☆Synechocystis
集爆☆mass shooting
集(合)变量☆set variable
集捕☆captation
集车岔线☆gathering sidings
集车场☆putter flat
集尘☆dust allayment{agglutination;arrest;collecting;capture;catching;collection;precipitation}
集尘法☆dust-precipitating system
集尘器☆dust catcher{extractor;concentrator;arrester;allayer;container;filter;hopper;precipitator;trap}；dust extraction unit；duster；desilter；collector (filter)；particle{dust} collector；D.C.
集尘设备☆trapping arrangement
集尘效率☆dust-catching{dust-collecting} efficiency；efficiency of dust collection
集尘装置☆dust collector；dust-suppressor
集成☆integration；integrate；collection
集成电路☆integrated{integral} circuit；unicircuit；optical integrated circuit；molectron；microcircuit；IC
集成剖面(图)☆composite profile
集成元件☆integrated element
集的交☆product of sets
集电(的)☆current-collecting
集电杆☆trolley pole{stick}
集电弓☆bow collector{trolley}；collector bow；pantograph trolley
集电环☆electric slip ring；collecting ring
集电极☆(current) collector；catcher；collecting electrode{anode}；collector electrode
集电极场☆collecting field
集电极衬底电容☆collector-substrate capacitance
集电极膜☆collector film
集电轮夹环☆trolley harp
集电器☆current collector；collector (electrode)；CrC
集电区☆collector bulk{region}
集电刷☆brush collector
集电靴☆collector shoe；shoe collector
集度☆intensity
集肤深度☆skin depth
集肤效应☆Kelvin{skin} effect
集肤作用☆surface action
集管☆header；manifold
集管头{箱}☆manifold header
集光光圈☆collecting aperture
集光能力[镜头的]☆speed
集光透镜☆collective lens
集(合)函数☆set-function
集合☆gather(ing)；assembly；confluence；conflux；assembl(ag)e；concourse；collective；muster；set；integration；call together；ASSEM
集合(法)☆grouping
集合采样☆pooled sampling
集合参数☆lumped parameter
集合仓☆collecting sump
集合城市[拥有卫星城市的大城市]☆conurbation
集合带☆congregation-zone
集合方式☆manner of aggregation
集合管☆(pipe) manifold
集合火山☆aggregated volcano
集合基金☆pool
集合极过渡层☆collector junction
集合经营☆pooling-of-interest
集合器☆collector
集合式烟囱☆collected stack
集合属[生]☆collective group
集合体☆aggregate；assemblage；complex；congeries；aggregation
集合土粒☆aggregate
集合物☆assemblage
集合误差☆aggregate error
集合岩☆aggregational rock
集合运算☆set operation
集合作用☆congregation
集壶菌属[真菌;Q]☆Sychytrium
集灰比☆aggregater cement ratio
集灰器☆soot collector
集会☆function；assembly；ASSEM
集结☆aggregation；buildup；nucleation；marshal
集结点热能成本☆cost of heat at collective point
集结砾岩☆spheryte；spherite
集结趋势☆central tendency
集结石墨☆kish (graphite)
集结体☆coenobium
集结性状☆manner of aggregation
集结作用☆integration
集晶☆aggregate
集晶锰矾☆ilesite；manganvitriol
集井挖土法☆well-point method
集聚☆cluster；grouping；concentration
集聚结构☆aggregated structure
集聚盆地☆collecting basin
集聚速度☆accumulation rate
集聚体☆clustered aggregate；congeries
集聚效应☆accumulative effect
集聚岩体☆pudding rock
集块(作用)☆agglomeration
集块结构☆agglomeratic texture
集块结核☆agglomerated nodule
集块凝灰岩☆agglomerate tuff
集块熔岩☆agglomerate{agglomeratic} lava
集块形成特性☆aggregate-making property
集块岩分散成小块☆disagglutinating action
集块值☆agglomerating value
集块状火山弹☆agglomerate bomb
集矿胶带☆collector belt
集矿绞车☆pickrose hoist
集矿溜槽☆dirbble chute
集矿平巷☆pick heading
集矿天井☆collecting{gathering} raise
集矿运输无极绳☆collecting rope
集料☆aggregate；ingredient
集料(制备装置)☆aggregate plant
集料仓☆collecting sump；aggregate bin
集料级配☆grading of aggregate
集料胶带给送机☆gathering belt
集料平均粒度测定(计算)☆aggregate averaging
集料撒布机☆aggregate spreader
集料室[提斗机底部]☆gathering boot
集料水泥比☆aggregate-cement ratio
集料台☆bin
集料土☆soil-aggregate
集料细度☆fineness of aggregates
集料箱☆collecting box
集料形成特性☆aggregate-making property
集料制备厂☆aggregate preparation plant
集流☆affluxion
集流阀☆flow combiner
集流器☆(current) collector
集流时间☆concentration time；time{period} of concentration
集流式流量计☆flow-concentrating flowmeter
集流刷☆collecting brush
集拢☆round up
集拢装置☆gathering unit
集(合)论☆set theory
集脉[大型碎裂地带]☆composite vein
集煤{|泥}器☆coal{|collector} collector
集宁石☆jiningite；thorgummite；yanshainshynite；yanshynshite
集偏光{振}化(作用)☆aggregate polarization
集气☆gas collection
集气管☆effuser；collecting pipe
集气环☆volute
集气囊[收集油罐汽油蒸气]☆breaker lug
集气系统☆natural gas gathering system
集气站☆collecting station
集汽箱☆steam manifold
集汽主管道☆collecting main
集群☆colony；assemblage；schooling
集群处理技术☆cluster processing technique
集群的☆colonial
集群火山☆aggregated volcano
集群图☆cluster diagram{plot}
集群现象☆colonisation；colonization
集砂炉膛☆collecting hearth
集砂器☆sand trap；grit catcher
集砂箱☆silt box
集石器☆rock{stone} trap；stone collector{picker}
集市☆baza(a)r；street market
集输☆gathering
集输泵站☆central gathering station
集输管线☆gathering line；collector pipeline
集输平台☆pumping platform
集束☆beam(ing)；gathering；tied in a bundle；compile；compilation；collection
集束弹箱☆dispenser
集束导火索点火筒☆fuse igniting tray
集束导线☆bunch(ed) conductor
集束效应☆bunching effect
集水☆impound；water catchment{collection}；catchment
集水仓☆drain sump；collection pit；water-collecting header
集水池☆catch{collecting;water-collecting;catchment} basin；storage reservoir；catchwater-drain；collecting channel；galley；catch-basin；water collecting basin
集水道☆receiving water course
集水沟☆gulley；gully；catch ditch；collecting ditch{gutter;channel;passage}；collector drain；drainage collector；catchwater-drain
集水井☆catch{sunk} basin；sump hole；collector{collecting;Ranney} well；gully (pot)；water drip
集水坑☆dibhole；sump；catch-pit；collection pit；water trap
集水坑抽{排}水☆sump pumping
集水廊道☆gallery
集水排出沟☆catch drain
集水盆地☆catchment{water-collecting;retaining;flood;receiving;drainage} basin
集水区☆catchment{water-collecting} area；gathering ground；watershed；water catchment area
集水渠☆braiding channel
集水圈☆bailing{water;collector} ring；water garland；water-ring projection；watergarland
集水洼地☆aguada
集水系统☆deluge{collecting} system；water gathering system
集水域面积☆watershed area
集水主管道☆collecting main
(地下水)集水装置☆captation
集思广益☆synectics
集送链爪☆gathering-chain finger
集体☆collective
集体工作☆teamwork；team work
集体接收☆community reception
集体生活史变化{|重复}带[苔]☆zone of astogenetic change{|repetition}
集体死亡☆mass mortality
集体所有制企业☆enterprise of collective ownership
集团☆bloc；circle；block；camp；group；clique
集团分析☆group analysis
集线器☆concentrator
集雪区☆snow-catchment area
集崖☆composite scarp
集岩干☆composite stock
集焰器☆flame collector
集液槽☆collecting tank
集液池☆intercepting basin
集液盘☆drip trays
集液器☆catch box
集油☆catchment
集油槽☆oil trap；collecting basin
集油管终站☆flowline terminal
集油环☆wiper ring
集油井{阱}[管道的]☆riffle board
集油立{竖}管☆flowline riser
集油轮☆captive tanker
集油面积☆collectingarea
集油盘☆drip pan
集油器☆oil intercepter{catcher}
集油气{水}系统☆collecting system
集油站☆gathering station{point}；flow{collecting} station；production battery；multiple well manifold

J

production station；MWMPS
集油支线☆feeder line
集油总管☆main line
集油总站☆terminal station
集淤井☆catch basin
集雨器☆rain trap
集约(经营)☆intensive
集约度☆intensity
集约农业及其对土壤剖面的影响☆intensive agriculture and its effect on soil profile
集载胶带输送机☆collector{butt} belt conveyor
集渣冒口☆slag riser；relief sprue
集爪[装载机]☆gathering arm
集爪链指☆gathering-chain finger
集爪式装载机☆gathering {-}arm loader；collecting arm type loader；gathering-arm loading machines
集中☆concentration；gather up；focus [pl.foci]；put together；centering；centreing；amass；concentricity；collection；assemble；centralize(d)；convergency；rivet[注意力等]
集中泵水☆trunk pumping
集中参数系统☆lumped parameter system
集中操纵道岔☆centralized control of switch
集中处理站☆central treatment station；central gathering station
集中磁场型滚筒磁选机☆concentrated field type drum
集中大巷☆pick heading；mother entry
集中的☆intent
集中地☆concentrically
集中点☆focus [pl.foci]；centre；center
集中调度☆centralized traffic control；CTC
集中供暖(法)☆central heating
集中供水水文地质调查☆hydrogeological survey of concentrative water supply
集中合成[地层倾角泥井的]☆pooling
集中合成常数☆pooling constant
集中合成的质量评定☆pooling quality rating
集中荷载☆(single) point load；concentrated {single} load
集中混凝土搅拌☆central{centralized} concrete mixing
集中检定站☆centralized proving station
集中焦点☆focalization
集中搅拌混凝土☆central-mixed concrete；centrally mixed concrete
集中绞车☆car spotting hoist；trip-spotting hoist
集中开采☆centralized exploitation；concentrated mining
集中力的解☆concentrated force solution
集中喷发☆localized eruption
集中平巷☆group level{entry}；gangway；gathering {mother} entry；pick heading
集中平巷水平☆group level
集中器☆concentrator
集中切变面☆surface of concentric shearing
集中趋势度量☆central tendency measures
集中全力☆bend
集中润滑(法)☆center lubrication
集中上山☆mother up-dip incline
集中设备☆centralizing equipment
集中体现☆epitome；epitomize
集中污水☆dirty water catchment
集中像[显微镜]☆conoscopic image
集中穴装药☆shaped charge
集中药包☆concentrated cartridge{charge}；point charge；concentrated explosive charge；spherical cartridge；short charge[球状,短柱状]
集中(负载)因素☆demand factor
集中应力系数☆coefficient of stress concentration
集中于☆converge；nail
集中于一点的☆concurrent
集中在车轮上的负载☆wheel concentration
集中载荷☆centre-point{point;concentrated} load；concentrated weight point load
集中制☆centralism；centralization
集中装药☆concentrated charge{explosive}；concentrate explosive charge
集中作业☆concentration of operation
集珠霉属[真菌]☆Sycephalis
集贮☆storage
集桩☆clump of piles；pile cluster
集装箱☆container；pallet；contain
集装箱化发电机组☆containerized generating unit
集装箱货轮码头☆container wharf
集装箱货轮运输总站☆container base
集装箱货运船☆container-ship；container
集总参数☆lumped {-}parameter
集总参数体系☆lumped-coefficient system
集总元件☆lumped element
集总质量法☆lumped mass method
及底循环☆bottoming cycle；bottom circulation
及多歧肠目☆cladida
及格☆past muster；pass
及其他人☆et al；et alib,et alii
及时☆on time；opportuneness；timeliness
及时承载支柱☆immediate-bearing
及时充填☆immediate fill
及时前移式支护系统☆immediate forward support system
急比降☆steep slope
急变☆emergency；emergence；surge
急潮(流)☆tide{tidal} race
急潮水道☆chuck
急驰☆dart
急冲☆kick；rush
急冲运动☆jerking motion；kick
急出急没浮筒☆pop-up buoy
急促☆hurry
急陡的☆steep
急断开关☆quick-break switch
急拐弯☆knee jerk
急缓度☆abruptness
急尖的[生]☆abruptly-acuminate
急尖形[叶顶]☆acutus
急件☆despatch；dispatch
急降☆plunging
急降冰川☆cascading glacier
急救☆first {-}aid；emergency treatment；FA
急救车☆ambulance；breakdown van；emergency ambulance{tender}；wrecker
急救船☆wrecker
急救硐室☆leading room
急救箱☆first {-}aid box；FAB
急救医疗服务☆emergency medical services；EMS
急剧的☆drastic；steep；severe；quick；acute
急剧地☆sharply；sharp
急剧冷却☆flash cooling
急剧上升☆steep rise
急剧升降的☆steep
急剧升起的陡坡☆snab
急剧下降☆high dip；sharp drop；precipitous decline
急拉{动}☆jerk；hitch；twitch
急浪冲刷☆avulsion
急冷☆chill；quench
急冷法☆quenching method
急冷凝接触☆chilled contact
急冷水☆quenched water
急料山脊☆hogback
急流☆(impetuous) torrent；heavy flow of water；chute；cataract；fors [pl.-ar,瑞]；fast-flowing；shoot；rush；rapid stream{flow}；jet flow{stream}；rapids；sault；race；torrential current{stream}；chuck；catadupe；torrent{supercritical} flow；riffle；linn；lin；lynn
急流槽☆stream trough
急流冲刷☆torrent(ial) wash；avulsion
急流段☆torrent tract；cascade portion
急流群落☆rhyacium
急流水☆fast-moving water；quickwater
急流水道☆euripus [pl.euripi]
急流峡☆swashway；swash channel
急流型☆surge-type
急凝☆flash set
急偏角☆high drift angle
急迫的☆urgent
急瀑布☆cataract
急倾☆heavy gradient；high dip；lurch[船]
急倾斜☆heavy pitch(ing)；dip at high angle；sharp {steep} pitch；penchant；steep dip{steeply dipping} [50°～90°]；pitch dipping；high dip[>30°]；steeply inclined；steep(ly) pitching [45°～90°]；stey
急倾斜薄矿脉横撑支架采矿{开采}法☆leaning-stope(-sets) system
急倾斜的☆high-angled{-dipping}；steeply inclined；stey
急倾斜横撑支柱回采法☆stull stoping method
急倾斜煤层☆steeply pitching seam
急倾斜煤层开采(法)☆edge seam mining；steep-pitch method；pitching (bed) mining
急倾斜煤层自重滑作运煤装置☆crook
急倾斜小天井☆roof-up；roofing hole
急曲☆kink
急燃☆strong deflagration
急烧熟料☆rapid burning clinker
急射☆snap
(使)急升☆skyrocket
急事☆exigence；exigency
急速☆haste；tachy-；fastness
急速地震☆tachyseism
急速发育☆tachygenesis
急速返回☆snapback
急速过滤☆flash filting
急速拉动☆bob
急速流动☆rush
急速前进☆crowd
急速燃烧☆strong deflagration
急速刹车☆grab
急速水流☆heavy flow of water
急速泄出☆outrush
急滩☆shoot；rapid；fors [pl.forsar;瑞]；cascade；chute
急弹性变形☆fast-elastic deformation
急湍☆wildwater；swift{rushing} current；(gurgling) rapids
急推☆hitch；jerk
急弯☆elbow；knee jerk；abrupt bend；sharp decline{tend;turn;bend}；sudden bend[指井眼]
(井眼)急弯狗腿☆sharp dogleg
急析点☆knickpoint
急斜脉☆rake vein
急斜褶皱☆sharp fold
急行☆speed
急行轨道☆fast track
急性倾{掀}动☆acute tilting
急性中毒☆acute poisoning{toxicity}
急需的☆rush
急压器☆crusher
急躁☆temperament；rash
急增阻恒阻摩擦支柱☆clamp ring prop
急折点☆knickpunkt[德,pl.knickpunkte]；knick point；knickpoint；knickpunke[德]
急褶皱背斜☆steeply-folded anticline
急震☆drawing shock
急骤爆燃☆strong deflagration
急骤沉陷☆sudden settlement
急骤蒸发至大气压☆flashing to atmosphere
急转☆zig；racing
急转弯☆hair-pin；quick turn
急转演替☆abrupt succession
疾病保险☆sickness insurance
疾病防止{预防}☆sickness prevention
疾病分类(学)☆nosology
疾驰☆spin
疾飞☆fleet
疾风☆moderate gale
疾苦☆suffering
瘠薄的山坡地☆barren land on a mountain slope
瘠料☆lean material
瘠土☆thin{poor} soil
汲出☆draft；dip；bail；lade；withdraw；pipe away
汲钙生物☆lime-depositer
汲泥泵☆sludge{slush} pump
汲泥机☆pump dredger
汲器☆dipper
汲取☆lade；draw；dipping；dip；pumping；draft；stirring；stir；derive
汲收☆draft；draught
汲水箕斗☆skip bail
汲水井☆suction{abstraction} well；draw-well
汲水孔☆abstraction borehole
汲水桶☆water bucket
汲桶绳☆bailing rope
汲用地下水☆groundwater abstraction
即发爆发☆instantaneous firing；instantaneous shot
即发爆炸☆simultaneous shot-firing
即发雷管☆instantaneous (blasting) cap；instant {zero-number} detonator
即发炸药☆extemporaneous explosive
即付票据☆note on demand

J

即将枯竭的油藏☆stripper pool
即将来到的☆forthcoming
即将取得的☆incoming
即将钻到的油砂层☆farmer's sand
即刻☆instant；immediacy；immediate；inst；instant
即期汇票☆demand{sight} draft；D/D
即期票☆cash order；C/o.
即期装船☆prompt shipment
即时报关进口手续☆immediate transportation entry
即时的☆instantaneous；summary
即时供气附加费☆demand charge
即时雪崩☆direction-action avalanche
级☆grade；rank；level；cascade；step；class；course；degree；stage；order；series；form；notch；nature
级别☆hierarchy；distinction
级别外材料☆spilled material
A{|B|D}级储量☆A{|B|D}-rank reserves
级次抽样(法)☆subsampling
级次套管柱☆tapered casing string
级点☆terminal
级阀☆step valve
级高☆scale height
J 级管材☆J-grade pipe
级函数☆step function
级和☆relaxation；modify
级和剂☆moderator
级和曲线☆transition curve
B 级黑火药☆B blasting powder
I 级红试板☆red I plate
级化构造☆diadactic{diatactic} structure
级间(的)☆interstage；intervalve
级进发展☆grade development
(楼梯)级宽☆tread
(炸药)级类强度☆grade strength
级粒沉积☆graded sediment
级联☆concatenation；cascade (connection)；concatenate
级联式利用☆cascade{byproduction} utilization
级联式双阶闪蒸☆two-cascade flash
级轮☆step pulley{cone}
级木☆bass
级配☆grading；grad(u)ation；size (grade) distribution
级配不符要求的☆poor-graded
级配不良的砂☆badly graded sand
级配不良土☆poorly graded soil
级配砾石铺盖☆blanket of graded gravel
级配良好土☆well graded soil
级配滤器{池}☆graded filter
级配砂石道路☆granular type road
级配系数☆coefficient of gradation
级数☆progression；series；array
级数的值{和}☆value of series
级数展开☆series expansion；expansion in series
级数终止效应☆series-termination effect
(酸液)级速剂☆retarding agent
级位控制☆levecon
级信号发生器☆step generator
级形孔☆stepped bore
级压缩比☆stage compression ratio
A 级延发☆A delay
级增益☆gain per stage
级增应力试验☆step stress test
A 级炸药[黑火药;主要用于露天矿,含 75 硝酸钾,15 木炭,10 硫]☆A blasting powder
B 级炸药☆soda blasting powder[硝酸钠,木炭及硫的混合物]；explosive B [60 黑索金,40 梯恩梯]；B blasting powder
级状聚合面☆oscillatory combination plane

jǐ

挤☆squeeze；crowd；scrooge；press；nip
挤扁的套管☆collapsed casing
挤出☆extrude；squeezing-out；squeeze up；extrusion；force{spill;squeezed;squeeze} out；ejection；pinch-out；expression
挤出的中翼☆drawn-out middle limb
(塑料)挤出机☆extruder
挤出垒☆protrusion rampart
挤出流变测定法☆extrusion rheometry
挤出流假说[冰川运动]☆extrusion-flow hypothesis
挤出熔岩☆grooved squeeze-up
挤出溶液☆expelled solution
挤出式流变仪☆extrusion rheometer
挤出水☆water of compaction；expressed water
挤出体[熔岩等]☆squeeze-up；push
挤出型地下钻机[用于致密地质体的熔化型钻机]☆extruding subterrane drill
挤出中翼☆squeezed out middle limb
挤得紧紧的☆jam-packed
挤动极限[矿柱、煤柱]☆creep limit
挤堵☆squeezing off
挤管机☆extruding machine
挤毁压力☆collapsing pressure
挤紧☆wedging；quoining
挤紧的☆compact
挤紧向斜带☆pinched-in synclinal zone
挤进☆beat；thrust on；wedge；squash
挤拉成形☆pultrusion
挤拉法☆ironing
挤离☆detachment；décollement
挤离的核部[褶皱]☆detached core
挤离构造☆detached{décollement;decollement} structure；abscherung
挤离褶曲岩芯☆detached core
挤离中翼☆squeezed out middle limb
挤离作用☆decollement；detachment
挤力(作用)☆extrusion
挤满☆crowd；throng
挤满给矿☆choke feeding
挤满破碎☆choke-crushing
挤密砂柱☆sand compaction pile
挤密土桩法☆soil compaction pile method
挤密桩☆compacted column；compaction pile
挤泥机☆extruder；pug
挤泥器☆applicator
挤起高原☆pressure plateau
挤入☆bullheading；wedge；squeeze-in；sandwich；diapiric injection
挤入构造☆diapir (structure)
挤入蠕变☆indentation creep
挤入体☆indenter；indentor
挤入压力☆entry{squeeze} pressure
挤入岩☆squeezing rock
挤入褶皱☆tiphon；diapir{diapiric;piercing;dispirit} fold；diapirism；injektivfalten[德]
挤入作用☆diapirism；tiphon；wedge action
挤塞☆jamming；jam；sardine
挤塞给料辊碎机☆choke-fed rolls
挤塞晶群☆crystal jam
挤塞效应☆crowding；ion-stuffing
挤砂-油作业☆sand-oil-squeeze operation
挤水泥☆squeeze cementing{cementation}；cement squeeze；snubbing{secondary} cementing
挤水泥(套管鞋)☆shoe squeeze
挤水泥封闭某一井段地层☆block-squeeze
挤(压)水泥浆☆squeeze slurry
挤酸☆acid squeeze
挤缩宽度☆reduced width
挤涂机☆extrusion coater
挤弯作用☆buckling
挤微生物☆biosqueeze
挤狭卵石☆pinched pebble
挤压☆implosion；force；extrusion；extruding；extrude；crushing；crumple；compaction；bulldoze；squeeze；compress(ion)；(compressive) squeezing；crowding；press；creep；pressure；bear；battering；pinch
挤压爆破☆collision{tight;compression;tight-face} blasting；tight shot；tight face blasting
挤压爆破作用原理☆mechanisms of buffer blasting
挤压背斜☆squeezed anticline
挤压泵☆squeegee pump
挤压变形☆compression(al) deformation；crimp
挤压变形法☆extrusion texturing
挤压侧☆pinched sides
挤压沉降☆compressive sett(l)ing；compression settling
挤压程度☆amount of compression
挤压成型焊条☆extruded electrode
挤压成型石墨☆extruded graphite
挤压带☆compressive belt；compressed zone
挤压法☆coextrusion；vertical extrusion process
挤压法制出的管子☆extruded pipe
挤压分量☆compressional component
挤压滑片☆crushing sledge
挤压活塞☆crowding piston
挤压机☆(brick) extruder；extrusion{extruding} press；crusher；pelletizer
挤压机构电动机[挖掘机、装载机等]☆thrust(ing) motor
挤压脊☆pressure ridge
挤压节理☆compression joint
挤压巨型接合带☆compressional megasuture
挤压器☆squeezer
挤压强度☆bearing strength
挤压丘☆squeeze-up
挤压式塑性计☆extrusion plastometer
挤压式阻车机☆squeezer-type retarder
挤压水☆compaction water；water of compaction
挤压涂层☆extrusion coating
挤压团煤法[重量一般不超过 15g]☆ pelleti(zi)ng
挤压向斜☆squeezed syncline
挤压型材☆extruded section
挤压性地盘☆squeezing ground
挤压翼☆pinched sides
挤压应变☆packing{extrusion;crushing} strain
挤压诱发逆断裂活动☆compression-induced reverse faulting
挤压运动☆compressional movement；crowd(ing)
挤压褶皱☆compressive{squeezed;buckle} fold；true{buckle} folding
挤压震源☆implosive (source)
挤压注入☆squeeze injection
(机铲)挤压装置☆racking gear
挤渣压力机☆shingler
挤注[油]☆spotting
挤注混油水泥浆☆slurry oil squeeze
挤注压力☆squeeze pressure
戟贝式{类}的☆chonetid
戟贝(属)[腕;D_1-C_1]☆Chonetes
戟瘤贝属[腕;D_3-C_1]☆Chonetipustula
戟龙属[K_2]☆Styracosaurus
戟腕{蜿}☆Chonetes
戟形的[植叶]☆halberd-shaped；hastiform；hastile；hastate
戟叶树☆Sassafras
几倍☆manyfold
几丁虫类[O-D]☆chitinozoa
几丁-磷灰质(壳)[腕]☆chitinophosphatic
几丁质☆chitin
几丁质的☆chitinous
几分☆somewhat of
几分之一☆a fraction of
几个☆a few
几个矿层的综合平面图☆composite plan
几何☆geometry
几何尺寸一致☆geometric identity
几何分布{|析}☆geometric(al) distribution{|analysis}
几何分级标准☆geometric(al) grade scale
几何级数☆geometric(al) progression；geometric series；G.P.；GP
几何晶类{组}☆geometric(al) crystal class
几何扩展{散}☆geometric spreading
几何平均法则☆rule of geometric mean
几何数☆geometry number；NG
几何速率分配因子☆geometric rate allocation factor
几何弹性应力集中系数☆geometric elastic stress concentration factor
几何淘汰律☆rule of geometric selection
几何图像特征☆geometric image characteristics
几何位差☆geometrical head
几何形装饰☆geometric ornament
几何学☆geometry；geom
几何学家☆geometrician；geometer
几何异构☆geometric isomerism；rotamerism
几何中心☆geometric(al) center
几家公司联合开发☆unit exploitation
几内亚比绍☆Guinea-Bissau
几十☆dozens
几十万(的)☆hundreds of thousands of
脊☆ridge；crest；rib；dorsal；spine；backbone；vertebra；lira [pl.-e]；Carina；loph{crista}[生]；keel
脊板☆carina[珊]；tergum[节;pl.-ga]
脊板安得很密的☆closely lagged
脊板顶珊瑚(属)[C_3]☆Lophocarinophyllum
脊板康宁克珊瑚☆koninckocarinia
脊孢属[T_3-J]☆Kyrtomisporites
脊冰☆ridged ice
脊部地堑☆crestal graben
脊部断层☆crest fault
脊槽构造☆spur-and-groove structure

J

脊槽型海滩☆ridge-and-ravine beach
脊齿貘类☆Lophialetids
脊齿兽☆Notostylops
脊齿{牙}型(的;动物)☆lophodont
脊刺大孢属[K_2]☆Rugutriletes
脊刀蛤属[双壳;D]☆Ambonichia
脊的☆dorsal
脊点☆crest point
脊顶☆crestal culmination；roof
脊顶沟☆ridge-top trench
脊段☆crest segment
脊缝[硅藻]☆raphe
脊缝孢属[K-E]☆Biretisporites
脊沟构造☆ridge-and-furrow structure
脊沟相间☆rib-and-furrow
脊沟状(层面)构造☆rib and furrow
脊骨☆backbone；vertebral ossicle；spine；carina[牙石]
脊骨的☆spinal
脊管☆carinal canal
脊后藻片☆postcingular plate
(船)脊弧比☆sheer ratio
脊-脊转换断层☆ridge-ridge transform fault
脊迹☆crestal trace
脊间的☆intercostal
脊锯☆back saw
脊康尼克贝属[腕;T_3]☆Carinokoninckina
脊孔道☆ribbed canal
脊肋双孔孢属[E]☆Stridiporosporites
脊肋图☆spine-ribs plot
脊棱☆keel；carina；ridge-prism
脊棱象☆Stegolophodon
脊梁☆horst ridge；back [of the human body]；chine
脊梁山脉☆back-bone range
脊隆褶皱☆carinate fold
脊卵蛤属[双壳;E-Q]☆Costellipitar
脊面☆crestal plane{surface}；crest surface
脊面痕{形}迹☆crest(al)-surface trace
脊模☆ridge cast
脊囊属[石松纲;T_2]☆Annalepis
脊平直的☆straight crested
脊坡☆reverse slope
脊起伏的☆sinuous-crested
(海岭)脊区☆crest province
脊石☆ridge stone
脊石燕属[腕;D_1]☆Costispirifer
脊髓☆spinal cord；medulla spinalis
脊索☆chorda dorsalis；notochord；dorsal chord
脊索动物☆chordata；chordate (animal)
脊索类动物(门)☆Chordate
脊索组织☆notochordal tissue
脊滩☆ridge beach
脊凸贝属[腕;S-D_1]☆Anastrophia
脊突[生]☆crest
脊线☆hinge (line)；crest line hinge；crest line；edge of regression；crestal{ridge} line；crest；striation；line of regression；carinal；apex [pl.apices]；ridge[生]
脊线顶点☆crest line culmination
脊型齿☆lophodont tooth
脊形地下水面☆groundwater ridge；ridge groundwater
脊形迹☆crestal trace
脊旋螺属[腹;O-D]☆Lophospira
脊牙形石属[O_2-S]☆Ambalodus
脊叶☆dorsal lobe
脊榆粉属[K-Q]☆Ulmoideipites
脊褶蛤属[双壳;T]☆Costatoria
脊轴☆crestal axis；axis of ridge
脊主动脉☆aorta dorsalis；dorsal aorta
脊柱☆back(-)bone；vertebral column[地质力学]；spine；spinal{vertebrate} column；rhachis；rachis [pl.-es]
脊柱变形☆deformation of spinal column；deformity of spinal column
脊柱部分{间盘}☆intercentrum
脊柱形的☆spiniform
脊状☆carinate
脊状冰☆ridged ice
脊状冰碛☆ra
脊状的☆ridge-like；crested
脊状断层☆ridged fault；ridge fault
脊状断块☆heaved block
脊状构造☆ridge-like structure
脊状隆起☆lophate
脊状突起☆spine
脊状云☆vertebratus
脊状褶曲☆ridgelike fold
脊椎☆vertebra [pl.-e]
脊椎动物☆spinal animal；vertebrate (craniate)
脊椎动物门☆vertebrata；craniata
脊椎管☆vertebral canal
脊椎木属[古植;C_3-T_2]☆Vertebraria
脊椎亚门[脊索]☆Vertebrata
脊椎之构成☆vertebration
脊椎状(云)☆vertebratus
麂☆Muntiacus；muntjac
麂皮☆chamois；shamoy
麂属[N_2-Q]☆Muntiacus；Cervulus
麂眼螺属[腹]☆Rissoa
己☆hexa-
己氨酸☆norleucine
己胺☆amino hexane；hexylamine
己撑☆hexamethylene
己醇[$C_6H_{13}OH$]☆hexanol；hexylalcohol；amylcarbinol
己二醇☆hexanediol；hexandiol
己二醇二黄原酸钾[$(-CH_2CH_2CH_2OC(S)SK)_2$]☆di-potassium hexamethylene dixanthate
己二基☆dihexyl
己二酸☆adipic{adipinic} acid
己二酸二丁酯[$(CH_2CH_2COOC_4H_9)_2$]☆dibutyl adipate
己二酸二乙酯[$C_2H_5O_2C(CH_2)_4{\bullet}CO_2{\bullet}C_2H_5$]☆diethyladipate
己二酸烷(基)酯☆adipinic acid alkylester
己二酸盐{|酯}[$(CH_2)_4(COOM\{|R\})_2$]☆adipate
己二酮☆hexanedione
1,5-己二烯[CH_2:$CH(CH_2)_2CH$:CH_2]☆diallyl
己二酰[HS−]☆hexanedioyl；adip(o)yl
己基☆hexyl；decoyl
己基三磷酸钠[$Na_5R_5(P_3O_{10})_2$(R=2-乙基(C_6H_{13}−))]☆Victawet 58B
己基胂酸[$C_6H_{13}AsO(OH)_2$]☆hexane arsenic acid
己胶结充填体☆cured pack
己(基)硫醇[$C_6H_{13}SH$]☆hexane-thiol
己醛☆hexanal；caproaldehyde
己醛糖[$CH_2OH(CHOH)_4CHO$]☆aldohexose
己酸[$CH_3(CH_2)_4COOH$]☆caproic acid；capronic acid；hexanoic acid；hexanoate
己酸根{盐}☆hexanoate
己糖[$C_6H_{12}O_6$]☆hexose
己糖醇[$CH_2OH(CHOH)_4CH_2OH$]☆hexitol
己酮-2,甲基丁基酮[$CH_3COC_4H_9$]☆hexanone-2
己酮糖☆ketohexose
己烷[C_6H_{14}]☆hexane
TBP-己烷溶剂☆TBP{tributyl-phosphate-hexane} hexane
己烯☆hexylene；hexene
己烯-(1)[$CH_3(CH_2)_3CH$:CH_2]☆1-hexene
己烯醇[$C_6H_{12}OH$]☆hexenol
己烯酮☆hexenone
己酰[$CH_3(CH_2)_4CO-$]☆hexanoyl
己酰胺[$CH_3(CH_2)_4CONH_2$]☆hexanamide
己酰苯[$C_5H_{11}COC_6H_5$]☆amyl phenyl ketone
给料☆feed (to;material)；input；starting material；feeding
给料泵☆delivery{feed} pump
给料仓☆feed hopper{bin;box}；hopper feeder
给料槽倾角☆feed launder angle
给料超粒-排料超粒比[磨矿]☆feed discharge oversize ratio
给料称重器☆feedoweight
给料定额☆graduated hopper charging
给料斗☆ hopper；in-feed{feed(ing)；inlet；loading} hopper；feed boot；feed bowl hopper
给料端排渣室☆feed end refuse extraction chamber
给料管☆feed pipe{tube;launder;spout}；supply pipe；charge{charging} spout；inlet nozzle
给料和一次风☆feed and primary air
给料机☆(mechanical) feeder
给料计定额☆graduated hopper charge
给料口☆feed port{inlet}；entering end；material inlet；setting feed；shoot{charge} opening
给料口排料口宽度比☆gape-to-set ratio
给料溜槽☆feed launder{chute}；spout feeder
给料漏斗室☆hopper station
给料排料超粒比[磨矿]☆feed-discharge oversize ratio
给料盘☆feed(ing) tray；feed tray{pan}；cone feed plate
(跳汰机)给料喷水☆top water
给料器☆feeder；hopper
给料取样器{机}☆feed sampler
给料速度☆delivery{feed} rate；rate of feed{delivery
给料速度率☆feed speed；rate of feed；delivery ra
给料条孔☆feed slots
给料筒☆feedwell
给料筒絮凝剂喷洒器☆feedwell floc sparger
给料准备车间☆feed preparation section
给煤仓☆coal feed bin
给煤机☆coal-feeding{-handling} machine；coal feed
给排水工程☆water supply and sewerage work
给气(量)☆air supply；confluent
给燃油泵☆oil fuel feed pump
给砂机(场)☆sand feeder
给水☆feed (water)；water delivery{supply;feedintak service}；water-supply；watering；FW；FDW
给水泵☆feed{water-feed} pump；feedpump
给水度☆specific (water) yield；effective porosity yield of water
给水(油)阀☆charging valve
给水管☆crane；feed (water) pipe；supply{servic pipe；penstock
给水管理区☆water district
给水管线☆feedwater{water-supply} line；suppl line
给水柜☆supply tank
给水井☆feed well
给水量☆confluent；run out
给水器☆water tender
给水区☆intake place；feeding area
给水系统☆water (supply) system；system of wat supply
给水站☆waterwork；water station{plant}
给水柱☆hydrant
给养☆provisions；victuals；subsistence
给养基[生]☆substrate
给养区☆region of alimentation
给药☆dosing；reagent feeding
给药机☆doser；reagent feeder
给油☆oil feed
给油泵☆oil-feed pump
给油阀☆oil-filling valve
给油管☆oil feeder
(电缆用)给油箱☆breather
给予☆impart；grant；give；favour；favor；dea afford；administer；accordance；lent；render pay；offer；donation；award
给予体☆donor；donator
给予物☆giving

jì

髻蛤属[双壳;T_3]☆Monotis
髻籽羊齿属[P_2]☆Nystroemia
技工☆artificer；craftsman [pl.-men]；technician artisan；mechanic；skilled worker；artizan
技工学校☆apprentices school
技能☆craftsmanship；craft；faculty；(technica ability；mastery of a skill{technique}；technic attainment；technique；talent；skill；artifice qualification
技巧☆technique；craftsmanship；knack；skill；acrobatic gymnastics；technic；trick workmanship；wrinkle；execution；artifice sleight；recipe
技师☆technician；master；technicist；mechanic artificer；skilled workman
技术☆art；craft；technic；technique；techn(ic)ology skill；technol；science；tech.
技术安全☆accident prevention
技术报告☆technical{engineering} report；TR
技术报告说明书☆technical report instruction；TI
技术不精的☆inexpert
技术崇拜☆technolatry
技术储备☆technical storage；technological reserv
技术的☆technological；technical；technol；tech
技术电影☆training film
技术队长☆party-chief
技术方案经济评价标准☆standards of economi evaluation of a technical project
技术费用计划☆technical cost proposal；TCP
技术分析☆technical{task} analysis；TA
技术改造计划☆technological transformation plannin

技术革新☆breakthrough
技术革新与试验费☆expense of technical innovation of examination
技术更改计划☆technical change proposal；TCP
技术工人☆tradesman
技术管理组☆group on engineering management
技术规范☆technical code{manual;norms;condition; specification;regulation}；engineering data；specified criterion；(technological) specification
技术化☆technicalization
技术级羧甲基纤维素☆technical grade CMC
技术价格函数☆technical cost function
技术监督☆(technical) supervision
技术交换☆technical interchange；TI
技术经济比较原理☆principles of techno-economic comparative study
技术经济定额☆technical-economic(al) quota
技术-经济条件确定阶段☆definition phase
技术诀窍☆know-how
技术科学☆applied{engineering} science
技术密集型企业☆technology-intensive enterprise
技术命令☆technical order；TO
技术评价和精度检查☆technical review and accuracy check；TRAC
技术情报服务处☆technical information service；TIS
技术情报交换站☆clearing house
技术情报局☆Technical Information Bureau；TIB
技术情报所[美]☆Office of Technical Services；OTS
技术圈☆technosphere
技术人员☆technical personnel{staff}；technician；serviceman
技术人员备忘录☆technician memorandum
技术容量{限}☆technical tolerance
技术上是可行的☆(be) technically feasible
技术设备☆technic；technique
技术胜任能力☆technical competency
技术室☆studio
技术术语☆technical term；technicals；terms；T.T.
技术俗{俚}语☆technical jargon
技术套管☆intermediate string{casing}；technical pipe；protection{protective;water;protector} string；intermed{protective} casing
技术条件☆specification；engineering factor；technical condition；requirement
技术统治(论;者)☆technocrat；technocracy
技术维护☆service
技术文献☆technical paper；TP
技术文摘公报[美]☆Technical Abstract Bulletin；TAB
技术细节或方法☆mechanics
技术现状☆state-of-art(s)；state {-}of {-}the {-}art(s)
技术性☆technicality
技术引进☆technology import
技术员☆technician；big savage
技术援助委员会☆Technical Assistance Committee
技术札记☆TN；technical notes
技术指令☆technical directive；TD
技术中心☆technique center
技术专家☆technical specialist{expertise}；technologist
技术专家(控制)体制☆technostructure
(井眼)技术状况测定☆mechanical measurement
技术准则☆standard specification
技术资料中心☆technical data center；TDC
技术最大有效采油速度☆maximum efficient rate of production；engineering MER
技艺☆feat；art
蓟县叠层石(属)[Z]☆Chihsienella
蓟县矿[$Pb(W,Fe^{3+})_2(O,OH)_7$;等轴]☆jixianite
蓟县运动☆Jixian movement
霁红☆ji-red；ox blood；shiny red
霁青☆deep blue glaze
季铵☆quaternary ammonium
×季铵盐[$(R_3N-CH_3)^+Cl^-$,R=C_9−C_{11} 直链烷基]☆Adogen 464
×季铵盐[$(R-N(CH_3)_3)^+Cl^-$,RN 基来自椰子油胺]☆Aliquat 21
×季铵盐[三辛基甲基氯化胺;$(C_8H_{17})_3N^+-CH_3,Cl^-$]☆Aliquat 336-3
季铵盐[萃取剂]☆lyofix；quaternary ammonium salt；hyamine
季铵盐滴淀法☆hyamine titration technique
季变层理☆varvity
季度报表[中长]☆quarterly account
季度的☆quarterly；quart.；quar
季度矿量变动☆variation of season ore reserves
季(节)风☆monsoon (winds)；monsoonal；trade wind
季风型环流☆monsoon-type circulation
季风洋{海}流☆monsoon current
季候泥☆varve (clay)；varved clay；glacial varve
季候纹层☆seasonal banding
季节☆season
季节冻土☆climafrost；seasonally frozen ground；frost zone
季节风的☆etesian
季节河☆intermittent river；seasonal stream
季节升降☆seasonal fluctuation
季节性☆seasonality；seasonal
季节性变化地带☆zone of seasonal change
季节性表面冻结☆seasonal surface frost
季节性的☆nonperennial；seasonal
季节性的海滩剖面的变化☆seasonal beach profile changes
季节性繁殖动态的☆heterodynamous
季节性干旱(变)性土☆xerert
季节性迁移放牧☆transhumance
季节性水☆seasonal water
季节性小煤矿[用卡车运售]☆wagon{snowbird} mine
季节因素效应☆effects of seasonal factor
季节雨☆rains
季刊☆quarterly；quart.
季米利亚介属[J-K]☆Timiriasevia
季天气☆seasonal weather
季托型箕斗☆seto type skip
季戊四醇☆pentaerythrite；pentaerythritol
季戊四醇-四乙基醚[$C(CH_2OC_2H_5)_2$]☆pentaerythritol- tetrethylether
季戊烷☆neopentane
季戊炸药☆pentaerythrite tetranitrate；penthrit(e)；pentyl；tetranitrol tetranitropentaerythrite；PETN
季戊炸药导爆线☆cordtex fuse
季相☆seasonal aspect
鲫属[N-O]☆Carassius
祭红☆altar{sacrificial} red
祭蓝☆altar blue glaze；powder blue；sacrificialblue
祭品盘[硅质岩石中的溶盆;德]☆opferkessel
系泊☆mooring；moorage；moor
系泊的潜水工作艇☆the advanced diving system
系泊浮筒处☆anchoring berth
系泊缆布置方式☆mooring pattern
系泊试验☆dock(ing){mooring} trial
系泊用绞车☆mooring winch
系泊用具☆moorings
系船墩☆dolphin
系船缆☆shore-fast
系船力☆mooring force
系船索☆bridle
系船柱☆dolphin；bitt
(码头上的)系船柱☆bollard
系结☆fastening
系紧☆anchoring；toggle；tie down
(拉)系紧☆brace
系紧滑轮[游动钢丝绳死端]☆tie-down shelves
系紧螺栓☆tie(-down) bolt；tie-bolt
系紧线☆stay wire
系扣☆hitch
系缆☆hawser；hitch line；anchor cable；mooring；tether
系缆的浮动平台☆tethered buoyant platform
系缆墩☆cleat
系缆浮标☆dolphin；tethered buoy
系缆环板☆pad eye
(双)系缆柱☆bollard
系缆桩☆dolphin；bitt；bollard；mooring pile
系缆桩式码头☆dolphin type wharf
系链☆stay-chain
系链振动噪声☆tether noise
系梁☆tie beam{cross}
系留[机]☆mooring；moor
系留气球☆tethered{captive} balloon；kytoon；kite balloon
系锚浮标☆crown buoy
系锚旋转环☆mooring swivel
系绳☆tether；guy rope；tie band
系绳铁角☆cleat
系绳柱☆bitt；bollard
系索☆grab rope；anchor cable
系索耳☆kevel；cleat
系索栓☆belaying pin
系住☆hitch；tie on
系住井筒电缆夹板☆shaft cable cleat
系住下放的药卷☆slung cartridge
迹☆spur；miracle
迹线☆trace；track
迹象☆indication；index；sign(al)；indicator；evidence；foretaste；breath；threat；symptom；showing
剂☆agent；agt
剂量☆dose；dosage；dosing
剂量安全测定组☆radiation hazard (evaluation) group
剂量玻璃☆dose glass
剂量不足☆under dose；underdose
剂量测定装置☆dosimeter
剂量测量研究所[英]☆Institute of Quantity Surveyors
剂量当量☆dose equivalent；DE
剂量积累因子☆dose build-up factor
剂量计☆dose detector{meter}；dosimeter；dosimiter fluxmeter；quantometer；quantimeter[X 射线]；radiacmeter
剂量器☆dosimeter
剂量效应曲线☆dose-effective curve
剂量学☆dosimetry
剂料☆compound
济南虫(属)[三叶;$Є_3$]☆Tsinania
寄☆send；post；mail；place；park；entrust
寄存☆consignation；mnemonics；load
寄存器☆register；latch；tell(-)tale；temporary storage；computer{flip-flap} register；reg.
寄航港☆port of call；P.O.C.
寄居动物☆inquilinism
寄居蟹☆hermit crab
寄生☆parasitism；parasitize
寄生(性)☆parasitics
寄生(电容)☆stray
寄生的☆adnascent；parasitic(al)；spurious
寄生动物☆zooparasite
寄生黑斑补偿信号☆spurious shading signal
寄生火山堆☆parasitic cone
寄生矿物☆guest mineral
寄生龙介☆Serpulid
寄生脉冲☆ghost pulses；afterpulsing
寄生目标☆angel
寄生耦合☆intercoupling；stray coupling
寄生调频☆incidental{residual} FM
寄生现象☆parasitics；supercrescence；parasitism
寄生效应☆parasitics
寄生信号☆spurious signal{dark spot signal}[摄像管]；parasitic{stray} signal；extraneous wave；shading
寄生信号放大器☆shading amplifier
寄生性变形虫生物学☆biology of entamoeba histolytica
寄生于特殊寄主上的☆host-specific
寄生振荡☆hunting；parasite；spurious oscillations；parasitic oscillation
寄生植物☆biophyte；parasitic plant；epiphyte；parasite (plant)
寄生状态☆parasitism
寄生(火山)锥☆adventive{subordinate} cone
寄售☆consignment
寄宿宿舍☆lodging
寄托人☆bailor
寄养☆farm
寄主[生]☆host (plant)
寂静☆still；quiet
寂静地震☆silent earthquake
寂静期☆quiescent stage
计☆gauge；meter；gage；metre
pH 计☆pH {-}meter；acidometer
计步器☆tally register；passometer
计步仪☆pedometer
计策☆excogitation
计测变异☆metric variation
计尘法☆konimetric{conimetric} method
计尘器☆conimeter；konimeter；nuclei counter
计尘仪☆coniscope
计程计☆odometer
计程器☆taximeter
计程仪☆odograph；speed log
计次器☆register
计点制☆point system

J

计方格(法)☆criss-cross method
计费单位☆charge unit
计工员☆table man；time checker{keeper}；tnmkpr
计航器☆avigraph
计核器☆nuclei counter
计划☆plan；framing；enterprise；contrivance；ticket；(scavenging) scheme；project(ion)；schedule；map out；program(me)；design；device；concoction；skeleton；proposal；proposition；undertaking；plot；meditation；effort[研究]；blueprint[详细]
计划表☆schedule
计划采掘线☆planned excavation line
计划产量☆scheduled production
计划程序☆proposal program
计划的☆skeleton
计划工期☆due date
计划工作☆design effort
计划规定修理的☆scheduled for repair
计划规划和预算综合编制法☆planning-programming budgeting
计划进度☆target advance；schemed progress
计划评(估)审(查)技术☆PERT；program evaluation and review technique
计划日(挖掘)量[立方码]☆scheduled daily yardage
计划书☆prospectus
计划停工{枪}☆scheduled shutdown
计划停输☆planned shutdown
计划投资☆intended investment
计划图☆layout map
计划外产品☆non-planned products
计划下沉☆planned subsidence
计划项目图☆project plans
计划性的☆schematic
计划预修制☆planning preventive maintenance system
计划者☆deviser；undertaker；schemer
计划政策☆planning policies
计划-执行-考核☆plan-do-see
计划指标☆target figure
计积台☆integrating stage
计及☆take into account
计价日☆pricing day
计件☆reckon by the piece
计件工☆piece worker；bargain man
计件工资☆piece rate (wage)；piece{task} wages；wages for piecework；tribute system；piece work job
计件工作☆piecework；job{piece} work；ton-work；jobwork；jobbing；taskwork
计件矿工☆taker
计件制矿工☆contract miner
计较☆care (about)；argue；plan；haggle over；dispute
计量☆ga(u)ging；(criticality) measurement；meterage；meter(ing)；measure；metrology；calculate；estimate；batching；strapping；metre；means
(油罐的)计量☆strapping (of tank)
计量泵☆flow control pump；metering {dosing; volume; measuring} pump；MP
计量标准☆measurement standard
计量表☆ganging table；register
计量部分☆metering section
计量仓☆gage box；measuring bin{hopper;pocket}；scale pocket；batching bin
(抗拉试验的)计量长度☆gage length；G.L.
计量秤☆weigh scales
计量的入口流量☆metered inlet flow
计量方法☆measure
(放油后)计量罐罐壁附着油量☆clingage
计量罐液面用的浮子☆tank gage float
计量和配量泵☆metering and dosing pump
计量化学☆stoichiometric chemistry
计量基准☆mete-yard；mete-wand
计量检定☆metrological verification
计量经济模型分析☆econometric model analysis
计量口径☆numerical aperture
计量漏斗☆(weight) hopper；measuring chute
计量器☆ga(u)ger；hopper；counter；batchmeter；gages；quantifier
计量(给料)器☆batcher
计量曲线☆accented contour
计量桶☆gauging tank
计量箱☆dosing tank；ga(u)ge box；measuring hopper；scale pocket
计量学☆metrology
计量仪器☆gaging instrument
计量站☆well gauging facilities；test satellite location；metering station
计量制☆weights and measures
计量装载矿仓☆loading cartridge
计量装置☆ganging{measuring;metering} device；metering installation{unit}；weight and measure device；WT-MSR
计量(仪表)装置☆metering device
计量准线☆gauge mark
计面积目镜☆counting eyepiece
计谋☆designing；artifice
计泡器{计}☆bubble counter
计曲线☆index{accented;intermediate} contour
计日包工☆day work
计日工☆journey-man
计日工资☆darg；tune work；day rate payment；daily wage
计日工作☆day-wage-work
计日凿岩工☆company drilling machine operator
计容式箕斗装载机☆volumetric-type skip loader
计容型流量计☆displacement meter
计入☆number
计时☆timing；clock(ing)；chronography；reckon by time；time-keeping；age dating；time taking{study}
计时表☆chronometer
计时法☆chronometry
计时工☆time work (labor)；time{shift} worker；shift labo(u)r{man}；shifts man；time(-)worker；worker paid by the hour；obrero labor；shifter
计时工资☆time{hourly} wage；payment by the hour
计时工作☆timework；time{tune} work；shift working；shiftwork
计时和传动链☆timing and drive chains
计时基准年☆zero age
计时年龄☆chronometric age
计时器☆keyer；counter；chronograph；timer；calculagraph[电话]；time recorder
计时系统☆dating system
计时线间隔☆timing-line interval
计时信号放大器☆timing {-}wave amplifier
计时循环☆time-count cycle
计时仪☆chronograph
计时员☆counter；table man{officials}；time-study clerk；time checker{keeper}；timekeeper；timer；tmkpr
计示压力☆ga(u)ge pressure
计示硬度☆durometer hardness
计数☆count(ing)；enumeration；cipher；cypher；numeration；tally；scaling
计数法☆number scale；notation；system of notation {numberation}；numberation
计数分析(法)☆counting assay
计数管☆counter (tube)；tube
β(粒子)计数管☆beta-ray counter
计数函数☆counting function
计数率☆count{countering;counting} rate；CR；counted string
计数率计☆counting rate meter；CRM
计数率器☆ratemeter
计数率仪☆counting-rate meter
计数脉冲分布☆counter pulse distribution
计数浓度☆numerical concentration
计数器☆enumerator；counter；registering apparatus；counting device{register}；scaler；tell(-)tale；meter；numerator
计数器读数☆registration
计数器归零信号☆counter clear signal
计数速率差☆counting-rate-difference
计数损失☆count-down；countdown
计数图☆counting-out diagram
计数仪器☆counter instrument
计数制变换器☆number converter
计数制的可变基数☆variable radix
计水栓☆gage cock
计税☆valorem
计算☆figure；figuring；calculation；enumerate；tally；computation；count(ing)；compute；reckon(ing)；calculate；consideration；planning；scheme；plot；cast；account；work；valuation；operation；score；reckoner；operate；number；fig.；Fig；calc.；a/c
计算(出)☆account for
计算表皮因子的公式☆skin equation
计算(……之间的)差别☆difference
计算程序☆calculation procedure；algorithm
计算尺☆slide{calculating;computing;sliding} rule；calculating rod{scale}；sliding{computing;log} scale
计算出☆find out
计算错误☆miscalculation；miscount
计算单据☆measurement ticket
计算单位☆digit；numeraire；tally
计算的☆calculated；computational；rated；operational；logistic；calcd；Calc.
计算法☆computation；calculus；calculi；numeration；calculation
计算方案☆numerical procedure
计算分析☆computational analysis
计算工期☆finish date
计算公式☆design formula；df
计算荷载☆assumed load
计算荷重☆assumption{assumed} load
计算机☆estimator；computer；calculator；computing {calculating} machine；counter；comput(at)or；brain；computery[总称]
计算机测井解释图☆computer interpretation log
计算机层析成像(技)术☆computer{computerized} tomography；CT
计算机处理的测井曲线☆computed log
计算机分析☆computer analysis
计算机辅助测试{|分析}☆computer-aided test {|analysis}
计算机辅助的定向钻井系统☆computer assisted directional drilling system；CADDS
计算机辅助绘图☆computer-assisted mapping
计算机化☆computerize
计算机检查中断☆machine check interruption
计算机式导航设备☆computerized navigation set
计算机网(络)☆computer network
计算机油井模型☆computerized well model
计算机轴向层析成像法☆computerized axial tomography；CAT
计算机综合显示测井(图)☆synergetic log；Epilog
计算技术☆computation
计算结果[打印的]☆computation；take down；printout
计算结果图像[荧屏上]☆computer picture
计算框图☆form design
计算矿物☆standard{normative} mineral
计算密度☆bulk density
计算面积☆reference area
计算偏差的条件☆off-design conditions
计算平均震级☆estimation of mean magnitude
计算器☆(electronic) calculator；computometer；counter；reckoner；CC
计算气饱和度☆calculated gas saturation；CGS
计算人员☆calculator
计算容量☆computed{calculated} capacity
计算设备☆calculating facilities；metering outfit
计算时间☆(machine) time
计算数学中的信息学☆informatics
计算损失☆gauging loss；counting lose
计算条件☆rated condition
计算图☆chart
计算图表☆calculator；calculation{alignment} chart；nomograph；nomogram
计算温度☆accounting temperature
计算误差☆calculation error；error of calculation
计算效率[计]☆computational efficiency；capacity；counting yield
计算一遍☆a computer run
计算员☆gauger；counter；computer；computator
计算账单☆cost sheet
计算者☆computer；caster；reckoner；numerator
计算值☆calculated{rating} value
计算纸☆cross-section paper
计算质点数用的闪烁镜☆geigerscope
计算中心☆computing center{centre}；computation centre；computer{counting;computation} center
计算中的近似(方法)☆thumb rule
计算自然伽马值[无铀曲线]☆computed gamma ray
计算自重湿陷量☆calculated self-weight collapse；wet-subsidence due to over-burden
计图器☆opisometer
计温学☆thermometry
计息法☆interest method
计重矿仓☆weighing hoppers bin
计重箱☆box for weights
積翅目[昆]☆plecoptera
(雷达)记波法☆kymography

记波器☆kymograph
记波图☆kymogram
记步器☆steps-teller
记发器☆register; coder
记法☆notation
记风仪☆anemometrograph
记复四方锥☆ditetragonal pyramid
记工☆time booking
记工簿☆accountancy{time} book
记工时卡片☆time card
记工员☆timekeeper; workpoint keeper
记号☆identification{gauge} mark; earmark; sign; mark; code; cipher; token; tick; symbol; subscript; score; pip; note; notation
记号(代)码☆character code
记件工作☆tutwork[英]
记力器☆dynamometer
记录☆logging; entry; record(ing); chronicle; entering; inscroll; log (out); logout; take (notes); keep the minutes; minute; note; note-taker; documentation; document; capture; ann; annals; transcription; writing; register; write; tally; statement; score; schedule; report; registry; registration; recordation; rec; recordance; proceedings; page; muniment; metering; memorise; memorize
记录爆炸时间的电脉冲[震探]☆shot break
记录本☆notebook
(仪器上的)记录笔☆receiving stylus
记录笔摆动范围☆pen sweep across
记录笔臂☆stylus arm
(压力计)记录笔尖☆recording stylus
记录笔尖[记录仪中]☆writing point
记录编块☆record blocking
记录表☆calculation page; data{log} sheet; scorecard
记录簿☆calculating book
(压力计)记录部分☆recording section
记录船☆recording ship{boat}
记录磁场水平分量的磁力仪☆horizontal field balance
记录大钩负荷或钻压的记录笔☆weight pen
记录带导道☆track
记录带上的曲线☆record
记录单☆label
记录道☆recording channel; (recorded) trace
记录到最高温度的深度☆depth of maximum recorded temperature; DMRT
(拟)记录的事项☆notandum [pl.-da,-s][拉]
记录点☆plot{recording;measuring;measure} point
记录格式☆format; record format{formal}
记录鼓车☆recording drum
记录和计算设备☆recorder and counter device
记录间隙{隔}☆inter-record{interrecord;file;record} gap; logging interval; IRG
记录结果☆take down
记录精度☆registration accuracy
记录卡☆card; meter chart
记录开始☆start-of-record
记录密度☆packing{recording} density
记录偏移☆shot record migration
记录器☆register; inscriber; describer; recorder (apparatus); logger; tell-tale; cutter; writer; recording receiver{apparatus}; reg.
记录日{班}钻进尺☆chalk up
记录上☆on record
记录深度☆registered depth
记录式压力计☆recording pressure gauge; RPG
记录速度☆writing{paper} speed; speed of registration
记录头☆header (record); writing point; record-header
记录图☆kymogram; record diagram; monograph
(测井)记录图头☆service heading
记录下☆mark down
记录线☆(pen) trace
记录信号☆tracer{register;write} signal
记录信息☆recorded information
记录仪☆recording apparatus{meter;instrument}; registering instrument{apparatus}; recorder
记录员☆note-taker; stenographer; reporter; recorder; record clerk; scorer; registrar; logger
记录针☆recording needle; pointer
记录针(笔尖)☆stylus point
记录纸☆chart (paper); recording receiver{chart}; recorder paper{chart}; tape; record sheet{chart}
记录纸(走)速☆paper speed; chart speed
记录中间空隙☆block gap
记录装置☆recording unit{gear}; pen recorder; registering instrument
记名股☆name share
记名证券☆inscribed securities
记名支票☆order check; note to order
记年☆age {-}dating
记入☆inscription; post; log-on; log-in
记入分录☆make an entry of
记入借方(的款项)☆debit; dr
记入数据☆data-in; DATI
记上☆inscribe
记时波☆timing wave
记时工☆time worker; wageman
记时计☆chronoscope
记时卡☆punched{time} card
记时器☆chronograph; timer; calaulagraph; time device
记时线信号☆timing line signal
记时仪☆chronograph
记时员☆timer; timekeeper
记事☆chronicle; story
记事本☆agenda; tickler
记事表☆docket
记事牌☆notice board
记述☆discussion
记数法☆number scale; system of notation {numberation}
记数符☆tally
记数率计☆ratemeter
记数式应变仪☆counting strain gauge
记数系统☆notation{numberation} system; number representation system
记数员☆stroke counter; tallyman
记速计☆tachyometer
记下☆mark out
记以小点☆tick
记忆☆memory; remembrance; memorise; remember; memorization; memorial
记忆力☆retentivity; remembrance; recollection
记忆装置☆memory (unit); storage
记于栏外的[如注解]☆marginal
记载☆description; recordation; muniment; mention
(把……)记载入册☆book
记载水位☆registered water stage
记账☆keep books{accounts}
记账程序☆accounting program
记账处理☆book treatment
记账单位☆numeraire
记者☆correspondent
记值等值线☆index{accented} contour
记住☆fix; remembering
记转器☆gyrograph; cyclometer
记作☆(be) known as
既定的☆established
既然☆inasmuch as; in that; now; seeing
继爆管☆detonating relay; MS connector; relay primacord tube
继爆管延期时间☆delay time of booster
继爆器☆detonating relay; booster
继承☆inheritance; heredity; descent; follow up
继承(性)☆succession
继承地形☆sequential (land) form; sequential landform
继承费☆reversionaries
继承盆地☆inheritable{successor} basin
继承盆地冰川☆inherited basin glacier
继承人☆follower; successor
继承式地槽☆inherited geosyncline
继承物☆heritage
继承性冰川流控制☆inherited flow control
继承性土☆lithomorphic soil
继承运动☆posthumous movement
继电保护☆relay protection; relaying
继电器☆relay; repeater; rly.
继电器板☆relay board
继电器式☆bang-bang type
继电器箱☆relay box
继动阀☆relay valve
继动器弹簧☆pilot spring
继发构造☆posthumous structure
继后的岩浆活动☆subsequent magmatism
继起的☆consequent
继生叶理☆refoliation
继续☆follow; continuation; continue; cont; maintain; sequence; sequel; renew
继续沉积的洞穴☆active{live} cave
继续的☆follow-up; continuous; successional; continued; cont
继续经营☆going concern; continued operation
继续坡度☆intermittent{steady} gradient
继续器☆ticker
继续向深部钻进的钻孔☆drilling ahead
继续钻的井眼☆follow-up hole
继续钻井☆drill ahead
纪☆period
纪录布置{形式}☆record layout
纪录(影)片☆documentary
纪录信号☆tracer signal
纪录纸带☆recording paper strip
纪律☆discipline; morale
纪律性☆orderliness
纪尼叶德沃尔夫相机☆Guinier de Wolff camera
纪尼叶-普雷斯顿区☆GP{Guinier-Preston} zone
纪念☆jubilee; remembrance; observance
纪念碑{圆柱}[多块石头砌成]☆polylith
纪念品☆favour; favor; token; testimonial; souvenir; tessera[pl.-e]; remembrance
纪念物☆monuments; memorial
纪念仪式☆memorial
纪念章☆medal
纪元☆era; Anno Domini; A.D.

jiā

嘉峪鳄属[K]☆Chiayusuchus
嘉峪龙属[爬行类;J-K]☆Chiayusaurus
枷双瘤介属[D_2-C]☆Binodella
枷锁☆yoke
夹☆holdfast; clamp; holder; (dog) clip; binder; grip; clam; grapple; buckle; nip; clinch; double-layered; lined; pinch; place{stay} in between; mix; mingle; intersperse; folder; cramp
(几何)夹(角)☆contain
夹板☆clevis; clamp; cleat; fish{check} plate; batten; splint; clevice; clamp(ing) plate[机]; (clamping) strap; (retainer) clip; end-plate; splic bar; stave; boards for pressing sth. or holding things together
夹板(落)锤☆board drop hammer
夹板的☆fish-plated
夹板阀☆sandwich valve
夹板骨☆splenial
夹板接合☆fishing joint
夹板链节☆box link
夹板落锤☆trip hammer
夹板装运☆palletize
夹鼻器☆nose clip
夹柄☆clamp holder
夹布胶木☆fabroil; textolite
夹布密封☆fabric-rein force seal
夹层☆interstratification; intermediate rock{layer}; interlayer; (reef;middle) band; intercalated bed {layer}; interlace; interbedding; intercalation; (interstratified) seam; interlacing; intergrowth rock; interbed; interbedded stratum; horse-stone; parting; (ride) horse; streak; sandwich; banding; rib[煤]; bench; backfin; stringer; interband; inclusion; double layer; rider; paring; internal waste; sandwiching
t-o-t 夹层(结构)[配位四面体层-八面体层-四面体层结合而成的夹层结构]☆tot structure; t-o-t sandwich
夹层板☆plywood; sandwich plate
夹层玻璃☆laminated glass
夹层带☆intercalated zone
夹层的☆interbedded; interlaid; intercalated; intercalary; interlayered; sandwich; interjacent
夹层结构板☆sandwich construction panel
夹层煤☆sandwiched{shed;split} coal; coal split
夹层黏土☆parting{band;bandy} clay
夹层气☆interbedded gas
夹层式内浮顶☆sandwich type internal floating cover
夹层掏槽☆band cutting
夹层伪顶清理工☆slate man
夹层现象☆intercalation
夹层岩石☆interstratified rock; swineback
夹层岩石剥离☆inner ore-waste stripping
夹层游码☆rider
夹持☆clamp
夹持力☆holding power{force}

J

夹持器☆clamp；tool holder
夹持设备☆chuck assembly
夹带☆entrainment；entrain；entrapment
夹带的☆entrained
夹带的油☆entrained oil
夹带剂☆entrainer
夹带泥渣☆slime entrainment
夹袋器☆sackholder
夹刀柱☆tool post
夹锭钳☆pinchers
夹斗☆clamshell bucket{scoop}
夹风墙☆air compartment
夹腐泥层泥炭☆banded peat
夹附☆locking up
夹附气体☆occluded gas
夹附杂质☆occluded foreign matter
夹矸☆drug；(stone) band；dirt (band;parting;pang)；list；sloam；balk；dunn bass；parting；splitting；baulk；mining dirt
夹矸充填☆gobbing of middleman
夹矸的☆dirty
夹矸煤☆free-ash{wild;intergrown} coal；stubbs
夹矸器衬套☆chuck bushing
夹矸条带☆dirt band
夹矸岩性☆lithology of parting
夹矸中煤☆locked middling
夹钢丝带式运输机☆wire-mesh conveyor
夹钢芯胶带☆steel cord belt
夹箍☆clamping-collar
夹骨☆splenial
夹谷壁☆rim
夹固支架☆clamping support
夹管器☆dog
夹管钳☆gripping pliers
夹轨器☆rail clamp
夹合材料☆sandwich material
夹环[三叶]☆clamp ear；grip{intercalating} ring
夹环式打捞器☆collar grab
夹灰[缺陷]☆solid nonmetallic impurity；sonim；dirt
夹肌的☆splenial
夹件☆clamping piece
夹胶石棉☆vulcanized asbestos
夹角☆included{separation} angle
夹接法☆clip method
夹金属胶合板☆plymetal
夹紧☆clamp(-on)；jamming；chuck；clamping；pinch；clinch；clip；vice；vise；jam；quoin[楔子]
夹紧板☆clamping plate
夹紧管☆gripper tube
夹紧环连接☆V-clamp joint
夹紧雷管用的夹剪☆cap{detonator;mechanical} crimper
夹紧螺钉☆lock{binding;clamp;pinching} screw
夹紧螺钉云周定螺钉☆clamping screw
夹紧螺栓☆fishbolt；clamping{clip} bolt
夹紧器☆dolly bar
夹紧式☆clamped-in style
夹紧手柄☆binding lever
夹紧条☆grip strip
夹紧效应☆pinch effect
夹紧用手柄☆binding handle
夹紧装置☆grip{clamp(ing);gripping} device；clutch；clamping arrangement{mechanism}；clamp
夹具☆tongs；grab；gripper；clamping apparatus {yokes}；clamp；(drilling) jig；fixture；choker；tool holder；clevis；hold-down clip；grip{take-in;gripping} device；grip[位]
夹卡式充电☆clip-on charging
(水密门)夹扣☆dog
夹块☆horse；clamp-splice
夹矿土[薄页]☆film
夹硫氮杂蒽[$C_6H_4NHC_6H_4S$]☆padophene；phenothiazine
夹炉板☆buckstaves
夹轮器☆wheel clamps
夹螺旋☆clamp screw
夹煤碳质页岩☆bass
夹煤线☆bat
夹面☆band
夹泥层☆interburden layer
夹盘☆(clamping) chuck
夹盘扳手☆indicator clip
夹泡流动☆bubble flow
夹片☆jaw；clip
夹钎☆steel sticking
夹钎器☆steel retainer{holder}；drill(-steel){rod} holder；(drive) chuck
夹钳☆clam；clamp (frame)；die；gripper{pincer clamp; tongs} [无极绳运输]
夹钳式制动器☆caliper brake
夹圈☆bolster；holder
夹入☆sandwich；intercalate；intercalation
夹砂☆burning into sand；sang{sand} inclusion；solid nonmetallic impurity；sonim；inclusions of moulding sand；sand (inclusion;markr;buckle)
夹砂砾石(结合料)[修路和过滤床用]☆hoggin
夹砂水☆sediment-laden water
夹砂与含渣☆sand and slag inclusions
夹砂铸痂☆blind scab
夹生烧结矿☆unfired agglomerate{sinter}
夹绳工☆clammer
夹绳轮☆clip pulley
夹绳器☆clam；rope grip
夹石☆horse；(middle) band；dunn bass；horse(-)stone；intercalated bed{layer}；interlayer；partings；dirt (inclusion)；dunnbass；horseback；internal waste；myckle；mickle；rider；stone-band；interbed；paring；intercalation；interbedded stratum{pebble}；parting (in coal seams)；rock gangue[矿脉中]
夹石层☆parting；intrusion；rock parting{band}；band；bar of ground；cliff；dirt{middle;stone} band；internal waste；middleman；middle man
夹石剔除厚度☆admissible maximal thickness of interlayer；limiting thickness of rock intercalation
夹石伪顶清除工☆slate man
夹试样装置☆specimen-holder mechanism
夹栓流动☆slug flow
夹丝玻璃☆wire glass
夹套☆collar clamp
夹套出口☆jacket outlet；JO
夹套入口☆jacket inlet；JI
夹套式封隔器☆collet-type packer
夹提装置[打捞筒中]☆lifting-dog assembly [in over- shot head]
夹条☆gib
夹铁☆shim
夹头☆hander；clamping chuck{head}；clamp sub；grip holder{head}；chuck；collet；gripping head；cartridge；stirrup；retainer clip
夹钨[焊接缺陷]☆tungsten inclusion
夹线板☆bracket
夹线装置☆wire-gripping device
夹心☆sandwich
夹心墙☆heart wall
夹压雷管钳子☆cap tool；crimping tod
夹压应力☆grip stress
夹氧杂蒽[$C_6H_4CH_2C_6H_4O$]☆xanthene
夹页砂岩☆stone bind；stony-bind
夹页岩煤层☆ribbed coal seam
夹有耐火黏土的煤☆warrant coal
夹有黏土层的煤或烛煤☆stubbs
夹有页岩薄层油藏☆shale-laminated reservoir
夹有页岩的煤☆shaly coal
夹于中间的☆interleaved
夹杂☆inclusion；entrainment；dirt；occlusion
夹杂的☆tramp；imbedded
夹杂过大颗粒☆tramp oversize
夹杂铁件检查☆tramp iron detection
夹杂物☆inclusion；(foreign) impurity；rubbish；occlusion；snotter[钢铸件中]
夹在当中☆sandwich
夹在一对法兰中的垫片[使法兰对准]☆dutchman
夹渣[焊接缺陷]☆included{enclosed;entrapped} slag；slag enclosure{occlusion}；slag inclusion
夹制☆constriction
夹竹桃叶状结构☆oleander-leaf texture
夹住☆clamp；freeze；clutch；clip (on)；bite；dog clip；gripping
夹住的☆lodged；nipped
夹爪☆jaw；grip pawl；holddown
夹子☆chape；hook；bracket；gib；clamp；clincher；binder；clencher；shape；staple bolt；holder；keeper；clip；connector；tongs；folder；wallet；gripper；kep；pincers；clam；nippers；clutch
(用)夹子夹住的软管连接☆clamp hose connection
夹钻☆bind；bit seizure；freeze；freeze-in steel sticking；stick of tool
镓☆Ga；gallium
镓卟啉☆gallium porphyrin
镓钙长石[$Ca(Ga_2Si_2O_8)$]☆gallium {-}anorthite
镓金云母☆gallium-phlogopite
镓矿床☆gallium deposit
镓钠长石[$Na(GaSi_3O_8)$]☆gallium {-}albite
镓酸盐[$MGaO_2$]☆gallate
镓温度计☆gallium thermometer
镓锗正长石☆gallium-germanium-orthoclase
镓正长石☆gallium {-}orthoclase
佳节☆jubilee
佳扩容温度☆optimum flash temperature
佳味酚[CH_2:$CHCH_2C_6H_4(OH)$]☆chavicol
伽柏全息图☆Gabor hologram
伽辽金有限元法☆Galerkin's Finite Element Method
伽罗瓦域☆Galois field
痂☆incrustation；cicatrix；cicatrice；scab
痂病☆scall
痂壳☆crust
痂囊控菌属[真菌]☆Elsinoe
痂片剥落☆slabbing
痂圆孢属☆Sphaceloma
家☆home；household；door
家畜☆domestic animal；livestock
家具☆furniture；furnishing；fitment；furn.
家禽[总称]☆poultry
家庭☆house；family；hearth；home；ménage；household；hearthstone
家庭供水☆domestic water supply
家庭垃圾的分类☆sorting of household refuse{waste}
家庭污水☆home{domestic} wastewater
家庭作业☆homework
家兔[Q]☆Oryctolagus；rabbit
家务劳动☆housework
家系☆parentage
家乡☆home
家用煤☆house{domestic} coal
家用水☆service water
家用消耗(量)☆domestic consumption
家族☆household；family
加☆adding；tot；add；tote；addition；plus
加氨(作用)☆ammonification
加安全罩☆covered with safety cover
加白云石球团☆dolomite pellet
加斑点☆speckle
加班☆overtime (shift)；work overtime；extra flight；work an extra shift；O/T
加班加点☆work extra shifts or extra hours；put in extra hours；work overtime；work an extra shift
加班时数☆overhours
加包壳☆jacket
加背板☆boarding
加倍☆double；redouble；duplicate；duplication；doubling；reduplication；diplex
加倍的☆dual；double；duplex
加倍器☆dupler
加倍随机泊松过程☆doubly stochastic Poisson process
加倍余额递减法☆double declining balance method
加倍重视☆renewed attention
加比安油[一种精制矿物油,用于治肺结核]☆gabianol
加边矩阵☆bordered matrix
加边于☆margin
加标点☆punctuation；stopping
加标记☆label(l)ing
加标加成☆mark on
加标签☆tally
加标签的人☆tagger
加标签于☆tag
加标题☆title；headline
加标头☆prefixing
加表面活性(添加)剂的泥浆☆surfactant mud
加彩色☆variegation
加掺和料水泥☆additive cement
加常数☆additive{addition} constant
加长☆accretion；lengthening；extension
加长把☆nigger；extra hand
加长部分☆extension
加长插板☆card extender
加长电缆☆bridle

加长复合片[一薄层聚晶金刚石连在一个长碳化钨圆柱体上]☆long substrate blank
加长杆☆extension bar{rod}；button pole
加长管钳把的管子☆cheater
(带)加长喷嘴钻头☆extended-nozzle bit
加长铁路☆track advancing
加长下切式摇臂☆extended FIDD boom
加长钻铤☆add drill collar
加(金属)衬套{轴承}于……☆bush
加衬轴承☆lining bearing
加撑的☆braced
加成剂☆addition agent
加成替代☆substitution by addition
加成物☆affixture；addition compound
加成型钻液☆compounded drilling fluid
加成性☆additivity
加成组分☆additive components
加(支)承☆fulcrum bearing
加稠的☆thickened
加稠剂☆stiffener
加粗等高线☆index contour
加大泵量☆pump up
加大边结构☆enlargement texture
加大尺寸钻铤☆oversize drill collar
加大尺度☆jumboising
加德标志法[多型的]☆Gard notation
加德纳关系式☆Gardner's relation
加的☆additive
加底焦☆bed
加地球自转轴☆Earth's spin axis
加垫爆破☆cushion blasting
加钉焊接☆tacking welding
加顶饰☆crest
加短期净收益☆net short-term gain
加多利亚[石]☆Caladonia
加耳[电容量单位]☆jar
加尔☆gal
加尔菲尔{耳}德型{式}摇床☆Garfield table
加尔各答大油管[二战所建中-印油管]☆Big Calcutta
加尔加斯(亚阶)[瑞士;K_1]☆Gargasian
加法☆addition；add；summation；additive；add.
加法比较部件☆add-compare unit
加法累加{积}器☆adder-accumulator
加法滤波☆sum filtering
加法器☆summer；adding device{box}；totaliser；adder；summator；totalizer；count detector
加法群☆additive group；module
加防爆剂的燃料☆doped fuel
加防腐物☆embalm
加分路☆bypass；shunt
加佛型火焰安全灯☆Garforth lamp
加……敷层☆coat
加氟☆fluoridation
加副标题☆subtitle
加负荷☆fill；pupinization；urge；filling
加负载☆coil loading
加富☆enrich
加富集原理☆enrichment principle
加富培养☆enriched culture
加盖☆capping；hood
加(弃井)盖的井☆capped well
加盖式混凝土筒仓☆covered concrete silo
加感☆(coil) loading；pupinization
加感天线☆inductively loaded antenna
加感线路☆load line
加高☆accretion；heighten
加高板☆hungry board
加高掏槽☆shub；shubbing
加高锥形齿☆ogive insert
加隔壁扩大油轮容量的方法☆jumbo(r)izing；jumboization；jumboisation
加隔膜电解法☆membrane electrolysis
加工☆process(ing)；elaborate；treatment；working；forming；handling；treating；beneficiation；improve；fabrication；machining；polish (writings)；treat；put final touches to；work
加工宝石的原料☆fashioning gemstone
加工宝石周线[镶嵌用]☆girdle
加工表面☆machined surface
(套管的由)加工厂装好接箍的一端☆mill end
加工成凸轮(out)☆cam
加工程序☆job sequence；work order；processor
加工尺寸☆finish size
加工船☆factory ship
加工的☆treated；worked
加工费用☆preparation cost
加工过的气体☆processed gas
加工和钻孔☆fabricating & drilling；F.D.
加工后的形状☆end-use form
加工技术样品☆technological sample
加工件☆job
加工留量☆finishing allowance
加工贸易☆improvement trade
加工平面☆face
加工坡口☆finished edge
加工深度☆working{finish} depth；WD
加工时间☆overhours
加工石料☆stone cutting
加工图☆manuscript
加工物料☆in-process material
加工物污染水☆process water
加工性☆workability；deformability
加工性能☆processability
加工硬度☆work-hardness
加工硬化的螺纹☆work-hardened threads
加工硬化合金☆work-hardening alloy
加工应力等温淬火☆austemper stressing
加工用燃料☆process fuel
加工余量☆finish(ing){machining} allowance；process redundancy
加工余隙☆admittance
加工原料☆feed
加工质量[石棉]☆crudy
加工装置检修停运☆drawing the fires
加箍☆hoop
加固☆reinforce；rib；reinforcement；strengthen(ing)；ruggedization；stabilization；bracing；propping；rooting；timbering；bonding[岩]；anchor；brace；consolidate；staying；rigidize；strutting；stiffen；strut；stabilisation
加固撑木☆force piece
加固的☆reinforced；dressed with；fortified
加固顶板☆jacking of roof
加固堆石体☆reheating{reinforced} rockfill
加固防震检波器☆rugged shock-proof detector
加固杆☆arm strut；reinforcing rod
加固灌浆☆stabilizing grout
加固和接地☆bonding
加固技术☆fastening technique
加固件☆reinforcing member；stiffening piece
加固井筒☆reinforced shaft
加固圈☆bracing；buckstay
加固山坡☆hillside flanking
加固设施☆hardened facility
加固桩☆consolidated pile
加光泽☆gloss
加滚筒箍的桶☆roller hoop drum
加焊焊缝☆build up a joint
加焊硬面(法)☆hard facing
加号☆plus
加和法则☆principle of additivity
加和干涉(作用)☆constructive interference
加和性☆additivity
加合(作用)☆adduction
加合染色晶体☆additively colo(u)red crystal
加合物☆adduct
加荷☆loading；load
加荷板载荷试验☆plate loading test；plate bearing test
加荷速率☆rate of loading；loading rate
加荷与卸荷☆loading and unloading
加厚☆reinforcement；intensification；upsetting；thicken(ing)；swell [-ed;-en]
加厚板☆plank
加厚壁[孢]☆crassitude
加厚部分☆thickening
加厚的☆heavy-duty
加厚隔壁[四射珊]☆dilatated septum
(端部)加厚接头☆upset end joint
加厚壳质[腹]☆inductura
加厚序列[深海相]☆expanded succession
加厚油管☆upset tubing；heavy weight tubing
加缓蚀剂的油品☆inhibited product
加灰过量的☆overlimed
加积☆accretion；aggrade；aggradation；accretional prism；upgrading
加积俯冲复合体{带杂岩}☆accretionary subduction complex
加积谷底☆aggraded valley floor
加积(岩化)过程☆agglomeration process
加积后的☆post-accretionary
加积面☆accretion surface；beach face
加积平原☆aggradated{aggradation(al)} plain
加积砂岭☆accretionary ridge
加积碎屑(集合体)☆colloclast
加积新生形变作用☆aggrading neomorphism
加积夷平(作用)☆applanation
加积柱复理石沉积☆flysch deposits of the accretionary prism
加积作用☆aggradation；aggrading；upgrading；dereliction；upbuilding；accreting
加积作用的☆aggradational
加记号☆imprint；signed；sgd.
加假色☆additive false color
加价☆hike
加碱☆alkalify
加碱皂化☆alkaline saponification
加减法[震勘折射解释方法]☆plus-minus method
加减控制(部件)☆add-subtract control unit
加减器☆adder-subtracter
加胶的酸☆gelled acid
加交代脉☆replacement vein
加筋堆石体☆reinforced rockfill
加筋喷射灌浆衬砌☆reinforced gunite lining
加筋土的专用材料☆reinforced fill proprietary product
加金属衬里☆bushing
加金属粉的铵油炸药☆Anfomet
(使)加紧☆hastening
加劲杆☆stiffener
加劲肋☆(rib) stiffener
加晶种☆seeding
加聚反应☆addition polymerization
加剧☆intensify；aggravation；aggravate
加快☆expedite；turbocharge；mend；quicken；speed up；accelerate；pick up speed
(给管子)加绝缘包缠保护层☆dope
加宽☆widen；broaden；widen；slipe；stretch[脉冲]
加宽的巷道☆slab entry
加宽工具☆widener
加宽巷道☆reaming；slipe
加宽纪[新元古代第一纪]☆Tonian
加宽间距的☆widely {-}spaced
加宽平巷☆skipping the pilling
加宽作用☆widening
加框子☆case
加矿槽☆loading chute
加矿机☆feeder
(添)加矿石☆ore addition
加(装)矿石☆charge ore
加矿石的最低温度☆minimum oreing temperature
加(装)矿石量☆charge of ore
加矿物质的饲料☆mineralized feed
加拉帕戈斯扩张轴☆Galapagos spreading centre
加拉希{西}期[欧;3700～5500年前,气候适宜期]☆Calaisian phase
加兰剂型转盘给料机☆challenge (disc) feeder
加勒比虫属[孔虫;N_2-Q]☆Caribbeanella
加勒比海☆Caribbean sea
加里东-阿巴拉契亚造山带☆Caledonian-Appalachian orogen
加里东化之前寒武界☆Caledonized Pre-Cambrian
加里东期☆Caledonian
加里东山脉带☆Caledonian mountain belt
加里东事件☆Caledonian event
加里东褶曲{皱}☆Caledonian fold(ing)
加里螺属[腹;Q]☆Calipyrgula
加里仁石☆karinthin
加里森动力钻具[一种叶片型容积式动力钻具]☆Garrison motor drill
加里希特能量-震级关系☆Richter energy-magnitude relationship
加利福尼亚泵☆Californian pump
加利福尼亚湾石首鱼☆totoaba
加利福尼亚玉[一种文石]☆California onyx
加利津式地震仪☆Galitzin-type seismograph
(发动机)加力☆urge
(打捞用)加力工具☆force-multiplier tool
加力函数☆forcing function
加力梁☆reinforcing girder
加力器☆assistor

J

加力牵引坡度☆pusher{assisting} grade
加力燃烧[航]☆afterburning；reheat
加力燃烧的涡轮喷气发动机☆afterburning turbojet engine
加力燃烧室供油调节☆afterburner fuel control
加力装置加力燃烧室☆augmenter
加料☆batch；dopes；charge；feed in raw material；reinforced；feed
加料斗☆feed{load(ing)} hopper；hopper
加料端衬里☆feed end-liner
加料阀☆charging valve
加料门[平炉]☆gallery ports
加料器☆loader；feeder
加料室☆loading space
加料装置☆feeding arrangement
加硫(的)☆sulphurate
加硫的☆sulfurated
加隆{农}炸药{那特}☆Cannonite
加铝片浆状炸药☆aluminized{metallized} slurry
加氯☆chloridization
加氯量☆chlorine dosage
加氯杀菌机☆chlorinator
加氯水☆chlorinated water
加氯作用☆chloration
加仑[液量=4quarts,干量=1/8 bushe]☆gallon；gal
加仑数☆gallonage
加仑/桶☆GrPB；gallons per barrel
加仑/小时☆gallons per hour；gals/hr；GPH；g.p.h.
加罗威鏈属[孔虫;P]☆Gallowaiinella
加锚杆混凝土扶壁柱☆anchored concrete pillar buttress
加锚杆混凝土格构☆anchored concrete grid
加酶催化合成☆enzymatic synthesis
加煤☆stoke；coal；stoking
加煤机☆stocker；stoker
加煤机用品级[煤炭]☆stoker grade
加密☆ink application；encrypt(ion)；refinement；crowding；infill；densification；tighten
加密井☆infill{interspaced} well；infiller
加密射孔☆closely spaced perforation
加密网☆detail network
加密钻井(控制的)储量☆infill well-drilling reserves
加冕地槽☆coronation geosyncline
加面层☆coat
加姆兰页岩☆Gamlan shales
加拿{诺}巴蜡☆carnauba wax
加拿大☆Canada
加拿大黑[石]☆Lmabrian Black
加拿大红[石]☆Canada Red
加拿大胶☆canada turpentine；Canada balsam
加拿大世☆Canadian epoch
加拿大统[O_1]☆Canadian series
加纳☆Ghana
加黏土回用砂☆rebonded sand
加捻☆twisting
加捻法变形纱☆twist textured yarn
加扭器☆torquer
加浓☆deepen；concentrate；graduation；crowding
加农高速钢☆cannon
加诺巴蜡☆Carnauba max
加蓬孢属[K-E]☆Gabonisporis
加硼水泥砂浆☆boric cement mortar
加篷☆Gabon
加狓属[Q]☆Okapia
加偏压☆biasing；bias
加屏蔽贴井壁滑板☆shielded sidewall skid
加起来☆totalize；cast
加气☆nurse
加气处理☆air entrainment
加气浮选☆induced air flotation
加气混凝土料浆搅拌机☆gas concrete mixer
加气混凝土切割机☆cutter for aerated concrete
加气剂☆air-entraining agent{admixture}；air-entrained agent
加气滤池☆aerofilter
加气泥浆☆aerated mud
加气水泥☆air-entrained{air entraining} cement
加汽油站☆gasoline filling station
加铅炮合金☆leaded gun metal
加铅汽油☆leaded gasoline
加前缀☆prefixing
加强☆enhance；strengthen(ing)；reinforce(d)；boost；reinforcement；rib；enhancement；screw；intensify；intension；beef up；consolidate；amplify；rooting；stiffen(ing)；intensification；upgrading；augment；reenforce；emphasis[pl.-ses]；ruggedization；re-
加强板☆doubling{stiffening} plate；plate stiffener
加强材料☆strength-producing{upgrading} material
加强撑柱☆liner
加强的☆fortified；robust；reinforced；sturdy；extra strong；boosted；intensive
加强的喷射灌浆衬砌☆reinforced gunite lining
加强(构件)的设计强度☆beefed-up design
加强杆☆stiffener
加强钢肋[防喷器胶心的]☆steel reinforcing segments
加强焊道☆strength weld
加强焊缝焊瘤☆weld collar
加强环☆ring stiffener
加强基础☆underpinning
加强剂☆intensive
加强角片☆cleat
加强接箍☆buttress coupling
加强结构☆heavy structure
加强筋☆bracket；stiffener
加强井架腿的金属件☆relegs
加强抗张处理☆stenosation
加强劳工安全☆enforcement of labour safety
加强肋☆(stiffening) rib；intercostal
加强明暗度☆intensification
加强棚子☆reinforcing set；double timbering
加强圈[抗风圈下面的]☆stiffen{stiffener;reinforcing} ring；reinforcing pad；secondary wind girder
加强通风☆baffle；dashing
加强桶☆roller hoop drum
加强效果☆needle；strengthening effect
加强支护☆reheating{reinforced} timbering
加强支架☆intensive support；jump{jacket;reinforcing} set
加强注意☆renewed attention
加氢(作用)☆hydrogenation
加氢处理☆hydrotreating
加氢分解☆hydrogenolysis
加氢合成煤油☆mepasin
加氢精制[临氢重整]☆hydrofini(shi)ng；hydrotreating
加氢裂化☆hydrogen craking；hydrocracking
加氢裂化粗柴油☆hydrocracking gas oil
加氢裂解☆hydrocracking；HC
加氢裂解器☆hydrocracker
加氢气化☆hydrogasification
加氢汽油☆hydrogasoline
加氢脱硫☆hydrodesulfurization；hydrogen(ation) desulfurization；HDS
加氢脱硫过程☆hydrodesulfurization
加氢作用☆hydrogen(iz)ation
加球装置☆ball feeder
加权☆weigh(t)ing；statistical weight
加权倒易格子{点阵}☆weighted reciprocal (space) lattice
加权对组均连法☆weighted pair-group average linkage method
加权分析☆weighted analysis
加权函数☆weighting function
加权近似{逼近}☆weighted approximation
加权离差变量☆weighted deviational variable
加权调和中项{平均}☆weighted harmonic mean
加权系数☆weighting coefficient；coefficient of weight；weighing factor
加权纵坐标法☆weighted ordinate method
加权组合☆weighted array
加燃料☆refuel(ing)；fueling；fuel (up)；firing
加(装)燃料量☆charge of fuel
加燃料器☆fuel feeder；refueler
加燃油系统☆refuel system
加染色分析☆dye-staining{staining} analysis
加热☆heat；warming；firing；warm(heating)-up；soak
加热部位☆hotspot
加热不足☆under-heating
加热采掘☆thermal-mining
加热法☆heat-form；heating
加热方式☆type of heating
加热干燥☆heat-drying；heat drying
加热管管壁☆tube skin
(塑料)加热辊☆warmer
加热混合物[无焰爆破药包用]☆heater mixture
加热剂☆term；termite；heating agent
加热介质☆heat medium
加热浸提☆digest；digestion
加热老陈{化}☆thermal ageing
加热裂缝☆fire crack
加热炉参数☆heater parameters
加热器☆calorifier；heater；heat booster{installation}；heating appliance
(井)加热器☆well hater
加热燃气消耗(量)☆heating gas consumption
加热软化的☆thermoplastic
加热筛面振动机☆heated-screen vibrator
加热时间☆heatup{warm-up} time
加热式混合机☆heater mixer
加热损失☆loss on heating
加热台☆warm table；heating stage
加热体☆heater unit；heating element
加热体{器;管群}☆calandria
加热桶☆heated ladle
加热线圈☆heat{heater;heating} coil；HC；heater
加热旋管☆steam coil
加热硬化砂☆thermosetting sand
加熔剂人造矿块☆flux bearing agglomerate
加溶剂☆solubilizer
加入☆nest；build in；join；affiliation
加入白垩的羟乙基纤维素☆chalk laden HEC
加入编队☆formate
加入晶种☆seeding
加入可燃物法☆inclusion of combustible material
加入汽油的抗爆剂☆depinker
加入天然气中的添味剂☆skunk oil
加入物☆admixture
加入物料☆addition
加入许可☆intromission
加入者☆entrant；intrant
加润滑油车☆lubricant tanker
加色☆color addition
加色印刷{|组合}☆additive color printing{|combining}
加色影像合成☆color-additive image composition
加砂☆gravel input；addition of sand
加砂水泥☆sand-cement natures
加砂填砂设备☆sanded-up equipment
加砂压裂☆sandfrac；sand fracturing
(给……)加上外套☆lag
加深☆deepen(ing)；recession；delve；intensification
加深的井孔☆deepened well
加湿☆humidification；humidify；damping
加湿器☆humidifier
加石灰☆liming；lime feed
加石墨金属☆graphited metal
加示踪剂的注入水☆traced injection water
加氏颗石[钙超;K_2]☆Gartnerago
加数☆addend；augend
加数成种☆additive speciation
加水☆watering；imbibition；water addition
加水分解☆hydrolysis
加水混砂☆temper
加水燃比☆moisture combined ratio
加水酸度(性)☆hydrolytic acidity
加水稀释☆thin up；watering
加斯可纳达阶[北美;O_1]☆Gasconadian stage
加斯马吐龙(属)☆Chasmatosaurus
加斯曼方程☆Gassman equation
加苏石☆kasoite；potassian celsian
加速☆acceleration；accelerate；hasten；boost；step-up；speeding{speed;pick;step} up；quicken；expedite；step-on；assist；(gain) speed；tachy-
加速暴露试验☆accelerated exposure test
加速变质☆additive metamorphism
加速的☆boosted；accelerated；tachy-
加速电极☆intensifier electrode
加速定律☆law of acceleration
加速度☆acceleration；acc
加速度补偿水听器☆acceleration-cancelling hydrophone
加速度反{响}应谱☆acceleration response spectrum
加速度计☆accelerometer；acceleration meter；accderometer；jerkmeter；ACCE
加速度-灵敏换能器☆acceleration-sensitive transducer
加速度势☆acceleration potential
加速度(水)头☆acceleration head
加速度图☆accelerogram
加速度仪☆accelerograph
加速发生☆acceleration；tachygenesis
加速发育☆waxing{accelerated} development
加速浮沉[选]☆express determination of float sink

加速鼓风[高炉]☆overblowing
加速缓坡☆easy gradient for acceleration；accelerating grade
加速剂☆accelerator；acceleration；accelerating agent；accelerant
加速降压采气☆accelerated-gas-blowdown
加速进化☆tachytely
(磁带)加速卷绕时间☆acceleration time
加速耐候性试验☆accelerated weathering test
加速曝气接触池☆aero-accelerated contactor
加速器☆accelerator；acceleration；boost；smasher；assist(or)；speeder
加速(度)器☆accelerometer
加速器环形室☆donut；doughnut
加速侵蚀☆accelerated erosion
加速蠕变阶段☆acceleration creep stage
加速室☆augmenter
加速式震击器☆accelerator jar
加速收入{益}投资☆accelerated income investment
加速踏板☆accelerator pedal；treadle accelerator；throttle
加速推送信号☆humping fast signal
加速型地震仪☆accelerating type seismometer
加速性☆injectivity；acceleration quality
加速性能[发动机]☆pickup
加速因子☆speedup factor
加速运转☆runup
加速自动器☆accelerograph
加酸分解☆acid decomposition
加酸分离干酪根☆acidification
加酸显色☆halochromism
加酸显色现象☆halochromy
加算曲线☆summation curve
加索引文件[计]☆indexed file
(水果)加糖的☆glace
加糖于☆sugar
加套☆covering；cased
加套对接☆butt and collar joint
加套管焊接接头☆sleeve-weld joint
加套样品☆jacketed specimen
加藤石☆katoite
(燃料中)加添加剂☆doping
加添加剂的原油☆doped crude oil
加填矿脉☆accretion vein
加填料的硫化橡胶☆onozote
加外套☆jacketing
加伪装☆camouflage
(给……)加味☆flavo(u)r
加温☆heat{warming} up；raise the temperature；stimulate (economy,etc.)；heating；warm
加温浮选☆hot flotation
加温器☆warmer
加伍德藻属[D-T]☆Garwoodia
加物变质(作用)☆additive metamorphism
加吸尘罩的干式钻进☆hooded dry drilling
加下标访问方法☆indexed access method
加香料☆spice
加消隐图像信号☆blanked picture signal
加楔☆wedging
加锌☆zincification
加锌提银(法)☆zinc desilverization
加新坡雾[非洲西南沿岸的浓雾]☆cacimbo
加星号于☆asterisk
加性函数☆additive function
加嗅剂☆odorizing
加压☆upset；pressurization；pressuri(zi)ng；force；pressurize；loading；feeding；upsetting；injection
加压棒[三轴室]☆ram
加压法☆piezometry
(钻头)加压方法☆feed system
加压供给☆force-feed
加压回填☆backfill under pressure
加压浸渍处理法☆pressure injection
加压刻痕硬度计☆sclerometer
加压力☆stress
加压连接☆compression connection
加压破碎诱导流体☆frac-fluid
加压磐☆induced pan
加压溶点计☆manocryorneter
加压软管☆forcing hose
加压润滑☆forced lubrication
加压烧结☆pressure-sintering
加压设备☆snubbing unit；pressure generating equipment
加压时机☆timing for applying pressure
加压时间☆indentation time
加压式燃油系统☆closed and pressured fuel system
(原油)加压输送☆positive delivery
加压水[即垂直水流]☆hydraulic water
加压下装入的润滑脂☆pressure gun grease
加压油井☆key well
加压载增加稳性☆stiffening
加压站☆compressor station
加压注水☆backup flooding
加压作业☆snubber operation
加盐焙烧焙砂☆salt roast calcine
加盐焙烧钒钾铀矿浸出☆salt roast carnotite-type leach
加盐处理☆brine
加盐分离☆salting out
加沿条于……☆welt
加药泵☆chemical feeder pump
加药水浴☆medicated{chemical} bath
加药温度☆doping temperature
加液泵☆make-up pump
加液阀☆charging{charger} valve
加夷作用☆applanation
加以标签☆ticket
加以分类索引☆calendar
加以考虑☆take into consideration
加翼梁☆flanged beam
加阴影☆shading
加应力☆application of stress
(施)加应力☆stress application
加油☆oiling；refuel；fuel charging{filling}；fuel up；grease；lubrication；turnaround；nurse；oil servicing
加油泵☆dispensing pump；bowser
加油车☆tanker；dispenser；bowser；servicer；fuel truck
(汽油)加油车☆refueller
加油船☆fuel ship
加油的☆oiling
加油罐车☆nurse tank
加油过度☆overoiling
加油孔☆oilway；oil way；lubrication hole
加油口盖☆filler cap
加油器☆feeder；refueler；oiler；oil filler
加(润滑)油器☆lubricator
加油器阀☆lubricator valve
加油枪☆compressor gun
加油体☆oil filling block
加油条件槽☆oil conditioner
加油脱水系统☆oil-dewatering system
加油业务☆dispensing service
加油站☆(petrol-)filling{fuel;refuelling;bunkering;marketing;service} station；filling point；gasoline filling station
加(汽)油站☆gas filling station
加油站工☆grease monkey
加油嘴☆lube-fitting；lubricator fitting；lubricating nipple；zerk
加有表面活性剂的柴油水泥[地热井用]☆diesel-oil cement
加有电压的☆alive
加有化学药剂的泥浆☆clay-chemical grout
加有缓凝剂的水泥☆retarded cement
加原色☆additive primary color
加圆屋顶于☆dome
加孕育剂法☆inoculation
加载☆load；cut-in；loading；force
加载变形试验☆deformation under load test
加载触探☆weight sounding
加(负)载的☆loaded
加载后应变潜伏{孕育}时间☆incubation time of strain after load
加载环☆straining ring
加载面积☆load-carrying area
加载排水☆drainage by surcharge
加载器☆loader
加载速度☆rate of loading；loading rate
加载下变形抗力☆strength under load
加载装置☆charger
加张(部分)☆reinforcement
加罩☆covering；hood
加罩干式凿岩{钻眼}☆hooded dry drilling
加真色☆additive true color
加之☆pros-
加质子作用☆protonation
加重☆weight (up)；weigh(t)ing；accentuation；weigh；exacerbate；bodiness；make{become} heavier；load application；increase the weight of；make{become} more serious；aggravate
加重部分☆weight section
(泥浆)加重材料☆high-density weighting material
加重的☆bull；heavy-duty
加重段[等浮电缆的]☆weighted section
加重杆☆weight section{bar}；sinker{sinking} bar
加重高频成分的设备☆high peaker
加重固体材料☆weighting solid
加重管子☆(double) extra heavy pipe
加重混合物☆densimix
(钻井液)加重剂☆heavy loader
加重锚☆piggy-back anchor
加重秒信号☆emphasized second marker
加重器☆drill(ing) collar；accentuator
加重/去重法☆weighting/deweighting technique
加重头☆bullhead
加重物[游动滑车]☆cheek weight
加重型阀门及管件☆extra heavy valves and fittings
加重圆柱[安于吊索与吊钩间]☆pickle
加重质☆dense medium solids；medium solids
加重制裁☆dense medium solids；medium solids
加重钻杆☆extra-heavy drill rod；extra-weight drill pipe；bottom collar
加重钻铤☆heavy collar
加州承载比[美]☆California Bearing Ratio；CBR
加州海狮☆zalophus californianus
加州金麻[石]☆juparana califoria；Giallo{Imperial} Califonia
加助记码☆mnemonic code
加注☆priming；fill；topping-up
加注到顶☆top-up
加注器☆dispenser
加注释☆gloss
加籽晶☆seeding
加最厚沉积轴部☆depoaxis

jiá

荚☆hull；pod
荚蛏类[双壳;R-Q]☆Siliqua
荚豆二糖☆vicianose
荚蛤属[双壳;T-K]☆Gervillia
荚果☆legume
荚链藻属[Q]☆Capsosira
荚硫细菌属☆thiocapsa
荚蒾属[植;K_2-Q]☆Viburnum
荚膜[细菌]☆sheath
荚状层积云☆stratocumulus lenticularis
荚状云☆lenticular cloud
颊☆gena [pl.-e]；cheek；chin
颊板☆cheek (plate)
颊边缘☆genal{cheek} roll
颊边缘引长物[三叶]☆genal{cheek} roll prolongation
颊部☆genal region；pars buccalis
颊部放射状脊线☆genal caeca
颊刺[三叶]☆genal spine
颊骨的☆zygomatic
颊脊☆genal ridge{caeca}
颊角[三叶]☆genal angle
颊鳞☆loreal scale
颊面充填器☆buccofacial obturator
颊区[节]☆pterygostomial region
颊叶[三叶]☆cheek lobe
铗尾☆forficated tail
铗下器[昆]☆style
铗子☆snips

jiǎ

贾克硅孔雀石☆beaumontite
贾克逊理论☆Jackson theory
贾拉米洛事件☆Jaramillo event
贾兰德磁力仪☆Jalander meters
贾敏-列别捷夫干涉装置☆Jamin-Lebedeff interference equipment
贾敏作用☆Jamin action
贾瓦型隧道钻巷机☆Jarve tunnel-boring machine
甲☆inner ostracum；concha
甲氨基苯丁烯[$CH_3NHC_6H_4C_4H_7$]☆methylamino phenyl butane
甲氨基巯基苯并噻唑[$CH_3NHC_6H_2(SH)CHNS$]☆

J

methyl-amino-mercaptobenzothiazol
甲氨基乙酸[$CH_3NHCH_2CO_2H$]☆N-methyl-glycine
甲氨酸酯☆carbamate
甲氨酰[$H_2N•CO-$]☆carbam(o)yl
甲胺☆methyl amine；methylamine
甲胺盐酸盐[$CH_3NH_2•HCl$]☆methylamine-hydrochloride
甲胺阻燃试验☆methanamine pill test
甲板☆dk；deck；scutum；flat[船的]；armor plate
甲板边板☆deck stringer
甲板部航海日志☆deck log book
甲板(上)吊车☆deck crane
甲板桁材☆deck girder
甲板横材☆deck transverse
甲板间☆tween deck
甲板间柜☆tween deck tank
甲板减压室{舱}☆deck decompression chamber
甲板面(上)贮存☆on-deck storage
(在)甲板上☆topside
甲板上的系绳柱☆bollard
甲板室☆island
甲板水手☆roustabout
甲板下净高☆headroom
甲板泄水机☆deck drain
甲拌磷[虫剂]☆thimet
甲苯[$C_6H_5CH_3$]☆toluol；toluene；methylbenzene；phenylmethane；tol
甲苯胺☆amine toluene；toluidine
甲(基)苯并噻吩☆methylbenzothiophene
甲苯-3,4-二硫酚☆toluene-3,4-dithiol
甲苯酚[$CH_3C_6H_4OH$]☆cresol
甲苯基☆tolyl；cresyl
甲苯基聚氧化乙烯醚醇[$CH_3C_6H_4(OCH_2CH_2)_nOH$]☆methylphenyl-polyoxyethylene-ether-alcohol
甲苯基酸☆cresylic acid
甲苯膦酸[$CH_3•C_6H_4-PO(OH)_2$]☆methylphenyl phosphonic acid
甲苯硫代砷酸盐[$H_3C•C_6H_4•AsS_3H$]☆tolyl thioarsenate
甲苯硫酚☆toluenethiol；thiocresol
甲苯三唑☆tolyl-triazole
甲苯胂酸[$CH_3•C_6H_4•AsO_3H_2$]☆toluenearsonic acid
甲苯炸药☆cresylite
甲苄基☆xylyl
甲变形☆onychodystrophy
甲叉{撑}[$CH_2=$]☆methylene；methene
甲虫☆beetles
甲虫类☆Coleoptera
甲虫石☆beetle stone
甲虫形宝石☆scarabaeus；scarab
甲虫形状的宝石☆scaraboid
甲川[CH≡]☆methine；methylidyne
甲床角化☆onychophosis
甲醇[CH_3OH]☆methyl alcohol；methanol；wood alcohol{naphta}；carbinol[多用于复合词]
甲醇-丙酮-甲苯☆methanol-acetone-toluene；MAT
甲醇空气燃料电池☆methanol-air fuel cell；methanol air battery
甲醇燃料发电☆methanol power generation
甲醇洗☆rectisol
甲次[CH≡]☆methine
甲电(池(组))☆A battery；A-battery
甲电源☆A-power supply
甲方☆first party
甲酚[$CH_3C_6H_4OH$]☆cresol；cresylic acid
甲(苯)酚☆cresol
甲酚酞☆cresolphthalein
甲酚盐[$CH_3•C_6H_4OM$]☆cresylate
甲酚异构体混合物☆cresylic
甲骨目[骨甲类]☆osteostraci
甲硅烷☆silicane；silane；monosilane
甲硅烷基☆silyl
甲硅烷基醚☆silyl ether
甲黄药[CH_3CSSM]☆methyl xanthate
甲磺酸☆methanesulfonic acid
甲基☆methyl [CH_3-]；meth-；metho-；Me
甲基胺硝酸盐☆monomethylamine nitrate；MMAN
甲基苯☆methylnaphthalene
甲基苯胺☆methylaniline
甲基苯基甲酮[$CH_3COC_6H_5$]☆acetophenone
甲基吡啶[C_6H_7N]☆picoline
甲基丙基酮[$CH_3COC_3H_7$]☆methyl propyl ketone；pentanone-2
甲基丙烷☆methylpropane
甲基胆蒽☆methylcholanthrene
甲基碘☆methyl iodide
甲基丁烷☆methylbutane
甲基二苯噻吩/二苯噻吩比值☆MDR；methyl(-)dibenzothiophene/dibenzothiophene ratios
甲基二硫代氨基甲酸脂☆methyldithiocarbamate
甲基菲☆methy(l)phenanthrene；MP
甲基-菲☆alkyl-phenanthrene
甲基菲/菲比值☆methylphenanthrene/phenanthrene ratio；NPR
甲基庚烷☆methylheptane
甲基庚烯硫醇[$CH_3C_7H_{13}SH$]☆methyl heptene mercaptan
甲基红☆MR；methyl red
甲基化(作用)☆methylation
甲基化苯☆methylated benzene
(金属的)甲基化物☆methide
甲基黄药☆methyl xanthate
甲基己烷☆methylhexane；methyl hexane
α-甲基甲苯基甲醇[$CH_3C6H_4•CH(OH)•CH_3$]☆α-methyltolylcarbinol
甲基甲氧基乙基二硫[$CH_3OC_2H_4SSCH_3$]☆methyl methoxy-ethyl disulfide
甲基聚丙烯甲酯☆methyl polymetharcylate
甲基聚氧硝基苯[$CH_3(OC_6H_3(NO))_nOH$]☆methyl polyoxynitrosophenol
甲基联苯片晶[MIBC;$(CH_3)_2CHCH_2CH(OH)CH_3$]☆kratochvil(l)ite；kratochwilite
甲基硫代硫酸盐{|酯}[$CH_3S_2O_3M${|R}]☆methyl thiosulfate
甲基硫代砷酸盐☆tolyl thioarsenate
甲基氯仿☆trichloroethane
13-甲基罗汉松-8,11,13-三烯☆13-methylpodocarpa-8,11,13-triene
甲基酶☆methylase
甲基萘☆methylnaphthalene
甲基噻吩☆methylthiophene
甲基戊基乙酸酯[$CH_3COO•CH•(CH_3)•CH_2•CH(CH_3)_2$]☆methylamylacetate
甲基戊糖☆methylpentose
甲基戊烷☆methylpentane
甲基辛基苯胺[$C_6H_5N(CH_3)C_8H_{17}$]☆methyl octyl aniline
甲基溴☆bromomethane；methyl bromide
甲基亚磺酰胺[CH_3-$SONH_2$]☆methyl sulfonamide
甲基乙基吡啶[$CH_3C_5H_3NC_2H_5$]☆methyl ethyl pyridine
α-甲基-α-乙基甲苯基甲醇[$CH_3C_6H_4-C(OH)(CH_3)•C_2H_5$]☆α-methyl-α-ethyltolylcarbinol
甲基乙炔☆allylene
1-甲基-7-异丙基菲☆retene
甲基异丁基甲醇[$(CH_3)_2CHCH_2CH(OH)CH_3$]☆methyl isobutyl carbinol；methylamyl alcohol；MIBC
甲基异石榴皮碱☆methylisopelletierine
甲阶树脂☆A-stage resin
甲壳☆testa
甲壳笔石目☆Crustoidea
甲壳纲的☆Crustacea；crustacean
甲壳纲动物☆crustacean；Crustacea
甲壳纲动物中胸部硬壳☆carapace
甲壳类☆Crustacea
甲壳质☆chitin
甲链烷☆methyl alkane
甲鳞☆ganoid
甲膦酸[$CH_3PO(OH)_2$]☆methyl phosphonic acid
甲硫(基丁)氨酸☆methionine
甲硫铋镍矿[α-$Ni_3(Bi,Pb)_2S_2$]☆bismuth-parkerite
甲硫醇[CH_3SH]☆methyl mercaptan；methanethiol
甲(基)硫醇[CH_3SH]☆methane-thiol
甲龙[爬;K]☆Ankylosaurus
甲醚☆methyl ether
甲脒☆formamidine
甲萘醌☆menadione
甲硼烷☆borane
甲片☆plate
甲坡缕石☆lassal(l)ite；palygorskite
甲臜☆formazane
甲臜溶液☆formazane solution
(甲藻)甲鞘☆armous；armour
甲醛☆formol；formaldehyde；oxymethylene；methyl aldehyde；methanal
甲醛反应☆formolite reaction
甲醛肟☆formaldoxime
甲酸[HCOOH]☆formic acid；formate
甲酸丙酯☆propyl formate
甲酸基☆formyl
甲酸钾☆potassium formate
甲酸甲酯☆methyl formate
甲酸脒[$R-C(NH_2):NH•HCOOH$]☆amidine form(i)ate
甲酸钠[HCO_2Na]☆sodium formate
甲酸铅[$Pb(CHO_2)_2$]☆lead formate
甲酸铊与丙二酸铊混合物[用于制备比重 4.4 到 4.6 的各种重液]☆thallium formate-malonate mixture
甲酸亚铊[HCOOTl]☆thallium formate
甲酸盐[HCOOM]☆form(i)ate
甲酸异冰片酯☆isoborneol formate
甲替甲氨酸[$CH_3NHCH_2CO_2H$]☆sarcosine
甲烷☆methane；firedamp；(fire) damp；marsh gas；grisou
甲烷(化作用)☆methanation
甲烷八迭球菌☆sarcina methanica
甲烷爆炸☆explosion of firedamp
甲烷杆(细)菌(目)☆Methanobacteria
甲烷杆菌纲☆Methanobacteria
甲烷假单孢杆菌☆pseudomonas methanica
甲烷菌☆methane bacteria；methanobacteria
甲烷离解地热温标☆methane breakdown geothermometer
甲烷生成作用☆methanogenesis
甲烷系烃☆methane hydrocarbon
甲烷族石油☆methane oil
甲酰☆formyl
甲酰胺☆formamide
甲酰化☆formylate；formylation
甲型方解石☆elatolite；alpha-calcite
甲氧☆methoxyl
甲氧化物☆methoxide
甲氧基☆methoxy-；methoxyl
甲氧基苯☆methoxy benzene；anisole
甲氧基癸基-苄基氯化吡啶[$CH_3OC_{10}H_{20}(C_6H_4CH_2)C_5H_5N•Cl^-$]☆methoxydecyl-benzyl pyridinium chloride
甲氧基化物☆methoxy-
2-甲氧基-4-甲基苯酚[$CH_3OC_6H_3(CH_3)OH$]☆creosol
甲氧基辛基苄基三甲基氯化铵[$(CH_3OC_8H_{16}•(C_6H_5CH_2•)(CH_3)_3N^+,CH^-$]☆methoxy-octyl-benzyl trimethyl-ammonium chloride
甲氧甲酚[$CH_3OC_6H_3(CH_3)OH$]☆creoso(l)
甲氧乙氧基乙醇[$CH_3OCH_2CH_2OCH_2CH_2OH$]☆methoxy ethoxy ethanol
甲药对乙药中和☆antagouize；counteraction；antagouise
甲(基)茚(满)酮☆methylindone
甲鱼☆turtle
甲藻☆dinoflagellate；Dinoflagellata
甲藻(纲)☆Dinophyceae
甲藻黄素☆dinoxanthin
甲藻甲片☆thecal plate
甲藻类☆pyrrophyta
甲脂☆methyl ester
甲酯基☆carbomethoxy (group)
(脊椎动物无颌类)甲胄类[无颚动物]☆Ostracodermi
甲胄鱼类{纲}☆Ostracodermi
甲状腺☆thyroid gland
甲状腺(机能亢进)☆thyroidism
甲状腺机能亢进症☆hyperthyroidism
甲状腺素☆thyroxine
甲状腺肿☆goiter；goitre
甲紫[$C_{24}H_{29}ON_3$]☆methyl violet
岬☆cusp；cobb；foreland；cape；kin；ness；naze；promontory；spit；tongue；frontland；headland；beak head；space between two mountains；narrow passage between mountains；nase；col；reach；ras；ross；head
岬扁尖凿☆cape chisel
岬角☆headland；cape；promontory；horn；brig(g)；nore；scaw；beak head；nook；nose；rin{rhinn rhyn;rinn} [凯尔特语]；mull；nab；beak
岬角平顶丘☆island{headland} mesa
岬(角)滩☆headland beach
岬湾☆bay of cusp
岬嘴☆bill
钾[拉]☆potassium；K；kalium
钾铵矾[$(K,NH_4)_3H(SO_4)_2•2H_2O$]☆guanovulite
钾铵铁盐{矿}☆kremersite

钾铵硝石☆nitro-chalk
钾奥长石☆kalioligoklas；potash-oligoclase
钾(质)白岗石{岩}☆kalialaskite
钾斑脱岩☆potassium bentonite
钾斑霞正长岩☆kalipulaskite
钾班脱岩☆potassium bentonite
钾贝得石☆K-montmorillonite
钾钡长石[$(Ba,K_2)Al_2Si_2O_8$]☆kali-barium feldspar；kasoite；potassium celsian
钾钡铀云母☆ankoleite
钾倍长石☆kalibytownite；potash bytownite
钾冰晶石[K_2NaAlF_6;等轴]☆elpasolite；potassium cryolite
钾常规测井密度值☆conventional log density
钾长方钠岩☆beloeilite
钾长花岗岩☆moyite
钾长榴岩☆kodurite
钾长脉岩☆borengite
钾长锰榴岩☆kodurite
钾长石[$K_2O•Al_2O_3•6SiO_2$;$K(AlSi_3O_8)$]☆potash spar；potash feldspar；K-(feld)spar；valencianite；kalifeldspath[德]；adular(ia)；potassium{potassic} feldspar
钾长石的斜度☆obliquity of potash feldspar
钾长石堇青石角岩相☆K-feldspar-cordierite-hornfels facies
钾长石块☆feldspar in lumps
钾长顽辉岩☆khewraite
钾粗面岩☆kalitrachyte
钾崔红闪石☆simpsonite
钾淡流纹岩☆kalitordrillite
钾法☆potassium method
钾矾[K_2SO_4;斜方]☆arcanite；arcenite
钾钒钡榍石☆K-V-Ba-titanite
钾钒铀矿[$K_2O•2U_2O_3•V_2O_5•3H_2O$;$K_2(UO_2)_2(VO_4)_2•3H_2O$]☆carnotite (ore)
钾方沸石☆kali(-)analcime；potash {-}analcime
钾方柱石☆potash scapolite
钾肥☆potash{potassium;potassic} fertilizer
钾沸石[$(K_2,Ca)(Al_2Si_4O_{12})•6H_2O$；$(K_2,Ca)_5Al_{10}Si_{26}O_{72}•30H_2O$;六方]☆offretite；saspachite；sasbachite；potassium zeolite
钾氟纤锰柱石☆kalifluor carpholite
钾伽马射线☆potassium gamma-rays
钾钙板锆石[$K_2CaZrSi_4O_{12}$]☆wadeite
钾钙测年法☆potassium-calcium age method
钾钙长石☆kalianorthite；potash {-}anorthite；hyperoranite；eutecto-oranite
钾钙沸石☆potassiferous scolecite
钾钙年代{龄}测定法☆potassium-calcium age method
钾钙十字沸石☆sasbachite；saspachite
钾钙锶铀矿[$(K_2,Ca,Sr)U_3O_{10}•H_2O$；斜方]☆agrinierite
钾钙铜矾[$K_2Ca_2Cu(SO_4)_4•2H_2O$;三斜]☆leightonite
钾钙纹长石☆oranite
钾钙霞石[$(Na,K)_6Ca_2(AlSiO_4)_6(SO_4)_2$;$(Na,Ca,K)_8Al_6Si_6O_{24}(Cl,SO_4,CO_3)_{2-3}$；六方]☆davyne；davyn；davynite；davina；cavolinite
钾杆沸石[$KNa(Ca,Mg,Mn)(Al_4Si_5O_{18})•8H_2O$]☆ashcroftine；kalithomsonite；kalithomsonlite
钾橄霞玄武岩☆kaliankaratrite
钾锆石[$K_2ZrS_6O_{15}$]☆dalyite
钾铬钛矿☆mathiasite
钾铬云母☆avalite
钾更长石☆potash oligoclase
钾供应力☆potassium-supplying power
钾固定☆potassium fixation
钾硅酸钙☆calcium potash silicate
钾褐煤☆potassium lignite；K-LIG
钾黑蛭石☆pattersonite
钾花岗岩☆kaligranite
钾化作用☆potassic{potash} alteration
钾黄长石☆potassium-melilite
钾黄橄霞玄岩☆potash ankaratrite
钾黄铁矾方法[冶]☆jarosite process
钾黄药[ROCSSK]☆potassium xanthogenate {xanthate}
钾煌斑岩类☆lamproite
钾辉沸石☆kalidesmine；potassium stilbite
钾辉岩☆kaliproxenite；kalipyroxenite
钾基泥浆☆potassium-based mud
钾假钡沸石☆potassium pseudo-edingtonite
钾碱[K_2CO_3]☆potash；potassium carbonate
钾碱{沸}煌岩☆kalimonchiquite
钾碱矿☆potash mine；wyomingite
钾碱性湖☆potash lake
钾交代☆potassic{potash} metasomatism
钾交代型铀矿☆po(s)tassic-metasomatism type uranium deposit
钾(质)交代作用☆potassium metasomatism
钾交沸石[$KBa(Al_3Si_5O_{16})•6H_2O$]☆potash harmotome
钾角斑岩☆kali(-)keratophyre
钾矿物☆potassium mineral；potash minerals
钾拉长石☆kalilabrador；potassium{potash}-labradorite
钾蓝矾[$K_2Cu(SO_4)_2•6H_2O$;单斜]☆cyanochroite；cianocroite；cyanochrome；cianocroma
钾累托石☆potassium allevardite
钾离子`浓集{收缩效应}☆potassium contraction
钾锂硅锡矿☆brannockite
钾锂云母[$K_2Li_3Al_3(Al_2Si_6O_{20})F_4$]☆paucilithionite
钾磷灰石☆potassium-apatite
钾磷钠钙石☆potassium-rhenanite
钾磷稀土玄武岩☆KREEP
钾菱沸石☆kalichabasite；willhendersonite；potassium-chabazite
钾菱碱土矿☆kalibenstonite
钾流纹岩☆kalirhyolite；potash rhyolite
钾氯胆矾[$CuCl_2•K_2SO_4$]☆chlorothionite
钾氯铅矿[K_2PbCl_4;$3KPbCl_3•H_2O$]☆pseudocotunnite；pseudocotunnia
钾芒硝[$K_3Na(SO_4)_2$;$(K,Na)_3(SO_4)_2$；六方]☆apht(hit)alite；glaserite；arcanite；aphthalose；aphthalosa；vesuvius salt；kalisulphat；Vesuvian salt；aphtitalit；aphtalose；aftitalite；aftalos(i)a
钾镁矾[$K_2Mg(SO_4)_2•4H_2O$；单斜]☆(magnesium) leonite；kaliblodite；kaliastrakanite
钾镁沸石☆kalithomsonite
钾镁钙矾☆mamanite
(含钛)钾镁钠钙闪石☆kali(o)magnesiokatophorite
钾镁石☆kaliborite；hintzeite
钾镁盐类☆abraum salt
钾蒙脱石☆K-montmorillonite；kalimontmorillonite；potash {-}montmorillonite
钾锰闪石[$K_2(Mg,Mn,Ca)_6(Si_8O_{22})(OH)_2$]☆potash-richterite
钾锰盐[$K_4(MnCl_6)$；三方]☆chlormankalite；chlor(o-)manganokalite；cloromanganocalite
钾明矾[$KAl(SO_4)_2•12H_2O$;等轴]☆potassium{potash} alum；potassalumite；alum (potash)；kalialaun[德]；aluminium potassium sulfate
钾明矾石[$KAl_3(SO_4)_2(OH)_6$]☆rock alum；alunite；kalioalunite；newtonite；kalunite
钾钠长石☆kalialbite；potash {-}albite；hyperperthite；eutecto-perthite
钾钠沸石☆kalinatrolith；potassium-natrolite
钾钠含量比[长石]☆potash-soda ratio
钾钠芒硝☆aphthalose；aphthitalite；glaserite
钾钠镁矾☆chile-loeweite
钾钠铅矾[$(K,Na)_2Pb(SO_4)_2$;三方]☆palmierite
钾钠云母☆brammallite
钾钠蛭石☆gedroizite；gedroitzite
钾霓石[$KFe^{3+}(Si_2O_6)$]☆potash-aegirine；potassium-aegirite；kaliagirin[德]
钾霓霞脉岩☆kalitinguaite
钾黏土☆potash clay
钾培长石☆potash-bytownite
钾片沸石☆potassium heulandite
钾羟基☆potassium hydroxyl
钾山筛管-套管环形空间的充填☆screen liner casing
钾(斜)闪煌岩☆kalicamptonite
钾烧绿石[$(K,Sr)_{2-x}Nb_2O_6(O,OH)•nH_2O$；等轴]☆kalipyrochlore
钾砷铀云母[$K(UO_2)(AsO_4)•4H_2O$；四方]☆abernathyite
钾十字石☆potash harmotome
钾石膏[$K_2Ca(SO_4)_2•H_2O$;单斜]☆syngenite；kaluszite；calcium potassium sulfate；kalkkalisulfat；singenite
钾石灰☆potash lime
钾石岩☆halo-sylvite
钾石盐[KCl;等轴]☆sylvite；sylvine；halo-sylvite；sylvinite [KCl 与 NaCl 的混合物]；halo-sylviorete；leopoldite；hoevillite；sylviit；hoevellite；sylvyne
钾石盐矾☆halo-sylvite
钾石盐矿岩{石}☆sylvinite
钾石英粗面岩☆potash-liparite
钾蚀变☆potassic{potash} alteration
钾束沸石☆potassium zeolite
钾水霞石☆kaliumnephelinhydrat
钾锶矾[$K_2Sr(SO_4)_2$;三方]☆kalistrontite；kalistronite
钾锶水硼石☆wolkowite
钾丝光沸石[$(Ca,K_2,Na_2)Al_2(Si,Al)_{12}O_{28}•6H_2O$;斜方]☆svetlozarite；stretlozarite
钾钛石☆jeppeite
钾铁矾[$KFe^{3+}(SO_4)_2•H_2O$;单斜]☆krausite
钾铁盐[$FeCl_2•3KCl•NaCl$;三方]☆rinneite
钾铁云母[理论的云母端员]☆Protolithionite
钾铜矾☆piypite
钾-钍指数☆potassium-thorium index
钾歪长石☆kalianorthoklas；potassium{potash} anorthoclase；potash-anorthoclase
钾微斜长石[$KNaAlSi_3O_4$]☆microcline
钾微斜闪正长岩☆finandranite
钾系☆potash series
钾细碧岩☆kalispilite；poenite
钾霞橄玄武岩☆kaliankaratrite
钾霞石[$K(AlSiO_4)$；六方]☆kaliophilite；potash {-}nepheline；phacel(l)ite；facellite；tri-kalsilite；kalsilite；kaliophyl(l)ite；kalinepheline；caliofilite；phakelith
钾霞岩☆kalinephelinite
钾酰胺☆potassium amide
钾硝[KNO_3]☆kentite；saltpeter；potassium nitrate；salpeter；saltpetre
钾硝石[KNO_3；斜方]☆niter；saltpeter；kali saltpeter；saltpetre；kalisaltpeter；potassium saltpeter{nitrate}；kehrsalpeter{kalinitrat}[德]；nitre；nitrokalite；nitrite
钾氩测年法☆potassium-argon age method；potassium-dating；potassium-argon dating
钾^{40}氩^{40}定年☆potassium 40-argon 40 dating
钾氩法测定年龄☆K-Ar dating
钾氩法年龄测定☆potassium-argon age determination
钾氩计时☆Ar dating
钾氩年代测定法☆potassium-argon age method
钾盐[KCl]☆sylvite；sylvine；hoevelite；schatzelite；hovelite；leopoldite；potash{potassic;kali;potassium} salt；halo-sylvite；ho(e)villite；ho(e)vellite；hoevilite；sylvin(ite)；scha(e)tzellite；sylviit；silvite
钾盐镁矾[$MgSO_4•KCl•3H_2O$;单斜]☆kainit(it)e；c(a)enite；ca(i)nite；halokainite
钾盐镁矾岩[$MgSO_4•KCl•3H_2O$]☆kainitite
钾盐钻井液☆potassium drilling fluid
钾英辉正长岩☆hurumite；kaliakerite
钾英碱正长岩☆kalinordmarkite
钾萤石☆potassium fluoride
钾硬硅钙石☆miserite
钾硬锰矿[$K_{\leqslant 2}Mn_8O_{16}$]☆ebelmenite
钾铀矿☆compreignacite；gastunite
钾云母[$KAl_2(AlSi_3O_{10})(OH)_2$]☆potash{potassium} mica；potassium minerals；lepidolite；lithia mica
钾皂石☆kalisaponite
钾珍珠云母☆lesleyite；kalimargarite；potash-margarite
钾针钠钙石[德]☆kaliumpektolith
钾正长岩☆kalisyenite；plauenite；potassic{potash} syenite
钾指数☆potassium index
钾质的☆kali；potassic；potash
钾质富斜正长岩☆plauenite
钾质岩套☆potassic suite
钾质英碱正长岩☆kalinordmarkite
钾质云煌岩☆sizunite；baltorite
钾中长石☆kaliandesine；potash {-}andesine
钾珠云母☆lesleyite；potash-margarite
钾柱红石☆potassium priderite
假☆pseudo-；pseud-
假阿尔马科矿☆pseudo-armalcolite
假艾氏颗石[钙超;N_2-Q_1]☆Pseudoemiliania
假奥尼昂塔牙形石属[S-D_1]☆Pseudoneotodus
假奥扎克牙形石属[P-T]☆Pseudozarkodina
假白榴石[白榴石假象的该石、正长石和方沸石混合物；$K(AlSi_2O_6)$]☆nepheline orthoclase；pseudo(-) leucite
假白榴岩☆pseudoleucitite
假斑晶☆pseudo(-)phenocryst；pseudoporphyritic crystal
假斑壳☆pseudopunctate test

假斑鹿亚属[Q]☆Pseudaxis
假斑岩☆pseudoporphyry
假斑杂岩☆pseudotaxite
假斑状变晶构造☆pseudoporphyroblastic structure
假板钛矿[$Fe_2^{3+}TiO_5$;斜方]☆pseudobrookite
假瓣鳃式的☆pseudobranchiate
假棒球石[钙超]☆Pseudorhabdosphaera
假包珊瑚☆Pseudamplexus
假孢子叶☆sporophylloid
假堡礁☆pseudobarrier reef
假宝石☆imitation stone
假报告☆boilerhouse
假背匙板☆pseudocruralium；notothyrial platform
假背三角板[腕]☆pseudochilidium
假背斜[沉积压实作用形成的背斜]☆false anticline；pseudo(-)anticline
假背斜层☆anticlinaloid
假贝加尔螺属[软舌螺;E-Q]☆Pseudobaicalia
假贝克线☆pseudo-Becke line；false Becke line
假钡沸石[$Na_2(Al_2Si_3O_{10})\cdot nH_2O$;$K_2(Al_2Si_3O_{10})\cdot nH_2O$]☆pseudo-edingtonite
假篦羽叶属☆Pseudoctenis
假壁[珊]☆pseudotheca
假编变形☆knit-deknit texturing
假变形☆virtual deformation
假变余砂状[结构]☆pseudoblastopsammitic
假标记☆false mark
假表面变形☆false brinelling
假滨线☆false shoreline
假冰擦痕☆pseudo-glacial striation
假冰川条痕☆pseudoglacial{pseudo-glacial} striation
假冰斗☆pseudocirque
假冰锅☆pseudokettle
假冰砾阜☆residual kame；pseudokame
假冰碛☆pseudomoraine
假冰碛堤☆stauchmoranen[德]
假冰碛阜☆pseudokame；residual kame
假冰碛物☆pseudotill；pseudomoraine
假冰碛岩☆pseudotillite
假冰楔☆pseudo-wedge
假玻基斑状☆pseudovitrophyric
假玻璃介属[E_{2-3}]☆Pseudocandona
假波哈丁贝属[腕;D_2]☆Pseudobornhardtina
假波痕☆pseudo ripple mark；pseudoripple mark
假波尼目[羽歧叶目]☆Pseudoborniales
假薄壁(组织)菌类体☆plectenchyminite
假薄皱贝属[腕;C_1]☆Pseudoleptaena
假勃姆石☆pseudoboehmite
假铂[一种铜锌镍钨合金]☆platinoid
假不对称性☆pseudo-asymmetry
假不整合☆pseudo(-)unconformity
假擦痕☆pseudo slickensides；pseudoslickenside
假擦痕面☆pseudoslickenside
假彩色合成相片☆composited false color
假彩色密度分割法☆false color density slicing
假残斑岩☆pseudoporphyroid
假槽☆pseudocolpus
假侧齿[双壳]☆pseudolateral
假层☆pseudobed
假层理☆pseudostratification；pseudobedding；para-unconformity；diagonal{cross;false} stratification；drift{false} bedding；pseudolamination
假层状的☆pseudobedded；pseudostratified
假潮[湖面]☆seiche
假成层作用☆pseudostratification
假程序☆dummy
假匙形台[腕]☆pseudocruralium；notothyrial platform；pseudospondylium
假匙叶蕨孢属[P]☆Noeggerathiopsidozonaletes
假迟珊瑚属[C_3]☆Pseudobradyphyllum
假齿蚌属[双壳;Q]☆Pseudodon
假赤道☆fictitious equator
假虫体管☆pseudozooidal tube
假触发☆false triggering
假窗板[腕]☆pseudodeltidium；deltidium；xenidium
假纯绿宝石☆pseudo-emerald
假刺穿构造☆pseudodiapir structure
假刺毛藻属[C]☆pseudochaetetes
假次火山岩相☆pseudo-subvolcanic facies
假次生包体☆pseudo-secondary inclusion
假次生气液{流体}包裹体☆pseudosecondary fluid inclusion
假粗砂质构造☆pseudogritty structure
假大理石☆artificial{imitation} marble；scagliola
假单胞菌☆pseudomonad；Microcyclus
假单孢菌株☆pseudomonas strain
假单变性☆pseudomonotropy
假单晶(体)☆pseudo-monocrystal
假单面山☆pseudocuesta
假单斜的☆pseudomonoclinic
假氮化☆pseudonitriding
假的☆dummy；bastard[分析数据]；dud；false；fake；spurious；phoney；mock；sham；virtual
假的东西☆simulacrum
假等变线☆false isograd
假等色线图☆pseudoisochromatic chart
假等时线☆fictitious isochron；pseudoisochron；errorchron
假等轴的{系}☆pseudoisometric
假等轴晶体☆pseudoisometric crystal
假低共熔☆pseudoeutectic
假底☆perforated{false} bottom
假底辟构造☆pseudodiapir structure
假底层☆false{phantom} bottom
假地蜡☆pseudo-ozocerite；pseudo-ozokerite
假地平☆false{artificial} horizon
假地堑☆pseudograben
假地震[腕]☆pseudo(-)earthquake；pseudoshock
假递变层理☆pseudogradational bedding
假颠倒形☆pseudoresupinate
假叠置☆false superposition
假顶☆mat；artificial{false} roof；clod；floor board；mat for filling；following (dirt;stone)
假顶板☆poor rock
假顶清理☆draw slate raking{removal}
假顶岩石的清除☆handling of top material
假顶支护☆draw-slate holding
假定☆postulate；hypothesis；take；presume；assume；grant；suppose；supposition；assumption；fiction；perhaps；presumption
假定储量☆hypothetical{supposed} reserves
假定的☆provisional；tentative；hypothetical
假定的等比生长矢量☆hypothetical isometric growth vector
假定的螺旋壳☆hypothetical coiled shell
假定的实际倾斜平行线[震勘]☆phantom horizon
假定基面☆reference datum
假定密度☆fictive density
假定容重法☆assumed unite weight method
假定网[地质图上]☆arbitrary grid
假定岩基线☆assumed rock-line
假定值☆assumed value
假定指令☆presumptive instruction
假动力装置☆pseudodynamic device
假洞底☆false floor
假洞居的☆pseudotroglobiotic
假豆石☆pseudopisolite
假独苔藓虫属[C-P]☆Pseudounitrypa
假杜仲粉属[孢;J_1]☆Eucommiidites
假断笔石属[O_2]☆pseudoazygograptus
假断层☆pseudofault
假对比压缩性☆pseudo-reduced compressibility
假对称的☆pseudosymmetric(al)
假对称面{|轴}☆plane{|axis} of pseudosymmetry
假盾菊石属[头;T_1]☆Pseudaspidites
假多颚牙形石属[D_3-C_1]☆Pseudopolygnathus
假多色性☆pseudopleochroism
假多色性方解石☆pseudopleochroic calcite
假多型虫属[孔虫;K-Q]☆pseudopolymorphina
假鳄亚目{鱼类}☆Pseudosuchia
假鲕粒☆false oolite{oolith}；pseudo-oolith
假鲕石☆pseudo-oolith
假鲕状岩☆pseudooolite；shadow oolites
假二叉分枝[植]☆false dichotomous branching
假二元系☆pseudobinary system
假二轴晶干涉图☆pseudobiaxial figure
假反射波☆pseudoreflection wave
假方铅矿[辉铜矿具方铅矿假象;Cu_9S_5]☆ harrisite
假方柱石☆pseudo(-)scapolite
假房室[孔虫]☆pseudochamber
假放射毛细管☆false radial pore canal
假霏细片岩☆pseudofelsitic schist
假非全面(象)双晶☆pseudomerohedral twin；pseudomerohedric twin
假分数☆improper fraction
假分枝☆false branching
假封闭孔隙☆pseudo-dead-end pore
假峰☆extraneous{ghost} peak
假锋☆pseudofront
假缝☆dummy joint
假孵育囊[介]☆false pouch；dolon
假辐射状骨针[绵]☆pseudoactin
假伏脂杉(属)[P]☆Pseudovoltzia
假浮游植物☆metaphyton
假腹窗板☆pseudodeltidium
假腹菊石属[P]☆Pseudogastrioceras
假腹棱角石(属)[头]☆Pseudogastrioceras
假负绿{四}方石英☆pseudolussatine；pseudolussatite
假钙交沸石☆pseudophillipsite
假钙水碱[$Na_2Ca(CO_3)_2\cdot 2H_2O$]☆pseudo-pirssonite
假钙铀云母[$(H_3O)_4Ca_2(UO_2)_2(PO_4)_4\cdot 5H_2O$?;四方]☆pseudo-autunite
假钙柱石[$Ca_8(Al_2Si_2O_8)_6(Cl_2,SO_4,CO_3)_2$]☆pseudo(-)meionite；pseudomejonit
假盖层☆false cap rock
假锆石☆metazircon；metazirkon
假锆钽矿☆pseudolavenite
假格几丁虫属[S-D_1]☆Pseudoclathrochitina
假隔壁[珊]☆pseudoseptum
假隔壁小羽板[珊]☆pseudoseptal pinnacle
假隔膜☆false dissepiment
假各向异性☆pseudoanisotropy
假根[植]☆rhizoid
假根茎☆rhizomoid
假公共子表达式☆bogus common sub-expression
假(饰)拱☆blank arch
假共结物{的}☆pseudoeutectoid
假共晶☆pseudoeutectic
假沟☆pseudocolpus
假沟肋虫属[三叶;$Є_3$]☆Pseudosolenopleura
假构造的☆pseudotectonic
假鼓丘☆false drumlin
假古肉食附目☆pseudocreodi
假古肉食`类{附目}☆Pseudocreodi
假古猬科[狉兽目]☆Pseudictopidae
假骨骼[绵]☆pseudoskeleton
假骨针☆spiculoid；pseudospicule
假谷道☆pseudocol
假瓜形鲢☆pseudodoliolina
假挂合☆parunconformity
假管贝属[腕;C_1]☆Pseudosyrinx
假管孔贝属[腕;P_1]☆Pseudosyringothyris
假硅钙钠锆石☆pseudo-lavenite
假硅灰石[$CaSiO_3$;三斜]☆pseudo(-)wollastonite；bourgeoisite；β-wollastonite；cyclowollastonite
β假硅灰石[$CaSiO_3$]☆beta-pseudowollastonite
假硅铁铁钠石☆pseudoaenigmatite
假硅线石[$Al_2(SiO_4)O$]☆pseudosillimanite；pesudo(-) sillimanite
假硅锌矿[人造;$Zn_2(SiO_4)$]☆pseudo(-)willemite
假锅穴☆pseudokettle
假海(洋的)☆pseudomarine
假海床☆false seabed
假海底☆phantom{false} bottom；false seabed
假海乐菊石属[头;P_1]☆Pseudohalorites
假海燕贝属[腕;T_{2-3}]☆Pseudohalorella
假河狸(属)[N_2-Q]☆Dipoides
假河流[泛滥平原的积水]☆false stream
假褐锰锆矿☆pseudolovenite
假褐铁矿☆pseudolimonite
假黑丁菊石属[头;T_1]☆Pseudohedenstroemia
假黑云母☆pseudobiotite
假红宝石[CaF_2]☆false ruby
假湖☆seiche
假湖底☆false bottom
假弧☆pseudo-arc
假琥珀☆pseudo(-)succinite；ambroin
假花岗岩☆false granite
假化石☆pseudofossil；pseudes
假环带☆pseudogirdle
假环礁☆shelf{lagoon;bank} atoll；pseud(o)atoll
假环球形藻属[Z-S]☆Pseudozonosphaeridium
假黄晶[SiO_2]☆false topaz
假黄砷榴石[$(Ca,Mg,Mn)_3(AsO_4)_2$]☆pseudoberzeliite
假灰岩沟☆pseudokarren
假辉沸石☆foresite
假辉绿(结构)☆pseudo-ophitic
假辉绿岩☆pseudo(-)diabase
假回声{波}☆false echo

假浑圆硬核{菌质}体☆pseudocorposclerotinite
假火成的☆pseudo(-)igneous；pseudoeruptive
假火山☆pseudovolcano
假火山口☆false crater；pseudocrater
假火山弹☆pseudo-bomb；pseudobomb
假货☆fake
假基岩☆false bottom{bedrock}；falsing rock formations
假基质☆pseudogroundmass；pseudomatrix
假积分几何因子☆integrated pseudo geometrical factor
假戟贝属[腕;D_2]☆Pseudochonetes
假几丁质[孔虫]☆pseudochitin
假几何因数☆pseudogeometrical factor
假脊板[孔虫]☆pseudocarina
假脊缝☆pseudoraphe；pseudoraphae
假髻蛤(属)[双壳;C-P]☆Pseudomonotis
假甲壳纲[节]☆Pseudocrustacea
假(亚稳)钾霞石☆pseudo-kaliophilite
假间面☆pseudointerarea
假间歇(喷)泉☆pseudogeyser
假减数☆pseudoreduction
假渐近线☆virtual asymptotic line
假交错层☆pseudo cross-bedding
假交错层理☆pseudo {-}cross-bedding{-stratification}
假交合面☆pseudointerarea
假铰蚌属[双壳;J]☆Pseudocardinia
假铰笔石属[S_1]☆Pseudoplegmatograptus
假铰合面☆pseudointerarea
假角☆false angle
假角砾(岩)化作用☆pseudobrecciation
假角砾岩☆recrystallization breccia；pseudobreccia
假角砾状☆pseudobrecciated
假角藻属[K]☆Pseudoceratium
假接合☆dummy joint
假阶☆false terrace
假阶地☆pseudo-terrace
假节理☆bate；pseudojoint；pseudo joint
假结核☆pseudonodule；sandstone ball；sand{sandrock} roll；pseudoconcretion；pseudo nodule
假结晶☆pseudo crystal
假结石病☆pseudolithiasis
假解理☆pseudocleavage；false{close-joints;slip} cleavage
假金☆pinchbeck
假金刚石☆false diamond；pseudo-diamond；strass
假金红石[$Fe_2^{3+}Ti_3O_9$;六方]☆pseudorutile
假金属光泽☆pseudometallic lustre
假紧密堆积☆pseudo close-packing
假茎☆cauloid
假茎沟[腕]☆false pedicle groove
假晶☆pseudomorphic crystal；crystal cast；coating pseudomorph；pseudomorph(ism)；pseudocrystal
假晶胞☆pseudo-cell
假晶的☆pseudomorphous；pseudomorphic
假晶格缺面双晶☆lattice pseudomerohedral twin；twinning by lattice pseudomerohedry
假晶格缺面象双晶☆pseudo-lattice-merohedral twin
假晶滑石[具辉石假象的滑石;$Mg_3(Si_4O_{10})(OH)_2$]☆rensselaerite
假晶石☆portite
假晶质{结晶}的☆pseudocrystalline
假警报☆false alarm
假静态自然电位☆pseudostatic SP；PSP
假镜煤(组)☆pseudovitrinite
假镜头☆pseudoscopic viewing
假镜质(煤)组☆pseudovitrinite；pseudovitrinoid (group)
假菊面石(属)☆Pseudoceratites
假菊面石式缝合线[头]☆pseudoceratitic suture
假聚合体☆simulate complex
假锯菊石属☆Pseudoceratites
假绝灭☆pseudoextinction
假绝热条件☆pseudoadiabatic condition
假绝热图☆pseudoadiabatic chart
假绝热线☆pseudoadiabat
假菌类体☆pseudosclerote
假喀斯特☆pseudokarst
假卡尼珊瑚属[C_3]☆Pseudocarniaphyllum
假科兰尼虫属[孔虫;P_2]☆Pseudocolaniella
假科泥石☆dumasite
假科学☆pseudoscience
假克拉通☆pseudocraton
假恐角兽属[曾译"真恐角兽"]☆Eudinoceras
假孔☆pseudopore
假孔粉[孢]☆fenestrate
假孔雀石[$Cu_5(PO_4)_2(OH)_4$•H_2O;单斜]☆lunnite；pseudomalachite；rhenite；phosphorochalcite；ehlite；phosphochalcite；dihydrite；prasin；ypoleime；prasinchalzit；tagilite；pseudomalachite；thrombolite；kupferdiaspor；phospo(ro)chalcite；hypoleimme
假口[原生]☆pseudostome
假宽轮藻属[K_2-E_2]☆Pseudolatochara
假扩散(作用)☆pseudo-diffusion
假拉贝希层孔虫属[O_2-S]☆Pseudolabechia
假蓝宝石[$Mg_2Al_4(SiO_4)O_6$；$(Mg,Al)_8(Al,Si)_6O_{20}$;单斜]☆sapphirine；sapphirite；sappirine；blue chalcedony [$(Mg,Fe)_{15}Al_{34}Si_7O_{80}$]；saphirine
假蓝宝石-`1Tc{|2M}☆sapphirine-`1Tc{|2M}
假蓝闪石☆pseudo(-)glaucophane
假兰卡斯特虫属[三叶;$Є_1$]☆Pseudolancastria
假劳埃石[$Mn^{2+}Fe_2^{3+}(PO_4)_2(OH)_2$•7~8$H_2O$;单斜]☆pseudolaueite
假肋(骨)☆false and floating ribs
假肋骨脊☆false rib
假篱虫属[孔虫;E]☆Pseudophragmina
假锂霞石[人造;$Li(AlSiO_4)$]☆pseudo{β}-eucryptite；β-eukryptite
假砾岩[分析数据]☆pseudo(-)conglomerate；crushed conglomerate
假砾岩状[结构]☆pseudoconglomeratic
假砾质岩☆pseudopsephite
假立体图像☆synthetic stereo-images
假粒团☆false aggregate
假粒玄结构☆pseudo-doleritic texture
假粒状构造☆pseudogranular structure
假沥青质的☆pseudobituminous
假连续性☆paracontinuity
假梁☆false beam
假亮晶☆pseudospar(ite)；neospar
假磷灰石☆pseudo(-)apatite
假磷铝石☆pseudowavellite
假磷铜矿☆pseudo(-)libethenite
假临界压力☆pseudocritical pressure
假鳞石英☆pseudo(-)tridymite
假榴辉岩☆pseudoeclogite
假留(的)☆counterfeit
假瘤膜叶肢介属[节;J_3]☆Pseudestherites
假流体☆pseudofluid
假流状构造☆pseudofluidal{pseudoflow} structure
假六方双晶☆pseudohexagonal twin
假龙骨☆keel shoe
假露头☆false cropping
假氯铅矿[不纯]☆mellonite
假绿泥石☆pseudochlorite；swelling chlorite
假绿闪石☆pseudo-smaragd
假轮虫属[孔虫;N_2-Q]☆Pseudorotalia
假裸枝叠层石属[Z]☆Pseudogymnosolen
假麦粒䗴属[孔虫;C_{2-3}]☆Pseudotriticites
假冒的☆factitious
假冒品☆counterfeit
假镁橄石☆boltonite
假锰钽矿☆pseudo-ixiolite
假米萨蛤属[双壳;E-N]☆Pseudomiltha
假面☆false plane{face}
假名☆alias
假模式☆spurious pattern
假目标☆angel；decoy[雷达的]
假目标反射{回波}信号☆decoy return
假钠长石☆pseudoalbite
假钠长英板岩☆pseudoadinole
假钠沸石☆brevigite；brevicite
假钠沸石[$Na_2(Al_2Si_3O_{10})$•$2H_2O$]☆pseudonatrolite；bergmannite；crocalite
假囊☆false pouch；dolon
假囊群盖[植]☆false indusium
假内卷虫属[孔虫;C_2]☆Pseudoendothyra
假泥晶灰岩☆pseudomicrite
假泥裂☆pseudo(-)mudcrack；false mud crack
假年代地层的☆pseudochronostratigraphic
假年龄☆fictitious date
假年轮[植]☆false annual ring
假黏聚力☆pseudo-cohesion
假黏度☆pseudo viscosity
假黏结☆apparent cohesion
假黏(性)流☆secondary creep；pseudoviscous flow
假捻变形☆false {-}twist texturing
假鸟粪石☆pseudo-pirssonite；pseudo(-)struvite
假凝☆false set
假凝灰岩☆tuffoid；pseudotuff
假女星介属☆Pseudocypridina
假欧石楠[植]☆heather
假喷发的☆pseudoeruptive
假膨胀☆pseudoswelling
假劈理☆false{local;grain;close-joints} cleavage；cleavage slip；pseudocleavage
假偏差[声速测井曲线上]☆falsie
假片理☆pseudoschistosity
假片岩☆pseudoschist
假片状砾岩☆pseudoslate conglomerate
假频☆alias
假频通带☆side lobe
假频现象☆pseudo-frequency phenomenon
假频准则☆aliasing criteria
假平衡☆false equilibrium；pseudoequilibrium
假平面流☆pseudo-plane flow
假剖面[地质一种矿物具有另一种矿物的外形]☆quasi-section；pseudo(-)section
假漆☆varnish
假脐[孔虫]☆pseudoumbilicus
假起源事件☆pseudoorigination event
假启动☆false triggering
假碛☆pseudo-moraine
假气囊[孢]☆pseudosaccus
假钱☆stumer；fake money；counterfeit money
假潜育{水}土☆pseudogley soil
假潜(水灰化)作用☆pseudogleyzation
假嵌入构造☆pseudo telescope structure
假墙☆pseudotheca
假倾向坡☆false dipsloping
假球接子☆Pseudagnostus；Pseudognostus
假球粒☆pseudospherulite；pseudospharolith
假球状结构☆pseudoglobular structure
假区域异常☆false regional anomaly
假曲流☆pseudo-meander
假缺面双晶☆pseudomerohedral{pseudomerohedric} twin；twinning by pseudomerohedry
假燃料☆pseudo-fuel
假热点☆pseudohotspot
假热电性☆false pyroelectricity
假热发光☆spurious thermoluminescence
假热液矿化☆pseudo-hydrothermal mineralization
假日☆mock sun
假熔☆false fusion
假熔蚀冲沟☆pseudokarren
假熔岩☆buchite
假溶液☆pseudo-solution
假溶液化☆pseudo solubilization
假鞣质体☆pseudophlobaphinite
假肉色柱石☆pseudo-sarcolite
假蠕孔藻属[P]☆Pseudovermiporella
假蠕状石{虫状}的☆pseudo-myrmekitic
假如☆providing；provided
假乳房☆falsie
假瑞利波☆pseudo Rayleigh wave
假鳃☆pseudobranchia
假三角板☆deltarium；pseudodeltidium
假三角笔石属[O_1]☆Pseudotrigonograptus
假三角台☆pseudo cruralium；notothyrial platform
假三斜闪石☆pseudoaenigmatite
假三元(投影)图☆pseudoternary plot
假色☆false color[频率分析]；allochromatic colo(u)r；pseudochromatism；pseudochromatic color
假色尔特菊石属[头;T_1]☆Pseudoceltites
假砂圆虫属[孔虫;T_3-K]☆Pseudocyclammina
假山口☆pseudocol
假山毛榉粉属[孢;K-E]☆Nothofagidites
假山石☆rockery design
假闪长石☆pseudo-diorite
假闪长岩☆pseudodiorite
假闪磷锰矿[$(Mn,Fe^{2+})_5H_2(PO_4)_4$•$4H_2O$]☆pseudopalaite
假闪英粒玄岩☆pseudovintlite
假扇叶属[P_2]☆Pseudorhipidopsis
假蛇(形)丘☆false osar{esker}
假射网层孔虫属[D_2]☆Pseudoactinodictyon
假设☆hypothesis [pl.-ses]；suppose；assume；grant；assumption；presume；postulate；postulation；tentation；concept；assuming

假设的含水层☆hypothetical aquifer
假设的碱闪石☆miyashiroit
假设顶板岩块☆hypothetical roof block
假设检验☆test of hypothesis；hypothesis test(ing)
假设起算值☆assumed datum
假设性的☆theoretical
假设异常☆hypothetical anomaly
假设坐标☆false coordinates
假深成岩体☆pseudopluton
假深海沉积☆pseudoabyssal deposit
假渗碳☆pseudocarburizing
假生物礁☆pseudobioherm
假湿球温度☆pseudo wet-bulb temperature
假十字沸石[$(K_2,Na_2,Ca)(Al_2Si_4O_{12})•4½H_2O$]☆pseudo(-)phillipsite
假石☆artificial{imitation} stone
假石蜡☆pseudowax
假石榴碱☆pseudopelletierine
假石榴石☆pseudogarnet
假石抹面☆granitic finish{plaster}；granolithic finish
假石砌块☆imitation stone block
假石蒜碱☆pseudolycorine
假石英☆bastard quartz
假石英岩☆pseudoquartzite
假石砖☆ashlar brick
假史塔夫䗴属[孔虫;C_2]☆Pseudostaffella
假矢部䗴属[孔虫;P]☆Pseudoyabeina
假矢箭石属[头;K1]☆Pseudobelus
假室口☆false aperture
假视差☆false parallax
假艏柱☆false stem；cutwater
假梳齿型[双壳]☆pseudoctenodont
假输出☆dummy output
假属名☆pseudogeneric name
假树皮质腐殖体☆pseudo-phlobaphinite
假树枝状构造☆pseudodendritic structure
假数☆mantissa
假霜霉属[真菌;Q]☆pseudoperonospora
假双反射☆false bireflection
假双极藻属[Z]☆Pseudodiacrodium
假双晶☆pseudo-twin
假双壳的[软]☆pseudobivalved
假双列的☆pseudobiserial
假双曲形[腕]☆pseudoresupinate
假水锰矿☆pseudo(-)manganite
假水蛇纹石[$Mg_6(Si_4O_{10})(OH)_8$]☆pseudodeweylite；pseudogymnite；pseudodeweylith
假说☆hypothesis；premise；hypoth；hypothetical
假斯氏䗴☆Pseudostaffella
假死泉☆dormant spring
假四方的☆pseudotetragonal
假似臀贝属[腕;T_3]☆Pseudopygoides
假松(粉)属[T-J]☆Pseudopinus
假苏铁(叶(属))[T_3-K]☆Pseudocycas；Cycadites
假速熔石☆pseudo-tachylite
假塑胶性物质☆pseudoplastic-type substance
假塑性☆pseudoplasticity
假塑性体☆pseudoplastic
假酸度(土壤)☆pseudo-acidity
假碎裂[结构]☆pseudocataclastic
假碎屑岩☆merolite
假碎屑状(的)☆pseudoclastic
假苔藓笔石属[O_1]☆Pseudobryograptus
假太阳☆fictitious sun
假碳酸钠钙石[具斜钠钙石或天青石假象的方解石]☆pseudogaylussite
假碳质的☆pseudocarbonaceous
假套叠构造☆pseudo telescope structure
假梯蛤属[双壳;J]☆Pseudotrapezium
假提罗菊石亚属[头;P_2]☆Pseudotirolites
假提罗石☆pseudotirolite
假提曼珊瑚属[C_2]☆Pseudotimania
假体[几丁]☆pseudosome
假体管[苔]☆pseudozooidal tube
假体腔☆pseudocoelom
假体腔动物☆Pseudocoelomata
假体系☆pseudo-system
假体椎☆pseudocentrous vertebra
假天线☆phantom{mute} antenna；antenna eliminator
假条纹长石☆pseudoperthite
假铁帽☆false gossan
假同晶☆coating pseudomorph；pseudomorphy
假同心褶皱☆pseudoconcentric fold
假同质异象☆pseudoheteromorphism
假铜泡石☆pseudotirolite
假桶䗴属[孔虫;P_1]☆Pseudodoliolina
(覆盖古代村庄遗迹的)假土丘☆tell[阿]
假团块☆pseudonodule
假团粒☆pseudopeloid
假团球☆slump ball
假托勒利叶属[植;T_3-K_1]☆Pseudotorellia
假拖(曳)褶皱☆pseudodrag
假脱机☆(automatic) spool；spooling
假瓦契杉属[T-J]☆Pseudowalchia
假外消旋(现象)☆pseudo-racemism
假网孔藻属[P]☆Pseudogyroporella
假网球形藻属☆Stictosphaeridium
假薇石☆Pseudotirolites；pseudotirolite
假微晶☆pseudomicrite
假微亮晶(灰岩)☆pseudomicrosparite
假微震☆pseudomicroseism
假魏德{特}肯䗴属[孔虫;C_2]☆Pseudowedekindellina
假位错☆pseudodislocation
假纹层{理}☆pseudolamination
假吻片[甲壳]☆pseudorostrum
假乌拉(尔)珊瑚(属)[C_1]☆Pseudouralinia
假无定形的☆pseudoamorphous
假无烟煤☆pseudoanthracite
假吸收☆pseudoabsorption
假希`瓦格{氏}䗴属[孔虫;C_3]☆Pseudoschwagerina
假夕线石☆pseudosillimanite
假嬉蚌属[双壳;K_2]☆Pseudohyria
假潟{泻}湖☆miniature lagoon
假细胞型☆paracytic type
假细晶岩☆pseudoaplite
假细孔壳☆pseudopunctate test{shell}
假峡(江谷)☆pseudofjord
假纤维状泥炭☆pseudofibrous peat
假线叶肢介(属)[节;J_2]☆Pseudograpta
假相☆pseudophase
假相对的☆pseudo-relative
假想☆phantom；imagination；hypothesis；fictitious；supposition；imaginary；hypothetical
假想层[震勘]☆phantom；imaginary layer；fantom
假想的☆synthetic；imaginary；fictitious
假想化☆pseudoization
假想燃烧☆imaginary combustion
假想资源☆speculative resources
假响应☆spurious response
假橡果虫属[孔虫;P-Q]☆Pseudoglandulina
假橡胶☆paragutta
假象毒砂☆crucite；crucilite
假向斜[腕]☆pseudo(-)syncline；synclinaloid
假象[一矿物具有另一矿物的外形]☆false image{form;appearance}；pseudomorph(ism)；snake stone；feint；gloss；illusion；pseudomorphous；artefact；erroneous {non-relevant} indication；allothimorph；artifact；pseudoform
假象赤铁赤矿化☆martitization
假象方解石☆thinolite；elatolite
假象构造☆ghost structure
假象交代☆pseudomorphic{paramorphic} replacement
假象晶体☆epigene crystal
假象块滑石☆hampshirite
假象硫银矿☆para-silberglanz[德]
假象石膏☆ordite
假象水纤闪石☆traversellite
假象现象☆pseudomorphism；pseudomorphosis；pseudomorphy
假象牙☆xylonite；zylonite
假消光☆pseudoextinction
假小克因虫属[三叶;O_1]☆Pseudokainella
假蝎目☆Pseudoscorpionid(e)a
假斜方的☆pseudoorthorhombic
假泻湖☆pseudolagoon
假信号☆spurious signal{response}；ghost{dummy} signal；alias；glitch
假星☆fictitious{artificial} star
假型砂☆match sand
假形☆false form；pseudoform；coating pseudomorph
假杏仁☆pseudomandel；pseudamygdule
假性采矿损坏☆pseudo-mining damage
假熊猴(属)[E_2]☆Notharctus
假旋脊[孔虫]☆pseudochomata
假玄武玻璃[法]☆pseudotachylite；friksjonsglass；pureeparfaite
假玄武岩☆pseudobasalt
假压力☆false pressure
假亚稳钾霞石☆pseudokaliophilite
假烟煤☆pseudobituminous
假岩沟☆pseudokarren；pseudolapies
假岩墙☆pseudo-dyke
假岩溶☆pseudokarst
假岩芯☆synthetic core
假延性☆pseudo-ducticity
假眼脊[三叶]☆false eye ridge
假衍射效应☆spurious diffraction effect
假羊毛☆vegetable wool
假羊皮纸☆parchment paper
假叶☆phylloid
假叶蜡石☆pseudo(-)pyrophyllite
假叶绿矾☆pseudo(-)copiapite
假液体[指悬浮液]☆pseudoliquid；pseudo{simulated} liquid
假遗迹☆false trace
假异常☆spurious{false} anomaly；tramp
假(同分)异构(现象)☆pseudo(iso)merism
假异构体☆pseudomer
假异化颗粒☆pseudoallochem
假异象☆pseudoheteromorphism
假银☆Alfenide
假银星石[$CaAl_3H(PO_4)_2(OH)_6$]☆pseudowavellite；pseudo-wollastonite
假迎冰坡{风面}☆false stoss side
假硬核体☆pseudosclerote
假硬玉☆pseudojadeite
假铀长石☆pseudoaldite
假油壶菌属[真菌;Q]☆Pseudolpidium
假游泳生物☆pseudonekton
假黝帘石☆pseudozoisite
假渔乡叶肢介属[节;J_1-K_1]☆Pseudolimnadia
假雨期☆pseudopluvial
假玉☆pseudo-jade
假玉屏虫属[三叶;$Є_3$]☆Pseudoyuepingia
假玉髓☆pseudochalcedon(ite)
假原色☆fictitious{nonphysical} primary color
假圆口[疑]☆pseudopylome
假圆筒投影☆pseudo-cylindrical projection
假圆(饰)叶肢介属[节;K_2]☆Pseudocyclograpta
假圆锥投影☆pseudo-conic projection
假月☆mock moon
假云母片岩☆pseudomica schist
假云杉(粉)属[N_2]☆Pseudopicea
假晕☆false halo
假造☆forge
假增溶溶解☆pseudo solubilization
假栅笔石(属)[O-S_1]☆Pseudoclimacograptus
假沼泽土☆anmoor
假褶皱☆false{bend} folding；deceptive fold
假针刺藻属[Z_3]☆Pseudoacus
假针六方石☆pseudonocerina
假针钠钙石☆pseudogaylussite
假疹壳☆pseudopunctate shell；pseudopuncta
假整合☆disconformity；pseudoconformity；parallel {nonangular;epeirogenic;stratigraphic;epeirogenetic} unconformity；para(-)unconformity；abut；deceptive conformity；parunconformity；paenaccordance
假整合的☆disconformable
假整合面☆disconformable plane
假正长石[$(Na,K)(AlSi_3O_8)$]☆ps(e)udoorthoclase
假正长岩☆pseudosyenite
假正方系☆pseudotetragonal
假正交(晶系)的☆pseudoorthorhombic
假正玉髓[纤维状二氧化硅集合体]☆pseudo-quartzine
假支票☆stumer
假值☆falsity
假指令☆pseudo-order
假栉齿[双壳]☆pseudotaxodont
假栉羽叶(属)[T_3-K_1]☆Pseudoctenis
假致密硅岩☆bastard ganister
假中间(砂)箱☆false cheek
假中碛☆medial pseudomoraine
假中性沸石☆pseudomesolite
假中轴☆pseudocolumella
假钟乳石☆pseudostalactite
假种皮[植]☆aril [pl.arilli]
假重力☆pseudogravity；quasi-gravity
假轴☆dummy axle

假胄菊石属[头;T_1]☆Pseudosageceras
假烛煤☆pseudocannel (coal)
假主齿☆pseudocardinal
假柱状层孔虫属[O_2]☆Pseudostylodictyon
假装☆acting; pretence; affect; assumption; affectation
假装不见☆wink
假装置伪装☆simulate
假椎☆vertebra spuria
假锥晶方解石☆jarrowite
假准平原☆simulated peneplain
假浊沸石[$Ca(AlSi_2O_6)_2•4H_2O$]☆pseudolaumontite
假紫(水)晶{石英}[CaF_2]☆false amethyst
假自由水☆pseudofree water
假总体压缩性☆pseudo-bulk compressibility
假祖母绿[CaF_2]☆pseudosm(l)aragd; false emerald; pseudosmaragdite; pseudo-emerald
假钻石☆strass

jià

价☆valency; valence; atomicity
价(电子)带☆valence band
价电分离☆dielectric separation
价电子☆valence electron{election}; VE
价电子浓度☆valence electron concentration
价额☆value
价格☆rate; cost; figure; value; price
价格比值☆price-proportion
价格波动☆(price) fluctuation; price fluctuating {wave;volatility}
价格分析☆cost analysis
价格最高水平☆price ceiling
价键☆valence bond{link(age)}; VB; valency-bond
价键力☆valence force
价角☆valence angle
价目标签☆pricetag
价目表☆P/C; price list{catalog(ue)}; tariff
价目牌☆notice
价态☆valence state
价效应☆valence effect
价值☆value; worth; account; importance; merit
价值尺度☆measure of value
价值分析☆value analysis; va
价值改善{进}☆value improvement
价值规律☆law of value
价值函数☆cost function
价值量指标☆indicator of output value
假期☆vacation; leave
假日☆holiday
嫁接☆graft; inoculate
架☆rest; yoke; bench; stand; stage; carriage; trellis; table; staging; rack(ing); perch; mount; holder; ledge; stillage; frame; shelf; hanger; prop{put} up; erect; fend{ward} off; withstand; kidnap; abduct; support; fight; quarrel; dowel[如线圈架]
(托)架☆chariot
架承压☆traveling{travelling} weight
架床☆berth
架定钢绳☆bitt a cable
架高跨相等时屋面坡度☆full pitch
架工☆derrick man; sky hooker; pipe stabber
(井)架工☆attic hand
(钻井)架工☆pipe racker
架工台☆double board platform
架构式挖泥☆frame dredge
架管平台☆racking platform
架间☆bay
架间系杆☆frame brace
架锯☆buck saw; bucksaw
架空[用柱子等支撑而离开地面的]☆built on stilts; be without foundations; overhead; aerial
架空单轨缆车☆telpher
架空的☆aerial; superterranean; superterrene; overhead
架空电动缆车道☆telpher{telpherage} line
架空电缆☆overhead{overground;aerial} cable; hook- up wire
架空堵塞☆bunching-up
架空管道☆suspended pipe line; overhead pipe
架空轨集电器☆overhead rail collector
架空结构☆space frame
架空明线电路☆open wire circuit
架空无极绳式人车☆ski-lift conveyor
架空松绳挖掘机挖斗☆slackline cableway bucket
架空索☆skyline
架空索道☆aerial ropeway{tramway;cable(-)way;line; railroad;railway;tramline;tram}; ropeway; skyline; cable railway {tramway}; aerial-tramline; blondin; overhead rope{cableway;ropeway}; wire tramway
架空索道松绳挖掘机☆slackline cableway excavator
架空索道运料桶☆cableway bucket
架空无极绳式人车☆ski-lift conveyor
架空线☆airline; aerial line{conductor;extension}; air {trolley} wire; high-line{trestle} track; overhead wire{cable;line;conductor}; trolley line
架空线路☆air{pole;overhead} line; overhead circuit
架空线移设工序☆trolley shifting sequence
架立支柱☆post{prop} setting; underprop
架梁作用☆beam action
架内管路{软管}☆inter-chock hose
架桥☆bridging; bridge over
架桥孔☆bridged hole
架设☆erect; erection; construction; set; pitch; mounting
架设工具☆erecting tools
架设拱圈☆overarch
架设木垛☆crib{cog} building; cogbell; cogging
架设器☆erector
架设支架☆setting of supports (the timber)
架设装置☆stringer
架式岔线☆trolley frog
架式长钎柄凿岩机☆long-shanked drifter drill
架式冲击钻机☆bar-rigged{hammer;cradle} drifter
架式风钻☆tunnel{post} drill; drifter
架式凿石机☆cradle drifter
架式钻眼法☆ladder drilling method
架式钻机☆drifter (drill); drifter-type machine; drilling
(陆)架锁国☆shelf-lacked states
架台☆rack; tresses
架围板☆brattice
架线☆string [strung]
架线电机车轨道运输☆trolley rail haulage
架线工(人)☆linesman
架线机车轨道运输☆trolley locomotive track
架线式☆trolley type
架线式电机车电火花☆trolley-wire locomotive arcing
架线无轨电机车运输☆trolley locomotive haulage
架型☆support construction
架在支柱上的小房子☆console
架柱☆tresses
架柱式凿岩机☆column{post-mounted} drill; posting mounted drill
架砖☆setter
架装的☆tower-installed
架状物☆gallows
架子[框架,支架;搁置物品的架子]☆case; cadre; frame; stand; rack; shelf; gallows
架子工安全带☆monkey strap
架座☆mounting; pedestal bearing; pillow block bearing
架座基☆bed frame
驾车前进☆wheel
驾驶☆drive; jockey; steer(ing); maneuver; fly; run; drive a vehicle; pilot [a ship or plane]; manage
驾驶(船)☆conn
驾驶杆☆jockey{control} stick; (control) column; joystick; driving pedal
驾驶技术☆pilotage
驾驶间☆cockpit; cock pit
驾驶盘☆joystick; handle; wheel
驾驶设备☆steer
驾驶室☆driver's cab{cabin}; operator's cabin; pilot{steering} house; pilothouse[船]
驾驶室在引擎上面☆cab over engine; coe
驾驶手柄☆driving handle
驾驶踏板☆drive pedal
驾驶台☆bridge; foot board
驾驶仪☆pilot
驾驶员☆driver; carman

jiān

歼击机☆chaser
歼灭☆annihilation
监测☆detect; surveillance; monitor(ing)
监测器☆monitor; watchdog
监测网系☆monitoring array
监测预报网络☆monitoring and prediction network
监测站所在地☆demarcated site
监察(人)员☆superintendent; inspector; viewer; supervisor; controller
监察长☆control-general
监秤人(员)☆checkweighter; checkweighman
监督☆intendance; supervise; supervisor; look after; surveillance; supervision
监督程序☆monitor program{routine}; supervisor; monitor
监督分类[遥感地质]☆supervised classification
监督人☆supervisor; superintendent; supvr
监督台☆master console
监督学习法☆supervised classification
监督员☆overlooker
监工☆foreman; overman
监禁☆custody; captivity; duress
监控☆supervisory control; monitor and control; monitoring
监控器☆monitor (unit); watch {-}dog
监控程序☆watchdog routine
监控系统☆supervising{monitoring;supervisory} system; supervisory control system
监控信号☆pilot{supervisory;monitor} signal
监控仪表☆monitoring device
监矿人员☆spotter
监视☆surveillance; custody; keep watch on; keep a lookout over; monitor(ing); stakeout; watch; ward; oversight; overlook
监视灯☆pilot lamp{light}
监视和数据采集☆supervisory control and data acquisition
监视孔☆besel
监视雷达元件☆surveillance radar element; SRE
监视(信号)盘☆supervision panel
监视器☆monitor; watch-dog
监视人员☆supervisory personnel
监视者☆overseer
监视资料☆intermediate data
监听☆intercept; monitoring; monitor
监听器☆monitor; acoumeter; audiomonitor
监狱看守☆turnkey
坚白石灰岩☆camstone
坚壁带[珊头]☆stereozone
坚冰☆fast{firm} ice
坚冰碎片☆rubble
坚持☆adhere(nce); insistence insistency; tenacity; perseverance; stand; stipulate; stick to
坚持的☆persistent
坚齿鱼目☆Pycnodontiformes
坚定☆perseverance; corroboration; firm
坚定不移的☆adamantine
坚定的☆firm; stern
坚冻☆hard freeze
(物质的)坚度与抵抗力☆obdurability
坚固☆firm(ness); sturdiness; solid; sturdy; fast; strong; induration; stabilization; ruggedization; obdurability
坚固程度☆degree of soundness
坚固的☆stable; stout; hard; firm; robust; fast; sound; rugged; tight; sturdy; solid; strong; substantive; impregnable; resisting; stereo-
坚固度☆dependability; ruggedness; competent degree
坚固度测定计☆firmness meter
坚固海百合属[棘;D]☆Stereocrinus
坚固圈☆stereosphere
坚固性☆soundness; ruggedness; robustness; solidity; impregnability; fastness; hardness; stereocidaris; sturdiness
坚固岩层☆competent bed
坚固岩石☆solid{sound;rigid} rock; solid-rock
坚冠海胆☆stereocidaris
坚果☆nut
坚果粒级烟煤☆nut coal
坚果仁苹果泥[犹太教逾越节晚餐时食用;希伯来语]☆haroseth
坚喙蜥属[T]☆Scaphonyx
坚角蛛类[亚门]☆pycnogonida
坚结(作用)☆induration
坚块☆solid mass
坚牢的☆trig
坚镁沸石☆chalilite
坚蒙脱石☆nefedieffite
坚密泥炭☆stone turf
坚木浸膏☆quebracho extract

J

坚盘形成☆formation of hard pan
坚强的☆tough; steel; firm; grim; sturdy; tough
坚强路面保护层☆heavy seal coat
坚韧☆patience; consistency; firm and tenacious
坚韧不拔☆perseverance
坚韧不渗透泥饼☆tough impermeable cake
坚韧度☆toughness
坚韧灰泥☆gumbotil
坚韧细粒石英☆bone
坚韧岩层掘进☆tough digging
坚如磐石☆as solid{firm} as a rock
坚珊瑚属☆Plasmophyllum
坚实☆compactness; stret; solid; substantial; strong; robust; substance
坚实沉积层{物}☆solid deposit
坚实充填☆consistent packing
坚实的☆substantial; consistent; compact; sturdy
坚实地层☆standing{firm;good} ground
坚实度☆consistency; compaction; competency; consistence; competence
坚实骨架☆rigid matrix
坚实泥炭☆stone peat{turf}
坚实土☆tight soil
坚实围岩☆firm{hard} wall; hard surrounding
坚实铸件☆sound castings
坚霜☆hard frost
坚头'类{亚纲}[两栖]☆Stegocephalia
坚头螈☆Stegocephalus
坚土☆good bearing earth; pan soil
坚外壳虫属[三叶;S]☆Deiphon
坚稳地(块)☆kratogen; craton
坚稳地带的外围☆pericraton
坚稳地内地沟☆intracratonic furrow
坚稳地壳☆cratogenic crust
坚稳化☆cratonization
坚稳体☆metaster
坚信☆persuasion
坚星(骨针)☆sterraster
坚雪☆snowcrete
坚岩☆solid rock
坚叶杉(属)[J-K]☆Pagiophyllum
坚硬层☆solid bed; hard formation; pycnotheca[孔虫]; stiff layer
坚硬的☆adamantine; calculous; stiff; rigid; hard (-boiled)
坚硬地层☆competent{hard} formation; hard ground
坚硬顶板☆strong{hard} roof
坚硬东西☆flint
坚硬度☆obdurability
坚硬断块☆resistant block
坚硬灰岩☆rag
坚硬基岩☆firm ground
坚硬巨砾☆bastard
坚硬煤层[煤系中]☆peldon
坚硬砂岩☆kennel; peldon; kingle
坚硬体☆stereosome
坚硬体的☆stereogenic; stereogenetic
坚硬土层☆natural ground{soil}; indurated soil
坚硬细胞☆sclerid
坚硬性☆soundness
坚硬岩层☆sharp ground; competent rock; hard solid rock; hard formation
坚硬岩基☆sound bedrock
坚硬岩石井壁取芯器☆hard rock coring tool; HRCT
(一种)坚硬致密的烛煤☆bone
坚柱珊瑚☆Cionodendron
坚锥牙形石属[O_{1-2}]☆Stereoconus
坚座壳属[Q]☆Rosellinia
尖☆nib; tip; peak; epi; apex; sharp; pointed; tapering (end); shrill; piercing; acute; keen; stingy; miserly; calculating; sharp-tongued; caustic; spear; apical region; angularity
尖板[棘]☆lancet plate
尖板条☆pale
尖薄山脊☆arete
尖笔骨针☆style
尖笔石☆Akidograptus
尖笔石属[S_1]☆Akidograptus; Akidogroptus
尖舭☆sharp bilge
尖兵☆vanguard
尖柄☆pointed handle
尖舱舱壁☆peak bulkhead
尖叉[植]☆tine
尖长瘤[三叶]☆baccula [pl.-e]
尖齿☆tine
尖锤☆cavil; peen(ing) hammer
(用)尖锤修整石头☆nig
尖刺的☆spinal
尖刺藻属[T_2]☆Aciculella
尖刀☆sticker
尖刀凿☆pointed chisel
尖的☆cusped; aciculate; cuspate; acute; picked
尖底侧卸车☆gable; gable-bottom car
尖底扩孔☆countersinking
尖底箱☆pointed box
尖点☆cusp
尖钉状☆spiked
尖顶☆spire; pinnacle; aiguille; diminution; pinpoint; cusp
尖顶把管钳[转动棘轮用]☆pin wrench
尖顶部☆ogive
尖顶层理☆tip-heap bedding
尖顶的☆peaky
尖顶角☆apex angle
尖顶丘(陵)☆spitzkop; spitskop
尖顶山☆picacho
尖顶式褶皱☆chevron-style fold
尖顶锤☆pick hammer
尖顶形剖面☆chevron profile
尖顶褶皱☆kink{accordion;chevron(-style);cuspate; tip-line;concertina} fold; chevron
尖顶支撑☆saddle-back stull
尖顶状[菊石]☆fastigate
尖度☆sharpness
尖端☆jut; tine; cusp; tip; point; pointed end; nib
尖端(科学)☆advanced{top-most} science; most advanced branches of science; acme{frontiers} of science; the latest achievement of science; frontiers
(科学)尖端☆frontier
尖端(工具等的)齿☆fang
尖端的☆ultramodern; sophisticated; picked; cusped
尖端放电☆point discharge
尖端科学☆top science
尖端领域☆frontier
尖端螺纹☆stub-acme thread
(裂缝)尖端脱砂☆tip screenout
尖端效应☆effect of point; point effect
尖端研究计划局[美]☆Advanced Research Projects Agency; A.R.P.A.
尖端支柱☆pointed{tapered} prop
尖颚牙形石属[C_2]☆Oxinagnathus
尖仿菊石属[D_3]☆Acutimitoceras
尖峰☆point; aiguille; spire; pike; spike; peakedness; monticule[苔]
尖峰度的☆leptokurtic
尖峰负荷电站☆peak power station; peak load station
尖峰供热☆peak heating
尖峰供热用燃油电站{锅炉}☆oil-fired peak heating plant
尖峰平滑☆despicking
尖峰曲线☆peaky{peaked} curve
尖峰溶沟[德]☆spitzkarren
尖峰态☆leptokurtosis
尖峰态分布☆leptokurtic distribution
尖峰信号☆spike; blip; pip; spiking
尖峰信号扫描计数器☆blip-scan-counter
尖峰值☆kurtosis; crest of berm
尖杆-杯座{|缝槽}式支架☆point-and-cup{|slot} support
尖刚果金刚石☆congos
尖镐☆acute hammer
尖轨☆switch toe{rail}
尖海百合属[棘;C]☆Acrocrinus
尖弧三角洲☆cuspate-arcuate delta
尖喙介属[D-P]☆Acratia
尖喙鱼目☆Aspidorhychoidea
尖喙鱼属[J]☆Aspidorhynchus
尖基部☆extended base
尖脊☆arris; point; arridge
尖脊蚌属[双壳;K-Q]☆Acuticosta
尖岬☆cuspate foreland
尖减☆wedding{thinning} out
尖(头)礁☆cuspate reef; reef pinnacle; pinnacle (reef)
尖角☆cock
尖角钢砂☆steel grit
尖角砂☆sharp sand
尖角沙堤☆cuspate barrier
尖角沙嘴[两水汇流处]☆coulter
尖角石超科[头]☆Centroceratacea
尖角碎屑☆sharp {-}edged fragment
尖角形的☆sharply angular
尖角形砂粒☆crystalline sand grain
尖角岩屑☆sharpstone
尖角(底面)印模☆cusp cast
尖叫☆screak; scream; squawk; squeak
尖叫声☆birdie; squeal; screak
尖晶橄榄石[$(Mg,Fe^{2+})_2SiO_4$;等轴]☆ringwoodite
尖晶石[$MgAl_2O_4$;等轴]☆(alkali) spinel; spinell(e); talc-spinel; akerite; Brazilian ruby; magnesium-aluminate; spinelite; carbuncle; magnesiospinel
尖晶石类[$R^{2+}Fe_2O_4$]☆fèrritspinelle; ferritspinel; spinel group; spinellide
尖晶石(双晶)律☆spinel law
尖晶石双晶☆spinel twin(ning)
尖晶石式☆spinel type
尖晶石铁淦氧{铁氧体}☆spinel(le) ferrite
尖晶石系☆spinel series
尖晶石形滑石☆pseudolite
尖晶石型晶体☆spinel-type crystal
尖晶石质耐火材料☆spinel(le) refractory
尖晶石族☆spinellide
尖晶岩☆spinellite
尖壳☆spitz
尖刻的☆cutting; acerbic
尖口螺属[腹;K_2-Q]☆Niso
尖缆☆tapered wire
尖棱菊石☆Manticoceras; manticoceras intumescems
尖棱菊石属[头;D_3]☆Manticoceras
尖棱鳞牙形石属[D_3]☆Manticolepis
尖棱石☆sharpstone
尖棱窄脐旋壳[头]☆oxycone
尖棱褶皱☆angular{chevron} fold
尖砾石☆torpedo gravel
尖粒形(状)砂岩☆rubberstone
尖粒岩☆sharpstone
尖菱面体☆acute rhombohedron
尖榴辉岩☆ariegite
尖榴闪辉岩☆anegite
尖脉冲☆spike (pulse); pointed{sharp} pulse
尖灭☆thin out{away}; lensing; outwedging; edge {die} away; feather edge{out;edging}; feathering {pinch(ing);plating;paper;spoon;wedging;dwindle; check;peter;fray;finger;tail;tapering;taper;tailing; petering;dying;buttress} out; balk; baulk; bottoming; check-cut; end{tail} off; lens{wedge; play} out; dying-out; nip; nip-out; peter; petering-out; taper; tailing-out; want; pinching; die out; thinnings; squeeze; pinch; nip (out); termination; pinch-out; feathering-out; wedge edge; die-back; vanish; thinning out; tapering; checkout; shale-out[泥岩中]
尖灭层☆tongue
尖灭带☆fringe
尖灭的☆nipped; tapered
尖灭煤层☆pitching-out coal seam
尖灭线☆wedge-out
尖灭油阱☆pinch-out trap
尖灭褶曲☆pinched fold
尖囊蕨(属)[植;C-P]☆Acitheca
尖纽兽属[E_1]☆Conoryctes
尖劈效应☆edgetone effect
尖劈状☆wedgelike
尖片状的☆splinter-shaped
尖旗浮标☆pennant buoy
尖钎子☆moil
尖枪牙形石(属)[O-T]☆Lonchodus
尖鞘贝属[腕;D_{2-3}]☆Acutatheca
尖峭艉☆sharp stern
尖球骨针☆oxytylote
尖刃钎头☆prong bit
尖锐☆oxy-; acuity
尖锐刺耳(的)声音☆screak; screech
尖锐的☆acute; sharp; shrill; edgy
尖锐脉冲☆poop
尖砂☆sharp sand
尖沙坝☆point bar
尖沙柱☆sand pinnacle
尖沙嘴[海岸]☆arrow

尖山峰☆piton
尖声[信]☆shrill；shriek；squawk
尖声地说☆scream
尖石☆Acuturris；marquise cut
尖手把☆pointed handle
尖缩☆point-out
尖缩溜槽☆pinched sluice
尖塔☆steeple
尖塔(状)的☆pyramidal
尖塔形扩孔钻头☆christmas-tree-type head
尖塔修建工☆steeplejack
尖钛铁矿☆crichtonite；craitonite
尖头☆pike；tip；pointed end；cusp；prong；peen[锤]
尖头搬钩☆peavey；peavy
尖头贝属[腕;Є1]☆Acidotocarena
尖头波痕☆cusp-ripple
尖头长杆☆pinch bar
尖头虫属[三叶;Є]☆Acrocephalops
尖头穿孔器☆prick punch
尖头的☆sharp-nosed
尖头杆☆gad
尖头礁☆pinnacle{cuspate;prong} reef
尖头截割器☆cusp cutter
尖头喷汽管☆steam point
尖头铁棍☆dog
尖头挖掘锄☆prong
尖头信号☆outburst；blip{pip;tooth;out-burst} [电]；overshoot；overswing
尖头信号(-)扫描比☆blip(-)scan ratio
尖头信号学☆pipology
尖头信号帧数比☆blip-frame ratio
尖头形波痕☆cuspate{linguoid} ripple mark
尖头凿岩锤☆pick hammer
尖头钻头[如菱形、矛形钻头]☆prong bit；spud；diamond point bit
尖突☆cusp
尖尾☆leptocercal{pointed} tail
尖尾虫属[三叶;P_2]☆Acropyge
尖尾船☆pink stern ship
尖吻鲭鲨☆Isurus oxyrinchus
尖物☆sticker
尖削的☆tapered
尖形冰拱☆ogive
尖形的☆acuminate；cusp-shaped
尖形消防钩☆ceiling hook
尖形头☆cusp-shaped
尖牙☆fang
尖牙形石(属)[O_{1-2}]☆Scolopodus
尖叶棱角石属[D_3]☆Manticoceras
尖叶石松碱☆acrifoline
尖叶丝石竹苷☆acutifoliside
尖翼石燕(属)[腕;D_2-C_1]☆Mucrospirifer
尖音☆treble
尖圆卵石☆sycite
尖圆形褶皱☆cuspate-lobate folds
尖圆凿☆gouge chisel
尖凿☆diamond bit；moil；spitstick(er)
尖凿形齿☆sharp chisel tooth
尖凿修整☆pointed dressing
尖渣☆slag enclosure
尖褶皱☆sharp fold
尖柱☆pinnacle
尖桩☆picket
尖状前地沙洲☆cuspate foreland bar
尖状三角洲☆cuspate delta
尖锥☆cusp；taper
尖锥稀土石☆tritiomite
尖锥状习性☆steep pyramidal habit
尖琢方石[房]☆pointed ashlar
尖钻头☆bull point；tip bit
尖嘴颚牙形石属☆Rhynchognathodus
尖嘴蛤属[双壳;T-K]☆Oxytoma
尖嘴钳☆long flat nose pliers；(nipper) pliers；nose pliers
尖嘴牙形石属[O_2]☆Rhynchognathus
尖嘴(状)三角洲☆cuspate delta
间☆compartment；cabinet；enter-；met(a)-；di(a)-
间冰段☆interstade；interstadial (epoch)
间冰期☆interglacial period{stage;epoch;age}；thermal；interglaciation；interglacial
间冰期的☆interglacial；mediglacial
间冰期堆{沉}积☆interglacial deposit
间冰期相☆interglacial phase
间冰亚期☆oscillation
间步带☆interambulacera zone；interambulacrum
间步区☆interambulacral area
间匙骨☆interclavicle
间齿螺属[腹;N-Q]☆Metodontia
间充化合物☆interstitial compound
间触角板☆proepistome；interantennular septum
间辍☆interfix
间带☆interzone
间氮硫茂[C_3H_3NS]☆thiazole
间渡☆intergradation
间多孔带[棘海胆]☆interporiferous zone
间颚[节甲]☆paragnathus；paragnath
间发故障☆intermittent failure
CD 间辐板[棘;即辐板 C 与 D 间]☆CD interray
间古口☆intercalary arckaeopyle
间核生物☆mesocaryon
间洪积期☆interpluvial
间喉盾[龟腹甲]☆intergular scute
间互层☆interstratified layer
间互层变化(速度)图☆alternation frequency map；alternation rate map
间肌痕☆transmedian muscle scar
间颊刺[三叶]☆intergenal spine
间颊线[三叶]☆intercheek suture
间胶质☆mesogalia
间节板[棘海百]☆internodal
(半导体)间界☆boundary
间距☆interval；interspacing；headway；head space；bay；spacing；distance；span；pitch；margin；space length；clearance；distancing；spacing interval[井间]；separation[导线]
间距(系数)☆spread ratio
间距规☆pedometer；perambulator；pedimeter
间距密度☆intensity of spacing
间距调整[探头]☆span adjustment
间距信号☆distance signal
间距因数☆spacing factor
间硫氮-2-茚硫醇☆captax
间绿蛇纹石☆ishkyldite
间马(属)[E_3]☆Mesohippus
间脉动☆interpulsation
间囊藻属[褐藻;Q]☆Pylaiella
间逆冲作用☆interthrusting
间颞骨☆intertemporal
间片橄榄辉绿岩☆kinne diabase
间片结构☆intersertal texture
间碛☆interlobate{interlobular;intermediate} moraine
间曲线☆auxiliary (contour) line
间生☆intermural increase
间生的☆intercalary
间生式☆intercalated
间生态☆parabiosis
间生物面带☆interbiohorizon-zone
间水层☆intermediate layer
间锁骨☆interclavicle
间腕板[棘海百]☆inter brachial (plate)；interbranchial；interbrachial (plate)
间腕区[棘海星]☆interbrachial field
间纹☆interband
间窝☆medifossette
间五角板[绵托盘]☆interpositum
间线☆filae；internema
间叶[苔]☆mesenchyme
间叶贝☆Mesolobus
间雨期☆interpluvial (period)
间羽(枝)板[棘海百]☆interpinnular
间羽蕨属[植;T_3]☆Mixopteris
间域土☆intrazonal soil
间在带☆interposed zone
间造山期相☆intraorogenic phase
间造山期岩浆活动☆intraorogenic magmatism
间皂石绿泥石☆murgocite
间质[生]☆mesenchyme；matrix
间中骨[动]☆intermedium [pl.-ia]
间柱☆stud；rib (pillar)；intermediate{intervening} pillar；studdle
间椎体[生]☆intercentrum
兼☆concurrently
兼备☆combine
兼并☆coalesce
兼容的交联聚乙烯醇☆compatible cross-linked polyvinyl alcohol
兼容三角形☆compatibility triangle
兼容信号☆compatible signal
兼容性☆compatibleness；compatibility
兼性光合自养☆facultative photoautotrophy
兼性好气菌☆facutative aerobes
兼有☆combine
兼有亲水性和亲油性的☆amphiphatic
兼职☆bywork
兼职的☆side bar
肩☆humer(o)us；shoulder；omia；abutment[坝]
肩板[昆]☆scapula
肩带☆shoulder{pectoral} girdle
肩的☆humeral
肩峰☆shoulder peak；acromion
肩挂式☆shoulder-mounted
肩关节☆articulatio humeri
肩胛部附加骨☆pectoral appendages
肩胛骨☆scapula；shoulder blade
肩胛喙骨☆os scapulocoracoideum
肩胛喙突角☆angulus coracoscapularis
肩胛鸟喙{喙状}骨☆scapulocoracoid
肩脚骨颈☆collum scapulae
肩臼☆cavitas glenoidalis
肩臼角☆angulus glenoidalis
肩瘤☆umbone
肩螺属[J-K]☆Lioplacodes；Campeloma
肩片☆omia
肩坡纱圈排列☆edge laying
肩式钎尾☆bolster-type shank
肩胸骨☆os omosternum
肩章形琢型[钻石琢型]☆epaulet cut
肩状隆起☆shoulder upwarping
肩座传动☆shoulder drive
肩座式活钎头☆shoulder drive bit
艰巨的☆arduous
艰苦的☆strenuous；rough
艰苦工作☆task
艰难☆ado；hardness；rough；privation；morass
艰难工作☆severe service

jiǎn

拣☆sort
拣出☆pick off；cull；rejection；single out
拣出带☆take-off belt
拣出的☆cussed
拣出的最好矿石☆firsts
拣出富矿☆chipping
拣矸☆(impurities) picking；dirt extraction；disposal；middle-man；rock picking
拣矸锤☆cobbing{sorting} hammer
拣矸带☆collecting band；(hand(-))picking belt
拣矸工☆bone picker；slate(-)picker；slater；wa(i)ller；tiphouse man；picking labour
拣矸工长☆slate-picker boss
拣矸机☆(mechanical) picker
拣矸皮(胶)带☆conveying picker
拣矸效率☆efficiency of hand picking
拣块法[取样方法]☆grappling method
拣块样☆grab sample
拣矿工☆chipper；scraper；pitcher
拣煤女工☆bankswoman
拣拾式湿法胶带磁选机☆pick-up type wet-belt machine
拣选☆hand selection；pick(ing)；sort(ing)；hand-picked；select；choose
拣选大矿石☆(rough) cobbing
拣选带☆conveying picker；inspection belt
拣选废石☆rock picking；rocking
拣选工☆picker；pitcher；wail(l)er；cobber
拣选工段☆screening plant
拣选机☆(mechanical) picker；ore picker
拣选矿石工☆cobber
拣选女工☆bankswoman
拣选试样☆picked sample
拣选装置☆grading plant；sorting unit
捡拾信号线☆pick-up line
捡石机☆rock{stone} picker；stone picking machine；stone collector{gather}；sweep stone picker
茧(形燃料箱)☆cocoon
茧壁大孢属[K_2]☆Glomerisporites
茧突☆callosity
检泵☆pump inspection
检波☆detect(ion)；demodulation；rectification；take-

J

off；demodulate；rectify；transrectification；Det.
检波的☆detective
检波点静校正☆geophone static；receiver static correction
检波能力☆detectability
检波器☆(wave) detector；cymoscope；rectifier；seis [sgl.sei]；demodulator；receiving hydrophone；pickup；jug；seisphone；receiver；det
检波器串☆string
检波器滤波选择☆filter geophone selection；FGS
检波器丝☆detector filament
检波器与地面耦合☆detector-ground coupling
检波器组☆geophone group；nesting
检波器组合☆geophone array{pattern;grouping}；multiple detectors；receiver pattern{array}；nest；multiple recording group
检波线☆seisline
检波信号☆rectified signal
检波{验}阈[检测能力]☆threshold of detectability
检测☆detect(ion)；test；examine；check up；revision；monitoring
检测(器)☆monitor
检测(门限)☆detection threshold
检测点☆check point
(传感器)检测范围☆sensing range
检测工具☆checking tool
检测计☆survey meter
检测器☆detecting device；detector；monitor
检测器室☆detector compartment
检测设备☆checkout test set；COTS
检测时间☆testing time
检测限☆detection limit；limit of detection {detectability}
检测信号☆detecting{detection} signal
检测仪☆electromagnetic detector
检测仪表☆instrumentation；detection instrument
检测仪表车间☆instrument department
检测语句☆inspect statement
检测装置☆detection device{equipment}；pick-up unit；monitoring equipment
检测自动监控☆checkout and automatic monitoring
检层器☆stratameter
检查☆inspect(ion)；check (up)；control；examination；checkout；gauging；check-up{-over}；censorship；vidimus[拉]；probing；audit；proving；workover；verify；sifting；search(ing)；detection；review；examine；scan；trial；scrutiny；inspecting；survey；test；self-criticism；rummage[海关]；C/o.
检查地点☆checking point
检查点☆crack point；CP
检查分析☆inspectional analysis
检查合格☆passed examination
检查绘图☆verification plot
检查井☆inspection chamber{well}；manhole
检查镜☆inspectoscope
检查孔☆inspection hole{door}；access eye{hole}；sight-hole；peep hole；manhole
检查取样☆check sampling；sampling observation
检查人☆examinant
检查人员☆supervisory personnel
检查筛☆scalping screen
检查数据☆test data
检查台☆inspecting stand
检查图表☆control chart
检查瓦斯灯☆gas {-}testing lamp
检查性手选☆control hand picking
检查修井筒工☆shaftsman
检查样品☆check sample；sample for reference
检查应力用涂料☆stresscoat
检查油井或机器☆make the rounds
检查油料用成套仪器(箱)☆oil inspection kit
检查员☆inspector；controller；surveyor；supervisor；overlooker；examiner
检查站☆check point{gate}；checkpoint；checkpost；inspection station
检查者☆searcher
检尘器[检查空气浮尘用]☆koniscope
检尺读数☆tape reading
检尺孔☆gage hatch
检尺误差☆gauging error
检尺员☆scaler
检出☆detection
检出半径增量☆detection radius increase
检出极限☆detectable limit
检出声信号☆sound take-off
检出限☆detection limit；limit of detection
检疵☆defect detection
检定☆test；detect(ion)；examination；examine and determine；rating；calibration；certification；verification
检定操作☆proving operation
检定吨☆assay{rating} ton；AT；assay-ton
检定管☆detector
检定机关☆calibrating agency
检定焦距☆camera constant
检定装置的标定☆prover calibration
检核☆revision；checking
检核基线☆control{standard} base
检绘标准☆touchstone
检件抗裂度检验☆crack resistance test of structural member
检晶器☆crystallograph；crystallometer
检景器☆finder
检镜分析☆chemical microscopy
检孔机☆verifier
检“零”电路☆zero-detection circuit
检流计☆galvanometer；galvo
检流示波仪☆galvanometric camera
检漏☆leak test{detection;hunting;location}；detection of leaks
检漏器☆leak detector{tester}；sniffer
检漏仪☆stool pigeon；leak locator
检偏振器{极镜}☆analyser；analyzer
检票员☆teller
检视孔☆sight hole{stop}
检视装置☆monitoring device
检水器☆waterfinder
检水纸☆water-finding paper
检索☆retrieval[数据、信息]；recall；refer to；search；retrieve；look up
检索表☆key
检索词聚类☆term clustering
检索字☆docuterm
检温(学)☆thermometry
检污(染)试验☆quarantine test
检误程序☆debugger
检像器☆viewfinder
检修☆service；repair；overhaul；examine and repair
检修班☆maintenance crew
检修道☆truck-passage for repairing
检修工作☆upkeep work
检修好存置备用的☆mothballed
检修孔☆access door{hole}；rodding eye；manhole；manway
检修设备☆repair equipment；servicing and repair facilities
(汽车)检修台☆inspection rack
检修停机☆scheduled outage
检修与修理☆overhaul and repair；O & R
检修周期☆turnaround
检压器☆voltage-level detector
检验☆inspect(ion)；arbitration；examine；exam；examination；detect；checking；test(ing)；put to test；callipering；verification；control；prove；proving；acceptance inspection；visualization[肉眼]；probing；autopsy
F 检验☆F(-distribution) test
T 检验☆t test；Student's t test
χ^2检验☆chi-square test{criterion;text}；chi-square
检验表☆master meter
检验操作☆checked operation
检验程序☆trace{test} routine；check(out) program
检验的☆docimastic
检验方法☆proving{testing} method
检验分析☆check analysis
检验杆☆trial bar
检验罐☆prover tank
检验合格报告☆qualification test report；QTR
检验假设☆test-hypothesis
检验角尺☆try square
检验井☆inspection pit
检验烙印☆hallmark
检验量规☆reference gauge
检验脉冲☆checkpulse
检验目录☆proof list
检验能力☆detectability
检验器☆detector；det；verifier；checker；tester
检验人☆identifier
检验试验☆blank experiment
检验数☆test{check} number；tn
检验统计学{量}☆test statistics
检验瓦斯用金丝鸟☆test canary
检验位☆check digit{bit}
检验线圈☆control coil
检验仪表☆testing instrument
检验员☆controller；gauger；checker；sealer；inspector；inspecting officer
检验证书☆certification of proof
检验准则☆test
检疫☆quarantine
检油池☆salvage sump
检阅台☆rostrum [pl.rostra]
柬埔寨☆Kampuchea
碱☆alkali [pl.-s,-es]；base；natr(on)ite；alcali；nitrum；natron；alk；basi-
碱爆胀☆alkali bursting
碱不溶树脂☆resene
碱草原☆soda prairie
碱长辉霞岩☆foyanephelinite
碱长似长石岩☆foyafoidite
碱长霓霞(响)岩☆muniongite；ulrichite
碱长质指数☆A.I.；index of agpaicity
碱脆☆caustic embrittlement
碱的☆basylous；alkaline；alkaloid；alcaline
碱(性)的☆basic
碱地☆alkali{alkaline} land
碱地沼泽☆alkaline marsh
碱电气石☆alkaline {-}tourmaline
碱毒症☆alkalosis
碱度☆alkali(ni)ty；basicity；causticity
碱度计☆alkalimeter
碱法除油☆alkali degreasing
碱钒石☆bannermanite
碱废水☆alkali waste water
碱腐蚀☆caustic corrosion
碱钙系列[岩]☆alkali-calcic series
碱钙霞石[$(Na,K_2,Ca)_4(Al,Si)_{16}O_{32}$]☆cavolinite；alkalidavyne；carolinite
碱钙性岩系☆alkalic-calcic rock series
碱钙指数[岩系]☆alkali {-}lime{calcic} {-}index；A.L.I.
碱酐☆basic anhydride
碱橄榄石玄武岩☆alkali olivine basalt
碱橄玄岩☆etnaite
碱岗质浅成岩☆lindoite
碱工化作用☆alkalization
碱硅钡铵石☆labun(t)zowite；labunzovite；labuntsovite
碱硅钡钛石☆titan(o-)elpidite；labuntsovite；titaniferous elpidite
碱硅钙钇石☆kalithomsonite
碱硅钙钍钍矿[$KNaCa(Th,U)Si_8O_{20}$]☆kanaekanite
碱硅铝钙石☆jusite
碱硅铁矿☆litidionite；lithidionite
碱硅铜矿[$(Cu,Na_2,K_2)Si_3O_7$]☆lithidionite；litidionite；neocyanite；neociano
碱(水)湖☆alkali{alkaline;soda;natron} lake；liman
碱湖边缘的卤水塘☆lagoon
碱花岗岩☆christianite；kristianite
碱化☆alkali(ni)zation；basification；alkalize；basify；mercerization
碱化层☆natric horizon
碱化剂☆basifier
碱化栗(钙)土☆solonetzic chestnut earth
碱化土☆alkaline{alkalized} soil
碱化作用☆alkali(ni)zation；solonization
碱灰☆soda ash
碱-灰质指数[岩]☆alkali-lime index
碱辉长云岩☆raabsite
碱辉黑玢岩☆essexite melaphyre
碱辉辉石玢岩☆essexite pyroxene porphyrite
碱辉石☆alkali augite
碱辉斜长岩☆modumite
碱火焰检测器☆alkali flame detector；AFD
碱基☆basic group；base
碱集料反应☆alkali-aggregate reaction
碱钾钙霞石[$(Na,K,Ca)_{6\sim8}((Al,Si)_{12}O_{24})(SO_4,CO_3,Cl_2)_{1\sim2}\bullet nH_2O$]☆microsommite
碱尖晶石[一种含有少量碱(1.38%Na_2O及1.31%K_2O)

J

的黑色或暗绿色尖晶石变种]☆alkali {-}spinel
碱交代(作用)☆alkaline metasomatism
碱交代型铀矿☆alkalic-metasomatism type uranium deposit
碱交换(作用)☆base exchange
碱金属☆alkali{base;alkaline;basic} metal；base；alkali [pl.-lis,-lies]
碱金属-铝氧-硅氧图解☆alkali-alumina-silica diagram
碱金属蒸气磁力仪☆alkali-vapor magnetometer
碱堇青石☆iberite
碱(液)浸(出)法☆alkaline leaching
碱离子☆basic ion
碱离子(浓度)比地热温标☆alkali geothermometer
碱锂钛锆石☆sogdianovite；sogdianite
碱量测定(法)☆alkalimetry
碱量测定的☆alkalimetric
碱量计☆alkalimeter
碱磷钙锰铁矿☆roscherite
碱磷灰石[$(Ca,Na,K)_5(PO_4)_3(OH)$]☆alkali-apatite；dehrnite；soda-dehrnite
碱磷盐石☆soumansite
碱菱沸石[$(Na,Ca,K)AlSi_2O_6•3H_2O$, Na+K 含量超过 Ca 的菱沸石;三方]☆herschelite；seebachite[$Ca(Al_2Si_4O_{12})•6H_2O$]；phacolite；saspachite{sasbachite}[$(K_2,Ca)(Al_2Si_4O_{12})•6H_2O$]
碱流岩☆pantellerite
碱铝比☆alkali/alumina ratio
碱氯磷灰石☆chlorvoelckerite；alkali-chlorapatite
碱绿泥石☆sulunite
碱绿柱石[为含有 Li,Na,K,Cs 等的绿柱石]☆alkali-beryl；soda-beryl；beryl-beryl
碱镁闪石☆richterite
碱镁铁钙闪石☆alkali-femaghastingsite
碱蒙脱石☆alkali-montmorillonite
碱锰闪石☆richterite[$Ca_3Na_2(Mg,Mn)_{10}(Si1_6O_{44})(OH)_4$]；isabellite[$(Na,K)_2(Mg,Mn,Ca)_6(Si_8O_{22})(OH)_2$]；potash- richterite
碱敏的☆alkali-sensitive
碱明矾[$(K,Na)Al_4(SO_4)(OH)_{11}•4H_2O$]☆kauaiite
碱硼硅石☆poudretteite
碱熔☆alkaline fusion{flux}
碱熔(化)反应气相色谱(法)☆alkali fusion reaction gas chromatography；AFRGC
碱闪正长岩☆umptekite；orotvite
碱石☆natrite
碱石灰[NaOH 和 CaO 的混合物]☆soda {-}lime；calx sodica；natroncalk
碱石灰管☆soda lime tube
碱石榴石☆alkali-garnet
碱蚀致脆☆caustic embrittlement
碱式的☆basylous
碱式碳酸铜☆verdigris
碱式盐☆subsalt；basic salt
碱水☆buck；alkaline water
碱水湖☆salt water lake
碱水解☆basic hydrolysis
(用)碱水浸{洗}☆buck
碱水驱☆caustic waterflooding
碱水驱(油)☆alkaline waterflooding
碱素比☆alkali-ratio
碱酸灭火器☆soda-acid extinguisher
碱滩☆sebkha
碱铁变云母☆eggletonite
碱铁矾[$K_3Na_8Fe^{3+}(SO_4)_6(OH)_2•10H_2O$; 六方]☆ungemachite
碱铁钙硅铝酸盐☆monzonite
碱铁盐☆rinneite
碱铜矾[$(K,Na)_8Cu_9(SO_4)_{10}(OH)_6$?; 斜方]☆euchlorine；euchlorin；euchlorite；euclorina
碱透闪石☆alkali-tremolite
碱土[碱土金属的氧化物]☆alkali(ne) earth；szik{alkali} soil；solonetz[俄]；saltern
碱土化作用☆solonization
碱土金属☆alkali(ne)-earth{earth(-alkali)} metal
碱土金属皂类☆earth-metal soap
碱土矿物☆alkali-earth mineral
碱土盐土混合区☆solonetz-solonchak complex
碱土元素☆alkaline earth element
碱味☆alkaline taste
碱吸附☆base adsorption
碱洗☆caustic washing；alkaline{alkali} cleaning；alkali wash
碱洗溶液☆soda-wash solution
碱霞霓长岩☆kirshite
碱纤维素☆alkali cellulose
碱型[岩]☆alkali-type
碱性☆basicity；alkaline；alkali(ni)ty；causticity；basis property；alkalitrophy[干燥地区湖泊]；alcaline；alkalitype；alkali [pl.lis, lies]；alk
碱性氨基酸☆basic amino acid
碱性草本沼泽☆alkali marsh
碱性长石[$(K,Na)(AlSi_3O_8)$]☆alkali {-}feldspar
碱性长石系☆alkali-feldspar series
碱性长岩☆alkali-felspar
碱性脆裂☆caustic embrittlement
碱性反应☆basic{alkaline} reaction
碱性高炉炉渣☆basic blast furnace slag
碱性高锰酸盐氧化法☆alkaline permanganate oxidation
碱性硅质高岭土☆alkaline-silicon kaoline
碱性焊条☆basic electrode；welding rod with alkaline coating；lime type covered electrode
碱性化☆alkalization；basify
碱性环状杂岩体☆alkali ring complex
碱性辉长岩☆essexite
碱性辉长质玄武岩☆vesterbaldite
碱性辉橄斑岩☆madeirite
碱性辉岩☆alkali-pyroxenite
碱性酒石酸铜溶液☆basic copper tartrate solution
碱性菊橙[$(H_2N)_2C_6H_3N_2C_6H_5$]☆chrysoidine
碱性孔雀钙石☆alcomalachite
碱(性矿)泉☆alkaline spring
碱性矿渣☆basic cinder
碱性栏杆煌斑岩☆euctratite
碱性粒玄岩☆alkali dolerite
碱性亮绿☆brilliant green
碱性泥浆☆red{alkaline} mud
碱性黏土☆gumbo (clay)
碱性平炉☆basic open-hearth；BOH
碱性染革黄棕☆phosphine
碱性蕊香红☆rhodamine
碱性闪石☆naurodite
碱性闪石棉☆reshikite
碱性石榴石☆alkali-garnet
碱性脱脂材料☆caustic degreasing materials
碱性系数☆agpaitic coefficient
碱性玄武岩类{质岩}☆alkali basaltoid
碱性岩化☆basification
碱性岩系☆alkalic{alkali} series
碱性岩型铀矿☆alkaline rock type uranium deposit
碱性氧化物☆basic anhydride; basic oxide (mineral)
碱性氧气炼钢炉☆basic oxygen furnace
碱性元素☆basylous{alkaline} element
碱性正长花斑岩☆lundyite
碱性指数☆agpaitic index
碱性转炉☆Thomas{basic} converter
碱性转炉法☆Thomas process
碱性棕[染料]☆vesuvine
碱玄质响岩☆tephriphonolite；pollenite
碱玄岩☆tephrite
碱循环☆alkaline circulation
碱亚铁镁闪石☆alkali-ferrohasting
碱盐井☆subsalt well
碱阳离子☆base cation
碱氧磷灰石☆alkali-oxyapatite
碱液☆lye; alkali(ne) liquor; alkaline solution; soda-lye
碱营养湖☆alkalitrophic lake
碱硬锰矿[$(Ba,Na,K)Mn_2^{2+}Mn_{6½}^{4+}O_{16}•H_2O$]☆hollandite
碱沼☆liman
碱-蒸气磁力仪☆alkali-vapor magnetometer
碱值☆base number
碱质的☆alkalic
碱质度☆agpaicity
碱质交代作用☆alkali-metasomatism
碱质硫化物假说☆alkaline {-}sulfide hypothesis
碱质氯化物水☆alkali chloride water
碱中毒☆alkalosis；alkali poisoning
碱柱晶石☆prismatine
碱族☆alkali family
硷{碱}性的☆alkaline
睑板☆tarsus；tarsi
简闭珊瑚属[S_{2-3}]☆Phaulectis
简便措施☆expedient measure
简便合成法☆convenient synthesis
简表☆shortlist
简并☆degeneracy；degeneration
简并化因素☆degeneration factor
简并体系{系统}☆degeneration system
简并性☆degeneracy
简布斜坡稳定分析法☆Janbu method of slope stability analysis
简称☆acronym
简单☆straight forward；simplicity
简单(背匙形台)[腕]☆simple cruralium
简单摆动颚式破碎机☆double toggle jaw crusher
简单编号法☆simple indexing
简单不平衡轴筛☆simple unbalanced shaft screen
简单匙板[腕]☆Polystichum simplex
简单纯花岗岩☆haplite
简单的☆elementary；straightforward；simplex
简单分选值☆simple sorting measure
简单估计法☆rule of thumb test
简单划分模型☆simple partitioning model
简单尖角滩☆simple spate foreland
简单矿物[石][只含一种矿物]☆simple ore
简单连接[聚类分析]☆single link(age)
简单螺纹☆straight thread
简单偏度值☆simple skewness measure
简单剖面☆generalized section
简单取样☆grab sampling
简单燃气轮机循环☆simple gas {-}turbine cycle
简单绕法☆banked winding
简单人工跳汰机☆simple hand jig
简单三角洲的构造☆structure of a simple delta
简单试样☆grab sample
简单跳汰桶☆dolly tub
简单投影测图仪☆aerosimplex
简单网[孢]☆reticulum simplex
简单线性构造{特征}☆simple lineament
简单相关☆simple{single} correlation
简单叶肢介属[K]☆Haplostracus
简单易解的☆foolproof；idiot(-)proof
简单褶皱☆simpliciplicate；simple fold
简单支撑☆free end bearing
简单支撑坝☆simply supported dam
简单支撑的胶带输送机☆simply supported belt conveyor
简单终端☆dumb terminal
简短☆shortness；brief
简分析☆simple chemical analysis；partial analysis
简盖[甲藻]☆simple operculum
简化☆simplification；reduce；facilitate；reduction；curtailment；reducing；abbreviation
简化变质☆katamorphism
简化波形式空气枪☆waveshape kit
简化的决策程序流程图☆reduced decision tree
简化的自动生产设备☆omnimate
简化 Bishop 法☆Bishop simplified method
简化方法☆short-cut method
简化构造术语{词汇}☆shorthand structural terminology
简化流程☆quick-reading flow sheet
简化论☆reductionism
简化论者☆reductionist
简化泥芯☆lightener core
简化剖面☆generalized section
简化三轴坐标系统☆simplified three-axis reference system；SATRS
简化视距透镜☆anallatic lens
简化压应变试验☆plain-strain compression test
简化主轴☆reduced major axis
简化琢型[宝石]☆single cut
简脊爪兽属[E_2]☆Litolophus
简捷法☆short-cut
简捷方差☆short cut variance
简洁☆concision；brief；tailored
简介☆abstract；introduction；notice
简介材料☆brochure
简棱海扇属[双壳;J-K]☆Neithea
简令☆briefing
简陋的☆rude
简略☆contractibility；contract；short；capsule
简略符号☆abbreviation
简明☆concision；conciseness；tailored
简明流程☆condensed flow sheet
简切力{变}☆simple shear
简述☆compendium；summarize
简算成本☆standard cost
简算方差☆short cut variance

简体☆abbreviated{short} form
简图☆(diagrammatic;map) sketch; (schematic) diagram; sketch drawing; pattern; sketching; cartogram; skeleton diagram; schematic; SK
简项化学分析☆simple chemical analysis
简谐地震记录☆monochromatic seismogram
简谐运动☆simple harmonic motion; s.h.m.
简谐振动☆harmonic vibration; simple {-}harmonic oscillation
简写的☆abbr; abbreviated; abbrev
简讯☆newsletter
简言之☆in short
简要☆conciseness
简要报告☆executive summary
简要情况(介绍)☆briefing
简易抽油架[多井联动抽油]☆pumping jack
简易{简项}分析☆abbreviated analysis
简易机场☆airstrip
简易滑轮绞车☆whip-and-derry
简易旧砂再生装置☆compact reclaimer
简易声级计☆simple type sound-level meter
简易式☆plain type
简易树[浮式钻井装置试井使用的一种海底安全闩锁]☆easy{E-Z} tree
简易外围工作☆outwork
简易相片量测仪☆photoplast
简易信号发生器☆simplified{uncalibrated} signal generator
简易自动式的☆easamatic
简应力[物]☆simple stress
简约性☆parsimony
简振方式☆normal mode
简正波理论☆normal mode theory
简正型滤波器☆normal mode filter
简正坐标☆normal coordinate
简支梁☆free{simple} beam; freely supported beam
简周期运动☆simple periodic motion
简质☆homogeneity
减☆subtract; minus; SU; de-; des.
减摆器☆shimmy damper
减饱和度指数☆desaturation exponent
减报器☆shock reducer
减产☆production reduction
减成替代{置换}☆substitution by subtraction
减冲设施☆water-break
减除☆subduction
减除作用☆subtraction
减到最少☆minimize
减低☆reduce; cut; letdown; attenuation; depress(ion); lower; bring down; abatement; discount
减低成色☆alloy
减低供气量[平炉]☆ease the gas
减低黏度☆visbreaking; viscosity breaking
减低阴极保护效果的物质☆cathodic protection parasites
减低钻压☆fanned bottom
减法☆subtraction; subduction
减法器☆subtracter; subtractor
减反光☆antireflection
减反射玻璃☆anti-reflection glass
减反射膜☆antireflecting film
减幅☆weakening; damping; damp; range of decrease; decrease; amount of cut
减幅波☆decadent{damped;decaying} wave
减幅常数☆attenuation{damping} constant
减幅计☆decremeter
减幅交流☆damped alternating current
减幅器☆attenuator
减幅系数☆rate{ratio} of damping
减幅因素{数}☆damping factor
减幅振荡☆convergent{damped} oscillation
减感剂☆antisensitizator
减感显影法☆desensitizing development
减隔器☆attenuator
减光板☆weakener
减光器☆dimmer; diminisher
减耗☆comminution
减号☆minus (sign); negative sign
减荷☆relief; offloading
减缓☆palliation
减缓坡度☆grade elimination
减活(`剂{化作用})☆deactivator; passivator
减加重☆deemphasis; de-emphasis
减价☆abate; devaluation; come down; discount
减径法兰☆reducing flange
减径运行☆swedging operation
减聚力☆decohesion
减距行程☆under-travel
减蓝☆minus blue
减蓝相片☆minus-blue photograph
减量☆decrement; ullage
减量泵送☆reduced pumping
减流☆pinch
减落☆disaccommodation
减慢☆slowdown
减面燃烧☆regressive burning{combustion}
减敏☆desensitization
减敏感剂☆desensitizer
减敏器☆desensitizer
减摩☆antifriction; antiattrition
减摩合金☆anti(-)friction alloy; antifriction metal
减摩剂☆low friction compound; antifriction (composition)
减摩轴承破碎机☆antifriction bearing crusher
减能器☆energy absorber
减黏裂化☆viscosity breaking; visbreaking
减黏轻度裂化☆visbreaking
减坡段落☆degraded reach
减轻☆relieve; relief; extenuation; reduce; lighten; soften; ease; mitigate; lessen; abatement; temper; alleviate
减轻(剂)☆palliative
减轻的困难☆facilitate
减轻剂☆lightening admixture; light-weight additive
减轻泥石流灾害☆debris hazard mitigation
减轻应力槽☆stress-relief groove
减轻噪音☆noise abatement
减轻装置☆alleviator
减去☆deduct(ion); subtract(ion); less; substraction; subduct; ddt
减去本底☆background subtraction
减去器☆subtracter
减燃层☆deterrent coatings
减热☆abstraction of heat
减热器☆desuperheater
减弱☆attenuation; droop; break; abate; diminish; trip out; weaken; trail; fade; blunt; damp(en); slacken
(压力)减弱☆collapse
减弱药包☆reduced charge
减弱中的☆failing
减色☆subtractive{subtraction} color
减色法☆subtractive color process; substractive process
减少☆diminish; reduction; deplete; decrease; taper; contraction; diminution; abatement; depletion; cut down; reduce; lessen; decrement; impair; shrinkage; senkung[德]; relieve; slash; limit; drawdown; fall-off; rebate[付款总额]; peter out[储量]; dec.; de-
减少窜槽☆elimination channeling
减少存煤☆pick-up
减少的☆descending; reductive
减少废物☆waste reduction
减少负荷☆bad down
减少矿尘☆dust abatement
减少了的压力☆reduced pressure
减少农业的环境影响☆reducing the environmental effects of agriculture
减少速度☆decay rate
减少投资☆negative investment
减少污染☆pollution abatement
减少系数☆seduction coefficient
减少盐分☆desalinization; desalination
减少噪声☆noise abatement
(使)减少震动☆cushion
减声器☆anti(-)squeak; diminisher; muffler; anti-rattler
减湿(作用)☆dehumidifying
减湿减灰算法☆moisture and ash free basis
减湿器☆dehumidifier
减湿作用☆dehumidifying; dehumidification
减蚀剂☆corrosion inhibitor
减数☆subtracter; subtrahend; subtractor
减数成种☆reductive speciation
减数分裂☆meiosis
减水剂☆water reducer
减水阻注入试验☆slick-water injection test
减税☆abatement; abatement of taxes
减速☆retard; delay; moderation; decelerate; throttle; drag; deboost; stall; reduction of speed; speed{slow} down; slowing; slowdown; retardation
减速比☆reduction (gear) ratio; RR
减速传动☆gearing down; speed-reduction gearing
减速的☆deferred
减速电极☆decelerating electrode
减速度☆retarded velocity; deceleration
减速发育[上升小于侵蚀]☆declining development
减速副翼☆deceleron
减速机底座☆reducer pedestal
减速计☆decelerometer
减速剂☆moderator; retarder; decelerator
减速角☆angle of retard
减速截面☆slowing-down cross-section
减速力☆retarding force
减速落下阀☆drop-retarding valve
减速器☆retarder; (speed) reducer; decelerator; gear assembly; moderator; damper; gearcase; reduction gearbox; reductor; speed reduction gearing{unit}
减速气球☆ballute
减速腔☆velocity-reducing chamber
减速蠕变阶段☆deceleration{primary} creep stage
减速水流☆decelerated{retarded} flow
减速推进☆retropropulsion
减速推送信号☆humping slow signal
减速箱☆reducer casing; gearbox
减速效应☆moderating effect
减速信号☆reduced speed signal
减速性能☆decelerability
减速移动☆antitriptic motion
减速装置☆reducing gear{unit}; retardation device; speed changer; speed reduction unit
减速作用☆check; deceleration; delay; retardation; moderation
减损☆impair; detraction; depletion
减缩☆decrement; contraction; reduce; cut down; retrench; atrophy; shortening
减缩量计☆decremeter
减缩名称☆substractive name
减缩曲线☆decay curve
减缩系数☆redaction factor; reduction coefficient
减缩因数☆reduction factor
减弹簧☆vibrating absorbing spring
减推力燃烧☆regressive burning
减退☆droop; falling; fall-off; dec.; decrease
减退曲线☆decline curve
减退作用☆retrogradation
减尾封☆tailing reducer
减温期☆katathermal
减温梯度☆decreasing temperature gradient
减小☆diminish; shorten; decrease; shrinkage; fading; reduction; deamplification; diminution
减小尺寸☆undersize; US; size reduction
减小方向☆downhill direction
减小非相关☆reduced incoherence
减小给进量☆throttle down
(关阻流器以)减小井流☆bean her down
减小块度☆size reduction
减小磨损☆antiattrition
减小坡度☆grading; degrade
减小外径的钻铤☆turned-down drill collar
减小油嘴{流}☆bean back
减斜☆angle drop
减斜角☆dropping angle
减斜钻具总成☆angle-dropping assembly
减薪☆slash
减削☆degradation
减压☆reduced{reduce} pressure; decompress(ion); release of pressure; depressurization; hold-back; relief; depressurizing; depress; bleed-off; relieve; pressure relief{reduction}; katabaric
(破裂后管中介质的)减压波速度☆decompression velocity
减压层☆reliefing seam{layer}
减压倒置☆reliever
减压阀☆reducing{relief;depressuring;decompression; reduction; lowering; throttle; transforming} valve; reducer; pressure reducing{relief;release} valve; PRV
减压法钻进☆nonpressure method of drilling
减压沸腾☆decompressional boiling
减压管线{道}☆gas relief line
减压井☆bleeder{relief} well; reliefwell

减压开关☆petcock；relief cock
减压组折{结}带☆depletion kink-band
减压器☆decompressor；attenuator；reducer；reducing unit；debooster
减压站☆pressure reduction{relaxing} station
减压锥☆cone of pressure relief
减压钻进☆tension drilling
减氧☆disoxidation；desoxy-
减音器☆deafener；deadener；sound damper；exhaust silencer；baffler
减原色☆subtractive primary color
减灾☆disaster reduction；natural hazard reduction
减载☆relieve；unloading reduction of load；unloading；reduction of load
减载炮眼☆block(ed) hole
减噪系数☆noise reduction coefficient
减振☆absorb(ing)；(vibration) damping；amortization；buffering；shock absorption{attenuation}；absorption of shocks{vibration}；damp；buff；SA
减振爆破☆buffer blasting
减振参数☆damping parameter
减震的[机械或建筑物]☆damped；(shock-)absorbing
减振度☆degree of damping
减振分析☆energy-dispersive analysis
减振回路☆shock-absorbing circuit
减振机构☆bumping mechanism
减振基础☆vibration-absorbing base
减振架☆dynamic mount；shock proof mount
减振器☆energy disperser；vibration damper{absorber；dampener}；absorber；vibroshock；reductor；slam retarder[防止单向阀阀瓣关闭时损坏阀座]；bumper；amortisseur；dampe(ne)r；annihilator；buffer；cushion；shock{dynamic;vibration} absorber；dash pot (relay)；dashpot；deoscillator；snubber；quencher；surge{impact;vibration} damper；surge absorber[压力管道用]；vibration-control device；(silent) blocks；counterbuff；DP
减振器座☆shock absorber bearing
减振燃烧缸头☆shock absorber combustion head
减振式(凿岩)机☆shock {-}absorber type drill
减振体☆absorber
减振托辊☆impact idler
减振橡皮☆yielding rubber
减振效应☆dampening effect
减振悬置☆installation on silent block
减振(制动)闸☆damper brake
减振装置☆damping arrangement{device}；snubber assembly；fairing；shock attenuation device
减振作用☆cushioning{damping} effect；damping action
减值☆depreciation
减值费用矩阵☆reduced cost matrix
减重☆lighting
减重拱☆relieving arch
减重力☆reduced gravity
减装炸药☆semiexplosive
减阻☆antidrag；drag reduction
减阻剂[减小管路摩阻用的添加剂]☆flow improver；drag-reduction agent；drag reducer
减阻调节☆air regulation by reducing resistance
减阻支柱☆faired strut
减阻装置☆fairing
剪☆shear；crop；snip
剪板机☆plate shearing machine
剪边机☆squaring shears
剪成锯齿形边☆pink
剪冲断层☆shear thrust (fault)
剪除☆shearing-off
剪床☆guillotine；shears；shearer；shearing machine
剪错☆detrusion
剪刀☆snip；scissors；trimmer；shears
剪刀疤☆cutting scar
剪刀差☆disparity
剪刀式输送机☆scissor conveyer
剪刀印☆shear mark
剪刀状的☆cultrate；cultriform
剪钉☆shear pin
剪钉式安全阀[泥浆泵用]☆shear relief valve
剪短☆clip
剪断☆snip；scission；shear；clip；clipping；nip
剪断角☆dihedral{shear} angle
剪断强度☆shearing strength
剪(钢)板工☆reshearer
剪割☆shear(ing) cut
剪固结力☆shear bond
剪机☆shearing machine
剪辑(录音及影片)☆editing
剪脚☆manus
剪(切)角☆angle of shear；shear(ing) angle
剪接☆crosscut；edit[影片]
剪接航测相片☆plot the photograph
剪截机☆iron shears
剪节理☆shear joint；transcurrent cleat
剪解{劈}理☆shear cleavage
剪卷☆trimming and curling
剪抗角☆angle of shearing resistance
剪力☆shearing{drag} force；shear (stress)；s.f.
剪力环☆stressed collar
剪力计☆shearmeter
剪力破坏☆fail{fall} in shear
剪力下破坏☆fail in shear
剪裂☆scission；shearing
剪裂带☆shear zone
剪裂的☆sheared
剪面[哺牙]☆thegosis
剪摩公式☆shear-friction formula
剪劈褶皱☆shear-cleavage fold
剪破裂☆shear fracture
剪钳☆cutting pliers
剪切☆shearing；shear
剪切变稠特性☆shear thickening behavior
剪切变稀流体☆shear thinning{thinned} fluid
剪切变形☆detrusion；shear(ing) deformation{strain}
剪切波☆shear{transversal;S;shearing} wave；SV
剪切触变性☆shear thixotropy
剪切带[容矿]的☆shear-hosted
剪切带矿床☆shear-zone deposit
剪切刀片[剪切闸板]☆shear plate{blade}；SP
剪切丢手密封装置☆shear release seal assembly
剪切断层☆shear-fault
剪切断层带充填矿床☆sheeted-zone deposit
剪切方向☆shear-sense
剪切工人☆shearer
剪切固结强度☆shear bonding strength
剪切盒试验☆shear box test
剪切后的☆postshearing
剪切滑动{坡}☆shear slide
剪切机☆shearer；cropper；snipper；guillotine；alligator lace shears
剪切具☆trimmer
剪切均化阀☆homogenizer valve
剪切力测定仪☆shearometer
剪切裂隙☆shear{shearing} crack；shearing{slide；sliding} fracture；transcurrent cleat
剪切率☆shear-rate
剪切面☆shear surface{plane}；surface of shear
剪切面积☆shear area；shearing section；SA
剪切挠曲{褶}☆shear flexure
剪切黏附强度试验☆shear bond test
剪切配合接头☆shear-up adaptor
剪切破坏☆shear failure{damage}；fail in shear；shearing strength
剪切破坏安全系数☆safety factor against shear failure
剪切破裂☆slip{shear} fracture
剪切强度☆shear strength{intensity;resistance}；shearing stress{strength}
剪切强度-位移曲线☆shear strength-displacement curve
剪切切变絮凝☆shear-flocculation
剪切球座接头☆shearout ball seat sub
剪切式全封闭闸板(防喷器)☆shear-blind ram
剪切速度分布模式☆shear velocity distribution model
剪切速率☆shear {-}rate；rate of shearing
剪切位移☆shearing{shear} displacement
剪切稀释☆dilution shearing；shear thinning
(具有)剪切稀释特性的泥浆体系☆shear-thinning mud system
剪切销钉式安全接头☆shear pin safety joint
剪切销式油管安全接头☆shear pin tubing safety joint
剪切型断裂{裂隙}☆fracture of shearing type
剪切仪☆shear{box-shear} apparatus
剪切应变模型☆shear strain model
剪切应变能理论☆theory of shearing strain energy
剪切应力-剪切速率图[指泥浆流变性]☆shear stress-shear rate plot
剪切应力松弛模量☆shear stress relaxation modulus
剪切载荷☆shearing{shear-type} load
剪切增稠特性☆shear thickening behavior
剪切闸板[防喷器]☆cutter ram
剪切褶皱作用☆shear folding
剪取器☆clipper
剪式大钳☆scissor tongs
剪式交叉杆装置☆scissors arrangement
剪式抓杠[油罐修复队用以整直或弯曲钢板]☆biters
剪碎[破碎方式之一]☆shear
剪碎带☆shear-zone；shear (crash) zone
剪塌[钢坯或钢材端部]☆shear distortion
剪条机☆bar shear
剪下的树枝☆lop
剪下物☆clipping
剪向力☆shearing force
剪销式安全{防过载}离合器☆overload shearing clutch
剪销式离合器☆overload shearing clutch
剪屑☆trimming
剪(切中)心☆center of shear
剪形膝沟藻属[K-E]☆Psaligonyaulax
(起落架的)剪形装置☆scissors
剪性深断裂☆shear deep fracture
剪叶理☆shear foliation
剪影☆silhouette
剪应变☆shear(ing) strain{shear}；tangential strain{deformation}；angle strain
剪应变能☆shear strain energy
剪应变速度{率}☆shear strain rate
剪应力☆shear(ing){tangential} stress
剪应力互等定律☆equivalent law of shearing stress
剪应力-剪变形曲线☆shear stress-deformation curve
剪应力流☆shearing stress flow
剪应力线☆line of shearing stress；shear stress trajectory
剪应力仪☆sheargraph
剪胀☆dilatancy；shear dilation
剪胀角☆angle of dilatancy{shear dilation; dilation}；dilation angle
剪胀率☆dilation rate
剪胀性土☆dilative soil
剪褶曲☆shear fold
剪(切)褶皱☆shear{slip} fold
剪枝工具☆pruning tool
剪状断层☆scissor fault
剪阻角☆angle of shear resistance

jiàn

荐骨☆(os) sacrum；rump bone
荐骨的☆sacral
荐骨底☆basis oasis sacri
荐关节☆articulatio sacralis
荐肋☆costae sacralis
荐髂关节☆articulatio sacroiliaca
荐翼☆ala sacralis
荐椎☆vertebra sacralis
鉴别☆identify；identification；discriminate；discern；differentiation；diagnotor；authentication；(systematic) discrimination；secern(ment)
鉴别节理组的方法☆method of identifying joint sets
鉴别力☆discriminability；flair；resolving power{ability}
鉴别率☆discernibility
鉴别器☆discriminator；identifier；Discr.
鉴别式☆discriminant
鉴别特征☆diagnostic feature；distinctive trait
鉴别信号☆distinguishing signal
鉴别性指示☆diagnostic indication
鉴别者☆differentiator
鉴差器☆differential discriminator
鉴定☆appraisal；judg(e)ment；identify；appraisement；accreditation；determination；appreciation；appraise；(expert) evaluation；verify；survey；characterization；authenticate；determine；qualification；examination；diagnosis；filiation；estimation；arbitration；opinion
(专家)鉴定☆expert examination
鉴定层☆diagnostic horizon
鉴定程序☆evaluation program identification
鉴定合格的矿工☆certificated miner
鉴定机构☆certifying agency
鉴定极限☆identification limit
鉴定钾矿时代☆potassium dating
鉴定矿床☆evaluate a deposit
鉴定矿石类型的方法☆ore-typing method
鉴定器☆assessor

鉴定人☆identifier；surveyor；referee
鉴定时代☆dating
鉴定书(的)☆testimonial
鉴定特征☆diagnostic property；distinguishing feature
鉴定图☆determinative chart
鉴定限度☆limit of identification
鉴定原则☆identity principle
鉴频☆frequency discrimination
鉴频器☆frequency (sensitive) detector；(frequency) discriminator
鉴赏(力)☆taste
鉴相器☆phase discriminator{detector}
鉴于☆whereas；seeing
践踏☆trampling；stomp；tramp
贱宝石☆semiprecious stone
贱金属☆base metal
贱金属汞(合金)☆base amalgam
贱金属硫化物矿床☆base-metal sulphide deposit
贱矿物☆base mineral
见☆qv；quod vide
见后[拉]☆vide infra；v.i.
见解☆judg(e)ment；eyesight；consideration；version；notion；viewpoint；opinion；thinking；light；sight；eye；persuasion
见矿☆mineral strike；discovery
见矿处[钻孔等]☆ore intersection
见矿点☆(core) intersection；ore intersection
见矿段(样品)☆intersection
见矿率☆percentage of ore-occurrence
(钻孔)见矿深度☆vein intersection
见矿钻孔☆ore hole；positive drill hole
见票即付☆after sight；A/S；sight draft；on demand
见气[井]☆breakthrough of gas；gas breakthrough
见前{上}[拉]☆vide supra；v.s.
见识☆insight；discernment
(示踪剂测试的)见示踪剂曲线☆breakthrough curve
(井)见水☆water breakthrough；WBT
见水后的☆post-breakthrough
见水井☆breakthrough well
见水前的☆pre-breakthrough
见水时波及系数☆breakthrough sweep efficiency
见水时的流线(分布)☆breakthrough streamline
(生产井)见水时间☆water breakthrough time
见闻☆knowledge
见习☆probation
见习人员☆probationer
见习生☆apprentice
见下[拉]☆vide infra；v.i.
见下页☆please turn over；pto
见效层☆responding layer
见效剖面☆response profile
见游离气☆free-gas breakthrough
见证人☆eyewitness
键☆key [of a typewriter,piano,etc.]；bond；feather tongue；link；dowel；bound；linkage；allegiance；switch；stud；metal bolt [of door]；tappers[打字机]
键板☆switchboard
键半径☆bond radius
(存储)键保护☆key protection
键柄☆catch{clasp} handle
键槽☆key(-)seat；key(-)way；keyslot[轴的]；key groove{bed;seat;slot}；kst
键槽插床☆keyseater
键槽拉刀[钻井]☆keyseat broach
键槽用凿☆keyway chisel
键层☆key bed{horizon}；index bed{correction}
键长☆bond length{distance}
键次☆bond order
键的饱和性☆saturability of bond
键的方向性☆directionality of bond
键电子☆bonding electron
键断裂☆bond rupture{fission}
键符表☆menu sheet
键构造☆key structure
键轨道模型☆bond orbital model
键焓☆bond enthalpy
键合☆bonding；linkage；link
键合滚筒☆keyed drum
键合热☆heat of linkage；linkage heat
键合相☆bonded phase
键极化☆bond polarization
键级☆bond order
键架☆key frame
键角☆bo(u)nd angle
键校验☆key verification
键接☆key joint
键距☆bond distance
键孔☆keyhole；key{kibble} hole
键控☆keying；manipulation
键控开关☆key operated switch
键控器☆keyer；manipulator
键控信号波形☆keying signal form；keying waveform
键力☆strength of bond；bond strength；bonding force
键联☆binding
键连接☆keyed joint；key connection
键裂解能☆bond dissociation energy
键螺栓☆key bolt
键能☆bound{bond(ing)} energy；bond strength
键排☆bank
键盘☆keyset；key(-)board；key (panel)；fingerboard
键盘输入☆keyboard entry；key-in；keyboard input
键强(度)☆strength of bond；bond strength
键取数法☆keyed access method
键缺陷结构☆bond-defect structure
键式开关☆keyswitch
键锁定☆keylock
键调波☆telegraph modulated wave
键头螺栓☆key head bolt
键图解☆key diagram
键系{|型|序|轴}☆bond system{|type|order|axis}
键销☆cotter key
键轴衬☆keyed bush
键铸件☆key casting
键住☆key on；keyed
键座☆key bed{base}
箭(号)☆arrow
箭齿兽(属)[Q]☆Toxodon
箭虫(属)[毛颚动物]☆Sagitta
箭袋海绵属☆Petrosoma
箭钩角石目[头]☆Oncocer(at)ida
箭果核属☆Homoistela
箭菊石属[头;D_3]☆Beloceras
箭囊海绵类☆Pharetrone
箭片藻属[J-K]☆Nannoceratopsis
箭三角蛤属[双壳;J_3-K_1]☆Iotrigonia
箭石☆belemnite (elf-bolt)；belemnoid
箭石类☆belemnites；belemnoids；Belemnoidea
箭石目[生]☆Belemnoidea
箭石属[头;J]☆Belemnites
箭石头☆Belemnoid
箭筒☆quiver
箭头☆arrow(head)
箭头虫属[孔虫;K_2-Q]☆Bolivina
箭头双晶☆arrow-head{arrowhead} twin
箭头图☆arrow plot{diagram}；tadpole diagram
箭头形的☆arrow-headed；arrowheaded
箭头状☆sagittate
箭尾虫属[三叶;O_3]☆Atractopyge
箭星海胆科[棘]☆Toxasteridae
箭形石☆fairy stone
箭牙形石属[O]☆Oistodus
箭叶羊齿属[T]☆Belemnopteris
箭状裂缝☆sagittal suture
箭状物☆arrow
件☆piece；member；pcs；PC.
件工☆taskwork
健康☆health
健康检查☆medical{physical} examination
健全的☆sound
健身浴☆healthy bath
舰☆vessel；ship
舰船噪声☆ship noise
舰端斜肋骨☆cant frame
舰队☆fleet；navy
舰对水下目标☆surface-to-underwater
舰空地质图☆photogeologic map
舰空照片解译☆aerial photo interpretation
舰上飞机☆shipplane
舰上射出机☆cataplane
舰首☆bow
舰艇安全区☆ship haven
舰用燃料油☆naval fuel oil
舰载艇☆pinnace
舰长☆captain；skipper
剑☆blade；slasher；sword
剑板[棘海蕾]☆lancet plate
剑鼻鱼属☆Aspidorhynchus
剑笔石☆Diplograptus
剑齿蚌属[双壳;Q]☆Ensidens
剑齿虎(属)[N]☆Machairodus
剑齿虎类☆saber-tooth cats
剑齿丽鱼属☆Spathodus
剑齿兽(属)[E_{2-3}]☆Xiphodon
剑齿兽类☆xiphodonts
剑齿象(属)[Q]☆Stegodon
剑唇大孢属[K_2]☆Scabratriletes
剑腹甲☆xiphiplastron
剑杆机☆rapier loom
剑号☆obelisk
剑虎属[哺;N]☆Machairodus
剑角龙(属)☆Stegoceras
剑柳珊瑚属☆Xiphogorgia
剑龙☆stegosaurus
剑龙属[J_3]☆Stegosaurus
剑龙亚目☆Stegosauria
剑麻☆sisal
剑盘☆sicula
剑桥[英]☆Cambridge
剑桥海绿石沙☆Cambridge greensand
剑鞘珊瑚属[T-K]☆Thecosmilia
剑鞘褶皱☆sheath{scabbard} fold
剑闪石☆xiphonite
剑突☆appendix ensiformis
剑鮠属[E-Q]☆Aoria
剑尾目[节肢口纲;Є-Q]☆Xiphosura
剑形脊齿象☆Stegolophodon
剑形沙丘☆seif{sword} dune
剑形叶的☆xiphophyllous
剑胸骨☆xiphisternum
剑叶属[古植;P_2]☆Pelourdea
剑鱼座☆Dorado；Sword Fish
剑舟牙形石属[T]☆Gladigondolella
剑爪属[AnЄ?]☆Xenusion
剑状的☆ensiform；gladiate
剑状裙板☆dagger skirt
剑锥大孢属[K_2]☆Capulisporites
腱☆tendon
腱带☆cord
腱膜带☆aponeurotic band
腱状丘☆Sehnenberg
间胺黄[$C_6H_5NHC_6H_4N$:$NC_6H_4SO_3Na$]☆metanil yellow
间苯二胺☆metaphenylene diamine；lentine
间苯二酚[$C_6H_4(OH)_2$]☆resorcin(ol)
间苯二甲酸型聚酯树脂☆isophthalic polyester resin
间壁☆interthecal septum；partition；intermediate ridge wall；midwall；brattice[矿坑通气用]
间壁回热式燃气轮机☆recuperative gas turbine
间层☆interstratification；interlayer；interstratify；interstratified layer{bed}；interbed；intercalation；intercalated bed；interbedded stratum
间层的☆interbedded；interlayered；intercalated；lit-par-lit；interstratified；lit-by-lit
间层构造☆lit-par-lit structure
间层混合物☆interlayer mixture
间层理☆interlayering
间层流☆interflow
间层侵入☆lit-par-lit intrusion
间层取样☆band sampling
间层注入☆leaf{lit-par-lit;leaf-by-leaf} injection
间层状混合岩☆epibolite
间插骨[硬骨鱼]☆intercalarium
间谍☆spy
间谍活动☆espionage
间断☆(break) hiatus；interrupt(ion)；intermission；gap [地层]；discontinuity；check；(stratigraphic) break；backlash；disconnected；non-sequence；intermittence
间断层☆nonsequential bed
间断带☆gap zone；interzone
间断的☆intermittent；hiatal；intercostal；nonsequent；discontinuous；non-continuous
间断对比☆interval correlation
间断分布☆discontinuous distribution
间断沟[轮藻;德]☆dehiszenzfurche
间断构件☆intercostal
间断函数☆discontinuous function
间断集[数字]☆discontinuum
间断勘探☆leapfrogging

间断面☆surface of discontinuity; hiatus; plane of discontinuity{truncation}; discontinuity; break
间断平衡[生物演化]☆punctuated equilibrium; rectangular speciation
间断泉☆intermitting spring
间断识别法☆discontinuity identification method
间断式地层倾角测井☆interval type diplog
间断式水平分层充填采矿法☆intermittent horizontal cut and fill stoping
间断信号☆discontinuous signal
间断型喷发口☆intermittent vent
间断性☆discontinuity; interrupted nature
间断药包☆discrete charge
间断作业☆intermittent operation
间二氮(杂)苯[CH:CHCH:NCH:N]☆pyrimidine
间二甲苯☆m-xylene
间二羟基苯[$C_6H_4(OH)_2$]☆resorcin
间辐板☆interradial (plate)
间辐口板[棘海星]☆odontophore
间辐条☆interray
间隔☆interval; interrupt; space; gap; distance; span; compartment; dx; spacing; blank; clearance; stagger; cell; spaciation; remove; separation[测线]; partition; intermission; int
间隔板[苔]☆pseudoseptum
间隔标准[飞机间的最小距离]☆separation standard
间隔层☆wall
间隔铲取采样法☆alternate-shovel method
间隔穿洞式开采法☆punch mining
间隔带☆interval-zone
间隔的☆spatial
间隔断层☆gaping fault
间隔分布☆disjunction
间隔分配式斜坡煤仓☆inclined partitioning coal bunker
间隔井框支护☆open cribbing
间隔卡车☆compartmented car
间隔可变数据信号☆anisochronous digital signal
间隔矿柱☆barrier (pillar)
间隔留柱半长壁开采法☆intermittent semilongwall
间隔留柱后退式长壁开采法☆retreating intermittent longwall
间隔留柱式长壁开采法☆intermittent longwall
间隔密度☆interval{gap} density; density of spacing
间隔排列☆shooting under; open spread
间隔排列木支架法☆open timbering
间隔盘[涡轮钻具零件]☆step disk
间隔炮眼不装药的炮眼组☆burnt-cut holes
间隔劈理☆spaced cleavage
间隔擒纵机爪☆spacing escapement pawl
间隔圈☆distance collar; spacer ring
间隔时间☆length of intervals; interval{blanking} time
间隔式混凝土配料输送车☆compartmented batch car
间隔弹簧[曲率半径仪的]☆separator spring
间隔填隙垫法☆spacer shim washer
间隔凸块☆spacing lag; spacer lug
间隔物☆divider; spacer; space material
间隔箱☆division box
间隔信号☆blank{spacing} signal
间隔修整[砂轮的]☆skip dress
间隔药包☆extended charge
间隔支架法☆open timbering
间沟☆inter groove; intergroove[孢]; intertrough[腕]
间骨☆intermedian
间骨骼☆coenosteum
间或☆on occasion
间极☆interpole; consequent poles
间甲苯二胺☆meta-tolylenediamine
间甲酚[$CH_3 \cdot C_6H_4 \cdot OH$]☆meta-cresol
间接标志☆collateral key
间接操作☆off-line operation
间接成本账☆indirect cost account
间接传动☆second-motion drive
间接串音☆indirect crosstalk
间接的☆consequential; collateral; oblique
间接(井下)定向法☆indirect orientation method
间接费用☆fittage; overhead coat; indirect cost
间接分析☆indirect analysis
间接汇兑率☆indirect rate
间接加热回转(圆筒型)干燥机☆indirect-heat cylindrical drier; indirect heat rotary drier
间接解释法☆indirect interpretation
间接平差☆adjustment by parameters; adjustment of indirect observations
间接燃烧式井下蒸汽发生器☆indirect-fired downhole steam generator
间接式凝汽器☆surface condenser
间接水准{平}测量☆indirect leveling
间接说明☆side light
间接推算式流量计☆inferential flowmeter
间接消融☆covered ablation
间接效应[地球体挠曲对重力的]☆Bowie{indirect} effect
间接信号☆indirect signal; concealed-lamp sign
间接药包☆discrete charge
间接影响☆remote effect
间接蒸汽☆secondary steam
间接蒸汽循环☆indirect steam cycle
间接证法☆indirect demonstration
间接支撑[建]☆false bearing
间肋沟☆rib furrow; interpleural groove{furrow}
间粒[结构]☆granulitic
间粒结构☆intergranular texture
间略微分重叠法☆intermediate neglect of differential overlap method; INDO method
间苗☆thinning
间热带锋☆intertropical front
间热带辐合☆intertropical convergence; ITC
间升期☆apicyclo; epicycle
间位☆meta-position; met-; meta-; m-
间位取代(作用)☆meta-substitution
间隙☆interstice; gap; interspace; clearance; gapping (place); freedom; free play{clearance;distance}; clear opening; (void) space; spatium [pl.-ia]; stand off; play; separation; air-gap[磁选机物料与磁极间]; interval; standoff[井下仪离井壁]; CL
间隙孢子☆mesospore
间隙测量规☆gap tester
间隙沉淀☆rhythmic{rhythmical} deposition
间隙规☆searcher
间隙角☆cutting clearance; relief angle
间隙孔[苔]☆mesopore
间隙扩散☆diffusion of interstitials
间隙率☆voidage
间隙式混砂机☆batch-type muller
间隙(中的)水[岩]☆combined{interstitial} water
间隙填充作用☆interstitial filling
间隙位置☆interstitial site; intersite
间隙物质☆mesostasis
间隙系数☆percent break; interval coefficient
间隙砖☆making-up brick; wedge
间小羽片[植]☆intercalated pinnule
间歇☆intermission; blank; dormancy; quietness; break; lull; pause; intermittence; tact; time intervals[强夯]
间歇闭井[诱导自流]☆stop cocking
间歇憋压出油☆breathing
间歇产量☆intermittent output
间歇出露(礁)区☆dries; uncovers
间歇出油☆heading
间歇处理矿石的每段时间☆mill run
间歇淬火☆martempering
间歇的☆intermittent(ly); interim; start-stop; periodic(al); sporadic; popping
间歇地☆intermittently; by heads
(使)间歇地点燃☆interlight
间歇法☆intermitting system; batch process
间歇供油☆interrupted oil supply
间歇工作的设备☆intermittent-duty equipment
间歇河☆intermittent stream{river}; bourn(e); gipsy; gyps(e)y; temporary stream; naibourne; khor[苏丹]; revier[非西南部]
间歇河床☆blind creek; revier; nullah
间歇河的干河床☆wash
间歇回采(法)☆arrested stoping
间歇加工☆batch process
间歇阶段☆stationary stage
间歇井☆gusher
间歇(出油)井☆belching well
间歇雷送☆time-interval radiosonde
间歇流☆slugging
间歇流油☆head (flow)
间歇漫出☆batch leaching
间歇(喷(发))泉☆intermittent{intermitting;pulsating; periodic} spring; geyser (pipe); gusher; periodic spouter; boulidou[喀斯特区]; (erupting) geyser
间歇喷放的井孔☆drilled geysering well
间歇喷井☆geyser
间歇喷泉汽水柱☆geyser plume
间歇喷油☆by-heads
间歇喷油周期☆heading cycle
间歇期☆dormant period; dormancy; quietness; period of inactivity
间歇气举的定时控制器☆time-clocked intermitter
间歇气举的一种☆jat
间歇气举控制器☆gas-lift intermitter
间歇泉地下水室☆geyser reservoir
间歇泉喉管☆geyser well{tube}
间歇泉活动周期☆period of a geyser
间歇泉孔☆bore
间歇泉喷出的水柱☆solid column
间歇泉喷前溢流阶段☆preliminary phase
间歇泉区☆geyser locality{flat;field;complex; basin}; geyserland
间歇泉泉华蛋☆geyserite{geyser} egg
间歇泉式井孔☆geysering drilled well
间歇泉(热水)潭☆geyser pool
间歇泉田☆geyser field
间歇泉掷石效应☆effect of stones thrown into orifice
间歇泉锥☆geyser cone
间歇沙质河床☆nullah; nala
间歇时间☆quiescent interval
间歇式过滤器{机}☆batch filter
间歇式浓缩{磨}机☆intermittent thickener
间歇式压滤机☆batch filter press; intermittent pressure filter
间歇筒型磨矿机☆batchtype tumbling mill
间歇位移☆recurrent displacement
间歇形变作用☆discontinuous deformation
间歇性☆intermittence; intermittency; periodicity
间歇性冲击泵压脉动☆intermittent compacting surge
间歇性断裂活动☆intermittent faulting
间歇淹没区☆dries; uncovers
间歇延压法☆intermittent rolling process
间歇油流☆surge flow
间歇诱流井☆intermitter
间歇运动☆geneva motion
间歇振荡☆interrupted oscillation; squirtter
间歇振荡器的振荡模式☆squegging
间歇自流☆flow by heads
间歇自喷☆intermittent flow; flowing by head; spit oil; by-heads
间歇自喷井的自动控制电气仪表☆jat system
间歇作业池窑☆periodic tank furnace
间歇作用阀☆surge valve
间隐构造☆interseptal structure
间隐结构☆tholeiitic texture
间置信号☆offset signal
渐☆oligo-
渐崩☆degradation
渐变☆gradation; gradual modification{change}; grading
渐变层☆ramp-transition zone
渐变成层☆gradational stratification
渐变流☆gradually varied flow
渐变论☆gradualism
渐变模式☆gradualistic model
渐变区域☆area of intergradation
渐变群☆cline
渐变速度介质☆ramp velocity medium
渐变种☆chronospecies
渐变作用☆gradation; transition; progressive formation
渐长日☆lengthening days
渐成(发育)☆epigenesis
渐次☆progressive
渐次发出☆dribble
渐发性灾害☆gradually generated hazard
渐高的☆rising
渐厚地层☆expanding bed
渐加(载荷)☆inching (of a load)
渐尖(的)☆taper; acuminate; accuminatus
渐尖头☆acumen
渐减☆ease off; degression; ebbing
渐减(载荷)☆inching (of a load)
渐渐(地)☆inch by inch
渐渐枯竭☆drain
渐渐消失☆fade
渐降☆approach speed

J

渐进☆evolution；inch
渐进变种[生]☆transient
渐进反应☆prograde reaction
渐进分选☆progressive sorting
渐进律☆progression rule
渐进求近法☆progressive approximation
渐进式地槽☆evolutionary geosyncline
渐进式地热调查程序☆integrated geothermal exploration program
渐进位移☆incremental displacement
渐进线☆asymptote
渐进性滑动☆successive slip
渐进轴向缩短☆progressive axial shortening
渐进作用☆progradation
渐近☆edge；approximation
渐近逼近☆asymptotic approximation
渐近的☆asymptotic(al)；progressively
渐近法☆cut-and-try method；method of approach
渐近分布☆asymptotic distribution
渐近极值分布☆asymptotic extreme-value distribution
渐近角☆approach angle
渐近切断☆approaching cutoff
渐近曲线☆curvilinear asymptote；asymptotic curve
渐近速度☆asymptotic velocity；velocity of approach
渐近位移☆incremental slip
渐近无偏检验☆asymptotic unbiassed tests
渐近线☆asymptote；line of approach；asymptotic line
渐近展开(式)☆asymptotic(al) expansion
渐近值☆asymptotic value
渐近直线☆rectilinear asymptote
渐巨星☆asymptotic giant star
渐开线☆involute (curve)；evolvent
渐开线齿轮公法线测量仪☆odontometer
渐开线函数☆involute function
渐开线轮齿系统☆involute tooth system
渐开线修正齿轮☆modified involute gear
渐扩(散)的☆diverging
渐扩斜向滑移☆divergent oblique slip
渐雷兽属[E_3]☆Brontops
渐没☆fadeout
渐强位移☆incremental slip
渐屈的{线}☆evolute
渐燃☆swealing
渐散波☆divergent wave
渐蛇纹石☆balvraidite
渐伸的{线}☆involute
渐渗杂交[生]☆introgressive hybridization；introgression
渐升的弯曲坡道☆helicline
渐升渐降型爆发☆gradual rise and fall type burst
渐时超覆☆progressive overlap
渐逝☆fade-out
渐衰的变异性[生]☆fading variability
渐衰鳄(属)[P]☆Phthinosuchus
渐缩的☆convergent；tapered
渐缩的槽☆tapered channel
渐缩端管☆bottleneck pipe
渐缩管☆(pipe) reducer
渐缩流☆conreging flow
渐缩喷嘴☆convergent nozzle
渐缩三通管☆reducing tee
渐凸兽属[三列齿;T-J]☆Oligokypkus
渐稳☆fade-in-out
渐息检验☆die-away test
渐熄火山☆decadent{moribund} volcano
渐细的☆tapering
渐狭的☆tapering；attenuate
渐显☆fade{sneak} in；fade-in；fade-in-out；SI；FI
渐斜阶段☆variable grade terrace
渐新马(属)☆Mesohippus
渐新世[36.50～23.3Ma;大部分哺乳动物崛起]☆Oligocene (epoch)；E_3；Fushun formation
渐新猬属[E_3]☆Apternodus
渐新鼬属[E_3]☆Pal(a)eoprionodon
渐移带☆transitional belt；transition zone
渐隐☆fade{sneak} out；dissolve；fade(-)out；SO
(月)渐圆☆wax
渐晕[物]☆vignetting
渐增☆gain；transition
渐增法☆incremental method
渐增温{热}☆calescence
溅☆dash；spray；splash；spit
溅出☆spurt；spirt；spillage
(使……)溅{溢}出☆slatter
溅出的液体☆slop
溅出物☆spatter
溅痕☆spray print；splash impression
溅击侵蚀☆splash erosion
溅浪区☆spray zone
溅落☆splashdown；splash
溅落堤☆spatter rampart
溅沫☆splash
溅喷☆splatter spray
溅泼☆dash；splatter
溅泼(声)☆plash
溅泼构造☆splash structure
溅起泥浆{水}的人{物}☆splasher
溅洒器☆splasher
溅散☆spurt；splattering
溅射☆sputter；sputtering
溅蚀☆sputter
溅射层☆ejecta blanket
溅射镀膜装置☆sputtering equipment
溅射刻蚀法☆sputter-etching method
溅湿☆slush
溅水带☆spray zone
溅水区☆watersplash zone
溅油润滑系统☆splash system
涧流☆ghyll；gill；ravine stream
建安窑☆jian-an ware
建坝☆dam construction
建材储量☆reserve of building material
建厂费用☆housing cost
建成☆building-up
建成区☆built-up area
建成斜角☆bevel
建房地段☆housing estate
建井☆sinking；shaft building；well construction；making hole
建井木板☆deal
建井周期☆construction cycle
建矿边界☆boundary of property
建矿条件调查☆condition of build mine surveying
建矿用地面积☆claim area
建立☆erect；found；establish(ment)；form；set up；create；built(-up)；upbuilding；frame；restitution
建立气候模型☆climate modelling
建立时间☆rise time
建立者☆organizer
建隆☆buildup
建群性☆constructiveness
建设☆construction；construct；build
建设方案☆proposed layout
建设工程承包合同☆construction project contract
建设工地☆fabricating yard
建设管理☆Construction Management；CM
建设上的☆constructional
建设型{性}三角洲☆constructive delta
建设性波☆constructive wave
建设性的板边缘☆constructive plate margins
建设-拥有-运营-移交[工程管理方式]☆Build-Own-Operate-Transfer；BOOT
建设者☆constructor；builder
建台驳船☆construction barge
建网(络)☆networking
建窑☆jian ware
建议☆recommendation；overture；recommend；advice；put forward；proposal；suggestion；steer；proposition
建圆形露天剧场☆amphitheater
建造☆formation[地]；build (up)；construct(ion)；make；building；fabricate；raise；buildup；fabrication；fm
建造成本☆laid down cost
建造顶部☆top of formation
建造间不整合☆interformational unconformity{aneonformity}
建造间的☆interformational
建造内的☆intraformational
建造时就装好的☆built-in
建造外砾岩☆extraformational conglomerate
建造者☆constructor
建盏☆jian crystalline glaze
建筑☆construct；building；build；bldg
建筑(物)☆construction
建筑玻璃☆architectural glass
建筑材料矿产☆raw material for building and construction
建筑场地☆builder's yard；building-site；building estate
建筑场地坡度图☆building site grade map
建筑尺寸☆scantling
建筑的☆tectonic
建筑费用☆housing cost
建筑隔墙☆bulkheading；stopping erection
建筑工程标准☆construction standard
建筑工地测量☆constructional measurement
建筑工料☆slate
建筑工人☆builder；build labourer
建筑公司☆general contractor
建筑构件☆structural element
建筑规范要求☆building code requirements
建筑面积☆floorage；building area；floor area of building
建筑木材☆construction{structural} timber；timber wood
建筑区☆site coverage
建筑人员☆builder
建筑砂浆☆mason；(building) mortar
建筑师☆architect
建筑石料☆building{structural} stone；rag
建筑碎石☆keyhole caliper
建筑卫生精陶☆architectural and sanitary pottery
建筑物☆structure；building；construction；erection；house；fabric；architecture[总称]；BLDS；bldg
建筑物沉降变形观测☆monitoring of building settlement and deformation
建筑物的表面装饰☆incrustation
建筑物的中央大厅☆nave
建筑物服务控制☆building services control
建筑物供冷☆space cooling
建筑物基坑挖掘☆structure excavation
建筑学☆architecture；architectonics
建筑用地下水☆ground water for use in building
建筑与设备费☆cost of construction and equipment
建筑原理☆architectonics
建筑造价☆fabricating cost
建筑支架的横木☆putlog

jiāng

豇豆红☆cowpea{Jieng-Dou} red；peach bloom；beauty's flush
礓擦坡道☆indented ramp；ramp with serrated surface
礓砺☆calcite
礓石☆ginger nut；loess concretion{doll}
僵持☆deadlock；standoff
僵化☆petrifaction；calcification；petrification；rigidify
僵结人☆loess-doll{-child}；loess kindchen{child}；puppet[黄土的]
僵局☆deadlock
僵烧☆dead burnt{burned}
僵烧石膏☆dead-burnt plaster{gypsum}
僵烧物☆dead-calcine
僵石☆loess doll
将表面反过来☆obversion
将出现的☆forthcoming
将船调头☆stay
将……达到{减至}最小(量{值})☆minimize
将带高压管的钻杆移到一边[提钻时]☆tail rod
将伐倒的树木锯短的工人☆bucker
将方钻杆钻完☆make the kelly down
将轰炸机引导到目标的(雷达)系统☆oboe
将……减至{缩到}最低程{限}度☆minimize
将今论古方法☆uniformitarianism
将近☆rising
将井架移至新井位☆skid the derrick
将军☆general
将军红[石]☆Suya Pink；Befast
将来☆futurity；future
将来的产品☆future other products
将立柱卸成单根☆breaking down the pipe
将频率特性的高频部分升高☆peaking
将绳索退出(滑轮等)☆unreeve
将石墨涂在物体的表面☆graphitize
将碎(的)波☆near-breaking wave
将要废弃的☆obsolescent
将液态填料金属涂于固态本体金属☆wetting
将(硝化甘油)炸弹下入井中☆shoot the hole
将钻杆下到井底☆carry pipe right to the bottom
将钻具下入孔内☆running the tools into the hole
浆☆pulp；slurry；brei；syrup；sirup；paste；mash

浆果皮☆sarcotesta
浆糊☆starch；paste
浆搅拌机☆grout mixer
浆肋虫属[三叶;O]☆Remopleurides
浆料☆pulp
浆霉属[真菌;Q]☆Ascoidea
浆膜☆serosa
浆沫☆slime
浆泥天平☆mud balance
浆砌块石☆starching and laying rock block
浆砌石重力坝☆paste lining gravity dam
浆体结石☆grout-stone
浆土☆bentonite clay
浆岩亲缘☆magmatic affiliation
浆叶属[植;J]☆Erethmophyllum
浆液☆grout；slurry；serum [pl.sera]
浆液的配置☆grout fabrication
浆液管线☆solid pipeline
浆液型燃料☆slurry-type fuel
浆汁☆sap
浆质衬料{炉衬}☆brasque；brasq
浆状☆pulpiness
浆状混合物循环结晶器☆circulating magma crystallizer
浆状流☆slurry flow
浆状泥料☆pate
浆状泥炭☆pulpy{sedimentary} peat
浆状物☆slurry；broth；pulp
浆状炸药☆AN-TNT{blast(ing)} slurry；slurry(-type) blasting agent；slurry (explosive)；water gel
浆状炸药爆炸成形☆liquid-charge forming
姜黄色☆ginger
姜黄纸☆turmeric paper
姜石☆ginger nut；calcite
姜氏兽属[似哺爬;P]☆Jonkeria
姜状分叉式[叠层石]☆kotuikania type
江☆river；r.
江边☆water front
江河的☆autopotamic；potamic
江河分水区☆interfluve
江河污染☆river pollution
江湖找矿师[用非科学方法找水源或矿的人,带讥讽或诙谐意义]☆dowser；diviner；doodlebugger
江口沉积☆potamogenic deposit
江口湾☆estuary
江蓠属[红藻;Q]☆Gracilaria
江南古陆☆Jiangnan old land
江南运动☆Kiangnan{Jiangnan} movement
江豚属[齿鲸]☆Neomeris
江西贝(属)[腕;C-P]☆Kiangsiella
江西蛤属[双壳;T_3]☆Jiangxiella
江西红[石]☆Jhansi Red
江心滩☆braid bar；char；chur
江心洲☆ait；eyot；central bar
江珧贝(属)[T-Q]☆Pinna
缰绳☆bridle

jiǎng

桨☆paddle；oar
桨臂搅拌机☆arm stirrer
桨柄☆loom
桨的扁平部☆palm
桨骨贝属[腕;P_1]☆Spyridiophora
桨架☆crutch
桨轮☆paddle wheel
桨轮机充填☆paddle-wheel stowing
桨轮式充填机☆paddle stower
桨轮叶☆blade
桨鳍鱼(属)[D]☆Remigolepis
桨身☆paddle
桨式搅拌器☆paddle agitator{stirrer}；propeller{blade} stirrer
桨叶☆blade；paddle (blade)
桨叶式拌合机☆paddle mixer
桨叶形{状}三角洲☆lobate delta
桨状物☆oar
奖☆award
奖(励)金☆incentive fund；subsidy；stake；bonus；premium；reward
奖励制☆incentive system
奖品☆testimonial；award
奖赏☆prise；prize
奖学金☆fellowship；scholarship
奖状☆diploma [pl.-ta]
讲词提示器☆Teleprompter
讲话☆discourse；parlance
讲话人☆teller
讲解员☆narrator
讲课☆lecture
讲理☆reasoning
讲师☆lecturer；instructor
讲实话☆veracity
讲述☆deliver；telling；narrative
讲台☆platform
讲坛☆tribune；rostrum
讲堂☆auditorium
讲演者☆lecturer
讲义☆text；lecture
讲义大纲☆prospectus
讲座☆institute；lecture；chair[大学的]

jiàng

酱色石☆Golden Galaxy
降☆nor-
降雹☆hail shooting
降侧☆downthrow
降尘☆dustfall；dust-laying；dust suppression
降尘沉积☆airfall{air-fall} deposition
降尘法☆dust-reduction method
降尘室☆dust-settling{dust-setting} compartment
降尘效率☆efficiency of dust removal
降带[腕骨]☆descending branch
降胆烷☆norcholane
降胆甾醇☆norcholesterol
降挡☆change down
降低☆cut{step;pull} down；reduction；diminution；decrease；degrading；depress(ion)；lower(ing)；loss；reduce；detraction；descent；drop；decline；relieve；downplay；deteriorate；slump；diminish；abatement；sink；build{round}-down；extenuation；de-
降低成本☆cost-cutting；reducing production costs
降低成本余额法☆reduction of balance of cost method
降低的☆step down
降低地下水位用的穿孔管[井点]☆well point
降低高度的半潜式钻井平台[浅水区用]☆mini-semi
降低价格☆knocked down；K.D.
降低孔底的钻压☆fanning bottom
降低矿物油凝固点添加剂☆Santopour
降低率☆reduced rate
降低黏度的☆viscosity reducing
降低失水添加剂☆FLA；fluid loss additive
降低水位的钻孔☆unwatering borehole
降低速度、声音等☆drop
降低系数☆decreasing coefficient
降低液面(的)试井法☆draw(-)down test
降低因数☆reduction coefficient；redaction factor
降低原油黏度☆thin out the crude
降低转速☆despinning；despin
降度☆descendent
降段作业☆stepping down operation
降轭贝属[腕;O_3]☆Catazyga
降负荷☆bad down
降海松烷☆norpimarane
降河的☆catadromous
降灰☆ash fall{shower}
降藿烷☆norhopane
降级☆descaling；descale；degradation；degrading；disrate；downgrade；reduce to a lower rank；demote；sending (a student) to a lower grade
降价☆abate；price cut
降交点[天;航]☆descending node
降角☆minus angle
降阶[数]☆deflation
降阶法[微分方程]☆depression of order；depression of differential equation
降解☆degradation；degrade
降解产物☆catabolite
降解代谢☆katabolism；catabolism
降解度{性}☆degradability
降解反应☆degradation reaction；DeR
降解石油☆degraded oil
降姥鲛烷☆nor-pristane
降临☆visit
降灵敏度☆desensitization
降滤失剂☆fluid loss (control) additive{agent}
降落☆land(ing)；infall；fall；drawdown；drop；strike；build-down
降落部分(曲线)☆recession segment
降落的地下水位☆depressed water level
降落堆积单位☆fall unit
降落高度与行移距离比值☆fall height-travel distance ratio
降落漏斗☆cone of depression；drawdown surface；conical depression；water coning{cone}；cone of exhaustion{depression}；pumping cone
降落漏斗法☆depression cone method
降落曲线☆depression{drop(-)down;recession} curve
降落伞☆chute；parachute；silk
降落伞空投器☆parachute
降落伞遇险(海难)火箭信号☆parachute distress rocket signal
降落时间☆decay time
降落速度☆falling{subsiding} velocity
降落推进系统☆descent propulsion system；DPS
降落物☆rain
降落原地☆fallback
降蓋烷☆normenthane
降幂级数☆series of decreasing powers
降棉筒☆cyclone collector
降膜式石墨吸收器☆decending diaphragm graphite absorber
降莫烷☆normoretane
降黏☆viscosity break (back)；visbreaking
降黏度剂☆thinner
降黏剂☆thinning agent；(mud) thinner；viscosity reducer{breaker}；viscosity breaking agent；viscosity breaker chemical
降黏液体☆degradable fluid
降凝剂☆freeze-point depressant
降蒎烷☆norpinane
降频变换器☆down-converter
降频器☆frequency demultiplier
降频扫描☆downsweep
降坡☆descending{minus} grade
降坡线☆depression line
降倾点剂☆pour point reducer{inhibitor;depressant}
降倾点作用☆pour point depression
降深☆(deep) drawdown
降深干扰值☆drawdown interference
降深-距离试验☆drawdown-distance test
降失水剂☆fluid loss additive；fluid loss (control) agent；filtrate reducer；water-loss control agent
降石竹烯酸☆norcaryophllenic acid
降水☆precipitation；precipitated{atmospheric} water；hydrometeor
降水的形成☆formation of precipitation
降水类型☆Precipitation patterns
降水量☆quantity{height} of precipitation；precipitation (rate)；atmospheric concrete；moisture condition
降水漏斗☆cone of depression{influence}
降水强度☆precipitation intensity
(地下)降水曲线☆depression curve
降水头试验☆falling head test
降水学☆hyetology；hyetography
降水因素☆rain factor
降松香烷☆norabietane
降送☆backfall；downgoing
降速☆gear down；deceleration
降速变换☆downshift
降速层☆subweathered zone
降速蒸发☆falling-rate evaporation
降酸作用☆basylous action
降梯度☆descendent
降维法☆method of descent
降位漏斗☆cone of depression
降温☆cool down；cooling；lower the temperature [as in a workshop]；drop in temperature
降温法[晶育]☆falling temperature technique
降温剂☆temperature reducer
降温期(的)☆catathermal；ct；Ct
(工作面)降温设备☆air cooling installation (for working face)
降西蒙内利烯☆norsimonellite
降下☆haul down；downfall；descent
降向☆vergence

降斜☆drop angle；drop-off{decreasing} hole angle；angle drop
降斜角☆dropping angle
降斜率☆drop-off rate；rate of return of angle
降序排列{序}☆descending sort
降雪(量)☆snowfall；fall
降雪深度☆snow depth
降压☆decompression；depressurizing；underpressure；relief (pressure)；blowdown；step {-}down；relief of pressure；step down the voltage；pumpdown
降压采油☆blow {-}down recovery
降压距离☆drop
降压开采特征☆depletion characteristics
降压膨胀☆decompressional expansion
降压器☆economizer；reducing transformer
降压曲线☆falloff{drawdown} curve
降压燃烧☆deflagration
降压水槽☆break-pressure tank
降压线☆katallobar
降压与真空安全阀☆combined pressure and vacuum relief valve
降压中心☆katallobaric center
降压周期☆depressure cycle
降(低静水)压钻进☆reduced pressure drilling
降液管☆downspout
降液试井☆drawdown test
降雨☆rainfall；precipitation；precip
降雨(量)分布☆rainfall distribution；distribution of rain
降雨可靠率☆rainfall reliability
降雨量☆rainfall；amount{quantity} of precipitation；rain capacity{height}；fall；rainfall amount{rate}
降雨流量率☆specific discharge of rainfall
降雨强度☆intensity of rain{precipitation;rainfall}；rainfall intensity{density}；rain intensity
降雨强度历时曲线☆rainfall intensity-duration curve
降雨日数☆number of rainy day
降雨云☆rain cloud
降甾烷☆norsterane
降支☆descending branch
降植烷☆norphytane
降植烷酸☆pristanic acid
降植烯☆norphytene
降秩(矩)阵☆singular matrix
降柱☆lower the leg
降柱弹簧☆lowering spring
降柱移架升柱动作[液压支架]☆lower-advance-set operation
降阻剂☆friction-reducing agent；friction reducer
绛矾☆colcothar
绛色☆deep red；crimson

jiāo

教授☆schooling
蕉麻纸{|绳}☆manila paper{|rope}
蕉羊齿(属)[P]☆Compsopteris
蕉叶贝☆Leptodus；Leptodus-Richthofenia fauna
蕉叶贝属[P]☆Leptodus；Lyttonia
蕉叶结构☆palm leaf texture
蕉羽叶☆Nilssonia
蕉羽叶蕨☆Nilssoniopteris
椒盐构造矿石☆pepper-and-salt structure ore
椒盐状[黑白混合的]☆salt-and-pepper
椒盐状砂☆salt-and-pepper sand
礁☆(knoll) reef；rock；crag；reel
礁斑☆reef {-}patch；pitch reef
礁本体☆reef proper
礁壁☆reef wall
礁列☆reef track
礁槽☆reef cap
礁侧☆reef flank
礁层封闭{油阱}☆reef trap
礁沉积☆reef deposit
礁丛☆reef cluster
礁带☆reef fairway
礁岛岩☆cay rock
礁的☆reefal
礁堤☆reef dam{barrier}
礁地带☆reef tract
礁顶沉积☆top-reef deposit
礁堆[葡]☆chapeir(a)o；reef-mound
礁复合体☆reef complex
礁盖{冠;帽}☆reef cap
礁沟{核}☆reef canal{core}
礁核相☆reef-core facies
礁后(区)☆backreef
礁后沟☆back-reef moat；boat channel
礁湖☆lagune；laguna；coral-reef lagoon
礁华☆reef tufa
礁环☆reef rim{ring}
礁灰岩☆reef(al) limestone；biolithite；karang；coral rock
礁脊☆reef crest{buttress}
礁架☆reef frame{flame}；growth lattice
礁间的☆interreef
礁建造☆reefal buildup
礁角砾岩☆reef breccia
礁块☆reef {-}segment；shiver
礁块建造☆reefal buildup
礁砾区☆rubble tract
礁砾岩☆reef conglomerate{talus}
礁脊☆reef buttress
礁麓堆积☆reef talus
礁脉☆rocky reef
礁膜☆monostroma
礁膜属[绿藻;Q]☆Monostroma
礁内珊瑚底☆coral pavement
礁坪☆platform reef；reef flat{platform}
礁坡☆reef slope
礁剖面☆reefal section
礁前☆fore reef；reef front
礁前阶地☆reef-front terrace
礁墙☆reef wall{well}
礁丘☆reef knoll{patch;segment}；knoll reef
礁圈闭☆reef trap
礁群落☆reef community
礁乳[白色细晶方解石]☆reef milk
礁砂丘☆key；kay；cay
礁砂岩☆cay sandstone
礁珊瑚☆reef coral
礁石☆(ledge) rock；reef；riff
礁石的☆reefy
礁碎屑物☆reef debris{detritus}
礁塌带☆reef talus
礁塔☆reef pinnacle
礁台☆reef flat
礁滩☆cay；key；kay；reef flat
礁体☆reefs
礁体顶部☆reef crest
礁铁矿☆hermarmolite
礁外的☆off-reef
礁外坡☆outer slope
礁相☆reef{rectal} facies
礁泻湖☆velu
礁屑☆reef debris；cascajo
礁屑灰岩☆biohermite
礁屑裙☆talus apron
礁心相☆reef-core facies
礁型油(气)藏☆reef type pool
礁性沉积物☆reef sediments
礁崖锥☆reef talus
礁岩☆reef rock；hermatolith
礁岩屑堆☆reef talus and scree；reef talus
礁延伸带☆reef trend
礁翼☆reef flank
礁原☆reef plain{segment}
礁缘☆reef edge{flank}
礁缘砾石堤{梁}☆shingle rampart
礁韵律☆reef rhythms
礁柱☆stac；reef pinnacle
礁状岩☆reefoid rock
礁状岩隆☆reefal buildup
礁镯☆faro
礁走向☆reef trend
礁组合☆reef complex
焦☆coke；pyr-；pyro-
焦(耳)[能、功国际单位]☆joule
焦斑☆focal spot；bunt lime
焦半径☆focal radius
焦宝石☆flint clay；Jiao Bao shi
焦棓酚[$C_6H_3(OH)_3$]☆pyrogallol
焦比☆coke ratio
焦边☆burnt edge
焦饼☆coking cake
焦饼中心裂缝☆centre cleavage
焦卟啉☆pyrroporphyrin
焦尘☆fine coke breeze
焦齿类☆pyrotheria
焦迪斯矿☆jordisite
焦点☆focus [pl.-es,foci]；focal point{spot}；central issue；point at issue
焦点计☆focimeter
(在)焦点上的☆focal
焦点深度☆focal depth；depth of focus
焦热电{电性}的☆pyroelectric
焦丁☆nut coke
焦度计☆lensometer；lensmeter
焦度料体[德]☆Dioptrie；Dptr
焦儿茶酚[$C_6H_4(OH)_2$]☆pyrocatechol
焦耳[热量、能量和功的单位]☆joule
焦耳热☆Joule heat
焦耳-汤姆逊效应☆Joule-Thomson effect
焦耳循环☆Joule cycle
焦矾☆dried alum
焦粉☆(coke) breeze；braize；braise
焦硅酸盐☆mesosilicate；pyrosilicate
焦痕☆sear；scorch
焦化☆scorching；coking；chark；carbonate；char(r)ing；(coal) carbonization；carbonize；carbonise
焦化厂☆coke-oven plant
焦化设备☆coker
焦化石墨☆pyrolytic{coking} carbon
焦化试验☆coking test
焦化性☆cokability
焦酒石醛☆pyrotartaraldehyde
焦酒石酸☆pyrotartaric{pyrovinic;methylsuccinic} acid
焦酒石酸盐{酯}☆pyrovinate
焦距☆focal distance{length}；cal length；paraxial focus；foci [sgl.focus]；focus [pl.foci]；f/lg；FL
焦距计☆focometer；focimeter
焦距调整☆focalization
焦烂的☆deustous；deustate
焦利{力}天平☆Jolly balance；JB
焦沥青☆pyrobitumen{kerogen} [油母页岩中常现]；carboid；coke pitch
焦沥青的☆pyrobituminous
焦沥青岩☆asphaltic pyrobitumen
焦磷酸[$H_4P_2O_7$]☆diphosphoric acid
焦磷酸钠[$Na_4P_2O_7$]☆sodium pyrophosphate
焦磷酸四乙酯☆tetraethylpyrophosphate
焦磷酸盐[$M_4P_2O_7$]☆pyrophosphate
焦硫酸盐☆disulfate；disulphate；pyrosulfate
焦馏{炉焦}油☆creosote
焦炉☆coke oven
焦炉煤气☆coke oven gas；oven gas
焦螺属[腹;K]☆Pyropsis
焦煤☆coking{charred;crozzling;sodering} coal
焦煤灰混凝土☆coke breeze concrete
焦面☆focal plane；bench side
焦面快门☆focal-plane shutter
焦末☆breeze；coking{coke} breeze；dust coke；breast
焦木素☆pyroxylin(e)
焦泥浆☆coke slurry
焦硼酸钠☆borax and borates
焦平面☆focusing{focal} plane
焦普林型铅☆Joplin{J}-type lead
焦热岩☆pyroschist；pyroshale
焦散的{线}☆caustic
焦砂[冶]☆burned{burnt} sand
焦砂层☆sand skin
焦砂型铸造☆burnt sand casting
焦深☆depth of focus；focal depth
焦石比☆coke stone ratio
焦石蜡☆pyroparaffine
焦石脑油☆pyronaphtha
焦石英[SiO_2;非晶质]☆lechatelierite；lib(yan)ite；silica-glass；leszaterjeryte；kieselglas[德]；lybianite；livit
焦兽(属)[E_3]☆Pyrotherium
焦兽目☆Pyrotheria
焦炭☆(coal) coke；fossil charcoal；chark；coak；charred coal；beehive coke[蜂房式炉]
焦炭残渣☆carbon residue
焦炭煅烧系统☆coke calcining system
焦炭石墨复合物☆coke/graphite composite
焦炭屑混凝土☆coke breeze{cement} concrete
焦炭渣☆breeze
焦炭砖☆coalite

焦炭状涂层☆coke-like coating
焦糖金麻[石]☆Caramelo Decorado
焦头☆green butts
焦外的☆extrafocal
焦外系统☆afocal system
焦纤维素火药☆pyrocellulose powder
焦屑☆gleeds; coke fines; nickings
焦性地沥青页岩☆asphaltic pyrobituminous shale
焦性煤☆cindery{cindering} coal
焦性石墨☆pyrographite
焦页岩☆pyroschist; pyroshale
焦油☆tar (oil); oil tar; goudron
焦油白云石捣结{打结}☆tar-dolomite stamping
焦油白云石混合物☆tar-dolomite mix
焦油白云岩石砖☆tar-bonded dolomite brick
焦油板☆tarred board
焦油帆布☆tarpaulin
焦油结合白云石镁砖☆tar-bonded dolomite-magnesite brick
焦油沥青☆coal tar; tar (pitch;asphalt)
焦油木(材防腐)剂☆carbolineum
焦油耐火泥料☆tar-refractory mass
焦油酸木材防腐剂☆carbolineum
焦油涂层☆coal tar enamel; tar-enamel
焦油味☆tarry odour
焦油毡☆asphalt felt; tarred board
焦油状(的)原油☆tarry oil
焦圆☆focal circle
焦源点☆focal point
焦躁不安☆fantods
焦渣混凝土☆breeze concrete
焦渣特征☆characteristics of crucible non-volatile residue
焦脂石[$C_{40}H_{56}O_4$]☆pyroretin(ite)
焦质蜡☆pyroparaffine
焦砖☆formcoke
焦状污泥☆coke-like sludge
焦灼病☆frenching; Trenching
焦灼区☆blast area
胶☆glue; gelatin(e); collo-; cement; mastic
×胶[是由谷淀粉水解而得的一种糊精]☆Gum 9084
胶白铁矿[FeS_2]☆melnikovite-marcasite; melnicovite; pyr(it)ogelite; κ-pyrite; melnikovite
胶白云石[$CaMg(CO_3)_2$]☆geldolomite
胶板☆gelatine plate; weldwood
胶版☆jellygraph; hectograph; offset
胶冰土☆gumbotil
胶布☆empire{proofed} cloth; rubberized fabric; adhesive plaster
胶布滑移☆slip of impregnated glass cloth
胶布雨衣☆mackintosh
胶层厚度☆adhesive thickness
胶赤铁矿[Fe_2O_3]☆haematogelite; hematogelite; h(a)ematitogelite
胶带☆(rubber) belt; adhesive{rubberized} tape; strapping; tape
胶带缠绕法[胶带输送机]☆belt wrap
胶带车☆belt-weighter
胶带传动离合器式自动卸料车☆belt-propelled clutch-type tripper car
胶带垂线托辊[输送机]☆catenary belt idler
胶带打滑保护☆belt slip protection
胶带的合成覆盖层☆synthetic covering of belt
(输送机)胶带刮除器☆belt wiper
胶带回程段☆empty{return} belt
胶带铰销☆hinge pin
胶带接头卡子☆belt fastener for points
胶带扣☆belt (fastener) hook; band hook
胶带螺丝夹☆belt screw
胶带粘贴☆tape
胶带跑偏保护装置☆belt mistracking protection
胶带起升机☆belt elevator
胶带式☆belt-type
胶带输送机波状前移☆conveyor snaking wave
胶带输送机的转换装车装置☆yo-yo
胶带输送机核称量法☆nuclear belt weighting
胶带输送机上山(斜巷)☆belt incline
胶带输送机尾端部件☆belt tailpiece
胶带输送机移设机☆belt conveyor shifter
胶带输送机用电子称量机☆electronic belt weigher
胶带送料转载机☆conweigh belt
胶带提起装置☆belt-lifting arrangement
胶带尾部接长装置☆advancing tailpiece
胶带移设机☆belt shifter
胶带有效张力☆effective belt tension
胶带运输机斜井☆belt incline
胶带自动收缩贮存装置☆belt take-up storage unit
胶带最大拉力☆maximum belt tension
胶带最小宽度和运载块煤粒度比[输送机]☆minimum belt-width to lump ratio
胶(冻)的☆jellied
胶淀粉☆amylopectin
胶冻状外观☆jelly-like appearance
胶度测量器☆gellometer; gelometer
胶法接电线☆binding
胶方解石☆kolloid{colloid;gel}-calcite; butschliite
胶腐殖质☆colloidal humus
胶锆石[锆石的偏胶体变种;$Zr(SiO_4)$]☆arshinovite; arschinovite; gelzircon; pseudo-zircon
胶固化剂☆amine hardener
胶管☆capsule; gel ampoule; rubber tube[橡胶]
胶硅锆铁石☆zirfesite; zirsite
胶硅孔雀石☆allophane-chrysocolla
胶硅锰矿[$MnSiO_3•2H_2O$]☆penwithite
胶硅铍石[$Be_4(Si_2O_7)(OH)_2•nH_2O$]☆gel(-)bertrandite
胶硅铈矿钛矿☆chibinite
胶硅钛铈石☆lovchorrite
胶硅铁锰矿[$Mn_2^{3+}Fe_8^{3+}Si_3O_{13}(OH)_{16}$]☆po(e)chite
胶硅铜矿[$CuSiO_3•2H_2O$]☆katangite
胶硅钍钙石[$(Ca,Th,Mn)_3Si_4O_{11}F•6H_2O$;非晶质]☆thorosteenstrupine
胶核☆colloidal nucleus
胶合☆gluing; cement(ing); glue together; veneer; cementation
胶合板☆laminated{compregnated} wood; scale board; veneer (board); plywood; compreg; symphylium[腕]
胶合板面砂磨机☆belt sander
胶合层气泡☆air lock of laminating film
胶合剂☆cement; cement mortar grouting agent
胶合木☆lominwood
胶合皮{胶}带☆balata belt
胶合试验☆scoring test
胶合双板[腕]☆symphytium
胶褐铁矿[$Al_2O_3•nH_2O$]☆limon(it)ogelite; kappa-limonite; stilpnosiderite; pecheisenerz[德]; eisenpecherz
胶黑铜矿☆geltenorite
胶(态)化(作用)☆colloidize; gelatinization
胶化法☆gelatine process
胶化剂☆gel builder; gelatin(iz)ing{peptizing;peptising} agent; gelatinizer
胶化石脂☆phytocollite; pitocollit
胶化水压裂液☆gelled aqueous fluid
胶化小球☆gelled pill
胶黄芪☆tragacanth
胶黄铁矿[FeS_2;$Fe_2S_3•H_2O$]☆melnikovite-pyrite; kappa-pyrite; greigite; gel-pyrite; melnikovite; pyrite; pyritogelite; pyrogelite; melnicovite; pyrigelite; melnicovite-pyrite; κ-pyrite
胶辉锑矿[Sb_2S_3;非晶质]☆metastibnite
胶碱锆石☆zirsite
胶接☆glued joint; adhesive bonding
胶接(作用)☆cementation
胶接点焊☆weldbonding
胶接剂☆joint cement; adhesives
胶接质量检验仪☆detector of adhesive equality
胶结☆gumming; cement(ing); consolidation; glued; conglutination; bind; cemented; bond; stiffen; cementation; cemented carbide[硬质合金]
胶结不好☆weak bonding
胶结不好的砾石☆poorly interconnected gravel
胶结不良☆poor{weak} bond
胶结材料☆consolidating{binding;cementing;jointing; cementitious;bonding} material; cement
胶结差的砂粒☆poorly cemented sand particles
胶结沉积☆cementation deposit
胶结沉积物的生物☆sediment binder
胶结程度☆degree of consolidation{cementation}
胶结程度(很)差的地层☆incompetent formation; poorly interconnected formation
胶结充填☆consolidated (back)fill; stabilized back fill
胶结带☆belt{zone} of cementation; cementation zone
胶结的☆cemented; consolidated; cementitious
胶结地层☆consolidated{cemented;solid} formation
胶结多孔物料法☆bonded porous material
胶结好的☆well bonded
胶结剂☆jointing compound; binder; cementing medium{agent}; mastix; consolidation{gel-forming} chemical; grouting{binding} agent; mastic (gum)
胶结(化学)剂☆consolidating chemical
胶结阶段☆locomorphic stage{phase}
胶结颗粒☆cement particle
胶结类型☆type of cementation; cementation type
胶结沥青☆asphalt cement; mountain tar
胶结良好☆strong bonding
胶结良好岩石☆well-cemented rock
胶结料☆cement
胶结能力☆cementing power
胶结泥☆mastic
胶结黏土☆bole; bond clay; bolus
胶结前孔隙空间☆precement pore space
胶结砂砾体☆bound gravel
胶结物☆cementing matter{material}; adglutinate; cement; binding material
胶结(产)物☆agglutinale; cement
胶结物的世代☆cement generation
胶结型物料☆cemented material
胶结性弱的砂岩☆semiconsolidated sand
胶结岩石☆coherent{cemented} rock
胶结张力☆adhesion{adhesive} tension
胶结指数☆cementation factor{exponent}; bond index
胶结指数快速直观解释☆bond index quicklook
胶结作用☆cementation; case-hardening
胶结作用阶段☆locomorphic stage
胶金红石[TiO_2]☆gel-rutile
胶晶☆collocryst
胶卷☆film tape{roll}; filmstrip; (roll) film; cassette
胶卷暗盒☆optical film magazine; film cassette; OFM
胶卷处理机☆film processor
胶卷存贮☆photographic storage
(测斜仪)胶卷放{|收}片轴☆film reel-off{|up} spool
胶卷转动速率☆film speed
胶孔密封剂☆latex sealant
胶块土☆bolus; bole
胶酪水☆gel water
胶粒☆micell(e) [pl.-les]; micella [pl.-e]; (micellar) colloid; gel{colloid(al)} particle; mecelle
胶粒部分☆colloid fraction
胶粒结构☆micelle structure
胶链联结☆hinge coupling
胶磷凡土☆allophane-evansite
胶磷矿[$Ca_3(PO_4)_2•H_2O$]☆collophanite; cellophane; sombrerite; collophane; kollophan(e); grodnolite; coltophanite; sombrerite; nauruite
胶磷块矿[$Ca_{10}(P,C)_6(O,F)_{26}$]☆phosphate
胶磷铝石[非晶质的磷铝石;$Al_2(PO_4)_2•4H_2O$]☆gelvariscite; meyersite
胶磷石☆collophane; collophanite
胶磷铁华[$Fe_4(PO_4,SO_4)_3(OH)_4•13H_2O$]☆geldiadochite
胶磷铁矿[$Fe_4(PO_4)_2(OH)_6•nH_2O$(近似);$CaFe_3^{3+}(PO_4,SO_4)_2(OH)_8•4\sim6H_2O$?]☆delvauxite; delvauxene; delvauxine; azovskite; asowskite; asovskite
胶菱沸石☆adipite
胶菱镁矿☆gelmagnesite; kolloid-magnesite
胶菱铁矿☆kolloid-siderite
胶岭石☆montmorillonite
胶硫矿☆sulfurite; sulphurite; rubber-sulphur
胶硫钼矿{华}[MoS_2;非晶质]☆jordisite
胶硫锌矿☆robertsonite
胶流(作用)☆solation
胶铝矿☆alumogel[$Al_2O_3•2H_2O$]; cliachite; kliachite; kappa-diaspore[$AlO(OH)$]; alun(o)gel; kljakite; diasporogelite [$Al_2O_3•H_2O$]; sporogelite
α胶铝矿☆α-kliachite; diasporogelite; γ-diaspore; sporogelite
β胶铝矿[胶状的 $Al(OH)_3$]☆beta-kliachite
胶铝石☆chiachite
胶铝英石[$Al_2Si_2O_5(OH)_4•H_2O$]☆torniellite
胶绿硅碲钛矿☆hibinite
胶绿松石☆agaphite
胶轮车运输☆rubber-tired haulage
胶轮机钻机{|台车}☆rubber-tired drill{|jumbo}
胶轮双钻机钻车☆rubber-tired double-drill jumbo
胶轮压实机☆rubber-tired compactor
胶毛藻属[Q]☆Chaetophora
胶霉属[Q]☆Gliocladium
胶镁铝(硅)土☆elkonite

胶棉☆collodion (cotton)
胶膜☆cutan；cellophane
胶膜(容器)☆pliofilm
胶木[绝缘]☆bakelite；ebonite；micarta；formica；vulcan(n)ite
胶木齿轮☆fibre gear
胶囊☆capsule；collodion sac
胶囊充填器☆capsule filler
胶囊的☆capsular
胶泥☆daub；cement；mastic (cement)；mastix；pelinite；plaster；clay；bind；puddle；mortar；dy；chunam；gumming dirt；plasticine
胶泥衬里的☆mastic-lined
胶泥堵塞☆gel stemming
胶泥煤☆saprocollite
胶泥模型☆maquette
(用)胶泥填塞☆puddle
胶黏的☆tacky
胶黏黏土☆sticky clay
胶黏水泥☆mastic
胶黏体☆adherent
胶黏铁矿☆ehrenwerthite
胶黏土☆colloidal clay
胶黏性☆adhesiveness
胶黏☆impregnation；stickiness
胶黏带试验☆adhesion tape test
胶黏的☆gooey；tacky；sticky；ogvey；gelationous；agglutinant；adhesive；dauby
胶黏点☆sticky point
胶黏计☆adhesivemeter
胶黏剂☆adhesive；tackifier；adhesionagent；mastic (gum)
胶黏泥浆☆stiff mud
胶黏体☆adherent
胶黏土☆binder-clay
胶黏性☆gummosity；adhesiveness；gumminess；tackiness；stick(i)ness；adhesivity
胶镍硅铈钛矿[$(Ca,Na)_{12}Ce_2Ti_2Si_8O_{30}(F,OH)_6$]☆khibinite；hibinite；lovchorrite
胶凝☆jellying point；gelling；jellification；jelly；gel；gelatinization；coagulation；gelate；gel(at)ification；gelatinate；gelatinize；gelation；cake
胶凝材料☆binding{cementing} material
胶凝沉淀物☆gelatinous precipitate
胶凝程度{等级}☆jelly grade
胶凝的☆jellous；gelling；gelatinous；agglomerative
胶凝化作用☆pectization
胶凝剂☆jelling{gelling;gelatinizing;agglomeration;gelatinging;agglomerating} agent；gellant；cementer；gelatinizer；gel builder{sensitizer}
胶凝汽油☆jellied gasoline
胶凝水☆gelation{gelled} water；water of gelation
胶凝性☆cementing{gelling} property
胶凝盐水☆gelled brine
胶凝作用☆gelation；gelatin(iz)ation；pectization；gel(at)ification；gelling
胶膨润土☆wilkinite；wilkonite
胶皮刮板☆rubber flight
胶皮管☆flexible hose
胶皮轮车☆rubber-tired cart
胶皮糖香树{液}☆liquidambar
胶皮碗定位卡☆packer rubber grasp
胶片☆film (negative)
胶片编号台☆film-numbering table
胶片传动机械☆film drive
胶片带☆film tape；photographic strip
胶片盒☆can；film loader
胶片记录☆filmwrite；film recording
胶片录音设备☆filmgraph
胶片-滤光片组合☆film-filter combination
胶片透明度☆film transparency
胶羟钴矿☆lubumbashite
α胶羟铝矿☆α-kliachite；γ-diaspore；sporogelite
胶圈托辊☆rubber disc roll
胶群体型[藻]☆palmelloid
胶群藻属[绿藻]☆Palmella
胶溶(作用)☆peptization
胶溶剂☆peptising agent{reagent}；peptizator；peptizer；peptizing agent
胶溶燃料[材]☆peptized fuel
胶溶体☆colloidal solution
胶溶作用☆peptisation；pepti(di)zation
胶乳☆latex [pl.latices;latexes]
胶乳布机组☆latex coated fabric manufacturing aggregate
胶锐钛矿[TiO_2]☆gel-anatase
胶三水铝[$Al(OH)_3$]☆shanyavskite；shaniavskite
胶闪锌矿☆sphalerite
胶蛇纹石☆serpophite；serpentin-ophite
胶束☆micella [pl.-e]；micell(e) [pl.-les]；micellar colloid；supermolecule
胶束(结构)间平衡☆intermicellar equilibrium
胶束结构形态分布图☆micellar structure map
胶束溶液☆micellar solution；microemulsion
胶水☆glue；mucilage；collo-；solution
胶水锆石☆colloidal malacon
胶水铝石[$Al_2O_3{\cdot}4H_2O$]☆schanjawskit(e)；shaniavskite；schanyavskite；schaniawskit(e)
胶丝变形体☆myxamoeba
胶丝质煤☆gelifusinitic coal
胶丝质体☆gelifusinite
胶态☆colloid；colloidal state
胶态或半胶态石墨☆colloidal or semicolloidal graphite
胶态矿☆doelterite
胶态离子☆micell(e) [pl.-les]；micella [pl.-e]
胶态磨[可磨软矿物的]☆colloid mill
胶态燃料☆colloida；colloidal fuel
胶态石墨☆colloidal{deflocculated} graphite；aquadag
胶态石墨润滑作用☆colloidal graphite lubrication
胶态烃☆gelled hydrocarbon
胶态悬浮(体)☆colloidal suspension
胶钛矿[TiO_2]☆doelterite
胶套式泄压阀☆flexible tube valve
胶体☆colloid；colloform；gel；collo-
胶体变晶☆collocryst
胶体沉淀肾形矿块☆colloform
胶体处理硬水法☆colloidal water treatment
胶体大小的☆colloidal sized
胶体分散化合物☆colloidal-dispersed compound
胶体腐殖酸岩☆dopplerite
胶体化(作用)☆colloidization
胶体化学☆colloid(al) chemistry；cosmochemistry
胶体混合物☆colloidal mixture
胶体颗粒总含量☆total colloidal size content
胶体率☆colloidity
胶体泥浆☆colloidal mud；dytory
胶体清扫(作用)假说☆colloidal scavenging hypothesis
胶体溶液稳定剂☆deflocculant；deflocculator
胶体石墨[电]☆aquadag；oildag；colloidal graphite
胶体石墨和蓖麻油组成的液体润滑剂☆Castordag
胶体水泥砂浆混凝土☆colloidal grout concrete
胶体酸基☆acidoid
胶体铜色层(分离)法☆colloidal copper chromatography
胶体脱水收缩作用☆syn(a)eresis
胶体微粒☆colloid(al) particle；micell(e) [pl.-les]；micella [pl.-e]
胶体微粒状油珠☆colloidal oil particle
胶体细粒子(矿物)☆colloidal fine
胶体性☆colloidality
胶体岩☆colloidstone
胶体盐基☆basoid
胶体炸药☆gelatin
胶体状的沉积☆colloform
胶铁☆cementite
胶铁矿☆siderogel；melnikovite-marcasite
胶铁锰矿[$(Mn,Fe)_2O_3$]☆sitaparite
胶筒压缩距☆packer setting travel
胶土墙☆puddle wall
胶钍石[$ThSiO_4{\cdot}nH_2O$]☆gel(-)thorite
胶团☆micell(e) [pl.-les]；micella [pl.-e]
胶网藻属[Q]☆Dictyosphaerium
胶纤锌矿[ZnS]☆brunvkiyr；brunckite
胶锈菌属[真菌;Q]☆Gymnosporangium
胶须藻(属)[Q]☆Rivularia
胶悬浮☆colloidal suspension
胶(状)悬浮体☆colloidal suspension
胶靴☆high rubber overshoes；galoshes；rubber boot
胶压木(材)☆compregnated wood；compreg
胶盐土☆gumbrine
胶叶蜡石[$Al_2(Si_4O_{10})(OH)_2$]☆gelpyrophyllite
胶液化(作用)☆dispergation
胶衣☆gel coat
胶印☆hectograph
胶印法☆adherography
胶玉髓☆metaquartz
胶原(蛋白)☆collagen
胶针铁矿[$HFeO_2$]☆ehrenwerthite
胶脂乳剂水泥☆resin emulsion cement
胶脂石☆highgate resin
胶质{脂}水泥☆mastic{bentonite} cement；gel-cement
胶纸板☆turbonite；pertinax；micarta
胶质☆jelly；colloid；gum；collo-；gelatin(e)；resin
胶质层☆gelationous bed
胶质层指数测定☆Sopoznikov's penetrometer test
胶质次结构镜质煤☆gelinito-posttelinite
胶质多纳炸药☆gelatin{gelatine} donarite
胶质方解石☆sparite
胶质海绵目☆Myxospongida
胶质结构镜质煤☆gelinito-telinite (coal)
胶质矿物☆mineraloid
胶质煤☆gelosic coal
胶质内☆gummy
胶质泥炭☆dopplerite
胶质炮泥☆corgel；gel stemming
胶质似无结构镜质体☆gelinito-precollinite
胶质物☆gel-forming chemical
胶质硝酸甘油炸药☆gelatin dynamite
胶质形成物☆gum former
胶质亚结构镜质煤☆gelinito-posttelinite coal
胶质{状}炸药☆gel(atin(e)){gelationous;rubbery} explosive；blasting gelatine；gelatin(e) dynamite {powder;gel}；dynamite；nitrogelati(o)n；vibrogel
胶滞体☆gel
胶装☆cementing
胶状沉淀物☆gelatinous precipitate
胶状的☆jellous；jelly-like；gelatinous；gelatinoid；gel(-)like；gelatiniform；gummy；colloform；porodic
胶状的岩☆porodine
胶状构造☆jelly-like{colloform;gel} structure
胶状结构☆colloid form structure；colloidal{colloform} texture；gelstructure；colloform；geltexture
胶状硫☆sulfidal
胶状硫化物凝胶☆colloidal sulfide gel
胶状泉华☆jelly sinter
胶状溶液☆colloidal solution
胶状体☆colloidal gel
胶状物☆jelly；jell
胶状物质☆gelatinoid
胶状悬浮物☆leptopel
胶状岩☆porodine
胶状液☆emulsion
胶状铀矿☆uranopissite
胶子☆gluon；glonon
胶棕铁矿[$Fe_3^{3+}(PO_4)(OH)_6$(近似)]☆azovskite
鲛类☆Selachii
交☆crosscut
交班☆tour；shift exchange
交班地点☆coup
交比曲线☆anharmonic curve
交变☆alternating；alt.
交变场退磁☆AC demagnetization；alternating field demagnetization
交变磁场☆alternating{variation} magnetic field
交变负荷☆live load；L.L.；stress alternation
交变机制☆alternative mechanism
交变极性扫描☆alternate polarity sweep
交变拉应力疲劳强度☆fatigue strength for alternating tensile stress
交变弯曲应力疲劳极限☆alternating bending stress fatigue limit
交变应力☆alternate{alternating;reversed;repetitive;cyclic；repeated} stress；alternation of stress；repeated fluctuating stress；cycling
交变应力应变☆cyclic stress-strain
交插☆interleave；interlace
交插褶皱☆interfolding
交叉☆resection；transposition；intersect(ion)；across；crisscross；cross (connection)；chiasma；traverse；crossover；crossing-over；scissors；alternate；stagger；overlapping；transpose；interlace；junction[道路]
(和)……交叉☆intersect
(线路)交叉☆disposition
交叉班☆backshift
交叉爆破☆crisscross slabbing；cross shooting
交叉波痕☆cross-ripple
交叉补贴☆cross-subsidization
交叉层的☆cross-bedded
交叉层理☆crisscross bedding；cross-bedding

交叉撑☆arm-tie
交叉呈十{X}字形☆decussate
交叉次割理☆grayback
交叉存取☆interleaving access{memory}; interleave
交叉存取存储器☆interleaving memory
交叉带☆cross(ed) belt
交叉道口☆junction; meeting
交叉道口支架☆junction set
交叉的☆dual; cross; crossing; crossed; secant
交叉地☆crosswise
交叉点☆cross point; crossing; junction[巷道或线路]; point of crossing{intersection}; intersection
交叉点法☆intersection method
交叉电场信号发生器☆cross {-}field generator
交叉电磁场微波放大器☆dioctron
交叉电杆☆transposition pole
交叉定位☆cross-bearing
交叉渡线☆double crossover
交叉轭石[钙超]☆Chiastozygus
交叉法☆bracketing method
交叉缝式☆herringbone
交叉干扰☆crosstalk
交叉杆☆crossing pole
交叉割阶☆intersection jog
交叉功能☆cross-functional
交叉拱☆groin
交叉构架☆X-frame
交叉构造☆crisscross{decussate} structure
交叉谷[火星的]☆labyrinthus
交叉焊接☆weld crosswise
交叉巷☆angle; cross gangway
交叉巷道☆diagonal entry; trawn
交叉滑移☆cross-slip
交叉环带☆crossed girdle
交叉挥向☆cross-bearing
交叉回路☆clique circuits
交叉货流☆conflicting traffic
交叉检验☆crosscheck
交叉胶带☆cross(ed) belt
交叉胶带型☆crossbelt type
交叉接头☆cross-over joint; turnstile
交叉截断☆intercept
交叉结构☆decussate texture
交叉结算☆crossfoot
交叉解译[判读]☆cross-identification
交叉口☆crossing
交叉扩大法☆magnified diagonal
交叉拉绳☆cross-wire bracing
交叉犁松法☆cross ripping
交叉联☆crossbinding
交叉连带系数☆cross-association efficient
交叉连接☆cross connection{joint}; X-bracing; cross- under[电路]; XCONN
交叉梁系☆grillage-beams
交叉流分离器☆cross-flow separator
交叉隆陷[褶皱]☆cross undulation
交叉脉☆cross{counter} vein; bar of ground; cross-vein
交叉脉的[植]☆angulinerved
交叉面[节理]☆C-plane
交叉捻☆ordinary{regular} lay
交叉捻向钢丝绳☆cross lay rope
交叉耦合分量☆cross-coupling component
交叉排列法☆cross{intersecting} spread
交叉排水渠[管]☆drainage crossings
交叉盘骨针[绵]☆staurodisc
交叉判读☆cross-identification
交叉皮带☆crossbelt
交叉皮带磁选机☆cross belt magnetic separator
交叉偏振图像☆cross polarized image
交叉频率☆transition{crossover} frequency
交叉屏障☆barrier crossing
交叉谱☆cross-spectrum
交叉色散[理]☆crossed dispersion
交叉扇形装置[震勘]☆cross fan
交叉失真☆babble
交叉时☆intercept time
交叉石☆cross-stone
交叉实验☆cross-over experiment
交叉衰落☆CF; cross fade
交叉丝☆crosshairs
交叉碎裂☆cleft cross
交叉同化☆cross-assimilation
交叉下山☆cross slope
交叉线☆retic(u)le; intersection; cross-line; trawn; intersecting route
交叉相乘(法)☆cross-multiplication
交叉效应☆cross-effect
交叉斜撑☆counterbracing; diagonal brace
交叉斜撑架☆X frame
交叉信号☆interleaving signal
交叉型(的)☆chiasmatype; X-type; cruciform
交叉形架{|梁}☆X-frame{|-member}
交叉询问☆cross-interrogate
交叉液流汇合装置☆cross-over shoe
交叉页片☆cross-lamella
交叉影线☆crosshatch
(用)交叉影线画(阴影)☆crosshatch
交叉支撑☆X-brace; cross brace{bracing}; spanner
交叉支撑矩阵☆cross support matrix
交叉支架[回路交叉]☆cantilever; cantaliver; arm support; cantalever
交叉轴螺旋齿轮☆crossed helical gear
交叉(光)轴面色散☆crossed axial plane dispersion
交叉走向☆across strike; cross-strike
交叉走向平硐☆cross adit
交叉(十字)组合☆crossed array
交出☆present; surrender; hand
交磁放大器☆cross-field amplidyne
交错☆stagger[排列]; cross cutting; interleave; overlap; interlace; zigzag; interlacing; staggering; interlock; staggered; crisscross; intersecting; intervein; zz
交错波痕☆cross{interference} ripple mark; dimpled current mark
交错操作☆interlacing
交错层☆cross(-)bed; cross-bedded strata; crossed{cross} bedding; cross{diagonal;false} stratification; cross-bedding; cross-stratum
交错层的前积系统[含金]☆foresee system of cross-beds
交错层理☆false bedding{stratification}; cleap; cross stratification{bedding}; cross(-)bedding; oblique bedding; intertonguing; current-bedding; cross-stratum; cross-stratification; pseudostromatism; diagonal stratification
(人字形)交错层理☆herringbone cross bedding
交错层理模式☆cross-bedding pattern
交错层向量玫瑰花图解☆cross-bed vector rose diagram
交错层组☆cross measures; formset
交错垂直同步信号☆serrated vertical synchronizing signal
交错的☆staggered; interweaving; staggering; interlaced
交错地带☆intersected country
交错点☆tie point; tie-point
交错断缺的边排齿[牙轮钻头]☆ventilated hen tooth
交错对插☆interdigitation
交错法☆alternating method
交错沟槽(铸型)☆cross-groove
交错构造☆decussate{chessboard;staggered;drift} structure
交错骨☆ogive
交错焊☆zigzag weld
交错检验☆alternative test
交错截短的边排齿☆ventilated hen tooth
交错{叉}节理☆intersecting joint; cross joint(ing);
交错矿房矿柱开采法☆alternate stopes and pillars
交错{叉}矿脉☆intersecting{counter} lode{vein}; cross{counter} vein; counter; caunter; crossvein; counter(-)lode; countervein
交错连接{结}☆interdigitation
交错裂谷火山活动☆cross-rift volcanism
交错流痕☆current cross ripple mark
交错脉☆cross vein{lode;course}; counterlode; counter lode{vein}; countervein; crossed{interlacing} vein; rake
交错排列☆checker; staggered (pattern); stagger(ing)
交错排列的炮眼☆staggered hole
交错排列井☆staggered well
交错劈理☆transverse cleavage
交错频率信号图☆frequency-interleaved pattern
交错区群落☆ecotonal community
交错群落(区)☆ecotone
交错群落的☆ecotonal
交错山嘴☆interlocking spur
交错式布置☆double saw-tooth system
交错弯曲☆cross-bending
交错网格☆staggered-mesh
交错微层构造☆crossed-lamellar structure
交错纹层☆cross-lamination; cross lamina
交错纹理层☆cross-lamination
交错细脉☆gaw; interveinlet
交错小脉☆counterveins
交错效应☆interaction effect
交错岩相☆megafacies
交错叶层☆cross lamination
交错张量☆multivector
交错{叉}褶皱☆transverse{cross} fold(ing); interfolding
交错皱纹结构☆crisscross corrugated texture
交错状条纹长石☆interlocking perthite
交代☆replacement; replace; confession
交代超覆☆replacing overlap
交代沉积☆holmeic sediment; replacement deposit
交代假象☆pseudomorph by metasomatism {replacement}; metasomatic pseudomorph
交代矿物☆metasom(e); metasomatic{guest} mineral
交代溶液☆metasomatizing solution
交代物☆guest
交代型石灰岩☆dedolomite
交代学派☆transformist; metasomatist
交代岩体☆pluton
交代作用☆(metasomatic) replacement; metasomatism; metasoma(to)sis; metasomatose; substitution
交点☆point of intersection; intersection (point); node; cusp; intersect; nodal{crossing;cross-over;cutting} point
交点的☆nodical
交点法[三角测量]☆method of intersection; intersection method
交点后退☆regression of the node
交(叉)点式交换☆cross point switching
交点线☆nodal line; line of nodes
交点线法☆intersection-line method
交(点)周☆draconitic revolution
交叠(现象)☆crossover
交叠平均☆overlapping mean
交叠相加☆overlap-add
交沸石[$Ba(Al_2Si_6O_{16})\cdot 6H_2O$, 常含K; $(Ba,K)_{1\sim 2}(Si,Al)_8O_{16}\cdot 6H_2O$; 单斜]☆harmotom(it)e; andreolite; ercinite; andreasbergolite; staurobaryte; morvenite; hercynite; kreuzstein[德]; cross stone; andreolith; baryt-harmotome; staurolite; hyacinth; hyacinte; kreuzkristalle; mowenite
交锋水体☆opposing water mass
交付☆deliver(y); turnover; pay; hand over; consign; consignment
交付端热能成本☆cost of heat at point of delivery
交付能力☆deliverability
交付年☆year of delivery
交付前检查☆pre-delivery inspection; p.d.i.
交付使用☆commission; commission
交付条件☆terms of payment
交付者☆consigner; conveyer; consignor; conveyor
交钙沸石☆metascolecite
交感作用☆cross-coupling
交割日(期)☆prompt date; date of delivery
交给☆hand
交工试运(转)☆commission
交媾☆copulate
交合☆copula
交合汇流☆accordant junction
交互泵送☆cross-pumping
交互边拉边检查☆underrun
交互层☆alternating layer; alternation; alternated beds; alternation of strata; interbedded formation
交互层理☆cross-bedding
交互成十字形对生的[植]☆decussate
交互对生式[植物叶]☆decussation
交互分析☆interactive analysis
交互沟☆intertrough
交互关系☆cross-correlation
交互绘图系统☆interactive plotting system
交互检验☆cross-verification
交互扩散☆couple diffusion
交互面[腕]☆interarea
交互能谱☆cross-energy spectrum
交互耦合☆cross-coupling
交互谱☆cross-spectrum

J

交互上下扫描☆alternating up-and-down-sweep
交互式多光谱图像分析系统☆interactive multispectral image analysis system
交互式油罐结构☆in-and-out construction of tank
交互数据发生器☆interactive data generator
交互体系☆reciprocal system
交互图示系统☆interactive graphic system
交互相关☆cross correlation
交互褶皱☆alternate{alternating} fold
交互自动法☆alternative automated approach
交互组合[地震仪的排列]☆overlapping combination
交互组合的记录[震]☆overlapping recording
交互作业[人机交互处理]☆interjob
交互作用☆reciprocity; crosscorrelation; alternation; correlation; reciprocation; interaction; cross-linked action
交互作用系数☆interaction coefficient
交换☆exchange; commutate; barter; trade; change; commutation; interchange; transfer(ence); crossing-over; swap; truck; swop; chop; communication; reciprocation; alteration; trade-off; trs; exch.
(大气紊流)交换☆austausch
(货币)交换☆exchange
交换齿轮☆change gear
交换齿轮速比☆change gear ratio
交换储备库☆exchange reservoir
交换或转置☆EXTR; exchange or translate
交换机☆commutator; exchange[电话]; switchboard; interchanger; exch.; comm.
交换激励☆mutual excitation
交换剂☆exchanger
交换联络信号☆handshaking
交换律☆commutative law; law of commutation
交换码☆permutation code
交换能力☆exchange capacity; replacing power; exchangeability
交换器☆interchanger; exchanger; inverter; converter; permutator
交换室☆switchroom
交换台☆switch board [电话]; SB; (junction) board; switchboard
交换体☆permutoid
交换位置☆interchange; exchange position
交换系数☆austausch{exchange} coefficient
交换线路☆switched line
交换性☆commutativity; interchangeability; commutation
交换性铝☆exchangeable aluminium
交换性氢☆exchangeable hydrogen
交换性酸☆exchange acid
交换阳离子浓度☆concentration of exchangeable cations
交换整流☆transrectification
交换柱☆column
交换贮库☆exchange reservoir
交换子☆recon
交换作用☆exchange interaction; substitution; interchange process; alteration
交会[岩脉]☆confluent; intersection; rendezvous
交会的☆bilateral
交会法☆method of intersection; intersection method
交会角☆intersection angle; angle of crossing
交会图☆cross{X} plot; crossplot; CP
M-N 交会图☆M-N plot
交会图(法)☆cross-plot
交会图基线选择☆line plot selection; LPS
交会图右边界限值☆line right plot limit; LRPL
交会信号☆spill-over signal
交汇(地层)☆convergence
交汇带☆zone of convergence
交汇面☆boundary
交混回响☆reverberation
交货☆delivery
交货单☆delivery order{note;voucher}; D.O.
交货(后)付款☆cash on delivery; payment on delivery; COD
交货期[地层]☆time{date} of delivery; delivery date
交货前付款☆cash before delivery; CBD
交货日期☆date of delivery; delivery date
交货时间☆delivery time; dt
交货试样☆delivered sample
交货条件☆terms of delivery; delivery terms
交集☆intersection

交际☆intercourse; commerce; public relations; society
交键☆crosslinkage
交角☆intersection angle; angle of intersection
交接☆conjoining; join; connect; hand over and take over; associate with; copulation
交接班制☆shift system
交接处理☆handshaking
交接横木☆intertie
交接器☆splicer
交界的☆adjacent (to)
交界地区☆borderland; border land
交界面反漏斗作用☆interface upconing
交界频率☆crossover{transition} frequency
交界条件☆interface condition
交联☆cross(-)linking; cross link{linkage}
交联点运动☆junction motion
交联度☆cross-linking index; degree of crosslinking
交联多糖体系☆crosslinked polysaccharide system
交联瓜尔豆胶☆crosslinked guar
交联剂☆cross linker; crosslinking agent{chemical}
交联聚合物压裂液☆crosslinked polymer fluid
交联葡聚糖凝胶☆sephadex
交联羟丙基瓜尔豆胶☆crosslinked hydroxypropyl guar gel
交联桥☆cross-bridge
交联树脂☆cross-linked resin
交联网☆cross-branched network
交联作用☆crosslinked action
交链☆cross linkage
交链孢属[真菌]☆Alternaria
(离子)交链剂☆crosslinking agent
交流☆alternating (current); exchange; intercourse; traffic; communication; alternate current; interflow; talk; interchange; alt.
交流测量☆AC-measurement; alternating-current measurement
交流成分☆alternating component; AC; a.c.
交流(电)磁偶极子场☆A. C. magnetic dipole field
交流电☆alternating current; alternating {alternate} current; AC; A.C.; a-c; c.a.
交流电的角频率☆pulsation
交流电弧☆alternating current arc; ACA
交流电 R 型旋回破碎机☆A-C type R reduction gyratory
交流电压☆voltage alternating current; alternating voltage; VAC
交流电源☆main supply; AC (power) supply
交流哼声[感应]☆magnetic hum
交流换热(法)☆regeneration
交流换热的☆regenerative
交流记时计电动机☆telechron motor
交流控制的半导体元件☆ovonics
交流偏磁记录法☆a.c. bias recording
交流偏置记录☆ac-bias recording
交流器☆current transformer
交流去磁☆ac demagnetization
交流声[alternating current]☆ripple; hum; backdrop
交流声滤除器☆hum filter
交流声清除线圈☆hum-bucking coil
交流拖动☆A.C.{alternating-current} drive
交流噪声☆ripple noise
交流直流两用电动机☆universal motor
交镁沸石☆metathomsonite
交面☆intersection plane
交捻☆regular{cross} lay
交捻(钢)绳☆reverse laid rope
交配☆copulate; copulation
交配素☆gamone
交切☆intersect; intercept; transgress
交切剥夷面☆facet(t)ed surface of degradation
交切构造☆intersection loci; peiroglyph
交切弧[以共轭线为切线的弧]☆intercepted arc
交切矿脉☆intersected lode
交切面[德]☆schnittflache
交切山脚☆interlocking spur
交切线☆line of intersection
交情☆fellowship
交扰☆cross
交融☆blend
交涉者☆negotiant
交生☆intergrowth; intercrescence
交生法则☆law of intergrowth
交锁结晶☆interlocking crystal

交替☆alter(n)ation; interlace; interchange; cycling; trade-off; interleave; replacement; seesaw; alt.
交替变换☆checker
交替的☆alternating; alternat(iv)e; alternant; metagenic; cross
交替方向显式☆alternating direction explicit; ADE
交替方向隐示法☆alternating direction implicit procedure
交替函数☆alternant
交替后退式长壁开采(采煤)法☆longwall alternating retreat
交替活动的间歇泉群☆alternating geysers
交替给料板型静电选矿机☆alternative plate-type separator
交替交换☆chequer
交替解法☆sequential solution; SEQ
交替浸渍腐蚀试验☆alternate immersion test
交替拉压应力☆alternating tension and compression stress
交替能源地质学☆geology of alternate energy resources
交替喷出☆intermittent extrusions
交替群落☆alternes
交替扫描☆alternate sweep; staggered scanning
交替沙坝{洲}☆alternate bar
交替收放浮缆地震作业法☆yo-yo technique
交替双过滤☆alternating double filtration; ADF
交替突出山嘴☆overlapping spurs; interlocking spur
交替物☆alternative
交替应变幅度☆alternating strain amplitude
交替装载☆alternatively loading
交替状水系☆interchanging drainage pattern
交替自动法☆alternative automated approach
交替组合激发☆alternate array firing
交替作业☆alternate procedure
交调☆intermodulation
交调干扰☆beat interference
交通☆traffic; communication; be connected{linked}; liaison (man); tfc
交通安全评估☆appraisal of traffic safety
交通不便的☆out-of-the-way
交通传动{感}信号☆traffic actuated signal
交通工具☆communication equipment; vehicle; conveyance
交通管制信号☆traffic control sign{signal}
交通规则☆rules of the road
交通事故☆traffic hazard{accident}; road accident
交通竖井☆access shaft
交通艇☆crew boat
交通线☆communication line{routes}; L.C.
交通信号脱机控制☆traffic signal off-line control
交通引起的损坏☆traffic-induced damage
交通拥挤☆congestion
交通拥挤的道路☆traffic-bound{-compacted} road
交通拥挤地段☆bottle neck
交通运输工程☆traffic engineering
交通指挥灯☆traffic lights; trafficator
交往☆company
交纹锉☆cross{double} cut file
交纹图像☆Widmannstatten figure
交线[构造]☆trace; intersecting line; intersection (line)
交向摄影☆convergent photography
交易☆trade; traffic; deal; transaction; business; buy; truck; bargain; trade(-)off[公平]
交易人☆customer; client
交易所☆exchange
交易者☆negotiant
交油罐☆delivery tank
交越失真☆crosstalk
交运单☆shipping ticket
交织☆interlacing; interlace; anastomosing stream; interleave; interweave; intertwine; mingle; braid; weaving; interfelting[地层]; pilotaxitic[结构]
交织(物)☆intertexture
交织笔石属[O-S]☆Reticulograptus
交织长身贝属[腕;C_1]☆Vitiliprodactus
(使)交织成格子☆trellis
交织的☆interlaced; interweaving; interfelted
交织构造☆interlaced structure
交织河☆anastomosed stream
交织河道☆braided river course; anastomosing stream; braid
交织结构☆pilotaxitic (texture); damascened

交织结构蛇纹石☆interlaced serpentine
交织颗粒☆interlocking grains
交织三角洲汊河☆anastomosing-deltoidal-branch
交织水系☆anastomosing drainage; interlacing {braided} drainage pattern
交织图☆intersection chart
交织型☆anastomotic pattern
交织支流☆anabranch; anastomosing branch; valley braid
交织状☆plexiform
(河道)交织作用☆anastomosis; anastomosing
交直流镀覆耐蚀铝☆AC and DC alumite
交-直流可控硅驱动钻机☆AC-SCR-DC drive rig
交直流两用弧焊机☆AC & DC arc welding machine
交直流试验安培表☆universal-test ammeter
郯城庐江深断裂带☆Tancheng-Lujiang deep fracture
郊区☆environs; umland; suburb
郊外☆suburb; outskirts
郊野公园☆country park
郊猪属[E_3]☆Agriochoerus
浇☆dowse; douse
浇包☆foundry ladle
浇补☆casting-on
浇不足☆misrun
浇道☆sprue; runner pipe
浇地水沟☆farm waterway
浇钢硅☆bottom pouring brick
浇钢砖☆teeming brick
浇灌(砂浆)☆implacement
浇灌料☆refractory castables
浇黄三彩☆tricolor with tender yellow
浇口☆git; geat; (flow) gate; gating; deadhead; funnel; runner; wedge[顶注]
浇口杯☆feed head; basin
浇口布置法☆heading
浇口加热☆mouth annealing
浇口金属爆音[铸]☆runner shot
浇口砂☆runner sand
浇口砂刀☆runner slaker
浇沥青碎石路施工法☆precoat macadam method
浇沥青用工具☆asphalting tool
浇盆☆basin
浇砂光滑铬板☆grit blasted smooth chrome plate
浇水☆watering; water; spreading; dowse
浇涂☆flow coating
浇油工☆lube man
浇铸☆adlingl; cast(ing); funnel; teem
浇铸不满☆misrun
浇铸……的铅版☆stereotype
浇铸方法{过程}☆casing process
浇筑混凝土☆concrete
浇注☆cast; pouring; pour (over); running
浇注成的星形内腔火药柱☆casebonded internal star grain
浇注的混凝土☆cast concrete
浇注工☆pourer
浇注辊压成形法☆casting-rolling process
浇注口☆gate; pouring head
浇注裂缝☆crack pouring
浇注设备☆placing plant
浇注水泥☆cement for joints
浇注系统☆gating
浇注性[混凝土]☆placeability
娇笔石(属)[O_2]☆Abrograptus; allograptus

jiáo

嚼面[哺牙]☆abrasion

jiǎo

搅☆braid
搅拌☆churn(ing); stir (up); agitation; intermixing; mix(ing); stirring; crutch; agitate; mixture; beating; puddle; conditioning; rabbling
搅拌棒☆stirrer (bar); paddle; stirring rod; rabble
搅拌不足☆under mixing; undermining
搅拌层☆teetered bed
搅拌厂[混凝土]☆batch plant
搅拌池☆mixing pit[泥浆]; blending basin; slurry agitator; truck mixer
搅拌锅☆agitated kettle
搅拌灰浆☆mortar-mixing
搅拌机☆agitator; mixer; kneading{blending;stirring} machine; blunger; stirrer; blunder; pulper; rabbling hoe; masticator
搅拌计时器{计}☆mixometer
搅拌孔☆rabbling hole{door}; paddling door; poking hole
搅拌器☆treater; agitator (stirrer); dasher; stirrer; beater; blending plant; stirred tank; mixer; churn; rabbler
搅拌(析出)气☆blender gas; microgas
搅拌器链条和链轮驱动☆agitator chain and sprocket drive
搅拌器枢轴和支撑☆agitator pivot and support
搅拌器轴☆agitation{agitator} shaft
搅拌室☆agitation section; teeter chamber{column}
搅拌式泡沫浮选机☆agitation-froth machine
搅拌叶轮☆paddle wheel
搅拌叶片☆mixing impeller; agitating vane; stirring arm{blade;paddle;wing}
搅拌用碎石☆churning stone
搅棒☆stirrer (bar); stirring arm
搅拨杆☆poker (bar)
搅打☆beetle; whip
搅捣的黏土☆puddled clay
搅动☆agitation; flapping; agitating; mix; stir; stirring (motion); agitate; churning; sparge; mixing
搅动(液体等)☆rouse
搅动床层☆stirred bed
搅动浸出☆agitated leaching
搅动剖面☆disturbed profile
搅动洗涤☆agitator treating
(流矿槽)搅动箱☆dump box
搅动装置☆agitating device
搅动作用☆agitation
搅浑☆roil
搅浑的☆roily
搅和☆crutch; stirring
搅和机☆crutcher
搅炼☆puddle; puddling
搅炼炉用赤铁矿☆paddlers mine
搅炼生铁☆pig iron puddling
搅料器{机}☆poker
搅龙混合罐☆auger tank
搅乱☆scramble; overset
搅泥机☆pug mill
搅耙机☆rabbling hoe
搅频器☆scrambler
搅起☆stir up
搅气式浮选机☆Agitair flotation cell
搅松机☆dispersator
搅铁炉☆knobbling fire
搅土☆scarification; scarifying
搅土机☆pug mill; scarifier
搅土器☆scarifier
搅匀☆homogenize
铰板[腕]☆hinge plate
铰边☆hinge{cardinal} margin
铰槽[腕]☆hinge trough
铰齿☆(hinge) tooth; hoinge tooth
铰齿槽{窝}[双壳]☆fossette
铰齿构造[腕]☆dental apparatus
铰床☆reamer; rimer
铰刀☆reamer; rymer; rimer
铰蛤属[双壳;T-J]☆Cardinia
铰合☆hingement; hinge
铰合槽[腕]☆articulating socket
铰合区☆cardinal area; card
铰合突起☆knurling
铰脊☆cardinal costa
铰接☆hinge (joint); articulate; hinge-linked; join with a hinge; articulation; swing{articulated;twist;turning} joint; hinged{link} connection; swivel
铰接出油管滑架☆articulated flowline skid
铰接传动☆knuckle drive
铰(链连)接的☆articulated
铰接顶梁☆hinged{articulated;link;coupled} bar; articulated roof bar{beam}; linked roof bar
铰接顶梁铰接处的弯折[液压支架]☆ jackknifing
铰接杆件☆pin-jointed bar
(罐笼装车用)铰接钢轨☆drop-set{drop} rail
铰接构件装载机☆articulated-frame loader
铰接轨节☆drop rail set
铰接金属混凝土模板☆collapsible (steel) form
铰接可缩性拱形支架☆articulated yielding arch
铰接可旋转梁☆articulated swivel beam
铰接连接短管段☆articulated spool piece
铰接梁☆hinged girder; link bar
铰接螺母☆joint nut
铰接器☆Splicer
铰接式拖拉推土机☆articulated tractor dozer
铰接式拖运车组☆articulated tractor-trailer unit
铰接式装运(载)平台☆articulated loading platform
铰接支座☆hinged support; tumbler bearing
铰接轴☆hinged pivot; jointed shaft
(瓣型万向轴的)铰接轴公螺纹接头☆joint shaft pin
铰接转座式转载机☆articulated swivel beam loader
铰接装油塔☆articulated loading tower; ALT
铰孔☆ream; reaming; ream a note
铰孔机☆broaching machine
铰孔锥☆enlarging bit
铰链☆hinge; knuckle; butt; gemel; joint; anchor; but-hinge; articulation
铰链板☆flap
铰链的☆jointed; articulate(d)
铰链接合☆feather{knuckle} joint
铰链接头☆drawbar{hitch} head
铰链结构☆pin-jointed structure
铰链连接☆knuckle{hinge;eye} joint; articulated arm joint; connection link
铰链门☆hinged door
铰链平板溜{闸}口☆hinged apron stop
铰链式套管卡瓦☆hinged casing slip
铰链销☆joint{hinge} pin
铰链支柱☆articulated column
铰瘤[甲壳]☆hinge node
铰式导向装置☆knuckle guide
铰式的☆hinged
铰式接缝☆hinge joint
铰梭☆cardinal crura
铰台[腕]☆hinge{cardinal} platform
铰窝☆hinge{dental} socket; socket
铰窝底板[腕]☆fulcral plate
铰吸式挖泥船☆cutter head-suction dredger
铰销☆hinge pin
铰眼☆ream
铰缘刺[腕载贝]☆hinge spine
铰轴☆cardinal axis; pivot shaft
铰锥孔☆ream
铰座☆free bearing
矫光器☆orthoscope
矫频☆rectification
矫平☆flattening; leveling
矫顽(磁)力☆coercive{coercitive} force coercive force; coercivity; magnetization coercive force
矫顽(磁)力法☆coercimetry
矫顽(磁)力计[测定比表面积]☆coercimeter
矫形☆ortho-
矫形石膏管型☆corrective cast
矫形钻头[修整管子用]☆opening bit
矫正☆correct; rectify; put{set} right; level(l)ing; level; aligning; straightening; tru(e)ing; repair(ing)
矫正机☆arbor press
矫正楔☆deflecting wedge
矫正信号☆correcting signal
矫直☆lining; straighten(ing); realign; unbend; line up; tru(e)ing; levelling
矫直机☆straightening machine; straightener; reeler; stretcher
矫直器☆straightener
脚☆leg; pes; machine
脚标☆subindex
脚步☆footstep
脚部☆chest
脚蹬☆footstep
脚号☆subscript
脚基☆protopodite
脚基节☆coxopodite
脚尖站立☆toeing
脚扣☆climbers; climbing iron; grapnel; grapplers[攀电杆用]
脚烂的☆rotten
脚轮☆caster; castor
脚螺旋☆levelling{leveling} screw
脚煤☆cob
脚盘棒石[钙超;J-K]☆Podorhabdus
脚手板☆foot plank
脚手架☆false work; scaffold (bridge); falsework; framing scaffold; gallows; jack horse; scaffolding; staging; subtruss; tressel

J

脚手架板☆stage plank；staging
脚手架跳板(短)横木(楞)☆putlog；putlock
脚踏板☆deck{foot;decking;step} plate；treadle
脚踏翻卸器☆pedestrain-controlled dumper
脚踏开关☆foot-switch
脚踏式制动器☆foot brake
脚踏闸[汽车的]☆foot(-operated) brake；brake service；service brake
脚踏制动器☆service brake
(在)脚下☆underfoot
脚线☆(cap) leads；leading{leg} wire；fuses
脚须☆pedipalp(us) [pl.-pi]
脚须目[节;C]☆Pedipalpida
脚音☆footstep
脚印☆footprint；Jeholosauripus
脚印化石☆ichnolite
脚闸☆foot(-operated) brake
脚趾☆toe
脚趾甲☆toenail
脚注☆foot-note；footnote；subscript
脚爪形器具☆claw
脚子☆foots；bottoms
狡猾的人☆fox；weasel
角☆angle；horn[生]；corner；jiao [vessel for heating wine]；role；part；character；type of role；actor or actress；ancient three-legged wine cup；cant；cornu；promontory；angular；cobb；cape；nook
γ角[{100}面与{010}面间的夹角]☆gamma angle
角[解]☆cornu
角摆动☆angular oscillation
角斑玢岩☆keratophyrite
角斑岩☆ceratophyre；keratophyre；lenneporphyry
角斑岩的☆keratophyric
角板☆gusset[建]；gusset sheet；humeral scute；angle plate[机]
角爆数☆angle detonation
角贝(属)[软掘足类;E_2-Q]☆Dentalium
角倍率☆angular magnification
角边拉底炮孔{眼}☆corner lifter
角变位☆angular slip
角柄☆horn
角波函数☆angular wave function
角不变定律☆law of constancy of angle
角布里米尼虫科[孔虫]☆Ceratobuliminidae
角部天井☆corner raise
角部突起[藻]☆gonal process
角材☆angle
角测☆angular measurement
角叉☆tine
角叉菜属[红藻;Q]☆Chondrus
角撑☆angle brace{tie}；corner stay
角撑板☆gusset
角撑架☆angle bracket{table}；cantilever；cantalever；cantaliver
角齿藓属[Q]☆Ceratodon
角齿牙形石属[O_{1-2}]☆Cornuodus
角齿鱼☆ceratodus；Neoceratodus
角齿鱼属[T-K]☆Ceratodus
角尺☆angle (rule)
角椽☆angle rafter
角传动☆angle drive
角床☆Eckflur
角刺孢(属)[K]☆Veryhachium；Ceratosporites
角刺藻属[硅藻;Q]☆Chaetoceras
角粗砂岩☆sandstone grit
角蛋白☆keratin
角刀片☆angle blade
角的☆angular；angled
角的顶点☆angular vertex
角的对边☆subtense
角点☆angle{angular} point；angle-point
角点法[应力计算]☆corner-points method
角点应力系数☆stress factor of corner-points
角垫石[钙超;E_2]☆Lithostromation
角钉☆brad
角顶☆vertex；angular point
角定向☆angular orientation；attitude[摄影]；point orientation[金刚石]
角(运)动☆angular motion
角动力☆angular force
角动量守恒☆conservation of angular momentum
角度☆context；angle；angle；ang
角度不整合(面)下的岩系{物质}☆undermass
角度测定☆goniometry
角度测量☆angulation measurement
角度法☆angle method；method of angles
角度和距离测量☆angle and distance measurement
角度计☆goniometer；angle gauge
角度接头☆angled type adaptor
角度偏差☆angularity bias
角度平差☆adjustment of angles；angular adjustment
角度切剪机构☆angular shear mechanism
角度式压缩机☆angle compressor
角度误差☆angular misalignment{error}
角度增(加的速)率[定向钻进]☆rate of increase of angle
角多倍投影测图仪☆wide-angle multiplex projector
角发散法☆angular divergence method
角阀☆angle valve
角反射☆corner reflection
角反射器☆flasher
角方差☆angular variance
角房贝属[腕;Є-P]☆Goniophoria
角分☆minute of are
角分辨率☆angular{angle} resolution；angular resolving power
角分布☆angular distribution
角峰☆horn (peak)；pyramidal{monumental;point} peak；aretes pyramidal horns{peaks}
角缝☆angle seam
角钢☆L-bar；L-beam；angle bar{iron;section;steel}；butterfly；corner iron；knee-iron；angle(-shaped)
角钢椽条☆angle rafter
角钢梁☆angle beam；angle-beam
角蛤属☆angulus；Goniophora
角跟踪部件☆angle tracking unit
角汞矿[Hg_2Cl_2]☆mercurial horn ore；quick horn；mercurous{mercuric} horn ore；hornquicksilver
角钩式连接器☆ (ram) horn hook coupling
角刮板☆angle blade
角关系☆angular dependence
角管☆angle pipe
角罐{管}道☆corner guide
角规☆angle gauge
角硅华☆terpitzite
角海葵☆cerianthid
角海螂属[双壳;J-K]☆Goniomya
角海绵类☆Keratosa
角焊[Hg_2Cl_2]☆fillet welding；mitre{miter} fillet weld
角焊缝☆fillet (weld)
角焊接☆welded corner joint
角行程☆angular travel
角化(作用)☆cornification
(使)角化☆cutinize
角环[鹿角]☆burr
角环虫型{式}[环虫]☆cornulitid
角环藻属[E-N]☆Savitrinia
角基☆corner foundation
角基关节☆articulatio basicornualis
角畸变☆angular distortion
角加速度☆angular acceleration
角颊类[三叶]☆Gonatoparia
角甲鱼属☆Anglaspis
角甲藻属[K]☆Ceratocorys
角检测器☆angle detector
角鉴别☆angle discrimination
角接☆angle{fillet} joint
角接触☆angular contact
角接焊☆edge weld
角接接头☆corner joint
45°角接口☆miter；mitre
角阶☆Ecktreppe
角节点☆corner nodes
角界面☆angular interface
角筋贝属[O_3]☆Diceromyonia
角精度☆angular accuracy
(反九点井网中的)角井☆corner well
角镜☆angle mirror
角臼炮☆angle(-shot) mortar
角臼炮试验法☆angle-shot method
角矩☆angular moment
角距(离)☆angular distance
角蕨☆Horneophyton
角颗石[钙超;N]☆Angulolithina
角孔珊瑚属☆Goniopora
角口承接☆bird's mouthing
角块☆hornblock
角块状构造☆angular blocky structure
角宽度☆angular breadth{width}
角矿类☆cerates
角盔藻属☆Ceratocorys
角蝰属☆aspis
角扩展{散}[海浪]☆angular spreading
角蓝☆Cape blue
角砾☆rubble；angular pebbles；scree{scratch} debris；slither；rubblestone；rillenstein[德]；breccia[火山]
角砾斑杂石☆ataxite
角砾冰☆ice breccia
角砾大理岩{石}☆breccia marble
角砾(岩)的☆breccial
角砾古橄{铜}球粒陨石☆ngavite
角砾古橄无球粒陨石☆rodite
角砾(岩)化带☆zone of brecciation
角砾化的☆brecciated
角砾灰岩☆brecciola
角砾级碎片☆rubble size stick
角砾砾岩☆breccia{breccio}-conglomerate
角砾砂岩☆breccia {-}sandstone
角砾石☆rubblerock；breccia
角砾石橄无球粒陨石☆rodite
角砾碎石充填☆breccia-gravel filling
角砾碎屑☆angular grain chipping
角砾滩☆rubble beach
角砾岩☆rubblerock；breccia；grozzle
角砾岩带☆brecciated zone
角砾岩化☆brecciation
角砾岩碎片☆breccia fragment
角砾岩形成后矿石☆post-breccia ore
角砾岩柱☆breccia column
角砾岩自成作用☆autobrecciation
角砾云橄岩☆kimberlite
角砾云母橄榄岩层[含金刚石]☆kimberlite formation
角砾云母橄榄岩管状(矿)脉[金刚石管状脉]☆kimberlite pipe
角砾云母橄岩☆kimberlite
角砾质大理岩☆breccia marble
角砾状☆brecciform；breccioid
角砾状大理岩{石}☆ruin marble
角砾状(矿)脉☆chambered vein
角粒☆angular grain
角联分支零风量法☆method of zero air-quantity of diagonal branch
角联分支中风流方向☆direction of airflow in diagonal branch
角联网络☆diagonal network
(井架底座的)角梁☆corner beam
角量子数☆azimuthal{angular} quantum number
角亮度☆angular brightness
角檩☆angle purlin
角龙(亚目)☆Ceratopsia
角螺属[E-Q]☆Angularia；Angulyagra
角落[房间的]☆corner；cant；quoin
角马属[Q]☆Connochaetes
角毛藻属[红藻;Q]☆Goniotrichum
角煤[一种南威尔士烛煤]☆horn coal
角锰矿☆photicite[锰的硅酸盐和碳酸盐]；corneous manganese；tomosite；photizit；manganjasper
角锰石☆photicite；hornmangan
角秒☆second of arc
角膜☆cornea
角膜滞后性☆Corneal Hyteresis
角盘☆burr
角棚☆corner set
角皮☆cuticle
角皮质☆cutin
角偏向☆angular deviation
角偏转☆angle deflection
角漂砾☆angular drift
角频☆angular frequency
角频率☆angular{cyclic；circular；cycle；radian} frequency；pulsatance
角平分线☆angular bisector
角-平均法[定向井计算法]☆angle-averaging
角铅矿[$Pb_2(CO_3)Cl_2$；四方]☆phosgenite；horn{corneous} lead；galenoceratite；kerasine；kerasite；lead chlorocarbonate；cromfordite；matlockite；cerasin(e)；hornlead；cerasite；chrome {-}fordite；kerasin；phosgenspath
角球虫☆ceratosphere
角球体藻[Z]☆Cornutosphaera

角驱动☆angle drive
角取向☆angular orientation
角容限☆angular tolerance
角朊☆keratin；keratine
角鳃弓☆ceratobranchials
角鳃骨☆os ceratobranchiale；ceratobranchial bone
角色☆character；char.；role
角鲨属[K-Q]☆Squalus；dogfish
角鲨烷☆squalane
角鲨烷柱[色谱仪的]☆squalane column
角鲨烯☆squalene
角珊瑚目☆antipatharia
角珊瑚属[D_2]☆Keriophyllum
角山☆hornberg
角闪玢岩☆orbite
角闪玢岩质☆orbitic
角闪二长霏细斑岩☆maenaite porphyry
角闪二长霏细波登斑岩☆osloporphyry
角闪二辉麻粒岩☆pyribolite；piribolite
角闪辉霞岩☆mestigmerite
角闪片麻岩☆hornblende gneiss
角闪片岩☆hornblend(e){hornblendic} schist；hornblende-schist；amphibole-schist
角闪石[$(Ca,Na)_{2-3}(Mg^{2+},Fe^{2+},Fe^{3+},Al^{3+})_5((Al,Si)_8O_{22})(OH)$]☆keraphyllite；hornblend(e)；ker(at)ophyllite；diastatite；amphibole；karinthine；fasciculite；speziaite；syntagmatite；amphibolite；horn blende；emeraldite；diallogon；syntagmit；carint(h)inite；carinthine；rimpylite；orniblende
角闪石化(作用)☆amphibolization
角闪石类☆amphiboles
角闪石麻粒岩亚相☆hornblende-granulite subfacies
角闪石棉☆asbestinite；amiant
角闪石岩☆amphibololite{amphibolide} [火成岩]；hornblendite；hornblende rock
角闪石云母片岩☆amphibole mica schist
角闪苏橄岩☆valbellite
角闪钛辉斑岩☆yamaskite porphyry
角闪岩☆amphibolite；irestone；hornblendite
角闪岩化(作用)☆amphibolitization
角舌骨☆ceratobyal；ceratohyal
(反九点井网中的)角生产井☆corner producer
角石[类似燧石的硅石]☆hornstone；keratite；kornite；irestone；angle{quoin} stone
角石花菜☆agar-agar
角石藻属[C-Q]☆Goniolithon
角式喷燃器☆corner{tangential} burner
角式燃烧☆tangential firing
角视立体图☆corner cube
角-数转换器☆angle-to-digit converter
角素☆keratin
角速度☆angle{angular} velocity；circular frequency；angular speed{rate}；palstance
角碎块☆angular fragment
角碎屑☆anguclast
角塔☆turret
角苔类☆Anthoceratae
角苔属[苔;Q]☆Anthoceros
角苔藓虫属[N-Q]☆Hornera
角铁☆angle iron{bar;block}；butterfly；corner iron；L-iron；angle
角铁杆柱{柱杆}☆angle tie
角铜矿☆copper horn ore
角投影☆angular projection
角投影器☆angulator
角头虫属[三叶;O_2-D_2]☆Ceratocephala
角凸藻属[E_3]☆Prominangularia
角突☆horn；cornu
角托☆angle bracket
角托架☆corner bracket
角微商☆angular derivative
角尾☆square tail
角位移☆angular displacement{rotation;slip}；angle displacement
角误差☆misalignment
角铣刀☆angle cutter
角系数☆angular coefficient；angle factor
角隙避雷器☆horn gap arrester
角相关函数☆angular correlation function
角相位☆angular phasing
角向分布☆angular distribution
角楔☆timber blocking
角谐运动☆angular harmonic (motion)
角心☆horn core
角心蛤属[双壳;T_3]☆Cornucardia
角星鼓藻(属)[绿藻]☆Staurastrum
角形板☆angle plate
角形变☆angular deformation
角形的☆horny；angled；angle
角形反射☆corner reflection
角形钢垫板☆cap angle
角形颗石[钙超;E_{2-3}]☆Goniolithus
角形坡脊瓦☆angle hip tile
角形剖面☆angle section
角形亚目[哺]☆Ceratomorpha
角锈孢锈菌属[真菌;Q]☆Roestellia
角宿一☆Spica
角旋塞☆angle cock
角旋转☆angular displacement{rotation}
角牙形石分子☆angulodus element
角岩☆hornfels；hornstone；keratite；kornite；hornberg；horn stone；irestone；petrosilex
角岩化☆hornfelsed；hornfelsing
角岩状斑岩☆hornstone porphyry
角羊属☆Oioceos
角页岩☆hornfel；irestone；corniferous rock；hornberg
角页岩相☆hornfels facies
角移☆angle displacement
角移式制动器☆angular motion post brake
角因数☆angle factor
角银矿[Ag(Br,Cl);AgCl;等轴]☆chlorargyrite；horn{-}silver；kerargyrite；kerargyrite；cerargyrite；corn(eous) silver；kerat；argyroceratite；kerargyre；keratite；silfverhornmalm；ostwaldite；ceyargyrite
角银矿类☆kerargyrite；cerargyrite；corn(eous) silver；horn-silver
角樱蛤属☆angulus
角盈☆angular excess
角应变☆angular{shear(ing);angle} strain
角隅☆corner；cant
角隅填密法☆filleting
角域☆angular domain
角缘应力集中☆corner stress concentration
角凿☆corner{bent} chisel
角藻属[Q]☆Ceratium；Polyedryxium
角闸阀☆angle gate valve
角针海绵目[Є-Q]☆Cornacuspongia
角振荡☆angular oscillation
角枝牙形石属[T]☆Cornuramia
角支座☆corner foot
角值☆angular value
角制的☆horny
角质☆keratose；cutin；horny；exinite；keratin
角质层☆horny layer；peri(o)stracum；cutic(u)le；cuticular substance；stratum corneum；corneum
角质层分析☆cuticular analysis
角质层煤☆cutinite coal
角质层油☆cuticle oil
角质的☆horny；cornified；keratose；keratode；corneous
角质海绵属☆Ceratosa
角质化☆keratinzation
角质化的☆cuticulate；cuticulized
角质鳞☆squama cornu
角质鳞板☆scute
角质鳍条☆actinotrichium；ceratotrichia
角质酸☆cutic acid
角质体[烟煤和褐煤]☆cutinite；cycloatane
角质纤维角[犀类]☆keratin-fiber horn
角质岩泥☆horn meal
角质组☆exinite；exinoid group
角主枝[生]☆beam
角柱[井筒支架]☆corner post
角状☆turbinate
角状的☆angled；corniform；angle-shaped
角状浇口☆horn gate
角状孔隙☆angular interstice
角状平旋[孔虫;壳]☆cornuspirine
角状砂☆sand horn
角状水系☆angular drainage pattern；angulate drainage
角状碎屑☆anguclast
角状突起☆angular process；horn；cornu
角状外壳的[硅藻]☆cornutate
角状岩☆hornstone
角状藻迹☆ceratophycus
角状褶皱☆chevron-style fold
角锥☆cavity liner；pyramid
角锥铲☆bull point
角锥池☆conical thickener
角锥虫属[孔虫]☆Verneuilina
角锥(法)掏槽☆angle-cut；angled{pyramid} cut
角锥箱分级机☆V-vat
角锥形☆pyramidal
角锥形齿[辊碎机齿辊上]☆pyramid teeth
角锥形掏槽炮眼组☆diamond{pyramid-cut} round；pyramid cut holes
角锥形箱☆spitz
角锥钻头☆boulder buster
角籽属[植;C-P]☆Cornucarpus
角组合地震计☆angular composite seismometer
角嘴李氏叶肢介(属)[P]☆Rostroleaia
角坐标☆angular coordinate
缴款通知单☆paying in slip
缴清☆pay up
缴税通知书☆notice of tax payment
绞☆wring；wrench；skein
绞笔石属[O_2]☆Plegmatograptus
绞层孔虫属[D_2]☆Plectostroma
绞车☆windlase；hoist (truck;engine)；(hoisting) winch；holster；haulier；gin；gig；hoister；drawworks；crab{lift} winch；drum；winder；draw works；winding barrel；wind；cable hoist[钢绳]
绞车超速紧急制动装置☆hoist overspeed device
绞车的猫头轴部分☆catworks
绞车的提升时期☆run-time period
(用)绞车吊起☆windlase
绞车吊桶☆windlass bucket
(钻机)绞车顶部横梁☆head board
绞车硐室☆drum head；tugger station
绞车房☆hoist{hoisting} room；winder chamber
绞车副司机☆tending hoist operator
绞车滚筒☆drum spool；winch barrel{dram}；rope roll
绞车卷筒☆hoist drum；winding barrel
绞车拉绳☆crab rope
绞车平台☆drum head
绞车绳☆winch rope；catline
绞车司机☆hoistman；bandsman；brake{brakes;puffer} man；drag{hoisting;hoist;operating} engineer；hoist operator{driver}；keeper；winch driver{operator}；winding engine driver；winder operator；winchman；drumman
绞车司机与吊桶之间的信号☆skiddo sign(al)
绞车松闸开关☆hoist slack brake switch
绞车提升☆wind
绞车斜井☆engine plane
绞车用钢绳☆winch rope
绞车轴承立支柱☆jack posts
绞车主动轴万向节☆winch drive shaft universal joint
绞车自动减速器☆slow banker；slow banking apparatus
绞成股的☆stranded
绞床☆rymer
绞刀☆cutter head；cutterhead；reamer；drift
绞刀式挖泥机[土]☆cutter dredge
绞合☆lay-up；ply
绞合面☆cardinal area；interarea
绞合线☆dorsal edge{margin}；Litzendraht
绞键轴☆articulation
绞接☆splicing
绞结笔石(属)[O-C_1]☆Desmograptus
绞结球石[钙超;E_2]☆Daktylethra
绞结叶肢介属[节;K_2]☆Plectestheria
绞结状的[骨针;绵]☆desmoid
绞进☆heave in
绞孔☆ream
绞孔机☆broacher
绞孔螺栓☆reamer bolt
绞孔锥☆reaming bit
绞口螺属☆Plocostoma
绞龙式混砂机☆continuous mo(u)ld-pouring machine
绞辘☆fall；tackle
(用)绞辘吊拉☆bouse
绞轮☆knurled wheel；drum
绞轮式提升机[用扁钢丝绳]☆bobbin hoist
绞轮提升☆bobbin winding；wem；whim；windlass
绞扭器☆twister
绞盘☆hoisting winch{unit}；capstan；turn stake；cable stock；capstan winch[带竖式卷筒]；bullock

J

gear；gin；capsal；cathead；winch；whim；windlass；puller
绞盘导轮☆jackanapes
绞盘机☆capstan engine；drumhead；gypsy yarder
绞盘辘轳☆crab winch
绞盘升降机箱☆capstan cage；maryanne
绞盘式挖沟机☆capstan plough
绞盘手柄☆hook handle
绞盘提升用松紧链☆spinning chain
绞盘头☆rundle
绞起☆bouse
绞绳结☆sheet becket bend
绞筒☆drum
绞头螺旋☆capstan-headed screw
绞吸式挖泥船☆cutter suction dredger
绞线☆cross；cable；stranded conductor；twisted wire
绞综☆doup

jiào

教☆coach
教导(的)☆teaching
教会☆church
教科书☆schoolbook；textbook；text
教练☆training
教练机☆trainer；schoolaeroplane；schoolairplane；teacher
教练舰{船}☆schoolship
教练员☆coach；trainer
教区附属学校☆parochial
教士☆parson
教室☆schoolroom
教授☆professor；Prof.
教唆☆instigate
教堂☆church
教学☆teaching；tuition
教学大纲☆syllabus [pl.-bi]
教学电视☆instructional television；I.T.V.
教学法☆pedagogy
教学工作讲授☆teaching
教训☆discipline；moral；lesson
教养☆breed
教育☆instruction；train；school；education；nurture
教育电视☆educational television；ETV
教育学☆education；pedagogy
教员☆instructor；teacher
(高等学校)教职员☆faculty
校订☆revision；emendation；edit；editorship
校对☆collation；collate；proof(reading)；master check
校对测规☆reference gauge
校对机☆interpolator；collator
校对粒度☆checking size
校对取样☆check sample{sampling}
校对系数☆calibration factor
校对员☆reviser
校核☆check；output test
校核表☆reference table
校核分析☆check{control} analysis
校核过的☆gauged
校核计量☆alternate measurement
校核井深[比较钻杆总长与钢缆总长]☆bottom up
校核试验☆check test；test revision
校核试样☆control sample
校检内孔直径☆drift test
校径规☆calibrator
校勘☆emendation
校平☆level(l)ing；smooth
校平螺钉☆foot{leveling} screw
校平器☆deaccentuator；level(l)er
校色滤光片☆color correction filter
校时☆timing
校速电极[地层倾角测井仪的]☆speed electrode
校窝板☆socket plate
校验☆gauging；check；scan；check-up
校验机☆collator
校验记录[测井]☆calibration tails
校验炮观测☆checkshot survey
校验用仪器☆proving instrument
校验员☆checker
校验值☆proof test value
校正☆adjust；update；correct(ion)；compensation；correctness；calibrate；checkout；adjustment；revise；smoothing；compensate；true up；alignment；rectify；rectification；normalization；proofread and correct；straightening；co-alignment；stepback[位置]；master check；police[陀螺仪]；rev
校正安设距离☆spread correction
校正爆破位置高度☆correction to the elevation of the shot
校正表☆checking list；table of correction；correction chart{table}；gauge table
校正不当☆misalignment
(压力计)校正槽☆calibrating bath
校正常数☆meter constant
校正场☆adjusting yard
校正的☆corrective；corrected；rectified；remedial；update；rect.
校正法地热温标☆calcium-corrected geothermometer
校正风化低速带☆weathering correction
校正杆☆proof{trial;infinity} bar
校正高度☆elevation correction
校正公式☆correction formula
校正轨距者☆gagger
校正过本底的☆background corrected
校正过的☆gauged
校正过度☆overcorrection
校正后的恢复压力☆corrected buildup pressure
校正基线☆check baseline
校正接头☆calibration-sub
校正卷尺长度☆tape correction
校正联轴器的千分表☆dial indicator
校正脉冲☆correction pulse；impulse correction
校正密度测井孔隙度☆corrected density porosity
校正偏移☆correct drift
校正频率☆frequency correction
校正器☆corrector；calibrator
校正曲线☆calibration curve
(井的)校正(过的)深度☆corrected depth；CD
校正视差☆parallax correction
校正算图☆correction nomograph
校正台[测斜仪]☆test stand
校正调整☆master set
校正温度☆corrected temperature；Tc
校正误差☆correction error
校正系数☆index correction；coefficient{factor} of correction；correction factor{coefficient}；CC；IC；CF
校正线☆Lubber's line
校正信号☆correcting{correction;phasing} signal；corrective command
校正因子{数}☆correction factor
校正载荷矩阵☆corrective load matrix
校正中子测井孔隙度☆corrected neutron porosity
校正重力场局部变异☆correction for regional change in gravity
校正装置☆adjusting device
校直☆align；alignment；straightening
校直工具☆tool for alignment
校直井眼☆hole straightening
(一种)校直井眼扩眼器☆hollow reamer
校直弯井☆fanned bottom
校直装置☆co(-)alignment；straightener
校中☆centering
校准☆calibration (chart;scale;table)；sizing；gauging；collimate；calibrating；tru(e)ing；tare；adjustment；rating；collimation；regulation；try；standardization；true-up；verification；graduation；adj；CAL
校准表☆calibration scale{chart;table}；correction card
校准车间☆adjusting shop
校准(重)锤☆check weight
校准的喷嘴☆calibrated nozzle
校准分贝☆decibel adjusted；dba
(测面仪)校准基圆☆circle of correction
校准计量给料机☆calibrated feeder
校准键☆aligning key
校准块规☆master gauge block
校准量规☆control gauge
校准能力☆rated capacity
校准坡度的☆graded
校准器☆calibrator；calibrating device；etalon；aligner；reference (standard)
校准设备☆calibrator；correcting device
校准物☆calibrant
校准系数☆calibration coefficient；variance factor
校准相片☆adjusted picture
校准压力☆base measuring pressure
校准仪☆calibration instrument；prover
校准用副转换开关☆master subswitcher
校准用仪表☆calibration instrument
酵(素)☆ferment
酵菌☆yeast-like fungi
酵母☆zyme；yeast；barm
酵母属[真菌;Q]☆Saccharomyces
酵气☆fermentation
酵素☆enzyme；ferment
酵素化学☆enzymology
轿车☆cab；sedan；saloon
较差☆range
较差法☆differential method
较长回次进尺☆longer inner run
较粗的钻屑☆chipping
较大的☆major；Maj.
较大限制{|允许}信号☆more restrictive{|favorable} signal
较低的[金刚石]克拉耗量☆lower carat consumption
较低低潮☆lower low water
较低强度的☆lower-key
(在)较低水平露出的煤层☆outfall
较低硬度的中间密封元件☆lower durometer center
较多的☆superior
较高基准(水平)☆higher datum level
较高级变质岩☆higher-rank rock
较高优先级目标☆high-priority goal
较好的☆preferable
较好烃源岩☆fair source rock
较老的地质建造☆geologic(al) low
较老地质建造☆geologic low
较量☆fight-off
较年轻的☆younger；yr.
较平缓的翼☆flank of less inclination
较轻同位素的样品☆isotopically-lighter sample
较少☆less；minor
较晚出现的☆meta-；met-
较显著面[事物两面的]☆obverse
较小的[二者中]☆minor；min.
较小地震☆minor earthquake
较小动物群☆meiofauna
较新(的)地质建造[油田]☆geologic(al) high
较有利于☆outweigh
较重同位素的样品☆isotopically-heavier sample
较重组分☆heavy component
叫☆call；cause；bark
叫顶☆jowling
叫喊☆exclamation；shriek；screech
叫回☆recall
叫嚷☆blare
叫通信号☆calling-on signal
叫做☆call；be referred to as；term
窖☆pit；silo

jiē

揭顶☆unroofing
揭发☆show up；disclosure；report
揭盖图☆peel map
揭开☆uncover(ing)；disclosure；reveal；open
揭露☆uncap；expos(ur)e；uncovering；outcrop
揭露地区☆exposed country
揭露含水层的井☆tapping well
揭露煤层[露]☆coal-seam uncovering
揭露剖面☆open cut
揭棉程度☆degree of asbestos fiber opening
揭膜法☆distrip method
揭泥皮☆goosing
揭片☆peel
揭示☆reveal
揭示出来的☆laid bare
揭示牌☆billboard
接岸冰(前沿)[日;俄]☆polynya offedge of shore ice
接岸平原☆chenier plain
接班班长☆connection foreman
接班船☆crew boat
接边[图幅]☆edgefit；junction；fitting curve
接插板☆pinboard；plugboard
接插兼容主机☆plug compatible mainframe；PCM
接长☆marriage；adding；lengthening
接长臂☆adjutage
接长轨道☆track advancing；advancing the track；advancing rail
接长加大☆jumboisation；jumbo(r)izing；jumboization
接长件☆extension{lengthening} piece

接车进路信号机☆route signal for receiving
接车信号☆receiving signal
接尘(时间浓度积)☆dust exposure (unit)
接(触粉)尘时间☆dust-exposure length
接成变质☆temperature-gradient{constructive} metamorphism
接尺骨☆ulnare
接触☆contact; contiguity; touch; junction; come into contact with; get in touch with; engage; osculation
接触比☆contact ratio; engagement factor
接触变形☆juxtaposition metamorphose
接触变质☆contact metamorphism; anaphryxis
接触变质冰碛☆clinkertill
接触变质煤☆dundy; clinker; humphed{deaf;smudge} coal; jhama
接触表面☆contact surface; surface in contact
接触充电☆charging by conduction
接触带☆contact zone{bed;strip}; (zone of) contact
接触单元☆osculating element
接触的☆contiguous; oscillatory
接触点☆(contact) point; point of contact{attachment}
接触点焊☆electric spot welding
接触电流☆pickup current
接触电偶☆voltaic couple
接触电刷☆contact brush; wiper
接触电压☆contact tension; touch potential
接触电阻很高的接头☆high resistance joint
接触断路器☆contact breaker; cb.
接触法井径测量☆contact caliper log
接触防护☆shielding from contact
(油气)接触分离☆flash separation
接触过滤☆clay contacting; contact filtration
(皮带与皮带轮间的)接触弧☆arc of contact
接触火成交代矿床☆contact pyrometasomatic deposit
接触火花件☆contact-sparking piece
接触极化曲线法[勘探]☆contact polarization curve method; CPC method
接触剂☆catalyst; contact agent
×接触剂[烷基苯磺酸]☆Petrov 750
接触键☆torch-key
接触交代成矿作用☆ore-forming process of contact metasomatism
接触角☆angle of contact{wrap}; contact angle
(铣刀的)接触角☆engaged angle
接触角的阻滞(现象)☆hysteresis of contact angle
接触矿化☆Contact mineralization
接触脉岩☆dissogenite
接触面☆contact (surface;plane;face); interface; immediate surface; contact area{area contagionis}[孢]; surface of contact; plane of junction{contact}; juncture plane; active flank
(在)接触面上涂汞☆wetting
接触片岩☆blavierite
接触器☆contactor (unit); contact (switch;device); switch; Ctt
接触器盘☆contact panel
(表面)接触强度☆surface durability
接触切断电火花☆contact-breaking spark
接触倾入线☆contact plunge line
接触区长度☆bearing length
接触热阻☆thermal contact resistance
接触晒相机{印片机}☆contact printer
接触时间☆duration of contact; contact time
接触式机车信号设备☆electromechanical cab signaling
接触式信号导线☆trolley contactor
接触刷☆wiper
接触速度☆contact velocity; rapidity of contact
接触弹簧☆cat whisker
接触显微放射照相☆contact micro(-)radiography
接触线☆contact line; trace; oscillatory; lineal contact
接触线夹☆ear clinch
接触相☆border facies
接触岩☆tactite
接触应力传感器☆contact stress transducer
接触应力所生压痕☆brinelling due to contact stress
接触(变质)晕☆thermal aureole
接触针孔法[光象的]☆contact pinhole method
接错☆bust
接带器☆splicer
接待☆reception
接待科☆Reception Section
接待人☆receiver
接待室☆chamber; anteroom; antechamber
接单根☆pipe connection; making a connection
接地☆ground (connection;contact); earthing; put to earth; earth (connection); grounding; contact to ground {earth}; earthed; touchdown; grnd; gnd; grd; Gr.
接地板☆earth{ground} plate; earth-plate; ep
接地不良☆imperfect{bad} earth
接地槽示灯☆groom lamp
接地电极☆ground-electrode; earth electrode
接地电抗☆neutralator
接地电容☆direct earth capacitance
接地电刷☆ground brush; g.b.; GB
接地电阻☆ground{earth;earthing;stake} resistance; earth-resistance; resistance of ground connection
接地故障☆earth{ground} fault; earth-fault
接地回线☆earth return (circuit); earth-return circuit
接地检查仪☆earthometer
接地检验导线☆ground-check conductor
接地检验线☆ground-check wire
接地开关☆ground{grounding;earth} switch; e.s.
接地链☆safety chain
接地屏蔽☆grounded{earth;ground} shield
接地线☆ground wire{line;cable;lead;connection}; ground a line; earth wire{connection}; bonding wire[从车船上导走静电和杂散电流]
接地线端☆carry off to ground
接地指示仪☆ground monitor
接点☆joint intersection; hinge; contact; tip; junction point[阴极防护]; connection point
接点闭合(差)☆junction closure
接(触)点法线☆contact normal
接点指☆contact fingers
接电器☆circuit closer; (current) collector
接发车进路信号机☆route signal for receiving departure
△接法[三相电的]☆delta
接封{缝}黏结纸带☆joint binding tape
接峰面☆gipfelflur
接缝☆joint; join; flat; welt; seam; butment; suture
接缝刨☆jointer
接缝材料☆jointing material
接缝机☆seamer
接杆☆extension rod{drill}; drill-pipe connection; extension drill steel; jointed{adding;sectional} steel
接杆钢钎☆extension drill (steel); adding steel{rod}; extension{jointed} rod; sectional steel
接杆时间☆makeup time
接杆凿岩☆sectional steel drilling; extension drilling
接杆凿岩工具☆extension drill-steel equipment
接杆钻眼{进}☆sectional steel drilling
接钢工☆catcher
接钢绳☆marry the rope
接高管装置☆riser system
接箍☆collar (bushing); pipe collar; box coupling; coupler
接箍被卡钻杆☆collar-bound pipe
接箍测井☆collar log{ton}; CCL
接箍测探器☆collar finder
(带)接箍(一)端☆coupling end
接箍防漏箍☆collar leak clamp
接箍连接☆collared connection
接箍连接的套管☆collared (joint) casing; pipe casing
接箍式油管吊卡☆collar-type tubing elevator
接箍用机械上紧☆coupling power tight
接骨木粉属[孢]☆Caprifoliipites
接管☆take over (functions){control}; swivel; take-over
接管的☆piped
接管管箍☆stringing coupling
接管机☆bulb-tubulating machine
接管填密☆pipe packing
接管子用大钳☆make-up tongs
接管嘴☆union
接轨垫板☆joint chain
接合☆joint (action); junction[地层]; juncture; jointing; interface; join; engagement; gang; engage; anastomosis; coupling; mating; catenation; jog; knit; splicing junction; connection; coalescence; junc; link; splice; piece; articulation; zygosis[绵网状骨片]
接合贝☆composita
接合贝属[腕;C-P]☆Composita
接合冰斗☆inosculating cirque
接合部☆copula
接合齿☆engaging gear
接合处☆joint; connection; join; junction; connexion; commissure; butt
接合带☆juncture; assemblage zone; suture
接合的☆anastomosing; joint
接合点☆juncture; joint; join; junction (point); butment
接合缝☆seam
接合管☆joint pipe; conjugation tube
接合后个体☆exconjugant
接合基板[棘海蕾]☆zygous basal plate
接合机构☆engaging mechanism
接合脊[介]☆zygal ridge
接合剂☆binding agent; bonding admixture
接合件☆fitting piece; fastener
接合菌(目{纲})☆zygomycetes
接合[原告和被告的]联合诉讼☆joinder
接合面☆joint (face); commissural{composition; combination;juncture} plane; plane of commissure {junction}; mate; composition surface{plane of composition} [双晶]; commissure[植]; junction surface
接合面的密封件☆connection seal
接合面密封的由壬☆ground-seat union
接合皮带☆split belt
接合平面☆composition plane
接合器☆bonder; splicer; (contact) makerr; connector; jointer; (socket) adapter; adapto; articulator; abutment; claw[皮带的]
接合区☆land
接合式塞药棍☆sectional loading stick
接合双晶☆combined twinning
接合凸缘☆union flange
接合图☆index map{chart}; index [pl.indices]
接合物☆jointer; lace; lacing; joiner
接合销钉☆bayonet
接合销连接的电缆密封接线盒☆bolted cable coupler
接合效率☆efficiency of joint
接合性☆connectivity
接合藻类☆conjugatae
接合子☆zygospore; zygote
接环☆eye splice
接机壳用金属片[飞机上]☆bonding strip
接济☆finance
接续汇流排☆connecting busbar
接间螺母☆collar nut
接界☆bordering; butment
接近☆gain; engagement; contiguity; near; approach; be close to; access(ion); proximity; close(ness); borde; vicinity; propinquity; neighbo(u)r(hood); verge
接近(的)☆oncoming
(行星等)接近☆appulse
接近边际的资源☆submarginal{paramarginal} resources
接近采完{尽}的井☆marginal well{producer}
接近垂直的井☆near-vertical well
接近(星体)的飞行探测☆flyby mission
接近地表的矿脉☆day
接近分选比重的物料☆near-gravity material
接近合格粒度的给料[磨机]☆near-finished feed
(波的)接近角☆angle of approach
接近开关☆proximity switch
接近矿体☆access to the orebody
接近理想的充填☆near-perfect pack
接近连续式机车信号☆approach continuous cab signaling
接近陆地浮标☆landfall buoy
接近排列法☆close spread
(与地层压力)接近平衡的静水压头☆near balanced hydrostatic head
接近球形☆subglobular
接近筛孔尺寸的☆near-mesh
接近筛孔的物料床层☆near-mesh bed
接近衰竭的井孔☆ageing well
接近(目标)速度☆velocity of approach
接近信号☆approach signal
接井间☆sinking compartment
接口☆interface[外部设备用]; joint; seam; mouthpiece
接口分路☆interface bypass; IB
接口管圈☆mouthpiece
接口技术☆interfacing

J

接口设备☆interface equipment
接口图☆mouth piece
接口信号图☆interface signal chart
接口序列超时☆interface sequence timeout
接口装置☆interfacer；interface unit
接浪☆on-surge
接立根时间☆connection time
接力泵☆line pump
接力变质☆constructive{temperature-gradient} metamorphism
接力捣堆机☆pull-back machine
接力地震☆relay earthquake
接力运输☆intermediate{relay} haulage
接连锤打☆hammer
接连的☆successive；successional；running
接霉属[真菌]☆Zygorhynchus
接面☆composition face{plane}
接母线盒☆busbar adapter
接目镜☆ocular lens；eyeglass
接纳☆admit；accommodate；take up；admission；reception
接纳体☆accepter；acceptor
接纳为会员或分支机构☆affiliate
接皮带☆lace
接片☆tab
接钎☆brazing
接签☆coupling
接任☆take over functions；take-over
接入☆couple{switch} in；cut-over
接入的☆poled
接上☆abut；nipple up
接上最后单根[产油开始前]☆bottom up
接绳☆splicing
接收☆catch；capture；perception；receiving；take-over；acceptance；reception；receipt
接收的☆received；recipient；rec；recd
接收点静校正☆receiver static correction
接收范围☆acquisition range
接收海上油井生产原油的改装油轮☆holding vessel
接收机"品质因数"☆goodness of a receiver
接收机辐射信号☆blooper
接收盘☆take-up reel
接收频带响应☆receiving band response
接收器☆receiver；catcher；boot；collector；receptor；accepter；acceptor；sink
接收器轴☆receiver axis
接收区☆region of acceptance
接收时间☆on time
接收卫星信号持续时间☆pass
接收狭缝☆entrance{receiving} slit
接收站☆accepting{receiving} station
接手脱落☆parting of coupling
接受☆embrace；take；holding；acceptation；recipiency；recipience；adoption
接受补偿意愿☆willingness to accept；WTA
接受的☆recipient
(蒸馏用)接受管☆adopter
接受力☆capability
接受面积☆receptor area
接受判据☆acceptance criteria
接受器☆holding{receiving} tank；catch(er)；receiver；acceptor；boot；accepter；receptacle；receiving device；udell[冷凝水]
接受器面元☆bin
接受区☆region of acceptance
接受体☆acceptor
接受体分子☆acceptor molecule
接受信号☆received signal；acknowledge(ment) signal
接受性☆injectivity
接受性能☆receptivity
接受元件☆sensor
接受者☆taker
接受终端☆incoming terminal
接死头☆tying-in
接榫☆mortice；mortise
接榫规☆jointing-rule
接榫机☆jointing machine
(用)接榫连接的组合梁☆composite beam
接榫装置☆matching
接梯台☆ladder landing platform
接替☆succeed
接通☆cut-in；cut{throw;switch} in；key{switch;turn} on；close-up；close (up)；line connecter；put {-}through；closing；CU；CI；on；make[电路]
接通次数☆order of connection
接通电流☆making current
接通电路☆switch on
接通或关断☆switch
接通开启☆turnon
接通器☆maker
接通信号☆connection signal
接通装置☆engaging means
接头☆joint (tab)；fixing；coupling；fitting；adapter；connector (sub)；adaptor；crank；terminal；union；tip；cappel[提升容器和钢丝绳]；connexion；capel；caple；capping；connect；join；piecing；tying-in；contact；get in touch with；meet；have knowledge of；know about；teat；bond；coupler；sub；splice；butt；tab；sub-body；conjunction；nosepiece；nipple；breakout[多芯电缆]；substitute[管子]；conduit joint[管线]
(筛管单根间)接头部分☆blank area
(钻头)接头尺寸☆shank size
(管路)接头的锤敲(听音)检查☆ringing of joint
接头垫片☆coupling gasket
接头垫圈☆joint packing；adapter washer
接头短节☆head sub
接头防腐工程☆joint coating project
接头管☆junction block
接头号码[焊接的钻杆接头 API 编号]☆connection number
接头和配{连接}件☆adaptors and fittings
接头胶水☆spicing adhesive
接头冷缩☆shrinking of tool joint
(钻杆)接头连接时端面压紧☆shoulder up
接头配件☆fitting；FTG
接头(箍)前后错开方式排放管子☆collar pipe
接头山脉☆cap range
接头上搭扳手的平面☆wrench flats
接头套☆adaptor sleeve
接头涂覆工程☆joint coating project
接头型螺帽[打捞矛下端]☆sub type nut
接头座☆plinth
接图表☆sheet assembly
接图不吻合☆state-line fault
接物镜☆objective (lens)；object glass
接线☆hook-up；wiring (harness)；connection [electric firing]；wiring-up；link
接线板☆clamper；jack{patch} board；terminal board{block}；patchboard；TB
接线表☆wiring list；WIRLST
接线插孔☆patch jack
接线点☆TP；terminal point
接线工☆wire hanger；wireman
接线盒☆electric distribution unit；(connection) box；electrical connector；rose；rosette；terminal block{box}；patera
接线夹☆take-in device；binding clip
接线排☆line bank
接线盘☆patch board；patching panel；patchboard
接线片☆LG；lug
接线台☆switch
接线条☆terminal strip
接线头☆tailpiece
接线图☆wiring scheme；connection{interconnecting; wiring;switchboard} diagram；circuitry
接线匣☆junction box
接线员☆central
接线柱☆terminal (post)；connector；wiring terminal；clip；(binding) post；stand off；fastener
接线转插{配电}板{盘}☆patchboard
接新钻杆☆stab pipe
接续☆junction
接续器☆adapter；adaptor
接续图☆hookup
接续线☆bond；junction
接续值☆follow-up value
接旋式[孔虫]☆exvolute
接油罐区☆intake tank farm
接与断☆make-and-break
接域性☆parapatry
接在……上☆be attached to
接渣器☆slag catcher
接枝☆inoculation
接流{枝}河☆engrafted stream{river}
接支管点☆tapping point
接踵喷发☆follow-up eruption
接种☆inoculation；vaccination
接种剂☆inoculant
(给……)接种人痘☆variolate
接种物☆inoculum [pl.-la]
接种者☆inoculator
接轴支架☆spindle carrier
接帚☆wiper
接帚作用☆wiping
接住☆catch
接转站☆block station
接桩☆pile extension
接着☆follow；succeed
接着的☆follow-up；following
接着来的☆incoming
接着钻的井眼[换较小直径的钻头后]☆follow-up hole
接(长)钻杆☆pipe connection；make-up
街(道)☆street；St
街道地址☆Picacho；street address；postal address
街区{段}☆block；blk
街巷☆streets and lanes
疖☆nub
阶☆stage；step；order[土壤]；module；exponent
阶步☆step
阶槽☆terrace channel
阶层☆walk；stratum
阶层构造☆stock werkbau
阶乘☆factorial
阶齿兽(属)[哺;E]☆Bemalambda
阶地☆terrace；bench (land)
阶地带☆terraced zone
阶地观念☆treppen concept
阶地化☆benching
阶地面☆tread
阶地期[全新世初最后一次冰进以后,普遍形成河流阶地]☆Terrace{terrace} epoch；Terracian
阶地砂矿☆terrace{bench;river-bar} placer；bench gravel；sea-beach place；river bar placer
阶地式褶皱☆open-terrace type fold
阶地梯坎☆terrace flight
阶地形成☆terracing
阶地形荒原[南非]☆karroo；karoo
阶地状地形☆terracing
阶段☆estate；stage；bench；era；phase；step；tier；remove；(benching) bank；bankette；banquette；level；horizon
阶段报告☆interim report
阶段爆破☆bench blasting{shooting}；heading blast；bank shooting；blasting in benches
阶段边坡☆highwall；bank (slope)；edge slope
阶段垂高☆horizon interval
阶段底板☆bench-floor
阶段底盘标高☆finishing level
阶段定律☆law of stages
阶段断层☆staircase fault
阶段发育☆phasic development
阶段高度☆height of level；lift；digging{bench;level} height；level interval{spacing}；cutting depth；floor
阶段工人[露]☆banker-out
阶段工作面凿井法☆sinking by benching
阶段巷道☆stage entry
阶段横巷☆crutt
阶段回采☆bank work
阶段计划☆step-by-step plan
阶段加热释放技术☆incremental release technique
阶段加温☆stepwise heating
阶段间距☆distance between levels
阶段间煤{矿}柱☆crown{floor} pillar
阶段间隔☆terrace interval
阶段井筒☆subshaft
阶段开采年限☆level life
阶段矿房法☆stepped mining；sublevel open stope method
阶段磨矿☆stage{step} grinding；step grind
阶段平巷☆level road{drift}；sill drift
阶段平台☆berme of face
阶段坡面☆bank{edge} slope；batter of face；slope front
阶段破碎{碎矿}☆stage crushing
阶段人工崩落开采法☆induced block caving；induced blockcaving
阶段石门☆partial cross-cut

阶段式筛☆lip screen
阶段试验☆SST；step-by-step test
阶段式凿岩☆bench(ing) cut
阶段水平☆bench grade；grade of bench
阶段下段平盘☆toe
阶段下盘☆face toe
阶段性沉降☆episodic subsidence
阶段性的☆episodic；episodical
阶段选矿☆stage {-}concentration
阶段状的☆stepped
阶段准备☆bench preparation
阶幅☆terrace spacing
n 阶极点☆*n*-fold pole
阶级☆class；step
阶晶带☆zone
阶坎和平台交替地形☆step-and-platform topography {topograph}
阶流(布置)☆cascade；cascading
阶垄☆terrace ridge
阶码范围☆exponent range
阶面☆terrace floor{surface}
k 阶内在克里格☆intrinsic kriging of order *k*
阶石☆perron
阶(梯)式的☆stepwise
阶式排列☆cascade
阶式梯田☆bench terrace
阶式信号输入☆step input
阶式撞击取样器☆cascade impactor
阶数☆order number
阶台井☆ramp well
阶台面☆tread
阶梯☆ladder；a flight of stairs；stair
阶梯爆破☆bench blasting
阶梯波形数-模转换器☆boxcar
阶梯沉积模型{式}☆step sedimentation model
阶梯断层☆terrace{ladder} fault
阶梯发展说[河流]☆treppen concept
阶梯分布☆step distribution
阶梯封接☆graded seal
阶梯工作面平行炮孔崩矿的回采法☆bench method
阶梯光栅☆echelle；echelon (grating)
阶梯函数☆staircase{step} function
阶梯开采☆bank work
阶梯(晶)面[只包含一条周期键链的晶面]☆S face；stepped-face
阶梯平硐开拓方式☆step adit
阶梯平台状地形☆step and platform topography；step-and-platform topography{topograph}
阶梯石岛{级}☆stepping stone
阶梯式☆notching
阶梯式舱壁☆stepped bulkhead
阶梯式的☆graded；stepped
阶梯式工作面全面开采法☆breast-and-bench method
阶梯式开缝筛☆comb screen
阶梯式输送{运输}带☆step belt
阶梯效应☆staircase effect
阶梯信号☆stairstep signal
阶梯形锤片☆step-cut hammer
阶梯形刮刀钻头☆step type drag bit
阶梯形管臂☆racking arm
阶梯形砌接☆racking
阶梯形图☆echelon pattern
阶梯形洗矿筒筛☆step screen
阶梯岩☆trappean rocks
阶梯植被护坡工程☆simple terracing works
阶梯状的☆stair-stepping
阶梯状裂开线理☆parting-step lineation
阶梯状侵蚀面☆stepped erosion surface
阶田槽沟☆terrace channel
阶条石☆rectangular stone slab
n 阶微分☆*n*-th differential
阶形边坡☆benching bank
阶形部分☆stepped section
阶形坡道☆ramped steps；stepped ramp
阶崖☆terrace cliff
阶元☆category
阶元级别☆categorical rank
阶缘☆terrace edge
阶跃☆stepover
阶跃光波导纤维☆step-index waveguide fiber
阶跃函数☆jump{Heaviside;step} function
阶跃恢复二极管☆step recovery diodes；SRD
阶跃扫描☆step-scan
阶跃信号☆step-function{step} signal
阶跃注入率☆step rate injectivity
阶状背斜☆arrested anticline
阶状地☆rock bench
阶状地面☆benchland
阶状地形☆bench-like form；step relief{topography}
阶状断层控制的加深作用☆stepwise fault-controlled deepening
阶状基础☆benched foundation
阶状解理☆interrupted cleavage
阶状矿脉☆flat and pitch{pitch vein}；step vein
阶状挠曲☆terrace flexure
阶状平原☆klimakotopedion
阶状瀑布☆staircase{step} fall
阶状浅圆池☆terraced pool
阶状切面☆step cut
阶状溶坑☆trittkarren
阶状熔岩☆bench lava
阶状三角洲☆step delta
阶状新月形陡崖☆stepped crescent (cliff)
阶状岩洞☆galleried cavern；gallery-like cave
阶状褶曲{皱}☆step fold
结持常数☆consistency constant
结持力☆consistence
结果☆issue；harvest；fruitage；fruit；event；effect；end；consequent；in the event；consequence；trace；so that…；result(ant)；progeny；proceeds；outcome
(必然的)结果☆corollary
结果参数☆outcome parameter
结果产生☆follow
结果程序☆object program
结果的☆sequent
(使)结果实☆fruit
结果是☆with the result that；become of；result in
结果形成☆result in
结果值☆end value
结实☆fruition；fructification
(使)结实☆compact
结实的☆hardy；stout；sturdy；blocky；firm；compact；robust；tight

jié

拮抗作用☆antagonism；antagonistic action
捷奥菲克斯[炸药]☆Geofix
捷奥斯佩斯公司[美]☆Geo-Space Corporation；GSC
捷径☆short(-)cut；bee {-}line；cut-off；crosscut
捷克☆Czech Rep.
捷硫锑银矿☆teremkovite
捷(辉)锑银铅矿[$Ag_2Pb_7Sb_8S_{20}$;斜方]☆teremkovite
捷线☆brachistochrone
颉草的☆valeric
截板式刨煤机☆cutter plate plough
截波器☆chopper
截捕器☆intercepter；interceptor
截槽☆cut；kirve；cutting {-}in；slotting；slot；kerf；slit；kerve
截槽垫木{楔}☆(cutting) nog；holing nog{sprag}；gib
截槽方法☆undercut method
截槽高度☆shear height；brairding
截槽过深☆cropping
截槽厚度☆ripping web
截槽回采的长壁工作面☆web
截槽机☆kerving machine
截槽支木☆choking
截槽支柱☆punch prop
截成形石块☆jointing
截齿☆cutting bit{pick;prong}；bit；(chain) pick；cutter teeth
截齿传感器☆pick force sensing
截齿滚筒☆pick{shearing} drum；shear(er) disk{disc}
截齿面喷水☆internal pick-face flushing
截齿磨钝☆worn bit
截齿磨锐机☆bit grinder{sharpener}
截齿排列法☆cutting pattern
截齿前面喷雾☆pick face blushing
截齿座☆pickholder
截灯塔虫属[三叶;O_{2-3}]☆Pharostoma
截点☆truncation point
截点法☆resection
截顶☆clamping；truncation
截顶火山☆truncated volcano
截顶两坡式屋顶[建]☆jerkinhead
截短☆cutback；curtailment；truncation；truncate
截短贝属[腕;T_{2-3}]☆Decurtella
截短的☆truncate(d)；stub；bobbing
截短码☆shortened code
截短牙廓[螺纹验规]☆recessed thread
截段[计]☆intercept
截断☆cut(-)off；block(ing)；truncation；truncate；breakage[概率纸上粒度累积曲线的两线段之间]
截断(光、热、水等)☆intercept
截断(电流)☆kill
截断的☆intercept；truncate
截断分布☆truncated distribution
截断符号☆unblind
截断面☆transection
截断器☆cutter；cutoff
截断式闸门☆cut-off gate
截断水流☆interception of water
截断线☆line of break；breaking line{edge}
(顶板)截断线☆break{break(ing)-off;caving} line
截断效应[由于忽略了某点以后的数值而引入的变化]☆truncation effect
截夺☆piracy；capture
截夺河☆diverter
截粉☆bugdust
截粉处理{清除}☆cutting handling
截割☆cutting；cut
截割爆破扫雷器☆exploder minesweeping gears
截割部(件)☆cutting element；shearing unit
截割介质☆cutter medium
截割链☆ripper chain
截割头☆cutterhead；cutter head
截光器☆episcotister
截合☆angular unconformity
截痕☆prod mark
截获☆trapping
截击☆intercept；interception
截水区{击带}☆splash zone
截击机☆interceptor
截接☆interposition
V{|x|y|z}截晶体☆V{|x|y|z}-cut crystal
X 截晶体☆Curie-cut crystal；normal cut crystal
截距☆intercept
截距式☆intercept form
截克斯特拉-帕森斯法☆Dykstra-Parsons method
截口☆kerf；notch
截(头)棱锥体☆truncated pyramid
截链☆cutter chain
截链上截齿编排☆chain lacing
截料☆blanking
截留☆entrapment；interception；entrap；intercept and hold on to；trap；withhold；retain for one's own use
截留计☆interceptometer
截留空气☆entrapped air
截留粒度☆theoretical partition size
截留泥分☆clay retained in gob；retained silt
截留山水☆mountain water entrapment
截留水☆intercepted water
截流☆closure
截流挡板☆baffle board
截流堤☆closing dike
截流阀☆intercepting{cut(-)off} valve
截流格(槽缩样器)[摇床]☆cross-stream riffle
截流工程☆closure work；project of damming a river
截流沟☆collecting passage
截流洪水盆地☆storm-water retention basin
截流旋塞☆stop cock
截螺属[腹;K_2-Q]☆Truncatellia
截煤部☆cutting end
截煤粉☆barings
截煤机☆(coal) cutter；coalcutter；undercutter；coal {-}cutting machine；cutter-loader
截煤机的齿座☆block
截煤机割{截}齿☆cutter bit；bit
截煤机链☆cutter chain
截面☆(cross) section；vena contracta；profile；sectional area{plane}；crossover；cross-section；xsect；sec.
截面法[计算机算矿藏]☆cross sectional method
截面含液率☆liquid holdup
截面积☆cross-sectional{sectional;section} area；area of section；s.a.；SA；CSA
截面球度☆intercept sphericity
截面收缩☆neck-down

J

截面收缩现象☆necking
截面缩小☆reduction of area
截面图☆sectional drawing; profile; section; sd; diagrammatic{graphic} section
(套管)截面铣鞋☆section mill
截面弦法☆section-chord technique
截面因数☆cross-section factor
截盘☆jib; shearing bracket; cutterhead; bar[截煤机]
截盘长度☆jiblength
截频☆cutoff (frequency)
截潜流☆groundwater capture
截(水)墙☆cutoff wall
截切点☆cut point
截切山嘴☆facet(t)ed spur
截面山脚☆faceted spur
截球虫属[有孔;K]☆Globotruncana
截取☆intercept(ion); cut out; cut off a section of sth.; intercept[两点或两线间]
截取顶端☆truncation
截取器☆cutter
截取器架[取样机]☆cutter carriage
截去☆clip; cutout; truncate
截然不同☆distinct
截然接触☆abrupt{sharp} contact
截然界面☆sharp interface
截沙坑☆sand trap; (silt) trap
截深☆web; cut (depth); cutting depth
截深内滚筒采煤机☆buttock{in-web} shearer; floor-based in-web shearer
截石机☆channel(l)er; stone cutter; jadder; rock channel(ler)
Y 截石英探测装置☆Y cut quartz search unit
截水☆interception{diversion} of water; cutoff
截水槽☆cutoff trench
截水池☆catch-basin
截水沟☆intercepting drain{ditch}; catchwater-drain; cut(-)off trench; ditch; intercepting
(边坡)截水沟☆berm ditch
截水墙☆cut-off (wall); diaphragm{cutoff} wall; cutoff
截水圈☆water ring; garland
截水以供使用☆captation
截(头)体☆frustum [pl.-ta]
截头的☆stub
截头火山{|土壤}☆truncated volcano{|soil}
截头形的☆topped
截头圆锥体的☆frustoconic
截头圆锥形滚筒{绳轮}☆bell-sheave
截头锥体☆frustum [pl.-ta]
截涂☆depth of kerf
截土坝☆soil-saving dam
截土堤[公路保护挖坡的挡土墙]☆intercepting dike
截碗口☆dep
截尾☆truncate; truncation
截尾的级数☆truncated series
截尾分布☆truncated distribution
截窝机☆hitch cutter
截线☆transversal; section line; intercept
截线凿☆wire chisel
截泄阶地{段}☆interception and diversion-type terrace
截形(船藻属)[钙超;J_3-K_1]☆Truncatoscaphus
截蓄阶地{段}☆interception and retention-type terrace
截液器☆catch-all steam separator; catchall
截淤效率☆trap efficiency
截直河段☆shortened section of river
截止☆cut(-)off; closure; end; close; expiration; pick off; blackout; off
截止产量☆cutoff rate
截止的☆ungated
截止电平☆cut-off-level; cutoff level
截止电位☆stopping potential
截止阀☆isolation{closing;cut-off;stop;pinch} valve
截止角☆angle of cut-off
截止日期☆closing{cut-off} date; deadline
截止式衰减器☆cut-off attenuator
截止型滤光玻璃☆cut-off filter glass
截装机☆cutter-loader; cutting-loading machine; combined cutter loader
截锥☆truncated cone
截锥头☆panhead
截子玛瑙[SiO_2]☆onyx
劫掠☆depredation
劫鸟属[Q]☆Harpagornis
劫余层理☆relict bedding

节☆knot[海里/小时]; kt; knurl; joint; node; section; knag; segment; article; division; part; festival; red-letter day; holiday; item; moral integrity; kn; chastity; length; abridge; economize; save; restrain; control; chapters; CC; admiralty knot; articulus; sect.; nodule; paragraph; para; note; nodosity; member; nexus; par.
节鞍藻属☆Nodosella
节疤☆knot; boss
节板☆nodal
节孢子☆arthrospore
节齿☆pitch
节虫亚目☆Asaphina
节带☆nodal zone
节的[棘海百]☆nodal
节点☆node (point); pitch{nodal;panel;branch} point
节点板☆gusset
节点插值☆interpolating nodal value
节点迟缓☆event slack
节点方向裂度图☆joint rose(tte); rose{star} diagram
节点角☆node-angle
节点位移☆nodal displacement
节点线☆line of nodes
节段☆length; segment
(辊碎机)节段齿辊☆segment-tooth roll
节断式支护☆segmental timbering
节颚牙形石属[C_1]☆Nodognathus
节房虫☆Nodosaria
节房虫属[孔虫;D-Q]☆Nodosaria
节房内卷虫属[孔虫;P_2]☆Nodoinvolutaria
节风闸门☆air-regulating damper
节腹目☆Ricinulei
节隔膜☆nodal diaphragm
节壶菌属[真菌;Q]☆Physoderma
节环孢属[T-E]☆Segmentizonosporites
节霍特林 T^2☆Hotelling's T^2
节荚藻属[红藻;S-Q]☆Lomentaria
节甲鱼类☆aphetohyoidea
节甲鱼目☆Arthrodira
节间[植]☆internode
节间河段[河槽]☆link
节间细胞☆internodal cell
节间应力☆panel stress
节俭☆thrift; prudent
节俭地使用{经营}☆husband
节茎迹[遗石]☆arthrophycus
节颈鱼目☆Arthrodira
节径[齿轮]☆pitch diameter; p.d.; effective diameter
节距☆pitch; step; spacing
节蕨纲☆Articulatae; Equisetinae
节蕨植物门☆Arthrophyta
节肋类☆Arthropleurida
节理☆joint(ing); back; parting slip; divisional plane joint; continuous{large} discontinuity; fracture {fissure} without displacement
L{|Q|f}节理☆L{|Q|f}-joint
S 节理☆S {-}joint; longitudinal joint(ing)
ac 节理[平行褶皱轴的横向节理]☆ac-joint
bc 节理☆bc-joint
hk0 节理☆hk0 joint
节理[煤层]☆slip
节理充填☆infilling of joints; joint filler
节理丛集节☆zone of jointing
节理发育的☆well-jointed
节理阀式缓冲联结装置☆throttling-bar cushion hitch
节理分期☆division period of joint
节理缝☆joint fissure; dore
节理和层面的重要性☆the importance of joints and bedding planes
节理交切☆joint intersection
节理控制的洞穴☆joint-controlled cave
节理控制洞壁坑☆joint-determined wall cavity
节理控制模式☆joint-controlled pattern
节理裂隙☆joint fissure; diaclase
节理(充填)脉☆scrin
节理玫瑰花图☆rose diagram of joint
节理密度☆intensity of joint; joint intensity{density}; frequency of joints
节理面☆joint plane{face;surface;wall}; cleat face; plane of cleavage; divisional plane
节理面通道网☆joint-plane spongework
节理配套☆match of joint
节理频度☆frequency of joint

节理水压力☆joint-water pressure
节理系☆joint system{set}; set of joints
节理型裂缝☆joint type fracture
节理岩☆jointed rock
节理岩块分离☆joint-block separation
节理岩石介质☆jointed rock medium
节理原始宽度☆pristine joint width
节理张开宽度☆width of joint opening
节理组☆joint set; set{system} of joints
节理作用☆jointing
节(间)链☆pitch chain
节列虫属[孔虫;K-Q]☆Nodogenerina
节瘤☆knot
节流☆throttle (down); throttling; choke; reduce expenditure; restriction
节流板☆baffle
节流动态☆bean performance
节流阀☆governor{throttle;control;butterfly;choke; throttling;stop;restriction} valve; flow regulating valve; flow metering valve; (air) throttle; stop-valve; baffler; strangler; Th; SV
节流范围☆restricted flow range
节流杆闩☆throttle lever latch
节流管(线)☆choker-line
节流孔板☆throttling orifice plate; restricting orifice
节流连管☆choke-flow connection
节流流动{量}☆throttle flow
节流门☆(gate) throttle; butterfly
节流器☆current regulator; control choke; choke (holier); bean; ck
节流区域调整☆throttling range adjustment
节流式的☆semi-opened; semi-open
节流式流量计☆throttling type flowmeter
节流效应☆choking{throttling} effect
节流嘴☆flow nipple{bean}; flow bean choke; control choke
(用)节流嘴限流☆run on choke
节录☆brief
节律☆rhythm
节卵孢属[真菌]☆Oospora
节略☆capsule; breviate; abridg(e)ment; brief
节芒☆style
节煤器☆economizer
节面☆nodal surface{plane}
(伞齿轮)节面角☆pitch angle
节目☆repertoire
节目故障报警信号☆program(me) failure alarm
节目信号☆program signal
节目主持人{者}[广播、电视]☆host
节能☆energy-saving{-efficient}; energy conservation
节能技术☆power-saving technology
节能器☆save-all saver
节拍☆beat
节拍频率☆clock frequency
节拍器{声}☆metronome
节片☆segment[植]; geniculum[古植;pl.genicula]
节片间[珊]☆intergeniculum
节平面☆nodal plane
节气阀☆throttle valve
节气门☆choke(r); butterfly; restrictor; restriction; cock
节气闸☆dampener; damper
节汽阀☆throttle; Th
节球藻属[蓝藻]☆Nodularia
节球状叠层石☆nodular stromatolite
节热器☆economizer
节日☆holiday; festival
节省☆scanty; save
节省费用☆cost saving
节省能源的☆energy-saving
节省器☆saver
节省时间☆gain time
节省时间的一步法装置☆time saving one trip system
节石☆arthrolith
节时工具☆time saver
节时航向☆minimal heading
节式支架☆frame-type support (assembly); powered support assembly
节水☆water conservation
节水池☆water-saving basin
节水闸门☆flood gate
节似的☆nodal
节(髓)木属[古植;C_2-P]☆Arthropitys

节头虫属[三叶;$Є_1$]☆Arthricocephalus
节外空隙[头]☆perispatium
节外生枝的事件☆afterclap
节腕目[棘蛇尾]☆Zygophiurae
节温器☆thermostat
节细胞☆nodal cell
节下沟☆infranodal canal
节线☆nodal{pitch} line; pitch curve
节斜理☆oblique{diagonal} joint
节心藻属[K-Q]☆Arthrocardia
节旋藻☆arthrospira
节用能源☆energy conservation
节油器☆(fuel) economizer; save-all saver
节油嘴☆control choke
节育☆contraception
(齿轮)节圆☆pitch circle
节圆齿厚☆circular thickness
节约☆economy; econ.; curtailment; thrift; stint; spareness; savings; save
节约成本☆cost saving
节约的☆economic(al); spare; saving
节约地使用☆nurse
节约动力☆power economy; saving in power
节约坑木☆mine-timber economy
节约煤炭{|燃料}☆coal{|fuel} economy
节约燃烧装置☆fuel economizer
节约用电☆brownout
节约用水☆water saving
节约装置☆saver
节枝苔藓虫属[O-D]☆Arthrostylus
节肢动物(门)☆Arthropods; arthropoda
节制☆throttle; control; check; be moderate in; temperance; abstinence; modesty
节制摆☆damped pendulum
节制阀☆closing valve
节制排料☆restricted discharge
节制设施☆damping arrangement
节制闸门☆penstock
节状☆knotlike; knot-like
节状的☆articuliform; nodose
节状细脉☆segmented veinlet
节锥☆pitch cone
节奏☆cadence; rhythm
节奏层☆cyclothem
节奏生产☆rhythmic production
节奏性☆rhythmicity
杰`奥发{费}克斯炸药[震勘]☆geophex
杰出☆prominency; prominence
杰出的☆conspicuous; outstanding; splendent
杰德森炸药☆Judsonite; Judson powder
杰恩特炸药☆Giant powder
杰弗雷-特芮勒尔型磁力振动槽式给料机☆Jeffrey- Traylor feeder
杰弗雷-特芮勒尔型筛☆Jeffrey-Traylor screen
杰弗雷型气动跳汰机☆Jeffrey air operated jig
杰弗里斯-布伦曲线☆Jeffreys-Bullen curve
杰弗里斯-布伦 P 波走时表☆Jeffreys-Bullen P travel time table
杰克逊(阶)[北美;E_2]☆Jacksonian
杰魁特电解磨光法[金属面]☆Jacquet's method
杰利微折射计☆Jelley's microrefractometer
杰鲁夫-罗森布什定则☆Kjerulf-Rosenbusch rule
杰罗纪☆Bajocian
杰米特矿用烈性炸药☆Gelite I.L.F
杰尼特沥青覆面保护剂☆Jennite
杰尼型机械浮选机[联合式]☆Janney-mechanical machine
杰柔公式☆Zhezy's formula
杰瑞克斯型振动筛☆Gyrex screen
杰氏螺属[E-Q]☆Gelstefeldtia
杰维陨铁☆jewellite
杰作☆masterpiece; classic; masterwork
睫状区[解]☆collarette
蛣儿蛤☆Inoceramus
竭尽☆exhaust; out
竭尽顺序☆order of depletion
竭力☆hard
洁白大理岩☆lychnite
洁化☆depuration; purification
洁化水☆purified water
洁化作用☆purifying process
洁净的☆uncontaminated
洁净焦☆clean coke
洁净螺属[软舌螺类;软舌螺;$Є_1$]☆Purella
洁净煤技术☆clean coal technology; CCT
洁面介属[N_2-Q]☆Albilebitis
洁水井☆clear-well
洁水器☆water purifier
洁溪页岩油计划☆clear creek shale oil project
孑遗☆relict
孑遗种☆deleted{relic} species
结☆tie; tangle; node[动]
N-P{|P-P}结[半导体]☆N-P{|P-P} junction
结(果实)☆kern; bear
结疤☆scabbiness; blister; scab[钢锭]; scar; veining
结冰☆icing; ice (accretion;up;over;formation) ; freeze (up); freezing; take[河流]
结冰作用☆glaciation
结饼☆caking
结肠内变形虫☆Endamoeba coli
结成构造☆accretionary structure
结成水垢[锅炉]☆furring
结成硬皮☆crust
结的[医]☆nodal
结底☆aggregation on furnace bottom
结缔式水系☆connected drainage pattern
结缔组织☆connective tissue
结点☆lattice node{point}; crunode; node[结晶]; intersection; joint; nodal{node} point; junction; trijunction; point of junction[网的]
结点板☆gusset (sheet)
结点间☆interstitial; interst
结点三次线☆nodal cubic
结点渗滤☆site percolation
结点数☆number of sites
结点阵列☆array of nodes
P-N 结电击穿☆electrical breakdown of P-N junction
结冻☆jell; ice; congelation
结冻缓滑☆congelification
结钢☆node steel
结垢☆crust; scaling; fouling; encrustation; scale (formation;deposit;buildup); crustation; scab off
结垢离子☆scale-forming ion
结垢量☆amount of scale buildup
结垢物质☆scalant
结构☆framework; frame; framing; fr; form; fiber; fibre; construction (structure); texture; fabric; build up; design; contexture; constitution; structure[晶]; composition; architecture; arrangement; pattern; morphology; configuration; organization; poecilitic; poicilitic; poikilitic; organism; mechanics; mode of arrangement; airframe[火箭等]; arrgt; str
结构安全模型☆structural safety model
结构安全系数试验☆design margin evaluation test
结构变化☆constitutional change
结构变形☆malformation; structural deformation {distortion;deformity}
结构材☆timbering
结构参数的精化☆refinement of structure parameters
结构单元☆building block; structural unit
结构单元层☆packet
结构的☆structural[晶]; constructional; textural; organic
(晶体)结构的左右旋方向☆structural hand
结构堆叠单位☆unit slab
结构方程☆rheological{constitutive} equation
结构分析☆structural{texture;textural;structure} analysis; analyse structure
结构符号☆formula-symbol
结构钢☆framing{machinery} steel; structural steel {iron}
结构构件☆structural member
结构化☆structurization
结构基元☆motif
结构镜煤☆structural vitrain; provitrain; telain; telite; xylain[来自木质的结构镜煤]; phyllovitrinite
结构镜煤质丝煤☆telofusain; telofusite
结构可渗性☆textural accessibility
结构空间孔隙☆constructional void porosity
结构面☆structure face; structural{texture} plane; constructional surface; discontinuities
结构面充填物成分☆composition of filling material of discontinuity
结构面力学性质控矿☆mechanical character of structural plane control of ore deposits
结构面力学性质转变☆change of mechanical properties of a structural plane
结构敏感电导率☆extrinsic conduction
结构泥岩{质}☆structural shale
结构黏度☆inner{structural} viscosity
结构膨胀溶液☆structure expansion solution
结构破坏敏感的黏土☆sensitive clay
结构破坏土☆destructured soil
结构强度☆structural strength; strength of structure
结构区别☆textural distinction
结构上的☆anatomic(al)
结构设计☆structural design; physical design[机械的]
结构试验☆mechanical test of structure
结构水☆constitution(al){structural} water; inherent moisture; water of constitution
结构铁件☆constructional iron
结构图☆structural diagram{drawing;map}; block diagram; construction(al) drawing; skeleton layout
结构土[德]☆strukturboden
结构微细滑动☆structurized fine-slip
结构物的迁移☆moving structures
结构详图☆detail of construction
结构型☆structure type; type of structure
结构性☆designability
结构学☆structurology
结构因子衬度☆structure factor contrast
结构元件☆structural element{details}
结构重量☆structural weight; weight of construction
结构状泥质☆structural shale
结构组合☆textural association
结构组装用扳手[一端开口,一端锥尖]☆construction wrench
结核☆nodule; concretion; noddle; snake stone; tubercle; accretion; tuberculo(sis); bullion; aerite; potlid[侏罗纪砂页岩中]; nodulation
结核病☆tuberculosis; T.B.; TB
结核层☆nodule layer; concretionary horizon{layer}
结核构造☆spheroidal{ball} structure
结核灰岩☆kunkur; kankar; kunkar
结核壳☆root sheath
结核矿选矿☆nodules processing
结核球状结晶灰岩[英]☆woolpack
结核体☆concretionary body; concretion
结核性☆tuberculo-
结核状☆concretionary texture; nodular
结核状的[矿物等]☆nodular; nodulated
结合☆joint; join(der); integrate; incorporate; unite; copulation; continuity; combination; construe; link; conjunction; conjuncture; conjugation; connect; coherence; cohesion; coalesce(nce); coherency; yoke; coalition; interlock; interlink; association; union; coupling; combine; marrying up; bond(ing) ; tag; bind(ing); be united in wedlock; allegiance; couple
结合处☆joint
结合的☆interlocked; associated; copulate; conjunct
结合的柱状矿床☆linked columns deposit
结合管[吹洗深炮眼用]☆coupled pipe
结合剂☆binder; bond; cement; bonding{anchoring} agent; binding force
结合菌亚纲☆zygomycetes
结合牢度☆binding strength
结合力☆binding force{power}; combining power; cohesion; bond
结合料☆matrix; hoggin
结合律☆law of association; associative law
结合面☆joint; combination plane
结合能☆binding{bound;bonding;bond} energy; BE
结合能力☆structuring ability
结合黏土☆bonding clay; bindeton
结合强度☆adherence; anchoring strength
结合式☆convolution
结合式的☆convolutional
结合水☆bound{hydration;bond(ing);included;hydrate; tie; combined; structured} water; water of hydration
结合烷链☆bound paraffin chains
结合物☆bonder; solder; bond
结合线☆junction line; line of concrescence
结合岩墙☆associated dike
(与……)结合一体☆implode
结合应变☆coherence strain
结合中的☆bound
结合轴☆connected journal box
结合作用☆conjugation
结环☆kinking

J

结灰石☆luigite；aloisi(i)te；aloisile
结婚☆spousal；marriage
(生铁内)结集石墨☆kish
结痂☆escharosis
结间☆internode
结茧☆callus
结焦☆coking；agglomerating
结焦的☆close-burning
结焦锅炉用煤[英]☆coking steam coal
结焦素☆anthraxylon
结焦性☆cokability；coke{caking} capacity；coking property
结节☆knot；torus；tubercle；clavus [pl.clavi]；nub；protuberance
结节的☆nodular；nodulated
结节龙(属)☆Nodosaurus
结节形成(作用)☆tuberculation
结节状☆gangliform；tuberose
结节状的☆gongylodic
结晶☆crystallization；inoculate；crystal(lo-)；rime；vegetate；crystallize；crystallizing；sugar；crystn.
结晶白云岩[$CaMg(CO_3)_2$]☆crystalline dolomite
结晶本领☆crystallization power
结晶变异矿物☆metamict mineral
结晶产物☆crystallate
结晶常数☆axial element；crystal constant
结晶程度☆degree of crystallization{crystallinity}
结晶程度不好的☆paracrystalline；poorly crystalline
结晶次序☆order of crystallization
结晶单色线☆crystal monochromator
结晶单位☆unit cell
结晶的☆crystalline；cryst；crys；xln
结晶的坡面☆dome
结晶地盾☆fundamental crystalline formations
结晶点☆crystallization point；C.P.
结晶度☆crystallinity
结晶发光☆crystallo-luminescence
结晶发生史☆crystallogenetic history
结晶分带☆zoning
结晶分异(作用)☆crystallization differentiation；`fractional{differentiation by} crystallization
结晶分异物☆crystal differentiate
结晶格子☆crystalline lattice{pattern}；lattice pattern
结晶构造方位☆crystallographic orientation
结晶光学☆crystal optics；optical crystallography
结晶过程☆crystallurgy；crystallization course
结晶后变形☆post(-)crystalline deformation
结晶化学☆crystallochemistry；crystal chemistry
结晶灰岩[主要成分为方解石$CaCO_3$,含量>80%]☆crystalline (limestone)；cipolin
结晶浆液☆slurry
结晶胶体☆metacolloid
结晶胶体构造☆metacolloid structure
结晶颗石☆crystallolith
结晶蜡石☆tallow
结晶蜡脱油☆wax sweating；sweat
结晶力☆crystallizing power{force}；force{power} of crystallization；crystallization force
结晶路程一般规程☆summary on crystallization path
结晶煤☆cone-is-cone{crystallized} coal
结晶面能☆form energy
结晶母粒☆seed grain
结晶片理☆crystallization {-}schistosity
结晶期后☆postcrystallization
结晶期后交代作用☆postcrystallization exchange
结晶器☆crystallizer
结晶前变形☆precrystailine deformation
结晶前的☆precrystalline；precrystallization
结晶潜热☆latent heat of crystallization
结晶切变☆crystallographic shear；cs
结晶曲线☆subtraction{crystallization} curve
结晶热[结晶学指数]☆crystallization heat
结晶熔化☆watery fusion
结晶熔融序列☆crystallization-melting sequence
结晶失水☆efflorescence
结晶石墨☆kish
结晶式样{形式}☆crystalline pattern
结晶水☆crystal water{ice}；water of crystallization {hydration}
结晶水分☆combined moisture
结晶速度☆velocity of crystallization；crystallization velocity
结晶速率☆rate of crystallization
结晶塔☆prilling tower
结晶体☆crystalline；crystal；crystallate；crystallization
结晶体的斜面☆cant
结晶铜绿☆verdigris
结晶筒☆concentric crystalline zone；crystalline cylinder
结晶图像研究☆crystallographic study
结晶脱水☆exsiccation
结晶温度☆crystallization temperature；Tc
结晶习性{惯}☆crystal habit
结晶系(统)☆system of crystallization
结晶相☆crystalline{crystallization} phase
结晶形石墨☆crystalline graphite
结晶性焊料☆crystalline solder glass
结晶性石蕊红素☆erythrolitmin
结晶学☆crystallography
结晶学第二定律☆secondary law of crystallography
结晶学极限定律☆law of crystallographic limits
结晶学家☆crystallographer
结晶岩带☆zone of crystalline rocks
结晶岩地质学☆hard {-}rock geology
结晶岩类储集层☆crystalline reservoir
结晶指数[结晶学指数]☆crystallization{crystalline} index；CI
结晶质灰岩☆sedimentary marble
结晶中心☆grain of crystallization{crystal}
结晶状的☆crystalloid
结晶状断口☆crystalline fracture
结晶状物☆crystal mass
结晶作用☆crystallisation；crystallization
结晶作用前沿☆crystallization front
结局☆last；issue；finality；finale；fate；conclusion；outcome
结局状态☆final state
结壳☆crustification；encrustation；crust(iz)ation；incrust；crust；rime；accretion；scull[炉子或铁水罐]
结壳的井孔☆incrustated well
结壳熔岩☆pahoehoe lava
结壳土壤☆incrusted{crust} soil
结壳岩☆crustose
结壳盐类☆incrustant salt
结壳状硅华☆incrustation sinter
结壳作用☆encrustment；incrustation
结块☆grain cluster；agglomerate；caking；ore packing；agglomeration；nubs；compact；curdle；lump；caked mass；sow[炉底]；sintering；accretion；kidney[吹炉]；grumeaux[法]；bear
结块剥离物☆agglomerated overburden
结块的☆agglomerate；agglomerating
结块煤☆binding coal；cake
结块实验☆concrete-block experiment
结块性☆caking property；tendency to agglomerate
结蜡[油]☆paraffin deposit{precipitation}；wax precipitation；paraffinnine
结蜡处☆place of deposition
结蜡井☆paraffin-troubled well
结裂牙☆tuberculosectorial{tuberculo-sectorial} tooth
结瘤☆skull；scaffolding；accretion
结露(水)☆dewing；moisture condensation
结论☆illation；consequence；conclusion；implications
结盟☆alignment；alinement；league；ally
结膜☆skinning；scab off
结膜结石☆conjunctival concretion
结膜内层☆adnata
结木桩☆closing pile
结泥饼☆caking；mud lining
结泥饼的☆incrusted
结皮☆encrustation
结皮性土☆crust soil
结平账户☆account balance
结清账户☆balance account
结三角形☆tie-triangle
结珊瑚(属)[O_2-S_1]☆Sarcinula
结石☆calculus；stone；lithiasis；calculi；concretion；lithic；concrement
结石病☆lithiasis；calculosis
结石排出(法)☆lithecbole
结石形成☆lithogenesis
结石学☆lithology
P-N 结势垒☆potential barrier of P-N junction
结束☆fold；end{top} off；finish；conclusion；completion；completeness；closure；complete；close；wind up；terminate；termination；term；mop-up
结束(的)☆closing
结束标志☆end mark
结束服务☆termination of service
结束工作☆cut-out；cutoff；co
结束期☆terminal stage
结束日期☆target date
结束时读数☆closing reading
结霜☆frosting；rime
结水垢的☆incrusted
结四面体☆tie-tetrahedron
结算☆foot；settle (accounts)；close an account；tally；wind up an account
结算(付款)净额☆net settlement
结算品位☆liquidation grade
结算日☆account{name} day
结算账户☆balance account
结算资金☆settlement fund
结团☆linked group
结网☆netting
结尾☆finish；closing
结尾部☆tail end
结尾的☆terminal
结尾工程☆winding-up work
结尾工作☆tail-in work
结线☆tie line
结锈的☆incrusted
结絮作用☆flocculation
结硬壳☆incrustation
结余☆balance；(cash) surplus
结渣☆slag-bonding；slag
结渣性☆coking；clinkering property
结账☆closing；checkout；balance account；settle accounts；balance the books
结账后试算表☆post-closing trial balance
结种子的☆seminiferous
结转(次页)☆b/f；brought forward
结转下页☆carried over；C/o.

jiě

槲叶属[古植;K_2-N]☆Dryophyllum
解☆solution；solve；des.；de-
解编器☆demultiplexer；DMPX
解缠☆untwist
解出☆dope；get out
解除☆discharge；relieve；relief；rescission；release；quit；quietus；dis-；dif-[f 前]
解除保护☆de-preservation
解除保险引爆装置☆arming firing device
解除管制☆decontrol
解除激励☆deenergizing circuit；de-energization；deenergize
解除集中☆deconcentration
解除开发☆de-development
解除水堵剂☆water block remover
解除信号☆stop signal
解除压力☆decompression
解除应力法[预防冲击地区]☆destressing method
解答☆solution；read
解的固定☆clamping；clamp
解的唯一性☆uniqueness of solution
解的延拓☆continuation of solutions
解丁斧[采石用鹤嘴斧]☆jedding axe
解冻☆thaw(ing)；defrosting；debacle；thawing-out；unfreeze (funds,assets,etc.)；relax tension；loosen control；defrostation；depergelation
解冻风☆aperwind
(砂矿)解冻工☆point driver
解冻后隆起[地基等]☆frost heaving
解冻-结冻循环☆thaw-freeze cycle
解冻泥流☆solifluction；solifluxion
解冻泥流漂积物☆rubble drift
解冻期☆freeze-free{thaw} period；thawing time
解毒☆disintoxication；detoxication
解毒(素)剂☆antitoxic；antidote；toxi(ni)cide；toxicidum
解毒作用☆depoisoning effect
解堵☆broken down
解法☆solution；solving process
解放☆emancipation；liberation；liberate
解放层☆working seam providing relief; protective seam
解放矿物☆released mineral
解放者☆liberator
解封☆unset

解雇☆decapitation；disengagement；discharge；fire；dismiss(al)
解雇的☆walking
解雇金☆severance pay
解雇期☆lay-off
解环☆unload
解集☆disaggregate
解碱剂☆antalkali
解胶☆dispergation；repeptization；peptize；peptization
解胶剂☆dispergator
解胶束化☆demicellizstion
解结(作用)☆disagglomeration
解救井☆relief well
解聚(作用)☆depolymerization
解聚集(作用)☆disaggregation
解聚剂☆depolymerizing agent；breaker
解聚烷基化作用☆depolyalkylation
解聚作用☆depolymerization
解卷☆uncoil
解卷积☆deconvolution；Decon.
解决☆work out；approach；cope with；tackle；solve；try；settling；settle
解决办法☆cure；resolvent
解决关键问题的设计☆point design
解决问题的方法☆solution
解开☆detachment；decoupling；uncoil；unlocking；untie；undo；disengagement；uncouple；disengage；unravel；unfasten；unclasping；sleave；loose
解开连接{结}☆uncoupling
解开绳股☆unlay
解扣☆trip；tripping
解扣失误☆mistrip
(船)解缆离岸☆cast off
解离☆liberation；liberate；cleavage；liberation of intergrown constituents；unlocking；severance
解离常数☆dissociation constant
解离的颗粒☆released grain
解离度☆degree of liberation
解离分离粒☆release grain
解离粒度☆liberating size；liberation-mesh；release {releasing} mesh
解离粒子☆unlocked particle
解离脉☆liberated gangue
解离时间☆time of dissociation
解理☆cleavage[矿物]；bord；cleat；hugger
解理垂直于一个结晶轴的☆axotomous
解理方向☆cleavage direction；cleaving way
解理面☆cleavage plane{surface;face}；plane of cleavage
解理性☆cleavability；cleavage
解链作用☆desmolysis [pl.-ses]
解列☆de-commissioning
解码☆decryption
解码器☆unscrambler
解(脉冲编)码器☆demoder
解锚链滑钩☆clear hawse slip
解凝(作用)☆deflocculation
解凝剂☆liquefacient
解凝结剂☆decoagulant
解耦☆decoupling
解耦爆炸☆decoupled explosion
解剖☆dissection；anatomy
解剖刀☆scalloper
解剖的☆anatomic(al)
解剖法☆postmortem method
解剖器具☆dissector
解剖学家☆anatomist
解谱☆spectrum unscrambling
解卡☆unfreezing[钻具或钻杆]；jam release；free the stuck tools[油]
解卡{松扣}爆震☆string shot；back off shot
解卡倒扣用炸药包☆back off shot
解卡爆震装置☆string shot assembly
解卡剂☆releasing stuck agent；pipe-freeing concentrate
解卡(浸泡)液☆stuck freeing spotting fluids
解去联系☆uncoupling
解绕☆unreel
解熔腐蚀☆dealloying corrosion
解朊细菌☆proteolytic bacteria
解朊作用☆proteolysis
解散☆dismissal；dis-；dif-[f 前]
解释☆explanation；interpretation；construe；define；interp(r)et；elucidation；decipher；construction；clarification；exposition；translation；reading；xpln
解释代码☆interpretive code
解释的不定{多解}性☆interpretation ambiguity
解释人员☆interpreter
解释图☆key drawing
解释图版拟合☆type-curve match
解释图像☆interpreting image
解释推断准则☆interpretational criteria
解释性地质图☆interpretive geologic map
解释准则☆interpretative criteria
解说☆definition；comment
解说词☆commentary
解说地图☆explanatory text
解说符☆descriptor
解说图☆key diagram{map;plan}
解说员☆expositor；commentator
解说者☆exponent
解算☆cipher
解算器{装置}☆solver；resolver；alculator
解算时间☆resolving time
解题插接板☆problem-board
解题能力☆thruput；throughput
解题最长时间☆solution maximum time
解体☆breakup；decomposition；disintegration；disjoint；dismembering；disgregate
解体地槽☆dismembered geosyncline
解体滑坡☆broken{disrupted} slide
解体年龄☆breakup age
解体作用☆dismembering
解调☆demodulation；detune；demodulate；DEMO；detuning；countermodulation
解调器☆demodulator；modem；detuner；DEMO
解脱☆decoupling；free；tripping；deliverance；relieve；free{extricate} oneself；absolve；unlock；exonerate；disconnection；relief
解脱点火☆get away shot
解脱机构☆disconnecting{disengagement;disengaging} gear
解脱激励☆deenergize
解脱式顶柱☆trip post (jack)
解脱者☆extricator
解脱装置☆kick-off mechanism
解稳作用{现象}☆destabilization
解析☆analyze；analysis；analyse；resolve；resolution
解析(方)法☆analytic(al){analysis} method；analytics
解析函数☆regular{analytic(al)} function
解析几何☆analytic geometry
解析结构地质学☆analytical structural geology
解析性☆analyticity
解析延拓原理☆principle of analytic continuation
解析证法☆analytic demonstration
解吸☆desorption；elution
解吸附作用☆desorption
解吸后的碳☆stripped carbon
解吸剂☆desorbent；strippant
解吸热☆heat of desorption
解吸收作用☆desorption
解吸柱☆stripping column
解下☆unfix
解相关☆decorrelation
解像能力☆resolving power
解向量☆solution vector
解消假设☆null hypothesis
解谐☆tune out；mismatch
解絮凝(作用)☆deflocculation
解压☆release
解样☆desampling
解译☆interpretation；decipher；decode；figure out a message
解译标志☆interpretation key；key of interpretation
解译范围☆interpretable limit
解译观测器☆interpretoscope
解译能力☆interpretability
解译情况☆interpretive aspect
解译人员☆interpreter
解译图像☆interpreting{deciphering} image
解译相片☆deciphering photograph
解译因素☆interpretative factor
解约☆canceling{rescind} a contract；terminating an agreement；disengagement；surrender
解褶积☆deconvolution；Decon.
(分)解脂(肪)的☆lipolytic
解职津贴☆severance allowance
姐妹分类单元☆sister taxa

jiè

芥点板岩☆garbenschiefer
芥末浴疗☆mustard bath
芥酸[CH_3•$(CH_2)_7$•CH:CH•$(CH_2)_{11}CO_2H$]☆erucic acid
芥烷☆pelrosilane
芥子级无烟煤☆mustard-seed coal
芥子气☆yperite；mustard
界☆group{erathem} [地层]；field；kingdom[如植物界]；circle；gr；realm；P-P boundary；phythem[生物地层单位]；republic；regnum[拉]
界碑☆boundary monument{mount;tablet;marker}；cairn；property stone；monument
界壁位移☆boundary displacement
界标☆landmark；boundary mark；terminus [pl.-ni]
界层☆boundary layer
界断层☆bounding{boundary} fault
界海[月]☆Mare Marginis
界河☆boundary river
界脊☆balk
界交点黄经☆longitude of the node
界空隙比☆critical void ratio in
界面☆(user) interface；boundary plane{surface;face}；face；boundary；division{contact} surface；limit plane；surface of separation
M 界面☆Mohorovicic{M} discontinuity；M-boundary
界面波☆interfacial{boundary;capillary;surface} wave；ripple
界面层☆contact bed
界面错配应变☆interfacial misfit strain
界面单元[震勘]☆boundary element
界面的液面☆interface level
界面电位差{动势}测定法☆electrokinetic method
界面间吸附☆interfacial adsorption{absorption}
界面结构☆structure of boundary surface
界面流变效应☆interfacial rheological effect
界面倾向{角}☆interface dip
界面位能☆interfacial potential
界面位置☆interface location
界面线理☆parting lineation
界面形状☆interface shape；shape of the interface
界面应力元法☆interface stress element method
界面张力☆interfacial tension (force;energy)；IT；IFT
界面张力效应☆IFT effect
界面装置☆interface device；interfacer
界偶表☆bound pair list
界平面{|润滑}☆boundary plane{|lubrication}
界砂☆tap sand；dry parting
界生层冠☆synantectic layered corona
界生的☆synantectic；synantectic
界生作用☆synantectic reaction
界石☆terminus；boundary stone{tablet}；monument (stone)；tablet；term；landmarker；hoarstone；mere stone；merestone[矿区]；stonepost
界外吸收[玻]☆extra-mural absorption
界限☆edge；hump；delimitation；end；tether；compass；circumscription；limit；confinement；bound；butting；extent；margin；termination；boundary；periphery；demarcation{dividing} line；threshold；mark；ambit；terminus [pl.-ni]；ambitus；limitation；radius [pl.radii]
界限层☆limiting beds{strata}
界限的☆marginal
界限含水率试验☆limit moisture content test
界线☆boundary (line)；BL；barrier；borderline；limit；mere；line of demarcation；dividing{margin;contact} line；bounds；mark；meare；ML；neat line[海图]
界线测量☆edge measurement
界线层型☆boundary stratotype；type-boundary section；limitotype
界桩☆landmark；stoop；border pile；boundary post {marker}
借(用)☆borrow
借出☆loan
借此☆whereby
借贷☆debit；borrow (money)；loan；lend money；debit and credit sides
借贷账簿☆balance book
借地权☆leasehold
借方☆debit；debtor；receipt；dr
借据☆I owe you；receipt for a loan；debit{promissory}

J

note；D.N.；IOU；I.O.U.
借口☆cloak
借款☆debt
借款利率☆interest rate on borrowings
借款条件☆borrowing requirement
借力式飞行路线☆swingby
借位(数)☆borrow
借项(通知)单☆debit memo
借用的东西☆borrowing
借支的☆imprest
借助于☆with the aid of；by means of；by virtue of
借子连接☆pipe joint
介[术语用]☆met-；meta-
介卟啉☆mesoporphyrin
介电常数☆dielectric constant{coefficient;capacitance;permittivity;capacity}；inductivity；specific inductive capacity；electric{specific} inductivity；permittivity；inductive capacity；SIC
介电常数的倒数☆elastivity
介电常数检测器☆dielectric constant detector
介电分析(法)☆dielectric analysis
介电隔离率☆dielectric impermeability
介电膜分色镜☆dielectric beam splitter
介电强度☆disruptive{dielectric} strength
介电体☆dielectrics
介电位移☆dielectric displacement
介电性☆dielectricity；dielectric property{properties}
介杆☆crosshead extension rod；intermediate rod
介乎煤与黑色页岩之间的物质☆rash
介甲目[节肢;叶肢]☆conchostraca
介间鱼目☆Mesichthys
介胶体☆mesocolloid
介晶态☆mesomorphic state
介晶相☆mesomorphic phase；mesophase
介皮类☆Ostracodermi
介壳☆(inner) ostracum；testa；shell；test
介壳层☆lumachelle
介壳(石)灰岩☆coquina；shell(y){coquinoid} limestone
介壳砂岩☆muschel sandstone
介壳藻☆phacotus
介壳藻属[绿藻]☆Phacotus
介壳状构造☆conchoidal structure
介曲线☆easement；transit(ion) curve
介入☆insert(ion)；intervene；intervention；get involved；interpose；engagement；intercalate
介入厚度☆intervening thickness
介绍☆presentation；recommend(ation)；introduction；lead-in
介绍人☆introducer
介绍信☆testimonial；letter of introduction
介体☆copula；dielectrics；medium [pl.-ia]；mediator
介稳(度)的☆metastable
介形类{亚纲}☆Ostracoda
介于半透明与不透明之间的☆semitranslucent
介质☆medium [pl.-dia]；agent；mediator；dielectric
介质保持☆media retention
介质仓☆medium sump
介质固体回收☆medium solids recovery
介质护座☆media retainer
介质间流动因子[双重介质油藏中]☆interporosity flow coefficient
介质净化☆media-cleaning；cleaning of medium
介质煤比☆medium-to-coal ratio
介质起伏☆fluctuation of medium
介质应力☆dielectric(al) stress
介质与支架的相互作用☆medium-support interaction
介质再生☆cleaning of medium
介质阻力☆drag force
介子☆mesotron；meson；baryt(r)on；X particle；heavy electron；penetron
K 介子☆kaon
μ 介子☆muon；mu-meson
π 介子☆pion；pimeson
介子场☆meson field
介子的[高能]☆mesic
介子素☆mesonium
μ 介子素☆muonium

jīn

巾碲铁石{矿}☆kinichilite
筋☆framework；nerve
筋关节☆muscular articulation
筋痕☆muscle's impression；muscle scar{impressions}
筋迹☆muscle track
筋络☆grain
筋腔[虫牙石]☆myocoele
筋肉组织☆muscular tissue
筋条☆bracket
筋条钢丝☆rib wire
筋条型绕丝筛管☆ribbed-type wire wrapped screen
筋印☆muscle impressions
斤[中国重量单位]☆catty
金☆gold；aurum[拉]；Au；yellow dirt；electrum；metal；money；ancient metal percussion instrument；gong；precious；dignified；golden；chrys(o)-
金钯矿☆auriferous palladium
金-钯涂层☆gold-palladium coating
金白云母[$(K,Na)_{0.97}(Al,Fe,Mg)_{2.66}((Si,Al)_4O_{10})(OH)_2$]☆mahadevite
金本位☆gold standards
金铋矿[Au_2Bi]☆bismuth{bismuthic} gold；maldonite
金鞭毛类☆Chrysomonads；Chrysomonadina
金变形藻属[金藻;Q]☆Chrysamoeba
金勃雷型箕斗☆kimberley-type skip
金箔☆leaf{mosaic} gold；gold foil{leaf}；gilding
金箔充填器☆gold plugger
金伯利岩☆kimberlite
金彩麻[石]☆Giallo Veneziano
金成色☆fineness of gold
金翅雀☆peesweep；peeseweep
金充填☆aurification
金兹堡石☆g(h)inzburgite；ginzbergite
金德胡克(统)[北美;C_1]☆Kinderhookian
金的☆gold；auric；auriferous
金的成色☆fineness
金碘化物☆auriiodide
金点蓝钻[石]☆Blue Galaxy
金锭☆gold bullion
金锇矿☆aurosmirid
金锇铱矿☆aurosmiridium
金额☆amount；sum
金二硫(化物)络合物☆gold bisulfide complex
金粉☆gold flour{dust}
金粉蕨(属)[T_3-K]☆Onychium
金富集☆gold-rich
金橄玻基煌斑岩☆verite
金橄松脂岩☆verite
金刚光泽☆adamantine luster；brilliant luster
金刚硅耐火料☆carbofrax
金刚(石)粒镶嵌定向☆point orientation
金刚硼钻头☆adamantine crown
金刚砂[Al_2O_3]☆carborundum (grain)；boartz；boort；emery (grit;sand;powder)；corundum；crushing bortz；silicon{silicium} carbide；fragmented bort；boart；harmophane；silicium-carbide；garnet；carbon silicide；diamond grit{grain;dust;spar}；abradant；amorphous carborundum；electrolen；silit；SiC
金刚砂布☆carborundum{emery;sand} cloth；emery{abrasive} cloth；sandcloth
金刚砂布带☆emery fillet
金刚砂锉☆emery file
金刚砂带☆carborundum fillet；grinder belt
金刚砂刀片☆diamond-impregnated blade
金刚砂防滑条☆carborundum grit slide-proof strip；non-slip emery insert
金刚砂粉☆powdered carborundum{emery}；emery powder{dust}；pulverized corundum；carborundum powder
金刚砂辊☆emery roller
金刚砂辊磨布机☆cloth emerizing machine
金刚砂锯☆emery{carborundum} saw
金刚砂块☆emery block
金刚砂磨刀板☆rifle
金刚砂磨光机{轮}☆emery buff
金刚砂片☆carborundum disc
金刚砂起绒工艺☆emerizing
金刚砂砂钻☆diamond bur
金刚砂研膏☆carborundum paste
金刚砂纸☆emery{carborundum} paper；sandpaper
金刚砂砖☆carborundum tile；refrax
金刚石[C;等轴]☆diamond；adamas；spark；carbite；goods；adamant；Indian stone；nose
金刚石般的☆adamantine
金刚石表面磨光☆glazing of diamond
金刚石玻璃刀☆diamond glass cutter
金刚石车针☆diamond burr
金刚石出刃高度☆diamond exposure
金刚石传导计数管☆diamond conduction counter
金刚石锉☆diamond file
金刚石刀☆diamond glazier{tool}
金刚石的个数[金刚石钻头冠部]☆diamond count
金刚石的双晶晶体☆macle
金刚石顶锤☆diamond-pointed hammer
金刚石定向排列钻头☆oriented bit
金刚石粉☆diamond dust{powder}；bortz powder
金刚石复合片{粉压块}☆diamond compact{composite}
金刚石钢☆extra-hard steel
金刚石高频选矿☆high-frequency separation of diamond
金刚石刮削钻头☆diamond cutter drag bit
金刚石管套靴☆set casing shoe
金刚石光学磨具☆diamond grinding tools for optical industry
金刚石滚轮修整器☆diamond rotary dresser
金刚石耗损{量}☆diamond loss
金刚石环效应☆diamond ring effect
金刚石夹☆dop
金刚石尖☆diamond tip
金刚石尖头凿☆diamond point chisel
金刚石剪切{|铰孔}钻头☆diamond shear{|reaming} bit
金刚石角锥石硬度☆diamond pyramid hardness
金刚石截切器☆diamond cutter
金刚石解离系数☆liberation coefficient of diamond
金刚石晶体计数器☆diamond crystal counter
金刚石锯☆diamond saw
金刚石颗数[钻头上]☆stone-count
金刚石克拉重量[钻头上镶用]☆carat weight
金刚石矿区{场}☆diamond field
金刚石拉丝模抛光机☆diamond die polishing machine
金刚石棱锥(体(压头))硬度☆diamond pyramid hardness；dph；DPH
金刚石粒出露高度大[从基体突出]☆proud exposure
金刚石模☆diamond die
金刚石磨琢法[磨琢片]☆cabochon
金刚石黏结剂☆diamond cement
金刚石排列{嵌布}样式[钻头上]☆diamond pattern
金刚石片屑☆boart
金刚石品级☆diamond grade
金刚石嵌布量☆diamond content；diamond per carat
(用)金刚石{硬合金}嵌镶{补强}钻头☆set bit
金刚石切割片☆diamond slicing disk
金刚石(覆面)切削轮☆diamond (faced) cutter wheel
金刚石球状压头☆diamond ball impressor
金刚石取芯钻头冠部☆bit crown
金刚石取芯钻头切削环☆curf
金刚石热合层☆sintered diamond layer
金刚石砂☆boart；boort；bort
金刚石砂轮修整器☆diamond dresser
金刚石烧结修整器☆compact diamond tool
金刚石双晶晶体☆macle
金刚石碎片☆broken stone；chip；diamond chip
金刚石淘选盘☆diamond pan
金刚石套管头{靴}☆diamond shoe
金刚石条带嵌入型扩孔器☆insert-type reaming shell
金刚石筒形磨轮☆diamond cup wheel
金刚石吸笔[镶嵌金刚石钻头用]☆diamond pipe
金刚石铣盘☆diamond milling tool
金刚石洗选机☆diamond washer
金刚石镶嵌瓣[金刚石钻头]☆diamond (set) pad
金刚石屑☆bort(z)；boort；boart
金刚石型晶体点阵☆diamond crystal lattice
金刚石型象移面☆diamond glide plane
金刚石修整装置☆diamond dresser{dressing device}
金刚石压(砧室)☆diamond anvil cell
金刚石压痕计☆diamond indenter
金刚石硬质合金环☆diamond-set ring
金刚石圆锥体压头☆diamond spheroconical penetrator
金刚石砧压槽☆diamond-anvil cell
金刚石振动选形机☆shape sorting vibrating table for diamond
金刚石整修工具头☆diamond-impregnated head
金刚石正四棱锥体☆square-based diamond pyramid
金刚石制的☆adamantine
金刚石中黑点☆carbon spot
金刚石状石蜡晶体☆diamond-shaped paraffin crystal
金刚石锥体硬度☆diamond pyramid hardness；DPH

金刚石钻机凿的扇形炮孔组☆diamond drill ring
金刚石钻进(取得的)岩芯☆diamond (drill) core
金刚石钻头☆adamantine crown
金刚石钻头工作面顶冠☆nose
金刚石钻岩机☆diamond (core) drill
金刚石最大效能☆peak diamond performance
金刚烷☆diamantane；adamantane
金刚钻☆diamond；diamantine；diamond drill
金根目{类}[金植]☆Rhizochrysidales
金工☆metal work(er){processing}；metalwork(ing)
金工车间☆machine shop
金汞(齐)膏☆colombianite；gold amalgam
金汞齐[Au_2Hg]☆goldamalgam；colombianite；gold amalgam
金光绿宝石☆heliod
金光麻[石]☆Brazilian Light
金合欢胶☆arabic gum；Acacia
金合欢属[阿;E_2-Q]☆Acacia
金合欢烷☆farnesane
金合欢烯☆farnesene
金衡(制)[金、银、宝石的衡量]☆troy (weight)
金红(宝石)玻璃☆gold ruby glass
金红钠长细晶岩☆krageroite；kragerite
金红石[TiO_2;四方]☆rutile；cajuelite；paraedrite；red schorl；dicksbergite；schorl-rouge；leucoxene；titanic schore；leukoxen；hydrorutile；gallitzinite；edisonite；titanic schorl；schorlrouge；titanschorl；titanite；titania；titanomorphite；crispite；rutilite；ruthile；paredrite；schorl rouge[法]
金红石瓷☆rutile ceramic
金红石型二氧化钛☆rutile titanium dioxide
金红针水晶☆needle stone
金花米黄[石]☆Perlato Svevo
金化物☆auride
金幻彩[石]☆Fantasy Viyola
金黄色☆golden
金黄铁矾☆carphosiderite；borgstro(e)mite
金黄玉[SiO_2]☆gold topaz{topas}
金黄藻纲☆Chrysophyceae
金辉铋矿[$(Bi,Au,Ag)_5S_6$]☆aurobismuthinite
金辉砷镍矿[常含金;NiAsS]☆sommarugaite
金鸡纳碱☆quinine；chinine
(在)金戒指上镶嵌宝石☆mount gems in a gold ring
金浸出车间{滤装置}☆gold leaching plant
金晶质岩☆granomerite
金精☆lapis-lazuli；blue zeolite
金库☆coffer；chest；treasury
金库岩☆banket
金块☆gold bullion；nugget；massive gold
金矿☆gold ore{mine}；royal mine；goldmine；quarts
金矿采洗场☆gold-workings
金矿层☆auriferous reef
金矿工作面冲下的含金矿泥☆stope washings
金矿脉☆gold{auriferous} vein；basal reef；lode gold
金矿区☆goldfield；gold field{diggings}；gold-mining district{area}
(含)金矿石☆gold-bearing ore
金矿洗{清}选厂{法}☆lavatory
金粒☆colo(u)rs；gold grains
金链花猪屎豆之一种[Co 示植]☆rattlebox；Crotabaria cobalticala
金陵统☆Kinling Series
金龙麻[石]☆Golden Drogen
金龙米黄[石]☆Dragon Yellow
金缕粉属[孢;P_2]☆Auroserisporites
金缕梅丹宁[$C_{20}H_{20}O_{14}$]☆hamamelitannin
金缕梅科☆Hamamelidaceae
金绿宝石[$BeAl_2O_4$;$BeO•Al_2O_3$;斜方]☆chrysoberyl；gold beryl；alumoberyl；cymophane；sunstone；cat's eye；alexandrite；chatoyant；krisoberil；chrysopal；katzenauge；chrysberil；cymophanite；chryselectrum；sonnenstein
金绿宝石玻璃☆alexandrite glass
金绿石☆sunstone；aventurine feldspar
金绿柱石[$Be_3(Al,Fe)_2(Si_6O_{18})$]☆chrysoberyl；heliodor；golden beryl；aquamarine chrysolite
金螺属[腹;N-Q]☆Chrysame
金麻[石]☆Giallo Veneiiano
金毛狗孢属[J_1-K_1]☆Cibotiumspora
金毛鼹属[食虫;Q]☆cape golden mole；Chrysochloris
金礞石☆mica-schist；phlogopite；lapis micae aureus
金末☆gold dust；the end of Jin Dynasty
金囊类[金藻门]☆chrysocapsales
金囊藻目☆Shrysocapsales；chrysocapsales
金泥☆gold mud
金尼西层[D_3]☆Genesse formation
金牛宫[占星术]☆Taurus
金牛-利特罗峡谷☆Taurus-Littrow
金牛山脉[月面]☆Montes Taurus
金牛座☆Taurus；Bull
金牛座的☆taurine
金钱☆money
金钱豹石☆Leopard Skin
金钱松属[E-Q]☆Pseudolarix
金-乔特隆钻井法☆Kind-Chaudron method{system；process}
金球类[始先类金藻门]☆Chrysosphaerales
金雀花岩高兰☆broom crowberry
金融☆finance
金融家☆financier
金融形势☆financial position
金融中心☆financial center
金溶剂[氰化盐]☆gold solvent
金三铜矿☆tricuproaurite
金色☆gold；golden yellow
金色的☆gold；aureate
金色合金☆oroide
金色铜☆ormolu；pinchbeck；oroide
金色云母☆cat('s) gold
金砂☆auriferous{grit;wash} gravel；chad；gold sand；diamantine；wash grave
金砂釉☆aventurine glaze
金沙贝[石]☆Palissandro Classico
金沙黑[石]☆Black Galaxy
金沙江红河深断裂☆Jinshajiang-Honghe deep fracture
金沙江石☆jinshajiangite
金沙石☆Pallisandro Classico
金石☆metal and stone；inscriptions on ancient bronzes and stone tablets[铜器、石碑上的铭刻]
金石家☆epigraphist
金石墨氯化物☆gold graphite chloride
金石丝竹☆various musical instruments made of metals,stone,strings and bamboo
金石学☆epigraphy；archaeography；studies of bronze and stones epigraphy；study of inscriptions on ancient bronzes and stone tablets
金氏贝属[腕;J-K]☆Kingena
金氏水泥☆Keene's{Keen's} cement
金氏套管提升器☆Kind's plug
金属☆metal；met.
金属板☆sheet metal
金属板(冲压后)的余料☆scissel
金属棒间电弧☆metallic arc
金属棒凿孔机☆stick perforator
金属包层{盖}☆clad(ding)；metal coat{clad}
金属包镀☆metal(l)ing
金属包端的☆metal-shod
金属包裹石棉垫片☆metal jacket gasket
金属薄板☆latten；sheet metal
金属爆炸差厚成形法☆metal gathering
金属爆炸成形{型}☆explosive metal forming
金属爆炸冲压装置☆metal-explosive system
金属被覆☆washing
金属变形☆flow of metal；flow
金属表面的渗碳层☆case
金属玻璃☆metallic glass
金属薄膜☆metal film；mf
金属箔片{薄膜}应变仪☆metal foil type strain ga(u)ge
金属薄条☆web
金属捕获构造☆metal trap
金属卟啉☆metalloporphyrin
金属材料☆metallics
金属测橛☆arrow
金属层☆substrate
金属衬壳☆metal liner
金属成矿带☆metallogen(et)ic belt
金属成矿论☆metallogeny
金属成矿岩浆专属性☆metallogen(et)ic specialization of magma
金属成矿作用☆metallogenesis
金属成品☆finished metal
金属冲出☆breakout；break out
金属传导因数☆metal factor；metallic conduction factor
金属床角滚轮☆bed casters of metal
金属带☆window
金属导电因子☆metallic-conduction factor
金属的活化迁移☆remobilization of metals
金属垫板[修理输送机胶带]☆rip plate
金属电弧熔焊☆metal-arc welding
金属电解化合法☆metalliding
金属顶梁☆metal cap；metal roof bar；roofmaster
金属锭☆pig metal；lingot
金属镀层法☆metal coating
金属镀铬(耐腐蚀)表面☆hard plating
金属垛☆metal crib；steel chock
金属反馈☆feedback of metals
金属废料☆waste metal；metallic scrap
金属粉☆powder(ed) metal
金属粉末喷雾枪☆wire pistol
金属粉末烧结(金刚石钻头的)胎体☆sintered metal
金属腐蚀(成孔眼)☆pitting
金属腐蚀剂☆mordant
金属富化渗流水☆metal-enriched vadose fluid
金属改性氧化物☆metallic modified oxide；MMO
(用)金属杆清扫☆lance
金属工程学会☆Metals Engineering Institute；MEI
金属供给☆metalliferous supply
金属工人☆metalworker
金属工艺学☆metallurgical technology
金属拱形临时支架☆steel arched temporary support
金属箍☆aglet
金属刮板[砖瓦石工用]☆cockscomb
金属挂片[法]☆coupon
金属管拱形换热器☆metallic-tube arch-type heat-exchanger
金属罐☆canister；cannister
金属含量☆metal content；tenor
金属焊条惰性气体保护焊☆MIG welding；metal inertia gas welding
金属厚度测量器☆reflectoga(u)ge
金属互化物☆intermetallic compound；alloy；intermetallics
金属护皮电缆☆sheathed wire
金属护套保温{绝缘}☆metal-sheathed insulation
金属化☆metallization；metallizing process
金属化聚脂薄膜电容器☆metallized mylar capacitor
金属化云母电容☆metallized mica capacitor
金属灰☆calx；calces
金属回收☆metal reclamation{recovery}
金属或矿物表(面氧)化(保护)层☆patina
金属基底应变计☆strain ga(u)ge with metal base
金属基体☆groundmass
金属极电弧割法☆metal arc cutting
金属极惰性气体保护☆metal inert gas；MIG
金属夹衬胶皮管☆metal-lined hose
金属加工☆metal processing{working;work;finishing}
金属夹杂物分离装置☆metal eliminator
金属间的☆intermetallic
金属间化合法☆metalliding
金属间化合物涂层☆inter-metallic coating
金属鉴定术☆metallometry
金属浆(状炸药)爆破☆metallized slurry blasting
金属胶体着色☆metal-colloidal colouration
金属(性)晶体☆coordinate{metallic} crystal
金属井壁☆casing
金属镜☆speculum [pl.-la]
金属-绝缘体-半导体☆metal-insulator-semiconductor
金属壳导火索☆metal fuse
金属孔眼☆grummet；grommet
金属孔眼密封圈☆grommet type seals
金属块☆derby；biscuit；regulus；pig
金属筐☆gabion
金属矿产运输途中处置[产地→市场]☆arrival dealing
金属矿床分布图☆metal deposits distribution map
金属矿化☆metalliferous mineralization；metallifero；metallization
金属矿块☆slug
金属矿留矿采矿(法)[瑞]☆magazine mining
金属矿圈☆metallosphere
金属矿石总称☆aerite
金属矿体☆ore mineral body
金属矿相学☆mineragraphy
(多价)金属离子的螯合剂☆sequestrant
金属-离子交联剂☆metallic-ion crosslinking agent
金属粒☆granulated metal
金属粒化☆shotting

J

金属量☆productivity
金属裂缝探伤器☆inspectoscope
金属裂隙探测器☆stethoscope
金属硫化物矿物化学☆mineral chemistry of metal sulfides
金属-硫键☆metal-sulfur bond
金属卤素灯☆metal halide lamp
金属面胶合板☆plymetal
金属膜电阻(器)☆metallized resistor
金属逆楔式锚杆☆reverse-wedge-type steel bolt
金属黏结金刚石制品☆metal-bonded diamond article
金属盘☆salver
金属喷镀☆metallization；metal {-}spraying；pulverize；pulverisation；metallikon[液态]
金属喷镀口☆pistol
金属喷涂(的)☆metal-spraying
金属坯段☆billet
金属片燃料滤清器☆metal disc fuel filter
金属品位☆runs
金属平衡☆metallometric balance
金属切削机床☆metal-cutting machine (tool)
金属切屑(生物)穿孔☆boring
金属氢☆hydrogenium
金属取代☆metallation
(镶小孔用的)金属圈☆eyelet
金属缺乏症☆metal dietary deficiency
金属绕圈☆metallic spiral wound；MSW
金属熔补☆burning-on
金属容器☆can
金属渗入砂型☆burning-in
金属石棉刹车带☆metallic asbestos brake lining
金属石墨复合物☆metal-graphite compositor {composite}
金属丝☆tinsel；wire
金属丝编包的导爆线☆wire-countered primacord
金属丝编织筛布☆wire-cloth screen；woven metal wire cloth
金属丝布☆wire cloth
金属丝厂☆wireworks
金属丝规☆wire gauge
金属丝轮刷☆wire wheel brush
金属丝刷☆wire brush
金属丝网☆(metal) gauze；wiremesh；wire-netting；wire sieve{gauze}
金属丝网滤清器☆wire-mesh filter
金属丝振动应变仪☆vibrating wire strain ga(u)ge
金属塑料复合材料☆plastimets
金属碳化物☆metal carbide；carbonide
金属探伤☆metal defect detection；crack detection
金属羰基合物☆carbonyl
金属陶瓷☆cer(a)met；metal-ceramic；sintered-metal；ceramal；sintering machine；cerium cermet
金属陶瓷工艺☆cermetology
金属锑☆star antimony
金属条接地[电缆铠甲或外壳上用的]☆bonding strip
金属网☆mat；metal mesh{mat}；steel mesh mat；wire fabric
金属网筒☆gauze cylinder
金属围网(填)石垛☆sloan pack
金属物件腐蚀☆dipping
金属锡☆white{metallic} tin
金属镶嵌☆damascene
金属小块{珠}☆button
金属屑☆junk；sweep
金属芯石棉线☆metallic asbestos yarn
金属型☆chill
金属型芯☆inserts
金属性☆metallicity
金属锈☆aerugo
金属学☆metallography
金属阳离子交换自由能☆metal cation exchange free energy
金属氧化铝半导体☆metal-alumina-semiconductor
金属-氧化铝-硅(结构)☆metal-alumina-silicon；MAS
金属-氧化物-硅☆metal-oxide-silicon；MOS
金属-氧键☆metal-oxygen bond
金属液☆molten metal
金属衣金刚石☆metal clad diamond
金属英尺☆metal feet
金属硬度测定仪[测定金属硬度]☆cyclograph
金属用显微镜☆metalloscope
金属有机卟啉化合物☆metal-organic porphyrin compound
金属有机化合物沉淀☆metallic organic compound precipitation
金属与金属的化合物☆metallide
金属杂质☆foreign-metal{metallic} impurity；foreign metal
金属渣☆greaves；scoria
金属渣的☆scoriaceous
金属珍珠光泽☆metallic pearly luster
金属整流器☆dry rectifier
金属支架☆steel rib{timber;support}{support}；metal post{support;rack}；through metal；metallic support
金属织网筛☆woven-wire screen
金属止动片☆metal retaining web
金属制花环☆garland
金属制品☆hardware；metalwork
金属中砂眼☆abscess
金属铸件变形致密化☆consolidation of cast metal by deformation
金属装桶☆ladling
金属状的☆metalline
金属总量☆total metal (content)
金水黄[石]☆juparana dourado
金斯敦米黄[石]☆Jazireh
金斯顿虫属[三叶;$Є_{2\sim3}$]☆Kingstonia
金斯特林格方程☆Genstleng equation
金司堡石[$(Al,Fe)_2O_3 \cdot 2SiO_2 \cdot nH_2O$]☆ginsburgite
金司伯斯型楔尖式钻孔定向器☆Kinsbath Casing Whipstock
金丝捕汞管☆gold-wire trapper tube
金丝缎(红)[石]☆Seta Yellow (Red)
金丝猴[Q]☆Rhinopithecus{Pygathrix} roxellanae；snub-nosed{golden} monkey
金丝黄☆golden filament yellow glaze
金丝类[始先类金藻门]☆Chrysotrichales
金丝鸟☆canary bird；firebird
金丝水晶☆gold quartz
金丝网沟☆net trough
金丝仰鼻猴☆Pygathrix roxellanae
金松粉属[孢;N_1]☆Sciadopityspollenites
金松石挂件☆gold pendant with turquoise
金酸盐☆aurate
金汤普松石☆jimthompsonite
金特型浓密过滤机☆Genter thickener filter
金提取率☆gold extraction
金铜矿[Au 和 Cu 的天然固溶体,组成近似 $AuCu_3$]☆cuproauride；auricupride；goldcuprid
金土磷灰石☆abukumalite
金尾鱼属[T-K]☆Caturus
金位☆carat；karat；K；C
金相分析☆metallographic examination
金相试验☆microscopic examination
金相图☆constitutional diagram
金相学☆metallography
金相学家☆metallographer(ist)；metallographist
金屑☆gold scraps；colours
金星☆Venus
金星玻璃☆aventurine (glass)
金星虫超科[介]☆Cypracea
金星的☆Venusian；Cytherean
金星海胆属[棘;K_2]☆Holaster
金星介科☆Cypridae
金星介属[E-Q]☆Cypris
金星凌日☆transit of Venus
金星绿麻[石]☆Donghae
金星石☆aventurine；golden star stone
金星土菱介属[D-T]☆bairdiacypris
金萱红[石]☆Homiat Red
金岩☆banket
金叶麻[石]☆Golden Leaf
金铱锇矿☆aurosirita；aurosmirid(ium)
金银分析四分法☆inquartation
金银合金[含金 55～58%]☆electrum-metal；electrum；dore metal
金银合金锭☆dore bullion bar
金银花[忍冬属之一种，Ag，Au 指示植物]☆Lonicera confusa；honeysuckle
金银块☆bullion；dore metal
金银块超过标准的纯度☆betterness
金银矿[(Ag,Ar)]☆kustelite；küstelite；goldargentid；electrum；aurum-argentum mine
金银矿脉☆gold-silver vein
金银矿石☆Au-Ag ore
金银丝交织{箔制}物{的}☆tinsel
金银铁矿☆aurosmiridum
金银屑☆sweepings
金、银与其他金属的合金☆billon
金樱子棕☆Rosa laevigate michx brown
金-铀砾岩☆auri-uraniferous conglomerate
金鱼藻属[N_2-Q]☆Ceratophyllum
金月华石挂件☆gold pendant with opal stone
金月华石戒指☆gold finger ring with opal stone
金云斑白榴岩☆wyomingite
金云橄黄松岩☆verite
金云火山岩类☆cancalite
金云母[$KMg_3(AlSi_3O_{10})(F,OH)_2$,类质同象代替广泛;单斜]☆ phlogopite；bronze mica；flogopite；magnesia {rhombic} mica；phlogolite；brown{amber} mica；hydroxyl-phlogopite；magnesiaglimmer
金云母化(作用)☆phlogopitization
金云闪辉白榴岩☆wolgidite
金云透长白榴斑岩☆orendite
金藻☆chrysophyta；yellow-green algae
金藻{植}类[始先]☆Chrysophyceae
金藻门☆chrysophyta
金藻属[Q]☆Synura
金枝藻目☆Chrysotrichales
金枝藻属☆Phaeothamnion
金蛭石☆zonolite
金制的☆gold；golden
金钟柏☆Thuja
金钟烷☆occidane
金州上升☆Jinzhou epeirogeny
金珠光辉☆blick
金珠麻[石]☆Amendoa
金砖☆clink paving tile；gold ingot
金字塔☆pyramid
金字塔坝☆pyramid dam
金字塔(形)的☆pyramidal
金字塔形大沙丘☆dune massif
金字塔形绕绳法☆pyramid spooling
金钻麻[石]☆Giallo (Veneziano) Fiorito
今颚总目☆Neognathae
今鸟亚纲☆neornithes；Ornithurae
今日☆today
津☆wath；watersplash；ford；tsunami barrier；saliva；sweat；ferry crossing；ns moist；humid；damp
津巴布韦☆Zimbabwe
津岛町渔家☆Tsushimacho Ryoke
津渡☆ford
津格氏分类☆zingg's classification
津浪☆t(s)unami；tsunamic{tstunamic} wave；seismic sea wave
津羟锡铁矿☆jeanbandyite
津贴☆allowance；subsidy；subvention
襟鞭毛虫个体☆choanoflagellata
襟孔☆collar pose
襟细胞[生]☆choanocyte；collar cell
襟细胞膜[绵]☆choanoderm
(飞机的)襟翼☆flap

jǐn

堇长角(页)岩☆seebenite
堇块绿泥石☆praseolite；prasiolite
堇绿矾☆korullite
堇青闪岩分相☆cordierite-anthophyllite subfacies
堇青石[$Al_3(Mg,Fe^{2+})_2(Si_5AlO_{18})$;$Mg_2Al_4Si_5O_{18}$;斜方]☆ dierite；jolite；(magnesium) iolite；dichroite；steinheilite；lynx sapphire[暗蓝色]；jolith；lazulith；(hard) fahlunite；polychroite；raumite；condierite；trichroite；prismatic (quartz)；steinhailite；cerasite；pseudosaphir；peliom；luchssapphir[德]
堇青石基玻璃纤维☆cordierite-based glass fibre
堇青石耐热陶瓷☆cordierite heatproof ceramic
堇青石质耐火材料☆cordierite refractory
堇青苏长角页岩☆muscovadite
堇青云母☆gigant(h)olite；iberite
堇青藻☆Trentepohlia
堇青直闪岩☆cordierite-anthophyllite rock
堇云角(页)岩☆aviolite
堇云石☆praseolite；prasiolite
紧逼☆corner
紧闭度☆tightness
紧闭构造☆tight structure
紧闭褶皱☆closed{close} fold(ing)；tight fold
紧(密接)触结构☆impingement texture

紧凑☆coherency
紧凑的☆compact；severe
紧凑度{性}☆compactness
紧凑拉伸试件☆compact tension specimen
紧凑型换热器☆compact heat exchanger
紧带滚筒☆belt tension drum；belt-tightening pulley
紧带(纸)机构☆paper guide
紧带轮☆(belt) tightener；belt stretching roller；tightening pulley
紧带器☆belt tightener
紧带装置☆belt tensioning device；tightening device
紧定夹持器☆strain clamp
紧动配合☆close running fit
紧度计☆tautness meter
紧缝☆calk；calking；caulk
紧缝凿☆caulker；calker
紧附脉壁☆frozen to the wall
紧缚海绵类☆Sphinctozoa
紧盖螺栓及螺帽☆cover bolting
紧跟着☆immediately following
紧公差☆close tolerance
紧固☆fixture；fasten(ing)；staying；secure；tight
紧固柄☆clamping lever
紧固杆☆anchorage bar
紧固环☆circlip
紧固件☆fitting fastening；fastening{lock} piece
紧固螺钉☆fastening{attachment;captive;forcing} screw；trip bolt
紧固螺栓☆clamp screw
紧固扭矩☆tightening torque
紧固配合☆immovable fitting
紧固石☆bondstone
紧固套☆fixing{adaptor} sleeve
紧固性☆tightness
紧合螺钉☆tight fitting screw
紧后工作{序}☆immediate successor
紧后活动☆successor activity
紧后事件☆successor
紧滑配合☆close working fit
紧急☆exigence；emergency；exigency；urgent；pressing；critical；emerg；emg.
紧急爆破☆hasty demolition
紧急备用破碎机☆emergency breaker
紧急(故障)测定控制装置☆abort sensing control unit
紧急抽空{排出}☆emergency exhaust
紧急出口☆exit emergency；emergency exit
紧急存煤仓☆standage room
紧急措施☆emergency measures；crash program；stringent effort
紧急倒车试验☆crash stop astern test
紧急倒扣释放☆emergency torque release
紧急的☆instant；imperative；emergency；crash；emergent；urgent；pressing
紧急的事☆urgency
紧急订货☆rush order
紧急断电控制☆emergency power-off control
紧急断路器☆emergency (circuit) breaker
紧急放空☆fail open
紧急放空烟筒☆blowdown stack
紧急关井{闭}线路☆ESD{emergency shutdown} line {circuit(ry)}
紧急继动器☆emergency relay valve
紧急进水☆water inrush
紧急救护☆first aid
紧急开关☆emergency{breakdown} switch；EmS
紧急排空点☆emergency off-take point
紧急喷淋☆emergency. shower
紧急燃料切断☆emergency fuel trip
紧急任务☆hot job；critical activity
紧急刹车☆emergency brake；scram
紧急声控系统[海上防喷]☆emergency acoustic system
紧急时赖以获得安全的事物☆sheet-anchor
紧急时使用的排水沟☆emergency drain
紧急式安全阀☆pop safety valve
紧急停车☆emergency stop{shut(-)down;cut-off}；abort
紧急停车保护装置☆emergency stop protection
紧急停止☆urgency{emergency} stop
紧急停止信号☆washout
紧急线法☆critical-path method；CPM
紧急信号☆distress{emergency;urgency;urgent} signal
紧急修理☆first-aid{emergency} repair
紧急用的制动器☆accident brake
紧急用封隔器☆emergency packer
紧急用梯☆emergency ladder
紧急制动信号音☆emergency braking tone
紧急装油点☆emergency loading point；ELP
(在)紧急状况过后恢复到安全状态☆safing
紧`挤{密压缩}伏卧向形☆tightly pinched recumbent synform
紧接的☆flush
紧接面☆butting face
紧接在不整合面之上的☆superjacent
紧接着☆immediately following
紧结的[绵骨针]☆dictyonine
紧结骨架☆dictyonalia
紧结目[绵]☆Dictyonina
紧紧握住☆fist
紧靠☆butt；abut
紧靠的☆close-set；abutting；appressed[牙形石小齿]；congested
紧靠顶板的煤☆crop coal
紧扣☆grip
紧扣扭矩☆make-up torque
紧链☆choker
紧链器☆chain spanner{tensioner}
紧螺纹扣☆buck-up
紧密☆closeness；compact
紧密(度)☆tightness
紧密层☆fixed{compact} layer
紧密床层☆compacted bed
紧密的☆close；dauk；compact；tight
紧密度☆intimacy；compactibility；compact(ed)ness；closeness；degree of breakage{compactness}；tightness
紧密堆积☆close{densely} packing；closer packed
紧密堆积式模型☆close-packed model
紧密共生☆close association
紧密合作☆combined effort
紧密接触☆impinge
紧密接触轴承☆proper bearing
紧密连接☆solid connection
紧密黏土☆lute
紧密炮孔网度{眼间距}☆close hole spacing
紧密配合☆close-fitting
紧密石棉☆leatherstone
紧密填集构造☆clone-packed{close-packed} structure
紧密填集面☆close-packed plane
紧密土☆tight soil
紧密相联的☆allo
紧密褶皱☆appressed fold
紧密支架☆close (set) timber
紧黏顶板的☆claggy；cladgy
紧黏顶底板煤☆coal burned to top or bottom
紧耦合☆close{tight} coupling
紧配合☆interference{tight;driving;wringing} fit
紧皮带辊子☆belt idler
紧钳☆clincher；clencher
紧前工作{序}☆immediate predecessor
紧前活动☆predecessor activity
紧塞具☆obturator
紧砂{|绳}☆tight sand{|rope}
紧绳车☆tarry
紧绳架☆tensioning frame
紧绳率☆bulk factor
紧绳轮☆bearing {-}up pulley
紧绳器☆binder；boomer
紧实☆compaction
紧实土☆compact soil
紧实系数☆coefficient of compactness
紧实性☆compactability；compactibility
紧束缚模型☆tight-binding model
紧随☆tag；heel
紧缩☆contract；condensation；reduce；retrench；tighten
紧缩率☆bulk factor
紧缩通货☆(currency) deflation
紧缩应力☆striction stress
紧缩作用☆deflation process
紧锁应力☆locked {-}up stress
紧填密集的☆closely packed
紧贴☆cling；plastering-on；tight
紧贴地☆snugly
紧贴顶板的煤☆claggy
紧贴井筒的矿柱☆inner pillar
紧贴矿脉的含金板岩☆gouge
紧贴煤壁处☆facefront face
紧贴煤层的黑土或蓝土☆urry
紧贴煤层上面的页岩层☆ply
紧贴褶皱☆adpressed fold
紧统[数]☆compactum
紧握☆gripe；grip；clasp；clutch；tenacity
紧线夹☆come along；come-along
紧线钳☆draw vice{tongs}；drawvice；toggle
紧悬的钻具[钢绳冲击钻]☆tight hitched tool
紧压☆pinch
紧压褶皱☆adpressed fold
紧咬☆bite
紧要的☆imperative；burning
(在)紧要地点留下的小煤柱☆man-of-war
紧要关头☆crisis [pl.crises]
紧张☆intension；tensity；stress；tension
(传动皮带的)紧张侧☆advancing side
紧张的☆tensional；strenuous；bracing
紧张度☆tightness；tensity
紧张状态☆drive
紧褶曲☆compaction fold
紧褶皱☆tight fold
紧致统☆compactum
紧轴☆mandril；mandrel
紧转配合☆close running fit
锦标☆title
锦标(赛)☆championship
锦缎☆brocade
锦葵(属)☆Malva
锦葵粉属[孢;E-Q]☆Malvacearumpollis
锦葵科☆Malvaceae
锦叶芋(属)☆Cladium
锦砖☆mosaic tile
仅仅☆exclusively；merely；alone；barely；only；just
谨慎☆discretion；circumspection；caution；care；modesty；conservative；prudent；deliberate
谨慎爆破☆cautious blasting
尽管☆in spite of; despite the fact that; spite of; whereas
尽可能(的)☆as…as possible

jìn

进岸沉积☆hinter surf beds
进变质☆temperature-gradient{constructive;prograde} metamorphism
进变质岩☆prograde metamorphic rock
进变作用☆progradation
进步☆improvement；improve；advance；progress；meliority
进步的☆progressive
进餐☆meal
进场波束指向系统☆beam approach beacon system
进场角信号灯☆angle of approach light
进场控制雷达☆approach control rude；ACR
(飞机)进场与着陆系统☆approach and landing system
进厂粉矿☆incoming ore fines
进厂矿石☆mill(ing) ore
进潮道☆thoroughfare；thorofare
进潮口☆inlet；tidal inlet{creek}；tidal creek rill
进潮流☆ingoing stream
进程☆course；advance；progress；run；tenor
进程时间☆traveltime；travel-time
进尺☆advance；length of run；footage；yardage；headway；footage of advance；the linear feet drilled；feed of drill；drilling footage{depth}；make hole；footage advanced
进尺测量索恢复弹簧☆penetration cable mainspring
进尺控制☆penetration control
进尺深度☆run length；drilling depth；footage
进尺速度[钻孔]☆driving{penetration} speed；penetration rate；progress
进出☆ingress and egress；boil up
进出口☆access hole
进出口(泥浆)流量差☆differential flow-in and out
进出口载货清单☆manifest import and export
进出气洞☆breathing{blowing} cave
(矿山)进出通路☆gangway
进出站信号☆home and starting signal
进带录像机☆video tape recorder
进弹口{窗}☆feedway
进刀装置☆feeder
进到基岩的钻孔☆spudded-in hole

进得去的☆accessible
进动[天]☆precess(ion); procession
进度☆progress; advance; tempo[意;pl.tempi]; pace; advancement; rate of progress{progress advance}; planned speed; schedule
进度表☆progress chart; schedule; program(me)
进度计划☆scheduling
进发☆volley
进风☆intake (air); downcast (air); first-of-the-air; air intake
进风道☆intake (airway); air intake; blowing {fresh-air} road; fresh flue; intake air course
进风风流地段☆first-of-the-air
进风井☆intake{inlet;down-cast} shaft; downcast (shaft); fresh-air raise; entering wind shaft
进风口☆inlet opening; air intake{inlet}
进风软管☆air-intake hose
进覆☆onlap; transgressive overlap
进港导堤☆entrance jetty
进港航道☆approach
进给☆feeding; feed to
进给阀☆inlet (valve); IN; feed{intake} valve
进给量级数☆number of feeds
进给起点[气、汽等]☆admission zero
进给器☆feeder
进给器轴☆feeder shaft
进给速度☆rate{speed} of feed; feed rate
进给系统☆feed-system
进攻☆offensive
进管☆inlet pipe
进化☆evolution; anagenesis
进化不可逆定律☆irreversibility of phylogenetic development
进化带☆advanced guard
进化单位☆evolutional unit
进化的常速☆horotelic rate of evolution
进化定律☆law of evolution
进化反应☆prograde reaction
进化级类群☆grade group
进化控制素☆bion
进化论☆Darwinism; evolutionism; evolution theory
进化系统支☆evolutional system branch
进化学家☆evolutionist
进化支☆clade
进化综合☆advancing complexity
进货本☆purchases journal
进货价格☆prime cost
进货账☆bought book
进货周期☆receipt period
进积☆progradation
进积层序☆prograding sequence
进积序列☆progradational sequence
进浸海☆ingression sea
进军☆fare
进卡机☆chart feeder
进口☆inlet (orifice;hole;opening); import; induction {enter} port; entrance; importation; entering end; ingate; ingress; intake; entry; adit; approach hole; admission opening
进口报单☆declaration for importation
进口报关☆customs entry
进口侧☆inlet side; on the suction side
进口处☆inflow point
进口代理{佣金}商行☆import commission house
进口段[空压机]☆inducer
进口发票☆invoice book inward
进口(吸入)法兰☆suction flange
进口港☆port of entry
进口关税☆import tariff
进口货☆foreigner
进口节流回路☆meter-in circuit
进口坡☆access ramp
进口签证许可制☆import licensing system
进口商☆importer
进口商品☆import; importation; imported goods
进口申请(通知)☆notice of import
进口水陆运费☆inward freight and cartage
进口税☆inwards; impost; import tax{duty}
进口税则{率}☆import tariff
进口外端浮标☆sea buoy
进口限额制☆import quota system
进口压力☆input{intake;admission;inlet;entrance} pressure
进口轧痕☆enter marks
进口装置排气☆intake vent
进口总值☆gross import value
进矿取样☆head sampling
进矿总站☆ore reception terminal
进浪流☆beach drift
进料☆feed(ing); charging; feedstock; charge-in; input; charge (stock); F; IN
进料斗☆(feed) boot; feeder hopper
进料控制☆flow{feed} control
进料口☆inlet (point); feeder{feed} head; feed port
进料器☆filler; feeder
进料速度☆input{feed} speed; rate of feeding
进料台☆loading bay
进料头衬板☆inlet head liner
进料位置☆inlet point
进路☆access road{drift}; approach; drive; admission passage; brow; door; lane; neck; entrance; passage way; stope gangway; reach; track; extraction drift {gallery}; drawing road(way); breakage heading; stoping excavation{drift}; actual mining roadway
进路回采☆drift stoping
进路回采的房柱式采矿法☆punch-and-thirl system
进路式分层崩落采矿法☆drift slicing
进气☆inlet (air); admission; inspiration; inhaust; incoming{intake} air; feed gas; gas intake; charge; admittance; air-in; admit; aeration; onflow
(发动机)进气☆inductance
进气(的)☆gas inlet
进气冲程☆intake{admission;suction} stroke
进气道防护罩☆air-intake guard
进气阀打开☆INO; inlet open
进气副阀☆auxiliary live; steam valve
进气管☆admission{admitting;infow} pipe; air intake pipe{tube}; wind bore; feeder; draft tube; air inlet pipe
进气口☆air induction{inlet}; air-intake (opening); gas intake (port); admission port; cross air inlet
进气停止☆inlet close; In.C.
(汽缸)进气系数☆coefficient of admission
进汽☆steam admission
进汽温度☆feed temperature
进汽压力☆input{inlet;entry;admission} pressure
进侵滨线☆invading shore line
进侵的海☆invading sea
进侵海☆ingression sea
进入☆ingress(ion); ingoing; incursion; enter (into); get into; entrance; inject; entering; admittance; admission; entry; access; lodge; roll-on[测线]
进入的☆entrant; intrant; ingoing
进入的一侧☆ingoing side
进入的油品☆incoming{arriving} product
进入冻结钻孔的盐水☆intake brine
进入工作面的通道☆entry
进入管☆admitting{inlet;induction} pipe; induction port
进入角☆approach{entrance;axil;stream-entrance} angle; angle of entry
进入井下的新鲜风流☆first-of-the-air
进入孔☆inlet orifice{hole}; approach hole
进入孔口☆manhole
进入口☆admission{induction} port; access door
进入矿层的[指钻孔]☆brought-in
进入喷管(孔口)的速度☆velocity of approach
进入屏幕☆frame-in
进入平原处☆embouchure
进入[地球]前的轨道☆pre-entry orbit
进入权☆right of ingress
进入缺口☆sump
进入体☆incoming body
进入同步☆fall in
进入信号☆entering signal
进入张力状态☆put into tension
进深☆throat
进食构造☆feeding structure
进食痕迹[遗石]☆feeding trail{trace}; fodinichnia
进食迹☆Fodinichnia
进水☆water entrance{intake;inflow}
进水层段☆water-entering interval
进水道[绵]☆inlet (channel); tickle; chone
进水的☆influent; waterlogged
进水阀☆induction{intake} valve
进水沟☆inlet channel; inhalant canal
进水管☆interhalant{inhalant} siphon; inlet water line; inlet{admitting;influent;infow} pipe
进水罐☆suction tank
进水过程线☆inflow hydrograph
进水口☆inlet (opening); water inlet{intake}; intake; infall[运河等的]
进水量☆water inflow{intake}; aquifer influx
进水深度☆feed depth
进水隧洞☆head-race tunnel
进水线☆inflow hydrograph
进水压力☆intake pressure
进水闸☆entrance gate
进水嘴☆admission piece
进速常数☆advance constant
进筒楔形防水圈☆wedge ring
进退机构☆driving and reversing mechanism
进退两难☆dilemma
进位☆carry (over); transfer; CA
进位制☆scale
进袭☆charge
进线☆coil in
进线架☆derrick
进线接头☆incoming adapter
进线套管☆entrance bushing
进行☆conduct; current; proceed; undertake; perform; course; run; progress
进行充填的房柱法☆room-and-pillar with filling
(把……)进行到底☆following out
进行洞穴探险活动☆pothole
进行发送信号☆proceed-to-trap strut signal; proceed to transmit signal
进行开采☆bring into production
进行联络☆netting
进行式泥质蚀变☆advanced argillic alteration
进行试验☆experiment
进行选择信号☆proceed-to-select signal
进行一次压力恢复测试☆running a build up
(在)进行中☆in hand; on-the-run
进行中的☆going
进盐水管☆brine intake
进样☆injection; sample introduction{injection}
进(试)样口☆injection port
进样偏差☆sampling bias
进样系统☆inlet{sampling} system
进液管汇☆incoming stream manifold
进一步勘探☆additional exploration
进夷滨线☆prograding shoreline
进夷作用☆progradation
进油☆oil-taking; oil in
进油阀☆filling valve
进油管路☆in-line
进油和回油隔离阀☆pressure and return isolating valve
进油节流回路☆meter-in circuit
进油口间隙☆oil entry gap
进元件☆magnetic cell
进展☆headway; develop(ment); advance; make progress; progress(ion); evolution; stride; march
进展演替☆progressive succession
进站侧☆upstream side
进站管线☆incoming line
进站信号(机)☆home signal
晋级☆elevation
晋囊蕨属[P_1]☆Chansitheca
晋宁运动☆Jinning{Tsinning} movement
禁闭的☆coarctate
禁采的矿地☆exempted claim
禁带☆forbidden zone{band}
禁带宽度[半导体]☆energy gap
禁带跃迁☆transition through forbidden band
禁伐林☆protection forest
禁废租赁☆non-cancelable lease
禁锢湖☆imprisoned lake
禁忌[美口]☆nono
禁戒反射☆forbidden reflection
禁戒区☆exclusion area
禁垦坡度☆slope of banned cultivation
禁例☆nono
禁令☆interdict; injunction; ban
禁区☆forbidden zone{region}; reserve; restricted zone; fenced-off{restricted;closed} area; (wildlife or plant) preserve; natural park; football penalty area; basketball restricted area
禁入区☆exclusion area

禁入组合☆excluded assemblage
禁衰变☆forbidden decay
禁隙{|线}☆forbidden gap{|line}
禁用代码☆illegal{forbidden} code
禁用学名☆nomen vetitum; impermissible name; nom. vet.; nom.vet.
禁用字符☆improper{forbidden} character
禁用组合☆forbidden combination
禁运☆embargo
禁运品☆contraband (goods)
禁止☆interdict(ion); inhibition; for-; except; ban; veto; prohibit; no
禁止超车区☆no-passing zone
禁止出口☆embargo
禁止的☆illicit; inhibitive; prohibitive
禁止地☆prohibitively
禁止干扰☆inhibit(ive) noise
禁止进口☆import prohibition
禁止开采的矿池☆exempted claim
禁止开矿地区☆abandoned mining areas
禁止器☆inhibiter; inhibitor
禁止区☆exclusion area
禁止入内☆off-limits; no admittance except on business
禁止通行的巷道☆untraveled route
禁止信号☆inhibiting{locking;inhibit;disable} signal
禁止性的☆prohibitive
禁止在马路通行的超重载重汽车☆off highway truck
禁止中断☆disabled interrupt
禁止转让的☆nonnegotiable
近☆pros-; peri-
近阿尔卑斯山脉的☆cisalpine
近安格勒兽属[E_3]☆Anagalopsis
近岸☆inshore; offshore
近岸冰带☆ice fringe
近岸沉积☆hinter surf beds; nearshore deposit
近岸的☆inshore; intracoastal; beachy; neritic; nearshore; onshore
近岸海滩☆fringe beach
近岸跨☆abutment span
近岸浪☆coastal wave
近岸流☆coast(al){littoral;inshore} current; littoral flow
近岸平坦沙地☆links
近`海{岸浅水}学☆aktology
近岸岩礁☆ledge
近白金属喷砂清理☆near white metal blast cleaning
近棒形的☆clavulate
近爆引信☆proximity fuze
近北极的☆subarctic
近边缘的☆submarginal; antemarginal
近便☆handy; handiness
近变质岩☆anchi-metamorphic rock
近滨☆nearshore; inshore
近滨带☆nearshore zone; shoreface
近滨海相带☆nearshore marine zone
近滨环境☆near-shore environment
近滨流系☆nearshore current system
近冰碛谷☆subdrift valley
近冰缘河☆submarginal stream
近冰缘水系☆submarginal drainage
近哺乳类动物☆near-mammals
近彩色红外线摄影☆near color infrared photography
近侧的☆proximal
近层型☆plesiostratotype
近长方介属[D-C]☆Hypotetragona
近长圆球形☆subprolate
近(源)场☆near field
近程感测☆proximal sensing
近程声电定位器☆sonicator
近程(开关)式传感器☆proximity sensor
近程无线电导航系统☆shoran
近程移动目标显示雷达☆midar; microwave detection and ranging
近处☆vicinity; suburb; nr; near
近穿孔贝(属)[J-Q]☆Terebratulina
近船尾☆aft
近垂直的☆subvertical
近垂直摄影相片☆near-vertical photograph
近大陆深海平原☆near-continental abyssal plain
近带☆anchizone
近代☆recent period{epoch}; modern times
近代成{绘}图技术☆current mapping technique
近单矿物岩☆anchieutectic monomineralic rock; anchi(-)monomineralic rock
近道☆near trace
近道剖面☆short{near}-trace section
近道选排图☆near-trace gather
近等温降压☆near isothermal decompression; near ITD
近等压冷却☆near isobaric cooling; near IBC
近等轴状☆anchi-equidimensional
近底层补偿流☆undertow current
近底流☆near-bottom current
近地(面井段)☆near-surface section
近地表(的)☆near surface
近地表波☆near-surface waves
近地表的矿床☆near surface deposit
近地表估计的射线求逆法☆ray inversion for near-surface estimation; RINSE
近地点☆perigee
近地点潮☆perigean tide
近地点幅角[ω]☆argument of perigee
近地空间☆terrestrial{near-Earth} space
近地空间探测火箭☆Earth-space probe
近地面层☆ground{surface} layer
近地面的☆subaerial
近地面的煤层☆day-coal
近地面段记录☆surf zone recording
近地(球)卫星☆near-Earth satellite
近点(距离)☆anomaly
近点年☆anomalistic year
近叠鳞贝属[腕;T_2]☆Paralepismatina
近(岩基)顶部的[矿床]☆acro-batholithic
近顶端喷发☆subterminal eruption
近顶下坑[牙石]☆subapical pit
近端串音☆near-end crosstalk
近端上超☆proximal onlap
近多边形形成层的生长☆peri-polygon cambium growth
近颚齿牙形石属[C_1-T]☆Anchignathodus
近分选密度区☆near-gravity zone
近峰混入物[粒径接近峰值的混入物]☆proximate admixture
近缝合带盆地☆perisutural basin
近盖厄贝属[腕]☆Perigeyerella
近感☆proximal sensing
近肛板[海百]☆primanal
近拱点☆periapsis
近共(结的)☆anchi-eutectic
近共结☆anchi-eutectic; anchieutectic
近(低)共结岩☆anchieutectic{anchi-eutectic} rock
近(低)共融的☆anchi-eutectic
近固体的☆quasi-solid
近灌木状的☆frutescent
近光滑的☆glabrate
近龟属[J-K]☆Plesiochelys
近海☆offshore; adjacent sea; sea approach
近海岸的☆submaritime; inshore
近海滨的☆sublittoral
近海胆(属)[棘;$J_{1\sim2}$]☆Plesiechinus
近海的☆paralic; hemipelagic; neritic; off-shore; sea; maritime
近海地槽☆paraliageosyncline
近海地区☆approach
近海地形☆inshore bottom contour
近海构筑物性能☆behaviour of off-shore structures
近海管道建筑[水深超过 33m]☆offshore pipeline construction
近海石油开发保险☆offshore oil exploration insurance
近海湾槽☆offshore trough
近海物资供应局☆offshore supplies office; OSO
近海相煤(层)☆paralic coal
近海相(型)煤系☆coastal marine coal measures
近海楔棚☆paralic wedge
近海型含煤岩系☆paralic coal-bearing series
近海岩☆hemipelagite
近海洋面☆offing
近海油井溢油☆offshore oil spillage
近海终端设施☆offshore terminal
近海自升式钻井船☆offshore jack-up drilling vessel
近航仪☆teleran
近和谐☆peneconcordant
近河岸的☆riverain
近河沉积☆bystream{by-stream} deposit
近河阶地☆by-terrace
近河区☆riverine; riverain
近红外谱☆near-infrared spectra
近红外区☆near-infrared region
近红外线(区)☆near {-}infrared; NIR
近猴属☆Plesiadapis
近后(期)成岩作用☆juxta-epigenesis
近互生的[植]☆subalternate
近化学计量的☆near-stoichiometric
近火山活动(金属)矿床☆proximal ore deposit
近基的☆proximalus; proximal
近极[孢]☆proximalus; proximal pole; polar proximal
近极薄壁区[孢]☆catatept
近极地气候☆subpolar climate
近极内壁痕[孢]☆torus
近极星序☆polar sequence
近级☆proximate grade
近戟贝属[腕;$D_{1\sim2}$]☆Perichonetes
近脊沟[牙石]☆adcarinal groove
近迹合成图☆near-trace gather
近渐尖形的☆subocuminate
近(道)检波器☆near detector
近焦点☆perifocus
近郊☆environs
近接合带盆地☆perisutural basin
近阶地的☆by-terrace
近结系☆peritectic system
近晶体☆smectic
近井底地带☆near-well-bore area
近井地层☆near wellbore formation
近井地带☆immediate vicinity of wellbore
近井地带渗透率☆near-well-bore permeability
近景☆near view
近静岩流体压力☆near-lithostatic fluid pressure
近距导航系统☆short-range navigation system
近距聚焦摄像管☆proxicon
近距离☆near range; near-range
近距离相遇图像☆near encounter image
近距落尘☆closed fallout
近距煤层群开采☆contiguous seam mining
近距摄影☆closeup photography
近距月球相片☆close-range moon photograph
近蹶鼠属[E_3-N_1]☆Plesiosminthus
近空间☆near space
近口的☆adapertural
近口器粉属[孢;K_2-E_1]☆Proxapertites
近矿位置☆location on ore
近矿晕☆sub-ore halo
近来☆late; recent
近梨形的☆dacryoid
近临界的☆near-critical
近邻星系群☆local group
近邻组构☆near-neighbor configuration
近路☆approach; shortcut; short cut
近模☆plesiotype
近木星点☆perijovian
近南北向断裂带☆submeridional zone of faults
近黏滞流动☆nearly viscometric flow
近炮检距道☆near offset trace
近偏系☆syntectic system
近平行地壳隆起☆subparallel crustal ridge
近平衡状态☆near-equilibrium state
近平滑的☆subpsilate
近平摄影学☆high-oblique (aerial) photography
近平行性☆near-parallelism
近平行状水系☆subparallel drainage pattern
近期的☆near-term
近期发展☆recent development
近期矿山测绘☆post
近期论文{|文件}☆current paper{|file}
近亲的☆cognate; vicarious; sib
近亲繁殖☆inbreeding; close breeding
近球形的☆subsphaeroidal
近全形贝属[腕;C_3-P_1]☆Parenteletes
近人☆Plesianthropus
近日点☆perihelion [pl.-lia]
近融结岩☆anchieutectic rocks
近瑞克贝(属)[P_2]☆Perigeyerella
近筛孔物粒床层☆near-mesh bed
近筛孔物料☆near mesh material
近山区☆submountain region
近射程☆near range
近深成矿床☆periplutonic deposits
近生代☆Recent Period
近时☆nowadays
近实时☆near-real time

J

近视弱视矫正器☆graphoscope
近视图☆close-up{closeup} view；worm's-eye map
近视线☆short sight
近数值☆approximation
近水平的☆flatly inclined；near-horizontal
近水平的等斜褶皱☆subhorizontal isocline
近水平交错层理☆tangential cross {-}bedding
近水平坡(度)☆near-level grade
近四面体卵石☆tetrahedroid pebble
近似☆kindred；approximate；approximation；border；affinity；proximity；aprx；appr
近似孢囊类☆proximate cyst
近似储量☆probable reserve
近似的☆estimated；apparent；allied；proximate；approximate；approx
近似动物☆parazoa
近似度☆degree of approximation
近似法☆approximation (method)；approach
近似分析☆proximate{rough} analysis
近似估价☆rough estimate
近似计算☆rule of thumb；approximate calculation {treatment;evaluation}；rough estimate
近似模拟☆quasi-analog
近似平差☆approximate {non-rigorous} adjustment
近似整合☆peneconcordance
近似值☆approximate{appraised} value；approximant；approximation
近似种☆conformis；cf.
近松藻属[钙藻;C_3-P]☆Anchicodium
近探测器超热中子计数率☆near epithermal neutron count rate；NECN
近体感☆proximal sensing
近天顶的☆circumzenithal
近同期(沉积)的☆penecontemporaneous
近同时性☆penecontemporaneity
近外来岩体☆para(a)llochthon
近围岩岩脉☆salband；selvage
近位成因的☆perigenic
近窝区☆parafovea
近无毛的☆glabrate
近无生带☆peri-azoic
近物源相☆proximal phase
近析(系)的☆peritectic
近析系☆peritectoid system
近狭叶肢介属[E]☆Paraleptestheria
近咸化的☆penesaline
近心点☆pericenter
近星点☆periastron
近型☆plesiotype
近玄武岩☆anchibasalt
近亚得里亚区域断裂带☆Periadriatic lineament
近洋☆hemipelagic sea
近液相线相☆near-liquidus phase
近裔共性☆derived character；apomorphy
近永久刚性☆near-permanent rigidity
近于垂直的☆subvertical
近渔乡叶肢介属[节;E]☆Perilimnadia
近圆形枢纽带☆subrounded hinge zone{sons}
近圆柱形矿体☆pod pocket-size
近源场检波器☆near field geophone
近源沉积☆proximal (sedimentary) deposit
近源冲积扇☆proximal fan
近源漫滩岩层☆proximal overbank beds
近源土壤☆soil of immediate derivation
近缘的☆submarginal
近月点☆perilune；periselenium；pericynthion；periselene
近月航迹{飞行}☆afflight
近月空间☆lunar space
近炸引信☆proximity fuze；PF
近震☆near earthquake{shock}；regional{nearby} earthquake
近沼泽泥☆anmoor
近整合☆peneconcordant
近枝[近轴部的叉枝]☆proximal branch
近直立刺☆suberect spine
近直流☆near d.c.
(接)近致死剂量☆near lethal dose
近轴的[与 abaxial 反]☆adaxial；proximal(us)
近轴焦点☆paraxial focus
近轴线☆axial rays
近珠孔的[植]☆admicropylar
近紫外☆near ultraviolet
近紫外线辐射☆near ultraviolet radiation
近祖性状☆plesiomorphy
近钻头地层流体浸入检测器☆near-bit-influx detector
浸☆douse；dowse；soak(age)；dip；bath；swim；souse
浸(渍)☆dipping
浸变作用☆diabrochometamorphism
浸沉☆immersion；submerge
浸出☆flushout；flush out；leach(ing)；lioxiviation
浸沥{取;析}☆leaching
浸出槽和碳浸槽☆leach and CIL tank
浸出产物☆leacheate
浸出-沉淀-浮选法☆leach-precipitation-flotation process
浸出的☆lixivial
浸出法☆lixiviation process
浸出{滤}剂☆lixiviant；leaching agent{liquor; solution}；leachant
浸出泥浆☆slimy leach liquor
浸出泥渣☆leached mud
浸出区☆bleached zone
浸出桶☆leaching vat；lixator
浸出养分☆nutrient leaching
浸管[检验重介质比重]☆dip tube
浸过油的☆oily
浸焊☆solder dipping
浸化☆macerate；maceration
浸剂☆infusion
浸胶☆gumming
浸胶布☆waterproof cloth
浸胶管子☆rubbered pipe
浸胶机[塑]☆impregnator
浸胶基应变计☆impregnated base strain ga(u)ge；strain ga(u)ge with base of impregnated type
浸解(作用)☆maceration
浸解者☆macerator；macerater
浸矿☆ore{mineral} leaching
浸蜡线☆paraffin wire
浸了油的☆oily
浸冷水管☆bosh
浸沥青的岩棉毡☆asphalt saturated rock wool felt
浸沥液☆leach solution
浸量尺☆dipstick；dip rod
浸滤☆lixiviation
浸滤部分☆leaching section
浸滤液☆lixivium
浸滤作用☆lixiviation；leach；leaching
浸没☆submerge(nce)；immersed (in)；submerse；water logging；flood；permeated with
浸没泵☆sinking pump
浸没地段岩性☆soil property of immersion zone
浸没湖☆saucer lake
浸没气泡[表面张力等于或接近于水的表面张力]☆N-bubble；neo-bubble
浸没燃烧蒸发☆immersion burning evaporation
浸没筛洗矿机☆submerged-screen washer
浸没式加热器☆immersion heater
浸没效应☆swamping effect
浸泡☆soak；dunking；bathe；immerse
"浸泡"测点[井下重力测量]☆"soak" station
浸泡法☆immersion method
浸泡期☆soaking period
浸泡器☆intumdator
浸泡水的☆water-logged
浸泡液☆bath；soak solution
浸漆绝缘布带☆linotape
浸染☆impregnate；dissemination；imbibition；dip；imbue；disseminate；impregnation；steep
浸染程度☆degree of impregnation
浸染的☆ingrained；impregnated；disseminated
浸染交代(作用)☆disseminated replacement
浸染贫矿☆deaf ore
浸染器☆impregnating apparatus
浸染型矿石☆disseminated ore
浸染岩☆impregnated rock
浸染状硫化物矿化☆disseminated sulfide mineralization
浸染状铅锌矿石☆disseminated Pb-Zn ore
浸染状有价矿物☆disseminated value
浸入☆infusion；immersion；dip；immerse
浸入的☆immersible；submerged
浸入法☆sessile drop method；immersed method
浸入(量油尺)量油☆dipping
浸入深度☆submergence depth
浸入式石墨电阻加热器☆graphite resistance immersion heater
浸入式云母电容器☆dip mica capacitor
浸入位移☆intrusion displacement
浸软☆macerate；maceration
浸润☆infiltration；imbibition；soaking
浸润不良☆inhomogeneous sizing
浸润灌溉☆wetting irrigation
浸润剂☆size；treating compound
浸润剂残留量☆size residue
浸润剂配制装置☆size mixing equipment
浸润曲线☆drawdown{depression;phreatic} curve
浸润物☆instillation；instilment
浸润线☆line of seepage；saturation{seepage} line；wetting front；seepage face
(水的)浸润性☆water affinity
浸润周边☆wet{wetted} perimeter
浸润作用☆sweating action
浸筛[泥浆漫流过筛布]☆bypassing
浸渗孔隙率☆leaching cavity
浸湿☆drench；dampen；wetting {-}out；drown；humidification；seethe
(型砂)浸湿[铸]☆tempering
浸湿的☆soaked
浸湿锋面☆wetting{wet} front
浸湿面☆wetted surface
浸湿期☆wettability period
浸湿试验☆soak test
浸湿性☆water affinity
浸石灰☆liming
浸石棉布☆impregnated asbestos web
浸蚀☆etch(ing)
(海水对陆地的)浸蚀☆gain
浸蚀凹斑☆etch(ed) pit
浸蚀反应☆etch reaction
浸蚀剂☆etchant
浸蚀鉴定☆determinative etching
浸蚀陷斑☆etched dimple
浸蚀型光洁度☆etched like finish
浸蚀作用☆erosion process
浸树脂石墨布☆resin impregnated graphine cloth
浸水☆immersion
浸水部分中心☆center of immersion
浸水舱☆bilge compartment
浸水带☆seepage face
浸水地[踩上便出水]☆spouty land
浸水地段☆watered ground
浸水矿层☆infused seam
浸水林地[雨季]☆flatwoods
浸水面积☆wettability wetted area；wetted area
浸水鸟属[K]☆Baptornis
浸水坡☆submerged slope
浸水实验☆ponding{immersion} test
浸水使冷☆boshing
浸水土试样☆soaking sample
浸水沼泽☆immersed bog
浸酸☆pickle；pickling
浸提☆digestion；lixiviation
浸提金☆gold extraction
浸提瓶☆extraction flask
浸提器☆diffuser；diffusor
浸提物☆extract
浸提液☆extracting solution
浸提用水☆diffusion water
浸填率☆percentage of monomer loading
浸透☆impregnate；drench；saturate；endosmosis；endosmose；steep；infuse；soak(age)
浸透的☆soaked；impregnate；saturated
浸透水的☆waterlogged；logged
浸透速度☆wet-out rate
浸透岩☆diabrochite
浸透油☆oiliness
浸涂☆dip-coating
浸析区☆bleached zone
浸析作用☆lixiviation
浸洗液☆dip
浸心☆center of immersion
浸选☆immersion cleaning
浸焰式燃烧器☆submerged flame burner
浸液☆immersion liquid{fluid;medium;media}；steep；infusion；impregnation；drench；digest；proofing

J

浸液电极☆dipping electrode
浸一浸☆dip
浸溢岩石☆flooded rock
浸用水☆diffusion water
浸油☆immersion liquid{oil;fluid;medium}；index media{liquid}；gumming；liquid immersion
浸油的配制☆preparation of immersion liquids
浸油式力矩马达☆oil-immersed torque motor
浸油岩层☆oil-stained rock；oil stained rocks
浸油岩芯☆bleeding core
浸浴铜焊☆dip brazing
浸在石灰水中☆lime
浸在水中☆submerge
浸制☆infuse
浸制木材☆treated timber
浸煮器☆digester
浸渍☆infusion；immerse；impregnation；impregnate；maceration；flooding；dip；steep；dipping；imbue；soak；treatment[木材]；immersion；ret；macerate；pickling；soakage
浸渍仓☆soaking bin
浸渍法☆immersion{impregnation} method；powellizing process
浸渍过的☆varnished
浸渍机☆dipping machine；impregnating apparatus；macerator；macerater
浸渍剂☆impregnant；dipping agent；dip-mix；saturant；soaker；osmotite
浸渍胶带☆immersed belt
浸渍木材☆impregnated timber
浸渍器☆infuser；treater；macerator
浸渍树脂的纤维☆pitch based fiber
浸渍塑料的过滤元件☆plastic impregnated element
尽力☆exert；endeavor；endeavour
尽力工作的人☆trier
尽头☆(dead) end；bottom
尽头(终点站)☆dead-end terminal
尽头岔线☆dead-end siding
尽头巷道☆blind room{workings;level;headway}；dead {-}end；stub heading{drift;entry}；single entry
尽头区☆deadhead area；dead heading
尽头式井底车场☆dead-end shaft station
尽头折返转向站☆switchback station
劲爆☆exciting；crop up
劲度☆stiffness；inflexibility
劲性钢筋☆concrete steel；stiff reinforcement

jīng

荆豆属植物☆gorse
荆棘笔石属[S]☆Cactograptus
荆棘地☆landes
荆棘林☆thorn forest
荆棘牙形石属[O_1]☆Acanthodus
荆树皮萃(浸膏)☆wattle bark extract；mimosa extract
茎☆culm；stalk；stem；column；caudex；pelma
茎板[海百]☆columnal
茎瓣☆ventral{pedical} valve
茎胞管[笔]☆stolotheca；budding individual
茎笔石目☆stolonoidea
茎槽[腕]☆pedical groove
茎出的☆cauligenous
茎点霉属[真菌;Q]☆Phoma
茎干蕨属☆caulopteris
茎根☆radix；radicle
茎沟[腕]☆pedical furrow
茎管[腕]☆pedicle tube
茎基☆caudex
茎肌☆pedical{adjustor} muscle
茎脊☆raphe
茎茧☆pedicle collist
茎节☆column
茎近端{部}[海百]☆proxistele
茎壳[腕]☆pedicle{ventral;pedical} valve
茎孔☆pedicle opening{foramen}；(pedical) foramen
茎孔管[腕]☆foraminal tube
茎领☆pedicle collar
茎皮☆bark
茎上的结或节☆geniculum
茎生的☆cauligenous；caulicole
茎生叶☆stem leaf
茎树笔石(属)[O_1]☆Stolonodendrum
茎突☆Belemnoid
茎下流☆stemflow
茎叶体☆cormus
茎叶植物☆cormophyta；cormophyte；phyllophyte
茎状的☆cauliform
晶棒☆crystal bar
晶胞☆(lattice) cell；unit{crystal} cell；space unit
晶胞参数☆cell parameter；unit cell parameter
(单位)晶胞大小{无序}☆unit cell dimension {|disorder}
晶壁岩洞☆vug；vogle；voog；vough
晶边☆crystal edge
晶变☆morphotropism；morphotropy
晶变的☆morphotropic
(黏土)晶层间泡胀☆intramicellar swelling
晶池[含有方解石晶体的静水]☆crystal pool
晶畴☆(crystal) domain；region of crystal
晶畴缺陷界面☆lineage boundary
晶出面☆crystallization front
晶出曲线☆subtraction curve
晶出顺序☆sequence of crystallization
晶簇☆crystal druse{aggregate;group}；druse；tick hole；geode；vug；vogle；vugh；drusy；cluster (crystal)
晶簇洞穴☆drasy{drusy} cavity；drusy vug
晶簇构造☆drusy structure
晶簇石英☆mineral bloom{blossom}；drusy quartz
晶簇状包壳☆drusy coating
晶簇状的☆drusy；dru
晶簇状霜纹花饰☆drusy frost-work
晶带☆zone；crystal{crystallographic} zone
晶带点☆zone point
晶带定律☆law of zone；Weiss{zone} law
晶带公式☆zonal equation
晶带束☆zone bundle；zone-bundle
晶带指数☆zone index；index of zone
晶的☆crystallographic
晶(体角)顶☆corner{vertex} of crystal；crystal corner
晶洞☆bug{vooge} hole；druse；vug；geode；(miarolitic) cavity；drusy (vug;cavity)；vogle；vugh；drasy；voog
晶洞的☆vuggy；vugular
晶洞孔(隙)率☆vuggy porosity
晶洞矿脉☆hollow lode
晶洞球☆pedode
晶洞岩☆miarolithite
晶洞状的☆drusitic
晶堆间孔隙☆intercumulus
晶堆岩☆cumulate；accumulative rock
晶发☆trichite；trichyte
晶格☆lattice；crystal{translation;crystalline} lattice；grating；cell；pattern；screen；reseau[法]
晶格不规则性吸收☆absorption by lattice imperfection
晶格单位☆lattice unit；unit cell
晶格的不变变形☆lattice invariant deformation
晶格对称堆垛☆symmetrical lattice stack
晶格分布☆lattice distribution
晶格分析☆lattice analysis
晶格结点☆point of lattice
晶格结构☆crystalline network；lattice texture {structure}；crystal (lattice) structure
晶格矩阵☆matrix of lattice
晶格空位☆vacant lattice site{position}；(lattice) vacancy
晶格内(的)交换☆interlattice exchange
晶格(键联)能☆lattice-binding energy
晶格能系数☆lattice energy coefficient
晶格膨胀☆opening-out of lattice
晶格平移矢量☆lattice translation vector
晶格缺陷徙动☆migration of lattice defect
晶格群☆space group
晶格铜☆lattice-held copper
晶格同位☆diadochy
晶格位错构造☆cellular dislocation structure
晶格原子缺陷☆atomic lattice defect
晶格振动谱☆lattice vibrational spectrum
晶格轴率☆molecular distance ratio
晶垢☆scale crystal
晶管☆crystal tube
晶核☆nucleus of crystal(lization)；crystal(line) nucleus；nucleus [pl.-lei]；host
晶核化☆germination
晶核裂纹☆incipient crack
晶核密度☆density of nuclei
(斑)晶核球状(结构)☆crystallothrausmatic
晶核形成速度☆rate of nucleation
晶核中心☆germ nucleus
晶后变形☆post-crystalline deformation
晶后改形晶体☆deuteromorphic crystal
晶化☆crystallizing；efflorescence；devitrification；crystallization
晶化处理☆heat treatment for crystallization
晶集☆crystal aggregate
晶际离子交换☆intercrystalline ion exchange
晶架☆lattice
晶架群☆space group
晶间脆裂☆cleavage brittleness
晶(粒)间脆性☆intercrystalline brittleness
晶(粒)间的☆intercrystalline；intergranular
晶间分布☆intercrystalline{intracrystalline} distribution
晶间基质孔隙度{性}☆intercrystalline matrix porosity
晶间孔隙☆intercrystal{intercrystalline} pore
晶间偏析☆intercrystalline segregation
晶间石墨☆E type graphite；inter dendritic graphite
晶间应力腐蚀裂缝☆intergranular stress corrosion cracking
晶键{|浆|角}☆crystal bond{|mush|angle}
晶结凝灰岩☆sillar；sillar type tuff
晶(粒间)界☆crystal{grain} boundary；boundary
晶界处内应力☆internal stress at grain boundaries
晶界分凝☆grain boundary segregation
晶界扩散☆interface diffusion
晶界徙动☆grain boundary migration；migration of grain boundary
晶(粒边)界效应☆grain boundary effect
晶(簇)壳☆drusy crust
晶块☆boule
晶蜡石☆iosene [$C_{20}H_{34}$;$C_{19}H_{32}$;$C_{18}H_{30}$]；hoffmannite；josen(ite)[$C_{18}H_{34}$(近似)]；bombiccite [C_7HO_{13}]；hartite{branchite;hofmannite}[$C_{12}H_{20}$]；ixolyte；hartine
晶类☆crystal (symmetry) class；class；class{type} of crystals
晶棱☆(crystal) edge；edge of crystal
晶粒☆(crystalline) grain；crystal grain；crystallite；seed；element[钙超]
(结)晶(颗)粒☆crystalline particle
晶粒边界解理面☆grain-boundary cleavage
晶粒长大☆grain growth
晶粒大小☆crystal{grain} size
晶粒大小连续变化的岩石组织☆seriate
晶粒的破碎作用☆fragmentation
晶粒度变形效应☆yielding effect of gram size
晶粒间的腐蚀☆intergranular corrosion
晶粒间孔隙☆intercrystalline pore
晶粒内部裂缝☆inner crystal crack
晶粒内的☆intragranular；intracrystalline；intragrain
晶粒岩☆kokkite
晶粒逐渐变化的岩石组织☆seriate fabric
晶粒状结构[岩]☆crystalline-granular texture
晶面☆crystal plane{face}；face；lattice plane
晶面出现的频率数☆face frequency number
晶面法线☆normal to the face
晶面法线定律☆law of plane normal
晶面符号☆face{plane} symbol；plane indices；crystal face symbol
晶面夹角☆interfacial angle
晶面间距☆grating space
晶面条纹☆striation；striae
晶面因数☆planar factor
晶面指数☆indices of crystal face；index of crystal face；crystal{crystallographic;Miller} indices；Miller's notation
晶面总体样式[单晶体上]☆tracht
晶模☆crystal mold
晶内孔隙☆intracrystal{intracrystalline} pore
晶内矿物量☆crystal mode
晶内偏析☆coring
晶内破裂☆transcrystalline fracture
晶内侵入☆intracrystalline penetration
晶癖☆crystal habit；ideosyncrasy；propensity
晶片☆subindividual；chip；wafer；lamellar
晶前变形☆precrystalline deformation
晶球☆geode
晶群☆crystal aggregate{group}
晶砂☆crystalline sand
晶生长中碰接☆impingement

晶石☆spar；sparry；spath
晶石的☆sparry；spathic；spathose；spathous
晶石化作用☆spathization
晶石质胶结物☆sparry cement
晶石状的☆spathose
晶时变形☆paracrystalline deformation
晶树(化)☆tree
晶束☆bundle
晶水界面☆crystal-water interface
晶态的☆subcrystalline
晶态各向异性☆crystalline anisotropy
晶炭☆cliftonite
晶体☆crystal (body)；crystalloid；crystalline solid；crystallo-；xtal；cryst；crys
晶体变小的重结晶作用☆degradation recrystallization
晶体变形☆crystal deformation；deformation of crystal
晶体不完整性☆crystal imperfection
晶体测角{量}☆goniometry
晶体长大☆grain growth
晶体场分裂☆crystal-field splitting
晶体场姜-特勒效应☆crystal-field Jahn-Teller effect
晶体场态☆crystal field state
晶体场致色☆crystal-field-caused color
晶体成因演化☆crystallogenetic evolution
晶体的☆crystalline；cryst；crys
晶体的拉晶法生长☆Czochralski growth
晶体的天然色痕☆epimorph
晶体的正确定向☆reading position of crystals
晶体点阵☆crystal lattice；pattern
晶体顶端☆termination
晶体定位☆orientation of crystal
晶体发光☆crystalloluminescence；crystal luminescence
晶体分光谱仪☆wavelength dispersive spectrometer
晶体分类☆classification by crystals
晶体分离☆fractionation of crystals
晶体分析☆crystal analysis
晶体复合物地质学☆geology of crystalline complexes
晶体管☆transistor
晶体管化☆transistorization
晶体管计数速率计☆transistor count rate meter
晶体光学☆crystal optics；optical crystallography
晶体光轴角☆angle of optical axis；optic(al){axial} angle
晶体滑移☆translation{crystal} gliding
晶体化学☆crystallochemistry；stereochemistry；crystal chemistry
晶体化学参数☆crystal-chemical parameter
晶体化学第一定律☆first law of crystallochemistry
晶体几何常数☆axial elements；geometric(al) constants of crystal
晶体计数管☆crystal counter
晶体间隙☆crystal interstice{interface}；interstitial opening
晶体结构错位☆dislocation
晶体金属☆crystalline metal
晶体控制振荡器☆crystal controlled oscillator；piezoelectric oscillator
晶体扩大☆crystal enlargement
晶体流动定向☆flow stretching
晶体滤波的中频放大器☆stenode
晶体内部格架☆internal crystal framework
晶体内的☆intracrystalline；intracrystal
晶体内平衡☆intracrystalline equilibrium
晶体扭力应变图☆torsion crystal
晶体膨胀☆puffing
晶体片支架☆quartz plate holder
晶体(的)欠完美性☆imperfection of crystal
晶体取向附生☆epitaxy
晶体缺陷☆crystal defect{imperfection}；defect in crystals；imperfection of crystal
晶体熔蚀☆negative crystallization
晶体熔体平衡☆crystal-melt equilibrium
晶体生长☆crystal growth；growth of crystal
晶体生长的原子理论☆atomic theory of crystal growth
晶体拾音器☆crystal pickup
晶体调正☆setting of crystal
晶体调制光束精密测距仪☆mekometer
晶体形成☆crystal formation；formation of crystal
晶体形成作用☆yielding of crystals
晶体学☆crystallology
晶体学底盘烧结☆header sintering
晶体要素☆elements of crystal；crystal element
晶体荧光☆crystal fluorescence；crystallofluorescence
晶体隅角☆vertices of crystal
晶体-蒸气界面☆crystal-vapor interface
晶体致单色化辐射☆crystal-monochromatized radiation
晶体制图{|置位}☆drawing{|setting} of crystal
晶体终端☆termination
晶体中纬线☆aequator lentis
晶体中心☆grain of crystal
晶体转移装置☆crystal transfer apparatus
晶体最难裂开的平面方向☆head
晶条☆crystal bar
晶(体)托☆crystal holder
晶网☆crystal mesh
晶位分布☆site distribution
晶系☆crystal (symmetry) system；syngony；system of crystallization；system
晶腺☆druse；geode
晶腺结构☆miarolitic{drusitic} texture
晶腺岩☆drusite
晶腺状构造☆drusy structure
晶陷☆trap
晶相☆tracht；crystal phase{habit}
晶屑☆crystal pyroclast
晶屑玻屑{璃}凝灰岩☆crystal-vitric tuff
晶(质碎)屑岩☆crystallinoclastic rock
(结)晶型聚合物☆crystal-forming polymer
晶形☆crystal form{outline;shape}
晶形成☆twin formation
晶形存留☆form persistence{persistance}
晶形蜡☆crystalline wax
晶形能[结晶力]☆form energy；power of crystallization
晶形学☆morphological crystallography
晶须☆whisker；twist；cat{crystal} whisker
晶序差的☆poorly ordered
晶穴☆bug hole
晶芽[晶核]☆crystal(line) germ；crystal nucleus；germ of crystal(lizacton)
晶液分离(作用)☆crystal liquid fractionation
晶(质)铀矿[$(U^{4+},U^{6+},Th,REE,Pb)O_{2x}$；$UO_2$；等轴]☆uran(o)niobite；uraninite；ulrichite；uranopissi(ni)te；coracite；uranatemnite
晶域[晶畴]☆region{area} of crystal；domain
晶缘☆crystal edge
晶晕☆crystallization's halo
晶胀☆puffing
晶振类型☆osillator
晶蛭`石{云母}☆bacillarite；leverrierite
晶质☆crystallo-；crystalline substance
晶质粉末☆crystalline powder
晶质颗石☆crystallolith
晶质鳞状石墨☆crystalline flake graphite
晶质菱镁矿[$MgCO_3$]☆crystalline magnesite
晶质石墨矿石☆crystalline graphite ore
晶质塑性☆crystal plasticity
晶质燧石☆granular{crystalline} chert
晶质体☆crystalloid
晶种☆(crystal) seeds；crystallon；inoculating crystal
晶种法☆seeding method；crystal seeding
晶种生长法☆crystal growth with seeds
晶(粒)粥☆crystal mush
晶轴[结晶轴;晶带轴]☆crystal{crystallographic} axis
晶轴测定☆axonometry
晶轴架☆axial cross
晶轴角☆crystallographic axial angle
晶轴指数{uvw}☆crystal axial indices；indices of lattice row
晶转变☆transformation
晶状溶液☆crystalloid solution
晶锥石☆lacroixite
晶子架☆space lattice
晶子内膨胀☆intramicellar swelling
晶族☆category；class；crystal group{class;category}
晶组☆crystal (symmetry) class；class；type of crystals；class of crystals
腈☆nitrile；carbonitrile
腈基丁二烯橡胶☆nitrile butadiene rubber；NBR
腈橡胶☆nitrile rubber
鲸☆whale
鲸背丘☆whaleback
鲸背状沙丘☆sand levee
鲸醇☆sperm alcohol
鲸耳石{骨}☆cetotolite
鲸骨☆whale bone
鲸蜡☆Spermaceti (oil)
鲸蜡醇☆cetyl alcohol；Spermol
鲸蜡(基)黄药[$C_{16}H_{33}OCSSM$]☆cetyl xanthate
鲸蜡基[$C_{16}H_{33}-$]☆cetyl
鲸蜡烷☆cetane；hexadecane
鲸蜡烯☆cetene
鲸蜡油☆sperm oil
鲸(类)学☆cetology
鲸目☆cetacea
鲸石☆cetolith
鲸铦绳☆fore line
鲸须☆whale bone；baleen
鲸油☆whale oil
鲸鱼耳骨☆periotic bone
鲸鱼海岭☆Walfish{Walvis} Ridge
鲸鱼座☆Whale；Cetus
京[10^9]☆giga-；G
京白玉[彩石]☆Peking silicite
京电子伏☆giga-electron-volt；orbev；billion electron volts；Giga electron-volt；Bev.；Gev；BeV
京粉翠[彩石]☆Peking rhodonite
京年☆aeon
精氨酸[$H_2NC(:NH)NH(CH_2)_3CH(NH_2)COOH$]☆arginine
精测岸线☆surveyed coastline
精测地磁仪☆micromagnetometer
(方位)精测系统☆fine system (of bearing)
精测线的不连续面统计☆discontinuity statistics of scan line
精查☆detailed exploration
精巢收缩肌附着处☆adductor testis attachment
精处理方法☆precision processing method
精度☆accuracy (degree)；exactness；degree of accuracy{exactitude;precision}；exactitude；precision (accuracy)
精度级☆accuracy class；order of accuracy
精度极限☆limit of accuracy
精度误差☆trueness error
精度系数☆quality coefficient
精度指数☆index of precision；precision index
精锻☆finish forge
精浮选☆cleaner flotation
精工☆finish
精硅砂☆sharp sand
精过滤器☆fine filter
精华☆essence；flower；elite[法]；distillate；choice；cream；quintessence；soul；pink；marrow
精华部分☆elite sectors
精加工☆finishing (cut)；finish (machining)；dry{fine} finishing；precision work；fin.
精简☆condense；tabulate
精矿☆headings；head；concentrate；finished{clean;enriched;washed} ore；firsts；ore{enriched; mineral; preparation } concentrate；schlich[德]；enriched material；mineral-dressing product；concen trates；downstream product[洗选过]；cones；conc.
精矿捕收管☆concentrate collecting pipe
精矿仓☆concentrate bin{silo;bunker}；clean ore pocket；concentrate storage (bin)
(初选)精矿堆栈☆preconcentrate stockpile
精矿分析☆assay of concentrate
精矿浆贮存场☆concentrate slurry storage farm
(摇床)精矿排料边☆mineral apron
精矿氰化尾矿☆concentrate cyanidation tails
精矿全部再浮选☆bulk cleaner flotation
精矿-熔剂比☆concentrate-flux ratio
精矿石☆upgraded
精蜡☆naphtagil
精力☆vigo(u)r；tuck；steam；stamina；snap；sap
精力缺失☆anergy
精炼☆improving；fluxing；fining；epurate；epuration；depuration；clean；refinement；affinage；wrought；concise；terse；refine；refining；purify；reduce to a pure state；succinct；purification；sublimation
精炼产品☆finished product
精炼厂☆finery；refineries；refinery
精炼的☆refined；refining；ref.
精炼金属☆finishing metal
精炼炉☆finery；finer；purifying{purification} furnace
精炼石油产品税☆refined petroleum products tax

精炼锑☆star antimony
精炼铜圆棒☆billet
精炼油☆refined oil
精练的☆terse; crack; laconic
精量☆essentiality
精馏☆fractionation; rectification; rectify; fractional distillation; finestill[高度纯水重蒸馏]
精馏大豆油胺[含 95%伯胺]☆Armeen SD
精馏大豆油胺醋酸盐☆Armac SD
精馏的妥尔油脂肪酸☆Aliphat 44-D
精馏二甲基十八{|十六}叔胺[含 92%叔胺]☆Armeen DM18D{|16D}
精馏二甲基`椰{|大豆}油叔胺[含 92%叔胺]☆Armeen DMCD{|SD}
精馏棉子油胺☆Armeen CSD
精馏棉子油胺醋酸盐☆Armac CSD
精馏器☆rectifier
精馏氢化牛脂胺[含·95%伯胺]☆Armeen HTD
精馏塔☆fractionating tower
精馏椰油胺[含 95%伯胺]☆Armeen CD
精馏油烯{|牛脂}胺[含 95%伯胺]☆Armeen OD{|TD}
精馏正十二胺[含 94%伯胺]☆Armeen 12D
精滤器☆secondary filter
精煤☆head{fancy;clean(ed);float;separation;washed; prepared} coal; cleans; (preparation) concentrate
精煤产品☆clean coal product
精煤出量☆yield of clean coal
精煤出量和灰分的预测☆prediction of washing yield and ash
精煤等级{级别}☆concentrate grade
精煤分叉闸板☆clean coal by-pass gate
精煤胶带机刮板☆clean coal belt plow
精煤中的含矸量☆reject in cleaned coal
精密☆closeness; circumspection; delicacy; nicety; minuteness; exactness
精密(性)☆accuracy
精密参考电位器☆precision reference resistor
精密测地仪☆tellurometer
精密测量设备实验室☆precision measurement equipment laboratory; PMEL
精密船位推算系统☆ships internal navigation system
精密导线☆precise traverse
精密的☆fine; exact; rigorous; precision; precise
精密度☆degree of precision{exactitude}; accuracy; exactness; precision; exactitude
精密分级☆close sizing
精密分析☆sophisticated analysis
精密伏尔☆precise VOR; PVOR
精密技术☆pin point technique; microtechnique; microtechnic
精密校正螺丝☆fine adjustment screw
精密控制☆close regulation; micromanipulation
精密粒度分级的☆clean-gap-graded
精密量度☆accurate measurement
精密设计的增产技术☆sophisticated stimulation technique
精密时计☆isochronon
精密试验☆microtest
精密水深探测仪☆precision bathometer
精密送料☆jog; inching
精密调节☆minute adjustment
精密压铸☆microdiecast
精密仪器{表}☆exact{precision} instrument
精密铸造☆hot investment casting; cast to shape; precision casting
精磨☆fine{accurate} grinding
精囊☆antheridium
精囊结石☆spermatic calculus
精抛光☆finishing polish
精配零件☆fine details
精巧☆ingenuity; lightness
精巧的☆ingenious; elaborate
精确☆accuracy; rigo(u)r; rigorous; exactitude; exact; precise; accurate; stringent; pinpoint; narrow
精确测位装置☆accurate position finder
精确定位☆exact position; pinpoint
精确度☆degree of accuracy; exactitude; fidelity; accuracy rating; definition; exactness; sharpness; accuracy-degree; precision; truth
精确分离的 SLS 高效分离器☆SLS high-efficiency classifier for sharp separation
精确分析☆superior analysis
精确高差测量仪☆cathetometer; reading microscope
精确记录☆fine recording
精确校准☆accurate calibration
精确进场雷达☆precision approach radar; PAR
精确聚焦图像☆sharply focused image
精确调准☆tight alignment
精确位置☆exact position{location}
精确限度☆limit of accuracy
精确性☆truth; particularity
精确岩石压力测定泵☆metering pump
精确裕度☆precision tolerance
精确找中的☆dead true
精锐部队[法]☆elite
精砂☆washed sand
精筛☆resieve; rescreen
精筛分级砂粒☆well sorted grain sand
精筛砾石☆close cut gravel; well-sized gravel
精神☆heart; spirit; soul; pecker; psych(o)-; mettle
(时代)精神☆genius
精神崩溃☆nervous breakdown; psychor(r)hexis
精神的☆psychological
精饰☆finishing
精梳机☆comber
精髓☆quintessence; pith; core
精碎机☆refiner
精镗☆finish-boring; fine boring
精陶瓷☆fine pottery
精调☆fine setting; accurate{precision} adjustment
精调谐☆fine-tuning
精通☆familiarization; master(y); familiarity; proficiency; mastership
精通的☆versant; proficient
精铜☆refined copper
精细☆refinement; tapering
精细的☆fine; alert; subtle
精细观察☆close up
精细混合☆intimate mixing
精细结构(致)谱线分裂{|宽化}☆fine-structure splitting{|broadening}
精细修琢☆fine pointed dressing
精细研究☆scrutiny
精细准直的☆fine-collimation
精心使用☆judicious use
精心制作☆elaboration
精心制作(的)☆elaborate
精选☆(secondary) concentration; extraction; culling; handpick; cleaning{cleaner} (flotation); choice; beneficiation; concentrating; preparation[选煤]; sift; pick off; upgrade; refinement; rewash(ing); sweeten; clean; dressing; carefully chosen; upgrading; concentrate; regrading; regrade; reflotation; refloat
精选不同矿山所产矿的选矿厂☆customs mill
(小型采砂船)精选厂操作工☆doodlebugger
精选的☆(hand) picked; treated; choice; select(ed); well-chosen
精选的浑圆形高级金刚石☆select round
精选的煤☆great coal
精选堆石☆selected rockfill
精选法☆beneficiating method
精选过程☆treatment process
精选过的☆milled
精选机☆cleaner; concentrating{dressing} machine; concentrator; preparator; recleaner
精选矿(石)☆beneficiating{finished;clean;enriched; upgraded} ore; concentrate; enriched{preparation; ore} concentrate; heads
精选卵级煤☆fancy lump coal
精选煤☆prepared{fancy;separation} coal
精选盘[金混汞用]☆gold pan
精选品☆select
精选铅矿石的中间产品☆fausted ore
精选铅锌矿时的尾矿[美密苏里州语]☆chats
精选设备☆rewasher
精选铁矿☆beneficiated iron ore
精选桶洗选[锡矿]☆tossing
精选箱☆clean-up box
精选作品☆gem
精压☆coining
精盐☆refined{table;hydrated} salt
精研☆lapping
精研平台☆flat lapping block
精益求精☆sophistication; sophisticated
精轧☆finishing (roll); finish (rolling); planish(ing)
精轧薄板☆planished sheet
精轧机☆finishing mill; finisher
精轧孔型☆finishing pass; planisher
精整☆finishing (operation); finish
精整锤☆caulker
精整工☆finisher
精整机☆finisher; refiner
精致☆refinement; neatness
精致的☆diaphanous; sophisticated
精制☆finishing; refine(ment); elaboration; make with extra care; wrought; refining; perfecting; treat; ref.
精制白油☆Nujol
精制的☆turned; purified
精制垫圈☆finished washer
精制高黏度润滑油配料☆bright stock
Oronite 精制磺酸盐 L{水溶性石油磺酸盐}☆Oronite purified sulfonate L
精制机☆refiner
精制器☆treater
精制气体☆processed gas
精制石蜡☆paraffinic refined wax
精制石墨☆washed graphite
精制油☆treated{refined} oil; raffinate
精子☆sperma; sperm
精子动物☆spermatozoon
精子囊☆antheridium
精子植物☆spermatozoid
精作机☆finisher
惊短角蝗属[昆;E-N]☆Taphacris
惊愕☆amaze
惊恐☆alarm
惊奇☆amaze; wonder; surprise; surprize
惊人的☆spectacular; inconceivable; tremendous
惊讶☆astonishment
惊异☆marvel
经☆per; warp
经标定{校验}的☆proven
经常☆regularity
经常安全浮动☆always safely afloat
经常出砂井☆chronic sander
经常的☆frequent; freq.; steady
经常发生地震的☆quake-prone
经常费☆overhead cost{charge}
经常化☆routinization
经常入洞生物☆trogloxene
经常往来☆commuting
经常性修理☆running repair
经常修理☆maintenance overhaul
经常养护☆constant maintenance
经常用的☆staple
经常账户☆current account
经长期储存的原油☆weathered crude
经平动☆librations in longitude
经冲刷(扩大的)井段☆washout section
经得起☆bear; withstand
经得起各种天气的☆weatherproof
经得住☆stand up to; proof
经典☆classics
经典(分析)法☆classical method
经典霍勒图☆classical Horner plot
经典散射☆classic(al) scattering
经典土压力理论☆classical earth pressure theory
经典亚麻[石]☆Yup Extra Classico
经度☆degree of longitude; longitude; long.; Long
经度测定☆determination; longitude
经(度)差☆difference of longitude; meridian spacing; longitude difference; d lo
经度带☆gore; longitudinal belt
经度距离☆departure
经度弯曲井身☆mild crooked hole
经防火处理的☆fire-proofed
经费☆fund; expense; charge; budget; appropriation; expenditure; treasury; outlay
经风吹雨打的☆weather-beaten
经(生物)改造的沉积物☆reworked sediment
经管☆administration
经过☆flow by; transit; elapse; via; past; passage; pass; leave; across[一整段时间]
经过采区的运输平巷☆gateway
经过测试定出的油井产量☆tested capacity of well
经过沉淀去水和杂物再计量的原油☆gauged oil

J

经过的☆passing
经过多次试验证明的☆well-tried
经过反差处理的图像☆contrast-processed image
经过检定的☆qualified
经过井眼校正的流量☆borehole corrected flow
经过时间指示器☆elapsed-time indicator
经过现场试验的☆field-tested
经过严格试验的☆high test
经过野外验证的断层☆field-checked fault
经过子波处理的剖面☆wavelet-processed section
经济☆economy；economics；econ.
经济变动理论☆theory of economic change
经济剥离指数☆economic stripping index
经济(安全)抽水率☆economic yield
经济的☆economic(al)；econ.；profitable
经济(实惠)的☆utility
经济地质(学)家学会☆Society of Economic Geologists
经济订购{货}量☆economic order quantity；EOQ
经济分析☆economic analysis
经济古生物学家和矿物学家学会☆SEPM；Society of Economic Paleontologists and mineralogists
经济合理性考察☆economic exploration
经济互助委员会☆Council for Mutual Economic Assistance；CMEA
经济回采☆economical working
经济活动分析☆economic activity
经济极限开采量☆economic ultimate recovery
经济价值☆economic worth{value}；commercial value
经济竞争☆white war
经济开采石油储量☆economically recoverable oil reserves
经济零点增长☆zero-growth
经济起伏理论☆business fluctuation theory
经济热储☆easy reservoir
经济上不合算的☆subeconomic
经济上刚合算的☆marginal
经济上合算的输送距离☆economic transportability
经济上有利的井☆paying well
经济上值得开采的☆economically minable
经济失调☆economic ailment；dislocation of economy (the economy)
经济效果☆cost effectiveness；cost effectiveness；cost {-}efficiency；economic results；profit potential
经济效益指标☆economic benefits indicators
经济形势预测☆economic forecast
经济性钻及深度☆commercial depth
经济学家☆economist；econ.
经济月球{质}学☆economic selenology
经济运行压力☆economic working pressure
经济钻速☆overall drilling speed
经纪人☆middleman broker；middle man
经纪业☆brokerage
经久☆duration；time proof；durability
经距☆departure
经勘察测定的界线☆perambulation
经理☆manager；Mgr
(野外队)经理☆party manager
经理部☆management
经理处☆agency；Agcy
经历☆history；career；experience；background；be subjected to；undergo；story；put through
经溜井至平硐出矿的露天采矿法☆chute system
经流☆meridional flow
经磨的☆wearproof
经内窥镜结石取除术☆endoscopic lithotomy
经年变形☆secular distortion
经年石松宁☆annotinine
经皮的☆percutaneous
经圈☆meridian circle
经筛选砾石☆graded gravel
经商☆trade
经湿润处理的☆moist-cured
经时间检验的☆time tested
经时稳定性☆ageing stability
经受☆experience；bear；withstand；sustain；stand (up to)
经受风雨侵蚀的☆weathered by wind and water
经受煤化作用的☆coalified
经受压缩☆compress
经受张力作用☆put into tension
经受住☆withstand；sustain；weather；ride
经天平动☆libration in longitude
经纬表☆traverse table；traverser
经纬度☆latitude and longitude
经纬网☆graticule；cartographic grid
经纬线☆warp and weft{filling}
经纬线网☆geographic mesh
经纬仪☆(optical;transit) theodolite；engineer's transit；(surveyor's) transit；altometer；altazimuth instrument
经纬仪垂直分度盘右{|左}侧位置☆face right{|left}
经纬仪定中调整☆centre adjustment of transit
经纬仪-量距测量☆transit-and-chain surveying
经夏不融层☆pereletok
经线☆meridian (line)；longitude (line;circle)；chain
经线的☆longitudinal
经线仪☆chronometer
经线应变☆meridianal strain
经向☆warp direction
经销协议{合同}☆distributorship agreement
经压裂的地层☆fractured formation
经压煮处理的☆autoclave-treated
经验☆experience；knowledge；essay；expertise
经验标定常数☆empirical calibration constant
经验法则☆rule of thumb；rule-of-thumb method；thumb rule
经验方法☆empirical method；rule of thumb
经验方式☆thumb
经验分布☆empirical distribution
经验公式☆empirical formula{equation}；experimental {empiric(al)} formula；EF
经验估计法☆rule-of thumb method
经验函数☆empirical function
经验河流公式☆empirical river formula
经验交流☆exchange of experience
经验校正值{法}☆empirical correction
经验拟合常数☆empirical fit constant
经验判断法☆empirical discriminant method
经验频度{率}分布☆empirical frequency distribution
经验网格剩余系统☆empirical grid residual system
经验相关常数☆empirical correlating constant
经验预测法☆empirical prediction method；rule-of-thumb prediction technique
经验证的密封☆proof seal
经验知识☆experimental knowledge；lore
经验主义☆empiricism
经验主义者☆empiric；empiricist
经野外考验的☆field proven
经营☆handle；follow；deal；conduct；work；operation；operate；management；manage
经营成本☆handling{operating} cost
经营短视者☆marketing myopia
经营对策☆business game
经营费(用)☆operating cost{expense}；working costs；revenue expenditure；operational{working;running} expense
经营概况☆summary of operations
经营公司☆operating company
经营管理☆management and administration
经营牧场☆ranching
经营失败的新企业☆abortive enterprise
经营石油赚的钱☆greasy money
经营者☆operator；manager
经营租赁☆operating lease
经由☆via
经轴[纤]☆warper's{warp} beam

jǐng

井☆bore-hole；well (bore)；fluid density log；delve；hole；FDL；BH
(地下)井☆silo
井帮踏脚窝[升降井筒用]☆foot hole
井报废☆abandon
井壁☆borehole wall{face}；wellface；mine shaft lining；shaft side{wall(ing);lining}；sidewall；face of well (the wellbore)；liner；wall of shaft{hole}；SW
井壁凹处☆well cavities
井壁背后灌浆☆backwall injection
井壁壁后充填☆cofer；coffer
井壁壁基☆bearing ring
井壁不平度☆hole rugosity
井壁不完善带☆skin zone
井壁撑木☆pit bar
井壁电阻率测井☆wall-resistivity log
井壁堵塞带☆skin zone
井壁防水密封圈☆plug
井壁放炮取样器☆gun
井壁改善☆wellbore improvement
井壁各段的顶环☆capping curb
井壁沟槽☆key seat
井壁刮刀式电极☆wall-scratches electrode
井壁后(的)填木☆glut
井壁混凝土浇灌工作循环制☆lining cycle
井壁或钻孔壁黏土皮☆wall cake
井壁基环☆(shaft) crib；walling curb
井壁及尾管封隔器☆bottom wall and anchor packer
井壁脚踏孔☆foot-hole
井壁临时衬板☆back(ing) deal
(在)井壁留出放梯子的突出石块☆scarcement
井壁泥饼钢丝刷☆wall scraper
井壁取(岩)心{芯}[油]☆sidewall coring {sampling}；punch{lateral} core
井壁取样[油]☆lateral{sidewall} coring；sidewall sampling{sample}；wall sampling；SWS
井壁上的螺纹槽☆rifling
井壁式压缩坐封封隔器☆hook-wall compression-set packer
井壁坍塌☆hole-wall collapsing；(borehole) wall sloughing；cave (in)；hole collapse；cave-in；caving；(formation) caving；bridge over
井壁坍塌物☆cave-ins
井壁突出地平的部分☆outset
井壁完整的孔☆open hole
井壁碗状坍陷☆crater
井壁污染效应☆skin effect
井壁旋臂起重机洞☆suspension wall pocket
井壁岩石破碎落井☆crushing-in the wall rock
井壁岩芯☆sidewall core{sample}；SWS
井壁与钻具间的间隙☆wall clearance
井壁与钻头的间隙☆bit clearance
井壁支护板☆pit board
井壁中子孔隙度测井☆sidewall neutron porosity log
井壁周围区域☆near-well-bore area
井壁抓持器☆wall grip
井槽☆well{drilling} slot
(油)井(三)层完井☆triple completion
井产量计量☆well gauging
井产流体☆well fluid
井场☆well site[油]；drill(ing) site；derrick floor；well field；well site location；borefield
井场-办公室远程数据通信☆rig-to-office data telecommunication
井场管架☆pipe rack
(在)井场可修复的稳定器☆rig replaceable stabilizer
井场实时分析☆wellsite real-time analysis
井场水深☆water depth at the wellsite；WD
井场壮工☆flunkey；bully
井场作业☆wellsite operation
井初期自喷产量下降后的平均产量☆settled production
井出水(油)量☆capacity{yield} of well；well yield
井床☆ocean bed
井丛☆multiwell cluster
井单位储水量☆specific well yield
井刀☆well knife
井道☆wellhole
井的☆phreatic
井的比产率☆specific capacity of well
井的布置☆spacing of wells；well array{spacing}；placing of walls{wells}
井的产量☆flow rate；rating of well；well yield
井的产能☆well capacity
井的动态☆behavio(u)r of well
井的分布☆well distribution
井的干扰试验☆interference test
井的管理☆servicing of well
井的规定供{采}油面积☆proration unit
井的互扰☆interference of wells
井的化学增产{增注}措施☆chemical well stimulation
井的进水孔口☆well intake
井的空间位置测定☆well survey
井的流过能力☆fluid conductivity of well
井的排油范围☆well spacing
井的全面控制☆total well control
井的试验产量☆tested capacity of well
井的酸(处理)☆acidizing of well

井(眼)的调整清理☆well conditioning
井的完整☆complete penetration of well
井的维护☆servicing of well
井的吸收容量☆inverted capacity of well
井的折算半径☆apparent wellbore radius
井的自流(能力)☆artesian capacity of well
井的最大出水能力☆maximum capacity of well
井的最佳出{抽}水量☆optimal well discharge
井底☆shaftbottom; hole toe; bottom (hole); toe of hole; bottom{face} of well; gag; pit{shaft;bore-hole} bottom; bottomhole; pit-bottom; shaft floor{foot}; well face; will or sump; the bottom of a well; landing
井底爆破☆shoot the well
井底爆炸引起的地表扰动☆shot-hole disturbance
井底爆炸作业☆bottom shot
井底备用车辆停车道☆slum
井底表面☆formation face
井底部分☆bottom section
井底部小直径井眼[特殊完井]☆rathole; rat hole
井底布置☆bottom{pit-bottom} layout
井底岔道☆shaft siding
井底产量☆bottom-hole inflow rate
井底车场☆shaft bottom{station;landing;inset}; mine shaft bottom; (onsetting){underground} station; platt; (horizon) inset; hanging-on; hall; interval of shaft; intermediate (landing-)station; barney pit[斜井]; landing (bottom); shaftbottom; flat; station in the shaft; shaft-landing; bottom[采矿]
井底车场的标高☆brow of station
井底车场空车场☆dish
井底车场下部贮矿仓☆brow bin
井底车场装卸罐笼处☆winding inset
井底充满岩屑而无进尺的钻井☆drill free
井底处理压力☆bottom-hole treating pressure
(在)井底打碎岩芯☆chopping
井底低于正常水平的装卸台☆low landing
井底电加热器☆downhole electric heater
井底堵塞☆congestion of bottom hole
井底防火门硐室☆fire door
井底防上滑器☆bottom hold down
井底附近地带☆pre-bore
井底高边炮眼[分台阶凿井]☆cropper
井底工☆bottomer; bottomman; hanger-on
井底固定封隔器☆bottom wall and anchor packer
井底关井☆downhole{bottom-hole;sand-face} shut-in
井底罐笼承接梁☆landing block
井底罐座{托}☆underground chair
井底集聚室[气举采油]☆down-hole chamber
井底加深部分☆pocket; eye pit; dibhole; dib hole
井底静压☆static bottom hole pressure; bottom-hole shut-in pressure; bottom hole static pressure
井底净压裂压力☆net downhole treating pressure
井底口袋[油层以下多钻的一段井眼]☆rathole; sump hole
井底口袋内的砾石砂浆☆rathole gravel slurry
井底`流过能力{流体渗流(强度)}☆fluid conductivity of well
井底流量☆bottom-hole inflow rate; sand-face flowrate{rate}; sandface rate{flowrate}
井底流量-产量关系曲线☆inflow performance curve
井底流入动态曲线☆inflow performance curve
井底流压☆flowing bottom hole pressure; bottom hole flowing pressure; flowing{producing} bottom-hole pressure; sand face pressure; BHFP; FBHP
井底流压-产量关系☆inflow production relation; inflow {-}performance relationship; IPR
井底模式☆bottom hole pattern; BHP
井底扭矩☆downhole torque; DTOR
(在)井底倾倒水泥浆的筒☆cement dump
井底清理☆cleansing
井底绕道☆run-around
井底刃脚圈☆bottom ring
井底(车场)三通(电缆)接线盒☆inset tee box
井底深度☆total depth-driller; TDD
井底施工压力☆bottom-hole treating pressure
井底受污染区☆damaged wellbore area
井底水仓☆wellhole; shaft sump
井底水平巷道和井筒接口☆mouthing
井底水窝☆lum; lumb; well hole
井底碎物打捞器☆catchall
井底碎屑打捞工具☆coil drag
井底填砂☆fill off bottom
井底通道☆boutgate
井底完善因子☆completion factor
井底尾管挂☆down-hole hanger
井底温度☆bottom (hole) temperature; bottom-hole {downhole} temperature; BHT
井底小直径井眼☆rat hole
井底循环温度☆bottom hole circulating temperature; bottom-hole circulation temperature; BHCT
井底压力☆bottom hole pressure{wellbore pressure}; pressure at the well bore; reservoir pressure; BHP
井底压力平衡压井法☆balanced bottom hole pressure method
井底压力取样器☆pressure thief
井底岩屑和泥饼结成硬块☆concrete
井底岩样抓取器☆bottom-hole sample catcher
井底液压渗透性☆fluid conductivity of well
井底油嘴☆bottom-hole{bottom} choke; bottom hole choke; BHC; BC
井底有水仓的井筒{竖井}☆sump shaft
井底有效施工压力☆net downhole treating pressure
井底褶积图☆sand-face convolution plot
井底中部☆sumping
井底中心炮孔{眼}☆sumper
井底周围☆immediate vicinity of wellbore
井底资料处理机☆downhole processor
井底钻开的砂{油}层表面☆sand face surface
井底钻头定位器☆bottom hole bit locator
井底最高边的辅助炮眼☆crop(per) easer
井底最高处的炮眼☆cropper hole
井点☆wellpoint; well point
井点排水☆drainage by well point; well point dewatering{drain}
井点排水开挖法☆well-point method excavation
井动态☆well performance
井硐形式☆mode of entry{opening}
井堵塞☆well plugging
井端☆outset
井段☆section
井断面☆well section
(钻)井队☆drilling crew
井队活动房☆bunkhouse
井队领班☆camp boss
井队人员☆rig personnel
井对☆well pair
井对井测量☆well-to-well measurement
井乏☆hole fatigue
井反应试验☆well response test
井方式☆pattern shape
井防护罩☆well guard
井分类☆well classification
井盖☆bridge; shaft cover
井盖门[容许罐笼上下而不影响风流]☆trapdoor; closing apparatus{trap}; flap{folding} door; shaft (cover) door
井干扰☆well interference
井格☆(shaft) compartment
井沟☆well drain
井管☆well tube; pipe casing; bore(-)pipe
井灌☆well irrigation
井(位)海拔(高度)☆elevation of well
井巷☆excavation; (mine) workings; opening
井巷超挖☆overbreak
井巷错动带☆excavation deformation
井巷防水围堰☆sheeting coffering
井巷风阻☆airway resistance
井巷工程☆sinking and driving engineering; underground engineering{construction;constitution}; shaft sinking and tunneling; mine opening; openings and development engineering
井巷公司☆entry syndicate
井巷排水☆drainage of mine works
井巷镶砌☆lining
井巷支护☆lining of mining excavation; support of mine workings
井际对比☆interwell correlation
井甲板☆well deck
井架☆(mine-shaft) headframe; (oil) derrick[油]; head gear; (boring) tower; drill(ing) derrick; heapstead; head frame[浅井、竖井]; headgear; mine head frame; (shaft) tower; headstock; gallows (frame); gridaw; headhouse; headsticks; headtree; headwork; rig[油]; hoist{pit;pit-head;shaft; pithead;shaft-head} frame; pitheadframe; tipple framework; poppet head; Drk
井架安装用扳手☆construction wrench
井架大门☆window opening
井架大腿底板☆base plate
井架大腿底脚的固定☆leg base anchorage
井架大腿基脚☆base shoe
井架的金属构件和装备[滑车、天车、架铁、螺栓、锻件等]☆derrick irons
井架的钻杆立根容量☆stacking capacity of derrick
井架底梁☆set{derrick} sill
井架底座☆derrick foundation{support;substructure; base}; substructure; substruction
井架底座下部☆lower substructure
井架顶部(天车)☆crown
井架顶开口☆water table opening
井架工☆derrick monkey{skinner}; grabber; monkey; elevator latch
井架火灾☆pit frame fire
井架结构☆headframe{headgear} construction; derrick geometry
井架木构件☆headgear timber
井架平台☆upper brace; derrick floor; DF
井架平台护栏☆pigpen
井架起升滑轮☆mast raising sheave
井架上永久工作台☆brace
井架天车台☆water table
井架天轮☆derrick{headgear} pulley; headgear sheave; sheave wheel
井架天轮横梁☆gin beam
井架未加遮挡部分☆window opening
井架小零件 [易脱落于钻台上,如螺母、螺栓、垫圈等]☆apples
井架 V 形大门☆V-window opening
井架用灯☆yellow dog
井架用木料☆rig timber
井架正面☆rig front
井架支座☆mast{derrick} support
井架指梁☆hay rake
井架中排立油管搭板☆tubing board
(在)井架中排立钻杆☆rack(ing) back
井间波及效率{系数}☆interwell sweep efficiency
井间测量☆interborehole measurement
井间传播☆cross-borehole transmission
井间地震扫描☆cross-hole seismic scanning
井间对比☆well-to-well correlation
井间干扰试验☆interference test
井间距离☆inter-wall distance
井间剖面☆crosshole section
井间热(传递)通(道)☆hot interwell communication
井间示踪剂测试☆well-to-welt tracer test
井间瞬变压力测试☆well-to-well transient pressure test
井将来的产量☆future well production
井颈☆collar (set); bank; fore{preliminary} shaft; foreshaft; shaft collar
井颈混凝土圈☆concrete collar surface mat
井径☆hole{borehole;well} diameter; HD
井径标志☆flag for caliper; FCAL
井径不合标准的井☆out of gauge hole
井径测井☆caliper well-logging{log}; section gauge; calliper log; section-gauge logging
井径测量☆caliper log(ging){survey}; section-gage log; wellbore gauging; hole diameter measurement
井径规则的井☆near-gauge hole
井径纪录图☆caliper log
井径扩大[因钻具偏心旋转]☆overcut
井径耐井☆section gauge logging
井径曲线☆caliper log; CAL
井径上限值☆caliper upper limit; CUL
井径损失☆loss of working diameter
井径缩小的井眼☆tight hole
井径仪☆caliper (gauge); logging{hole} caliper; well-calipering apparatus; open hole caliper
X-Y 井径仪☆X-Y caliper tool; XYC
井距☆spacing of wells; (drill-)hole{well(head); interwell} spacing; spacing (interval); inter-wall distance; distance between wells; interspacing
井距测算图☆well spacing chart
井距方案☆pattern of spacing
井距图☆well spacing chart
井距之半☆well-spacing radius
井开始流出泥浆(油、气)☆kick
井孔☆well (pit); wellhole; borehole; bored well
井孔的自清洗作用☆self-cleaning of the well

井孔附近的热储条件☆near-well reservoir conditions
井孔环隙☆wellbore annulus
井孔激发工艺☆well-stimulation technology
井孔螺旋形弯曲☆rifling
井孔内廓☆in-hole{hole} configuration
井孔坍塌☆hole cave-in
井孔套管☆well tube；bore liner；boring{bore} casing
井孔未下套管部分☆open section of wellbore
井控施工表☆kick control work sheet
井控数据☆well control information
井控制面积的半径☆well-spacing radius
井口☆brace；top of well{shaft}；uphole；throat；well top{head;mouth}；(mine;pit;shaft) mouth；bank (head) [油]；bradenhead；(shaft) collar；(pit) brow；eye of a shaft；minehead；ingoing eye；ingress；lodge；portal；pit(-) brow；lodging；pit top{head}；shaft(-)top；wellhead[油]；the mouth of a well；hole top；mouth of well；rig floor；landing[油]；WH
井口标高☆elevation of well；wellhead elevation；well head elevation
井口采油装置☆production{Xmas;Christmas} tree；casing head；X-tree
井口产出液温度☆wellhead production temperature
井口车场☆onsetting station；high door；bracket；pit top
井口`车场{出车台}平面图☆tipple plan
井口车间☆shaft top works
井口出油环管☆well head flow loop
井口大闸门☆cellar control gate
井口到达时校正后叠加☆uphole stack
井口到时☆shothole time
井口顶板☆doorhead
井口动压☆flowing wellhead pressure
井口端热能成本☆cost of heat at the bore
井口阀门☆soffione；soffioni；head valve
井口阀门加装☆wellhead valving
井口翻矸台☆strike board{tree}
井口房☆heapstead；banksman's cabin；collar house；collarhouse；headhouse；headstead；lodge room；pit head；well-room
井口防喷器组{装置}☆stack
井口防喷装置下的四通☆drilling spool
井口防酸器☆wellhead acid preventer
井口附近设施[包括建筑、机械和铁路等]☆minehead
井口盖门[凿井用]☆folding door
井口隔离装置☆wellhead isolation tool
井口工☆banker；braceman；head tender；serviceman
井口挂钩摘钩工☆headman
井口管☆collar (piping)；stand pipe；conductor-casing
井口罐笼装卸工作☆banking out
井口护栏☆bird cage
井口活动台☆runner
井口箕斗自动翻卸装置☆transfer gear
井口挤水泥法☆braden head squeeze method
井口拣矸装煤☆banking
井口建筑☆heapstead；collar house；pit hill；mine-mouth structure；shaft building{top}；shaft top works
井口建筑平面图☆tipple plan
井口建筑物布置☆shaft layout
井口铰链防尘盖板☆fall table
井口静压☆static wellhead pressure
井口可移动式搭板[备吊桶停留用]☆lorry
井口控制管线装置☆well control manifold
井口矿仓☆headframe{headgear} bin；shaft (ore) box
井口矿仓装车工☆trainman
井口捞出油罐☆bailing tub
井口联顶短节☆wellhead landing nipple
井口临时堆场☆paddock
井口流体☆resulting fluid
井口门☆hatch
井口木制导管☆conductor box
井口泥浆取样桶☆bubble bucket
井口(装置中的)配件☆wellhead hardware
井口喷流压力☆wellhead flowing pressure
(地热井)井口喷汽减速装置☆"banjo case"
井口棚☆pit-head station；pithead building
井口平台☆ground level；high doors；pit-bank {head}
井口平台停车罐笼装卸☆banking
井口气分离出的汽油☆casinghead gasoline
井口区☆cellar；bank
井口取样摆动试验☆wellhead shakeout test
井口设备组合☆wellhead configuration
井口设施☆pit head
井口盛砂罐☆bailing tub
井口时间☆uphole{vertical;shothole} time；shot hole time；time at shot point
井口时间叠加☆uphole stack
井口试验☆tipple sample
井口锁口结构☆collar structure
井口套压☆surface casing pressure
井口调节闸☆collar control gate
井口围栏☆fence guard
井口无(泥浆)返(出)☆loss of return
井口小食堂☆pit-head canteen
井口卸车房☆lodge
井口卸载平台☆deadfall
井口信号工房☆banksman's cabin
井口信号起始{跳}点☆uphole break
井口压裂管汇☆well head fracturing manifold
井口有回压的钻进☆drilling under pressure
井口圆井☆derrick cellar
井口圆井或方井☆cellar
井口原煤☆pit-mouth raw coal
井口噪声☆hole noise
井口支撑罐笼的横梁☆needle
井口支架☆browpiece
井口值班房☆well head duty house
井口转换系统[泵送修井工具的]☆wellhead switch system
井口装卸车控制阀☆cage{conveyance} in-line valve
井口装载☆bank-loading
井口装置☆wellhead set up；wellhead gear{assembly;equipment}；soffione；wellhead；(X-mas) tree；cellar connection；soffioni；well control equipment；valve tree；well hook-up；well head set up
井口装置外罩☆wellhead housing
井口总阀门☆well head control valve
井口钻杆密封装置☆tapping assembly
井框☆crib ring；shaft frame；boxing；casing；marco；rectangular set of timber；timber{wall} crib；cover binding
井框吊板☆stringing deal
井框垛盘☆curb
井框构件{框木}☆barring
井框节段木制连接板☆cod-piece
井框立柱☆studdle
井框支承☆shaft-bearing set
井框支护天井☆cribbed raise
井框支架☆crib(bing)；casing；shaft cribbing；curbing；square timber support
井栏☆coaming；(well) curb
井列☆well line
井流补给带宽度☆width of contribution
井流出物☆well effluent
井流的☆rect.；rectified
井流理论☆well-flow theory
井楼☆tipple (building)；head{shaft} house；deckhead building；head-house；pit head arrangement
井漏☆mud loss；lost circulation
井漏速率☆loss rate of circulation
井辘轳☆well winch
(布)井密度☆well density
井内爆破☆underground explosion；well shooting
井内测量☆down-hole measurement；down-the-hole survey
井内产出天然气流☆well stream gas
井内(化学)处理☆down-the-hole treatment
井内的卡点数☆stuck-in-hole points
井内腐蚀☆down-the {-}hole corrosion
井内(流体)干扰☆hole noise
井内加热☆borehole heating
井内进水区☆well intake
井内捞出砂样☆bailed sand sample
井内流体☆borehole{in-hole} fluid；BHF
井内面波☆Rayleigh wave
井内取出的试样☆well sample
井内入渗区☆well infiltration area
井内渗流{漏}区☆well seepage area
井内细水泥柱☆cement stringer
井内压力☆subsurface pressure
井内液面下降值☆drawdown of well
井内液体矿化度☆borehole salinity；BSAL
井内油☆oil in hole；OIH
井内有压力时强行下入管柱☆running under pressure
井内照相机☆borehole camera
井内抓岩☆shaft mucking
井内自造泥浆☆native mud
井排☆well array{alignment;line}；well-drain
井炮地震队☆shot-hole crew
井喷☆peaked trace；well eruption{up;blowout}；(oil-well) blowing；blowout；kick off；flowing of well；hole blow；blow out；gush
井喷防止器[防止钻井中的煤气或流体等喷出]☆blowout preventer
井喷孔☆blowhole
井喷前兆☆sign of blowout
井喷压力与关闭芯子(闸板)操作液压之比☆closing ratio
井偏斜☆well deflection
(使)井偏斜[自然造斜或人工造斜]☆deviating
井区☆borefield；well field
井区压力☆well-block pressure
井圈☆shaft frame；well loop；drum curb
井圈垂直背板☆back(ing) deal
井圈吊板☆stringing deal
井圈钉接板☆lashing
井圈支柱☆straddle
井泉开凿☆well-spring drilling
井群☆well group{cluster}；battery{gang} of wells；multiple wells
井群排水☆drainage by wells
井软[地震引爆与爆炸开始间延迟时间的效应]☆hole fatigue
井塞☆hole plug；tin hat
井上安全☆mine safety on surface
井上虫属[三叶;$Є_2$]☆Inouyia
井上的☆above-ground；above ground
井上下对照图☆surface-underground contrast plan
井上形虫属[三叶;$Є_2$]☆Inouyops
井身☆well bore
井身轨迹☆wellbore trajectory
井身矫直☆straightening of hole；well straightening
井身结构☆hole configuration{structure}；bore frame；well structure{construction;configuration}；casing program(me)
井身两点间距离☆interval
井身曲率☆hole curvature
(使)井身弯曲☆throw the hole off
井身弯曲矫正☆well straightening
井身斜度☆hole curvature
井身有折弯☆dogleg
井身直度自动记录仪☆indenometer
井深☆hole{well} depth
井深标记☆depth mark
井生产测试☆well performance testing
井失控[失控井喷]☆loss of well control
井史分析☆well history analysis
井史卡☆scout ticket
井式池窑☆shaft tank furnace
井式底矿车☆well-bottomed tub
井式排水☆well-drain
井寿命☆age of well
井数☆well number
井数与油田亩数之比☆drilling pattern
井水☆well water
井水封闭区爆炸☆pops
井水面☆phreatic surface
井水水位降低距离☆drawdown of well
井水水质{质量}☆well-water quality
井水位☆well-water level
井酸化☆well acidizing
井损常数☆well-loss constant
井塌☆borehole collapse；hole sloughing；well slough
井塔☆(shaft){hoist;winding} tower；headstock；head gear；mine-shaft{tower-type} headframe；heapstead；gallows；derrick；shaft-head frame；tower-type headgear
井塔式提升机[提升机装在井塔上]☆tower hoist
井塔提升☆hoisting；tower winding
井台☆wellbay
井探☆costean；test pitting
井-套管环隙☆wellbore-casing annulus
井田☆well{mine} field；interval of shaft；concession；allotment；borefield
井田边界☆property boundary
井田开拓☆development
井田水平限定掘定☆limiting holing

井停喷抽油阶段产量☆settled production
井停歇{关闭}☆well off
井筒☆shaft；pitshaft；borehole；mine(-)shaft；well bore{pit}；tub；mine{pit} shaft；gruff；slope；adit；rockshaft；wellhole
井筒保安柱☆pit eye pillar
井筒壁上的集水圈☆(water) garland
井筒变形测(量棒)☆shaft deformation bar
井筒表土施工法☆sinking vertical shaft in surface soil
井筒波☆tube wave
井筒常数☆wellbore constant；WBC
井筒车挡保险器☆shaft lock
井筒衬砌☆(mine) shaft lining；mine(-shaft) lining
井筒充填期☆fill-up period
井筒出车场☆bench
井筒储存起支配作用(的阶段)☆wellbore storage domination
井筒储存效应☆effect of wellbore storage
井筒的背景框架☆corner packing
井筒的堵水泥塞☆plugging
井筒底部的厚层钢筋混凝土☆concrete plug
井筒底面的混凝土层☆concrete mat
井筒定向垂准☆shaft plumbing
井筒断面变形测杆☆shaft deformation bar
井筒防水楔形圈☆picotage
井筒附近的矿仓☆shaft ore box
井筒附近地带☆near-wellbore seals
井筒负压[井筒液柱压力低于地层压力]☆negative well bore pressure
井筒盖门☆shaft cover
井筒格☆(shaft) compartment
井筒隔间木墙☆midwall
井筒隔热☆thermally insulating the borehole
井筒各层位样品☆all-level sample
井筒工☆blocker
井筒管道格☆pipeway
井筒和煤层交叉处的横巷☆bord
井筒横梁☆shaft bunton；biat；byat
井筒环带压力☆annulus pressure
井筒或井筒附近的水泵等机械设备☆pitwork
井筒或钻孔中的薄岩层☆girdle
井筒基础☆open well foundation；well foundation
井筒基础支架☆shaft curbing
井筒基岩施工法☆sinking vertical shaft in base rock
井筒集水圈垂直排水通道☆hasson；hassing
井筒集水圈间流水的矩形水管☆water box
井筒检修工☆pitman
井筒掘进队☆shaft crew
井筒开凿与装备☆shaft building
井筒框架支架{梁}☆bearer
井筒梁窝☆bunton hole
井筒两端附加木罐道☆offtake rod
井筒模型☆model wellbore
井筒内充填界面☆inside wellbore pack interface
井筒内(章鱼式)混凝土分配漏斗☆octopus
(在)井筒内装修木罐道☆rodding
井筒砌壁☆shaft walling；walling of a shaft
井筒倾角☆dogleg severity
井筒丘宾柱顶底两端打楔工作☆pikotage
井筒绕道☆pass-by(e)；shaft pass-by
井筒撒落物收集槽漏口☆spillage chute
井筒设计☆designing the portal；shaft design{planning}
井筒十字中心线☆cross lines of shaft
井筒式干燥机☆shaft dryer
井筒锁口壁☆collar wall
井筒锁口盘塌落☆collar cave
井筒位置☆(position of) shaft site；position of the shaft mouth；shaft location{position}
井筒污染(指示)参数☆wellbore damage indicator
井筒下掘☆sinking
井筒信号记录{示}器☆shaft signal recorder
井筒信号指标器☆shaft signal indicator；shaft signalling indicator
井筒续流[试井]☆wellbore storage；WBS
井筒延深{伸}☆shaft deepening{extension}；shafting；bating
井筒液体处理{调节}剂☆wellbore conditioner
井筒液柱上升☆wellbore loading
井筒溢落物收集箱☆spillage box
井筒凿进炮眼组☆shaft hole-round
井筒支护工☆sumpman
井筒支架基础垛盘☆shaft curbing
井筒中部☆mid shaft；mid(-)shaft
井筒中吊座☆horse
井筒中的机械装置☆wellbore mechanical layout
井筒周边引水槽[导至水仓]☆guttering
井筒钻进炮眼组☆shaft round
井头☆well head
井挖基线☆base of excavation
井完成☆well completion
井网☆pattern；hole{well;spacing} pattern；pattern of well；well network；PATT
井网传导率比☆conductance ratio of well pattern
井网单元☆element pattern
井网`内水分布{区配水}☆pattern-area water distribution
井网扫油效率☆sweepout pattern efficiency
井网(流体)突破曲线☆pattern breakthrough curve
井网外的井☆off-pattern{outside} well
井网外注入井☆off-pattern injector
井网形式☆spacing pattern
井网旋转☆rotation of pattern
井网因素☆well-pattern factor
井维修☆well servicing
井位☆drill{well;drilling} site；location of well；well position{placement}
井位布置☆geometric(al) arrangement of well
(在)井位处[海]☆on site
井位地区☆shaft-site area
井位水深☆water depth at the wellsite；WD
井温测井☆temperature og(ging)；thermologging；well temperature log；TL
井温点测法☆bench-type temperature survey
井温曲线☆well temperature log
井温仪☆temperature bomb
井文件☆well file
井窝☆shaft body
井下☆downhole；underground；down (hole)；in the pit；under the shaft；UG；DH
井下安全图☆downhole safety valve；DHSV
井下安全型设备[国家许可的]☆approved-apparatus
井下包体式应力计☆borehole inclusion stressmeter
井下爆破后的反风☆backlash
井下爆炸☆well shooting；well-shoot；underground explosion
井下爆炸器☆taw；jack-squib
井下泵☆down-the-hole{subsurface;bottom(-)hole} pump
井下泵房☆lodge room
井下泵组☆puppy
井下采场☆labor
井下采掘☆excavation
井下采掘临界面积宽度和开采深度之比☆width-to-depth ratio
井下采空区宽度和矿柱宽度之比☆opening-to-pillar width ratio
井下采空区临界面积☆critical area of extraction；influence area of extraction
井下采矿法分类☆underground mining methods
井下测量☆underground{borehole} survey(ing)；down-hole measurement；surveying underground
井下测试☆downhole testing
井下测温仪☆downhole temperature instrument
井下测站钉[马蹄形]☆spad
井下岔道☆meeting；back lye
井下长壁工作面总长度☆pit room
井下长期阴燃☆{underground} standing fire
井下长轴传动(离心)泵☆borehole shaft driven (centrifugal) pump
井下车场☆pit bottom；pit-bottom station
井下尘样吸收器☆N.C.B comparator
井下(化学)处理☆down-the hole treatment
井下储煤仓巷道☆back lye；pass-by(e)
井下传感部分☆downhole sensor section
井下磁力仪[强计]☆borehole magnetometer
井下打捞服务☆fishing service
井下打印(造模)试验☆impression sensing test
井下大巷☆bottom road
井下大修作业☆downhole remedial operation
井下电测☆detection logging
井下电缆☆parkway{underground} cable
井下电视☆BHTV{borehole televiewer} [一种声波井下电视装置]；downhole{borehole} television；televiewer；under-mine TV；BTT
井下电位参照点☆downhole ground
井下动力钻井☆hole-bottom power drilling
井下发热(体系)[由硝酸盐和亚硝酸钠制备的溶液在井下反应放热]☆in-situ heat system
井下防水密封闸圈{墙}☆underground plug {bulkheads}
(在)井下废弃巷道入口处放置的碎石堆☆ga(u)ging
井下废石☆deads
井下封闭区爆炸☆pops
井下风巷☆airway
井下复杂问题☆borehole problems
井下更换钻头式钻机☆changeable bit drill
井下供电☆DHPS；down hole power supply
井下工人☆inside man{worker}；underground worker；coal miner
井下`工长{工务员}☆ground boss；inside {underground} foreman；examiner；underlooker；underviewer；inside superintendent；steward
井下巷道☆underworkings；coal mine tunnel；gate；roadway；underground road
井下巷道最远端☆forefield end
井下核爆井硐半径☆chimney radius
井下(消除键槽)划眼器☆keyseat wiper
井下回采工作面或煤房数目☆pit room
井下火灾检查员☆fire inspector；mine (fire) patrol man
井下机车库{房}☆underground garage
井下机车运输信号系统☆underground locomotive signaling system
井下监视瓦斯含量系统☆methane monitoring system
井下进食时间☆bait{snapping} time
井下经年冒烟的火(灾)☆standing fire
井下开采获利限度[超过这个限度就要亏损]☆payline
井下开采图☆underground mine map
井下勘探☆reconnaissance；underground exploration；borehole survey{surveying}
井下可控井眼几何形状部件☆downhole-controllable geometry component
井下空气分析☆mine air analysis
井下矿车把钩☆clipper
井下矿车吊车[让路用]☆crane car lift；cherry picker
井下扩眼{展}☆underream(ing)；UR
井下缆索人行牵引机☆underground telpher
井下老塘或含水层流水☆come water
井下量尺[丈量采煤进度]☆judge
井下两工作区间掘通☆holing
井下列车管理员☆journey attendant
井下临时杂工☆intake
井下流入动态☆well inflow performance
井下流体体积测量☆down-hole volumetric measurement
井下漏水警告仪☆water leakage alarm meter
井下路轨养护工☆block layer
井下滤砂管☆permeable downhole filter
井下煤炭储运系统☆clearance system
井下密度测定仪☆density logger
井下灭火☆squander
井下木工☆binder；pitwright
井下泥浆测量曲线☆mud-log
井下泥浆脉冲遥测☆down-hole-mud-pulse-telemetry-measurement；DHMPTM
井下盘区胶带输送机☆panel belt conveyor
井下炮眼钻凿☆underground blast hole drilling
井下配车岔道☆lay-by
井下平面控制测量☆underground horizontal control survey
井下砌碹{礦}☆walling in mines
井下器具起下钢绳☆lead line
井下牵引设备变电所☆underground traction substation
井下轻便人车☆mine portal bus
井下取样☆well sampling
井下取样泵☆downhole `sampler{sample pump}
井下绕道☆pass-bye
井下人车管理员☆man-riding conductor
井下声波电视☆seisviewer；(borehole) televiewer
井下湿煤☆pit-wet coal
井下试验☆test in the pit
井下受控风流☆circulation of air
井下输送机风闸☆conveyor airlock
井下水仓☆shaft sump
井下水沟☆gatton；gauton
井下水涌☆water flush
井下探测部分☆downhole sensor section

井下套管磨开(窗)孔☆window opening
井下停工地区[不列入废弃区]☆disused workings
井下通风不良地区☆the airless
井下混凝土运输{集料}车☆underground batch car
井下瓦斯监测系统☆underground methane monitoring system
井下维修工长☆back-bye deputy
井下温度☆subsurface{downhole;underground} temperature；DHT
井下涡流发生器☆downhole vortex generator；DVG
井下斜井☆inside slope；internal inclined shaft；subinclined shaft
井下形变式应变仪☆borehole deformation strain cell
井下U型换热器☆downhole hairpin heatexchanger
井下遥测总线☆downhole telemetry bus；DTB
井下液压☆hydraulically powered underground drill
井下仪☆sonde；(logging) tool
井下移动式套管造斜器☆bottom-trip casing whipstock
井下仪器☆subsurface equipment
井下抑垢化学药剂☆downhole chemical scale-inhibitor
井下用工具☆graith
井下用马☆pitter
井下有害空气☆irrespirable atmospheres
井下运输电机车司机☆inside-haulage engineer
井下杂工☆jack
井下凿岩爆破计件包工制☆hole system
井下"炸弹"☆taw
井下照相机☆downhole camera
井下振动锤☆downhole hammer
井下支架☆support of mines
井下重力测量密度☆BHGM density
井下重力传感器☆borehole gravity sensor
井下主变电所☆shaft-bottom{pit-bottom} substation；pit transformer substation
井下主平巷电缆☆gangway cable
井下状态字☆downhole status word；DSW
井下(流体)资用率☆downhole availability
井下自动蓄电池送人车☆self-propelled battery bus
井下自记压力仪☆subsurface recording pressure gauge
井下自重滑行坡稳车硐室☆drum head
井下钻进马达☆downhole drilling motor
井下钻孔方向检验仪☆monstrometer
井下钻压☆downhole weight on bit；DWOB
井下最低水平层☆laigh level
井下作业☆borehole orientation；underground work
井下作业工具☆tools for downhole
井斜☆well{hole} deflection{deviation}；throw the hole off；borehole inclination {deviation}；inclination
井(偏)斜☆borehole traverse
井斜测定☆angularity test
井斜测量☆directional{deviation(al);inclination} survey；directional surveying (of well)；DS
井斜测量成果图☆tadpole plot
井斜(曲线)的比例尺☆DSCA；deviation scale
井斜方位☆hole deviation azimuth；direction of deflection；HDA
井斜方位角☆bearing angle
井斜角☆angle of inclination；deviation{hole} angle；hole drift angle；hole deviation angle
井斜校正☆hole-deviation correction
井斜理论☆theory of deviated hole
井斜漂移☆drift inclination
井斜曲率☆inclination curvature
井斜仪☆driftmeter；inclinometer
井斜(度数)直读图☆direct-dip-reading chart
井斜钻头侧向分力☆inclinational bit side force component
井型☆classification of mine
井盐☆well salt
井眼☆borehole{well} [油]；(drill) hole；well bore {pit}
井眼变形☆hole-size elongation
井眼补偿方式☆BHC{borehole compensated} mode
井眼不规则度☆borehole rugosity
井眼不确定椭圆☆wellbore ellipse of uncertainty
井眼尺寸☆hole{borehole} size；size of the hole
井眼的扩大☆reaming of hole
井眼的斜井段☆slant section of hole
井眼底部减震器☆bottom-hole bumper
井眼方位☆course bearing
井眼轨迹方向预测☆prediction of course direction
井眼轨迹中心线☆wellbore path center line
井眼几何形状测井仪☆borehole geometry (logging) tool
井眼加深☆bating
井眼校正☆hole{borehole} correction；HC
井眼解卡液☆borehole lubricant
井眼空穴☆borehole cavity
井眼流体取样器☆borehole fluid sampler
井眼路线☆course of the hole
井眼内自造泥浆☆natural mud
井眼(方位)漂移☆walk of hole
井眼清洁不充分☆inadequate hole cleaning
井眼沙桥阻卡☆bridge-up
井眼收缩☆well bore shrinkage；WBS
井眼衰减分量☆borehole decay component
井眼台阶[井眼缩小所造成]☆shoulder of hole
井眼弯曲趋势☆crooked-hole tendency
井眼弯斜地区☆crooked hole country
井眼物质☆borehole material；BHM
井眼系数☆well bore coefficient
井眼下部☆bottom hole
井眼下侧☆low-side well bore
井眼中临时封隔用堵塞器☆bridging particle
井眼中形成桥塞☆bridge the hole
井眼周围的油层地带☆critical area of formation
井眼周围应变☆circumferential strain
井眼状况☆borehole status；hole condition；BHS
井样{|液|溢流}☆well sample{|fluid|kick}
井溢出油☆flowing of well
井涌☆kick；pressure{well} kick
井涌控制容限☆kick control tolerance
井涌允许极限☆kick tolerance；KT
井用卷扬筒☆well winch
井源☆wellhead
井源距☆offset distance
井口检波器☆uphole seismograph
井暂停采油☆suspending a well
井长☆mine foreman
井支架☆mine timbering
井中测的数据☆well figure
井中激发垂直地震剖面☆inverse VSP
井中积砂☆bridge
井中积盐☆salt up
井中勘探☆shooting a well
井中流体☆fluid in hole；FIH
井中落物☆fish
(在)井中某一小段注`水泥浆{酸液}☆spotting
井中泥浆电阻率测量☆mud logging
井中品位测定☆drill-hole grade determination logging
井中水☆water in hole；wih；W.I.H.
井中水满☆hole full water；HFW
井中速度观测☆well velocity survey
井中塌落的碎石☆cave-ins
井中套管开孔[侧钻用]☆cutting window
井中油满☆hole full oil；HFO
井周声波仪器☆circumferential acoustic device；CAD
井周微声波测井下井仪☆circumferential microsonic tool
井字形构造☆criss-cross structure
井总偏角☆total hole angle
井组☆well group{array;cluster}；gang{battery} of wells；element pattern
井组单元[五点面积单元的1/4]☆symmetry element
井座☆wellbay
警报☆alarm；warning；alert；siren
警报发生和解除机构☆alarm and trip mechanism
警报解除信号☆green signal
警报孔☆tell-tale hole
警报器☆alarm (apparatus)；alarm-apparatus；siren；warning horn{device}；warner；alertor；syren
警报装置☆alarm-apparatus；telltale device
警察☆cop；beagle；police[机关]
警冲点☆fouling position
警告☆warn(ing)；caution；admonish；warning as a disciplinary measure；tip；portent；notice
警告牌炸药车☆placarded car
警告者☆warner
警号温度计☆alarm thermometer
警戒☆vigilance；outpost action；warn；admonish；be on the alert against；guard against；keep a close watch on；protect；watch；lookout
警戒标准☆alert standard
警戒的☆precautionary
警戒灯☆alarm light；AL
警戒区☆isolated{critical} area；cautionary zone
警戒人员☆watchman
警戒哨☆picket
警戒水位☆warning stage{line}；warning (water) level
警戒线☆cordon；warning limit{line}；security line
警戒信号☆caution signal；tocsin；restricted speed signal
警戒支柱☆safety{watch} prop
警界人员☆flagman
警觉{惕}(的)☆alert
警铃☆call-bell；alarm{warning} bell
警水器☆hydrostat
警惕(性)☆vigilance
警卫长☆head of the guard
景德镇窑☆Ching-Te-Chen{Jingdezhen} ware {kiln}
景谷介属[J_3]☆Jingguella
景观☆landscape；landschaft
景观地球化学区划☆landscape-geochemical regionalization
景观地球化学找矿法☆prospecting by landscape geochemistry
景观分析{|划分}☆landscape analysis{|division}
景观模型☆cape model
景观-生态图☆landscape-ecological map
景观元素☆ecotope
景况破坏☆rhexistasy
景色☆scene；landscape；landschaft；lookout
(采矿对)景色的破坏☆visual impact{intrusion}
景深☆depth of field
景深感觉☆impression of depth；depth perception
景深移动☆movement in depth
景深印象☆impression of depth
景泰蓝☆cloisonne
景天庚酮糖☆sedoheptulose
景物☆scene；scenery；landscape component
景相☆physiognomy
景象☆scene；vision；spectacle
景象管☆scenescope；scenioscope
景域☆landschaft
儆戒☆example
肼[$H_2N•NH_2$]☆hydrazine；diamide；diazane
肼抱☆hydrazi-
肼撑[−NH•NH−]☆hydrazo-
肼撑甲苯☆hydrazotoluene
肼基☆hydrazino-；diazanyl
肼解作用☆hydrazinolysis
肼空气燃料电池☆hydrazine {-}air fuel cell
颈☆jugulum；collum；shank；nucha；neck；oral tube[几丁]
颈板[龟背甲]☆intergular{jugalar} plate；jugalia；nuchal plate
颈胞藻(属)[裸藻;N_2-Q]☆Trachelomonas
颈背☆scruff
颈背的☆nuchal
颈部☆throat；necking
颈刺☆occipital spine；nuchal{neck} spine
颈的☆occipital
颈盾[龟背甲]☆nuchal acute
颈干☆truncus cervicalis
颈沟☆neck furrow；occipital{nuchal} furrow[三叶]；cervical groove[节]
颈关节区☆obtected nuchal area
颈环[钙超]☆neck{occipital;nuchal} ring；occipital segment；collar
颈环侧叶[三叶]☆(lateral) occipital lobe
颈环螺属[腹;N-Q]☆Monilea
颈角牙形石属[D_2-C_1]☆Cervicornoides
颈口☆throat opening
颈肋☆costae cervicales
颈鳞☆neck scale
颈瘤☆occipital node
颈卵器[植]☆archegonium
颈盘式钎尾☆collar shank
颈片☆nuchal
颈髂肋肌☆costocervicalis
颈切断☆neck cutoff
颈曲☆flexure
颈缺口☆cervical sinus

颈缩☆necking[包裹体]；constriction；necking{-}down
颈缩平均轴向应力☆average axial stress at a neck
颈缩效应☆ink bottle effect
颈弯[甲壳]☆cervical sinus
颈疣☆neck node；occipital{nuchal} node
颈轴承☆neck-journal bearing
颈状的☆necked
颈状叠层石属[Z-Є]☆Collumnacollenia
颈状海峡☆neck channel
颈状潜穴☆plug-shaped burrow
颈状体☆gula
颈状组织☆collum
颈椎☆cervical vertebra{vertebrae}；vertebra cervicalis

jìng

静☆calm；stato-
静凹痕试验☆static indentation test
静孢子☆aplanospore
静泊松比☆static Poisson's ratio
静不定结构☆imperfect frame；redundant structure；statically indeterminate structure
静测死期☆stationery dead period
静超高压装置☆static ultrahigh-pressure equipment
静沉没☆static submergence
静储量☆static reserve
静触点☆break back contact
静磁场☆static magnetic field；magnetostatic field
静磁带☆quiet magnetic zone
静磁共振☆magnetostatic resonance
静磁学☆magnetostatics
静带☆dead band；zone of silence
静的☆static；noiseless
静地压☆geostatic pressure
静点[机械]☆dead center{point}；dead centre
静电☆frictional{static;franklinic;statical} electricity；static；stato-
静电安培☆statamper
静电标定装置☆electrostatic calibration device
静电沉淀☆electrostatic precipitation；electrofiltration
静电沉淀作用☆electroprecipitation；electrostatic precipitation
静电存储偏转☆electrostatic storage deflection；ESD
静电单位☆electrostatic unit{unity}；e.s.u.；esu；e.a.u.
静电电位{势}☆electrostatic potential
静电电选机☆electrostatic separator
静电电子摄影术☆xerography
静电法涂覆☆electrostatic print
静电分离仪{器}☆electrostatic separator
静电分选☆electric separation
静电分选法☆electrostatic cleaning process
静电伏特☆statvolt
静电复印☆xerox
静电干扰☆static (interference)；precipitation station
静电吸摆[横臂调位]器☆electrostatic beam positioner
静电计☆(electrostatic) electrometer；E-meter
静电计管☆electrometer tube
静电记录☆electrogram
静电价☆electrostatic valency；e.v.
静电聚合法☆electrostatic coalescing process
静电聚灰☆electrostatic precipitation
静电α卡法☆electrostatic α-card method
静电库仑☆statcoulomb
静电离子化法☆static ionization method
静电力作用☆electrostatic forcing
静(电)姆(欧)☆statmho
静(电)欧(姆)☆statohm
静电喷搪☆electrostatic spraying
静电容☆static{electrostatic} capacity；direct capacitance
静电数据标绘仪☆electrostatic plotter
静(电制)特斯拉☆stattesla
静电涂油☆film
静电位☆rest potential
静电吸聚☆coacervation
静电型的☆electrostatic
静电型高电压发生器☆statitron
静电学☆electrostatics；static{statical} electricity；e.s.
静电印刷☆electrostatic printing；xeroprinting
静电照相印刷机☆xerographic printer
静电致偏管☆deflectron
静电置位☆electrostatic positioning；ESP
静定结构☆statically determinate (structure)
静动态应变仪☆static-dynamic strain indicator
静风区☆zone of silence
静负荷☆quiescent{permanent} load；deadweight
静负载☆dead{permanent;fixed} load；statical lifting capacity
静高差☆hydrostatic head
静汞电极☆ruhende electrode
静贯入试验☆static penetration test
静海☆dead sea；Mare Tranquillitatis
静海沉积☆euxinic deposit{deposition}
静海石☆tranquillit(y)ite；tranquiltyite；tranquilite[月]
静海相黑色页岩☆black euxinic shale
静合接{触}点☆back contact
静荷挠度☆static deflection
静荷载☆dead{static} load；dl
静化器[计]☆staticizer
静环☆stationary seal (face) ring；stationary element
静火山☆quiet{inactive;oozing} volcano
静寂☆hush；sleepiness；sleep
静寂的☆dead
静寂区☆silence zone of audibility
静寂时间☆idle{dead} time
静校正[震勘]☆statics；static correction
静校正分析☆static analysis
静校正估算{计}☆statics estimation
静触{接点弹}簧☆back contact spring
静井☆still well
静开的☆normally open；NO
静抗破裂强度☆static fracture strength
静力☆static force
静力安全容许荷载☆safety statical permissible load
静力触探探头阻力☆static point resistance
静力固性☆static rigidity
静力平衡☆static equilibrium{balancing;balance}；statical equilibrium；standing balance
静力型刨煤机☆static-type plough
静力学☆statics
静力学解☆statical solution
静力压拔桩机☆static pile press-extract machine
静流☆stillwater；tranquil{stationary} flow
静流应力☆hydrostatic stress
静脉☆vein
静脉冲数☆stationary pulse number
静脉窦☆venous sinus
静脉石☆phlebolith
静(流体)密度梯度☆static density gradient
静密封☆static seal
静(止)摩擦☆friction of rest；static(a) friction；stiction
静挠性试验器☆static flexibility tester
静能☆static energy
静(气)泡☆static bubble
静配合☆interference{stationary} fit
静疲劳试验☆static fatigue test
静平衡☆static equilibrium{balance}
静启动☆dead start
静气☆tranquil force
静气燃烧室☆quiescent combustion chamber
静切力☆gel{shear} strength；yield value
静切力测定仪☆shearometer
静区☆dead zone{belt;band}；blind spot；zone of silence；shadow (zone)[电波、雷达]；sound shadow
静燃料消耗量☆static(al) fuel consumption
静热力学☆thermostatics
静日地磁变化☆quiet day geomagnetic variations
静熔☆dead melt
静噪(电路)☆squelch
静砂岩☆arenite
(泥浆)静失水率☆static filtration rate
静式浓密机☆static thickener
静水☆stillwater；impound{standing;quiet;dead;still;noncirculating} water；noncirculating wafer
静水层学说☆static water zone theory
静水池☆stilling pool；tumble bay
静水的☆hydrostatic；lentic；logged
静水段☆tail；quiet reach
静水河流☆quiet reach
静水井☆stilling well
静水力地☆hydrostatically
静水力学☆hydrostatics
静水面☆still{standing} water level；static water table
静水平面[抽泵停止时井内或钻孔内的水平面]☆rest water level
静水区☆inner lead；stagnant area
静水群落的☆lenetic
静水生物☆stagnophile
静水水位☆nonpumping water level
静水塘式排(放)热☆pool-type discharge
静水头阻塞☆hydrostatic lock
静水位☆hydrostatic{static;standing;rest} level；static water level{table}；standing water level；hydrostatic level of water
静水位位移监测计☆hydrostatic profile gauge
静水压分布☆hydrostatic distribution
静水压面☆hydrostatic level
静水压强☆intensity of hydrostatic pressure
静水鱼类☆lacustrine
静索☆standing rigging
静态☆statics；dead level；akinesis；static model{state;behavior}
静态保护元件☆static protection unit
静态爆破剂☆static blasting agent
静态标准应变装置☆static standard strain device
静态沉积☆sedentary deposit
静态动力☆unmoved mover
静态对比摄影☆multidate photography
静态分析☆static analysis
静态河☆steady-state stream
静态化装置[自]☆staticizer
静态老化☆static-aging
静态力法☆static force method
静态平衡节理开口☆statical average joint opening
静态气体☆gas at rest
静态区☆quiescent region
静态燃烧试验台☆static(al) firing test stand
静态试验☆envelope{static} test
静态液体法[测相对渗透率]☆stationary liquid method
静态移位法☆static displacement method
静态应变测定仪☆static(al) strain measuring device
静态真空质谱计☆static vacuum mats spectrometer
静态蒸发☆quiet evaporation
静态蒸气压力梯度☆vaporstatic pressure gradient
静态阻力☆stiction
静态钻井模式☆static drilling model
静弹性变形☆static elastic deformation
静套压☆static casing pressure
静提升力矩☆static hoisting moment
静位差☆potential head
静稳定性☆static stability
静物摄像☆still photography
静吸出{|入}水头☆static draft{|suction} head
静吸升水头☆static suction-lift
静像☆still image
静像管☆staticon
静效应☆static effect
静泄水水头☆static discharge head
静压☆directionless{confining;static} pressure
静压承载轴承☆hydrostatic lift bearing
静压充填☆hydrostatic (pressure) stowing
静压穿透试验☆static penetration test
静压含水变质作用☆stato(-)hydral metamorphism
静压力☆static pressure{stress}；SP
静压桩工☆silent piling
静岩(石)压(力)梯度☆lithostatic pressure gradient
静叶(片)☆stationary blade；stator blade
静液动力转向☆hydrostatic power steering
静液核心☆still-liquid core
静液压传动☆hydrostatic drive{transmission}
静液压挤试法☆hydrostatic(al) squeeze test
静液压力☆fluidstatic pressure；hydrostatic force
静液压力落物打捞器☆hydrostatic junk retriever
静液压面☆hydrostatic level
静液柱压力☆liquid column hydrostatic pressure
静(止)硬化☆rest-hardening
静应力☆static(al){steady} stress
静载(荷)☆dead {-}weight；static(al){dead} load；D/W
静载弯曲☆static deflection{deflectron}
静载应力☆dead-load stress
静噪控制☆muting control
静噪器☆antihum；sourdine；sound damper；noise limiter
静噪稳{调}压管☆codistor
静噪信号☆purified signal
静站[月面的]☆Statio Tranquillitatis
静张力☆hydrostatic tension
静止☆rest；quiescence；still(-)stand；repose；standstill；at a standstill；stasis；stillness；still(ing)；

quiescency；static；motionless
静止板块☆stationary{inactive} plate
静止孢子☆statospore；akinete
静止冰体☆stagnant ice mass
静止层☆quiescent layer；steady motion
静止沉降☆quiescent settling
静止澄清法☆stand clarification
静止的☆static(al)；stationary；immobile；still；quiet；immovable；dormant；stillstand；self-centered；quiescent；undisturbed；motionless
静止点☆stagnant point{pint}
静止放大☆static magnification
静止风☆still air
静止轨道☆geo-stationary orbit
静止恒压力系统☆permanent pressure system
静止滑坡☆dormant landslide
静止角☆repose angle；angle of repose{rest}；natural angle of slope
静止界面测量[确定井下岩层渗透率]☆static-interface survey
静止空气☆dead{still} air
静止摩擦角☆angle of repose{rest}
静止期☆repose{stillstand} period；period of repose；stillstand
静止前进接触角☆static advancing contact angle
静止筛☆static screen
静止时间☆rest time
静止式浓缩机☆static thickener
静止水环境☆lentic environment
静止水体☆impounded body
静止脱泥法☆stand clarification
静止位置☆dead{rest;normal} position
静止细胞☆akinete
静止箱☆quiescent tank
静止信号☆stationary signal；pacing wave
静止压力系统☆permanent pressure system
静止液压强度☆intensity of hydrostatic pressure
静止沼气☆standing gas
静止质量☆stationary{steady;rest} mass
静止贮存☆standing storage
静止状态☆idle{dormant;stationary} state；stationary；statics；quiescent condition；quietus
静置胶凝☆gelling on standing
静置冷却☆static cool down
静置时间☆hold-up{holding} time
静重☆dead load{weight}；dl；d.w.；deadweight
静重吨位☆D.W.T.；deadweight tonnage
静重力仪☆static gravimeter
静重压力标表仪{校正器}☆dead weight gage tester
静重有效载重比☆deadweight-to-payload ratio
静子☆stator
境界☆boundary；ambit；circumference；beneficiation；open pit configuration；plane attained；perimeter；extent reached；state；realm；pale；metes and bounds
境界煤柱☆barrier{boundary} pillar
境遇☆weather
敬意☆hono(u)r；respect；regard
镜☆mirror；scope
镜赤铁矿☆specular hematite
镜(状)的☆specular
镜惰煤型☆vitrinertite
镜蛤(属)[双壳;K-Q]☆Dosinia
镜亮煤☆vitroclarite；vitroclarain
镜煤☆vitrain；anthraxylon；specular{pure;lustrous；anthraxylous} coal；xylovitrite；vitrite；xylovitrain
镜煤 A{|B}☆vitrinite A{|B}
镜煤化☆vitrinitization
镜煤夹杂黑页岩☆shale-coal；shalecoal
镜煤类☆vitrinoid
镜煤为主的显微质点[煤尘,矿工肺中发现的]☆V-coal
镜煤型☆vitrite
镜煤质细屑煤{煤屑}☆anthraxylon-attrital coal
镜面☆specular surface；slickensiding；mirror surface{face;plate}；mirror (plane)；plane of mirror
镜面反射异构性☆mirror reflection isomerism
镜面加工☆coloring
镜面磨削砂轮☆mirror-finish grinding wheel
镜盘虫科☆Phacodiscidae
镜片☆eyeglass；glass；lens；glass block
镜频干扰抑制☆image rejection
镜频信号☆image frequency signal
镜齐☆speculum [pl.-la]
镜扫描方向☆mirror sweep direction
镜伸仪{计}☆mirror extensometer
镜式扭力记录仪☆mirror torsiograph
镜丝煤☆vitrofusite；vitrofusain；vitri-fusain；vitr(a)in-fusain
镜铁☆spiegeleisen；spiegel (iron)
镜铁矿[Fe_2O_3,赤铁矿的变种]☆specularite；iron glance{mica}；specular iron (ore)；gray{specular} hematite；spiegel(erz)；shining{looking-glass} ore；spiegeleisen
镜铁片岩☆specular schist；siderochriste
镜筒☆tube；column；speculum；barrel
镜头☆frame；lens
镜头接口☆camera mount
镜下矿物含量☆optical mode
镜像☆mirror (image)；opposite hand view
镜像法☆image{mirror} method；method of mirror
镜像间距{隔}[震]☆image step
镜像井☆imaginal{mirror} well
镜像式位移☆mirror-image sense of displacement
镜像信号☆image signal
镜像性☆enantiomorphism
镜像性的☆enantiomorphous
镜雪花石膏☆specular alabaster
镜岩☆slickenside
镜眼虫(属)[三叶;S-D]☆Phacops
镜眼类☆Phaeopidacea
镜用合金☆speculum [pl.-la]
镜暗煤☆vitrodurite；vitrodurain
镜质树脂混合体☆diaginite
镜质丝煤☆vitrofusinite
镜质体☆vitrinite；vitrite
镜质体反射率地热温标☆vitrinite reflectance geothermometer
镜质`细屑{暗}煤☆anthraxylous-attrital coal
镜质组☆vitrinoid group；vitrinite；V
镜质组分☆vitreous coal component
镜质组煤岩☆vitrinite
镜状界面☆mirror-like interface
镜子☆glass
镜子(一般)的☆specular
径☆radian；radialis
径分脉[植]☆radial section
径向切面☆radial section
径骨[棘海胆]☆radius
径脉[昆]☆radius
径向射线☆radius [pl.radii]
径迹☆trace；track；spur；trajectory；tr
α 径迹测量☆alpha particle-track measurement
径迹前缘☆tracking sharp front
径迹数计数[粒子]☆track count
径迹衰退效应☆track fading effect
径角定位法☆rho-theta determination
(齿轮的)径节☆diametral pitch；DP
径距☆diametral pitch
径流☆throughflow；run(-)off；flowthrough；water run-off；flow(-off)；running water；surface flow
径流迟滞☆lag of runoff
径流的季节性变化☆seasonal variations in river flow；regime
径流来源☆source of runoff
径流量☆discharge；runoff；throughflow；flowthrough
径流率☆drainage ratio
径流模数☆modulus{rate} of runoff
径流式扇风机☆radial-flow fan
径流式温水储☆throughflow warm water reservoir
径流水☆run-off water
径流体积☆runoff volume
径流调节☆streamflow regulation
径流系数☆drainage ratio；run(-)off coefficient；coefficient of runoff
径流因素☆factor of runoff；runoff factor
径流指数[流域的]☆wetness index
径矢☆radius vector
径隙☆radial play
径向☆radial (direction)
径向部分☆radial component
径向出口☆outlet radial
径向的☆radial；Rad
径向定心轴承☆alignment bearing
径向多次波压制法☆radial multiple-suppression method
径向分布☆radial distribution
径向分量☆radial component
径向回转柱塞油压马达☆oilgear motor
径向活塞(液压)马达☆radial piston motor
径向间隙☆crest{radial;diameter} clearance；radial space{play}
径向间隙效应☆channel effect
径向进口式叶轮☆radial-inlet impeller
(无限边界作用)径向流☆infinite acting radial flow
径向磨损☆diametral wear；diameter-wear；gage loss
(钻头)径向磨损☆gauge wear
径向排列进气管☆radial air-inlet pipes
径向渗透性试验指数☆radial permeability test index
径向跳动☆(diameter) run-out
径向跳动检查仪☆eccentricity tester
径向微差井温仪☆radial differential temperature tool
径向压缩☆diametral compression
径向应变换能器☆diametral strain transducer
径向震摆{颤动}☆radial wobble
径向蒸汽前缘推进☆radial steam-front advance
径向轴承☆transverse{radial} bearing
径向(球)轴承☆annular ball bearing
径向柱塞液压马达☆radial plunger type motor
径向注水驱油☆radial waterflooding
径向组合☆diametric association
径向作用力☆radial force
胫[动]☆crus
胫侧跗骨☆tibiale
胫腓骨☆tibiofibula
胫腓关节☆articulatio tibiofibularis
胫跗骨{|节}[鸟{|昆}]☆tibiotarsus
胫跗关节☆articulatio tibiotarsalis
胫骨☆tibia；shin bone
胫龟属[Q]☆Podocnemis
胫节☆tibia [pl.-e]
胫距[昆]☆pollex
胫芽☆corcule；corcle
净保留时间☆net retention time
净边(结构)☆edulcoration border
净标准体积☆net standard volume
净表面能☆net surface energy
净补给水☆net recharge water
净采油量☆net oil
净残值☆net salvage
净侧☆clean side
净侧向力☆net side load
净侧向入流量☆convergence
净产油层厚度☆net pay thickness；net productive section
净产值☆net output value
净长度☆free length
净超荷重☆net overburden
净成本☆net{pure} cost
净齿兽属☆Claendon
净尺寸☆size in the clear
净抽水量☆net pumping
净初级生产力☆net primary productivity；NPP
净出力☆net output{power}
净得☆net (gain)
净地下水总量☆net amount of groundwater
净电荷{|动力}☆net charge{|power}
净度☆cleanliness
净断面☆clear opening{section}；effective section；finished cross-section[巷道]；final crosssection
净断面线☆neat line
净堆积☆net accumulation
净吨(数;位)☆net(short) tonnage{ton}；NT
净发热值☆net calorific value
净法向应力☆net normal stress
净峰流量[去掉地下补给后]☆net peak flow
净辐射率☆net radiance
净负荷{载}☆net load
净高☆clear{clearance} height；headway；height overall
净高度☆free height
净功率☆net power；act horsepower
净公差☆net tolerance
净灌溉需水量☆net irrigation requirement
净含烃砂层☆net hydrocarbon sand
净厚☆clear width
净滑距☆net slip
净化☆purification；decontamination；elutriation；clean(s)ing；purge；clean (up)；detersion；clear；

treat；scavenging；cleanse；refining；cleanup；epuration；depuration；defecation
净化车间☆clarification plant
净化程度☆degree of clarification
净化池☆treating pond
净化处理☆removal treatment
净化的☆detergent；depurative；purified
净化剂☆scavenger；clarifier；cleanser；depurator；clarificant；decontaminant；depurative
净化井☆scavenger well
净化力☆detergency
净化母液☆purged mother liquor
净化器☆clarifier；scrubber；flusher；purifier；depurator；treater
净化水☆purified{treated;renovated} water
净化物☆alembic
净化系数☆decontamination factor；coefficient of purification；df
净化油储罐☆clean oil (storage) tank
净化作用☆purifying process；clean-up effect
净价☆net price
净间距☆clear spacing{distance}
净浆水灰比☆water-cement ratio of cement paste
净降水量☆throughfall
净交换(能力)☆net exchange capacity
净截面☆finished{net} section
净介质泵☆clean medium pump
净径☆bore diameter
净净重☆net net weight
净举油高度☆net lift
净距☆gabarit(e)[法]；free distance；clear interval (between arches)[支架]
净距(离)☆clear distance
净空☆headroom；clearance；limiting dimensions；clear space{span;distance}
净空高度☆headway；headroom
净空截面☆clear opening；effective area；free area[管子]
净孔隙体积☆net PV
净跨{|宽}☆clear span{| width}
净矿石料☆straight ore burden
净利(润)☆net profit
净量☆net weight{amount}
净慢凝水泥☆neat retarded cement
净煤☆clean-surface{pure;cleaned} coal
净面积☆net{neat} area
净泥浆☆clean mud
净平衡☆net budget{balance}
净气风扇☆flushing air fan
净气器☆gas cleaner；volume tank
净牵引力☆net tractive force
净切变应力☆net shearing force
净切断层(作用)☆clean-cut faulting
净倾斜☆net dip
净燃烧热(值)☆net heat of combustion
净热值☆net calorific value
净熔剂☆barren flux
净容积☆net volume
净砂层☆clean{net} sand
净砂岩☆clean sandstone；arenite；arenyte
净上覆岩层应力☆net overburden stress
净上升☆net uplift
净生产层剖面☆net productive section
净生产力☆net productivity
净石灰☆neat lime
净收入☆net income
净收益☆net gain{earning;income}；N.G.；income net
净收益对资产总额的比率☆ratio of net income to total assets
净输出☆net output
净竖向应力☆net vertical stress
净数☆net
净衰减☆overall attenuation
净水☆clear water
净水厂☆water-purification plant
净水池☆treating pond；water purifying tank
净水剂☆purifying agent
净水井☆clear-well
净水泥☆neat cement
净水平应力☆net horizontal stress
净水器☆water conditioner{purifier;clarifier}；water purification machine；water purifying apparatus
净水头☆net head
净水装置☆purifier
净体积☆net volume
净添加气☆net make-up gas
净填方☆net fill
净贴现收入☆net discount income
净通过量☆net throughput
净同位素分馏☆net isotope fractionation
净投资☆net investment
净土机☆clay cleaner
净推力☆dry{net;static} thrust
净挖方☆net cut
净稳定能☆net stablization energy
净吸入压头{扬程}☆net positive suction head
净现金流量☆net cash flow
净现值☆net present value{worth}；NPV
净响应☆net response
净向岸漂沙☆net shoreward (sand) drift
净销价法☆net selling price method
净消耗☆net loss
净消融☆summer balance；net ablation
净效益☆net contribution；NC
净效应☆net effect
净需水量☆net water requirement
净选混合物☆enriched mixture
净压☆fine pressure
净压力☆net pressure
净盈利☆net earnings
净用水率☆net duty of water
净油分析仪☆net oil analyser
净油器☆oil purifier
净有效吸入压头☆net positive suction head；NPSH
净载重量☆payload
净增产量☆net response
净正吸入压头☆NPSH；net positive suction head
净值☆net worth{value}
净重☆net weight{amount}；suttle{empty;dry} weight；deadweight；d.w.；nt wt；nt.wt.；nt.；N.wt.
净重(的)☆suttle
净转移反应☆net-transfer reaction
净自由能☆net free energy
竞技场☆amphitheater
竞赛☆race；contest；match；emulation；competition
竞赛实验☆competitive experiment
竞赛中优势☆vantage
竞珊瑚属[S_{1-2}]☆Zelophyllum
竞争☆emulation；competition；contend；jostle；warfare；rivalry
竞争价格☆competitive price
竞争力☆competitiveness
竞争型☆state of conflict
竞争性投标☆competitive tendering
竞争者☆competitor；rival
竞争种☆competing species
劲度{性}☆stiffness；stiff
劲性钢筋☆concrete steel；stiff reinforcement

jiū

啾声{鸣}信号☆chirp (signal)
鸠布依假说☆Dupuit assumption
鸠尾互搭接合☆dovetail lap joint
鸠尾榫☆feather piece；dovetail
究竟☆whether or not
纠缠☆implication；get entangled；be in a tangle；nag；worry；pester；bedevil；perplexity；tangle；implicate
纠缠一团☆sleave
纠错☆error correction
纠错时间☆makeup time
纠纷☆complication；tangle
纠斜☆correct drift；(well) straightening
纠斜力☆restoring force
纠斜率☆rate of return of angle
纠正☆cure；transformation；right；redress；remedy；rectification[图像]；mend；restitution[航摄相片]
纠正相片☆transformed{rectified} print；restituted {transformation} photo
纠正仪☆rectifier；rectifying printer{camera}；transformation apparatus{printer}

jiǔ

玖瑰花式板[棘海百]☆rosette
韭角闪石[一种有色的角闪石;$Ca_4Na_2Mg_9Al(Al_3Si_{13}O_{44})(OH,F)_4$]☆pargasite
韭氯砷铅矿☆finnemannite
韭绿泥石[Mg 和 Fe 的铝硅酸盐]☆prasolite；prasilite
韭闪石[$NaCaMg_4(Al,Fe)(Al_2Si_6O_{22})(OH)$;$NaCa_2(Mg,Fe^{2+})_4Al(Si_6Al_2)O_{22}(OH)_2$;单斜]☆pargasite；carinthine
九边形☆enneagon；nonagon
九重线☆nonet
九灯(风向、风速)指示器☆nine-light indicator
九点法试样☆nine-point sample
九点井网☆nine spot pattern；nine-spot well network
九点式木垛[每层三根垛木式]☆nine-pointed pigsty(e)
九点注入{水}井网☆nine-spot well injection configuration
九轨磁带☆nine-track tape
九环的☆nonacyclic
九角形☆enneagon
九聚物☆nonamer
九硫沥青☆thiokerite
九龙矿☆jiulonggeocronite
九龙山统☆Kiulungshan Series
九面体☆enneahedron
九十(个)☆ninety
九十度相位差☆quadrature
九-十四烯酸☆myristoleic acid
九水砷钙石[$Ca_3(AsO_4)_2$•$9H_2O$;三方]☆machatschkiite
九钛酸钡陶瓷☆barium nonatitanate ceramics
九头蛇[希]☆hydra
九月☆September；Sept.；Sep
(时间)久的☆great；lengthy；old；stale
久硅铝钠石☆giuseppettite
久辉铜矿[$Cu_{31}S_{16}$;单斜]☆djurleite；diurleite
久卧结石☆decubitus calculus
久远的☆Remoto；far；remote；hoary；agelong
酒☆wine；drink；bouse
酒杯形{状}谷☆wineglass{goblet} valley
酒海[月]☆Mare Nectaris
酒化酶☆zymase
酒精[C_2H_5OH]☆alcohol；grain{ethyl} alcohol；ethanol；spirit；AL；aqua vitae；SP；alki[搀水]
酒精处理☆alcoholize
酒精(喷)灯☆alcohol (blast) burner
酒精段塞驱油法☆alcohol-slug method
酒精和汽油混合燃料☆alky gas
酒精泡水准器☆bubble (spirit) glass
酒精硼砂胭脂红染剂☆alcoholic borax-carmine stain
酒精汽油掺混{混合物}燃料☆agrol fluid；alky gas
酒精中毒☆alcoholism；alcoholic poisoning
酒石[葡萄汁等发酵酿酒时落在桶底的固体沉淀]☆tartar；cream of tartar；phenindamine tartrate；tartarus；potassium antimony tartrate；thephorin
(使)酒石化☆tartarizer
酒石黄☆tartrazine；tartrazine lemon yellow
酒石酸[HOOCHOHCHOHCOOH]☆tartrate；acid of wine；dihydroxysuccinic{tartaris;tartaric} acid
酒石酸铵☆ammonium tartrate；potassium ammonium tartrate
酒石酸钡☆barium tartrate
酒石酸苯哌乙噁唉☆solypertine tartrate
酒石酸苯双甲吗啉☆anoxine-T
酒石酸吡啶酯☆hydroxypyridine tartrate
酒石酸铋☆bismuthotartrate；tartrobismuthate
酒石酸苄哌酚醇☆ifenprodil tartrate；vadilex
酒石酸对羟福林☆corvasymton；oxedrine{sinefrina} tartrate；pentedrin；simpedren；sympathol
酒石酸二丙{|丁|甲|戊|乙}酯☆dipropyl{|dibutyl|methyl|diamyl|diethyl} tartrate
酒石酸二甲基哌嗪☆dimethylpiperazine {lupetazine} tartrate；lycetol
酒石酸钙☆calcium tartrate
酒石酸环丁羟吗喃☆butorphanol tartrate
酒石酸己双铵☆hexamethonium (acid) tartrate；hexamethonium bitartrate；vegorysen T
酒石酸钾[$K_2C_4H_4O_6$]☆potassium natrium tartaricum；potassium tartrate (semihydrate)
酒石酸钾钠晶体☆sodium potassium tartrate tetrahydrate crystal；Rochelle salt crystal
酒石酸肼双二乙胺三嗪☆lisidonil；meladrazine tartrate
酒石酸镧[$La_2(C_4H_4O_6)_3$]☆lanthanum tartrate
酒石酸锂钾晶体☆lithium-potassium tartrate crystal
酒石酸铝钾☆aluminum potassium tartrate
酒石酸镁{|锰|钠|铅|锂}☆magnesium{|manganous|sodium|lead|lithium} tartrate
酒石酸硼钾☆potassium borotartrate{tartratoborate}

酒石酸氢亚汞☆mercurous bitartrate
酒石酸氢盐{酯}☆bitartrate
酒石酸铷[$Rb_2C_4H_4O_6$]☆rubidium tartrate
酒石酸铈[$Ce_2(C_4H_4O_6)_3$]☆cerous tartrate
酒石酸锶☆strontium tartrate
酒石酸锑☆potassium antimony tartrate
酒石酸锑钠青霉胺☆antimony sodium penieillamine tartrate
酒石酸铁☆iron tartrate
酒石酸铜☆copper{cupric} tartrate
酒石酸五甲哌啶☆ganglian; normattens; pempidil; pempiten; pempidine tartrate; perolysen; rivon; tenormal; tensinol; tensiflex; tensoral; viotil
酒石酸锌☆zinc tartrate
酒石酸亚锡☆stannous tartrate
酒石酸盐☆tartrate; Seignette salt
酒石酸氧锑铵☆ammonium antimonyl tartrate
酒石酸氧锑钾[$K(SbO)C_4H_4O_5 \cdot 1½H_2O$]☆potassio-tartrate of antimony; antimony potassium tartrate; potassium antimonyl tartrate
酒石酸氧锑钾[吐酒石]☆potassium antimonyl tartrate
酒石酸异☆panectyl; trimeprazine tartrate
酒石酸银☆silver tartrate
酒石酸酯[COOR•CHOH•CHOH•COOR]☆tartrate
酒石酰胺☆tartramide
酒窝☆fossette
酒香酵母属[真菌;Q]☆Brettanomyces
酒醉的☆noire

jiù

救出者☆extricator
救护☆rescue
救护车☆ambulance (car); rescue car{carriage}; rachet
救护队☆ambulance corps; first-aid team; helmet {relief;rescue} crew; rescue brigade{squad;party}
救护(搜索)飞机[美口]☆Dumbo
救护和恢复工作☆rescue-and-recovery
救护器☆escape apparatus
(矿山)救护人员☆rescue-crew; rescue worker
救护设备☆life saver; rescue equipment
救护绳☆tail line
救护用呼吸器☆rescue breathing apparatus
救护员☆helmet{rescue} man
救护站☆ambulance station
救火☆fire suppression
救火车☆fire engine{wagon}; quenching car
救火队☆salvage corps
救火龙头☆hydrant
救火员用的☆pompier
救急☆first aid
救急用电台☆emergency set
救济☆salvation
救捞☆salvage
救命的☆life-saving
救命圈☆rescue buoy
救难船☆salvor; rescue boat
救难费☆salvage company
救难者☆salvor
救生船☆life boat; rescue vessel; lifeboat
救生带☆lifebelt
救生的☆life-saving
救生垫☆jumping cushion
救生筏☆life-raft; life-float
救生浮筒☆escape boom
救生具☆buoy
救生缆道☆safety cable slide; escape cable; emergency lifeline
救生器☆life{life-saving;buoyant} apparatus; brucker survival capsule
救生器材☆buoyant apparatus
救生球☆survival capsule
救生圈☆float; buoy; ring life buoy; life-ring
救生圈发光信号☆life buoy flare
救生设备☆lifesaving equipment; life preserver
救生绳卷筒[矿山救护用]☆life-line reel
救生艇吊钩☆fishhook
救生握索☆grab rope
救生信号☆life saving signal
救生员☆lifeguard
救险起重车☆breakdown `crane wagon{lorry}
救星☆saver
救援☆deliverance
救援船☆salvor
救援公司☆salvage company
救援井[为压井而钻的井]☆relieve hole; relief{killer} well
救援{生}人员☆rescue group
救援信号☆stand-by
救助☆rescue
救助船☆rescue boat{ship;vessel}; salvage vessel {boat}
救助网☆cowcatcher
救助者☆saver
(用)旧材料拼成的东西☆hash
旧称☆former name; old name
旧船贮油☆hulk storage
旧地形☆ancient landform
旧第三系{纪}☆Eogene
旧灌区☆old irrigated area
旧河道☆girt; by-water; bayou
旧河道湖☆bayou (lake)
旧金山绿[石]☆St. Francisco
旧井☆old well
旧框框☆stereotype
旧矿☆old dwelling mine
旧矿中拣{采}矿☆fossick
旧米黄[石]☆Botticino Classico
旧内装套管☆scabbard
旧区☆old territory
旧人☆Palenthropic man
旧人阶段☆palaeanthropic man stage
旧砂☆old{return;returned;used;black;worn} sand
旧砂设备☆second hand equipment; used equipment
旧砂再生☆regenerating used sand (foundry sand)
旧设备☆used equipment
旧石器☆paleolith[考古]; palaeolith; eolite; eolith
旧石器时代上部☆Aurignacian Age
旧式的☆orthodox; antique; old-fashioned{-style}; outdated; primitive; Victorian; fusty
旧式房柱采煤法☆rearer system
旧式急倾斜采煤法☆rearer working
旧式离心浓密机☆old-style centrifugal thickener
旧式铅锤☆plum
旧式钻机☆old timer
旧事物☆old
旧水道☆by-water
旧型砂☆used sand
旧钻孔注水☆oil well plugging back; O.W.P.B.
臼齿☆molar; dentes molares
臼齿构造☆molar tooth structures; MT structures
臼齿化作用☆molarization
臼齿尖☆cuspis molaris
臼齿状构造☆molar-tooth structure
臼海绵(属)[J-Q]☆Leuconia
臼后孔☆foramen postglenoidale
臼节[棘]☆condyle
臼炮[试验炸药用]☆mortar; cannon
臼石☆burstone; burrstone; buhrstone
臼型☆leuconoid
臼研机☆mortar mill
臼状火山☆homate
就此程度{范围}☆thus far; so far
就地☆in situ[拉]; in place; situ; on {-}site; on the spot
就地测量☆place measurement
就地粉尘采样☆positional dust sampling
就地固结型地下钻机☆consolidating subterrane drill
就地灌注混凝土☆cast-in-place
就地浇灌桩☆site pile
就地交货☆delivery on field; D.O.F.
就地浇注的☆poured-in-place
就地浇注桩☆cast-in-place-pile
就地搅和法☆mixed-in-place method
就地浸出☆stope{in-place;in-situ;spot} leaching; leaching in place
就地沥滤☆leaching in place
就地模制桩☆cast-in-place{moulded-in-place} pile
就地取得的材料☆local short-haul material
就地生(成)酸系统☆in-situ acid generating system
就地填筑桩☆built-in-place pile
就地修理☆spot reconditioning
就地组装{装配}☆site-assembly
就……而论☆as to (how;what;when;where;whether; why); as far as…is concerned; in the case of
就近停车☆close-in spot(ting)
就……来说☆to the extent that
就是(说)[拉]☆videlicet; viz
就位☆emplace(ment); in position{place}; take one' place
就位后的☆postemplacement
就位前的☆preemplacement
就绪☆be in order; (be) ready
就中☆inter alia
就座(的)☆sitting

jū

拘留☆detention; custody
拘泥☆starchiness; be a stickler for [form,etc.]; rigidly to adhere to [formalities,etc.]; be precise in
拘泥不通☆slow witted; stubborn and stupid
拘泥成法☆stick to old methods
拘泥古怪仪式的人☆a stickler for quaint ceremonies
拘泥形式☆formality
拘泥于圣经原文☆textualism
拘束因素☆constraining factor
鞠躬☆bow
裾礁☆shore{fringing;fringe} reef
裾褶贝属[腕;C_1]☆Institina
居间不冻层☆talik
居间的☆intermediate
居间人☆mediator
居间原孔☆intercalary arckaeopyle
居里点热解器☆Curie-point pyrolyzer
居里定律☆Curie's law
居里截式晶体☆Curie-cut crystal
居里/千克[比放射性]☆Curie/kilogram; Ci/kg
居里强度☆curiage
居里深度☆Curie-depth
居里温度☆Curie temperature; curie point; magnetic transition{inversion} temperature
居里-吴{伍;武}尔夫{弗}原理☆Curie-Wulff principle{theory}
居里原理☆Curie theory
(水下)居留舱☆habitat
居留地☆settlement
居留时间☆residence time
居民☆inhabitant
居民地☆inhabited area
居民点☆housing estate; settlement; residential area
居民供水☆domestic water supply
居民区☆residential area{district}
居民用井☆domestic well
居群☆population
居山区的☆montanic
居上方的☆hanging
居维叶定律☆Cuvier's principle
居先☆prior to
居先的☆antecedent; prior
居依西阶[E_2]☆Cuisian (stage)
居于井眼中心的☆centralized
居于森林中的☆silvicolous
居于山林水泽的仙女[希、罗]☆nymph
居支配(地位)☆predominate; predominantly
居中的☆intermediate; centralized; medial
居住☆inhabitant; habitation; dwellings; residence; live
居住舱☆accommodation
居住的☆residential; resident
居住地变化解释☆explanation of settlement change
居住构造[遗石]☆Domichnia
居住迹构造☆dwelling structure
居住密度☆density of occupancy
居住-觅食分枝洞穴[生物沉积物中]☆chondrite
居住潜穴[遗石]☆dwelling burrow
居住区☆populated area; residential district
居住者☆dwellers; occupant

jú

菊池线☆Kikuchi line
菊粉☆inulin
菊粉属[孢;E_2-N]☆Compositoipollenites
菊花虫属[孔虫;P]☆Chrysanthemmina
菊花轮☆daisy wheel
菊花石☆calcareous clay slate; chrysanthemum stone
菊花石蕊素☆belidiflorin
菊花状石墨☆graphite rosette
菊环孢属☆Archaeotriletes
菊科[植]☆compositae
菊科植物☆Compositae; Oonopsis
菊面石类☆Ceratitina
菊面石式缝合线☆ceratitic suture

菊面石(属)[头;T_2]☆Ceratite
菊面石型缝合线[头]☆ceratitic suture
菊石[软;中生代达到全盛]☆Ammonites；ammonoid
菊石雌性壳☆macroconch
菊石科☆ammonitidae
菊石壳☆ammoniticone；ammonite
菊石口盖[头]☆aptychus [pl.-chi]
菊石目☆Ammonitida；Ammon(o)idea
菊石型缝合线[头]☆ammonitic suture
菊石雄性壳☆microconch
菊石亚纲[头]☆Ammonoidea
菊属[植;Q]☆Chrysanthemum
橘瓣式取样器{|抓岩机}☆orange-peel sampler{|grab}
橘核铁矿☆ball iron
橘{桔}红☆orange lake
橘红硫锑矿☆kermes mineral
橘红色☆jacinth；nacarat
橘黄色☆croci；bisque；saffron (yellow)
橘皮面[漆病]☆orange peel
橘色☆orange
橘色岩鱼☆orange rockfish
橘色藻(属)☆Trentepohlia
橘{桔}子☆orange
锔☆Cm；curium
局☆office；curium；department；bureau [pl.-x]；station；BU；off.；Dpt；dept.；dept；dep；Bur.
局部☆sub-；topo-；mer-；mero-
局部爆破☆detail shooting
局部变化☆topo-variation；local variation
局部变形☆(local;localized) deformation
局部擦痕☆partial abrasion
局部侧向摩擦☆local side friction
局部差异☆topo-difference
局部冲裁☆notching
局部抽风机通风☆extraction ventilation
局部磁性变感器☆local variometer
局部磁滞回路☆minor loop
局部次生岩浆囊[页岩熔化产生]☆macula [pl.-e]
局部淬火☆selective{point;spot} hardening
局部的☆local；in the small；sectional；regional；partial
局部地槽☆merosyncline
局部地区地震预报☆local forecast
局部地质影响☆influence of local geology
局部定位{向}☆local orientation
局部对称☆toposymmetry
局部反馈☆local feedback；LFB
局部放电[原电池]☆shelf depreciation
局部分布带☆partial range zone
(气流)局部分离☆semistall
局部风阻☆specific local resistance
局部改善☆minor betterment
局部干式水下焊接☆local dry underwater welding
局部化☆localization；localize
局部化学☆topochemistry
局部混合湖☆meromictie lake
局部极小化问题☆local minimization problem
局部极小极大性☆locally minima-property
局部加热急冷变形矫正法☆spot quenching
局部加热消除应力法☆stress relieving by local heating
局部剪切变形阶段☆partial shear deformation stage
局部胶体☆topo-colloform
局部校正☆differential correction
局部均衡分布☆local equilibrium distribution
局部空泡☆burbling cavitation
局部控制☆decentralized{local} control
局部类似假说☆local similarity hypothesis
(管内)局部流速☆in-situ velocity
局部隆起☆blister
局部偏析☆spot segregation
局部侵蚀☆local erosion；localized attack
局部失稳(破坏)☆crippling
局部衰竭储层☆partially depleted reservoir
局部塑应变☆localized plastic stress
局部锁紧应力☆local locked-up stress
局部污染☆local pollution{contamination}；pollution in limited areas
局部下沉☆local depression
局部效率☆component efficiency
局部性地层单位☆topostratigraphic unit
局部性放热显示☆localized discharge feature
局部修补涂层☆touch-up coating
局部选优☆local optima
局部压力系统☆local pressure system
局部岩浆房{源}☆local chamber of magma
局部延限生物带☆local-range biozone
局部严重挠曲[光纤的]☆microbending
局部应变干扰☆local strain perturbation
局部硬度☆point hardness
局部指标☆index of test；local index{indicator}
局部质量能量减灭☆nonconservation of local mass-energy
局部重力值☆local gravity
局部转动效应☆local rotation effect
局部装配☆subassembly；SUBASSY
局部阻力损失☆shock loss(es)
局带☆zonule
局地化石带☆teilzone
局地泥炭☆basin{local} peat
局面☆face；conjuncture；situation；complexion
局内收报凿孔机☆intra-office reperforator
局内线☆trunk
局扇☆booster (fan)
局外人☆tectonic outlier
局外信号☆extraneous wave
局限☆localize；localization
局限变位☆restricted transport
局限性☆boundedness；limitation
局长☆director；Dr.
局震☆local shock
局制☆confinement

jǔ

榉(属)[植;K-Q]☆Zelkova
榉叶泥灰岩☆beechleaf marl
咀嚼(作用)☆mastication
矩☆moment；(carpenter's) square；regulations；rules；Mt.；mo
矩臂☆moment arm
矩尺☆square
矩尺座☆Norma (Ruler)
矩磁性☆magnetism associated with rectangular-loop
矩法☆method of moment
矩(量)法☆moment method
矩分析☆moment analysis
矩量法☆moment method；method of moment
矩量母`{生成}函数☆moment {-}generating function
矩磷钠石☆olympite
矩谱☆matrix spectrum
矩(形)体☆cuboid
矩心☆center of moment；centroid
矩形☆rectangle；orthogon；rectangular (figure)；square；squareness；rect.
矩形板框井筒支架☆box timber
矩形棒☆square rod；sq. rd.
矩形波串☆boxcar
矩形成分☆quadratic component
矩形大煤区[约 130×130 码]☆panel；pannel
矩形带心网格☆rectangular center net
矩形的☆rectangular；orthogonal；rectangle；rect.
矩形低温测波器☆rectangular low-pane filter
矩形断面流槽☆box launder
矩形分布☆rectangular distribution
矩形分层☆blocking
矩形供油区☆rectangular drainage region
矩形罐梁☆bunton
矩形函数☆boxcar
矩形截面钢丝☆parallel wire
矩形井框长横梁☆wall plate
矩形井框的槽梁☆endpiece
矩形井筒☆quadrant pit；rectangular shaft
矩形井筒混凝土壁座☆concrete curb
矩形矿柱的应力集中区☆cape abutment
矩形螺纹☆straight{square} thread
矩形脉冲☆rectangular pulse；rect.p.
矩形泥浆净化器☆rectangular mud cleaner
矩形起重螺杆☆square jackscrew
矩形石垛{矿柱}☆bigging
矩形通风管顶盖☆cap head
矩形凸爪离合器☆square jaw clutch
矩形图☆histogram；bar chart
矩形图的☆histogrammic
矩形信号电压☆square-wave voltage
矩阵☆matrix [pl.-ices,-xes]；rectangular matrix；filter bank[离散傅氏变换中]
矩阵乘法☆matrix multiplication
矩阵代数☆matrix{matric} algebra
矩阵(的)迹☆matrix trace；trace of a matrix；spur
矩阵的秩☆rank of a matrix
矩阵分析☆matrix analysis
矩阵阶☆order of a matrix
矩阵求逆☆matrix inversion
矩质腐殖土[德]☆schlick
沮洳地☆purgatory
沮洳地带☆wetland；ooze
沮丧☆dismay；downcast
举持系数☆holdup factor
举动☆behave
(用千斤顶)举高☆jack up
(曲臂车的)举高喷水炮☆elevating nozzle
举拉秀尔黄[石]☆Girasole
举例☆illustrate；cite；instance
举例说明☆illustrate；exemplify
举{升}力系数☆lift coefficient
举起☆jack (up)；heave；lifting；upheaval；hold up；raise；uphold；tote；hoist；uptake；purchase[用起重装置]
举起物☆heaver
举起者☆raiser
举起重物的`人{工具}☆heaver
举升高度☆lift height
举升(上节)井架☆derrick extending
举尾目[昆]☆Panorpatae
举穴☆levator fossa
(磨矿机)举扬器☆lifter
举止☆habitus；habit
举重器☆erector
举足肌☆elevator

jù

拒爆☆misfire (detonation)；failure of shot；cut-off shot；miss-shot；miss(-)fire；failure detonation
拒爆残留孔眼☆failed hole
拒爆残药☆unfired explosive
拒爆孔组☆missed round
拒爆炮眼☆cut(-)off{miss-fire} shot；cutoff{failed;missed;misfire(d);miss-shot} hole；bootleg
拒爆(的装)药☆misfired charge
拒爆药卷☆unexploded cartridge
拒波滤波器☆rejection filter
拒电(子)的☆electrophobic
拒付☆dishono(u)r；non-payment；protest[票据等]
拒付的账单☆unaudited voucher
拒付证书☆(non-payment) protest
拒绝☆refusal；reject(ion)；exclusion；negate；denial；refuse；nay；declination；negation；protestation；repulse
拒绝承兑☆actual dishonour
拒绝承付通知书☆notice of protest
拒绝的☆negative
拒绝区域☆rejection region；area of rejection
拒绝者☆denier
拒收☆reject(ion)
拒受的☆axenic
拒水的☆water-repellent
据地热梯度推算的地下温度☆geothermal-gradient temperature
据点☆foothold
聚☆association；Assn.；poly-；par-；para-
聚氨基甲酸乙酯[液压密封]☆polyurethane
聚氨酯保温层☆polyurethane insulation coating
聚氨酯泡沫保温☆urethane{polyurethane} foam insulation
聚氨酯树脂漆☆polyurethane resin paint
聚胺☆polyamine
聚胺酸☆polyamino acid
聚斑岩☆culmophyre；cumulophyre
聚爆☆implosive；implode；implosion
聚爆式震源☆implosive source
聚倍半硅氧烷☆polysilsesquioxane
聚苯醚☆polyphenylether
聚苯乙烯☆polystyrene；PS；polystyrol
聚苯乙烯绝缘膜片☆plasticone
聚苯乙烯膨珠☆expanded polystyrene beads
聚苯乙烯膨珠混凝土☆polystyrene concrete
聚变☆fusion
聚(合)变晶☆glomeroblast；cumuloblast

聚变晶(结构)☆glomeroblastic
聚变热☆heat of fusion
聚冰带☆zone of accumulation
聚丙二醇☆polypropylene glycol
聚丙烯☆polypropylene；PP
聚丙烯管☆polyacrylic tube；PA
聚丙烯腈[$(CH:CHCN)_n$]☆polyacrylonitrile；PAN
聚丙烯酸[$(-CH_2-CH(COOH))_n$]☆polyacrylic acid
×聚丙烯酸☆Cyquest 3223
聚丙烯酸类塑料☆polyacrylic plastics
聚丙烯酰胺凝胶电泳☆polyacrylamide gel electrophoresis
聚丙烯酰胺型絮凝剂☆Magnifloc
聚丙烯纤维增强混凝土☆polypropylene fiber concrete (reinforced concrete)
聚丙烯酯橡胶☆lactoprene
聚沉☆coagulation；flocculation
聚成球形☆conglomerate
聚醇类☆polyalcohols
聚磁介质☆matrix；matrix filter bed
聚醋酸甲基乙烯酯☆formvar
聚醋酸乙烯成膜剂浸透速度测定法☆testing method for wet-out rate of PVA
聚醋酸乙烯酯☆polyvinyl acetate；PVA
聚点☆cluster{accumulation} point
聚丁二烯☆polybutadiene
聚丁烯☆polybutene
聚多硅酸☆polysilicic acid；polymeric silicic acid
聚二甲基二乙烯基季铵氯化物[$((CH_3)_2N^+(\cdot CH=CH_2)_2)_nCl^-$]☆polydimethyldiallyl ammonium chloride
聚砜☆polysulfone
聚辐藻属[D]☆Coactilum
聚氟乙烯☆polyvinyl fluoride；PVF
聚钙土☆pedocal
聚光☆condense
聚光灯☆spotlight；spot lamp
聚光观察[显微镜]☆conoscopic observation
聚光力☆light gathering power
聚光器☆condenser
聚光圈☆bezel
聚光透镜☆condensing{collecting;condenser; collective;converging} lens
聚光于☆spotlight
聚硅酸链☆polysilicic acid chain
聚硅酮类[R–Si(O)–R′]☆silicone
Le 40 聚硅酮乳剂[含 40 聚硅酮,1.2 乳化剂,58.8 水]☆Siliconemulsion Le 40
聚硅土☆siallitic soil
聚硅氧烷[$H_3Si(OSiH_2)nOSiH_3$]☆polysiloxane
DC 聚硅油消泡剂☆Dow Corning Antifoam A
聚果藻属[褐藻;Q]☆Sorocarpus
聚过氧化物☆polyperoxide
聚合☆glomerate；coalescence；polymerization；get together；association；polymerism；aggregation
聚(合)斑状(结构)☆glomerop(orp)hyric；cumulophyric
聚合畴☆coherent domain
聚合醇树脂☆walchowite；valchovite
聚合带☆condensation zone；convergence belt{zone}
聚合的☆polymeric；collective；aggregate
聚合电解质过滤器☆polyelectrolyte filter
聚合度☆degree of polymerization；D.P.
聚合度分布性☆polydispersity
聚合多环芳香系☆polynuclear condensed aromatic system
聚合反应☆polymerization (reaction)；polyreaction
聚合沟极[孢]☆convergent pole
聚合(物的)混合物☆polyblend
聚合基☆polyradical
聚合集群(法)☆clustering
聚合剂☆coalescer；polymerizer
聚合晶体☆glomerocryst；polycrystal
聚合力☆polymerizing power；aggregate{aggregation} force
聚合沥青☆polymerbitumin；polymer bitumen
聚合炉☆polyfurnace
聚合模型☆polymerization{polymer} model
聚合囊[植]☆synangium [pl.-ia]
聚合器☆polymerizer
聚合汽油☆polymer gasoline
聚合热☆heat of polymerization
聚合体☆polymer；polymeride
聚合团☆polymerized grouping
聚合微粒(结构)☆glomerogranulitic
聚合物☆polymer(ide)；polymeric compound {substance}
聚合物加强注水驱油☆polymer augmented waterflood
聚合物剪切混合装置☆polymer shear mixing system
聚合物胶结混凝土☆polymer-concrete
聚合物浸渍石膏☆polymer impregnated gypsum
聚合物-聚电解质钻井液☆polymer-polyelectrolyte drilling fluid system
聚合物黏度☆polymer viscosity
聚合物桥联絮凝(作用)☆polymer bridging flocculation
聚合物驱油(法)☆polymer flooding
聚合物溶液☆polymer solution
聚合物水泥比☆polymer cement ratio
聚合现象☆polymerism
聚合型边界☆convergence boundary
聚合性石末沉着病☆conglomerate silicosis
聚合岩☆aggregational rock
聚合阳离子黏土稳定剂☆polymeric cationic clay stabilizer
聚合有机防垢剂☆poly-organic scale inhibitor
聚合支链☆polybranched chain
聚合制度☆system of polymerization
聚环叠层石属☆Collenia
聚环颗石[钙超;K_2]☆Polycyclolithus
聚环氧丙烷☆polypropyleneoxide
聚环氧化物☆polyepoxide
聚环藻☆collenia
聚环藻式叠层石☆collenia-type stromatolites
聚磺酸盐☆polysulfonate
聚会☆party
聚积☆accumulate；collect；congestion；build up；accumulation；conglomeration；amass；pile-up
聚积带☆zone of accumulation
聚积岛☆accumulated island
聚积在顶板上的瓦斯☆top gas
聚积植物☆accumulator plant；plant accumulator
聚集☆gather(ing)；flock；glomeration；crowd；build up；aggregation；building-up；aggregate；agglomerate；accumulate；troop；accumulation
聚集(体)☆congeries
聚集(作用)☆aggregation；accumulation；collection；conglomeration；gathering；congregation[生]
聚集冰块☆agglomerate ice
聚集场所☆sinks
聚集成带☆banding
聚集带☆accumulation zone{area}；assemblage zone；congregation-zone；cenozone
聚集的☆aggregate；accumulational
聚集点☆convergence point
聚集后的☆postaccumulative
聚集结晶(作用)☆accumulating crystallization
聚集期☆accumulative phase
聚集器☆concentrator
聚集区☆accumulation area
聚集曲线☆concentration curve
聚集速率☆coalescence rate
聚集体☆aggregate
聚集效应☆buildup{building-up} effect
聚集于☆funnel
聚集元素☆aggregated element
聚集炸弹☆cluster
聚集状态☆manner of aggregation
聚集作用☆aggregation；congregation[生物的]
聚己(内)酰胺☆polycaproamide
聚己内酰胺纤维☆caprone；capron
聚季胺☆polyquaternary amine
聚甲撑☆polymethylene
聚甲基丙烯酸烷基酯☆polyalkyl methacrylate
聚甲醛[$(CH_2O)_x$]☆paraformaldehyde
聚焦☆focus(s)ing；focus [pl.foci]；convergency；convergence；focalization
聚焦测井☆focused log(ging)；FL
聚焦电场☆convergent electric field
聚焦电流测井☆current focusing log
聚焦电阻率测井曲线☆focused resistivity curve
聚焦器☆focuser
聚焦区☆focal region
聚焦 X 射线方法☆focusing X-ray-method
聚焦深度☆depth of focus；focal depth
聚焦型合成孔径(雷达)系统☆focused synthetic aperture system
聚焦圆筒☆concentration cylinder
聚焦装置☆focalizer；focaliser；focuser
聚接双晶☆synneusis{combination} twin
聚结☆coalesce(nce)；agglomerate
聚结剂☆coalescer；coalescent
聚结力☆coalescence force
聚结能力☆agglutinating power
聚结原理☆concretion principle
聚晶☆crystal combination；glomerocryst
聚晶复合片金刚石取芯钻头☆polycrystallin diamond core bit；compact core bit
聚晶金刚石镶齿钻头☆insert polycrystalline
聚晶状(结构)☆glomerocrystallinic
聚晶作用☆synneusis
聚蜡烃树脂☆polyolefin resin
聚来反应☆addition polymerization
聚类(过程)☆clustering procedure
聚类分析☆cluster(ing) analysis
聚类集☆cluster set
聚类准则☆clustering criteria
聚离子☆polyion
聚粒的☆aggregativer；aggregative
聚粒结晶☆sammel crystallization
聚粒状(结构)☆glomero(-)granular
聚敛☆amass wealth by heavy taxation；convergenc
聚敛带☆zone of convergence；convergence belt
聚敛光☆spot{convergent} light
聚敛偏光☆convergent polarized light
聚链烷☆polyalkane
聚量成种☆quantum speciation
聚磷作用☆phosphorogenesis
聚鳞片变晶(结构)☆glomerolepidoblastic
聚硫脲☆polythiourea
聚硫橡胶☆government rubber-polysulphide；thiokol；thiocol；CR-P
聚流测井☆focused-current log；current focused lo
聚铝铁土☆lixivium
聚铝土☆allite
聚氯苯基甲基硅氧烷[$H_3Si-(O-(CH_3)Si(C_6H_4Cl)-$ SiH_3]☆chlorophenyl methyl polysiloxane
聚氯丁烯☆polychloroprene
聚氯乙烯[$-(H_2C-CHCl)_n$]☆polyvinyl chloride；PV
聚氯乙烯衬里油管☆polyvinyl chloride lined tubing
聚氯乙烯单层棉花密织帘布胶带☆PVC single-p solid-woven-carcasses type belt
聚氯乙烯覆面胶带☆p.v.c{PVC} belt
聚落☆settlement
聚煤盆地☆gathering coal basin；coal basin
聚煤期☆coal-forming period；coal epoch
聚煤作用☆coal accumulation
聚醚☆polyether
聚囊粉属[孢;C_2-P]☆Vesicaspora
聚囊黏菌属☆synangium [pl.-gia]
聚能器☆concentrator
聚能切割器{弹}☆jet cutter
聚能射孔☆shaped-charge shooting；jet perforatin
聚能射孔弹(成)组(排列)☆charge cluster
聚能效应☆cumulative{cavity；neumann；munroe} effect；shaped charge effect
聚能穴☆concavity；hollow hole
聚能炸药冲孔[钻井套管]☆bet perforation
聚能装药☆beehive-shape{cumulative;hollow shaped} charge
聚能装药底端空壳☆cavity liner{lining}
聚泥鼓☆mud drum
聚尿(嘌呤核)苷酸☆polyuridylate
聚硼烷☆polyborane
聚偏二氟乙烯☆polyvinylidene fluoride；PVDF
聚偏光(作用)☆aggregate polarization
聚片☆lamella [pl.lamellae,lamellas]
聚片晶☆polysynthetic crystal
聚片双晶☆multiple{polysynthetic;repeated} twin
聚气室☆steam dome
聚 4-羟基苯乙烯-3-胂酸☆poly 4-hydroxystyrene 3-arsonic acid
聚球粒☆cumulosphaerite
聚球藻属☆Synechococcus
聚散的☆vergent
聚散度☆vergence
聚砂器☆sand(er) trap
聚砂现象☆clustering sand phenomenon
聚生的☆gregarious

聚生种类☆gregariae
聚十二基异丁烯酸盐☆polylauryl methacrylate
聚束☆ganging；bunch；beaming
聚束不足☆underbunching
(电子)聚束器☆buncher
聚束栅胀缝☆variator
聚束状(结构)☆glomeroplasmatic
聚水☆polywater
聚水池☆sump tank；catch basin
聚水坑☆standage
(矿脉中)聚水坑☆dippa
聚水系统☆underdrain
聚四氟乙烯☆polytetrafluoroethylene；teflon；ptfe
聚四氯乙烯带☆teflon tape
聚酸合成润滑剂☆polyester synthetic lubricant
聚酸纤维☆terylene；terylen
聚羧酸☆polycarboxylic acid；poly carboxylic acid
聚缩芳香烃环☆polycondensed aromatic rings
聚台母体☆polymer matrix
聚态的[与 particulate 相对]☆aggregative
聚碳酸酯☆polycarbonate
聚糖☆polyose
聚体氧化硅☆silica polymer
聚填率☆percentage of polymer loading
聚铁铝土☆pedalfer
聚团粒状☆glomeroclastic
聚烷撑多胺类☆polyalkalene polyamine
聚烷氧基☆polyalkoxy
聚烷氧基烷烃☆polyalkoxyparaffin
聚戊二烯☆polyprene
聚析☆coazervation
聚析液☆coazervate
聚烯☆polyene
聚烯烃☆polyolefine；polyolefin
聚烯烃类☆polyolefins
聚酰胺☆polyamide；PA
聚酰亚胺底板应变片☆polyimide ga(u)ge
聚星☆multiple star
聚星藻属[Q]☆Sorastrum
聚形☆combinate{combination} form；combination
聚形晶体☆complex crystal
聚形中占优势的单形☆prevailing form
聚亚甲基☆polymethylene
聚阳离子☆polycation
聚氧化甲烯☆polyoxymethylene
聚氧化亚硝基(苯)酚(醚)[$-(OC_6H_3NO)_nOH$]☆polyoxynitrosophenol
聚氧化乙烯☆polyoxyethylene
聚氧乙烯丁醚☆B-3
聚氧乙烯烷基硫醚☆polyoxyethylene alkyl thioether
聚氧乙烯烷基苯基硫酸盐☆polyoxyethylene alkyl phenyl ether sulfate
聚氧乙烯烷基苯基醚☆polyoxyethylene alkyl phenyl ether
聚氧乙烯烷基酚醚☆polyoxyethylated alkylphenol
聚氧乙烯烷基醚☆polyoxyethylene alkyl ether
×聚乙二醇[$H(OCH_2CH_2)_nOH$]☆Carbowax
聚乙二醇[$HO(CH_2CH_2O)_nH$]☆polyethylene glycol；carbowax；polyglycol
聚乙二醇单甲醚[$CH_3OCH_2CH_2OCH_2CH_2OH$]☆methylcarbitol
聚乙二醇丁基芳基醚[$C_4H_9Ar(OCH_2CH_2)_nOH$]☆butylaryl-polyethylene-glycol-ether
聚乙二醇丁酯[$C_4H_9(OCH_2CH_2)_nOH$]☆butyl polyethylene-oxide
聚乙二醇癸醚[$C_{10}H_{21}(OCH_2CH_2)_nOH$]☆decyl-polyoxyethylene-ether-alcohol
聚乙二烯☆polyvinylidene
聚乙酸乙烯水泥☆polyvinyl acetate cement
聚乙酸乙烯酯☆polyvinyl acetate
聚乙烯☆poly(e)thylene；pe；tygon；polyvinyl
聚-4-乙烯吡啶氯化物☆poly-4-vinyl pyridinium chloride
聚乙烯叉的☆polyvinylidene
聚乙烯醇[$-(CH_2{\bullet}CH(OH))_n$]☆polyvinyl alcohol；PVA
聚乙烯醇缩甲醛☆polyvinyl formal；PVF
聚乙烯醇缩醛纤维☆vinylon
聚乙烯二醇☆polyethylene glycol
聚乙烯管☆polyethylene pipe；PE
聚乙烯石棉塑料☆asbovinyl
聚乙烯套☆polyethylene jacket
聚乙烯芯[钢丝绳]☆polyvinyl plastic core
聚异丁烯☆polyisobutylene
聚阴离子☆polyanion
聚阴离子纤维素聚合物☆polyanionic cellulosic polymer
聚值☆cluster value
聚酯☆polyester
聚酯(化)☆polyesterification
聚酯-苯乙烯泡沫☆polyester-styrene-foam
聚酯薄膜☆Mylar (sheet)；terephthalate film；mylar
聚酯底板应变片☆polyester backed ga(u)ge
聚酯绘图薄膜☆drawing polyester film
聚酯胶片☆prepreg
聚酯树脂☆polyester resin；vibrin
聚酯纤维☆dacron
聚酯橡胶☆lactoprene
聚族石{矿}☆pleonectite
巨斑晶☆megaphenocryst
巨斑状☆megaporphyritic
巨板块☆megaplate
巨崩声☆big bang
巨变晶☆megablast
巨冰盘☆vast ice-floe
巨波痕☆giant ripple
巨波纹☆megaripple
巨波状隆起☆mega-undulatory upwarp
巨层序☆megasequence
巨产地☆macrohabitat
巨齿龙☆Megalosaur
巨齿龙类☆pareiasaurs
巨齿龙属☆Megalosaurus
巨齿兽科☆Titanoideidae
巨齿兽龙☆Pareiosaurus
巨冲积扇☆megafan
巨窗型[腕;主缘]☆megathyrid
巨大爆发☆big bang
巨大爆炸☆giant explosion
巨大的☆giant；tremendous；massive；monster；huge；enormous；jumbo；macro
巨大地☆vastly
巨大断层☆megafault
巨大堆积☆immense pile
巨大喷发☆mammoth eruption
巨大切变带☆megashear
巨大症☆gigantism
巨大柱体岩☆monolith
巨带☆megazone
巨(型)袋鼠属[Q]☆Diprotodon
巨地体☆megaterrane
巨地形的☆megageomorphical
巨动物群☆megafauna
巨断块☆megablock
巨多颚牙形石属[D-C_1]☆Macropolygnathus
巨多角块体☆giant polygon
巨额☆lakh
巨额支付☆heavy payment
巨鳄兽类☆Titanosuchians
巨风☆gale
巨浮冰块☆vast ice-floe
巨高岭岩☆macrokaolinite
巨弓兽属[E_1]☆Homalodotherium
巨构造☆megatectonics
巨观构造☆macroscopic structure；macrostructure
巨龟属[Q]☆Colossochelys
巨海百合☆Macrocystella
巨颌雷兽属[E_2]☆Gnathotitan
巨河狸(属)[N_3]☆Trogontherium
巨褐帘石[$(Ca,Fe^{2+})_2(R,Al,Fe^{3+})_3(SiO_4)_3(OH)$]☆uralorthite
巨厚层矿体☆giant-bedded orebody
巨厚冲积层☆inwash
巨厚的☆massive
巨厚盖层☆thick overburden{capping}
巨厚岩层☆heavy layer
巨鲎☆Megalograptus
巨狐猴属[Q]☆Megaladapis
巨火(山)口☆caldera
巨火口壁{|床|湖}☆caldera wall{|floor|lake}
巨剪切断层☆megashear
巨剑齿虎属[N_2-Q]☆Megantereon
巨角砾☆gigantic breccia
巨角砾岩☆megabreccia
巨角鹿☆Megaceros；Megaloceras
巨节奏层☆megacyclothem
巨结核☆cannonball
巨筋贝属[腕;O_3]☆Megamyonia
巨晶☆megacryst；giant crystal；macrocrystalline；ingotism[钢锭结构缺陷]
巨晶组构☆megacrystalline fabric
巨镜夹持器☆plexiglass holder
巨掘穴地层☆macroburrowed strata
巨爵座☆Crater；cup
巨空晶石☆howdenite
巨孔隙☆megaporosity；megapore
巨孔型☆megathyrid
巨孔藻属☆Macroporella
巨块☆macrofragment
巨块独体岩☆monolith
巨块金☆nugget
巨矿脉☆champion lode{vein}
巨浪☆billow；very rough sea[风浪 5 级]；heavy sea
巨浪成的暂时滩角☆storm cusp
巨雷兽(属)☆Titanotherium
巨砾☆bowlder；boulder；boulder stone[异地的]；jamb
巨砾的☆large-grained；megagrained
巨砾堆☆clitter；clatter
巨砾泥☆rubble drift
巨砾碛☆block wall
巨砾岩☆boulder conglomerate{bed}；boulderstone
巨蛎属[双壳;E-Q]☆Crassostrea；Gigantostrea
巨粒的☆giant-grained；large-grained
巨粒化☆germination
巨涟痕☆megaripple
巨两栖犀属[$E_{2\sim3}$]☆Gigantamynodon
巨量养分☆macronutrient
巨流☆river
巨陆[克拉通块体]☆megagea
巨脉冲技术☆giant pulse technique
巨脉状构造☆gigantic veined structure
巨貘(属)[Q]☆Megatapirus
巨逆冲断层☆megathrust
巨扭贝属[腕;S_2-D_2]☆Megastrophia
巨泡象鼩类☆Macroscelidids
巨配子☆macrogamete；megagamete
巨喷流柱☆megaplume
巨漂块☆megaraft
巨漂砾☆rafted erratics
巨栖地[生]☆macrohabitat
巨潜穴地层☆macroburrowed strata
巨切变☆megashear
巨穹隆☆megadome
巨泉☆large-flowing spring
巨群☆megagroup
巨人☆giant；Titan；thumper
巨人路[具柱状节理的玄武岩表面]☆giant's causeway
巨熔岩柱☆lava colonnade
巨鲨☆Carcharodon
巨蛇座☆Serpens；Serpent
巨生物体☆macroorganism
巨石☆knocker
巨石碑☆megalith
巨石建筑☆polylith
巨石器阶☆megalithic；Megalithic stage
巨石器时代[新石器晚期和铜器时代]☆megalithic age
巨石燕属[腕;C_1]☆Grandispirifer
巨石阵[天]☆stonehenge
巨视异向性☆macroscopic anisotropy
巨兽☆monster
巨碎屑☆megaclast
巨苔藓虫属[K-Q]☆Gigantopora
巨涛☆ground sea
巨梯道☆giant stairway
巨体化石☆macrofossil
巨条带☆macroband
巨同心的☆megaconcentric
巨头[无脊]☆propeltidium
巨头龙属☆Acanthopholis
巨头兽亚目{龙类}☆Dinocephalia
巨头蠑属[两栖;P]☆Cacops
巨驼鸟☆Aepyornis
巨温泉☆large-volume{-discharge} warm spring
巨物☆giant；immensity；Titan
巨蜥☆uran
巨蜥龙属[P_1]☆Varanosaurus
巨蜥属[Q]☆Varanus；monitor
巨犀☆Baluchitherium

J

巨犀属[E_3-N_1]☆Indricotherium
巨细胞[藻]☆megacell
巨响☆detonation；noise pollution
巨楔贝属[腕;C_1]☆Meganteris
巨蟹座☆Cancer；Crab
巨屑混杂(堆积)☆chaos
巨新月形沙丘☆megabarchan
巨星☆giant (star)
巨星介属[O-Q]☆Macrocypris
巨星塌后恒星[恒星演化]☆post-giant
巨型☆gigantic form
巨型坳陷构造☆mega-depression tectonics
巨型班机☆clipper
巨型波动☆mega-undation
巨型单元☆macroelement
巨型蛋属☆Macroolithus
巨型的[地质构造]☆giant；coarse；macroscopic
巨型地幔喷流柱☆megaplume
巨型短面熊☆Arctodus
巨型构造☆megatectonics；macrotectonics；megastructure
巨型隆起☆megaculmination
巨型毛石方块☆cyclopean block
巨型盆地☆mega-basin
巨型扇沉积☆megafan
巨型洼地构造☆mega-depression tectonics
巨型性☆gigantism
巨型演化趋势[生]☆giantism
巨型褶皱☆macrofold
巨形兽属[P]☆Titanophoneus
巨形叶☆megaphyll
巨行星☆giant planet
巨旋回☆mag(n)acycle；megacycle
巨旋回层☆megacyclothem；magnacyclothem
巨压扁构造☆riesenflaser structure
巨涌☆ground swell
巨有机体☆macroorganism
巨鱼属[D_3]☆Titanichthys
巨域雪线☆glacier line
巨原冲积层☆inwash
巨猿(属)[Q]☆Gigantopithecus
巨韵律☆megarhythm
巨韵律层☆megacyclothem
巨藻☆kelp；bull-kelp
巨藻属[褐藻]☆Macrocystis
巨鲗箭石属[头;J]☆Megateuthis
巨爪兽属[N_1]☆Macrotherium
巨针状物☆macro-spicule
巨植物群☆macroflora；megaflora
巨轴羊齿属[古植;P]☆Glenopteris
巨猪(属)☆Entelodon
巨浊积岩☆megaturbidite
巨籽属[古植;C_3-P_1]☆Gigantospermum
具鞍的[缝合线;头]☆sellate
具凹坑的小砾石☆pitted pebble
具斑点的☆macular；maculate；maculose
具瓣的☆valvate
具半蹼的☆semipalmate
具苞片{鳞}的[植]☆bracteate
具保护作用的垢层☆protective scale
具宝石特性的☆gemmy
具备☆availability
具被的☆oblect
具鞭状的☆flagellate
具边孢囊☆marginate cyst
具表网☆suprareticulate
具柄耳咽管形[颗石;钙超]☆salpingiform
具波痕层面☆rippling
具波缘叶的☆crispifolious
具不完全隔壁{膜}的[孔虫]☆subseptate
具擦痕漂砾☆faceted boulder
具槽的☆sulcate
具长短鞭毛的☆heterocont(ic)；heterocontous
具长沟的☆cuniculate
具长硬毛的☆hirtose；hirsute；hirtous
具超微细层理的☆superlaminar
具成对槽的[孢]☆geminicolpate
具齿的☆dentate；dentigerate；dentigerous
具翅的☆epipterous
具重圆齿的☆bicrenate
具窗孔的[动]☆fenestrate(d)
具唇孢(属)[T-E]☆Toroisporis
具刺柄的☆acanthopodus
具刺的☆acanthophorous；spiniger(ous)；echinate；spiniferous；acculeate；echinatus；erinaceous；armed
具刺囊孢☆chorate cyst
具刺小轴[射虫]☆geotomical axis
具刺枝的☆acanthocladus
具粗糙叶的☆asperifoliate
具簇贝属[腕;O_2]☆Fascifera
具大小孢子囊的☆bisporangiate；ambisporangiate
具带纹的☆taenioid；taeniate
具单棒丛的[孢]☆simplibaculariate
具单棒的☆simplibaculate
具单型孢的☆stenopalynous
具倒刺毛的☆glochidiate
具底板的侵入体☆floored intrusion
具底面解理的[矿物]☆acrotomous
具钉螺属[腹;E-Q]☆Clavatula
具短槽的[孢]☆brevicolpate
具短尖的☆mucronate
具短茎的☆acaulose
具短硬毛的☆hispidulous
具短羽毛的☆barbellate
具短枝的☆brachycladous
具对沟的☆geminicolpate
具对抗引力的☆counterattractive
具盾状加厚的[孢]☆aspidatus
具多棒的[孢粉等]☆multibaculate
具多核的☆multinucleate
具多级褶的☆multiplicate
具多细胞的☆pluricellulate
具二半槽的[孢]☆diplodemicolpate
具二级茎轴的☆diplocaulescent
具二棱角的☆biangulate
具二室的[生]☆dicoelous
具反应边残粒☆armored relict
具粉的☆farinose
具蜂巢状小孔的☆foveolate
具覆盖层的光面花粉粒☆tectate psilate grain
具盖层的地热含水层☆caprock-type geothermal aquifer
具刚毛的[昆]☆setiferous
具高折射率的[矿物]☆dense
具工业价值油井☆commercial well
具钩毛的[植]☆glochidiate
具沟的☆grooved；canaliculate；colpatus
具沟花粉☆colpate
具沟类☆fossellids
具沟三缝孢属[T_3]☆Aulisporites
具沟斜坡☆gullied slope
具关节的☆abjoint
具冠檐的[植]☆limbate
具管系的[孔虫]☆camaliculate
具管有胚植物☆embryophyta siphonogamia
具光滑孢子的☆leiosporous
具光面网孔的☆psilaluminate
具核的☆nucleate
具核叠层石属[Z]☆Nucleella
具合半沟☆syndemicolpate
具合沟的☆fossulate；syncolpate
具黑色涂层的金属卡片[测压卡片]☆black-coated metal chart
具横波痕的线形浅槽☆ripple scour
具横带的[动]☆fasciated
具横沟(的)[孢]☆transcolpate
具厚被层的☆crassitegillate
具厚外壁的☆crassexinous
具厚缘口☆crassimarginate
具花的☆floriferous
具花冠状的☆coronate
具化学腐蚀性的地热流体☆hostile geothermal fluid
具环波瘤孢属[T_3]☆Sporopollenites
具环的☆armillate
具环三片孢属[C_1]☆Trilobozonotriletes
具环水龙骨孢[K-E]☆Polypodiaceoisporites
具环形内口的☆zonorate
具环状沟的☆zonate
具环状孔(的)[孢]☆zonorate
具喙的☆umbonate；rostrate；umbonatus
具基底核部的推覆体☆basement-cored nappe
具鸡冠状突起的☆crested；cristate
具极短槽的[孢]☆brevissimicolpate
具脊贝属[腕;D]☆Cariniferella
具脊的☆cristate
具脊四射骨针[绵]☆cricocalthrops
具痂的☆cicatricose
具角藻属[E_3]☆Angularia
具角状突起叶[植]☆cornute-leaves
具较小叶的[植]☆meiophyllous
具结节的☆gangliferous
具金属光泽硫化矿类［如黄铜矿、黄锡矿、黄铁矿等]☆pyrites
具近极沟的[孢]☆catacolpate
具近极孔[孢]☆cataporata
具(球)茎的☆cauliferous；cormogenous；caulescent
具柄的☆cauliferous
具经济价值区☆payable area
具孔粉纲[孢]☆Porosa
具孔沟[孢]☆colporate
具孔腔的☆vestibulate
具孔室的孔[孢]☆porus vestibularis
具孔穴的☆foveolate
具肋的☆costate
具链的☆cateniferous；catenigerous
具两槽的☆bisulfate
具两侧的☆ambilateral
具两刺的☆bispinose
具两耳的☆bialate
具两个喙部突起的[孔虫]☆biumbonate
具两`肋{龙骨(状突起)}的☆bicarinate
具两脉的[植物叶]☆binervate
具两气囊的[孢]☆bivesiculate；bisaccate
具两叶的☆diphyllous
具鳞(片)的☆squamate；squamose
具鳞脐的☆umbonatus；umbonate
具瘤的☆corniculiferous
具流层的穹丘☆schlieren dome
具漏斗形承口的导向架☆funnel-type guide frame
具脉的☆nervate
具毛的☆hirtous；hirtose
具毛轮的☆verticillate
具毛藻☆Chaetophora
具帽缘的[孢]☆cristatus
具密集节理的☆close jointed
具明显斜劈理的☆diatomous
具膜的☆hymeniferous；thecate
具囊盖☆operculate
具内棒的☆baculate
具内(壁)孔的[孢]☆orate
具内网的☆infrareticulate
具年轮气孔木☆ring-porous wood
具胚槽的☆colpate
具胚珠的☆ovuliferous
具喷水孔的☆spiraculate
具片麻岩核部的推覆体☆gneiss-cored nappe
具平行顶底面解理的☆arcotomous
具脐状突起的☆umbonatus；umbonate
具气囊的[孢]☆vesiculosus；saccate
具腔囊孢{胞囊}[生]☆cavate cyst
具鞘的☆vaginate；thecate
具侵蚀坑的平原☆etch-pitted plain
具曲网脊的☆curvimurate
具曲叶脉的[植]☆curicostate
具泉华壳的泉盆☆sinter-encrusted basin
具缺刻的☆incised
具缺刻状锯齿的☆incised-serrate
具绒毛的☆felted
具肉茎的[腕]☆pedunculate
具乳头的☆papillose
具乳突状突起的☆mammose
具锐尖的☆mucronate
具锐尖头的☆cuspidate
具锐突的☆munite
具三叶的☆trifoliate
具散沟的☆pancolpate
具伞形花序的☆umbelliferous
具筛孔的☆cribellate
具深波状的[指边缘]☆sinuate
具生物的全层☆vital-pantostrat
具生物遗迹的☆zooichnic
具石灰岩原始结构的白云岩☆taxichnic dolomite
具双瓣的☆bipetalous
具双半沟的☆diplodemicolpate
具双棒的[孢]☆duplibaculate
具双晶晶体☆maacle；macle；mackle
具双孔的☆diorate

具双叶[古植]☆bifoliate
具水平纹理的岩层☆horizontally-laminated beds
具四射骨针海绵的☆choristid
具四轴中横棒的网状骨片[绵]☆tetracrepid
具特殊生态适应性的☆ecotopic
具蹄类[包括食肉类及有蹄类]☆Ferungulata
具体的☆specific；concrete；material
具体化☆embodiment；visualization；substantiation；materialization；incorporate；jell；shape
具体井况☆specific well conditions
具体体现☆embodiment
具条纹的☆grammate
具铁斑的☆ironshot
具瞳点☆ocellus [pl.ocelli]
具凸结的☆umbonatus；umbonate
具突出极部的☆apiculate
具突列的☆consutus
具弯缘的☆sinuate
具湾的☆sinuate
具网结状脉的☆brachydodromous
具网脉的☆reticular
具网状骨片的[绵]☆sublithistid
具微硬毛的☆hirtellous
具伪沟的☆heterocolpate
具纹饰单缝孢系☆Sculptomonoletes
具污染危害的资源☆pollution-carrying resource
具无隔孢子的☆amerosporous
具细长叶的☆leptophyllous
具细齿的☆denticuligerous
具细刺的壳[腕]☆capillate shell
具细尖的☆apiculate
具细锯齿的☆ciliato-dentate
具细脉的☆nervulose
具纤毛的鞭毛☆tinsel
具显脉的☆nervose
具相反倾向的挠曲☆low reversals
具小刺的☆echinulate
具小钩的☆hamulate；hamulose
具小角的☆corniculiferous
具小圆齿的☆crenulate；crenellate
具斜层理的岩层☆obliquely bedded rocks
具星彩性的☆asteriated
具K形拉筋的结构☆K-braced structure
具旋光性化合物☆optical active compound
具叶柄的☆petioled
具叶的☆frondose
具叶片的[动]☆perfoliate
具叶隙管状中柱☆phyllosiphonic
具一对小叶(片)的[植]☆unijugate
具一叶的☆unifoliate
具衣藻属[T-K]☆Chlamydophorella
具异沟的[孢]☆heterocolpate
具异形叶的☆heterophyllous
具翼刺囊孢[甲藻]☆pterate chorate cyst
具翼腔的[甲藻]☆pterocavate
具硬壳的☆incrusted；incrustate
具硬皮的☆cuticulate；cuticulized
具疣的☆verrucate
具有☆present；PRES.
具有触变作用的☆thixotropic
具有短索的系泊浮标☆trunk buoy
具有工业开采价值的油井☆commercial oil well
具有共同边界的☆conterminous
具有规则面的不整合☆leurodiscontinuity
具有迹象☆scent
具有经济价值区☆payable area
具有警告作用的☆sematic
具有四分之一结晶体对称面的☆tetartohedral
具有相同古生物的☆isozoic
具有许多卫星城的大城市☆conurbation
具有者☆owner
具有中间褶皱的钢丝筛网编织☆intermediate crimp
具有专门资格的人员☆competent person
具羽状脉的[植]☆pinninervate；feather veined
具原(石灰岩)碎屑结构的☆clastichnic
具圆齿的☆crenate
具缘脊的[动]☆limbate
具缘纹孔☆bordered pit
具缘纹孔对☆bordered pit-pair
具远极沟[孢]☆anacolpata
具远极孔[孢]☆anaporata
具远极孔的[孢]☆anoporate
具窄叶的☆angustifoliate
具掌状脉☆actinodrome
具掌状脉的[植]☆palmately veined
具掌状三小叶的[植]☆palmately trifoliolate
具褶的☆plicate
具针状划痕的☆aciculate
具指状裂片的[植]☆digitipartite
具指状羽叶的[植]☆digitipinnate
具中脉的☆costate
(孢粉)具中网胞☆mesobrochate
具周壁的☆perinous
具周槽的☆pericolpate
具周沟的[孢]☆pancolpate
具周孔的☆periporate
具周翼的☆perisaccate；zonatus
具轴的☆axiferous
具皱纹的☆rugose
具自然光泽的☆naif
具足的[动]☆pedate
具足丝的☆byssiferous
距☆base；spur
距标☆range marker
距带线☆spur fasciole{furrow}
距(离)地表近的矿床☆near surface deposit
距地航高☆flying height above the ground
距高示波器☆range-height indicator scope
距工作面的距离[钻孔或井筒]☆off-bottom spacing
距沟[节]☆spur fasciole{furrow}
距骨[动]☆astragal；talus；astragalus
距畸☆range distortion
距角☆elongation
距今☆before present；B.P.；BP
距控☆telecontrol
距离☆distance；space；range；stitch；remove；dx；d.；RG；dist.；rge.
距离残差☆residual distance error
距离操作手☆range operator
距离倒数☆inverse distance
距离方位校正器☆range-azimuth corrector
距离方向☆range direction
距离分辨率☆range resolution
距离分布岩相图☆distance-distribution lithofacies map
距离-幅度显示☆range-amplitude display
(定位)距离改正☆layback
距离-高度(雷达)指示器☆range-height indicator；RHI
距离-降深标准曲线法☆distance-drawdown type curve method
距离刻度指示器☆range marker
距离误差☆distance error；missdistance
距南极约20°上空☆Magellanic Clouds
距平[气]☆departure；anomaly
距衰{|误|延}☆range attenuation{|error|delay}
距震源远的☆far-field
钜颊龙☆pareiasaur
钜颊龙科☆pareiasauride
钜颊龙属☆pareiasaurus
锯☆saw；kerf
锯笔石(属)[S]☆Pristiograptus
锯材☆lumber；coverted{sawn} timber；sawed stick
锯齿☆jagg；serrated denticle；sawtooth
锯齿(状)☆serration
锯齿贝属[腕;S-D]☆Stropheodonta
锯齿波信号☆sawtooth signal
锯齿刺属☆prioniodus
锯齿断口☆hackly fracture
锯齿构造☆interdented structure
锯齿海岸☆coastal indentation
锯齿铰缘☆denticulate hinge
锯齿切壁属[孢;C_2]☆Marexinis
锯齿山脉{脊}☆sierra
锯齿石松尼定☆serratanidine
锯齿石松宁☆lycothunine
锯齿兽属[E_1]☆Prionessus
锯齿烷☆serratane
锯齿象(属)[N]☆Serridentinus
锯齿信号☆serrated signal
锯齿形☆indent(ion)；serrated form；serrate；saw-tooth pattern
锯齿形波☆zigzag wave
锯齿形的☆zigzag；jagged；sawtooth；serrate；toothed
锯齿形断面火药柱☆slab grain
锯齿形滑动节理☆zigzag sliding joint
锯齿形起重螺杆☆buttress jackscrew
锯齿形调相频率转换器☆servodyne
锯齿形信号回描☆sawtooth retrace
锯齿牙形石类☆prioniodid
锯齿牙形石属[O-T]☆Prioniodus
锯齿鱼属[J_1]☆Dapedius
锯齿状☆hackly；zigzag；crenata；sawtoothed；ragged
锯齿状部☆saw
锯齿状的☆crenulate；notched；hackly；serrate(d)；pectiniform；pectinal；jagged；zigzag
锯齿状的突出部☆jag
锯齿状脊☆sawtooth ridge
锯齿状交错层理☆zig-zag cross-bedding
锯齿状面[矿物]☆sawed surface
锯床☆saw machine{bench}
锯盾小食蚜蝇☆Paragus crenulatus
锯割的槽[联结支架用]☆sawed groove
锯工☆sawyer
锯海扇属[双壳;D_3-P]☆Crenipecten
锯痕☆kerf；saw cut
锯魟属[Q]☆Pristis
锯机☆mitring machine
锯架☆buck
锯鲛{鲨}科☆Pristiophoridae
锯铰类[双壳]☆Prionodesmaceae
锯开☆saw；buck；saw-off
锯开石面☆sawed finish；sawn face
锯口☆kerf；kirf
锯框☆bow
锯煤机☆coal saw；coal-sawing{sawing} machine
锯末☆saw powder；sawdust
锯末石☆imogolite
锯木☆saw timber
锯木厂☆sawmill；lumber{saw} mill；lumber-mill
锯木工☆jointer；timber{prop} cutter
锯木机☆slasher；timber cutter；lumber mill
锯木架☆buck
锯片☆saw blade
锯片刺属[S-T]☆Prioniodina
锯片用金刚石磨料☆sawback diamond abrasive
锯切(状)峡谷☆sawback-cut；saw-cut (gorge)
锯曲线机☆jigsaw
锯石(法)☆stone sawing
锯石钢绳☆stone-sawing strand
锯石术☆lithoprisy
锯蚀☆sawing
锯台☆saw bench
锯条☆sawback-blade；(saw) blade；back-saw blade
锯屑☆sawdust；scob；saw powder
锯屑黏土炮孔☆saw-dust-and-clay stemming
锯屑炸药☆carbonite
锯屑状构造☆mulch structure
锯形颚牙形石属[O_1]☆Serratognatus
锯牙铰缘☆denticulate hinge
锯鳐属☆Pristis
锯叶棕☆sabal
锯圆尾虫属[三叶;O]☆Pricyclopyge
锯状山脊☆comb ridge；comb-ridge
锯状条痕☆hacksaw striation
句柄[计]☆handle
句法☆syntax
句号☆dot
句型☆sentence pattern；sentential form
句子☆sentence
飓风☆hurricane[12级至17级风]；foracan；furacane；furicane；furicano；whirlblast；tropical cyclone
飓风的减弱或消失☆cyclolysis
飓风转子☆Hurricane rotor
炬木☆Dodoxylon
炬凿☆flame gouging
惧龙属[K]☆Gorgosaurus
剧变☆cataclysm；catastrophe
剧变崩陷☆catastrophic collapse
剧变分离学说☆cataclysmic separation theory
剧变说☆catastrophic theory；catastrophism
剧场河阶☆amphitheater river terrace
剧场洼☆amphitheater；amphitheatre
剧动☆paroxysm；paroxism
剧动期☆paroxysmal stage
剧动说☆paroxysmalism
剧毒化合物☆deadly poisonous compound
剧沸☆bumping
剧{全}风化带☆completely{violently} weathered

zone
剧烈变动的☆highly disturbed
剧烈抽水☆heavy pumping
剧烈的☆sore；tearing；rough；violent；acute
剧烈地☆severely
剧烈搅动☆vigorous agitation
剧烈喷射☆sharp spray
剧烈起伏(地形)☆salient relief
剧烈天气☆severe weather
剧烈岩爆☆violence outburst
剧情(概要) [意]☆scenario [pl.-ri,-s]
剧痛☆smart；travail
剧增☆soar
剧(烈地)震☆megaseism；magaseism

juān

捐☆cess
捐款☆donation；contribution；subscription
捐款人☆subscriber；donor
捐税☆charge；toll
捐赠☆endowment
捐赠(物)☆donation
捐助☆dotation
镌凿☆firmer cilisel
涓(涓细)流☆tricklet；trickle；stem flow

juǎn

卷☆take-up；wrap；reeling；roll (up)；tuck；spooling；furl；twine；reel；tome；brail；convolve；sweep off
卷柏☆Selaginella
卷柏孢属[N]☆Selagosporis
卷柏科☆Selaginellaceae
卷柏目☆Selaginellales
卷柏属[C-K]☆Selaginella；Selaginellites
卷柏状石松☆goodluck
卷柏状石松碱☆selagine
卷板纲[棘]☆Helicoplacoidea
卷板机☆bending roll；plate bending；veneer reeling machine
卷笔石(属)☆Streptograptus
卷边☆flanging；bead；curl；crimping；doubled edge；flaring；curling；hem[钢板、塑料板等的]
卷边对接☆edge flare
卷边工具☆beader；caulker[管子]
卷边焊☆edge weld；flanged edge weld
卷边机☆crimper
卷边溜槽☆beaded trough
卷波点[海]☆plunge point
卷材支架☆coil cradle
卷层☆flake
卷层云☆cirrostratus
卷缠☆circumvolution
卷缠涂料带☆coil-coated strip
卷成薄片☆laminate
(把……)卷成一捆☆wisp
卷齿鲨属☆Helicoprion
卷尺☆tape line (measure)；tape (gage)；band{line；push-pull;surveyor's;measuring} tape；measuring reel；gauge line{tape}；flexible rule；dip tape[油罐计量]
(用)卷尺测量☆taping
卷尺三角测量法☆tape-triangulation method
卷尺修正☆tape correction
卷带☆rewind；tape
卷带盘☆take-up{fixed} reel
卷带信号☆thread in signal
卷刀口☆bending
卷叠矿体☆roll ore body
卷叠百叶门☆roll-up shutter door
卷动标尺☆taper rod
卷颚牙形石属[C_2-P_1]☆Streptognathodus
卷发☆tress
卷帆☆brail
卷管机☆pipe section machine
卷管线☆pipeline reeling
卷滑构造☆flap；flap-structure
卷簧器☆winder
卷积☆convolution；faltung
卷积合成☆synthesis of convolution
卷积器☆convolver
卷积云☆cirrocumulus
卷结式导爆线连接☆clove-hitch joint
卷紧☆furl；wind up；wad
卷壳[孔虫]☆volution
卷缆车☆reel
卷缆柱☆cabling
卷浪☆plunging breaker
卷浪层☆comb layer
卷帘式铁门☆shutter
卷流☆plume
卷拢☆wind up
卷螺属[腹;E_2-Q]☆Volvula
卷毛☆curl
卷毛云☆woolpack
卷霉属[真菌;Q]☆Circinella
卷片装置☆take-up
卷起☆coil；brail；involute；tuck
卷起的部分☆turnup
卷前矿体☆roll-front orebody
卷曲☆warp；crimp(le)；crinkle；friz；curling；curl over；intertangling；crispen；crispation；kindle；frizz
卷曲变形纱☆crimped{texturized} yarn
卷曲层理☆curly{curled;convolute;crinkled;slip;gnarly} bedding
卷曲的☆cincinal；cincinate
卷曲度☆crimpness
卷曲度测定仪☆crimp gauge
卷曲刚度☆crimp rigidity
卷曲结构☆cylindrical and helicitical
卷曲器☆convoluted organ[棘海百]；curler
卷曲石☆curlstone；helictite
卷曲纹理☆swirled{convolute} lamination
卷曲叶☆leaf curl
卷取☆bobbin
卷取(绕)机☆coiler；reeler；winder
卷绕工具☆reeler
卷绕☆coiling；winding；convolve
卷绕底片法☆convolution-film method；CFM
卷绕轭石[钙超;J_2]☆Diadozygus
卷绕力☆clinging power
卷绕菱形颗石[钙超;J_3]☆Diadorhombus
卷绕轴☆wireline reel
卷刃☆tipping；bending
卷蝾螺属[腹;E-Q]☆Turbonilla
卷入☆engulf；involve(ment)；involution；immixture
卷上☆reel up
卷射流☆plunging flow
卷绳迹☆genus Lumbricaria；cololite
卷绳绞车☆reeling{rope-reeling} winch
卷绳轮☆bull wheel
卷石藻属☆Helicolithus
卷碎浪☆plunging breaker
卷缩☆crispation；curling
卷缩变形丝☆crinkle type yarn
卷缩机☆crimper
卷索筒车☆cable-reel car
卷提式打桩机☆monkey engine
卷筒☆spool (piece)；reel (drum)；(winding) drum；barrel；cathead；rope drum；real
卷筒衬垫☆bouking
卷筒管☆reeled tubing
卷筒面层☆lagging
卷筒面导幅☆drum horn
卷筒平衡钢绳☆drum counterweight rope
卷筒铺管船铺管法☆reel method
卷筒砂布☆aluminum oxide cloth in roll
卷筒式铺管船☆reel barge
卷筒图形☆roll pattern
卷尾☆end of reel
卷尾袋鼠[澳]☆phalangers
卷尾猴属[Q]☆capuchin monkey；Cebus
卷尾支架☆pigtail
卷纬☆quilling；weft winding
卷线☆coiling；spool；wire coil
卷线机☆winder；coiler
卷线筒☆spool；reel
卷心珊瑚(属)[S_{1-2}]☆Dinophyllum
卷形曲流☆scroll meander
卷形☆roll
卷须[植]☆cirrus；cirrum；tendril
卷旋☆convolution
卷旋孢子☆helicospore
卷雪崩☆rolling avalanche
卷扬☆pull；winding；hoisting；lifting；wind up
卷扬机☆winding engine{barrel}；winch；tugger；hoist (machine)；draw works；teagle；crab (winch)；(reel) winder；cable lift；hoister；hoistin
machine；windlass；windlase；whim；jenny
卷扬机房☆gig house；winder chamber
卷扬机行程记录器☆hoist trip recorder
卷扬扭矩系数☆pit efficiency
卷扬绳进度☆lineal travel
卷叶[植]☆leaf roll
卷叶迹[遗石;网囊迹]☆Dictyodora
卷叶苔属[Q]☆Anastrepta
卷于圆锥体上☆coning
卷跃波浪☆plunging wave
卷云☆cirrus [pl.cirri]
卷在线轴上☆quill
卷在轴上☆reel up
卷折☆furl
卷褶(作用)☆involution
卷褶的☆contortuplicate
卷(图)纸筒☆chart drum；paper drum
卷轴☆reel；coiler；roller；roll；scroll
卷轴式铺管船☆reel barge
卷住☆cling
卷转虫(属)[孔虫;N-Q]☆Ammonia
卷装火药☆stick powder
卷装炸药☆sticked explosive；stick powder
卷状构造☆roll
卷状构造产状{方位}☆roller bearing
卷状铀矿体☆uranium roll
卷走☆whirl
卷嘴蛎(属)[双壳;J-Q]☆Gryphaea

juàn

卷☆volume；scroll；book；part；vol.；fake[绳索
卷标号☆volume label
卷宗☆file
绢蛋白石☆lassolatite
绢绿碳酸岩☆sericotolite；sericitolite
绢毛石头花☆gypsophila sericea
绢蛇纹石[$Mg_{15}Si_{11}O_{27}(OH)_{20}$]☆ishkyldite；is(h)kildite；ischkyldite；δ-chrysotile
绢石[$(Mg,Fe)SiO_3 \cdot ^4/_5H_2O$(近似)]☆bastite[顽光辉石或古铜辉石的变化物]；schiller-spar[成古铜辉石假象出现的蛇纹石]；scyelite；schillerspath
绢丝光泽☆silky luster；satiny lustre
绢丝藻属[红藻;Q]☆Callithamnion
绢纹结构☆moire texture
绢英化蚀变☆phyllic alteration
绢英岩[主要成分为绢云母和石英]☆sericitolite
绢云化(作用)☆sericitization
绢云集晶☆shimmer-aggregate
绢云母☆sericite；didymite；epi-sericite；pycnophyllite；didrimit(e)
绢云母化☆sericitization；sericitize
绢云母岩☆sericitic rock
绢云片岩☆sericite {-}schist
绢云岩☆sericitolite
绢云英长混合片岩☆blavierite
绢针铁矿☆przibramite [$Fe_2O_3 \cdot nH_2O$]；samm blende [$HFeO_2$]；sam(me)tblende；sammteisenerz；pribramite

jué

攫取☆snatch
攫取法☆grappling method
攫石器☆stone grapple
抉择☆choice
掘☆delve；kerf；throat；picking
掘(土;取)☆dig
掘槽勘探☆costean；costeen
掘出(物)☆disinterment
掘出薄矿脉围岩[便于开采]☆dissue；dizzue
掘穿☆run-through
掘翻☆prong
掘分支巷道☆tap
掘沟☆cut；ditching；trench (excavation)；trenchin
掘迹亚纲☆Fossiglyphia
掘进☆driving；drivage；advance；advancement；bea
cut into{through}；cutting；development；drive；dig (in)；drift(ing)；drilling；excavation；heading；piercing；tunnel(ing)；raising；tunnelling；dig-ir
掘进断面☆excavated section；outside timber；paylir
掘进方向☆line；drilling direction
掘进副产矿石☆development rock
掘进工☆driftman；driver；header；heading ma {driver}；stoneman

掘进工作☆drivage work
掘进工作面风流☆air current at the roadway
掘进护盾☆mechanical mole
掘进机☆development{boring} machine；helldiver；header；moles；borer
掘进机步进装置☆X machine walking fixture
掘进机械☆tunnnelling machinery
掘进机组翻车机☆helldiver dumper
掘进截面过大☆overbreaking
掘进截面过小☆underbreaking
掘进进尺☆advance
掘进井筒☆sinking pit
掘进平硐☆working adit；drift
掘进平巷☆bore
掘进设备☆excavating{tunneling} equipment；drifting machine
掘进时间☆boring time
掘进石门☆crosscutting；crosscuting
掘进速度☆advance rate；rate of advance{sinking; development}；forward digging speed；excavating velocity；drive speed
掘进通风☆blowing-over；heading ventilation
掘进通风局扇☆heading fan
掘进头☆heading
掘进形式☆form of drive
掘进循环☆drift(ing) cycle
掘进支架☆drive{excavation} support
掘井☆drive a well
掘井勘探☆costean
掘坑道☆tunneling
掘漏斗喇叭口☆bell-out
掘路楔凿☆road wedge
掘轮挖掘机☆digging{scoop} wheel excavator
掘泥工(人)☆mudlark
掘砌安一次成井☆driving, permanent lining and installation—a completion of shaft
掘砌单行作业☆driving and permanent lining insequence
掘砌吊盘☆sinking and walling scaffold
掘石工☆rock man；rockman
掘蚀☆excavation；exaration；pluck
掘蚀作用[冰]☆quarrying
掘兽类☆scalopsaurs
掘树根机绞车☆grubbing winch
掘探☆trial work
掘通☆cut(-)through；holing (through)；pierce
掘通的☆holed
掘通巷道☆holing-through；work through
掘头虫属[三叶;Є$_2$]☆Oryctocephalus
掘土☆grub
掘土铲☆clay digger
掘土的☆fossorial
掘土动物穴[如田鼠穴、鼹鼠穴]☆krotovina；crotovina
掘土工☆banker；ground man；groundman
掘土工具☆grubber
掘土机☆grubber；(power) shovel；excavator
掘土设备☆earth-digging equipment
掘土适应☆digging adaptation
掘削工具☆cutting tool
掘削面开口率☆head aperture ratio
掘削面探测钻孔☆probe head drilling
掘穴☆burrow；burrowing
掘穴遗迹类[遗石]☆Fossiglyphia
掘凿边缘☆ripping lip
掘凿方法[特指竖井]☆sinking method
掘凿机☆digger
掘凿曲流☆betrenched meander
掘凿深度☆digging depth
掘凿新井☆sink new shafts
掘支单行作业☆sequential operation of excavating and lining
掘支交替作业☆excavating and lining in two heading alternately
掘足类[软;O-Q]☆Scaphopoda
蕨☆Pteridium；brake (fern)
蕨纲☆Filicinata；Filicopsida；Pteropsida；Filicinae
蕨类☆fern；Pteridophyta
蕨类(植物)学☆pteridology
蕨类植物☆pteridophyta；Pteridophyte；filicales
蕨类植物时代[C-P]☆age of ferns
蕨目☆filicales
蕨属[E_2-Q]☆Pteridium
蕨烷☆fernane
蕨形石松☆fern clubmoss
蕨形叶[植]☆fernlike foliage
蕨藻属[Q]☆Caulerpa
蕨状种子植物☆Pteridospermae
橛☆short wooden stake；wooden pin；peg；stake
爵士白[石]☆Drama White；Ajax
角力☆angular force；have a trial of strength；wrestle
决标☆award of bid；award
决标单☆list of award
决策☆decision (making)
决策成本☆cost for decision making
决策分析☆decision analysis
决策机构☆decision-making body
决策权☆right to make decision
决策时间差滞{滞差}☆inside{decision} lag
决策网络计划☆decision making network
决策盈亏平衡图☆decision break-even chart
决定☆decision；determination；settling；settle；seal；settlement；fix；govern；resolution；try
决定论[地理环境]☆(environmental) determinism；environmentalism
决定论者☆determinist
决定性☆finality
决定性的☆critical；final；crushing；deterministic；determinant
决定性调谐曲线☆deterministic tuning curve
决定因素☆determinant；determinative
决定政策☆policy making
决定着☆condition
决断高度☆decision height；DH
(坝水的)决放☆flashing
决口☆avulsion； be breached[坝等]；crevasse[河堤]；burst；branching
决口扇(形滩) [冰]☆(crevasse) splay
决赛☆final；runoff
决算☆final settlement of account；actual{balanced} budget；final accounts{cost}；audit；final accounting of revenue and expenditure；balance account
决算日期☆date of settlement
决心☆decision；determination
决心的☆bound；bent
决议☆decision
觉察☆tumble；remark；read
觉察得出的☆perceptible
觉得☆find；feel；suspect
觉拉型升降机[凿井用]☆Jora lift
觉醒☆wake
诀窍☆knack；recipe；mystery
绝版☆out of print；OP
绝壁☆hanging{beetling} wall；hanger；precipice；steilwand[德]
绝顶☆tiptop；sublimity
绝(对)安(培)[=10 安]☆abampere；absolute ampere
绝对闭锁☆positive block
绝对敞喷流量☆absolute open flow potential
绝对沉降{陷}☆absolute settlement
绝对代码☆direct{basic;absolute;specific} code
绝对的☆absolute；ab；sheer；abs.；peremptory
绝对地磁测量仪☆absolute magnetic
绝对定位{向}☆absolute orientation
绝对法拉[=10^{-9} 法拉]☆abfarad；aF
绝对伏特☆abvolt；av
绝对干燥样☆absolutely dry sample
绝对高度☆absolute altitude{elevation;height; highness}；sealevel elevation；flight height；ABS. Alt.
绝对高度表{计}☆absolute altimeter
绝对供暖效果☆absolute heating effect
绝对航高☆flying height above mean sea level；absolute flying height
绝对黑体☆absolute black body；blackbody (origin)；perfect blackbody
绝对亨利[=10^{-9} 亨利]☆abhenry
绝对花粉频率☆absolute pollen frequency；APF
绝对活度{性}☆absolute activity
绝对井控☆total well control
绝对孔隙度{率}☆absolute porosity
绝对库伦[=10 库伦]☆abcoulomb [CGS]
绝对零点☆actual zero point；absolute-zero point
绝对姆欧☆abmho
绝对年代☆absolute chronology{age;date}；absolute (radiometric) time；actual age
绝对黏度☆absolute viscosity；viscosity coefficient
绝对年龄☆absolute age{date}；age absolute；actual age
绝对欧姆[=10^{-9} 欧]☆abobm
绝对清洁室☆white room
绝对散射本领{能力}☆absolute scattering power
绝对渗透性{率}☆absolute permeability
绝对升限☆absolute ceiling；A/C
绝对停止信号机☆absolute stop signal
绝对瓦特☆abwatt
绝对弯曲度☆absolute deflection
绝对温(度)标[K]☆absolute{Kelvin} (temperature) scale；ATS
绝对误差☆absolute (value) error；AE；Abs. E
绝对细孔率{|旋涡度}☆absolute porosity{|vorticity}
绝对压力☆absolute pressure；ab
绝对一阶曲率☆absolute first curvature
绝对真空☆complete{absolute} vacuum
绝对值大的负表皮因子☆very negative skin
绝对质量丰度☆absolute mass abundance
绝对阻挡设计☆absolute stoppage design
绝对最小额定值☆absolute minimum rating
绝`射{光化}的(物质)☆adiactinic
绝佳☆superexcellence
绝境☆extremity；corner；quagmire
绝路线☆spur track
绝密☆top(-)secret；T.S.；TS；superscript
绝灭[生]☆die out；death；extinction
绝灭背景质☆background extinction
绝灭放射性核类☆extinct radionuclide
绝灭加速演化☆extinction accelerate evolution
绝灭期☆age of extinction
绝灭元素☆extinct element
绝汽后转向冲程☆“dead heading” back
绝热☆(heat) insulation；adiabatic；thermal insulation
绝热板☆heat-insulating shield
绝热变化图☆adiabatic chart
绝热材料☆insulating material；insulant；heat insulator；adiabator；thermal insulation material
绝热的☆adiabatic；heat insulating；adiathermic；heat-insulated；a(dia)thermanous；adiathermal
绝热电缆☆heat-resisting cable
绝热气泡周期☆adiabatic bubble period
绝热曲线☆adiabatics；adiabatic curve{line}
绝热体☆(thermal) insulator；heat unit{insulator}；isolator
绝热系数☆coefficient of heat insulation
绝热系统☆insulated{adiabatic} system
绝热线☆adiabat；adiabatic path；adiabatics
绝热性☆adiathermancy
绝热液态含水量☆adiabatic liquid water content
绝无仅有☆seldom if ever
绝崖海岸☆steep coast
绝氧分解☆anaerobic decomposition
绝氧生活☆anoxybiosis
绝育☆sterilization
绝缘☆insulation；isolate；isolation；seal；empire；disconnection；cut all ties with sth.；scab off
绝缘板☆insulcrete；celotex
绝缘不良☆defective insulation
绝缘材料☆insulation{insulating;dope;dielectric; insulated} material；insulant；dielectric (medium)；insulator；insulating compound{packing}；rap[包扎管道用]；dielectrical
绝缘材料矿产☆mineral material for insulation
绝缘测量架☆insulating measuring bench
绝缘层☆insulating layer{barrier;course}；insulation layer；isolierschicht
绝缘厂☆dope yard
绝缘的☆insulated；insulating；dielectric(al)；non conducting；ins.
绝缘电阻☆insulation{dielectric;insulating} resistance；insulance；i.r.
绝缘法☆passive method
绝缘管☆bush；insulating tube
绝缘机☆dope machine
(管道)绝缘检疵器☆holiday detector
绝缘接头☆isolating{insulating;insulation} joint；insulating sub
绝缘块[继电器簧片的]☆collets
绝缘漆☆insullac；insulating varnish{paint}；insulated paint
绝缘器☆insulator；shackle
绝缘强度☆dielectric{insulating} strength

J

绝缘石☆micanite
绝缘室☆insulated chamber
绝缘(电阻)试验☆insulating resistance test；insulation text；resistance test
绝缘塑料☆ambroin
绝缘套管☆insulating sleeve；bushing insulator；spaghetti
绝缘体☆insulator；isolator；dielectric；nonconductor
绝缘体销☆insulator pin
绝缘物质☆dielectric substance；megohmite
绝缘性☆insulativity
绝缘性质试验☆dielectric test
(管道)绝缘遗漏或损坏处☆holiday
绝缘用合成纤维板☆pressboard
绝缘油布☆empire cloth
绝缘栅场效应晶体管☆isolated gate field effect transistor；IGFET
绝缘纸皮☆leatheroid
绝缘状态指示器☆insulation condition indicator
绝缘子☆insulator；ins.
绝缘子泄漏距离☆insulator leakage distance
绝缘子用支架☆insulator bracket
绝种☆become extinct；die out；extinct(ion)

jūn

均变层☆isomodal layering
均变的☆homotactic
均变论☆uniformitarianism；actualism
均变论的{者}☆uniformitarian
均变说☆uniformitarianism；Lyellism
均变原理☆principle of uniformity
均布负载☆continuous load；uniformly distributed load；even load
均布力矩☆uniform distribution moment
均布碛☆sheet drift
均布应力☆uniform stress；uniformly distributed stress
均布载荷☆uniformly-distributed{uniform} load；uniformly distributed load
均差☆divided{mean} difference；mean deviation
均称模式☆shaped pattern
均等☆equalization；parity；equability
均等分裂☆homeokinesis；equational division
均等环带☆even zoning
均等物☆equipollent
均等性图解☆uniformity diagram
均二苯代乙烯☆stilbene
均二苯胍[$(C_6H_5NH)_2C{:}NH$]☆melaniline
均二十七(碳)(烷)(基)酮-14[$(C_{13}H_{27})_2CO$]☆myristic ketone；myristone
均方地层倾角程序☆mean square dip；MSD
均方根☆mean square root；square root of mean square；root {-}mean {-}square；rms；msr
均方根拟合差☆root-mean-square misfit
均方偏差☆mean {-}square deviation；MSD
均方误差☆mean square error；error of mean square
均方值☆quadratic mean；mean square value
均分☆equipartition；dichotomy；divide equally；share out equally；share；go shares
均分笔石☆Dichograptus
均分笔石科☆Dichograptidae
均分潜(穴)迹☆Chondrites；chondrite
均分水系☆dichotomic drainage pattern
Z均分子量☆Z-average molecular weight
均衡☆equilibrium [pl.-ia]；isostatic equilibrium；equal balance；equiponderance；compensate；isostasy；counterpoise；equalize；equalization；balancing；symmetrization；compensation；proportionate
均衡岸剖面☆graded shore profile
均衡冰川☆graded glacier
(地壳)均衡补偿深度☆isostatic depth of compensation
均衡补偿深度☆depth of compensation
均衡采样☆aligned sample
均衡沉降{陷}☆isostatic(al) settling{subsidence}
均衡充电☆equalizing charge
均衡带☆zone of equilibrium
均衡(器)袋[呼吸器用]☆equalizer bag
均衡的☆isostatic；equalizing；balanced；aligned；in regime[河道]
均衡的性质或状态☆isostacy；isostasy
均衡等校正线图☆isostatic isocorrection line map
均衡点☆break-even point
均衡法☆equalization；equalisation
均衡放矿☆even drainage{draw}；uniform draw
均衡放矿采场☆isometric drawing stope
均衡河☆steady-state stream
均衡化☆equilibration
均衡基面☆plane of isostatic compensation
均衡静态翘曲☆isostatic static warping
均衡宽谷期☆strath stage
均衡理论☆regime theory
均衡炉衬☆zoned lining
(地壳)均衡挠曲☆isostatic warping
均衡排泄☆equilibrium drainage
均衡平衡的调整☆adjustment of isostatic balance
均衡坡度☆(balanced) grade
均衡剖面☆profile of equilibrium；graded {equilibrium} profile
均衡器☆equalizer；equaliser；fly；evener；balance gear
均衡曲线☆graded line
均衡设备☆balancer
均衡深度☆depth of compensation
均衡(学)说☆isostasy (theory)；equilibrium theory；isostacy；theory{doctrine} of isostasy[地壳]
均衡速度☆balancing speed
均衡调整☆isostatic adjustment
均衡通风☆balanced ventilation
均衡挖填☆balance cuts and fills
均衡下沉☆isostatic(al) settling；isostatic subsidence
均衡线☆isostatics；equilibrium line
均衡现象☆isostasy
均衡性☆equitability
均衡要素☆balance element
均衡支架☆equalizing prong
均衡值☆break-even value
均衡质量补偿☆isostatic mass compensation
均衡装置[一种自动调整装置]☆equalizing device
均衡作用☆equilibrium activity
均厚沉积☆blanket deposit
均厚泥层☆mud blanket
均化☆levelling；homogenization；homogenize
均化仓☆homogenizing silo
均化器☆homogenizer
均化作用☆homogen(e)ization；homogenisation
均极键☆homopolar bond
均键结构☆isodesmic structure
均聚物☆homopolymer
均粒沉积(物)☆graded sediment
均粒砂☆uniform sand
均量补偿☆isostatic compensation
均裂☆homolytic cleavage；homolysis
均流阀☆flow equalizer
均轮☆deferent
均密砂岩☆honestone；novaculite；razor stone
均密石英岩☆Arkansas{razor} stone；novaculite
均坡☆steady gradient
均(匀底)坡河槽☆uniform grade channel
均热[处理]☆soak；soakage；soaking
均热带☆conditioning zone
均热炉☆soaker；soaking{ingot} pit；underground {pit} furnace
均韧式☆parivincular
均三十酮[$(C_{15}H_{31})_2CO$]☆dipentadecyl ketone
均山窑☆Chun-san{Jundhoan} ware
均熵的☆homoentropic
均十一酮[$(C_5H_{11})_2CO$]☆amyl ketone
均速运动[冰]☆block-schollen movement
均调☆match
均温层☆hypolymnion；hypolimnion
均午☆mean noon
均相反应☆homogeneous reaction
均相混合物☆homogeneous mixture
均相流体☆monophasic fluid
均相性☆homogeneity
均向☆isotrope
均向体☆isotropic body
均向性☆isotropy
均斜☆homocline；monoclinal dip
均斜层☆homocline；monoclinal dip
均斜的☆homoclinal；isoclinal
均型键☆isodesmic bond
均压☆voltage-sharing；confining pressure
均压防火☆fireproof by elimination of pressure difference
均压灭火☆extinguishing by even air pressure
均压母线☆equalizing bus bar
均压器☆(pressure) equalizer；voltage balancer
均压线☆equalizer；equaliser
均盐河口☆vertically mixed estuary
均一☆unity
均一化(作用)☆homogenization
均一级配☆uniformly graded
均一力☆homogenizing force
均一平面状态☆uniform plane state
均一性☆homogeneity；uniformity
均一岩浆☆homogeneous magma
均一液体☆single liquid
均夷[高地被剥蚀掉的沙石等沉积于低洼地带，使起伏的地面变为平面]☆gradation；grade；grading
均夷的☆in regime
均夷化处理☆homomorphic processing
均夷坡☆slope of planation；graded slope
均夷期☆base level(l)ing epoch；gradation period
均夷相☆gradation period
均夷作用☆grading；planation；gradation
均夷作用后☆postplanation
均匀☆averaging；homo-；flare out；even；iso-
均匀变换☆affine transformation
均匀变晶☆metablast；metablastesis
均匀变歪剖面☆plane of uniform distortion
均匀层☆homosphere
均匀层顶☆homopause
均匀磁场☆uniformly{homogeneous} magnetic field
均匀的☆homogeneous (uniform)；uniform；regular；level；homogen(et)ic；neat；hom；steady；even
均匀的亚X射线双晶☆balanced sub-X-ray twin
均匀度☆uniformity (coefficient)；evenness；degree of consistency{uniformity}；conformability
均匀断面河道☆uniform channel
均匀分布☆uniform{rectangular;unified} distribution
均匀分解☆homolysis
均匀腐蚀☆general{uniform} corrosion
均匀负荷排水☆peakless pumping
均匀构造☆homogeneous structure；massiveness
均匀互{交}生☆homogeneous intergrowth
均匀化☆uniformization；homogenizing；equalization；homogenization；adequation
均匀混合☆intimate mixing
均匀混合物☆homogeneous mixture；uniform mix
均匀级配☆narrow gradation；uniform grading
均匀级配砂☆uniformly graded sand
均匀介质激发极化效应☆true IP effect；true induced polarization effect
均匀介质渗透率☆isotropic permeability
均匀流出☆smooth outflow
均匀流量☆ripple-free{uniform} flow
均匀马尔科夫链☆homogeneous Markov chain
均匀面变形阻(抗)力☆resistance to plane homogeneous deformation
均匀膨胀☆uniform dilatancy{dilatation}；unified dilatation
均匀强度☆uniform strength
均匀球位☆uniform spheres
均匀扰动☆isotropic turbulence
均匀伸长☆general extension
均匀渗透性层段☆uniform permeability interval
均匀系数☆uniformity coefficient{ratio}；coefficient of uniformity
均匀形变☆homogeneous deformation
均匀性☆uniformity；homogeneity；conformability；flatness；homogenization；evenness
均匀压实☆equal compacting
均匀一致的内径☆uniform internal diameter
均匀照明☆balancing illumination
均匀折算法☆method of uniform reduction
均匀质变形☆affine deformation
均匀装药☆well-proportioned charge
均匀浊积介质☆homogeneous turbid medium
均载☆balanced load
均整☆match
均整机☆reeling machine；reeler
均值☆average value；mean
均值定理☆law of the mean
均值化☆equalization
均值器☆equalizer
均质☆isotrope；homogen[合金]
均质变形☆affine{homo-generous} deformation
均质材料☆homogenous material

均质层☆homosphere；homogeneous layer{stratum}；isotropic formation；uniform bed
均质产层☆homogeneous pay zone
均质程度☆degree of uniformity
均质的☆isotropic；homogeneous；homogen(et)ic；hom；iso.
均质多孔{孔隙}介质☆homogeneous porous medium
均质构造☆homophaneous{homogeneous} structure
均质光性☆optic isotrope
均质硅泉华☆milowite
均质化☆isotropization；homogenization
均质混合物☆homogeneous
均质器☆homogenizer
均质切面☆isotropic section
均质砂☆cut sand
均质体☆homogeneous mass；isotrope；isotropic body{substance}；uniform medium
均质土堤☆single-zone embankment
均质土滑坡[同层]☆asequent landslide
均质硒铜矿☆berzeli(a)nite；selen(o)cuprite
均质性☆isotropism；isotropy；homogeneity；homogenization；uniformity
均质岩层☆lithostrome
均质仪☆isotrope instrument
均重杆☆brake (staff)；break staff
菌☆fungus [pl.-gi]；mushroom；bamboo shoots；bacterium [pl.-ia]
菌孢☆fungal spore
菌柄☆stipe
菌虫类☆Mycetozoans
菌虫类的[始先界]☆mycetozoan
菌虫目[始先界]☆Mycetozoa
菌(状)的☆fungous
菌根☆mycorrhiza；mycorhiza
菌核☆sclerotium；sclerotia
菌核体[烟煤和褐煤显微组分]☆sclerote；sclerotinite；sclerotoids；sclerotia
菌核形体☆sclerotoida；sclerotoids
菌胶团☆zoogloea
(细)菌(分)解(作用)☆bacterial decomposition
菌类☆fungus [pl.-gi,-es]
菌类体☆sclerotinite
菌落☆colony；(bacterial) colonies；colong
菌落局变☆saltation
菌幕☆velum；veil
菌珊瑚属[C_3-P_1]☆Agarikophyllum；Fungia
菌生甲烷☆baoterial methane
菌石☆pedestal rock；rock pedestal
菌蚀☆aerobic decay
菌水面积☆impounded area
菌丝☆hypha；mycelium
菌丝束☆Ozonium
菌丝体☆mycelium [pl.mycelia]
菌髓☆trama；tremata
菌体☆thallus [pl.-es,-li]；mycobiont
菌体的☆thallophytic
菌形☆mushroom type
菌形海百合属[棘;C_1]☆Agaricocrinus
菌形穹隆☆laccolithic dome；laccolite；laccolith
菌形座阀☆mushroom-type seating valve
菌甾醇☆fungisterol
菌藻共生☆helotism
菌藻类☆Homonemeae
菌藻植物☆thallogen；thallophyta；thallophyte
菌致分解☆digestion
菌状穹隆☆laccolithic dome
菌状石☆cheesewring
菌状石笋☆stool stalagmite
钧红☆chun red glaze
钧窑☆Jun ware
钧釉☆Chun{Jun} glaze
钧州窑☆Chun-Chou ware；Jun Zhou ware
龟裂☆crocodile；crazing；craze；checking；[of skin] chap；crack；chink；map cracking；fissuration；discrepitate；fracturing；discontinuity；[of parched earth] be full of cracks；crawling[油漆]
龟裂表面☆cracked surface
龟裂处☆chap
龟裂的☆frustose；septarian；rimose；polygonal
龟裂区☆rupture zone
龟裂试验☆cracking test
龟裂掏槽☆shatter{seam} cut
龟裂土☆polygonal{adobe} soil；adobe；polygon；taker；takir；takyr (soil)
龟裂盐土☆takir；takyre
龟裂盐土荒漠☆takir desert
龟裂状的☆frustose
龟土☆adobe soil
军备☆armament
军队☆army；armament；troops
军官☆officer
军事☆war
军事安全关税☆tariff for military security
军事攻击性潜水☆military combat diving
军事学院☆military academy；MA
军事侦察☆military reconnaissance
军械☆ordnance
军械库☆armo(u)ry
军需厂☆depot
军需品☆munition
军用☆military purpose
军用爆炸品[如手榴弹,炸弹,烟火信号器材]☆ammunition
军用的☆military；mil.；milit.
军用地图☆ordnance map
军用飞机总称☆aviation
军用卡车☆camion
军用轻便型管道[美;柔性、防震、易修]☆GI-style pipe line
军用油管线☆quartermaster corps line
军用炸药☆war explosive
皲(裂)☆chap

jùn

峻峭地形☆steep topography
竣工☆flange up；finish；complete；[of a project] be completed
竣工后监测☆post-construction monitoring
竣工检查☆final inspection
竣工检验☆completion test
竣工年☆year of completion
竣工期稳定性☆stability at end-of-construction
竣工图☆as-constructed{as-built;as-completed;record} drawing
浚泥船☆dredger
郡☆county；Co；shire

K

kā

咔嗒声☆clatter；chatter
喀哒喀哒振音☆click
喀碲银铜矿☆cameronite
喀尔巴阡山琥珀☆schraufite
喀拉多克期[上奥陶纪]☆Caradoc age
喀拉鼠属[Q]☆Karakoromys
喀喇昆仑-念青唐古拉地槽☆Karakorum-Nyainquen Tanglha geosyncline
喀劳雾☆callao painter
喀列夫期{|统}☆Kalevian age{|series}
喀麦隆☆Cameroon
喀美尔岩☆carmeloite
喀尼克期☆Carnic Age
喀山阶[苏;P_2]☆Kazanski stage
喀山阶欧[欧;P_2]☆Kazanian
喀山期☆kazanian age
喀斯喀迪古陆☆Cascadia land
喀斯特[岩溶的习惯旧称]☆karst；carst；solution cave；carso[意]
喀斯特窗☆karst window
喀斯特带☆karst zone
喀斯特地小丘☆tourelle
喀斯特地形区大洼地☆polye；polje；polya
喀斯特洞底池☆gour
喀斯特洞穴连通试验☆karst-cave connecting test
喀斯特干岩溶☆dry karst
喀斯特沟☆lapiaz；lapies；lapis
喀斯特孤峰☆turmkarst；tower karst
喀斯特河☆karst river
喀斯特湖☆karst{sink;karstic} lake
喀斯特化☆karstification；karstify；carstification
喀斯特化含水层☆karstified aquifer
喀斯特井☆karst pit{well}；jama
喀斯特率☆degree of karstification
喀斯特桥☆karst{natural} bridge
喀斯特泉☆karst(ic) spring；exsurgence
喀斯特式通道☆karstic channel
喀斯特水水位☆karstic water-level
喀斯特潭☆karst pond
喀斯特学☆karstology
喀斯特崖脚溶穴☆(cliff-)foot cave
喀斯特作用带☆karstification zone
喀坦加期☆Katangan age
喀新风☆khamseen；khamsin；chamsin
咖啡(色)☆coffee
咖啡色☆tawny；dark brown；tan；coffee
咖啡因☆caffeine；theine；thein
咖啡因酒石酸麦角胺合剂☆cafergot
咖啡珍珠[石]☆Star Ruby

kǎ

卡☆calorie；calory
卡巴肼{脲}☆carbazide
卡巴奈{耐}特炸药☆carbanite
卡巴腙☆carbazone
卡拜特炸药☆carbite
卡邦纳多☆carbonado
(井下)卡泵☆stuck pump
卡必醇[$C_2H_5(OCH_2CH_2)_2OH$]☆carbitol
卡宾斯基氏右旋轮藻属[D-C_1]☆Karpinskya
卡宾碳☆carbin
卡波合金[碳化钨合金]☆carboloy
卡波蜡☆carbowax
卡伯拉石(萤石)☆Cabra stone
卡布雷拉-弗兰克(晶体)生长理论☆Cabrera-Frank theory of growth
卡车☆truck；automotive{motor} truck；lorry；camion；autotruck；trk
卡车搬运☆trucking
卡车边立柱[固紧管材用]☆bolster stakes
卡车等☆bail out
卡车(轮后)防滑角铁☆skid shoe
卡车(上)交货((作)价)☆free on truck；FOT
卡车式排卸机☆truck discharge
卡车司机☆teamster
卡车司机室护顶☆hat rack
卡车运输支架☆bolster
卡尺☆calibre；(beam) calipers；caliperrule；trammel
卡茨基尔层[北美;D_3]☆Catskill beds
卡达烯☆cadalene
卡带转换☆card-to-tape conversion
卡德型摇床[有三角形刻沟斜面]☆Card table
卡的☆caloric
卡登接头☆cardan joint
卡地犀属[E_{2-3}]☆Cadurcodon
卡丁{廷}加群落[巴]☆caatinga
卡东陨铁☆carltonite；carltonine
卡断☆chock-off
卡多灰沙石☆Cardoso
卡`多{尔道}克斯爆破筒☆Cardox (shell;cylinder)
卡多克斯爆破筒装药工☆Cardoxplant operator
卡多姆造山作用[70～50Ma 年前]☆Cadomian orogeny
卡尔贝特不透性石墨☆Karbate graphite
卡尔宾斯基右旋轮藻☆Karpinstkya
卡尔伯亮线☆Kalb light line
卡尔虫属[孔虫;E]☆Karreria
卡尔德型摇床☆Card table
卡尔顿型自移垛式支架☆Carlton chock
卡尔多炼钢法☆Kaldo-process
卡尔古莱矿浆分配缩分(取样)器☆kalgoorlie distributor splitter
卡尔麦特铬镍铁铝奥氏体耐热合金☆Calmet
卡尔曼滤波☆Kalman filtering
卡尔姆镍铜铁热磁合金☆Calmalloy
卡尔森应力计☆Carlson stress metre
卡尔斯巴德定律☆Carlsbad law
卡尔斯巴德矿泉盐☆Carlsbad salt
卡尔斯巴(律)-钠长石(律)复合双晶☆Carlsbad-albite compound twin
卡尔斯巴双晶☆Carlsbad twin
卡尔文氏虫属[三叶;$Є_3$]☆Calvinella
卡尔逊应力计☆Carlson stress meter
卡尔(楔形)钻头☆Carr bit
卡钙铀矿☆kalzuranoite
卡格腊期[东非，相当于贡兹冰期前雨期]☆Kagerian phase
卡格尼亚德视电阻率☆Cagniard apparent resistivity
卡规☆templet；caliper；caliperrule；template
卡硅铁镁石☆carl osturanite
卡红☆carmine
卡环☆retaining ring；snapring；dummy
卡辉铋铅{铅铋}矿[$Pb_4Bi_6S_{13}$?;单斜]☆cannizzarite
卡吉尔悬浮液☆Cargille's heavy “liquid”
卡计☆calorimeter
卡杰兰雨期[东非第三次雨期，相当于民德-里斯间冰期]☆Kanjeran phase
卡菌介属[O]☆Kayina
卡可基☆cacodyl
卡克萨砂矿成因假说☆Kaksa's placer hypothesis
卡克斯霞石正长岩☆kaxtorpite
卡拉波西珊瑚属[床板珊;O_2-S_2]☆Calapoecia
卡拉布里亚(阶)[欧;Qp]☆Calabrian
卡拉不期☆Calabrian age
卡拉道克统[O_3]☆Caradoc
卡拉哈里锰矿床☆Karahari manganese deposit
卡拉拉大理石☆Carrara marble
`卡拉乔尔{开拉基}风☆qarajel；karajol
卡拉式☆clamped-in style
卡拉套式矿床☆Karatau-type ore deposits
卡拉维虫属[三叶;$Є_1$]☆Callavia
卡拉烯☆calamenene
卡腊贾斯型铁矿床☆Calacas-type iron deposit
卡兰乔{桥}测角仪☆Carangeot goniometer
卡勒鲢属[P]☆Kahlerina
卡累利阿成矿带☆Karelian mineralization belt
卡累利群☆Karelian group
卡里比尔炸药[用于潮湿炮孔]☆Carribel explosive
卡里布造山作用[英;Є-S]☆Cariboo orogeny
卡里农颗石[钙超;J_1]☆Carinolithus
卡{凯}里期[北美 15,000 年前冰期]☆Car(e)y phase
卡里亚冰期[约 15,000 年前]☆Cary glacial substage
卡利多利亚[石]☆Caledonia L-Brown
卡利诺夫亚阶☆Kalinovian stage
卡连{林}特☆caliente
卡料☆core grouting
卡列瓦统[欧;Pt]☆Kalevian series
卡林塞反射炉☆Carinthian furnace
卡林型{式}金矿床☆invisible gold deposit；Carlin-type{invisible} gold deposit
卡硫铑铱矿☆kashinite；cashinite
卡硫锡铁铜矿☆chatkalite
卡龙保安矿柱规范☆Callon's rule
卡鲁特珊瑚属[C_1]☆Carruthersella
卡路里☆calorie；calory；cal
卡路里值☆calorific value；CV
卡{凯}(型)路筛☆Callow screen
卡路系[P-T]☆Karoo{Karroo} system
卡伦德公式☆Callendar's formula
卡罗莱纳地质学会[美]☆Carolina Geological Society
卡罗玛特☆Calumite
卡罗塞磁选机☆Carousel separator
卡洛维{夫}阶[154～160Ma;J_2]☆Callovian (stage)
卡洛型长槽多孔底压气式浮选机☆long Callow cell
卡洛(凯路)型浮选槽☆Callow (flotation) cell
卡洛型分孔底式浮选槽☆Callow flat-bottom cell
卡玛尔-布里格姆(脉冲试井)解释方法☆Kamal-Brigham analysis method
卡马镍铬高电阻合金☆karma
卡马斯叠层石属[Z_2]☆Camasia
卡马西雨期[东非大雨期，相当于贡兹-民德间冰期]☆Kamasian phase
卡曼常数☆Karman constant
卡曼-科泽尼方程☆Cayman-Kozeny equation
卡门常数☆Kármán constant
卡门涡列☆Kármán vortex street
卡米图加石☆kamitugaite
卡米亚藻属[C]☆Kamia
卡明斯沉降法[粒度分析法]☆Cummings'；sedimentation method
卡姆巴尔达镍矿床☆Kambalda nickel deposit
卡姆帕尼尔石灰质铁矿☆Campanil
卡-钠复合双晶☆Carlsbad-albite compound twin
卡纳斯托阶[美;S_3]☆Canastotan stage
卡纳岩☆karnaite
卡尼(阶)[227.4～220.7Ma;欧;T_3]☆Carnian (stage)；Karnian
卡尼菊石属[头;T_3]☆Carnites
卡尼牙形石属[S_1]☆Carniodus
卡宁布朗造山运动[C-P]☆Kanimblan orogeny
卡诺岛☆Vulcano
卡诺图☆Karnaugh map
卡诺循环☆Carnot cycle
卡帕科石膏型铸造法☆Capaco process
卡帕仪☆magnetic susceptibility kappa-meter；kappameter
卡佩尔型离心扇风机☆Capell fan
卡彭特电极排列☆Carpenter (electrode) array
卡硼镁石☆karlite
卡硼烷☆carborane
卡片☆card；tag；chart
卡片杯☆chart cup
卡片槽{盘}☆chart cup
卡片穿孔输出机☆card puncher
卡片叠☆(card) deck
卡片放大阅读器☆magnify chart reader
卡片分类☆card sorting
卡片夹☆file
卡片箱☆card bin{magazine;hopper}；tray
卡泼斯基(双圈反射)测角仪☆Czapski goniometer
卡普科磁选机[四级湿式强磁选机]☆Carpco separator
卡普纶☆capron；caprone
卡普斯钦斯基方程☆Kapustinakii's equation
卡普踏克期☆captax
卡其(布{色})☆khaki
卡钳☆cal(l)iper；caliber (compass)；calibre；clam
卡钳式物镜更换器☆objective revolving clutch
卡钳式制动器☆caliper-type brake
卡羟铝黄长石☆kamaishilite
卡热单位☆caloric heat unit；C.H.U.
卡瑞-福斯特电桥☆Carey-Foster bridge
卡萨格兰德土分类法☆Casagrande's soil classification
卡萨格兰德液限测定法☆Casagrande method for liquid limit
卡塞尔(阶)[欧;E_3]☆Casselian
卡塞尔土☆black{Cassel} earth
卡塞(在岩芯管内)岩块☆blocky formation
卡赛奇大理岩[美实验研究常用的典型岩石]☆Carthage marble
卡森黏度☆Casson's viscosity
卡森屈服应力☆Casson yield stress
卡申煤☆cassianite；kasyanite
卡式燃气炉☆cassette gas cooker
卡式双晶☆Carlsbad twin(ning)

卡式摇床☆card table
卡氏轮回☆Calvin cycle
卡氏天线☆Cassegraio antenna
卡氏效应☆Callender effect
卡氏亚次期周期☆Karlstrom's stadial cycle
卡斯巴双晶定律☆Carlsbad twin law
卡斯卡{开}迪{底}古陆☆Cascadia (land)
卡斯卡特型浮选矿浆准备器☆Kaskad apparatus for preflotation pulp conditioning
卡斯特猛度试验☆Kast brisance test
卡斯托林低熔合金铸铁[一种焊料]☆Castolin
卡丝帝拉米黄[石]☆Beige Castilla
卡他{塔}度[测空气对人体冷却力]☆kata degree
卡塔尔壳牌石油公司☆Qatar Shell Company
卡塔夫叠层石属[Z]☆Katavia
卡套☆sleeve chuck; draw-in attachment
卡套式管接头☆bite fitting
卡特尔☆cartel
卡特迈式(火山)喷发☆Katmaian-type eruption
卡特莫尔油浮选法☆Cattermole process
卡特尼叠层石属[Z]☆Katernia
卡特藻属[Q]☆Carteria
卡通☆carton; cartoon
卡托矿石☆catopleite
卡瓦☆spider; slip
卡瓦打捞筒☆overshot; oval socket
卡瓦打捞筒的(卡瓦)锥形座☆slip socket bowl
卡瓦打捞筒喇叭口☆shirt
卡瓦-焊接式悬挂器☆slip-weld hanger
卡瓦卡紧面☆slip area
(用)卡瓦卡住钻柱☆on slip
卡瓦块☆break-out block; slip segment
卡瓦、锚管联用封隔器☆bottom wall and anchor packer
卡瓦式吊卡☆slip-elevator; slip-type elevator
卡瓦牙块{板}☆slip dog
卡瓦、支撑联合封隔器☆bottom wall and anchor packer
卡瓦座及卡瓦☆bowl and slips
卡威尔德型硬岩隧道掘进机☆tunnel-boring machine
卡韦基(氟硅酸钾分解锆矿石)法☆Kawecki process
卡维尔介属[D_3-P]☆Cavellina
卡文迪希扭秤☆Cavendish balance
卡乌斯[波斯湾冬季季带雨的东南风]☆kaus; quas
卡西安蛤属[双壳;T_{2-3}]☆Cassianella
卡西等值{效}接触角☆Cassia's equivalent contact angle
卡西莫夫统[C_2]☆Kasimovian
卡西尼投影☆Cassini projection
卡希尔斯克阶[C_2]☆Kashirskian
卡辛-贝克氏病☆Kaschin-Beck disease
卡新介属[E-N]☆Kassinina
卡尤{开育}加(统)[北美;S_3]☆Cayugan (series)
卡赞(阶)[欧;P_2]☆Kazanian
卡泽诺维阶☆Cazenovian
卡值☆calorific value{power;capacity;efficiency}; heating power{value}; caloricity; caloric value; cal. val.; CP; CV; C.V.
卡(片)纸☆cardboard; carton; paperboard
卡纸筒☆chart holder
卡州洼地群☆Carolina bays
卡兹诺夫(阶)[北美;D_2]☆Cazenovian
咔啉☆carboline
咔唑☆dibenzo-pyrrole; carbazole
鉲[锎之旧名]☆cassiopeium
胩☆isocyanide

kāi

开☆open (up); on[电门]; carat{car.;karat;k.}[黄金纯度,纯金为 24 开]; Kelvin[能量,=1 kW·h]
开{基}巴拉系☆Kibara system
开半接合☆halving
开办☆set up
开办费☆initial expenses{expenditure}; promotion; start-up expenses; initial installation expense; seed money; organization cost
开帮孔爆破☆square-up
开帮炮眼☆side{end} hole
开帮眼☆breast(er) hole; breaster
开泵☆pumping; putting on the pump; POP
开泵产油☆kick off
开闭☆make-and-break
(铲斗)开闭绳☆closing line
开壁中子测井☆sidewall neutron (porosity) log
开变量☆open variable
开标☆bid opening; opening of tender
开不动☆jam
开采☆mining; winning; extract(ion); exploitation; tap; dig up; (free-)working; operation; taking; production; offtake; recovery; produce
开采参数☆operational parameter
开采层☆production layer{intervals;formation; aquifer}; mined bed; productive reservoir
开采层的原油☆target oil
开采层系☆off-take target
开采成本☆cost of winning
开采程度☆exploitation degree
开采程序☆mining procedure{sequence}
开采抽水法☆mining pumping method
开采初期☆early production period
开采储量☆mining reserve; exploitation; measured ore
开采单元动态☆unit performance
开采单元反应{见效}☆unit response
开采的☆producing; worked; productive
开采第一层的采准工作☆first working; working in the whole
开采动态☆producing{production} characteristic; production performance{behavior}
开采方法☆mining system{method}; recovery process {method}; method of working; system of mining; production{processing;producing} method
开采方式☆mode of mining
开采方向☆direction of mining{extraction;winning; working}
开采厚度☆mining width{thickness}; thickness worked; working thickness
开采回采☆withdrawal
开采架☆circuit-breaker carriage
(在)开采间留下薄煤柱☆fender
开采近地表矿体☆scavenger mining
开采进度☆progress of mining; mining progress
开采井☆exploited{producing;recovery} well
开采井架☆operating derrick
开采井区☆production-well field
开采井网☆well spacing; offtake pattern
开采境界☆cutting boundary
开采矿☆quarry
开采矿层☆tap a seam; pay bed; working seam
开采矿脉☆quick vein
开采量表☆proration schedule
开采两层的油井☆twin wells
开采量☆yield; make; recovery; production
开采量变化曲线☆production history
开采漏斗☆cone of depression
开采率☆coefficient of mining
开采面☆front bank; working face
开采模数比拟法☆mining modulus analogy
开采盘区☆stall
开采期限☆(operating) life
开采期油气田的开采权益☆full-term working interest
开采前应力☆free field stress; pre-mining stress
开采强度☆exploitation degree; attack rate; mining intensity{strength}
开采强度法☆mining intensity method
开采区的最后处理☆final disposition of mining areas
开采区外的注入系统☆off-tract injection system
开采权☆(mining) claim; grant; right to mine; exploitation rights; royalty
开采权益☆working interest; overriding royalty interest
开采砂矿权☆placer claim
开采深部砂金矿☆blocking out
开采深度☆mining{working} depth; digging depth of open pit; depth of operations{extraction}
开采时拣出的脉石☆poor rock
开采石油☆extraction of oil; recover petroleum
开采史☆performance history
开采寿命与产量关系律☆age-size law
开采水☆water mining
开采水的速度☆water production rate
开采水量☆water production rate; water{mining} yield
开采税☆severance tax
开采顺序☆mining sequence; order of extraction
开采速度☆exploitation velocity; mining{recovery; production;off-take} rate; rate of progress in depth
开采条件☆mining condition; geological data
开采陷落带☆littoral zone
开采已届晚年的煤田☆declining coalfield
开采赢利最低(的)矿床☆marginal deposit
开采中后期☆subordinate phase of production
开采中心(点)☆center (point) of extraction
开槽☆open slot; fluting; flute; notching initial break; fillister; throat; slotting; notching; notch; groove
开槽爆破☆breaking-in shot
开槽叠接☆double-notched joint; double notching
开槽夹头☆collet
开槽木垛☆notched nog
开槽炮眼☆cut{breaking-in;gouging;opening} shot
开槽器☆notcher
开槽桩☆grooved{slotted} pile
开侧式卸载☆open-side dump
开层☆open sheet
开敞☆exposed
开敞的水域☆open water
开敞锚地☆(open) roadstead
开敞锚地锚泊处☆road
开敞式溢洪道☆open spillway
(在)开敞水体中生成的[煤层]☆phenhydrous
开敞水系{河道}☆open stream channel
开敞型机器☆open machine
开除☆expulsion; dismissal
开船☆heave-ho; sailing
(套管)开窗☆window cutting
开窗口☆open window; windowing
开创☆inauguration
开创性研究☆pioneering research
开垂直切割槽的分段崩落法☆end slicing
开刀丝☆hand-cut waste strand
开得很小的阀门☆cracked valve
开的☆open(ed)
开灯☆switch on
开底泥驳(船)☆hopper barge
开底器☆tripper
开底式☆open-bottom type
开底式潜水舱☆open-bottom capsule
开地槽☆open geosyncline
开顶仓☆open-topped hopper
开动☆(in) gear; cut{put} in; actuate; cut-in; run; start(ing); bear; cut-over; starting up[机器]; turn on; set in(to) motion; move; march; put on stream; steam; actuating; running; start-up; operate; power on[发动机]; heave[船只]
开动泵☆turn on
开动功率☆inrush
开动机器☆break-in
(电铲)开斗绳☆trip(ping) rope
开斗装置☆dipper trip
开度☆opening; aperture; turndown ratio; span
开度量方程☆allometric equation
开端☆start on; inception; exordium [pl.-ia]; seed; commencement; threshold; outset; proem; preamble; overture; opening; eos-
开端的☆preliminary
开端颠倒温度表☆unprotected reversing thermometer
开端击下式取土器☆open-drive sampler
开端式短柱开采☆open-end pillar work
开端式卸载☆open-end dump
开段沟☆opening segment ditch; working trench; open ditch; pioneer{drop;initial;box} cut; stripping line
开断层☆separated{hiatal;open} fault
开断电流☆dropout current
开颚式扳手☆open-jawed wrench
开耳芬度数☆degree Kelvin
开尔文固体模型☆Kelvin solid model
开尔文体☆Kelvin body; elasticoviscous substance {solid}; Maxwell liquid; firmoviscous substance
开尔文-沃伊特模型☆Kelvin-Voigt model
开尔文正十四面体☆orthic tetrakaidecahedron of Lord Kelvin
开发☆develop(ment); exploit; open up; exploitation; uncovering; tag; depletion; exploration; tapping
开发参数☆operational parameter
开发成本☆cost of development
开发储量☆developed reserves
开发地下宝藏☆tap underground resources
开发方案实施监测技术☆project surveillance technique
开发过程☆performance history; on {-}stream
开发后期☆production tail
(油田)开发井☆field development well
开发勘探☆exploitative exploration
开发矿山☆opening up

K

开发利用的可能性☆availability
开发模拟方框图☆development simulator flowchart
开发模型☆development model
开发前平衡{预算}☆pre-development budget
开发区动态☆unit performance
开发商☆developer; Pterodon
开发速度☆development rate; tempo of development
开发土地☆developing land
开发性钻井{进}☆development drilling
开发沿海石油☆exploit offshore oil deposits
开发与不开发两可的地热蒸汽田☆economically submarginal geothermal-steam field
开发者☆developer; pioneer
开发钻井方案☆developmental drilling program
开方☆evolution; extract(ion); radication; extract a root
开方差☆open variance
开放☆openness; opening
开放的物理化学体系☆open physico-chemical system
开放角☆angle of opening
开放勘探☆exploit exploration
开放孔隙构造☆open-space{open-spaced} structure
开放式冰核丘☆open-system pingo
开放式钢丝绳头承窝☆open socket
开放信号☆clearing signal
开放型地热系统☆open geothermal system
开分歧☆open virgation
开封☆unsealing
开缝☆(open) slot; (veed) crack; fracture; slotting
开缝垫圈☆split washer
开缝环形板牙☆adjustable split die
开缝螺帽☆slit nut
开缝偏心式钻头☆slotted eccentric bit
开缝式锚杆☆slotted bolt
开缝阴沟☆open-joint drainage
开幅☆scutch
(染整)开幅机☆scutcher
开盖的☆uncapped
开割槽{缝}☆opening slot
开割上山眼☆break-in entry
开工☆go to operation; commencement; start-up; start work
开工费用☆running cost
开工季节☆open season
开工率☆working rate; on-stream ratio
开工期间维修☆on-stream maintenance
开工投产用过滤筒☆start-up strainer
开工效率☆on-stream efficiency
开沟☆ditch(ing); trenching; channel; opening; flute; trench excavation; slit
开沟穿越☆open-cut crossing
开沟机☆ditching{channel(l)ing} machine; opener; channeller; plough; plow
开沟犁成沟法☆plow ditching method
开沟器☆boot; plow; plough
开沟式井下测站钉☆open-hook spad
开沟用硝甘炸药☆ditching dynamite
开关☆circuit breaker{closer}; key; disjunctor; switch (gear); solenoid switch; contactor; button; breaker; switching; tap; shutter; plug; control; shifter; cock; breaking device; paddle; contact maker; SW; CB
开关板☆switching motherboard; switchboard; keyboard; SMB
开关闭合命令☆switch closure command
开关柄☆shift bar
开关(控制)的☆start-stop
开关的合闸位置☆on position
开关房☆switchroom
开关交换设备☆switchgear
开关量输入☆on-off input
开关命名符☆switch designator
开关盘☆contactor panel; control board
开关时电压波动☆switching surge
开关时间比☆on-off time ratio
开关式电源☆switching type power supply
开关头☆switch-knob
开关信号☆switching signal{pad}; keying signal
开-关型信号☆on-off-type signals
开-关性能☆open-close performance
开关指示两用灯☆integrated position light
开关组合☆switch combination
开管☆open tube
开管底的井☆open-bottomed well
开管沟☆trench cutting
开海季[夏季轻东北季风]☆bat furan
开海螂属[双壳;C-P]☆Chaenomya
开焊☆tip-off; sealing-off
开焊接坡口☆bevelling
开行[计]☆open string
开合度☆openness
开合可调皮带轮☆double adjustable sheave
开合脉☆track
开合皮带的半个轮盘☆sheave half
开合桥☆drawbridge
开花☆flower; blossom; efflorescence
开花期☆anthesis; blossom; bloom
开花植物☆flowering plant
开环☆open loop
开环(作用)☆ring opening
开环反应☆ring-opening reaction
开环非稳定性☆open loop unstable
开环控制☆open {-}loop control
开环式岩芯提取器☆split-ring (core) lifter
开环增益☆open-loop gain
(向……)开火☆fire
开机时间☆available machine time; on time
开肌☆abductor[双壳]; diductor muscle; divaricator[腕]
开价☆make a quotation
开价的☆quot; quoted
开键☆space
开角☆angular{numerical} aperture
开角计☆apertometer
开筋☆divaricator; diductor muscle
开井☆start-up; well startup
开井采油试验☆open-flow test
开井出油☆put a well on
开井时井口压力☆flowing surface pressure; FSP
开井套压☆flowing casing pressure; FCP
开井投产☆place the well on production
开井压力☆open (hole) pressure
开距排列[安设地震仪时使折射波比地面波更早到达]☆open spread
开卷☆taking-off
开卷机☆decoiler
开卷式录像带☆videodisc
开掘☆cutting
开掘到矿界的巷道☆march place
开掘到设计标高☆cut down to grade
开掘到指定水平☆cut to line
开掘巷道[在采空区]☆scour
开掘运河☆canalization
开垦☆reclamation; reclaim(ing); excavate; pioneering
开垦地☆reclaimed land
开垦荒地☆cultivating new land; reclaim
开垦用凿型中耕机☆stump-lump type chisel cultivator
开孔☆trepanning; starting{collaring} a hole; collar (in); predrilling; starting the borehole; hole-in; vent; tapping; trompil[熔矿炉中水风筒的]
(管道)开孔鞍形卡☆tap saddle
开孔爆破[不填塞炮泥]☆open-hole shooting
开孔补强☆opening reinforcement
开孔尺寸☆starter size
开孔弹壳☆vented case
开孔功率☆threshold power
开孔率☆percentage of open area; open entry
开孔器☆tapper
开孔钎子☆pitching borer
开孔筛布☆aperture screen cloth
开孔用短岩芯管☆starting{starter} barrel
开孔直径☆initial hole diameter; starting{top} diameter
开孔钻头☆short{pitching} borer; spud(ding){start; collaring} bit
开口☆gap; hatch; gaping place; hiascent; aperture; opening
开口扳手☆open-end wrench; open-ended spanner
开口保单☆open contract
开口朝下的封隔皮碗☆down-facing packer cup
开口朝下的皮碗封隔器☆downward-looking cup-type packer
开口沉箱☆open{drop} caisson; cylinder
开口导缆器☆open chock
开口的管柱☆open pipe string
开口垫圈☆horseshoe{snap} washer
开口凡尔罩[深井泵的]☆open cage
开口管重力岩芯取样器☆drop corer; open-tube gravity corer
开口合同☆open-end{open} contract
开口滑车☆snatch{floor} block
开口环☆clip{split} ring; snapring
开口环状礁☆open ring reef
开口篮打捞器☆open-end basket
开口链[机]☆open link chain
开口裂缝☆open fracture{fissure}; open-joint fissure; veed crack; OF
开口毛细管柱☆open-tubular capillary column
开口铆钉☆bifurcated rivet
开口泡☆broken seed
开口炮眼☆starting{breaking-in;cut;gouging; opening} shot
开口喷发☆open-vent eruption
开口器☆tapper
开口钎杆☆stub rod
开口{门;眼}钎子☆starting borer; starter; startor
开口闪点与着火点试验☆open-cup flash-and-fire test
开口式偏斜楔☆straight-type{spade-end} wedge
开口式岩芯提断环☆split-ring core lifter
开口套管☆split coupling
开口桶☆open-top pail
开口桶处理法[坑木防腐]☆open-tank process
开口突起[硅藻表面上]☆apiculus
开口围场☆opened amphitheater
开口销☆forelock; split pin{cotter}; cotter
开口销连接链节☆cottered connecting link
开口亚类[疑]☆Porumorphitae
开口堰☆notched weir
开口油管作业法☆open ended tubing method
开口藻属[E_3]☆Poruaphaera
开口直线驱☆open-ended line drive
开口钻孔爆破☆open-hole shooting
开矿☆open (up) a mine; opening of mines; exploit a mine
开(拓)矿(山)☆gopher; opening-up
开矿炸药☆lox
开括号[计]☆opening bracket
开阔岸沼泽☆open-coast marsh
开阔背斜☆broad anticline
开阔的☆unclosed
开阔地☆champaign; champagne
开阔海面☆main sea
开阔海台地相☆open marine platform facies
开阔海湾☆open bay{sound}; bight
开阔海洋台地相☆open marine platform facies
开阔穹隆☆broad-topped dome
开阔区☆open area
开莱特介属[C_3]☆Kellettella
开(口)链[化]☆open chain
开链结构烃☆aliphatic hydrocarbon
开链烃☆open-chain hydrocarbon
开裂☆gape; dehiscence; ripping; crack; chink
开裂孢属☆Schizosporis
开裂缝☆open-gash fracture; open gash
开裂环带(最密区)☆cleft-girdle maximum
开裂环带(组构)☆cleft girdle
开裂环带点集中☆cleft-girdle maximum
开裂刃位错应变能☆strain energy of cracked edge dislocation
开裂深度☆depth of cracking
开裂隙☆open-joint fissure
开裂压力☆cracking pressure
开裂锥[德]☆dehiszenskegel
开炉☆blow in{on}; a blast furnace; blowing in
开炉装料☆filling
开路☆open circuit{loop}; open a way; blaze a trail; open-circuit; disconnection; oc
开路触点☆break contact; off-contact
开路电流☆open(-circuit) current
开路粉磨系统☆open-circuit grinding
开路浮选☆batch flotation
开路轨迹振动器☆open-path vibrator
开路接法☆circuit-opening connection
开路控制☆open-loop control
开路破碎操作☆open-circuit comminution operation
开路信号发送☆open-circuit signaling
开滦角石属[头;O_1]☆Kailuanoceras
开麦可儿[水蒸气爆破装置]☆chemecol
开曼群岛[英]☆Cayman Islands
(倾卸车)开门扣☆door tripper
开门炮孔☆reliever; buster{starting;opening} shot;

cut{stab} hole
开门式车☆door-type car
开门信号☆enabling signal
开棉机☆asbestos defibering machine
开模☆mould split
开诺[一种充有稀薄氖气的二极管]☆kino
开排水沟犁☆draining plough
开派{凯普;科普}斯模型☆Kepes model
开盘☆opening quotation
开炮孔{眼}☆collaring
开喷☆unload
开坯☆blooming；cogging
开坯机☆bloomer；blooming mill
开坯轧辊☆reducing roll
开辟☆channel；slipe out[巷道]；swamp[道路]
开辟途径☆channel
开辟新采{煤}区☆tap
开票☆make remittance
开票后☆after date；a/d；a. d.
开票人☆drawer
开平方根☆rooting
开平角石属[头;O_1]☆Kaipingoceras
开坡口☆bevelling；grooving；bevel(l)ing of the edge；beveling；chamfering；preparation of grooves；bevel (cutting)；veeing
开坡口的[焊]☆bevelled；chamfered；chfd；grooved
开坡口焊☆bevel welding
开普勒行星运动定{规}律☆Kepler's law of planetary motion
开普勒坐标(值)☆Kepler coordinates
开启☆gate；firing；gating；unsealing；turnon
(信号)开启☆unblanking
开启的破碎圆盘组件☆open table assembly
开启电压☆cut-in voltage
开启工具☆opener
开启空隙☆opened void
开启桥的平衡装置☆bascule
(抓岩机抓斗)开启绳☆holding rope
开启式分岔{支}☆open ended branch
开启位置☆open site{position}
开启延滞时间☆opening delay time
开汽车☆automobilism；automobile
开堑沟☆key cut
开腔海绵属☆Chancelloria
开切☆slotting
开切巷道☆starting{first} cut
开切口☆box cut
开切口体积☆volume of box cut
开切矿柱☆forming of pillars；block out
开切煤房☆necking
开切盘区☆paneling
开切眼☆interconnection；starting{open-off} cut
开切中间矿房开采法☆key-room system
开清单☆inventory
开区间☆open interval
开渠机☆channeller
开缺口☆notching
开散列法☆open hash method
开砂造型☆open sand moulding
开石☆dirt；spoil
开石机☆gadding machine
开始☆initiation；commence；institute；inauguration；commencement；opening；undertake；embarkation；beginning；outset；threshold；break；initiate；start on；spring；originate；inception；proceed；throw off；embarcation；starting；launch；onset；set out
(本文自此处)开始[拉]☆incipit
开始爆发☆set off
开始变斜点☆kick-off point；KOP
开始呈现绿色☆virescence
开始出水☆come on water
开始出油☆kick{pay} off；payoff
开始存量☆opening inventory
开始的☆incipient；first；opening
开始点☆threshold
开始发送信号☆proceed-to-send signal
开始工作☆cut-in；cut in；attack；CI
开始关井☆initial shut-in；ISI
开始积水的矿床☆field going to water
开始节点☆start node
开始`掘进支巷{开拓新工作区}☆open off
开始开发前的初步设计☆prestart-up conceptual design
(油井)开始猛喷产油☆blow in
开始破裂☆fracture initiation
开始日期☆target date
开始熔化☆incipient melting
(使)开始生长☆bud
(在)开始时☆at the outset
开始时读数☆opening reading
开始时间☆starting{origin} time；S.T.
开始使用☆break-in
开始水淹的油田☆field going to water
开始送风☆blow{blowing} in；a blast furnace
开始通油☆bring on stream
开始冶炼☆on-stream
开始造斜☆kicking{kick} off
开始值☆starting value
开始注水时间的选定☆timing of water injection
开始钻井☆spud in
开始钻孔☆hole-in
开始作业阶段☆start-up period
开式称重型标准罐☆open gravimetric prover
开式承载结构☆open carrying structure
开式传动☆exposed drive
(轴承用)开式吊架☆double hanger
开式吊卡☆unclamped elevator
开式动力液系统☆open power fluid system
开式工形对接坡口☆open-square butt groove
开式工形坡口对接焊缝☆open-square butt weld
开式火焰加热退火☆flame annealing
开式级配砂☆open sand
开式简单循环燃气轮机☆open simple cycle gas turbine
开式检定设备☆open proving equipment
开式联合碎石机组☆open type crushing plant
开式模爆炸成形工艺☆open-die explosive forming technique
开式燃料阀☆open-type fuel valve
开式设计翼片稳定器☆open design blade stabilizer
开式循环燃气轮机☆open cycle gas turbine；open-cycle gas turbine{turbans}
开式叶轮结构☆open vane design
开氏度数[K]☆degrees Kelvin；deg K
开{凯}氏温标☆Kelvin (temperature) scale；Kelvin's thermometric scale；absolute temperature scale
开市(行情)☆opening quotation
开收据☆check；receipt
开数据☆open data
开闩☆unlatch
开水道☆channel
开斯带☆Kheis belt
(信号)开锁☆unblanking
开锁磁铁☆unlocker magnet
开锁力☆unlocking force
开太古代☆Catarchean
开态电流☆on-state current
开态电阻☆on-resistance
开掏炮眼☆starting shot
开题报告☆proposal
开通☆cut-over；open-minded；liberal；enlightened；remove obstacles from；dredge；clear
开通粉属[孢;T_3-K_2]☆Caytonipollenites
开通果(属)[J]☆Caytonia
开通花☆caytonanthus
开通介属[K_1]☆Kaitunia
开通目[植]☆Caytoniales
(在)开头☆at the out set
开头部分☆beginning
开头的☆initial
开头数据☆header data
开土机☆bulldozer
开拓(荒地)☆reclaim
开拓[采掘前修建巷道等工序总称]☆develop(ing)；opening (out)；development；extension；exploitation；opening-out；open(ing) up；opening-cut；win(ning)；baring；advance{early;major;initial} development；opening of a mine field；deadwork；reclamation；opening of mines；swamp；opening up the seam
开拓成盘区的矿体☆ore blocked out
开拓储量☆developed reserve；blocked-out ore
开拓的☆won；pioneer
开拓地☆polder
开拓方式☆mode of opening{entry;development}
开拓工☆developer
开拓工程☆development work{operation;opening}；instrumentality of mining；winning
开拓工程全部完成的矿山☆fully developed mine
开拓工作☆development{dead} work；first working；working in the whole (mine)
开拓海底矿层的下山☆chiflone
开拓巷道☆development opening{working;gallery;way;road;heading;roadway}；developing butt{entry}；winning heading{headway}；drive
开拓巷道掘进头☆development end
开拓进尺[煤矿]☆tunnelling footage
开拓掘进☆underground mine development；opening driving
开拓矿井☆drift mine
开拓矿量☆developed ore{reserve}；development reserve
开拓矿石☆development rock
开拓了的☆laid bare
开拓上山☆development raise
开拓时产生的废{矸}石☆development waste
开拓天井☆development raise；raise development
开拓完毕的煤矿☆whole mine
开拓性的[研究]☆initiative
开拓性工作☆development work
开拓者☆breaker；settler
开拓殖民地于……☆colonize
开拓准备回采的煤☆developed coal
开挖☆excavation；(open) cut
开挖(井筒)☆delf；collaring
开挖沟槽☆trench excavation
开挖回填☆excavating and fill
开挖加覆盖罐☆cut {-}and {-}cover tank
开挖面☆cut surface；front bank
开挖深度☆cutting{excavation} depth
开挖土方☆earth excavation
开挖线☆foundation{excavation} line
开挖斜坡☆excavation slope
开尾销☆cotter (pin)；split cotter pin
(砂箱)开尾销☆slotted (moulding box) pin
开尾凿☆splitting chisel
开尾制{扁}销☆split cotter
开西{凯尔胥}立体测图仪☆Kelsh plotter
开斜槽☆oblique nothing{notching}
开型(结晶)☆open form
开旋壳[软]☆advolute shell
开旋式☆evolute
开眼☆collaring
开眼(用)钎子☆first{spudding} bit；starter；pitching borer；stub rod
(用)开眼钎子钻进☆pilot boring
开眼鞋☆spudding shoe
开眼钻头☆spud(ding) bit
开业者☆practitioner
开叶理构造☆open foliation structure
开育干珊瑚属[D_2]☆Cayugaea
开运河铺管法[第一艘船先导开沟,后面的铺管船在沟中铺管]☆canal-lay construction
开凿☆excavation；digging；dig；cut；sink；cut-through；cut (a canal,tunnel,etc.)；excavating；extracting
开凿帮岩回采(法)☆resue
开凿壁龛用采煤机☆coal planer
开凿底板☆lift the floor；bottom lifting
开凿横巷平石门☆crosscutting
开凿坑道☆tunnel(ing)
开凿马头门工作☆open-cut of shaft bottom；opencut
开凿隧道☆cut a tunnel；tunnel(ing)；tunnelling
开凿下山☆winzing
开凿岩石☆rock lifting
开凿运河☆cut{dig} a canal
开凿者☆excavator
开凿中的井筒☆sinking pit
开闸电流☆breaking current
开展☆development；evolve；fan；wage
开展背斜☆broad anticline
开(立)账(户)☆open account；make out an account
开褶皱☆open fold
开证日期☆issuing date
开证银行☆opening bank
开支☆expense；expenditure
开支票☆check
开支日☆pay{wage} day
开支总表☆cost-record summary
开着的☆unclosed
开足马力☆blow the soot out
开足油门☆full throttle
开钻☆hole-in；collar(ing)；collar a hole；spud (in)；

spudding (up;in)；break-in；start a well；kicking down[口]
开钻井口数☆spudding well number
开钻前计划☆pre-spud plan
开钻直径☆starting diameter
揩边☆edge wiping
揩布☆duster；cloth
锎☆Cf；californium

kǎi

蒈(烷)[$C_{10}H_{18}$]☆carane
蒈甲醇[$C_{10}H_{17}CH_2OH$]☆carane
凯巴布石灰岩层组☆Kaibab formation
凯碲钯矿[$Pd_{3-x}Te$(x=0.14～0.43);三方]☆keithconnite
凯丁牙形石属[T_2]☆Ketinella
凯恩地区的亮褐色海生石灰岩☆Caenstone
凯恩特-马克松型磨机[垂直环辊式磨机]☆Kent Maxecon mill
凯库尔理论☆Kekule's theory
凯莱安矿☆kelyanite
凯莱型叶片式压滤机☆Kelly filter
凯勒式旋转振荡叶轮☆KROV；Keller rotating oscillating vane
凯里布造山运动[北美;Pz_1]☆Cariboo orogeny
凯里方钻杆安全配合接头☆Kelly saver sub
凯里期[北美 15,000 年前冰期]☆Carey phase
凯利建造[月质]☆Cayley
凯利石☆kellyite
凯罗泡洛斯法[晶育]☆Kyropoulos method
凯麦荣泵[风动活塞型]☆Cameron pump
凯米多尔石灰☆Kemidol
凯纳反向事件☆Kaena event
凯纳亚(磁极)期☆Kaena event
凯撒白[石]☆Caesar White
凯撒黑[石]☆Nero Galassia Fossice
凯萨达格(阶)[北美;D_3]☆Cassadagan
凯瑟贝属[腕;D]☆Kayseria
凯瑟林珊瑚属[C_1]☆Keyserlingophyllum
凯塞[波数单位]☆kayser
凯塞(尔)效应☆Kaiser effect
凯石英☆keatite
凯斯利牙形石属[O_{1-3}]☆Keislognathus
凯斯特罗[蓖麻油与矿物油的混合物]☆castrol
凯特尔莫尔浮选法☆Cattermole process
凯特兰熟铁锻炼法☆Catalan process
凯特重力测定计☆Kater's pendulum
凯旋☆triumph
凯悦红[石]☆Breccia Oniciata
凯泽阶[北美;S_3]☆Keyser (stage)
铠甲泥球☆mud ball
铠螺属[腹;D]☆Scalitina
(电缆)铠皮织层☆armor winding
铠装☆armo(u)r；armo(u)ring；armor package；sheath；metal clad；armature；harness
铠装玻璃☆armoured glass
铠装层☆armor layer
铠装的☆iron-clad；dressed with；armoured (clad)；armored；panzer；metalclad
(钢)铠装的☆steel armoured
铠装电缆☆armored (electric) cable；belted{sheathed; armoured;iron-clad} cable；wireline
铠装刮板输送机☆armoured chain conveyor
铠装胶带输送带☆armoured belt
铠装可弯曲运输机☆armoured flexible conveyor；flexible armoured conveyor
铠装矿用蓄电池☆ironclad mining battery
铠装链板输送{运输}机☆armoured chain conveyor
铠装泥球☆pudding ball
铠装输送机带动的刨煤机☆panzer-driven plough

kān

刊登(广告等)☆insert
刊后语☆postface
刊物☆publication；publ.
堪☆barrage
堪萨(斯)冰期[北美;N_2]☆Kansan (glacial stage)
堪萨斯化石脂☆jelin(ek)ite；kansasite
堪萨斯州[美]☆Kansas
勘测☆map；investigation；surveying；(running) survey；prospecting；reconnaissance (survey)；reconnoiter；exploration (survey)；reconnoitring；reconnoitre
勘测队☆survey partition；field party
勘测员☆surveyor
勘查☆seek；prospecting；survey(ing)；exploration；research；search
勘查(报告)☆perambulation
勘查人员☆explorer
勘查石油☆search for oil
勘察☆investigation；prospect(ing)；reconnaissance；exploration；survey；pioneering；scout；reconnoitre (an area for engineering or other purposes)
勘察工作种类☆types of investigation working
勘察小井☆slim hole
勘察研究☆exploratory study
勘察者☆perambulator
勘察钻孔☆test bore{hole;well}
勘定☆location
勘定储量☆proven{positive;proved} reserves；explored reserve
勘定……的界线☆demarcate；demark
勘定矿量☆proved ore{reserve}
勘探☆exploration；prospect(ing)；prospection；prove；reconnaissance；leapfrogging；explore；exploratory {field;exploration} survey；search(ing)；bird dogging
勘探暗井☆sump winze
勘探爆破☆seismic{reconnaissance} shooting
勘探程度☆degree of prospecting{exploration}
勘探程序☆procedure of exploration；exploration sequence；program of prospecting；prospecting program
勘探筹划☆shoot on paper
勘探储量☆explored{prospected} reserve
勘探船☆exploration ship；research and exploration vessel；survey vessel
勘探的矿地☆prospect
勘探第二阶段-详查☆exploration stage 2-detailed reconnaissance
勘探地球物理工作者☆exploration geophysicist
勘探地区☆potential area
勘探第三阶段-地面精查☆exploration stage 3-detailed surface investigation of target area
勘探第四阶段[勘探,采样,储量计算,选点]☆exploration stage 4-detailed three-dimensional physical sampling of target area
勘探第一阶段-区域地质普查☆exploration stage 1-regional appraisal
勘探队☆exploration crew；prospecting team{party}；field{research;survey(ing)} party；exploring team；expedition
勘探对象☆(prospecting) target
勘探对象范围☆target area
勘探多用处理机☆exploratory multiprocessor
勘探费用概算☆exploration budget
勘探公司☆exploration syndicate{company}；drilling firm
勘探巷道☆prospecting{prospect} entry；exploratory {exploring} drift；prospect tunnel{opening}；drive；exploring heading{place}
勘探记录一览☆scout sheet list
勘探家☆explorationist
勘探精度☆surveying accuracy
勘探井☆exploratory pit；trial shaft；prospecting well{borehole}；cover hole；test well
勘探坑道☆prospecting gallery{drift}；proving hole；exploration workings
勘探坑道掘进☆exploring mining
勘探孔☆curtain{prospect;proving;exploratory;cover; exploration;scout;wildcat} hole；prospecting well；test borehole；bore-hole for inspection
勘探路线☆explorer's route
勘探模型☆model for exploration
勘探取样☆pilot sampling
勘探人员☆locator；exploration man；explorer
勘探设计阶段测量☆survey in reconnaissance and design stage
勘探深度☆depth of prospecting{exploration}
勘探申请☆discovery claim
勘探史[某地区的]☆case history
勘探竖井☆prospect(ing) shaft；vertical exploratory opening
勘探网☆prospecting{exploration} network；(exploratory) grid
勘探网度☆degree of exploratory grid；exploratory {prospecting} grid
勘探网区☆grid area
勘探卫星☆explorer-type satellite
勘探线剖面图☆exploratory line section
勘探线索☆clue for prospecting
勘探性开采☆exploring mining
勘探者☆explorer；ore prospector；wildcatter
勘探证实地区☆proven territory
勘探中附带采矿☆exploring mining
勘探资料解释系统☆exploration data interpretation system；EDIS
勘探钻井☆prospecting work；pioneer{exploratory} well；exploration{prospect;exploratory} drilling
勘探钻孔☆prospecting bore{borehole}；exploratory drill hole；pioneer hole{well}；exploratory borehole {boring}；posthole well；test borehole；proving hole
勘探钻孔布置{排列}方式☆test-hole pattern
勘探钻孔井☆posthole well
勘探钻探阶段☆exploratory drilling phase
勘误表☆corrigendum；erratum
看风门工☆doorboy；air-door tender；braddisher；brattice{braddish;air;ventilation} man；nipper
看管☆attend
看管机器的人☆machine-minder；tenter
看护贝属[腕;$Є_3$]☆Orusia
看护人☆nurse
看门工☆trapper；door tender{trapper}
看守人☆keeper；watchman；tender

kǎn

坎(德拉)[发光强度单位]☆candela；cd；CD.
坎贝尔定律[分水岭迁移与溯源侵蚀]☆Campbell's law
坎贝尔-科耳皮兹电桥☆Campbell-Colpitts bridge
坎布置奇[美]☆Cambridge
坎底来特烟煤☆candelite
坎儿井☆karez{care}[新疆]；kariz；kanat{qanat}[伊]；foggara
坎辉铋铅矿☆cannizzarite
坎坷不平的天井☆knuckled raise
坎离砂[中]☆traditional thermal powder for rheumatism；thermal powder
坎锰铜矾☆campigliaite
坎农-芬斯克黏度计☆Cannon-Fenske viscometer
坎帕大理岩[K]☆Campan marble
坎帕{潘;佩尼}阶[83～72Ma;K_2]☆Campanian (stage)
坎潘因群落[非洲刚果疏树干草原]☆campine
坎佩尼期☆Campanian age
坎坡层[T_1]☆Campiler beds
坎萨尔合金[一类高温耐氧化铝铁铬钴合金]☆Kanthal alloy
坎沙含水赤铁矿☆Cansa
坎砷锰矿☆kaneite；arsenical manganese
坎氏颗石[钙超;K_2]☆kamptnerius
坎氏藻属[J-K]☆Canningia
坎氏震级☆Cancani's seismic intensity scale
莰[$C_{10}H_{18}$]☆camphane
莰醇-2[$C_{10}H_{18}O$;$C_{10}H_{17}OH$]☆borneol
莰过氧化氢[$C_{10}H_{17}$-OOH]☆camphane hydroperoxide
莰硫醇[$C_{10}H_{17}SH$]☆camphane mercaptan
莰酮[$C_{10}H_{16}O$]☆camphor
莰烷☆camphane；bornane
莰烯[$C_{10}H_{16}$]☆camphene
槛☆sill
砍☆hack；hew；chop；notching
砍除{斩波}器☆lopper
砍掉☆lop
砍掉树木☆deforestation
砍伐☆fell (trees)；stump；deforestation
砍伐过度☆overcutting
砍痕☆hack；slash-mark
砍木镰[测量员用]☆brush hook
砍劈☆chop
砍劈工具☆hack
砍平石块☆abate
砍去☆strike off
砍去头部☆obtruncate
砍入☆slash
砍石楔☆feather (key)
砍修石头☆nigging

kàn

看☆eye；view；look
看不见的☆perdue；perdu
看出☆discover；detection；perceive；discern；telling

看窗☆looking glass
看到☆catch；observe
看得出的☆appreciable；perceptible
看得见☆in sight；visible；viewable
看懂☆read
看法☆attitude；perspective；valuation；submission；sight；opinion
看火☆kiln monitoring
看见陨落的陨石☆falls
看校样☆proofreading
看来(似乎)☆appear
看片灯☆negatoscope
看上去☆seemingly
(露天)看台上的观众☆bleacherite
看作☆reckon；regard

kāng

康拜因☆combine；combined machine
康采恩☆concern；conglomerate
康达[距离、方位自动指示器]☆condar
康德(-)拉普拉斯星云说☆Kant-Laplace nebular theory
康得普深度控制器☆Condep controller
康滇地轴☆Xikang-Yunnan{Kang-Dian} axis
康定岩群☆Kangding Group Complex
康孚乐流量计☆Conflowmeter
康弗路截流阀☆Conflow stop valve
康复效益☆restorative benefit
康煌岩☆camptonite
康卡构造☆conche；conca
康克林磁铁矿(悬浮液)分选☆Conklin process
康克林型交叉带式磁选机☆Conkling magnetic separator
康拉德不连续面☆Conrad{Riel} discontinuity
康拉德层☆Conrad layer；lower crustal layer
康拉德(间断)面☆Conrad discontinuity
康拉德式反循环泥浆洗井取芯法☆Conrad counterflush coring system
康拉逊残碳值☆Conradson carbon residue
康莱(统)[欧;$Є_1$]☆Comleyan
康蒙脱石☆confolensite
康墨尔(磁性合金)☆comol
康奈尔斯煤[美;燃料比 1.85]☆connellsite
康尼茂期☆Conemauch age
康尼旺高(阶)[北美；勃莱福德(阶);D_3]☆Conewangoan (stage)
康镍蛇纹石☆con(n)arite；comarite；konnarite；konarit；komarit
康涅狄格州[美]☆Connecticut
康宁 0041 玻璃☆Coring glass code 0041
康宁克菊石属[头;T_1]☆Koninckites
康宁克孔藻(属)[C]☆Koninckopora
康宁克珊瑚属[C]☆Koninckophyllum
康普敦效应☆Compton effect
康普顿边(界)☆Compton edge
康普顿反冲电子☆Compton recoil electron
康普顿块☆Compton lump
康普顿-喇曼散射理论☆Compton-Raman theory of scattering
康普顿散射原理☆Compton scatter principle
康普顿-吴有训效应☆Compton-Woo effect
康森科型分级机[干涉沉降自动排料]☆Consenco classifier
康生环境☆primary environment
康氏泵[动梁柱塞泵]☆Cornish pump；Cornish engine
康氏残碳值☆Conradson carbon residue
康氏珊瑚☆Koninckophyllum
康索尔☆Consol
康索尔格网海图☆Consol lattice chart
康塔尔铁铬铝电阻合金☆kanthals
康铜☆konstantan；constantan
(斜井用)康威尔泵连杆支轮☆dolley wheel
(用)康威尔辊碎机破碎的粗矿石☆raft
康威尔开采法☆Cornish method
康威型斗式装岩机☆Conway shovel
康沃尔(人)的[英]☆Cornish
康沃尔郡的☆Cornish
康沃尔石☆Cornish{Cornwall} stone
糠醛{叉}[$C_4H_3O•CHO$]☆furol；furfural；furfurol；furfuraldehyde
糠醇☆furfural alcohol
糠醇黄药[$C_4H_3O•CH_2OCSSM$]☆furfuryl xanthate
糠醇树脂稀释剂☆furfural alcohol resin-diluent
糠的☆furfuraceous
糠基黄原酸盐[$C_4H_3O•CH_2OCSSM$]☆furfuryl xanthate
糠虾目{类}☆Mysidacea
糠油☆rice oil

kàng

抗☆contra-；anti-
抗癌剂☆anticancer agent
抗拔力☆pull-out capacity；uplift resistance
抗拔区[加筋土]☆resistant zone
抗搬运能力☆transportation resistance
抗饱和☆anti(-)saturation
(润滑油断油时的)抗抱轴性能☆anti-seizure property
抗爆☆antidetonation；antiknock (antagonist)
抗爆层[军]☆bursting layer
抗爆掺和值[工]☆antiknock blending value
抗爆感应性☆antiknock susceptibility
抗爆化合物☆antiknock compound
抗爆混合物☆knock-sedative dope
抗爆剂☆antidetonant；antidetonator；anti(-)knock (agent;compound;material)；dope；knock suppressor；antiknock substance；knock-reducer；depinker；knock suppressor；octane promoter [改善爆震性能]；knock-inhibiting essence
抗爆技术☆anti-virus technology
抗爆器☆anti-detonator
抗爆燃料[高辛烷值汽油]☆antiknock{antidetonation；doped;anti-knock;anti-pinking} fuel；antipinking fuel
抗爆性☆resistance to blasting；antiknock property {rating;quality}；anti-detonating property
抗爆液☆antidetonating{antiknock} fluid
抗爆震性试验☆antiknock test
抗爆震助剂☆co-antiknock agent
抗爆值[工]☆anti(-)knock{antiknock} value {rating}
抗爆指数☆anti-knock index
抗崩解持久性试验☆slake durability test
抗变式☆contravariant
抗变体☆resister
抗变形钢☆non-shrinking steel
抗变形菌素☆proticin
抗变形力☆resistance of{to} deformation
抗变性☆contravariance
抗表面疲劳能力☆resistance to surface fatigue
抗冰梁☆ice beam
抗病的☆disease-resistant
抗病力{性}☆disease resistance
抗剥落☆antistripping
抗不良天气的☆weatherproof
抗沉[打桩不进尺]☆refusal
抗沉陷阻力☆resistance to yield
抗沉性☆resistance to sinking
抗冲击聚酸酯管☆impact-resistant polycarbonate tube
抗冲击强度☆shock strength
抗冲击性试验☆impact resistance test
抗冲蚀{刷}☆antiscour
抗穿透性{力}☆penetration resistance
抗磁力☆coercive{coercitive} force；diamagnetism
抗磁屏蔽☆antimagnetic shield
抗磁体☆diamagnet；diamagnetic body
抗磁性物料{质}☆diamagnetic mineral
抗大气影响的☆weather-protected
抗地震(的)☆antiseismic；earthquake-resistant；aseismatic
抗地震的☆earthquake-proof；aseism(at)ic
抗地震试验场☆earthquake-proof site
抗点蚀性☆pitting resistance
抗电弧的☆arc-resistant
抗冻☆antifreeze；freezing resistance；frostresisting；frost resisting
抗冻"代那买特{硝甘炸药}☆non-freezing dynamite
抗冻的☆frost(-)resisting；antifreeze；frost-proof
抗冻剂☆antifreeze；antifreezing compound
抗冻力{性}☆frost resistance
抗冻试验☆frost-thawing{freezing} test
抗冻系数☆coefficient of freezing resistance
抗毒的☆antitoxic
抗毒素☆antitoxin
抗毒素的☆antitoxic
抗断强度☆resistance to rupture；breaking{rupture} strength；rupture resistance；tenacity
抗断应力☆breaking stress{strength}；break stress
抗反射☆antireflection
抗风化的☆weatherproof；weather-protected
抗风化力☆weatherability
抗风化面☆enduring surface
抗风化性☆weathering resistance
抗风化作用☆resistance to weathering
抗风锚☆windward{weather} anchor
(油罐)抗风圈☆primary wind girder；wind ring
抗风支撑☆wind brac(ing)；wind-brace；lateral
抗辐射性☆radioresistance
抗腐层☆anti-corrosion insulation
抗腐蚀(的)☆corrosion proof；non-corrodible
抗腐蚀耐高温的镍合金类☆hastelloys
抗腐蚀性☆corrosive{corrosion} resistance；corrosion resistivity
抗干扰☆jamproof；anti jamming；antijam；A.J.
抗干扰的☆jamproof；interference-free
抗干扰度☆noise immunity
抗感光树脂☆photosensitive-resist resin
抗汞的☆mercury-resistant
抗滚动力矩☆counterrolling moment
抗寒性☆winter hardiness{resistance}；cold resistance
抗旱☆drought-defying
抗旱性☆drought resistance
抗旱植物☆drought-resistant plant
抗焊剂☆antiflux
抗衡☆counterweight；counterbalance
抗衡离子☆gegenion；counter {-}ion
抗滑安全度{性}☆safety against sliding
抗滑的☆antiskid；skid-free
抗滑工程☆project to control landslide
抗滑键☆anti-sliding{shear} key
抗滑力☆resisting sliding force；resistive force；sliding resistance
抗滑力矩☆moment of sliding resistance
抗滑试验☆slide test
抗滑应力☆cohesion stress
抗滑桩☆anti-slide pile
抗滑阻力☆resistance to sliding；sliding resistance
抗划痕的☆mar-proof；mar-resistant
抗划痕性☆mar-resistance
抗坏血酸[$C_6H_8O_6$]☆ascorbic acid
抗混体☆metaster
抗火性☆fire resistance
抗火液☆fire-resistant fluid
抗火(蛭)石☆pyrosclerite；penninite
抗加速的☆acceleration proof
抗碱的☆alkali-resistant
抗碱剂☆antalkali
抗碱性☆alkali resistance
抗剪角☆angle of shearing resistance
抗剪破坏安全系数☆safety factor against shear failure
抗剪强度☆shear(ing) strength；strength of shearing；resistance to shearing；the shear strength；shear drag
抗剪强度曲线☆shear strength curve
抗剪切强度试验☆shear test
抗胶剂☆antigum agent
抗交代元素☆alteration-resistant element
抗结石的☆antilithic
抗近地物干扰系统☆anticlutter
抗静电防火聚氯乙烯保护层☆polyvinyl-chloride anti-static and flame resistance cover
抗静电剂☆anti-static{antistatic} agent
抗静电涂层☆antistatic coating
抗菌(作用)☆antibiosis；amensalism
抗菌的{素}☆antibiotic
抗菌法☆antisepsis
抗菌剂☆antiseptic
抗菌水泥☆antibiotic cement
抗狂犬病的☆antilyssic
抗拉强度☆tensile{tension;tensional} strength；stretch(ing) resistance；strength of extension；TS
抗拉强度试样☆tensile test piece
抗拉试验{|应力}☆tension{tensile} test{|stress}
抗老化剂☆antioxidant；antiager
抗老化性☆resistance to aging
抗涝☆anti-waterlogging
抗冷性☆cold resistance；cold-resisting property
抗力☆resistance
抗力矩☆resisting moment
抗裂度☆crack resistance
抗裂面☆anticlastic (plane)
抗裂能力☆rupturing capacity

抗裂强度☆crack(ing) resistance; rupture strength
抗裂性☆resistance to breaking; crack{splitting} resistance
抗裂压力☆cracking pressure
抗硫酸盐水泥☆sulfate{sulphate}-resistant cement
抗流☆choke
抗流接头☆choked flange
抗流圈☆choking turns
抗隆起稳定性☆stability against heave
抗霉素☆antimycin
抗磨(的)☆antiwear; wear {-}resistant
抗磨板☆wearing plate
抗磨材料☆abrasive-resistant{wear-resistant} material
抗磨力☆abrasive{abrasion} resistance
抗磨强度☆wear-resistance strength; abrasion{wear} resistance
抗磨蚀能力☆abrasion {-}resistance
抗磨碎力☆resistance to grinding
抗磨损☆antifraying
抗磨损剂☆antiwear additive
抗磨(损)性☆resistance to abrasion{wear}; abrasion{abrasive; wear} resistance
抗磨硬度☆grinding{wear;polishing} hardness
抗磨值☆abrasion value
抗摩擦☆antifriction
抗钠玻璃☆sodium resistant glass
抗挠刚度☆flexural stiffness{rigidity}
抗挠强度☆flexure{transverse;flexural} strength
抗挠性☆stiffness
抗内压强度☆internal pressure strength
抗泥崩平台☆mudslide platform
抗黏剂☆antisticking agent
抗黏结的☆anti-setting
抗黏着力{结性}☆resistance to bond
抗鸟撞性☆bird impact resistance
抗凝固剂☆anticoagulant
抗凝剂☆anticogulant; paraflow
抗凝结化合物☆antisetting compound
(钻头)抗扭☆rebel tool
抗扭刚度☆torsional rigidity
抗扭构件☆torque member
抗扭疲劳限度{极限}☆torsional endurance limit
抗扭力☆torsional resistance; resistance to torsion
抗扭力矩☆apparent moment
抗扭弹性☆torsion(al) elasticity
抗扭(转)销☆antirotation dowel
抗扭斜☆deskew
抗泡剂☆kilfoam; antifroth agent
抗劈强度☆cleavage strength
抗疲劳☆antifatigue
抗疲劳(强度)☆fatigue resistance
(控制系统)抗偏离能力☆stiffness; yaw
(轮胎)抗偏驶性☆nibbling
抗破坏强度☆collapse resistance
抗破坏性☆resistance to failure; damage resistance
抗破裂性☆resistance to rupture; rupture resistance
抗破强度☆fracture stress{strength}; collapsing strength
抗破碎强度☆crushing strength
抗破碎性☆resistance to crushing; crushing strength
抗气蚀合金☆cavitation-resistant alloy
抗切断强度☆cutting resistance
抗切强度☆non-loaded shear strength; shearing strength
抗切试验☆non-loading shear test
抗侵蚀的☆erosion-resistant
抗侵蚀力☆erosion resistance
抗侵蚀性☆resistance to fouling; erosion-resistance
抗倾覆安全度{性}☆safety against overturning
抗屈服阻力☆resistance to yield
抗燃烧☆resistance to burning
抗燃树脂☆flame-resistant resin
抗燃性☆flame resistance
抗燃油☆fire resistant oil
抗扰☆immunity
抗扰的☆interference-free
抗热冲击☆thermal-impact resistance
抗热的☆heat-proof; temperature-resistant
抗热器☆heat resistor
抗热性☆heat impedance{resistance}; heat-resistance
抗热应力系数☆anti-thermal stress coefficient
抗热震性检验☆thermal shock resistance test
抗熔塌试验☆sag resistance test
抗熔体☆resister
抗溶解作用☆resistance to solvent action
抗溶(菌)素☆antilysin; antilysis
抗溶蚀的☆corrosion-resistant
抗溶性☆dissolution resistance
抗蠕变☆creep {-}resisting
抗乳化剂☆emulsion inhibitor; auticreaming{non-emulsifying} agent; non-emulsifier
抗乳化酸☆non-emulsifying acid
抗乳化值☆resistance to emulsion number; RE
抗烧结试验☆burn-back resistance test
抗渗剂☆permeability reducing admixture
抗渗性(压力)☆impermeability
抗渗性砂☆nonwetting sand
抗生的☆antibiotic
抗生素☆antibiotic; microbiotic
抗生作用☆antibiosis
抗失透石英玻璃☆anti-devitrification quartz glass
抗湿的☆moisture-repellent
抗石膏(污染)泥浆处理剂☆Anhydrox
抗石灰化剂☆slimicide
抗蚀(润滑剂)☆slushing compound
抗蚀材料☆erosion-resistant material
抗蚀残积☆resistate
抗蚀层☆resistant layer
抗蚀的☆corrosion resistant; corrosion-proof; rust proof; resistant to corrosion; non(-)rusting
抗蚀合金☆non-corrosive alloy
抗蚀剂☆resist
抗蚀能力☆resistance to corrosion
抗蚀性☆resistance
抗水剂☆water-repellent admixture
抗水性☆water {-}resisting property; water-resistance
抗水炸药☆water-resistant explosive
抗瞬变装置☆transient protector
抗撕裂(能力)☆tear resistance
抗酸剂☆antiacid
抗酸碱☆protective alkali
抗酸滤纸☆acid-resistant filter paper
抗酸水泥☆anti-acid cement
抗酸性☆acid resistance; resistance to acid
抗酸性的☆acid-fast
抗碎裂性☆resistance to spalling
抗碎强度☆crushing strength
抗碎性☆spalling resistance
抗缩水泥☆nonshrink cement
抗塌陷强度☆collapse resistance
抗塌性(能)☆anti-sag property
抗弹跳装置☆antibouncer
抗体☆antibody
抗体的☆immuno-
抗土壤应力☆resistance to soil stress
抗(外)挤强度☆collapse resistance; collapsing strength
抗外压强度☆outer pressure resistance
抗弯刚度☆bending resistance{rigidity}; flexural rigidity
抗弯(曲)强度☆bending strength{resistance}; flexing endurance; flexure strength; buckling strength
抗弯强度比值☆bending strength ratio; BSR
抗弯曲疲劳能力☆resistance to bending fatigue
抗弯三点试验☆three-point bend test
抗污染剂☆anti-pollutant
抗污染性☆resistance to fouling
抗污染作用☆antipollution
抗析晶石英玻璃☆devitrification resistance silica glass
抗吸入装置☆anti-suction device
抗细菌侵蚀性☆resistance to bacterial attack
抗锈的☆rust {-}resisting; rustless
抗锈蚀的☆resistant to tarnishing
抗锈性☆rust quality
抗锈性能☆rust-resisting property
抗絮凝作用☆deflocculation
抗压(强度)☆crush resistance
抗压构件☆strut
抗压力☆pressure{compressive} resistance
抗压强度☆compression{compressive;compressing; crushing;compressional} strength; resistance to yield; compressive resistance{hardness}
抗压强度实验☆compressive strength test
抗压强度衰退作用☆compressive strength retrogression
抗压缩强度☆compressive strength
抗压弹性☆compression elasticity
抗压弯能{纵向弯曲}力☆buckling resistance
抗压应力☆compressive stress
抗盐的☆salt resisting
抗氧(剂)☆antioxidant; antioxygen
抗氧化钢☆oxidation-resistant steel
抗氧化剂☆oxidation inhibitor
抗氧化性☆inoxidizability
抗药的☆drug-fast
抗药性☆drug-fastness; negative chemotropism{chemotaxis}
抗蚁植物的☆myrmecophobic
抗议☆protestation
抗议(书)☆protest
抗引力的☆antigravity
抗引燃性☆ignition resistance
抗应变能力☆strain strength
抗应力腐蚀合金☆stress corrosion resistance alloy
抗应力龟裂性☆stress crack resistance
抗油橡胶☆oil-resistant rubber
抗油性☆oil resistance; oil-proofness
抗淤(沉添加)剂☆antisludging(antisludge) agent
抗原☆antigen
抗杂散电流雷管☆anti-stray current detonator
抗噪声传声器☆antinoise microphone
抗噪声度☆noise immunity
抗渣性☆slag(ging) resistance
抗张构件☆tension member
抗张应变回复☆tensile strain recovery
抗张值☆tensile figure
抗折叠性☆fold resistance
抗折荷重☆rupture load in bending
抗折强度☆bending{transverse} strength; modulus of rupture in bending
抗振☆antihunt; antivibration
抗振动装置☆anti-vibration mounting
抗震☆antiknock; anti-seismic capability; fight an earthquake; take precautions against an earthquake
抗震的☆vibration proof; earthquake{shock;quake}-resistant; shatterproof; antiknock; aseism(at)ic; antiseismic
抗(地)震的☆aseismic
抗震工程☆earthquake-resistant construction; antiseismic engineering
抗震工程(学)☆engineering seismology; earthquake engineering
抗震基础☆earthquake proof foundation
抗震剂☆antidetonator; antiknock; knock suppressor; depinker; knock-reducer
抗震建筑☆aseismic{earthquake-proof{resistant}; antiseismic} construction; earthquake resistant building; antiseismic structure
抗震设计☆aseismic{aseismatic;seismic} design; design for earthquake resistance; earthquake resistant design; design against earth-quake{earthquake}
抗震台☆anti-vibration mounting
抗震心部☆shock resistant core
抗震性☆aseismicity; shock resistance
抗蒸汽的☆vapor proof
抗植物生长素☆antiauxin
抗重(力)☆antigravity
抗重复冲击能力☆resistance to repeated impact
抗抓拉强度☆grab tensile strength
抗转的☆antirotation
抗阻力☆resistibility{resistive} drag force
钪☆scandium; Sc
钪绿柱石[$Be_3(Sc,Al)_2Si_6O_{18}$;六方]☆bazzite; Sc-beryl
钪霓辉石☆jervisite
钪石[$ScSi_2O_7$]☆befanamite
钪钛硅铈矿☆Sc-perrierite
钪铁锰铌矿☆Sc-ixiolite
钪钇石[$(Sc,Y)_2Si_2O_7$;单斜]☆thortveitite; befanamite
亢奋的☆hyper

kǎo

拷贝☆copy; replica
考巴氏热风炉☆cowper
考贝氏平烟道炼焦炉☆Koppers horizontal flue oven
考毕兹振荡器☆Collpitts oscillator
考勃派蒂特型筛☆Korb-pettit screen
考查☆scrutiny; test; check; quiz; examine
考察☆consideration; exploratory search; review; survey
考察(队)☆expedition
考察船☆research vessel{ship}; R/V
考察的☆exploratory
考察性调查☆expeditionary research
考得[量木材体积单位]☆cord

考杜导火线☆cordeau；cordeau-detonant
考尔德科特型圆盘隔膜☆Caldecott cone
考尔沸石☆cowlesite
考尔单夫缓冲溶液☆Kolthoff buffer solution
考古☆archaeology；engage in archaeological studies
考古调查☆archeological investigation
考古学☆archaeology；archeology
考古学家☆archaeologist
考核指标☆indicators for appraisal performance
考究☆sophistication
考克☆cock；water{three-way} cock；stopcock
考利斯石☆cowlesite
考虑☆figure；deliberation；debate；contemplate；consideration；calculation；account；t(o t)ake into account；have regard to；allow for；consider；consult；thought；study；respect；ponderation；meditation
(慎重)考虑☆cogitation
考虑油藏流体组成的油层动态数值模拟机☆compositional simulator
考尼斯锰钢☆cornith
考勤员☆time checker
考赛耳模型☆Kossel model
考试☆examination；exam
考斯风☆kaus；quas
考斯莱特磷化钢面法☆Coslett treatment
考斯马菊石属[头;J_3]☆Kossmatia
考太克斯导爆线迟发装置☆Cordex relay
考太克斯起爆导火线☆Cordex detonating fuse
考特兰系统☆correlation of transients system；Cotran system
考特利阶[O_3]☆Cautleyan
考图比克福起爆点着导火线☆Cordeau-Bickford fuse
考文阶[欧;D_2]☆Couvinian stage
考验☆trial
考依波(阶)[欧;T_3]☆Keuper
考依波世[上三叠纪]☆Keuper{Keuperian} epoch
栲属[植;K-Q]☆Castanopsis
栲树皮[稀释泥浆用]☆mangrove bark
栲树脂☆kauri copal{gum;resin}；agathocopalite
烤☆firing；carbonado；broil；baking；bake；roast
烤变煤☆humphed{deaf} coal；gray maggie；clinker
烤钵☆cupel；test
烤钵试{冶}金法☆cupellation
烤房☆hothouse
烤干☆desiccate；stoving
烤干泥炭☆baken peat
烤过的☆roast
烤烘器具☆roaster
烤炉☆brazier
烤热法☆roasting method
烤箱☆salamander
烤窑☆heating up

kào

靠☆lean
靠岸☆inshore
靠岸天数☆lay days
靠壁式旋臂起重机硐室☆suspension wall pocket
靠壁式抓岩机☆wall-mounted rock grab；keeping-to-lining grab
靠不住☆unlikelihood；treacherous；trick
靠冲击波击发的引信☆airburst fuse
靠垫☆(back) cushion；cushion for leaning on
靠电池供电的☆battery-powered
靠浮筒停泊☆offshore anchorage
靠……工作{开动}☆operate on
靠海侧下降的断层☆down-to-the-sea fault
靠降低地层压力采出的油☆blow-down recovery
靠近☆close；approach；against；in the vicinity of
靠近北极区开采的石油☆arctic oil
靠近崩落区的巷道☆skirting；siding-over
靠近采空区的☆accessible from the goaf side
靠近采空区的顶板大裂缝☆breaker
靠近大陆一侧的山间盆地☆front intermontane basin
靠近飞行☆afflight
靠近海岸☆inshore
靠近井底的工作☆outbye work
靠近煤矿☆on coal
靠近套管鞋的一根套管☆starter joint
靠经验粗略估计☆rule of thumb
靠矿厂址☆location on ore
靠矿权区边界钻井☆line-hole drilling
靠老塘一边的☆goaf-side
靠拢☆close
靠模☆former；cam；profile
靠模棒筛☆profile screen
靠模工作法☆copying
靠模加工☆(form) copying
靠模切削☆copying cutting
靠模铣床☆profiler；profile machine；profiling milling machine
靠某种能源或动力运行☆run on
靠物体自重加料☆gravity feed
靠小脚轮移动☆truckle
靠压缩空气☆pneumatically
靠右对齐☆right justify
靠在指梁上排立的立根☆pipe setback
靠枕☆backing block
靠重力下井工具☆gravity descent tool

kē

珂罗版(制版术)☆phototype；colortype
珂支长身贝属[腕;C-P]☆kochiproductus
苛化淀粉☆causticized starch
苛化剂{器}☆causticizer
苛化作用☆causticization
苛捐杂税☆harsh duties
苛刻的☆harsh；critical
(在)苛刻条件下的试验☆severe test
苛罗里脱{克罗利特}陶质绝缘材料☆crolite
苛性☆causticity
苛性氨☆caustic ammonia
苛性的☆caustic；pyrotic
苛性化褐煤☆causticized lignite
苛性剂☆escharotic
苛性钾[KOH]☆caustic potash；kali；potash；potassium hydroxide；potassa
苛性钠[NaOH]☆sodium hydroxide；caustic (soda)；superalkali
柯胺[$Na_2C_{18}H_{16}O_6N_4$]☆chrysamine
柯巴树脂☆copal
柯包尔特衬里☆Cobalt lining
柯本气候分类系统☆Koppen climate classification system
柯本-苏班线☆Koppen-Supan line
柯宾诺效应☆Corbino effect
柯布兰兹(期)☆Coblenzian (age)
柯达彩色胶片☆kodachrome；kodacolor film
柯达红外航空胶片☆Kodak infrared aerographic film
柯地莱拉地槽☆Cordilleran geosyncline
柯恩{路}那特(炸药)☆Cornite
柯尔待特炸药☆cordite
柯尔莫尔型连续采煤机☆Colmol miner
柯尔莫戈罗{廓洛;哥洛}夫-斯米尔诺夫检验☆Kolmogorov- Smirnov test
柯尔莫戈罗夫微尺度☆microscale
柯尔任斯基相律☆Korzhinskii phase rule
柯尔筛☆Cole screen
柯{可}伐合金☆Covar；Kovar
柯哈石☆khoharite
柯赫冻结凿井法☆Koch freezing process
柯赫氏虫属[三叶;$Є_2$]☆Kochaspis
柯亨分析外推☆Cohen analytical extrapolation
柯卡丹宁酸[$C_{17}H_{22}O_{10}$]☆cocatannic acid
柯克尼希伯格试板☆K-plate；Konigsberger plate
柯克斯气压图☆Cox chart
柯克伍德环缝[小行星轨道分布上的间隙]☆Kirkwood gaps
柯兰尼虫(属)[孔虫;P_2]☆Colaniella
柯劳恩电磁法☆Crone electromagnetic method；CEM
柯勒照明☆Kohler illumination
柯里马地盾☆Kolyma shield
柯里斯摩石☆crestmoreite
柯林斯型采煤机[薄煤层用]☆Collins miner
柯绿泥石☆corrensite
柯伦牌矿用胶质安全炸药☆Columbia-Gel
柯罗胶☆kollolith
柯珞酊☆collodion
柯玛☆kinetic energy released in material；kerma
柯马塔衬里☆Komata lining
柯莫尔型联合采煤机☆Colmol mining machine
柯姆煤☆kolm
柯尼希伯格比☆Koenigsberger ratio
柯帕叠层石属[Z_2]☆Copperia
柯硼钙石[CaB_2O_4•H_2O]☆korzhinskite；korschinskite
柯坪螺属[腹;O]☆Kepinospira
柯普(氏)法则☆Cope's Rule
柯羟氯镁石☆korshinovskite
柯塞尔-斯特兰斯基模式[晶长]☆Kossel-Stranski model
柯砷钙铁{铁钙}石☆kolfanite
柯砷硅锌锰石{矿}[$Mn_7Zn_4(AsO_4)_2(SiO_4)_2(OH)_8$;斜方]☆kolicite
柯石英[SiO_2;单斜]☆coesite
柯氏公式☆Coe formula
柯氏谱☆kepstrum [pl.-ra]
柯水硅锆钾石☆kostylevite
柯水硫钠铁矿☆coyoteite
柯碳磷镁石☆kovdorskite
柯特克矿☆koutekite
柯特式导流管[推进器的]☆Kort nozzle
柯西变形张量☆Cauchy's deformation tensor
柯西分布☆Cauchy's distribution
柯西-许瓦兹不等式☆Cauchy-Schwarz inequality
柯希变形张量☆Cauchy's deformation tensor
柯希分布☆Cauchy distribution
柯衣定[$(H_2N)_2C_6H_3N_2C_6H_5$]☆chrysoidine
柯兹洛夫斯基贝属[腕;C_3-P_1]☆Kozlowskia
柯兹尼-卡曼常数☆Kozeny-Carman constant
柯子萃(浸膏)☆myrobalan extract
磕头式冲击钻机☆beeker percussion drill
颗分原理☆granulometric principle
颗壳☆coccosphere
颗粒☆grain；granul(at)e；granular particle；kern；granulum；partic(u)late；granula；grana；pellets；corn；granulation；gr.
颗粒变形☆deformation of particle
颗粒丙酸杆{状}菌☆Propionibacterium granulosum
颗粒材料造拱☆granular material arching
(沙粒等的)颗粒测定的☆granulometric
颗粒测定术{法}☆granulometry
颗粒层☆stratum granulosum
颗粒沉淀☆solids precipitation
颗粒充填☆grain packing
颗粒重新排列充填☆grain repacking
颗粒大小分布☆grain size distribution
颗粒的棱角性☆grain angularity
颗粒的平均直径☆average diameter of particle
颗粒法☆granule method
颗粒分布☆granulometric distribution
颗粒分布均匀的土壤☆well-graded soil
颗粒分成☆fractional makeup
颗粒分析☆analysis of grain composition；grating {mechanical;granularmetric} analysis；grain-size (distribution) analysis；grain structure analysis；size fraction analysis；granulometry
颗粒粉末☆corned powder
颗粒滚圆度☆degree of rounding of grains
颗粒互撞破碎☆particle-against-particle crushing
颗粒化☆granulation；granulate
颗粒灰岩☆grainstone
颗粒计数百分含量☆percent grain-bulk
颗粒间的☆interparticle；intergranular
颗粒间引力☆interparticle attraction
颗粒间隙信号☆particle gap signals
颗粒结构☆grained texture；granular structure
颗粒棱角性☆grain angularity
颗粒粒度☆grain{particle} size；coarseness of grading
颗粒流岩层☆grain flow bed
颗粒麻面☆matt surface of grain
颗粒膜袋虫☆Cyclidium granulosum
颗粒内的☆intragranular
颗粒-泥晶比☆grain-micrite ratio；GMR
颗粒排列☆grain packing；bill grain packing
颗粒破碎百分数☆percentage of particle breakage
颗粒群☆cluster of particles
颗粒生长☆growth of grain；particle{grain} growth；germination
颗粒式遗传☆particulate inheritance
颗粒碎裂☆size degradation
颗粒体系的渗透性☆permeability of particulate system
颗粒土壤☆granular soil
颗粒物污染☆pollution by particulate
颗粒下沉☆particle sink
颗粒向上变粗的沉积层序☆upward-coarsening sequence
颗粒向上变细的堆积旋回☆stacked upward-fining cycle
颗粒性☆granularity

颗粒岩[火成岩;沉积岩]☆granulite
颗粒引起的渗透率损害☆particle-induced impairment
颗粒隐身蟹☆Cryptosoma granulosum
颗粒应力☆rock frame stress
颗粒圆度☆roundness of particle；grain roundness；degree of rounding of grains
颗粒运动的启动☆threshold of grain motion
颗粒在流水中跳跃☆saltation
颗粒藻属[Z]☆Granifer
颗粒支撑☆grain{particle}-support
颗粒支撑的沉积物☆grain-supported sediment
颗粒置换百分含量☆percent grain-solid
颗粒状的☆granulose；granular；granular
颗粒状支撑剂☆bridging particle
颗粒组合☆particle association
颗(形)石[钙超]☆coccolith(us)
颗石鞭毛类[金藻]☆Coccolithophorida
颗石科[漂浮钙藻]☆Coccolithaceae
颗石球[钙超]☆coccosphere
蝌蚪螺属[腹;N-Q]☆Gyrineum
蝌蚪图☆arrow{tadpole} plot；tadpole diagram
蝌蚪穴☆tadpole nest；interference ripples
髁腹窝☆fossa condyloidea ventralis
髁孔☆foramen condyloideum
髁上孔☆foramen supracondyloideum
钶[铌旧称]☆columbium；niobium；Cb
钶酸铁锰矿☆adelpholite
钶钛铀矿☆hatchettolite；betafite
钶铁矿{石}☆columbite；kolumbit[德]；baierine；niobite
钶钇铀矿☆annerodite
科☆family；department；dept.；dep；series；section
科阿韦拉(统)[北美;K_1]☆Coahuilan
科巴[智利硝石底板未胶结的岩石、砾石]☆coba
科波-卡维基(氟硅酸钠分解绿柱石)法☆Copaux-Kawecki process
科博尔特(统)[加;Z]☆Cobalt
科布{勃}尔蠕变[晶界扩散]☆Coble creep
科布伦茨{仑兹}(阶)[欧;D_1]☆Coblenz(ian) (stage)；Koblenz(ian)
科达☆Cordaites
科达粉属[孢;P]☆Cordaitina
科达果☆Cordaicarpus
科达类☆Cordaitopsida；Cordaitales
科达木☆Cordaites；Cordaioxylon
科达木{树}结构凝胶{镜质}体[组分种类]☆cordaitotelinite
科达木属[古植;C-P]☆Cordaites
科达树微镜煤☆cordaito-vitrite
科达穗(属)[古植;C_3-P_2]☆Cordaianthus
科达型微粒计数器☆Coulter counter
科德特斯导爆索☆Cordtex
科德特斯式继爆管☆Cordtex relay
科的☆familial
科迪勒菊石属[头;T_1]☆Cordillerites
科迪勒拉成矿带[北美]☆Cordilleran mineral belt
科迪勒拉地槽☆Cordilleran geosyncline
科迪勒拉期前地体☆pre-Cordillera terrane
科迪亚☆Gordia
科堆坎叠层石属[Z]☆Kotuikania
科顿-穆顿效应☆Cotton-Mouton effect
科尔伯恩法☆Colburn process
科尔夫曼型双向采煤机☆Korfmann power loader
科尔尼石英棱镜☆Cornu quartz prism
科法兹保留指数(法)☆Kovats retention index
科氟钠矾[$Na_3(SO_4)F$;单斜]☆kogarkoite
科铬铅矿☆chrominium
科汞铜矿[Cu_7Hg_6;等轴]☆kolymite
科赫冻结凿井法☆Koch freezing process
科技管理☆management of science and technology
科技规划☆science and technology planning
科技合同☆contract for a scientific and technological research project
科技交流合作☆scientific and technological exchanges and cooperation
科技`刊物{连续性出版物}☆technical journal；scientific serials
科技情报所☆Science Information Institute
科技人员☆brainpower
科克伦定理☆Cocculin's theorem
科拉里矾☆clairite
科赖尔阶☆Corallian stage
科类☆category
科里{利}奥利力☆Coriolis{geostrophic} force
科里曼动力截装机☆Korimann power loader
科里球石[钙超;Q]☆Corisphaera
科利斯型蒸汽机摆动阀☆Corliss valve
科林斯石☆collinsite
科伦坡经济合作发展计划☆Colombo plan for Cooperative Economic Development in South and South-East Asia
科罗科罗式铜矿床☆Corocoro-type copper deposit
科罗拉多冲击筛☆Colorado impact screen
科`罗曼(特)[罗门脱]平行空炮眼掏槽☆Coromant cut
科洛姆型活塞跳汰机☆Collom jig{washer}
科玛☆kinetic energy released in material；kerma
科马提岩☆komatiite
科马提岩岩流堆☆komatiitic flow pile
科曼齐(系)[早白垩世]☆Comanchian
科{卡}曼奇(纪;统)[北美;K]☆Comanchean
科摩罗☆Comoros
科姆累阶☆Comleyan
科目☆discipline
科纳莫阶☆Conemaughian stage
科内特型黏度计☆conette type viscometer
科尼什泵连杆支轮☆dolly wheel
科尼什动梁柱塞泵☆Cornish engine
科尼什(双晶)律☆Cornish law
科尼什下向梯段回采法☆Cornish method
科尼什型辊碎机☆Cornish rolls
科尼斯布格比☆Koenigsberger ratio
科尼希炸药☆Cornish powder
科尼亚克(阶)[88～87Ma;欧;K_2]☆Coniacian
科宁型振动溜槽☆Corning table
科彭气候分类法☆Koppen's classification of climate
科普隆铜镍合金☆Cupron
科奇蒂正向(事件)☆Cochiti normal event
科奇式计尘器☆Kotze konimeter
科沙普林☆cosaprin
科氏力☆Coriolis force
科氏石英☆coesite
科水砷锌石[$Zn(As_5+,O_3)(OH)•H_2O$;三斜]☆koritnigite
科斯通阶[O_3]☆Costonian
科碳磷镁石[$Mg_2(PO_4)(OH)•3H_2O$;单斜]☆kovdorskite
科特迪瓦☆Cote d'Ivoire
科特雷尔{耳}式静电集尘器☆Cottrell precipitator
科特罗娃配料计算法☆Cotrova's calculation
科未定[拉]☆incertae familiae
科沃德图☆Coward diagram
科选择☆family selection
科学☆science；discipline；Sc；Sci
科学报告☆SR；scientific report
科学博士☆doctor of science
(美国)科学促进会☆(American) Association for the advancement of Science
科学的分支学科☆scientific subdiscipline
科学分类☆scientific classification
科学分支☆sub-science
科学机构☆establishment
科学家☆brainpower；scientist
科学考察站☆drift station
科学论文☆scientific article{treatise}；paper
科学硕士☆Master of Science；M.S.
科学态度☆scientism
科学学☆scienology
科学学士☆Bachelor of Science；B.S.
科学研究发展史☆cavalcade of scientific research
科学院☆Academy of Science；Academie des Sciences [法]；AS；Acad. Sci.
科研成果☆achievements in scientific research；scientific achievements{payoffs}；the outcome of scientific experiments
科研工作☆scientific effort
科研管理☆management of scientific research；scientific research management
科依波泥灰岩☆Keuper marl
颏☆chin；mentum
颏鳞☆squama mentalis

ké

壳☆housing；valve[腕]；hull；bulb；casing；case；crust；theca [pl.-e]；container；armoring；shell；cowl；hard surface；hard outer covering of sth.；flake；body；shuck；shroud；sheath；CSG；cover；concha
壳瓣☆(carapace) valve
壳瓣的☆valvular
壳瓣主部[介]☆domicilium
壳胞☆pustulum [pl.-la]
壳壁☆wall；ostracum
壳壁孔[孔虫]☆mural pore
壳边☆valve margin
壳层状的[矿脉]☆crustified
(换热器的)壳程☆shell pass
壳的☆husky
壳顶[腕、双壳]☆umbo [pl.-s;-nes]；apex[腹；pl.apices]
壳顶刺☆umbonal spine
壳顶器官[腕]☆apical apparatus
壳腹沟[鹦鹉螺、头]☆conchal furrow
壳盖☆operculum [pl.-la]
壳厚[双壳]☆inflation
壳化(作用)☆crustification
壳化脉☆crustificated vein
壳环☆girdle
壳环孢属[P_1]☆Lepyrisporites
壳灰岩☆coquina；coquinoid limestone
壳灰岩阶[中三叠纪]☆Muschelkalk[德]
壳喙[动]☆beak
壳基(质)☆conchiolin
壳棘☆thorn
壳角石属[头;O_1]☆Cochlioceras
壳孔☆tremata；trema
壳口[腹;头足]☆aperture
壳宽☆inflation
壳肋☆carapace costae
壳粒水☆kernel ice
壳瘤[腕]☆pustulum [pl.-la]
壳密封垫☆housing gasket
壳面☆valve
壳内腔[腕]☆inner shell cavity
壳内循环☆crustal circulation
壳皮☆periostracum；envelope
壳皮层☆ostracum
壳坡☆ramp
壳圈[孔虫]☆whorl
壳上盖层☆supracrustal layers
壳式变压器☆shell-type transformer
壳饰☆ornament；ornamentation；surface sculpture{marking;pattern}；sculpture
壳室☆chamber；camera
壳室沉积[头]☆cameral deposits
壳梭孢属[真菌;Q]☆Fusicoccum
壳外层☆periostracum
壳外共生☆synsitia
壳纹☆costella；stria
壳隙[双壳]☆gap
壳下层☆subcrust；subcrustal layer
壳下地震☆subcrustal earthquake
壳下构造运动类型☆subcrustal type of tectogenesis
壳腺☆shell gland
壳线[植]☆costella(e)；carapace costellae
壳型砂☆shell sand
壳艳花介属[N-Q]☆Cletocythereis
壳衣☆valve mantle
壳衣藻属[E_2]☆Phacotus
壳疣☆tubercle
壳缘☆periphery
壳针☆thorn；spine
壳针孢属[真菌;Q]☆Septoria
壳嘴☆umbo [pl.-nes;-s]

kě

可搬运性☆handlability
可保风险☆insurable risks
可保证的☆certifiable
可饱和的☆saturable
可刨性[矿、煤]☆cutability；ploughability；plowability
可爆光源☆explodable light source
可爆气态☆explosive atmosphere
可爆燃的☆deflagrable
可爆性☆explosiveness；blastability；explosibility；blastibility；blast ability
可爆性测定仪☆explosimeter
可爆炸的☆explosible；detonable
可爆炸性☆explosibility
可悲的☆lamentable
可崩(落)性☆cavability
可泵浆料{砂浆}☆pumpable slurry
可泵(送)性☆pumpability

K

可比拟{较}的☆comparable
可避免的☆avertible
可避免事故☆avoidable accident
可编程逻辑控制器☆programmable logic controllers
可变☆mutability
可变安装角的☆variable-pitch
可变比率☆variable ratio；VR
可变波段☆swept band
可变长位段☆variable-length bit field
可变齿轮速比☆optional gear ratio
可变的☆variable；var.
可变地址☆floating{variable} address
可变电阻☆silistor；variable resistor{resistance}；varistor；VR
可变电阻地震仪☆variable reluctance detector
可变订货量系统☆variable order-quantity system
可变多路传输器☆varioplex
可变更的☆modifiable
可变光圈{阑}☆iris diaphragm
可变换性☆convertibility
可变鉴别器地震仪☆variable discriminator seismograph
可变焦距镜头系统☆zoomar
可变焦距摄影机镜头☆zoomer
可变交连器☆variocoupler
可变结构阵列☆varistructured array
可变节流机构☆variable restriction mechanism
可变径钻头☆paddy bit
可变夸萨斯☆variable quasars
可变亮度☆variable-brightness
可变流量液压泵☆variable flow hydraulic pump
可变螺距叶片☆variable pitch blades
可变内聚强度理论☆variable cohesive-strength theory
可变泥炭☆ombrogenous peat
可变频率☆variable frequency；VF；Y.F.
可变区域☆va；variable area
可变燃料口式气化器☆variable fuel orifice carburetor
可变扫掠☆varisweep
可变深度声呐☆variable depth sonar；VDS
可变时钟☆V-CLK；variable clock
可变式信号系统☆versatile system of signaling
可变通的☆flexible
可变相位信号☆variable-phase signal
可变形的☆yielding
可变形度{性}☆deformability
可变形膜{|体}☆deformable film{|body}
可变形性☆deformability
可变形状进气道☆variable geometry inlet
可变形坐标☆deformable coordinate
可变性☆changeableness；changeability；alterability
可变压头渗透仪☆variable head permeameter
可变叶片倾角扇风机☆variable pitch fan
可变应力储备☆reserve for variable stress
可变油嘴☆adjustable choke
可变元素☆variable element
可变状态模型☆state-variable model
可变自动程序的☆variomatic
可变钻井负荷☆variable drilling load；VDL
可辨别的☆discernable；discernible
可辨别叶理走向☆discernible foliation trend
可辨认地物☆identifiable object
可辩解的☆justifiable
可波尔斯-巴泰尔型选煤槽☆Koppers-Battelle launder
可波及的储层体积☆conformable reservoir volume
可剥离的☆strippable
可剥性(临时)涂料☆strippable coating
可补偿的☆compensable
可补救的☆retrievable
可布置海上系统☆configurable marine systems；CMS
可擦除的☆erasable
可擦度☆erasability
可擦洗(铁)矿石☆wash ore
可猜测的☆surmisable
可采层☆commercial seam
可采程度☆deliverability
可采出的☆producible；recoverable
可采出量☆exploitability
可采出增量[露]☆mineable removal increment
可采储量☆recoverable reserve(s)[油]；payable {economic} ore reserves；workable {producible; exploitable;available;mineable} reserve(s)；workable tonnage
可采的☆workable；payable；mineable；free-working
可采的有利矿石储量☆payable ore reserves
可采含矿砂砾☆pay gravel
可采厚度☆exploitable{workable;working;mineable; minable} thickness；limiting min(e)able thickness；mineable{workable;minable;working} width；working thickness of ore seam
可采金矿砂☆pay dirt
可采宽度☆minable width
可采矿层☆workable seam{bed}；pay bed{formation}；commercial{payable;mineable} seam
可采矿产储量计算☆active ore calculation
可采矿床☆economic (ore) deposit；commerical field；recoverable property；payable ground
可采矿带☆pay streak{channel}；payzone；pay-streak
可采矿脉☆live lode；workable vein；pay lead；paying reef
可采矿脉宽度☆mineable width
可采矿石含矿量最低极限☆cut-off limit
可采矿石含矿量极限☆mineable ore limit
可采矿石实际划定的金属含量最低极限☆tenor limit of ore；true grade limit of ore
可采煤☆withdrawable coal
可采纳的☆admissible
可采品位☆workable{pay} grade；grade of mined ore
可采区☆feasible ground；payable area
可采深度☆accessible depth
可采石油☆active{recoverable;exploitable} oil；availability of oil
可采石油储量计算☆active oil calculation
可采性☆workability；accessibility；payability percentage；recoverability
可采(原)油☆drainable oil
可采油储量计算☆active oil calculation
可采油量☆oil reserves{recoverable}；recoverable oil volume
可操纵性☆maneuverability；controllability；dirigibility
可操作的☆workable
可操作性☆operability
可测定年龄的☆datable；dateable
可测函数☆measurable function
可测误差☆determinable error
可测性☆measurability
可插换的☆plug-in
可插模块☆pluggable module
可察觉的☆discernible
可拆部分☆removable section
可拆操作杆支架☆removable arm rest
可拆的☆removable；splitting；rem.
可拆换导向钻头☆replaceable pilot
可拆(下)件☆detachables
可拆接线盒组合☆split adaptor box assembly
可拆开{拆散;分卸}的{式}钻头☆detachable {demountable} bit
可拆取的电阻探针☆retractable probe
可拆式电车架线集电杆☆collapsible trolley collector
可拆式绳轮衬垫☆removable rope tread
可拆卸的☆detachable；dismountable；collapsible；take(-)down；demountable；portative；removable
可拆卸的分选室护罩☆removable cover on each compartments
可拆卸的架[车架、仪器架等]☆split frame
可拆卸的(裂纹)修理夹☆split repair clamp
可拆卸密封电缆接线盒☆detachable cable sealing box
可拆卸式电缆盒接头☆flit-plug adaptor；cable coupler adapter
可拆卸式支架☆removable support
可拆卸推进器叶片{桨叶}☆detachable blade；loose propeller blade
可拆移破碎机☆portable crusher
可拆凿岩钻☆detachable rock bit
(顺序输送时)可掺混油品☆fungible products
可`(缠)绕{卷}的☆reelable
可产矿产储量计算☆active ore calculation
可偿还费用☆reimbursable expenses
可撤销的☆cancelable；cancellable
可沉淀的☆precipitable
可沉降的固体☆settleable solid
可沉性☆settleability
可成形{型}的☆fabricable
可成形性☆formability
可承认的☆admissible
可承压(力)的加封填料的管子接头☆slick joint
可承载(负荷)☆bearable load
可持续利用☆sustainable use
可充电的☆chargeable
可充气的☆inflatable
可重调性☆resettability
可重复的☆repeatable
可重复的结果☆reproducible result
可重复使用的☆reusable
可重复性☆repeatability
可重构性☆reconfigurability
可重排{调}的☆resettable
可重入的☆reentrant
可重现式记录☆reproducible recording
可重新得到的☆retrievable
可重新利用的金刚石[回收后]☆resettables
可抽出的支架☆telescopic support
可抽水速度☆feasible pumping rate
可除(尽)的☆divisible
可除性☆divisibility
可储存的☆storable
可处理的☆processable
可(任意)处理的☆disposable
可触知性☆palpability
可揣度的☆surmisable
可穿透的☆penetrable
可传送的☆transportable
可传性☆transmissibility
可粗调的时延☆coarse delay
可萃取性☆extractability
可淬(硬)性☆hardenability
可淬硬特性☆hardenability characteristics
可达{得}到的☆available
可达到性☆accessibility
可(到)达的☆accessible；getable
可达范围☆coverage
可达状态☆accessible state
可打开侧壁☆dropside
可打捞的☆salvageable
可代换的☆replaceable
可代换油品☆fungible products
可代替的☆fungible
可代谢的☆metabolizable
可导的☆derivable
可得性☆availability
可滴定的☆titratable；titrable
可颠倒使用的格条[锤碎机格筛]☆reversible bar
可点燃性☆ignit(ion)ability
(吊桥的)可吊起部分☆draw
可调U形管吊☆adjustable steel clevis
可叠加性☆superposability
可钉混凝土☆nailable{nailing} concrete
可定向的☆orientable
可定向性☆orientability
可定义性☆definability
可懂度☆articulation；intelligibility
可懂信号☆intelligible signal
可动硅藻☆vagile diatom
可动拣选格筛机构☆movable sorting grizzly
可动界面☆moving interface
可动刻度标志☆movable mark
可动炉底☆removable bottom
可动气饱和度☆mobile{movable} gas saturation
可动筛框跳汰机☆movable sieve jig
可动式支架☆movable support
可动水饱和度☆mobile water saturation
可动线圈交流焊机☆removal coil type A.C. welder
可动性☆mobility
可动油图[一种测井曲线图]☆movable oil plot；MOP
可动油图标志☆movable oil plot flag；MOPF
可独立旋转冲击式钻机☆independently rotated percussive drill
可读的☆readable
可读度{性}☆readability
可锻的☆malleable
可锻合金☆wrought alloy
可锻生铁☆malleable pig iron
可锻铁☆forgeable iron；mitis
可锻性☆forgeability；malleability；ductility；forging property
可锻铸铁用矿☆malleablizing ore
可断定的☆predicable
可煅烧的☆calcinable
可兑现票据☆bankable bill

K

可对比的☆correlatable
可对比性☆corrector-correlatability；chronotaxy[地层的]
可度量信息☆metrical information
可尔若虚型地磁仪☆Kohlrausch magnetometer
可发展的☆developable
可翻转充气器☆tilting pneumatic cell
可翻转的☆reversible
可繁殖的☆fertile
可反相的乳状液☆reversible emulsion
可反向回转的钻机☆reverse rig
可反转扇风机☆reversible fan
可返回性☆returnability
可防止的☆avertible
可访问的☆addressable
可放入钻孔内的勘探测量仪器☆down-the-hole instrument
可分辨的☆resoluble；resolvable
可分辨峰☆resolved peak
可分的☆partible；divisible
可分等的☆gradable
可分等级性☆gradability
可分段拆开输送机☆sectional conveyor
可分割☆divisibility
可分活动☆divisible activity
可分级的☆gradable
可分解☆discerptibility
可分解的☆resoluble；resolvable；discerptible；collapsable；decomposable
可分开的☆detachable
可分开离子束☆resolved ion beam
可分类的☆sortable；gradable
可分离变直径滚筒提升机☆split-differential-diameter hoist
可分离的☆partible
可分离凸规划☆separable convex programming
可分离型砂箱☆separable flask
可分离性☆separability
可分裂的☆fissi(ona)ble；fissile
可分裂的原子核☆fissionable
可分裂物质☆fissionable material
可分配的☆assignable
可分散在油中的黏土☆oil-dispersible clay
可分散性☆dispersibility
可分散于油内的☆oil dispersible
可分式壳体☆split housing
可分为(几部分)☆fall into
可分性☆partibility；separability；separableness；divisibility
可分因式{数}性☆factorability
可风化性☆weatherability
可浮(选)的☆floatative
可浮(选)性☆flo(a)tability；buoyant property
可腐蚀性☆corrodibility
可复位的☆resettable
可复位推靠臂☆retractable backup arm
可复现的☆reproducible
可复应变☆recoverable strain
可复原性☆recoverability
可复制的☆reproduci(a)ble；reproduceable
可付外币☆foreign currency bills payable；F.C.B.P.
可附聚性☆agglomerability
可改变的☆convertible
可改变性☆convertibility
可改正错误☆soft error
可感到的☆perceptible
可感地震☆sensible shock
可感受的特性☆quale [pl.qualia]
可高度压缩的☆highly compressible
可给赔偿的事故☆compensable accident
可耕地☆ploughland；arable land
可更换的☆replaceable
可更换(钻机)截割头部件☆replaceable cutter element
可更换磨损块的稳定器☆replaceable wear pad stabilizer；RWP stabilizer
可更换装备的起重机☆convertible crane
可更新的☆renewable
可更新能源☆renewable energy
可供解释((的回转钻)岩屑)录井☆interpretative log
可供选择的通道☆alternative path
可供应市场的煤层☆merchantable coal bed
可公度的☆commensurable
可公度性☆commensurability
可公开文献☆unclassified literature
可共存矿物☆compatible mineral
可估计的☆ponderable；appreciable
可估价的☆appreciable
可刮削封严涂层☆abradable sealing coating
可关断可控硅☆gate control switch；GCS
可观测得的☆perceptible
可观测性☆observability
可观察到的☆observable
可观的☆appreciable
可灌的地基土☆injectable soil
可灌{浇}地☆irrigable land
可灌性☆groutability
可浇{灌}注性☆pourability
可过滤的☆filterable
可焊性☆weldability
可夯实性☆compactibility
可航半圆☆navigable semicircle
可航行的☆navigable；nav
可耗尽资源☆exhaustible resources
可衡量的☆ponderable
可烘烤质谱仪☆bakeable mass spectrometer
可后退钎头☆retractable bit
可呼吸的空气☆breathalble air
可忽略的☆negligible
可互换的☆reversible；interconvertible；fungible；interchangeable
可互换性☆compatibility；changeability
可互见的☆intervisible
可滑动的☆slideable
可化合性☆combinableness
可还原的变化{变形;变态}☆reducible variety
可缓冲支承法☆dynamic suspension
可缓和的☆modifiable
可缓和性☆modifiability
可换衬套☆loose bushing
可换衬筒{管}☆removable liner
可换机具的起重机☆convertible crane
可换摩擦片式稳定器☆replaceable wear pad stabilizer
可换群☆Abelian group
可换式割刀☆replaceable cutter
可换套式稳定器☆replaceable sleeve stabilizer
可换性☆commutativity
可换债券☆interchangeable bond
可(更)换(式)(切割刀)钻头☆detachable drill head；retractable rock bit；replaceable bit
可挥发的☆vaporable
可恢复的☆retrievable
可恢复性☆restorability；recoverability
可恢复压实☆recoverable compaction
可回放记录☆replayable recording
可回火{锻炼;调和}的☆temperable
可回收{采}的☆recoverable；withdrawable
可回收的煤{矿}柱☆recoverable pillar
可回收的偏斜楔☆retractable wedge
可回收煤☆withdrawable coal
可回收卫星☆glider
可回收性☆recoverability；returnability
可回性☆reversibility
可回转卸料臂架☆slewable discharge boom
可回转液压门式挡煤板☆hydraulically-operated hinged loading door
可`混汞{汞齐化}的☆amalgamable
可混合{溶}的☆miscible
可混合{溶}性☆miscibility；mixability
可活化示踪物☆activable tracer
可获得的☆getable
可获量☆availability
可机加工性☆machinability
可积分性☆integrability
可积函数☆integrable function
可激发性☆excitability
可极化的☆polarizable
可及`但不{|和}可用的资源底数☆accessible but residual{|and useful} resources base
可及的流体资源底数☆accessible fluid resources base
可及性☆accessibility
可即深度☆accessible depth
可挤压性☆extrudability
可计颗粒☆countable particle
可计量的☆measurable
可计算{数}的☆calculable；numerable
可计算机化的☆computerizable
可加工的☆workable；processable
可加工利用的[矿石等]☆amenable
可加工性☆workability；machinability；processability
可加性定理☆addition theorem
可假定的☆presumable
可驾驶的☆dirigible
可驾驶性☆steerability
可兼偏态☆inclusive graphic skewness
可检`波{测出}的☆detectable
可检测峰☆detectable peak
可检测信号☆detectable signal
可检{见}尘粒☆detachable dust particle
可见光☆visible{visual} light
可检出的最低限值☆lower limit of detectability
可检索的[信息]☆retrievable
可碱化的☆alkalifiable
可剪切过程☆shear history
可鉴别的☆identifiable；eudiagnostic
可鉴别的物种☆identifiable species
可鉴别信号☆distinguishable signal
可鉴别性☆identifiability
可见波波长☆visible wavelength
可见储量的矿体☆ore in sight
可见纯净度☆visible cleanliness
可见电晕☆visual corona
可见度☆visibility
可见断层☆visible faulting；traceable fault
可见阀位指示器☆visible position indicator；VPI
可见光部分☆visible portion
可见光分光光度计☆visible spectrophotometer
可见光谱带数据☆visible spectral data
可见红光温度[525°C]☆draper point
可见记录计☆helicorder
可见距离☆clear-vision distance
可见漏斗深度☆apparent crater depth
可见热红外放{辐}射计☆visible thermal infrared radiometer；VTIR
可见碎屑☆macrofragment
可见图示仪☆visible chart recorder
可见信号☆visible{visual;distinguishable} signal
可见信号通信{讯}☆communicating by sight
可见性热活动☆visible thermal activity
可见与近红外反射光谱☆Visible and Near-Infrared Reflectance Spectroscopy；VNIRS
可见宇宙☆the visible universe
可降解的液体☆degradable fluid
可降水量☆precipitable water
可交代的☆replaceable
可交代性☆replaceability
可交换的☆exchangeable；commutative
可交换地☆interchangeably
可交换碱☆exchangeable bases
可交换性☆interchangeability；changeability
可交替的油品☆fungible
可交替性☆interchangeability
可浇铸性☆castability
可矫性☆rectifiability
可接长的取芯筒☆extension core barrel
可接近性☆accessibility
可接收度☆receptivity
可接受的☆acceptable；receivable
可接受点☆acceptable point
可接受性☆acceptability
可接受支付向量☆acceptable payoff vector
可接受准则☆acceptance criteria
可结合性☆combinableness
可结晶的☆crystallizable
可结晶性☆crystallizability
可解答的☆solvable
可解决的☆resoluble；solvable；soluble
可解决性☆resolvability
可解理性☆cleavability
可解释的☆interpretable；soluble
可解析性☆resolvability
可解性☆solvability
可浸出的☆leachable
可浸出性☆leachability
可浸染{渍}的☆impregnable
可浸透的☆impregnable
可精确分离的分离转子☆separating rotor for sharp separation
可精选的[矿石]☆milling {-}grade
可敬的☆proper

可居住☆habitability
可开采的☆min(e)able；free-working
可开采{发}含水层☆exploitable aquifer
可开采性☆mineability；workability
可开发性☆exploitability
可开槽性☆sensitivity to notching
可开刀的☆operable
可开垦地☆reclaimable land
可开炉底[转炉]☆detachable bottom
可开密封系统☆breakseal system
可开凿凹口性☆sensitivity to notching
可看得出的☆notable
可看作是相同的☆identifiable
可靠☆safety；security
可靠产量☆safe yield
可靠程度☆safety margin；confidence
可靠储量☆actual{developed} reserves；proven{positive; proved} reserve
可靠的☆safe；reliable；fiducial；fail-safe；sterling；proven；idiot(-)proof；assured；good；straight；faithful；sound；trusty；dependable；secure；foolproof
可靠的层间封隔☆positive zone isolation
可靠地☆securely
可靠度☆safety margin；fiduciary level
可靠界限☆fiducial limit
可靠矿量☆assured{positive;proven;proved} ore；proved ore reserve
可靠密封☆positive sealing
可靠事实资料☆factual data
可靠性☆dependability；reliability；credibility；authenticity；certainty
可靠性分析☆reliability analysis
可靠性综合标准☆reliability tradeoffs
可靠指(示元素)☆reliable indicator
可靠资源☆stand-by
可可脂☆cocoa butter
可控保险方案☆Controlled Insurance Project；CIP
可控铲斗门☆controlled bucket door
可控浮力抑制环形空间系统☆controlled buoyancy restrained annulus system；BRAS
可控硅☆thyristor；silicon controlled rectifier；SCR；silicon control
可控硅整流元件☆silicon controlled rectifier；SCR
可控函数☆controllable function
可控流量泵☆flow control pump
可控声频大地电磁测深法☆controlled source audio magnetotelluric；CSAMT
可控随机搜索☆controlled random search
可控损耗设备☆variolosser
可控温度燃烧器☆temperature controlled burner
可控性☆controllability；amenability
可控循环接头☆circulation control joint
可控震源☆vibroseis
可控值☆controllable variable
可控制的计量☆controlled metering
可控制排量泵☆controlled volume pump
可控制性☆steerability；dirigibility
可控重力放顶☆controlled-gravity stowing
可扩充的☆open ended
可扩散性☆dispersibility
可扩展的☆expandable
可扩展直线驱☆open-ended line drive
可扩张的☆expansible
可拉丹宁[$C_{16}H_{20}O_8$]☆colatannin
可拉伸性☆tensility
可拉性☆drawability
可乐豆木☆mopane
可冷凝的☆condensable
可犁松性☆rippability
可离子化基团☆ionogen
可理解的☆intelligible
可利用的☆available
可利用的马达压降☆available motor pressure；AMP
可利用井底功率☆available downhole horsepower
可利用性☆availability
可沥滤的☆leachable
可连接的接合器☆knock-off joint
可量(度)的☆measurable
可料到☆be expected to
可裂变的☆fissi(ona)ble；fissile
可裂变性☆fissility；fissibility
可裂化(性)☆crackability
可裂性☆cleavability
可淋溶性☆leachability
可灵活操纵性☆manoeuvrability；maneuverability
可流动的☆negotiable
可露(天开)采(的)矿床☆strippable deposit
可露天开采的煤(层)☆strippable coal
可滤性☆filt(e)rability；filterableness
可买到☆commercial availability
可枚举的☆enumerable
可弥散性☆dispersibility
可免损失☆avoidable loss
可模锻性☆formability
可模制性☆moldability
可磨度{性}☆grindability
可磨碎性☆grindability
(岩石)可磨细度指标☆grindability index
可磨性指数(标)☆grindability index{rate}
可那{科纳}风☆kona
可挠部分☆flexible unit
可挠的☆pliant
可挠砂岩☆flexible sandstone；itacolumite
可挠性☆pliancy；pliability
可能☆opportunity；maybe；like；might；possible
可能变得危险☆liable to become dangerous
可能产量☆flow potential
可能产生的裂缝☆potential fracture
可能出砂层段☆potential sand producing interval
可能储量☆possible reserve{ore}；geological ore
可能存在的裂隙☆potential fracture
可能的☆possible；feasible；potential；alternative；presumable；likely
可能的煤储量☆possible coal
可能的泥石流通道轨迹☆credible debris flow path
可能的岩屑流通道☆credible debris flow path
可能的原生断层☆potential source fault
可能对物理环境的影响☆possible effects on the physical environment
可能(产生的)狗腿{死弯}[油]☆potential dog leg
可能含油地区☆potential area
可能开采资源☆potential exploitation resource
可能偏差☆probable deviation；ecart probable；moyen
可能入渗强度☆potential infiltration rate
可能误差☆probable{possible} error；pe；p.e.
(平均)可能误差☆Ecart probable (moyen)；E
可能性☆possibility；feasibility；expectation；chance；potentiality；probability；freedom；capability；likelihood
可能性分析☆probability analysis
可能有的☆contingent
可能蒸发蒸腾量☆potential evapotranspiration
可逆(生物地层)带☆casuzone
可逆的☆invertible；reversible
可逆定理☆reciprocal theorem{theory}
可逆阀☆reversal{reversing} valve
可逆反击式锤碎机☆reversible impact type hammer crusher
可逆开关☆reversing switch
可逆乳状液☆reversible emulsion
可逆式的☆reversible
可逆式刮削器☆reversible scratcher
可逆式振{摇}动运输{输送}机☆reversible-type shaking conveyor
可逆式质子自由旋进磁力仪☆reciprocal {-}type proton free {-}precession magnetometer
可逆式装煤犁☆reversible plough
可逆性☆reversibility；invertibility；convertibility；reciprocity
可逆转式燃气轮机☆reversible gas turbine
可逆转装载胶带☆reversible loading belt
可黏合☆cohere
可黏合的☆cohesible
可黏结性☆agglomerability
可碾成粉末的☆pulverable
可凝缩气体☆condensable gas
可凝性☆condensability
可怕的☆formidable；tremendous
可排出的污泥☆drainable sludge
可排除的☆eliminable
可判读的☆identifiable
可配合的☆compatible
可配平性☆trimmability
可膨胀的☆inflatable；expansible；expandable
可膨胀性☆expansiveness；expansibility；swellability
可膨胀元件☆inflatable element；expandable part
可劈成石板的☆flaggy
可劈的☆cleavable；fissile；fissible
可劈裂性☆rippability；cleavability；fissility
可劈砂岩☆cleavage sandstone
可劈(细粒)砂岩☆sand flag
可劈性☆fissi(bi)lity；cleavability；divisibility
可匹敌☆comparable to
可偏性☆deflectivity
可平移的天车☆sliding crown-block
可评价的☆assessable
可破的☆fractile
可破裂性☆rippability
可破碎性☆breakability；spallability；crumbliness
可剖分空间☆polytope
可剖开的☆sectile
可剖开性☆sectility
可剖析☆discerptibility
可剖析的☆discerptible
可期储量☆probable reserve{ore}；indicated reserves
可起出的☆retrievable
可起出的地面记录井底压力计☆retrievable surface- recording gauge
可气化的☆gasifiable
可汽化的☆vaporable
可汽化性☆vaporizability
可迁移的☆transportable
可潜平台☆submersible platform
可潜水的系统☆submersible system
可抢救的☆salvageable
可切割性☆cutability；sensitivity to notching；sectility
可切削的☆machinable
可切削微晶玻璃☆machinable glassceramics
可切削性☆cutability；machinability
可侵蚀性☆erosibility；erodibility
可倾斜井架☆tiltable derrick
可清除的☆scrapable
可(求)和性☆summability
可区别的☆identifiable
可区分的☆decoupled
可曲性☆flexibility
可驱动信号☆driver enable signal
可驱替油☆displaceable oil
可驱移的孔隙容积[流体]☆movable pore volume
可驱油☆drainable oil
可取出的内管☆retrievable inner barrel
可取出的注水泥器☆removable cementer
可取代的☆replaceable
可取得专利的☆patentable
可取的☆preferable
可取函数☆admissible function
可取消的☆cancellable；cancelable
可取消性☆reversibility
可取岩芯的内岩芯管☆retrievable inner barrel
可确定性☆definability
可确认的☆certifiable
可燃部分☆combustible constituent
可燃弹壳枪弹☆combustible cartridge
可燃的☆inflammable；combustible；flammable；incendive；burnable；ignitable
可燃毒物元件☆burnable poison element
可燃度极限☆flammability limits
可燃粉尘☆ignitible{ignitable} dust
可燃混合物☆combustible{flammable;inflammable} mixture；combustible mixing
可燃基灰分☆true ash
可燃剂☆fuel agent；combustible material
可燃金属☆incendiary metal
可燃矿产☆anthracides
可燃泡沫☆uranelain
可燃气[材]☆combustible{fuel;flammable} gas；gas
可燃气体报警系统☆gas detecting alarm system
可燃气体浓度测定仪☆explosimeter
可燃烧的☆flammable；flam.
可燃体回收率☆combustible material recovery
可燃物含量☆combustible content
可燃物质类☆pyricaustates
可燃性☆(adustion) ignitability；combustibleness；combustibility；flammability；adustion；ignitibility；accendibility；inflammability
可燃性尘☆inflammable dust
可燃性硫☆combustible sulfur
可燃性生物有机岩☆caustobiolith(e)；causticization；kaustobiolite

可燃性物质混合物☆flammable mixture
可燃(性)岩☆caustolite; caustolith
可燃药筒☆combustible (cartridge) case
可燃页岩☆burnable bone; combustible{barren;oil-forming} shale; pyroshale; Kimmeridge coal
可染性☆dyeability
可绕性☆reelability
可忍受的☆tolerable
可熔{融}性☆meltableness; meltability
可熔保险丝☆thermal element; safety catch; fuse cutout
可熔的☆fusible
可熔化的☆fusible
可熔炼的☆smeltable
可熔蚀性☆corrodibility
可熔性☆fusibility; meltability; meltableness
可溶的☆dissoluble; soluble; sol.
可溶解的☆resoluble; soluble
可溶解性☆meltability; resolvability
可溶塞☆soluble plug
可溶石灰岩成分☆soluble limestone member
可溶物(质)☆solvend
可溶性☆solubility; dissolubility; solubleness
可溶性防滤失固体颗粒☆soluble fluid loss particle
可溶性混合物☆miscible mixture
可溶性岩☆soluble rock
可溶油☆soluble oil; westrumite
可溶于水的☆water-soluble
可容纳的☆open ended
可容四悬挂器的井口☆four-hanger housing
可容体的电流强度☆ampacity
可容许的☆tolerable; tol; permissible
可容许量☆tolerable level
可容许准则☆acceptance criteria
可乳化的☆emulsifiable
可润湿储层☆wettable reservoir
可沙瓦风☆kosava; koschawa; kossava
可删除{去}的存储项☆erasable memory
可上爬的坡度☆climbable gradient
可烧物☆burnable
可(焙)烧性☆burnability
可烧性生物岩☆caustobiolith
可设计的☆programmable
可伸长的☆tensile; extensi(b)le
可伸长性☆extendible character
可伸溜槽☆extensible trough
可伸缩的☆flexible; telescopic; collapsible
可伸缩式凿岩机☆stoper
可伸万向节☆universal slip joint
可伸展的☆extendible; distensible
可渗气地层☆gas permeable layer
可渗入的☆penetrable
可渗入性☆infiltrability
可渗透储集空间☆permeable-storage space
可渗透的☆permeable; impregnable; pervious
可渗透的剥理面☆permeable parting plane
可渗透介质☆permeable media
可渗透性☆infiltrability; permeable
可生物降解有机物☆biodegradable organic substance
可升降卸载胶带☆raisable and lowerable discharge belt
可施手术的☆operable
可湿润的☆wettable
可(润)湿性☆moistening capacity; wettability
可石化的☆petrifactive
可时效硬化性☆agehardenability
可食的☆edible
可蚀性☆erodibility; erosibility; erodability
可实现的☆realizable
可实行的☆practicable; operable
可实行性☆practicability
可实用性☆amenability
可识别的☆identifiable; discernible; discernable
可使用的☆workable
可使用性☆workability
可是☆in contrast; now
可适应的☆adaptable
可适用的☆practicable
可释放的☆releasable
可释放套管封隔器☆releasable casing packer
可视波形☆viewable waveform; VWF
可视化☆visualization
可视角☆angle of visibility
可视信号装置☆visual signal device

可收到的☆receivable
可收回的☆retractable; retrievable
可收回的喷射式斜向器☆retrievable jetting whipstock
可收回的液压坐封套管封隔器☆retrievable hydraulic-set casing packer
可收回`阀{凡尔}☆retrievable valve
可收回型水力坐封双管封隔器☆RDH packer; retrievable dual hydraulic-set packer
可收回型套管封隔器☆retrievable casing packer
可收回性☆retrievability
可收集的粒度☆collectable size
可收缩的☆collapsable; contracti(b)le; shrinkable; retractable; collapsible
可收缩(刚性)罐道☆retracting guides
可收缩取出的取芯钻头☆retractable core bit
可售产品☆salable item
可售煤层☆merchantable coal bed
可售证券☆marketable securities
可数的☆denumerable; enumerable; numerable
可数公理☆axiom of countability{denumerability}
可数颗粒☆countable particle
可刷稠度☆brushing consistence
可水解的☆hydrolyzable
可水驱的砂层有效体积☆floodable net sand volume
可撕开的☆discerptible
(土壤)可松动{犁松}性☆rippability
可塑变形堆积☆plastically deformed deposit
可塑冰碛☆plastic till
可塑的☆plastic; limber; ductile; mouldable
可塑性☆plasticity; compliance; malleability; plastic nature{property}; ductility; workability
可塑造的☆fictile; flexible; fabricable
可酸化的☆acidifiable
可算性☆computability
可随意使用的☆disposable
可碎性☆frangibility; crushability; breaker property
可缩的☆contractible
可缩回的锁定臂☆retractable locking arm
可缩金属梁[掘进吊盘]☆retractable steel joint
可缩软木垫板☆wooden crusher pad
可缩式吊盘☆retractable scaffold bracket
可缩坍橡胶坝☆collapsible rubber dam
可缩小取出的岩芯筒☆retractable core barrel
可缩性☆yielding property; contractibility; capacity to yield
可缩性钢支架组☆yieldable steel sets
可缩性拱☆sliding roadway arch
可缩性拱(形支架)☆yielding arch
可缩性拱脚{支撑}☆stilt
可缩性巷道拱形支架☆yield{sliding} roadway arch
可缩性铰拱接☆articulated yielding arch
可缩性矿柱系统☆yield-pillar system
可缩性腿☆stilt
可缩性物料充填☆plastic fill
可塌陷性☆crushability
可谈判的☆negotiable
可探测到的☆observable
可探测的放射性(强度)☆detectable activity
可探测率☆detectivity
可探测性☆detectability
可提供的☆available
可提炼的☆extractive
可提取的☆extractable
可提取信息☆extractable information
可提升的磨辊静定系统☆liftable grinding rollers statically determined system
可提式偏斜楔☆retrievable wedge
可替换的☆retrievable
可替换的滞动装置☆replaceable restraining device
可替换地☆interchangeably
可填图的层位☆mappable horizon
可调变化☆process change
可调冲程给料机☆adjustable stroke feeder
可调垂直闸门给料器☆adjustable vertical gate feeder
可调带轮☆take-up pulley
可调的磁极前端☆adjustable pole nose
可调的导风叶☆adjusting vanes
可调的堰☆adjustable weir
可调电存储器☆memistor
可调电机支架☆adjustable motor mount
可调(整的)吊机臂☆adjustable jib
可调分料板☆adjustable splitter plate
可调高刚性支柱☆rigid-extensible prop

可调滚动管吊☆adjustable roller hanger
可调和的矿石☆amenable ore
可调极限扭矩摩擦离合器☆slipping clutch
可调减振控制☆variable damping control
可调节变压器☆powerstat
可调节的环砧板或岩矿箱组件☆adjustable anvil ring or rock box assembly
可调节棘轮爪传动装置☆adjustable ratchet-and-pawl drive
可调节流孔☆settable orifice
可调节式棒条筛☆adjustable bar screen
可调截头式截装机[巷道或短壁工作面用]☆short face ranger
可调进口的导叶☆adjustable inlet guide vane
可调孔式格筛☆adjustable-aperture grizzly
可调扩张式铰刀☆adjustable expanding reamer
可调螺钉☆expansion screw
可调螺距式叶片☆adjustable pitch blade
可调目标指示器☆adjustable target pointer
可调拼环式管吊☆adjustable split ring hanger
可调频天线☆tunable antenna
可调坡度自动化输送机☆Dashaveyor
可调倾角凸轮盘☆adjustable angle cam plate
可调三脚架☆adjustable-leg tripod
可调式钢带管吊☆adjustable (steel) band hanger
可调式滚子扩眼器☆adjustable roller reamer
可调式过载摩擦离合器☆adjustable overload friction clutch
可调式进气导叶☆adjustable inlet guide vane
可调式斜口管鞋☆adjustable muleshoe
可调速度☆adj. sp.; adjustable speed
可调速液力传动☆adjustable-speed fluid drive
可调(控)稳斜(钻具)组合☆stabilized steerable assembly
可调谐的☆tunable; adjustable
可调性☆adjustability; controllability
可调仪器☆adjustable instrument mount
可调油嘴☆adjustable choke; adjustable-flow bean
可调闸{阀}门☆adjustable gate
可调整传动枢杆☆pivoted ranging transmission arm
可调整轮叶螺距扇风机☆adjustable pitch fan
可调指向指针☆adjustable target pointer
可调自动化输送机☆modular conveyor
可调阻尼模型☆variable damped model
可听得到的范围☆audible range
可听度☆audibility; audibleness
可听频信号☆audio signal
可听{闻}(声)信号☆audible{sound} signal
可听型发送机[一种回声测深仪]☆audible-type transmitter
可通过的☆pervious
可通过红外线的整流罩☆irdome
可通过直径(内)的检验☆drift test
可通航水深☆depth of navigable water
可通行的☆negotiable; walkable
可通行性☆trafficability
可通约的☆commensurable
可透过射(光)线的☆transparent
可透水的表面条件☆open condition of surface
可透性☆transmissibility; perviousness
可徒涉过河处☆wath; watersplash
可推测的☆surmisable; presumable
可推断性☆extrapolability
可退式打捞矛☆releasing spear
可脱环☆break-away link
可脱水污泥☆drainable sludge
可外推性☆extrapolability
可弯管钻进☆bendable pipe drilling
可弯曲的管子☆flexible pipe
可弯曲刮板输送机☆flexible flight{chain} conveyor
可弯曲重型双链刮板输送机☆flexible heavy armoured scraper double chain conveyor
可弯砂岩☆itacolumite; articulite; flexible sandstone; itakolumite
可弯性☆pliability
可弯云母☆flexible mica
可微调性☆trimmability
可微(分)函数☆differentiable function
可维修{护}性☆serviceability; maintainability
可畏的☆awesome
可闻低限☆threshold of audibility
可闻度☆audibility
可闻限☆limit of audibility

可闻噪声分贝☆perceived noise decibels；PNdb
可稳定板块边界☆conservative plate boundary
可吸附{收}的☆adsorbable
可(被)吸收性☆absorbability；absorptivity
可吸引性☆attractability
可铣(除)的☆millable
可洗涤性☆washability
可洗(程)度☆degree of washability
可洗(选)性☆washability
可细分的☆subdividable
可限定的☆definable
可限制的☆modifiable
可线性差动变换器☆linear variable differential transformer
可相互转换☆interconvertibility
可销售的☆marketable
可销售混煤☆saleable blended coal
可消除的☆eliminable
可消耗{去}的☆consumable
可消化性☆digestibility
可携带的☆portable；handy；portative
可携带性☆portability
可协商的☆negotiable
可卸颚板☆movable jaw
可卸换推土(犁板)☆shiftable mouldboard
可卸曲柄夹板☆maneton
可卸式卡瓦[钻杆夹持器的]☆removable jew
可卸下的☆dismountable
可卸钻杆☆sectional drill rod
可泄油体积☆drainable volume
可信地震☆credible earthquake
可信度{性}☆credibility
可信任的☆dependable
可信系数☆confidence factor
可信样品☆authentic sample
可形变度☆deformability
可形变合金☆wrought alloy
可行的☆viable；practicable；advisable；feasible
可行方案汇集☆formulate alternatives
可行解集☆set of feasible solution
可行性☆feasibility；viability；practicability
可行性分析☆feasibility analysis
可行(区)域☆feasible region
可修改{饰}的☆modifiable
可修改性☆modifiability
可序列的☆trainable
可悬(浮性)☆suspensibility
可旋转的☆swivelling
可旋转性☆slewability
可选参数☆optional parameter
可选的☆addressable
可选级矿石☆milling-grade{mill(ing)} ore
可选矿石☆milling{second-class} ore
可选{准备}性☆(degree of) washability；preparability
可选择的☆selectable
可选择剔除处理机☆optional reject processor
可循环泥浆的卡瓦式打捞筒☆circulating slip socket
可循环泥浆的打捞筒☆circulating overshot
可训练的☆trainable
可迅速拆卸的☆quick-detachable
可压的☆yieldable
可压紧{实}性☆compactibility
可压凝的☆coercible
可压缩{紧}的☆compressible
可压缩介质☆compressible medium
可压缩流(动)☆compressible flow
可压缩性☆compressibility；compactibility；coercibility；condensability；squeezability
可压缩性充填料☆compressible fill
可压性☆crushability
可压榨的石蜡☆pressable wax
可压制的☆coercible
可淹没的☆immersible
可岩溶{喀斯特}化的☆karstifiable
可延伸的☆extensible；expandable；extendible
可延展的☆malleable；ductile
可演奏的☆playable
可氧化的☆oxidizable
可氧化性☆oxidability；oxidizability
可摇摆性☆slewability
可摇动斗式提升{输送}机☆pendulum bucket conveyor
可液化的☆liquescent；liquidifiable；liquefiable
可移垫板式平台☆mobile template platform
可移动的☆portable；mobile；transportable；removable
可移动的刚性立柱☆rigid-extensible prop
可移动桥式转载输送机☆mobile-bridge conveyor
可移动塞[钻水平井段工具]☆removable plug
可移动式石墨块[核]☆removable graphite blocks
可移动台☆translational table
可移动性☆transportability
可移式工作面胶带输送机☆shiftable{mobile；portable} face belt conveyor
可移式海洋钻井装置☆mobile offshore drilling rig{unit}；MODU；MODR
可移植的☆portable
可移植性☆portability
可移置性☆transposability
可疑的[拉]☆dubious；questionable；incerti [pl.-tae]
可疑化石☆problematic fossil；hieroglyph；quasi-fossil；dubiofossil；problematical remains
可疑迹☆fucoid
可疑名☆nomen ambiguum；nom. ambig.
可疑浅滩☆vigia
可疑行为☆sus
可疑学名☆nomen dubium；dubious name{nom. dub.} [生]；nom. dub.
可疑印迹☆problematicum [pl.-ca]
可疑种[生]☆doubtful species
可以避免的☆avoidable
可以拆卸的盖子☆detachable head
可以忽略的☆negligible
可以加工利用的矿石☆amenable ore
可以举起的☆liftable
可以切换的测温探头☆interchangeable temperature probe
可以推测得出的☆surmisable
可以洗澡的泉盆☆bathing basin
可以直接看到的☆mesoscopic
可以走去的☆walkable
可易图形☆reciprocal figure
可因呼吸进入人体的悬浮微粒☆RSP；respirable suspended particulate
可饮水☆potable water
可引爆性☆ignitionability
可引出的☆derivable
可引起燃烧的东西☆incendiary
可引伸的☆tensile
可硬(化)性☆hardenability
可用储量☆usable storage{reserves}
可用功率☆available power；useful efficiency
可(利)用井底功率☆available downhole horsepower
可(利)用(井底)马达压降☆available motor pressure
可用年限☆durable years
(氧化后残余物的)可用燃料含量☆fuel availability
可用时间☆uptime
可用酸降解的白垩泥浆☆acid degradable chalk mud
可用酸降解的聚合物泥浆☆acid degradable polymer mud
可用吸湿器计量的水☆hygroscopic water
可用信号功率☆available signal power
可用性☆availability；usability；adaptability
可用有效浮力☆disposable buoyancy
可用增益☆available gain；AG
可由外行操作的☆fool-proof
可游戏的☆playable
可预报{测}性☆predictability
可预测的☆predictable
可预计☆be expected to
可预见(到)的☆foreseeable
可约分数☆improper fraction
可约数☆partibility
可约性☆reducibility
可允许的☆tolerable；tol；possible；permissible
可允许数位☆admissible mark
可运输的☆transportable
可运输性☆readability
可运行性☆performability
可再充电的☆rechargeable
可再次使用的☆reusable
可再定位模块☆relocatable module
可再分的☆subdividable
可再利用的粒数[从旧钻头回收的金刚石中]☆salvage count
可再生程度{能力}☆renewability
可再生的☆reproduci(a)ble；reproduceable
可再生性{率}☆renewability
可再现的☆reproduciable；reproduceable
可再用资源☆reusable resources
可在收到(货物)后付款☆payable on receipt；P.O.R.
可在图上标示的☆mappable
可凿性系数☆drillability factor
可凿岩爆破性☆workability
可增压的☆inflatable
可憎的☆obnoxious
可轧的☆millable
可轧制性☆rollability
可展的☆laminable；malleable
可展开的☆developable；deployable
可展曲面☆torse
可展铁☆malleable iron；MI
可张的性质{状态}☆tensibility；distensibility
(钻孔内)可胀塞堵[钻孔内用以隔离生产层或灌水泥浆]☆bridge plug
可胀心轴☆expanding arbor
可照时数☆possible sunshine hours
可折叠的☆collapsable；accordion
可折叠罐☆folding tank
可折叠井架☆jackknife mast
可折(叠)桶☆jerribag；collapsible drum
可折断脱开的导引臂☆break-away arm
可折射度{性}☆refrangibility
可折式砂箱☆pop-off flask
可振荡性☆slewability
可蒸发的☆evaporable
可蒸发性☆vaporability；vaporizability
可蒸馏油量☆retortable oil content
可征地☆assessable land
可整理的☆sortable
(机器处于)可正常工作状态☆operative condition
可证明的☆certifiable
可支护性☆supportability
可知觉的☆notable
可执行映像☆executable image
可直接出售的富矿石☆first-class (shipping) ore
可指派的☆assignable
可置换性☆mutual substitutability；replaceability；transposability
可制造性☆manufacturability
(事故或气量短缺时)可中断供给的气体☆interruptible gas
可中止☆suspensibility
可贮燃料飞弹☆storable fueled missile
可贮性☆storability
可铸树脂☆casting resin
可铸型的☆moldable
可铸性☆castability
可铸性耐火料☆castable refractory
可注入的孔隙☆floodable pore
可注时间☆castable period
可注水(开发)的产层☆floodable pay
可注水开发油层☆waterflood candidate
可注水性☆floodability；water-floodability；flood ability
可专利(性)☆patentability
可转变性☆versatility
可转动的卡子☆swivel clamp
可转化的☆invertible；convertible
可转化烃类☆convertible hydrocarbon
可转化性☆convertibility
可转换式记录☆reproducible recording
可转让的☆negotiable；assignable
可转式支架☆swinging bracket
可转线圈☆movable{moving} coil
可转向的井下马达钻具组合☆steerable downhole motor assembly
可转向驱动桥☆steerable drive axle
可装煤☆loadable coal
可装(载)性☆loadability
可追索的断层☆traceable fault
可资应用性☆availability
可自撑不塌的坚固岩层☆competent bed
可自动调节的☆self-adjustable
可自燃的☆spontaneously inflammable
可自燃混合物☆self-inflammable mixture
可自行移动的近海钻井(探)平台☆mobile platform
可自选目的港货物☆optional cargo
可自选卸货港☆optional destination

可自由兑换性☆free convertibility
可钻及深度☆accessible depth
可钻去的☆drillable
可钻式套管[铝镁合金制]☆drillable metal casing
可钻式永久封隔器☆drillable permanent packer
可钻碎的注水泥器☆removable cementer
(岩石)可钻性☆drillability
可钻性分类指数☆drillability classification number
可作图性☆mappability
渴望☆hunger；thirst；ambition；wistfulness；pant；solicitude；long(ing)；avid
渴望水平☆aspiration level

kè

克[重量单位]☆gram；gramme；g；gr.；gm；grm
克/阿伏伽德罗数[质量单位]☆avogram
克卜勒定律☆Kepler's laws
克布索丁炸药☆Carboazotine
克当量☆gram(me)-equivalent；gram equivalent
克当量浓度☆normal concentration
克碲铀矿[UTe_3O_9;等轴]☆cliffordite
克端[气体重量单位]☆crith
克耳文公式☆Kelvin's formula
克尔菲(群)[欧;$Є_1$]☆Caerfaian
克尔菲统☆Caerfai
克尔克贝介属[S-P]☆Kirkbya
克尔克五房贝属[腕;S]☆Kirkidium
克尔效应☆electrooptical effect in dielectrics；Kerr effect
克钒钛矿☆kyzylkumite
克菲尔群☆Caerfaian group
克分子[现已规范用“摩尔]☆mole；gram molecule；molecule；gram(-)mol
克服☆overcome；carry；negotiate；surmount (at)；cope (with)
克服(声障)☆breaking
克格里特介属[C-P]☆Kegelites
克辉铋铜铅矿☆krupkaite
克/加仑☆grams per gallon；GPG
克卡☆gram{small} calorie；gram(me)-calorie；therm；g-cal；gram(me)-calorie
克克矿☆keckite
克拉[宝石、金刚石重量单位,=0.2g]☆(metric) carat；krad[千拉德;γ射线辐射单位]；karat；k.；car.；Ct.
克拉德☆gram rad
克拉夫菊石属[头;P_2]☆Krafftoceras
克拉夫特型齿轮联轴节☆Croft gear coupling
克拉卡托风☆Krakatoa wind
克拉卡托破火山口☆Krakatoan caldera
克拉克☆Clarke F W
克拉克贝属[腕;O_1]☆Clarkella
克拉克成分模型☆Clark's sector model
克拉-德鲁(资源供应)模型☆Clark-Drew (resource) model
克拉克顿期[旧石器时代阿舍利期初期]☆Clactonian stage
克拉克福克阶☆Clarkforkian stage
克拉克虾科☆Clarkecarididae
克拉克型二分缩样器☆Clark riffler
克拉克值☆Clark number；clarke (value)；clark value
(斯仑贝谢公司)克拉马测井解释中心☆Clamart Log Interpretation Centre；CLIC
克拉麦法则☆Cramer rule
克拉曼格不锈钢☆chromang
克拉佩{珀}龙方程☆Clapeyron equation
克拉莎属☆Cladium
克拉梭粉(属)[T_3-E]☆Classopollis
克拉索夫斯基椭球☆Krasovsky's ellipsoid
克拉天平☆carat balance
克拉通☆craton；kraton [旧]；cratogene；kratogen
克拉通(成因)的☆kratogenic
克拉通化☆cratonization；kratonization
克拉通间的☆intercratonic
克拉通内地盆地☆intracratonic basin
克拉通内裂谷型盆地☆intracratonic rift-style basin
克拉通内喷发山脉☆intracratonic eruptions mountain
克拉通区☆kratogenic area
克拉文菊石属[头;C]☆Cravenoceras
克拉文珊瑚属[C_1]☆Cravenia
克拉值[按克拉计的钻头镶金刚石总重量]☆caratage
克拉兹明斯克阶[C_2]☆Klazminskian
克拉子片☆clutch facing
克腊夫拉岩☆kraflite；krablite
克腊末-克朗尼格转变☆Kramers-Kronig transformation
克莱博恩阶[北美;E_2]☆Claibornian stage
克莱底鹦鹉螺属[头;T]☆Clydonautilus
克莱劳{罗}定理☆Clairaut's theorem
克莱马克斯高电阻铁镍合金☆climax
克莱姆法则☆Cramer's rule
克莱斯勒太平洋[车名]☆Pacifica
克赖德门型抓岩机☆Cryderman mucking machine；Cryderman loader
克赖瑞西溶液☆Clerici solution
克兰古奇阶[北美;N_2]☆Clamgulchian (stage)
克兰涅型矿用火焰安全灯☆glannie；glenny
克兰普型链式闸门☆Cramp chain gate
克兰斯顿混凝土块垛式支护☆Cranston pack
克朗内克δ函数☆Kronecker delta function
克劳[熵的单位]☆clausius
克劳德子波☆Klauder wavelet
克劳凯特型磁选机☆Crockett separator
克劳克耐尔•沃克公司☆Klockner Werke
克劳雷威尔科克斯型薄煤层巷道掘进机☆Crawley-Wilcox miner
克劳默(文化)的☆Cromerian
克劳氏介属[O-D]☆Krausella
克劳斯法[一种活性污泥处理法]☆Kraus process
克劳斯-焦利密度天秤☆Kraus-Jolly density balance
克劳斯塔尔型活塞式跳汰机☆Clausthal jig
克劳特型{式}浮选机[带立式螺旋泵的梯流式浮选机]☆Kraut machine；Kraut flotation cell
克劳修{夕}斯-克拉佩龙方程☆Clausius-Clapeyron equat ion
克勒勃矿☆kleberite
克勒克酵母属[真菌;Q]☆Kloeckera
克雷波☆Krey wave
克雷布斯式旋流器☆krebs cyclone
克雷格-爱泼斯坦大气降水线☆Craig-Epstein meteoric water line
克雷格石☆craigite
克雷格注水预测法☆Craig water-flood prediction method
克雷斯皮(白云石打结)炉衬☆Crespi lining
克厘米☆gram centimeter；gram-centimetre
克离子☆gram ion
克里德继电器☆Creed relay
克里顿诺仪☆klydonograph
克里格法☆kriging
克里格估计(值)☆kriged estimate
克里林土壤改良剂☆krilium
克里普-科特连接[管道的一种机械连接法]☆Crimp- Kote joint
克里普岩☆Kreep
克里斯蒂方程式☆Christy's equation
克里斯皮白云石打结炉衬☆Crespi-lining
克里斯琴森效应☆Christiansen effect
克里斯图勒模型☆Christaller's model
克里斯托弗尔方程☆Christoffel equation
克里特介属[K_2-Q]☆Krithe
克里沃罗格式铁矿床☆Krivoyrog-type iron deposit
克里兹普岩[一种富含钾、稀土、锆、磷的月岩]☆KREZP
克利达曼型抓岩机[开凿斜井]☆Cryderman mucking machine
克利尔波特坐标变换☆Claerbout coordinate transformation
克利佛德石☆cliffordite
克利夫顿贝属[腕;O_3-S_3]☆Cliftonia
克利夫兰(开杯)闪点测定器☆Cleveland (open-cup) flash tester
克利玛花[石]☆Seattle Cremo
克利门斯型真空浮选机☆Clemens vacuum flotation cell
克利特键盘凿孔机☆Creed keyboard perforator
克利希那特炸药☆cresylite
克利亚德风☆criador
克粒{力}☆gram particle{|force}
克连酸☆crenic acid
克列里奇液[重液]☆Clerici('s) solution
克列维亚金斯克阶[C_2]☆Krevyakinskian
克林齿兽属[E]☆Claendon
克林顿层[晚志留世]☆Clinton beds
克林顿层红色扁豆形晶体铁矿[美]☆Clinton {flaxseed} ore
克林顿阶[北美;S_2]☆Clintonian (stage)
克林顿矿[含化石鲕状赤铁矿]☆Clinton ore
克林顿期☆Clinton age
克林格罗无烟(焦炭砖)☆Cleanglow
克林肯`堡{伯格}效应☆Klinkenberg effect
克隆型鳞木☆Knorria
克鲁伯无磁轭磁选机☆Krupp sol separator
克鲁伯型筛筒球磨机☆Krupp (ball) mill
克鲁伯型万能筛☆Krupp universal screen
克鲁甫{虏伯}型隧道钻巷机☆Krupp tunnel-boring machine
克鲁克管[观察X射线阴影]☆cryptosciascope
克鲁克斯暗区☆Crookes dark space
克鲁马努{侬}人☆Cro-Magnon{Cromagnon} man
克鲁普-伦法☆Krupp-Renn process
克鲁兹{斯}迹[遗石]☆Cruziana
克伦贝克蛤属[双壳;T_3]☆Krumbeckia
克伦琴☆gram-roentgen
克罗地亚☆Croatia
克罗尔钛化合物和锆化合物还原法☆Kroll's process {Croft}
克罗格斯磨料☆Crocus
克罗克奈弗罗马蒂克型液压支架☆Kloeckner-Ferromatik powered roof support
克罗克斯眼镜玻璃☆crooke's glass
克罗克特型磁选机☆Crockett magnetic separator
克罗拉德高原型矿床☆Colorado plateau type deposit
克罗利麦特镍钼耐酸合金☆chlorimet
克罗利特[陶瓷绝缘材料]☆crolite
克罗林贝属[腕;S-D_2]☆Clorinda
克罗马克铁镍铬耐热合金☆Chromax
克罗麦{默}间冰期[中欧]☆Cromerian
克罗曼特掏槽☆coromant cut
克罗梅尔镍铬耐热合金☆chromel
克罗莫钨铬钼模具钢☆Chromow
克罗内克δ符号☆Kronecker delta
克罗赛脱眼镜玻璃☆Crusate spectacle glass
克罗斯式穹隆☆Cloosian dome
克罗托夫贝属[腕;D-P]☆Krotovia
克罗威氰化提金法☆Crowe process
克罗依克斯(统)[北美;$Є_3$]☆Croixian
克洛夫利(统)[北美;N_1]☆Clovelly
克努伯硬度☆Knoop's scale
克努森表☆Knudsen's tables
克努森公式☆Knudsen formula
克努森(压力)计☆Knudsen gauge
克取面[钻头]☆penetrating face
克瑞☆crith
克瑞恩斯顿支垛☆Cranston pack
克赛石☆coesite
克色氏龙属[P]☆Casea
克山病☆Keshan disease
克什米尔白[石]☆Kashmire White
克什米尔菊石属[头;T_1]☆Kashmirites
克神苔藓虫属[N-Q]☆Crisia
克石盐☆knistersalz[德]
克(化学)式量☆gram formula weight；gfw；G.F.W.
克式浓度☆formality
克氏锤☆Klebe hammer
克氏粉属[孢;K_2-Q]☆Cranwellia
克氏哈属[双壳;T_1]☆Claraia
克氏浓度☆formality
克氏切壁属[孢子;C_2]☆Krempexinis
克氏硬度☆Chrustiov's hardness scale
克氏重液☆Klein's solution
克水碳锌铜石☆claraite
克斯特矿[$Cu_2(Fe,Zn)SnS_4$]☆kosterite；khinganite；k(o)esterite；custerite
克丝钳☆combination{cutting} pliers；pliers
克特利矿☆kittlite
克铁蛇纹石[$Fe_2^{2+}Fe^{3+}(Si,Fe^{3+})O_5(OH)_4$;单斜、三方]☆cronsted(t)ite；chlor(o)melane；sideroschisolite；lillite；melanglimmer
克瓦斯☆kvass；quass
克维诺系☆Keweenawan system
克希荷夫定律☆Kirchoff's law
克、伊、丕{皮}、华四氏岩石分类法☆C.I.P.W classification；quantitative system
克元素比放射性☆gram-element specific activity
克原子☆gram-atom；gram atom
克原子(重)量☆gram atomic weight
克质{|重}量☆gram mass{|weight}
氪☆krypton；Kr
氪灯☆krypton lamp

氪化☆kryptonization
氪化(二氧化)硅☆kryptonated silica
刻凹槽☆indent
刻板☆stereotype；cut blocks for printing；carve printing blocks；mechanical；stiff；inflexible
刻薄☆vitriol
刻槽☆entrenchment；flute；Chamfer；notch (groove)；score；cutting groove；carve；channel(l)ing[取样]
刻槽法取样☆channeling method
刻槽环箍着的炸药☆ligamented splittube charge
刻槽机☆grooving machine
刻槽煤样☆groove sample
刻槽取样☆channel sampling；strip{groove} sample
刻槽样品☆trench{channel} sample
刻槽作用☆fluting
(把……)刻成锯齿形☆indent
刻齿刀刃☆scalloped edge
刻齿纹☆serrating
刻赤式铁矿床☆Kerch iron deposit
刻底☆etch mark
刻底切口☆scotch
刻点☆punctation；punctum
刻点构造☆punctate structure
刻点仪☆dot graver
刻度☆scale (division)；calibration；division；index；graduation (on a vessel or instrument)；graduating；marking；notch；mark；dividing；ind.；Sc
刻度板☆template；templet；graduated plate；scaleplate
刻度尺☆dividing{graduation} rule(r)；(graduated) scale
刻度错误☆miscalibration
刻度高度☆scale height；scale-height
刻度管☆graded tube
刻度记录☆calibration tail{summary}；test film
刻度架☆calibrating jig
刻度校准☆adjustment scale
刻度距离☆indexing distance
刻度盘☆dial scale{faceplate}；graduated circle{disc;plate;disk}；compass rose[罗盘]；index dial{disk}；calibrated disc；scale；dial；reading device
刻度盘带照明的仪表☆illuminated dial instrument
刻度盘的有效部分☆effective range
刻度盘中心为零的仪表☆center zero instrument
刻度器☆calibrator；CAL；graduator
刻度圈☆graduate
刻度烧杯{瓶}☆meter glass
刻度绳[测流速用]☆current line
刻度误差☆graduation{division} error；error of division
刻度吸管☆calibrated pipet
刻度压入☆indexed penetration
刻度圆☆divided circle
刻沟☆chamfer
刻号器☆object marker
刻痕☆nick；indentation；score；scratch；scoring；hack；indent；graphoglypt[遗石]；impression；nicking；incision；notch；snick
刻痕测试☆Janka indentation test
刻痕脆裂性☆notch brittleness
刻痕深度☆depth of impression
刻痕硬度☆indention hardness
刻花玻璃☆etched glass
刻划☆delineate
刻划法[测硬度]☆scratch method
刻划器☆graver
刻划生长☆glyptogenesis
刻划硬度☆sclerometric{cutting;scratch;scratching;Martens} hardness
刻绘原图☆scribing
刻击延性☆notch ductility
刻记号☆impress
刻苦☆grind；assiduity；painstaking；hard
刻螺纹☆thread
刻面[宝石等]☆facet
刻切工具☆engraving tool
刻上☆inscribe
刻石[石上雕刻]☆carve characters or designs on a stone；stone engraved with characters or designs
刻石工☆jiggerman
刻石工艺☆lapidary
刻蚀☆(Earth) sculpture；etch(ing)；corrasion；scour
刻蚀地貌☆morphosculpture；morphosculptore
刻蚀发生☆glyptogenesis
刻蚀环痕☆etch ring
刻蚀平原☆etchplain
刻蚀深度☆etch(ed) depth
刻蚀图纹☆etching pattern
刻蚀椭圆痕☆etched ellipse
刻蚀作用☆corrosion；corrasion
刻{克}丝钳☆pliers
刻图☆scribing
刻图(工具)☆graver
刻图针☆engraving{etcher's;scribing} needle
刻纹☆rag
刻纹海蜷☆Terebralia sulcata
刻纹器☆tap
刻细痕于☆snick
刻线☆hachure；scribed{hachured} line；scribing
刻压连续点子的滚轮☆roulette
刻压作用☆indentation
刻印标记☆letter
刻印器☆imprinter
刻有凹槽的☆notched
刻有神秘字样的玉石☆abraxas
客变量☆extraneous variable
客舱用品库☆cabin store
客车☆carriage；coach[铁路]
客车吊架☆carrier hanger
客船☆passenger boat
客观(性)☆objectivity
客观存在☆outwardness
客观存在性☆outness
客观的☆external；objective
客观分析☆objective analysis
客观需要☆desirability
客户存款账☆customer's book
客机☆airliner
客晶[岩]☆guest；chadacryst；chadacysts
客居☆inquilinism
客矿物☆guest (mineral)
客气称呼[信件或发言开头]☆salutation
客人☆guest
客厅☆parlour；parlor
客土法☆mixing of soil
客胸类☆Thoracica
客运货运业务☆traffic
课(税)☆charge；levy
课本☆textbook
课程☆course；offering；lesson
课程的☆curricular
课堂☆schoolroom
课题☆topic；thesis [pl.-ses]；theme
课题设计☆item design
课题状态☆problem status
课文☆text；texto

kěn

肯德斯柯特阶[C_2]☆Kinderscoutian
肯迪亚红[石]☆Candia
肯定☆affirm；yea
肯定地☆undoubtedly
肯定动作☆positive action
肯定信号☆acknowledge signal
肯定型网络☆deterministic network
肯内{涅}利-希{海}维赛德层☆Kennelly-Heaviside layer；E-layer
肯尼迪空间中心[美]☆Kennedy Space Center；KSC
肯尼叠层石属[Z]☆Kinneyia
肯尼科特式铜矿床☆Kennecott-type copper ores
肯尼亚☆Kenya
肯尼亚岩☆kenyite；kenyte
肯皮尔赛铬矿床☆Kempirsay chromium deposit
肯萨斯冰期☆kansan glacial stage
肯氏贝属[腕;O_3]☆Kinnella
肯氏海豚(属)☆Kentriodon
肯氏龙(属)☆Kentrosaurus
肯氏兽(属)[爬;P-T]☆Kannemeyeria
肯塔基能源研究实验中心☆Kentucky Center for Energy Research Laboratory；KCERL
肯太炸药☆Kentite
肯亚古猿☆Kenyapithecus
啃☆nibble
啃啮植物的生物☆grazing organisms
垦荒☆pioneering；land reclamation
垦植{殖}☆reclamation
恳切的☆pressing
恳求☆invoke

kēng

坑☆pit；delve；(egg) hole；sinkage；depression；hollow；tunnel；bury alive；harm by cunning (or deceit)；cheat；hoodwink；dimple；cavity
(陨石)坑☆cracker
坑采砾石☆pit run gravel
坑槽载荷试验☆tank loading test；exploring opening
(冰雪的)坑穿透强度☆ram resistance
(冲击)坑唇☆rim
坑道☆gallery{adit;mine} [井筒、平峒和巷道的统称]；sap；excavation；tunnel；exploring opening；run；(underground) tunnel[地下通道;地下工事]
坑道爆破☆undermining blast；chamber blasting
坑道顶板☆roofing
坑道工兵☆sapper
坑道内作业☆inside work
坑道支架☆road lining
坑道钻孔方向检测仪☆monstrometer
坑道钻机☆drill for underground；underground drill
坑道作业☆underground work
坑底不稳定性☆basal instability
坑底隆起☆bottom heave
坑点☆pit；sand hole
坑硐☆exploring opening
坑(-)丘{冈}构造☆pit-and-mound structure
坑井☆sump hole；prit；pit
坑口☆openings；pit mouth{brow;head;top}；mine portal；minehead；pit-head；entry；shaft top
坑口电站☆pit{pithead} power station
坑口交货☆free at pit
(在)坑口筛选的☆colliery screened
坑口售煤☆haut
坑砾石☆pit gravel
坑炉☆pit{underground} furnace
坑煤☆pit coal
(月)坑密度☆crater density
坑磨蚀力☆resistance to abrasion
坑木☆pit prop{timber;wood}；timber；mine{lock} timber；lock piece；prop wood；pitwood
坑木处理车间☆timber-treatment plant
坑木回收工{机}☆timber drawer
坑木浸渍☆timber treatment；impregnation of timber
坑木喷药器{工}☆timber sprinkler
坑木下放格☆timber compartment
坑木运送工☆timber pusher
坑木载运车☆timber trolley
(用)坑木支护☆timbering
坑内☆ingoing；down；underground；inbye
坑内采矿线路☆mining track
坑内底板水沟☆ricket(ing)
坑内钢绳运输巡查工☆rider
(焊接)坑内焊接☆bell hole welding
坑内巷道洼处☆swilley
坑内螺旋巷道☆underground ramp
坑内气候☆mine weather
坑内斜井☆inside slope
坑内运料工☆shuttle man
坑内运人车☆underground personnel carrier
坑内运输☆haulage underground；inbye transport
坑内运输人员设备☆man-riding facilities
坑内自产充填料☆own filling (material)
坑气☆grison；firedamp
坑群☆crater duster
坑砂☆pit sand
坑式腐蚀☆pitting corrosion
坑台法☆top heading and bench method
坑探☆probing；trenching；exploring opening；(test) pitting；exploring mining probing；tunnel prospection
坑探(方)法☆pit prospecting method
坑洼☆ponding
坑下☆underground；inbye
坑下工长☆steward
坑线☆trench；ramp
坑形构造☆pit structure
坑穴☆dent；pot-holes
坑穴孢属[K_1-E]☆Ischyosporites
坑长☆pit boss{chief}；inside superintendent；chief of a pit；superintendent of a mine
坑状☆craterform
铿锵声☆clang

kōng

崆古尔斯基统☆Kungurian series

空☆empty；EMP；vacuity；vacancy；null；no-
空(虚)☆emptiness
空鞍☆air saddle
(晶格)空胞☆open position
空杯虫☆Receptaculites
空变(的)☆space-variant
空不变处理机☆space-invariant processor
空操作☆NOP；no-operation
空层☆dead level
空场法☆cavity working；open-stope method{mining}；working in the open
空场横撑支柱回采工作面☆open stulled stope
空场上向梯段回采☆overhand stoping in open stope
空场式开采[无支柱、无填充]☆whole in the open；working in the open
空场下向梯段开采☆open stope benching
空场下向梯段采场☆open underhand stope
空场支柱回采工作面☆open underhand stope；open timbered stope
空(矿)车☆empty (tub)；deadhead
空车道☆empty{empties} track；track for empty tubs
空车返回{回运}☆back haul
空车皮☆empties
空车(运行)平巷☆empty-car haulage drift
空车线☆core drilling；emptied track
空车重量☆tare weight
空程☆idle stroke{running}
空齿鹿属[Q]☆hollow-toothed deer；Odocoileus
空冲程☆idle stroke
空抽井☆pumped-off well
空触点☆dead contact
空传污染☆air-borne contamination
空船吃水☆light draft
空挡☆neutral (position)
空刀☆undercut
空倒易点阵☆blank reciprocal lattice
空的☆inane；hollow；empty；bare；void；non-existent；dummy
空底装药☆hollow charge
空地址☆address blank；blank address
空点☆ignore
空顶☆prop-free (working) front
空顶距☆unsupported roof distance；prop-free-front distance
空动[机]☆lost motion
空洞☆drusy；holiday；bleb；cavity；pothole；vug；gullet；empty；hollow；devoid of content；tenuity
空洞的☆inane；washy
空洞填充式条纹长石☆void-filling perthite
空洞无物☆inane
空洞现象☆cavitation
空斗石墙☆emplectum；emplecton
空对地导弹☆air-to-surface missile；A.S.M.
空鲕粒☆oolicast；oocast；Oolimold
空鲕石☆oolicast
空鲕状燧石☆oocastic{oolicastic} chert
空缝☆hollow joint
空符号☆null symbol
空高☆outage
空谷尔阶[欧;P_{1-2}]☆Kungurian (stage)
空罐☆empty；slack tank
空-海界面☆air-sea interface
空耗时间☆dead time
空盒气压表☆aneroid (barometer)；capsule aneroid
空化水射流切割岩☆rock cutting by cavitating water jet method
空化(作用) [超声波]☆cavitation；cavatition
空汲☆cavitation
空话☆joke
空回段☆loose side
空棘螺属[腹;T]☆Coelocentrus
空棘鱼☆coelacanth
空集☆empty{null} set
空架罐笼☆skeleton cage
空间☆interspace；daylight；(air) space；vacuity；scope；room；excavation[挖掘]
空间比☆air-space ratio
空间边缘的史密斯和劳斯特隆模型☆the Smith and Rawstron model of spatial margins
空间充满物质[与 vacuum 相对]☆plenum [pl.plena]
空间充填率曲线☆space-filling curve
空间带宽积☆space-bandwidth product
空间的☆spatial；triaxial；tridimensional；three-space；three {-}dimensional；three-D；steric；spatio-
空间地☆spatially
空间电荷☆space-charge；space charge
空间对流加热器☆space heater
空间放大率☆spatial magnification
空间分布☆space{spatial} distribution
空间分析☆spatial analysis
空间格子☆space{three-dimensional} lattice
空间跟踪和数据获取网☆space tracking and data acquisition network；STADAN；
空间关系☆spatial relationship；positional relation {connection}
空间后交会(法)☆spatial resection
空间积群法☆spatial clustering
空间极迹☆herpolhode
空间监测☆space surveillance；SS
空间监控中心☆Space Surveillance Control Center
空间监视☆spasur
空间渐变系烈☆topocline
空间交会(法)☆spatial intersection
空间接点☆disconnected contact
空间静区☆anacoustic zone
空间科学☆spatiography；space science
空间联系☆geometric(al) association；positional connection
空间滤波器{片}☆spatial filter
空间排布☆spatial arrangement
空间排阻色谱(法)☆steric exclusion chromatography
空间膨胀方法☆space-dilating strategy
空间曲线☆skew{space} curve
空间取向☆dimensional orientation
空间群☆space group；spacer；S.G.
空间-时间分布☆spatial-temporal distribution
空间位置☆locus [pl.loci]
空间位置安排☆spatial arrangement
空间无车(区段)☆clear
空间弦距☆spatial chord distance
空间限制☆space constraint
空间消光律☆spatial extinction law
空间性☆spatiality
空间再现算法☆spatial recovery algorithm
空间增量☆increment in space；space increment
空间重力生物学☆space gravitational biology
空间转动群☆group of spatial rotation
空间组合☆spatial array
空间坐标☆three dimensional coordinate；volume coordinate；spatial value；space coordinates
空间坐标(轴)☆solid axes；space axes
空键☆saddle key
空降的☆airborne
空降凝灰岩☆airfall tuff
空结核☆incretion
空茎岩黄耆☆Hedysarum fistulosum
空晶☆negative{hollow} crystal
空晶石[$Al_2(SiO_4)O$;Al_2O_3•SiO_2]☆chiastolite；hollow spar；chiastoline；maranite；maltesite；howdenite；macle；crucite；chiastolith；chyastolite；stealit
空晶铸件☆slush casting
空晶铸体☆crystal cast
空井[充满空气或天然气的井]☆duster；empty{barren} hole
空瞰图☆airview；airscape
空壳☆skull
空孔☆empty hole
空孔掏槽☆baby cut
空跨☆open span；unsupported
空矿车☆empties
空矿房☆emptied stope
空旷地区☆open district
空(气)冷(却)冷凝器☆air-cooled condenser
空列车☆empty train；empty trip
空路☆dead circuit
空木垛☆open nog
空囊[孢]☆air sac
空盘☆empty reel
空盘虫超科[射虫]☆Cenodiscicae
空盘藻属☆Jaoa
空炮☆blown-out shot{hole}；john odges；empty {blownout} hole；gunner；wind blast；blowout；blown out shot；not shoot；NS
空炮孔☆void hole
空炮眼☆burn hole
空泡☆vacuole
空泡形成{状态}☆vacuolation
空气☆air；atmosphere；air-；aero-；aeri-；aer-；pneum(o)-；pneumat(o)-
空气包☆air dome{chamber;case}；surge chamber；pressure dome
空气爆破[工]☆air shooting；airblasting；airbreaking
空气比重瓶{计}法☆air pycnometer method
空气变形网络丝☆air-tangled yarn
空气波接收器☆blastphone
空气操纵的☆air operated
空气称重器☆air poise
空气冲击☆air burst；air-blast；air-bump
空气重新进入扇风机☆back lash
空气抽吸清除☆air sweeping
空气出口☆air-out
空气储蓄罐☆air receiver
空气传播的污垢物☆airborne contaminant
空气传染☆aerial inflection
空气传声☆airborne sound
空气吹提器[污水处理]☆air stripper
空气吹制的☆air-blown
空气纯度测定管☆eudiometer
空气的☆aerial；airy
空气的轻微流动☆breath
空气-地表分界面☆air-earth interface
空气垫☆air cushion
空气电池☆gas battery
空气动力(学)等效颗粒☆aerodynamically equivalent particle
空气动力试验工具☆aerodynamic test vehicle；ATV
空气断开接触器☆air-break contactor
空气断路器☆air circuit-breaker{breaker;switch}
空气对比比重仪{瓶}☆Air Comparison Pycnometer
空气分布☆air coursing
空气分级机变速驱动装置☆variable speed drive for air classifier
空气分级机叶片组件☆air classifier blade assembly
空气分散百叶窗☆air dispersing louver
空气浮尘计量学☆konimetry
空气干燥煤☆air-dried coal
空气干燥煤样水分☆moisture in the air-dried sample
空气隔离端接开关☆air insulated terminal chamber
空气鼓动{风}☆air blast
空气管☆air-pipe；air conduit{pipe}
空气管路☆airline
空气管路润滑器☆airline lubricator
空气光[悬浮物散射光]☆airlight
空气过敏原☆aeroallergen
空气过剩系数☆coefficient of excess air
空气-海水界面☆air-sea interface
空气含尘采样器☆air (dust) sampler
空气含铅量指示器☆lead-in-air indicator
空气和煤气层相交角☆cross-angle of air and gas streams
空气和砂混合物☆air-sand mixture
空气和瓦斯吹洗钻进☆air and gas drilling
空气缓冲垫地震振动器☆air-cushion seismic vibrator
空气激波☆air-shock wave
空气机械浮选机☆pneumo-mechanical flotation cell
空气加热管道☆air-heating conduit
空气减辐☆air damping
空气间隔爆破☆air deck blasting；blast with air interval
空气间歇诱流筒☆air intermitter
空气搅拌☆air-agitation；pneumatic blending
空气搅拌沉淀槽☆air-agitated precipitation tank
空气搅拌液体渗氮法☆aerated bath nitriding
空气进(入量)☆air-in
空气净化设施☆air-cleaning facility
空气绝热冷却温度☆adiabatic cooling temperature of air
空气绝缘开关☆air-insulated switchgear
空气开关☆air switch；air-break circuit breaker
空气开关接点☆air-break
空气孔☆ventage
空气孔塞☆airport plug
空气矿物黏附☆air-mineral adhesion
空气冷却☆air cooling{cool}；air-cooling
空气冷却器☆fin-fan heat exchanger；air cooler
空气量☆amount of air；air capacity
空气量设定点☆air setpoint
空气流☆air stream；moving air current；wind；airflow；air draft
空气流动示踪气体☆tracer gas

K

空气流通☆air coursing；airiness
(废水的)空气氯化(处理)☆aerochlorination
空气马达凿岩{钻眼}☆air-motor drilling
空气脉动洗煤[跳汰]机☆air pulsated coal washer
空气弥散锥☆air dispersing cone
空气密度公式☆air-density formula
空气幕屏蔽☆air-bubble
空气能源污染物控制☆air pollution control
空气耦合瑞利波☆air-coupled Rayleigh wave
空气泡沫浓缩液☆air-foam concentrate
空气喷射☆air jet；airblast；aerojet
空气喷射变形加工☆jet looping
空气喷射变形法☆air-jet texturing method
空气喷射法抛散☆air-jet dispersion
空气喷嘴☆blowpipe；air nozzle
空气膨胀避雷器☆air expansion lightning arrester
空气枪[海洋震勘源]☆gun；air gun{cannon}
空气枪起爆室[枪膛]☆air gun firing chamber
空气枪组合震源☆airgun array source
空气侵蚀试验☆weathering test
空气清洗连接☆air purge connection
空气取样☆atmosphere{air} sampling
空气圈☆aerospace
空气燃料爆破航弹☆air fuel explosive bomb
空气(-)燃料比测定计☆air-fuel ratio meter
空气-燃料比例调节☆air-fuel ratio regulation
空气-燃料气配比调节器☆air-gas proportioner
空气-燃气焰加热淬火☆air-gas hardening
空气润湿(装置)☆aerosolation unit
空气上行管道☆air uptake pipe
空气射流☆airstream
空气渗透(法)☆air penetration；air-permeability method
空气升(提)液器☆air lift
空气声源☆pneumatic source
空气湿度☆air humidity{moisture}；hydrometer condition；humidity of the air
空气湿度参数测定仪☆hygronom
空气湿含量☆moisture content of air
空气室[跳汰机]☆air chamber{sluice;space}；air well；windbox
空气输送斜槽☆airslide；air slide
空气熟化☆air {-}slake；air-slack
空气水界面☆water-gas interface
空气弹簧☆aero elastic body；air spring
空气弹性变形的☆aeroelastic
空气淘析☆elutriation with air；air elutriation
空气套温度计☆air jacketed thermometer
空气提升式挖掘船☆air-lift dredge
空气提升压头☆air-lift head
空气提液器☆air lift
空气调节☆air {-}conditioning；artificial atmosphere
空气调节设备☆air conditioning equipment；ACE
空气突出☆air-bump；air bump
空气微粒测算器☆aerosoloscope
空气温度☆air temperature；AT；a.t.
空气污尘☆airborne dirt
空气污染☆air contamination{pollution}；aerial pollution
空气污染偶发事故☆air pollution occurrence
空气污染事件☆air pollution episode
空气污染源检定☆source measurement
空气雾化喷燃器☆air-atomizing burner
空气洗井钻的井☆air drilled hole
空气洗井钻进多气动钻进☆compressed-air drilling
空气洗孔{井}钻进☆air flush drilling
空气隙☆air gap{clearance}；a.g.
空气细孔率☆air porosity
空气泄流☆air drainage
空气心的☆air-cored
空气悬浮分选{选矿}机☆aerosuspension separator
空气压缩机☆blower
空气-烟道气混合物☆air-flue gas mixture
空气养护的☆air cured
空气氧化脱(硫醇)☆air sweetening
空气硬化型砂☆air-setting sand
空气-油品蒸汽混合气☆air-vapour mixture
空气浴☆air-bath；air bath
空气预热☆preheating of air
空气原油比☆air-oil ratio
空气胀出[浮选充气失宜]☆burst of air
空气振动除砂机☆specific gravity separator
空气支撑式扬声器☆air suspension speaker
空气致污组分☆air-pollutant
空气中杂质☆atmospheric impurity
空气中的花粉和孢子聚集体☆spora
空气中的污染微粒☆smokeshade
空气轴承☆gas bearing
空气柱☆air column{spacing;core}；column of air
空气助燃发动机☆air-breathing engine
空气助燃激光发动机☆air-breathing laser engine
空气注入体积速度☆volumetric air injection rate
空气状的☆aeriform
空气资源局☆Air Resources Board；ARB
空气阻力☆windage；air drag
空气钻井☆compressed-air{air} drilling；air-drilling
空气钻井取的岩粉样☆dust sample
空气钻井时井口排出岩屑的管线☆blooie line
空腔☆cavity (void)；hollow；cavitation；vacuole
空腔谐振☆boominess
空球虫(属)[射虫;T]☆Cenosphaera
空球藻属[绿藻;Q]☆Eudorina
空区☆emptied stope；gob room；gap[震]；open goaf
空区处理☆air compressor；air compressing machine；goaf management
空圈闭☆barren trap
空燃比☆air-fuel ratio
空容积☆vacuity；head space
空容器☆electrical condenser
空(提升)容器重心☆empty centre of gravity
空射☆misfire
空蚀☆cavitation (erosion)
空枢☆trunnion
空速☆air speed；AS；airspeed
空速管☆pitot
空梭车运输开采☆shuttle-car mining
空态☆empty{vacant} state
空调☆air condition(ing)；aircon
空调机☆air conditioning machinery
空调器☆air {-}conditioner
空调室☆air-conditioning chamber
空调用[计]☆idle call
空投☆dropping；airdrop；paradrop
空投式冲击震源☆Dropter
空投员☆kicker
空头支票☆kite{accommodation} bill；bad checks；stumer
空(心)位错☆hollow dislocation
空窝(木材浸渍)法☆empty-cell process
空吸☆suction；working on air
空吸情况☆snoring condition
空吸状态☆on air
空线信号[讯]☆free line signal
空想☆imagination；fantasy；ideology；dream；abstraction；phantasy
空想家☆theorist
空想性错视☆pareidolia
空芯衔铁☆coreless armature
空心☆air core
空心宝石☆chevee；shell
空心玻璃细珠☆hollow glass beads
空心的☆hollow；perforated；tubular
空心度☆hollowness；voidness ratio
空心方形凿☆hollow chisel
空心混凝土块体☆hollow square
空心件铸造☆slush casting
空心结核☆voidal concretion；box
(船)空心肋板☆bracket floor
空心梁☆box{cellular} girder
空心硫质球☆sulfur ball
空心六角形截面☆hollow hexagon section
空心楼板挤出成形机☆hollow slab extruder
空心率☆percentage of hollow filaments
(全)空心铆钉☆full tubular rivet
(用)空心铆钉接合板材☆eyeleting
空心面☆macaroni
(超导重力仪的)空心铌球☆hollow niobium sphere
空心砌块成形机☆hollow block machine
空心墙角基石☆hollow quoin
空心燃烧药柱☆internal-burning grain
空心石核☆geode
空心陀螺☆diabolo
空心微球[塑制,浮于油面减少蒸发]☆tiny balloon
空心微球泡沫塑料☆syntactic foam
空心线圈☆air-core coil
空心阴板☆hollow-cathode
空心阴极灯☆hollow cathode lamp
空心圆柱三轴试验机☆hollow cylinder apparatus
空心载荷传感器☆hollow center load cell；hollow centre load cell
空心轴☆hollow shaft{axle}；cannon；tubular shaft
空心铸(磨)球☆hollow-cast ball
空心铸造☆bleeding
空心砖☆glace；hollow{air;cell} brick；tile
空心转筒澄清机☆hollow-bowl clarifier
空心装药☆shaped charge
空心钻☆core drill
空心钻杆☆hollow rod{drill;stem}；hollow drill rod；wash rod
空心钻钢☆holsteel；hollow drill steel
空心钻头☆hollow (drill(ing)) bit；gouge bit
空星藻属[绿藻;Q]☆Coelastrum
空行☆blank line；null (string)；BL
空行程☆idle motion；free play
空虚☆leegte；laagte；vacuity；vacancy；deplete
空虚的☆inane；hollow
空悬匙形台[腕]☆free spondylium
空穴☆hole；cavity (void)；hollow；vacancy；cavitation (pocket)；druse；void；positive carrier；pigeon hole[钢锭内]
空穴导电☆conduction by hole
空穴发射☆hole-emitting
空穴空间所占的比率☆void space ratio
空穴-粒子相互作用☆hole-particle interaction
空穴密度☆hole density
空穴密集带☆holes conduction band
空穴区☆void area
空穴色谱(法)☆vacancy chromatography
空穴射流☆cavitation jet
空穴填料☆cavity filling
空穴注入☆hole-injection
空压机☆air {-}compressor；air compressing machine；blower
空压站☆compressed air station；air-compression plant
空牙形石属[O_1]☆Nericodus
空岩☆dead rock
空眼☆empty hole；void
空眼法☆line-hole drilling
空眼掏槽☆burn-cut；burn cut
空油管☆dry pipe；blank tubing
空余扣[接头烘装后留下的扣]☆stand-off thread
空语句☆dummy{null} statement
空域☆airspace
空域划分☆airspace division
空运☆fly；ferry；air transport；airlift
空运的☆airborne；spaceborne；A/B
空运装载☆airload
空载☆idling；idler；zero load；no-load
空载车轴☆loose axle
空载吃水☆light draught
空载的☆idle；no loaded；spaceborne；no-load
空载段托辊☆return idler
空载负荷☆non-productive heat consumption；no-load heat duty
空载轮☆free pulley
空载时间☆idle{dead} time
空载系统☆space(borne) system
空载行车☆empty traffic
空载行驶☆deadhead
空载运行☆idling；running light；no-load running
空褶海绵属☆Coeloptychium
空值☆null value
空指令☆dummy{blank;do-nothing;null} instruction
空中☆air；aero-；aeri-；aer-
空中爆炸{破}☆air shooting{burst;blast}；airblast；mid-air {aerial} explosion；explosion in (the) air
空中成组爆炸☆air pattern shooting
空中磁测计☆airborne magnetometer
空中导航☆avigation；air (craft) navigation
空中吊车☆trolly；trolley
空中吊(运)车绳☆trolley rope
空中浮游微生物☆aeroplankton
空中黄土尘☆loess flow
空中火灾☆inflight fire
空中加油键套☆drogue
空中交通管制雷达信标系统☆air traffic control radar beacon system；ATCRBS
空中雷达地质勘探☆airborne geologic reconnaissance radar survey
空中目标速度测量设备☆radist

K

空中平台☆airborne platform
空中牵引飞机☆aerotow
空中三角锁法☆bridging
空中闪光计数器☆airborne scintillation counter
空中摄影(制成的)地图☆air-map
空中摄影(地形)图☆photographic (topographic) map
空中生物☆atmobios
空中水分凝结物[如雨、雪、霜等]☆hydrometeor
空中微迹系统☆airtrace system
空中位置显示器☆air-position indicator；API
空中悬浮矿尘测量器☆conimeter
空中巡逻☆barrage
空中巡视☆over flight
空中照片嵌拼图☆mosaic assembly
空中走廊☆lane
空重☆bare{empty} weight；weight empty；tare
空重车交换☆car change
空重车转换塞门☆empty and load change-over cock
空重车组调动☆train changing
空轴螺属[腹;T-J]☆Coelostylina
空帚虫属[孔虫;J-Q]☆Saracenaria
空柱☆free column
空柱体积☆free column volume；FCV
空转☆idling; idle running{motion}; race (rotation); free-running；free{no-load} running；blank run；empty run space；backlash；idle；[of a wheel] turn without moving forward；spin；run empty；zero discharge；running free；racing；no-load work；run idle[机器]
空转的☆idle；running light；loose-running；loose
空转辊☆drag roll
空转滚筒☆idle drum{pulley;gear}；idler sheave{gear; pulley}
空转滚柱☆idler roller
空转切断☆idling cut off
空转曲线☆non-loading curve
空转时间☆dead time
空转试验☆motoring{running-in} test; blank experiment
空转轴常啮合齿轮☆idler shaft constant mesh gear
空椎目[两栖;Pz]☆Lepospondyli
空字符串☆null character string
空钻孔☆empty hole

kǒng

恐齿猫属[E_3]☆Dinictis
恐狒属[Q]☆Dinopithecus
恐冠兽属[E_2]☆Eudinoceras
恐颌猪属[N_1]☆Dinohyus
恐吓☆threat
恐角兽类☆Dinocerata
恐角亚目[哺]☆dinocerata
恐龙(类)☆dinosaurs
恐龙化石☆dinosaur fossil
恐龙类☆dinosaurs；Dinosauria
恐龙足印[遗石]☆Sauropus
恐鸟(属)[Q]☆Dinornis
恐怕☆afraid
恐兽☆Dinotherium；dinotheres
恐兽亚目☆D(e)inotherioidea
恐象(属)[N-Q]☆deinotherium；Dinotherium
恐象类☆dinotheres
恐象亚目☆Deinotherioidea
恐鱼(属)[D_3]☆Dinichthys
恐圆货贝属[腕;O-S]☆Dinobolus
恐正形贝属[O_{2-3}]☆Dinorthis
恐爪龙类☆deinonychosaura
恐爪龙属[K]☆Deinonychus
孔☆opening；trema [pl.-ta]；hole；hiatus；aperture；hatch；bore；cavern；BH；orifice；vent；bore(-)hole；port；hand-hole；mortise；puncta [pl.-e]；scab；pore；interstice；gaping place；apertura；spur；pit；poro-；mortice；hl；gate[射虫]
孔板[孔虫]☆orifice (plate)；perforated plates；trematophore
孔板点温度☆orifice temperature
孔板流量☆orifice discharge
孔板流量计系数☆orifice meter coefficient；orifice flowmeter factor
孔板流最测量☆orifice measurement
孔板喷嘴管☆orifice tip
孔板筛☆sieve of perforated sheet
(中途测试)孔板式天然气流量计☆orifice well tester
孔板(流量)系数☆coefficient of orifice
孔板型流量计☆orifice-type meter
孔板砖☆perforated brick
孔板嘴损曲线☆orifice curve
孔贝石☆combeite
孔笔石属[$S_{1\sim2}$]☆Stomatograptus
孔壁☆(borehole) wall；pore wall
孔壁胞[绵]☆porocyte
孔壁不平整的钻孔☆ragged hole
孔壁掉块☆cave-in-heave；cave
孔壁堵漏器☆wall packer
孔壁防塌装置☆cave-catcher
孔壁附着☆pore lining
孔壁糊泥棍☆bulling bar
孔壁间隙☆hole{wall} clearance
孔壁拉槽钻孔☆key seated hole
孔壁平整的钻孔☆smooth-walled hole
孔壁曲率☆pore-wall curvature
孔壁珊瑚(属)[$S_{1\sim2}$]☆Calostylis
孔壁射击式取芯器☆sidewall coring gun
孔壁坍落☆wall cavitation；cave-in；cave
孔壁探缝器☆breakfinder
孔壁星珊瑚属[S]☆Palaearaea
孔壁修整工具☆saw
孔壁与钻头间隙☆bit clearance
孔壁注浆☆walling up
孔槽[孢]☆aperture
孔层纲☆Class Porostromata
孔层类☆Porostromata；Protostromata
孔层藻属[Z]☆Porostroma
孔刺毛虫属[腔;D_2-C]☆Chaetetipora
孔道☆gutter；canalus pori；pore passage{path}；mortise；mortice；porous channel
孔道口[岩]☆opening of the channel
孔道流法☆channel-flow technique
孔道通畅的射孔☆carrotless charge
孔道沿外围分布☆circumferential spread of channels
孔的开口[生]☆apertura
孔底☆face{toe} of hole；hole toe{back;bottom; face}；back；the back of the borehole；toe；bore-hole bottom；bottom hole；on bottom
孔底测量☆down-hole measurement
孔底沉积取样器☆Piggot corer
孔底定向☆bottom {-}hole orientation
孔底局部反循环☆downhole partial reverse circulation
孔底距☆space of hole bottom
孔底掘凿面向周边外倾斜的斜炮孔☆gripping hole
孔底可换式牙轮钻头☆retractable rock bite
孔底清洁的地层☆clean-cutting formation
孔底未取出的短岩芯☆stand off
孔底压力☆pressure at the well bottom
孔底药包{装药}☆bottom charge
孔底钻具☆face-drill
孔洞☆vug; cavern; pore space; cavity; vugh; opening in a utensil；hole in a utensil,etc.；void；openings
孔洞的☆vugular
孔洞地带☆cavernous terrain
孔洞石英☆mouse-eaten quartz
孔洞性地层☆vuggy formation
孔段☆interval
孔顿夕{康顿赛}电瓷☆condensite
孔盖☆opercule；hole cover；manhead
孔沟☆pore canal；pore-canal[介]；cavernae[孢]
孔古尔(阶)[欧;$P_{1\sim2}$]☆Kungurian
孔管☆window pipe
孔海螂超科[双壳]☆Poromyacea
孔含量☆cell content
孔毫升•托/秒[一种真空泵抽气速度单位]☆lusec
孔喉☆pore throat
孔环☆eye
孔基板[射虫]☆pore plate
孔积百分率☆percentage of porosity
孔甲鱼属[D_1]☆Poraspis
孔架[射虫]☆pore frame
孔间距☆holespacing；pitch of holes；hole pitch
孔间面☆mesoporium；aporium
孔间区☆mesoporium
孔间通道☆pore interconnection{throat}
孔界极区☆apoporium
孔颈☆throat
孔颈半径☆neck radius
孔径☆bore (diameter)；pore opening size；pore diameter；opening[镜头]；(hole;number) aperture；hole size
孔(直)径☆aperture diameter
(筛网)孔径☆internal width；mesh of a screen
孔径不变☆full ga(u)ge
孔径测井☆section-ga(u)ge logging；caliper log
孔径测量计☆apertometer
孔径挡数☆aperture number
孔径分布☆pore diameter distribution
孔径光圈☆aperture diaphragm{iris}；aperture
孔径函数☆aperture function
孔径角☆aperture (angle)；angular aperture
孔径屏蔽☆apertural screening
孔径损失☆loss of gauge
孔径探测器技术☆aperture-detector technique
孔径(测量)仪☆open hole caliper；apertometer
孔径钻探剖面(记录)☆caliper log
孔距☆hole distance{pitch;spacing}；spacing of hole；the distance between individual blast-holes；spacing
孔口☆hole collar{mouth;top}；ostiole；heel [of a shot]；throat；well spring；passage；orifice；tremata
孔口标高☆elevation of bore hole
孔口盖板☆mouth plate
孔口平面☆spot face
孔口起爆☆collar{top} priming
孔口式节流阀☆orifice restrictor
孔口套管☆collaring casing
(在)孔口形成唇☆eyeleting
孔口岩粉堆☆ant hill
孔棱贝☆Terebratulina
孔裂的☆poricidal
孔鳞鱼目☆Porolepiformes
孔菱[林檎]☆pore-rhomb; rhombic pore; (pore) rhomb
孔菱顶板[棘林檎]☆epistereom
孔菱目[棘;O-D]☆Rhombifera
孔菱中层板[林檎]☆mesostereom
孔(板)流速计☆orifice velocimeter
孔轮藻属[T_3-K]☆Porochara
孔螺贝属[腕]☆Trematospira
(筛)孔面积百分数☆percentage of open area
孔模[空]☆casement
孔膜☆pore membrane；membrana pori
孔膜加厚处[孢]☆operculum [pl.-la]
孔钠镁矾☆konyaite
孔纳斯多夫(双晶)律☆Cunnersdorf law
孔耐蜥属[T_3]☆Kuehneosaurus
孔囊海绵属[T-K]☆Tremacystia
孔内爆破☆downhole explosion；squibbing
孔内爆炸器☆torpedo
孔内测量☆down(-)hole measurement; down-the-hole survey
孔内测声仪☆noise log
孔内割管器☆milling tool
孔内换径部分☆shoulder of hole
孔内架桥☆bridge the hole
孔内扩孔☆underream
孔内(碎物)捞爪☆junk basket
孔内取样☆subsurface sampling
孔内设备[钻具下部,过滤器,深井泵等]☆bottom equipment
孔内台阶☆shoulder of hole
孔内温度☆in-hole temperature
孔内循环液量☆fluid volume
孔内涌水☆hole inflow
孔内振动记录仪☆noise log
孔内自然造成的泥浆☆native{natural} mud
孔内阻塞卡钻☆jamming in the hole
孔盘虫属[射虫;T-Q]☆Porodiscus
孔墙☆aperture wall
孔桥带应力☆ligament stress
孔球轮藻属[$T_{1\sim2}$]☆Porosphaera
孔雀大理石☆pavonazzo
孔雀煤☆peacock coal
孔雀石[$Cu_2(OH)_2CO_3$;单斜]☆(green) malachite；green copper；molochite；mountain green；peacock (stone)；green copper carbonate{ore}；koppargrun；malaquita
孔雀石绿☆malachite{peacock} green；bite green
孔雀座☆Peacock；Pavo
孔群☆well group
孔塞☆vent{pore} plug
孔身方向急剧变化☆peg-leg
孔身急弯处☆dogleg
孔身结构☆hole structure
孔深☆drill-hole{hole} depth

孔渗特征☆poroperm characteristics
孔石藻属[钙藻;C-Q]☆Porolithon
孔室☆dietella；vestibulum[孢;pl.-la]；pore chamber[苔]
孔拴☆pore plug
孔塌☆hole caving
孔头帕海胆属[棘;E_2]☆Porocidaris
孔外电雷管导线☆lead-out wire
孔网☆spacing pattern
孔位☆drilling site
孔位布置☆location of hole
(井)孔位置☆hole site
孔纹导管[植]☆pitted vessel
孔隙☆void；pore (space)；interstice；voidage；ventage；vesicle；small opening；hole；air space；aperture；freckle[镀锡薄钢板的缺陷]
孔隙半径☆pore radius
孔隙比-压力对数值曲线法☆e-lgp method
孔隙壁曲率☆pore-wall curvature
孔隙表面积☆interstitial surface area
孔隙测定仪☆void measurement apparatus
孔隙尺寸分布指数☆pore size distribution index
孔隙充填☆open space filling
孔隙充填脉☆sediment vein
孔隙丛☆cluster of pore
孔隙大小不均匀性☆inequality of pore size
孔隙大小分布仪☆pore size distribution apparatus
孔隙的☆honeycombed；porous
孔隙度☆porosity；factor{amount} of porosity；void (content)；percentage of porosity{voids}；poriness；percent void space
孔隙度重叠{叠绘}图☆porosity overlay
孔隙度试剂试验[锡、锌镀层及漆层的]☆ferroxyl test
孔隙度仪☆porosimeter；porometer
孔隙度与(弹性波)速度关系图☆velocity vs porosity relationship
孔隙度最小的混合物☆minimum-void mixture
孔隙对模型☆pore doublet model
孔隙发育程度☆pore abundance
孔隙级模型☆pore level model
孔隙几何系数☆pore geometry factor
孔隙间的☆interpore
孔隙结构☆pore configuration
孔隙结构磨轮☆porous wheel
孔隙径分布☆pore size distribution
孔隙开口半径☆pore-aperture radius
孔隙空间特征描述☆pore space characterization
孔隙亮晶☆orthosparite；open-space sparite
孔隙裂缝性介质☆porous fractured medium
孔隙率☆void content{fraction;factor}；air porosity；factor{percentage} of porosity；porosity (factor)；void；poriness；porousness；open grain
孔隙率计☆porometer
孔隙内的☆intrapore
孔隙内流动☆pore level flow
孔隙扭曲性☆pore tortuosity
孔隙气的压缩性☆compressibility of pore air
孔隙气压力☆pressure of pore air；pore-air pressure
孔隙强度曲线☆void-strength curve
孔隙砂石☆bray stone
孔隙式胶结☆porous cementation
孔隙收缩颈☆pore waist
孔隙束☆pore cluster；cluster{pocket} of pore
孔隙水☆intergranular{interstitial;pore(-space);void;porosity} water；porewater；pore space water
孔隙水压力观测☆monitoring of pore-water pressure
孔隙酸化☆matrix acidizing
孔隙体☆porous body；pore-body
孔隙体积☆pore volume；void content；volume of voids；PV
孔隙体积加权压力☆pore-volume-weighted pressure
孔隙网络拓扑结构☆topology of pore network
孔隙微观流动☆pore level flow
孔隙未填塞岩层☆unplugged formation
孔隙狭窄处☆bottle-neck pore；pore constriction
孔隙性☆porosity；void (content)；porousness
孔隙压力☆pore pressure{tension}；PP
孔隙压缩性{率}☆pore compressibility
孔隙因素☆factor of porosity
孔隙指数☆index of porosity；void index
孔隙中心网络☆pore-center network
孔隙状含水层☆porous aquifer
孔下电视录像机☆downhole T.V.；television camera
孔向背离自由面的斜孔☆gripping hole
孔向指示器☆hole director
孔斜☆hole deflection
孔斜测量☆drill-hole survey
孔斜计☆clinograph
孔斜记录☆directional log
孔屑[穿孔纸带、卡片]☆chad
孔型堰☆orifice-type weir
孔性☆permeability
孔穴☆hole；foveola [pl.-e]；cavity
孔穴状☆cavernous
孔压静力触探试验☆piezometric conductivity test
孔眼☆eyehole；aperture；eyelet；oillet；perforation；vent
孔眼大小☆mesh size
孔眼弯曲☆curve of hole
孔眼效应☆orifice effect
孔眼引起的失效☆eye failure
孔叶藻属[Q]☆Agarum
孔/英尺☆shots per foot；s.p.f.；holes per foot[射孔密度]；HPF；SPF
孔缘☆costae pori
孔缘板[腕]☆listrium
孔缘脊[腕]☆delthyrial ridges
孔罩☆escutcheon
孔状灰岩☆cavern(ous) limestone
孔状接缝☆perforation
孔兹岩{石}☆khondalite
孔嘴贝属[腕;O_{2-3}]☆Rhynchotrema

kòng

控测器☆sensor
控电屏{板}☆desk
控顶距☆distance of face roof under control；roof-control distance；face width
控告☆accuse；sue
控光☆dodging
控井设备☆well-control equipment
控矿☆ore control
控矿断裂带☆ore controlling faulted zone
控矿构造☆ore-controlling structure
控矿因素☆metallotect；ore-control factor
控矿作用☆control of (the) mineralization
控凝水泥☆regulated {-}set cement
控钮式钻机☆push-button drilling machine
控时开关☆time switch
控时摄影☆memomotion
控速器☆speed controller
控诉☆charge
控位仪☆position controller
控形拉晶☆shape-controlled crystal pulling
控压电池☆cubicle
控压钢筋☆compression reinforcement{steel}
控震构造体系☆tectonic systems controlling earthquakes
控制☆gauging；gripe；govern；control；grasp；gate；manipulation；dominate；guidance；dam；gating；regulation；check；steer(ing)；keep down…；handle；operation；trigger；state；run；management；ride；rein；master(y)；mastership；cybernation[计]
控制(住)☆cover
(由伺服机构)控制☆servo
控制按钮☆control knob{button}；CB
控制板☆control board{panel}；dash；dashboard；controlling board；panelboard；panel
控制部件☆control unit；value block
控制参数☆governing parameter；controlled variable
控制操作☆control function{operation}；red-tape operation
控制传导机构☆control drive mechanism
控制单元☆control unit{element;cell}；CU
控制的☆regulatory；pilot
控制地面沉降的水准网☆subsidence level network
控制点☆fundamental{control;crack;reference;check} point；datum{guiding;reference} mark；main base；control station；point of reference；CP
控制顶板☆roof-control
控制发动机转速的手轮☆telegraph wheel
控制阀☆control{application;drip;operating} valve
控制范围☆control area{range}；scope{range} of control；coverage
控制分带☆controlling zoning
控制分风☆controlled splitting；regulated split
控制分离区空气流量的百叶窗☆louver for controlled air flow in the separating zone
控制分析☆control assay{analysis}
控制风向☆course
控制符☆instruction{operational} character
控制腐蚀☆retarding corrosion
控制杆☆control rod；stick
控制杆罩☆control lever housing
控制观测显示板☆control observation console
控制管☆driver{control} tube；control line
控制管缆☆umbilical
控制函数☆control function；majorant
控制恒温☆holding temperature
控制活塞操纵阀的开启程度☆positioning of piston operated valve
控制火势☆containment
控制极☆control grid；CG
控制继电器装置☆control relay unit
控制件☆controls
控制角度钻井{进}☆controlled-angle drilling
控制接地试验开关☆pilot-to-earth test push switch
控制接头☆handling sub
控制结垢☆scaling control
控制结蜡☆paraffin control
控制井涌施工单☆kick control work sheet
控制粒度☆checking{control;testing} size
控制列☆check column
控制灵敏因素☆maneuver factor
控制流量☆dominant discharge
控制论☆(math) cybernetics；kybernetics；control theory
控制脉冲☆gating pulse；control wave
控制面积☆area of influence
控制黏土的中和电性剂☆clay control neutralizer
控制盘☆(control) panel；console；bench board；operator's panel；CB
控制屏☆electric control panel
控制坡面发育的因素☆factors controlling slope development
控制器☆control(ler)；control unit{device;gear;box}；keyer；manipulator；regulator；circuit controller；supervisor；cont.；pilot
控制器接口单元☆controller interface unit
控制气体☆pilot-gas
控制器箱☆controller case
控制区☆command{control} area；controlled zone
控制燃烧光电继电器☆combustion-controlled photo-electric relay
控制上限☆upper control limit；UCL
控制石灰岩溶解量和溶解率的因素☆factors controlling the amount and rate of limestone solution
控制室☆control room{cabin;house;cabinet;building}；clutch{operation} room；pulpit；CR
控制试验☆approval{control;amenability} test
控制手柄{把手}☆control handle
控制输入的仪表板☆control inlet panel；CIP
控制损耗☆loss control
控制台☆key station；control stand{console;desk;room}；(automation) console；pulpit；breadboard；operation desk；CC
控制特征的最好的操作条件[例如选矿]☆norm
控制梯度固结试验☆consolidation test under controlled gradient
控制条件☆constraint
控制跳汰机水流分流板☆hutch of jig；hutch
控制网☆framework of control{fixed points}；point grid；framework
控制误差☆operate miss
控制吸力试验☆controlled suction test
控制系统动力传动装置☆control power unit
控制系统监督网络☆control system supervisory network
控制下沉☆planned subsidence
控制下限☆lower control limit；l.c.l.
控制箱☆control box{pod;enclosure}；adjusting package
控制信号[自]☆control{pilot} signal；steering order
控制絮凝☆flocculation control；controlled aggregation
控制学☆cybernetics
控制压力完井法☆controlled pressure completion
控制页岩泥浆☆shale {-}control mud
控制应变循环☆controlled-strain cycling
控制用导体(线)☆controlling conductor

控制油☆throttle
控制油管完井系统☆controlled tubing completion system
控制元件☆control element；pilot cell
控制 pH 值的添加剂☆pH control additive
控制中心☆control center；centralized master station
控制装置☆control device{unit}；governor；controls；controlled facility；controlling device；CU；CF
控制锥进☆coning control
控制资料卡☆control data-card；trig card
控制总计☆CF；control footing
控制组合☆control combination
控制钻进☆controlled(-angle) drilling；check-boring
控制钻孔法☆key-well system
控制钻头给进的液压缸☆tension-control cylinder
空白☆blank (space)；gaping place；void；plain pattern；vacancy；vacuity；quiescent interval；margin
空白表格☆blank；blk
空白处☆white
空白磁带☆empty tape
空白带☆dead zone
空白地区☆barren ground{area}
空白段[漂浮电缆]☆spacer section
空白分析☆blank analysis
空白海图☆track chart
空白检测指令☆skip test
空白区☆unmapping area
空白页☆fly
空白质谱运转☆blank mass spectral runs
空白钻头☆steel{blank} bit；blank crown
空处☆vacuum [pl.-s,vacua]
空挡[汽车运输]☆free position
空地☆blank；space；opening
空格☆indent(at)ion；blank space；space
空格点☆vacancy
空号信号☆spacing signal
空缺☆(site) vacancy；standby position；gap[数据]
空缺值☆missing value
空位☆(site) vacancy；void；vacant site{position}；blank space；space bit
空位对☆divacancy；vacancy pair
空位扩散☆diffusion of vacancy；vacancy diffusion
空位-填隙复合☆vacancy-interstitial recombination
空隙☆interspace；interstice；holiday；gaping place；daylight；(air) clearance；cavity；tolerance；(air;gap) space；void (space)；gap；interval；free distance；vacancy；clear (space)；vacuity；lash；voidage；spacing；slack；separation；perforation
空(气(间))隙☆air space{gap;clearance;spacing}
空隙百分比☆percentage of voids
空隙比☆void factor{ratio}；airspace{air-void} ratio
空隙充填(构造)☆secretion
空隙充填性黏合剂☆gap-filling adhesive
空隙的☆interstitial；interst
空隙度☆goaf management；voidage；gobbing；void content
空隙率☆air voids；percentage of voids；void rate{factor}；void fraction[气液两相管路参数]
空隙砂岩☆bray stone
空隙水压测头☆piezometer tip
空隙体积☆void volume{space}；voidage
空隙因素{数}☆void factor
空闲☆vacancy
空闲的☆idle；free；spare；leisure
空闲信号☆idle signal
空着的☆vacant

kōu

抠炉☆furnace lining corrosion

kǒu

口☆slot；oral；port；edge；stomia；Poiseuille；window；orifice；stoma；hatch；aperture；apertura；mouth
(动物的)口☆stoma [pl.-ta]
口岸价☆border price
口板☆oral plate[海百]；labrum [pl.-ra]；hypostome；oral；hypostoma [pl.-ta]；buccal-plate[海胆]
口(腔)板[棘]☆buccal shield{plate}
口板间主辐线[棘]☆anterior oral midline
口北地障☆Kóupei Barrier
口鼻部[动]☆snout
口边垂下物☆porticus
口部☆oral (area)
口才☆eloquence
口侧角突[黄绿藻]☆stromatocerque
口产量☆day output
口朝下☆mouth down
口吃☆hesitate
口齿☆apertural teeth；enunciation；ability to speak
口触手☆oral tentacle
口刺☆peristomic spine
口刺笔石属[S_3]☆Saetograptus
口袋眼☆blinding hole
口道☆stomodaeum
口道沟[珊]☆siphonoglyph
口的☆stomatic
口方沟[海胆]☆actinal furrows
口腹环☆suboral annular
口盖☆porta；operculum [pl.-la]；lid[几丁]；hood[鹦鹉螺;头]；porticus[孔虫]；aptyxiella[腹]
口盖齿☆cardelles
口盖中隆☆palatal fold
口沟☆oral groove
口(腔)骨架[甲壳]☆buccal frame
口管[珊]☆stomodaeum
口号☆slogan
口后部[苔]☆poster
口后缘板☆Labium；metastoma
口环☆Chomata；choma
口极[几丁]☆oral pole
口脚类☆Stomatopoda
口角☆angulus oris
口角板[海星]☆mouth angle plate
口径☆caliber；calibre；cal；bore；aperture (number)；requirements；specifications；line of action
口渴☆thirst
口孔☆aperture[孔虫]；apertura oralis；oral opening{aperture}；osculum [pl.-la]；buccal aperture[腹足]
口孔前部[苔]☆anter
口块[软]☆buccal mass
口框[棘海座星]☆pore frame；oral frame；mouth frame
口令☆password
口漏斗☆oral funnel
口轮藻属[C_3]☆Stomochara
口门订正☆mouth correction
口面☆oral surface{side}；apertural face
口膜[丁]☆oral membrane
口模☆neck ring mold；finish mold
口盘☆oraldise；oral disk
口旁粗纤[丁]☆accessory comb
口旁结合双棒☆apertural bar
口平衡图解☆equilibrium diagram
口前☆anter
口前腔[丁]☆preoral cavity；atrium
口腔[甲壳]☆buccal cavity
口腔顶☆roof of oral cavity
口肉刺☆oral papillae
口上板{片}☆epistome
口声呼叫信号☆voice call sign
口石[英,=14 磅]☆stone
口室虫属[孔虫;Q]☆Stomoloculina
口试☆oral
口授[述]☆dictate；dictation
口述的☆oral
口索亚门[脊]☆Stomochordata
口(苔)藓虫(属)☆Stomatopora
口头报告☆verbal report
口头答辩☆parol
口头协议☆oral contract
口外的☆abapertural
口围[苔虫;海胆]☆peristome
口围齿[射虫]☆oral tooth
口围的☆abapertural
口围管[苔]☆peristomie
口围管外口[苔]☆peristomice
口围结核☆peristomic node
口围近壁中孔[苔藓虫唇口目]☆labial pore
口围卵胞☆peristomial ovicell
口围旁步带板[海胆]☆phyllode
口吻状物☆snout
口吸盘☆oral sucker
口下板☆hypostome
口下的☆suboral
口沿测压支管☆lip pressure tapping
口沿压力计☆lip-pressure gauge
口羽枝[棘海百]☆oral pinnule
口缘☆peristome；labial margin[腹]；pore frame；porticus；oral margin；apertural margin[单板类]
口缘板☆adoral plate
口缘火山☆rim volcano
口凿☆chisels
口罩☆respirator
口柱[孔虫]☆stomostyle
口桩☆stomostyle
口足目☆Stomatopoda

kòu

扣本底☆background subtract
扣槽☆catching groove
扣除☆subtract(ion)；deduct(ion)
扣除法☆substractive process
扣除皮重计算法☆tare and tret
扣除色谱(法)☆substraction chromatography
扣存常年开采(水)量☆deferred perennial yield
扣钉☆fastener；cramp
扣钩☆pintle hook
扣好吊卡☆latch on
扣环☆retaining ring
扣环型☆loop boot type
扣接法☆clip method
扣紧☆button (up)；fasten；secure；buckle
扣紧工具☆gripping apparatus
扣紧螺钉☆tightening-up screw
扣紧螺母☆securing nut
扣紧物☆clasp
(丝)扣距☆gage point
扣留☆withhold；detention；detain；hold in custody；arrest；impoundment
扣钳方颈☆wrench square
扣上☆latch on；button
扣绳☆snatch
扣绳(线)滑轮☆floor{snatch} block
扣头☆gripping head
扣纹☆threading
扣押☆impound；sequester
扣押权☆lien
扣针式连接链☆pintle chain
扣住☆clasp；buckling；buckle；button (up)
扣装井口☆capped
扣子☆clasp(er)；buckle；knot；button；a point of high suspense
扣左旋走向滑动☆sinistral strike al
叩击☆rap
叩头虫☆elater
叩诊☆percussion
寇蒂禾泥炭☆eriophorum peat
寇莱特无线燃料☆coalite
寇烈克斯炸药[硝铵炸药]☆coalex-type dynamite
寇氏{柯尔莫哥洛夫}假说☆Kolmogoroff's hypothesis
寇乌(式)气压表☆☆kew barometer

kū

枯斑病☆necrosis
枯的☆viscous
枯沸石☆courzite；kurtzite；wellsite
枯黄☆scorch
枯季径流☆dormant-season streamflow；dry weather flow
枯竭☆drying{dry;dried} up；depletion；exhaustion；deplete；voidage；exhausted
枯竭层☆depleted zone{formation}
枯竭及报废的[井]☆D & A；dry and abandoned
枯竭阶段☆stripper stage
枯竭井☆stripped {exhausted; depleted; marginal; stripper} well
枯竭驱油法☆depletion type drive
枯竭性抽水量☆exhaustive yield
枯竭压力☆abandonment pressure
枯竭油藏☆marginal reservoir
枯竭源岩☆spent source rock
枯井☆failing{dead;dumb;dry;exhausted} well
枯茗酸[$(CH_3)_2$•CH•C_6H_4•COOH]☆cuminic acid
枯砂☆burnt sand
枯水☆low water
枯水河☆oued [pl.-a]
枯水河床☆minor river bed
枯水季☆dry season
枯水量[$Ca_4(Si_2O_7)(F,OH)_2$]☆droughty{low} water discharge；low (water) flow

枯水期☆low-water{dry} season；drought period；low water season
枯土的☆clayish
枯土化蚀变型铀矿☆argillified type U-ore
枯萎☆fade；wilt(ing)；dry up；wither(ed)；scorched
枯萎病☆blight
枯萎的☆deustous；deustate
枯烯☆isopropyl benzene；cumene
枯叶剂☆defoliant
枯叶色☆filemot
枯枝层☆tree litter
枯枝落叶☆lither
枯质砂土☆clayly sand；muco-sand
刳☆hollow
窟洞☆niche
窟窿笔石属[O_2]☆Pipiograptus

kǔ

苦艾油☆wormwood oil
苦干风☆piner
苦橄玢{斑}岩☆schonfelsite；picrite-porphyry{-porphyrite}
苦橄的{质}☆picritic
苦橄岩☆picrite
苦干☆tug；toil；slog；painstaking
苦功☆travail
苦活☆toil
苦里松脂岩☆koulibinite
苦马酸[$OH•C_6H_4•CH:CH•COOH$]☆coumar(in)ic acid
苦难☆hardship；cross
苦恼☆distress；discomfort；trouble；agony
苦醛{味醇液}☆picral
苦泉☆bitter spring；real bitter spring
苦闪橄榄岩☆olivinite
苦蛇纹石{臭石}[$Mg_6(Si_4O_{10})(OH)_8$]☆picrosmine
苦水湖☆bitter lake
苦思☆puzzlement
苦(味)酸盐☆picrate
苦酸盐炸药☆picrate powder
苦酸炸药☆picrinite
苦土☆bitter earth
苦味酸[$(NO_2)_3C_6H_2OH$]☆picric acid；picranisic acid；picrinite；2,4,6-trinitrophenol；picrate[炸药]
苦味酸铵☆dunnite
苦味酸及二硝基奈组成的炸药☆MDN explosive consisting of picric acid and dinitro-naphthalene
苦味酸钾☆potassium picrate
苦咸水☆bitter
苦咸水湖☆brackish lake

kù

酷爱动物☆zoophilism
酷寒北风☆norte；norther
酷热☆sultriness
酷热北风☆viento zonda
酷热日☆tropical day
鑪☆kurchatovium
库☆house；shovel；bank；library[计]；warehouse；storehouse；pool；storage；base；coulomb；tank
库(仑)[电量单位]☆coulomb；coul；C.
库艾{爱}特流动☆Couette flow
库岸稳定性☆reservoir bank stability
库比特[长度单位]☆cubit
库布勒氏伊利石结晶度指数☆Kubler's illite crystallinity index；CI
库侧卸料器☆lateral unloading valve of cement
库秤☆hopping；hopper scale
库存☆inventory；stock；Invt.；stocks on hand；warehousing；yarding；storage；reserve；repertory；treasury；Stk.
库存(例行)程序☆library routine
库存的☆archival
库存管理☆material requirements planning
库存积压☆overstock
库存量☆inventory；tank farm stock
库存盘点☆stock-taking
库存器材维修☆maintenance in storage
库存燃料☆depot fuel
库存油☆stock oil；oil stock
库底卸料器☆bottom unloading valve of cement silo
库蒂贝属[腕;Є]☆Curticia
库恩-里特曼假说☆Kuhn-Rittmann's hypothesis
库耳特颗粒计数器☆Coulter counter
库尔曼法☆Culmann's method
库尔曼图解法[土压力]☆Culmann construction
库尔曼线☆Culmann line
库尔木(统)[英格;C_1]☆Kulm{Culm} (series)
库尔木统相[英国下碳纪]☆culm facies
库尔斯克铁矿床☆Kursk-type iron deposit
库钒钛矿☆kysylkumite
库房☆storehouse；inside storage；storeroom；strong room；store
库辉铋铜铅矿[$PbCuBi_3S_6$;斜方]☆krupkaite
库坚达虫属[三叶;$Є_3$]☆Kujangaspis
库卡伯拉[石]☆Kookaburra
库克群岛[新]☆Cook Islands
库克型淘析器☆Cooke elutriator
库克逊蕨属☆Cooksonia
库拉板块☆Kula plate
库拉辛统☆Croixian
库兰石☆kulanite
库勒鲁德矿☆kullerudite
库里孢属[E]☆Kuylisporites
库里厄成分分析仪系统剖面图☆section view of Courier elemental analyzer system
库里厄6型X射线荧光分析仪系统☆Courier 6 XRF analyzer system
库里-吐克法☆Cooley-Tukey method
库利克蕨属[J]☆Kylikipteris
库利(型筛下排矿活塞)式跳汰机☆Cooley jig
库利-图基法[一种傅里叶分析的算法]☆Cooley-Tukey method
库鲁姆牙形石属[O_2]☆Culumbodina
库伦堡取芯{样}管☆Kullenberg corer
库仑被动土压力理论☆Coulomb('s) theory of passive earth pressure
库仑计☆coulom(b m)eter；coulomb-meter；voltameter
库仑抗剪强度方程☆Coulomb's equation for shear strength
库仑摩擦定律☆Coulomb's friction law
库仑-莫尔岩石破坏准则☆Coulomb-Mohr criterion
库仑-纳维尔强度准则☆Coulomb-Navier Criterion
库仑土压力理论☆Coulomb's earth pressure theory
库仑引力☆Coulomb attraction；coulombic force
库仑主动土压力理论☆Coulomb's theory of active earth pressure
库罗世☆Croixian epoch
库马-雷米法[水驱油藏的一种试井解释方法]☆Kumar-Ramey method
库梅尔方程☆Kummell's equation
库默里(阶)[北美;E_3]☆Kummerian (stage)
库盘尼粉属[孢;K-E]☆Cupanieidites
库珀利特合金☆cooperite
库齐钦统{|期}[Ar]☆Kuchichin series{|age}
库契孔贝属[腕;T_3]☆Kutchithyris
库荣腐泥[澳]☆coorongite
库容☆storage{reservoir} capacity；reservoir storage；reserve
库什叠层石(属)[Z]☆Kussiella
库什曼介属[E_2-Q]☆Cushmanides
库氏伊利石结晶度指数☆Kubler's illite crystallinity index
库水硼镁石[$MgB_3O_3(OH)_5•5H_2O$;三斜]☆kurnakovite
库水位波动☆fluctuation of reservoir level
库斯特井下压力计☆Kuster gauge
库斯特矿☆kusterite；kyosterite
库塔巴系☆cuddapah system
库特公式☆Kutter's formula
库廷虫属[三叶;$Є_{1-3}$]☆Kootenia
库廷纳矿☆kutinaite
库托贝属[腕;$Є_1$]☆Kutorgina
库外存放站☆warehouse of explosives except magazine
库伊兹阶[欧;E_2]☆Cuisian stage
库淤☆reservoir deposition
库址☆reservoir site
库兹巴斯珊瑚属[C_1]☆Kusbassophyllum
裤子☆trousers

kuā

夸大☆exaggeration；overstatement；romance
夸大的☆hyperbolical；hyperbolic
夸大的断面测图仪☆exaggerated profile plotter
夸大宣传☆ballyhooing
夸德[$=10^{15}$BTU]☆quad；q.
夸克☆quark
夸克学☆quarkonics
夸口说☆boast
夸拉风☆quara
夸硫锑银铅矿☆quatrandorite
夸普[假设的含一个反质子和一个夸克的核粒子]☆quap
夸特☆quarter；quad
夸脱[英美量制,=0.25 加仑]☆quart；q.；qt
夸张☆exaggeration；inflation；overstatement
夸张法的☆hyperbolical；hyperbolic

kuǎ

垮☆collapse；fall；tumble (break) down
垮掉☆dysfunction；flop
垮了的☆bankrupt
垮落☆caving；collapse；falling；dropping
垮落采煤法☆caving method
垮落带☆caving zone；primary movement zone
垮落矸石☆caved material
垮落前落石☆picking
垮砂☆crush
垮塌钻孔☆snakes in hole
垮台☆collapse；downfall；fall from power；fall apart；breakdown；crash；disintegrate；crumble

kuà

跨☆bay；step；stride；sit{stand} astride；straddle；bestride；cut across；go beyond；span
跨抱式铲斗杆☆outside{straddling} dipper handle
跨步电压☆step potential
跨乘罗盘[经纬仪上]☆striding compass
跨大巷回采☆working across over main roadway
跨带种属☆zone-breaking species
跨代☆diachronism
跨导☆transconductance
跨导纳☆transadmittance
跨地区性公司☆trans-regional corporation
跨顶风桥☆over(head) crossing
跨度☆span (length)；bay；fly-past；width；skip distance；bounce；spanning
跨覆☆overstep
跨覆板块☆overriding plate
跨覆地堑☆overstepped graben
跨轨信号架☆gantry
跨国公司☆transnational{multinational;trans-national} corporation；multinational (company)
跨国能源管线☆international energy pipeline
跨过☆bridge (over)；across；span
跨河水准测量☆over-river levelling；river crossing levelling
跨间弛度☆span sag
跨接☆crossing；bridge (joint)；across；bond[管线的]
跨接(装置)☆crossover
跨接的☆bridged
跨接片☆jumper
跨接图☆bridge diagram
跨接线☆junction{bonding} line；jumper (wire)；across the line；bridle；bridge
跨界射线☆grenz rays
跨晶(粒)的☆transcrystalline
跨距☆span；spacing；step；strided{center} distance；track；extension；base；travel；c.d.
跨距弧曲度☆span dip
跨孔地震探测☆crosshole seismic detection
跨孔法☆cross hole method
跨立☆straddle
跨流域调水☆water transmission beyond basin
跨轮☆idler
跨轮架☆throw-over gear
跨膜信号发放☆trans-membrane signaling
跨年度☆straddle over year
跨区(域)不整合☆interregional unconformity
跨韧式[双壳]☆parivincular
跨山的☆transmountain
跨上山回采☆working across over rise
跨声速(空气动力学)☆transonics
跨时代的☆diachronous；time-transgressive
跨时代地层☆time-transgressive formation
跨式(双封)隔器☆straddle packer
跨式双封隔器地层测试☆straddle-packer test
(建筑)跨水☆water crossing
跨水准(器)[经纬仪上]☆striding level
跨线☆overline
跨线仓☆bin over the railway tracks

跨线管线☆cross-over line
跨线桥☆ga(u)ntry; flyover; overpass; gauntree; over {overhead} crossing; crossover; overbridge[英]
跨线式煤仓☆suspension bunker
跨学科的☆interdisciplinary
跨越☆crossover; cross(ing); span; spanning
跨越……的两边☆straddle
跨越放炮☆undershoot; shooting under
跨越管☆cross-over pipe
跨越管线☆cross pipeline; crossline
跨越火星的小行星☆Mars-crossing asteroids
跨越式皮碗工具☆straddle tool
跨装可变槽形托辊☆varitrough cradle mounted idler
跨阻☆transresistance
跨阻抗☆transimpedance

kuài

块☆lump; block; junk; mass; clod; piece; briquet; clump; slug; blk; massive; biscuit; billet; segment; piecemeal; quadrat
(厚)块☆chunk
块白云母☆talcite
块斑☆patch
块比重☆weight of lump with unit volume
块大小☆block size
块的☆lump; coarse
块迭代法☆block iteration method
块度☆fragmentation (degree); (ore) size; massive of ore; lump sizes; size grading of the ore/barren rock
块段[矿山地质]☆block
块段法☆method of fragments
块断层☆block-fault
块断区☆block {-}faulted area
块断作用☆block {-}faulting
块矾石[$KAl_3(SO_4)_2(OH)_6$]☆newtonite
块方硼石☆stassfurtite
块沸石☆perplexite
块分类☆block sort
块钙铁榴石☆polyadelphite; xantholite
块规☆(block) gauge; gauge{gage;measuring} block; slip gauge
块硅钙石☆xonalite
块硅镁石[$Mg_3(SiO_4)(OH,F)_2$;斜方]☆norbergite; prolectite; chondrodite
块海绿石☆skolite
块焊接☆block welding
块黑铅矿[PbO_2;四方]☆plattnerite
块滑☆slab slides
块滑石[一种致密滑石,具辉石假象;$Mg_3(Si_4O_{10})(OH)_2$;$3MgO•4SiO_2•H_2O$]☆steatite; horntonite; ollite; strakonitzite; lard{pencil;bacon} stone; lard(er)ite; talcite; hydrosteatite; agnesite; soapstone; speckstone; soap earth; potstone; french chalk; pencil-stone; mica talc [$3H_2Mg_3Si_4O_{12}$]; soap-rock; block talc; gregorite; speckstein[德]; specksten; lavezstein; lapis ollaris
(一种)块滑石☆Spanish chalk
块滑石化(作用)☆steatitization
块滑石线圈骨架☆steatite bobbin
块化硫化物矿床☆massive sulfide deposits
块环链☆block chain
块黄铜矿[$CuFeS_2$]☆barnhardtite
块辉铋铅矿[$Cu_2Pb_3Bi_{10}S_{19}$;斜方]☆rezbanyite
块辉铋铅银矿[$Ag_3Pb_3Bi_9S_{18}$-$Ag_3Pb_6Bi_7S_{18}$;斜方]☆schirmerite
块辉铅铋矿☆retzbanyite; rezbanyite
块集熔岩☆aphrolithic lava
(信息)块间隔☆block gap
块间流动☆interblock flow
块礁☆patch (reef)
块焦☆lump coke
块角海绵属[D-C]☆Hydnoceras
块结☆caking
块结玛瑙[SiO_2]☆ruin {-}agate
块金☆nugget; scad
块金常数☆nugget constant
块堇青石{云母}☆peplolite
块茎☆(stem) tuber
块茎状膨胀☆tuber-like swelling
块精矿☆lump concentrate
块菌属[真菌;Q]☆Tuber
块控制坡☆boulder-controlled slope
块矿☆coarse{lump} ore; lump
块矿炉☆coarse-ore furnace
块矿、球团矿和烧结矿☆lump ore,pellets and sinter
块垒地☆(fault) blocks
块砾场[德]☆felsenmeer
块砾碛☆block moraine
块粒碎裂☆size degradation; degradation in size
块料☆lump material; brick; block
块磷钴矿☆jaipurite
块磷灰石☆estramad(o)urite
块磷锂矿[Li_3PO_4;斜方]☆lithiophosphat(it)e
块磷铝矿[$AlPO_4$;三方]☆berlinite
块磷铁矿[$FePO_4$]☆iron berlinite
块菱铁矿☆thomaite
块硫铋银矿[$(Ag,Cu)(Bi,Pb)_3S_5$;单斜]☆pavonite
块硫钴矿[CoS]☆jaipurite; syepoorite; kobaltblende; rutenite; jeypoorite; kobaltkies; plumosite; jeypurite; kobaltsulfuret; rustenite
块硫镍钴矿☆kobaltnickelkies
块硫砷铅矿[$Pb_{10}As_6S_{19}$]☆guiterman(n)ite
块硫砷锡铜矿☆stannoluzonite
块硫锑铜矿[Cu_3SbS_4;四方]☆famatinite; stibioluzonite; antimonluzonite
块瘤☆verruca [pl.-e]
块瘤切壁孢属[C_2]☆Bicolorexinis
块铝辉石☆percivalite
块绿泥石☆peach
块绿霞石[石英、绢云母和绿泥石的混合物]☆pinitoid; pinotoid
块码☆block code
块锚法☆block anchorage
块煤☆cobbles; clod{chinley;cinley;range;great;round; coarse;block} coal; lump (coal) [>80~120mm]; valengongite; torbanite; bitumenite; torberite
块煤叉装☆loading of forked coal
块煤产量☆lump coal production; lump-coal yield
块煤下限度☆undersize rate
块木(格条洗矿)槽☆block riffle sluice
块钠云母[$NaAl_2(AlSi_3O_{10})(OH)_2$]☆cossaite
块凝☆clotting
块盆地形☆block and basin topography
块(冰)碛☆block-moraine
块蔷薇辉石☆opsimose; klipsteinite
块羟铝矾☆winebergite
块羟铜矾☆udokanite
块熔凝灰岩☆lapidite
块熔岩☆aa-lava; block{aa;aphrolithic} lava; graton; aa[夏威夷]; aphrolith; aphrolite; agglomerated as
块熔岩地☆clinker field
块熔岩通道☆aa channel
块三对角(线矩)阵☆block tridiagonal matrix
块山盆地地形☆block-and-basin topography
块闪锌矿[闪锌矿与纤锌矿共生呈条带状;ZnS]☆schalenblende[德]; shalenblende; leberblende
块蛇纹石☆hampshirin
块砷铝铜石[$Cu_2Al_7(AsO_4)_4(OH)_{13}•12H_2O$;三斜]☆ceruleite; coeruleite
块砷镍矿[$Ni_6(AsO_4)_2O_3$;$Ni_9As_3O_{16}$;$Ni_5As_2O_{10}$;单斜]☆aerugite
块石☆rubble (stone); (lumpy{block}) stone; monoliths stone blocks; sett; (riprap) rock; angular border
(磨机)块石衬里☆stone-block lining
块石挡板溜槽☆rock riffle sluice
块石护坡工程☆pitched work
块石化作用☆rubblization
块石基层☆stone packing; Telford base
块石路{铺}面☆block stone pavement
块石墨☆lump graphite
块石顺垒砌法☆opus quadratum
块式基础☆block foundation
块树脂石☆ajkite; ajkaite
Z 块水晶☆Z-block quartz crystal
块松弛☆block relaxation
块燧石☆bur
块体☆massif; mass; block; stone
块体沉陷机制☆mechanism of mass sinking
块体{段}克里格(法)☆block kriging
块体公式☆bulk formula
块体滑坡☆block slide; blockslide
块体流动砂岩☆mass-flow sandstone
块体流假说☆mass-flow hypothesis
块体抛筑{堆积}密度☆packing density of the units
块体坡移☆mass(-)wasting; mass wasting; downwasting
块体侵蚀☆gravity erosion
块体移动☆block movement{motion}; movement of earth mass
块体重力搬运☆mass-gravity transport
块铜矾[$Cu_3(SO_4)(OH)_4$;斜方]☆stelznerite; antlerite; vernadski(j)te; arnimite; vernadskyte; vernadskiite
块图单位☆mapping unit
块纤锌矿☆schalenblende[德]
块泻利盐☆reichardite
块形成☆lump formation
块形三维观测☆patch
块岩丘☆block dome
块样☆lump sample
块预处理☆block-precondition
块云斑岩☆regenporphyre; regenporphyr
块云母[硅酸盐蚀变产物,一族假象,主要为堇青石、霞石和方柱石假象云母;$KAl_2(Si_3AlO_{10})(OH)_2$]☆pinite; agalmatolite; bonsdorffite; raumite; killinite; speckstein[德]; micarelle; agalmatolith; dysyntribite; bliaberg(s)ite
块云母化作用☆pinitization
块闸☆block{shoe} brake
块中矿☆coarse{lump} middling
块中心网格☆block-centered grid
块重晶石☆bologna{blognan} stone
块逐次超松弛☆block successive over relaxation
块状☆massiveness; schollen
块状白色石英[不含副矿物]☆bastard{buck;bull} quartz
块状白云岩化☆massive dolomitization
块状崩解☆(joint-)block disintegration{separation}
块状冰☆massive ice
块状的☆massive; nubbly; lumpy; blocky; slabby; clumpy
块状断裂构造块断构造☆block-faulted structure
块状浮石☆pumice in lumps
块状复孢囊☆aethalium
块状火山成因硫化物☆massive volcanogenic sulphides
块状颗粒☆blocky-shaped particle
块状硫化物矿床☆massive sulfide deposits
块状泥料☆cake mass
块状泥炭☆lump peat
块状铅矿☆boosework
块状燃料☆fuel brick; brick fuel
块状熔岩☆block lava; lava with fragmentary scoriae; schollenlava[德]; aa-lava
块状溶岩面☆blocky surface
块状砂岩☆sandstone in blocks
块状砂岩相☆massive sandstone facies
块状山沙丘☆oghurd dune
块状石膏☆rock gypsum
块状石英[SiO_2]☆blout
块状水泥☆lumpy cement
块状图像☆blocky pattern{appearance}
块状围岩☆riprap rock
块状下陷☆block sag
块状运动☆mass movements
块椎式{目}☆rhachitomi
块椎亚目[两栖]☆Rhachitoma
会计☆accountant
会计长☆controller
会计传票☆(accounting) voucher
会计工作☆accountancy
会计借方☆debit
会计科目☆Acct. tit.; account title; name of account
会计年度☆fiscal (accounting) year; FY
会计期始{|终}存货☆opening{|closing} stock
会计师☆acct.; accountant
会计室☆counting-house
会计员☆bookkeeper
会计账☆cost-book
快报的☆quick hardening
快闭安全阀☆quick-closing safety valve
快采完的(油层)☆marginal
快参数☆fast parameter
快车道☆motorway; speed(-)way; highway; fast traffic lane
快沉☆rapid setting
快船☆hot shot; clipper
快的☆rapid; tachy-; quick

快递☆despatch；dispatch
快递的☆express
快动的☆quick run；quick-operating
快动作☆snap action；quick acting
快读☆quick look
快堆燃料格子结构☆fast reactor lattice structure
快干沥青☆rapid-curing asphalt
快干漆☆quick drying lacquer{colour}
快干油☆tung oil
快关阀☆quick-closing valve
快关箍油脂桶☆snap-closed drum
快光☆fast ray{component}
快过程☆r-process；rapid process
快过存储器☆rapid memory
快行[高炉]☆fast-running
快换齿轮☆quick-change gears
快换刀架☆quick change tool holder{rest}
快换夹具{头}☆magic chuck
快灰☆instantaneous ash content
快剪试验☆quick shear test
快件☆hot shot
快捷服务☆clipper service
快解乳化液☆quick-breaking emulsion
快开流量特性☆quick-opening flow characteristic
快客轮☆ocean greyhound
快冷槽☆quick bath
快冷却模式☆fast-cooling model
快离子导体☆fast ion conductor
快龙☆dragonite
快滤器{池}☆rapid filter
快门☆aperture；shutter
快门光圈☆stop
快凝☆rapid setting；quick-setting
快凝波德兰水泥☆rapid hardening Portland cement
快凝的☆rapid-curing
快凝快硬氟铝酸盐水泥☆quick setting and rapid hardening fluo-aluminate cement
快凝{干;硬}水泥☆fast-setting{quick-setting{-taking}；rapid-setting; accelerated; high-early-strength; high-speed} cement；early{flash} setting cement；quick taking{dry} cement；rapid hardening (Portland) cement；ferrocrete；cement fondu
快排开关☆quick bleed
快漂移爆发☆fast drift burst
快起☆snatch lift
快燃`引信{导火线}☆quick burning fuse；fast-burning igniting fuse
快热粉[浮剂]☆mercaptobenzothiazole
快热锅炉☆flash boiler
快绳☆fleet angle；fast line
快绳槽{滑}轮☆fastline sheave
快熟石灰☆quick sla(c)king lime；rapid-slaking lime
快栓式☆snap-latch
快松(开)☆quick release
快松支柱☆quick-release prop
快速☆fast；quick{high}-speed；quick；immense speed
快速安平装置☆quick-levelling head
快速摆动☆wiggle
快速扳手☆speed wrench
快速闭锁的☆quick-locking
快速测距的☆tachometric；tachymetric
快速测量☆tacheometric(al){rapid} survey
快速测试☆quick test；QT
快速层离试验☆accelerated delamination test
快速插入式截齿☆lockfast pick
快速拆卸的☆quick disconnect
快速沉积说[锰结核]☆fast-accumulation hypothesis
快速沉速分析仪☆rapid sediment analyzer
快速充电☆rapid charge
快速冲击☆snappy blow
快速重绕{倒带}☆fast rewind
快速道路☆throughway
快速的☆high-speed；fleet；fast-acting；clipping；quick run；short-time；fast
快速地磁变化☆rapid geomagnetic variation {fluctuation}
快速地动放大☆magnification for rapid ground movements
快速调换的☆quick-change
快速吊机☆express lift
快速丢手☆snap-out release；quick disconnection
快速动作阀☆rapid-action valve
快速断开☆scram；quick disconnection
快速断路器☆fast chopper
快速反应☆rapid reaction；rapid-response
快速反应压力阀☆quick-response pressure operated valve
快速方法[压缩]☆hilfs rapid method
快速方式☆immediate mode
快速访问环☆rapid-access loop
快速放空阀☆quick exhaust valve
快速分离☆quick-detach；sharp separation
快速分析☆quick{express} analysis；rapid test
快速封堵炮泥机☆hurricane air stemmer
快速浮沉检查☆express float-and-sink inspection
快速傅氏变换☆fast Fourier transform
快速更换的☆quick-replaceable
快速(工作的)工具☆speeder
快速公路☆expressway
快速工业化☆rapid industrialization
快速固化沥青☆rapid-curing asphalt
快速关锁装置☆quick lock
快速换装闸板型(防喷器)☆quick ram change；QRC
快速灰分检查☆express ash inspection
快速回程☆quick {-}return motion
快速回转工具☆spinner
快速检查☆rapid inspection；express determination；quick look{check}；Q check
快速检查系统☆quick-look system
快速剪切☆rapid-shearing
快速交联☆instant(aneous) crosslink
快速接头{接由壬}☆quick release connection{joint}；quick coupler；quick-plug connection；automatic (rapid-acting; quick-acting) coupling；quick union
快(速)接卸式接头{箍}☆make-and-break coupling
快速进给回路☆quick{rapid} feed(ing) circuit
快速进水☆crash flood
快速掘进☆speedy advance{driving}；high-speed {rapid; speedy} drivage
快速掘进技术☆rapid excavation technology
快速开启冲击阀☆quick opening shock valve
快速可变脉冲发生器☆fast-rate variable-pulse generator
快速拉格郎日连续介质分析☆Fast Lagrangian Analysis of Continuum；FLAC
快速裂变☆fast-neutron fission
快速凝固☆rapid curing；setting up
快速抛掷带☆royer
快速普查测量☆rapid reconnaissance coverage
快速启闭阀[指 1/4 转阀]☆quick-acting valve
快速燃烧☆conflagration；deflagration
快速燃烧导火线☆fast cord；fast burning igniting fuse
快速扫描示波器☆high-speed oscilloscope
快速摄影☆instantaneous photograph
快速石蜡包埋法☆rapid paraffin embedding
快速输出凿孔机☆speed puncher for output
快速水力冲裂☆speed fracture
快速水准检测☆fly leveling
快速瞬时流☆rapid flow
快速调平头[水准仪球窝装置]☆quick leveling head
快速调整(的)☆quick-adjusting
快速通道☆fast channel；FC
快速涂敷☆ready coat
快速退火☆short annealing
快速脱钩安全器☆breakaway connector
快速脱离☆snap out
快速挖掘隧洞☆rapid tunnelling
快速响应时间探测器☆fast-response time detector
快速性☆quickness
快速掩盖沉积☆obrution
快速演化☆tachytelic evolution
快速引爆点火器☆rapid-ignition-primer ignitor
快速印刷装置☆flexowriter
快速印相纸☆rapid paper
快速辗砂机☆speed muller
快速正{顺;直}绕☆fast forward wind
快速直观回放☆quicklook playback
快速转动☆twirl
快速钻进齿轮机构☆fast-feed-gear
快速作业☆sharp work
快速作用阀☆fast-acting valve
快调的☆quick-adjusting
快艇☆yacht；flyer
快透镜☆fast lens
快相拍摄☆snap shoot{shot}
快卸☆quick release
快`卸接头{速松脱挂钩}☆quick-release coupling
快卸式水泥头☆quick-change plug container
快泄安全阀☆pop safety valve
快泄阀☆quick-release valve
快新星☆fast{rapid} nova
快信☆despatch；dispatch
快要报废的生产井☆submarginal producer
快移动低(气)压☆fast-moving depression
快硬的☆quick hardening；rapid curing
快硬硫铝酸盐水泥☆sulphoaluminate early strength cement；early-strength sulphoaluminate cement
快硬强度☆early strength
快硬石灰☆quick-hardening lime
快硬水泥锚杆☆rapid hardening cement grouted bolt
快黏试验☆quick-stick test
快照☆snap
快照图☆snapshot plotting
快中子☆fast{high-speed} neutron
快中子倍增装置☆booster
快中子裂变物质☆fast fisser
快中子源☆fast neutron source
快中子作用下的分裂☆fast-neutron fission
快钟☆short-range clock
快轴☆fast axis
快抓☆snatch lift
快转变☆prompt inversion
快转率☆percentage of standard kiln speed
快转星☆fast-rotating star
快装式燃气轮机☆packaged gas turbine
快子☆tachyon
快作用的☆fast-acting；quick run{acting}；quick-operating

kuān

髋骨☆innominatum
髋关节☆(articulatio) coxae
髋臼[脊]☆acetabulum；acetabular
髋臼角☆angulus acelabularis
髋臼孔☆foramen acelabulare
髋臼窝☆fossa acetabuli
髋人字石膏包扎法☆plaster spica of hip
宽(度)☆broadness；width；platy-
宽鼻亚目☆platyrrhini
宽边☆broadside
宽边螺属[腹;Q]☆Platypetasus
宽边帽[古希腊]☆petasus
宽波段☆broadband；broad band
宽槽胶带输送机☆wide troughed belt conveyor
宽铲☆broad share
宽长比☆aspect ratio；breadth length ratio
宽敞☆spaciousness
宽齿鲭鲨☆Isurus xiphidon
宽齿兽类☆gomphodonts
宽唇盾环孢属[C]☆Gravisporites
宽刺状☆latispinous
宽大的☆ample
宽带虫属[孔虫;E]☆Fasciolites
宽(频)带的☆wide-band
宽带叠加☆wide-band stack
宽带多频电磁测量☆broadband multifrequency electromagnetic measurement
宽带恒定束宽声呐☆broadband constant beamwidth sonar
宽带螺属[O-D]☆Euryzone
宽带频谱☆broader frequency spectrum
宽带蟹式可控震源☆broadband crab vibrator
宽低谷地[美西南]☆hondo
宽低垭口☆geocol
宽底轮辋☆wide-base rim
宽顶盆地☆broad top basin
宽斗唇铲斗☆wide lip dipper
宽度☆width；breadth；duration；measurement
宽度吃水比☆beam draft ratio
(矿柱)宽度高度比☆width-to-height ratio
宽度可变脉冲☆variable width pulse；VWP
宽度弯曲振动模式☆width-flexure vibration mode
宽额蜥(属)[T_3]☆Metoposaurus
宽钙石[钙超;J_3-K]☆Laxolithus
宽房回柱式采煤☆panel-and-pillar mining system
宽(矿)房式开采☆wide-room mining
宽峰☆broad peak
宽峰态☆platykurtosis
宽峰态的☆platykurtic

K

宽缝孢属☆Chasmatosporites
宽干谷☆dallol
宽高比☆beam-to-depth ratio
宽工作面开采☆wide face extraction
宽谷☆strath；dale；broad valley
宽广☆breadth；spaciousness
宽广谷底☆valley lowland
宽轨☆broad gauge (rail)；wide gauge
宽轨线路☆broad-gage track
宽行打印☆line-(at)-a-time printing
宽巷道☆wide opening；breasting
宽巷道多次爆破掏槽☆slipping cut
宽厚比☆flakiness ratio；spread
宽弧[地层、矿层]☆wide arc
宽环节石属[D]☆Guerichina
宽环三缝孢属☆Euryzonotriletes
宽缓海滩☆rolling beach
宽基轮胎☆wide base tyre
宽级别矿砂☆long-range sand
宽级配土☆broadly graded soils
宽甲虫属[三叶;$Є_2$]☆Teinistion
宽甲鱼属[D_1]☆Laxaspis
宽剑螺属[腹;E_{1-2}]☆Amplogladius
宽间隙☆wide clearance
宽铰蛤属[双壳;P_1]☆Eurydesma
宽角底片☆wide-angle plate
宽角螺属[腹]☆Platyceras
宽接触[几丁]☆long connection
宽截深截盘☆wide web cutting disc
宽臼兽科[狃兽目]☆Eurymylidae
宽距井☆wide-spaced wells
宽龟裂状的☆diffract
宽颗石[钙超;J_2-K_2]☆Diazomatolithus
宽孔距爆破☆wide space blasting
宽孔室☆eurypylorus
宽口打捞筒☆widemouth socket
宽阔☆width
宽阔的大路☆boulevard
宽阔管☆spacistor
宽阔筛分的☆wide-screened
宽阔褶皱☆widely spaced fold
宽粒(度范围)产品☆long-range product
宽量程锐孔板流量计☆wide range orifice meter
宽亮环面☆apical plane
宽裂缝{隙}☆macrofracture；macro-cracks
宽馏分汽油型燃料☆wide-cut gasoline type fuel
宽馏分☆wide cut{fraction}；long distillate
宽门信号发生器☆wide gate generator
宽面☆broadside
宽面虫属[三叶;O]☆Chasmops
宽面巷道☆wide opening；bord
宽面掘进☆driving on broad front{with broad face}
宽面砂带磨床☆wide belt sander
宽木板☆plank
宽棚子☆rafter set
宽频带☆broadband；wide{broad} band
宽频带地震采集{|解释}方法☆broad band seismic acquisition{|interpretative} method
宽频带记录☆wide-band record
宽频带雷达发射机☆ben
宽频地震仪☆full spectrum seismograph
宽平的分支洗金槽☆undercurrent
宽平谷底☆plaza
宽平谷地☆leegte (laagte)；laagte
宽平海滩☆rolling beach
宽平巷☆breasting
宽屏幕电视☆panavision
宽鳍足型[鱼龙]☆latipinnati
宽浅不规则海湾[波罗的海南岸]☆bodden
宽浅谷☆dans
宽浅谷地☆basin valley
宽倾斜带叠加☆broad-dip-band stacking
宽球藻目☆Pleurocapsales
宽球藻属[蓝藻;Q]☆Pleurocapsa
宽曲线☆wide curve
宽刃斧☆block bill
宽熔岩柱☆head of lava
宽容☆sufferance
宽绒毡洗床☆strake
宽(短)衫☆blouse
宽(射)束☆broad{wide} beam
宽深比☆width-(to-)depth ratio
宽饰边☆fringe
宽视域☆wide-field
宽体管的☆eurysiphonate
宽条带[镜煤;5～50mm]☆thick band
宽调谐☆broad tuning
宽拖曳技术☆widetow technique
宽网脊[孢]☆latimurate
宽网叶肢介属[节;P-J]☆Loxomegaglypta
宽尾冰川☆expanded-foot{fan;foot} glacier
宽限期☆grace period
宽限日期☆days of grace；D.O.C.
宽线[粉末衍射图]☆broadened line
宽线测量☆broad line survey
宽线剖面☆wide line profile{section}；WLP
宽楔环孢属[C-P]☆Rotaspora
宽叶大戟☆Euphorbia latifolia
宽叶香薷[铜矿示植]☆Elsholtzia cristata
宽叶羊齿属[C_1]☆Spathulopteris
宽翼缘的☆wide flanged
宽翼缘型钢☆wide flange steel
宽银幕变形镜☆cylindrical anamorph
宽缘介属[O-S]☆Eurychilina
宽凿[建]☆boaster
宽凿工[建]☆boasted{drove} work
宽凿形齿☆blunt chisel tooth
宽褶贝属[腕;P_1]☆Latiplexus
宽胄菊石属[T_1]☆Latisageceras
宽组合☆wide array

kuǎn

款待☆treat
款项☆clause；fund；a sum of money

kuāng

筐☆gabion；basket；scuttle
筐蛤属[双壳;J]☆Quenstedtia
筐盘状颗石[J-Q]☆caneolith
筐式(脱水)离心机☆basket centrifuge
筐形贝☆cyrtiopsis
筐形井下救护担架☆stoke stretcher

kuáng

狂暴雪崩☆wild snow avalanche
狂齿鳄(属)[T]☆Rutiodon
狂风☆whole gale{storm} [10 级风]；fierce wind；daung；taung[缅]
狂欢☆triumph
狂浪☆rough{high} sea
狂犬病石☆madstone
狂涛[风浪 7 级]☆very high (sea)

kuàng

框☆escutcheon；easel；bay；crib；block；mount；loop；sash
框板型压滤机☆plate-and-frame filter press
框标☆fiducial{collimating} mark
框格☆sash
框格式挡土墙☆crib retaining wall
框规[检验井壁垂直度用]☆parrot cage
框架☆frame；framework；framing；former；skeleton；carcass；carcase；blockhouse；block{support} frame；chassis；mounting；carriage；cradling；spectacle；fr
框架结构☆framed structure
框架式挡{挡土}墙☆crib wall
框架式基础☆frame foundation
框架条[矿车等的]☆sheth
框架支护☆frame support；timber set
框架支护溜槽☆cribbed chute
框笼填石坝☆crib dam
框螺☆Oliva
框内加强支架☆segmental timbering
框式图解☆block diagram
框式拖网☆frame dredge
框式{形}支架☆(support;timber) frame；frame set {timbering; support}；full{framing} set
框式装配支架☆frame-type support assembly
框图[地质构造]☆block diagram{mass;scheme}；block map
框限作用{效应}☆box effect
框形截面☆box section
框形天线☆frame antenna
框缘☆architrave
框栅坝☆crib dam
框直标志☆fiducial{collimating} mark
框准点☆fiducial point
框子☆case
矿☆mine；ore；mineral；deposit；bargh
矿斑☆mineral stain
矿包☆pocket
矿泵主水管☆rising column
矿比☆ore ratio
矿壁☆mine{ore} rib；ore buttress；rib side{pillar}；ribpillar；rib
矿壁开切☆rait
矿壁软薄层黏土☆vee
矿壁上的粉尘☆rib dust
矿捕[如生化矿捕]☆trap
矿仓☆bin；reef{ore;tipping} bin；(surface) bunker；ore box；ore (storage) bin；ore pocket{silo}；pocke
矿仓斗☆bin-cone
矿仓上面的卸车线路☆bin-loading track
矿仓贮矿☆bunkering
矿藏☆ore{mineral} deposits{occurrence}；mineral resources {reserves }；mining resource；bosom
矿藏(油气)☆pooled hydrocarbon
矿藏储量衰竭减税率☆depletion allowance
矿藏丰富☆rich in mineral resources
矿藏管理☆reserve control
矿藏量☆inventory；ore reserves
矿藏原油☆pooled crude oil
矿槽☆(stock) bin；ore channel
矿槽长度☆box length
矿槽秤☆hopper scales
矿槽孔☆cut spreader hole
矿层☆ore bed{horizon;formation;deposit;run}；seam；gwythyen；manto；deep；delf；layer；reef；sill of ore；sheet；orebed；stratum of ores
矿层变薄☆bed thinning
矿层玻璃剖面模型☆glass-section mode
矿层底板☆seam floor；seat
矿层底岩☆bedding rock
矿层断面☆section of a seam
矿层分布☆seam distribution
矿层厚度或油层厚度[从岩芯看出的]☆core interval
矿层厚度减小☆convergence
矿层扩大☆swell
矿层露头☆ledge rock；basset；outbowed；crop
矿层露头处地面下陷☆crop fall
矿层倾斜☆seam pitch{inclination}；siddle
矿层深度☆producing depth
矿层式矿脉的尖灭☆checkout
矿层头部☆face of bed
矿层线☆walking of bed
矿层淹灭☆seam inundation
矿层延展长度☆ore run
矿层与岩层间薄黏土层☆clay gouge
矿层中第一座矿井☆prime gap
矿层中的夹石☆intrusion
矿层走向☆seam strike{course}；(line of) bearing；ore run；bed(ding) course
矿层组☆group of seams
矿产☆mineral (product;resource;production)；useful mineral；stuff；commodity；ore
矿产储量平衡表☆reserves balance-sheet
矿产的工业要求☆industrial index
矿产地☆orefield；mineral land{occurrence}；ore occurrence；emplacement
矿产分布☆distribution of mineral deposits
矿产基地☆base of mineral products
矿产开发管理局☆Bureau of Mineral Development Supervision；BMDS
矿产勘查☆(mineral) exploration
矿产勘探☆search for minerals；mining{mineral} exploration；ore{mineral} prospecting
矿产煤☆pit coal；colliery products
矿产品☆minerals；mineral product
矿产品等品位线图☆isotropy map of mine product
矿产普查☆search for minerals (mineral deposits)；survey for the purpose of locating mineral resources；mineral prospecting
矿产潜在远景☆mineral potential
矿产原油☆lease crude{oil}
矿产资料库标准☆mineral data base standards
矿产资源☆mineral resources{wealth;endowment}；underground resources
矿产综合利用研究所☆Institute of Multipurpose Utilization of Mineral Resources；IMUMR

矿场☆ore{mine;pit} yard；field；mine (sites)；mine ore yard
矿场布置☆yard layout
矿场出口煤车检查室☆market house
矿场储(油气)罐区☆gathering station
矿场的[$(Ba,Ca,K_2)(Al_2Si_3O_{10})\cdot 3H_2O$]☆wellsite
矿场附设工厂☆field shop
矿场轨道斗车☆corve
(由)矿场回收的天然汽油☆drip gasoline
矿场集油贮罐组☆battery
矿场交货☆ex mine；free at pit
矿场内的☆intra-field
矿场气凝析油☆lease condensate
矿场设备存放场☆yards
矿场设计☆mining plant design
矿场条件下使用☆field application
矿场自动交接系统☆lease automatic custody transfer system；LACT system
矿场自动接受、取样、计量、转输系统☆lease automatic-custody transfer；LACT
矿厂☆mining plant
矿厂布置☆proposed layout
矿巢☆nest；bonny；ore nest；bunch；bunny；bunchy；bonney (pedn-cairn)；pedn-cairn；patch of ore；nest of ore{minerals}
矿车☆car；wagon；tram；hutch；mine{ore} wagon；(pit) tub[$<0.7m^3$]；troll(e)y；mining{tram;ore;muck;haulage} car；Jubilee；bogie (truck)；box；carriage；jubilee truck；mine car truck；tramcar；lorry；pit{mine} car；rake；tram bucket；miner's truck；dilly
矿车编组☆ore marshalling
矿车车厢矫正工具组☆tub straightening
矿车错车道岔☆double parting
矿车的无极绳抓叉☆jockey
矿车的无极绳抓链☆chain grip jockey
矿车掉道用撬棍☆wagon pinch bar
矿车防坠保险杆☆dragstaff
矿车分配法☆track pick-up system
矿车挂牌☆check
矿车轨道☆tram road；tramway；tramroad
矿车假轴☆dummy axle
矿车解绳☆detachment of car
矿车进入工作面的全面采矿法☆buggy breast method
矿车进入工作面长壁开采法☆barry longwall
矿车进入矿房的房柱式开采法☆buggy breast method
矿车连接锁☆claw coupling
矿车列车☆gang；rake；journey；rake of skips；trip
矿车列车首端挂加重车☆bogey
矿车内(的)大小块煤混合载量☆brush
矿车碰撞☆yoking
矿车千斤顶☆wagon jack
矿车前端卸载门☆endgate
矿车清除机☆(mine-)car cleaner
矿车清扫{洗}车间☆mine-car cleaning plant
矿车润滑用原油☆blackjack
(在)矿车上面的☆over-tub
矿车上行助推车[斜井]☆barney car
矿车升降的斜坡路☆jinny
矿车升降位置指示器☆visual indicator
矿车绳夹☆snaps
矿车式压缩机☆mine-car compressor
矿车司机☆puffer
矿车速度控制器☆wagon booster (belt) retarder
矿车锁住装置☆mine-car locking device
矿车调配工☆cherry picker
矿车脱钩☆amain
矿车脱轨方木☆nubber
矿车限速自动控制器☆automatic wagon control
矿车卸钩装置☆tub separator
矿车用推车☆barney；larry
(用)矿车运输的采场{矿房}☆wagon breast{|room}
矿车运行处理设备☆mine car handling equipment
矿车摘钩☆detachment of car
矿车摘钩工人☆coupler
矿车蒸气解冻装置☆steam generator for frozen ore in trucks
矿车制动☆spragging
矿车制动棒☆sprag(ger)；car spragger；spragger wagon arrester
矿车周转线☆loop line
矿车装罐运行长度☆caging length
矿车装罐交叉调动☆cross caging
矿车装料的高出部分☆heading
矿车装载机卸{接}料端☆pit car loader hopper end
矿车自动折返装置☆back shunt；shunt-back
矿车组☆gang；set
矿车组旁侧联系链☆side chain
矿尘☆mineral{ore;mine} dust；dust
矿尘爆炸事故☆dust explosion accident
矿尘取样☆mine-dust sampling
矿尘污染☆mineral dust pollution{contamination}；silicon dust pollution{contamination}
矿尘重量法取样☆gravimetric dust sampling
矿成基础☆MB；minerogen basis
矿储藏量☆ore reserve；mineral reserves
矿储量递减☆mine depletion
矿床☆(mineral) deposit；ore deposit{bed;body}；deposition；gite[法]；bed；useful mineral deposit；source of ore；chamber；orebed；ore；mine
矿床成因☆metallogenesis
矿床成因论☆metallogeny；ore genesis
矿床成因图☆metallogenic map
矿床成因学☆geology of ore deposits；metallogeny
矿床成因学家☆ore geneticist
矿床带状分布学说☆zonal theory
矿床的准备☆opening up the seam
矿床地理位置价值☆place value
矿床分带☆zoning of ore deposits；zonal distribution of mineral deposits
矿床分区☆blocking-out of deposit
矿床富集处☆pay-streak
矿床工业评价☆industrial evaluation of ore deposits
矿床开采☆exploitation；ore mining
矿床开拓☆orebody development；development of mineral deposit；mine developing
矿床内开拓{采准}☆development within deposit
矿床评价☆mine valuation；(e)valuation of deposits；ore estimate{assessment}；deposit evaluation
矿床区☆metallogenetic{metallogical} province
矿床(开采)寿命☆field life
矿床探查☆metallometry
矿床无矿部分的变好现象☆kindly looking country
矿床物理力学特性☆mechanical characteristic of deposit
矿床系列☆mineragenetic series of ore deposits
矿床学☆mineral deposit；study of mineral deposit；gitology[法]；metallogeny
矿床学的☆gitological
矿床淹没☆inundation of deposit；deposit inundation
矿床资源评估☆mine valuation studies
矿床总面积{|体积}和(已)采空总面积{|体积}之比☆area{|volume}-extraction ratio
矿床组合☆association of ore deposits
矿大{中国矿业大学}☆China Mining University
矿带☆ore belt{zone}
矿袋☆ore pocket{bunch}；pocket；prit；pocket of ore
矿道☆drive
矿道顶木☆lagging
矿灯☆miner's lamp{light}；cap-lamp；miner{bug;mine} light；pit candle；mine lamp；electric portable lamp with a battery
矿灯充电架☆lamp {-}charging rack；miner's lamp charging frame；miner's electric lamp charger；(miner) lamp-charging rack
(挂)矿灯灯房☆hanging lamp room；lamp cabin{house;room;station}
矿灯工☆Davy{lamp} man；lamp tender
矿灯管理(员)☆lampman
矿灯收发制度☆hatch service system
矿灯锁闩☆lamp key lock
矿地☆mineral estate{land}；property；holding
矿地界标指示牌☆witness post
矿地界桩☆yoking
矿地所有权指示图☆ownership map
矿点☆mineral spot{occurrence}；mining location；ore spot{occurrence}；prospect
矿点检查☆inspecting of ore spot；examination of discovery
矿点评价☆assessment of ore showings；evaluation of ore spot
矿顶相☆facies of ore body top
矿斗☆ore bucket{carrier}
矿毒☆mineral poison；poisonous material,gas or slag in mines
矿毒土壤☆ore poisoned soil
矿段☆ore block；allotment
矿堆☆stockpile；bing；muckpile；stock{stick} heap；muck (pile)；ore dump{stockpile}
矿堆浸出☆leaching in dumps
矿方对勘探公司的代表人☆core-grabber
矿房☆room；chamber；(mine) stope；hall；bordroom；supported opening；stall
矿房采掘☆advancing the room
矿房端楔形垂直掏槽☆snecky
矿房工长☆wall boss
矿房和矿柱交替排列☆alternation of stopes and pillars
矿房回采☆primary stoping
矿房加宽工作☆widen-work
矿房间((的)矿)柱☆interstall{intervening;interchamber} pillar
矿房掘进☆bord drivage；room driving
矿房开采工作☆roomwork
矿房矿柱交错布置采矿法☆alternate pillar and stopes
矿房留柱开采(法)☆pocket-and-stump work；battery breast method
矿房平巷☆entry room
矿房全高单一工作面开采法☆breasting method
矿房式开采☆chamber mining
矿房式深孔采矿法☆blasthole method
矿房梯段回采工作☆breast-stoping operation
矿房狭窄处☆neck
矿房中溜槽贮矿式房柱采矿法[开采 15°~30°矿层]☆chute-breast method{system}
矿粉☆mineral fine{powder}；fine{powdered;ground} ore；breeze；ore fines
矿粉产品☆ground product
矿粉压块☆pressing of ore fines
矿根☆root
矿根相☆facies of ore body root
矿工☆miner；digger；groover；mine{pit} worker；navvy；hatter；pit{rock} man；rockman；collier
矿工便餐☆crowst；crib
矿工(困难)地区工作补贴金☆consideration
矿工分得一部分产量的工作☆pitchwork
矿工更衣室☆dry (house)；drying house
矿工工会代表大会☆mine{pit} committee
矿工工长☆leading miner
矿工工资以外支付☆on-costs
矿工伙伴☆butty
矿工痉挛病☆heat{miner's} cramp
矿工(灯用软)蜡☆miner's sunshine{wax}；sunshine
矿工领班☆butty
矿工帽☆fantail；miner's helmet；bonnet；doughboy hat；safety cap
矿工(福利)煤☆back{collier's;concessionary} coal
矿工煤肺☆coal-miner's lung
矿工贫血病☆ankylostomiasis
矿工锹☆banjo
矿工上下班火车☆shoo fly
矿工上下井排队☆benn
矿工宿舍供水☆camp water supply
矿工停止下掘地点☆stool
矿工(性)眼球震颤(症)☆miner('s) nystagums
矿工营☆mine camp
矿工用工具☆miner's tool
矿工早(午)饭☆snap
矿工肘☆beat elbow
矿工自带食物☆bait
矿工自救器☆miner's self-rescuer
矿管☆ore-chute；pipe；legal management of mining
矿管商业☆mine-managed commerce
矿害☆injurious from mining；mine pollution{damage}
矿核冒落空穴☆bell hole
矿痕☆mineral stain
矿后晕☆post-ore{posture} halo
矿华☆blossom；mineral bloom
矿化☆mineralization；mineralize[金属]；metallization
矿化(流体)☆mineralizing fluid
矿化程度☆degree of mineralization
矿化带☆range；ore band；mineralized zone{belt}；mineralization (belt)；mineral belt{zoning}；zone of mineralization
矿化度☆extent{degree} of mineralization；(total) salinity；mineralization (rate)；salinity indicator ratio
矿化分布☆mineralized distribution
矿化后的☆postmineral
矿化灰岩☆mineralized limestone
矿化集中区学说☆theory of concentration of metallogenesis

矿化剂☆mineralizer；mineralizing{mineralization} agent；mineralbildner；mineraliser；ore-forming fluid；agent of mineralization
矿化阶段☆stage of mineralization；metallizing phase
矿化金属区学说☆theory of concentration of metallogenesis
矿化率☆percent mineralization；mineralization rate
矿化煤☆impure coal
矿化泡沫☆mineralized froth{bubble}；mineral-laden bubbles
矿化篷盖☆metallized hood
矿化期☆metallization phase；mineralization epoch；phase of mineralization
矿化期后☆postmineralization
矿化气泡☆mineral laden bubble；mineralized bubble；armo(u)red bubbles
矿化前的☆premineral
矿化强度☆intensity of mineralization；mineralization intensity
矿化强度梯度☆mineralization intensity gradient
矿化溶液☆metallizing solution
矿化顺序☆mineral sequence
矿化物☆mineralizer
矿化物质☆mineralized matter；mineralised material
矿化细胞法☆mineralized cell treatment
矿化系数☆mineralization coefficient；coefficient of mineralization
矿化组织☆hard{mineralized} tissue
矿化作用☆mineralization (process)；mineralisation；mineralizing{metallizing} process
矿灰☆calx；calces；calcigenous
矿机☆mining machinery
矿际的☆intermine
矿间建筑权[铁路、电力线、管道等]☆way leave
矿建用地☆allotment
矿浆☆pulp；aqueous{ore} pulp；ore slurry{pulp;magma}；slurried ore fines；mash；slurry
矿浆比重秤☆pulp balance
矿浆操作深度☆working range of pulp
矿浆槽☆pool of pulp；slime dam；pulp cell；slurry tank
矿浆澄清☆slurry{slime} clarification；clarification of pulp；pulp clarification
矿浆储仓{存}☆pulp storage
矿浆电解☆in-pulp electrolysis
矿浆分析☆pulp-assay；pulp assay
矿浆分选机振动磁头☆pulp magnet
矿浆缓流箱☆drop box
矿浆加炭[回收金]☆carbon-in pulp
矿浆留槽时间[表示浮选槽尺寸大小]☆dwelling time
矿浆流取样☆sampling wet stream
矿浆密度试锤☆diver
矿浆密度试重法☆diver method
矿浆内部浮选法☆pulp-body process
矿浆浓度☆pulp density{consistency}；pulp-density
矿浆浓度记录器☆pulp density recorder
矿浆浓度探针☆density probe
矿浆倾析☆sludge{slurry} decantation
矿浆取样☆pulp sample；sampling pulp；wet {-}pulp sampling
矿浆取样器{机}☆pulp sampler
矿浆溶煮器☆pulp digester
矿浆输送☆slurry transportation
矿浆(中)树脂(离子)交换(法)[浮选、浸出]☆resin-in-pulp (method{process})；ion exchange in pulp；RIP
矿浆树脂交换设备☆resin-in-pulp plant{apparatus}
矿浆体内部浮选法☆pulp-body process
矿浆物化状态☆pulp climate
矿浆型铁矿床☆ore magma iron deposit
矿浆再调器☆repulper
矿浆准备器☆kaskad apparatus for pre-flotation pulp conditioning
矿焦比☆ratio of ore-to-coke；ore/coke；O/C
矿胶[半胶质狄那米特炸药]☆Mine Gel
矿结☆knot
矿结核☆nodule
矿界☆boundary of property；property boundary
矿井☆pit{mine} (shaft)；wheal[英]；well；delf；mine shaft or pit；(mining) shaft；huel；grube；bargh；gruff；borehole；run-of-mine coal；deep；chute；rabbet；opening；groove；underground mine
矿井爆炸后(的)反风☆backlash
矿井采尽☆exhaustion
矿井出车台☆deckhead；landing；sollar；soller
矿井储量递减☆mine depletion
矿井的压力体积特性☆pressure volume characteristic of mine
矿井地面☆grass；hill
矿井吊桶排水☆bailing
矿井定向☆transferring meridian into the mine
矿井分层采掘工程平面图☆plane map of slicing extraction
矿井分区☆district
矿井风量标准☆standard ventilation
矿井风压空气柱☆motive column
矿井改建{进}☆underground reconstruction
矿井钢制井壁☆shaft steel casing
矿井工作极限警戒线☆warning line
矿井工作区情况图☆working plan
矿井含尘性{量}☆mine dustiness
矿井巷道☆mine opening；mine-opening
矿井核定生产能力☆rated capacity；checked mine capacity
矿井虹吸排水☆siphon mine drainage
矿井火灾处理☆handling of mine fire
矿井极限增加量☆pit-limit increment
矿井架☆headstock
矿井建设工期☆mine construction time
矿井开采集中总系数☆overall concentration
矿井开拓☆mine development{exploitation}
矿井开拓图☆development map
矿井开凿主任☆shaft captain
矿井空气试样☆mine air sample
矿井口☆mine mouth；pithead
矿井枯竭☆physical depletion
矿井馈电线路☆mine feeder circuit
矿井类型☆types of mines
矿井临时木工作台☆tack
矿井冒顶☆falling-in of a mine
矿井内部变压器☆inbye transformer
矿井内端☆inbye end
矿井内向馈电线☆inbye feeder
矿井排水专用罐笼☆water cage
矿井旁的工房☆lodge room
矿井气☆carburet(t)ed{carburated} hydrogasification
矿井扇风机信号系统☆mine fan signal system
矿井设计生产服务年限☆prospective mine life
矿井深度☆depth of pit
矿井生产准备☆production preparation of coal pits
矿井事故防治☆mine accident prevention and control
矿井疏干☆shaft draining；fork
矿井水沉淀地☆dredge sump
矿井水平☆gurmy；gunny
矿井水情图☆pumping plan
矿井提升工程师☆hoisting engineer
矿井通风☆mine ventilation；ventilation of coal pits
矿井通风不良区段☆windless
矿井通风总压头☆mine total head
矿井通风空气调节效率☆positional efficiency
矿井(自然)通风用炉☆furnace for mine ventilation
矿井通风阻力特性☆mine (ventilation) characteristic
矿井通风阻力特性曲线☆mine characteristic curve
矿井通往洗煤厂的输送机☆(direct) pit-to-washery conveyor
矿井通讯和照明☆mine communications and lighting
矿井瓦斯☆(fire;sweat;white) damp；mine gas；filty；filtry；firedamp；naeras{pit} gas；well gas damp
矿井瓦斯排泄装置☆mine gas drainage plant
矿井外部漏风率☆surface leakage rate
矿井系统选择准则☆mine system selection criteria
矿井延深☆new level development
矿井涌水☆swallet；water blast
矿井涌水率☆make of water
矿井有效风量☆effective air quantity
矿井有效风量率☆volumetric efficiency
矿井运输和提升☆mine haulage and hoisting
矿井沼气等级☆classification of methane
矿井正常涌水量☆mine normal inflow
矿井支护☆mine{shaft} support；testeras
矿井制冷载荷[BTU/小时]☆mine cooling load
矿井着火☆firing of mine
矿井租赁面积☆take
矿井阻力特性☆mine characteristic
矿警☆mine police
矿径☆ore channel
矿卷☆roll (orebody)；ore roll
矿卷前锋铀矿☆roll front uranium
矿卷前缘{锋}☆roll front
矿卷状构造☆roll structure
矿坑☆(mining) pit；gruff；rabbet；wicket[巷道]；mine crater
矿坑测量☆latch
矿坑废物☆redd
矿坑开采范围☆pit room
矿坑口的监工☆banksman
矿坑气☆carburetted hydrogen
矿坑水☆pit{mine} water；mine-water
矿坑水中的赭色沉淀☆canker
矿坑突水☆water bursting in mining pit
矿坑之塌陷矿物☆cave-in
矿坑制图☆underground mapping
矿控制☆ore control
矿口☆mine portal{mouth}
矿块☆nugget；(ore;lumps) block；lump (of) ore；extraction block
矿块边界的削弱[阶段崩落开采]☆boundary block weakening
矿块分区作业分层崩落法☆block method of top-slicing
矿块切割{削弱}[崩落开采法]☆block weakening
矿蜡[C_nH_{2n+2}]☆mineral wax{tallow}
矿蓝☆mineral blue
矿砾☆shoad{shode} (stone)
矿例☆case history
矿粒☆ore grain{particle}；(mineral) particle
矿粒表面调和时间☆conditioning time
矿粒解离☆ore-grain release
矿粒-气泡相碰撞☆bubble-particle encounter
矿量☆tonnage of ores
矿量采尽☆exhaustion
矿量殆尽☆physical depletion
矿量递减☆depletion
矿量丰富的山冈☆richly mineralized hills
矿量计算☆calculating tonnage
矿量损失☆mineral{ground} loss
矿料☆mineral aggregate；ore feed
矿溜子☆milling hole
矿瘤☆noddle；nodule；chamber of ore；lode chamber
矿流☆ore current
(辊碎机)矿流吨量☆ribbon tonnage
矿楼☆ore fold
矿轮码头☆ore-boat wharf
矿脉☆(mineral;lode;ore) vein；ledge；lode (ore;country;mineralized)；lead；gwythyen；ven；roke；(mineralized;band) reef；ore vein{dike;course;channel}；vein ore；course；delf；deposit string；dyke；gunis；mineralized {ore-bearing} vein；wythern；streak；ball vein[球铁]
矿脉壁☆caxas；cheek；salband；cab
矿脉变薄☆twitch；bont；twith
矿脉变厚☆belly；flange
矿脉变厚处☆chamber of ore；noddle；lode chamber；nodule
矿脉变向处☆flange
矿脉层错位☆shift
矿脉充填☆ore{mine} vein filling；vein filling
矿脉充填的节理系☆veined joint system
矿脉错断☆broken (vein)；jump；leap
矿脉带壳状化充填☆vein crustification
矿脉的产状☆behavio(u)r of the vein
矿脉的松软部分☆leath
矿脉的组合☆assemblage of veins
矿脉底部☆ledger
矿脉顶☆apex of vein；apex [pl.apexes,apices]
矿脉断错[端部]☆struck-out
矿脉方向线路☆lie
矿脉分叉☆junction of veins；horse
矿脉分支☆bifurcation；boke；sterite
矿脉俯角☆dip of lode
矿脉富集部分☆moor
矿脉含金板岩☆gouge
矿脉含铁露头☆ferruginous outcrop of a lode
矿脉夹层☆rider；reef band
矿脉交会☆junction of veins
矿脉交切☆intersection of veins (ore veins)；vein intersection
矿脉宽厚部分☆makes
矿脉离距☆separation of vein
矿脉(的)连续偏斜☆kink
矿脉露头☆ledge；blow；blind apex
矿脉露头的风化☆bloom

矿脉露头脱散块☆floater; shoad stone
矿脉南帮☆sun cheek
矿脉内硬块☆burk
矿脉泥☆lama
矿脉膨胀处☆lode chamber
矿脉品位检定回采工作面☆assay-wall stope
矿脉破碎多孔隙的地点☆swallow
矿脉群☆group of lodes
矿脉扰动☆disturbance of a lode
矿脉上盘☆main hanging wall
矿脉围岩☆wall of lode
(在)矿脉围岩中开掘平巷☆reef drive
矿脉物质☆veinstuff; lode stuff
矿脉狭薄部分☆pincher; lode stuff
矿脉下部☆deep
矿脉下盘☆heading wall
矿脉延展长度☆continuance of lode
矿脉易渗水的地点☆swallow
矿脉与围岩的间层☆astillen; astyllen
矿脉正宽度[与上盘下盘作直角]☆clean width
矿脉指示碎石☆broil; broyl; bryle
矿脉中断☆break in lode
矿脉中(充填)矿物☆vein (filling) mineral
矿脉中的矿石含量不规则☆spotted
矿脉中的土石层☆jamb
矿脉走向☆lie; run of lode; ore course; run; bearing
矿脉组合☆assemblage of veins
矿脉最接近地面部分☆back
矿毛☆mineral wool
矿毛绝缘纤维(矿)☆rock wool; rockwool
矿帽☆capping
矿棉☆mineral wool{cotton}; rock{cinder} wool; silicate cotton
矿棉保温带☆mineral wool heat-preserving belt
矿棉酚醛树脂半硬板☆semi-hard plate of mineral wool-olic resin
矿棉纤维砖☆mineral fiber tile
矿面☆ore faces
矿苗☆outcrop; crop; outcropping; show{showings} of ore; indication; show
矿末煅烧炉☆smalls roaster
矿难☆coalmine mishap
矿囊☆ore pocket{chamber;bunch}; bonn(e)y; belly; bunn(e)y; bag{pocket} of ore; blobby vein; bunch; prit; chamber (deposit); pocket; butzen
矿内暴风☆wind blast
矿内采区的外来水☆secondary water
矿内乘人车☆paddy; manrider
矿内大气☆mine air
矿内的☆intra-mine
矿内电气设备布置图☆electrical plan
矿内毒气[矿井里有害的危险气体]☆damp
矿内废石☆gob; waste; goaf; goave
矿内高地☆hill
矿内工作区外来水☆secondary water
矿内机械管理员☆pitman
矿内开掘空间☆mine-openning
矿内空气情况☆mine weather
矿内空气振动压力☆blast pressure
矿内气体☆filthy
矿内运输☆inbye{internal} transport
矿内运铁矿石箱☆billy
矿内自燃☆breeding fire
矿泥☆slime; slurry; ore sludge{slime}; (mineral) mud; sludge (cuttings); fango; pulp; mire; ore pulp {slime}; slick; drilling meal{dust;cuttings}; cutting
矿泥槽☆slime box{tank}; sludge tank; slack bin; trunk
矿泥稠度☆thickness of slime
矿泥处理车间☆sludge processing plant; slurry {-}treatment plant
矿泥的☆slimy
矿泥堆☆slime-dump
矿泥翻`床[转淘汰盘]☆tilting slime frame{table}
矿泥分选机☆slime separator
DC200(号)矿泥分散剂[非离子型聚硅油]☆Dow Corning 200
矿泥分析☆slime analysis
矿泥分选机振荡式磁体☆pulp magnet
矿泥分选盘☆framing table
矿泥化☆sliming
矿泥回路☆fines circuit
矿泥浆开采法☆slurry mining
矿泥浸出{析}☆slime leaching
矿泥膜衣☆slime coating{coat}
矿泥凝固☆consolidation of slime
矿泥淘洗机淘矿机☆slime-vanner
矿泥`洗选机{选床}☆slime washer
矿泥摇床[选]☆slimer; slime table
×矿泥真空过滤絮凝剂☆Kylo 27
矿泥重量校正☆slurry deduction
矿泥贮槽[选]☆surge sump
矿耙☆scraper body
矿耙柄☆hoe bail
矿盘☆flat of ore
矿磐☆flots
矿棚崩落☆pillar caving
矿漂石☆bryle
矿(山)气(体)☆mine{pit} gas
矿铅年龄☆ore-lead age
矿前晕☆pre-ore halo
矿桥☆ore (stocking) bridge
矿区☆mining area{district}; ore district{locus;zone; area;field}; (mine;mineral) field; diggings; holding; orefield; mineral district; (concertina) concession; bal; mine property{area}; minery; prospect; camp; parcel; mine claim[行使矿权的区域]
矿区边界☆march; limit line; boundary of property
矿区标界☆mineral monument
矿区采油领班☆lease boss
矿区地面主变电所☆colliery main surface substation
矿区地质(学)☆local geology
矿区巷道☆working
矿区界标(线)☆claim corner; marking
矿区境界(线)☆property line
矿区开采年限☆field life; life of property
矿区开发程序☆development procedure of mine field
矿区扩展☆extension of field
矿区特许(使用)权益☆royalty interest
矿区统计☆statistics of mining area
矿区外围探矿☆stepout exploration
矿区油罐检测员☆field gauger
矿区越界地段☆encroachment
矿区自耗气☆on-lease gas
矿区租(借权)☆taking
矿权☆mineral right; stuff
矿权的再转租☆farm out
矿权地☆(mining) claim
矿权地拥有者☆claim holder
矿权区☆take; claim
矿权让予制度☆concession system
矿权申请制度☆claim system
矿权转租协定☆farm out agreement
矿泉☆mineral spring; spa; creno-
矿泉沉积☆spring deposit
矿泉壶☆mineral (water) pot; mineral-water bottle
矿泉疗法☆crenotherapy; craunotherapy; mineral water bath; crounotherapy
矿泉疗养地废水☆wastewater of spa
矿泉疗养学☆craunology; crenology
矿泉上小屋☆well room
矿泉水饮疗站☆drinking-cure place
矿泉学☆pegology; balneology
矿泉医疗☆balneology
矿泉饮料☆Aqua Libra[商]; Apollinaris[德]
矿泉治疗☆balneotherapy cure
矿泉治{浴}疗效果☆balneotherapeutic effect
矿群☆ore cluster; bal
矿染☆dissemination
矿热电炉☆smelting electric furnace; electric shaft furnace; ore smelting electric furnace
矿砂{沙}☆ore
矿砂☆sand; ore (sand); ore in sand form
矿砂船☆orecarrier; ore carrier
矿砂废渣☆tailing
矿筛☆jig
矿山☆mine; colliery; digging; groove; bal; wheal[英]
矿山安全处☆safety department
矿山安全仪器☆coal mine safety apparatus
矿山爆炸的传播☆advance of mine explosion
矿山(瓦斯)爆炸后空气回吸引起的再爆炸☆back lash
矿山表层剥离机☆stripping shovel of mine; stripping (power) shovel
矿山测工☆spad setter
矿山测量☆mine{underground;ment} surveying; mining survey; latch(ing); undersurveying
矿山秤☆pit scale
矿山充填(料)☆mine-fill
矿山当地分配销售煤☆hillsales (coal); house coal
矿山的地面☆day
矿山的贫瘠度☆borasque; borasco; bor(r)asca
矿山底板☆seat
矿山地面☆day; grass; hill
矿山地面费用☆surface charges
矿山地质工具☆geological and mining tool
矿山顶板中的钟形体☆bell mouth
矿山定界人☆bounder
矿山法☆mining method; mine tunnelling method
矿山防火员☆mine-fire deputy
矿山防水☆nine water prevention
矿山废石☆chat; slag block stone; mine waste
矿山废水☆nine{mine} wastewater
矿山风动装车机☆air-driven mine car loader
矿山风流模拟☆analogue for mine flow
矿山工程进度计划☆figure of mine work schedule
矿山工业场地☆mine{pit} yard
矿山工作平面图☆mining plan; plan of mine
矿山构造平面图☆mine structure plan
矿山固定租金☆mine dead rent
矿山轨道运输安全装置☆mine track device
矿山巷道☆mine workings{excavation;drift;road(way); orifice;opening;tunnel}; mine opening workings; excavation (workings; mining); opening; driftage
矿山巷道图☆subsurface map
矿山火箭炮弹☆mine
矿山技术检查☆mine technical inspection
矿山监察局☆mine inspection office
矿山碱性排水☆alkaline mine drainage
矿山交换{货}价格☆ex mine
矿山交货所☆ex mine
矿山经理☆barmaster; mine manager
(在)矿山精选的☆mine-milled
矿山经营☆mining operation; adventure in a mine
矿山井下测量用钉☆spad
矿山井下津贴☆allowance for under pit work
矿山境界☆outskirts of mine
矿山境界优化☆mine optimization
矿山救护☆mine-rescue; mine rescue
矿山救护队队员☆brigadesman; mine-rescue man
矿山开采后期勘探的矿体☆partimensurate orebody
矿山开采权地{特许}区{权}☆mining concession
矿山开拓位置图☆mine location plan; location plan
矿山可采期☆mine age; age of mine
矿山领班长☆leading miner
矿山漏风☆fugitive air
矿山绿☆mountain green
矿山罗盘☆latch; inclinatorium; compass dial; miner's{dip;mining} compass
矿山罗盘勘探☆miner's compass survey
矿山冒落事故☆roof-fall accident
矿山密闭防水☆water proofing of mine
矿山面积☆plant{mine} area
矿山排水污染☆mine drainage pollution; mine water pollution{contamination}
矿山贫化☆depreciation of ore
矿山平巷☆roadway; road
矿山其他设施☆auxiliary operations
矿山企业☆mining venture; mine enterprise; bargh
矿山企业运营管理☆operation management of mining industry company
矿山群☆minery
矿山日记录☆daily mine record
矿山扇风机信号系统☆mine fan signal system
矿山设计☆pit{mine} planning; mine design{layout}; plan of mine; mine{pit} planning and design
矿山设计及进度计划☆mine design and scheduling; unit mine design and scheduling
矿山设施☆foundation
矿山湿式封堵☆wet mine seal
矿山视察☆mines inspection
矿山事故☆mine hazard{disaster;accident}; mining casualty; pit disaster
矿山事故预防规程☆accident-cause code
矿山收租人☆barmaster
矿山寿命☆mine age{life}; age of mine; minelife
矿山数和产量☆number of collieries and output
矿山水☆mine water
矿山碎石(屑)☆chats; ore fragment
矿山提升☆mine hoisting

矿山通风☆mine ventilation；ventilation of mines
矿山投点器☆mining plumbing instrument
矿山拖运☆main{pit} haulage；mine haul
矿山卫生☆hygiene of mining
矿山污水☆ore industry sewage
矿山现场售煤☆haut
矿山陷落坑☆pit crater
矿山许可开采区域☆mining concession
矿山压力☆underground{rock;ground} pressure；mine ground pressure；rock thrust
矿山压力分布规律☆law of mining ground pressure distribution
矿山压气☆compressive air
矿山医务站☆mine medical centre
矿山用地☆mine property
矿山浴室☆change house；dryhouse；mine-dry
矿山运输机车☆mine haulage locomotive
矿山运营管理☆mine operation management
矿山灾祸调查☆pit disaster
矿山炸药☆Hercules powder；mine explosives
矿山窄轨距轨道☆mine gauge；tramroad
矿山主任监察员☆senior inspector of mines
矿山注浆堵水☆cement injection for exclusion of water
矿山(技术)总监察员☆chief inspector of mines
矿上晕☆super{supra}-ore halo
矿肾[肾状矿块]☆kidney
矿生基础☆minerogen basis；MB
矿省成带性☆zonality of ore provinces
矿石☆ore (material;mass;complex)；mineral；metallic substance
矿石暗斑☆macle
矿石搬运☆carrier
矿石焙烧☆ore roasting；calcining of ore
矿石标本☆specimen of ore
矿石部分崩落☆partial ore caving
矿石产量☆output of ore
矿石衬料☆self lining
矿石成沟性☆channelling{piping} characteristic of ore
矿石充填褶皱☆ore fold
矿石处理☆ore dressing{processing;treatment}
矿石储量☆ore reserve{stock}；reserves of ore
矿石船☆orecarrier；ore carrier
矿石粗碎[便于拣选]☆ragging
矿石粗碎锤☆ragging (hammer)
矿石单位毛值☆gross unit value of ore
矿石垫底流槽☆ore-lined chute
矿石堵溜子☆ore congestion；congestion of ore
矿石堆☆coup；muck pile；ore dump；bing
矿石堆场☆ore yard{storage}；bing place；bingstead
矿石堆积的有利构造☆housing for the ore
矿石放空的采场[留矿法]☆emptied stope
矿石废料☆attle；attal
矿石废弃线☆waste line
矿石沸腾[平炉]☆ore boil；oreing
矿石分级☆ore classification{sizing}；classification of ores；ore-sorting
矿石分解☆ore opening{breakdown}；ore-opening
矿石分类☆ore conditioning
矿石(定量)分析☆ore analysis{assay}
矿石浮选法☆floatation；flotation
矿石富选装置☆ore-dressing{ore-beneficiation} plant
矿石干燥工段☆ore-drying plant
矿石构造☆structure of ores；ore structure
矿石光谱分选机☆photometric ore sorter
矿石烘炉☆roaster
矿石化流体☆ore forming fluid
矿石还原☆reduction of ore；ore reduction
矿石回采☆ore extraction{drawing}；extraction of ore
矿石级沉淀物☆ore-grade precipitate
矿石计划开采率☆attack rate
矿石阶段[露]☆bank of ore
矿石结构☆texture of ores；ore texture
矿石结核☆aetite；eaglestone
矿石结块☆ore packing；compact
矿石聚积地☆localizer of ore
矿石聚集处☆housing for the ore
矿石开采☆make of ore；ore extraction{mining}
矿石可选特征☆ore preparation characteristic
矿石块☆lump
(纯)矿石块☆slug
矿石粒☆grain of ore
矿石料槽{筐}☆ore pocket
矿石料批量☆ore charge weight
矿石溜井☆ore pass{roll}；ore passage way；ore-pass{extraction;drawn;chute;cone} raise；pass；transfer
矿石流☆flow of ore stream
矿石棉☆rock wool
矿石磨碎☆grinding of ore(s)
矿石内(的)脉石☆boose
矿石配料☆ore burden(ing)；ore-burden
矿石批料☆batch of ore
矿石漂砾☆erratic of ore；ore boulder
矿石贫化☆dilution{depreciation} of ore；ore dilution{impoverishment}；depreciation period；dilution
矿石(的)品位☆ore grade{value}；tenor；tenor{grade} of ore；percentage ore；metal content of ore[铁]
矿石品位分级☆ore grade
矿石铺底烧结法☆ore hearth layer sintering
矿石卡塞☆sticking of ore
矿石燃料发电站☆fossil fuel electric power plants
矿石熔烧炉☆ore hearth
矿石散布[露头地面]☆spew over
矿石筛☆kibble；trommel
矿石生产者协会☆Ore Producers Association；O.P.A.
矿石-食盐混合物☆ore-salt mixture
矿石试样采取地点图☆assay plan
矿石试样剂量☆ore charge
矿石水☆quarry water
矿石顺序试选☆run
矿石碎块☆knockings
矿石碎磨☆moler
矿石所含金属☆value
矿石特性☆ore property；character of ore
矿石提升☆main{rock;reef} hoisting
矿石体下降☆ore-mass settling
矿石污染☆contamination of ore
矿石细粒结构☆acinose texture
矿石细磨☆all-sliming
矿石卸船机☆ore-boat unloader
矿石形成管状☆ore piping
矿石性涂料☆mineral paint
矿石-岩浆体系☆ore-magmatic system
矿石页岩群☆ore shale group
矿石与熔剂之比☆burden
矿石运出量☆ore shipment
矿石运量减额[作为运输损失的容差]☆draflage
矿石杂质☆recrement；gangue；ore-waste
矿石整粒☆sizing of ore
(由)矿石直接提炼的☆virgin
矿石中纯金属百分数☆runs
矿石中含铁量的测定☆the determination of the amount of iron in ore
矿石中和☆blending；ore blend(ing)；(ore-)bedding
矿石中和作业☆bedding practice
矿石中可锻化(处理)☆malleablization in ore
矿石中脉石包裹体☆poor rock
矿石种类☆brand of ore
矿石贮存管理人员☆ore grader
矿石抓运起重机☆ore bucket handling crane
矿石转运口☆return port
矿石装卸机支架☆ore bridge pier
矿石准备☆ore preparation{conditioning}
矿石准备工段☆ore-conditioning plant
矿石自然类型☆natural type of ore
矿石总单位值☆gross unit value of ore
矿蚀变形☆tectomorphic
矿树脂[法]☆animé
矿水☆mineral-laden{mineral;mineralic} water
矿水工程☆ore water engineering
矿水井☆mineral well
矿水突出☆water blast
矿水污染☆mine water pollution
矿税☆tax on mine
矿胎☆protore
矿体☆mass of ore；lode country；body；ore body{run;mass;channel}；orebody；ore mass{body}；(mineral) mass；reef；mineralization
矿体边部采场☆boundary stope
矿体边界☆cut(-)off；ore boundary{limit;outline}
矿体玻璃模型☆sheet-glass mode
矿体产状☆ore occurrence；mode of occurrence of ore body；attitude of ore body
矿体出露面☆ore face
矿体穿刺构造☆ore piercement structure
矿体穿通点☆ore intersection
矿体顶板☆hanging side
矿体分布☆ore distribution
矿体伏角☆plunge of ore-body
矿体厚度☆(ore(body)) thickness；width of ore body
矿体尖灭☆bottoming
矿体界线图☆areal map
矿体可采界限☆assay walls
矿体克里格(法)☆See“块体{段}克里格”
矿体露头☆ore outcrop；slovan
矿体面积☆area of orebody
(在)矿体内沥滤☆leaching in place
矿体评价钻进☆assessment drilling
矿体圈定☆ore location{delineation}；termination of ore body
矿体圈定孔☆development hole
矿体圈定钻孔{探}☆development drilling
矿体位置圈定☆ore location
矿体显示☆showing of ore
矿体斜度☆slope of the ore body
矿体形态☆morphology of ore body
矿体形状☆form of ore body
矿体与围岩密度差☆density contract
矿体中不规则掘进☆norse
矿体终止处{点}☆ore terminal
矿体走向☆ore trend{run;course}；run of ore{lode}
矿田☆(ore;area) field；(concertina) concession；mine{mining} field；allotment；orefield
矿田构造☆mine field structure
矿田境界☆property line
矿田双面开采☆bilateral extraction
矿条☆schlieren[德]；tape；streaky mass
矿筒☆chimney；ore chimney{pipe;nine}；stock；(ore-)pipe；neck
矿图☆plot{map} of mine；mine map{plan}；graphic documentation；mining map；drawings of mining systems
矿图编号☆designation of graphic documentation
矿团☆bunch
矿外漏风☆surface leakage
矿外运输☆out-of-mine transportation；transport about mine
矿尾☆gangue
矿尾边界☆limit line
矿尾泥☆lama
矿位利采值☆place value
矿物☆mineral；min.；cleavage plane；ore
矿物暗煤☆mineral-durite
矿物百分含量☆mode
矿物变化趋向☆mineralogical trend
矿物标本组☆cabinet
矿物标型学☆typomorphism mineralogy
矿物标准☆testing mineral
矿物补添剂☆mineral extender
矿物成的[古词]☆minerogenous
矿物成分☆mineral(ogical) composition{component；constituent；constitution}；mineralogy；felit[水泥熟料中]
矿物成分计算☆mineralogical count；modal calculation
矿物成熟性☆mineralogic maturity
矿物的不相容性☆antipathy of minerals
矿物的自然伽马值上限☆gamma ray upper limit for mineral；GULM
矿物(发光)灯☆mineralight lamp
矿物等时线年代☆mineral isochron date
矿物地质年☆mineral time
矿物定名学☆terminology of minerals
矿物肥料☆fertilizer mineral；mineral fertilizer
矿物分类☆classification of minerals
矿物分离☆M-S；mineral(s) separation
矿物分离试剂☆reagents for the separation of ores
矿物分析☆mineralogical{mineral} analysis；assaying
矿物粉☆flour
矿物粉色☆streak；trace
矿物丰度☆abundance of minerals
矿物风化稳定系列☆mineral stability series
矿物富集☆enrichment of ore；mineral concentration
矿物矸子{石}☆gangue mineral；chats
矿物圪垯☆crystal clot
矿物共生☆mineral paragenesis{association}
矿物共生图解☆mineral paragenesis diagram
矿物共生学☆minerocoenology
矿物共生组合☆paragenetic association
矿物光性☆optical properties of minerals
矿物过渡变化☆pass-into

矿物含量比☆mineral ratio
矿物(百分)含量分析☆modal analysis
矿物核☆noddle；nodule
矿物痕色[迹]☆streak；trace
矿物化☆metallization
矿物化学☆mineral(ogical) chemistry；chemical mineralogy；chemistry of minerals；mineral-chemistry
矿物记年{时}法☆mineral-dating method
矿物加工[矿加]☆mineral processing；m.p.
矿物加工工程☆mineral process engineering
矿物夹杂含量☆dirt content
矿物假象☆pseudomorphose
矿物鉴别☆mineral identification{detection}；MDET
矿物鉴定学☆determinative mineralogy
矿物焦油☆brea
矿物颗粒冲击裂缝☆concussion fracture
矿物空气水接触☆mineral-air-water contact
矿物快速定性试验☆spot test
矿物膜电极☆mineral membrane electrode
矿物磨料☆tribolite
矿物内部另一种矿物包裹体☆bleb
矿物能燃料☆fossil-energy fuel
矿物气体处理厂产品[由天然气中回收的凝析油]☆field butanes
矿物区☆mineralogic province
矿物燃料☆mineral{fossil} fuel；pyricaustates[总称]；fossil energy；fossil-fuel[煤、石油、天然气]
矿物燃料-地热混合循环{|混用电站}☆hybrid fossil-geothermal cycle{|plant}
矿物燃料发电厂☆fossil-fuel-electric generating plant；fossil fuel power plant
矿物燃料过热系统☆fossil-superheat system
矿物染料染色☆mineral dyeing
矿物-熔体体系☆mineral-melt system
矿物鞣法{皮}☆mineral tannage
矿物鞣剂☆mineral tanning agent
矿物生长线理☆mineral lineation
矿物释出☆liberation
矿物世代☆generation of mineral；mineral generation
矿物探测卫星☆mineralogical satellite
矿物提出{取}☆mineral extraction
矿物填充塑料☆mineral-filled plastics
矿物条痕{纹}☆mineral streaking
矿物微粒稳定剂☆mineral fines stabilizer
矿物温标温度☆mineralogic temperature
矿物稳定度系列☆mineral stability series
矿物物性☆physical property
矿物析离☆exsolution
矿物纤维布☆mineral-fibre cloth
矿物相叠生☆telescoping of mineral facies
矿物相变☆phase transformation of mineral
矿物形成条件☆mineral-formation condition
矿物型焊条☆mineral-coated electrode
矿物形态☆morphology of minerals
矿物性灯油☆cazeline oil
矿物选位☆mineralogic siting
矿物学☆mineralogy；oryctology；oryctognosy
矿物学标度硬度值☆mineralogical hardness number
矿物学大系☆system of mineralogy
矿物学的☆mineralogic(al)；oryctognostic
矿物学分析☆mineralogical analysis
矿物学家☆mineralogist
矿物研究实验室☆minerals research laboratories
矿物颜色☆color of mineral
矿物-液相分配☆mineral-liquid partitioning
矿物荧光测量☆luminescent mineral survey
矿物硬度工程等级☆technical scale of mineral hardness
矿物油☆mineral oil；claroline；MO
矿物原料☆raw mineral materials；mineral raw material
矿物原料工艺学☆technology of mineral raw- materials
矿物晕圈[地球化学勘探]☆halo
矿物杂质☆dirt；chat；gangue；mineral impurity
矿物值含量☆content of mineral value
矿物质代谢☆mineral metabolism
矿物质缺乏症☆mineral deficiency
矿物中暗斑☆macle
矿物中金银含量☆bullion content
矿物装料加压☆mineral charge pressurization
矿物资源局[澳]☆Bureau of Mineral Resource；BMR
矿物走向☆bearing
矿物组成鉴定☆mineralogical characterization
矿物组合☆mineral assemblage{association}
矿务局☆bureau of mines；mining administration {bureau}
矿锡矿开采☆stream work
矿席☆sheet (deposit)；rock blanket
矿下斜道☆run
矿下晕☆sub-ore halo
矿线☆streak
矿箱☆ore box
矿相分析☆mineralographic{mineragraphic} analysis
矿相结构☆mineralogical structure
矿相学☆minera(lo)graphy；ore microscopy；reflected light microscopy；chalcography[矿石检镜学]
矿相学家☆ore mineralogist
矿屑☆attle
矿心☆basket core
矿穴☆pocket
矿穴病☆cave sickness
矿穴沉陷☆mining subsidence
矿压☆rock pressure
矿压分析☆strata-control analysis
矿压显现☆ground behaviour；strata behavior
矿盐☆mineral{rock} salt；halite
矿岩☆mine rock；ore carrier
矿岩互层☆interbedded ore and waste
矿岩时差☆rock-ore formation time interval
矿样☆sample{specimen} ore；mine sampling；aliquot；assay；ore sample
矿样掺假☆salting
矿样分析修正系数☆assay plan factor
矿冶学会☆Institution of Mining and Metallurgy
矿冶学会筛制☆I.M.M. screen scale
矿冶学院☆institute of mining and metallurgy
矿业☆mining (industry)；ore mining；mineral industry
矿业法☆mining law{legislation}；law of mining industry
矿业会计☆mine{mining} accounting
矿业局[美]☆Bureau of Mines；BUMINES；BOM
矿业冒险☆wildcat
矿业投资☆adventure in a mine；mine industrial capital investment
矿业学院☆institute of mining technology；mining institute
矿业研究和开发机构☆MRDE；mining research and development establishment
矿业用地申请说明☆declaratory
矿业主☆adventurer
矿液☆ore{mineralizing} solution；ore(-forming) fluid
矿液通道☆feeder；channel-way；pathway
矿异常☆ore anomaly
矿用(的)☆mining；mine
矿用安全型☆mine permissible type
矿用标准构造☆standard mining construction
矿用充砂型电气设备☆sand filled electrical apparatus for mine
矿用{工}锤☆bully；miner's hammer
矿用低压隔爆手动{|自动馈电}开关☆low-voltage explosion-proof `manual switch{|automat}
矿用地上的工作证据[为申请延长许采权用]☆improvement
矿用地申请书所附说明☆declaratory
矿用地永久界石☆mineral monument
矿用地证☆improvement
矿(工)用电灯☆miner's electric lamp
矿用电话☆minephone；iron-clad{mine} telephone
矿用调度车☆gathering mine loco(motive)
矿用动力变压器☆mine transformer
矿用非胶质安全炸药☆Independent
矿用隔爆检漏继电器☆flameproof leakage relay
矿用隔爆型干式变压器☆flameproof dry-type transformer for mine
矿用护臀垫☆seat protector
矿用机车集电器☆current-collector for mine locomotives
矿用罗盘☆miner('s) dial；dipping{miner's;geological;sight;mining} compass；glass[矿工语]；dial
矿用螺旋立柱☆steel jack
矿用明(火)灯☆paddy
矿用木材☆pitwood；mine timber
矿用耐火液☆fire-resistant mine fluid
矿用轻便同轴电缆☆portable concentric mine cable
矿用轻型调车电动机☆gathering motor
矿用水泵(软)管上端☆hogger pipe
矿用梯(子)☆step ladder；stepladder
矿用无线电话系统☆mine radio telephone system
矿用蓄电池拖拉机☆battery-powered mine tractor
矿用一般型动力变压器☆mine approved power transformer
矿用正压型电气设备☆pressurized electrical apparatus for mine
矿用支柱☆pit prop
矿油☆mineral{Volck;white} oil；Dormant oils
矿油精☆mineral spirit；Mineral spirits；Herbitox
矿源☆source of ore；mining deposits；provenance
矿源层概念☆source-bed concept
矿源面☆neral resources
矿渣☆slag；cinder；scoria；incrustation；mineral waste residue；sand；dross
矿渣崩塌☆slagslide
矿渣骨料混凝土☆clinker concrete
矿渣坑☆sludge pit
矿渣块☆dander
矿渣硫酸盐水泥☆slag-sulphate cement
矿渣滤料滤池☆slag packed filter
矿渣密封{封闭}☆slag-sealing
矿渣棉毡☆mineral wool blanket
矿渣配料☆raw meal with blast furnace slag
矿渣膨胀☆expanded slag beads
矿渣膨胀水石☆slag expansive cement
矿渣生铁☆part mine
矿渣石膏隔墙☆slag-alabaster partition
矿渣水泥☆slag cement；blast (furnace) cement；blast furnace slag cement；iron-ore{metallic(s);portland- slag; cold-process;metallurgical} cement
矿渣碎块☆hardcore
矿渣填充滤床☆slag packed filter
矿渣状☆slaggy
矿长☆captain；barmaster；manager；mine director {manager;superintendent}；undermanager；viewer；superintendent (of a mine)；underlooker
矿长工作区图☆manager's plan
(采)矿(执)照☆gale；mining claim；patent
矿脂[材;油气]☆petrolatum；mineral butter；petroleum oil；petrolat onlyum；vaseline；petroleum jelly；mineral ielly；parafiinum liquidum；petrolatum oil；petrolat；soft petroleum ointment；paroline；alboline
矿脂机岩☆Kaydol
矿致异常☆anomalies related to mineralization
矿质☆mineral
矿质层[土壤]☆oligorganic layer
矿质海豹油☆mineral seal oil
矿质化壁☆mineralized wall
矿质绝缘铜皮电缆☆mineral-insulated copper-covered cable
矿质皮质素☆mineralocorticoid
矿质湿土☆anmoor
矿质水[水文]☆mineral{mine} water
矿质纤维砖☆mineral fiber brick{tile}
矿质橡胶☆rubrax
矿质亚麻油☆minseed oil
矿质营养细菌☆lithotrophic bacteria
矿种☆commodity
矿种名称☆grade name
矿株☆(ore) stock
矿烛芯绒☆cotton candle wick
矿主☆Czar；mine owner；mining operator
矿柱☆jamb；pillar；jam；ore column{pillar;chimney;rib;shoot;chute}；fender；mine{pitch} pillar；bearing block；post；cranch；dumpling；metal ridge；pillar of mineral{rock}；stoop[大]；stump[小]；rib；ribpillar
矿柱采准区段☆whole district{flat}
矿柱的钝{|锐}角应力峰值区☆obtuse{|acute} peak abutment
矿柱的锐角应力峰值区☆acute peak abutment
矿柱的应力集中区☆pillar abutment
矿柱的最后采掘层☆last lift
矿柱顶部☆ore-shoot crest
矿柱高度☆ore-column height
矿柱回采☆pillaring；robbing pillars；pillar mining {recovery;extraction}
矿柱回采线☆rob(bing) line
矿柱回采作业☆pillar(-recovery) operation
矿柱回收(法)☆pillar-recovery methods；stump recovery
矿柱开采工☆pillar man
矿柱连锁的矿床☆linked columns deposit
矿柱内天井☆pillar raise
矿柱强度计算公式☆pillar strength formula

矿柱全部回收☆complete robbing
矿柱刷帮☆(pillar) slabbing
矿柱外端开采☆open end
矿柱支撑的巷道☆pillar roadway
矿柱支护的平巷☆pillar drive
矿柱支柱护顶法☆pillar-cum-stick method
矿柱中矿物损失☆ground losses
矿柱中的短巷道☆siding-over
矿柱中的巷道☆pillar road
眶鼻孔☆foramen orbitonasale
眶的☆orbitalis
眶腹突☆orbital prominence
眶骨☆os orbitale
眶后脊☆postorbital crista
眶脊[节]☆orbital carina
眶前凹☆preorbital recess
眶前的☆antorbital
眶前嵴☆crista preorbitalis
眶前突☆processus preorbitalis
眶上感觉沟☆supraorbital sensory groove
眶上孔☆foramen supraorbitale
眶上联络枝☆supraorbital commissure
眶上鳞☆squama supraorbitalis
眶室☆orbital chamber
眶下感觉沟☆infraorbital sensory groove
眶下骨☆os infraorbitale
眶下孔☆foramen infraorbitale
眶下片☆suborbital (plate)
眶下缘最低点☆orbitale
眶翼[蝶骨的]☆ala orbitalis
眶最下点☆orbitale
旷工☆absenteeism

K

kuī

亏☆wane
亏本出售☆sacrifice
亏格[数]☆genus
亏格曲线☆deficiency curve
亏空☆depletion；deficit；shortfall；be in `debt{the red}；debt；lose money in business；red ink；voidage
亏空的☆voided
亏缺☆deficit
亏数☆deficiency
亏损☆deficit；defective portion；damage；loss；general debility；depletion；discrepancy
亏损的下地壳☆depleted lower crust
亏损地幔☆depleted mantle；DM
亏损矿井☆non-paying mine
亏损(的)麻粒岩趋势☆depleted granulite trend；DGT
亏值☆defective value
盔☆helmet；basin-like pottery container；any helmet- shaped hat
盔笔石属$[S_1]$☆Galeograptus
盔海胆科[棘]☆Galeritidae
盔海胆目☆cassiduloida
盔海桩(属)[棘;O_3]☆Enoploura
盔环孢属$[C_3]$☆Galeatisporites
盔甲☆armature
盔甲鱼(属)$[D_1]$☆Galeaspis
盔菊石(属)☆Hoplites
盔龙(属)$[T_3]$☆Corythosaurus
盔螺属[腹;E-Q]☆Galeodes
盔苔藓虫属[K-Q]☆Cristalella
盔形☆galeiform
盔形虫(属)[孔虫;E_2-Q]☆Cassidulina
盔云☆cloud crest
盔状的☆hooded
窥见☆peek
窥镜☆looking glass
窥孔☆observation port；diopter
窥沙☆quasars；quasi-stellar radio sources
窥视☆peep
窥视方向☆look direction
窥视孔☆eyehole；eyelet；peep{sight} hole
窥探☆mouse

kuí

葵花状布井☆sun-flower pattern
奎凡尔-皮卡德地震仪☆Quervian-Picard seismograph
奎宁☆quinine；chinine
奎诺丹宁酸$[C_{14}H_{16}O_9]$☆quino-tannic acid
奎诺酊☆quinoidine
奎鞣酸[一种缩合丹宁;$C_{14}H_{16}O_9$]☆quino-tannic acid
奎威林波[即 Q 波]☆Querwellen wave
奎因法☆Quine's method
喹啉$[C_9H_7N]$☆quinoline；chinoline；benzopyridine
喹啉酸☆quinolinic acid
喹啉盐☆quinolinium
喹哪啶$[C_{10}H_9N]$☆quinaldine
蝰蛇属[Q]☆Vipera
魁北克铁和钛公司[加]☆Quebec Iron and Titanium Corporation；QITC
魁翅目[昆;C-P]☆Megasecoptera
魁蛤[双壳;J-Q]☆Arca
魁兽类☆Hegetotheria
魁(梧猿)人(属)☆Meganthropus

kuì

馈☆feed-through；feedthru
馈电☆feeding；feed
馈电电桥☆battery supply feed
馈电干线☆main feed
馈电软线☆feed cord
馈电设备☆power feeder
馈电刷☆feeder brusher
馈电系统☆feed；feed-system
馈(电)线☆feeder (line)；tie；power lead；main
馈浆岩墙☆feeder dike
馈入装置☆feedthrough；feed-through
馈通☆feedthrough；feed-through
馈通式取样器☆feed-through sampler
溃坝☆dam-failure；dam breaking；bursting of dam
溃败☆beating；rout
溃剂☆escharotic
溃决型泥石流☆breaking mud flow
溃曲☆toppling
溃疡☆ulcer
溃疡病(诱发的)癌☆ulcerated carcinoma
溃疡性癌☆ulcerocancer

kūn

醌☆chinone；quinone
昆布☆laminaria；kelp
昆布属[Q]☆Laminaria；Ecklonia
昆布藻类☆laminarian
昆虫☆insect；Palaeoptera
昆虫的呼吸孔☆spiracle
昆虫的肩部☆humerous
昆虫介属☆Entomis
昆虫类[节;六足虫类]☆insecta
昆虫外表皮或外骨骼外部蜡质层☆epicuticle
昆甲纲☆Entomostraca
昆栏树科☆Trochodendraceae
昆栏树属[E-Q]☆Trochodendron
昆仑(山)地槽☆Kunlun(shan) geosyncline
昆明运动☆Kunming movement
昆士兰地质调查所[澳]☆Geological Survey of Queensland；GSQ
昆特仑系☆Kundelungs system
昆阳统☆Kunyang series

kǔn

捆☆fagot；cord；bundle；bind；faggot；bale；stack；truss；trice；sheaf [pl.sheaves]；roping；sheave
捆绑(物)☆bind
捆绑(的)☆binding
捆包构造☆packet structure
捆包机☆strapper；strapping machine
捆成束☆tie in
捆成一束☆bunch
捆带条☆strapping
捆绳安全切刀☆safety twine cutter
捆束苔藓虫类☆vincularian
捆扎☆bundling；seize；tie{bundle} up；tape；tier；whipping
捆扎设备☆knot installation

kùn

困☆annulus [pl.annuli]
困冻(的)☆beset
困惑☆puzzlement；swither；perplexity；tangle
困惑名☆nom. perpl.；nomen perplexum
困境☆quagmire；corner；exigence；dilemma；pickle；exigency；morass；mess
困难☆hard；handicap；hurdle；bottleneck；challenge；complication；discomfort；roadblock；involvement；trouble
困难的☆hard；strait；troublesome；tight；heavy
困难地层☆difficult ground
困难条件下的装载☆tough loading
困难现象☆trapping phenomenon
困{睏}泥[耐]☆souring；ageing (mud)
困泥坑[耐]☆soak pit
困泥室☆sump house
困扰☆persecution
困住☆trap

kuò

括号☆parenthesis；bracket；paren；par.
括弧☆paren
括去法☆method of sweeping-out
扩帮☆lame-skirting；slab；skipping{wall} slash；wall rock break；cutting down；flitching；bear；slope{side} expansion；slashing；reaming；cheeking；brush；canch
扩爆药☆booster
扩边井☆stepout (well)；extension well{producer}；set out well；out-laying well
扩槽☆easer shot；round
扩槽孔☆cut spreader hole
扩槽炮孔☆stoping{wall} hole
扩充☆amplification；enlarge；expansion
扩充插槽☆expansion slot
扩充穿孔卡(代)码☆extended punched-card code
扩大(的)侧向电导率☆ELREC；extended lateral range electrical conductivity
扩大成喇叭口☆cone out
扩大齿墙☆rastrillo
扩大……的孔☆ream
扩大分类☆expanded classification
扩大规模☆exaggerated scale
扩大巷道☆kanch；kench；brush；lame-skirting
扩大化☆magnify；broaden the scope
扩大井筒☆cutting {-}down；widening of shaft；enlargement
扩大裂缝☆gull
扩大炮眼☆hole shaking
扩大炮眼底专用热力喷燃器☆special chambering burner
扩大炮眼孔底☆chambering of blast hole；chambering
扩大平巷☆ribbing
扩大器☆expander；expandor；intensifier；widener
扩大器齿☆reaming teeth
扩大器-稳定器组合☆reamer-stabilizer combination
扩大取样☆extensive sampling
扩大溶陷谷☆level bottom
扩大使用☆extended application
扩大式(井)壁锚☆expansion anchor
扩大掏槽的炮眼☆snub(ber) hole
扩大原孔☆enlarged archeopyle
扩大钻孔☆overcut；hole reaming
扩大钻孔用的起重器☆milling jack
扩底☆under-reaming；enlarged base
扩底墩☆belled pier{shaft}；underreamed pier
扩底基础☆under-reamed foundation
扩底孔☆hole spring；drill-hole springing；bullying；chambering；spring(ing)；squib
扩底炮孔☆sprung hole
扩底挖斗☆belling bucket
扩底桩☆pedestal{expanded-base;slub-footed;belled} pile
扩端桩☆bulb pile
扩杆☆spread bar；spreader-bar
扩管☆roll form
扩管器☆(tube) expander；expandor
扩建☆enlarge(ment)；extend (a factory,mine,etc.)
扩建部分☆continuation
扩建的管网☆expanded network
扩建用地☆allotment
扩井工程☆well development
扩(井)径☆hole enlargement
扩径的☆divergent
扩径孔☆reamed well
扩开螺栓☆expansion-bolt
扩孔☆ream (out)；chamber；reaming of a hole；hole shaking{slash;reaming}；broach；rounder；brooch；borehole enlargement；reaming；under-ream；slash of hole；enlarging hole；counterbore[平底扩孔钻]
扩孔不足☆underream
扩孔刀具☆broach

扩孔底☆squibbing; minor blasting
扩孔工具☆swarf
扩孔机☆wallscraper
扩孔件表面[钻头端部]☆reaming surface
扩孔理论☆cavity expansion theory
扩孔器☆expanding{enlarge} hole opener; reaming shell{ring;head}; (hole) enlarger; underreamer; broach; core{reamer} shell; broaching machine; aiguille; hole sizer{reamer}; (expanding) reamer; enlarging head; swelled coupling; quid
扩孔器刃☆reaming edge
扩孔器刃瓣{刮刀}☆reamer blade
扩孔器稳定管☆reaming barrel
扩孔器牙轮伸展臂☆cutter arm
扩孔器与钻头直径之差☆shell clearance
扩孔式全断面岩石隧道掘进机☆full face rock TBM with reaming type
扩孔装药☆camouflet
扩孔装置☆expansion device
扩孔钻☆fraise; expanding auger{drill}; counter-bore; reamer; blank-casing bit
扩孔钻头☆broaching{reamer;ream(ing);expanding; expansion;wallscraper;paddy;redrill} bit; wedge reaming bit; expansion cutter; underreamer; bit{expansion; expanding} reamer; reaming head; counterbore cutter head; reamer; expansion cutting[钻孔直径可变]
扩孔钻头的导杆☆(reaming) pilot
扩口☆flaring; flare out; expansion
扩口管☆flared tube
扩流作用[火山灰流]☆fluidization
扩漏斗☆belling; cone{bell;belled} out
扩频信号☆spread spectrum signal
扩容☆flash(ing); expand capacity; enlarge; dilatancy; dilat(at)ion
扩容带[断层和裂隙]☆dilatant zone
扩容流体饱和假说☆dilatancy-fluid saturation hypothesis
扩容流体扩散☆dilatancy-fluid diffusion
扩容面☆flash front; steam-water interface
扩容器☆flash chamber; (steam) flasher; secondary steam separator
扩容器(废卤)水☆flash tank bitter
扩容向斜☆dilational syncline
扩容蒸发☆flash-evaporation
扩容蒸气☆flashed steam
扩容蒸气循环☆indirect steam cycle; flashed-steam {steam-to-water} cycle
扩容蒸气自脱盐☆flashed-steam self-desalination
扩散☆diffusion; irradiation; divergence; dispersal; divergency; diffuseness; dispersion; scatter; spread; development; dilatation; proliferation; propagate
扩散(阻挡层)☆diffusion barrier
扩散半径☆radius of extent
扩散泵☆diffusion pump; DP
扩散比☆diffusion ratio
扩散波☆propagating wave
(释热元件)扩散层☆bond
扩散常数☆diffusion{diffuse} constant; DC
扩散成因混合岩☆diffusive migmatite
扩散带☆dispersion{divergence;diffusion} zone; diffusion band; zone of diffusion
扩散单分子层吸附☆diffuse monolayer adsorption
扩散的☆scattered
扩散电位{势}☆diffusion potential
扩散度☆diffusibleness; diffusance
扩散-对流方程组☆diffusion-convection equations
扩散法[晶育]☆diffusion process{method}; spreading method
扩散-反应假说☆diffusion-reaction hypothesis
扩散范围☆range of scatter
扩散分散☆scatter-dispersion
扩散分析☆diffusion analysis
扩散管☆bell
扩散剂☆diffusant
扩散交代(作用)☆diffusive metasomatism
扩散角☆flare angle
扩散阶地☆diverged terrace
扩散控制变形☆diffusion-controlled deformation
扩散流☆diffusional stream; divergent flow
扩散流动☆diffusive flow
扩散率☆diffusivity; diffusibility; diffusion ratio
扩散率温度相依性☆diffusivity temperature dependence
扩散论者☆diffusionist
扩散喷嘴☆divergent nozzle
扩散器☆(fan) diffuser; disperser; effuser; evase duct; diffusor; bubbler; decollator; barbator; scatterer
(离心泵)扩散器(加宽处)☆delivery space
扩散氢☆diffusible hydrogen
扩散圈☆diffusosphere
扩散渗透结构☆diffuse penetration texture
扩散生成混合岩☆diffusive migmatite
扩散式辅助扇(风机)☆diffuser fan
扩散式喷燃器☆outside-mixing burner
扩散水流☆diffuse flow
扩散速度☆spreading rate; diffusion velocity; rate of propagation{diffusion}
扩散图☆scatter diagram; distribution scatter
扩散途径☆dispersal route; diffusion path
扩散物质☆diffusate
扩散系数☆diffusion{diffusivity;dispersion} coefficient; coefficient of diffusion; diffusivity
(射流)扩散系数☆spread coefficient
扩散型半导体应变计☆diffused type semiconductor strain gage
扩散性☆diffusivity; diffusibility; diffusedness
扩散性的☆proliferous
扩散压力☆spreading pressure
扩散氧化物☆subscale
扩散(电)泳☆diffusiophoresis
扩散真空泵☆diffusion vacuum pump
扩散指数☆diffusion index; D.I.
扩散中心☆centre of dispersal
扩散装置☆disperser
扩散着色☆staining; diffusion colouration
扩散作用☆diffusion; diffusional effect
扩砂☆rapping; rap
扩伸式开孔器☆expanding hole opener
(一种)扩声话筒☆exponential horn
扩声系统☆amplifying System
(已开发油田的)扩探☆extension test
扩限☆reaming
扩限钻头☆reamer bit
扩穴装药☆camouflet
扩压☆diffusion
扩压器☆diffusor; diffuser
扩眼☆hole reaming{enlargement}; reaming enlarge hole; borehole enlargement; ream (out)
扩眼导杆接头☆reaming pilot adapter
扩眼器☆hole sizer{opener}; rimer; reamer; winged hollow reamer[整铣井内落物]
扩眼器刀刃锥度☆reaming edge taper
扩眼器销☆reamer pin
扩眼液☆underream{underreaming} fluid
扩眼钻头☆hole enlarger; enlarging{redrill;reaming} bit; reamer
扩音喇叭☆exponential horn
扩音器☆microphone; Mk; megaphone; voice{audio} amplifier; loud-speaker; Mic; mk.; ls
扩音通讯☆loud-speaking communication
扩展☆flare out; extension; extend; expansion; spread
扩展(到)☆reach
扩展波段雷达发射机☆ben
扩展测程[肖兰系统]☆XR; extended range
扩展测程式肖兰系统☆extended-range{XR} Shoran
扩展的冯米塞斯破坏准则☆extended von Mixes failure criteria; extended Von Mises failure criteria
扩展的麦斯凯特分析法☆extended Mushat method
扩展的特莱斯卡破坏准则☆extended Tresca failure criteria
扩展的休克尔分子轨道理论☆extended Huckel molecular orbital theory; EHT
扩展法☆development method
扩展反射排列☆expanding reflection spread
扩展和压缩流☆extending and compressing flow
扩展剂☆spreading agent
扩展晶面☆reaming surface
扩展井☆stepout (well)
扩展器☆extender; expander
扩展扫掠☆expanded weep
扩展X射线能失精细结构光谱☆extended X-ray energy-loss fine-structure spectroscopy
扩展型储油层☆expansion type reservoir
(可)扩展性☆extendibility
扩展液膜☆expanded-liquid film
扩展运算单元☆extended arithmetic element
扩展中心☆spreading loci
扩展作用☆spread effect
扩张☆expansion; extend; expanse; expand(ing); distension; distention; spread(ing); dilat(at)ion; dilate; enlarge; enlargement; extension; outstretch
扩张边缘海盆{盆地}☆extensional marginal basin
扩张的☆dilatant; stent; spreading
扩张多边形(导线)的等级☆hierarchy of extension polygons
扩张极☆pole of spreading; spreading pole
扩张解☆augmented solution
扩张界面☆dilated interface
扩张裂隙轴☆spreading crack axis
扩张面☆stretching surface
扩张器☆expander; dilator; spreader; expandor
扩张前阶段☆pre-expansion stage
扩张式地下卷绕机☆expanding down coiler
扩张式管子割刀☆expansion{expanding} cutter
扩张式井壁刮刀☆expansion wall scraper
扩张系数☆flare factor; coefficient of extension
扩张型板块边界☆constructive plate boundary
扩张型隙缝喷燃器☆expanding slot burner
扩张性☆distensibility; dilatancy
扩张洋脊区☆spreading-ridge province
扩张轴☆spreading axis; axis of spreading
扩胀☆dilation; dilatation
扩胀裂缝☆dilatation fissure
扩胀式铰刀☆expanding{expansion} reamer
扩直眼☆straight-reaming; SR
扩柱炮孔☆pole hole
扩足[冰]☆expanded foot
扩足冰川☆glacier bulb; expanded-foot{bulb} glacier
扩座桩☆pedestal pile
廓度计☆auxometer; auxiometer
廓线☆profile
阔☆width; platy-
阔杯珊瑚☆Acanthophyllum
阔鼻`猴亚{小}目[哺]☆platyrrhini
阔齿龙类☆Diadectomorphs
阔齿龙属[P_1]☆diadectes
阔翅目化石☆seraphim
阔而小的轮子☆trundle
阔弓亚纲[爬]☆Euryapsida
阔厚的☆bulky
阔厚角石属[头;J-Q]☆Eutrephoceras
阔孔室☆eurypylorus
阔口龙属[T]☆Chasmatosaurus
"阔里班得"记录(法)☆Coriband
阔罗姆津法☆Kuolomzine's method
阔三沟粉属[E]☆Tricolpites
阔石燕(属)[腕;D_{1-2}]☆Euryspirifer
阔头虫属[三叶;$Є_3$]☆Eurycare
阔头蜥目☆Plagiosauria
阔椭圆形☆oblong
阔线石燕(属)☆Platyspirifer
阔叶材☆hardwood
阔叶常绿林群落☆aiphyllium
阔叶(常绿)乔木群落☆laurisilvae
阔叶的[植]☆latifoliate; latifolious
阔叶林☆leaf wood; laurisilvae; broad {-}leaf forest
阔叶属[植;D]☆Platyphyllum
阔叶树☆broad-leaved tree
阔凿☆drove{boasting} chisel; broad tool
阔锥状☆turbinate; trochoid

L

lā

垃圾☆refuse；garbage；muck；rubbish；land fill；waste；trash；offal；litter
垃圾场☆dumping ground；tip；tipping{refuse} site；open dump
垃圾车☆dumper
垃圾堆☆(refuse) dump
垃圾堆填☆sanitary landfill
垃圾填埋地☆landfill (site)
垃圾箱☆catchall
拉☆traction；drawing；drag；haul；draw；lug；draft；tote；tug；draught；pull；stretch；trail；tow；pluck；towage；roping
拉安{霓角;喇安角}斑岩☆lahnporphyry
拉拔☆drawing
拉拔机☆bench；drawbench
拉拔机机头☆drawhead
拉拔强度☆pull strength
拉柏里堡岩群☆Raeberry castle group
拉斑{长}橄玄岩☆markle basalt
拉斑玄武岩☆tholeiite
拉斑玄武岩(质)岩浆☆tholeiitic magma
拉斑玄武岩质玄武{|粒玄|辉长|镁铁玄武}岩☆tholeiite (type) basalt{|dolerite|gabbro|mafic basalt}
拉板☆arm-tie
拉贝尔斯法☆Lubber's process
拉贝希层孔虫☆Labechia
拉倍长石[含30%～40%钠长石分子(Ab)的斜长石]☆labratownit(e)
拉崩佐夫石☆labun(t)zowite；lab(o)untsovite；labunzovite
拉比德型{感应盘式}磁选机☆Rapid separator
拉比迪蒂型磁选机☆Rapidity separator
拉边器☆knurls；edge roller
拉扁钢丝模☆flatter
拉宾诺维奇模型☆Rabinowitsch model
拉拨机☆drawbench
拉波安特型拣矿小型胶带输送机[用盖革缪勒管拣选放射性颗粒]☆La Pointe picker
拉剥☆broach
拉布拉多[加拿大东部一地区]☆Labrador
拉布雷亚砂岩☆La Brea sandstone
拉槽☆kerf；broach；kerve；draw cut
拉铲☆dragline excavator{shovel}；clamshell bucket；dragline crane shovel；drag line；pulling scraper；dragline；pull shovel；boom-dragline
拉铲或剥离机械铲的作业半径☆reach of dragline or stripping shovel
拉铲尽头作业☆dragline deadheading
拉长☆draw；extension；(tensile) elongation；spin；outstretch；prolongation；lengthen；stretch；pad
拉长斑岩☆labradophyre；labradorite-porphyry
拉长斑状☆labradophyric
拉长的☆long-drawn
拉长卵石☆stretched pebble
拉长石[钙钠长石的变种;$Na(AlSi_3O_8)•3Ca(Al_2Si_2O_8)$; $Ab_{50}An_{50}$-$Ab_{30}An_{70}$;三斜]☆(Na) labradorite；opaline {blue} feldspar；hafnefjordite{maulite;mournite;samoite}；carnatite；labradorstein；calc oligoclase；radauite；labrador stone {(feld)spar; feldspar-stone}；kalkoligoklas；anemousite；mornite；havnefiordite；mournite labrador feldspar；silicite；labrador(-feldspar)；mauilite；labrador-bytownite
拉长石化☆labradorization
拉长石中的包裹体☆microplacite；microphyllite；microplakite
拉长岩☆labradorit(it)e；labradite；labradorfels；labradorite-anorthosite
拉长晕彩☆labradorescence
拉长钻杆定卡点☆take a stretch on pipe
拉车☆larry
拉车绞车☆car pulling hoist
拉成(丝等)☆draw
拉尺测量器☆line-pull measuring device
拉出☆tear{draw} out
拉出式控制板岩☆drawout control board
拉出钻杆☆rod pulling
拉床☆broaching machine；drawbench；broacher；bench
拉单晶技术☆seeding
拉刀☆broach
拉到一起的☆coarctate
拉德☆rad；radiation dose unit
拉德辐透☆radphot
拉德洛统☆Ludlow (series)
拉德马克型井筒掘进机☆Rodmark machine
拉得非期☆Lattorfian age
拉迪奥尔法[电磁勘探法]☆Radior method
拉迪尼亚(阶)[欧;T_2]☆Ladinian
拉底☆undercut；bottom cutting{cut}；stope cut {silling}；sill cut{mining}；shooting-up of bottom；underbreaking；undermine；footwalling；silling out{mining}；hard toes；undermining
拉底爆破☆shooting-up of bottom；bottom-ripping shot；bottom ripping；toe blasting
拉底矿房{硐室}☆undercutting chamber
拉底炮眼☆toe-hole；bottom shot
拉底掏槽☆lifter cut
拉底掏槽大量装药爆破炮孔法☆on the solid
拉蒂克多孔磁心☆laddic
拉蒂曼鱼属☆Latimeria
拉第玄武岩☆anemousite-basalt
拉丁白[石]☆White Sardo
拉丁超立方体抽样☆Latin hypercube sampling；LHS
拉丁尼阶[234.3～237.4Ma;T_2]☆Ladinian (stage)
拉丁尼克期☆Ladinic age
拉丁人{文}(的)☆Latin
拉丁属名☆Architectonica
拉冬反演☆Radon inversion
拉动试验☆pull test
拉斗☆drag bucket
拉断☆tension；tensile fracture{failure}；snap
拉断的☆stripped
拉断构造☆pull-apart structure
拉多格统☆Ladogisk{Ladogisian} series
拉多吉型贝属[腕;D_3]☆Ladogioides
拉多加型精密回声测深仪☆Ladoga precision depth recorder
拉法[法拉的倒数]☆daraf
拉发尔蕨属[J_2-K_2]☆Raphaelia
拉菲特颗石[钙超;K_2]☆Laffittius
拉沸正长岩☆rafaelite
拉幅钩☆tenterhook
拉杆☆drawbar (pull)；tie (rod)；clamping lever；(drag) link；linkage；connection；tension{draw} bar；drag- bar；stay (prop)；tiebar；brace；tie(-)rod；strainer；debar；jerker rod[联合抽油装置]；pump rod[泵]
拉杆冲程加长器☆pendulum multiplier
拉杆轭☆draw bar yoke
拉杆机构☆drag-link mechanism
拉杆拉力☆drawbar pull
拉杆锚桩☆deadman
拉杆盘根☆piston rod packing
拉杆式四压砧超六压高温设备☆tetrahedral anvil ultra-high pressure and high temperature
拉杆头☆drawhead
拉戈里奥结晶律☆Lagorio's rule
拉格朗波☆Lagrangian wave
拉格朗日乘子☆Lagrange{Lagrangian} multiplier
拉格朗日动坐标☆Lagrangian moving coordinate
拉格{古}特风☆Ragut
拉弓☆bow
拉沟☆drop cut；disengaging{drag} hook
拉沟电铲☆trench shovel
拉和利安杂岩☆Ladfordian complex
拉簧☆extension spring；tension spring
拉辉玻玄岩☆weiselbergite
拉辉煌(斑)岩☆odinite
拉辉正长岩☆elkhornite
拉回☆pull back
拉基思风☆Rageas
拉加吐辣风☆raggiatura
拉接缝☆lap seam
拉筋☆lace；bracing；lacing (wire)[汽轮机动叶]
拉筋连接用螺丝筒☆brace socket
拉紧☆strain(ing)；take-up；tension(ing)；bring up；stretch；bracing；pulling；tight pull；tighten(ing)；tense；tie；lash-on
拉紧的☆tense；tensional；stretched；taut
拉紧杆螺母☆bar tension nut
拉紧构件☆anchor member
拉紧夹☆strain clamp；pull-off
拉紧架☆(tensioning) frame；straining
(井架的)拉紧连件拉筋☆bracing member
拉紧轮☆tension pulley{wheel;sheave}；spanning sheave；tight(en)er；snub{stretching;tightening} pulley
拉紧螺栓☆draw-in{tension;stretching} bolt；strainer；tightening screw
拉紧器☆contractor；tightener；strainer
拉紧绳索☆string the line
拉紧(用)手柄☆binding lever；binding handle
拉紧线☆jerk line；tightening wire
拉紧销☆gib
拉紧小车☆tension bogie；tension(ing) carriage
拉紧装置☆tensioning device{gear}；stretcher；back balance；tensioner；take-up (unit)；tension grip{jack}；pull-back；tightening gear；stretching device
拉紧装置坑[钢丝绳罐道]☆weight pit
拉晶☆withdraw；pulling of crystal
拉晶法[晶育]☆pulling technique；drawing method；Czochralski method；crystal-pulling method
拉晶法生长的晶体☆Czochralski grown crystal
拉晶方向☆draw direction
拉晶速度☆pull rate
拉卡米黄[石]☆Cream Laca
拉卡赛特(阶)[北美;J_3]☆Lacasitan
拉开☆pulled apart；pull down；pull-apart
拉开开关☆switch off
拉开皮尺☆unreeling of tape
拉开应力☆zipper stress
拉考斯特-隆贝格重力仪☆La-Coste-Romberg gravimeter；zero-length spying gravimeter
拉科斯特摆☆La Coste pendulum
拉科斯特(-)隆贝格重力仪☆La Coste-Romberg gravimeter
拉克球石[钙超;Q]☆Lacrymasphaera
拉库贝(属)[N-Q]☆Laqueus
拉库型腕环☆laqueiform
拉拉布[抹管道下表面沥青涂层工具]☆granny rag
拉腊来(运动引起的)变形☆Laramide deformation
拉腊米地槽带☆Laramic geosynclinal belt
拉牢的☆braced
拉牢支架☆anchorage support
拉离☆estrangement
拉离盆地☆pull-apart basin
拉力☆tension{drag} (force)；portative{pull(ing); tensile; towing;traction;tractive;stretching} force；pull；tensile；pulling power；line pull[绳上]
拉力的☆tensile
拉力改正☆correction to the tension；tension correction
拉力计☆tautness meter；tens(i)ometer
拉力架☆tension carriage
拉力检验☆pulling test
拉力破坏☆fall{fail} in tension
拉力器☆tensioner
拉力线☆line of pull
拉力液压调节系统☆draft-control hydraulics
拉链☆drag chain；zipper；stay-chain；zip {-}fastener
(用)拉链扣上☆zipper
拉链式输送机☆zipper conveyor
拉裂☆tearing；drawing breakage；pull-apart；tension fracture
拉榴粗面岩☆viterbite
拉硫砷铅矿[$(Pb,Tl)_3As_5S_{10}$;单斜]☆rathite
拉峦迈变动☆Laramide disturbance
拉峦迈期☆Laramide
拉轮法☆pull wheel process
拉罗矿☆larosite
拉马克说☆lamarckism
拉马克主义☆Lamarckism
拉锚☆drag anchor
拉毛粉刷☆stucco
拉梅{姆}常数☆Lame's constant
拉梅厚壁圆筒理论☆Lame's theory of thick-walled cylinders
(横向滑动的)拉门☆sliding door
拉蒙特-多赫蒂地质观测所☆Lamont-Doherty Geological Observatory；L-DGO
拉锰矿[MnO_2;斜方]☆ramsdellite

拉模☆drawing block
拉模板☆whirtle plate
拉模法☆dragged form method
拉模孔☆drawhole；drawing pass{block}
拉摩{莫}半径☆Larmor radii
拉莫频率☆lamor frequency
拉莫尔旋进{进动}☆Larmor precession
拉姆☆roentgen-hour-meter；r.h.m.；rhm.
拉姆波☆Lamb wave
拉姆多尔矿☆ramdohrite
拉姆稍白云岩[T_2]☆Ramsau dolomite
(多型的)拉姆斯德尔标志法☆Ramsdell notation
拉姆斯登目镜☆Ramsden eyepiece{ocular}
拉纳克(阶)[欧;C_3]☆Lanarkian (stage)
拉尼娜现象☆La Nina
拉钮开关☆pull contact
拉培长石☆labratownite
拉坯成型☆(hand) throwing
拉坯轮车☆potter's wheel
拉平☆flatten out；fattening；datuming；level up；adequation；pool；make odds even；☆flare out[着陆前的]
拉平分布☆flattened distribution
拉平(的)剖面☆datumized section
拉普安特放射性矿物分选法[电子拣选]☆La Pointe process
拉普安特放射性矿物拣选机☆La Pointe picker
拉普拉斯点{站}☆Laplace point{station}
拉普拉斯角[月面]☆Cape Laplace
拉普蓝德石☆lapplandite
拉普沃思螺属[似软舌螺类;E_{1-2}]☆Lapworthella
拉起☆hike；draw{pick} up
拉起点[测井曲线上响应开始变化的点]☆pick up
拉钳☆draw vice；frog clamp；toggle
拉切割槽☆cut-off stoping
拉且尔鲢属[孔虫;P_2]☆Reichelina
拉入☆pull-in
拉塞尔-桑德斯状态☆Russell-Saunders state
拉塞尔型振动试验筛☆Russel screen shaker
拉桑普事件☆Laschamp event
拉森(岩石氧化物组分)变化图☆Larsen('s) variation diagram
拉森式前探钢桩☆Larsen's spile
拉森`型柱{筒状抗弯}桩☆Larsen's pile
拉沙煤[一种富含钙质的南斯拉夫煤]☆Rasa coal
拉蛇纹石☆labite
拉砷钙复铁石☆lazarenkonite
拉砷铜石☆lammerite
拉伸☆stretching；tensile pull{elongation}；tension；stretch (elongation)；extension；draw out；elongation due to tension；prolongation
拉伸变形☆draw-texturi(zi)ng；tensile buckling；stretch elongation{strain}；stretching{stretcher} strain；tensile strain{deformation}
拉伸变形丝☆draw textured yarn
拉伸变形喂入丝☆draw textured feed yarn
拉伸带☆tensile phase；Lengthening zone
拉伸的☆tensile；drawn
拉伸地堑☆tensional graben
拉伸工[井筒吊桶或抓斗]☆tagline man
拉伸机☆stretcher；tensioning machine
拉伸胶带☆paid-off belt
拉伸力☆tensile pull；extensional{stretching} force
拉伸率☆proportion of strain
拉伸面☆plane of stretching
拉伸破坏☆fail in tension；tensile fracture{failure}
拉伸强度☆peel{tensile;hot;pulling} strength；TS
拉伸屈服变形☆tensile yield strain
拉伸曲线☆load-extension{lengthening} curve
拉伸石墨化纤维☆stretch-graphitized fibre
拉伸外弧☆stretched outer arc
拉伸系☆Tonian
拉伸性☆stretchability
拉伸应变条纹☆stretcher strain
拉伸应力☆tensile{extensional;tension;stretching;drawing} stress；intensity of breaking；stress in tension
拉伸应力-应变特性(曲线)☆tensile stress-strain characteristics
拉伸组构定向{方位}☆stretching fabric orientation
拉绳☆pulling line{cable}；pull cable{rope}；cable brace；wire bracing；stay{anchor} rope；tow line
拉绳滚筒☆drag drum
拉绳卡子☆pulling. rope clamp
拉绳索☆tow
拉石棉☆palygorskite；lassallite
拉式里奥结晶律☆Lagorio's rule
拉氏贝属[腕;O-S]☆Rafinesquina
拉(格朗日)氏函数☆Lagrangian
拉氏流☆Lagrangian flow
拉氏螺属[古腹足目?;Є]☆Latouchella
拉手☆catch
拉斯顿煤炭分类(法)☆Ralston classification of coal
拉斯基轮藻(属)[E]☆Raskyella
拉斯克律☆Lasky law
拉丝☆fiber attenuation；wire(-)drawing；draw
拉丝池窑☆glass fiber drawing tank furnace
拉丝的☆stringy
拉丝法☆threading method
拉丝钢模☆whirtle
拉丝工艺位置☆geometry of bushing position
拉丝机☆drawbench；bench；bull block
拉丝卷筒☆block for drawing
拉丝炉☆fiber-drawing bushing{furnace}
拉丝炉变化器☆transformer for fiber-drawing furnace
拉丝炉温度自动控制☆automatic temperature control of fiber-drawing furnace
拉丝模☆wire-drawing die；wortle
拉丝速度☆attenuation
拉苏安玄岩☆alboranite
拉索☆drag line；bracing wire{cable}；guy{backstay} cable；back-stay；pull{standing} rope；backguy
拉索斗机☆cable drag scraper
拉索结构☆stayed structure
拉索器☆handler
拉索式人字起重机☆guy-derrick
拉索挖掘机抓斗☆drag-line bucket
拉锁(橡)皮(筒式)输(送)机☆zipper conveyor
拉条☆stay；(sway) brace；tierod；staddle；tension rod
拉铁丝☆bracing wire
拉托尔夫(期)[欧;E_3]☆Latdorfian；Lattorfian
拉脱维亚☆Latvia
拉文尼(阶)[北美;E_2]☆Ravenian
拉乌尔习性☆Raoultian behavior
拉希环☆Rasching-ring
拉细的☆necked
拉下☆haul down
拉线☆act as go-between；backguy；bracing{stretching} stay;guy;strain(ing);tightening} wire；withdrawing；jerk{tie} line；haulier
拉线地锚☆guy anchor
拉线(线)夹☆strain clamp
拉线开关☆pull{cord} switch；PS
拉线螺旋☆turn-buckle
拉线器☆come along；line stretcher
拉线钳☆wire draw tongs
拉线桩☆stay block；guy anchor
拉削☆broaching；broach
拉(力)斜撑☆tension diagonal
拉玄安山岩☆tholeiitic andesite
拉压传感器☆load cell
拉压等值交变应力☆stress alternating between tension and equal compression
拉延裂缝{隙}☆draw crack
拉曳☆trek
拉移电磁阀☆pull solenoid
拉引(式)信号开关☆signalling key of pull type
拉应变☆tension{tensile;stretching} strain
拉应力☆tensile{tension;tensional;pulling} stress；traction；stress in tension；strain
Laplace 拉应力☆Laplace tension stress
拉应力分量☆tensional stress component
拉闸☆switch out
拉(电)闸☆switch off
拉张☆pull-apart；tension；extension
拉张的海沟☆tensional trench
拉张断层☆tensional fault
拉张强度☆tensile strength
拉张运动☆extensional movement
拉直☆uncoil；adequation；stretch；line up
(管道)拉至钩上☆lowering on
拉制☆draw；drawing
拉制井段☆controlled interval
拉制器☆drawn tube
拉重器☆pull-jack
拉住☆hold on to；bar；pull；snub[用绳索]
拉住咬定大钳的柱☆back-up post
拉桩☆anchor
拉祖莫夫藻属[Z]☆Razumovskia
喇{拉}曼光谱☆Raman spectrum{Spectroscopy}；RS
喇曼光学活性☆Raman optical activity
喇曼-纳斯衍射☆Raman-Nath diffraction
喇叭☆horn；loud(-)speaker；trumpet；ls
喇叭(声)管☆trump；flare；fare tube
喇叭花状泉口☆upward-flaring{morning-glory} vent
喇叭角石[头]☆Lituites
喇叭角石式壳☆lituicone；lituiticone
喇叭角石属[头]☆Lituites
喇叭蕨属[D_3]☆Codonophyton
喇叭孔珊瑚(属)[O_1-P]☆Aulopora
喇叭口☆bell{horn} mouth；flare opening；funnel-shaped openings；hopper-shaped draw holes；trumpet end；mouthing；hydraucone；bellmouth；negative delta；socket[管子的]；BM
喇叭口式打捞筒☆horn socket
喇叭口形☆toroidal-intake；guide-vane
喇叭口形的☆belled；toroidal
喇叭螺属[腹;O-D]☆Salpingostoma
喇叭砂☆sand horn
喇叭珊瑚(属)[S_{2-3}]☆Kodonophyllum；Codonophyllum
喇叭鲢☆Codonofusiella
喇叭筒状☆trumpet-bell
喇叭形☆trumpet；flaring；salpingiform；splay；flared
喇叭形的☆buccinate trumpet
喇叭形{状}谷[冰川地形]☆trumpet valley
喇叭形管☆flare
喇叭藻属[褐藻;Q]☆Turbinaria
喇叭罩☆drogue

là

蜡☆cere；wax
蜡笔☆wax pencil
蜡饼☆patch；wax cake
蜡沉积☆wax deposit
蜡衬里的☆wax-lined
蜡处理☆paraffin treatment
蜡蛋白石[蜡黄或赭黄色的蛋白石;$SiO_2 \cdot nH_2O$]☆wax opal；pyrophane；harlequin opal
蜡的☆wxy；waxy
蜡的倾点☆wax pour point
蜡堵☆paraffin plugging{blockage}；rod wax
蜡分离器☆wax separator
蜡封☆wax seal
蜡封土样☆wax-sealed sample
蜡膏☆cerate
蜡光(泽)☆waxy luster
蜡光石☆rauite
蜡硅锰矿[$Mn_5(Si_4O_{10})(OH)_6$,含 MnO34%～52.65%;单斜]☆bementite[$Mn_8Si_6O_{15}(OH)_{10}$]；etropite；karyopilite；kariopilite；ektropite{ectropite}[$Mg_8(Si_2O_7)(Si_2O_3)_5 \cdot 5H_2O$]；caryopilite
蜡硅铀铅矿☆orlite
蜡果杨梅☆myrica
蜡过滤器☆wax filter
蜡含量☆wax content
蜡褐煤☆leucopetrite；leucop(e)trin；leukopetrit；leukopetrin
蜡基☆ceryl
蜡剂☆cerate
蜡痂☆cicatrix；cicatrice
蜡结晶☆wax crystallization
蜡晶结构☆wax-crystal structure
蜡晶体☆wax crystal
蜡-聚合物混合物☆wax-polymer blend
蜡岭石☆steargillite
蜡绿泥石☆miskeyite；pseudophite；potstone
蜡煤☆wax(y) coal；pyropissite；pyroschist；murindo
蜡蒙脱石[镁和碱金属的铝硅酸盐]☆steargillite
蜡模爆炸成型☆explosive wax forming
蜡模型☆wax model
蜡模铸造☆investment cast；hot investment casting；lost wax casting
蜡膜☆cere
蜡泥☆plasticine
蜡泥塑料☆plasticine；plasticene
蜡凝固点☆wax pour point
蜡球☆wax bead

L

蜡蛇纹石[$MgSiO_3$•1½H2O 到 $Mg_6Si_7O_{20}$•10H_2O]☆kerolite；cerolite；kerolith；Hydrosilicite；cereolite
α-蜡蛇纹石☆alpha-kerolith；alpha-cerolite
β-蜡蛇纹石[$Mg_6(Si_4O_{10})(OH)_8$]☆beta-cerolite；beta-kerolith
蜡石☆alabaster
蜡石(耐火)砖☆pyrophyllite fire brick
蜡酸☆cerotic{cerinic} acid；cerine；cerin
蜡燧石☆pressigny flint
蜡相☆wax phase
蜡压滤机☆was press
蜡页岩☆wax shale
蜡脂泥炭☆torch peat
蜡纸☆stencil (paper)；wax{paraffin} paper
(用)蜡纸印刷☆stencil
蜡制的☆waxen；wax
蜡质褐煤☆pyropissitic brown coal
蜡质煤☆paraffin coal
蜡质{树脂;树质}体☆wax resinite；cerinite；amorphous wax
蜡质油☆waxy oil
蜡烛☆glim；candle
蜡烛融化☆sweal
蜡状☆ceroid
蜡状的☆ceraceous；cereous；wxy；waxy
蜡状钙华☆wax-like travertine
蜡状光泽☆waxy luster
蜡状烃(类)☆napalite
蜡状物☆wax
腊肠(状)炸药☆sausage powder
腊肠状的☆allantoid
腊果属☆Cercocarpus
腊贾蕨属[P]☆Rajahia
腊玛古猿[印;$N_{1\sim2}$]☆Ramapithecus
腊石砖☆pyzophillite brick
腊线☆strum
辣海玛台☆laheimar
辣椒红☆hot pepper red

lái

莱波尔(水泥)回转窑☆Lepol kiln
莱布尼兹规则☆Leibnitz's rule
莱采贝属[腕;S-T]☆Retzia
莱茨杰利折射计☆Leitz-Jelley refractor
莱戴特[含苦味酸的高威力炸药]☆Lyddite
莱德伯里页岩☆Ledbury Shales
莱德{得}利基虫(属)[三叶;$Є_1$]☆Redlichia
莱迪科矿☆liddicoatite
莱第(阶)[欧;E_2]☆Auversian；Ledian
莱多尔特(双晶)律☆Leydolt law
莱河石☆ferrifayalite；laihunite
莱河矿[$Fe^{2+}Fe^{3+}_2(SiO_4)_2$;单斜]☆Laihunite
莱蕨孢属☆Leptolepidites
莱雷黏度计☆Laray viscometer
莱粒硅钙石☆reinhardbraunsite
莱鲁布万向接头☆Layrub universal joint
莱马石灰质砾岩☆lima limestone conglomerate
莱曼盆地理论☆Lehmann's through theory
莱蒙德-克拉卜理论[一种井斜理论]☆Raymond Knapp theory
莱蒙托娃虫属[三叶;$Є_1$]☆Lermontovia
莱蒙托娃藻属[Z]☆Lermontovaephycus
莱默里亚大陆☆Lemuria
莱纳陨铁☆lenartite
莱尼埃燧石层☆Rhynie Chert
莱普生(铀矿)☆lepersonnite
莱启型旋转钻机(可钻斜炮眼)☆Reichdrill
莱切斯特的少数种族城-亚洲人☆ethnicity-Asians in Leicester
莱丘式装罐系统☆Lecq decking system
莱塞☆laser；light amplification by stimulated emission of radiation
莱塞扫描[激光滤波]☆Laserscan；laser scanning
莱氏棒石[钙超;Q]☆Lecalia
莱氏虫☆Redlichia
莱氏虫类☆Redlichiacea
莱氏虫区☆Redlichia province
莱氏体☆ledeburite
莱氏藻属[K_2-E]☆Lejeunia
莱斯莫克火药☆Lesmok powder
莱索托☆Lesotho
莱钍钠硅石☆L'ekanite
莱万丁(期)[黑海里海区;晚 N_2]☆Levantinian
莱维分析☆Levy's analysis
莱文森递归算法☆Levinson recursion
莱肖姆型(螺旋式)压缩机☆Lysholm compressor
莱歇立式辊磨机☆Loesche vertical roller mill
莱阳层☆Laiyang formation
莱伊尔珊瑚属[S]☆Lyellia
莱茵地堑☆Rhinegraben；Rhine graben
莱茵裂谷形成☆rheinforming
莱茵石[材]☆rhinestone
莱茵斯压力监测系统☆Lynes pressure sentry
莱因☆lane
鹩奥鸟[三趾鸵鸟;南美]☆Rhea
来宾☆visitor
来处☆whence
来到☆appear
来访者☆caller；visitor
来复棒自动回转☆automatic rifle bar rotation
来复杆☆rifle(d) bar
来复杆驱动旋转的冲击式凿岩机☆rifle-bar rotated percussive drill
来复式收音机{接收机}☆reflex
来复条☆rifle
来复条的床面☆riffled table
来复线☆rifle
来富利风☆Refoli
来回☆reciprocation
来回调车☆jocklying back-and-forth
来回航程☆ply voyage
来回曲折放置岩芯的方法☆snake fashion
来回时间☆roundtrip time
来回行程☆round trip
来回行程循环☆round-trip cycle
来回摇动☆waggle
来回运动☆to-and-fro movement
来勒型湿式凿岩机☆water leyner
来历☆history；genesis
来临信号☆approaching signal
来龙去脉☆context
来烧尽的☆unburnt
来往☆intercourse
来往通道☆traffic way
来压☆weight；loading zone
来油管道☆upstream line
来源☆source；rootage；staple；root；origin；parentage；provenience
来源区☆provenance；source region；sourceland
来源物质☆source material；original source material
来自大气中的水☆meteoric water
来自后侧岩丘表面多次反射☆backswipe reflection
来自矿区富含磷块岩的矿石☆phosphate matrix from mine site
来自陆地的水☆land-derived water
来自南方(的)☆southerly
来自欧盟的资金☆funds from the EU
来自前侧的岩丘表面多次反射☆fores wipe reflection
来自水池的回用水☆reuse water from pond
来自水力旋流器给料仓☆from hydrocyclone feed bin
来自铁矿石混合车间的原料☆feed from iron ore blending plant
来自脱泥筛的给料☆feed from desliming screen
来自选厂的磁铁矿矿浆☆magnetite slurry from concentrator
来自一个地区的☆areal
来自原料准备车间栏杆☆from feed preparation section handrail(ing)
来自政府的资金☆funds from government
铼☆rhenium；Re
铼锇定年☆rhenium-osmium dating
铼矿☆rhenium ores
涞河矿☆ferrifayalite；laihunite

lài

赖氨酸☆lysine
赖百当☆labdanum；ladanum
赖毕迪蒂型磁选机☆Rapidity separator
赖戴{代}特炸药☆Lyddite
赖芳德表☆Lafond's tables
赖曼连续☆Lyman continuum
赖氏龙属[K]☆Lambeosaurus
赖氏石[钙超;K_2]☆Reinhardites
赖特-邓肯模型☆Lade-Duncan model
赖特目镜☆wright eyepiece
赖特双石英楔☆Wright biquartz wedge；Wright double combination wedge
赖托努型铲运机☆Le Tourneau Scraper
赖欣巴赫纹层☆Reichenbach's lamellae
赖欣斯坦-格里塞恩塔尔(双晶)律☆Reichenstein Grieserntal law
赖辛重介选煤法☆Lessing process

lán

栏杆☆guardrail
拦坝☆ponding
拦挡坝☆regulating dam
拦河坝☆barrage；dam across a river；(diversion dam；flood detention dam；lasher；impounding reservoir
拦河堤{堰}☆river weir
拦河砂☆bar
拦洪☆flood detention
拦洪坝☆flood-detention{retaining；regulating flood- control} dam；dam for holding back floodwater
拦洪水库☆detention reservoir{basin}
拦江沙浮标☆bar buoy
拦截☆intercept(ion)；catch(ing)；halting[目标的]；acquisition；interceptor[导弹]
拦截的水☆backwater
拦截湖☆dammed lake
拦截损失[植被对降雨]☆interception loss
拦门沙☆river mouth bar；bar；sandbar
拦门沙坝☆baymouth bar；bay barrier
拦门沙口☆bar draft
拦泥沙坑☆sediment trap
拦墙☆cut-off wall
拦砂阱{沙井}☆sand trap
拦砂墙☆shingle trap
拦沙☆trap
拦沙坝☆check{silt-trap} dam；groyne；check dam；groin；debris harrier
拦沙土低坝☆small check dam
拦石挡墙☆catch fence{wall}
拦水☆impound
拦水坝☆check{storage} dam
拦水淤地[新]☆colmatage
拦土堤☆soil saving dike
拦湾坝☆bay barrier
拦污栅☆screen
拦蓄☆impound
拦蓄水☆ponded{intercepted} water
拦腰断裂☆waisting crack
拦油栅☆oil boom
拦住☆trap
拦阻☆block；retention；impound；damming
蓝奥长石☆lazur-oligoclase；lazurfeldspar；lasur-oligoclase；lasurfeldspath
蓝白管土☆camstone
蓝白色金刚石[高级]☆jager
蓝白钻石☆blue-white
蓝宝石[Al_2O_3]☆sapphire；oriental sapphire；sapparite；saphire；lynx sapphire[斯里兰卡]；jacut；sapper；blue stone；seppare；(oriental) aquamarine；sappire；leucosapphire；sapphirus；sappare；salamstein；luminous star
蓝宝石钢丝圈☆sapphire traveller
蓝宝石连续复丝工艺☆multiple continuous sapphire filament process
蓝宝石上硅(薄膜)☆silicon on sapphire；SOS
蓝宝岩☆sap(p)hirine-rock
蓝本☆prototype
蓝变☆blue shift
蓝冰☆blue ice
蓝玻璃☆smalt
蓝伯特正形圆锥投影☆lambert conformal conic projection
蓝彩钠长石☆peristerite
蓝长石[$Na(AlSi_3O_8)$•3$Ca(Al_2Si_2O_8)$]☆blue feldspar
蓝脆(性)☆blue brittleness
蓝达夫里阶[S_1]☆Llandoverian；Valentian
蓝带☆blue band
蓝蛋白石☆blue opal；girasol
蓝地[金伯利岩未氧化部分]☆blue earth{ground}
蓝电气石[$(Na,Ca)(Mg,Al)_6(B_3Al_3Si_6(O,OH)_{30})$]☆blue tourmaline；indigolite；indicolite；Brazilian sapphire
蓝度(测定)计☆cyanometer

蓝矾[$CuSO_4•5H_2O$]☆blue vitriol；chalcanthite；cupric sulphate{sulfate}；copper sulfate；Roman vitriol[为蓝色并含有金属(如 Cu,Fe,Zn…)的硫酸盐类]
蓝方斑岩☆hauynophyre；melfite；hauynporphyr；haüynophyre
蓝方二长安山岩☆haüyne-latite
蓝方黑云霞(橄)玄岩☆wesselite
蓝方黄长黑碱煌岩☆haüyne-melitite damkjernite
蓝方黄长碱{霞}煌岩☆luhite
蓝方煌沸岩☆heptorite
蓝方榴辉白榴岩☆tavolatite
蓝方钠岩{石}☆alomite
蓝方闪(辉长)斑岩☆kassaite
蓝方石[$(Na,Ca)_{4\sim8}(AlSiO_4)_6(SO_4)_{1\sim2}$;$Na_6Ca_2(AlSiO_4)_6(SO_4)_2$; $(Na,Ca)_{4\sim8}Al_6Si_6(O,S)_{24}(SO_4,Cl)_{1\sim2}$;等轴]☆ hauyn(it)e；latialite；auina；lazialite；ajuin；napolite；haüyn(it)e；dolomian；sap(p)hirine；deodatite；deodalite；berzeline；marialite
蓝方石岩☆hauynolith；hauynolite；haüynolite
蓝方碳酸黄斑岩☆okaite
蓝方霞岩☆haüyne-nephelinite
蓝方响岩☆haüyne-phonolite
蓝方岩☆haüynite；hauynite
蓝方-黝方黑云霓辉岩☆haüyne-riedenite
蓝粉泥浆☆blue powder slurry
蓝氟{萤}石☆blue john
蓝刚玉☆indigosapphir
蓝高岭石[地开石与伊利石的混合物]☆alus(h)tite；miloschite
蓝高岭土☆alus(h)tite；alouchtite
蓝锆石[$ZrSiO_4$]☆starlite
蓝光石英[SiO_2]☆schiller quartz
蓝硅孔雀石☆traversoite
蓝硅镍镁石[$(Ni,Mg)_4(Si_4O_{10})(OH)_4$]☆karpinskite
蓝硅酸铜矿石☆neocianite
蓝硅铜矿[含有 CO_2 作为一种杂质的硅孔雀石]☆bogoslovskite；kupferblau；bogoslowskite
蓝黑镁铝石[$(Fe^{3+},Al)_2O_3•2(Mg,Fe^{2+})O•5H_2O$]☆mauritzite
蓝黑色☆blue black
蓝滑石☆blue talc
蓝黄煌岩☆bergalite
蓝黄霞煌岩☆luhite
蓝灰色的☆bluish-grey
蓝灰砂岩☆bluestone；blue stone
蓝辉镍矿☆kallilite
蓝辉铜矿[$Cu_{2-x}S$;Cu_9S_5;等轴]☆digenite；blue chalcocite；isometric chalcocite；neodigenite；α-chalcocite
蓝钾钙铜矿☆s(c)hubnikovite；choubnikovite
蓝角闪石类☆glaucamphiboles；blue amphibole
蓝金☆blue gold
蓝金沙[石]☆Palissandro Blue
蓝堇青石[$Al_3(Mg,Fe)_2(Si_5AlO_{18})$]☆water sapphire
蓝晶☆aquamarine
蓝晶石[$Al_2(SiO_4)O$;$Al_2O_3(SiO_2)$]☆kyanite；cyanite；disthene；zianite；pseudo-andalusite；sappar(it)e；talc blue；rh(a)etizite；blue talc；sapper；cianite；waerthite；rhatizit；rhadezite；munkrudite；kyanite disthene
蓝晶石白云母石英亚相☆kyanite-muscovite-quartz subfacies
蓝晶石-硅线石型相系☆kyanite-sillimanite type facies series
蓝晶石片岩相☆kyanite-schist facies
蓝晶岩☆kyanitite；disthenite
蓝晶云片岩☆disthene-mica schist
蓝韭闪石[$(Ca,Na)_{5/2}(Mg,Fe^{2+},Al)_5((Si,Al)_8O_{22})(OH)_2$]☆ glaucopargasite；glaukopargasite
蓝钧☆blue jun glaze
蓝孔雀石[$Cu_3(CO_3)_2(OH)_2$]☆azurmalachite；azure copper ore；blue malachite
蓝块萤石☆blue john
蓝拉长石☆microplakite；microphyllite
蓝磷灰石☆moroxite
蓝磷铝铁矿[$Fe^{2+}Al_2(PO_4)_2(OH)_2•6H_2O$;三斜]☆vauxite
蓝磷酸铝铜矿☆henwoodite
蓝磷铁矿[$Fe_3(PO_4)_2•8H_2O$]☆ang(e)lardite；vauxite
蓝磷铁石☆anglarlite
蓝磷铜矿[$Cu_3PO_4(OH)_3$;斜方]☆cornetite
蓝菱锌矿☆azulite
蓝领工人☆green labour；blue-collarite；blue-collar worker
蓝硫(矿)水[含小量悬浮或溶解状态硫化铁的矿泉水]☆blue sulfur water
蓝铝石[$(K,Na)Al_2(Si_2O_7)(OH)$]☆kyanophilite
蓝氯铜矿☆tallingite
蓝绿矾类☆chalcites
蓝绿色☆cyan；aquamarine (blue)；bluish green
蓝绿色的☆bluish-green
蓝绿色方解石☆cerulene
蓝绿藻☆Gloeocapsa；cyanophyceae；blue {-}green algae
蓝绿藻门{类}☆Cyanophyta
蓝麻[石;蓝花岗石]☆Blue Pearl
蓝霾☆blue haze
蓝煤气☆blue gas
蓝钼矿[钼的含水氧化物;$MoO_2•4MoO_3$;$Mo_3O_8•nH_2O$]☆ilsemannite；ilzemanite
蓝`泥{黏土}☆blue mud{clay}
蓝牛属☆nilgai；Boselaphus
蓝片岩☆blueschist；blue schist；glaucophane-schist
蓝片岩带☆blue schist belt；blue-schist zone
蓝球藻属☆Chroococcus
蓝球藻型的☆chroococcoid
蓝热☆blue heat
蓝色板岩☆bluish slate；shilver；shiver
蓝色方解石☆blue calcite
蓝色蒙特砂岩☆Blue Monday sand
蓝色信号射束☆blue beam
蓝色岩☆blue-cores
蓝色焰晕☆blue{firedamp;flame} cap；ghost
蓝色珍珠状正长石☆necronite；nekronit
蓝砂岩☆bluestone
蓝珊瑚目☆Coenothecalia
蓝山雀☆blue tit
蓝闪片岩☆glaucophane {-}schist
蓝闪片岩相☆glaucophane schist facies
蓝闪石[$Na_2(Mg,Fe^{2+})_3Al_2Si_8O_{22}(OH)_2$;单斜]☆glaucophan(it)e；gastaldite；magnesium{magnesian} glaucophane；glaukophan
蓝闪石类☆glaucamphibole；glaukamphihole
蓝闪石片岩相☆glaucophane-schist facies
蓝闪石型变质(作用)☆glaucophanitic metamorphism
蓝闪石-硬柱石片岩相☆glaucophane-lawsonite schist facies
蓝闪锌矿[$(Zn,Pb)S$]☆bluestone；kilmacooite
蓝闪岩☆glaucophanite
蓝闪云片岩☆glaucophane mica schist
蓝砷铜锌矿[$Zn_2Cu(AsO_4)_2$;三斜]☆stranskiite
蓝石☆bluestone；blue stone{vitriol}；chalcanthite
蓝石棉☆blue asbestos{ironstone}；crocidolite
蓝石蕊试纸☆blue litmus paper
蓝石英[SiO_2]☆sapphire quartz[含蓝石棉石英]；siderite；chalybite；azure quartz；lasurquarz
蓝水钒石☆lenoblite
蓝水硅铜石[$Cu_9Si_{10}O_{29}•11H_2O$;单斜]☆apachite
蓝水氯铜石[$Cu(OH,Cl)_2•2H_2O$;斜方]☆calumetite
蓝水锌矿☆blue calamine
蓝天法[股票买卖控制法]☆blue sky law
蓝铁矿[$Fe_3^{2+}(PO_4)_2•8H_2O$;单斜]☆vivianite；mullicite；glaucosiderite；native prussian blue；blue-iron earth；blue ochre；glaukosiderite；eisenphyllit；blue iron ore；eisenglimmer；eisenblau；wiwianit；blue ocher {ironstone}；native prussianblue；blue-iron stone；berthierite；anglarite；mullinit；vivianited glaucosiderite
蓝铁染骨化石☆odontolite
蓝铁石☆blue ocher；blue-iron stone
蓝铁土☆blue-iron earth
蓝铜矾[$Cu_4(SO_4)(OH)_6•2H_2O$;斜方]☆langite；chessy {azure} copper；bonattite；chessylite；azure{blue} spar；armenite；azurite；blue malachite；mountain blue
蓝铜矿[$Cu_3(CO_3)_2(OH)_2$;单斜]☆azurite；chessylite；blue malachite{copper;spar}；mountain blue；blue {azure} copper ore copper；azure spar{stone}；armenite；lazurite；kupferlasur；lasurite；lasur；blue malachite；chessy；blue carbonate of copper；indigocopper；azzurrita；Armenian stone[旧]；covelline；covellite
蓝铜硫[含铜约 62%]☆blue metal
蓝铜铝锑矿☆cyanophillite
蓝铜钠石[$Na_2Cu(CO_3)_2•3H_2O$;单斜]☆chalconatronite
蓝铜石☆Armenian stone[旧]
蓝透辉石[$CaMg(Si_2O_6)$]☆canaanite；canannite
蓝透闪石[$NaCa(Mg,Fe^{2+})_4AlSi_8O_{22}(OH)_2$;单斜]☆winchite；eckrite
蓝图☆blue print{base;line}；blueprint (drawing)；positive print；B/P；BP
蓝图纸☆(diazo erect image) blueprint paper
蓝土☆blue ground{soil}
蓝退火☆blue annealing
蓝位移☆blue shift
蓝硒铜{铜硒}矿[$CuSeO_3•2H_2O$;斜方]☆chalcomenite；klockmannite
蓝蚬属[双壳;K-Q]☆Corbicula
蓝线石[$AlB_8Si_3O_{19}(OH)$; $(Al,Fe)_7O_3(BO_3)(SiO_4)_3$; $Al_7(BO_3)(SiO_4)_3O_3$;斜方]☆ dumortierite
蓝芯片岩相☆kyanite schist facies
蓝锌锰矿[$(Zn,Mn)_7(CO_3)_2(OH)_{10}$]☆loseyite
蓝星☆blue star
蓝星蜜桃红[石]☆Rosa Peach
蓝焰信号☆blue flare
蓝萤石☆false sapphire；blue fluorite{john}
蓝柚木[石]☆Azu Imperial Peual
蓝油☆blue oil
蓝黝帘石☆tanjeloffite
蓝玉髓[SiO_2]☆azurchalcedony；azur(l)ite；sapphire quartz；sap(p)hirine；mekkastein
蓝云沸玄岩☆ghizite
蓝云霞玄岩☆wesselite
蓝藻☆Myxophyceae
蓝藻(植物)☆cyanophyte
蓝藻纲☆cyanophyceae；Myxophyceae；blue green algae
蓝(溪)藻黄素☆myxoxanthin
蓝藻颗粒体☆cyanophycin
蓝藻门☆Cyanophyta
蓝藻细菌☆cyanobacteria
蓝珍珠[石]☆Blue Pearl
蓝正长石☆lazurfeldspar
蓝柱石[$BeAlSiO_4(OH)$;单斜]☆euclase；euclasite
蓝锥矿[$BaTiSi_3O_9$;六方]☆benitoite；benitoide
蓝锥矿(晶)组☆benitoite type
蓝锥石☆benitoite
蓝棕属☆sabal
栏☆column[表格的]；bar；volume；pen
栏(架)☆hurdle
(运货车四周的)栏板☆rave
栏杆☆handrail；railing；rail；banister
栏杆支撑☆balustrade stay
栏式缘石☆barrier curb
栏栅☆boom
镧☆lanthanum；La；lanthanium
镧(族元素)☆lanthanide
镧独居石[$(La,Ce,Nd)PO_4$;单斜]☆monazite-(La)；monazite
镧钙铁钛矿☆loveringite
镧硅石☆lanthanocerite
镧火石玻璃☆lanthanum flint glass；LaF glass
镧矿☆lanthanum ore
镧冕玻璃☆lanthanum crown glass
镧石[$(La,Ce)_2(CO_3)_3•8H_2O$]☆lanthanite；carbocerine；karnasurtite；hydrolantanite；hydrolanthanite；hydrocerite；carbocerite
镧石元素☆lanthanide
镧铈年龄测定☆lanthanum-cerium dating
镧铈石☆lanthanocerite；cerite
镧系☆lanthanon；lanthanide series
镧系组合[稀土配分]☆assemblage of lanthanides
镧铀钛铁矿[$(La,Ce)(Y,U,Fe^{2+})(Ti,Fe^{3+})_{20}(O,OH)_{38}$;三方]☆davidite；ufertite；ferutite
篮☆basket
篮测法☆basket method
篮蛤属[双壳;J-Q]☆Corbula
篮式卡爪[打捞筒零件]☆basket grapple
篮蚬☆Corbicula
篮蚬式☆cyrenoid；corbiculoid
篮蚬式的[双壳]☆corbiculoid
篮蚬属[K_1-Q]☆Cyrena；Corbicula
篮形(线圈)☆basket
篮形填石坝☆basket dam
篮形注水泥套管鞋☆basket cementing shoe
篮形转子☆rotor basket
篮状抽子☆basket-type swab
篮状颗石☆calyptrolith；lopodolith
阑尾☆appendix [pl.-es;-ices]

阑尾的☆appendicular
(光)阑影斑☆diaphragm-spot
兰[导航、定位测量单位]☆lane
兰勃特方位等积投影☆Lambert azimuthal equal-area projection
兰勃特(辐射)律☆Lambert's law
兰勃特圆锥投影☆Lambert conic projection
兰布达牙形石属[C_1]☆Lambdagnathus
兰布顿型刮板装载机☆Lambton flight loader
兰代洛(统)[欧;O_2]☆Llandeilian
兰代洛板层和灰岩☆Llandeilo flags and limestone
兰代洛阶☆Llandeilian (stage)
兰代洛统[O_2]☆Llandeilo (series)[美]; Llandeilian (series) [欧]
兰{蓝}道矿[$NaMnZn_2(Ti,Fe^{3+})_6Ti_{12}O_{38}$;单斜、假三方]☆landauite
兰德(随机数)表☆Rand table
兰德代☆Randian
兰德洛统[欧;S_3]☆Ludlovian
兰登(阶)[欧;E_1]☆Landenian
兰迪尔式铁矿床☆Lahn-Dill type iron ores
兰甸期☆Landenian Age
兰多理论☆Landau
兰多维{弗}列{利;里}(统)[欧;S_1]☆Llandovery (series)
兰多维牙形石属[S_1]☆Llandoverygnathus
兰格费尔特型分选机☆Langerfield separator
兰格缪尔方程☆Langmuir equation
兰海阶☆Langhian stage
兰花☆orchids
兰花泥炭☆orchid peat
(岩力)兰金地压理论☆Rankine's theory
兰金(温)度数☆Rankine
兰金公式☆Rankine's formula
(岩力)兰金立柱破坏载荷计算式☆Rankine's formula
兰金土压力理论☆Rankine's earth pressure theory
兰金-休戈纽方程☆Rankine-Hugoniot equation
兰卡石☆rankachite
兰开`夏人{斯特王朝}(的)☆Lancastrian
兰开夏式火管锅炉☆Lancashire boiler
兰利{勒}[太阳辐射单位,Cal/cm^2]☆langley
兰米尔单分子层表面膜秤☆Langmuir trough
兰米尔吸附理论☆Langmuir theory
兰姆达定位系统☆lambda
兰姆问题[震]☆Lamb's problem
兰那克无线电空中导航及防撞系统☆Laminar Air Navigation and Anti-Collision System; Lanac
兰尼井☆Ranney{collector} well
兰尼岩☆llanite
兰诺(群)[美;An€]☆Llano
兰诺(里亚)地槽[美]☆Llanorian geosyncline
兰栖溪鏇属[孔虫;P_1]☆Lantschichites
兰乔拉布里阶☆Rancholabrean stage
兰乔拉布瑞亚动物群☆Rancholabrean fauns{fauna}
兰石棉矿床☆crocidolite-asbestos deposit
兰石英☆siderite
兰氏捻钢丝绳☆Lang-lay rope; rope of parallel wires
兰氏右向同向捻☆right lang lay
兰斯堡矿☆argental
兰婉贝属[腕;S-D_2]☆Levenea
兰维恩统[O_2]☆Llanvirn
兰维尔(阶)[欧;O_2]☆Llanvirnian
兰伟型肘形接头[钻孔转向器]☆Lant Wells Rnuckle joint
兰牙轮钻头☆three-cone bit
兰子球石[钙超;N_1-Q]☆Scyphosphaera

lǎn

揽☆clasp; hold; grasp; seize; take on
榄辉安粗岩☆absarokite
榄香精☆amyrin
罱泥船☆boat used in collecting river swage for fertilizer
罱泥积肥☆carry sludge from the riverbed to be used as fertilizer manure
懒猴属[Q]☆Loris
懒散☆slackness
缆☆rope; cable
缆车☆cable (railway) car; funicular; trolley
缆道☆cableway; track cable
缆渡☆cable ferry
缆(线)给放架盘☆feed reel
缆架式带式运输机☆rope frame conveyor{belt conveyor}
缆绞车☆cable winch
缆控调查{|回收}潜水器☆cable-controlled underwater research{|recovery} vehicle; CURV
缆绳☆wire rope; line
缆式测井☆wireline log
缆索☆cable (rope); thick rope; spring
缆索安全比☆cable safety ratio
缆索吊机☆slackline{tautline} cableway
缆索结构☆line structure
缆索铁道☆funicular
缆索下垂☆rope curve
缆索运输斗☆cable way bucket
缆芯☆conductor; cable core

làn

烂泥☆slush; mud; slosh; slime; ooze; mush
烂泥底☆foul bottom
烂泥坑☆muddy pit
烂泥砂☆loam sand
烂泥塘☆a muddy pond
烂砂[冶]☆loam
滥采☆gouging; coyoting; gopher; fossicking; careless working
滥采矿山☆wild mine
滥采砂矿☆barequear
滥伐林木☆deforestation
滥用☆abuse; overuse; misuse; misappropriation; misapplication

láng

琅玕☆balas ruby
琅乃尔钻铤☆monel drill collar
狼狈☆discomfiture
狼獾属[Q]☆glutton; Gulo
狼龙☆Lycosuchus
狼鳍{翅}鱼(属)[J_3]☆Lycoptera
狼尾藻☆Hyenia
狼星介属[K_1]☆Lycopterocypris
狼形兽属[似哺爬;P]☆Lycosuchus
狼牙☆wolf tooth
狼营(统)[北美;P_1]☆Wolfcampian
廊☆corridor
廊道☆mine gallery; covered way
(岩溶)廊道[波多黎各]☆zanjon
郎班型☆Langban-type
郎泊珊瑚属[O_2]☆Lambeophyllum
郎道理论☆Landau
郎格-库塔公式☆Runge-Kutta formula
郎格文方程☆Langevin's equation
郎格{氏}相机☆Lang camera; Lang's camera
郎胡二氏方程☆Rankine-Hugoniot equation
郎肯涡旋☆Rankine vortex
郎勒☆langley
郎茂探针☆Langmuir probe
郎梅德-亨德森(黄铁矿烧渣低温氯化浸出)法☆Longmaid-Henderson process
郎{朗}士德珊瑚型鳞板☆lonsdaleoid dissepiments
郎士德珊瑚属[C]☆Lonsdaleia
郎士德珊瑚型鳞板带☆lonsdaleoid dissepimentarium
郎士德星珊瑚属[C_3-P_1]☆Lonsdaleiastraea
郎氏定律☆Landolt's law
郎氏花珊瑚☆Lonsdaleia
郎氏土压说☆Rankine's theory of earth pressure
郎斯代尔矿☆lonsdaleite
郎窑☆Lang ware
郎窑红☆Lang-ware-red; Langyao red

lǎng

朗伯[亮度单位]☆lambert
朗伯地图投影北☆Lambert North
朗伯定律☆Lambert's law
朗伯珊瑚(属)[O_2]☆Lambeophyllum
朗伯-比尔{皮尔;比耳}定律☆Lambert- Beer's law
朗伯特氏余弦定律☆Lambert's cosine law
朗迪牙形石属[O_2-T]☆Roundya
朗厄[兰哲]兰(岛)☆langeland
朗读☆read
朗格矢量☆Runge vector
朗格维尔阶[O_3]☆Longvillian
朗吉藻(属)[蓝藻;D_2]☆Langiella
朗肯被动区☆passive Rankine zone
朗肯土压力理论☆Rankine's earth pressure theory
朗梅德汉德森提铜法☆Longmaid-Henderson process
朗明德系☆Longmyndian
朗莫尔吸附☆Langmuir adsorption
朗莫尔吸附说☆Langmuir theory
朗士德珊瑚型隔壁☆lonsdaleoid septum
朗士德珊瑚型鳞板带☆lonsdaleoid dissepimentarium
朗斯代尔石☆Lonsdaleite

làng

莨菪烷☆tropane
浪☆furlong; wave
浪成波痕☆wave ripple{mark}; aqueous oscillatio ripple mark
浪成波痕交错层理☆wave ripple cross-bedding; wave-ripple crossbedding
浪成层状冰堤[北极区]☆kaimoo
浪成堤☆rampart
浪成堤后池☆overwash pool
浪成地层☆undathem
浪成湖滨台地☆littoral shelf
浪成阶地☆built{wave-cut} terrace; wave built terrace
浪成崎岖面☆summit ground
浪成球☆sea ball
浪成三角洲☆storm{wave} delta
浪成水池☆beach pool
浪成水底地形☆undaform
浪成台地☆abraded platform
浪成纹理☆storm-surge lamination
浪成雪球☆slush ball
浪成浊(流沉)积☆undaturbidite
浪丁(阶)☆Ypresian; Londinian
浪动☆oscillation
浪费☆fool; dissipation; burn; waste; riot; loss
浪费的☆costly
浪高☆breaker height; wave elevation
浪海[月]☆Mare Undarum
浪痕☆wavemark; runlet; wave ripple; runnel; rundle
浪花☆(sea) spray; breaking of waves; breaking sea; breaks; the foam of breaking waves
浪花白[石]☆Spary White
浪花状图像☆sprayed picture
浪击☆surf beat
浪击深度☆breaking depth
浪基面☆wave base
浪积的☆wave-built
浪积{成}平台☆built{wave-built} platform
浪积沙矿☆beach berm
浪积扇☆washover fan{apron}
浪积滩台☆berm
浪尖☆crest
浪肩☆shoulder
浪阱☆wave trap
浪控三角洲☆wave-dominate(d) delta
浪力☆seaway force
浪力接头☆hydraulic coupling
浪流波痕☆wave-current ripple mark
浪面积☆wettability wetted area
浪凝土防御设施☆concrete fortification
浪生波痕☆wave-generated ripple
浪蚀☆wave erosion{cut;cutting}; (marine) abrasion; sea {-}cut; wet blasting; wave-cut; marine erosion
浪蚀岸☆weather shore
浪蚀岸线后退运动☆retrogradation
浪蚀滨线☆wave {-}etched shoreline
浪蚀残鼓丘[北爱]☆pladdy
浪蚀带☆unda
浪蚀的☆abrasive; wave-worn; wave-beaten
浪蚀(底)地形☆undaform
浪蚀洞☆nip; wave-cut notch
浪蚀洞上石檐☆visor
浪蚀陡崖滩☆scarp beach
浪蚀海滩☆wave-beaten beach
浪蚀基面深☆wave base{depth}
浪蚀基岩面☆abraded bedrock surface
浪蚀阶地☆cut{erosional;marine;abrasion} terrace; klip; wave cut terrace
浪蚀龛☆(wave-cut) notch
浪蚀台(地)☆beach{shore; high-water; wave(-cut); cut; abrasion;rock} platform; trottoir; wave-cut bench {plain;terrace}; erosion platform; strand flat; marine(-cut) bench; abrasion tableland; wave-cut terrace
浪蚀台滩☆platform beach
浪蚀物☆washing

浪蚀岩层☆undathem
浪蚀岩柱☆(marine) stack；rank；stac[硬火成岩形成]
浪式洗矿槽☆surf washer
浪刷☆awash
浪刷岩☆awash rock；swell
浪涛☆billows；swell
浪湾☆Sinus Aestuum
浪涌☆surge
浪涌电压记录器☆klydonograph
浪涌阻抗加载☆surge-impedance
浪云☆windrow{billow} cloud
浪泽红[石]☆Ranza Green

lāo

捞出☆bail out
(井内)捞出的砂样☆bailed (sand) sample
捞吊桶的捞钩☆latch jack
捞钩☆tool grab{extractor}
捞管器☆casing dog{catcher}；die nipple；tube extractor；tubing catcher；mandrel socket
捞管爪☆pipe grip
捞坑☆draging sump
捞锚☆grapnel
捞泥桶☆slush bucket
捞钎器☆pike
捞取公锥[钻探工具]☆tap catcher
捞取管☆fishing basket
捞取器☆extractor
捞砂☆sand pumping
捞砂阀件[让岩屑进入捞砂筒]☆candy bottoms
捞砂工☆bailer；bailing machine operator；sandman
捞砂筒打捞爪☆sand pump grab
捞砂井☆bailing well
捞砂绳卷筒架☆knuckle lost
捞砂天车☆bailer crown-block
捞砂筒☆(clean-out;conductor;sand) bailer；dipper；bailing bucket{tub(e)}；tubing drill；spoon；slush bucket；mud socket；sand bucket[清除岩屑用]
捞砂筒倒砂门☆bailer dump
捞砂筒`阀{凡尔}☆bailer{bailing} valve
捞砂筒阀球下突板☆dart
捞砂筒捞出物☆bailer dump
捞砂筒上的提环☆bailer bail
捞砂筒下(部)的活门☆bailer dart
捞砂筒下面带顶开板的球阀☆clapper
捞砂筒中砂样☆bailer sample
捞绳矛{钩}[绳式顿钻用]☆rope spear
捞绳锚钩☆wireline grapnel
捞绳抓钩[钢丝绳冲击式钻进]☆rope grab
捞桶☆bail
捞筒☆dipper；bucket；overshot with howl
捞挖输机☆dredging conveyor
捞网☆dredger
捞住落鱼☆engaging fish
捞抓(取上的)土样☆basket core
捞钻泥绞筒{车}☆bailing drum

láo

劳埃德船舶注册录☆Lloyd(')s Register of Shipping
劳埃德镜面效应☆Lloyd mirror effect
劳埃法☆Laue method
劳埃石[$Mn^{2+}Fe_2^{3+}(PO_4)_2(OH)_2 \cdot 8H_2O$;三斜]☆laueite
劳铵铁矾☆lonecreekite
劳丹脂☆labdanum；ladanum
劳动☆labo(u)r；lab；work
劳动安全卫生法☆law of labour safety and health
劳动定额☆work norm；production{work-piece} quota
劳动定额标准☆work quota standard
劳动管理☆labor-management
劳动力☆labo(u)r{work} force；man(-)power；labour；capacity for physical labour；able-bodied person
劳动力流动量☆labour{manpower} turnover
劳动量☆labor capacity；turnover；quantity of work
劳动密集型产业☆labour concentrated industry
劳动能力丧失☆disability
劳动强度☆labour intensity；laborious effort；intensity involved in the labour
劳动强度大的开采法☆labour-intensive method
劳动强度的相对水平☆performance efficiency
劳动条件☆labour condition；working conditions {environment}
劳动卫生☆industrial{occupational;labour} hygiene
劳动者☆labour；labor；laborer；lab
劳动组织☆job engineering；work organization
劳厄石☆laueite
劳厄图☆Laue diagram{photograph}
劳方☆labor
劳工外流☆brawn drain
劳克吴特型分选机☆Lockwood separator
劳拉克[远程精确导航系统]☆long-range accuracy system；lorac；lorac (long-range accuracy system)
劳兰[双曲线远程导航系统]☆loran；long-range navigation system
劳累☆toil；burden
劳累过分☆overwork
劳力☆labour
劳磷铁矿[$Fe_3^{2+}Fe_6^{3+}(PO_4)_4(OH)_{12}$;斜方]☆laubmannite
劳硫锑铅矿☆launayite
劳伦(群)[北美;AnЄ]☆Laurentian
劳伦-安加拉地块☆laurentian-Angara block
劳伦古(大)陆☆Laurentia
劳伦级数☆Laurent series
劳伦斯隧道钻巷机☆Lawrence tunnel-boring machine
劳伦兹-伯拉伊-克拉克方程[预测地下油、气黏度]☆Lohreng-Bray-Clark{L-B-C} equation
劳孟金☆raumonite
劳氏笔石属[O_1]☆Loganograptus
劳氏船舶年鉴☆Lloyd's Register of Shipping；LRS
劳氏效应☆Laue effect
劳梭鲢属[孔虫;P_2]☆Rauserella
劳维旁特色调计☆Lovibond tintometer
劳务成本☆cost of services
劳务费☆service charge{wages}；cost of service
劳亚古大陆☆Laurasia
劳资谈判工作☆deputation work
劳资协定☆labo(u)r agreement；labour contract
铹☆lawrencium；Lr
牢固☆hard；fastness；substance；firm；reliable
牢固顶板☆solid back
牢固固定☆positive anchoring
牢固结合☆mortice；mortise
牢固黏附☆rigid adherence
牢固性☆stability
牢可伟次树脂☆koeflachite；koflachite
牢配合☆tight fit
牢骚☆whine

lǎo

老采区☆old (man) workings；old mine workings old workings；old waste{works}
老成☆(continuous) ageing；aging
老成土[美土分类]☆ultisol；ustisol
(高地)老冲积层☆bhangar；bangar
老德里亚斯期[约 11500 年前]☆Older Dryas
(年)老的☆advanced
老第三纪☆old Tertiary；Pal(a)eogene period
老第三系☆Paleogene system
老顶☆main{upper} roof
老顶沉降压力☆periodic weight
老顶岩石☆main-roof rock
老顶周期来压☆periodic weighting of main roof
老废巷☆hollows
老坟砂岩☆oldbury stone
老钙华☆porcelainous travertine
老工作区☆old man{workings}；learies
老谷底☆strath
老灌区☆old irrigated area
老海冰☆pal(a)eocrystic ice
老巷道☆old roadway{working}
老红壤☆old red earth
老红砂岩[欧;D]☆old{ole} red sandstone；ORS
老红砂岩统[英;D]☆Old Red sandstone series
老虎口☆jaw breaker
老虎钳☆vice；vise；hand{bench} vice
老滑坡复活☆reactivation of ancient landslide
老化☆ag(e)ing；deterioration；degradation；senesce；maturing；become old；become outdated；secular variation；seasoning；burn in
老化脆性应变☆age embrittlement strain
老化的地壳☆aging crust
老化防止剂☆antiager
老化开裂☆season cracking
老化水样☆aged-water sample
老化现象☆catabiosis
老化形成的故障☆deterioration failure
老化岩芯☆aged core
老化周期☆digestion{aging} period
老黄土☆palaeo-loess
老火山颈☆pan
老价钱☆old term；O/T
老井大修☆old well worked over；OWWO
老井分析☆historical well analysis
老井封堵☆old well plugged back；OWPB
老井加深钻井☆old well drilling deeper；OWDD
老井再加深(钻井)☆old well drilling deeper；OWDD
老喀斯特☆old karst
老空水☆abandoned mine water
老矿工式琢型[宝石]☆old mine cut
老矿中拣矿者☆fossicker
老练☆tact
老练的☆knowing；sophisticated；veteran
老窿☆gob area；old working；goaf
老窿积水☆banos
老露天矿☆meand；meend
老模☆case mold
老泥炭☆older peat
老年的☆aged；old-aged；old
老年地形☆old form{topography}；topographic old age；aged{senile} topography；senesland
老年河☆senile river{stream}；old stream；old-river
老年湖☆old lake；oldlake
老年化☆astogeny
老年井孔☆ageing well
老年期☆senility；gerontic (stage)；old stage{age}；topographic age；senescence；stage of old age；period of decrepitude；old-age stage
老年土☆aged{senile;old} soil
老年医学☆gerontology
老年早期☆senescene；senescence phase
老驽马☆pelter
老炮眼☆existing perforation
老球接子属[三叶;$Є_3$-O_3]☆Geragnostus
老泉华堤☆embankment of old sinter
老人星☆Carina
老师☆teacher
老式板桩凿井法☆coffering
老式的☆antique；obsolete
老式竖井人员升降机☆man engine
老手☆hand-on；veteran
老鼠☆mice；mouse
老炭兽属[E_2-N]☆Anthracosenex
老塘☆goaf(ing)；gob；goave；mine goaf；waste (room)；old man{waste;working}；abandoned area {workings}；hollows；mined area
老塘侧☆goaf-side
老塘火灾{炭}☆gob fire
老塘水☆balsa；goaf{waste} water；gob water
老塘通水☆waste drainage；drainage of wastes
老塘中的巷道☆scouring
老一套☆stereotype
老土☆palaeo-clay
老围层☆outlier
老围岩☆butte temoin
老挝☆Laos
老朽支架☆dote timbering
老岩丘☆huerfano
老窑☆old working
老鹰红[石]☆Kola Red
老鹰桃木石☆Edel Mahogany
老油井☆old well；O.W.；OW
老油田☆maturing field
(在)老油田周边找油层☆trend play
老褶皱再生{活化}☆reactivation of old folds
老钻工☆oldtimer
铑☆rhodium；Rh
铑暗铱锇矿☆rhodic syserskite
铑铂矿☆rhodium (platinum)；rhodium-platinum；rhodic platinum
铑锇铱矿☆rhodic-osmiridium
铑金[(Au,Rh);含铑达 34%～43%的自然金]☆rhodium gold；rhodite；rhodita
铑矿☆rhodium ores
铑亮铱锇{锇铱}矿☆rhodic nevyanskite
铑钌硫砷铂矿☆Rh-sperrylite；platarsite
铑硫砷铂矿☆rhodian sperrylite{platarsite}
铑砷铂矿☆Rh-sperrylite
铑岩石☆rhodite；rhodium gold
铑自然铂{|铱}☆rhodian platinum{|iridium}

L

潦季{|期}☆flood season{|period}
姥鲛烷-植烷比率☆pristane/phytane ratio

lào

酪氨酸☆tyrosine
酪氨酸酶☆tyrosinase
酪胺☆tyramine
酪蛋白胶☆casein glue
酪朊{素}☆casein
酪素颗粒☆nib
烙画☆pyrograph
烙上☆burn into{in}
烙铁☆iron; flatiron; soldering bit{iron}; cautery
烙铁头☆bit
烙印☆burn; brand; sear
烙制☆poker
涝☆waterlogging
涝池☆fula; dub

lè

勒☆lux [pl.luces]; lx; lethargy[对数能量损失]
勒巴杉(属)☆Labachia
勒尔拿托型陨石☆lernatite
勒夫波☆Love{Q} wave; surface SH-wave
勒克司☆lux; lx; meter-candle
勒克斯{司}计☆luxmeter; light-intensity meter
勒马罗伊永磁性合金☆remalloy
勒拿(阶)[俄;Є$_1$]☆Lenian
勒拿螺属[软舌螺纲;Є-O]☆Lenatheca
勒纳效应☆Lenard effect
勒坡它登[化]☆leptaden
勒琴塔尔(双晶)律☆Lotschental law
勒让德函数☆Legendre function
勒塞洛伊德[一种绝缘纸皮的商标名]☆leatheroid
勒沙特列定律☆Le Chatelier's rule
勒氏鸟属[Q]☆Leguatia
勒索☆blackmail
勒特砷锌矿☆leiteite
勒夏特列-莫林(碱石灰烧结)法☆Le Chatelier-Morin process
勒辛型铀矿床☆Rossing-type uranium deposit
乐甫(勒夫)波☆Love{Q} wave; querwellen waves; surface SH-wave
乐甫(面)波☆Love surface wave; Querwellen wave; L wave
乐甫数☆Love's numbers
乐观的☆optimistic; sanguine
乐观估计☆optimistic estimate
乐观指标☆index of optimism
乐果[虫剂]☆rogor
乐力平衡☆pressure balance
乐平角石属[头;P]☆Lopingoceras
乐平煤☆Loping coal; lopite; lopingite
乐平统☆Lopingian; Loping series
乐平羊齿属[C_3]☆Lopinopteris
乐事☆amenity; gas
乐斯特风☆leste
乐意☆alacrity; grace

lēi

勒脚层☆base course

léi

雷☆thunder; lightning
雷昂角石属[头]☆Rayonnoceras
雷奥坦电阻铜合金☆rheostan
雷巴风☆Rebat
雷保☆rabal
雷暴☆thunderstorm; electrical storm; snowstorm
雷暴云泡☆thunderstorm cell
雷爆气☆fulminating gas
雷飑{台}☆thundersquall
雷别卡[定位系统]☆Rebecca
雷波约暴☆Reboyo
雷达☆radar; radiolocator; radio detection and ranging; radio detecting and ranging
雷达安全信标☆radar safety beacon
雷达标索☆rope
雷达波源信号重叠(测定)法☆source signature deconvolution
雷达测风☆radio wind sounding; rawin
雷达测风仪☆radarsonde
雷达测迹线法☆traversing
雷达测距方程☆radar range equation
雷达测量(学)☆radargrammetry
雷达差分干涉测量☆differential interferometric synthetic aperture radar; DinSAR
雷达成像带☆radar strip
雷达导航☆radar navigation{pilotage}; radan
雷达地形显示图☆radar mapping
雷达反射时间间隔☆radar reflection interval
(一种)雷达干扰寻觅{探测}器☆maccabaw; maccoboy; maccaboy
雷达干扰装置☆antiradar device
雷达涵容☆radar volume
雷达解析预测☆analytic(al) radar prediction
雷达进场控制☆radar approach control; RAPCON
雷达警戒网☆fence
雷达静区☆shadow
雷达瞄准的高射炮☆skysweeper
雷达目标☆radar target; obstacle
雷达屏幕上的图像☆blip
雷达屏幕上目标的急速移动☆scintillation
雷达平台☆Texas tower
雷达摄影☆radarscope photograph; radar imagery
雷达手☆mickey
雷达天线☆ga(u)ntry; radar antenna; headlight[机翼]
雷达透视☆radar {-}transparency
雷达图像位移{折叠}☆layover
雷达网☆chain
雷达微波技术☆radar microwave technique
雷达显示器上显形☆paint
雷达信标☆racon; radar beacon
(有传动装置的)雷达信标☆hayrack
雷达旋转反射器☆rotoflector
雷达引导进场控制装置☆rapcon
雷达有效感测范围☆radar coverage
雷达侦察☆interception
雷德机制[弹性回跳说]☆Reid mechanism [elastic-rebound theory]
雷德金刚石砂矿成因模式☆Reid's diamond placer origin model
雷德勒型运输机☆Redler conveyor
雷德伍德黏滞系数☆Redwood number
雷德蒸气压力测试仪☆Reid vapor test gauge
雷得康管[一种具有障栅的信息存储管]☆radechon
雷迪奥尔法☆Radiore method
雷狄斯定位系统☆radio distance; radist
雷蒂亚(阶)[209.6～205.7Ma;T_3]☆Raetia (stage)
雷第斯特[雷达测距系统]☆DM Raydist
雷电☆lightning
雷电仪{计}☆ceraunograph
雷东(阶)[欧;N_2]☆Redonian
雷恩[英制动力黏度单位]☆reyn
雷耳[声学单位]☆rayl
雷菲克石☆befikite; reficit(e); refikite
雷粉(汞)☆fulminate; fulminate of mercury
雷夫斯达图☆Refsdal diagram
雷格☆reg; reg gravel desert
雷格尔顶板沥青涂层☆Regal Roof coat
雷公墨☆tektite; tectite; schonit
雷汞[$HgC_2N_2O_2$; $(CNO)_2Hg$]☆fulminate of mercury; mercuric{mercury} fulminate; fulminating mercury; fulminate
雷(酸)汞☆fulminate of mercury
雷汞导火线{爆索}☆fulminate fuse
雷汞氯酸钾爆粉☆fulminate-chlorate powder
雷汞氯酸钾混合起爆药☆fulminate chlorate
雷汞炸药☆fulminating explosive; percussion powder
雷管☆(detonating;fuse;tube) cap; detonator; (blasting) fuse; detonate-tube; (shot) exploder; destructor; capsule; primer (cap;blasting;igniting); fulminating {percussion;blasting;blaster;percussive} cap; auget; trigger; augette; detonate{priming} tube; detector; igniting primer percussion cap; det.
雷管包☆priming charge
雷管不起爆性☆capinsensitivity; noncapsensitivity
雷管迟发标号☆delay tag number
雷管导火线固定器[防止爆炸时喷出井外的]☆catcher
雷管导线☆detonator lead; (blasting-)cap wire
雷管的☆capsular
雷管电阻☆resistance of detonator
雷管封口器☆cap crimper
雷管感度的☆cap-sensitive
雷管加工室☆capping station
雷管夹剪的尖柄☆crimper pointed handle
雷管夹钳☆crimping plier
雷管脚线☆cap leads; detonator (leading) wire; electric detonator cable; leg wires
雷管壳夹钳☆blasting cap crimper
雷管起爆☆brisant initiation
雷管起爆部分☆base charge
雷管起爆药包{卷}☆primer cartridge
雷管卡口器☆cap crimper
雷管钳☆(cap) crimper; crimping tool; detonator crimper; hand crimping pliers
雷管钳的尖柄☆crimper pointed handle
雷管上装导火线☆capping
雷管头☆nose cap
雷管线☆cordeau
雷管药包☆base{priming} charge
雷管药卷的制作☆primer making
雷管引线绝缘套☆connecting{jointing} sleeve
雷管砧铁☆anvil
雷管装接{置}机[与导火线连接]☆fuse-capping machine
雷光电石☆anything that vanishes in a flash
雷击☆bolt
雷击电涌☆lightning surge
雷击图☆keraunograph; ceraunograph
雷基式(泥浆)冲击钻进法☆Raky system
雷金石英岩☆Wrekin quartzite
雷康☆radar beacon; racon
雷壳☆mine case
雷克鲍尔矿☆rijkeboerite
雷克子波☆Ricker wavelet
雷克子波型滤波器☆Ricker wavelet type filter
雷利兹(阶)[北美;N_1]☆Relizian (stage)
雷龙(属)[J]☆Brontosaurus; Apatosaurus
雷马克式铅锌矿床☆Remac-type lend-zinc deposit
雷曼不连续面☆Lehmann discontinuity
雷曼盆地理论☆Lehmann's trough theory
雷帽☆fulminating cap
雷蒙德低{|高}缘式辊磨机☆Raymond low{|high}-side roller mill
雷蒙德活动叶片式离心风力分级机☆Raymond whizzer classifier
雷蒙德五辊式磨机☆Raymond five-roll mill
雷蒙德现场灌注混凝土桩☆Raymond cast-in-place concrete piles
雷蒙德桩☆Raymond pile
雷蒙型(冲击式)磨机☆Raymond impact mill
雷米样板{解释}曲线{图版}☆Ramey type curves
雷鸣(似)的☆thundering
雷默温度☆Reaumur scale
雷姆☆rem
雷奈得公式[法;输气管线摩擦系数计算式]☆Renouard formula
雷瑙尔特蕨属[C_2]☆Renaultia
雷内式掏槽☆Leyner cut
雷内型双耳式钎尾☆Leyner shank
雷内英格索尔型湿式凿岩机☆Leyner-Ingersoll drill
雷尼虫属[D_2]☆Rhyniella
雷尼蕨(属)☆Rhynia
雷尿酸盐[(C:NOM)$_3$]☆fulminurate
雷镍叶蛇纹岩☆revdanskite; rewdanskit
雷诺临界速度☆Reynold(s') critical velocity
雷诺模型律☆Reynold(s') model law
雷诺式掏槽☆Leyner cut
雷诺(系)数☆Reynold(s') number{criterion}; NR; R.N.; Re
雷诺型架式风钻☆Leyner
雷诺应力☆eddy{Reynolds;turbulent} stress
雷诺准则☆Reynold(s') criterion
雷诺阻力公式☆Reynolds resistance formula
雷佩蒂(阶)[北美;N_2]☆Repettian (stage)
雷普[电离辐射剂量]☆rep
雷普顿数☆Lepton number
雷赛兽属{龙}[似哺爬;P]☆Lycaenops
雷射☆laser
雷声☆thundering
雷石☆thunderstone; thunderbolt
雷士贝(属)[腕;S]☆Resserella
雷士虫属[三叶;Є$_1$]☆Resserops
雷氏孢属[C_2]☆Remysporites
雷氏虫☆redlichia
雷氏螺属[腹;K]☆Remera
雷氏(黏度)秒数☆Redwood seconds; R"
雷氏黏度☆Redwood number

L

雷氏数☆Redwood number
雷氏鱼(属)[T]☆Redfieldia
雷兽☆Brontotherium
雷兽动物☆chalicothere
雷兽科{类}☆Brontotheres
雷兽属☆Titanotherium
雷水硅钠石☆revdite
雷送☆radiosonde
雷送变接器☆radiosonde commutator
雷送雷文系☆radiosonde-radiowind system
雷酸[C=N•OH]☆fulminic acid
雷酸汞☆mercuric fulminate；fulminate of mercury
雷酸胶☆blasting gelatine
雷酸铜☆copper fulminate
雷酸盐[$HgC_2N_2O_2$]☆fulminate
雷酸银[$(CNO)_2Ag$]☆silver fulminate
雷琐酚{锌}☆resorcinol；resorcin
雷琐辛[$C_6H_4(OH)_2$]☆resorcin
雷套壳夹钳☆blasting cap crimpes
雷特格氏变形杆菌☆Proteus rettgeri
雷通管☆Raysister
雷威西系☆Lewisian system
雷维尔斯托克陨石降落☆Revelstoke fail
雷文☆rawin
雷文送☆rawinsonde
雷夏巴风☆reshabar
雷啸☆whistler
雷啸记录☆sonogram
雷音声☆thunder
雷(酸)银☆silver fulminate；fulminating silver；fulminate of silver
雷雨☆excessive rain；thunderstorm
雷雨(记录器)☆Brontograph
雷雨干扰{杂波}☆thunderstorm static
雷雨仪☆Brontograph
雷雨云☆thundercloud
雷雨云顶☆thunderhead
雷阵雨☆thunder shower
累赘☆redundance；redundancy
镭☆radium；Ra
镭 A[RaA,钋的同位素 218Po]☆radium A
镭 B{|D|G}[Ra`B{|D|G},铅的同位素 214{|210|206}Pb]☆radium B{|D|G}
镭 C[RaC,铋的同位素 214Bi]☆radium C
镭当量☆radium equivalent
镭地质年代学☆radium geochronology
镭(发{磷})光☆radium luminescence
镭年代测定☆radium dating
镭-铍中子源☆radium-beryllium neutron source
镭铅[镭 G,RaG 铅的同位素 206Pb]☆radium lead
镭射气☆radon；radium emanation；radio-emanation；niton
镭系☆radium series{family}
镭盐☆radium salt
镭萤石☆radiofluorite
镭重晶石☆hokutolite
镭族☆radium series

lěi

蕾形轮藻(属)[$D_{2\sim3}$]☆Chovanella
磊石岸☆stony{shingly} shore
累层群☆complex
累乘异常☆multiplicative anomaly
累带构造☆oscillatory zoning
累带状构造☆cumulate banded structure
累范特风[地中海上的强烈东风]☆llevantades；l(l)evante；levant(er)
累积☆cumulation；accumulation；accumulate；store；storage；stack；cumul-
累积百分频率☆cumulative percent frequency
累积采出油量☆cumulative oil recovered
累积产量-时间关系(曲线)☆cumulative production-time relationship
累积产烃量☆cumulative hydrocarbon production
累积充填矿脉☆accretion vein
累积出量☆cumulative yield
累积电荷☆stored charge
累积对数曲线图☆cumulative log diagram
累积方差图法☆accumulation variograph
累积辐射☆built-up radiation
累积估计☆accumulative estimation
累积火山☆cum(u)lo-volcano
(冰川的)累积季节[累积大于消融]☆winter season
累积接尘量☆cumulative dust valve
累积孔隙度百分数☆cumulative porosity percentage
累积亏空☆cumulative voidage
累积拉伸{长}☆accumulated elongation
累积量☆semi-invariant；cumulant
累积脉冲☆pile-up pulse
累积谱☆cumulant spectral
累积起因的密德尔模型☆Myrdal's model of cumulative causation
累积气体流入量☆cumulative gas influx
累积强度☆integrated{integral} intensity
累积穹丘☆cumulo-dome
累积屈服曲线☆cumulative yield curve
累积热量器☆thermo-integrator
累积式淘汰盘☆building buddle
累积数字频率☆cumulative number frequency
累积油气产量☆cumulative hydrocarbon production
累积值曲线☆cumulative distribution curve
累积质{重}量百分比为 10%的(点对应的)砂粒尺寸[在筛析曲线中]☆ten percentile sand size
累积质量百分比为 50%的砂粒直径☆fifty percentile size
累积质量为 10%对应的颗粒直径☆10 percentile diameter
(筛析曲线上)累积质量 50%点☆50 percentile point
累积主伸长{拉伸}☆accumulated principal elongation
累积注气量☆cumulative gas injection volume
累积自然采油量☆cumulative physical recovery
累计☆accumulative{grand} total；add up
累计百分数图表☆cumulative percentage diagram
累计产水量曲线☆cumulative yield curve
累计存罐采油量☆cumulative stock tank oil recovery
累计的☆cumulative；cum；ultimate
累计分配(率)☆cumulated distribution
累计计数☆totalized counts
累计(注入)空气-水比☆ratio of cumulative air to water injected
累计亏空☆accumulated deficit
累计实际回采率☆cumulative physical recovery
累计时间预置值☆accumulation time preset value
累计式天平☆integrating scale
累计损耗☆stack loss
累计土壤粒(度)曲线☆soil grain size accumulation curve
累计脱出气量☆cumulative gas evolved
累计物理开采量☆cumulative physical recovery
累计仪器☆integrating instrument
累加☆accumulation；summation；cumulation
累加平均☆progressive mean{average}
累加器☆accumulator (register)；totalizer；store；cumulator；totaliser；sum accumulator；ACC.
累加误差☆accumulative error
累加指数☆additive index
累进变形(作用)☆incremental deformation
累进律☆progression rule
累进性沉降{陷}☆progressive settlement
累纳德统☆Leonardian
累斯太风[北非一种干热风]☆leste
累托石 [$(K,Na)_x(Al_2(Al_xSi_{4-x}O_{10})(OH)_2)\bullet 4H_2O$] ☆rectorite；allevardite；deriberite；tab(u)lite；caillerite
累韦{拉维}切风[欧南部焚风]☆leveche
垒☆ramparts
垒道[炮台上架炮的]☆terreplein
垒断块☆horst block
垒块模型☆multibloc model
垒木垛☆penning
垒木围堰☆brib cofferdam
垒石垛墙☆dummy packing
垒石墙☆pack wall
垒瓦构造☆imbricate structure

lèi

肋☆rib[生]；costa [pl.-e]；riblet
肋板[龟背甲]☆stiffener；costal shield{plate}
肋笔石(属)[O_3]☆Pleurograptus
肋部☆pleura；side lobe
肋材☆timber
肋材构架☆ribbing
肋肠目☆Pleuroccela；Tectibranchia(ta)
肋刺☆pleural spine[三叶]；pleuracanths；costa[苔虫; pl.-e]
肋刺目☆Pleuracanthodii
肋刺鲨(属)[C-P]☆Pleuracanthus
肋刺鲨类☆pleuracanth sharks
肋刺鱼类☆pleuracanthodii
肋盾[龟背甲]☆costal acute
肋房贝属[腕;S_2]☆Pleurodium
肋腹☆latus
肋拱☆rib{ribbed} arch
肋沟[三叶]☆pleural furrow
肋骨☆(sternal) rib；os costale；costa[解]
肋骨式捞砂筒☆rib-type bailer
肋骨小头☆capitulum
(船)肋骨样板☆frame set
肋管☆ell
肋辊☆ribbed roll
肋海螂属[双壳;T-K]☆Pleuromya
肋海林檎属[棘;O]☆Pleurocystites
肋海扇属[双壳;T]☆Pleuropectites
肋横突孔☆foramen costotransversarium
肋棘鱼☆Pleuracanthus
肋脊☆transverse{pleural} rib
肋间的☆intercostal
肋间沟☆rib furrow
肋角☆angle of rib；pleural angle；angulus costae
肋节☆epimera；pleura[三叶;pl.-e]；pleuron [pl.-ra]
肋节后部☆posterior pleural band
肋颈☆collum costae
肋颈干☆truncus costocervicalis
肋颈静脉☆vena costocervicalis
肋壳节石属[竹节石;D]☆Striatostyliolina
肋宽☆rib width
肋梁☆ribbon strip
肋鳞鱼属[T]☆Peltopleurus
肋龙☆Sauropleura
肋木☆Pleuromeia；stall bars
肋片管☆extended surface tube
肋片式燃烧室☆ribbed combustion chamber
肋瓢蛤属[双壳;P]☆Stutchburia
肋饰蛤属[双壳;C-T]☆Permophorus
肋条衬里☆rib lining
肋条藻属[Q]☆Pleurotaenium
肋铁☆rib metal
肋头关节☆articulatio capituli
肋弯[三叶]☆fulcrum [pl.fulcra]
肋纹孢属[K-E]☆Cicatricososporites
肋线贝☆Pleurodium
肋线纹粉[孢;上 Pz-下 Mz]☆Striatiti
肋形板衬里☆ribbed liner{lining}；ribbed-plate lining
肋叶[三叶]☆pleural lobe
肋鹦鹉螺(属)[头;C-T]☆Pleuronautilus
肋榆粉属[孢]☆Ulmoideipites
肋状的排列☆ribbing
肋状沟☆ribbed groove
肋状卵石横脊[河谷中]☆transverse rib
肋状突起☆rib
肋状向斜☆carinate syncline
肋椎关节☆articulatio costovextebralis
类☆group；family；kind；genus；category；race；class；species；realm；stamp；turma[孢粉分级]；type[矿物分类]；gr；dvi-；quasi-
类半金线虫属[孔虫;P]☆Hemigordiopsis
类贝莱蛤(属)[双壳;T-J]☆Bakevelloides
类比☆analog；analogue；analogy
类比法☆analogy method；synectics
类比分析☆analogy analysis
类边缘性地热资源[开发费用 1～2 倍于常规能源的地热资源]☆paramarginal geothermal resources
类别☆category；classification；sort；nature
类冰碛物☆paratill；tilloid
类冰碛岩☆paratillite；tilloid
类层序☆sub-sequence；subsequence
类长石☆felspathoid
类长石岩☆feldspathoidites
类带螺属[腹;E-Q]☆Zonitoides
类代表值☆class mark
类单蕨☆Danaeopsis
类单萜类☆monoterpenoid
类蛋白(质)☆proteinoid
类的☆generic
类等心蛤属[双壳;T_3]☆Isocardioides
类低共熔体(的)☆eutectoid
类地行星☆terrestrial{earth-like} planet
类地震的☆anaseismic
类淀粉物☆amyloid
类叠层石构造☆stromatolite-like structure

类毒素☆toxoid
类多型☆polytypoid
类二维剖面{测线}☆pseudo-2-D profile
类方差图☆cluster variogram
类分划{割}☆cluster partition
类封印木(属)☆Sigillariopsis
类辐射的☆radiomimetic
类复理层{石}☆flyschoid
类复理石建造☆flyschoid formation
类钙钛矿型化合物☆perovskite-like compound
类各向同性☆quasi-isotropy
类沟蠕虫迹[遗石]☆Taphrhelminthopsis
类构体☆isomeride
类鼓丘☆drumloid
类固醇☆steroid; steride
类固醇的☆steroidal
类观音座莲☆Marattiopsis
类硅华的☆sinterlike
类铪[104 号元素,人造,𬬻]☆ekahafnium
类海洋的☆paraoceanic
类海枣叶☆Phoenicopsis
类横波☆quasi-transverse wave
类红土☆lateritoid
类胡萝卜素☆carotenoid; carotinoid
类花岗岩物质☆granite-like material
类花蛤属[双壳;J_3]☆Astartoides
类花介属[E_2-Q]☆Cytherissa
类(源)化石结构☆coprogenic fossitexture
类火山爆发☆phreatic explosion
类火山的☆paravolcanic
类几丁质的☆chitinoid
类碱☆basoid
类箭石☆Belemnoid
类间歇(喷)泉☆geyserlike spring; pseudogeyser
类礁岩石☆reefoid rock
类胶物质☆gemlike material
类酵母菌☆yeast-like fungi
类酵母属[真菌;Q]☆Saccharomycodes
类阶地泉华坪☆terracelike sinter flat
类结晶的☆paracrystalline; poorly crystalline
类结晶岩☆paracrystalline rock
类金粉蕨(属)☆Onychiopsis
类金刚石(型)结构☆adamantine structure
类金毛狗孢属[K_1]☆Cibotiumidites
类金属(的)☆metalloid; submetallic
类茎刺藻属[红藻;Q]☆Caulacanthus
类晶体☆paracrystal
类镜煤☆provitrain; provitrite
类镜质(煤亚组)☆provitrinite
类矿物☆mineraloid
类棱角(菊)石属[头;D_{1-2}]☆Mimagoniatites
类砾岩{石}☆conglomeratic mudstone; paraglomerate
类裂叶蕨(属)[K_1]☆Schizaeopsis
类磷铁锰矿☆ficinite
类鳞木☆Lepidodendropsis
类绫衣蛤属[双壳;T_3]☆Ledoides
类卤基{类}☆halogenoid
类陆壳☆quasi-continental crust
类满江红蕨属[K_2-E]☆Azollopsis
类名☆group name
类木行星☆Jovian{major} planet
类木质(部)的☆xyloid
类目☆category
类内卷虫属[孔虫;C-P]☆Endothyranopsis
类内因子☆within-group factors
类泥栖生物☆peloid
类尼安德特人☆Neanderthaloid
类拟物☆analog; analogue; similitude
类凝胶☆gellike
类频率☆quefrency
类氢原子☆hydrogen-like atom
类球粒☆spheruloid
类球体☆spheroid
类泉华沉积物☆geyserite-like sediment
类群趋势☆group trend
类人猿(类)☆ape; anthropoid (ape); pongo
类人猿属☆Anthropopithecus
类三角蚌(属)[双壳;K]☆Trigonioides
类三叶虫☆Trilobitoidea
类沙蚕迹[遗石;Є-P]☆Nereite
类神经器件☆Neuristor
类石棉☆asbestoid
类石英☆quartzoid
类石油☆ancestral petroleum
类石油(碳氢化合物)☆petroleum-like hydrocarbon
类时☆time-like
类水硫岩☆paratillite
类似☆analogy; resemble; ana-; be analogous to; be similar to; symplesiomorphy; homology; portrait; propinquity; paral(l)elism; parity
类似的☆homologous; quasi; akin to; analogous; similar; parallel; mimetic
类似定向☆like-orientation
类似黄铜的合金片☆lattin; latten
类似属☆genomorph
类似物☆synonym; analogue; analog
类似行星的物体☆planetoid
类似岩石☆allied rock
类似陨石球粒的球粒☆chondrule-like spherule
类似藻的☆algal
类似针形☆needle-like
类特提斯☆Paratethys
类萜☆terpenoid
类铁线蕨属[J_3-K_1]☆Adiantopteris
类同☆affinity
类推☆analogy; analogize
类推方法{程序}☆analogy procedure
类网粒藻属☆Dictyococcites
类位相☆saphe
类纹层☆laminoid
类析机☆classifier
类矽卡岩☆skarnoid
类峡湾☆fohrde [pl.-den]; forde
类星介属[K_2]☆Talicypris
类星体☆quasi-stellar object; quasar
类星星系☆irtron
类型☆category; type; design; patterns; typo-; stamp; species; shape; portrait
类型代号☆code number
类型的☆typologic; typal
类型未分矿石☆type-undivided ore
类型学☆typology
类型学的☆typologic
类行星伴星☆planetary companion
类亚目☆Alcyonaria; Octocorallia
类洋壳☆quasi-oceanic crust
类阳离子☆cationoid
类叶红素☆carotenoid; carotinoid
类叶绿色素☆chlorinoid pigment
类异戊二烯☆isoprenoid
类银杏☆Ginkgoidium
类月海[月面]☆thalassoid
类藻迹☆Phycodes
类褶蛤属[双壳;T]☆Heminajas
类脂☆lipoid; lipin
类脂化合物相关的化合物☆lipid-related compound
类脂体☆mixtinite
类脂物☆lipidal matter; lipid
类脂(化合)物☆lipoid; lipin; lipid(e)
类脂质型干酪根☆liptinite kerogen
类脂组{质}☆liptinite
类织纹螺属[N-Q]☆Nassaria
类质多象☆isopolymorphism
类质多象体☆isopolymorph
类质二象☆isodimorph; double isomorphism; isodimorphism
类质二象体☆isodimorph
类质三象☆triple isomorphism; isotrimorphism
类质三象(体)☆isotrimorph
类质同象☆isomorph(ism); allomerism
类质同象层☆isomorphous layer
类质同象混合物[混晶]☆isomorphous{isomorphic} mixture
类质同`形{象体}☆isomorph
类周面孔[孢]☆foraminoid
类烛煤☆canneloid
类准无窗贝属[腕;S_1]☆Athyrisinoides
泪滴式☆tear-drop pattern
泪滴体☆tear drop
泪滴状岩墙☆headed dike
泪骨☆lacrymal{lachrymal;lacrimal} bone; lacrimal; os lacrimale
泪海螂属[双壳;Q]☆Dacryomya
泪杉粉属[孢;Q]☆Dacrydiumites
泪杉属[K_2-E]☆Dacrydium
泪竹节石目☆Dacryoconarida
泪状物☆tear

lēng

棱☆corner; rib; vertex; arris; edge
棱(角)☆angle
棱棒石[钙超;K_2]☆Lucianorhabdus
棱笔石属[O_1]☆Goniograptus
棱边弯曲振动模式☆edge-flexure vibration mode
棱边应力☆edge stress
棱齿龙属[K_1]☆Hypsilophodon
棱齿貘类☆Lophiodonts
棱齿牙形石属[O_2]☆Goniodontus
棱蛤属[E-Q]☆Trapezium
棱镉矿☆otavite
棱骨☆goniale
棱脊☆edge; carinata; carina
棱脊象属[N_2-Q]☆Stegolophodon
棱角☆edge (angle); web; arris; edges and corners
棱角(砂岩)☆sharpstone
(砂粒)棱角变化的 K 氏圆度☆Krumbein
棱角表面☆angular surface
棱角度☆angularity
棱角菊石属[C_1]☆Goniatites
棱角砂☆grit; harsh sand
棱角砂光机☆variety sander
棱角石☆Goniatites
棱角石类☆Goniatites
棱角石型缝合线[头]☆goniatitic suture
棱角碎屑☆scratch debris
棱角形砂粒☆angular sand
棱角褶皱☆concertina{accordion} fold
棱角状☆anyular; sharp edge
棱角状粗糙料石☆rough angular quarrystone
棱角状的☆(sharply) angular
棱角状砂☆angular sand
棱晶☆Nicol prism
棱镜☆(glass) prism
棱镜变形装置☆prism-type anamorphotic attachment
棱镜等高仪☆prismatic astrolabe
棱镜式水准仪☆prismatic level
棱菊石☆Goniatites
棱菊石目☆Goniatitida
棱菊石属☆goniaties
棱孔苔藓虫属[D-P]☆Prismopora
棱宽☆rib width
棱-棱接触☆edge-edge contact
棱蛎(属)[双壳;T-Q]☆Lopha
棱鳞[鱼的]☆plate
棱-面接触☆edge-face contact
棱面体藻亚群[疑]☆Prismatomorphitae
棱球接子属[三叶;$Є_2$]☆Goniagnostus
棱石☆facet(t)ed pebble{stone;gems}; brilliant cut
棱网海绵属[D-C]☆Prismodictya
棱尾虫属[三叶;O_2]☆Goniotelus
棱位错☆edge dislocation
棱纹☆ribbing
棱形成形车刀☆flat forming tool
棱形的☆fusiform
棱形掏槽☆prism cut
棱形支撑☆blade bearer
棱圆茎属[海百合;O_2]☆Hexagonocyclicus
棱缘☆flange
棱正交双晶☆edge-normal twin
棱柱☆prism
棱柱式刨煤机☆prism plough
棱柱体土方公式☆prismoidal formula
棱柱位错☆prismatic dislocation
棱柱形`杆{|燃料}☆prismatic bar{|fuel}
棱柱形土方计算公式☆prismoidal formula
棱柱亚类[疑]☆Prismatomorphitae
棱柱状断陷坑☆inglenook
棱柱状堆积体☆prism-shaped accumulation
棱状的☆prismatic
棱状火药☆prismo powder
棱锥☆pyramid
棱锥形槽☆pyramidal tank
棱锥形金刚石压头☆diamond pyramid indentor {penetrator}
棱锥原理☆pyramidal rule

léng

楞布指数[花岗岩石英与长石百分比]☆Lumb's index
楞次(感应)定律☆Lenz's law of induction

L

楞条织物☆cording

lěng

冷☆cryo-；cry-；kryo-
(寒)冷☆chill
冷拔成的☆as-drawn；AD
冷拔钢☆cold-rolled steel；c.r.s.
冷拔管☆drawn tube；drawn pipe
冷斑☆cold spotty appearance
冷爆[玻璃制品]☆cold check
冷变形☆cold deformation{flow;strain;work}
冷变形钢☆cold {-}shaping steel
冷冰☆cold ice
冷藏☆chill；deepfreeze
冷藏间☆locker
冷藏库☆freezer；freezing locker；cold storage；refrigerator
冷藏瓶☆refrigeration bottle
冷藏室☆reefer；old storage；refrigerating chamber；refrigerating compartment (in a refrigerator)
冷藏箱☆safe；freezer；refrigeration compartment；refrigerator；fridge；congealer
冷槽☆thermal valley
冷成型☆cold forming process
冷持管☆persister；persistor
冷持元件☆cryotron
冷冲洗☆cool flush
冷处理☆cold treatment；handle a matter after tempers have cooled；deepfreeze
冷吹☆cold flow
冷萃取☆cold extraction
冷脆材料☆cold short material
冷脆性☆cold shortness{brittleness}；cold-shortness
冷淬☆chill(ing)
冷淬边缘☆chilled margin
冷淬时效☆quench aging
冷淡☆chilliness；standoff；iciness；chill
冷淡的☆indifferent；frigid；standoff；chill
冷刀口变形法☆cold-edge texturing process
冷低压☆cold low
冷底子油☆adhesive bitumen primer
冷(脆性)地震☆cold (brittle) earthquake
冷点☆cold spot
冷电子管槽路谐振☆cold resonance
冷冻☆refrigerator；refrigeration；freezing；chill；ref.
冷冻储罐☆refrigerated storage tank
冷冻的☆cryogenic
冷冻分析☆cryometric analysis
冷冻工人☆chiller
冷冻剂☆refrigerant；cryogen(ine)
冷冻馏出液☆chilled distillate
冷冻排热量[在单位时间内排出的热量]☆refrigerating load
冷冻器☆freezer
冷冻{却}能力☆cold{cooling} capacity
冷冻室☆freezer compartment (in a refrigerator)；freezer；refrigerating chamber
冷冻速度☆chilling rate
冷冻台☆cooling{freezing} stage
冷冻探针☆cryoprobe
冷冻脱水☆lyophilization
冷冻液☆frozen{refrigerating} fluid
冷端☆cold junction (of thermocouple)；cold body
冷端温度地补偿器☆cold end compensating unit
冷锻☆cold forging{heading;hammering;swaging}；hard-wrought
冷吨☆refrigeration{standard} ton
冷镦(粗)☆cold heading
(电子)冷发射☆cold emission
冷反光膜☆cold mirror
冷返矿☆cold return
冷废物☆cold waste
冷封口高压容器☆cold seal pressure vessel
冷封式(高压)弹☆cold seal bomb
冷封式翻转(高压)弹☆cold-seal tipping bomb
冷封式釜☆cold-seal vessel
冷锋☆cold front
冷锋面☆cataphalanx
冷风☆cold (air) blast；cold-blast air
冷风暴☆barber
冷坩埚法☆skull melting method；cold container method
冷钢粒钻头☆chilled shot bit
冷钢粒钻头提取岩芯钻井(法)☆calyx core drilling
冷钢钻钻眼☆chilled-shot drilling
冷高压☆cold high
冷高原☆puna
冷鼓风☆cold (air) blast；cold flow
冷固结球团矿☆cold-bound pellet
冷冠☆cold cap
冷灌沥青碎石(路)☆cold penetration (bituminous) macadam
冷光☆cold light；luminescence
冷滚压☆cold rolling
冷海[月]☆Mare Frigoris
冷海区[低于 10℃]☆psychrosphere
冷焊(合)☆cold welding
冷湖☆cold lake
冷黄土☆cold loess
冷混凝土☆cold-laid concrete
冷极☆cold pole
冷季☆cold season
冷加工☆cold working{work;hardening}；cold forming process；cold-finished
冷甲醇☆rectisol
冷架印☆cold support scratch
冷检查试验☆cold check test
冷间歇(喷)泉☆gas{low-temperature;cold-water} geyser；soda pop geyser；champagne geyser
冷溅射☆cool sputtering
冷胶合☆cold gluing
冷接点☆cold junction (of thermocouple)；cold junction；cold end[热电偶]；c.j.
冷接盘管[制冷系统中]☆expansion coil
(热电偶的)冷接头☆cold junction (of thermocouple)
冷精整☆cold-finish
冷阱☆cold trap
冷空气的下降流☆katabatic drainage of cold air
冷孔☆cold bore
冷矿振动筛☆cold vibro screen
冷拉☆cold stretch
冷拉的☆hard {-}drawn；cold-drawn；hd
冷拉钢☆cold-draw{drawn} steel；cold drawn steel
冷量☆coolth
冷裂敏感性☆cold {-}cracking sensitivity
冷流☆cold flow
冷流法锻接钢丝绳头配件☆swaged fitting
冷铆☆cold riveting
冷眠☆cold dormancy
冷模☆chill
冷模压☆cold molding
冷磨☆cold grinding
(火山)冷泥流☆cold lahar{mudflow}
冷凝☆condens(at)e；congeal；gelation；chilling
冷凝带☆chill{chilling} zone
冷凝单元☆cooling unit
冷凝的☆condensing；psychrophilic；cryophilic
冷凝点☆condensation{congealing} point；congelation temperature
冷凝管☆cold finger{trap}；condenser pipe；drain sleeve；prolong
冷凝过程☆congealing{condensation} process
冷凝剂☆condensing agent
冷凝接触[岩]☆chilled contact
冷凝壳☆carapace
冷凝滤器☆condensifilter
冷凝器☆chiller[从石油产品中凝出石蜡]；densener；condenser；cooler；chilling machine；condensator
冷凝气体☆condensed gas
冷凝器箱☆condenser box
冷凝器组☆bank of condensers
冷凝曲线☆freezing curve
冷凝热☆heat of liquefaction{condensation}
冷凝式湿度计☆condensation hygrometer
冷凝水☆condensated water；condensation{condensed;condensate;quenched} water；water of condensation
冷凝水槽{池}☆condensate tank
冷凝性☆condensability
冷凝液☆phlegm；condensate
冷凝液纯化槽☆condensate polisher
冷喷气孔☆cold fumarole
冷期☆vriajem
冷启动☆cold start(ing)
冷气潭☆cold-air drop；cold pool
冷气团☆cold air-mass
冷汽提塔☆cold stripper
冷桥☆cold bridge
冷切削☆cold machining；clean cut
冷侵入☆protrusion
冷区☆cold area{sector}
冷泉☆cool{cold} spring；acratopega；invigorating water
冷泉活动☆normal spring activity
冷泉疗养区[日]☆kan-no-jigoku
冷泉水浸疗☆cold spring-water immersion
冷却☆heat elimination；quenching；refrigeration；cool down；chilling；freeze；become{make} cool；congeal
冷却板☆coldplate
冷却边☆selvage
冷却残渣☆trub
冷却槽☆condensate trap；cooling bath；chilling tank
冷却的空气☆cooled air
冷却方式☆type of cooling
冷却废水地下回灌☆groundwater recharge of cooling water
冷却风扇进气口☆cooling fan air intake
冷却过度☆undercooling
冷却机废气☆cooler exhausted air
冷却机装矿口☆cooler inlet
冷却剂☆cooler；coolant (fluid;material)；cooling medium{agent}；quenching compound；refrigerating medium；clnt
冷却结构[水下火山岩的]☆quench texture
冷却结晶(作用)☆cooling crystallization；pexitropy
冷却节理☆jointing by cooling
冷却介质☆heat-eliminating{cooling;refrigerating} medium；heat eliminating medium；coolant
冷却金属锭顶部液态金属渗出☆bleeding
冷却精☆cryogenine
冷却空气☆cooling air；air coolant
冷却溜盘☆cooling disk
冷却盘(蛇)管☆cooling coil；coiled-cooling pipe
冷却器☆chiller；cooler；vapor{contact} cooler；freezer；refrigeratory；radiator；condensator；condenser；congealer
冷却气体管路☆cooling gas ducts
冷却式燃烧室☆water cooled furnace
(注蒸汽管柱)冷却收缩损坏☆cold kill
冷却水泵☆cooling-water pump
冷却水塞子☆cooling plug
冷却速度试验器☆quenchometer
冷却塔☆cooling tower{stake}；spray tank；tower cooler
冷却塔下凝结水(与冷却水的混合物)☆cooling-tower blowdown
冷却物☆chills
冷却液☆coolant (fluid)；cold liquid；stoff；liquid coolant
冷却液泵☆coolant pump
冷热交替浴☆contrast bath
冷熔☆sloppy heat
冷杉☆abies；(silver) fir；firtree
冷杉粉属[孢;E-N_1]☆Abiespollenites
冷杉属[植;N-Q]☆Abies
冷烧结矿☆cold sinter
冷舌☆cold tongue
冷湿坡☆mesocline
冷石灰苏打法☆cold lime-soda process
冷石灰中和作用☆cold time neutralization
冷时间隙☆cold clearance
冷水出入口☆socket for cooling water
冷水驱油☆cold water flooding
(海洋)冷水圈☆psychrosphere
冷水塔泵☆raw-water pump
冷水源☆cool water source
冷塑☆cold mo(u)lding；cold-molding
冷塑性变形☆cold plastic deformation
冷缩☆temperature shrinkage；contraction
冷缩假说☆thermal contraction hypothesis
冷缩节理☆cool{shrinkage;cooling} joint；cooling point；absonderung[德]
冷缩裂隙☆jointing by cooling
冷缩配合☆shrink(age){expansion} fit
冷缩说☆contraction{shrinkage} theory
冷缩套法☆shrinkage-on
冷台☆cool(ing) stage
冷态试验☆cold test
冷态压扁[管线临时堵漏措施]☆cold pinch
冷提取☆cold extraction
冷提取铜☆cold-extractable copper

L

L

冷体☆cold body
冷天润滑(法)☆cold-weather lubrication
冷铁☆cold iron
冷桶处理法[坑木防腐]☆cold-tank process
冷(接)头☆cold junction
冷弯☆cold bending
冷弯边的☆cold-flanged
冷弯管内胎具☆bending mandrels
冷弯管外胎具☆bending sets
冷温带大陆气候☆cool temperate continental climate
冷涡☆cold eddy
冷狭温(动物)☆oligotherm
冷陷☆cold trap
冷楔☆cold wedge
冷芯盒砂☆cold-box sand
冷性☆chilliness
冷性冰川☆cold glacier
冷修☆cold repair
冷血的☆poikilothermic；heterothermic；poikilothermal
冷{凉}血动物☆heterotherm；cold-blooded organism；poikilotherm
冷压☆cold-molding；cold-press；cold-pressed
冷压机☆cold-press
冷言冷语☆cynicism
冷阴极☆cold cathode
冷阴极脉冲 X 射线管☆fexitron
冷硬☆chill (hardening)
冷硬化☆cold hardening
冷硬铸件☆chills；hard casting
冷硬铸铁砂☆chilled iron shot
冷硬铸造(法)☆cold cast；chilled casting
冷应力☆cold stress
冷(态应)用☆applied cold
冷浴☆cold bath
冷源☆heat sink
冷月学者☆cold mooner
冷凿☆cold chisel
冷轧☆cold rolling{reducing}；cold-finish
冷轧变形钢筋☆cold rolled deformed bar
冷轧的☆cold {-}rolled；hard-rolled；CR
冷轧钢☆cold-rolled steel；c.r.s.
冷胀☆cold expanding
冷中子☆cold neutron
冷铸☆cold cast；chill{dummy} casting
冷铸钢粒☆adamantine
冷铸型刮砂☆sweep moulding
冷子管☆cryotron
冷阻管☆cryosixtor
冷作(业)☆cold working
冷作钢☆cold-working steel
冷作硬化☆strain hardening

lí

藜粉属[孢;E_3]☆Chenopodipollis
藜科☆Chenopodiaceae
藜科的☆chenopodiaceous
厘[10^{-2}]☆centi-
厘巴[测压单位]☆centibar
厘钵土☆sagger clay
厘泊☆centipois(e)；CP
厘弧度☆centrad
厘克☆centigram(me)；cg
厘米☆cm；centimeter；centimetre；Cent
厘米波☆centimetric waves
厘米波功率振荡管☆stabilotron
厘米大小的叶理内褶皱☆intrafolial centimetric scale fold
厘米级(的)☆centimetre-sized
厘米·克·秒静电制单位☆e.s.c.g.s.；statunit；electrostatic centimeter-gram-second unit
厘米克秒制☆centimeter-gram-second system；C.G.S.
厘米烛光[照度单位]☆phot
厘米纵倾力矩☆moment to change one centimeter trim；MTC
厘升☆centilitre；centiliter；cl
厘沱{淹;斯}[黏度单位]☆centistoke；c.s.；cst；CS
梨☆Pirus
梨粉☆Chenopodipollis
梨皮纹☆pear peel glaze
梨坛☆aludel
梨形宝石☆pendeloque
梨形地球☆pear-shaped earth
梨形地球模型☆pear-shaped Earth model
梨形体☆aploid
梨形物☆pear
梨形原石[人造刚玉或尖晶石]☆boule；birne
梨形琢型[宝石]☆pear-shape(d) cut；briolette
梨状深红宝石☆ruby boule
梨子☆pear
犁☆plow；plough
犁板☆plough blade；share
犁壁刮土机☆mouldboard type scraper
犁刀☆coulter；Colter
犁底层☆plough sole{pan}
犁底土☆subsoiling
犁地☆ploughing
犁颚牙形石属[D_3-C_1]☆Apatognathus
犁风☆plow wind
犁沟☆raie
犁骨☆vomer
犁骨齿☆vomerine tooth
犁骨翼☆ala vomeris
犁链器☆chain controller
犁路机☆(road) rooter
犁煤[刨煤入输送机]☆ploughing
犁盘☆plough pan
犁刃☆ripper point
犁入法铺设[塑料管]☆plowing installation
犁身☆plough body
犁式胶带清刮器☆belt plough
犁式卸载器☆discharging scraper
犁松机☆ripper
犁松破岩☆ripping
犁头☆Colter；coulter；plough share
犁头霉属[真菌;Q]☆Absidia
犁形大类[疑]☆Verrimorphida
犁形钢线☆plow steel line
犁辕支撑架☆beam support
犁状断层☆listric fault
犁子式打捞筒☆dog type overshot
黎巴嫩☆Lebanon
黎城虫属[三叶;$Є_3$]☆Lichengia
黎卡提反演☆Riccati inversion
黎曼不变量☆Riemann invariant
黎曼 ζ 函数☆(Riemann) zeta function
黎明☆daylight；twilight；eos-
黎明前图像☆predawn image
黎明鼠属[N_2]☆Anatolomys
黎明相片☆dawn image
黎刹玻陨石[菲]☆rizalite
篱笆☆hurdle；fence；bamboo{twig} fence
篱笆圈☆ring fence
篱几丁虫(属)[O_{2-3}]☆Hercochitina
篱牙形石属[O_{2-3}]☆Phragmodus
鲡状岩☆ammite
离☆for-；des.；de-
离岸☆off-land；off coast{land}；offshore
离岸坝☆lido；barrier
(在)离岸不远处抛锚☆offing
离岸的☆offshore；offward；off ward；off-lying
离岸孤立岩体☆carr
离岸加运费价格☆cost and freight；c.f.
离岸价格☆free on board；FOB；F.O.B.
离岸流头☆head of rip；rip head
离岸沙坝☆epi；fleche
离岸沙坝海滩☆bar beach
离岸水道☆rip channel
离岸钻探☆off-shore drilling
离瓣的[植]☆polypetalous
离瓣花`类{亚纲}☆choripetalae
离别的☆parting
离层☆isolierschicht；delaminate；delamination；flake off；abscission{separation} layer
离层机☆dust separator
离差☆deviation；dispersion
离差的度量☆measure of dispersion
离差的惠尔克斯 λ 分析☆Wilks' lambda analysis of dispersion
离差曲线☆departure curve
离差曲线法[测井]☆departure curve method
离差系数☆coefficient of dispersion{variation}
离差原点☆origin of deviation
离差阵☆scatter matrix
离差指数☆index of dispersion；deviation index
离潮涌处☆off-surge
离尘器☆dust separator
离船角[船敷水下油管时]☆departure angle
离大陆最远的地槽[在复式活动带]☆back geosyncline
离岛☆off-island
离底距离☆off-bottom distance
离地☆unstick
离地间隔{间隙;净高;距离}☆ground clearance
离地净高☆ground clearance
离地距离[车身]☆road clearance
离地面最近硬岩层☆rock head
离顶的☆acrofugal
离堆丘☆cut off meander core
离堆山☆meander core；cutoff meander spur；cut off meander core；rock island
离辐的☆abactinal
离骨脉壁☆free wall
离管菌属[真菌]☆Fistulina
离海底浮`拖{力曳引铺管}法☆buoyant off-bottom tow method；BOT method
离海回流☆undertow
离海距离☆distance from sea
离合杆☆trip level
离合器☆clutch (coupling)；clutches；connection；release clutch；coupler
离合器拨叉☆clutch yoke
离合器传动片☆clutch driving strap
离合器的键和槽☆clutch prongs and slots
离合器分离轴承☆clutch release bearing
离合器盖☆clutch case
离合器接合部分☆gland
离合器联动器☆clutch
离合器盘☆clutch plate
离合器调速传动☆clutch-shifted transmission
离合器凸轮{牙嵌}☆clutch cam
离合器箱☆clutch box
离合器压盘分离杆☆clutch finger
离合器轴☆clutch shaft
离合器转矩☆clutch torque
离合凸轮☆deflecting cam
离河☆off-channel
离化度☆degree of ionization
离环水☆pendular water
离婚☆divorce
离基☆dispersion
离机控制☆off-machine control
离极力☆pole-fleeing force
离礁的☆off-reef
离焦☆defocus
离节迹☆anodal trace
离解☆dis(a)ssociation；dissociate；decomposition；breakdown
离解氨☆ammogas
离解乘积{产物}☆dissociation product
离解度☆dissociation degree；degree of dissociation
离解过程☆decay process
离解热☆heat of dissociation
离解子☆dissociator
离(开)井底转动[钻具]☆off-bottom rotation
离距[断层]☆separation
离均差[距平均数的离差]☆deviation from mean
离开☆departure；leaving；deviate (from)；quit；off；walkout；hold-off；leave；depart from；check out；unseat；tear loose；dep；de-
离开本体的部分☆tectonic outlier
离开的☆off-lying
离开顶的☆abapical
离开阀座☆unseat
(使)离开轨道☆deorbit
离开井底的时间☆hours off bottom；HROF
离开排列☆in-line offset
离开喷嘴的火焰☆off-port flame
离开屏幕☆frame out
(使)离开原定进程☆derail
离开正拆的机器或钻台☆sell out
离开正道☆wandering
离开轴心的[与 adaxial 反]☆abaxial
离孔底距离[钻具]☆off-bottom spacing
离炼厂价格☆rack pricing
离路辙尖☆leaving point
离陆☆off-land
离陆浮冰☆land floe
离螺口的☆abapertural
离喷口时的速度☆muzzle velocity

离片脊椎☆rachitomous vertebrae
离片椎☆temnospondylous vertebra
离片椎目☆Temnospondyli
离丘高原☆butte temoin
离去☆leave
离日性☆apheliotropism
离溶(作用)☆exsolution
离溶的针状嵌晶☆Widmanstatten needle
离散☆divergence; variance; straggling; [of relatives] be dispersed; be scattered about; be separated from one another; scatter
离散参数平稳马尔科夫链☆discrete parameter stationary Markov chain
离散的随机步进理论☆random walk theory of dispersion
离散点集☆discrete point set
离散度☆dispersion
离散分布☆discrete distribution; apochory
离散分析☆discrete analysis
离散化☆discretize; discretization
离散破裂模型☆discrete fracture model; DFM
离散生长阶段函数☆discrete growth step function
离散时间系统{|域信号}☆discrete-time system {|signal}
离散数据序列☆series of discrete data
离散调和谱☆discrete harmonic spectrum
离散同因子变量☆discrete isofactorial variable
离散系数☆coefficient of dispersion; acentric factor
离散型板块边界{缘}☆divergent plate boundary
离散岩性状态序列☆string of discrete lithologic states
离散元法☆discrete element method
离石黄土☆Lishi loess
离势☆dispersion
离水☆emergence
离水贝层☆emerged shell bed
离水珊瑚☆makatea
离水性☆negative hydrotropism
离太阳的距离☆distance from the sun
离题☆divergence; divergency; diverge
离题的☆tangential; tangent
离位☆off-location; off-normal
离位矿化☆offset mineralization
离温耐压井☆hot pressurized well
离析☆isolation; eduction; unmixing; segregation; disengagement; separation; resolution; maceration; educe
离析的☆segregative; segregational
离析矿物☆exsolution mineral
离析物☆educt
离析作用{效应}☆segregation effect
离现场监督☆offsite surveillance
离线☆off-line
离线X射线荧光分析仪☆off-line X-ray fluorescence analyzer
离向摄影相片☆divergent photograph
离心☆centrifugate; centrifuge; decentering; decentring
离心泵保轴环☆lantern ring
离心泵的理论扬程☆theoretical lift of centrifugal pump
离心泵排出水{水管}☆leak-off
离心沉淀浮集法☆centrifugal floatation method
离心成型工艺☆centrifugal compacting process
离心抽提分析☆centrifuge extraction analysis
离心处理燃料☆centrifuge stock
离心粗选机☆centrifugal rougher
离心的☆centrifugal; axifugal; whirler; centf
离心涤洗机☆centrifugal scrubber
离心断路器☆centrifugal switch
离心法喷砂清理☆centrifugal blasting
离心分蜡☆wax centrifuging
离心分离☆centrifuging; whizz; whiz
离心分离(作用)☆centrifugalization; centrifugation; whizzing; centrifugate-centrifugation
离心分离试验[测定石油产品中的固体残渣含量]☆centrifuge test
离心分选法☆centrifugal separation
离心辊压法☆centrifugal rolling process
离心机☆centrifuge; centrifugal (machine); hydro(-) extractor; whizzer
离心机脱水湿度当量值☆centrifugal moisture equivalent
离心浇制混凝土管☆centrifugally spun concrete pipe
离心搅砂机☆centrifugal (sand) mixer
离心空气分选☆centrifugal air separation
离心控制☆off-line control
离心力☆centrifugal (force{effort}); c.f.; CF
离心流扇风机☆centrifugal-flow fan
离心率☆eccentricity
离心磨机☆vapart mill
离心浓缩污泥法[土]☆centrifuging
离心喷吹法☆combined centrifuging and gas attenuating process; TEC process
离心皮果☆apocarpous; apocarp
离心皮托泵☆centrifugal pitot pump
离心器☆centrifugal collector; sedimentator
离心球式积分器☆flyball integrator
离心色谱(法)☆chromatofuge
离心实验☆centrifuged laboratory experiment
离心式充填机☆slinger; centrifugal stowing machine
离心式粗分风力分级机☆centrifugal roughing air classifier
离心式干填料盖密封☆centrifugal dry gland seal
离心式`和泥机{泥浆净化器}☆centrifugal mud machine
离心式排料提斗机☆centrifugal-discharge elevator
离心式气体除液器☆centrifugal scrubber
离心脱水法☆centrifugal{centrifuging} dewatering; centrifuge method{process}
离心洗涤收尘器☆centrifugal wash collector
离心叶轮式混合器☆centrifugal impeller mixer
离心造型☆rotorforming
离心闸式制动器☆centrifugal brake
离心振动法☆centrifugal vibrating process
离心蒸压混凝土桩☆centrifugal autoclaved concrete pile
离心纸色谱(法)☆centrifugal paper chromatography
离心轴流联合扇风机☆combined centrifugalaxial-flow fan
离心状水系☆centrifugal drainage pattern
离心作用☆centrifugation; centrifuge; centrifugal effect; whizzing
离叶的☆choristophyllous
离域键☆delocalized bond
离震源☆anaseism
离震源的☆anaseismic
离征☆apomorphic character; apomorphy
离正☆aberration
离趾足☆eleuthrodactylous foot
离中心☆decentring; decentering
离轴像差☆off-axis aberration
离子☆ion
H_3O^+离子☆hydroxonium ion
OH^-离子☆hydroxyl ion
离子半径值☆ionic radius value
离子崩溃☆avalanche
离子比地热温标☆ion geothermometer
离子变形法☆deformability of ion
离子捕捉说☆ion-capture theory
离子层☆plasmasphere
离子层顶☆plasmapause
离子弛豫极性☆ionic relaxation polarization
离子冲压喷气发动机☆aeroduct
离子出口缝☆ion exit slit
离子导电机理☆mechanism of ionic conduction
离子的☆ionic; anionic
离子缔合作用☆ion association
离子电位{势}☆ionic potential
离子电泳(作用)☆ionophoresis
离子电子最大值☆ion-electron maximum
离子对产额☆ion yield
离子法地下温度测量☆ion geothermometry
离子(型)分子☆ionic molecular
离子分子反应☆IMR; ion molecule reaction
离子浮选☆ion(ic) flotation; foam fractionation
离子富集环境☆ionic-rich environment
离子共价率☆ion-covalence ratio
离子共振质谱仪☆ion resonance mass spectrometer
离子固定作用☆ion fixation
离子管电阻☆Bronson resistance
离子轰击式静电分选机☆high tension electrostatic separator; ionic bombardment electrostatic separation
离子互吸☆interionic attraction
离子化☆ionize; ionization; ionise
离子化剂☆ionizing agent
离子化谱学☆ionization spectroscopy
离子活度测量☆ionic activity measurement
离子计☆ionometer
离子价☆ion(ic) valence; electrovalency
离子间的☆interionic
离子减薄装置☆ion-thinning device
离子键☆ionic bond{connection;link(age);bonding}; heteropolar link(age){bond}; electrovalent link(age); polar bond
离子溅射质量分析仪☆ion sputtering mass analyzer
离子交换☆ion exchange{inter-exchange}; exchange of ions; base exchange; IX
离子交换槽☆ion-exchange{exchanger} cell
离子交换床层☆ion exchanger bed
离子交换膜氢氧燃料电池☆ion-exchange membrane hydrogen-oxygen fuel
离子交换色层法☆ion-exchange chromatography
离子交换树脂堵塞☆blinding of ionexchange resin
离子交换体浮选☆ion-exchanger flotation
离子交换纸☆ion exchange paper
离子交换柱反流☆backwash
离子扩散☆ion-diffusion; ion diffusion
离子扩散结晶作用☆petroblastesis
离子拉出极☆ion draw-out plate
离子流强度☆ion current intensity
离子敏感电极☆ion-sensitive electrode
离子能阶分裂☆ionic energy level splitting
离子浓度☆ion(ic) concentration; concentration of ions; ionic strength
离子偶☆ion-pair; ion pair
离子谱法☆ionography
离子迁移的活化能☆E-value
离子迁移电流数☆ionic transport number
离子散射谱仪☆ion-scattering spectrometry
离子散射枪☆electron spray gun
离子筛分现象☆ion-sieving phenomenon
离子渗析☆ionodialysis
离子收集器{极}☆ion collector
离子束薄化☆ion-beam thinning
离子束加工☆ion beam machining; I.B.M.
离子探针谱仪☆ion-probe spectrometer; IPS
离子探针仪☆ion mass microanalyser
离子探针质量分析仪☆ion microprobe mass analyzer
离子体☆plasma
离子体槽☆plasma trough
离子体积☆ionic volume
离子替换☆ion(ic) substitution; substitution
离子脱除器☆Deminrolit apparatus
离子位移极化☆ionic displacement polarization
离子型含氟表面活性剂☆ionic fluorochemical surfactant
离子性☆ionicity
离子性-共价性程度☆degree of ionicity covalency
离子选择性电极☆ion selective electrode
离子衍射性☆ionic diffractivity
离子氧反应蒸发☆reactive evaporation in ionized oxygen
离子移变(作用)☆ionotropy
离子源头☆ion-source head
离子源狭缝☆source slit
离子运动模拟☆ion motion analog
离子真空机组☆ion vacuum group
离子置换能力☆replacing power
离子置换指数☆index of ionic replacement
离子质量分析仪☆ion mass microanalyser
离子中和化谱学☆ion neutralization spectroscopy
离子注入法☆ion implantation method
离子组合☆ion population
离座☆unseat
漓脊平原☆ridged beach plain

lǐ

理财及管理成本☆financing and administrative cost
理财家☆financier
理查森称重运输机☆Richardson convey-o-weigh
理查森外推法☆Richardson's extrapolation
理查森浊度计☆Richardson turbidimeter
理查兹型干扰沉降分级室☆Richards column
理查兹型流槽式涡流分级机☆Richards launder-type vortex classifier
理查兹型深槽水力分级机☆Richards deep {-}pocket hydraulic classifier
理查兹-詹尼型分级机☆Richards-Janney classifier

理工学院☆technical institute
理海型筛☆Leahy screen
理化试验☆physico-chemical test
理货☆tally
理解☆comprehend；appreciate；understanding；take；insight；comprehensive
理解力☆intellect；intelligence；understanding；perceptivity；perception；perceptibility
理科硕士☆Master of Science；M.Sc.；MSc；M.S.
理疗☆physiatrics；physiotherapy
理滤波及系数☆theoretical conformance
理论☆concept(ion)；theory；theorem；reasoning
BCS 理论☆Bardeen-Cooper-Schrieffer{BCS} theory
X 理论[管理学]☆X theory
理论产率{量}☆theoretical yield
理论潮汐变化☆theoretical tidal variation
理论放矿线图☆theoretical original position draw-line map
理论分辨力{率}☆theoretical resolution
理论分析{|布}☆theoretical analysis{|distribution}
理论负压☆initial depression
理论和应用力学国际联合会☆International Union of Theoretical and Applied Mechanics；IUTAM
理论记录☆theogram
理论家☆ideologist；theorist
理论空间自相关函数☆theoretical spatial autocorrelation function
理论空燃比☆theoretical air-fuel ratio
理论孔隙度{率}☆theoretical porosity
理论模线的绘制☆lofting
理论曲线册[磁、电、电磁等方法解释的]☆catalog
理论燃气量☆theoretical air quantity for combustion
理论燃烧风量☆theoretical combustion air
理论上☆theoretically
理论上的真电阻率☆theoretical true resistivity
理论弹性应变集中☆theoretical elastic strain concentration
理论图学☆theoretical graphics
理论注水面积波及效率☆theoretical waterflood areal sweep
理论资源☆speculative resource
理事☆director；senator
理事会☆directorate
理所当然的☆consequent
理特拜尔特型筛☆Lead-Belt screen
理想☆ideal；dream；desired trajectory
理想标准☆desirable criteria
理想的绿泥石端员☆strigovite
理想电流分布图☆ideal current distribution pattern
理想航线☆optimum ship routing
理想化☆idealization；idealisation；idealize
理想化合比晶体☆stoichiometric crystal
理想介质☆perfect medium
理想离子水溶液☆ideal aqueous ionic solution
理想滤波器☆ideal filter
理想模式☆conceptual pattern
理想能坡线☆ideal energy grade line
理想配比☆stoichiometry
理想配比成分☆stoichiometric composition
理想频域滤波器☆ideal frequency domain filter；IFDF
理想气体物态方程式☆ideal gas equation of state
理想溶液定律☆law of perfect solution
理想时域滤波器☆ideal time domain filter；ITDF
理想弹性连续土体☆idealized elastic continual mass
理想完美晶体中的简单立方堆积模式☆Kossel-Stranski model
理想完整{美}晶体☆ideally perfect crystal
理想液体☆perfect fluid；ideal liquid；true-liquid
理想预测法☆perfect prediction method
理想征兆☆previsual symptom
理想琢型☆ideal{American} cut
理性决策☆rational decision making
理性圈☆noosphere
理学博士☆doctor of science；D.Sc.；D.S.
理学士☆bachelor of science；B. Sc.；BS
理由☆force；excuse；consideration；argument；cause；account；wherefore；score；sake；regard；reason
(正当)理由☆warrant
理由不充分准则☆principle of insufficient reason
理智☆wit；reason
理智的☆intellectual
理智力☆intelligence
李{利}比希最少(营养)量定律☆Liebigs law of minimum
李池数☆Reech number
李代数☆Lie algebra
李凯{开}结晶(定)律☆Riecke's law of crystallization
李凯{开;克}原理[结晶岩石的叶理]☆Riecke's principle
李利控制器☆Lilly controller
李鬣狗属[N-Q]☆Leecyaena
李曼"门塞"法☆Leeman "doorstopper"
李-诺斯采煤机☆Lee-Norse miner
李普曼全息术☆Lippmann holography
李普曼-施温格方程☆Lippmann-Schwinger equation
李恰列夫贝属[腕;P]☆Licharewia
李群☆Lie group
李三虫属[三叶;$Є_2$]☆Lisania
李氏贝动物群☆Leptodus-Richthofenia fauna
李氏代数☆Lie algebra
李氏分割法☆Lee partitioning method
李氏蛤属[双壳;C-P]☆Liebea
李氏蜓属[孔虫;P_1]☆Leella
李氏野猪☆Sus lydekkeri
李氏叶肢介科☆Leaiidae
李氏叶肢介亚[D-T]☆Leaiina
李属[植;K_2-Q]☆Prunus
李天岩-约克定理☆Lee-Yorke theorem
李婉贝☆Levenea
李希霍芬贝(属)[腕;P]☆Richthofenia
李希特公式☆formula of Richter
李形结果定律☆Rie(c)k's law of crystallization
李{利}泽冈{岗;刚}构造☆Liesegang structure
李泽冈环带☆Liesegang banding{rings}
李查逊数☆Richardson number
李兹线☆Litzendraht
里阿斯(统)[欧;J_1]☆Liassic；Lias (series)
里奥廷{丁}托(硫化铜原矿石堆浸)法☆Rio-Tinto process
里白孢属[K_2]☆Gleicheniidites
里白科☆Gleicheniaceae
里壁☆backing
里伯瑞兹声呐记录☆Rieberize
(孢粉)里层☆ectonexine
里层衬铝的放射性物质容器☆bomb
里查兹-杰尼型分级机☆Richards-Janney classifier
里查兹型脉动跳汰机[旋转阀式]☆Richards (pulsator) jib
里程☆mileage；milage；mil.
里程碑☆landmark；(mile) stone；milestone；milepost
里程标☆milepost
里程表☆mileometer；odometer；mileage recorder；trechometer；odograph
里程计☆pedimeter；pedometer；speedometer；hodometer；cyclometer；odometer；opisometer
里德伯[光谱学单位]☆rydberg
里德尔(反向{相反}组)共轭剪切☆antithetic conjugate Riedel shears
里德尔剪切☆Riedel shear
里丁型活塞跳汰机☆Reading plunger jig
里尔不连续面☆Riel discontinuity
里菲(期)[欧;Z]☆Riphean
里夫尼风暴☆Riefne
里夫通贝属[腕;D_1]☆Reeftonia
里戈莱特☆rigolet
里格[≈3km]☆league
里格登空气渗透仪☆Rigden's apparatus
里格罗因☆ligroin
里海民德-里斯间冰期☆Early Pont-Euxin transgression
里季尼特硬质合金☆lithinit
里克特震级表☆Richter (magnitude) scale
里克原理☆Riecke's principle
里朗蛤属[双壳;T_3]☆Lilangina
里米尔计算公式☆Riemer formula
里面☆inward；inner；within
(在)里面☆within；em-；en-
里欧式洗煤槽☆Rheolaveur launder
里欧式自由排料箱☆free-discharge Rheo box
里欧洗煤槽密封排料系统☆Rheolaveur sealed discharge system
里欧(槽)洗煤法☆Rheolaveur method
里欧洗选机☆Rheolaveur
里欧型封闭排料箱☆Rheolaveur sealed-discharge box
里欧型筛☆Leahy screen
里帕利期☆Lipalian age
里奇利斯科尔斯重介质选矿法☆Ridley Scholes process
里奇蒙德(阶)[北美;O_3]☆Richmondian (stage)
里奇特矿☆richterite
里赛特石☆lisetite
里氏三级地震☆third-degree earthquake by Richter scale
里斯冰期[欧;Qp]☆Riss glaciation；Riss glacial stage
里斯登防堵喷水器☆Risdon nonclog spray
里斯坑[德的一个陨石冲击坑]☆Ries Crater
里斯-武木(间冰期)☆Riss-Wurm (interglacial)
里索螺超科☆Rissoacea
里坦藻属[D]☆Litanaia
里特莱-休尔斯重介选法☆Ridley-Scholes process
里特曼标准矿物成分☆Rittmann norm
里廷格假说[关于破碎]☆Rittinger's hypothesis
里廷格型侧撞式摇床☆Rittinger table
里西定律☆Ricci theorem
里西方程☆Ricci (equation)；identities
里希特介(属)[D]☆Richterina
里希特震级表☆Richter (magnitude) scale
里{利}亨珊瑚☆Lichenaria
里亚式(河口)湾☆ria
里亚赞(阶)[欧;K_1]☆Ryazanian (stage)
里伊勒杜克效应☆Leduc{Righi-leduc} effect
里因罗斯型袖珍沼气检定仪☆Ringrose pocket methanometer
哩[=1.609km]☆mile
锂☆lithium；Li；lithia；litho-；lith-
锂白榍石[$CaLiAl_2(AlBeSi_2O_{10})(OH)_2$]☆bityite
锂白云母☆lithian{lithium} muscovite；trilithionite；bowleyite
锂冰晶石[$Li_3Na_3Al_2F_{12}$;等轴]☆cryolithionite；kryolithionite；lithium amphibole；lithium cryolite
锂长石☆Li-feldspar
锂电气石[$Na(Li,Al)_3Al_6((BO_3)_3(Si_6O_{18}))(OH)_4$;三方]☆elbaite；da(o)urite；rubellite；spodumene；lithium {lithia} tourmaline；Li-tourmaline
锂沸石☆bikitaite
锂氟锂蒙脱石☆lithium-fluor-hectorite
锂钙大隅石☆katayamalite
锂锆整柱石☆zetzerite
锂化食水☆lithiumation
锂辉石[$LiAl(Si_2O_6)$;单斜]☆spodumenite；triphane；lithia ore；spodumene；lithium deposit
锂辉石-锂云母伟晶岩矿床☆spodumene-lepidolite-pegmatite deposit
锂尖晶石[$LiAl_5O_8$(人造)]☆lithium spinel；Li-spinel
锂堇青石☆lithium-cordierite
锂精矿☆lithium concentrate
锂矿☆lithium ore
锂矿床☆lithium deposite{deposit}；liberite
锂蓝闪石[$Li_2(Mg,Fe^{2+})_3(Fe^{3+},Al)_2(Si_4O_{11})_2(OH,F)_2$]☆holmquistite；holmquisite；lithionglaukophan[德]
锂蓝铁矿☆triphyline；triphylite
锂磷锂矿☆lithio-manganotriphylite
锂磷铝石[$LiAl(PO_4)F$]☆hebronite；amblygonite；varisite
锂磷锰石☆sticklerite
锂磷石[$Li_3(PO_4)$]☆lithiophyllite；lithiophosphate；amblygonite
锂磷酸石[$Li_3(PO_4)$]☆lithiophosphate
锂磷铁石☆tavorite
锂铝矿[$LiAl(SiO_3)_2$]☆kunzite
锂绿泥石[$(Li,Na)_2O•3Al_2O_3•4SiO_2•6H_2O$;$LiAl_4(Si_3Al)O_{10}(OH)_8$;单斜]☆cookeite
锂蒙脱石[$(Li,Ca,Na)(Al,Li,Mg)_4(Si,Al)_8O_{20}(OH,F)_4$;单斜]☆swinefordite；hectorite
锂钠沸石☆lithium natrolite
锂钠云母☆hallerite
锂硼绿泥石[$LiAl_4Si_3BO_{10}(OH)_8$;单斜]☆manandonite
锂铍脆云母[$CaLiAl_2(AlBeSi_2)O_{10}(OH)_2$;单斜]☆bityite
锂铍石[Li_2BeSiO_4;单斜]☆liberite；lepidolite
锂漂移硅☆lithium-drifted silicon
锂漂移探测器☆lithium drifted detector
锂漂移锗☆lithium-drifted germanium
锂羟锰钴矿☆elizavetinskite
锂铯海蓝宝石☆maxixe-aquamarine
锂铯辉石☆diaspodumene

锂砂☆lithium concentrates
锂闪石[$Li_3Mg_5Fe^{2+}_{1\text{-}2}Fe^{3+}_2Al_2(Si_4O_{11})_4(OH)_4$; $Li_2(Mg,Fe^{2+})_3Al_2Si_8O_{22}(OH)_2$; 斜方]☆holmquistite; lithium amphibole; cryolithionite; Li-amphibole; lithionglaukophan[德]
锂渗杂的硅探测器☆Li-drifted Si detector
锂/石墨电池☆Li/graphite cell
锂钽矿☆lithiotantite
锂铁石☆liberite
锂铁氧体晶体☆lithium ferrite crystal
锂同位素测温法☆lithium-isotope thermometry
锂土矿☆allophytin; lithiophorite
锂霞石[$Li(AlSiO_4)$; 三方]☆eucryptite; lithionepheline; lithionnephelin
B-锂霞石☆β-eucryptite; β-eukryptite
锂锌矩磁铁氧体☆Li-Zn rectangular loop ferrite
锂蓄电池☆lithium battery
锂盐矿水☆lithia water
锂氧☆lithia
锂硬锰矿[$(Al,Li)MnO_2(OH)_2$;单斜]☆lithiophorite; oakite; lithiopsilomelane; lithiumpsilomelan; elizavetinskite; allophytin; lithiaphorite
锂云母[$K(Li,Al)_3(Si,Al)_4O_{10}(F,OH)_2$; 单斜]☆lithionite; lepidolite; lilalite; lithia-mica; scale stone; lithia{lithium} mica; liliathite; scale-stone; lithionglimmer
锂云母锂矿石☆lithionite ore
锂皂石[$Na_{0.33}(Mg,Li)_3Si_4O_{10}(F,OH)_2$; 单斜]☆hectorite; laponite; hekatolith; ghaussoulith; ghassoulite; magnesium bentonite{beidellite}
俚语☆slang
鲤科☆Cyprinidae
鲤绿泥石☆cookeite
鲤属[N-Q]☆Cyprinus
鲤鱼钳☆combination pliers; slip joint pliers
鳢属☆Ophiocephalus
浬[海里=1.853km]☆knot
礼饼角石科[头]☆Domatoceratidae
礼节☆ceremony
(放)礼炮☆salute
礼品☆propine
礼堂☆auditorium
礼物☆giving; gift; present; offering
礼仪☆ceremony; observance

lì

荔枝螺☆Thais
荔枝螺属[E-Q]☆purpura; Thais
枥粉属[孢;$E_{2\text{-}3}$]☆Carpinipites
栎丹宁酸[缩合丹宁的一种;$C_{28}H_{28}O_{14}$]☆quercitannic acid
栎粉属[孢;K_2-N_1]☆Quercoidites
栎环孢属[C_2-P]☆Tholisporites
栎精☆quercetin
栎木☆oak
栎属[植;K_2-Q]☆Quercus
栎树林☆quercetum [pl.querceta]
栎树岭☆chenier
栎辛[有时指一种栎树苦素 $C_5H_{12}O_6$,有时指栎树中的棕黄晶体——栎树丹宁 $C_{15}H_{12}O_5{\cdot}2H_2O$]☆quercin
栎叶(属)☆Quercophyllum
栗粉属[孢;K_2-E]☆Cupuliferoipollenites
栗钙土☆chestnut soil; castanozem
栗蛤☆Nucula
栗蛤型[双壳]☆nuculoid
栗级无烟煤[圆筛孔 $^{13}/_{16}$～$^{13}/_8$in.,美国无烟煤校度规格]☆chestnut (coal)
栗木☆chestnut
栗木(浸膏)☆chestnut-wood extract
栗色☆nut-brown; maroon
栗色(的)☆sorrel
栗色土☆chestnut
栗石蛤属[双壳;O-C]☆Nuculites
栗属[K_2-Q]☆Castanea
栗形(杏仁体)☆gnocchi [sgl.gnoccho]
栗子红[石]☆Rosa Chestnut
丽蚌(属)☆Lamprotula
丽贝卡[女名]☆Rebecca
丽齿兽(次)亚目☆Gorgonopsia
丽齿猪属[N_1]☆Listriodon
丽春红{花}☆ponceau
丽岛斑岩☆liparite
丽貂[Q]☆Charronia
丽壳介属[E1]☆Leptoconcha
丽口螺属[腹;K-Q]☆Calliostoma
丽马属[N_2]☆Calippus
丽神介属[K-Q]☆Cytheridea
丽石黄衣☆Xanthoria elegans
丽水窑☆Lishui ware
丽苔藓虫属[K-Q]☆Callopora
丽兔属[N]☆Bellatona
丽线迹[遗石;K-N]☆Cosmoraphe
丽星介属[R-Q]☆Cypria
丽羊齿(属)[C_3]☆Callipteridium
丽叶菊石属[头;T_3]☆Calliphylloceras
丽藻属[轮藻;K-N]☆Nitella
丽枝苔藓虫属[C_1]☆Callocladia
丽枝藻属☆Lamprothamnium
丽足类[介]☆myodocope
丽足目[介;O-Q]☆Myodocopida
丽足亚目[介]☆myodocopa
厉害☆badly[worst;worse]
励爆性能☆exciting behavior
励磁☆excitation; excite; stimulate; stimulation
励磁场☆field of excitation; exciting field
励磁机☆exciter; initiator; EX
励磁开关☆field switch; FS
励磁强化线路☆field-forcing circuit
(电池内的)励磁溶液☆excitant
励磁线圈☆filed{field;magnet;energizing;exciter; magnetizing} coil; field{exciting} winding; FC
励磁中断开关☆field break switch
励弧式水银整流器☆exitron
砺砥☆phthanite; phtanite; lydianite
砺菊石属[K_2]☆Sharpeiceras
砺石☆burr
砾☆gravel; chisel; rudus
砾壁井☆gravel-wall well
砾变岩☆lavialite
砾层☆gravel stratum{bed}
砾丛[冰缘]☆block cluster
砾(石)的☆chiselly; chisley; rudaceous
砾堤☆shingle bank; pit run
砾锆石☆zircon favas
砾管☆gravel pipe
砾海☆block field{sea;spread;waste}{felsenmeer}[冰缘]; boulder field; blockmeer[德]
砾海泡石☆meerschaum
砾河☆block{boulder;rock} stream
砾灰岩☆calc(i)rudyte; calc(i)rudite; rudstone
砾积矿床☆gravel deposit
砾壳☆serir
砾块堆[冰缘]☆block packing
砾块控制坡☆boulder controlled slope
砾块蠕动☆scree screep; scratch creep
砾垒☆shingle rampart
砾棱面☆boulder facet
砾粒☆gravel grain
(冰成)砾链☆boulder chain
砾列☆boulder train
砾磷块岩☆phosphorudite
砾脉☆pebble dike
砾磨(机)☆pebble mill
砾漠☆reg; gibber plain; gravel desert; desert armor; serir [pl.serir]; ramla; raml
砾泥☆boulder clay
砾(岩质)泥岩☆paraconglomerate; conglomeratic mudstone
砾器☆pebble tool
砾砂☆grit; gravel{gravelly} sand; moulding gravel
砾砂比☆gravel-to-sand ratio
砾砂锡石☆grouan lode
砾砂直径比☆gravel-sand size ratio
砾沙漠☆gravel desert; reg
砾石☆gravel (stone;pebble); grave; gravelstone; broken{pebble} stone; pebble (gravel;stone); grail; bibbley-rock; moellon; rounded aggregate; ratchet; boulder; chad; dirt; cailloutis; granule; grouan; tor; roundstone; grav.
砾石岸☆gravel{shingle} bank; hard shore
砾石壁井☆gravel-packed well
砾石层位置测定☆gravel spotting
砾石沉降效应☆gravel settling effect
砾石衬管☆gravel-packed liner
砾石承托塞☆gravel retainer plug
砾石尺寸分级{选择}☆gravel sizing
砾石充填☆gravel placement{pack;insertion;fillup; fill; packing}; GP
砾石充填层间的密封☆gravel seal
砾石充填后(的)酸化作业☆post gravel pack acid job
砾石充填离合短节[丢手接头]☆gravel pack clutch joint
砾石充填筛管防砂☆gravel pack screen sand control
砾石充填双罐混砂装置☆double pot gravel pack mixing unit
砾石充填体积(压实)效率☆gravel compaction volumetric efficiency
砾石充填(有)效(性)☆gravel packing effectiveness
砾石充填液☆gravel placement{packing} fluid
砾石充填液滤器☆gravel fluid screen
砾石充填用的油☆carrier oil
砾石充填用的砾石☆gravel-pack gravel
砾石储器☆gravel containment
砾石瓷☆pebbleware
砾石大小规定范围☆specified gravel size range
砾石带☆channel width
砾石导向斜板☆gravel ramp
砾石的☆chiselly
砾石的充填体积☆bulk volume of gravel
砾石-地层砂界面☆gravel to sand interface; gravel/formation sand interface
砾石-地层砂直径中值比☆gravel-to-sand median diameter ratio
砾石顶面位置☆gravel level
砾石堆☆gravel fillet; ruckle; rubbish detritus
砾石堆坝☆gravel bank
砾石堆积☆xalsonte; gravel buildup
砾石分析☆pebble analysis
砾石覆盖的阶地☆gravel-covered terrace
砾石附加量☆additional gravel
砾石盖层☆gravel mulch; deckenschotter
砾石供给罐☆gravel supply cylinder
砾石构造☆pebbly structure
砾石骨料混凝土☆gravel-aggregated concrete
砾石过滤器{池}☆gravel filter
砾石河床☆sai
砾石脊垒☆rubble rampart
砾石拦截坑☆gravel trap
(礁缘)砾石垒☆shingle rampart
砾石类土☆gravel soil
砾石临界粒径☆critical size of pebble
砾石黏土亚层土☆ratch
砾石碾压基础☆gravel foundation
砾石浓度增加[由于携砂液在管壁的附着作用]☆roping
砾石平原砂矿☆gravel plain place
砾石群落☆petrium
砾石润滑管线☆gravel lube line
砾石撒布机☆gravel spreader
砾石砂浆充填作业☆slurry pack job
砾石砂岩☆pebble sandstone
砾石山麓☆bhabbar; bhabar
砾石扇☆conglomerate fan
砾石收集漏斗☆pebble collecting hopper
砾石滩☆boulder{shingle} beach; gravel bar; ruckle; chisle; bank of gravel; pavement
砾石土壤☆gravelly{gravel} ground
砾石围填层☆gravel wall
砾石洗涤法[清除泥团、土块]☆sink-float process
砾石向下充填推进☆downward progression of gravel
砾石形成砂桥☆gravel bridging
砾石与割缝的尺寸组合☆gravel-slot combination
砾石与液体的混合物☆gravel fluid mixture
砾石找矿☆tracing float
砾石找矿法☆sho(a)ding; gravel method; boulder prospecting
砾石质河床☆dry bed{wash}
砾石质网{辫}状河☆pebbly braided river
砾石中的细砂☆gravel fine
(料井中)砾石逐渐向下充填推进☆downward progression of gravel
砾石注入充填计量装置☆positive injection gravel compaction metering unit
砾滩☆boulder{shingle} beach; boulder and shingle foreshore; gravel bank; shingle; strand-wall; pit run; air[俄]
砾条带☆block stripe
砾(质)土☆gravel(ly) soil

L

砾下泥炭☆pebble peat
砾屑构造☆psephitic structure
砾屑灰岩☆calc(i)rudyte；calc(i)rudite
砾屑岩☆rudite；rudyte；psephyte；rudstone；rudaceous rock；psephite
砾屑锥☆sai
砾岩☆conglomerate；gravelstone；bibb(l)ey-rock；conglomerate{pudding;bibbley} rock；psephyte；psephite；conglomeration；grozzle；very coarse sand；(cemented) gravel；pebble；pudding stone；congl
砾岩单岩碎屑的☆oligomictic
砾岩型铀矿☆conglomerate type U-ore；conglomerate
砾原☆felsenmeer；sorted{boulder} field
砾质的☆rudaceous
砾质泥☆gravelly mud
砾质泥岩☆paraglomerate；pebbly mudstone
砾质壤土☆gravelly{gravel} loam
砾质沙漠☆gravel desert；reg
砾质砂泥岩☆yakatagite
砾质土☆gravelly soil{ground}；gravel ground；roach；calculous{rubbly;fragmental;chisley} soil
砾质岩☆psephite；psephyte；rudyte；rudite；rudaceous rock
砾状的☆rudaceous；psephitic
砾状灰岩☆rudstone
砾状火药☆pebble powder
砾状矿石☆bouldery ore
砾状熔岩☆lapillo
砾状岩☆rudite；rudyte；rudaceous rock
砾组构☆gravel fabric
历程☆mechanism；journey；track；history
历程解释☆mechanistic explanation
历法☆old style；os
历日{|石}☆calendar day{|stone}
历时☆duration
历时的☆diachronic
历时很短的测试☆short-duration test
历史☆history
历史记录应用☆historian applications
历书☆almanac
历书时(间)☆ephemeris time；ET
历元☆epoch
蛎石☆calcite
利奥维尔球粒陨石☆Leoville chondrite
利板输送机☆continuous conveyor
利比里亚矿业公司[非]☆Liberia Mining Co.；LMC
利比亚☆Libya
利德维尔式矿床☆Leadville-type ore deposit
利迪亚红[石]☆Rosa Lydia
利尔[磁阻单位]☆rel
利凡底风☆levante
利废车间☆salvage{utilizing} department
利福来[弹性沥青]☆liverite
利钙霞石[$(Ca,Na,K)_8(Si,Al)_{12}O_{24}(SO_4,CO_3,Cl,OH)_4 \cdot H_2O$;六方]☆liottite
利硅铁石☆lillite
利哈伊型柱塞跳汰机☆Lehigh plunger jig
利亨珊瑚属[O_{1-2}]☆Lichenaria
利基猿人[东非]☆Homo erectus leakeyi；Chellean man
利力型提升机控制器☆Lilly (hoist) controller
利硫砷铅矿[$Pb_9As_{13}S_{28}$;单斜]☆liveingite；rathite-Ⅱ
利率☆interest rate；rate of interest
利玛松☆limacon
利莫里亚[传说中沉入印度洋海底的一块大陆]☆Lemuria
利诺斯型巷道掘进机☆Lee Norse miner
利诺牙形石属[O_{1-2}]☆Lenodus
利帕(系)[An€-€]☆Lipalian
利帕尔纪☆Lipalian
利普金双毛细管比重计☆Lipkin bicapillary pycnometer
利润☆profit；interest；earning；economic gain；return；profitability
利润法☆law of profit
利润分成{配}☆profit sharing
利润风险投资比☆profit to risk investment rate；PRI
利润及亏损☆profit and loss；P & L
利润净额☆net profit
利润留成☆proportional profit retention；retained profit
利润率[利益与投资之比]☆profit margin{rate;percentage}；rate of profit{return}；benefit-cost ratio
利润损失保险☆loss of profits insurance
利润投资比☆profit to investment ratio；P/I ratio
利萨如图(形)☆Lissajous figure
利蛇纹石[$Mg_3Si_2O_5(OH)_4$;单斜]☆lizardite；bastite
利石淋☆treating urolithiasis
利斯冰期☆Riss glacial age；Riss glaciation
利斯-玉木冰间期☆Riss-Würm interglacial age
利通资源勘探(仪器)公司[美]☆Litton resources systems
利托夫近似☆Rytov approximation
利托立纳期☆Littorina age
利息☆interest；taking；usance
利息备付率☆interest coverage ratio；ICR
利息单☆coupon；interest note
利息和{与}折旧☆interest and amortization
利息曲线☆yield curve
利息因素☆interest factor；IF
利希特介属[D-C]☆Richterina
利心菜属[红藻]☆Laurencia
利益☆benefit；account；advantage；behalf；interest；profitability；favour；profit；gain；favor；int
利益共享☆pooling-of-interest
利用☆utilization；utilize；impose；make use of；take advantage of；embrace；harness；exploit；profit；deployment；resort；exploitation；take
利用不足☆under-utilization
利用(铀等)的核能☆burn
利用反射比检测法产生的图像☆reflectogram
利用废物☆scavenge
利用罐笼上向凿井☆cage raising
利用机械上向凿井☆machine raise
利用率☆use{utilization} ratio；capacity{utilization;use; utility;usage} factor；output coefficient；usage；coefficient{factor} of utilization；availability；utilization (coefficient)；efficiency
利用图表☆diagrammatically
利用系数☆coefficient of utilization{use}；output coefficient；utilization factor{coefficient}；CU
利用系数不高的炮眼组☆short round
利用效率☆utilization efficiency；availability factor
利用亚硝酸盐细菌☆nitrite utilizing bacteria
利用因数☆use{utility;utilization} factor
笠(状壳)[腹]☆patelliform
笠贝属[腹;T-Q]☆Acmaea
笠蚶☆Limopsis
笠囊属[C_2]☆Potoniea
笠石[建]☆tablet
笠头螈(属)[P]☆Diplocaulus
例钩水系☆barbed drainage pattern
例如☆for instance{example}；e.g. ；exempli gratia {gratis;causa;verbi gratia} [拉]；par exemple[法]；f.e.；ex gr；ex.
例外☆exception；ex.；exc.；exceptionally
例外法则☆law of exception
例外论☆exceptionalism
例行分析☆routine{control} analysis
例行校验☆current check
例行试样☆routine sample
例行顺序检查☆routine examination
例证☆illustration；exemplification；exemplify；illust.
例证的☆paradigmatic
例证性的☆illustrative
例子☆exponentially；example；illustration；case studies；an example of
痢疾内变形虫☆entamoeba histolytica
立☆stand
立(井架)☆rig up
立板桩☆vertical sheet pile
立刨床☆slotter
立标☆pharos
立标灯☆beacon light
立标桩☆staking
立波☆standing wave
(截煤机)立槽截盘☆shearbar
立槽煤☆vertical seam
立槽煤层☆pitching coal{bed}
立层缝合线☆bed-normal stylolite
立场☆footing；standpoint；stand(ing)
立撑☆stanchion
立吹毛纱机☆vertical-blast sliver machine
立吹棉机组☆vertical-blast wool-forming aggregate
立刀架子☆tool head
立导轮☆drum sheave
立德粉☆lithopone
立德炸药[一种强力炸药]☆lyddite
立地架☆floorstand
立定☆halt
立法☆legislation
立法机构☆senate
立法机关☆legislature
立方☆cube；cubic；C.；third power
立方(体)☆cubi-
立方半面象(晶)组[$m3$ 晶组]☆cubic hemihedral class
立方氮化硼砂轮☆cubic boron nitride abrasive wheel
立方(左右)对映象(晶)组[432 晶组]☆cubic enantiomorphous class
立方反比律☆inverse cube law
立方锆石☆arkelite
立方格子☆cubic lattice
立方毫米☆cubic millimeter；cu. mm；cmm.
立方极性(晶)组[23 晶组]☆tesseral polar class
立方尖晶石型磁铁矿[γ-Fe_2O_3]☆cubic spinel-like magnetite
立方节理☆parallelepipedal{parallelepipedic} joint
立方晶系☆isometric{cubic;tesseral} system
立方厘米☆cubic centimeter；cu cm；CC
45 立方码☆45-cu yd
立方码数☆yardage
立方米☆cubic meter；cu m；stere；MC
立方面心堆积☆face-centered cubic packing
立方球虫科[射虫]☆Cubosphaeridae
立方全轴(晶)组[432 晶组]☆tesseral holoaxial class
立方全面象(晶)组[$m3m$ 晶组]☆cubic holohedral class
立方四分面象(晶)组[23 晶组]☆cubic tetartohedral class
立方体☆hexahedron；cube
立方体的☆hexahedral；cubic；tesseral
立方体抗碎强度{率}☆cube crushing strength
立方体棱法☆cube-edge method
立方体试块强度☆test cube strength
立方体心堆积☆body-centered cubic packing
立方烷☆cubane
立方形充填☆cubic packing
立方形的☆cuboid
立方形混凝土搅拌式搅拌机☆cube concrete mixer
立方形煤☆cube coal
立方形因数☆cubicity factor
立方异极象(晶)组[$\bar{4}3m$ 晶组]☆cubic hemimorphic class
立方英尺☆cubic foot；cu ft；cub. ft.；cft；cf
立方藻(属)[蓝藻;Ar]☆Eucapsis
立方中心(晶)组[$m3$ 晶组]☆tesseral central class
立方最紧密填集☆cubic closest packing
立杆☆upright (stanchion)；poling
立根[三根钻杆组成]☆stand；three-joint unit；triple；thrible；thribble；setback[钻杆]
立根垫☆pipe setback
立根盒☆conduit support；set back (area)；pipe setback
立构嵌段☆stereoblock
立构橡胶☆stereorubber
立管☆standpipe；stand{down;riser} pipe；r(a)iser；pipe riser；subsea riser[海底]；SP
立管单根☆riser joint
立管吊耳☆raiser ear
立管空盒气压计☆cntrabarometer
立管逆流(式)换热器☆vertical-tube counter-current heat exchanger
立管式井☆standpipe-type well
立管系泊油轮☆riser {-}moored tanker；RMT
立管压力☆standpipe pressure；SPP；SP
立滚筒☆vertical drum
立焊☆vertical position welding
立合同人☆contractor
立即☆off hand；on the spot；immediately；at once
立即承受载荷立柱☆immediate bearing prop
立即充填☆contemporaneous fill(ing)；simultaneous {immediate} fill
立即的☆instant；inst；instantaneous
立即付现☆immediate cash payment
立即可采用的技术和工艺☆off the shelf
立即取数加☆zero-access addition
立即释放信号☆immediate release signal
立即有效或一定时期内有效的确定报价☆firm offer
立架☆floorstand
立交桥工程地质勘察☆engineering geological exploration of grade separation
立浇☆vertical casting

立脚点☆footing
立界限的☆circumscribe
立借据人☆maker
立井☆shaft; vertical{plumb} shaft
立井架☆erection of derrick
立井开拓☆opening-up by vertical shafts
立刻☆straightaway; now; instant
立刻{时}充填☆immediate{simultaneous} fill
(直)立矿层☆vertical seam
立理☆rift
立砾构造☆edgewise structure
立轮分选机☆vertical lifting; wheel separator
立脉☆pitch
立面[建筑物]☆upright
立面环型☆vertical closed circuit
立面图☆elevation (drawing)
立磨☆pendulum ring-roller mill
Lopulco 立磨☆Lopulco roller mill
立碾轮☆edge stone
立剖面图☆sectional elevation
立式安瓿机☆vertical ampoule forming machine
立式薄毡机组☆vertical-blast mat forming aggregate
立式车床☆turning machine
立式吹炉☆upright converter
立式多段燃烧炉☆vertical multistage furnace
立式多级冷凝泵☆vertical multistage condensate pump
立式烘砂炉☆vertical sand drying oven
立式搅拌磨机☆vertical stirred mill
立式坑泵☆vertical sump pump
立式离心除砂机[纸]☆erkensator
立式离心磨☆vertical centrifugal mill
立式磨口机☆vertical taper joint grinder
立式黏土砂泥捏和机☆loam kneader masticator
立式泡沫泵☆vertical froth pump
立式砂带磨☆vertical belt sander
立式砂辊碾米机☆vertical grinding roller rice mill
立式双联旋风消音器☆vertical twin cyclone silencer
立式箱型炉☆vertical box type heater
立式养护窑☆vertical curing chamber
立式叶片混砂机☆rotoil sand mixer; vertical pug mill
立式油罐第一圈钢板☆apron ring
立式圆盘烘砂炉☆rotating disk drier
立式振动法☆vertical vibration moulding process
立式转盘烘砂炉☆vertical rotating dryer
立视图☆elevation (view)
立陶宛☆Lithuania
立体☆stereo; stere-; stero-; ster-
立体变异{更}☆stereomutation
立体测量☆measurement in space
立体测图☆stereomapping; stereocompilation; stereoscopic plotting; stereoplot; stereography
立体测图仪☆photostereograph
立体的☆three {-}dimensional; solid; tridimensional; three-space; three-D; steric; stereo(-); spatial
立体地图☆relief model{map}; three dimensional map
立体地形构想☆stereo-relief construction
立体地形图☆relief map
立体电视☆stereovision; stereo TV; stereotelevision
立体电影☆vectograph
立体对照片☆stereopair picture
立体分析☆stereoscopic analysis
立体辐射三角仪☆stereopantometer
立体感☆stereoscopic sensation; perception of relief; three-dimensional effect
立体感光灯☆modelling light
立体观测☆stereopsis
立体观测半径☆stereoscopic radius
立体观察☆stereoviewing; stereoscopy; stereoscopic vision{viewing}; stereovis(s)ion
立体航摄{空}相片☆stereoscopic aerial photograph
立体合成仪☆stereoscopic synthesizer
立体弧度☆sterad; steradian
立体画法的☆stereographic
立体化学☆stereochemistry; spatial chemistry
立体基准☆stereobase
立体几何☆solid{dimensional} geometry; stereometry
立体几何(图)形的☆dimensional geometric(al)
立体交叉☆flyover; grade separation; flying junction; interchange; bridge-cross; overpass; crossover; overfly
立体角☆solid{spatial} angle; frustum
立体角度的单位☆sterad; steradian
立体镜检验☆stereoscopic examination
立体雷达☆stereoradar
立体模片☆stereotemplet
立体模型☆stereo{space;spatial;stereoscopic;three-dimensional;relief} model; diorama; stereomodel
立体母核☆stereoparent
立体配对相片☆stereo-mate
立体平面投影图☆stereographic chart
立体坡度量测仪☆stereo slope comparator
立体起伏作图☆stereo-relief construction
立体容量☆cubic capacity
立体三角(测量)☆stereotriangulation
立体扫描☆stereoscanning
立体摄影☆stereophotograph(y); stereoscopic photograph
立体摄影测量原图☆stereorun; three-dimensional photogrammetry artwork
立体摄影测量镜☆stereophotogrammetry
立体声传声道☆stereomicrophone
立体声学☆stereophonics
立体视镜☆stereoscope
立体视觉能力☆power of stereoscopic observation {vision}
立体双色图☆anaglyph diagram
立体投射图☆pi diagram
立体投影☆stereographic{stereoscopic;perspective} projection; stereoprojection
立体投影测图仪☆stereoprojector
立体图☆block diagram{mass;map}; isometric drawing {view}; graphic model; cubic chart; stereogram; space diagram{map}; stereonet; solid figure; three-dimensional {stereographic(al); stereometric; stereograph} map; hologram; axonometrical drawing[不等角投影图]; stereoscopic drawing; three dimensional diagram
立体图像☆stereoscopic image; stereopicture
立体卫星☆stereosat
立体相片☆stereophotograph
立体像☆space{three-dimensional;relief} image
立体像对☆stereospair; stereo-mate; stereoscopic {vertical} pair; stereo(-)gram; stereograph; pair of stereoscopic pictures; matched print{image}
立体异构(现象)☆alloisomerism; stereoisomerism
立体异构组成☆stereoisomeric composition
立体异性☆stereoisomerism
立体音响☆stereophony
立体印象☆impression of space; stereoscopic{space} impression
立体(摄)影绘图仪☆multiplex
立体照相的☆stereographic
立体制图☆stereo-mapping
立体自动测{绘}图仪☆stereoautograph
立体坐标测量{量测}仪☆stereocomparator
立体坐标测图仪☆stereocomparagraph
立筒预热器窑☆dry-process kiln with shaft preheater
立铣刀☆end mill
立箱式矿浆泵☆vertical tank slurry
立像☆erect image
立斜相连井☆tender vertical shaft
立窑☆vertical{shaft} kiln
立窑播料器☆swivel feeding spout
立窑单位截面积产量☆capacity of shaft kiln per-unit cross sectional area
立缘石☆vertical curb
立约人☆promiser
立爪式装岩机☆vertical claw rock loader
立轴☆vertical axis{shaft}; spindle
立轴给进系统☆spindle head feed system
立轴解理[矿]☆axotomous
立轴式岩芯钻机☆spindle {-}type core drill
立轴圆盘碎矿机☆vertical spindle disc crusher
立轴转速[钻机]☆rotational speed of spindle
立柱☆upright; stanchion; vertical column{prism}; stands; soldier beam{pile}[基坑]
(由四根钻杆组成的)立柱☆fourble
立柱撑杆☆butt-prop
立柱底座☆prop housing
立柱固定托架☆leg tie bracket
立柱排列间距☆prop spacing
立柱式凿岩机☆drilling machine mounted on column bars
立柱位移☆resetting of post
立柱下沉时间关系曲线☆yield-time diagram
立柱支撑的风镐☆post puncher
立柱支护☆prop{post} timbering; support by props; support (erection); setting; timber(ing); underpropping
立柱支架☆column setup
立转带式砂光机☆vertical head sander
立桩☆staking out; stake
立桩的船锚☆stake anchor
立足处☆footing
立足点☆foothold; standpoint
粒☆grain; gr.
粒斑板岩[德]☆fruchtschiefer
粒斑片岩☆fruchtschieste
粒板牙形石属[T_1]☆Platyvillosus
粒变构造☆granulitic structure
粒变岩☆granulite
粒变岩化☆granulitization
粒冰☆granular{lolly} ice
粒碲银矿[AgTe;斜方]☆empressite; stu(e)tzite
粒度☆granularity (size); (grain;fineness) size; class; graininess; grain-size distribution curve; fraction; grit; granulity; coarseness; grade (size); mesh {particle} size; gradation; granulation; release mesh; size control; size of grains{particle}; fineness
粒度百分数{比}☆size frequency
粒度比☆grading factor
粒度比测器☆grain-size comparator
粒度变化☆granular variation
粒度测定的☆granulometric
粒度测定术{法}☆granulometry
粒度差别☆size-variable
粒度成分☆granulometric{granule} composition
粒度成分均一的☆closely graded
粒度的☆granulometric; sized
粒度的数量频数☆number frequency of grain-size
粒度递变构造☆diatactic{diadactic} structure
粒度范围☆range in size; (grain;particle)size range
粒度范围指数☆size range index
粒度分布☆grain (size) distribution; size{particle-size;grain-size;size-grade} distribution; particle size distribution; distribution of sizes
粒度分类☆grain-size classification
粒度分配离散度☆degree of sorting
粒度分析☆grain{particle} size analysis; grading {granulometric;fractional;granularmetric;sizing;mesh; mechanical;size-fraction{-frequency}} analysis; grain structure analysis; mesh assay; sizing; granulometry; analysis of grain composition
粒度分析渗度法☆permeability method of sizing analysis
粒度和浓度☆particle size and density
粒度合适的矿石[爆破后]☆well-shot ore
粒度混合{掺和}☆blending of sizes; size-blend
粒度级☆cut; fraction; fractionation
粒度计☆hondrometer; granulometer; handrometer
粒度减小☆degradation{size} in size; size degradation; degradation[煤炭]
粒度减小的比率☆size reduction ratio
粒度累加曲线☆grain size accumulative curve
粒度偏集(现象)☆size segregation
粒度曲线☆grading curve
粒度特性☆size characteristic; characteristic size curve; granularity
粒度图形统计参数☆graphic grain-size statistical parameter
粒度误差容限☆tolerance of wrong size
粒度仪☆particle size instrument
粒度中值☆median grain diameter
粒度重量频率☆weight frequency of grain-size
粒度组成☆size composition{distribution;grading}; coarseness of grading; grading; graduation
粒度组成测定☆size-consist determination
粒浮☆agglomerate tabling
粒浮法☆oil-air separation
粒浮机☆skin flotator
粒钙长石[$Ca(Al_2Si_2O_8)$]☆indianite
粒橄榄石☆shannonite
粒骨鱼☆Coccosteus
粒硅钙石[$Ca_5(Si_2O_7)(CO_3)_2$; $Ca_2SiO_4 \cdot CaCO_3$;单斜]☆tilleyite; graded sediment; calcio-chondrodite; calcium {calcian} chondrodite
粒硅锂铝石[$LiAlSi_2O_6 \cdot H_2O$]☆bikitaite
粒硅铝石[$Al_4(SiO_4)_3 \cdot 5H_2O$]☆kochite
粒硅镁石[$(Mg,Fe^{2+})_5(SiO_4)_2(F,OH)_2$;单斜]☆

brocchite；chondrodite；condrodite；langstaffite；prolectite；brucite；tilleyite；maclureite；maclurite
粒硅锰石[$Mn_5(SiO_4)_2(OH)_2$;单斜]☆alleghan(a)yite
粒黑柱石☆wehrlite；phyllinglanz
粒化☆granulation；granulitization；granulate；shotting；pelletization
粒化崩解☆granular disintegration
粒化槽☆shot tank
粒化废渣去堆场☆granulated discard slag to dump
粒化过程☆granulating；granulation；granulate
粒化熔岩{黏土}[冲积层]☆buckshot
粒辉镍矿☆nickel-linnaeite
粒辉石☆coccolite；kokkolith
粒棘[海胆]☆miliary spine
粒级☆fraction；grade (scale;size)；fraction of grain size；grain size grade；size (fraction;degradation;grade; group)；gradation；chondrodite
Φ{φ}粒级标准☆phi (grade) scale
粒级层☆graded bed{layer}；diadactic{diatactic} structure；gradational zone
粒级层粒层递变层☆diadactic structure；grade bedding；gradational zone；graded bed
粒级(递变)层序☆graded-bed sequences
粒级分布☆distribution of grain size；size-grade distribution
粒级分析☆fractional analysis
粒级构造☆diatactic{diadactic} structure
粒级界限☆grading limit
粒级曲线☆grain-size curve
粒级向上变细现象[沉积岩]☆coarse-tail grading
粒间变形☆intergranular deformation
粒间的☆graded bedding
粒间的范德华-伦敦吸引力☆interparticle Van der Waals-London's forces
粒间键☆inter-particle bond
粒间接触☆grain-to-grain contact
粒间孔隙度☆interparticle porosity
粒间离散作用☆interparticle dispersion
粒间(机械)流☆cataclastic flow
粒间流体☆pore{intergranular} fluid
粒间摩擦☆particle{intergranular;interparticle} friction
(黏土)粒间泡胀☆intermicellar swelling
粒间双电斯特恩层☆interparticle double Stern layer
粒间损耗☆intergrain loss
粒间压力☆grain-to-grain{intergranular} pressure；effective stress
粒间作用力☆interparticle force
粒界扩散☆grain-boundary diffusion{migration}；intergranular diffusion
粒界面能☆grain-boundary surface energy
粒界面破碎[矿粒]☆boundary breaking
粒晶☆crystallon
粒晶状的☆granular-crystalline
粒径☆particle diameter{size}；(grain) size；gradation；grade；size of particle
粒径短轴☆short dimension
粒径分布☆particle-size{size} distribution
粒径分类☆grain size classification
粒径分析☆granulometric{size;grading;grainsize} analysis；grain{particle} size analysis
粒径级配☆grain size distribution；grading
粒径累加曲线☆size-cumulative curve
粒径中断☆break in grain size
粒径中值☆median diameter
粒径重量频率☆particle-size weight frequency
粒径组合☆fraction
粒料☆aggregate；pellet
粒磷(钠)锰矿[$H_2Na_6(Mn,Fe,Ca)_{14}(PO_4)_{12}•H_2O$;单斜]☆fillowite；fillouite
粒磷铅铀矿[$Pb(UO_2)_2(PO_4)_2•3H_2O$;斜方]☆dewindtite
粒鳞鱼属[J-K]☆Coccolepis
粒榴石☆rothoffite [$(Ca,Mg)_3Al_2(SiO_4)_3$]；allochroite [一种钙铬石榴石;$Ca_3Cr_2(SiO_4)_3$]；aplome [$Ca_3Fe_2(SiO_4)_3$]；haplome[$(Ca,Mn)_3Fe_2(SiO_4)_3$]；polyadelphite [$Mn_3Fe_2(SiO_4)_3$]；polyadelphine；allochthonous；xantholith；xantholite；andradite
粒硫砷铊铅矿☆wiltshireite
粒轮藻属[E_2-N_2]☆Granulichara
粒煤☆bean；pea coal
粒镁硼石☆kotoite
粒面☆grainflat
粒面比☆grain surface ratio
粒面单缝孢属[C_2]☆Punctatosporites
粒面的☆granulose
粒面厚缘球藻属[Є]☆Granomarginata
粒面具环单缝孢属[C-P]☆Speciososporites
粒面切壁属[孢子;C_2]☆Granexinis
粒面球藻属[E_3]☆Granodiscus
粒内变形☆intragranular deformation
粒内成核(作用)☆subgrain nucleation
粒内孔隙度☆intragranular porosity
粒泥(状)灰岩☆wackestone
粒皮钝口螈☆Ambystoma granulosum
粒片状☆grano(o)schistose
粒群☆particle group；size fraction
粒砂☆granule；buckshot sand
粒筛☆coarse screening
粒砷硅锰矿 [$(Mn,Mg,Zn)_{22}(AsO_3)(AsO_4)_3(SiO_4)_3(OH)_{21}$；三方]☆macgovernite；mcgovernite
粒砷锰矿☆chondrarsenite
粒砷硅锌矿[$(Mn,Mg,Zn)_7(AsO_3,AsO_4)(SiO_4)(OH)_7$]☆macgovernite
粒石料[建]☆matrix
粒属灰岩☆grainstone
粒水硼钙石[$Ca_3B_6(OH)_{12}•2H_2O$]☆nifontovite
粒锑锰矿☆chondrostibian
粒锑银矿☆empressite
粒体力学☆particulate mechanics
粒铁☆ball iron
粒铁法☆nodulizing
粒铁矾[$Fe^{2+}Fe_2^{3+}(SO_4)_4•14H_2O$;三斜]☆ro(e)merite；buckingite；ferroro(e)merite；louderbackite
粒透辉石☆funkite
粒团作用[土]☆aggregation
粒网球藻属[E_3]☆Granoreticella
粒硒铜铅矿☆zorgite
粒锡☆granulated tin
粒霞正长岩☆chibinite；khibinite
粒线(构造)☆grain lineation
粒向应力☆grain-to-grain stress
粒屑灰岩☆interparticle；grainstone
粒心[植]☆hilum
粒形☆grain{particle} shape；grainded；grainy
粒形分析☆grain shape analysis
粒性☆granularity
粒序☆size grading
粒序层☆graded bed
粒序层理☆graded bedding；grainstone
粒玄结构☆doleritic texture
粒玄岩☆dolerite；mimesite；whin
粒玄质瓦克砂岩☆dolerite-wacke
粒雪☆firn[德]；neve；firn{corn} snow；dolerite；snow grain
粒雪冰☆firn ice；iced firn
粒雪冰崩☆fire-ice avalanche
粒雪冰壳[德]☆regenfirn
粒雪化(作用)☆firnification
粒雪镜面☆firn mirror；fi(r)nspiegel
粒雪上薄冰壳☆firnschleier
粒雪上厚冰壳☆firnharsch
粒雪线☆firn limit{line}；line of fir.
粒岩☆firn snow
粒岩粒风化☆fretwork
粒硬石膏☆vulpinite
粒缘☆grain boundary
粒状☆granulose；granulate；granular
(多)粒状☆graininess
粒状(结构)☆grainy
粒状壁☆granulose wall
粒状变晶[结构]☆granoblastic
粒状宾汉体浆液☆granular Binghamian grout
粒状玻璃☆beaded glass
粒状剥离{落}☆granular exfoliation
粒状氮化钙☆granular calcium chloride
粒状的☆granular；grained；granulated；granulous；graniform；grainy；nodular；gran.
粒状地层砂☆grained formation sand
粒状防偏剂☆granular loss circulation material
粒状刚砂☆powdered emery
粒状古橄陨石☆amphoterite
粒状黑药☆corned powder
粒状灰岩☆granular (limestone)；grainstone
粒状火药[发射药]☆chopped{corned;granulated; grain} powder；grain
粒状焦性磷酸钠☆sodium acid pyrophosphate granular
粒状角岩☆cornubianite
粒状结构☆granular{granule} texture；granula
粒状结合的钙长石☆Indian stone；indialite
粒状精煤{矿}☆granular concentrate
粒状矿石☆acinose ore
粒状连生{互扣;交织}结构☆granular interlocking texture
粒状煤☆run coal
粒状棉☆granulated wool
粒状模塑化合物☆granular moulding compound
粒状融合体☆synapticulae
粒状砂☆grained sand
粒状深变岩☆granolite
粒状深海灰岩☆saproconite；saprokonite
粒状砷酸锰矿[$Mn_3(AsO_4)(OH)_3$]☆chondrarsenite
粒状石灰☆pebble lime
粒状石墨☆graphite granule
粒状石英☆granular quartz；quartz grain
粒状碳[电极粒状物]☆kryptol
粒状体☆coccodes
粒状突起☆granule
粒状微晶石英☆granular microcrystalline quartz
粒状物污染☆particulate pollution
粒状锡☆granulated tin
粒状岩☆granular{grained} rock；kokkite
粒状岩石☆gruss；grush
粒状叶理☆grain shape foliation
粒状炸药☆corned{grain;pellet} powder；prilled explosive
粒状炸药装药器☆prill loader
粒状支承骨架☆granular bearing skeleton
粒子☆corpuscle；particulate；particle
α粒子☆alpha particle{ray}；helion；α-particle
粒子的反转☆population inversion
粒子发射☆corpuscular
α粒子反冲径迹☆alpha-particle recoil track
粒子辐射☆bombardment；corpuscular radiation
粒子记录器☆particle recorder
粒子间的☆interparticle
粒子交锁说☆interlocking grain theory
粒子数☆population
粒子束流☆particle beam
粒子微分通量密度☆differential particle flux density
粒子物理学☆particle physics
粒子相位变化☆granular phase transformation
粒子效应☆effect of particulate
粒子诱导☆grainstone
沥滤(法)☆leaching
沥滤车间☆lixiviation plant
沥滤-沉淀-浮选联合法[选铜]☆leach-precipitate-float；leach(ing)- precipitation-flotation process；L.P.F.
沥滤法回收矿物堆☆leach pile
沥滤离子交换浮选联合法☆leach-IX-flotation process
沥滤器☆leach
沥滤物料☆lean material
沥滤液☆leachate
沥青☆asphalt；judenpech[德]；leyteite；bitumen；(jew's) pitch；asphaltum；goudron；chian；brea；bitn；Jews' pitch；balkhashite；asphaltos；asphaltus；petrolene；pitch mineral；kir；bitum；tarmac；mexphalt
沥青残渣☆asphalt-bearing residue
沥青层垫☆bituminous mat
沥青衬里的☆bitumen-lined
沥青成因☆bitumogen
沥青带☆tar zone
沥青的☆bitumastic；bituminous；resinous；pitchy
沥青(化)的☆bituminized
沥青的膜状材料☆asphaltic membranous materials
沥青防腐绝缘☆asphalt anti-corrosion insulation
沥青防水膜☆bituminous membrane
沥青敷面的☆bitumen-coated
沥青覆盖层碎石路☆coated macadam
沥青覆面涂料☆bitumastic compound
沥青盖层碎石路☆coated macadam
沥青灌碎石路面☆asphalt-grouted surfacing
沥青光泽☆pitchy luster{lustre}；pitch luster{glance}
沥青光泽褐煤☆pitch coal；bituminous brown coal
(管道绝缘用)沥青锅☆dope kettle
沥青褐煤矿☆pitchy limonite
沥青化☆bituminization (process)；bituminisation
沥青化过程☆bituminization process

L

沥青黄铁矿泥岩☆alum earth
沥青灰石☆anthracolite
沥青灰岩☆bitumen{bituminous;asphaltic} limestone；anthraconite；luhullan；liverstone；limmer
沥青灰岩或砂岩☆asphalt rock
沥青混凝土拌和机☆asphaltic concrete mixer
沥青混凝土混合物☆bitumen-concrete mixture
沥青基☆asphalt(ic){naphthene} base；asphalt-base
沥青基油☆asphalt-base oil
沥青基重质原{石}油☆heavy asphalt crude
沥青浇面☆asphalt topping
沥青胶泥勾缝☆asphalt mastic pointing
沥青胶砂☆asphaltmastic
沥青浸入体☆exudatinite
沥青块路面☆asphalt block pavement
沥青矿☆bituminous ore；rosin blende；asphalite
沥青类☆kerite；bitumen
沥青冷底子油膏☆asphalt cement
沥青砾石☆magallanite
沥青路面[公路的]☆bituminous{asphalt} pavement；bituminous surface；black top surface
沥青路面泛油☆bleeding
沥青煤☆glance{asphaltic;apple;bituminous;stellar;oil;pitch;specular;yolk;pit;asphalt;paraffin} coal；picurite；albertite；stellarite；bituminous lignite；bituminous brown coal；bitumen lepideum
沥青黏层☆tack coat
沥青凝胶[大致指光亮褐煤和低中变质烟煤阶段的凝胶]☆bitumogel
沥青片岩☆pyroschist
沥青片岩(黏)油☆ichthammol
沥青漆☆bituminous paint；bitumastic enamel；asphalt lac
沥青砌石护坡☆asphalt jointed pitching
沥青乳胶☆emulsified asphalt
沥青乳液☆bitumen emulsion
沥青塞缝料☆bitumen-sealing compound
沥青塞圈闭☆asphalt-sealed trap
沥青砂☆brea；asphaltic{tar;bituminous} sand；sand asphalt{bitumen}；tar shad
沥青砂胶☆bitumastic；asphalt grout；bituminous{asphalt(-sand)} mastic
沥青砂石混合物☆colasmix
沥青砂土心墙☆sand bitumen core
沥青砂岩☆kyrock；argulite；asphaltic{bituminous;tar} sandstone；bituminous sandstone kyrock
沥青石棉复合物☆bitumen asbestos compound
沥青-石棉胶合铺料☆bitumen-asbestos mastic
沥青似的☆pitchy
沥青酸酐☆asphaltous acid anhydrides
沥青碎石(施工法)☆asphalt{bituminous} macadam
沥青摊铺机☆asphalt paver
沥青碳☆bitumicarb；bitumencarb
沥青炭☆ring coal
沥青铜矿☆chalkopissite；pitch copper
沥青透层☆priming coat
沥青土☆pitch{asphaltic} earth；bituminous soil；brea
沥青稳定土☆soil-bitumen
沥青烯☆asphaltene
沥青岩☆asphal(t)ite；bituminous{asphalt(ic);pitchy;bitumen} rock；asphalt(ic) stone；kyrock；rock asphalt
沥青岩类☆kerite
沥青页岩☆bituminous{bitumen} shale；pyroschist；hub；naphtholit(h)e；turrelite；(pyroschite) rhums；pyroshale；napht(h)olith
沥青硬壳☆iron pitch
沥青铀矿☆nasturan；uraninite[UO_2]；pitchblende[$(U,Th)O_2$]；nivenite；uranopissi(ni)te；pitch ore；uran(o)niobite；uranatemnite；ulrichite；pezblende；pechuran；pecherz；pechblende[德]
沥青与铺路材料混合物☆colasmix
沥青渣油处理☆asphalt residual treatment；ART
沥青纸☆bituminized{pitch} paper
沥青纸板屋顶☆asphaltic cardboard roof
沥青质☆asphaltene[不溶于石油醚的]；bituminous matter；bituminic；bitumencarb{bitumicarb} [煤中]；asphaltine；ASPH；Asp
沥青质的☆bituminiferous；bituminous；bitum
沥青质灰岩结核☆naphthode
沥青质砂☆bituminous sand
沥青质体☆amorphous bitumen；bituminite
沥青质岩☆asphalt rock{stone}；kyrock
沥青质(酸)渣☆asphaltic sludge
沥青状泥炭☆pitch peat
沥青状铜矿石☆pitchy copper ore
沥青/总有机碳比值☆bitumen ratio
沥青组合屋面☆asphalt built-up roof(ing)
沥取(法)☆leaching
隶属☆subjection；gear
隶属度☆grade of membership；slave degree
隶属函数☆membership{subordinate} function
隶属于☆underneath
隶属值☆membership value
力☆force；power；strength
力臂☆arm of force；actuating{tension} arm
力臂比☆leverage
力测电流计☆electrodynamometer
力场☆force field；field of force
力程☆range
力的饱和☆saturation forces
力的端点☆point of force
力的分解☆resolution{decomposition} of forces
力的合成☆composition of force；resultant of forces
力的水平分量☆horizontal component of force
力的作用点☆point of force；application point of force
力度减小☆degradation
力多边形☆force polygon；polygon of forces
力构造场☆tectonic field of force；champ tectonique
力函数☆force function
力和力拓铝业公司☆Rio Tinto Aluminium
力矩☆moment；moment of force；torque；tor.；Mt.
力矩变化测量☆moment measure
力矩平衡安全系数☆moment equilibrium factor of safety
力矩中心☆center of moment
力抗☆mechanical reactance
力量☆momentum [pl.-ta]；effort；nerve；agency；fiber；fibre；force；agent；strength
力敏效应☆pressure-sensitive effect
力能学☆energetics；power engineering
力偶☆(force) couple；couple of force
力偶臂☆arm of couple
力偶矩☆moment of couple
力平衡☆force equilibrium{balance}；dynamic balance
力平衡式加速度计☆force balanced accelerometer
力三角形☆triangle of force；force triangle
力士☆Hercules
力势☆force potential
力图☆force diagram[图解]；try hard to；strive to；endeavo(u)r
力拓矿业公司[英]☆Rio Tinto
力外营力☆extraterrestrial process
力-位移特性☆force-displacement behavior
力系☆system of forces
力线☆line of force{flux}；force{flux} line；LOF
力效率☆force efficiency
力心☆center of force
力学☆mechanics；dynamics；mech.
力学成孔钻机☆mechanical drill
力学分析☆mechanical analysis
力学欧姆☆mechanical ohm
力学视差☆dynamical parallax
力学震动条件☆mechanical shock condition
力因数☆force factor
力遇☆dynamic encounter
力源☆source of force
力张量☆force tensor
力秩☆force rank
力阻抗☆mechanical impedance

lián

联氨[$H_2N{\bullet}NH_2$]☆hydrazine；diamine；diamide
联氨基[$H_2N{\bullet}NH-$]☆hydrazino-
联胺☆diammonium
联板☆synapticula [sgl.-lum;pl.-e]；distichals[海百]
联邦☆federation
联邦地理局☆Commonwealth Geographical Bureau
联邦政府法规☆Federal regulation
联(二)苯☆biphenyl；xenene；phenylbenzene
联苯胺[$(H_2N{\bullet}C_6H_4)_2$]☆benzidine；biphenylamine
联苯抱亚胺[$(C_6H_4)_2NH$]☆dibenzo-pyrrole
联苯撑(基)[$-C_6H_4{\bullet}C_6H_4-$]☆diphenylene
联苯物☆phenylog
联苯酰[$(C_6H_5CO)_2$]☆benzil
联苯乙烯☆distyryl；distyrene
联吡啶☆dipyridine；dipyridyl
联笔石属[O_1]☆Zygograptus
联丙烯☆bipropenyl
联播☆network
联测(定位)☆translocation
联产品☆coproduct
联潮道☆thoroughfare；thorofare
联成机组☆team
联顶☆landing
联顶节☆top connecting collar；landing joint
联动☆chain effect{reaction}；linkwork；linkage
联动机☆team
联动机作☆transmission
联动开关☆gang switch
联动链系☆gear(ing) chain
联动轮☆gearing wheel
联动轴☆couple axle
联(二)蒽[$C_{28}H_{18}$]☆dianthranide
联(二)蒽醌☆dianthraquinone
联二烯☆divinyl
联挂推土装置☆earthmoving attachment
联管顶口藻(囊孢)科☆Adnatosphae ridiaceae
联管节☆pipe coupling{union}；union (joint)；pipette union
联管弯头☆union ell
联管箱☆header
联轨站☆junction (station)
联合☆joinder；incorporate；combine；consortium [pl.-ia]；joint[经营]；federation；consociation；band；conjuncture；combination；compounding；union；coalition；associate；alignment；accouplement；junction；alliance；unification；symphysis[骨的]
联合斑岩☆cumulophyre
联合斑状☆cumulophyric
联合爆破☆companion blasting
联合标志☆associative key
联合采高[斗轮挖掘机]☆total digging height
联合采掘机刀盘☆cutting head
联合采煤机底座☆cutter-loader bed
联合产业☆combination industry
联合成组☆overlapping combination
联合抽油的中心动力装置☆central pumping power
联合抽油的中心驱动站☆central jack plant
联合抽油动力装置☆geared pumping power installation
联合抽油装置中单把一口井的联动杆挂起来☆hang her off the bump-post
联合抽油装置传动拉杆☆shackle rod；power line
联合抽油装置支座☆jack saddle
联合储库☆combined storage hall
联合创业☆joint adventure
联合大学☆multiversity
联合的☆joint(ed)；conjunct；combined；copulate；associated；unitized；comb.
联合法☆combination system；overlap method
联合泛滥平原形成作用☆panplanation
联合放射委员会☆Federal Radiation Council；FRC
联合分布☆joint distribution
联合概率☆joint probability
联合干燥混合器☆drying-mixer combination
联合古口☆combination archaeopyle
联合古陆☆Pangea；pangaea
联合古陆分裂☆Pangea break-up
联合古洋☆Panthalassa
联合广播☆simultaneous broadcasting；SB
联合国☆United Nations；U.N.；UN
联合国海洋研究专门委员会☆Special Committee for Oceanographic Research UN；SCOR
联合国环境规划署☆United Nations Environment Program(me)；UNEP
联合国教科文组织☆United Nations Educational, Scientific and Cultural Organization；UNESCO
联合海洋机构地球深层取样☆Joint Oceanographic Institutions Deep Earth Sampling；JOIDES
联合会☆federation；conference
联合机械☆combination machinery
联合给料机{矿器}☆combination feeder
联合(体)监督[钻井]☆team surveillance
联合界面位移☆united{unite} interface displacement
联合经营☆unitization
联合经营的油田☆unit pool
联合局部通风法☆overlap method
联合开采☆unitization；combined working；unitized

L

production
联合开采的油藏☆unit pool
联合开发☆unit{joint} exploitation; unit operation
联合开发前协商☆pre-unit meeting
联合利用☆co-utilization
联合麓原☆coalescing pediment
联合麓原(侵蚀)面☆pediplane; pediplain
联合模型{拟}☆combined model
联合平差☆simultaneous adjustment
联合企业☆combine; joint venture{enterprise}; united enterprise; incorporated business enterprise
联合散射光谱☆Raman spectrum
联合使用☆conjunctive use
联合式回采(法)☆combined stoping
联合收割机☆combine
联合输油运费分配表☆joint tariff
联合碎石机组☆crushing plant
联合体☆complex
联合通风☆interventilation
联合投资☆joint investment
联合凸缘☆companion flange
联合王国☆UK; United Kingdom
联合洗煤{矿}机☆combined washer
联合选矿☆beneficiation combined method
联合循环发电厂☆combined recycle power plant
联合羊齿属[古植;C_{2-3}]☆Desmopteris
联合叶属[古植;P_1]☆Gamophyllites
联合阴极防蚀系统[管道]☆joint cathodic protection system
联合运矿运油船☆combined ore-liner and tanker
联合运算☆join operation
联合运行☆run in conjunction
联合载荷☆compound loading
联合震中法☆joint epicenter method
联合柱状结构☆cumulophyric texture
联合装置☆combination (plant); uniset
联合租赁者☆joint tenants
联合钻机☆churn shot drill; combination drill{rig}
联合作业协议[指油田各作业者之间签订的一项协议]☆joint operation agreement
联合作用☆conjunction
联桁[几丁]☆copula [pl.-e]
联欢会☆social
联会珊瑚属[D_2]☆Synaptophyllum
联机☆on line; on-line; online
联机处理☆in-line processing
联机分析☆on-line analysis
联机调试☆debug on-line; on-line debugging
联级☆lacing
联甲苯☆ditolyl
联结☆connect(ion); connexion; brace; tackle; link; bind; coherency; union; join; interlock(ing); tie; bond; catena(e); piece; conjunction; concatenation
联结板☆connective tabulae; web
联结不平整☆interlocking asperity
联结层☆binder course
联结的☆interlocked; bound
联结的地震记录☆interlocking seismic recording
联结点高度☆drawbar height
联结法☆attachment
联结钩环☆hitching shackle
联结环☆stirrup
联结环节☆transom; transome
联结控制☆coupled control
联结力☆bonding force
联结起☆couple up
联结器☆hookup; coupling device; coupler
联结器松脱(安全)装置☆hitch release
联结卡子☆coupling pawl
联结式混凝土护板☆interlocking concrete-block revetment
联结销☆coupling pin; drag bolt
联结秩☆tied rank
联结装置☆coupling device{unit}; drawbar; draw tongue; hitch structure; hookup mechanism
联结装置起落千斤顶☆hitch lifting jack
联结装置球窝☆hitch ball socket
联(合)控制台☆integrated console
联类植物门☆pteridophyta
联立迭代重建技术☆simultaneous iterative reconstruction technique; SIRT
联立反向投影☆simultaneous backprojection
联立方程☆simultaneous equation; set of equations
联立微分方程组☆simultaneous differential equations
联梁☆binding beam
联列的☆multiple-unit
联列驱动☆tandem drive
联硫基[−SS−]☆dithio-
联龙次亚纲☆Synaptosauria
联轮机☆gear
联络☆communication; intercommunication; nexus; link-up; start{keep up} personal relations; make contact of liaison; maintain contact of liaison; contact; contact between people; liaison
联络测线☆cross-track; tie line
联络道宽度☆track-width
联络点☆point of junction
联络风巷☆air room; cross hole; througher; spout; ventilation breakthrough{connection}; crosscut
联络巷☆connection; crosscut; stenton
联络巷道☆boutgate; connection (roadway); cross hole{heading}; blockhole; breakoff; crossheading; gate road{roadway}; connecting roadway{holing; slot}; doghole; jitty; thirl; linkage; thirling (road); cut-through; gate; slit; window; bolthole; break off; drop way; cross-hole; shoefly
联络巷道的运输☆gate conveyor
联络巷道端部装载机{|转车盘}☆gate-end loader{|plate}
联络巷道端部转载运输机☆gate-end conveyor{feeder}
联络巷道贯通爆破☆holing blast
联络巷道贮矿装置☆gate road bunker
联络平巷☆cut-off; cutoff
联络平巷内端的转车盘☆gate {-}end plate
联络通道☆cutting-off road; connecting roadway
联络线☆junctor; call-wire; tieline; tie line
联络线路☆link circuit
联络小巷☆bolthole; bolt; boxhole; jack{connecting; cross;monkey;box} hole; breakoff; cut-through; hand-holing; hole-through; thirl; breakthrough; thurl(ing); thrilling; stenton; througher; connecting slot; congate[工作面]; doghole; upset
联络小石门☆posting hole
联盟☆federation; alliance; cartel
联囊蕨属☆Rajahia
联配相片☆composite photograph
联票[法]☆coupon
联起来☆couple up
联生的☆adnate
联生叶的[植]☆symphyllous
联羧基☆dicarboxyl
联体群体☆kormogene association
联体系数☆coefficient of association
联通☆connect
联同藻属[Q]☆Dimorphococcus
联筒式燃烧室☆basket tube combustion chamber
联网☆networking
联芴[$C_{26}H_{18}$]☆bifluorenyl; difluorenyl; difluorene
联戊基☆diamyl
联席会议☆joint conference
联系☆coupling; contact; connection; connexion; connecting; concatenation copulation; nexus; communicate; bearing; tie; vinculum [pl.-la]; touch; relation(ship); linking; linkage; relate
联系层☆binding course
联系单元☆associative unit
联系分析☆association analysis
联系铺管用地的人☆right-of-way man
联系者☆joiner
联系装置☆interface
联线(的)☆on-line; join
联线设备☆online equipment
联线调试☆debugging on-Hue
联想☆association
联想地址☆associated address
联辛基☆hexadecane; bioctyl
联谊会☆fellowship
联营☆communitization; consortium; pool
联营公司☆joint-stock company
联用泵☆compound pump
联用技术☆coupling technique
联运☆multimodal transport; MT
联运的☆on-line
联运水道☆bayou
联轴☆coupling shaft; connecting shaft
联轴齿套☆increaser
联轴节☆coupler; (shaft) coupling; connection
联轴节法☆coupling flange
联轴节密合检查☆coupling bluing check
联轴器☆(shaft) coupling; thimble; junction box; cp
联足目☆Haptopoda
联组工作的[如压风机、发动机]☆banked
莲☆Nelumbo
莲花白状钙华体☆petrified basket
莲花山鱼属[D_1]☆Lianhuashanolepis
莲花状构造☆lotus-form structure
莲面螺属[腹;K_1]☆Loxotoma
莲蓬头☆basket strainer; strum; shampoo spray; shower nozzle
莲属[K_2-Q]☆Nelumbo
莲台寺矿☆rendaijiite
莲座蕨孢属☆Marattisporites
莲座蕨目☆marattiales
莲座蕨属☆Marattia
莲座叶丛☆rosette
莲座状☆rosulate; rosette-shape
连☆company; link; join
连槽粉☆syncolpate
连测☆tie-in; conjunction; tie (measurement;in); referencing
连测点☆witness mark; tie point
连测定向标☆corner accessory{accessary}
连测线☆conode
连串的☆consecutive
连串决策☆chain-like decision
连唇型[古]☆syndetocheilic type
连带的☆associated
连岛☆attached island
连岛坝☆tombolo; tying bar
连岛沙坝☆tie bar; debar; pendent terrace
连岛沙洲☆tiebar; tie bar (tombolo); land-tied island; tying{connecting} bar; tombolo; debar
连岛作用☆island-tying
连顶接箍[套管的]☆landing collar
连顶接头☆hook-up nipple
连动杆☆trace
连动拉杆☆connection rod
连冻冰饼☆compound pancake ice
连多硫酸[$H_2S_xO_6$]☆polythionic acid
连二磷酸☆hyphosphoric{hypophosphoric} acid
连二硫酸☆hyposulphuric{hyposulfuric;dithionic} acid
连二亚硫酸[$H_2S_2O_4$]☆hyposulfurous acid
连房管[大型孔虫]☆stolon
连分式{数}☆continued fraction
连杆☆connecting{string;puller;corm;connection;tie; reciprocating;coupling} rod; Jacob's staff; pitman; coulisse; (connection) link; crank-guide; pitman; tierod; trail; debar; perch; nexus; linkage
连杆大头轴瓦☆big end bearing shell
连杆的曲柄头☆big end
连杆孔护板☆pitman eye protection plate
连杆式铝质弹壳射孔器☆aluminum link capsule
连杆窝形夹板☆pitman socket
连杆系☆linkwork
连杆系统☆push and pull system
连杆运动☆link-motion
连杆轴承☆rod bearing; cabbage head
连杆肘板型传动机构☆pitman-and-toggle type head motion
连拱坝☆multi(ple)-arch(-type) dam
连拱廊☆arcade
连骨☆bar (types)
连管☆connecting{connector} tube
连贯☆consecutiveness; consecution; coherency
连贯(性)☆continuity
连贯出溶(作用)☆coherent exsolution
连贯的☆consecutive; coherent
连贯化学模式☆coherent chemical model
连贯孔隙☆continuous interstice
连贯性☆coherence; continuity; consistency
连海含水层☆sea-connected aquifer
连合☆linkage; inosculate; continuity; accouplement
连河湖☆river-connected lake
连环☆interlink
连环码☆recurrent code
连击☆chattermark
连枷☆flair

L

连加号☆summation sign
连接☆junction; join(t)ing; connection; join(der); inosculate; fastening; hook-up; couple; connexion; connecting; chain; catenation; cement; articulation; accouplement; linkage; tag; splice; engage; union; conjunction; link(age); tie {-}in; nexus; make up; gang; compound; contact; lash(ing); crimping; brace; coherence; cascading; mate; articulate[用关节]
(使)连接☆accrete; inosculate
连接扳手☆coupling wrench
连接板☆butt plate; web (joint); patch; gusset; cross piece; link plate
连接臂☆arm-tie
连接部分☆connecting section
连接采煤工作面端顺槽输送机☆gate-end conveyor
连接操作☆attended operation
连接槽☆drive{connecting} trough; connecting {spread} groove; intermediate{matching} piece
连接层☆adjoining course; articulamentum
连接叉☆hitch yoke; shaft clevis
连接次序☆order of connection
连接带[腕]☆connecting band
连接单元☆linkage element
连接的☆jointed; fastening; connected; conjunct; copulate; joint; poled
连接底冲式钻头的岩芯管☆bottom-discharge core barrel
连接点☆junction; connection{tie} point; witness mark; tie-point; junc; attaching{hitch} point
连接电缆☆stub{jointing;connection;umbilical} cable
连接电路☆connecting circuit; CC
连接端子☆splicing ear
连接法☆connection; method of connection; cascade; connexion
连接方法☆articulation
连接附装件法兰☆attachment flange
连接{联结}杆☆coupled {coupling} bar; splice bar; connecting{coupling} link; drag-bar; brace rod; pitman (shaft); tie-rod
连接钩环☆cliver
连接构件☆transom(e); coupling member
连接构架☆braced framing
连接管☆connector; nipple; union; connecting pipe{tubule}; fitting{adapting} pipe
连接管线☆junction line; associated line
连接河道☆breachway
连接环☆connecting ring[头]; hitch clevis; connection link; abutment ring; connecting{union} link; shackle
连接机☆junctor
连接机构☆connection; connexion; cascade
连接件☆junction block{piece}; attachment; bridge piece; web members; fittings
连接键☆locking key
连接节[套筒滚子链的]☆offset link
连接井☆connector well
连接井筒的通风绕道☆dumb drift
连接卡☆hitch clevis
连接控制☆coupled control
连接牢固☆confix
连接两个平行断层末端的斜坡☆fault splinter
连接两矿脉或矿体的石门☆pull drift
连接螺栓☆binding{attachment;coupling} bolt
连接木闸瓦带☆jointed brake
连接器☆coupler; jointer; connector (sub); (joint) coupling; hookup; unitor; catenation; spigot joint; bond; adapter; cp
连接(耦合)器☆coupler; CPLR
连接器箱☆coupling box
连接强度☆strength of joint
连接圈☆joint{coupling} ring
连接上☆tie on
连接石☆bondstone; bonder
连接时间☆connecting time; tie-time
连接室☆link chamber
连接式煤机☆attachment{insertion} plough
连接顺序☆order of connection
连接套☆jointing{adaptor} sleeve
连接套管四通☆casing connecting spool
连接套筒螺栓☆connecting sleeve bolt
连接条☆tiebar
连接图☆connection diagram; diagram of connection
连接文件☆threaded file
连接物☆fastening; connector; attachment
连接线☆connector; connective suture[生]; trunk; link; tie (line); conjugation line; feed-through {feedthru;feedthrough} [印刷电路板正反两面的]; ligature; join[成分点的]
连接线束[天线水平部分和引下线的]☆rattail
连接箱☆splice box
连接性☆connectivity
连接眼☆connoting eye
连接叶[介]☆connecting lobe
连接用垫片☆joint liner
连接圆盘☆clutch disk
连接支撑☆braced strut
连接指令☆break-point{bridging;link} order; link
连接柱[射虫]☆frenulum [pl.-la]
连接抓叉☆brakpan jockey
连接装置☆jockey; coupling device{arrangement}; capping; clam; connection; connexion; connecting device; hitch; attachment; adapter[钻探]
连接着[两端]☆endways
连接钻杆扩孔筒☆rod (reaming) shell
连晶☆intergrowth; crystal stock
连井☆well tie
连孔☆communication pore
连累☆involvement
连梁柱☆post-and-lintel
连流式内燃机☆continuous flow internal combustion engine
连隆地槽☆yoked geosyncline; zeugogeosyncline
连陆沙洲☆connecting bar
连绵☆successiveness
连绵起伏的山峦☆rolling hills
连绵沙丘☆successive dunes
连绵雨☆steady rain
连诺克系☆Lennoxian system
连球藻属[Ar-Z]☆Synsphaeridium
连三硫酸盐☆triothionate; trithionate
连沙洲☆tie bar
连射☆volley
连身齿轮☆cluster gear
连生☆intercrescence; crystal stock intergrowth; attachment
连生的☆intergrown; locked; associated; coadunate
连生度☆degree of locking
连生胶结☆poikilitic cementation
连生晶☆interlocking crystals
连生体☆locked-middling grain; organo-mineral aggregates; adherent; locked particle
连生纤维☆fiber in combination
连生中矿☆locked middling
连生组分解离☆liberation of intergrown constituents
连室细管☆siphuncle
连署☆counter-sign; countersign
连锁☆link(age); continuity; linked together; chain; concatenation; catena(e); interlock(ing); kettung[德;山脉]; interconnecting; locking
连锁的地震记录☆interlocking seismic recording
连锁的滤扇夹具☆interlocking sector clamp
连锁孢子☆hormospore
连锁触点☆block contact
连锁电路☆interlock circuit
连锁断路器☆interlocked circuit-breaker
连锁反应☆chain {-}reaction
连锁开始☆chain-initiation
连锁块☆inter-locking segment
连锁螺线☆lituus
连锁器☆interlocker
连锁沙丘☆complex dune
连锁山嘴☆interlocking spurs
连锁式双辐辊(辊碎机)☆interlocking two-spider roll
连锁体[蓝绿藻]☆hormogonium [pl.-nia]
连锁停止和信号装置☆interlocking; stopping and signalling device
连锁信号☆interlocking signal
连锁中断☆chain-breaking
连条[建筑]☆bracing
连通☆interconnecting; communication; communicate
连通测量☆connection
连通的☆interconnected; connected; opened; open; communicated
连通度☆interconnectedness; connectivity factor; degree of communication
连通风桥浅井☆jack pit
连通管☆connecting{communicating} pipe
连通孔隙☆interlocking{communicating;open} pore; interconnected pores
连通孔隙带☆zone of continuous porosity
连通率☆continuity; specific connectivity
连通器☆permeator
连通式水系☆connected drainage pattern
连通数☆Betti{connectivity} number
连通天井☆cockloft
连通图☆connected graph
连通系数☆connectivity factor; percent continuity
连通性☆connectivity; (inter)connectedness
连同……一起☆in conjunction with
连头(管子)☆tying-in
连位化合物☆vicinal compound
连线☆join (line); wiring; connection of wire
连线盒☆junction box; JB
连线箱☆link box
连香树属[K_2-Q]☆Cercidiphyllum
连续☆continuous(ly); continuity; successively; series; continuation; succession; continuance; continuum; in a row; contiguity; consecutiveness; sequence; catena [pl.-e]; catenae
连续(的)☆consecutive
连续半管壳机☆continuous half-pipe section machine
连续变频信号☆chirp
连续波☆cw; continuous{persistent} wave
连续波电磁发射☆continuous-wave EM transmission
连续驳船卸料机[采用环形胶带系统]☆continuous barge unloader [with loop belt system]
连续不等粒斑状结构☆seriate porphyritic texture
连续布帘滤尘器☆continuous cloth-screen filter
连续采煤机落煤机构☆mining head
连续操作☆hour-to-hour{continuous;continued; consecutive} operation; continuous-running
连续侧摇机构☆continuous side-motion
连续层☆unbroken{continuous} layer; successive layers; pantostrat
连续层序☆extended succession
连续缠绕制管机☆continuous winding machine for pipe
连续成本函数☆continuous cost function
连续乘积☆continued product
连续尺度度量☆continuous metric measurement
连续出版☆serialization
连续除渣层燃炉☆continuous discharge stoker
连续穿斗链(系统)☆continuous line bucket; CLB
连续创造说☆continuous-creation hypothesis; steady- state theory
连续磁编年学☆continuous magnetic chronology
连续导向下井仪☆guidance continuous tool
连续的☆continuous; in series; successive; cont; serial; sequent(ial); uninterrupted; subsequent; consecutive; seriate; unintermittent; successional; straight; running
连续的螺形钢接合衬砌☆helical steel support
连续地[拉]☆seriatim
连续地层倾角-连续{|遥测}井斜仪☆continuous dipmeter-poteclinometer{|teleclinometer}; CDM-P{|T}
连续地震剖面法☆continuous seismic profiling; csp
连续电流☆continuous current; CC
连续电剖面法测量☆continuous electric profiling
连续叠瓦式冲断层☆successive imbricate thrust
连续定律☆law of continuity
连续动作计算机☆continuously-acting computer
连续断面测定☆continuous profiling
连续堆焊☆bead weld
连续对焊工艺☆continuous buttweld process
连续多年冻结☆continuous permafrost
连续额定(功率)☆continuous rating; CR
连续方位导线测量法☆continuous azimuth method
连续分布{|析}☆continuous distribution{|analysis}
连续辐射☆general{white} radiation
连续辐射式雷达☆continuous-wave radar
连续俯摄摄影机☆overhead sequence camera
连续钢筋混凝土路面☆continuous reinforced concrete pavement
连续更换燃料☆continuous refuelling
连续工作面开采(法)☆continuous face mining
连续工作时数☆stream hours
连续观测值的平均值☆running average

连续贯入☆legato injection
连续光谱干涉滤光器☆continuous spectrum interference filter
连续过程试验☆locked test
连续函数☆homoeomorphism；continuous function
连续航带影像{片}☆continuous-strip image
连续横木条☆batten
连续后投影☆continuous back projection
连续后退式采矿法☆continuous retreat method
连续戽斗链(系统)☆CLB；continuous-line bucket
连续环状衍射图☆continuous ring pattern
连续回采☆allwork；continuous extraction
连续挤水泥法☆continuous pumping method
连续计划☆rolling plan
连续记录地层倾角仪☆continuous dipmeter
连续记录黏度仪{计}☆viscorator
连续加荷固结仪☆continuous loaded oedometer
连续加料炉☆continuous furnace
连续加氯处理☆continuous chlorination
连续监控{测}☆continuous monitoring
连续监视☆watch-keeping
连续检定运行☆successive proving run
连续接合传动☆continuous drive
连续介质☆continuum [pl.-nua]；continuous medium
连续介质力学☆continuum (medium) mechanics；continuous mechanics
连续进料或输送☆streamhandling
连续局部显{表}示☆continuous local representation
连续均匀流动☆steady uniform flow
连续开采原理☆continuous mining principle
连续开工日☆stream day
连续可调延迟线☆continuously variable delay line
连续孔菱[棘林檎]☆conjunct pore rhomb；conjunct
连续孔隙带☆zone of continuous porosity
连续冷却变态☆continuous cooling transformation
连续链式钻头☆continuous chain bit
连续两班工作☆throw a double
连续流法☆continuous-flow method
连续流量计探头☆continuous flowmeter sonde；CFS
连续论☆continuationism
连续螺旋片☆continuous auger flight
连续煤柱☆solid pillar
连续模☆modulus of continuity
连续磨光☆conveyor grinding and polishing
连续膜交换损失☆continuous membrane lose
连续黏度测量法☆continuous viscosimetry
连续排料链斗式提升机☆continuous-discharge bucket elevator
连续排泥式油水分离机☆continuous sludge discharge machine
连续喷发事件☆successive eruptive events
连续喷丸清砂☆shot hanger blast
连续皮带☆endless-belt
连续平均☆running mean
连续剖面☆end-to-end profile；serial section
连续起飞降落☆bump
连续墙基础☆barrettes
连续氢氟酸酸化法☆sequential hydrofluoric acid
连续曲线☆full{continuous;block} curve
连续燃烧式☆continuous combustion type
连续熔融法☆continuous melting method
连续软片摄影机☆serial film camera
连续扫描☆continuous sweep；continuous-scan
连续色调相片☆continuous tone photograph
连续砂处理装置☆continuous sand plant
连续烧结☆stoking
连续X射线谱☆continuous X-ray spectrum
连续声波剖面测量☆continuous acoustic profiling
连续时间信号系统☆continuous time signal system
连续矢性性质☆continuous vectorial property
连续式尘末取样法☆once-through method of dust sampling
连续式机车信号☆continuous type cab signaling
连续式井壁岩芯切割器☆continuous sidewall core cutter
连续式毛细管模型☆serial-type capillary model
连续式挖方支撑☆closed sheathing{sheeting}；tight sheeting
连续式微电极(地层倾角)测(量)仪☆microlog continuous dipmeter
连续试选实验室☆continuous ore testing laboratory
连续输送机式干燥机☆continuous carries dryer
连续输油☆batching
连续衰减测井☆continuous attenuation log；CAL
连续水流☆streaming{continuous} flow
连续四年的(时间)☆quadrennial
连续送浆法☆continuous pumping method
连续速度测井仪☆continuous velocity logger
连续提取沥滤☆continuous extraction{hoist}
连续体☆continuum [pl.continua]；coherent mass
连续投(弹)☆salvo
连续图像☆succeeding{sequential} image
连续洗选器☆continuous washer
连续下推法[重力值]☆downward-continuation method
连续相☆bulk{continuous} phase
(微乳液的)连续相☆external phase
连续相片☆successive photographs
连续相片镶嵌图☆serial mosaic
连续像域☆continuous image
连续斜坡☆sustaining slope
连续卸船机☆continuous ship unloader
连续型蛇绿岩☆sequence type ophiolite
连续性☆continuity [of seam]；integrity[计]；train；continuance；succession
连续性的☆successional
连续循环☆continuous circulation{loop;cycle}；uninterrupted cycle；round after round
连续循环式索道☆continuous ropeway
连续压碎机构☆continuous-pressure mechanism
连续延限生物带☆consecutive-range biozone
连续移动燃料炉排☆continuous discharge stoker grate
连续引爆[工]☆series firing
连续永冻(土)带☆continuous permafrost zone
连续油管作业机☆continuous string coiled tubing unit
连续油相☆oil continuous phase
连续运输机式☆Heyl and Patterson dryer
连续运转式混凝土搅拌机☆continuous concrete mixer
连续真空沸腾床干燥法☆continuous vacuum flash operation
连续震波探查☆continuous profiling
连续蒸馏☆cohobation
连续重击☆pound
连续转滑☆successive rotational slip
连续桩成墙☆continuous piled wall
连续装药☆column charge；continuous column of powder
连续装药孔☆continuously loaded hole
连续组构☆interlocking fabric
连续钻速测井☆continuous drilling rate logging；CDR
连续作用调节器☆continuous controller
连载☆serialization
连在一起☆syzgy-
连珠闪电☆pearl lightning
连珠小河[冻土区]☆beaded drainage
连珠藻属[红藻]☆Sirodotia
连装附件框架☆attachment frame
(用)连字号(连接)☆hyphen
镰孢属[Q]☆Fusarium
镰齿牙形石属[D_3-C_1]☆Falcodus
镰齿猪☆listriodon
镰齿猪属☆Listriodon
镰虫(属)[三叶;D_2]☆Harpes
镰唇螺属[腹;K_2-N]☆Drepanocheilus
镰刺蕨属☆Arthrostigma
镰刀☆hook；cradle
镰刀脊☆sickle-shaped ridge
镰刀菌属☆Fusarium
镰刀形槽谷☆sickle trough
镰刀羽叶属[T_3-J_1]☆Drepanozamites
镰刀状(的)☆falciform；falcate；scythe-shaped
镰骨☆os falciforme
镰甲鱼(属)[D_1]☆Drepanaspis
镰箭牙形石属[O]☆Drepanoistodus
镰菊石☆Harpoceras
镰蕨(属)[古植;D_{1-2}]☆Drepanophycus
镰蕨目☆Drepanophycales
镰鳞果属[古植;K_{1-2}]☆Drepanolepis
镰形的☆drepaniform
镰牙形石(属)[O-D_1]☆Drepanodus
镰状☆falciform；falcate
廉伯格反应☆Lemberg reaction
廉价☆cheapness
廉价的☆low-cost
廉价石油倾销☆dumping of cheap oil
廉价饰石类☆curio stone
涟☆ripple
涟波☆rips；ripple
涟痕☆ripple mark
涟痕面☆rippled surface
涟痕指数☆index of ripple mark
涟漪☆dimple；rips；ripple
涟漪水面☆broken water
怜悯☆compassion；pity
帘布☆cord
帘布轮胎☆fabric{cord} tyre
帘蛤(属)[双壳;E-Q]☆Venus
帘蛤超科[双壳]☆Veneracea
帘幕式淋涂机☆curtain coater
帘栅极☆screen (grid)；s.g.
帘栅节☆priming grid
帘栅损耗☆screen dissipation
帘榍金红角闪片岩☆ollenite
帘子☆drape；curtain

liǎn

敛缝☆fuler；caulking；feather piece
敛缝锤☆caulker
敛集效应☆packing effect
敛紧[把钻头上的金刚石]☆peening
敛水圈[井筒]☆bailing{collector;water-collecting} ring

liàn

楝粉属[孢;E-Q]☆Meliaceaeoidites
楝科☆Meliaceae
链[海上测距=185.32m]☆cable；chain；train；cable's length；chainbelt[金属]；ca；chn；ch；caten-
链安全率☆chain safety ratio
链耙式混合机☆chain mixing drag
链扳手☆chain wrench
链板☆chain mat；flight
链板给料{矿}机☆en masse feeder
链板式卸载输送机☆chain-and-slat unloader
链板输送机卡链☆chain conveyor jamming
链板运输机司机☆chain runner
链胞状[苔]☆catenicelliform
链箅加煤机☆chain-grate stoker
链箅机☆traveling grate
链箅式回转窑☆grate kiln
链槽☆conveyor trough；key way{slot;seat}
链测☆chaining；chain survey{surveying;off}
链测深度☆chainage
链测员☆chainman
链长(度)☆chain length
链车式运输机☆car-type conveyor
链齿轮☆sprocket gear
链齿式挖掘机☆chain-and-tooth machine
链尺测距法☆chaining
链传动☆chain drive{transmission}；power (drive) chain；chain-and-sprocket{link} drive
链传动挡{装}煤板{机}☆chain-driven powered cowl
链带☆chain{link;hick} belt；link-belt
链带耙式粗砂分级机☆chain-belt Rex sand drag
链导☆track guides
链的☆catenary；catenarian
链的断裂☆chain break
链动带式运输机☆chain-selvage belt
链动滑轮☆chain block
链动转盘☆chain-drive rotary{table}
链斗☆elevator bucket{cup}
(剥离)链斗铲捣堆(法)☆dragline overcastting (method)
链斗式☆chain-and-bucket
链斗式输送机☆bucket-chain conveyor
链斗式水力挖掘{采金}船☆bucket-line and hydraulic dredge
链斗提水泵☆elevator pump
链段☆segment；submolecule
链断裂☆bound rupture
链二炔☆alkadiyne
链二烯☆alkadiene
链房螺(属)[腹;O-D]☆Hormotoma
链格孢属[Q]☆Alternaria
链钩☆sling；chain hook{sling}
链钩式联结装置☆chain-and-hook hitch
链管[藻]☆desmotubule
链规则☆chain rule
链硅酸盐☆inosilicate

L

链轨☆caterpillar chain; caterpillar track [of a tractor]
链轨托轮☆track carrier roller
链和链锚☆chain and sprockets
链壶菌属[真菌;Q]☆Lagenidium
链滑车☆chain (tackle) block; block-chain
链滑轮☆chain pulley; mortise block
链环☆link
链环孢属[C_1]☆Monilospora
链环形层理☆loop bedding
链机构☆chain mechanism
链几丁虫(属)[O-S]☆Desmochitina
链角石属[头;O-S]☆Ormoceras
链绞车☆chain winch
链接☆interlink(age); catenation; c(onc)atenate; chain joint; chaining; catenatus
链接合☆link connection
链接式导向钻头☆hinged guide bit
链接文件☆chained file
链节☆link; chain link{element}
链节式聚能射孔器☆link dikone gun
链距{|锯|壳}☆chain pitch{|saw|casing}
链离解(作用)☆chain dissociation
链连接☆chain{link} connection
链炉箅式加煤机☆chain-grate stoker
链炉排☆chain-grate
链路☆periodic line
链轮☆sprocket (wheel;chain;gear); chain wheel {gear}; sprocket-wheel; bull wheel; c/w
链轮齿条式闸门☆wheel-and-ratchet gate
链轮启闭阀☆chain-wheel valve
链轮台式喷砂机☆sandblast sprocket-table machine
链轮闸门☆caterpillar gate
链螺栓☆chain bolt
链码☆chain balance
链码天平☆chain(omatic) balance
链幕[防爆破飞块]☆chain mat{curtain}
链内的☆intrachain
链排式炉栅☆chain type grate
链起重绞车☆chain crab
链牵引☆chain haulage
链钳☆chain wrench{tong;assembly}; chain pipe tongs {wrench}
链桥☆chain bridging
链驱动☆chain drive
链炔[C_nH_{2n-2}]☆alkine
链炔烃☆alkyne
链润滑☆chain-oiled
链润滑的轴承☆chain-oiled bearing
链筛☆chain grizzly
链筛架☆screen-nozzle ladder
链珊瑚☆chain coral; Halysites
链珊瑚属[O_2-S_3]☆Halysites
链绳☆cable chain
链石蕊素☆strepsilin
链式泵☆paternoster pump
链式铲斗☆chain-mounted bucket
链式传送顶车顶☆chain type pusher for transfer car
链式电路放大器☆chain amplifier
链式堆放耙装两用机☆chain-type stacking-raking machine
链式拣矿运输机☆chain table
链式绞车☆windlass
链式绞盘☆windlase
链式截割机☆chain-type cutter
链式进给机☆chain feed
链式锯石机☆chain saw; chain type stone saw
链式溜道☆cut-chain brace
链式切坯器☆chain-type cutter
链式挖斗☆bucket line
链式文件☆chained file
链式闸门☆chain curtain{gate}; curtain gate
链式装车{载}机☆chain loader
链丝藻属[Q]☆Hormidium
链索☆chain cable
链索式推车机☆rope pusher
链锁法☆link-chain method
链锁工程☆chain engineering
链锁载体☆chain-carrier
链梯☆chain ladder
链条☆chain; chn; ch; catena(e); link-belt; roller chain [of a bicycle]; link (belt)
链条传动☆chain drive; chain-transmission
链条传动安全罩☆chain guard
链条环带☆continuous chain
链条及链轮☆chain-and-sprocket
链条式夹{对}管器☆chain clamp
链条悬挂密度☆density of chain system
链条张力☆chain pull; train tension
链条蒸发强度☆evaporating capacity of chain system
链烃☆chain hydrocarbon
链烃类的☆fatty
链兔属[E_3]☆Desmatolagus
链烷[C_nH_{2n+2}]☆alkane
链烷化(作用)☆alkanization
链烷链☆paraffinic chain
链烷硫赶☆alkanethiol
链烷烃☆paraffin
链网☆webbed chain
链网斗底铲斗☆chain-back bucket
链膝藻属[绿藻;Q]☆Sirogonium
链烯[C_nH_{2n}]☆alkene
链烯基☆alkenyl
链烯烃(类)[C_nH_{2n}]☆olefin(e)
链系☆chain; linkwork; linkage
链系运动☆link-motion
链销☆chain pin
链星骨针☆streptaster
链型连接器☆chain coupling
链型滤波器☆chain filter
链形物☆tab
链形悬吊装置☆chain attachment
链悬☆catenary suspension
链叶肢介属[K_2]☆Halysestheria
链异构☆chain isomerism
链引发(作用)☆chain-initiation
链凿机☆chain mortiser
链闸☆chain brake
链罩☆chain casing{cover}; chain guard [of a bicycle]
链制动☆link stop
链轴☆chain axle
链爪☆sticker; chain claw
链状(的)☆chain[构造]; catenary; cateniform[床板珊]
链状的☆catenulated
链状分子☆chain molecule
链状构造☆boudinage
链状矿脉☆linked veins
链状群体☆catenulate colony
链状水层☆aquifer chain
链状装饰☆chainwork sculpture
链子☆chainlet
链子钩☆coupling link
(用)链子拴住☆chain
炼厂气☆refinery gas
炼厂主兼油品销售者☆refiner-marketer
炼丹术☆alchemy
炼钢☆steelmaking; steel smelting; make{smelt} steel
炼钢厂☆steelworks; steelmaking plant; steel mill
炼钢工人☆steelmaker; steelworker
炼焦☆coking; (make) coke
炼焦厂☆coking{coke-oven} plant; cokery
炼焦法☆coal-coking process
炼焦炉废气☆waste coke oven gas
炼焦炉气☆coal gas
炼焦煤☆chose-burning coal
炼焦烟煤☆byerlyte
炼焦油☆tar oil
炼金术☆alchemy
炼炉设备☆furnace unit
炼炉泄漏☆run out
炼铝工业☆aluminum smelting industries
炼泥☆pugging
炼生双晶☆annealing twin
炼石膏☆hard-burned gypsum
炼铁☆iron-making; forge; blooming; puddle
炼铁厂☆iron mill; blast furnace plant; ironworks
炼铁焦炭☆ferrocoke
炼铜厂☆copper smeltery
炼瓦黏土☆bausteinton
炼锡厂☆tin smeltery; tinworks
炼锌厂☆zinc smeltery; zinc smelting plant
炼油☆oil refining
炼油厂☆refinery
炼油厂存油☆oil in storage
炼油的☆petroleum refining
炼油工(作者)☆refiner
(小型临时)炼油系统[为井场提供粗汽油、柴油燃料]☆ distillation system
炼渣[冶]☆refinery dross
炼制☆refining; refine
炼制砖☆hard-burned brick
练泥☆pugging
练习☆exercise; drill; train; practise; practice; Ex.
练习本☆workbook
练习程序☆exerciser
练习器☆trainer

liáng

量☆measure; gage; means
量板☆templet; graticule; template; master curve
量板集☆catalog
量杯☆graduated{volumetric;meter;measuring} glass; graduate; measuring cylinder
量标☆gage stick; gaging; gauging
量表☆dial; test meter
量冰仪☆cryoclinometer
量测☆measuration; measurement; admeasure; gaging
(按钻具长度)量测的井深☆measured drilling depth
量测点☆gauge point
量测精度☆measurement accuracy
量测井☆measuring well
量测井的装置☆well measuring device
量测井深[按钻具长度量得]☆measured depth; md
量测井深用钢丝☆well-measure wire
量测流量☆gage flow
量测误差☆error in measurement
量方余☆measure kelly overstand
量测岩石应力的液压装置☆flat jack
量测仪(器)☆measurer; measuring installation
量测仪器偏差☆deviation of measuring instrument
量尘计☆dust meter
量程☆measurement{measuring} range; range; span; range ability[仪表]; pressure range[压力计]
量程开关☆range switch{selector}
量程调整{节}☆range adjustment
量尺☆measuring scale{tape}; dipstick; gauge stick; rule; measure
量出☆take
量滴☆minim; min.
量电表☆electrometer
量电法☆electrometry
量电计☆electricity meter
量斗☆dosing tank
量度☆(criticality) measurement; measuration; scantling; measure; ruling; mensuration
量度图☆dimension figure
量度误差☆error at measurement
量杆☆gage rod; gauge stick
量高[油罐量油口量油标志与罐底间的高度]☆gaugehight
量管☆burette; buret; measuring tube
量规☆ga(u)ge; gab; metric{clearance} ga(u)ge; formwork; former; caliber; cal; trammel
量计☆gauge; gage
量角☆angulation
量角器☆protractor; angle gage; goniasmometer; clinometer rule; angulometer
量角仪☆angulometer
量具☆measuring implement{tool}; measurer
量具误差☆instrumental error
量孔☆hatch; gauge hole
量块☆gage{measuring;gauge} block
量矿器☆measuring pocket
量矿箱☆hoppet; dish
量力环☆proving ring
量流组件☆metering unit
量瓶☆measuring flask{bottle}
量坡规☆clinometer; back sloper
量坡仪☆gradient-meter; grad(i)ometer
量器☆volume meter; volumetric glass; measure
量气管☆eudiometer; aerometer
量气学☆aerometry
量热(学)☆calorimetry
量热弹☆calorimetric{calorimeter} bomb; bomb (calorimeter)
量热器☆calorimeter
量日计☆heliometer
量砂斗☆sand inundator
量砂箱☆sand-measuring container; sand gage
量深器☆depth measurer

量绳☆measuring line
量数值☆magnitude
量水☆water gaging
量水单位☆unit of water measurement
量水孔☆orifice meter
量水桶{槽}☆gage tank
量水旋塞☆gauge cock
量水堰☆measuring weir
量筒☆(graduated) cylinder; (volumetric) measuring cylinder; graduate; measuring tube; dosimeter
量图器☆map measurer; opisometer
量图学☆cartometry
量雪(标杆)☆snow stake
量雪计{器}☆snowgage
量氧计☆oxymeter
量液杯☆measuring glass
量液容器☆recipient
量油☆gauging; run the oil; oil measurement
量油尺☆gauging{gauge} tape; gauge{dip} rod; gage {dipping} line; dipstick; dip(ping) stick; ullage rule; tank gauge
量油杆☆dip(ping) rod; dip{oil-gauge} stick; dipstick; gage-pole
量油工☆tankstrapper
量油管☆oil dip rod tube; dipping tube
量油卷尺☆gage tape
量油口☆gauge hole; dip hatch (hole)
量油口短管嘴☆gauge nipple
量震仪☆ride meter
量钻头外径的圆环☆bit ring
凉板工艺☆cooling plate technique
凉干冬季[印北部]☆rabi
凉季[苏丹北部]☆shitwi
凉篷☆awning
凉期☆friagem
凉泉☆cool spring
凉水塔☆cooling tower
凉亭☆arbour
凉鞋编料☆sandaling
粮食☆food; bread
梁☆girder; beam; bar; spar; trab[绵]
梁板结构☆beam-and-slab structure
梁槽地形[海滨]☆ridge-and-runnel topography
梁常数☆shape constant
梁承☆torsel
梁垂弯{曲}☆beam deflection
梁单元☆beam element
梁道孔隙☆channel porosity
梁地☆szyrt
梁垫石☆plinth block
梁腹☆girder web
梁腹厚度☆web width
梁钢☆joist steel
梁高☆depth of girder
梁格结构☆gridiron
梁拱☆round up
(船舶)梁拱☆camber
梁拱样板☆beam mould
梁规☆trammel
梁脊☆girder
梁架☆beam mount
梁间距☆case bay
梁静力学☆beam statics
梁跨(度)☆girder span; beam span
梁龙(属)[J]☆Diplodocus
梁木☆baulk; balk
梁强度☆beam strength
梁山珊瑚属[P]☆Liangshanophyllum
梁舌类☆docoglossa
(巷道)梁式顶板☆beam-type roof
梁式{构}桁架☆girder frame; girder truss
梁式基础☆beam foundation
梁式楼板☆joist ceiling
梁式平衡泵☆beam counterbalanced type pump
梁榫接合方框支架☆cap {-}butting set
梁体系☆girder
梁托☆corbel; beam hanger
梁尾端☆tail beam
梁窝☆bunton pocket{box;hole}; hitch; egg hole
梁下垫木☆corbel
梁形横轴☆beam axle
梁腋☆haunch; haunch of arch
梁翼缘☆beam flange
梁应力{|载荷}☆beam stress{|load}
梁支架☆joist{boom} support
梁肘☆beam knee; angle tie; bracket knee[船]
梁肘板☆beam bracket
梁柱☆beam post
梁柱间楔子☆cleat; cleet
梁柱棚子☆cap-and-leg set
梁状结构☆beam texture; balk structure
梁组合☆beam building
梁最大弯曲(度)☆maximum deflection of beam
良导热钻液☆thermaly conductive drilling fluid
良分选砾岩☆mature conglomerate
良好的☆approved; favorable; APP
良好分辨率☆good resolution
良好级配☆well grain-size distribution
良好特性☆superperformance
良级配砂☆well-graded sand
良晶的☆eucrystalline
良流线性☆cleanliness
良能见度☆good visibility
良性(肿)瘤☆innocent tumo(u)r
良序☆well-ordering; well-ordered
良质石灰☆fat lime

liǎng

两☆bi-; bin-
两岸储存(潜水)☆lateral storage
两凹椎☆amphicoelous vertebra
两拔销镶刀取芯钻头☆double taper bit
两班倒(的工作)☆double-shift work
两班一循环掘进法☆rhythmic driving
两班制☆double-shifting
两板贝(属)[腕;C-P]☆Dielasma
两瓣的☆dipetalous
两瓣环三缝孢属☆Dilobozonotriletes
两瓣类☆Pelecypoda; Bivalvia
两瓣胀壳式锚杆☆two clacks expansion shell steel bolt
两瓣组[孢]☆Intorta
两帮☆rib
两宝石互相粗磨☆bruting
两倍☆twice; double; doub.; twi-; twy-
两倍的斜率☆double slope
两壁不平行割缝☆nonparallel slot
两边☆both sides; BS; ambi-; amphli-
两边篦齿状的[植物叶]☆bipectinate
两边的☆bilateral
两边性☆twosideness
两步法砾石充填☆two {-}stage{step} gravel pack
两步麦储波利斯规则☆two-step Metropolis rule
两步有序化[长石结构的]☆two-step ordering
两部构成☆bipartition
两部输送机串联的长壁工作面☆tandem unit panel
两舱制船☆two compartment ship
两仓球磨机☆two-compartment ball mill
两侧不对称的☆anisopleural
两侧充填☆double packing
两侧的☆bilateral(is); bilateralise
两侧地层☆lateral layer
两侧对称☆bilateral symmetry; symmetria bilateralis; bilaterality; bisymmetry
两侧翻卸☆two-way dumping
两侧翻卸式矿车☆dump(ing) car tipping to either side
(矿房)两侧掏槽☆two-sided cutting
两侧掏槽采掘法☆shoulder cutting
两侧卸载(漏斗形底)车[带鞍形底]☆double-sided discharge hopper
两侧装卸桥台☆double service rack
两测站之间的河段☆test reach
两层等距线图☆isochore{convergence} map
两层分采井☆twin producer
两层分注井☆dually completed injector
两层罐笼☆double-bank{double-deck;two-deck(er)} cage; gig
两层平房[第二层入口低于地面]☆bilevel
两层嵌镶刃取芯钻头☆double taper bit
两层完井☆dual-zone completion
两层完井的上层☆upper zone of dual
两层油藏☆two-layered reservoir
两层状的☆bilamellar
两叉的☆bifurcate; dichotomous
两叉骨针[绵]☆diaene
两产品分离☆two-product separation
两冲程发动机☆two-cycle engine
两充填带间宽度☆wastes width
两重性☆binary behavior
两重要中心间电报线路☆bus wires
两窗型[茎孔;腕]☆amphithyrid
两次☆twice; twy-; twi-
两次观测☆duplicate observation
两次关井☆two stage shut-down
两次关井测试法[中途测试]☆double shut-in method
两次连续摆动{|下移}曲流嘴☆two-swing{|sweep} cusp
两代岩浆的[结构]☆bimagmatic
两档(速度)传动☆two-speed drive
两点校正法☆peg (adjustment) method; two-peg method
两点接触☆two point contact
两点刻度法☆two-point calibration
两点馈电天线☆double-fed antenna
两电荷的☆amphoteric
两电性☆amphoteric behavio(u)r{character}
两端带法兰的短管☆spool
两端带突缘连顶短管[也有一端为突缘一端为螺纹者]☆landing spool
两端分别带有内外螺纹的大小头☆female-male reducer
两端尖的☆fusiform
两端均无螺纹☆plain both ends; PBE
两端平的[脊椎]☆amphiplatyan vertebra
两端倾伏背斜☆doubly{double} plunging anticline
两端喂料☆two-end feeding
两端限制分歧褶皱☆doubly confined virgation fold
两端有井筒的排水平巷[倒虹吸作用]☆blind level
两端有司机室的机车☆double-ended locomotive
两段处理☆double handling
两段分解{|选}☆two-stage dissociation{|separation}
两段湿式擦洗机☆two-stage wet scrubber
两段脱浆筛☆depulping and rinsing screen; drain-and-rinse screen
两耳☆bialate
(燃烧室火道)两分式焦炉☆half-divided oven
两个方向解理☆cleavage in two directions
两个接序钻头直径差☆change in ga(u)ge
两个距离极近的井☆twin wells
两个煤层间夹石层☆middle man
两个前后排列、协调动作的事物☆tandem
两个信号系统学说☆two-signal sys tern theory
两个以上平行巷道☆multiple openings
(在)两已探明油藏间或周边打探井找油☆trend play
两根顶板斜撑间横梁☆cockerpole
(连接)两根或多管(的一系列)管件☆jump-over
两构件支架☆two-piece set
两管交点☆tye
两行的☆diplostichous
两河之间地带☆interfluve
两环☆bicyclo-
两环的☆dinuclear
两辉安山岩☆two-pyroxene andesite
两会司钻[既会顿钻又会旋钻]☆combination driller
两极地区☆polar areas
两极法[电勘]☆bipole
两极分布☆bipolar distribution
两极间环带[孢]☆aequator; equator
两极瘤面孢属[Mz]☆Varirugosporites
两极同源☆biopolarity
两极性☆bipolarity
两集合的并巢☆union of two sets
两级泵☆duplex pump
两级操作☆double-stage operation
两级单作用压缩机☆two-stage single-action compressor
两级的☆twin-stage; double-stage
两级分离{|关井}☆two-stage separation{|shut-down}
两级控制☆double stage control
两级离心式空气分级机☆double-whizzer classifier
(注水井)两级流量压降试井☆two-rate falloff test
两级流量注入测试[改变一次注入量的不稳定压力测试]☆two-rate injection test
两级螺纹封隔器☆two-step thread packer
两级燃烧系统☆two-stage burning system
两级闪蒸蒸气电站☆double-flash steam plant
两级提升☆tandem{two-stage} hoisting
两级推挽放大☆dual push-pull amplification
两级涡轮膨胀☆two stage turboexpansion

两级压力气体燃烧器☆two-stage pressure-gas burner
两价的☆diatomic
(在)两件之间夹上☆sandwich
两脚规☆bow{bisecting} compasses; dividers; sector; calliper; compasses
两脚架☆twin mast
两接型☆amphistyly
两接型颌☆amphistylic jaws
两阶段的☆two stage
两阶段增长曲线☆two-stage growth curve
两节轻气炮[进行冲击实验的装置]☆two-stage light gas guns
两节装药☆double load
两筋贝属[腕;O_2]☆Bimuria
两井定向法☆two-shaft method
两掘进工作面接近时锤击测距☆chapping
两开门☆flygate
两壳形式和大小相同的☆equivalve
两可的☆borderline
两孔型☆amphithyrid
两矿间的分界煤柱☆field barrier
两矿脉交点☆tye
两矿区间距离☆pringap
两联的☆twin
两梁间横梁☆liner
两两比较☆pairwise comparison
两列的☆diplostichous
两裂片的☆bilobate
两路夹击灭火☆two-position attack
两路开关☆two-way cock
两轮托轮机构☆double wheel trunnions
两脉交点☆tye
(在)两煤间的掘进平巷工作☆close work
两面☆both sides; BS
两面凹的☆biconcave
两面凹式[脊]☆amphicoelous
两面的☆bifrons; bilateral
两面(侧)的☆bilateral
两面封闭叶轮[液下充气浮选机]☆double-shrouded impeller
两面交切结构[片岩的]☆plaiting
两面开(的)吊卡☆double gate elevator
两面磨光(修整)或加工过的☆surfaced or dressed two sides
两面神[古罗马]☆Janus
两面生的☆amphigynous; amphigenous
两面凸的☆convexo-convex; biconvex; beconvex
两囊幼虫☆amphiblastula
两年冰☆two{second}-year ice
两年一次地☆biennially
两年振动☆biennial oscillation
两盘骨针☆amphidisc; birotule
两盘岩石☆wall rock
(输油管顺序输油时)两批油的交替点或前一批油的终点☆batch end point
两片状的☆bilamellar
两平点分析法☆breakeven analysis
两平巷端连通测量☆connecting the ends of two drifts
两平巷间的工作面☆navvy
两平行台阶间挖掘☆through cut
两平(脊)椎☆amphiplatyan vertebra
两坡顶温室☆even-span greenhouse
两坡度交叉点☆intersection of grades
两坡天窗☆double-pitch skylight
两坡压顶☆saddle-back coping
两栖的☆amphibian; amphibious; land-and-water
两栖地震勘探作业☆amphibious seismic operation
两栖动物☆amphibian
两栖龟亚目☆amphichelydia
两栖昆虫目[P-Q]☆Perlaria
两栖类☆amphibia; amphibian
两栖犀(属)[E]☆Amynodon
两栖植物☆amphibious plant; amphiphyte
两栖足迹纲[遗石]☆Amphibipedia
两歧分化☆dichotomous splitting
两歧分枝☆dichotomic branching
两歧状态☆bifurcation
两讫☆account balanced{balance}
两浅裂片的☆bilobate
两腔大孢属[C-P]☆Duosporites
两亲的[亲水又亲油]☆amphiphilic; amphip(h)athic
两倾贝属[腕;D_2]☆Amphigenia
两`球{头球状}骨针[绵]☆tylote
两球式骨针[绵]☆tylostyle; tylostylus
两韧式[双壳]☆amphidetic
两色切囊孢属[C_2]☆bicoloria
两色体视图☆anaglyph
两砂箱铸型☆two part mould
两生[同生和后生]☆diplogene
两生成因☆diplogenesis
两室的☆bilocular; bicellular
两竖井连通测量☆connecting two shafts
两似种☆sibling species
两天一循环☆two-day cycle
两条巷道交叉掘通的连接地点☆holing
两条曲线的幅度差☆curve separation
两通阀☆two port connection valve; straightway directional control valve
两通旋塞☆two-way cock
两头钩骨针☆diancistra
两头加油站☆split filling point
两头尖篦骨针[绵]☆tornote
两头螺帽☆joint nut
两头平断骨针☆strongyle; strongyl
两头阳螺纹的大小头☆pin-to-pin reducer
两头阳螺纹的抽油杆☆double pin sucker rod
两湾藻属[Q]☆Ampheroa
两万石方☆twenty hundred cubic metres of stonework
两位开关☆two-position switch
两线迭代法☆two-line iterative method
两相☆two-phase
两相多组分流动☆diphasic multicompartment flow
两相非混相流动☆two-phase immiscible flow
两相关系☆binary relation
两相交流电☆two-phase alternating current
两相流(生产)井☆biphasic well
两相摩阻折算系数☆two-phase multiplier
两相调制器信号☆biphase modulator signal
两相液体系统☆two liquid system
两向离析☆bidirectional segregation
两向应力☆two-dimensional stress
两小时氧气呼吸器☆two-hour apparatus
两星骨针[绵]☆amphiaster
两星期☆fortnight
两型居群☆dimorphic population
两形笔石(属)[S_1]☆Dimorphograptus
两形的☆bimodal
两形壳☆biformes
两形壳叶肢介属[K_2]☆Dimorphostracus
两性☆amphoteric behavior{character}; amphoterism
×两性捕收剂[N-十二烷基-β-亚氨基二丙酸一钠; $RN(CH_2CH_2COOH)CH_2CH_2COONa$]☆Deriphat 60C
×两性捕收剂[β-烷基氨基丙酸钠]☆ Flotbel AC 17
×两性捕收剂[十八氨基烷基磺酸盐类;英Float-Ore 公司产品;$CH_3(CH_2)_{17}NHR_1SO_3Na$,$R_1$在三个碳以内]☆Flotbel AM 20
×两性捕收剂[油烯氨基烷基磺酸盐类;$R-NH-R_1-SO_3M$,$R=C_{18}H_{35}$]☆Flotbel AM 21
两性的☆sexual; amphiprotic{amphoteric}[碱酸两性]; bisexual; ampholytic
两性分子☆amphiphatic molecule
两性化合能力☆ambivalence
两性化现象☆amphoterism
两性胶体☆ampholytoid
两性离子☆amphoteric{zwitter} ion; amphoterite; amphion; zwitter(-)ion
两性离子假说☆zwitter ion hypothesis
两性生殖☆bisexual reproduction
两性体☆hermaphrodite
两性氧化物☆amphoteric{intermediate} oxide
两性异形{型}☆(sexual) dimorphism
两叶间的☆interfoliar
两翼长短不一的冲击钻头☆offset chopping bit
两翼封闭的褶皱☆appressed fold
两翼刮刀钻头☆two-way bit
两因次的☆two-dimensional
两用的☆double-duty; double-purpose; dual-purpose
两用罐笼☆skip cage
两用炉☆convertible shovel
两用燃烧系统☆dual-burning system
两用投影作图分度器☆Hutchinson protractor
两用中间支架☆dual purpose intermediate stand
两游现象[动]☆diplanetism
两元性☆superficial dimension
两圆骨针[绵]☆strongyl; strongyle
两圆裂片的☆bilobate
两圆星骨针[绵]☆strongylaster
两月一次(的)☆bimonthly
两运输平巷间中间运输巷道☆counter gangway
两者各半之混合物☆half-and-half
两者挑一(的)☆alternative
两褶的[生]☆biplicate
两正尾☆diphycercal tail
两支{枝}的☆bifurcate
两直角球面三角形☆birectangular spherical triangle
两趾的☆didactyl
两中段水平间矿脉斜高☆length of back
两中心之间的距离☆between centers; b.c.
两种☆amphli-
两种用途的☆double-purpose
(输送)两种油品的管线☆bi-product pipeline
两种油品间的分开点[管路连续输送几种油品时]☆cut point
两种作用的☆double-purpose
两轴对称的☆bisymmetric
两柱一梁式棚子☆gallows [pl.gallows(es)]
两爪鳖科[K-Q]☆carettochelyidae
两爪钉☆cramp
两组擦痕☆double system of striae
两组份延迟水化瓜尔胶☆two component delayed hydrating guar
两组解理☆cleavage in two directions
两组解理斜交的☆plagioclastic

liàng

辆☆collar
量☆quantity; amount; dimension; quantum [pl.-ta]; magnitude; measurement; q.; qty
量变☆quantitative change
量词☆quantifier
量电分析☆electrometric analysis
量纲☆dimension; dim.
量纲分析☆dimensional analysis
量化☆quantization
量化器☆scrambler; quantizer
量化信号☆quantized signal
量级☆magnitude
量值☆mag.; magnitude
量子☆quantum [pl.quanta]
量子化☆quantizer; quantization
量子化雷达视频信号☆quantized radar videosignal
量子化(变换)器☆quantizer
量子力学理论☆quantum-mechanical theory
量子体☆quantasome
γ 量子相互作用截面☆gamma cross-section
晾☆sun; airing
晾(衣等)☆air
晾干☆dry by airing; air seasoning{seasoned}; air-dried; season(ing)
晾纸机架☆tribble
亮☆rind; casing; bark
亮氨酸☆leucine; glycylleucine
L-亮氨酸☆L-leucine
亮氨酰(基)[$(CH_3)_2CHCH_2CH(NH_2)CO-$]☆leucyl
亮暗煤☆clarodurite; clarodurain; bright attritus
亮部反差☆highlight contrast
亮尘埃星云☆luminous dust nebula
亮带☆bright line
亮碲金矿[$(Au,Sb)_2Te_3$;三斜]☆montbrayite
亮碲锑钯矿[Pd_3SbTe_4;等轴]☆borovskite
亮点☆bright spot[震勘]; (hot) spot; highlight; brite spot; luminous point{spot}; spot of light; bright trace
“亮点”技术☆bright-spot technique
亮度☆luminance; intensity; brightness; illuminating power; luminosity
亮度范围☆range of brightness
亮度改正☆lightness correction
亮度基本量☆luminance primary
亮度级☆tonal value; intensity level
亮度计☆nitometer; brightness meter{tester}
亮度控制☆beam{dimmer;intensity} control
亮度突然增强[荧光屏上]☆womp
亮度线图☆brightness line map
亮度信号跃变☆luminance signal transition
亮铁铱矿☆nevyanskite; newjanskite

L

亮{晶}方解石☆calcsparite；sparrite；sparry calcite
亮褐煤[高煤化程度的褐煤]☆zittavite；brilliant lignite；gloss coal
亮红色☆vivid red
亮红铀铅矿[$(PbCa)O•2UO_3•2H_2O$]☆wolsendorfite
亮环孢属☆Lucidisporites
亮黄☆jaune brilliant
亮黄锡矿☆stannite jaune
亮灰岩☆biostromal limestone
亮家山群☆Liangchiashan group
亮甲酚蓝☆brilliant cresol blue
亮金属片☆spangle
亮晶☆sparry；sparite；spath；spar；calcsparite
亮晶化作用☆spathization
亮晶内碎屑砂屑(石)灰岩☆sparry intraclastic calcarenite
亮(质)镜煤☆clarovitrite；clarovitrain
亮绿☆brilliant green
亮煤☆bright{bright-banded;glance} coal；clarain；brights；endurite
亮煤体☆clarinite
亮煤型☆clarite
亮煤质无结构镜煤☆clarocollain；clarocollite
亮品红☆brilliant fuchsin(e)
亮漆☆lacquer；japan
亮嵌晶☆sparry mosaic
亮区☆highlight
亮色调区☆light-toned area
亮色交错信号☆interleaved luminance signal
亮石墨☆chaoite
亮石松灵☆lucidioline
亮视野像☆bright field image；BF image
亮视域{野}☆bright field
亮丝炭☆clarofusain
亮相差☆bright phase contrast
亮夜☆bright night
亮铱锇矿[(Ir,Os)]☆newjanskite；nevyanskite
亮质丝煤☆clarofusite
亮质丝炭☆clarofusain
谅解☆understanding

liáo

獠牙☆tusk
疗程{法}☆treatment
疗疾矿泉☆therapeutic spring
疗疾气候(区)☆therapeutical climate
疗松脂岩☆cantalite
疗效☆curative importance
疗养地☆sanatorium；health resort
疗养利用☆recreational use
疗养泉☆healing spring
疗养胜地☆healthpolis
疗养院☆health resort；sanatorium[美;pl.sanatoria]；sanitarium [pl.sanitaria]
辽瓷☆Liao porcelain
辽东台拱☆Liaotung Anteklise
辽发虫属[孔虫]☆Reophax
辽宁虫属[三叶;$Є_3$]☆Liaoningaspis
辽三彩☆Liao tricolor；Liao trichrometic decoration
辽阳虫属[三叶;$Є_2$]☆Liaoyangaspis

liǎo

蓼粉属[孢;E_2-Q]☆Polygonacidites；Persicarioipollis
蓼科☆Polygonaceae
蓼科植物[俗名紫葳花,石膏局示植]☆Eriogonum inflatum
蓼属[植;E-Q]☆Polygonum
钌☆ruthenium；Ru
钌暗铱铁矿☆rustonite
钌锇铱{铱锇}矿[40Os,40Ir,20Ru;(Os,Ir,Ru);六方]☆ruthenosmiridium；rutheniridosmine；rustonite；rutosirita
钌矿☆ruthenium ores
钌亮铱锇矿☆ruthenian nevyanskite
钌硫锇矿☆ruthenian erlichmanite
钌硫砷锇矿☆ruthenian osarsite
钌硫砷铑矿☆ruthenian {-}hollingworthite
钌自然锇{|铱}☆ruthenian osmium{|iridium}
了结☆winding up；liquidating
了解☆catch；make of；tumble；knowledge；awareness；comprehend；understanding

liào

瞭望台☆crow's nest；lookout
镣带型☆desmas
镣珊瑚(属)[O_2-S_2]☆Catenipora
料仓☆stock house{bin}；(storage) bin；primary hopper；bunker
料槽盖☆trough cover
料场☆stocking{stock} ground；stock yard
料场勘探☆borrow exploration
料车☆skip
料撑☆back-leg
料秤☆stock weigher；charging scale
料床☆storage rack
料道着色☆feeding channel colouration；forehearth colouration
料斗☆hopper；magazine；bunker；scoop box；charging spout
料斗式装运机☆hopper loader
料堆☆stock pile{heap}；stockpile；stockpiling
料房☆stock house
料封管卸料器☆material lock discharging tube
料罐☆skip；(hoisting) bucket
料耗☆raw meal consumption
料级层料☆graded bedding
料架☆bin
料浆☆slurry；slime
料浆包渗☆slip pack coating technique
料浆过滤预热器☆slurry filter-preheater
料浆和介质☆feed slurry with media
料浆环形总管☆slurry manifold ring
料浆黏度☆viscosity of slip
料浆取样段☆sampling stage
料浆液面☆liquor level
料浆液位☆pulp level
料姜石☆calcite
料筐☆bin
料流☆material flow
料流方向转换[选流程]☆alternative
料面高度☆stock line
料末☆dead small
料坡☆charge bank
料器☆glass art product；glassware
料球☆semi-pellet
料山☆float batch；pile
料石☆ashlar；dressed{work} stone
料石衬砌☆stone masonry lining
料室式磨机☆discharge chamber-mill
料筒加热器☆barrel heater
料团☆batch cake
料位高度自动控制器☆stop tellevel
料位指示器☆tellevel；stock level recorder
料线☆stock line
料箱☆hopper；bin
料钟[炉盖]☆bell
料柱☆ore column

liè

鬣齿兽(属)☆Hyaenodon
鬣刺`岩{结构}☆spinifex
鬣狗(属)[N_2-Q]☆hyena；Hyaena
鬣羚属[Q]☆serow；Capricornis
鬣丘☆escarpment；cuesta；scarp
鬣熊属[N_2-Q]☆Hyaenarctos
鬣崖☆cuesta scarp{face}
捩点☆turning pint
捩断层☆flaw (fault)；heave{tear} fault；tear-fault；paraphore[德]
捩经类☆Streptoneura
捩转带☆hinge belt
捩转断层作用☆hinge-type faulting
列☆rank；array；series；column；range；tier；layer；line；train
列变量☆column variable
列表☆tabulate；bill；tab；listing；table；list
列表函数☆tabulated function
列表机☆tabulating machine
列表显示☆Hating presentation
列车[矿车]☆train；trip； gang
列车退行☆backing-out
列成一行☆align
列出(公{方程}式)☆formulate；formulation
列岛☆island chain；festoon of islands；archipelago；(chain) islands；a chain of islands
列岛平原☆archipelagic plain
列德期☆Auversian；Ledian
列的☆seriate；sedate
列地址☆column address
列尔斯登珊瑚属[C_1]☆Rylstonia
列管式冷凝器☆shell-and-tube condenser
列紧性☆sequential compactness
列矩阵☆column matrix
列举☆enumerate；recitation；detail；name；number up；recital；itemize；list；particularization
列距☆row spacing
列孔[孔虫]☆foramina [sgl.-men,-min]
列盔虫科[射虫]☆Stichocorythidae
列联☆contingency；contingence
列牟利亚大陆☆Lemuria continent
列欧穆[法姓氏]☆Reaumur
列欧那期☆Leonardian age
列平均数☆column mean
列入☆list
列入表内☆tabulate；schedule；table；calendar
列入……类☆class
列氏温标[冰点 0°Re',沸点 80°Re']☆Reaumur scale；Reaumur temperature scale；°Re'
列氏温度表☆Réaumur；Reaumur
列数字☆column
列索螺属[O]☆Lesueurilla
列维尔法则[解释相图的基本原则]☆Lever rule
列文生-列星格火成岩(化学)分类☆Loewinson-Lessing classification
列线☆alignment；row line
列线图☆nomograph；nomogram；alignment chart {diagram}；abas；abac
列箱虫属[射虫;T]☆Stichocapsa
列向量☆column vector
列信号设备☆subgroup signalling equipment
列支敦士登☆Liechtenstein
列秩☆column rank
裂☆scissure；des.；de-
裂板☆slab
裂瓣海胆属[棘;K_2]☆Petalobrissus
裂瓣蕨属[J-K_1]☆Lobifolia
裂碑☆chasm
裂变☆fission (action)；fast fission capture；decay；disintegrate；implosion；desintegration；scission
(使原子)裂变☆break
裂变产物☆fission product；decay daughter
裂变产物合金☆fissium
裂变成因中子☆fissiogenic neutron
裂变的☆fissible；fissile
裂变径迹保留年龄☆fission-track retention age
裂变径迹的衰退☆fading of fission track
裂变径迹蚀刻现象☆fission-track etching phenomena
裂变碎片☆fission fragment；fission-product debris
裂变物☆radioactive desintegration
裂变中子俘获{吸收}☆fission neutron absorption
裂冰(作用)☆(ice) calving
裂层☆parting
裂层走向☆fault trend
裂成薄片☆foliate
裂成多角形小片的☆frustose
裂成两半的☆bifid
裂齿☆carnassial{sectorial} tooth
裂齿蛤(属)[双壳;D-P]☆Schizodus
裂齿类[双壳]☆Schizodonta
裂齿目[哺]☆Tillodonta；Tillodontia
裂齿目类☆Tillodontia
裂齿肉食类切齿☆carnassial tooth
裂齿鲨(属)[C]☆Cladodus
裂齿兽(属)[E_2]☆Tillotherium
裂齿兽目☆Tillodonta
裂齿鱼属[T]☆Perleidus
裂虫类☆lichadacea
裂窗贝属[腕;D_2]☆Chascothyris
裂带☆selenizone；slit band
裂的☆incised
裂滴带电☆spray electrification
裂地台巨杂岩☆cataplatformal megacomplex
裂点[斜坡]☆knick (point;paint)；knickpoint；knick in slope
裂顶穹形丘☆cracked ridge
裂端导火线☆spitted fuse
裂断☆abruption；rupture
裂断面☆surface of rupture
裂断模量☆modulus of rupture
裂断系统☆fracture system

裂断应力☆failure stress
裂断运动☆rupturing movement
裂盾目☆Schizomida
裂峰信号☆split-blip
裂缝☆fracture；interstice；fissure；hiatus；crack；flaw；crevice；rift；rent；tear；rip；gapping；gutter；frit；fracturing；frac；cleft；break；cracking；blatt(er)；chap；crizzle；cranny；chop；gash；quere；split；crevasse；large discontinuity；rupture；chink；slit (orifice)；cleavage；check；backfin；slot；aperture；(open) seam；shake；rupturing；fissuring；backedge；sliver；rima[月面;pl.-e]；sulcus；fin[压]；rive；scissure；stomium[植]；diaclases；spring；splitting；nick；tetrad scar{laesura; fissura dehiscentis}[孢]
裂缝爆破☆squeal-out；squealer
裂缝壁☆sides of fracture
裂缝闭合压力☆fracture closure pressure
裂缝层☆fractured formation
裂缝产生☆fracture initiation
裂缝长度☆fracture{crack} length；length of crack
裂缝尺寸☆flaw size
裂缝充填☆crack{fracturing;fissure} filling
裂缝传播☆crack propagation
裂缝带☆fractured{fracture;cracked;overbreak;suture; fissure} zone；rock fracture zone
裂缝导流面积☆fracture flow area
裂缝的半长[井眼两侧裂缝长度之半]☆fracture half-length
裂缝的流过能力☆fracture flow capacity
裂缝地带☆riftzone
裂缝电抗☆slot reactance
裂缝多的☆gappy
裂缝方向☆fracture{rift} orientation{direction}
裂缝分布☆fracture spacing{distribution}
裂缝分析☆fracture analysis
裂缝管☆split pipe
裂缝焊合☆heal(ing)；crack-heal(ing)
裂缝合拢☆heal
裂缝横(向)位移痕迹☆keazoglyph
(疲劳)裂缝后的试验时{使用期}☆postcrack stage
裂缝蝴蝶结袖☆split and tied sleeve
裂缝化黏土☆fissured clay
裂缝环带☆cleft girdle
裂缝基岩{质}孔隙度☆fracture-matrix porosity
裂缝-基质系统渗透率☆permeability of fracture-matrix system
裂缝几何形状模型☆Kristianovich-Geertsma- deklerk
KZ 裂缝几何形状模型☆Kristianovich-Zeltov
PKN 裂缝几何形状模型☆Perkin-Kern-Nordgren model
裂缝夹子☆slit jaws
裂缝监测片☆tell-tale
裂缝尖端☆crack tip；pinch point
裂缝间距☆fracture spacing{interval}；interval between fissures
裂缝检查器☆flaw{crack} detector
裂缝角☆fracture angle；angle of break{fracture}
裂缝进展力☆crack extension force
裂缝开口变位☆crack opening displacement
裂缝孔隙度分布指数☆fracture porosity partitioning coefficient
裂缝孔隙性储层☆fracture porosity reservoir
裂缝宽度☆fracture{crack} width；crack opening；crevice；width of crack
裂缝宽度扩展☆frac width development
裂缝矿脉☆fissure{gash} vein；gash ore body
裂缝扩展压力☆propagation pressure
裂缝(矿)脉☆fissure{gash} vein；true lode
裂缝蔓延前锋☆cracking front
裂缝面平均(凹凸高)度☆mean asperity height of fracture face
裂缝面倾斜度☆fracture plane inclination
裂缝频度☆frequency of fissures
裂缝前缘形状☆crack front shape
裂缝舌☆fissured{furrowed;plicated} tongue；lingua plicata
裂缝深度☆penetration of fracture；crack depth
裂缝识别测井☆fracture identification log；FIL
裂缝式清纱器☆slit ga(u)ge；slit yarn clearer
裂缝霜☆crevasse hoar
裂缝天线☆leaky antenna
裂缝网络体积☆fracture network volume
裂缝系☆conjugated fracture；joint{cleft} system
裂缝系(统)☆network of fracture
裂缝形成部位☆fracture position
裂缝型油藏☆fracture-type reservoir
裂缝性☆cracking quality
裂缝性的☆fissured；broken up
裂缝性孔隙介质☆fractured porous media
裂缝延伸压力☆fracture propagation pressure；fracture extension pressure
裂缝油层动力学☆rift oil-lenses dynamics
裂缝增大力学☆mechanics of crack growth
裂缝增长☆jump in crack growth
裂缝张开位移☆crack opening displacement
裂缝砖☆chuff；cracked brick
裂缝综合显示(图)☆fracture composite display
裂钙铁辉石☆baikalite；baicalite
裂蛤属[双壳;J-Q]☆Hiatella
裂沟☆chasm
裂沟粉属[孢;J_1]☆Schismatosporites
裂谷☆rift (valley;trough)；central valley；midocean；fault-trace rift；fault rift[断层]
裂谷(型)边缘沉积柱体☆rifted-margin (sediment) prism
裂谷侧面☆rift flank
裂谷-沉陷模式☆rift-and-sag model
裂谷底面☆rift-floor surface
裂谷地槽☆rift geosyncline；taphrogeosyncline
裂谷湖☆rift-valley{rift;fault-trough} lake；sag pond
裂谷化克拉通边缘☆rifted cratonic margin
裂谷盆地☆rift basin；rifted-basin
裂谷期后的☆postrift
裂谷前(拱形构造)☆prerift arch
裂谷双向{峰}火山活动☆bimodal rift volcanism
裂谷下的☆infrarift
裂谷型沉积作用☆rift valley-type sedimentation
裂谷形成机制☆mechanism of rifting
裂谷学☆riftology
裂谷作用☆rifting；riftogenesis
裂谷作用的相对时间确定☆relative timing of rifting
裂谷作用动力学☆rifting dynamics
裂谷作用幕☆rifting phase
裂果[植]☆dehiscent fruit
裂痕☆flaw；rift；crack；fissure；cleft[月面]；splinter；seam；alligatoring[轧制表面]
裂痕(面)☆fracture
裂化☆crack(ing)；cracking in the distillation of petroleum；cataclasis
裂化成分☆cracked constituent
裂化设备☆cracker；cracking plant
裂环孢属[P]☆Clavisporis
裂火山口☆breached crater
裂脊贝属[腕;Є-O]☆Schizambon
裂脚类☆fissipedia
裂脚亚目[哺乳纲食肉目]☆Fissipedia
裂解☆splitting (decomposition)；cracking
裂解槽☆disintegrator
裂解柴油☆pyrolysis gas oil
裂解产物☆daughter product
裂解色谱☆pyrograph
裂解色谱(法)☆pyrography
裂解油☆cracked oil
裂颈式☆schistochoanitic
裂镜量日计☆split-objective heliometer
裂菊石属[头;C_2]☆Schistoceras
裂距☆splitting
裂菌类{门}☆Schizomycetes
裂开☆fissuring；fissure；cleav(ag)e；hiascent；parting；craze；ripping；rive (scission)；splinter；crack{split} open；effracture；wedging；split；cracking；rip；chinking；scissure；split-up；rip-up；yawn；tear (off)；splitting；breakup[洋中脊]；sliver
裂开不整合☆breakup unconformity
裂开的☆fissured；cracky；fissile；split (off)
裂开断层☆split fault
裂开负载{载荷}☆cracking load
裂开后的[洋底]☆post-breakup
裂开环带☆cleft girdle
裂开面☆parting plane；plane of cleavage
(地层)裂开压力☆leak-off pressure
裂孔☆leak；tremopore
裂孔贝属[腕;O-S]☆Schizotreta
(射孔)裂孔率☆percentage of fractured hole
裂口☆interrupt；breach；cleft；chasm；chop；gap；(gash) rip；crack；vent；split；chink；cranny；slit；vent of a volcano；break；rent；yawn；opening；nick；scissure[罕用]
裂口背斜☆scalped{breached;scalloped} anticline
裂口多的☆chasmy
裂口鲨(属)[D_3]☆Cladoselache
裂口鲨类☆Cladoselachii
裂口铸型☆parting cast
裂块☆cleavage-block；silver；sliver
裂浪☆fracture；rip[双流相会而起]；craze；nick
裂肋虫(属)[三叶;O_3-S_2]☆Lichas
裂肋虫目[三叶]☆lichida
裂离线理☆parting lineation
裂理☆parting；fissility
裂炼☆cracking
裂鳞贝属[腕;Є]☆Schizopholis
裂鳞果属[T_3-K_1]☆Schizolepis
裂流☆rip (current)；undertow
裂流补给流☆rip feeder current
裂流带☆zone of fracture and plastic flow
裂流(流)头☆rip head；head of rip
裂流外流道☆neck channel
裂脉叶(属)[P-J]☆Schizoneura
裂脉状☆fracture-veined
裂煤☆splent{splint} coal
裂面☆fracturing plane
裂面垫层☆rift cushion
裂面藻属[Q]☆Meristopedia
裂膜眼[三叶]☆Schizochroal eye
裂囊壁☆tremocyst
裂囊蕨☆Aulacotheca
裂盘[蓝绿藻]☆separation disc
裂配生殖[孔虫]☆schizogamy
裂片☆splinter；split；lobus；bothridium；phyllidium；sliver
裂片合金☆fissium；Fs
裂片藻属[Z_2]☆Abruptophycus
裂片状☆splinter-shaped
裂片状态☆lobation
裂肉兽属[E_2]☆Sarkastodon
裂色眼[三叶]☆schizochroal eye
裂珊瑚(亚纲)☆Schizocorallia
裂伤脉☆gash-vein
裂舌类☆diploglossa
裂生的☆spallation-produced
裂石楔☆plug and feathers{wedge}
裂石燕属[腕]☆Schizospirifer
裂式炉☆split furnace
裂式球面顶装置☆split sphere apparatus
(钢丝绳)裂丝☆cracked wire
裂丝藻属[Q]☆Stichococcus
(断层)裂碎带☆shatter zone
裂体腔类☆schizocoela
裂腕环☆schizolophe
裂尾甲属[昆;J_3-K_1]☆Coptoclava
裂纹☆crack；flaw；gash；check；clink；crackle [on pottery,porcelain,etc.]；chine；crizzle；craze；crazing；cracking；cleavage；splinter；plume；nick
裂纹层☆crizzle skin
裂纹顶端附近应力☆stress near cracktip
裂纹顶端小量变形☆small-scale yielding at a crack tip
裂纹顶端张开位移法☆crack tip opening displacement method
裂纹构造☆bread-crust{ice} structure
裂纹化腐蚀☆cracking corrosion
裂纹几何形状☆crack morphology
裂纹尖端应力场☆cracktip stress field
裂纹扩展☆crack propagation；CP
裂纹扩展应变计☆crack propagation strain ga(u)ge
裂纹疲劳扩展速率☆crack fatigue propagation rate
裂纹试验应力强化☆stress intensification in cracked test
裂纹岩块☆bread-crusted boulder
裂隙☆fissure (defect)；crack；gae；crevice；cleft；slit；rift；hiatus；breaks；chine；chink；closed{small;small-scale} discontinuity；flaw；(flerry) fracture；crecasse；quere[岩中]；crevasse；rive；gap；ultramicrocrack；blatt(er)；stenopaic；stenopeic；cleftiness；slifter；rent；chop；check；scissure；breast head；opening
裂隙被充填岩层☆tight rock
裂隙笔石属[O_1]☆Schizograptus

L

裂隙闭合☆closing of fracture；fissure closing
裂隙壁抗压强度☆joint wall compressive strength
裂隙冰川☆crevassed glacier
裂隙采样技术☆fracture sampling technique
裂隙糙度系数☆joint roughness coefficient；JRC
裂隙充填☆cavity lining；fissure{fracture;cavity;open-space;crevasse} filling
裂隙充填冰碛☆till crevasse filling
裂隙带☆fracture(d){fissured;fracturation} zone；secondary moment zone
裂隙的☆jointy；flawy；fractile；stenopaic；stenopeic；fissured
裂隙的加固☆propping of fractures
裂隙的流过{通}能力[水力压裂]☆fracture flow capacity
裂隙灯☆slit-lamp
裂隙灯角膜显微镜☆slit-lamp corneal microscope
裂隙定向控制(灌浆)法☆fracture direction controlled method；FDC
裂隙度☆degree of fissure；openness
裂隙发育地层☆strong fissured stratum；rough ground
裂隙方向☆direction of fissures；fissure direction
裂隙分布☆fracture spacing
裂隙风化变异系数☆joint alternation factor
裂隙迹象☆indication of fracture
裂隙间距☆interval between fissures；fracture spacing
裂隙角石☆vaginoceras
裂隙界面包裹体☆fracture-bound inclusion
裂隙介质☆fissured medium
裂隙晶石[煤]☆cleat spar
裂隙孔隙介质☆fractured porous medium
裂隙梁☆split beam
裂隙量容☆fracture capacity
裂隙率☆factor of crevice；fracture porosity
裂隙滤过膜☆filtration slit membrane
裂隙脉☆joint{gash;fissure} vein；crevice；gash；true lode
裂隙脉系☆range of gash veins
裂隙密度☆fracture density；closeness of fissures；density of fracture；degree of fissure
裂隙面☆face of fissure；fissure {-}plane
裂隙黏土☆fissured clay
裂隙喷发☆labial{fissure} eruption
裂隙喷溢型火山☆quiety type of volcano
裂隙频率☆fracture frequency
裂隙频数☆degree of fissure
裂隙破口☆crevass；crevasse
裂隙迁移油气说☆fissure theory
裂隙区☆cracked zone
裂隙溶蚀沟☆cleft karren
裂隙(作用)深度☆depth of cracking
裂隙生成☆generation of openings
裂隙式喷发☆fissure{linear} eruption；eruption of fissure type
裂隙水☆crevice{fissure;fracture} water；fissure flow；crack-water
裂隙水流☆interstitial flow
裂隙梯度剖面☆fracture gradient profile
裂隙填充矿床{脉矿}☆fissure-filling deposit
裂隙填充气化矿脉☆rake vein
裂隙填塞(作用)☆sealing
裂隙透水能力☆fracture permeability
裂隙系☆fracture set；system of fissures；network of cracks；rift system
裂隙系数☆coefficient of fissuration；fissure coefficient
裂隙形成☆formation of fissures；fissuration
裂隙型储集层☆fractured reservoir
裂隙性肉芽肿☆granuloma fissuratum
裂隙牙钻☆fissure bur
裂隙岩体☆jointed{fractured} rock mass
裂隙羊膜☆schizamnion
裂隙有限单元族☆family of cracked finite elements
裂隙中含方解石薄膜的煤☆sparry coal
裂隙组可逆性曲线☆adversity curve for fracture cluster
裂罅☆slit
裂罅水☆fissure water
裂陷☆rift
(地壳)裂陷☆paar
裂陷的克拉通边缘☆rifted cratonic margin
裂陷地槽☆taphrogeosyncline
裂陷断层☆rift fault
裂陷阶段☆chasmic stage
裂线☆line of rent；fracture{suture} line
裂线贝属[腕;S-P]☆Schizophoria
裂线理☆parting{current;parting-plane} lineation
裂线石燕(贝属)[D_2]☆Schizospirifer
裂线藻属[Q]☆Schizomeris
裂项螺属[腹;O_2]☆Schizolopha
裂心结核☆septarium [pl.septaria]
裂星海胆属☆Schizaster
裂须藻(属)[蓝藻;Q]☆Schizothrix
裂压☆fracture pressure
裂牙☆sectorial tooth
裂牙蛤类☆Schizodonta
裂牙目☆Schizodonta
裂牙系[双壳]☆schizodont dentition
裂腰球石[钙超;J]☆Schizosphaerella
裂叶菊石属[头;T_3]☆Rhacophyllites
裂叶蕨(属)[E_2-Q]☆Schizaea
裂银杏(属)[T_2-K_2]☆Baiera
(地震)裂源☆origin
裂褶菌属[真菌;Q]☆Schizophyllum
裂殖菌类☆Schizomycetes
裂殖菌门☆Schizophyta
裂殖体[孔虫]☆schizont
裂殖藻类☆fission algae
裂殖植物门[细菌门与蓝藻门合称]☆Schizophyta
裂皱沟[绵]☆schizorhysis [pl.schizorhyses]
裂蛛目[昆]☆Schizomida
裂锥☆fracture conoid
裂子☆crack；crizzle
烈度表[震]☆intensity scale；scale of intensity
烈度分布☆intensity distribution
烈度异常☆abnormal intensity
烈度指数☆severity index
烈风[9 级风]☆strong gale
烈火☆active{blazing} fire
烈(性)酒☆tipple；aqua vitae
烈性(明胶)硝化甘油☆giant gelatin(e)
烈性药物☆drastic
烈性炸药☆high{disruptive;shattering;powerful;strong} explosive；high-velocity blasting agent；giant powder
烈焰☆roaring flame
烈震☆violent shock
劣等的☆inferior；bastard
劣等煤☆craw{crow} coal
劣等油页岩☆inferior shale
劣地☆badland；scabland；escabrodura；adyr
劣地形☆breaks；badlands；escabrodura
劣函数☆minorant
劣弧☆minor arc
劣化☆deterioration；deteriorate
劣化模型☆degration model
劣货☆adulteration
劣级砂☆badly graded sand
劣阶乘☆subfactorial
劣晶的☆dyscrystalline；malcrystalline
劣矿脉☆coose；coase
劣煤☆smut；bass；bast；houster{bastard} coal；stub；brora
劣扭(月)贝属[腕;O_3-S_1]☆Katastrophomena
劣品☆throwout
劣软煤☆dant
劣水质☆poor water quality
劣形的☆anhedral
劣形晶☆anhedron
劣性[刺激过强或过频]☆pessimum
劣性的☆ill-conditioned
劣质扳手☆knuckle-buster
劣质褐煤☆immature lignite
劣质建筑毛石☆bastard freestone
劣质金刚石碎粒☆diamond fragments
劣质矿石☆halvan ore
劣质沥青☆land asphalt{pitch}
劣质煤☆grizzle；culm；ravens；inferior{ooster;foul;poor;fault(y);hooster;wild;holing;crop;low-rank} coal；colm；rash；maggie；whetstone；bone；slatter；bast；dandy；dross；maggy
劣质煤层☆pricking dirt；dirty seam
劣质煤堆☆coal bank
劣质泥炭☆muck
劣质黏土页岩☆blae
劣质气煤☆horny；rattler；hirny；parrot coal
劣质软煤☆smut；sooty coal
劣质软土煤☆soot(y) coal
劣质水☆poor {-}quality water
劣质细煤☆dross (coal)；drossy coal
劣质烟煤[美]☆soft coal
劣质烛煤☆jays；clash；pelt
劣烛煤☆geyes
猎豹(属)[N_2-Q]☆Acinonyx；Cynailurus；cheetah hunting leopard
猎狐☆fox
猎户座☆Orion
猎潜舰☆chaser
猎潜舰艇☆subchaser
猎犬座☆Canis Venatici；Hunting Dog
猎人☆chaser
猎(户)星珊瑚属[C_1]☆Orionastraea

lín

林贝格反应☆Lemberg's reaction
林贝格液☆Lemberg's solution
林波波期☆Limpopo age
林`床{地土壤}☆wooded{timbered} soil
林丹[虫剂]☆lindane
林德型火力钻机☆Lind drill
林地☆woodland；bocage
林地覆被物☆forest floor
林地岩☆lindoite
林地沼泽[大陆与边缘岛之间]☆dreen
林多裸鼻雀☆lindo
林格仑{伦}体积定律☆Lindgren's volume law
林格曼浓度表☆Ringelman concentration table
林格曼数{|图}☆Ringelman number{|chart}
林格曼烟色图☆Ringelman smoke chart
林根巴矿☆lengenbachite；jentschite
林冠☆canopy
林间草地☆park
林克巴哈型圆形固定淘汰盘☆Linkenbach table
林克拜尔特型滚筒式精选机☆Link-Belt drum-type concentrator
林克拜尔特 PD 型筛☆Link-Belt PD screen
林克-贝尔特百叶窗式转筒干燥机☆Link-belt Roto- Louvre drier
林克矿☆rinkite
林克天色级☆Linke-scale
林肯郡灰岩☆Lincolnshire limestone
林狸属☆prionodon
林立☆forest
林罗斯沼气探测器☆Ringrose detector
林木线以下冷温坡地[常绿林为其特征]☆alpestrine
林木志☆sylva；silva
林奈型带式湿法磁选机☆Linney belt separator
林奈种名☆Linn(a)ean species
林涅叠层石属[Z]☆Linella
林栖生物的☆silvicolous
林侵草原☆forested steppe
林区☆woodland；forest；massif；wooded area
林取制瓶机☆Lynch machine
林生石竹☆wood pink
林石蚕☆wood sage
林石草☆barren strawberry
林氏藻属[Q]☆lyngbya
林伍德☆Ringwood A E
林蜥(属)[C]☆Hylonomus
林学☆forestry
林业☆forestry
林阴大道☆boulevard
林阴道☆avenue
林园☆arboretum
林猿属☆Dryopithecus
林源煤☆forest coal
林泽☆swamp
林沼☆forest bog
林治曼图☆Ringelmann chart
林中草地☆glade
林中死地被物☆litter
林中小丘☆hurst
林猪属[Q]☆Hylochoerus
磷☆phosphorus；P；phosphous；phosphor
磷铵镁石[$Mg(NH_4)_2H_2(PO_4)_2•4H_2O$]☆muellerite；schertelite；schertalite；müllerite；millerite；hannayite；m(e)ullerite
磷铵石[$(NH_4,K)H_2PO_4$;四方]☆biphosphammite
磷铵铀矿[$NH_4(UO_2)PO_4•3H_2O$]☆uramphite
磷胺☆dimecron

磷钡铝石[$(Ba,Ca,Sr)Al_4(PO_4)_2(OH)_8 \cdot H_2O$;$(BaOH)(Al(OH)_2)_3P_2O_7$; $BaAl_3(PO_4)_2(OH)_5 \cdot H_2O$;三方、单斜、假三方]☆gorceixite; bariohitchcockite; geraesite; barium-hamlinite
磷钡铅石[$(Pb,Ba)_3(PO_4)_2 \cdot 8H_2O$?]☆ferrazite
磷钡铀矿[$Ba(UO_2)_4(PO_4)_2(OH)_4 \cdot 8H_2O$;斜方]☆bergenite; uranocircite
磷钡铀云母[$Ba(UO_2)_2(PO_4)_2 \cdot 8H_2O$]☆barytouranite
磷草酸钙石☆guanoxalite; guanoxalate
磷臭葱石[$Fe(As,P)O_4 \cdot 8H_2O$]☆phosphoscorodite; fosfo-excorodita; phosphoskorodite
磷磁橄榄岩☆phoscorite
磷的☆phosphoric
磷毒颌(骨坏死)☆phosphorous necrosis
磷二铵石[$(NH_4)_2HPO_4$;单斜?]☆phosphammite; phosphammonite
磷钒砷钇矿☆tschernovite
磷钒铀矿☆ferganite
磷凡土☆allophane-evansite
磷方沸石[$NaCa_5Al_{10}(SiO_4)_3(PO_4)_5(OH)_{14} \cdot 16H_2O$]☆viseite
磷钙铵石☆mundrabillaite
磷钙钒矿[磷钙钒云母; $CaV^{4+}_2(PO_4)_2(OH)_4 \cdot 3H_2O$;单斜、假四方]☆sincosite; sinkosite
磷钙复铁石☆wicksite
磷钙碱铝石[$(Na,K)_2Ca_5Al_8(PO_4)_8(OH)_{12} \cdot 6H_2O$]☆lehiite
磷钙矿☆whitlockite
β-磷钙矿☆whitlockite; pyrophosphorite
磷钙铝矾[$CaAl_3(PO_4)(SO_4)(OH)_6$;三方]☆woodhouseite; sokolovite
磷钙铝石[$CaAl_3(PO_4)(SO_4)(OH)_6$]☆woodhouseite
磷钙镁石[Ca,Mg 的磷酸盐;$Ca_2(Mg,Fe^{2+})(PO_4)_2 \cdot 2H_2O$;三斜]☆collinsite; chavesite; cryphiolite; cryfiolite; kryphiolite; kryphiolith; criphiolite
磷钙锰石[$Ca_2(Mn,Fe)(PO_4)_2 \cdot 2H_2O$;三斜]☆fairfieldite; leucomanganite; leukomanganit; chavesite
磷钙钠石☆canaphite; merrillite; nacaphite
磷钙钠铁锰矿☆hu(e)hnerkobelite
磷钙镍石[$Ca_2(Ni,Mg)(PO_4)_2 \cdot 2H_2O$;三斜]☆cassidyite
磷钙铍石[$CaBe_2(PO_4)_2$;单斜]☆hurlbutite; cherlbutite
磷钙石☆phosphorite; phosphate chalk
磷钙铁矿[$CaFe_5(PO_4)_2(OH)_{11} \cdot 3H_2O$]☆borickite; picite; boryckite; calcioferrite; delvauxite; delvauxene; foucherite; parbighite; borickyite; delrauxite
磷钙铁锰矿[$(Fe,Mn,Ca)_7(PO_4)_4F_2$]☆sarcopside; graftonite; sarcopsite
磷钙土[$Ca_5(PO_4)_3(Cl,F)$]☆phosphorite; hard-rock phosphate; coprolite; hydroapatite; phospholite; osteolite
磷钙钍矿☆cheralite; lingaitukuang
磷钙钍石[$CaTh(PO_4)_2$;单斜]☆brabantite; brabautite; cathophorite
磷钙锌矿{石}[$CaZn_2(PO_4)_2 \cdot 2H_2O$;单斜、假斜方]☆scholzite
磷钙铀矿☆phosph(o)uranylite; phosphurancalcilite; ningyoite; phosphorurenylite
磷钙铀石☆autunite
磷锆石[$(Zr,TR^{3+})((Si,P)O_4)$,约含 18%的稀土]☆oyamalite
磷铬镁矿☆chrom-brugnatellite; hrom-brugnatellite
磷铬铅矿[$Pb_5(CrO_4)_2(PO_4)_2 \cdot H_2O$;单斜]☆embreyite
磷铬铁铜矿☆phospho(r)chromite
磷铬铜铅矿[$(Pb,Cu)_3((Cr,P)O_4)_2$; $Pb_2Cu(CrO_4)(PO_4)(OH)$;单斜]☆vauquelinite; phospho(r)chromite; laxmannite; melanochlormalachit; vauqueline
磷骨☆Dsteolite
磷骨石[$Ca_5(PO_4)_3 \cdot (F,Cl,OH)$]☆osteolite
磷光☆phosphorescence; phosphorescent glow; noctilucence
磷光计☆phosphoroscope
磷光减弱剂☆poison
磷光晶体☆crystal phosphor
磷光石☆lithophosphor
磷光体☆phosphor; phosphorus
磷光熄灭☆tenebrescence
磷光效应☆allochromy
磷硅钙石☆ciplyte; ciplyite
磷硅孔雀石☆cyanochalcite
磷硅铝钙石 [$Ca_3Al_7(SiO_4)_3(PO_4)_4(OH)_3 \cdot 16\frac{1}{2}H_2O$;六方]☆perhamite
磷硅铝钇钙石[$Ca(Y,Th)Al_5(SiO_4)_2(PO_4,SO_4)_2(OH)_7 \cdot 6H_2O$;六方]☆saryarkite
磷硅铌钠钡石[$BaNa_4Ti_2NbSi_4O_{17}(F,OH) \cdot Na_3PO_4$;斜方]☆bornemanite
磷硅铌钠石[$Na_4TiNb_2Si_4O_{17} \cdot 2Na_3PO_4$;三斜]☆vuonnemite; wuonnemite
磷硅铈钠石[$H_2Na_3(Ca,Ce)(SiO_4)(PO_4)$;斜方]☆phosinaite
磷硅酸盐☆silicophosphate
磷硅钛钙钠石☆sobolevite
磷硅钛钠石[$Na_2Ti_2Si_2O_9 \cdot (Na,H)_3PO_4$;三斜]☆lomonosovite; lomonosowite; lomonossowit
磷硅钛铌钠石☆wuonnemite; vuonnemite
磷硅铁钙石☆thomasite
磷硅铁钠石☆lomonosovite
磷硅钍矿☆auerlite; grayite
磷硅钍铈石[$CeThSiO_4(PO_4)$]☆cerphosphorhuttonite
磷硅稀土矿[$(Ce,La,Na,Mn)_6(Si,P)_6O_{18}(OH)$;六方]☆steenstrupine
磷硅稀土石☆nogizawalite
磷含量回升☆rephosphoration
磷核☆phosphatic nodule
磷褐帘石[$Ca_2(Ce,La)_2Al_4Fe_2(Si,P)_6O_{15}OH$; $(Ca,Fe)_4(Al,Ce,La)_6(Si,P)_6O_{26} \cdot 2H_2O$]☆nagatelite; nagetelite; phosphatian allanite; phosphoro(o)rthite; phosphororthite; phosphorerdenepidot[德]
磷化☆phosphatization; phosphatisation
磷化处理☆coslettizing; parkerising
磷化底漆☆etch primer
磷化面漆☆phosphatizing top coat
磷化氢[PH_3]☆phosphine
磷化石灰☆lime phosphide
磷化物☆phosphide
磷化岩☆phosphatized rock
磷化铟☆indium phosphide
磷化作用☆phosphorization; phosphatization
磷灰黑云二长岩☆vaugnerite
磷灰基质☆phosphate matrix
磷灰闪云岩☆nevoite
磷灰石[$Ca_5(PO_4)_3(F,Cl,OH)$]☆apatite; agustite; rock phosphate; pulleite; moroxite; phosphate rock; estramadurite; kietyoite; sombrerite; fluorapatite; phosphorite; epiphosphorite; apatite kietyoite; davisonite; dennisonite; tavistockite; chrysolite; pyroguanite; augustite
磷灰石粉☆floats; ground phosphorite
磷灰石-金云母地质温度计☆apatite-phlogopite geothermometer
磷灰石岩[主要成分为氟磷灰石 $Ca_5(PO_4)_3(OH,F)$]☆apatitolite
磷灰石(晶)组[6/*m* 晶组]☆apatite-type
磷灰钛铁霞灰岩☆apatite jacupirangite
磷灰土☆land phosphate; phosphorite
磷灰岩[$Ca_5(PO_4)_3(Cl,F)$]☆(rock) phosphorite; rock phosphate; phosphate chalk{rock}; apatitolite
磷灰岩伴生干酪根☆phosphorite-associated kerogen
磷灰质壳☆phosphatic shell
磷火[拉]☆ignis fatuus
磷甲氧基苯酚☆guaiacol
磷钾铵石☆guanoxalate
磷钾铝石[$KAl_3(PO_4)_3(OH) \cdot 8\frac{1}{2}$~$9H_2O$;三方]☆taranakite; palmerite; minervite; tinsleyite
磷钾石[$(K,NH_4)H_2PO_4$;四方]☆archerite
磷钾稀土玄武岩[一种富钾(K)、稀土(RE)和磷(P)的月岩]☆ KREEP
磷碱锰石[$(K,Ba)(Na,Ca)_5(Mn,Fe^{2+},Mg)_{14}Al(PO_4)_{12}(OH,F)$;单斜]☆dickinsonite
磷碱铁石[$(K,Ba)(Na,Ca)_5(Fe^{2+},Mn,Mg)_{14}Al(PO_4)_{12}(OH,F)$;单斜]☆arrojadite
磷结核☆phosphatic{phosphate} nodule; phosphate concretion
磷结砾岩☆phosphocrete
磷结(砾)岩☆phoscrete
磷块岩☆phosphorite; phosphate rock; rock phosphate
磷矿☆phosphorus{phosphate} ore
磷矿粉[农]☆ground phosphate rock
磷镧铝石[$(La,Ce)Al_3(PO_4)_2(OH)_6$;三方]☆florencite-(La)
磷镧镨矿☆scovillite
磷镧铈矿☆rhabdophane; rhabdophanite
磷镧铈石[$(La,Ce)PO_4$]☆phosphocerite
磷锂矿☆Lithiophilite
磷锂铝石[$(Li,Na)Al(PO_4)(F,OH)$;三斜]☆amblygonite; montebrasite
磷锂锰矿[$Li_{<1}(Mn^{2+},Fe^{3+})(PO_4)$;斜方]☆sicklerite; ferri-sicklerite; mangani-sicklerite; manganese sicklerite
磷锂石☆lithiophyllite
磷锂铁矿 [$Li(Fe^{3+},Mn^{2+})PO_4$;斜方]☆ferri(-)sicklerite; Fe-sicklerite
磷菱铅矾[$PbFe_3PO_4SO_4(OH)_6$]☆corkite; korkite; dernbachite; pseudobeudantite; phosphor-beudantit
磷菱铁矿☆chinostrengite; phosphosiderite; metastrengite
磷硫钙铀矿☆tristramite
磷硫铅铝矿☆hinsdalite
磷硫铁矿☆destinezite; arsendestinezite; diadochite; orthodiadochite
磷铝铋矿[$(Bi,Ca)Al_3(PO_4,SiO_4)_2(OH)_6$]☆waylandite
磷铝矾[$Al_{16}(PO_4)_8(SO_4)_3(OH)_{18} \cdot 10H_2O$]☆kribergite
磷铝钙矾[$CaAl_3(PO_4)(SO_4)(OH)_6$]☆munkfors(s)ite; sokolovite
磷铝钙锂石[$(Li,Na)_2CaAl_4(PO_4)_4(OH,F)_4$;斜方]☆bertossaite
磷铝钙钠石☆millisite
磷铝钙石[$CaAl_{18}(PO_4)_{12}(OH)_{20} \cdot 28H_2O$;单斜]☆matulaite; uduminelite
磷铝高铁锰钠石[$(Na,Ca,Mn)(Mn,Fe^{2+})(Fe^{3+},Fe^{2+},Mg)Al(PO_4)_3$;单斜]☆rosemaryite
磷铝钾石[$H_6(K,Na)_3(Al,Fe^{3+})_5(PO_4)_8 \cdot 13H_2O$;三方]☆francoanellite
磷铝矿☆berlinite
磷铝锂石☆amblygonite; hebronite
磷铝镁钡石[$Ba(Mg,Fe^{2+})_2Al_2(PO_4)_3(OH)_3$;三斜]☆penikisite
磷铝镁钙石[$Ca_4MgAl_4(PO_4)_6(OH)_4 \cdot 12H_2O$;单斜]☆montgomeryite
磷铝镁铁钙石[$Ca(Fe^{2+},Mn^{2+})Mg_2Al_2(PO_4)_4(OH)_2 \cdot 8H_2O$;单斜]☆whiteite
磷铝镁铁锰石[$(Mn^{2+},Ca)(Fe^{2+},Mn^{2+})Mg_2Al_2(PO_4)_4(OH)_2 \cdot 8H_2O$;单斜]☆whiteite-(Mn)
磷铝锰钡石 [$(Ba,Sr)(Mn^{2+},Fe^{2+},Mg)_2Al_2(PO_4)_3(OH)_3$;单斜]☆bjarebyite
磷铝锰钙石[$(Ca,Mn^{2+})_4(Fe^{2+},Mn^{2+})Al_4(PO_4)_6(OH)_4 \cdot 12H_2O$;单斜]☆kingsmountite
磷铝锰石[$MnAl(PO_4)(OH)_2(H_2O)$;单斜]☆eosphorite
磷铝钠石[巴西石;$NaAl_3(PO_4)_2(OH)_4$;单斜]☆brazilianite; brasilianite; brasilianita
磷铝铅铜矿{石}[Pb、Cu、Al 含水磷酸盐;非晶质]☆rosieresite
磷铝石[$AlPO_4 \cdot 2H_2O$;斜方]☆(α-)variscite; chlor-utahlite; lucinite; peganite; ambligonite; variszite; hebronite
磷(酸)铝石[$Al_2O_3 \cdot P_2O_5 \cdot 4H_2O$]☆variscite
磷铝铈矿 [$CeAl_3(PO_4)_2(OH)_6$]☆koiwinit; florencite; koivinite; coivinite; stiepelmannite
磷铝铈石☆florencite
磷铝锶矾☆tikhvinite; harttite
磷铝锶石[$SrAl_3(PO_4)_2(OH)_5 \cdot H_2O$]☆goyazite; hamlinite; bowmanite
磷铝铁钡石[$Ba(Fe^{2+},Mn,Mg)_2Al_2(PO_4)_3(OH)_3$;三斜]☆ kulanite
磷铝铁矿☆redondite
磷铝铁钠矿 [$(Na,Ca)_2(Fe^{2+},Mg)_2Al_{10}(PO_4)_8(OH,O)_{12} \cdot 4H_2O$;单斜]☆burangaite
磷铝铁锰钠石[$(Na,Ca,Mn)(Mn,Fe^{2+})(Fe^{2+},Fe^{3+},Mg)Al(PO_4)_3$;单斜]☆wyllieite
磷铝铁锰石[$(Fe^{2+},Mn)Al((OH)_2PO_4) \cdot H_2O$]☆childro-eosphorite; childrenite
磷铝铁钠石[$(Na,Ca,Mn)(Fe^{2+},Mn)(Fe^{2+},Fe^{3+},Mg)Al(PO_4)_3$;单斜]☆ferrowyllieite; burangaite
磷铝铁石[$Fe^{2+}Al(PO_4 \cdot (OH)_2) \cdot H_2O$;单斜]☆childrenite
磷铝铜矿☆henwoodite
磷铝钇矿[$(Ce,Y)Al_3(PO_4)_2(OH)_6$]☆stiepelmannite
磷铝英石[水铝英石的变种,含 P_2O_5 约 8%]☆phosphate-allophane; allophane {-}evansite
磷铝铀矿[$HAl(UO_2)_4(PO_4)_4$]☆salengalite
磷氯铅矿[$Pb_5(PO_4)_3Cl$;六方]☆pyromorphite; green lead ore; muscoide; brown lead ore[旧;指呈褐色磷氯铅矿]; chlorpyromorphite; pseudocampylite; swamp ore; sexangulit; phosphorbleispath[德]; polychrom; bryoide
磷氯铅形方铅矿☆plumbeine
磷绿萤石☆chlorophane; pyrosmaragd; pyro-emerald
磷毛矾石☆phosphoralunogen
磷镁铵石[$(NH_4)_2MgH_2(PO_4)_2 \cdot 4H_2O$;斜方]☆

schertelite；muellerite
磷镁钙矿[$Ca_4(Mg,Fe^{2+},Mn)_5(PO_4)_6$;单斜]☆stanfieldite
磷镁钙钠石[$Na_2CaMg(PO_4)_2$;单斜]☆brianite
磷镁钙石[$(Ca,Mn^{2+})(Mg,Fe^{2+},Mn^{3+})_3(PO_4)_2(OH,F)_2$;斜方]☆thadeuite；stanfieldite
磷镁铝石[$MgAl_2(PO_4)_2(OH)_2 \cdot 8H_2O$;三斜]☆gordonite；gersbyite
磷镁锰矿[$(Mn,Fe,Mg)_3(PO_4)_2$]☆magniophilite
磷镁锰钠石[$NaMn(Mg,Fe^{2+},Fe^{3+})_3(PO_4)_3$;单斜]☆maghagendorfite
磷镁钠石[$(Na,Ca,K)_2(Mg,Fe^{2+},Mn)_2(PO_4)_2$;单斜]☆panethite
磷镁石[$Mg_3(PO_4)_2$;单斜]☆farringtonite；wagnerite
磷镁铁矿☆pyroaurite
磷镁铁锰矿☆sarcopside
磷锰铵石☆niahite
磷锰矿[$(Mn,Fe)_3(PO_4)_2 \cdot 3H_2O$]☆reddingite；hureaulite；phosphoferrite
磷锰锂矿[$LiMnPO_4$;斜方]☆lithiophilite
磷锰钠石[$(Co,Ca)_4Fe_4^{2+}(Mn,Fe^{2+},Fe^{3+},Mg)_8(PO_4)_{12}$;单斜]☆alluaudite
磷锰石[$Mn^{3+}PO_4$;斜方]☆purpurite
磷锰铁矿[$(Fe^{2+},Mn,Ca)_3(PO_4)_2$]☆graftonite；triploidite
磷锰锌石☆spiroffite
磷锰铀矿[$Mn(UO_2)_2PO_4 \cdot 8H_2O$;$Mn(UO_2)(PO_4)_2 \cdot 8\sim12H_2O$]☆fritzcheite
磷冕玻璃☆phosphate crown glass；PK glass
磷钼钙铁矿[$CaFe^{3+}H_6(MoO_4)_4(PO_4) \cdot 6H_2O$]☆melkovite
磷钼酸[$H_3PO_3 \cdot 12MoO_3 \cdot 12H_2O$]☆phosphomolybdic acid
磷钼铁钠钙石☆mendozavilite
磷钠铵石[$(NH_4)NaH(PO_4) \cdot 4H_2O$;三斜]☆stercorite；sterkorit；microcosmic salt
磷钠铵盐☆microcosmic salt；stercorite
磷钠铵岩球反应☆microcosmic salt bead reaction
磷钠钡石☆nabaphite
磷钠钙石[$NaCaPO_4$;斜方]☆buchwaldite；rhenanite
磷钠矿☆phosphuranylite
磷钠铝矾☆peisleyite
磷钠铝铁矿☆wyllieite
磷钠镁石[$Na_3Mg(PO_4)(CO_3)$]☆bradleyite
磷钠锰高铁石☆bobfergusonite
磷钠锰矿[$NaMnPO_4$;斜方]☆natrophilite；natrophyllite
磷钠铍石[$NaBePO_4$;单斜]☆beryllonite
磷钠石[Na_3PO_4;斜方]☆olympite；natrophosphate；natrophite
磷钠锶石[$Na(Sr,Na)PO_4$;六方]☆olgite；nastrophite
磷钠稀土石☆vitusite
磷铌锰钾石☆johnwalkite
磷铌铁钾石[$KFe_2^{2+}(Nb,Ta)(PO_4)_2O_2 \cdot 2H_2O$;斜方]☆olmsteadite
磷镍镁钙矿☆cassidyite
磷钕铝石[$(Nd,Ce)Al_3(PO_4)_2(OH)_6$;三方]☆florencite-(Nd)
磷硼锰石[$Mn_3(PO_4)(BO_3) \cdot 3H_2O$;$Mn_3(PO_4)B(OH)_6$;斜方]☆seamanite；simanite
磷铍钙石[$CaBeFPO_4$;$Ca(BePO_4)(F,OH)$;单斜]☆herderite；allogonite；glucinite
磷铍锰(铁)石[$(Mn,Mg)Fe_2^{3+}Be_2(PO_4)_4 \cdot 6H_2O$;六方]☆faheyite
磷七钙石[$Ca_7P_{10}O_{32}$]☆tro(e)melite
磷铅铝{锶}矾[$(Pb,Sr)Al_3(PO_4)(SO_4)(OH)_6$;三方]☆hinsdalite
磷铅铁矾[$PbFe_3^{3+}(PO_4)(SO_4)(OH)_6$;三方]☆corkite
磷铅铜矾☆preslite
磷铅铜矿☆rosieresite
磷铅铀矿[$Pb_3(UO_2)_5(PO_4)_4(OH)_4 \cdot 10H_2O$]☆dewindtite；stasite；dewindite
磷羟铝钠石☆lacroixite
磷青铜☆phosphor{phosphorous} bronze
磷氢钾铝石☆franoanellite
磷氢镁石[$MgHPO_4 \cdot 7H_2O$;单斜]☆phosphor(r)oesslerite；phosphorrosslerite
磷氢锰铝石☆sinkankasite
磷氢钠石☆nahpoite；naphoite
磷燃烧弹[军]☆phosphorous bomb
磷朊☆phosphoprotein
磷砷铅矿[$Pb_5(AsO_4 \cdot PO_4)_3Cl$]☆kampylite；campylite；phosphormimetesit；phosphormimet(es)ite
磷砷酸盐类☆polyquartz
磷砷铀铋矿☆phosphate-walpurgite
磷石膏[$CaH(PO_4) \cdot Ca(SO_4) \cdot 4H_2O$;单斜]☆ardealite；ardealith；phosphogypsum[制磷酸的副产品]
磷石蜡☆evenkite
磷铈镧矿☆monazite；eremite；urdite；edward(s)ite；monacite；kryptolith；turnerite
磷铈铝矿☆bowmanite
磷铈铝石[$CeAl_3(PO_4)_2(OH)_6$;三方]☆florencite
磷铈钠石[$Na_3(Ce,La,Nd)(PO_4)_2$;斜方]☆vitusite
磷铈钍石☆smirnovskite
磷铈钇矿[$(Ce,Y,La,Di)(PO_4) \cdot H_2O$]☆scovillite；kozhanovite；rahabdophane；rhabdophanite
磷水☆phossy water
磷锶铝矾[$SrAl_3(PO_4)(SO_4)(OH)_6$;三方]☆svanbergite
磷锶铝石[$SrAl_3(PO_4)_2(OH)_5 \cdot H_2O$;三方]☆goyazite；hamlinite
磷锶钠石☆olgite
磷酸[H_3PO_4]☆phosphoric acid
磷酸铵镁石☆hannayite
磷酸电解质燃料电池☆phosphoric acid electrolytic fuel cell
磷酸二氘钾晶体☆porassium dideuterium phosphate crystal
磷酸二氢铵晶体☆ammonium dihydrogen phosphate
磷酸二氢钾晶体☆potassium dihydrogen phosphate
磷酸二氢盐[MH_2PO_4]☆dihydric phosphate
磷酸钙☆calcium phosphate；osteolite
磷酸钙石☆dabllite；dahllite；navazite
磷酸固定作用☆phosphate fixation
磷酸化酶☆phosphorylase
磷酸化作用☆phosphorylation
磷酸矿石☆ground phosphate
磷酸镧镨矿[$(Y,Er,La,Di)_2O_3 \cdot P_2O_5 \cdot 2H_2O$]☆rhabdophanite
磷酸锂铁矿[$LiFePO_4$]☆triphyline；triphylite
磷酸铝胶结料☆aluminium phosphate binder
磷酸铝石☆variscite；peganite
磷酸酶☆phosphatase
磷酸镁铵石[$Mg_5(NH_4)H_4(PO_4)_5 \cdot 8H_2O$(近似)]☆dittmarite
磷酸镁胶结料☆magnesium phosphate binder
磷酸镁石☆bobierrite
磷酸锰矿☆palaite
磷酸钠[Na_3PO_4]☆sodium orthophosphate{phosphate}
磷酸氢二银(晶)组[$\bar{6}$晶组]☆disilverorthophosphate type
磷酸三苯酯[$(C_6H_5O)_3PO$]☆triphenyl phosphate
磷酸三丁酯☆tributylphosphate；TBP
磷酸三丁酯-己烷溶剂☆tributyl-phosphate-hexane
磷酸三钙[$Ca_3(PO_4)_2$]☆tricalcium phosphate
磷酸三甲苯酯[$(CH_3C_6H_4O)_3PO$]☆tricresyl phosphate
磷酸三钠☆trisodium phosphate；TSP
磷酸三辛酯☆trioctyl phosphate；TOP
磷酸三乙酯[$(C_2H_5O)_3PO$]☆triethylphosphate
磷酸砂岩☆phosphorite-sandstone
磷酸石☆rock phosphate
磷酸石灰☆calcium phosphate
磷酸锌胶法☆zinc phosphate binder
磷酸岩☆phosphate rock；rock phosphate；staffelitoid；phosphorite；phosphatita
磷酸盐表面处理剂☆bonderite
磷酸盐玻璃☆phosphate glass
磷酸盐处理法☆bouderization
磷酸岩{盐}化(作用)☆phosphatization；phosphatisation
磷酸盐还原细菌☆phosphate reducing bacteria
磷酸盐团块☆phosphatic nodule
磷酸盐岩研究所[美]☆Phosphate Rock Institute；PRI
磷酸盐质结核☆phosphatic nodule{concretion}
磷酸一铵☆Amono-phos；monoammonium phosphate
磷酸一氢盐☆monohydric phosphate
磷酸钇矿[YPO_4]☆xenotim(it)e
磷钛铝钡石[$Ba_4Al_3Ti(PO_4)_4(O,OH)_6$;单斜]☆curetonite
磷碳镁钠{钠镁}石[$Na_3Mg(PO_4)(CO_3)$;单斜]☆bradleyite
磷碳铁钠石☆bonshtedtite
磷铁(合金)☆ferro-phosphorus；ferrophosphorous
磷铁铋石[$Bi(Fe^{3+},Al)_3(PO_4)_2(OH)_6$;三方]☆zairite
磷铁矾[$Fe_2^{3+}(PO_4)(SO_4)(OH) \cdot 5H_2O$;三斜]☆diadochite；destinezite；orthodiadochite
磷铁钙矾[$MaFe_3(PO_4)(SO_4)(OH)_6$]☆munkrudite
磷铁钙{钙铁}石[$CaFe^{2+}Fe^{3+}(PO_4)_2(OH)$;斜方]☆melonjosephite；xanthoxenite；glucinite
磷铁华[$Fe_4(PO_4,SO_4)_3(OH)_4 \cdot 13H_2O$]☆diadochite；phosphoreisensinter[德]；orthodiadochite
磷铁矿[$(Fe,Ni)_2P$;六方]☆barringerite；kakoxene；clinostrengite；fosfosiderite；chinostrengite；koninckite；phosphosiderite；metastrengite
磷铁锂矿[$LiFe^{2+}PO_4$;斜方]☆triphylite；triphyline；ferri-sicklerite；triphylline；tetraphyline；perowskine
磷铁锂锰矿☆pseudoheterosite
磷铁铝矿☆parabauxite
磷铁铝石☆paratooite
磷铁镁钙钠石[$Na_{10}Ca_6Mg_{18}(Fe,Mn)_{25}(PO_4)_{36}$;六方]☆johnsomervilleite
磷铁镁锰钙石[$CaMn(Mg,Fe^{2+})_2Fe_2^{3+}(PO_4)_4(OH)_2 \cdot 8H_2O$;单斜]☆jahnsite
磷铁锰钡石[$Ba(Mn,Fe^{2+})_2Fe_2^{3+}(PO_4)_3(OH)_3$;单斜]☆perloffite
磷铁锰钙石[$Ca(Mn,Zn)_2Fe_3^{3+}(PO_4)_4(OH)_3 \cdot 2H_2O$;单斜]☆keckite
磷铁锰矿[$(Mn^{2+},Fe^{2+},Ca,Mg)_3(PO_4)_2$;单斜]☆beusite；faheylite；phosphoferrite；magniophilite；triplite；ficinite
磷铁锰石☆sarcopside；sarcopsite
磷铁锰锌矿{石}[$Fe_2^{2+}ZnMnFe^{3+}(PO_4)_3(OH)_2 \cdot 9H_2O$;斜方]☆schoonerite
磷铁钠矿[$NaFe^{2+}PO_4$;斜方]☆maricite
磷铁钠石[$(Na,Ca)Fe^{2+}(Fe^{2+},Mn,Fe^{3+},Mg)_2(PO_4)_3$;单斜]☆ferro(-)alluaudite；beryllonite；maricite；hühnerkobelite
磷铁铍矿[$BeMn(PO_4)(OH)$]☆va(e)rynenite
磷铁石[$Fe^{3+}PO_4$;斜方]☆heterosite；schreibersite；rhabdite
磷铁锌钙石[$Ca_2Zn_4Fe_8^{3+}(PO_4)_9 \cdot 16H_2O$;斜方]☆jungite
磷铜矿[$Cu_2(PO_4)(OH)$;$Cu_3(PO_4)_2Cu(OH)_2$;斜方]☆libethenite；chinoite；liebethenite；apherese；pseudolibethenite
磷铜铝矿☆sieleckiite
磷铜铅矾☆tsumebite
磷铜铁矿☆chalcosiderite；sjogrenite
磷钍矿☆grayite
磷钍铝石[$(Th,Pb)_{1-x}Al_3(PO_4,SiO_4)_2(OH)_6$;三方]☆eylettersite
磷钍石☆auerlite[$Th(Si,P)O_4$]；smirnovskite[$(Th,Ca,Ce)(OH)(P,Si,Al)(O,F,OH)_4$]；yanshainshynite
磷钍脂铅铀☆phosphothorogummite
磷钨酸☆phosphotungatic acid
磷稀土矿☆rhabdophane；rhabdophanite
磷稀土壤☆nogizawalite
磷稀土石☆petersite
磷稀铀矿☆franciosite-(Nd)
磷霞岩☆urtite；apaneite
磷酰☆phospho-；phosph-
磷硝铜矿[$Cu_{12}(NO_3)_4(PO_4)_2(OH)_{14}$]☆likasite
磷锌矿[$Zn_3(PO_4)_2 \cdot 4H_2O$;斜方]☆hopeite；salmoite；zinkphyllite
磷锌铜矿[$(Cu,Zn)_3(PO_4)(OH)_3 \cdot 2H_2O$;单斜]☆veszelyite；kipushite；arakawaite；beszelyite
磷溴铅矿☆brom-pyromorphite
磷盐岩[含磷酸钙]☆phosphate rock
磷氧四面体☆phosphor-oxygen tetrahedrom
磷叶石[$Zn_2(Fe,Mn)(PO_4)_2 \cdot 4H_2O$;单斜]☆phosphophyllite
磷钇矿[YPO_4;$(Y,Th,U,Er,Ce)(PO_4)$;四方]☆xenotime；hussakite；xenotimite；tankite；phosphate of yttria；castelnaudite；phosphyttrite；kenotime；tankelite；wiserine
磷钇石☆xenotime
磷钇铈矿[$(Ce,Y,La,Di)(PO_4) \cdot H_2O$]☆karnasurtite；erikite；rhabdophane；skovillite；rhabdophanite；scovillite
磷钇铜石☆petersite
磷英黑云二长岩☆vaugnerite
磷硬石膏[德]☆kieselgyps
磷铀钡矿☆uranocircite；urancircite
磷铀铋矿☆phosphate-walpurgin
磷铀矿☆phosphuranylite；vanmeersscheite
磷锗铅矿☆germanate-pyromorphite
磷脂☆phosphatide；phospholipid
磷(酸盐)质结核☆phosphatic nodule
磷质壳☆phosphatic shell
磷质岩☆phosphate{phosphatic} rock
临边昏暗☆limb darkening

临边界资源☆paramarginal resources
临滨☆shoreface
临城角石属[头;O_1]☆Linchengceras
临床(讲授)☆clinic
临港公路☆dock road
临海方向☆oceanic aspect
临滑预报☆forecasting just before sliding
临界☆(scale) threshold; stagnation
临界(值)☆critical
临界安全☆criticality safety; safety margin
临界密度物料☆near-gravity material
临界边坡堆积☆marginal-slope accumulation
临界变形值☆critical deformation value
临界沉淀点☆precipitation threshold
临界尺寸裂缝☆critical size flaw
临界穿透频率☆critical penetration frequency
临界吹动速度☆threshold velocity
临界的☆critical; crit.; ultimate
临界点☆critical{plait; breakthrough; transformation; stagnation} point; threshold; transition; point of transition; switch value; stagnation
(加热及冷却的)临界点☆arrests
临界点之下的☆subcritical
临界反射☆reflection at critical; critical reflection
临界分(辨剪)切应力☆critical resolved shear stress
临界浮动坡降☆critical flo(a)tation gradient
临界荷载{负荷;负载}☆crippling{critical} load(ing)
临界滑落圆☆critical failure circle; critical slip circle
临界混溶点☆critical solution point; consolute point
临界胶束浓度☆critical micelle{micellar} concentration
临界角后的反射☆supercritical{supracritical} reflection
临界角前的反射☆subcritical reflection
临界截面☆choking section
临界截面喷管☆critical flow nozzle
临界井斜角范围[45°～65°]☆critical deviation range
临界抗张(拉)应力☆critical tensile stress
临界拉丝温度☆critical spinning temperature
临界冷凝温度☆cricondentherm
临界冷凝压力☆cricondenbar
临界裂缝扩展力☆critical crack extension force
(涡轮)临界流量☆swallowing-capacity
临界面的[在同一容器中二液体间]☆dineric
临界凝结浓度☆critical coagulation concentration
临界凝析压力☆critical condensate pressure; cricondenbar
临界品位(值)☆boundary value; stopping limit
临界侵蚀长度☆critical length
临界人口☆threshold population
临界入射☆grazing incidence
临界扫流力☆critical tractive force
临界蛇形{螺旋}流速☆critical serpentine velocity
临界深度槽☆critical depth flume
临界渗透坡降☆critical seepage gradient
(柱塞)临界升举特性☆threshold lift characteristics
临界时间☆marginal time
临界数☆fiduciary level
临界水力坡降{梯度}☆critical hydraulic gradient
临界水深测流槽☆critical depth flume
临界体积☆critical volume{size}
临界条件☆critical condition; CC
临界途径法☆critical path method; CPM
临界拖动速度☆critical tractive velocity
临界拖力☆critical drag
临界危险性评价☆critical evaluation
临界温度☆critical{stagnation;emergent;threshold} temperature; T_c
临界温度分水线☆critical thermal divide
临界物态土力学☆critical state soil mechanics
临界下温度☆sub-critical temperature
临界线☆limit line
临界相☆terminal phase
临界信号[电磁]☆threshold{critical} signal; minimum detectable signal
临界压力☆critical pressure{compression}; break down pressure; emergent {stagnation} pressure; c.c.p.
临界药量☆charge limit
临界以上的☆above-critical
临界逸出坡降{溢出梯度}☆critical exit gradient
临界应变晶粒长大☆critical strain grain growth
临界应力☆limit(ing){threshold;critical;crippling} stress
临界占据比率☆critical ratio of occupation
临界照明☆crucial{Nelson;critical} illumination
临界蒸汽压力☆crivaporbar
临界值和范围☆threshold and range
临界直径☆cut-off{critical} diameter
临界值以上的☆above-critical
临界转矩☆breakdown torque
临界状态包络线☆critical-state line
临界锥进产量{速度}☆critical coning rate
临界组合☆critical assemblage
临界组结分子量☆critical entanglement molecular weight
临界阻尼地震仪☆critically damped seismograph
临界钻压{重}☆critical weight on bit
临近的☆conterminous
临近速度☆velocity of approach
临近支架☆approach tower
临空面☆free face{surface}
临时浮游生物☆temporary plankton; meroplankton
临时矿物租赁条例☆interim mineral leasing regulations
临时矿柱☆casual pillar; provisional pillar
临摹石印版画☆drawing from the flat
临氢重整☆hydroforming
临汝窑☆Lin-Ju ware
临山渠☆side hill canal
临时(的)☆temporary; interim; ad interim[拉]; ad int.
临时安装金属拱支架法☆"false-leg" arch system
临时变化☆running modification
临时测站☆stadia
临时超前支护{架}☆foreset; fore-set
临时撑柱☆jack post; timber-jack
临时储油船{轮}☆temporary storage tanker
临时措施☆makeshift; stopgap measure
临时道路☆shoofly; makeshift road; temporary road
临时的☆temporary; tentative; interim; casual; odd; makeshift; provisional; temp; occasional; jury
临时点焊☆tack weld
临时电缆☆umbilical cable
临时电线☆haywire
临时顶柱☆flirting post; gag
临时短道☆temporary short track
(井口)临时堆场☆paddock
临时堆栈☆transit shed
临时防锈油{漆}☆temporary (rust) preventive
临时放弃井井盖☆temporary well abandonment cap
临时费用☆contingent fund; incidental expenses; interim (or incidental) expenses
临时封堵塞☆bridge plug
临时风巷☆pen
临时风墙☆brattice-s toppings
临时风障☆hurdle
临时工☆supernumerary; transient{casual;temporary} worker; floater; casual (labourer;labour); odd labor
临时工业场地☆temporary construction site
临时巷道☆temporary working; service entry
临时荷载条件☆temporary loading condition
临时湖☆evanescent{temporary} lake
临时基底型应变计[物]☆strain ga(u)ge with temporary base
(井筒)临时间隔☆dummy compartment
临时接线☆lash-up
临时井壁基座☆temporary lining curb
临时井架☆derrick; temporary head{headframe}
临时开支备用金☆contingent reserve fund
临时立柱☆policeman; safety post{prop}
临时溜井{口}☆joker chute
临时(风)门☆shell{temporary;sheth} door
临时名☆nomen provisorium; nom. provis.
临时木板支撑☆shoring sheeting
临时起停法☆flying-start-and-finish method
临时桥☆emergency bridge
临时丘宾筒井壁支护☆temporary casing
临时设施☆improvised installation
临时食堂☆canteen
临时事件☆contingence; contingency
临时收益☆non-recurring income
临时调整☆temporary fix; TF
临时铁路☆construction way
临时停产☆temporarily shut down; TSD
临时停工☆brief{temporary} stoppage
临时投资☆liquid investments
临时围篱☆hoarding
临时小屋☆hutment
临时性☆provisionality
临时应急修理☆jury repairs
临时油矿工的炊具和衣物☆bindle
临时预算☆variable{extraordinary;interim} budget; provisional estimate
临时支撑☆falsework; shoring; provisional{temporary} timbering; temporary shoring{support}; underpinning
临时支撑扶垛☆erisma
临时支护☆temporary support; false timbering; gib; horsehead
临时支架☆temporary supports{lining}; pony set; false set{timbering;stull}; initial{preliminary} support; flirting post
临时支柱☆catch prop[采煤工作面]; temporary prop; false stull; shoring
临时贮仓[延深井筒用]☆brow box
临时贮石仓☆brow bin
临时桩[稳定钻机、船等用的]☆grouser
临水岸坡☆riverside slope
临塑荷载☆critical edge pressure
临稳状态☆critical stable state
临坞岸壁☆dock quay
临邑轮藻属[E_{1-3}]☆Linyiechara
临阈变形☆threshold deformation
临震☆impending earthquake
临震前的平静☆quiet at approach of earthquake
临震预报☆imminent prediction
膦(根)[$-PH_4$]☆phosphonium
邻[ortho-的缩写]☆o-; ortho-
邻氨基苯(甲)酸[$o-H_2NC_6H_4COOH$]☆anthranilic acid
邻-苯二酚[$C_6H_4(OH)_2$]☆o-dihydroxy benzene; pyrocatechol
邻苯二酸[$C_6H_4(CO_2H)_2$]☆phthalic acid
邻苯二酸二丁酯[$C_6H_4(COOC_4H_9)_2$]☆dibutyl phthalate
邻苯二酸二烷氧烷基酯[$C_6H_3(COOROR)_2$]☆dialkoxyalkyl phthalate
邻苯二酸二乙氧(基)乙基酯[$C_6H_4(COOC_2H_4OC_2H_5)_2$]☆diethoxy-ethyl phthalate
邻苯二酸十二烷基酯酰胺[$C_6H_4(CONH_2)(COOC_{12}H_{25})$]☆dodecyl phthalamate
邻苯二酸十二烷酯[$C_6H_4(COOC_{12}H_{25})COOM$]☆dodecyl phthalate
邻苯二酸烷氧烷基酯[$C_6H_3(COOROR)_2$]☆alkoxyalkyl phthalate
邻苯甲酰胺甲酸[$C_6H_4(CONH_2)(COOH)$]☆phthalamic acid
邻苯三酚☆pyrogallol
邻边☆adjacent side
邻层☆adjacent{shoulder} bed
邻层影响{效应}☆shoulderbed effect
邻道☆neighboring trace
邻道信号干扰☆interference of adjacent channel signals
邻二甲苯☆o-xylene
邻-二羟基苯[$C_6H_4(OH)_2$]☆o-dihydroxy benzene
邻国☆neighbo(u)r
邻海☆adjacent sea
邻(-)甲苯胺[$CH_3•C_6H_4•NH_2$]☆o-toluidine; orthotoluidine
邻甲酚[$CH_3•C_6H_4•OH$]☆ortho-cresol
邻甲氧基苯酚[$HOC_6H_4OCH_3$]☆hydroxy anisole
邻架☆adjacent chock
邻架控制启动阀☆starting valve for adjacent control
邻架自动顺序控制☆automatically sequenced adjacent chock control
邻角☆adjacent{contiguous} angle
邻接☆contiguity; butting; bound; abutment; abut; tangency; neighbo(u)r
邻接层☆adjoining course
邻接的☆contiguous; conterminous; adjacent; circumjacent; vicinal; adj
邻接海底区☆adjacent submarine area
邻接坡面分离台☆grade separation
邻接区☆contiguous area; adjacent country
邻接位置☆ajoining position
邻接物☆adjacency
邻近☆juxtaposed; vicinity; neighbo(u)rhood; peri-; ad-
(使)邻近☆butt
邻近侧向微电极测井仪☆proximity-microlog tool

L

邻近的☆adjacent；abutting；vicinal；proximal
邻近结点☆neighbouring node
邻近距离☆adjacency
邻近煤层瓦斯涌出量☆gas out(-)flow from next seam
邻近性度量☆proximity measure
邻近岩层☆adjacent strata
邻近值☆neighbour；neighbor
邻晶的☆vicinal
邻井☆adjoining{adjacent;offset;neighboring} well
邻居☆neighbour；neighbor
邻靠的☆adjacent
邻坑距离☆indexing distance
邻坑压入[牙齿在已有凹坑附近压入]☆indexed penetration
邻孔☆adjoining hole
邻联(二)茴香胺☆o-dianisidine
邻面☆poximal surface
邻羟苄(基)醇☆o-oxybenzyl{salicyl} alcohol
邻羟苄基[$HO•C_6H_4•CH_2-$]☆salicyl
邻羟基苯酸[$HOC_6H_4CO_2H$]☆salicylic{o-hydroxybenzoic} acid
邻位☆vicinal；o-；orth-；ortho-
邻项☆successive term
邻岩☆adjacent rock
邻-乙烯基甲苯☆o-vinyl toluene
邻域☆parapatry；neighbo(u)rhood；neighbo(u)r
邻域成种☆parapatric speciation
邻桩☆neighboring pile
鳞☆squama；scale
鳞斑☆fish scale appearance；squamate
鳞板☆plate scale[钙超]；dissepiment[珊]
鳞板壁[珊]☆paratheca
鳞板带[珊]☆dissepimentarium
鳞板内墙[珊]☆sclerotheca
鳞苞☆palea
鳞孢穗(属;类)[D_3-P_2]☆Lepidostrobus
鳞孢羊齿花粉囊☆antholithus
鳞孢叶(属)[C_1-P_2]☆Lepidostrobophyllum
鳞爆☆scaling
鳞贝☆Squamularia
鳞剥☆peeling；peel-off；scale off；exfoliation
鳞剥风化☆exsudation；exudation
鳞剥倾向测定☆test for fishscaling tendency
鳞剥作用☆(scaly) exfoliation
鳞部的☆squamous
鳞层藻属[Z]☆Bulbistroma
鳞巢珊瑚属[S_3-D_2]☆Squameofavosites
鳞齿锤☆bush hammer
鳞齿鱼属[J-K]☆Lepidotus；Lepidotes
鳞翅目[昆;J-Q]☆lepidoptera
鳞方解石[$CaCO_3$]☆foam spar；aphrite；foaming earth；schaum-earth；schaumearth；schaumerde
鳞封印木属[D_3]☆Lepidosigillaria
鳞盖蕨孢属[K]☆Microlepiidites
鳞高岭石[$Al_4(Si_4O_{10})(OH)_8$]☆pholerite；pholidite
鳞铬镁矿☆chrom-bargmatellite
鳞骨☆squamosum
鳞骨上缺口☆suprasquamosal indentation
鳞硅钙石[$3CaO•2SiO_2•3H_2O$]☆foschallas(s)ite；foshallasite；foshallassite
鳞果蕨属☆Lepidocarpon
鳞果科☆Lepidocarpaceae
鳞海胆目☆lepidocentroida
鳞海林檎☆Lepidocystis
鳞海绿石[$K1½(Ca,Mg,Al,Fe^{2+})4$-$6((Si,Al)_8O_{20})(OH)_4$]☆skolite
鳞痕☆lepidophyte；scale rudiment
鳞环虫属[孔虫;E_2-N_1]☆Lepisocyclina
鳞甲☆scutum；(abdominal) scute；scale and shell [of reptiles and arthropods]
鳞甲目{类}[哺]☆Pholidota
鳞茎[植]☆bulb
鳞茎皮[植]☆tunic
鳞茎状☆bulbous
鳞晶蛇纹石☆thermophyllite
鳞聚类☆Lepidocentroidea
鳞蕨☆lepidopteris
鳞孔藻属☆Lepocinclis
鳞锂锰矿☆sicklerite
鳞鲤属[Q]☆pangolin；Manis
鳞粒☆lepidomorium
鳞沥青☆tasmanite
鳞龙类☆Lepidosauria
鳞龙亚纲[爬]☆lepidosauria
鳞绿泥石☆thuringite[$Fe_{3.5}(Al,Fe)_{1.5}(Al_{1.5}Si_{2.5}O_{10})(OH)_6•nH_2O$]；leptochlorite；aphrosiderite；ripidolite；owenite[$(Fe^{2+},Fe^{3+},Mg,Al)_6((Si,Al)_4O_{10})(O,OH)_8$]；prochlorite；pattersonite
鳞绿石☆tere veate
鳞绿云母☆stilpnochlorane
鳞落☆scale-off
鳞毛蕨属[K_2-Q]☆Dryopteris
鳞镁铁矿[$6MgO•Fe_2O_3•CO_2•12H_2O$]☆igelstromite；pyroaurite；ingelstromite；ferroknebelite；ferripyroaurite
鳞木☆Lepidodendron
鳞木孢属[C_2]☆Lycospora
鳞木结构凝胶{镜质}体☆lepidophytotelinite
鳞木目☆Lepidodendrales
鳞木穗☆Lepidostrobus
鳞木植物门☆lepidophyta
鳞目类☆Lepidodendrales
鳞鲵目{类}☆Microsauria
鳞皮木(属)[C]☆Lepidophloios
鳞片☆flake；lamella [pl.-e]；interfoyles；scale [鱼、昆虫]；squama(te)；cataphyll；flaking；bud scale
鳞片变晶(状的)[结构]☆lepidoblastic
鳞片石墨☆crystaline flake graphite
鳞片石蒜碱☆squamigerine
鳞片叶属[P_2]☆Lepeophyllum
鳞片植物☆lepidophyte
鳞片状☆lepidosome；scaly
鳞片状白色矿物☆spalt
鳞片状的☆tegulate；tegular；squamose；lamellar；scaly；squamiform；squamaceous
鳞片状蜡☆scale wax
鳞片状泥质岩☆argille scagliose
鳞片状泉华壳☆imbricated shell
鳞片状上皮细胞☆squamous epithelial cell
鳞球[岩]☆lepisphere
鳞伞属[真菌;Q]☆Pholiota
鳞杉属☆Ullmannia
鳞蛇尾属[棘海星;J_1]☆Ophiolepis
鳞蛇纹☆thermophyllite
鳞蛇纹石☆thermophyllite[$Mg_6(Si_4O_{10})(OH)_8$]；kolskite [$Mg_5Si_4O_{13}•4H_2O$]；lizardite
鳞蛇纹石与海泡石混合物☆kolskite
鳞舌形贝属[腕;Є-O_1]☆Lingulepis
鳞石膏[德;$CaSO_4•2H_2O$]☆schaumgyps
鳞石灰☆schaumkalk
鳞石蜡[$C_{21}H_{44}$;单斜]☆evenkite
鳞石英[SiO_2;单斜]☆tridymite；granuline；α-tridymite；tridimite；tridynmite；christensenite
鳞石英状石英☆pseudotridymite
鳞饰贝属[腕;O-C]☆Pholidops
鳞水云母☆gyulekhite；giulekhite；gewlekhite；gulechite
鳞穗果属☆Lepidostrobus
鳞穗属☆Lepidocarpon
鳞铁矾☆utahite
鳞铁镁矿[$6MgO•Fe_2O_3•CO_2•12H_2O$]☆ferripyroaurite
鳞铁镁石☆pyraurit；pyroaurite
鳞鏇属[孔虫;P]☆Lepidolina
鳞鲀属[鱼类;E_3-Q]☆Balistes
鳞网状装饰☆scaled sculpture
鳞文石☆schaumkalk
鳞窝木属[C_{1-2}]☆Lepidobothrodendron
鳞下骨☆isopedin
鳞屑☆lepido-
鳞形槽模☆scaly flute-like mold
鳞形裂缝☆fish-scale fracture
鳞癣☆scall
鳞霰石[德;$CaCO_3$]☆schaumkalk
鳞芽[植]☆scaly bud
鳞羊齿(属)☆Lepidopteris
鳞叶☆Lepidophyllum；scale leaf
鳞叶藻科☆Squamariaceae
鳞英二长安岩☆tridymite latite
鳞英苏玄岩☆tridymite alboranite
鳞硬石膏[$CaSO_4$]☆vulpinite
鳞云母☆lepidolite；lithium mica
鳞藻科☆Squamariaceae
鳞正形贝(属)[腕;O_1]☆Lepidorthis
鳞枝苔藓虫属[D_2-C_1]☆Cystiramus
鳞蛭石[$(Mg,Fe^{3+})_7((Si,Al,Fe^{3+})_8O_{20})(OH)_4•2H_2O$(近似)]☆vaalite
鳞(木)种(子)属☆Lepidocarpon
鳞状☆scaly
鳞状部☆squama
鳞状的☆lamellar；scaled；scaly；furfuraceous；flaky；squam(ace)ous；imbricate
鳞状地形☆imbricated relief
鳞状骨☆squamosal bone
鳞状焊缝☆ripple weld
鳞状辉长岩☆flaser gabbro
鳞状推覆体{层}☆wedge
鳞状现象☆fish scale appearance
鳞状压痕☆squamiform load cast
鳞状叶☆phyllade
鳞状组织变形☆squamous metaplasia
鳞籽☆Lepidocarpon
鳞籽类☆Lepidocarpaceae
淋出液☆leachate
淋涤☆lessivage
淋积层☆illuvium；illuvial horizon
淋积的☆illuvial；eluvial
淋积矿床☆illuviational ore deposit；deposit formed by superficial leaching；leaching deposit
淋积型铀矿☆leaching type uranium deposit
淋积作用☆illuviation
淋集计☆lysimeter
淋溅区☆splash zone
淋蚀☆lioxiviation
淋水☆spraying of water
淋水井筒☆wet shaft
淋水式油罐[降低储油损耗]☆sprayed tank
淋水系统☆water spray system
淋洗☆lessivage；elute；lixiviation；lessivation
淋洗剂☆eluant
淋洗土(壤)☆lessive；washed off soil
淋洗液☆eluate
淋余土☆leached soil；lixivium；pedalfer
淋育土☆ultisol
淋浴☆shower (bath)；spray bath

lǐn

檩(条)☆purlin；summer
凛风☆blizzard wind

lìn

蔺草沼泽☆rush-swamp
膦[PR_3]☆phosphine
膦酸[$RP(O)(OH)_2$]☆phosphonic acid
膦酸丁二酸酯钠[锡石捕收剂;H_2O_3P-$CH(COOR)CH_2COONa$]☆phosphonosuccinic acid ester sodium salt
吝啬鬼☆scrooge
淋滤☆leach(ing)；eluviation
淋滤层☆leached horizon{layer}；B horizon
淋滤产物☆leacheate
淋滤带☆eluvial horizon；leached{leaching} zone
淋滤带[即A层]☆zone of leaching
淋滤的☆lixivial；eluvial
淋滤矿床☆leaching deposit
淋滤水☆leachwater
淋滤土☆leached soil
淋滤污染☆leachate contamination
淋溶☆leach(ing) (out)；lixiviation；eluviation
淋溶层☆leached horizon{layer}；eluvium；horizon A；eluvial horizon{layer}；A horizon；leaching layer；zone of eluviation
淋溶还原黏土☆gumbotil
淋溶力☆leachability
淋溶土☆alfisol；luvisol；eluvial soil
淋溶盐类土☆leached saline soil
淋溶液☆leachate
淋溶棕色石灰土☆terra fusca
淋失☆leaching out{loss}
淋失带☆barren zone
淋失作用☆eluviation

líng

玲珑☆pierced decoration；[of things] ingeniously and delicately wrought；exquisite；clever and nimble
玲珑的☆cabinet
玲珑剔透的玉石雕刻☆exquisitely wrought jade carving
菱☆Trapa
菱背泥龟☆diamondback terrapin
菱钡镁石[$BaMg(CO_3)_2$]☆norsethite；northetite

菱长斑岩☆rhomb(-)porphyry；plagioclase rhombic porphyry
菱长石斑岩☆rhombporphyry
菱独居石☆llallagualite
菱方半面象(晶)组☆rhombic hemihedral class
菱方(左右)对映半面象(晶)组☆rhombic{orthorhombic} enantiomorphous hemihedral class
菱方解碳酸岩☆rhomb alvikite
菱方全面象(晶)组☆rhombic{orthorhombic} holohedral class
菱方双楔{锥}(晶)组☆rhombic{orthorhombic} disphenoidal{bisphenoidal} class
菱方四面体(晶)组[222 晶组]☆rhombic tetrahedral class
菱方异极半面象(晶)组☆rhombic{orthorhombic} hemimorphic-hemihedral class
菱方柱☆(rhombic) prism；orthorhombic prism
菱方锥(晶)组☆rhombic{orthorhombic} pyramidal class；rhombic-pyramidal class
菱方左右对映象☆rhombic enantiomorphy
菱沸石[$Ca_2(Al_4Si_8O_{24})•13H_2O$;$(Ca,Na)_2(Al_2Si_4O_{12})•6H_2O$;三方]☆chabasi(t)e；chabazi(t)e；kuboizit；cuboizite；glottalite；cabasite；kalkchabasit；habazit；cubic zeolite；chabacit；schabasit
菱氟钇钙石☆doverite；synchysite-(Y)
菱钙钡石☆benstonite
菱钙铀矿☆zellerite
菱镉矿[$CdCO_3$;三方]☆otavite；cadmium spat
菱钴矿[$CoCO_3$;三方]☆sphaerocobaltite; cobalt spar{calcite}；spherocobaltite；kobaltspath；cobalcite；cobaltocalcite；spharokoboltit
菱硅钙钠石[$Na_4Ca_3Si_6O_{16}(OH,F)_2$;三方]☆combeite
菱硅钾铁石[$K(Fe^{2+},Mg,Mn)_{13}(Si,Al)_{18}O_{42}(OH)_{14}$;三方]☆zussmanite
菱硅钾铁石☆zussmanite
菱黑稀土矿[$(La,Ca,Na)_3(Al,Fe,Mn)_3(Si,P)_3(O,OH,F)_{12}$]☆steenstrupine；steenstrupite
菱环孢属[C_3]☆Angulisporites
菱钾沸石☆offretite
菱钾铁石☆zussmanite
菱钾铀矿☆grimselite
菱碱铁矾[$Na_8K_3Fe^{3+}(SO_4)_6(OH)_2•10H_2O$]☆ungemachite
菱碱土矿[$Ca_7(Ba,Sr)_6(CO_3)_{13}$;$(Ba,Sr)_6(Ca,Mn)_6Mg(CO_3)_{13}$;三方]☆benstonite
菱金星介科[S-P]☆Bairdiocyprididae
菱科☆Hydrocaryceae
菱孔☆rhombic pore；pore-rhomb
菱孔目☆Rhombifera；Rhombiferida
菱苦土木屑板☆zylonite
菱苦土水泥板☆magnesia cement
菱苦土屑板☆xylolite
菱块状冰流☆ice diamond-shaped flow
菱磷铝锶石[$SrAl_3(PO_4)(SO_4)(OH)_6$]☆svanbergite
菱磷铝岩☆spheriolite
菱硫碳酸铅矿☆susannite
菱硫铁矿[$(Fe,Ni)_9S_{11}$;三方]☆smythite
菱硫硒铋矿☆laitakarite
菱镁古铜(碳酸)岩☆sagvandite
菱镁矿[$MgCO_3$;三方]☆magnesite; magnesianite; talc{bitter;magnesia} spar；roubschite；giobertite[含碳酸铁]；giorgiosite；baudisserite；magnesian marble；morpholite；magnesia；bandisserite；roubsshite；magnesitspath[德]
菱镁镍矿☆gaspeite
菱镁片岩☆pinolite
菱镁蛇纹岩{石}☆baramite
菱镁石☆raw magnesite
菱镁铁矾[$NaMg_2Fe_5^{3+}(SO_4)_7(OH)_6•33H_2O$;三方]☆slavikite；franquenite
菱镁铁矿☆slavikite；pistomesite
菱镁铁矿矿石☆magnesite deposit
菱镁铀矿[$Mg_2UO_2(CO_3)_3•18H_2O$;$Mg_2(UO_2)(CO_3)_3•18H_2O$]☆bayleyite
菱锰矿[$MnCO_3$;三方]☆rhodochrosite；mangan(ese) spar; dial(l)ogite; manganese {-}carbon; raspberry spar；red manganese；himbeerspath；stromite；manganspath
菱锰铅矾[Pb,Mn,Al,Mg 的碱式含水碳酸盐-硫酸盐]☆ nasledovite
菱锰铁矿[$(Fe,Mn)(CO_3)$]☆oligonite；oligonspar；manganospharite; mangaosiderite; manganospherite
菱面☆rhombohedron
菱面石英[SiO_2]☆guanabacoite；cubaite；guanabaquite
菱面体☆rhombohedron [pl.-ra]；rhomb
菱面体格子☆rhombohedral{R} lattice
菱面体间孔隙度☆interrhombohedral porosity
菱钼铀矿[$(UO_2)(MoO_4)•4H_2O$]☆umohoite
菱钠矾[$Na_2SO_4•Na(F,Cl)$]☆galeite
菱镍矿[$(Ni,Mg,Fe^{2+})CO_3$;三方]☆gaspeite
菱镍铅矿☆shandite
菱硼硅镧矿[$(Ce,La)_3(B_3O_6)(Si_3O_9)$]☆stillwellite
菱硼硅铈矿[$(Ce,La,Ca)BsiO_5$;三方]☆stillwellite
菱硼硅钇石☆okanoganite
菱铅矾[$PbFe_3^{3+}(AsO_4)(SO_4)(OH)_6$]☆bieirosite
菱铅铁矾[$4PbO•9Fe_2O_3•6As_2O_5•4SO_3•33H_2O$]☆lossenite
菱球藻属[K-E]☆Rhombodinium
菱舌贝属[C_{1-2}]☆Trigonoglossa
菱砷氯铅矿☆georgiadesite
菱砷铁矿[$Ca_3Fe_4^{3+}(AsO_4)_3(OH)_9$]☆arseniosiderite；arsenocrocite；mazapilite
菱铈钙矿☆synchysite；synchisite
菱属[E-Q]☆Trapa
菱水碳铬镁石[$Mg_6Cr_2(CO_3)(OH)_{16}•4H_2O$;三方]☆stichtite
菱水碳铝镁石[$Mg_6Al_2(CO_3)(OH)_{16}•4H_2O$;三方]☆hydrotalcite
菱水碳铁镁石[$Mg_6Fe_2^{3+}(CO_3)(OH)_{16}•4H_2O$;三方]☆pyroaurite；pyraurit
菱锶矿[$SrCO_3$]☆strontian(ite)
菱锶铈矿[$4Ce(OH)(CO_3)•SrCO_3•3H_2O$]☆ansilite；anchylite
菱苔藓虫属[D-P]☆Rhombopora
菱碳钙钾石☆butschliite
菱体☆rhombohedron
菱体次晶系☆rhombohedral subsystem
菱体间孔隙度☆interrhombohedral porosity
菱体晶格☆rhombohedral lattice
菱体碳酸盐类☆rhombohedral carbonates
菱铁矿[$FeCO_3$，混有 $FeAsS$ 与 $FeAs_2$,常含 Ag；三方]☆siderite; eisenspath; carbonate of iron; sparry{spathic} iron；blackband (ore)；chalybite；steel ore；iron earth；white{rhombohedral} iron ore；black band；Sid
(含)菱铁矿的☆sideritic
菱铁矿等☆brown spar
菱铁矿结核状矿脉☆ball vein
菱铁矿质页岩☆sideritic shale
菱铁煤土[德]☆kohleneisenstein
菱铁镁矿[$(Fe,Mg)(CO_3)$]☆mesitite；mesitine；mesitine spar；ferromagnesite；mesitinspath
菱锌矿[$ZnCO_3$;三方]☆smithsonite；zinkspath；zinc spar{carbonate}；szaskaite；calamine；dry-bone (ore)；galmei；hemimorphite；kohlengalmei[德]；cadmia；bonamite[宝石,苹果绿色]；szaszkaite
菱锌矿与异极矿混合物☆galmei
菱锌铁矿[$(Fe,Zn)CO_3$]☆iron zinc spar
菱形☆rhomb；rhombus [pl.-bi]；diamond；lozenge；rhombo-
菱形半面象(晶)组[$\bar{3}$或 $3m$ 晶组]☆rhombohedral hemihedral class
菱形变形[铸]☆rhomboidity
菱形波痕☆rhomboid ripple mark; rhomboid current ripple；overhanging ripple
菱形的☆diamond-shaped；rhombohedral；lozenge (shaped)；rhombus；rhombic；rhomboidal
菱形{方形}的玻璃片☆quarry
菱形断陷☆rhombochasm
菱形对称半面象类☆rhombohedral enantiomorphic hemihedral class
菱形(左右)对映半面象(晶)组[32 晶组]☆rhombohedral enantiomorphous hemihedral class
菱形刚玉型赤铁矿[α-Fe_2O_3]☆rhombohedral corundum type hematite
菱形基线☆rhombus baseline
菱形尖凿☆diamond-point chisel
菱形交错涟痕☆rhombic interference ripple
菱形解理☆calcite cleavage
菱形六方半面象(晶)组[$\bar{3}m$ 晶组]☆hexagonal rhombohedral hemihedral class
菱形六方异极象(晶)组[$3m$ 晶组]☆hexagonal rhombohedral hemimorphic class
菱形煤柱采煤法☆diamond-shape method
菱形米勒(结晶)轴系☆rhombohedral Millerian axial system
菱形盘面摇床☆diagonal {-}deck table
菱形切面☆rhombic section；RS
菱形全面象(晶)组[$\bar{3}m$ 晶组]☆rhombohedral holohedral class
菱形十二面体模式[晶体习性]☆dodecahedral mode
菱形十二面体解理☆dodecahedral cleavage
菱形十二面体饰形☆dodecahedral modification
菱形四点法注采井网☆skewed four-spot injection pattern
菱形四分面象性☆rhombohedral tetartohedrism
菱形四分面象(晶)组[$\bar{3}$或 3 晶组]☆rhombohedral tetartohedral class
菱形掏槽☆diamond{pyramid;pyramidal} cut；pyramid or diamond cut
菱形体间☆interrhomb
菱形星石[钙超;E_1]☆Rhombaster
菱形岩块☆lozenge-shaped block
菱形异极半面象(晶)组[$3m$ 晶组]☆rhombohedral hemimorphic-hemihedral class
菱形藻属[硅藻]☆Nitzschia
菱形组合☆diamond (array)
菱形钻杆☆drilling rod of diamond type
菱形左右对映像☆rhombohedral enantiomorphy
菱穴苔藓虫属[O-D]☆Rhombotrypa
菱牙形石属[O_2]☆Scyphiodus
菱叶{页}重晶石☆calk；cauk；cawk；caulk
菱银矿☆selbite
菱铀钙石[$Ca_2U(CO_3)_4•10H_2O$]☆medjidite；randite；liebigite
菱铀矿[$UO_2•CO_3$]☆rutherfordine；rutherfordite；voglite
菱炸药☆gum dynamite
菱针脂石[$C_{10}H_{17}O$]☆xyloretinite
菱枝苔藓虫属[C-P]☆Rhomboclадia
菱柱(形)的☆prismatic
菱柱亚类☆Prismatomorphitae
菱状水系☆rhombohedral drainage
菱锥大孢属[K_1]☆Pyrobolospora
零☆cipher；zero；null；cypher；aught；ought；nought；nil；naught
零标高☆zero level
零冰期☆zero glacial age
零部件明细表☆parts list；PL
零测度☆measure zero
零测法☆zero method
零层线☆equator line；zero layer line
零差☆homodyne；zero difference；zero-beat
零差频选通☆heterostrobe
零产油量☆zero oil production
零长度弹簧地震仪☆zero-length-spring seismograph
零氚水☆zero-tritium water
零垂向压力降☆zero vertical pressure drop
零垂直速度☆zero vertical velocity
(带电导体中)零磁场强度线☆kernel
零磁偏线☆agonic line
零次☆zero degree
零次相关☆zero-order correlation
零次余弦项☆zeroth cosine term
零的消除☆zero suppression
零等大地测距计导线☆zero order geodimeter traverse
零等厚线☆zero-isopach
零点☆zero (point;datum;hour;end)；dead center；reference mark[刻度盘]；O-notch；midnight
零点变化曲线☆drift curve
零点标志☆zero mark；zero-mark
零点法☆null readings{method}；zero method
零点几☆a fraction of
零点假说[砂砾移动]☆null-point hypothesis
零点接地☆neutral-point earthing
零点卡☆zero calorie
零点偏点☆null bias
零点漂移控制☆drift control
零点调整☆zero adjustment；zeroing
零点位置☆null position
零点误差☆zero-error
零点下降☆depression of zero-reading
零点抑制信号☆zero-suppression signal
零点振动☆zero-paint vibration
零电点☆point of zero charge
零电平☆zero (power) level
零电位(势)☆zero potential
零电阻率参考值☆zero resistivity reference value
零叠盖☆zero lap

L

零读数☆zero reading
零度☆zero degree (mark;temperature;point)；zero；nullity
零度上的☆above freezing
零度以下☆below zero{freezing}
零度振幅面[永冻土温度]☆level of zero amplitude
零方位☆zero bearing
零分划{刻度}☆zero graduation
零概率事件☆null events
零干扰☆zero interaction
零高程线☆datum line
零高度爆炸[军]☆zero height of burst
零工☆job；casual；parttime work
零功率因素特性曲线☆zero power-factor characteristic
零含气饱和度☆zero gas saturation
零号雷管☆zero-number detonator
零号装药☆zero charge
零化子☆annihilator
零活☆share；odd job
零基预算☆zero-base budget(ing)；ZBB
零基准☆zero reference
零集☆null set
零(能)级☆zero order{level}
零级地震☆event of magnitude zero；zero magnitude
零假设☆null hypothesis
零价☆zerovalent；zero valence
零件☆limb；job；gadget；fittings；detail；feature；element；part；accessory；pts；piece
零件拆用☆cannibalization
零件分解图☆exploded view
零件号☆part(s) number；P/N
零件目录☆parts catalogue
零件装配机☆component assembly machine
零间隙☆zero stand-off
零降深☆zero drawdown
零交叉法☆zero-crossing method
零交点☆cross-over point
零接触角☆zero contact angle
零阶☆zeroth order
零阶汉凯尔变换☆zero-order Hankel transform
零截止☆zero to cut-off
零井源距垂直地震剖面☆zero-offset VSP
零矩阵☆null matrix
零举力弦☆zero lift chord；Z.L.C.
零均值☆zero mean；zero-mean
零空间☆kernel；null space
零空气含量曲线☆zero air voids curve
零孔隙度☆zero porosity
零料☆batch
零流动性☆zero fluidity
零流量☆zero flow；zerodelivery
零流形☆null manifold
零乱丘陵地形☆adyr
零毛管压力☆zero-capillary pressure
零米深度☆zero depth
零面☆zero surface
零模型☆null model
零能(量)海岸☆zero-energy coast
零年振幅面[永冻土温度]☆level of zero annual amplitude
零凝固点油☆zero oil
零拍☆homodyne；zero-beat
零拍闸门☆heterostrobe
零排量☆zero delivery
零炮检距☆zero source-receiver distance；zero shot-geophone distance；zero offset；ZSRD
零炮检距波动理论模拟☆zero-offset wave-theoretical modeling
零炮检距道☆zero offset trace
零炮检距绕射响应模拟☆zero-offset diffraction-response modeling
零膨胀微晶玻璃☆zero expansion glass-ceramics
零批薄板轧机☆jobbing sheet rolling mill
零偏压{置}☆zero bias；zero-bias
零(点)偏移☆zero off-set{offset;drift}
零偏移法☆zero-deflection method
零漂曲线☆drift curve
零漂移☆zero drift
零频地震学☆zero frequency seismology
零频率☆zero frequency；Z.F.；ZF
零平衡法☆null-balance method
零平均慢度☆zero-mean slowness
零强度时间☆zero strength time；ZST
零蠕动(变)☆zero creep
零散的肋状线理☆sporadic ribbing lineation
零散可采层[局部分布的透镜状产油层]☆stray pay
零散漂砾☆fringe
零散永冻带☆sporadic permafrost zone
零散钻探[不按勘探网]☆scattered drilling
零上☆above freezing；plus
零上温度☆right temperature
零深度☆depth zero
零渗透率☆zero permeability
零声子线☆zero-phonon line
零升力线☆zero-lift line
零时☆zero-time；time zero
零时基准☆zero time reference
零示法☆null method
零(值指)示器☆null detector
零收敛延续度☆zero-convergent duration
零售☆retailing；retail
零售商☆tradesman
零售站☆marketing station
零输出信号☆zero output signal
零数组☆null array
零衰减量☆zero-decrement
零速前进接触角☆zero-velocity advancing contact angle
零碎崩落采矿法☆piecemeal caving
零碎的☆fragmental
零碎工作☆share
零碎物件☆odds and ends
零特征值☆zero eigenvalue
零调整☆set to zero
零通量☆zero flux
零头☆fraction
零为基础的预算法☆zero-base budget
零维☆zero dimension；nullity
零位☆zero (position;bit)；null (position)；home position
零位点☆dead centre
零位读数仪表☆null (reading) instrument
零位法☆zero{null} method；zero-method
零位封闭阀☆closed crossover valve
零位检查☆balance check
零位漂移☆zero drift；zero-error
零位调整☆zeroing；zero setting；zero (point) adjustment
零位线☆zero{reference} line；ZL
零位移场☆zero-displacement field
零位油罐☆transit site tank
零位装置☆null-setting device
零误差基准线☆zero error reference
零隙☆zero clearance
零下☆below zero；subzero；minus
零下加工☆zero-working
零下气候☆below-zero weather
零下温度☆negative{subzero} temperature
零线☆zero{null} line
零线电流☆neutral current
零线概念☆null-line concept
零相关☆null{zero} correlation
零相交法☆zero-crossing method
零相位☆zero phase
零相位可控震源子波☆zero-phase vibroseis wavelet
零相移放大器☆zero-phase-shift amplifier
零向☆null direction
零向量☆zero{null} vector
零效应☆zero effect
零信号板流☆zero-signal plate current
零星☆sprinkling
零星采矿☆mole-hole operations
零星顶蚀☆piecemeal stoping
零星工作☆odd job
零星开发☆sporadic development
零星散铁电子检查器☆electronic tramp iron detector
零星事物☆share
零星永冻土带☆sporadic permafrost zone
零序☆zero-sequence
零序分量☆zero sequence component
零序列☆nil{null} sequence
零循环状态☆null-recurrent state
零信号☆null
零(电)压☆zero-voltage
零压面☆neutral margin
零压缩☆zero compression
零压位置☆zero-pressure position
零延迟☆zero-lag
零氧平衡☆zero oxygen balance
零应变模式☆zero strain mode
零应力轨温☆stress free rail temperature
零应力模式☆zero stress mode
零用现金☆petty cash；P.C.
零元(素)☆null element
零圆☆null circle
零载☆zero load
零载流量☆zero-load flow
零载时变物质☆firmo-viscous{voigt} material
零增益继电器☆zero relay
零遮盖的☆zero-lapped
零振幅☆zero amplitude
零振幅波☆zero carrier
零振幅面[永冻土温度]☆level of zero amplitude
零(矩)阵☆zero matrix
零值☆zero value；null value
零值磁偏线☆agonic line
零值检波器☆null detector
零值星历表☆null ephemeris table
零滞后相关☆zero-lag correlation
零周期☆null cycle
零周向应力封头曲面☆zero-hoop stress head contour
零轴☆zero-axis；neutral axis
零轴向力点☆zero axial stress point
零转移☆zero branch；branch on zero；Bz；ZBR
零状态☆zero condition
零准☆zero level
零子午线☆prime{zero} meridian；zero-meridian
零自旋☆spin-zero
零族元素☆neutral element
零阻抗滤波器☆zero impedance filter
龄虫[节]☆instar
龄期☆age；instar
(混凝土)龄期强度关系☆age strength relation(ship)
(电)铃☆bell
铃硅钒钡石☆suzukiite
铃石[德]☆rattle stone；klapperstein；rattlestone
铃纤虫(目)☆Tintinnida
铃纤虫类[原生]☆tintinina
铃形虫科☆tintinnidae
铃虫☆gong
铃籽属[植物籽;C_3-P]☆Codonospermum
伶俐的☆knowing
翎蕨{叶}目☆Pseudoborniales
翎状构造☆plumose structure
鲮鲤☆manis；pangolin
凌驾☆transcend；gain
凌日☆transit
凌辱☆abuse
凌汛☆snow-water flood
凌汛泛滥[春季]☆debacle
凌云菊石属[头;T_1]☆Lingyunites
羚硅钡石☆muirite
羚角蛤科[双壳]☆Caprinidae
羚角蛤类[双壳]☆caprinid
羚牛属[Q]☆takin；Budorcas
羚羊☆antelope；gazella；gazelle；Leptobos
羚羊类☆Gazella
羚羊皮☆chamois
羚羊石[$(Fe^{2+},Mg,Al,Fe^{3+})_6(AlSi_3)O_{10}(OH)_8$]☆chamosite
羚羊属[N_2-Q]☆Gazzlla
灵壁石☆Lingbi stone
灵活[善于随机应变]☆liveliness；flexible；elastic
灵活操纵☆maneuver；manoeuvre
灵活程度☆degree of flexibility
灵活的☆flexible；elastic；mercurial；maneuverable；agile
灵活显示格式☆flexible display format
灵活性☆elasticity；flexibility；mobility；dirigibility；adaptability；amount of flexibility；maneuverability
灵猫☆viverravus
灵猫科☆Viverridae
灵猫类☆civet
灵猫属☆prionodon
灵敏☆merit
灵敏的☆knowing；sensitive；fine；susceptible；sensible
灵敏度☆sensitivity；susceptibility；sensibility；degree of sophistication{sensitivity}；speed[照相底片或晒相纸]；sensitiveness；response；susceptivity；susceptiveness；pickup

灵敏度比☆sensitivity ratio; degree of sensitivity; remolding sensitivity
灵敏度分析☆sensitivity analysis{study}
灵敏度特高的电话机☆pantelephone
灵敏度特性常数☆characteristic sensitivity constant
灵敏高质量分辨离子探针☆sensitive high-mass resolution ion microprobe; SHRIMP
灵敏含水层☆sensitive aquifer
灵敏色试板☆sensitive tint plate
灵敏室☆filament chamber
灵敏头☆sensing head
灵敏性☆injectivity; excitability; susceptibility; sensitivity
灵敏性土☆quick clay
灵敏元件☆feeler; sensitive element
灵敏值☆factor{figure} of merit
灵巧☆handiness; facility; neatness
灵巧的☆ingenious; sophisticated
灵生代☆Psychozoic (era)
灵生纪[第四纪;Q]☆Anthropogene
灵生圈☆anthroposphere; noosphere
灵长目[哺]☆primates
灵长目{类动物}学☆primatology
灵芝属[真菌]☆Ganoderma
陵夷{削}(作用)☆degradation
绫衣蛤属☆Yoldia

lǐng

岭☆range; back; Ra.; chain; ridge
岭谷(相间)地形☆ridge-and-valley{-ravine} topography
岭回归☆ridge regression
岭南地块☆Nengnan massif
岭南狸属[E_1]☆Linnania
岭滩(相间)地形☆ridge-and-swale topography
岭崖☆crag
(衣)领☆collar
领班☆headman [pl.-men]; foreman; shifter
领带☆scarf [pl.scarves]
领导人☆leader
领地☆dominion; domain
领港(费)☆pilotage
领港员☆pilot
领工☆ganger
领钩☆tack
领海☆territorial waters{sea}; maritime territory
领海底地☆tide land
领航☆navigation; pilot; pathfinding
领航(费)☆pilotage
领航表☆navigraph
领航水路☆fairway
领航图☆pilot map{chart}; air{aerial} navigation map; aeronautical chart
领航信息☆navigational information
领航员☆navigator; pilot; avigator; nav
领会☆follow; embrace; digest; catch; perceive; take; insight; prehension
领家变质带☆Ryoke metamorphic belt[日]
领结(带)☆tie
领结状记录[震勘]☆bow tie
领空☆airspace
领孔[射虫]☆collar pose
领料单☆invoice of withdrawals
领前角☆advance angle
领取☆draw
领示信号开关☆pilot{director} signal switch
领事☆consul
领事发票☆consular invoice
领事任期☆consulate
领受☆recipiency; recipience
领水☆(territorial) waters
领土☆dominion; domain; territory
领围状矿床☆collar deposit
领围作用[包裹体]☆collar
领悟☆digestion
领蜥蜴属[Q]☆Crotaphylus
领细胞☆choanocyte
领细胞膜☆choanoderm
领先☆precedency; precedence
领先的☆lead(ing); advanced; precedent
领先棚子☆lead set
领袖☆chief
领眼☆pilot hole
领眼、钻进和扩眼联合钻头☆combination pilot, drilling and reaming bit
领有许可证者☆licencee; licensee
领域☆kin(g)dom; field; domain; hemisphere; area; ground; spectrum [pl.-ra]; activity; sector; region; realm; world; terrain; terrane; regime(n); universe
领状矿床☆collar deposit

lìng

另外☆furthermore
另外的☆additional; fresh; alternative
另行鉴定☆reappraisal
(在)……另一边☆trans-
另一方面☆alternately; per contra
另一个的选择对象☆alternative
另钻新孔{眼}☆sidetrack; sidetrack(ed) borehole[在孔内]
令☆link[长度=7.92in.]; assuming; ream[纸张数]
令(人)不满☆discontent
令人不愉快的气味☆offensive{objectionable} odor
令人生畏的☆formidable
令人失望☆disappointment

liū

溜☆steal
溜冰者☆skater
溜槽☆(ore-)chute; downspouting; (line) pan; sluice (box); shoot; box sluice; flume; rapids; strake; dumping{car-loading} chute; (conveyor) trough; launder
溜槽布置☆chuting arrangement
溜槽的带铰链延伸部分☆apron
溜槽底☆apron
溜槽堵塞探测器☆plugged chute detector
溜槽放矿☆chute draw; pulla chute
溜槽(搬运)工☆panman
溜槽行列☆through line
溜槽护壁☆side-chute lagging
溜槽节段☆spiral{through} section
溜槽口控制☆chute mouth control
溜槽口链球闸门控制☆chain-and-ball-type; chute mouth control
溜槽式采掘船☆flume dredge
溜槽式给料器☆spout{chute} feeder
溜槽输送混凝土☆chuting concrete
溜槽提金☆straking
溜槽推煤工☆bucker
溜槽洗矿☆trunking
溜槽型洗矿槽☆launder-type table
溜槽选矿☆launder; concentration by sluicing
溜槽移动{挪}工☆pan shifter; pan man
溜槽溢流泥渣☆slum
溜槽轴☆axis of trough; trough axis
溜槽转载板☆delivery table
溜槽装载法☆chute method of loading
溜槽自动排水☆auto launder drain
溜槽组☆battery chute; multiple sluice concentrator
溜道☆chute; gravity road; leading{ore} pass; mill{milling} hole; rise{raise} heading
溜道布置☆chuting arrangement
溜道工作链☆cut chain
溜道-煤柱(回采煤)法☆robbing by chute-breast method
溜斗闸门☆chute gate
溜而复抽的地下水☆returning pumped groundwater
溜放☆drifting
溜放矿工☆chute gate operator
溜放矿石☆rill
溜痕☆rill mark
溜井☆gravity shaft{road}; chute (raise;gap); orepass; bing{box} hole; draw{extraction;mill} raise; drop {monkey} shaft; jack{milling} pit; (ore) pass; raise chute; chimney; ore roll
溜井的提升高度☆raise lift
溜井底☆box floor
溜井放矿开采☆draw-hole mining
溜井集矿(法)☆gravity-chute ore-collection (method)
溜井口☆opening of ore pass; chute mouth
溜井系统☆mill-hole system
溜井装载法☆chute method of loading
溜口☆shoot; bing{box} hole; boxhole
溜口底☆box floor; chute bottom{sill}
溜口底梁☆bed piece
溜口放矿☆box-hole{chute;draw hole} pulling
溜口放矿事故☆chute-pulling accident
溜口放煤☆draw-hole pulling
溜口格条☆hatch grating
溜口工☆chute drawer{loader;man;tender}
溜口托底横梁☆chute template
溜口闸板☆gate{stop;stopper} board
溜口装车工作☆chute work
溜矿槽☆ore roll; sluice box; trowhole; trunk
溜矿槽衬底石条☆stone riffle
溜矿槽的衬底☆blanket
溜矿道☆orepass; ore roll{path;pass}; mill
溜矿格☆muckway; ore passage compartment
溜矿井☆box{bing} hole; gravity road; chimney; draw{muck} raise; ore roll{pass;chute}
溜矿口☆loading chute
溜矿口放矿计数器☆chute checker
溜矿柱开采法☆barrier system
溜煤板☆ground chute
溜煤口挡板☆check battery
溜煤眼☆coal chute
溜坡☆coasting grade
溜砂井☆sand pass
溜洗☆sluicing
溜眼☆chute (gap); gravity{jack} shaft; dumping{raise} chute; leading pass; mill(ing) hole
溜眼底☆bottom of pass
溜眼堵塞☆hanging-up; jammed{dogged} chute
溜眼堵塞防护☆chute blockage protection
溜眼放矿开采法[开采平矿层]☆box-hole method
溜眼或溜道的放矿工☆chute opening
溜眼上方回采工作面☆inner stope
溜眼系统☆ore-pass system
溜硬壳虫[三叶;$Є_3$]☆Aphelaspis
溜运倾斜[35°～45°以上煤层开采]☆steep-pitch mining
溜子[槽形传送工具]☆scraper-trough conveyer; hurry; pan scraper-trough conveyor
溜子口放矿工☆chute tapper
溜子移动工☆pan mover

liú

琉璃☆Liuli; lapis lazuli; azure stone
琉璃璧☆lapis-lazuli; blue zeolite
琉璃砖(瓦)☆terra-cotta; terra cotta
琉球☆ryukyu
榴钙辉长岩☆kedabekite
榴辉铁橄岩☆eulysite
榴辉岩☆eclogite; eklogite
榴辉岩带☆infraplutonic zone
榴辉岩圈☆eclogitic sphere
榴铁伟晶岩☆laanilite
榴透辉闪岩分相☆almandine-diopside-hornblende subfacies
榴顽透辉岩☆newlandite
榴霞正长岩☆ledmorite
榴英硅浅{线}变岩☆khondalite
榴英硅线变岩系☆khondalite series
榴英斜长岩☆routivarite
榴云(花)岗闪(长)斑岩☆alsbachite
榴云片岩☆hystalditite
榴云岩☆kinzigite
硫☆sulphur; sulfur(ite); S; sulfurin; thio; sulf-; sulph-
β-硫☆sulfurit
γ-硫☆rosickyite; gamma sulfur; nacreous sulphur
硫铵钾石☆taylorite
硫铵石☆mascagnin; mascagnite
硫铵炸药☆bobbinite
硫胺素☆thiamine
硫钯铂矿☆braggite
硫钯矿[$(Pd,Ni)S$;四方]☆vysotsk(y)ite; yanshanite; vysozkite; yenshanite; Pt-vysotskite
硫钡白☆blanc fixe
硫苯胺[$(NH_2C_6H_4)_2S$]☆thioaniline; diamino diphenyl sulfide
硫铋镍矿[$Ni_3(Bi,Pb)_2S_2$;单斜]☆parkerite
硫铋铅矿[$Pb_3Bi_2S_6$;斜方]☆lil(l)ianite; goongarrite
硫铋铅铁铜矿[$Cu_4FePbBiS_6$;斜方]☆miharaite
硫铋铅(银)铜矿[$(Cu,Ag)_{21}(Pb,Bi)_2S_{13}$]☆larosite
硫铋铅银矿[$Ag_{25}Pb_{30}Bi_{41}S_{104}$;斜方]☆ourayite
硫铋锑矿☆gruenlingite; bismostibnite; horobetsuite
硫铋锑铅矿[$Pb_5(Sb,Bi)_8S_{17}$;斜方]☆tintinaite

L

硫铋锑银矿[$Ag(Sb,Bi)S_2$;三斜]☆aramayoite
硫铋铁铅矿☆eclarite
硫铋铜矿[Cu_3BiS_3;斜方]☆wittichenite; wittichite; cupreous bismuth; kupferwismutherz
硫铋铜铅矿[$Pb_2Cu(Pb,Bi)Bi_2S_7$;斜方]☆nuffieldite
硫铋铜银矿[Ag_6CuBiS_4]☆arcubisite
硫铋铜银铅矿[$PbAgCu_2Bi_5S_{10}$;单斜]☆cupropavonite
硫铋银矿[Ag_2S•$3Bi_2S_3$; $AgBiS_2$; 六方]☆matildite; plenargyrite; argentobismuthite; schapbachite; peruvite
硫铂矿[PtS;(Pt,Pd,Ni)S; 四方]☆cooperite; cooperate; coaperite
硫(砷)铂矿☆cooperite
硫铂铜矿☆kharaelakhite
硫撑二苯胺[$C_6H_4NHC_6H_4S$]☆thiodiphenyl amine
硫楚碲铋矿☆sulphotsumoite
硫醇[浮剂;R–SH]☆mercaptan; thioalcohol; thiol
硫醇类☆thiol
硫醇盐[RSM]☆mercaptide
硫代[$-SO_3H$]☆sulfa-; sulfo-; thio; sulf-
硫代氨基甲酸[CS•(NH_2)•OH]☆thiocarbamic acid
硫代氨基甲酸盐{|酯}[$NH_2C(S)OM${|R}]☆thiocarbamate
硫代醋酸盐{|酯}[CH_3COSM{|R}]☆thioacetate
硫代二氨基脲[$(NH_2NH)_2CS$]☆thiocarbazide
硫代酚基[C_6H_5S-]☆thiophenyl
硫代酚离子[C_6H_5S-]☆thiophenoxideion
硫代呋喃硫醇[HSC_4H_3S]☆thiofuranthiol
硫代甘油[$HSCH_2CH(OH)CH_2OH$]☆thioglycerol
硫代甲醇☆methanethiol
硫代磷酸☆thiophosphoric acid
硫代磷酰[PS≡]☆thiophosphoryl
硫代磷酰二肼☆Thiophosphoric dihydrazide
(一)硫代硫酸☆thiosulfuric acid
硫代硫酸钙(晶)组[1 晶组]☆calcium thiosulphate type
硫代硫酸甲盐{|酯}[$CH_3S_2O_3M${|R}]☆methyl thiosulfate
硫代硫酸戊酯{|酯}[$C_5H_{11}S_2O_3M${|R}]☆amyl thiosulfate
硫代龙脑[$C_{10}H_{17}SH$]☆thioborneol
硫代水杨酰胺[$HSC_6H_4CONH_2$]☆thiosalicylamide
硫代酸☆sulfo-acid
硫代碳基[SC＝]☆thiocarbonyl
硫代碳酸[HOCSOH;HOCOSH]☆thiocarbonic acid
硫代碳酸钾[K_2CS_3]☆potassium thiocarbonate
硫代锑酸盐[$-SO_3H$]☆thioantimon(i)ate; sulfantimon(i)ate
硫丹[虫剂]☆thiodan
硫氮苄酯[$(C_2H_5)_2NC$]☆benzyl-N,N-diethyl dithiocarbamate
硫氮氰酯-N,N-二乙基二硫代氨基甲酸氰乙酯[$(C_2H_5)_2NC(S)SCH_2CH_2CN$]☆cyanoethyl-N,N-diethyldithiocarbamate
硫氮杂蒽[虫剂]☆phenothiazine
硫蛋白石☆sulfuricine
硫(黄)的☆sulphuric; sulphureous; sulfa-; sulf-
硫的绝氧环境☆sulfuretum
硫的氧化物☆sulfur oxide
硫滴定仪☆sulfur titrator
硫碲铋矿[$Bi_4Te_{2-x}S_{1+x}$]☆joseite; oruetite; bornit; grunlingite; grünlingite; bornine; tetradymite; cziklovaite; sulfojoseite; csiklovaite
硫碲铋矿-A[Bi_4TeS_2;三方]☆joseite-A
硫碲铋矿-B[$BiTe_2S$;三方]☆joseite-B
硫碲铋镍矿[Ni_9BiTeS_8;四方]☆tellurohauchecornite
硫碲铋铅矿[$PbBi_2Te_2S_2$;假三方]☆aleksite
硫碲镍铋锑矿☆tellurohauchecornite
硫碲砷矿☆arsenotellurite
硫碲铜钙石[$H_6(Ca,Pb)_2(Cu,Zn)_3(SO_4)(Te^{4+}O_3)_4(Te^{6+}O_6)$;单斜]☆tlapallite
硫碘耐酸砂浆☆acid-proof sulphur mortar
硫独居石☆sulphatian-monazite; sulphate-monazite; sulfat(e-)monazite
硫锇矿[OsS_2;等轴]☆erlichmanite
硫二氨基脲[$(NH_2NH)_2CS$]☆thiocarbazide
硫矾铜矿☆sulvanite
硫钒矿[$V(S_2)_2$]☆patronite
硫钒铅矿☆johnstonite
硫钒铜矿[Cu_3VS_4]☆sulvanite
硫钒锡铜矿☆colusite; nekrasovite
硫方英石☆melanophlogite; leukophlogit
硫方柱石☆sylvialite; sulfatscapolite; silvialite
硫沸点测定装置☆sulfur boiling-point apparatus
硫酚☆thiophenol
硫酚并菲☆thiophenophenanthrene
硫(代)酚基[C_6H_5S-]☆thiophenyl
硫分☆sulphur content
硫复酸☆sulfo-acid
硫复铁矿[$Fe^{2+}Fe^{3+}_2S_4$;等轴]☆greigite; melnicovite; melnikovite
硫钙霞石[$(Na,K,Ca)_{6-8}Al_6Si_6O_{24}(SO_4,CO_3)$•$1\sim5H_2O$]☆sulphatic cancrinite; vishnevite; wischnewite; losite; sulfatic-cancrinite; sulfatcancrinit; sulfate cancrinite
硫钙柱石☆sylvialite; silvialite; sulfate-scapolite; sulfate-meionite
硫肝☆liver of sulphur
硫杆菌(属)☆Thiobacillus; thiobacilli
硫杆菌族☆thiobacilleae
硫锆矾☆zircosulphate; zirkonsulfate
硫镉矿[CdS; 六方]☆greenockite; cadmiferous blende; cadmium ocher{blende}; xanthochroite
硫铬矿[Cr_3S_4;单斜]☆brezinaite; bishopvillite; schreibersite; shepardite
硫铬铁铜矿☆gentnerite
硫铬锌矿☆kalininite
硫汞镉矿☆saukovite
硫汞锑矿[$HgSb_4S_8$]☆livingstonite; livingslonite
硫汞铜矿☆gortdrumite
硫汞锌矿[(Zn,Hg)S;四方]☆polhemusite
硫汞银矿☆imiterite
硫汞银铜矿[$Cu_9Ag_5HgS_8$;斜方]☆balkanite
硫钴矿[$CoCo_2S_4$;等轴]☆linn(a)eite; koboldine; cobalt pyrite; kobaltpyrit; kobaltnickelkies; cobaltite; cobalt-nickel-pyrites; kobaltkies; kobaltglanz; musenite
硫光福光电管☆cadmium sulfide photocell
硫硅钙钾石[$K(Ca,Na)_6(Si,Al)_{10}O_{22}(SO_4,CO_3,(OH)_2)$•$H_2O$;单斜]☆tuscanite
硫硅钙铅矿{石}[$Pb_2Ca_7Si_6O_{14}(OH)_{10}(SO_4)_2$;单斜]☆roeblingite; roblingite
硫硅钙石☆ellestadite; jasmundite
硫硅碱钙石[$(Ca,K)_8(Al,Mg,Fe)(Si,Al)_{10}O_{25}(SO_4)$;单斜]☆latiumite
硫硅铝锌铅石[$Pb_{12}(Zn,Fe^{2+})_2Al_4(SO_4)_4Si_{11}O_{38}$;假六方]☆kegelite
硫硅石[$K_2Ca_6(Si,Al)_{11}O_{25}(SO_4,CO_3)$]☆latiumite
硫硅锌铅矿{石}[$Pb_4Zn_2(SiO_4)(Si_2O_7)(SO_4)$;单斜]☆queitite
硫含量低的☆low in sulphur
硫华☆sulphur{sulfur} flower; sulfur condensate
硫化☆curing; sulphurate; sulfurate; vulcanize; sulphid(iz)ation; sulphur(iz)ation; hydrosulphuric acid; sulfid(iz)ation; sulfur(iz)ation; sulfuri(zi)ng; sulfuret
硫化钡☆barium sulphide
硫化产品☆vulcanizate
硫化处理☆sulfuration treatment
硫化单分子层☆sulphidised monolayer
硫化的☆sulphuretted; sulfurated
硫化度☆degree of cure
硫化二氢[见于天然气中]☆hydrothionite
硫化富集☆sulfide enrichment
硫化钙☆calcium sulfide
硫化镉☆cadmium sulfide
硫化汞☆ethiopsite; vermilion
硫化汞矿☆cinnabar (ore)
硫化合物☆sulphur compound
硫化机☆vulcanizing machine
硫化剂☆vulcanizator; sulphidizer; vulcanizing {curing; vulcanized} agent; sulphidiser; sulfidizer; vulcanizer
硫化钾☆liver of sulphur
硫化接头☆vulcanized splice
硫化矿床再生富集作用☆secondary enrichment of sulphide deposit
硫化矿富集(作用)☆sulfide enrichment
硫化矿类☆glance
硫化矿熔炼的控制现象☆controlling phenomena in sulfide smelting
硫化矿物☆glance; sulphide{sulfide} mineral; kies
硫化矿物浮选☆sulphide flotation
硫化煤☆sulfonated{sulphonated} coal
硫化钼矿☆moly sulphide
硫化钼矿石☆sulfidic Mo ore
硫化钠☆sodium sulphide
硫化钠石灰混合剂☆sodium sulfide lime
硫化镍矿☆nickel sulphide ore
硫化器☆vulcanizer
硫化铅☆galena; lead sulphide
硫化氢☆hydrogen sulfide{sulphide;disulfide}; hydrosulfide; stink damp; sulfuretled{sulphuretted sulfuretted;sulfurated} hydrogen
硫化氢毒☆hydrogen sulfide poisoning
硫化氢(游)泥☆hydrogen-sulphide mud
硫化氢气[矿井中]☆hepatic gas; stinkdamp; stink damp
硫化氢泉☆sulfur spring; hydrogen sulfide spring
硫化氢致脆裂纹☆sulfide-stress cracking
硫化铈陶瓷☆cerium sulfide ceramics
硫化铊光电管☆thalofide photocell
硫化羰[COS]☆carbonyl sulfide
硫化锑☆antimony sulphide
硫化铁☆iron sulfide{sulphide}; ferric sulfide
硫化铁垢☆iron sulfide scale
硫化铁硫☆ferroudisulfide sulphur
硫化铜☆copper sulphide
硫化铜矿☆sulphide copper ore; copper-sulphide ore
硫化物☆sulphide; sulfide; sulfuret; telluride
硫化物的腐蚀作用☆sulphide attack
硫化物对温度计☆sulfide pairs thermometer
硫化物粉末爆炸☆sulfide-dust explosion
硫化物化☆sulfidize; sulfidization
硫化物浸染熔岩☆sulfide-impregnated lava
硫化物矿床次生富集作用☆secondary enrichment of sulfide deposits
硫化物矿石生物成因说☆biogenic sulfide ore genesis theory
硫化物硫☆sulphide{sulfide} sulfur
硫化物圈☆stereosphere; chalcosphere
硫化物溶度等压线☆sulfide solves isobars
硫化物相含铁建造☆sulfide-facies iron formation
硫化物新岩浆☆sulfide neomagma
硫化物形成作用☆sulfidization
硫化物岩☆sulfidite
硫化物-氧化物壳(层)☆sulfide oxide shell
硫化物应力开裂☆sulfide stress cracking; SSC
硫化细菌☆thiobacteria
硫化橡浆☆vultex
硫化橡胶☆vulcanized{cured} rubber; vulcani(za)te
硫化锌☆zinc sulphide
硫化亚铅☆lithopone
硫化亚铁☆iron protosulfide{monosulfide}; ferrous sulfide
硫化亚铜☆cuprous sulfide{sulphide}
硫化亚物☆protosulphide; protosulfide
硫化氧气味的☆fetia
硫(酸盐)化作用☆sulfation
硫还原菌☆sulfur-reducing bacteria
硫黄[旧"硫磺"]☆sulphur; sulfur; brimstone; brenstone
(用)硫黄处理☆sulfurate; sulphurate
硫黄(般)的☆sulfureous
硫黄花{华}☆flower of sulphur{sulfur}
硫黄矿☆solfatara
硫黄矿床☆sulphur{sulfur} deposit
硫黄漂白{熏蒸}器☆sulfurator
硫黄石☆brimstone; burnstone; brim stone
硫黄酸[R•SO_3H;R•CO•SH]☆sulfacid
硫黄锡铅矿[$PbSn_4S_5$]☆montesite
硫黄熏蒸器☆sulphurate
硫磺岛岩☆iojimaite
硫辉铜锑矿☆chalcostibite
硫基阴离子捕集剂☆sulhydryl anionic collector
硫夹层☆band sulphur
硫镓铜矿[$CuGaS_2$;四方]☆gallite
硫甲醛[$CH_2(SCH_2)_2S$]☆thioformaldehyde
硫钾矿☆rasvumite
硫钾钠铅矿☆palmierite
硫尖晶石类☆thiospinels
硫碱钙霞石[$(Na,K,Ca)_{6\sim8}(Al_6Si_6O_{24})(SO_4,CO_3)$•$1\sim5H_2O$]☆vishnevite; wischnewite; losite; microsommite
硫碱陨石☆iodolite
硫结核☆sulfur nodule
硫金属络合物☆sulfur-metal complex
硫金银矿[Ag_3AuS_2;四方]☆uytenbogaardtite; liujinyinite
硫浸渍混凝土☆sulphur impregnated concrete
硫精矿粉☆pyrite concentrate powder
硫菌☆sulfur bacteria; sulfuraria

硫孔黏土☆solfataric clay
硫苦泉☆sulfated bitter spring
硫矿☆sulfur{sulphur} ore
硫矿类☆sulphur minerals
硫铑矿☆sulrhodite；prassoite
硫铑铜矿☆cuprorhodsite
硫离子[S^{2-}]☆sulfion
硫沥青☆kerite；quisqueite
硫钌锇矿☆laurite
硫钌矿[RuS_2;等轴]☆laurite；ruthenium sulphide
硫磷灰石[$Na_6Ca_4(SO_4)_6\cdot Cl_2$]☆sulfate-apatite；sulphatapatite
硫磷铝石[$Al_{16}(PO_4)_8(SO_4)_3(OH)_{18}\cdot 10H_2O$; $Al_5(PO_4)_3(SO_4)(OH)_4\cdot 2H_2O$?]☆kribergite
硫磷铝锶矿☆svanbergite
硫磷铝铁铀矿[$Fe^{3+}_2Al_2(UO_2)_2(PO_4)_4(SO_4)(OH)_2\cdot 20H_2O$;单斜]☆coconinoite
硫磷镁钠石☆tychite
硫磷铅铝矿[$H_6Pb_{10}Al_{20}(PO_4)_{12}(SO_4)_5(OH)_{40}\cdot 11H_2O$;三斜]☆orpheite
硫流[日本矿床]☆sulfur flow
硫卤钠石☆schairerite
硫铝钙石☆ye'elimite
硫铝酸盐早强水泥☆sulphoaluminate high-early strength cement
硫(杂)茂[C_4H_4S]☆thiophene
硫镁矿{铁石}[$(Mg,Fe^{2+},Mn)S$;等轴]☆niningerite
硫镁矾[$MgSO_4\cdot H_2O$]☆kieserite
β-硫锰☆β-manganous sulphide
硫锰矿[MnS;等轴]☆alaban(d)ite；manganese glance；alabandine；blumenbachite；glance{manganesian；mangan} blende；manganblende；manganglanz[德]
β-硫锰矿☆beta-sulfur manganeux
硫锰铅锑矿☆benavidesite
硫锰锌(铁)矿☆youngite
硫醚[R-S-R]☆alkyl sulfide；sulfuret；sulfide；thioether；sulfur ether；sulfoether
(用)硫灭菌☆sulfuring
硫沫☆sulfur froth
硫钼铜矿[$CuMo_2S_5$;$CuS\cdot 2MoS_2$;六方]☆castaingite
硫钼锡铜矿[Cu_6SnMoS_8;等轴]☆hemusite
硫钠铬矿☆caswellsilverite
硫钠霞石☆wischnewite；vishnevite；sulfatcancrinit
硫钠硝石☆darapskite
硫钠柱石☆sulfate-marialith；sulfate-marialite
硫泥塘☆mud pot；sulfur-mud pool
硫脲☆thiourea；thiocarbamide
硫脲溶于苯胺的混合物☆T-A mixture
硫镍钯矿☆vysozkite；vysotsk(y)ite
硫镍钴矿[$(Ni,Co)_3S_4$;等轴]☆siegenite；musenite；kobaltnickelkies
硫镍矿[Ni_3S_4; NiS_2; Ni_2S_3; $NiNi_2S_4$;等轴]☆polydymite；perkerite；bismuth-parkerite[α-$Ni_3(Bi,Pb)_2S_2$]
硫镍铁矿☆pentlandite；horbachite
硫镍铁铊矿[$Tl_6(Fe,Ni,Cu)_{25}S_{26}Cl$]☆thalfenisite
硫硼尖晶石☆thiospinels
硫硼镁石[$Mg_3(SO_4)(BO_2OH)_2\cdot 4H_2O$; $Mg_3B_2(SO_4)(OH)_{10}$;斜方]☆sulfoborite；sulphoborite
硫错矿☆taxasite
硫气孔☆solfatara
硫气孔的水☆solfataric water
硫铅铋矿[$2PbS\cdot 3Bi_2S_3$]☆chiviatite
硫铅矿[PbS]☆boleslavite
硫铅铑矿☆rhodplumsite
硫铅镍矿[$Ni_3Pb_2S_2$;三方、假等轴]☆shandite
β硫铅镍矿☆lead parkerite
硫铅铜铋矿☆aikinite；needle ore
硫铅铜矿☆furutobeite
硫铅铜铑矿☆conderite；konderite
硫铅铜铱矿☆inaglyite
硫羟氯铜石[$Cu_{19}Cl_4(SO_4)(OH)_{32}\cdot 3H_2O$;六方]☆connellite；footeite
硫氢化物☆hydrosulfide
硫清除剂☆sulfur scavenger
硫氰化钾[KCNS]☆potassium thiocyanate
硫氰钠钴石[$Na_2Co(SCN)_4\cdot 8H_2O$;四方]☆julienite
硫氰酸☆thiocyanic acid；rhodanite
硫氰酸铵[NH_4SCN]☆ammonium thiocyanate
硫氰酸汞法☆mercuric thiocyanate method
硫氰酸钾[KCNS]☆potassium thiocyanate
硫氰酸钠{|铅}☆sodium{|lead} thiocyanate
硫氰酸铁[$Fe(SCN)_3$]☆ferric thiocyanate
硫氰酸烷基酯[RSCN]☆alkyl thiocyanate
硫氰酸盐☆sulforhodanide；rhodanate；thiocyanate
硫氰酸盐试验☆thiocyanate test
硫球☆sulphur{sulfur} ball
硫醛☆sulfaldehyde
硫泉☆sulfur spring
硫朊☆sulfoprotein
硫砷铋镍矿[Ni_9BiAsS_8;四方]☆arsenohauchecornite
硫砷铋铅矿☆kirkiite
硫砷铂矿[$(Pt,Rh,Ru)AsS$;等轴]☆platarsite；cooperite；ellisite
硫砷锇矿[$(Os,Ru)AsS$;单斜]☆osarsite
硫砷汞铊矿[$TlHgAsS_3$;四方]☆routhierite
硫砷汞铜矿[$Cu_6Hg_3As_4S_{12}$;三方]☆aktashite
硫砷汞银矿[$AgHgAsS_3$;单斜]☆laffittite
硫砷钴矿[$(Co,Fe)AsS$;斜方]☆glaucodot(e)；zarnich；glaukodot；glaucodotite；alloclasite
硫砷化物☆sulfo-arsenide
硫砷化物或硫锑化物[一种]☆trechmannite-alpha
硫砷矿[As_4S_3]☆dimorphite；zarnec；dimorphine；zarnich
α硫砷矿☆alpha-arsenic sulfide
硫砷(镍、钴)矿☆fletcherite
硫砷铑矿[RhAsS; (Rh,Pt,Pd)AsS;等轴]☆hollingworthite
硫砷钌锇矿[RuAsS]☆osarsite
硫砷钌矿[RuAsS;单斜]☆ruarsite
硫砷镍矿☆vozhminite
硫砷铅矿[$Pb_2As_2S_5$;单斜]☆gotthardite；dufrenoysite；plumbobinnite；gothardite；gotthardtite；jordanite；revoredits；seligmannite；arsenomelan；binnite；scleroclas(it)e；baumhauerite(-Ⅰ)
硫砷铅石☆revoredite
硫砷铊汞矿[$(Hg,Cu,Zn)_{12}Tl,As_8S_{24}$;等轴]☆galkhaite
硫砷铊矿[Tl_3AsS_3;三方]☆ellisite
硫砷铊铅矿[$(Pb,Tl)As_5S_9$;斜方]☆hutchinsonite
硫砷铊银铅矿[$(Pb,Tl)_2AgAs_2S_5$;三斜]☆hatchite
硫砷锑汞矿[$Hg_{12}(Sb,As)_8S_{15}$;单斜]☆tvalchrelidzeite
硫砷锑汞铊矿[$Tl_4Hg_3Sb_2As_8S_{20}$;斜方]☆vrbaite
硫砷锑矿[$AsSbS_3$;单斜]☆getchellite
硫砷锑铅矿[$Pb_{14}(Sb,As)_6S_{23}$;单斜]☆geocronite
硫砷锑铅铊矿[$(Tl,Pb)_5(Sb,As)_{21}S_{34}$;三斜]☆chabourneite
硫砷锑铊矿[$Tl(As,Sb)_3S_5$]☆vrbaite；urbaite；rebulite；vrbane；urbane
硫砷锑铜铅矿☆clayite
硫砷铁矿[$Fe(As,S)_2$]☆geierite；geyerite；pazite；pacite
硫砷铜矿[Cu_3AsS_4;斜方]☆enargite；guayacanite；cla(i)rite；garbyite；luzonite；guyacanite
硫砷铜铅石[$Pb_2Cu(AsO_4)(SO_4)(OH)$;单斜]☆arse(n)tsumebite
硫砷铜铊矿[$Tl_6CuAl_{16}S_{40}$;单斜]☆imhofite
硫砷铜铁锗矿☆renjerite
硫砷铜银矿[$Ag_{16}As_2S_{11}$;单斜]☆pearceite
硫砷锇矿[OsAsS]☆osarsite
硫砷硒铋锑矿☆rubiesite
硫砷锡铁铜矿☆vinciennite
硫砷锌铜矿[$Cu_6Zn_3As_4S_{12}$;三方]☆nowackiite
硫砷盐类☆sulfarsenates
硫砷铱矿[IrAsS; (Ir,Ru,Rh,Pt)AsS;等轴]☆irarsite
硫砷银矿[Ag_3AsS_3]☆proustite；sanguinite；red silver ore；dervillite；billingsleyite；pearceite
硫砷银铅矿[$PbAgAsS_3$;单斜]☆marrite
硫生的☆thiogenic
硫石铁陨石☆sorotite；sprotiite
硫蚀☆sulfidation corrosion
硫属☆chalcogen
硫树脂☆telegdite
硫树脂石☆allingite；telegdite；ajk(a)ite
硫双铋镍矿[Ni_9BiBiS_8;四方]☆bismutohauchecornite
硫{黄泉}水☆sulfur water
硫化氢水☆sulfur water
硫酸[H_2SO_4]☆sulfuric{sulphuric} acid；vitriol
硫酸铵[$(NH_4)_2SO_4$]☆ammonium sulfate{sulphate}
硫酸钡☆barite；cawk；baryte；barium sulphate
硫酸钡粉☆blanc fixe
硫酸钡垢☆barium sulfate scale
硫酸焙烧☆sulphate roast
硫酸分金(法)☆sulfuric-acid parting
硫酸钙☆hydrous sulphate of lime；free gypsum；calcium sulphate{sulfate}
硫酸根离子☆sulfate{sulfuric;sulphuric} ion
硫酸(盐)化☆sulphatization；sulfati(zi)ng；sulphating；sulfation
硫酸(盐)化焙烧☆sulfate{sulphating} roast
硫酸化蓖麻油酸钠皂☆monople{Monopole} soap
硫酸化物[$MHSO_4$]☆hydro(-)sulfate
硫酸钾☆glazier's salt；lemery；potassium sulphate
硫酸甲醛☆formolite
硫酸钾石[$(K,Na)_3\cdot Na(SO_4)_2$]☆aphthitalite；aphthalose；aphthalosa
硫酸晶紫☆crystal violet sulfate
硫酸铝[$Al_2(SO_4)_3\cdot 18H_2O$]☆aluminium sulphate{sulfate}
硫酸铝铵☆ammonium-aluminium{aluminium-ammonium} sulfate
硫酸镁☆magnesium sulfate{sulphate}
硫酸钠☆hydrous sulphate of sodium；cake of salt；sodium sulfate{sulphate;sulfide}
硫酸钠矿[$Na_2SO_4\cdot 10H_2O$]☆mirabilite；sal mirabile；Glauber('s) salt；salt cake；reussin
硫酸镍(晶)组[422晶组]☆nickel sulphate type
硫酸铅矿[$PbSO_4$]☆anglesite；lead vitriol{spar}；bouglisite；sardinianite；sardiniane；anglesine
硫酸氢镁☆magnesium bisulfate
硫酸氢钠☆salt cake；sodium bisulfate
硫酸氢盐[$MHSO_4$]☆hydrosulfate；bisulfate；disulfate；hydro-sulfate；disulphate；bisulphate
硫酸三甘肽晶体☆triglycine sulfate crystal
硫酸锶☆strontium sulfate
硫酸锶垢☆strontium sulfate scale
硫酸四铵(络)铜[$Cu(NH_3)_4SO_4\cdot H_2O$]☆cupric ammonium sulfate
硫酸铁[$Fe_2(SO_4)_3\cdot nH_2O$]☆ferric sulfate；iron(ic) sulfate；iron sulphate
硫酸铜☆cupric sulfate{sulphate}；copper sulphate；roman vitriol
硫酸铜矿☆hydrocyanite
硫酸退黏剂☆sulfate reducers
硫酸脱沥青法☆acid deasphalting
硫酸戊酯[$(C_5H_{11})_2SO_4$]☆amyl sulfate
硫酸锌[$ZnSO_4$]☆zinc sulfate{sulphate}
硫酸锌矿[$ZnSO_4$]☆zinkosite；zincosite
硫酸亚铁[$FeSO_4\cdot 7H_2O$]☆ferrous sulfate{sulphate}
硫酸亚铁矿☆szomolnokite
硫酸盐[M2SO4]☆sulfate；sulphate；vitriol
硫酸盐垢☆sulfate scale
硫酸盐化矿山☆sulphatized ore
硫酸盐还原藻类☆sulfate-reducing algae
硫酸盐类☆sulfates
硫酸盐硫☆sulphate{sulfate} sulfur
硫酸盐(水)氧同位素地热温标☆sulfate-oxygen geothermometer
硫酸乙酯[$C_2H_5OSO_3H$]☆ethyl sulfate
硫酸铀矿☆johnite
α硫酸铀矿[$6UO_3\cdot SO_3\cdot 16H_2O$]☆alpha {-}uranopilite
β硫酸铀矿[$6UO_3\cdot SO_3\cdot 10H_2O$]☆beta {-}uranopilite
硫酸与有机碱(尤其是生物碱)所成的盐[$R\cdot H_2SO_4$]☆hydro-sulfate
硫酸渣☆pyrite cinder
硫酸纸☆parchment paper
硫铊矿☆carlinite
硫铊锑矿☆weissbergite
硫铊铁矿☆heideite
硫铊铁铜矿[$Tl(Cu,Fe)_2S_2$;四方]☆thalcusite；maxite；psimythite；thalcucite
硫铊铜矿[Cu_2TlS_2]☆chalcothallite
硫铊银金锑矿☆criddleite
硫钛铁矿[$(Fe,Cu^{2+})_{1+x}(Ti,Fe^{2+})_2S_4$;单斜]☆heideite
硫弹(性)沥青[难熔沥青]☆wiedgerite；wetherilite；wetherillite；weidgerite；thioelaterite
硫碳钙锰石[$Ca_3Mn^{4+}(SO_4,CO_3)_2(OH)_6\cdot 12H_2O$;六方]☆jouravskite
硫碳硅钙石[$8.5CaSiO_3\cdot 8.5CaCO_3\cdot CaSO_4\cdot 15H_2O$;斜方]☆birunite
硫碳铝镁石[$Na_2Mg_{38}Al_{24}(CO_3)_{18}(SO_4)_8(OH)_{108}\cdot 56H_2O$;六方]☆motukoreaite
硫碳镁钠石[$Na_6Mg_2(CO_3)_4(SO_4)$;等轴]☆tychite
硫碳铅矾☆lead sulphato-tricarbonate；ternarbleierz
硫碳铅矿☆leadhillite；psimytuite；sulfatotricarbonate of lead；psimythite
硫碳铅锰铝石[$PbMn_8Al_4(CO_3)_4(SO_4)O_5\cdot 5H_2O$]☆nasledovite
硫碳铅石[$Pb_4(SO_4)(CO_3)_2(OH)_2$;单斜]☆leadhillite；maxite

硫碳酸铅矿[$Pb_4(SO_4)(CO_3)_2(OH)_2$]☆maxite；psimythite
硫(代)碳酸盐☆thiocarbonate
硫碳铁钠石{矾}☆ferrotychite
硫碳铜矿☆stephensonite
硫碳着色玻璃☆carbon sulphur{amber} glass
硫羰[=CS]☆thiono-
硫羰气[矿物]☆thanite
硫锑铋矿☆joseite
硫锑铋镍矿[$Ni_9(Bi,Sb,As,Te)_2S_8$;四方]☆hauchecornite
硫锑铋铅矿[$Pb_5(Bi,Sb)_8S_{17}$;单斜]☆kobellite
硫锑铋铁矿[$FeSbBiS_4$;斜方]☆garavellite
硫锑汞精矿☆antimony-mercury concentrate
硫锑汞矿[$HgSb_4S_8$;单斜]☆livingstonite；antimony-mercury sulphide ore
硫锑汞铊矿☆vaughanite
硫锑汞铜矿☆gruzdevite
硫锑钴矿[CoSbS;斜方]☆costibite
硫锑化物☆sulfantimonide
硫锑锰银矿[$Ag_4MnSb_2S_6$;单斜]☆samsonite
硫锑镍矿[$Ni_9Sb_2S_8$;四方]☆tucekite
硫锑镍铜矿☆lapieite
硫锑铅矿[$Pb_5Sb_4S_{11}$;单斜]☆boulangerite；plumosite；grey{plumose} antimony；yenerite；feather-ore；pilite；jamesonite；warrrenite；plumbostibite；mullanite；orlandinite；embrit(h)ite；eakinsite；boluangerite；plumostibiite；plumose ore；plumites
硫锑铅矿与方铅矿混合物☆epiboulangerite
硫锑铅银铁矿☆polytelite
硫锑砷银矿[$Ag_7(As,Sb)S_6$;斜方]☆billingsleyite
硫锑铊矿[$Tl_2(Sb,As)_{10}S_{17}$;斜方]☆pierrotite
硫锑铊铁铜矿[$(Cu,Fe)_6Tl_2SbS_4$;斜方、假四方]☆chalcothallite
硫锑铊铜矿[$Cu_6Tl_2SbS_4$;斜方]☆chalcostibite；antimonial copper
硫锑铁矿[FeSbS;单斜]☆gudmundite
硫锑铁铅矿[$Pb_4FeSb_6S_{14}$]☆comuccite；domingite；feather ore；axotomous antimony glance；warrenite
硫锑铜汞矿☆gruzdervite
硫锑铜矿☆skinnerite[Cu_3SbS_3;单斜]；stibioenargite；luzonite [$Cu_3(Sb,As)S_4$]；stibioluzonite [Cu_3SbS_4]；antimonial copper glance；wolfsbergite
硫锑铜铊矿[$TlCu_5SbS_2$;斜方]☆rohaite
硫锑铜银矿[$(Ag,Cu)_{16}Sb_2S_{11}$;单斜]☆polybasite
硫锑锡铁铅矿[$(Pb,Ag)_4FeSn_4Sb_2S_{13}$;单斜]☆incaite
硫锑盐类☆sulfantimonates
硫锑铱矿☆tolovkite；talovkite
硫锑银矿[Ag_3SbS_3]☆pyrargyrite；red silver ore；dark ruby ore；goldschmidtine；antimonial silver blende；dark red silver ore；stromeyerite；brittle{dark-red} silver ore；stephanite；andorite；melan(e-)glance；psaturose；melanargyrit
硫锑银铅矿[$AgPbSb_3S_6$;斜方]☆andorite；webnerite；senandorite；sundtite
硫铁黑土☆ampelite
硫铁钾矿[KFe_2S_3;斜方]☆rasvumite；bartonite
硫铁矿[FeS_2]☆pyrite；troilite；ferro-sulphur ore
硫铁矿类☆liver pyrites
硫铁矿硫☆pyritic sulfur
硫铁矿石墨结核☆troilitic graphite nodules
硫铁矿渣☆blue billy；pyrite dross
硫铁矿制硫☆production of sulfur from pyrite
硫铁镍矿☆bravoite；brovoite；mechernichit；nickel{-}pyrite
硫铁铅矾☆lossenite
硫铁铅矿[$(Pb,Cd)(Fe,Cu)_8S_8$;等轴]☆shadlunite
硫铁铊矿[$TlFeS_2$;斜方、假六方]☆raguinite
硫铁锑矿☆gudmundite；berthierite
硫铁铜钾矿[$K_6(Cu,Fe,Ni)_{23}S_{26}Cl$;等轴]☆djerfisherite；murunskite；dzerfisherite
硫铁铜矿[Cu_3FeS_8;等轴]☆fukuchilite；talnakhite；chalmersite
硫铁钍矾☆sulfate ferrithorite
硫铁锡铜矿☆collusite；mawsonite
硫铁硒铜矿☆mawsonite
硫(代)铁盐(类)☆sulfoferrite
硫铁铟矿[$Fe^{2+}In_2S_4$;等轴]☆indite
硫铁银矿[$AgFe_2S_3$;斜方]☆sternbergite；flexible silver ore
硫酮☆thioketone；-thione
硫同位素☆sulphur{sulfur} isotope
硫同位素地温测定☆sulfur isotope geothermometry
硫同位素温标温度☆sulfur isotope temperature
硫铜铋矿[$CuBiS_2$]☆emplektite；klaproth(ol)ite；hemichalcite；emplectite；tannenite；tannbuschite；kupferwismut(h)glanz
硫铜钴铂矿☆platincarrollite
硫铜钴矿[$CuCo_2S_4$;$Cu(Co,Ni)S_4$;等轴]☆carrol(l)ite；corrolite；sychnodymite
硫铜镓矿☆carnevallite
硫铜钾矿☆djerfisherite；dzerfisherite
硫铜锰矿[$(Mn,Pb,Cd)(Cu,Fe)_8S_8$;等轴]☆mangan(ese) shadlunite
硫铜镍矿[$Cu(Ni,Co)_2S_4$;等轴]☆fletcherite
硫铜铅铋矿☆aikinite；patrinite；aikenite
硫铜石☆teineite
硫铜铊矿☆thalcusite
硫铜锑矿[Cu_2S•Sb_2S_3;$CuSbS_2$]☆chalcostibite；rosite；chalkostibite；kupferantimonglanz；wolfsbergite；antimonial copper；rosellan；guejarite；rosenite
硫铜铁矿[$Cu_9(Fe,Ni)_8S_{16}$;等轴]☆talnakhite
硫铜铜锡矿☆custerite
硫铜锡锌矿☆kosterite [$Cu_2(Fe,Zn)SnS_4$]；kesterite [$(Cu,Sn,Zn)S$]；khinganite；kersterite
硫铜铟锌矿☆sakuraiite；isostannite
硫铜银矿[AgCuS;斜方]☆stromeyerite；silver-copper glance；stromeyerine；kupfersilberglanz；cuprargyrite；cyprargyrite
硫铜锗矿[$Cu_6Fe_2GeS_8$,常混有 Zn、Ca、Pb、As、Sn 等杂质]☆renierite
硫钍石☆hyblite
硫钨矿[WS_2]☆tungstenite
硫钨铅矿☆montesite
硫钨锡铜矿☆kiddcreekite
硫芴☆dibenzothiophene
硫戊环☆thiophane
硫硒铋矿[Bi_4Se_2S; $Bi_4(Se,S)_3$;三方]☆laitakarite；frenzelite；selenjoseite；ikunolite；castillite；selenobismut(h)ite；guanajuatite
硫硒铋铅矿[PbS•Bi_2Se_2; $PbBi_2(S,Se)_4$; $PbBi_2(Se,S)_3$;三方]☆platynite
硫硒汞矿☆onofrite；kohlerit；onofrin
硫硒铅铋矿[$5PbS$•$3Bi_2(S,Se)_3$]☆wittite
硫硒铜矿☆geffroyite
硫锡镉铜矿☆cernyite
硫锡汞铜矿☆velikite
硫锡矿[SnS;斜方]☆herzenbergite；kolbeckine
硫锡铅矿[$PbSnS_2$;$PbSn_4S_5$?;斜方]☆teallite；montesite；zinc-teallite；pufahlite
硫锡砷铜矿[$Cu_3(As,Sn,V,Fe)S_4$;等轴]☆colusite；collusite
硫锡铁铜矿[$Cu_{1+6}Fe^{3+}_2Sn^{4+}S_8$;四方]☆mawsonite；chatkalite
硫锡铜矿[Cu_3SnS_4;四方]☆kuramite
硫锡锌银矿☆priquitasite
硫系化物玻璃☆chalcogenide glass
硫细菌☆sulfur bacteria；sulphur bacterium
硫酰胺☆sulfamide
硫酰氯[SO_2Cl_2]☆sulfuryl chloride
硫酰亚胺[$-SO_2NH-$;$(SO_2NH)_2$]☆sulfimide
硫硝钾铝华☆sveite
硫硝镍铝石[$(Ni,Cu)Al_4((NO_3)_2,(SO_4))(OH)_{12}$•$3H_2O$;单斜]☆mbobomkulite
硫锌铅矿[$(Zn,Pb)S$]☆huascolite
硫循环☆sulfur{sulphur} cycle
硫盐☆sulphosalt；sulfosalt；thiosalf
硫氧化剂☆thiooxidant
硫氧化物☆sulfoxide
硫氧锑钙石[$CaSb_{10}O_{10}S_6$;单斜]☆sarabauite
硫氧锑矿[Sb_2S_2O]☆kermesite；kermesome；kermes (mineral)；red antimony ore；red antimony；purple blende；antimony blende [Sb_2O_3•$2Sb_2S_3$]；brown red antimony sulfide；pyrostibite；pyrostibine；pyrantimonite；antimonblende
硫氧锑铁矿[$Fe^{2+}Fe^{3+}_4Sb^{3+}_4O_{12}S$;四方]☆apuanite
硫叶菌☆sulfolobus
硫铱锇矿☆roseite；osmiridisulite
硫铱锇钌矿☆pcabri
硫铱铑矿☆bowieite
硫铱铜矿☆cuproiridsite
硫逸度☆sulfur fugacity
硫铟铁矿[$FeIn_2S_4$]☆indite
硫铟铜矿[$CuInS_2$;四方]☆roquesite
硫铟铜锌矿[$(Cu,Zn,Fe)_3(In,Sn)S_4$]☆sakuraiite
硫银铋矿[$AgBiS_2$]☆matildite；morocochite；peruvite；argentobismuthite；schapbachite；argentobismutite
硫银锇钌矿☆pcabri
硫银钒矿☆matildite
硫银铅锗矿[$28PbS$•$11Ag_2S$•$3GeS_2$•$2Sb_2S_3$]☆ultrabasite
硫银铁矿[$AgFe_2S_3$]☆sternbergite；flexible silver ore；argyropyrrhotine[旧]
硫银铜矿[Cu_4AgS]☆cocinerite；cocinenite
硫银锡矿[Ag_8SnS_6;斜方、假等轴]☆canfieldite
硫银锗矿[Ag_8GeS_6;$4Ag_2S$•GeS_2;斜方]☆argyrodite；brongniartite；brongniardite
硫茚☆benzothiophene
硫英(碱)正长岩☆evergreenite
α-硫铀钙矿[CaO•$8UO_3$•$2SO_3$•$25H_2O$]☆alpha-uranopilite
硫铀钠钙石☆dakeite
硫铀酸钙矿[CaO•$8UO_3$•$2SO_3$•$25H_2O$]☆uranopilite
硫杂戊(环)[$CH_2(CH_2)_3S$]☆thiophan(e)
硫沾染☆sulphur contamination
硫锗铅矿[$(Pb,Fe)_3(Ge,Fe)S_4$;等轴]☆morozevicite
硫锗铁矿[$(Fe,Pb)_3(Ge,Fe)S_4$;等轴]☆polkovicite
硫锗铁铜矿[$Cu_3(Fe,Ge,Zn)(S,As)_4$;四方、假等轴]☆renierite
硫锗铜矿[$Cu_3(Ge,Fe)(S,As)_4$;等轴]☆germanite
硫酯☆thioester
硫质喷气区☆soufriere；solfatara field
硫质气孔☆sulfurous fumarole；sulfur cauldron；solfataric volcano
硫质气孔区☆soufriere
硫质气体☆total sulfur gas
硫柱辉铜锑矿[$CuSbS_2$]☆guejarite；guegarite
硫(钙)柱石☆silvialite
硫滓☆matte
硫族☆chalcogen；sulfur group
硫族化物☆chalcogenide
镏☆lutecium
留保安煤柱支承的地面☆pillar-supported surface
留边界矿柱☆barrier establishing
留伯斯线☆Lubber's line
留`不规则{|规则}矿柱的空场法☆open stoping with random{|regular} pillars
留不规则矿柱法☆irregular room and pillar method
留长条煤柱法☆pocket-and-fender method
留长条柱回收煤柱法☆pocket-and-fender method of pillar recovery
留存☆pigeonhole；live
留存进尺☆lay-by footage
留存网目☆retaining mesh
留大煤柱开采法☆long-pillar working
留顶板煤☆roof coal
留方矿柱的分层充填法☆post pillar cut-and-fill stoping
留规则矿柱法☆regular room and pillar method
留护顶煤层☆ceiling coal layer
留间隔☆space
留间隔矿柱的半长壁法☆intermittent semilongwall
留间隔矿柱的后退式长壁法☆retreating intermittent longwall
留井工具☆letting-in tool
留居☆dwell
留空充填(法)☆gap packing
留空隙☆interspace
留矿☆shrink
留矿(与)崩落联合开采法☆combined shrinkage-and- caving method
留矿边界切割槽☆boundary shrink
留矿采矿法与阶段崩落法联合回采☆overhand stoping with shrinkage and simultaneous caving
留矿大块崩落开采法☆shrinkage stope and pillar caving method
留矿堆☆broken rock
留矿堆内维持的天井☆pole roadway
留矿法采区{|回采}☆shrinkage area{|stoping}
留矿房梯段☆shrinkage stope face
留矿放空的采场☆empty stope
留矿开采法工作面☆shrinkage stope face
(在)留矿内维持的天井☆pole roadway
留矿柱☆abandonment；pillar (leaving)
留矿柱的分段采矿法☆chamber-and-pillar system
留矿柱空场开采法☆open stopes with pillar supports
留粒筛[颗粒不能通过的筛子]☆retaining screen
(加工)留量☆allowance

L

留煤柱☆pillar{stump} leaving
留尼汪(正向事件)[法]☆Reunion
留色铜蓝☆blaubleibender covellite
留筛百分率☆retained percentage
留珊瑚☆Menophyllum
留声机☆gramophone；phonograph；phono
留数☆residue
留隙空间☆clearance space
留下☆leaving；leave
留下痕迹的生物☆trace-making organism
(使)留下伤痕☆scar
留下深炮窝的爆破☆gripping shot
留下未开采的部分矿脉☆cranch
留小煤柱(群)回收煤柱(法)☆pocket(-and)-stump method of pillar recovery
留心☆heed；attention；nota bene[拉]；N.B.
留有擦痕光面的断层☆lype
留有余地的☆conservative
留在原地的☆left-in-place
留置权☆lien
留中心岩柱掘进法[大断面巷道掘进]☆center core method
留柱护顶法☆pillar method
留柱回采区☆pillar stope
留柱式房柱采煤法☆room-and-pillar without extraction of pillars
留住☆withhold
馏出气☆distillate gas
馏出温度☆cut point
馏分☆cut (fraction,distillate){fraction;cutter stock}[油]；distillation{distillate} cut；distillate；cut fraction
馏分组成☆fractional composition{makeup}；breakup
馏分分析☆fractional{fraction} analysis
瘤☆knot；hunch；node[生]；tumor；excrescence；boss；nodule；tumour；wart；protuberance；rat；tubercle；nub；neoplasm
瘤斑板岩[德]☆knotenschiefer
瘤斑片岩☆knotted schist
瘤棒轮藻属[K_1]☆Nodosoclavator
瘤包球接子属[三叶;$Є_2$]☆Cotalagnostus
瘤笔石(属)[O_1]☆Tylograptus
瘤虫属☆Tuberitina
瘤堆孢属[T]☆Ricciisporites
瘤梗孢属[真菌;Q]☆Phymatotrichum
瘤花介属[E_3-Q]☆Tuberocythere
瘤环孢属[Pz]☆Lophozonotriletes
瘤结叠层石属[Z-Є]☆Paniscollenia
瘤菊石☆Cosmoceras
瘤孔贝属[腕;D_3-C_1]☆Tylothyris
瘤面具褶双极藻属[Є]☆Lophorytidodiacrodium
瘤面球形藻属[Z-S]☆Lophosphaeridium
瘤面三缝孢属☆Trilites
瘤面双极藻属[Є-O]☆Lophodiacrodium
瘤膜叶肢介(属)[K_2]☆Estherites
瘤膜叶肢介亚目[节;D-Q]☆Estheritina
瘤疱[三叶]☆boss
瘤皮羊齿属[T_3-J_1]☆Lepidopteris
瘤皮藻属[蓝藻;Q]☆Oncobyrsa
瘤脐螺属[腹;D-T]☆Phymatifer
瘤切牙☆tuberculo(-)sectorial tooth
瘤球轮藻(属)☆Maedleriella
瘤球牙形石属[O-D]☆Clavohamulus
瘤石☆knobstone
瘤石介(属)[O-C]☆Beyrichia
瘤石介科☆Beyrichiidae
瘤田螺属[腹;E-Q]☆Tulotoma
瘤突☆node
瘤蜕介☆Trachyleberis
瘤纹四孢属[E]☆Verrutetraspora
瘤星介属[E_{2-3}]☆Tuberocypris；Ammocypris
瘤压力☆outflow pressure
瘤叶肢介属[节;K_2]☆Tylestheria
瘤渔乡叶肢介属[J_2]☆Bulbilimnadia
瘤月齿类[偶蹄目]☆Bunoselenodonta
瘤褶贝(属)[腕;P_1]☆Tyloplecta
瘤指蕨属[D_2]☆Pseudosporochnus
瘤质石灰岩☆kunkur
瘤状☆maculose；knotted；knotlike；warty；tuberose；tubercular
瘤状的☆knobby；tumulose；nodular；tumulous；nubbly；verrucose；strumous；strumose；knotty；nodulated
瘤状腐蚀☆tuberculation corrosion
瘤状构造☆knotty{nodular} structure；tubercule texture
瘤状灰岩[德]☆knollenkalk
瘤状结核☆swelling node
瘤状矿石[Fe_2O_3•nH_2O]☆aetite；knotty{nodular} ore；eaglestone
瘤状熔岩☆tumuli lava
瘤状铁石☆dogger
瘤状岩(石)☆knotty rock
瘤状胀大☆tuber-like swelling
瘤准石燕属[腕;T_3]☆Tylospiriferina
瘤座孢属[Q]☆Tubercularia
刘易斯(群)[英;AnЄ]☆Hebridean；Lewisian
刘易斯顿(阶)[美;S_2]☆Lewistonian
刘易斯和蒙德模型☆the Lewis and Maunder model
刘易斯-柯塞耳八电子原则☆Lewis-Kossel octet principle
刘易斯群☆Lewisian group
刘易斯牙形石属[C]☆Lewistownella
刘易斯组[苏格;AnЄ]☆Lewisian
浏览☆dip；scan
浏览(书刊)☆browse
流☆flow (indicator)；current；cur；stream；train；swirl；quasi-plastic flow
流(明)[光通量]☆lm；lumen
流安凝灰岩☆wilsonite
流杯法[测黏度]☆efflux cup method
流比☆flow ratio
流边线☆flowage line
流变☆flowage
流变比☆creep ratio
流变测角法☆rheogoniometry
流变带☆zone of flow
流变的☆rheologic；rheotic；rheomorphic
流变底阶段☆rheologic bed stage
流变定律☆flow law
流变度(性)☆rheidity
流变分析☆rheological analysis
流变函数☆rheologic function
流变计☆mobilometer
流变圈☆rheosphere
流变体☆rheid
流变网脉☆rheoplex
流变型侵入体☆hot spot；rheological intrusions
流变性影响☆rheology impact
流变学☆rheology；rheology of rock masses
流变学家☆rheologist
流变岩墙☆rheomorphic dike
流变仪☆rheometer
流变应力的不可逆变化☆irreversible change of flow stress
流变应力曲线☆flow-stress curve
流变作用☆rheomorphism
流冰☆ice (laid) drift；iceberg；ice float{floe}；floe{drift} ice
流冰碛物☆flowtill
流冰群☆ice canopy；pack ice
流槽☆launder；gutter；chute；sluice；alcove；trunk；flow channel{lane;cell}；spout
流槽擦洗☆scrubbing in flame
流槽衬底圆木格条☆pole riffle
流槽分段☆sizing in flumes
流槽截流{直}☆chute cutoff
流槽式串联满席斯型水力分选机[上升水流式]☆launder-type tandem Menzies hydroseparator
流槽式干扰水沉水力分级机☆launder-type hindered-settling hydraulic classifier
流槽式涡流分级机☆launder-type vortex classifier
流槽-洼地构造☆chute and pool structure
流槽洗选☆trough{launder} washing
流槽选矿☆sluicing；launder；concentration by sluicing
流槽铸型☆flute cast
流层☆flow layer{banding}；fluid layer；current lamination；schlieren
流层状穹丘☆schlieren dome
流差☆current difference
流场☆flow field
流畅的☆fluent；current；smooth
流成片麻岩☆flow gneiss
流程☆flow chart；circuit(ry)；run；course；technological process；path；flowsheet；a distance travelled by a stream of water
流程测定☆on-line determination
流程分析☆on-belt analysis
流程色谱(法)☆on-stream chromatography
流程图☆flow sheet{scheme;chart;diagram;graph}；layout；flowchart；flowsheet；process chart
流程系数☆factor of circuit
(在)流程中混合☆in-line mixing
流出☆flow (out;off;draw-off)；issue；egress；efflux；effluent；effuse；effluence；discharge；flow-off；flowing {welling;run;springing;snap} out；runoff；effluxion；effusion；bleed(-off)；debouch；sluiced into；escape；flowage；extrusion；debouchment；vegetate；flux；shed；sew；outpouring；run-out；outflow；outlet
流出的☆issued；effusive；excurrent；diffluent；effluent
流出端饱和度☆effluent-end{outflow-end} saturation
(油气)流出井外动态(曲线)☆out performance (curve)
流出口☆debouchment；outflow bay
流出量☆outflow；yield
流出率☆rate{rote} of outflow
流出速度☆rate{rote} of outflow；outlet velocity
流出速率☆rapid of outflow
流出物☆effluent；exudate；effluence；fluxion；draw-off；outflow；exudation；efflux
(熔炉内)流出物☆tappings
流出液☆effluent；exudate；exudation
流传☆circulation
(河)流(最)大流速线☆thread of maximum velocity
流道☆geat；(flow) channel；sprue；runner[铸]
流道结块☆runners
流道截面扩大器☆flow expander
流道系统☆ducting system
流的[如流沙]☆quick
流的类型☆type of flow
流点☆flow point
流点试验☆pour test
流电的☆galvanic；galv.
流掉☆running off；drain[水等]
流动☆flowage；flow(ing)；flux(ion)；flowthrough；running；glide；circulate；go from place to place；be on the move；be mobile；streaming；run；plano-
流动冰川☆live ice{glacier}
流动澄清法☆flow clarification
流动床☆thermofor
流动床分离烃类的设备☆hypersorber
流动带☆zone of flow(age)
流动的☆fluid；mobile；current；running；liquid
流动地层☆running ground
流动地基☆flowing ground
流动地震台☆portable seismographic station；buoy-type seismic station
流动点☆flow{yield;pour;fluidity} point；YP
流动电势☆stream(ing) potential
流动电位☆streaming{electrokinetic;stream} potential
流动定律☆flow law
流动度☆fluidity；mobility
流动方式☆type of flow
流动方向☆direction of flow
流动分离☆breakaway
流动负债☆current liability
流动工☆floater
流动工人☆migratory labo(u)rer
流动硅质细砂☆migratory silaceous fine
流动柜☆clean air flow cabinet
流动函数☆flow function
流动焊剂☆flux
流动湖☆fluvial lake
流动环{回}路☆flowloop
流动基金☆current fund
流动机制{理}☆flow mechanism
流动检查与维修☆mobile checkout and maintenance
流动阶段的界限[起止点]☆limit of flow regime
流动结构☆fluidal texture；flow structure
流动摩擦☆flowage friction
流动摩阻特性☆flow friction characteristics
流动挠褶☆flexural flow folding
流动能力☆flowability
流动能力降低☆flow impairment
流动能量☆energy of flow
流动期☆mobile period
流动奇点☆parametric singular point
流动熔岩☆fluent lava
流动色谱(图)☆flowing chromatogram

L

流动沙丘☆active{moving} sand dune; wandering {migratory;traveling} dune; dune wandering
流动深度☆depth of flow
流动石油☆live oil
流动势☆stream(ing) potential
流动式地热电站☆geothermal power monoblock; mobile geothermal-power station
流动水☆running water
流动速度☆velocity of flow; fluid velocity
流动体[德]☆mobilizate; mobilisat(e)
流动通道☆flow path{channel}
流动投资☆current investment
流动土☆yielding{running} soil
流动土层☆mollisol
流动系数☆flow coefficient; mobility-thickness product
流动现金☆cash flow
流动线状构造☆flow linear
流动新月体[围绕障碍物而形成的]☆current crescent
流动性☆flowability; fluidity; runnability; mobility; flow property; diffluence; liquidity; running quality; castability; pourability[燃料]
流动性的☆yielding
流动压力☆flowing pressure
流动因子☆fluidity factor; flow constant
流动油☆mobiloil
流动原油☆live crude
流动种☆fugitive species
流动注浆☆continuous over(-)flow casting
流动铸型☆flowage{flow} cast
流动状态☆regime(n); flow regime{phenomenon; state}; fluidal disposition
流动资产☆immediate{current;liquid} assets
流动资金☆working capital{interest}; hot money; circulating {operating;revolving;current} fund; floating capital; current{liquid;quick} assets; WI
流动资金定额☆circulating capital allotment
流动组构☆flow fabric
流动阻力☆resistance to flow; flow {-}resistance; fluid drag; resistance of flow
流动钻挖工☆duster
流动作业☆mobile operational process; mobile operation
流动作用☆mobilization
流度☆fluidity; mobility
流度计☆fluid(i)meter; ixometer; fluidometer
流放法☆tapping process
流放构造☆flow structure
流放口☆run(-)off
流放型☆raft type
流干☆drain
流股温度☆stream temperature
流挂试验机☆sag tester
流管☆flow{stream} tube; streamtube; tube of flow
流管模型☆stream tube model
流光☆streamer
流轨☆current trajectory
流滚☆flow roll
流过☆flow (by;through); flowthrough; throughflow
流过率☆rate of throughput
流函数☆stream function
流函数-涡旋法☆stream function-vorticity method
流{水流;流水波}痕☆current mark(ing){ripple}; flute cast; runlet; rill mark; tool-mark; flow marking; runnel; rundle
流滑☆flowslide; flow slide{sliding}
流滑痕☆rheoglyph
流化☆fluidifying; fluidization
流(体)化☆fluidify
流(体{态})化(作用)☆fluidifying; fluidization; rheomorphism
流化(作用)☆liquefaction
流化焙烧☆fluosolid roasting
流化床层干燥(法)☆fluidized-bed drying
流(态)化床层焙烧☆fluid-bed roasting
流(态)化床反应器☆fluid-bed reactor
流化床分选机☆fluid-bed separator
流化床干燥机系统☆fluidized bed dryer system
流化床静力分选机☆fluidized bed electrostatic separator
流化床燃烧脱硫☆desulfurization by fluidized bed combustion
流化床涂层工艺☆fluidized bed coating technique
流化床铀矿精炼☆fluid bed uranium ore refining
流化点☆fluidity point
流化非黏滞颗粒流☆liquified cohesionless particle flow
流(态)化干燥(法)☆fluidized drying
流(态)化固体☆fluosolid; fluid-solid
流化滑坡☆liquefaction slide
流化剂☆fluidizing agent
流化(熔烧)炉☆fluosolids furnace
流化侵入☆rheomorphic intrusion
流化燃料反应堆[核]☆fluidized(-bed) reactor
流化态☆teeter
流化作用☆fluidization; rheomorphism
流回矿井的水☆mad water
流积成因说☆allochthonous theory
流积岩☆quickstone
流集☆affluxion
流溅☆swash
流界☆current tip
流尽☆drain away
流经各小层的流量☆fractional throughflow
流经渠道☆flow channel
流经时间☆time of
流颈☆vena contracta
流(动途)径☆flow path
流卷(体(构造))☆flow roll
流控的☆fluidic
流控技术☆fluidics
流口☆headpiece; inlet
流矿槽☆sluice (box); gole; sluiceway
流矿槽衬底包铁方木格条☆iron-shod riffle
流矿槽衬底钢轨格条☆rail riffle
流矿槽衬底 1/4 圆木格条☆quarter round riffle
流况曲线☆flow duration curve
流浪☆tramp; rill mark
流浪者☆rover
流泪☆weep; tear
流利☆fluency
流利的☆fluent
流量☆(flow;diagram;discharge) rate; fluid flow; flux; discharge (rate); current; confluent; run(ning)-off; delivery (rate); (specific) yield; deliverability; rate of draw-off{discharge;flow}; consumption; water- yield capacity; drawing-off; discharge of water; stream; outflow; throughflow; quantity of current; production output; throughput {withdrawal} rate; draphragm; volume of flow; rate of throughput[单位时间的]; RF
流量比☆ratio of discharge; throughput ratio
流量变化☆fluctuations{variation} in discharge; flowrate variation
流量标定器☆flow calibrator
流量表☆flowmeter; flow gauge{indicator}; FI
流量测定工作☆metering practice
流量测井控制面板☆flolog control panel
流量测试管线☆flow-test line
流量传感器测流孔、温度和相对湿度传感器组件☆block with flow sensor orifice, temperature and humidity sensors
流量大小☆magnitude of discharge
流量单位[ft³/s]☆cusec
流量分析测井☆flow analysis log; FAL
流量过程线☆discharge hydrograph
流量过程线切割法☆hydrograph cutting method
流量函数☆stream function
流量计☆(fluid) flowmeter; flow indicator{recorder; ga(u)ge;meter;tester}; hydrometrograph; flow rate meter; effusion{current;rate-flow} meter; rate-of-flow mete; hydrodynamometer; pitometer; FI
(变截面)流量计☆flowrator
流量计标定装置☆meter prover
流量计汇管☆meter header
流量计井下测试☆flowmeter survey
流量计净累积值☆net meter registration
流量计计量积值☆meter registration
流量计试验法☆test meter method
流量计组☆battery of meter
流量均布型裂缝☆uniform-flux fracture
流量孔板☆flow{discharge; measuring; metering} orifice; orifice plate; membrane
流量控制☆flow control; FC
流量控制分布函数☆flow control distribution function
流量零点☆point of zero flow
流量曲线☆rating{discharge;flow} curve; flow diagram
流量试验☆output test
流量衰减方程☆discharge recession equation
流量水头图☆OH diagram
流量调整试井☆flow-after-flow test
流量图☆hydrograph; flow chart; discharge diagram {hydrograph}
流量系数☆discharge coefficient{factor}; orifice coefficient; coefficient of flow{discharge}
流量限制☆limitation of delivery
流量限制装置☆flow rate limiting device
流量-压力图☆flow pressure diagram
流量优选{化}☆flowrate optimization
流量元件☆flow element; FE
流量增加百分数☆flow increase percentage
流量指示阀☆flow indicator
流量指数{标}☆index of discharge
流量逐次更替试井☆flow-after-flow test
流料槽☆chute
流露☆telegraph
流率☆flow (rate); rate of flow
流曼{末}格[光能单位]☆lumerg
流密度☆current density
流面☆flow plane; streamline surface
流面构造☆planar{platy} flow structure
流明☆lm; lumen
流明计☆lumenmeter
流明(小)时☆Lumen-hour; L hr.
流明/瓦☆lumen(s) per watt; L/W; L.P.W.; lm/w
流明效率☆luminous efficiency
流模作用☆rheomorphism
流膜☆flowing film
流膜分选☆film separation
流泥井☆mud trap
流黏熔岩☆runny lava
流黏土☆quick clay
流派☆school
流劈理☆flow{slaty} cleavage
流偏角☆drift angle
流碛☆flowtill
流气正比计数管☆gas proportional counter
流倾沉淀法☆flow clarification
流去☆diffluence
流泉☆natural flow
流熔凝灰岩☆rheoignimbrite
流容☆capacity
流入☆affluence; influx; inflow; influent; inpouring; incursion; flow in; inrush; indraught; afflux; indraft; onflow
流入的☆influent; inpouring; tramp
流入沟[绵]☆incurrent{inhalant} canal
流入管☆infow pipe
流入角☆fluidinlet angle
流入井里的碎屑☆backflowing debris
流入井内的油流{气流}☆inflow
流入井筒的流体☆inflowing fluid
流入孔☆inhalant pore; ostia
流入率☆rate of inflow
流入面积☆inlet area
流入水量☆water inflow
流入液☆incoming fluid
流入液体☆influent; confluent
流散☆spreading
流散性[粉末]☆free-running property
流砂岩☆quickstone
流沙☆drift{shifting;float;quick;heaving;light;loose; running;unfixed;float(ing);blown;flowing} sand; flowing arena{ground}; wind-drift{windblown} sand; quicksand; saltation; floating earth; flow rock; soil flow; running{quick} ground; sand drift; drift-sand; sand-flood; sandrock run; drifting sands; sandiness; running measure; drift-sand; sand-flood; szyrt
流沙槽[宝]☆hacking
流沙层☆mobile ground
流沙层下采煤☆under quick sand mining
流沙地层☆fluidized bed; quick ground
流沙固定☆fixation of shifting sand
流沙固化☆petrification of sand
流沙海底☆aqueous desert
流沙河☆sand stream

流沙荒漠☆arvideserta；mobilideserta
流沙上涌☆blow
流沙土{地}☆quick ground
流沙窝☆suckhole
流沙下(第一层)硬岩☆stone head
流沙现象☆drifting sand；quicksand
流沙型地层☆quicksand type formation
流沙中井壁黏土背帮☆moating
流舌☆toe of flow
流生晶☆chymogenic；chymogenetic
流失☆run out；bleeding；run down；run off{be washed away;flow away;wastage} [矿石、土壤等自散失或被水、风力带走]；leakage；[of students] drop out
流失河☆lost river{stream}
流失泥分☆leaked silt；clay leaked
流失效应☆bleed effect
流石☆flowstone；flow rock；quickstone
流蚀☆corrosion
流蚀基面☆current base
流势☆streaming potential
流束☆streamtube；striation；striature；tube of flow
流束管(线)☆stream filament
流数☆fluxion
流水☆flowing{drainage; runoff; moving; running} water；flooding
流水般的☆streamy
流水波痕☆(water-)current ripple mark
流水簿☆day book
流水槽☆launder；sluice；flume
流水槽出水端☆bulkhead
流水层☆diagonal{cross} stratification
流水层理☆current {-}bedding
流水沉积的泥沙☆sullage
流水冲起河床岩屑☆lifting
流水冲刷的☆waterworn
流水传送带法☆continuous conveyor
流水档案系统☆call-file system
流水道☆drainageway
流水动物☆eotic animal
流水攻沙[水文]☆entrainment
流水沟☆effluent channel；sluice
流水河槽☆active channel
流水痕☆turboglyph
(高炉)流水环沟☆garland
流水环境☆lotic environment
流水机组法☆consecutive machine method
流水孔☆limber hole
流水口☆escape route
流水磨蚀☆fretting
流水坡度☆slope of water
流水侵蚀☆fretting；water{fluvial} erosion
流水扫荡作用☆fluviraption
流水生产☆flow production
流水生物☆eupotamic；rheophile；nereider
流水式处理☆stream processing
流水事件☆pipeline event
流水速力测定☆hydrometry
流水温度☆flowing water temperature
流水纹理☆current lamination
流水洗矿☆streaming
流水线☆assembly{production;pipe} line；pipeline；streamline；production chain
流水线开销时间☆pipeline overhead time
流水线时钟速率☆pipeline clock rate
流水线站☆pipeline stage
流水性矿物☆hydrophobic mineral
流水浴☆continuous bath
流水域浮游生物☆rheoplankton
流水账☆journal
流水作业☆flow production{operation;process}；assembly line method；line{in-line;continuous-flow} production；conveyer system；production chain (line)；continuous flow production
流水作业法☆firing line method；flow method
流水作用☆stream{fluvial} action
流水作用的砾石☆river run gravel
流送管☆flow-line
流素☆fluid element
流速☆flow velocity{number;rate;speed}；velocity{rate} of flow；discharge{circulation} velocity；current speed
流速表☆hydrometer
流速测定☆hydrometry；tachometry
流速测井☆fluid-velocity log
流速断面测流法☆velocity-area measurement of discharge
流速积(分)测(量)法☆integration method of velocity measurement
流速计☆kinemometer；hydrodynamometer；flow (rate) meter；flowmeter；hydrometer；rate flow meter；tach(e)ometer；current {velocity;flow-rate} meter；velo(ci)meter；techeometer；streamline {stream} measurer；rhysimeter；hydrometric propeller；rheometer；rhyometer
流速剖面☆fluid velocity profile；velocity profile
流速图表☆tachograph
流速系数☆efflux coefficient；flow rate coefficient
流速仪☆current-meter；tachometer；flow {-}velocity meter；tech；TAC
流态☆flow regime{pattern;form}；state{regime} of flow；fluid state
流态层浮选☆fluidized-bed flotation
流态的☆fluidal
流态化☆fluidization
流态化床(层)☆fluid(ized) bed
流态化床层气化炉☆fluidized-bed gasifier
流态化法☆fluidization method{process}
流态化反应器☆fluidizing reactor
流态化技术☆fluidized technique
流态化砂☆running sand
流态化室☆fluidizing chamber
流态化水☆fluidization water
流态化自硬砂型法☆FS process
流态类型☆behavior pattern
流态砂☆fluid(ized) sand
流态自硬砂制模法☆fluid sand process
流坍☆flow slides
流体☆fluid (body)；body{liquid} fluid；liquid；liquor；influent；liq.；hydro-；fld；fld.
流体包裹体地质温度显微镜☆fluid inclusion geothermometric microscopy；FIGM
流体包裹体显微温度分析☆fluid inclusion microthermometric analysis；FIMA
流体饱和度的涌状分布☆shock formation
流体变形法☆fluid texturing
流体不能透过的☆fluid-tight
流体测沉计☆hydraulic leveling device
流体产量☆fluid-withdrawal rate；production flow rate
流体成的☆chymogenic；chymogenetic
流体传动跳汰机☆hydromotor jig；Southwest-Kraut (hydromotor) jig
流体磁力波☆hydromagnetic wave
流体的☆fluid；fluidal；fluidic
流体地质动力运动☆fluidal geodynamic movement
流体动力(传动)☆dynaflow
流体动力理论☆hydrodynamic theory
流体动力学勘探☆hydrodynamics exploration
流体动力压☆hydrodynamic pressure
流体动压梯度☆hydrodynamic gradient
流体分泌后生作用☆fluid secretion epigenesis
流体分析☆fluid analysis
流体浮悬陀螺仪☆hydrogyro
流体焓☆discharge enthalpy；flowing enthalpy
流体化☆fluidization；fluidification
流体化沉积流☆fluidized sediment flow
流体化室☆fluidizing chamber
流体化学☆fluid chemistry
流体化作用☆fluidization
流体回灌速率☆fluid-acceptance rate
流体汇集带☆fluid bank
流体交错运移☆cross migration of fluid
流体接受速率☆fluid-acceptance rate
流体界面测井☆fluid interface log
流体静力☆hydrostatic force
流体静力不稳定{度}☆hydrostatic instability
流体静力测重☆hydrostatic weighting
流体静压加速器☆hydrostatic accelerator
流体静压污泥排除法☆hydrostatic sludge removal
流体可纺性☆spinnability of fluid
流体可驱移的孔隙容积☆movable pore volume
流体力学☆hydromechanics；fluid mechanic
流体力学区☆hydrodynamic zone
流体流入[向井内]☆fluid-in-flux
流体流速测定计☆rhysimeter
流体流态指数☆behavior index
流体慢度☆fluid slowness
流体密度分析仪☆fluid density analyzer
流体剖面☆flow profile
流体驱替装置☆fluid drive unit
流体取样弹☆fluid sampling bomb
流体燃料反应堆[核]☆fluid fuel reactor
流体容室☆fluid chamber
流体渗滤器{透仪}☆fluid percolator
流体释放机理☆fluid release mechanism
流体塑性☆hydroplasticity
流体梯度测定仪☆fluid gradient tool
流体体积☆fluid volume
流体突破{进}☆fluid breakthrough
流体图状模型☆fluid mapper
流体弯曲流道☆tortuous fluid-flow pathway
流体为主的地热系统☆fluid-dominated hydrothermal{geothermal}system
流体学☆fluidics
流体压力计☆piezometer
流体(-)岩石交互作用☆fluid-rock interaction
(沉积岩的)流体逸出构造☆fluid escape structure
流体迂曲流道☆tortuous fluid-flow pathway
流体与流体中物体的弹性相互作用☆hydroelasticity
流体源供给的☆fluidogenous
流体在裂缝中的流动☆fracture flow
流体炸药☆free-flowing dynamite
流体张力☆hydrotension
流体支撑的悬浮物☆fluid-supported suspension
流体注入作业☆flood operation
流铁道☆iron runner
流铁主槽☆main runner
流通☆flow；currency；[of air,money,commodities, etc.] circulate；coursing；flowthrough
流通的媒介☆medium of circulation
流通管☆run{runner} pipe
流通孔☆delivery orifice
流通流通量☆road capacity
流通面积☆inlet{flow} area
流通能力☆throughput capacity
流通系统(热液)☆plumbing system
流涂☆flow coating
流土☆floating earth；soil shifting
流网☆flow net{pattern}；seepage flow net
流网分析☆flow-net{network} analysis
流纹☆flow (banding)
流纹白岗岩☆rhyodacite
流纹斑晶☆rhyocrystal
流纹斑岩☆rhyolite {-}porphyry
流纹层理☆ripple bedding
流纹构造☆fluidal{flow;fluxion;flowage} structure
流纹辉绿岩状☆rhyodiabasic
流纹结构☆fluxion{flow;rhyotaxitic} texture
流纹线☆streak line
流纹岩☆liparite；r(h)yolite；rhyolith；quartz trachyte
流纹岩质凝灰岩☆rhyolitic tuff
流纹岩状凝灰岩☆ignimbrite；weld tuffs
流纹状(的)☆rhyotaxitic
流西克[漏损单位]☆lusec
流洗槽☆laundry box；streaming(-down) box
流洗槽嘴排出筛下煤☆lip screenings
流霞正长岩☆foyaite
流下☆flow；fall
流涎[汞中毒症状]☆salivation
流限☆flow{Atterberg} limit；lower yield point
流线☆flow line{path;streamline}；fluid path line；streamline；line of flow；flowline
流线分析☆streamline{in-line} analysis
流线构造☆linear {-}flow structure；aligned current structure；current lineation；linear structure of flow
流线化☆streamlining；streaming
流(动)线理☆flow lineation
流线图☆map of flow lines；flow diagram
流线网络☆net of seepage lines
流线型☆streaming；dynamically designed disc；stream(line) form；streamline[河流]；strain figure；flow line[流岩石]
流线型的☆aerodynamically shaped；fusiform；streamline(d)
流线型舵☆streamline rudder
流线型压力储罐☆streamlined pressure tank
流线型罩☆fairing
流相比例☆flowing proportion

流向☆flow{current} direction；direction of flow；set of current；set；direction
流向图☆flow graph；current rose
流泄风☆drainage wind
(地面)流泄水☆run-off water
流心线☆Stromstrich
流星☆fireball；meteor；falling{scintillant;shooting} star；asteroid
流星假说☆meteoric hypothesis
流星体☆meteoroid
流星体的☆meteoroidal
流星学☆meteoritics
流星烟火☆skyrocket
流星余迹☆meteor trail
流型☆flow{behavior;current} pattern
流型地幔☆prime mantle
流形[数]☆manifold
流形上的平面{|向量}场☆field of plane{|vector} on a manifold；plane{|vector} field
流(动)形(态)系数☆flow shape factor
流形元法☆Manifold Method；MM
流行☆fashion；flourish；circulating；prevailing；prevail on(upon,with)；catch；prevalence
流行病☆epidemy；epidemic
流行病学☆epidemiology
流行的☆current；going；epidemic；prevalent；off the shelf；prevailing
流行地幔☆prevalent mantle；PREMA
流行性的☆pandemic
流性☆flow characteristic
流(动)性[黏度的倒数]☆fluidity
流性树脂☆casting resin
流性液体☆mobile liquid
流性指数☆water-plasticity ratio；liquidity index{factor}
流选☆winnow
流雪[德]☆packschnee
流(动)压(力)☆flowing pressure；fp；FP
流压测程计☆Sal log
流压计☆manometer；manoscope
流岩☆flow rock；light ground
流延成型☆doctor-blade casting process
流言蜚语☆tale；scandal
流(动)叶理☆flow foliation
流液洞☆throat
流液内含的压气☆air slug
流逸[航]☆evapo-transpiration；transpiration
流英正长岩☆evergreenite
流油孔☆oil drain
流釉☆run-off；sagging
流{动}域[河流]☆basin (area)；watershed (drainage basin)；flow domain；catchment (valley)；gathering {feeding} ground；intake place；water catchment drainage area；catch-basin；river drainage{valley}；valley
流域的蓄水容量☆storage capacity of watershed
流域管理区☆drainage district
流域基本调查☆watershed inventory survey
流域间地区☆interbasin area
流域界☆stream boundary
流域径流[河川]☆flow of catchment
流域开发☆catchment development
流域开发工程☆valley project
流域垦殖规划☆river valley reclamation project
流域面积定律☆law of basin area
流域盆地☆rivershed；drainage{stream} basin；feeding ground
流域盆地水文学☆drainage basin hydrology
流域平均起伏比☆mean relief ratio of basin
流域坡降☆slope of watershed
流域水文循环☆the river basin hydrological cycle
流域体积☆landmass volume；V
流域圆形度☆basin {-}circularity
流域中最大高差☆maximum in basin relief
流域综合特征☆drainage composition
流域最大高差☆maximum basin relief
流渣槽☆slag spout
流褶曲☆flow{flowage} fold
流值☆flow value；rhe
流质☆fluid；liquid diet (for patients)
流皱作用☆wrinkling
流铸纹☆flow cast
流铸型☆flowage cast
流注[江河注入大海]☆disembogue；influx；stream
流注式分样器☆combination riffle
流转☆circulation
流状构造☆flowage{fluxion; flow; fluidal; flection} structure
流状结构[岩]☆fluidal{flow} texture；fluid{fluxion} texture；eutectophyric structure
流状矿层☆fluidized bed
流状劈理☆flow cleavage
流状倾伏构造☆flow-and-plunge structure
流状条带的☆flow-banded
流走☆running out{off}
流走之物☆runoff
流阻☆flow resistance；drag[水流]

liǔ

柳☆Salix
柳粉属[孢]☆Salixpollenites
柳江人[12000～18000 年前]☆Liukiang Man
柳江运动[D-C]☆Liukiang{Liujiang} movement；liujiang orogeny
柳木☆willow
柳珊瑚(属)☆Gorgonia
柳杉粉属[孢;K_2-E]☆Cryptomeriapollenites
柳杉属[K_2-Q]☆Cryptomeria
柳属[K_2-Q]☆Salix
柳树☆willow
柳条☆wicker
柳叶菜粉属[E-N]☆Corsinipollenites
柳叶菜科☆Oenotheraceae
柳叶石楠☆toyon；tollon；christmasberry
柳叶藓属[苔;Q]☆Amblystegium
锍☆regulus；matte
锍(类)捕收剂☆sulfonium collector
锍的富集体☆matte-fall
锍化熔炼☆matte smelting
锍化物[R_3SX,四价硫的有机化合物]☆sulfine
锍基☆sulfonium

liù

六☆six；sexa-；hexa-；sexi-；sex-
六胺[$(CH_2)_6N_4$]☆hexamine
六八面类☆isometric hexoctahedral class
六八面体☆hex(akis)octahedron；tetrakisdodecahedron
六八面体(晶)组☆hexoctahedral class
六瓣式抓岩机☆six {-}bladed grab
六棓酰甘露醇[$C_{48}H_{38}O_{30}$]☆hexagalloyl mannite
六倍的(量)☆sextuple
六臂地层倾角仪☆six arm dipmeter
六边的☆six-sided
六边形☆hexagon；sexangle；hex；hex.
六边{角}形的☆hexagonal；hexangular；hex；hex.
六边形格子图案☆hexagonal pattern
六波道摄影机☆six-channel camera
六重的☆sextuple
六重光谱态☆sextet spectroscopic state
六次倒反轴☆inversion hexad
六次方定律[河流]☆sixth-power law
六次旋转倒反{反伸}轴☆six-fold rotatory inverter
六次轴☆hexad (axis)；hexade；six-fold{hexagonal} axis
六道木属[植;E_2-Q]☆Abelia
六的☆senary
六点式井底扩眼器☆six point bottom hole reamer
六点(式)旋转扩(孔机)☆six-point rotary reamer
六段法☆six-range method for testing distancemeter
六对称面☆hexasymmetric face
六方[晶系]☆hex.；hexagonal
六方八分面象(晶)组[3 晶组]☆hexagonal ogdohedral class
六方钯矿☆eugenesite；allopalladium；selenpalladium；selenpalladite
六方半面全轴体类☆hexagonal hemihedral holoaxial class
六方铋钯矿[PdBi]☆sobolevskite
六方辰砂[HgS]☆hypercinnabar
六方赤平(晶)组[6/m 晶组]☆hexagonal equatorial class
六方的☆hexagonal；hexagyric
六方碲铅铜矿☆parakhinite
六方碲锑钯镍矿[$(Ni,Pd)_2SbTe$; 六方]☆hexatestibiopanickelite
六方碲银矿[$Ag_{5-x}Te_3$;六方]☆stuetzite
六方对称半面体类☆hexagonal enantiomorphic hemihedral class
六方(左右)对映半面象晶组[622 晶组]☆hexagonal enantiomorphous hemihedral class
六方对映像☆hexagonal enantiomorphy
六方多型纤锌矿☆polywustzite
六方反半面体☆hexagonal antihemihedron
六方复双锥类☆hexagonal bipyramidal class
六方格子☆hexagonal lattice
六方汞银矿[$Ag_{1.1}Hg_{0.9}$]☆schachnerite
六方辉铜矿[Cu_2S]☆hexachalcocite
六方极性(晶)组[6 晶组]☆hexagonal polar class
六方金刚石[C]☆lonsdaleite
六方堇青石[$Mg_2Al_4Si_5O_{18}$]☆indialite
六方紧密堆次结构☆hexagonal close-packed structure
六方菱形半面体类☆hexagonal rhombohedral hemihedral class
六方菱形异极体类☆hemimorphic hemihedral class；hexagonal rhombohedral hemimorphic class
六方硫锡矿[SnS_2]☆berndtite(-C6)
六方氯铅矿[$Pb_2Cl_3(OH)$]☆penfieldite
六方铝氧石[$4Al_2O_3$•H_2O]☆akdalaite
六方锰矿[$Mn_x^{2+}Mn_{1-x}^{4+}O_{2-2x}(OH)_{2x}$]☆nsutite；mangano{manganese} nsutite；nsuta-MnO_2
六方偏方半面象(晶)组[622 晶组]☆hexagonal trapezohedral hemihedral class
六方偏方体类☆hexagonal trapezohedral class
六方偏三角面体(晶)组{类}[$\bar{3}m$ 晶组]☆hexagonal scalenohedral class
六方铅铋银矿☆urvantsevite
六方羟磷镁石[$Mg_2(PO_4)(OH)$]☆holtedahlite
六方羟磷铁石[$(Fe^{2+},Mg,Fe^{3+})_2(PO_4)(OH)$]☆satterlyite
六方球方解石☆vaterite；vaterite-B
六方全对称{|面象}(晶)组[6/mmm 晶组]☆hexagonal holosymmetric{|holohedral} class
六方全面式异极象(晶)组[6mm 晶组]☆hexagonal holohedral hemimorphic class
六方全轴(晶)组[622 晶组]☆hexagonal holoaxial class
六方三方半面体类☆hexagonal trigonal hemihedral class
六方三锥(晶)组[6/m 晶组]☆hexagonal tripyramidal class
六方珊瑚(属)[D]☆Hexagonaria
六方砷钯矿[PdAs]☆stillwaterite
六方砷铜矿[Cu_5As_2]☆koutekite
六方双锥☆hexagonal bipyramid{dipyramid}；double hexagonal pyramid
六方双锥(晶)组{类} [6/m 晶组]☆hexagonal bipyramidal class
六方水锰矿[β-MnO(OH)]☆feitknechtite
六方水硼石☆hexahydroborite
六方四分面象(晶)组[6 晶组]☆hexagonal tetartohedral class
六方碳☆lonsdaleite
六方碳钙石[$CaCO_3$]☆vaterite
六方锑钯矿[$(Pd,Ni)Sb$]☆sudburyite
六方锑铂矿[$Pt(Sb,Bi)$]☆stumpflite
六方锑银矿[$Ag_{1-x}Sb_x$]☆allargentum；allorgentum
六方无水芒硝[Na_2SO_4]☆metathenardite
六方五半面体☆hexagonal pentahemihedron
六方硒钴矿[CoSe]☆freboldite
六方硒镍矿[β-NiSe]☆sederholmite
六方硒铜矿☆klockmannite
六方锡铂矿[PtSn]☆niggliite
六方纤铁矿[$Fe^{3+}O(OH)$]☆feroxyhyte
六方形☆hexagon
六方型晶体[平行面体学说中]☆hypohexagonal type of crystals；hexagonal type of crystals
六方仪☆sextant
六方异极半面象(晶)组{类}[6mm 晶组]☆hexagonal hemimorphic hemihedral class
六方映转(晶)组[$\bar{3}$晶组]☆hexagonal alternating class
六方圆钎尾☆hexagon-round shank
六方正规(晶)组[6/mmm 晶组]☆hexagonal normal class
六方指数☆hexagonal indices{index}；Bravais Miller indices
六方柱☆hexagonal prism；berylloid
六方锥(体)类☆hexagonal pyramidal class
六方锥形半面象(晶)组[6/m 晶组]☆hexagonal pyramidal hemihedral class

六方锥形异极象(晶)组{类}[6 晶组]☆hexagonal pyramidal hemimorphic class
六方锥(晶)组[6 晶组]☆hexagonal pyramidal class
六方最密装填☆hexagonal closest packing
六放海绵☆hexactinellid
六分称面☆hexametric face
六分仪☆sextant
六分仪座☆Sextans；Sextant
六氟化硫☆sulfur hexafluoride
六缸内燃机☆six-cylinder engine
六缸汽车☆hot-water six
六隔珊瑚属[C_{1-2}]☆Hexaphyllia
六个一组☆hexad；six
六管苔藓虫属[O]☆Hexaporites
六国红[石]☆Black Tiger
六骸石[钙超;K_2]☆Hexalithus
六巷法☆six-entry method
六环化合物☆hexacyclic compound
六甲撑四胺☆hexamethylenetetramine
六甲基二硅氮烷☆hexamethyldisilazane
1,1,3,5,7,9- 六甲氧基癸烷 [$(CH_3)_6C_{10}H_{16}$] ☆ 1,1,3,5,7,9- hexamethoxydecane
六价的☆sexivalent；hexad；hexade；hexavalent
六(碱)价的☆hexabasic
六价铬☆sexavalent{hexavalent} chrome
六价锰的☆manganic
六价物☆hexade；hexad
六价铀的☆uranic
六价原子☆hexad
六尖齿☆sextuberculate
六脚块体[消波混凝土块体]☆hexaleg block；hexamer
六脚类☆hexapoda
六角扳手☆hex(agonal){monkey} wrench
六角边形的☆hexagonal
六角车床☆chucker；turret{capstan} lathe
六角刀架☆capstan
六角键衬垫☆hex-key pad
六角筛条☆acron bar
六角珊瑚属[D]☆Prismatophyllum；Hexagonaria
六角体☆hexagon
六角头☆hexagonal head；hex hd
六角形☆sexangle；hexagon；Hex；hex.
六角形布井系统☆hexagonal pattern
六角形的角[120°]☆hexagonal angle
六角形全轴晶族☆hexagonal holoaxial class
六角形中空钢钎☆hex. hollow drill steel
六角藻属[K]☆Hexagonifera
六角自动防松螺母☆hexagonal self-locking nut
六阶梯光谱(分析)法☆six-step spectrographic method
六进制的☆senary
六聚物☆hexamer
六开(的纸)☆sexto
六孔钻岩机☆six-hole rock drilling machine
六连环☆six-fold ring
六连晶☆sixling；six-fold twin
六路给料分配器☆six-way distribution
六氯苯☆hexachlorobenzene
六氯化苯☆lindane；hexachloro-cyclohexane；Gammexane
六氯乙烷☆perchloroethane
六轮货车☆trek wagon
六轮驱动载重车☆six-wheel (drive) truck；three-axle truck
六芒星形☆hexagram
六面的☆hexade；hexad
六面体☆hexahedron [pl. -ra]；hex
六面体的☆hexahedral
六面体式陨铁☆hexahedrite
六配位体☆sexadentate
六(次)配位位置☆six-fold site；six-coordinate(d) site
六硼化镧阴极☆lanthanum hexaboride cathode
六偏磷酸盐[$(MPO_3)_6$]☆hexametaphosphate
六氢化二甲(苯)酚[$(CH_3)_2C_6H_9OH$]☆hexahydro-xylenol
六氰化钴☆cobalt hexacyanide
六刃钎{钻}头☆six-point bit
六鳃鲨类☆Hexanchid sharks
六鳃鲨属☆Hexanchus
六射骨针[绵]☆hexactin；sexiradiate
六射海绵(属)☆Hexactinella
六射海绵骨针中央结[灯结]☆lantern-node
(一种)六射海绵结构☆diplorhysis
六射珊瑚☆Hexacorallia；hexacoralla
六射珊瑚(亚纲)☆Hexacoralla
六射星红宝石☆starstone
六十分之一{进制的}☆sexagesimal
六十(碳)烷[$CH_3(CH_2)_{58}CH_3$]☆hexacontane
六水铵镁矾 [$(NH_4)_2Mg(SO_4)_2$•$6H_2O$; 单斜] ☆ boussingaultite
六水铵铁矾[$(NH_4)_2Fe^{2+}(SO_4)_2$•$6H_2O$;单斜]☆mohrite
六水铵镍矾☆nickel boussingaultite
六水钒矾☆stanleyite
六水方解石☆ikaite
六水钴镍矾☆moorhouseite
六水合物☆hexahydrate
六水绿矾[$Fe^{2+}SO_4$•$6H_2O$;单斜]☆ferrohexahydrite
六水锰矾☆chvaleticeite
六水镍矾☆nickel-hexahydrite
六水碳钙石[$CaCO_3$•$6H_2O$;单斜?]☆ikaite
六水铁矾[$Fe_2^{3+}(SO_4)_3$•$6H_2O$; 单斜] ☆ lausenite；rogersite；ferrohexahydrite
六水泻盐[$MgSO_4$•$6H_2O$; 单斜] ☆ hexahydrite；sakiite；esaidrite；magnesium hexahydrite
六水锌矾[$(Zn,Fe^{2+})SO_4$•$6H_2O$;单斜]☆bianchite；biankite；zinc-ferrohexahydrite；zinc-hexahydrite
六水锌铁镁矾☆zinc-ferromagnesiohexahydrite
六四面体☆hex(akis)tetrahedron；hexate(t)rahedron；hemi-hexoctahedron
六四面体(晶)组[$\bar{4}3m$ 晶组]☆hex(a)tetrahedral {hexakistetrahedral} class
六素精☆cyclonite
六为一组的☆senary
六线形☆hexagram
六响报时信号☆six pip
六硝炸药☆hexyl
六芯后线电缆☆six-core pull wire cable
六星海绵目☆Hexasterophorida
六牙轮钻头☆six-roller bit
六亚甲基四胺盐酸盐[$C_6H_{12}N_4$•HCl] ☆ hexamethylene tetramine chloride
六英里见方的地区☆township
六元环☆six-membered ring
六元系☆senary system
六原型[植]☆hexarch
六月☆June；Jun.
六轴海绵类☆hexactinellida；siliceous sponges
六轴针☆hexaxon
六柱型井架☆six-post type headframe
六抓爪抓斗☆six-bladed grab
六桩虫(属)[射虫;T]☆Hexastylus
六足(虫)类[昆]☆Hexapoda
六族蜉游科[昆]☆Hexagenitidae

lóng

龙☆dragon
龙贝积分法☆Romberg integration
龙胆二糖☆gentiobiose
龙胆三糖☆gentianose
龙洞口☆rising
龙凤红[石]☆Indian Juparana
龙岗油页岩☆wallongite；wollong(ong)ite
龙格-库塔法☆Runge-Kutta method
龙骨☆fossil fragment；dragon bone；joist；a bird's sternum；keel{framing} [船、飞艇等]
龙骨(垫木)☆keelblock
龙骨板☆keel plate；carinal canal
龙骨底链☆bottom chain
龙骨脊☆lophosteron
龙骨立板☆keel{center} girder
(船的)龙骨前端部☆forefoot
龙骨突☆cardia sterni
龙骨翼板☆garboard (strake)
龙骨状突起☆keel；carina
龙脊角☆keel angle
龙介虫(属)[蠕虫]☆Serpula；Serpulid
龙介礁☆serpulid{serpuloid} reef
龙介(虫)科[虫管化石]☆Serpulidae
龙卷☆spotty-pout；tornado
龙卷风☆twister；tornado；wind spout
龙卷雷雨☆tornadic thunderstorm
龙马溪统☆Lungmachi series
龙门板☆sight rail
龙门刨床☆double-housing{frame} planer；(table) planning machine
龙门吊☆gantry{frame;portal} crane
龙门吊车☆transfer gantry；portal jib crane
龙门架☆goalpost
龙门剪床☆square shear
龙门山菊石属[头;P_2]☆Longmenshanoceras
龙门山鱼属[D_1]☆Lungmenshanaspis
龙门石窟[in Luoyang]☆the Longmen Grottoes
龙门式凿岩台车☆gantry jumbo
龙门铣床☆planer type milling machine
龙门修管夹☆saddle repair clamp
龙民德(统)[英;AnЄ]☆Longmyndian (series)
龙钠钙矾☆eugsterite
龙脑☆borneol
龙内矿☆longnanite
龙女贝属[腕;O_1]☆Nereidella
龙皮状印模[槽形印模、压印模等]☆dinosaur leather
龙湫☆kettle giant；giant's kettle；caldron
龙泉窑☆Lung-chuan ware；Long quan ware
龙山黑陶☆Longshan black pottery
龙山统☆Lungshan series
龙山文化[由抛光黑陶为特征的新石器时代晚期的一种文化,根据 1928 年首次在山东省龙山镇发现的遗址而命名]☆the Longshan culture
龙舌兰科[植]☆Agavaceae
龙潭☆vauclusian ring{spring}
龙潭统☆Lungtan series
龙头☆faucet；bibcock；bib(b)；spigot；tap；(bib) cock；handlebar；in the lead；playing the key role；leading
龙头阀☆valve cock
龙头接嘴☆faucet joint
龙头石☆dragonite
龙王虫属[三叶;O]☆Ogygites
龙王盾壳虫属[三叶;O_{1-2}]☆Ogygiocaris
龙王鲸(属)☆Basilosaurus；Zeuglodon
龙纹石(依塔绿)☆Ita Creen
龙虾☆lobster
龙虾虫属[孔虫;J]☆Astacolus
龙形砂丘☆seif dune
龙须(羊齿属)[C_{1-2}]☆Rhodea
龙眼石☆Dragon Eyes
龙窑☆Long{dragon} kiln
龙足印☆Sauropus
笼☆gabion；crib；cage
笼包物[一种深海沉积中的甲烷水化物]☆catharite
笼虫亚目[射虫]☆Cyrtellaria
笼石系统☆gabion system
笼式打泥机☆squirrel-cage disintegrator
笼式定位球调节阀☆cage positioned ball valve
(泵的)笼式滤器☆basket strainer
笼套☆corbula
笼统的☆general
笼统注水☆commingled water injection
笼头☆cock；bridle
笼形包合物☆clathrose；clathratus；clathrate
笼形分离器☆rejector cage
笼形激发☆Flexotir；cage shooting
笼形天线☆cage antenna
笼形线圈☆Lorentz coil
笼中爆炸法☆cage shooting；Flexotir
笼状化合物☆cage compound
泷藏石[黏土矿物;$Al_4Si_7O_{20}$•$7H_2O$]☆takizolite
窿板珊瑚属[D_{2-3}]☆Tabulophyllum
窿口☆ingoing eye
隆冬停产{输}☆midwinter shutdown
隆断☆dislocated upwarping
隆堆☆rise
隆极粉属[孢;K_2]☆Papillopollis
隆脊☆keel；varix；costa [pl.-e]；carina；colline[群体珊瑚内每个体珊瑚间]
隆裂筋贝属[腕;D_3]☆Hypsomyonia
隆隆声☆boom；rumble；peal
(问顶时)隆隆声☆druming；"drummy" sound
隆鸟[马达加斯加巨鸟,不会飞,已绝种]☆Aepyornis
隆鸟目☆Aepyornithiformes
隆起☆heave (up)；(topographic) high；gibbosity；crown；heaving[土壤]；hump(ing)；doming；chine；bunch；bulking；upwarp；upheaval[地壳]；(upward) buckling；rise[海洋地质]；evection；elevation；wale；verruca [pl.-e]；bulge；uplift；swelling；roll；flush；camber；tumescence[火山]；upthrow；upcast；schwelle[德]；protrusion；torus；hove；swell[构造] ；dome；upswell；upheave；symon fault{horseback} [马背状]；topographic(al) hill；ridge；protuberance；

L

mons；baggit；intumescence；hoove-up；tenting[海冰受压]；blowup[冻胀引起]；eminence
隆起滨线☆shoreline of elevation
隆起呈锥状☆upconing
隆起带☆umbo；mole track；welt[条状]
隆起的☆embossed；heaving
隆起的巷道底☆heaving bottom
隆起底板☆heaving bottom{floor}；squeeze；floor lift{roll;heave}；bumming；hogbacked{yielding} floor；upheaving bottom
隆起地层☆metal ridge；swelling{swelled;upheaving} ground
隆起地带☆arched area
隆起地形☆positive form{landform}
隆起断块☆lifted{upstanding} block
隆起高原☆diastrophic plateau
隆起构造☆surrectic{uplifted} structure
隆起谷☆valley of elevation
隆起海岸☆coast of emergence；upheaval{elevated} coast
隆起环礁☆raised atoll
隆起火口假说☆elevation crater hypothesis
隆起面☆crowning
隆起丘陵☆hill of upheaval
隆起区☆upwelling{uplifted;upswelling} area
隆起区域☆upwarped district
隆起山☆domed mountain
(海底)隆起式储油罐☆eruptive-type reservoir
隆起说☆elevation theory；theory of upheaval
(小的)隆起物☆knurl
隆起岩层☆upheaving rock
隆起造山假说☆blister hypothesis
隆起褶皱☆upfold
隆丘☆bulge
隆曲☆upfold
隆曲褶皱☆bending fold；bend folding
隆凸☆torus [pl.tori]；tor.
隆线☆carina
隆线的☆carinal
隆胀☆heave
隆褶区☆folded doming-up region
隆(褶)皱☆upfold
隆椎☆vertebrae{vertebra} prominens
隆兹孢属[T_3]☆Lunzisporites

lǒng

垄{垅}☆knap；ridge (in a field)；raised path between fields；ridge-like thing
垄断☆monopoly；make a corner in；monopolization
垄断市场☆hold the market；corner
垄岗谷地☆mound valley
垄沟☆farm waterway；irrigation furrow
垄沟曝气池☆ridge and furrow aeration tank
垄石☆emery stone
垄式带☆welt
垄式阶段☆ridge-type terrace
垄状构造☆welt
笼罩☆hangover；steep；pavilion
垄作☆ridge culture
陇山窑☆Longshan ware
陇山运动☆Lungshan movement
陇西地块☆Lungsi massif

lòng

弄堂☆drong[英方]；lane；alley；alleyway

lōu

搂攫头☆gathering head
搂石器☆stone rake

lóu

楼板☆floor (slab)
楼板口☆hatch
楼层☆story
楼登型底火干燥机☆Lowden dryer
(在)楼上(的)☆upstairs
楼梯☆stairs；stairway；staircase
楼梯的扶手☆banister
楼梯坡度☆slope of stairs
楼梯石级☆stepstone
楼下(的)☆downstairs

lǒu

篓海绵☆Olynthus
篓海绵属☆Clathrina

lòu

露底☆let the secret out；naked substrate
露面宝光☆heiligenschein
露面割理☆butt cleat
镂龟属[J-K]☆Glyptops
镂空型板☆stencil
镂蚀高地☆grooved{channeled} upland
漏☆dump；wastage；drain；leak [as of a container]；ventilate；trickle；seep；divulge；leakage[水、电、气]；let{leave} out；miss；water clock；hourglass
漏板☆nozzle plate
漏板托架☆bushing bracket
漏板温度☆temperature of nozzle plate
漏表面☆drain surface
漏测值☆missing value
漏出☆leak out；leakage；spillage；escape；seep(age)；transudation
漏出的油☆oil spill
漏出点☆breakthrough point
漏出物☆leakage；transudate；leak
漏磁☆magnetic leakage
漏磁通☆leakage magnetic flux
漏磁系数☆leakage factor；magnetic leakage factor
漏窜气☆blowby
漏带[航摄]☆gap
漏导☆leakage conductance
漏的☆leakiness；seepy；leaky
漏底车☆hopper bottom car
漏电☆leakage；leakage of electricity；creepage；leak (electricity)；electric{current} leakage；charge escaping
漏电痕迹☆tracking
漏电检查装置☆earth leakage detection unit
漏(磁)电抗☆leakage reactance
漏电容☆drain capacitance
漏电少的电容器☆low-leakage capacitor
漏电试验绕组☆earth-leakage test winding
漏电阻☆leak resistance；ohmic leakage
漏掉☆miss；dumped；leave out；air leakage
漏洞☆leak；flaw；hole；loophole
漏斗☆funnel；hopper；flare；infundibulum；doline；(draw) cone；pull hole{chute}；(ore) chute；bell；crater
(放矿)漏斗采矿(法)☆glory-hole{mill-hole} mining
漏斗仓口☆hopper throat
漏斗车☆hopper-wagon；hopper car
漏斗抽汲式挖泥船☆suction hopper dredger
漏斗底仓☆hopper-bottom bin
漏斗底式载重汽车☆floor-hopper truck
漏斗放矿崩落法☆chute caving
漏斗架☆filtration stand
漏斗卡车[运输混凝土]☆gondola
漏斗开采矿山☆bell-pit
漏斗坑孔☆funnel pit
漏斗口☆bell (end;mouth)；chute gap{opening}；hopper throat；discharge openings of chutes
漏斗目☆Chonotrichida
漏斗黏度计测定的黏度☆funnel viscosity
漏斗腔[腔]☆infundibulum；lumen
漏斗区☆belled area
漏斗珊瑚属[S_{2-3}]☆Chonophyllum
漏斗射流式搅拌器☆cone-jet mixer
漏斗式岩粉取样器☆chance cone silt skimmer
漏斗天井☆mill{boxhole} raise；raise chute；(through) chute raise
漏斗天井放矿崩落法☆caving by raising
漏斗筒状☆trumpet-bell
漏斗弯☆hyponomic sinus
漏斗尾管☆tremie tube
漏斗形☆infundibuliform；infundibular
漏斗形车☆hopper wagon；lorry car
漏斗形导向承口☆guide funnel
漏斗形的☆hopper-shaped；belled；funnel(l)ed；funnel-liked{-shaped}
漏斗形底卸式车辆☆hopper (bottom) car
漏斗形校直承口☆alignment funnel
漏斗形箱☆V-vat
漏斗形阴极☆trichter cathode
漏斗岩盘☆ethmolith
漏斗状☆funnel-shaped；trumpet
漏斗状的☆funnel；flaring
漏斗状海☆funnel sea
漏斗状浸入体☆funnel intrusion
漏斗状孔[孢]☆porus collaris
漏斗状盘岩☆ethmolith
漏斗状生长[晶]☆hopper growth
漏端☆drain terminal
漏风☆air-break；fugitive{leak} air；ventilation leakage；air escape{seepage;leakage}；blast break-out；not be airtight；dumped；leak out[消息、秘密等]
漏风接头☆screaming joint
漏风率☆leakage rate
漏风损失☆fugitive-air loss(es)
漏管状岩墙☆feeder dike
漏光(云)☆perlucidus
漏过☆overlook
漏过能量☆breakthrough capacity
漏壶☆clepsydra
(场效应管的)漏极☆drain
漏检故障☆residual error
漏接☆misconnection；over throw
漏句{脱字}☆hiatus
漏抗☆leakage reactance
漏口☆holing chute；box hole；ascending working；ventage
漏口侧板☆chute jaw
漏口工☆basket man
漏口闸门☆boxhole chute
漏矿口☆discharge opening
漏料仓☆spillage bin
漏模☆drawing
漏气☆leakage；leak (off)；gas escape{leak}；fizz；infiltration of air；blowout；blow out；blowing；blow(-)by；air seepage{escape;leak(age)}；ae；on air；airbreak；blowthrough；softening；outgas
漏气风口☆leaking tuyere
漏气构件☆leaker
漏气检查器☆snoop leak detector
漏气系数☆leakage coefficient
漏气指示器☆gas leak indicator
漏汽☆dump；steam leakage
漏入地下☆leak to ground
漏栅电容☆drain-gate capacitance
漏失☆leak{drop} out；leaking；dropout；slippage；slip；error；wastage；stream；absorption loss；leak and lose；oversight；careless omission；merge；leak-off
漏失测试☆leak-off-test
漏失层{带}[钻液、油气水等]☆weak{thief;lost-circulation;leakage} zone；thief formation[钻液]；zone of loss
漏失冲洗液的钻孔☆lost hole
漏失的冲洗液☆lost returns
漏失的油品☆escaped product
漏失地层☆thirsty formation
漏失几率☆escape probability
漏失计数☆count-down
漏失井☆absorption well；leaker
漏失量☆seepage{leakage} loss；leakage
漏失系数☆leakage factor；coefficient of leaking；leak-off coefficient
漏失钻孔☆blind hole
漏水☆leakage (water)；leak；dump；loss of water；water leak{leakage;seepage}；slackness
漏水报警仪☆water leakage alarm meter
漏水带☆zone of loss
漏水垫圈☆drainage grommet
漏水段☆lost circulation interval
漏水缝☆leaky seam
漏水量☆water leakage；amount of leakage
(在)漏水钻孔壁上涂泥用的铁棒☆claying bar
漏损☆ullage；leakage loss
漏损系数☆coefficient of leaking
漏(磁)通量☆leakage flux
漏涂☆holiday
漏隙云☆perlucidus
漏泄☆inleakage；escape；spillage；leaking；sew；leakance
漏泄(地段)☆leakage zone
漏泄的☆leak-off
漏泄电导☆leakance
漏泄电流☆stray{leakage} current
漏泄电流腐蚀☆stray current corrosion

漏泄量☆spillage
漏泄位置☆leak location
漏泄(性)显示☆leakage manifestation
漏泄噪声☆leakage noise
漏油☆slick；oil seepage{leak;dripping}
漏油事故☆oil accident
陋巷☆a narrow,dirty alley；slums；mean alley

lú

垆坶{土}[壤土]☆loam；loum
垆坶或冲积土上群落☆melangeophytia
垆坶土☆loamy clay[壤质黏土]；loam soil[壤土]；loamy soil
垆坶质砾石☆loamy gravel
芦孢穗属[芦木类;C_2-P]☆Calamostachys
芦沟龙☆Lukousaurus
(钻探用)芦荟绳☆aloes rope
芦荟酸☆aloietic acid
芦卡洛克斯烧结(白)刚玉☆Lucalox
芦木(属)☆Calamites
芦木孢属☆Calamospora
芦木植物门☆Calamophyta
芦笋[石刁柏的通称;植]☆asparagus；Asparagus officinalis
芦苔泥炭☆sedge moss peat
芦苇褐煤☆rush coal
芦苇面圆形孢属[C-J]☆Calamospora
芦苇泥炭☆telmatic{phragmites;reed;carex;scirpus;sedge} peat
芦苇沼泽☆reed bog；plav；moss land
芦苇沼泽阶段☆reed-swamp stage
芦形木(属)[D_2]☆Calamophyton
芦叶堇菜☆Viola calamineria；zinc violet
卢☆rutherford；rd.
卢布[俄货币]☆rouble；rbl.
卢德福德期[S]☆Ludfordian
卢德洛(统)[欧;S_3]☆Ludlovian；Ludlow
卢硅铜铅石☆luddenite
卢卡尔石☆lucullite
卢门锌基轴承合金☆Lumen bronze
卢羟磷铜石☆ludjibaite
卢瑟福[放射单位]☆rutherford；rd.
卢瑟福背散射谱☆RBS；Rutherford backscattering spectroscopy
卢森堡☆Luxembourg
卢砷铁铅石☆ludlockite
卢氏虫属[三叶;$€_2$]☆Luia
卢台特(阶)[欧;E_2]☆Lutetian
卢剔啶☆lutidine
卢旺达☆Rwanda
卢西`塔尼亚{坦}坦(阶;统)[欧;J_3]☆Lusitanian
卢西塔尼亚人☆Lusitanian
卢锡矿☆mineral Lu
卢伊斯(阶)[北美;N_1]☆Luisian (stage)
颅部☆Cranidium [pl.-dia]
颅底骨☆basion；os basilare
颅顶鳞[爬]☆parietal
颅盖☆tegmen cranii；calvaria
颅骨☆skull；cranium；cranial bones
颅后骨骼☆post-cranial skeleton
颅腔☆coeloma cephalica
颅形贝属[腕;D-C_1]☆Cranaena；Crania
𬬻[Rf,序 104]☆rutherfordium；kurchatovium
鲈脚盘棒石[钙超;K_2]☆Percivalia
鲈鳗☆marmorate
鲈鱼属[E-Q]☆Perca
庐砂鹿☆Rusoid
庐山冰期[中;Q]☆Lushan glaciation；Lushan glacial stage{age}
炉☆furnace；hearth；oven；fireplace；stove；burner
炉(格)☆grate
炉疤☆scar
炉帮墙☆jamb wall
炉背木☆backlog；back-log
炉箅☆fire{furnace} grate；grate bar；boiler grate bar
炉箅面积☆grating area
炉箅栅链☆grate chain
炉箅子加热机☆grate preheater；Lepol grate
炉壁横梁☆lintel
炉壁受热管☆wall tube
炉边☆hearthstone；hearth；inglenook
炉彩☆oven colors glaze
炉(彩)仓☆furnace bin
炉衬☆(furnace;liner) lining；brasque；wall{burner} lining；liner
炉衬料☆gannister；ganister
炉衬烧损(减薄)☆burn-back
炉衬修补☆patching
炉床☆laboratory sole；hearth；fireplace；fire bed；siege
炉床面积☆hearth area
炉的砌体☆furnace brick lining
炉底☆(laboratory) sole；hearth bottom；burner hearth；cheese[坩埚]；horse[高炉]
炉底吹(鼓)风☆under-grate blast
炉底打结用白云石☆dolomite for crespi-hearth
炉底结块[高炉]☆furnace sow；salamander；old horse
炉底进风☆undergoing-under grate blast
炉底修补房[转炉]☆bottom house
炉底烟道☆sole flue
炉顶☆arch；top
炉顶加热管☆roof tube
炉顶坡度☆port roof slope
炉顶气洗涤器☆top gas scrubber
炉顶下塌☆caving-in；cave in
炉顶支撑系统☆roof restraining system
炉法炭黑☆furnace black
炉房[平炉]☆laboratory
炉腹☆bosh
炉盖☆bell
炉甘石[中医]☆calamine (calamina)；calamina
炉甘石洗剂{液}☆calamine lotion
炉甘土☆oven-dry soil
炉缸☆basin；well；hearth[高炉]
炉缸表面比功率☆specific capacity of furnace chamber
炉缸积铁☆bear
炉缸内衬☆basque
炉工☆furnaceman；melter
炉工组☆furnace crew
炉管☆boiler tube
炉管支架☆furnace tube support
炉喉[平炉]☆knuckle；throat
炉灰☆cinder
炉火☆furnace
炉级无烟煤☆stove coal
炉焦☆oven coke
炉结☆(wall) accretion
炉钧☆oven Jun{Chun} glaze
炉壳☆furnace shell{casing}；kettle shell
炉口☆mouth
炉况☆furnace condition
炉况反常☆aberration
炉料☆charge；furnace burden{charge}；burden(ing)；smelting charge
炉龄☆career；furnace life{campaign}；working life of furnace
炉瘤☆scaffold；scab；skull；accretion
炉门☆fire door
炉门侧壁☆jamb
炉内减少空气供应☆damping down
炉内老化☆ageing；aging
炉内气氛☆atmosphere
炉内熔化☆furnacing
炉排☆grating；grate；stocker
炉屏☆deflecting wall
炉坡[钢]☆bank
炉期☆career；campaign life；campaign length
炉气☆stock gas
炉前☆stokehole；stokehold
炉前校正☆furnace site adjustment
炉前筛下返矿☆pre-skip returns
炉前调整☆instant adjustment
炉墙☆masonry
炉圈翻砂机☆hearth ring machine
炉身☆furnace stack{shaft}；stack；shaft
(锅)炉身☆boiler body；shell
炉身衬里☆shaft lining
炉身套壳☆stack casing
炉石☆hearthstone
炉室[蒸馏炉]☆closet
炉膛☆hearth；fire box；furnace (tank)；fireplace；chamber；the chamber of a stove
炉膛变形测量计☆furnace ga(u)ge
炉膛口☆stokehole
炉膛温度☆fire box temperature；FBT
炉条☆fire bar{grate}；grate；fire-bar；boiler grate bar
炉条本身所占的面积☆dead surface
炉筒变形测定器☆furnace deformation indicator
炉头☆end block
炉头(端墙)[平炉]☆bulkhead
炉外燃烧室☆separate combustion chamber；external- combustion chamber；external furnace
炉胸☆breast
炉烟灭火法☆fire fighting with inert gas
炉腰☆belly；(saucer) bosh
炉役☆campaign
炉用搭焊管☆furnace lap welded tubing
炉用油☆stove oil
炉灶☆furnace；kitchen{cooking} range
炉灶面☆cooktop
炉灶用油☆range oil
炉渣☆slag；cinder；boiler ash；scoria [pl.-e]；scar
炉渣穿出☆break out
炉渣净化电炉☆electric slag cleaning furnace
炉渣砂☆lag sand
炉渣石☆madisonite
炉渣水泥☆slag (portland) cement；blast furnace cement；iron portland cement
炉栅☆(fire) grate；lace bar
炉栅燃烧装置☆firing grate equipment
炉中烘干的☆oven-dried
炉中结块☆bear
(在)炉中烧热☆furnace
炉状(离子)源☆furnace source
炉子☆furnace
炉子前室☆vestibule
炉组[炼焦炉]☆oven battery
炉嘴☆nose

lǔ

掳线钳☆wire stripper
硇砂☆sal-ammoniac；salmiac
卤(素)☆halogen
卤代苯☆halogeno-benzene
卤代丙酮☆halogen acetone
卤代醇☆halohydrin
卤代甲烷☆methine halide
卤代双酚 A 环氧树脂☆halogenated bisphenol A epoxy resin
卤代烃☆halocarbon；halohydrocarbon
卤的☆haloid
卤仿☆haloform
卤汞石{矿}☆comancheite
卤化(作用)☆halogenation
卤化芳香族物质☆halogenated aromatics
卤化碱色心☆alkali halide colo(u)r centre
卤化石油基液体☆halogenated-petroleum fluid
卤化烷基铝☆alkyl aluminium halide
卤化物☆halide；halogenide；haloid
卤化物玻璃☆halide glass
卤化物类☆halides
卤化酰基☆acyl halide
卤化银☆silver halide
卤钾盐镁矾☆halokainite
卤磷砷钒铅矿类☆halogenpyromorphite
卤钠矾[$Na_{21}(SO_4)_7F_6Cl$;三方]☆schairerite；sulfohalite
卤钠石[$Na_6(SO_4)_2FCl$;等轴]☆sulphohalite
卤泉☆brine spring{pit}；salt{bitter} spring
卤色化(作用)☆halochromism
卤色化(作用)的☆halochromic
卤砂[NH_4Cl;等轴]☆sal ammoniac(al)；ammonium chloride；sal-ammoniac；salmiak；salammonite；salmiac；amchlite
卤水☆brine (water)；bitter(n)；salt brine；briny water
卤水镁矾☆halo-kieserite
卤水源☆source brine
卤素☆halogen；halide
卤(化)碳☆halocarbon
卤(代)烷☆haloalkane
卤钨灯☆halogen tungsten lamp
卤盐☆ammonium chloride；halogen salt
卤氧化物☆oxyhalogenide；oxyhalide
卤银矿[Ag(Cl,Br,I)]☆iodobromite；iodembolite；jodembolit；jodbromchlorsilber{jodobromit} [德]
卤族☆halogen
卤族的☆haloid
镥☆lutetium；Lu；cassiopeium；lutecium

镥铪年龄测定(法)☆lutetium-hafnium dating
鲁班米黄[石]☆Sanam
鲁卑支辐射仪☆Robitzsch actinograph
鲁本介属[T_{2-3}]☆Reubenella
鲁比(沉降速度粒度)分级☆Rubey scale
鲁必奥硅质铁矿☆Rubio ore
鲁滨逊风速计☆Robinson's anemometer
鲁宾斯-麦锡特尔输送机堆存法☆Robins-Messiter system
鲁勃型高速刨煤机☆Lobbe plough
鲁布尔水力提升机☆Ruble hydraulic elevator
鲁丹阶[S]☆Rhuddanian
鲁德期☆Lutetian Age
鲁尔的再工业化☆reindustrializing the Ruhr
鲁尔区{河}☆Ruhr
鲁尔兹(宝石)合金[35～50Cu,25～30Si,20～30Ag]☆Ruolz alloy
鲁福德蕨(属)[J_2-K_1]☆Ruffordia
鲁硅钙石[$Ca_{10}(Si_2O_7)_2(SiO_4)Cl_2(OH)_2$; 单斜]☆rustumite
鲁克粉属[孢]☆Lueckisporites
鲁里格型带式溜槽☆Luhrig vanner
鲁里亚期☆Ludian{Wemmelian} Subage
鲁姆奈{涅}特水泥☆Lumnite cement
鲁培勒阶[欧;斯坦普(阶);E_3]☆Rupelian
鲁培勒期☆Rupelian age
鲁珀利(阶)[欧;E_3]☆Rupelian
鲁奇气化炉☆Lurgi gasifier
鲁塞尼亚省☆Ruthenian Voivodeship
鲁沙巴风☆Rushabar
鲁施顿片岩☆Rushton schists
鲁士贝属[腕;O_2]☆Reuschella
鲁氏去磺弧菌☆desulfovibrio rubetschikii
鲁水氯铁石☆rukuhnite; rokuhnite
鲁斯贝属[腕;$Є_1$]☆Rustella
鲁斯型四室双隔膜跳汰机☆Ruoss jig
鲁特西亚的[巴黎古名]☆Lutetian
鲁网状层孔虫属[O]☆Ludictyon
鲁西尼(阶)[欧;N_2]☆Ruscinian
鲁西诺颗石[钙超;K]☆Rucinolithus
鲁西台拱☆West Shantung Anteklise
鲁希利润最大化模型☆Losch profit maximization model
鲁希模型☆the Losch model

lù

麓冰☆ice foot
麓冰扇☆piedmont bulb
麓积碎石☆talus
麓角珊瑚☆staghorn coral
麓坡☆fusshang; footslope
麓碛☆scree moraine
麓原☆hill of planation; (mountain) pediment; conoplain; panfan
麓原(侵蚀)面☆pediplane
露(水)☆dew
露采☆opencast mining{working}; stripping a mine; opencasting; openwork; open pitting{excavation; casting;cutting;working;cast;work}; working in the open; surface operation {working}; open cast work; open-cut work; mining in open pits
露侧石☆stretcher
露齿螺属[腹;K_2-Q]☆Ringicula
露出☆emersion; emerge; basset(ing); cropping; bare; leak out; seep; uncovering; uncase
露出地表☆crop out; cropping-out; cropping; crop; basset; rise; outcropping
露出地表的煤☆cropping(-out) coal; cropping out coal
露出地面☆basset; coming up to grass; come out to the day; take{wedging} out; outcropping; takeout; wedge out[煤层]
露出端☆exposed end
露出礁☆drying reef; rock above water
露出(地)面(的岩层)☆outcrop
露出炮眼外的电雷管导线☆lead-out wire
露出水面的☆emergent
露的☆bare
露点☆dew{condensation} point; dp; dew(-)point
露点循环腐蚀试验机☆dew cycle corrosion tester
露点压力☆dew point pressure; DPP
露顶岩基的☆acro-batholithic
露兜树属[K_2-Q]☆Pandanus
露光测定(术)☆actinometry
露光计☆actinometer; exposure meter
露黑☆deficient opacity
露环虫属[孔虫;E]☆Assilina
露季☆dew season
露空改正☆free air correction
露砾磷矿☆land-pebble phosphate
露量计{仪}☆drosometer; drosograph
露煤☆coal seam exposure; coal-seam uncovering
露煤工程☆engineering of coal-seam exposure {uncovering}
露明砾石板☆exposed gravel aggregate panel
露脐贝☆Ambocoelia
露石混凝土☆exposed aggregate concrete
露宿者☆tectonic outlier
露胎☆exposed body
露台☆terrace; flat roof
露塘☆dew-pond
露天☆outdoor; open-air; open (air); in the open
露天表演☆pageant
露天剥离☆strip mining
露天剥离成本☆open-pit stripping cost
露天部分露天开采☆outcrop stripping
露天布置式汽轮机☆outdoor turbine
露天采场☆open pit; excavating plant; opencast site; opencut quarry; open-pit (field)
露天采场底盘☆open-pit floor{bottom}
露天采场设计几何参数☆operating pit geometry
露天采出的砂☆pit{pit-run} sand
露天采掘场☆excavating plant
露天采矿☆strip{opencut;surface;open-pit;opencast; open;grass-roots} mining; open pit mining; unit surface mining; stripping
露天采矿场边坡☆final pit slope
露天采石厂☆strip pit
露天餐饮☆alfresco dining
露天厕所☆Chic Sale
露天储罐☆outside-storage tank
露天蛋形保险丝☆aerial egg-shaped fuse cutout
露天的☆hypaethral; open air; subaerial; out of door; outdoor; open to the sky
露天地层☆outcropping seam
露天地下联合开采☆glory-hole mining
露天洞穴施工法☆glory-hole method
露天堆放☆air storage
露天堆栈☆open-air repository{depot}; open surge pile; ground storage
露天(型)发电机☆outdoor type generator
露天放矿漏斗☆glory-hole
露天干燥☆field drying; open-air seasoning; dry in the open
露天烘焙☆air {-}bake
露天回采炸药☆quarry powder
露天甲板☆exposed deck
露天交易会场☆fair grounds
露天教室☆open-air class room; fresh air room
露天金矿工☆surface
露天剧场☆outdoor{open-air;arena} theater; souk; oven air theater; fly-in; amphitheatre
露天开采☆opencast (mining;workings); openwork; o.w.; stripping; surface mine; surface (strip) mining; barrow{open} excavation; open-work; opencut; open(-)cut{outcrop;open(pit);open-cast{pit}} mining; open pit (mining); mining in open pits; quarry in open cut; strip-mining; stripmine production; openpit working; open pitting{cut}; opencasting
露天开采的铜矿☆openpit copper producers
露天开采漏斗放矿法☆mill-hole mining; mill(ing) method
露天开采露头处☆open hole
露天开采凿岩☆quarry drill
露天开采最终境界☆final pit
露天开关场☆switchyard
露天开挖☆open-work; open-air works
露天勘探☆opencut exploration
露天看台☆bleachers
露天坑底盘☆(open-)pit floor
露天坑底盘宽度为零☆zero pit floor width
露天坑式焚烧☆open pit incineration
露天矿☆open-cast (mine); opencut (mining) ; open pit{cast}; opencast (mine;pit;mining); strip mine[煤]; open-work; (strip) pit; quarry[石,砂等]; open ore{cut;mine;work}; open pit mine[通用]; rabbet; openwork; open-cut methods[煤]; stripmine; sea water processing; open cut mine; openpit{placer; outcrop;stripping} mine; open cast mine{work}; surface{grass-roots} mining; through{thorough} cut; o.w.
露天矿边(界线)☆pit edge
露天矿边缘标高☆rim elevation
露天矿剥离与生产☆stripping and pit development
露天矿采出的原矿☆run-of-pit ore
露天矿场境界☆pit limit
露天矿倒{捣}堆场☆coffin; goffan; goffin
露天矿的底盘☆open bottom
露天矿的窄长工作区☆goffan; goffin
露天矿底部界限☆open-pit floor edge
露天矿分采剥平面图☆extracting plane map of open pit bench
露天矿工☆strip miner; stripper
露天矿工作控制测量☆open-pit working control survey
露天矿或采石场大直径垂直钻眼☆toe-to-toe drilling
露天矿基本沟☆main access ramp
露天矿基本控制测量☆basic control survey of open-pit
露天矿阶段高度{段}☆bank{bench;digging} height
露天矿境界线☆pit line
露天矿开采极限☆open-pit limit
露天矿开掘沟道测量☆survey of ditch orientation
露天矿坑底☆open-pit floor
露天矿排土场测量☆survey of open pit spoilbank
露天矿台阶凿岩☆top-to-toe drilling
露天矿梯段作业☆surface benching
露天矿未开采工作面☆highwall
露天矿下放溜井☆glory hole
露天矿用吉里那特[硝甘炸药]☆opencast gelignite
露天矿远景设计☆long-range pit planning
露天矿运矸机车☆clearing loco(motive)
露天矿窄长工作区☆coffin
露天矿主要沟道☆main access of ramp
露天矿最终境界☆ultimate pit limit
露天亮度☆field luminance
露天楼梯☆weather ladder; forestair
露天码头面积☆open wharf area
露天煤矿☆opencut{open-cast} coal mine; heugh
露天泥质煤层☆coal smut
露天燃烧垃圾堆☆open burning dump
露天上层建筑☆exposed superstructure
露天设备☆pen balcony; outdoor equipment
露天市场[北非、中东]☆souk; open market; sook
露天式单浮筒系泊装置☆exposed location single buoy mooring; ELSBM
露天市集☆kermis
露天手掘采矿工☆gopherman
露天水枪砂泵开采☆hydraulic gravel-pump
露天饲养☆open-yard feeding
露天台阶开采☆surface bench mining
露天外楼梯☆forestair
露天小构筑物☆stand
露天学校☆freshair school
露天压风喷砂清理法☆open-pressure blasting
露天阳台餐厅☆terrace restaurant
露天音乐台☆outdoor music stand
露天凿浅井开采☆pitting
露天灶☆fireplace
露天贮存☆storage in open system
露天贮料堆☆outdoor storage pile
露天转地{坑}下开采☆separate transitive mining; mining from open-pit to underground mine
露天作业☆open{outside} work; surface working {operation}; outwork; openworking
露头☆crop (out;opening); exposure; cropping; back; outcrop; outcropping[岩层]; grass (crop); egress; take out; basset (edge); beat; basseting; reef; take(-)out; outbreak; blosson; broil; broyl; bryle; marker; outburst; oil showings; blossom; show one's head; appear; emerge; spoon[矿层]
露头表面☆exposed surface
露头层☆outcropping bed
露头重复☆repetition of outcrop
露头磁化率计☆in-situ susceptibility meter
露头的走向☆course of outcrop; course
露头滑移弯曲☆outcrop bending
露头宽度☆width of outcrop
露头矿☆outcrop{contour} mine; footrail; open{crop} ore

L

露头煤☆cropping{crop} coal
露头煤矿☆footrail
露头气泡☆emerging bubble
露头曲率☆settling；outcrop curvature
露头圈定法☆isolation of outcrops；multiple-exposure method
露头缺失☆disappearance of outcrop；lost record
露头石[建;土]☆header (stone)
露头塌{坍}陷☆day fall；crop fall
露头弯曲☆outcrop curvature；terminal curvature{creep}
露头位移☆outcrop migration；migration of outcrop
露头线☆line{working} of outcrop；trend{(out)crop} line；cropline
露头岩石☆outcrop(p)ing rock；day {-}stone
露头追索法☆isolation of outcrops
露土作物☆soil exposing crop
露外油罐☆bare tank
露湾[月面]☆Sinus Roris
露营装备☆cargo gear
辘车☆dolly
辘轳☆jigger；bullock gear；windlass；hand-gear；jackroll；whim；wem；well-pulley；winch；tackle；waterwheel[汲水用的]
辘轳车☆jigger；Potter's wheel
辘轳手柄☆hook handle
路☆road；path；rd.
路拌路面☆road-mix surface
路边(的)☆way side
路边(侧石)标高以上的☆above curb
路边勘探☆off-road prospecting
路边切面☆road cut
路边石☆kerb stone
路标☆guidepost；binder；road sign{marking}；guide{sign} post；informatory signs；guide signs[美]；route marking{marker}；marker
路标塔[飞机场]☆pylon
路程☆distance (travelled)；journey；path；route；road
路程计☆hodometer；viameter；perambulator
路床☆road-base；roadbed；road base
路床负载☆bed load
路德(阶)[欧;E_2]☆Ludian
路得[英=0.25 acre]☆rood
路堤☆embankment；road{approach} embankment
路堤边坡☆side slope of embankment；fill slope
路堤滑坡☆break of an earth bank
路堤滑移☆sliding of embankment
路堤溜塌{坍滑}☆slipping of embankment
路段☆stretch
路拱☆crown
路拱横坡☆crown slope；cross fall
路冠☆road crown
路轨交叉☆track crossing
路轨连接☆rail coupling
路基☆subgrade；bed；roadbed；ballast；road bed{foundation}；foundation；site of road
路基边坡滑坍☆slipping of roadbed slope
路基变形☆deformation of roadbed
路基沉陷☆subsidence of roadbed
路基定线☆grade location{sitting}
路基反力系数☆coefficient of subgrade reaction
路基滑移☆sliding of roadbed
路基劲度模量☆subgrade stiffness modulus
路基下沉☆swag
路基修筑机☆subgrader
路基岩石☆road-bed rock
路肩☆roadbed shoulder
路肩坡度☆shoulder slope
路脚石法☆stepping stone method
路界外的☆off-road
路金毛细管☆Luggin capillary
路径☆path；route；way；method；ways and means；channel；track；trajectory；travel line
路径选择功能☆routing function
路口信号灯☆belisha beacon
路矿☆(combined term for) railways and mines
路码表☆speedometer；odometer
路面☆pavement；carpet coat；road surface；surficial；surfacing；roadway
路面凹处☆pocket
路面板唧泥☆slab pumping
路面标示{线}☆road marking
路面侧坡☆bank line
路面打碎机☆pavement{paving} breaker
路面底层☆subcrust
路面复面砂☆paving sand
路面唧泥☆mud pumping (pavement)
路面裂缝度☆cracking ratio
路面隆起☆upheaval of road pavement
路面铺平石料☆cover aggregate
路面铺设☆road-surfacing
路面水平☆street level
路面松土犁☆pavement plough
路面碎石☆cover chip
路面损坏☆disfigurement of surface
路面条件[南非]☆trek
路面液体沥青☆asphalt primer
路面用沥青混凝土☆bitulith
路面整坡工作☆grading job
路面整修☆surface finish
路那硝☆leuna saltpetre
路泥岩☆luny rock
路尼岩[一种月岩]☆luny rock
路碾☆street roller
路耙☆harrow
路坡☆gradient of route
路堑☆(road) cut；cutting；cutting for a railway or highway；fault trough；roadcut
路堑边坡☆cut{trench} slope；slope of cut
路堑边坡崩塌☆falling of cutting slope
路堑石方爆破☆rock cutting blasting；rock blasting in cut
(筑)路权☆ROW；right of way；right-of-way
(在)路上[拉]☆en route；e.r.
路时隙内{外}信号传送☆in{out}-slot signalling
路氏笔石属[O]☆Ruedemannograptus
路外的☆off-road
路线☆course；route；fluid path line；(travel) line；path (line)；way；track；trajectory；itinerary
路线标桩☆anchor post
路线地质☆reconnaissance geology
路线复测☆relocation of route
路线架☆chute
路线开通信号灯☆route clear light
路线石☆kerb stone
路线信号制☆route signal system
路向☆course；direction
路盐污染☆road salt contamination
路易士银[石]☆Grey Duquesa
路易斯安那州海洋石油港[美]☆Louisiana offshore oil port；L.O.O.P
路易斯阶[北美;N_1]☆Luisian
路用除根机☆road rooter
路由器和防火墙☆router and firewall
路缘☆curb
路缘石☆(stone) curb；border stone；curbstone；kerbstone；kerb[土]
路缘石标高以下☆below curd{curb}
路障☆barricade；roadblock
路中安全岛☆central refuge
鹭鸶☆aigrette
鹿☆Capreolus；deer
鹿豹座☆Camelopardalis
鹿角☆hartshorn；antler
鹿角菜属[褐藻;Q]☆Pelvetia
鹿角的叉枝☆knag
鹿角蕨(属)[D_2]☆Horneophyton
鹿角珊瑚☆Madrepora
鹿角珊瑚属[R-Q]☆Acropora
鹿角上的尖叉☆tine
鹿角样结石☆stag-horn calculus
鹿毛色☆fawn
鹿牛羚属☆Boselaphus
鹿茸☆hartshorn
鹿(石)蕊云杉林☆picetum{pinetum} cladinosum
鹿石蕊属☆Cladina
鹿石蕊松林☆pinetum cladinosum
鹿属[N_3-Q]☆cervus；deer
鹿弹☆buck(shot)
鹿特丹[荷港市]☆Rotterdam
鹿园(阶)☆Deerparkian
鹿砦☆abatis
禄丰划蝽(属)[昆;T_3]☆Lufengnecta
禄丰龙(属)[T_3]☆Lufengosaurus
禄丰统[T_3]☆Lufeng series
录波器☆(recording) oscillograph
录放两用磁头☆record-reproduce head
录井☆(well) logging；log
录井(图)☆borehole log
录井记录分析☆well log analysis
录井人员☆logger
录井资料☆log data
录默浮标☆NOMAD (buoy)
录像☆video recording
录像机☆videocorder
录像设备☆image storage device
录选☆winnowing
录音☆recording；transcription；sound recording
录音{声}系统☆vitaphone
录音重放机[用于录音打字]☆transcriptor
录音磁带☆audiotape
录音钢针☆recording stylus
录音机☆recorder；sound-track engraving apparatus
录音监听设备☆telediphone
录音片☆photogram
录用前健康检查☆preemployment medical{physical} examination
录制☆transcription；transcribe
陆岸石油集输终端☆onshore oil terminal
陆凹☆depression of land
陆半球☆land{continental} hemisphere
陆背斜☆anteclise；anteklise；terraanticline；anticlise
陆边岛☆continental island
陆边地槽☆monogeosyncline
陆边海☆epicontinental sea
陆边阶地☆continental shore terrace
陆标☆landmark；shore beacon
陆表的☆epicontinental；epeiric
陆表地槽☆epigeosyncline
陆表海☆inland{epicontinental;epeiric} sea
陆冰☆land ice{floe}
陆槽☆syneclise；syneklise
陆沉运动☆bathygenic movement；bathygenesis
陆成不整合☆subaerial unconformity
陆成超覆☆continental progressive overlap
陆成地层☆terrestrial bed
陆成泥炭☆terrestrial peat[潜水面上生成]；limnic peat
陆成元素☆terrigenous element
陆淡水沉积☆fluvioterrestrial deposit
陆岛☆continental{land} island
陆堤盆地☆continental embankment basin
陆地☆terra[拉;pl.-e]；land (area)；terra firma；terrene；dry land
陆地包围的☆landlocked
陆地沉没☆submergence of ground
陆地的☆terrestrial；terrene；terrigeneous
陆地吊车☆land-bound crane
陆地负向运动滨线☆positive shoreline
陆地和海洋的微风☆land and sea breezes
陆地井场☆land-based drilling site
陆地克拉通的☆epeirocratic
陆地矿床☆landward deposit
陆地磷灰岩砾☆land pebble
陆地喷发☆supramarine eruption
陆地上升☆elevation{emergence} of land
陆地生物☆geobiont；terrestrial biota
陆地土壤☆terrestrial soil
陆地卫星☆land satellite；landsat
陆地性☆territoriality
陆地异位☆continental replacement
陆地钻探☆dryland operation；dry land operation
陆盾☆continental shield
陆封海盆☆landlocked sea basin{basion}
陆风☆land breeze{wind}
陆高海深面积曲线☆hypsographic curve
陆高海深(面积)图☆bathyorographical map；hypsographic chart
陆龟☆Testudo；land turtle
陆海☆transgressing continental sea
陆海沉积☆oligomitic sediment
陆海混合堆积☆mixed continental and marine deposit
陆海交界☆land-sea interface
陆、海军中的编外人员☆supernumerary
陆海相互作用实验室[美]☆Land and Sea Interaction Laboratory；LASIL
陆核☆continental nucleus (shield)；vertex；core of the earth；shield；nucleus of continent；nuclear

L

area{land}
陆基☆continental rise
陆基的☆land-based
陆际地槽☆bilateral geosyncline
陆岬☆headland；kin；ras；nose；nore
陆架☆(continental) shelf
陆架边缘地震☆shelf-edge earthquake
陆架的☆epicontinental
陆架地区☆neritic area
陆架谷型复合体☆shelf valley complexes
陆架-陆裾型大陆边缘☆shelf-rise type of continental margin
陆架外缘☆shelf break{edge}；shelf-edge
陆架相☆foreland fades{facies}；continental shelf facies；shelf{platform} facies
陆间地槽☆mesogeosyncline；intrageosyncline；intracontinental{epicontinental} geosyncline；mediterranean
陆间俯冲☆intercontinental subduction
陆间盆地☆intercratonic{intercontinental} basin
(大)陆肩☆continental shoulder
陆解(作用)☆aquatolysis
陆界☆lithosphere；continental sphere；geosphere
陆界的☆lithospheric
陆进☆reliction；progradation
陆静相☆inundation phase
陆军☆army
陆块☆continental segment；landmass；land block；table
陆块平移☆continental-segment translation
陆块外缘低地☆peripheral lowland
陆连岛☆land-tied{attached;tied;tombolo} island；tombolo
陆连岛群☆complex tombolo；tombolo series{cluster}
陆连岛(的)形成作用☆island-tying
陆连沙坝☆tombolo；tying bar
陆梁☆anteklise；anteclise
陆龙卷(风)☆tornado；landspout；tornado (twister)
陆隆☆continental apron{rise;emergence}；swell
陆路的☆overland
陆陆碰撞☆continent-continent collision
陆缘盆地☆borderland basin
陆幔☆continental mantle
陆内俯冲作用☆intracontinental subduction
陆棚☆shelf [pl.shelves]；continental shelf；OCS；outer continental shelf
陆棚边缘☆shelf break；shelf-edge
陆棚的☆sanidal
陆棚区☆shelf area
陆棚组合☆shelf association
(大)陆坡☆continental slope
陆坡沉积☆aktian{shelf} deposit
陆坡地形☆clinoform
陆坡裙{裾}☆slope apron
陆坡扇状沉积☆submarine bulge
陆坡水区☆slope water
陆坡型扇状三角洲☆slope-type fan-delta
陆坡学☆aktology
陆栖的[生]☆terricolous
陆栖生物圈☆terrestrial biosphere
陆桥☆land{continental} bridge；bridge；continental connection；land-bridge
陆桥说☆hypothesis of land-bridge
陆壳{|侵|圈|裙}☆continental crust{|transgression|sphere|shelf}
(在)陆上☆ashore
陆上草原☆terriherbosa
陆上成因论者☆subaerialist
陆上的☆sub(-)aerial；on(-)land；telluric；onshore
陆上地震拖缆☆land drag seismic cable
陆上管线☆continental line
陆上河水沉积☆fluvio-terrestrial deposit
陆上火山☆subaeric{subaerial} volcano
陆上基地☆(on)shore base
陆上径流☆overland flow{runoff}
陆上拖曳大线☆land drag seismic cable
陆上运输{通讯}线☆landline
陆上震源队☆surface-source crew
陆上作业☆dryland operation
陆生草丛☆terriprata；terriherbosa
陆生草木群落☆terriherbosa
陆生的☆terrestrial；terrigenous；terraneous；terricolous[生]
陆生动物☆terrestrial animal
陆生-湖沼{泊}相☆terrestrial {-}limnal facies
陆生生物☆genobenthos；terrestrial life
陆生植物☆land{terrestrial} plant
陆生植物生油岩☆land-plant source rock
陆生植物生油说☆land-plant theory
陆氏孢属[D-T]☆Knoxisporites
陆氏重液☆Rohrbach's solution
陆水的☆fluvioterrestrial
陆台☆table；platform；meseta
陆外☆off-land
陆外地槽☆extracontinental geosyncline
陆外渊☆fore deep；foredeep
陆围海☆landlocked sea
陆雾☆land fog
陆系岛☆attached island
陆下上地幔☆subcontinental upper mantle
陆相☆land{terrestrial;continental} facies
陆相剥蚀☆subcontinental{subaerial} denudation
陆相沉积☆continental sedimentation{deposit}；terrestrial{nonmarine} deposit；terrigene sediments
陆相沉积扩展☆continental transgression
陆相地层☆terrestrial formation
陆相煤(盆地)☆limnic basin
陆相生成煤田☆limnetic coal basin
陆相生物☆geobios
陆性率☆continentality
陆性指数☆index of continentality
陆续退出☆file out
陆崖☆continental escarpment{emergence}
陆映云光☆landblink；land blink
陆用气压计☆land-barometer
陆原水☆land-derived water
陆源沉积分异{析}☆differentiation of terrigenous deposit
陆源供给☆terrigenous supply
陆源泥☆terrigene{terrigenous} mud
陆源区☆land-source area；provenance；provenience；sourceland
陆源浊流{积}岩☆terrigenous turbidite
陆缘☆continental margin
(大)陆(边)缘带☆continental marginal zone
陆缘岛弧☆marginal arc
陆缘的☆epeiric；epicontinental；marginal
陆缘地槽☆epicontinental{continental;marginal} geosyncline；aulacogen；paraliage(s)osyncline；open marginal geo(-)syncline；fossa[日]
陆缘海的☆nerito-paralic；marginal-marine
陆缘弧☆continental margin arc
陆缘环形盆地☆marginal ring depression
陆缘区☆pericontinental area
陆缘深陆棚☆marginal platform
陆缘洋盆☆marginal-ocean basin
陆运☆land carriage
陆运至用户☆road transport to customer
陆增期☆epeirocratic period
陆障☆land barrier
陆植煤☆humolith；humolite
陆中的☆midland
陆中地槽☆mezogeosyncline
陆中区☆mid-continent；midcontinent
陆中热(扩张区)☆mid-continental hot spot
戮☆lunge

lú

驴蹄形绳结☆cat；mule's foot
(抽油机)驴头☆horse{mule} head
驴头负荷☆beam rating
驴头上挂抽油杆的装置☆mule-head hanger
驴子☆donkey

lǜ

葎草烷☆humulane
葎草烯☆humulene
吕德斯{氏}(伸张应变(痕迹))线☆Luders line
吕德斯线[滑移带群]☆Lüders line
吕梁运动[Z]☆Luliang movement
吕珀尔阶☆Rupelian stage
吕容单位☆Lugeon unit
吕宋矿块状硫砷铜矿☆lyzonite
铝☆aluminium；aluminum；Al
铝白钙沸石[$Ca_4(OH)_2Si_6O_{15}\cdot 3H_2O$]☆reyerite
铝白铅矿☆dundasite
铝板钛矿[Al_2TiO_5]☆tieil(l)ite；tielite
铝包石棉垫片☆alumin(i)um asbestos gasket
铝贝塔石☆aluminobetafite
铝箔衬背石膏板☆foil-backed plasterboard
铝不相容原理☆aluminum avoidance principle
铝草酸钠石☆shemtschushnikovite
铝赤铁矿☆alumohematite
铝臭葱石[$Al(AsO_4)\cdot 2H_2O$]☆alumino(u)s scorodite；aluminoskorodite
铝磁赤铁矿☆alumomagh(a)emite
铝蛋白石☆pearl opal；cacholong
铝冻蓝闪石☆alumino-barroisite
铝毒石[$KAl_4(AsO_4)_3(OH)_4\cdot 8H_2O$]☆alumopharmacosiderite；alumopharmakosiderit
铝端绿泥石☆nagolnite
铝鲕绿泥石☆Al-chamosite
铝矾土☆alumine；alumina
铝钒铀矿☆vanuralite
铝反常☆alumina anomaly
铝方柱石☆gehetinite
铝沸石☆brewsterite
铝粉磁漆☆aluminium enamel paint
铝粉浆炸药☆aluminized slurry；aluminiumfication；slurry explosive
铝粉末冶金学☆aluminum powder metallurgy；APM
铝粉喷射{扩散}[防矽肺病]☆aluminium dispersal
铝粉吸入疗法[防矽肺病]☆aluminum therapy
铝氟石膏[冰晶石膏;$CaF_2\cdot 2Al(F,OH)_3\cdot CaSO_4\cdot 2H_2O$]☆creedite; beljankite; belyankite; beljankite creedite
铝浮筒式内浮顶☆aluminium pontoon internal cover
铝富集风化☆alitic weathering
铝钙硅铁镁矿☆kowalewskite；kovalevskite
铝钙闪石☆dorrite
铝钙石☆bovite
铝钙铁三角相图☆ACF-diagram
铝钙钍黑稀金矿☆alumolyndochite
铝铬硅耐酸钢☆Alcrosil
铝铬铅矿☆alumoberesowite
铝铬铁矿[$(MgFe)(CrAl)_2O_4$]☆alum(o)chromite；hercynite{aluminium} chromite
铝铬渣☆alumo-chrome slag
铝铬砖☆alumina-chrome brick
铝硅钡石[$BaAlSi_3O_8(OH)$;$BaAl_2Si_2(O,OH)_8\cdot H_2O$;单斜]☆cymrite
铝硅比☆aluminium silicon ratio
铝硅的有序无序☆aluminum silicon order-disorder
铝硅钙铍石☆duplexite
铝硅合金☆aluminium-silicon；Alpax
铝硅活塞合金☆Alusil
铝硅镁钙矿☆tocharanite
铝硅镁岩☆alkremite
铝硅硼钇矿☆alumospencite
铝硅铅石{矿}[$Pb_3CaAl_2Si_{10}O_{24}(OH)_6$;六方]☆wickenburgite
铝硅酸盐☆alum(in)osilicate
铝硅酸盐岩☆aluminosilicate rock
铝硅铁粉☆sendust
铝硅铁钙石☆bombeite
铝硅铁石☆jollyte；jollylite；jollite
铝硅铁图解☆ASF diagram
铝硅系合金☆Alar
铝海绿石[$K_{<1}(Al,Fe^{3+},Mg,Fe^{2+})_{2\sim3}(Si_3(Si,Al)O_{10})(OH)_2\cdot nH_2O$]☆sarospat(ak)ite; aluminium glauconite
铝海绿石类☆folidoid；phyllite；pholidoide
铝海泡石☆simlaite{meerschalminite} [$Al_8Si_7O_{26}\cdot 9H_2O$]；aluminiumsepiolite；alumin(i)um-sepiolite [$(Mg,Al)_4((Si,Al)_6O_{15})(OH)_2\cdot 6H_2O$]；meerschaluminite
铝核磷铝石☆allophane-evansite
铝合金☆Aerolite；aluminum alloys
铝褐硅硼钇矿☆alumospencite
铝褐铁矿☆alumolimonite
铝黑稀土矿☆alumomelanocerite
铝红☆aluminium mennige
铝红磷铁矿[红磷铁矿-磷铝石系列成员]☆barrandite
铝红壤☆red soil
铝红闪石[$Na_2Ca(Fe^{2+},Mg)_4AlSi_7AlO_{22}(OH)_2$;单斜]☆alumino-katophorite
铝红土☆monohydrallite
铝红土矿☆laterite
铝化(作用)☆calorization
铝化处理☆calorize；calorization
铝黄长石☆gehlenite；bicchulite ti

L

铝辉石☆Al-pyroxene
铝回避原理☆aluminum avoidance principle
铝基活塞合金☆Bonalit
铝基铜镍镁合金☆magnalite
铝钾蛋白石[蛋白石变种；$(K,Ca,Mg,Fe)_{0.5}Si_{29}AlO_{60}$]☆bobkowite；bobkovite
铝假板钛矿[人工合成]☆tie(i)lite；tialite
铝尖晶石☆aluminum-spinel
铝碱铁三角网图☆AKF-diagram
铝交联剂☆aluminum crosslinker
铝(韭闪)角闪石☆alumino-barroisite
铝金红石☆micaultlite；micaultite
铝壳雷管☆aluminum detonator
铝刻度器☆aluminium calibrator；ALCAL
(密度测井)铝块[测井刻度用的]☆aluminium block；AL
铝矿☆alumin(i)um ore
铝矿床☆aluminium deposit
铝矿物类☆aluminium minerals
铝拉达合金☆aladar
铝蓝闪石[$Na_2(Mg,Fe^{2+})_3Al_2(Si_8O_{22})(OH)_2$]☆gastaldite
铝蓝透闪石☆alumino-winchite
铝(壳)雷管☆aluminium detonator{cap}
铝利蛇纹石☆hydroamesite；Al-lizardite
铝磷铜铁矿☆alumo-chalcosiderite
铝榴石[$(Mg,Fe^{2+},Mn^{2+},Ca)_3Al_2(SiO_4)_3$]☆pyralspite
铝榴石类☆pyralspite
铝绿鳞石☆Al-celadonite
铝绿泥石[$Mg_2(Al,Fe^{3+})_3Si_3AlO_{10}(OH)_8$;单斜]☆sudoite；Al-chlorite
铝绿脱石☆Al-nontronite；aluminian nontronite
铝绿柱石☆alumoberyl
铝镁(铜)合金☆magnalium
铝镁锌耐蚀合金☆Neomagnal
铝镁云母☆andreattite
铝蒙脱石☆beidellite；aluminium-montmorillonite
铝锰土☆alumocobaltomelane
铝钠云母[$NaMg_2AlSi_2Al_2O_{10}(OH)_2$]☆preiswerkite
铝铌钛铀矿☆alumino-betafit；aluminobetafite
铝镍磁(铁合金)☆alni
铝镍钴永磁铁☆alcomax permanent magnet
铝镍合金☆alumel
铝凝胶☆aluminum gel
铝硼反常☆aluminium-boron anomaly
铝硼锆钙石[$CaZrBAl_9O_{18}$;六方]☆painite
铝羟镁铁矾☆franquenite
铝青铜☆aluminium bronze；albronze；xantal；ALB
铝燃烧弹☆thermite bomb
铝热的☆aluminothermic
铝热法☆aluminothermy；aluminothermics；thermit process
铝热剂☆thermit(e)；aluminothermics
铝热剂法☆thermite process
铝砂☆aloxite；alnoite
铝砂阿洛克赛特[美国刚玉磨料]☆Aloxite
铝闪石[$Na_{0-1}Ca_2(Mg,Al)_5((Al,Si)_4O_{11})_2(OH)_2$]☆koksharovite；kokscharowite；kokscharoffite
铝蛇纹石☆zoblitzite；aluminous-serpentine
铝钾菱铝矾☆kaliohitchcockite
铝砷铀云母[$HAl(UO_2)_4(AsO_4)_4{\cdot}40H_2O$;四方]☆arsenuranospathite
铝石☆castellite
铝石榴石光源☆alumin(i)um garnet source
铝石榴子石☆sudoite
铝铈硅磷灰石☆aluminian britholite；alumobritholite
铝树枝石☆alumodeweylite
铝水方解石☆alumohydrocalcite；chakassite
铝水钙石[$CaAl_2(CO_3)_2{\cdot}(OH)_4{\cdot}3H_2O$]☆khakassite；alumohydrocalcite；aluminohydrocalcite；khakasskyite
β铝水钙石☆beta alumohydrocalcite
铝酸[正铝酸H_3AlO_3,偏铝酸$HAlO_2$]☆aluminic acid
铝酸钙☆calcium aluminate
铝酸钠[$NaAlO_2$;Na_3AlO_3]☆sodium aluminate
铝酸铅矿[$Pb(MoO_4)$]☆yellow lead ore
铝酸三钡{锶}☆tribarium{|tristrontium} aluminate
铝酸三钙[$Ca_3(AlO_3)_2$]☆tricalcium aluminate
铝酸盐☆aluminate
铝酸盐类☆aluminates
铝酸一钙☆monocalcium aluminate
铝酸钇晶体☆yttrium aluminate crystal
铝钛绿松石☆alumo-chalcosiderite
铝钽矿☆alumotantite；alumotantalite
铝搪瓷☆aluminium enamel
铝铁☆ferroaluminium；ferroaluminum
铝铁磁合金☆vacodur
铝铁矿物☆alferric mineral
铝铁黏土☆bauxitic clay
铝铁闪石☆crossite；crosstie
铝铁土☆allite；alfisol
铝铁土化(作用)☆allitization
铝铁土岩☆trihydrallite
铝铁岩☆alite；aluminiferous
铝铜矿☆cupalite
铝涂层☆aluminum coating
铝土☆bauxitic{alum} clay
铝土的☆aluminous
铝土粉☆alumina powder；alundum
铝土化(作用)☆bauxitization
铝土矿[由三水铝石($Al(OH)_3$)、一水软铝石或一水硬铝石($Al(OH)$)为主要矿物所组成的矿石的统称]☆beauxite；bauxite [$Al_2O_3{\cdot}2H_2O$]；bauxitic {bauxite} ore；alumyte；bauxitite；monohydrallite {monhydrallite} [$Al_2O_3{\cdot}H_2O$]；wocheinite；boxites
铝土矿成因的构造运动☆bauxitogenetic movement
铝土水泥☆bauxite cement；ciment{cement} fondu
铝土岩☆bauxitite；bauxitic rock；bauxite[岩]；allite
铝土岩化(作用)☆allitization
铝土质黏土☆bauxitic clay
铝钍铀矿☆althupite
铝温石棉☆alumino-chrysotile
铝钨华[$(W,Al)_{16}(O,OH)_{48}{\cdot}H_2O$;三方]☆alumotungstite
铝纤纹石☆alumochrysotile
铝锌铜合金☆Alneon
铝亚铁硅直闪石☆aluminian ferroanthophyllite
铝阳极☆aluminium anode
铝氧☆alumina；alumine；alumia
铝氧粉☆alundum
铝氧化膜☆alumite
铝氧石[$Al_2(SO_4)(OH)_4{\cdot}7H_2O$]☆aluminite
铝氧土☆argilla；aluminaut
铝页岩☆alumina{aluminous} shale
铝业公司☆aluminum company
铝叶绿矾[$(Al,Mg)Fe^{3+}_4(SO_4)_6(OH)_2{\cdot}20H_2O$;$AlFe^{3+}_4(SO_4)_6O(OH){\cdot}20H_2O$;三斜]☆aluminocopiapite
铝伊利云母☆Al-illite-hydromica
铝衣合金☆alclad
铝钇锥稀土矿☆alumospensite；alumospencite
铝易解石☆alumo(a)eschynite；aluminian aeschynite
铝英孔雀石[$CuSiO_3{\cdot}nH_2O$,含17%的Al_2O_3]☆pilarite
铝英石[$Al_2SiO_5{\cdot}nH_2O$]☆allophane
铝英岩☆allophanite
铝硬铬尖晶石[$(Mg,Fe)(Al,Cr)_2O_4$]☆alumo-chrompicotite
铝铀云母[$HAl(UO_2)_4(PO_4)_4{\cdot}16H_2O$;四方]☆sabugalite；aluminium autunite
铝皂石☆sobotkite；Al-saponite
铝皂型胶状汽油基压裂液☆gasoline-base napalm gel fracturing fluid
铝甑干馏试验☆carbonization test in aluminium retort
铝占有率[铝在长石四面体构造中占有的程度]☆aluminum occupancy
铝针铁矿☆alumogoethite；alumogoethit
铝镇静钢☆aluminium killed steel
铝直闪石[$(Mg,Fe^{2+})_5Al_2(Si_6,Al_2)O_{22}(OH)_2$;斜方]☆gedrite；bidalotite
铝直闪岩☆gedritite；gedrite
铝制剪切套☆alum shear bushing
铝质材料☆alumina-based material
铝质沉积变质岩☆pelite
铝质电瓷☆alumina-electrical porcelain
铝质矿物☆alumina mineral
铝质岩☆aluminous{aluminide} rock
铝中毒☆aluminosis；aluminous
铝珠☆alumina bead；pill of aluminium
铝铸件☆aluminium casting；ALC
铝(合金)钻杆☆aluminium drill rod{pipe}
旅程☆itinerary；trip
旅行☆journey；tour；trip；travel；locomotion
旅行者☆tourist
旅游(业)☆tourism
旅游区☆resort
膂力☆brawn
履板☆walking shoe
履带☆crawler (track;belt)；(chain) track；caterpillar (band;tread;chain;track)；pedrail；tracklayer；tread caterpillar；tub；apron wheel
履带板☆grouser shoes；track shoe
履带负载轮☆track roller
履带负重轮☆track support roller
履带滑动架☆track skid
履带滑动式液压支架☆crawler sliding hydraulic roof-support
履带宽度☆shoe width
履带轮底☆caterpillar tread
履带牵引☆crawling{caterpillar} traction
履带式车☆crawler
履带式单斗挖土机☆shovel crawler
履带式蛤式抓岩机☆crawler-mounted clamshell
履带式平板货车☆flat-bed crawler truck
履带式铺沥青机☆crawler asphalt paver
履带式凿岩台车☆crawler mounted drill jumbo
履带式重型风动凿岩机组☆air-track drill
履带蹄块☆track block
履带拖拉机刮土机☆crawler-scraper
履带鞋☆cleat
履带装载机装载☆caterpillar loading
履带着地面☆caterpillar(-type){chain;crawler} tread
履带座脚☆track shoe
履螺属[腹;K_2-Q]☆Crepidula
履式集电器☆shoe collector
履行☆implement(ation)；fulfillment；discharge；redemption；perform
履行合同保证人☆performance guarantee
履约信用证☆performance credit
屡变环带☆oscillatory zoning
屡出事故者☆accident repeater
屡次发生☆frequency

lü

氯☆Cl；chlorine；chlorum[拉]
氯铵汞矾{矿}☆mercurammonite；merkurammonit；kleinite
氯胺☆chloramine
氯胺苯醇☆chloromycetin
氯爆鸣气☆chlorine detonating gas
氯爆鸣器☆chlorknallgas
氯苯[C_6H_5Cl]☆phenyl chloride；chlor(o)benzene
氯苯胺☆chloroaniline；chloraniline
氯苯基硫脲[$(ClC_6H_5NH)_2CS$]☆chlor diphenyl thiocarbamide
氯苯甲基聚硅油☆Dow Corning Silicone Fluid F-60
氯铋矿[$BiOCl$;四方]☆bismoclite；bismociite
氯测井☆chlorine-sensitive logging；chlorine log
(用)氯处理☆chlorinate；chlorination
氯(代)醋酸☆chloracetic acid
氯代☆chloro；chlor(o)-
氯代醇[$Cl{\cdot}CH_2CH_2OH$]☆chlorohydrin
氯代甲苯酚[$CH_3C_6H_3(Cl)OH$]☆chlorocresol
氯代甲烷☆chloromethane；methyl chloride
氯代石蜡☆chlorocosane
氯代烃类☆chlorinated hydrocarbon
氯代谢作用☆chlorine metasomatism
氯氮汞矾☆mercurammonite；merkurammonit
氯氮汞矿[$(Hg_2N)Cl{\cdot}nH_2O$；$Hg_2N(Cl,SO_4){\cdot}nH_2O$；六方]☆kleinite
氯当量☆chlorinity；chlorine equivalent
(含)氯的☆chloric
氯滴定☆chlorine titration
氯碲铅矿☆kolarite；radhakrishnaite
氯碲铁石[$H_3Fe^{3+}_2(TeO_3)_4Cl$;三斜]☆rodalquilarite
氯碘铅矿☆schwartzembergite [$Pb_5(IO_3)Cl_3O_3$]；plumboiodite [$2PbO{\cdot}Pb(I,Cl)_2$]；plumbiodite；lead oxychloroiodide；jodblei[德]
氯碘铅石[$Pb_3Cl_3(IO_3)O$;斜方]☆seeligerite
氯碘银矿☆iodembolite
氯丁二烯☆chloroprene
氯丁胶带☆belt made of neoprene
氯丁(橡)胶密封(件)☆neoprene seal
氯丁橡胶☆government rubber monovinylacetylene；duprene (rubber)；polychloroprene；chloroprene；neoprene；GR-M；NEOP
氯丁(二烯)橡胶☆chloroprene rubber；CR
氯丁橡胶防火涂料敷层☆neoprene covers
氯丁橡胶封口塞☆neoprene plug closure
氯度☆chlorinity
氯蒽☆chloroanthracene
氯(代)二甲酚[$(CH_3)_2C_6H_2(Cl)OH$]☆chloro-xylenol

L

氯法☆chlorine method
氯矾石☆chloraluminite
氯钒矿[钒的氯化物]☆zimapanite
氯钒铅矿☆johnstonite；vanadi(ni)te
氯钒铅石☆kombatite
氯仿[$CHCl_3$]☆chloroform；trichloromethane；methenyl chloride
氯仿抽提物☆chloroform extract
氯氟碳化合物制冷剂☆chlorofluorocarbon refrigerant
氯氟烷☆chlorofluoromethane
氯钙石[$CaCl_2$]☆hydrophilite；idrofilite；hydrophyllite；hydrophillite
氯钙柱石☆chloride {-}meionite
氯根离子☆chlorion
氯庚烷☆chloroheptane
氯汞矿☆mercury chloride；eglestonite
氯汞银矿[大概是含甘汞 HgCl、角银矿 AgCl 及橙汞矿 HgO 的一种混合物]☆bordosite
氯硅钙铅矿[$Pb_4(PbCl)_2Ca_4(Si_2O_7)_3$;六方]☆nasonite
氯硅锆钙石[$Na_3Ca_3Mn(Zn,Fe)TiSi_6O_{21}Cl$]☆giannettite
氯硅锆钠石[$Na_5Zr_2Si_6O_{18}(Cl,OH)•2H_2O$]☆petarasite
氯硅酸盐反应☆chlorosilicate reaction
氯硅钛钠石☆pennaite
氯硅铁铅钙矿[$(Pb,Ca)_3Fe^{3+}Si_3O_{10}(Cl,OH)$]☆jagoite
氯硅铁铅矿[$Pb_3Fe^{3+}Si_3O_{10}(Cl,OH)$;三方]☆jagoite
氯硅烷[$SiCl_4$]☆chloro(-)silane
氯含钾绿钙闪石☆das(c)hkessanite；dashkesanite
氯含量☆chlorinity
氯化☆chlorinate；chloridate；chlorination
氯化铵[NH_4Cl]☆salmiak；salmiac；ammonium chloride；sal ammoniac(al)；salammonite
氯化钡☆barium chloride
氯化焙烧☆chloridizing roasting{roast}
氯化焙烧钒钾铀矿☆salt-roasted carnotite ore
氯化苄乙氧胺☆hyamine
氯化的☆chlorating；muriatic
氯化蒽油木材防腐剂☆carbolineum
氯化钙[$CaCl_2$]☆lime{calcium} chloride
氯化钙钾石☆baumlerite
氯化钙喷洒法☆calcium-chloride spraying system
氯化钙(水)型☆chloride-calcium type
氯化汞☆mercuric chloride
氯化汞浸渍木材防腐法☆kyanization
氯化钾[KCl]☆potassium chloride；sylvin；potassium chlorate；potash chloride；muriate
氯化钾钠矿☆sylvine
氯化金[$AuCl_3$]☆auric chloride
氯化聚乙醚☆chlorinated polyether
氯化苦(炸药)☆aquinite
氯化铝☆aluminium{aluminum} chloride
氯化镁[$MgCl_2$]☆magnesium chloride
氯化镁(水)型☆chloride-magnesium type
氯化钠☆common salt；sodium chloride
氯化钠泉☆common-salt spring；sodium chloride spring
氯化钠型水☆chloride-sodium water
氯化哌啶☆piperidinium chloride
氯化器☆chlorinator
氯化氢☆hydrogen chloride
氯化铯(型)结构☆caesium chloride structure
氯化石灰☆calcium oxychloride；calx chlorinate；chloride of lime；chlorinated lime
氯化石蜡☆chlorinated paraffin (wax)；chlorcosane；clorafin；paraffinum chlorinatum；paraffin chloride；chloroparaffin；chlorowax 70；cereclor；unichlor
氯化十六烷基吡啶鎓☆cetyl pyridinium chloride
氯化锶[$SrCl_2$]☆strontium chloride
氯化铜☆cupric chloride
氯化铜矿☆copper chloride ore
氯化物☆chloride；muriate；chloridate
氯化物-焓混合图解☆chloride-enthalpy mixing diagram
(泥浆中)氯化物含量趋势☆chloride trends
氯化物洗选机☆chloride washer
氯化物系井法☆chloride log method
氯化物型水☆chloride water
氯化物应力碎裂☆chloride stress cracking
氯化物预洗净气剂☆chloride prescrubber
氯化物(水)组☆chloride group
氯化锡☆tin chloride
氯化橡胶(包装薄膜)☆pliofilm
氯化锌[$ZnCl_2$]☆zinc chloride
氯化锌溶液(浸)渍木(材)☆burnetizing
氯化亚(某)☆protochloride
氯化亚汞[HgCl]☆calomel；calomelite；mercurous chloride；horn mercury
氯化亚金[AuCl]☆aurous chloride
氯化亚铁☆ferrous chloride；iron protochloride
氯化亚锡[$SnCl_2$]☆stannous chloride
氯化盐水泉☆muriated saline spring
氯化乙烯[$CH_2Cl•CH_2Cl$]☆ethylene chloride
氯化银☆silver chloride
氯化银矿☆chlorides
氯化作用☆chlor(in)ation；chlorating；chloridization；chlorination
氯黄长石☆zurlite
氯黄晶[$Al_{13}Si_5O_{20}(OH,F)_{18}Cl$;等轴]☆zunyite；dillnite；hydrozunyite
氯磺酸☆chloro
氯基☆chlor(o)-
氯基铬酸锌处理☆CZC treatment
氯积的☆cum；cumulative
氯己烷☆chlorohexane
氯甲酚[$CH_3C_6H_3(Cl)OH$]☆chlorocresol
4-氯甲基-1☆4-chloromethyl-1
氯甲基代环氧乙烷☆epichlorohydrin
氯甲酸盐{|酯}[Cl•CO•OM{|R}]☆chlorocarbonate；chloroformate
氯甲酸乙酯[$ClCO_2C_2H_5$]☆ethyl chloroformate
氯钾铵矿☆kremersite
氯钾胆矾[$K_2Cu(SO_4)Cl_2$;斜方]☆chlorothionite；chorotionite
氯钾钙石[$KCaCl_3$;三方]☆c(h)lorocalcite；ba(e)umlerite；hydrophilite
氯钾碱矾☆caratiite
氯钾铁盐{矿}[$K_2Fe^{2+}Cl_4•2H_2O$;单斜]☆douglasite
氯钾铜矿[$K_2CuCl_4•2H_2O$;四方]☆mitscherlichite
氯碱钙霞石☆microsommite
氯角银矿[Ag(Br,Cl)]☆chlorargyrite
氯解☆chlorinolysis
氯金酸☆chlorauric acid
氯离子☆chloride ion
氯离子浓度等值线☆isochloride contour
氯量☆chlorosity
氯量计☆chlororometer；chlorimeter
氯磷钡石☆alforsite
氯磷钙钠石☆nacaphite
氯磷钙石☆chlor(-)spodiosite
氯磷灰石[$Ca_5(PO_4)_3Cl$;$3Ca_3(PO_4)_2•CaCl_2$;六方]☆chlor(-)apatite
氯磷铝石[$AlPO_4•2H_2O$]☆utahlite
氯磷钠(钙)铜矿[$NaCaCu_5(PO_4)_4Cl•5H_2O$;斜方]☆sampleite
氯磷铅矿☆sexangulite；pseudocampylite
氯菱镁石☆chloromagnesite
氯硫汞矿[$Hg_3S_2Cl_2$;等轴]☆corderoite
氯硫硼钠钙石[$Na_2Ca_3B_5O_8(SO_4)_2Cl(OH)_2$;单斜]☆heidornite
氯铝石[$AlCl_3•6H_2O$;三方]☆chlor(o)aluminite；chlor(-) aluminite
氯绿钙闪石☆chlorohastingsite；chlor-hastingsite；chlor-amphibole
氯霉素☆chloromycetin
氯镁铝石[$Mg_5Al_2Cl_4(OH)_{12}•2H_2O$]☆korteite；koenenite；chlormagaluminite；justite
氯镁芒硝[$Na_{21}Mg(SO_4)_{10}Cl_3$;等轴]☆d(')ansite
氯镁石[$MgCl_2$]☆chlor(o)magnesite；chloromaenesite
氯锰矿[$MnCl_2$]☆s(c)acchite
氯锰石[$MnCl_2$;三方]☆scacchite
氯敏测井☆chlorine-sensitive logging
氯钠钙矾[$Na_6Ca_4(SO_4)_6Cl_2$]☆sulphatapatite
氯钠柱石[$Na_4(AlSi_3O_8)_3Cl$]☆chlormarialite；chloride- marialite
氯泥石板☆chlorite slate
氯浓度温标☆chlorinity thermometer
氯硼钙镁石☆aldzhanite
氯硼硅铝钾石[$K_6BaI_4Si_6O_{20}(OH)_4Cl$;四方]☆kalborsite
氯硼矿☆aldzhanite
氯硼钠石[$Na_2B(OH)_4Cl$;四方]☆teepleite
氯硼酸☆fluoboric acid
氯硼铜矿[$CuB(OH)_4Cl$;四方]☆bandylite
氯硼铜石[$Cu(B(OH)_4Cl)$]☆bandylite
氯气☆chlorine；Cl
氯铅矾[$Pb_{10}(SO_4)Cl_2O_8$;单斜]☆sundiusite
氯铅铬矿[$Pb_6CrCl_6(O,OH)_8$;三方]☆yedlinite
氯铅钾石[K_2PbCl_4;斜方]☆pseudocotunnite；pseudocotunnia
氯铅矿[$PbCl_2$;斜方]☆cotun(n)ite
氯铅芒硝[$Pb(OH)Cl•Na_2SO_4$;$Na_3Pb_2(SO_4)_3Cl$;单斜、假六方]☆caracolite
氯羟硅锰石☆megillite；mcgillite
氯羟铝石[$Al(OH)_2Cl•4H_2O$;非晶质]☆cadwaladerite
氯羟镁铝石☆justite
氯羟锰矿[$MnCl_2•3MnO_2•3H_2O$;$Mn_2Cl(OH)_3$;斜方]☆kempite
氯羟硼钙石[$Ca_2B_5ClO_8(OH)_2$;单斜]☆hilgardite
氯羟锑铅石☆abhurite
氯氢化作用☆chlorohydrogenation
氯醛(合水)☆chloral
氯壬烷☆chlorononane
氯杀菌效果☆chlorine kill effectiveness
氯闪石[$(Na,K)Ca_2(Fe^{2+},Mg,Fe^{3+})_5((Si,Al)_8O_{22})Cl_2$]☆das(c)hkes(s)anite；chlor-amphibole
氯砷钡石☆morelandite
氯砷钙石☆turneaureite；chlorcalcite
氯砷钙铜石☆shubnikovite
氯砷汞石{矿}[$Hg_6As_2Cl_2O_9$]☆kuznetsovite
氯砷锰石[$Mn_5(AsO_3)_3(Cl,OH)$;等轴、四方]☆magnussonite
氯砷钠铜石[$NaCaCu_5(AsO_4)_4Cl•5H_2O$;斜方]☆lavendulan；lavendul(an)ite；freirinite
氯砷铅矿[$Pb_4As_2O_7•2PbCl_2$;$Pb_6As_2O_7Cl_4$;四方]☆ecdemite；ekdemite [$Pb_3As^{3+}O_{4-n}Cl_{2n+1}$]；petterdite；chorotiontese；mimetite；mimetene
氯砷铅石[$Pb_3(AsO_4)Cl_3$;斜方]☆georgiadesite
氯砷铁铅石{矿}[$Pb_4Fe^{2+}(AsO_4)_2Cl_4$;三斜]☆nealite
氯石灰☆lime chloride
氯石墨化铬☆chromium graphite chloride
氯石青☆atlasite
氯酸☆chloric acid
氯酸钾☆potassium{potash} chlorate
氯酸钠☆sodium chlorate；cornite
氯酸盐☆chlorate
氯羧锰矿☆kempite
氯碳铝镁石☆chlormagaluminite
氯碳(酸)钠镁石[$Na_3Mg(CO_3)_2Cl$;等轴]☆northupite
氯碳铜铅矾[$Pb_4Cu(CO_3)(SO_4)_2(Cl,OH)_2O$;单斜]☆wherryite
氯锑矿☆onoratoite
氯锑铅矿[$PbSbO_2Cl$]☆ochrolite；nadorite；ochrolith；naborite
氯铁碲石☆rodalquilarite
氯铁黑卟啉☆pheohemin
氯铁铝石[$(Fe^{2+},Mg)_9Al_4Cl_{18}(OH)_{12}•14H_2O$;三方]☆zirklerite
氯铁铅矿☆ha(e)matophanite；hematophanite
氯铜矾☆connellite；ceruleofibrite；spangolite
氯铜矿[$Cu_2(OH)_3Cl$;斜方]☆atacamite；remolinite；ateline；smaragdo-chalcite；marcylite；kupfersand；kupferhornerz；chlorochalcite；halochalzite；atelite；halochalcite；smaragdochalcite；arsenillo
氯铜铝矾[$Cu_6AlSO_4(OH)_{12}Cl•3H_2O$;三方]☆spangolite
氯铜铅矾[$Cu_4Pb_2(SO_4)Cl_6(OH)_4•2H_2O$;$Pb_2Cu_4Cl_6O_2(SO_4)•4H_2O$;斜方]☆arz(r)unite；arzeunite
氯铜铅矿[$PbCuCl_2(OH)_2$;等轴]☆percylite；chloroziphite
氯铜银铅矿[$Pb_{26}Ag_9Cu_{24}Cl_{62}(OH)_{48}$;等轴]☆boleite
氯烷基烷基多硫(化物)[$ClRORS_x$]☆chloroalkoxyalkyl polysulfide
氯戊烷☆chloropentane
氯细晶磷灰石☆carbonate-fluor-chlor-hydroxyapatite
氯硝钾铝华☆sveite
氯辛烷☆chloro-octane
氯溴甲烷☆chlorobromomethane；CBM
氯溴硫汞矿-溴氯硫汞矿☆lavrentievite
氯溴银矿[$Ag(Cl,Br)$]☆microbromite；orthobromite；embolite；bromchlorargyrite；chlorbromsilber；megabromite；chlorobromite；mikrobromite
氯蓄电池☆chloride storage battery
氯氧铋铅矿[$PbBiO_2Cl$;斜方]☆perite
氯氧汞矿[$Hg_5O_4Cl_2$;斜方]☆pinchite
氯氧化氮{|钙}☆nitrogen{calcium} oxychloride
氯氧化物☆oxychloride
氯氧镁铝石[$Mg_6Al_2Cl_4(OH)_{12}•2H_2O$]☆koenenite；justite；korteite
氯氧铅矿[$Pb_4Cl_2O_3$;$Pb_{16}Cl_8(O,OH)_{16-x}$(式内 $x\approx2.6$);

$PbCl(O,OH)_2$;斜方]☆blixite
氯氧砷锑铅矿☆thorikosite
氯氧锑矿[$Sn_8O_{11}Cl_2$;三斜]☆onoratoite
氯氧锑铅矿[$PbSbO_2Cl$;斜方]☆nadorite
Z-氯乙胺☆Z-chloroethyl-amine
氯乙醇[$Cl•CH_2CH_2OH$]☆chlorohydrin
氯乙酸[$ClCH_2COOH$]☆chloro acetic acid
氯乙烷☆chloroethane
氯乙烷分选法☆chlorethane process
氯乙烯☆vinyl chloride; chloro-ethene
氯乙氧(基)乙基二硫(化物)[$(ClC_2H_4OC_2H_4)_2S_2$]☆chloro-ethoxy-ethyl-disulfide
氯银矿[AgCl]☆ostwaldite; chlorargyrite (kerat); kerat; horn silver; kerargyrite; cerargyrite; argyroceratite[旧]
氯银矿类☆kerargyrite; cerargyrite
氯银铅矿[$Pb_2AgCl_3(F,OH)_2$;等轴]☆bideauxite
氯锥蛇纹石☆chloromelane
x(双晶)律☆x-law
律动结晶☆rhythmic crystallization
律师☆lawyer
律音☆note
率☆coefficient; factor; rate; power; quotiety; module; modulus; C.; coeff.; coef; MOD
率表甄别器☆ratemeter discriminator
率定☆rating; calibration
滤☆strain; leach; filter
滤板☆filter plate
滤饼☆cake; filter{mud} cake; filtered fines
滤饼冲洗箱☆cake wash box
滤饼排放槽☆filter cake discharge chute
滤饼事故胶带机☆filter cake emergency belt
滤波☆filtration; filter(ing); filtrate; strain; smoothing
滤波法☆filtering method; method of filtering
滤波函数☆filter function
滤波后的阵列☆filtered array
滤波器☆(wave) filter; bandpass{band;rho} filter; electrical wave filter; trapper; sifter; flt; Fil.; F.; BF
(X 光)滤波器☆absorber
滤波器边带效应☆filter side-effect
滤波器段{节}☆filter section
滤波器图列☆filter panel
滤波全息(相片)☆filtered hologram
滤波图☆stickogram
滤布☆filter cloth{mesh}; filtration fabric
滤布调偏辊☆cloth adjustment roller
滤布振动驱动装置☆cloth shaker drive
滤布支撑上部横梁☆filter cloth support upper rail
滤布支架☆deck(ing){cover} support
滤槽☆leaching cavity
滤层☆filter bed{layer}; filter; band pass
滤尘呼吸器☆respirator
滤尘器☆dust filter
滤尘器(单位面积)尘埃滤过量☆dust load
滤尘网☆duster wire cloth
滤程☆filter fly
滤池☆filter (bed)
滤出☆filter out{off}; plate out
滤出砂☆sand screening
滤出液☆filtrate; percolation
滤除☆filter; filtering; filtration
滤除区{域}☆reject(ion) region
滤船☆fishing craft
滤床☆filter{media} bed
滤带调偏装置☆belt regulator
滤带张紧和平行导向装置☆belt tension & parallel guiding
滤袋{垫|斗}☆filter bag{|bed|cone}
滤袋织品张力☆tension at filter bag
滤掉☆filter
滤毒器☆canister
滤阀☆trap valve
滤干器☆drainer
滤缸☆filtering jar
滤鼓☆filter drum
滤管☆well tube filter; (filter;stick) strainer; strainer tube; screen pipe{liner}; screened pipe
滤管排架☆tube-frame
滤光(片轮)☆filter wheel
滤光胶片☆sensitive film
滤光镜☆colour absorber; optical filter
滤光片☆(light) filter; thinned polished section; colour filter; color absorber
滤光器☆(light) filter; ray filter
滤埚☆filter(ing) crucible
滤锅{器}☆cullender; colander
滤过☆filter through{out;off}; percolation
滤过带[衡消滤波的]☆passband; pass band
滤过分异☆filtration differentiation
滤过辐射☆filtering radiation
滤过石蜡油滤出物☆blue oil
滤过性☆filterability; filtrability
滤海绵属☆Sycon
滤灰网☆dust gauze
滤浸(法)☆leaching
滤净☆defecate
滤净器☆cleaning strainer
滤孔☆filter{screen} opening
滤孔大小☆screen size
滤孔间距☆mesh spacing
滤框☆filter basket{frame}
滤料☆filter{filtering} material
滤膜☆filter membrane
滤泥☆(filter) mud
滤片{盘}☆filter disc{element}; filter
滤片滤器☆strainer filter
滤屏☆reseau [pl.reseaux]
滤器☆colander; strainer; cullender; filter; screen; precipitator; rose
滤气阀☆gas take
滤气孔道{环路}☆filter gas circuit
滤气器☆inhaler; air{gas} filter
滤气器管☆air cleaner pipe
滤清☆filtrate; filter; depuration; filtration
滤清器☆(filter) cleaner
滤清器盖☆filter head
滤球☆filter bulb
滤取{去}☆leaching
滤去器☆elimination filter
滤色器☆(color) filter
滤色相片☆filtered photograph
滤砂☆filter sand; permutite; screen(-)out; screening
滤砂管☆permeable downhole filter; sand screen
滤砂器☆sand filter{separator}; screen
滤砂软化☆permute
滤筛☆fitter sieve
滤声器☆acoustic{acoustical} filter
滤失☆leak-off
滤失比[压裂液]☆loss ratio
滤失量☆filtration rate; filter loss
滤失特性☆fluid loss property{characteristics}
滤失体积☆filtrate volume
滤失性能☆filtration property
滤石☆filter stone; filtros; fitros
滤食口[蛛]☆camarostome
滤水坝☆seeping dam
滤水池☆desilter; filter plant
滤水管☆well tube filter; strainer; screen{perforated} pipe; slotted liner; perforated casing
滤水管的孔隙率☆open entry
滤水井☆filter{infiltration} well; decant tower
滤水率☆filtration rate
滤水器☆water strainer{cell;distiller;filter}; water-distilling apparatus; cl(e)anser
滤速☆filtration velocity; velocity of filtration
滤炭☆filtering charcoal
滤筒☆filter cartridge
滤土带[滤土草带]☆filter strip
滤网☆gauze{net;screen;mesh} filter; flue; (filter;gauze; mesh) screen; fitter sieve; strainer; net jacket; mesh screen; rose[泵进口的]
滤网浮标☆fish trap buoy
滤网管衬☆screened liner
滤网孔大小☆screen size
滤匣☆filter cell
滤箱☆filter box{case}
滤芯☆filter{filtering} element
滤芯式过滤消毒器☆cartridge filter-sterilizer
滤烟器☆soot collector
滤叶☆filter leaf
滤叶式压滤机☆pressure leaf filters
滤液☆filter liquor; filtrate; leachate; colature; percolate
滤液分析☆leach analyses{analysis}
滤液接收器{槽}☆filtrate receiver
滤液漏斗☆filtering funnel
滤液排出池☆filter discharge pit
滤(出)液损失☆filtrate loss
滤液桶{槽}☆filtrate tank
滤液因素☆filtrate factor
滤油器☆oil filter{strainer;cleaner}
滤油器心☆oil filter element
滤油器芯子支架☆oil-filter cartridge support
滤余物☆screenings
滤渣☆leached{filter} residue; residue
滤罩☆strum
滤振效应☆filtering effect
滤纸☆filter (paper)
滤纸厚度{|壳筒}☆filter-paper thickness{|thimble}
滤质器☆massenfilter
滤烛☆filter candle
滤子☆filter
绿白色或天蓝色钙质泉华[含镍文石组成的]☆zeyringite
绿白云母☆batchelorite
绿宝石☆(green) beryl; emerald; chlorosapphire
绿宝石玻璃☆smaragdolin
绿碧玺☆zeuxite; taltalite
绿铋铅矿☆izoklakeite
绿鞭毛类☆chloromonadina
绿玻陨石☆moldavite
绿波段☆green band
绿波效应☆greenwave effect
绿草酸钠石[$NaMgFe^{3+}(C_2O_4)_3•8\sim9H_2O$;三方]☆stepanovite; stephanovite; stepanowite
绿层硅铈钛矿[$CeNa_2Ca_4Ti(Si_2O_7)_2OF_3$,常含 Nb、Th、Fe、Al、$H_2O$ 等杂质]☆rinkolite
绿长石☆amazonite; amazon stone; green feldspar
绿枞☆Douglas fir
绿簇磷铁矿[$Fe^{2+}Fe^{3+}_4(PO_4)_3(OH)_5•3H_2O$]☆dufreniberaunite
绿脆云母[$Ca(Mg,Al)_{3\sim2}(Al_2Si_2O_{10})(OH)_2$;$Ca(Mg,Al)_3(Al_3SiO_{10})(OH)_2$;单斜]☆clintonite; holmite; xanthophyllite; seybertite; holmesite; brandisite; chrysophane; disterrite; wal(o)uewite; disterite; xantofillite; seybertine; valuevite; crysophane; bronzite; mavinite
绿带☆green belt; verdant zone
绿蛋白石[$H_6Fe_2(SiO_4)_3•2H_2O$]☆prasopal; prase opal; chloropal
绿导{灯}信号复示器☆green signal repeater
绿地蜡[$C_{24}H_{18}C_{22}H_{14}$;斜方]☆idrialite; idrialine; curtisite
绿地蜡类☆kertisitoide
绿碲铜石[$Cu_3Te^{6+}O_4(OH)_4$;斜方]☆xocomecatlite
绿点板岩☆spilosite
绿点玫瑰[石]☆Green Rose
绿点藻属[绿藻;Q]☆Chlorochytrium
绿电气石☆verdelite; brazilian emerald; taltalite
绿豆砂[建]☆pea gravel{grit}; mineral granule
绿豆砂面油毡☆mineral-surfaced bitumen felt
绿发水晶☆thetis' hair-stone
绿矾☆copperas; green vitriol
绿钒铜铅矿☆psittacinite
绿方柱石☆zurlite
绿钙闪石[$NaCa_2(Fe^{2+},Mg)_4Fe^{3+}Si_6Al_2O_{22}(OH)_2$;单斜]☆ hastingsite; ferrohastingsite; hudsonite; bergamaskite
绿钙铁矿[Fe 和 Ca 的磷酸盐]☆leobenite
绿钙铁榴石☆Bobrovska garnet; Uralian emerald
绿杆沸石☆jacksonite; lintonite; bagotite; winchellite
绿橄榄石[$(Mg,Fe)_2(SiO_4)$]☆glinkite; glorikite
绿刚玉[Al_2O_3]☆oriental emerald
绿高岭石[$H_4Fe_2Si_2O_9$;$(Fe,Al)_2(Si_4O_{10})(OH)_2•nH_2O$]☆non(r)tronite; jakobsite
绿锆石[为 zircon 的一种;$ZrSiO_4$]☆beccarite
绿革(制)的☆shagreened
绿铬矿[Cr_2O_3;含有少量的 V_2O_3 和 Fe_2O_3 的类质同象混入物;三方]☆eskolaite
绿铬石[铬铁矿的变化产物]☆prasochrome
绿硅铟铈矿☆toernebohmite
绿硅铈钛矿[$(Ca,Na)_{11}Ce_2(Si,Ti)_{10}O_{28}(F,OH)_8$(近似)]☆ rinkolite
绿硅铁矿☆forchhammerite
绿硅线石[$Al_2(SiO_4)O$]☆bamlite
绿河组☆Green River Formation
绿褐帘石☆epidotorthite
绿褐素☆chlorofucine
绿褐云母[与金云母非常接近]☆bastonite

L

绿黑蛇纹石☆nigrescite
绿蝴蝶[石]☆Verde Bahia
绿琥珀☆almashite
绿化☆virescence；afforestation
绿化地带☆green belt；greenbelt
绿化工程☆landscape engineering
绿黄长石[$(Ca,Na)_2(Mg,Fe^{2+},Fe^{3+},Al)(Si,Al)_2O_7$]☆zurl(on)ite
绿黄地蜡☆kertisitoid
绿辉长岩☆corsilite；corsilyte；euphotide
绿辉矿☆allagite
绿辉熔岩☆sulorite
绿辉石[$(Ca,Na)(Mg,Fe^{2+},Fe^{3+},Al)(Si_2O_6)$；$Jd_{75\sim25}Aug_{25\sim75}Ac_{0\sim25}$；单斜]☆virisite；omphacite；acmite；virescite；emeraldite；akmite；aegirine
绿辉岩☆omphacitite
绿基(正长)云英斑岩☆wennebergite
绿钾铁矾[Fe^{2+},Fe^{3+},Al 和碱金属的硫酸盐；$K_2Fe_5^{2+}Fe_4^{3+}(SO_4)_{12}\cdot18H_2O$；等轴]☆voltaite；mysite；pettkoite；goldichite[$KFe(SO_4)_2\cdot4H_2O$]；misit；misy；clinophaeite
绿钾铁盐[$K_2FeCl_4\cdot2H_2O$]☆douglasite
绿钾霞石☆parophite
绿假霞石☆gieseckite；giseckite
绿尖晶石☆chlorospinel
绿胶埃洛石☆smectite
绿胶岭石☆lembergite
绿角闪石☆green hornblende
绿金刚砂☆green silicon carbide
绿金云母☆aspidolite
绿堇青石☆aspasiolite
绿堇云石☆praseolite；prasiolite
绿钧☆green Jun glaze
绿块云母☆czakaltaite；chacaltaite
绿蓝色☆greenish blue
绿锂辉石☆lithia emerald
绿粒橄榄石[$(Mn,Ca)_2(SiO_4)$]☆glaucochroite
绿帘奥长伟晶岩☆epidote oligoclase pegmatite
绿帘花岗岩☆unakite
绿帘金红角闪片岩☆ollenite
绿帘钠长伟晶岩☆epidote albite pegmatite
绿帘石[$Ca_2Fe^{3+}Al_2(SiO_4)(Si_2O_7)O(OH)$；$Ca_2(Al,Fe^{3+})_3(SiO_4)_3(OH)$；单斜]☆epidote；achmatite；allochite；delphinite；escherite；scorza；scorze；puschkinite；pistacite；rosstrevorite；acanthconite；epidotization；pushkinite；excherite；stralite；epidosyte；pistazit(e)；acant(h)icone；skor(t)za；bragationite；akanticone；thallite；akanthikon；acant(h)iconite
绿帘石化玄武岩☆creoline
绿帘石类☆epidote group
绿帘石砂☆schorza
绿帘石(-)透闪石片岩☆epidote-tremolite schist
绿帘岩☆epidotite；epidosite
绿帘云母片岩☆epidote-mica schist
绿磷铝石☆callainite [$AlPO_4\cdot3/2H_2O$；$Al_2O_3\cdot P_2O_5$]；utahlite[磷铝石的变种；$AlPO_4\cdot2H_2O$]；amatrice；kallainit callainite；chlor-utahlite；callaina；callaica；callais [pl.callaides]；amatrix
绿磷锰矿☆dickinsonite；manganodickinsonite
绿磷锰钠石☆varulite
绿磷锰石☆dickinsonite
绿磷铅铜矿[$Pb_2Cu(PO_4)(SO_4)(OH)$；单斜]☆tsumebite；preslite
绿磷石[$(K,Ca,Na)_{<1}(Al,Fe^{3+},Fe^{2+},Mg)_2(AlSi_3O_{10})(OH)_2$]☆verona earth；veronite；kmaite；seladonite
绿磷铁矿[$Fe^{2+}Fe_4^{3+}(PO_4)_3(OH)_5\cdot2H_2O$；单斜]☆dufrenite；krau(e)rite；green iron ore；alluaudite
绿磷铁石[$Cu(Al,Fe)_6(PO_4)_4(OH)_8\cdot5H_2O$]☆rashleighite
绿磷萤石☆pyrosmaragd；chlorophane
绿鳞石[$(K,Ca,Na)_{<1}(Al,Fe^{3+},Fe^{2+},Mg)_2((Si,Al)_4O_{10})(OH)_2$；$K(Mg,Fe^{2+})(Fe^{3+},Al)Si_4O_{10}(OH)_2$；单斜]☆celadonite；kmaite；terra verde；celadon green；green earth；seladonit(e)；verona earth；veronite；celedonite；magnesium glauconite；svitalskite；eladonite；ter(r)e verte[$KMg_3Fe_3Si_9O_{25}(OH)_2\cdot9H_2O$]
绿鳞鱼属[T]☆Glaucolepis
绿鳞云母[$K_2(Li,Fe^{2+},Fe^{3+},Al)_6(Si,Al)_8O_{20}$]☆cryophyllite；kryophyllite；cryophil(l)ite；seladonite
绿鳞云母质矿物☆cryophillic mineral
绿菱锌矿☆bonamite
绿榴石[$Ca_3Cr_2(SiO_4)_3$]☆uvarovite；chrome-garnet；uwarowite
绿硫钒矿[$V(S_2)_2$；单斜]☆patronite；rizopatronite
绿硫钒脉状矿床☆patronite lode deposit
绿硫钒石☆patronite；rizopatronite
绿硫菌☆chlorobium
绿毛宝[石]☆Baltic Green
绿枚岩☆greenphyllite
绿镁铝榴石☆kelyphite
绿镁镍矿[$(Ni,Mg)_3(Si_4O_{10})(OH)_2\cdot nH_2O$]☆alipite；alizite；rottisite
绿蒙脱石[$Na_{0.33}(Mg,Fe)_3(Al_{0.33}Si_{3.67}O_{10})(OH)_2\cdot4H_2O$]☆lembergite；nepheline {-}hydrate
绿锰铁矾[$(Mn,Fe)SO_4\cdot7H_2O$]☆manganmelanterit；luck(y)ite
绿模式[地层倾角测井解释]☆green pattern
绿钠辉石☆percivalite
绿钠角斑岩☆hirnantite
绿钠闪粗霞石☆monmouthite
绿钠闪石[$Ca_2Na(Mg,Fe)_4Al(Al_2Si_6O_{22})(OH,F)_2$]☆hastingsite；tamarite；girnarite
绿泥☆green mud；dregs
绿泥辉绿岩{石}☆cucalite
绿泥间滑石[$Mg_8Al(AlSi_7)O_{20}(OH)_{10}$；单斜]☆kulkeite
绿泥泥灰岩层☆chloritic marl
绿泥片岩☆peach stone；chlorite-schist；chlorite slate；chlorite schist[岩]
绿泥闪帘片岩☆prasinite
绿泥闪岩☆chlorite-amphibolite
绿泥石[$Y_3(Z_4O_{10})(OH)_2\cdot Y_3(OH)_6$，Y 主要为 Mg、Fe、Al，有些矿物种中还可是 Cr、Ni、Mn、V、Cu 或 Li；Z 主要是 Si 和 Al，偶尔是 Fe 或 B]☆chlorite；greenite；green earth；peach；telgsten；chamosite
绿泥石化(作用)☆chloritization
绿泥石(双晶)律☆chlorite law
绿泥石型铀矿☆U-ore of chlorite type
绿泥岩☆chloritite
绿泥皂石☆chlorite-saponite
绿泥蛭石☆chlorite-vermiculite
绿镍矿[NiO；等轴]☆bunsenite；bunsite；nickeloxydul；nickel oxide
绿镍蛭石☆schuchardtite
绿宁石☆green schist
绿盘菌属[真菌；Q]☆Chlorospenium
绿盘{磐}岩☆propylite
绿盘{磐}岩化(作用)☆propyli(ti)zation；propylitize；propylitic alteration
绿盘岩化的玄武岩☆propylitised basalt
绿(色)片岩☆greenschist；green schist
绿坡缕石☆palygorskite；attapulgite
绿铅矿☆pyromorphite
绿蔷薇辉石☆allagite；diaphorite
绿氢氧砷酸钙铜矿☆higginsite
绿球藻属[Q]☆Chlorococcum
绿软玉☆New Zealand greenstone
绿色☆green；virescence
绿色宝石☆chlorosapphire；chalchihuitl
绿色长石[正长岩的一种变种；$K(AlSi_3O_8)$]☆lennilite
绿色的☆viridian
绿色革命的影响☆the effects of the green revolution
绿色孔雀石矿[为孔雀石与氢氧化铜的混合物；$Cu_2(OH)_2CO_3$]☆Atlas ore
绿色凝灰岩区域☆green tuff region
绿色片岩相☆greenschist facies
绿色砂金石英☆chrysoquartz
绿色石英玢岩☆chlophyre
绿色天河石[$KAlSi_3O_8$]☆microcline
绿色萤石[CaF_2]☆false emerald；mother-of-emerald
绿砂☆green sand；greensand
绿闪光☆green flash
绿闪石[$Na_2Ca(Fe^{2+},Mg)_3Al_2(Si_6Al_2)O_{22}(OH)_2$]☆taramite；smaragdite；emeraldite；diallogon；tamarite
绿蛇纹石[$Mg_6(Si_4O_{10})(OH)_8$]☆nemaphyllite；(green) serpentine；enophite；taxoite
绿砷钡铁石[$BaFe_3^{3+}(AsO_4)_2(OH)_5$；三方]☆dussertite
绿砷钡铀矿☆arsenuranocircite
绿砷铋铜矿[$Cu_3(AsO_4)_2\cdot6H_2O$]☆chlorotile
绿砷铅矿☆heliophyllite
绿砷铁铜矿[$Cu_2(FeO)_2(AsO_4)_2\cdot3H_2O$]☆chenevixite
绿砷铜矿[$Cu_2(AsO_4)(OH)$]☆wood copper
绿砷铜石[$Cu_6(Cu,Fe,\cdots)(AsO_4)_3(OH)_6\cdot3H_2O$；六方]☆chlorotile；xocomecatlite
绿砷锌锰石[$(Zn,Mn)_5(AsO_4)(OH)_7$；单斜]☆chlorophoenicite
绿石板岩☆greenstone{memphytic} slate
绿石榴石☆aplome；green garnet
绿石棉☆byssolite；bissolithe
绿石髓☆chrysoprase
绿石英[SiO_2]☆prase；green quartz；mother of emerald；erase
绿水钒钙矿[$CaV_4^{4+}O_9\cdot5H_2O$；单斜]☆simplotite
绿水云石☆pennite
绿松石[$CuAl_6(PO_4)_4(OH)_8\cdot4H_2O$；三斜]☆turquoise；johnite；agaphite；kallaite；turkey stone；turkois；kal(l)ait；kallais；henwoodite；ionite；cal(l)ainite；callait(e)；jonite；coeruleolactite；hydrargillite；turkis；chalch(ig)uite；chalchite；callaica；piruzeh；oriental turquoise；chalchewete；Turkey slate；agapite
绿松石色{蓝}☆turquoise blue
绿素☆chlorin
绿素石☆chlorophyll
绿酸☆green acid
绿梭藻属[Q]☆Chlorogonium
绿碳钙铀矿[$Ca_2(UO)_2(CO_3)_3\cdot10H_2O$；斜方]☆liebigite
绿碳化硅☆green silicon carbide
绿碳镍石☆nullaginite
绿藤苔藓虫(属)[S-P]☆Hederella
绿锑铅矿☆monimolite；bleiromeite
绿天☆green sky
绿铁碲矿☆durdenite；emmonsite
绿铁矾☆melanteria；green vitriol
绿铁矿[$(Fe^{2+},Mn)Fe_4^{3+}(PO_4)_3(OH)_5$；斜方]☆rockbridgeite；kobokobite；rock bridgeite
绿铁硫矿☆emmonsite
绿铁榴石☆jelletite
绿铁铝石☆zirklerite
绿铁铅矿[$Pb_3Fe_4(Cl,OH)_2O_{10}$]☆h(a)ematophanite
绿铁闪石☆taramite；tamarite
绿铁石☆zonochlorite
绿铜矿[$Cu_6(Si_6O_{18})\cdot6H_2O$；$H_2CuSiO_4$]☆dioptase；emerald malachite；kupfersmaragd；kirg(h)isite；emerald copper；dioptasite；emeraudite；green copper ore；green sand；smaragd-malachit；achirite
绿铜膨润石☆yakhontovite
绿铜铅矿[$2PbO\cdot Pb(OH)_2\cdot CuCl_2$；单斜]☆chloroxiphite
绿铜锌斑霰石☆zeiringit；zeyringite
绿铜锌矾[$(Fe,Zn,Cu)(SO_4)\cdot7H_2O$]☆calingastite；zinc-pisanite；zinkpisanit
绿铜锌矿[$Zn_3Cu_2(CO_3)_2(OH)_6$；$(Zn,Cu)_5(CO_3)_2(OH)_6$；斜方]☆aurichalcite；messingite；orichalcite；rissenite；brass ore；kupferzinkblute；green{blue} calamine；kupferzincblute；burutite；buratite；risseite；messingbluthe
绿透辉石☆traversellite；alalite
绿透闪石[$Ca_2Mg_5(Si_4O_{11})_2(OH)_2$]☆calamite
绿土[颜料；海绿石、绿鳞石等]☆green earth；terre verte；terra verde；smectite；terreverte；terraverde；terra verse[海绿石、绿鳞石等]
绿脱石[$Na_{0.33}Fe_2^{3+}((Al,Si)_4O_{10})(OH)_2\cdot nH_2O$；单斜]☆nontronite；ungvarite；unghwarite；chloropal；ungh warite；pinguite；morencite；gramenite；ferromontmorillonite；ungwarite；unghvarite；nonrtronite；corencite；meullerite
绿脱皂石☆karrenbergite
绿矽{硅；夕}线石[$Al_2(SiO_4)O$]☆bamlite
绿霞斑岩☆gieseckite-porphyry
绿霞石[镁和钾的铝硅酸盐，有时含 FeO]☆gieseckite
绿纤沸石☆bagotite
绿纤石[$Ca_4MgAl_5(Si_2O_7)_2(SiO_4)_2(OH)_5\cdot H_2O$；$Ca_2MgAl_2(SiO_4)(Si_2O_7)(OH)_2\cdot H_2O$；单斜]☆pumpellyite；lotrite；chlorastrolite；zonochlorite；chlorozeolite；zoisitic epidote；chloropite
绿纤云母☆kryptotil(it)e；cryptoti(li)te；cryptotile
绿榍石[$CaTi(SiO_4)O$；$CaTiSiO_5$]☆semeline；spinthere；ligurite；séméline
绿锌铁矾☆sommairite；calingastite
绿星[石]☆Emrrald Pearl
绿星彩石英☆chrysoquartz
绿星石☆chlorastrolite
绿星云☆green nebula
绿玄武土☆magnalite
绿盐☆green salt；uranium tetrafluoride
绿岩☆greenstone；green rock{stone}；blue elvan
绿岩-变质沉积物带☆greenstone metasediment belt
绿岩含金石英脉☆gold-quartz vein in greenstone

belt
绿岩片岩☆(greenstone) schist
绿岩期前的☆pre-greenstone
绿叶卟啉☆glaucoporphyrin
绿叶石☆batchelorite；chlorophyllite
绿异剥石☆green diallage
绿英玢岩☆chlorophyre；chlophyre
绿萤石☆green john；chlorophane；false emerald
绿萤石色☆chlorophane
绿蝇属☆lucilia
绿硬玉☆percivalite
绿硬云母☆pholidolite
绿幽灵水晶☆lodalite
绿铀矾[$(UO_2)_2(SO_4)(OH)_2•H_2O$]☆voglianite
绿铀矿[$Cu(UO_4)•2H_2O$;三斜]☆vandenbrand(e)ite；uranolepidite
绿(石)油[油母岩提制的]☆green oil
绿佑红[石]☆Balmoral Red
绿玉☆beryl
绿玉色☆jade
绿玉石☆Green Onyx
绿玉髓[SiO_2]☆chrysoprase；krysopras；praser；green chalcedony
绿云大理岩☆cipolino marble
绿云母☆euchlorite；kmaite
绿藻☆green algae{alga}
绿藻(门)☆Chlorophyta
绿藻的☆chloroalgal
绿藻黄素☆loroxanthin
绿藻类☆chlorophyceae；Chlorophyta
绿藻素☆chlorellin
绿藻相☆chloralgal facies
绿皂石[Fe,Mg,Al,H_2O 的硅酸盐]☆bo(w)lingite；cathkinite
绿皂脱石[绿高岭石和皂石间黏土矿物]☆karrenbergite
绿正长石☆lennilite
绿枝藻属[绿藻;Q]☆Prasinocladus
绿蛭石☆painterite；painbergite
绿洲☆oasis [pl.oases]
绿珠麻[石]☆Verde Fountain
绿柱晶石☆kryptotil
绿柱石[$Be_3Al_2(Si_6O_{18})$;六方]☆beryl；aquamarine；aigue-marine；berylite；davidsonite；beryllium ore；omphacite
绿柱石化☆berylitization
绿柱石晶状☆berylloid
绿柱石色☆beryl
绿柱石纬晶岩矿床☆beryl pegmatite deposit
绿锥石[$Fe^{2+}_2Fe^{3+}_2SiO_5(OH)_4$]☆cronstedtite；cronstedite；lillite；sideroschisolite；chloromelane；chlormelane；melanglimmer
绿钻麻[石]☆Baltil Green

luán

挛缩☆crispation
孪笔石属[O_2]☆Syndyograptus
孪晶☆twin (crystal)；crystal twin
孪壳[射虫]☆twin shell
孪生变形☆deformation twinning
孪生的☆dual；twin
滦河矿[Ag_3Hg]☆luanheite

luǎn

卵☆oo-
卵胞[苔]☆ooecium；ovicell；oecium
卵孢子☆oospore；oval-cell
卵巢[动]☆ovary；ovarium
卵巢痕☆ovarian sinus；genital marking
卵齿☆egg tooth
卵蜂巢虫属[孔虫;K]☆Ovalveolina
卵蛤属[双壳;K-Q]☆Pitar
卵果☆oocarp
卵海胆属[棘;K_2]☆Ovulechinus
卵化石☆ovulite
卵黄磷朊☆vitellin
卵甲藻(属)[Q]☆Exuviella
卵茎海百合属[棘;O_2-T]☆Ellipsoellipticus
卵茎组海百合[棘]☆Ellipsotylidae
卵菌[亚纲]☆Oomycetes
卵孔[动]☆micropyle
卵孔类海百合[棘]☆Ellipsotremata
卵磷脂[$C_{42}H_{84}O_9PN$]☆lecithin(e)
卵膜孔☆micropyle
卵囊☆gonoecium [pl.gonoecia]；nidamental capsule；gonozooecium；oogonium
卵囊孢属[C_1]☆Auroraspora
卵囊壁☆gonocyst
卵囊球☆nucule
卵囊藻属[Q]☆Oocytis
卵器☆egg apparatus
卵清蛋白☆egg albumin
卵丘地形☆drumlin field；basket-of-eggs topography
卵球☆oosphere
卵舌贝属[腕;Є-O]☆Elliptoglossa
卵生动物☆oviparous animal
卵石☆pebble[小]；gravel (fillet;cobble)；grait；grail；cobble(-)stone；cailloutis；roundstone；boulder；cobble (stone)；ratchel；shingle；grouan；pebble gravel；rounded pebble；bouteillenstein；round {field;flinty} stone；pebblestone；rachill
卵石衬护渠道☆cobbled canal
卵石床堆☆pebble bed reactor
卵石蛤属[双壳;D-P]☆Edmondia
卵石构造☆pebbly structure
卵石级煤☆(large) cobble
卵石尖顶线☆apical line
卵石抹面☆pebble-dash plaster
卵石铺底溜槽☆cobble riffle
(用)卵石铺路☆cobble
卵石铺面☆rubble stone paving；paving with pebbles；pebble paving
卵石热载体与原料油比例☆pebble-oil ratio
卵石沙漠[阿]☆serir
卵石砂岩☆pebbled sandstone
卵石土☆cobbly soil
卵石镶嵌体☆pebble mosaic
卵石形☆calculiform
卵石岩墙☆pebble dyke
卵石-油比☆pebble-oil ratio
卵石藻属[K-E]☆Ovulites
卵石质泥岩相☆pebbly mudstone facies
卵石状煤[德]☆mugelkohle
卵式生殖☆oogamy
卵形☆oval
卵形孢(属)[E]☆Ooidium；Ovoidites
卵形贝属[腕;C_1]☆Ovatia
卵形虫属[孔虫;J-Q]☆Oolina
卵形大类[疑]☆Ooidomorphida
卵形的☆oval；egg shaped；ovaloid；oval-shaped；marquise[宝石]
卵形度☆ovality
卵形粉属[孢;T_3-J_1]☆Ovalipollia
卵形角石属[头;D]☆Ovoceras
卵形体☆ovoid
卵形洼地☆scallop
卵形物☆egg；oval
卵形线☆oval；ogive
卵形亚类[疑]☆Oomorphitae
卵形藻(属)[硅藻;E_3-Q]☆Cocconeis
卵形琢型[宝石]☆marquise cut
卵养幼虫☆lecithotrophic larva
卵叶绒毛蓼[Pb 示植]☆Eriogonum (ovalifolium)
卵叶属[植;P_2]☆Yuania
卵叶越橘☆huckleberry
卵原细胞☆oocyst；oogonium
卵圆形的☆ovoid；ovate；ovatus
卵圆形巷道☆ovaloidal opening
卵状长石☆feldspar ovoids

luàn

乱步向量☆out-of-step vector
乱采富矿☆high-grading；barequeo；gut
乱采乱挖☆haphazard manner of working
乱打钻孔☆wildcat
乱堆充填☆random packing
乱堆石☆riprap (stone)
乱坟堆的☆tumulose；tumulous
乱岗状斜交反射结构☆hummocky clinoform reflection configuration
乱晶矿物☆metamict mineral
乱卷云☆cirrus intortus
乱开炮眼{钻孔}☆wild hole
乱浪☆cross sea
乱了的岩芯☆offset core
乱流☆turbulence；mixed flow
乱流层☆turbosphere
乱流层顶☆turbopause
乱毛石饰面☆random rubble facing{finish}
乱木假顶☆timber mat
乱抛石块☆rock{stone} riprap
乱七八糟的☆disconnected
乱砌层墙☆irregular-course wall
乱砌方毛石☆uncoursed square rubble
乱砌料石☆random ashlar
乱砌毛石☆irregular-coursed{random} rubble；rubblework
乱取向☆disorientation
乱石☆sneck[建]；(stone) riprap；quarry{free} stone；rubble；rubblestone
乱石冰碛☆rubble drift
乱石堆☆riprap；rubble accumulation；cyclopean；random{cyclopean} riprap；cyclopian
乱石堆层☆stone{rock;random} riprap
乱石堆填☆random rubble fill
乱石工程☆rubblework；random riprap
乱石洪流☆debris flood
乱石护面☆pavement of riprap；rubble pitching
乱石加固☆riprap protection
乱石盲沟[建]☆boulder ditch；rubble{French} drain
乱石砌筑☆snecked walling；random work
乱石砌筑(的)墙☆snecked wall
乱石纹路面☆crazy pavement
乱石圬工☆moellon；random rubble masonry；bastard{random;rubble} masonry
乱石之地☆stonefield
乱丝☆sleave
乱挖乱采☆haphazard manner of working
乱纹琢石饰☆boasted ashlar
乱油环☆wiper ring
乱云☆intortus cloud
乱云状混合岩☆wild migmatite
乱凿炮孔☆wild hole
乱凿纹方石☆random tooled ashlar
乱凿纹面☆random tooled finish
乱褶皱☆wild fold
乱真信号{|影像{象}}☆spurious signal{|images}
乱枝骨针[绵]☆anomoclad
乱钻炮眼☆wild hole

lüě

掠齿懒兽属[Q]☆Lestodon
掠抽☆skimming
掠地飞行☆hedgehop
掠夺☆pirating
掠夺式(性)开采☆gopher(ing)；mine stripping；robbing a mine
掠夺性开采的矿山☆wild mine
掠夺者☆revier
掠过☆glance；flit；brush；fleet；by-passing；sideswipe；skate
掠过水面☆hydroplane
掠流☆skimming
掠射波☆grazing wave
掠射法☆method of grazing incidence

lüè

略☆sub-
略呈盐性的☆saltish
略带咸味的☆saltish
略含盐分的☆subsaline
略具光泽的☆semilustrous
略图☆contour；delineation；schematic figure{map；diagram;drawing}；chart；sketch (map;drawing)；eye{synoptic;rough} sketch；abridged{rough;outline} drawing；outline；sketching{skeleton} diagram；skeleton；schematic；scantling
略咸的☆subbrackish
略向内卷的☆meiogyrous
略移井位再钻井☆offset (a) well
略有棱角颗粒☆subangular grain
略语(的)☆abbreviated；abb.
略知☆inkling

lún

轮☆branner；wheel (blank)；verticil；whorl[古植]；troch(o)-
轮班☆in shifts{relays;rotation}；shift；tour；tour-type assignment；spell

L

轮班时间☆watch
轮班制☆rotation{relay} system；swing shift
轮笔石属[O_1]☆Trochograptus
轮滨螺属[腹;K]☆Trochactaeon
轮唱☆troll
轮齿☆tooth of wheel
轮虫动物(门)☆Trochelminthes
轮虫纲☆Rotifera；rotifers
轮虫类☆wheelworm；rotifers
轮虫属[孔虫;K_2-Q]☆Rotalia
轮虫亚目[孔虫]☆Rotaliina
轮雏晶☆rotulite
轮船☆boat；steam(er)；steamboat；steamship；str
轮船厨房☆caboose
轮船上交货(价格)☆free on steamer
(用)轮锤(锻打)☆tilt
轮刺贝(属)[腕;C_{1-2}]☆Echinoconchus
轮刺骨针[绵]☆verticillate
轮带机构☆tape deck
(用)轮带运输☆belting
轮挡☆choke
轮的☆seriate
轮斗式水泥浆输送机☆ferris-wheel slurry feeder
轮斗式挖沟机☆rotary scoop trencher
轮对☆wheel(-and-axle) assembly
轮阀☆wheel valve
轮番生产☆alternate production
轮辐☆spoke；arm of wheel；wheel spoke{rib;spider}
轮盖☆wheel cap
轮杠千斤顶☆ratchet jack
轮箍☆(wheel) tire；tyre；strake
轮毂☆hub；wheel hub{nave}；hob；boss；nave
轮毂防尘帽☆wheel hub dust cap
轮毂罩☆hubcap
轮骨[海胆类居步带位置的块状辐射支骨;棘]☆rotula [pl.-e]
轮灌法☆rotation flow method
轮硅灰石☆bourgeoisite
轮轨接触应力☆rail-wheel contact stress
轮海笔(属)[棘海笔;$Є_2$]☆Trochocystis
轮海箭属[棘海箭纲]☆Trochocystites
轮和履带兼备的车☆half-track
轮环☆annular ring；torus
轮环孢属[C_2]☆Whorlizonates；Anulatisporites
轮环大孢属[C]☆Rotatisporites
轮环状腕环☆trocholophe
轮换☆change out
轮换操作{运转}☆alternate operation
轮换入选☆preparation of alternate raw coal
轮回☆cycle
轮回堆积☆cyclical deposit
轮回元素☆cyclic elements
轮机☆turbine
轮机员☆engineman
轮机长☆chief engineer
轮架☆wheel frame{carrier}
轮肩☆wheel shoulder
轮脚☆delineate
轮角石科[头]☆Trocholitidae
轮距☆wheel(-)base；tread；track；spread of wheels；rut；wheel center{spacing;tread; gauge;base}；base
轮锯☆rim saw
轮壳☆flange；boss
轮孔虫属[孔虫;K]☆Rotalipora
轮廓☆configuration；outline；contour；gabarite{gabarit}[法]；adumbration；line；lineation；rough sketch；delineation；ambit；profile；silhouette；skeleton；circumscription；ambitus
轮廓爆破☆outlining{contour} blasting
轮廓尺寸☆boundary{leading} dimension；overall dimensions
轮廓分析☆profile analysis
轮廓曲线仪☆profilometer
轮廓圈定☆contouring
轮廓鲜明☆relief
轮廓线[法]☆contour{outline} (line)；borderline
轮廓形的☆vallate
轮廓仪☆contourgraph
轮肋☆wheel rib
轮链式(多斗)挖泥机☆endless chain dredger
轮流☆alternation；turn；spell
轮流地☆alternately
轮流进行☆interchange
轮流引爆[工]☆rotation firing
轮螺☆Ecculiopterus
轮螺超科☆trochacea
轮螺属[腹;E-Q]☆Arckitectonica；Solarium
轮脉☆concentric rib
轮面☆face of wheel；tread
轮磨机☆edge (runner) mill
轮碾☆rolling
轮碾机☆edge runner{mill}；edge-runner；pan mill
轮碾式移动{轻便}混砂机☆mull-buro
轮盘[轮虫]☆corona [pl.-e]
轮盘式压砖机☆rotary disk press
轮坡☆inclined plane
轮奇藻类体☆Reinschia-alginite
轮圈☆rim
轮轫☆brake
轮珊瑚属[C_1]☆Rotiphyllum
轮生的☆whorled；verticillate
轮生式☆whirl
轮生体☆whorl；verticil
轮生体中之一轮☆verticil
轮式铲运机前轴☆scraper front axle
轮式电铲☆rotary (bucket) excavator；rotary mechanical shovel
轮式刮煤机☆pan car
轮式管口焊前预热器☆wagon-wheel heater
轮式刨煤机☆wheel plough
轮式双晶☆cyclic twin(ning)
轮式摊铺机☆wheeled paver
轮式小车☆bogie-type carriage
轮式摇床☆sluicing table
轮式装矿{岩}机☆wheel-mounted mucker
轮胎☆tyre；tire；wheel cover{tire}
轮胎侧壁☆sidewall
轮胎衬带☆tyre flap
轮胎充气☆tire inflation；inflating{pumping} up a tyre
轮胎充气泵☆tire pump
轮胎防滑板链☆cleated tire chain
轮胎割痕☆tirecut
轮胎接地附着力☆tyre grip
轮胎马达☆wheelmotor
轮胎挠曲阻力☆tyre flexing resistance
轮胎式三臂台车☆three-boom rubber-tire-mounted jumbo
轮胎胎面花纹形式☆tyre tread pattern
轮胎芯布☆ply
轮胎行走的铲斗式装载机☆wheeled loading shovel
轮胎缘☆bead of tyre
轮胎缘距☆toe
轮胎缘趾☆tire bead toe
轮胎走行的☆truck mounted
轮胎钻车☆wagon drill
轮苔藓虫属[E_2-N_1]☆Trochopora
轮铁箍☆strake
轮筒式提料机☆rotary batch charger
轮腕期☆tropholophus stage
轮辋☆rim；felloe；rim of a wheel；felly；rimmer
轮纹颗石[钙超;E_2]☆Rotalithus
轮系☆(gear) train
轮线螺属[腹;O-D]☆Trochonema
轮箱☆wheel house{cover}
轮蟹守螺属[腹;N-Q]☆Trochocerithium
轮心☆wheel center
轮星藻属☆Trochoaster
轮形孢属☆Knoxisporites
轮形骨针[棘海参]☆wheel
轮形关节[棘海百]☆trochite
轮形颗石[钙超]☆whorl coccolith
轮行式装载机☆wheel loader
轮询☆poll
轮询间隔☆polling interval
轮询中断☆polled interrupt
轮压☆wheel pressure
轮压机☆calender
轮牙☆cog
轮轧机☆wheel rolling mill
轮窑☆annular{circular;Hoffmann} kiln
轮叶☆Annularia；(wheel) blade；vane
轮叶泵☆propeller pump
轮叶迹[遗石]☆gyrophyllites
轮翼泵☆wing pump
轮缘☆flange；wheel flange{rim}；felloe；felly；bearing rib；annulet
轮缘作用制动器☆rim brake
轮藻☆Chara
轮藻藏卵器化石☆gyrogonite
轮藻纲☆Charophyceae
轮藻类☆charophites；Charophyta；Chareae；charophita
轮藻亚科☆Chareae
轮藻植物☆charophyte；stonewort；brittlewort
轮藻植物(门)☆Charophyta
轮闸☆wheel brake
轮掌☆leg
轮爪☆strake
轮罩☆wheel cover；spat
轮辙☆wheel mark
轮周☆crown
轮轴☆wheel (and) axle；axle-tree
轮轴铜衬☆crown brass
轮轴组合☆wheel-and-axle assembly
轮皱贝属[腕;C-P]☆Plicatifera
轮转☆troll；cycle
轮转的☆cyclo-
轮转机[钻探用]☆vane borer
轮转计☆hodometer
轮转式挖掘机☆cyclical excavator
轮状☆rotiform；rotate
轮状的☆annular；trochlear；rotundus
轮状螺属☆Trochomorpha
轮状物☆wheel
轮状应力☆circumferential stress
轮子刮泥板☆wheel cleaner
轮子坡☆ramp (road)；footrail；decline；footrill；futteril；inclined roadway{subway}；engine{gravity} plane；gravity{self-acting;braking} incline；back balance；inclining shaft；jig
轮子坡底车场工☆bencher
轮子坡运转工☆jigger
(竖井底的)轮子坡终端重车停车道☆shaft kip
轮作草地☆lea；lay；ley
轮作(制)☆rotation of crops；crop rotation
轮{錀}[序 111]☆roentgenium；Rg
伦巴底次地槽☆Lombardy subgeosyncline
伦道普森水泥砂造型法☆Randupson process
伦杜里克面{|图}☆Rendulic's surface{|plot}
伦敦 Kew 的平均气团频率☆average air-mass frequencies for Kew London
伦敦皇家学会☆Royal Society of London；RSL
伦敦金属交易所☆London Metal Exchange
伦敦力☆London force
伦敦-罗得西亚采矿和地产公司☆London-Rhodesia Mining and Land Co.,Ltd.；LONRHO
伦敦型烟雾☆London (type) smog
伦敦烟雾事件☆London smog incidents
伦理(学)☆ethics
伦纳德(统)[北美;P_1]☆Leonardian
伦纳德阶[美;P_2]☆Leonard stage
伦纳德-琼斯势☆Lennard-Jones potential
伦纳德珊瑚属[P1]☆Leonardophyllum
伦纳德统☆Leonardian Series
伦坡拉群☆Lumpola group
伦奇藻类体☆reinschia-alginite
伦琴[放射性剂量单位]☆ro(e)ntgen；R
伦琴单位☆R-unit
伦琴当量☆roentgen{r}-equivalent；equivalent roentgen
伦琴发光☆rontgenluminescence
伦琴辐射☆X radiation
伦琴(射线)计☆roentgenometer；r-meter；roentgen meter
伦琴矿☆rontgenite
伦琴射线☆X-ray；Ro(e)ntgen {-} rays
伦琴射线粉末图谱☆X-ray powder pattern
伦琴射线透视机☆roentgenscope
伦琴射线衍射图案☆X-ray diffraction pattern
伦琴石[$Ca_2(Ce,La,\cdots)_3(CO_3)_5F_3$;三方]☆ro(e)ntgenite
伦琴/小时•米☆rhm.；roentgen-hour-meter；r.h.m.
论丛☆collection{collected} essays；collection of commentaries；symposium；symposia
论点☆issue；argument；thesis [pl.-ses]；contention；claim；standpoint；viewpoint；statement
论断性的☆predicative
论集☆analects；analecta
论据☆datum；evidence；fact
论量化学☆stoichiometric chemistry
论日租船契约☆daily charter

L

论述☆deal；treatment；treat (of)
论坛☆forum；tribune
论题☆thesis [pl.-ses]
论文☆thesis [pl.-ses]；treatise；article；discourse；dissertation；paper；art.；tract；theme；study
论文集☆collection of papers；collection；symposium [pl.-ia]；repertory；transaction；analects；analecta；collected papers；symposia；proceedings；memoir；proc；trans；trans.
论域☆universe
论证☆demonstrate；argument；demonstration；reasoning

luó

萝卜螺(属)[腹;E-Q]☆Radix
萝伦希亚☆Laurencia
萝藦{摩}属[Q]☆Asclepias
萝藦科植物☆Asclepiad
螺笔石☆Rastrites
螺槽☆spiral flute；nut
螺层[腹]☆whorl
螺层隆起☆varix
螺齿鲨科☆Cochliodoatidae
螺底[腹]☆base
螺钉☆(nut) bolt；screw；Sc
(用)螺钉固紧☆screw
螺顶☆spiral ridge
螺房孔虫属[K-Q]☆Spiroloculina
螺伏硫银矿☆akanthite
螺浮电缆深度相示器☆streamer depth indicator
螺杆☆hob；screw (rod)
螺杆泵☆screw pump；rotary screw pump
螺杆传动☆lead-screw drive
螺杆刹车☆spindle brake
螺杆式压缩机☆screw compressor
螺杆形立柱☆screw-jack prop
螺杆闸手柄☆screw-down brake handle
螺杆钻具☆helicoid hydraulic motor；positive displacement drill
螺根☆thread root
螺钩式井下测站钉☆screw-hook spad
螺管☆spiral
螺环[腹]☆(spiral) whorl；volution；toroid；spire
螺环切面☆whorl profile
螺环烃☆spirane
螺簧☆spiral spring
螺基☆tap bolt
螺桨轴☆propeller shaft
螺角☆spiral (angle)；apical angle
螺距☆pitch；screw pitch{distance}；lead；acclivity；spiral gap；pitch of screw
螺距规☆(thread) pitch gauge；screw pitch ga(u)ge
螺距角☆pitch angle；angle of pitch
螺科☆Litiopidae
螺壳☆spiral case
螺壳式泵☆spiral casing pump
螺孔☆tapped hole
螺孔钻头☆tap drill
螺离子喷涂☆plasma spraying
螺硫银矿[Ag_2S;单斜]☆acanthite
螺轮☆screw-gear
螺轮虫属☆Turborotalia
螺帽☆(cap) nut；female{nut} screw；blind{acorn} nut
螺帽扳手☆key (screw)；spanner
螺帽固定螺柱☆captured bolt
螺面☆spiral surface
螺母☆nut (screw)；screw{acorn;cap} nut；cover；female{inside} screw
螺圈☆helicoid
螺圈迹[遗石;J-N]☆Gyrolithes
螺圈状旋壳的[腹]☆gyrogastric
螺塞☆plug screw；tap
螺式搅拌输送机☆stirring screw conveyor
螺式绳式顿钻钻头☆cable
螺式压气机☆screw compressor
螺栓☆bolt；carriage{screw} bolt；screw
螺栓锻造机☆bolt header
螺栓分布圆☆bolt circle；BC
螺栓杆☆body of bolt
螺栓固定的木垛☆chock (mat) pack
(用)螺栓固定{拴住}☆bolt
螺栓肩☆talon
螺栓孔☆bolt hole；bolthole
螺栓连接☆bolt (connection;fastening)；bolting；pin connection；bolted joint
螺栓连接的电缆头☆bolted cable coupler
螺栓螺母接头☆bolt-and-nut connection
螺栓拧紧机☆bolt tightener
螺栓枪[矿测设点用]☆stud gun
螺栓张紧弹簧☆bolt tension springs
螺蛳属[腹;E-Q]☆Margarya
螺丝☆screw；Sc；gossamer
螺丝把☆key screw
螺丝扳手☆screw-thread；screw wrench
螺丝槽☆flute
螺丝车床☆screwing machine
螺丝车磨床☆threader
螺丝刀☆driver；screw(-)driver
(用)螺丝钉钉住☆screw down
螺丝堵☆cap nut
螺丝堵头☆hoisting{screw} plug
螺丝攻☆tap
螺丝尖式连接装置☆screw jockey
螺丝绞板☆screw die
螺丝模☆die；screw-die
螺丝母锥打捞器☆screw bell
螺丝伸缩式横撑☆telescoping screw strut
螺丝缩接☆bushing
螺丝套筒☆screw-socket；screwed muff
螺丝旋杆☆tommy
螺丝旋转工具☆turnscrew
螺丝锥☆gimlet；corkscrew；gunlet；(screw) tap
螺塔[腹]☆spire
螺塔角[腹]☆spiral angle
螺条搅拌器☆ribbon blender
螺烷☆spirane
螺尾锥角☆vanish cone angle
螺(旋)位错☆helix{helical;screw; spiral} dislocation
螺位错源☆spiral dislocation source
螺纹☆helical{spiral} burr；(screw) thread；flight；whorl；thread of a screw；worm；thd
螺纹插入连接套管☆inserted-joint casing
螺纹车床☆threading machine；screw cutting lathe；screwing machine
螺纹错扣☆cross threading
螺纹(梳)刀☆chaser
螺纹刀具☆chasing{threading;screw} tool
螺纹导管[植]☆spiral vessel{duct}
螺纹的中径☆pitch diameter
螺纹钢筋☆indented{twist;deformed} bar；helical reinforcement；twist steel
螺纹钢钎☆turbine steel
螺纹钢条☆corrugated steel bar
螺纹根☆root
螺纹构造☆helicitic structure{texture}
螺纹管☆helices [sgl.helix]；threaded pipe；screwed tube；threaded line pile
螺纹规☆thread profile gauge
螺纹环规☆ring screw gage；ring thread ga(u)ge
螺纹加工机☆threader
螺纹间隙消除装置☆backlash eliminator
螺纹接套☆nipple
螺纹接头☆close{all-thread;screwed} nipple；union；screw joint；threaded coupling{connector;adapter}
螺纹孔☆threaded hole
螺纹扣数☆number of threads
螺纹连接的活钎头☆detachable threaded bit
螺纹连接钎杆☆drive screw
螺纹连接钻杆接头☆screw-on tool joint
螺纹螺母☆twist nut
螺纹铆钉☆rivnut
螺纹面☆flank of thread
螺纹拧得过紧[口]☆pull it green
螺纹切削机☆screw chasing machine
螺纹全长☆full stand of thread
螺纹塞☆closing screw
螺纹上紧程度☆tightening of thread
螺纹深度☆depth of thread
(用)螺纹梳刀刻(螺纹)☆chase
螺纹栓☆screwed plug
螺纹锁闭剂☆thread-locking compound
螺纹头数☆number of starts
螺纹透镜☆Fresnel lens
螺纹未上紧☆undertonging
(钻孔或岩芯的)螺纹线☆riffling
螺纹销套筒连接器☆pin-to-box coupling
螺纹牙顶☆crest of screw thread
螺纹牙形角☆angle of thread
螺纹验规(不过)端☆no-go thread gage
螺纹样板☆pitch gauge
螺纹直径☆diameter of screw；thread diameter
螺纹中径☆angle{effective;pitch} diameter
(用)螺纹装置撑开及收缩的套管封隔器☆screw casing anchor packer
螺纹锥度☆taper of thread
(管子)螺纹最后啮合扣☆last engaged thread
螺烯☆helicene
螺线☆spiral (curve)；helical；spiro-
螺线管☆actuator[电磁铁]；solenoid；threaded line pile；SOL；SLD
螺线管式电磁铁☆solenoid magnet
螺线管跳闸装置☆solenoid tripping device
螺线角☆spiral{spire} angle
螺线形轨道☆spiral orbit
螺型{旋形}位错☆helix{screw;helical;spiral} dislocation
螺型位错生长理论☆screw dislocation theory of crystal growth
螺形螺栓☆wing bolt
螺形扫描☆helical scanning
螺形腕骨☆spiralium
螺形支柱☆console
螺旋☆spiral；helix [pl.helices]；corkscrew；coiling；screw；scroll；spire；spin；spiro-
螺旋板载荷试验☆screw plate loading test
螺旋棒式摆动油缸☆helical spline type actuator；piston and helix rotary actuator
螺旋泵排水☆drainage by volute pump
螺旋笔石属[S]☆Spirograptus
螺旋槽棘轮旋凿☆spiral ratchet screw(-)driver
螺旋槽卷筒☆helical drum
螺旋差动式钻机☆geared-head drill
螺旋衬板球磨机☆spiral-lined ballmill
螺旋成长说☆spiral growth theory
螺旋虫☆Spirorbis
螺旋触簧☆whisker
螺旋带摩擦离合器☆helical-band friction clutch
(双金属)螺旋带沼气示警灯☆spiralarm
螺旋的☆coiled；helical；spiral
螺旋顶型旋流器☆helical-roof type cyclone
螺旋定距分隔器☆spacer
螺旋飞行☆vrille
螺旋分选机溜槽☆spiral separator chute
螺旋杆☆hob；twisted{twist} bar；worm
螺旋钢箍☆hooping
螺旋钢筋☆spiral hooping{pipe}；twisted bar
螺旋钢筋环☆spiral hooping
螺旋给进回转器☆gear-feed swivel head
螺旋给进式金刚石钻机☆screw-feed diamond drill
螺旋供砂系统☆sand screw feeding system
螺旋管☆helix；coil；solenoid；toroid；spirateon；spiral{serpentine} pipe
螺旋管耦合随钻测量系统☆toroidal coupled MWD
螺旋规☆helicograph；screw gauge
螺旋海百合属[棘;S]☆Spirocrinus
螺旋焊接钢板套管☆spiral-weld sheet metal casing
螺旋环☆screw collar
螺旋环数☆convolutions number
螺旋环扎钢筋☆spiral reinforcement
螺旋活塞杆摆动油缸☆helical spline type actuator；piston and helix rotary actuator
螺旋棘轮☆spiralling ratchet wheel
螺旋挤泥条机☆auger machine
螺旋桨☆(screw) propeller；fan；screw；windmill；propulsion propeller
螺旋桨包鞘☆sheathing
螺旋桨盘☆screw disc
螺旋桨喷气式发动机☆propeller-jet engine
螺旋桨式冲击破碎机☆propeller-shaped beater
螺旋桨式叶轮搅拌机☆ship-type impeller agitator
螺旋桨旋转真空☆propeller cavitation
螺旋桨叶式搅拌输送机☆paddle mixer
螺旋角石☆Trochoceras
螺旋进给机☆screw feed
螺旋距值☆screw value
螺旋蕨属[P_2-T_3]☆Spiropteris
螺旋空腔☆spiraled cavity
螺旋口[孢]☆spiraperturate

L

(松紧)螺旋扣☆turnbuckle
螺旋捞矛☆coil drag
螺旋冷却溜槽☆spiral cooling chute
螺旋连接元件☆threaded retained component
螺旋联结☆screw-coupling
螺旋溜槽☆helical sluice; spiral chute{flute}; core-type spiral chute; staple; conveyor
螺旋溜槽`门{|叶片}☆spiral chute door{|blade}
螺旋硫银矿☆acanthite
螺旋面☆helicoid; helical (surface); helices [sgl.helix]; plane of spiralia
螺旋面牙嵌式离合器☆spiral jaw clutch
螺旋内部介质流动☆media flow inside screw
螺旋器☆pushing and pulling screw jack
螺旋千斤顶式(临时金属)支柱☆screw jack prop
螺旋潜迹[遗石]☆Zoophycus
螺旋曲线☆spiral{helical} curve; cochleoid
螺旋绕法☆helically wind
螺旋塞☆hoisting{thread;screw} plug
螺旋伞齿轮铣轮☆spiral bevel gear cutter
螺旋升水器☆worm
螺旋升液混合沉淀器☆screw lift mixer-settler
螺旋绳槽滚筒☆spiral grooved drum
螺旋式☆helicism
螺旋式磁力槽洗机☆spiral-type magnetic log
螺旋式的☆helicoidal; auger; screw type
螺旋式顶(出)岩芯工具☆screw type core pusher
螺旋式钢绳捞矛☆drag twist
螺旋式煤粉除粉器☆screw gummer
螺旋式配量计☆auger meter
螺旋式水泥进料器☆cement screw feeder
螺旋式岩芯退出器☆screw-type core pusher
螺旋手钻☆post hole auger
螺旋输砂器☆screw conveyer
螺旋输送机叶片☆spiral chute blade
螺旋输送器底壳☆auger concave
螺旋松紧式捞管器☆rotary releasing spear
螺旋弹簧☆helical{volute;spiral;coil(ed)} spring; helix [pl.helices]
螺旋弹簧提引钩☆wiggle-spring casing hook
螺旋体☆helicoid; helicity; spirochaeta(l); spirochaete
螺旋推进器入口☆auger inlet
螺旋推进器轴☆auger cone
螺旋推进式泥炮☆spiral type tap-hole gun
螺旋推运器☆auger
螺旋涡轮装置☆screw-gear
螺旋细菌☆thread bacteria
螺旋下降☆vrille
螺旋线☆helix [pl.helices]; helical curve; conchoid; spire; coiling; spiral
螺旋线角☆helix angle
螺旋销☆screw pin
螺旋卸料离心脱水机☆screw centrifuge; scroll discharge centrifuge
螺旋心的☆heliocentric
螺旋形☆helix [pl.helices]; helicoid form; volution; spirality; volute; twist; spiral (fashion); spiro-
螺旋形布氏管☆spiral Bourdon tube
螺旋形的☆helic(oid)al; spiral; serpentine; gyroidal
螺旋形管☆coil
螺旋形流☆spiral current
螺旋形筛☆spiral screen
螺旋形上山漏斗回采(法)☆spiral stoping
螺旋形`上山梯段{台阶式天井}漏斗回采(法)☆spiral-bench stoping
螺旋形式☆spiring
螺旋形丝扣☆spiral thread
螺旋形探管取样器☆auger sampler
螺旋形掏槽孔排列☆spiral hole pattern
螺旋形挖掘头☆spiral cutterhead
螺旋形物☆wreath
螺旋形斜级☆winder
螺旋形凿井法☆screw-type sinking method
螺旋形钻☆auger drill
螺旋旋回☆trochospiral; trochoid spiral
螺旋选矿机溜槽☆spiral separator chute
螺旋选煤器☆spiral coal cleaner
螺旋扬水机☆spiral water lift
螺旋叶片☆helical vane; (auger) flight
螺旋翼冲击钻杆☆spiral-winged drill stem
螺旋翼片稳定器☆spiral blade stabilizer
螺旋运输机{器}☆conveying screw; helical screw; screw conveyer
螺旋运土器☆augers
螺旋甾烷☆spirosterane
螺旋藻属[蓝藻;E-Q]☆Spirulina
螺旋轧制钢钎☆spiral-rolled drill steel
螺旋轴☆screw (rotation) axis; screw-shaft; axis of coiling
螺旋轴泵☆spiral pump
螺旋转子膨胀机☆helical rotor expander
螺旋装药(法)☆auger loading
螺旋状☆helix; bostrychoid; spiral fashion
螺旋状的☆helical; gyrate; corkscrew
(磨成)螺旋状的岩芯☆corkscrew core
螺旋状井筒剖面☆cork screwed wellbore profile
螺旋状物☆curl
螺旋状细菌细胞☆spirillum [pl.spirilla]; spire; spine
螺旋锥☆trochocone
螺旋锥形☆trochiform
螺旋锥状[孔虫]☆trochospiral
螺旋钻井☆augering
螺旋钻孔取样法☆auger sampling method
螺旋钻(机)☆helical drill; (helical;worm;clay;screw; ship; worm;spiral) auger; spiral drill{borer}; auger drill
螺旋钻采法[煤]☆augering
螺旋钻采煤程序☆augering procedure
螺旋钻打的孔☆auger hole
螺旋钻机开采薄煤层法☆auger mining of thin seam
螺旋钻铤☆grooved{fluted} drill collar; spiral (drill) collar
螺旋钻头☆auger bit{boring;point}; auger-drill head; spiral bit (stabilizer)
螺源☆spiral source
螺藻属☆arthrospira
螺中子测井孔隙度☆neutron poros
螺轴☆columella
螺状☆cochlearis; spirality
螺(旋)状的☆helicoid
螺状硫银矿[Ag_2S]☆acanthite; argentite; silver glance; vitreous silver; argyrose
螺状送料器☆spiral feeder
螺钻☆auger (drill;boring); twist{helical;spiral;shell; worm; Archimedean; continuous-flight } auger; fluted twist drill; worm (auger); screw-driver
螺(旋)钻采样器☆auger sampler
罗[12 打]☆gauze; gross; gr.
罗班特[一种电木塑料]☆Roxite
罗比赖特炸药☆Roburite
罗宾汉风☆Robin Hood's wind
罗宾斯-麦西特(矿石混均)系统☆Robbins-Messiter system
罗宾斯型井筒掘进机☆Robbins machine
罗宾逊子波☆Ro-wavelet; Robinson wavelet
罗伯茨模型☆the Roberts model
罗伯特(有孔)虫[孔虫;T-Q]☆Robertina
罗伯逊-克劳德尔油浮选法☆Robson and Crowder process
罗差☆compass deviation
罗彻斯特页岩☆Rochester shales
罗城贝属[腕;C_1]☆Lochongia
罗茨型(低压旋转式空压)机☆Rootes blower
罗达远程精确测位器☆lodar
罗丹明 6G☆rhodamine 6G
罗丹尼造山运动[N_1]☆Rhodanian orogeny
罗德参数☆Lode's parameter
罗德洛统☆Ludlow series
罗德曼测爆压计☆Rodman ga(u)ge
罗德斯石☆rhodesite
罗得岛州{艾兰}[美]☆Rhode Island
罗得西亚人☆Rhodesia{Rhodesian} man
罗缎[法]☆faille
罗干线☆Logan's line
罗汉松☆(yew) podocarpus
罗汉松粉属[孢;K-N]☆Podocarpidites
罗汉松科☆Podocarpaceae
罗汉松属[植]☆Podocarpus
罗汉松烷☆podocarpane
罗汉松烯☆podocarprene
罗吉斯回归分析☆Logistic analysis
罗吉特几率☆logit
罗加煤炭黏结指数试验法☆Roga's method
罗加黏结性试验性{法}☆Roga method
罗加指数☆Roga index; R.I.
罗角锥☆gyrocone; gyroceracone
罗杰盐☆Rocelle salt
罗经☆compass
罗经点☆compass point; points of the compass
罗经柜☆binnacle
罗经航向☆compass course; cco
罗克太特液封☆Loctite hydraulic seal
罗克维尔白[石]☆Rockville White
罗克韦尔硬度☆Rockwell hardness
罗拉德(系统)☆long-range detection; Lorad
罗拉克(导航系统)☆long-range accuracy; Lorac
罗拉克(阶)[英;J_3]☆Rauracian (stage)
罗兰☆long-range navigation
罗兰导航制☆L.R.N. long-range navigation
罗兰德圆☆Rowland circle
罗兰-C-惯性组合导航系统☆Loran-C-inertial navigation system
罗兰信号发射台☆Loran station
罗勒[学名和氏罗勒,唇形科,铜通示植]☆Basil
罗列的☆paratactic
罗硫铜矿☆roxbyite
罗伦兹变换☆Lorentz transformation
罗马航空发展中心☆Rome Air Development Center
罗马昆地系☆Lomaicegundi system
罗马莱布勒[重量,=0.32kg]☆Roman Libra
罗马隆石☆Sakhreh
罗马尼亚☆Romania; Rumania
罗马树脂☆nauckite
罗马水泥☆Roman{rock;Romen;Parker's} cement
罗马岩[罗马]☆romanite
罗曼蒂克咖啡红[石]☆Romantic Coffee
罗曼透明石英管(氯化)炉☆Roman Candle (chlorination) furnace
罗镁大隅石[$(Na,K)_2(Mg,Fe^{2+})_5Si_{12}O_{30}$;六方]☆roedderite
罗明格(尔氏)珊瑚属[S-D]☆Romingeria
罗盘☆(box) compass; comp.; box and needle
罗盘测量☆dial survey(ing); compass survey(ing); free{loose} needle survey
罗盘磁针磁北与真北偏差☆compass deflection
罗盘方位☆compass bearing; rhumb
罗盘方位差☆compass error
罗盘柜☆binnacle
罗盘架☆gimbal frame
罗盘面[罗盘的方位盘]☆card
罗盘偏差☆(compass) deviation
罗盘仪记录盘☆compass rose
罗盘仪偏差☆compass deviation
罗盘支杆☆jacob('s) staff
罗普考辊磨机☆Lopulco roller mill
罗奇型湿法胶带式磁选机☆Roche wet belt magnetic separator
罗惹坪统[S_2]☆Lojoping series
罗赛特(非安全胶质炸药)☆Roxite
罗森布什定律☆Rosenbusch's law
罗森布石☆rosenbuschite; zircon-pektolith
罗森层孔虫属☆Rosenella
罗森-拉姆勒筛析碎煤曲线☆Rosin-Rammler curve of screen analysis of crushed coal
罗莎颚牙形石属[O]☆Rosagnathus
罗莎玉石☆Rosso Salome
罗沙红[石]☆Rossa Framura
罗士培图{|型}☆Rossby diagram{|regime}
罗氏分类☆Rosenbusch's classification
罗氏符号☆Rogers symbol
罗氏弧☆Lowitz arcs
罗氏尖头花[唇形科,铜矿通示植]☆Acrocephalus roberti
罗氏硬度(数)☆Rockwell hardness (number); RHN
罗水硅钙石[$Ca_3Si_3O_8(OH)_2$;三斜]☆rosenhahnite
罗水氯铁石[$Fe^{2+}Cl_2•2H_2O$;单斜]☆rokuhnite; rukuhnite
罗斯贝大气环流☆Rossby's atmospheric circulation
罗斯虫属[孔虫;E_2-Q]☆Reussella
罗斯-赖姆勒方程[筛分]☆Rosin and Rammler equation
罗斯林砂岩☆Roslin sandstone
罗斯滤波片☆Ross filter
罗斯密特数☆Loschmidt's number
罗斯特发展模型☆Rostow's model of development
罗斯通马达[静平衡马达]☆Ruston motor
罗斯型滚轴筛☆Ross roll grizzly
罗斯坩埚☆Rose crucible

罗丝转红[石]☆Rosa Ghiandone
罗素尔型振动试验筛☆Russel shaker
罗素-桑德斯耦合☆Russel-Saunder's{LS} coupling
罗索{骚}风☆Rosau
罗太普型试验套筛☆Ro-tap
罗坦登风☆Rotenturn wind
罗特韦尔火药☆Rottweil powder
罗网笔石属[O]☆Nephelograptus
罗西-福勒尔烈度表☆Rossi-Forel scale
罗西福瑞震级☆Rossi Forel intensity scale
罗西阶[O_3]☆Rawtheyan
罗西瓦(显微测)法☆Rosiwal micrometric method
罗西瓦分析☆Rosiwal analysis
罗西瓦-山德法☆Rosiwal-Shand method
罗谢耳盐☆Rochelle salt
罗辛-拉姆勒公式☆Rosin-Rammler formula
罗辛律☆Rosin's law
罗辛-瑞姆勒函数[粒度分布]☆Rosin-Rammler function
罗依得虫属[三叶;O_1]☆Lloydia
罗远仪[远程导航]☆loran
罗针☆compass needle
罗针沸石☆rhodesite
罗子波☆Ro-wavelet
逻辑部件☆functional{logic} unit
逻辑常词{项}☆logical constant
逻辑乘法☆intersection；conjunction；logical multiplication
逻辑代数☆logic{Boolean} algebra；mathematical analysis of logic；algebra of logic
逻辑非☆negation
逻辑分析☆logic analysis
逻辑工程方法☆logical engineering method
逻辑回归分析☆logistic regression analysis
逻辑加☆logic(al){Boolean} add
逻辑框☆box
逻辑门☆(logic) gate
逻辑无关包☆logically unrelated packet
逻辑相加☆union
逻辑性☆logicality
逻辑移位☆non-arithmetic{logic(al)} shift
逻辑"与"☆logical "and"
锣☆gong
骡(子)☆mule

luǒ

裸☆yoke
裸孢锈菌属[真菌;Q]☆Caenoma
裸孢子囊[植]☆gymnosporangium
裸孢子叶[植]☆gymnosporophyll
裸笔石(属)[O_2]☆Gymnograptus
裸鞭毛区☆naked flagellar field
裸变形虫类☆Gymnamoebida
裸冰碛☆bare moraine
裸齿菊石属☆Gymnites
裸唇目{类}☆Gymnolaemata
裸导线☆bare conductor
裸的☆bare
裸电极☆bare electrode
裸蜚迹☆Corophioides
裸粉属[孢]☆Nudopollis
裸铬硅铸铁☆Nicrosilal
裸沟藻属☆Gymnodinium
裸管☆bared pipe
裸管柱☆bare string
(没有保温的)裸罐☆bare tank
裸果的[植]☆gymnocarpous
裸海松(藻属)[P-K]☆Gymnocodium
裸焊条☆bare electrode
裸核子☆nucleor
裸喉类☆Gymnolaemata
裸环殖菊石属[头;T_2]☆Psilosturia
裸甲虫属[三叶;$Є_2$]☆Psilaspis
裸甲藻式孢子☆gymnodinioid spore
裸甲藻属[J-E]☆Gymnodinium
裸礁石[航海]☆bare rock
裸(眼)井☆bare(footed) well；open hole
裸井堵塞☆well{wall} plug
裸井段☆barefoot interval
裸菊石超科[头]☆Psiloceratаceae
裸蕨☆Psilophyton；psilopsid
裸蕨纲☆Psilophytineae
裸蕨目☆Psilophytales
裸蕨目的☆psilophytic
裸蕨植物门☆psilophyta
裸孔☆bare；blank{barren;unlined} hole；uncased {open} wellbore；uncovered{barefoot} well
裸孔粉属[E_{1-2}]☆Nudopollis
裸孔藻属[S]☆Nullipora
裸缆☆bare cable
裸离子☆bare ion
裸露☆uncover
裸露爆破☆unconfined shot；adobe{dobie} (blasting)；contact blasting；mud-capping
裸露冰☆bare ice
裸露残丘☆exhumed monadnock
裸露导线☆bare wire；uncovered{bare} conductor
裸露的☆exposed；naked；bare；denudate；calvous
裸露地☆barren{open} ground
裸露地区☆exposed country
裸露阶地☆undefenced terrace
裸露孔段[未下套管]☆open hole
裸露药包☆dobie；surface explosive charge；adobe (shot;shooting)；bombing；dobe{unconfined} shot
裸露药包二次爆破法☆mudcap method
裸露装药爆破☆adobe blasting{shot;shooting}；mud without capping
裸名☆nomen nudum；nom. nud.
裸囊壁☆gymnocyst
裸鳃亚目☆Nudibranchia
裸松藻属☆Gymnocodium
裸体浆状炸药泵送车☆pump truck
裸头虫属[三叶;O_1]☆Psilocephalina
裸线☆bare wire{cable;conductor}；naked cable；blank{open} wire；aerial line
裸小羽片☆sterile pinnule
裸岩☆bare rock
裸眼☆naked hole{eye}；bare foot；open hole；uncased hole{borehole}；barefoot
裸眼部分☆open hole portion
裸眼单封隔器测试管柱☆open hole single packer test string
裸眼段渗流面积☆open hole area
裸眼封隔器☆external packer
裸眼井☆open hole (well)；OH；borehole；barefoot well
裸眼井产能☆open hole productivity
裸眼井段☆barefoot{open} interval；open hole (section)
裸眼井段的爆炸(增产)☆open-hole shooting
裸眼井段割缝衬管☆slotted open hole liner
裸眼井筒☆uncased wellbore
裸眼完成☆bare foot finishing
裸眼完井☆run barefoot；finish barefooted；barefoot completion；open {-}hole completion
裸叶☆sterile frond
裸叶的[植]☆gymnophyllous
裸羽片☆sterile pinna
裸藻(属)☆Euglena
裸藻门☆Euglenaphyta
裸枝的[植]☆gymnoclemous
裸枝叠层石(属)[Z]☆Gymnosolen
裸植代{界}☆paleophytic；pteridophytic
裸珠蚌属[双壳;J-Q]☆Psilunio
裸铸铁管☆uncoated cast-iron pipe
裸准石燕贝属[腕;T_2]☆Nudispiriferina
裸子植物((亚)门)☆gymnosperm；Gymnospermae
裸足的☆phloeopodous；gymnopodous
裸嘴贝属[D_2-C_1]☆Nudirostra；Lissorhynchia

luò

落瓣(阀)☆drop clock
落边式车☆drop-side car
落槽☆slot
落差☆fall (head)；(falling) head；downthrow；height of drop；drop height；throw [threw;thrown]；drop in elevation (between two points in a stream)；head drop (in hydroelectric power plants)；fall head of water；fall of level；perpendicular throw；drop[水的]；HD
落差测量☆fall survey
落差大于煤层厚度的断层☆cut(-)out
落差流☆hydraulic current
落差水位流量关系(曲线)☆fall-stage-discharge relation
落差折层{断距}☆throw
落潮☆ebb (tide;reflux)；falling{outgoing} tide
落潮(水道)☆ebb channel
落潮历时{期间}☆duration of fall
落潮流☆ebb current{stream}；head tide；(outgoing) ebb
落潮流速☆strength of ebb
落尘☆deposited{settled} dust；dust fall；fallout
落锤☆(lift) hammer；drop (weight;ball)；falling weight；drop pile hammer；drop{block} hammer
落锤扯裂试验☆drop weight tear test
落锤冲击贯入仪☆drop-impact penetrometer
落锤锻造☆drop forging；D.F.
落锤法[震勘]☆drop-weight method；weight dropping {thumping}；weighted-drop；weight-drop
落锤试验☆drop{falling-weight;drop-weight} test；droptest；fall hammer test
落锤式闸门☆hammer gate
落锤仪☆falling-weight meter；dropmeter
落锤震源☆P-shooter
落底爆破☆rip blasting；floor ripping blasting
落底式平台[支柱固定在海床上]☆bottom platform
落地爆炸(点)☆burst on impact
落地车床☆surfacing{surface} lathe
落地俯角☆quadrant angle of fall
落地生根属[植;Q]☆Bryophyllum
落地式的☆floor-type
落地式戈培(摩擦轮)式提升机☆ground-type koepe winder
落地线☆line of fall
落点☆drop-point
落顶☆(roof) caving；top failure
(用)落顶法管理顶板☆roof-control by caving method
落顶高度☆height of caving
落顶片帮☆gowl
落顶区☆caved area
(岩石)落顶性指数☆cavability index
落端式车☆drop-end car
落锻☆drop forging；ramming；D.F.
落垛器☆releasing block
落后☆lag(ging)；fallback；arrear；trail；straggle；leeway
落后变量法☆lagged variable
落后的☆lagging；backward
落后角☆angle of lag
落后者☆laggards
落华石☆blossom rock
落基{矶}山[美中部产油区]☆Rocky Mountains
落基{矶}地槽☆Rocky geosyncline
落角☆quadrant angle of fall；angle of arrival；impact angle
落解气驱☆depletion drive
落进孔内的钻具☆lost tools
落井岩芯打捞工具☆core picker
落井钻杆顶部接箍修整工具[便于打捞]☆rasp
落井钻具顶部打模☆take a picture
落距☆drop；height of drop；fall[锤]
落空☆frustrate
落空的井☆stepout well
落矿☆bring{breaking;break} down；blowdown；breakdown；ground{ore} breaking；hoedown；ore caving；break off；breakage
落矿工☆driver
落料☆blanking
落煤☆break down；breakdown；coal breakage{fall}；breakage
落煤工☆breaker
落煤机☆buster；breaking-down machine
落煤楔☆buster；coal wedge；feather (key)
落煤用压气爆破筒☆air blaster
落煤装载☆back loading
落盘☆fall of ground
落皮层☆outer bark；rhytidome
落平潮☆ebb slack
落坡☆falling gradient
落球法☆drop-ball method；falling ball method
落球回弹硬度计☆scleroscope
落球式黏度计☆falling sphere viscometer
落砂☆knock(-)out；crush；ramoff；shake-out；sand strip{fall}；ram-away；(sand) shakeout[冶]；ram off；sand-out
落砂格子☆knockout grid
落砂工☆knocker-out
落砂后保留在铸件上型砂☆loose sand

落砂机☆shakeout (machine)；flask shaker；shake-out table；knock out machine；drop-hole
落砂孔[多膛焙烧炉内]☆drop-hole
落砂流☆falling sand stream
落砂坡☆sandfall slope
落渗河☆sinking stream；swallet；insurgence
落渗水☆sinking water
落绳高度☆rope down height
落石☆rockfall；falling rock；rockslide；fall of rock
落石槽☆stone falling channel；trough for catching falling rocks
落石堆前堤☆protalus rampart
落石沟☆dicth for falling rock
落石坡☆talus slope
落石楔☆stone wedge
落水洞☆doline [pl.-n]；leach{swallet;swallow} hole；aven；dolina(e)；gulf；sink；ponor[南斯]；gouffre；swallow；sink(-)hole；shake(-)hole；sotch；enters；swallet；emposieu；water{spring;solution;lime(stone)} sink；creu；cloup；slocker；shackhole；shake；pothole
落水洞河外流处☆keld
落水洞湖☆katavothra{sink} lake
落水洞泉[吞吐泉]☆estavelle；estavel
落水管☆downspout；downcomer
落水井[水面随潮汐波动的井]☆ebbing well
落水溪☆sinking creek
落体☆falling body
落体的偏斜☆deflection of falling body
落体式绝对重力仪☆falling body absolute gravimeter
落体向东偏转☆eastward deflection of falling body
落伍☆straggle
落物不能清除的井☆lost hole
落下☆flop；fall-off；fall；fallback；drop；incidence；downfall；descend；haul down[旗等]
落下高度☆height of fall
落下物☆drop
落箱砂☆shakeout sand
落岩☆ground breaking
落岩块☆fallen rock block
落叶☆defoliation；deciduous[树种]
落叶被子植物林☆deciduous angiosperm tree
落叶病☆leaf-cast；wilt disease
落叶残层[瑞]☆forna
落叶层☆tree litter
落叶的☆defoliate；deciduous
落叶林中的食物网☆the food web in a deciduous forest
落叶森林群落☆ptenphyllium
落叶松☆larch；Larix
落叶松上生的☆laricophilous
落叶素☆picloram
落隐河☆lost river
落鱼[落在钻井内的物件]☆fish
落鱼顶部☆top of fish；TOF
落羽杉属[K-Q]☆Taxodium
落在井底的岩芯打捞工具☆core fisher
落在井内的工具☆lost tool
落脏☆ash contamination
落针式地震仪☆falling pin seismometer
落重(震源)☆thumper；weight drop
落重法☆drop-weight method；weight dropping technique；thumper{weight drop} [地震法]
落重破碎☆drop crushing
落锥试验☆fall-cone test
落座[罐笼]☆land
洛德兰陨石☆Lodran meteorite
洛德应变{|力}参数☆Lode strain{|stress} parameter
洛登膛式干燥机☆Lowden driver
洛东蕨属[K_1]☆Naktongia
洛夫波☆Love wave
洛各陨石☆logronite
洛根(构造不连续)线[构造地质]☆Logan's line
洛根型片式截煤机☆Logan slabbing machine
洛吉分析☆logit analysis
洛吉值☆logit
洛克巴坦石☆lok-batanite
洛克波特(阶)[美;S_2]☆Lockportian (stage)
洛克迹[遗石]☆Lockeia
洛克手持水平仪☆Locke level
洛克图纳(双晶)律☆Roc Tourne law
洛利尔角石属[头;D]☆Lorieroceras
洛林(阶)[欧;J_1]☆Lotharingian
洛林式铁矿床☆Lorraine-type iron deposit
洛林凸轧钢衬板☆Lorain rolled steel liner
洛伦兹场{|群}☆Lorentz field{|group}
洛伦兹透射显微术☆transmission Lorentz microscopy
洛美沙星☆hydroxybenzoic
洛默-科特雷尔位错☆Lomer-Cottrell dislocation
洛帕廷方法☆Lopatin method
洛帕廷氏时间温度指数☆time-temperature index
洛奇里牙形石(属)[C]☆Lochriea
洛撒林阶☆Lotharingian stage
洛杉矶型光化学烟雾☆Los Angeles photochemical smog
洛氏球石[钙超;Q]☆Lohmannosphaera
洛氏硬度☆Rockwell('s){indentation} hardness；hardness on Rockwell；RH；HR
洛氏针入硬度☆Rockwell indentation hardness
洛塔林王朝☆Lotharingian
洛维邦德 pH 比色计☆Lovibond comparator
洛维虫属[三叶;$Є_2$]☆Rowia
洛温海胆属[棘;C]☆Lovenechinus
洛希极限☆Roches{Roche;Rache} limit
洛阳铲☆Loyang spoon
洛约拉珊瑚属[D_1]☆Loyolophyllum
络合滴定(法)☆complexometric titration
络合分子☆complex molecule
络合汞离子☆complex mercury ion
络合生成阳离子☆complex-forming cation
络合物生成反应☆complex-formation reaction
络合物形成(作用)☆ligation
络合物形成剂☆complexing agent
络合(离子)种☆complexed species
络合作用☆complexing；complexation
络离子☆complex(ing) ion
络扭贝属[腕;D_{1-2}]☆Nervostrophia
络纱☆doff；spooling；winding
络纱机☆spooler；cone winder；winding machine
络石☆trachelospermum jasminoide
络石(糖苷)☆tracheloside
络石配质☆trachelogenin
络石属☆Trachelospermum
络石藤☆caulis trachelospermi；Chinese starjasmine；trachelospermum jasminoides
络酸☆complex acid
络网古杯(属)[$Є_1$]☆Retecyathus
络盐☆complex salt
络阳离子☆complex cation
络阴离子☆anionic complex；complex anion
骆特定律☆Raoult's law
骆驼☆Camelus；camel
骆驼(附目)☆Tylopoda
骆驼刺(属)☆Alhagi
骆驼毛织的传动带☆hair belt
骆驼亚目☆Tylopoda

L

M

mā

抹布☆rag

má

麻包导火线☆hemp fuse
麻痹☆paralysis [pl.paralyses]
麻布☆flax；hessian
麻袋布☆jute bagging；sack cloth
麻刀☆hemp cut
麻刀灰☆lime plaster with hemp cut
麻刀灰泥☆hair{hemp}-fibered plaster；hair mortar
麻刀填料☆tow packing
麻迪菊☆madia
麻点☆divot；pit；pock mark
麻点腐蚀☆pitting (corrosion)；pit corrosion
麻点腐蚀的管子☆pitted pipe
麻点状的☆pockmarked
麻烦(事(情))☆labor；inconvenience；burden；tight；trouble；plague；cumbersome；onerous；nuisance；inconvenience； bother；handful
麻花链环☆twist-link chain
麻花柱孔钻☆auger twist bit
麻花钻☆fluted twist drill；twist{spiral;auger} drill；(worm) auger；hand boring；screw{spiral} auger；spiral borer；auger bit；gimlet
麻花钻杆☆auger worm；continuous-light auger
麻花钻头☆auger{twist;spiral} bit；auger-drill head
麻黄☆(Chinese) ephedra
麻黄粉属[孢;K]☆Ephedripites
麻黄纲☆Ephedropsida
麻黄科☆Ephedraceae
麻黄目☆Ephedrales；Gnetales
麻黄属☆Ephedra
麻坑(腐蚀)☆corrosion pit
麻口铁☆mottled iron
麻口铸铁☆mottled cast iron
麻粒构造☆granulose structure
麻粒石☆duparcite
麻粒岩☆granulite[变质]；granulyte；whitestone；granolite
麻粒岩的☆granulitic
麻粒岩化☆granulitization
麻面锤☆granulating hammer
麻面卵石☆pitted pebble
麻面雪壳☆perforated crust
麻{玛}姆世[J_3]☆Malm epoch
麻坶岩☆malm rock
麻山式磷矿床☆Mashan-type phosphate deposit
麻生海扇属[双壳;T]☆Asoella
麻绳☆hemp rope{cable}；hemp-twist；jute rope[黄麻]；rope made of hemp,flax,jute,etc.
麻省理工学院☆Massachusetts Institute of Technology；MIT
麻石[建]☆chiselled stone
麻石子☆crushed granite
麻蚀☆cavitation {-}erosion
麻丝板☆millboard
麻索☆hemp cable
麻填(料)☆hemp packing
麻填密活塞☆hemp packed piston
麻线☆flax
麻线填料☆hemp packing
麻屑填料☆tow packing
麻芯[钢丝绳中]☆hemp centre{core}
麻絮☆oakum
麻岩☆paragneiss
麻药☆narcotic
麻衣☆hessian cloth
麻织水龙带☆hemp hose
麻醉☆narcosis
麻醉(法)☆anaesthesia
麻醉剂☆drug；anaesthetic；gas
麻醉性的☆narcotic
麻醉药☆dopes；narcotic
麻醉作用☆anesthetic effect{action}；narcotic effect

mǎ

玛琋脂☆mastic (gum)
玛格尔沙绿[石]☆Mogalsar Green
玛基群落[地中海夏旱灌木群落]☆maquis
玛理提马☆maritima
玛莉绿[石]☆Mary Green
玛姆(统)[欧;J_3]☆Malm
玛姆{麻姆;麻坶}砂岩[灰砂岩]☆malmstone；malm rock
玛瑙[SiO_2]☆agate
玛瑙碧玉[SiO_2]☆jaspachate；jaspagate；agate jasper
玛瑙化木☆wood agate
玛瑙蜗牛超科☆Achatinacea
玛瑙玉[石]☆Agate Jade
玛沙红[深,石]☆Tangelo Pink A
玛氏盐☆Marignac's salt
玛斯测斜仪☆Maas survey instrument；Maar compass
玛索尔震源☆Marthor
玛扬阶☆Mayan stage
码☆yard[=3ft=0.9144m]；yd；y.；pile up；stack；code (letter)；sign{thing} indicating number；instrument{device} used to indicate number
码尺☆yard(-)stick；yard measure{wand}
码当量☆equivalent yards
码点☆code-point
码钉☆bull-horn
码垛机☆setting machine
码(元)间串扰☆intersymbol interference
码距☆code distance
码矢☆code character{block}
码数☆yardage；yards；yds
码头☆wharf；dock (quay)；landing；bund；quay；wet dock；jetty；pier；port city；water terminal；levee；commercial and transportation centre；wh；whf
码头岸墙☆wharf wall
码头驳船☆harbor barge
码头(前方)仓库☆quay shed
码头端部☆pierhead
码头工(人)☆docker；stevedore；long-shore-man；lumper；dockman；roustabout
码头护坡☆dock slope protection
码头交货(价格)☆free at quay；ex wharf{quay}；free on quay；terminal delivery
码头门☆doorhead；horsehead；mid-door；soldier frame；(shaft) inset；platt
码头门电缆接线箱☆inset tee box
码头声呐☆jetty mounted sonar
码头选择系统☆dock-line system
码头装卸工人☆longshoreman
码窑☆placing
码元☆symbol；code element
码重☆Hamming{code} weight
码字☆code letter{character;block}
蚂蚁☆ant
吗啡☆morphine
吗啉☆morpholine
钨{鎷}[锝之旧名]☆masurium；Ma
马☆horse；Equus
马鞍菌属[Q]☆Helvella
马鞍形☆selliform
马鞍型填料☆Berl saddles
马鞍藻(属)[Q]☆Campylodiscus
马鞍状☆saddle-shaped
马坝人[古人化石,1958 年广东韶关马坝乡发现]☆Mapa (man)
马鲅[鲅鱼类;N]☆Barbus
马葆藻属[$Є_2$]☆Marpolia
马宝[病马胃肠道所生结石;中药]☆bezoar of a horse；dust ball；Caculus Equi
马背(岭)☆horseback
马鞭藻属[褐藻]☆Cutleria
马超科☆Equoidea
马车☆chariot；carriage
马车运输☆cartage；carting
马刺虫属☆Calcarina
马达☆electromotor；(electric) motor；mot
马达法辛烷值[在严峻的速度和荷载下测定的汽油抗爆性能]☆motor octane number
马达加斯加☆Madagascar
马达加斯加鼬[Q]☆Eupleres；falanouc
马达燃料☆automotive fuel
马达声☆racking
马达-弯接头组合☆motor-bent sub combination
马当炸药☆Mastonite
马刀虫类☆peneroplids
马刀虫属[孔虫;E_2-Q]☆Peneroplis
马刀树☆tilted trees
马岛猬属[Q]☆Tenrec；Centetes
马德拉斯地理学会[印]☆Madras Geographical Association；MGA
马德拉岩[大西洋马德拉群岛]☆madeirite
马德隆常数☆Madelung constant
马镫壶☆stirrup pot
马迪城市生态结构的理想化模型☆Murdie's idealized model of urban ecological structure
马地干水母属[腔;AnЄ]☆Madigania
马丁代尔防尘呼吸器☆Martindale dust respirator
马丁炉☆Siemens-Martin{Martin} furnace
马丁炉钢☆open-hearth steel
马丁氏贝☆Martinia
马丁水泥[材]☆Martin's cement
马`丁{登斯}体☆martensite
马`丁{登斯}体的☆martensitic
马丁型取样机☆Martin sampler
马兜铃科☆Aristolochiaceae
马顿斯镜式应变仪☆Martens mirror strain meter
马耳他☆Malta
马耳他的旋风☆tromba
马耳他十字架构造☆Maltese-cross structure
马耳他十字形包裹体☆Maltese-cross inclusions
马尔代夫☆Maldives
马尔可{科}夫变数{量}☆Markovian variable
马尔可夫过程☆Markov processes
马尔莫拉特螺属[腹;C-T]☆Marmolatella
马尔萨斯人口爆发论☆Malthusian explosion
马尔三瘤生属[三叶;O_2]☆Marrolithus
马尔太-摩尔重介选法☆Martell-Moore process
马尔文日照计☆marvin sunshine recorder
马夫拉岩☆mafraite
马浮石☆mafuaite；mafurite
马弗炉☆muffle (furnace)；Muffle-type furnace；muffler；muffle roaster[焙烧炉]
马弗式退火窑☆muffle lehr
马格参数☆Margules parameter
马格达连文化☆Magdalenian culture
马格奈狄司克磁带盘☆Magne DISC
马格诺克斯(核燃料包覆用镁)合金☆Magnox (alloy)
马古烈斯方程☆Margules's equation
马古斯☆Margules
马哈拉诺比斯距离[广义距离]☆Mahalanobis' distance
马颔缰☆martingale；martingal
马赫[以声速为计量单位的速度单位]☆Mach
马赫(数)表☆machmeter
马赫-陈德尔干涉仪☆Mach-Zehnder interferometer
马赫原理☆Mach's principle
马基诺矸{矿}☆mackinawite
马基群落☆maquis；macchia
马基珊瑚属[D_{2-3}]☆Macgeea
马脊岭☆horse(-)back；house(-)back；house back；kettleback；sowback；swineback；hogback
马家沟灰岩☆Machiakow limestone
马加丁型腕环☆magadiniform
马加螺属[软舌螺;Є-O]☆Majatheca
马角坝珊瑚属[C_1]☆Majiaobaphyllum
马杰磨☆Majac mill
马厩☆stall
马卡里氏颗石[钙超;K_2-E_2]☆Markalius
马卡利德类[歪形棘皮类]☆Machaeridia
马卡利-康卡尼(烈度)表☆Marcalli-Cancani scale
马开效应☆Macky effect
马可巴鼻烟☆maccoboy；maccabaw；maccaboy
马克[德币]☆DM；mark
马克莱氏鋌属[孔虫;P_1]☆Maklaya
马克劳林级数☆Maclaurin series
马克士威学说☆Maxwell theory
马克斯韦尔液体模型☆Maxwell liquid model
马克西刹车☆MAXI brake
马口铁☆white{galvanized} iron；tin (plate; sheet)
马口铁皮☆sheet tin
马阔里海岭☆Macquarie ridge
马拉尔定律☆Mallard's law
马拉哈藻煤[巴西的第三纪藻煤]☆marahu(n)ite
马拉松型棒磨机☆Marathon mill
马拉提升操作工☆whip
马拉维☆Malawi
马拉运输☆horse-drawn{horse;pony} haulage
马来鳄(属)☆Tomistoma
马来酐[$(=CHCO)_2O$]☆maleic anhydride
马来酸酐与醋酸乙烯酣共聚物☆copolymer of vinyl acetate and maleic anhydride；VAMA copolymer

M

马来西亚☆Malaysia
马来熊属[N_2-Q]☆Helarctos
马来亚石[$CaSnSiO_5$;单斜]☆malay(a)ite
马来亚锡☆straits tin
马来亚牙形石属[T_{1-2}]☆Malaygnathus
马兰矿[$Cu(Pt,Ir)_2S_4$;等轴]☆malanite
马兰期☆Malan age
马勒☆bridle
马肋状变形☆"worn out horse" type deformation
马里☆Mali
马里达型连续巷道掘进机[软岩用]☆Marietta continuous miner
马里兰州[美]☆Maryland
马里奈斯(阶)[欧;巴尔顿(阶);E_2]☆Marinesian
马里铅沸石☆maricopaite
马栗丹宁[$C_{26}H_{24}O_{11}$]☆horsechestnut tannin
马利筋属☆Asclepias
马利羊齿属☆Mariopteris
马利英缝编织物☆plexiform
马力☆horse power; horsepower; h.p.; Hp.; HP
马力小时[功单位]☆horsepower-hour
马铃薯卷心菜泥☆colcannon
马铃薯泥☆mashed potato
马铃薯型冷凝器[汞齐法回收采用]☆potato condenser
马硫铜镓矿☆maigruen
马硫铜银矿[$(Ag,Cu)_2S$;斜方]☆m(a)ckinstryite
马路☆avenue
马鹿☆Cervus elaphus; red deer; wapiti
马鹿亚属[Q]☆Elaphus
马陆(属)[昆;Q]☆Julus
马略特定律☆Mariotte's law
马伦爆破强度☆Mullen burst strength
马罗☆munro
马洛斯木属[古植;C_3-P_1]☆Maroesia
马门溪龙(属)☆Mamenchisaurus
马莫(阶)[北美;O_3]☆Marmor (stage)
马默思(地磁)反向事件☆Mammoth (reversed) event
马瑙红[石]☆Sea-Waue Flower
马尼卡省[莫桑比克]☆Manica
马尼拉纸☆manila paper
马尼拉棕绳☆cables; Manil(l)a rope
马尼托巴省[加]☆Manitoba
马尼威石[钙超;K_{1-2}]☆Marnivitella
马尿素☆hippurin
马尿酸[C_6H_5•CO•NH•CH_2•CO_2H]☆hippuric acid
马诺密度仪☆Manodensimeter
马平统☆Maping series
马其顿☆Macedonia
马琴外燃式热风炉☆M-P hot stove
马青烯☆malthenes
马肉矿☆horse-flesh{horseflesh} ore
马瑞太水准面[英制海拔单位,比真值高 7～8ft]☆reduced level; R.L.
马萨诸塞州理工学院☆Massachusetts Institute of Technology; MIT
马塞德莱皮内半影试板☆Mace de Lepinay half-shadow plate
马塞德莱皮内旋光石英楔☆Mace de Lepinay rotary quartz wedge
马赛克☆mosaic; mozaic
马赛型磨机☆Marcy mill
马沙红[石]☆Rosa Tea
马山斑岩☆masanophyre
马山岩☆masanite
马上☆off hand; now; soon; instant; at once; shortly
"马上"反应☆pronto reaction
马上科☆Equoidea
马绍尔群岛共和国☆Republic of the Marshall Islands
马氏扁(式松胀)仪☆Marchetti's flat dilatometer
(用)马氏测斜仪测孔☆Maas survey
马氏产甲烷球菌☆Methanococus mazei
马氏间歇机构☆geneva gear
马氏颗石[钙超;K_{1-2}]☆Manivitella
马氏漏斗式泥浆黏度计☆Marsh funnel viscosimeter
马氏螺☆Maclurites
马氏(测孔)罗盘☆Maas (bore-hole) compass
马氏螺属[腹;O]☆Maclurites
马氏体变形加工点☆Martensite deformation point
马氏体式转变☆martensitic transformation
马氏硬度☆Martens hardness
马属[包括马、驴、斑马等]☆equus
马水硅钠{钠硅}石[$Na_2Si_4O_9$•$5H_2O$;斜方]☆makatite
马水铀矿☆masuyite
马斯布鲁克阶[O_3]☆Marsh brookian
马斯登方☆Marsden square
马斯登阶[C_2]☆Marsdenian
马斯登{顿}图[气象分布图]☆Marsden chart
马斯科岩[花岗辉长混杂岩]☆marscoite
马斯洛夫{维}轮藻属☆Maslovichara
马{麦}斯`特里希{里奇}特阶[K_2]☆Maastrichtian; Maestrichtian
马索安全汽油灯☆Marsaut lamp
马塔干姆矿☆mattagamite
马特(氏)贝属[腕;O_1]☆Martellia
马特尔摩尔重液选矿法[利用氯化钙或氯化锌做重液]☆Martell-Moore process
马特(洪)峰[阿尔卑斯山峰之一,位于瑞士与意大利之间的边境]☆Matterhorn
马特根羊齿属[古植;T_1]☆Madygenia
马特隆函数☆Matheron function
马特斯亚☆Matsya
马提尼红[石]☆Martini
马提尼克岛[法]☆Martinique
马蹄贝属[腕;S-D]☆Hipparionyx
马蹄钩☆clevis (U)
马蹄螺(属)[腹;N-Q]☆Trochus
马蹄螺形☆trochiform
马蹄螺总{超}科☆trochacea
马蹄丘☆manha
马蹄形☆horseshoe
马蹄形测钉☆spud
马蹄形的☆hair-pin; hippocrepiform
马蹄形方解石单晶☆Ceratolith
马蹄形拱{|湖|环礁}☆horse(-)shoe arch{|lake|atoll}
马蹄形火焰池窑☆U-flame tank furnace; horse-shoe flame tank furnace
马蹄形礁☆horseshoe (shaped) reef
马蹄形面隧道☆horse-shoe tunnel
马蹄形深海峡谷☆horseshoe abyssal gap
马蹄形搪烧炉☆U-shaped enamelling furnace
马蹄形弯☆horse-shoe curve
马蹄形物☆horseshoe; horse-shoe
马天尔特螺属[腹;K-N]☆Mathilda
马廷尼星石[钙超;E_2]☆Martiniaster
马通孢属[J_2]☆Matonisporites
马通蕨科☆Matoniaceae
马通蕨属[植;K_2-Q]☆Matonia
马头梁☆horsehead (girder)
马头门☆doorhead; horsehead; ingate; platt; landing bottom mouthing; mid-door; soldier frame; (shaft) inset
马头门罐道框架☆underground shaft guide frame
马头丘☆scarp; escarpment
马头山冰期☆Matoushan glacial stage
马腿的关节内肿☆spavin
马威虎红麻[石]☆Macurai Tiger
马尾☆mares' tails
马尾蛤☆Hippurites
马尾蛤属[双壳;K]☆Hippurites
马尾蛤相☆Hippuritic facies
马尾筛☆hair sieve
马尾丝状矿脉☆horse-tail veins
马尾松☆Pinus massoniana
马尾形裂楔效应☆horsetailing
马尾藻(类海草)☆sargassum; sargasso
马尾藻属[Q]☆Sargassum
马尾状断层☆horsetail fault
马纬带☆horse latitudes
马西拉期☆Marcellus
马西试验☆Marsh's test
马西型球磨机☆Marcy mill
马膝湿疹☆Callenders
马先蒿粉属[E-Q]☆Pedicularis
马衔索☆curb
马歇尔线☆Marshall{andesite} line
马歇尔小型增压器☆Marshall mini booster
马谢[量镭的单位;空气或溶液中含氡的浓度单位]☆mache
马形(亚目)☆Hippomorpha
马形超科☆Equoidea
马形驼(属)[Q]☆Hippocamelus
马许试砷法☆Mash test
马雪型磨机☆Marcy mill
马雅尼制管机☆Meynani pipe machine
马亚克矿☆mayakite
马眼石☆marquise cut
马因瑞克捕收剂☆minerec
马泽里雨期[撒哈拉第一次雨期,相当于贡兹-民德间冰期]☆Mazzerian phase
马扎尔螺属[腹;K-E_2]☆Mazzalina
马扎克矿☆majakite
马掌☆horseshoe
马足痕[大道上]☆piste
马祖里暖期[欧;16000 年前]☆Masurian phase

mà

唛(耳) [音调单位]☆mel
唛头☆shipping mark

mái

埋☆lay; oblivion
埋藏☆bury; interment; concealment; occurrence; burial; bedding; embed; lie hidden in the earth
埋藏的冲断层前缘☆buried thrust fronts
埋藏地点☆lodging point
埋藏地垒☆causeway
埋藏构造☆covered structure
埋藏矿床☆deep leads
埋藏量☆reserve
埋藏露头☆incrop; suboutcrop
埋藏浅的[矿床]☆shallow-lying
埋藏丘☆buried hill
埋藏群落[生]☆taphocoenosis; thanatocoenosis; taphocoenose
埋藏深度☆buried{burial} depth; depth of burial
埋藏式桥墩☆buried abutment
埋藏水☆connate{fossil;buried} water
埋藏条件☆mode of occurrence
埋藏土壤☆fossil{buried} soil; paleosol
(油气)埋藏位置☆final resting place
埋藏相☆taphofacies
埋藏学☆para-ecology; taphonomy
埋藏岩溶☆buried karst; subjacent karst
埋藏在层间里的☆imbedded
埋藏状态☆mode{manner} of occurrence
埋层☆buried layer
埋地热油管线☆buried heated line
埋伏丘☆burial hill
埋刮板式输送机构形☆en masse conveyor configuration
埋管☆pipe laying
埋管驳船☆bury barge
埋管机☆pipeline burying machine
埋焊☆slugging
埋弧焊☆submerged {-}arc welding; submerged arc-weld; SAW
埋积谷☆waste-filled{wastefilled} valley
埋没☆submergence; concealed; submersible
埋没露头☆concealed{buried} outcrop; sub-out crop
埋没砂矿☆buried{deep} placer
埋入☆earth; embed; embedment; anchoring; encase; imbedment; sink
埋入地下☆land disposal
埋入法☆embedment method; embedding
埋入深度☆depth of setting
埋入式应变片☆embedment{embedded} strain ga(u)ge
埋砂冷却☆cooling by embedding in sand
埋设☆entombment; in-built
埋设电缆☆buried cable
埋深[自管顶至地平面的距离]☆depth of burial {embedment}; buried{cover} depth
埋生的☆innate; defixed
埋尸学☆taphonomy
埋石☆monumentation; laying of markstone
埋石点☆monumented point{station}; permanent station
埋(引爆)索器☆plough; plow
埋头☆sinking{counter-sunk} head; be engrossed in; immerse oneself in; deep in
埋头的☆flush-mounted
埋头垫圈☆socket washer
埋头孔☆counterbore; countersunk; countersink
埋头螺钉☆countersunk (head) screw; dormant screw; counter sunk screw; CSK SCREW
埋头螺栓☆flush bolt; countersunk (headed) bolt
埋头锚杆钻机☆countersinker
埋头销☆sunk pin

M

埋土处理☆earth filling
埋下的不稳定的永冻层管道☆unstable permafrost pipeline buried
埋葬☆bury；burial；entombment
埋葬群☆taphocoenosis
埋葬学☆para-ecology；taphonomy
埋置☆embedment；embed(ded)；imbed；plant[检波器]；imbedment
埋置深度☆embeded depth；embedment
埋置条件☆planting condition；plant
埋着的☆infossate
霾☆haze；brume
霾层☆haze layer
霾地平☆haze horizon
霾点☆haze droplet
霾滤光片☆haze filter
霾面☆haze level
霾系数☆haze factor
霾线☆haze line

mǎi

买方☆client
买方仓库交货价格☆ex buyer's godown
买方开价{|还}☆buying{|counter} offer
买方品质条款☆buyer's quality terms
买回☆redemption
买空卖空☆cross trade
买麻藤(属)[E-Q]☆Gnetum
买麻藤目☆Gnetales
买卖☆buy；truck；trade
买卖合同☆bargain
买卖汇票的人☆cambist
买卖双方化验的合同平均值☆assay split
买卖双方同意的分析值差限☆splitting limits
买内马☆Meryhippus
买内岳齿兽☆Merycoidodon gracilis
买主☆vendee；bargainee；client；taker；buyer
(由)买主引起的更改☆customer originated change

mài

麦(克斯韦)[磁通量单位]☆maxwell
麦德维捷夫地震烈度表☆Medvedev scale
麦得利菊石属[头;P]☆Medlicottia
麦迪纳(统)[北美;亚历山大统;S_1]☆Medinan
麦饭石☆coarse{medical} stone
麦盖脱泵[可抽吸含砂水]☆magator
麦秆结构☆jackstraw texture
麦基斯登型薄膜浮选机☆Macquistem film-flotation machine
麦积山石窟☆Maijishan Grottoes, ancient grottoes in Gansu Province
麦加利{卡利;式}地震烈度表☆Mercalli scale of intensity；Mercalli scale
麦钾沸石[$(K,Ca,Na,Na)_7Si_{23}Al_9O_{64}•23H_2O$;斜方]☆merlinoite
麦胶☆amylan
麦角固醇☆ergosterol
麦角红质☆sclerethryrin
麦角碱☆ecboline
麦角菌硬粒☆sclerotia
麦角(菌)属[真菌;Q]☆Claviceps
麦角甾烷☆ergostane
麦秸☆straw
麦金斯特里矿☆m(a)ckinstryite
麦卡利悬轴式旋回破碎机☆McCully gyratory
麦卡脱投影☆Mercators modified conical projection
麦凯式自调呼吸器☆McCaa apparatus
麦柯尔-莫尔型采煤装煤机☆Meco-Moore getter-loader
麦柯瓦型气体吸附仪☆Mackower gas-adsorption apparatus
麦克阿比斯矿用高威力炸药☆McAbees
麦克比尔矿☆macbirneyite
麦克发尔地球物理勘探公司[加]☆Mcphar Geophysics
麦克法仑方程[关于氰化物溶液中金的再沉淀]☆McFarren's equation
麦克风☆microphone
麦克柯尔型粉磨机[圆盘式]☆McCoal pulverizer
麦克拉仑法[计算选煤效率]☆Maclaren's method
麦克劳林级数☆Maclaurin series
麦克劳压缩式压力计☆Mc Leod gage
麦克利亚说☆Mcerea's theory
麦克绿[石]☆Myk Green
麦克纳{奈}利-鲍姆型煤用跳汰机☆McNally Baum type coal jig
麦克纳利流化床干燥机☆McNally fluidized bed dryer
麦克奈利-卡本{彭}特型离心机☆McNally-Carpenter centrifuge
麦克奈利-帕尔索{|维赛克}型筛式干燥机☆McNally-Pulso{|Vissac} dryer
麦克奈利-特劳伯重介质选法[浅箱层流型]☆McNally-Tromp process
麦克乔治(凝胶测量钻孔偏斜)法☆MacGeorge's method
麦克乔治钻孔测斜罗盘☆MacGeorge borehole tube
麦克斯登型筛☆Maxton screen
麦克斯韦[磁通单位]☆maxwell；Mx
麦克斯韦模型☆Maxwell model
麦克斯韦弹黏性模型☆Maxwell elastoviscous model
麦克斯韦(尔)应力☆Maxwell's stress
麦肯齐三角洲式冰核丘☆Mackenzie delta pingo
麦库立法[定向井计算法]☆Mercury method
麦雷乔铜镍合金☆Maillechort
麦里阿姆效应[山体与动植物垂直分布的关系]☆Merriam effect
麦里凯斯克阶[C_2]☆Melekesskian
麦粒䗴(属)[孔虫]☆Triticites
麦林奈特(高威力)炸药☆melinite
麦硫锑铅矿[$Pb_{17}(Sb,As)_{16}S_{41}$;斜方]☆madocite
麦硫铜银矿☆mckinstryite
麦美奇岩☆meimechite；meymechite
麦羟硅钠石[$NaSi_7O_{13}(OH)_3•4H_2O$;单斜]☆magadiite
麦瑞尔-克洛韦(金{银})回收法☆Merrill-Crowe system
麦瑞尔型压滤机[板框式]☆Merrill press
麦瑞克型连续自动秤☆Merrick weightograph
麦筛☆mash
麦砷钠钙石☆mcnearite
麦(克)氏软骨☆Meckel's cartilage
麦氏压力计☆McLeod-gauge
麦斯楚风☆maestrale
麦斯盖特(压力恢复)曲线☆Muskat plot
麦斯盖特试井解释法☆Muskat method
麦斯(特)里希特(阶)[72～65Ma;欧;K_2]☆Maestrichtian {Maastrichtian} (stage)
麦斯威尔{克斯韦}☆Maxwell
麦斯维尔阶☆Maysvillian stage
麦穗米黄[石]☆Terista
麦碳铜镁石☆mcguinessite；mcgulunessite
麦䗴(属)[C_3-P_1]☆Triticites
麦芽浆☆mash
麦芽糖☆maltose
麦牙西兽属[E_2]☆Miacis
麦哲拉型腕环☆magelliform
麦哲伦贝(属)[腕;N]☆Magellania
麦哲伦区☆Magellanic Region
麦哲伦型腕环☆magellaniform
麦哲伦云☆Magellanic Clouds
卖方☆seller
卖方仓库交货价格☆ex seller's godown
卖方市场☆seller's market
卖据☆bill of sale；B/S
卖油再钻新井油商☆oil promoter
卖主☆seller；bargainor；vendor
迈阿密钻孔回收矿柱法☆Miami method of drill holes in pillars
迈步☆stride；walking
迈步式吊铲☆walker dragline
迈步式挖煤机☆walking excavator
迈地槽☆miogeosyncline
迈尔曲线☆M-curve；Mayer's curve
迈尔斯露天下开采砂矿法☆Miles method
迈格表☆tramegger
迈克尔逊干涉仪☆Michelson interferometer
迈勒塑料[一种聚酯薄膜塑料带]☆Mylar tape
迈纳尔炸药[海底爆破]☆Minol
迈欧特(阶)[欧;N_2]☆Meotian (stage)
迈斯维尔(阶)[北美;O_3]☆Maysvillian
迈耶霍夫承载力公式☆Meyerhof's bearing capacity formula
镄[序 109]☆meltnerium；Mt
脉☆vein；lode；arteries and veins；pulse [short for 脉搏]；vein of `leaves {insects' wings}；range；row；line；delf；streak；course；nerve
脉斑岩☆elvan
脉帮☆wall of vein
脉笔石(属)[O_{1-2}]☆Neurogreptus
脉壁☆astillen；cheek；astyllen；side；vein wall{selvage}；wall of vein；carrack；capel；cab
脉壁带☆salband；sidewall of a vein
脉壁带中的石灰岩和萤石☆cam
脉壁分解岩石☆selvedge；selvage
脉壁泥☆gouge (clay)；leaderstone；selvage；leader stone；selvedge；salband
脉壁黏土☆alta；doak；donk；floocan；fluca(a)n；kepel；pug；selvage；selvedge；flookan；fluccan
脉壁黏土皮☆selvage；selvedge
脉壁上的软物层☆gouge
脉壁硬板岩☆keller
脉壁硬岩☆kepel
脉冰☆vein ice
脉波复现率☆pulse recurrence rate
脉波计☆sphygmometer；sphygmograph
脉波学☆kymatology
脉搏☆pulse
脉搏计☆sphygmometer；sphygmograph；pulsometer；pulsimeter
脉侧回采开拓☆resuing development
脉层☆bed of vein
脉叉☆spur
脉成岩类☆phlebite
脉齿牙形石亚目☆Neurodontiformes
脉翅目[昆]☆Neuroptera
脉冲☆impulse；pulse；impulsion；maser；burst；beat；spurt；outburst；bang；pip[荧光屏上]；kipp；imp.
脉冲编码调制遥测系统☆pulse-code modulation telemetry system；PCMTS
脉冲波对比☆pulse correlation
脉冲波前☆flank
脉冲测试响应值☆pulse-test response
脉冲冲程☆pulsion stroke
脉冲初动☆impulsive onset
脉冲触发☆trigger action
脉冲传发器☆transmitter-responder
脉冲串[荧光屏上]☆train(ing) of impulses；pulse train
脉冲的产生☆pulsing
脉冲点焊☆impulsed spot welding
脉冲电压拍摄{记录}机{器}☆klydonograph
脉冲叠加测时仪☆chronotron
脉冲顶部倾斜☆(pulse) tilt
脉冲断路信号☆pulsed-off signal
脉冲钝化☆despicking
脉冲(式)多普勒系统☆pulse doppler
脉冲发生器峰值比☆pulser peak ratio；PPR
脉冲发送结束信号☆end of pulsing
脉冲发送井☆pulsing{pulse} well
脉冲发送起始信号☆start of pulsing
脉冲法动力试验☆pulse method dynamic test
脉冲/分☆impulses per minute；i.p.m.
脉冲分频☆countdown；count-down
脉冲峰值检波器☆pulse peak detector
脉冲幅度☆peak pulse voltage
脉冲幅度分析器☆pulse {-}height analyzer；PHA
脉冲幅度-时间转换器☆pulse height to time converter
脉冲干扰☆flutter
脉冲高峰功率☆peak pulse power
(充气)脉冲管☆pulsatron
脉冲函数☆impulse{delta} function
脉冲焊接☆pulsation{shot} welding
脉冲后的尖头信号☆tail
脉冲后沿持续时间☆pulse decay time
脉冲回声☆echo sound impulse
脉冲回声测井仪☆pulse echo tool；PET
脉冲击穿功率☆pulse-power break
脉冲计☆pulsimeter
脉冲计数检波器☆pulse counter detector
脉冲间隔☆pulse spacing；deenergized period；recurrent interval
脉冲间隔的跳动☆pulse-time jitter
脉冲宽度☆pulse width{length;duration}；duration of pulse；width modulation；PW
脉冲力☆surging force
脉冲能☆pulse-type energy
脉冲喷射增压器☆pulsed jet intensifier
脉冲疲劳机☆pulsato-fatigue machine
脉冲偏压{置}法☆pulsed biasing
脉冲频率☆pulse{pulsed} frequency；PF
脉冲频谱☆pulse(-frequency) spectrum
脉冲曲线☆beta{pulse} curve

M

脉冲燃烧☆pulse-combustion
脉冲 X 射线发生器☆pulsed X-ray generator
脉冲时间测量[海底采矿用]☆pulse-time measure
脉冲式地动☆impulsive earth motion
脉冲式雷达探测方法☆pulsed radar method
脉冲数/秒☆pulses per second；PPS
脉冲水[选]☆pulsating water
脉冲塔☆pulse-column
脉冲调幅☆timing sampling
脉冲条信号比☆pulse to bar ratio
脉冲调制☆sampling；pulsed{pulse} modulation；pulsing
脉冲位置调制☆pulse {-}position modulation；PPM
脉冲下降边☆pulse trailing edge
脉冲线☆taps
脉冲相干雷达☆pulsed coherent radar
脉冲信号☆pulse{impulse;pulsed;pulsing;pulse-type} signal；ping
脉冲信号振幅☆pulse signal amplitude
脉冲星☆pulsar
脉冲形成网络☆pulse forming network；PFN
脉冲修尖☆peaking
脉冲压缩应力疲劳强度☆fatigue strength under pulsating compression stress
脉冲整形回路☆pulse shaping circuit
脉冲中子俘获测井☆pulsed {-}neutron {-}capture log
脉冲周期☆pulse period；repetition{recurrence} interval
脉冲作用☆pulse action
脉道☆stringer
脉的分枝上☆bifurcation of vein
脉的膝折☆knee of a vein
脉的肘状拐弯☆limb of vein
脉顶☆apex [pl.apices]；apex of vein
脉顶法☆apex law；law of extralateral rights
脉动☆puls(at)ion；fluttering；fluctuate；pulse；beat；flicker；impulsive motion；surge；spurt；pulsating movement；pulsate；pulsatory oscillations；ripple；surging；panting；microtremor；microseism
脉动床层☆jigged mobile bed；mobile{pulsated} bed
脉动的☆microseismic；pulsatory
脉动地球理论☆pulsating Earth theory
脉动分带☆pulsative{intermittent} zoning
脉动负荷[载]☆pulsating load
脉动供料机☆pulsafeeder
脉动功率☆pulsed capacity
脉动弧[北极光]☆pulsating arc；P.A.
脉动抗弯应力疲劳强度☆pulsating fatigue strength under bending stress
脉动喷井☆gurgling well
脉动器☆pulsator
脉动器真空管路☆pulsator line
脉动射流增强器☆pulsed jet intensifier
脉动式喷流☆head flow
脉动梯度☆surge gradient；SG
脉动推进☆pulsing feed
脉动相变内爆☆impulsive phase-change implosion
脉动型喷发口☆intermittent vent
脉动应力系数☆fluctuating stress coefficient
脉动阻尼薄膜☆pulsation damping diaphragm
脉伐☆mixer amplification by variable reactance
脉分叉{岔}☆forking of vein
脉幅☆vein width；pulse amplitude
脉高分析☆PHA；pulse-height analysis
脉高甄别☆PHD；pulse-height discrimination
脉根☆vein root
脉构造☆vein structure
脉管☆vessel
脉管丛☆plexus
脉管痕☆vascular marking
脉管介属[C_1]☆Venula
脉红螺☆Rapana venosa
脉弧☆hypural bone；haemal arch
脉混合岩☆venite；arterite
脉棘☆haemal spine；ventrispinalia；spina haemalis
脉脊☆hog back
脉尖☆apex of vein
脉间的☆intercostal
脉间区☆vein islet
脉接合☆junction of veins
脉节理黏土[与砂矿相对]☆floocan；fluca(a)n
脉结☆burr
脉结构☆vein texture
脉金☆vein{lode} gold；grain of gold in quartzite
脉金矿☆quartz mine
脉宽☆width of vein；width modulation
脉宽调制☆pulse-width{pulse-duration} modulation
脉矿☆lode filling{mineral}；fissure {-}filling deposit；lode[与砂矿相对]
脉矿床☆kindly ground；lode{vein} deposit
脉矿开采工人☆vein miner
脉矿物质☆lodestuff
脉沥青☆albertite；libollite；vein bitumen{asphalt}；albert{stellar;asphaltic} coal；stellarite
脉裂缝{隙}☆vein fissure
脉络☆channel；veining
脉明☆vein clearing
脉内横巷☆putlog
脉内矿物☆lodestuff
脉内平巷☆reef{ore} drift
脉内岩块☆bullies
脉能描记法☆sphygmobolometry
脉`图{压曲线}☆sphygmobologram
(矿)脉品位☆vein grade
脉平行构造☆veined parallel structure
脉群☆series of veins
脉融合岩☆venite
脉塞☆maser；microwave amplification by the stimulated emission of radiation
脉梢☆vein end
脉石☆gangue (mineral;rocky;material)；veinstone；dead {barren;vein;waste;lode} rock；castaway；ground；gang；brood；booze；kevel；kevil；lode stone{filling}；rock(y) matri；boose；veinstuff；parting；matrix[与宝石一起琢磨的]；deads；vein stone{stuff}；dead-rack；lodestone；burrow；rocky impurity；barren measures；variegated rocks；debris；ore stone；mullockx；tack
脉石含量☆gang(ue) level{content}；amount of gangue
脉石夹层☆horse of waste (barren rock)；horse(-)back
脉石矿床☆root deposit
脉石矿物☆gangue mineral{material}；(vein) stuff；vein filling mineral
脉石英☆gangquarz；vein quartz
脉时调制☆pulse {-}time modulation；PTM
脉缩☆rugosity
脉体☆vein material
脉外开拓☆development work in stone
脉外溜井☆rockhole
脉外平巷☆back{field;fringe;lateral} drift；fringedrift；rock gangway{tunnel}；side tie；stone-drift；stone mine；tunnel；lateral
脉外天井☆rock raise
脉外运输☆footwall haulage；haulage in country rock
脉网☆vein mesh；network of veins
脉(冲)位(置)调制☆pulse position modulation；PPM
脉纹☆rattail
脉纹的排列☆veining
脉纹夹砂铸痂☆rat tail
脉锡(矿)☆lode{mine;vein} tin
脉系☆vein{reef} system；series of veins
脉下平巷☆subdeposit drift
脉相调制☆PPM；phase modulation
脉相系统☆pulse-phase system
脉向尖聚集[植]☆acrodrome
脉序[植]☆nervation；neuration；venation；veining；nervatio
脉岩☆lode rock{filling}；dike rock gang；rocky matrix；dike-rock；dykite；dikites
脉羊齿(属)[C_1-P_1]☆Neuropteris
脉羽羊齿属[古植;P_2-T_1]☆Neuropteridium
脉泽☆maser
脉支☆spur
脉质☆vein material{filling;matter}；ledge matter
脉状☆vein
脉状层理☆flaser bedding
脉状沉积☆dyke deposit
脉状分凝☆streaky segregation
脉状块体☆vein-like mass
脉状矿体☆vein(-type) ore(body)
脉状沥青铀矿硫化物矿床☆vein-type pitchblende-sulfide deposit
脉状裂缝☆lode fissure
脉状硫铁矿床☆vein{vein-type} pyrite deposit
脉状突起☆veining
脉状岩墙☆vein dyke；veindike

mán

鬘螺属[腹;E-Q]☆Phalium
鳗龙属[J]☆Muraenosaurus
鳗属[Q]☆Anguilla
鳗鱼草☆eel grass
馒头统☆manto series
馒头窑☆dome kiln
蛮干的☆foolhardy
蛮石☆boulder；cyclopean；bowlder；cyclopian
蛮石地基{基础}☆boulder base
蛮石堆层☆cyclopean riprap
蛮石峡谷☆boulder stream canyon

mǎn

螨类{状}的☆acaroid
螨目[蛛形纲]☆Acarina
满(包量)[从炉中每次取出金属液量]☆ladleful
满岸流☆banker
满岸期☆fullbank stage
满岸{满槽;平岸}水位☆bankfull stage
满标度☆full scale
满标线性度☆full {-}scale linearity
满标值☆full-scale{endscale} value
满槽☆full coverage
满槽滑动☆full-trough gliding
满潮☆high water{tide}；flood；H.W.；full tide{sea}
满潮池☆rock pool
满带☆filled band
满德尔介属[J_3-K]☆Mantelliana
满德尔菊石属[头;K_2]☆Mantelliceras
满的☆full
满地小卵石(绉)纹☆pebbled
满斗率☆fillability；bucket fill degree
满斗系数☆dipper{bucket} factor
满斗阻力☆filling resistance
满度☆full scale；FS
满额载荷☆full load
满颚牙形石属[C_1]☆Mestognathus
满负荷{出力;发}☆full output{operation}
满负荷时的蒸气流量☆full load steam flow
满负载☆full load；FL
满贯组合测井系统☆slam combination system
满过头☆over-wound cake
满家滩上升☆Manjiatan elevation
满价带☆filled valence band
满箭筒的箭☆quiverful
满江红(蕨)属[K_2-E]☆Azolla
满壳层☆filled shell
满刻度☆full scale
满孔旋子型流量计☆fullbore-spinner flowmeter
满量程☆full scale；FS
满流☆full flow
满南地块☆mannah massif
满期☆expiration；completion；mature
满珊瑚(属)[D_3-P]☆Plerophyllum
满是灰尘的☆palverulent
满苏氏虫属[三叶;$Є_3$]☆Mansuyia
满苔藓虫科☆Adeonidae
满堂支架☆full framing
满桶☆bucket
满桶的☆pailful
满筒率☆percentage of full cakes
满席斯型水力分选机[上升水流式]☆Menzies Hydroseparator
满眼☆full pack
满眼法(控制井斜)技术☆packed hole technique
满眼(防斜)工具☆packing hole tool
满{井}眼组合钻具☆full-packed{packed-hole}
满意{足}☆content；satisfaction
满意的供水☆acceptable water supply
满溢☆flow over；brim
满员罐笼☆bontle
满月☆full moon
满月蛤(属)[双壳;T-Q]☆Lucina；lucinoid
满月蛤式牙系☆lucinoid dentition
满载(荷)☆full-load
满载操作☆capacity operation
满载的☆full laden；full-laden
满载(提升)容器重心☆full centre of gravity
满载水☆fully loaded water
满载水线☆load water line
满载水线面积系数☆load water line coefficient
满载油的油轮☆wet ship

满载运行☆full-plant operation
满载重量☆all-up
满载转矩☆full load torque；F.L.T.
满秩☆full rank；nonsingular
满洲虫☆Manchuriella
满洲鳄☆Monjurosuchus
满洲龟☆Manchurochelys
满洲角石(属)[O_1]☆Manchuroceras
满洲龙☆Mandschurosaurus
满洲鱼☆Manchurichthys
满足☆fulfil(l)ment；fill；content；suffice；cater to；satisfy；meet；content；satisfactory

màn

蔓草☆creeper
蔓脚类☆Cirripedia
蔓生☆sprawl；vagrant
蔓苔藓虫属[O_2-S_2]☆Chasmatopora
蔓延☆straggle；pervasion；creeping；pervasive
蔓延分布☆contagious distribution
蔓延火灾☆working fire
蔓延井☆extension well
蔓延力☆spreading force
蔓叶线☆cissoid
蔓枝☆cirrus；cirrum
蔓枝板[海百]☆cirral
蔓枝窝[海百]☆cirrus socket
蔓足类的[节甲]☆cirriped
蔓足目[节]☆Cerripedia
蔓足亚纲[节]☆cirripedia
曼彻斯特地质和矿业学会[英]☆Manchester Geological and Mining Society；MGMS
曼德里丝灰[石]☆Grigio Mondariz
曼哈顿绿[石]☆Manhaton Green
曼加内斯页岩群☆Manganese Shale Group
曼卡托冰阶[威斯康星冰期的末段冰阶]☆Mankatoglacial stage
曼柯斯页岩[美实验常用的典型岩石]☆Mancos shale
曼米藻属[E_2]☆Meminella
曼纳虫属[三叶;$Є_1$]☆Menneraspis
曼纳介属[D]☆Mennerites
曼纳颗石[钙超;K_2]☆Mennerius
曼尼巴-阿`拉{|克林}(双晶)律☆Manebach-Ala{|Acline} law
曼尼巴双晶☆Manebach twin(ning)
曼尼巴-肖钠长石(双晶)律☆Manebach-pericline law
曼尼兹带☆Meinesz zone
曼宁公式[计算开阔河床均一水流速度的公式]☆Manning formula
曼氏阶段☆broad base terrace；Mangum terrace
曼氏介属[J_3-K]☆Mandelstamia
曼斯菲尔德石☆mansfieldite
曼廷尼石☆mantienneite
幔壳岩☆mantle-crust mix
幔源☆mantle-derived
幔源区☆mantle source volume
幔源热流分量☆reduced heat flow
幔中焰☆plume in mantle
镘板☆hawk
镘刀☆float；trowel
漫斑☆diffuse spot
漫步☆roam
漫步式分子离散理论☆random walk theory of dispersion
漫地流☆overland flow
漫顶☆overtopping
漫反射☆diffuse{diffused;scattered} reflection
漫反射率☆diffuse reflecting power；diffuse reflectance
漫反射面☆diffusely reflecting surface
漫反射谱☆diffuse reflectance spectroscopy{spectra}
漫辐射☆diffuse radiation
漫谷冰川☆transection glacier
漫灌☆flood{broad} irrigation；(artificial) flooding
漫灌法[用于人工补给地下水]☆inundation{flooding} method；flood-irrigation system
漫光谱☆diffuse spectrum
漫洪☆sheet(-)flood；sheet-to flood
漫流☆unconcentrated{sheet} flow；water spreading；sheet flood；cross flow[泥浆出钻头后井底横向流动]
漫流区☆overflow area
漫流式间歇泉☆fountain geyser
漫流水层☆nappe
漫坡☆slip-off slope；gentle slope
漫散双层☆diffuse double layer
漫散衍射☆diffuse diffraction
漫射☆diffusion；diffuse(ness)；diffuse reflection{scattering}
漫射玻璃☆diffusing glass
漫(散)射带☆zone of diffuse scattering
漫射光☆diffused light
漫射体☆diffuser；diffusor；diffuse reflector
漫水的泉华裙☆discharge apron
漫水地面☆overflow area
漫水坡☆submerged slope
漫滩☆flood plain{land}；overbank；land liable to flood
(河)漫滩草本沼泽☆back marsh
漫滩地☆landwash；washland
漫滩阶地☆flood-plain bench{terrace}；by(-)terrace；flood plain bench
漫滩水位☆bankfull stage
漫滩沼泽☆backswamp；back swamp；nackswamp
漫透射☆diffuse transmission
漫游☆wandering；roam
漫游的☆vagile；wandering
漫游生物☆errantia
漫游者☆rover
漫在液中☆liquor
慢步☆jog
慢车☆idling；slow{stopping;accommodation} train；local (train)
慢车挡☆low speed gear
慢车(速)的☆idle
慢道数据☆slow channel data
慢动的☆slow acting
慢度分量☆slowness component
慢度-孔隙度关系☆slowness-porosity relationship
P慢度图☆P-slowness graph
慢反应酸☆slow-reacting acid
慢放气☆bleed
慢干道路沥青☆slow-curing asphalt
慢干的液体道路沥青☆slow-curing paving binder
慢关闭油路☆idle cutoff
慢光☆slow ray；slower light
慢过程☆slow process；s-process
慢化☆slowing；moderation
慢化剂-燃料比☆moderator-fuel ratio
慢化截面☆slowing-down cross-section
慢化石灰☆slow slaking lime
慢化效应☆moderating effect
慢化中子☆degraded neutron
慢剪实验☆consolidated-drained shear test
慢剪试验☆slow (shear) test
慢解乳化液☆slow-breaking emulsion
慢进给☆jog
慢扩张海岭☆slow-spreading ridges
慢冷法☆slow cooling method
慢滤池☆slow filter
慢慢倾注☆decant
慢慢移动☆shuffle
慢凝{干;固}水泥☆slow (setting) cement；slow-setting{slow(-)taking;retarded(-set)} cement
慢漂(移)爆发☆slow drift burst
慢坡☆gentle slope
慢燃☆slow burning
慢燃火药☆a slow-burning gunpowder
慢砂滤☆slow sand filtration
慢射光☆diffused light
慢时模拟方法☆slow-time analogue technique
慢速☆sluggish rate；idling
慢速泵油{送}☆slow motion pumping
慢速回填{流}☆slow-rate backfilling
慢速流☆base flow
慢速前进☆slow ahead；S. Ahd
慢速去除信号☆slow speed release signal
慢速砂过滤法☆low speed sand filtration
慢速推进☆underfeed
慢速推进活性剂段塞☆slow surfactant slug
慢(转)速涡轮钻具☆slow rotating turbodrill
慢速旋转操作☆slow-rotation process
慢速演化☆bradytelic evolution
慢弯管☆easy bend
慢新星☆slow nova
慢行☆crawl；slow run
慢行程☆idle stroke
慢性☆chronicity
慢性病☆chronic disease；long-term effect
慢性汞中毒症☆Mad Hatter's disease
慢性结石性胆囊炎☆chronic lithogenouscholecystitis
慢性掀动☆chronic tilting
慢性氧化☆eremacausis
慢移☆jogging；slow movement
慢中子☆slow{low-velocity{speed}} neutron
慢钟☆long-range clock
慢转变☆shallow turn；sluggish inversion

máng

芒☆MIscanthus；awn
芒草[俗名胡须草,铅局示植]☆Erianthus giganteus
芒刺状的☆lappaceous
芒沟藻属[K]☆Heliodinium
芒果螺属[腹;E-Q]☆Mangelia
芒果阵雨☆mango-shower
芒尖状[叶顶]☆aristatus
芒罗☆munro
芒萁骨属[植;Q]☆Dicranopteris
芒塞尔彩色分类法☆Munsell color system
芒特艾萨多金属矿床☆Mount Isa polymetallic deposit
芒特克{凯}石☆mountkeithite
芒硝[Na_2SO_4•$10H_2O$;单斜]☆mirabilite；salt cake；sal mirabile；reussin；glauber salt；Glauber's salt；reussite；hydrous sulphate of sodium；reissite
芒硝层☆chuco
芒硝华[Na_2SO_4•$10H_2O$]☆exanthalose；exanthalite
芒硝菱镁钠石☆tychite
芒硝泉☆saline bitter spring
芒云母[$(K,Na)_2(Fe^{2+},Mn,Mg)_5Si_8O_{20}(F,OH)_4$;单斜]☆montdorite
茫茫一片☆wilderness
硭硝矿床☆mirabilite deposit
牻牛儿醇[$(CH_3)_2C:CH(CH_2)_2C(CH_3):CHCH_2OH$]☆geraniol
牻牛儿醛☆geranial
牻牛儿烯☆geraniolene
盲板☆closure；blind；blanking plate；blank cover
盲板法兰☆blank flange；BF
盲层☆hidden layer
盲岛[湖中淹没有机物和灰泥]☆blind island
盲道☆dummy road{drift}；cul-de-sac；blind road{track}；grooved track for the blind
盲地热系统☆blind geothermal system
盲点☆blind spot
盲顶[矿]☆blind apex；suboutcrop
盲端孔隙☆dead-end pore
盲法兰短管☆blind flanged spool piece
盲反褶积[对子波相无任何假设]☆blind deconvolution
盲拱☆orb
盲沟☆blind drain{ditch;subdrain}；french{rubble;mole} drain
盲谷☆blind valley；hope
盲管道☆thimble
盲航法☆dead reckoning；DR
盲巷☆dummy road{drift}；blind drift
盲巷掘进废石充填☆dummy-road packing
盲尖☆suboutcrop；blind apex
盲节理☆blind seam{joint;jointing}
盲介[生]☆winkle
盲井☆boustay；internal{blind;subvertical;interior;staple;dummy} shaft；staple (pit)；drop staple；winze (pit)；blind；chimney；pique
盲井提升导向架☆underground shaft guide frame
盲孔☆blind(ing) hole
盲孔隙体积☆blind pore volume
盲孔钻进技术☆blind borehole technique
盲矿☆hidden{blind} ore
盲矿山☆shicer；underground mine
盲矿体☆blind orebody；blind ore body
盲立井☆staple shaft
盲裂隙☆slip rice
(在)盲漏斗顶部的回采工作面☆inner stope
盲露头☆blind outcrop{apex}
盲脉☆blind vein{chimney}
盲鳗(属)☆Myxine；hagfish
盲铆钉☆blind rivet
盲目飞行条例☆instrument flight rules；IFR
盲目开采油井者☆wildcatter
盲目卸扣☆blind back-off
盲目性较大的钻孔☆wildcat hole
盲目钻(探)井☆wildcat drilling；wildcatting

盲区☆blind zone{area;spot;region}；inert{dead} area；dead belt{ground}；shadow (zone)；minimum ranging distance；blindness
盲视转角☆blind corner
盲竖井☆blind shaft
盲水眼☆blank nozzle
盲态☆blind
盲湾☆blind estuary
盲斜井☆inside slope；subincline(ed) (shaft)
盲芯子☆full shut-off ram
盲砑头虫属[三叶;D_3-C_1]☆Typhloproetus
盲异常☆blind anomaly
盲晕☆blind halo
盲蛛目{类}[昆]☆Opiliones
忙回信号☆busy-back signal
忙乱☆ado
忙音{碌;回}信号☆`busy (tone){busy-back} signal

mǎng

莽草素☆sikimin
莽原☆savanna；savannah
莽撞的☆foolhardy
蟒(形联合浮动汇率)[经]☆boa
蟒形类☆phytonomorphia

māo

猫☆cat
猫(属)[Q]☆Felis
猫儿眼[猫睛{眼}石的通称]☆cat's eye
猫猴[皮翼目;Q]☆Galeopithecus；flying lemer；colugo
猫灰石☆Saint Luis
猫金☆cat's{cat} gold
猫科☆Felidae
猫类☆Nimravinae；Feline
猫玛红[石]☆Maoma Red
猫脑石☆cat's brain
猫上科☆Feloidea
猫首石[页岩中的粗砂岩团块]☆cat's head
猫属[Q]☆Felis
猫头☆cat-head；cathead
猫头绳☆catline；ratline；spinning{cathead} line
(用)猫头绳{链}拧松钻杆的螺纹☆spin out
猫头绳爪☆catline grip
猫头鹰☆owls
猫头鹰属☆Bubo
猫形肉食类☆aeluroid carnivore
猫形亚目☆Aeluroidea
猫穴[一种冰成浅坑]☆cathole
猫眼((状闪)光)☆chatoyancy
猫眼宝石☆cat's eye gem
猫眼(状闪)光的☆chatoyant
猫眼{睛}石[$BeAl_2O_4$]☆cat's eye；sunstone；oriental cat's eye；chatoyant；cymophan(it)e；katzenauge；opal；aventurine feldspar；sonnenstein[德]
猫眼石色☆opaline
猫银☆cat's silver

máo

茅草干扰☆grass
茅膏菜粉属[孢]☆Droseridifes
茅口石灰岩☆Maokou limestone
茅舍☆hovel
茅屋顶状硅华体☆thatch-like sinter
茅易光绳☆ropes of Maui
锚☆anchor；anch
锚板☆anchor plate{slab}
锚臂{|标}☆anchor arm{|buoy}
锚冰☆anchor{lappered;bottom;ground} ice
锚柄☆(anchor) shank
锚泊☆riding；position keeping
锚泊泊位☆anchoring berth
锚泊区{地}☆roadstead
锚泊无线电声呐浮标☆anchored radio sonobuoy
锚泊系统[海洋钻探船]☆mooring system
锚泊信号球☆anchor ball
锚捕捉器☆anchor catcher
锚参科☆synaptidae
锚测站☆anchor stations
锚灯☆anchor lantern
锚地☆anchorage
锚点☆anchor (point)
锚顶浮标☆crown buoy
锚碇☆position keeping{holding}
锚锭☆tie
锚定☆anchor(age)；grappling；anchoring；staking
锚定(住)☆grapple
锚定挡墙☆tie back wall；tied retaining wall；anchored bulkhead
锚定力试验器☆anchorage-testing apparatus
锚定器☆bolt anchorage
锚定绳☆stay rope
锚定式填料器☆anchor packer
锚定土☆anchored earth
锚定位条☆anchor tie
锚定系统的破坏☆failure of anchorage system
锚定张力{拉张}钢缆☆anchored tension cable
锚定支柱☆stell prop
锚定桩☆deadman；grouser
锚轭☆anchor yoke
锚颚牙形石属[D_3]☆Ancyrognathus
(下)锚浮标☆anchor buoy
锚杆☆bolt；rock bolt(ing){pin}；anchor stock{rod; bolt;pole;jack}；rockbolt；anchored{anchorage} bar；stock；shank；rebar bolt[螺纹钢筋]；pinning rod；crab{fang;stone;strata} bolt；staybolt；anchor[边坡]
锚杆安装和打眼钻车☆jumbolter
锚杆的护顶(带孔)钢托梁☆roof-bolt steel header
锚杆分类☆bolt class
锚杆共用长垫板☆roof-bolt mat
锚杆护顶钢带条☆roof-bolt steel strap
锚杆技术☆pin technique
锚杆孔☆bolthole
锚杆(钻)孔真空清渣{除尘}器☆bolthole vacuum cleaner
锚杆锚固{定}☆bolt anchorage
锚杆台车☆jumbolter；roof-bolting jumbo
锚杆头☆bolt head
锚杆液压拔出试验器☆hydraulic pull tester
锚杆支撑☆anchor
锚杆支护☆rock bolting；bolt(ing)；anchorage；pin timbering；suspension roof support
锚杆支护工☆stoperman
锚杆注眼器☆bolt grouting machine
锚钩☆grasp；fluke
锚钩环☆anchor shackle
锚固☆anchor(age)；bolting；adherence；grapple
锚固传动[输送机防滑用]☆anchored drive
锚固定爪[造斜器就位用]☆anchor jaws
锚固力检验器☆pull tester
锚固梁☆anchor(ed) beam；staking girder
锚固螺栓☆tie{ground} bolt；tie-bolt
锚固黏结应力☆anchored bond stress
锚固式填料器☆anchor packer
锚固支架千斤顶☆anchor chock ram
锚固支柱☆stell prop
锚固柱☆staker；anchorage{anchoring} picket
锚管☆anchor pipe
锚海参科[棘]☆synaptidae
锚环☆torus
锚几丁虫属[O_3-D_2]☆Ancyrochitina
锚夹☆anchor (clamp)
锚甲板☆foremost deck
锚架☆anchor rack
锚尖☆bill
锚尖端☆anchor spike
锚紧端☆anchor station
锚具☆anchor gear；anchorage (device)
锚`卡{锁销;锁键}☆anchor latch{clamp}
锚块☆anchor block；anchorage-block
锚拉杆☆anchor tie
锚缆☆anchor line{cable}
锚缆的长度[停泊时]☆scope
(用)锚缆转变方向☆spring
锚连接器☆anchor connector
锚链☆(chain) cable；hawser；anchor chain{cable}；anchoring chain
锚链架☆cat head
(带齿的)锚链绞盘☆wildcat
锚链筒☆hawse pipe
(用)锚链系住☆cable
锚鳞牙形石属[$D_{2\sim3}$]☆Ancyrolepis
锚喷机具☆machines and tools used for bolting and shotcrete lining
锚喷金属网联合支护☆combined support using shotcrete and bolting wire mesh
锚喷临时支护☆temporary bolting and shotcrete lining
锚喷支护☆anchorage-shotcrete support；bolting and shotcrete lining
锚球☆anchor ball
锚设备☆ground tackle
锚身☆anchor shank
锚绳☆anchor line{rope}
锚石[英方;一种花岗岩]☆moorstone
锚式骨针[绵]☆anchorate type
锚式鞋☆anchor shoe
锚栓☆(jag) bolt；stay bolt；wall tie；staybolt；anchor；rockbolt
锚栓安装机☆driving dolly
锚栓标桩☆marker bolt
锚栓(水准)点☆measuring bolt
锚栓立柱☆staker
锚栓锁口☆anchorage
锚栓支护☆bolting
锚索☆cable (anchor)；anchor cable{rope}
锚索的长深比☆scope of a mooring line
锚索绞车☆mooring winch
锚条☆anchor tie
锚头☆anchor{roof-bolt} head
锚头变形☆anchorage{anchor} deformation
锚洼地☆kettle basin
锚网支护☆bolting and meshing support
锚位灯☆riding light
锚位浮标☆anchor buoy
锚系定位☆anchor-mooring
锚系声呐浮标☆moored sonobuoy
锚系装置☆mooring
锚销☆anchor pin
锚卸扣☆shackle
锚形分枝[射虫]☆anchor branch
锚形三叉骨针☆anatriaene
(用)锚镇住☆anchorate
锚舟牙形石属☆Ancyrogondolella
锚柱☆anchor post{prop;jack}；spud；jack-prop
锚住☆anchoring；anchorage
锚(的)抓力☆anchor holding capacity
锚爪☆bill；anchor palm{jaws;fluke}；palm
锚爪子☆rope clip
锚转环☆anchor swivel
锚桩☆anchor pile{peg;point;prop}；anchored peg；stay pile；pull-off pole；poker；spud；spud-keeper
锚状藻类岩☆algal anchor stone
锚座☆anchor stock；anchorage bearing
锚座的位置☆location of anchorage
毛☆hair；capillus；erio-
毛(皮)☆fur
毛笔☆brush
毛笔石属[O]☆Lasiograptus
毛边☆flash；burr
毛病☆vice；fault；defective portion；defect；pitfall；mischief
毛玻璃☆(acid) ground glass；frosted{clouded;etched} glass
毛玻璃化☆frosting
毛玻璃片{|塞|筛}☆frosted glass plate{|stopper|screen}
毛布☆coarse cotton cloth；coarse calico；woolen cloth
毛层藻属[Z]☆Trichostroma
毛产量☆gross production
毛赤铜矿[毛发状;Cu_2O]☆chalcotrichite；plush copper ore；copper bloom；hair copper；capillary red oxide of copper；kupferfederz；copper ore Trichoptera
毛翅类☆Trichoptera
毛翅目[昆;J-Q]☆trichoptera
毛虫☆caterpillar
毛刺☆burr；spew；sliver；veining；rag；barb；puncturing shallowly with short needle；icicle[焊接时管子接头内的上部金属突出物]
毛刺砂光☆scuffing
毛的☆gross；pileous
毛点[节]☆trichobothrium [pl.-ria]
毛垫圈☆rough washer
毛断面☆rough section
毛吨☆gross ton
毛颚动物☆chaetognath
毛颚动物(门)☆Chaetognatha
毛发☆hair
毛发笔石属[S]☆Medusaegraptus
毛发的☆pilar
毛发水晶[水晶中含金红石或阳起石等矿物]☆thetis' hair(-)stone；hair stone；hairstone
毛发胃石☆trichobezoar hair ball

毛发状的☆capillary
毛发状混合岩☆crocydite；krokydite
毛发状物☆hair
毛矾石[$Al_2(SO_4)_3$•16~18H_2O;三斜]☆alunogen(ite)；katherite；stypterite；keramohalite；davite；katharite；ceramohalite；keramostypterite；halotrichite；hair salt；hair-salt；keramchalite；trichite；solfatarite；saldanite；alunogene；davyte
毛矾石霜☆alunogen efflorescence
毛方石☆rubble ashlar
毛沸石[$(K_2,Na_2,Ca)(AlSi_3O_8)_2$•6$H_2O$；$(K_2,Ca,Na_2)Al_4Si_{14}O_{36}$•15$H_2O$;六方]☆erionite
毛粉刷☆stucco；stuccowork；roughcast
毛粪石☆trichobezoar；pilobezoar；bezoar
毛茛(属)[E_{2-3}]☆Ranunculus
毛茛科☆Ranunculaceae
毛沟藻属[K]☆Trichodinium
毛估值☆gross value
毛冠鹿[Q]☆Elaphodus；tufted deer
毛(细)管☆capillary tube
毛(细)管(作用)☆(boundary of) capillarity
毛管导力☆capillary conductivity
毛管迹[Є-J]☆Tigillites
毛管上升水☆anastatic water
毛(细)管上限☆capillary fringe；zone of capillarity
毛(细)管`水边缘{缘层;边缘}[地下水位以上]☆zone of capillarity；capillary fringe
毛管水下降☆capillary depression
毛管位能☆capillary potential
毛(细)管吸附水☆capillary absorbed water
毛管(水迟)滞点☆lento-capillary point
毛灌溉需水量☆gross irrigation requirement
毛灌水率☆gross duty of water
毛海绵(属)[C_1]☆Titusvillia
毛蚶属☆Scapharca
毛黑柱石[$CaFe_2^{2+}Fe^{3+}(Si_2O_7)O(OH)$]☆cyclopeite；breislakite；breislachite
毛厚的☆bushy
毛壶☆sycon
毛壶(属)☆Grantia；Sycon
毛基尔公式☆Morkill's formula
毛迹(属)[遗石]☆Tigillites
毛茎笔石属[S]☆Inocaulis
毛晶☆trichite
毛壳(菌)属[真菌;Q]☆Chaetomium
毛孔☆pore
毛口☆burr；bur
毛矿☆warrenite；dirt；axotomous antimony glance；federerz[德]；comuccite；domingite；chalybinglanz
毛里求斯☆Mauritius
毛里塔尼亚☆Mauritania
毛里坦猿人[北非]☆Atlanthropus mauritanicus；Homo erectus mauritanicus
毛利☆gross earnings
毛毛雨☆drizzle
毛霉属[真菌;Q]☆Mucor
毛煤☆run-of-mine coal
毛面☆blackness；rough{matter} surface
毛面镀面☆dull deposit
毛诺贝尔安全炸药☆Monobel
毛盘孢属[Q]☆Colletotrichum
毛盘虫属[孔虫;C_2-P]☆Lasiodiscus
毛硼石☆metaboracite；parasite
毛坯☆rough[宝石的]；workblank；semifinished product-blank；blank
毛皮☆pelt；furring[衬里]
(用)毛皮护覆☆fur
毛皮状泉{硅}华☆furry sinter
毛枪藻属☆sporochnus
毛鞘藻属[Q]☆Bulbochaete
毛青钴矿[$Na_2Co(SCN)_2$•8H_2O]☆julienite
毛青铜矿[$Cu_{19}(NO_3)_2Cl_4(OH)_{32}$•2~3$H_2O$;六方]☆buttgenbachite；connellite；ceruleofibrite
毛氰钴矿☆julienite
毛球☆glomerule
毛球藻属[E_3]☆Comasphaeridium；Chaetosphaeridium
毛圈织物☆terry
毛绒雪☆wild snow
毛闪石☆breislakite
毛石[建]☆rubble；(rough) ashlar；ashler；quarry stone{rock}；raw{unrefined} stone；quarrystone；rubble (stone)；uncoursed rubble；trichobezoar
毛石衬砌☆dry walling
毛石堆防波堤[土]☆rubble-mound breakwater
毛石垛☆backing
毛石工☆seal packer
毛石基础☆rubble (mound) foundation；rubble-mound foundation；stone footing
毛石乱层砌合☆uncoursed rubble masonry
毛石平台☆taula
毛石砌体☆rubble masonry；blocage
毛石砌体基础☆bonder mass foundation
毛石墙边扁石[房]☆shiner
毛石墙面琢石[房]☆bastard ashlar
毛石砌壁☆rough walling
毛石贴面☆polygonal rubble facing；ragwork
毛石圬工☆rubble masonry；free stone masonry；rubblework；rough walling
毛收益☆gross earnings
毛束☆flock
毛束骨针[绵]☆trichodragma
毛刷☆brush
毛丝☆broken filament；fuzz
毛苔藓虫属[N]☆Elinella
毛毯采金法☆blanketing
毛毯状[结构]☆microlitic
毛体积☆bulk volume；B/V；B.V.
毛条[纺]☆(wool) top
毛铜矿☆erythroc(h)alcite[$CuCl_2$•2H_2O]；leucochalcite[$Cu_2(AsO_4)(OH)$]；chalcotrichite[Cu_2O,一种赤铜矿]
毛头☆burr
毛头星海百合目☆Comatulida
毛头星属☆comatula
毛头藻属[褐藻;Q]☆Sporochnus
毛细波{管}断裂☆capillary break-up
毛细带☆zone of capillarity；capillary zone{fringe}
毛细带水☆fringe water
毛细端带水[在毛细饱和带之上]☆fringe water
毛细分析(法)☆kapillar-analyse
毛细高度法[测表面张力]☆capillary-height method
毛细管☆capillary (tube;pore)；kapillary；pore-canal
毛细管比色计☆capillator
毛细管捕获力☆capillary trapping force
毛细管不连续性☆capillary discontinuity
毛细管测黏法☆capillary vlscometry
毛细管测液器☆capillarimeter
毛细管带☆zone of capillarity{capillary}
毛细管法☆capillary tube technique
毛细管高度法[测表面张力]☆capillary-height method
毛细管界限区☆boundary zone of capillarity
毛细管颈☆capillary neck；narrow capillary segment
毛细管力-重力平衡☆capillary-gravity equilibrium
毛细管末端屏障☆capillary end barrier
毛细管驱替☆capillary desaturation
毛细管上升作用☆capillary elevation
毛细管渗吸作用☆capillaryimbibition；capillary imbibition
毛细管升度☆capillary height
毛细管束☆capillary bundle；bundle of capillary tabes
毛细管末端效应☆capillary end barrier
毛细管束模型☆bundle of capillary tubes pack
毛细管水饱和☆capillary saturation
毛细管水上升高度☆capillary height
毛细管水作用带☆zone of capillarity
毛细管型柱塞☆capillary plunger
毛细管压力随时间变化情况☆capillary pressure history
毛细管压力滞后现象☆capillary pressure hysteresis
毛细管仪☆capillarimeter
毛细管状☆filiform
毛细管作用带☆boundary zone of capillarity
毛细检测法☆capillarimetric method
毛细检液器☆capillarimeter
毛细孔隙☆capillary porosity{interstice;intersitce；void}；capillary-size pore
毛细裂缝☆hair{capillary} crack；capillary fracture
毛细摩擦☆minute friction
毛细上升带☆capillary-moisture zone；capillary fringe
毛细渗滤{透}☆capillary percolation
毛细式黏度计{针}☆capillary viscosimeter
毛细水☆capillary water{film;moisture}；water of capillary
毛细误差校正表☆capillarity-correction chart
毛细吸湿量☆capillary capacity
毛细(管)现象☆capillarity
毛细效应☆gross effect
毛细运移☆capillary migration{flow;movement}；imbibition
毛细张力☆moisture{capillary} tension
毛细终点效应☆capillary end effect
毛细(管)作用☆capillarity；capillary (action)
毛细作用力☆capillary force
毛象☆mammoth
毛效率☆gross efficiency{effect}
毛絮构造☆flocculent structure
毛盐矿☆featheralum；alunogen(ite)
毛叶的☆dosyphyllous
毛伊井☆Maui-type well
毛应力☆gross stress
毛雨☆drizzle
毛羽叶(属)☆Ptilophyllum
毛缘 [缘缨;几丁]☆fringed fimbriate
毛轧机☆molder；moulder
毛毡☆felt
毛针铁矿☆needle ironstone
毛枝藻(属)[绿藻;Q]☆Stigeoclonium
毛织品☆wool
毛植物石☆trichoplytobezoar
毛重☆gross weight{load}；rough weight；GWT；GW
毛庄克统☆Mauch Chaunk Series
毛状的☆hairy
毛状体☆trichome
毛状物☆hair
毛状叶属[植;P]☆Trichopitys
毛状云☆filosus
毛足类☆chaetopod；Chaetopoda
矛☆spear；lance；spic-；pike
矛(羊齿属)[C_2]☆Lonchopteris
矛白铁矿[FeS_2]☆spear pyrite
矛蚌属[双壳;E-Q]☆Lanceolaria
矛槽☆socket
矛盾☆discrepancy；repugnance；conflict；contradict
矛盾方程☆inconsistent equation
矛盾事物☆paradox
矛棘虫属[孔虫;N-Q]☆Hastegerina
矛尖绳帽☆spearhead rope socket
矛球虫属[射虫;T]☆Dorysphaera
矛式系统[一种新型射孔装置]☆lance system
矛式钻头☆spear-head{finger;spud} bit
矛头☆spearpoint
矛头虫属[三叶;O]☆Lonchodomas
(装有)矛头(的)杆☆spear-pole
矛头蛤(属)[双壳;J-Q]☆Cuspidaria
矛头式棒条筛☆lance-head (bar) screen
矛头形实心钻头☆solid spear head bit
矛突☆telum
矛尾鱼☆latimeria
矛尾鱼属[Q]☆Latimeria
矛形钻头☆spud bit
矛状的☆hastiform；hastile；hastate
矛状隔壁[珊]☆lanciform septa
矛状器具☆lance
矛状腕环☆cryptacanthiiform

mǎo

昴星团☆Pleiades
峁☆replat
铆(钉)☆rivet
铆锤☆caulker
(用)铆钉撑锤顶住铆钉头☆buck-up
铆钉搭接☆rivet lap；rivet-lap joint
铆钉镦头☆bat
铆钉间距☆pitch of rivet
铆钉接合☆riveted joint
铆钉钳☆riveting tongs
铆钉枪☆hitter；vibrator
铆钉上头☆closing head
铆顶☆dolly
铆缝☆rivet(ed) seam
铆工的助手☆bucker
铆固☆clasp
铆焊☆rivet welding
铆(钉接)合☆rivet connection{joint}
铆接☆riveted joint{bond;connection}；riveting；rivet (joint)；caulk
铆接肘板☆split toggle
铆枪☆hammer
铆头间最大距离☆grip
铆头模☆snap

M

铆制套管☆stovepipe
卯位碳原子☆delta-carbon
卯酉圈☆prime vertical；altitude on the prime vertical

mào

茂密橡胶林区☆pilang
茂盛的☆lush
冒(气)☆belching
冒(雨风、危险)☆brave
冒孢子[小孢子和花粉的总称]☆miospore
冒槽☆overswelling
冒充☆simulate
冒充的(人)☆fake
冒出☆burst out
冒地背斜☆miogeanticline
冒地槽☆miomagmatic zone；miogeosyncline
冒地槽期岩浆活动☆miomagmatic activity
冒地槽区{|相}☆miogeosynclinal realm{|facies}
冒地向斜☆miogeosyncline
冒地斜☆miogeocline
冒地斜棱柱体盆地☆miogeoclinal basin
冒地斜组合☆miogeoclinal association
冒顶☆caving{cave} (in)；rockfall；(badly) bleeding；roof fall{collapse;face}；rising (top)；fall；roof caving；top failure；fall of ground{rock;roof}；blow；cave-in；cavity；clump；gowl；collapse；squeeze coming；falls of roof；break away；puking
冒顶区边界☆goaf{gob} edge
冒顶事故☆roof-fall accident
冒犯☆offence；offense；offensive
冒号☆colon
冒火焰☆blazing
冒尖装载(矿车)☆heap；heaped
冒进信号☆over running of signal
冒孔[补缩]☆sink head
冒口☆feather；stomach；head (metal)；feed head
冒落☆inbreak；caving；fall；collapse；cave-in[顶板]；breakaway；breakage
冒落带边界☆breaking limit
冒落的☆goafed
(岩压)冒落洞穴带☆cavity zone
冒落拱☆rock cavity
冒落角☆angle of break；break angle
冒落穹顶☆bell hole
冒落区☆caving{caved} zone；caved goaf；collapse {cavity} area
冒落塌陷的土石☆running ground
冒落线☆caving{rib;break} line；face break
冒泥☆mud pumping
冒牌的☆pinchbeck
冒牌货☆fake
冒泡☆bubbling；froth-over
冒气☆puff
冒气裂缝☆piper
冒汽☆steaming；smoking；smoke
冒汽地面☆steaming zone{ground}；steam soil {field}；fumarolic field；boiling ground
冒汽地面凝结水☆steamfield water
冒汽地面型热水储☆steaming-ground-type geothermal aquifer
冒汽土层☆steam soil
冒汽穴☆gas maar；steaming pool
冒石☆gastrolith
冒水翻砂☆sand boil；water creep；piping
冒水坑☆rise pit
冒险☆adventure；peril；hazard
冒险(行动)☆venture
冒险开采☆wildcat
冒险性企业的发起人☆wildcatter
冒险作出☆hazard
冒烟☆belch(ing)；fume；smoking；fuming；flare up；fume-off；smouldering；[of smoke] rise；get angry
冒烟的☆smoky
冒岩浆带☆miomagmatic zone
冒油☆bleed
冒渣口☆slag riser
帽☆capp(ul)a[孢]；cap；discus；hood；bonnet；pileus；tin hat；lid
帽贝(属)[双壳]☆Patella
帽笔石属[S_3]☆Cucullograptus
帽灯☆head{cap} lamp；cap(-)lamp；headlamp
帽灯电池☆cap lamp battery
帽盖☆capping (sheet)；cap
帽管☆capped pipe
帽蚶属[双壳;J-Q]☆Cucullaea
帽角石属[头;O]☆Piloceras
帽颗石[钙超;J_1?]☆Mitrolithus
帽梁☆cap sill
帽木☆beader
帽囊蕨(属)[C-P]☆Senftenbergia
帽伞属☆galera
帽舌☆visor
帽石☆coping stone
帽石英☆capped quartz；kappenquarz
帽式加热器☆cup heater
帽套接头☆cap joint
帽形☆galeriform
帽形基础[常作为小型发动机和泵的基础]☆hat-type foundation
帽形密封☆hat seal
(汽化器)帽形喷嘴☆cap bet
帽岩☆cap rock；caprock
帽缘[孢]☆crista；marginal ridge
帽章状[同心环状;鸡冠]构造☆cockade structure
帽状阀☆bonnet valve
帽状器☆capsule
帽状体☆calyptra
帽状物☆calotte
帽状物体☆derby
帽子☆headpiece；hat
貌似真实☆verisimilitude
贸易☆commerce；trade
贸易者☆trader

méi

玫板☆rosette plate
玫瑰☆rugosa (rose)
玫瑰彩红麻[石]☆Pink Rose
玫瑰虫属[孔虫;N-Q]☆Rosalina
玫瑰海胆属[棘;E]☆Eurhodia
玫瑰红[石]☆Rose Red；Rosa Aurora；Pink Rose；Grey Duquesa
玫瑰红色☆rose color；rosy；rosiness
玫瑰花式(步带板)[棘海胆]☆rosette
玫瑰花式石膏晶簇☆gypsum rosettes
玫瑰花图解☆rose diagram
玫瑰花形琢型[有 24 个翻光面的]☆rose cut；rosette；cross rose cut
玫瑰花状☆rosette；rosette-shape
玫瑰花状球霰石集合体☆vaterite rosette
玫瑰花状`物{重晶石集合体}☆rosette
玫瑰皇后[石]☆Diorite
玫瑰精 6G☆rhodamine 6G
玫瑰榴石☆rhodolite
玫瑰绿麻[石]☆Rose Green
玫瑰米黄[石]☆Cream Cotton
玫瑰色石英☆rosy quartz
玫瑰珊瑚(属)[C_1]☆Rhodophyllum
玫瑰石☆barite rosette；petrified rose
玫瑰图☆rose diagram{map}；rose
玫瑰牙形石属[D_3]☆Rhodalepis
玫瑰珍珠[石]☆Tumkur Red
玫瑰状铣头☆rose bit
玫红卟啉☆rhodoporphyrin
玫红初卟啉☆rhodo-aetio
玫红黄质☆rhodoxanthin
玫红型二环脱氧植红初卟啉☆RHODO-DI-DPEP {deoxo-phyllerythroetioporphyrin}
玫红岩☆rhodotilite
玫红紫素☆rhodopurpurin
玫魂砷(酸)钙石☆roselite
玫兰树脂☆rochlederite
玫棕酸[$C_6O_4(OH)_2$]☆rhodizonic acid
莓瘤孢属[J-E]☆Rubinella
莓球粒{体}☆framboid
莓状集合体☆framboidal aggregate
莓状球粒☆framboidal spherule
枚举☆enumeration
枚举法☆enumerative technique
枚举类型☆enumerated type
梅迪纳炸药☆Medina
梅丁阶☆Medinan stage
梅尔☆Hammel
梅尔卡利-坎坎尼-蔡伯格烈度表☆Mercaly-Cancany-Zeiberg scale
梅尔牙形石属[O_2-T_2]☆Mehlina
梅尔兹机器公司[美]☆Mertz Iron and Machin Works Inc.；Mertz
梅盖尔氏骨☆Meckelian bone
梅格尔土壤电阻测定器☆Megger earth tester
梅格里式[腕环;腕]☆megerliiform
梅根染色反应☆Meigen's reaction
梅花扳手☆ring spanner
梅花架☆spider
梅花鹿[Q]☆Cervus nippon；sike
梅花式☆quincuncial
梅花形☆quincunx
梅花形布置的☆in quincunx
梅花形的☆quincuncial；in quincunx；quincunxial
梅花钻头☆rosette{rose} bit
梅角钻石[美]☆Cape May diamond
梅拉梅克群[北美密西西比系的重要地层单元]☆Meramecian
梅利克型计重给矿机☆Merrick feedoweight ore feeder
梅绵金属料☆feed-sponge
梅纳模量☆pressuremeter{Menard} modulus
梅纳普冰期☆Menap Glacial stage
梅纳压力表☆Menard pressuremeter
梅内夫(阶)[欧;$Є_2$]☆Menevian
梅球轮藻属[K_1-N_1]☆Maedlerisphaera
梅森-斯里希特-亥依法[电磁]☆Mason-Slichter-Hay method
梅式双式跳汰机☆May duplex jig
梅氏犀☆Dicerorhinus mercki
梅斯纳波[首波]☆Meisner wave
梅特米亚风☆meltemia
梅型双式跳汰机☆May duplex jig
梅页率定☆Myers rating
梅雨[汉]☆plum{bai-u} rain；mold rains；mai yu
梅子青☆plum green glaze
楣☆label；lintel
楣窗☆transome；transom
楣梁[高炉的]☆lintel girder
楣石☆lintel stone
酶☆enzyme；ferment；enzym(at)ic；zyme；zym(o)-
酶变败☆enzymatic breakdown
酶促的☆enzymatic；enzymic
酶催化(作用)☆enzymatic action
酶的☆enzymatic；enzymic
酶的活性☆enzyme activity
酶(催化)合成☆enzymic synthesis
酶化学☆zymochemistry
酶基因☆enzyme gene
酶解☆zymolysis；zymohydrolysis；enzymolysis
酶凝酪素☆rennet casein
酶破坏☆enzymatic breakdown
酶破坏{胶}剂☆enzyme breaker
酶性{法}降解☆enzymatic degradation
酶学☆enzymology；zymology
酶原☆zymogen
酶制剂☆enzyme
酶作用☆zymosis；enzyme action
霉☆rottenness；mildew
霉固醇☆fungisterol
霉菌☆mo(u)ld；fungus [pl.fungi]
霉菌固{甾}醇☆fungisterol
霉烂的☆musty
霉烂泥炭☆mouldy peat
霉雨☆excessive rainfall；mold rains
霉甾醇☆fungisterol
镅☆americium；Am
镅-铍中子源☆americium-beryllium neutron source
煤☆coal；fossil{gur;black;splint;splent} coal；bitumen lapideum；black diamond；carbofossil；lithanthrax；carbo (lapideus)；metallophyton；mineral carbon {coal}
D 煤[暗煤为主的显微质点]☆D-coal
煤帮☆buttock
煤包☆wandering coal
煤包体☆coaly inclusion
煤爆☆coal burst(ing){outburst}
煤崩落☆coal fall
煤壁☆rib
煤壁剥落☆nicking
煤壁拐角☆buttock
煤壁通道☆through
煤壁注水☆coal seam infusion
煤壁最低部分☆dip side

M

煤变质带☆zone of coal metamorphism
煤变质级☆rank
煤变质作用☆coal metamorphism
煤饼☆coal cake
煤采样☆coal sampling
煤舱☆bunker
煤仓☆coal bunker{store; pocket;bin; hopper;depot}
煤仓容量☆bunkering capacity
煤仓入口盖板☆coal flap
煤仓输送{运输}机☆bunker conveyor
煤藏量☆coal reserve{actuals}
煤测井组合探管☆coal combination sonde; CCS
煤层☆coal bed{seam;layer;rake;formation;vein}; bench; gainey coal; delf; heading; coalbed; dungy drift[英]; seam; row
煤层被泥沙充填部分☆swilleys
煤层被砂岩、页岩充填的部分☆washout
煤层变薄{尖灭}☆bed thinning; squeeze; want; seam thinned; balk
煤层变薄处☆want
煤层变厚☆doubling; belly
煤层剥离☆coal-seam uncovering
煤层薄☆balk
煤层不采部分☆sterilized coal
煤层槽☆swally
煤层冲蚀层☆horse back
煤层冲刷处充填{填充}的砂岩、页岩☆kettleback; horse(-)back
煤层出露边缘☆streak
煤层大巷☆main roadway in seam
煤层的不采部分☆sterilized coal
煤层的冲刷填充☆cutout; cut-out
煤层的底黏土☆coal seat
煤层的短而不清楚的解理面☆butt cleat
煤层的软泥土顶板☆clod
煤层的上分层☆bench coal
煤层等挥发分{碳氢比}线☆isoanthracitelines
煤层底板☆seam floor; seat {-}earth; warrant; coal seat; binching; thill
(作为)煤层底板的灰岩☆underclay limestone
煤层底板凸出部分☆hogback; sowback
煤层底部☆dandies
煤层底部煤☆bottom{ground;floor} coal
煤层底泥☆spavin
煤层顶板☆clives [sgl.cliff]; seam{bed} top
煤层顶板易落锅形石块☆camel {-}back; kettle; pot
煤层顶板中锅状巨砾☆pot bottom
煤层顶板中的光面结核体☆cauldron bottom
煤层顶板中的化石树干☆coffin lid
煤层顶部煤☆top coal
煤层顶层☆tops
煤层顶底板页岩☆clod
煤层断层☆crush
煤层断开部分☆swilly
煤层对比☆coal {-}seam correlation
煤层防爆炸抑制剂☆flame{ignition} inhibitor
煤层分布☆seam distribution
煤层分叉☆dichotomy; bifurcation of coal seam
煤层分歧☆splitting of coal seam
煤层分析☆seam analysis
煤层分组开采☆working in group
煤层赋存情况☆occurrence of coal seams
煤层附近的菱铁矿☆blackband
煤层工作区摹图☆layover{overlay} tracing
煤层巷道☆coal road(way){heading;drift}; heading
煤层加倍变厚☆seam doubling
煤层夹层☆rib
煤层夹的砂泥条☆cut-out; cutout
煤层加厚☆swell
煤层夹石☆clives; cliff
煤层间剥离物☆interburden
煤层间的距离☆seam interval
煤层尖灭☆balk; coal pinch out; fouls
煤层尖灭地区☆want
煤层间直封印木化石☆cauldron
煤层结核☆bullion
煤层局部加厚☆swelly; willey
煤层聚水洼☆swamp
煤层扩大☆swell [swelled;swollen,swelled]
煤层离距☆bed separation; separation of bed
煤层立面投影图☆vertical plane projection of coal bed
煤层裂缝的尘末☆ship dust
煤层露头☆coal outbreak{smut;smits;blossom}; basset edge; coal-smuts; bloom; coal seam outcrop
煤层露头煤☆fringe coal
煤层密度☆density of seam
煤层内的杂质条纹☆binder
煤层内含有的矿物☆mineral inclusions in coal
煤层泥质☆bind
煤层气[含大量甲烷]☆coal-bed{-seam} gas; coal bed methane{gas}
煤层浅灰页岩顶板☆white top
煤层侵蚀部分☆swilly
煤层倾斜☆seam inclination{pitch}; siddle
煤层群☆multiple seam
煤层上部巷道钻孔法☆superjacent roadway method
煤层上部回采☆drop
煤层上部易落软板岩的处理☆draw slate handling
煤层上的石英层☆billy
煤层上段☆roofers
煤层上随煤层崩落的板岩☆draw slate
煤层上下的软黏土☆muckle
煤层石球[植]☆coal ball; coalball
煤层受冲刷部分被岩石替代☆want
煤层水分[开采前]☆bed moisture
煤层凸起☆symon fault; salient
煤层瓦斯预先排放法☆predrainage of seam
煤层完整{未采}部分☆whole coal; coal in solid
煤层未掏槽部分☆spur
煤层下部被污染的高灰煤☆miffil
煤层下分层(的)上部☆top bottom
煤层下面的黏土层☆coal-seat
煤层下致密软黏土☆pounson; warrant
煤层向斜☆swally
煤层形成曲线☆seam formation curve
煤层要素☆element of coal seam occurrence
煤层页岩顶板中薄煤夹层☆batt
煤层圆形结构☆blister
煤层杂质☆foulness
煤层杂质条纹☆binder
煤层直接顶板岩层☆superincumbent stratum
煤层中冲刷充填☆horse
煤层中黑(黏)土夹层☆bulgram
煤层中夹泥沙☆swineback
煤层中间的软薄分{夹}层☆mining ply
煤层中石球☆coal apple
煤层中无煤地带☆dead ground
煤层中细粒黄铁矿☆framboidal pyrite
煤层中(的)岩石包体☆balk
煤层中的夹石☆intrusion
煤层重叠☆duplication of coal
煤层柱样☆pillar sample
煤层走向☆seam course{strike}; bearing
煤层组☆group of seams{coal seams}; coal measures
煤铲☆coal shovel
煤产地☆coal occurrence; coal-mining field
煤车☆jimmy; tramcar; vehicle f or transporting coal
煤车车牌☆motty
煤车上采石土☆wailer
煤车上拣石☆waile
(用)煤车运载{输}☆tram
煤尘☆(fine) breeze; (coal) dust; coal-dust; braize; dust-methane-air mixture; D-coal[暗煤为主的显微质点,如在矿工肺中发现的]
煤尘爆炸危险煤层☆coal-dust-explosion seam; seam liable to coal-dust explosion
煤尘超限☆excessive amount of dust
煤尘肺☆anthracosis; black lung
煤尘和烟雾检测仪☆dust-and-fume monitor
煤沉积☆coal deposit
煤成气☆coal(-formed{-derived;-related}) gas
煤成熟度指数☆index of maturation
煤成岩作用☆coat{coal} diagenesis
煤船☆coaler
煤带☆ribbing; coal band
煤袋☆coal sack
煤(热能值)当量以百万吨计☆millions of tons of coal equivalent; MTCE
煤导脉☆coal lead
煤的☆coaly; internal surface area
煤的采样与分析☆sampling and analysis of coal
煤的成因☆origin{formation} of coal; coal origin
煤的储量☆coal reserves
煤的次要内生裂隙组☆butt{end} cleat
煤的脆性☆friability of coal
煤的堆存☆bank-out
煤的非燃料利用☆nonfuel uses of coal
煤的分布{|析}☆coal distribution{|analysis}
煤的分层☆bench
煤的分等☆grade; coal grading
煤的分类☆classification of coal; coal classification
煤的分选特征☆preparation characteristic
煤的回采运输与提升[到地面]☆coal drawing
煤的基质☆matrix of coal
煤的挤出☆life-in of coal; bounge
煤的可刨性指数☆ploughability index of coal
煤的可燃体☆body of coal
煤的粒度分布{特性}☆coal size distribution
煤的内生裂隙☆cleat
煤的膨润度☆swelling capacity of coal
煤的拼分☆lithotype
煤的平衡水分☆equilibrium moisture of coal
煤的气化☆syngas; coal gasification
煤的燃烧部分[地下火灾]☆mash
煤的时代[C]☆age of coal; coal age
煤的素质☆maceral
煤的特性和分类☆property and classification of coal
煤的突出☆bounge; coal outburst{projection}; goths
煤的岩石组成☆petrographic composition of coal
煤的液化☆coal liquefaction; liquefaction of coal
煤的(长)主解理☆line of face of coal
煤的主要内生裂隙(组)☆face cleat
煤的主组内生节理{|隙}☆bord{|cleat}
煤的自燃倾向性☆coal ignitability
煤的组成☆constituents of coal; coal constitution
煤底黏土☆clunch
煤地球化学☆coal geochemistry
煤地下气化☆in-situ{underground} coal gasification
煤地质学☆coal geology
煤电预测☆coalfield prediction
煤电钻☆electric coal drill
煤斗☆hod; scuttle; bunker; coal bucket{scuttle}
煤斗装置指示器☆bunker position indicator
煤堆☆coal pile; dump; stock heap
煤堆的风化煤☆denty
煤垩☆smut (coal); alum coal; coal smut
煤反射率☆reflectance of coal
煤房☆room[缓冲层中]; breast; stall; bord; board
煤房采掘[不包括煤柱回采]☆advancing the room; wide-work; whole working
煤房采掘的第一次开采[房柱式采煤]☆solid workings
煤房侧翼式回采法☆pocket-and-fender method
煤房抽放法[瓦斯]☆room drainage method
煤房到大巷的运煤通道☆stall gate{road}
煤房加宽工作[采去部分矿柱式煤柱]☆widen-work
煤房间的联络小巷☆thurling
煤房间煤柱☆(coal) wall; rib; interstall{intervening} pillar
煤房开采工作☆room work
煤房煤柱面☆ribside
煤房内端☆end
煤房杂工☆bordroom-man
煤肺☆anthracosis; black lung
煤肺病☆anthracosis; coal miner's lung; black lung
煤肺症☆soot lung
煤酚皂溶液☆lysol
煤分层☆patch of coal
煤分类带图☆coal belt{band}
煤粉☆powdered{crumble;coombe;powdery;slack; sea;pulverized} coal; gum; coom; formkohle; braize; braise; coal-dust; duff; baring; bug dust; buggy; dust fuel; peas powder coal; smalls
煤粉锅炉☆pulverized-coal-fired boiler
煤粉清除工☆gummer
煤粉制备☆pulverized coal preparation
煤副产品☆coal by-product
煤矸石 [碳质页岩、泥质页岩，以 SiO_2 和 Al_2O_3 为主]☆gangue; coal gangue{refuse;measures}; duns [页岩或块状黏土]; bastard coal
煤矸石利用计划☆refuse utilization plan
煤矸石砖☆colliery wastes brick
煤工作面注水法☆water infusion method
煤巷☆coal roadway{road;drift;heading}; gate road
煤巷爆破☆seam road blasting
煤巷间定距离横巷☆main endings
煤巷掘进☆advance in coal; development work in coal
煤巷内端☆gate-end
煤巷挑顶、卧底[主指挑顶]☆ripping

M

煤耗(量)☆coal consumption
煤和夹矸层分采☆bench mining
煤和黏结剂搅拌箱[团煤]☆pug
煤和石油混合燃料☆coal and oil mix
煤合成燃料☆coal-based synthetic fuel
煤核☆coal ball{apple}；hardhead；seam nodule
煤糊☆coal paste
煤华☆blossom；bloom；coal smut{smits;blossom}
煤化☆coalification
煤化残植屑☆meroleims
煤化程度☆degree{rank} of coalification；(coal) rank
煤化的植物遗体☆phytoleims
煤化沥青☆nigritite
煤化沥青体☆meta-bituminite
煤化木☆coalified wood
煤化全植物体☆hololeims；nololeims
煤化梯度☆rank gradient
煤化学☆coal chemistry
煤化学药品工业☆chemicals-from-coal industry
煤化跃变☆coalification jump
煤化作用☆coalification；incarbonization；incoalation；incorporation；bituminisation；anthracolit(h)ization；anthragenesis；bitumenization；bituminization；carbonification；maturation；carbonization
煤化作用突变☆jump in coalification
煤灰☆flying{coal} ash；soot；coom
煤灰成分分析☆coal ash analysis
煤灰浆管线☆fly ash pipeline
煤灰熔融性☆coal ash fuzibility；ash fusibility
煤或瓦斯突出矿☆instantaneous outburst mine
煤级☆(coal) rank；degree of coalification；rank of coal
煤夹层☆layer of coal
煤碱剂☆coal-alkali reagent；alkaline lignite
煤浆☆(coal) slurry；pulp
煤浆充气用乳化器☆atomizer for aerating pulp
煤浆两段充气☆two-stage aeration of pulp
煤浆制备厂☆coal preparation plant
煤焦☆coal (coke)；coke
煤焦油☆coal tar{oil}；coal-tar{tar} oil；tar pitch；zetar
煤焦油沥青碎石路面☆tar-macadam pavement
煤焦油毡涂层☆coal tar felt coating
煤胶体☆carbogel
煤胶物质☆tarry (matter)
煤角砾岩☆coal breccia
煤阶☆coal step
煤结核☆coal ball{apple}；seam nodule；negrohead；niggerhead；negro head；negrohead
煤晶核☆coal crystallite
煤精☆jet (coal)；gagat(it)e；jeat；jaiet；jayet；black amber；pitch coal
煤锯☆coal saw
煤(炭)科学☆coal science
煤可燃性☆coal combustibility{ignitability}
煤坑☆(coal) pit
煤库☆coal shed
煤块☆coals
煤块自流倾角☆coal-running pitch
煤矿☆colliery；coal mine{pit}；bure；coalpit
煤矿安全生产监测☆monitoring of coal mine safety
煤矿把头☆butty-gang
煤矿保健和安全☆coal mine health and safety
煤矿爆炸☆explosion of coal mines；mine blast；coal-mine{coalmining;colliery} explosion
煤矿边界☆marches；margin；march
煤矿采掘工作面☆colliery work
煤矿沉陷☆mining subsidence
煤矿顶板分级☆classification of coal mining roof
煤矿废水☆waste-water from coal mine
煤矿废物☆colliery waste；waste from coal mine
煤矿辅助运输道☆counter
煤矿工人☆collier；coal miner；coalman
煤矿管理部分☆colliery management
煤矿回采☆stope of coal mines
煤矿回拉用撞锤☆anvil block；punch
煤矿火灾☆coal-mine fire
煤矿监工☆reeve
煤矿建设☆coal mine construction
煤矿井口附近的机械☆bank head machinery
煤矿井下充填工☆pack builder；packer；pillarman；waller
煤矿局☆Coal Mines Board；C.M.B.
煤矿勘探☆exploration of coal mines
煤矿勘探类型☆coal mining exploratory kind
煤矿坑☆coalery
煤矿矿工☆collier
煤矿矿井生产流程☆production process of coal pits
煤矿矿权人☆coal man
煤矿矿长☆viewer；coalmine director
煤矿码头经理(人)☆off-putter
煤矿内沉积岩粉采样区段图☆stone dust plan
煤矿排水☆coal mine drainage；drainage of coal mines
煤矿日工(司机、司泵工等)☆dataller
煤矿上过筛的☆colliery-screened
煤矿设计研究院☆Coal Mine Designing and Research Institute
煤-矿石混合料☆coal-ore blend
煤矿石门☆gain
煤矿水采☆hydraulic coal mining
煤矿(矿)水中的赭色沉淀☆canker
煤矿挖掘机司机☆grabman
煤矿瓦斯☆cad-mine gas
煤矿许用电雷管☆coal mine permitted detonator；permitted detonator for coal mine
煤矿因自燃而停产☆put-to-stand
煤矿(安全)炸药☆coal mining explosive；coal mine (permitted) explosives；permissible explosives for coal mines；coal mine powder
煤矿正规循环作业☆normal cyclic operation of coal mines
煤矿自用煤消耗量☆colliery self-consumption
煤犁[刨煤机]☆plow；plough
煤砾☆coal gravel；coal breccia[煤层中]；float coal[砂岩、页岩中]
煤砾(岩)☆coal conglomerate
煤粒光片☆particulate block
煤沥青☆coal tar{pitch}
煤裂隙型☆type of coal fissure
煤溜口挡板☆battery
煤馏出物☆coal extracts
煤流☆flowing coal
煤漏斗☆coal hopper
煤卵石☆coal pebble
煤螺钻☆coal auger
煤门☆ort
煤面☆step；bank
煤面处理☆coal surface treatment
煤面防护柱☆sprag
煤面拐角☆buttock
煤面与主解理面平行的煤房☆end-on room；room driven end-on
煤面与主解理面成小于45°角的煤房☆long-horn room
煤面与主解理面成直角的煤房☆face-on room；room driven face-on
煤面与主解理面成45°角的煤房☆face-on room；room driven half-on
煤末☆crank；peas；conny
煤末焙烧团块☆coal pellet
煤末沉着病☆bituminosis
煤母[煤节理中的炭质薄层]☆mother (of) coal；dant
煤泥☆slime；coal slurry{sludge;slime}；sludge；slush；slurry；culm；silt coal；slick
煤泥槽☆slack bin
煤泥处理车间☆slurry-treatment plant
煤泥浮选☆slurrying flotation
煤泥试验(分析)☆slimes analysis
煤泥水☆flow of slurry；slurry{slime} water
煤泥水半闭路循环☆semi-closed (slime) water circuit
煤泥水澄清系统☆water clarification circuit
煤泥水开路系统☆open water circuit
煤泥重量校正☆slurry deduction
煤喷出☆coal gush
煤盆地☆(coal) basin
煤品级☆grade of coal
煤气☆(coal) gas；top gas[高炉]；cg
煤气爆炸☆gas explosion；explosion of firedamp
煤气层压力☆reservoir pressure
煤气厂☆gas works{plant}；gashouse；gasworks
煤气灯(光)☆gaslight
煤气发生炉☆gas-producer；(producer) gas generator
煤气发生炉罐☆gas-producer retort
煤气房煤焦油☆gashouse coal tar
煤气管线☆service pipe
煤气柜☆gasometer；tank
煤气海底储存☆seabed gas storage
煤气化☆(coal) gasification
(发生炉)煤气机☆producer-gas engine
煤气计☆gasmeter
煤气井[油]☆gasser
煤气喷嘴火焰清理☆torch scarfing
煤气燃烧装置☆gas firing equipment
煤气上升坡道☆gas slope
煤气输出孔[地下气化等]☆gas outlet hole
煤气泄出钻出的钻孔☆gas-off take borehole
煤气形成期☆gas run
煤球☆briquet(te)；coal{ovoid} briquette；egg-shaped briquet；eggette
煤球厂☆briquetting plant
煤球形燃料元件☆pebble fuel element
煤区☆coal region{province}
煤燃料{烧}比☆coal fuel ratio
煤燃烧器☆coal burner
煤-燃油混合物☆coal-fuel oil slurry
煤染剂☆mordant
煤热解☆coal pyrolysis
煤洒水器☆coal sprinkler
煤砂双层滤料滤池☆coal-sand dual media filter
煤商☆coaler；coal man
煤生成☆coal formation
煤省[聚煤区]☆coal province
煤石☆coal stone
煤受震突出☆shock bump
煤水泵☆coal lifting pump；coal-water{slurry} pump
煤水仓☆slurry sump
煤水车灯☆deck lamp
煤水车后端定位铁☆tender back lug
煤水车煤槽☆tender coal bunker
煤水车牵张装置☆tender draft gear
煤水车身承梁☆tender bolster；body tender bolster
煤水车水柜入孔罩☆tender tank man hole shield
煤水车闸缸☆tender brake cylinder
煤水车中间保险链☆tender intermediate safety chain
煤水分离☆coal-water separation
煤水机车☆tender locomotive
煤水浆燃烧技术☆burning technique of coal water mixture
煤水泥管☆coal-cement tube
煤素质☆maceral
煤素质群☆maceral group
煤素质组☆group maceral
煤损失☆coal losses
煤溚{塔}☆(coal) tar
煤台道☆coal pattern
煤炱☆smut
煤炭储量变动{动态}统计☆statistics for coal reserves variation
煤炭地下气化☆underground gasification{gas}
煤炭地下气化燃烧通路☆gasification path
煤炭地下气化电连法☆electrolinkage
煤炭对氧的反应性☆reactivity of coal
煤炭防碎装置☆anti-coal-breakage
煤炭分层装车法☆layer loading
煤炭工业协会[英]☆Coal Industry Society；C.I.S.
煤炭含矸石率☆rate of coal contaning waste rock
煤炭局☆bureau of coal industry
煤炭可洗选性曲线☆coal washability curve
煤炭品质分类☆grade of coal
煤炭燃料☆coal-based fuel
煤炭生油说☆coal theory
煤炭石油混合燃料☆coal oil mixture
煤炭受震突出☆shock bump
煤炭突出☆coal bump
煤炭学☆anthracology
煤炭研究局[美]☆Office of Coal Research；OCR
煤炭原地成因☆in situ origin
煤炭装车☆bing
煤炭资源分布☆coal distribution
煤田☆(coal) basin；coalfield；coal field{deposit}；coal-mining field
煤田地质勘探公司☆coal exploration corporation
煤田分析☆coalfield analysis
煤田评价☆coal-deposit valuation
煤田(开采)寿命☆field life
煤田预测☆coal-field prediction
煤条带☆coal band
煤烃☆coaleum
煤桶☆scuttle
煤突出☆coal burst(ing){bounce}
煤微生物学☆coal microbiology
煤位信号☆coal bunker level indicator

煤窝[煤层不稳定部分]☆coal nest
煤矽{硅}肺(病)☆anthraco-silicosis
煤系☆coal measures{series}; coal(-bearing) formation
煤系沉积硫铁矿床☆sedimentary pyrite deposit in coal series
煤系底部磨石粗砂岩☆farewell-rock
煤系地层☆coal measure strata{stratum}
煤系沥青☆carbobitumen
煤系气☆gas-bearing coal seams; coal measure gas
煤系下部砂质黏土相☆lower coal measures
煤系下区[由砂岩、页岩、煤和铁石组成]☆pennystone series
煤系岩相☆coal-measure facies
煤系中薄铁岩条带☆pin
煤系中坚硬砂岩☆peldon
煤系中页岩或泥岩☆(blue) bind; blaes
煤系中硬黏土层或页岩层☆blue ground
煤系中的页岩☆bind
煤显微成分☆maceral
煤显微亚组分☆submaceral
煤显微组分组☆component grouping
煤线☆layer of coal; coal streak{seam;band;line}; shed coal; charcoal lineation; walking of bed; coal pipe[顶板中煤化树干形成的]
煤箱☆bunker
煤相☆coal(y) facies
煤相学☆coal petrography; anthracography
煤屑☆breeze; duff; breast; coaly debris; coal-dust; nickings; small{slack} coal; slack
煤屑及烧结返矿输送机☆breeze and sinter fines conveyer
煤芯{心}煤样☆coal core sample
煤型☆coal type; coal-facies
煤型气☆coal-related
煤崖道☆coal pattern
煤烟☆coom; (coal) soot; lamp black; smoke from burning coal
煤烟状煤☆soot(y) coal
煤岩☆coal petrography
煤岩层对比图☆comparative map of coal seam and strat
煤岩成分☆ingredient; lithotype; coal petrographic composition; petrographic composition{component} of coal; primary-type coal
煤岩和瓦斯突出☆outburst of coal and gas
煤岩混合平巷☆mixed coal rock heading
煤岩类型☆coal type; zone{rock} type; primary-type coal; (coal) lithotype; petrographic component; ingredient
煤岩突出☆bump
煤岩{的}显微组分☆maceral
煤岩相学☆coal petrography
煤岩{相;岩石}学☆coal petrology{petrography}; petrology of coal; anthracology
煤岩藻质体☆alginite
煤岩组分显微煤岩类型综合分析法☆combined maceral-microlitho-type analysis
煤岩组分☆petrographic components; maceral
煤样☆coal sample
煤样掺和☆mixing of coal sample
煤样破碎☆size reduction of coal sample
煤样缩制☆reduction of coal sample
煤样箱☆sample box
煤窑☆coal pit
煤页岩☆danks
煤业☆colliery
煤液化☆coal liquefaction
煤涌出☆coal gush{outrush}
煤油☆kerosene; kerosine; coal{carbon;burning;stove} oil; paraffin; liquid petroleum oil; mineral burning oil; American paraffin-oil[美国原油炼出]
煤油混合燃料制备☆coal-oil mixture preparation
煤油混合燃料比容☆specific volume of coal-oil mixture
煤油混制地层封堵剂☆Formjel
TBP-煤油溶剂☆tributyl-phosphate-kerosene
煤油-酸乳化液[地层压裂用]☆acid-kerosene emulsion fluid
煤有机质[无机质和水分外的物质]☆coal substance
煤淤泥☆coal sludge
煤与瓦斯突出矿井☆coal-and-gas outburst mine
煤与沼气突出矿井☆coal-and-methane outburst mine
煤玉☆jet (coal); jaiet; jeat; gagat(it)e; jayet; black amber; pitch coal
煤玉化作用☆gagatization
煤玉状煤☆gromel
煤运输☆coal transport
煤藏量☆coal reserve{actuals}
煤渣☆cinder; coal slag{cinder}; clinker; breeze
煤渣的☆cindery
煤站☆coaling-base; coal station{store}
煤掌子☆stint
煤沼☆coal swamp
煤植体☆muralite; phyteral
煤制油技术☆coal to liquid technology; CLT
煤质☆nature of coal
煤质管理☆quality control of coal
煤质控制☆coal quality control
煤质评价☆assessment of coal
煤质页岩☆black (cat); bone; coaly shale
煤中包体☆impurities in coal
煤中不可燃物☆coal noncombustibles
煤中的镜煤纹层☆jetonized wood
煤中矸石手拣☆hand cleaning of coal
煤中黄铁矿球状包体☆pyrite ball
煤中掘进☆advance in coal
煤中可燃体☆body of coal
煤中掏槽☆hewing
煤中页岩☆slate
煤中植物化石结核☆plant bullion
煤种系列☆coal series
煤柱☆stoop; coal block{pillar}; post; pillar; stump; virgin{solid} coal; stander; fender; bearing block
煤柱边的采落部分[房柱法]☆jenkin; junking
煤柱承重力☆carrying capacity of pillar
煤柱倒塌☆runoff
煤柱的一角☆neuk; nook
煤柱的最后采掘层☆last lift
煤柱分割回采法☆splitting method of pillar recovery; pillar mining
煤柱回采☆pillar mining{withdrawing;pulling}; dropping of pillars; robbing pillars
煤柱回采线☆robbing line
煤柱间的平巷☆pillar roads
煤柱刷帮☆(pillar) slabbing
煤柱未采部分☆back end
煤柱未采的煤矿☆whole mine
煤柱压裂☆thrust
煤柱压碎突出☆coal bump
煤柱与采空区间的平巷☆fast at an end
煤柱支撑顶板法☆roof control by wall {-}shape pillar
(用)煤柱支持的巷道☆pillar roadway
(在)煤柱中☆in solid
煤柱中不通煤房的径向窄道☆fast junking
煤柱中的回采巷道☆judd; jud
煤柱中通煤房的横向窄道☆loose junking
煤砖☆(fuel) briquette; (brick-shaped) briquet; coal brick{cake;briquet(te)}; brick{pressed} fuel; moulded coal
煤砖厂☆patent-fuel plant
煤砖光片☆polished particulate block
煤砖型褐煤☆briqueting type lignite
煤砖制造☆briquetting
煤装卸工☆coal handler
煤状的☆coaly
煤状沥青☆carboid
(采空区)煤自燃(发生的)臭味☆gob stink
煤自然发火形成的火灾☆fire ignition due to spontaneous combustion of coal
煤组☆coal measures; group of seams
煤钻☆coal drill{borer}
没充分发挥……的作用☆underwork
没打中{着}☆miss
没精神的☆exanimate
没经验的人☆green hand
没能☆fail to
没用☆inutility
没有☆absence; without; free of; no; w/o
没有按期完工☆behind completion date; bcd
没有独立回风道的窄巷道☆close place
没有价值的☆futile; flimsy; valueless
没有经济价值的矿区(权)☆bull pup
没有经验的业余矿物学家☆pebble pup
没有利用的☆dormant
没有联系☆no connection; NC
没有删节的☆unabridged; unabr.
没有收益的☆unproductive; no gains
没有"天窗"的冰盖☆hostile ice
没有托叶的☆estipulate
没有误差的☆error free
没有杂质的☆unalloyed
眉脊☆eyebrow scarp; crista superciliaris
眉间的☆glabellar
眉棱☆crista superciliaris
眉毛☆eyebrow; brow
眉湾[月面]☆Sinus Lunicus
眉线☆bench crest{edge}{brow}; browline
眉线崩落☆brow caving
眉形裂肋虫属[三叶;$O_{1\sim2}$]☆Metopolichas
眉藻属[蓝藻;Q]☆Calothrix
眉枝[鹿角]☆brow-tine
眉状断(层)崖☆eyebrow scarp
媒剂☆mediator
媒介☆instrumentality; vehicle; channel; agency; agent; medium [pl.-ia]; intermediary
媒介的☆intermediary; intermediate
媒介物☆medium [pl.-ia]; intermedium [pl.-ia]; agent; vehicle; intermediary
媒染☆mordanting
媒染剂☆mordant
媒质☆medium; relationship

měi

镁☆magnesium; Mg; mag.
镁白钨矿☆magnesio(-)scheelite
镁白云母☆gümbelite
镁白云石[$CaMg(CO_3)_2$]☆konite; conite; caustic dolomite; magnesio(-)dolomite
镁斑脱石☆magnesium bentonite
镁贝德{得}石☆magnesio-beidellite; magnesium beidellite
镁钡闪石☆magbassite; magbasite
镁碧矾☆pyromeline; magnesium morenosite
镁冰晶石☆ralstonite
镁赤铁矾☆rubrite; kubeite; cubeite
镁川石[$(Mg,Fe^{2+})_5Si_6O_{16}(OH)_2$;斜方]☆jimthompsonite
镁磁铁矿[$(Fe,Mg)Fe_2O_4$]☆magnesio(-)magnetite; mg-ferrite; magn(es)omagnetite; manganesium magnetite
镁大理岩☆magnesian marble
镁大隅石[$(K,Na)(MgFFe^{2+})_2(Al,Fe^{3+})_3(Si,Al)_{12}O_{30}•H_2O$; 六方]☆osumilite-(Mg)
镁单热石[$MgAl_{10}Si_{15}O_{46}•10H_2O$]☆magny{magno}-monothermite; magnesium {-}monothermite
镁胆矾[$Mg(SO_4)•5H_2O$]☆magnesium{magnesia}-chalcanthite; kellerite; magnochalcanthite; allenite; pentahydrite; magnocuprochalcanthite; magnesium chalcanthite
镁淡磷钙铁矿☆magnesium collinsite
镁弹性绿泥石[$Mg_2Fe_3(FeSi_3O_{10})(OH)_8$]☆magnesiocronstedtite
镁电气石[三方]☆dravite[一种富Mg的电气石变种; $NaMg_3B_3Al_3(Al,Si_2O_9)_3(OH)_4$(近似)]; gouverneurite [$(Na,Ca)(Mg,Al)_6(B_3Al_3Si_6(O,OH)_{30})$]; magnesium tourmaline; coronite; magnodravite
镁毒石[$(Ca,Mg)_3(AsO_4)_2•6H_2O$; $H_2Ca_4Mg(AsO_4)_4•11H_2O$;三斜]☆picropharmacolite; arsenic bloom; arsenicite
镁鲕绿泥石☆daphnite; delessite; hallite; berlauite; magnesian chamosite; magnesium-chamosite
镁矾☆magnesia goslarite
镁矾石[$Mg_2Al_2(SO_4)_5•28H_2O$]☆picroallumogene; picralluminite; picroalumogene; dumreicherite; picroalunogen
镁方沸石☆picranalcime; picroanalcime
镁方解石☆magnesium{magnesian} calcite
镁方铁矿[$(Mg,Fe)O$]☆magnesio-wustite; magnesio-wtistite; ferropericlase; magnesiowustite
镁方柱石☆akermanite
镁沸石☆mesolitine; thomsonite
镁氟磷锰石☆talktriplite
镁符山石[$(Ca,Mg)_6(Al(OH,F))Al_2(SiO_4)_5$]☆frugardite
镁斧石[$Ca_2MgAl_2BSi_4O_{15}(OH)$;三斜]☆magnesium axinite; magnesioaxinite
镁改正钠钾钙地热温标☆Mg-corrected Na-K-Ca geothermometer
镁改正温度☆Mg-corrected temperature
镁钙三斜闪石☆rhoenite
镁钙闪石[$Ca_2(Mg,Fe^{2+})_3Al_2(Si_6Al_2)O_{22}(OH)_2$;单斜]☆tschermakite
镁钙盐[$CaMg_2Cl_6•12H_2O$]☆tach(h)ydrite; tachyhydrite

镁钙砖☆magnesia brick rich in CaO
镁杆沸石☆picrothomsonite
镁橄大理石☆forsterite-marble
镁橄榄石[Mg_2SiO_4]☆white olivine; forsterite; white clinchumite; boltonite; pamirite; boltomite
镁橄榄石-霞石-氧化硅-透辉石☆basalt-tetrahedron
镁橄榄石型化合物☆forsterite type compound
镁高岭石☆magnesium kaolinite; magno-monothermite
镁锆钻杆☆mag-zirc; magnesium-zirconium drill rod
镁铬尖晶石[$(MgFe)(AlCr)_2O_4$]☆mitchellite; chrome {-}spinel; magnesiopicotite; magn(esi)ochromite
镁铬晶石☆picrochromite
镁铬榴石[$Mg_3Cr_2(SiO_4)_3$;等轴]☆knorringite
镁铬铁矿[$(Mg,Fe^{2+})(Al,Cr)_2O_4$;等轴]☆mitchellite; magn(esi)ochromite; chrome-spinel; magnesian chromite; picrochromite
镁铬铁矿矿石☆magnesiochromite ore
镁铬质耐火材料☆magnesite-chrome refractary
镁铬砖☆magnesite-chrome brick
镁光灯☆flash bulb
镁硅钙石[默硅镁钙{钙镁}石;牟文橄榄石;$Ca_3Mg(SiO_4)_2$;单斜]☆merwinite
镁硅灰石☆magnesium wollastonite
镁硅石☆burned high-silica magnesite
镁硅铀矿☆magnesium-urcilite
镁硅铀石☆magursilite
镁海绿石☆magnesium glauconite
镁皓矾☆magnesia goslarite
镁合金潜水服☆magnesium alloy diving suit
镁褐帘石☆magnesium allanite{orthite}; magnesio(-)orthite
镁黑锰矿☆magnesium hausmannite
镁黑云母☆eastonite
镁红钠石☆magnesiokatophorite
镁红砷锌矿☆magnesium koettigite
镁华☆hornesite
镁化白云石☆magnesium dolomite
镁黄长石[$Ca_2Mg(Si_2O_7)$;四方]☆akermanite; o(a)kermanite
镁黄砷榴石☆(magnesium) berzeli(i)te; magnesia pharmakolith; kuhnite; magnesian pharmacolite; magnesioberzeliite
镁灰世☆Zechstein epoch
镁灰岩☆zechstein; dunstone
镁灰岩统[欧;P_2]☆Zechstein
镁辉石[$(Mg,Ca)_2(Si_2O_6)$]☆magaugite
镁基合金☆magnuminium
镁基铝铜轻合金☆elektron
镁钾沸石☆mazzite
镁钾钙矾[$K_2Ca_4Mg(SO_4)_6$•$2H_2O$]☆krugite
镁尖晶石[$Mg(Al_2O_4)$]☆magnesia(n){magnesio} spinel
镁碱沸石[$2RO$•Al_2O_3•$5SiO_2$,R=Mg:Na$_2$:H$_2$=1:1:1; $(Na,K)_2MgAl_3Si_{15}O_{36}(OH)$•$9H_2O$;斜方]☆ferrierite
镁角闪石[$Ca_2(Mg,Fe^{2+})_4Al(Si_7Al)O_{22}(OH,F)_2$;单斜]☆magnesiohornblende; kupfferite
镁堇青石[$Mg_2Al_3(Si_5AlO_{18})$]☆magnesium{magnesia} cordierite; magnesiocordierite
镁绢云母☆magnesium sericite
(密度测井)镁块[刻度器]☆MAG block
镁矿床☆magnesium deposit
镁蓝闪石☆magnesium{magnesian} glaucophane
镁蓝铁矿[$(Mg,Fe^{2+})_3(PO_4)_2$•$8H_2O$;单斜]☆baricite
镁离子☆magnesium ion
镁锂蓝闪石☆magnesio-holmquistite
镁锂闪石[$Li_2(Mg,Fe^{2+})_3Al_2Si_8O_{22}(OH)_2$;斜方]☆magnesio(-)holmquistite
镁磷灰石☆bialite
镁磷铝钙石☆bialite
镁磷锰矿[$(Mn,Fe,Mg,Ca)_2(PO_4)(F,OH)$]☆talktriplite; magniotriplite; talctriplite
镁磷锰石☆talktriplite
镁磷石[$MgHPO_4$•$3H_2O$]☆newberyite; neuberyite
镁磷铁铝矿☆magnotriphilite
镁鳞绿泥石[$(Mg,Fe^{2+},Fe^{3+},Al)_6((Si,Al)_4O_{10})(O,OH)_8$]☆klementite
镁菱锰矿[$(Ca,Mn,Mg)CO_3$]☆kutnahorite; kutnohorite; kuttenbergite
镁菱铁矿[$(Fe,Mg)(CO_3)$]☆sideroplesite; magnesian siderite; pistomesite; magniosiderite
镁铝矾[$MgAl_2(SO_4)_4$•$22H_2O$;单斜]☆pickeringite; sonomaite; magnesia alum
镁铝硅水系统☆Mg-Al-Si-H$_2$O{MASH} system
镁铝硅系微晶玻璃[MgO-Al_2O_3-SiO_2]☆system glass ceramics
镁铝合金☆magnalium
镁铝红闪石[$Na_2Ca(Mg,Fe^{2+})_4Al(Si_7Al)O_{22}(OH)_2$;单斜]☆magnesio-alumino-katophorite
镁铝尖晶石晶体☆magnesium-aluminium spinel crystal
镁铝榴石[$Mg_3Al_2(SiO_4)_3$;等轴]☆pyrope; greenlandite; karfunkel[德]; kaprubin; vogesite; gronlandite; precious{Bohemian} garnet; magnesium aluminium garnet; felsenrubin; Cape {rock} ruby; South African ruby; carbuncle; pirop
镁铝钠闪石[$Na_3(Mg,Fe^{2+})_4AlSi_8O_{22}(OH)_2$;单斜]☆eckermannite
镁铝蛇纹石[$Mg_2Al(Si,Al)O_5(OH)_4$;单斜]☆amesite; septeamesite
镁铝铁矾[$(Mg,Fe^{2+})(Al,Fe^{3+})_2(SO_4)_3(OH)_2$•$15H_2O$]☆idrizite; idrazite
镁铝直闪石[$(Mg,Fe^{2+})_5Al_2Si_6Al_2O_{22}(OH)_2$;斜方]☆magnesiogedrite
镁铝砖☆magnesite-alumina brick
镁绿矾☆magnesium-melanterite
镁绿钙闪石[$NaCa_2(Mg,Fe^{2+})_4Fe^{3+}Si_6Al_2O_{22}(OH)_2$;单斜]☆magnesiohastigsite
镁绿帘石[$CaMg(Al,Fe^{3+})Al_2(Si_2O_7)(SiO_4)O(OH)$]☆picroepidote
镁绿泥石[$(Mg,Fe)_4Al_2(Al_2Si_2O_{10})(OH)_8$]☆amesite; picroamesite; amesine; septeamesite
镁绿闪石[$Na_2Ca(Mg,Fe^{2+})_3Al_2Si_6Al_2O_{22}(OH)_2$;单斜]☆magnesiotaramite
镁绿脱石☆karrenbergite; magnesian nontronite
镁绿岩☆komatiite
镁绿锥蛇纹石☆magnesiocronstedtite
镁蒙脱石[$(Mg_2Al)(Si_3Al)O_{10}(OH)_2$•$5H_2O$;单斜]☆sobotkite; magnesium{magny} montmorillonite; magnymontmorillonite
镁锰方解石☆kutnohorite; kutnahorite
镁锰钙蓝铁矿☆paravivianite
镁锰橄石☆picrotephroite
镁锰合金被覆硬铝☆duralplat
镁锰榴石[$(Mg,Mg)_3(Mn,Al)_2(SiO_4)_3$]☆magnesia {magnesio}-blythite; magnesioblythite
镁锰铝旋磁铁氧体☆Mg-Mn-Al gyromagnetic ferrite
镁锰明矾[$(Mg,Mn)Al_2(SO_4)_4$•$22H_2O$]☆magnesium-apjohnite; boschjesmanite; bosjemanite; bushmanite; keramohalite; ceramohalite; manganpickeringite; magnesium apjohnite
镁锰闪石[$(Mg,Mn)_7(Si_4O_{11})_2(O,OH)_2$]☆tirodite
镁锰锌矾[$(Mg,Zn,Mn)_8(SO_4)(OH)_{14}$•$4H_2O$]☆mooreite
镁明矾[$MgAl_2(SO_4)_4$•$22H_2O$]☆pickeringite; magalum; magnesia(n) alum; seelandite; magnesium halotrichite
镁钼铀矿[MgO•$2MoO_3$•$2UO_2$•4~$6H_2O$]☆cousinite
镁钠闪石[$(Na,Ca)_2(Mg,Fe^{2+},Fe^{3+})_5(Si_4O_{11})_2(OH)_2$; $Na_2(Mg,Fe^{2+})_3Fe^{3+}_2Si_8O_{22}(OH)_2$;单斜]☆magnesio(-)riebeckite; tor(e)ndrikite; magriebekite; magnesian {magnesium} riebeckite; ternovskite; rhodusite; ternowskite
镁钠闪质石棉☆magnesium crocidolite
镁钠针沸石☆ferrierite
镁铌铁☆magn(esi)ocolumbite
镁铌铁矿☆magn(esi)ocolumbite; magnesioniobite
镁镍矾☆magnesium morenosite
镁镍华[$(Ni,Mg)_3(AsO_4)_2$•$8H_2O$]☆cabrerite; nickel cabrerite; magnesium{Mg}-annabergite; cabreran
镁泡石[(富)镁皂石]☆aphrodite [$Mg_4(Si_6O_{15})(OH)_2$•$6H_2O$]; afrodite [$(5MgSiO_3$•$4H_2O)$]; stevensite
镁硼锰{镁}石☆magnesiosussexite
镁硼石[$Mg_3(B_2O_6)$]☆kotoite
镁铍铝石☆taprobanite
镁坡缕石[$Mg_4Al_2Si_{10}O_{27}$•$15H_2O$]☆pilolite; labite; picrocollite; rock leather{cork}; mountain wood
镁七水铁矾[$(Fe,Mg)(SO_4)$•$7H_2O$]☆kirovite; kirowite; jaros(ch)ite; magnesium melanterite; yarroshite
镁蔷薇辉石☆hsihutsunite; merwinite
镁青石棉☆magne(s)iocrocidolite; magnesium crocidolite{krokydolith}
镁燃烧弹[军]☆magnesium bomb
镁蠕绿泥石[$(Mg,Fe,Al)_6((Si,Al)_4O_{10})(OH)_8$]☆grochauite
镁砂[$MgCO_3$]☆(burned) magnesite; magnesia
镁砂衬套式铸钢塞座☆nozzle of magnesite thimble-type
镁砂打(结泥)料☆magnesite ramming mass
镁砂粉砂轮☆magnesite wheel
镁砂消化☆souring of magnesite
镁沙川闪石☆magnesiosadanagaite
镁山软木☆palygorskite; attapulgite
镁闪石[$(Mg,Fe^{2+})_7Si_8O_{22}(OH)_2$;单斜]☆magnesio(-)cummingtonite; clino-anthophyllite; tschermakite; kupfferite
镁蛇纹石☆picroamesite; adigeite
镁砷镍华☆nickel cabrerite
镁砷铀云母[$Mg(UO_2)_2(AsO_4)_2$•$12H_2O$;四方]☆novacekite
镁十字石☆zebedassite
镁石灰☆magnesium lime
镁石棉☆pilolite; magnesia-asbestos
镁石水泥☆magnesia{magnesite;sorel} cement
镁水白云母[$(K,H_2O)Al_2(Si,Al)_4O_{10}(OH)_2$]☆gumbel(l)ite; humbelite; magnesium muscovite
镁水胆矾☆magn(esi)o-boothite; magnesium boothite
镁水钙镁铀矿☆magnesio-ursilite
镁水硅铀石☆Mg-Ursilite
镁水铝石☆korteite
镁水绿矾[$(Fe,Mg)(SO_4)$•$7H_2O$]☆kirovite; magnesium {-}melanterite; jaroschite; kirowite; yarroshite; jarosite
镁水铁矾☆magnesian{magnesium} szomolnokite
镁水铀矾☆magnesium-zippeite
镁丝光沸石☆deeckeite; bergalith
镁钛矿[$(Mg,Fe)TiO_3$;MgO•TiO_2;三方]☆geikielite; dauphinite; whitmanite
镁钛铁矿☆picrot(it)anite; picrocrichtonite; picroilmenite
镁炭砖☆magnesia carbon brick
镁锑矿☆bystromite
镁铁白榴金云{钾镁}火山{煌斑}岩☆mamilite
镁铁长英质火山岩☆mafic-felsic volcanic rock
镁铁橄石☆hortonolite
镁铁铬矿[$(Mg,Fe)CrO_4$]☆magnoferrichromite
镁铁铬铁矿[$(Fe,Mg)Cr_2O_4$]☆ferromagnesiochromite
镁铁硅质☆mafelsic
镁铁红闪石[$Na_2Ca(Mg,Fe^{2+})_4Fe^{3+}Si_7AlO_{22}(OH)_2$;单斜]☆magnesio-ferri-katophorite
镁铁矿[$MgFe^{3+}_2O_4$;等轴]☆magnesioferrite
镁铁榴石[$(Mg,Fe^{2+})_3Al_2(SiO_4)_3$;$Mg_3(Fe,Si,Al)_2(SiO_4)_3$;等轴]☆rhodolite; majorite; pyralmandite; pyrandine; k(h)oharite; spalmandite; magnesia-blythite; pyralmandin
镁铁铝矾☆magnesium-halotrichite
镁铁铝石榴石☆majorite
镁铁闪石[$(Mg,Fe^{2+})_7(Si_4O_{11})_2(OH)_2$;单斜]☆cummingtonite; amphibole-anthophyllite; kievite; antholite; magnesiocummingtonite
镁铁闪岩☆cummingtonite-amphibolite
镁铁石棉[$(Mg,Fe^{3+})_7(Si_4O_{11})_2(OH)_2$]☆picroamosite
镁铁钛矿[$(Mg,Fe^{2+})Ti_2O_5$;斜方]☆armalcolite
镁铁钛铝石☆hogbo(h)mite; hoegbomite; taosite
镁铁岩类☆mafite
镁铁云母[$(K,Na,H_2O)(Mg,Fe^{2+},Ca)(Al,Fe^{3+},Ti)((Si,Al)_4O_{10})(OH)_2$]☆svitalskite
镁铁指数☆mafic index; MI; MF
镁铁质☆mafic; femag
镁铁质边缘☆mafic margin
镁铜矾☆magno cuprochalcanthite
镁铜矿☆guggenite
镁铜水绿矾☆magnesian cuprian (melanterite); melanterite
镁透辉石☆magnesium diopside
镁土☆magnesia
镁细碱辉正长岩☆magnesiokataphorite
镁γ纤磷铁矿☆magnesium γ-kerchenite
镁硝石[$Mg(NO_3)_2$•$6H_2O$]☆magnesinitre; magnesia saltpetre; nitromagnesite
镁斜锂蓝闪石☆magnesio-clinoholmquistite
镁锌双阳极☆magnesium-zinc binode
镁星叶石[$(Na,K)_4(Fe^{2+},Mg,Mn)_7Ti_2Si_8O_{24}(O,OH,F)_7$;单斜]☆magnesioastrophyllite; magnesium astrophyllite
镁亚铁钠闪石[$Na_3(Mg,Fe^{2+})_4Fe^{3+}Si_8O_{22}(OH)_2$;单斜]☆magnesio(-)arfvedsonite; imerinite; rezhikite; magarfvedsonite
镁阳极输出(电流)☆output of magnesium anode
镁氧☆magnesia; bitter earth
镁叶绿矾[$MgFe^{3+}_4(SO_4)_6(OH)_2$•$20H_2O$;三斜]☆magnesiocopiapite
镁叶云母☆eastonite

镁伊利石☆magno-monothermite
镁伊利水云母☆magnesia-illite-hydromica；Mg-illite hydromica；Mg-illidromica
镁硬度☆magnesium hardness
镁硬石膏[$(Ca,Mg)SO_4$]☆wathling(en)ite
镁铀(砷叶石)☆magurasphyllite
镁铀硅石☆magnesio-ursilite
镁铀云母[$Mg(UO_2)_2(PO_4)_2$•$10H_2O$;单斜、假四方]☆saleite；saleeite；magnesioautunite；magnesium phosphoruranite
镁云母☆magnesia mica
镁皂石☆hanusite；hanuschite
(富)镁皂石☆stevensite；aphrodite；afrodite
镁珍珠云母[$CaMg_2(Si_4O_{10})(OH)_2$]☆calciotalk; calcio-talc；calciotalc；kalcio-talk；magnesiomargarite；calcium talc；magnesium margarite
镁针(钠)钙石[$NaCa_2Si_3O_8(OH)$(含 MgO 达 5%)]☆magnesium pectolite{magnesiopectolite}; walkerite; ualkerite
镁直闪石[$(Mg,Fe^{2+})_7Si_8O_{22}(OH)_2$;斜方]☆magnesio(-)anthophyllite; maganthophyllite; meganthophyllite; kupfferite
镁蛭石☆magnesium vermiculite
镁质(的)☆magnesian；magnesial
镁质白云石耐火材料☆magnesite-dolomite refractory
镁质硅酸镍矿☆garnierite ore
镁质火泥☆magnesite mortar
镁质交代(作用)☆magnesium metasomatism
镁质矿物☆melane
镁质石灰☆magnesium lime；high-magnesium line
镁柱石[$(Ca,Mn,Mg)_8Al_2(Si_2O_7)_3(OH)_4$]☆harstigite
镁砖☆magnesite{magnesia;magnesitic} brick
镁浊沸石☆schneiderite[$(Ca,Mg)(AlSi_2O_6)_2$•$4H_2O$]; magnesiolaumontite[$(Ca,Mg)_6(AlSi_2O_6)_{12}$•$19H_2O$]; snaiderit
每☆each；per；ea；panto-；pant-；p.
每班☆per tour{shift}
每班工作{掘进}循环数☆rounds per shift
每班炮眼组数☆round per shift
每班总装运量☆total operating-shift tonnage
每半月(的)☆semi-monthly
每部分有十个的☆decamerous
每产千吨原煤的工班数☆manshift per thousand tons
每次采掘的煤层厚度☆lift
每次冲击钻进深度☆penetration per blow
每次灌泥浆(的泵)冲数☆strokes per fill
(罐的)每单位深度的容积☆volume per unit of depth
每(信)道的脉冲数☆counts per channel
每道检波器数☆phones/tr
每道脉冲数☆counts per channel
每段分爆的炸药量☆explosive-field-per-delay-period
每吨成本☆per ton cost；per-ton cost
每吨(采掘量)的动力消耗☆power per ton
每分钟冲程数☆strokes per minute
每分钟动作次数☆operations per minute；O.P.M
每分钟衰变数☆disintegrations per minute；dpm
每分钟往返次数☆reversals per minute
每隔一口井☆every second well
每隔一天☆every other day；eod
每个☆ea；each
每个波长的分贝数☆decibels per wavelength
每个回采工人产量☆output per coal face worker
每个井下工人产量☆output per underground worker
每个露天采煤工人产量☆output per open-pit miner
每个数位差错☆error per digit
每工年产量☆output per man-year
每季☆quarterly；quart.
每加仑重(量)☆weight per gallon
每井每日桶数☆barrels per well per day；bpwpd
每开工日桶数☆barrels per stream day；BPSD
每颗金刚石所受的钻压☆pressure per stone
每克拉金刚石粒数☆carat count；diamond{stones} per carat；SPC
每克拉 4～23 粒的金刚石☆drillings
每孔(钻进)成本☆cost per hole
每两米升高一米的坡度☆one on two；one to two
每辆车的装载量☆carload
(掘进)每码单价☆yard price
每码掘进费☆per-yard cost
每米炮孔崩落(矿岩)体积☆cubic-foot{-meter} ratio
每秒抽样数☆samples per second；SPS
每秒计数☆counts per second；CPS
每年[拉]☆p.a.；per annum；per annual{an.}
每年必须在租地上进行的修建或钻井工作[美]☆assessment work
每年更新☆yearly renewable term
每年平均雨量分布图表☆hyetograph
每年失去英亩数☆acres lost each year
每年续约期☆yearly renewable term
每盘开拓量☆development per block
每人☆per man{capita}
每人每班产量☆output per manshift；o.m.s.；OMS
每人每小时的产量☆production per manhour；p.m.h.
每日☆per day；diurnal；daily；p.d.；pd
每日晨报告{表}☆daily morning report
每日成本☆cost per day；C. P. D.
每日吨数☆tpd；tons per day
每日工资☆day{daily} wages
每日价格限幅☆daily price limit
每日历天{日}产油桶数☆barrels oil per calendar day
每日桶数☆b.d.；barrels daily；BD
每日维修报告☆daily service report；DSK
每日详报表☆daily detailed report
每日循环☆diurnal cycle
每日业务报告☆daily service report；DSK
每日总报表☆daily summary report
每三星期一次的☆triweekly
每四年一次的(事件)☆quadrennial
每天☆per day；daily；per-diem
每天燃料损耗确定☆day-to-day loss control
每天桶数☆bpd；barrels per day
每通过一次[操作过程]☆per pass
每桶原油价格☆crude-oil price per barrel
每位误差☆error per digit
每小时☆per hour；ph；p.h.
每小时产流体{液}桶数☆barrels fluid per hour；BFPH
每小时产凝析油桶数☆barrels condensate per hour
每小时产油{|出水}桶数☆barrels of oil{|water} per hour；BOPH{| BWPH }
每小时生产吨数☆capacity in tons per hour
每小时提出的筒数☆number of bailerfuls per hour
每循环进尺☆advance per round{attack}；depth of round
每一单位☆per unit
每一口井的开采英亩数[面积]☆acreage per well
(采煤机)每一循环截深☆depth of cut
每英尺(直线)管柱内容积☆cu ft per lineal ft.
每英尺进尺的药包重量☆weight of explosives per foot run
每英尺孔数☆holes per foot；HPF
每英尺射孔数☆number of shot per foot
每英寸 10 扣☆10-round thread form
每英寸纵倾力矩☆moment to change/inch；MTI
每英亩原油桶数☆barrels of oil per acre；BO/A
每月☆per month；monthly；mo；p.m.
每月桶数☆barrels per month；BPM
每月一次的试样☆monthly sample
每运转日桶数☆barrels per stream day；BPSD
每周☆per week；p.w.
每周两次(的)☆semiweekly
每组☆per round
每钻眼分摊工作面积☆square footage per drill hole
每作业日桶数☆barrels per stream day；BSD
美(丽)☆beauty；daintiness；loveliness；prettiness
美棒石[钙超;K_3]☆Eurhabdus
美边贝属[P]☆Calliomarginatia
美带蚌属[双壳;E-Q]☆Lepidodesma
美蛋白石[内含铝氧少许;SiO_2•nH_2O]☆cacholong；pearl opal；kas(c)holong；kacholong；cachalong；cascholong；perlmutteropal
美德☆graces；virtue；goodness；morality
美地那统[S_1]☆Medinan series
美吨☆net ton
美佛贝属[腕;S_1]☆Meifodia
美佛莱明菊石属[T_1]☆Euflemingites
美孚石油公司☆Standard Oil Co.{Company}；SOC
美国白麻[石]☆Bethel White
美国标准☆American Standard；United States standard；Am. Std.；Amer. Std.；U.S.S.；AS；USS
美国大陆☆Continental United States；Con US
美国多威灰麻[石]☆Diorite
美国俄亥俄州煤[燃料比<1.4,固定碳水分比>6]☆ohioites
美国海军新型锚☆Budocks stato
美国黄松木☆ponderosa
美国加仑☆United States gallon；USG
美国南部☆down home
美国石油协会色度☆NPA color
美国石油学会重度表☆API gravity scale
美国石竹☆sweetwilliam；beared pink
美国式过滤机☆American filter
美国桃木石☆Dakota Mahogany
美国文物{献}☆americana
美国问题专家☆Americanologist
美国线规☆(wire) gauge; B & S; Brown and Sharpe wire gauge；(American) wire ga(u)ge；AWG
美国信息交换标准码☆American Standard Code for Information Interchange；ASCII
美国银星[石]☆Silver Star
美国铀矿☆schro(e)ckingerite
美国专利☆American Patent；A.P.；United States Patent；USP；AP
美国专利局☆United States Patent Office；USPO
美海林檎(属)[O]☆Aristocystis
美好的☆fine
美花介属[E_3-Q]☆Cytheridea
美化☆beautification；ornament
美几丁虫属[O_2-S_1]☆Kalochitina
美脊介属[C_1]☆Editia
美铰蛤属[双壳;O-D]☆Cypricardinia
美节藻属[E-Q]☆Calliarthron
美晶石英☆bristol stone{diamond}
美景大理岩☆landscape marble
美壳虫属☆Euchitonia
美丽风光{自然美景}保留区☆area of outstanding natural beauty；AONB
美丽瘤膜叶肢介(属)[K_2]☆Calestherites
美丽石英☆Bristol diamonds
美丽饰边虫属[三叶;O_1]☆Euloma
美丽紫菀[俗名木紫菀,菊科,硒通示植]☆Aster venustus
美利坚白[石]☆Camelia White
美利坚合众国☆United States of America
美利坚红[石]☆Camelia Pink
美鳞鱼属☆Leptolepis
美绿泥石☆rubislite
美木(属)[D_3]☆Callixylon
美女神母虫属[三叶;$O_{2\sim3}$]☆Dionide
美瓶贝属[腕;E-Q]☆Eucalathis
美墙贝属[腕;O_2]☆Bellimurina
美人虾科☆Callianassidae
美人虾属[甲壳类;K_2-Q]☆Callianassa
美人醉☆beauty's flush
美容术☆cosmetology
美瑞蕨[畸羊齿属;$C_{2\sim3}$]☆Mariopteris
美珊瑚属[P]☆Calophyllum
美舌藻属[Q]☆Caloglossa
美神介属[K-Q]☆Cytherideis
美石虫属[介;D-P]☆Polytylites
美饰长身贝属[腕;P_1]☆Calliprotonia
美属维尔京群岛☆Virgin Islands of the United States
美术的☆aesthetic
美术家☆artist
美头虫属[三叶;$Є_2$]☆Amecephalus
美味矿泉水☆palatable water
美鼷鹿属[E_3]☆Leptomeryx
美心蛤属[双壳;J-Q]☆Venericardia
美星介属[N-Q]☆Cyprinotus
美形羊齿☆Callipleridium
(审)美学☆aesthetics
美学污染☆aesthetic(al) pollution
美羊齿(属)[P]☆Callipteris
美元☆dollar；dol.
美制极细牙螺纹☆national extra fine thread；NEF
美洲☆America；New World
美洲-非洲-南极洲(板块)三合点☆America-Africa-Antarctica triple junctions
美洲古袋鼠属[E]☆Polydolops
美洲核子能委员会☆Inter-American Nuclear Energy Commission；IANEC
美洲獾属[Q]☆American badger；Taxidea
美洲浣熊[Q]☆Nasua；coati
美洲(-)欧亚板块边界☆American-Eurasian plate boundary
美洲片体{板块}☆American plate
美洲石斛[南美洲及西印度产的兰科植物]☆epidendrum
美洲石竹☆sweet william
美洲-太平洋(板块旋转)极☆America/Pacific pole

美洲鸵☆rhea
美洲型后缘海岸☆Amero-trailing-edge coast
美洲野牛[Q]☆bison
美皱菊石属[头;K_1]☆Calliptychoceras

mēn

闷炉☆bannock
闷炮☆blind shot
闷炮眼☆spent shot；standing bobby
闷热☆sultriness
闷热南风☆gibil
闷热天气☆muggy weather

mén

钔☆mendelevium；Md；Mv
门☆gate；door；realm；phylum[生类;pl.phyla]；portal；porta[苔]；dr
(闸)门☆git
门边框石☆jamb stone
门边立木☆buck
门策贝属[腕;T]☆Mentzelia
门齿☆incisor；dentes incisivi；front tooth
门齿骨☆os incisivum
门窗边框石[建]☆jamb stone
门窗侧壁(矿柱)☆jamb
门窗框内屋角石☆sconlion
门道☆doorstead；doorway
门德尔说☆Mendelism
门德斯页岩层☆Mendez shales
门的[生]☆phylogenetic；phyletic
门电路切断开关☆gate turn-off switch；GTOS
门电子管☆gate tube
门冬酰胺酶☆asparaginase
门多西诺断裂带☆Mendocino fracture
门钩☆door hook
门环☆knocker
门架☆gantry；gauntry
门架式凿岩台车☆portal frame drilling jumbos
门捷列夫'周期律{|族}☆Mendel(y)eev law{|group}
门径☆approach；access；key；way
门槛☆threshold；sill
门槛石☆door-stone；door stone
门口☆doorway；doorstead；entrance
门口铺石☆doorstone
门框☆frame
门框支架☆porch set
门廊☆porch；portico；stoop
门类古生态学☆palaeoautecology
门类索引☆subject index
门罗(式泥)丘☆monroe
门罗统[美;S_3]☆Monroan (series)
门罗效应☆Munroe{Monroe} effect
门前石阶☆stepstone
门塞器方法[量测岩石应变]☆doorstopper method
门塞式岩体应力测量设备☆Doorstopper. rock stress measuring equipment
门扇☆fold；door leaf
门式吊架☆gallows frame
门式起重机的台架☆gantry；gauntry
门式支架☆gantry；gauntry
门闩☆crossbar；door bolt{bar;check}；bolt；bar；latch；stop
门锁开关☆door interlock switch
门特罗格(阶)[欧;Є3]☆Maentwrogian
门头沟统☆Mentoukou{Mentougou} series
门头式钻孔套☆door grip tubing elevator
门徒☆follower
门卫☆gateman
门限☆threshold；th
门型塔架☆gantry tower
门型支撑☆dead shoring
门牙☆incisor；dentes incisivi
门牙骨☆os incisivum
门牙孔☆foramen incisivum
门栅式安全防护装置☆gate type safety device
门枕石☆bearing stone
门诊部☆ambulatory clinic
门诊所☆clinic
门柱☆doorpost；goalpost
门柱石座☆heel stone

mèn

闷盖的沉积层表面☆smothered bottom
闷盖的海{湖}底☆smothered bottom
闷罐车☆boxcar
闷光☆cloudiness
闷火☆smolder
闷烧☆smo(u)lder；smilder
(钢管的)闷头☆bulkhead
闷头印☆baffle mark
闷熄☆smother；smoulder
闷眼☆blind hole
焖火☆anneal
焖炉☆closed fusing

méng

萌地槽☆embryogeosyncline
萌地台☆embryoplatform
萌发带[德]☆keimstreifen
萌发沟☆colpa [pl.-e]
萌发孔☆germpore；exitus；porus [孢]；aperture [孢]
萌发口☆exitus；germinal aperture
萌发器☆keimapparate；germinlien
萌生林☆coppice；copse
萌芽☆germ；germination；bud；rudiment；embryo
萌芽断层☆precursor fault
萌芽沟[孢]☆germ furrow
蒙蔽☆blind；mystify
蒙蔽罩☆mask
蒙大拿统[美;K_2]☆Montanian (series)
蒙大拿州[美]☆Montana
蒙德(羰基)提镍法☆Mond process
蒙得期☆Motian age
蒙地卡罗[石]☆Multicocour Red；Greek Dark Green
蒙地卡罗白[石]☆Multicolor White
蒙丁(阶)[欧;E_1]☆Montian
蒙高梅流函数☆Montgomery stream function
蒙磷钙铵石☆mundrabillsite
蒙磷铝铀矿☆mundite
蒙罗(丘)[苏格]☆munro
蒙钠长石[$Na(AlSi_3O_8)$]☆monalbite
蒙纳凯特炸药 [含硝铵、硝酸甘油、硝酸钠、食盐等]☆monarkite
蒙纳奇特炸药[三硝基二甲苯、木炭胶棉等]☆monachite
蒙乃尔合金[镍铜锰铁合金]☆monel (metal)
蒙内象[始祖象属]☆Moeritherium
蒙诺贝尔安全炸药☆Monobel
蒙诺尔岩[碱性辉长岩与斑霞正长岩间过渡]☆monnoirite
蒙皮☆clothing
蒙(薄)皮的☆light-skinned
蒙皮试验☆envelope test
蒙片{版}法☆photographic masking；masking process
蒙启克岩☆monchiquite
蒙气较差☆differential refraction
蒙氏铜锌合金☆Muntz metal
(使)蒙受耻辱☆disgrace
蒙太奇☆montage
蒙坦蜡☆Montan wax
蒙特角石属[头;O_2]☆Montyoceras
蒙特阶☆Montian
蒙特卡罗静校正算法☆Monte Carlo statics algorithm
蒙特卡洛模拟法☆Monte Carlo simulation method
蒙特雷海底峡谷☆Monterey Canyon
蒙特里页岩☆Monterey shale
蒙特塞拉特岛[英]☆Montserrat
蒙脱石[$(Al,Mg)_2(Si_4O_{10})(OH)_2\cdot nH_2O$;$(Na,Ca)_{0.33}(Al,Mg)_2Si_4O_{10}(OH)_2\cdot nH_2O$;单斜]☆montmorillonite；rock soap；smectite；galapectite；fuller's earth；askanite；daunialite；galapektite；geolyte；walkerite；saponite；samoite；bentonite；ascanite；montmorillonniste；magnalite
蒙脱石化(作用)☆montmorillonitization
蒙脱石类☆montmorillonoid；smectites
蒙脱石族{|散}☆montmorillonite group{|powder}
蒙脱土☆montmorillonite；polynite
蒙瓦克岩☆mengwacke
蒙芽海洋☆embryonic ocean
蒙阴统☆Mengyin series
蒙皂石[族名;$MgO\cdot Al_2O_3\cdot 4SiO_2\cdot nH_2O$]☆smectite
蒙罩彩色负片☆masked color negative film
蒙纸养护☆paper curing
蒙住☆muffle
礞石[可入中药]☆chlorite schist
朦胧☆fog；hazy

měng

蒙古☆Mongolia
蒙古计氏龙☆Gilmoreosaurus mongoliensis
蒙古介属[J_3-K]☆Mongolianella
蒙古龙☆Mongolosauras
蒙古人种☆Mongoloid
蒙古岩黄耆☆hedysarum mongolica
蒙古野驴☆Equus hemionus
蒙古爪中兽属[E_2]☆Mongolonyx
蒙古嘴贝属[腕;S_3]☆Mongolirhynchia
锰☆manganese；mangan；Mn
锰白云母[$KAl_2(AlSi_3O_{10})(OH)$(含锰约 2%)]☆mangan(ese) muscovite；manganmuscovite
锰白云石[$Ca(Mg,Mn)(CO_3)_2$; $Ca(Mn,Mg,Fe^{2+})(CO_3)_2$;三方]☆mangandolomite；manganesian dolomite；kutnahorite；kutnohor(r)ite；greinerite；manganoan muscovite
锰斑☆stain
锰钡白云母 [白云母变种,含钡、锰、镁、铁等成分]☆mangan(o)barium muscovite
锰钡矿[$BaMn^{2+}Mn_7^{4+}O_{16}$; $Ba(Mn^{4+},Mn^{2+})_8O_{16}$;单斜、假四方]☆hollandite
锰变红磷铁矿☆vilateite
锰磁铁矿[$(Fe,Mn)Fe_2^{3+}O_4$]☆mangan(-)magnetite；sifbergite；silfbergite；manganesian magnetite
锰次透辉石☆mangansahlite
锰脆云母☆caswellite
锰胆矾[$MnSO_4\cdot 7H_2O$]☆manganese chalcanthite {vitriol}；manganchalcanthite
锰蛋白石☆manganopal
锰的☆manganous；manganic
锰低铁次辉石☆manganoan ferrosalite
锰电气石☆tsilaisite
锰定年法☆manganese dating method
锰多硅白云母☆alurgite
锰恩苏塔矿☆mangano-nsutite；manganese nsutite
锰矾[$MnSO_4\cdot H_2O$;单斜]☆szmikite；manganvitriol
锰钒尖晶石☆vuorelainenite
锰钒榴石☆yamatoite
锰钒铀云母[$Mn(UO_2)_2(VO_4)_2\cdot 10H_2O$?]☆fritz(s)cheite
锰方解石[$(Ca,Mn)(CO_3)$]☆calcimangite；spartaite；tetalite；manganocalcite；kalkrhodochrosit；calcium-rhodochrosite；kalkmanganspat；chambersite；calcite-rhodochrosite；mangan(oan) calcite；ro(e)pperite
锰方硼石[$Mn_3B_7O_{13}Cl$;斜方]☆chambersite；ericaite；mangan boracite；manganboracite
锰沸石☆manganese zeolite；angolite
锰氟磷灰石[$(Ca,Mn)_5(PO_4)_3F$]☆mangan-fluorapatite
锰符山石[$(Ca,Mn)_{10}(Mg,Fe)_2Al_4(SiO_4)_5(Si_2O_7)_2(OH)_4$]☆mangan vesuvianite；manganidocrase；manganidokras；manganvesuvian(ite)
锰斧石[$Ca_2Mn^{2+}Al_2(BO_3)(SiO_3)_4OH$;三斜]☆mangano-axinite；mangan(o)axinite；tinzenite；severginite；manganseverginite
锰钙长石[$Mn(Al_2Si_2O_8)$]☆manganese {-}anorthite；mangananorthite
锰钙橄榄石[$CaMn(SiO_4)$]☆mangan(-)monticellite
锰钙辉石☆johannsenite；schefferite
锰钙铝铁榴石☆mangan(-)grandite
锰钙硼石☆roweite
锰橄榄石[Mn_2SiO_4;斜方]☆tephroite；tefroit
锰钢☆manganese steel
锰钢溜槽给料器☆manganese steel pan feeder
锰钢制楔形棒条内衬[球磨机]☆manganese-steel wedgebar liner
锰锆铌钙钛石☆mangan(o)belyankinite
锰锆钽钙石[$2(Ca,Mn)O\cdot 12TiO_2\cdot \frac{1}{2}Nb_2O_5\cdot ZrO_2\cdot SiO_2\cdot 28H_2O$]☆manganbelyankinite
锰铬铁矿[$(Mn,Fe^{2+})(Cr,V)_2O_4$;等轴]☆manganochromite
锰钴镍矿☆anomalite
锰钴土☆asbolan(e)；asbolite；kobaltschwarze；aithalite；kobaltmulm；kobaltmanganerz asbolan；kobaltgraphit；earthy cobalt；cobalt ochre{ocher}；cobaltide；schlackenkobalt[德]
锰硅碲矿☆tephrowillemite
锰硅钙石☆manganese merwinite
锰硅灰石[$(Ca,Fe,Mn,Mg)SiO_3$;$(Mn,Ca)_3(Si_3O_9)$;三斜]☆bustamite；mangan(-)wollastonite；vogtite
锰硅铝矿☆ardennite；dewalquite
锰硅铝石[$Mn_5Al_5((As,V)O_4)(SiO_4)_5(OH)_2\cdot 2H_2O$]☆mangandisthene

锰硅镁石☆manganhumite
锰硅铁☆silicomanganese
锰硅锌矿[$(Zn,Mn)_2(SiO_4)$]☆tephrowillemite；troostite
锰海绿石[Mn,Fe,K 的铝硅酸盐]☆marsjatskite；manganglauconite；marsyatskite
锰海泡石☆mangansepiolite；Mn-sepiolite
锰皓矾☆Mn-goslarite；mangangoslarite
锰核☆manganese nodule
锰褐帘石[$(Ce,Ca,Mn)_2(Al,Fe)_3(Si_2O_7)(SiO_4)O(OH)$]☆mangan(-)orthite；manganoan allanite
锰褐磷锂矿☆manganosicklerite
锰黑硅钛钠锰矿☆manganchingluite
锰黑镁铁锰矿☆manganjacobsite
锰黑云母[$K(Mn,Mg,Al)_{2\sim3}((Al,Si)_4O_{10})(OH)_2$]☆manganophyll(ite)；manganofyll
锰红帘石[$Ca_2(Al,Fe)_3Si_3O_{12}OH$,含少量 Mn^{3+} 或 Mn^{2+}]☆ withamite
锰红柱石[$(Al,Fe,Mn)_2(SiO_4)O$;$(Mn^{3+},Al)AlSiO_5$;斜方]☆ kanonaite；manganandalusite；gosseletite；viridine
锰还原菌☆Mn-reduction bacteria
锰黄长石[$Mn_3(Si_2O_7)$]☆manganjustite；mangan justite
锰黄砷榴石[$(Ca,Na)_3(Mn,Mg)_2(AsO_4)_3$;等轴]☆mangan(o)berzeliite；manganese{Mn} berzeliite；pyrrh(o)arsenite；berzelite
锰黄铁矿[$(Fe,Mn)S_2$,含 Mn4%]☆mangan pyrite；manganpyrite
锰辉石[$(Mn^{2+},Mg)_2Si_2O_6$;单斜]☆kanoite；manganese pyroxene；pyroxmangite
锰辉锑矿☆manganostibnite
锰辉玄武岩☆mijakite；miyakite
锰钾矾☆manganlangbeinite
锰钾矿[$K_2Mn^{2+}Mn_7^{4+}O_{16}$;$K(Mn^{4+},Mn^{2+})_8O_{16}$;单斜、假四方]☆cryptomelane
锰钾镁矾☆manganese leonite；manganolangbeinite[$K_2Mn_2(SO_4)_3$]；manganleonite[$K_2Mn(SO_4)_2\cdot4H_2O$]；manganvoltaite
锰钾铁矾[$KMn^{2+}Fe^{3+}(SO_4)_3\cdot4H_2O$]☆mangan-voltaite
锰尖晶石[$(Mn,Fe^{2+},Mg)(Al,Fe^{3+})_2O_4$；$MnAl_2O_4$;等轴]☆ galaxite；manganspinel；manganomagnetite；jakobsite；jacobsite [$(Mn^{2+},Mg)(Fe^{3+},Mn^{3+})_2O_4$]
锰胶☆manganogel
锰角闪石☆manganese amphibole
锰结核☆manganese nodule{concretion}；halobolite
锰结核水下垂直提升系统☆vertical underwater lifting system for manganese nodule
锰金云母☆manganophyllite；manganphlogopite；manganofyll；manganese mica
锰堇青石[$Mn_2Al_3(Si_5AlO_{18})$]☆mangancordierite；manganese {-}cordierite
锰壳☆manganese crust{coating}
锰矿☆manganese ore{mine}
×锰矿捕收剂[脂肪胺硫酸盐]☆Emcol 4150
锰矿脉☆manganiferous lode
×锰矿润湿剂[烷基醇胺与脂肪酸的缩合物]☆Emcol 5100
(一种)锰矿物☆cherskite；tscherckite
锰矿岩☆manganolite；manganesite
锰锂云母 [$K(Li,Al,Mn^{2+})_3(Si,Al)_4O_{10}(F,OH)_2$；单斜]☆masutomilite；masutomillite
锰帘石[$5MnO\cdot2Al_2O_3\cdot5SiO_2\cdot3H_2O$;单斜]☆sursassite
锰磷灰石[$(Ca,Mn)_5(PO_4)_3(F,OH)$]☆mangan(-)apatite；mangualdite；fluor-manganapatite；rhodophosphite；manganvoelckerite；manganoxyapatite
锰磷矿☆fillowite
锰磷锂矿[$(Li,Mn^{2+},Fe^{3+})(PO_4)$]☆manganese{Mn} sicklerite；lithiophilite；lithiophyllite；lithio(phy)lite
锰磷锂锰矿[$(Li,Mn^{2+},Fe^{3+})(PO_4)$]☆mangan(i-)sicklerite
锰磷铁矿☆frondelite
锰菱硅稀土石☆manganosteenstrupine
锰菱铁矿[$(Fe,Mn)CO_3$]☆oligonite；oligonspar；oligosiderite；manganosiderite；mangansiderite；chalybite；thomaite；oligonspath；oligonsiderite；Mn-siderite；manganosph(a)erite；manganoplesite
锰菱锌矿[$(Zn,Mn)CO_3$]☆manganese zinc spar；mangansmithsonite；manganzinkspath
锰榴石☆brandaosite [$(Mn,Fe)_3Al_2(SiO_4)_3$]；blythite [$Mn_3^{2+}Mn_2^{3+}(SiO_4)_3$]；manganic{manganesian} garnet
锰榴正长岩☆kodurite
锰瘤☆manganese nodules
锰铝矾[$MnAl_2(SO_4)_4\cdot22H_2O$;单斜]☆apjohnite；manganese alum
锰铝合金☆aluflex
锰铝榴(石)[$Mn_3Al_2(SiO_4)_3$,Mn 常被 Ca、Fe、Mg 置换;等轴]☆spessartine；spessartite；partschin；manganese (aluminium) garnet；mangantongranat；mangan-granat [德]；partschinite
锰铝榴岩☆queluzite
锰铝榴岩型锰矿☆queluzite-type manganese ore
锰铝榴英岩☆gondite
锰铝闪石☆gamsigradite
锰铝蛇纹石[$(Mn^{2+},Mg,Al)_3(Si,Al)_2O_5(OH)_4$;六方]☆kellyite
α 锰铝石☆ishiganeite
锰绿矾[$(Fe,Mn)(SO_4)\cdot7H_2O$]☆mangan-melanterite
锰绿帘石[$(Ca,Mn)_2(Al,Fe,Mn)_3(Si_2O_7)(SiO_4)O(OH)$]☆manganese epidote；thulite；manganepidote
锰绿泥石[$Mn_9Al_3(Al_3Si_5O_{20})(OH)_{16}$；$(Mg,Fe,Mn)_5Al(AlSi_3O_{10})(OH)_8$；$Mn_5Al(Si_3Al)O_{10}(OH)_8$;单斜]☆pennantite；grovesite；manganchlorite；kellyite；mangan(iferous) chlorite
锰绿铁矿[$(Mn^{2+},Fe^{2+})Fe_4^{3+}(PO_4)_3(OH)_5$;斜方]☆frondelite；manganrockbridgeite；mangan rockbridgeit
锰绿纤石☆pumpellyite-(Mn) [Mn^{2+}]；okhotskite[Mn^{3+}]
锰绿柱石☆morganite
锰帽☆manganese stain{hat}；chapeau de mangan
锰帽型锰矿床☆manganese hat-type manganese deposit
锰镁钒矿☆fredrikssonite
锰镁华☆manganhornesite
锰镁铝蛇纹石[$(Mg,Mn^{2+},Fe^{2+},Zn)_3(Si,Al)_2O_5(OH)_4$;单斜]☆baumite
锰镁明矾☆bushmanite；bos(ch)jesmanite
锰镁闪石[$(Ca,Na,K)_{2½}(Mn,Mg,Al,Fe^{3+})_5((Si,Al)_8O_{22})(OH)_2$；$Mn_2^{2+}(Mg,Fe^{2+})_5Si_8O_{22}(OH)_2$;单斜]☆gamsigradite；tirodite；mangancummingtonite；mangano-anthophyllite
锰镁锌矾☆torreyite；torneyite
β 锰镁锌矾☆beta-mooreite
锰镁云母[一种 Mn 及 Mg 的铝硅酸盐]☆ davreuxite
锰蒙脱石☆delanovite；delanouite
锰-锰三斜辉石☆Mn-pyroxmangite
锰明矾☆manganese alum [$Mn^{2+}Al_2(SO_4)_4\cdot22H_2O$]；apjohnite[$MnAl_2(SO_4)_4\cdot24H_2O$]；manganalaun[德]
锰膜[土壤中]☆mangan
锰牟文橄榄石☆manganmerwinite
锰钠沸石[$(Na,Mn)(Al_2Si_3O_{10})\cdot2H_2O$]☆manganonatrolite
锰钠矿[$(Na,K)Mn_8O_{16}\cdot nH_2O$;四方]☆manjiroite
锰铌铁矿[$(Mn,Fe)(Nb_2O_6)$(Mn:Fe>3:1)]☆mangan columbite；manganocolumbite；mangan(o)niobite；manganomossite；marngano(-)columbite
锰硼镁铁矿[$(Mn,Mg)_2Fe^{3+}(BO_3)O_2$]☆manganludwigite
锰硼镁石☆magnesio(-)sussexite；magnesium sussexite
锰硼石[$Mn_3B_2O_6$;斜方]☆jimboite
锰皮☆coating；manganese rind{pavement;coating}
锰片岩系☆sakarsanite
锰坡缕石[$(Mn,Mg)_5Si_8O_{20}(OH)_2\cdot(8\sim9)H_2O$;单斜]☆yofortierite；manganpalygorskite；manganian{Mn} palygorskite；Mn-ferripalygorskite
锰普通辉石☆Mn-pyroxene
锰铅矿[$PbMn^{2+}Mn_7^{4+}O_{16}$；$Pb(Mn^{4+},Mn^{2+})_8O_{16}$；四方?]☆ coronadite；quenselite
锰蔷薇辉石☆Mn-rhodonite
锰羟磷灰石☆manganhydroxyl apatite；Mn-hydroxyapatite；manganhydroxylapatite
锰羟铝石☆mangandiaspore
锰羟镁石☆mangan(o)brucite
锰青石棉☆mangankrokidolite；mangancrocidolite
锰青铜☆manganese bronze
锰染☆manganese stain
锰热臭石[$(Mn,Fe^{2+})_8Si_6O_{15}(OH,Cl)_{10}$;六方]☆manganpyrosmalite
锰三斜辉石[$(Mn,Fe)SiO_3$]☆pyroxmangite；sobralite；iron-rhodonite；vogtite；pyroxrpangite
锰砂☆manganese sand
锰砂岩☆handite
锰闪石☆manganese amphibole；richterite
锰蛇纹石☆manganantigorite
锰砷钙镁矿[$(Mn,Mg)_2(Ca,Na)_3(AsO_4)_3$]☆manganberzeliite
锰砷镁石☆manganhornesite；manganese ho(e)rnesite
锰十字石☆nordmarkite；manganstaurolith
锰水铝石[$H(Al,Mn^{3+})O_2$]☆mangandiaspore；mangan diaspore
锰水绿矾☆manganmelanterit；luck(y)ite
锰水镁石[$(Mg,Mn)(OH)_2$]☆mangan(o)brucite
锰水磨石☆ehrenbergite
锰酸盐☆manganate
锰酸盐类☆manganates
锰钛铁矿[$(Fe,Mn)TiO_3$]☆manganilmenite
锰滩☆manganese pavement
锰钽矿[$(Ta,Nb,Sn,Mn,Fe)_4O_8$]☆ixio(no)lite；ixionite；kassiterotantalite；kimito-tantalite；cassitero tantalite [$(Fe,Mn)(Nb,Ta)_2O_6$]；cassiterotantalite；tantalite
锰钽铁矿[$(Mn,Fe)((Ta,Nb)_2O_6)$(Mn:Fe>3:1)]☆mangano(-)tantalite；alvarolite；mangantantalite
锰碳铌铈矿☆mangan kalk ancylite
锰铁☆ferromanganese
锰铁次辉石☆manganoan ferrosalite
锰铁矾☆partschinite
锰铁钒铅矿[$Pb_2(Mn,Fe^{2+})(VO_4)_2\cdot H_2O$;单斜]☆brackebuschite
锰铁方解石☆manganoferrocalcite
锰铁合金☆ferro(-)manganese
锰铁结核☆manganese-iron nodule
锰铁矿[$(Mn^{2+},Fe^{2+},Mg)(Fe^{3+},Mn^{3+})_2O_4$;等轴]☆jacobsite；manganoferrojacobsite；ferr(ifer)ous manganese ore
锰铁菱石☆ponite
锰铁榴石[$Mn_3Fe_2(SiO_4)_3$;$(Mn,Fe)_3Al_2(SiO_4)_3$;$(Mn^{2+},Ca)_3(Fe^{3+},Al)_2(SiO_4)_3$;等轴]☆calderite；spalmandite；polyadelphite
锰铁明矾☆manganoan halotrichite
锰铁三斜辉石☆sobralite；pyroxmangite
锰铁闪石[$(Fe,Mn,Mg)_7(Si_8O_{22})(OH)_2$；$Mn_2(Fe^{2+},Mg)_5(Si_8O_{22})(OH)_2$;单斜]☆dannemorite
锰铁钨矿☆wolfram；volfram；wolframite
锰铁锌矾☆dietrichite；mooreite
锰(镍)铜(合金)[84 铜,12 锰,4 镍]☆manganin
锰铜矾☆campigliaite
锰铜矿[$3CuO\cdot2Mn_2O_3$;$CuMnO_2$;单斜]☆crednerite；mangankupferoxyd；mangankupfererz；copper manganese
锰透辉石☆schefferite；anthochroite
锰透闪石[$Ca_2(Mg,Mn)_5(Si_8O_{22})(OH)_2$]☆hexagonite；mangan(o)tremolite
锰土[$MnO_2\cdot nH_2O$]☆wad [pl.wadden]；groroilite；bog manganese；hydroxybraunite；hydropyrolusite；ouatite；hydromangan(os)ite；hydrohausmannite；asbolite；manganomelane；wadite；reissacherite[具放射性(含钍)的铁质锰土]；earthy manganese {cobalt}；black ocher；manganomelan；aphrowad；vod；peloconite；manganwiesenerz{manganschwarze；manganschaum}[德]；manganocker；manganese wad；mangangraphite；wad clay
锰团块{矿}☆manganese nodule
锰温石棉☆manganchrysotile
锰钨矿☆hu(e)bnerite；permanganwolframite；megabasite；mangan(o)wolframite
锰锡青铜☆Duronze
锰锡钽矿[$(Fe,Mn)(Nb,Ta)_2O_6$]☆ixio(no)lite；ixionite；cassitero tantalite；cassiterotantalite
锰细菌☆manganese bacteria
锰纤闪石[$(Ca,Mn)_4Mg_6Fe_{3/4}^{3+}((Al,Fe)_2Si_{14}O_{44})\cdot(OH,O)_4$]☆mangan-uralite
锰纤蛇纹石☆mangan chrysotile；manganchrysotile
锰纤锌矿[$(Zn,Mn)S$]☆erythrozinkite；erythrozincite
锰斜绿泥石☆manganian clinochlore
锰榍石[$MnO\cdot OH$]☆groutite
锰泻(利)盐☆fauserite
锰锌碲矿☆mangantellurite
锰锌辉石☆manganese zinc pyroxene；jeffersonite
锰锌尖晶石☆manganozinc spinel；manganchlorite
锰锌筛矿☆spiroffite
锰星叶石[$(K,Na)_2(Mn,Fe)_4Ti(Si_4O_{14})(OH)_2$;$(K,Na)_3(Mn,Fe^{2+})_7(Ti,Nb)_2Si_8O_{24}(O,OH)_7$;三斜]☆kupletskite；mangano(-)astrophyllite
锰亚铁钠闪石☆juddite；manganarfvedsonite；ferri-richterite
锰阳起石[$Ca_2(Mg,Fe,Mn)_5(Si_4O_{11})_2(OH)_2$(含 MnO 5%～8%)]☆mangan-actinolite；manganaktinolith
锰氧化菌☆Mn-oxidizing bacteria
锰叶泥石[$(Fe^{2+},Mg,Mn,Fe^{3+})_{<3}((Si,Al)Si_3O_{10})(OH)_2\cdot nH_2O$；$(Fe^{2+},Mg,Mn,Fe^{3+})_{10}((Si,Al)_{12}O_{30})(O,OH)_{12}$]☆ ekman(n)ite；eckmannite
锰钇铝榴石☆yttrium spessartine
锰硬绿泥石[$(Mn,Fe^{2+},Mg)_2Al_4Si_2O_{10}(OH)_4$;单斜、三斜]☆ottrelite

M

锰硬水铝石☆manganian{mangan} diaspore
锰铀云母[$Mn(UO_2)_2(PO_4)_2$•$8H_2O$]☆manganautunite; manganese autunite
锰黝帘石[$(Ca,Mn)_2Al_3(SiO_4)_3(OH)$]☆manganese zoisite; thulite; manganzoisite
锰云母☆alurgite
锰赭石☆manganese ocher
锰针磷铁矿[$(Fe,Mn)(PO_4)$•$3H_2O$]☆mangankoninckite
锰针钠钙石[$Na(Ca,Mn)_2Si_3O_8(OH)$]☆manganoan pectolite; mangan(o)pectolite; manganopektolith; schizolite; natronmanganwollastonite
锰直闪石[$(Mg,Mn)_7(Si_8O_{22})(OH)_2$]☆mangano-anthophyllite
锰蛭石☆davreuxite
锰质石☆manganolite
锰质岩☆manganese{manganic} rock
锰中毒☆manganese poisoning
锰重钽铁矿☆mangan(o)tapiolite
锰柱石[$Ca_4Mn_4(SiO_4)_5$•$4H_2O$; $Ca_2Mn^{2+}Mn^{3+}_2Si_3O_{10}(OH)_4$; 斜方]☆orientite
锰柱星叶石[$(Na,K)_2(Mn,Fe^{2+})(Si,Ti)_5O_{12}$; $KNa_2Li(Mn,Fe^{2+})_2Ti_2Si_8O_{24}$;单斜]☆mangan {-}neptunite
锰锥辉石☆schefferite
猛冲☆fling; dash; drawing shock; tear; stave; lunge
猛冲的☆driving
猛冲海岸[波浪]☆churn
猛倒扣技术☆blind back-off technique
猛度☆brisance [of explosives]; violence; explosive grading; fierceness
(炸药)猛度级类☆grade strength
猛度计☆brisance meter
猛度试验☆coppercylinder compression test
猛击☆bounce; smack; slog
猛拉☆jerk; hitch
猛烈☆hard; fierce; violence; vigorous; bump; violently; cracking; explosive; wild; red-hot
猛烈程度☆severity
猛烈吹{喷}出☆blow wild
猛烈地震☆violent earthquake
猛烈沸腾☆wild
猛烈洪水☆cataclysm
猛烈一击☆crusher
猛烈{烈性}炸药☆powerful explosive
猛落☆pelter
猛犸(象)[Q]☆Mammuthus; mammoth
猛犸象尸体☆mammoth carcass
猛扭☆wrench
猛喷☆gush; great eruption; wild flowing; spout
猛喷井☆gushing{gusher;wild} well; gusher
猛禽☆Accipiter; bird of prey
猛然☆snap; slap
猛然落下☆flump; slump
猛然置放☆flump
猛兽蹄兽组☆Ferungulata
猛投☆slam
猛推☆shove; rush
猛咬☆snap
猛{起爆}炸药☆detonating explosive
猛涨☆skyrocket
猛撞☆bang; clash
勐腊粉属[孢;T-E]☆Menglapollis

mèng

梦湖[月]☆Lacus Somniorum
梦想☆dream
梦沼[月面]☆Palus Somnii
萶醇[$C_{10}H_{19}OH$]☆menthol
萶二烯[$C_{10}H_{16}$]☆menthadiene
萶烷[$CH_3C_6H_{10}C_3H_7$;即薄荷烷]☆menthane
萶烷醇[$C_{10}H_{20}O$]☆menthanol
萶烯[$C_{10}H_{18}$]☆menthene
孟笛普层☆mendip
孟加拉国的海平面上升☆sea-level rise in Bangladesh
孟克虫属[三叶;$Є_{2-3}$]☆Monkaspis
孟禄效应☆Monroe effect
孟乃尔合金☆Monel metal
孟氏色系☆Munsell color system
孟特康型溜口☆Mount con chute; Arizona chute

mī

咪唑[$C_3H_4N_2$]☆imidazol(e); glyoxaline; 1,3-diaza-2,4-cyclopentadiene; 2,3-diazacyclopentadiene; Miazol
咪唑二取代物☆disubstituted imidazole
咪唑啉☆imidazoline
咪唑烯☆imidazolidine

mí

醚☆ether; aether
醚胺-70{|98}[R=O=$(CH_2)_3NH_2$,R=$C_{8\sim14}$ 直链或支链烷基]☆Arosurf MG-70{|98}
803(号)醚胺[$C_4H_9CH(C_2H_5)CH_2OC_3H_6NH_2$]☆Amino-803
醚胺[阳离子捕收剂]☆ether amine
醚胺醋酸盐 98A{R-O-$(CH_2)_3NH_2$•CH_3COOH,R=$C_{8\sim14}$直链或支链烷基}☆Aerosurf MG-98A
醚胺类阳离子捕收剂[美]☆ Arosurf MG
醚不溶(棕)树脂☆anthracoxenite
醚醇[ROROH]☆ether alcohol
×醚醇起泡剂[庚醇与五克{|甲醇与十克|杂醇油与四克}分子环氧乙烷缩合物;罗马]☆S3{|S4|S5}
醚二胺-583[RO=$(CH_2)_3NH(CH_2)_3NH_2$,R=$C_{8\sim14}$ 直链或支链烷基]☆Arosurf MG-583
醚化☆etherification
醚酸☆ECA; ether carboxylic acid
醚脱脂沥青☆schlanite
醚余(棕)树脂☆anthracoxenite
猕猴[N-Q]☆macaque; macaca; rhesus (monkey); Macacus
猕猴类☆Cercopithecoids
猕猴属[N-Q]☆macaque; Macaca
猕猴桃科☆Actinidiaceae
糜变结构☆mylonitic texture
糜滥石☆melange
糜棱变余{晶}岩☆myloblastite
糜棱{变}化(作用)☆mylonitization
糜棱块构造☆mylonitic structure
糜棱岩☆mylonite; miliolite
糜棱岩化☆mylonitize; mylonitization; mylonizition
糜棱岩化带☆mylonitized zone
糜棱状构造☆mylonitic structure
麋鹿(属)[Q]☆Elaphurus; (Pere) David's deer
迷齿(亚纲;总目)[两栖]☆Labyrinthodontia
迷宫☆labyrinth; maze
迷宫密封装置☆labyrinth gland
迷宫式的☆mazy
迷宫式密封出口☆labyrinth outlet
迷宫式填料{空}☆labyrinth packing
迷宫式壅水池☆labyrinth retention tank
迷惑☆puzzle; sophisticate; bewilder
迷惑信号☆babble signal
迷孔菌属[真菌]☆Daedalea
迷离的[孔虫]☆labyrinthic
迷恋☆fascination
迷路[内耳]☆stray; straggle; labyrinth
迷你型地热电站☆mini-geothermal power plant
迷失状态☆lost condition
迷雾雨☆mizzle
迷向☆isotropism; isotropy
迷向分量☆isotropic component
谜基因☆mystery gene
弥补☆offset; span; retrieval; repair
弥补差额☆make good the deficit
弥补地下亏空阶段☆fill-up period
弥补亏空时压力☆fill-up pressure
弥复效应☆healing effect
弥合裂缝☆healed fracture; span a rift
弥漫☆fill; diffusion; smoke; pervade; permeance
弥漫(型)蚀变(作用)☆pervasive alteration
弥漫星云☆diffuse nebula
弥漫性☆diffusivity
弥散☆dispersion; dispersiveness; dissemination; disperse; dispersal; spread in all directions; diffuse in all directions; propagate
弥散场☆fringe field
弥散传质☆dispersive mass transfer
弥散大量蒸汽的喷泉☆steaming fountain
弥散电子☆drifting electron
弥散度☆dispersi(vi)ty; degree of dispersion
弥散分析☆dispersion analysis
弥散(通)量☆dispersive (flux); flux
弥散流[气-液两相管流的一种流型]☆dispersed flow
弥散燃料堆☆fuel dispersion reactors
弥散式排放[温热地面、冒汽地面和自由水面蒸发散热等]☆diffuse discharge
弥散水范围☆region of dispersed water
弥散体☆dispersoid
弥散系数☆dispersion coefficient
弥散性☆dispersivity; dispersibility
弥散硬化☆precipitation{dispersion} hardening; strain-aging
弥散硬化合金☆dispersion{age}-hardened alloy
弥散增强铂☆dispersion strengthened platinum

mǐ

莱☆mesitylene
莱基☆mesityl
脒☆amidine
脒基脲☆guanylurea
米☆(standard) metre; meter; s.m.; rice
米百分率☆metric percentage
米波☆metric{meter} wave
米草☆spartina (towsendii)
米长标尺☆rode meter
米尺☆meter{metrical;metre} scale; metre rule; meterstick
米德雷克斯法热压团铁☆Midrex hot briquetted iron
米德雷克斯法直接还原铁☆Midrex direct reduced iron
米德卫(阶)[美洲;E_1]☆Midwayan (stage)
米吨秒制☆meter-ton-second{M.T.S.} system
米耳岩☆mill-rock
米尔恩-肖式地震仪☆Milne-Shaw seismograph
米费☆imref
米富其风☆raffiche
米格姆试验☆Micum test
米公斤秒制☆meter-kilogram-second system
米黄色石灰岩[法;J]☆Caen stone
米黄玉[石]☆Yellow Jade
米级煤筛☆rice screen
米级无烟煤[5/16～8/16in.]☆rice coal
米卡邦德[绝缘材料]☆micabond
米糠☆rice bran
米克贝(属)[腕;C-P]☆Meekella
米克菊石(属)[头;T_1]☆Meekoceras
米-克-秒制☆meter-gram-second; m.g.s.
米克氏苔藓虫(属)[S-P]☆Meekopora
米库姆转鼓☆Micum tumbler
米拉米(统)[北美;C]☆Meramecian
米拉珊瑚属[C_1]☆Melanophyllum
米兰达[女名]☆Miranda
米兰科维奇学说☆Milankovich theory
米兰(导弹测距)系统☆missile ranging; Miran
米勒-戴斯-赫钦森试井分析法☆MDH analysis
米勒定律☆Miller law
米勒符号[晶面的]☆hkl indices; Miller('s) symbol
(晶面的)米勒符号☆Millerian symbol
米勒蜓(属)[孔虫;C-P]☆Millerella
米勒型处理压力恢复资料的图解法☆Miller-Dyes-Hutchinson build-up graphs; MDH graphs
米勒牙形石属[$Є_3$]☆Muellerina
米勒-尤里反应☆Miller-Urey reaction
米勒指数☆crystal{Miller('s)} indices
米粒石面☆grained{granulated} stone facing
米粒状☆granulation
米玛[电影名]☆mima
米/秒☆meters per second; m/sec; m/s; m.p.s.
米木角锥壳☆mimoceracone
米木石壳{角锥}☆mimoceracone
米纳-斯吉拉斯型铁矿床☆Minas Gerais {-}type iron deposit
米尼麦格微型磁力仪☆Minimag
米齐藻(属)[P]☆Mizzia
米契尔毛藻属[Q]☆Mitcheldiana
米契林角石类[头]☆michelinoceroids
米契林角石目☆Michelinoceratida
米契林角石属[头;O-T]☆Michelinoceras
米契林孔珊瑚(属)[P_1]☆Michelinopora
米-千克-秒-安培单位制☆meter-kilogram-second-ampere system; mksa
米切尔方框支架分层采矿法☆Mitchell slining method; Mitchell stoping method
米切尔式方框支架☆Mitchell set
米切尔型筛☆Mitchell screen
米琼风☆mitgjorn
米赛斯屈服条件☆Mises condition of plasticity
米桑特炸药☆methanite
米色☆buff; beige
米舍尔列维色谱表☆Michel-levy table

M

米舍Q型因子分析☆Miesch Q-mode factor analysis
米什尔颗石[钙超;Q]☆Michelsarsia
米氏大孢属[E]☆Minerisporites
米氏符号☆Miller's indices
米氏海百合目[棘]☆Millercrinida
米氏角石☆Michelinoceras
米氏菊石☆meekoceras
米氏螺属[腹;O-P]☆Meekospira
米氏散射☆Mie scattering{scatter}
米氏珊瑚☆Michelinia
米斯{氏}䗴(属)[孔虫;P_1]☆Misellina
米托颗石[钙超;K_1]☆Mitosia
米翁蛤属[双壳;C_3-P]☆Myonia
米歇列维图☆Michel-levy chart
米雪☆snow grain
米雅期☆Mya age
米亚奇科夫斯克阶[C_2]☆Myachkovskian
米制☆metric system; MS
米制克拉☆metric carat; MC
米制水准{平}标尺☆meter rod
米烛光[照度]☆meter-candle; lux [pl.luces]; lx; MC

mì

嘧啶[CH:CHCH:NCH:N]☆pyrimidine
秘玻火山带☆Peru-Bolivia Volcanic Zone
秘诀☆trick
秘密☆secrecy; underhand; privacy; mystery; crypto-
秘密的☆interior; covert; close; off-the-record; private
秘密工作☆underwork
秘密投标☆sealed bid
秘密消息☆tip
秘色瓷☆secret color porcelain
秘书☆clerk; secretary
觅食构造[遗石]☆Fodinichnia; feeding structure
觅食(痕)迹☆feeding trail{trace}; grazing trace{trail}; Pasichnia; browsingtrace; browsing trace; pascichnia; fodinichnia
觅序性☆geopetality
泌[拉]☆bismuthum
泌出变熔体☆ectect
泌出(混)合(岩化)作用☆ectexis
泌硫菌☆sulfur-secreting bacteria
泌水☆weeping
泌液☆ichor
蜜☆honey
蜜胺☆melamine
蜜胺树脂☆melmac; melamine resin
蜜苯胺[$(C_6H_5NH)_2C$:NH]☆melaniline
蜜二糖☆melibiose
蜜獾类☆mellivorines
蜜獾属[Q]☆ratel; Mellivora
蜜环菌{蕈}属[真菌;Q]☆Armillaria
蜜黄长石[$(Ca,Na)_2(Be,Al)(Si_2O_6F)$;$(Ca,Na)_2Be(Si,Al)_2(O,OH,F)_7$;四方]☆meliphanite; melinophanite; gugiaite; meli(no)phane; melinoplane
蜜浸乌石参☆sea slugs in pineapple sauce
蜜蜡石[$Al_2C_6(COO)_6$•16~$18H_2O$;四方]☆melli(li)te; honeystone; melichrome resin; melichromharz
蜜三糖☆raffinose
蜜熊[Q]☆Potos; kinkajou
蜜源☆pasture
蜜源区☆forage
密☆covering; spissitude
密铋碲铂钯矿☆michenerite
密闭☆seal off; closeness; enclose; damming
密闭板☆coffer
密闭爆发器☆closed (bomb) vessel
密闭爆发器检漏试验☆bomb test
密闭插件☆hermetically sealed connector
密闭称重式标定计量罐☆closed gravimetric prover
密闭储层☆sealed reservoir
密闭的☆bottletight; air-sealed
密闭覆膜沙袋☆sticking film sack
密闭鼓风熔炼法☆imperial smelting process; ISP
密闭孔道☆confined channelway
密闭流动☆closed-flow
密闭器☆sealer
密闭墙☆dam
密闭取芯☆pressure coring; sealing core drilling
密闭式动力循环☆contained power cycle
密闭式燃料阀☆closed type fuel valve
密闭式橡胶潜水服☆closed rubber suit
密闭效应☆confining effect
密闭型燃油阀☆closed-type fuel valve
密闭性☆leakproofness
密闭循环潜水器☆closed-circuit diving apparatus
密闭油罐☆vapour tight tank
密闭支撑☆close timbering
密闭装置☆obturator
密波☆waves of condensation
密布的☆close set
密布井☆close-spaced well
密粗面☆shagreened
密粗线☆multicostae
密的[网或线路等]☆air-tight; dense; narrow meshed
密度☆density; thickness; consistence; specific mass; population[分布上]; spissitude; denseness; intensity; consistency; D.; d.
密度曝光曲线☆density-exposure curve
密度变化效应☆change-of-density effect
密度补偿值☆density correction
密度测定瓶☆density bottle
密度测井☆densilog; density log(ging); DEN
密度测试☆density determination; DD
密度大(的)☆high-density
密度倒置层☆density inversion layer
(光)密度法☆densitometry
密度分布☆density distribution
密度分析☆densitometric{density} analysis
密度-感应组合(测井)☆densilog-induction combination
密度-含水率{量}关系曲线☆compaction curve
密度计☆densi(to)meter; densometer; density meter{gauge;bottle}; hydrometer[石油的]
密度控制挡隔层☆density controlled barrier
密度控制压裂☆density control fracture
密度-黏滞度比☆density-viscosity ratio
密度曲线[可选性曲线]☆densimetric curve
密度上限☆upper density limit
密度-声波交会图法☆density-sonic crossplot method
密度梯度☆density gradient; pycnocline
密度-体积关系☆density-size relation
密度相☆densofacies
密度跃层☆pycnocline (layer); pycnoeline
密度增大☆densification
密度值上限☆density upper limit; DUL
密度-中子(测井)交会图☆density-neutron cross plot
密断统☆discontinuum
密堆积[结晶格架]☆close packing
密耳☆mil; thou
密耳/年[腐蚀速率]☆mils per year; MPY
密耳-英尺[直径 0.001in.,长度 1ft 的导线]☆mil-foot
密尔提矿☆mertieite
密方沸石☆euthallite; euthalite
密封☆sealing; densification; confinement; seal (up; airtight;hermetically;off); tight pack; encapsulation; hermetic{air-tight} seal; (sealing-in) sealing-off; packing (off); encapsulate; sealed-off; tighten; enclosure; hermetization; airtight
密封(度)☆tightness
密封舱☆(pressurized) capsule; sealed compartment
密封插头☆pressure terminal
密封的☆fluid-tight; sealed(-in); hermetically sealed; hermetic(al); airproof; (gas-)tight; encapsulated; air(-)tight; bottletight; leakproof; packaged; leak-tight
密封垫☆gasket; gland; pad; sealer
密封垫圈☆sealing{joint;packing} washer; seal gasket; tight joint
密封度☆containment; tightness
密封短节☆packoff nipple
密封钢丝绳股☆locked-coil strand
密封管☆sealed tube; ST
密封罐☆sealable tank; vapour tight tank
密封环☆junk{seal;sealing;packing;obturator} ring; lantern ring[泵]; packing washer; ring seal
密封火花器{隙}☆sealed spark gap
密封剂[电缆]☆aquaseal; sealant; jointing compound
密封件☆sealing arrangement
密封胶泥☆lute; luting
(防喷器)密封胶芯☆packing unit
密封接头☆pack-off adapter; hermetic seal; seal nipple{joint;sub}; sealing joint{adaptor}
密封空气连接管☆sealing air connection
密封料堆溜槽☆dust-sealed stockpile chute
密封帽☆closer{sealing} cap
密封棚子☆closed frame
密封皮碗☆cut-type sealing element; cup valve {leather}; seating cup[深井泵的]
密封皮碗套☆seating cup body
密封器☆sealer
密封轻便泵☆canned pump
密封圈☆packing{seal} ring; O-ring (seal)
密封圈的保护垫圈☆back-up washer
密封室☆air-lock; sealed chamber
密封式晶体管☆packaged transistor
密封试验☆leakage test
密封填料☆stuffing-box packing; packing gland
密封筒加长短节☆seal bore extension
密封外壳☆can
密封蜗科☆Clausiliidae
密封橡胶环☆packer ring
密封型电动机☆hermetic{hermetically-sealed} motor
密封性能☆sealing property; plugging ability
密封性试验☆impermeability test
密封压盖☆gland (cover); packing{sealing} gland
密封压盖随动件☆gland follower
密封用波纹管☆sealing bellows
密封元件挤胀☆packing element extrusion
密封增压座舱☆manometric capsule
密封支撑圈☆backing ring
密封装置☆seal{packing} assembly; package; packoff; encapsulation fitting
密缝☆tight seam
密缝劈理☆close-joints cleavage
密缝凿☆caulker; calkin
密高岭石[$Al_4(Si_4O_{10})(OH)_8$]☆myelin; lithomarge; tetratolite
密高岭土[$Al_4(Si_4O_{10})(OH)_8 \cdot nH_2O$($n$=0~4),含有石英、云母、褐铁矿等的不纯高岭土]☆teratolite; terratolite; steinmark; lithomarge; tuesite
密狗☆Charronia
密灌丛☆scrub; thicket
密合☆drive fit; seating
密合度☆degree of adaptability
密河石鲈☆yellow bass
密烘铸铁[一种高强度孕育铸铁]☆meehanite
密花石斛☆dendrobium
密黄长石[$(Ca,Na)_2(Be,Al)(Si_2O_6F)$]☆meliphan(it)e; melinophanite
密积冰泥☆slob ice
密集☆denseness; densely; compact; concentration; compression; concentrated; crowded together; swarm
密集板桩☆sheet-pile wall; tight sheathing
密集齿☆appressed denticle
密集的☆congested; close(r)-set; conglomerate; close; intensive; conferted; thick; closely-spaced; coarctate; closely packed
密集点☆point of density
密集度☆dispersion; compactness; closeness; density; concentration
密集(排列的)断层☆closely spaced faults
密集方柱{框}支护☆solid crib timbering
密集分布☆over disperse
密集构造☆close-packed{tight} structure
密集厚冰☆consolidated ice
密集结构☆packet texture; clone-packed structure
密集节理☆heading; closely spaced joint
密集井框☆boxing; curd tubbing
密集井框支护☆solid cribbing
密集控制井☆tightly controlled well
密集内碎屑微晶灰岩☆packed intramicrite
密集排列☆skin-to-skin spacing
密集喷射☆pencil jet
密集棚子排列{间距}☆skin-to-skin spacing of sets
密集取样☆close{cluster} sampling
密集体☆conglomerate
密集岩席☆screen
密集支护☆full{close(-set);box} timbering
密集支护巷道☆box heading
密集支架☆battery{organ} set; closely spaced rows of posts; closed timbering; slabbing; intensive support; close-standing (supports); timber wall; fence row
密集支柱☆timber{prop} wall; cog; fence row
密集装药☆concentrated charge
密集钻进☆multiple drilling
密集钻孔区☆closely drilled area

M

密级☆classification (categories); grades
密级分类☆security classification
密级配的☆close-graded
密级配地沥青混凝土☆close graded asphaltic concrete
(紧)密接(合)☆air-tight joint; fit
密接装药☆fully-coupled charge
密结的关节☆syzygial joint
密结结合[不可动关节;棘海百]☆syzygy
密井距☆tight spacing
密井距井☆closely-spaced wells
密井网☆dense well pattern; close spacing
密卷☆involute
密卷壳[头]☆ammoniticone
密卷云☆spissatus
密克罗尼西亚联邦☆The Federated States of Micronesia
密孔藻属[C-P]☆Pycnoporidium
密拉斯红[石]☆Rossa Milas
密蜡石[$Ca_4Si_3O_{10}$]☆mel(l)ilite
密勒(结晶标志)指数☆Millerian; Miller('s) indices
密林☆jungle
密林区☆densely-wooded area
密林山坡☆yunga
密绿泥石[$(Mg,Fe^{2+},Al)_6((Si,Al)_4O_{10})(OH)_8$]☆pycnochlorite; miskeyite; picnochlorite
密码☆cipher (code); cypher; cryptograph; code; password
密码保护☆cryptoguard
密码的☆cryptographic
密码电文☆cryptotext
密码段☆cryptopart
密码分析☆cryptanalysis
密码键号☆cryptodate
密码术☆cryptography; cryptology
密码通讯渠道☆cryptochannel
密码文件☆cryptogram
密码员☆cryptographer
密码证明信号☆authenticator
密码子☆codon
密马卡虫属[三叶;Є1]☆Micmacca
密蒙脱石[$(Mg,Ca)Al_4Si_9O_{25}•5H_2O$]☆mesquitelite
密密地覆盖☆bristle
密木(质)的☆pycnoxylic
密纳法则[计算海洋管线疲劳破坏]☆Miner's rule
密囊海百合属[棘;S-D]☆Pycnosaccus
密排深水槽金刚石钻头☆thedford crown bit
密排深水口钻头☆simulated insert bit
密炮孔网度☆close hole spacing
密配合☆snug fit
密劈理☆close-joints cleavage
密切☆osculation
密切点☆point of osculation
密切度☆closeness
密切关系☆vicinity
密切交生☆intimate intergrowth
密切结合☆inosculate; marriage
密切圆☆osculating circle
密切注意☆close check
密蛇纹石☆pyknotrop; pycnotrope
密实☆closely knit; dense; thick; compact(ion); gland; solid
密实冰盖☆hostile ice
密实充填☆dense pack(ing); close{solid} packing; (solid) stowing; tight{solid-tight} pack
密实的☆dense; void-free
密实的砾石充填层间密封☆solid gravel seal
密实度☆compactness; consistency; consistence; degree of compaction
密实度比☆solidity ratio
密实剂☆densifier
密实率☆percent compaction
密实炮泥☆packed stemming
密实土☆packed soil
密实性☆compaction
密实装药☆fully-coupled charge; tight loading
密史脱拉风[地中海北岸的干冷西北风或北风]☆maistrau; maistre; mistral
密氏方程☆Mischerlich's equation
密氏植物生长律☆Mischerlich's law of plant growth
密室☆closed chamber
密丝组织☆plectenchyma
密苏里(统)[美;C_3]☆Missourian
密苏里(阶)[美;C_3]☆Missouri (stage)
密苏里岩[美]☆missourite
密缩岩楔☆concentration wedge
密弹沥青☆mirsaanite; mirzaanite
密探☆beagle
密特隆[信息单位]☆metron
密体☆jungle
密铜铁矿☆mahogany ore
密陀僧[PbO;四方]☆litharge; litarg(it)e; plumbic{lead} ochre; red lead; massicotite; chrysitin; lead monoxide; yellow lead
密网布置井☆close-spaced well
密网格☆fine grid
密网钻井☆dense{close} drilling
密位[1/6400 周角]☆mil
密位分度☆mil-graduated
密文☆ciphertext
密纹贝属[腕;O_2]☆Multicostella
密纹唱片☆long playing; microgroove; LP
密纹壳线☆multicostae; multicostellae
密西西比(亚系)☆Mississippian
密西西比河(山)谷式矿床☆Mississippi valley {-}type ore deposits
密线☆multicostellae
密线凿石面☆comb-chiselled finish
密歇根州[美]☆Michigan
密屑体[褐煤显微组分]☆densinite
密型壳线☆multicostellae; multicostae
密旋式☆multispiral
密穴三缝孢属[K_2-E]☆Foveotriletes
密芽类[节]☆Pycnogonida
密眼筛☆hair sieve
密页绿泥石☆pseudophite
密叶蜡石☆agmatolite
密叶石☆pycnophyllite
密云☆over cast
密枝藻属[绿藻]☆Boodlea
密执安式三脚架☆Michigan tripod
密致硅质岩☆phtanite; phthanite
密置井框支架☆solid cribbing
密置面☆close-packed plane
密置支架☆full timbering
密着☆adherence
密着剂☆adherence promoter; adhesive agent
密钻孔网☆close hole spacing
幂☆deg.; power; exponent; degree; PWR
幂次加速度☆cresceleration
幂次律模型☆power law model
幂等☆idempotent
幂等性☆idempotency; idempotence
幂等因子☆idemfactor
幂函数{|级数}☆power function{|series}
幂积分函数☆{Ei}exponential integral function
幂零☆nilpotent
幂律方程☆power-law equation
幂律流☆exponential flow
幂律流体流动模型☆power-law fluid-flow model

mián

棉编织物☆cotton braid
棉带☆cotton belt
棉袋过滤器☆cotton filter
棉帆布胶带☆cotton duck (fabric) rubber belt
棉管(形成的)泥炭☆cotton-grass peat
棉花☆cotton
棉花火药☆nitrocellulose
棉花石[中沸石的变种;$Na_2Ca_2(Al_2Si_3O_{10})_3•8H_2O$]☆cotton {-}stone; mesolite
棉花胎☆bat
棉花状岩☆cotton rock
棉胶☆collodion
棉卷☆lap
棉毛☆cotton wool
棉尼龙胶带☆cotton and nylon belt
棉签☆swab; swob
棉绒☆cotton velvet{wool}; lint
棉绒法[测定矿山空气含尘量]☆cotton-wool method
棉纱(线)☆cotton
棉绳☆cotton cord
棉石☆cotton rock
棉水方解石☆mountain milk; lublinite
棉胎☆batting
棉套过滤器☆cotton sockfilter
棉尾兔属[Q]☆Sylvilagus
棉屑☆flock
棉芯[钢丝绳]☆cotton core
棉絮塞☆cotton plug
棉织品☆cotton
棉织物胶带☆cotton fabric (multiply) belt
棉籽油☆cotton-seed oil
棉籽油脂肪酸{选剂}☆Neo-fat-DD-Cottonseed
棉子糖☆raffinose
绵层纲☆Class Spongiostromata
绵层藻类[钙藻;Z-Q]☆Spongiostromata
绵茎虫动物门[蠕]☆Priapuloidea
绵马酸☆filicic acid
绵马烷☆filicane
绵霉(属)[真菌]☆Achlya
绵形水螅属[腔;T_3-J_3]☆Spongiomorpha
绵形藻属[Q]☆Spongomorpha
绵羊☆ovis aries; sheep
绵羊的☆ovine
绵羊属☆Ovis

miǎn

冕玻璃☆borosilicate crown glass; crown glass
冕火石玻璃☆crown flint glass; KF glass
冕牌火石玻璃☆crown flint
冕形轮☆crown wheel
冕形螺母☆horned nut
冕状齿轮☆ring gear; crowngear
免除☆immunity; avoidance; dispense; discharge
免除振动☆vibration-free
免罚条款☆escape clause
免费☆charge{cost} free; free of charge; foc
免费运输☆carriage-free
免付运费☆carriage paid{free}
免税☆tax-free; duty-tax; tax exemption; toll-free; exempt from taxation; duty-free
免税品☆non-dutiable goods
免税期☆exemption period
免税债券☆non-taxable securities
免脱者☆extricator
免压带☆relieved zone
免疫的☆immuno-; immune
免疫性☆immunity
免疫学☆immunology
免疫学说☆phylaxiology
免疫血清☆serum [pl.sera]
免征进口税的货物☆free goods
勉强☆unwillingness; reluctance; reluctancy; bare
勉强够格的☆marginal
勉强可觉察的[信号]☆barely perceptible
缅甸☆Burma
缅甸贝属[腕;J_2]☆Burmirhynchia
缅甸虫属[三叶;O]☆Birmanites
缅甸蛤属[双壳;T_3-J_1]☆Burmesia
缅甸国营石油公司☆Myanma Oil Corporation
缅甸(硬)琥珀☆burmite; birmite
缅因州[美]☆Maine

miàn

面☆face; outline; surface; plane; facet; planum
S 面☆S-plane; S-surface; stepped-face
X-Y 面[晶]☆X-Y plane
(刃棱)面☆land
面板☆face(-)plate; (front) panel; dial plate; facing; face-sheet[夹层结构]
面板接口模块☆panel interface module; PIM
面包☆bread
面包虫属[孔虫;K-Q]☆Cibicides
面包蛤属[双壳]☆Panope
面包酵媒☆barm
面包皮状地面[半干旱地区]☆bread-crust surface
面包砖☆bloated brick
面壁回热式燃气轮机☆recuperative gas turbine
面波☆surface wave; ground roll; plane source
面材☆face bar
面采平巷☆butt
面层☆cover{top} coat; facing; surface course
面层草皮☆top sod
面层焊道☆final pass
面层理构造☆planar bedding structure
面朝下☆face-down; face down
面冲洗式钻头☆face discharge bit
面吹法☆surface-blowing

M

面吹转炉☆surface-blown converter
面的☆facial
(呼吸器)面垫☆facepiece cushion
面电导☆sheet conductance
面对☆face；envisaged；opposition
面对称☆plane symmetry
面对面☆face-to-face
面对水下导弹☆surface-to-underwater missile
面额☆denomination
面法☆ribbon method
S 面法线☆S-plane normal
(晶)面法线☆face normal
面法线角☆normal interfacial angle
面泛☆sheet flood
(工具)面方向☆face direction
面粉☆flour
面缝合线☆facial suture
面辐射强度☆radiance；radiancy
面符号☆face symbol
面割理[与 end cleat 对]☆face cleat
面骨☆ossa faciei
面关系定律☆law of surface relationships；low of surface relationships
面(层)焊道☆cap(ping) pass
面荷载☆areal load
面滑动☆planar gliding
面积☆area；acreage；dimensions；domain；areal extent；floor space；square{surface} measure；yardage [按平方码计]；footage；coverage[测量扫过]；acrg.
面积百分含量[实际矿物]☆areal mode
面积比例规☆planimegraph
面积变化法☆variable area method
面积测定{量}☆area measurement
面积的☆superficial；areal
面积地物☆planimetric object
面积分☆surface integral
面积分有限元间生(法)☆surface integral finite element hybrid；SIFEH
面积高程{度}(关系)分析☆hypsometric{area- altitude} analysis
面积归一化法☆area normalization method
面积计☆planimeter
面积井网☆areal (well) pattern；repeating pattern
面积井网见水曲线☆pattern breakthrough curve
面积矩☆moment of area
面积平均压力☆area(l) mean{average} pressure
面积驱扫动态☆areal sweepout performance{behavior}
面积注蒸汽☆pattern steam flooding
面积仪☆planimeter
面积注气☆dispersed{pattern} gas injection
面积注水驱油☆areal sweep
面积组合☆areal pattern{array}
面(的投影)极(点)☆face-pole；(plane) pole
面极(点)图☆figure of the plane poles
面际力☆interfacial force
面颊虫属[孔虫;E-N]☆Buccella
面颊的☆jugal
面间极化☆interfacial polarization
(晶)面间水☆interplanar water
面间位错☆interface dislocation
面间张力☆interstitial{interfacial} tension
面交角☆interfacial angle
面角☆facial{face;interfacial;plane} angle
面角不变定律☆law of constancy of interfacial angles
面角钢☆face angle
面角守恒☆constancy of angle (interfacial angles)
面角值可变的单形☆deformable{deformation} form
面接触☆surface contact
面金属量☆areal productivity
面具☆masque；helmet；mask；face cover
面具虫属[三叶;O_2]☆Prosopiscus
面口孔☆(interio-)areal aperture
(表)面宽(度)☆face width；F.
面理☆foliation
面力☆surface force
面力弯曲☆in-plane bend
面裂隙率☆fissure ratio on plane
(使……)面临{对}☆facing；confront
面流☆sheet flow
面貌☆face；aspect；feature
(地震记录的)面貌☆cosmetics
面密度☆surface density
面密封(件)☆face seal
面-面接触☆face-face{surface-to-surface} contact
面磨光☆slickensiding
面内变形振动☆in-plane deformation vibration
面盘幼虫期[软]☆veliger stage
面膨胀☆superficial expansion
面频数☆face frequency number
面平行性☆planar parallelism{paralelism}
面坡椽☆jack rafter
面坡度☆ground slope
面漆☆top coating；overcoating
面切波☆surface-shear wave
面区☆facial region
面缺陷☆two-dimensional{area;plane;planar;face} defect
面容☆facies
面(积)-容(积)比☆area-volume{surface-to-volume} ratio
面色☆complexion；facial{face} colo(u)r
面砂[冶]☆facing sand
面上浇白兰地点燃后端出的食品☆flambe
面神经☆facial nerve
面生齿☆pleurodont
面石☆facing stone
面时☆area-time
面蚀(作用)☆sheet erosion{wash}
(晶)面式☆form
面式喷发☆areal eruption
面试☆interview
面双晶[正交双晶]☆plane twin
Z-面水晶☆Z-face quartz crystal
面体☆-hedron
面条效应☆noodle effect
面团拉力仪☆extensometer
面外弯曲☆out-of-plane bend
面网☆net (plane)；plane{planar} net；stockwork lattice；veiling
面网间距☆interplanar spacing；d-spacing
面网密度☆reticular density
面网族☆family of planes
面维的☆planar-dimensional
面无序☆planar disorder
面下相☆subphase
面线☆facial suture；interface
面(的投影)线☆face-line
面线后支☆posterior section of facial suture；postocular{posterior} branch of facial suture
面线前支[三叶]☆preocular branch of facial suture；anterior section of facial suture
面-线状组构体系☆plano-linear fabric system
面向☆face; facing (direction); vergence; be oriented to{towards}；be geared to；younging[构造]
面向工序的☆activity oriented
面向上☆upward-facing
面向市场的生产☆market-oriented production
面向下☆face-down；face down
面向下的褶皱☆downfacing fold
面向用户的指令☆user-oriented command
面心☆center of area{figure}；centroid
面心格子☆F{(all-)face}-centered lattice；F-lattice
面心晶`体{|格子}☆face-centered crystal{|lattice}
面心立方(晶格)☆face-centered cubic lattice; F.C.C.
面心立方堆积☆face-centered cubic packing
面型界面☆planar interface
面岩溶率☆karst factor counted on plane
面衍的☆epitactic；epitaxic
面衍接合☆epitactic coalescence
面衍生☆epitaxy
面要素{|移位}☆planar element{|translation}
面应力☆surface stress
面釉☆cover coat (enamel)
面元(素)☆surface element ；binning[显示]
面元覆盖图☆bin coverage map
面元中心位置图☆bin center location map
面罩☆helmet；face mask{guard;piece;shield}；mask；masque；facepiece；veil；spray mask[喷漆工]
面织构☆plane texture
面值☆facetted{nominal} value
面值估计法☆areal value estimation
(晶)面指数变换☆plane index transformation
面轴式对称型☆planar-axial class of symmetry
面砖☆tile；face{lining;facing} brick；lining
面状侧节理☆planar lateral joint
面状等列断层☆planar synthetic fault
面状构造各向异性☆planar tectonic anisotropy
面状片理☆plane{planar} schistosity
面状要素☆areal feature
面(晶)组[m 晶组]☆planar class
面坐标☆areal coordinates

miáo

描笔式记录器☆pen-recorder；pen trace
描出{划}☆trace out
(制造透镜用的)描点器☆dotter
描好的图☆trace drawing
描画☆represent
描画针☆stylus
描绘☆description；depict(ion)；delineation；trace；tracing；delineate
描绘板☆plotting board{table}
描绘轮廓☆contour；delineate
描绘器☆tracer；plotter
描绘仪☆drawing apparatus
描绘纸☆transfer paper
描迹仪☆hodoscope
描述☆depict(ion)；description；delineate；descriptive；describe；account；story；represent；presentation
描述性分析☆descriptive analysis
描述岩石学☆petrography
描图☆tracing；trace (drawing)；counterdraw
描图器☆delineator；drafter；tracer
描图员☆cartographer；tracer
描图纸☆detail{tracing} paper
描图桌☆tracing table
描线规☆lineograph
描写☆image；draw；description；paint；depict(ion)；picture；delineate；presentment；feature[特征]
描影☆shadowgraph
描影法[测井曲线的]☆shading
苗☆seep；murgue
苗木石[$(Zr,Si,ThU)O_2$]☆naegite
苗圃☆nursery
苗斯勒火焰安全灯☆Mueseler lamp
苗隙☆shoot gap
苗榆粉属[孢;K-Q]☆Ostryoipollenites
苗榆属☆Ostrya
瞄直法☆coplaning
瞄准☆laying；homing；sight；collimation；training；point(ing)；target；aim
瞄准尺☆leaf
瞄准的☆collimated
瞄准杆☆sighting bar
瞄准棍☆handspike
瞄准角☆angle of sight
瞄准孔☆backsight
瞄准器☆killer；viewfinder；gun{telescopic} sight；foresight；gunsight；crosshairs；sight；alignment clamp[定向下钻]；FS
(测斜仪)瞄准器校孔☆hole for alignment
(测量)瞄准透镜☆scanning lens
瞄准线☆hairline; boresight; range line; line of sight
瞄准销售(技术)☆rifler technique
瞄准装置☆finder

miǎo

藐小☆tiny；paltry；negligible；insignificant
秒[时间、角度]☆second；sec；sec.
秒摆时钟☆second pendulum clock
秒表☆stopwatch；timer；seconds counter
秒差距☆parsec；PC
秒差雷管☆second-delay blasting cap
秒欧[电感单位]☆secohm
秒延迟爆破☆ds blasting
秒延期电雷管☆second delay (electric) detonator
渺地洼区☆mio-diwa；miogeodepression region
渺位☆kata-；cata-
渺小的☆peanut；paltry；negligible；insignificant

miào

庙珊瑚属[S-D]☆Naos
妙皇小嘴贝属[腕;D_1]☆Miaohuangrhynchus
妙计☆excellent plan；brilliant scheme

miè

灭草剂☆herbicide

灭尘系统☆dust suppression system
灭……的东西☆killer
(因电力不足)灭灯☆blackout
灭弧☆arc suppression
灭弧器☆arc extinguisher{arrester}；quencher
灭弧装置☆arc-control device
灭火☆flame failure；extinguishment；extinguishing；fire extinction；dowse；fire-fighting；put out a fire；extinguish a fire；cut out an engine；outfire
灭火泵☆fire pump；fire-engine
灭火花器☆spark extinguisher{catcher}
灭火剂☆fire-extinguishing agent{chemical}；fire-retarding agent；extinguishant
灭火介质☆fire-extinguisher medium
灭火器☆(fire) extinguisher；flame snuffer{damper}；fire apparatus{annihilator}；fire-suppression bottle；quencher
灭火器泡沫的给水栓☆foam hydrant
灭火设备☆(fire) extinguishing equipment；fire-protection equipment
灭迹元素☆extinct element
灭绝☆extinction；die out；become extinct；completely lose
灭绝品{物}种☆extinct species
灭菌☆sterilization
灭菌(作用)☆bactericidal action
灭菌的☆aseptic
灭菌剂☆disinfectant；bactericidal agent
灭菌器☆sterilizer
灭菌作用☆sterilization
灭励☆deexcitation
灭泡器☆froth breaking{killer}
灭亡☆subversion
灭焰信号器☆flame failure alarm
篾篁☆gabion

mín

民兵(组织)☆militia
民德(冰期)[欧洲更新世的第二个冰期]☆Mindel
民德-里{利}斯间冰期☆Mindel-Riss Inter-glacial stage
民间的☆folk；private
民(间)井☆(hand) dug well
民窑☆civil{private} ware
民用地图☆civilian map
民用放射性废物管理系统[美]☆Civilian Radioactive Waste Management System；CRWMS
民用供热☆domestic heating
民用井☆digging well
民用燃气用具☆domestic gas appliance
民泽单位☆Meinzer unit；meinzer
民族☆folk；national(ity)；nation
民族的☆ethnic；national
民族化☆nationalization
民族学☆ethnology
民族主义☆nationalism

mǐn

皿测蒸发量修正系数☆pan coefficient
皿盘☆dish
皿珊瑚☆Chonophyllum
皿石☆dishstone
皿体孔[团藻]☆phialopore
皿型发动机☆heavy duty engine
皿形垫板[金属拱形支架的一种接头]☆curved plate
敏车普波☆Mintrop wave
敏度☆sensitivity；SEN
敏感的☆susceptible；(high) sensitive；alive；subtle；tender；sensing
敏感度☆sensitivity；susceptibility；sensitiveness
敏感度比☆sensitivity ratio
敏感区☆sensitive area
敏感系数[冰]☆coefficient of sensitiveness
敏感性☆sensibility；sensitiveness；sensitivity；susceptibility；susceptivity；response
敏感性分析☆sensitivity analysis
敏感元件☆sensing{sensitive} element；pick {-}off；sensor
敏感装置读孔器☆sensing device
敏感作用☆sensitization
敏化☆sensitization；sensibilization；activation
敏化发光☆sensitization{sensitized} luminescence
敏化剂☆sensitizer；sensibilizer；sensitizing agent{powder}；sensistor
敏加尔叠层石(属)[Z]☆Minjaria
敏捷☆celerity；alacrity；promptitude
敏捷的☆agile；rapid；quick；prompt
敏捷地☆expeditiously；promptly
敏勒煞特☆Minesite
敏锐☆fineness；perspicacity；oxy-
敏锐的☆sharp；searching
敏锐度☆acuity
敏斯特菊石属[头;C_1]☆Muensteroceras
敏悟☆aptitude
闽浙运动☆Mincheh movement；Minzhe{Fujian-Zhejiang} orogeny

míng

茗荷儿(属)[节;N_2-Q]☆Lepas
明暗层偶☆pair of laminae
明暗法☆shading
明暗分析[孢]☆LO (analysis)
明暗界线{限}☆terminator
明白的☆manifest；unambiguous；evident；plain；naked
明冰☆verglas
明槽(隔爆)采区☆gate-end section
明槽砌(碹)☆lining of shaft mouth in the open-pit area
明槽挖掘☆excavating of shaft mouth with the open-pit method
明层[箭石]☆clear layer
明场☆bright field
明场像☆bright-field image
明翅目☆Diaphanopterodea
明灯{焰}☆open flame
明硐☆open tunnel
明度☆brilliance；brilliancy
明矾[K•Al$(SO_4)_2$•$12H_2O$;碱和铝之含水硫酸盐矿物]☆alum；kalialaun[德]；blue vitriol；alumen；copper sulphate；potassalumite；white {potash;potassium} alum；alumbre
明矾板岩☆alum(inous) slate；alumslate
明矾饼☆alum cake
明矾玻璃☆alum glass
明矾华[$KAl(SO_4)_2$•$12H_2O$]☆alumflower；alum flower
明矾化☆aluming
明矾石[$KAl_3(SO_4)_2(OH)_6$;三方]☆alunite；alum stone{salt}；alaunstein；alumstone；alumite；calafatite；newtonite；kalioalunite；alum rock；kalialuminite；alunite ore；lo(e)wigite；aluminilite；loevigite
明矾石高强水泥☆alunite high strength cement
明矾石化☆alunitization；alunitized
明矾石族☆alunite
明矾土☆alum earth{clay}；alumite
明矾岩☆alunite{alum} rock
明矾页岩☆alum shale{schist;slate;earth}；alumshale
明杆式闸阀☆rising stem gate valve
明给润滑器☆sight-feed lubricator
明沟☆open channel{cut;drain;trench}；ditch；surface channel{drain;trench}；S.T.
明沟排水☆gutter{ditch;open-cut;open-ditch;external} drainage；open cut drainage
明沟水☆bank water
明管☆surface pipe
明管灌溉法☆surface pipe irrigation method
明弧焊☆open arc welding
明火☆open fire{flame}；naked light{flame}；flame
明火操作☆visible flame operation
明火灯[非安全灯]☆midge；naked{open} flame
明火放炮☆bunch blasting
明火矿灯☆pit lamp{light}
明记录长图仪☆visible chart recorder
明礁☆rock above water；bare rock；rock uncovered
明胶☆gelatin；gelatine；celluloid
明胶合物☆gelatinate
明胶化(作用)☆gelatinization
明胶炸药☆blasting gelatin(e)；gelatine powder nitrogelation nitrogelation
明浇地面砂型☆open floor mould
明开挖☆open cut
(使)明亮☆undark
明亮[孢粉明暗分析]☆lux
明亮的☆bright；lightful；light
明亮位置☆light position
明了☆clarity；lucid；intelligible
明列牙形石属[S-D]☆Delotaxis
明裂隙☆open seam
明流水面☆open water surface
明轮架{梁}☆paddle beam
明冒口☆open-riser
明尼{铁滑}石☆iron talc；minnesotaite
明尼苏达州[美]☆Minnesota
明排水渠☆opencut drain
明堑☆through{thorough;open} cut
明渠☆open channel{canal}；uncovered canal；opencut drain
明渠排水☆open ditch drainage；drainage by open channel；open distribution reservoir；opencut drain
明确☆definiteness；bring up to date；definition
明确的☆explicit；clear-cut；definite；specific；pronounced；positive；tangible；sharp
明确指出☆spell out
明石☆alum[化]；white alum；alumen；Akashi
明视场☆bright field
明视度☆visual acuity
明苔藓虫属[O-D]☆Phaenopora
明特罗普波[首波或折射波]☆Mintrop wave
明挖☆through-cut；through cut
明挖法☆open surface method；cut and cover method
明挖支撑☆bracing in open cut
明晰(度)☆perspectivity；seeing
明细☆specification
明细计划☆explicit program
明细图☆detailed map
明显☆visibility；evidence
明显斑点图形☆striking mottled pattern
明显带状的全亮煤☆open-grained coal
明显的☆appreciable；explicit；evident；pronounced；well-marked；apparent；visible；unambiguous；outward；patent
明显的峰(值)☆sharp crest
明显的脊☆sharp crest
明显地物点☆identifiable point
明显地形☆marked relief
明显点☆well-defined print
明显分界☆knife-like demarcation
明显骨质☆megasclere；macrosclere
明显界面☆sharp interface
明显轮廓区☆well-delineated area
明显劈理☆easy cleavage
明显效果☆positive effect
明显性☆palpability
明显要素☆distinguishing{outstanding} feature
明显异常☆significant anomaly
明显影像☆conspicuous image
明线☆open{air} wire；bare cable；open-wire{bright} line
明线布线☆front wiring
明线光谱☆bright-line spectrum
明信片☆postcard
明延岩[日]☆akenobeite
明焰窑☆open-flame kiln
明镇兽属[E_1]☆Minchenella Conolophus
明置基础☆surface footing
鸣铃器☆ringer
鸣煤☆singing coal
鸣腔☆tympanum
鸣禽类☆Passeriformes
鸣砂☆booming{whistling;singing;sounding;musical} sand
鸣声☆call；song
鸣石☆clapping{rattle} stone；klapperstein；rattlestone
鸣响☆peal
鸣音器☆bullhorn
鸣振现象☆singing phenomenon
鸣震☆singing；ringing
鸣钟{铃}☆ring
铭刻☆inscription；imprint；impress
铭{名}牌☆escutcheon；nameplate；rating{data;name} plate；tally；designation strip{tag;plate}；NP
铭牌的☆nominal；nom.
铭牌容量☆installed capacity
铭石☆stone tablet with inscription
名册☆rooter；book
名称☆designation；denotation；denomination；name；title
名称的性别☆gender of names
名词☆terminology
名词学☆terminology；term

名牌☆famous brand; also see "铭牌"
名人☆notable; star
名声☆celebrity; name
名胜古迹☆landmark
名数☆concrete number
名望☆fame
名言☆dictum [pl.-ta]
名义尺寸☆untolerated dimension; nominal size
名义约定价格☆nominal contract price
名义直径☆nominal diameter; basic size
名誉☆reputation; repute; virginité; name
名誉的☆honorary; hon.
名著☆classic
名字☆litteral; name
冥古宙(宇)[4600～3800Ma]☆Hadean eon; HD
冥王星☆Pluto

mìng

命定☆doom
命分数☆rational number
命令☆dictate; imperative; charge; order; summon; dictation; bid; commission; decree; O.
命令的☆mandatory
命令牌信号☆orderboard
命令者☆bidder
命脉☆vital
命名☆denomination; named after; name (sb. or sth.); nomenclature; style; title
命名(原则)☆nomenclature
命名者[科学术语等]☆nomenclator
命数系统☆numeral{numeration} system
命题☆proposition; proposition and statement; set a question; examination composing; assign a topic; thesis [pl.theses]; theorem
命题演算☆propositional calculus
命运☆fatality; fate
命中率☆focusing factor

miù

谬论☆fallacy; absurdity; nonsense
谬误☆fallacy
谬误成核☆spurious nucleation
缪氏藻属[K_1]☆Munieria
缪翁数☆Muon number

mō

摸☆feel; touch; palpation
摸索☆grope

mó

摹仿机☆copying machine
摹描石印☆grained stone lithography
摹写☆facsimile; fax
摹形☆imitative form{shape}
摹真(本)☆fax; facsimile
蘑菇☆fungus; agaric
蘑菇(状物)☆mushroom
蘑菇冰☆ice pedestal; mushroom ice
蘑菇石☆mushroom (rock); gour; demoiselle; gara [pl.gour]; cheesewring; rock pedestal
蘑菇(状)石笋☆stool stalagmite; lily pad
蘑菇属[真菌;Q]☆Psalliota
蘑菇形堡礁[巴]☆abrolhos
蘑菇状的☆fungoid; mushroom-shaped; mushroom
蘑菇状钙华体☆mushroom-shaped travertine mass
蘑菇状丘陵☆demoiselle hill
模☆mold; finger; mould; module; modulo; mo(u)lder; modulus
模变☆moding
模变换器☆mod{mode} transducer; MT
模车☆pan car
模的☆modular; moding[波、振荡、传输]
模底板☆stool
模底线印☆bottom plate seam
模范☆exemplar; example
模范的☆classic; model
模方☆norm
模仿☆imitation; imitate; emulation; counterfeit; ape; simulate; mimetism; model
模仿价格☆imitative pricing
模仿者☆imitator; epigone
模函数☆modular function
模糊☆blur; haze; breezing; obscuration; smearing; obscuring; mistiness; clouding[图像]
模糊不清的一堆☆smudge
模糊的☆indistinct; faint; indefinite; intangible; fuzzy; foggy; obscure; cloudy; clouding
模糊度函数☆ambiguity function
模糊关系矩阵☆fuzzy relation matrix
模糊函数☆fuzzy{ambiguity} function
模糊集分析(法)☆fuzzy-set analysis
模糊解释☆ambiguous interpretation
模糊界限☆flicker threshold
模糊声象☆acoustic blur
模糊事件☆fuzzy event
模糊图像☆fuzzy{indistinct;blurred} image; hazy {blurred} picture
模糊现象☆blooming
模糊相片☆blurred picture
模糊效应☆Signor-Lipps effect
模糊一片☆blur
模壳☆formwork; form; shuttering
模块☆module; modular; modulus [pl.-li]
模块化☆modularization; blocking; modularity
模块化巨型机☆modular supercomputer
模块化橡胶和聚氨酯筛板☆rubber & polyurethane Modular system
模块式地热电站☆modular geothermal power plant
模块式试验机组☆test module
模{莫}来石化(作用)☆mullitization
模棱两可☆cut both ways
模量☆module; modulus [pl.-li]
模量比☆modulus ratio
模拟☆imitation; analog(ue); simulate; model(l)ing; imitate; analogy (imitation); simulation; reproduce; quasi-analog; emulate; mimicry
模拟板☆breadboard
模拟比拟法☆simulation analogue
模拟处理技术☆analog processing techniques
模拟的☆analog(ous); mimetic; simulative; mock; mimic
模拟地震振动台☆simulated earthquake vibration stand
模拟电路☆analog circuit; mimic buses{channel}
模拟法求解☆analog approach
模拟方法☆analog technique{method}; simulation methods; analogy{analogue} method
模拟仿真实验☆simulation experiment
模拟分析☆simulation analysis
模拟管线试验装置☆model pipeline test rig
模拟化条件☆simulated condition
模拟计算☆analog{analogue} calculation; mathematic simulation
模拟晶体☆model crystal
模拟井筒[能模拟井下压力状态]☆wellbore hole simulator
模拟理论☆modeling theory
模拟流率{量}☆analogue flow rate
模拟平面波地震剖面☆simulated plane wave seismic sections
模拟器☆imitator; simulator
模拟曲线格式器☆analog formatter
模拟区域标志☆analogous area key
模拟燃料☆dummy fuel
模拟式导航设备☆analogous navigation set
模拟式数据标绘仪☆analog plotter
模拟试验☆simulated{simulating;model;simulation} test; model experiment; laboratory model test
模拟数据☆simulated{analog;simulation} data
模拟-数字☆analog-digital; ad; a-d
模拟双晶☆mimetic twinning{twin}
模拟物☆simulacrum
模拟线☆artificial line
模拟线路☆bootstrap
模拟信号☆analog(ue){simulating;dummy} signal
模拟窄带曲线图☆analog strip chart
模拟重量力图☆analog gravity chart
模拟装置☆analyzer; simulator; analogue; analog device
模拟作用☆modelation
模片☆peel
模片法☆slotted templet method
模熔☆modal melting
模砂☆sand
模式☆model; pattern; scenario; mode; type; scheme
BCF模式[晶长]☆Burton-Cabrera-Frank{BCF} model
模式分析☆modal analysis
模式化☆modeling; modelling (modeling)
模式级{组}☆modal class
模式铅年龄☆model-lead age
模式识别☆pattern recognition
模式属☆type genus; type-genus
模式图☆scheme; mode chart
模式学☆typology
模式亚属☆nominate subgenus
模式原则☆model theory
模数☆modulus [pl.-li]; module; modulo; MOD
模-数☆a-d; ad; analog-digital
模数化☆modulization
模态☆modality
模态分析☆modal analysis
模头☆die head
模系☆paradigm
模线☆mould tine; M.L.
模箱内的铸砂支棍☆lifter
模芯☆core pattern
模心☆kernel
模型☆model (set); gabarit(e)[法]; mockup; pattern {mould} [制砂型的工具]; former; lumped model; shape; sample(r); mold; proplasm; miniature; cast; matrix [pl.-ices]; pat.; MOD; mini; typo-
模型变形☆deformation of model
模型表面沾污☆bloom
模型成型用烧石膏☆mo(u)lding plaster
模型的☆model; modal
模型仿真模拟☆model simulation
模型分量☆model component
模型和原型☆model and prototype
模型化☆simulate; modelling
模型机☆prototype
模型假象☆hypostatic pseudomorph
模型紧闭前缓慢施压的方法☆inching
模型论☆model theory; theory of models
模型拟合技术☆model-fitting technique
模型石膏☆mo(u)ld plaster
模型试验☆model experiment{test}; model(l)ing; simulate; scale-down-test
模型{典型}所代表的人或物☆antitype
模型误差☆specification{model} error
模型小钻头钻进速度试验☆microbit drilling-rate test
模型型腔☆impression
(用)模型压印☆stamp
模型制造☆pattern-making; model(l)ing
模型锥度☆taper of mold
模型锥角☆conicity of model
模压☆extrude; compression molding; emboss; swaging; mould pressing
模压成型温度☆molding temperature
模压工☆stamper
模压机☆block process
模压制品☆pressing
模造宝石☆foil-stone
模造物☆dummy
模制☆mo(u)lding
模制的☆moulded; mo; mld.
模制品☆replica
模制瓶☆mold formed bottle
模制试块☆briquette; briquet
模制树脂☆molded resin
模组☆mould train
膜☆film; membrane; encasement; crust; thin coating; bark; velum [pl.vela]; tunic; tegument; webbing; integument[动]; veil[植]
膜板☆elytridium; membrane
膜胞苔藓虫属[Q]☆Membranicellaria
膜被☆tunic
膜壁[孔虫]☆phrenotheca
膜翅目[昆]☆Hymenoptera
膜传热系数☆film coefficient of heat transfer
膜(片)传热系数☆film heat-transfercoefficient
膜刺状单细胞藻☆membranate chorate cyst
膜的☆velar
膜电位☆film potential
膜法[离子交换]☆membrane process
膜骨☆os integumentale
膜合气压计☆(capsule) aneroid
膜合组☆bellows
膜盒☆sylphon; bellow
膜盒式压力计☆bellows manometer; diaphragm(-type) gage

膜痕☆pallial markings
膜厚均匀性☆film thickness uniformity
膜环☆zona
膜环孢属[J-K]☆Hymenozonotriletes
膜环系[孢子]☆zonati
膜环亚类[疑]☆Pteromorphitae
膜环藻属[Z]☆Pterospermopsis
膜集成电路☆FIC；film integrated circuit
膜蕨孢属☆Biretisporites
膜孔☆fenestra [pl.-e]
(鼓)膜控(制)分离器☆diaphragm-controlled separator
膜冷却系数☆film-cooling coefficient
膜力[水]☆film force
膜滤器☆membrane filter
膜毛类[甲藻]☆Dinotricheae
膜囊类[甲藻]☆Dinocapsae
膜囊藻科☆phthanoperidiniaceae
膜囊藻属[K-E]☆Thalassiphora
膜皮☆hymeniderm
膜片☆diaphragm；iris；capsule；chaff；membrane
膜片驱动☆diaphragm-operated drive
膜片式泵{|阀}☆diaphragm pump{|valve}
膜片式仪器☆diaphragm gauge
膜片式钻压(大钩负荷)测量装置☆diaphragm-type weight unit
膜片压力范围☆diaphragm pressure span
膜片藻属[Z]☆Paleamorpha
膜片阻抗☆membrane impedance
膜强度☆film strength
膜球类[甲藻]☆Dinococceae
膜筛☆diaphragm screen
膜渗水☆osmotic water
膜渗透性☆membrane permeability
膜渗作用☆membrane activity
膜式泵☆surge pump
膜式传感器☆diaphragm type sensing element
膜式扩散筒测定法☆diaphragm diffusion cell technique
膜式冷凝☆film type condensation
膜髓属☆Artisia
膜胎盘☆placenta membranacea
膜苔藓虫属[K-Q]☆Membranipora
膜突藻属[K-E]☆Membranilarnacia
膜网孢属[K_1]☆Dictyotosporites
膜网藻属☆Cymatiosphaera
膜系数☆film coefficient
膜下腐蚀☆underfilm corrosion
膜性的☆membranacea
膜叶蕨孢属[K_2]☆Hymenophyllumsporite
膜叶蕨属☆Hymenophyllum
膜状层[尤指照膜]☆tapetum [pl.-ta]
膜状构造☆membranimorph
膜状缪氏藻☆Meuniera membranacea
膜状水☆film water
膜状胎盘☆placenta membranacea
膜状体[藻类体型]☆membranous
膜(热)阻☆film resistance
磨☆hone；mill；grind；filing；whet；rub；polish
磨板☆grinding plate；grinding-plate
磨版砂☆graining sand
磨棒装置☆rod charge{load}
磨边☆edging；edge grinding；seam[玻璃的]
磨边器☆edger
磨扁的☆flattened
磨变岩☆mylonite
磨剥作用☆abrasive action
磨成粉状☆pulverize
磨成弧面形{凸圆形;馒头形}[宝石，不刻面]☆en cabochon
磨成指状☆fingering
磨齿☆gear grinding
磨齿懒兽属[Q]☆Mylodon
磨床☆grinding machine；grinder；sharpener；rubbing bed
磨刀砂岩☆farewell rock
磨刀石☆whetstone；grindstone；knife stone{grinder; sharpener}；hone；scythestone；rubbing{grinding; sharpening;rub;mill} stone；pulpstone；novaculite；sickle grinder
磨刀小油石☆slip stone
磨刀锥形砂轮☆beveled sickle wheel
磨掉☆abrasion；abrade
磨钝的金刚石☆blunt stone
磨钝截齿☆worn bit
磨钝了的金刚石钻头☆flat bit
(钻头)磨钝速度☆rate of dulling
磨钝(的)钻头☆dulled bit
磨`阀{凡尔}☆valve grinding
磨锋☆sharpening
磨钢球砂轮☆grinding wheel for steel balls
磨缸机☆cylinder grinder
磨割草机刀刃砂轮☆mower knife grinder
磨工☆grinder
磨工车间☆grindery
磨光☆(ground) finish；glazing；grind；wear out；burnish；abrade；abrasive finishing；polish；rub；lapping；roder；tumble；fin.
磨光玻璃☆abrased{polished} glass
磨光的☆glace；finished by grinding
磨光机☆grater
磨光(砂轮)机☆abrader
磨光面☆polished surface；facet
磨光器☆burnisher；attritor；finisher；lap；sleeker
磨光砂☆charge
磨光石☆rubbing stone
磨光石料☆glassed stone
磨光钻杆头平衡锤☆polished rod head counterweight
磨辊☆grinding roller
磨辊臂组件☆roller arm assembly
磨过的☆cut
磨过的球装入量☆seasoned ball charge
磨耗☆defacement；abrasiveness；abrade；(abrasion) wear；attrition；detrition；fretting；wear-out；wear and tear；wear away；abrasive wear
磨耗层☆carpet；wearing course
磨耗留量☆tear-and-wear allowance
磨耗率☆attrition rate{value}；rate of wear
磨耗硬度☆abrasive{Rockwell;abrasion} hardness
磨耗阻力☆resistance to wear
磨合☆break-in；backfit；break{wear} in；grind in；mesh together；running-in；adapt to each other
磨合了的钻头☆broken-in bit
磨痕☆grinding mark{notch}；polishing scratch
磨坏☆wear out；mushroom[钻头]；outworn
磨环☆bull ring
磨回程度☆degree of roundness
磨回度差的☆poorly rounded
磨机☆(grinding) mill；grinder
Millsense 磨机充填率分析仪☆Millsense charge analyzer
磨机工作转速☆working speed of mill
磨机给料端和排料端轴承☆isolated mill feed and discharge bearings
磨机控制专家系统☆mill control expert system
磨机料斗☆scoop of mill
磨机内衬板机械手☆liner handler inside a grinding mill
磨机内物料停动{顿}☆freeze-up
磨机最佳工作速度☆optimum speed of mill
磨加法☆mill addition method
磨甲板砂石☆holystone
磨尖☆tagging；sharpening
磨尽☆wear-out
磨具☆abrasive tool；sharpener
磨具硬度☆gradetester
磨具自锐性☆self-sharpening
磨具组织☆structure of abrasive tool
磨菌器☆bacteria grinder
磨刻[玻]☆cutting
磨孔机☆honing machine
磨口玻璃塞☆ground glass stopper
磨快☆whet；strickle
磨拉石[法]☆molasse；mollasse
磨拉石期☆molasse phase
磨拉石前渊拗槽☆molasse foredeep trough
磨拉石碎屑盆地☆molasse clastic basin
磨拉石型沉积☆molasse-type sediment
磨砾☆grinding{mill} pebble
磨砾层☆molasse；mollasse
磨砾型☆molasse type
磨粒☆abrasive grain{particle}；abrasive
磨粒石型沉积☆molasse-type sediment
磨镰(用条形磨)石☆scythestone
磨炼☆furnace；cultivate；chasten；trial；temper oneself
磨料☆abrasive (material)；grit；mill feed；grinding powder{material}；abradant
磨料分级☆classification of abrasives
磨料级金刚石☆abrasive diamond
磨料喷射钻头☆abrasive jet bit
磨轮☆grind(ing){brush;abrasive;abrasion;mill} wheel；grinder；buzzer；edge-runner
磨轮机工☆millwright
磨轮{砂轮}驱动电动机☆grinding wheel drive motor
磨面☆abrasion
磨面巨砾☆facetted{faceted} boulder
磨面砾☆faceted pebble
磨面石☆facet(t)ed{rubbing} stone
磨灭☆deface；mill off
磨木石☆pulpstone
磨皮砂纸☆buffing paper
磨片☆microsection；lapping；grind；(microscopic) section；abrasive disc
磨平☆wear flat
磨平处[刀具或钻头牙齿的]☆wearflat
磨平的☆worn flat
磨平毛口☆deburr
磨平面☆surface；face machined flat[岩芯的]
磨平凿☆span chisel
磨破☆frazzle
磨破皮☆bark
磨钎☆bit grinding；retapering
磨钎车间☆drill-sharpening{redressing} shop
磨钎工☆grinder；bit{(cable-)tool} dresser；drill doctor
磨钎机☆(bit;drill) grinder；drill-sharpener；(bit) dresser；bit-grinding machine；drill{mechanical} sharpening machine；(drill-steel) sharpener；dolly；tool dresser；retaper
磨钎机钢绳冲击钻☆cable-tool dresser
磨钎器☆spreader
磨钎装置☆grinding attachment
磨切割刀片砂轮☆sickle grinder
磨球☆(grinding) ball
磨球崩落[磨机]☆avalanching
磨球初装置☆initial ball charge
磨球瀑落剥蚀研磨☆cascading (abrasive) grinding
磨球瀑落冲击研磨☆cataracting (impact) grinding
磨球瀑泻[磨机以中速运转，介于 cascading 和 avalanching 之间]☆cataracting
磨球梯流[磨机]☆cascading
磨去☆thinning；obliterates
磨刃☆sharpening
磨锐☆grinding；sharpening
磨锐角[钻头刃角或钎头刃角的]☆taper-angle
磨锐性☆regrindability
磨锐钻头☆retipping
磨砂☆dull polish；abrazine[牙科商品名]；matting；frosting grinding[玻]
磨砂玻璃☆ground{frosted;etched;obscured;mat} glass
磨砂灯泡☆frosted bulb{lamp}；dim lamp；frosted lamp globe
磨砂膏☆facial scrub
磨砂膜☆frostbow
磨砂球形灯泡☆frosted lamp globe
磨沙机☆sander
磨石☆grindstone；hone；honestone；burr；holystone；grinding{mill;edge} stone；quernstone；emery block；rub(ber)stone；bu(h)rstone；millstone；burrstone；sharp rock；strickle；brownstone；whetstone；abraser；abrader；whetoslate；whet{-}slate；rubber；meuliere；meulière[法]；none；grit；buhr；bur；pulpstone
磨石板机☆beveler；beveller
磨石工☆stone grinder；floatsman；jointer
磨石沟槽间的平面☆land
磨石化(作用)☆meulerization
(用)磨石磨☆hone；holystone
磨石熔岩☆mill lava
磨石子[意;建]☆terrazzo
磨石子地☆terrazzo floor
磨蚀☆abrasion (action)；galling；abrade；erode；impact erosion；corrasion；wearing；detrition；(corrosion) wear；attrition；abrasive (wear)；abrasiveness；eating；ablation
磨蚀的射孔眼☆abraded perforation
磨蚀度☆abrasivity
磨蚀(试验)机☆abrader
磨蚀基岩面☆abraded bedrock surface
磨蚀脊☆erosion ridge
磨蚀剂☆grinding abrasive；abradant；abrasiveness

M

磨蚀面☆abrasive surface; abrasion plane; facet; scour side[羊背石的;与 pluck side 反]
磨蚀浅滩坡角☆slope angle of abrasion shoal patch
磨蚀性☆abrasiveness; abradability; abrasive property
磨蚀硬度☆polishing hardness
磨熟球装量☆seasoned ball charge{load}
磨碎☆grind(ing); pulverize; mill; attrition grinding; pulverization; milling (up); size degradation; powder; pulverisation
磨碎(作用)☆comminution
磨碎(物)☆triturate
磨碎程度☆degree of grind
磨碎的☆ground; milled; attrital; pulverized; pulv.
磨碎砥石☆grinding plate
磨碎段☆reduction stage
磨碎粉末☆disintegrated powder
磨碎后的磷块岩产品仓☆ground phosphate rock product bin
磨碎机☆attritor; mill; attrition{bruising;grinding} mill; masher; kibbing{triturating;reducing} machine
磨碎了的☆milled
磨碎细度☆fineness of grinding
磨碎效率☆crushing efficiency
磨损☆worn-out; wearing; abrase; chafe; frazzle; fret; wear (away;abrasion); gall(ing)[金属]; fray (out); detrition; impact erosion; fag; abrade; rub; deterioration; depreciation; tear; attrition{abrasion} (wear); battering; defacement; abrasive wear; wear-out; tear and wear; scuff(ing); tearing away; deteriorate; wear and tear; seize; obliterates
磨损报废的钻头☆throwaway bit
磨损部分☆wearing part
磨损成平的☆worn flat
磨损处[织物等]☆fray
磨损的☆battered; attrited; worn; abrasive; lost
磨损度☆abradability
磨损腐蚀☆fretting corrosion
磨损公差☆(tear-and-)wear allowance
磨损了的☆worn out
磨损率☆rate of wear; wear rate
磨损疲劳☆chafing fatigue
磨损平面☆wearflat
磨损试验转筒☆rattler
磨损形成的故障☆deterioration failure
磨损性☆abradability; wearability; abrasiveness
磨损学☆tribology
磨损岩☆wornstone
磨损样式☆made of wear
磨损印痕☆wear print
磨损值☆attrition value
磨损作用☆wearing action
磨头☆grinding head; mounted wheel; wheelhead
磨头仓☆primary hoppers
磨铣☆emergence milling out; milling (up); mill
磨铣钻头☆rose{rosette;mill} bit
磨铣(零星落物的)钻头☆junk bit
磨细☆grinding; degradation in size; size degradation
磨细度指标☆grindability index
磨细筛目☆mog
磨削☆grind(ing); chew; ablate; abrasive cutting; ablation; grd
磨削加工☆ground finish; abrasive machining
磨削精加工的☆finished by grinding
磨削性☆grindability
(钻头直径)磨小到不合标准☆wear out of gauge
磨小的岩芯☆undersize core
磨楔式理论☆tribosphenic theory
磨鞋☆grind{drag} shoe; mill type shoe
磨屑☆grind(ing)s; ground fragment; abrasive dust
磨屑伤☆block rack; cullet cut
磨牙☆thegosis
磨牙构造☆molar-tooth structure
磨研☆barreling
磨样板☆buckboard
磨圆(作用)☆rounding
磨圆(程)度☆(degree of) roundness
磨圆的金刚石[人工]☆tumbled diamond
(砾石)磨圆度☆psephicity
磨圆好的☆well-rounded
磨圆砾石☆broken round
磨圆率☆coefficient of psephicity
磨圆卵石☆rounded pebble
磨圆盘砂轮☆disk grinder
磨圆钻头☆rammer
磨纸浆砂砣☆pulpstone
磨制矿浆(用)的磨石☆pulpstone
磨制石器[考古]☆polished stone implements
磨砖石☆float-stone
磨琢金刚石☆cut diamond
摩(尔)☆mol; mole
摩擦☆friction; rub; attrition; grate; chafe; clash; scour; clash between two parties; rubbing; tribo-
摩擦(制动器)☆friction brake
摩擦常数☆constant of friction
摩擦充电☆triboelectric charging
摩擦传动提升机☆friction drive hoist
摩擦带电☆triboelectrification
摩擦带式清除器☆friction cleaner
摩擦的☆fricative
摩擦电☆triboelectricity; frictional{franklinic} electricity
摩擦断离式安全支柱☆friction break standard
摩擦发光☆triboluminescence; frictional ignition
摩擦风☆antitriptic wind
摩擦风阻☆specific friction resistance
摩擦腐蚀☆fretting corrosion; frettage
摩擦感度☆sensitiveness to friction; friction sensitivity
摩擦滚筒提升机☆friction-drum winder
摩擦-滚珠-摩擦(轴承)☆friction-ball-friction; FBF
摩擦焊☆friction{frictional;spin} welding; FW
摩擦焊机☆friction welding machine
摩擦滑块{套}☆friction slip
摩擦计☆tribometer
摩擦加固效应[锚杆]☆friction reinforcing
摩擦加热模式☆frictional heating model
摩擦减震☆damping by friction; dry friction damping
摩擦角☆friction(al){sliding} angle; angle of repose
摩擦搅拌☆attrition mixing
摩擦卷扬器☆friction windlass
摩擦块☆clutch blocks; friction{drag} block
摩擦力☆friction (force); confriction; frictional force
摩擦力矩☆moment of friction
摩擦裂缝{隙}☆friction crack
摩擦轮☆friction pulley{gear;wheel}; adhesion wheel; koepe pulley{reel}
摩擦(消耗)马力☆friction horsepower; f h.p.; F.H.P.
摩擦面☆rubbing surface; friction plane
摩擦-黏附分选☆tribo-adhesion separation
摩擦黏着静电分选机☆tribo-adhesion electrostatic separator
摩擦盘☆adhesion wheel
摩擦抛光☆burnish
摩擦片离合器☆friction plate clutch
摩擦圈数☆dead wraps
摩擦热☆heat of friction; frictional heat
摩擦(阻力)深度☆depth of frictional resistance; friction depth
摩擦生电☆triboelectrification
摩擦式安全器☆friction trip
摩擦式金属支架{柱}☆frictional metal prop
摩擦式应变仪{计}☆frictional strain gauge
摩擦损耗☆friction dissipation{loss}; rubbing wear
摩擦推进法☆friction feed
摩擦系数☆friction(al) coefficient; friction factor; coefficient of friction
摩擦限度☆limit of friction
摩擦楔☆drag wedge
摩擦型装置☆friction-type unit
摩擦学☆tribology
摩擦压头☆resistance{friction} head
摩擦应力☆friction(al) stress; stress due to friction
摩擦诱致剪切应力☆friction induced shear stress
摩擦圆法☆friction circle method
摩擦闸块{瓦}☆friction block
摩擦支柱☆friction(al) prop
摩擦支柱楔锁☆wedge yoke
摩擦爪螺栓☆friction grip bolt
摩擦桩基☆floating pile foundation
摩擦阻力☆frictional resistance{restriction;restraint; drag}; friction drag{resistance}; drag friction; df
摩擦阻力[桩]☆frictional resistance
摩擦阻尼☆friction(al) damping
摩柴哥脱云☆moazagotl cloud
摩登呢[法]☆moderne
摩尔比☆molar ratio
摩尔达维亚玻陨石☆moldavite; vltavite
(体积)摩尔的☆molar; molal
摩尔多瓦☆Moldova
(体积)摩尔份数☆mole{molecular;molar} fraction
摩尔根锥齿兽☆Morganucodon
摩尔-库仑滑落包络线☆Mohr-Coulomb failure envelope
摩尔-库仑破坏锥☆Mohr-Coulomb failure cone
摩尔量☆gram-molecular{molar} weight; gram molecular weight; gram formula weight; mole; mol; g.m.w.; GMW
摩尔浓度☆molarity; molal concentration[重量]
摩尔浓度的☆molar; molal
摩尔热函☆molecular heat capacity
摩尔热(容量)☆molar heat
摩尔数相等的☆equimolecular; equimolal
摩尔体积☆gram-molecular{molecular;molar;molal} volume; gram molecular volume; g.m.v.
摩尔维特投影☆Mollweide projection
摩尔魏德等积投影☆Mollweide homolographic projection
摩尔吸光系数☆molar absorptivity
摩尔响应值☆mole-basis response
摩尔消光系数☆molar extinction coefficient
摩尔斜撑方框支护法☆Moore timbering
摩尔型多叶真空过滤机☆Moore filter
摩尔盐☆Mohr's salt
摩尔应变圆☆Mohr's strain circle
摩格狄林格(衰弱)效应☆Mogel-Dellinger effect
摩根定理☆Morgan's theorem
摩根斯顿分布☆Morgenstern distribution
摩根锥齿兽属[T_3]☆Morganucodon
摩羯座{宫}☆Capricornus; Capricorn; Goat
摩卡绿[石]☆Mocca Green
摩拉石☆molasse
摩拉维亚珊瑚属[D_3]☆Moravophyllum
摩勒图☆Moeller chart
摩里山层☆Morrison Formation
摩洛哥☆Morocco
摩门教徒☆danite
摩纳哥☆Monaco
摩诺管☆monofier
摩培-狄克气球☆Moby-Dick ballon
摩氏变形杆菌素☆morganocin
摩斯硬度[标准矿物刻划硬度]☆Mohs(') hardness
摩损☆chafing; wearing
摩损学[研究摩擦和磨损问题的科学]☆tribology
摩天大楼☆skyscraper
摩托☆motor
摩托泵☆unipump
摩托车☆motorcycle; autocycle; autobike
摩托车的边车☆bathtub
摩托化☆motorization
摩托罗拉测距定位系统☆positioning; Motorola range
摩托式压缩机☆integral gas-driven compressor
摩托雪橇☆snowmobile
摩崖石刻☆inscriptions on precipices; stone statue; character engraved on cliff
摩野☆Matsya
摩(擦)阻(力)☆friction drag{resistance}
摩阻比☆friction-resistance ratio
摩阻减低剂☆friction-reducing agent; friction reducer
摩阻流速☆drag velocity
摩阻黏合☆frictional binding
摩阻损失压头☆resistance head
摩阻系数☆fraction coefficient; coefficient of friction
魔鬼☆devil
魔鬼螺锥[遗石]☆devil's corkscrew
魔角旋转技术☆magic-angle spinning; MAS
魔角自旋核磁共振谱☆magic angle spinning nuclear magnetic resonance spectroscopy; MASNMR
魔力{术}☆magic
魔石☆curio stone
魔石英☆dragonite
魔术棕[石]☆Magic Brown
魔数☆magic number
魔杖☆divining rod; witching{wiggle} stick; twig

mǒ

抹☆daub
抹壁作用[泥浆的]☆plastering action
抹磁信号☆erase signal
抹刀☆spatula; spatule; trowel
抹改记录☆deletion record

M

抹滑晶体[断层面上]☆smeared out crystal
抹去☆erase；cancellation
抹去键☆delete key
抹去零头☆round off
抹杀☆deletion
抹上☆wipe；spread
抹拭晶体☆smeared out crystal
抹香鲸(属)[Q]☆Physeter；cachalot
抹音磁头☆eraser
抹音头☆erasing head
抹油[测深锤底]☆arming
抹子☆trowel

mò

末☆end；powder；pdr
末冰期☆kataglacial
末层套管☆last casing
末挡[齿轮]☆top gear
末道☆extreme trace
末道漆☆overcoating
末电压☆final voltage
末端☆(distal) end；bottom；extreme；terminal；tip；termination；dististele；tail (end)；endpiece；teleo-；tel(e)-
(在)末端☆distal
末端朝前☆endwise；endways
末端朝上☆endways
末端电池转换开关☆end-cell switch；ECS
末端封闭的管柱☆closed pipe string
末端距离☆end-to-end distance
末端排料式卡车混凝土搅拌机☆end-discharge truck mixer
末端膨胀的岩墙☆headed dike
末端汽水分离器☆final moisture separator
末端蠕滑构造☆terminal creep
末端山脚面☆terminal spur facet
末端效应☆end{boundary} effect；outlet (end) effect
末端效应带☆end-effect zone
末端周边排料棒磨机☆end peripheral discharge rod mill
末段(水泥)浆☆tail slurry
末管{|行}☆terminal pipe{|row}
末级前置放大器☆driver
末级羽片☆ultimate pinna
末煤[<2in.]☆burgy；coal slack；duff dust；fine{small；slack;powder(y);pulverized;dross} coal；gum；slack；smalls；powdered coal
末煤焙烧团块☆coal pellet
末期产量☆tail production
末期增加☆terminal addition
末前级放大器☆penultimate amplifier
末清算的账目☆outstanding
末区[棘海百]☆dististele
末日来临的☆apocalyptic
末梢☆tip
末射枝[轮藻]☆dactyle
末速☆terminal speed{velocity}；final velocity
末尾☆rear end；extreme
末位有效数字☆last significant figure
末项☆last term；terminal
末元古系☆Neoproterozoic Ⅲ
末站☆end depot；terminal station
末制导☆terminal guidance；TG
末中矿(煤)☆fine middling
抹灰☆rendering；render
抹灰爆裂☆blowing of plaster
抹灰工☆floater
抹灰砂☆plastering{rendering} sand
抹浆☆plastering
抹面工作☆face work
抹面效应☆shrouding effect
抹泥刀☆claying knife；plastering trowel
抹泥修墙☆spackling
莫德矿☆modderite
莫恩(阶)[北美;N_1]☆Mohnian
莫尔道熔融石☆moldavite
莫尔-克努森氯度测定法☆Mohr-Knudsen method
莫尔-库伦屈服准则☆Mohr-Coulomb yield criteria
莫尔强度准则☆Mohr{More} strength criterion
莫尔摄影仪器☆Maul's photographic apparatus
莫尔斯(电)码☆Morse code
莫尔陀螺稳定摄影机☆Maul's gyro-stablized camera
莫尔型可缩式铰接拱形支架☆Moll arch
莫尔应变圆☆Mohr's{Mohr} strain circle
莫尔圆☆Mohr's{stress} circle；circle of Mohr
莫尔准则☆Mohr criteria
莫尔作图☆Mohr's construction
莫根森筛☆Mogenson screen
莫更生矿☆mogensenite
莫哈韦沙漠[美加州西南]☆Mojave
莫豪基(阶)[北美;O_2]☆Mohawkian (stage)
莫霍{荷}不连续面☆Moho(rovicic) discontinuity；Moho；M(oho)-discontinuity；M-boundary
莫霍罗维奇(契)不连续面☆Moho；Mohorovicic discontinuity
莫霍洛维奇☆Mohorovicic
莫霍面下岩石圈☆sub-Moho lithosphere
莫霍深钻计划☆Mohole project
莫霍钻☆Mohorovicic discontinuity hole；mohole
莫霍钻(孔)[打穿地壳进行地幔岩石取样的超深钻]☆ moho
莫科尔高威力抗水半胶质安全炸药☆Morcol
莫克林熔岩☆Mouchline lavas
莫{模}来石[$Al(Al_xSi_{2-x}O_{5.5-0.5x})$；$Al_6Si_2O_{13}$;斜方]☆mullite；porzite；porcelainite；；keramite
β莫来石[$Al_{9.6}Si_{2.4}O_{19.2}$]☆beta-mullite；praguite；pragit
莫来石烧器☆mullite ceramics
“莫兰”短程导航定位系统☆Moran
莫雷拉应力函数☆Morera's stress functions
莫里森介属[J]☆Morrisonia
莫里-施赖因马克法则☆Morey-Schreinemaker's rule
莫里型容器☆Morey-type vessel
莫里(型)压力(容器)☆Morey pressure vessel
莫榴石☆mursinskite
莫硫锡铜矿☆mohite
莫龙贝属[腕;S_3]☆Molongia
莫罗(统)[北美;C_2]☆Morrowan
莫洛(树脂砂衬离心)铸管法☆Monocast Process
莫姆☆mohm
莫那贝尔(炸药)☆Monabel
莫纳杂岩☆Mona complex
莫尼卡[女名]☆Monica
莫农加希拉统[美;C_3]☆Monongahelan (series)
莫女石☆maw-sit-sit
莫诺硬度试验☆Monotron hardness test
莫诺陨石☆monocevotite
莫契兰斯伯矿☆moschellandsbergite；landsbergite
莫瑞克斯涂油磁选法☆Murex process
莫桑比克☆Mozambique
莫舍兰斯伯矿☆hydrargyrite
莫砷钴矿☆modderite
莫砷硒铜矿☆mgriite
莫氏不连续面☆Mohorovicic{Mohe} discontinuity
莫氏孔藻属[E]☆Morelletpora
莫氏螺(属)[腹足;O-T]☆Murchisonia
莫氏伍德尔硬度☆Mohs-Wooddell hardness
莫氏硬度指标☆Mohs(') hardness scale
莫氏鱼(属)[S]☆Jamoytius
莫氏锥度☆Morse taper
莫水硅钙钡石[$BaCa_4Si_{16}O_{36}(OH)_2\cdot10H_2O$;斜方]☆macdonaldite
莫斯科☆Moscow
莫斯科(阶)[俄;C_2]☆Moscovian (stage)
莫斯科海[月]☆Mare Moscoviense
莫斯科世{|统}[C_2]☆Moscovian epoch{|series}
莫斯矿☆mohsite
莫斯莱定律☆Moseley's law
莫斯特文化☆Mousterian culture
莫特宾斯巴豆[Cu 示植]☆Croton mortbensis
莫特克石☆mountkeithite
莫特(金属应变硬化)理论☆theory of Mott
莫腾斯尼斯阶[Z]☆Mortensnes
莫托沙拉式锰矿床☆Motuoshala-type manganese deposit
莫烷☆moretane
莫烷`类{化合物}☆moretanoids
莫威利型拣矸机☆Mowery picker
莫文滤光板☆Merwin's flame color screen
莫西瓦菊石属[头;T_3]☆Mojsvarites
莫希尔牙形石属[T]☆Mosherella
莫斜(闪)煌岩☆gladkaite
莫依霍克矿☆mooihoekite
莫伊诺单螺杆泵[戴纳钻具中用]☆Moyno pump
莫因尼安系☆Moinian system
莫因(变质岩)系[苏格;An€]☆Moinian series
墨地白花☆white-and-black
墨地三彩☆tricolor with china-ink ground
墨尔伦螺属[腹;S-P]☆Mourlonia
墨黑的☆jet-black；jet(ty)；pitch-black；coal {-}black
墨化剂☆graphitizer
墨加利地震烈度表☆Mercalli scale
墨角藻☆sea-tangle；rockweed；Fucus
墨角藻及其他海产草本植物[尤指海藻类]☆sea ork
墨晶[SiO_2]☆smoky topaz；smoky{black} quartz
墨卡托地图投影☆Mercator map projection
墨卡托航法☆Mercator sailing
墨绿麻[石]☆Verde Ubatuba
墨绿色☆jasper
墨绿砷铜石[$Cu_5(AsO_4)_2(OH)_4\cdot H_2O$；单斜]☆cornwallite；erinite
墨铅☆black lead
墨氏膈尼云☆Magellanic Clouds
墨水化页岩☆hydratable shale
墨水晶☆morion；black quartz (crystal)
墨水喷射式印刷机☆ink jet printer
墨水渍☆blot
墨铜矿[$4(Fe,Cr)S\cdot3(Mg,Al)(OH)_2$；六方]☆valleri(i)te；walleri(i)te
墨西哥城的城市结构☆urban structure of Mexico City
墨西哥海岸地区的一种秋季雷☆vendava
墨西哥花麦草[俗名加州罂粟,罂粟科,Cu 局示植]☆Eschsholtzia mexicana
墨西哥集团[矿业公司]☆Grupo Mexico
墨西哥湾(统)[北美;K_2]☆Gulfian (series)
墨西哥湾岸区☆Gulf Coast
墨西哥湾流☆Gulf stream
墨西哥型凿岩机支架☆Mexican setup
墨西拿阶[N_1]☆Messinian
墨腺[头]☆ink gland
墨云片岩☆graphite mica schist
默冬(周期)☆Metonic cycle
默硅镁钙{钙镁}石[镁硅钙石；牟文橄榄石；$Ca_3Mg(SiO_4)_2$;单斜]☆merwinite；mervinite
默记☆memorise；memorize
默加利地震烈度表☆Mercalli scale
默勒石的☆murrhine
默里断裂带☆Murray Fracture Zone
默奇森{面的}方向☆Murchison direction
默奇森钙质球粒陨石☆Murchison carbonaceous chondrite
默奇森面[隐纹长石中非整指数的晕色平面]☆Murchison plane
默然的☆tacit
默氏螺属[腹;O-T]☆Murchisonia
默许☆sufferance
貘{獏}(属)[N_1-Q]☆Tapirus；tapir
貘后弓兽属[N]☆Promacrauchenia
貘类{头；形上科}☆tapirs；Tapiroidea
貘头兽类☆Tapirocephalians；Tapinocephalians
貘犀(属)[E_2]☆Hyrachyus
貘形类☆Tapiromorpha
貘形亚目☆Tapiromorpha
磨豆腐[以石磨研豆使碎而制豆腐]☆grind soya beans to make bean curd
磨坊坝☆mill-dam
磨粉☆powdering；colcothar；Paris red；crocus[一种研磨料]
磨粉机☆triturating machine；mill
磨粉者☆triturator
磨浆石☆pulpstone
磨矿☆grinding (ore)；milling；(ground) grind；ore grinding；bucking；attritioning；grinding of ore(s)
磨矿板☆buckplate；bucking board
磨矿段长度☆grinding length
磨矿过细☆overgrinding
磨矿机☆(milling;ore) grinder；(grinding) mill；milling pit；kominuter；disintegrating machine；rubber；slimer；milling-grinder；ore{Marcy} mill
磨矿机衬板{里}☆mill liner
磨矿机卸料端提升机☆mill-head elevator
磨矿介质☆milling medium；tumbling media
磨矿精选装置☆grinding-concentration unit
磨矿粒度☆liberation grind；mesh of grind
磨矿难易度☆ore grindability
磨矿盘☆muller pan
磨矿细度☆fineness of grinding；mesh {-}of {-}grind；grinding fineness
磨矿细度不够☆undergrinding
磨矿系统流程☆flow sheet of grinding circuit

磨煤车间(装置)☆coal-pulverizing plant
磨煤机☆coal mill
磨内通风☆ventilation within mill
磨盘☆lap[磨片{抛光}机]; grinding discs{table}; circular stone; grinder; stone (grinder); mill; nether{lower} millstone; millstones
磨盘孢属[K]☆Molaspora
磨盘虫属[三叶;$Є_2$]☆Mapania
磨盘石☆millstone; grinder (stone)
磨音☆sound of mill
沫丽蛤科[双壳;J-Q]☆Cyprinidae
漠不关心☆unconcern
漠地☆desert
漠地砾`面{|盖层}☆desert pavement{|armor}
漠钙土☆desert soil
漠境☆desert
漠境土☆yermosol; desert soil
漠面砾石☆gibber
没入水下的破冰体☆ice keel
没食子☆gall (nut); nutgall
没食子酸☆gallic acid
没食子酰基☆galloyl
没收☆impound; sequester
没药石☆aromatite
陌生地☆fremdly; strangeland
陌生人☆stranger
陌生鼠属[E_2]☆Advenimus

móu

谋划☆pipelay; plan; scheme
牟文橄榄石☆(manganese) merwinite; mervinite

mǒu

(在)某处{地}☆somewhere
某人☆somebody; sb.
某事☆something; sth.
(在)某种程度上☆to some extent; in part; IP

mú

模板☆formwork; template; match plate{board}; form (board); stencil; falsework; shuttering[浇灌混凝土用]; templet; mo(u)ldboard; mould{follow} board; casing; screed; subtruss; decking; pattern plate; mockup
模板的木板☆shuttering boards
模板工作{程}☆formwork
模板接合圈☆make-up ring
模板涂料{油}☆form coating
(用)模板印刷☆stencil
模版打印[常指钻杆打印]☆stencil marking
模槽☆impression; cavity
模冲☆stamp
模锻☆drop{die} forging; forming; die-forge; die forging swage; extrude
模锻锤☆swage
模锻的☆die-formed
模锻件☆stamp work
模锻件的废弃部分☆sprue
模锻可拆卸链☆mould-forged dismountable chain
模件☆module
模件性☆modularity
模具☆die (equipment); mould; matrix; pattern; stamp
模孔☆nib
模腔{膛}☆cavity
模塑料储存期☆storage life of molding compound
模铸标本☆plastotype
模子☆gabarite{gabarit} [法]; mold; mould; matrix; pattern; die

mǔ

拇☆thumb
拇指☆thumb; pollex
拇指状燧石☆thumb flint
跗☆big toe; hallux
跗趾☆big toe; hallux [pl.-ucis]; hallex [pl.-licis]
牡丹花石榴☆suffruticosa granatum
牡蛎☆oyster; Neithea
牡蛎礁☆oyster bioherm
牡蛎石灰☆oyster-shell lime
牡蛎属[双壳;T-Q]☆Ostrea
亩☆mu
亩数☆acreage; acrg.
姆崩毒[得自马钱科植物]☆mbundu
姆欧[电导单位,欧姆的倒数]☆mho; siemens
姆砷硒铜矿☆mgriite
母☆venter; mother
母板☆platter; motherboard
母材☆base{mother} metal
母残遗对列☆parent-residual pair
母虫体[苔]☆maternal zooid
母船☆support vessel
母地槽☆mother geosyncline
母点☆generator; generant
(产生线、面、立体的)母点☆generatrix [pl.-ices]
母点的☆generant
母鹅☆goose [pl.geese]
母公司☆parent organization{company}
母函数☆generating function
母核(素)☆parent mucleus{nuclide}; mother nuclide
母合金☆key metal; alloying; master{rich} alloy
母河☆mother stream
母火成岩体☆parent igneous mass
母基岩{|火口}☆parent rock{|vent}
母舰{|礁}☆mother ship{|reef}
母接头☆box (thread)
母接头(的端面)☆shoulder of the box
母接头的钻头☆box type bit
母接头上打大钳处☆box tong space
母金属☆mother metal
母晶☆mother{parent} crystal
母井☆mother well
母扣(接头)钻头☆box-threaded{-type} bit
母矿浆☆pregnant pulp
母离子☆parent ion
母链☆fundamental chain
母脉{|煤|流}☆mother lode{|coal|current}
母面☆generatrix; generator
母模(型)☆pattern master; mother
母侵入体☆mother intrusive
母群☆supergroup
母溶液☆mother solution
母时钟脉冲发生器☆master clock-pulse generator
母式☆matrix; matrices
母体☆ancestral{parent} body; parent population; precursor; mother (substance;nuclide); parent[同位素]; the mother's body; the (female) parent; matrix [pl.-ices]
母体发芽☆viviparity
母体分子☆parent molecule
母体灰分☆inherent{intrinsic(al)} ash
母体金属☆base{parent} metal
母体元素☆parent element; meta-element
母同位素☆mother; parent isotope
母系☆predecessor
母细胞☆mother call{cell}
母线☆generatrix [pl.-ices]; generator; highway; bus (wire;bar); generating line; omnibus bar; bus(-)bar (wire); trunkline; main lead; line of generation
母线挡板装置☆busbar blanking plate assembly
母线分段装置☆bus-bar sectioning unit
母线接盒型☆busbar adaptor type
母相☆parent phase
母型☆master pattern{mould}
母岩☆mother{parent;country;source;native} rock; (natural) ground; country; matrix; parent material
母岩层☆D horizon; bedding course; horizon D; bed rock horizon
母岩厚度☆thickness of source rock
母岩色土☆lithochromic soil
母岩碎屑☆fragment of mother rock
母液☆mother liquid{liquor;water;solution}; pregnant {parent} solution; liquor
母液循环结晶器☆circulating liquor crystallizer
母异常{|元素}☆parent anomaly{|element}
母圆☆generating circle
母云☆mother-cloud
母枝蕨属[J]☆Piazopteris
母质[生]☆parent{mother} material; matrix; mother substance
母质层☆horizon C; C horizon; parent material
母钟☆master clock
母锥☆female coupling tap; box bell; tap; bell socket {tap}; die collar
母子公司关系☆parent-subsidiary relationship
母子体关系☆parent{mother}-daughter relationship

mù

苜蓿☆Medicago sativa; alfalfa
苜蓿菌瘿病菌☆Urophlyctis alfalfae
苜蓿叶形浮标☆cloverleaf buoy
墓碑☆grabstein
墓(碑)石☆tombstone; headstone
墓石卧像☆gisant
慕斯矿☆mohsite
暮光☆twilight
幕[构造]☆episode; curtain; phase
幕的☆episodic; episodical
幕后☆background
幕后投影☆back project; backprojection
幕间插入的表演☆interlude
幕帘型构架☆curtain boom
幕墙☆curtain wall; screen wall (made of a series of screens often with inlaid glass)
幕式构造运动☆episodic movement
幕状的☆velar
木☆wood; die; xylem; lign(i)-; ligno-
木坝☆wooden{log;timber} dam
木板☆board(ing); plank; stave; woodenboard
木板(丘宾筒)☆plank tubbing
(临时)木板房☆barrack
木板刮路器☆plank road drag
木板管架☆lazy board
木板假顶☆gob{plank} floor; false timber roof; wooden cover
木板节制坝☆plank check dam
木板墙护岸☆timber sheet pile bulkhead
木板条☆wood lagging
木板支撑挖掘☆excavation with timbering
木板桩☆timber sheet (piling); timber{wooden}-sheet piling; fork; framing sheet pile; wood lagging
木板桩法☆wood sheet pilling
木棒☆stick; cudgel; treenail
木刨花过滤器☆wood-shaving filter
木(板)背板☆plank lagging; lagging timber; timber lagging; wooden invert
木本群落☆lignosa; woods
木本沼泽☆swamp
木本植被☆lignosa; forest vegetation
木本植物☆xylophyta; wood(y){ligneous;arboreal} plant
木本植物的茎基☆caudex
木泵杆☆spear
木变石[木化石]☆petrified wood; woodstone
木波罗丹宁[$C_{15}H_{12}O_6$]☆cyanomclurin
木材☆timber (wood); lignum; wood; lumber; tree; timbering; wd.; hylo-
木材层积塑料☆compregnated wood; compreg
木材充料的☆wood-filled
木材的浸渍☆impregnation of timber
(用)木材护壁的☆timber-lined
木材滑道☆timber chute{slide}; log slide; skid
木材化石☆xyltile
木材加工☆wood working; woodcraft
(用)木材建造☆timber
木材裂缝☆lag
木材露天慢腐☆eremacausis
木材模板☆wooden form
木材支护的☆wood-lined
木材滞燃处理☆wood fire-retardant treatment
木槽☆trow
木柴☆(fire) wood; fuelwood
木柴块☆billet
木柴液体燃料转换☆conversion of wood to liquid fuel
木沉箱☆timber caisson
木衬板☆lid
木衬的☆wood-lined
木衬垫☆wooden invert; timber revetment
木撑☆pole
木赤铁矿☆wood hematite
木储仓☆wooden bin
木船☆junk; wooden boat
木窗扇变形☆distortion of wooden sash
木槌☆wooden maul; mallet
木醇☆methyl{wood} alcohol; methanol; wood spirit
木刺[古]☆spine
木锉☆wood file
木蛋白石[由木质纤维石化而成;$SiO_2 \cdot nH_2O$]☆xylopal; wood opal; xilopal; xylopal wood opal;

M

lithoxyl(on)；zeasite；lithoxylite
木挡块{板}☆timber blocking
木捣槌☆beater
木(质)的☆ligneous；xyloid
木底座☆floor sill
木地板☆wooden floor
木垫☆lid
木垫板☆wooden floor；duck(-)board；timber foot block；timber decking；sheeting cap；wood stilt
木垫方头螺丝☆lag screw
木垫块☆wooden crusher block
木吊盘☆wooden stage
木钉☆dowel (pin)；treenail；peg；wood nail；knag；nog
(用)木钉钉住☆nog
木顶梁☆timber cap；lid；wooden bar
木蠹☆wood fretter
木垛☆(wooden;crib) chock；cog；layers of wooden blocks；(timber;pier;dam;pigsty;pigstye) crib；nog；timber chock{pack}；chock mat pack；pigstye；chock timber{pack}；battery；pigsty；grillage
木垛工☆cogger
木垛群☆cluster of pigstyes
木垛支护☆crib protection；cribwork；pigsty(e) timbering
木垛支护贮仓☆cribbed bin
木垛支架☆timber pack；wood pillar
木垛支架后的填木☆glut
木垛支柱☆chock-prop
木耳矿☆agaric mineral
木耳属[真菌;Q]☆Auricularia
木尔达卡岩☆muldakaite
木筏☆timber raft
木房屋☆timber building
木粉[炸药吸收剂]☆wood meal{flour}；woodflour
木风挡☆wood brattice
木风筒☆gas pipe
木盖☆wooden cover
木杆☆timber stick；wood post
木隔壁☆battery
木隔离物☆wooden spacer
木隔墙☆wood brattice
木根化石☆caldron bottom
木工☆carpenter；joiner；timberwork；woodwork(ing)；carpentry；woodworker；wright
木工车床☆pattern maker's lathe；wood working lathe
木工的榫☆tenon
木工虎钳☆woodworker's vice
木工机床☆joiner's bench；wood working machine tool
木工技术☆woodcraft
木工用弧口凿☆firmer gouge
木工凿☆carpenter's flat chisel；carpentry tongue
木工作业☆timber-work
木沟渠☆box drain
木构架☆timber frame
木构架包石结构☆timber framed stone construction
木管☆trow；wooden tube；bobbin
木罐道☆timber{wood;wooden} guide；guide timber
木圭式锰矿床☆Mugui-type manganese deposit
木轨枕☆timber tie
木棍上刻痕☆chicken ladder
木夯☆bettle；beetle；wooden rammer
木盒☆tub
木花板☆xylolite；zylonite
木滑道☆timber slide
木化☆lignification
木化石☆petrified wood{log}；dendrolite；lignum fossil；dendrolith；woodstone；xylopal；cauldron
木化石中发现的天然铁☆sideroferrite
木灰☆wood ash
木甲板☆deck planking
木假顶☆wooden cover；timber decking{mat}
木间柱{|建筑|浆}☆wood studding{|construction|pulp}
木匠☆carpenter
×木焦馏油☆Gefanol I
木焦油☆wood tar；wood-tar oil
木胶灰泥☆wood cement
木节☆knag
木节黏土☆knar clay
木结构☆timber{wood} structure；timber-work；wood construction；timbering
木筋混凝土☆ligno-concrete
木晶蜡☆xylocryptite；scheererite

木精☆methyl{wood} alcohol；wood spirit；methanol
木井壁☆barring；timber lining
木井架☆wooden headframe；wood headgear
木井框☆crib；timber set{lining}；wooden curb{crib}；woods frame；barring
木井圈☆wooden crib
木镜煤☆xylain
木镜丝质体☆vitrofusinite
木聚糖☆xylan
木锯☆wood saw
木橛☆peg
木壳温度计[测量油罐温度]☆woodcase thermometer
木块☆chump
木块连接闸带☆jointed brake
木框坝☆timber crib dam
木框井口锁口圈☆collar crib
木框石心基础☆foundation by timber casing with stone filling
木矿车☆hurleg；hurley
木拉斯蚌属[双壳;C_2-P_2]☆Mrasiella
木兰☆(lily) magnolia；anil
木兰粉属[孢;K_2-Q]☆Magnolipollis
木兰科☆Magnoliaceae
木兰属[K-Q]☆Magnolia
木兰树脂☆xylanthite
(井框)木连接板☆cod-piece
木梁横撑☆set girt
木料☆lumber；timber
木料车☆grag bar；timber car{carrier}
木料防腐厂{处理车间}☆timber preservation plant
木料供应车司机☆lumberyard motorman
木馏油☆creosote
木馏油醇☆creosol
木瘤☆knag
木笼坝☆timber crib dam
木笼式填石堰☆rock-filled crib weir
木笼水坝☆frame dam
木笼围堰☆brib cofferdam
木螺钉☆lag bolt；wood screw；lag wood screw
木螺钻☆auger bit
木麻黄粉属[孢;N_2]☆Casuarinidites
木玛瑙☆tree{wood} agate
木马道☆skidway
木锚杆☆wood(en) pin；(wooden) dowel；wooden (rock) bolt
木霉属[真菌]☆Trichoderma
木煤☆xylain；anthraxylon；xylanthrax；xylinite；wood coal；charcoal
木煤层☆lignite bed
木煤体[显微组分]☆xylinite；xylenite
木棉☆kapoc；floss；kapok
木棉蛤属[双壳类;N_1-Q]☆Macoma
木棉树☆kapok-tree
木面学☆zenography
木模☆wood work form；wood pattern
木模车间☆pattern shop
木膜式湿度计☆wood-membrane hygrometer
木母☆Tsuga
木乃伊化☆mummification
木尼威特☆pennyweight；dwt.
木偶岩☆hoodoo rock
木排☆raft
木排路☆corduroy
木排填基工作[在松软地上]☆false work
木炮棍☆spear
木棚子☆timber set{frame}；set of timbers
木片☆wood chip；chump；soldier
(用)木片或夹铁填☆shim
木片筛☆chip screen
木铺板☆wood planking
木器☆carpentry
木琴☆xylophone
木圈丘宾筒☆frame tub
木塞☆wooden plug
(用)木塞代替封泥卷☆tamping plug
木塞和钩钉☆plug and spear
木砂箱☆wood flask；timber moulding box
木砂纸☆glass paper；wood flask paper
木杉属[植;K-Q]☆Metasequoia
木虱属☆Cherms
木石☆lifeless thing；senseless being
木石构造☆black {-}and {-}white work
木石棉☆woodrock；wood rock

木薯☆manioc
木薯淀粉☆tapioca starch
木薯淀粉状外貌☆tapioca-like appearance
木薯粉☆tapiocaflour；manioc
木栓[植]☆phellem；cork；nog
木栓(组织)☆suber
木栓层☆cork cambium
木栓化(作用)☆suberinization
木栓体☆suberin
木栓体组☆suberitoid
木栓质层☆suberinlamella
木栓质煤[煤岩组分]☆suberain
木栓质体☆suberinite；cortical tissue
木丝☆wood wool
木丝棉☆kapoc；kapok
木(质)素磺酸钙☆calcium lignosulphonate；calcium lignin sulforate；Marasperse (C)
木(质)素磺酸钠☆Marasperse N；Marasperse CB；sodium lignosulfonate
木(质)素浆[岩层防水用]☆lignin grout
木素胶☆lignosol
木髓☆pith
木塔架☆wood derrick
木炭☆charcoal (filter)；char；xylanthrax；wood char{charcoal;coal}；wood-charcoal；chur；coal；chark
木炭饱和时间☆charcoal saturation time
木炭化泥炭☆carbonized peat
木炭燃气☆gazogene；gasogene
木炭石油能源开发☆char-oil energy development
木炭质线☆charcoal lineation
木糖☆xylose
木糖醇☆xylitol
木通属[植;E-Q]☆Akebia
木酮糖☆xylulose
木铜矿[$Cu_2(AsO_4)(OH)$]☆wood copper
木桶☆kit；kibble
木桶[英;16～18 gal.]☆kilderkin
木头☆log
木瓦☆xylotile；shingle
木瓦斯☆wood gas
木卫[天]☆Jovian satellites
木卫二{|三|四|一}☆Europa{Ganymede|Callisto|Io}
木纹白[石]☆Wood-Grain White
木纹断口☆woody fracture
木纹石☆Serpenggiante
木纹凿☆veiner
木锡矿[具有放射状结构的纤锡矿;SnO_2]☆wood tin；dn(i)eprovskite
木锡石☆wood {-}tin；dneprovskite
木犀科☆Oleaceae
木纤维☆wood fibre；xy(p)lon；xylogen
木纤维板☆beaver board
木纤维泥☆wood-fibred plaster
木纤维素☆lignose
木纤维质☆lignone
木藓属☆thamnium
木香烯[$C_{15}H_{24}$]☆costen
木箱式暗沟☆wooden-box drain
(用)木箱(框)装的☆cased with wood
木销☆wooden{wood} pin；nog
木楔☆chuck；wood key；cleet；headboard；glut；trig；chock；scotch
木屑☆sawdust；bits of wood；wood flour{dust}
木屑砂浆板☆wood-cement concrete slab
木心的☆wood-filled
木星☆Jupiter
木星红斑☆red spot
木星面文学☆zenography
木星系☆local system
木星心坐标☆zenocentric coordinates
木星星群☆Jovian planets
木星族☆Jupiters family
木羊齿(属)[植;T_3]☆Xylopteris
木叶虾类☆phyllocarida
木杂酚油☆wood creosote
木贼☆equisetum
木贼纲☆Equisetin(e)ae；Articulatae
木贼目(类)☆Equisetales
木贼属之一[Au 示植]☆Equisetum arvense；horsetail
木闸板☆wood weir block
木栈桥☆timber trestle；timber trestale bridge
木支撑☆wooden shore strut；lignum shotcrete
木支护☆wooden{timber} support

M

木支护水平分层充填采矿法☆timbered-horizontal cut and fill stoping
木支架☆timber set；set of timbers；timbering；timber frame{lining;support}；wooden support {timbering}
木支架构件接头☆timber joint
木支柱☆timber prop{strut}；post；wooden pop
(用)木支柱支撑☆nog
木脂石☆euosmite
木纸浆☆wood pulp
木制的☆ligneous
木制吊盘☆wooden stage
木制(通)风筒☆overthrow
木制构件☆tree
木制井架☆wood derrick
木制矩形通风管☆air box
木制矿车☆hurley
木制流槽☆long tom
木制品☆woodwork；wood
木制水坝☆frame dam
木制水槽☆trogue
木制支架☆lazy board
木质☆lignin；xylon；xylogen
木质部[植]☆xylem；hadromestome；wood
木质蛋白体☆ligno-proteinate
木质的☆ligneous；xyl(in)oid；woody
木质腐殖复合体☆lignin humus complex
木质褐煤☆bituminous wood；board{xyloid;wood} coal；xyloid{woody} lignite；xylite；xylith；woody brown coal
木质褐煤团块☆truffite
木质化(作用)☆lignification
木质磺酸☆lignin sulphonic acid
木质胶☆collose
木质绞车轴头☆bowl-gudgeon
木质结构腐木质体[褐煤显微亚组分]☆texto-ulminite
木质镜煤☆xylovitrain
木质镜丝炭☆xylovitrofusinite
木质煤☆board{woody;xyloid} coal；xylite；woody lignite
木质泥炭☆wood{wooden;forest} peat；carr
木质树脂☆bathvillite
木质丝炭{煤}☆xylofusinite
木质素☆lignin；lignose；xylogen
木质素成煤说☆lignin theory
木质素-腐殖质复合物☆lignin-humus complex
木质素铬☆chrome lignite
木质素磺酸铬盐☆lignosulfonate chromium salt
木质素磺酸`凝{盐冻}胶☆lignosulfonate gel
木质素磺酸盐泥浆☆lignosulphonate mud
木质状☆lignitoid
木质组☆xylinoid group
木柱橛☆wooden peg
木桩☆spiling；timber stick{pile}；wood piling；peg；stake；spile
木桩校正法☆peg adjustment method
木桩式码头{突堤}☆timber piled jetty
木桩突栈桥{框架突}码头☆timber piled jetty
木`状{质(纤维状)}褐煤☆woody lignite
木紫菀[学名美丽紫菀,菊科,硒通示植]☆woody aster
木纵梁☆longitudinal timber
木族彗星☆comet of Jupiter family
木钻☆wood borer；wammel
木作(品)☆carpentry
目☆mesh；order [生类]
目标☆orientation；goal；target；destination；aim；object(ive)；designation；bearing measurement；terminus [pl.-ni]；project；loadstar；lodestar；obj
目标的形态特征☆objective pattern
目标定点☆pinpoint
目标定位雷达☆seeker radar
目标管理☆management by objective{object}；quota management；MBO
目标函数☆object{objective;result} function
目标井☆play well
目标线☆downrange
目标相对于背景的显明度☆discreteness
目标相片☆spot photograph
目标信号☆target{echo} signal；video signal
目标型矿物☆typic mineral
目标一致法☆method of goal congruence
目标指示☆target indicating；TI
目标状态☆problem status
目测☆visual estimation{observation;examination; study; inspection;measurement}；estimation by eye；eye survey{observation}；by sight；range{ocular} estimation；ocular estimate；sketching；perusal；peruse
目测(方法)☆visualization
目(视观)测☆visual observation
目测分析☆inspectional analysis
目测距离☆judging distance；JD
目测(草)图☆eye sketch
目测值☆visual value
目层分离法☆stratography
目错觉☆visual illusion
目的☆intent(ion)；idea；goal；end；destination；point；purpose；object(ive)；target；aim；teleo-；tel(e)-
目的变址器☆destination index
目的层☆bed{zone} of interest；intended{selective} zone；target (stratum)；subject reservoir
目的层的原油☆target oil
目的层段☆interval of interest；objective interval
目的地☆bourn；bourne；designation；goal
目的港☆port of destination{debarkation}；PD
目的函数☆objective function
目的论☆teleology
目的码☆object code
目的砂岩层☆objective sand
目高☆height of eye
目估☆visual{ocular} estimation；ocular estimate
目击☆vision
目击者☆eyewitness
目镜☆eye-lens；eye piece；eyeglass；ocular；e/p
(用)目镜读数☆eye piece reading
目镜光圈☆eyepiece diaphragm；ocular iris diaphragm
目距☆eye-distance
目立体镜☆reseau stereoscope
目力检查☆visual inspection
目录☆content；catalog(ue)；index mark；table of contents；list；table；schedule；menu；CAT
目录文件☆inventory file
目录学☆bibliography
目前☆present；now；nonce
目前产油量水平☆current oil production level
目前的☆existent；present；near-term；existing
目前平均产层压力☆current average reservoir pressure
目前油田产量☆current field production
目试验信号☆test signal
目视辨别☆human eye distinguish
目视滴入润滑器☆sight-feed lubricator
目视读数☆visible{eye;visual} reading
目视法☆visual method；macroscopy
目视飞行气候☆c-weather
目视分析☆visual analysis
目视观测☆sight visual observation
目视检验☆visual examination{test}；eye assay
目视解译{释}☆visual interpretation
目视试样☆sight sample
目视仪器☆visual instrument
目玉石[AlO•OH]☆medamaite；medama-isi
钼☆molybdenum；Mo
钼白钨矿[$Ca((W,Mo)O_4)$]☆molybdoscheelite；seyrigite
钼铋矿[Bi_2O_3•MoO_3；$(BiO)_2(MoO_4)$；斜方]☆ko(e)chlinite
钼电极保护☆protection of molybdenum electrode
钼方钠石[$Na_4(Al_3Si_3O_{12})Cl$(含 3%的 MoO_3)]☆molybdosodalite
钼钙矿[$CaMoO_4$;四方]☆powellite
钼钙十字石☆courzite；kurtzite；wellsite
钼钙铀矿[$Ca(UO_2)_3(MoO_4)_2(OH)_2$•$11H_2O$]☆calcurmolite；calcurmolith；calcowulfenite
钼钢☆molybdenum steel；ferro-molybdenum；allenoy
钼华[MoO_3;斜方]☆molybdite；molybdine；molybdic ocher{ochre}；molybdate of iron
钼精矿☆molybdenum concentrate
钼矿☆molybdenum{moly} ore
钼矿床☆molybdenum deposit；wulfenite
钼镁铀矿[$MgU_2Mo_2O_{13}$•$6H_2O$?]☆cousinite；calcurmolite；calcurmolith
钼锰法陶瓷金属封接☆ceramic-to-metal seal by Mo-Mn process
钼屏☆molybdenum shield
钼坡莫合金☆molybdenum{Mo} permalloy
钼漆☆moly paint
钼铅矿[$PbMoO_4$;四方]☆wulfenite；melinose；yellow lead ore；carinthite；molybdate of lead；yellow chrome；carinthine
钼砂☆molybdenum ore
钼砷铜铅石☆molybdofornacite
钼石☆tugarinovite
钼酸二铅晶体☆lead oxide molybdate crystal
钼酸铅矿[$Pb(MoO_4)$]☆yellow lead ore
钼酸盐☆molyb(den)ate；molybdate
钼铁☆ferro(-)molybdenum
钼铁矿[$Fe_2Mo_3O_8$;六方]☆kamiokite；kamiokaite
钼铁渣☆molybdenum-iron slay
钼铜矿[$Cu_3(MoO_4)_2(OH)_2$;单斜]☆lindgrenite
钼钨钙矿[$Ca(Mo,W)O_4$]☆powellite
钼钨铅矿[$Pb(Mo,W)O_4$]☆lyonite；chillagite；lionite
钼铀矿[$(UO_2)MoO_4$•$4H_2O$;单斜]☆umohoite；molybdanuran；uranomolybdatite
钼赭石☆molybdic ocher
钼组玻璃☆molybdenum-group glass
牧草☆pasture；herbage；pasturage
牧场☆lea；temperate grassland；hirsel；pasture (land)；grazing{grass} land；rangeland；range；meadow；pasturage
牧笛☆reed
牧地☆grassland
牧夫星座☆bear keeper；bootes
牧牛☆cattle ranching
牧师☆secular；parson
牧兽科[哺;E_1]☆Pastoralodontidae
牧畜栏☆stock guard
穆磁铁矿☆muschketowite；m(o)uschketovite；mouchketovite
穆德尔(阶)[美;S_3]☆Murderian
穆尔-尼尔取样器☆Moore and Neill sampler
穆尔威投影☆Mollweide projection
穆尔辛斯克矿☆mursinskite
穆钒钙帘石☆mukhinite；muchinite
穆辉钼矿☆muchuanite
穆橛鲍尔效应☆Mossbauer effect
穆磷铝铀矿☆mundite
穆硫锡铜矿☆mohite
穆镁硅石☆murgocite
穆氏树脂石☆muckite
穆水钒钠石☆munirite
穆斯保尔光谱☆Mossbauer Spectroscopy；MBS
穆斯鲍尔`核{|效应}☆Mossbauer nucleus{|effect}
穆斯鲍尔谱仪☆Mossbauer spectrometer
穆斯林的分布☆distribution of Muslims
穆娅贝(属)[腕;P]☆Muirwoodia

M

N

ná

镎族{系}☆neptunium series; Np series
拿☆fetch; taking; take
拿波(氏新多翼)硫(化)杆菌☆thiobacillus neoplitanous
拿破仑金[石]☆Giallo Napoleone
拿破仑维尔(阶)[北美;N_1]☆Napoleonville

nà

钠[拉]☆sodium; natrium; Na
钠铵矾[$Na(NH_4,K)SO_4•2H_2O$;斜方]☆lecontite
钠奥长石☆albite-oligoclase
钠白岗石{岩}☆soda alaskite
钠白榴石☆soda-leucite
钠板石[$NaAl_2(Si,Al)_4O_{10}(OH)_2$(近似)]☆caillerite; tablite; tabulite; allevardite; deriberite; allovardite; rectorite
钠饱和黏土☆sodium-saturated clay
钠钡长石[$BaNa_2(Al_2Si_2O_8)_2$;斜方]☆banalsite; banaysite
钠铋烧绿石☆natrobistantite
钠变钙铀云母☆Na-metaautunite
钠冰长石[$(K,Na)(AlSi_3O_8)$]☆sodian{soda} adularia
钠冰晶石☆sodium cryolite
钠玻流纹岩☆cantalite
钠层☆natric horizon
钠长斑岩☆albitite; albitophyre
钠长变板岩☆adinole
钠长玢岩☆albite {-}porphyrite; albitite
钠长二长岩☆albite monzonite
钠长钙长系☆albite-anorthite series
钠长橄斑岩☆marloesite
钠长辉石粗晶岩☆varnsingite
钠长帘角页岩相☆albite-epidote hornfels facies
钠长绿帘角岩☆albite-epidote hornfels
钠长(钠)闪微(岗)岩☆dahamite
钠长石[$Na(AlSi_3O_8)$;$Na_2O•Al_2O_3•6SiO_2$;三斜;符号Ab]☆albite; olafite; cryptoclase; white schorl; soda feldspar; sodaclase[$Ab_{100\sim90}An_{0\sim10}$]; peristerite; sodium{white} feldspar; hyposclerite; tetartine; hyposklerite; zygad(e)ite; cornubianite; soda spar; kieselspath{weiss-stein}[德]; albiclass; Na-spar; cleavelandite; oilgoclasealbite
钠长石-阿拉(双晶)律☆albite Ala law
钠长石(-)钙长石系列☆albite-anorthite series
钠长石化☆albitization; albitisation
钠长石化正长石☆albitized orthoclase
钠长石(双晶)律☆albite law
钠长石-绿帘石(-)角(页)岩相☆albite-epidote-hornfels facies
钠长石-绿帘石-角闪岩相☆albite epidote amphibolite facies
钠长石青铝闪石岩☆albite-cressite rock
钠长苏安岩☆santorinite
钠长微纹岩☆rutterite
钠长纤闪伟晶岩☆yatalite
钠长榍伟晶岩☆varnsingite
钠长岩☆albit(it)e; sodium feldspar
钠长英板岩☆adinol(it)e; adinoslate
钠长硬玉☆maw-sit-sit; jade-albite; jadealbit
钠抽吸☆sodium pump
钠粗安岩☆doreite
钠粗面岩☆soda trachyte
钠蛋白石☆natropal
钠灯☆sodium vapor lamp
钠等色岩☆natronshonkinite
钠毒铁石☆sodium-pharmacosiderite
钠矾石☆natroalunite; soda-alunite
钠矾硝石☆nitroglauberite; darapskite
钠钒石☆munirite
钠方解石☆natrocalcite
钠沸石[$Na_2O•Al_2O_3•3SiO_2•2H_2O$;斜方]☆natrolite; lehuntite; fargite; epinatrolite; echellite; aedilite; mooraboolite; savite; needle zeolite{stone}; soda mesotype; radiolite; hogauite; laubanite; edelite; h(o)egauite; feather-zeolite; hoganite; nemalite; natrolith; brevicite; sodium mesotype{zeolite}; apoanalcite; aedelite; sodalite; paranatrolite; oedelit; natronite; natronmesotype; metanatrolite; mealy zeolite
钠沸石离子交换床☆sodium-zeolite ion exchange bed
钠沸响岩☆marienbergite
钠氟磷铁矿☆richellite
钠钙玻璃☆soda-lime glass
钠钙长石[$Na(AlSi_3O_8)$-$Ca(Al_2Si_2O_8)$]☆sodium calcium feldspar; soda-lime{calcic} feldspar; oligoclase
钠钙锆铌钠石☆wohlerite
钠钙锆石[$(Na,Ca)_3ZrSi_2O_7(O,OH,F)_2$;单斜]☆lavenite; laavenite
钠钙镁铝石[$NaCaMgAl_3F_{14}$]☆boldyrevita; boldyrewite; boldyrevite
钠钙硼石☆probertite; kramerite; boydite; bodyite
钠钙稀铌石☆nacareniobsite
钠钙霞石[Na 的铝硅酸盐及碳酸盐; $Na_3Ca(AlSiO_4)_3(SO_4•CO_3)•nH_2O$]☆natroncancrinite; akalidavyne; natrodavyn(it)e
钠钙斜长岩☆cavalorite
钠钙铀矾☆neogastunit(e); schrockingerite
钠钙柱高岭石☆porcelain spar; porcel(l)anite; porzelanit
钠钙柱石☆miz(z)onite; riponite; parenthine; paranthine; paralogite; meizonite
钠杆沸石☆faroelite; natronthomsonite
钠橄辉长岩☆assypite
钠锆矿☆lavenite
钠锆石[$(Na_2,Ca)O•ZrO_2•2SiO_2•2H_2O$;$Na_2ZrSi_3O_9•2H_2O$;六方]☆catapleі(i)te; catapliite; elpidite; kataplei(i)te; hydrocatapleite; natron-catapliite; natrocatapleiite; kalknatronkatapleit
钠锆正长岩☆catapleiite-syenite
钠铬辉石[$NaCrSi_2O_6$]☆ureyite; kosmochromite; kosinochlor; cosmochlore; kosmochlor
钠汞齐☆sodium amalgam
钠光☆sodium light
钠光卤石☆almeraite; almerinite
钠硅锆石☆keldyshite
钠硅灰石☆reaumurite; devitrite
钠硅酸铝[$NaMgAl(Si_4O_{10})(OH)_2•4H_2O$]☆rectorite
钠海绿石☆soda-glauconite; natrium glauconite
钠黑药☆Sodium Aerofloat; Aerofloat sodium promoter; Aerofloat 249
R-203(号)钠黑药[二异丙基二硫代磷酸钠]☆Reagent 203
R-208(号)钠黑药[乙基黑药与仲丁基钠黑药 1:1 混合中性盐]☆Reagent 208
钠黑云母☆natronbiotite
钠红沸石[$(Na,K,Ca)_2Al_2Si_7O_{18}•7H_2O$;斜方]☆barrerite
钠花岗岩☆soda-granite; soda granite
钠滑石☆achlusite
钠环晶沸石[$(Na,Ca,K_2)_{4\sim5}Al_8Si_{40}O_{96}•26H_2O$;单斜]☆sodium dachiardite
钠黄长石☆soda(-)melilite; natro(n)melilith; sodium-melilite; natro(n)melilite
钠黄砷榴石☆soda berzeliite; natronberzeliite
钠黄药☆sodium xanthate
钠灰☆barilla
钠辉斑玄岩☆craiglockhart basalt
钠辉闪碱性正长岩☆lusitanite
钠辉石☆korea-augite; sodian augite; acmite; akmite; soda-spodumene
钠辉细岗岩☆rockallite
钠辉霞霓岩☆melteigite
钠辉叶石☆eggletonite
钠基椰子脂肪酸☆sodium-cocinic acid
钠基脂(润滑剂)☆sodium-soap grease
钠钾比☆alkali-ratio
钠钾钙地热温标☆NKC{sodium-potassium-calcium;Na-K-Ca} geothermometer
钠钾钙温标温度☆NKC{Na-K-Ca;Mg-corrected} temperature
钠钾铁矾[$(K,Na,Fe^{2+})_5Fe^{3+}_3(SO_4)_6(OH)_2•9H_2O$]☆metavoltine; metavolt(a)ite; sodium jarosite[$NaFe^{3+}_3(SO_4)_2(OH)_6$]
钠钾温标温度☆NK{Na-K} temperature
钠钾霞石[$(Na,K)(AlSiO_4)$]☆natrodavynite; natrodavyne; trikalsilite; tetrakalsilite
钠钾云母[钠云母与绢云母的混合物]☆euphyllite
钠假钡沸石☆sodium pseudoedingtonite
钠碱☆soda
钠(质)交代(作用)☆soda{sodic} metasomatism
钠交代型铀矿☆sodic-metasomatism type uranium deposit
钠角斑岩☆soda keratophyre
钠角闪石[$(Ca,Na)_{2\sim3}(Mg^{2+},Fe^{2+},Fe^{3+},Al^{3+})_5((Al,Si)_8O_{22})(OH)_2$]☆arfvedsonite; soda-hornblende
钠金云母☆wonesite; sodium{natron} phlogopite; aspidolite; natronphlogopite
钠(长石)-卡((尔)斯巴)(双晶)律☆albite-Karlsbad{-Carlsbad} (twin) law
钠克普泰克斯[浮剂]☆sodium captax
钠块云母☆natrium killinite
钠矿床☆soda deposit
钠矿类[主要为岩盐]☆sodium minerals
钠榄辉长岩☆assypite
钠累托石☆tarasovite
钠冷石墨慢化堆☆sodium cooled graphite moderated reactor
钠离子☆sodium ion; sodion
钠锂大隅石[$(K,Na)(Na,Fe^{3+})_2(Li_2Fe^{3+})Si_{12}O_{30}$;六方]☆sugilite
钠锂辉石[$NaLiAl(Si_2O_6)$]☆soda-spodumene; sodium{natron} spodumene
钠锂云母☆irvingite; ephesite
钠磷灰石☆sodadehrnite
钠磷锂铝石[$(Na,Li)AlPO_4(OH,F)$]☆natramblygonite; natromontebrasite; fremontite; natronamblygonite
钠磷铝矿☆natrohitchcockite
钠磷铝铅矿[$NaAl_3(PO_4)_2(OH)_4•2H_2O$]☆natrohitchcockite
钠磷铝石☆harbortite; natr(o)amblygonite; soda-amblygonite; natronamblygonite; natromontebrasite
钠磷锰矿☆alluaudite [$Na_4(Mn,Fe)_{15}(PO_4)_{10}•(F,OH)_4$]; lemnasite[$(Na,Mn^{2+},Fe^{3+})PO_4$]; manganodickinsonite
钠磷锰铁石[$Na_2(Fe^{2+},Mn^{2+})_5(PO_4)_4$]☆arrojadite
钠磷石☆natrophosphate
钠菱沸石[$(Na_2,Ca)(Al_2Si_4O_{12})•6H_2O$(近似,含少量K);六方]☆gmelinite; sarcolite; sodium chabazite; hydrolite; lederite; ledererite; soda-chabazite; hydrotite; hydrolithe; groddeckite; sarkolith; sarcolithe; natronchabasite
钠菱碱土☆natrium-benstonite
钠榴石[$(Na_2,Ca)_3Al_2(SiO_4)_3$]☆lagoriolite; natron{soda} garnet
钠硫电池☆sodium-sulfur battery
钠流纹岩☆soda liparite{rhyolite}
钠铝矾☆sodalumite
钠铝氟白磷钙石☆nafalwhitlockite
钠铝辉石☆percivalite
钠铝铁钛刚玉☆taosite
钠铝直闪石[$Na(Mg,Fe)_6Al(Si_6Al_2)O_{22}(OH)_2$;斜方]☆sodium gedrite
钠绿柱石☆geschenite
钠镁大隅石[$K_2Na_4Mg_9Si_{24}O_{60}$;六方]☆eifelite
钠镁矾[$Na_2Mg(SO_4)_2•5/2H_2O$;$Na_{12}Mg_7(SO_4)_{13}•15H_2O$;三方]☆loew(e)ite; loweite; lo(e)wigite; loveite; loryite
钠镁明矾[$(Na_2,Mg)Al_2(SO_4)_4•24H_2O$]☆stüvenite
钠蒙脱石☆natrium{sodium} montmorillonite
钠锰电气石[$NaMn_3Al_6B_3Si_6O_{27}(OH)_4$]☆tsilaisite
钠锰辉石[$Ca(Mg,Mn)Si_2O_6•NaFe^{3+}(Si_2O_6)$]☆blanfordite
钠锰闪石☆astochite; soda-richterite
钠明矾[$Na_2SO_4•Al_2(SO_4)_3•24H_2O$;等轴]☆mendozite; soda-alum{-alunite}; alaunstem; sodalumite; sodium alum; alaunstein[德]; solfatarite; natron alaun
钠明矾石[$NaAl_3(SO_4)_2(OH)_6$;三方]☆natroalunite; soda-alunite; alkanasul; almeriite; alu(mia)nite; natroalumite; alumian; natrium- alunite; almerüte
钠明矾石矿床☆alunite deposit
钠铌矿[$NaNbO_3$;单斜]☆natroniobite; lueshite; igdloite
钠镍矾[$Na_2(Ni,Mg)(SO_4)_2•4H_2O$;单斜]☆nickel blo(e)dite; nickelblo(e)dite
钠硼长石[$NaBSi_3O_8$;三斜]☆reedmergnerite
钠硼钙石[$NaCaB_5O_9•8H_2O$]☆tincalcite; kramerite; tiza; boronatrocalcite; natroborocalcite; raphite; franklandite
钠硼解石[$NaCaB_3B_2O_7(OH)_4•6H_2O$; $NaCaB_5O_6(OH)_6•5H_2O$;三斜]☆ulexite; raphite; boronatrocalcite; cotton ball; natroborocalcite; (natron)borocalcite
钠硼石☆native borax
钠膨(润)土☆sodium bentonite
钠片沸石☆natron(-)heulandite
钠铅合金☆hydrone
钠蔷薇辉石☆marsturite

钠羟锰矿☆manganous manganite
钠肉色柱石☆soda-sarcolite；natronsarkolith
钠三斜闪石☆cossyrite
钠砂☆sodium sand
钠闪辉长岩☆mafraite
钠闪石[$Na_2(Fe^{2+},Mg)_3Fe^{3+}_2Si_8O_{22}(OH)_2$；单斜]☆riebeckite；osan(n)ite；crocidolite；chernyshevite；tschernischewit；tschernichewite；borgniezite；blue ironstone{asbestos}
钠闪微岗岩☆paisanite；ailsyte
钠闪微晶花岗岩☆riebeckite-microgranite
钠闪细晶花岗岩☆riebeckite aplite-granite
钠闪云煌岩☆raabsite
钠闪锥辉花岗岩☆fasibitikite
钠烧绿石[$NaCaNb_2O_6F$,常含 U]☆ellsworthite
钠蛇纹石☆nemaphyllite
钠砷钙铀矿☆ellweilerite[$(Na,Ca)(UO_2)_2((As,P)O_4)_2\bullet H_2O$]；sodium uranospinite [$Na(UO_2)(AsO_4)\bullet 4H_2O$]
钠砷钼钙铁矿☆sodium betpakdalite
钠砷铅矿☆natromimetite
钠砷铀云母[$(Na_2,Ca)(UO_2)_2(AsO_4)_2\bullet 5H_2O$;四方]☆sodium uranospinite
钠石灰☆soda lime
钠石榴石☆soda-garnet
钠石墨反应堆[$(Na,Ca)Al_2(Al(Si,Al)Si_2O_{10})(OH)$]☆sodium graphite reactor；SGR
钠石英斑岩☆beschtauite
钠水硅碱铀矿☆sodium gastunite
钠水锰矿[$(Na,Ca)Mn_7O_{14}\bullet 2.8H_2O$]☆birnessite；ishiganeite；manganous manganite
钠锶长石☆stronalsite
钠丝光沸石☆sodium mordenite
钠钛闪石☆anophorite
钠钛石☆sorite
钠钽矿☆natrotantite
钠碳氟磷灰石☆kurskite
钠碳酸岩☆natrocarbonatite
钠锑钙石☆atopite；weslienite
钠铁矾[$NaFe^{3+}_3(SO_4)_2(OH)_6$;三方]☆natrojarosite；soda copperas；cyprusite；utahite；gordaite；sodium jarosite；pastreite；modumite
(多水)钠铁矾☆hydronatrojarosite
钠铁非石[$Na_2Fe^{2+}_5TiSi_6O_{20}$;三斜]☆aenigmatite；enigmatite；ko(e)lbingite
钠铁钾明矾☆soda-iron-alum
钠铁闪石[$Na_2Ca_{0.5}Fe^{2+}_{35}Fe^{3+}_{15}((Si_{7.5}Al_{0.5})O_{22})(OH)_2$]☆arfvedsonite；soda {-}hornblende；arfwedsonite
钠铁石☆aenigmatite；cossyrite；enigmatite；kolbingite
钠铁(山软木)石☆tuperssuatsiaite
钠铜矾[$NaCu_2(SO_4)_2(OH)\bullet H_2O$;单斜]☆natrochalcite
钠透长石☆sodian sanidine [$(K,Na)(AlSi_3O_8)$]；natron sanidine；soda-sanidine；natronsanidine；soda sanidinite
钠透长岩☆soda sanidinite
钠透闪石[$Na_2(Mg,Fe^{2+},Fe^{3+})_6(Si_8O_{22})(O,OH)_2$; $Na_2Ca(Mg,Fe^{2+})_5Si_8O_{22}(OH)_2$;单斜]☆richterite；soda tremolite [$Na_2CaMg_5(Si_4O_{11})_2(OH)_2$]；imerinite；isabellite；potash- richterite；natro(n)tremolite；natroanthophyllite
钠透硬岩☆mayaite
钠透硬玉☆mayaite；tuxtlite
钠歪长石☆analbite
钠微斜长云煌岩☆anorthoclase minette
钠霞长斑岩☆hilairite
钠(长石)霞(石)正长岩☆albite nepheline syenite
钠霞正煌岩☆heumite
钠 D 线☆sodium D line
钠硝☆salitre
钠硝矾[$Na_3(NO_3)(SO_4)\bullet H_2O$;单斜]☆darapskite
钠硝矾石☆nitroglauberite
钠硝石[$NaNO_3$;三方]☆nitratine；soda saltpeter；nitre；soda {cubic} niter；natron{Chil;chilian;chilean} saltpeter；chilisaltpeter；nitratite；mtratite；caliche；nitronatrite；natron(n)itrite；(cubic) nitre；Chile saltpetre；azufrado；niter；soda-nitre
钠斜沸石☆sodium chabazite
钠斜微长石[$(Na,K)AlSi_3O_8$]☆anorthoclase
钠循环净化器☆sodium cycle polisher
钠盐☆sodium salt
钠伊利石[$(Na,H_2O)Al_2(AlSi_3O_{10})(OH,H_2O)_2$;$(Na,H_3O)(Al,Mg,Fe)_2(Si,Al)_4O_{10}((OH)_2,H_2O)$；单斜]☆sodium illite；brammallite；hydroparagonite；natrium-illite；brammalite
钠英正{长}斑岩☆bjornsjoite
钠荧光素☆sodium fluorescein
钠硬硅钙石[$KCa_4Si_5O_{13}(OH)_3$]☆natroxonotlite；miserite
钠铀矿☆clarkeite
钠铀云母[$Na_2(UO_2)_2(PO_4)_2\bullet 8H_2O$;四方]☆sodium autunite；natroautunite
钠油酸☆sodium oleic acid
钠黝帘化(作用)☆saussuritization
钠黝帘石[钠长石+绿泥石]☆saussurite
钠鱼眼石☆natroapophyllite
钠月桂酰肌氨[浮剂]☆Na-laurylsarcoside
钠云☆sodium cloud
钠云煌岩☆sodium-minette；soda minette{minettee}
钠云母[$NaAl_2(AlSi_3O_{10})(OH)_2$;单斜]☆paragonite；soda {-}mica；pregrattite；onkosin；onc(h)osine；natron- onkosin
钠云霞正长岩☆litchfieldite
钠云片岩☆paragonite-schist
钠皂☆soda{sodium} soap
钠皂脂☆sodium-soap grease
钠珍珠云母[$(Na,Ca)Al_2(Al(Si,Al)Si_2O_{10})(OH)$; $NaLi\ Al_2(Al_2Si_2)O_{10}(OH)_2$；单斜]☆ephesite；sodium{soda} margarite；natronmargarite
钠针钒钙石☆natrium hewettite
钠蒸流云☆sodium stream cloud
钠蒸气灯☆sodium-vapor lamp
钠正长石[$Na(AlSi_3O_8)$,$(K,Na)(AlSi_3O_8)$]☆loxoclase；barbierite；(sodian) orthoclase；soda{sodium} loxoklas
钠正长岩☆soda-syenite；sodium syenite
钠直闪石[$Na(Mg,Fe^{2+})_7Si_7AlO_{22}(OH)_2$；斜方]☆sodium {-}anthophyllite
钠蛭石[$Na_2Al_2Si_3O_{10}\bullet 2H_2O$]☆gedroitsite；gedroizite；gedroitzite；hedroicite
钠质长石☆soda (feld)spar；Na-spar
钠质火成岩类☆agpaite
钠质交代作用☆sodium metasomatism
钠质土☆sodic{sodium} soil
钠质霞石正长岩类☆agpaite
钠质岩系☆soda series
钠质指数☆agpaitic index
钠中微斜长石☆natronmesomicrocline
钠珠云母[$(Na,Ca)Al_2(Al(Al,S)Si_2O_{10})(OH)_2$]☆soda-margarite
钠猪毛菜[俗名盐草,藜科,硼矿局示植]☆Solsola{Salsola} nitraria；saltwort
钠柱晶石☆kornerupine；kornerupite
钠柱石[$Na_8(AlSi_3O_8)_6(Cl_2,SO_4,CO_3)$; $3NaAlSi_3O_8\bullet NaCl$；四方]☆marialite；chlormarialite；marialith；chloride-marialite；chloridmarialit；prehnitoid
钠柱石化☆marialitization
钠紫磷铁锰矿☆natron purpurite；natronpurpurite
衲螺属[腹;E-Q]☆Cancellaria
那戴二氏系数☆Neubauer-Deger coefficient
那丹哈达优地槽褶皱带☆Nadanhada eugeosynclinal fold belt
那伐鹤人[语][美西南印第安种族]☆Navarjo；Navarho
那夫塔☆Naphta
那林氏虫属[三叶;O_1]☆Norinia
那氏大孢属[J_1]☆Nathorstisporites
那氏幼苗法☆Neubauer's seedling method
那氏值☆Neubauer's number
那托斯特水韭属[K_1]☆Nathorstiana
那微-史托克方程☆Navier-stokes equations
纳☆part per milliard；nano[10^{-9}]；nebule[大气不透光度]；ppM；nano-；n
纳巴罗-弗兰克标志法☆Nabarro-Frank notation
纳巴罗-赫林蠕变[基体扩散]☆Nabarro-Herring creep
纳比特炸药☆Nabit
纳标贝属[腕;D_{1-2}]☆Nabiaoia
纳博柯石☆nabokoite
纳布☆nappe
纳尔榜风☆narbonnais；narbone's
纳尔逊-大卫斯型重介质分选机☆Nelson-Davis separator
纳尔逊岩☆nelsonite
纳夫塔☆Naphta
纳垢容量☆contaminant-holding{dirt-holding；dirt-storage} capacity
纳考石☆nakauriite
纳肯法[晶育]☆Nacken method
纳里兹(阶)[北美;E_2]☆Narizian (stage)
纳利夫金贝属[腕;S]☆Nalivkinia
纳利夫金珊瑚属[D_3]☆Nalivkinella
纳米比亚☆Namibia；Oshana
纳米技术☆nanotechnology
纳米铜铋钒矿☆namibite
纳秒[10^{-9}s]☆nanosecond
纳缪尔(阶)[欧;C_1]☆Namurian (stage)
纳摩盖吐龙☆Nemegtosaurus mongoliensis
纳莫阶[243.4～241.9Ma;T_1]☆Nammalian (stage)
纳莫特轮藻属[E_{2-3}]☆Nematichara
纳宁冠石[钙超;E_2]☆Naninfula
纳诺[10^{-9}]☆nano(-)
纳皮尔对数☆Napierian logarithm
纳入☆intake
纳塞拉草属☆Nassella
纳氏对数☆Napier's{Napierian} logarithm
纳税☆pay duty
纳税后的收益☆profit after taxes
纳税能力☆ability to pay
纳铜锌矾☆namuwite
纳透闪石☆isabellite
纳妥黏土☆natochikite
纳瓦罗(阶)[北美;K_2]☆Navarroan
(美国)纳瓦斯旅行社☆Nawas International Travel
纳维(尔)-斯托克斯方程☆Navier-Stokes equation
纳维钻具[一种螺杆钻具]☆Navi-Drill

nǎi

氖[neon]☆Ne；neon
氖测时灯☆neon timing lamp
氖灯☆neon lamp{light;bulb}；neon
氖灯光信号☆neon signal
氖稳定管☆neon stabilizer
奶牛场淤泥☆dairy-farm slurry
奶油☆butter
奶油的☆butyraceous
奶油沥青☆bog butter

nài

萘[$C_{10}H_8$]☆naphthalene；naphthaline；albocarbon
萘胺☆naphthyl amine；naphthylamine
萘胺盐酸盐[$C_{10}H_7NH_2\bullet HCl$]☆naphthylamine-hydrochloride
萘并苯并噻吩☆naphthobenzothiophene
萘并萘☆naphthacene
萘醋酸☆naphthylacetic{naphthalene-acetic} acid
萘酚[$C_{10}H_7OH$]☆naphthol
×萘磺酸钠☆Lomar pw
萘磺酸盐☆Espunin；naphthalene sulfonate
萘基[$C_{10}H_7-$]☆naphthyl
萘肼[$C_{10}H_7NH\bullet NH_2$]☆naphthyl hydrazine
萘硫酚[$C_{10}H_7SH$]☆thionaphthol；naphthyl mercaptan
萘满☆tetralin
萘片☆naphthalene flake
萘嵌戊烷☆acenaphthene
萘嵌戊烯☆acenaphthylene
萘酸☆naphthoic acid
萘烷[$C_{10}H_{18}$]☆decalin(e)；decahydronaphthalene；naphthane
萘洗油☆naphthalene wash oil
萘状环之 1,7 位☆kata-；cata-
耐☆proof；withstand；bear
耐铵聚合物胶结料☆ammonium salt resisting polymeride binder
耐铵砂浆☆ammonia resisting mortar
耐爆地雷☆blast resistance mine
耐爆能量试验☆withstand explosion test
耐爆性☆explosion stability
耐崩解性☆slake-durability
耐崩裂性☆spalling property
耐崩裂砖☆spalling resistant brick
耐变形性☆deformation resistance
耐波性☆seakeeping ability
耐长期应力破坏能力☆long-term stress resistance
耐冲击性☆impact resistance
耐冲蚀的☆erosion resistant
耐储层物品☆storable
耐储存性能☆storability
耐……的☆proof
耐`低温{寒}的☆frigostabile
耐低温性☆low temperature resistance
耐地压的☆geostatic

耐地震的☆earthquake-proof
耐电弧性☆arc resistance
耐电-机械动应力☆electrical-dynamic mechanical endurance
耐电强度☆electric strength
耐冬性☆winter resistance{hardiness}
耐冻的☆frost-proof; freeze-proof; frost-resisting
耐冻润滑油☆winter oil
耐毒性☆toxic tolerance; resistance to poison
耐毒植物☆tolerant plant
耐风暴的☆storm proof
耐风暴加固电杆☆storm-guyed pole
耐风化的☆dysgeogenous
耐风化强度☆resistance to weathering
耐风火柴☆fusee
耐风蚀测试仪☆weatherometer
耐辐射性{照度}☆radiotolerance
耐辐照玻璃☆irradiation resistant glass
耐辐照电工玻璃纤维☆radiation resistant-electrical glass fiber
耐腐蚀☆corrosion proof{resistant}
耐腐蚀玻璃纤维☆corrosion-resistant fiberglass
耐腐蚀(不锈)钢☆corrosion resistant steel
耐腐蚀性☆inoxidizability; resistance to corrosion; corrosion resistance
耐钢比☆ratio of refractory to rude steel
耐高寒生物☆psychrotolerant
耐高温的☆heat-proof; thermostable
耐高温封隔器☆thermal packer
耐高温棉☆refractory wool
耐汞的☆mercury-resistant
耐光的☆light-fast
耐光度☆fastness to light
耐光性☆light stability; photostability
耐海水钢材☆seawater-resistant steel
耐寒☆freezing resistance; ☆non-freezing
耐寒力☆cold hardiness
耐寒(温)生物☆psychrotolerant
耐寒性☆freeze{cold;low temperature} resistance; winter hardiness; cold endurance{hardiness}
耐寒植物☆hardy plant
耐旱的☆xeric
耐旱性☆drought resistance
耐航试验[船的]☆endurance trial
耐荷重变形性☆resistance to deformation under load
耐候测试机☆weatherometer
耐候钢☆weathering steel
耐(气)候性☆weatherability
耐化学性☆chemical resistance
耐火(的)☆fireproofing
耐火玻璃☆pyrex (glass)
耐火材料☆refractory (material); refr; fireproofing; fire-resistant{fire(-)proof} material
耐火材料崩裂☆spalling of refractories
耐火材料衬里的☆refractory lined
耐火材料机械崩裂☆mechanical spalling of refractories
耐火衬砌{里}☆refractory lining
耐火的☆fireproof; flame(-)proof; fire{flame}-resistant; fire proof(ed){safe}; apyrous; calcitrant; refractory; refr; f.p.
耐火的人☆salamander
耐火堵泥☆brasque; steep
耐火度☆fireproofness; refractoriness; fire resistance
耐火粉料☆powdered refractory; refractory powder
耐火封口材料☆brasque
耐火建筑☆fire-resistive construction
耐火浆料☆castable refractory
耐火卡箍☆fire-resistant clamp
耐火空心球制品☆refractory bubble product
耐火泥☆refractory mortar{mud}; fireclay; lute
耐火黏土☆fire{apyrous;coal;refractory;seat;segger; seggar} clay; fireclay; firestone; apyrous; bottom stone; clunch; seatearth; seatclay; seggar; warrant; chamotte; underclay; cashy bleas; sagger; saggar
耐火黏土☆fire clay; soft seat[底板]
耐火黏土砂☆chamotte sand
耐火黏土砂浆☆clay-grog mortar
耐火砌泥☆refractory mortar
耐火砂[材]☆fireproof sand; fire{refractory} sand; firesand
耐火砂浆☆refractory mortar; heat resistant mortar
耐火石☆ovenstone; fire stone
耐火水泥☆thermolith; refractory {furnace;fire(proof); fire proof} cement
耐火塑料布☆saran
耐火涂料☆fire-proof dope; flame-retardant coat; refractory coating
耐火土矿☆mellorite
耐火席子☆fire-proof mat
耐火性☆fire resistance{proofness}; fireproofness; refractoriness; resistance to fire; refractability
耐火岩石☆firestone; fire stone
耐火焰的☆flame-proof; fp
耐火用硅石☆firestone
耐火原料分级☆classification of refractory raw material
耐火支架☆incombustible{fireproof} lining
耐火植物☆pyrophyte
耐火制品☆refractory product
耐火制品的外观缺陷☆apparent defects of refractory
耐火砖☆fireclay{refractory;fire} brick; firebrick
耐火锥☆Seger cone
耐击穿性☆penetration resistance
耐急冷急热性☆thermal shock resistance
耐碱的☆alkaline resisting; alkali-fast
耐碱度☆fastness to alkali
耐碱合金☆alkaline-resisting alloy
耐碱矿棉增强水泥{|硅酸钙}☆alkali resistant mineral wool reinforced cement{|calcium silicate}
耐碱砂浆☆alkali-proof mortar
耐碱蚀金铂合金☆platino
耐碱水泥☆alkaline resisting cement
耐碱性☆alkali resistance
耐交代元素☆alteration-resistant element
耐久☆lasting (long); go far; duration; endure; durable
耐久(性)☆durability; endurance; lasting property; wear; perdurability; viability; stability; longevity; ruggedness; tack
耐久的☆lasting; durable; resistant (to); time proof
耐久率☆durability index; D.I.; DI
耐久试验☆endurance test; long duration test
耐空气腐蚀性☆resistance of atmospheric corrosion; resistance to atmospheric corrosion
耐拉塔☆strain tower
耐拉性☆drawing tolerance
耐冷冻性☆cold resistance
耐冷链条☆proof cold chain
耐冷细菌☆psychrotolerant bacteria
耐冷油☆cold-test oil
耐力☆stamina; proof stress
耐力试验☆endurance test
耐硫酸盐水泥☆sulphate-resisting{-resistant} cement; sulphate resisting (Portland) cement
耐纶(制品)☆nylon
耐霉性☆fungus resistance
耐磨(的)☆non-polishing
耐磨(衬)板☆wear-resisting plate
耐磨衬垫☆unworn liner
耐磨衬垫稳定器☆wear pad stabilizer
耐磨程度☆rubbing fastness
耐磨的☆hard-wearing; abrasion-resistant; abrasion {-}proof; friction-resistant; wear{attrition;abrasive} resistant; antiwear; anti abrasive; wearproof; rugged
耐磨垫层☆wear pad
耐磨度☆fastness to rubbing
耐磨堆焊☆hard-facing welding; hardfacing
耐磨合金☆abrasion-resistant{-resisting} alloy
(球阀的)耐磨环☆flow ring
耐磨件☆wearing piece
耐磨接头☆blast joint
耐磨金属☆antifriction{wear-resistant} metal; afm
耐磨内衬☆abrasion resistant lining
耐磨损的☆anti abrasive
耐磨损性☆wearability
耐磨涂层☆wear-resistant coating
耐磨性☆abrasion{wear;abrasive} resistance; wear hardness; resistance to wear{abrasion}; wearability; wearing quality{capacity}; abrasiveness
耐磨指数☆durability index; D.I.; DI
耐内压强度☆burst strength
耐气的☆aerotolerant
耐侵蚀性☆resistance to erosion
耐燃剂(组分)☆flame resistant composition
耐燃烧试验☆flame resistance test
耐燃性油☆fire-resistant oil
耐燃织物☆slow burning fabric; flame resistant fabric
耐染污性☆stainless resistance
耐热☆heat-resisting; heatproof; thermoduric
耐热(性)☆thermostability
耐热玻璃☆pyrex; pyroceram
耐热的☆heat-resistant{-proof}; thermostable; high heat; heat stable{stabilizing}; temperature-resistant{-stable}; thermotolerant; thermoduric; thermophile; thermophilous; thermophilic
耐热电阻铁☆Ohmax
耐热度☆heat resistance; heatproof quality
耐热合金☆heat-resisting alloy; calorite
耐热-机械动应力☆thermal-dynamic mechanical endurance
耐热能力☆temperature capacity
耐热泥浆☆anti-heat mud
耐热水测度☆hot water resistance test
耐热丝扣(润滑剂)☆thermally thread dope
耐热涂层☆heat-resistant coating
耐热微晶玻璃涂层☆heat resisting glass-ceramic coating
耐热性☆heat resistance{endurance}; heat-resisting {heatproof} quality; resistance to heat; thermal stability{endurance}; thermotolerance; heat-resistance
耐热性的☆temperature-resistant
耐热炸药☆high temperature powder; heat-resistant {-proof} explosive
耐热震性☆spalling resistance
耐热植物☆heat-resisting plant; thermophyte
耐熔残余☆refractory residue
耐溶剂的☆solvent-proof
耐湿的☆moisture-resistant
耐湿热性☆moisture resistance
耐石灰色牢度☆colo(u)r fastness to lime
耐蚀☆anticorrosion
耐蚀包体☆resistant inclusion
耐(腐)蚀材料☆corrosion-resistant material
耐蚀的☆corrosion-resisting; corrosion-proof
耐蚀钢☆corrosion-resistant{-resistance;-resisting} steel
耐蚀高镍铸铁☆niresist; Ni-resist; Nimol
耐蚀高强度铜合金☆Superston
耐蚀合金☆chlorimet; corrosion-resistant alloy
耐蚀力☆corrosion strength{resistance}
耐蚀耐热镍基合金☆hastelloy
耐蚀物☆resistates
耐蚀系数☆coefficient of chemical resistance
耐受力{度}☆tolerance
耐受性☆fastness
耐刷能力☆brushability
耐霜性☆frost resistance
耐水的☆water-stable; water-resistant; water-fast
耐水砂纸☆waterproof abrasive paper
耐水性☆water resistance{tolerance}; watertolerance
耐水性粒团☆water-stable aggregate
耐水炸药☆water-resistant explosive
耐酸的☆acid-resistant{-resisting;-fast}; acid(-)proof; calcitrant
耐酸防护☆protection against acids
耐酸合金☆acid-resistant alloy; alloying for acid
耐酸碱试验☆pH resistance test
耐酸介质☆acid-resisting medium
耐酸力☆tolerance to acidity
耐酸耐温砖☆acid-resistant refractory brick
耐酸泥浆☆anti-acid mud
耐酸水泥☆acid-proof{-resisting} cement
耐酸套管☆acid-proof casing
耐酸细菌☆aciduric bacteria
耐酸性☆acid {-}resistance
耐损耗的☆heavy-duty
耐特高压的润滑剂☆active extreme pressure lubricant
耐铜藻类☆copper-tolerance algae
耐{喜;适}温的☆thermophilic
耐(高)温的☆temperature-resistant; heat-proof; thermostable
耐温图☆temperature-resistance diagram
耐温性☆temperature tolerance
耐温性的☆durothermic
耐温炸药☆temperature-resistant powder
耐污能力☆durability against pollution
耐污染生物☆pollution-tolerant organism
耐洗☆wash-wear; wash

耐洗涤剂检验☆detergent resistance test
耐洗度☆fastness to washing
耐性☆tolerance
耐(蒸气)压储罐☆pressure storage tank
耐压的☆overpressure resistant
耐压垫块☆crusher block
耐压钢铠☆pressure armor
耐压密闭连接(部位)☆pressure-tight connection
耐压强度☆compression strength
耐压试验☆disruptive{exhaustive;breakdown;pressure} test; breaking down test; withstand voltage test
耐压性☆resistance to pressure; barotolerance
耐盐度☆tolerance of salinity
耐盐酸镍基合金☆hastelloy
耐盐性☆brine tolerance; halotolerance; salt endurance; salt-tolerance
耐盐植物☆halophyte
耐盐种☆salt-enduring species
耐盐作物☆salt-tolerant crops
耐氧的☆aerotolerant
耐氧化☆antioxidant
耐药的☆drug-fast
耐药量☆tolerance (dose)
耐药性☆drug-fastness
耐药{荫;毒}植物☆tolerant plant
耐阴极保护性☆cathodic protection resistance
耐应力变形性☆resistance to deformation under stress
耐应力开裂性☆stress cracking resistance
耐用☆durable; duration; ruggedization
耐用的☆time-proof; wearproof
耐用度☆endurance
耐用年限☆durability; serviceable life
耐用性☆endurance; durability; serviceability
耐油的☆grease-proof; oil resisting; oil-proof
耐油性☆oil-proofness
耐张线夹[电车架线用]☆anchor ear
耐震☆shock resistance
耐震玻璃☆shatter-proof glass
耐(地)震的☆aseism(at)ic; shatter-proof
耐震结构☆quake-proof{earthquake-resistant} structure
耐重力☆antigravity
耐撞性☆impact strength; resistance to shock
奈尔{耳}点[反铁磁性物质的居里点]☆Neel point
奈尔斯特定律☆Nernst's Law
奈尔温度[反铁磁性转变温度]☆neel temperature
奈尔逊台维斯重介选矿法☆Nelson Davis heavy media process
奈夫-迪端卡关系[密度与P波的关系曲线]☆Nafe-Drake relation
奈克(螈)目☆Nectridia
奈奎斯频率☆Nyquist frequency
奈勒火焰安全灯☆Naylor lamp
奈磷钠石☆natrophite
奈密斯脱珊瑚属[C_1]☆Nemistium
奈培[衰减单位;=0.686 dB]☆neper; nap(i)er; Np
奈培表☆nepermeter
奈硼钠石[$Na_2B_5O_8(OH)•2H_2O$;斜方]☆nasinite
奈塞☆nesa
奈氏对数☆napierian logarithm
奈斯勒比色管☆Nessler tube
奈碳钠钙石[$Na_2Ca(CO_3)_2$;斜方]☆natrofairchildite
奈特尔登图解法☆Nettleton's graphical method
奈特介属[C_3-P_1]☆Knightina
奈特拉麦克斯高密度胶质硝铵炸药☆Nitramex
奈特拉`麦特{蒙}低密度胶质硝铵炸药☆Nitramon; Nitramite
奈特龙炸药☆Nitrone
奈特罗克斯炸药[露]☆Nitrox
奈特罗来特硝铵炸药☆Nitrolite
奈特罗帕尔炸药[露天矿用耐水粒状炸药]☆Nitropel
奈辛纳耳型摇床☆National table
奈伊伯羊齿属[C_1]☆Neuburgia
奈伊投影地图☆Ney's chart

nán

南☆south
南半球☆Southern Hemisphere; SH
南北极☆geographic(al) pole; geographic poles
南北向的☆meridional
南北轴☆N-S{north-south} axis
南冰洋☆Antarctic Ocean
南勃斯特风☆southerly buster
南部斑点[火星]☆South Spot
南部气质☆down home
南部石☆nambulite
南赤道洋流☆South Equatorial current
南赤纬☆minus declination
南船座☆Argo
南磁极☆south magnetic pole
南达科他州[美]☆South Dakota
南大西洋☆South Atlantic; SAT
南袋兽属[Q]☆Nototherium
南丹贝(属)[腕;C_3]☆Nantanella
南地极☆south geographical pole
南东东(的)[东与东南中间]☆east-southeast
南东偏南☆south-east by south; S.E. b.S.; SEbS
南东象限☆southeast quadrant
(在)南方☆southward; south; southerly
南方贝属[腕;S_{2-3}]☆Australina
南方的☆meridional; austral; south
南方古猿(属)[Q]☆Australopithecus
南方腔贝属[腕;D_1]☆Australocoelia
南方有蹄目{类}☆Notoungulata
南方猿人群☆Australopithecus group
南非☆South Africa; spruit
南非红[石]☆African Red
南非浅黑[石]☆Rustenburg
南非深黑[石]☆Belfast
南非石棉☆Cape (blue) asbestos
南非太阳金[石]☆Yellow Sun
南非玉☆south african jade
南非洲☆South Africa; SA
南焚风☆south foehn
南风☆notos; southerly; south; souther
南瓜☆squash
南龟类☆Eunotosauria
南海[月]☆Mare Australe
南海地台☆South China Sea platform
南海地质调查指挥部☆South China Sea Headquarters of Geological Investigation
南寒带☆south frigid zone
南寒风[澳]☆(southerly) burster
南回归线☆tropic of Capricorn
南极☆Antarctic{South} Pole; the south magnetic pole
南极板块☆Antarctica plate
南极春季臭氧消耗☆antarctic springtime depletion
南极底层冰☆antarctic bottom water
南极辐合流☆antarctic convergence current
南极钙氯石☆antarkticite; antarcticite
南极光☆aurora australis; southern lights
南极环极水团☆antarctic circum-polar water mass
南极片块☆Antarctic plate
南极平流层环极涡旋☆antarctic stratospheric circumpolar vortex
南极绕极流☆Antarctic circumpolar current
南极石[$CaCl_2•6H_2O$;三方]☆antarcticite; antarkticit(e)
南极中层冰☆antarctic intermediate water
南极洲☆antarctica
南极座☆Octant
南棘目☆Notocanthiformes
南界[包括澳大利亚、玻里尼西亚及夏威夷区在内的动物地理区]☆notogaea
南京三瘤虫☆Nankinolithus
南京鲢☆Nankinella
南京雨花石项坠☆Yuhua stone pendants of Nanjing
南距☆southing
南卡罗莱纳州白垩狄组中的美洲拟箭石[碳同位素世界通用标准]☆Belemnitella americana from the Cretaceous Peedee formation,South Carolina; PDB
南浪动☆southern oscillation
南岭地槽☆Nanling geosyncline
南岭石[$CaMg_4(AsO_3)_2F_4$;三方]☆nanlingite
南美☆traversia
南美大平原的☆llanura
南美袋犬(属)[N_1]☆Borhyaena
南美短面熊☆Arctotherium
南美肺鱼(属)[Q]☆Lepidosiren
南美更新马属[Q]☆Hippidium
南美巨齿兽属☆Dinodontosaurus
南美杉(属)☆Araucaria; Chile pine
南美杉科☆Araucariaceae
南美杉型木(属)[D-Q]☆Araucarioxylon
南美有蹄目{类}☆Notoungulata
南美沼{泽}鹿[Q]☆Blastocerus (dichotomus); swamp deer
南盘鱼(属)[D_1]☆Nanpanaspis
南偏东☆south by east; SbE
南平石☆nanpingite
南萨型矿化☆Nansatsu-style mineralization
南三角(星)座☆Triangulum Australe; Sourthen Triangle
南森(颠倒)采水器☆Nansen bottle
南山虫属[三叶;O_2]☆Nanshanaspis
南山珊瑚属[S_2]☆Nanshanophyllum
南山运动☆Nanshan movement
南十字座☆Crux Sustralis; Southern Cross
南石门虫属[三叶;O_2]☆Nanshihmenia
南斯塔福郡采煤法[厚煤层房柱式采煤法]☆South Staffordshire method
南宋官窑☆Southern Song official ware
南天极☆south celestial pole
南图廓☆bottom edge
南微西☆south by west; Sbw
南纬☆southern{south} latitude; S. Lat.
南温带☆south temperat(ur)e zone
南向☆southing
南象运动☆Nanxiang movement
南星介属[E]☆Australocypris
南亚地中海地震带☆mediterranean trans-Asiatic seismic belt
南洋杉型木☆Araucarioxylon
南洋石韦☆Pyrrosia longifolia
南洋药藤属☆coscinium
南鱼座☆Pisces Australis; Southern Fish
南柱兽(属)[E_2]☆Notostylops
楠木属[植;E_3-Q]☆Phoebe
男女不分☆unisexuality
难办的☆tough
难爆(破)的☆tough shooting
难崩岩层☆hard-shot ground
难变形区☆stagnant zone
难变形锥☆dead cone
难并立的☆incompatible
难采地带☆difficult ground
难采或难碎煤☆dead coal
难采掘地层☆hard ground
难采矿体☆complex deposit; hard-to-mine ore body
难采煤☆deficient coal
难采区☆trouble area
难超越的☆insurmountable
难成球矿石☆more-difficult-to-ball ore
难处理的☆difficult-to-handle; unmanageable; awkward; unworkable
难处理地基☆difficult foundation
难磁化方向☆hard direction
难到达的极☆pole of inaccessibility
难到区☆inaccessible area
难得☆seldom if ever
难得到的元素☆inaccessible element
难懂性☆unintelligibility
难冻炸药☆uncongealable dynamite; low-freezing explosive
难度☆hardness
难对付(的)☆tough; tender; formidable
难分辨的☆indistinguishable
难分解精矿☆hard {-}to {-}open concentrate
难分离矿物☆refractory mineral
难风化的☆dysgeogenous
难浮的☆slow-floating
难工作的☆unworkable
难关☆bottleneck
难还原矿石☆irreducible ore
难回收的[矿石]☆refractory
难混溶性☆immiscibility
难降解有机污染物☆persistent organic pollutant
难接近的☆inaccessible
难截割岩石☆hard-to-cut rock
难解的☆transcendental
难解异常☆subtle anomaly
难进冰极☆poles of inaccessibility
难进去的地区☆inaccessible area
难克服的☆insurmountable; formidable
难控制的☆unmanageable; uncontrollable; refractory
难捞的工作[复杂的打捞工作]☆bad fishing job
难理解☆indigestion; opaque
难粒[难选、难筛]☆difficult grain
难裂化瓦斯油☆refractory gas oil
难劈向☆hardway; hard way

难评价弱异常☆hard-to-evaluate spot anomalies
难破乳的乳状液☆tight emulsion
难确定的☆undeterminable
难燃☆flame resisting
难燃处理☆incombustible transaction
难燃剂☆fire-retardant additive
难燃垃圾☆hard to burn refuse
难燃性☆fire-resistant properties；flame retardancy
难燃油☆fire resistant oil
难燃织物☆difficultly combustible fabric
难熔玻璃☆hard glass
难熔(化)的☆infusible；calcitrant；refractory
难熔金属烧结法☆sintered refractory metal process
难熔沥青☆wetherilite
难熔铜矿处理{离析}法☆Torco process
难熔性☆infusibility
难熔元素☆refractory elements
难溶盐试验☆slightly soluble salt test
难筛粒☆difficult particle of screening；near-mesh material difficult
难使用的☆unwieldly
难事☆devil；toil
难提炼的金☆rush gold
难题☆crux [pl.cruces]；twistor；teaser；poser；quiz [pl.quizzes]；puzzle(r)
难下的套管[受井壁摩阻]☆logy casing
难选的☆refractory
难选低品位矿石☆sub-mill-grade ore
难选矿石☆rebellious{refractory;rebellions;complex} ore；efractory；devil's dirt
难选煤☆difficult coal
难压实的☆incompactible
难以处理的☆ill；unmanageable
难以根除之祸害☆hydra
难以归类{形容}的[因无特征]☆non-descript
难以控制的井喷☆blowing in wild；uncontrolled {open} flow；blow wild
难以量测的☆unfathomable
难以确定的目标☆hard-to-define objectives
难以忍受的☆noire
难以使用的☆unworkable
难以通行的地区☆inaccessible region
难易程度☆complexity；ease of
难于破乳的乳状液☆difficult-to-break emulsion
难凿岩石☆slow-drilling{resistant;hard-to-cut} rock
难造球矿石☆more-difficult-to-ball ore
难钻的(岩石)☆hard digging
难钻地层☆bad{difficult} ground；bone
难钻进的[硬岩石等]☆hard-to-drill
难钻岩石☆resistant rock；gyprock

nàn

难船☆wrecked ship
难船救助者☆salvor
难民外流☆export{exodus} of refugees
难民营☆refugee camp

nāng

囊☆pouch；bag；bladder；sac；vesica [pl.-e]；cyst
囊凹壁[苔]☆pericyst
囊孢科[藻]☆cyst-family
囊笔石属[O-S]☆Marsipograptus
囊边☆limbus
囊虫动物☆aschelminthes
(真后生动物)囊虫动物(门)☆Aschelminthes
囊虫动物门☆aschelminthes
囊袋石属[棘海百;K]☆Marsupites
囊盖☆operculum；opercule
囊(孔)盖[钙超]☆lid
囊盖孢属[C_2]☆Vestispora
囊盖的☆opercular
囊盖藻(属)[K-E]☆Operculodinium
囊沟藻属☆Ascodinium
囊果[植]☆cystocarp
囊果被[红藻]☆pericarp
囊果藻属[E_3]☆Kalyptea
囊护泥浆☆encapsulating mud
囊环☆velum [pl.vela]
囊几丁虫属[S-D_2]☆Bursachitina
囊壳☆lorica
囊螺属[腹;J-Q]☆Retusa
囊裸藻属☆Trachelomonas
囊膜☆utricle
囊胚☆gastrula；blastula
囊胚(生物)☆blastula
囊胚分层发育☆delamination
囊胚腔☆blastocoel；blastocoele
囊腔笔石属[O_1]☆Cysticamara
囊群盖[植]☆indusium
囊蛇尾纲[棘]☆Ophiocystia
囊式冰屑沉积☆sandbag
囊式泡沫液罐☆knapsack tank
囊式气液蓄能器☆bladder type hydro-pneumatic
囊式体积仪☆balloon volumeter
囊式钻井机切割头☆sack borer cutter
囊鼠啮齿类☆Geomyid rodents
囊苔藓虫属[C-P]☆Ascopora
囊体[藻]☆vesicle
囊托☆receptacle
囊脱石[$H_4Fe_2Si_2O_9$]☆non(r)tronite
囊网苔藓虫科☆Ascodictyidae
囊虾总目☆Peracarida
囊形大孢属[C]☆Cystosporites
囊形芦木大孢属[C-P]☆Calamocystes
囊形藻(属)☆Saccus
囊胸目[节]☆ascothoracica
囊胸组[两栖]☆Arcifera
囊藻属[褐藻;Q]☆Colpomenia
囊轴(菌)[菌类]☆pillar
囊状的☆vesicular；vesiculate；saccate
囊状点蚀☆encapsulated pitting
囊状分凝☆pockety segregation
囊状风化☆trough weathering
囊状构造☆sack-like structure
囊状矿层☆chamber(ed) deposit
囊状矿脉☆chambered vein
囊状黏土☆pocket clay
囊状物☆bladder
囊状云☆Magellanic Clouds
囊子衣纲[地衣类;地衣]☆Ascolichenes

náo

挠棒☆tommy bar
挠边头虫属[三叶;D_2]☆Tropidocoryphe
挠侧腕骨☆os carpi radiale
挠度☆hogging；flexivity；flexibility；slack；(bending) deflection；amount of deflection；sagging；swag；deflexion；incurvation；hog；collapse；buckling
挠度分析☆deflection analysis
挠度计☆deflectometer；fleximeter；flexometer
挠度仪☆flexometer
挠降区☆tectogene
挠矩☆bending moment
挠(曲)流(动)褶皱☆flexural flow fold(ing)
挠偏转☆bending deflection
挠起高度☆depth of camber
挠曲☆flex(ing)；inflection；flexure；warp；bending (flexure)；deflect(ion)；deflexion；inflexion；rock bend；ply；crumplings；uniclinal{one-limbed} flexure；buckle；step fold；warpage；torsion
挠曲(作用)☆flexuring
挠曲半径☆bending radius
挠曲的☆Crooked
挠曲地块{|堑}☆flexured block{|graben}
挠曲地震☆warping earthquake
挠曲构造☆fluxion structure
(构造)挠曲湖☆lake due to warping；warped-valley lake
挠曲滑动☆bending glide；bend gliding
挠曲滑动冲断层☆uplimb{flexural-slip} thrust fault
挠曲机☆bender
挠曲计☆flexometer
挠曲镜面☆level of the flexure
挠曲力矩☆moment of flexure{deflection}
挠曲面☆plane of flexure；level of the flexure
挠曲内层☆intrados
挠曲盆地☆warped basin
挠曲上翼☆uplifted side{upper bend} of flexure
挠曲试验☆deflection{flexing;flexion;bend} test
挠曲说☆buckling hypothesis
挠曲弹性☆elasticity of assure{flexure}
挠曲系数☆flexibility factor
挠曲下弯(构造)☆flexural downbows
挠曲线☆flexure line；line of deflection{flexure}；skew{space} curve
挠曲限定的深沟☆flexure-bound trough
挠曲应变☆strain of flexure；flexural{flexure bending} strain
挠曲应力☆flexure stress
挠屈☆warping
挠升区☆tectogene
挠弯连接☆deflect-to-connect
挠腕关节☆articulatio radiocarpea
挠形变☆bending deformation
挠性☆flexibility
挠性板☆flexboard
挠性扁钎钢☆flexible flat drill steel
挠性传动☆flexible transmission{drive;gearing}
挠性带状钢钎☆flexible ribbon steel
挠性的☆flexible；pliable
挠性构件☆flexure member
挠性管下管机☆tubing injector
挠性管修井系统☆coiled tubing workover system
挠性接头☆elastic{flexible} joint
挠性金属密封套[浮顶油罐中浮顶与圈板间的密封井]☆flexible metal shoe
挠性跨接软管☆flexible jumper hose
挠性沥青☆dysodile
挠性连接☆flex{woggle;flexible} joint；flexible connection；flex-joint
挠性联结器缓冲接头☆flexible coupling
挠性托管架☆flexible stinger
挠性油管测井系统☆coiled-tubing logging system
挠性指杆☆flexible finger
挠应力☆bending stress；flexual stress
挠折模量☆modulus of rupture
挠褶☆ply
挠褶滑动☆bedding-plane{flexural} slip
挠褶线☆line of flexure
硇砂☆sal {-}ammoniac；salmiac；salmiak；salammonite
铙钹海百合属[棘;C_{2-3}]☆Aesiocrinus

nǎo

瑙鲁☆Nauru
瑙曼符号☆Naumann('s) symbol
(晶面的)瑙曼符号☆Naumann symbol
瑙云母[$3(Na_2,Fe)O\cdot 2Al_2O_3\cdot 8SiO_2\cdot H_2O$]☆naujakasite
脑(力)☆brain
脑顶体☆parietal organ
脑海绵属[C]☆Maeandrostia
脑壳阔度☆width of cranial case
脑力劳动☆headwork；brainwork
脑颅[脊]☆neurocranium
脑砂☆corpora arenacea；corpus arenaceum；brain sand；acervulus cerebralis
脑珊瑚(属)☆Meandrina
脑神经节☆cerebral ganglion
脑石☆encephalolith
脑油鲸属[哺;Q]☆Aulophyster
脑震荡☆concussion
脑状☆cerebriform
脑子☆brain
恼火的☆sore

nào

淖尔(湖)☆nor；nur

nè

讷莫格特轮藻属[K_2-N]☆Nemegtichara

nèi

内☆enter-；endo-；inter-
内鞍☆inner saddle
(曲流河)内岸☆inner bank
内昂纳尔炸药☆Neonal
内凹鳞剥☆negative exfoliation
内摆线☆hypocycloid
内板贝☆marginifera
内板珊瑚属[D_{1-2}]☆Endophyllum
内半径☆inside radius
内胞☆endoceroidea
内包矿物☆endomorph
内包膜[蓝藻]☆inner investment
内孢霉属[真菌;Q]☆Endomyces
内薄板☆inner lamella
内爆(压碎钻进)☆implosion drilling
内爆[物]☆implosion；internal explosion
内爆法☆internal explosion process
内爆裂☆implosive
内爆型原子弹☆implosion type bomb

N

内爆炸成孔钻机☆implosion drill
内崩塌☆internal collapse
内鼻骨☆internasal
内鼻孔☆choana；internal nostralis{nares}
内鼻鱼☆Choanichthyes
内闭括号☆internal closing bracket
内壁☆inner wall[珊]；intine{entine;intinium}[孢]；endophragm[沟鞭藻类]；inner ostracum；inwall；internal wall；endospore；endosporium
内壁分段衬板☆segmented tub liners
内壁加厚环[孢]☆endannulus
内壁涂层☆inside coating
内壁褶纹☆endoplicae
(在)内壁中间的☆in/in；between inside walls
内襞[腹]☆internal crenulation
内边界☆inner boundary
内边缘[三叶]☆(anterior) limb；preglabellar field；brim
内边缘引长物☆brim prolongation
内扁平层[绵]☆endopinacoderm
内变变形☆enterolithic deformation
内变晶☆endoblast
内变形☆internal strain
内变形虫☆Endamoeba
内变形的☆enterolithic
内(接触)变质☆endometamorphism；endomorphism；endomorphic metamorphism
内变质带☆endomorphic zone；inner metamorphic belt
内(接触)变质的☆endomorphic；endomorphosed
内标☆internal standard
内表层预应力处理法☆autofrettage process
内表面☆inner{internal;inside} surface
内表面积☆internal surface area
内滨☆inshore
内滨线☆inner shoreline
内冰碛☆englacial{internal} moraine
内禀层错☆intrinsic fault
内禀扩散系数☆intrinsic diffusion coefficient
内波☆internal wave
内剥离☆interburden
内布拉斯加(冰期)[约1Ma;北美]☆Nebraskan
内部☆interior；intra-；inside；ento；bowel；within；inward；restricted；entrails；inner；bosom
内部报酬率☆internal rate of return
内部报告[特种文献]☆internal report；IR
内部催化的环氧树脂☆internally catalyzed epoxy
内部催化体系☆internally activated system
内部大开启通道☆large open internal passage
内部淡水泊☆inside pond
内部的☆interior；inner；internal；home；intrinsic(al)；intestine；inward；inside；buried；built-in；in-house
内部的通信联络☆internal communications
内部的形变☆internal deformation
内部地址☆home address
内部电话☆interphone
内部发行的出版物☆restricted publication
内部供水式钻井☆internal water-feed machine
内部构件☆internals；inner member；internal component
内部构造紊乱☆internal tectonic dislocation
内部过程☆intrinsic procedure
内部函数☆built-in{intrinsic;inline} function
内部横切割注水☆internal transverse division waterflooding
内部回路测试☆internal loop test
内部活化体系☆internally activated system
内部加热式干燥机☆internal-heat drier
(管子)内部加压的屈服压力☆internal yield pressure
内部检视器☆introscope
内部间隙☆inside clearance
内部结构☆internals；inner structure；interior construction
内部空气泵式浮选机☆machine with internal (or submerged) air-pump
内部空隙☆closed pore
内部连接的体系结构☆interlinked architecture
内部裂纹☆underbead{internal} crack
内部零件☆internals
内部摩擦阻力☆internal friction resistance
内部评价☆desk evaluation
内部缺陷☆inherent vice
内部燃烧☆internal ignition；interior combustion
内部软件延迟☆built-in software delay
内部散射☆scattering-in
内部设备☆internal unit
内部数据转送☆internal data forwarding
内部数组☆inarray
内部水☆endogenous water
内部调整[生]☆endoadaptation
内部通信装置☆interphone
内部现象[地球]☆endogenous event
内部相关☆intercorrelation
内部消耗☆domestic consumption
(阀门)内部压力☆entrapped pressure
内部盐丘☆interior (salt) dome
内部氧化物[金属的]☆subscale
内部应变中心☆internal strain centre
内部粘接应力☆internal bond strain
内部蒸汽加热式转动薄膜干燥机☆rotary steam-heated film drier
内部注水(开发)☆intracontour waterflooding
内部注水井排{管线}☆internal injection line
内部装药☆confined charge
内部资料☆restricted data
内部纵筋☆vertical internal rod
内部组构☆si-fabric；internal organization
内侧☆interior；inside[道路]
内侧标准摇臂☆inboard standard boom
内侧低温水☆inner cold water
内侧堆积曲流☆scroll meander
内侧扩张☆inner-lateral flare
内侧片☆intero-lateral plate
内侧刃保径金刚石☆inner-gage stone
内侧摇臂☆inboard boom
内测度☆interior measure
内层☆endoderm[动]；choanosome[绵;含襟细胞的层]；nexine[孢]
内层安全壳[核]☆primary containment
内层导管☆inner conductor
内层电子跃迁☆internal electron transition
内层空间☆inner space
内插☆interpolate；interpolation
内插等值{深}线☆interpolated contour
内插法☆interpolation (method)；method of interpolation
内插法建立的等时代☆time equivalence by intertonguing
内插器☆interpolator
内插式设计☆interpolation design
内插式锥形连接的活钎头☆detachable bit with internal taper
内插值☆interpolate(d) value
内缠的☆intortus
内场☆internal field
内潮☆internal tide
内潮汐三角洲☆inner tidal delta
内沉积作用☆internal sedimentation
内衬☆lining；liner
内衬套☆neck bush
内城☆inner city
内成(作用)☆endogenic process；endogenetic action；endogenesis；endogeny
内成包体☆endogenous inclusion
内成地化胞池☆endogenic geochemical cell
内成地形☆hypogene relief
内成骨骼☆autoskeleton
内成角砾(岩)作用☆endolithic brecciation
内成节理☆endokinetic joint
内成力作用☆endogen(et)ic process
内成型☆interior type
内成岩☆endogen(et)ic rock；ingenite
内成岩浆热液分异作用☆endomagmatic hydrothermal differentiation
内成岩墙☆endodyke；endodike
内呈鲕粒状的☆entoolitic
内乘法☆inner multiplication
内齿槽☆internal spline
内齿轮☆annular gear{wheel}；annulus [pl.-li]；internal pinion
内齿圈☆annular gear
内齿兽属[P]☆Endothiodon
内尺寸☆inner{inside;internal} dimensions
内虫迹穴☆endichnial burrow
内处理法☆internal treatment
内触发☆internal trigger
内穿插结构☆intrapenetration texture
内传力法预应力☆prestress with bond
内窗层☆inlier
内窗台☆stool
内唇☆inner lip
内唇带[瓣鳃类]☆myophore
内唇顶中隆☆parietal fold
内磁场☆internal magnetic field
内磁粒子技术☆internal magnetic particle technique
内刺[腕壳内]☆endospines
内猝灭☆internal quenching
内存储信息位置图示☆topogram
内错角☆alternate interior angles
内带☆inner belt{zone}；endozone；intrazone
(油罐的)内单向阀☆internal check valve
内胆☆internal bladder
内岛弧☆inner island arc
内低地☆inner lowland
内底☆tank top
内底板[海百]☆inner basal (plate)；infrabasal
内地[距海岸很远处]☆inland；hinterland；interior
内地背斜☆intrage(o)anticline
内地槽☆intrageosyncline；internal{intracontinental} geosyncline
内地层☆intrastratigraphy
内地层的☆innerstratal
内地的☆interior；inland；midland
内地幔☆inner mantle
内地堑中部☆midtrough
内地壳的☆infracrustal
内地圈元素☆Endogeospheric element
(加拿大)内地水中心☆Canada Centre for Inland Waters；CCIW
内地税法规☆Internal Revenue Code；I.R.C.
内地体☆intraterrane
内地向斜☆intrageosyncline
内点☆interior point
内点蚀☆internal pitting
内点状☆infrapunctate
内(层)电子☆inner electron
内电阻☆plate resistance
内电阻熔融法☆internal resistance electric
内东西轴☆inner (horizontal) east-west axis；I.E.-W.
内动力☆endogenetic force
内动力的[沉积作用中的位移现象]☆endokinematic
内动力(型)土(壤)☆endodynamomorphic soil
内断裂☆infaulting
内对管器☆internal (line-up) clamp
内对光☆interior{internal} focusing
内对接搭板☆inside butt strap
内耳☆auris interna
内耳砂☆statoconium
内耳石☆otolith；ostium [pl.ostia]；antirostrum
内耳坛[脊]☆ampulla
内二聚体☆interdimers
内发射☆internal emission
内翻的(东西)☆introvert
内反馈式磁放大器☆amplistat
内反射☆internal reflection{reelections}；int. refl.
内反射谱☆internal reflectance spectroscopy；IRS
内反牙形石属[P-T]☆Enantiognathus
内方位☆interior{inner} orientation
内防喷器☆inside blowout preventer
内放射脊☆interior radial ridge
内分(枝)[植]☆endotomous
内分程序☆internal block
内分节作用☆metamerisation
内分泌☆hormone；incretion；incretory
内分泌学☆hormonology；endocrinology
内分生孢子☆endoconidium
内封式☆enclosed type
内缝合线☆internal suture
内服药☆medicine；med.
内浮顶油罐☆covered floating roof tank
内浮盖{盘;顶}☆internal floating cover
内浮头[换热器]☆internal floating head
内腐蚀☆internal pitting{corrosion}
内腹甲[龟腹甲]☆entoplastron
内腹弯曲[头]☆endogastric
内负荷绷绳☆internal-load guy line
(信中)内附☆enclosed；enc
内肛苔藓类☆kamptozoa；entoprocta
内肛亚纲[苔]☆Endoprocta；entoprocta

N

内肛亚门[苔]☆Entoprocta
内港泊地☆interior basin
内高(度)☆inner height
内割(管)刀☆inside cutter; internal cutter
内阁☆cabinet; ministry
内隔[棘海胆]☆internal partition
内隔壁[珊]☆entoseptum [pl.-ta]
内隔墙[苔]☆interior wall
内共生(现象)☆endosymbiosis
内沟[珊]☆(septal) fossula; fossa
内沟管[孔虫]☆entosolenian tube
内沟珊瑚属[D]☆Zaphrentis
内构造带☆internides; internal tectonic zone
内构造期☆intratectonic phase
内鼓式过滤机☆inside-drum filter; compressed-air pulsator
内骨骼☆endoskeleton; endosternite
内谷☆interior valley
内固溶体☆inner solid solution
内(岩芯)管☆inner-tube; inner core tube; inner barrel{tube;capsule}; candle
内管割刀☆inside pipe cutter
内管可拆式双层岩芯管☆split inner-tube core barrel
内管岩芯卡取器☆inner-tube core lifter
内罐☆inter tank
内轨☆low{inner} rail
内滚道圈和外滚道圈[滚珠轴承]☆inner and outer race
内果皮☆endocarp
内过渡元素☆inner transition element
内海☆internal{inside} waters; landlocked{inland;closed; enclosed;interior;continental} sea
内海的☆thalassic
内含物☆inclusion
内涵☆intension
内涵体☆endosome
内函数☆inner function
内行☆expert; technical expertise; hand-on
内巷的☆incurvate; incurved
内耗☆internal friction{dissension}; in-fighting; inside consumption; losses suffered in internal strife; inner friction
内核☆inner core; the crux of a matter; kernal[计]
内河港☆water way harbor
内河航路☆inland waterway
内河三角洲☆indelta
内恒温器☆inner thermostat
内湖☆enclosed lake
内弧☆intrados; inner arc
内弧表面砂光机☆scroll sander
内弧盆地☆inner {-}arc basin
内花岗岩带☆inner granitic belt
内花键☆female{internal} spline
内华达虫属[三叶;$Є_1$]☆Nevadia
内华达风☆nevada
内华达(双晶)律☆Nevada (twin) law
内滑动☆internal sliding
内环☆inner rim
内环粉属[孢]☆Classopollis
内环式[棘]☆endocyclic
内缓冲☆internal buffering
内(开口)簧环☆internal circlip
内回采工作面☆inner stope
内回授☆self feedback
内活塞☆inner piston
内火山构造☆endovolcanic structure
内火山锥☆volcanello; central core; vulcanello
内火筒加热炉☆internal firebox heater
内基体[三叶]☆endocarpon; endobase
内积☆inner product
内极点☆inpolar
内脊☆inner ridge
内脊蛤属[双壳;K_2]☆Endocostea
内髻蛤属[双壳;T_3]☆Entomonotis
内迹[遗石]☆Endichnia
内(部)计时器☆internal timer
内计数器☆interunit counter
内加厚☆internal{interior} upset; IUE {internal upset ends}[管子端部]; inside upset[管子]; IU
内加热法破岩☆internal heating method for rock fragmentation
内加热活塞圆筒[高压釜]☆internally-heated piston cylinder
内加热气体装置☆internally-heated gas apparatus
内加热式脱水器☆internally fired dehydrator
(掏槽用)内加楔☆inner wedge
内架☆inner tower
内尖角☆square corner
内间隙比[取样器]☆inner clearance ratio
内检☆internal control analysis
内礁☆inner reef
内焦准式望远镜☆anallatic telescope
内胶结作用☆intracementation
内浇口☆ingate
内铰(合)板[腕]☆inner hinge plate
内铰窝脊[腕]☆inner socket ridges
内角☆included{inside;interior;internal} angle
内角石(属)[头;O]☆Endoceras
内角石目☆Endocer(at)ida; Endoceratide
内角石上科☆Endoceratidea
内接触(面)☆internal contact
内接触带☆endocontact
内接三角形☆inscribed triangle
内接头☆concealed joint; union
内接圆半径☆inradius
内节肢[节]☆endopod(ite); telopodite
内节肢第六节☆tarsus [pl.tarsi]
内节肢第四节[三叶]☆patella [pl.-e;-s]
内节肢基底节☆trochanter
内节肢末节☆pretarsus
内结晶☆intercrystallizing
内结晶(作用)☆intercrystallization
内结晶沟[优地槽沟]☆internal crystalline furrow
内结晶脊[优地背斜脊]☆internal crystalline ridge
内界面☆inner boundary
内茎面☆pedicle area
内景☆interior
内颈动脉孔☆foramen of internal carotid artery
内镜取石术☆endoscopic stone extraction technique
内镜碎石术☆endoscopic lithotripsy
内镜筒☆inner lens cone
内径☆inner{inside;internal;bore} diameter; inradius; bore; inward extension; induced draft; ID; I.D.
内径规☆drift mandrel; gauge ring; caliper (gauge); inside calliper{calipers}; internal ga(u)ge
内径精测仪☆passometer
内径仪☆gauge ring
内径指示规☆passimeter
内净空比☆inner clearance ratio
内疚的☆guilty
内聚的☆coherent
内聚功☆work of cohesion
内聚力☆(internal) cohesion; cohesive force; force of cohesion; coherence; coherency; residual cohesion intercept
内聚衰坏☆cohesive failure
内聚系数☆coefficient of cohesion
内聚性☆cohesion; cohesiveness
内聚作用☆cohesive action; cohesion
内卷☆involute; involution
内卷虫(属)[孔虫;D-P]☆Endothyra
内卡规☆caliper gauge
内卡钳☆inside calliper{caliper}; internal calliper
内卡瓦☆internal slip
(电缆)内铠皮☆inner armor
内康普顿效应☆internal Compton effect
内颗粒状☆infragranulate
内科☆medicine
内科医生☆physician
内壳☆endoconch; inter tank
内壳层☆inner ostracum; hypostracum[无脊]; inner shell layer; hypostratum
内壳顶脊☆internal umbonal ridge
内壳构造☆infrastructure; intrastructure
内壳式的[头]☆coleoid; dibranchiate
内壳亚纲[头]☆endocochlia
内壳亚纲的☆endocochlian; coleoid; endocochleate
内壳叶☆inner lamella
内刻度器☆internal calibrator
内空间☆inner space
内孔☆inner bore; endopore
内孔表面检查仪☆horoscope
内孔窥视仪☆introscope
内孔压☆internal pore pressure
内孔状单缝孢属[K-Q]☆Intropunctosporis
内口量具[如井径规]☆hole gauge
内口牙螺纹☆internal rope thread
内宽☆inside{inner;internal} width; i.w.
内框☆inner edge
内窥镜☆endoscope
内拉杆☆inside link
内拉伸变形机☆in-draw{simultaneous draw} draw texturing machine
(联合抽油传动钢绳的)内拉式变向架☆hold-in swing
内冷却☆internal cooling
内冷铁☆densener
内里克斯炸药[有活性炭吸收剂的液氧炸药]☆Nerex explosive
内立轴☆inner vertical axis; I.V.
内力☆endogenic{internal;inner;endogene(tic)} force; endogenic-force; internal agent
内力(深成)☆hypogene
内力作用☆internal agency; endogenic process; endogenetic{hypogene;hypogenic} action
内力作用的☆endogen(et)ic; endogenous
(颗粒)内联结力☆internal bonding
内连☆intraconnection; interconnect(ion)
内连电缆☆interconnecting cable
内梁拉条结构☆interspar bracing structure
内量规☆caliper gauge
内量子数☆inner quantum number
内裂☆internal crack; implosion
内裂缝☆clinking; inside slit
内鳞鱼☆Endeiolepis
内淋巴管☆endolymphatic duct
内流☆in(tra)flow; indraft; interflow; indraught
内流湖☆basinal lake
内流盆地☆terminal lake
内流区(域)☆endorheic{interior flow} region
内流熔岩☆interfluent (lava); interfluent lava flow
内六方扳手☆alien wrench
内六角头固定螺钉☆hollow-head set-screw
内龙筋☆kelson; keelson
内漏☆internal leakage
内露层[为新岩层所包围的岩层露头]☆inlier
内陆☆inland; interior; hinterland
内陆板块☆intraplate
内陆剥蚀高原☆szyrt
内陆常绿阔叶林☆hammock forest
内陆单旋回盆地☆interior single cycle basin
内陆的☆midland
内陆地区☆binnentief land
内陆分流区[河流的]☆indelta
内陆海☆continental{interior;inland;epicontinental} sea; binnenmeer
内陆河☆continental river
内陆湖☆interior{inland;astatic} lake; lake without outflow{outlet}
内陆裂谷☆impactogen
内陆率☆inlandity
内陆棚沉积☆inner shelf deposit
内陆山脉☆intracontinental chain
内陆水系☆internal drainage (pattern); endorheism; interior{inland;closed;endorheic} drainage
内陆型含煤岩系☆limnic coal-bearing series
内滤器☆internal filter
内滤式圆筒真空过滤机☆drum-type filter with cake inside
内轮环☆inner annular ring
内螺纹[丝]☆internal{female;box} thread; female {inside} screw; IT
内螺纹的☆female
内螺纹管☆rifled tube{pipe}
内螺纹规☆internal thread gauge
内螺旋线[旋流集尘器]☆inner vortex
内络合物☆inner complex
内蒙古-大兴安岭褶皱系☆Inner Mongolia-Great Hinggan fold system
内蒙地轴☆Inner Mongolian axis
内面☆inner profile; underside
内面的☆internal
内面燃烧药柱☆internal-burning grain
内模☆internal cast{mould;mold}; steinkern; endocast
内模相[鳞木;表面仅见叶迹,平截突起]☆Knorria
内膜☆intine; underfilm; endocast; steinkern; internal mould{cast}; mesentery[棘海参]
内膜壁[苔]☆entooecium
内磨☆internal grinding; grind out
内磨砂灯泡☆inside{internal}-frosted lamp{bulb}
内摩擦☆internal{inner} friction; viscosity

内摩擦角☆internal friction (angle); angle of friction (internal friction)
内摩擦力☆internal friction; anelasticity
内摩擦热☆internal frictional heat
内幕的☆inside
内囊☆internal vesicle
内囊壁☆endocyst
内能☆internal{endogenetic;intrinsic} energy; energy content
内能消耗方式驱动☆depletion drive
内能消耗式气藏☆depletion type gas reservoir
内黏结{聚}力☆internal cohesion
内啮合☆inside{inner;internal} gearing
内扭曲阻力☆internal distortion resistance
内排齿☆inner row teeth
内盘固定外盘转动钻盘☆double deck
内胚层☆entoderm; endoderm
(豆科植物种籽的)内胚乳☆endosperm
内配流径向柱塞泵☆centrally ported radial piston pump
内喷雾系统☆inner-water-spraying system
内盆地☆inner basin
内皮☆endoceroidea
内皮层☆endodermis
内偏角☆inside fleet angle
内平导向管☆flush-joint drivepipe
内平接头☆flush joint
内平扣型[钻杆接头扣型]☆internal flush; IF
内平式[指钻杆扣型]☆internal flush
内平油管[未加厚的]☆tubing with plain ends
内坡☆landside{back} slope; scarp; back-slope
内坡屋顶☆double lean-to roof; V-roof
内破火口(的)☆intracaldera
内破裂☆implosion; infaulting
内栖动物活动☆infaunal activity
内栖生物☆endobiont; infauna
内崎岖带☆inner rough zone
内碛☆internal{inner;englacial} moraine
内牵引☆integral haulage
内钳绳☆backup line
内潜热☆internal latent heat
内浅海带☆inner sublittoral zone
内嵌脉☆embedded veins
内腔☆interloculum; thecarium; endocoel[沟鞭藻]; internal{inner} chamber; entocoele[珊]; cavity (void)
内腔加工☆chambering
内腔检视仪☆introscope
内墙☆inner wall; endotheca
内墙珊瑚亚科☆Endotheciinae
内墙塑料覆盖物☆wallcovering
内切刀☆internal cutter
内切应力☆eternal shearing stress
内切圆☆incircle; inscribed circle [of a triangle]
内切圆心☆incenter
内侵蚀☆internal erosion
内倾☆falling{tumble} home; tumble in; batter; toe-in[前轮]
内倾的☆cambered inwards
内曲☆incurvation
内曲的☆infracted; incurved; incurvate
内曲率☆incurvature
内曲线☆inside curve
内取芯管☆inner barrel
内圈[地球]☆endosphere; inner rim; inside
内圈崩蚀☆inner race fretting
内圈和外圈☆inner and outer race
内群比较☆in-group comparison
内燃☆internal ignition{fire;combustion}; IC
内燃泵☆Humphery-pump engine; internal combustion pump
内燃的☆internal combustion; L.C.
内燃电力传动机车☆diesel electric locomotive
内燃锅炉☆internally fired boiler
内燃机☆combustion engine{motor}; diesel (engine); internal combustion engine; I.C.E.; explosion motor
内燃机泵☆unipump
内燃机车☆diesel (locomotive); gasoline engine car; railway motor car; internal-combustion loco(motive)
内燃机车用柴油☆railroad diesel fuel
内燃机船☆motor vessel{ship;boat}; motorship
内燃机带动的☆oil engined
内燃机等发火装置☆ignition
内燃机发电驱动☆oil-electric drive
内燃机发火次序☆engine firing order
内燃机化☆dieselisation
内燃机回火☆backfire
内燃机驱动发电机☆internal-combustion generator; engine driven generator; petrol-electric generating set
内燃机推动的车辆{船只}☆diesel
内燃集材机☆diesel skidder
内燃料☆carbonaceous materials added to clay
内燃烧室☆inner combustion chamber
内燃烧砖☆internal firing of bricks; firing bricks with industrial wastes
内燃式高速锤[机]☆petroforging machine
内燃式考贝热风炉☆Cowper with internal combustion
内燃式热风炉☆internal combustion stove
内燃水泵☆Humphrey gas pump
内热☆internal{intrinsic} heat
内热的☆endothermic; endothermal
内韧带[双壳]☆internal{inner} ligament; cartilage; resilium
内韧带槽☆resilifer; resilifer-gap; myophore
内韧的[双壳]☆endophloic
内韧托☆chondrophore
内刃脚☆inner shoe
内熔假说☆internal melting hypothesis
(火山口)内熔岩丘☆central dome
内容☆content; substance; furniture
内容简介☆prospectus
内容体☆endomorph
内容摘要☆informative abstract
内鳃囊[蛇尾类]☆bursa [pl.-e]
内三角洲☆indelta
内三孔粉属[E]☆Interporopollenites; Intratriporopollenites
内散射☆inscattering
内森探水☆Nansen cast
内沙坝☆inner bar
内沙洲☆barrier spits; bay-barrier
内筛板[棘海参]☆internal madreporite
内扇☆inner fan
内扇谷地☆inner-fan valley
内熵☆internal entropy
内上髁☆entepicondyle
内上髁孔☆entepicodylar foramen
内射脊☆interior radial ridge
内射投影☆internal projection
内射性[数]☆injectivity
内深成带☆infraplutonic zone
内渗☆infiltrate; endo(s)mosis; endo(s)mose
内渗的☆endosmotic
内渗水☆infiltration water
内生☆endogenesis; endogene
内生包体☆endogenous enclosure{inclusion}
内生孢子[藻]☆endospore; statospore; endogenous spore
内生的☆endogenous; endogen(et)ic; authigenic; hypogene; innate; endogenes
内生鲕石☆entoolithe
内生分散晕☆endogenic dispersion halo
内生迹纲[遗石]☆Bioendoglyphia
内生裂隙[煤的]☆cleat; jointing; cleating
内生曲流谷☆ingrown meander valley
内生型☆endobiose
内生性形成☆endogeny
内生岩☆endogenetic{endogenic} rock
内生岩脉☆endodike
内生长构造☆internal growth structure
内生蒸气☆induced{endogenous;indigenous} steam
内生作用☆hypogene{endogenetic} action; endogenic process; endogenesis
内绳☆inner rope
内时理论☆endochronic theory
内矢状脊☆crista sagittalis interna
内始式[植]☆endarch
内室☆thalamium; internal chamber
(向)内收缩式闸☆internal contracting brake
内疏松层[孔虫]☆inner tectorium
内束状结构☆intrafasciculate texture
内双键☆internal double bond
内水道☆inner lead
内水管目[棘;S-P]☆Spiraculata
内水管褶[棘]☆internal hydrospire
内水行星☆Intra-Mercurial planet
内水压力☆internal water pressure
内丝钎头☆bit with internal threads
内死点☆inner dead point; IDP; I.D.P.
内碎屑[邻近海底固结弱的碳酸盐沉积物遭受剥蚀后又再沉积积的准同生碎屑]☆intraclast
内碎屑白云质微晶灰岩☆intradolmicrite
内碎屑亮晶砂屑灰岩☆intrasparenite
内碎屑泥晶砂屑灰岩☆intramicarenite
内碎屑生物球校泥晶灰岩☆intrabiopelmicrite
内碎屑微晶砾{粒}屑灰岩☆intramicrudite
内碎屑微晶砂屑灰岩☆intramicarenite
内损耗系数☆internal loss coefficient
内锁信号☆internal lock signal
内胎☆inner tube [of a tyre]; tyre tube
内台阶设计☆inside step design
内弹簧安全阀☆internal spring safety relief valve
内套☆inner housing
(发电机)内特性☆internal characteristics
内体[疑]☆capsule; endosome
内体房☆endosiphocone
内体管[头]☆endosiphotube; endosiphon(ate); endosiphuncle
内体管壁[头]☆endosiphosheath
内体管的[头]☆intrasiphonate
内体管类[头]☆intrasiphonata
内体腔类☆Enterocoela
内填料铜衬套☆female packing brass
内铁质微{泥}晶☆intrafemicrite
内通钢索的管道☆sheath
内同沟型颗粒[孢]☆endosyncolpate grain
内筒☆inner-tube; inner barrel
内凸缘预制弧形块井壁☆inside-flange tubbing
内突[节]☆apodeme
内突台阶☆inwardly protruding shoulder
内图(廓线)[图幅的]☆neat line
内图廓☆edge-frame; inner border
内涂层☆internal coating; undercoat(ing)
内涂层的☆internally coated
内推法☆interpolation
内外加厚☆internal external upset; IEU
内外卡钳☆combination{double} calipers
内外冷却☆duplicate cooling
内外膜☆endexine; nexine; exlexine; intexine
内外啮合链传动装置☆over and under chain gear
内外墙间隔带的生长[古杯]☆exocyathoid expansion
内外燃烧火药柱☆internal-external burning grain
内外双管和装在滚球轴承上的岩芯管☆double-tube ballbearing barrel
内外丝管箍{补心}☆flush bushing
内外因的☆endexoteric
(使某物)内弯☆introvert
内弯[海岸]☆incurve; inward curve
内弯的☆infracted
内湾☆voe
内湾生境☆inner bay biotope
内网☆infrareticulum
内网单缝孢属[J_1]☆Chasmatosporites
内网状☆infrareticulate
内围层☆inlier
内纹饰☆infrasculpture
内窝☆fossa
内乌斯塔德双晶☆Neustad twin
内务☆interior
内务操作☆overhead; housekeeping
内务处理{工作}☆housekeeping
内矽卡岩☆endoskarn
内吸磷[虫剂]☆systox
内吸收☆inner{internal} absorption
内陷☆invagination
内陷卵胞☆endotoichal ovicell
内陷气孔[植]☆sunken stomata
内线弹簧☆private jack
内项☆middle term
内相☆intrafacies; internal phase
内相组合☆inner facies association
内向[压缩或排气冲程]☆instroke
内向爆炸☆implosion; implode
内向爆炸处理☆implosive treatment
内向爆炸式震源☆implosive source
内向的☆inward; endo
内向流☆indraught; indraft
内向式☆inboard type
内向压爆☆implosion
内向崖☆cuesta

N

内向运输☆inbye transport
内消旋(作用)☆internal compensation
内消旋体☆mesomer
(掏槽用)内楔形炮孔☆inner wedge
内协和性☆internal consistency
内斜火山☆Scotch-type volcano
内斜肌☆internal oblique muscle
内斜肌痕☆rostellum
内斜角☆re-entrant{reentering} angle
内斜拉筋☆interior leg brace
内卸多斗提升机☆internal (discharge bucket) elevator
内屑☆intraclast
内屑生物球粒亮晶灰岩☆intrabiopelsparite
内芯☆inner core
内芯型☆belly core
内心☆inside; inward
内心的☆interior; inner
内星形空心火药柱☆internal star-shaped grain
内型☆cast
内型刀☆former
内型面☆inner profile
内形态面☆inner form surface
内行星☆inferior{inner} planet
内省性预测☆introspective forecasting
内序列逆冲作用☆in-sequence thrusting
内旋☆involution; internal rotation
内旋侧☆concave side of a curved fracture surface
内旋风器☆internal cyclone
内旋回层☆intracyclothem
内旋式☆involute
内旋转角☆angle of internal rotation
内循环☆internal recycle
内压☆internal pressure; confinement
内压力☆intrinsic{internal} pressure
内压式反循环(换向)阀☆internal pressure operated reversing valve
内压试验☆internal{inner} pressure test
内盐☆internal salt
内岩基带☆endobatholite zone
内岩基的☆endobatholithic
内岩浆热液分异(作用)☆endomagmatic hydrothermal differentiation
内岩芯管☆inner tube{barrel}; inner core tube
内岩芯管接长管☆inner-tube extension
内岩芯管岩芯提断器☆inner-tube core lifter
内岩芯筒☆inside core barrel; inner barrel{tube}; inner core tube; core container
内氧化剂☆internal oxidant
内漾☆internal seiche
内叶☆internal lobe; endite[叶肢]; inner lobe[头]
内(双重)叶片☆intra vane
内(部)液力式切割器☆inside hydraulic cutter
内液外固胶体☆lisoloid
内衣☆shirt
内移距☆inward extension
内翼骨☆os entopterygoideum; endopterygoid
内因☆internal agency
内因火灾☆spontaneous combustion{fire}; breeding fire
内因种☆apomictic species
内引线☆intraconnection
内隐同步信号☆implicit synchronizing signal
内营力☆endogenic (force); internal agent{agency}; endogenous; endogenic-force
内应变计☆internal strain ga(u)ge
内应变状态☆state of internal strain
内应力☆internal{residual;locked-up} stress[力]; inner {locked-in;interior} stress
内应力测定仪☆dynagraph
内应力系☆system of internal stress
内油封环☆inner oil seal ring
内游动工作筒☆inside travelling tube
内余隙☆internal clearance
内渊[德]☆innertief; intradeep
内圆角☆fillet; filleted corner
内圆切割砂轮☆internal cutting abrasing wheel
内圆筒[旋转黏度计的]☆inner cylinder
内源☆endogenesis; endogeny
内源包体☆endogenous enclosure{inclusion}
内源孢子☆endogenous spore
内源的☆authigenic; endogenes
内源河☆autogen(et)ic river
内缘☆inner edge{margin}
内缘直径☆inside gage
内缘钻石☆inside(-gauge) stone; inside kicker; ID gage stone
内运动的☆endokinematic
内蕴假设☆intrinsic hypothesis
内载波信号☆intercarrier signal
内在(性)☆inherence; inhesion; inherency
内在的☆intrinsic(al); inherent; immanent; inner; indwelling; internal; inward; tacit
内在函数☆intrinsic function
内在起抑制作用的行动☆built-in disincentive
内在时间差滞☆decision{inside} lag
内在事物☆inbeing
内在水(分)☆inherent moisture (content); endogenous {internal} water
内在应力变化所形成岩石突出☆inherent bursts
内在杂质☆intrinsic(al) contaminants; intrinsic contaminance; inherent impurity
内在阻燃性聚酯☆inherently flame retardant polyester
内脏☆gizzard
内脏囊☆internal (visceral) sac; visceral sac
内脏腔☆coelomic cavity
内脏形绳状熔岩☆entrail pahoehoe
内增结核☆excretion
内窄外宽的水槽[钻头底面]☆expanding waterway
内长☆endogeny
内长植物☆endogen
内照射剂量☆internal dose
内折的☆infracted
内折射☆interrefraction
(孢粉)内褶☆endoplicae
内褶粉属[孢]☆Plicapollis
内褶(缘)型[前接合缘]☆intraplicate
内褶皱带☆internides
内褶皱弧☆inner fold arc
内褶皱面☆inner fold surface; intrados
内真空制管机☆inner suction pipe machine
内疹[腕]☆endopunctum [pl.-ta;-ae]
内疹(孔)壳[腕]☆endopuncta
内正齿轮☆internal spur gear
内政☆interior; internal
内酯☆lactone; lactonic
内趾☆inner toe
内质混合岩化作用☆endomigmatization
内种皮☆tegmen; endotesta; endopleura
内种皮的☆tegminal
内重力波☆internal gravity wave
内(口)周边☆inside circumference
内轴☆inner spindle
内轴承滚筒[转载机的机尾装载部]☆internal bearing type drum
内柱☆inner prop (member)
内柱状层[腕]☆inner prismatic layer
内注式液压支柱☆injection {-}type hydraulic prop
内砖石井壁☆outset
内装☆in-built; entrails
内装的☆nested; built-in
内装式压差锁紧装置☆built-in differential lock
内装(式)轴承☆buried bearing
内锥☆endocone; inner cone
内锥管☆endosiphotube
内锥内套管☆bevel shell
内锥折射☆interior{inner} conical refraction
内自由度☆internal degree of freedom
内足☆endopod; endopodite
内阻☆internal{inherent} resistance; IR
内座圈☆inner race

nèn

嫩花介属[N_2]☆Amalocythere
嫩绿☆viridescence
嫩枝☆twig; shoot

néng

能☆energy; ability; capability; competence; able; capable; can; may; power
能搬运和侵蚀的水流速度☆transporting erosive velocity
能饱和的☆saturable
能被活化的☆activable
能变性☆variability
能标{|波|差}☆energy level{|wave|difference}
能测出微量瓦斯的安全灯☆warning lamp
能测地层倾角的井径仪☆caliper dipmeter
能成立的☆valid
能成立可换定律的☆Abelian
能吃苦耐劳的☆hardy
(声音)能传到☆carry
能(量)带☆energy band{belt}
能当量☆equivalent energy; energy equivalent
能的放出☆energy release
能低有效位组☆least significant character
能动的☆motile
能动断层☆capable fault
能动性☆mobility; activity
能动元件☆active element
能繁殖的☆reproduciable; reproduceable
(使)能防雨☆rainproof
能浮的☆buoyant
能复制的☆reproduciable; reproduceable
能干的☆trick
能工作的☆in working condition
能够长期保持的生产能力☆long-term productivity
能含量☆energy content
能航海的☆seaworthy
能耗☆dissipation of energy
能耗尽的☆consumable
能耗制动☆dynamic breaking
能恢复原态的☆resilient
能积曲线☆energy product curve
能级☆(energy) level; term; level
能级充填☆filling of energy level
能级的自然宽度☆natural width of energy level
能级分布☆energy{level} distribution
能级分裂☆splitting of energy levels
能级间距{隔}☆level spacing
能级之间的跃迁☆transition between energy levels
能加工成形的☆fabricable
能鉴别的☆discriminatory
能见的☆visible
能见度☆visibility
能见度测定表{计;仪}☆nephelometer
能见度等于零的浓雾☆zero-zero fog
能见度计{仪}☆visibility meter; visiometer; hazemeter
能见限☆limit of visibility
能降水的水☆precipitable water
能校正中心的物镜变换盘☆centring nosepiece
能接受的☆pervious to; receptible
能浸透的☆saturable
能扩展钻头☆expansion bit
能拉长的☆tensible
能垒☆energy barrier
能利用储量☆utilizable{usable} reserves
能立即恢复安全状态的☆safing
能力☆energy; competency; competence; capacity; ability; capability; calibre; aptitude; power; might
能力比降度☆energy slope
能链☆energy chain
能炼高质量润滑油的原油☆Pennsylvania-grade crude oil
能量☆energy; power; capabilities; capacity
能量变化梯度☆energy gradient
能量变换实验室[美]☆Energy Conversion Laboratory
能量不灭☆conservation of energy
能量不敏感探测器☆energy insensitive detector
能量-动量张量☆energy-momentum tensor
能量对齐[地球物理勘探]☆steer
能量分散☆energy dispersion; ED
能量供给{|应}☆delivery{|supply} of energy
能量汲取工艺☆energy-extraction technology
能量集输装置☆energy gathering equipment
能量集中☆concentration of energy; energy concentration
能量节约☆energy conservation
能量流动☆energy flow
能量流率{量}☆energy flux rate
能量率☆specific energy
能量密度☆energy {-}density; concentration of energy
能量密集型工业☆energy-intensive industry
能量平衡☆energy equilibrium{balance}
能量坡降线☆energy grade line
能量歧离☆energy straggling
能量色散谱仪☆energy dispersive spectrometer {spectroscopy}; EDS
能量升降☆fluctuation of energy

能量释放图☆energy release map
能量守恒和转换定律☆law of conservation and conversion of energy
能量衰减函数☆energy decay function
能量损耗☆energy loss{sink;dissipation}；dissipation of energy
能量损失分布☆energy-loss distribution
能量通量☆flux of energy
能量突然释放☆sudden release of energy
能量图☆energygram；emagram
能量退降{递减}☆degradation of energy
能量吸收衰减器☆power-absorbing attenuator
能量系数☆energy factor{coefficient}
能量系数值☆EK value
能量线路体系☆energy circuit system
能量相关堆积律☆energy-dependent packing law
能量因子{数}☆energy factor
能量震级关系☆energy-magnitude relationship
能量直接变换过程☆direct energy conversion operation；DECO
能量指数☆EI；energy index
能量转换定律☆law of conversion of energy
能量综合利用燃气轮机☆total energy gas turbine
能(量)流☆energy flow{stream}
能率☆duty；energy rate
能率促进[机械等的]☆speed-up
能霉素☆capacidin
能媒☆aether；ether
能耐高热的人{物}☆salamander
能排立钻杆的数量[井架中]☆racking capacity
能膨胀性☆expansiveness；expansibleness
能坡线☆energy grade line
能谱☆(energy) spectrum
(电子)能谱测定☆electron energy spectrometry
能谱测井☆in-hole spectrometry；spectral log
(用)能谱测井资料评价黏土☆spectralog clay evaluation
γ能谱测量(法)☆gamma spectrometry
能谱学☆spectroscopy
能谱仪☆(energy (dispersive)) spectrometer；EDS
能起作用的☆live
能群下限☆group bottom
能人☆Homo habilis；able person
能溶混的☆miscible
能溶解的☆solvable
能溶于石油醚☆petroleum ether soluble
能散☆energy dispersion；ED
能(量色)散谱仪☆energy dispersive spectrometer
能散X射线分析☆energy dispersion X-ray analysis
能杀菌素☆capacidin
(发射物)能射到☆carry
能伸展的☆tensible
能渗透的☆porous；penetrative；pervious
能生育的☆fertile
能识别的☆discriminatory
能适应的☆adaptable
能手☆expert；consummator；capable men；dab；crackajack；proficient；master；artist[某方面的]
能束☆bundle of energy
能双晶习性☆twin habit
能水合的黏土☆hydratable clay
能斯特灯{|体}☆Nernst glower{|body}
能斯脱方程☆Nernst equation
能碎裂成大块的岩石☆blocky rock
能缩进的☆retractable
能态{|头|隙|效}☆energy state{|head|gap|efficiency}
能调整几个输入或输出的缓冲器☆multiplexer
能通过的☆pervious
能通量☆energy flux{stream}
能透过的☆leaky
能透过紫外线的玻璃☆vitaglass
能吸入的尘末☆respirable dust
能吸收泥浆的地层☆absorbent formation
能泻湖沉积☆lagoonal deposit
能行走的☆walking
能选择的☆discriminatory
能用的☆usable
能用手拧动的管接头或螺帽☆handy
能用于生产的☆produceable
能育叶☆fertile frond
能源☆energy (resource;source)；source of power；the sources of energy；supply；source
能源部[美]☆Department of Energy；DOE
能源法规☆laws and regulations of energy
能源分布☆energy distribution
能源合理利用☆energy conservation
能源节约☆steam economy
能源消费弹性系数☆elasticity of energy consumption
能源信息管理(局)☆energy information administration
能源研究和开发机构[美]☆Energy Research and Development Administration；ERDA
能运转的☆in working condition
能再生产{长}的☆reproduciable；reproduceable
能证实{明}☆verifiability
能直接在传真感光纸上记录的地震仪☆facsimile seismograph
能值☆energy value
能注入的☆infusible

ní

霓☆secondary rainbow
霓白榴丁古岩☆aegirine
霓长岩☆fenite
霓长岩化☆fenitize；fenitization
霓磁斑岩☆aegirinolite
霓粗面岩☆aegirine-trachyte
霓淡正长岩☆aegirine hedrumite
霓方钠岩☆tawaite；tawite
霓霏细岩☆aegirine-felsite
霓钙钠闪岩☆aegirine pedrosite
霓橄响斑岩☆kenyte；kenyite
霓岗细晶岩☆aegirine granite (aplite)；aplite
霓虹(信号)灯☆neon (light)
霓花岗岩☆aegirine {-}granite
霓辉☆aegirine
霓辉方钠正长岩☆assyntite
霓辉碱长混染岩☆tveitasite
霓辉石[$(Na,Ca)(Fe^{3+},Fe^{2+},Mg,Al)(Si_2O_6)$,根据迪尔等的划分,$NaFeSiO_6$介于15%～70%者为霓辉石,大于70%者为霓石]☆aegirine-augite；acmite (augite)；egyrinaugite；aegyrite augite；aegirine (augite)；acmite(-)augite；aegyrite-augite
霓辉石岩☆aegirinolite；aegirinolith
霓辉云粗面岩类☆ponz(a)ite；ponza-trachyte
霓辉正长混染岩☆tveitasite
霓碱流岩☆aegirine pantellerite
霓角斑岩☆lahnporphyry
霓磷灰岩{石}☆aegiapite
霓流纹岩☆aegirine rhyolite；taurite
霓钠流纹岩☆taurite
霓闪花岗正长岩☆evisite
霓石[$NaFe^{3+}(Si_2O_6)$；单斜]☆aegirine；aegirite；aegyrite；natrosiderite；aegyrine；akmite
霓石化☆aegirinization
霓石岩☆aegirinite
霓石硬玉☆aegirinjadeite
霓碳酸(盐)岩☆aegirine carbonatite
霓铁辉石☆aegirinhedenbergite
霓透辉石[$CaMg(Si_2O_6)$]☆fedorovite；fedorowite；aegirine-diopside
霓细岗岩☆grorudite
霓细晶岩☆aegirine aplite
霓霞斑岩☆ijolite porphyry；ampasimenite；sussexite
霓霞脉岩☆tinguaite
霓霞岩☆ijolite；ijolith；aegineite
霓异霞正长岩☆aegirine lujavrite
霓英煌岩☆cancarixite
霓硬玉☆jadeite-aegirite；aegirine-jadeite
霓正长岩☆aegirine syenite
呢绒☆cloth；wool fabric；wool(l)en (piece-)goods
铌☆niobium；Nb；columbium；columbite；greenlandite niobite
铌板钛矿☆niobobrookite
铌铋矿☆bismutoniobite
铌铋镁系陶系☆ceramics
铌铒矿☆sipylite
铌铒石☆erbium niobate
铌钙石[$(Ca,Ce,Na)(Nb,Ta,Ti)_2(O,OH,F)_6$；斜方]☆fersmite
铌钙钛锆石[$(Ca,Zr,Fe^{2+})(Ti,Nb,Zr)_2O_7$]☆ni(o)bo-zirconolite
铌钙钛矿[$(Ca,Ce,Na)(Ti,Nb,Ta)O_3$；$(Ca,Na)(Nb,Ti,Fe)O_3$；斜方]☆dysanalite；dysanalyte；niobium {niobian} perovskite；latrappite
铌钙易解石☆vigezzite
铌钙铀矿☆pisekite
铌高铁铀矿☆oxy-petschekite
铌锆贝塔石☆niobozirconolite
铌锆钠石[$NaCa_2(Zr,Nb)Si_2O_8(O,OH,F)$]☆wo(e)hlerite；weleryt
铌锆钛钙矿☆niobobeljankinite
铌硅钛铈矿☆niobochevkinite
铌黑钨矿☆wolframoixiolite；nb-wolframite
铌黄绿石☆columbomicrolite
铌金红石☆nb-rutile；niobium rutile
铌钶矿☆samarskite
铌矿☆niobium ore
铌拉崩佐夫石☆niobolabuntsovite
铌氯化炉☆niobium chlorinator
铌镁矿[$(Mg,Fe^{2+},Mn)(Nb,Ta)_2O_6$；斜方]☆magnesio-columbite；magn(esi)ocolumbite；magnoniobite
铌镁酸铅陶瓷☆lead magnesio-niobate ceramics
铌锰矿[$(Mn,Fe)((Nb,Ta)_2O_6)$,(Mn:Fe>3:1)；斜方]☆mangan(o)columbite；manganoniobite
铌钠矿[$NaNbO_3$]☆lueshite
铌镍酸铅陶瓷☆lead niobate-nickelate ceramics
铌锐钛矿☆niob(o)anatase；niobo-anatase
铌石☆nioboxite；nioboxide
铌铈(铌钙)钛矿☆nioboloparite
铌铈钇矿[$(Ca,Fe_2,Y,Zr,Th,Ce)(Nb,Ti,Ta)O_4$；斜方]☆polymignite；polymignyte；zirkoneuxenite；melanerz[德]
铌水硅铌钛矿☆niobolabuntsovite
铌酸钡钠晶体☆barium sodium niobate ceramics
铌酸钾晶体☆potassium niobate crystal
铌酸钾钠陶瓷☆potassium-sodium niobate ceramics
铌酸锂钠锶晶体☆strontium sodium lithium niobate crystal；SNIN
铌酸锂型结构☆lithium niobate type structure
铌酸锶钡晶体☆strontium barium niobate；SBN
铌酸盐☆columbate；niobate
铌酸盐类☆columbates；niobate
铌酸盐系压电陶瓷☆niobate system piezoelectric ceramics
铌酸钇矿[$(Ca,Fe_2,Y,Zr,Th)(Nb,Ti,Ta)O_4$]☆yttroilmenite；samarskite；polymignite
铌钛锆钍矿☆zirkelite；niobozirkonolith；niobozirconolite
铌钛矿☆ilmenite；xanthitane；oysanite；octahedrite；dauphinite；anatase
铌钛锰石[$(Mn,Ca)(Ti,Nb)_5O_{12}\cdot 9H_2O$；非晶质]☆mangan(o)belyankinite
铌钛钕矿☆niotineodite
铌钛酸铀矿[铀钇的铌钛酸盐]☆pisekite
铌钛钇铀矿[$(Y,Re,U,Ca,Th)_2(Nb,Ta,Fe,Ti)_7O_{18}$]☆ampangabeite
铌钛铀矿[$(U,Ca)(Nb,Ta,Ti)_3O_9\cdot nH_2O$]☆betafite；uranpyrochlore；hatchettolite；samiresite
铌钽交代蚀变花岗岩矿床☆niobium and tantalum deposit in altered granite
铌钽金属☆earth-acid metal
铌钽矿☆columbotantalite；Nb-Ta ores
铌钽钠石☆irtyshite
铌钽钛矿☆niobo-tantalo-titanate
铌钽锑矿☆stibiotantalite
铌钽铁矿[$(Fe,Mn)(Nb,Ta)_2O_6$]☆columbite-tantalite；niobotantalite；niobium tapiolite
铌钽铁铀矿☆ishikawaite；toddite
铌钽氧化物☆earth acid
铌钽铀矿[$U^{6+}(Nb,Ta)_2O_8$；六方]☆liandratite
铌锑矿[$SbNbO_4$；斜方]☆stibiocolumbite；stibioniobite
铌铁(合金)☆ferrocolumbium
铌铁金红石[$(Ti,Nb,Fe^{3+})_3O_6$；四方]☆ilmenorutile
铌铁矿[$(Fe,Mn,Mg)(Nb,Ta,Sn)_2O_6$；$(Fe,Mn)Nb_2O_6$；$Fe^{2+}Nb_2O_6$；斜方]☆ferrocolumbite；columbite；torrelite；niobite；mengite；greenlandite；dianite；ferro-ilmenitte；hermarmolite；baierine；baierite；ferroniobium ore；kolumbit[德]；hermannolite；ironstone；gronlandite；eisenkolumb；baierine；ferro-columbite；polybrookite；columbite niobite
铌铁矿-钽铁矿系矿物☆columbotantalite
铌铁锰矿[$(Fe,Mn)(Nb_2O_6)\cdot nH_2O$]☆adelpholite；adelfolite
铌铁铀矿[$U^{4+}Fe^{2+}(Nb,Ta)_2O_8$；六方]☆petscheckite
铌钨矿☆wolframoixiolite
铌细晶石[$(Ca,Mn,Fe,Mg)_2((Nb,Ta)O_7)$]☆columbomicrolite
铌线圈[超导雷力仪中]☆niobium coil
铌锌锆钛酸铅陶瓷☆lead niobate-zincate lead

zirconate-titanate ceramics
铌星叶石[$(K,Na)_3(Fe^{2+},Mn)_6(Nb,Ti)_2Si_8(O,OH,F)_{31}$；三斜]☆niobophyllite
铌叶石☆niobophyllite
铌钇矿 [$(Y,Er,Ce,U,Ca,Fe,Pb,Th)(Nb,Ta,Ti,Sn)_2O_6$；单斜]☆samarskite；eytlaudite；nuevite；nohlite；ampangabeite；hydroeuxenite；uranotantalite；yttroilmenite；eytlandite；khlopinite；yttroniobite；uranotantaline；uran(o)niobite；yttrocolumbite；adelfolite；adelpholite
铌钇矿与铌铁矿的紧密共生体☆aannerodite
铌钇铀矿 [$(U,Fe,Y,Ca)(Nb,Ta)O_4$?；斜方]☆ishikawaite；nohlite；annerodite；uranniobite
铌钇杂铌矿☆samarskite-wiikite
铌易解石 [$(Ce,Ca,Th)(Nb,Ti)_2(O,OH)_6$；斜方]☆niobo-aeschynite；niobo(a)eschynite
铌重钽铁矿☆niobotapiolite
鲵☆salamander
鲵类☆Salamandrina
鲵龙☆keraterpeton
鲵鱼☆Cryptobranchus
泥☆mud；lama；slime；earth
泥岸☆mud-dumping hank
泥笆墙☆wattle and daub
泥巴试验☆experiment with clay model
泥坝☆mud bar
泥斑☆frost scar；spot medallion；mud spot
泥板☆darby
泥(质)板岩☆shale；argillite；(indurated) mudstone；argillyte；clayslate；argillith；clay slate；killas
泥版文书☆clay tablet
泥棒☆mud pipe
(钻具为)泥包(住)☆ball up；ball-up；balling；logy drill column
泥包[钻进时岩粉形成的]☆balling{balled} up；mud drum；rings
泥包卡钻☆bit balling；balling-up sticking
泥包钻头☆balled bit
泥崩☆mud avalanche；mudflow；mudslide
泥泵☆dredge{mud;sand;American} pump；pump dredger；sand sucker；sludger；tubing drill；suction dredge(r)；shoe shell；thief；bailing tube
(钻孔)泥泵取样段☆thief zone
泥辫菌科[微]☆Peloplocaceae
泥辫菌属[微]☆Peloploca
泥鳖科[动]☆Dermatemydidae；Kinosternidae
泥滨☆mud flat
泥冰川☆mud glacier
泥饼☆mud cake[工]；cake；filter{slurry;sludge} cake；plaster；mud sheath；mc
泥饼厚度☆height of mud cake；hmc；filter cake thickness；cake thickness
泥饼清除☆cake removal
泥饼刷☆scratcher；wall scratches{scratcher}
泥饼样品温度☆mud cake sample temperature；MCST
泥饼遮挡油气藏☆mud volcano screened hydrocarbon reservoir
泥波☆mud wave
泥波层状☆flaser-bedded
泥波体☆flaser
泥驳☆dump barge；mud scow；sludge vessel；hopper
泥舱式挖泥船☆hopper dredger
泥层☆mud seam
泥层高度探测器☆bed level detector
泥插脚☆clay plug
泥铲☆trowel；mud{scoop} shovel；spoon
泥铲吊索☆spud rope
泥车☆muck car
泥沉积带☆mud belt
泥池☆slime tank
泥齿银鲛属[K-N]☆Edaphodon
泥川☆mud glacier
泥船钻进法☆mud-scow method
泥刺穿☆mud diapir
泥带☆mud belt
泥刀☆trowel；slice；slasher；slicer
(用)泥刀涂抹☆trowel
泥道拱☆axial bracket arm
泥的包壳(作用)☆coating of mud
泥底☆muddy ground{bottom}
泥底辟☆mud diapire{diapir}
泥地☆dirt；mud(dy) ground；muddy land
泥点子☆mud spots
泥垫层☆mud blanket
泥碟☆clay disc
泥动(作用)☆solifluction
泥斗☆bagger
泥斗车☆mud trolley
泥度体积含量☆shale bulk volume
泥断层☆pug{abnormal} fault
泥堆☆mud bank
泥多边形土☆mud (crack) polygon
泥阀☆mud valve
泥肥☆terreau；sludge；silt；muck；mud{peaty} fertilizer
泥肥洒布机{|装运器}☆slurry spreader{|loader}
泥沸泉☆mud pot
泥封☆balling up；mudding{mud} off[钻孔壁]；luting；mudding；scove；bod
泥封的☆mudded off
泥蜂科[动]☆Sphecidae
泥蜂总科☆Sphecoidea
泥敷剂☆poultice；cataplasm(a)
泥覆波痕☆mud-buried ripple mark
泥钙质的☆argillo-calcareous
泥盖☆mud drape
泥坩埚☆clay crucible
泥缸☆clay barrel
泥岗{丘}☆mud mound
泥鸽☆clay pigeon
泥疙瘩☆clot
泥格架(岩)礁☆mud-framework reef
泥格状礁☆mud-framework reef
泥工☆bricklayer；tiler；plasterer
泥沟☆gutter or drain；slurry-trench
泥沟铸型☆mud furrow
泥鼓(丘)☆mud drum
泥刮☆mud scraper
泥龟[动]☆mud turtle；Kinosternidae
泥龟科☆Dermatemydidae
泥海蜷☆Terebralia palustris
泥海蜷属☆Terebralia
泥核底辟☆bulge
泥河湾层☆Nihowan formation
泥褐铁矿☆brown clay-ironstone
泥红菌素☆limocrocine
泥糊☆mud sheath
泥糊点☆flounder point
泥滑☆mudslide
泥化☆argill(iz)ation；pelitization；sludging；slugging
(矿石)泥化法☆all-sliming process
泥化夹层☆clay gouged intercalation；mudding intercalation；argillic intercalated layer
泥化夹层分带☆zoning of intercalated soft layer
泥化作用☆pelitization；argillitization；argillation；degradation in water
泥环☆mud circle{ring}
泥黄赭石☆hypoxanthite
泥灰☆musky coal；malm；marl；marlstone
泥灰黑壤☆margalitic soil
泥灰湖☆marl lake；merl
泥灰化阶段☆stage of peatification
泥灰浆☆soil{mud} mortar
泥灰焦油☆peat tar
泥灰色☆lark
泥灰石☆caliche；marlstone
泥灰土☆marl(y) (soil;earth;clay)；decomposed marl
泥灰岩☆marl；malm；marlite；chalky clay；greda；bog lime；marlstone；calcilutite；muddy limestones；marne[法]
泥灰岩的☆marlaceous；marly
泥灰岩坑{矿}☆marl-pit；marlpit
泥灰岩砖☆marl brick
泥灰质(的)☆argillo-calcareous
泥灰质土☆marly soil
泥火口☆mud crater
泥火山☆macaluba{maccaluba} [西西里岛]；mud volcano{lump;cone;geyser}；hervidero；salse；mudlump；maccaluber
泥火山气☆mud volcano gas；gas of mud volcano
泥火山锥☆mud{puff} cone
泥基斑岩☆argillophyre
泥基泥浆☆shale laden mud
泥(粒)级颗粒☆clay-size particle
泥脊波浪{痕}☆mud-ridge ripple mark
泥夹层☆mud seam
泥甲科[动]☆Dryopidae
泥甲总科☆Dryopoidea
泥浆☆mud (fluid;water)；slurry；lama；drilling fluid[钻井]；drilling meal{dust;cuttings}；pulp；slush；slop；sludge[含岩屑多]；clay mortar；slime (pulp;sludge)；drill{mud-laden} fluid；slip；ooze；offscum；muddy water；sludge cuttings；cutting；mud laden fluid
泥浆坝☆slimes dam
泥浆礦土☆magcogel
泥浆泵☆slime{mud;dredge;slurry;slush;slip;sludge;circulating;mud-hog;scum;shell;sheet} pump；(dirt bailer；sludger；sandpump；mud hog
泥浆泵冲程计数器☆pump stroke counter
泥浆泵吊绳滚筒☆sandline drum
泥浆泵法[钻孔灌浆]☆bailer method
泥浆泵汲池☆pump suction pit
泥浆泵配件☆slushing pump components
(用)泥浆泵清理钻孔☆bailing
泥浆泵吸入端☆suction end of pump
泥浆泵振动压力☆mud pump shock pressure
泥浆比重☆mud weight；mud specific gravity
泥浆比重因气侵下降☆cutback in mud weight
泥浆补偿{给}罐[起下钻用的]☆trip tank
泥浆不返出(井口)☆lose circulation
泥浆槽☆carry pan；(canal) ditch；slurry tank{trench}；mud ditch{pit;launder;flume;channel}；active pit；chute；slush-pit launder
泥浆槽盖☆channel cover
泥浆槽黏土截水墙☆slurry trench cutoff
泥浆槽(中取出的)砂{岩}屑样品☆ditch sample
泥浆槽中的油气显示☆showings on the ditch
泥浆测井☆mud logging{log}；well fluid logging
泥浆产物☆product slurry
泥浆沉淀场☆sludge paddock
泥浆池☆slush pit{pond}；clay{suction;mud;sludge} pit；slime basin；slurry pool{pond}；reservoir of mud；mud canal flume；mud chamber{trough;sump;pool}；mud turn ditch；sump (hole)；suction tank；slimes dam；claypit；sludge impoundment
泥浆池面☆mud-pit level
泥浆池泥浆量记录仪☆pit-volume recorder
泥浆池液体增量☆pit gain
泥浆池中泥浆温度☆pit temperature
泥浆(通过钻杆)冲出钻屑☆mud slip
泥浆冲洗☆mud flush；clay flushing
泥浆冲洗钻井法☆mud-flush method of sinking
泥浆稠度☆grout consistency；slip consistency
泥浆稠化☆thickening of mud
泥浆出口☆circulating hole
泥浆除砂器☆sand separator
泥浆储备地☆mud reserve pit
泥浆处理☆sludge treatment；treatment of mud；slurry handling
泥浆处理剂☆mud conditioner
泥浆窜槽☆bypassed mud channel
泥浆到达波[声测井]☆mud arrival
泥浆的泵送限度☆pumping limit of mud
泥浆的冲蚀作用☆jetting action
泥浆电阻率测定{试}器☆electronic mud tester；EMT
泥浆吊绳滑轮☆sandline sheave
泥浆顶替技术☆mud displacement technique
泥浆定量投注器☆slurry proportioning feeder
泥浆堵漏☆mudding；mud up
泥浆对地层的损害{污染}☆mud damage
泥浆返出温度☆mud temperature out
泥浆返料☆solution return
泥浆防渗墙☆slurry cutoff
泥浆肥料泵☆liquid sludge pump
泥浆分离☆slime-separation
泥浆分析测井☆mud analysis logging
泥浆封住油层☆mud up
泥浆浮力校正☆mud buoyancy correction
泥浆工☆mudman
泥浆固壁施工☆slurry wall construction
泥浆固壁钻孔法☆slurry drilling method
泥浆固结☆consolidation of mud
泥浆刮除器☆sludge scraper
泥浆管线☆mud line{manifold}；drilling fluid line
泥浆灌浆☆mud grouting；slush-grout
泥浆罐体积显示仪☆pit volume indicator
泥浆含气录井☆mud-gas logging
泥浆护壁钻孔法☆slurry hole-boring method
泥浆护孔法☆slurry method

泥浆化☆sliming；sludging
泥浆缓冲盒☆mud cushion box
泥浆回收船☆mud recovery vessel
泥浆回转接头☆mud swivel
泥浆{冲洗液}化学师{配制员}☆mud chemist
泥浆或水泥浆失水量☆filter loss
泥浆集中供应站☆reconditioning plant
泥浆加稠☆thickening of mud
泥浆加压盾构☆slurry shield
泥浆加重材料☆weighting material of mud
泥浆减稠剂☆mud thinner
泥浆胶管☆flexible mud hose；ground{mud} hose
泥浆浇注☆slurry {-}casting；slip cast
泥浆搅拌机☆slurry mixer{agitator}；mud agitator
泥浆校正☆mud correction；MCOR
泥浆结饼☆consolidation of mud
泥浆(泵)进口软管☆mud suction hose
泥浆进入温度☆mud temperature in
泥浆净化☆slime pulp purification；mud purification
泥浆静切力计☆shearometer
泥浆坑[工]☆mud{sludge} pit；slush pit；sludge pond；slushpit
(用)泥浆控制井眼☆mud control
泥浆类型☆mud type；MT
泥浆离心除砂器☆centrifugal mud machine
泥浆料☆material-mud
泥浆临时取样盒[泥浆槽中]☆sample trough{box}
泥浆流量监测仪☆mud flow monitor
泥浆漏斗☆slurry hopper
泥浆漏失☆lose returns{water}；mud loss；lost circulation{returns;water}
泥浆录井☆mud log(ging)；drill returns log
泥浆滤液☆(mud) filtrate；mf
泥浆滤液面上的彩色晕膜☆the slush pit；rainbow
泥浆滤液侵入带☆filtrate-invaded zone
泥浆脉冲发射器☆mud-pulse transmitter
泥浆黏度测量漏斗☆Marsh funnel
泥浆凝胶强度和剪切力测定仪☆eykometer
泥浆浓度☆thickness of slime；slurry concentration；mud weight；clay mortar density
泥浆浓度、黏滞度试验☆mud-flush test
泥浆排卸管道☆mud discharge line
泥浆喷补机☆air mortar gun
泥浆喷嘴☆slush nozzle
泥浆气测录井☆hydrocarbon {-}mud log
泥浆气侵☆cutting of mud by gas；mud-gas cutting
泥浆枪☆jet{mud} gun
泥浆枪冲刺过的☆gunned
泥浆墙☆slurry-wall
(硬铝筒式)泥浆切力计☆shearometer
泥浆驱动的涡轮☆mud-propelled turbine
泥浆取样段☆thief zone
泥浆容重☆equivalent mud weight；mud weight
泥浆入口☆sludge inlet
泥浆软管☆horse cock；flexible mud hose；mud hose
泥浆筛☆mud shaker{screen;desander}；screen shaker；slurry screen；screen-shaker
泥浆渗入井壁深度☆depth of invasion
泥浆失去循环的钻进[泥浆不返出地面]☆blind drilling
泥浆失水量☆fluid{water} loss；filtration
泥浆收集设备☆sludge gathering equipment
泥浆水☆muddy{slime;earthy;slurry} water
泥浆撕裂碎屑☆muddy rip-up clast
(钻井)泥浆损失☆kick；mud loss
泥浆套下沉沉井☆sinking open caisson by slurry coating
泥浆体积累加器☆mud volume totalizer；MVT
泥浆天平☆mud scale{balance}；densimeter
泥浆-天然气分离器☆mud-gas separator
泥浆填料☆chicken feed
泥浆通路☆fluid passage
泥浆脱气蒸馏☆mud degassing still
泥浆洗井护壁☆protecting shaft from collapse using mud fluid
泥浆洗孔☆clay flushing
泥浆性能的控制☆mud control
(用)泥浆修补(裂缝)的☆mad-daubed
(使)泥浆循环☆break circulation
泥浆循环无漏失上返☆full returns
泥浆循环一次☆wash-around
泥浆压井器☆mud lubricator
泥浆压力指示表☆mud pressure indicator
泥浆样品电阻率☆resistivity of mud sample；rms
泥浆造壁☆wall building；mud sheath；mudding
(巴罗德)泥浆造壁能力试验仪☆Baroid wall-building test instrument
泥浆增强覆盖层☆slurry-reinforced overburden
泥浆真空处理机☆slip vacuum treatment machine
泥浆制备☆slurry preparation
泥浆中含的天然气☆mud gas；gas in mud
泥浆中的固体颗粒{|相物质}☆mud particles{|solid}
泥浆肘节管☆flexible mud hose
泥浆贮备池☆reserve pit
泥浆贮藏箱☆mud bin
泥浆柱静水压力☆hydrostatic mud pressure
泥浆注液样品电阻率☆resistivity of mud filtrate sample；RMFS
泥浆状浸出液☆slimy leach liquor
泥浆自动排出装置☆automatic sludge discharger
泥浆总量表☆level totalizer
泥浆(固壁)钻孔法☆slurry drilling method
泥脚[建筑物泥压地基]☆clay foundation of a building
泥角砾岩☆mud breccia
泥结碎石路面☆clay bound macadam
泥金☆coating material made of glue and powdered gold or other metals；golden paint
泥金佛像☆a golden Buddha
泥金写本☆illuminated manuscript
泥晶☆micrite
泥晶白云岩☆micrite；micritic dolomite
泥晶化☆micritization；micritize
泥晶灰岩☆micrite；pelsparite；cryptite；micritic limestone
泥晶加大作用☆micrite enlargement
泥晶套☆(micrite) envelope
泥晶岩[微晶岩]☆micstone
泥晶质壳层☆micritic rind
泥卷☆mud curl{roll}
泥壳☆slurry cake；mud crust
泥坑☆mud pit{puddle}；puddle；mire；slough；morass；boghole
泥孔塞☆mud plug
泥块☆clod
泥矿(浆)突然涌入☆mud rush{run}
泥蜡浸胶☆quickbornite
泥砾☆boulder{stone} clay；mud boulder{pebble}
泥砾层☆muddy gravel；clay boulder；boulder clay；olistotrome
泥砾沉流积[西]☆rana
泥砾土☆cimolite；till
泥砾岩☆gompholite；symmicton；paraconglomerate；olistostrome；mudstone conglomerate；nagelfluh
泥粒☆mud pellet
泥粒(状)灰岩☆packstone
泥粒集合体☆mud aggregate
泥力☆towel
泥疗☆pelotherapy；mud therapy；mud-bath treatment
泥料☆pug
泥料加工☆tempering
泥料加热处理☆steam-heating of clay
泥裂☆desiccation crack{fissure;mark}；mud cracking
泥裂铸型☆mud {-}crack cast
泥裂作用☆mud cracking
泥菱铁矿[$FeCO_3$]☆pelosiderite
泥龄☆sludge age
泥蛉亚目[动]☆Megaloptera
泥岭涟痕☆mud-ridge ripple mark
泥流☆solifluction (flow)；mud flowage{ avalanche; flow;stream}；sludging；earth{soil} flow；earthflow；mudflow (solifluction)；mudspate；soil fluction；Rollsteinfluten；soilflow；solifluxion (mass)；lahar
泥流搬运砾☆kneaded gravel
泥流沉积☆co(o)mbe rock；solifluction(al) deposit
泥流构造痕☆mudflow
泥流土☆mud-flow soil；mud flow soil
泥流型滑坡☆flow slide
泥流岩☆aqueous lava
泥流状滑坡☆earth slide
泥路☆dirt road
泥卵石☆mud pebble
泥螺☆mudsnail；mud snail
泥锚位☆mud berth
泥霉素☆geomycin
泥煤☆peat (coal;marl)；boghead{bogheadite;slime; slurry;mushy;moor} coal；mush；turf；sapropelite
泥煤的☆turfy
泥煤化作用☆ulmification
泥煤田☆turbary；peat hag turbary；turfary
泥煤脂☆butyrelite；bog butter
泥镁质的☆argillo-magnesian
泥(质胶)膜☆argillan；argitan
泥抹子☆trowel
泥漠☆takir；takyr
泥内生物☆endopelos
泥镍矿☆kersinite
泥凝灰岩☆dust{mud} tuff
泥泞☆miriness；muddy；miry；sloppy；wiriness；slushy
泥泞的☆greasy；quaggy
泥泞地☆slobland；quagmire；slob；swash
泥泞路{道}☆dirt road
泥泞拟钉螺[生]☆Tricula humida
泥泞田地轮☆muddy-field wheel
泥泞沼泽[德]☆sumpfmoor；swing moor；wet, yielding earth in the marshes
泥欧克姆期☆Neocom age
泥盘☆mud pan
泥炮☆notch{clay;tap;mud;taphole;concrete} gun；taphole stopping machine；tapping hole gun
泥炮筒☆clay barrel
泥炮嘴☆gun nozzle
泥喷泉☆mud geyser
泥盆贝属[腕;D_2]☆Devonalosia
泥盆长身贝属[腕;D_{2-3}]☆Devonoproductus
泥盆海蕾(属)[D]☆Devonoblastus
泥盆纪[409～362Ma；石松和木贼、种子植物、昆虫、两栖动物、相继出现，鱼类极盛,腕足类、珊瑚发育]☆Devonian (period)；D
泥盆纪的☆Devonian
泥盆纪石炭纪间☆Bretonic movement
泥盆系☆Devonian (system)；D
泥坯☆moulded pottery not yet put in a kiln to bake
泥皮[井壁上]☆mud{filter;slurry} cake；clay coating
泥皮厚度☆cake thickness
泥皮形成[钻孔壁]☆mud-cake growth
泥片麻岩☆pelite-gneiss
泥片榍石☆gvarinite
泥片岩☆fissile shale
泥坪☆corcass；corcagh；mudflat
泥坡的☆mud-prone
泥栖生物☆pelos
泥气地☆mud field
泥前滨☆mud foreshore
泥枪☆tap{mud} gun
泥(饼)桥[井壁上结厚泥饼]☆mud bridges
泥丘☆mud cone{mound;lump}；mudlump；mac(c)aluba
泥鳅☆loach；mud fish
泥鳅疽☆acute purulent tenosynovitis of the finger
泥球☆mud ball{boulder}；chalazoidite；ball clay
泥球法☆clay-ball method
泥球砾岩☆shale conglomerate
泥球-流动压实(作用)☆ball-and-flow compaction
泥球田☆turfary
泥屈曲菌属[微]☆Pelosigma
泥圈☆mud collar
泥泉☆earth(y){mud} spring
泥泉口☆mud crater
泥热泉☆mud gryphon
泥人[工美]☆clay figurine{statuette}
泥熔岩☆moya；mud{aqueous} lava；moja；pelite；argillaceous rock；pelyte
泥塞☆bod[堵出铁口]；bot(t)；clay plug{stopper}
泥塞杆☆botting{hot;bott} stick
泥砂☆silt (load)；stream{sediment} load；argillaceous silt；atteration
泥砂浆☆soil mortar
泥砂锯[雕琢宝石用]☆mud saw
泥砂质相☆pelitic-arenaceous facies
泥砂质岩☆pelitopsammite
泥砂质浊积岩☆pelitic-arenaceous turbidite
泥沙☆sediment；silt；alluvium；washings[水流冲刷运移的]；solid load；sediment load[河流的]
泥沙搬运☆transport of sediment；sediment{silt} transport；silt transportation；transportation of sediments
泥沙搬运率☆sediment-transport rate
泥沙搬运力学☆sediment transportation mechanics

N

泥沙泵[机]☆sludge{sand} pump
泥沙蚕科[动]☆Opheliidae
泥沙层☆muddy sand
泥沙沉积☆sediment deposit(ion); silt (deposition; lodging); sedimentation
泥沙{砂}沉降粒径☆sedimentation diameter
泥沙地☆argillo-arenaceous ground
泥沙堆积☆waste accumulation; silting
泥沙含量低的底{|浊}流☆low-concentration bottom{|turbidity} currants
泥沙河槽☆dirty channel
泥沙河流☆waste stream
泥沙混合物☆sediment mixture
泥沙夹带量☆silt carrying capacity
泥沙径流☆sediment run(-)off; flow of solid matter
泥沙控制处理☆control and treatment of silt
泥沙拦集池☆silt-collecting pool
泥沙(搬运)砾☆kneaded gravel
泥沙量☆wash load
泥沙量少的浊流☆dilute turbidity current
泥沙流☆current{sand} drift; silt flow
泥沙轮☆sand wheel
泥沙年淤积量☆annual accumulation of sediment; annual amount of sedimentation
泥沙输移☆sediment transport
泥沙填塞☆blocking up
泥沙(浆)突然涌入☆mud-rush; mud-run
泥沙土☆silty soil
泥沙物☆drift
泥沙挟带能力☆sediment-carrying capacity; silt carrying capacity
泥沙悬(浮物)质☆silt suspension
泥沙岩☆siltstone
泥沙液化[流化]☆liquefaction of silt
泥沙移动☆dislodging of sediment
泥沙与冰间层☆black-and-white iceberg
泥沙运移☆(silt) transfer
泥沙运移力学☆sediment transportation mechanics
泥沙状死骨☆sand-like sequester
泥沙资料[沉积]☆sedimentary data
泥山崩☆mudslide
泥上浮游生物☆suprapelos
泥石☆mudstone
泥石洪流☆debris flood
泥石流☆debris{mud-rock;earth;slurry;mudstone; rubble} flow; mudflow; block glacier; mud slide {avalanche}; solifluxion mass; detritus{mud} stream; rollsteinfluten
泥石流地段路基☆subgrade in debris flow zone
泥石流堆积扇☆debris flow fan
泥石流沟☆debris flow gully
泥石流流通区☆flowing area of mud flow
泥石流伸展距离☆debris run-out
泥石流形成区☆debris flow formation region
泥石流运动区☆debris flow movement region
泥石流中央堵塞☆central plug
泥石硬石膏矿石☆pelitic anhydrite ore
泥食动物☆deposit feeder
泥蚀变☆argillic alteration
泥铈钇矿☆zirkoneuxenite
泥水☆soil{muddy;turbid;earthy;mud} water
泥水工☆dauber; mason
泥水加压盾构☆mud{slurry} shield
泥水匠☆bricklayer; plasterer; tiler; brickmason
泥水泉☆turbid-water{muddy;earthy;earth} spring
泥塑☆clay{coloured;painted} sculpture; color modeling
泥塑模☆slime mo(u)ld
泥塑人☆person of clay
泥酸☆mud (clean-up) acid; Mud-Sol; MCA
泥笋☆mud stalagmite
泥胎[尚未着油彩的泥像]☆unpainted clay idol; unfired pottery
泥滩☆mud bank{flat;foreshore}; flat; gumbo bank; mud-dumping foreshore; mudbank; plat
泥滩群落☆pelochthium; ochthium
泥潭☆silt; mire; morass; quagmire
泥炭☆turf; peat (coal;marl); bog muck; peat composed of rotten mosses; mud{mushy} coal
泥炭变成无烟煤说☆peat-to-anthracite theory
泥炭表层☆histic epipedon
泥炭采掘场☆turbary
泥炭层☆peat bed{stratum;horizon;layer;formation}; moss layer; turf bed; natural paper; white turf[在清理过地段下埋藏的]
泥炭产地☆peatery; peatland
泥炭的☆turfy; boggy; peaty; turbinaceous
泥炭底☆muck foundation
泥炭堆☆leat
泥炭堆肥营养钵☆peat compost block
泥炭腐泥☆dy
泥炭腐殖质营养钵☆peat compost block; peat pot; turf-muck block
泥炭覆盖的地面☆organic terrain
泥炭和厩肥混合机☆peat-and-manure mixer
泥炭化☆ulmification; paludification; peatification
泥炭灰黏土☆peaty gley soil
泥炭混合肥营养钵☆turf-muck block
泥炭级腐殖煤[腐殖煤系列第二煤化阶段]☆humocoll
泥炭角砾☆peat slime
泥炭块泥煤☆peat
泥炭矿土{工}☆peatman
泥炭扒掘机☆peat drag
泥炭切取机☆peat cutting machine
泥炭丘☆palsa[pl.palsen]; hardhead; peat hummock {mound}; pals
泥炭鞣尸☆cadaver tanned in peat bog
泥炭烧剩水坑☆pyric pond
泥炭湿地[瑞]☆flark
泥炭苔地☆moss land
泥炭苔藓型地表植物☆chamaephyta sphagnoides
泥炭田☆turfary; clob; peat moor{moss;land;bog}; blanket peat
泥炭土☆peat (soil;mould); peaty earth; turf; dal soil
泥炭土营养钵压制机☆moss-soil block press
泥炭(-)无烟煤演化说☆peat-to-anthracite theory
泥炭系☆carboniferous system
泥炭鲜草木群落☆sphagniherbosa; sphagniprata
泥炭纤维☆fibrous peat; peat fibre
泥炭藓☆sphagnum; bog moss; peat moss sphagnum
泥炭藓科☆Sphagnaceae
泥炭藓目☆Sphagnales
泥炭藓属[苔;K_2-N]☆Sphagnum
泥炭形成环境☆peat-forming environment
泥炭性灰壤☆peaty podzol
泥炭性质急变层☆recurrence horizon
泥炭压制播种饼☆peat seeding pellet{starter}
泥炭岩性剧变层位☆recurrence horizon; grenz
泥炭样花粉团☆fimmenite
泥炭沼☆moss; heath; peat bog{bed;moor}; moor; peatery; peatbog; bog; mose
泥炭沼(泽)☆black{peat} bog; bog; moss; moor; quagmire; peat{turf;peat-forming} swamp; moss {-}land; turfary; turf{peaty} moor; muskeg; peatery; heath; peat bed{moor}; peatbog
泥炭质土☆cumulosol; peaty soil
泥炭中的腐殖凝胶☆phytocollite
泥炭重视层位☆peat recurrence horizon
泥炭筑成的矿工更衣室☆moorhouse
泥炭砖☆peat brick{block}; pressed peat
泥汤泉☆mud pot
泥塘☆bog; boghole; mire; morass; muddy pool; mud pot{crater}
(用)泥填塞☆pug
泥条筑成法☆clay-strip forming technique
泥铁结核☆cat's head
泥铁矿[(Fe,Mn)(Nb,Ta)$_2$O$_6$]☆grubbin; gubbin; clay iron ore; (clay;bail) ironstone; clay-bond;eagle-stone; blackband (ore;ironstone); eaglestone; black band; blackband{argillaceous} iron ore; pennystone
泥铁石(带)☆penny stone; pennystone
泥铁岩☆clay ironstone; flamper
泥铁质的☆argillo-ferruginous
泥铜☆cement{precipitated} copper
泥土☆(argillaceous) earth; argilla; soil; clay; clart; mud; squad
泥土层☆dirt(y) bed; dirt-bed
泥土导散板☆earth spreader
泥土滑脱☆shedding
泥土或尘土的污点☆clart
泥土建筑☆pise
泥土疗法☆mud-therapy; pelopathy; pelotherapy
泥土流滩☆pavement due to soil flow
泥土黏附☆collection of mud
泥土气味☆argillaceous odour{smell}
泥土污秽☆earth-dirt
泥土学☆pelology
泥土状氧化铁☆earthy iron oxide
泥坨子☆a lump of mud; clod
泥蛙塘☆frog pond
泥瓦工☆mason
泥瓦管☆clay pipe
泥湾☆liman
泥丸☆mud pellet{ball}
泥丸砾岩☆mud-pellet conglomerate
泥污☆dirt
泥污棉铃☆sandies
泥溪☆muddy creek
泥线☆mudline; mud line
泥线菌科[微]☆Pelonemataceae
泥线菌属[微]☆Pelonema
泥线套管支承系统☆mud line easing support system
泥线下井口☆submudline wellhead
泥线悬挂系统☆mud line suspension system
泥箱☆mud collector{box;chamber}; sump
泥箱土☆sagger clay
泥像☆statue or image of a god,made of mud or clay; clay figurine{statuette}
泥象虫☆scepticus insularis
泥屑灰岩☆(calcite) mudstone; calcirudite; calcilutite; calcipelite
泥屑结构☆pelitomorphic{pelolithic} texture
泥屑岩☆lutite; lutyte
泥芯☆(loam) core; sand core; kernel
泥芯撑☆(core) chaplet; box strut
泥芯打出机☆core knockout; core-jarring machine
泥芯吊钩☆anchor
泥芯架☆lantern
泥芯骨☆core grid; arbor
泥芯黏结机[铸]☆core binder
泥芯直径☆core diameter
泥(土)芯子☆earth core
泥型☆loam{chamotte} mo(u)ld; loam block mould
泥岩☆mudstone; mudrock; claystone; argillite; mud stone{rock}; bind; ruffite; black; shale; soapstone
泥岩封闭☆shale-out
泥岩化☆argillization; argillizaiton
泥岩化带☆argillized zone
泥岩类☆argilloid
泥岩质砾岩☆mudstone conglomerate
泥岩状结构☆pelitic structure
泥罨剂☆cataplasm; poultice
泥窑焙烧☆stall roasting
泥页岩☆argillutite; mud{clay} shale; mudstone
泥液泵的液端☆mud end of the pump
泥荫鱼☆mudminnow
泥俑[考古]☆funerary clay figure; earthen figure {figurines}; clay figures buried with the dead
泥涌☆mud boil; mudrush
泥釉☆clay{slip} glaze
泥釉缕☆thread-like surface flaw
泥釉陶器☆slip ware
泥鱼属[K-E]☆Adocus
泥雨☆mud-rain
泥浴(健身法)☆mud{bog} bath
泥浴疗法☆bog{mud} bath therapy; mud-bath (treatment)
泥原☆mud-field
泥螈[动]☆mud puppy
泥螈属☆Necturus
泥云胶结砾岩☆anagenite
泥泽土☆muskeg
泥渣☆residue; offscum; mud (residue); sludge; slime (sludge); body refuse; slush
泥渣泵☆scum pump
泥渣沉积☆subsidence (settling)
泥渣多级洗涤系统☆multistage mud washing system
泥渣下腐蚀☆hide-out corrosion
泥渣箱☆sludgebox
泥沼☆slough; morass; mire; moss; bogheadite; slew; swamp; quagmire; sleugh; slue; wallow[动物打滚]
泥沼地☆bog (ground); turfary; quag(mire); mire
泥沼地区路基☆subgrade in swampland; subgrade in bog (soil) zone
泥沼甲科[动]☆Limulodidae
泥沼水{河}道☆slough channel

N

泥沼土☆peat soil
泥沼状态☆bogginess
泥质☆argillaceous (matter); pelitic; shale; shaliness
泥质板岩☆argillaceous slate
泥质薄铁矿夹层☆chitter
泥质波痕☆muddy sediment wave
泥质补偿氯测井☆shale compensated chlorine log
泥质部分☆argillaceous fraction
泥质材料☆earthy material
泥质层状盐[德]☆tonbanksalz
泥质潮滩☆mudflat
泥质沉淀☆mud precipitation
泥质沉积物地质学☆geology of argillaceous sediments
泥质充填☆clayey filling
泥质带☆argillized zone
泥质岛☆tey
泥质的☆clayey; argill(ace)ous; clayish; ilyogenous; pel(ol)ithic; muddy; argillic; arg; roily; luteous
泥质地☆slobland
泥质分布☆shale distribution
泥质含量指数☆shaliness index
泥质含气砂层{岩}☆shaly gas sand
泥质化(作用)☆argillation
(长石)泥质化(作用)☆pelitization
泥质灰岩☆leuttrite; argillaceous limestone; lyas; lias
泥质夹层☆muddy intercalation; bind
泥质夹矸☆bony{bone} coal
泥质角岩☆pelitic hornfels
泥质劣煤☆coalsmits; coal-smits
泥质菱铁矿☆argillaceous siderite; clay-band{clay} ironstone
泥质流☆current of higher density
泥质煤☆claggy; carbargillite; macker
泥质黏土☆bat
泥质片岩☆pelitic{argillaceous} schist
泥质丘☆mud dune
泥质砂☆miry sand
泥质砂岩☆argillaceous{dirty;clayey;shaly} sandstone; wacke; shaly sand
泥质砂岩电阻率方程☆shaly sand resistivity equation
泥质蚀变☆argillic alteration{alternation}
泥质水☆shale-water
泥质碎屑储层☆shaly clastic reservoir
泥质碳酸铁矿☆black-band ironstone
泥质铁矿☆argillaceous ore; iron clay
泥质土☆peat{puddly} soil
泥质岩☆pelite; pelyte; argillaceous{lutaceous;pelitic; mud} rock; argillite (pelite); lutite
泥质岩类☆argiloid
泥质岩类储集层☆argillaceous reservoir
泥质氧化物☆earth oxide
泥质页岩☆argillaceous{clay;mud;agrillaceous} shale; batt; dunnbass; duns; dunn bass slate
泥质页岩含量☆shale content
泥质指数选择器☆shale index selector; SIS
泥质中盐[德]☆tonmittelsalz
泥中挖得的残物☆dredged spoil matter
泥砖☆sun-dried mud bricks
泥状☆pelitomorphic
泥状灰岩☆mudstone
泥状(碎屑)灰岩☆calcilutite
泥状基质(砂岩)☆paste
泥状结构☆muddy texture
泥状泥炭☆mud peat
泥状铁矿☆earth iron ore
泥状岩☆mudrock; argillite
泥状杂质☆earthy impurity
泥锥☆mud cone
泥紫泵压力表☆slush pump gage
泥滓☆the world[世界]; low and inferior[低级的]; dirty or filthy[脏的;不洁的]
泥渍☆mud stain
尼安德特人☆Homo neanderthalensis; Neanderthal man
尼伯闪石☆nyboite
尼德兰[现在的荷兰和比利时]☆Netherlands
尼耳[核反应率单位]☆nile
尼尔[碳同位素]标准☆Nier's standard
尼尔桑`叶{尼亚木}(属) [T-K]☆Nilssonia
尼尔桑羽叶属[古植;T_3-J]☆Nilssoniopteris
尼尔桑枝属[K_1]☆Nilssonicladus
尼尔森选矿机☆Knelson concentrator
尼尔塔风☆nirta
尼尔瓦(合金)☆Nilvar
尼夫斯孢属[K]☆Nevesisporites
尼氟磷钙钠石☆nefedovite
尼富尔护罩☆Nipher shield
尼格里分子标准矿物☆Niggli's molecular norm
尼格里矿☆niggliite
尼格里太特[煤化产物]☆nigritite
尼格里值☆Niggli number; Niggli's value
尼格罗炸药☆Negro powder
尼硅钙锰石☆neltnerite
尼基佛罗娃贝属[腕;S]☆Nikiforovaena
尼基佛罗娃苔藓虫属[C-P_1]☆Nikiforovella
尼加拉瓜☆Nicaragua
尼加拉统☆Niagaran series
尼考贝属[腕;O_2]☆Nicolella
尼考梅达菊石属[头;T_2]☆Nicomedites
尼科波尔矿床☆Nikopol manganese deposit
尼科耳{尔}(偏光(棱))镜☆Nicol('s) prism; polarizer Nicol prism; (polarizing) Nicol
尼科尔森苔藓虫(属)[O]☆Nicholsonella
尼科牌液压往复式给矿机☆Nico hydrostroke feeder
尼克尔氏苔藓虫属[C]☆Nicklesopora
尼奎斯特准则☆Nyquist criterion
尼赖特炸药☆Nilite
尼雷尔石[$Na_2Ca(CO_3)_2$;斜方、假六方]☆nyerereite
尼磷钙铀矿☆nisaite
尼龙电缆夹链☆nylon cable carrier chain
尼龙吊带☆nylons sling
尼龙加固塑料风幛{障}☆nylon-reinforced (plastic) brattice
尼龙线织轮胎☆nylon cord tyre
尼龙织物护岸☆fabriform protection
尼龙铸粉☆nylon moulding powder
尼龙铸造齿轮☆nylon moulded gear
尼孟(镍克)合金☆Nimonic
尼米利风☆nemere
尼莫尔铁☆Nimol
尼宁格矿☆niningerite
尼欧可木阶☆Neocomian stage
尼帕(锐特炸药)[德;即喷特儿山太安]☆niperite
尼硼钙石 [$Ca_3B_6(OH)_{12}$•$2H_2O$; $Ca_3B_6O_6(OH)_{12}$•$2H_2O$;单斜]☆nifontovite
尼泊尔☆Nepal
尼日尔(河)☆Niger
尼日尔石☆nigerite
尼日利亚☆Nigeria
尼日利亚石[$(Zn,Mg,Fe^{2+})(Sn,Zn)_2(Al,Fe^{3+})_{12}O_{22}(OH)_2$;三方]☆nigerite
尼萨期☆Nizza stage
尼桑☆Nissan
尼氏笔石属[O_1]☆Nicholsonograptus
尼氏阶段☆nicholas terrace
尼斯金取样器☆Niskin sampler
尼斯皮矿☆nisbite
尼斯托叶肢介属[节;J_2-K]☆Nestoria
尼苏贝属[腕;$Є_{1-2}$]☆Nisusia
尼俗里分子标准矿物☆Niggli molecular norm
尼塔风☆nirta
尼太[信息单位]☆nit
尼碳钠钙石 [$Na_2Ca(CO_3)_2$; 斜方、假六方] ☆ nyerereite; natrofairchildite
尼特[亮度单位]☆nit; nt
尼特计☆nitometer
"尼特拉芒"炸药☆Nitramon
尼特隆☆nitron
尼特纳虫属[三叶;$Є_1$]☆Neltneria
尼藤粉属[N_1]☆Gnetaceaepollenites
尼瓦罗克斯合金☆nivarox
尼威白水晶[石]☆Bianco Neve
尼维哥钴镍合金☆Nivco alloy
尼亚加拉(统)[北美;S_2]☆Niagaran
尼亚加拉期后造山幕{期}☆post-Niagara orogenic period
尼亚加拉型`筛{|擦洗机}☆Niagara screen{|scrubber}

nǐ

拟☆quasi-analog; pseud(o)-; quasi-
拟阿勇蛞蝓科[腹]☆Ariophantidae
拟艾氏颗石属☆Pseudoemiliania
拟爱博拉契蕨属[古植;T_3]☆Eboraciopsis
拟爱曼纽贝属[腕;D_2]☆Paraemanuella
拟巴兰德木属[D_{1-2}?]☆Barrandeinopsis
拟瓣甲鱼属[D_2]☆Quasipetalichthys
拟棒石[钙超;K]☆Rhabdolithina
拟棒束孢属[真菌;Q]☆Isariopsis
拟棒形的☆clavoid
拟包珊瑚属☆Amplexoides
拟抱球虫属[孔虫;K_2-Q]☆Globigerinoides
拟扁豆虫属[孔虫;P_2]☆Pararobuloides
拟辫笔石属[S_2]☆Paraplectograptus
拟表皮因子☆pseudoskin factor
拟表型☆phenocopy
拟玻璃介属[K-Q]☆Paracandona
拟不稳定重力仪☆pseudo-astatic gravimeter
拟布尔顿蜓属[孔虫;P_2]☆Paraboultonia
拟采油指数☆pseudoproductivity index; PPI
拟残余油饱和度☆pseudoresidual oil saturation
拟槽孔贝属[腕;T_{2-3}]☆Aulacothyroides
拟测井☆seislog; pseudolog
拟层孔虫属[S-D]☆Stromatoporella
拟层速度变换☆pseudo-interval velocity transform
拟层状流☆quasi laminar flow
拟铲形头虫属[三叶;$Є_3$]☆Dikelocephalites
拟长鼻雷兽属[E_2]☆Dolichorhynoides
拟巢铃纤虫(属)[丁;J-Q]☆Parafavella
拟成岩期运动☆paradiagenetic movement
拟成岩作用的☆paradiagenetic
拟充分性☆quasi-sufficiency
拟重组分☆pseudo-heavy component
拟出☆frame; strike out
拟锄牙形石属[D_3-C_1]☆Ligonodinoides
拟穿孔贝属[腕;C_2-P]☆Terebratuloidea
拟窗蛤属[双壳;T-J]☆Placunopsis
拟垂直地震剖面☆pseudo VSP
拟刺葵(属)[T-K_2]☆Phoenicopsis
拟刺毛虫(属)[O-E]☆Parachaetetes
拟粗榧属[裸子;K]☆Cephalotaxopsis
拟粗面岩☆pseudotrachyte
拟大萼苔属[Q]☆Cephaloziella
拟大陆的☆paracontinental
拟大洋的☆paraoceanic
拟带枝属[植;T_3]☆Taeniocladopsis
拟丹尼蕨(属)[T_3]☆Danaeopsis
拟蛋白☆albuminoid
拟德弗兰藻属[K]☆Pseudodeflandrea
拟德姆贝属[腕;D]☆Dalmanellopsis
拟地层压力☆pseudo-reservoir pressure
拟巅孔贝属[腕;D_2]☆Paracrothyris
拟点阵☆lattice analogy
拟定☆laying; lay; draw up
拟定大纲☆block out
拟订☆map; work out
拟斗叶马先蒿☆Pedicularis cyathophylloides
拟杜鹃粉属[孢;N_1]☆Ericaceoipollenites
拟断笔石属[O_1]☆Parazygograptus
拟对比压力☆pseudoreduced pressure
拟对流模式☆convective-like pattern
拟多颚牙形石属[S_{2-3}]☆Polygnathoides
拟多项式☆quasi-polynomials
拟颚[甲壳纲]☆paragnath; paragnathus
拟鳄亚目☆Pseudosuchia
拟二叉羊齿属[古植;T_2]☆Dicroidiopsis
拟方位投影☆pseudo-azimuthal projection
拟纺锤蜓(属)[P_1]☆Parafusulina
拟纺锤形的☆fusoid
拟费伯克蜓属[孔虫;P]☆Paraverbeekina
拟辐射的☆radiomimetic
拟蜉蝣(属)[昆;J_3-K_1]☆Ephemeropsis
拟腐霉属[真菌]☆Pythiopsis
拟刚毛藻属[绿藻;Q]☆Cladophoropsis
拟根口水母属[腔]☆Pseudorhizostomites
拟共凸贝属[腕;O_1]☆Syntrophopsis
拟钩丝壳属[真菌]☆Uncinulopsis
拟沟[孢]☆colpoid
拟构造岩☆mimetic tectonite
拟古镜猴☆Paromomys
拟管孔藻属[Z]☆Parasolenopora
拟管螺属[腹;N-Q]☆Hemiphaedusa
拟龟亚目☆amphichelydia
拟海百合纲[棘;O_2]☆Paracrinoidea
拟海蕾纲[棘;O_{1-2}]☆Parablastoidea
拟海燕蛤属[双壳;T_{2-3}]☆Parahalobia
拟函数☆improper function; pseudo-function
拟核的☆nucleoid

N

拟合☆fit; fitting; adaptation; match(ing)
拟合度☆degree of fitting
拟合法☆overlay technique
拟合良度☆goodness of fit
拟合囊蕨属[T_3-J_2]☆Marattiopsis
拟合性☆adaptability
拟合优度检验☆goodness-of-fit test
拟赫氏苔藓虫属[O]☆Halloporina
拟黑螺属[腹;E-Q]☆Melanoides
拟红壤☆lateritoid
拟厚壁虫属[孔虫;P]☆Parapachyphloia
拟蝴蝶虫属[三叶;$Є_3$]☆Blackwelderioides
拟狐兽☆Vulpavus
拟花瓣状步带板[棘]☆subpe taloid ambulacra
拟桦粉属[E-N]☆Betulaceoipollenites
拟化石☆quasi-fossil; problematic fossil
拟环球形藻属[Z-Є]☆Pseudozonosphaera
拟黄杞粉属[孢;N_1]☆Engelhardtioipollenites
拟黄土☆loess like soil
拟火成岩☆quasi-igneous rock
拟饥螺属[腹;Q]☆Buliminopsis
拟极棘虫属[三叶;$Є_2$]☆Zacanthoides
拟几何的☆quasigeometrical
拟减数☆pseudoreduction
拟箭石属[头;J]☆Belemnitella
拟交代作用☆mimetic metasomatism
拟节柏(属)[K]☆Frenelopsis
拟金粉蕨(属)[J_3-K_1]☆Onychiopsis
拟金毛狗孢属[K_2]☆Cibotiidites
拟茎点霉属[真菌;Q]☆Phomopsis
拟茎体☆caulidium
拟晶(结晶)☆facsimile{mimetic} crystal(lization); crystalline mimetic
拟晶体(质)☆crystalloid
拟颈状体☆pyrobolus
拟静态驱替☆quasistatic displacement
拟径向流☆pseudoradial flow
拟卷柏(属)☆Selaginellit(it)es
拟绢丝藻属☆Callithamniopsis
拟蕨植物☆fern allies
拟卡鲁特珊瑚属[C_3]☆Paracarruthersella
拟开采期☆pseudoproduction life
拟开通粉属[孢;P-Mz]☆Vitreisporites
拟柯尔定虫属[三叶;$Є_3$]☆Koldinioidia
拟壳房贝属[腕;S_1]☆Paraconchidium
拟拉贝(希)层孔虫(属)[O_3-D_2]☆Labechiella
拟拉且{契}尔鏟(属)[孔虫;P_2]☆Parareichelina
拟拉祖金贝属[腕;D_2]☆Paralazutkinia
拟篮蛤属[瓣鳃;J-K]☆Corbicellopsis
拟肋笔石属[S_1]☆Pleurograptoides
拟里白属[古植;K_1]☆Gleichenoides
拟栗蛤(属)[双壳;C-P]☆Nuculopsis
拟丽藻属[K]☆Nitellopsis
拟莲座蕨属[古植]☆Marattiopsis
拟两栖犀属[E_2]☆Amynodontopsis
拟鳞木属[D_2-C_1]☆Lepidodendropsis
拟菱穴苔藓虫属[C]☆Rhombotrypella
拟瘤石介属[D-C]☆Beyrichiopsis
拟瘤星介属[E_{2-3}]☆Tuberocyproides
拟流度比☆pseudo mobility ratio
拟龙王虫属[三叶;O_2]☆Ogygitoides
拟芦球藻属[J-K]☆Cannosphaeropsis
拟颅形贝属[腕;D]☆Craniops
拟轮虫属[孔虫;N_3]☆Pararotalia
拟轮叶属[T_3-J_3]☆Annulariopsis
拟罗汉松粉属[孢;J]☆Podocarpeaepollenite
拟裸蕨属[D]☆Psilophytites
拟落叶松粉(属)[孢;E_2-N_1]☆Laricoidites
拟马拉得虫属[三叶;$Є_3$]☆Maladioides
拟满江红孢属[D_3]☆Archaeotriletes
拟锚牙形石属[D_3]☆Ancyroides
拟毛细管压力☆pseudo-capillary pressure
拟美枝藻属[Q]☆Callithamniopsis
拟萌发孔[孢]☆aperturoid
拟面包虫属[孔虫;N_2-Q]☆Cibicidoides
拟膜环藻属[AnЄ-Є]☆Pterospermopsimorpha
拟木贼(属)☆Equisetites
拟南洋{美}杉☆Araucarites
拟囊螺属[腹;K_2-Q]☆Acteocina
拟挠曲褶皱☆quasi-flexural fold
拟内孢霉属[Q]☆Endomycopsis
拟黏球藻属[Є]☆Gloeocapsomorphites
拟牛顿法☆quasi-Newton method
拟胚鹿属[N_1]☆Parablastomeryx
拟瓢蛤属[双壳;O_{2-3}]☆Modiolopsis
拟频率☆quefrency
拟平面流☆quasi-plane flow
拟瓶形大孢(三缝)亚类☆Pyrobolotriletes
拟剖面☆quasi-section; pseudo-section
拟奇颚牙形石属[C_2]☆Idiognathoides
拟前皱菊石属[头;T_1]☆Proptychitoides
拟强度☆pseudo strength
拟侵填体☆tylosoid
拟轻组分☆pseudo-light component
拟球管螺属[软舌螺;Є]☆Paragloborilus
拟曲线☆pseudocurve
拟犬齿珊瑚属[P]☆Paracaninia
拟犬属[E_{2-3}]☆Cynodictis
拟群☆quasi-group
拟人☆personification
拟人运载系统☆anthropomorphic vehicle system
拟日射脊板珊瑚属[D_1]☆Heliophylloides
拟软体动物门☆Molluscoida [pl.-e]
拟三维压裂模型☆pseudo-three-dimensional fracture modeling
拟三叶虫类☆trilobitoidea
拟三元相图☆pseudoternary phase diagram
拟色[生态]☆apatetic coloration
(生态)拟(肖)色☆apatetic coloration
拟莎草属☆Schizaeopsis
拟勺板珊瑚☆Spongophylloides
拟舌笔石☆Paroglossograptus
拟肾叶属[古植;P]☆Nephropsis
拟生产时间☆pseudoproduction{pseudoproducing} time
拟生的☆mimetic
拟狮鼻贝属[腕;D_3-P]☆Pugnoides
拟石松(属)☆Lycopodites; Lycopodiopsis
拟石松孢属[Mz]☆Lycopodiacidites
拟石燕属[腕;D_{1-2}]☆Paraspirifer
拟时间☆pseudotime
拟始纺锤鏟属[孔虫;C_2]☆Paraeofusulina
拟势☆pseudo-potential
拟双分贝属[腕;S]☆Paramerista
拟水韭属[古植;K_2]☆Isoetopsis
拟水龙骨孢属[E-N]☆Polypodiisporites
拟水母属[腔;AnЄ]☆Medusinites
拟丝兰属☆Yuccites
拟四孔粉属[孢;N_2]☆Tetrapidites
拟四片贝属[腕;D_2]☆Paratetratomia
拟松粉属[孢;E_2]☆Abietipites
拟松类☆pinite
拟苏铁(类;属)[J]☆Cycadeoidea
拟速度测井☆velog
拟塑性区☆pseudoplastic region
拟随机(的)☆quasi-random
拟桫椤孢属[Q]☆Alsophilidites
拟索克氏虫属[三叶;$Є_3$]☆Saukioides
拟塔节石属[D_1]☆Paranowakia
拟态☆mimicry; mimetism; imitation
拟态贝(属)[腕;O_{1-2}]☆Mimella
拟态笔石属[O_1]☆Mimograptus
拟态的☆mimetic; mimic
拟态目[J-Q]☆Phasmida
拟态同界☆simulation perimeter
拟桃金娘粉属[孢粉;E_1]☆Myrtaceoipollenites
拟套环孢属[K_2]☆Densoisporites
拟铁线蕨属[C_1]☆Adiantites
拟烃组分☆pseudo hydrocarbon component
拟鏟☆Parafusulina
拟土壤☆edaphoid
拟兔科[狉兽目]☆Mimotonidae
拟臀海胆属[棘;K_2]☆Parapygus
拟歪尾(鳍)☆hemi-heterocercal fin
拟外盘菊石属[头;T_1]☆Xenodiscoides
拟网格贝属[腕;D_{1-2}]☆Reticulariopsis
拟网格长身贝属[腕;P_1]☆Dictyoclostoidea
拟网膜珊瑚(属)[O_3]☆Plasmoporella
拟魏德肯鏟属[孔虫;C_2]☆Parawedekindellina
拟位相☆saphe
拟文采尔珊瑚属[P_1]☆Wentzelloides
拟稳定的☆pseudostationary
拟稳定流☆pseudosteady-state flow
拟稳定驱替☆pseudostable displacement
拟稳定态☆pseudosteady{quasi-steady} state
拟五房贝属[腕;S]☆Pentameroides
拟希巴德牙形石属[T_{2-3}]☆Hibbardelloides
拟希氏(纺锤虫)☆Paraschwagerina
拟希瓦格鏟属[孔虫;C_3-P]☆Paraschwagerina
拟限流法(压裂)处理☆pseudo-limited entry treatment
拟线凹螺属[腹;O-S]☆Pararaphistoma
拟线性的☆quasi-linear; pseudo-linear
拟相等☆quasi-equal
拟相对渗透率☆pseudo-relative permeability
拟相☆pseudophase
拟橡果虫属[孔虫;T_3]☆Glandulinoides
拟肖色☆apatetic coloration[生态]
拟消化腔☆paragastric cavity; paragaster
拟小荚虫属[孔虫;K-Q]☆Valvulineria
拟小锚牙形石属☆Ancyrodelloides
拟小球松粉属[孢;J]☆Podosporites
拟小欣德牙形石属[D-C]☆Hindeodelloides
拟斜视虫属[三叶;$Є_3$]☆Illaenurus
拟蟹守螺属[腹;K_2-Q]☆Cerithidea
拟心笔石属[O_1]☆Paracardiograptus
拟星介属☆Cyprois
拟星石[J_3-K_1]☆Polycostella
拟形☆imitative shape
拟序系统☆quasi-ordered system
拟旋脊[孔虫]☆parachoma [pl.-ta]
拟压力☆pseudopressure
拟杨梅粉属[孢;E_2]☆Myricaceoipollenites
拟洋壳☆paraoceanic crust
拟摇蚊属[昆;J_3]☆Chironomopsis
拟叶体☆bothridium; phyllidium
拟叶枝杉属[J_1-K_1]☆Phyllocladopsis
拟液化作用☆pseudoliquefaction
拟伊泼雪珊瑚属[P_1]☆Paraipciphyllum
拟伊斯克菊石属[头;T_1]☆Isculitoides
拟遗传的☆paragenetic
拟翼果属[植;D-P]☆Samaropsis
拟因子☆quasi-factor
拟银杏☆Ginkgoites
拟用坡度☆proposed grade
拟油栉虫(属)[三叶;$Є_{2-3}$]☆Olenoides
拟玉螺属☆Naticopsis
拟圆尾☆gephyroceral tail
拟圆形块瘤孢属[C_3]☆Cyclobaculisporites
拟圆柱叠层石属[Z]☆Paracolonnella
拟约翰介属[D_3]☆Perijonesina
拟查米羽叶(属)[植;K_1]☆Zamiopsis
拟樟粉属[孢;K-Q]☆Peltandripites
拟帐幕贝属[腕;O_2-S]☆Skenidioides
拟沼螺属[腹;N-Q]☆Assiminea
拟真菌体☆funginite
拟榛粉属[孢;E]☆Momipites
拟正交的☆quasi-orthogonal
拟正态分布☆quasi-normal distribution
拟正弦线☆poid
拟脂☆lipoid
拟指狗(属)[E_3]☆Pseudocynodictis
拟指令☆quasi-instruction
拟肿牙形石属[O_1]☆Paracordylodus
拟周期的☆quasi-periodic
拟珠藻属[蓝藻;Q]☆Nostochopsis
拟竹枝藻属[绿藻;Q]☆Draparnaldiopsis
拟注水井☆pseudowater injector
拟锥叠层石属[Z]☆Paraconophyton
拟紫树粉属[孢;N_1]☆Nyssoidites
拟棕榈粉属[孢;N_2]☆Palmidites
拟纵波☆pseudo-p wave
拟组分☆pseudo component
拟组构的☆mimetic

nì

匿笔石(属)[O_1]☆Adelograptus
匿形☆blackout
匿影☆blanking; blanketing
匿影信号☆black-out-signal
腻感☆soapy feeling
腻芯泥料☆core mud
腻子☆putty
逆☆inverse; reverse; contrary; adverse; (go) against; disobey; resist; defy; salute; greet; meet; welcome; traitor; beforehand; in advance; converse(ly); counter(-); contra-; agt; anti-; with-; ob-
逆爆破{炸}☆back{suction} blast
逆变☆inversion; reversibility
逆变换☆inverse transformation{transform}

逆变器☆inverter
逆变向量☆contravariant vector
逆变性☆contravariance
逆变质作用☆inverse{converse} metamorphism；reverse metamorphization
逆变作用{反应}☆deversion reaction
逆玻璃☆invert glass
逆波痕☆antidune；anti-dune
逆波兰表示法☆reverse Polish notation
逆波里亚分布☆inverse Polya distribution
逆插法☆inverse interpolation
逆差☆adverse balance of trade；unfavorable balance；(trade) deficit
逆场☆counter field
逆超几何分布☆inverse hypergeometric distribution
逆潮☆reversed{inverted} tide
逆潮(流(航行))☆opposite tide；head{cross} tide
逆程序☆opposite sequence
逆冲☆thrusting；obduction；thrust up
逆冲的☆thrust faulted；thrusted
逆冲断层☆reverse thrust；thrust (fault)；reverse slip fault
逆冲断距☆distance of thrust；thrust slip
逆冲块片☆obduction slab
逆冲运动☆thrust-motion
逆磁化☆reversal magnetization
逆磁性☆diamagnetism
逆次序☆negative sequence
逆代换☆inverse substitution
逆的☆inverse；converse；adverse
逆递变☆reverse grading
逆递变的☆inversely graded
逆电流☆counter current
逆电容☆stiffness
逆电压☆inverse{back} voltage
逆迭代☆inverse iteration
逆定理☆converse{inverse} theorem
逆动☆reverse (motion)；cutback
逆动式☆back action
逆断层☆upthrow{reverse(d);upthrown;centrifugal;over;abnormal;thrust;pressure;up(-)cast} fault；riser；trap-up；over(-)fault；reversed fold fault；overlap；jump-up；up(-)leap；thrust；upcast；reverse slip fault
逆(掩)断层面☆thrust plane
逆断层面陡倾区☆ramp region
逆断多角体[盐类沉积特征之一]☆thrust polygon
逆断滑距☆reduplication
逆断裂☆compressional faulting
逆对数☆antilogarithm
逆……而进☆breast
逆反应☆reversed{counter;adverse;reverse;back} reaction
逆方向的☆backward
逆分带构造☆inverse zoning
逆风☆head{foul;cross;opposing} wind；headwind；counterblast；HW
逆风(地{的})☆upwind；windward
逆风流☆inverted (air) current；backdraught
逆风停船☆heave to
逆辐射☆counter radiation
逆复向斜☆abnormal synclinorium
逆傅里叶变换☆inverse Fourier transform
逆高程测量☆reverse leveling
逆高斯函数☆inverse Gauss function
逆构造向上☆upstructure
逆光摄影☆shadowgraph
逆归滤波器☆feedback filter
逆过程☆reverse process
逆函数的☆contrafunctional
逆弧☆back(-)fire；arc-back；flash-back；reversed arc
逆弧故障☆arc-back fault
逆化学变化☆adverse chemical change
逆环流☆reverse cell；recirculation
逆火☆[of an internal-combustion engine] backfire；back {-}fire；flashback；flare back；spitting
逆几何因子[垂直脉冲试井的]☆reciprocal geometric factor
逆接触变质作用☆inverse contact metamorphism
逆节间河段☆translink；trans link
逆矩阵☆inverse{reciprocal} matrix
逆矿模渐变层☆reverse modal grading
逆浪☆head{cross} sea
逆浪风☆opposing wind
逆浪海岸☆open coast
逆浪航行☆running against the sea
逆粒序☆inverse grading
逆裂断层☆reverse-separation fault
逆流☆con(tra)flow；upstream；backward{reverse(d);countercurrent} flow；counterflow；flow back；reversal of flow；reflow(ing)；reflux；counter{opposed;reverse(d);adverse; backset} current；con-flow；discriminating breaker；upcurrent；backset；countercurrent；go against the current；ebb-reflex；counterblast；back- flow；refluence；counter-rotation；underset
逆流冲刷☆regressive erosion
逆流萃取(法)回流抽提(法)☆counter-current extraction
逆流萃取技术☆countercurrent extraction technique
逆流而上的☆upstream
逆流分级☆reverse-current classification
逆流河☆inverted river{stream}；reversed stream{river}
逆流倾注洗涤法☆countercurrent decantation
逆流式回转干燥机☆concurrent-type rotary drier
逆流式旧砂分级机☆counterflow sand classifier
逆流式尾矿池坝☆upstream tailings dam
逆流通风☆antitropal ventilation
逆流洗涤☆back flush；backwasting；countercurrent washing；backwashing
逆流效应☆back-setting effect
逆流U形管黏度计☆reverse flow U-tube viscometer
逆流制动☆reverse current braking
逆滤波器☆inverse filter
逆螺帽☆back nut
逆幂校正☆inverse-power correction
逆命题☆inverse{converse} proposition；converse
逆磨蚀☆backwearing
逆捻☆regular lay
逆捻绳☆hawser-laid rope
逆捻向☆hawser{cross;ordinary;regular} lay
逆偏移☆reverse migration
逆频率域☆quefrency domain
逆频散☆inverse dispersion
逆平行☆antiparallel
逆坡☆adverse grade{slope}；up-slope；reverse slope{gradient;grade}；grade against the load；upslope
逆坡倾斜隔水底板☆reversed inclined impervious bottom bed
逆剖面向上☆up-section
逆谱☆cepstra；reciprocal spectrum
逆气旋☆anticyclone
逆气液色谱法☆inverse gas-liquid chromatography
逆牵引☆reverse drag；dip reversal；rollover
逆倾向水系☆contra-dip drainage pattern
逆倾斜☆reverse(d) dip；up-dip
逆倾斜的巷道☆bord-up
逆倾斜河☆antidip stream
逆倾斜后退式长壁法☆longwall retreating to the rise
逆倾斜回采的长壁法☆longwall work ascending
逆倾斜上行☆up-dip；updip
逆(构造)倾斜向上☆upstructure
逆丘波☆antidune wave
逆燃☆backfire；controlled burning；flash(-)back
逆燃法☆reverse combustion process
逆溶解度☆inverse{retrograde} solubility
逆乳化泥浆☆invert emulsion mud
逆乳状{化}液☆invert(ed) emulsion
逆三角函数☆inverse trigonometric function
逆(行)沙丘☆anti-dune
逆沙丘相推移☆antidune-phase traction
逆扇状褶曲{皱}☆abnormal fan-shaped fold
逆上冲断层☆reversed upthrust
逆射线原理☆inverse ray theory
逆渗流☆reverse osmosis；RO
逆渗透率张量☆inverse permeability tensor
逆渗析☆reverse osmosis
逆时☆inverse time
逆时(间)偏移☆reverse-time migration
逆时针☆inhour；counterclockwise；inverted hour；inh
逆时针旋转定则☆counterclockwise rule
逆时针压力-温度-时间轨迹☆anticlockwise P-T-t path
逆蚀断层线崖☆reversed erosion fault-line scarp
逆顺向河☆reversed consequent stream
逆顺序☆reverse{opposite} sequence
逆送火焰[烧嘴内]☆back fire
逆算子☆inverse operator
逆提取☆back-extract
逆通风☆backdraught；backdraft
逆拖褶曲☆reversed drag fold
逆位置☆backward station
逆温☆temperature inversion；inversion of temperature
逆温层☆inversion zone；(thermal) inversion layer
逆温成层☆inverse stratification
逆温湖☆katothermal lake
逆纹的☆cross-grained
逆问题☆inverse problem
逆涡流☆backset eddy
逆袭断层☆underthrust fault
逆铣☆conventional milling；upmilling
逆掀断块山☆obsequent tilt block mountain
逆线性毛细管数☆inverse linear capillary number
逆相关☆inverse correlation；retrocorrelation
逆相(位)☆antiphase
逆像☆inverse image
逆向安匝☆back ampere turn；back ampere-turns
逆向爆风☆backflash
逆向不一致性☆reverse discordance
逆向成岩带☆retrograde diagenetic zone
逆向储层☆retrograde reservoir
逆向电极☆reversible electrode
逆向反射☆retrodirective reflection
逆向分带☆inverse{reverse(d)} zoning
逆向谷☆anaclinal{obsequent} valley
逆向河后发育的走向河☆postobsequent stream
逆向计数☆counting in reverse
逆向流动☆countercurrent flow
逆向流褶皱☆reverse-flowage fold
逆向坡☆acclivity
逆向侵蚀☆regressive erosion
逆向散射粒子计数器☆back-angle counter
逆向水系☆backhand drainage (pattern)；backward drainage
逆向通风☆reversing the air current
逆向推移☆updrift
逆向旋转的霍洛-弗利特螺旋☆counter rotating Holo-Flite screws
逆向增温☆temperature inversion
逆向支流☆hook valley
逆效应☆adverse effect
逆斜谷☆contraclinal{anaclinal} valley
逆斜河☆anaclinal river
逆行☆retrograde motion[天体]；flyback；go in the wrong direction；retrograde；retrace
逆行波☆retrograde{retrogressive} wave
逆行采掘☆return cut
逆行程☆back swing；reverse drive
逆行的☆retrograde；retrogressive；recessive
逆行流滑动☆retrogressive flowslide
逆行沙波☆regressive sand wave；anti(-)dune
逆行沙丘☆antidune；reversing dune
逆序☆inverted order{sequence}；reversed{reverse} order；backward{negative} sequence
逆序粒层☆inverse graded bedding
逆序列☆opposite{negative} sequence
逆选择☆counter selection
逆旋风切☆anticyclonic wind sheer
逆循环☆crossover{reverse;reversal} circulation
逆循环钻进岩芯管☆reverse-circulation core barrel
逆压实系数☆inverse compaction factor
逆掩☆thrust over{up}；thrusting；overthrust
逆掩带前缘☆thrust front
逆掩断层☆overthrust (fault;mountain)；thrust (fault)；upthrust；break{reverse} thrust；low angle thrust；overthrusting；bedding glide；overstep；overlap
逆掩断层鼻☆thrust nose
逆掩断层前缘部分☆front of thrust
逆掩断层上的岩块☆thrust sheet{plane}
逆掩断层尾部☆trailing edge
逆掩断裂作用☆thrust faulting
逆掩断距☆distance of thrust；overthrust distance
逆掩方向☆thrusting{thrust} direction
逆掩构造☆overlapping{overthrust} structure
逆掩面☆thrust-fault plane；overriding face
逆掩推覆褶皱作用☆overthrust folding
逆掩岩体☆overriding mass
逆掩褶皱☆fold-thrust

N

逆移运动☆reverse movement
逆映射☆inverse mapping
逆应变☆prestrain
逆应力☆back{inverse} stress
逆涌☆cross swell
逆运算☆inverse operation
逆褶断层☆reversed fold {-}fault
逆褶积☆inverse convolution
逆正断层☆reversed normal fault
逆止阀☆inverted{back(-pressure);reverse check} valve
逆止装置☆arresting device
逆钟向☆contra solem
逆重力数☆inverse gravity number
逆转☆opposite change; cutback; counterclockwise; conversion; backdraught; backdraft; inversion; contrarotating; backing; reversal
逆转层☆oversteepened bed
逆转磁铁☆counter-rotating magnet
逆转磁铁筒式磁选机☆drum separator with counter rotating magnet
逆转点法☆method of inversion points
逆转化☆reversed inversion
逆转平衡☆reversible equilibrium
逆转温度带☆retrograde temperature zone
逆转轴☆countershaft
泥缝儿☆cover the crevices in a wall with plaster
泥子[建]☆putty
溺岸☆drowned{submerged} coast
溺岸平原☆submerged coastal plain
溺滨线☆submerged shoreline
溺冰槽☆drowned glacial trough
溺谷☆drowned (river) valley; liman; ria; cherm; sherm; seherm; sherum
溺河☆ria; drowned river
溺环礁☆drowned atoll
溺灰岩狭谷岸☆canali; valloni
溺礁☆drowned reef
溺泉☆drowned{submerged} spring
溺三角洲☆drowned delta
溺滩☆submerged beach

nián

年☆year; annum[拉]; yr.; y.
年摆动☆annual wobble
年报☆annual report; annual [a book or magazine often used in titles]; year {-}book; Ann Rep; AR
年变☆annual variation
年变层[瑞;沉积]☆varv
年变化☆yearly change; annual variation{fluctuation}
年表☆chronology; chronological table; annals
年波动☆annual fluctuation
年补给(量)☆annual recharge
年层[如冰川纹泥]☆annual layer
年层理☆varvity
年产量☆annual yield{output;production;tonnage; capacity}; annual productive capacity; yearly production{output;capacity}; yearly off-take rate; yield; annual production capacity; YO
年产油☆yearly rate-oil production
年产油桶数☆barrels of oil per year; BODY
年储备量☆yearly storage
年次目录☆calendar
年代☆date; chron(o)-; chron; chronicle; age; time
年代测定☆dating; chronometry
年代层位☆chronohorizon
(生物)年代差型☆chronocline
年代次序☆chronological order
年代错误☆parachronism
年代地层对比表☆chronostratigraphic correlation chart
年代对比☆chronocorrelation
年代体☆chronosome
14C 年代学☆radiocarbon chronology
年代亚种[生]☆chronologic(al) subspecies
年代种☆chronospecies
年地震积累数☆annual accumulation of earthquakes
年递减率☆annual decline rate; yearly decline factor
年冻(结)层☆annual froze zone; annually frozen layer
年冻结{融}带☆annual frost zone
年度保养☆yearly maintenance
年度报告☆annual report; AR
年度成本预算☆annual cost budget
年度动力费☆yearly energy cost
年度估定钻探☆assessment drilling
年度技术进展报告☆annual technical progress report
年度养护☆yearly maintenance
年度总决算{报告}☆general annual report
年发电量☆annual energy production
年泛滥湿地☆toich
年费用法☆annual cost method
年风化循环☆weathering annual cycle
年负载因数☆annual load factor
年耗量☆yearly consumption
年洪水量☆annual flood
年级☆grade; class
年纪较小的人☆younger
年鉴☆year book; annals; almanac; year(-)book; annual; yearly; yr B; YB; ann
年降率☆decline rate
年降水总量☆total annual precipitation
年较差☆annual range
年金☆annuity
年金化值☆annuities value
(巷道)年进尺☆annual progress{advance}
年进度计划☆calendar plan
年经费☆annual charge
年径流☆annual runoff{flow}
(冰川)年净堆积量☆net annual accumulation
(冰川)年净消融量☆net annual ablation
年掘进☆annual advance
年开采量☆yearly output
年开采速度☆yearly off-take rate
年刊☆annals; annual; year book; YB; ann
年历☆year book
年历制☆calendar year
年龄☆age; year
年龄测定☆age determination{dating}; chronometry; (age-)dating
14C 年龄测定☆14C{radiocarbon} age measurement
年龄测定系统☆dating system
年龄可测定的☆datable; dateable
年龄扩散模式☆age-diffusion model
年龄区☆age province
年龄增减[放射性年龄测定]☆updating
年流量☆annual discharge
年率☆per annum rate; rate per annum
年轮☆annual (growth) ring; annual growth; annual zone[植]; jahrearinge[德]
年轮分析☆tree-ring analysis
年轮学☆dendrochronology
年平均太阳日晒☆annual average solar insolation
年气候☆year-climate
年青泥炭☆young peat
年轻的☆young; youngling
年轻人☆youngling; young(st)er; sprout
年轻(青)山脉☆youthful mountain range
年热(收支量)☆annual heat budget
年融层☆annually thawed layer; active layer
年闰余☆epact
年少的☆junior; Jr
年生产额{能力}☆yearly{annual} capacity
年生长量[植]☆annual growth
年生长轮[植]☆annual (growth) ring; growth ring
年收率☆annual yield
年调节(库容)☆annual storage
年推进(量)☆annual advance
年温变幅为零的深度☆depth of zero annual amplitude
年温差☆year temperature difference; annual range of temperature
年纹层☆jahrearinge; annual bending
年息☆interest per annum
年蓄水量☆yearly storage
年序堆积层☆diachronous; time-transgressive
年雪线☆annual snowline
年窑☆Nian ware
年幼的狗☆puy
年雨量☆annual precipitation
年韵律层☆annual rhythm
年长☆seniority
年长的{者}☆senior
年折旧率☆yearly depreciation
年指数增长率☆annual exponential growth rate
年终审计☆final audit
年终损益报告书☆profit-and-loss statement
年周冰碛☆annual moraine
年周风☆anniversary wind
(河流)年注入量☆annual contribution
年总堆积(量)☆gross annual accumulation
年最大洪峰{流量}☆annual flood
黏☆sticky; glutinous
黏埃洛石[$Al_4(S_4O_{10})(OH)_8•4H_2O$]☆glossecol(l)ite; glossekollit
黏摆☆beam sticking
黏板岩☆clay slate; slate{slaty} clay; adhesive slate; argillith
黏板质脉石☆vein clayslate
黏胞藻属[Z]☆Gloeocytis
黏闭土☆puddle clay; puddled soil
黏变形体☆myxamoeba
黏尘油☆dust-binding oil
黏稠的☆stiff; viscous; tough; thick; stringy
黏稠非渗透泥饼☆tough impermeable cake
黏稠溶液☆viscous solution
黏稠石{重}油☆mineral tar
黏稠水☆tough water
黏稠物☆dope; brei
(用)黏稠物处理(某物)☆dope
黏稠性☆toughness; mucosity
黏稠岩浆☆porridge
黏稠液体☆thick liquid
黏稠液体中的空气泡☆suds
黏稠状☆gummy appearance
黏磁后作用{现象}☆viscous hysteresis
黏蛋白☆mucin
(发)黏的☆viscid; viscous; tacky; sticky
黏(滞)的☆viscous; tacky; viscid; tanacious
黏点☆sticky point
黏顶难采煤☆roof coal
黏(滞)度☆viscosity; consistency; consistence; stickability; body; visc.; vis.
黏度比☆viscosity ratio; ratio of viscosities
黏度-密度常数☆viscosity-density constant; v.g.c.
黏度测定☆viscosity test; visco(si)metry
黏度粗估仪☆viscoscope
黏度单位☆poise
黏度计☆viscosimeter; cohesiometer; fluid(i)meter; caplastometer; fluidometer; fluidity{viscosity} meter; visco(si)meter; viacometer; viscoscope
黏度计的☆viscometric
黏度-收率曲线☆viscosity-yield curve
黏度-温度关系☆viscosity-temperature dependency
黏度系数☆viscosity coefficient{factor}; coefficient of viscosity; absolute viscosity
黏度增加和凝成固体的☆dilatant
黏度指数☆viscosity index{exponent}; V.I.
黏而无润滑能力的☆gummy
黏附☆adhesion; adhere(nce); sticking (together); conglomeration; clingage; attachment; seize
黏附波痕☆adhesion ripple; antiripple(t)
黏附的☆coherent; clinging; adherent
黏附分离☆adhesive separation
黏附功☆work of adhesion
黏附计☆adheroscope; adherometer
黏附力☆adhesive force{power;strength}; stick force; adhesion; tackiness; anchoring strength
黏附瘤痕☆adhesion wart
黏附面☆surface of adherence
黏附摩擦理论☆adhesion theory of friction
黏附能力☆adhesive capacity
黏附气泡☆attached bubble
黏附速度☆rapidity of contact
黏附物☆coherent mass
黏附系数☆adhesion{coupling} coefficient
黏古生菌属[Q]☆Myxoarchimycetes
黏管目☆Collembola
黏管藻属[红藻]☆Gloiosiphona
黏和(力)☆cohesion
黏合☆cohesion; cohere; bunch; bind; bond(ing); agglutinate; identification[数]; be cemented to
黏合材料☆jointing material
黏合焊接☆weldbonding
黏合集块锥☆agglutinate cone
黏合剂☆glue; bunch; (cement) binder; adhesive; bonding{binding} agent; binding (material;medium)
(蛋白制成的)黏合剂☆glair
黏合接头☆adhint
黏合力☆binding power; bounding force; force of cohesion; combining capacity; cohesion

黏合料☆cementing{cementitious} agent；binding material；binder
黏合密封☆bonded seal
黏合热☆adhesion heat
黏合物层☆adhering zone
黏合型炸药☆slurry explosive
黏合性☆binding{cohesive} property；cohesion；cohesiveness；coherence
黏合应力☆bound stress
黏糊☆sticky；glutinous；languid；slow-moving
黏糊糊的性质{状态}☆tackiness
黏滑☆stick-slip；sticky slip
黏滑断层☆stick slip fault
黏滑型活断层☆stick-slip active fault
黏化层☆argillic horizon
黏浆☆goo
黏胶(液)☆viscose
黏胶☆glut；viscous gel；mucilage
黏胶性☆gumminess
黏结☆galling；caking；coking；felt；conglomeration；cementation；cohesion；tacking；bond；agglutination；consolidation；agglomerating；bind(ing)；stickiness
黏结板☆stickers
黏结板岩☆adhesive slate
黏结材料☆binding{cementing;jointing;cementitious} material
黏结层☆bonding{clinging} layer；tack coat；binding course
黏结成球☆ball-up
黏结的☆coking；cemented；cementitious；sintering；tacky
黏结滑塌☆coherent slump；slump coherent
黏结灰泥☆bond plaster
黏结灰岩☆boundstone；bindstone
黏结剂☆cement(er)；glue；cementing{bonding;binding;cementitious} agent；binding element；agglomerant；bond(er)；agglomerator；agglutinant；coherent material；plastering agent
×黏结剂[商;一种树脂乳浊液]☆Cohesex
黏结剂分子☆binder molecule
黏结胶☆assembly glue
黏结结合☆adhesive bond
黏结块☆caked{coherent} mass
黏结矿石☆sticky ore
黏结冷底漆☆adhesive bitumen primer
黏结{聚}力☆cohesive{binding} force；adhesion stress；cohesion；bond (value)；adhesive {caking;agglutinating;coking} power；combining capacity
黏结料☆binder；bond
黏结煤☆binding{caking;baking;soldering;sintering} coal；chose-burning coal
黏结密封☆bonded seal
黏结能力☆cementation power
黏结强度☆cohesive strength
黏结砂浆☆adhesive mortar
黏结特性☆bonding characteristic
黏结网络☆coherent network
黏结物☆dung；attachment
黏结物料☆cemental{sticking} material
(混凝土)黏结相☆cementing phase
黏结性☆cohesiveness；cementitiousness；bonding characteristic{property}；caking；claggy；cementing {cohesive;binding; caking} property；coherence；caking capacity；cohesion；cladgy
黏结性的☆coherent；close-burning
黏结性煤☆caking{binding} coal
黏结性能☆bonding property
黏结性土壤☆cohesive soil
黏结岩☆bondstone；bindstone
黏结应力☆bond stress
黏结值☆agglutinating{bond;cementing} value
黏结作用☆cohesive{mudding} action
黏紧☆cement
黏聚力仪{计}☆cohesiometer
黏聚系数☆coefficient of cohesion
黏聚作用☆cohesive action
黏均分子量☆viscosity-average molecular weight
黏菌虫类☆Mycetozoa
黏菌纲☆Myxomycetes
黏菌类[始先界]☆Mycetozoa
黏菌类的☆mycetozoan
黏块☆grume
黏粒☆clay
黏粒部分☆clay fraction
黏粒移动(作用)☆illimerization
黏粒状☆pelitomorphic
黏沥青☆bone pitch；viscid bitumen{bitum}；viscous bitumen；mountain tar
黏力{|流}☆viscous force{|flow}
黏流度☆rheidity
黏流体☆rheid
黏模☆mould sticking
黏膜☆mucous membrane；adhesive film
黏膜藻属[褐藻]☆Leathesia
黏囊藻属☆Gloeocytis
黏泥☆gumbo；foundry loam；slime (mud)；cement；melinite；viscous mud；sufficient clay；Gbo
黏泥板岩☆sticky shale
黏泥和砂等混合物☆loam
黏泥形成细菌☆slime-forming bacteria
黏泥岩☆gumbo
黏磐{盘}☆clay pan；claypan
黏磐{盘}土☆planosol
黏皮藻科☆Chaetangiaceae
黏卡管柱的井段☆tight spot
黏潜性系数☆viscosity coefficient
黏壳虫属[三叶;O_{1-2}]☆Symphysurus
黏球形藻(属)[蓝藻;Z-J]☆Gloeocapsomorpha
黏球藻(属)[蓝藻;Z]☆Gloeocapsa
黏染物☆contaminant
黏壤土☆clay(ey) loam
黏韧冰碛☆gumbotill
黏韧度☆sticky limit
黏韧土☆puddled soil
黏熔岩流☆coulee
黏朊☆mucin；mucop-rotein
黏润作用☆adhesional wetting
黏砂☆fat{adhering;burnt(-on)} sand；gathering-up；sand mark[铸]；sand fusion{burning;penetration}；burning-on (into sand)
黏砂层☆burning sand
黏砂刚纸☆floor sanding paper
黏砂皮[铸]☆gritty scale
黏舌板岩☆adhesive slate
黏石油☆sticky oil
黏丝体☆viscoid
黏塑性☆viscoplasticity
黏塑性体☆viscoplastic body；plasticoviscous substance{body}；Bingham body
黏弹变形☆viscoelastic deformation
黏-弹-塑性体☆visco-plasto-elastic mass
黏弹特性☆visco-elastic property
黏弹性☆viscoelasticity；viscoelastic behavior {nature}；visco-elastic property
黏弹性的☆elasticoviscous；visco(-)elastic
黏弹性流体分流☆visco-elastic fluid system
黏土☆clay (soil)；loam；bond{tenacious;percolating} clay；lam；clunch；mota；gumbo；warrant；slime；argillaceous earth；cledge；chasorrite
黏土斑岩☆clay stone porphyry；tonsteinporphyry
黏土层☆clay band{stratum;ground;gall}；feu；argillic horizon
黏土衬砌的干缩裂隙☆desiccation cracking of clay liner
黏土处理剂☆clay treating chemical
黏土的☆clayish；clayly；clayed
黏土的电化学硬化☆electrochemical hardening of clay
(煤层的)黏土底板☆seggar；poundstone
黏土地滑☆clayslide
(用)黏土堵塞☆pug
×黏土分散剂[辛基磷酸酯、非离子型]☆Victawet 12{|14}
(用)黏土封闭孔壁☆bull a hole
黏土封水层☆clay seal
黏土干式粉碎机[商]☆Atritor
黏土灌注(法)☆mudding
黏土硅酸盐浆☆Benphosil
黏土过多的纸浆☆shale laden mud
黏土含量指示☆clay indicator
黏土和白垩的混合土{物}☆malm
黏土和硅酸盐的混合浆[商]☆Benphosil grout
黏土滑坡☆clay(-)slide；clay slide{slip}
黏土化☆clay grounding{grouting}；argill(iz)ation；argillic alteration；clayization；siallitization
黏土化带☆argillized zone
黏土化蚀变型铀矿☆argillified type U-ore
黏土化学剂混合浆☆clay-chemical grout
黏土环带石英☆cap-quartz
黏土荒漠☆argillaceous desert
黏土基泥浆☆clay base mud；clay-based mud
黏土级粒度☆clay size
黏土夹层☆clay course{parting;band;interlayer}；interbedded clay；clay-parting
(含金)黏土加水搅和(分选)机☆pudding machine
黏土胶膜☆clay coating；argitan；argillan
黏土胶凝体{|搅拌工|截割器}☆clay gel{|washer|cutter}
黏土结核☆imatrastein；stone gall
黏土控制添加剂☆clay-control additive
黏土矿开采☆clay mining
黏土矿物☆clay mineral；hydrosialite；hydrosyalite；sialite
黏土矿物的热处理☆heat treatment of clay mineral
黏土矿物吸附水☆adsorption water of clay mineral
黏土老化☆ageing of clay
黏土类☆modeling clay；siallite
黏土类土☆clayey soil
黏土粒☆lutum
黏土脉[煤层中]☆clay vein；dirt slip；boar's back
黏土脉壁☆gouge-filled fissure；clay course
黏土膜☆clay membrane{skin}；clayey film；doak；argillan；argitan
黏土泥☆clay mud；cob
黏土泥塞☆bott(ing)；bod；bot；bot
黏土黏合剂{料}☆clay binder
黏土黏级范围☆clay range
黏土盘☆claypan
黏土片☆crick；clay gall
黏土砌泥☆loam{clay} mortar
黏土强度的各向异性☆clay strength anisotropy
黏土砂☆dirty{argillaceous;clay} sand
黏土砂泥捏和机☆loam kneader
黏土砂泥型☆loam sand mould
黏土砂岩☆clay sandstone；malmrock；malm rock
黏土石☆claystone；clayite
黏土石墨搪料☆clay-graphite mixture
黏土熟料☆chamotte
黏土-水{水泥}泥浆{混合}液{浆}☆clay-cement grout
黏土-水体系☆clay-water system
黏土似的☆clayish；cledgy；clayey
黏土弹性☆hydration water theory
黏土体积☆clay volume
黏土填塞的☆clay-filled
(用)黏土涂衬钻孔☆claying
黏土团块☆papule
黏土完全软化强度☆fully softened strength of clay
黏土小洼地☆gilgai
黏土悬浮剂☆deflocculant
黏土悬浮液☆slurry
黏土岩☆clay rock{stone}；claystone；argillite；rock clay；bass[常含黄铁矿]；argillutyte；argillutite；argillyte；tonstein[德]；argillith；argillaceous rock
黏土页岩☆clay{shaking} shale；bury；mud stone；slate clay；metal
黏土(状)页岩☆shaking shale
黏土质☆lutaceous；douke；argillaceous
黏土质的☆argillaceous；lutaceous；metargillitic；clayey
黏土制的☆fictile
黏土质粉土{砂}☆clayey silt
黏土质矿石洗矿☆puddling
黏土质矿物☆clay mineral
黏土质砂☆clayey{shaly} sand
黏土质碳酸铁矿☆clayband ironstone
黏土质土☆clay{heavy} soil
黏土质页岩相☆grapholitic facies
黏土质直接顶板[煤]☆rooster coal
黏土铸法☆loam casting
黏土砖☆dobie；fireclay{clay} brick
黏土状的☆claylike；clayey；argillous
黏土阻体☆clay barrier
黏温曲线☆viscosity-temperature curve
黏温(线)图☆viscosity temperature chart{diagram}
黏限☆sticky limit
黏(滞)性☆viscosity；cohesion；stickability；tack；stick(i)ness；adhesiveness；glutinosity；viscidity；stickability；ductility；bonding property；sticky nature；internal friction；stringiness；tackiness；ropiness；flow resistance；thickness；mucosity
黏性变形☆viscous yielding；adhesive deformation

黏性层☆ductile layer
黏性冲击收尘器☆viscous impingement filter
黏性的☆ductile; agglutinant; cohesive; sticky; dauby; adhesive
黏性地层☆gummy{balling;sticky} formation; gumbo
黏性好的☆fat
黏性键固☆viscous keying
黏性胶体☆viscoloid
黏性介质泥浆☆viscous medium mud
黏性聚合物溶液☆viscous polymer solution
黏性矿☆gougy ore
黏性矿石☆tendency-to-stick{frozen;sticky} ore
黏性流☆drag{viscous} flow
黏性流动传质机理☆material transfer by viscous flow
黏性流体分流☆viscous fluid system
黏性模砂☆green sand; greensand
黏性凝胶☆viscous gel; viscogel
黏性牵伸系数☆coefficient of viscous traction
黏性砂☆clay sand
黏性体☆viscous body
黏(结)性土☆cohesive{binder;clay} soil
黏性物质☆goo
黏性系数☆viscosity coefficient{factor}; V.F.
黏性携带{砂}液☆viscous carrying fluid
黏性液段塞☆viscous slug
黏性油状液体☆viscous oily liquid
黏絮除泥剂☆slimicide
黏页岩☆sticky shale
黏液☆slime; goo; mucus; glut; phlegm; mucilage; muco-
黏液的☆mucous
黏液菌☆slime-fungi
黏液菌纲{门}☆Myxomycetes
黏液菌素☆viscosin
黏液性☆mucosity
黏液藻类[AnЄ-Q]☆Myxophyceae
黏液藻属[Z]☆Gloeorrh
黏液质鞘☆mucilaginous sheath
黏因[黏度单位]☆rein
黏硬磐☆mota
黏应力☆viscous stress
黏釉☆glaze sticking
黏藻☆Myxophyceae
黏质☆mucilage; viscosin
黏质底土☆argillaceous bottom
黏质沥青☆heavy{plain} asphalt
黏质泥灰岩☆clay marl
黏质砂岩☆dauk
黏质土☆clayey{heavy;clay} soil
黏质物☆slime
黏滞☆stiction; viscosity; scoring
黏滞磁化(强度)☆viscous magnetization
黏滞的☆viscid; heavy-bodied; viscous; viscose
黏滞度☆glutinousness; viscousness; degree of viscosity
黏滞滑动☆stick-slip
黏滞扩散☆viscous dissipation
黏滞力和毛细管力☆viscous and capillary forces; viscap
黏滞力-重力比☆viscous-gravity ratio; VGR
黏滞连接作用☆viscous coupling
黏滞流☆sluggish{viscous} flow
黏滞流动传质机理☆viscous flow material transfer mechanism
黏滞摩擦☆viscous friction; oil drag
黏滞剩余磁化强度☆viscous remanent Magnetization
黏滞水☆heldwater
黏滞拖曳机制☆viscous-drag mechanism
黏滞弯曲{|位移}☆viscous buckling{|displacement}
黏滞物质☆Newton{viscous} material
黏滞系数☆viscosity coefficient{factor}; V.F.
黏滞下沉☆viscous rattling
黏滞性☆glutinousness; dilatancy; astringency; tenacity; viscosity; viscidity; viscous behavior
黏滞液流动☆viscous fluid flow
黏滞作用☆viscous effect; stiction
黏重土(壤)☆heavy{heavier-textured} soil
黏帚霉属[真菌]☆Gliocladium
黏着☆cohesion; cohere(ncy); adhesion; consolidation; cling; adherence; stick; coherence; stay; pick up
黏着的☆clinging; cohesive; adhesive
黏着点☆stick point
黏着度☆tackiness
黏着分离☆adhesive separation
黏着剂☆sticker; adhesive; adhesion agent
黏着力☆clinging{adhesive} power; binding{adhesion; adhesive} force; adhesion; adhesive ability{strength}
黏着力计☆adhesivemeter
黏着瘤痕☆adhesion wart
黏着气泡☆captive-bubble method
黏着强度☆bond strength
黏着润湿☆adhesional wetting
黏着式轮胎☆adhesive{ground-grip} tyre
黏着水☆viscous water; pellicular{adhesive} water
黏着撕伤试验☆scoring test
黏着系数☆adhesion factor{coefficient}; coefficient of coupling; coupling{sticking;traction} coefficient
黏着限☆sticky limit
黏着性☆adhesive capacity; adhesiveness; adherence; stickability; gummosity; adhesivity
黏着应力☆bond(ing){adhesion} stress
黏阻压力激动☆viscous drag pressure surge
鲶属[N_2-Q]☆Parasilurus

niǎn

撵走☆ouster
捻☆twist(ing); lay; twine; twist with the fingers; dredge up; sth. made by twisting; twiddle
捻成绳股☆strand
(把……)捻成一条☆wisp
捻翅目[昆;E-Q]☆strepsiptera
捻度☆twist; number of turns{twists}
捻缝☆calking
捻缝凿☆yarning iron
捻角☆spiral angle; spire angle
捻角羚属[Q]☆kudu; strepsiceros
捻接☆splice; splicing
捻接长度☆lap of splice
捻距☆lay (length)
捻螺属[腹;K_2-Q]☆Acraeon
捻弄☆twiddle
捻向☆direction of twist; lay
捻转角☆angle of twist
碾☆grind
碾槌☆pestle
碾辊☆runner stone
碾路机☆roller
碾轮式混砂机☆edge{simpson} mill; muller; sand roller mill; roller mixer
碾米砂轮☆millstone for hurking rice
碾磨☆(pan) milling; runner mill; attrition
碾磨厂☆rolling mill
碾磨机☆attrition mill; attritor
碾磨机槽☆grinder pan
碾磨矿石试样的平铁板☆bucking plate{iron}
碾磨下面磨石☆lower mill stone
碾泥机☆pug; malaxator; loam kneader{masticator}; mud mixer
碾盘☆edge {-}runner pan; millstone upon which a stone roller is used
碾盘式破碎机☆pan crusher
碾平☆broken-in; flatten; level (with a roller); roll out
碾砂机☆muller; sand crusher{mill;muller}; wet pan (mill); rubbing mill; mulling machine
碾碎☆grind; crunch; scrunch; meal
碾碎机☆edge runner{mill}; bowl crusher
(沥青)碾碎机☆cracker
碾细冰碛☆comminution till
碾压☆roll; roller compaction
碾压机☆bucker; chaser
碾压切割☆mangle
碾压设备☆compaction plant
碾压土坝☆rolled-earth dam
碾子☆roller; (edge) runner; roller and millstone

niàn

廿二(碳)烷酸☆behenic acid
廿基[$C_{20}H_{41}$—]☆eicosyl
廿六(碳)烷☆hexacosane
廿六烷基硫酸盐[$C_{26}H_{53}OSO_3M$]☆ceryl sulfate
廿三烷☆tricosane
廿碳烷基[$C_{20}H_{41}$—]☆eicosyl
廿烷☆larane
廿一烷☆heneicosane
廿一烷酸☆heneicosanoic acid
念珠湖☆paternoster lakes
念珠形☆moniliform; nummuloidal
念珠藻(属)[蓝藻;Q]☆Nostoc
念珠状的☆moniliform
念珠状负荷铸型☆torose load cast

niàng

酿酒☆vintage
酿酶☆zymase
酿造☆brew; brewing
酿造学☆zymurgy

niǎo

鸟☆bird; synsacrum
鸟氨酸[$H_2N(CH_2)_3CH:(NH_2)COOH$]☆ornithine
鸟巢轮藻属[T_2-Q]☆Tolypella
鸟登分级☆Udden (grade) scale
鸟鳄属[T_3]☆Ornithosuchus
鸟粪☆guano
鸟粪(沉积)☆guano
鸟粪化石☆biphosphammite
鸟粪磷矿☆guano-phosphatic deposit
鸟粪石[$(NH_4)Mg(PO_4)\bullet6H_2O$;斜方]☆struvite; guanite; guano; struvite calculus; struveite
鸟粪石型矿床☆guano-type deposit
鸟(嘌呤核)苷☆guanosine
鸟纲☆aves
鸟蛤(属)[双壳;T-Q]☆Cardium
鸟冠颗石[钙超;E_2]☆Lophodolithus
鸟化石☆ornitholite
鸟喙骨☆coracoid
鸟迹(结构)☆bird-track
鸟脚(亚目)[爬]☆Ornithopoda
鸟瞰(图)☆bird's-eye{aerial} view; airview; general view; aeroview
鸟类☆bird population; Aves
鸟类学☆ornithology
鸟类学家☆ornithologist
鸟龙☆Ornitholestes
鸟龙岗油页岩☆wollongite
鸟龙类☆Ornithischia
鸟毛蕨☆Proto-blechnum
鸟媒的☆ornithophilous
鸟嘌呤石[$C_5H_3(NH_2)N_4O$;单斜]☆guanine
鸟山☆Toriyamaia
鸟头虫属[三叶;O_{1-2}]☆Neseuretus
鸟头器[苔虫]☆avicularium
鸟头属[E_2-Q]☆Aconitum
鸟臀目[爬]☆ornithischia
鸟尾羽☆rectrice
鸟蜥亚纲☆Ornithosauria
鸟牙形石属[D_3]☆Avignathus
鸟眼(材料缺陷)☆bird's eye
鸟眼板岩☆bird slate; bird's eye slate
鸟眼灰岩☆bird's-eye limestone; dismicrite; loferite
鸟眼孔隙☆bird's-eye porosity
鸟眼式淡棕色斑点☆bird's eye maple mottling
鸟眼状孔隙度☆bird's eye porosity
鸟趾状三角洲☆birdfoot delta
鸟足[构造]☆stylolite; crowfoot
鸟足迹纲[遗石]☆Avipedia
鸟足迹化石[遗石]☆Ornithichnites
鸟足-舌形三角洲☆birdfoot-lobate delta
鸟足牙形石属[S_3-D_1]☆Pedavis
鸟足状的☆pedate; bird's foot
鸟足状三角洲☆digitate{bird-foot;lobate} delta
鸟嘴☆beak
鸟嘴间骨☆intercoronid
鸟嘴器[苔藓虫]☆Avicularia
鸟嘴状沙嘴☆lateral spit

niào

脲[NH_2CONH_2]☆urea; carbamide; carbonyl diamide
脲{尿素}的☆ureal
脲荒酸[脲二硫代羧酸; $NH_2CONHCSSH$]☆dithiocarbaminocarboxylic acid
脲甲醛树脂☆urea-formaldehyde resin
脲{尿素}酶☆urease
脲醛☆urea-formaldehyde; U.F.
脲醛树脂☆Urea-formaldehyde resin; beetle
尿☆urine
尿崩症☆(diabetes) insipidus
尿胆石☆urostealith
尿胆素原☆urobilinogen
尿`定{(核)苷}☆uridine

尿环石[$C_5H_4N_4O_3$;单斜]☆uricite
尿结石☆urinary calculus{concretion}; urolith
尿囊☆allantois
尿砂☆gravel; arena; uropsammus; urocheras
尿石☆urinary calculus{concretion}
尿(结)石病{症}☆uriasis; urolithiasis
尿(结)石烷☆urane
尿(结)石学☆urolithology
尿素☆urea; carbamide
尿素石[$CO(NH_2)_2$;四方]☆urea
尿素塑料☆ureas
尿素氧化脱蜡法☆urea adduction dewaxing process
尿酸石☆uric-acid calculus
尿酸盐☆urate
尿酸酯结石[病理]☆urate calculi
尿酮体☆ket
尿透明蛋白☆urohyal
尿烷☆urethane
尿脂石☆urostealith (calculus)

niē

捏☆temper[黏土]; pinch; nip; malaxate; malaxation
捏阀☆pinch valve
捏和☆kneading-pugging; kneading; temper
捏和机☆kneader; kneading machine; masticator
捏和黏土☆pugged clay
捏混☆kneading
捏黏土☆temper
捏塑性变形{形变}☆dough deformation
捏碎☆crumb
捏缩效应☆rheostriction
捏土机☆pug mill{mixer}; wet pan mill; pug-mill mixer; malaxator; clay mill
捏造☆fabrication; fabricate; concoction; boilerhouse
捏造者☆fabricator

niè

聂贵斯特图☆Nyquist diagram
颞骨岩部☆petrous hone
颞肌☆temporalis
颞髁☆condylus temporalis
颞孔☆foramen temporale; foramen alare pavum
颞鳞☆squama temporalis
颞颥孔☆temporal opening
颞窝☆fossa temporalis; temporal fossa
颞翼☆ala temporalis
啮齿动物☆rodent
啮齿类☆Rodentia; Gliroid rodents
啮齿目☆Rodentia
啮虫目☆Corrodentia; Psocoptera
啮合☆meshing; intermesh; engage (to); take; gearing; engagement; jog; tooth; contact; marriage; [of gears] mesh[齿轮]; clench the teeth; gear; catching; joggle; teeth; grip
啮合(部分)☆mate
啮合不住☆nip-failure
啮合长度☆length of action{engagement}
啮合齿轮☆counter{meshing;contacting} gear
啮合的☆meshed; tailored
啮合点☆point of engagement
啮合干涉☆meshing interference
啮合过程☆engagement process
啮合机构☆engaging mechanism
啮合间隙☆backlash
啮合角☆engaged{engaging} angle
啮合接☆joggled joint
啮合扣☆joggle
啮合曲线☆pitch curve
啮合系数☆coupling coefficient
啮合线☆action line; path of contact
啮痕的☆cariose; cariosus; carious
啮角☆angle of nip; nip (angle)
啮牙☆roder
啮咬☆nibble
镊子☆forceps; tweezers; nippers; pincette
镍☆Ni; nickel
镍埃洛石☆nickeliferous halloysite
镍白铁矿☆stirian; gersdorffite
镍白云泉华☆taraspite
镍包氧化铝粉☆nickel coated aluminium oxide
镍冰铜☆nis matte
镍铂矿☆nickelous platinum; nickel-platinum
镍卟啉☆nickel-porphyrin
镍磁绿泥石☆brindleyite
镍磁铁矿[$NiFe_2^{3+}O_4$;等轴]☆trevorite; nickel-magnetite; Ni-magnetite; nickelmagnetite; trevolite
镍催化剂☆Raney nickel catalyst
镍蛋白石☆chrysopal
镍地质温度计☆nickel geothermometer
镍碲钯矿☆nickelian merenskyite
镍碘方硼石☆nickeliodine boracite
镍矾[$NiSO_4·6H_2O$;四方]☆retgersite
镍矾石☆nickelaumite; nickelalumite
镍方钴矿[$(Ni,Co,Fe)As_3$;$(Ni,Co)As_{2-3}$]☆nickel(-)skutterudite; white nickel; alloclas(it)e
镍粉泥☆nickel dust sludge
镍钙铀云母☆nickel autunite
镍橄榄石[$(Ni,Mg)_2SiO_4$;斜方]☆liebenbergite; nickel olivine
镍钢☆nickel steel
镍格林合金☆nickeline
镍镉电池☆nickel-cadmium battery
镍铬钢☆nickel-chromium steel
镍铬硅铁磁合金☆rhometal
镍铬矽铸铁☆nicrosilal
镍铬合金☆chromel; nichrome; illium; nickel-chrome
镍铬合金漏板☆nichrome alloy bushing
镍铬恒弹性钢☆elinvar
镍铬聚合金☆Nimonic
镍铬矿☆niccochromite
镍铬铍合金☆nivarox
镍铬丝☆nichrome wire
镍铬钛耐热合金☆Nimonic
镍铬铁矿[$(Ni,Co,Fe^{2+})(Cr,Fe^{3+},Al)_2O_4$;等轴]☆nichromite; niccochromite
镍铬铁锰耐热合金☆calorite
镍铬铁耐热合金☆tophet
镍钴土[锰、钴、镍的氧化物,其中 NiO 可达 3%]☆nickel-asbolan(e)
镍-钴-银-铋-铀建造矿床☆ore deposit of Ni-Co-Ag- Bi-U formation
镍海泡石[$(Ni,Mg)_4Si_6O_{15}(OH)_2·6H_2O$;斜方]☆falcondoite
镍合金钢☆alni; alloyed nickel steel
镍褐煤☆kerzinite; kersinite
镍红土☆nickel laterite
镍华[$Ni_3(AsO_4)_2·8H_2O$;单斜]☆annabergite; nickel ochre {green;ocher;bloom}; nickelbluthe
镍华与砷华混合物☆forbesite
镍滑石[$Ni_3(Si_4O_{10})(OH)_2$;$(Ni,Mg)_3Si_4O_{10}(OH)_2$;单斜]☆willemseite; villiersite; nickel talc
镍黄铁矿[$(Fe,Ni)_9S_8$;等轴]☆pentlandite; folgerite; blucite; lillhammerite; nicopyrite; lillchammerite; blueite; eisennickelkies; bravoite; nickel {-}pyrite; whartonite
镍辉钴矿[富镍辉钴矿的变种;$(Co,Ni)AsS$]☆julukulite; dzhulukulite; Djouloukoulite
镍辉砷钴矿☆julukulite; dzhulukulite
镍基合金☆nickel-based{nickel-base} alloy; hastelloy
镍基密封合金☆Nickeline
镍尖晶石[$NiAl_2·O_4$]☆nickelspinel
镍金云母☆Ni-phlogopite
镍精矿☆nickel concentrate
镍可铁☆nicofer
镍孔雀石☆glaukosphaerite; glaucosphaerite
镍矿☆nickel ore
镍蜡蛇纹石☆nickel-kerolite
镍利蛇纹石[$Ni_3Si_2O_5(OH)_4$;单斜]☆nepouite
镍菱镁矿☆hoshiite; nickelian magnesite
镍菱铁矿☆nickelian magnesite; ataxite
镍硫钯矿☆nickelian vysotskite
镍硫锇矿☆nickelian erlichmanite
镍硫钴矿[$(Ni,Co)_3S_4$]☆nickel-linnaeite; theophrastite; polydymite; nickellinneite
镍硫铁矿☆horbachite; inverarite
镍硫铁铜矿☆nickelian putoranite
镍锍☆nis matte
镍六方锑钯矿☆nickelian sudburyite
镍铝矾[$(Ni,Cu)_{14}Al_9(SO_4,CO_3)_6(OH)_{43}·7H_2O$?;六方]☆carrboydite
镍铝合金☆Alumel
镍铝蛇纹石[$(Ni,Mg,Fe^{2+})_2Al(Si,Al)O_5(OH)_4$;单斜、三方]☆brindleyite; nimesite
镍滤网☆nickel filter net
镍绿泥石[$3(Ni,Mg)·2SiO_2·2H_2O$; $(Ni,Mg,Fe^{2+})_5Al(Si_3Al)O_{10}(OH)_8$;单斜]☆nimite; nepouite; nickel {-}chlorite
镍镁铵华☆nickel boussingaultite
镍镁橄榄石☆liebenbergite
镍镁镁华[$(Ni,Mg)_3(AsO_4)_2·8H_2O$]☆nickel-cabrerite
镍镁泻盐☆nickelepsomite
镍蒙脱石☆nickel montmorillonite
镍锰钴土☆nickel asbolane
镍锰合金☆magno
镍钼钢☆nickel-molybdenum steel
镍蛇纹石☆nickeliferous serpentine
镍砷镁石☆nickel-hoernesite
镍石灰华[$(Ca,Ni)CO_3$]☆zeyringite
镍束纹石[$(Mg,Ni)Al_4Si_3O_{13}·4H_2O$]☆maufite
镍水钴矿☆nickelian heterogenite; heubachite
镍水镁石☆nibrucite; Ni-brucite
镍水蛇纹石☆genthite; nickel sepiolith{gymnite}
镍水铀矾☆nickel-zippeite
镍水蛭石☆nickel(-)jefferisite; nickel vermiculite
镍四方铁铂矿☆nickelian tetraferroplatinum
镍钛铝合金☆durinvar
镍碳铁矿☆cohenite; cementite
镍天蓝石☆Ni-lazulite
镍铁☆nickel-iron
镍铁(合金)☆ferronickel
镍铁地核☆nife; nifesphere; nifel
镍铁矾☆honessite
镍铁核☆nickel-iron core
镍铁合金☆dilvar; Rhometal; ferro-nickel
镍铁矿☆josephinite; catarinite
镍铁铝磁合金☆ticonal
镍、铁、铝合成的永久磁铁☆alcomax
镍铁钼超高导磁合金☆supermalloy
镍铁圈☆nifesphere; nife
镍铁铜锰高导磁率合金☆mu-metal
镍铁陨石☆ataxite; catarinite
镍铜合金☆konstantan; constantan
镍文石☆zeyringite
镍纹石[(Fe,Ni),含 Ni27%～65%;等轴]☆taenite; nickel iron; edmonsonite; taenite; eisennickel; meteorine; edmondsonite; meteorin; orthotaenite; meteorine
镍纤蛇纹石[$(Mg,Ni)_6(Si_4O_{10})(OH)_8$; $Ni_3Si_2O_5(OH)_4$;单斜]☆pecoraite; garnierite; nickel chrysotile[温石棉]; garavellite
镍泻利盐☆nickelian{nickel} epsomite
镍锌旋磁铁氧体☆Ni-Zn gyromagnetic ferrite
镍叶绿泥石[$(Mg,Ni)_6(Si_4O_{10})(OH)_8$]☆rottisite
镍银☆nickel-silver; electrum
镍银铋合金☆proplatinum
镍隐钾锰矿☆kryptonickelmelan
镍铀云母☆nickel autunite
镍黝铜矿[$(Cu,Fe,Ni)_{12}Sb_4S_{13}$]☆frigidite
镍皂石[$(Ni,Mg)_3(Si_4O_{10})(OH)_2·nH_2O$]☆alizite; nickel saponite{pimelite}; alipite; pimelite; rottisite
镍蛭石☆nickel vermiculite
涅(水)硅钙石[$Ca_3Si_6O_{12}(OH)_6·5H_2O$;三斜]☆nekoite
涅蒙脱石☆nefed(j)evite; nefedieffite; nephediewit; nefedievite; nefedyevite; nefediewite
涅瓦达风[西]☆nevada
涅逊型捣矿机☆Nissen stamp

níng

苧烯{柠檬萜}[$C_{10}H_{16}$]☆cinene
柠檬☆lemon
柠檬醛[$C_9H_{15}CHO$]☆citral
柠檬色☆lemon; lemon-yellow; citrine; citreous
柠檬素[Vp]☆citrin
柠檬酸[$HO_2CCH_2C(OH)(CO_2H)CH_2CO_2H$]☆citric acid
柠檬酸钙{|锂|铝|钠}☆calcium{|lithium|alumin(i)um|sodium} citrate
柠檬酸三乙酯[$C_6H_5O_7(C_2H_5)_3$]☆triethyl citrate
柠檬酸盐{酯;根}☆citrate
柠檬酸☆citrate; citric acid
柠檬酸铁☆ferric citrate
凝冰器☆cryophorus
凝并☆coalesce
凝(固)点☆condensation{solidifying} point
凝冻☆freeze; gel
凝固☆setting(-up); solidify(ing); take; set; hardening; solidification; curdle; solidity; cure; freezing; fix(ation); consolidation; concrete; final setting
凝固(法)☆grumeleuse

N

凝固的☆frozen；fixative；freezing；fixed
凝固的合成树脂☆set plastic
凝固点☆freezing{frosting;set(ting);solidification;chill;solidifying;pour;congealing} point；temperature of solidification；point of congelation；zero pour；set. pt.；f.p.
凝固点测定计☆kryoscope
凝固点降低曲线☆freezing-point depression curve
凝固点下降☆freezing point depression
凝固后构造☆post-solidification structure
凝固剂☆coagulator；setting agent
凝固结晶(作用)☆congelation crystallization
凝固期[岩浆]☆solid stage
凝固汽油[混有凝固剂的汽油,用于火焰喷射器或燃烧弹]☆napalm；solidified gasoline；incinderjell
凝固强度☆set{setting} strength
凝固热☆heat of freezing{solidification}
凝固熔岩☆frozen lava
凝固时间[水泥、混凝土]☆set(up) time；setting time
凝固时间自动测定仪☆spissograph
凝固水泥的渗透率☆permeability of set cement
凝固速度[水泥]☆rate of setting
凝固条件☆curing condition
凝固温度☆temperature of solidification{freezing}；hardening{freezing;setting} temperature；chill point
凝固性☆fixedness；fix position
凝固雪☆snow concrete；snowcrete
凝固状况☆setting condition
凝固作用☆solidification；solidifying
凝合影像☆fused image
凝灰集块熔岩☆tuff agglomerate lava
凝灰千枚岩☆tuffaceous phyllite
凝灰球☆mud{tuff;ash} ball
凝灰熔岩☆tuff(o)lava；tuff lava
凝灰砂岩☆ashy grit；tuffstone
凝灰石☆travertine
凝灰岩☆(volcanic) tuff；tufa；puffstone；eruptive tuff[火山]；tosca；ash tuff[火山灰]
凝灰岩(管)道☆tuff vent
凝灰岩筒☆tuffisite；intrusive tuff
凝灰质的☆tuffaceous；tufaceous
凝灰质喷射沉积物☆tuffaceous ejecta deposits
凝灰浊流{积}岩☆tuff-turbidite
凝积作用☆accretion
凝集☆agglutination；agglutinate；thicken(ing)；aggregation[矿]；[of fluids or gases] coherency
凝集剂☆agglutinant；agglomeration
凝集素☆agglutinin
凝迹[飞机飞过留下的尾迹]☆contrail
凝胶☆gel；jel
凝胶变晶☆gel-crystalloblast
凝胶法☆growth in gel；gel method
凝胶过滤色谱(法)☆gel filtration chromatography；GFC
凝胶化☆gelatination；gelation；jellification；gelling；gelification
凝胶化的☆gelified
凝胶化煤☆anthraxylous coal
凝胶化植物质煤☆ulmain
凝胶结构☆gelatine structure
凝胶空间比☆gel space ratio
凝胶膜☆film of cement gel
凝胶渗透色谱(法)☆gel permeation chromatography
凝胶时间测定计☆gelemeter
凝胶树脂☆gel-type resin
凝胶-树脂混合物☆gel-resin mixture
凝胶丝炭化(作用)☆gelefusainization
凝胶体[褐煤显微组分]☆geli(g)nite；gelatin
凝胶吸收☆bleeding
凝胶状☆jelly；gelati(o)nous；jelly-like
凝胶状沉淀物☆gelatinous precipitate
凝胶状的☆jellylike；jellous
凝结☆curdle；grumeleuse；coagulate；condensation；concretion；curd；set；congelation；jelling；bind；clot；compaction；jellification；congeal；coagulation；gelation；condense；pectization；take；solidification
凝结沉淀(作用)☆coagulative precipitation
凝结的☆grumous；coalescing；jellied
凝结点☆set. pt.；condensation{setting} point；point of congelation；set.pt.
凝结法☆grumeleuse
凝结高度☆freezing level
凝结剂☆coagulator；coagulant；agglomeration{coagulating;agglomerating} agent；agglomerant
Hagan 2(号)凝结剂[聚电解质]☆Hagan coagulant 2
Hagan 11{|18|7}(号)凝结剂[聚电解质+膨润土]☆Hagan coagulant 11{|18|7}
凝结井☆air well
凝结块☆coagulum
凝结力☆coagulability；cohesive force；coagulation capacity
凝结器☆coagulator；condenser；condensator；vapor cooler
凝结器的抽气器☆condenser gas extractor
凝结热☆heat of condensation
凝结时间☆setting{set} time；jelling time
凝结水☆condensate (water)；condensed{condensation} water；water of condensation；blowdown
凝结水滴☆sweat(ing)
凝结水阱☆steam trap；sink
凝结水井☆catch pot
凝结水坑☆lagone；lagoni；lagon
凝结水与冷却水的混合物☆blowdown
凝结尾(流{迹})☆contrail；condensation trail
凝结物☆coagulum [pl.-la]；concrete；concretion；coagulate；condensate；congelation
凝结系数☆coefficient of condensation
凝结性☆coagulability；condensability
凝结压力☆condensing pressure
凝结盐☆refrigeration salt
凝结应力☆frozen stress
(把……)凝结在一起☆cement
凝结值☆agglomerating value
Hagan 236(号)凝结助剂[阳离子聚电解质]☆Hagan coagulant aids 236
凝结作用☆coagulation；condensation；concretion；vitrinization；congealing process；congelation
凝结作用的条件☆conditions for condensation
凝结作用和递减率☆condensation and lapse rates
凝聚☆coagulation；condensation；flocculation；curdle；coacervation；agglomeration[气]；coherence；[of fluids] coagulate；condens(at)e；conglomeration；cohesion；agglomerate；coherency
凝聚层☆condensed film；coacervate；condensation horizon
凝聚单分子层吸附☆condensed monolayer adsorption
凝聚的☆agglomerat(iv)e；coacervate；coagulating；coherent
凝聚度☆degree of aggregation
凝聚剂☆coagulator；flocculating{congelating;coagulating} agent；coagulant
凝聚胶☆coagel
凝聚胶体☆flocculated colloid
凝聚块☆coagulum
凝聚力☆(force of) cohesion；cohesive affinity{force}；rallying power；cohesiveness；coagulation capacity
凝聚溶胶☆tactosol
凝聚体☆coagulate
凝聚体系☆condensed system
凝聚系数☆coefficient of concentration；coherence coefficient
凝聚性☆flocculability
凝聚作用☆coagulation；flocculating effect；flocculation；agglomeration
凝壳[炉内或桶内的]☆ice
凝块☆clot；coagulum；grume(aux)；bunch；grumeleuse
凝块的☆grumous；clotted
凝块构造☆structure grumeleuse
凝块灰岩☆clotted limestone
凝块状☆grumose
凝气缸{阀}☆trap
凝气器☆steam scrubber{trap}
凝汽瓣☆catch tank
凝汽罐☆steam separator
凝汽器☆condenser
凝汽式循环☆condensing cycle
凝汽油剂☆jellied gasoline；napalm
凝乳☆curd
凝乳剂☆milk coagulant
凝乳性物质☆rennet
凝视☆contemplation；stare；gaze
凝缩☆condense
凝缩层序☆condensed succession{sequence}
凝缩器☆densener
凝缩楔(形层)☆condensation wedge
凝体☆gelatin(e)
凝析☆condensate；condensation；exsolution
凝析罐☆bucket trap
凝析气井☆gas-condensate welt
凝析气田☆(gas) condensate field；distillate field
凝析液☆condensate；condensed liquid
凝析油☆gas condensate{distillate}；natural gas liquid；condensate{white} oil；gasol
凝析油产量桶/小时☆barrels condensate per hour
凝析油桶数☆barrels of condensate；BC
凝析油形成深度☆gas condensate surface
凝相☆condensed phase
凝血☆grume
凝岩基☆base of freezing
凝岩作用☆concretion
凝液器☆condensate trap
凝硬[高炉]☆lime set
凝硬水泥☆pozzolanic cement
凝滞性☆dilatancy
宁波泥蟹☆Ilyplax ningpoensis
宁勃斯气象卫星☆Nimbus satellite
宁海介属[E_{2-3}]☆Ninghainia
宁静☆repose；quietness；lull
宁静(的)☆serene
宁静井☆quiet well
宁静期☆pediocratic；quiet{pediocratic} period[地壳运动]；quiet phase{interval}；quietness
宁静泉☆tranquil spring
宁静泉塘☆standing{stagnant} pool
宁静日珥☆quiescent prominences
宁静石[$Fe_8^{2+}(Zr,Y)_2Ti_3Si_3O_{24}$;六方]☆tranquil(l)ityite；tranquiltiyite；tranquillitite
宁静式喷发☆quiet eruption
宁可☆prefer
宁强三瘤虫属[三叶;O_1]☆Ningkianolithus
宁择数☆magic number
宁镇运动☆Ningzhen orogeny

nǐng

拧☆wrench；wrest；screw；wring
拧出☆back-out；screw out
拧到头☆turn{screw} home
拧管机☆mechanism for screwing on and off drill rods
拧管(所需的)扭矩☆make-up torque
拧管用扳手☆key
拧接☆screw together
拧接式钻杆☆extension rod
拧接套管☆artesian casing
拧紧☆screw up；buck-up[管接头]；tightening up[螺钉]
拧开☆ring-off；turn on；spinoff
拧捞砂绳的装置☆knitting needle
拧螺纹到头☆screw home
拧入☆screw-in
拧上☆screw on{up}
拧上管子{钻具}☆union
拧上卸{拆}下☆make-and-break
拧绳{股}☆stranding
拧松(螺纹)☆unscrew
拧下来☆screw off
拧卸钻杆装置☆mechanism for screwing on and off drill rods
拧卸钻具操作☆makes-and-breaks
拧在一起☆screw together
拧转式放炮器☆twist machine
拧钻杆的扳手☆hand dog

niú

牛(顿)[力单位]☆Newton；newton
牛鼻子交岔点☆the muzzle of an ox junction
牛胆碱☆taurine
牛磺酸[$NH_2CH_2CH_2SO_3H$]☆taurine
牛顿八分之三法则☆Newton's three-eighth rule
牛顿第一定律☆Newton's first law；first law of motion；Galileo's law of inertia
牛顿-拉富生{夫申}法☆Newton-Raphson technique
牛顿-莱甫森法☆Newton-Raphson technique
牛顿冷却定律☆Newtonian cooling law
牛顿摩擦{|黏度}定律☆Newton's friction{|viscosity} law
牛顿三叉线☆trident of Newton
牛顿位☆Newtonian potential
牛顿液体模型☆Newton liquid model
牛顿引力定律☆Newton's law of gravitation
牛顿应力公式☆Newton's formula for the stress
牛轭湖☆by-water；cutoff meander{lake}；bayou

(lake)；oxbow (lake)；cut(-)off；banco；abandoned channel；mortlake；cut off meander；mart-lake
牛轭(型)沼泽☆ox(-)box swamp
牛粪状火山弹☆cow-dung bomb
牛肝菌属[真菌;Q]☆Boletus
牛肝泥子☆ox liver paste
牛海兽(属)[E_3-N_1]☆Hal(l)itherium
牛磺石胆酸☆taurolithocholic acid
牛磺酸[$NH_2CH_2SO_3H$]☆taurine
牛角线☆cornoid
牛角制检{验}金(淘洗)器☆horn (spoon)
牛角状☆ceratoid
牛津(阶)[146～154Ma;欧;J_3]☆Oxfordin{Divesian}(stage)；Oxford
牛津期☆Oxfordian age
牛酪石☆butyrite
牛类☆Bovoid
牛鬣兽☆Oxyaena
牛林海拔[英官方测量基准]☆Newlyn datum
牛轮☆bull wheel
牛排菌属[Q]☆Fistulina
牛皮☆oxhide
牛皮纸☆kraft (paper)；brown paper
牛舍☆crib
牛属[Q]☆Boselaphus；cattle；Bos
牛头刨☆bull-nose plane
牛头刨床☆shaper；shaping machine；transverse planing machine
牛蛙☆bullfrog
牛尾菜☆Smilax
牛血红☆ox-blood red
牛牙型牙{齿}系☆taurodont dentition
牛眼型分带☆bull's-eye type zoning
牛(眼)羊属[Q]☆Boopsis
牛油石☆butter stone
牛脂[$C_{38}H_{78}$]☆tallow
牛脂胺[含 85%伯胺]☆Armeen T
牛脂二胺☆Duomeen T
牛脂二胺醋酸盐☆Duomac T
N-牛脂基-β-亚氨基二丙酸二钠[$RN(CH_2CH_2COONa)_2$]☆Deriphat 154

niǔ

扭☆wring；torsion；wrest
扭摆☆sway；torsion(al) pendulum
扭臂式推土机☆torsion bar bulldozer
扭变☆distortion
扭变能☆energy of distortion
扭柄花☆obtusatus Fassett；Streptopus obtusatus
扭波☆torsional wave
扭长身贝属[腕;D_3]☆Strophoproductus
扭秤☆torsion balance{pendulum;gravimeter}；torsion pendulum adsorption balance
扭搓作用☆torsional twisting
扭的☆skew
扭地震计☆torsion seismometer
扭点☆fulcrum；pinch point
扭动☆sway；writhe；wrench movement；twisting motion；torque；wiggle
扭度☆tortuosity
扭断☆twist-off
扭断层☆wrench{torsion(al);basculating} fault
扭杆☆twist(ed){torsion} bar；torque rod
扭海扇属[双壳;C-P]☆Streblochondria
扭蚶属[瓣鳃;Q]☆Trisidos
扭坏[如岩芯在钻头内自卡而扭坏]☆torsion break
扭簧☆torsion spring
扭簧式应变仪☆mikrokator
扭回☆retortion
扭戟贝属[腕;S-D_1]☆Strophochonetes；Chonostrophia
扭剪试验☆torsional shear test
扭(转)角☆angle of torsion；torsional angle
扭角羚属☆Budorcas；takin
扭绞(电缆)☆lay-up
扭绞四芯电缆☆quadded cable
扭接☆twist(ing){twisted} joint；couple；splice
扭节理☆torsion(al) joint
扭节理系☆torsion (joint) system
扭节式胎链☆twist-link type tyre chain
扭结☆kink；knot；smarls；twist together；tangle up
(钢丝绳等)扭结☆kinking
扭结带☆kink{knick} band；knick zone；joint drag
扭紧☆screwing；wring
扭紧螺栓☆turn bolt
扭紧顺序☆tightening order
扭菊石属[头;J_3]☆Streblites
扭矩☆(twist(ing)) moment；torque (moment;running)；turning moment；moment of torsion{rotation}；TM
扭矩表☆torsion gage；torque indicator{gauge}
(带)扭矩表的扭矩扳手☆dial torque wrench
扭矩测试曲线图☆torque-meter chart
扭矩传递滑差☆torque creep
扭矩分布☆twisting moment distribution
扭矩计☆torquemeter；tors(i)onmeter；torquer
扭矩图☆torque diagram；torsiogram
扭矩仪☆torquemeter；torsiograph；torsionmeter；(tong-)torque gauge
扭矩装置☆torquer
扭卷虫属[孔虫;C-P]☆Plectogyra
扭口藓属[苔;Q]☆Barbula
扭魁蛤属☆Trisidos
扭力☆torsion (force)；twisting{torque} force；moment
扭力臂☆toggle
扭力地震仪{计}☆torsion seismometer
扭力计☆torsio(n)meter；torsiograph；torsion meter
扭力解理☆overthrust cleat
扭力弹簧☆torque spring
扭力天平{平衡}☆torsion balance
扭捩运动☆wrench movement
扭裂☆torsion(al) fracture；twist-off
扭裂隙☆torsion crack
扭裂运动☆rhaegmageny
扭面贝属[腕;P]☆Strophalosia
扭捻作用☆torsional twisting
扭片牙形石属[S_2-D_1]☆Plectospathodus
扭切应变☆torsional shear strain
扭曲☆distort；distortion (bending)；twist；curling；deformation；torsion；crankle；dogleg；flexure；warp；contort(ion)；twisting；wind(ing) up[钻杆]
扭曲边界☆twist boundary
扭曲变形☆torsional deformation
扭曲冰碛物☆contorted drift
扭曲波痕☆curved ripple mark
扭曲层理☆convolute{contorted;gnarly;distorted} bedding
扭曲的☆distorted；contorted；strophic[腕]
扭曲构造☆contortion；contorted{torsion} structure
扭曲晶体☆twister；twisted crystal
扭曲流褶皱☆contorted flow fold
扭曲面☆torse；warped surface
扭曲模量☆modulus of torsion
扭曲生物☆bending organism
扭曲试验☆torsion test
扭曲碳{炭}质底板☆hussle
扭曲系数☆coefficient of torsion{skew(ness)}
扭曲牙形石分子☆oulodus elements
扭曲牙形石属[O_2-S]☆Oulodus
扭曲应变☆strain due to torsion；torsional strain
扭曲应力☆buckling{torsion(al)} stress
扭曲褶曲{皱}☆contorted fold
扭曲状水系☆contorted drainage pattern
扭曲作用☆distortion
扭珊瑚属[D_2-C_2]☆Campophyllum
扭伤☆wrench
扭神经亚纲☆Streptoneura
扭丝[扭秤或重力仪的]☆torsion wire{fiber}
扭丝式黏度计☆torsion viscometer
扭碎的☆sheared
扭碎凝灰岩☆dragfolded tuff
扭损裂纹[岩芯的]☆torsion fracture
扭脱(部分)☆twist-off
扭歪☆twist；strain
扭弯☆crumple；distortion；twist；contort(ion)
扭弯的钻杆☆corkscrew
扭弯模量☆modulus of torsion
扭熄☆turn off
扭下钻头转动卡块☆breakout block for rock bit
扭线☆torsion fibre{wire}
扭心☆centre of twist
扭心珊瑚(属)[O_2-S_2]☆Streptelasma
扭心中柱☆streptocolumella
扭星骨针[绵]☆streptaster
扭性构造岩☆shear breccia
扭旋[有孔虫壳]☆streptospiral
扭旋盆地☆transrotational basin
扭压面☆shearing compressive plane
扭压盆地☆transpressional basin
扭压作用☆transpression
扭牙形石属[O_2]☆Tortoniodus
扭翼海扇(属)[双壳;C-P]☆Streblopteria
扭应变☆torsional{twist(ing)} strain
扭应力☆twist(ing){torsion(al);distorting;torsionmeter} stress
扭月贝(属)[腕;O_2-S]☆Strophomena
扭张面☆shearing tensile plane
扭张盆地☆transtensional basin
扭张作用{拉伸}☆transtension
扭折☆kink；kinking
扭折带☆kink(ed){knick} band{zone}；joint drag
扭折(晶)面[不包含周期键链的晶面]☆kinked{K} face
扭振记录仪{器}☆torsiograph
扭振图☆torsiogram
扭枝蕨属[T_3]☆Comptopteris
扭柱螺属☆Tectus
扭住☆collar
扭转☆torsion；twist(ing)；torque；retortion；wrench；distortion；turn round{back}；reverse
扭转(能力)☆torsional capacity
扭转的破坏模量☆modulus of rupture in torsion
扭转负荷☆torsional load(ing)
扭转钢筋☆twisted bar
扭转角☆angle of twist{torsion}；torsion angle
扭转节理☆torsion(al) joint
扭转力矩☆twisting couple；torsional moment；moment of torsion；leverage
扭转器☆slewer
扭转式的☆torsion type
扭转试验☆twist(ing){torsion} test
扭转效应☆turning effect
扭转信号开关☆turn signal switch
扭转应力☆distorting{torsional;twisting} stress
扭转运动☆twisting motion；wrench movement
扭转载荷☆torque{torsional} load
扭转褶皱☆rotational fold
扭转振动☆torsional{twisting} vibration；yawing oscillation
扭转振动记录仪☆torsiograph
扭转中心☆torsional{shear} centre；centre of twist
扭转周期荷载三轴仪☆torsional cyclic load triaxial apparatus
扭转轴☆torsion shaft；torsional axis
钮☆(push) button；knob；handle；bond；tie；link
钮式卡瓦牙☆button-type slip die
钮式水力{油管}锚☆button-type hold down
钮销☆stud
纽埃[新]☆Niue
纽板☆taenia [pl.-e]
纽贝里流纹岩质黑曜岩☆Newberry rhyolite obsidian
纽伯格蓝☆Neuberg blue
纽齿目☆Taeniodonta；Taeniodontia
纽齿兽(属)[E_1]☆Taeniolabis
纽虫(动物门)☆Nemertinea
纽带☆vinculum [pl.vincula]
纽带线☆conode；tie tine
纽带状火山弹☆ribbon bomb
纽朵树脂☆neudorfite
(一种)纽芬兰猎犬☆Labrador
纽芬兰省[加]☆Newfoundland
纽结[钢绳等]☆kank；cank；kink
纽康姆(阶{统})[欧;K_1]☆Neocomian
纽扣珊瑚属[D_1]☆Combophyllum
纽扣形电极☆button shaped electrode
纽兰叠层石属[Z]☆Newlandia
纽狼(属)[N_1]☆Cynodesmus
纽马克图☆Newmark chart
纽曼变形双晶☆Neumann lamellae
纽曼(边值)问题☆Neumann's problem
纽纳姆矿石炼铅炉☆Newnam ore hearth
纽乔尔浮选捕收剂[石油软蜡]☆Nujol
纽瑞斯特[一种 PnPn 结构的负阻开关]☆Neuristor
纽绳☆bandage
纽形动物(类{门})☆Nemertinea
纽形剖线☆loop cut
纽约☆New York；NY
纽子类☆Hormogoneae

nóng

脓泡虫属[孔虫;N_1]☆Cancris

脓肿☆abscess
浓☆spissitude
浓(度)☆thickness
浓氨水☆strong aqua
浓波电容器☆filter capacitor
浓差电池效应☆concentration cell effect
浓差腐蚀☆differential concentration corrosion
浓差扩散☆concentration diffusion
浓稠石油☆crude petroleum
浓稠酸☆gelled acid
浓淡☆shade of color; shade
浓淡变化☆variable density
浓淡点输出信号☆halftone output signal
浓淡点图☆halftone
浓的☆heavy; H.
浓度☆density; consistence; load(ing); consistency; concentration; deepness; strength; chroma[色彩的]; thickness; spissitude; depth[色泽]
浓度边界层☆concentration boundary layer
浓度计☆densi(to)meter; consistency metre; density meter; densometer; lysimeter[测渗]
浓度下降☆density loss
浓度效应定律☆law of concentration effect
浓度作用☆mass action
浓红银矿[Ag_3SbS_3;三方]☆pyrargyrite; dark ruby silver; argyrythrose; aerosite; dark{antimonial} red silver; silver ruby; braardite; ruby-silver ore; ruby{red} silver; rubinblende; antimonial silver blende; pyrargirit; argyrithrose; red silver ore
浓厚☆cloggy; denseness; dense
浓厚灰浆☆heavy mortar
浓化效应☆concentration effect
浓黄土[矿物颜料]☆sienna
浓灰浆☆rich{heavy} mortar
浓集☆concentration; upgrading; treatment
浓集矿物☆concentrator mineral
浓碱☆concentrated alkali
浓介质☆thick medium
浓精度☆double precision
浓矿浆☆thick slurry{pulp}
浓矿浆调和阶段☆thick-pulp conditioning step
浓力控制☆hydraulic control
浓硫酸☆concentrated sulphuric acid
浓密☆heaviness; denseness
浓密冰泥☆slobice; slob ice
浓密产品☆thickened product
浓密常绿桉树灌丛☆mallee
浓密常绿阔叶灌丛☆chaparral shrub{forest}; chaparral
浓密的☆bushy
浓密斗☆settling cones
浓密机(槽)层☆thickener tray
浓密机过载自动升起装置☆autoraise overload relief
浓密机泥浆区☆thickener sludge zone
浓密机排砂坑道☆thickener tunnel
浓密剂☆thickening agent
浓密脱泥矿浆☆thickened deslimed pulp
浓泥☆thickened underflow{slurry}; lime paste
浓溶液☆concentrated{strong} solution
浓湿雾[南美西海岸]☆camanchaca; garua
浓霜☆heavy frost
浓酸☆concentrated acid
浓缩☆concentration; dewater(ing); enrichment; inspissation; concentrate; incrassate; enrich(ing); conc.; boil{bring;bringing} down; thicken(ing); boil-off; treatment; densification; condensation; inspissate; evaporation; concentrating; lute; lump
浓缩白细胞悬液☆grans
浓缩产品☆thickened product
浓缩磁铁矿定压箱☆thickened magnetite head box
浓缩段☆thicker stage
浓缩富集工作☆concentrating operation
浓缩机澄清段☆thickener clear zone
浓缩机底流☆thickener underflow
浓缩机泥浆段☆thickener sludge zone
浓缩剂☆thickener; concentrator; concentration agent; densifier
浓缩检定仪☆transviewer
浓缩介质☆thickener medium
浓缩介质流☆flow of thickened medium
浓缩硫化乳胶☆revultex
浓缩漏斗☆conical thickener; thickening hopper
浓缩卤水☆concentrated brine; (brine) blowdown
浓缩气驱☆enriched-gas drive
浓缩燃料反应堆☆enriched-fuel reactor
浓缩酸☆gelled{concentrated} acid
浓缩系统☆condensed system
浓缩效率☆efficiency of thickening
浓缩油藏☆inspissated pool{deposit}
浓缩铀石墨慢化反应堆☆enriched uranium-graphite moderated reactor
浓污水☆strong sewage
浓雾☆dense haze{fog}; smother; smoulder; foggy
浓硝酸☆aqua fortis
浓悬浮液☆thick{over-dense} medium; dense suspension
浓烟☆smother; dense smoke; smeech; smoulder
浓盐水☆high-salinity{heavy} brine
浓液☆dopes
农产品☆farm product
农产品中提炼出的化学品☆agrochemical
农场☆farmyard; farm
农村地区☆rural area
农村供水☆rural{village} water supply
农管区☆agricultural district
农灌井☆irrigation well
农历☆lunar calendar
农林业☆agro-forestry
农民耕作☆peasant farming
农田☆agricultural land; farmland
农田供水☆farm water supply
农田灌溉☆irrigation of agricultural land
农田水利建筑☆water conservancy construction
农学☆agriculture; agronomy
农学家☆agronomist
农药☆pesticide; insecticide; biocide; agricultural chemicals
农药安全施用间隔期☆interval of safe use of pesticides before harvest
农药残留标准☆trace standard of agricultural chemicals
农药中毒☆poisoning by agricultural chemicals
农业☆agriculture
农业供热☆agricultural heating
农业工业☆agro-industry
农业和环境问题☆agriculture and environmental issues
农业化学☆chemurgy; agricultural chemistry
农业技术☆agrotechnique
农业气候区域☆agro-climatic region
农业土壤☆edaphology
农业污染{沾污}物☆agricultural pollutant
农业学的☆agronomic
农业用拖拉机☆agrimotor
农艺地质学☆agrogeology
农艺学☆agronomy
农用供热☆agricultural heating
农用井☆village well
农庄☆farm
农作地☆cropland
农作物☆(agriculture) crop; agricultural crop

nòng

弄暗☆obscurity
弄白☆whitening
弄瘪☆deflate
弄薄☆thin
弄不到的☆N/A; not available
弄成扇形☆scallop
弄成杂色☆variegation
弄断☆break off
弄翻☆tump
弄干净☆get cleared
(把……)弄糊涂☆confuse
弄滑☆sleek
弄坏☆vitiation
弄尖☆taper; pointing
弄净☆cleaning out
弄空☆work empty
弄裂☆crack
弄乱☆disarray; disarrangement; maul
弄明白☆dissolve
弄模糊☆darken; blot
弄平☆even up; smooth; flush; smooth-out; platten
弄清(楚)☆find out; ascertain
弄缺(刀口)☆chip
弄软☆soften
(使)弄上斑点☆speckle
弄上墨{污}渍☆blot
弄湿☆damp; dew; wash; damping; dampen
弄松☆loosen
弄碎☆crumble; crumb
弄污☆foul; blur
弄斜☆slant; splay; cant
弄脏☆foul; stain; smudge; smutch; smear; muck
弄窄☆contract
弄直☆unbend; fattening
弄直的☆dead true
弄直伸开钢缆☆bird cage
弄皱☆crumple; cockle; ruffle; crunch; scrunch

nú

奴佛卡因☆novocaine
奴隶☆slave
奴塞{努珊}数☆see “努塞尔数”

nǔ

弩箭牙形石属[O-D]☆Belodus
弩炮[发射石块的古代武器]☆bal(l)ista
努比亚砂岩☆Nubian Sandstone
努尔斯-克瑞安低温碳化法☆Knowles-Curran process
努力☆intension; endeavo(u)r; labor; labour; effort; application; study; strive; elaboration; lab; stagger; try; tug; pains; arduous
努力完成☆work out
努硫铁铜矿☆nukundamite
努尼瓦克亚磁极期☆Nunivakevent
努尼瓦克正向事件☆Nunivakevent; Nunivak event
努普和维克斯硬度计☆Knoop and Vickers indenter
努普氏硬度标☆knoop's scale
努塞尔(特准)数☆Nusselt number; Nu
努森扩散☆Knudsen diffusion
努氏孢属[P-T]☆Nuskoisporites
努碳镍石☆nullaginite
努瓦米黄[石]☆Cream Nuova
努亚藻属[O-D]☆Nuio

nù

怒潮☆bore; eager; eagre
怒鳄科[爬]☆Aetosauridae
怒号☆roar
怒火燃烧☆burning with rage
怒铝钙镁石☆wermlandite
怒目而视☆glare
怒喷☆great eruption
怒涛☆heavy{mountainous} sea; sea bore; seaway; angry wave

nǚ

钕☆neodymium; Nd
钕玻璃☆neodymium glass
钕独居石☆monazite-(Nd)
钕镧石☆coutinite
钕铌易解石☆niobo-aeschynite-(Nd)
钕镨[Di,钕和镨的混合物]☆didymium; Di
钕-钐年龄(测定)法☆neodymium-samarium age method
钕石☆lanthanite-Nd
钕易解石☆aeschynite-(Nd)
女儿虫属[三叶;O_1]☆Niobe
女海神菊石属[头]☆Clionites
女矿工☆balmaiden
女娄菜[铜矿示植]☆Melandryum apricum
女神贝类☆cytheridae
女神虫科[介]☆Cytheridae
女神蚬式☆corbiculoid; cyrenoid
女神蚬属[双壳]☆Cyrena
女施工员☆buildress
女星介(属)[P-K]☆Cypridea
女性形象[古希美学指具有美丽臀部的]☆callipyga
女用围巾☆collarette; boa
女宇航{航天}员☆spacewoman

nuǎn

暖☆calefaction; warmth
暖冰川☆warm glacier{ice}
暖布劳风☆warm braw
暖池☆warm pool
暖低压☆warm low
暖反气旋☆warm anticyclone

暖房☆hothouse；greenhouse
暖房装置☆heater
暖锋(面)☆warm front；anaphalanx
暖锋型囚锢☆warm-front-type occlusion
暖风道☆short passage for hot air
暖高压☆warm high
暖黄土☆warm loess
暖机☆warming up
暖流☆warm current{feeling}
暖气☆heat
暖气管{道}☆caliduct
暖气潭☆warm-air{warm} drop；warm pool
暖气团☆warm air mass；warm air-mass
暖囚锢锋☆warm occluded front
暖区☆warm sector
暖舌驶引☆warm-tongue steering
暖水管道☆caliduct
暖水圈☆warm water sphere
暖温带☆warm temperate zone
暖温带林☆warm forest zone
暖狭温(动物)☆polytherm
暖心低压☆warm-core low
暖型囚锢☆warm-type occlusion
暖洋☆hot ocean
暖雨☆warm rain

nüè

虐待☆abuse
疟疾☆malaria

nuó

挪动了的砾石☆shipped-on gravel
挪朋尼风☆narbonnais；narbones
挪威☆Norway
挪威白[石]☆Togla White
挪威红[石]☆Rosa Norwegian；Rosso Norvegjan
挪威克朗☆Norwegian Krone；NOK
挪威拉砾石纹☆Breccia Novella
挪威式掏槽[普通和扇形的混合掏槽]☆Norwegian cut
挪威牙形石属[O_3]☆Nordiodus
挪希风☆nashi；n'aschi
挪用☆misappropriation

nuò

锘☆nobelium；No
懦夫☆turnback
诺贝尔[人名]☆Nobel
诺贝尔奖金获得者☆Nobelist
诺第(方)法[拐点正切交线法]☆Naudi method
诺丁汉长壁开采法[矿车进入工作面]☆Nottingham longwall
诺顿海胆属[棘;D]☆Nortonechinus
诺顿斯约线☆Nordenskjld line
诺耳吸附律☆Noll's adsorption law
诺尔[英泰晤士河一沙岛]☆Nore
诺尔贝属[腕;T_3]☆Norella
诺尔伍德虫属[三叶;$Є_3$]☆Norwoodia
诺夫鲢属[孔虫;C_2]☆Novella
诺格拉齐藤目☆Noeggerathiales
诺金斯克阶[C_2]☆Noginskian
诺卡氏菌☆Nocardia
诺克斯[光照度单位]☆nox
诺克斯介属[D_2-C]☆Knoxiella
诺拉事件☆Donora smog
诺兰德仪器公司☆Norland Instruments
诺兰矿☆nolanite
诺里尔斯克[俄矿业公司]☆Norilsk Nickel
诺利克(阶)[220.7～209.6Ma;欧;T_3]☆Noric{Norian}(stage)
诺硫铁铜矿[$(Cu,Fe)_4S_4$;六方]☆nukundamite
诺仑达矿山开采法[一种分段深炮眼开采法]☆Noranda method
诺马尔斯基干涉相衬图☆Nomarski Interference Contrast Imaging；NICD
诺曼菊石属[头;J_2]☆Normannites
诺(依)曼效应☆Neumann effect
诺模{谟}图☆nomogram；nomograph；nomographic {alignment} chart；abas
诺宁虫(属)[孔虫;K_2-Q]☆Nonion
诺硼钙石[$CaB_6O_9(OH)_2$•$3H_2O$;单斜]☆nobleite
诺三水铝石[$Al(OH)_3$;三斜]☆nordstrandite
诺氏棒石[钙超;N_1]☆Noelaerbabdus
诺斯型采矿机☆Norse miner
诺思韦测量服务公司[加]☆Northway Survey Corporation Ltd.
诺他达风☆nortada
诺特方程☆Knott's equation
诺特风☆norte
诺托斯风☆notos
诺瓦克矿☆novakite
诺维特炸药[梯恩梯:六硝基二苯胺为 60:40]☆Novit
诺亚次子 Ham 的后裔☆Hamite
诺亚洪水☆Noachian flood
诺言☆promise
诺依曼线☆Neumann line
诺伊[噪音度单位]☆noy
诺伊曼三角定律☆Neumann triangle law
诺优腊克{酚醛清漆}树脂☆Novolac resin

N

O

ōu

瓯穴☆giant's{giant;potash} kettle; kettle giant; pot hole; pothole; colk; water sink; caldron; sline[顶板]; bowls and potholes; rotten spot; remolino; pots-and-kettles
瓯窑☆Ou Ware
欧☆ohm; Nummulitic; paleogene; Oh.; O
欧安表☆ohmammeter
欧白☆opal
欧波{白}石☆precious opal
欧伯斯亚期☆Auversian Subage
欧登沉降天秤☆Oden's sedimentation balance
欧迪勃尔特管☆Audibert tube
欧尔通贝属[腕;C1]☆Overtonia
欧几里得[人名]☆Euclid
欧几里得几何(学)☆Euclidean geometry
欧卡拉[一种美国石灰石]☆ocala
欧拉定理☆Euler's theorem; theorem of Euler
欧拉公式☆Euler's formula
欧拉极☆Evler pole
欧拉-柯西法☆Euler-Cauchy method
欧拉流☆Eulerian flow
欧勒准数☆Eler's number
欧里纳克期[旧石器时代晚期]☆Aurignacian age
欧罗巴[腓尼基王阿革诺耳之女;希神]☆Europa
欧曼{门}氏(测斜)仪☆Oehman's apparatus
欧曼型钻孔测量仪☆Oehman's survey instrument
欧美植物群☆Euramerican flora
欧盟委员会☆European Commission
欧姆[Ω]☆ohm; O
欧姆[电阻单位]☆Ohm; Oh.
欧姆贝(属)[腕;P_2]☆Oldhamina
欧姆表☆Ohmer; ohm meter; ohmmeter
欧姆电阻☆Ohmic resistance; ohmage
欧姆定律{理}☆Ohm's law
欧姆数☆ohmage
欧姆斯比型滤波器☆Ormsby type filter
欧姆损耗☆ohmic loss
欧泊☆opal
欧佩克☆Organization of Petroleum Exporting Countries ; OPEC
欧普塞斯无线电地震仪☆Opseis
欧瑞恩系列矿用型料浆泵☆Orion MM slurry pump
欧瑞克介属[O-C]☆Ulrichia
欧瑞莎蓝{|绿}[石]☆Orissa Blue{|Green}
欧塞季群☆Osagian; Osagean
欧沙居期☆Osagian age
欧申赛德☆Oceanside
欧石楠[植]☆brier; briar; tree heath
欧石楠科☆Ericaceae
欧石楠霉素☆ericamycin
欧石楠目☆Ericales
欧石楠木☆brier-wood; briar-wood
欧石楠型的☆ericaceous
欧氏空间☆Euclidean space
欧氏数☆Euler number
欧特里(夫)期☆Hauterivian (age)
欧托☆ertor
欧文-多尔顿型浮选机[瀑落转轮式]☆Owen and Dalton machine
欧文螺属[腹;$Є_3$-O]☆Owenella
欧文氏菊石☆Owenites
欧文斯制瓶机☆Owens machine
欧文主义者☆owenite
欧文钻孔测量仪☆Owen's bore-hole surveying instrument
欧亚(大陆)☆Eurasia
欧亚板块☆Eurasian plate
欧亚-美拉尼西亚带☆Eurasian-Melanesian belt
欧元区☆euro zone
欧扎克(高原)的[美中南部]☆Ozarkian
欧洲☆Europe
欧洲大陆[英国人并不认为英属欧洲,称海峡另一边的欧洲为大陆]☆the Continent
欧洲电视(节目交换制)☆Eurovision
欧洲规范☆Euro-code
欧洲化☆Europeanization
欧洲人{的}☆European
欧洲蝾螈☆Salamandra
欧洲史前巨石墓遗迹☆Dolmen
欧洲水源保护联合会☆European Federation for the Protection of Waters; EFPW
欧洲型自磨机☆European type autogenous mill
欧洲岩石圈探测计划☆EUROPROBE
欧洲野牛☆Bison
鸥螺属[J-Q]☆Rissoa
殴打☆maul; welt

ǒu

耦(合)波☆coupled{C} wave
耦合☆feed-through; coupling; feedthru; couple (in); catenation; hook-up; catena(e); allegiance; decoupling; linking; linkage; cp
LS 耦合[亦称罗素-桑德斯耦合、鲁塞尔-桑德尔耦合]☆LS coupling ; Russel-Saunder's coupling
耦合不足☆undercoupling
耦合的☆coherent
耦合分解☆coupled factorization
耦合剂☆couplant
耦合器☆coupling (mechanism); coupler
耦合系数☆coupling factor{coefficient}; coefficient of coupling; percentage coupling
耦合线☆link
耦合应力☆couple-stress
耦合元件☆coupling elements
耦合匝☆pickup loop
耦合装药☆solid loading
耦联晶片☆bimorph crystal
呕吐(出)☆spew
呕吐石☆antozonite[指有放射性的黑紫色萤石;CaF_2]; stinkspat[德]; fetid fluor
偶☆even; duad; pair; pr.; couple
偶板贝属[腕;O_1]☆Diparelasma
偶笔石属[O_2]☆Amphigraptus
偶成气泡☆entrapped air
偶次谐波☆even-order{even} harmonic; even order harmonics
偶次轴☆axis of even degree
偶氮苯[C_6H_5N:NC_6H_5]☆azobenzene; azobenzol; ab
偶氮的☆azoic
偶氮化合物☆azo {-}compound
偶氮萘[$C_{10}H_7N$:$MC_{10}H_7$]☆azonaphthalene
偶电荷同位素☆even-Z isotope
偶对(的)☆symplectic
偶尔发生的☆sporadic
偶尔变化☆random fluctuation
偶尔出错☆nod
偶尔发现☆stumble
偶发的☆adventitious; abiogenetic
偶发风☆sporadic wind
偶发故障☆accident
偶发事件☆happening; chance occurrence{event}; incident
偶发性河☆adventitious stream
偶分子☆even molecule
偶合☆coincidence; couple; mutual
偶环流☆bicirculation
偶奇效应☆even-odd mass effect
偶极(子)☆dipole
偶极赤道测深☆dipole equatorial sounding; DES
偶极的☆dipolar; bipolar
偶极反射对☆dipole reflection pairs
偶极分子☆dipole{dipolar} molecule
偶极-偶极间力☆dipole-dipole force
偶极天线☆dipole{doublet} (antenna)
偶极性吸附剂☆dipolar adsorbent
偶极子☆doublet; bipole; dublet; dipole
偶极子层☆electrical double layer
偶极子场☆field of dipole
偶极子基团☆dipolar group
偶极子天线的摆动☆flutter
偶见种☆incidental species
偶键☆duplet bond
偶接☆joint coupling
偶联☆copulation
偶联剂☆coupling{keying} agent
偶脉冲☆even pulse
偶脉冲响应值☆even response
偶偶核素☆even-even nuclides
偶排列☆evenpermutation
偶鳍☆paired fins
偶氢氮基[−NH•NH−]☆hydrazo-
偶然(性)☆chance; fortuity
偶然(的事件)☆haphazard
偶然变动☆occasional disturbance
偶然充填☆chance packing
偶然出现的产油{可采}层☆stray pay
偶然得到☆light
偶然的☆accidental; contingent; random; casual; stochastic(al); occasional; adventitious; passing; fortuitous; haphazard; incidental; chance; odd
偶然的事☆hazard
偶然发现☆accidental discovery
偶然混入过大颗粒☆tramp oversize
偶然检查☆casual inspection
偶然启示☆side light
偶然事故☆contingence; contingent
偶然事件☆incident; fortuity; accident
(工作)偶然停止☆hitch
偶然性☆contingency; eventuality; haphazard; contingence
偶然原因☆occasion
偶然杂交的矮形种群☆demic
偶入[读写中出现多位误差]☆drop in
偶砷基铁酸盐[水泥加重剂]☆arsenoferrite
偶生叶☆adventitious{adventive} lobe
偶失[读写中出现少位误差]☆dropout
偶数☆even (number)
偶数行穿孔☆normal-stage punch
偶数 Z[原子序数]-奇数 Z 效应☆even Z-odd Z effect
偶数同位校验☆even-parity check
偶数元素☆even-numbered element
偶碳数优势☆even carbon number predominance
偶碳优势☆even predominance
偶蹄类的[哺]☆artiodactyl
偶蹄目☆artiodactyla
偶现(生物地层)带☆casuzone
偶现型☆slug-type
偶现种[生]☆casual species
偶线☆amphinema
偶线带螺属[软舌螺类;Є-S]☆Ambrolinevitus
偶姻[两个分子的醛,合成醇酮]☆acyloin
偶用雾中信号[航]☆occasional fog signal
偶有元素☆incidental element
偶宇称性☆even parity
偶遇的☆stray
偶整数☆even-integral number
偶支撑☆knee bracing
偶肢☆paired appendages
偶质量(数)同位素[冶]☆even-mass isotope

O

P

pā

啪的一声☆snap

pá

耙☆comb；gill raker；rake
耙板☆rake blade；snubbing arm
耙板头绳☆scooter{scow} head rope
耙笔石☆Rastrites
耙笔石属[S_1]☆Rastrites
耙臂☆rabble{snubbing;rake} arm；scraper arm
耙臂拉杆☆rake arm tie rods
耙臂式装载机☆rake loader
耙臂行程☆rake-stroke
耙柄☆rabble arm
耙齿☆tine；draghead{hoe} teeth
耙齿式剥离装运机组☆scraper ripper
耙刀☆scraper knife
耙道式挖掘机☆scraper excavator
耙斗☆slusher；scraper (pan;bucket)；scow；hoe scoop {scraper}；hoe-type scraper；scoop scraper；hoe；extension boom；scraper (box;pan;bucket;skip)
耙斗铲插深度☆scraper digging depth
耙斗堆{|平}装容量☆scraper heaped{|struck} capacity
耙斗式挖掘机☆scraper excavator
耙斗式装岩机☆scraper-type rock loader
耙杆绞车☆boom hoist
耙斗首绳☆apron rope
耙斗尾绳☆scoop tail rope
耙斗卸载☆discharging by scraping
耙斗运输联合机☆dragveyer
耙斗运载机☆scraper loader
耙杆☆rabble arm
耙机☆raker；rake
耙机式贮煤{矿}场☆scraper storage
耙架☆rabble frame；rake
耙掘头☆drag head
耙珊瑚属[D]☆Xystriphyllum
耙式磁力槽洗机☆rake-type magnetic log
耙式混合器{机}☆rake mixer
耙式排卸☆raked discharge
耙式三层分级机☆triple-deck rake classifier
耙式输送{运输}机☆rake conveyor
耙型的☆hoe-type
耙转载机☆scraper feeder
耙状的用具☆rake
耙子[从筛上去除劣矿的]☆harrow；rake；limp
扒☆scrape (together)；rake (up)；gather up；spread out；scratch；paw
扒动☆rabble
扒动机构☆raking mechanism
扒汞盘☆hoeing pan
扒刮装置☆scraping device
扒刮作用☆plow-scraping action
扒集产物☆raked product
扒集机构☆gathering mechanism
扒矿☆slush(ing)
扒矿工☆slusherman
扒矿巷道☆scraper (drift)；slushing lane
扒矿机☆scraper；slusher；scoop；cableway excavator
扒矿绞车☆scraper hoist{winch}；drag scraper hoist
扒矿平巷☆scram drift
扒矿堑沟☆slusher trench
扒矿装置☆slusher system；revolving arms
扒拉石☆scraped finish
扒路机☆harrow；(road) ripper
扒煤绞车☆scow hoist
扒平☆level out；level off；harrow
扒刃☆scraper knife
扒砂能力☆sand-raking capacity
扒石耙☆stone fork
扒式卸车机☆plough unloader
扒松☆rake
扒运☆scrape；slushing
扒运充填☆slusher packing
扒吸式挖泥船☆drag {-}suction dredger；suction hopper dredger；cardon
扒运☆slushing；scrape；scraping
扒运充填☆stowing with scraper buckets
扒运出矿系统☆slusher system
扒运机☆scraper loader
扒运距离☆drag length；scraper distance
扒运水平☆scraper level
扒爪☆gathering arm
扒装☆hoeing
扒装期☆lashing period
杷榔虫属[三叶;$Є_1$]☆Balangia
爬☆clamber；swarm
爬车机带角链☆creeper chain
爬车链条☆spike chain
爬车器☆creeper；height compensator
爬道☆climbing track
爬底板滚筒采煤机☆in-web{buttock} shearer；floor-based in-web shear
爬地的[植]☆reptant；procumbent
爬高(段长度)☆climb
爬高角☆ascending angle
爬管藻属[红藻;Q]☆Herposiphonia
爬罐☆upcoming cage；(raise) climber
爬罐法掘进☆Alimak climber raising
爬痕☆Repichnia
爬迹☆trail；crawling trace；Repichnia；casting
爬(行)迹[遗石]☆crawling trace；Cruziana；Repichnia
爬坡☆climb (uphill)；climbing (a mountain slope)；work hard to attain one's goal；climb-slope
爬坡车道标志☆climbing lane sign
爬坡机车☆adhesion locomotive
爬坡角☆ascending angle
爬坡能力☆gradeability；climbing capacity{ability}；hill climbing capacity；grade ability；grabability
爬坡速度☆creep speed
爬山车☆trail bike
爬山法[数]☆climbing method
爬山者☆climber
爬升☆climb；climbout
爬升波痕纹层☆climbing ripple lamination
爬升角☆angle of ascent
爬升器☆climber
爬梯☆cat ladder
爬星介属[E-Q]☆Erpetocypris
爬行☆creeping；creep；crawling；reptant
爬行道☆crawlway；crawl
爬行动物☆reptile；Reptilia
爬行动物时代[T-K]☆reptilian age；age of reptiles
爬行类☆reptilia
爬行潜穴☆crawling burrow；Repichnia
爬行速度☆creep speed
爬行苔藓虫科☆Reptariidae
爬行物☆creeper；crawler
爬行亚目[真米虾]☆Reptantia
爬行曳引{检测}车{器}☆crawler
爬行移迹[遗石]☆Diplichnius
爬行足迹纲[遗石]☆Reptilipedia
爬岩鳅科☆Gastromyzontidae
爬岩鲨目☆Gobiesociformes
爬移沼地☆climbing bog
爬在地上的☆decumbent

pà

帕(斯卡)[压力单位,=1N/m^2]☆Pascal；Pa
帕达迪索[石]☆Imperial Red；Paradiso
帕达尔[无源探测定位装置]☆padar
帕德矿☆paderaite
帕德马刚玉☆padmaragaya；padparadschah；patparachan
帕耳[固体振动强度的无量纲单位]☆pal
帕耳计☆palmeter
帕尔多普☆passive ranging doppler；Pardop
帕尔公式☆Parr formula
帕尔煤炭分类☆Parr's classification of coal
帕尔瑞克斯镍铁合金☆permax
帕尔门模式☆Palmen's model
帕尔式空气枪☆PAR airgun
帕尔氧弹测硫法☆Parr oxygen bomb method
帕克(磷化处理)法☆Parker process
帕克马斯特式充填机☆packmaster
帕拉蒂尼造山(作用)[P_2]☆Palatinian{Pfalzian} orogeny
帕拉冈无扭转钢绳☆Paragon
帕拉冈星形夹☆Paragon star clip
帕兰刀[马来人用的带鞘砍刀]☆parang
帕朗☆Pahrump
帕里斯疲劳裂缝形成律☆Paris fatigue crack growth law
帕里西维拉海盆☆Parece Vela basin
帕利宾蕨属[K_1]☆Palibiniopteris
帕利塞德扰动☆Palisade(s) disturbance
帕龙{隆;伦}普统☆Pahrump series
帕隆普(群)[美;AnЄ]☆Pahrump
帕{派}罗塞尘暴[始发于加拿大拉布拉多半岛]☆palouser
帕马利钻管扳手☆parmalee wrench
帕曼柯型钻机☆parmanco driller
帕米尔孔贝属[腕;T_3]☆Pamirothyris
帕米尔南结晶片岩带☆South crystalline zone of Pamir
帕姆佩罗风[南美]☆pampero
帕帕加屋风☆papagayo
帕丘卡空气搅拌浸出槽☆pachuca
帕丘卡调和筒☆Pachuca；pachuca tank
帕萨迪运动[N_2]☆Pasadenan movement
帕赛瓦(尔)定理[傅里叶变换]☆Parseval's theorem
帕水硅铝钙石[$CaAl_2Si_2O_8•2H_2O$;单斜]☆partheite
帕斯卡分布☆Pascal distribution
帕斯卡线☆Pascal line
帕塔冈尼亚☆Patagonia
帕坦纳草坡[斯里兰卡]☆patana
帕特尔戴尔普拉特浮选法☆Potter-Delprat process
帕特里奇矿☆partridgeite
帕特森{逊}图☆Patterson diagram
帕特森峰☆Patterson peak
帕特森-哈克截面☆Patterson-Harker section
帕托姆叠层石属[Z]☆Patomia
帕西菲卡[美加州西部城名]☆Pacifica
帕亚里钻孔测斜仪☆Pajari bore-hole surveying apparatus

pāi

拍☆beat；smack；pulsation；clap；rap；note；peta-
拍岸浪☆surf；breaker；beach comber；alluvion；break wave；beating of waves
拍岸浪带☆surf{breaker} zone
拍板(座)☆clapper
拍打☆flap；clap；flapping；slap
拍打器☆beater
拍打试验☆tap test
拍动☆flap；flapping
拍击☆whip；slamming
拍击物☆flapper
拍击应力☆panting stress
拍节☆tact
拍卖☆auction
拍卖成交的出价人☆successful bidder
拍明介矿☆permingeatite
拍频☆beat frequency；BF
拍摄☆shot；capture；take
拍手☆clap
拍子☆tact

pái

排☆layer；rank；supply-exhaust ventilation；train；drain；tier；battery；row；line；form
排氨作用☆aminolysis
排冰吨位☆displacement tannage
排车员☆guardman
排尘☆dust discharge
排尘法☆dust-exhaust system
排成四排的☆quadrifarious
排成梯形{队}☆echelon
排成一串☆string
排斥☆repulsion；exclusion；fight-off；exclude；bar；repel；reject(ion)；eject；repulse；avert[植]；anti-
排斥剂☆rejectant
排斥矿物☆repulsive mineral
排斥性☆repellency；repellence
排出☆letdown；exhaust；fall away；export；expel；eject(ion)；expulsion；eduction；displace；give off；discarding；bleed-off；effluxion；draw-off；vent；circulating{bulged;blow;snap} out；evacuation；escape；extrusion；blowoff；blowout；bleed-down；extract；delivery；discharge；offtake；withdrawal；disposal；void；outfall；outlet；BO
排出泵☆extraction pump
排出槽☆drain tank
排出冲程☆discharge stroke
排出的可燃气体☆export fuel gas
排出阀☆discharge{delivery;exhaust;bleed；discharge-service} valve；delivery clack；bleeder

P

排出废液☆effluent discharge{disposal}
排出浮沫刮板☆discharge paddle
排出干线☆pumping main
排出管☆offtake (pipe); flow{delivery;outlet;vent;run;scavenger;exhaust} pipe; exhaust line; discharge conduit{leader;tank}
排出管线☆discharge pipe(line); downstream{delivery;flowing;bleeder;vent;exhaust} line
排出和汲入软管[串联泵或压缩机用]☆discharge and suction hose
排出孔☆exhaust opening; discharge orifice{hole}; outlet{drainage} hole; bleed hold; tap
排出口☆escape hole (mouth); discharge port {orifice}; spur; clean-out drain; offtake; vent; mouth; outfall
(泵的)排出口☆delivery outlet
排出矿石☆ore blowout
排出量☆discharge; withdrawal; displacement; outage
排出率☆discharge rate; rate of discharge
排出气☆exit{hot;vent} gas; exhaust gases
排出器☆displacer
排出气体☆relief gas
排出溶液☆extruded solution
排出时间☆efflux time
排出式通气法☆exhaust method
排出水☆drainage{discharge;drained-off;outlet} water
排出水(平)面☆draw-off level
排出速度☆efflux{discharge;outlet} velocity; velocity of discharge
排出体积☆withdrawal volume
排出瓦斯(法)☆gas drainage
排出物☆ejects; draw-off; discharge
排出系统☆exhausting system
排出线路☆delivery conduit{line}; pumping-out line
(从孔内)排出岩粉☆removal of cuttings
排出液体☆discharged liquid
排出液体积☆discharged fluid volume
排出油品☆drained product
排出装置☆discharger
排出钻粉☆drilling dust extraction
排除☆eliminate; exclusion; freeing; case off; sweep; strip down; get rid of; remove; clear; evacuation; blowoff; rule out; preclude; removal; preclusion
排除阀☆reject valve; drain
排除法判读样片☆elimination key
排除废渣☆discard removal
排除故障☆trouble clearing; clearing of a fault; ward off; remedy the trouble; troubleshooting; debug
排除(机内)故障☆debug(ging)
排除管路内的凝析液☆blowing the drip
排除盲炮爆破☆withdrawal blasting
排除炮烟☆smoke clearing
排除器☆clearer; excluder
排除气泡☆dislodge
排除碎屑装置☆chip rejector
排除瓦斯☆gas clearing
排除细泥大型圆锥分级机☆sloughing-off cone
(把……)排除在外☆exclude; excl.
排除障碍☆clearance
排除组合☆excluded assemblage
排除钻粉☆cutting pick-up
排除钻杆故障的辅导孔☆rathole
排错☆erratum [pl.errata]
排代定律☆displacement law
排代式浮子流量计☆displacement type float
(汽车等的)排挡☆gear
排定☆schedule
排定短期生产计划☆short-range production scheduling
排队☆queu(e)ing
排队存取☆queued access
排队技术☆ordination technique
排放☆discharge; blowoff; place (things) in proper order; let out; vent; drain{blow} off
排放泵☆emptying pump
排放带☆discharging zone
排放的压舱水☆discharged ballast water
排放废物☆effluent discharge
排放管☆dump nozzle
排放管架☆lay-down rack
排放管口沿压力☆lip-pressure
排放管线☆drain(age) pipeline
排放好☆rack up
排放极限☆limit of release
排放空气☆air discharge
排放口☆outfall; vent
排放区☆drained area
排放瓦斯☆drawing out methane; gas{firedamp; methane} drainage
排放瓦斯的裂隙☆piper
排放瓦斯的重型风动钻机☆firedamp drainage drill
排放物☆exhaust emission; effluent; discharge
排放斜坡☆drainage slope
排放性能☆emission behavior
排放要求{规范}☆effluent specification
排放液体{油、水}试样☆drain sample
排放中间产品提升机☆secondary reject elevation
排放钻孔☆well-drain; core; bleed-off (drill) hole
排放钻杆立根处[钻台上]☆set back area
排废☆waste discharge
排粉☆bailing medium; drilling dust extraction
排粉沟☆sludge clearance
(冲洗液)排粉能力☆cutting-carrying capacity
排粪☆laxation
排风☆ventilation
排风机☆exhaust fan; exhauster
排干的沼地[开垦地、围垦]☆innings
排矸☆muck; dirt exclusion
排矸场☆disposal (site)
排矸费☆wasting cost
排矸辊轮☆discharge roll
排矸口☆coarse refuse discharge
排矸漏斗☆refuse collecting hopper
排矸桥☆conveyor{transport-and-dumping;conveyer} bridge; bridge
排矸筛☆discard screen
排矸箱☆extraction chamber
排矸闸门☆waster{slate} gate
排管☆comb; shock macaroni
排管(钻杆)器☆racker
排管式(堆容器)☆calandria
排灌设备☆drainage and irrigation equipment
排洪渠道☆floodway channel
排灰器☆ash ejector
排挤压力☆expelling pressure
排挤者☆supplanter
排架☆bent
排架管复式接头☆tube-frame manifold
排架座木☆mud sill
排(泥)浆口☆mud port
排胶☆binder removal
排尽☆drain away
排净水渠☆clean-out drain
排距☆row span{pitch}; distance of row; line spacing; the distance between the rows [of blasting holes]
排锯机☆gang saw
排菌☆fungus
排空☆emptying; exhaustion; evacuate; drain; free vent
排空漏斗☆cone of exhaustion
排空区☆depression area
排空试验☆dry test
排空线☆drop out line
排矿☆discharge (material)
排矿点☆discharging area
排矿端☆discharge (head)
排矿井☆sludge-well
排矿口☆discharge set{spout;port;outlet;orifice;end}; set; exit; discharging opening; throat; discharge outlet
排矿口液压调整装置☆hydraulic setting control of discharge opening
排蜡☆dewaxing; wax removal
(钻杆)排立☆setback
排立管子☆rack(ing) pipe
(钻杆)排立装置☆set back device
排量☆delivery volume{rate}; delivery; displacement (volume) [水]; fluid volume; drawing-off[水,空气等]; dischargerate[泥浆泵]; delivery{discharge} capacity[泵]
排量波动☆flow oscillation
排量可见泵☆sight pump
排量曲线☆discharge curve
(泵的)排量-压头曲线☆capacity-head curve
排量指数☆index of discharge
排晾坯{切}块☆windrow
排料☆discharge; feed extraction
排料箅板☆discharge diaphragm
排料端排渣室☆discharge-end refuse extraction chamber
排料阀☆discharge valve; product discharge valve
排料孔☆slug
排料口☆discharge lip{port}; material outlet; discharge
排料口阀☆spigot valve
排料口缩小圈☆reduction ring
排料器衬板☆discharger
排料室式磨机☆discharge chamber mill
排料拥挤☆hindrance to egress
排料装置☆chip rejector
排列☆layout (spread); arrange; matrix; disposition; disposal; collocation; configuration; permutation; rank; range; put in order; alignment; cable layout; arrgt; jug line; spread(ing); alinement; ordination; set up; array; line; form; collate[有序文件]
L 排列☆L spread
β 排列☆beta configuration
排列[电极的]☆array; spread
排列布置[震勘]☆spread arrangement
排列长度☆cable{array;spread} length; spreads
排列成串☆stringing
排列成行☆alignment; alinement
排列成行的火山锥☆aligned cones
排列程序☆format; sequencing
排列充填☆cubical pack
排列次序☆sequencing
排列的☆tactic
排列方式☆mode of arrangement
排列方向☆orientation
排列滚动前进☆roll along
排列好的☆aligned
排列矩阵☆permutation matrix
排列密度☆packing density
排列系数☆array factor; packing coefficient
排列相似☆homotaxis; homotaxy; homotaxial
排列形式☆configuration; spread pattern
排列异次☆heterotaxy
排列因子☆array factor
排列支架☆line timber
排硫杆菌☆thiobacillus thioparus
排流(器)☆drainage
排流点电位☆drain point potential
排流器☆delf; delft
排流试验☆drainage test; current drainage test
排卵[动]☆ovulate
排码☆frame
排泥☆spoil disposal
排泥泵☆slurry{sludge} pump
排泥驳船☆dumb barge
排泥阀☆mud valve; sludge cock
排泥管☆blowoff pipe
排泥管道☆slime drain line
排泥孔☆mudhole
排泥器☆silt ejector
排棚☆row of supports
排齐☆line
排气☆exhaust (gas); ex; gas blow off; bleeder; gas (extraction); discharge; expulsion; evacuate; export {exit;reaction} gas; air exhaust{relief;discharge}; deaeration; air(-)out; aerofluxus; blowdown; burp; blowoff; ventage; degassing; exhaustion; venting; ventilation; venting of gas; draught; Ex.; BO
排气泵☆extraction{off-gas} pump
排气催化系统☆catalytic exhaust system
排气(阀)打开☆exhaust open; EXO
排气带☆blowoff zone
排气道☆vent; waste flue
排气阀☆gas relief valve; atmospheric{eduction; air bleed;exhaust;shifting;vent} valve; air bleeder; air bleeding valve; air release valve
排气风机罩☆hood discharge fan
排气(阀)关闭☆exhaust close; exc.
排气管☆hot gas line; hood; gas {-}escape tube; exit; gas down-take{outlet}; exhaust (duct column;pipe); eduction{scavenge;blast;tail;relief vent} pipe; air outlet pipe; (evasion) stack; discharge flue; exhauster; nozzle
排气管的消音器☆blow-down silencer
排气管内爆音☆backshot
排气机☆exhaust blower{fan}; gas{air} exhauster; draught-engine; exhauster
排气截面☆venting area
排气净化箱☆exhaust conditioning box
排气坑道☆upcast

P

排气孔☆weep hole；vent (port)；air vent{escape}；outage
排气口☆air exhaust{vent}；gas{blow} vent；outcome；exhaust orifice{port;opening}；vent opening；air-vent
排气框☆ventilated case
排气门☆evacuation gates
排气器☆air exhaust；exhauster
排气曲线☆degassing curve
排气式凿岩机☆vented(-type) drill
排气调节箱☆exhaust conditioning box；conditioner box
排气停载阀☆exhaust cutout
排气温度☆exhaust gas temperature；EGT
排气行程☆instroke
排气旋塞☆aircock；air cock
排气压头☆discharge head
排气装置☆cutout；air exhausting device；vent unit；release(r)
排气组织☆pneumathode
排弃方法☆disposal system
排弃废矿浆☆exhausted pulp
排汽☆steam-discharge；sweeper；steam blow-off
排汽压力☆exhaust{abandonment;back} pressure
排驱压力☆replacement pressure
排去[使岩枕中空]☆drain-away
排热☆removal{abstraction} of heat
排入☆cut-in
排入大气中☆blown into atmosphere
排入地下{|海中}☆underground{|sea} disposal
排砂[分级机]☆spigot product{discharge;disposal}
排砂(岩屑)泵☆sludger
排砂沟☆bailing ditch
排砂口[分级机]☆spigot opening；sand gate
排沙☆sediment ejection
排沙渠☆discharge canal
排渗特性☆drainage characteristics
排石铲[从开沟器前排开]☆rock deflector
排水☆drain(ing)；(mine) drainage；discharge water；exhaust；dewater；displace；water-discharge；unwater；sew；water diversion{removing;delivery;drain(age);removal}；draining waterlogged land；pumping；discharge of mine water；drain off water；drain away water；water-drainage；blowdown
排水暗管☆closed drain
排水板☆wick drain
排水板法☆cardboard drainage；geo-drain
排水泵☆drainage{dewatering;discharge;unwatering;drain} pump；draining-pump
排水不良☆impeded{imperfect} drainage；imperfectly drained
排水槽☆drainage channel{cut;tray}；water shoot；blow off tank；discharge{drain} tank；drain trunk{sluice}
排水带☆zone of discharge；discharge zone
排水道☆drainageway；dike；outlet；water way
排水的重复利用☆drainage recovery
排水吊桶☆dewatering{water} bucket；dan；bailing skip{drum}；bailer；water kibble{bawel;skip}
排水硐☆delivery{off(-)take} drift；jack-head
排水堵塞☆blockage of drain
排水度☆freeness
排水吨位☆displacement tonnage{ton}
排水阀☆draw-off{drain;bleed} valve
排水干管☆arterial drainage；drain collector；main drain
排水干渠☆arterial drain(age)
排水高度☆delivery{discharge} head
排水工☆waterman；drainer
排水工程☆drainage works；dewatering excavation
排水沟☆(drainage;channel;trench;gallery) ditch；gully (sough)；(water) gutter；sump；water furrow {trench}；(ditch) drain；drain line{trench}；sough；delivery conduit；offtake；gutterway；catchwater-drain；outlet tunnel；drainage；galley；outfall ditch；lode[沼泽]
排水沟渠☆escape canal；water carriage
排水管☆leader；discharge{draw-off;drain(age);outlet;delivery;offtake;dewatering} pipe；drain；drainage pipelines；culvert；delivery{drainage;dewatering} conduit；sewer；fall tube；scupper；tile{pipe} drain
排水管铺设机☆drain layer
排水管外压试验☆external loading test for drain pipe
排水管网☆network of drains
排水管线☆drain(age) pipeline；water discharge line
排水管柱☆column pipe；(pipe) riser；pump column
排水巷道☆headgate；drainage workings{drift;heading;roadway}
排水河☆exit stream
排水化学板☆chemical board drain
排水机☆draught-engine；pump
排水箕斗☆bailing{water} skip
排水集☆offtake
排水加固☆dewatering stabilization
排水(管)间☆pump way
排水绞桶☆bailing drum
排水接触式发生器☆water displacement contact type generation
排水截槽☆drainage cut；cutoff drain
排水阱[水砂充填]☆mousetrap drain；mouse trap
排水井☆catch(-)pit；drainage shaft{well}；well drain；gully pot；sump shaft offset well；discharging{drain;negative;offset;absorbing;bleeder} well；water disposal well；well-drain
排水壳体[半潜式平台的浮体]☆displacement hull
排水坑☆disposal{drain} pit；soakaway；unwatering sump
排水坑道☆adit for draining
排水孔☆drainage hole{perforation}；freeing port；discharge opening{orifice}；weep{bleed;relief} hole
(甲板)排水孔☆scupper
排水孔的堵头[船上甲板旁的]☆scupper plug
排水孔口☆exhalant orifice
排水口☆waterspout；discharge{drain;water} port；outlet；drain (opening;outlet)；opening for drainage；outfall；scupper；spiracle；rainspout；freeing port[船舷钢板上的]；drain opening
排水廊道☆gallery；unwatering{drainage} gallery
排水立管☆(rising) column
排水梁☆waterway
排水良好(的)☆well-drained
排水良好的土壤☆freely{well} drained soil
排水量☆discharge capacity [of a spillway,etc.]；water discharge{displacement;drainage;delivery}；delivery；withdrawal；displacement；drainage (rate)
排水量大小☆magnitude of discharge
排水量峰☆discharge peak
排水量线☆displacement line
排水盲硐☆drainage gallery
排水面☆drainage face；draining surface
排水面积☆drainable{drain(age)} area；discharge area
排水明渠☆surface channel
排水喷嘴☆discharge nozzle
排水盆地☆catchment (basin)
排水平硐☆drainage{discharge;drain} adit；off-take drift{level}；water- adit；water gallery{entry;gutter}；drainage tunnel{gallery}；delivery{offtake} drift；adit for draining；efflux{hereditary} gallery；sough；jackhead；offtake level
排水平巷☆sump{waste-water;water} gallery；blind {off-take;drainage;water} level；drainage adit；water entry{gutter}；off-take{underlevel} drift；water-adit；wet lateral
排水坡度☆slope of water
排水器☆drainer
排水区☆drainage{discharge;drained} area；area of discharge；drained zone
排水渠(道)☆culvert；drainage canal{channel}；catch gutter；offtake；effluent channel；swamp ditch；by-wash；escape canal；conduit；drain；offtake
排水三轴试验☆drained triaxial test
排水砂井☆sand drain
排水速率☆rate of drainage
排水隧洞{道}☆drainage tunnel
排水条件☆drained condition
排水通畅的☆well-drained
排水筒☆adjustage
排水瓦管☆drain tile；DT
排水系统☆drainage (system)；sew(er)age
排水箱☆drain box；dan
排水小沟☆gaw
排水斜井☆pump slope
排水形式☆drainage pattern
排水压力☆discharge pressure
排水障碍☆clogging drain；obstacle to drainage
排水沼泽☆fenland
排水支管☆branch drain
排水主管☆pumping main
排水专用井☆engine pit
排水钻孔☆drain hole；offset well；drainage boring {borehole}
排送高度☆delivery head{lift}；height of delivery
排送管系☆discharge piping
排送能力☆dischargeable{discharge} capacity
排塑☆plastics removal
排酸[油]☆flushing
排他的☆exclusive
排他型锁☆exclusive-NOR gate
排题板☆problem-board；patchboard
排替式驱替☆drainage-type displacement
排替学说☆replacement theory
排替压力☆entry{displacement;forefront;replacement;drainage} pressure
排烃效率☆expulsive efficiency
排土☆casting；overburden{spoil;rock;waste} disposal
排土场☆(waste) dump；dumping{refuse-disposal} site；dump room{pit}；disposal area{dump}；spoil bank{pile}；dirt heap{bing}；barrow；bing
排土车☆dobby wagon
排土带尺寸☆spoil dimension{size}
排土堆☆earth deposit
排土堆顶☆spoil ridge{peak}
排土犁☆spreader plough；blader
排土效率☆efficiency for dumping
排土桩☆displacement pile
排瓦斯巷道☆gas drainage roadway
排污☆blowoff；blowdown；scavenging；BO；BD
排污标准☆pollution exhaust criteria
排污管☆blowing tube；sewer
排污量☆discharge capacity
排污区☆disposal area
排污水☆blow-off water
排污箱☆clean-out box
排污旋塞☆drain cock
排污周期☆blowing period
排(水和)吸(水的)水龙带☆discharge and suction hose
排线孔爆破☆line-drilling blasting
排线速度☆traverse speed
排卸机☆discharger
排泄☆drainage；(bleeding) discharge；running-off；excretion；eduction；drain(ing)；drain (rainwater, waste water,etc.)；excrete；chute
排泄(物)☆dejection
排泄不良区☆poorly drained area
排泄带☆zone of discharge；discharge zone
排泄的☆excurrent
排泄干道☆arterial drainage
排泄管☆eduction tube{pipe}；drain connection{tube}；discharge leader{pipe}；bleeder pipe{line}；blow-off {blowdown} pipe；outfall；efferent duct；offlet
排泄后水位☆depressed water level
排泄井☆discharging{offset;excreting} well；well drain
排泄开关☆petcock
排泄孔☆drain{bleed(er)} hole；discharge opening；trema [pl.tremata]
排泄口☆escape orifice；discharge opening
排泄流☆effluent stream
排泄泥水泵☆eductor pump
排泄盆地☆drainage basin；feeding ground
排泄器☆eductor
排泄区☆region of outflow；discharge area
排泄式驱替☆drainage-type displacement
排泄试验☆dry test
排泄速率☆dischargerate；discharge rate
排泄物☆evacuation；casting；feces；excreta；ordure；excrement；rejectment；excretory product[粪便]
排泄相对渗透率曲线☆drainage relative permeability curve
排泄压力☆drainage{discharge;drain} pressure
排泄烟道☆vent stack
排泄雨水☆storm drainage
排泄装置☆draw-off；discharger
排泄钻孔☆well drain；well-drain
排泄作用☆evacuation
排屑槽[金刚石钻头的]☆junk slot
排序☆collate；ordering；sort(ing)；sequencing；merge
排序装置☆collator
排雪板☆flanger
排压舱水☆deballast；unballast
排压阀☆purging valve
排烟{气}道☆waste flue
排烟口☆exhaust port；smoke hatch
排烟框☆fume cupboard

排烟脱硫☆stack desulfurization
排盐(作用)☆salt exclusion
排岩速度☆rock removal rate
排液☆flowing (back); tap; clean up; unloading
排液槽☆displacement tank
排液池☆cleanup pit
排液存气器☆condensate trap
排液点☆drainage point
排液范围☆extent of fluid movement
排液浮子☆displacer float
排液管线☆tapping line
排液阶段☆blowdown period
排液口☆drain port; vent hole
排液量☆liquid withdrawal rate; fluid delivery; lifting rate
排液能力☆lifting capacity
排液软管☆discharge hose
排液时间☆clean-up time
(地层)排液速度☆rate of delivery
排印☆typography; typo-
排印工人☆typographer
排油☆oil outlet{drain}
排油半径☆radius of drainage
排油泵☆drainage{delivery;drain} pump; oil drain pump
排油带☆infiltrated zone
排油管☆draw-off pipe
排油管线☆drain(age) pipeline
排油机理☆expulsive mechanism
排油漏斗☆drain cup
排油腔☆displacement chamber
排渣☆slag; muck handling
排渣口☆refuse well
排渣渠☆tailrace; tag line
排渣式燃烧室☆slagging (combustion) chamber
排渣速度☆bailing velocity
排渣系统☆hauling system
排渣装置☆refuse drainage{draw}; dirt-extraction gear
排障器☆lifeguard; fender; obstruction{rail} guard; cowcatcher; stone sweeper; pilot[机车]
排障支持☆debugging support
排柱☆organ timbering{set;timber}; breaker{fence} row; closely spaced prop{rows of posts;spaced}; intensive{close-standing} support; timber{prop} wall; close-standing; closely spaced rows of props; battery set; slabbing; fence; row of props{supports}; line timber; breaker props[限制顶板崩落带]
排状井网☆row well pattern
排字工人☆typesetter
排字式样☆typography
排阻色谱法☆exclusion chromatography
排组☆tang
排钻采石法☆line drilling
排钻床☆gang drill; gang drilling machine
牌☆tablet
牌号☆grade; designation; mark; mk.; Mk
牌照☆certificate
牌照税☆license tax
牌子☆brand; table
徘徊☆walk; wander; perambulation; roam
徘循图☆precession photograph

pài

蒎立醇☆pinite
蒎烷[$C_{10}H_{18}$]☆pinane
蒎烯[$C_{10}H_{16}$]☆pinene
哌啶[$CH_2(CH_2)_4NH$]☆piperidine
哌嗪[$C_4H_{10}N_2$]☆piperazin(e); diethylenediamine
派保[测风气球]☆pibal
派定工作☆taskwork
派工单☆shop order; job order
派克[=2 加仑]☆peck; pk
派克鳄属[T_1]☆Euparkeria
派克矿☆parkerite
派克满贝属[腕;C]☆Paeckelmannia; Tornquistia
派克铅矿☆lead parkerite
派来{热}克斯(型)玻璃☆Pyrex(-type) glass
派来石☆pellyite
派赖笃尔炸药☆pelletol
派朗[辐射强度单位]☆pyron
派力施型平衡摇动筛☆balanced Parrish-type shaker screen
派罗赛尘暴☆palouser
派遣☆expedition; despatch; dispatch; delegation; send
派生☆derive; derivation; outgrowth; spinoff
派生特性的☆apomorphous; apomorphic
派生特征[古]☆apomorph(y); derived character
派生位移☆induced displacement
派生物☆congener; derivative; retinue
派生岩☆derivative magma
派生元素☆daughter element
派特里密闭式装车漏口☆Petrie box

pān

攀登☆climb; clamber; ascend
攀登梯☆access ladder
(爬电杆用)攀钩☆gaff
攀合式[笔]☆scandent
攀爬☆scramble
攀树适应☆tree climbing adaptation
攀苔藓虫属[O-S]☆Batostoma
攀线植物☆climber
攀岩☆climb a rock wall; clamber a rock wall
攀岩技术☆rockwork; rockcraft
攀岩者☆rock-climber
攀移☆climb
攀缘器官☆anchoring-organ
攀缘植物☆climber; climbing plant; scantentes
潘德尔鳞牙形石属[D_3]☆Panderolepis
潘德尔器官[三叶]☆Panderian organ
潘德尔牙形石属[O_2-D_2]☆Panderodus
潘多尔弗间冰阶☆Pandorf interglacial
潘卡瑞形状☆Poincare figure
潘那胺☆panamine
潘那斯奥塔拉风☆panas oetara
潘内克斯公司[试井仪表公司]☆Panex
潘泥管☆peniotron
潘涅克珊瑚属[D_{2-3}]☆Peneckiella
潘宁放电离子源☆Penning discharge source
潘农介[N_2]☆Pannonian
潘诺尼亚(阶)[欧;N_2]☆Pannonian
潘诺尼亚造山作用中心☆Pannonian centre of orogenesis
潘诺泽石☆panunzite
潘派洛风☆pampero
潘塔尔铝合金☆Pantechnicon; pantal
潘特[宝石重量单位,=1/100 克拉]☆point

pán

蟠龙虫☆spirorbis
蟠龙介属[S-Q]☆Serpula
盘☆desk; board; bay; pan; tray; wall; set; plate; washbasin; dish; market quotation; current price; coil; wind; twist; check; examine; investigate; transfer; interrogate; sell; move; saucer; panel; discus[动]
(操舵)盘☆lamb
盘棒石[钙超;J]☆Discorhabdus
盘贝类☆Discinacea
盘笔石属[S_1]☆Discograptus
盘槽☆salt-bath furnace
盘层☆orterde
盘层土☆planosols
盘肠变形☆enterolithic deformation
盘肠状褶皱的☆enterolithic
盘车☆jigger; barring
盘成螺旋形的☆coiled
盘存☆(take) inventory; stock-taking
盘单毛孢属[真菌;Q]☆Monochaetia
盘刀☆disc cutter
盘多毛孢属[真菌]☆Pestalotia
盘二孢属[真菌]☆Mars(s)onina; Marssonia
盘阀☆disc{disk} valve
盘杆阀☆poppet valve
盘杆骨针[绵]☆discorhabd
盘根☆packing (set)
盘根盖盒☆gland
盘根盒☆stuffing{packing} box; tight head; packing kit
盘根盒式套管头☆stuffing box casing head
根根式油管头☆bradenhead
根根压盖帽☆packing gland nut
盘梗霉属[真菌;Q]☆Bremia
盘功能☆disk function
盘古大陆☆Pangea; pangaea
盘古大洋☆Panthalassa
盘骨☆central
盘谷[德]☆zungenbecken
盘管☆coil (pipe); coiler; pipe coil; serpentine; pigtail; coiled{worm;serpentine} pipe
盘管式加热器☆circular duct heater
盘海胆科☆Discoidiidae
盘海绵属[Є-D]☆Receptaculites
盘海扇属[双壳;E-Q]☆Patinopecten
(磁带)盘号☆reel number
盘簧☆disc{coiled;coil;helical} spring
盘簧组合☆disc spring assembly
盘回泥裂充填物☆crumpled mud-crack fillings
盘回皱纹☆crumpling
盘架☆deck truss
盘架式干燥机☆tray-type dryer
盘角虫属[孔虫;C-Q]☆Cornuspira
盘角石☆Discoceras
盘角石属[头;O]☆Discoceras
盘锯☆disc{circular} saw
盘卷☆curl
盘卷机☆curler
盘颗石☆Placolith; Discolithus
盘框支架开井☆crib{cribbed} raise
盘缆器☆spooler (device)
盘缆器轮☆spooler wheel
盘类自动成形线☆automatic plate-forming line
盘链藻属☆Thalassiosira
盘六星骨针[绵]☆discohexaster
盘龙☆Pelycosauria
盘轮☆disk{disc} wheel
盘螺☆valvata
盘螺属[腹;C-Q]☆Valvata
盘面支架☆deck support
盘磨☆pan grinder; edge runner; disc mill
盘磨机☆disc crusher{mill;refiner}; disk pulverizer{grinder}; burr{buhr;buhrstone;pan} mill
盘木☆keelblock
盘内汞齐化☆pan amalgamation
盘碾砂机☆pan mill
盘屏☆panel
盘球石[钙超;Q]☆Discosphaera
盘区☆panel
盘区扒矿巷道{平巷}☆panel scram
盘区扒矿重力放矿采矿法☆panel-slushing gravity system of mining
盘区风道☆air panel
盘区间矿柱☆interstall pillar
盘区胶带运输系统☆panel belt system
盘区开采☆panel(l)ing; panel work(ing){mining}
盘区开采年限☆panel life
盘区开切☆paneling
盘区开拓量☆development per block
盘区平巷☆panel entry{drift}; butt level
盘曲构造☆crumpled structure
盘曲藻属[Z]☆Crispophycus
盘绕☆coiling; coil; twine
盘绕柱☆coiled column
盘肾孢属[真菌]☆Naemospora
盘绳栓☆kevel
盘石☆monolith; huge circular stone
盘石桑疱☆very stable
盘式☆disk type
盘式砂光机☆disc sander
盘式塔☆tray-type column
盘穗属[古植;C_2-P]☆Discinites
盘索☆fake; bight
盘苔藓虫属[O-D]☆Discotrypa
盘弹簧☆coil spring
盘梯☆winder; winding staircase; spiral stairway
盘梯岩☆bandaite
盘条☆wire rod
盘头☆panhead
盘头菌属[黏菌]☆Trichamphora
盘拖动(装置)☆disk drive
盘析形☆gnomon
盘洗☆panning
盘县介属[P]☆Panhsienia
盘星类[E-Q]☆discoasterids; Discoasterid
盘星石[钙超;E-Q]☆discoaster
盘星藻(属)[绿藻;K-Q]☆Pediastrum
盘型孔板钻石☆table diamond
盘形(物)☆dish
盘形宝石☆table (gem)
盘形贝属[腕;$Є_{2-3}$]☆Discinopsis
盘形成☆pan formation
盘形刺孢[隐藻门]☆discobolocyst

盘形电枢☆disc armature
盘形孤丘[西;美]☆tejon
盘形滚刀钻头☆disk bit
盘形井壁衬管悬挂器☆disk wall liner hanger
盘形弹簧☆cup{Belleville} spring
盘形头☆panhead
盘形穴☆panhole
盘形琢型☆table{bevel} cut
盘旋☆circle; convolve; whorl; spiral; circling; convolution; wheel; linger; stay; twist
盘旋层理☆convolute{gnarly} bedding
盘旋虫(属)[孔虫;T-N]☆Spirillina
盘旋壳☆discoidal
盘旋弯曲☆zigzag
盘旋形褶皱☆convolute fold
盘旋有孔虫式☆spirilline
盘旋柱☆coiled column
盘羊☆argal
盘叶角石☆Discophyllites
盘叶菊石科[头]☆Discophyllitidae
盘右☆face{circle} right
盘藻属[绿藻;Q]☆Gonium
盘珠角石属[头;O_2]☆Discoactinoceras
盘状☆discoid; discoideus
盘状(石)[钙超]☆discolith
盘状的☆disklike; discoidal
盘状地槽☆pan-geosyncline
盘状点蚀☆saucer pitting
盘状分子☆disklike molecule
盘状构造☆dish structure
盘状菌{核}粒☆discolith
盘状锚☆mushroom anchor
盘状盆地☆sag basin
盘状物☆disc
盘状下沉模式☆saucer-shaped subsidence pattern
盘锥形☆discone
盘子☆dish
盘足龙(属)[J]☆Helopus; Euhelopus
盘左☆face{circle} left
磐斑灰泥岩☆dismicrite
磐层☆pan
磐石☆huge{massive} rock; monolith; a massive rock; a huge rock; boulder; bedrock; rock
磐石之安☆stable peace; safe as a rock; peace like a foundation stone
磐石之固☆the firmness of a rock
磐梯岩☆bandaite

pàn

判别☆discriminate; discrimination
判别处理☆juggling
判别法☆discriminance
判别分析☆discriminant{discriminatory} analysis
判别函数☆discriminant{decision} function; DF
判别能力☆discriminatory power
判别区域☆critical region
判别式☆discriminant; distinctive formula
判草虫属[孔虫;T_3-Q]☆Brizalina
判处☆sentence
判定☆qualification; decision; find; verdict; discern; judgement; award
判定函数☆decision{critical} function
判定论准则☆decision theoretic criterion
判读☆identification; interpretation; reading
判读误差☆parallax error
判读样片☆key for photo-interpretation
判断☆diagnosis [pl.-ses]; predication; reckoning; judg(e)ment; judge; eye; discretion; decision
判断分析☆analysis for arbitration
判断性属[鉴别性种类]☆diagnostic genera
判据☆criterion [pl.-ia]
判决☆award; sentence
判决理论☆decision theory
判明☆locate
判图☆map interpretation
判图测录☆interpretative log
判优(法)☆arbitration
叛乱☆insurgence

páng

膀胱☆vesica [pl.-e]
膀胱结石☆vesical calculus; cystolity; bladder calculi; gravel; cystolith
膀胱螺(属)[腹;J-Q]☆Physa
膀胱石病☆cystolithiasis
膀胱碎石器☆lithomyl
庞大☆bulkiness; voluminosity
庞大的☆husky; huge; bulky; enormous; gross
庞底亚斯风☆pontias
庞环孢属[K_1]☆Nigrina
庞佩利法则☆Pumpelly's rule
庞然大物☆buster; jumbo
庞氏定律{则}☆Pumpelly('s) rule
庞斯列图解法[土压]☆Poncelet graphical construction
庞苔藓虫属[O-C_1]☆Helopora
庞特ˋ雅{里亚}金极{最}大值原理☆Pontryagin maximum principle
旁☆seite; side; par-; para-
旁瓣☆side{secondary} lobe; sidelobe
旁瓣成带☆side-lobe banding
旁瓣压{抑}制系统☆sidelobe suppression system
旁边的☆collateral; postern
旁槽缘型☆parasulcate
旁侧冲洗式钻头☆side-hole bit
旁侧导坑法[隧道]☆core-leaving method
旁侧供水{冲洗}凿岩机☆external water-feed machine
旁侧给水冲洗☆separate flushing
旁侧炮孔☆offset hole
旁侧人行孔☆side-entrance manhole
旁侧{视;测}声呐☆lateral sonar; side scan sonar; side(-) looking sonar[海底地貌仪]; SSS; SLS
旁侧吸引☆lateral attraction
旁带☆side lobe; sideband
旁道☆bypath; lie; lye
旁(边)的☆by(e)-
旁点观测☆side shot
旁洞☆stable hole; stable-hole
旁(侧)堆积☆side bank
旁阀☆side valve; SV
旁风巷☆outside airway
旁隔间☆side compartment
旁观者☆onlooker; observer
旁轨☆siding (rail); sidetrack; side track
旁滑接轮☆nonaxial trolley
(输油管)旁接的中间油库☆by-pass intermediate depots
旁接罐[输油干线的]☆working tank
旁接油罐流程泵站☆over and short station
旁开式吊卡☆side-door elevator
旁孔☆side hole
旁流☆lateral{subsidiary} flow; by-pass(ing); bayou; side stream
旁流孔☆flowby port
旁流面积☆bypass area
旁漏(装置)☆bleeder
旁路☆by(-)pass (channel); side trip; by passage; by(-) path; circuitousness; alternative route; pass-by
旁路电阻☆by-passed resistor
旁路分流流量计☆bypass shunt meter
旁路风排放到大气☆bypass gas to atmosphere
旁面三角台☆prismatoid
旁频带☆side lobe; sideband
旁切圆☆escribed circle
旁蚀☆lateral erosion
旁视回声测深仪☆lateral echo sounder
旁视声呐☆side-looking{lateral;sidelooking} sonar
旁通导阀☆bypass pilot
旁通短管☆side-port nipple
旁通阀密封件☆bypass valve seal
旁通管☆by-pass (pipe;conduit); bypass (tool;pipe); side-tube; bridge
旁通加药器☆by-pass feeder
旁通接地☆carry off to ground
旁通接头☆side entry sub
旁通节流回路☆bleed-off circuit
旁通流道☆bypath
旁通散热孔☆bypass louver
旁通筛道☆by-pass screen
旁通式柔性塞☆by passing type flexible plug
旁通效应☆bypassing effect
旁系☆offshoot
旁系(亲属)☆collateral
旁线☆side track; sideline
旁线法[电勘]☆broadside technique
旁向重叠☆sidelapping; side lap
旁卸式☆side-dump type
旁泄塞☆by-pass plug
旁行☆bypassing
旁压力☆lateral pressure
旁压试验☆pressure meter test
旁压仪☆Menard meter; pressuremeter
旁夷(作用)☆lateral planation
旁应力☆lateral stress
旁遮普[印]☆Punjab
旁褶(缘)型[腕]☆paraplicate
旁证的☆corroborative
旁枝☆outgrowth
旁支☆collateral branch; offset
旁支运河☆lateral canal
旁轴射线法☆paraxial ray method
旁注☆marginalia; sidenote

pāo

抛物线体☆paraboloid
抛物线状沙丘☆parabolic dune
抛☆throw [threw;thrown]; chuck; projection; fling [flung]
抛铲式装载机☆throwing shovel
抛出☆ejection; cast; get out; expel; kick; outthrow
抛出(器)☆throwout
抛出块☆ejecta block
抛出物☆ejecta (menta); ejection; ejectamenta; ballistic ejecta
抛出物层☆ejecta blanket
抛出岩块☆ejected block
抛光☆lap; polish(ing); lapping (out); (gloss) finish; burnish(ing); buffing; bobbing; burnishment; buff; bob; tumbling; glazing; bright finish
抛光滚筒☆tumbler
抛光过度☆overpolishing
抛光机☆buffing{glazing} machine; branner; glazer; polisher; polishing lathe
抛光剂☆(brilliant) polish; buffing composition; polishing abrasive
抛光孔座☆polished bore receptacle
抛光良好的光片☆well-polished section
抛光轮☆glazer; burnishing{buffing;rag} wheel; buff; glazing-wheel; mop
抛光器☆burnisher
抛光外圆☆polished OD
抛光座圈☆polished bore receptacle; PBR
抛积石☆riprap stone
抛金属屑以干扰雷达☆infection
抛开☆ditching; abrogate
(用)抛落法(从脉石分离)锡☆toze
抛落架☆throw-off carriage
抛锚☆anchoring; anchorage; stall
抛锚观测☆anchored observation
抛锚移船☆kedge
抛木块计算航速法☆Dutchman's log
抛泥场浮标☆spoil ground buoy
抛泥区☆mud-dumping ground
抛弃☆desert; discard; abandon; reject
抛弃后浮于水面货物☆flotsam
抛撒☆scattering throw
抛三柱块体☆tribar-rubble-mound breakwater
抛散器☆flapper
抛砂机☆sand thrower; sandslinger; sand projection machine; slinger; sand thrower{slinger}; shooter[铸]
抛砂头横臂☆ramming arm
抛砂叶轮☆impeller head
抛沙堆☆mudball
抛射☆project
抛射动作☆trajectory motion
抛射器☆thrower
抛射式取样机☆projectile sampler
抛射体{物;的}☆projectile
抛射体形齿☆ogive insert
抛射药☆bursting charge
抛射作用☆propellant{heaving;propellent} action
抛石☆riprap[防冲、护坡]; enrockment; rock rip-rap; drop-fill rock; pell mell rubble; pierre-perdue[法]
抛石坝☆dumped rock embankment
抛石工程☆random riprap
抛石护岸☆riprap (revetment); throwing stones to retain embankment
抛石机☆basilisk
抛石基础☆rubble{riprap} foundation; pierre-perdue
抛石挤淤☆throwing stones to packing sedimentation; packing sedimentation by throwing stones; packing

P

up sedimentation by dumping
抛石体☆bulk rockfill
抛(巨)石体☆enrockment
抛式胶带充填机☆beltstower
抛填乱石☆random rubble fill
抛土场☆dump
抛丸除锈☆impeller cleaning{blasting}
抛丸清理机☆abrator
抛物面反射器☆parabola
抛物面镜☆parabolic(al) mirror
抛物体☆paraboloid
抛物线☆parabola; parabolic (curve); curve; para-curve
抛物线体☆paraboloidal
抛物线型应力-应变曲线☆parabolic stress-strain curve
抛物型☆parabolic type
抛下☆discarding
抛小锚移船☆kedging
抛小石粗面加工☆pebble-dashing
抛油环☆oil slinger; flinger; thrower
抛油环罩☆flinger housing
抛渣爆破☆pin-point blasting
抛渣装药☆booster charge
抛掷☆throw (out); cast
抛掷爆破☆chimney shot; pin-point{cast;pinpoint} blasting; explosive{explosives} casting; casting blast; explosively cast
抛掷充填☆slinger stowing; mechanical thrower
抛掷充填胶带☆throwing band
抛掷法试验☆drop test
抛掷方向☆casting direction
抛掷机充填☆mechanical stowing with slinger
抛掷机构☆ejection mechanism
抛掷器☆flicker; kicker; flinger; knockout
抛掷式充填机☆flight belt; slinger; thrower
抛掷式胶{皮}带充填机☆beltstower; belt stower
抛掷药包☆casting explosive; pinpoint charge
抛掷炸药☆propellant{propelling} explosive
抛掷装药☆booster charge

páo

咆哮西风[大西洋上]☆Brave west wind; roaring forties
狍(属)[N_2-Q]☆Capreolus; roe-deer;
刨矿工☆pickman; picksman
刨矿机☆slicer; mining plough
刨煤☆hag; coal planing{ploughing}; hewing; peeling
刨煤镐☆coal pick; buster
刨煤工☆breaker; (coal) hewer; pick(s) man
刨煤工艺☆ploughing technique
刨煤机☆stripper; plow; (coal) plough; slicer; planer; peeler (plough); mining{mechanical} plough; planing {plough-type} machine
刨煤机采法☆ploughing process
刨煤机分类☆coal-plough classification
刨煤机扒集箱☆peeler-scraper box
刨煤机位(置)指示器☆plough position indicator
刨煤机型装载机☆plough-type loader
刨石机☆stone planer
袍边[腕]☆stolidium

pǎo

跑车☆breakway; (running) amain; runaway (car); runway; sports car; run amain; racing bicycle; a trolley for conveying logs in a forest; [of trolleys for hoisting coal in a mine] accidentally slide down; roadster; [of train conductors] be on the job
跑车挡杆[斜井用]☆warwick
跑道☆runway
跑道视距☆runway visual range; RVR
跑电☆shelf depreciation; leakage of electricity
跑罐☆running amain
跑合☆break-in; running-in
(打箱过早)跑火☆exudation
跑偏☆side travel; detraining; displacement
跑砂子☆mine-fills running out
跑犀(属)[E_3]☆Hyracodon
跑钻☆runaway of bit

pào

疱疤☆blister
炮兵☆artillery
炮兵连☆battery
炮弹☆shell; projectile
炮弹形结核☆cannonball
炮弹曳光引爆剂☆shell destroying tracer
炮点☆shotpoint; shot point; SP
炮点-检波器对☆shot-receiver pairs
炮点距☆shotpoint spacing; shooting distance
炮点偏离{移}[震勘]☆eccentricity
炮点位置☆sp location; shot position
炮点文件☆shot-file
炮点组合☆shotpoint array
炮腹规视器☆boresight
炮根☆bootleg; socket; butt
炮工☆cannonier
炮工针☆piercer
炮骨☆cannon bone
炮管☆barrel
炮棍☆tamping stick{rod;pole;bar}; stemmer; stemming rod{stick;bar}; (shot) tamper; schnozzle; charging {loading} stick; ramming{bulling} bar; stem; bulling rod; beater
炮轰☆cannon; bombard; shell; minor blasting
炮后喷火☆blast spray
炮火☆fire
炮检距☆geophone{source-receiver} offset; source-detector{source-to-detector;shot(-to)-geophone;offset} distance; shot-to-receiver separation; source-receiver spacings; range[震勘]; offset
炮检距剖面[震勘]☆offset section
炮井☆shot hole
炮井测井☆uphole survey{shooting}
炮井疲劳☆hole{shothole} fatigue
炮井填孔☆shothole tamping
炮孔☆blast(-)hole; blast{drill;bore} hole; shothole; shot; bore; hole
炮孔布置☆hole layout{setting;pattern;placing}; round {blast} layout; firing pattern
炮孔布置形式☆blasthole pattern
炮孔擦拭棍☆wiper
炮孔成组起爆☆shot-firing in rounds
炮孔串联☆series hole connection
炮孔吹洗☆blowing-out
炮孔吹洗管☆air blowpipe
炮孔的距离[露天沿边坡方向第一个至最后一个炮孔]☆length of shot
炮孔底☆bottom hole
炮孔底部抵抗线☆toe burden
炮孔底至自由面的距离☆toe of a shot
炮孔顶部装药☆top load
炮孔法二次凿岩☆hole drilling
炮孔分布☆hole spread
炮孔间距☆spacing of hole; borehole space
炮孔进尺☆hole-meter; hole footage{feet}
炮孔孔网☆pattern
炮孔口☆heel of a shot; hole collar{mouth}; heel
炮孔扩底☆(borehole) springing; bullying; squib; camouflet
炮孔密集系数☆burden-to-spacing ratio
炮孔排列☆hole placing; drill pattern
炮孔平行布置☆parallel arrangement of holes
炮孔切断☆cut-off of hole
炮孔倾角☆grip of hole
炮孔清孔杓☆scraper
炮孔深度☆depth of blast-holes{round}; hole depth; run of steel; cut
炮孔数☆number of holes
炮孔水封☆water-ampul stemming
炮孔掏槽☆sump
炮孔针☆shooting{miner's} needle; needle; nail
炮孔装药部分☆toe of a shot
炮孔组☆(blasting) round; round of holes; (hole) set; drill round
炮口☆(gun) muzzle; cannon's mouth
炮口塞{帽}☆tampion
炮门☆breechblock; breech mechanism; gun lock
炮末端负载很重的炮眼☆grip hole
炮泥☆tamping (plug;block;material;black); ball stuff; stemming (material); tapping (hole) mix{clay}; stem; taphole loam{clay}; stopping mix{clay}; bordering; capping cap; clay
炮泥棒☆driver
炮泥充填器☆tamper
炮泥袋☆stemming{tamping} bag; dummy; bag
炮泥封填不足☆undertamping
炮泥棍☆beater
炮泥间隔分段药包☆sand charging
炮泥(中)孔道☆vent
炮泥枪☆mud gun
炮泥筒☆stemming cartridge; packed tamping
炮泥纸袋☆stem bag
炮泥制备器☆ramming machine
炮泥装药爆破☆stemmed shot
炮扒子☆spoon
炮前噪声水平{能级}☆preshot noise level
炮区雷管☆blown primer
炮式充填机☆cannon-type machine
炮手☆artillerist; artilleryman; gunner
炮栓式连接器[海中导管用]☆breech block connector
炮艇☆gunboat
炮铜[一种青铜,88Cu,10Sn,2Zn]☆gunmetal
炮铜轴衬☆gun metal bush
炮筒☆cannon bore
炮筒(内膛挤压石{硬}化)☆autofrettage
炮窝☆bootleg (hole); socket
炮窝子☆dead hole; dead-hole
炮线距☆perpendicular offset
炮烟☆fume; blasting fume{smoke}; afterfume; after gases{damp}; powder{explosion} smoke
炮烟吹除☆blowing of smoke
炮烟污染☆explosive smoke pollution{contamination}
炮眼☆borehole; hole; embrasure; drill{blast;dead; bore;shot;dynamite} hole; bore; perforation; shothole; blast(-)hole; porthole; drillings; perf
炮眼爆破☆smooth blasting
炮眼爆破顺序☆firing sequence{order}
炮眼壁探缝器☆breakfinder
炮眼并联☆parallel-hole{hobo} connection
炮眼布置☆layout of round; drilling{firing;hole} pattern; hole placing{placement;setting}; blast layout {geometry}; point(ing) of holes; shothole{blast-hole} arrangement
炮眼布置方式☆hole{blasting} pattern
炮眼擦拭棍☆wiper
炮眼充填材料的渗透率☆permeability of tunnel fill material
炮眼串联☆series hole connection
炮眼吹洗☆blowing of hole
炮眼吹洗管☆air blowpipe
炮眼达到或超过岩石中心的爆破☆pop-shooting
炮眼的布置☆hole placement
炮眼底☆hole back; toe
炮眼底部长负载难崩炮眼☆grip(ping) hole
炮眼底部抵抗线☆burden line on the toe of the hole
炮眼底部无{|有}紧装炸药☆free{|fixed} bottom
炮眼底端负载线☆burden line on the toe of the hole
炮眼底扩大掏壶☆blast hole spring
炮眼底终孔☆bore-hole bottom
炮眼点火(放炮)☆fire a hole
炮眼点火次序☆firing sequence{order}
炮眼堵塞☆confinement
炮眼堵塞料☆stemming material
炮眼方向☆holing
炮眼分布☆hole spread
炮眼封堵球☆perforation-packing ball sealer
炮眼封泥☆bordering
炮眼封泥棒[工]☆tamping{stemming} rod
炮眼刮杓☆sludger
炮眼间距☆hole spacing{pattern}; spacing of blast hole; blasthole space
炮眼进尺☆foot-of-hole
炮眼开孔☆starting the bore(-)hole
炮眼开孔操作(法)☆collaring hole
炮眼孔利用率☆blast-hole ratio
炮眼口☆hole{blasthole} collar; blasthole; collar of the hole; heel; heel of a shot
炮眼口吸岩粉管线☆blooey line
炮眼扩孔{掏壶}☆chambering
炮眼利用率低的爆破☆on-the-solid
炮眼利用率高的掏槽眼☆cutholes bottom-up well
炮眼利用系数不高的崩落☆breaking-short
炮眼内塑料套管☆plastic borehole sleeve
炮眼内炸药与自由表面间距☆hole burden
炮眼排列分布☆perforation pattern
炮眼清除棒☆fluke
炮眼清洗法☆perforation cleanout method
炮眼塞☆tamping plug
炮眼深度☆hole depth; cut; depth of bore{lift; round}; run of steel
炮眼水封☆water stemming

P

炮眼四周挤压密实层☆perforation compacted zone
炮眼掏槽☆sump
炮眼掏粉杓☆scraper
炮眼外端☆collar of the hole
炮眼用钎☆blast hole bit
炮眼用塑料水袋☆water ampule
炮眼预充填☆perforation prepack
炮眼针☆(miner's) needle; pricker
炮眼纸袋☆stem bag
炮眼装药长度☆charge{loaded} length
炮眼装药☆hole charging{load(ing)}; blast-hole charge; (borehole) charge; shot{deck} loading
炮眼装药封泥☆stem a hole
炮眼组☆hole set; (drill) round; round of holes; blasting round
炮眼组主导火线引火器☆master fuse lighter
(钻)炮眼钻机☆shot-hole rig
炮眼钻头☆blast(-)hole{rob} bit; blast hole bit
炮眼最小抵抗线与炮眼间距之比☆burden-to-spacing ratio
炮药☆blasting powder
炮组☆battery
泡☆dip; blister; bath; sop; bubble; vesicle; sth. shaped like a bubble; steep; soak; dawdle; loiter; dillydally; small lake; spongy; puffy and soft; envelope[电子射线管]
泡(砂岩)☆sandrock
泡白云母☆blister mica
泡铋矿{华}[$(BiO)_2CO_3$;四方]☆bismutite; bismuthite; basobismutite; bismuth spar{ocher}; hydrobismutite; bismutospherite; bismutospharite; bismuth-ochre
泡壁结构[斑晶]☆bubble-wall texture
泡畴材料☆magnetic domain material
泡臭葱石☆loaisite
泡串☆bubble train
泡点[出现第一个气泡的温度]☆bubble point
泡点压力☆bubbling pressure; bubble point pressure
泡多的☆bubbly
泡沸☆intumescence; ebullition
泡沸(碳酸盐)黏土☆effervescing{effervescence} clay
泡沸泉☆bubbling spring
泡沸石☆a kind of ore
泡粉外壁内层☆endexine
泡钢☆blister steel
泡骨类☆Spumellaria
泡(沫)海☆Mare Spumans
泡痕☆bubble impression
泡甲鱼属[D]☆Phlyctaenaspis
泡碱[$Na_2CO_3•10H_2O$;单斜]☆natron; natronite; natrite; soda; nitrum; nitrite
泡界线☆foam-line
泡孔☆blister; abscess
泡孔(苔藓虫)目☆Cystoporata
泡硫细菌属☆thiophysa
(带)泡(液)流☆bubble flow
泡螺属[腹;N-Q]☆Hydatina
泡帽塔☆bubble column
泡锰铅矿[$H_2PbMn_3O_8$;四方、斜方]☆cesarolite; cesbrolite
泡膜☆bubble film; effervescence
泡沫☆froth; lather; foam; flower; dirt; spume; scum; yeast; sud; bubble; soup[海浪冲击沙滩而形成]
泡沫板☆cystosepiment{vesicle} [珊]; cyst plate[腔]; cystiphragm[苔虫]
泡沫板珊瑚属[S_{2-3}]☆Ketophyllum
泡沫倍数☆coefficient of foaming
泡沫比例混合器☆foam proportioner
泡沫玻璃☆cellular{foam;foamed} glass
泡沫材料☆foam; sponge
泡沫槽☆bubbler
泡沫产品回收率☆froth recovery
泡沫产生区及泡沫和矿物接触区☆air bubble production and bubble-mineral contact zone
泡沫虫亚目☆Spumellina
泡沫导板☆crowding baffle
泡沫的韧性☆persistence of froth
泡沫发生剂☆foaming agent
泡沫防尘☆dust prevention by foaming
泡沫放射虫亚目☆Spumellina
泡沫沸腾[油流出井,气体急速逸出所致]☆boil
泡沫浮选过程☆froth flotation process
泡沫复珊瑚(属)☆Rhaphiophyllum; Cystophora
泡沫干度☆quality
泡沫构造☆foamy{foam;pumiceous} structure
泡沫集尘钻眼法☆foam drilling
泡沫剂☆frother
泡沫坚珊瑚(属)☆Lithophyllum
泡沫交联凝胶液☆foamed crosslinked gel fluid
泡沫焦性石墨☆pyrofoam
泡沫聚苯乙烯塑胶☆styrofoam
泡沫聚乙烯介质☆foamed polyethylene dielectric
泡沫灭火☆foaming; fire extinction by foam
泡沫凝胶☆frothy gel
泡沫排除区☆froth removal zone
泡沫驱油法☆foam-drive process
泡沫熔岩☆rock froth
泡沫乳剂☆whipped cream
泡沫砂渣☆foamed slag
泡沫珊瑚(属)[S]☆Cystiphyllum
泡沫珊瑚亚目☆cystiphyllina; cystiphyllacea
泡沫生成管☆foam-making duct
泡沫石☆foam-stone
泡沫石膏造型☆foamed plaster mo(u)lding
泡沫石棉☆litaflex
泡沫式充气☆bubble aeration
泡沫水淬矿渣☆foamslag
泡沫-水两用喷头☆foam-water `spray head{sprinkler}
泡沫水平探测器☆froth level detector
泡沫塑料☆polyfoam; foam(ed){expandable} plastic; aerated{cellular;foaming} plastics; plastic foam
泡沫塑料衬垫☆polyfoam spacer
泡沫体☆rigid foam
泡沫涂层的风障布☆foam-coated brattice cloth
泡沫线性胶液☆foamed linear gel
泡沫携(砂)液☆foam carrier
泡沫星珊瑚属[C_2]☆Cystophorastraea
泡沫性☆spumescence
泡沫岩☆aphrolite; igneous rock froth; holystone; pumice; aphrolith; pumite
泡沫液泵☆foam pump
泡沫抑尘钻孔☆mist drilling
泡沫溢出{流}☆froth overflow
泡沫注入比☆foam injection ratio
泡沫状☆pumiceous; cystose; spumescence; foamy
泡沫状壳☆foam crust
泡沫状液☆foam-like fluid
泡沫组织☆coenenchyma; vesicular tissue
泡排序☆bubble sort
泡泡头☆bubble head
泡破圈☆bulbar ring
泡铅锰矿☆cesarolite
泡砂石☆quartsitic sandstone
泡砂岩☆sandrock
泡珊瑚(属)[C_1]☆Aphrophyllum
泡石☆afrodite
(镁)泡石☆aphrodite
泡石英☆water quartz
泡腾☆effervescence; effervesce; effervescent
泡田☆ponding
泡铜☆blister (copper)
泡铜矿☆blister {-}copper ore
泡文石☆ktypeite; ctypeite; conchite
泡霰石[$CaCO_3$]☆ktypeite; conchite; ctypeite
泡型☆alveolitoid
泡影☆bubble
泡浴☆bubble bath
泡在水里☆souse
泡胀胶束☆swollen micelle
泡涨☆swell
泡罩☆disperser
泡罩塔☆bubble-cap tower{column}; bubble column
泡制☆infusion; brew
泡柱式浮选机☆bubble-column machine
泡状板[苔虫]☆cystiphragm
泡状孔☆vesicular pore
泡状流☆bubble flow
泡状组织[动]☆vesicle

pēi

胚☆embryo; corc(u)le; planticle[植]
胚柄☆suspensor
胚层☆embryonic layer
胚齿☆germ denticles
胚根[生]☆corcule; radicle; corcle
胚红柱石☆lohestite
胚晶☆incipient{embryo} crystal
胚壳[孔虫]☆protegulum; prodissoconch; embryonic chambers
胚壳瘤[腕]☆protegulal node
胚坑☆embryonic crater
胚孔☆blastopore; gastropore
胚鹿属[N_1]☆Blastomeryx
胚囊☆embryo sac
胚期的☆embryo
胚乳[植]☆embryosperm
胚胎☆embryo
胚胎动物☆embryoid
胚胎发生☆embryogeny
胚胎矿☆protore
胚胎期☆embryonic stage
胚胎系统发育的☆phylembryogenetical
胚胎学☆embryology
胚芽☆germinal bud; plumule; embryo buds; germ; gemmule; undeveloped thing
胚芽层☆Stratum germinativum
胚原基☆germ
胚褶皱☆incipient fold
胚质崩解☆blastolysis
胚种出口☆germ exit
胚种微孔☆germinal pore
(下)胚轴☆hypocotyl
胚皱褶☆embryonic folding
胚珠[植]☆ovule
胚珠裸露[植]☆ovulate
胚状体☆embryoid

péi

培斑安山岩☆cumbraite
培长石[三斜]☆bytownite
培长岩☆bytownitite; bytownitfels
培钙长石☆bytownorthite
培根型氢氧燃料电池☆Bacon type hydrogen-oxygen fuel cell
培晶☆boule
培克轮藻(属)[K_3-N]☆Peckichara
培雷式火山喷发☆Peléan(-type){Pelee-type} eruption
培水硅铝钾石☆perlialite
培苏玄武岩☆sudburite
培特瑞玻璃皿☆Petri dish
培训班☆training seminar
培养☆incubation; nurture; train(ing); rear; nurse; education; turn out; culture[人工{细菌}]
培养矽肺☆alimentary silicosis
培养基☆culture{nutrient} medium; medium [pl.-ia]; substratum [pl.-ta]; nutrient culture media; nutrient
培养介体{质}☆culture medium
培养皿☆culture{double;Petri} dish; glass garden
培养箱☆incubator
培养样(品)☆cultured sample
培育☆incubation; incubating; forcing[促成植物早熟]
培育期☆incubation period
培育箱☆incubator
裴斯莱石☆peisleyite
赔偿☆indemnity; compensation; indemnification; damages; compensate; make good a loss; reparation; indemnify; satisfaction; restitution; reimbursement; recompense; quittance; amends
赔偿损失☆redress damage
赔偿责任☆liability for damage
赔偿者☆compensator
赔款☆indemnity; award; repayment
锫☆berkelium; Bk
陪伴☆company; accompany
陪集[数]☆coset
陪氏培养皿☆Petri dish
陪星☆acolyte

pèi

配备☆fit (out); equip; outfit
配备人员过多的☆overmanned
配比☆partitioning; match
配比方法☆matching procedure
配产☆allocation; proration (production)
配产器☆bottom-hole regulator
配产油量☆allocating oil production
配车装置☆car-spotting device
配成对的t检验☆paired t-teat
配齿轮☆selective gear
配出器☆dispenser
配错☆misfit

配得上☆match
配底☆sole
配点法[一种矿床评价法]☆point-allotting method
配电☆(power) distribution；switch；electric{energy} distribution；dist.
配电板☆keyset；switchboard；panel；instrument{panel} board；switch (panel)；panelboard；patchboard
配电盒☆block terminal；distribution cabinet
配电和控制装置☆power distribution and control unit
配电联动器☆switchgear
配电盘☆distributor；cabinet{power} panel；panel of switches；switchboard；(switch) board；electric control panel；panel (box;board)；power distribution panelboard；patchboard；distr.；dist；swbd.；SB
配电器☆distributing switch；distributor；sparger
配电室☆distribution{switch;electrical} room；electrical switchroom；switchgear building
配电台☆switchboard；panel box；distribution board{panel}；power panel
配电系统☆electric{power} distribution system；distribution；distributing system；PDS
配电站☆(distribution) substation；electrical switchyard
配电装置组☆distribution section
配定产量☆proration (production)；prorate
配对☆copulation；pair(ing)
配对(齿)☆partner
配对层☆couplet
配对件☆mating member
配对壳层☆sharing shells
配对联轴节☆companion coupling
配对能☆pairing energy
配对物☆fellow；counterpart
配对像点☆conjugate image point
配对元件☆matched element
配额☆quota
配额制度☆quotient system
配方☆formula [pl.-e]；fill a prescription；make up a prescription；a formula for compounding a chemical or metallurgical product；prescription；formulation；dispensation；receipt
配方规定(用)量☆formula ratio
配方设计☆compound design
配方书☆formulary
配分关系☆partition relation
配分函数比☆partition function ratio
配分粒序☆distribution grading
配分子☆complex molecule
配赋☆compensation
配管☆pipe arrangement
配管应力☆piping stress
配好☆true up
配合☆composure；coordinate；fit；compound(ing)；cooperate；mat(ch)ing；asst.；concert；frame；fitting；coupling；conjugation；composition；combination；assort；adapt(at)ion；accouplement；coordination；proportion；teamwork；seating；scheme；processing
配合比☆proportioning
配合仓☆blending bunker
配合长度☆length of fit
配合的☆conjugate
配合等级☆grade of fit
配合地槽☆zeugogeosyncline；yoked geosyncline
配合度☆degree of adaptability
配合法☆companion method
配合公差☆tolerance on fit；fit tolerance；allowance
配合基☆ligand
配合加料(漏斗)☆proportioner
配合类别☆class of fit
配合料☆batch (mixture)；mixed batch
配合料挥发量☆volatile loss from batch
配合螺母☆attaching nut
配合器☆ducon
配合调整☆tune-up
配合线☆fitted line
配合性☆compliance
配衡☆tare
配衡(离子)☆anchored ion
配衡体☆counterpoise；tare
配换齿轮☆selective gear
配混合结构钻塔☆turnbuckle rig
配基☆aglucon；aglucone
配给☆admeasure；allocate；ration
配给点☆distribution point
配给票☆(test) coupon
配价☆coordinates
配(位)价☆coordination valence
配价键☆dative bond{link(age)}；coordination {coordinate} link(age)
配件☆(repair) parts；fitting；mountings；fittings of a machine；appendage；gadget；accessories；fitting metal；replacement；fitment；accessory；accessary；appurtenance；armature；preparation；mating member
配件储备☆storage of spare parts
配浆除砂池☆small pit
配筋☆arrangement of reinforcement；reinforcement
(混凝土)配筋不足☆underreinforced
配筋分散性系数☆dispersion coefficient of reinforcement
配筋率☆percentage{ratio} of reinforcement
配筋面积{|形式}☆area{|form} of reinforcement
配筋砖☆reinforced brick
配克[容量,=2 加仑]☆peck；pk
配矿☆ore blend(ing)；blending；ore-blending；blending of mill feed
配离子☆complex ion
配连☆accessory
配量☆dosage；metering；rationing
配量泵☆proportioning pump
配料☆burden(ing)；ingredient；dosage；compounding；dosing；blending；batching (mixture)；mix；furnish；dose；hatching；batch；proportioning；ore burdening
配料表☆allocation sheet
配料缸☆pill tank
配料器☆distributor head；batcher
配料水分☆moisture of blend
配料贮仓☆blend-storage bin
配料装置☆gradation unit；batching device{set-up}；proportioner
配料组分☆component of blends
配流孔☆timing port
配流面☆control surface；timing{valve} face
配流轴☆distributor shaft
配煤☆(coal) blending；blended coal
配煤入选☆preparation of blended raw coal
配煤装置{车间}☆coal mixing plant
配囊柄☆suspensor
配泥浆的设备☆mud mixing appliance
配偶☆couple；mate
配平☆trim；balance
配齐☆true up
配气阀☆control valve
配气干线☆feeder line
配气公司☆distribution company
配气滑阀☆air slide valve
配气机☆gasogene；gazogene
配气系统☆gas distributing system
配曲调整(法)☆bending
配热☆heat distribution
配热网☆heat-reticulation system
配容☆complexion
配色☆color combination{matching}；dye
配色基釉☆base glaze for colouration
配砂工段☆sand-conditioning plant
配水☆water distribution
配水池☆service reservoir
配水干渠{管}☆distributing main
配水沟☆distribution gutter；distributary
配水管☆distributary；well tube
配水井☆distribution{distributing} well
配水器☆water distributor；distribution manifold；flow {bottom-hole} regulator
配速齿轮☆selective (speed) gear
配酸☆complex acid
配醣☆glycoside
配糖体{物}☆glycoside
配套☆mating
配套的☆self-contained；assorted；allied
配套工程☆auxiliary project
配套设备☆associated{corollary;support} equipment；complete set of equipment；chain of equipment
配套水龙软管☆assorted hose
配套凸缘☆mating flange
配套元件☆kit
配位☆coordination；coordinate
配位场理论☆ligand field theory
配位非饱和原子☆coordinately non-saturated atoms
配位共轭组☆coordinated conjugated set
配位基☆ligand；dentate
配位基交换色层法☆ligand-exchange chromatography
配位几何特征☆coordinated geometric feature
配位剂☆complexant
配位聚合异构(现象)☆coordination polymerism
配位离子☆coordinating ion
配位羟离子☆hydroxo group
配位数☆coordination{ligand;coordinating;coordinate} number；ligancy；C.N.；CN
配位四面体层☆tetrahedral layer
配位体☆ligand
配位体交换色谱法☆ligand exchange chromatography
配位性能☆ligancy
配位仪☆coordinator
配伍☆identity
配伍性☆compatibleness；compatibility
配线☆wiring
配线板☆patch board；patchboard
配线图☆allocation scheme{schedule}
配线中正极接地☆live
配消音器的排气管☆exhaust air pipes with siren
配谐☆chime
配研☆facing-up；running-in
配阳离子☆complex cation
配药☆dispense (a prescription)；having a prescription filled{made up}；making up a prescription；dose
配以字幕☆title
配阴离子☆complex anion
配油泵☆dispenser
配油点☆dispensing point
配油罐容量☆dispensing tankage
配油站☆bulk station
配乐☆background
配置☆collocation；disposal；disposition；layout；dispose (troops,etc.)；configuration；set up；place；deploy(ment)；allocate；distribution；setup；staging
配置钢筋☆embedment of reinforcement；reinforce
配置图☆layout drawing；arrangement plan
配制☆compound(ing)；make up；formulate；dispense；preparation；manufacture
配质☆aglucon；aglucone
配重☆counter{balance;counterbalance} weight；bob；counterweight；mass balance
配重层☆weight coating
配重杠杆☆weighted level
配重箕斗☆counterweighted skip
配重链☆ballast chain
配注☆injection allocation
配装钻杆接头☆setup the tool joint
配准☆registration；true up
配准不良☆misregistration
配子☆gamete
配子发生☆gametogeny
配子囊☆gametocyst；gametangium
配子生殖☆gametogony
配子体☆gametophyte
配子细胞☆gametid
配子异型☆anisogamy
佩带☆gird
佩带宝石☆adorn oneself with jewels
佩带式话筒☆lapel microphone
佩刀贝属[腕;D_1]☆Machaeraria
佩尔斯-纳巴罗应力☆Peierls-Nabarro stress
佩克莱特数[雷诺数与普朗特数的乘积]☆Peclet number
佩雷特型火山喷发期☆Perret phase
佩利尼爆炸试验☆Pellini explosion test
佩利托尔炸药☆Pelletol
佩利翁烛煤☆pelionite
佩立式(火山)喷发☆Pelee-type eruption
佩林菊石属[头;P_2]☆Perrinites
佩伦下沉☆Peron Submergence
佩曼石☆pehrmanite
佩奈恩{恳}褶皱系☆Pennides
佩努特(阶)[北美;E_2]☆Penution
佩奇虫属[三叶;$Є_{1-2}$]☆Pagetia
佩乔(双晶)律☆Petschau law
佩莎风☆paesa
佩莎诺风☆paesano
佩特里培养皿☆Petri dish
佩特松学说☆Pettersson theory

P

pēn

喷☆spray；besprinkle；splash；squirt；sprinkling
喷鼻息☆snort
喷笔☆aerograph
喷潮☆blow tide
喷成井☆jetted well
喷出☆eject；gush；spirt；extrude；erupt；(instantaneous) outburst；ejection；extrusion；flood；spurt；flowing head；effuse；extravasation；belch；blowout；blow off{out}；eructate；squirt；jet；spew；blowoff；spout；spit；whiff；well out{up}；eruption；effusion；upwelling；vomit；peaked trace；boiling；welling out
喷出(熔岩)☆extruding
喷出槽☆blowoff tank
喷出的液体{粉末}☆squirt
喷出阀☆injection valve
喷出火焰☆torching
喷出口☆fet；blowout；vent；spout
喷出块体☆ejected block
喷出期☆eruptive phase
喷出穹隆☆blister cone
喷出熔岩☆belch
喷出体☆extrusive body
喷出物☆ejecta；ejects；extrusive；eructation；spew；ejectamenta；ballistic ejecta[尤指从火山、或从星球上抛射出的物质]
喷出岩☆extrusive rock(s)；effusive (rock)；volcanic (rock)；carbophyre；volcanic eruptive rock
喷出岩席☆extruded sheet
喷出嘴☆outlet nozzle
喷出作用☆extrusion
喷吹☆blowing
喷吹燃料☆injected fuel
喷吹燃料风口☆fuel injection tuyere
喷吹燃油☆oil injection
喷吹石灰☆lime injection
喷吹物☆injectant
喷灯☆(blast) burner；blowtorch；(blow;lamp;burner) torch；blowlamp；heating{blow} lamp；Bunsen burner；nipple；ignition tube
喷掉☆blowing down
喷镀☆sputter；plating；spraying；metallizing
喷镀金属☆spray metal coating；metallization
喷镀枪☆gun
喷发☆erupt(ion)；effusion；outburst；throw out；belch；eructate；eject；eructation
喷发比[火山]☆age-specific{shot} eruption rate
喷发沉积岩成因说☆effusive-sedimentary lithogenesis
喷发处☆kameni
喷发的☆effusive；eruptive；extrusive
喷发高潮(期)☆full display
喷发管☆flow beam
喷发后活动☆postvolcanic activity
喷发活动☆eruptivity；eruption{effusive} activity
喷发火口☆crater-eruption
喷发火山建造☆effusive volcanic formation
喷发机制☆mechanism of eruption
喷发阶段☆spouting{eruption} stage
喷发裂缝{隙}☆eruption fissure
喷发轮回☆eruption-cycle
喷发期☆effusive period{stage}；eruption stage；phase of eruption
喷发期前阶段☆preeruption period
喷发前兆☆forerunner of eruption；eruptive symptom；prelude；eruption symptom[火山]
喷发时期☆eruption-time
喷发体☆effusive mass
喷发岩的☆chysiogenous；chysiogene
喷发岩浆☆extravasation
喷发样式☆mode of eruption
喷发预报☆eruption prediction；prediction of eruption
喷发云状物☆eruptive cloud
喷发周期☆boil-eruption period
喷发锥☆eruption cone；cone of eruption
喷放☆blowout；gush；bleed
喷粉器☆blowgun
喷粉器头☆duster head
喷粉软管☆dusting hose
喷幅☆spraying swath
喷杆☆lance
喷割器☆blowpipe
喷管☆nozzle；effuser；venturi；sprinkler jet；spouting {bet;spray} pipe；ajutage；nipple；orifice；lance；jet tube；NOZ
喷管海蕾目[棘]☆spiraculata
喷灌☆sprinkler{overhead;spray} irrigation
喷灌设备☆rainmaker
喷焊器☆blowpipe
喷花☆spray decoration
喷灰泥☆torching
喷火口☆bocca [pl.bocche]；crater；chimney；vent；boca；orifice of ejection；throat
喷火器☆flamethrower
喷火山口☆caldera
喷火筒☆gallery burner
喷火钻机☆forced-flame drill
喷加白云石☆dolomite injection
喷溅☆splash；spatter；sputter；splashing
喷溅区☆splash zone；splashed area
喷溅润滑☆lubrication by splash；spray lubrication
喷溅式间歇泉☆splashing geyser
喷溅物[吹炼]☆splashings；spitting；ejections
喷溅性☆overspray
喷浆☆gunite (covering)；jet cementing；jetcrete；shotcreting；sprayed concrete；whitewashing
喷(射水泥)浆☆gunite
喷浆法☆Gunite method；mortar gunite method
喷浆机☆shotcrete machine；throwing (jet)；Wondergun；injector；cement throwing jet
喷浆孔☆grout hole
喷浆器☆spray{gunite;grouting} gun；gunjet
喷浆头☆cementing head
喷浆支护☆shotcrete support；gunite lining
喷浆支护的平巷☆shotcreted drift
喷孔☆jet hole
喷孔气体☆fumarolic gas
喷口☆vent；nozzle；jet (orifice)；throat[转炉]；header；spout；bocca；muzzle；spouting{fumarolic} vent；egress；NOZ
喷口珊瑚(属)☆Naos；Craterophyllum
喷口珊瑚型☆naotic
喷口调节锥☆exhaust cone
喷口效应☆crater effect
喷口整流锥☆bullet
喷口状构造☆vent-like structure
喷棱角砂☆grit blasting
喷粒钻井☆jetted particle driving
喷淋☆drench
喷淋冷却☆spray cooling
喷淋设备☆rainmaker
喷淋式气体洗涤塔☆Glover tower；spray column
喷硫孔溶液☆solfataric solution
喷硫口☆sulfur{sulphur} cauldron
喷硫期☆solfatara stage
喷流☆jet flow；spout；backwash；outburst；plume
喷流槽☆cascade cell
喷流沉积☆sedex；sedimentation-exhalation
喷流井☆jetted well
喷流矿床☆exhalation deposit
喷流速度☆nozzle velocity
喷炉☆blowing
喷铝☆aluminium spray
喷锚支护☆shotcrete and bolt support；combined bolting and shotcrete
喷煤管☆pulverized coal burner
喷磨处理☆abrasive blast
喷磨机☆aeropulverizer
喷墨绘图仪☆ink jet plotter
喷墨记录☆ink-vapor recording
喷沫☆barbotage
喷泥孔[运]☆blow hole
喷泥丘☆mud cone
喷漆☆lacquer；spray lacquer{painting}；painting spray
喷漆间☆dope room
喷漆器☆paint blower
喷漆枪☆air gun
喷气☆(gaseous) emanation；exhalation；fumarole (gas)；blowout；blow (out)；gassing；jet；gas inrush；puff；pant；fumerole
喷气爆发型(火山)喷发☆ultravulcanian
喷气变形☆air jet texturing
喷气成因矿床☆exhalogene deposit
喷气穿刺成孔钻机☆rocket-exhaust drill
喷气带☆blowing zone
喷气钢☆spray steel
喷气管道☆fumarole conduit
喷气火山☆gas volcano
喷气火钻☆rocket exhaust drill
喷气阶段☆fumarolic {-}stage
喷气井☆gasser；blowing well
喷气孔☆fumarole；fumerole；gas maar{vent;volcano; orifice}；fumarolic spring{vent}；throat of fumarole；escape of gas；blowhole；gas-exhalation；rootless fumarole[火山地带的]；spiracle[熔岩]
喷气孔式喷发☆fumarole eruption
喷气孔式气体发射☆fumarolic-type gas emission
喷气孔盐华壳☆fumarole incrustation
喷气口☆gas maar{vent;spout}；steam{air} jet；orifice
喷气快艇☆jetboat
喷气流☆jet flow
喷气抛撒☆air-jet dispersion
喷气器☆air injector
喷气清洗法☆air blasting
喷气泉☆air fountain
喷气燃料[材]☆jet fuel；aviation turbine
喷气蚀变☆fumarolic alteration
喷气式的☆jet-propelled；JP
喷气式飞机机场☆jetport
喷气式客机☆jetliner
喷气水翼船☆jetfoil
喷气推进实验室☆Jet Propulsion Laboratory；JPL
喷气雾化油燃烧器☆air atomizing oil burner
喷气岩☆exhalite
喷气锥☆puff cone
喷汽☆vapor emission；steaming
喷汽沉积(物)☆exhalative sediment
喷汽孔☆natural steam emission；fumarole；vapor{steam; hydrothermal} vent；soffione；(steam) fumerole；steam egress{emission;jet}；steaming fountain；soffioni
(水热区)喷汽孔☆hydrothermal fumarole
喷汽孔旁的凝结水坑☆lagone；lagoni
喷汽孔群☆multiple fumaroles
喷汽孔田☆fumarolic field
喷汽器☆steam bet
喷汽声☆snort
喷汽式燃烧器☆steam-injector type burner
喷汽嘴解冻☆steam-point thawing
喷前爆炸☆preburst
喷前时期☆preeruption period
喷枪☆gunite (gun)；lance；gunjet；monitor；airbrush；blowgun；spray (gun;pistol;lance)；handlance；jet gun；injector；sprayer
(喷漆用)喷枪☆air-brush
喷枪喷气嘴☆air nozzle
喷枪喷嘴☆spray tip
喷枪式燃油器☆gun type oil burner
喷泉☆(eruptive) fountain；font；spouting{erupting; gushing;spouter;outpouring} spring；flowing of well；pseudogeyser；gusher；geyser；spouter；fount
喷泉盆地区☆geyser basin
喷泉式水热活动☆fountain-type activity
喷燃器☆(jet) burner；mixer；fuel nozzle
喷(气)染(色)器☆aerograph
喷入燃料{物质}[铁]☆injectant
喷撒器☆sprinkler
喷撒岩粉☆dust spraying
喷洒☆spray(ing)；sparge；sprinkle；besprinkle
喷洒车☆spreader
喷洒机☆springing machine
喷洒接头☆sprinkler coupling
喷洒器☆sparger；sprayer；spray
喷洒器式集尘器☆spray-type collector
喷洒装置控制器☆sprinkler control
喷砂☆sand(-)blast(ing)；blow sand{off}；blast(ing)；sand spraying；sd bl；grit {-}blast；peening；abrasion {abrasive} blasting；sandblow；sanding
喷砂(清理)☆grit blast(cleaning)
喷砂玻璃☆sand blasted glass
喷砂冲蚀☆sand blast erosion
喷砂除锈☆sand blasting；derusting by sandblast
喷砂除锈设备☆sand-blast device
喷砂处理过的管子☆sand-blasted pipe
喷砂法☆blasting；sand-blast test；sand-jetting
喷砂工具[油工]☆jetting tool
喷砂工面罩☆sandblaster's hood
喷砂机☆sand blower{ejector}；sand spraying device；blasting{peening;sand-blasting;blowing} machine；blast(er)；sand(-)blast apparatus；sander；sandblaster

P

喷砂机用砂☆blast sand
喷砂加工☆shot blasting；blast finishing
喷砂灭草机☆sand-blast mower
喷砂磨锐法[金刚石钻头]☆sandblasting
喷砂器☆sand blast{jet;blower}；sand-jet{cleansing} blower；sandblast (barrel)；sand-blower；sd bl
(气压)喷砂器☆air sand blower
喷砂强化☆stress peening
喷砂清除法☆grit blasting
喷砂清洁处理☆sandblasting
喷砂清净法☆blast cleaning
喷砂清理☆sanding；abrasive jet cleaning；(grit) blasting；sand cleaning{plasting;blasting}；cleansing；abrator；sand-blasting；shot blast{blasting}；blasting cleaning；sand cleaning{blast}；abrasive blast cleaning；sandblast finish；sd bl
喷砂清理室☆sandblast cabinet；sand-blast cleaning room
喷砂清理用砂☆sand-blasting sand
喷砂射孔☆abrasive perforating
喷砂试验☆grit-blasting{peening} test
喷砂修整☆sandblast finish
喷砂造型☆blowing
喷砂装置☆sand spraying gear；sander；sandblast unit{apparatus}；sand-blast(ing) unit{installation}；blaster；sandblaster；sand-spraying device；sanding apparatus；grit blast；sand blast apparatus
喷砂钻井☆jetted particle drilling{driving}
喷砂作用☆sand-blasting action
喷沙丘☆sand-cone
喷烧器☆pulverizing jet；burner
喷射☆inject(ion)；spray；spout(ing)；efflux；jet；throw；spurt；ejecta；jetting；belching；spirt；sparge
喷射泵☆jet pump{elevator}；spout delivery pump；injector
喷射泵式挖泥船☆ejector type dredger
喷射层☆producing formation
喷射成形☆spray-up
喷射穿孔爆炸器☆jet perforator charge
喷射的☆salient
喷射范围☆ballistic range
喷射敷层☆sprayed coat
喷射管☆adju(s)tage；spray lance；syringe；spouting pipe；jet nozzle；nozzle bushing[钻头的]
喷射管式前置放大器☆jet pipe type preamplifier
喷射灌浆涂层(面)☆gunite coat
喷射环流吹洗岩粉型牙轮钻头☆jet-circulation type rolling cutter bit
喷射混凝土壳体☆shotcrete shell
喷射火焰☆rocket flame
喷射接头[重返海底井口钻杆定位用]☆jet-sub
喷射井点☆eductor well point
喷射沥青☆air {-}blown asphalt
喷射磨料钻头☆abrasive jets
喷射排泥管☆hydraulic ejector
喷射器☆eductor；injector；jet (gun;eductor)；thrower；spray (atomizer;jet)；ejector；knockout；sprayer (unit)；ejection nozzle；spraying device；jet type pump；syringe；squirt；kicker
喷射砂浆☆guniting；mortar grouting
喷射深度☆spray penetration
喷射式☆bet type
喷射式车轮钻头☆jet nozzled rock bit
喷射式穿孔药包☆jet perforator charge
喷射式打捞篮☆jet basket
喷射式过油管下井仪☆ejector-type through-tubing tool
喷射式焊具☆injector blow pipe
喷射式混合气体燃烧器☆nozzle-mix gas burner
喷射式气冷内燃机☆air-cooled injection-type internal combustion engine
喷射试验☆ejection{spout} test
喷射式装药设备☆jet loading equipment
喷射式钻头钻进{井}☆jet bit drilling
喷射水流☆jet water course；water jet
喷射水泥砂浆☆gunite；shotcrete；guniting
喷射水泥支架☆sprayed cement support
喷射推进气☆propulsive gas
喷射物[吹炉]☆ejections
喷射雾锥☆spray cone
(用清泥浆)喷射洗井☆blow a well clean
喷射效应风☆jet-effect wind
喷射旋流式浮选机☆jet-cyclo flotation cell{machine}；jet-cyclo flotator
喷射眼距井底最优距离定位器[霰弹钻井]☆positive contact off-bottom spacer
喷射液☆jetting fluid
喷射用灰浆☆pneumatic mortar
喷射浴☆douche bath
喷射装置☆sprayer；injection device；jetting system
喷射(造斜钻柱)组合☆jetting assembly
喷射钻井☆jetted well
喷湿☆squirt
喷石灰粉氧气顶吹转炉☆OLP{oxygen-lime-powder} converter
喷蚀式钻机☆erosion drill
喷水☆water spray(ing){pulverization;play}；spraying of water；watering-down；spout；blow；drizzle；dust wetting；spray water；watering
喷水爆破☆mist blasting
喷水泵☆jet elevator；water-jet-pump
喷水池☆sprinkling basin
喷水淬火☆stream hardening
喷水洞☆spouting horn
喷水管☆adjutage；spray{sparge} pipe
喷水集尘塔☆spray tower
喷水井☆artesian well
喷水孔☆spiracle{spiracular} [鲸;脊;棘海蕾]；jet hole；spiraculum；blowhole
喷水孔骨☆os spiracular
喷水冷却☆splash water cooling
喷水冒砂☆sand boil；water creep
喷(射)水泥(砂浆)☆gunite
喷水器☆handlance；fountain；lance；spray jet；water sprayer{atomizer;pulverizer;spray}；gunjet；water-bet injector；perforated water spray
喷水清洗☆hydro-peening
喷水清洗筛☆rinsing-spraying screen
喷水式炉腹[高炉]☆water-sprinkled bosh
喷水水塔☆rain chamber
喷水涡囊{壳}集尘器☆hydro-volute scrubber
喷水穴☆puffing hole
(混凝土)喷水养护☆wet curing
喷水装置☆moistening apparatus；sprinkling device；waterworks；moistener
喷水钻进{井}☆water {-}jet drilling
喷水嘴☆water-spray nozzle (watering)；water jet
喷丝枪☆wire pistol
喷丝嘴☆spinneret
喷铁砂☆cloudburst
喷筒效应☆spray-bottle effect
喷投成形法☆gunning and stinger process
喷头☆injection{nozzle;spray;jet;sprinkler} head；(shower) nozzle；burner cup；sprayer；NOZ
喷涂☆gunite；spatter；spray coating；dispersion spraying
喷涂敷层☆sprayed coating
喷涂机☆flush coater
喷涂砂浆☆shotcrete
喷涂设备☆spraying plant
喷涂土工薄膜☆sprayed-on geomembranes
喷涂一层塑料以防锈蚀☆cocoon
喷吐☆shoot out (flames,light,gas,etc.)；spit
喷瓦斯☆feeder
喷丸☆steel shot blasting；peeling；peening；shot blast；cloudburst[硬化处理]
喷丸处理☆grit blasting
喷丸{砂}清理机☆shot blasting machine
喷丸{砂}清理用防护面罩☆shot blast(ing) helmet
喷丸清砂☆blast cleaning
喷雾☆spray (dust)；atomize；water pulverization；mist{fog} spray；fogging；spit；spraying
喷雾风扇☆flushing air fan
喷雾干燥厂☆spray drying plant
喷雾机☆atomizing machine
喷雾剂☆nebula [pl.-e]
喷雾降尘☆dust prevention by water-cloud
喷雾器☆spray (lance;jet;apparatus)；diffuser；atomizer；fogger；airbrush；blowgun；sprayer；airgun；vaporizer；dissipater；dissipator；diffusor；mist{water} atomizer；fog-projection{misting; mist-projection} device；nebulizer
喷雾器头☆diffuser head
喷雾洒水爆破☆shower blasting
喷雾室☆jet chamber
喷雾式凝汽器☆spray-type condenser
喷雾悬浊法☆atomized suspension technique
喷雾作用☆atomization；nebulization
喷物器☆sprayer
喷洗筛☆wash{rinse;rinsing} screen
喷洗水☆rinse{wash} water
喷洗装置☆fetter
喷箱☆spray box
喷屑☆fragmentary{clastic} ejecta；menta；clastic ejectamenta
喷烟☆whiff；puff
喷焰截面法☆jet channelling；jet channel process
喷药水(在伤处)☆nebulize
喷液导排设备☆flow catcher
喷液器☆spreader
喷溢☆effusion；outpouring
喷溢出贮罐四周[原油和重燃油]☆boil over
喷溢道☆vent
喷溢体☆effusive mass
喷溢岩流☆flood lava
喷溢锥☆cone of eruption
喷硬合金☆hard facing
喷用砂☆sand-blast sand
喷油☆spit oil；glazing by spraying
喷油泵☆oil-spray pump
喷油井☆spouter；gusher (well)；roarer；petroleum spring
喷油气☆blow
喷油体☆oil spray block
喷油压力☆injection pressure
喷油栅架☆grate
喷油嘴☆choke nipple；bean
喷制件☆inflatables
喷注☆jet；jetting；spouting
喷注室☆cup
喷嘴☆nozzle (head;bushing)；injector；orifice；giant；jetlike{spray(ing);injection;atomizing;injecting;ejection;jet(ting)} nozzle；snout；capping；spout；cap；jet exit{orifice;burner}；injection orifice{jet}；tip；jet；atomizer；adjutage；spray head{tip}；nipple；blower；snoot；nosepiece；nose；NOZ；burner[燃烧]；flushing nozzle[钻头]
喷嘴挡板阀☆nozzle flapper valve
喷嘴端部☆nozzle-end
喷嘴混气器☆nozzle aerator
喷嘴口☆jet hole
喷嘴气流交角☆intersection angle between jets
喷嘴式岩粉捕集器[空气钻进时]☆nozzle sludge trap
喷嘴速度☆nozzle velocity；N.V.
喷嘴头☆head of nozzle
喷嘴位置☆nozzle location
喷嘴型孔板☆nozzle orifice
喷嘴压降☆injection drop
喷嘴余{偏}距☆nozzle stand-off
喷嘴轴线☆nozzle-axis
喷嘴总过流截面积☆total nozzle flow area

pén

盆☆launder；basin；tub；bowl
盆地☆basin；kom；cuvette；bason；bowl；cup；draw；becken[德]；trough
盆地边部沉积逐渐尖灭☆onlap
盆地槽碳酸盐☆basinal carbonate
盆地侧上升断层☆up-to-the-basin{up-to-basin} fault
盆地充填层序☆basin-infill sequence
盆地方向☆basin-wards
盆地封填沉积☆basin fill
盆地内的☆intrabasinal
盆地内自源自生沉积☆cannibalism
(沉积)盆地内作用的☆entogene
盆地泥炭☆lacal{basin} peat；azonal
盆地前☆forebasin
盆地融坑[冰川表面上]☆bath tub
盆地山岭构造☆basin-and-range structure
盆地山脉[填充盆地与断块山相间]☆basin range
盆地伸长比值☆elongation ratio
盆地渗入法☆basin method
盆地形成(作用)☆basining；basin-forming process
盆地圆度比☆circularity{basin-circularity} ratio
盆地周围物质☆material；circumbasin (material)
盆地轴☆bottom line
盆谷☆broad valley
盆碱水☆saline alkaline water
盆岭☆basin range
盆岭地貌☆basin-range landform
盆岭区[北美]☆basin-and-range terrain{province}
盆岭组合☆ridge-basin complex
盆内岩☆intrabasinal rock

P

盆(地)山(岭)相间景观☆basin and range landscape
盆式辊磨机☆bowl mill
盆外岩☆extrabasinal rock
盆外源岩石☆extrabasinal rock
盆形沉陷☆basinal subsidence
盆形构造的☆basin structured
盆浴☆tub bath
盆缘石灰石☆rimstone
盆栽植物☆pot plant
盆状凹地☆crater；pan
盆状层☆basin-shaped strata
盆状构造☆basin structure
盆状向斜☆pericline
盆状褶皱☆basin-like fold
盆子状颗石[钙超]☆lopadolith

pēng

砰(声)☆slam；ping；flump
砰地倒{摔}下☆flump
砰地☆bang
烹调蒸气☆culinary steam

péng

彭德阶☆Poundian
彭德利阶☆Pendleian
彭克山坡后退理论☆Penck's recession theory
彭浪炸药[硝铵-硝酸甘油-食盐炸药]☆pannonit
彭纳投影☆Bonne projection
彭奈恩山脉☆Pennine Range
彭水硼钙石[$CaB_2O(OH)_6$•$2H_2O$;三斜]☆pentahydroborite
彭志忠石☆pengzhizhongite
蓬勃发展☆flourish；explosion
蓬蒂(阶)[欧;N_1]☆Pontian
蓬蒿海百合属[棘;C_1]☆Abrotocrinus
蓬蓬头☆rose
蓬松泡沫☆fluffy froth
棚☆hut；shed；trellis；booth；pen；ledge；awning of straw mats propped up with wooden or bamboo poles to keep off wind and rain；shack；room ceiling
棚板☆deck
棚冰☆shelf ice
棚车☆boxcar；box car{wagon}；covered truck
棚车装载工{机}☆boxcar loader
棚地☆bench
棚房☆shed；shack
棚架☆end block；trellis；frame for vines (or climbing plants)；arbour[树枝等形成]
棚架顶梁☆cap
棚架构件☆set member
棚架式拱道☆trellis
棚礁☆shelf reef
棚梁☆cappice；crossbar；set collar{cap}
棚梁上盖板[巷道超前打桩用]☆bridge
棚料☆scaffold；bridging
棚珊瑚☆Cylisiphyllum
棚珊瑚(属)[O]☆Dibunophyllum
棚珊瑚型☆dibunophylloid
棚腿☆side{splayed;piece} leg；set post；leg-piece
棚腿垫板☆timber foot block
棚屋☆shanty
棚缘带☆circalittoral zone
棚柱☆set post
棚柱顶面上方栓☆post horn
棚柱柱脚撑柱☆chock-prop
棚砖☆kiln furniture
棚状[孢]☆tegillate
棚子☆square{frame} set；framed timber；set；shed；bar timbering；shack；gears[一梁二柱]
棚子底梁☆ground{set} sill
棚子腿☆piece leg
棚子楔固☆set wedging
棚子斜撑☆angle brace；timberset arm
棚子斜腿☆splayed leg；arm
棚子支柱☆leg；leg of support
硼☆boron；bore-；B；bor.；borium
硼铵石[$(NH_4)_2B_{10}O_{16}$•$5H_2O$; $(NH_4)B_5O_6(OH)_4$;单斜]☆larderellite
硼钡钠钛石☆leuco(s)phenite；leukosphenit
硼玻璃☆borax glass
硼地热温标☆boron geothermometer
硼独居石☆monazite-(La)
硼反常☆boron anomaly；boric oxide anomslualy
硼氟浅闪石☆boron fluor-edenite
硼符山石[非食物;$Na_2B_4O_7$•$10H_2O$;$Na_2(B_4O_5)(OH)_4$•$8H_2O$]☆wil(o)uite；viluite
硼俘获[中子]☆boron capture
硼钙铝矾☆charlesite
硼钙镁石☆kurchatovite
硼钙锰石☆gaudefroyite
硼钙钠石☆franklandite
硼钙石[$NaCa(B_5O_7)(OH)_4$•$6H_2O$;CaB_2O_4;单斜?]☆calciborite；borocalcite；bechilite；hayesine；hayeserite
硼钙铁矾☆sturmanite
硼钙锡石{矿}[$CaSnB_2O_6$]☆nordenskioldine；nordenskio(e)ldite
硼酐☆boric anhydride
硼铬镁碱石☆iquiqueite
硼硅钡铅矿[$(Pb,Ca,Ba)_4BSi_6O_{17}(F,OH)$;斜方]☆hyalotekite
硼硅钡钇矿[$3BaSiO_3$•$2Y_2(SiO_3)_3$•$5YBO_3$; $(Ba,Ca,Na)(Y,La)_6B_6Si_3(O,OH)_{27}$;六方]☆cappelenite
硼硅玻璃☆pyrex
硼硅钒钡石[$Ba_4(V^{3+},Ti)_4Si_8B_2O_{27}Cl(O,OH)_2$;斜方]☆nagashimalite
硼硅钙镁石☆harkerite
硼硅铝锂石☆menandonite
硼硅铈矿[$(Ce,La,Y,Th)_5(Si,B)_3(O,OH,F)_{13}$?;三方]☆tritomite；stillwellite
硼硅酸钡钇矿☆capellenite
硼硅酸钙铁铈矿☆cerhomilite
硼硅酸铝玻璃☆alumina-borosilicate glass
硼硅酸盐☆borosilicate
硼硅酸盐玻璃☆borosilicate glass
硼硅钇钙石[$(Ca,Y)_6(Al,Fe^{3+})Si_4B_4O_{20}(OH)_4$;单斜]☆hellandite
硼硅钇矿[$(Y,Ca,La,Fe^{2+})_5(Si,B,Al)_3(O,OH,F)_{13}$;三方?]☆tritomite-(Y)
硼化☆boronize
硼化锆陶瓷☆zirconium boride ceramic
硼化镧☆lanthanum boride
硼化物基金属陶瓷☆boride base cermet
硼灰八水矿☆ginorite
硼基高能液体燃料☆zipfuel
硼计数器☆boron counter
硼钾镁石[$KMg_2B_{11}O_{19}$•$9H_2O$;$KMg_2(B_5O_6(OH)_4)(B_3O_3(OH)_5)_2$•$2H_2O$;$KHMg_2B_{12}O_{16}(OH)_{10}$•$4H_2O$;单斜]☆kaliborite；hintzeite；heintzite；paternoite；caliborite
硼尖晶石☆thiospinel
硼交代作用☆boron metasomatism
硼解石[$NaCa(B_5O_7)(OH)_4$•$6H_2O$]☆borocalcite
硼金云母[合成矿物]☆boron-phlogopite
硼酒石酸盐☆borotartrate
硼矿床☆boron deposit
硼锂铍矿[$4(H,Na,K,Cs,Rb)_2O$•$4BeO$•$3Al_2O_3$•$6B_2O_3$]☆rhodizite
硼锂石☆diomignite
硼磷镁石[$Mg_3(PO_4)_2B_2O_3$•$8H_2O$; $Mg_3B_2(PO_4)_2(OH)_6$•H_2O;单斜]☆lu(e)neburgite
硼铝反常☆boron-aluminium anomaly
硼铝钙石[$CaAlB_3O_7$;斜方]☆johachidolite
硼铝镁石[$MgAl(BO_4)$;斜方]☆sinhalite
硼铝石[$Al((B,H_3)O_3)$; $Al_6B_5O_{15}(OH)_3$;六方]☆jeremejevite；ereme(y)evite；jeremeiewite；jeremejeit；jeremeiewit[德]；eichwaldite [$Al(BO_3)$]；jeremejeffite；jeremeievite；eremyeevite；yeremeyevite
硼镁矾[$Mg_3(SO_4)(BO_2OH)_2$•$4H_2O$]☆sulfoborite
硼镁钙石[$Ca(Mg,Mn)B_2O_5$;$Ca_2(Mg,Mn)_2B_4O_7(OH)_6$;斜方]☆fedorovskite；kurchatovite；federovskite；kurtschatowit
硼镁锰钙石[$Ca(Mg,Mn,Fe^{2+})B_2O_5$;斜方、单斜]☆kurchatovite
硼镁锰矿[$(Mg,Mn^{2+})2Mn^{3+}(BO_3)O_2$; $(Mg,Mn^{2+})_2Mn^{3+}BO_5$;单斜]☆pinakiolite；pinaciolite；mangan(-)ludwigite
硼镁锰石☆sussexite
硼镁石[$Mg_2(B_2O_4(OH))(OH)$;$2MgO$•B_2O_3•H_2O; $MgBO_2(OH)$;单斜]☆szaibelyite；boromagnesite；camsellite；szajbelyite；ascharite；sjajbenit
α 硼镁石☆alpha-ascharite
β 硼镁石[$Mg_2(B_2O_4(OH))(OH)$]☆beta-aschar(t)ite
硼镁钛矿☆warwickite；enceladite
硼镁铁矿[$(Mg,Fe^{2+})_2Fe^{3+}(BO_3)O_2$;斜方]☆ludwigite；collbranite；magn(esi)oludwigite
硼镁铁钛矿[$(Mg,Fe^{2+})_2(Fe^{3+},Ti,Mg)BO_5$;斜方]☆azoproite
硼锰钙石[$CaMn(B_2O_4(OH)_2)$; $Ca_2Mn_2B_4O_7(OH)_6$;斜方]☆roweite
硼锰镁矿[$(Mn,Mg)_2(B_2O_5)$•H_2O]☆sussexite
硼锰石☆jimboite；blatterite
硼锰锌石☆roweite
硼钠钙石[$NaCa(B_5O_7)(OH)_4$•$6H_2O$;$NaCaB_5O_9$•$8H_2O$]☆tincalcite；boronatrocalcite；ulexite；franklandite；raphite；natroborocalcite；hayesine；cotton ball；hayeserite；probertite{boydite} [$NaCa(B_5O_7(OH)_4)$•$3H_2O$]；borocalcite；kramerite [$NaCaB_5O_9$•$5H_2O$]；tiza；tinkalcit；stiberite；tincalzite；stiborite；natronborocalcite
硼钠解石☆ulexite
硼钠镁石[$Na_2MgB_{12}O_{20}$•$8H_2O$;单斜]☆aristarainite
硼镍铁矿[$Ni_2Fe^{3+}BO_5$;斜方]☆bonaccordite
硼铍锂钾矿[$4(H,Na,K,Cs,Rb)_2O$•$4BeO$•$3Al_2O_3$•$6B_2O_3$]☆rhodizite
硼铍铝铯石[$CsAl_4Be_4B_{11}O_{25}(OH)_4$;等轴]☆rhodizite；rhodicite
硼铍石[$Be_2(BO_3)(OH)$;斜方]☆hambergite
硼浅闪石☆boron-edenite
硼氢化物☆hydroborate；borane
硼燃料[材]☆boron fuel
硼铯铷矿☆rhodizite
硼砂[$Na_2B_4O_5(OH)_4$•$8H_2O$;单斜]☆borax；antipyonin；solubor；zala；thiankal；sodium borate；tinkalite；borascu；tinkal；tinkalcite；sodium tetraborate；tincal；chrysocolla；borras；incalite
硼砂玻璃[材]☆borax glass
硼砂甘油☆glycerinum boracis
硼砂卡红染剂☆borax-carmine stain
硼砂球试验☆borax bead test
硼砂石☆tincalconite
硼砂洋红☆carmine
硼砂原矿☆tincal
硼砂珠☆borax bead；test bead
硼砂珠球☆borax-bead
硼砷镁钙石☆teruggite
硼石☆jeremejevite
硼-石蜡准直仪☆borax paraffin collimator
硼石髓☆haytorite
硼铈钙石[$(Ca,Na_2)_7(Ce,La)_2B_{22}O_{43}$•$7H_2O$;六方]☆braitschite
硼锶钙石[$(Ca,Sr)_2(B_5O_8(OH)_2)Cl$]☆strontiohilgardite
硼锶石[$SrB_8O_{11}(OH)_4$;单斜]☆strontioborite
硼丝☆boronic filament
硼酸[H_3BO_3]☆boracic{boric} acid
硼酸处理☆borate
(用)硼酸处理过的溶液☆berated solution
硼酸方解石[$NaCa(B_5O_7)(OH)_4$•$6H_2O$]☆bechilite；borocalcite
硼酸钠☆sodium borate
硼酸气体☆boric acid emanation
硼酸醛树脂☆boron-phenolic resin
硼酸铈钍铍矿☆cerhomilite
硼酸锌水泥☆zinc borate cement
硼酸盐☆borate；kryptomerite
硼钛镁石[$(Mg,Ti,Fe^{3+},Al)_2(BO_3)O$;斜方]☆enceladite warwickite
硼钽石[$(Ta,Nb)BO_4$;四方]☆behierite
硼碳镁石[$Mg_2(CO_3)(HBO_3$•$5H_2O)$;单斜]☆canavesite
硼铁(合金)☆ferroboron
硼铁钙矾☆sturmanite
硼铁矿[$Fe_2^{2+}Fe^{3+}BO_5$;斜方]☆vonsenite；paigeite；pageite；lagonite；ferroludwigite[$(Fe,Mg)_2Fe^{3+}BO_5$]；breislakite
硼铁石☆paigeite
硼烷☆borane
硼锡钙石[$CaSnB_2O_6$;三方]☆nordenskiöldine；nordenskio(e)ldite
硼锡锰石☆tusionite
硼纤维☆boronic filament
硼盐☆boron salt
硼氧六环☆boroxine
硼氧三角体☆boron-oxygen triangle
硼氧烷☆boroxane
硼氧烯☆boroxene
硼钇铜石☆agardite
篷布支架☆sheet trestle
篷车☆caravan
篷盖[垛式支架]☆canopy
膨出部分☆bulge
膨大的☆inflated；ventrico(s)us；ventricose；tumid
膨大隔壁☆dilated septum

膨大形☆bulbos
膨化(变形)☆bulking
膨化变形纱☆bulked yarn
膨径螺栓☆upset bolt
膨裂填充矿脉☆dilation vein
膨起☆upswell；swell
膨起火山☆swelling volcano
膨润(作用)☆imbibition
膨润水☆imbibitional water
膨润土[$(1/2Ca,Na)_{0.7}(Al,Mg,Fe)_4(Si,Al)_8O_{20}(OH)_4 \cdot nH_2O$，其中 Ca^{2+}、Na^+、Mg^{2+}为可交换阳离子]☆bentonite (clay)；bentonitic{volcanic;soap} clay；amargosite；Aqua-gel；ardmorite；otaylite；alta-mud[制备泥浆用]；mineral soap
膨润土仓☆bentonite bin
膨润土粉☆magcogel
膨润土建设场地☆bentonite building site
膨松不均度☆bulk variability
膨松度☆bulking intensity
膨缩构造☆pinch and swell structure
膨缩土☆swell-shrinking soil
膨体变形能力☆bulking power
膨凸☆ventrico(s)us；ventricose
膨土☆bentonite (clay)；bentonitic clay；bent
膨土性页岩☆bentonitic shale
膨土岩☆amargosite；bentonite
膨土岩稳定液☆bentonite stabilizing fluid
膨皂石☆auxite
膨胀☆swell[swelled;swollen,swelled]；expansion；inflation；expand(ing)；dilat(at)ion；intumescence；expanse；bulge；distension of abdomen caused by accumulation of gas or fluid due to dysfunction of liver and spleen；dilate；bulking；tympanites；upswell；inflate；bellied；distension；bulging；dilatancy；boil up；tumescence；bloating；swilleys；turgescence；puff；xpn.
(使液、气压)膨胀☆inflate
膨胀(的)☆dilatate
膨胀比☆ratio of expansion；swell ratio
膨胀不足☆underexpansion
膨胀变形☆dilatancy；dilatational strain
膨胀波☆wave of dilatation；intumescent {expansion; dila(ta)tional;rarefaction} wave
膨胀部分☆torus；belly
膨胀成气球状☆balloon
膨胀床层☆expanding bed；dilated layer
膨胀大小☆bulge size
膨胀的☆inflated；expanded；exp；dilatant
膨胀地层☆squeezing ground
膨胀地函☆expanding mantle
膨胀点阵黏土☆expanding lattice clay
膨胀度☆degree of expansion；dilatation
膨胀度计☆expansimeter
膨胀分量☆dilatational component
膨胀杆试验法☆expansive bar test
膨胀格子黏土☆expansion{expanding} lattice clay
膨胀功☆work of expansion
膨胀管☆expansion pipe；bulged tube
膨胀管圈☆loop expansion pipe
膨胀合金☆expanded metal；em
膨胀机☆expander；expandor
膨胀机-增压压缩机☆expander-booster compressor
膨胀剂☆expansion admixture；sponging agent；sweller
膨胀跨隔测试☆inflatable straddle testing
膨胀力☆expansive{swelling;bulging} force；swelling potential；tension[气体的]
膨胀量试验☆swelling capacity test
膨胀裂定法☆dilatometry
膨胀露头[风化矿苗]☆blowout
膨胀率☆expansion ratio；dilatability；percentage{rate} of expansion；swelling rate；specific expansion
膨胀率不一致造成的应力☆differential expansion stress
膨胀模数☆modulus of dilatation
膨胀气(体)盘管☆expansion coil
膨胀前阶段☆pre-expansion stage
膨胀区☆zone of expansion
膨胀圈☆expansion ring{loop}；slack loop
膨胀熔岩☆inflated lava
膨胀射枪☆expandable jet charge
膨胀伸缩式波纹管☆expansion bellows
膨胀式☆expanding；ex；Ex.
膨胀式封隔器工作液☆inflation fluid
膨胀式封隔器液体注入口☆inflateing port
膨胀室集尘器☆expansion chamber collector
膨胀势能☆potential swell
膨胀式(同质多象)转变☆dilatational transformation
膨胀水☆water of dilation
膨胀体☆dilatant
膨胀土☆swelled ground；dilative{expansive;swelling} soil；expanded{expansive;swelling} clay
膨胀污泥☆bulking sludge
膨胀物☆dilator
膨胀系数☆swell(ing){expansion} factor；expansion {swelling} coefficient；coefficient of expansion {dilatation;swelling}；expansivity；expandability；dilat(at)ion
膨胀箱☆expansion tank；trunk for expansion
膨胀消失☆detumescence
膨胀型黏土☆swellable clay
膨胀 U 形弯管☆expansion U-bend
膨胀性☆expansibility；expansivity；expansibleness；expandability；dilatancy；distensibility；swelling property；turgidity；dilatability
膨胀性的☆distensible
膨胀性煤☆swelling coal
膨胀性土☆expansive soil；effervescing clay
膨胀旋管☆coiled expansion pipe
膨胀压力☆swelling{inflation;expansion;expansive} pressure；bulb of pressure
膨胀叶片型柱塞☆expandable blade plunger
膨胀页岩☆expansible shale
膨胀页岩骨料☆expanded slate aggregate
膨胀仪☆dilatometer；expansion apparatus
膨胀应变指数☆swelling strain index
膨胀应力☆differential expansion stress；swelling strain；dilation{swelling} stress
膨胀宇宙说☆expanding universe theory
膨胀圆柱形孔眼☆bulging cylindrical hole
膨胀褶曲{皱}☆expansion fold
膨胀珍珠岩原料矿床☆expanded perlite material deposit
膨胀值☆swelling value
膨胀指数☆swelling index{number}；exponent of expansion；expansion{swell} index
膨胀蛭石制器☆expanded vermiculite produce
膨胀轴☆axis of expansion
膨胀装置☆expansion-gear
膨胀作用☆dilat(at)ion；heaving action；distension；distention
朋伯希型(铵油炸药)风动装药器☆Penberthy anoloader
朋格希尔型筛☆Bunker Hill screen
朋特{邦德}第三理论☆Bond's third theory
朋特矿石可磨性试验☆Bond test
朋托莱特炸药[季戊四醇四硝酸酯和三硝基甲苯混合的一种烈性炸药]☆Pentolite
澎湃的☆surgent
澎皂石☆lucianite；auxite

pèng

碰☆bump；touch
碰冲☆impaction
(受)碰出(射)角☆angle of ejection
碰到☆hit on
碰返机构☆breakback mechanism
碰钩{闩}☆jar latch
碰挂(带)海岸☆subduction coast
碰焊☆butt-weld；butt joint
碰痕☆percussion mark{scar}
碰击的☆ignescent
碰接[晶体生长中]☆impingement
碰接结构☆impingement texture
碰磕☆percussion
碰巧☆chance；hit-and-miss；casual
碰伤☆bruise
碰伤事故☆striking accident
碰锁☆latching；latch；spring lock
碰头☆conflict；colliding；collision；meet and discuss；put heads together
碰头挡轨☆check rail
碰头组☆yoke
碰运气的钻探☆wildcat
碰炸☆percussion
碰撞☆impingement；impact(ion)；impinge；knock；hit；collision；crash；encounter；butt(ing)；collide；bombardment；strike；run into；offend；affront；jostle；smash；pile-up
碰撞爆炸构造☆impact-and-explosive tectonics
碰撞捣毁☆smash-up
碰撞电离雪崩☆impact ionization avalanche
碰撞概率☆collision probability；probability of encount
碰撞后的☆postcollisional
碰撞频率☆collision(al) frequency
碰撞式摇床☆bumping{percussion} table
碰撞体积☆struck volume
碰撞系数☆coefficient of impact
碰撞型的☆collision-type
碰撞型断裂带☆collision fault-zone
碰撞岩☆impactite
碰撞引起的☆collisional
碰撞游离☆ionization by collision
碰撞阻力☆resistance to impact
碰撞作声☆clash

pī

坯☆butt；biscuit；green body；clot；base；blank；unburnt{earthen} brick；adobe；semifinished product
坯锭☆billet
(金属的)坯段☆billet
坯件☆blank；breed；strain
坯晶☆crystal blank
坯块☆compact；briquette；briquet
坯块冲压器☆compacting punch
坯料☆blank(ing)；blk；half-finished material
坯裂☆fire check；crack in body
坯胎☆metal body{shape}；metallic substrate
坯胎皱痕☆waviness of metal body
坯釉适应性☆glaze-fit；glaze-body fit
批☆batch；order；O.；lot；body
批次的☆batch-type
批发价格☆wholesale {inside} price
批发商☆distributor
批发油库☆marketing terminal
批号☆charge{batch;lot} number；LN
批量☆lot size
批量生产☆batch production{process}；mass{series; serial;volume} production；job-lot manufacturing
批量生产法☆bulk method
批量问题☆lot-size problem
批量作业☆batch jobs
批料{样}☆batch
批内允许次品率☆lot tolerance percent defective
批判☆critique；challenge；criticism
批判{评}(性)的☆critical
批评☆critique；criticism；riddle
批评家☆critic
批式熔融☆batch melting
批数☆lot number
批准☆validation；approve；authorize；confirm；approval；validate；sanction
批准的☆approved；appd
批准名☆nomen approbatum；nom. approb.
批准预算☆authorization for expenditure；A.F.E.
批准专利☆patent
披钯石棉(化)☆palladinized asbestos
披铂浮石☆platinum pumice
披铂石棉☆platinized asbestos
披覆构造☆draping structure
披盖☆draping；drape
披盖式褶皱☆drape-like fold
披毛犀☆wooly{woolly} rhinoceros；Rhinoceros antiquitatis{tichorhinus}
披毛犀牛☆rhinoceros tichorhinus
披毛犀属[Q]☆Coelodonta
披纱式瀑布☆bridal-veil fall
披水板☆apron flashing
披`水面{石}☆label
披针杉属☆Elatocladus
披针形叶[植]☆lanceolate leaf
砒石[中药]☆whetstone；arsenolite；arsenic trioxide
砒霜☆arsenic (bloom)；white arsenic
霹雳☆thunderbolt
霹雳声☆clap
噼啪声☆splash
劈☆chop；fold；hew；cut；split；cleave；crack；break (off)；hoarse；be right against (one's face,etc.)；wedge；strike；divide；strip off；hack
劈变☆fissility
劈刺☆bayonet
劈的☆ripping

P

劈度☆fissility
劈度表☆scale of fissility
劈痕☆kerf
劈开☆split；cleav(ag)e；wedging；rend；wedge；rive；breakout；cut open[岩芯]
劈开炮眼☆splitter holes
劈开岩石[用钢钎]☆gadding
劈开一块石头☆rive a stone
劈理[岩、煤]☆cleavage；schistosity (cleavage)；metaclase；bugger；hugger
劈理的消失☆obliteration of cleavage
劈理分层☆cleavage foliation
劈理化的☆cleavable
劈理面☆cleavage plane；cleat face；clearage plane；cleavage surface；plane of fissility{cleavage}
劈理片☆gleitbretter；gleithretter
劈理器☆splitter
劈理扇☆cleavage{leavage} fan；fan cleavage
劈理消失☆obliteration of cleavage
劈理域☆leavage domain
劈理最大延伸方向☆cleavage maximum extension direction
劈裂☆flerry (fracture)；fissuring；delaminate；cleavage crack；splitting；reed；spalling；delamination；riving
劈裂法抗拉试验☆split tension test
劈裂角☆angle of splitting
劈裂面☆cleat face；plane of fissility
劈裂强度☆cleavage strength；tensile splitting strength
劈裂试验☆Brazilian (tensile) test；splitting{split} test
劈裂性☆cleavage；fissibility
劈裂作用☆slabbing action；splitting (process)
劈煤器☆dresser
劈磨面☆facet
劈啪(地响)☆crackle
劈啪声☆smack；sputter
劈取岩芯☆chop coring；chopping
劈石斧☆hack hammer；hammer hack
劈石工{器}☆breaker；rock splitter
劈水☆fold
劈碎☆chipping
劈岩[炸药]☆rendrock
劈岩芯器☆core breaker
劈样☆sample-splitting
劈样机☆splitter
劈样器☆sample splitter
劈状光度计☆wedge-photometer
劈锥(曲面)☆conoid

pí

琵琶螺属[腹;E-Q]☆Ficus
琵琶鲢属[孔虫;C_3-P]☆Biwaella
枇杷壳石目☆Oculosida
枇杷属[N-Q]☆Eriobotrya
毗连☆juxtaposition；tangency；butting；verge
毗连层☆associated layers
毗连的☆associated；adjacent
毗连(而较低)的[例如小山和毗连的山谷]☆subjacent
毗连区☆contiguous zone
毗邻☆adjacency
毗邻海☆adjacent sea
毗邻井☆adjoining well
毗瑟挐[守护神,印度教主神之一]☆Vishnu
蜱螨目☆Acarina
啤酒☆beer
铍☆beryllium；Be；glucinium；Gl
铍白榴石☆beryllium {-}leucite
铍测定仪☆beryllometer
铍长石☆beryllium-feldspar
铍窗口☆beryllium window
铍法☆beryllium (age) method
铍方钠石[$Na_4(BeAlSi_4O_{12})Cl$]☆beryllosodalite；tugtupite；berillosodalite
铍肺病☆berylliosis
铍符山石[$Ca_8(Al,Fe,Mg)_6(Si,Be)_9(O,F,OH)_{34}$]☆Be{beryllium}-vesuvianite
铍钙大隅石[$K_2Ca_4Al_2Be_4Si_{24}O_{60}\cdot H_2O$;六方]☆milarite
铍钙柱石☆harstigite
铍硅钪矿☆bazzite；Sc-beryl
铍硅镁石☆beryllium-humite
铍硅钠石[$(Na,K,Ca)_2(Be,Al)Si_3O_8\cdot 2H_2O$;斜方]☆lovdarite
铍褐帘石☆muromontite；beryllium-orthite
铍黄长石[$Ca_3(Be_2Si_3O_{10})(OH)_2$;$Ca_2(Be,Al)Si_2O_7(OH)\cdot H_2O$;四方]☆aminoffite；meliphan(it)e
铍尖晶石☆Chrysoberyl
铍检定仪☆beryllium detector
铍矿☆beryllium ore
铍磷锆钠石☆gainesite
铍榴石[$(Fe,Zn,Mn)_4(BeSiO_4)_3S$;$(Be,Mn,Fe,Zn)_7Si_3O_{12}S$;等轴]☆danalite
铍铝合金☆lockalloy
铍铝晶石☆pehrmanite
铍铝镁{镁铝}石☆taprobanite
铍镁晶石[$BeMgAl_4O_8$]☆taaffeite；bemagalite；berinel；musgravite
铍密黄石[$Ca_8Be_3AlSi_8O_{28}(OH)\cdot 4H_2O$]☆aminoffite
铍羟硅镁石☆beryllium-humite
铍青铜☆beryllium bronze
铍石[BeO;六方]☆bromellite
铍水磷钪石☆colbekite
铍水菱钇矿☆beryllium tengerite
铍水碳钙钇矿☆beryllium tengerite
铍酸钾[K_2BeO_2]☆potassium beryllate
铍酸镧晶体☆lanthanum beryllate crystal；BEL
铍酸盐☆beryllate
铍钽铌矿☆arrhenite
铍微斜长石☆beryllium-microcline；beryllium feldspar
铍污染☆beryllium pollution
铍锡锰矿☆sverigeite
铍钇褐帘石☆muromontite；beryllium-orthite
铍珍珠云母☆beryllium {-}margarite
铍中毒☆berylliosis
铍柱石☆harstigite
脾端螺属[N-Q]☆Lienardia
脾性☆humour；humor
(使)疲惫☆frazzle
疲乏☆fatigue；wear；killing
疲劳☆fatigue(d)；fag；exhaustion；tired；weary；weakening of material subjected to stress
疲劳断裂☆fatigue fracture{failure;break}；endurance failure{crack}
疲劳断型☆fatigue break
疲劳负载{载荷}☆fatigue loading
疲劳极限☆endurance{fatigue} limit；limit of fatigue
疲劳记录计☆ergograph
疲劳开裂☆spalling
疲劳裂缝{隙}☆fatigue crack
疲劳破坏☆fatigue failure{break}；failure due to fatigue；endurance failure
疲劳破坏循环☆cycles-to-failure
疲劳试验应力比☆stress ratio
疲劳应变☆repeated strain
皮☆crust；tegument(um)；rind；integument[几丁]
皮埃雷-勒韦(双晶)律☆Pierre-Levee law
皮安[10^{-12}A]☆picoampere；pA
皮奥里冰间期☆Peorian interglacial stage
皮板☆dermal plate
皮层[担子]☆(cerebral) cortex；pellis
皮层的☆cortical
皮层下部☆subcortex
皮层下的[心理]☆subcortical
皮层效应☆skin effect
皮齿鱼☆Lepidotus
皮尺☆flexible rule
皮刺[植]☆aculeus [pl.aculei]
皮带☆belt；strap；leather belt(ing)
皮带绊[装接皮带用]☆clamps
皮带材料☆strapping
皮带秤计数器和重量变送器☆scale totalizer and weight transmitter
皮带及链条传动的钻机☆belt-and-chain driven drill
皮带给料{矿}机☆belt feeder
皮带接头☆belt lacing{lace;joint}；alligator lace
皮带紧边☆tension side
皮带紧轮☆stretching pulley
皮带扣☆belt lacing{joint;hook;fastener;clamps}；band {lacing} hook；clam；clamp；rip plate
皮带拉滚筒☆belt tightening pulley
皮带拉紧的一侧☆tight side of belt
皮带拉力☆belt pull；tension on belt
皮带连接钉☆belt rivet
皮带溜槽☆rotary strake
皮带溜槽精选☆vanner concentration
(三角)皮带轮☆sheave
皮带盘☆pulley
皮带式☆belt-type
皮带撕裂探测器☆belt tear detector
皮带型取样机☆conveyor-type sampler
皮带油☆belt filler{dressing;lubricant}；apple butter
皮带运输机☆belt conveyor；belt conveyer
(使)皮带张紧☆stretch a belt
皮带转载列车☆belt conveyor train
皮带缀合☆lacing
皮狄组美洲拟箭石标准[碳同位素国际通用标准]☆PDB standard；Peedee belemnite standard
皮垫圈☆leather washer；leather packing collar；neck leather
皮吊带☆belt{leather} sling
皮蝶骨☆dermosphenotic
皮动物亚门(的)☆Pelmatozoan
皮斗☆leather bucket
皮尔丹[英地名]☆Piltdown
皮尔格式轧管机☆Pilger mill
皮尔默阵雨☆pilmer
皮尔琴阶[N_2]☆Piacezien
皮尔斯提水筒☆Pearce water barrel
皮尔逊绝缘层检漏计☆Pearson holiday detector
皮尔逊型频率分布☆Pearson-type frequency distribution
皮法[10^{-12}F]☆picofarad；micromicrofarad；pF；mmf
皮肤☆derm；cutis；dermis；derma；skin
皮肤的☆dermal
皮戈特取样器☆Piggot corer；Piggot's sampler
皮革☆hide；leather
皮革护罩软化油☆apron dressing
皮革上的方形{菱形}花饰☆dicing
皮革状垫层☆leather-like mat
皮果藻(属)[蓝藻;Q]☆Dermocarpa
皮厚☆skin depth
皮货商☆skinner
皮胶[絮凝剂]☆hide glue
皮卡定理☆Picard's theorem
皮卡乔☆Picacho
皮科保尔矿[$(Tl,Pb)Fe_2S_3$]☆picotpaulite
皮壳☆encrustation；crust
皮壳构造☆crustification
皮壳假象☆incrustation pseudomorph(osis)；encrustation pseudomorph；pseudomorph by incrustation{encrustation}
皮壳石☆dermatine；dermatite；crust stone
皮壳岩☆crustose
皮壳状☆crustiform；crustose
皮壳状脉☆crustified vein
皮可帕勒石油树脂☆piccopale
皮可瓦尔石油树脂☆piccovar
皮克[10^{-12}g]☆picogram;；micro-microgram
皮克特菊石属[头;K_{1-2}]☆Pictetia
皮焦耳☆picojoule；pico-joule；PJ
皮居(里)/升☆picocurie per litre；pci/L
皮孔☆dermal pore；lenticel
皮拉-华森电法勘探☆Bieler-Watson method
皮拉藻(属)[C-P]☆Pila
皮腊尼(真空)计☆Pirani gauge
皮老虎☆bellows
皮勒尔型沼气检验灯☆Pieler's lamp
皮量分析☆ultratrace analysis
皮硫铋铜铅矿[$CuPbBi_{11}(S,Se)_{18}$;斜方]☆pekoite
皮硫锡锌银矿☆pirquitasite
皮流☆skin current
皮罗矿[$Tl_2(Sb,As)_{10}S_{17}$]☆pierrotite
皮米[10^{-12}m]☆picometer；micromicron；pm
皮面阻力☆skin resistance
皮秒[10^{-12}s]☆picosecond；micromicrosecond；psec；ps
皮膜☆membrana
皮膜水☆pellicular water
皮膜组织☆epithelial tissue
皮纳风☆piner
皮纳图博火山☆Mount Pinatubo
皮囊壶☆bagging pot
皮囊式蓄能器[几丁]☆(bag-type) accumulator；bladder type accumulator
皮奇型棒条振动筛☆Bee-zee screen
(照相机的)皮腔☆bellows
皮羟硅铝石☆pianlinite
皮圈☆strap
皮软管☆leather hose
皮萨希风☆peesash；peshash；pisachee；pisachi
皮蛇尾属[棘海星;T_1]☆Ophioderma
皮砷铋石☆preisingerite

P

皮石棉☆mountain leather
皮氏吐龙类☆Pistosauroidea
皮氏中国肯氏兽☆Sinokannemeyeria pearsoni Young
皮松丹宁酸[$C_{32}H_{34}O_{17}$]☆cortepinitannic acid
皮特凯恩群岛[英]☆Pitcairn Islands
皮特里式密闭装车漏口☆Petrie box
皮特曼型高空工作升降台☆Pitman giraffe
皮桶☆leather bucket
皮托管静压测定☆pitot static traverse
皮托静压管☆pitot static tube
皮托文丘里风速风量测定管☆Pitot-Venturi tube
皮托压力计☆Pitot pressure gage
皮瓦[10^{-12}W]☆picowatt；PW
皮碗☆cup ring；leather cup
(泵的)皮碗☆pump leather
皮碗式冲洗工具☆cup packer washing tool
皮碗式可收回封隔器☆cup type retrievable packer
皮碗式砾石充填工具☆over-the-top gravel packing tool
皮碗填密法☆cup leather packing
皮下结石☆hypodermolithiasis
皮下盘菌属[真菌;Q]☆Hypoderma
皮{垢}下细菌腐蚀☆subscale bacteria corrosion
皮下氧化☆subscale
皮下隐窝[绵]☆subcortical crypt
皮线☆flex
(用)皮镶里☆fur
皮屑☆furfur
皮亚琴(察)(阶)[欧;N_2]☆Piacenzian (stage)；Piacentian
皮亚藻属[E]☆Pianella
皮衣☆furs
皮翼目[昆]☆Dermaptera
皮翼亚目[哺]☆Mermoptera
皮鱼属[Q]☆Aipichthys
皮脂石☆sebolith；sebiolith；sebohthus
皮制阀圈{环}☆leather valve ring
皮制密封填料☆leathering
皮质骨☆os integumentale
皮质下的☆subcortical
皮质液压盘根☆leather hydraulic packing
皮重☆tare (weight)；bare weight；weight empty；tr
皮兹[压力单位,=1000 帕斯卡]☆pieze

pǐ

芘☆picene
匹敌☆rivalry
匹配☆adapt(at)ion；match；coupling；accouplement
匹配的☆commensurate；accordant
匹配机☆matcher
匹配相片☆matched print
匹配性☆normality
匹配-选择-连接器☆matcher-selector-connecter
匹兹堡-潘弗诺恩法☆Pittsburgh-Penvernon process
匹兹堡区煤[美;燃料比 1.4～1.85]☆pittsite
癖好☆weakness
癖性☆ideosyncrasy

pì

僻巷☆side-lane
辟出☆hack
辟尔当人☆Eoanthropus；Piltdown man

piān

篇☆chapter；chap.；book；part
篇幅的☆spatial
篇幅地☆spatially
片斑☆film mottle
片基☆film base
片盘斜井开拓方式☆panel incline development
偏[无机酸用]☆bias；meta-；met-
偏爱☆preference
偏差☆deflect(ion)；tolerance；aberrant；derivation；deviation；excursion；bending；divergence；dev；inclination；deviate；dec(l)ination；partial difference；drift；variation；aberration；deflexion；divergency；variance；departure；inaccuracy；discrepancy；error；affect；discrepance；warp；crab；diffract；anomaly[气]；bias；windage[风致]
φ 偏差测量☆phi deviation measure
偏差查寻系统☆error system
偏差得分☆deviate score
偏差度☆degree of deviation
偏差分方程☆partial difference equation
偏差计☆deflectometer；deviometer
偏差鉴定量☆judd
偏差角☆angle of deviation；deviation angle
偏差校正☆bias correction
偏差结果☆biassed result
偏差罗盘☆variation compass
偏差器☆deviator
偏差曲线☆departure{deviation} curve
偏差系数☆compressibility{change} factor
(气体)偏差系数☆Z-factor
偏差信号☆deviation signal
偏差应力☆deviatoric stress
偏差钻孔☆drift log
偏长菱形☆rhomboid
偏垂☆hading
偏磁☆bias (magnetic)
偏带信号衰减☆off-band rejection
偏荡☆sheer
偏导器型磁选机☆deflector type magnetic separator
偏导式火焰安全灯☆deflector lamp
偏导数☆partial{local} derivative
偏导信号☆spoiler system
偏导闸门☆deflecting gate
偏等性☆aeolotropism；aeolotropy；anisotropism；eolotropism
偏低的估定值☆underestimate
偏地槽☆metageosyncline
偏顶蛤属[双壳;D-Q]☆Modiolus；Volsella
偏顶蛤形状的☆modioliform
偏动☆bias
偏动角☆fleet(ing) angle
偏动装置☆bias(ed) gear
偏度☆bias angle；skew
偏(斜)度☆fleet(ing) angle
偏度度量☆measure of skewness
偏钒钙铀{铀}矿☆meta-tyuyamunite
偏方半面象(晶)组☆trapezohedral hemihedral class
偏方二十四面体类☆diploidal class
偏方复十二面体☆diplohedron；di(aki)sdodecahedron；diploid；didodecahedron；dyakisdodecahedron；icositetrahedron
偏方复十二面体(晶)组☆didodecahedral{diploidal；dyakisdodecahedral;diakisdodecahedral} class
偏方面体☆trapezohedron；trapezohedra
偏方面体(晶)组☆trapezohedral class
偏方三八面体☆trapezohedron；icositetrahedron；deltoidicositetrahedron；leucitohedron
偏方四分面象(晶)组[32 晶组]☆trapezohedral tetartohedral class
偏分析☆partial analysis
偏锆石☆wisaksonite
偏管牙轮☆offset cone
偏光☆polarized light；polarisation；polarization
偏光玻璃☆polaroid
偏光反射☆reflection of polarization
偏光镜☆nicol (prism)；polariscope；polarizer；polaroid glass；polarizing Nicol；polarizator；Nicol's prism
偏光棱境☆polarizing prism
偏光面☆plane of polarization；polarization plane
偏光片☆polaroid；polarizer sheet
偏光器☆polariscope
偏硅酸☆metasilicic acid
偏硅酸钠[Na_2SiO_3]☆sodium metasilicate
偏硅酸盐[M_2SiO_3]☆metasilicate
偏硅酸盐类☆metasilicate；bisilicate
偏害共栖☆antibiosis；amensalism
偏航☆yaw；crabbing；drifting；sheer；driftage；sway；going off course；off-course
偏航(操纵机构)☆yawer
偏航差☆course error
偏航飞行☆yawing
偏航角☆crab{drift;yaw;leeway} angle；yaw
偏航平面☆plane of yaw
偏航显示☆sensing
偏航信号☆drift signal
偏航指示☆sensing
偏环孢属[D_2]☆Archaeozonotriletes
偏回归☆partial regression
偏活度☆partial activity
偏火☆deflected burning
(光的)偏极☆polarity
偏极计☆polariscope
偏极角☆angle of polarization
偏钾矿☆lopezite
偏见☆warp；prejudice；preoccupation
偏胶体☆metacolloid
偏胶体的☆metacolloidal
偏胶质结构☆metacolloid structure
偏角☆angle of declination{deviation}；deviation；dri {deflection;declination;fleeting;bias;fleet} angle；declination；dogleg severity；inclination；Dec
偏(向;差)角☆angle of deviation
偏(斜)角☆fleet(ing) angle
偏角仪☆declinator；declination{dip} compass；declinometer；deflection gage
偏晶(体)☆monotectic
偏距☆standoff (distance)
偏距归心角☆angle subtended by the offset
偏距游隙☆offset windage
偏克分子体积☆partial molar{molal} volume
偏口☆Trepostomata
偏离☆stray；departure；deviation；bias；deviating；lapse；walk；deviate；divergency；determinacy of meaning；diverge(nce)；excursion；dep
偏离度☆degree of deviation
偏离分力{量}☆deviatoric component
偏离符号☆discordance index
偏离航向☆off-course
偏离化学计量☆nonstoichiometry
偏离间隙[钻具对开壁]☆stand off
偏离角☆fleet{take-off} angle
偏离吸收☆deviative absorption
偏离线外☆off-line
偏离因子☆discrepancy factor
偏离预定方向的井眼☆drifted borehole
偏离中心☆out of center；decent(e)ring
偏离中心水眼[钻头]☆off-center waterway
偏量☆biasing
偏磷酸钠[$(NaPO_3)_n$]☆sodium metaphosphate；tetra sodium pyrophosphate；TSPP
偏磷酸盐[MPO_3]☆metaphosphate
偏菱形☆deltoid
偏零位信号☆off-null signal
偏岭石[$Al_2Si_6(OH)_2$]☆pianlinite
偏流☆bias (current)；inclined flow
偏流计☆driftmeter
偏流角☆drift angle；crab；angle of drift
偏铝质的☆metaluminous
偏滤器☆diverter
偏磨☆lopsided wear
偏磨(损)☆eccentric wear
偏南的☆meridional
偏铌酸铅-钡压电陶瓷☆barium-lead metaniobate piezoelectric ceramic
偏铌酸铅压电陶瓷☆lead metaniobate piezoelectric ceramic
偏泥的☆mud-prone
偏泥地震相☆shale-prone seismic facies
偏偶极子☆eccentric dipole
偏硼石[HBO_2;等轴]☆metaborite
偏硼酸☆metaboric acid
偏僻处☆corner
偏僻的☆out {-}of {-}the {-}way；obscure
偏僻地方☆nook
偏僻地区☆remote location
偏僻小路☆byway
偏倾☆dip
偏曲☆lean
偏热力学函数☆partial thermodynamic function
偏三角(体)☆scalenohedron
偏三角面体的☆scalenohedral
偏砂地震相☆sand-prone seismic facies
偏砷钙铀矿☆meta-uranospinite
偏砷钴铀矿[$Co(UO_2)_2(AsO_4)_2·8H_2O$]☆meta-kirschheimerite
偏湿压实☆wet compaction
偏十二面体☆deltohedron
偏蚀☆partial eclipse
偏双折射☆partial birefringence
偏水砷铜铀矿☆meta-zeunerite
偏水锡石☆souxite；varlamoffite
偏态☆skew；skewness；deviation；SK
偏态效应☆effect of skewness
偏梯形套管螺纹☆buttress casing thread
偏锑酸汞矿☆ammiolite
偏提取☆partial extraction
偏头套筒扳手☆offset box wrench

偏途(演替)项(级)☆plagioclimax
偏微分☆partial differential
偏位☆deviation
偏位炮点☆skidded shot
偏位线☆offset line
偏位桩☆deflected pile
偏无烟煤[含碳 98%以上]☆meta-anthracite
偏五角三四{十二}面体☆tetartohedral pentagonal dodecahedron
偏析☆liquating；segregation；eliquation；aliquation
偏析反应☆monotectoid reaction
偏析区☆line of segregation
偏西(距离)☆westing
偏锡石☆varlamoffite
偏相关☆partial correlation
偏向☆deviation；lean；deflect(ion)；deflexion；swerve；erroneous tendency；be partial to；give unprincipled support (or protection) to
偏向飞行☆declination flying
偏向滚筒☆snub pulley
偏向吸收☆deviative absorption
偏向一边☆bias
偏向一侧☆amesiality
偏向装置☆deviator
偏向钻进☆side(-)tracking
偏向钻孔☆side-tracked；gone off
偏斜☆deflect(ion)；off-line；drift；deflexion；lean；crab；tilting；crookedness；wandering[钻孔]；tilt；walk；skew；inclination；deviation；avertence；defl；joggle；wander
偏斜测量☆deviational{directional} survey；deflection measurement
偏斜冲击☆glancing impact{blow}
偏斜的☆inclined；deflective
偏斜度☆measure of skewness；amount of deflection；skewness；SK
偏斜方向☆direction of deflection
偏斜分布☆skew(ed) distribution
偏斜角☆drift{offset;deflection;deflexion;fleet} angle；angle of deviation；tilt angle[钻头]
偏斜校正☆skew correction
偏斜接头☆offset sub；deflecting substitute
偏斜井☆crooked well{hole}；deviated{deflected；deviating} hole；gone off hole
偏斜孔☆deviating hole；drifted{deflected} borehole
偏斜矿体☆run
偏斜力☆deflecting force
偏斜量☆amount of deviation
偏斜率☆rate of inclination
偏斜炮孔☆blasthole on the bias
偏斜倾向的☆semitransverse
偏斜蠕变☆deviatoric creep
偏斜调整☆skew{swing} adjustment
偏斜系数☆coefficient of skew(ness)
偏斜仪☆tiltmeter
偏斜应力☆deviator{deviating;deviation} stress
偏斜张量☆deviator
偏斜走向的☆semilongitudinal
偏斜钻进钻孔☆sidetracked hole
偏斜钻孔☆gone off hole；deflected{misdirected；crook(ed)} hole；inclined borehole
偏心☆eccentricity；eccentric (screen)；partiality；bias；out of center；off-centre；excenter；excentralization；decentralization；decentring；decentering
偏心(率)☆run-out
偏心臂☆eccentering arm
偏心变向器☆eccentric rebel tool
偏心大齿轮销键☆eccentric gear key
偏心的☆eccentric(n)；excentric；off-center；out of center；off-balance
偏心度☆eccentricity；degree of eccentricity；excentricity
偏心度检查仪☆eccentricity tester
偏心改正☆correction for eccentricity
偏心轨道地球物理观测卫星☆eccentric geophysical observatory；EGO
偏心辊☆roller eccentric
偏心荷载的基础☆eccentric loaded footing
偏心滑叶泵☆eccentric sliding vane pump
偏心环空{路}☆eccentric annulus
偏心夹☆cam-lock；camlock
偏心井☆eccentric well
偏心井口☆decentralized wellhead
偏心距☆eccentricity；eccentric distance{throw}；(linear) excentricity；throw
偏心孔☆off-center hole
偏心力杆☆eccentric mandrel
偏心率☆eccentricity (ratio)；misalignment；excentricity；malalign(e)ment
偏心轮☆eccentric (wheel)；cam；eccentricn；wobbler；excentric
偏心内轴套☆inner eccentric bushing
偏心盘☆cam disk
偏心喷发☆excentric{eccentric} eruption
偏心器☆excentralizer；eccentric；decentralizer；excentric；eccentralizer；D CENR
偏心器的☆eccentric
偏心塞☆deflection plug
偏心式径向柱塞马达☆eccentric type radial piston motor
偏心套磨损板☆eccentric wearing plate
偏心套器☆decentralized casing
偏心体振动器☆eccentric mass vibrator
偏心凸轮☆offset{eccentric} cam
偏心外轴套☆outer eccentric bushing
偏心系数☆eccentricity coefficient；coefficient of excentralization
偏心线圈☆off centering yoke
偏心楔☆deflecting wedge
偏心型振动器☆eccentric-type vibrator
偏心 U 形钻头☆eccentric U bit
偏心因子☆acentric factor
偏心载荷☆off-centre loading
偏心载荷的☆eccentrically loaded
偏心振动落砂机☆vibrating shakeout with eccentric drive
偏心质量式振动器☆eccentric-mass vibrator
偏心轴臂☆eccentric shoulder
偏心轴激振器☆eccentric drive mechanism
偏心转子滑叶压缩机☆eccentric rotor sliding vane compressor
偏心装置☆eccentric；decentralizing device；excentric
偏心钻头☆deviation{eccentric;off-balance} bit
偏心钻压☆eccentric-bit load{pressure;thrust}
偏形半面象(晶)组[432 晶组]☆plagiohedral hemihedral class
偏形类☆irregularia
偏形体☆icositetrahedron；trapezohedron
偏性好{|厌}氧菌☆obligatory aerobes{|anaerobes}
偏压☆bias (voltage)；voltage bias；bias(s)ing
C 偏压☆C-bias
偏压控制☆bias control
偏压力☆partial pressure
偏压生长☆piezocrescence
偏压整流放大器☆biased-rectifier amplifier；BRA
偏亚锑酸盐[$MSnO_2$]☆gray antimony ore
偏盐☆metasalt
偏移☆deflection；deviation；excursion；warpage；warp；offset；departure；wander(ing)；migration；drift；skewing；shift(ing)；deflexion；inflection；backlash；offsetting；bending；squint
F-K 偏移☆F-K migration
偏移不足☆undermigrate
偏移层☆disrupted layer
偏移的☆off-lying；bias(s)ed；offset
偏移地震剖面☆offset seismic profile
偏移法☆deflection method
偏移校正[震勘]☆migrate
偏移校正的时间剖面☆migrated time section
偏移距校正☆offset correction
偏移倾斜☆offsetting dip
偏移声波路径法☆offset acoustic path；OAP
偏移速度确定[震勘]☆migration velocity determination
(地震)偏移位置标绘仪☆pantagraph；pantograph
偏移心轴☆drift mandrel
偏移信号☆shifted signal
偏移值☆off-set value；deviant
偏倚☆bias
偏应力☆deviatoric stress；deviation{deviator} stress
偏油煤素质☆oil-prone macerals
偏远的☆by(e)-
偏增量☆partial increment{difference}
偏张量☆deviatoric tensor (piao)
偏折☆deflection
偏折光{射}率☆partial refractive index
偏振☆polarization；polarisation
偏振玻璃☆polaroid glass
偏振度☆degree of polarization
偏振反射☆reflection of polarization
偏振光☆polarized light；spectral polarization
偏振光角☆angle of polarization
偏振光镜☆polariscope
偏振光面上的旋转效应☆torque
偏振光椭圆率测量仪☆ellipsometer
偏振化的☆polarized
偏振化率☆polarization ratio
偏振计☆polarimeter
偏振角☆angle of polarization；polarization angle
偏振镜☆polarizer
偏振面☆plane of polarization；polarization plane
偏振面的旋光☆rotation of polarization plane
偏振片☆polaroid；polarizing film
偏振片检影器☆polarized pattern viewer
偏振器☆polarization selector；Polarizator
偏振矢量☆polarization vector
偏振依赖性☆polarization dependence
偏振因子{数}☆polarization factor
偏振装置☆polarizing equipment
偏振子☆polariton
偏置☆biasing；bias；offset；setover
偏置活动铰链☆offset hinge
偏重折射☆partial birefringence
偏重钻铤☆unbalanced{Wood Pecker} drill collar
偏轴伞齿轮☆hypoid gear
偏柱铀矿☆meta-schoepite
偏转☆deflect(ion)；derivation；avertance；avertence；deflexion[射线]；dogleg；inflection；diffract；defl；deft.
偏转的☆deflective
偏转度☆deflection；deflexion；deft.
偏转河☆deflected river
偏转后加速☆post-acceleration
偏转角☆pivot{deflection;heeling;deflexion} angle；angle of deflection{rotation}
偏转阶地☆swing terrace
偏转力矩☆deflecting torque
偏转器☆deflector
偏转式存储管☆deflection-type storage tube
(方位)偏转速率☆turn rate
偏转凸轮☆deflecting cam
偏转系统☆deflecting{deflection} yoke；yoke
偏转信号波形☆deflection waveform
偏转装置☆inflector assembly
偏装法☆offset method
偏坠线☆clinoid
偏自由能☆partial free energy

pián

便宜☆cheapness；cheap；budget
胼胝质☆callose
胼足亚目☆Tylopoda

piàn

片☆frustum [pl.frusta]；chippings；sheet；flap；division；segment；biscuit；slab；patches；wafer；pill；plate；piece；pellet；blade[桨]；body；PC.
片板的☆platy
片板岩☆killas
片帮☆rib fall；scall；wall caving；slough (off)；scale-off；gowl (collapse)；scale{spalling;slab} off；nicking；collapse；sluff；sidewall scaling
片帮事故☆side fall accident
片冰☆frazil (ice)；flake ice
片剥☆peeling
片层爆破☆slab blasting
片层状构造☆schistose-layered structure
片(颚)齿牙形石(属)[O_2-C_1]☆Spathognathodus
片赤铁矿[Fe_2O_3]☆foliated hematite
片冲(作用)☆sheetwash
片段(的)☆piecewise
片断☆fragment(ation)；fraction；segment；snip；snippet
片堆组构☆book-house fabric
片筏基础☆foundation mat；mat foundation
片阀☆plate valve
片沸石[$Ca(Al_2Si_7O_{18})\cdot 6H_2O$；$(Ca,Na_2)(Al2Si_7O_{18})\cdot 6H_2O$；$(Na,Ca)_{2-3}Al_3(Al,Si)_2Si_{13}O_{36}\cdot 12H_2O$；单斜]☆heulandite；lincolnite；euzeolite；foliated zeolite；stilbite；lincolnine；euzeolith
片钙镁橄石☆batrachite
片管式散热器☆fin and tube type radiator
片硅碱钙石[$(Na,K)_4Ca_5Al_6Si_{32}O_{80}\cdot 18H_2O\cdot 3(Na_2,K_2)(Cl_2,F_2,SO_4)$；$(Na,K)_{10}Ca_5Al_6Si_{32}O_{80}(Cl_2,F_2,SO_4)_3\cdot$

18 H_2O;斜方]☆delhayelite
片硅铝石[$Al_2(SiO_4)(OH)_2$; $NaAl_4(AlSi_3O_{10})(OH)_8$]☆donbassite；α-chloritite
片海百合属[棘;C_2]☆Plaxocrinus
片洪流☆sheetflood
片滑石☆foliated talc
片簧☆flat{leaf} spring
片簧支架☆spring leg
片架组构☆cand-house fabric
片间电压☆bar-to-bar voltage
片间黏结☆inter-sheet bonding
片礁☆patch reef
片金☆flake gold
片晶☆lamella [pl.-e,-s]；lamellite
片晶核☆nucleus plate
片晶连生☆lamellae{lamellar} intergrowth
片锯☆blade saw
片掘巷道☆slice lead
片刻☆moment[与 zone 相对应的时间单位]；secule；tick；span；second；minute
片理☆schistosity (cleavage)；foliation；slaty cleavage；schistose
片理面☆plane of schistosity{fissility}；schistosity plane
片理期后☆post-schistosity
片粒状☆schistose granular
片裂☆splintering；scissure
片裂板岩☆sculp
片裂岩☆split rock
片裂作用☆sheeting
片流☆sheetwash；laminar(y){lamellar;plane;sheet} flow；laminated current；sheetflood
片流剥蚀☆rock-floor robbing
片铝石[AlO(OH)]☆kayserite
片螺科☆Lamellariidae
片螺族☆Lamellariacea
片落☆slab (off)；scale-off；exfoliate；desquamation
片麻岩☆gneiss；shist；foliated granite；schist
片麻岩的☆gneissose
片麻岩化☆gneissification
片麻云母片岩☆gneiss-mica schist
片麻状(成)层(作用)☆gneissic layering
片麻(岩)状冻土☆ice gneiss
片密封☆gasket seal
片面(契约)☆unilateral
片钠铝石[$NaAl(CO_3)(OH)_2$]☆dawsonite
片内褶皱☆intrafolial fold
片山石☆katayamalite
片蛇纹石☆antigorite
片石☆plate stone；flagstone；cleftstone；flag；rubble
片石阔凿☆boasting chisel
片石英☆bauerite；banerite；metabiotite
片蚀☆sheetwash；surface{unconcentrated} wash；(sheet) erosion
片式向量☆lamellar vector
片霜☆sheet frost
片水锰矿☆pyrochroite
片碳镁石[$Mg_{10}Fe^{3+}_2(CO_3)(OH)_{24}$•$2H_2O$; 三方]☆coalingite；eisenbrucite
片条测录☆strip log
片铁碲矿☆sonoraite
片铁矾[$2Fe_2O_3$•$3SO_3$•$7H_2O$(?)]☆raimondite
片榍石[$Ca_2NaZr(SiO_4)_2F$;$3CaSiO_3(Ca(F,OH))NaZrO_3$]☆guarinite；hiortdahlite；hjortdahlite
片形☆laminated form
片选☆chip enable{select}；CE
片牙形石属[D_2-C_1]☆Spathodus
片岩☆callys；schist；killas；shist；schiefer[德]；shirt
片岩的☆schistose；laminar；schistic
片岩基础☆schistose subbase
片岩屑砂屑岩☆schist {-}arenite
片岩性☆schistosity
片岩状的☆schistoid
片岩状碎裂构造☆schistoclastic structure
片叶藻属[Q]☆Aneura
片藻(属)[Q]☆Merismopedia；Laminarites
片柱钙石[$CaCO_3$•$Ca_6(Si_6O_{18})$•$2H_2O$]☆scawtite
片状☆schistose；flaky；splinter-shaped；scaly
片状包体☆mikroplakite
片状壁☆lamellate{lamellar} wall
片状变质煌斑岩☆lamproschist
片状冰☆sheet{foliated} ice；ice wedge
片状材料☆lamellated material
片状层☆laminated{lamellar} layer
片状的☆schistose；schistous；schistic；sheetlike；platy；laminated；flaky；sheeted；tabular；flake-like；platelike
片状独石瓷介电容器☆clip type monolithic ceramic capacitor
片状阀☆disc valve
片状钙石☆scawtite
片状硅四面体☆silica tetrahedral sheet
片状褐煤☆paper coal
片状喉道☆lamellar throat
片状基质块体☆slab matrix block
片状碱钙石☆delhayelite
片状角岩☆leptynolite
片状晶☆plate crystal
片状颗粒☆platy shaped particle
片状孔隙☆lamellar pore；sheetlike pores
片状裂口☆splintery fracture
片状铝石☆dawsonite
片状煤☆lamellar coal；callis；macker；mineral paper；mawkre；macket
片状镁石☆coalingite
片状模塑料☆sheet molding compound
片状劈理☆schistosity{schistose} cleavage
片状侵蚀☆sheet erosion；unconcentrated wash；sheetwash
片状砂轮☆grinding segment wheel
片状石蜡☆scale paraffin
片状石墨[钢]☆flake(d){flaky;lamellar} flake；kish；graphite{crystalline} flake
片状石墨奥氏体铸铁☆flake graphite austenitic iron
片状弹性石☆cronstedtite
片状习性☆laminar{micaceous} habit
片状岩☆schiefer；schistous rocks
片状岩块☆clauncher
片状氧化物[金属内部]☆platelet
片状页岩☆leaf{papery} shale
片状易碎泥质岩☆rashing
片状云母☆sheet{punch} mica
片状炸药爆炸成形☆sheet-charge forming
骗局☆gimmick
骗取☆scrounge
骗子☆fake；cheater

piāo

剽窃☆crib
飘尘☆fly(ing) ash；floating{airborne;blowing} dust；fly-ash；suspended particulate；airborne particle
飘带☆streamer
飘荡{送}☆waft
飘动☆breathing；wave
飘拂草(属)[Cu 示植]☆Fimbristylis
飘忽不定的☆erratic
飘降冰晶{针}☆poudrin
飘降冰针☆ice prisms
飘来雨☆spillover
飘砾☆erratics
飘悬焙烧☆suspension{shower;flash} roasting
飘悬干燥(法)☆flash drying
飘悬式干燥机☆flash{suspension} dryer
飘扬的☆flying
飘移影响☆drift effect
漂变平衡论☆shifting balance theory
漂冰☆drift{floe} ice；ice drift；drift-ice
漂冰测站☆drifting ice station；drift station
漂冰沟痕☆iceberg furrow mark
漂泊海百合目☆Roveacrinida
漂泊者☆rover
漂测☆drift sounding
漂尘☆dust
漂程☆driftage
漂弹☆flotation bomb
漂动☆wandering；wander
漂动沙嘴☆flying spit
漂浮☆floatage；flo(a)tation；float(ing)；afloat；adrift；drift；levitation；hover before the eyes；float in the mind；swim；ride
漂浮搬运☆rafting
漂浮胞☆pneumatocyst；basal cyst
漂浮的☆floating；supernatant；planktonic
漂浮动物☆zooplankton
漂浮法拖管☆surface tow
漂浮分析☆flotation analysis
漂浮块体☆buoyant mass；buoy lantern
漂浮砾岩☆swimming stone；floatstone
漂浮平台☆floating platform
(测洋流)漂浮瓶☆bottle post；drift bottle
漂浮砂矿洗选场☆doodlebug
漂浮上升(作用)☆buoyant uplift
漂浮生物☆neuston；plankton (organism)；drift biota
漂浮石墨☆kish (graphite)
漂浮实心电缆☆buoyant solid cable
漂浮式采矿装置☆floating mining plant
漂浮式海洋自动气象站☆transobuoy
漂浮式挖掘机械☆floating excavating machine
漂浮物☆floater；floatage
漂浮性☆floatability；flo(a)tation
漂浮植物☆pleuston
漂浮植物堆积☆sudd
漂积层☆erratic form
漂积成煤说☆drift theory
漂积泥炭☆allochthonous peat
漂积物☆drift；drifted material
漂角☆leeway angle
漂金☆drift gold
漂块[岩浆中]☆erratic (boulder;block)；raft；drift block
漂(流石)块☆drift block
漂来石☆travel(l)ed{travel} stone；erratic
漂砾☆erratic (block;boulder;pebble)；(drift;gravel) boulder；ice-boulder；bowlder；rafted boulder
漂砾的[含大于 60cm 的石块]☆bouldery
漂砾计算☆stone-count
漂砾矿体{床}☆erratic ore body
漂砾列☆trail；boulder train
漂砾泥☆roll mud
漂砾黏土☆boulder clay；till
漂砾扇☆boulder-fan
漂砾(灰)岩☆diamicrite
漂砾原群落☆petrodium
漂砾状构造☆boulder-like structure
漂亮的☆smart；bonny；pretty；spruce；handsome
漂流☆drifting；drift (current;about)；driftage；errare；erro；wind-driven current；adrift；be driven by the current；rafting；wind drift；sag
漂流测示器☆driftmeter
漂流船☆derelict
漂流航线☆sweepstakes route
漂流矿石☆shoad；shode；float-ore
漂流木☆drift-wood
漂流砂☆drift {-}sand；sand drift
漂流水雷☆drifter
漂流物☆drifter；flotsam；driftage；shifting
漂流营力☆rafting agent
漂流指示锤☆drift lead
漂落矿石☆shoad{shode} stone
漂木泥炭☆driftwood peat
漂起☆float
漂碛(层)☆drift bed
漂碛层☆stratified drift
漂碛黏土☆moraine clay
漂清☆rinsing；rinse
漂砂{沙}☆quicksand；(sand) drift；shifting sand
漂砂矿床☆alluvial deposit
漂石☆erratic (stone;boulder)；travel(l)ed{float} stone；bowlder；boulder
漂铜☆drift copper
漂((移)岩)屑☆drift detritus
漂选☆winnowing；winnow
漂雪冰河☆catchment glacier
漂伊利云母☆bravaisite
漂移☆drift(ing)；wander(ing)；dispersion；dispersal；excursion；shift(ing)；deviation[仪表指针]；travel；departure；swing；creeping[频率]
漂移常数☆drift constant
漂移的☆erratic
漂移地盾右侧☆starboard side of drifting shield
漂移地盾左侧☆port side of drifting shield
漂移电弧☆turbulent arc
漂移度☆driftance
漂移方向的逆转☆back(ing) of drift direction
漂移海滩☆drifting beach
漂移角☆drift{fleet} angle；angle of drift
漂移矿石☆float ore
漂移偏差☆departure；dep
漂移前复原图☆predrift reconstruction
漂移速度☆drift velocity；walk rate
漂移修正☆drift correction
漂移运动☆phorogenesis；drifting

漂移载荷☆drift load
漂移作用☆phorogenesis
漂游☆excursion；wandering
漂游的☆erratic
漂游生物☆plankton organism
漂游藻类☆floating algae
漂云母[美国也将其作为 illite(伊利石)的同义词;(K,H_2O)Al_2($AlSi_3O_{10}$)(OH,H_2O)$_2$]☆bravaisite
漂运☆alligation
缥瓷☆pale green porcelain
缥瓷陶☆faint colored porcelain

piáo

瓢形贝☆Modiolopsis
瓢形齿☆scoop chisel insert
瓢形的☆modioliform
瓢形蛤超科[双壳]☆Modiomorphacea
瓢叶目☆Noeggerathiales

piǎo

漂白☆decolo(u)rization；decolor(ize)；decoloration；bleach(ing)；whiten
漂白斑☆bleach spot；deoxidation sphere
漂白层☆bleached horizon{bed;zone}
漂白粉☆chlorinated lime；bleaching powder；bleach；chloride；chloride of lime；calcium oxychloride
漂白剂☆chloride；decolorant；bleach(er)；decolorizer
漂白泥☆camstone
漂白软土☆alboll
漂白土[一种由蒙脱石构成的黏土]☆fuller's{Florida;bleached;walker's} earth；floridin(e)；g(o)umbrine；kill；greda；bleaching{Florida;fulling} clay；smectis；bleicherde；walkerite；creta；malthacite
漂布工☆fuller
漂布土[一种带黄色富于镁质的黏土]☆malthacite；keffekilite；melthacite；malthazit[德]；allophane
漂土☆malthacite
漂洗☆full；rinsing；rinse
漂洗土☆bleached earth

piào

票☆ticket
票根☆counterfoil
票据☆C/NJ；C. N.；(credit) note；bill；paper
票据交出后☆after date；a/d；a. d.
票据交换所☆clearing house
票据贴现账户☆note discounted account
票面价值☆facetted{par} value；P.V.；par
票面金额☆denomination
票证打印机☆ticket printer
嘌呤☆purine

piē

撇☆cast aside；put aside；discard；leave behind
撇抽淡水井☆freshwater skimming well
撇出☆skimming-out
撇除☆skimming
(浮选)撇除泡沫☆scraping
撇除器☆skimmer
撇开☆set aside
撇沫器☆skimmer
撇取[如水面上的油]☆skim (off)
撇去☆skimming-out；skim (off)
撇油板☆skimming baffle
撇油池[从污水中收回原油]☆skim(ming) pond；skimming pit
撇油器☆(oil) skimmer
撇渣☆drossing；skim；skimmed；skimming；scum off；dross run
撇(浮)渣杓☆scummer
撇渣口☆skimmer{skim} gate
撇渣泥芯☆filter core
撇渣器☆skimmer；dam
氕[H']☆protium
瞥见☆blink；glimpse；catch (a) sight of

piě

撇☆touch；throw；fling
撇号☆accent sign；apostrophe；prime
撇裂断层☆splay fault；splays；split

pīn

拼板玩具☆jig-saw puzzle
拼成的☆built-up；mosaic
拼凑(在一起的木材)☆accouplement
拼法☆spelling
拼份{分}☆ingredient
拼幅{明细;拼排式}地图☆dissected map
拼合☆jig-saw puzzle；matching[大陆]；bricolage；amalgamation[气]；synthesis [pl.-ses]
拼合的☆splitting；split
拼合法☆slotting method
拼合轮☆parting{split} pulley
拼合轮毂{轴套}☆split hub
拼合砂箱☆bolted moulding box
拼合石墨管电阻炉☆split cylinder type graphite resistor furnace
拼合石墨管顶部加热器☆split graphite-pipe top heater
拼合十字头轮毂☆split spider hub
拼合式的☆segmental
拼合式密封{封隔}装置☆split packoff
拼合锁板☆split lock plate
拼合找中导向器☆split centering guide
拼接☆piece{join} together；splice；assembly；mosaicking
拼接板☆butt strap
拼接胶带☆belt splice
拼接砂带☆segment belt
拼接相片☆assembling photograph
拼梁☆joggle{keyed} beam
拼料☆ingredient
拼贴(图)☆pasteup
拼图☆mosaic
拼修☆cannibalization
拼音☆spell
拼桩☆pile splice
拼装式钻机底座☆integrated unit substructure
拼字☆spelling

pín

频爆式推土机☆blasting bulldozer
频爆挖壕{掘土}机☆REDSOD ditcher
频变蠕变☆catastrophic creep
频标{|差}☆frequency scale{|difference}
频带☆(frequency) band；wave band
K{|Q|V}频带☆K{|Q|V}-band
P 频带[遥测雷达频带,400 兆赫]☆P band
频带宽度☆frequency span{bandwidth}
频带内信号制☆in-band signalling system
频带外信号制☆out-of-band signalling system
频带展宽☆electric band spread；band spread
频道☆frequency channel
频道空闲信号☆path free signal
频段名称☆frequency spectrum designation
频段死点☆hole
频繁的☆frequent；freq.
频截函数☆band-limited function
频率☆(wave) frequency；frequence；freak；rate of recurrence；freq.；FQCY
频率摆动☆wobbulation
频率摆动器☆warbler
频率变换☆frequency transformation{conversion}；frogging
频率-波数变换☆F-K transform
频率波数域偏移☆frequency-wavenumber{F-K} migration
频率不稳定试验☆swing test
频率差周期☆frequency-difference cycle
频率颤动☆wow；flutter
频率分布☆frequency distribution
频率复用☆channel(l)ing
频率复原因子☆frequency restoration operator
频率过低☆underfrequency
频率监控{视}器☆frequency monitor
频率交叉☆frogging
频率校正线路☆deaccentuator
频率-距离空间☆frequency-distance space
频率滤波剖面组☆frequency slices
频率偏差☆frequency departure{deviation}
频率漂移☆frequency departure{drift}；creep
频率曲线☆histogram；frequency curve
频率色散☆dispersion of frequencies
频率上限☆upper frequency limit
频率输出检验器☆carpet checker
频率损失{耗}☆frequency loss
频率特性☆frequency characteristic{response}；amplitude characteristic
频率调制☆frequency modulation；FM
频率图☆frequency plot{diagram;chart}；periodogram
频率相关力☆frequency dependent force
频率响应度分析☆frequency response analysis
频率响应下降☆roll-off
频率效应☆frequency effect；FE
频率影响百分比☆percent frequency effect
频率域☆frequency domain{field}；Fourier-domain
频率域采样定理☆frequency domain sampling theorem
频率域地震资料☆frequency-domain seismic data
频率域电磁测深☆frequency domain electromagnetic sounding；FEM Sounding
频敏负载☆frequency-sensitive load
频(率)偏(差)☆frequency deviation{departure}
频偏包迹☆frequency-deviation envelope
频谱☆spectrum [pl.-tra]；frequency spectrum；spectral
频谱段☆wavelength coverage
频谱分布☆spectral distribution
频谱分析☆frequency{spectrum;spectroscopic;spectral} analysis
频谱扫描指示的☆panoramic
频谱-时间分析☆spectral-temporal analysis
频谱学☆spectroscopy
频散☆dispersive；dispersion
频闪☆stroboflash
频闪灯光☆strobe light
频闪效应☆stroboscopic effect
频(率方)式☆frequency modus
频数☆frequency；frequence
频(率偏)移☆frequency shift{displacement;deviation}
频移吸收☆deviation absorption
频移因子☆frequency-shifting operator
频音☆vibration wave
频音器☆warbler
频应复原☆deemphasis
频域☆frequency domain
贫☆lean
贫孢子的☆spore-poor
贫孢子微暗煤☆gray{grey} durain；spore-poor durite
贫残气☆lean residue gas
贫齿鳄属[K]☆Edentosuchus
贫齿类☆Dysodontia；Edentata
贫齿目☆Desmodonta[双壳]；xenarthra；Edentata[哺]
贫齿型☆edentate；anodont{desmodont} [双壳]；dysodont type
贫齿亚目[双壳]☆Adapedonta
贫齿总目☆xenarthra
贫的☆down grade；sterile；poor
贫乏☆leanness；aridity；poor；needy；impoverished；wretchedly lacking；depletion；tenuity；sparsity；poverty；paucity
贫乏的☆scanty；washy；lean
贫钙无球粒陨石☆calcium-poor achondrite
贫光带☆disphotic zone
贫化☆dilution；dilute；depreciation of ore；downgrade；ore{grade} dilution；dilution{contamination} of the ore；peter out；impoverishment[矿]
贫化矿☆barren ore
贫化矿石☆halvans
贫化燃料☆depleted fuel
贫灰混凝土☆poor concrete
贫灰(砂)浆☆lean mortar
贫混凝土☆lean concrete
贫瘠☆impoverishment
贫瘠带☆barren zone
贫瘠的☆oligotrophic；sterile；marginal；meager；barren；meagre；hungry[土壤]；arid[土地]
贫瘠水域☆barren water
贫瘠土壤☆worn-out{poor} soil
贫搅拌混凝土☆lean mix concrete
贫精矿☆lean concentrate
贫井☆stripper well
贫矿☆lean ore{material}；chat；protore；bouse；breakings；barren (mineral)；lean；borasca；low-grade ore；coarse lode；low grade ore；poor quality of the barren ore；borasque；borasco；borrasca；poor rock；dradge；low-metal content ore；LGO
贫矿带☆barren；depleted zone
贫矿的☆hungry
贫矿脉☆lean{coarse} lode；low vein；blowout；coose；coase；coarse
贫矿区☆low-grade area
贫矿圈☆dispersion halo
贫矿石☆low-grade{lean;dredge;poor;halvan;base} ore；low grade ore；lean；halvans；halvings

P

贫困☆privation；need；necessity
贫锂黝辉石☆snarumite
贫硫的☆low in sulphur
贫硫沥青☆tschirwinskite；tscherwinskite；chirvinskite
贫脉☆lean lode
贫毛类[环节]☆oligochaeta
贫煤☆lean{meagre；uninflammable；carbonaceous；meager} coal
贫煤气☆poor{low-grade} gas
贫镍石陨石☆kryptosiderite
贫气☆lean{dry(-lean);stripped;poor;net} gas；stingy；niggardly；annoyingly garrulous
贫气区☆gas barren
贫气值域☆dysaerobic range
贫汽岩浆[湖熔岩]☆lake magma
贫铅矿石☆keckle-meckle
贫铅银矿(石)☆dry ore
贫氢沥青☆hydrogen-poor bitumen
贫穷☆poverty
贫穷地带☆pocket of poverty
贫燃气☆poor gas
贫砂☆weak sand
贫砂浆☆lean
贫石灰☆meagre{lean;meager} lime
贫水硼砂[$Na_2B_4O_6(OH)_2•3H_2O$;单斜]☆kernite；rasorite
贫损指标☆dilution and loss of ore
贫铁菱镁矿☆low-iron magnesite
贫尾气☆lean residue gas
贫锡矿☆leap ore
贫锡石英脉☆cab
贫细泥☆barren slime
贫型砂☆weak sand
贫烟煤☆hard ash coal
贫氧层☆oxygen-poor layer
贫养湖泊☆oligotrophic lake
贫液☆barren liquor{solution}
贫营养湖☆oligotrophic{oligohalobic} lake
贫营养区☆oligotrophic region
贫铀的☆uranium barren
贫油☆lean{poor;sponge} oil
贫油井☆stripper (well)
贫油页岩☆lean oil shale；inferior shale
贫有机质样品☆organic-lean samples
贫原生矿☆lean protore
贫窄的土壤☆impoverished soil
贫质石灰☆poor lime
贫装料☆lean burden
贫钻泥☆poor mud

pǐn

品格☆personality
品红☆fuchsin；magenta
品级参数☆rank parameter
品蓝☆reddish blue
品脱☆pint[液量,=1/8 加仑]；p. pt
品位☆grade；gr.；tenor；assay；value；percentage ore；taste；content；quality [of products,literary works,etc.]
品位变化☆variation in grade
品位低的☆off-grade
品位分布不规则(的)矿脉☆vein of spotty character；spotty vein
品位和回收率设定点☆setpoint of grade and recovery
品位极限☆stopping limit
品位图[如品位等值线图等]☆assay map{plan}；sample maps
品位下降☆cut-off grade；falling-off{drop} in grade；economic depletion drop in grade
品位下限☆cut off grade；cut-off grade
品位仪☆Courier 6SL analyzer
品行☆morality；moral
品质☆kalite；sort；grade；attribute；quality；character
品质不匀☆streaking
品质降低☆deterioration
品质因数☆energy{Q;quality} factor；Q-quality；Q{-}value；figure of merit；cue；QF
品质因数表☆Q-meter
品质因素☆quality{Q} factor；figure of merit；goodness
品质因素定律☆Q-law
品质证明☆hallmark
品质指标☆index of quality；criterion of control quality；indicator of product variety
品种☆variety；brand；nature；sort；breed；quality；trademark；strain；assortment
品种性☆varietalness

pīng

乒乓开关☆toggle
乒乓(球)式存储器☆ping-pong memory

píng

坪☆plateau[辐射计数管计数率对电压的特性曲线的平直部分,如 Geiger plateau,盖革坪]；terrace；flat；level ground；ping unit of area [=3.3 m^2]
坪测定☆plateau determination
坪长☆plateau length
坪的斜率☆plateau slope
坪井法☆Tsuboi method
坪宽度{|特性|问题|斜|值}☆plateau width{|characteristic|problem|slope|value}
坪(区)年龄☆plateau age
苹科☆Marsilaceae
苹果虫属[孔虫;K_2-Q]☆Melonis
苹果的☆malic
苹果绿[石]☆apple green；Dark Green
苹果煤☆coal apple
苹果泥☆apple butter
苹果属☆Malus
苹绿钙石☆bhreckite；vreckite
苹绿泥石☆amesite
苹绿云母☆mariposite
苹属[K]☆Marsilea
萍☆duckweed
萍蓬草属[孢;E_2-Q]☆Nupharipollis；Nuphar
萍乡运动☆Pinghsiang movement
平☆flat
平岸流☆banker
平岸水位☆bankfull{bank} stage
平凹透镜☆plano-concave lens
平摆动环带☆even-oscillatory zoning
平板☆table；faceplate；slab；tabula [pl.-e]；flat (plate)；wafer；stool；plate[岩、晶等]；dull and stereotyped
平板暗盒照相机☆flat cassette camera
平板玻璃☆sheet{flat;plate} glass
平板玻璃折算系数☆conversion factor of sheet glass
平板车☆cart；flat(-deck) car；dolly (car)；flatbed (tricycle)；flatcar；low-boy；larry
平板衬里☆smooth plat lining
平板虫属[孔虫;N-Q]☆Planularia
平板大卡车☆platform truck
平板(状)的☆tabular
平板等参理论☆isoparametric plate theory
平板法导热系数测定仪☆thermal conductivity measuring apparatus by guarded plate-method
平板基础☆flat plate{slab} foundation；slab- foundation
平板给料器{机}☆table feeder
平板式☆apron-type
平板条☆slat
平板显示☆panel display
平板形凸轮☆cam-plate
平板选煤器☆plate cleaner
平板仪☆surveying panel；surveyor's{plane} table；plane-table；plane table equipment
平板仪测点{站}☆plane-table station
平板仪测图法☆plane-table method
平板藻(属)[硅藻;N-Q]☆Tabellaria
平板振动{捣}器☆plate vibrator
平板状☆tabulate
平板状矿床☆blanket-like deposit
平版画☆lithograph
平版印刷☆lithography
(用)平版印刷☆lithograph
平背虫属[三叶;S_3]☆Homalonotus
平背斜☆flat anticline；planianticline；placanticline
平壁☆planomural
平壁导热☆heat transfer through plane wall
平扁块拣选筛☆flat picker
平扁煤块拣选筛☆flat-coal picker
平扁石☆penny stone
平冰山☆tabular iceberg
平槽水位☆bankfull stage
平层☆leveling；flat bed
平层底碛☆flat-lying ground moraine
平层节理☆bed joint
平差☆adjustment；compensation of error；balancing；balance；adjust；adj
平差法☆method of adjustment；consummation of errors；adjustment method
平差后的位置☆adjusted position
平差计算☆compensating{adjustment} computation
平差器☆adjuster
平差值☆adjusted value
平常的☆ordinary；common；commonplace
平常地震☆normal earthquake
平潮☆slack water{tide}；tidal stand；flood slack
平车场☆bottom station
平齿鱼属☆Dapedius
平赤道日☆mean equatorial day
平冲断层☆horizontal thrust fault；flat thrust
平冲头☆flat drift
平传动机头☆flat topped gearcase
平吹转炉☆rotor
平锤☆face hammer
`平搓{锉;扭;走向滑}断层☆wrench fault
平错[断层错动的水平分量]☆heave；horizontal throw；offset
平错盘☆heaved side
平带☆flat belt
平淡的☆flat；commonplace
平道机☆grader；road scraper
平的☆flat(ter)；even；tabular；planar；plain；pancake
平等分担☆go shares
平低岸☆table shore
平底☆flat bed{bottom}；flat-bottomed；low-heeled；flat end[容器]
平底仓☆flat-bottom bin
平底潮下环境☆level bottom environment
平底船☆(flat) pontoon；flat-bottomed vessel{boat}；punt；floatboard；hulk；keel[运煤的]；gondola
平底船体☆catamaran hull
平底唇(端面)金刚石钻头☆flat-face bit
平底谷湖☆strath lake
平底河谷☆strath；glen
平底巨砾☆soled boulder
平底镰形岩盆☆sickle trough
平底烧瓶☆Bunsen beaker{flask}；flat bottom flask
平底式浮选机{槽}☆callow flat-bottom cell
平底铣鞋☆junk mill；flat bottom mill
平底油船☆tank barge
平底圆柱压模☆flat-faced cylindrical punch
平底锥形☆trochiform
平底钻头☆flatter face bit；square-nose bit
平地☆kyr；level terrain{ground}；flatland；land grading；flat (ground;land)；level the land{ground}；floor；rake the soil smooth；table；slade
平地机☆land scraper{grader;leveller}；carryall；land-smoothing machine；(motorized) graderlevel(l)er
平点勘探☆flat spot exploration
平垫圈☆plain washer{ring}；machine washer
平顶☆flat-topping；cooktop
平顶(齿)☆flats
平顶背斜☆flat-topped anticline；palacanticline
平顶冰川☆glacier plat；table glacier
平顶冰块☆ice table
平顶冰山☆tableberg；barrier iceberg{berg}
平顶齿☆gage compact
平顶陡坡火山☆tuya
平顶峰☆flat-topped{flat} peak；flat topped crest
平顶峰度☆platykurtic
平顶高地☆even-created upland
平顶孤丘{山}☆tafelkop；mesa-butte
平顶海山☆guyot；tablemount；flat-top seamount；tableknoll
平顶火山☆table{truncated} volcano；tuya
平顶脉冲☆sq-topped pulse
平顶山☆table mountain{rock}；mesa；tafelberg；flat-topped hill；guyot；butte；even-crested ridge
平顶山脊☆flatiron；flat-topped crest；even-crested ridge
平顶山口☆joch；yoke-pass
平顶山丘☆tableknoll
平顶土堤☆terreplein
平顶雪丘☆snowbank
平动☆translation；translational motion
平硐☆adit (entry;level)；drift (mine)；footrill；tunnel[两端通地表]；driftway；footrail；stulm；free level；futteril；gallery；mine adit{tunnel}；side drift；underlevel；surface tunnel{drift}；tye (gallery)
平硐(工作面)☆adit end
平硐边线☆line of tunnel
平硐隔墙☆astillen

平硐回采☆adit-cut mining
平硐掘进☆drift-in；tunnel drivage；gallery driving；drifting
平硐掘进挡头☆adit end
平硐掘进工程分析☆tunneling analysis
平硐开采☆adit-cut{drift;tunnel} mining
平硐开拓☆opening through adits；underlevel work；adit devebopment；opening-up by adits{tunnels}
平硐开拓法☆tunnel system
平硐勘探☆gophering
平硐口☆(adit;tunnel;mine) portal；adit opening{collar;entrance;mouth}；ingress；tunnel opening；mine mouth；drift entrance
平硐矿山☆drift{adit;stulm;daylight} mine
平硐溜道系统☆tunnel-pass system
平硐溜井开拓☆drift-repass development；chute system
平硐砌碹装置☆tunnel lining erector
平硐水平上平巷☆adit level
平硐掏底槽后爆破的炮眼☆breast hole
平硐外沿线☆line of tunnel
平硐走向☆direction of tunnel
平斗容积☆stuck capacity
平端☆flat end
平端捣锤☆straight tamper；flat beater
平端管☆plain-end pipe
平端管子☆plain end pipe
平端坑木☆bald timber
平端面☆flat face；flat-face
平端油管☆tubing with plain ends
平端钻头☆flat(-faced) bit
平断口☆even fracture
平凡☆pedestrianism
平凡的☆indifferent；commonplace；featureless
平凡解☆trivial solution
平方☆square；second power；quadr(i)-
平方的☆square；quadratic；super；sq；SQ
平方电路☆squarer
平方反比律☆inverse {-}square law
平方分量☆quadratic component
平方根倒数☆reciprocal square root；RSR
平方公里☆square kilometer；sq. km.
平方律☆square-law；SL
平方码☆square yard；SY；Sq. yd.
平方米{公尺}☆cent(i)are；square meter{metre}；sq.m.
平方面积☆quadrature
平方取中法☆middle square method
平方英尺☆square{board} foot；bd.{sq.} ft.；s.f.
平房贝属[腕;S_1]☆Platymerella
平放石墨管热压炉☆horizontal graphite-tube hot-pressing furnace
平分☆go shares；bisection
平分线☆bisection；bisecting line；bisectrix；bisector
平缝[凿平的]石面☆plain work
平伏层☆flat-lying strata{bed}；flatlying bed；flat measures；blanket formation
平伏倒转褶皱☆lying overfold
平伏湖砂☆flat-laying lake sand
平伏键☆equatorial bond
平伏矿层☆(rock) blanket；sheet sand；flat-lying seam；flat mass；manto
平伏矿床☆blanket{flat-lying} deposit；flatsheet；flat mass
平伏矿体☆run
平伏脉壁☆flat wall
平伏脉和立脉☆flats and pitches
平伏岩层☆rock sheet
平浮☆even keel
平浮环☆cardan
平覆层☆blanket
平腹板桩☆flat web piling
平腹角石属[头]☆Platyventroceras
平盖石☆parallel coping
平肛型[绵]☆platyproct
平割理☆horizontal cleat
平格槽缩样器☆flat riffle
平拱☆jack{straight} arch
平管井☆push well
平管支座☆stool
平广沼泽☆malezal (swamp)
平海岸☆low coast
平焊☆downward{flat} welding；downhand；down hand welding；flush weld
平夯☆straight tamper
平巷☆(mine;level;horizontal;heading) gallery；mine tunnel；heading；driftway；drift (way;openning)；entry；gate；gal；(ribbing) stulm；roadway；horizontal workings{drive}；adit；footrill；trunt；(day) level；free level；straight work；head；butt；gangway；drive；counterhead；gateway；level road；cross measure
平巷侧(附近)☆gateside
平巷侧帮石垛☆gate side pack
平巷底☆entry bottom；sill
平巷顶板☆roof of drift；tunnel roof
平巷顶部☆getting-in-the-top
平巷顶支撑板☆astel
平巷拱顶☆astel
平巷间横巷掘进☆cross holing
平巷尖角☆arrage
平巷交叉口{点}☆roadway crossing
(用)平巷揭露矿脉☆dessue
平巷进尺☆driftage；foot of drift
平巷掘进☆drifting；drift mining；(tunnel) heading；driftage；entry driving{piercing;advance}；roadway construction{excavation}；tunnel piercing{driving;excavation}；level cutting{drivage}；tunneling；gallery driving；heading advance
平巷掘进队☆drift crew
平巷掘进组☆entry syndicate
平巷掘进作业☆head work；drifting operation
平巷开挖量☆roadway excavation
平巷靠壁纵向棚子☆wallplate
平巷空间体积☆roadway excavation
平巷口☆gallery{drift} entrance
平巷内电缆☆gangway cable
平巷棚子间横撑☆drift timbering spacing
平巷棚子式下行分层陷落开采法☆drift{side} slicing
平巷石垛墙☆road{gate} pack
平巷刷白☆road white washing
平巷刷大☆back{face} canch
平巷水沟盖板☆sollar；soller
平巷下向采矿法☆heading system
(由)平巷向上开掘的小天井☆jump-up
平巷仰拱底☆drivage invert
平巷钻进机☆tunnel borer
平合嵌接☆flat scarf
平衡☆equilibrium [pl.-ria]；balance；counterbalance；equipoise；equilibration；equibalance；equation；poise；equalizing；counterpoise；counteract；balancing；equilibrate；neutralize；bal；stand off；compensation；equalization；scale；bring into equilibrium；keep in equilibrium；level up；equalize；neutralization；standoff；levelling；equilibrium vapor phase；neutrality；libration；regimen[冰河]；trim[船]
平衡百分值☆equal percentage
平衡饱和度{率}☆equilibrium saturation
平衡表☆balance sheet；b.s.；BS
平衡滨线☆shoreline of equilibrium
平衡-不平衡变压{换}器☆balun
平衡仓☆balance bunker
平衡常数☆equilibrium constant{ratios}；K value
平衡潮幅角☆equilibrium argument
平衡车☆balance car{truck}；bogie；donkey；cuddy
平衡承载索道起重机☆balanced cable crane
平衡锤☆counter {back;tension;balancing} weight；balance `bob{weight}[稠度试验]；counterbalance；barney；counterweight；bullfrog；dolly；equipoise；counterpoise；balancer
平衡锤间☆counterweight station
平衡锤提升法☆counterweight system
(超高频)平衡到平衡的变换装置☆bazooka
平衡的☆equalized；balanced；true；symmetric(al)；trimmed
平衡点测定器☆null reading instrument
平衡电路☆balanced network{circuit}；BN
平衡电压☆balanced voltage；BV
平衡电压测试法☆balanced cell method
平衡堵水工艺☆balanced water plugging technique
平衡度☆degree{quality} of balance
平衡断层☆horizontal thrust fault
平衡对流☆equilibrate convection
平衡发育☆uniform development
平衡阀☆counter balancing valve；counter(-)balance {balance(d);compensating;compensation;equalizing;holding} valve；equiquantity dividing flow valve；by-pass valve[地层测验器中]
平衡法☆balancing{leveling} method；zero-method；null readings；balance method[注水泥方法之一]
平衡反应舵☆balanced reaction rudder
平衡方程☆balance{equilibrium} equation
平衡分布☆equilibrium distribution
平衡浮力☆neutrally buoyant
平衡杆☆balance stem{bar}；balancing pole；levelling member；equalizing bar；equalizer；hoosier pole[使除锈机或绝缘机保持水平]
平衡杆泵☆beam pump
平衡杠杆(泵)☆balance bob；balance-lever
平衡拱☆dome of equilibrium
平衡关系☆equilibrium relationship；stability relation
平衡河流☆regime stream
平衡环☆gimbal
平衡活塞式安全阀☆balanced piston type relief valve
平衡机☆balancing machine；equilibrator
平衡机构☆bogie；equalizing{balance} mechanism
平衡基座☆gimballed base
平衡检验状态☆balance check mode
平衡交换分馏作用☆equilibrium exchange fractionation
平衡交易☆hedge
(船的)平衡角☆angle of trim
平衡结晶作用图解☆equilibrium crystallization diagram
平衡井斜☆equilibrium hole inclination
平衡孔硬度☆equilibrium porosity
平衡控制面☆balanced control surface
平衡离子☆counter(-)ion；gegenion
平衡理论☆regime{level} theory；regime-theory
平衡力☆counterpoise；equilibrant；equipoise；balance；balancing force；counterbalance
平衡链☆tail chain
平衡梁☆balance{walking;equalizer;compensating} beam；weighbeam
平衡梁式悬挂(系统)☆walking beam suspension
平衡路线法☆line-on-balance
平衡律☆law of proportionality
平衡滤失速度☆equilibrium filtration rate
平衡落球法黏度计☆draw sphere viscometer counterbalanced falling ball viscometer
平衡膜厚度☆equilibrium film thickness
平衡磨球装置☆equilibrium ball charge
平衡磨碎回路☆balanced grinding circuit
平衡囊亚目☆Ascophora
平衡泥浆密度法[一种压井方法]☆balanced mud density method
平衡破坏☆equilibrium failure; disequilibrium; rhexistasy
平衡剖面☆profile of equilibrium；balanced (cross) section
平衡器☆equalizer；counterpoise；evener；ballast；balancer；stabilizer；equaliser；stabilizator；stabiliser；neutralizer
平衡气罐☆relief holder
平衡(钢丝)绳☆load-rope
平衡绳滑轮☆balance rope pulley
平衡石☆statolith[植]；otolith；balanced rock；lithite[石囊中]
平衡石膜☆statolithic membrane
平衡式的☆neutrodyne
平衡式叶片泵☆balanced vane pump
平衡式自密封接头☆balanced self-sealing coupling
平衡水囊☆compensating{compensation} sac；compensatrix
平衡态浓度☆equilibrium concentration
平衡弹簧☆(counter-)balance{counterpoise} spring
平衡提升☆balanced hoist(ing){winding}；counter-balanced hoist；cage hoisting
平衡提升井筒☆balance pit
平衡条件☆equilibrium condition
平衡调整☆balancing adjustment；trimming；trim
平衡筒☆surge drum
平衡图☆constitutional{stable;state} diagram；equilibrium [pl.-ia]
平衡推进器给进[冲击钻进]☆temper the jar
平衡温度☆level(l)ing-off{equilibration;equilibrium} temperature
平衡线法☆line of balance；LOB
平衡小车☆tension{balance} bogie
平衡信号☆balanced signal
平衡型多层浓缩机☆balanced type tray thickener
平衡压力☆equalized{equilibrium;counter} pressure
平衡溶解度☆equilibrium solubility
平衡中心☆centre{center} of equilibrium

P

平衡重☆damper{balancing;balance} weight; balance box; baby; counterbalance; counterweight
平衡重块制动器☆deadweight brake
平衡重量☆counterweight; mass balance
平衡轴承☆countershaft bearing; counter shaft bearing
平衡装置☆equilibrator; balance device{equipment}; equalizing gear{mechanism;device}; balancer; back balance; bogie
平衡状态☆equilibrium (state;condition); poised state[河流]
平衡组合☆equilibrium assemblage
平衡阻力组☆balanced series
平衡作用☆equilibration; equilibrium (activity); balance action; counterbalance effect
平恒星时☆mean sidereal time
平猴头{类}☆paromomyids
平花☆sticked strand coils
平滑☆smooth-out; smoothing; leio-
平滑(度)☆evenness
平滑部分☆smooth
平滑的☆even; smooth; glabrate; dead; psilate[植; 孢粉壁]; slick; laevigate[孢粉壁]
平滑的发射形式☆smoothed radiation pattern
平滑电枢☆smooth-core armature
平滑雕饰叶肢介属[K_1]☆Liograpta
平滑度☆smoothness
平滑海面区☆sea slick
平滑井眼☆smooth hole
平滑剖面☆flattened section
平滑器☆deaccentuator; slick; slickness
平滑束☆glide packet
平滑相推移☆smooth-phase traction
平滑性☆flatness
平滑岩面☆pavement
平滑因子☆smoothing factor
平滑运转☆easy running
平化☆fattening
平环链☆Gall's chain
平缓☆dropoff; smooth-out
平缓边坡☆flatter{conservative} slope
平缓侧翼倾斜☆gentle flank dip
平缓的☆subdued; gentle; flattened; easy
平缓地势☆flattish relief
平缓地形☆flattish form; smooth relief
平缓脊☆rounded crest
平缓坡度☆low gradient{grade}; gentle gradient; easy grade{gradient}; shallow{gentle} slope; light grade
平缓起伏(地形)☆lower{subdued;smooth;low} relief
平缓起跳[与 impetus 反]☆emersio
平缓倾伏☆low plunge
平缓倾斜☆gentle dip{slope}; moderately pitching; light pitch
平缓倾斜组☆group of gentle dipping
平缓穹隆☆broad-topped dome
平缓穹隆构造☆gently dipping domal structure
平缓丘陵☆loma
平缓区域隆起☆gentle regional uplift
平缓山☆subdued mountain
平缓弯曲☆broad warp
平缓围岩☆flat wall
平灰缝☆flush-filled joint
平灰缝的☆flush-jointed
平火口湖☆Maar lake
平积岩☆contourite
平极层☆blanket
平极粉属[孢;E_2]☆Nuxpollenites
平甲板☆flush deck
平键☆flat key
平礁☆flat reef
平角☆straight{flat} angle; an angle of 180°
平绞盘☆wem; whim
平接☆butt (joint); butting; flushbonding; flush coupling
平接板☆butts strap
平接的☆flush-mounted; flush-coupled; flush-jointed
平接缝☆abutment joint
平接(式)套管☆flush (coupled; joint(ed)) casing
平接头☆a butt joint; butt junction; plain adapter
平接钻具☆flush-coupled-type drill string
平截☆truncation
平截晶棱(或角顶)的☆truncated
平截(头)体☆frustum [pl.frusta]
平节理☆flat(-lying) joint
平界面畸变☆distortion at plane interfaces

P

平晶☆optical flat
平经[天]☆azimuth
平静☆serenity; equability; subsidence; repose; calm; limpidity; serene
平静沉淀☆quiescent settling
平静带☆calm belt
平静的☆calm; tranquil
平静水流☆streaming flow
平静下来☆quiet; cooldown
(比赛)平局☆draw
平卷壳☆planulate
平均☆average; equilibration; averaging; equation; mean; even up; avg; av; equi-
平均摆速☆average beam velocity
平均比重☆average specific gravity; ASG
平均变差☆(mean) variation; MV
平均表面☆surface mean
平均冰边缘位置☆mean ice edge
平均冰界☆ice limit
平均并行度☆average parallelism degree
平均铲斗装载量☆average bucket{dipper} load
平均潮差☆mean range; Mn
平均潮面☆mean tide level; half-tide level
平均潮位☆mean tide level; MTL; ordinary tide (level)
平均抽检质量界限☆average outgoing quality limit
平均抽样数☆average sample number; ASN
平均初次出故障时间☆mean time to failure
平均单绳拖运☆balanced direct-rope haulage
平均道☆mean-trace
平均低低潮面☆mean lower low water; MLLW
平均逗留时间☆mean residence time
平均对地压力☆mean ground pressure
平均法☆method of average; statistical method
平均法向强度☆mean normal intension
平均反射速度[测定爆破]☆velocity shooting
平均方位角线☆mean azimuth line
平均分布☆hypodispersion
(每年)平均风暴频率☆average storm frequency
平均风化层速度☆average weathering velocity
平均风向☆wind drift
平均肤温☆mean skin temperature
平均服务率☆mean service rate
平均高潮☆mean high water; MHW
平均高大潮☆mean high-water spring
平均高度摄影术☆mean-altitude photography
平均高高潮面☆mean higher high water
平均功率与最大功率之比☆duty ratio
平均故障间隔时间☆mean {-}time {-}between {-}failures
平均灌注损耗☆average filling losses
平均海拔高度☆mean ground elevation
平均海岭地壳结构☆average ridge crust structure
平均海面☆geodetic{mean} sea level; MSL
平均海盆地壳结构☆average basin crust structure
平均海水标样☆average-ocean-water standard
平均海水面长期观测☆permanent service for mean sea level; PSMSL
平均厚度法☆average thickness method
平均汇率☆mid-point rate
平均极限☆limit-in-mean
平均价格☆mid-point rate
平均近点面☆mean anomaly
平均井径☆MDIA; mean diameter
平均宽度☆width,average; W.A.
平均离差图[一种相图]☆average dispersion map
平均粒级{级配}☆average grading
平均粒径☆average grain diameter; mean diameter {size}; mean grain size; median size; particle average diameter; modal diameter; mean particle size
平均流长☆mean stream length
平均流量☆mean flow{discharge}; average discharge {flow}; MQ
平均流水量☆average water flow
平均隆起速率☆long-term uplift rate
平均每个核子{|质子}结合能☆binding energies per nucleon{|proton}; bepn
平均蒙气差☆mean refraction
平均摩尔数量☆mean molar quantity
平均末端截面积公式☆average end area formula
平均年☆median year
平均偶积☆mean pair product
平均偏差☆mean deviation{variation}; mean absolute error; mv; mae; AD; MD

平均品质良好☆fair average quality; FAQ
平均器☆averager
平均气层压力☆average reservoir pressure
平均倾角☆mean steepness
平均全球温度☆average global temperature
平均日开采量☆stock
平均日输气量☆daily average send-out
平均日注桶数☆daily average injection barrels; DAIB
平均深度☆average depth; depth average; mean sea depth; DA; ad; a. d.; a.d.
平均失(效)间(隔)时间☆mean time between failures
平均(太阳)时☆mean time; MT
平均时间☆averaging{mean} time
平均寿命☆average life[油井]; mean life{lifetime}; average lifetime{longevity}; average life span; life expectancy; lifetime
平均数☆mean (value); average; med.; medium
平均数据传输率☆average data rate
平均水力深度☆mean hydraulic depth
平均水平☆mean level; M.L.
(在)平均水平以下的☆subpar
平均水位☆mean water (level); MWL
平均朔望月潮高潮间隙☆vulgar{mean} establishment
平均速度☆over-all{average;mean} velocity; average speed; V-bar
平均塑望日☆mean synodic lunar month
平均温差☆mean{average} temperature difference
平均温度☆year-round average temperature; medial temperature; bulk temperature[按体积]
平均无故障时间☆mean time to failure; mean free error time; MTTF
平均误差区☆average error area
平均夏雨等值线☆isothermobrose
平均小层厚度☆average layer thickness; ALT
平均效率☆average efficiency{performance}; av eff
平均行程时间☆mean passage time
平均行度☆mean motion
平均旋转椭球面☆mean spheroid
平均亚风化层速度☆average subweathering velocity
平均延迟时间曲线☆average delay time curve
平均洋壳结构☆average oceanic crust structure
平均样品☆running{all-levels} sample
平均摇摆角☆average swing angle
平均有效制动压力☆b.m.e.p.; brake mean effective pressure
(油轮的)平均运费率定值☆average freight rate assessment; AFRA
平均载气线速☆mean carrier velocity
平均增量经济费用☆average incremental economic cost; AIEC
平均值☆mean (value); average (value); general average; medium value; GA; MV
平均值比☆peak-to-average ratio
平均直线射程☆mean linear range
平均置换静校正☆mean replacement static
平均主应力方向☆mean principal directions of stress
平均自由程☆mean free path; average mean-free path; mean range; mfp
平均纵波能量☆averaged compressional energy; ACE
平均走向{趋势}☆average trend
平均钻一口井的成本{费用}☆cost per well drilled
平康石[$Na_2(Mg,Fe)_3(Al,Fe)_2(Si_8O_{22})(OH)_2$]☆heikolite
平口贝超科[腕]☆Discinacea
平口车场平面图☆tipple plan
平口虎钳☆parallel(-jaw) vice
平口接箍☆flush collar; external flush-jointed coupling
平矿层☆horizontal{level} seam; ore horizon
平矿带{席}☆flatsheet
平矿脉☆flat vein
平拉法☆Libbey-Owens-Ford-Colburn process
平(面)键☆parallel key
平梁☆flat-topped ridge
平列网饰骨针形[绵]☆farreoid
平列细胞型☆paracytic type
平列型☆paracytic
平裂运动☆lineagenic movement
平裂藻科☆Merismopediaceae
平裂藻属[蓝藻]☆Merismopedia; Meristopedia
平流☆advection[热气团]; streaming{tranquil} flow; contour current[海]; subcritical flow
平流层☆stratosphere; stratoscope
平流层风振动☆stratospheric wind oscillation
平流沉积☆contourite

平流反转☆advective inversion
平流-扩散模型☆advection-diffusion model
平流热效{作用}☆advection
(用)平流输{运}送[水、气等]☆advect
平流涡旋扩散☆adventive eddy diffusion
平流 V 形箱分级机☆V-box；sloughing-off box
平窿☆cross-measure drift
平窿掘进☆cross-(measure) drifting
平炉☆open hearth (furnace)；Martin{open-hearth; Siemens-Martin} furnace；martin furnace open-hearth furnace；O.H.
平炉车间☆Siemens-Martin plant
平炉的炉床☆hearth
平炉炼钢(法)☆open-hearth process{refining}
平炉门挡渣坝☆Duke
平路机☆grader；blade machine；blader；road grader{planer}；leveler
平螺贝属[腕;D_{1-2}]☆Plectospira
平脉☆flat (vein)；normal pulse
平毛石墙☆squared rubble
平煤层☆horizontal{level} seam；flat{level} coal
平煤工☆planer
平面☆plane；flat (face)；face；planum；table；plain；planarea；plani-；plano-
平面刨床☆surfacer；surface planer
平面爆炸波前☆plane detonation front
平面波地位记录☆plane-wave seismogram
平面波分解☆plane {-}wave {-}decomposition；PWD
平面波及动态☆areal sweepout performance
平面舱壁☆fist-plate type bulkhead
平面缠绕封头曲面☆in-plane head-shape
平面锤☆flatter
平面大气波☆plane atmospheric wave
平面刀盘☆flat-face cutter head
平面的☆two-dimensional；areal；planer；planimetric；tabulate；planiform
平面度☆flatness；planarity
平面对称族☆plane symmetry group
平面对顶砧装置☆flat-face opposite anvil
平面放射形钻进☆ring drilling
平面格子☆plane lattice
平面规☆planometer
平面滚筒☆straight face pulley
平面焊☆flush weld；face bonding
平面航法☆plane sailing
平面滑落阶梯形轨迹☆plane failure stepped path
平面滑落施密特网☆plane failure Schmidt net
平面化☆complanation
平面火焰喷燃器☆flat-flamed burner
平面几何☆planimetry
平面交叉☆level{grade} crossing；intersection at grade；horizontal intersection
平面井壁☆smooth lining
平面景象显示雷达☆plan positive indicator radar
(初轧辊的)平面孔型☆bullhead
平面磨床☆surface grinding machine；face-grinding machine；surface grinder
平面母体单元☆planar-faced parent element
平面偏光☆plano{plane}-polarized light
平面偏振☆plane {-}polarization
平面坡[斜坡的平直部分]☆slope segment{facet}
平面切削☆surfacing
平面倾覆滑落☆planar-toppling failure
平面球体图☆planisphere
平面筛☆plansifter；flat screen
平面筛布☆flet-top wire cloth
平面筛网☆flat-surfaced screen
(在)平面上☆on plane
平面束☆sheaf of planes
平面水☆plannar water
平面速度分界面☆plane velocity interface
平面图☆ichnograph；(ground) plan；flat{layout; plane} sheet；layout；plant{plan;plane} view；(plan) maps；general{level;section} plan；plane figure{graph}；planimetric{line} map；flatsheet；plat；planform；plane view drawing
平面图法☆ichnography
平面图轴☆ground axis
平面位移☆planimetric displacement
平面铣刀☆facing cutter
平面相(位)☆in-plane phasing
平面谐波☆harmonic plane wave
平面型铁氧体☆ferroxplana
平面形状☆aspect
平面旋回☆planispiral
平面旋回筛☆gyrating screen
平面压应变试验☆plain-strain compression test
平面延伸的☆explanate
平面仪☆planimeter
平面移动波痕☆level-surface ripple
平面应变不稳定性☆plane strain instability
平面应力加载☆plane stress loading
平面褶曲{皱}☆plane fold
平面振实器☆surface vibrator
平面直角三角形计算工具☆trigonometer
平面装药☆slab charge
平面状反向组断层☆planar antithetic fault
平面族☆family of planes
平民☆civilians；citizen
平皿☆Petri dish
平模流水法☆flat-form process
平泥尺☆screed{screeding} board
平尼凯斯石☆penikisite；peniskisite
平年☆ordinary year
平碾☆smooth wheel roller
平扭贝属[腕;O_2-S_2]☆Platymena；Platystrophia
平诺克造山作用[An€]☆Penokean orogeny
平盘☆berm(e)；bench floor{room}；bracket；deck；landing；staging；floor；shovelling；table
平盘颗石[E_2]☆Pedinocylus
平盘型过滤机☆table type filter
平盘藻属[Z]☆Lopatinella
平炮眼☆flat hole
平配流面☆flat{plane} valving surface
平坡☆zero slope
平坡隧道☆level tunnel
平剖图☆profile in plan
平铺的☆incumbent
平铺富贵草☆Allegheny
平铺矿堆☆bedding pile
平奇氯汞矿☆pinchite
平齐不整合☆accord unconformity
平齐地貌☆concordant{accordant} morphology
平齐顶面高地☆even-created upland
平齐峰顶线☆accordant summit level
平齐会合☆accordant meeting
平齐接头套管☆flush-joint casing
平齐连接节套管☆inside{flush}-coupled casing
平齐山顶(天际)线☆even-created skyline
平齐山脊☆even-crested ridge
平嵌接合☆flush-filled joint
平切☆truncation
平切丘顶☆bevelled hill top
平倾断层☆low angle fault
平倾斜☆flat dip
平壤☆Pyongyang
平壤虫属[三叶;$€_2$]☆Pianaspis
平壤地台☆Penjyong platform
平色调底片☆flat negative
平筛☆horizontal screen
平蛇管[油罐加热器]☆flat spiral
平射弹道☆flat trajectory
平射投影☆stereographic (projection)
平设胶带输送机☆flat belt
平伸分布☆flattened distribution
平伸式[笔]☆horizontal
平石燕(贝)属[腕;D_3]☆Platyspirifer
平式焊接☆butt-weld
平式加煤机☆plane stoker
平式接头☆flush joint
平式钻头☆flat bit
平饰叶肢介属[节;K_1]☆Leuroestheria
平视显示☆head-up display
平水井☆recorder well
平顺☆easement；easy
平顺山坡☆smooth hillside
平台☆platform[海洋钻探]；land(ing)；berm；deck；flat bed；bench (slope;room)；stage；gallery；plat[船的]；bracket；staging；floor；shovelling；anvil；terrace；movable platform；plateau
平台保养工具☆berm maintenance tool
平台车☆bam
平台断层☆tabular fault
平台辅助潜水☆vessel support diving
平台山☆table rock
平台上的控制装置☆platform-based control
平台式充填法☆stowing on platform
平台式礁☆platform reef
平台式数字化器☆flat-bed digitizer
平台下部结构腿柱☆substructure leg
平台型[牙石]☆platform
平台悬伸甲板☆platform overhang deck
平台用火炬☆platform burner
平台支柱☆studdle
平台值☆plateau value
平太阳日{|时}☆mean solar day{|time}
平滩☆flat
平坦层理☆flat bedding；flat-bedding
平坦的☆level；even；tabular；champaign；flat；plane
平坦地面☆flattish surface
平坦地区☆flat country{ground}；region of no-relief
平坦地形☆flat terrain{topography}；subdued relief{topography;uplift}
平坦耕地☆varzea
平坦海底带☆level bottom zone
平坦活塞式薄膜扬声器☆Blatthaller
平坦活塞式扬声器☆Blatthaller loudspeaker
平坦砾块区☆boulder flat
平坦(晶)面[至少包含两条周期键链的晶面]☆flat-face；F face
平坦沙岸☆sands
平坦珊瑚属[D-C_1]☆Homalophyllum
平坦小叠层石属[Z]☆Planocollina
平坦状断口☆even fracture
平铁矾[$Fe_3^{3+}SO_4(OH)_4$•$13H_2O$]☆planoferrite
平通带频率滤波器[震勘]☆Butterworth filter
平头☆sinking head
平头槽☆I-groove
平头虫属[三叶;$€_3$]☆Pedinocephalus
平头钉☆hobnail；tack
平头钉拔除器☆tack claw
平头对接☆plain butt joint
平头焊接☆tack weld
平头接管器☆plain end adapter
平头接合导向管☆flush-joint drivepipe
平头坑木☆bald
平头螺钉☆flat {-}head screw；FLT. HD.
平头螺丝☆capscrew
平头坡口☆square groove
平头砂舂☆flask{flat} rammer；butt ram(mer)
平头铣鞋☆junk mill
平头凿☆butt{but} chisel
平头猪属[N-Q]☆Platygonus
平凸形☆plano-convex form
平凸型☆plane-convex；plan-convex
平秃的☆glabrate
平突的[动]☆fastigiate
平土铲☆skimmer
平土工作☆grading{blading} work
平土机☆scraper；grader；overburden spreader；bullclam shovel
平推断层☆blatter；blatt (flaws)；flaw
平推式滑坡☆horizontal-push landslide
平瓦☆plain tile
平碗口☆adit portal
平网孢属[C_2]☆Dictyotriletes
平尾☆even tail
平纬☆mean latitude
平纬圈☆almucantar
平纹☆plain weave
平纹石☆druid stone
平稳☆tranquility；calm
平稳产出的煤层☆regular bed
平稳的☆stationary；even；smooth；equal；steady；tranquil
平稳地下套管☆hang inside
平稳分布☆stationary distribution
平稳工作☆smoothworking
平稳贯入☆legato injection
平稳函数☆stationary function
平稳假设☆stationary hypothesis
平稳克里格法☆stationary Kriging
平稳流出☆smooth outflow
平稳流动☆even{smooth} flow
平稳器☆ballast
平稳输出☆pulsation-free output
平稳泄出☆placid emission
平稳性☆stationarity

P

平稳值☆plateau{stationary} value
平稳状态☆steady state
平卧的☆flat-lying；recumbent
平卧节理☆lagerkluft [pl.lagerklufte]
平卧前积层☆recumbent foreset
平卧翼☆trough limb；underlimb
平卧褶皱的下翼☆underlimb
平卧状矿床☆manto
平息☆lull；mollification
平隙☆flat
平镶的☆flush-mounted
平像复消色差[物镜]☆planapochromat
平像目镜☆hyperplane{periplanatic} ocular；periplan；planoscopic eyepiece
平像物镜☆periplanatic objective
平向斜☆placosyncline
平销☆plain pin
平楔☆clog
平形砂轮☆straight grinding wheel
平行☆parallel(ism)；paralleling；in parallel；of equal rank；on an equal footing；simultaneous；concurrent
平行板☆clinograph
平行板孔隙模型☆parallel plate pore model
平行板流变性测量法☆parallel plate rheology measurement
平行板状侵入体☆plakolite
平行边割缝☆parallel-walled slot
平行布置进风巷道☆parallel entry
平行测定☆replicate (determination)；parallel determination
平行测线束☆parallel swaths
平行层的片理☆layer-parallel schistosity
平行层理☆concordant{parallel} bedding；parallel stratification
平行层理错动☆lateral movement
平行层流流动☆cocurrent laminar flow
平行层面的片理☆layer-parallel schistosity
平行层状介质模型☆parallel-layer model
平行成层☆natural bed
平行重复双晶[堇青石]☆parallel repetition twinning
平行错动断层☆fault of parallel displacement
平行单面崖区☆scarpland
平行的☆collateral；parallel；concordant；square；par.
平行地震反射结构☆parallel seismic reflection configuration
平行电流☆cocurrent；co-current
平行陡崖区☆scarpland
平行度☆parallelism；paralelism
平行断距☆trace slip
平行盾构☆balanced shield
平行服务系统☆parallel-service system
平行副巷☆companion heading
平行附生晶☆parallel attachment
平行工作☆multiple operation
平行共生☆parallel-axial intergrowth
平行构造☆planparallel structure
平行管型活动式井下泵☆free parallel pump
平行光管☆collimator
平行后退☆equal slope recession；parallel retreat
平行校正☆collimation
平行空炮眼掏槽法☆bur cut
平行孔掏槽☆burn(-)cut；burn cut parallel cut
平行力管定律☆law of parallel solenoids
平行裂开谷[与楔形裂开谷 sphenochasm 相对]☆rhombochasm
平行菱形(体)☆parallelopipedic contour
平行流☆parallel{split;concurrent;cocurrent} flow
平行流脊☆shooting-flow cast
平行六面体分类☆parallelepiped classification
平行脉叶(的)☆parallelinervate；parallelodrome
平行面体结构☆parallelohedral structure
平行炮孔分段回采(法)☆parallel-hole method of sublevel stoping
平行炮眼钻车☆burn-round jumbo
平行盆地的正断层☆basin-parallel normal fault
平行平巷☆counter{parallel} entry；parallel heading {entries}
平行切片作业☆parallel cutting operation
平行圈弧度测量☆grade parallel measurement
平行沙脊☆sand streak
平行射束☆collimated beam
平行绳滚筒☆parallel grooved drum
平行式孔隙☆parallel-type pore
平行式毛细管模型☆parallel capillary model
平行双晶☆parallel twin(ning)
平行双面(式)☆pinacoid
平行双芯导线☆twin-lead cable
平行四边式松土机☆parallelogram ripper
平行四连杆悬挂装置☆parallel-link hitch
平行滩列☆parallel roads
平行梯状断层☆echelon faults
平行微晶[结构]☆pilotaxitic
平行位移断层☆fault of parallel displacement
平行罅缝☆soller slit
平行线束变换☆parallel-beam transform
平行斜板☆inclined paralled plates
平行斜交地震反射结构☆parallel oblique seismic reflection configuration
平行型交错层☆non-tangential crossbedding
平行性指数☆parallelism index
平行压实结构☆parallel compactional texture
平行岩层的剪切应变☆layer {-}parallel shearing strain
平行岩脉☆welded dike
平行眼掏槽☆burn cut
平行仪☆parallelometer
平行于工作面的爆破☆balance hole blasting
平行于构造的断层☆rift
平行于解理走向的节理面☆backjoint
平行于裂缝面射孔☆parallel perforation
平行于隆起轴的(矿)脉☆right running lode
平行于倾向的☆downdip
平行于油层井眼☆drift
平行于褶皱轴向的[河谷]☆paraclinal
平行于主割理的平巷☆headway
平行闸板阀☆parallel slide valve
平行炸测☆parallel shot
平行褶皱☆parallel fold；similar folds
平行整合☆plano(-)conformity
平行中体☆square body
平行轴☆lay-shaft；parallel shafts
平行轴的☆homoaxial
平行走向☆in{along} the strike；girtwise；strike-parallel
平行走向切割槽☆strike cut
平行钻孔钻架☆gadding machine
平胸龟科☆Platysternidae
平胸总目☆Ratitae
平旋的[头]☆planulate
平旋壳☆planospiral shell
平旋式(壳)的[腹;孔虫;壳]☆planospiral；planispiral
平削断层☆planed fault{table}
平削丘顶☆bevelled hill top
平压管☆equalizing pipe
平掩断层☆sheet thrust
平焰式坩埚窑☆horizontal flame pot furnace
平摇☆yaw
平野☆campagna；champaign；champagne
平叶片☆flat blade
平夷作用☆planation
平移☆advection[洋中脊]；translation；shift；sliding；(strike) slip；horizontal separation；slipping；transition
(船舶)平移☆yawing
平移带☆slipband
平移等量☆translation-equivalent
平移定理☆shifting theorem
平移断层☆heave (fault)；offlap；strike-shift{tear} fault；flaw (fault)；parallel displacement fault；tear
平移格子[空间格子]☆translation{crystal} lattice
平移前位置☆pre-strike-slip {-}position
平移式制动器☆curved brake
平移速度☆point-to-point speed
平移台☆translational table
平移弯管☆offset bend
平移纹☆glide packet
平移性滑动☆translational slide
平移振动☆translatory vibration
平移周期☆period of translation；translation period
(地壳)平移作用☆phorogenesis
平易的☆plain
平引光束☆Collimated light beam
平庸的☆indifferent
平原☆plain；flat country{ground;land}；champagne；flatland；champaign；campagna；rann；plaine；gently rolling country；dol；planitia[月面]；planum[火星]
平原大河☆large low-land river
平原地槽☆autogeosyncline；intracratonic basin
平原湖☆lowland lake
(深海)平原间峡谷☆interplain channel
平原微洼地☆swale
平原型背斜☆planianticline
平圆贝超科{群}[腕]☆Discinacea
平圆形物☆disc
平缘石☆flush curb
平凿☆flat{broad} chisel；boaster
(用)平凿凿石☆drove
平藻属☆Pedinomonas
平展的[树枝等]☆patulous
平展(测压)卡片☆flat chart
平展 S 面☆S-plane of flattening
平整☆even
平整(场地)☆cut and fill
平整表面{|地面}☆flat{|pad} surface
平整度☆flatness
平整海冰☆level ice
平整井壁☆smooth lining
平整坡度☆grading angle
平整土地☆ground leveling
(用推土机)平整土方☆blading
平整{正;直}度☆flatness
平正形贝属[腕;S-D]☆Platyorthis
平枝状晶☆plane-dendritic crystal
平肢目☆Platycopa
平直岸☆regular{smooth} coast
平直(海)滨线☆rectified{rectilinear;straight} shoreline
平直度☆flatness
平直峰大波痕☆straight-created megaripple
平直管线☆slick line
平直海岸☆smooth{regular} coast
平直线段☆flat level
平周的[植]☆periclinal
平轴盘式碎矿机☆horizontal-shaft disc crusher
平皱☆spinning
平皱剪卷联合机☆combined spinning trimming and curling machine
平柱式钻机☆bar drill
平转面☆planarea
平装☆bank loading at the same bench；paperback；paper-cover；paperbound
平装容积☆struck (level) capacity
平椎☆platycoelous (vertebra)
平锥型[头]☆platycone
平琢石☆plane ashlar
平着☆on the bed
平足☆flat-foot；flatfoot
平足亚目☆Platycopa；Platycopina
平座☆flat seat
鼢属[Q]☆vole；Clethrionomys
凭单☆bill；voucher
凭单编号☆number of invoice
凭感觉的`方{试验}法☆rule of thumb；thumb rule
凭借的方法☆resort
凭目视☆by sight
凭什么☆whereby
凭(海运)运货单付现☆cash against documents {shipping documents}；C/D
凭证☆voucher；credence
瓶☆jar；crock；BTL；bottle
瓶虫目[孔虫]☆Lagenida
瓶虫属[孔虫;J-Q]☆Lagena
瓶尔小草孢属[J-K]☆Ophioglossum
瓶法取样☆bottle sampling
瓶盖☆capsule
瓶梗托☆phialopore
瓶罐玻璃☆container glass
瓶海百合属[D]☆Vasocrinus
瓶海绵类☆Pharetrone
瓶几丁虫属[O-S_1]☆Lagenochitina
瓶搅动☆bottle agitation
瓶节虫属[孔虫;N-Q]☆Lagenonodosaria
(酒)瓶结[一种结绳法]☆builder's knot
瓶颈☆bottle-neck；bottleneck
瓶颈谷☆hourglass valley；bottle {-}neck
瓶颈效应☆ink {-}bottle effect
瓶颈状孔隙☆bottle-neck pore
瓶口[孔虫]☆phialine
瓶内混汞试验☆bottle-amalgamation test
瓶石[一种熔融石]☆bottlestone
瓶式千斤顶☆bottle jack
瓶形☆lagenate
瓶形大孢属[C_2]☆Lagenoisporites

瓶装矿泉水{软饮料}☆table waters
瓶装气体☆bottled gas
瓶状囊中的耳石☆asteriscus
瓶籽属[植;C_1]☆Lagenostoma
瓶子窑☆bottle kiln
评标☆evaluation of bid
评定☆evaluate; estimation; assessment; evaluation; pass judgment on; assess; appreciation; rate
评定的☆evaluating
评分法☆point system
评估☆accreditation; assess; appraisal (curve)
评估方案☆performance appraisal scheme
评级☆rating; grade according to work{quality}
评价☆evaluate; appraise; interpretation; appreciation; appraisal; appraisement; assessment; valuation; estimation; rating; estimate; value; rate; opinion
评价的标准☆mete-yard; mete-wand
评价过低☆undervaluation
评价区☆region of interest; appraisal area
评价者☆valuer
评价准则☆interpretational criteria
评价钻井☆development test; appraisal drilling
评决☆verdict
评论☆critique; criticism; review; comment(ary); rev; remark; reason; note
评论家☆critic
评论者☆reviewer
评述☆discussion; commentary
评序级别☆order of priority
评议☆deliberation
评议会☆senate
评议员☆senator
评注者☆expositor
屏☆shroud; screen; mask; board; tamper; platen
(荧光)屏☆bezel
屏板☆screen board
屏蔽☆shield(ing); screen(ing); shadowing; masking; curtain; buck; protective screen; screenage; shroud
屏蔽的☆shielded; conductively closed
屏蔽电极☆guard(ed){bucking} electrode
屏蔽电极法测井☆shielded-electrode logging
屏蔽电缆☆shield(ed){screened;H-type} cable
屏蔽电流☆bucking current
屏蔽洞☆niche cave
屏蔽接地☆bonding
(一种)屏蔽接地电阻测井(法)☆pseudolaterlog
屏蔽墙☆barricade
屏蔽区☆shadow{blind} zone
屏蔽容器☆coffin
屏蔽室☆screened room; shielded enclosure
屏蔽式安全装置☆movable barrier safety device
屏蔽套☆bell housing
屏蔽线☆hidden line; shield{screened} cable
屏蔽线圈☆potted coil
屏蔽效应☆screen{screening;shielding;shadow} effect; safety action; shadow effece
屏岛☆barrier island
屏极☆anode; plate; pl.
屏极(引出头)☆plate cap
屏极电流☆screen{plate} current
屏极电路消散☆plate dissipation
屏极调制☆plant manager; PM
屏面☆raster
屏幕显示☆screen display
屏曲率☆panel curvature
屏栅☆screen
屏石{|色|像}☆screen stone{|color|image}
屏障☆(barrier) wall; dam; screen
屏锥封接机☆glass envelope sealing machine

pō

坡☆slope; clima; rill; sloping; slanting; side; breck
坡岸☆sloping bank{embankment}
坡板[井架的]☆ramp substructure
坡边玻璃☆bevel(l)ed glass
坡边窑☆bank kiln
坡长☆slope length
坡长限制☆grade length limit
坡窗[建]☆batement (light)
坡单元☆slope unit
坡刀海松二烯☆podopimardiene
坡道☆ramp[工]; descent; rampway; inclined ramp; gradient; slope; sloping skid{road}; downward slope[压]; ascent or descent; slip road
坡道阻力☆grade{gradient} resistance
坡底☆base{toe} of slope; slope toe
坡地☆sloping field; hillside fields{land}; land on the slopes; natural terrain
坡地篱笆☆drop fence
坡地片冲物☆hillwash
坡地侵蚀堆积物☆hill wash; hillwash
坡地泉☆slope spring
坡地砂矿☆hillside gravel; colluvial placer
坡地坍滑☆hillwash
坡地栽培☆hillculture
坡顶☆(slope) crest; top{crown} of slope; head
坡顶成组炮孔☆brow round
坡顶沙丘☆perched dune
坡顶屋架☆pitched truss
坡顶线☆brow; bench edge{crest}; slope top; edge of bank{the bank}; crest (of dump)
坡陡地滑☆The slope was steep and the pain slippery.
坡度☆(falling) gradient; slope (grade;gradient); grade; ascent; grade{ratio} of slope; inclination; declivity; pitch; batter; steepness; slope angle; the degree of an incline; grad; uphill; versant; rake; gr.
坡度比☆slope ratio; ratio of slope
坡度变点☆point of change of gradient
坡度变更点☆break in grade
坡度变化☆grade change; break in grade
坡度变化趋势☆slope-change trend
坡度不大☆ineasy flight
坡度测定仪☆gradient-meter
坡度差☆difference in gradient; algebraic difference between adjacent gradients
坡度的延伸☆extension of slope
坡度等级图☆slope category map
坡度反变☆knuckle back
坡度函数☆slope function
坡度减小☆grade reduction
坡度角☆angle of gradient{slope;elevation}; gradient of slope; slope angle
坡度挠度☆slope-deflection; lope deflection
坡度平缓☆gentle gradient
坡度平缓的河流☆graded stream{river}
坡度平坦化☆slope flattening
坡度曲线☆clinographic{slope} curve
(在)45°(的)坡度上☆at an incline of 45 degrees
坡度损失☆loss in grade
坡度线☆grade{slope} line; GL
坡度仪[地测]☆gradiometer; grading instrument
坡度折减☆gradient{grade} compensation
坡段☆grade section
坡风☆hangwind
坡跟(垫)☆slipsole
坡跟鞋☆wedge-soled{earth} shoes; wedge heel; wedgies; shoes with wedge heels
坡拱高☆ramp
坡规☆battering rule
坡过程☆slope processes
坡后退☆slope retreat{recession}
坡滑☆hill wash; hillwash
坡基不稳☆base failure
坡积☆drift bed; slide rock; slope deposition
坡积层☆diluvium; talus material; sliderock; colluvial layer; hillside waste; eboulis ordonnes
坡积灰岩角砾岩☆brockram
坡积砂岭☆accretion ridge
坡积土☆clinosol; slope wash soil
坡积物☆talus (material); slope wash; cliff debris; outwash; deluvial
坡尖☆spur
坡尖沟槽状构造☆spur-and-groove structure
坡肩☆top of slope
坡降☆gradient (ratio); slope; sloping; fall
(管道的)坡降线☆grade line
坡脚☆base{foot} of slope; (slope) toe; basal{wash} slope; lower footslope; downhill
坡脚挡土石墙☆skirt retaining wall
坡脚防护工程☆toe of slope protective works
坡脚排{透}水层☆toe filter
坡角☆slope{grading} angle; angle of gradient{slope}
坡接轨☆ramp rail
坡堇块云母☆polychroite
坡口[焊]☆bevel; groove; bevelled ends; end bevel
坡口半径☆root radius
坡口长边☆groove long-edge
坡口钝边研磨机☆bevel land grinder
坡口焊(接)缝☆groove-welded joint; bevel (groove) weld; groove weld
坡口机☆electric bevelling machine
(管子)坡口机☆facing machine
坡口加工[焊]☆chamfering
坡口加工用双头割炬☆double head blowpipe{burner} for edge preparation
坡口角度☆groove angle[焊]; bevel{included} angle; angle of vee{preparation}; V-angle
坡口宽度☆groove width
坡口面☆fusion face; groove{bevel} face
坡口未填满☆incompletely{incomplete} filled groove
坡垒[植]☆hoped hainanensis
坡垒属☆Hoped
坡立谷☆polje; hojo; hoje; polya; polye
坡立谷湖☆lake polje
坡留绕素☆pleurosine
坡柳☆aalii; akeake; ake
坡柳属☆Dodonaea
坡麓☆footslope; toe of slope
坡麓堆积☆talus
坡路☆ramp
坡路防滑电磁阀☆anticreep solenoid valve
坡鹿[动]☆Cervus eldi; slope deer
坡缕缟石☆palygorskite; attapulgite
坡缕石[理想成分:$Mg_5Si_8O_{20}(OH)_2(H_2O)_4$•$nH_2O$; $(Mg,Al)_2Si_4O_{10}(OH)$•$4H_2O$;单斜、斜方]☆palygorskite; rock {mountain} leather; paligorskit; attapulgite (clay); hydrous anthophyllite; las(s)allite; polygorskite; mountain cork {paper}; β-cerolite; lassalite; paramontmorillonite
α{|β}坡缕石☆alpha{|beta}-palygorskite
坡率☆slope gradient
坡轮回☆slope cycle
坡罗二氏效应☆Poynting-Robertson effect
坡密子☆pomeron; vacuon; pomeranchon
坡面☆dome{clinohedron} [反映双面]; batter; face of slope; declivity; grade surface; ramp; slope (wall); highwall; open face
坡面(的)☆domatic
坡面冲刷☆downwash; slope wash
坡面底部☆face toe
坡面定律☆law of declivities
坡面方向☆line of slope
坡面覆盖工程☆slope pavement
坡面角☆angle of slope{repose}; slope angle
坡面径流☆sheet flow
坡面临界值☆slope threshold
坡面流☆gradient current
坡面漫流[水文]☆overland{surface} flow
坡面磨蚀☆ramp abrasion
坡面铺砌工程☆covering works
坡面群☆clinohedral group
坡面渗流☆effluent seepage
坡面体类☆domatic class
坡面条带丘☆stripe hummock
坡面稳定分析☆slope stability analysis
坡面消{削}蚀构造☆slope-over-wall structure
坡面仪☆clinograph
坡面(晶)组☆domestic class
坡明德合金☆Permendur
坡明伐合金☆Perminvar
坡莫菲[高磁导率合金]☆peamafy
坡莫合金[冶]☆permeability alloy; permalloy
坡莫诺姆镍铁合金☆Permenorm
坡排水☆slope drain
坡栖岩☆perched block
坡气抽取☆soil gas extraction
坡前沿☆slope front
坡桥☆bridge on slope
坡曲率☆slope curvature
坡扇截流沟☆shoulder ditch
坡身不稳☆slope failure
坡式双面☆domatic dihedron
坡膛☆forcing cone; chamber throat
坡梯道[房]☆corded way
坡体形☆cyphosomatic
坡田☆hillside{sloping} fields
坡威灵☆powelling
坡威烷☆powellane
坡屋顶☆abat-vent; pitched{sloping} roof

坡物质蠕动☆hill(side) creep
坡下泥丘☆downslope mud accumulation
坡下倾☆slope decline
坡向☆aspect of slope；aspect；exposure；exposition
坡形半面象☆domatic hemihedrism
坡形半面象(晶)组[m 晶组]☆domatic hemihedral class
坡穴☆clition
坡崖平行后退☆backwearing
坡演化☆slope evolution
坡腰☆midslope
坡印廷{亭}定理☆poynting's theorem
坡印廷{亭}因子☆poynting factor
坡圆☆slope circle
坡折☆break in slope{grade}；(slope) break；break of slope；gradient break；rupture
坡折角☆knick point{punkt}；knickpunkt [德;pl.-te]；knickpoint
坡折线☆knickline；nickline
坡折线绘制术[地势图]☆kantography
坡趾☆toe of slope；toe
坡置换☆slope replacement
钋☆polonium；Po
钋的同位素 Po^{216}[Th A]☆thorium A{C'}
钋 ^{210} 衰变法☆polonium 210 decay method
泊[黏度,=1 达因•秒/厘米]☆poise；P
泊哈二氏定律☆Poiseuille-Hagen law
泊水铁铜矾☆poitevinite
泼☆douse
泼溅☆splash
泼浪☆spilling breaker
泼姆[渗透率的一种单位]☆perm
泼尼松龙☆sterane
泼散☆swash
泼水铁铜矾[$(Cu,Fe^{2+},Zn)SO_4•H_2O$;单斜]☆poitevinite
颇有策略地☆strategically

pó

鄱阳冰期☆Poyang glaciation；Poyang glacial stage

pǒ

钷☆promethium；Pm；florentium[旧]；Ft

pò

珀尔公式法☆Pearl formula
珀硅钛铈(铁)矿[$(Ca,Ce,Th)_4(Mg,Fe^{2+})_2(Ti,Fe^{3+})_3Si_4O_{22}$;单斜]☆perrierite
破边☆edge damage
破冰☆boring
破冰船☆ice(-)breaker；ice boat{breaker}
破冰带☆broken belt
破冰设备☆ice boat；sterling
破冰业务{作业}☆icebreaking service
破冰油轮☆ice-strengthened tanker
破冰装置☆deicing device
破波☆breaker；broken water；breaking wave
破波水深☆depth of breaking；breaker{breaking} depth
破波拥水{拍岸}☆surf beat
破布☆clout；rag
破拆工具☆break-in tool
破产☆liquidating；bankrupt
破产的{者}☆insolvent；bankrupt
破产法☆insolvent laws
破成碎片☆fragment
破断角☆angle of fracture
(钢绳钢丝)破断拉力总和☆aggregate breaking force
破断力☆breaking force
破断临界应力☆critical stress for fracture
破断面☆cutting plane
(材料)破断片☆breakage
破断强度☆rupture strength
破断应力☆fracture{breaking} stress
破盖喷出☆extrusion by deroofing
破格☆anomaly
破坏☆disrupt(ion)；kill；impairment；founder；spoil；disrupture；destruct(ion)；destroy [the composition of a substance]；disarrangement；breakdown；damage；failure；demolition；counterwork；fail；break(ing)；breach；abnormality；wreck；breakage；fault；crush；subversion；sabotage；upset；decompose；violate [an agreement,regulation,etc.]；upending；unbuilding；torpedo；muck；impact and damage
破坏-搬运再造☆rhexistasic reworking
破坏包线的非线性☆nonlinearity of failure envelope
破坏层☆disrupted horizon
破坏带☆failing zone；burstout
破坏的☆destructive；rotten；disruptive
破坏顶板☆take down the top
破坏定义☆definition of failure
破坏范围☆crushed-region
破坏分析☆failure analysis
破坏后区段☆post-failure region (of stress-strain curve)
破坏角☆fracture angle
破坏结构☆crumble structure
破坏距离☆distance of damage
破坏棱体☆failure surface{wedge}
破坏力☆destructibility
破坏力矩☆moment of rupture
破坏面的不连续性☆failure discontinuity
破坏模式☆failure mode；mode of failure
破坏强度☆failure{break(ing);breakdown;collapsing;rupture} strength；collapse resistance
破坏时间☆breakdown time；time to failure
破坏时主应力☆principal stress at failure
破坏特性☆frustrating behavior
破坏效力☆brisance
破坏型板块边缘☆destructive plate margin
破坏性☆destructibility；destructiveness
(在)破坏性的板块边缘☆destructive plate margins
破坏性浪☆destructive waves
破坏性频震区☆malloseismic{macroseismic} region
破坏压力☆collapsing{collapse;breaking} pressure；break down pressure；disruptive pressure
破坏应变☆failure{breaking;fracture;rupture} strain；strain at failure
破坏应变功密度☆density of strain work of failure
破坏应力圆{圈}☆breaking limit circle
破坏用具☆destructor
破坏圆☆circle of rupture{failure}
破坏者☆destroyer
破坏状态☆collapse{failure} state；state of failure
破坏准则☆failure criterion{criteria}；criterion of failure
破坏作用☆katogene；disruption
破坏压力☆disruptive pressure
破毁☆wreckage
破火口内(的)☆intracaldera
破火山口☆caldera；caldeira
破甲装药☆beehive-shape{shaped} charge
破胶☆gelout；viscosity break (back)
破胶剂☆(gel) breaker；viscosity breaking agent；viscosity breaker (chemical)；thinning agent
破胶时间☆break time
破解理☆fracture cleavage
破开☆rip
破开凿☆ripping chisel
破口☆crevasse
破浪☆breaker；break wave
破浪船首材☆cutwater
破浪堤☆water-break；water break
破浪基面☆surf base
破浪深☆breaking depth
破雷工☆paravane
破离☆spalling
破裂☆fracture；crack；disrupture；fracturing；explode；disruption；collapse；gaping place；failure；rupture；breakdown；breakup；breakaway；break (off)；breach；blowup；burst；split；derumpent；outbreak；crumple；nip；fissuration；destruction；degradation；chinking；riving；stripping；shattering；abruption；breaking-up
破裂背斜☆breached anticline
破裂变形☆failure by rupture
破裂变质☆katamorphism
破裂带☆fracture belt{zone}；zone of (rock) fracture；fractured{cracked;overbreak;crush;rupture} zone；rubble chimney；broken ground；shatter belt
破裂的☆disruptive；flawy
破裂地层☆fractured formation{ground}；broken ground；shelly (ground)
破裂点☆breaking{failure} point；leak-off
破裂防护锁☆breaking pin
破裂干扰{涉}函数☆fracture interference function
破裂构造☆crush structure
破裂构造单位{要素}☆fracture tectonic element
破裂厚度☆rupture thickness
破裂后阶段☆post-fracture stage
破裂滑动☆break slide
破裂极限☆breaking limit
破裂角☆angle of rupture；fracture{breakout} angle
破裂孔隙☆disrupted porosity
破裂孔隙度{率}☆fracture porosity
破裂密度☆density of fracture
破裂面☆fracture plane{surface}；surface of fracture；failure{rupture} surface；lithoclase；rupture plane；plane of rupture{fracture;disruption}
破裂(滑移)面☆surface of rupture
破裂偏转☆fractured deflection
破裂期☆breakup phase
破裂强度测井☆fracture intensity logging
破裂声☆crack
破裂时的差异应力☆rupture strength
破裂碎屑[动力变质搓碎的]☆cataclast
破裂系数☆burst factor；fracture coefficient
破裂线☆fracture{rupture} line；line of fracture
破裂效应☆rending{breakup} effect
破裂形式☆fracture pattern
破裂性的☆disruptive
破裂压痕☆f{fractured} indentation
破裂压力☆fracture{fracturing;failure;frac;burst(ing);breakdown;parting} pressure；break down pressure；failure{rupture} stress；FP
破裂压性面☆compressive fracture plane
破裂岩☆kataclasite
破裂岩层☆shelly formation；shell
破裂岩石☆loose ground
破裂载荷☆cracking load
破裂准则☆fragmentation{crumbling} criterion
破裂作用☆rending action；regmagenesis
破煤锥☆bursting cone
破门器☆door opener
(使)破灭☆dash
破囊霉属[真菌;Q]☆Thraustotheca
破劈理☆fracture{close-joints;fault-slip;spaced} cleavage
破片☆fragment；splinter(s)；fraction；chipping；sherd；wreckage；shiver
破片岩☆sparagmite；pinal schist
破片云☆pannus
破片状☆ragged；splinter-shaped
破乳☆emulsion breaking；demulsify；demulsification；breaking{breakdown} of emulsion
破乳电压☆emulsion-breaking voltage；voltage breakdown；VB
破乳剂☆demulsifying agent；deemulsifier；emulsion breaker；deemulsification chemical；demulsifier (chemical)
破砂机☆aerator
破伤指数☆laceration index
破石☆snubbing
破石锤☆chipping hammer
破石木楔☆jack
破石凿☆boasting chisel
破碎☆fracture；grinding；disintegrate；crush(ing)；crumble；chopping；comminution；buck；cataclase；shatter(ing)；frac；crack；clastate；breakage；slacking；fragment(ation)；spit；break (up)；(size) reduction；blast；disintegration；tattered；broken；smash{break} sth. to pieces；breakup；breaking(-up)；reducing；smash
破碎(作用)☆taphrogeny；zerteilung[德]；clastation；tafrogeny
(矿石)破碎☆rag
破碎板☆cheek{crushing;anvil;breaking} plate
破碎半径☆fracture radius
破碎比☆crushing ratio；(size) reduction ratio；rate of reduction；degree of `breakage (size reduction)；RR
(岩石的)破碎比功[破碎单位体积岩石所需能量]☆specific energy
破碎变形☆clastic deformation
破碎标志☆shatter mark
破碎冰☆loose ice
破碎不规则脉[如网脉]☆chambered deposit
破碎产品矿仓☆crushed ore silo
破碎程度☆degree of crushing；fragmentation degree；breakage；crashing ratio
破碎充填联合机组☆crusher stower
破碎带☆fracture{fractured;cracked;crushing;rupture;crushed;shatter;ruptured} zone；crushed-zone；zone of fracture；broken belt{ground}；shatter belt
破碎带给料压紧☆packing
破碎的☆cataclastic；kataclastic；fractured；crushed；fragmented；ragged；broken；shattered；loosened
破碎地层☆fractured{friable;broken} formation；

P

broken rock{ground}; ruttle; rough{ravelly} ground
破碎度☆degree of breakage{size reduction}; reduction range; fragmentation
破碎吨☆reduction ton
破碎而未过筛岩石☆crushed-run rock
破碎方法☆fragmentation process{system}; fracture method
破碎负荷力☆crushing load
破碎工具☆bursting tool
破碎辊☆breaking-down rolls; breaker roll; crushing roller
破碎辊区☆chunk-breaker zone
破碎过程☆disintegrating{shattering;fragmentation} process
破碎回路串级控制系统☆cascade control system for crushing circuit
破碎机☆disintegrator; kibbler; (reduction) crusher; destroyer; crushing machine{engine}; cracker; bucker; breaker; comminutor; bruising mill; breaking machine
破碎机的固定锥☆frame
破碎机的滞塞点[流量最慢的截面]☆choke point
破碎机颚☆crusher jaw
破碎激发☆frac
破碎机辊☆crusher roll
破碎机给料口最大宽度☆crusher gape
破碎机间☆crusher station
破碎机开口宽度☆set
破碎机理☆mechanism of fragmentation
破碎机排料口开度☆crusher setting
破碎机滞塞点☆choke-point
破碎机制造砂☆crusher sand
破碎机钻{锥}头☆crusher head
破碎级煤☆crushed fraction coal
破碎极限☆abortion limit
破碎剂☆fracturing agent
破碎孔底岩柱十字形钻头☆cross-chopping bit
破碎矿脉☆rubbly reef
破碎矿石☆ore breaking
破碎矿物作业☆size reduction operation
破碎了的焦炭☆crushed coke
破碎理论☆theory of comminution
破碎力☆disintegrating{breaking;crushing;shattering} force; shattering power
破碎砾石集料☆crushed-gravel aggregate
破碎两邻孔间孔壁☆broach
破碎料☆crusher-run aggregate
破碎漏斗☆breakage cone; crater
破碎率☆percent reduction; rate of decay
破碎抛掷机☆packmaster; crusher-thrower
破碎(机)-抛掷机[充填用]☆crusher-thrower
破碎器☆knapper; breaker ring; cutting head
破碎强度☆shatter strength
破碎区☆crusher room; crushing zone; zone of fracture
破碎取样联合机☆crusher-sampler
破碎深度☆abraded depth
破碎水平☆breaking level
破碎条☆breaker-bar
破碎头中轴☆head-center
破碎物料☆broken material
破碎效率☆crushing{fragmentation} efficiency
破碎效应☆shattering effect
破碎性☆breakability; crushability
破碎岩☆kata-rock; kataclasite; fragmented rock
破碎岩石☆fractured{crushed;loosened;bad;shattered} rock; clastate
破碎与去应力带☆fractured and destressed strata zone
破碎圆锥☆breaking cone
破碎整合☆fractoconformity
破碎指数☆crushing{slacking} index
破碎状☆ragged
破碎作业☆break(ing)-down{size reduction} operation
破碎作用☆fragmentation; percussion {percussive} action; clastation
破损☆breakage; failure; rupture; disrepair; breakdown; tear
破损安全设计方法☆fail-safe design method
破损的☆outworn
破损化石☆reworked fossil
破损赔偿额☆breakages
破损燃料探测器☆failed-fuel detector
破损性试验☆failure test
破损应变☆damage strain
破土☆groundbreaking; ground breaking; break ground [in starting a building, project,etc.]; start spring ploughing; [of a seedling] break through the soil
(用)破土机松碎☆ripper breakage
破瓦☆rubble
破性火山岩☆spumulite
破序剂☆disordering agent
破压☆pulverizing
破岩☆rock breakage
破岩参数☆rock-breaking parameter
破叶理☆cataclastic foliation
破圆石☆broken round
破渣凿子☆slag chipper
破绽☆failure
破折号☆dash
魄力☆vigour; vigor; vector
迫害☆persecution
迫近的☆pending
迫切☆imminence; urgency; stringency
迫切的要求☆desideratum
迫使☆force; necessitate
迫使……进入☆force…into
迫在眉睫☆pendency
粕☆pulp

pōu

剖☆outline; cut open; rip open; analyse; examine
剖{刮}刀☆doctor
剖分式导管☆split guide
剖分外壳的泵☆split-casing pump
剖开☆dissection
剖裂☆fission
剖面☆profile (section); section; cross{plane; right; lateral} section; slit; cut plane; sec
剖面半径☆profile radius
剖面标本☆traverse sample
剖面对比☆correlation of profile; profile correlation
(地震)剖面阶梯形排列☆echelon sections
剖面勘探☆profiling
剖面上的地形线☆profile line
剖面梯度分量☆profile gradient component
剖面图☆sectional drawing{view;elevation}; cutaway view; (profile) section; profile; diagrammatic {cross} section; design of section
剖面显示☆cross-section display
剖面线☆section{profile} line; hatching; line of section; traverse; thalweg
剖面炸测{爆破}☆profile shooting
剖面中断☆break in the profile
剖切☆slit
剖视☆(section) view
剖视图☆cutaway (view;illustration); sectional elevation{view}; profile; section; cut-open view; phantom[部分]
剖线☆cut

pū

扑角☆plunge
扑灭☆eradication; blanket; suppress
扑灭火焰☆blackout
扑灭沼气起火☆dowse
扑灭者☆quencher
扑通(声)砰落☆flop
扑向背斜☆plunging anticline
铺☆lay; spread
铺布溜槽☆blanket sluice
铺草皮☆sodding
铺侧石机☆curber
铺砟的☆ballasted
铺砟机☆ballaster
铺道砟☆ballast; ballasting
(石块)铺底☆bottoming
铺底料☆hearth material
铺底石块{碎石}☆bottoming
铺地☆pavage
铺地板☆flooring
铺地用沥青☆tarmac
铺地砖☆floor{paving} tile; paving brick; paver; tile the floor
铺垫板☆flooring; decking
铺方石☆cube
铺放☆laydown; lay down
铺放的☆laid
铺复线☆looping
铺盖灌浆☆blanket grouting
铺格条的床面☆riffled table
铺沟底垫层☆padding
铺管(的)☆pipelaying
铺管驳船抛起锚系统☆anchoring system
铺管车☆portable pipe mill
铺管船☆laying ship; lay{pipelaying} barge; pipe laying vessel{ship}; pipelayer
铺管队监督☆spread foreman
铺管工☆stringer; pipelayer
铺管工地☆placing site
铺管机☆layer; pipelayer
铺管进度☆rate of progress
铺管路面清理工作队☆right-of-way gang
铺管`屈{纵弯}曲检测☆buckle detection
铺管速率☆speed of laying
铺管氧契约员☆right-of-way man
铺管用履带拖拉机☆laying caterpillar
铺管(工地)壮工☆bull gang
铺管作业☆laying work
铺轨☆laying of rails; track {-}laying; lay a railway track; tracking
铺轨班☆rail shift
铺轨队☆track crew
铺轨工☆tracklayer; track layer; platelayer; roadlayer; iron man
铺轨平巷☆going headway
铺好的☆laid
铺假顶☆flooring; decking
铺脚手架板☆stage planking
铺金属板的☆sheet-plated
铺开☆spread
铺矿机☆stacker
铺砾☆lag gravel
铺沥青工作☆asphalt work
铺链轮☆gypsy wheel
铺路☆pave; pavage
铺路柏油[产于美国得州 Beaumont]☆Beaumont Oil
铺路薄片石[土]☆paving flags{stones}
铺路材料☆pavio(u)r; paver; paving material; pavier
铺路长方石块☆sett
铺路工{机}☆pavio(u)r; paver
铺路沥青☆road oil
铺路卵石☆cobble boulder
铺路石☆flagstone; tread stones; roadstone; cobble (stone)
铺路石板☆regstone; paving flag; set; flagstone; broadstone
铺路碎石☆metal; road material
铺路头道沥青☆asphalt prime coat
铺路(用柏)油☆road oil; masout
铺毛工☆coner
铺面☆decking; pavement; pave; surfacing
铺面窗☆shopwindow
铺面厚度☆depth of pavement
铺面黄色硬砖☆Flemish brick
铺面石料☆ornamental stone
铺木板☆boarding
铺木排路☆corduroy
铺平☆bed
铺砌☆pave; pavage
铺砌层☆pavement
铺砌的院子{地面}[清理、分拣碎裂矿石用]☆patio
铺砌砾岩☆plaster conglomerate
铺砌石板☆flagging
铺砌状☆plexiform
铺砌琢石路面☆ashlar paving
铺撒填缝石屑☆blinding
铺砂☆sanding (up); gritting; sand
铺砂法试验☆sand patch test
铺砂机☆(sand) gritter
铺砂石☆blinding
铺设☆laying; stretch; pavage; lay; build
铺设材料☆paver
铺设电缆☆bitt a cable
铺设管道☆pipe laying; pipelay
铺设假顶☆flooring
铺设螺纹管线的铺管队☆bucking the tongs
铺设枕木☆tie
铺湿砂养护混凝土☆wet sand cure of concrete
(混凝土)铺湿砂养护☆wet sand cure
铺石☆sett
铺石板☆slab

P

铺石板瓦脊☆slate ridging
铺石板者☆slater
铺石地巷☆penning
铺石地面☆paving stone
铺石格条流洗{矿}槽☆rock riffle sluice
铺石路面☆stone pavement
铺室内地面的材料☆flooring
铺碎石路面☆metalling
铺毯☆carpet
铺瓦☆tile
铺完石碴☆ballasting up
铺网扎筋☆mesh-rod placement
铺屋面用矿渣颗粒☆slag roofing granules
铺以厚板☆plank
铺钻台板☆flooring

pú

葡☆viento roterio
葡甘露聚糖☆glucomannan
葡茎珊瑚目[八射珊]☆Stolonifera
葡聚糖☆glucosan; glucan
葡聚糖酶☆glucanase
葡粒串☆grape cluster
葡粒石☆grapestone
葡糖苷☆glucoside
葡糖醛酸☆glucuronic acid
葡糖酸☆gluconic acid
葡萄☆grape
葡萄孢属[E]☆Staphlosporonites; Botrytis
葡萄虫(属)[孔虫;E_1-Q]☆Uvigerina
葡萄串石☆botryoid; clusterite; cousterite; botryogen(ite)
葡萄串样的☆botryoidal
葡萄丛状石☆botryoid; clusterite
葡萄粉属[孢;E_2]☆Vittpites
葡萄痕迹☆trail
葡萄酒红☆wine red
葡萄绿纤变杂砂岩相☆prehnite-pumpellyite metagreywacke facies
葡萄硼石☆botryolite
葡萄石[$2CaO \cdot Al_2O_3 \cdot 3SiO_2 \cdot H_2O$;$H_2Ca_2Al_2(SiO_4)_3$;斜方]☆grapestone; chiltonite; prehnite; kapchrysolith; krisolith; aedelite; edelite; aedilite; jacksonite; prenia; chrysolite; bostrichite; oedelit; prenitoide[不纯]
葡萄石化(作用)☆prehnitization
葡萄石-绿纤石-变质杂砂岩相☆prehnite-pumpellyite-metagreywacke facies
葡萄石岩☆prehnitite
葡萄属[K_2-Q]☆Vitis
葡萄糖[$C_5H_{11}O_5CHO$]☆glucose; grape sugar; dextrose
葡萄糖酸钙☆glucolmin; calcium gluconate
葡萄藤状水系☆grapevine drainage ((stream-)pattern)
葡萄牙☆Portugal
葡萄藻☆Botryococcus
葡萄状体☆botryoid
菩萨菊石属[头;T_2]☆Buddhaites
(一种)菩提树皮[配制泥浆堵漏剂]☆bass
蒲芬投针问题☆Buffon's needle problem
蒲福风级☆Beaufort number{scale}; wind of Beaufort force
蒲公英烷☆taraxerane
蒲公英烯☆taraxerene
蒲雷腓定律☆Playfair's law
蒲利亚兽属[J]☆Priacodon
蒲式耳[=8 gal; =36L]☆bushel; bu; bsh.
蒲团构造☆hassock structure
蒲原石[$MgAl_2Si_6O_{14}(OH)_4 \cdot nH_2O$,去水后为 $MgAl_2Si_6O_{14}(OH)_4$]☆kanbaraite; kam(a)baraite
镤☆prot(o)actinium; Pa
镤鍐测年{年龄测定}法☆protactinium {-}ionium `dating{age method}; thorium-230 to protactinium-231 excess method
镤化物☆protactinide
镤衰变法☆protactinium decay method
镤^{231}-钍^{230}年(代测定)法☆protactinium-231 to thorium-230 age method
镤系☆protactinium series
脯氨酸☆proline
匍匐冰草☆couch
匍匐的[茎]☆reptant; decumbent; procumbent
匍匐痕迹☆trail
匍匐茎☆creeping stem; stolon
匍匐生根的☆reptant
匍匐在地而枝端向上的[植物枝干]☆decumbent
匍匐枝☆creeper; stolon
匍匐状☆reptoid
匍痕☆repichnia
匍迹☆trail
匍茎珊瑚目☆Stolonifera
匍生[珊等]☆repant; reptoid
匍生的☆decumbent

pǔ

朴粉属[孢;E_{2-3}]☆Celtispollenites
朴来阿波期☆Priabonian Age
朴来散期☆Plaisancian age
朴日斯烷☆pristane
朴属[植;E-Q]☆Celtis
朴素的☆quiet
蹼☆web
蹼(状构造)☆spreite
蹼蕨属[C_1-P_1]☆Alloiopteris
蹼鳞牙形石(属)[D_3]☆Palmatolepis
蹼式钻头☆webbed bit
蹼状构造☆spreite
蹼足☆webbed{palmate} foot
蹼足负鼠属☆water opossum; yapok; Chironectes
镨☆praseodymium; Pr
镨矾[$Pr_2O_2(SO_4)$?;斜方]☆texasite
镨钕(混合物)☆didymium; Di
镨钕刚玉☆Pr-Nd fused alumina
镨钕玻璃☆didymium glass
普阿邦阶[E_2]☆Priabonian stage
普埃尔科(阶)[北美;E_1]☆Puercan
普安卡雷球☆sphere of Poincare
普贝克阶☆Purbeckian
普笔石属☆Pernerograptus
普遍☆prevail on{upon;with}
普遍的☆global; general; plain; ruling; widespread; prevalent; universal; overhead
普遍化☆generalize; universalization
普遍活动☆permobile
普遍交代(作用)☆pervasive replacement
普遍看法☆received view
普遍摄动☆general perturbation
普遍现象☆commonplace
普遍性☆universality; ubiquity
普遍优惠制☆generalized system of preferences
普查☆reconnaissance (survey;trip); survey; preliminary exploration {prospecting}; broad-survey; general investigation{survey}; search; rcn.; recon
普查工作☆coarse work
普查阶段☆stage of reconnaissance survey
普查井☆wildcat well
普查孔☆general-survey drill hole; scout hole
普查水文地质填图☆reconnaissance hydrogeological mapping
普查性地球化学测量☆reconnaissance geochemical survey
普查性物探测量☆reconnaissance geophysical survey
普查用电磁法☆reconnaissance electromagnetics
普查钻探☆drilling for structure
普存矿物☆ubiquitous mineral
普德尔蜓属[孔虫;C_2]☆Putrella
普尔加风☆Purga
普尔特方法[气枪]☆Poulter method
普尔维塔型人士呼吸器☆Pulvit
普菲费尔科恩塑性指数☆pfeffer korn plasticity index
普浮乐充气式浮选机☆Pneuflot pneumatic flotation machine
普高二氏定则☆Puandtl-Gauret rule
普硅钙石☆plombierite
普及☆popularity; fill; diffusion; popularization; generalize; propagation; pervade
普及版☆popular edition
普克尔效应☆Pockels effect
普拉夫☆plav
普拉特假说[地壳均衡]☆Pratt hypothesis
普拉特均衡假说☆Pratt{Platt} isostasy
普拉特型地壳均衡构造☆vertical tectonics
普拉梯诺代用白金☆platinor
普莱菲贝属[腕;O]☆Playfairia
普莱菲尔律☆Playfair's law
普莱莫斯衬里☆Plymouth lining
普莱桑斯(阶)[欧;N_2]☆Plaisancian
普莱梯格勒(阶)[北欧;N_2]☆Praetiglian (stage)
普赖尔定则☆Prior's rules
普蓝☆Berlin blue
普蓝铁矾[$Fe_2(SO_4)(OH)_4 \cdot 13H_2O$?;斜方?]☆planoferrite
普兰[磅/线英寸]☆pli; pounds per linear inch
普兰特-高艾特定则☆Puandtl-Gauret rule
普兰特(准)数☆Prandtl number
普兰铁矾☆planoferrite
普兰托边界层理论☆Prandtl boundary layer theory
普郎克定律☆Planck's law
普朗克常数☆quantum of action; Planck's constant
普朗特尔解[地基承载力]☆Prandtl's solution
普朗特数☆Prandtl number; Pr .
普朗托反应☆Pronto reaction
普雷德行为模型☆Pred's behavioural matrix
普雷斯-尤英地震仪☆Press-Ewing seismograph
普里阿邦(阶)[欧;E_2]☆Priabonian
普里多利统☆Pridoli
普里那达叶属[P-T_1]☆Schizoneuropsis; Prynadaia
普里尼型☆Plinian type
普里亚兹风☆poriaz
普利阿邦阶☆Priabonian
普利多尔阶[J_3]☆Pridolian stage
普利多里{道利}统☆Pridoli
普利仿(塑料)☆plioform
普利特克公司对开式卡子[修理海底管道用]☆Plidco split sleeve
普连斯巴奇阶[184～191Ma;J_1]☆Pliensbachian (stage)
普林尼式喷发☆Plinian-type eruption
普林斯巴(赫)(阶)[欧;J_1]☆Pliensbachian (stage)
普硫锑铅矿[$Pb_{16}Sb_{18}S_{43}$]☆playfairite
普硫铁铜矿☆putoranite
普鲁曼奇矿☆plumangite
普鲁士蓝☆prussian{bronze} blue
普伦克菊石属[头;T_1]☆Prenkites
普伦尼冰期☆pleniglacial
普罗克特击实曲线☆Proctor compaction curve
普罗克特针测含水量试验☆Proctor needle moisture test
普罗克脱尔密度计☆Proctor needle
普罗拉蒂颗石[钙超;K_2]☆Prolatipatella
普罗托季亚科诺夫指数☆Protodyakonov coefficient
普罗托季亚科诺夫数☆Protodyakonov number
普洛曹雨☆plouazaou
普洛克型自动取样机☆Pollock sampler
普洛谢尔地热概念[关于干热岩体激发的设想]☆Plowshare geothermal concept
普洛谢尔式地热电站☆Plowshare geothermal plant
普南特风☆ponente
普年特风☆poniente
普频加感法☆pupinization
普起金属☆puschkinia
普染面积☆shaded area
普日布拉姆陨石[捷]☆Pribram meteorite
普若托自给呼吸器☆proto apparatus
普砷铋石☆preisingerite
普适变形☆universal deformation
普适动物群☆macrofauna; megafauna
普氏笔石属[S_1]☆Pernerograptus
普氏冲击强度指数☆Protodyakonov impact strength index
普氏公式☆Pope's formulae
普氏击实曲线☆Proctor compaction curve
普氏颗石[钙超;E_{1-2}]☆Prinsius
普氏围岩压力理论☆Protodyakonov's theory of surrounding rock pressure
普氏岩石强{硬}度指数☆protodyakonov coefficient of rock strength
普氏野马☆Equus przewalshyi
普斯吉尔阶☆Pusgillian
普索兰水泥☆pozzolan cement
普{波}特兰水泥☆portland cement
普通☆ordinariness; prevalence
普通槽架式输送机☆conventional stringer conveyor
普通测量☆plane survey
普通长石☆common feldspar; orthoclase
普通车床☆engine lathe
普通单位☆fundamental unit
普通的☆general-purpose; common; conventional; ordinary; natural; global; regulation; plain; ord.
普通{一般;普遍等}的事物☆general
普通(未镶焊)的鱼尾钻头☆plain fishtail
普通钢筋混凝土支架☆conventional precast reinforced concrete framed support
普通隔水管线☆line pipe riser

普通海绵(动物)纲☆De(s)mospongia
普通化☆generalization
普通辉石[$(Ca,Na)(Mg,Fe,Al,Ti)(Si,Al)_2O_6$;单斜]☆(common) augite；ugite
普通检修☆trip service
普通角闪石[$Ca_2(Mg,Fe)_4Al(Si_7Al)O_{22}(OH,F)_2$]☆hornblende
普通角闪石角岩☆hornblende hornfels
普通井☆open well
普通矿石☆average ore
普通类型二次曲面☆general types of quadric surface
普通螺纹☆straight thread；STRTHD
普通名☆trivial name
普通耐火砖炉☆conventional firebrick hearth
普通黏土[主要成分:高岭石 50%～70%,其次为石英、云母、伊利石、蒙脱石等]☆clay
普通捻钢丝绳☆ordinary lay rope
普通农业政策☆common agricultural policy；CAP
普通品类☆regular grade
普通铅定年☆common lead dating
普通铅法☆ordinary{common} lead method
普通切应变增量☆increment of ordinary shear strain
普通泉☆simple spring
普通燃料发电厂☆combustion-fired power plant
普通食盐泉☆common-salt spring
普通水☆light water
普通水道给水☆conventional water course
普通水井☆bored{dug} well
普通水泥☆ordinary (Portland) cement；Portland cement
普通锶校正☆normal strontium correction
普通碳钢☆straight carbon steel
普通完井☆natural completion
普通屋面坡度☆ordinary pitch
普通型引鞋☆regular pattern guide shoe
普通羊齿属[P]☆Tychtopteris
普通与标准项目☆common and standard item；CS
普通整体式管托☆typical integral attachment
普通中子测井(下井)仪☆general neutron logging tool
普西贝属[腕;T_{2-3}]☆Psioidea
普用平衡假说☆universal equilibrium hypothesis
普用透射函数☆universal transmission function
浦☆bight；water's edge；river mouth；sound
浦波☆Uranami
浦品线圈☆Pupin coil
谱☆spectrum [pl.-tra]；chronology；record；register；manual；guide；music (score)；sth. to count on；fair amount of confidence；set to music；compose；spectro-；spec.
F-K 谱☆F-K spectra
谱斑☆plage；flocculus [pl.-li]
谱斑状耀斑☆plage flare
谱半径{|表示|测度|窗|带}☆spectral radius {|representation|measure|window|band}
谱波☆overtone
谱带多重化☆band multiplying
谱带归属☆band assignment；assignment of band
谱{频}带宽度☆bandwidth
谱带组☆set of bands
谱的叠合法☆deconvolution of spectrum
谱定理☆spectral theorem
谱段☆spectral coverage
(波)谱法☆spectral method
谱均衡☆spectrum equalization；spectral balancing
谱零相位☆spectrum zero-phase
谱能级☆spectrum level
谱偏移☆spectral migration
谱色☆spectrum colour；spectral color
谱识别{|特征}☆spectrum discrimination{|signature}
谱图☆spectral configuration；spectrogram
谱外的☆extraspectral
谱外色☆non-spectral colour
谱系☆lineage；pedigree；hierarchy
谱系发生分支图☆phylogenetic cladogram
谱系分类{组}☆hierarchical grouping
谱系分支☆phylad
谱系合并聚类☆hierarchical agglomerative clustering
谱系结构☆hierarchic structure
谱系树结构☆hierarchical tree structure
谱系图☆hierarchical graph{diagram}；phenogram；pedigree chart
谱系枝带☆lineage-segment {-}zone
谱线☆spectral{spectrum} line
谱线的结构☆spectral configuration
谱线宽度☆linewidth
谱线位移☆line shift
谱项☆spectral term
谱移☆spectral shift
谱因子分解☆spectral factorization
谱值☆spectrum value

pù

曝☆sun
曝黑石[Mg,Fe^{2+}和 Ca 的铝硅酸盐]☆nigrescite
曝火试验☆flame exposure test
曝气☆aeration
曝气沉砂池{室}☆aerated grit chamber
曝晒☆insolation；expose to the sun
曝晒作用☆solarization
铺板☆floor plate；planking；bed board{plank}；stull floor；birth
铺板条☆lathing
瀑布☆force[英]；(water) fall；chute；waterfall；sault；cataract；catadupe；linn；overfall；lynn
瀑布冰川☆cascading glacier
瀑布带准平原☆fall zone peneplain
瀑布式取样机☆cascade sampler
瀑布潭☆waterfall lake；plunge pool{basin}；linn；lin
瀑洞☆pothole
瀑风☆fall winds
瀑流速度☆cascading speed
瀑落☆cataracting；cascade
瀑落式分级机☆cascade classifier
瀑潭☆plunge pool
瀑泻☆cataracting

P

Q

qī

期☆age{phase}[地层]; issue[期刊]; one whole year{month}; (scheduled) time; appointed day {date}; stage; period of time; term; referring to things done periodically; appoint; appoint a time; schedule; await; await sb. by appointment; expect; anticipate; hope; chron; episode
期待☆expectance; expectancy; count; look for; contemplation; contemplate
期待值☆expectation (value)
期后事项☆subsequent event
期后效应☆after-effect
期货汇兑市场☆forward exchange market
期货交易☆futures business; future
期货交易合同☆futures contract; F.C.
期间☆interval; duration; time frame; span
期刊☆periodical; journal; serial; magazine
期量标准☆standard of scheduled time and quantity
期满☆run out; efflux; expire; come to an end
期末审计☆final audit
期票☆promissory note
期望☆in anticipation of; anticipate; expectation; expectancy; wait
期望边际损失☆expected marginal loss; EML
期望风险☆expected risk
期望函数☆anticipation function
期望容许度{|输出值}☆desired tolerance{|output}
期望水平☆aspiration level
期望信号☆desired signal{output}
期望者☆anticipator
期望值☆expected{expectation;desired} value; expectation; expectancy; EV
期限☆allotted time; time limit{frame}; term; deadline
期中☆inside
欺骗☆fool; pipelay
欺骗贝属[腕;O_2]☆Doleroides
欺骗性地提高矿石品位☆salt a mine
欺诈☆imposition; fox; underhand
欺诈的☆underhand; trick
欺诈性的投机事业☆bubble
欺正形贝属[腕;O_2-S_2]☆Dolerorthis
栖草甸的☆pratincolous
栖池塘的☆tiphicolous
栖干砂的☆ammocolous
栖管☆tubicola
栖管化石☆fossil tube
栖海面的☆pelagophilus
栖海岩{岸}的[生]☆actophilus
栖旱林的☆xerophylophilous
栖湖沼的☆limnicolous
栖荒地的[生]☆chledophilus
栖荒漠的☆eremophilous
栖激流群落☆lotic
栖留地下水位{面}☆perched water table
栖留含水层☆perched aquifer
栖留水位{面}☆perched water table
栖陆的☆terricolous
栖砂的☆ammocolous
栖沙丘的☆thinicolous
栖深海的[生]☆pontophilus; pontohalicolous
栖湿地的[生]☆mesophilus
栖息☆perch
栖息地☆habitat
栖息在树上的☆arboreous; arboreal
栖霞期☆Chihsia Age
栖岩缝的☆rupestrine
栖岩生物☆petrocole; petricole
栖岩石的[生]☆lithophilous; rupestral; saxicolous; rupestrine; rupicolous; lithocolous
栖沿岸静水生物☆helobios
栖阴的[生]☆umbraticolous
栖于湿地的☆mesic
栖针叶林的[生]☆conophorophilus
栖止水层☆perching layer
栖住的动物☆inhabitant
槭☆Acer; maple
槭属[植;K_2-Q]☆Acer
槭树☆Acer
槭树科☆Aceraceae
桤☆alder
桤木粉(属)[孢;E_2-N]☆Alnipollenites
桤木属☆Alnus
七☆septo-; sept-; hept(a)-; septi-
七埃绿泥石☆septechlorite [$(Mg,Fe^{2+},Fe^{3+},Al)_6((Si,Al)O_{10})(O,OH)_8$]; pseudochlorite; septochlorite
七倍的(数量)☆septuple
七边形☆septangle; heptagon
七重的☆septuple
七重线☆septet
七的☆septuple
七点井网{布井}☆seven spot pattern
七点系泊{锚定}系统☆seven-point mooring system
七格井筒☆seven-compartment shaft
七个☆heptad; septenary
七环化合物☆heptacyclic compound
七级风☆moderate gale
七价(原子)☆heptad
七价的☆septavalent
七尖猪属[E_3]☆Heptacodon
七角形☆septangle; heptagon
七角形的☆heptagonal; heptangular
七进制的☆septinary; septenary
七孔插头{座}☆seven-connector electrical female plug
七面体☆heptahedron
七年(的任)期☆septennate
七年间☆septenary
七平行面体☆heptaparalleohedron
七鳃鳗[脊;Q]☆lamprey; Petromyzon; Petromezon
七水胆矾[$CuSO_4$•$7H_2O$;单斜]☆boothite; copper melanterite; cupromelanterite; kupfervitriol-heptahydrat[德]
七水合硫酸镁[$MgSO_4$•$7H_2O$]☆bitter salt
七水镁矾☆epsomite; bitter salts; halotrichum; epsom salt; magnesium fauserite; reichardtite; hair-salt
七水锰矾[$MnSO_4$•$7H_2O$]☆fauserite; manganvitriol; mangan-fauserite; mallardite
七水锰镁矾☆fauserite
七水硼钠石[$Ba_4B_{10}O_{17}$•$7H_2O$]☆nasinite
七水硼砂[$2Na_2O$•$5B_2O_3$•$7H_2O$]☆ercurrite; ezcurrite
七水铁矾[$FeSO_4$•$7H_2O$]☆tauriscite; tauriszit; iron melanterite
七水铀矿[$2UO_2$•$7H_2O$]☆lanthinite
七芯电插头☆seven-connector electrical female plug
七芯电缆☆heptcable
七叶树属[E-Q]☆Aesculus
七叶一枝花☆Paris polyphylla
七叶云母(类)[浅云母类]☆heptaphyllite
七月☆July; Jul; Jy.
蠊属[K_2-Q]☆Patella
漆☆lacquer; varnish
漆包电线☆enamelled cable
漆包线☆enamel-insulated{enamel(ed)(-covered); glazed} wire; e.c.
漆布☆linoleum; empire{varnished} cloth; tarp; dermateen; tarpaulin
漆底☆varnish base
漆酚☆laccol
(油)漆工☆painter
漆黑☆eclipse; midnight
漆黑的☆coalblack
漆揭{撕}片☆lacquer peel
漆膜凹坑☆cleatering
漆膜厚度测定法☆paint film thickness test
漆皮☆enamel{patent} leather
漆皮线☆enamelled{varnished} wire
漆器☆japan; lacquerware; lacquerwork
漆树☆lacquer{varnish} tree; rhus
漆树粉(属)[孢;K_2-Q]☆Rhoipites
漆树科[植]☆anacardiaceae
漆树属[K_2-Q]☆Rhus
漆刷☆paint brush
漆未干的☆tacky
漆叶浸膏(萃)☆sumac extract
漆用石脑油[涂]☆varnish makers' and painters' naphtha; VM &. P naphtha
漆有方格的浮标☆checkered buoy
漆酯揭片☆lacquer-resin peel

qí

其次的☆following; posterior; next
其间{时}☆meantime; meanwhile
其他损失☆residual loss
其他项目☆sundry item
其他原因事故☆miscellaneous accident
其他资料☆peripheral data
其余(的人、的东西)☆the rest
其振幅恢复☆true amplitude recovery
(在)其中☆int.al.; inter alia
芪☆stilbene
棋盘☆checkerboard; chequerboard; chessboard
棋盘格式{线}☆lineament
棋盘格式构造☆tectonic lineament; lineament {chess-board;staggered} structure
棋盘格形的☆tesselated; tessellated
棋盘格状沙楔☆sand-wedge polygon
棋盘式☆checkerboard
棋盘式布置的☆in quincunx
棋盘式(支柱)布置系统☆diagonal system
棋盘式的☆checkered; chequered
棋盘式排列系统☆checker system
棋盘形地表☆tesselated pavement
棋盘形格局☆tessellation; tesellation
棋盘形排列法☆chessboard manner
棋盘状双晶☆chessboard{checkerboard; chequer-board} twinning
棋亭子期☆Chitingtze age
棋子☆chequer
棋子骨针[绵]☆discorhabd; chessman spicule
奇板贝属[腕]☆Xenelasma
奇笔石属☆allograptus
奇壁珊瑚(属)[P]☆Allotropiophyllum
奇虫目☆Embioptera
奇颚牙形石属[C_{2-3}]☆Idiognathodus
奇怪地☆oddly; peculiarly; queerly; strangely
奇观☆marvel
奇管笔石属[O_1]☆Idiotubus
奇海蕾(属)[棘海蕾;P]☆Thaumatoblastus
奇花介属[N]☆Atopocythere
奇迹☆wonder; phenomenon [pl.phenomena]; marvel
奇角鹿☆Synthetoceras (tricornatus)
奇壳田螺属[腹;E-Q]☆Idiopoma
奇克山式(动)臂油(管塔)[带有可动接头的铝管,码头上用]☆chiksan loading arm
奇孔贝属[腕;T_3]☆Paradoxothyris
奇孔藻属[K_2]☆Thaumatoporella
奇拉尔(双晶)律[巴西双晶律]☆Chiral law
奇里海绵属☆Jerea
奇利风[突尼斯干热风]☆chili
奇论☆paradox
奇脉蕨属[T_3]☆Hyrcanopteris
奇事☆wonder
奇斯克石☆chessexite
奇谈☆anecdote
奇特☆peculiarity
奇特的☆freak; odd; out-of-the-way
奇凸贝☆Thaumatrophia
奇猬属[E_1]☆Allictops
奇虾属☆Anomalocaris
奇想☆freak
奇形怪状的☆disharmonic
奇形蛎科[双壳]☆Terquemiidae
奇形石块[德]☆rillenstein
奇形岩丘[沙漠地区]☆rock baby
奇叶蕨(属)☆Thaumatopteris
奇叶杉属[T_1]☆Aethophyllum
奇异变形杆菌☆proteus mirabilis
奇异变形杆菌素☆miracin; maracin
奇异虫(属)[三叶;$Є_2$]☆Paradoxides
奇异的☆singular; exotic; fantastic; novel
奇异蛤属[双壳;J_3]☆Peregrinoconcha
奇异粒子☆strange particle
奇异轮藻(属)[K_1]☆Atopochara
奇异切面[数]☆trope
奇异珊瑚属[P_2]☆Atopophyllum
奇异石☆wonderstone
奇异䗴属[孔虫;P_2]☆Paradoxiella
奇异线☆line of singularity
奇异性☆strangeness; singularity; irregularity; peculiarity
奇异性理论方法☆singularity theory method
奇异牙形石属[O_2]☆Barbarodina
奇异值☆singular value
奇异组分☆magic component
奇罩螺属[腹;E-Q]☆Allepithema

奇正形贝属[腕;O_1]☆Anomalorthis
奇支斜☆skew
奇种☆fremde
奇转螺属[T_{2-3}]☆Allostrophia
歧点[数]☆cusp
歧管☆lateral；branch pipe；manifold
歧管装置☆manifolding；manifold
歧化☆disproportionate；dismutation
歧化酶☆dismutase
歧化势☆disproportion potential
歧化作用☆disproportionation
歧散的☆deliquescent
歧视☆discrimination
歧视丢失☆preferential loss
歧叶节蕨☆Hyenia
歧叶目[古植楔叶]☆Hyeniales
歧义的☆ambiguous
歧异☆divergence
歧异成种☆divergent speciation
歧异选择☆diversifying selection
歧域成种☆dichopatric speciation
岐黄之术☆Chinese traditional medical science
畦灌法☆check{border} irrigation method
畦田☆strip check
畦田漫灌☆basin flooding
畦作☆ridge culture
崎壳虫属[孔虫;E]☆Miscellanea
崎岖☆ruggedness
崎岖不平☆rugged and rough
崎岖不平地区☆rough terrain
崎岖的☆rugged；cragged；rude
崎岖地☆rugged country；scabland；badland
崎岖地区☆rough country；scab
崎岖地形☆rugged topography；ragged terrain；accidented{accidental} relief
崎岖地植物群落☆hydrotribium
崎岖高地[月球]☆continent
崎岖荒凉地☆badlands
崎岖山区盆地☆hoya
崎岖山岳长途运输机☆modular conveyor；module
崎岖岩岬☆thurm (cap)
崎岖盐丘☆salt hill
崎星骨针[绵]☆sterraster
崎崖面☆rock face
脐☆hilum；navel
脐凹☆hilar depression
脐壁☆umbilical wall
脐部☆umbilicus
脐齿[孔虫]☆umbilical tooth
脐带☆umbilical cord
脐带的☆umbilic
脐点☆hilar spot；umbilic
脐缝合线☆umbilical seam{suture}
脐肩☆umbilical shoulder
脐孔☆umbilicular pore；umbilical perforation；navel
脐棱☆umbilical shoulder{ridge}；umbilicular edge
脐裂隙☆umbilical fissure
脐内孔☆intraumbilical aperture
脐皮木属[C_2]☆Omphalophloios
脐球石[钙超;K_2-Q]☆Umbilicosphaera
脐区[头]☆umbilical area
脐塞[孔虫]☆umbilical plug
脐外开口[头]☆extraumbilical aperture
脐外脐间开口☆extraumbilical-umbilical aperture
脐隙☆umbilical gap
脐线螺属[腹;C]☆Omphalonema
脐叶☆umbilical lobe
脐缘☆umbilical shoulder；umbilicular edge
脐状的☆umbilicular
鳍☆ichthyopterygium；fin
鳍环孢属[C_2]☆Reinschospora
鳍基骨☆basipterygia
鳍棘☆fin spine
鳍棘刺☆ichthyodorulites
鳍及相当的器官☆pinna
鳍甲(鱼亚纲)☆Pteraspida
鳍甲鱼(属)[D_1]☆Pteraspis
鳍甲鱼形☆pteraspidomorphi
鳍脚☆mixipterygium
鳍脚类☆pinnipedia
鳍脚亚目[哺]☆Pinnipedia
鳍龙(超目)☆Sauropterygia
鳍片管☆extended surface tube
鳍式加热器☆finned-type heating coil
鳍条☆fin ray；pterygiophore
鳍条基骨☆actinost
鳍型肢☆pterygium
鳍轴骨☆axinost
鳍状物☆fin
鳍状支架☆support fin
齐☆alloy；even；equal；identical
齐岸水位☆bankfull (stage)；bank-full stage
齐茨-安德烈亚森方法☆Zietz-Andreasen method
齐次函数☆homogeneous function
齐次马尔科夫链☆homogeneous Markov chain
齐次一次方程☆linear homogeneous equation
齐的☆uniform
齐端堵缝☆calking-butt
齐墩果烷☆oleanane
齐发☆volley shooting
齐发爆破☆volley (shot;firing)；simultaneous shot volley；simultaneous blasting；instantaneous shot
齐发爆破放炮器☆volley firer
齐放(射)☆volley shooting
齐分子量聚作用☆oligomerization
齐格勒尔型拣矸机[利用摩擦阻力]☆Ziegler picker
齐根(阶)[欧;D_1]☆Siegenian
齐肩高炮眼☆shoulder hole
齐聚☆oligomerization
齐聚物☆oligomer
齐口接头☆flush joint
齐曼效应☆Zeeman effect
齐明镜☆aplanat
齐明透镜☆aplanatic lens
(礼炮)齐鸣☆salvo
齐默曼木屑☆zimmermannia
齐纳二极管☆Zener diode
(使)齐平☆flush
齐平镶嵌☆flush-set
齐普夫律☆Zipfs law
齐射☆volley；salvo[炮火]
齐式☆quantic
齐氏藻属[E_2]☆Zittelina
齐饰菊石☆Kosmoceras
齐他位☆zeta potential
齐膝高炮眼☆knee hole
齐性☆homogeneity
齐性的☆homogeneous
齐一说☆uniformitarianism；uniformitarian theory；Lyellism
麒麟菜属[红藻]☆Eucheuma
麒麟座☆Monoceros；Unicorn
旗(帜)☆flag；ensign；streamer；banner
旗杆☆flagpole
旗舰☆flagship
旗语☆flag signal
旗语信号☆wigwag；flag signal
旗状风雪河☆snow banner
旗状沙嘴☆tail；banner-bank；trailing spit
旗状云☆banner cloud
祈使的☆imperative
祁连山虫属[三叶;$Є_3$]☆Qilianshania
祁连山地槽☆Qilianshan geosyncline
祁连运动☆Qilian Orogeny
祁吕贺兰山字型构造体系☆Qilianshan-Luliangshan-Helanshan epsilan structural system
骑☆riding；ride
骑管自行式防腐绝缘包扎机☆line-traveling coating{wrapping} machine
骑马螺栓☆U-bolts
骑马巡线员☆pipeline rider
骑三轮脚踏车☆tricycle
骑输送机采煤机☆shearer mounted on conveyor
骑田岭矿☆qitianlingite
骑行道☆way；bridle path
骑自行车☆wheel

qǐ

起(钻)☆lift
起岸☆bring to land；bring cargo,etc. from a ship to land；disembarkation
起岸数量为准☆landed quantity terms
起岸卸货☆landing hire
起拔套管☆pull up the casing；pull casing
起爆☆initiation；detonate；priming；ignition；firing；prime；knock inception；fulminate；straight casting；fuze action；go-off；inflammation；initiate
起爆保险[工]☆detonator safety；detonator-safe
起爆波传播☆detonation wave propagation
起爆波头☆detonation head
起爆材料储存室☆primer house
起爆迟发器☆detonating relay
起爆传播☆propagation of detonation
起爆的☆fulminating
起爆电路☆electric firing circuit
起爆电桥☆match head
起爆电线☆shot-fire cord
起爆定时方法☆initiation-timing system
起爆度测量☆knock rating；k.r.
起爆方法☆priming method；method of initiation {ignition}
起爆感度☆initiation{priming} sensitivity；sensitivity to initiation；sensitivity of initiation
起爆管☆detonator；starter cartridge；detonate-tube；priming tube；det.
起爆机构☆fuse mechanism
起爆剂☆primer (composition)；detonating agent；initiator；priming composition；amorce；detonator；(line) squib
起爆继动器☆detonating relay
起爆间隔☆initiation{firing} interval
起爆聚变反应☆initiate fusion reaction
起爆雷管☆primer cap{detonator}；igniting primer；all ways fuse；match head；(priming) detonator；blaster cap
(射孔)起爆率☆percentage of initiation
起爆器☆initiator；priming device{apparatus}；line squib；blaster；blasting unit{machine}；primer (detonator)；detonator；first fire；(shot) exploder；shot- firing battery；detonating primer
起爆器材☆priming material；initiating equipment；blasting supplies
起爆枪☆exploding gun
起爆时间扩{离}散☆ignition scattering
起爆时滞☆breaking lag
起爆式射枪☆jet casing gun
起爆顺序☆firing order
起爆速度☆detonation velocity{rate}；ignition rate
起爆锁☆separation charge；ejection explosive charge
起爆位置☆primer location
起爆线☆backbreak line
起爆信管☆allways fuse
起爆信号☆time break；detonating signal
起爆延缓☆hung fire
起爆药☆initial{initiating;priming} explosive；initiator；detonating composition{compound}；burster；exploder；exploding{priming;flashing} composition；priming powder{charge}；initiating charge；initiating agent；detonating powder priming；primary high explosive；priming；detonating powder
起爆药包☆primer (cartridge;charge)；igniting {capped；live;detonating} primer；primer-cartridge；initiator；initiating{priming;detonating} charge；priming powder {cartridge;stick}；capped {primed} cartridge
起爆药包配制间☆priming shed
起爆药类☆priming materials
起爆用烈性炸药☆primary high explosive
起爆炸药☆detonating explosive{charge;powder}；explosive primer；priming powder
起爆装置☆detonating equipment{device}；detonator；initiating{priming} device
起波纹☆dimple；corrugate
起捕收作用☆collector-coat
起步☆getaway
起槽刀☆groover
起草☆draft；draw up；draught；drafting
起草者{人}☆draftsman；draughtsman
起层☆delamination；aliquation
起潮力☆tidal force
起潮势☆tide generating potential
起尘性☆dustiness
起程航路☆initial course
起初☆at the out set
起出☆retrieve；pulling out[从井中]；trip out[钻具]
起出深度☆depth out
起磁☆magnetize
起磁力☆magnetizing force

起倒开关☆tumbler switch
起点☆initial{starting;zero} point; point of origin; zero; departure; starting point for a race; beginning; origin; s.p.; SP
(测线)起点(坐标)☆beginning of line; BOL
起点泵站☆source pump station
起点定向[测料]☆initial alignment
起点读数☆zero reading; reference mark
起点流量☆zero flow
起电☆electrification; charge; electrize; electrization; electrify
起电机☆electrizer
起电盘☆electrizer; electrophorus
起吊安全装置☆over hoist preventing device
起吊杆☆lifting arm
起吊能力☆crane output
起吊应力☆handling stress
起吊装置☆hoist linkage
起钉机{钳}☆nail puller
起钉器☆spike drawer
起钉凿☆box chisel
起锭器☆hanger
起动☆see“启动”
起读线☆reference line
起阀凸轮☆valve lifting cam
起阀座器☆valve seat grab
起凡尔器☆valve extractor
起反应☆respond
起飞☆launching; unstick; tak(ing)-off; hop[飞机]
起飞到成熟☆take-off to maturity
起飞的前提☆preconditions for take-off
起飞跑道☆flight strip
起分(割)作用(的)☆dividing
起风爆破☆windy shot
起伏☆heave; jitter; inequality; fluctuate; fluctuation; und(ul)ation; undulate; relief; rise and fall; fold; sinuosity; roll; warping; surge; popple; heave and set[波浪]; jump[温度、压力]; wave
起伏冰☆pressure ice
起伏不平(矿体)☆rolls-and-swells
起伏大的储层☆high relief reservoir
起伏的☆rolling; undulated; undulating
起伏地面☆rolling ground; fold
起伏地形☆closed country; broken{rugged} terrain; rugged{rolling} topography; accidented relief
起伏颠簸☆heaving
起伏度☆waviness; sinuousness
起伏幅度☆heave amplitude; relief intensity
起伏干扰☆elephant
起伏很大的地区☆difficult country
起伏加大的地形☆increased relief
起伏剧烈的地形☆rugged topography
起伏煤层☆rolling{undulatory} coal seam
起伏平缓的地形☆gently rolling topography
起伏剖面☆ridge(d) profile
起伏丘陵☆rolling hills
起伏沙丘☆sand undulation
起伏信号☆fluctuation signal
起伏状层界☆undulating horizon boundary
起功能作用的东西☆functor
起拱☆spring; haunching
起拱高度☆camber height
起拱力矩☆hogging moment
起拱石☆(impost) springer; skew back; springing
起拱线☆spring line; springline
起管棘轮☆coffin hoist
起管卡{夹}☆pulling yoke
起轨机☆track lifter{winch}
起轨器☆rail lifter
起航[现一般写“启航”]☆sail
起弧☆arc starting; striking
(电焊)起弧点☆arcing point
起化学反应☆attack; react
起火☆(catch) fire; be on fire; cook meals
起火剂☆flash compound; fuse{flashing;priming; igniting} composition; flashing pill
起货单☆landing permit{account}; L/A
起货吊杆☆derrick boom
起货钩☆crow; crow-bar; crowbar; pry
起货数量为准☆landed quantity terms
起脚石状态☆stepping-stone state
起井架☆derrick raising
起净化作用的☆aseptic
起居甲板☆accommodation deck
起橘皮☆alligatoring
起浪水头☆swell-head
起立☆uprising; standing
起裂转变温度☆fracture initiation transition temperature
起鳞☆delamination; flake off; crumbling
起零级☆zero level
起龙[爬]☆Actinodon
起垄☆ridge (forming); ridging
起落☆hoisting; rise and fall
起落摆动☆luff
起落杆☆raising lever
起落构造[硅铝地块]☆elevator tectonics
(油罐)起落管☆swing line
起落机构齿轮☆lifting gear
起落架☆gear; undercarriage; landing gear [of a plane]; under carriage; chassis,
起落弹簧☆lifting spring
起落钻具☆tripping
起码的☆rudimentary
起锚[钻探船]☆weigh anchor; heave-ho; purchase an anchor
起锚滑车☆cat
起锚机☆windlase; capstan; (anchor) windlass; capsal
起锚系缆绞盘☆chain wildcat windlass
起毛☆fluff; frieze
起媒介作用☆intermediate
起门机☆door extractor
起模钉[机]☆draw-nail
起模胀砂☆rappage
起模针☆drawbar
起沫☆airing
起跑信号☆starting signal{mark}
起泡☆effervesce(nce); gasing; froth(ing); spume; blister(ing); foaminess; foam(ing); yeastiness; bubbling; bubble (frothing); beading[金属板面]; blowing[陶瓷表面]; ebullition; ebullience; ebulliency; burble; vesiculate; barbotage; sparkle
起泡冰☆bubbly ice
起泡测量计☆bubble gauge
起泡的☆frothy; effervescing; effervescent; vesicant; vesicular
起泡点温度☆bubble point temperature
起泡度☆foaminess
起泡翻滚[沸水等]☆popple
起泡腐蚀☆blister corrosion
起泡(作用)机理☆mechanism of frothing
起泡剂☆frother (agent); foaming{gas-development; frothing;forthing;blowing} agent; foamer; ursol; forthing reagent; bubbler
Aero 起泡剂☆Aerofroth
B-23 起泡剂[同 Dupont frother B23,主要成分为二甲基戊醇-1,2,4-二甲基己醇-3 等]☆B-23 frother
D-3 起泡剂[邻苯二酸二甲酯;$C_6H_4(COOCH_3)_2$]☆D-3 Frother
Dow 起泡剂 250[三聚丙二醇甲醚; $CH_3(OC_3H_6)_3OH$]☆Dowfroth 250
Dow 起泡剂[美道氏化学公司生产]☆Dow froth
Dupon B22 起泡剂☆Dupon frother B22
Dupon B23 起泡剂[主要成分,二甲基戊醇-1,2,4-二甲基己醇-3 等]☆Dupon frother B23
×起泡剂[醇和萜类人工混合物]☆Flotal
×起泡剂[乙基甲基吡啶衍生物]☆Flotanol
×起泡剂[混合萜醇及烃类]☆Flotol 171
×起泡剂[混合高级醇类]☆Flotol 52
×起泡剂[50%甲基戊醇与松油的混合物]☆MAAPO
×起泡剂☆Mirapon F30
×起泡剂[聚氧化乙烯类醚醇,醇与环氧乙烷或环氧丙烷的缩合物]☆Pluronic L62{|64|68}
×起泡剂☆Powell frother
×起泡剂[丁氧乙氧基丙醇]☆R-39
×起泡剂[制造酮基溶剂的副产物,主成分为二异丙基丙酮及二异丁基甲醇]☆Solovent L
T-70 起泡剂[主成分为聚乙二醇乙烯醚和乙二醇]☆T-70 frother
Ucon 190 起泡剂[高级醇加聚丙二醇]☆Ucon Frother 190
×起泡剂[聚丙二醇]☆Ucon LB-100X
×起泡剂☆Union carbid PP 425
×起泡剂[一种低温煤焦油]☆Ursol
60{|52|58}(号)起泡剂[合成的高级醇起泡剂,淡黄色{|暗红|暗红},比重 0.83{|0.85|0.865},含 2 号柴油]☆ Frother 60{|52|58}
63{|77}(号)Aero 起泡剂[一种高级醇类起泡剂]☆Aerofroth 63{|77}
65(号)Aero 起泡剂[水溶性合成起泡剂]☆Aerofroth 65
70(号)Aero 起泡剂[同 MIBC;甲基异丁基甲醇]☆Aerofroth 70
71(号)Aero 起泡剂[C_6-C_9 醇混合物]☆Aerofroth 71
73(号)Aero 起泡剂[一种合成起泡剂]☆Aerofroth 73
80(号)Aero 起泡剂[直链醇起泡剂]☆Aerofroth 80
B-23(号)起泡剂[混合高级醇起泡剂,含 2,4-甲基戊醇-1,2 ,4-二甲基己醇-3 及酮类]☆Frother B-23
Pentasol 124(号)起泡剂[戊醇混合物]☆Pentasol frother 124
Pentasol 26(号)起泡剂[合成戊醇]☆Pentasol frother 26
R-52(号)起泡剂[伯醇、仲醇、酮类、煤油、松油的混合物]☆Reagent 52
R-60(号)起泡剂[伯醇类、仲醇类、煤油等混合物]☆Reagent 60
起泡沫☆lather; froth(ing); foam(ing); fobbing; spume
起泡性☆foamability; frothiness
起泡性能☆frothing capacity
起泡装置☆sparger
起泡组分混合室☆foam mixing chamber
起泡作用☆barbotage; foaming
起喷☆initial eruption
起皮☆blister
起偏镜☆polarizer; polariser; polarizator; lower polarizing prism
起偏振镜☆polariscope
起偏振尼科耳棱镜☆polarizing nicol
起破坏作用的东西☆destroyer
起气泡☆gassing; burble
起区分作用的☆dividing
起燃☆combustion (initiation); initiation; ignition
起绒机☆teaser
起砂☆dusting; sand streak; sugaring
起砂眼☆blistering
起升(上节)井架☆derrick telescoping
起升装置☆jack up unit
起蚀{冲刷}速度☆eroding velocity
起始☆initialize; initiation; entrance; onset
起始饱和下限☆threshold saturation
起始产能☆initial potential
起始大地数据☆initial geodetic data
起始的☆initiative; original
起始地址☆initial{start} address; origin
起始点☆initial point{station}; i.p.; starting point; point of origin
起始电容☆primary capacitance
起始冻胀含水率☆initial moisture of frost heave
起始流动☆incipient flow
起始脉冲☆start pulse
起始瞬间☆zero time; zero-time
起始位☆start bit
起始位置☆original position{location}
起始温度☆reference temperature
起始讯号☆shot break
起始站☆originating station
起霜(作用)☆bloom (out)
起霜的泉华面☆frosted surface
起丝锥器☆tap extractor
起塑水☆water of plasticity
起诉☆sue at the law; prosecution
起算点☆reference point
起算日期☆zero date
起算数据☆initial (numerical) data; initializing data
起套管时防止套管坠井装置☆catcher
起停式计数器☆start-stop counter
起艇机☆boat winch
起雾☆mist
起下抽油杆的架工搭板☆rod board
起下抽油杆作业☆rod job
起下管柱☆trip
起下套管用钢绳☆casing line
起下一次管柱作业☆one trip run
起、下用滑车系统☆block and tackle arrangement
起下油管用吊绳☆tubing line
起下钻时泥浆外溢☆mud flow on trips

起下钻(具)☆make a trip
起下钻防护仪☆trip guard instrument
起下钻杆☆pulling and running the drill pipe
起下钻具工序☆tripping
起下钻气☆trip gas；TG
起下钻数据曲线图☆tripping data plot
起下钻作业转换(操作)状态☆tripping
起下作业[钻杆{管}]☆roundtrip
起先☆at the out set
起斜☆kick off
起义☆insurgence；revolt
起因☆cause；causation；origin；wedge
起因解释☆causal explanation
起油管作业☆well pulling job
起源☆origin(ate)；genesis；germ；derivation；filiation；stem from；birth；derive；provenance；source；parent；origination；nascency；nascence；genesis [pl.-ses]
起源形式☆manner of origin
起源于植物的☆phytogenic
起源中心☆center of origin
起碳☆arch
起褶边☆frill
起震波☆detonation wave
起震力☆earthquake-generating force
起震器☆seismographic starter
起止信号失真{畸变}测试器☆start-stop signal distortion tester
起重☆hoisting；jack-up；hoister
起重扒{拔；把}杆☆pole derrick；gin pole；standing ；derrick post
起重臂☆crane boom{lever}；lifting beam；lift arm
起重船☆crane ship{vessel;barge}；floating crane；derrick boat {barge}；pontoon；keelhauling[平底]
起重吊车☆crane trolley；jack lift；hoist(ing) crane
起重吊钩☆crampon；crampoon
起重杆☆gib；jib；gibbet
起重钢绳☆crane cable
起重杠杆☆cuddy
起重钩☆crane{grab} hook
起重钩叉☆fork-lift
起重滚筒☆load drum
起重滑车☆lifting{purchase;hoisting} tackle；purchase {derrick;winding;hoisting;tackle} block
起重滑车绳☆casing{calf} line
起重滑轮☆davit
起重机☆jack；crane；hoist(er)；derrick[吊杆式]；lifter；lifting crane{gear}；hoisting machine；elevator
起重机臂☆jib；gibbet；lever of crane；outreach
起重机臂伸出长度☆outreach
起重机船☆pontoon
起重机的走道梁☆crane runway beam
起重机顶部滑车组☆crownblock
起重机回转支柱☆crane pillar{post}
起重机绳☆fall
起重机式装载机☆crane-type loader
起重机卸载悬臂☆elevator boom
起重机行车大梁☆crane girder
起重机油泵歧管☆hoist pump manifold
起重机柱☆crane stalk
起重架卡车☆gin truck；gin-pole track
起重绞车架☆crab derrick
起重具☆heaver
起重卷筒☆hoist{hoisting;lifting;winding} drum
起重量☆pay-load{hoisting;lifting} capacity；load-carrying ability
起重螺旋☆jack screw；jackscrew
起重能力☆hoisting{elevating} capacity；load-carrying ability
起重器☆lifting{hoisting} jack；jack；belt lifter
起重汽车☆truck{truck-mounted} crane
起重器轴☆jack shaft
起重设备☆hoisting device{equipment; installation; unit}；handling{rigging} equipment；lifter
起重绳☆holding line
起重(钢丝)绳☆derrick line
起重台架☆gantry；gauntry；gauntree
起重桅☆steeve
起重箱☆camel；skip
起重小车☆crab；jacklift；crane truck
起重爪☆lewis
起重装置☆lifting apparatus{gear;tackle}；hoisting device；hoist linkage；purchase
起皱☆wrinkle；crease；crumple；crispation；crinkle；cockle；wrinkling；shrinkage[油漆]
起皱的☆crumpled；corrugated；plicated
起主要作用☆predominate
起转☆runup
起自椎骨体的☆epicentral
起阻止作用的☆prohibitive
起钻☆hoisting；pulling out (the hole)；make a pull
起钻(量钻杆长度)测算井深☆measure out
起钻深度☆depth out
起钻时用的钻具护丝☆lifting cap
起钻{上提钻具}时钻具重量☆pick-up weight
起作用☆function；operate；attack；serve to；work；take；play；functional
乞讨☆scrounge；beg；go begging
企鹅☆penguin
企鹅类☆spheniscidae
企口☆groove；tongue-and-groove
企口板桩☆bung bord；tongue-and-groove(d) sheet pile
企口接合☆grooved and tongued joint；matching joint
企口块体☆tongue-groove block
企口木板(平)台☆tongue-and-groove plank floor
企口石块☆joggled stones
企口凿☆feather cutter
企口砖☆tongued and grooved brick
企猎岩☆theralite
企求☆court；seek for；hanker after；desire to gain
企图☆contemplate；in an attempt to；make an attempt；stagger；incubation；offer；meditation；seek；bid；design；essay
企业☆enterprise；establishment；consortium；business (venture)；undertaking；corporation；adventure；concern
企业财产☆stock-in-trade
企业的自由经营☆free enterprise
企业法人☆legal entity
企业管理组织机构☆staff-and-line organization
企业家☆entrepreneurs；man of enterprise；undertaker
企业间信贷☆inter-enterprise credit
企业精神☆bossmanship
企业竞争☆competition among enterprises
企业联合[以控制产量,销售及防止相互竞争]☆trust；cartel；industrial grouping
企业联合组织☆syndicate
企业留利☆profits retained by enterprise
企业内部经济责任制☆system of the economic responsibility within an enterprise
企业人事管理☆human engineering
企业素质☆quality of enterprise
企业调整☆adjustment of enterprises
企业信誉☆goodwill of an enterprise
企业行政领导者☆enterprise executive
企业整顿☆consolidation of enterprises
企业中各管理部门☆organizational unit
企业主☆employer
企业组织形式☆form of enterprise organization
启暴龙☆dragonite
启爆☆initiation
启闭☆switching；close(d)-open；c.o.；co
启闭信号☆key signal
启程☆outgoing
启{起}动☆start；firing (up)；commission；actuation；trigger；enable；fire；start-up；set into motion；initiation；shot；pulse-on；fire out[火箭]；fusing；reviving up；crank；set in motion；runup；run-up；lighting；kick off[发动机]
启动按钮☆initiate{start} button
启动波流☆primer fluid
启动步骤☆setup procedure
启动操作☆start-up operation
启动触发(器)☆initiating trigger
启动导轨☆shoe
启动凡尔☆kick-off valve
启动幅度☆relief intensity
启动杆☆actuating lever
启动功率☆starting power
(泵)启动灌水☆pump priming
(泵的)启动灌注塞☆priming plug
启动和停止按钮☆start-stop push button
启动机☆starter；startor；self-starter
启动机器☆ring up engine；R/E
启动键☆start key
启动阶段☆unloading phase
启动结整信号☆start-finish signal
启动开关☆fire{starting} switch；FS
启动能力[河流的]☆competence；competency
启动喷口☆primary jet
启动期☆run-in{starting} period
启动器☆starter；actuator；startor；compressed air starter；trigger
Y-Δ启动器☆Y-delta starter；YDS
启动前的☆prefiring
启动前灌水☆priming charge
启动前检查☆prestarting inspection
启动燃料点火[航]☆auxiliary fluid ignition
启动时不用灌水的(水泵)☆self-priming
启动试验☆running-up test
启动手柄☆operating crank；starter handle
启动数据信号指示器☆start-data-traffic indicator
启动调汽阀[复式蒸汽机的]☆intercepting valve
启动拖曳速度☆threshold drag velocity
启动位置☆start position
启动信号☆enabling{start(ing);actuating;initiating;activating} signal；signal enabling
启动性☆startability
启动压力☆kick-off pressure；trigger{start-up;starting;actuating} pressure
(气举井)启动压力☆kickoff pressure
启动摇把☆starting crank；manual starting crank
启动预报(装置)☆pre-start warning
启动元件☆initiating element{unit}
启动注水操纵(杆)☆priming lever
启动注油不足☆underpriming
启动装置☆launcher；starting device；starter；trigger
启发☆irradiation；illumination；elicitation；inspiration；light
启发式的☆heuristic
启发者☆illuminator
启封火区☆reopening of sealing area；open extincted area
启航☆maiden{first} voyage
启{起}航港☆port of sailing
启{起}航许可证☆clearance
启筋痕[双壳]☆diductor scar
启开裂缝☆open fracture
启莫里阶[141～146Ma]☆Kimmeridgian (stage)
启莫里煤☆Kimmeridge coal
启莫里期☆kimmeridgian age
启莫里支(阶)[欧;J_3]☆Kim(m)eridgian
启赛斯☆kilsyth
启示☆reveal
启事☆advertisement；advt
启锁☆unlock
启通信号☆unblank signal
启瓦丁期☆Keewatin age
启应现象☆inductance
启用☆put into service
启运地船边交货(价)☆free alongside ship；fas
绮碧玉☆jasponyx

qì

契比{切比；切贝；车贝}雪夫直线运动机构☆Chebychev line motion
契比雪夫组合☆Chebyshev pattern；Tchebyscheff array
契德鲁(阶)[欧;P_2]☆Chideruan (stage)；Tatarian
契尔马克分子☆Tschermak molecule；tschermakite
契尔诺娃珊瑚属[C_1]☆Tschernowiphyllum
契干类☆czekanowskia
契哈切夫藻属[Z]☆Tschichatschevia
契合☆conjunction
契据☆deed；muniment
契卡索怀(阶)[北美;E_3]☆Chickasawhay
契利期☆Chellean age
契列姆油页岩☆tcheremkhite
契伦柯夫计算器玻璃☆Cerenkov radiation
契普曼-莫特公式☆Chapman and Mott formula
契普曼提金法[氯化浮选联合法]☆Chapman process
契斯特(统;群)[北美;C_1]☆Chesterian；Chester
契斯特阶[北美;C_1]☆Chester stage
契约☆indent(ure)；bond；deed；engagement；contract；covenant；concordat；compact；charter；obligation；agreement；bargain(ing)；pact；cont

Q

契约不履行保险☆insurance against nonperformance
契约的☆contractual
碛☆moraine
碛岸湖☆walled lake
碛坝☆morainic dam
碛堤湖☆morainal-dam lake
碛核泥球☆till ball
碛环☆morainic loop
碛间湖☆intermorainal lake
碛列☆trail; rock train
碛内湖☆intermorainal lake
碛(核尾)丘☆till-shadow hill
碛裙☆morainic apron
碛塞湖☆moraine-dammed lake
碛屑☆morainic debris
砌壁☆wall off; support erection; walling
砌壁吊盘平台☆walling scaffold plat-form
砌壁立井☆lined shaft
砌壁砖☆lining brick
砌层☆course
砌挡墙☆fence; fencing
砌垛废石☆packed waste
砌垛工☆pillar man
砌防护隔墙☆block off
砌风墙工☆ventilation man
砌矸石(墙)土☆seal packer
砌隔墙用材料☆bulkhead material
砌拱☆arch walling; arch-setting; arching the roof
砌拱坝☆arched masonry dam
砌拱背圈☆haunching
砌拱垫块☆camber slip
砌拱支架☆soffit scaffolding
砌合☆bond(ing)
砌合路面☆bonded surface
砌合之石☆bondstone
砌井壁☆hanging of lining; ginging
砌块☆(building) block
砌块石护岸☆block protection
砌列带☆streaky mass
砌炉用硅砂☆furnace sand
砌路用石块☆paving (stone) block
砌毛石☆random rubble
砌面☆facing; garment; encase
砌面石☆ashlar masonry; cover stone
砌面隧道☆trimmed tunnel
砌片石墙☆coffer work
砌墙☆brick walling; brickwork
砌墙石☆bonder
砌石☆stone (laying); (placed) rockfill; masonry
砌石堤☆stone-faced bank; stone-pitched jetty; stone dike
砌石工程☆stonework; stone masonry; mason's work
砌石拱圬工☆stone arching
砌石沟☆rubble-lined ditch
砌石护面☆stone facing{pitching}; protective surface by laying stone facing; placed stone facing; stone pitched facing
砌石护坡☆pitching; beaching; pitched work
砌石砖镘☆brick trowel
砌体☆masonry
砌碹{礦}☆brick arch; fanging of lining; brickwork
砌碹导架☆leading frame
砌碹台车☆finish jumbo
砌筑☆laying; lay; masonry
砌筑砂浆☆bonding{masonry} mortar
砌筑式井壁☆walling of a shaft; masonry shaft lining
砌筑中间岩石带☆midwall building
砌砖☆bricking; brick laying{setting;masonry}; brick- laying; brickwalling
砌砖壁的[井筒、巷道等]☆brick-lined
砌砖工☆brick layer; bricklayer
砌砖工程☆brickwork
砌砖拱架☆leading frame
砌砖墙☆brick walling; line with bricks
砌砖石井壁☆ginging
砌砖状排列的小珍珠板[软;德]☆backsteinbau
砌砖状形态☆brickwork-like pattern
砌琢石(墙(面))☆ashlaring
器材库☆storage facilities
器材上的分门☆bin
(变压)器(的吸)潮器☆breather
器官☆organ; apparatus; organo-
器官的☆organic
器官发生☆organogenesis; organogeny
器官系数☆acropetal coefficient; AC
器件☆device; feature
器具☆utensil; instrument; implement(ation); appliance; ware; aid; furniture; furn.
器具的☆instrumental
器皿☆utensil; vessel; ware
器皿玻璃☆ware glass
器械☆tackle; device; apparatus; implement; weapon; instrument; appliance; tool; hicky; equipment; hickey
器械操作☆instrumentation
器械分析☆instrumental analysis
气鞍☆air saddle
气胞☆gas pore
气包☆steam dome; air holder{vessel}; gas pocket
(泵的)气包☆air chamber
气(体)包(裹)体☆gas enclosure{inclusion}
(天然)气饱和度☆gas saturation
气爆☆gas explosion; airing; pop[气枪]
气爆搅动[摄]☆gaseous burst
气爆引信☆gas exploder
气爆震源☆gas exploder{gun}; Dinosein; Dinoseis
气爆震源地震剖面仪☆gas {-}source seismic profiler
气崩塌角砾岩☆gash breccia
气泵☆gas pump
气(组分)比值法[气测解释方法]☆gas ratios method
气表☆gasometer; gas meter
气波☆air wave; earthquake sound
气波及带☆gas-flushed zone
气藏☆gas `pool{reservoir}[油]; natural gas reservoir; multiple-sand reservoir; gas deposit {accumulation}
气藏出水☆watered-out gas reservoirs
气操纵钻机☆air controlled rig
气槽☆gas channel
气测☆gas survey; gasometry
气测势面☆gas potentiometric surface
气层☆gas sand{zone;horizon}; gas bearing formation
气层探井☆new pool wildcat
气层细菌呼吸作用☆gas formation bacterial respiration
气厂产品☆gas plant products
气成(作用)☆pneumatolysis
气成包体☆pneumatolytic{pneumatogenic} enclosure; enclave pneumatogene; pneumatogene enclave; pneumatogeneous inclusion
气成沉积☆atmogenic deposit
气成的☆pneumatogenic; pneumatolytic; gasogenic; hydatothermal
气成高温热液矿床☆pneumatolytic hypothermal deposit
气成破裂☆pneumatic fracture
气成期☆pneumatolytic stage
气成热液☆pneumatolitic solution
气成岩☆atmolith; atmogenic{atmospheric} rock; aerogen; exhalite
气成异常☆gaseogenic{atmogenic} anomaly
气成元素☆pneumatophile element
气成晕☆gaseous halo
气成作用☆pneumatolytic process; pneumatolitic agency; pneumatolism; pneumatolysis
气成作用圈☆pneumatosphere
气冲洗☆gas flushing
气储层☆gas reservoir
气喘病☆asthma
气窗☆transom
气吹☆air-lancing; air-sweep(ing)
气吹(式)断路器☆air-blast circuit breaker; ABB
气吹装药☆blow charging
气槌☆air ram
气锤☆compressed-air{pneumatic;air} hammer; terrapak
气锤波源☆terrapak
气窜☆gas tongue{migration;channeling}; trip gas; breakthrough of gas; TG
气窜井☆gassed-out well
气带☆gas range
气袋☆gas pocket{bag}; balloon
气导☆air conduction
气道☆gas channel{duct}; air-drain
气等势面☆gas isopotential{equipotential} surface
气垫☆(gas) cushion; air-cushion; air cushion{spring pad}; ullage; pneumatic cushion{blanket}
气垫爆破☆cushioned shot firing; air shot {shoot(ing)}; cushion shot{shooting;blasting}; cushioned blasting
气垫驳船☆hoverbarge
气垫层机制☆air {-}cushion mechanism
气垫车☆hovercar; cushioncraft; ground effect machine
气垫船☆hovercraft; hovermarine; ground effect machine{vehicle}; cushioncraft; air cushioned vehicle
(内河)气垫交通艇☆hoverbus
气垫器☆puck
气垫汽车☆aeromobile
气垫式液压破岩机☆gas cushioned hydraulic breaker
气垫效应☆air-spring{cushioning} effect
气垫窑☆gaseous cushion kiln
气电焊☆electrogas welding
气电化学的☆atmoelectrochemical
气顶[油;压气铆钉]☆holder-on; feed leg; pusher leg; gas cap; atmospheric ceiling[着火区空气中的热柱停止上升、水平移动时的高度]
气顶动态☆gas {-}cap behavio(u)r
气顶`放空{降低开采}☆blowdown of gas cap
气顶`驱油藏{气驱储油层}☆gas cap drive reservoir
(储罐)气顶升倒装法☆air lift flip-chip
气顶体积-油带体积比☆ratio of gas-cap volume to oil zone volume
气动☆pneumo-; pneum-
气动扳手☆impact wrench
气动泵☆air-operated{air-driven;pneumatic} pump
气动变向器☆pneudyne
气动冲砂器☆sand rammer
气动抽油杆运移吊卡☆air lift rod transfer elevator
气动捣砂锤☆pneumatic sand rammer
气动的☆pneumatic; gas-operated; air-powered; air operated; aerodynamic(al); pneumatically powered
气动对管器☆air (line-up) clamp; alignment{line-up} air clamp
气动给进钻机☆air-feed drill
气动举管器☆pneumatic pipe lift
气动卡瓦☆air slips
气动开关☆pneumatic switch; jettron
气动控制钻井设备☆air controlled rig
气动力弹性☆aeroelasticity
气(体)动力学☆aerodynamics
气动轮胎式下管吊架☆pneumatic-tired lower-in cradles
气动螺旋式压砖机☆pneumatic screw press
气动落砂器☆pneumatic vibratory knockout
气动马达钻进☆air motor drilling
气动盘车器☆compressed air starter
气动偏斜板☆air-operated deflection plate
气动平衡抽油机☆air-balanced sucker-rod pumping unit; air-balanced pumping unit
气动起管器☆air rod puller
气动取芯凿岩机☆pneumatic hammer drill
气动热力压缩机☆aerothermopressor
气动刹车的输气管线☆brake pipe
气动砂冲子☆pneumatic sand rammer
气动声源☆pneumatic sound source
气动升料机☆pneumatic elevator
气动式井壁取芯器☆gas generated press sidewall coring tool
气动式取芯{心}器☆gas-operated corer
气动输砂{送}器☆pneumatic conveyer
气动速送器☆rabbit
气动台式砂箱捣实机☆pneumatic bench sand rammer
气动透平发电机式灯☆air turbo lamp; compressed-air-driven lamp
气动涡轮☆air-driven turbine
气动下灰车☆pneumatic cementing truck
气动效率☆aerodynamical efficiency
气动型砂捣碎机☆pneumatic sand rammer
气动行走墙☆pneumatic traveling
气动性能☆aeroperformance
气动旋螺纹毛头☆air spinning cathead
气动液压弹簧系统☆hydraulic-pneumatic spring-system

Q

气动(力)载荷☆airload
气{汽}动凿毛机☆bush hammer
气动凿岩机钻眼☆air motor drilling
气动辊子☆pneumatic roller
气动针式除锈枪☆pneumatic needle de-scaling gun
气动震击钻井☆ai-hammer drilling
气动震源地震剖面仪☆gas source seismic profiler
气动中缩式凿岩机☆air-feed stoper
气动重力式输送机☆air-actuated gravity conveyor
气动装置☆pneumatics
气动钻架☆air-leg support
气洞☆gas maar
气堵☆gas lock; gas-bound; air block{slug; cushion}; aired up[柱塞泵吸油室]
气阀☆air{pneumatic} valve; air-flap; gas check
气阀从动件☆valve follower
气氛☆atmosphere; ambience; mood; surrounding feeling; ambiance
气氛片☆atmospheric pellet
气氛烧结☆sintering under varied atmosphere
气封☆gas seal{lock}; gas-bound; atmoseal
气封电缆☆gas-blocked cable
气封隔器☆gas packer
气浮尘末☆airborne dust
气浮式风力摇床☆air-float (pneumatic)table
气浮细粒泥土☆airfloat clay
气干☆air setting
气干砾石☆air-gravel
气干状态☆air-dried condition
气杆菌☆aerobacter
气缸☆(pneumatic{air}) cylinder; linear actuator
气缸重镗内燃机☆rebore
气缸工作容量☆displacement
气缸式泥炮☆plunger type (clay) gun
气缸体☆entablature; cylinder block
气割☆flame{gas; autogenous; torch; oxy-acetylene} cutting; burning
气割的切缝☆kirf; kerf
气割工☆burner
气根☆adventitious root
(高炉)气沟☆chimneying; channel(l)ing
气鼓☆gas heave; tambour
气固色谱(法)☆gas solid chromatography; GSC
气固吸附(法)☆gas-solid adsorption
气固液系统☆gas-solid-liquid system
气管☆trachea [pl.-e]; windpipe; tubing; throttle; throat; air tube; air-pipe
气管线中水凝物排除器☆drop-leg
气管中凝结的天然汽油☆drip
气罐☆gas storage holder; air receiver
气罐罩顶☆gas-holder bell
气柜☆gas-holder; gas receiver{tank}; gasometer
气-海界面☆air-sea interface
气海作用☆air sea interaction
气含量☆gas concentration
气焊☆flame{gas;torch;oxyacetylene;autogenous; oxygen; oxy-acetylene} welding; gas-welding
气焊法☆autogenous welding
气焊工☆burner
气焊机☆gas welder
气焊用护目镜玻璃☆autogenous welding shield glass
气和凝析油显示☆show gas and condensate; SG & C
气和油☆gas and oil; G & O
气黑☆gas black
气候☆climate; weather; situation; witterung[德]; sky
气候病☆meteoropathy
气候层☆climatolith
气候层序单位☆climate-stratigraphic unit
气候处理☆seasoning; season
气候的成岩证据☆lithogenetic evidence of climate
气候等植(物生长)线☆climato-isophyte
气候地形{貌}学☆climatic geomorphology
气候冻土☆climafrost
气候恶化☆deterioration
气候分类☆climate classification
气候分析☆climatological analysis
气候改良☆climatic amelioration; melioration; amelioration of climate
气候偶变☆climatic accident
气候期的演替☆succession of climatic phases
气候时☆climatochron
气候适宜期☆thermal maximum; (climatic) optimum
气候适宜期后☆Post Optimum
气候适应☆acclimation; acclimatization
气候(学上的)死冰☆climatologically dead ice
气候图☆climograph; climatic map{chart}; climate chart; climagraph; climagram; climogram
气候向性☆meteorotropism
气候性土壤☆climatogenic soil
气候序列☆climosequence
气候学☆climatology
气候学的☆climatological; climatologic
(成土作用中的)气候影响☆climofunction
(高度在)气候影响范围以上的☆overweather
气候志☆climatography
气候治疗☆climatotherapy
气候最适宜期[约 9,000~2,500 年前]☆Hypsithermal
气候最宜(期)☆climatic optimum
气滑式分级机☆air-slide classifier
气化☆see “汽化”
气化学晕☆atmochemical halo
气环☆gas ring
气环门☆ported air ring
气灰分离器☆air-cement separator
气辉☆air; airglow
气晖运动☆airglow motion
气火山☆air volcano
气降凝灰岩☆airfall tuff
气胶溶体☆gasoloid; gasofluid
气结的☆pneumotectic
气界☆gas {-}sphere; aerosphere
气井[油]☆gas (producing) well; underground gas reserve; gaseous well; blue whistler; gasser
气井分水分油器☆gas well drip
气井回压曲线☆gas-well back-pressure curve
气井(供气)能(力)☆gas-well deliverability
气井气☆unassociated gas; nonassociated (natural) gas
气井式卸载机☆air-lift unloader
气阱☆steam trap
气举☆gas-lift; air lift
气举采掘{样}☆air-lift dredge
气举采油压力梯度☆gas lift flowing gradient
气举`阀{凡尔}☆gas lift valve; lift valve
气举凡尔配置密度☆closeness
气举管☆eductor; eduction tube{pipe}
气举活塞采油☆free piston pumping
(空)气举开采☆airlift; production by air lift
(管道穿越河流)气举开沟法☆gas-lift ditching method
气举气[除去全部液态烃]☆working gas
气举水力采掘(法)☆air-lift hydraulic dredge
气炬☆torch
气炬烧剥☆de-seaming
气孔☆gas cavity{vent;pore;leak;orifice}; fumarolic {bubbling} vent; gas-exhalation; blowhole; blister; air bubble{voids;hole}; blow; bleb; pit; abscess; vesicular opening; stoma [pl.-ta]; pore; vesicle; bubble; vacuole; spiracle; spiracular; pockhole; fumarole; spiracle gas hole; vesicle blow-hole[机]; airhole; stigmator; gas pocket[焊缝金属]; pneumathodium[植]; air cap[喷枪]
气孔胞☆gas pore
气孔带☆stomatic{stomatal} band
气孔底式浮选机☆blanket-type cell
气孔结构☆pore structure
气孔壳☆fumarolic incrustation
气孔率☆porosity; void content
气孔器☆stomatal apparatus
气孔填充☆vesicular filling
气孔下生的☆hypostomatic; hypostomatal
气孔状的☆vesiculate; vesicular
气孔状柱体☆vesicle cylinder
气控(制)钻机☆air controlled rig
气空☆air void
气空底式浮选机☆blanket-type cell
气库☆cavern storage
气块☆air parcel
气块法☆parcel method
气喇叭☆klaxon
气缆[防喷器气控制管束]☆air cable
气缆连接盒[防喷器气控制管线]☆air junction box
气浪☆blast [of an explosion]; burst of air; airblast; air blow{burst}; wind blast
气冷☆air cool{cooling;refrigeration}
气(体)冷却☆gas cooling
气冷石墨慢化堆☆gas cooled graphite moderated reactor
气冷式引燃管☆air-cooled ignitron
气粒☆air particle
气力操纵撒砂器☆air-operated sander
气力分级机☆pneumatic classifier
气力给料(的)☆air-feed
气力计☆gas meter; gasometer
气力磨(矿)机☆fluid-energy mill
气力输送(机)☆airslide
气力卸料式散装水泥车☆pneumatic discharging car of bulk cement
气力制动系统的排气☆blowdown
气帘☆air-curtain
气帘(入井)☆gas breakthrough
气炼石英玻璃管☆gas smelted quartz glass tube
气量表☆gas volumeter
气量法☆gasometry; gasometric{gasmetric} method
气量计☆gasometer; gas meter
气量异常☆gasometric anomaly
气流☆(gas) stream; (air;aerial;wind) current; flow (gas); airstream; draught; (air) draft; airflow; well{air} stream; slipstream; air-flow; windstream; breath; overdraft; overdraught; windage[子弹等飞过引起]
气流测量☆airflow measurement
气流吹拉法☆blast attenuating process
气流的阀门☆throttle
气流分离☆burbling; burble; stall
气流和气团☆airflows and air masses
气流计☆anemometer; air(-)meter; airometer
气流离体☆breakaway
气流量☆airshed
气流扭曲☆flow curvature
气流喷射式油喷燃器☆steam or air jet type oil burner
气流强度☆current rate
气流筛分系统☆airflow screening system
气流上洗☆upwash
气流式分级☆air-flow classification
气流输送的粉状石灰☆airborne lime powder
气流速度☆gas (flow) velocity; gas-velocity; airspeed
气咙☆sylphon
气拢泥沙分析仪[气析计]☆air siltometer
气漏☆gas leakage
气路☆gas circuit; air-drain
(空)气(通)路☆air course
气滤机☆air filter
气轮胎铲运机☆carryall pan
气落(式)磨(机)☆aerofall mill
气锚☆gas anchor; downhole gas separator; bottom hole separator
气帽☆gas cap
气煤☆gas (flame) coal
气门☆stigma[昆]; spiraculum; spiracle{spiracular}[无脊]; air-drain; air valve; riser; air valve of a tyre; valve of a tyre; porthole; port
气门标石☆gas valve marking stake
气门杆导管☆valve stem guide
气门砂☆grinding powder
气门提升凸轮☆valve lifter
气门挺杆☆valve lifter
气门挺杆导套{|凸轮}☆valve lifter guide{|cam}
气门镶块座☆valve inserts
气门摇臂轴支架☆valve rocker shaft bracket
气密☆airtightness; steam tight; air-proof; gasproof; airtight seal; gastight; vapour-tight
气密的☆hermetic(al); GT; gas(-)tight; gas{air} tight; gas-proof; airtight; at.
气密电缆☆pressurizing cable
气密封☆hermetic sealing
气密焊缝☆sealing{seal} weld
气密连接☆steam tight joint
气密室☆air tight cabin
气密试验☆air (tight) test; tightness test
气密性☆impermeability; atmoseal; airtightness
气密装置☆obturator
气苗☆gas seepage{show}; show gas; s.g.
气敏效应☆gas sensitive effect
气鸣器[判别发动机运输状态]☆barker
气(态)膜☆gas envelope; gas film

气沫☆air-foam
气幕☆air curtain
气囊☆gas bag；sac；pneumatocyst；basal cyst；cell；bellows；balloon；air pocket；wing；[of birds] air sac[生]；vesica [pl.-e]；pneumatophore；gasbag [of an aerostat]；saccus[孢;pl.sacci] ；ullage；vesicula aerifera{vesicle;bladder;pneumathode} [孢]
气囊假说☆gas pocket hypothesis
气囊式安全阀☆gas yield capsule
气囊说☆gas-pocket hypothesis
气馁☆discouragement
气泥炭[有明亮稳定火焰的易燃泥炭]☆gas turf
气凝剂☆aerofloc
气凝胶☆aerogel
气凝性耐火水泥☆air setting refractory cement
气泡☆bubble；vesicle；gas bubble{blister}；bulb；blob；gas-vacuole；blister(ing)；bleb；bladder；air pocket；pinhole；vacuole；air-bubble；seeds；blowhole；pockhole；gas pocket[铸件]
气泡泵☆airlift pump
气泡超压[浮]☆excess bubble pressure
气泡串☆vesicle train
气泡的矿化☆mineralization of air bubble
气泡化(作用)☆vesiculation
气泡拣取法☆bubble pick-up
气泡间沟道[浮]☆interbubble channel
气泡矿化☆armouring of air bubble
气泡矿物黏附☆bubble mineral attachment
气泡脉冲区☆bubble-pulse region
气泡砂构造☆bubble sand structure
气泡摄取试验☆bubble pick-up test
气泡水平倾斜仪☆bubble level tiltmeter
气泡水准☆spirit level
气泡帷幕☆air bubble curtain
气泡析出浮选(法)☆gas precipitation flotation
气泡压附矿物表面实验法☆captive-bubble procedure
气泡仪☆bubble gage
气泡振动{荡}[空气枪源造成]☆bubble oscillation
气泡置中☆centering of bubble
气泡柱法[浮]☆bubble-column process
气泡铸件☆honeycombed casting
气泡状的☆alveolate；alveolar
气泡状构造☆vesicular structure
气泡作用☆blistering；aeration
气喷☆gas outburst{rush;eruption;release;inrush}；outburst；gas `blowout{gush}[油]
气喷净法☆air-blast cleaning
气喷净法爆炸气流☆air blast
气喷式筛[分析用]☆air-jet sieve
气瓶☆gas balloon{cylinder}；air collector{bottle}
气瀑☆air cataract
气-气对比☆gas-gas correlation
气-气溶胶混合物☆gas-aerosol mixture
气汽比☆gas-steam ratio
气汽混合物冷却器☆devaporizer
气-汽-汽热交换器☆triflux
气(-)汽(-)水混合流体☆gas-steam-water fluid
气前缘推进☆gas front advance
气枪☆(gas) gun；airbrush；air{pneumatic} gun；airgun
气枪沉放深度☆gun depth
气枪吊杆☆air gun davit
气枪漏泄☆gun-dropout
气枪射流☆giant jet
气枪声源☆pneumatic source
气枪栓☆shuttle
气枪拖曳系统☆airgun towing system
气枪组合{阵列}☆air gun array
气切☆autogenous cutting
气侵☆gas cut{migration;cutting}；air cutting；going to gas；gc
气侵带☆gassing zone；gas invaded zone
气侵和油侵泥浆☆gas and oil cut mud；G & OCM
气侵降低泥浆比重☆cutback in mud weight
气侵泥浆☆gas cut mud；gcm
气侵水☆gas cut water；GCW
气侵体积☆gas-invaded volume
气侵钻泥☆gas-cut mud
(用)气清洗☆air flush
气球☆balloon
气球乘客☆aeronaut
气球吊篮☆nacelle
气球火箭☆rockoon
气球摄影相片☆balloon photograph
气球升限☆ballonet ceiling
气球卫星☆satelloon
气球系留☆balloon-kite
气球藻属[Q]☆Botrydium
气区☆gas province；gaseous section
气驱☆gas drive
气驱丙烷段塞采油法☆gas-drive liquid propane method
气驱采油可能产量☆gas {-}drive potential
气驱带☆gas-flushed{gas-drive} zone
气驱动☆air drive
气驱油田☆gas {-}controlled field
气圈☆gas sphere{ring}；gaseous envelope；balloon；aerosphere；atmosphere；gas-sphere
气泉☆gas{fumarolic} spring；air fountain
(油井注)气(天)然气窜流☆gas by-passing
气燃比☆air-fuel ratio
气燃式方型炉☆gas combustion box type furnace
气热声学☆aerothermoacoustics
气熔(作用)[火山]☆gas fluxing
气熔说☆gas-fluxing hypothesis
气溶胶☆gasoloid；aerosol；gas dispersoid；airosol；aerated solid；gasofluid
气溶胶型微粒☆aerosol-sized particle
气溶体☆gaseous solution
气溶液☆gasoloid；airosol
气塞☆gas lock{embolus;bag}；air(-)lock；air block{cushion;slug}
气砂冲击☆sandblast
气砂干法选煤机☆air-sand dry coal cleaner
气砂介质选矿法☆air-sand process
气砂锚☆gas and sand anchor；gas-sand anchor
气刹车☆vacuum{pneumatic} brake
气舌☆gas tongue
气生变态☆aeromorphosis
气生根☆aerial root
(大)气生岩☆atmogenic rock
气生植物☆aerial plant；aerophyte
气升(器)☆air lift
气升泵排水☆drainage by air lift pump
气升流动☆gas-lift flow
气升式浮选机☆aeration flotator；airlift cell；air-lift (flotation) machine
气升柱法[浮]☆bubble-column process
气升柱式浮选机☆bubble-column machine
气石☆airstone
气蚀☆cavitation (erosion;corrosion)；vapor cavity；cavitation-erosion
气蚀荒地☆gas barren
气蚀区☆cavity
气蚀射流☆cavi-jet
气室☆air chamber{vent;room}；(air-)chamber；camera [头;pl.-e]
气室式水击吸收器☆air chamber water shock absorber
气刷☆aerograph
气栓☆gas lock{bag}；air-lock
气水比☆gas-water ratio；CWR
气水成的☆hydropneumatic；hydatopneumatic；hydatopneumatogenic；pneumato-hydatogenetic
气水的☆aerohydrous
气水分离☆gas water separation
气-水界面☆air-water interface；water-gas contact
气水(分)界面☆gas-water interface
气水浸☆inrush
气水喷射式管沟挖掘滑橇☆air/water pipeline trenching sled
气水式喷水☆air-water spray
气速管急动检验器☆rotoscope
气速计☆aerodromometer
气碎岩☆atmoclastics；atmoclastic rock
气碎岩屑☆atmoclast
气缩☆air contraction
气锁☆gas lock(ing)；gas-bound；air {-}lock
气锁水泥☆gas block cement；gasblock
气胎离合器☆air (tube) clutch
气胎轮☆pneumatic-tyred wheel
气态☆gas(eous) state；gassiness；gasiform；gaseity；gaseousness；gas；manner；bearing；air
气态的☆gassy；gaseous；fluid；gasiform
气态和液态油品的混合物☆gas-oil mixture
气态链烷烃☆gaseous paraffin
气态汽油☆compression gasoline
气态燃料☆fuel gas
气态水☆vaporous water
气态烃☆hydrocarbon gas；gaseous hydrocarbon
气态氧☆gox；gaseous{gas} oxygen
气潭☆air pocket
气碳☆gas carbon
气套☆air jacket{case}；lining
气提(脱氧) [用天然气]☆gas stripping
气提塔☆gas stripping column；stripping column
气体☆gas；gaseity；pneumat(o)-；aeri-；aer(o)-
气体斑管☆gas burette
气体保持{留}年代{龄}☆gas retention age
气体保护(弧)焊☆gas-shielded (arc) welding
气体保护金属极弧焊☆gas metal arc welding
气体保护钨极(电)弧焊☆gas tungsten arc welding
气体爆破系统☆pneumatic breaking system
气体爆燃式喷涂☆detonation flame spraying
气体爆炸性喷出☆explosive gas exhalation
气体比重测量法☆aerometry
气体测量☆gas survey{surveying}；aerometry；gasometry；air survey[化探]
气体常数☆gas{gas-law} constant；constant for gases
气体尘埃云☆gas-dust cloud
气体处理法☆gas treating process
气体代谢☆gasous metabolism
气体的☆gaseous；gassy；pneumatic
气体定量分析研究☆gasometric study
气体动力激光器☆gasdynamic laser
气体发出分析☆gas evolution analysis；GEA
气体发生法☆gas bubble method
气体放电(离子)源☆gas-discharge source
气体分层☆stratification of hot gases
气体分流原则☆principle of parallel vertical gaseous
气体分析☆gas analysis
气体分液罐☆drip pot
气体辐射计数管☆gas radiation counter
气体鼓泡作用☆boilinglike action
气体(-)固体色层法☆gas-solid chromatography；GSC
气体合理利用☆gas conservation
气体滑脱体积[气举中]☆slip volume
气体化☆aerification
气体挥发曲线☆gas {-}evolution curve
气体回收洗涤塔☆process gas Scrubber；PGS
气体混合物☆gaseous{gas} mixture
气体{液体}燃料钻机☆gas rig
气体计温法☆gas thermometry
气体加味装置☆gas odorizer
气体进样阀☆gas sampling valve
气体空气火焰☆gas-air flame
气体扩散☆gaseous{gas} diffusion；diffusion{dispersal} of gases
气体扩散计☆effusiometer
气体冷却器☆gas cooler
气体力学☆aeromechanics；pneumodynamics；pneumatics；pneumatology
气体淋洗塔☆scrubbing tower
气体留藏☆gaseous enclosure
气体漏出☆blow-by
气体脉动作用☆gas pulsation
气体弥散☆gas-dispersion
气体密度测定仪☆manoscope；manometer
气体凝结油田☆gas-condensate field
气体凝聚(作用)☆vapor condensation
气体凝析率☆gas condensate ratio；GCR
气体喷射激光切割☆gas jet laser cutting
气体膨胀的压力变化曲线☆expansion line
气体膨胀孔隙度仪☆gas expansion porosimeter
气体汽油☆casing head gasoline；natural gas liquid
气体侵入井内☆kick
气体清洗塔☆purifying tower
气体燃化计☆eudiometer
气体燃料☆gas{gaseous;gas-type;vapourous} fuel；fuel gas；vaporous fuel gaseous-propellant
气体燃料发动机☆gaseous propellant engine
气体燃烧☆gas(eous) combustion；combustion of gas
气体热动的☆gas thermodynamic
气体容积分析法☆gas-volumetric method
气体溶{熔}剂☆gasflux
气体乳浊剂☆gas opacifier
气体色谱-质谱测量术☆gas chromatography-mass

spectrometry
气体渗透率仪☆gas permeameter
气体渗泄作用[油气层的]☆gas percolation
气体收集器☆gas trap{collector}
气体弹性☆elasticity of gases
气体逃逸☆escape of gas；gas escape
气体体积☆gas volume
气体突破☆gas breakthrough；breakthrough of gas
气体温标☆perfect-gas temperature scale
气体吸附仪☆gas-adsorption apparatus
气体吸收量管[奥氏气体分析器中]☆absorbing pipette
气体洗涤站☆gas scrubbing station
气体洗选☆sweep of gases
气体泄漏显示☆gas leakage manifestation
气体泄压连接器☆gas purge connector
气体星☆gaseous star
气体型质谱计☆gas-type mass spectrometer
气体循环☆gas cycling；recirculation flow
气体循环(使用)气举系统☆rotation gas lift
气体压力☆gaseous tension；gas pressure
气体演化分析☆gas evolution analysis；GEA
气体液化☆liquefaction of gas{gases}
气体液体燃料量热器☆calorifier for gaseous and liquid fuels
气体油☆gasol
气体元素☆atmophile element
气体源质谱☆gas-source mass spectrometry
气体运移分异作用☆gas transfer differentiation
气体正比闪烁计数器☆gas proportional scintillation counter
气体置换标准罐☆gas displacement prover
气体转移封取管☆break-seal tube
气体状态☆gaseousness
气体钻井用钻头☆Aerobit
气田☆gas field[油]；gas pool；supergiant{maiden} field
气田气☆nonassociated (natural) gas
气突进☆gas overriding
气团☆air-mass；air mass
气团(状)流(动)☆slug flow
气团性阵雨☆air mass shower
气腿☆pneumatic ram；airleg；pneumatic feedleg；air bar；jackleg；feedleg[钻机]
气腿式凿岩机☆air-rider jack hammer；rock drill on airfeed leg；air-leg{pusher-feed} (rock) drill；air leg rock drill；airleg rock drill；pusher{air-feed} leg drill；jackleg drill{machine}
气腿凿岩☆air-leg drilling
气腿支架金刚石钻机☆air leg diamond drill
气腿子☆air leg；pneumatic feedleg
气腿钻机☆air-feed leg drill；air-jackleg{jackleg} drill；air-leg rock drill
气腿钻架附件☆air-leg attachment
气味☆smell；odo(u)r；breath；tinge；tincture；smack；streak；scent；flavour；taste；aura [pl.-e]
气味测定☆odorimetry
气味计☆scentometer；odorimeter
气味剂☆odorant
气味浓度☆odorousness
气温☆atmospheric{air;ambient} temperature
气温计百叶箱☆thermometer screen
气温熵图☆tephigram；tephigram
气窝☆gas pocket；airlock
气窝现象☆cavitation
气雾☆gas spray
气雾化喷燃器☆air atomizing (oil) burner
气息☆breath；tinge
气隙☆air gap{slug;clearance}；ag
气隙比☆air-space{air-void} ratio
气隙的磁感应密度☆gap density
气隙感度☆air gap sensitiveness
气显示☆gas show
气相☆gas{gaseous} phase
气相滴定☆gas-phase titration
气相法二氧化硅☆fumed{pyrogenic} silica；aerosil
气相分离☆separation in vapor phase；vapor-phase separation
气相色层法☆gas chromatography
气相色谱-核磁共振波谱仪☆gas-chromatography-nuclear magnetic resonance spectrometer；GC/NMRS
气相生长☆growth from vapour phase
气相外延☆vapour phase epitaxial growth；VPE
气相线[蒸气压力曲线]☆vapourus
气象☆weather；geothermometer；meteorological phenomena；meteorology；atmosphere；scene
气象病☆meteorotropic disease；disease caused by weather；meteoropathy
气象潮☆surge；weather{meteorologic;atmospheric; meteorological} tide；wind set-up
气象的☆meteorologic(al)；meteor；met.
气象地质灾害预报☆weather-geohazard forecast
气象感应☆meteorotropism
气象观测网系☆meteorological observing network
气象海准(面)☆meteorologic sea level
气象台☆weather{meteorological} observatory
气象探测☆aerological sounding
气象图☆weather chart{map}；meteorological map；meteorogram
气象卫星☆meteorologic(al){weather} satellite
气象学☆meteorology；weatherology；aerology；meteor；aerography[高空]；met.
气象学的☆meteorological；meteor；met.
气象学家☆meteorologist
气象中心☆forecast center
气屑沉积物☆gasoclastic sediment
气(成碎)屑沉积物☆gasoclastic sediment
(用)气需求量差异度☆diversity factor
气悬体☆aerosol
气旋☆cyclone；cycloning；yclone；cyclonic
气旋的扰动☆cyclonic disturbance
气旋生成(作用)☆cyclogenesis
气旋消灭☆cyclolysis
气旋性☆contra solem
气穴☆blow；air pocket{void}；vesicle；blowhole[熔岩]
气穴作用☆cavitation；cavitating
气压☆atmospheric{barometric;air} pressure；baro-；atmosphere；at.；air-pressure
气压表☆barometer；gas manometer；air{weather} gauge；weather gage；barograph；air-gauge；rain glass
气压病☆aeroembolism
气压测定(法)☆barometry
气压层☆barosphere
气压沉箱作业室☆working chamber of pneumatic caisson
气压传动☆pneumatic transmission
气压的☆barometric(al)；atmospheric(al)；baric
(大)气压的☆atmospheric；atmosphere；atm.
气压(计)的☆barometric(al)；baric
气压电阻☆baroresister
气压顶铆器☆air dolly
气压顶升机☆air jack
气压法☆pneumatic sealing method；compressed-air method
气压谷☆col；cof
气压(输送)管☆pneumatic tube
气压唧筒☆pulsometer
气压计☆barometer (gauge)；air (pressure) gauge；air gage；gas pressure gauge；barometrograph；altigraph；bar；vaporimeter；air-gauge；weather gauge{glass}；baroscope；barograph[自动记录式]；depression meter；APG
气压计的☆barometric；bar；barometrical
气压计盒☆aneroid chamber
气压计刻度☆barometer scale
气压计示高程☆barometric elevation
气压计式凝汽器☆barometric(-type) condenser
气压开关☆baroswitch
气压空盒☆sylphon
气压驱动☆free gas drive
气压曲线☆barogram
气压日际等变线☆isomentabole
气压升降率☆barometric rate
气压升降趋势{向}☆barometric{pressure} tendency
气压式玻璃浮选机☆all-glass pneumatic cell
气压式盾构前后仓分离板☆diving plate
气压梯度力☆pressure gradient force
气压温度仪☆barothermograph
气压温湿记录器☆barothermohydrograph
气压下降☆barometric depression
气压效率☆barometric efficiency；B.E.
气压性创伤☆barotrauma
气压压头☆gas pressure head
气压仪☆barograph
气压真空腿☆barometric leg
气压自记曲线☆barogram
气压最低值☆barometric minimum
气烟末☆gas black
气岩☆gas rock
气眼☆gas orifice{leak(age);hole}；air-drain；air hole
气焰割缝☆torch-cut slot
气焰煤☆gas flame coal
气样☆gas sample
气样瓶☆gas-sample bottle
气液包裹体(的)流失☆leakage of inclusion
气液比☆GLR；gas {-}liquid ratio
气液成的☆hydatopneumatogenic；gas-aqueous；hydatopneumatic；pneumato-hydatogenetic
气液固相外延生长法☆vapour-liquid-solid epitaxial growth；VLS
气-液换热器☆gas/liquid exchanger
气液界面☆gas-solution{air-water;gas-liquid} interface；liquid-gas boundary{interface}
气液浸变岩☆diabrochite
气液控制☆pneumatic-hydraulic control
气液色谱-质谱仪☆gas-liquid chromatograph-mass spectrometer
气液蚀变包裹体☆exopolygene
气液式制动器☆air-over-hydraulic brake
气-液-弹性(力学)☆areo-hydro-elasticity
气、液体等排出☆escape
气-液体积比☆gas-volume ratio；GVR
气液张力☆air-liquid tension
气液作用☆pneumato hydatogenesis
气印☆regmaglypt；piezoglypt；pezograph
(空)气硬(化)的☆air hardening
气硬钢☆self-hardening{air-hardening} steel
气硬性水泥☆air-setting cement
气涌☆gas kick
气油比☆gas-oil ratio；GOR；gas factor
(地面)气油比☆output gas `factor {oil ratio}
气油比测定仪☆GOR meter
气油(分)界面☆gas-oil interface
气域[一定地区的大气补给的量或地理区]☆airshed
气源☆gas{air} source；air supply
(天然)气源合理利用☆gas conservation
气-源岩对比☆gas-source rock correlation
气云☆gas cloud
气(体搬)运分异(作用)☆gaseous transfer differentiation
气晕☆gas halo
气载尘埃☆airborne dust
气载的☆airborne；A/B
气凿☆pneumatic chisel
气灶☆gas ring{kitchen}
气渣联合保护药皮[焊接]☆semi-volatile covering
气闸☆compressed-air{air;pneumatic} brake；air{gas} lock；wheel wind；damper
气闸盖☆airlock hatch
气闸软管☆air-brake hose
气闸系统☆air-lock{airlock} system
气胀变形☆air heave
气胀构造☆air-heave structure
气胀孔☆gas expansion hole
气障☆gas barrier；airbond
气罩☆gas mantle
气枕☆air{pneumatic} cushion
气震钻进☆air hammer drilling
气镇泵☆air-ballast pump
气支式上向凿岩机☆air-feed stoper
气(动力)制动装置☆air brake
气质☆temperament；mettle
气钟☆air bell
气肿扭曲构造☆gas heave structure
气柱☆gas plug{column}；gaseous{air} column
气柱电阻☆column resistance
气状☆gaseity；aeriform
气锥☆gas tongue{coning}
气阻☆air-lock；windage
气阻效应☆Jamin effect
气钻进☆gas drilling
气嘴☆gas nipple；air tap
憩潮☆slack tide
憩潮悬质沉积☆tidal slack-water suspension sedimentation

Q

憩流☆slack tide{water}；low tide slack water
迄今☆heretofore；hitherto；thus far
弃管作业[风浪大,暂将管线搁置海底]☆pipe abandon
弃渣☆muck (pile)；rock pile；debris；waste rock；refuse；rubbish；dirt
弃甲目[甲壳纲]☆Lipostraca
弃井封盖☆abandonment cap
弃空☆rarefied air
弃模☆profiling
弃权☆waiver；waive
弃石堆☆waste-dump；barrow
弃水温度☆disposal temperature
弃水堰☆waste weir
弃土☆spoil；waste
弃土堆☆earth deposit；dump；banket；waste bank
弃物☆reject
弃置河☆defeated stream
汽☆vapour；vapor；steam；vap
汽包☆steam tank{accumulator}；drum
汽包压力☆dome pressure
汽包蒸汽歧管☆steam manifold
汽泵☆steam pump
汽车☆car；autocar；(auto)mobile；auto；motorcar
汽车安全检测线☆vehicle safety inspection and test line
汽车爆炸事件☆car bombing
汽车侧灯☆side light
汽车道☆motorway
汽车的☆motoring；automobile；automotive
汽车的方向指示器☆trafficator
汽车吊☆autocrane；truck(-mounted) crane
汽车吊车☆crane truck
汽车翻卸矿槽☆truck dump pocket
汽车钢板☆leaf-spring
汽车工业☆the car industry；car industry
汽车化☆motorization
汽车或拖拉机发动机☆automotive engine
汽车(修理)间☆garage
汽车库燃料油滤器☆garage fuel trap
汽车列车☆artic
汽车-溜井-箕斗运输☆truck-orepass-skip haulage
汽车轮胎☆donut；doughnut
汽车内部灯光☆cabin lights
汽车坡路停车防滑机构☆hill holder
汽车前窗雨刮{刮水}器☆squeegee
汽车取样☆truck sampling
汽车燃料消耗定额☆vehicle fuel consumption ration
汽车式搅拌机☆truck mixer
汽车司机☆chauffeur；automobilist；motorist
汽车速度表{计}☆autometer
汽车拖着的活动房子{车}☆coach
汽车外胎☆casing；tyre casing
汽车行车间隔☆margin
汽车仪表☆motor meter
汽车用方向指示灯☆winker
汽车运输☆motor{mechanical} transport；trucking；truck haulage；motoring；MT
汽车运输排土场☆truck waste dump
汽车运油☆oil trucking
汽车转运的☆carborne
汽车钻☆drillmobile；truck {-}mounted rig
汽车钻机☆wagon drill；trailer-mounted rig
汽储☆steam reservoir{trap}
汽船☆steamer；powerboat；motor dory{boat}
汽船级无烟煤☆steamboat coal
汽船声☆motorboating
汽锤☆airhammer；steam{air;stamp} hammer
汽打桩锤☆steam pile hammer
汽袋☆vapor packet
汽灯☆storm lantern (lamp)
汽笛☆buzzer；siren；whistle(r)；syren；steam whistle；horn；air whistle；hooter；BUZ
汽笛响声☆hoot
汽洞☆steam pit{vent}；warm crack
汽堵☆vapour lock(ing)
汽阀导管☆valve guide
汽封☆vapour locking{lock}；vapor seal
汽缸☆cylinder；housing；steam{power} cylinder
汽缸壁应力传感器☆casing wall thermal stress sensor
汽缸垫☆cylinder ring；(cylinder) head gasket
汽缸盖密封垫☆cylinder-head gasket
汽缸套筒☆cylinder sleeve
汽管☆steam pipe
汽锅☆caldron；steam generator；boiler；Yunnan steaming pot
汽锅`保险{防爆装置}☆hydrostat
汽锅水分诱出量☆primage
汽海[月]☆Mare Vaporum
汽耗☆steam rate
汽化☆vapo(u)r(iz)ation；boil (off)；evapor(iz)ation；gasification；gasify；aerify；pneumatolism
(燃料)汽化(作用)[内燃机]☆carburation
汽化的☆evaporative；pneumatolytic；gaseous transfer；gas-cut
汽化计☆atm(id)ometer；evapograph
汽化剂☆vaporized chemicals
汽化交代(作用)☆pneumatolytic replacement
汽化率☆rate of gasification
汽化煤炭地下☆gasification chamber
汽化器☆carburettor[内燃机]；gasifier；evaporator；carburetor；carburet(t)er；vapo(u)rizer；Carb.；cab
汽化器发动机用的煤油☆power kerosene
汽化器式发动机☆carburetor engine
汽化潜热☆latent heat of vaporization
汽化前缘☆evaporation front
汽化燃料☆vaporising fuel
汽化燃烧盘区☆gasification panel
汽化热☆evaporation{vaporization} heat
汽化熵☆entropy of evaporation
汽化石灰☆air slaked lime
汽化石油☆live oil
汽化式燃烧器{室}☆vaporizing combustion chamber
汽化式引燃器☆carbureting pilot
汽化周期☆gas-marking period
汽化特性☆vaporizing property
汽化温度☆steam-point
汽化效应☆vapography
汽化性☆vaporability
汽化压裂[用液态 CO_2 作压裂液]☆vapor frac
汽化冶金☆vapometallurgy
汽化液体燃料发动机☆vapour engine
汽化蒸发☆steam raising
汽化作用☆carburetion；carburetting；carburization；vapo(u)rization；carburation[内燃机]；gasify；gasification；pneumatolysis
汽井☆steam well
汽阱☆steam trap；ST
汽酒瓶式间歇泉☆champagne geyser
汽坑☆steam pit
汽孔☆steam escape{discharge;leak}；vapor vent；warm crack
汽力掘凿机☆steam navvy
汽流☆steam flow
汽缕☆steam plume
汽轮发电机☆turbo-alternator；steam turbo-generator
汽轮机☆(steam) turbine
汽轮机电力驱动☆turbo-electric drive
汽轮机排汽端背压☆turbine exhaust back pressure
汽轮机-燃气轮联合装置☆combined steam-gas turbine propulsion plant
汽轮机水击侵蚀☆water erosion of turbine
汽轮机装叶片☆turbine blading
汽煤{|帽}☆steam coal{|cap}
汽密的☆steam-tight；vapo(u)r(-)tight；steam proof
汽密连接☆vapour-proof connection
汽浓度☆vapor concentration
汽泡☆steam bubble
汽泡对矿物形成黏附面☆formation of solid-air interface
汽气混合物☆steam-gaseous mixture
汽球☆bladder
汽驱动间歇喷泉☆steam-activated geyser
汽泉☆steam vent{seep}；steaming fountain
汽塞☆vapour lock
汽刹车☆steam brake
汽蚀作用☆cavitation
汽室☆(steam) dome；steam pocket{chest}
汽水比☆steam ratio{quality;fraction}；steam-water ratio；wetness；saturation value；dryness fraction
汽水并发☆priming
汽水分离器☆phase{steam(-water);moisture} separat or
汽水混合物☆wet mixture{steam}
汽水混合物井☆mixed bore
汽水瓶式间歇喷泉☆soda pop geyser
(轻便)汽水制造机☆gasogene
汽锁☆vapour lock
汽态☆vapor phase
汽套☆(steam) jacket
汽提☆steam strip(ping)；stripping；petroleum strip
汽提器☆stripper
汽提蒸汽☆stripped vapor
汽田☆steam field
汽艇☆autoboat；tender
汽窝现象☆cavitation
汽雾迷蒙的喷汽孔☆steamy fumarole
汽线☆vapor line
汽相☆steam{vapour} phase
汽相分离☆vapor-phase separation
汽相腐蚀☆steam-phase corrosion
汽相燃烧☆vapo(u)r-phase combustion
汽穴☆vapor packet{cavity}；steam pit
汽压☆vapor pressure{tension}
汽压表测试器☆steam gauge tester
汽压计☆vaporimeter；steam gauge；tonometer
汽眼☆vapor{steam} vent；steam leak{seep;egress;discharge}
汽液比☆vapor-liquid ratio；V/L
汽-液-固生长[晶]☆vapor-liquid-solid{V-L-S} growth
汽-液平衡☆vapour-liquid equilibrium
汽油☆gasoline；juice；gasolene；gas[美]；petrol；gas (oil)；gosoline；cooking{cheap} oil；benzin(e)；petroleum{motor} spirit；Oronite[沸点较低]
(苯)汽油☆benzoline
汽油爆震率电声学测定法☆electric audibility method of knock rating
汽油爆震性☆gasoline knocking
(蒸)汽-油比☆steam/oil ratio
汽油车辆☆gasoline-fuelled{gasoline} vehicle
汽油储罐☆petrol tank
汽油的☆petrolic
汽油的可贮存期限☆storage life of gasoline
汽油的助爆震性能☆proknock properties of gasoline
汽油灯☆fuel-burning lamp
(在输气管内)汽油滴收集器☆drip pocket
汽油含硫处理☆doctor treatment
汽油加铅☆doping of gasoline
汽油碱度☆alkalinity{alkality} of gasoline
汽油胶质测定[铜皿法]☆Green test
汽油酒精混合燃料☆alcogas
汽油内燃发电机☆gasoline engine generator
汽油岩石机{钻}☆gasoline rock drill
汽油蒸气损失☆gas loss
汽油(液面)指示膏☆gasoline indicator paste
汽油钻岩机☆gasoline rock drill
汽闸☆steam brake
汽张力☆vapor tension
汽障衬里☆vapor barrier lining
汽蒸☆steaming；decating
汽致蚀变☆steam alteration
汽柱☆steam pl ume；steam column
汽状的☆vaporous

qiā

掐断☆chock-off

qiǎ

卡☆nip；grapple
卡脖☆neck
卡点☆frosting{sticking;free} point；stuck-point；tight spot
卡点测井☆free point log；FPL
卡(钻)点探测器[钻杆、套管、油管]☆free-point detector
卡点指示仪☆stuck-point indicator tool；free point indicator；FPI；SIT
卡钉☆bracket；chape；staple bolt；chap；bale
卡钉圈{轨}☆bail
卡钩☆sliphook
卡钩连接☆hook-wire joint
卡箍☆housing[消除管路漏油缝隙用]；(collar) clamp；nipping fork；stirrup；keeper；drive shoe
卡箍式岩芯爪☆core gripper with slip-collar
卡管☆gripper tube
卡簧☆snapring；circlip
卡簧圈[代替牙轮钻头球轴承]☆cone retaining ring
卡簧式岩芯爪☆core gripper with slip-spring

Q

卡夹盘☆safety chuck
卡接箍的打捞工具☆collar socket
卡接器☆chuckadapter
卡紧☆clamp；chuck
卡紧机械☆clamping mechanism
卡具☆clamp ear；mould clamps；clamping apparatus；fixture
卡壳式(软管)终端接头☆clamp-type end fitting
卡口[爆]☆bayonet；crimping；connection
卡口钳☆crimper
卡矿☆hang(ing)-up；hanging-up of much
卡门☆retaining latch
卡盘☆spider；jaw；slip spider{bowl}；(drive) chuck；clamping disk{chuck}；face plate；cartridge
卡盘车床☆chucker
卡钎☆jamming；stuck steel；mudded bit
卡钎器☆lug chuck
卡取岩芯☆core grouting
卡圈☆grip ring；collar
卡塞☆stick；choke
卡塞的☆stuck；frozen
卡塞用棒☆sprag
卡塞钻具☆jammed equipment
卡绳装置☆clip
卡死☆freeze in
卡锁☆latch
卡铁☆gib
卡头☆chuck
卡压式封隔器☆jam-on packer
卡纸☆paper jam
卡纸继电器信号☆jam relay signal
卡住☆chafe；freezing；freeze(-in)；seize；detention；lock；seizure；jamming；jam；stall；stick；chuck；bridge-up；frozen up；stuck；fitchering[钻头]
卡住的☆logy；frozen；stuck；lodged；hung-up
卡住的管子☆frozen pipe
卡住的岩芯块[钻头、扩眼器、岩芯管中]☆core block
卡爪☆catch；holding horn；pawl
卡爪捕{阻}车器☆monkey device
卡爪式打捞母锥☆slip-socket clip
卡爪套☆anchor latch
卡装☆choking setting
卡子☆grip；clip；catch；fastener；checkpost；stirrup
卡钻☆frozen；bit freezing{seizure}；freeze (in)；freezing；get stick{stuck}；`sticking of tool{jamming of a drilling tool}[油]；drill pipe frozen{sticking}；wedging of drill tool；sticking；pipe becoming stuck；drill-getting-stuck；fitchering (of bit)；freeze-in；bind；stuck steel；sticking of a tool；jamming in the hole
卡钻点指示仪[打捞用仪表]☆free-point indicator
卡钻钻孔☆tight hole

qià

髂☆osilium
恰当☆seemliness；relevance；relevancy；propriety；pertinence；pertinency；adequacy
恰当的☆pertinent；exact；right；well-chosen
恰到好处地使用☆judicious use
恰好☆slap；opportuneness
恰克拉斯基法☆Czochralski method
恰恰相反的事物☆antipode
恰特(阶)[欧;E_3]☆Chattian
恰图拉矿床☆Chiatura manganese deposit
恰祖(组;亚阶) [北美;O_2]☆Chazyan

qiān

牵☆haul；pull
牵出线☆auxiliary working ramp
牵斗☆drag bucket
牵(拉)杆(腿)☆stay leg
牵簧☆extension spring；draw-spring
牵拉绳☆snake line
牵力☆line pull
牵连☆implication；involvement；involve；involve in trouble；implicate；tie up with；integrate with
牵牛花状泉口☆morning-glory vent
(频率)牵入同步☆pull-in
牵涉☆implicate
牵涉到☆commit；(be) concerned with
牵伸☆draft；drawing；extension
牵伸变形☆draw texture
牵伸黏度☆tractive viscosity
牵绳☆cable brace
牵绳轮☆gripper disk
牵绳系定☆anchor
牵手式安全装置☆pull-out guard
牵缩[儿丁]☆retractile
牵索☆guy (cable;rope;wire)；backguy；standing {stay;anchor} rope；bracing wire
牵索调位☆guying
牵条☆stay；backstay；staddle
牵头☆lead off；take the lead；be the first to do sth.；(act as a) go-between
牵行索☆carriage rope
牵曳绞车☆warping winch
牵引☆haulage；haul(ing)；dragging down；draught；draft；attract；drag；draw(ing)；traction；transverse；trek；tow；lug；hurl；towage；tote；lock[频率]
牵引板☆draw-plate；draw plate
牵引驳船☆dumb barge
牵引车☆tractor (truck)；towing{draft} vehicle；tugger；draughter；drafter；hauling truck；hauler；haulage tractor；mule[小型]
牵引车用电池☆traction battery
(被)牵引的☆pulled
牵引点高度☆drawbar height
牵引电缆☆pull-in cable
牵引电流☆propulsion current
牵引吊眼☆tow and lift eye
牵引杆☆drawbar；drag(-)bar；towbar；drag bar；draft{hitch} pole；pull rod
牵引杆头☆drawhead
牵引钩☆drawhook；draw{drag;pull;draft;towing;tow} hook；drawbar clevis
牵引荷载传感器☆drawbar load sensing mechanism
牵引滑轮☆haul-in sheave
牵引环☆draw ring；drawbar clevis；towing eye
牵引机☆hauling{traction} machine；draughter；traction{towing} engine；drafter；tractor
牵引肌☆protractor (muscle)
牵引脊☆trail ridge
牵引架☆draft{draw;trailing} frame；tongue
牵引角☆angle of pull
牵引卷筒☆hitch wheel
牵引力☆traction (force;power)；tractive force{power;effort}；hauling power{capacity}；haulage (force)；thrust；drawbar pull；pull{towing} force；draft intensity {power}；tension
牵引力传感系统☆draft-responsible system
牵引链轮☆drive{haulage} sprocket
牵引链锚固装置☆chain anchorage
牵引盘☆fifth wheel
牵引绳☆guy (wire)；drag{haulage;traction;feed;main;pull;transmission;tram;pulling} rope；towing line；tow；hauling rope[钢丝绳]；pull(ing){hauling} cable
牵引时间☆pull-up time
牵引式☆pull-type；tractor type；trailing
牵引索☆dragrope；haul(ing){pull-in} cable；towline；trailer{moving;tow;trail} rope；traction-rope roller；traction strand
牵引稳车☆warping winch
牵引线☆line of pull{hitch;draft}；draft line
牵引小车☆drawout truck；pull winch；tow carriage
牵引型胎纹☆traction tread
牵引型作用☆traction-type process
牵引用碱性蓄电池☆exide accumulator
牵引凿型松土犁☆trailing chisel plow
牵引重量☆hauled weight
牵引装置☆draw gear；(draft) hitch；haulage plant；pulling{retraction;tractive;haulage} device；traction unit{aid}；drawgear；draftgear；drawbar coupling；hauling installation
牵引阻力☆tractional{draft;drawbar} resistance
牵引阻力测定☆draft measurement
牵引作用☆tractive effort
牵制☆containment
牵制船☆hold back vessel
牵制物☆hamper
䃭安☆kilo-watt-ampere；Kwa
钎柄☆drill shank；lug chuck
钎杆☆jackrod；shaft bar；stem；rod；drill steel{rod}；rock drill steel
钎杆长度☆run of steel
钎杆卡住☆steel seizure
钎杆组☆drill-steel set
钎钢☆(drill) steel；drilling steel；steel drill
钎焊☆braze welding；soldering
(硬)钎焊☆brazing
钎夹(器)☆drill adapter
钎架☆steel rack；stand of drill rods
钎肩☆bead；shank{steel} collar；rod shoulder；bolster
钎肩部分☆collar section
钎肩磨损☆shoulder wear
钎肩式钢钎☆collared steel
钎肩硬度☆collar hardness
钎卡☆lug chuck
钎刃☆cutting blade；bit edge{wing}；wing；chisel edge{cutting-edge}
钎刃拆换器☆tip extractor
钎刃角☆bit-wing angle；bit face angle
钎刃面☆flattened surface
钎刃磨损☆wear across the edge
钎刃修磨☆edge grinding
钎砷钙铝石☆arsenocrandallite
钎探☆rod sounding
钎套☆drill sleeve
钎头☆bit (head)；drilling head{bit}；bore{drill;boring;blasthole;percussion} bit；rock drill steel
钎头直径☆drill ga(u)ge；gauge of bit
钎尾☆shank (end;adapter)；bit{drill} shank；shank of the bit；drill steel shank
钎尾起毛☆cuping
钎尾套筒☆drive rod
钎子☆hole digger；borer；nager；gad picker；pick tool；aiguille；drill rob{rod}；jumper；hammer {rock} drill
钎子断裂☆steel breakage
钎子镦粗☆setting bit
钎子尖☆lance point
钎子头☆detachable drill bit
钎子组☆drill steel set；set of drills
钎子组直径公差☆ga(u)ge change
钎座☆bit
铅☆lead；Pb；saturn[炼金语]；saturnus；plumbum nigrum；plumbum[拉]
铅安全塞☆lead safety plug
铅靶管☆sensicon；plumbicon
铅钯矿[Pd_3Pb_2;六方]☆plumbopalladinite
铅白☆white lead；ceruse
铅白色☆lead white
铅白云石[$(Ca,Pb)Mg(CO_3)_2$]☆plumbodolomite
铅斑铜矿☆plumbian-bornite；galenobornite
铅板☆grid[电池]
铅板试验☆lead plate test
铅版☆stereotype
铅包的☆lead-covered
铅包电缆☆lead sheath(ed) cable
铅贝塔石[$(Pb,U,Ca)(Nb,Ti)_2O_6(OH,F)$;等轴]☆plumbobetafite
铅比[铅铀同位素比值]☆lead ratio
铅笔石类☆pencil
铅笔状劈理☆pencil cleavage
铅铋硫银矿☆plumbomatildite
铅玻璃☆lead glass；English crystal
铅测年法☆lead method
铅长石☆lead feldspar
铅衬☆lead lining
铅衬槽☆lead-lined tank
铅储备☆lead budget
铅(中毒)喘息☆saturnine asthma
铅锤☆(plumb;rule;line) bob；plumb；lead；gravity weight；lead ball{weight}；pilot bob；plummet
铅锤摆动稳定夹☆steadying bracket
铅锤测量☆plumbing；plumb
铅锤线测站☆plumbing station
铅锤效应☆plumb-bob{pendulum} effect
铅垂的☆perpendicular
铅垂线☆plumb line{wire}；plummet；vertical{pedal} line；plumbline
铅垂线的偏斜☆deflection of plumb line
铅垂准线☆vertical alignment
铅粗选槽☆lead rougher cells
铅淬钢丝☆patented wire
铅淬火☆patenting；patent
铅丹[$Pb_2^{2+}Pb^{4+}O_4$;四方]☆minium；miniumite；red

Q

lead；mennige
铅当量☆lead equivalent
铅的☆plumbous；plumbeous
铅等轴锡钯矿☆plumbian atokite
铅垫片☆lead gasket
铅锭☆lead bullion；pig lead
铅毒☆saturnism；plumbism
铅(中)毒性的☆saturnine
铅堆积☆lead budget
铅二次精选槽☆second lead cleaner cells
铅法年龄☆lead age
铅矾[硫酸铅矿;$Pb(SO_4)$;斜方]☆anglesite；lead vitriol{spar}；sardinianite；sardiniane；bouglisite；anglesine
铅矾与石膏混合物☆bouglisite
铅方解石[$(Ca,Pb)CO_3$]☆plumbocalcite；tartufite；Pb- calcite；plombocalcite
铅防爆剂☆lead dope
铅防护☆lead protection
铅粉☆lead powder；ceruse
铅封单卡瓦衬管悬挂器☆lead seal single slip liner hanger
铅封式套管修补器☆lead seal casing patch
铅 ^{207} 富集指数☆delta 7/4
铅钙矾[Pb,Mn,Mg,Ca 及 Na 的硫酸盐]☆lamprofan；lamprophan(it)e
铅钙锑石☆mauzeliite
铅钙铀矿☆eorasite；eoracite
铅铬绿矾☆scherrospathite
铅管导爆索点火器☆lead spitter fuse lighter
铅管类装置☆plumbing
铅罐☆lead “pig”
铅硅钾土☆zorgite
铅硅氯石☆asisite
铅合金☆lead alloy；LY
铅合金(海绵)☆zircaloy
铅褐铁矿☆plumbolimonite
铅黄[(β-)PbO;斜方]☆massicot(ite)；plumbic{lead} ochre；mas(s)icottite；litharge；chrysitin
铅黄锡矿☆plumbostannite
铅灰色☆lead-gray；leaden
铅辉石☆alamosite；joesmithite
铅回收设备☆lead recovery equipment
铅活化锌屑☆lead-activated zinc dust
铅基轴承合金☆Bahnmetal；termite；Palid
铅绞痛☆lead colic
铅接☆lead joint
铅晶质玻璃☆lead crystal glass
铅精矿☆balland；lead concentrate
铅抗爆剂☆lead antiknock compound
铅孔雀石[$PbCu_3(CO_3)_3(OH)_2$;单斜]☆malachite de plomb；plumbomalachite
铅块☆quad
铅块扩大☆lead block expansion
铅矿☆booze；lead ore{mine}；fell
铅矿块☆pee
铅矿熔炼工厂☆leadworks
铅矿石☆knocking；blanch；booze；lead ore
铅矿尾矿☆feigh
铅蓝矾[$Pb_5Cu_2(SO_4)_3(CO_3)(OH)_6$;$(Pb,Cu)_2(OH)_2SO_4$]☆cal(c)edonite
铅蓝方石[$2PbSO_4{\cdot}(Ca,Mn,Sr)_7H_{10}(SiO_4)_6$]☆ro(e)blingite
铅镧铀钛铁矿☆miomirite
铅-α 粒子年代测定法☆lead-alpha age method
铅量测量☆plumbometry
铅磷铝锶矾☆plumbosvanbergite
铅龄☆lead age
铅硫磷铝锶矿☆plumbosvanbergit
铅铝硅石☆wickenburgite
铅铝英石[硅铝凝胶,含 PbO]☆plumballophane
铅绿矾[$Pb_5Cu_2(SO_4)_3(CO_3)(OH)_6$;斜方]☆caledonite
铅绿帘石☆hancockite
铅帽☆lead hat
铅锰碲矿☆karanakhite
铅锰矿☆plumangite
铅锰钛铁石[$Pb(Ti,Fe,Mn)_{21}O_{38}$;三方]☆senaite
铅锰土☆wachenrodite；wackenrodite
铅密封☆lead seal
铅明矾[$PbAl_2(SO_4)_2(OH)_4{\cdot}2H_2O$]☆lead(-)alunite；plumboalunite
铅模☆lead stamp{pattern}
铅内去锑和杂质☆improving
铅铌钛铀矿[$(U,Pb)(Nb,Ta,Ti)_3O_9{\cdot}nH_2O$]☆samiresite；plumbobetafite；samarskite
铅铌铁矿[$(Y,Yb,Gd)_2(Fe,Pb,Ca,U)(Nb_2O_7)_2$]☆plumbocolumbite；plumboniobite
铅泥混合槽☆lead slurry mixing tank
铅 α 年龄测定法☆Larsen method
铅泡铋矿☆alaskaite；pavonite
铅硼玻璃☆nonex
铅硼釉☆lead-borate glaze
铅铍闪石[$(Ca,Pb)_3(Mg,Fe^{2+},Fe^{3+})_5Si_6Be_2O_{22}(OH)_2$;单斜]☆joesmithite
铅皮☆lead covering；sheet lead；leading
铅屏☆lead screen
铅铅年龄☆lead-isotope{lead-lead} age
铅羟砷锰矿☆plumbosynadelphite
铅青铜轴承合金☆Ajax
铅球☆lead ball；shot
铅球绳☆plumb bob string
(测)铅熔塞☆lead survey plug
铅熔渣☆saturnite
铅三钯矿☆zvyagintsevite；tripalplumbite
铅霰石[$(Ca,Pb)CO_3$]☆tarnowitzite；tarnovi(t)zite；plumboaragonite；tarnovicit；plumbo-aragonite
铅扫选槽☆lead scavenger cells
铅色☆leaden；plumbeous
铅色玛瑙☆phassachate
铅砂粒☆shot
铅闪石☆joesmithite
铅烧绿石[$(Pb,Y,U,Ca)_{2-x}Nb_2O_6(OH)$;等轴]☆plumbopyrochlor(e)；plumbo-pyrochlore
铅砷钯矿[$Pd_{1+x}(As,Pb)_2(x{=}0{\sim}0.2)$;斜方]☆borishanskiite
铅-砷复硫盐☆lead-arsenic-sulphosalt
铅砷矿☆schultenite
铅砷磷灰石[$(Ca,Pb)_5(AsO_4)_3Cl$;六方]☆hedyphane
铅砷镁锰矿[$(Mn,Pb,Mg)_4(AsO_4)(OH)_5$]☆plumbosynadelphite
铅砷钼矿[$35PbO{\cdot}3PbCl_2{\cdot}9As_2O_5{\cdot}4MoO_3$]☆achrematite
铅深黄铀矿[$PbU_6O_{13}{\cdot}11H_2O$]☆lead becquerelite；lead(-)becquerelite
铅石墨含油合金☆ledaloyl
铅铈矿铀钛铁矿☆miromirite
铅铈矿铀铁铁矿☆plumboan davidite；miomirite
铅室泥☆lead chamber sludge
铅 ^{210} 衰变法☆lead 210 decay method
铅水铝英胶☆plumb(o)allophane；plomballophane
铅水准标石☆lead survey plug
铅锶铁钛矿☆mohsite
铅丝☆lead wire
铅丝网石龙坝☆wire gabion dam
(用)(亚)铅酸钠溶液去掉汽油中的硫醇☆doctor treatment
铅钛矿[$PbTiO_3$;四方]☆macedonite；makedonite
铅钛铁矿☆senaite
铅-锑复硫盐☆lead-antimony-sulphosalt
铅锑钙石☆mauzeli(i)te；titanantimonpyrochlore；romeite
铅锑精矿☆lead-antimony concentrate
铅锑锡矿[$(Pb,Sb,Sn,Fe)S_2$]☆plumbostannite
铅铁矾[$PbFe^{3+}_6(SO_4)_4(OH)_{12}$;三方]☆plumbojarosite；vegasite
铅铁矿[$PbFe^{3+}_4O_7$;三方]☆plumboferrite；makedonite；ferroplumbite
铅铁锗矿☆bartelkeite
铅同位素单级模式☆lead-isotopes single-stage model
铅同位素法年龄测定☆lead-lead dating
铅铜核磷铝石☆rosieresite
铅铜矿石☆Pb-bearing copper ore
铅铜矿(精)选厂☆lead-copper ore beneficiation plant
铅筒试验☆lead block test
铅土☆litharge；lithargite
铅围裙☆lead-loaded apron
铅文石☆tarnowskite；tarnowitzite；plumboaragonite
铅析法☆scorification
铅析金银法☆scorification；scarification
铅锡铂钯矿☆zvyagintsevite；swjaginzewit
铅锡焊料☆plumber's solder
铅锡合金☆terne
铅锡矿[$PbSnO_3{\cdot}5{\sim}6H_2O$]☆hochschildite
铅锡铂钯矿☆zvyagintsevite
铅细晶石[$(Pb,Ca,U)_2Ta_2O_6(OH)$;等轴]☆plumbomicrolite；plumbian{plumboan} microlite；plumbomikrolith
铅线[铅中毒的一种症状]☆lead line
铅锌法热镀锌☆Aplataer process
铅锌方解石☆plumbozincocalcite
铅锌矿☆lead-zinc ore{mine}
铅锌矿床☆lead-zinc{zinc-lead} (ore) deposit
铅锌矿石☆Pb-Zn ore
铅锌锰矿☆lead-zinc-manganese mine
铅蓄电池☆lead-acid cell；lead storage battery；lead accumulator
铅选工☆bingstead
铅阳极☆lead anode
铅氧☆massicotite
铅一次精选槽☆first lead cleaner cells
铅-银合金阳极☆lead-silver alloy anode
铅银矿石☆Pb-Ag ore
铅银铁矾☆plumbo-argento(-)jarosite
铅银铁帽☆pecorans pacos ore
铅印☆font
铅印模☆lead stamp
铅硬锰矿[$(Mn,Pb)Mn_3O_7$]☆coronadite
铅铀碲矿☆moctezumite
铅铀矿☆richetite；masuyite
铅铀钍矿☆aldanite
铅铀云母[$Pb(UO_2)_2(PO_4)_2{\cdot}4H_2O$;斜方]☆lead autunite；przhevalskite
铅黝帘石[$(Pb,Ca,Sr)_2(Al,Fe)(SiO_4)O(OH)$; $(Pb,Ca,Sr)_2(Al,Fe^{3+})_3(SiO_4)_3(OH)$;单斜]☆hancockite
铅黝铜矿[$(Cu,Fe,Pb)_{12}SbS_{13}$]☆malinowskite；malinofskite
铅鱼[一种测深砣]☆fish lead
铅浴退火☆lead annealing
铅圆柱锡矿☆potosiite
铅赭石[PbO]☆plumbic{lead} ocher{ochre}
铅珍珠石☆plumbonakrite
铅直☆plumb
铅直传播☆vertical propagation
铅直滑距☆vertical dip slip；perpendicular slip
铅制品☆lead
铅中毒☆lead poisoning；saturnism；plumbism；belland；bellund
铅中毒性绞酸痛☆painter's colic
铅重晶石[$(Ba,Pb)SO_4$]☆weisbachite；hokutolite；angleso(-)barite
铅“猪”[圆柱形铅屏蔽]☆lead “pig”
铅柱☆lead cylinder{block}
铅柱膨胀实验☆lead block expansion test
铅柱压缩☆crushing of lead cylinder
铅铸试验☆lead block test
铅锥☆bob
铅字笔画间的凹进处☆counter
铅字合金☆stereotype metal
铅字条☆slug
千[10^3]☆thousand；thou；kilo；kilo-
千安培☆kilo-ampere；ka.；kA
千巴[压力单位]☆kilobar；kbar；kb
千靶☆kilobarn；kb
千磅☆kip；kilopound；kilo pounds
千比特☆kilobit
千变万化的情景☆kaleidoscope
千标准立方英尺☆mscf；thousand standard cubic feet
千波德[信号速度单位]☆kilobaud
千层饼模型☆layer-cake model
千储罐桶数☆mille stock tank barrels；MSTB
千磁力线☆kiloline
千达因☆kilodyne
千岛海流☆Kurile Current
千的九次幂[美、法,10^{27}]☆octillion
千的五次幂[美、法,10^{15}]☆quadrillion
千电子伏(特)☆kilo-electron-volt；keV
千吨☆kt；kiloton
千尔格[功的单位]☆kilerg
千乏☆kilovar；KVAR
千分比☆permillage
千分表☆dial gauge{indicator;gage}；dial；amesdial
千分尺☆microcal(l)ipers；milscale；micrometer
千分垫☆feeler gage
千分卡尺☆micrometer calipers{gauge}
千分误差☆mills error
千分之几☆parts per thousand；ppt；ppk
千分之一☆per mille；millesimal；milli-

千伏☆kilovolt；kV；kv.
千伏安☆kilovolt-ampere；kVA
千伏表☆kilovoltmeter
千伏峰值☆kilovolt peak value；kPV；kVP
千伏特安培☆kilovolt-ampere；kVA
千伽公尺☆kilogal meter
千高斯☆kilogauss
千公里☆megameter
千赫(兹)☆kilocycle；kilohertz；kilocycle{kilocycles} per second；kCS；kc/sec；kHz；kc/s；kc
千焦(耳)☆kilojoule；kj
千斤顶☆jack；ram；lifting{hoisting} jack；shifting cylinder；screw post{prop}
千斤顶安装托架☆ram attachment bracket
千斤顶齿条{柱}☆jack rack
千斤顶法试验☆jacking test
千斤顶锚固销☆ram anchor pin
千斤顶碰撞阀☆ram striker valve
千斤顶起重压力☆jacking pressure
千斤顶位置转换器☆jack position transducer
千斤顶罩☆ram cover
千金榆☆Carpinus
千居里[放射强度]☆kilocurie；kc
千卡☆kilocalorie；Calorie；kilogram{large;great;grand} calorie；therm；kilogram-calorie；kcal；Cal；Kcal.
千(克)卡☆kilogram-calory；Cal.；large calorie
千卡/时[冷冻率单位]☆ frigorie；frigory
千克☆kilogram(me)；kg；k.；kilo；kilog.
千克-卡☆kilogram-calorie；Cal；kg-cal
千克-米☆kilogram-meter；kg-m
千孔虫属[腔]☆Millepora
千孔螅纲[腔]☆Milleporina
千拉德[剂量单位]☆kilorad
千里眼[法]☆clairvoyance
千立方米☆kilostere
千立方英尺☆mills{mille} cubic feet；MCF；m.c.f.
千流明☆kilolumen
千伦琴☆kiloroentgen；Kr
千枚岩☆phyllite；phyllonite
千枚岩化(作用)☆phyllitization
千枚状构造☆phyllitic structure
千糜岩☆phyllonite
千米☆kilometer；km；kilom；kilometre；klm
千米/秒☆kmps；kilometers per second
千年☆millennium；millienia
千牛顿☆kilonewton
千欧(姆)☆kilohm
千帕(斯卡)☆kilopascal；kPa；KPa
千篇一律☆sameness
千片石☆talc
千千瓦压力单位应力单位☆megawatt
千屈菜粉属[孢;K_2]☆Lythraites
千屈菜科☆Lythraceae
千升☆kiloliter；kilolitre
千四石燕属[腕;D_2]☆Qiansispirifer
千桶/日☆mille barrels per day；MBPD
千瓦☆kilowatt；kw
千瓦分贝[以 1 千瓦为零电平]☆decibels above or below one kilowatt；dbk
千瓦小时☆kilowatt {-}hour；KWH
千微克☆kilogamma
千位/秒☆kilobits{kilobit} per second；KBS；KbPS
千英尺³/日☆millenary cubic feet per day；MCFPD
千兆[10^9]☆billion；giga-；G；gig-；kilomega-；bega-
千兆分之一☆billi
千兆赫☆gigacycle per second；gigahertz；kilo-mega cycles per second；GHz
千兆焦(耳)☆gig-joule；GJ
千兆年☆gigayear
千兆欧(姆)☆begohm
千兆瓦☆GW；gigawatt
千兆位☆billibit；kilomegabit
千兆兆[10^{15}]☆peta-；P
千兆周[10^9 周]☆kilomegacycle；billicycle；giga cycle；gigacycle；kmc.；GC
千周波电磁法☆kilocycle electromagnetics；KEM
千字节☆kilobyte；KB
迁变☆transmutation
迁出☆out-migration
迁回☆demobilization
迁回原地的生物[如昆虫等]☆remigrant
迁急点☆nick{knick} point
迁进☆in-migration
迁居☆flit
迁入过程☆immigration process
迁徙☆emigration
迁移☆transference；wandering；migration；remove；migrate；move；transposition；emigration；travel；removing；relocation；transport；transmigration
迁移(率)☆mobility
迁移波痕纹层☆ripple laminae in-drift
迁移波状地震相☆migrating wave seismic facies
迁移层理☆drift bedding
迁移沉积☆transported deposit
迁移的内因☆internal migration factor
迁移动物☆migrant
迁移动因☆migration agent
迁移机理☆transporting mechanism
迁移铰齿[双壳]☆transposed hinge
(生物的)迁移陆桥☆filter bridge
迁移率☆mobility；movability
迁移煤煤田☆drift coalfield
迁移模式☆migratory pattern；migrational mode
迁移倾斜☆migrating dip
迁移群聚☆sympori a
迁移蠕动☆transition creep
迁移沙丘☆wandering dune
迁移形式☆migrational mode
迁移性☆animal migration；mobility
签单☆written permission
签订(契约)☆sign
签订合同日期☆date of contract
签名☆signature
签名的☆ideographic
签名于☆underwrite
签收☆receipt
签署☆subscription
签署的{者}☆signatory
签条☆docket；ticket
签约☆signing contract
签约定金☆signature bonus
签约国☆signatory
签证☆certificate；vise
签证证书☆notarial deed
签证制☆licence system
签字☆signature；sign；sig
签字{名}人☆undersigned；subscriber
谦虚☆modesty
谦逊☆lowliness

qián

掮☆shoulder
掮客☆middle man
黔桂运动☆Qiangui{Guizhou-Guangxi} epeirogeny
钱☆money；coin；cash；fund；wealth；juice
钱币虫灰岩☆nummulitic limestone
钱德勒摆动的行星激发☆planetary excitation of Chandler wobble
钱柜☆till
钱库☆chest
钱羟硅铝钙石[$CaAl_2SiO_4(OH)_4$;四方]☆chantalite
钳☆forceps[蠕虫]；nippers；tweezers；holdfast；nip；dick grip；pliers
钳叉状的☆forcipate
钳杆☆claw beam；peel
钳蛤属[双壳]☆Volsella
钳工☆bench worker；fitter；benchwork
钳工工段☆locksmith's department
钳工台☆vice bench
钳工凿☆fitter's{bench;hand} chisel
钳工桌☆working bench
(用)钳接管☆set up
钳紧☆dog clip
钳口☆chop
钳口开度☆span of jaw
钳砌石层[土]☆chain course
钳入式轮胎☆clincher；clencher
钳式挖泥器☆clamshell
钳头☆tong head
钳位☆clamping；clamp；tong space
钳位器☆clamper
钳型电(流)表☆tong tester；tong-type ammeter
钳压☆clamping
钳牙☆tong dies
钳制爆破☆tight shot{blasting}；tight-face{collision} blasting
钳制系数☆constraining factor
钳住☆clench；clamp；vise；clinch；vice
钳状的☆forcipate
钳状水系☆pincer-like{pincerlike} drainage pattern
钳子☆clipper；tong；jaw (vice)；pliers；tweezers；pincers；forceps；choker
(用)钳子夹紧☆cramp
钳子嘴☆bit
钳足☆pedipalp(us) [pl.pedipalpi]
箝位☆clamp
前☆anterior；priority；pad；for-；ex-；pre-；prae-；fore-；supra-；pros-；ante-
前阿尔卑斯山脉☆pre-Alps
前埃迪卡拉纪的☆pre-Ediacaran
前安第斯时期的☆pre-Andean
前安定面☆foreplane
前岸☆foreshore
前凹椎☆procoelous vertebra
前白垩纪的☆pre-Cretaceous；valanginian
前板[节甲]☆frontal plate
前板块期的☆pre-plate
前刨☆foreplane
前北方期☆pre-boreal age；Preboreal
前辈☆senior；seniority；progenitor
前背侧片☆anterior dorso-lateral plate
前背突☆anterodorsal process
前贝加尔螺属[腹;J_3-K_1]☆Probaicalia
前被子植物☆Preangiosperm
前闭壳肌[双壳]☆anterior adductor muscle
前壁☆antetheca{anterior{leading} wall} [孔虫]；holocyst{olocyst}[唇口苔藓虫]；frontal wall[苔]
前壁口☆opesium [pl.opesia]
前臂☆antibrachium；zeugopodium
前鞭毛孔☆anterior flagellar pore
前边敞开的轻便井架☆open-front derrick
前边缘[三叶]☆anterior border
前边缘沟[三叶]☆front furrow
前变质(作用)☆premetamorphism
前滨☆foreshore；lower beach；beach face；fore shore
前滨槽☆low of the foreshore
前滨及海床☆foreshore and seabed
前滨坡☆foreshore slope；slope of foreshore
前滨滩肩{阶地}☆foreshore berm
前冰期的☆anteglacial
前冰期更新世☆Preglacial Pleistocene
前波☆head wave
前部☆front；forehead；fore(part)；antennal region；nose
前槽缘[腕、牙石]☆anterior trough margin
前侧鞍叶[三叶]☆anterior lateral glabellar lobe
前侧筋痕[腕]☆anterior lateral muscle scars
前侧片☆prelateral plate
前侧区☆anterolateral region
(导线)前测边☆preceding line
前插梁☆forepoling bar
前车灯☆head lamp；headlight
前成说☆preformation theory
前成岩作用☆prediagenesis
前澄江运动☆pre-Chengjiang movement
前齿带☆precingulum；anterior lingual cingulum
前齿骨☆predentary (bone)
前冲(信号)☆preshoot
前冲断层☆forethrust
前冲力☆forward momentum；impact force；set forward force
前出三叉体☆protriaene
前锄骨☆prevomer
前处理☆preliminary treatment；pre-treatment
前触点☆front contact
前触角☆antennule
前床☆external crucible；forehearth
前吹期☆foreblow
前刺☆parastyle；frontal spine；crochet
前粗菊石☆Protrachyceras
前大陆☆precontinent
前带古口[甲藻]☆precingular archeopyle
前挡泥板☆front mudguard
前岛弧☆former island arc
前导电极☆leading electrode
(海上拖缆)前导段☆lead-in cable

前导管[顶管穿越公路时,工作管前面焊上的管段]☆dummy pipe
前导活动☆predecessor activity
前导链☆guiding chain
前导铺管船法[适用于沼泽及泥炭地区铺管]☆lay-barge construction
前导水[注水泥浆之前的清水]☆lead water
前导支架☆draw set
前道[绵]☆prosochete
前的☆preceding; prec
前灯☆headlight; headlamp
前地☆fore land
前地槽成矿建造☆metallogenic formation of pregeosyncline
前地层序☆foreland sequence
前地下室☆fore celler
前地质时期的☆pregeologic
前第三纪火山岩☆Pretertiary volcanic rocks
前第四纪☆pre-Quaternary
前碟菊石目[头]☆Prolecanitida
前蝶骨☆presphenoid
前顶梁☆fore{front} canopy
前端☆frontal side; nose; fore face; fore (field) end; fronthead; leading{front} end; toe[滑坡]
前端侧方联合装载☆combined front-and-side loading
前端铲斗式拖拉机☆scoop tractor
前端扩大冰川☆foot glacier
前端密闭模式☆confined mode
前端绳轮☆lead sheave
前端式铲装机剥离☆front-end bucket loader stripping
前端式装载机☆front-end(-)loader; front-end{tower} loader; endloader; scoopmobile; tractor-shovel
前端压力☆forefront pressure
前端延长☆prolongation
(时间的)前段☆forepart; anterior section
前盾板☆praescutum
前盾片[昆]☆praescutum; propeltidium
前舵☆foreplane
前惰轮☆front idler
前额☆forehead
前额骨☆prefrontal; anterior frontal
前额鳞☆prefrontal; squama prefronalis
前耳☆auricle
前耳骨☆prootica
前发分量☆anticipation component
前翻式矿车☆front tipper
前方☆forward; fwd; anterior
(港口)前方仓库☆transit shed
前方的☆forehand
前方地槽[邻近大陆活动带的地槽]☆frontal geosyncline
前方交会(法)[测]☆method of intersection
前方施工标志☆men working sign
前方位角☆forward angle
前方信号标志☆signal ahead sign
前峰☆leading peak
前锋☆front; forward; strikers; vanguard
前锋带[推覆体]☆zone of surging
前锋弧☆frontal arc
前锋压力☆forefront pressure
前扶垛☆buttress
前弗洛连菊石属[头;T_1]☆Preflorianites
前副肢☆proepipodite
前复理石期☆preflysch period
前腹部☆preabdomen
前腹侧片☆anterior ventrolateral
前腹角☆anterior-ventral angle
前腹缘☆anteroventral margin
前附尖☆parastyle; paracrista
前缚石菊属[头;T_1]☆Prosphingites
前盖☆front cover; frontal shield; pericyst
前冈瓦纳的☆pre-Gondwana
前高☆anterior height
前歌骚[高萨;戈绍{萨;索}]褶曲☆pre-gosau folding
前隔壁通道[孔虫]☆preseptal passage
前更新世☆pre-Pleistocene
前工业经济学☆pre-industrial economy
前公司☆predecessor company
前拱☆anterior arch
前巩膜片☆anterior sclerotic plate
前共析☆proeutectoid
前沟☆anterior canal[软]; fore-trough; anterior notch[腹]
前沟牙☆proteroglyphic tooth
前沟藻属[甲藻;K-E]☆Amphidinium
前构造再结晶(作用)☆pretectonic recrystallization
前古菊石属[头;T_{2-3}]☆Proarcestes
前古生界☆primary group; Prepaleozoic erathem
前骨(片)[牙形石]☆anterior blade
前关节骨☆praearticulare; os antarticulare; prearticular
前关节突☆prezygapophysis
前管孔藻属[Z_2]☆Praesolenopora
前光阑☆front diaphragm
前滚筒☆nose{leading} drum
前过桥☆front bridge
前海槽☆fore-trough
前寒武代☆Pre-cambrian era; Dickinsonia
前寒武纪[2500～570Ma]☆Precambrian (period); AnЄ; Eozoic (era); Cryptozoic; Dharwar system
前寒武纪变质地区☆Precambrian metamorphic terrain
前寒武纪的☆Precambrian; Cryptozoic
前寒武纪燧石质{|条带状}含铁建造☆Precambrian cherty{|banded} iron formation
前寒武纪与寒武纪之间☆Lipalian age
前寒武系☆Precambrian system
前颌{颚}骨☆premaxillary bone
前颌脊☆premandibular ridge
前横挡☆front cross member
前洪积世☆antediluvial; antediluvian; Prediluvian
前后☆before and after; heel-and-toe
前后摆动☆heel-and-toe; nod
前后重叠[航向]☆forward{end} (over)lap
前后颠簸☆pitching
前后关系☆context
前后换置式装载机☆alternative front or rear loader
前后矛盾☆antilogy
前后坡度☆front-to-back slope
(汽车)前-后桥☆front-rear axle
前后向装载机☆dualoader
前后行桥[高柴油轮甲板上通往船头船尾的]☆fore-and-aft bridge
前后运动☆alternating{seesaw} motion
前后振动☆porpoising; porpoise
前后直排(的)☆tandem
前弧[牙石]☆front(al) arc; forearc; anterior deflection
前花粉☆prepollen
前环角石☆Protocycloceras
前喙[无脊]☆antirostrum
前喙螺属[腹;Є-O]☆Proplina
前活动接盘☆front follower
前火山岩系构造单元☆ante-volcanics tectonic unit
前获膜人☆Pre-hominian
前基角☆anterior cardinal angle
前机舱☆forward engine room; FER
前机架☆front (end) frame
前积☆progradation
前积层☆foreset (bed;bedding); fore-set beds (in a delta)
前积层纹☆foresee laminae
前积交错层理☆foreset cross-bedding
前积(斜)坡☆delta front; foreset slope
前积坡谷☆foreset slope valley
前肌痕[介]☆frontal scar
前肌束蛤属[双壳;T_1]☆Promyalina
前级泵☆prepump; forepump; backing pump
前级抽气☆forepumping
前级的☆forestage
前级管道☆fore{backing} line
前级冷凝器☆backing condenser
前级耐差☆forepressure tolerance
前级真空☆forvacuum; forevacuum
前级真空压强☆forepressure
前脊☆anterior carina{ridge}; paraloph; protoloph
前脊角[叶肢]☆angle of anterior carina; alpha angle
前加里东变质(作用)☆Precaledonian metamorphism
前加里东幕☆pre-Caledonian; Precaledonian
前颊类(型)面线[三叶]☆proparian suture
前颊目[三叶]☆Proparia
前甲[苔]☆proostracum; frontal shield; pericyst
前甲板☆forecastle; foredeck
(挖掘船)前架☆bow gantry
前(框)架☆fore frame
前尖☆paracone; anticusp
前肩[船体型线]☆fore shoulder
前剪面☆prevallum
前剑珊瑚属[P_1]☆Prosmilia
前间板片☆anterior intercalary plate
前礁☆fore reef
前礁堤☆fore-barrier
前(方)交会[测]☆(forward) intersection
前铰合面☆proparea
前脚☆forefoot
前脚基节[三叶]☆precoxa
前角☆hook{rake} angle; anterior horn{corner}; rake
前角菊石属[头;T_2]☆Progonoceratites
前接合缘☆rectimarginate; parasulcate; paraplicate; anterior commissure[腕]
前街后巷☆front street and back lane
前节☆initial segment
前节点☆forward nodal point
前节距☆front pitch
前节体☆propodosoma
前结圈☆coal dust ring
前解离☆predissociation
前进☆progress(ion); head(a)way; proceed; ahead; advance; forward drive; ahd
前进(地)☆progressively
前进岸☆prograded shore
前进冰川☆advancing ice{glacier}
前进冰碛☆moraine of advance
前进波说☆progressive-wave theory
前进沙丘☆advanced dune
前进带☆advanced guard
前进的☆progressive; on-going
前进工作面超前掘进☆first advance
前进焊☆forehand welding
前进后退(式)联合开采法☆combination advance-and-retreat method
前进角☆approach angle
前进燃烧渗透地下气化法☆gasification by forward burning percolation method
前进式俯{|仰}斜长壁开采法☆longwall advancing to the dip{|rise}
前进式走向台阶长壁开采法☆stepped longwall advancing on strike
前进速度☆rate of advance; forward speed {velocity}
前进位置☆forward position
前进型生物降解☆progressive biodegradation
前进演化☆anagenesis; progressive evolution
前进演化方式☆anagenetic mode
前进一页☆page on
前进运动☆ahead motion; advancing{onward} movement
前景☆foreground; challenge
(开发)前景评价☆feasibility study
前颈☆fore neck
前臼齿☆premolar (teeth); dentes praemolares
前居间甲片[藻]☆anterior intercalary plate
前卷碎浪☆plunging breaker
前卡尼菊石属[头]☆Procarnites
前开口[高炉]☆open front
前开平角石属[头;O_1]☆Proterokaipingoceras
前壳莱蛤属[双壳;C-P]☆Promytilus
前壳突[双壳]☆anterior lobe
前坑☆anterior pit{fossula}[三叶]; parafossete; pore[生]; antennular {antennary;pseudantennary} pit
前孔☆ostium[pl.-ia]; prosopore[绵]; frontal pore[苔;射虫]
前孔类☆Protremata
前孔目[腕]☆protremata
前孔室[孢]☆praevestibulum
前口☆prosopyle
前口上板[甲壳]☆interantennular septum; proepistome
前馈☆feed forward; feedforward
前肋刺[三叶]☆anterior pleural spine
前棱☆parastyle
前棱脊☆anterior edge
前棱蜥(属)[T]☆Procolophon
前犁骨☆prevomer
前里菲代的☆pre-Riphean
前里菲期的☆pre-Riffian
前镰菊石属[头;T_1]☆Proharpoceras
前梁☆forward beam

前梁无支柱(原理)[指综采支架前探梁无支柱]☆prop-free-front
前列腺石☆corpora amylacea；prostatic calculus；prostatolith
前鳞木属[D_3]☆Prolepidodendron
前领式[头]☆prochoanitic
前领穴☆premandibular fossa
前隆☆forebulge
前隆起☆frontal process
前颅顶骨☆preparietal
前炉☆forehearth
前麓地☆foreland
前陆☆foreland；frontland；front land
前陆层序列☆foreland sequence
前陆扩展{推进}☆foreland-propagating
前陆下沉{会聚}☆foreland-verging
前掠(角)☆sweepforward
前轮☆nose wheel；lead sheave；front wheel [of a vehicle]；nosewheel [of a plane]
前轮驱动斗式装载机☆front-wheel drive loading shovel
前轮轴转向架☆front bogie
前裸子植物☆Progymnosperms
前裸子植物门☆Progymnospermopsida
前马提尔特螺属[腹;T-E]☆Promathilda
前面☆frontal side；front；frontage
前面板☆front panel；FP
前面敞开的井架☆open-front derrick
前面的☆fwd；forward；frontal；fore；advanced
前面几期☆back numbers
前面心格子☆front face-centered lattice
前膜[苔虫]☆frontal membranacea
前莫因期☆pre-Moinian age
前拇指[两栖]☆prepollex；calcar；prehallux
前挠曲☆pre-buckling
前内侧角☆angulus anteromedialis
前内唇☆columellar lip
前内横脊☆crista transversalis interna anterior
前逆冲断层☆forethrust
前鸟蛤属[双壳;S-D]☆Praecardium
前鸟喙骨☆precoracoid
前诺利菊石属[头;C_2]☆Pronorites
前排(炮眼)☆front row
前盘球石[钙超;K]☆Prediscosphaera
前喷水脊☆prespiracular crista
前盆地☆forebasin
前偏光镜☆polariser；polarizer
前片[无脊]☆anter
前坡☆front{forward;scarp} slope；foreslope
前(缘斜)坡相☆foreslope facies
前期☆last term；early days；prophase；earlier stage
前期发育位移☆progenetic shift
前期富集(作用)☆preconcentration
前期固结☆preconsolidation
前期降水量指数☆antecedent precipitation index；API
前期决算☆preceding settlement
前期煤化☆precoalified
前期投资☆front-eyed investment
前期牙本质矿化☆predentin mineralization
前碛☆frontal moraine
前器官[叶肢]☆frontal organ{process;appendage}
(汽车)前-前桥☆front-front axle
前墙☆gable wall
前墙炉坡☆breast
前墙坡砌体☆front bank brickwork
前峭作用☆oversteepening
前切曲流☆advanced-cut meander
前侵水☆aggressive water
前倾☆trim by head{bow}
前倾和升降(运动)☆dipping and heaving
前倾脊[菊石壳饰]☆prorsiradiate
前倾节理☆lying forward cleat
前倾式翻笼☆hip-up tipper
前倾型[腕]☆procline
前丘[上额齿尖头]☆paracone
前区☆proparea
前躯体[节]☆propodosoma
前驱[古]☆forerunner
前驱动轮☆front driven wheel
前驱物☆precursor
前全新世的☆pre-Holocene
前热液角砾岩☆pre-hydrothermal breccia
前人{任}☆predecessor
前韧式[双壳]☆prosodetic
前任的☆former；past；late
前鳃盖沟☆preopercular line
前鳃盖骨☆praeopercular；preopercular
前鳃类☆prosobranchia[腹]；Prosobronchia
前鳃亚纲☆prosobranchia；Probranchia
前三角洲☆prodelta；predelta
前山(带)☆front range
前山间盆地[靠近大陆侧]☆front intermontane basin
前上颌骨☆premaxillary bone；premaxilla
前上肢[节]☆proepipodite
前摄的☆proactive
前射蛤(属)[双壳;K]☆Praeradiolites
前伸滨线☆shoreline of progradation
前伸梁☆forestope
前伸体管[头]☆prosiphonate
前身☆predecessor；precursor；forerunner；forebody
前生产孔☆exproduction bore
前生期化学演化☆chemical evolution in prebiological period
前十字头导杆☆front crosshead guides
前时的☆prochronic
前事☆antecedency；antecedence
前室☆cup；antechamber；anteroom
前视☆forward sight{vision}；foresight；anterior view；front shot；FS
前视红外系统☆forward-looking infrared system
前视剖面图☆front sectional elevation
前视图☆front view{facade}；elevation drawing；front sectional view；longitudinal plan；FV
前舒勒介属[J_2]☆Praeschuleridea
前述的☆aforesaid；afsd
前束[of a car]☆toe-in
前双壳☆prodissoconch
前苏联☆former Soviet Union
前苏门答腊蜓属[P_2]☆Praesumatrina
前索☆provinculum
前锁骨☆preclavicle
前苔藓属[E-Q]☆Frondispora
前台☆foreground
前太古代☆Prearchaean
前坍垒☆protalus
前滩☆foreshore
前探☆forepole；throat
前探梁☆cantilever roof beam；fore(-)pole；beam support；forward canopy{cantilever}；forestope；forepoling bar
前探梁端最大工作阻力☆tip load
前探炮孔{眼}☆relief hole
前探平硐☆pilot tunnel
前探式支架☆fore{console} support
前探双纵梁☆horse head
前探小巷☆proving hole
前探支护☆advance{cantilever} timbering
前探支架☆cantilever{advance} timbering
前陶器时代☆preceramic age
前提☆premise；pncondition；hypothesis [pl.-ses]；prerequisite
前体☆precursor；proterosoma[节]；prosome{prosoma}[几丁]
前体壁[几丁]☆endoderre
前(门)厅☆vestibule
前庭☆vestibula；subdermal space
前透镜☆front lens
前头鞍面☆pre-glabellar field
前头部☆front head
前突蚶属[双壳;T_{2-3}]☆Hoferia
前途☆outlook；future
前推力☆forward thrust force
前拖☆towing ahead
前外侧角☆angulus anterolateralis
前外架[啃牙]☆anterior stylar shelf
前外节肢☆proepipodite
前湾☆front bay；forebay
前湾叶片☆forward-curved blade；forward bent blade
前桅☆foremast
前卫☆vanguard
前窝☆antorbital vacuity；praefossette
前夕☆eve
前喜马拉雅期的☆pre-Himalayan
前下尖[臼齿]☆anteroconid
前显花植物☆prephanerogam
前显生宙的☆pre-Phanerozoic
前线☆front (line)
前项☆antecedent
前向☆forward direction
前向波放大器☆forward wave amplifier；FWA
前向差分近似式☆forward-difference approximation
前向难见弯道☆blind curve
前向跑车防坠器☆forward runaway arrester{catch}
前向体管☆prosiphonate
前向斜☆foresyncline
前向运动☆onward movement；forward motion
前向照明☆head lighting
前象限角☆forward bearing
前销式联合装置☆breakpin hitch
前小尖☆paraconule；protoconule；anteroconid
前小尖后棱☆postparaconule crista{wing}
前斜☆prosocline
前卸式手推车☆end-tipping barrow
前型☆antetype
前形成层☆procambium [pl. ia]
前行控制☆advanced control
(顺序输送的)前行油品☆forward oil product
前胸[昆]☆prothorax；corselet；pereion[pl.-ia]；pereon
前穴类☆Protremata
前穴目[腕]☆protremata
前压力☆forward thrust force
前言☆introduction；in(tro)duction；proem；foreword
前沿☆front；leading edge
前沿地☆foreland；frontland
前沿地区☆frontier area
前沿地相☆foreland facies
前眼脊☆preocular ridge
前腰古口☆precingular archeopyle
(节日的)前夜☆eve
前移☆pre-displacement；moving-up
前移沙丘☆advanced dune
前异齿型[双壳]☆praeheterodont
前翼☆anterior wing；forelimb
前疣☆anterior tubercle
前右间射辐[棘]☆interray antero-right
前雨海系{纪}[月面]☆pre-Imbrian
前渊☆foredeep；fore-trough；fore deep
前渊地槽☆exogeosyncline
前缘☆leading edge[如油层的燃烧前缘]；front；lip；snoot；predestined ties{relationship}；hanging-wall cutoff；foreordained affinity；toe[推覆体]；anterior margin[三叶]；LE
(推覆体)前缘☆toe
前缘槽[腕]☆anterior sulcus
前缘带饱和度☆frontal saturation
前缘地☆foreland
前缘断坡☆frontal ramp
前缘舵☆foreplane
前缘缝翼☆slat
前缘跟踪法☆front-tracking technique
前缘弧区☆frontal arc terrane
前缘脉[动]☆costa [pl.-e]
前缘面☆leading surface
前缘碛石带☆moraine apron
前缘推进速率☆frontal advance rate
(驱油)前缘推进速率方程☆rate-of-frontal-advance equation
前缘吸力式分布☆bubble
前缘向斜☆foresyncline；fore-syncline
前缘效应☆toe-effect
前缘斜坡☆foreslope
前缘研究☆advanced research
前缘异常☆front anomaly
(不稳定试井曲线的)前缘影响段☆front-end effect
前缘晕☆front halo
前月面☆lunule
前载(的)[最小相位]☆front loaded
前造山期{|相}☆preorogenic stage{|facies}
前造山岩浆活动☆preorogenic magmatism
前展冰水平原☆advance outwash
前兆☆precursor；prelude；premonition；forerunner；prognostication；preplay；adumbration；harbinger；omen；presage；forewarning
前兆爆炸☆preburst
前兆监测☆premonitoring
前兆效应☆premonitory effect
前兆性褶皱作用☆precursory folding

Q

前震☆forerunner (earthquake); fore(-)shock; fore shock{earthquake}; earthquake foreshock
前震旦纪☆Presinian (period); pre-Sinian; Kaolan system
前震旦纪的☆Presinian; pre-Sinian
前震旦系☆Presinian system
前震-主震型☆foreshock-mainshock type
前正形贝属[腕;$Є_2$]☆Protorthis
前枝[鞭毛藻]☆proclade
前枝盘菊石属[头;T_2]☆Procladiscites
前支(撑点)☆front abutment
(工作面)前支壁压力☆foreward{front} abutment pressure
前肢☆pectoral limb; forelimb; manus
前肢带☆cingulum extremitatis superioris
前植期☆prevegetation time
前趾足☆pamprodactylous foot
前置☆pre-
前置(量)☆lead
前置词☆preposition
前置放大☆preamplification
前置放大增益☆pre-amp gain
前置机组☆topping plant
前置级☆prestage
前置角☆lead angle; angle of lead
前置滤(波)器☆prefilter
前置韧带☆prosodetic ligament
前置式游梁抽油机☆back-crank pumping units
前置信号☆advance signal
前置信号放大器☆signal preamplifier; first signal amplifier
前置液☆prepad (fluid); preflush; ahead{spearhead; pad} fluid
(酸化)前置液☆spreadhead
前置液体积☆pad{lead} volume
前智人☆Presapiens
前中齿带☆paracingulum
前中片☆premedian plate
前中央棱☆postparacrista; precentrocrista
前轴☆front axle
前轴面[{100}板面]☆macropinacoid; front pinacoid; orthopinacoid
前肘板☆front toggle
前皱菊石属[头;T_1]☆Proptychites
前柱尖架☆parastylar shelf
前转的[腹]☆prosogyrate
前转三角蛤属[双壳;T_3]☆Prosogyrotrigonia
前转向架☆foresteerage; leading bogie
(汽车)前转向桥☆front steering axle
前装机☆front-end (bucket) loader; tractor shovel
前装式自(备动力)钻机☆front-mounted self-contained unit
前装载机支撑杆☆support for front loader
前锥体☆nose cone
前纵切点[介]☆anterior frontal point
前奏☆prelude
前嘴龙目☆Protorosauria
前左间射辐[棘]☆interray antero-left
前作者的☆senior
潜坝☆ground sill
潜坝深度☆sill depth
潜泵☆diving pump
潜变形☆virtual deformation
潜冰量☆ice potential
潜波☆internal wave
潜步走近☆stalk
潜藏区☆potential area
潜产量☆potential (production); off-take potential
潜成岩☆hypabyssal rock
潜磁化力☆latent magnetization
潜防波堤☆submerged breakwater
潜堤☆submerged jetty{dike;bank;breakwater;brisk}
潜底动物群☆endofauna; infauna
潜地热区☆latent geothermal site
潜动☆creep(ing)
潜伏☆latency; lurk
潜伏的☆latent; incubative; perdue; perdu
潜伏地震☆hiding-in {-}earthquake
潜伏火灾☆dormant fire
潜伏阶地☆plunging terrace
潜伏矿床☆inclosed{hidden} deposit
潜伏裂缝☆buried suture; buried-suture
潜伏面☆surface of potential
潜伏期[病的]☆latent{incubation;latency} period; incubation; incubative stage
潜伏性固化剂☆latent curing agent
潜伏岩爆带☆zone of potential bursting
潜谷☆submerged valley
潜固溶体☆potential solid solution
潜航☆underwater{submerged} navigation
潜航器☆submersible
潜航员☆aquanaut
潜弧焊☆submerged arc welding
潜环☆obscure ring
潜火山☆subterranean volcano; cryptovolcanic; subvolcano
潜火山丘☆cryptodome
潜火山相☆subvolcanic facies
潜火山岩☆subvolcanic rock
潜礁式防坡堤☆breakwater of submerged reef type
潜节理☆blind joint
潜晶(质)的☆adiagnostic
潜晶磷酸铝石☆zepharovichite
潜晶质☆cryptocrystalline
潜晶质石英☆cryptocrystalline quartz
潜颈类☆cryptodira
潜孔(穿孔机)☆down-the-hole drill
潜孔冲击器☆down-the-hole hammer
潜孔回转冲击式钻机☆down-the-hole rotary percussion (drill)
潜孔回转式钻头☆down-the-hole rotary bit
潜孔式凿岩机组☆down-the-hole percussive unit
潜孔钻井同轴热交换系统☆downhole coaxial heat exchange system; DCHE
潜孔钻机☆down{in}-the-hole drill{machine}; in-hole perforator; down-hole drill; downhole drilling machine
潜(管)冷凝器☆submerged (tube) condenser
潜力☆potential(ity); potence; potency
(在)潜力上均等的☆equipotential
潜留时间☆bottom time
潜流☆groundwater{potential;submerged;subsurface; under;drowned} flow; lost stream{river}; hidden spring; underflow; underrun; undercurrent; submerged {underwater;sub-surface} current
潜(水径)流☆subsurface flow
潜流湖[滨海的]☆salina
潜流量☆potential
潜没☆submergence; subduction
潜没式加热器☆immersion heater
潜没体☆submerged body
潜能☆latent energy; potential (energy); potence; potency
潜鸟☆loon
潜坡度线☆submerged grade line
潜破火山口☆subcaldera
潜丘☆burial{burried;buried} hill
潜丘反映构造☆reflected buried hill structure
潜热☆latent heat; LH
潜热值☆potential heat value
潜溶性☆cosolvency
潜入☆burrow down; slip{sneak} into; steal in; dive; dive into water; submerge
潜入式电动泵☆submersible electric pump
潜入水中☆submerse; submersion
潜三角洲☆undersea{submerged} delta
潜山☆burial{buried;burried} hill; buried mountain {highs}
潜山高地异常☆buried-hill highs
潜山倾向坡圈闭☆buried dip-slope trap
潜山圈闭(构造)☆buried-hill trap (structure)
潜山型油藏☆buried hill type reservoir
潜山油田☆buried-ridge oilfield
潜山找矿准则☆buried hill rule
潜射流☆diving current
潜生(现象)☆cryptobiosis
潜失区[地表水]☆dissipating area
潜蚀☆phreatic corrosion; suffosion; piping; internal erosion; suffusion; water creep
潜势地槽☆potential geosyncline
潜水☆ground{under(-)ground; phreatic; unconfined; subsoil;subterranean} water; diving; submerge; groundwater; unconfined{phreatic} groundwater; phreatic flow; go under water; dg
潜水泵☆submersible{sump;submerged;immersible; immersion;drowned;down-the-hole;sinking} pump
潜水病☆bends; aeroembdism; caisson disease; decompression sickness
潜水补给河☆effluent stream
潜水补给流☆effluent flow
潜水层☆free-water{phreatic} layer; water tabl aquifer; phreatic aquifer
潜水船☆deep quest; diver's boat; underwater ship; DQ
潜水的☆phreatic; submersible; underwater
潜水等位线图☆contour map of phreatic water
潜水动态曲线峰{|谷}点☆phreatic high{|low}
潜水服☆diving suit{dress}; suit
潜水辅助服务☆diving support service
潜水工作☆coffering
潜水工作舱(气、电等)供送管☆capsule umbilicals
潜水观察舱☆submarine observation chamber
潜水红砖壤土[美]☆high-level laterite
潜水灰黏层☆gley{glie} horizon
潜水灰壤☆gley{ground-water} podzol
潜水灰壤性土☆groundwater podzol soil
潜水给养船☆diving support vessel
潜水岬☆submarine spur
潜水井☆gravity{water-table} well
潜水径流☆subsurface runoff; subsurface storn flow; storm seepage
潜水盔☆(hardhat) helmet
潜水流☆water-table stream; flow with water table under{underground;phreatic} flow
潜水流排出沟{管}☆underflow conduit
潜水帽☆diving helmet; snorkel
潜水面☆level{plane} of saturation; ground wate table{level;plane}; free water elevation; fre {phreatic;saturated} surface; groundwater tabl {level}; water plane{level}; free-water elevation maintenance{main} water table; phreatic wate (surface); ground-water table; underground wate level; line of seepage
潜水面以上地表湿度☆field moisture
潜水排出☆phreatic discharge
潜水器☆submersible; underwater{undersea submarine} vehicle; sub
潜水器电池系统☆sub battery system
潜水球☆bathysphere
潜水泉☆water-table spring
潜水深度极限☆diving depth limit
潜水式☆wet-type
潜水水汽喷发型火山活动☆volcanophreatic activity
潜水水汽-岩浆混合喷发☆phreatomagmatic eruption
潜水艇☆submarine; U-boat[德]; Unterseeboot; sub; undersea boat; aluminaut[可用于海底采矿
潜水艇归航雷达设备☆greenbottle
潜水土☆ground-water soil
潜水位☆level of the water-table; groundwate level{table;elevation}; water{phreatic} table
潜水位变化带☆zone of variable phreatic level
潜水位变化周期☆phreatic cycle
潜水位波动带☆belt of phreatic fluctuation
潜水箱☆cofferdam; coffer
潜水型☆submarine-type
潜水-岩浆互相作用的☆phreatomagmatic
潜水涌出量☆phreatic discharge
潜水用呼吸器☆aerophore
潜水员☆frogman; diver
潜水员(工作条件)变换站☆diver-changing station
潜水员换衣站☆diver-changing station
潜水员减压表☆decompression table
潜水员协助的出油管连接☆diver-assist flow-lir connection
潜水员自海底舱入水(装置)☆diver lockout
潜水指南手表☆diver's wrist compass
潜水砖红性土壤☆groundwater laterite
潜水转运箱{舱}☆transfer capsule
潜水作业☆aquanaut work
潜水作业{工作}舱☆submersible work chamber; utility capsule
潜态☆abeyance
潜艇承压壳☆submarine pressure hull
潜艇水下航行状态☆submarine's proceeding stat underwater
潜突出带☆zone of potential bursting
潜挖☆undercut; undermining
潜洼地☆crypto(-)depression
潜望镜☆altiperiscope; viewer; periscope; altiscop

Q

潜霞粗安岩☆dumalite
潜响岩☆subphonolite
潜象{像}☆latent image
潜穴[遗石]☆burrow；domichnia；bur
潜穴类型☆burrowing type
潜岩浆☆latent magma
潜岩浆房☆latent magma chamber
潜移☆creep
潜隐对称☆cryptosymmetry
潜隐发病☆latent disease development
潜隐矿床☆blind deposit
潜应力☆latent stress
潜油泵☆submersible pump
潜育☆gley；glei；gleyzation
潜育层土壤☆gley horizon
潜育化土壤☆gleyed soil
潜育灰壤☆gley-podzol
潜育泥炭☆azonal{basin;local} peat
潜育土☆gleysol；gley (soil)；glei；gleisoil
潜育土壤☆groundwater soil
潜育作用☆gleization；gleying；gley formation process
潜在☆latency；lurk
潜在变化☆cryptic variation
潜在产量☆(field) potential
潜在出砂层段☆potential sand producing interval
潜在的☆latent；dormant；buried；potential
潜在环境致癌物☆potential environmental carcinogen
潜在健康危害物☆potential health hazard
潜在交通流☆potential traffic flow
潜在开采资源☆potential exploitation resource
潜在矿物☆occult{occlusion} mineral
潜在类(组)分析☆latent class analysis
潜在能力☆capability
潜在入渗强度☆potential infiltration rate
潜在生垢物☆potential scaling compound
潜在生机☆cryptobiosis
潜在生油母岩层☆potential source bed
潜在事故☆near accident；hidden trouble{danger;peril}
潜在水力能量☆potential hydroenergy
潜在污染☆pollution potential
潜在因素{数}☆latency
潜在远期成本资源☆potential forward-cost resources
潜在运输媒介☆potential transporting agent
潜在蒸发蒸腾量☆potential evapotranspiration
潜铸式(金刚石)钻头☆impregnated bit
潜铸型细粒金刚石钻头☆diamond particle bit

qiǎn

遣散☆demobilize
遣散费☆demobilization cost
浅暗火操作☆semi-invisible flame operation
浅凹槽[灰岩面上]☆tinajita
浅凹盆地[岛弧区]☆nuclear basin
浅边缘海☆shallow marginal seas
浅变带☆epizone
浅变质(作用)☆epimetamorphism
浅变质岩☆epimetamorphic rock
浅剥离层☆shallow{thin} overburden
浅部☆superficial part
浅部(工作区)☆shallow workings
浅部等温线图式☆subsurface isotherms pattern
浅部解剖模型☆shallow anatomy
浅部开采(工作)☆digging；shallow workings
浅部特征☆shallow features
浅部斜滑动☆shallow oblique-slip
浅部岩浆☆epimagma
浅部岩浆矿物☆epimagmatic mineral
浅藏的☆shallow-lying
浅藏矿床☆surface deposit
浅槽段☆crossing
浅槽分级机☆shallow-pocket classifier
浅槽漏板☆shallow bushing
浅槽型气升式浮选槽☆Forrester cell
浅侧向☆shallow (investigation) laterolog；LLS
浅侧向屏蔽电流(的)衰减☆shallow bucking current attenuation；SBCA
浅层☆shallow layer
浅层变质☆epizonal metamorphism
浅层变质(作用)☆katamorphism；catamorphism；anchi-metamorphism
浅层带☆epizone
浅层地壳地震☆shallow crust earthquake
浅层地温异常图☆shallow ground temperature map
浅层构造☆superstructure；epi-tectonic；epigenetic structure；suprastructure
浅层基础☆footing
浅层勘探☆subsurface exploration
浅层冷地下水☆cold shallow water
浅层蚀变☆supergene alteration
浅层水☆superficial water
浅层样品☆near-surface sample
浅层柱样☆shallow core
浅产油(气)层☆shallow pay
浅成变质(作用)☆epizonal metamorphism
浅成大理岩{石}☆epimarble
浅成带☆epizone；hypergenic{surficial;supergene} zone；epibelt
浅成的☆hy(p)abyssal；hypergene；supergene；subvolcanic
浅成侵入相☆hypabyssal intrusive facies
浅成热液带☆epithermal zone
浅成沙矿☆shallow placer
浅成熟沉积☆epithermal deposit
浅成循环☆supergenous cycle
浅成岩☆hypabyssal (rock)；epirocks
浅成岩浆☆epimagma
浅成作用☆supergenesis
浅穿透高功率换能器☆pinger
浅穿透曲线☆shallow penetration (curve)
浅带(变质作用)☆epizone
浅带变质(作用)☆epizonal metamorphism
浅(变质)带标准矿物☆epinorm
浅带的[形变]☆dermal
(颜色的)浅淡☆lightness
浅淡色调☆white cold
浅的☆shallow；washy；shoal；low
浅(色)的☆pale
浅低温成矿系统☆mineralizing epithermal system
浅底片☆fair{faint;thin} negative
浅地层的☆epistratal
浅地裂火山作用☆shallow taphrogenic volcanism
浅地壳☆epiderm
浅地台环境成因☆shallow platform milieu origin
浅地下处理☆shallow subsurface disposal
浅断层☆shallow fault
浅反射波☆shallower reflection event
浅沸绿岩☆bjerezite；cuyamite；bereshite
浅分散层☆shallow scattering layer
浅分选石网☆stone pit
浅粉红色☆baby pink
浅浮槽☆shallow bowl
浅覆盖(岩)层☆shallow{thin} overburden
浅钙沸石☆episcolecite
浅橄榄绿色的☆laurel-green
浅根植物☆shallow-rooted plant
浅沟☆gutter
浅沟形成☆raggling
浅构造盆地☆sag
浅谷☆slack；draw
浅管☆spool
浅硅铝层☆epiderm
浅锅☆griddle；scallop
浅海☆epeiric{epicontinental;shallow;shelf} sea；shallow (water)
浅海半潜式钻井平台☆mini-semi
浅海沉积☆neritic deposit{sediment}；shallow sea deposit；epicontinental sedimentation；shallow water fauna{deposit}
浅海带☆neritic (marine) zone；subtidal {-}zone
浅海的☆subtidal；neritic；infraneritic；neritoparalic；neritopelagic
浅海底☆ellitoral zone
浅海底的☆epibenthile；epibenthic；littoral benthal
浅海底生植物☆epibenthic plant
浅海地带☆sublittoral zone
浅海地区☆neritic area
浅海海底栖生物☆epibenthos
浅海陆源沉积☆neritic terrigenous sedimentation
浅海平台☆offshore platform
浅海沙脊☆bore
浅海试验☆shallow water test；SWT
浅海台地☆platform
浅海碳酸盐泥☆shallow marine carbonate mud
浅海外环境☆infraneritic environment
浅海相三角洲☆shallow marine deltaic
浅海岩相☆undathem facies
浅海钻探技术☆offshore drilling technology
浅河谷矿床☆shallow stream valley deposit
浅褐色☆(sandy) beige
浅黑的☆darkish；swarthy
浅红☆pale red
浅红晶石[$MgAl_2O_4$,含微量 Cr^{3+}和 Fe^{2+}]☆balas (ruby)
浅湖☆vley；etang；vly；vlei；mere；meare
浅环脊痕☆ring mark
浅黄☆pale yellow
浅黄褐色☆fawn
浅黄色☆buff
浅灰褐色☆ficelle
浅灰蓝色☆powder blue
浅灰绿色☆elandine green
浅灰色☆pale{light;French} grey；grayish
浅混(合岩化)作用☆epimigmatization
浅基础☆shallow foundation
浅礁☆shoal rock{reef}
浅截深☆narrow web
浅截式采煤机☆narrow-web shearer
浅井☆shallow well{hole}；exploring shaft；bore pit；dug{post} hole
(打)浅井☆augering
浅井供水河段[间歇河床中]☆idd
浅井井架☆drilling mast
浅井勘探☆gophering；randing
浅井探砂矿☆pitting
浅井提升☆shallow hoisting
浅井下风用帆布通风管顶部☆wind-sail
浅井小钻机☆gopher (rig)
浅井钻机☆hobo{poor-boy} rig
浅刻缝合[腹]☆appressed suture
浅坑☆posthole well；shallow digging；manhole；craterpit[月]
浅坑泉☆dimple spring
浅孔☆short{dilly;post} hole；shallow bored well
浅孔爆破☆chip{shallow} blasting；short{shallow} hole blasting
浅孔测温资料☆subsurface thermometric data；near-surface probe data
浅孔注水泥☆short-hole grouting
浅孔钻进钻机☆gopher
浅矿☆shallow mine
浅矿床开采☆drift mining
浅蓝☆Cambridge{saxe} blue；azury
浅蓝灰色☆pearl blue
浅蓝绿色☆pale bluish green
浅蓝色☆powder blue
浅蓝色的☆bluish
浅蓝色硬黏土☆clunch
浅栗钙土☆light chestnut earth
浅砾海洼地☆boulder depression
浅粒岩[长石+石英＞98%，石英多于长石]☆leucolept(yn)ite；leucogranulitite；shallow particle rock
浅亮黄☆light bright yellow；rattan yellow
浅裂的[叶缘]☆lobatus；lobate
浅裂缝☆shallow fracture
浅陆缘海☆shallow marginal sea
浅绿埃洛石☆milanite
浅绿蓝色☆moroxite
浅绿色☆aqua；reseda；jade-green；laurel-green；beryl
浅绿色硬黏土层☆rooster coal
浅埋藏带☆shallow-burial realm
浅埋地下建筑☆shallow underground structure
浅煤[离地面不深的煤]☆shallow coal
浅煤化沥青煤☆epi-impsonite
浅内陆海☆shallow inland sea
浅能级☆shallow energy level
浅溺谷☆fohrde [pl.fohrden]；forde
浅盘☆tray
浅炮孔☆post{short} hole
浅炮眼☆short{block;shallow;shoot} hole
浅盆湖☆saucer lake
浅皮构造☆epi-tectonic
浅撇泡沫☆shallow scraping
浅潜水面☆shallow water table

Q

浅溶蚀洼地☆park
浅色☆pale；tinge；light (colour)；light-colored；tint
浅色斑岩☆leucophyrite
浅色斑状火成岩[野外用语]☆leucophyride
浅色带☆pallid zone
浅色调区☆light-toned area
浅色调植数☆light-toned vegetation
浅色旱热落叶矮灌木林[巴]☆caatinga
浅色矿物☆light-colored{leucocratic;light} mineral
浅色燧石☆white chert
浅色体☆leucosome
浅色线☆light line
浅色岩☆leucocrate；leucocratic rock
浅闪石[$8CaO•2Na_2O•18MgO•4Al_2O_3•26SiO_2•H_2O•3F_2$；$NaCa_2(Mg,Fe^{2+})_5Si_7AlO_{22}(OH)_2$；单斜]☆e(n)denite；achromaite
浅闪质闪石☆koksharovite；kokscharowite；kokscharoffite
浅深(变质)带☆epizone
浅生产层☆shallow pay
浅生富集☆supergene enrichment
浅生矿床☆supergene；hypergene
浅石绿☆grayish green
浅石色☆light stone
浅石滩☆riffle
浅室型自由沉落分级机☆shallow-pocket free nettling classifier
浅水☆shoal{shallow;wash} water；shoaliness；shallow
浅水波痕☆windrow ridge
浅水采金船开采☆shallow dredging
浅水层☆laminae of water
浅水船☆shallow-draft vessel
浅水道☆gunkhole；shallow channel
浅水的☆shoaly
浅水底的☆epibenthic
浅水底栖生物种群☆epibenthic population
浅水地震☆flat-water seismic
浅水港☆stranding harbo(u)r
浅水湖☆vly；vley；vlei
浅水区☆shoal water zone；watersplash zone；transitional{shallow} water；shallow
浅水滩三角洲☆shoal-water delta
浅水潭☆wide water
浅水塘[法]☆etang
浅水湾☆wash
浅水系数☆shoaling factor
浅司{强斯}型重介质锥形分选机搅动器☆Chance cone agitator
浅滩☆riffle；ford；natural bar；wash water；shallow shoal；crossover；high bed；shoal (patch;shallow)；foul ground；drift；bank；swash；shoaliness；ripple；shallow (water)；rift；ledge
浅滩残余砂体☆shoal-retreat massif
浅滩海湾☆bayou
浅滩后退砂体☆shoal-retreat massif
浅滩化☆shoaling
浅滩环礁☆bank atoll；pseudoatoll
浅滩指示浮标☆bar buoy
浅探测侧向测井☆shallow investigation laterolog
浅探井☆trial pit
浅挖☆shallow digging
浅洼地☆pod；panland；aguada[西]；sag
浅洼地湖☆pan lake
浅洼区☆panland
浅外海环境☆neritopelagic environment
浅湾☆seapoose；gunkhole
浅湾(贝壳沉积)☆tangue
浅湾蚬属[双壳;K_2]☆Hendersona
浅位深成体☆shallow-seated pluton
浅温热流矿床☆epithermal deposit
浅(处)斜出型☆shallow-deviation type
浅泻湖☆laguna
浅新月形铸型☆cusp cast
浅型充气式浮选槽☆pneumatic cell without pump body
浅锈黄☆rust yellow
浅穴☆niche cave
浅盐湖☆shott；schott；chott
浅盐水带☆epihaline zone
浅盐水湖☆chott；shott
浅岩基带☆epibatholite zone
浅岩基的☆epibatholithic
浅岩浆的☆epimagmatic
浅(炮)眼(开采)法☆short-hole method
浅眼孔☆shallow hole
浅眼凿岩机☆popholing drill
浅阳极地床☆shallow anode bed
浅油藏探井☆shallower pool test
浅油砂层☆grassroots
浅源捕掳{虏}体☆epixenolith
浅源地震☆near-surface foci earthquake；shallow(-focus) {normal} earthquake
浅源图☆shallow source map
浅源斜滑动地震☆shallow oblique-slip earthquake
浅源岩浆☆pyromagma
浅泽泥炭土☆hill moor peat
浅沼沉积☆swage fill deposit
浅沼地☆swale
浅沼泥炭☆telmatic{reed} peat
浅沼泽[美东南部]☆pocosen；pocoson；pocosin；banados；dismal
浅折射边界☆shallow refraction boundary
浅震☆shallow earthquake
浅紫彩[石]☆Paradiso
浅紫色☆lilac
浅棕花[石]☆Light Brown
浅钻孔☆shallow{post;short} hole
浅钻☆spudding
浅钻打的井☆bored well
谴责☆censure；blame；ban；accuse

qiàn

茜草黄质☆xanthin
茜草科☆Rubiaceae
茜红素☆alizarin red
茜素[$C_6H_4(CO)_2C_6H_2(OH)_2$]☆alizarin(e)
茜素磺酸钠☆sodium alizarinsulfonate
堑道滑坡☆sliding in cut
堑沟☆trench；fosse；gullet；graben；gutter
堑沟挖掘☆drop cut
堑壕☆entrenchment；aulacogen[构造]
堑壕地槽☆aulacogeosyncline
堑形断层☆trenched fault
嵌☆mount
嵌板☆pane；lacunar
嵌板图☆panel diagram
嵌玻璃☆pane
嵌玻璃的沟缘☆bezel
嵌布☆dissemination；embedding；set to
嵌布程度☆degree of impregnation
嵌布的☆embedded
嵌布矿(石)☆disseminated ore
嵌布形式☆intergrowth pattern
嵌插的[节;眼板]☆insert
嵌插片☆insertion laminae
嵌长[结构]☆sporophitic
嵌齿轮☆cog(-)wheel
嵌齿象(属)[N-Q]☆Gomphotherium
嵌段共聚物☆block{sandwich} copolymer
嵌二萘[$C_{16}H_{10}$]☆pyrene
嵌缝☆caulk；calk；caulked joint
嵌缝锤☆caulker
嵌缝法☆filleting
嵌缝料☆joint filler
嵌缝石☆choke stone；keystone
嵌缝楔☆keystone
嵌缝凿☆plugging{ca(u)lking} chisel
嵌含的☆poikilocrystallic
嵌含晶☆poikilotope
嵌含晶的☆poikilotopic
嵌合☆interlocking；embedment
嵌花式小方石块☆durax stone block
嵌环☆capel；caple
(屋板)嵌灰泥☆torching
嵌胶长石砂岩☆arkositite
嵌接☆scarf [pl.scarves]；scarf joint；scarfing
嵌接套管☆insert joint casing；inserted-joint casing
嵌进☆embed；telescope；insert
嵌晶[结构]☆inset；poikilitic；poicilitic；poecilitic
嵌晶的☆poikilocrystallic
嵌晶方解石☆poikilotopic calcite
嵌晶碎屑胶结物☆poikiloclastic{poikiloblastic} cement
嵌晶状☆poicilitic；pcikilitic；poecilitic；poikilitic
嵌聚物☆telcomer
嵌拼细工☆mosaic work
嵌平☆flush
嵌圈板☆filler ring
嵌入☆inlet；imbedding；snap；inset；intercalation；insert(ion)；embed(ment)；imbedment；encase；cue；tie-into；broken-in；spiring；wedging；offering；house
嵌入(曲流)☆entrenchment
嵌入安装的☆flush-mounted
嵌入部分☆built-in component
嵌入的☆imbedded；embed；build-in；built-in
嵌入构造[洪积扇]☆telescope structure
嵌入介质☆embedding medium
嵌入孔☆insert hole
嵌入梁☆stemple
嵌入马尔柯夫链☆embedded Markov chain
嵌入磨刃装置☆built-in sharpener
嵌入能力☆embedability
嵌入墙中砖石突出部☆tailing
嵌入曲流☆entrenched{intrenched} meander
嵌入曲流谷☆entrenched meander valley
嵌入山脊☆shutterridge
嵌入山坡水道[冰川舌上]☆in-and-out channel
嵌入蛇曲☆enclosed meander
嵌入生长☆intercalary growth
嵌入式☆push(er)-in{inset} type
嵌入式补心{衬套}☆insert bushing
嵌入式铰链☆insert hinge
嵌入式舌形凡尔☆insert flapper valve
嵌入头☆insertion head
嵌入峡谷☆shut-in
嵌入压力☆embedment pressure
嵌入子波☆embedded{imbedded} wavelet
嵌塞碎石片☆pinning-in
嵌珊瑚☆aphrophyllum
嵌上☆key-in
嵌上的☆built-in
嵌生模式☆intergrowth pattern
嵌石铺面☆tessellated pavement；tessera
嵌石细工☆pietre dure
嵌石装饰☆tessellation
嵌饰☆insertion
嵌套转移☆nested transition
嵌填膏泥☆badigeon
嵌条☆filler rod；fillet；band
嵌霞正长岩☆rischorrite
嵌线螺属[腹;K_2-Q]☆Cymatium
嵌镶的☆imbedded
(晶体)嵌镶结构☆mosaic structure
嵌镶圈☆setting ring
嵌镶体☆compact land
嵌镶应力☆tesselated stress
嵌镶钻头☆set{insert} bit；bit setting
嵌星珊瑚☆Orionastraea
嵌岩孔☆rock socket
嵌岩桩☆socketed pile
嵌在不同基质中的碎屑☆plum
嵌制的[细粒金刚石钻头]☆impregnated
嵌珠钻头☆button bit
嵌状变晶结构☆poikiloblastic texture
欠饱和(现象)☆undersaturation
欠饱和的☆undersaturated
欠曝光☆underexposure
欠爆☆underbreaking
欠补偿☆under {-}compensation
欠处理☆undercuring
欠单☆I owe you；accommodation bill；I.O.U.
欠电流的☆undercurrent
欠定方程☆underdetermined equation
欠煅的☆underfire
欠发达造成的资源短缺☆resource scarcity due to underdevelopment
欠固结☆underconsolidation
欠烘的☆underbaked
欠火☆underburnt；undercooked；underfire
欠火石灰☆under burned lime
欠火砖☆underfired brick
欠佳的☆suboptimal
欠紧☆undertighten
欠款☆debt
欠励磁☆underexcitation
欠硫化☆undercuring

Q

欠流自动断流器☆minimum cutout
欠磨☆undergrinding
欠耦合☆undercoupling
欠平衡☆underbalance
欠缺☆deficiency; deficit; draw-back; be deficient in; be short of; shortcoming; scantiness
欠热☆under-heating; underheating
欠烧☆under burning; under-firing; underburning
欠烧熟料☆underburned clinker
欠熟☆undercuring
欠条☆C/NJ; C. N.; credit note
欠调制的☆undermodulated
欠挖☆tight; underbreak; under-excavation
欠压储集层☆underpressured reservoir
欠压断路器☆under-voltage circuit breaker
欠压实的☆undercompacted; sub-compacted
欠压实的页岩☆undercompacting shale
欠压实面岩☆undercompaction shale
欠压制☆underpressing
欠银行的款项☆owing to bank
欠拥挤度☆undercrowding
欠载断路器☆under-load circuit breaker
欠载装药☆under load
欠债者☆obligor
欠重☆short-weight; short weight
欠阻尼{力}☆underdamp; underdamping

qiāng

枪☆gun; firearm; spear
枪柄☆hand
枪刺状的☆bayonet-shaped
枪管☆barrel
枪环形瞄准具的中心{准星}☆pipper
枪击感度试验☆shooting test; bullet impact test
枪机☆bolt
枪尖式钎子☆spear-pointed drill
枪晶石[$Ca_4(Si_2O_7)(F,OH)_2$;单斜]☆cuspidine; custerite; cuspidite
枪孔针☆nail
枪口☆muzzle
枪螺属[腹;K]☆Mataxa
枪炮操作☆gunnery
枪炮钢☆gun steel
枪炮铜☆gun metal{brass}
枪硼钙钠矾[$Na_2Ca_3(Cl(SO_4)_2{\cdot}B_5O_8(OH)_2)$]☆heidarnite; heidornite
枪旗鱼属[P]☆Dorypterus
枪身☆gun carrier{body}
枪式喷燃器☆gun{lance-type} burner
枪栓☆bolt
枪体{|筒}☆gun block{|barrel}
枪托☆butt
枪乌贼{鲗}☆squid
枪形目☆Teuthoidea
枪药☆gunpowder; small arms propellant
枪用无烟火药☆bullseye
枪鲗[头]☆squid
枪鲗目☆Teuthoida; Teuthoidea
枪战☆fireworks
枪状的☆lanciform
锖色☆tarnish
戗台☆berm
腔☆chamber; cavity; speech; talk; tune; tone; accent; bore; cavitas
腔笔石目☆Camaroidea
腔肠☆coelenteron; gastrovascular cavity; enteron
腔肠动物☆coelenterate; Coelenterata
腔肠动物(门)☆coelenterata
腔齿犀属☆Coelodonta
腔骨龙(属)[T_3]☆Coelophysis
腔骨龙类☆coelurosaurs
腔棘目☆Coelacanthini
腔孔[苔]☆lumen-pore
腔孔藻(属)[P-T]☆Physoporella
腔鳞目[D]☆Coelolepida
腔鳞鱼亚纲☆Coelolepida
腔螺贝属[腔足;S-D_2]☆Coelospira
腔盘藻属[绿藻;Q]☆Coelodiscus
腔球藻属[D]☆Coelosphaerium
腔区☆alveolus [pl.alveoli]
腔区(箭石)☆alvelous [pl.alvoli]
腔隙的☆lacunaris
腔压[旁压仪]☆cell pressure
腔锥形[腹;壳]☆coeloconoid
羌☆Muntijacus
羌鹿☆Cervulus
羌塘地块☆Qiangtang massif

qiáng

墙☆wall
墙板☆wall slab; wallboard
墙壁等外面的薄灰泥☆parging
墙壁投影器☆wall projector
墙钩☆wall hook
墙基石☆head stone; headstone
墙迹[遗石]☆Teichichnus
墙间的☆intrathecal
墙间隔带☆intervallum
墙间室☆intervallum
墙脚☆toe
墙角☆corner formed by two walls; corner
墙角石☆corner{quoin} stone; cornerstone
墙孔[苔]☆dietella
墙帽☆coping
墙面板☆clapboard; shingle
墙面交接线☆neat line
墙面涂料☆wallcovering
墙面牙石[建]☆tusses; tusks
墙摩擦角☆angle of wall friction
墙摩擦力☆wall friction
墙内出芽☆intramural budding
墙上托架☆wall bracket
墙身沉陷裂缝☆settlement cracks of walling; cracks owing to wall settlement
墙式基础☆wall foundation
墙式消防箱☆hose cabinet
墙体应力☆wall stress
墙围的☆walled
墙压顶石☆wall coping
墙岩☆dike {-}rock; dyke rocks; duke-rock
墙(脉)岩☆dike-rock; dikites
墙仪☆mural circle
墙支撑☆wall bracing{support}
墙装吊杆☆wall bracket crane
墙状叠层石属[Z_2]☆Scopulimorpha
墙灼☆mural
蔷薇彩☆rose colors
蔷薇辉石[$Ca(Mn,Fe)_4Si_5O_{15}$,Fe、Mg常置换Mn,Mn与Ca也可相互代替;$(Mn^{2+},Fe^{2+},Mg,Ca)SiO_3$;三斜]☆rhodonite; hydropite; horn manganese; hermannite; kieselmangan[德]; kapnikite; orletz; marceline; mangan(ese) spar; heteroklin; red manganese; manganolite; paisbergite; heterocline; redmanganese; manganamphibole; red-brown stone; cummingtonite; rhodoarsenian; pajsbergite; mangankiesel
蔷薇辉石-硅灰石类☆pyroxenoid
蔷薇辉石矿床☆rhodonite deposit
蔷薇黄锡矿[$Cu_2FeSn_3S_8$;六方]☆rhodostannite
蔷薇榴石[$Ca_3Al_2(SiO_4)_3$]☆landerite; rosolite; rosalite; xalostocite
蔷薇黏土☆rhodalite
蔷薇石英[SiO_2,并含少许钛的氧化物]☆rose{rosy} quartz; Bohemian ruby
蔷薇属[N-Q]☆Rosa
强爆☆intense{strong} burst
强北风[墨西哥湾]☆norte; norther
强北极雪暴☆purga
强变型{形}状态☆high-deformation regime
(高地)强冰斗割切☆upland fretting
强波☆bright event
强采☆speedy{high-speed} stoping
强层冲断层☆strut thrust
强层褶皱☆competent folding
强(电)场的☆high-field
强场方法☆strong field method
强潮差[>4m]☆macrotidal range
强出[采] ☆speedy{high-speed} drawing
强唇孢属[C_1]☆Labiadensites
强唇大孢属[C_3-P_1]☆Cressotriletes
强磁场☆high intensity field
强磁场高梯度分选机☆high intensity high-gradient separator
强磁力打捞器☆strong magnetic die
强磁性☆ferromagnetism
强磁性的☆ferromagnetic; highly{strongly} magnetic
强(磁场)磁选机☆high intensity machine
强大的☆atomic; powerful
强大河流☆competent river
强的☆strong; competent
强的{泼尼}松龙[药]☆sterane
强地压☆high ground pressure
强地震☆strong earthquake
强地震学☆strong motion seismology
强电弧☆hard arc
强电介质☆ferroelectric
强电流☆heavy current
强电视信号区☆class A signal area
强调☆emphasis [pl.-ses]; accentuation; emphasize; stress; accent; accentuate; underline; punctuation; urge; place stress on
强调者☆accentuator
强动地震仪☆strong-motion seismograph
强度☆strength; intensity; intension; force; robustness; pitch; illumination; endurance; stability; body; severity; ruggedness; resistance; volume; temper
强度标☆intensity scale; scale of intensity; graded intensity scale
强度参数☆intensive{strength} parameter
强度层☆stress bearing layer
强度储备☆margin of safety
强度的照相测定☆photographic measurement of in intensity
强度等级☆grade strength
强度分布☆intensity distribution
20%～60%强度高密度铵狄那米特炸药☆Red-Cross- Extra
强度极限☆breaking point
强度计☆ratemeter
强度理论☆strength theory; theory of strength
强度侵蚀(作用)☆deep erosion
强度(可靠性)试验☆reliability trial
强度试验包线☆envelope of strength testing
强度系数☆specific strength
强度因素{数}☆strength factor
强度终值☆ultimate strength value
强颚牙形石属[T_2]☆Pollognathus
强反差☆high contrast
强反射☆strong reflection; boomer
强反射(波)☆bright reflection
强反应性岩石☆reactive rock
强放管☆power tube
强放射性☆activity; multicurie
强放射性层{|点}☆hot zone{|point}
强分层河口湾☆highly stratified estuary
强分异作用☆high fractionation
强风[6级风]☆strong breeze; (fresh) gale
强风化带☆intensely weathered zone
强幅度连续相☆high-amplitude continuous facies
强赋压[隔水]层☆tight-confining bed
强共振俘获☆high resonance capture
强构造☆competent{strong} structure
强光☆highlight
强(烈刺目的)光☆glare
强光透镜☆fast lens
强光泽☆high luster
强函数☆majorant
强夯☆crater; dynamic compaction{consolidation}
强夯法☆heavy tamping
强河流☆competent river
强弧光灯[摄电影用]☆Klieglight
强化☆intensification; intensify; reinforce; spiking; activation; consolidation; auxesis; strengthen; toughening; stimulate; stiffening; seeding
强化玻璃☆strengthened{toughened} glass
强化采液泵☆enhanced recovery pump
强化采油☆enhanced recovery; forced production
强化采油措施☆well stimulation
强化煅烧☆forcing of kiln operation
强化合成燃料过程☆consol synthetic fuel process
强化剂☆intensifier; reinforcer
强化开采☆forced production
强化理论☆reinforcement theory
强化曲流☆enforced meander
强化燃料☆spike fuel
强化燃烧室喷嘴☆afterburner noz(zle)
强化烧结☆intensified sintering
强化塑性砂浆☆reinforced plastic mortar; RPM

Q

强化学风化残积{覆盖}层☆loipon
强化异常☆high-lighting an anomaly
强化应力斑☆checker pattern；iridescence
强化增产法☆stimulation method
强化桩☆consolidating pile
强火山作用☆ultravulcanian
强极值☆strong extremum
强加☆force；imposition
强加于☆impose；saddle
强间断☆heavy{strong} discontinuity
强碱☆alkali；strong base
强碱的☆strong caustic
强碱溶液☆strongly alkaline solution
×强碱性阴离子交换树脂☆ Amberlite XE-123
强键☆excellent bond
强健的☆husky
强鲛属[C]☆Cratoselache
强结合水☆tightly{firmly} bound water
强介电性微晶玻璃☆strong dielectric glass-ceramics
强劲干西北风[俾路支]☆gorich
强掘☆speedy advance{driving}；high-speed drivage
强掘强采☆rapid excavation &. mining
强浪☆rough sea
强浪蚀带{滨;滩}☆surf-shaken beach
强离子束☆intense ion beam
强力爆破☆heavy blasting
强力泵送☆intensified pumping
强力的☆heavy-duty
强力锻造☆about-sledge
强力分开构造☆force-apart structure
强力鼓风☆forced draught；F.D.
强力搅拌☆intense agitation
强力扩声器☆stentorphone
强力雷达☆brute {-}force radar；real aperture radar
强力磨削砂轮☆abrasive machining wheel
强力配合☆force-fit
强力喷发☆mammoth eruption
强力侵入(的)☆forceful{forcible} intrusion；invasive；aggressive
强力照明☆floodlighting
强力钻机☆consolidated rig
强梁☆strength beam
强裂隙带☆dense fissure zone
强烈☆intensity；fullness
强烈爱好☆fascination (with)
强烈北风☆norte；norther
强烈崩坍☆climax avalanche
强烈变形地区☆highly deformed area
强烈冲击☆violent bump
强烈抽水钻孔☆strong abstraction borehole
强烈刺眼的☆harsh
强烈的☆intensive；high；great；full；living；blazing；shrill
强烈地☆intensely；violently
强烈地震☆violent{violence;strong} earthquake；strong motion earthquake
强烈地震运动☆intense earthquake motion
强烈沸腾☆wild (heat)
强烈风暴☆severe storm
强烈滑坡☆bad slip
强烈回波☆strong return
强烈拉伸区☆extreme tension region
强烈喷发后塌陷☆external collapse
强烈破碎线形带☆highly fractured linear belt
强烈起伏的山脉☆high(ly)-relief mountains
强烈气味☆tang
强烈燃烧☆high-intensity{active} combustion
强烈(煤炭)突出☆violent bump
强烈性☆intensity
强烈岩爆☆violence{violent} bump
强烈应变地区☆highly strained area
强烈褶皱的构造☆highly folded structure
强淋溶土☆acrisol
强陆风☆raggiatura
强脉冲☆high power pulse
强棉☆guncotton
强黏土☆gumbo
强黏结煤☆strongly caking coal
强黏力砂☆strong sand
强黏力型砂☆strong moulding sand
强黏土☆gumbo；strong{sufficient} clay；Gbo
强黏性润滑剂☆tenacious lubricant
强耦合☆close coupling

强切割地区☆highly dissected terrain
强侵蚀☆vigorous erosion
强亲水系统☆strongly water-wetting system
强亲油☆strong oil-wet
强曲流☆competent meander
强韧的☆tough
强熔结带☆zone of dense welding
强溶剂☆powerful solvent
强润湿反转效应☆strong reverse wetting effect
强润湿介质☆strongly wetted media
强润湿液☆strongly wetting liquid
强渗透性☆high permeability
强势贝属[腕;Є]☆Iphidella
强收敛☆strong convergence
强衰减的☆overdamped
强霜冻侵蚀☆cryoplanation
强水湿系统☆strongly water-wetting system
强水硬性石灰☆strong hydraulic lime
强斯{浅司}型圆锥洗煤机[砂浮法]☆Chance cone
强斯型圆锥洗煤机泥末撇除器☆Chance cone silt skimmer
强斯型圆锥洗煤机砂泵{|仓}☆Chance cone sand pump{|sump}
强塑性黏土☆quick clay
强酸☆strong acid
强酸侵蚀☆vigorous acid attack
强酸溶液☆strongly acid solution
强酸性氧化土☆acrox
强天电干扰☆heavy statics
强透水的☆highly permeable
强透水性☆high permeability
强稳定矿物☆highly resistant mineral
强吸啜跳汰法☆back-stroke jigging
强下入的套管☆drive pipe
强下油管☆snubbing tubing
强咸(水)☆super-saline
强咸的☆hypersaline；supersaline
强限幅☆hard limiting
强响应信号☆strong response signal
强新月虫属[三叶;O_{2-3}]☆Dindymene
强心剂☆cardiant
强信号☆strong signal
强信号栅控辉光放电管☆power grid-glow tube
强行爆破☆forced blast
强行侵位☆forcible emplacement
强行下入(钻杆、油管)☆snubbing in
强行下入管柱工具☆snubber
强行下钻☆running against pressure
强行下钻设备☆snubbing equipment
强行注入法☆impounding method
(用燃油泵)强行(泵油入汽缸的)注油系统☆solid injection system
强行钻进☆force-feed
强胸横梁☆panting beam
强压 CO_2 液☆cryptolinite
强压注入☆squeeze injection
强压装药☆tight corner charge
强岩☆competent rock
强氧化剂☆strong oxidizer
强异常☆intense anomaly
强音雾中信号☆major fog signal
强隐含法☆SIP{strongly implicit (procedure)} method
强硬的☆hard-boiled
强应力场☆high field
强油湿☆strong oil-wet
强油湿的☆strongly oil-wet
强有孔虫总科☆Carterinacea
强有力的☆drastic；powerful
强运动☆strong motion
强照射☆massive exposure
强折射☆strong refraction
强褶曲(作用)☆competent folding
强振幅☆high{dominant} amplitude；black deflection
强震☆macroseism；violence{violent} shock；strong shock{earthquake;motion}
强(烈地)震☆strong-motion earthquake
强震带☆pleistoseismic zone
强震加速(度)仪☆strong-motion accelerograph
强震前兆☆forerunner of strong earthquake
强震区☆meizoseismal area
强震效应☆macroseismic effect
强震仪☆strong {-}motion seismograph

强置性组构☆imposed fabric
强制☆coercion；grabbing；forcing；force；strain；compulsion；stress
强制保险☆compulsory insurance
强制崩顶☆blow down
强制崩落法☆cut-off method；induced caving；positive caving；forced-caving system
强制层☆constraining bed
强制拆开构造☆force-apart structure
强制的☆imperative；compulsory；forced；mandatory；necessary；positive；peremptory
强制对流式烧结矿冷却机☆forced convection sinter cooler
强制放顶☆overhead caving
强制分段崩落开采(法)☆forced block caving
强制关闭(井)☆hard closing
强制减震☆forced damped vibration
强制块段崩落☆forced block caving
强制力☆force；constraint；compelling{coercive} force
强制排量☆positive displacement
强制排料斗式提升机☆positive-discharge bucket elevator
强制审计☆obligatory audit
强制式混凝土搅拌机☆forced concrete mixer
强制通风☆forced(-air){positive} ventilation；forced draught；positive ventilating；induced {positive} draft
强制通风式干燥机☆forced-air dehydrator
强制性的☆imperative；mandatory
强制性条款☆obligatory term
强中兽属[E_2]☆Harpagolestes
强注☆forced injection
强壮的☆trachy-
强壮希瓦格蜓属[孔虫;C_3]☆Robustoschwagerina
强子[一种基本粒子]☆hadron
强阻挡层☆high containment
强阻尼☆heavy damping

qiǎng

抢风行驶☆luff
抢救☆salvage
抢救人员☆rescue personnel
抢救失事船(货物)者☆wrecker
抢水☆(river) capture
抢水河☆captor (stream)
抢水湾☆elbow of capture
抢先☆grab
抢先者☆anticipator
抢险车☆disaster unit；recovery vehicle；wrecking car
抢修☆first-aid repair；salvage
抢修工程☆salvaging
抢占☆grab
抢装井口[油]☆installing wellhead
抢走☆rifle；carry away
羟胺☆hydroxylamine
羟白铅矿☆plumbonakrit；plumbonacrite
羟钡铀矿☆protasite
羟丙基瓜尔胶☆hydroxypropyl guar；HPG
羟带频率☆OH stretching frequency
羟胆矾[$Cu_4(SO_4)(OH)_6$;单斜]☆brochantite；waringtonite；dystommalachite；krisuvigite；blanchardite；brongniartine
羟碲铜矿[$Cu_5(TeO_3)_2(OH)_6$•$2H_2O$;斜方]☆cesbronite
羟碲铜石☆xocomecatlite
羟碲铜锌石[$Zn_8Cu_4(TeO_3)_3(OH)_{18}$;六方]☆quetzalcoatlite
羟碘铅矿[德]☆jodlaurionit
羟碘铜矿[$Cu(IO_3)(OH)$;斜方]☆salesite；iod-atacamite [$Cu_2I(OH)_3$]；iod(o)botallackite；jodbotallackite {jod-atacamit}[德]
羟丁胺酸☆threonine
羟丁基乙二胺[$HO(CH_2)_4NH(CH_2)_2NH_2$]☆butylol ethylene diamine
羟蒽醌☆fringelite
羟矾石☆kamarezite；basaluminite；duttonite
羟钒铅锌石☆eusynchite
羟钒石[$V^{4+}O(OH)_2$;单斜]☆duttonite
羟钒铁铅石{矿}[$PbFe^{3+}_2(VO_4)_2(OH)_2$;三斜]☆mounanaite
羟钒铜矿[$Cu_5(VO_4)_2(OH)_4$;斜方?]☆turanite；tabakerz

Q

羟钒铜铅石[$PbCu(VO_4)(OH)$;斜方]☆mottramite；cuprodescloizite；cuprodescloisite
羟钒锌铅石[$PbZn(VO_4)(OH)$;斜方]☆descloizite；descloisite；descloizeauaite；tritochorite
羟方钠石[$Ba_4(Al_3Si_3O_{12})(OH)$]☆hydroxydsodalith；hydro(xyl)sodalite；hydroxidsodalith；hydroxyl-sodalite
羟(基)方钠石☆hydroxylsodalite
羟方钍石☆mozambikite
羟氟硼钙石☆johachidolite
羟-氟碳铈矿☆kischtimite；hydroxyl-bastmaesite
羟富铁黑云母☆hydroxyl-lepidomelane
羟钙铝铁榴石☆hydrograndite
羟钙石[$Ca(OH)_2$;六方]☆portlandite
羟钙钛矿[$CaTi_2O_4(OH)_2$]☆kassite
羟钙铀铌矿☆α-wiikite；alpha-wiikite
羟钙柱石☆hydroxymeionite；oxydhydratmejonit
羟高铁云母☆ferri-annite
羟铬矿[$CrO(OH)$;斜方]☆bracewellite；guayanaite；braceweilite
羟钴矿☆boodtite；transvaalite；lumbumbashite；mindingite
羟硅钡镁石☆kinoshitalite
羟硅钡石[$Ba_{10}Ca_2MnTiSi_{10}O_{30}(OH,Cl,F)_{10}$;四方]☆muirite
羟硅钡云母☆adandite
羟硅铋铁矿[$BiFe^{3+}_2(SiO_4)_2(OH)$;单斜]☆bismutoferrite
羟硅钙钠石☆kvanefjieldite
羟硅钙铅矿[$Pb_6Ca_4Si_6O_{21}(OH)_2$;六方]☆ganomatite
羟硅钙石[$Ca_6Si_3O_{11}(OH)_2$]☆dellaite；silico-apatite
羟硅钴矿☆kobaltchrysotile；cobalt chrysotile
羟硅钾铝硼石☆kalborsite
羟硅磷灰石[$Ca_{10}(SiO_4)_3(SO_4)_3(OH,Cl,F)_2$;六方]☆hydroxyl(-)ellestadite
羟硅铝钙石[$CaAlSiO_4(OH)$;斜方]☆vuagnatite；vartumnite
羟硅铝锰石[$Mn_9(Si,Al)_{10}O_{23}(OH)_9$;三斜]☆akatoreite；davreuxite
羟硅铝石☆tosudite
羟硅铝钇石☆vyuntspakhkite
羟硅镁铁石☆ballangeroite
羟硅锰钡石☆verplanckite
羟硅锰钙石☆santaclaraite；reyerite
羟硅锰矿☆gageite；parsettensite；errite
羟硅锰镁石[$(Mn,Mg,Zn)_8Si_3O_{10}(OH)_8$;斜方]☆gageite
羟硅锰石☆alleghanyite；jerrygibbsite
羟硅泌铁矿☆bismutoferrite
羟硅钠钡石☆del indeite
羟硅钠钙石[$Na_2Ca_8(SiO_3)Si_2O_7(OH)_6•8H_2O$; $Ca_9H_2Si_6O_{18}(OH)_8•6H_2O$;三斜]☆jennite
羟硅钠石☆magadiite
羟硅铌钙石☆mongolite
羟硅硼钙石[$Ca_2B_5SiO_9(OH)_5$;单斜]☆howlite
羟硅铍钙石☆jeffreyite
羟硅铍石[$Be_4(Si_2O_7)(OH)_2$;斜方]☆bertrandite；hessenbergite；sph(a)erobertrandite
羟硅铍钇石☆hingganite-(Y)
羟硅铍镱石☆hingganite-(Yb)
羟硅铅石☆plumbotsumite；plumotsumite
羟硅石☆leucophoenicite
羟硅铈矿[$(Ce,La)_3Si_2O_8(OH)$;六方]☆tornebohmite；toernebohmite
羟硅钛镁铝石☆ellenhergerite
羟硅锑铁矿[$Sb^{3+}Fe^{3+}_2(SiO_4)_2(OH)$;单斜]☆chapmanite
羟硅铁锰石☆balangeroite
羟硅铁钠锰石☆taneyamalite
羟硅铁石☆macaulayite
羟硅铜矿[$Cu_5(SiO_3)_4(OH)_2$;斜方]☆shattuckite
羟硅钍石☆thorogummite
羟硅稀土石☆tombarthite
羟硅锌锰铁石☆franklinfurnaceite
羟硅钇石[$Y_5(SiO_4)_3(OH)_3$;三斜]☆iimoriite；limoriite
羟褐锰矿☆hydroxy(l)braunite；hydroxy(l)brannite
羟黑锰矿[$Mn^{4+}_{5-x}(Mn^{2+},Fe^{3+})_{1+x}O_8(OH)_6(x=0.2)$]☆janggunite
羟黑云母☆hydroxyl {-}meroxene
羟化物☆hydroxide
羟基[HO−]☆hydroxy(l)；hydroxyl group；hydroxide{hydrocarbon} radical；oxhydryl；oxy-
羟基胺☆hydramine
羟基苯胺☆hydroxy aniline；ethylol amine
羟基苯(甲)酸[$OH•C_6H_4•COOH$]☆hydroxybenzoic acid
α-羟基苯乙酸[$C_6H_5CH(OH)COOH$]☆mandelic acid
羟基丙基瓜尔胶☆hydroxypropyl guar gum
2-羟基丙酸[$CH_3CHOHCO_2H$]☆lactic acid
α-羟基丙酸[$CH_3CHOHCOOH$]☆α-hydroxypropionic acid
1-羟基-2-丙酮☆acetol
羟基垂石松碱☆lycocernuine
1,5-羟基蒽醌[$C_{14}H_6O_2(OH)_2$]☆anthrarufine
羟基二苯甲酮[$HOC_6H_4C(O)C_6H_5$]☆hydroxybenzophenone
羟基氟硼酸☆hydroxy fluoboric acid
羟基化(作用)☆hydroxylation
羟基化的☆hydroxylated
羟基甲基异丙基苯[$C_3H_7C_6H_3(CH_3)OH$]☆hydroxy cymene
羟基间键☆hydroxyl bond
8-羟基喹唑[$HO•C_9H_6N$]☆oxine
羟基离子☆hydroxyl ion
羟基离子载体☆carrier of hydroxylion
羟基铝☆hydroxy-aluminium
羟基嘧啶☆4-hydroxypyrimidine
6-羟基嘌呤☆hypoxanthine；6-hydroxypurine
羟基羟酸☆hydroxycarboxylic acid
羟基三羧酸☆hydroxytricarboxylic acid
羟基伞花烃[$C_3H_7C_6H_3(CH_3)OH$]☆hydroxy cymene
羟基酸☆alcohol{alcoholic} acid；oxyacid
羟基烷(基)胺[$H_2NC_nH_{2n}OH$]☆alkylol amine
羟基乙酸☆glycolic acid
羟镓石[$Ga(OH)_3$;等轴]☆soehngeite；sohngeite
羟甲苯基☆cresyl
羟甲基糠醛☆hydroxymethylfurfural
4-羟甲醛嘧啶☆4-hydroxymethyl-pyrimidine
羟假蓝宝石☆surinamite
羟碱铌钽矿[$(Na,K,Pb,Li)_3(Ta,Nb,Al)_{11}(O,OH)_{30}$;斜方]☆rankamaite
羟键☆hydroxyl bond
羟块铝矾☆winebergite
羟块铜矾☆udokanite
羟蓝铁矿☆bosphorite
羟离子[OH−]☆hydroxyl{hydroxide} ion
羟磷钡铝石☆barium-hamlinite
羟磷钙铍石[$CaBe(PO_4)(OH,F)$; $CaBe_4(PO_4)_2(OH)_4•{}^1/_2H_2O$]☆glucin(it)e
羟磷灰石[$Ca_5(PO_4)_3OH$;六方]☆hydroxy(l)apatite；hydroxy apatite
羟磷灰石结晶☆hydroxyapatite crystal
羟磷钾铁矿☆leukophosphit；leucophosphite
羟磷锂铝石☆montebrasite；amblygonite；montebrazit
羟磷锂铁石[$LiFe^{3+}(PO_4)(OH)$;三斜]☆tavorite
羟磷铝钡石[$BaAl_2(PO_4)_2(OH)_2$;三斜]☆jagowerite；curstenite
羟磷铝矾☆kribergite
羟磷铝钙石[$CaAl(PO_4)(OH)_2•H_2O$;斜方]☆foggite；kirrolith
羟磷铝矿☆bischofite
羟磷铝锂钠石[$HNa_2LiAl(PO_4)_2(OH)$;斜方]☆tancoite
羟磷铝锂石[$LiAlPO_4(OH)$;三斜]☆montebrasite；hydroxylamblygonite
羟磷铝锰石[$(Mn^{2+}_{1-x}Fe^{3+}_x)Al(PO_4)(OH)_{2-x}O_x$;单斜]☆ernstite
羟磷铝钠石[$(Na,Li)Al(PO_4)(OH,F)$;三斜]☆natromontebrasite；fremontite；natramblygonite
羟磷铝石[$Al_4(PO_4)_3(OH)_3$;单斜]☆trolleite
羟磷铝锶石[$(Sr,Ca)_2Al(PO_4)_2(OH)$;单斜]☆goedkenite；hamlinite；strontiohitchcockite；goyazite；sokolovite；bowman(n)ite
羟磷铝铁钙石[$(Ca,Ba)Ca_8(Fe^{2+},Mn)_4Al_2(PO_4)_{10}(OH)_2$;单斜]☆samuelsonite
羟磷铝铁锰石☆ernstite
羟磷氯铅矿☆hydroxyl-pyromorphite；lead hydroxyapatite
羟磷镁石[$Mg_2(PO_4)(OH,F,O)$;斜方]☆althausite
羟磷镁铁石☆satterlyite
羟磷锰石[$(Mn,Fe^{2+})_2(PO_4)(OH)$]☆triploidite
羟磷钠铁石[$NaFe^{3+}_2(PO_4)_6(OH)_{10}•5H_2O$;单斜]☆kidwellite
羟磷铍钙石[$CaBe(PO_4)(OH)$;单斜]☆(hydroxyl) herderite
羟磷铍钙石[$Ca(Be(OH))PO_4$]☆hydroherderite；hydro-fluorherderite；hydroxy(l)-herderite；allogonite
羟磷铍锂石☆tiptopite
羟磷铅矿[$Pb_2Pb_3(PO_4)_3(OH)$]☆leadhydroxyapatite；hydroxyl-pyromorphite
羟磷铅铀矿[$Pb_2(UO_2)_3(PO_4)_2(OH)_4•3H_2O$;单斜]☆dumontite
羟磷铁矿☆cacoxenite；kakoxen；whitmoreite；asovskite
羟磷铁锰石[$MnFe^{3+}(PO_4)_2(OH)_2•H_2O$;斜方]☆kryzhanovskite；krys(c)hanovskite
羟磷铁铅矿☆drugmanite
羟磷铁石[$(Fe^{2+},Mn)_2PO_4(OH)$;单斜]☆wolfeite
羟磷铁铜石☆hentschelite
羟磷铜矿☆libethenite；chinoite；apherese；olive copper ore；olivenchalcite
羟磷铜石☆reichenbachite
羟磷铜铁矿[$(Cu,Fe^{2+})Fe^{3+}_3(PO_4)_3(OH)_2$;斜方]☆andrewsite
羟磷钍石☆hydroauerlite
羟磷硝铜矿[$Cu_{12}(NO_3)_4(PO_4)_2(OH)_{14}$;斜方]☆likasite
羟磷锌铜石☆kipushite
羟菱钙镁矿[$Ca_3Mg_3(CO_3)_4(OH)_4$]☆gajite
羟硫硅钙石☆hydroxyl-ellestadite
羟铝矾[$Al_4(SO_4)(OH)_{10}•5H_2O$;六方?]☆basaluminite；lapparentite
羟铝钒石☆alvanite
羟铝钙镁石[$Ca_2Mg_{14}(Al,Fe^{3+})_4(CO_3)(OH)_{42}•2_9H_2O$;六方]☆wermlandite
羟铝黄长石[$Ca_2Al_2SiO_6(OH)_2$;等轴]☆bicchulite
羟铝锰矾☆shigaite
羟铝石☆zirlite
羟铝锑矿[$Al_5Sb^{5+}_3O_{14}(OH)_2$;单斜]☆bahianite
羟铝铜矾☆enysite
羟铝铜钙石[$CaCuAlSi_2O_6(OH)_3$]☆papagoite
羟铝铜铅矾[$PbCuAl_2(SO_4)_2(OH)_6$;三方]☆osarizawaite
羟铝土矿类☆monhydrallite
羟氯铋矿[$BiO(OH,Cl)$;四方]☆daubre(e)ite
羟氯碘铅石[$Pb_6(IO_3)_2Cl_4O_2(OH)_2$;斜方、假四方]☆schwartzembergite；plumboiodite
羟氯镁铝石[$Na_4Mg_9Al_4Cl_{12}(OH)_{22}$;三方]☆koenenite
羟氯镁石☆korshunovskit
羟氯硼钙石☆hilgardite(-2M)；calcium hilgardite
羟氯铅矿[$PbCl(OH)$;斜方]☆laurionite
羟氯铅石☆fiedlerite
羟氯铁矿☆laubmannite
羟氯铜矾☆connellite
羟氯铜矿[$Cu_4(OH)_6Cl_2•3H_2O$]☆botallackite
羟氯铜铅矿[$Pb_2CuCl_2(OH)_4$;四方]☆diaboleite；pereylite
羟绿铁矿[$Fe^{3+}_2Fe^{3+}_6(PO_4)(OH)_{12}$]☆laubmannite
羟绿铜矿☆andrewsite
羟络红血朊[血液病]☆carboxyhaemoglobin
羟镁铝石[$Mg_6Al_2(OH)_{18}•4H_2O$;三方]☆meixnerite；cerafolite
β羟镁坡缕石☆beta-pilolite
羟镁硫铁矿[$6Fe_{0.9}S•5(Mg,Fe)(OH)_2$;三斜]☆tochilinite
羟镁石☆hydrophyllite；brucite；texalite；bishopvillite；texalith；shepardite；magnésie hydratée[法]；magnesine
羟镁铁矾☆paracoquimbite
羟锰矿[$Mn(OH)_2$;三方]☆pyrochroite；backstromite；graues manganerz[德]；sphenomanganite；newkirkite；acerdese；baeckatroemite；prismatic manganese-ore；pseudopyrochroite；manganite
α羟锰矿☆groutite
β羟锰矿☆feitknechtite
羟锰镁锌矾☆delta-mooreite；torreyite；δ-mooreite；mooreite
羟锰铅矿[$PbMn^{3+}O_2(OH)$;单斜]☆quenselite
羟钠柱石☆hydroxymarialite；oxydhydratmarialith
羟铌高铁铀矿☆hydroxy-petschekite
羟铌石☆niohydroxite
羟廿烷基石☆eicosyl alcohol
羟镍矿[$Ni(OH)_2$]☆hydroniccite
羟配合物☆hydroxo complex
羟硼钙石[$Ca_3B_4(OH)_{18}$;单斜?]☆olshanskyite
羟硼镁石☆hydroxyl(-)ascharite；hydroascharite；hydroxyl-szaibelyite
羟硼锰石[$Mn_4B_2O_5(OH,Cl)_4$;四方]☆wiserite

Q

羟硼铜钙石☆henmilite
羟铍石[$Be(OH)_2$;斜方]☆behoite
β羟铍石☆β-hydroxyl-beryllium；betabehoit(e)
羟偏移校正的剖面☆migrate section
羟铅铝矾☆edgarite；osarizawaite
羟铅铌钽矿☆rankamaite
羟蔷薇辉石☆santaclaraite
羟闪石☆hydroxyamphibole；hydroxy amphibole
羟砷铋矿[$Bi_4(AsO_4)_3(OH)_3$•H_2O]☆arsenobis(rr)mite
羟砷铋石[$Bi_2(AsO_4)(OH)_3$;等轴]☆arsenobismite
羟砷碲铅矿☆dugganite
羟砷钙石[$Ca_5(AsO_4)_3(OH)$;六方]☆johnbaumite
羟砷钙锌石[$HCaZn_2(AsO_4)_2(OH)$;单斜]☆prosperite
羟砷钙钇锰矿☆retzian
羟砷镧锰石☆retzian-(La)
羟砷铝矾☆schlossmacherite
羟砷铝石☆bulachite
羟砷铝铜石☆gaudeyite
羟砷镁锰矿☆h(a)ematolite；haimatolith；diadelphite
羟砷锰矿[$Mn_2(AsO_4)(OH)$;斜方]☆eveite；allactite；hamafibrite；h(a)emafibrite；arsenoclasite；chlor(o)arsenian；allodelphite；aimafibrite
羟砷锰石[$Mn_5(AsO_4)_2(OH)_4$;斜方]☆arsenoklasite；synadelphite；arsenoclasite
羟砷钕锰石{矿}☆retzian-(Nd)
羟砷铅矿☆hydroxy(l)mimetite
羟砷铅铜矾☆As-tsumebite；arsentsumebite
羟砷铈锰矿☆retzianite；retzian
羟砷铁矾[$Fe^{3+}_2(AsO_4)(SO_4)(OH)$•$7H_2O$;单斜]☆bukovskyite；arsenian destinezite
羟砷铁铅矿[$PbFe(AsO_4)(OH)$;斜方]☆gabrielsonite
羟砷铜矾☆chalcophyllite；kupferphyllit；erinite；euchlore-mica；euchlor-malachite；euchlorose；copper mica；kupferglimmer
羟砷铜矿☆cornubite；triclinoerinite
羟砷铜石[$Cu_5(AsO_4)_2(OH)_4$;三斜]☆cornubite
羟砷锌钙石[$H_2Ca_2Zn(AsO_4)_2(OH)_2$;三斜]☆gaitite；prosperite
羟砷锌铅石☆arsendescloizite
羟砷锌石[$Zn_2(AsO_4)(OH)$;斜方或单斜]☆adamite；adamine
羟砷钇锰矿{石}[$Mn_2Y(AsO_4)(OH)_4$;斜方]☆retzian；retzianite
6-羟石斛星碱☆6-hydroxydendroxine
羟水氯铜矿☆caringbullite
羟水铁矾[$Fe^{3+}_2(SO_4)_2(OH)_2$•$7H_2O$;三斜]☆hohmannite
羟(基烃)酸☆hydroxy acid
羟酸盐{酯}☆carboxylate
羟钛钒矿☆tivanite
羟钛角闪石☆kaersutite
羟钛铌矿☆gerasimovskite；niobobelyankinite
羟钛铌石☆gerasimovskite
羟钽矿☆kimrobinsonite
羟钽铝石[$Al_4(Ta,Nb)_3(O,OH,F)_{14}$;三方]☆simpsonite
羟碳钴镍石[$Ni^{2+}_xCo^{3+}_x(Co_3)_{(1-x)/2}(OH)_2$•$nH_2O$;三方]☆comblainite
羟碳铝镁石☆carbonate-hydrotalcite
羟碳铝石{矿}[$Al_5(OH)_{13}(CO_3)$•$5H_2O$;六方]☆scarbroite；tucanite
羟碳镁石☆lancasterite
羟碳锰镁石[$Mg_6Mn^{3+}_2(CO_3)(OH)_{16}$•$4H_2O$;三方]☆desautelsite
羟碳镍石[$Ni_2(CO_3)(OH)_2$•H_2O;斜方]☆otwayite
羟碳钕石☆hydroxyl-bastnaesite-(Nd)
羟碳铅矾☆susannite；leadhillite；maxite
羟碳铅矿[$Pb_{10}(CO_3)_6O(OH)_6$?;六方]☆plumbonacrite；plumbonakrit
羟碳铈矿[$(Ce,La)(CO_3)(OH,F)$;六方]☆hydroxyl(-)bastnaesite；hydroxyl bastnasite
羟碳(钙)铈矿☆hydroxyl-bastnaesite
羟碳酸铝矿[$Al_2(CO_3)_3$•$12(OH)_3$]☆scarbro(e)ite
羟碳铁镁石☆pyraurit；pyroaurite
羟碳铁镁锌矾[$(Mg,Mn^{2+})_{24}Zn_{18}Fe^{3+}_3(SO_4)_4(CO_3)_2(OH)_{81}$?；六方]☆hauckite
羟碳铜石☆cupromagnesite
羟碳铜锌石[$(Zn,Cu)_2(CO_3)(OH)_2$;单斜]☆zincrosasite；zinkrosasit
羟碳锌矿☆hydrozincite；zinconine；zinc bloom；paraurichalcite；marionite
羟碳锌石[$Zn_5(CO_3)_2(OH)_6$;单斜]☆hydrozincite；hydrozinkite；calamine；hemimorphite
羟碳钇铀石{矿}☆bijvoetite
羟锑钠石☆mopungite
羟锑铅矿☆bindheimite；arequipite
羟铁矿[$(Fe^{2+},Mg)(OH)_2$;三方]☆amakinite
β羟铁矿☆akaganeite
δ羟铁矿☆feroxyhyte
羟铁锰矿☆janggunite；iron-pyrochroite
羟铁锡石☆natanite
羟铁云母[$KFe(AlSi_3O_{10})(OH)_2$]☆(hydroxyl) annite
羟铜矾☆brochantite；kamarezite；kamaresite；heterobrochantite；vernadski(j)te；wernadskyit；vernadskyte；vernadskiite；udokanite；stelznerite；antlerite；arnimite；arminite
羟铜辉石☆shattuckite
羟铜矿☆cesbronite
羟铜铅矾☆cupreous anglesite；linarite
羟铜铅矿[$Pb_2CuCl_2(OH)_4$]☆diaboleite
羟铜闪石☆plancheite
羟铜锌矾☆ktenasite
羟钍石[$Th(SiO_4)_{1-x}(OH)_{4x}$;四方]☆thorogummite；hydroxyl-thorite；maitlandite；hydrothorite；hyblite；mackintoshite；yanshynshite；jiningite；mahadevite；yanshainshynite；chlorothorite；nicolayite；makinthosite
羟肟酸[$RC(O)NHOH$]☆hydroxamic acid
羟钨铝矿☆anthoinite
羟钨锰矿☆welinite；retinostibian
羟硒铜铅矿[$(Pb,Cu)_2SeO_4(OH)_2$?;单斜?]☆schmiederite
羟锡钙石☆burtite
羟锡矿[$3SnO$•H_2O;四方]☆hydroromarchite
羟锡镁石[$MgSn(OH)_6$;等轴]☆schoenfliesite
羟锡锰石[$MnSn(OH)_6$;等轴]☆wickmanite
羟锡铁石☆natanite；jeanbandyite
羟锡铜石☆muhistonite
羟稀土元素☆light rare earth elements
羟锌矿☆idrozinkite；(earthy) calamine；sauconite；hemimorphite；hydrozincite；zinc-saponite；zinkmontmorillonit(e)；zinc montmorillonite；zinksaponit
羟锌镁矾[$(Mg,Mn)_5Zn_2(SO_4)(OH)_{12}$•$4H_2O$;单斜]☆torreyite；mooreite-delta；delta-mooreite
羟锌锰矾[$(Mn,Mg)_5Zn_2(SO_4)(OH)_{12}$•$4H_2O$;单斜]☆lawsonbauerite
羟锌石☆sweetite
羟锌锡石☆vismirnovite
羟溴铜矿☆brombotallackite
羟氧钴矿[$CoO(OH)$;三方]☆heterogenite；stainierite
羟氧钴矿-2H[$CoO(OH)$;六方]☆heterogenite-2H
羟氧铜矿☆botallackite
羟叶蛇纹石☆hydroantigorite
羟钇铌矿☆β-wiikite；beta-wiikite
2-羟乙胺☆cholamine；colamine
羟乙基☆hydroxyethyl；ethylol
羟乙基化醇☆ethoxylated alcohol
羟乙基十二烷基氨基乙酸钠[两性捕收剂;($C_2H_4OH)C_{12}H_{25}NCH_2COONa$]☆sodium hydroxy-ethyl dodecyl amino acetate
羟乙基纤维素`聚合物{|体系|凝胶盐水}☆HEC polymer{|system|gelled brine}
羟异性石☆lowozerite；lovozerite
羟铟矿☆djalindite；dzhalindite；dschalindite；jalindite
羟铟石[$In(OH)_3$;等轴]☆dzhalindite；dschalindite
羟铀矿[$2UO_2$•$7H_2O$,可能含 UO_3]☆epiianthinite；janthinite；ianthinite；schoepite
羟油☆clean oil
羟鱼眼石[$KCa_4Si_8O_{20}(OH,F)$•$8H_2O$;四方]☆hydroxyapophyllite
羟锗铅矾[$Pb_3(GeO_2(OH)_2)(SO_4)_2$;斜方]☆itoite
羟锗铁石[$Fe^{2+}H_2(GeO_4)$•$2H_2O$;四方]☆stottite
羟针镍矿☆jamborite
羟质油☆clean oil
强迫☆constraint；force；coercion；compulsion；duress
强迫变形☆forced deformation
强迫的☆forcing；forced；compulsory
强迫方法☆shot-gun approach
强迫给进☆force-feed；positive feed
(使)强迫降落☆ditch
强迫曲流☆enforced meander
强迫区位理论☆constrained location theory
强迫通风筒燃烧器☆forced-draft pot burner
强迫中断☆involuntary interrupt
强迫注入☆squeeze injection
强求☆urgency；wring；urgent

qiāo

橇板☆skid plate
橇装式流量标定装置[移动式体积管]☆skid-mounted meter prover
橇装式流量计量系统☆skid mounted flow metering system
橇装压滤器{机}☆filter press skid
橇装引擎☆engine skid
橇装增压离心泵☆pressurizing centrifugal skid
橇装注水泥泵组☆cementing pump skid
跷跷板☆seesaw
锹☆shovel；spade
锹鳞龙属[T_3]☆Stagonolepis
锹头虫类☆dikelocephalocea
敲☆beating；beat；rap
敲凹☆dent
敲帮☆sounding；tap
敲帮测距☆chap；chapping
敲帮问顶☆tapping；chap；knock(ing)；check for loose；sounding；drumming；anacamptic sound test；chapping；auscultation；feel；chill；rapping；jowl(ing)
敲帮问顶发声☆drummy
敲帮信号[两个巷道掘进工作面将接通时]☆jowl(ing)
敲打☆knock
敲顶☆roof testing{tapping}；top testing；tap a roof；jowling；tapping
敲顶锤☆rapper
敲顶棍☆tapping bar；sounding rod
敲缸☆piston knock
敲击☆beat；rap；tap；knocking
敲击法[土工试验]☆tapping method
敲击矿车召唤矿工☆knocking-up
敲击密封尖嘴☆break-seal
敲击信号☆knocking (signal)
敲击震源☆thumper；whacker；tamper[浅层用]
敲落☆knock(-)off；knockout；take down
敲落式挂(车)钩☆knockoff hook
敲落松石☆scaling down
敲平头钉(的人)☆tacker
敲平者☆flatter
敲破☆stave
敲去废石的矿石☆cobbed ore
敲碎☆batter；crack；cob
敲碎石头的人☆knapper
敲弯☆clench
敲弯(钉头)☆clinch
敲诈☆blackmail
敲诊☆percussion
敲钟☆toll
悄悄的☆creeping；catfooted；soundless

qiáo

荞麦级煤筛☆buckwheat screen
荞麦(级无烟)煤☆buckwheat coal
桥☆endo-；endo；bridge；bogie[汽车]
桥崩塌了☆The bridge collapsed.
桥撑作用☆bridging-action
桥秤☆weighbridge
桥虫动物门☆Sipunculoidea
桥堵☆bridge blinding
(砂)桥堵(塞)☆bridging off
桥墩☆bridge pier{abutment}；pier；abutment
桥墩基坑充水☆flooding into pier foundation pit
桥拱☆bridge arch
桥拱作用☆bridging
桥焊☆bridge welding
桥桁架☆bridge truss
桥基☆bridge foundation
桥架☆bridge
桥架度☆degree of bridging
桥间千斤支腿☆mid-ship support leg
桥键☆bridge bond；endo；bridging
桥脚☆pier
桥接☆bridging；bridge (joint)
桥(形连)接☆bridge connection

桥接度☆degree of bridging
桥接 T 形网络☆bridged-T network
桥菊石科☆Gephuroceratidae
桥颗石[钙超;N_2-Q]☆Gephyrocapsa
桥孔☆bridge opening
桥跨☆abutment span
桥连(作用)☆bridging (action)
桥梁的交叉支撑☆spanner
桥梁容许应力设计☆allowable stress design of bridge
桥梁式{型}浓密机☆bridge thickener; bridge type conventional thickener
桥梁遮断信号☆bridge obstructive signal
桥楼☆bridge (erection)
桥(接电)路☆bridge circuit
桥门式装矿机抓斗☆ore-bridge bucket
桥面☆(bridge) floor; deck
桥面板☆decking
桥墙☆bridge (wall)
桥塞☆bridge (plug); bridging particle; BP; plug
桥塞阻住的井眼☆bridge hole
桥伞☆bridging basket
桥石☆bridge stone
桥式(形)☆bridge
桥式爆炸发火器☆exploding bridge-wire initiator
桥式吊车☆ga(u)ntry; overhead{traveling} crane; bridge tramway; shop traveler
桥式对称{平衡}放大器☆bridge balanced amplifier
桥式反馈☆bridge-type feedback
桥式分股吊挂悬臂☆bridge strand-type boom suspension
桥式接头☆annulus-tubing crossover
桥式缆道刮土机☆bridge-type cableway scraper
桥式天秤☆weigh bridge
桥式整流电路☆bridge rectifier circuit
桥式支护{架}☆bridge support
桥式转载吊车☆transfer bridge
桥式装矿机☆ore bridge
桥丝☆igniter{bridge} wire
桥丝焊接☆bridge welding
桥丝式电雷管☆bridge-wire electric detonator
桥塔☆pylon
桥台☆abutment (piece); bridge abutment; butment; platform
桥台墩☆pier
桥台基础滑移☆slipping of abutment footing
桥台形{状}三角洲[平顶陡缘]☆bracket delta
桥头堡☆bridge-head
桥头路☆road approach
桥头锥坡☆conical slope
桥头锥形护坡☆bridge gore
桥弯藻(属)[硅藻]☆Cymbella
桥尾(型的)☆gephyroceral tail
桥线☆bridge (wire)
桥线融断☆bridge break
桥形割缝衬管☆bridge slotted screen
桥形通道☆catwalk
桥亚乙基[指$-CH_2 \cdot CH_2-$基跨在环中的词头]☆ethano-
桥氧☆bridge{bridgman} oxygen
桥氧原子[共用氧原子]☆bridging oxygen atom
桥址☆bridge site
桥桩☆pier
桥状层☆bridging laminae
桥状孔隙☆pore bridging
桥状砂{沙}堵☆bridge plug
乔埃型按钮自动式采煤机☆Joy pushbutton miner
乔埃型双端滚筒采煤机☆Joy double-ended miner
乔丹定律☆Jordan's law
乔迪斯☆Joint Oceanographic Institutions Deep Earth Sampling; JOIDES
乔基尔阶[C_1]☆Chokierian
乔吉制☆Georgi{Giorgi} units
乔拉式吊罐☆Jora lift
乔利弹簧比重秤☆Jolly (spring) balance
乔仑油页岩☆cheremchite; cherenikkhite; cheremkhite
乔木☆tree; macrophanerophytes; arbor [pl.-es]
乔木花粉[孢]☆arborescent{tree} pollen; AP
乔木烷☆aborane
乔木状的☆arboreous; arborescent
乔普林型齿轮传动弹簧对辊碎机☆Joplin-type gear-driven spring rolls
乔普林型手动跳汰机☆Joplin hand jig
乔斯登加固法☆Joosten process
乔伊迈步式采煤机☆Joy walking
乔伊双滚筒采煤机☆Joy doubled-ended miner
乔伊型装载机☆Joy loader
乔治亚世[下寒武纪]☆Georgian epoch
乔治赵石☆georgechaoite

qiǎo

巧合[时间等]☆overlap; coincidental
巧克力(色)☆chocolate
巧克力搅拌揉捏机☆conche[sgl.conca]
巧克力块布丁构造☆chocolate block boudinage
巧妙☆ingenuity
巧妙处理☆juggle
巧妙的☆smart; slick
巧云花岗岩☆kristianite
巧嘴贝属[S-D]☆Astutorhyncha

qiào

撬☆jimmy; drag; prize; pry; sled; sledge
撬顶☆back ripping; barring; bar down
撬动☆pry
撬浮石☆barring; ragging-off; scallop; bar down; scaling
撬浮石工☆hang-up man
撬杆☆bodger; crow; crow-bar; crowbar
撬杠☆crowbar; crow; pry bar
(用)撬杠撬管子的工人☆barman
撬棍☆crow{pinch} (bar); drag; jumper; crowfoot; kinsh; pitching{wrecking;scaling} bar; crowbar; pry; zax; bar; prize; prise; ringer
撬落浮{矿}石☆bar (down)
撬落工作面松散煤块☆ragging-off
撬落悬(矿)石☆wrecking down
撬毛☆scallop
撬毛工☆barman
撬毛台车☆scaling rig
撬煤杆☆pinch
撬起☆pry
撬石工[露]☆barman
撬松石☆dislodge; scaling; ploat
(钻头牙齿)撬剔作用☆prying action
撬渣☆knocking
撬整工作面☆wrecking{bar} down
撬装井架底座☆(rig) shoe
撬装式或拖车式手摇泵储罐加油装置☆highboy
壳冰☆rind ice
壳菜☆Mytilus; mussel
壳菜蛤科☆mytilid
壳菜蛤属[双壳]☆mussel; Mytilus
壳菜蛤形☆mytiliform
壳侧角[腹]☆pleural angle
壳层☆lamella [pl.-e,-s]; lamellar; lamina; envelope; ostracum [pl.-ca]
K 壳层☆K-shell; shell K
壳层矿☆sphere{cockade} ore
壳层条带☆crustification banding
壳层状☆crustified; crustiform
壳刺☆spine; capillus
壳底☆base
壳斗[植;如橡树果]☆cupule; cupula; involucre
壳斗的[植]☆copulate; cupulate
壳斗粉属[孢;N_1]☆Cupuliferoidaepollenites
壳斗科☆Fagaceae
壳断裂☆crustal fracture
壳二孢属[真菌;Q]☆Ascochyta
壳房[生]☆chamber
壳房贝属[腕;S]☆Conchidium
壳缝[腕双壳]☆commissure
壳高☆height
壳构地震☆tectonic earthquake
壳管式☆shell-and-tube
壳间坳陷☆paar
壳礁☆crust reef
壳接☆shell joint
壳矿☆crust ore
壳(-)幔分异[地壳]☆crust-mantle differentiation
壳幔界面☆crust-mantle boundary
(地)壳内低波速层☆intracrust low-velocity layer
(地)壳内岩☆intracrustal rock
壳牌(公司)老化试验☆shell aging test
壳牌石蜡☆shellwax
壳牌石油☆Shell Group
壳牌威华达☆Valvata
壳前缘[节]☆adapical anterior
壳石灰岩☆muschelkalk
壳套☆barrel jacket; valve mantle
壳体☆shell (body); cage; fuselage[飞机]; casing; test; SH
壳体公差☆housing tolerance
(泵)壳体接合垫☆casing gasket
壳体屈服☆shell yield
(储罐)壳体容积☆volume of shell
壳烯☆shellene
壳相[地层]☆shelly facies
壳形联轴节☆clamp coupling
壳形铸造用砂箱☆dump box
壳岩☆shell rock
壳源(的)☆crust-derived
壳褶☆plica [pl.-e]; ruga [pl.-e]; plication
壳质☆chitin; conchiolin
壳质层☆shell layer
壳质虫☆chitinozoa
壳质的☆exinoid; chitinous
壳质类☆leiptinite
壳质煤型☆liptite
壳质体☆exinite
壳质组☆exinite[煤岩]; exinoid group; l(e)iptinite
壳轴☆apical axis
壳轴下板[腹]☆subcolumellar lamella
壳皱☆concentric wrinkle; frill
壳皱的☆velar
壳状充填☆crusted filling
壳状的☆crustose
壳状盐土☆crust solonchak
壳状椎☆lepospondylous vertebra
壳钻☆shell auger
鞘☆guard; sheath; vagina[植]; case; scabbard; whiplash; rostrum[箭石;pl.-tra,-s]
鞘翅目[昆]☆Coleoptera
鞘管藻属[K_2-N]☆Hystrichokolpoma
鞘花(粉)属[花粉;K_2]☆Elytraanthe
鞘箭石☆rostrum Belemnoidea
鞘角石属[头;O]☆Vaginoceras
鞘角牙形石属[O_2]☆Coelocerodontus
鞘壳贝亚目☆Thecideidina
鞘壳类[软;O-P]☆Rostroconchid
鞘硫细菌属☆thiothece
鞘螺属[K_2-Q]☆Calyptraea
鞘毛藻属☆Coelochaete; Coleochaete
鞘木属[C_{2-3}]☆Colpodexylon
鞘皮[草壳的]☆lemma
鞘腔☆cavity sheath
鞘珊瑚属[S-D]☆Thecia
鞘丝藻属[蓝藻]☆Lyngbya
鞘形亚纲[头]☆Coleoidea
鞘牙形石亚科☆Coleodontinae
鞘藻(属)[绿藻;Q]☆Oedogonium
鞘藻目☆Oedogoniales
鞘褶皱☆shearth fold
鞘枝藻属[Q]☆Oedocladium
翘板☆wane
翘断层☆basculating{wrench} fault
(使)翘棱☆buckle
翘扭变形☆warp
翘起☆cock; tilting; upwarping; camber; warping
翘起的☆turnup
翘起地块☆tilted block
翘起断块☆tilt block
翘起运动☆basculating movement
翘曲☆curl; cupping; warp(ing); skellering; torture; warpage; buckling
翘曲断层☆warped fault
翘曲面☆hypersurface; warped surface
峭岸☆bold shore
峭壁☆cliff; klippe [pl.klippen]; precipice; palisade; mountain scarp; steep; cret; clint
峭壁和尾部☆crag and tail
峭壁石面☆boiler plate
峭陡☆stiffness
峭度☆kurtosis
窍门☆trick

qiē

切☆shear; kerf; knife; cut; chop; chip; correspond

Q

{conform;close} to；accord{conform} with；warm；eager；keen；anxious；be sure to；make sure that；slice；tangency；sunder；scotch；notching；kirf
切帮式煤{矿}柱回采☆slab pillaring
切比雪夫☆Tchebyscheff
切笔石属[O_1]☆Temnograptus
切边☆trimmed；scrap edge；side cut；trim
切边机☆trimmer；side-cut shears
切变☆shear
切变波☆shear{S;transverse;tangential} wave；S-wave
切变角☆angle of shear
切变位移☆shearing displacement
切变系数☆detrusion ratio；coefficient of shear
切饼滤波☆pie slice
切裁率☆yield of glass sizing
切槽☆slot；kerf；nick；broach；fluting；shear(ing) cut；swath；grooving
切槽轮☆slotting wheel
切槽螺帽☆slit nut
切层滑坡☆insequent landslide；cut bedding plane landslide
切成薄片[如硅棒等]☆wafer
切成长方形的宝石☆baguet
切成长条☆sliver
切成小方块☆dice；dicing
切齿☆tooth；gear cutting；gnash one's teeth
切初至☆initial blanking；mute
切除☆excise；resect；abrade；abrase；muting
切除术☆surgical blanking
切触☆contact
切穿交代结构☆transecting replacement texture
切创关系定律☆law of crosscutting relationships
切丛☆tangent bundle{space}
切刀☆slitter
切刀计☆shearmeter
切刀开关☆chopper switch
切的☆secant
切底☆undercut
切底(作用)☆undercutting
切点☆tangent(ial){tangency} point；point of contact
切点弦☆chord of contact
切掉☆cutoff
切掉棱角☆cant
切顶☆roof cut；top cutting{pass}；obtruncate
切顶部分☆breaker section
切顶丛柱☆waste-edge chock
切顶角☆angle of caving
切顶梁☆breaking-off bar
切顶密柱☆waste-edge chock
切顶排柱☆breaker row{timbering;props}；breakrow；breaking props；breaking-off-props；cutting-off support；waste edge support
切顶器支架☆topping frame
切顶线☆break{caving;break(ing)-off;rib} line；face break；breaking edge
切顶轴[硅藻]☆transapical{transversal} axis
切顶轴面[硅藻]☆transversal{transapical} plane
切段问题☆cutting-stock problem
切断☆shut{key;throw;cut;switch;turn} off；make dead；nip；tripping；cut(-)out[电]；throwout；lock-out；elimination；removal；disengage；sever；crossover；turn{cut;switch} out；interception；chop；disconnect；throwoff；concision；turnout；segment；scission；breaking；clip；abscission；disjunction；severance；co
切断的☆cut；sheared；dis connected；out of work {operation}
切断电池☆battery cut
切断电流☆killing；de(-)energize
切断电路☆switch off{out}；throwoff
切断电源☆(power) dump；deenergize
切断法☆process of-chopping
切断分路☆pruning
切断功率供应☆power dump
切断海说☆cutoff sea theory
切断接长[船舶]☆jumbo(r)izing；jumboisation；jumboization
切断井中钢丝绳的割刀☆hook rope knife
切断开关☆cut-off{disconnect(ing);cut-out;isolating;kill} switch；disconnector；disconnecter；isolating cock
切断面☆plane of truncation
切断某些线路电源[电源过载时]☆load shedding
切断器☆disjunctor；guillotine
切断器的刃部☆knife [pl.knives]
切断曲流☆cut off meander；ox-bow lake
切断燃料[航]☆fuel shutoff
切断山嘴☆truncated spur
切断水下绳索的器具☆parv；paravane
切断位置☆off-position
切断信号☆shut(-)off{disconnected} signal
切断蒸汽☆steam cut-off
切断装置☆cut out；shut-off device
切断作用☆cut off
切多斯贝属[腕;D]☆Theodossia
切尔登充填式木垛[用旧枕木制作]☆Chilton pack
切尔诺贝利☆Chernobyl
切缝☆lancing；kerf；kirve；kerve；opening slot
切钢绳刀☆rope knife
切割☆(loose) cutting；scission；cut；dissection；shearing；ripping；cut(-)out；incision
切割槽☆cut-through；(starting) slot；cut；broach；carving；undercut slot
切割层☆first slice
切割吹管{喷灯}☆cutting torch
切割刀头☆cutter head
切割导火线计量器☆fuse gauge
切割分层☆slice bench；cut slice
切割钢绳装置☆rope-parting machine
切割高原☆disrupted{dissected} plateau
切割关系定律[确定岩体相对年代]☆law of crosscutting relationships
切割滚刀☆kerf cutter
切割巷道☆board gate；solid road；break-in entry；through-cut；holing chute
切割花岗岩方向☆cutoff
切割环☆burning{torch} ring
切割混油尾☆cutting the tail of contamination
切割机☆cutter；slotter；shearing unit
(岩石)切割角☆angle of dig；cutting{digging} angle
切割阶地☆stream-cut terrace
切割菊石属[T_3]☆Anatomites
切割梁☆breaking-off bar
切割滤波☆pie slice
切割煤柱☆jud drawing
切割面☆cutting plane；cut surface；facet
切割平巷☆slot{stope;shrink;stoping} drift
切割平原☆dissected plain；pastplain
切割器☆torch
切割丘陵☆broken hill
切割刃长度☆cutting knife length
切割砂轮☆abrasive cutting wheel；abrasive cut-off wheel；cutting wheel
切割深度☆web depth
切割式井壁取芯器☆core slicer{cutter}；sidewall core cutter；tricore tool
切割(头)式挖掘{采金}船☆cutter (head) dredge
切割速度☆rate of cutting；cutting speed
切割天井☆cut(-loose){cut-through;cutout;starting;slot} raise；initiating winze；opening slot raise
切割物料☆cuttings
切割铣刀☆section mill
切割小眼☆holing chute
切割与回收设备☆cut and recovery system
切割圆直径☆cutting circle diameter
切谷☆sawback-cut；saw-cut
切管机☆pipe {-}cutting machine；tube{pipe} cutter
切管器☆pipe{inside;casing;tube} cutter；collar buster
切痕☆incision
切换☆switch over
切换开关☆change-over switch
切换信号☆switching signal
切甲亚纲[节]☆Entomostraca
切尖☆tuberculosectorial
切角机☆chamfering machine
切角柱☆canted column
切进☆cut-through
切经线☆tangent meridian
切距☆length of tangent；tangent distance
切开☆slit；insection；shearout；kerf；sunder；excide；opening-out；cut-through；cut-off；scission；incise；incision；rip[在管路周围]
切口☆cut(-)out；kerf；notch；gash；kirf；stable-hole；scarfing；incision；snick；recess；porthole；nick
切口端面☆buttock face
切口感度☆sensitivity to notching
切口梁☆coped beam
切口器☆notcher
切口效应☆crater{notch} effect
切块开采法☆block system
切力☆shearing{tangential} force；shear
切力仪☆shearometer
切料☆blanking
切料冲头☆shearing punch
切露的埋藏丘☆mendip
切螺纹☆thread；chasing
切马温琥珀脂☆chemawinite；chemavinite
切面☆broken out section；crossover；shear(ing) {facet} cut；cut{machine-made} noodles；section；tangent {tangential} plane；faceting；face
P-T{|P-X|T-X}切面☆P-T{|P-X|T-X} section
切面投影☆tangent projection
切泥铲☆cuckhold
切努克人{语}[北美印第安之一族]☆Chinook
切盘螺属[腹;O-C]☆Temnodiscus
切盘式管道挖掘船☆cutterhead pipeline dredger
切盘式挖掘船☆cutter (head) dredge
切坯机☆cutter
切劈理☆shear cleavage
切劈褶皱☆shear-cleavage fold
切片☆(cutting) slice；(thin) section；chip；skive；sawing；disking；cut into slices；section (of organic tissues)
切片刀☆microtome
切片机☆microtome；waferer；slicer；chipper
切片宽度☆width of cutting slice
切平山嘴☆facet(t)ed{blunted;trimmed} spur
切坡☆cut slope
切坡口机☆beveling machine；beveler
切坡器☆bench shaper
切取岩样☆trepanning
切去☆cut off；truncate
切去的☆truncated
切去顶部☆obtruncate
切去棱角☆cant
切刃☆lip
切刃角☆cutting edge angle
切入☆cut into{through;in}
切入工☆cut-in
切入角☆digging angle
切入量☆bite
切入深度☆cutting depth
切珊瑚(属)☆Temeniophyllum；Temnophyllum
切石刀☆lithotome
切石法☆stereotomy
切石滚剪机☆slitting mill
切石机☆stone(-)cutter；stone cutting machine；rock channel(l)er{cutter}；petrotome；stone-cutting machine
切石术[医]☆lithotomy；lithoprisy；lithotomia
切石艺术☆sterotomy
切石圆锯☆slitting disk
切蚀☆degradation
切实的(计划)☆hard-boiled
切实可行的☆workable
切斯特[美港城,英城]☆Chester
切碎的☆shredded
切碎机☆chopper；shredder；macerator；macerater；chipper；mincer
切碎锥☆shear{shatter} cone
切榫器☆tenon cutter
切填☆washout；cut and fill
切填沟槽☆cut-and-fill channel
切条机☆slitter；bar cutter
切头☆head metal
切土环刀☆circular soil cutter
切土式挖泥船☆clay-cutter dredge(r)
切土筒☆clay cutter
切托型蒙脱石☆montmorillonite of cheto-type
切尾☆tail mute
切吸式挖泥机☆cutter suction dredge
切下的东西☆cutout；cutoff
切下之物☆off-cut
切线☆tangent (line)；tan；oscillatory
切线法展绘导线☆tangent method of plotting traverse
切线分量☆tangential component

切线规划☆rule of tangent line
切线或切向集中应力☆tangential stress concentration
切线进入式旋流集尘器☆tangential-entry type cyclone
切线斜交型地震反射结构☆tangential oblique seismic reflection configuration
切向☆tangential direction
切向部分☆tangential component
切向分量☆tangential component
切向进气汽轮机☆tangential flow turbine
切向锯☆tangent-saw
切向螺钉☆tangent screw
切向密封式阀☆shear seal type valve
切削☆mill；cutting；cut；stock removing
切削齿☆cogging
切削齿出刃度☆cutter exposure
切削尺寸☆cut lengths；C.L.
切削刀具☆cutting tool；cutter
切削的☆chipped
切削厚度☆depth of cut；cutting thickness
切削加工☆machining (operation)；cutting；machine work
切削尖嘴滩☆truncated cuspate foreland
切削角☆cutting{digging} angle；angle of cutting
切削`结构{刃}磨钝度☆cutting structure dullness
切削力☆cutting force{effort}；tool thrust
切削率☆removal rate；rate of cutting output
切削螺纹☆threading；thread cutting
切削面☆cutting face；face of tool
切削面压力平衡盾构☆pressurized face shield
切削刃☆cutting edge{face;lip;blade}；wearing blade；working{reaming} edge；lip
切削式钻进☆drilling with cutting tools
切削型钻头☆chipping type bit
切削性☆tooling quality；cutting{machining} property；machinability；cutability
切削(润滑)液☆cutting fluid{lubricant}；clnt；coolant
切削用矿物油☆mineral cutting oil
切削作用☆chipping action
切斜☆shear drag
切斜口机☆beveling machine
(管子)切斜口器☆beveler
切屑☆cutting (scrap)；chip；swarf；turning；scrap；smear metal；borings；trimming；scissel[金属]
切屑变形☆chip deformation
切屑槽导程误差☆flute lead error
切屑瘤☆built-up edge
切屑排出☆passage of chip
切屑盘☆oil pan
切形变☆shearing deformation
切削液☆coolant (fluid)
切岩芯器☆sample-splitting device
切应变☆shear(ing){tangential} strain
切{剪}应力☆shearing stress；tangential{shear} stress
切应力分量☆component of shear stress
切余板☆off-cut
切余管☆scrap{off-cut} pipe
切余剖面☆truncated profile
切圆柱投影[地图]☆tangent cylindrical projection
切缘☆active face；incisal edge{margin}
切缘角石属[头;C-P_1]☆Temnocheilus
切展线☆evolvent
切趾法☆apodization
切趾函数☆apodizing function
切趾器☆apodizer
切砖机☆brick cutter

qié

茄瓜☆pepino
茄海百合属[棘;J-K]☆Solanocrinus
茄泥☆mashed eggplant
茄皮紫☆eggplant{chun} purple

qiè

切合的☆relevant
切合实际的☆practicable；sensible
窃得物☆steal
窃取☆collar；steal
窃听☆interception；intercept
窃听器☆dictograph；bug；wiretap
窃油气☆pirating
窃贼☆burglar

qīn

钦里蕨属[T_3]☆Chinlea
钦诺克风[落基山东坡的一种干暖西南风]☆Chinook
侵犯☆aggression；incursion；violation；overpass
侵覆☆onlap
侵害☆encroachment
侵进岩浆☆aggressive magma
侵陆海☆transgressive{transgression} sea；sea of transgression；transgression
侵略☆aggression；encroachment
侵入☆intrusion；invasion；inrush；inbreak(ing)；encroachment；penetrating；irruption；injection；trespass；invade；intrude into；make incursions into；descent；encroach；intrusive contact；incursion
侵入变质(作用)☆invasive metamorphism
侵入冰碛楔☆intrusive wedge of till
侵入带剖面☆invasion profile
侵入的☆intrusive；invasive；irruptive；intruded
侵入抵抗☆penetration resistance
侵入构造☆intrusion(-related) structure{tectonics}
侵入海☆encroaching sea
侵入后构造活动☆postintrusion tectonic movement
侵入机理☆mechanism of intrusion
侵入机制☆mechanics of intrusion
侵入期后岩脉☆postintrusive dyke
侵入前的☆preintrusive
侵入前缘☆invading front
侵入深度☆invasion depth；depth of invasion
侵入体剖面☆invasion profile
侵入细粒火山碎屑岩☆tuffisite
侵入型花岗岩☆intrusive type granite
侵入性☆penetrability
侵入岩☆intrusive{irruptive；intruded；intracrustal；intrusion;infracrustal} rock；intrusion；intrusive igneous rock；intrusive；pluton
侵入岩脉☆intrusive vein{dike}；injected dike
侵入岩-石灰岩接触带☆intrusive-limestone contact
侵入岩体☆intrusion；intrusive body{mass;rock}；plutone
侵入直径☆diameter of invasion；DI
侵入种☆adventitious species
侵蚀☆erosion(al)；erode；corrade；attack；corrode；wash；eat away；fret；etch；corrosion；mordanting；eating；cutting；encroach(ment)；fretting；seize (property) in secret and bit by bit；weather
侵蚀(作用)☆scouring action
侵蚀鞍[在背斜顶部]☆air saddle
侵蚀残余弧☆remnant arc
侵蚀层面接触☆erosional bedding contact
侵蚀充填沟槽☆cut-and-fill channel
侵蚀处☆washout
侵蚀带☆zone{belt} of erosion
侵蚀岛☆destructional island
(被)侵蚀的☆corroded
侵蚀地形☆destructive topographic form；erosional landform{topography;forms}；erosion form
侵蚀度☆erodibility；erosiveness
侵蚀断崖☆erosion fault scarp；fault-line scarp
侵蚀堆积地形☆erosional-accumulative relief
侵蚀法☆etching；etch method
侵蚀复活☆revival of erosion
侵蚀改造水流☆eroding-reworking current
侵蚀高原☆plateau of erosion；erosion(al) plateau
侵蚀沟充填构造☆cut-and-fill structure
侵蚀构造☆etching structure
侵蚀河槽☆erodible channel
侵蚀河流☆corrading stream
侵蚀火山☆eroded volcano
侵蚀湖☆scooped{erosion} lake
侵蚀几率☆probability of erosion
侵蚀基准☆base of corrosion
侵蚀剂☆agent of erosion；aggressive agent；etchant
侵蚀阶地[冰谷中]☆erosion{destructional;erosional;destructive} terrace；destructional bench(es)；road
侵蚀孔☆tafoni；weather pit
侵蚀力☆eroding{erosional} force；agent of erosion
侵蚀砾石铺砌层☆erosion pavement
侵蚀论者☆erosionist
侵蚀面冲断层☆erosion thrust
侵蚀磨损☆fretting wear
侵蚀幕☆episodic erosion
侵蚀能力☆erodibility；erosiveness；erosibility；erosional competency；erosive{etching} power
侵蚀平原☆erosion{destructional;corrosional;cut;erosional} plain；peneplain；peneplane；plain of erosion
侵蚀期☆etch(ing) period
侵蚀欠层{期}☆erosional vacuity
侵蚀切割☆erosional cutting
侵蚀曲线☆curve of erosion
侵蚀泉☆valley spring
侵蚀缺失☆loss by erosion
侵蚀三角洲☆destructional delta
侵蚀山☆erosion mountain；pseudomountain
侵蚀速率☆rate of erosion
侵蚀土壤☆erosion soil；wash{washed} off soil
侵蚀洼地{陷}☆erosional depression
侵蚀峡谷☆eroded canyon
侵蚀线☆encroachment line
侵蚀削蚀作用☆erosional truncation
侵蚀形态☆etching pattern；erosion form
侵蚀性☆erosiveness；corrodibility；aggressiveness；corrosivity
侵蚀性的☆aggressive；erosive；corrosive
侵蚀性水☆corrosive{active;aggressive;attacked} water
侵蚀旋回中断☆interruption of erosion cycle
侵蚀削平作用☆erosional truncation
侵蚀循环☆erosion cycle；cycle of denudation
侵蚀循环(的)幼年期☆youthful{young} stage of erosion cycle
侵蚀崖线☆glint line
侵蚀营力☆erosive force；agent(s) of erosion；erosional agent
侵蚀/再(加工水)流☆eroding-/reworking current
侵蚀者☆fretter
侵蚀指数☆erosion index；EI
侵蚀终期☆senility
侵蚀皱纹☆fret
侵蚀柱☆erosion column；hoodoo
侵蚀作用☆erosion (activity;action)；aggressive{erosive} action；corrosiveness；eating
(导管内的)侵填体[植]☆tylosis
侵填体状物[植]☆tylosoid
侵吞☆misappropriation
侵位[侵入并定位]☆emplacement；invasion；emplace
侵位后的☆postemplacement
侵位前的☆preemplacement
侵袭[灾害、病害等]☆affect；engulfment；visit
侵袭物☆invader
侵占☆usurp；encroach；steal
侵占他人采矿用地☆jump a claim
亲☆phil-；pro-；philo-
亲本☆parent；predecessor
亲本居群☆parental population
亲笔(写)☆autograph
亲笔签名☆genuine signature
亲笔写的☆holograph
亲长英质元素☆felsiphile element
亲潮☆oyashio (current)；Kurile Current
亲沉积的☆sedimentophile
亲代☆parental generation
亲岛弧的☆arc-related
亲的☆avid
亲电子反应☆electrophilic reaction
亲多种组织☆pleiotropism；pleiotropy；pleiotropia
亲钙矿物☆calcophilic mineral
亲海元素☆thalassophile element
亲核标度☆nucleophilicity
亲核的☆nucleophilic
亲核物质☆nucleophile
亲和力{性}☆affinity
亲和力(性)☆avidity；affinity
亲和能(势)☆affinity
亲和数☆amicable{friendly} numbers
亲花岗岩的☆granitophile
亲花岗岩元素☆granitophile{granitophite} element
亲近的☆thick
亲近性☆proxemics
亲近种[生]☆affinis；aff.
亲菌的☆mycophilic
亲口榫接合[用于斜井支护]☆clap-me-down
亲力☆affinity

亲硫菌☆sulfur bacteria
亲硫(元素)序列☆sulfophile sequence
亲硫元素☆chalcophile{sulfophile;chalcophylic;thiophile;sulphophile} element
亲器官的☆organotrophic
亲气的☆aerophilic；air-adherent；air-avid；atmophile
亲气性☆air-avid (property)；atmophile；aerophilic quality
亲气元素☆ atmophile {pneumatophile; aerophile} element；inert gas
亲切☆warmth
亲切的行为☆kindness
亲生物的☆biophile；biophilic
亲生(物)元素☆biophile element
亲湿岩浆元素☆hygromagmatophile element
亲石的☆oxyphile；lithophile
亲石元素☆lithophile element；lithophylic elements
亲手☆by hand
亲属☆sib；lineage；folk
亲属的☆kindred
亲水侧☆water-wet side
亲水程度☆hydrophilicity；degree of water wettability
亲水的☆hydrophilic；water-avid；water-loving；water wet；hydrophilous
亲水(相)的☆aqueous-favoring
亲水度☆water-wetness
亲水核☆hydrophobic nuclei
亲水基☆hydrophilic group；lyophilic radical
亲水亲油平衡☆hydrophile-lipophile balance
亲水亲脂特性☆lypohydrophilic character
亲水亲酯平衡☆hydrophilic lipophilic balance
亲水物☆hydrophil(e)
亲水性☆water affinity{wettability;avidity}；water-avidity；hydrophilicity；hydrophile；hydrophilia
亲水(性)亲油{酯}(性)平衡{比率}☆hydrophilic-lipophilic balance
亲水岩芯☆water {-}wet core
亲水植物☆water-loving plant
亲碳性☆carbophile
亲碳元素☆carbonphile element
亲铁镁元素☆femaphile element
亲铁元素☆siderophile{transitional} element
亲铁植物☆siderophiles
亲烃类脂分子团☆lipophilic
亲铜的☆chalcophylic；chalcophile
亲铜圈☆chalcosphere；stereosphere
亲铜元素☆chalcophile{sulfophile;chalcophylic} element
亲伟晶岩的☆pegmatophil；pegmatophile
亲伟晶岩元素☆pegmatophile element
亲盐细菌☆halophilic bacteria
亲岩浆的☆magmaphile
亲岩浆元素☆magmatophile element
亲岩元素☆lithophile element；lithophylic elements
亲眼看见☆witness
亲氧的☆oxyphilic；lithophile；oxyphile
亲氧过程☆aerobic process
亲氧元素☆oxyphile{oxyphilic} element
亲液溶胶☆lyophilic sol
亲液物☆lyophil(e)
亲油表面☆oil-wetted surface；oil wet surface
亲油(一)侧☆oil-wet side
亲油程度☆lipophilicity；degree of oil-wetting
亲油的☆oleophilic；lipophilic；hydrophobic
亲油的毛细管力☆oil wet capillary
亲油度☆oil-wetness
亲油罐层☆oil wet formation
亲油基☆lipophilic group
亲油泄油通道☆oil wet drainage path
亲油性☆lipophilic(ity)；oil wettability；oleophobic property
亲油液体☆lipophile liquid
亲油遮挡膜☆hydrophobic barrier film
亲有机质的☆organophilic
亲缘☆parentage；affinity
亲缘的动植物☆sib
亲缘繁殖☆related breeding
亲缘分类(法)[生]☆cladistic taxonomy
亲缘关系☆affiliation；sibship；genetic relationship；kinship；blood relationship
亲缘图☆cladogram
亲缘位置未定种☆species incretae sedis
亲缘性[元素的]☆familiarity
亲缘选择☆kin selection
亲缘种☆phyletic{sibling} species
亲缘转换☆affine transformation
亲质子的☆protophilic
亲中介态的☆mesophilic
亲族☆cognate；sib

qín

秦岭地轴☆Tsingling Axis
琴带蛤超科[双壳]☆Lyrodesmacea
琴弓形[牙石]☆bowed
琴海扇属[双壳]☆Lyriopecten
琴角羚牛属[N_2]☆Lyrocerus
琴偏转☆zero deflection
琴叶独行菜☆Lepidium virginicum
琴状海百合属(S)[棘]☆Lyriocrinus
擒纵机构☆escapement
擒纵轮☆escape{escapement} wheel
擒纵装置☆release
勤劳☆industry；hard
勤勉☆assiduity；industry
勤杂工☆handy{odd-job} man；hunky；handyman
勤杂人员☆boy
芹羊齿属[$C_{1\sim2}$]☆Anisopteris
覃羟硼钙石☆tyretskite-(1TC)
禽☆bird
禽龙(属)[K_1]☆Iguanodon
禽虱☆mallophaga

qìn

揿钉☆thumb pin{tack}
揿钮☆snap

qīng

青安粗流岩[青磐岩、安山岩、粗面岩、流纹岩的总称]☆trachorheite
青白瓷☆shadowy blue glaze porcelain
青白黏土☆camstone
青彩蓝宝石☆striated sapphire
青处器☆green Chu ware
青春☆flower；youth
青春期的(青少年)☆pubescent
青瓷☆celadon (ware)
青蛋白石[SiO_2•nH_2O]☆girasol(e)；gyrasole
青岛岩☆tsingtauite
青地☆blueground
青地虫属[三叶;$Є_2$]☆Aojia
青方钠岩☆alomite
青符山石☆cyprine；cyrpine；cupreous idocrase
青钙闪石☆girnarite
青蛤属[双壳;E-Q]☆Cyclina
青硅孔雀石☆demidovite；demidoffite
青河石☆qingheite；qingheiite
青花☆blue-and white
青花玲珑☆blue-and-white with pierced decoration
青灰色的☆blue
青灰色潜育层☆anmoor
青灰炭质页岩☆blaize
青辉石[$CaMgSi_2O_6$]☆violan(e)；anthochroite
青金石[$(Na,Ca)_{4\sim8}(AlSiO_4)_6(SO_4,S,Cl)_{1\sim2}$；$(Na,Ca)_{7\sim8}(Al,Si)_{12}(O,S)_{24}(SO_4,Cl_2,(OH)_2)$;等轴]☆lazurite；blue metal {zeolite;rock}；(oriental) lapis；persian lapis；lasurite；lasurstein；lapis {-}lazuli；azure stone；armenian stone[旧]；lapidis [sgl.lapis]；cyaneus；ultramarine；lapides；sapphirus；outremer
青块云母☆iberite；gigantolite
青蓝石棉[钠闪石和蓝闪石间的过渡矿物]☆rezhikite
青琅玕[$Cu_2(CO_3)(OH)_2$]☆koppargrun；green malachite；malachite；green copper carbonate
青篱竹☆tonkin cane
青磷灰石☆lasurapatite；lazur-apatite；clazur-apatite
青龙灰岩☆Chinglung limestone
青铝闪石[$Na_2(Mg,Fe^{2+})_3(Al,Fe^{3+})_2Si_8O_{22}(OH)_2$;单斜]☆crossite；heikolite；subglaucophane；crosstie
青绿的☆blue green
青绿刚玉[Al_2O_3]☆oriental aquamarine
青绿黄玉☆Brazilian sapphire
青绿泥石☆viridite
青绿色☆turquoise (blue)
青霉属☆Penicillium
青霉素☆penicillin
青钠闪石[$(Ca,Na,K)_3(Fe^{2+},Fe^{3+})_5((Si,Al)_8O_{22})(OH)_2$]☆ternovskite；girnarite；ternowskite
青泥☆blue mud
青泥石☆aerinite
青年☆adolescent；youth；young
青年地形☆topographic adolescence
青年期☆juvenescent phase；adolescence；youth；adolescency；neanic stage
青年期的☆neanic；brephic
青磐{盘}岩☆propylite
青磐{盘}岩化☆meta-andesitization；propylitization
青磐{盘}岩相☆propylitic facies
青铅矾{矿}[$PbCu(SO_4)(OH)_2$;单斜]☆linarite；kupferbleivitriol；kupferbleispath；cupreous anglesite
青色☆cyan；azury；cyano-；cyan-
青鲨亚目☆Galeoidea
青山期☆Chingshan age
青少年☆juvenile
青石☆bluestone；dichroite；blue malachite
青石法☆bluestoning
青石棉[$(Na,K,Ca)_3$-$4Mg_6Fe^{2+}(Fe^{3+},Al)_{3\sim4}(Si_{16}O_{44})(OH)_4$]☆crocidolite；krokydolith；griqualandite；blue asbestos；hawk's eye；krokidolite；blue-iron stone；blue asbestus{ironstone}；crocidolite asbestos
青石棉化(作用)☆crocidolitization
青石染匠☆bluestoner
青石影雕☆diabase line-engraving
青石转运场☆dock
青苔封水箱[凿井用]☆moss box
青苔类植物学☆lichenology
青钛闪石☆heikolite
青田石☆stone from Qingtian county
青田石雕☆soap stone carving
青铜☆bronze；Bz；BRZ
青铜工具☆nonsparking tool
青铜器时代☆bronze age
青铜色☆bronze；Bz；bronzed
青铜(器)时代☆Bronze Age
青铜石墨电接触器材☆bronze graphite contact material
青铜凿☆palstave；palstaff
青透辉石☆violan(e)
青土☆blue soil{earth}
青土风化☆blue-ground weathering
青土蓝层☆blue ground
青蛙孔雀石☆demidovite；demidoffite
青瓦尔德(双晶)律☆Zinnwald law
青雾☆toxic smog
青藓属[Q]☆Brachythecium
青岩贝属[腕;T_2]☆Qingyania
青融☆Charronia
青釉☆celadon glaze
青鱼属[N_2-Q]☆Mylopharyngodon
青玉☆saphire
青砖☆blue brick
青壮年期☆ephebic
青壮盘虫属[三叶;$Є_1$]☆Hebediscus
青椎动物☆vertebrate
青紫水晶[石]☆Royal Mahogany
轻☆lightness；hypo-
轻(松愉快地)☆light
轻埃洛石[Al_2O_3•$6SiO_2$•$18H_2O$]☆termierite
轻按☆flip
轻(度)爆破☆light blasting
轻便☆portability；simplicity
轻便(消防)泵☆handy billy
轻便触探试验锤击数☆light sounding test blow count
轻便的☆portable；mobile；runabout；portative；PORT；lightweight；light
轻便垫板式平台☆mobile template platform
轻便汞分光计☆portable mercury spectrometer
轻便烘炉☆baker
轻便化仪器☆portable instrument
轻便机车☆dinkey engine{loco(motive)}
轻便井架☆mast；free standing mast；portable{pole} derrick；structural{pole-type} mast；open-front tower[前面敞开]
轻便井架桩基☆deadman
轻便汽艇{车}☆runabout
轻便人字井架☆shears

轻便摄像{影}机☆field camera
轻便实验箱☆portable laboratory hit
轻便式拆装设备☆portable breakout equipment
轻便式刻度器☆portable environmental calibrator
轻便(移动)式设备☆portable equipment
轻便式 X 射线应力测量仪☆portable X-ray stress-measuring apparatus
轻便水坝☆tapoon
轻便水平移车道岔☆horizontal car passer
轻便梯子☆rung ladder
轻便土钻☆pocket drill
轻便小支架☆taboret；tabouret
轻便型钢丝绳冲击式钻机[砂矿勘探打浅孔用]☆portable churn drill
轻便型野外能谱仪☆portable field spectrometer
轻便蓄电池车灯☆paddy lamp
轻便仪表☆easy device
轻便照明器照明☆portable lighting
轻便转杯风速表☆portable cup anemometer
轻便自动水泥记录仪☆portable automatic cementing recorder
轻便钻机☆portable{mobile} drill{rig}；portable drilling rig；jumbo
轻便钻机钻进机构的进退系统☆hydraulic retraction system
轻便钻探设备☆portable rig
轻便钻头☆economill
轻薄织物(或衣物等)☆zephyr
轻部分☆lighter fraction
轻舱壁☆parting bulkhead
轻产品☆float
轻冲击(敏)感(性)☆low impact sensitivity
轻吹(声)☆whiffle
轻打☆flip；flick
轻打配合☆wringing fit
轻的☆slight；mitis；light
轻冻☆light freeze
轻度爆震☆trace knock；pinging；pinking
轻度干旱区☆mildly arid region
轻度沼泽化低地☆everglade
轻而薄的☆gossamer；flimsy
轻芳香烃☆light aromatic hydrocarbon
轻沸腾☆light boiling
轻粉质砂壤土☆light silty sand-silt
轻风☆light breeze
轻拂☆whiffle；whiff；kiss[风、波浪等]
轻浮冰☆light floe
轻浮的☆airy
轻负荷☆light-load；light-duty
轻矸石☆light dirt
轻汞膏☆arquerite
轻骨料☆light-weight aggregate；agloporite
轻固相[泥浆中]☆light solids
轻轨料车☆jubilee truck
轻合金☆light(-weight) alloy
轻合金制矿用罐笼☆light-alloy mine cage
轻褐铒钽矿☆risoerite
轻滑配合☆easy slide fit
轻划痕☆sleek
轻化二氧化碳[同位素]☆lighter carbon dioxide
轻混凝土☆lightweight concrete；light weight concrete
轻火{燧}石玻璃☆(extra) light flint glass；light flint
轻击(声)☆flick
轻击锤☆tapper
轻集料☆lightweight aggregate
轻甲板☆spar deck
轻焦油☆light tar
轻接触☆feathered stroke
轻捷木骨架☆balloon framing
轻金属矿(石)☆light metal ore
轻劲风☆fresh breeze
轻快☆buoyance；springiness
轻快的☆smart；limber
轻快钻进☆easy drilling
轻矿物☆light mineral；light-mineral
轻浪☆slight sea
轻离子☆light ion
轻粒子的☆leptonic
轻沥青☆alyphite
轻链☆light chain
轻量集合体☆light-weight aggregate
轻岭石☆termierite
轻硫砷银矿☆trechmannite
轻馏分☆lighter{light} fraction；light cut{ends}
轻垆坶☆light loam
轻率☆imprudence；overhastiness
轻率的☆wild；rash
轻煤☆light coal
轻煤油馏分☆power kerosene
轻冕玻璃☆light crown glass；OK glass
轻泥浆☆light {-}weight mud
轻黏土☆light clay
轻拍☆flip；tap
轻拍(声)☆pat
轻配件☆light fitting
轻膨土☆keramsite
轻飘的东西☆zephyr
轻瓶☆light weight container
轻气(体)☆light gas
轻敲☆clap；bob；tap；rap
轻敲模式原子力显微镜☆tapping mode atomic force microscopy；TMAFM
轻敲声☆tap
轻巧的☆handy
轻轻摇晃☆jiggle
轻燃料☆low-gravity{light} fuel
轻燃料油☆light fuel oil
轻入流☆hypopycnal inflow
轻(石灰)三合土☆lightweight lime concrete
轻砂☆lightweight sand
轻伤事故☆minor{plus-three-day} accident
轻烧☆light{soft} burning
轻烧矾土熟料☆light-burned bauxite
轻烧石灰☆light burnt lime；soft burned lime
轻烧油浸砖☆light-burned impregnated brick
轻石☆float{pumice} stone；pumice；floatstone
轻石粉研磨剂☆pumice composition
轻石料☆light-weight aggregate
轻石油☆ligroin
轻视☆disregard；undervaluation；underrate；slight
轻霜☆light frost
轻水☆light water
轻水泥浆☆thin cement slurry
轻水泡沫☆AFFF；aqueous film-forming foam
轻苏打☆light ash
轻弹☆flick
轻烃☆lighter hydrocarbon
轻(质)烃☆light hydrocarbon
轻烃气☆light hydrocarbon gas
轻烃装置☆depropanizer
轻同位素☆light isotope
轻土☆light soil
轻推☆jogging；jog
轻推配合☆easy push fit
轻瓦斯油☆light gas oil
轻微爆震☆pinking
轻微的☆minor；slight；light
轻微地颤动☆quiver
轻微划痕☆shadow scratch
轻微井喷☆(gas) kick
轻微油浸泥浆☆slight oil cut mud；SOCM
轻微运动期☆pediocratic
轻稳定同位素☆light stable isotope
轻武器☆firearm
轻雾☆mist
轻稀土☆light rare earth
轻相速度☆velocity of light phase；VL
轻斜磷铜矿☆phospho(ro)chalcite
轻泻☆laxation
轻型☆light-duty；light-weight；LW
轻型(钻杆)安全夹持器☆light-duty safety clamps
轻型抽油管悬挂器☆light-duty safety clamp
轻型袋装金刚石钻机☆packsack diamond drill
轻型的☆low-duty；lightweight；light-duty
轻型飞机☆light aircraft；kite；aviette
轻型杆式测深装置☆light driven-rod sounding device
轻型钢绳冲击钻☆spudder
轻型骨架☆balloon framing
轻型活动海洋钻机☆mobile offshore rig
轻型结构的锅炉房☆boilerhouse
轻型掘岩机☆buzzer
轻型锚☆light-weight type anchor；LWT anchor
轻型普查钻机☆reconnaissance drill
轻型气腿风动凿岩机☆autostoper
轻型轻质油油船☆handy-size clean carrier
轻型水下勘探装置☆aqualung
轻型移动式电动倒链☆lightweight electric trolley chain hoist
轻型凿岩机凿岩☆light drilling
轻型重油油船☆handy-size dirty carrier
轻型钻杆☆light weight drill pipe；Lwdp
轻型钻机☆light rig{drill}；grasshopper rig；jackleg
轻型钻机钻进☆light drilling
轻型钻柱☆clean-out string
轻雪☆wild{dust} snow
轻压力洛氏硬度试验机☆superficial Rockwell tester
轻压配合☆light press fit
轻亚黏土☆light{sand;sandy} loam
轻岩粉☆light solids
轻页岩☆light shale
轻易得到的胜利☆walkaway
轻易来的钱☆greasy money
轻银汞膏☆arquerite
轻油☆light{light-body;white;gas} oil；top
轻油部分☆strippings
轻元素☆light element
轻载吃水☆light draft
轻载河流☆underloaded stream
轻载运转☆light running；running light
轻凿☆sott peening
轻质柴油燃料☆light diesel fuel
轻质的造岩矿物☆light-colored{light} mineral
轻质刚玉砖☆light weight corundum brick
轻质可燃气体探测器☆light type combustible gas detector
轻质耐火珍珠岩☆light fire-resistant pearlite
轻质汽油☆benzine
轻质石油☆low-density oil
轻质弹性橡胶外罩☆light-weight flexible rubber cover
轻质土☆light-textured{light} soil
轻质烷基化物☆light alkylate
轻`质液态{液体}石蜡☆light liquid paraffin
轻质油品[油轮装载的汽、煤油、燃料油等]☆white cargo
轻质油品输送管☆light line
轻质原油☆light crude；low gravity crude；oil
轻质组分☆more volatile component
轻、中型飞机加油装置☆beaver
轻重车交换☆car pass
轻舟☆cockle；skiff
轻转配合☆easy running fit
轻装料☆light burden
轻子☆lepton
轻子的☆leptonic
轻组分☆light constituent{component}
蜻蛉类{蜓目}[昆]☆Odonata
蜻蜓超目☆Odonatoidea
氢☆hydrogen；hydrogenium[拉]；hydro-；H
氢铵矾[$(NH_4)_3H(SO_4)_2$;单斜]☆letovicite
氢铵磷鸟粪石☆phosphamm(on)ite
氢{致疱}疱☆hydrogen blistering
氢爆炸☆hydrogen explosion
氢标度☆hydrogen scale
氢脆[钢]☆hydrogen embrittlement{brittleness}；acid brittleness
氢脆测定仪☆hydrogen embrittlement tester
氢弹起爆弹☆trigger for H-bomb
氢当量[表明酸度]☆hydrogen equivalent
氢的☆hydrogenous
氢地热温标☆hydrogen geothermometer
氢碘化物☆hydriodide
氢电极☆hydrogen electrode
氢-二氧化碳地热温标☆hydrogen-carbon dioxide geothermometer
氢氟化物☆hydrofluoride
氢氟酸[见于天然气中]☆hydrofluoric{fluorhydric; hydrocyanic} acid；hydrofluorite；idrofluore
氢氟酸测斜仪测斜☆acid-dip survey{test}
氢氟酸测斜仪(的)玻璃管☆Sargent tube
(测斜仪的)氢氟酸管☆glass culture tube
氢氟酸就地(在油层内)生成系统☆ini-situ HF generating system
氢氟酸瓶[氢氟酸测斜仪]☆acid tube；acid-dip bottle；acid vial{bottle}；acid-etch tube
氢氟酸蚀刻玻璃术☆fluorography
氢氟酸斜度测量☆acid-dip survey
氢光谱☆hydrogen spectrum

氢过氧化物[ROOH]☆hydroperoxide
氢含量☆hydrogen content
氢化☆hydrogenation；hydro-
(使)氢化☆hydrogenate；hydrogenize
氢化处理☆hydrotreating；hydrogen treatment
氢化脆性☆acid brittleness
氢化的☆hydrogenant
氢化法☆hydride generation
氢化钙☆calcium hydride；hydrolith
氢化裂解☆hydrocracking；HC
氢化裂解器☆hydrocracker
氢化煤气法[煤炭]☆hydrogasification
氢化牛脂仲胺[含 85%仲胺]☆Armeen 2HT
氢化润滑油蓄油池☆hydrolubic water reservoir
氢化设备{车间}☆hydrogenation plant
氢化塑料取芯器☆hydroplastic corer
氢化提净☆hydrofining
氢化物☆hydrogenate；hydrogenize；hydride
氢化橡胶☆hydrorubber；hydrocaoutchouc
氢化油脂胺☆hydrogenated tallow amide
氢化作用☆hydrogen(iz)ation
氢还原(法)☆hydrogen reduction
氢基{|键|火焰}☆hydrogen radical{|bond|flame}
氢键玻璃☆hydrogen-bond glass
氢交代作用☆hydrogen metasomatism
氢解☆hydrogenolysis
氢醌[$C_6H_4(OH)_2$]☆hydroquinone
氢扩入☆hydrogen permeation{infusion}
氢离子☆hydrogen ion；hydrion
氢离子化☆hydrogen-ionized
氢离子浓度倒数的对数☆pH；potential of hydrogen
氢裂☆hydrogen craking
氢磷铍钙石☆fransoletite
氢硫化钠[NaHS]☆sodium hydrosulfide
氢硫化物☆hydrosulfide；sulphydrate
氢硫基[HS−]☆sulfhydryl；sulfhydril；mercapto (group)
氢硫酸☆hydrosulphuric acid
氢卤酸☆halogen acid
氢氯氟碳化合物☆HCFC；hydrochlorofluorocarbon
氢氯化物☆hydrochloride
氢氯化橡胶☆pliofilm
氢氯酸☆chloro；hydrochloric{chlorhydric} acid
氢黏粒☆hydrogen clay
氢配{络}合物☆hydrogen complex
氢(同位素)漂移☆hydrogen shift
氢气冷却发电机☆hydrogen-cooled generator
氢气(中)退火☆hydrogen annealing
氢桥☆hydrogen bridge
氢氰化(作用)☆hydrocyanation
氢氰化物☆hydrocyanide
氢氰酸[HCN]☆hydrocyanic{prussic} acid；hydrogen cyanide
氢氰烟[氰化过程]☆hydro-cyanic fume
氢燃料☆hydrogen fuel
氢(核)燃烧☆hydrogen burning
氢燃烧器☆hydrogen burner
氢砷钙铀矿☆hydrogen-uranospinite
氢砷铀矿☆hydrogenuranospinite
氢渗入(速)率☆hydrogen permeation{infusion} rate
氢施主型☆hydrogen donor type
氢蚀☆hydrogen corrosion{attack}
氢-水体系☆H-H_2O system
氢酸☆hydr(o-)acid；hydrogen acid
氢探测器☆hydrogen probe
氢碳比率☆hydrogen-carbon ratio
氢碳原子比☆hydrogen-to-carbon ratio
氢同位素成分☆hydrogen isotope composition
氢土☆H-clay
氢微波激射器☆hydrogen maser
氢微波激射型频率标准☆hydrogen maser frequency standard
氢细菌☆hydrogen bacteria
氢溴化铊晶体☆thallium hydrobromidum crystal
氢溴酸☆hydrobromic acid
氢衍生燃料☆hydrogen-derived fuel
氢氧(爆炸气)☆oxyhydrogen
氢氧钙石☆portlandite
氢氧焊接☆oxy-hydrogen welding
氢氧化☆hydroxyde
氢氧化铵[NH_4OH]☆ammonium hydroxide
氢氧化钡☆baryta{barium} hydrate；hydrated baryta
氢氧化钙[$Ca(OH)_2$]☆calcium hydroxide；(hydrated) lime
氢氧化铬☆chromic hydroxide
氢氧化钾[KOH]☆caustic potash；potassa；potassium hydroxide；potash；caustis potash
氢氧化鏻[R_4POH;PH_4OH]☆phosphonium-hydroxide
氢氧化铝☆hydrate of aluminium；aluminium hydroxide；aluminum hydroxyde
氢氧化镁[$Mg(OH)_2$]☆magnesium hydroxide
氢氧化钠[NaOH]☆caustic soda；soda-lye；sodium hydroxide；superalkali
氢氧化锶☆strontia
氢氧化铁☆ferric hydroxide
氢氧化铁凝胶☆iron hydroxide gel
氢氧化物☆hydroxide；hydrated{hydrous} oxide；hydrous oxid；caustic；oxyhydroxide
氢氧基[HO−]☆hydroxy(l)；hydroxyl group
氢氧离子[OH−]☆hydroxyl{hydroxide} ion
氢氧铝石☆gibbsite
氢氧镁石☆brucite
氢氧气☆oxyhydrogen；grison
氢氧铅铜盐☆diaboleite
氢氧烧焊☆oxyhydrogen welding
氢氧体系☆H-O system
氢氧铜铅矿[$Pb_2CuCl_2(OH)_4$]☆diaboleite
氢氧铀矿☆epiianthinite
氢逸度☆hydrogen fugacity
氢铀云母[氢钙铀云母]☆hydrogen-autunite
氢诱导裂纹☆hydrogen induced cracking
氢诱发延迟性碎裂☆hydrogen-induced delayed fracture
氢原子团☆hydrogen radical
氢原子转形[歧化作用]☆disproportionation
氢值☆hydrogen number
氢指数☆hydrogen index；HI
氢置换作用☆hydrogen metasomatism
氢质黏土☆hydrogen clay
氢质土☆hydrogen soil
倾杯雨量计☆toppling-cup rain gage
倾背斜☆inclined anticline
倾侧☆swag；sway；lurching；heel[船的]
(摇床)倾侧机构☆tilting mechanism
倾侧角☆pitch angle；list；angle of heel
倾侧水痕仪☆tilting level
倾出☆running-off
倾船☆careenage
倾倒☆dump；careen；upend；tip；empty；pour out；topple and fall；topple over；toppling；greatly admire；overturn(ing)；pouring
倾倒罐笼☆drop cage
倾倒机构☆tipping gear
倾倒器☆dumper
倾倒式反射炉☆tilting reverberatory furnace
倾倒式炉☆tilting furnace
倾倒褶皱☆overthrown fold
倾点☆pour point
倾点温度的稳定性☆pour stability
倾动☆tilting
倾动地块☆tilted block
倾动地块山☆tilt-block mountain
倾动计☆tiltmeter
倾动式的☆tiltable
倾度☆inclination；incline grade；batter
倾(斜)度☆degree of inclination
倾度计☆gradiometer
倾度角☆angle of elevation{gradient}
倾断块☆tilted fault block
倾翻☆dump；tilt；tip；roll-over；tilting
倾翻机构☆tipper
倾翻矿车☆hinged-body car
倾翻器☆dump；trip
倾翻式底盘☆tipping chassis
倾伏☆rake；pitch；plunge
倾伏的☆pitching；recumbent
倾伏角☆plunge (angle)；angle of pitch；pitch angle
倾伏矿柱{筒}☆pitching ore shoot
倾伏系统☆dipping system
倾伏向斜☆plunging syncline
倾伏斜面褶皱☆plunging inclined fold
倾伏{没}褶额[倾伏端]☆plunging crown
倾覆☆upset；topple；upsetting；keel；overset；tip；overtipping；capsize；overturn；tumble
倾覆地层☆overturned beds
倾覆滑落☆toppling failure
倾覆力矩☆overturning{tilting;upsetting} moment
倾覆频率☆turnover frequency
倾覆坡度☆tipping gradient
倾覆现象☆topping phenomena
倾覆岩层☆overtipped strata
倾滑正断层☆normal dip-slip fault
倾滑正断层分量☆normal dip-slip component
倾极荷重☆tipping load
倾脊贝属[腕;$O_{1\sim2}$]☆Clitambonites
倾架☆tilter
倾角☆dip (angle)；angle of dip{inclination;pitch;lean;slope;gradient;tilt}；angle of obliquity[应力]；degree of inclination {pitch}；tilt；inclination (angle)；obliquity；pitch；incidence；rake；slope {drop;fleet;drift;pitching} angle；direction of tilt；luff
倾角变化☆break in declivity
倾角测量☆measurement of dip angle
(双翼机)倾角差☆decalage
倾角磁极☆magnetic dip pole
倾角电磁法系统☆dip-angle EM system
倾角度☆degree of tilt
倾角法[磁勘]☆tilt {-}angle method
倾角反向☆reversal of dip
倾角和方位分开图☆Soda plot
倾角计☆declination compass；inclinometer；clinometer
倾角加大{|减小}☆increase{|decrease} in dip
倾角校正图☆Fedorov chart；dip-corrected map
倾角可调式起重机☆level-luffing crane
倾角滤波☆dip filtering
倾角罗盘☆inclination compass
倾角偏移☆dip migration
倾角射臼炮试验☆angle shot mortar test
倾角时差☆dip moveout；DMO
倾角矢量标绘器☆dip-vector plotter
倾角为 45°的岩层☆half-edge later{seam}
倾角误差☆error of tilt
倾角相减程序☆DIPSUBTRACT program
倾角小的翼☆flank of less inclination
倾角仪☆clinometer；inclinometer；inclinator；drift indicator；dip(ping){declination} compass；dipmeter
倾角与方位分开☆separation of dip and azimuth
倾角圆☆tilt circle
倾角章动☆nutation of inclination
倾角针☆dip(ping) needle
倾角走向符号☆dip-strike symbol
倾角最小的翼☆flank of least dip
倾块盆地☆fault-angle valley
倾离断层☆dip separation fault
倾落系统☆dipping system
倾没☆plunge；descent
倾没端☆pitching fold{end}；plunging end
倾没向斜☆plunging syncline
倾盆大雨☆downpour
倾弃☆tipping
倾弃垃圾填地☆landfill dumping
倾入☆plunge；pitch；rake；inpouring
倾石场☆stone dump
倾竖褶皱☆plunging vertical fold；vertical fold
倾听☆follow；audience
倾筒法(打水泥塞)☆dump bailer method
倾析☆decant；decantation
倾析器☆decanter
倾箱☆tilting-box
倾箱式取样机☆tilting-box sampler
倾向☆inclination；dip (direction)；lean；direction of dip{tilt}；swing (to)；line of dip；squint；tendency；bend；temper；(drift) direction；tide；trend；verge；stream；current；proneness；propensity；deviation；be inclined to；prefer；disposition
倾向倒转☆rollover
倾向地☆laterally
倾向割面☆dip section
倾向隔距断层☆dip separation fault
倾向滑动☆dip offset{slip}；dip-slip offset
倾向滑动分量{|位移|拖曳}☆dip-slip component {|displacement|drag}
倾向逆滑断层☆dip slip reverse fault
倾向坡☆dip slope (outface)；outface
倾向坡群{组}☆dip-slope swarm{|complex}
倾向下端☆downdip side
倾向相反的断层☆fault with reversed downthrow

倾向性☆liability; list; bias; orientation
倾向一致的断层☆fault with regular inclination
倾向移距☆dip shift; normal displacement
倾向于☆affect; wont; prone
倾向于盆地的均斜层☆basinward-dipping homocline
倾向炸测☆dip shooting
倾向正断{离}距☆normal-dip separation
倾销☆dump
倾斜☆tilt; raking; inclination; droop; nod; (relative) fall; ramp; slope; shelving; incline; lean; falling; dipping; declination; sag; deflect; skewing; luff; dip; offsetting; pitch; acclivity; bank; offset; hading; aslope; cant; rake; slant; cline; declivity; obliquity; tip; oblique(ness); drooping; hade; acclivous; in favour of; decline; hang; bade; list; clima; raie
倾斜(余角)☆underlay
(使)倾斜☆lean; bevel; incline; cant; tip; steeve
倾斜板沉淀槽☆inclined plate depositing tank
倾斜板法☆tilting plate method
倾斜薄矿脉采矿法☆mining method for narrow dipping vein
倾斜壁座☆slanting toe
倾斜变化☆break in declivity
倾斜变化趋势☆slope-change trend
倾斜补偿地震计☆tilt-compensation seismometer
倾斜槽巷☆rising mine
倾斜槽卸载☆chute discharge
倾斜槽用稳车☆tilting winch
倾斜测定☆determination of tilt
倾斜测量☆fall measurement{measuring}
倾斜层☆inclined stratum{layer;bed;strata}; cline strata; sloping{dipping} bed; dipping reservoirs
倾斜层的开采☆rilling
倾斜层系☆steep measures
倾斜长壁陷落采煤法☆longwall caving method along the dip
(把)倾斜长度换算成水平长度☆slope correction
倾斜粗洗淘金槽☆tom
倾斜大的(定向)井☆high-angle deviated well; long horizontal traverse well
倾斜挡板☆sloping baffle
倾斜倒注☆tiltpour
倾斜的☆oblique; pitching; inclined [25～45°]; hading; clinographic; fastigiate; tipping; prone; tilting; medium dip{pitch;steep}; acclive; bevel; angular; upturned; sideling; offset; slant(ing); gradient; sloping; splay; battered; angled; dipping
倾斜等方位线交点离距☆dip isogon intersection separation
倾斜等方位线方法☆dip isogon techniques
倾斜地☆aslope; bevelways; bevelled
倾斜地层☆edge seam; slopping bed; tilted strata {layer}
倾斜地带☆versant
倾斜地形☆depth shape
倾斜地形带☆clinoform zone
倾斜叠加道集☆dip-stack gathers
倾斜叠加偏移☆slant stack migration
倾斜度☆wind denivellation; degree of dip{tilt;slope; inclination;pitch}; obliquity; declivity; amount {grade} of inclination; gradient; batter; rake; grade; incline; inclination pitch; shelving; amount of inclination[地层]
倾斜度及方位指示器☆angle-azimuth indicator; riser angle indicator
倾斜度适中的水系☆well-graded stream
倾斜短联络风巷☆shoofly; slant
倾斜断块☆basin range
倾斜法☆tilting method; tilter
倾斜反射图型☆inclined-reflector pattern
倾斜反向☆reversal of dip
倾斜方向☆dip{vergence;incline;pitch;sloping} direction; direction of tilt{dip}
倾斜分层充填上向回采法☆inclined rill system
倾斜分层充填采场法☆inclined cut-and-fill stoping {method}
倾斜分层充填采煤法☆rill cut and fill method
倾斜分层上向回采☆overhand stoping in inclined floors
倾斜分层下行崩落开采法☆inclined topslicing
倾斜分层下行陷落采煤法☆inclined slicing with caving; descending inclined slicing
倾斜分层支架采场☆timbered rill stope
倾斜分层(方框)支架采矿法☆timbered rill method
倾斜幅度☆magnitude of inclination
倾斜改正☆inclination{grade;slope;tilt;stope} correction; correction for slope
倾斜工作面方框支架采矿☆inclined square-set stoping
倾斜工作面上向回采☆rill cutting{stoping}; inclined rill system
倾斜观测☆declivity observation
倾斜过度☆overbank
倾斜海岸☆shelvy coast
倾斜海底☆shelving bottom
倾斜函数☆ramp function
倾斜航摄图{空成}像☆oblique imagery
倾斜巷道☆inclined drift{roadways}; slant; counter entry; dip drift
倾斜巷道采区☆counter gangway workings
(在)倾斜巷道行驶的列车☆ducky
倾斜很大地层☆dipping formation
倾斜厚矿体采矿法☆inclined thick orebody mining method
倾斜机构{械}[摇床]☆tilting mechanism
倾斜计☆clinometer; inclinometer; gradiometer; tiltmeter; bank(ing) indicator
倾斜角☆angle of inclination{bank;tilt;declination; obliquity;roll;dip;slope;lean;gradient}; inclined{tilt; slope;vertical;roll;bevel;dip;heeling;declination; inclination;drop;pitch;raie} angle; angular pitch; obliqueness; gradient of slope; bank angle [of an airplane]; dip; inclination; downward gradient
倾斜接触☆plunging{inclined} contact
倾斜接触放矿☆inclined-contact drainage{draw}
倾斜节理☆cutter; dip joint
倾斜井☆slant well; downward sloping hole
倾斜掘进☆driving up the pitch
倾斜坑道☆brow
倾斜坑道两侧☆flank
倾斜矿层☆inclined{pitching;sloping} seam; sloping leg; moderate pitch seam; medium steep seam; medium dip seam
倾斜框架采矿法☆leaning stope-sets system
倾斜矿脉☆underlay lode; pitching vein
倾斜扩大系数☆tilt amplification factor
倾斜溜板☆ramp plate
倾斜溜井上下分层掘进法☆over-and-under method
倾斜漏斗采煤法☆mill method along the dip
倾斜炉☆uphill furnace
倾斜率☆grade
倾斜煤层☆pitch(ing) coal{seam}; inclined{sloping; moderated-pitch} seam
倾斜煤层刨煤机☆steep-seam plough
倾斜面☆fallback; inclined plane
倾斜模型井筒设施☆deviated model wellbore facility
倾斜逆离距☆reversed dip separation
倾斜浓密箱☆inclined lamellar thickener
倾斜排料☆raked discharge
倾斜炮孔钻进☆angle drilling
倾斜偏差{离}☆dip deviation
倾斜平面☆clinopla; clinoplain
倾斜平原☆dip plain; clinoplain
倾斜坡☆outface; dip slope
倾斜坡度☆tipping gradient
倾斜器☆tripper; tipple
倾斜曲线☆clinographic curve
倾斜入射☆oblique incidence
倾斜扫描☆dip sweeping
倾斜上向回采工作面☆rill face{stope}
倾斜射线☆slanted-ray
倾斜实验☆inclining experiment; tilting test
倾斜式修井机☆inclined rig
倾斜试验☆careenage
倾斜水槽[安在锥形滚筒筛下]☆water pan
倾斜台刻度{标定}☆tilt-table calibration
倾斜探井☆day eye
倾斜体☆tilter
倾斜投影☆oblique-angle{oblique} projection
倾斜椭圆波☆coupled waves
倾斜位置☆cant; tilted position
倾斜误差☆carbon error
(井身)倾斜(垂度)误差☆droop error
倾斜洗选槽☆log washer
倾斜下开式闸门☆inclined undercut gate
倾斜线☆line of dip; parallax; dip line
倾斜响应☆tilt response
倾斜(摄影)相片☆tilted photograph
倾斜行程抽油机☆slant stroke pumping unit
倾斜旋滴张力仪☆inclined spinning drop tensiometer
倾斜岩层☆tilted stratum; clinothem; inclined bed
倾斜岩石巷道☆inclined stone drift
倾斜仪☆inclinator(ium); inclinometer; tiltmeter; clinometer (rule); dipmeter; batter level; clinograph; dip meter; gradiometer
倾斜油水接触(面)☆inclined oil water contact
倾斜余角☆underlie; hade; angle of underlay {underlie}; underlay
倾斜与地层`一{|不一}致的断层☆fault dipping with {|against} the bed
倾斜运煤道☆footrill
倾斜(悬空)丈量☆slope chaining
倾斜褶曲☆additional cross-folds
倾斜直方角☆dip histograms
倾斜中点叠加☆slant midpoint stack
倾斜中厚矿体采矿法☆mining method for dipping medium thick orebody
倾斜中心点叠加☆slant midpoint stacks
倾斜轴☆axis of tilt; pitching axis
倾斜(钻井)转盘☆rotary tilt table
倾斜装料☆lean burden
倾斜-走向符号☆dip-strike symbol
倾斜钻机☆slant drilling rig; slanted rig
倾斜(影响)最小(位置)☆tilt minimum
倾斜座板☆rill floor
倾卸☆dump; tripping; tip; empty; dumping; pour out
倾卸仓☆dump pocket; dump(ing){tipping} hopper
倾卸槽用绞{稳}车☆tilting winch
倾卸场☆dumping place{ground}; dumping-ground
倾卸箕斗提升法☆rockover skip system
倾卸机构☆dumping mechanism; trip(ping) gear
倾卸架☆dump bed; tilter
倾卸开关☆tilt switch
倾卸坡度☆tipping gradient
倾卸式滚筒混凝土搅拌机☆tilting drum concrete mixer
倾卸式矿泥处理槽☆tilting slimer
倾卸式岩粉棚☆tipped barrier
倾卸台☆tilting platform
倾卸填料☆dumped fill
倾卸位置☆emptying position
倾卸者☆dumper
倾卸轴☆drop-shaft
倾卸装置☆dumping gear{device}; tripper; tipper; tipping gear
倾泻☆pour; outpour
倾泻沉积☆dumped deposit
倾泻岩层☆olistostrome
倾泻岩块☆olistolith
倾修{修船}费☆careenage
倾岩席☆inclined sheet
倾摇角☆roll angle
倾移断层☆dip slip fault
倾置场☆tipping site
倾注☆transfusion; decantation; pelt(er); pour into; dowse; throw (energy,etc.) into; douse; torrents
倾注式☆poured-in type
倾注桶☆top-pour ladle
倾注洗涤☆decantate
鲭鲨属[Q]☆Isurus
清帮☆sealing
清爆破音[语]☆tenuis
清(井)壁下钻☆clean-up trip
清铲☆snag
清产核资☆check-up assets and determination of funds; check-up of assets; general checkup on the fixed assets; make a general check on the assets
清偿☆tender
清偿能力☆liquidity
清偿期☆amortization period
清车器☆car-cleaning device
清车式加料器☆pulley-type feeder
清澈☆limpidity
清澈的☆liquid
清晨(的)☆matinal

清出存煤☆coal clearance
清出的废{矸}石☆rippings
清除☆initialization; initialize; cleaning (out); abrade; disposal; clearance; dump; clear (out;away); clean (out); clearage; cleanse; erasure; erase; ablution; abrase; dispose; clean-out; cleanout; scavenging; remove; blast; scavenge; clean-up; strip; rid up; eliminate; get rid of; removing; removal; weed; purge; outwash; liquidation; cleanup[工作面碎矿的]; obliterates[计]; INIT
清除场地☆grubbing
清除顶泥开采露出矿体☆scavenger mining
清除堵塞☆unchoking; stoppage cleaning
清除废石☆rudding
清除矸石☆rock spoil removal; rudding
清除工作☆cleanup work
清除工作面工☆brusher
清除固相能力☆removing solid capacity
清除故障☆dumping syndrome
清除管道污垢用的通条☆snake
(露采前)清除灌木丛☆brush cutting{clearing}
清除剂☆scavenger; remover
清除记录☆erase
清除截粉☆gumming
清除井底用的钻头☆clean-out bit
清除井中杂物☆cleaning out; co
清除拒爆的爆破☆relieving (shot)
清除矿车☆tub cleaning
清除砾石☆boulder removal
清除脉壁软泥☆hulk
清除脉冲☆reset pulse
清除毛刺☆chipping; burr removal
清除毛刺用凿☆burring chisel
清除煤粉☆bug dusting; bugdusting
清除面积☆clean-up area
清除内应力退火裂纹☆stress relief annealing crack; SR crack
清除能力☆sweeping capacity
清除泥沙☆sediment dislodging; dislodging of sediment
清除炮眼☆scrape out a hole
清除炮眼用木棒☆swab
清除器☆clearer; eraser; sweeper; clarifier; cleaner; eliminator; scavenger; remover
清除树根☆stumping
清除树根机☆stumper
清除树桩☆stub
清除刷☆brush cleaner
清除水面上漂浮的油☆oil spill removal
清除水气☆defog
清除碎屑☆chip removal; debris cleaning
清除伪顶☆draw slate removal
清除污泥☆sludge removal
清除污物☆dirt clearance
清除误差[计]☆trouble-shooting
清除细菌☆bacteriological cleaning
清除瞎炮☆misfire removal
清除瞎炮的炮眼☆relieving (shot)
清除信号☆erasure{clear} signal
清除信号输入☆erase input
清除岩石☆lashing; lash (back); bug dusting
清除岩屑☆cutting removal
清除(井内的)岩屑☆removal of cuttings
清除油泥☆de-sludging
清除(罐区周围的)杂草☆goosing grass
清除杂质☆contaminant removal
(用清管器)清除脏污☆dislodge
清除障碍物水中遇阻☆snagging
清除指令☆clearing instruction
清除铸锭顶部杂质☆cropping
清除钻孔(岩末或冷却钻头的)气液介质☆circulating medium
清除作用☆scavenging action
清楚☆distinctness; unscramble; readability
清楚的☆fair; clear; explicit; distinct; unambiguous; transparent; plain
清楚劈理☆easy cleavage
清脆的短音☆blip
清带工☆belt cleanup man
清单☆inventory; file; data book; list; bill; schedule; detailed list{account}; repertoire; muster
清(理铁)道☆track cleaning
清道车☆sweeping vehicle; track clearing vehicle
清道工[矿坑夜班工作]☆reddsman; road cleaner; trackcleaner
清底☆cleaning up of bottom; crump out
清底钻头☆clean-out bit
清地☆barren ground
清点☆check; make an inventory; sort and count; inventory; tally
清缝凿☆hooking iron
清沟班☆crumbing crew
清沟工(人)☆mudlark
清沟机☆ditch cleaner{dredger}
清垢☆scale cleanout; chipping
清垢钻机☆servicing rig
清管(作业)☆pigging
清管材料☆scraping material
清管过的管线☆scraped line
清管机☆cleaning (pipe) machine; pipe cleaning machine; pipe cleaner
清管矛☆spear
清管器☆(cleaning) pig; go-devil[绰号]; rip; casing scraper; sweeper; bug; rabbit; pipe pig
清管器收发站☆go-devil{scraper} station
清管器通过标牌☆pig signaller
清管器通行检测器☆pig passage detector
清管器位置测定☆pig chasing
清管器信号仪☆pig signaller
清管器行程检测器☆pig passage locator
清管球☆spherical pig
清光剂☆delusterant
清灰口☆clean-out doors
清灰门☆soot{shoot} door
清绘☆ink{fair} drafting; delineation; fair{fine} drawing
清绘原图☆final manuscript; fair drawing
清基面☆stripped surface
清洁☆clearing; fresh; clean
清洁度☆cleanliness
清洁发展机制☆clean development mechanism
清洁工☆(latrine) cleaner
(垃圾)清洁工[美婉]☆sanitationman
清洁工人☆dumper; cleaner
清洁剂☆detersive; clean(s)er; detergent
清洁介质☆clean medium
清洁金属用粉☆permag
清洁器☆clean(s)er; clearer; scrubber
清洁燃料油槽☆purified fuel oil tank
清洁用石油醚☆clearer's solvent
清结凭单☆dry ticket
清井☆clean up
清井捞筒☆American pump
清净机☆branner
清净井眼{房屋}☆bail out
清净井用的捞筒☆American pump
清掘树桩☆stumping
清孔☆well cleanout; (bore)hole cleaning; declog
清孔棒☆fluke
清孔棍☆swab stick
清孔介质☆hole-cleaning medium
清孔器☆wimble
清孔用轻便钻机☆light service rig
清孔钻机☆servicing rig
清孔钻头☆scouring bit
清库工作☆stripping of reservoir
清蜡[油]☆wax{paraffin} removal; paraffin go-devil{treatment}
清蜡电热电缆☆paraffin electrothermal cable
清蜡方法☆dewaxing method
清蜡闸门☆swab{paraffin} valve
清理☆abrade; disposal; abrase; muck; liquidating; trim; clear(ance); clean(sing); dressing; ettle; put in order; unscramble; check{winding} up
清理(棉花等)☆willow
清理(管沟)☆doodle
清理(铸件)☆fettle
(管线线路)清理班组☆brush gang
清理半径☆clean-up radius
清理场地☆stripping
清理顶板☆roof cleaning
清理浮石☆scaling; cleaning
清理矸石☆dirt clearance; take off the gangue
清理管表面和涂底漆的施工班组☆dope gang
清理滚筒☆rumbler
清理机☆cleaner
清理井☆open a hole
清理井底☆shaft cleaning
清理井身☆drill-out
清理孔底☆bottom
清理孔底用{的}钻头☆clean-out bit
清理毛刺☆deburr
清理面积☆clean-up area
清理炮眼☆scrape out a hole
(露采前)清理土地☆land clearing
清理伪顶板岩☆draw slate raking
清理岩面☆cleaning rock surface
清理岩石☆mucking
清理站☆pigging station
清理作业☆removal treatment
清凉茶醇☆sorbitol
清零☆clear{reset} [计]; blank; zero clearing; CL
清炉渣块☆cobbings; barring
清滤器☆cleaning strainer
清棉机☆scutcher
清泥机☆mud cleaning machine
清漆☆lacquer; varnish
清讫☆account balance
清扫☆sweep; refinement
清扫半径☆clean-up radius
清扫(除尽燃气的)冲程☆scavenging stroke
清扫底板☆floor cleanup
清扫浮煤☆coal cleaning
清扫工☆sweeper; awabber; wasteman; jerryman; jerry{waste} man; scavenger
清扫工具☆swabber
清扫工作☆cleanup work
清扫巷道☆fettling
清扫胶带☆dirt collecting belt
清扫口盖☆clean-out cover
清扫矿车☆car cleaning
清扫平台☆cleaning berm
清扫器☆swabbing pig
清扫筛面耙子☆limp
清扫用管线☆flushing line
清扫用罐☆flushing tank
清砂☆sand removal{cleaning;exclusion}; peeling
清砂费用☆cost of cleaning
清砂工段☆fettling{dressing} room; cleaning room{plant}
清砂滚筒☆rumbling{cleansing;tumbling} mill; rattler; cleanser{cleaning} drum; tumble dram
清砂台☆cleaning bench
清砂筒☆rattle barrel
清砂铸件☆fettled casting
清石工☆lasher
清石机☆derocker; rock remover; stone stopper
清水☆fresh{drinking;clear} water; rinsing
清水池☆filtered-water reservoir; raw water tank
清水河☆clean river{channel}
清水库工作☆stripping of reservoir
清水泥浆☆freshwater{fresh;water} mud; clay-water system
清水期☆Chingsui Age
清水墙☆dry wall
清水生物☆katharobiont; cat(h)arobia
清水洗孔☆plain water flush
清水洗孔(不返水)钻进☆run-to-waste drilling
清水携带{砂}液☆water carrier
清水压裂☆riverfrac treatment
清水钻进☆free water drilling; wash boring
清水钻井☆wash boring
清算☆settlement; payoff; liquidation; liquidating
清算日期☆date of settlement
清算账目☆accounting
清晰边界☆distinct{well-defined} boundary
清晰的☆clear (cut); well-marked; well-defined
清晰的脊☆sharply defined crest
清晰度☆visibility; definition; clarity; detail; (sound) articulation; sharpness (distinctness); clearness; image sharpness; readability; resolution; legibility
清晰度法☆articulation method
清晰度图{|楔}☆resolution chart{|wedge}
清晰分离☆sharp{clean-cut} separation
(全)清晰图像☆full-resolution picture
清晰影像☆clear display; brilliant image; sharply focused image
清溪燧石☆Clear Creek chert

清洗☆epuration; dress; cleanse; rinse; chase; flush; clean; wash; washing(-up); ablution; purge; comb out; scavenging; washout
清洗槽☆clear-up launder
清洗磁头☆erase head
清洗工序☆matting
清洗管☆scavenge{purge} pipe
清洗机[清除机械夹杂物和强磁性杂质]☆scalping machine
清洗剂☆flushing{cleaning} agent; cleanout system; cleansing medium; cleanser
清洗介质☆cleansing medium
清洗器☆cleaner; cleanser; eraser
清洗效率☆cleaning efficiency
清洗岩屑☆bring bottoms up
清洗周期☆clean-up interval; purge period
清洗装置☆cleaning plant; rinser; washing unit; cleanout system
清洗作业☆clean-out operation
清洗作用☆cleanup action
清性的☆unreactive
清岩机☆ballast loader
清岩耙☆rock rake
清液☆clear liquid
清液层☆supernatant liquid{layer}
清淤☆dredge; desilting; declogging
清渣☆mucking; slag removal
清渣爆破☆clean blasting
清渣工具☆swab
清整土地☆clearing

qíng

晴度计☆opacimeter
晴空湍{乱}流☆clear air turbulence; CAT
晴朗☆serenity; serene
晴朗阵雨☆clearing showers
晴天☆shine; sunshine
晴天径流☆fair-weather runoff
晴天气流☆fair weather current
晴天雨☆serein
晴雨表☆weather gage; barometer
晴雨计☆weatherglass; weather{rain} glass
氰☆cyanogen; dicyan
氰(基)☆cyano-; cyan-
氰氨☆cyanamide
氰氨化钙☆nitrolime; calcium cyanamide
氰氨基化钙[CaN•CN;$CaCN_2$]☆nitrolime
(美国)氰胺公司黑药牌号☆Aerofloat
(美国)氰胺公司起泡剂☆Cyanamide frothing agent
(美国)氰胺公司药剂牌号☆Aero
氰胺765号浮选剂[精制脂肪酸,主要成分油酸、亚油酸]☆Cyanamide R-765; Aero Promotor-765
氰胺825{|801}号浮选剂[油{|水}溶性石油磺酸盐]☆Cyanamide R-825{|801}; Aero Promotor-825{|801}
氰胺-52,60号浮选剂[含柴油的浮选剂]☆Cyanamid 52,60
氰胺712号浮选剂[一种脂肪酸钠皂]☆Cyanamide Reagent 712; Aero Promotor 712
氰版照相(法)☆cyanotype
氰醇☆cyanohydrin
氰定☆cyanidin
氰化☆cyaniding; carbonitriding; cyanide
氰化氨☆cyanamide
氰化钙[$Ca(CN)_2$]☆calcium cyanide
氰化钾☆potassium cyanide
氰化金化合物☆gold cyanide compound
氰化矿浆[氰化提金]☆cyanide pulp
氰化钠[NaCN]☆sodium cyanide
氰化前☆pre-cyanide
氰化氢[HCN]☆hydrogen cyanide
氰化溶液沉淀☆cyanide precipitation
氰化试金(法)☆cyanidation assay
氰化提金厂☆cyanide mill
氰化物☆cyanide; prussiate
Aero 氰化物[粗制氰化钙]☆Aero Brand Cyanide
(用)氰化物处理☆cyanide
氰化物分解细菌☆cyanide-attack bacteria
氰化物-石灰溶液☆cyanide lime solution
氰化锌[$Zn(CN)_2$]☆zinc cyanide
氰化作用☆cyanidation; cyanogenation
氰基苯(甲)酸[NH_2•C_6H_4•COOH]☆amino benzoic acid
氰基胍[$Al_{13}Si_5O_{20}(OH,F)_{18}Cl$]☆dicyandiamide; cyano(-)guanidine
氰甲烷☆acetonitrile
氰络合物☆cyanide complex
氰尿二酰胺☆ammeline
氰尿酸☆cyanuric acid
氰尿酰胺☆ammelide
氰酸盐[MOCN]☆cyanate
氰钛矿☆titanium dicyanide
氰亚金酸盐[$M(Au(CN)_2)$]☆aurocyanide
氰亚铜铁☆iron cuprocyanide
氰乙烯☆acrylonitrile
氰(化物表面)硬化(法)☆cyanide hardening
情报☆information; intelligence; info.; infm.
情报报告☆information report; IR
情报站☆reporting station
情报中心[美]☆Information Center; IC
情感☆feeling; emotion
情感爆发☆emotional outburst; raptus
情节☆story
情况☆instance; status; event; circumstance; case; situation; behavio(u)r; scenario[意;pl.-ri,-s]; shape; thing; developments
情况报告☆situation report; SR
情况分析☆regime analysis
情况复杂地带☆troublesome zone
情况改变☆conversion
情趣☆taste
情形☆circumstance; case
情绪☆humour; humor; emotion; sentiment; feeling
情绪低沉☆dinge
情有可原的☆justifiable

qǐng

请购单☆purchase requisition
请即付款☆kindly remit
请柬☆invitation
请教☆consult
请求☆instance; desire; call; wish; suit; sue; solicitation; request
请求发送☆request to send; RTS
请求判断☆submit
请求权☆claim
请求信号☆call-signal
请求者☆demander; claimer; claimant
请勿动手☆hands off
请愿☆petition

qìng

磬折形☆gnomon
庆祝(会)☆celebration

qióng

琼块☆agate beads
琼斯分样器☆Jones splitter
琼斯湿式强磁选机☆Jones wet-intensity magnetic separator
琼斯型斜槽式分样器☆Jones riffle
琼脂☆agar; agar-agar
琼脂糖凝胶☆sagauoe
蛩蠊目[昆]☆Grylloblattodea
邛窑☆Qiong{Chiung} lai ware
穹(丘)☆dome
穹半肋☆formeret
穹齿型[海胆]☆camarodont
穹地(丘)☆dome
穹顶☆dome; kupola; pericline; cupola; vault[棘]
穹顶曲率☆bending of vault
穹顶深坑☆domepit; foiba; aven; dome pit
穹顶状构造☆domelike structure
穹房贝(属)[腕;S-C_1]☆Camarotoechia
穹拱区☆arched area
穹拱作用☆arching
穹构造☆quaquaversal structure
穹立造山假说☆blister hypothesis
穹隆{窿}☆(quaquaversal) dome; cove; arch; vault; fornix; dome (fold); quaquaversal fold
穹隆顶部☆top of dome
穹隆工事☆vaulting
穹隆构造☆domal{dome} structure
穹隆海百合属[棘;C_1]☆Tholocrinus
穹隆海胆属[棘;K_3]☆Domechinus
穹隆机制☆mechanism of doming
穹隆排列☆domed arrangement
穹隆山☆domed mountain
穹隆式基础☆dome foundation
穹隆突起☆domical protrusion
穹隆形☆archivolt
穹隆形成机理☆doming mechanism
穹隆形的☆dome shaped
穹隆翼部☆domal flank
穹隆褶皱☆closure
穹隆状☆bosslike
穹隆作用☆doming
穹内岩石☆intradosal rock
穹起☆surface doming
穹起机制☆doming mechanism; mechanism of doming
穹起褶皱☆arched-up{arched} fold
穹倾斜☆quaquaversal dip
穹丘构造☆dome structure
穹丘(隆起)造山假说☆blister hypothesis
穹石燕属[腕;D_3-C_1]☆Cyrtiopsis
穹形(的)☆domed shape; dome-shaped; dome-like; quaquaversal; periclinal
穹形的☆domelike
穹形构造☆pericline
穹形火山☆volcanic dome; dome(-shaped) volcano
穹形隆起☆surface doming
穹形冒顶区的顶☆apex of cave
穹形山☆dome mountain
穹形物☆pavilion
穹形圆山☆ballon
穹形褶皱☆box fold; domal folding
穹翼☆arch limb (roof)
穹褶曲{皱}☆quaquaversal fold
穹状☆bosslike; quaquaversal
穹状崩塌的顶板岩石☆kettle beak
穹状的☆bossy; quaquaversal; periclinal; domelike; dome-shaped; domed shape
穹状洞☆domal cavity
穹状脊椎☆arch vertebra
穹状隆起☆domal uplift; dome-like upheaval; quaquaversal dome
穹状丘☆domical protrusion
穹状山☆dome mountain
穹状岩株☆dome-shaped {-}stock
穹状褶皱☆bending fold
穷举法☆method of exhaustion

qiū

蚯蚓粪☆worm cast{casting}; erpoglyph; wormcast
蚯蚓粪化石☆erpoglyph; worm cast
蚯蚓迹模☆worm cast{casting}; erpoglyph
蚯蚓角石属[头;O]☆Lumbriconereites
蚯蚓走泥☆earthworm creeping; earthworm in mud
秋冰☆autumn ice
秋材☆summerwood; late wood
秋分☆autumnal equinox
秋分点☆first point of Libra; autumnal equinox
秋湖[月]☆Lacus Autumni
秋吉鑝属[C_2]☆Akiyoshiella
秋季☆autumn; fall
秋季雷☆vendava
秋津(市)☆Akitsu
秋津音绪☆Newo Akitsu
秋兰姆[联二甲胺荒基;氨荒酰;商;二烃胺荒酰;R_2NCS-;NH_2CS-;$((CH_3)_2NCSS)_2$]☆thiuram
秋老虎[美国十、十一月间的热期]☆Indian summer
秋律沉降时代☆Akitsu Period of Submergence
秋田北投石[含钡、铅的硫酸盐泉华]☆Akita-hokutolite
秋汛洪水☆fall flood
秋棕麻[石]☆Autumn Brown
丘☆dome; berg; mount; mound; hump; hill(ock)
丘宾筒☆tubbing; tub; cuvelage; ring
丘宾筒段☆tubbing segment
丘宾筒井壁支护☆tubbing support
丘宾筒圈☆tubbing ring
丘宾筒与井壁间的防水充填圈☆wedging curb
丘宾楔圈[在含水层凿井时密封丘宾柱顶底]☆keilkranz
丘宾柱☆tubbing column
丘侧砾岩☆plaster conglomerate
丘齿类[偶蹄目]☆Bunodonta
丘地☆dome
丘顶☆hilltop; summit; cop; knoll; cumber; cumbre; knap

丘顶高程☆hillock-top elevation
丘顶面☆hilltop surface；gipfelflur
丘脊牙{齿}型☆bunolophodont
丘间凹槽☆street
丘间洼地☆interdune depression{swale}
丘克拉斯基法生长的晶体☆Czochralski {Chochralski} grown crystal
丘陵☆hill (mound)；brent；breck；fell；pen；down；rath；tump；pap；bugor[俄;pl.-i]；barrow；coteau；hillock；coteau [法;pl.-x]
丘陵北坡[德]☆schattenseite
丘陵的☆tumulose；tumulous；undulating
丘陵地☆hilly land{ground}；downland；hill{rugged; broken} country；undulating ground
丘陵地面☆hummocky surface
丘陵(盆地)地形☆hummock-and-hollow topography
丘陵间低地☆intervale
丘陵泥炭☆subalpine{hill} peat
丘陵坡☆hillside
丘陵区☆rolling country；hilly area
丘陵区小谷地☆sag
丘陵沼泽☆everglade
丘盆地形☆knob-and-basin topography
丘气压计☆kew barometer
丘索夫斯基珊瑚属[C_3]☆Tschussovskenia
丘洼地形☆hummock-and-hollow{knob-and-kettle} topography
丘尾(地形)☆knob and trail
丘型齿☆bunodont
丘形地震反射结构☆mound seismic reflection configuration
丘形面☆mammillated surface
丘月型齿☆bunoselenodont
丘疹☆papula [pl.-e]
丘疹块结核☆papule
丘状☆moundy
丘状构造☆domal structure

qiú

球☆globule；ball；sphere；orb；globe；spher(o)-
球摆☆spherical pendulum
球瓣(单向阀)☆ball clack
球瓣虫属[孔虫;C-P]☆Globivalvulina
球棒☆bat；ball play
球-棒式模型☆ball-and-stick model
球胞型☆coccoid
球鼻冰川☆bulb glacier
球测硬度☆ball hardness
球差☆spherical aberration
球场☆court
球齿☆ovoid insert
球齿钻头☆button bit
球充填物☆ball packing
球虫类[射虫]☆Sphaerellari
球雏晶☆globulite
球雏晶团☆globospha(e)rite
球刺虫属[三叶;O]☆Bulbaspis
球刺藻属☆Bulbochaete
球丛状的☆framboidal
球带☆spherical zone
球胆☆bladder
球蛋白☆globin；globulin
球导向装置[单作用式]☆ball guide
球的☆spherical；sphaer(o)-；spher(o)-
球的交换装置☆sphere interchange unit
球滴状流动☆globular flow
球顶☆globe-roof
球顶油罐☆dome-type tank
球(形)度☆sphericity
球度分布{度}☆sphericity distribution
球端☆ball end
球对称☆spherical symmetry
球鲕石☆spherite
球阀☆ball valve{cock}；spherical valve；GLV；BV
球阀座☆ballseat
球番石榴素☆sphaeropsidin
球房虫泥☆Globigerina mud
球纺锤虫属[孔虫;P_1]☆Sphaerulina
球沸石☆epispharite；episphaerite
球封☆ball sealing
球杆沸石☆sphaerostilbite
球橄榄石☆Job's tears；Job's-tears
球根[植]☆napiform root
球根的☆bulbous
球根螺属[腹;E_2-Q]☆Bulbus
球根桩☆bulb pile
球关节☆globe joint
球管☆bulb
球管螺属[软舌螺;Є]☆Globorilus
球管藻属[Q]☆Sphaerosiphon
球罐[油]☆sphere
球罐带装法☆assembling sphere method with endless belt
球罐散装法☆assembling sphere bulk method
球光菱铁矿☆thomaite
球硅铋矿☆agricolite
球硅钙石☆radiophyllite
球硅硼钙石[$Ca_2(BOOH)_5(SiO_4)$]☆howlite
球硅铍石☆sph(a)erobertrandite
球果☆strobil；strobile
球果苞片☆cone-bract
球果倒锥藻属☆Conocollenia
球果植物☆coniferophyte
球过量☆spherical excess
球海胆属☆Globator
球海绵属[O-D]☆Sphaerospongia
球函数☆sphere{spheric(al)} function
球和滚子轴承☆ball and roller bearing
(球磨机)球荷☆ball load{charge}
(磨机)球荷容积☆charge volume
球壶菌属[真菌;Q]☆Sorosphaera
球护圈☆ball cage
球滑槽轴承☆ball runner bearing
球化☆nodulizing；modulizing；spheroidization
球化程度☆degree of spheroidization
球化剂☆nodulizer；modulizer
球化退火☆spheroidizing{spheroidized} annealing
球化学晕☆geochemical halo
球环法[沥青试验]☆ball-and-ring method
球环式(辊)磨(机)☆ball ring roller mill；ring-ball mill
球黄铁矿[FeS_2,含微量的 As,Sb 等]☆cayeuxite
球极平面投影图☆stereographic diagram
球极坐标☆spherical polar coordinates
球棘☆sphaeridium
球及球座型阀☆ball-and-dish seat type valve
球几丁虫属[O_3-D]☆Sphaerochitina
球迹☆ball path
球夹式提引器☆ball type holding dog
球间隙☆sphere gap
球胶磷灰石[$Ca_{10}(PO_4)_6CO_3•H_2O$]☆grodnolite
球铰☆ball pivot
球铰顶梁☆ball-joint roof；ball joint roof bar
球接(活节)顶梁☆ball-joint roof bar
球接{节}子(属)[三叶;$Є_3$]☆Agnostus
球接{节}子类[三叶]☆agnostid
球截虫属[孔虫;K]☆Globotruncana
球截形☆spherical segment
球节☆ball joint{section;pivot}；cup and ball joint; globe joint；socket-joint
球节式(传动)装置☆ball joint drive
球节{接}子目[三叶]☆Agnostida
球结构造☆balled-up structure；balling up
球茎☆corm
球茎介属[O]☆Bolbina
球茎形☆bulbous；bulbose
球茎状藻叠层石☆bulbous algal stromatolite
球晶☆sphero(-)crystal；spharokrystal[德]；spherical crystal
球晶结构☆spherulitic crystal structure
球径计☆spherometer
球菌☆coccus [pl.cocci]；Coccaceae；micrococcus
球菌类☆coccolithids
球菌型☆coccolith type
球菌藻☆coccolithophores；cocolithophtres
球菌状的☆coccoid
球颗☆variole；spherulite；variolite
球颗(玄武岩)的☆variolitic
球颗构造☆variolitic texture；spherolitic structure
球颗化(作用)☆variolitization
球颗状☆spherulitic
球壳☆coccosphere
球壳孢目☆Sphaeropsidale
球壳孢属[真菌;Q]☆Sphaeropsis
球孔贝属[腕;J]☆Sphaeroidothyris
球-孔标定装置☆ball-bore calibration device
球控菌属[真菌]☆Mycosphaerella
球块体☆orbicule
球葵属☆sphaeralcea
球粒☆pellet；spherul(it)e；chondrule[陨]；globule; sph(a)erolite；prill；spherical particle{powder}；chondrus[陨;pl.-ri]
球粒斑岩☆spherophyre
球粒钙质泥☆pellet-lime mud
球粒构造☆spheroidal{spherolitic;spherulitic} structure
球粒{粒状}古橄陨石☆amphoterite
球粒花岗岩☆pudding granite
球粒化(作用)☆pelletization
球粒灰泥☆pellet-lime mud
球粒灰岩☆pelleted{pelletoid;pelletal} limestone
球粒结构[放射状或同心状]☆chondritic；spherulitic {centric} texture
球粒亮晶灰岩☆pelsparite
球粒人造多孔介质模型☆sphere packing
球粒生物屑粒状灰岩☆pellet-bioclastic grainstone
球粒似核形石内碎屑亮晶灰岩☆peloncointrasparite
球粒微晶砾屑灰岩☆pelmicrudite
球粒形结构的☆sphaerulitic
球粒岩☆pellet rock
球粒陨石☆chondritic{chondrite} meteorite；chondrite
球粒陨石标准化的稀土元素模式☆chondrite-normalized REE Pattern
球粒陨石均一储库☆chondritic uniform reservoir
球粒陨石均一化源区☆chondrite uniform reservoir
球粒状(的)☆spherulitic；globular；sphaerolitic；pelletoid(al)；pelletal
球链式闸门☆ball-and-chain door
球料比☆ratio of grinding media to material
球磷钙铁矿[$CaFe_{14}(PO_4)_{10}(OH)_{14}•21H_2O$]☆eguei(i)te
球磷铝石[$Al^{3+}(PO_4)•2H_2O;Al_5(PO_4)_2(OH)_9•nH_2O$]☆sphaerite；spherite
球磷铁矿[$Fe(PO_4)•3H_2O$]☆spharite
球鳞☆symphyllodium；symphyllode
球菱钴矿[$CoCO_3$]☆cobaltocalcite；spherocobaltite；sphaerocobaltite；kobaltokalzit；kobalt(o)calcit；gyrite；sphaerocobaltitethomaite；bemmelenite；cobalt-calcite；spherosiderite
球菱镁矿☆sphaeromagnesite；sphareomagnesite；spharomagnesit
球菱锰矿☆sphaerodialogite
球菱铁矿[$FeCO_3$]☆chalybite；junckerite；gyrite；iron spar；sphaerosiderite；white{spathic} iron ore；spherosiderite；thomaite；junkerite；siderite；sparry iron (ore)；eisenspath；bemmelenite；steel {blackband} ore；ferricalcite；spharosiderit；eisenkalk；calcareous {blackband} iron ore；chalybdite；pennystone；siderose；blackband (ironstone)
球绿泥石☆tolypite
球轮虫属[K_2-Q]☆Globorotalia；Trochosphaera
球密计☆dasymeter
球面☆circumference；sphere；spherical surface；surface of a sphere
球面刀盘☆domed cutterhead
球面度[立体角单位]☆sterad(ian)；spherical degree；sr
球面发散补偿☆spherical divergence compensation
球面分析☆trend surface analysis
球面角超{盈}☆spherical excess；spheroidal excess
球面扩散校正☆spherical correction
球面扩展损耗☆spherical spreading loss
球面盘三脚架☆spherical cap tripod
球面前波☆spherically fronted wave
球面曲率(测量器)☆spherometer
球面势位☆spheropotential
球面势位差☆spheropotential number
球面枢轴☆footstep{spherical} pivot
球面投影测量☆stereographic survey
球面蜗轮☆globoid worm gear
球面应力☆spheric(al) stress
球面中心支枢☆pillow pivot
球面轴承☆globe{spherical} bearing
球面轴瓦☆socket liner
球面坐标☆spherical coordinate{co-ordinate}；spatial polar coordinate
球磨☆ball ring
球磨(法)☆ball milling
球磨分级回路☆ballmill classified circuit

球磨机☆ball{grinder;crusher;globe} mill；ballgrinder
球磨机的临界转数☆freeze-up
球磨机混合负载[包括研磨介质、矿粒、水]☆crop load
球磨机临界转数☆freeze-up
球磨机润滑脂喷射润滑系统☆grease spray lubrication system for ball mill
球墨铸铁☆ductile (cast) iron；cast iron with globular graphite；nodular{spherical-granite} cast iron；DCI
球囊藻属[绿藻;Q]☆Sphaerocystis
球拟酵母属[真菌;Q]☆Torulopsis
球黏土☆ball clay
球拍☆bat
球盘摩擦式求积仪☆ball-and-disc integrator
球泡铋矿[$(BiO)_2CO_3$]☆bismutosph(a)erite
球泡菱钴矿☆sph(a)erocobaltite
(磨机)球配量☆ball rationing
球坯☆glass gob for marble making
球气差☆effect of earth curvature and refraction
球钳☆globe pliers
球羟硅铍石☆spherobertrandite
球塞☆bulb stopper
球塞马达☆ball-piston motor
球闪☆global lightning
球射虫目☆Sphaeractinida
球砷锰矿[$Mg(MnOH)_4(AsO_4)_2•4H_2O$]☆acrochordite；akrochordite
球砷锰石[$Mg_4Mn(AsO_4)_2(OH)_4•4H_2O$;单斜]☆akrochordite
球石☆ball stone[指石灰岩中的结核状团块]；ball；ballstone；coccolith
球石藻类[植]☆Coccolithophorida
球式☆ball-type
球饰☆balloon
球饰叶肢介属[K]☆Sphaerograpta
球枢☆ball pin
球水菱镁矿☆hydrogiobertite
球松藻属[O-T]☆Sphaerocodium
球穗花序☆strobil；strobile
球碳镁石[$Mg_5(CO_3)_4(OH)_2•5H_2O$]☆dypingite
球腾{体}态☆spheroidal state
球体☆spheroid；sphere；orbicule
球体堆垒模型☆model of sphere packing
球体对称☆spherical symmetry
球体粉属[孢]☆Orbiculapollis
球体烧瓶☆balloon flask
球铁矿☆sphaerosiderite
球铁石☆ball ironstone
球鋌(属)[孔虫]☆Sphaerulina
球头半径☆nose radius
球头锥形螺栓☆ball headed conical bolt
球土☆ball clay
球团☆globular mass；ball
球团滚筒[团矿]☆balling drum
球团精矿☆balled concentrate
球团矿[冶]☆pellet (ore)；spherical agglomeration
球团原料粉矿☆pellet (plant) feed；pelletizing {pelletization} feed
球网支架☆clamp
球窝☆ball socket
球窝关节☆ball and socket joint(ing)；cup and ball joint(ing)
球窝铰节☆ball-and-socket hinge
球窝接合☆articulation by ball and socket；cup-and-ball joint(ing)；ball-and-socket jointing；socket-joint
球窝接头装接的☆ball-joint mounted
球窝节☆ball-and-socket{universal;socket} joint；socket section
球窝式变速杆☆ball and socket gear shift
球窝状构造☆ball-and-socket structure
球霞石☆vaterite
球蚬属[双壳;J₂-Q]☆Sphaerium
球霰石[$CaCO_3$]☆vaterite(-B)
球谐函数分析☆spheric(al) harmonic analysis
球心阀☆globe{ball} valve
球心角体☆spherical sector
球心投影☆gnomonic{central} projection
球星介属[E-Q]☆Cyclocypris
球星型☆sphaeraster；spheraster
球星云母☆astrolite
球形☆globularity；spherical；round(ness)；sphere；conglobation；spher(o)idicity；globular (shape)
球形(的)☆ball-type
球形爆炸波阵面{波前;前锋}☆spherical detonation front
球形玻璃瓶☆balloon
球形齿☆ovoid insert
球形虫属[孔虫;E_3-Q]☆Orbulina
球形储罐☆spherical tank
球形大类[疑]☆Sphaeromorphida
球形的☆globate；globose；globiferous；global；bulbous；conglobate；spheric(al)；globular；sphaeroid
球形顶☆globe-roof
球形对称☆spheroidal symmetry
球形阀☆valve-ball
球形凡尔☆ball-and-socket valve
球形粉属[孢;J_2]☆Pilasporites；Spheripollenites
球形风化☆exfoliation；spheroidal weathering
球形浮标☆float ball；spherical buoy
球形感觉☆sphaeraesthesia
球形刮(管器)☆ball-and-chain crawler
球形函数☆spherical function
球形化☆sphericize
球形火焰燃油器☆ball flame oil burner
球形检验☆sphericity test
球形校验器☆ball prover
球形接头☆ball joint；ball attachment；banjo
球形接头锁紧☆ball joint clamping
球形结构☆globosity
球形聚焦电阻率测井(下井)仪☆SFL resistivity tool
球形孔隙段模型☆spherical pore segment model
球形(聚)类☆spherical-shaped cluster
球形流动时间函数☆spherical time function；STF
球形流动压力恢复☆spherical build-up
球形球果叠层石属☆Sphaeroconophyton
球形燃料堆☆pebble-bed reactor
球形燃料气冷反应堆☆pebble-bed gas-cooled reactor
球形探针☆sphere probe
球形体☆conglobulation
球形物☆glomeration；coccoid；bowl；bulb
球形亚类[疑]☆Sphaeromorphitae
球形藻群☆Sphaeromorphide
球形支座☆beaded support
球形主阀门☆master valve-ball
球旋虫属[孔虫;S-Q]☆Glomospira
球旋塞☆globe{ball} cock
球压硬度试验☆ball testing{test}
球印硬度试验☆indentation test
球(压)硬度值[布里奈尔硬度计]☆ball hardness number
球应力☆spheric(al) stress
球(-)枕构造☆ball-and-pillow structure；storm roller
球振荡☆spheroidal oscillation
球枝骨针[绵]☆sphaeroclone
球枝式桎梏骨针☆anomoclad
球轴承☆ball bearing；bb
球轴座☆ball-and-socket base
球柱草[Cu 示植]☆Bulbostylis barbata
球桩虫属[射虫;T]☆Sphaerostylus
球装猎枪药☆pellet powder
球状☆globularity；sphericity；globosity；spherical；spheroidal；sphaeroideus
球状斑岩☆spherolite porphyry
球状崩解(作用)☆granular disintegration
球状冰河☆bulb glacier
球状的☆globoid；orbicular；spherical；globular；global；nodular
球状多孔硝酸铵☆prill
球状分化{解}☆spheroidal decomposition
球状风化构造☆onionskin structure
球状感觉☆sphaeraesthesia
球状构造☆globular{orbicular;ball;spheroidal;balled-up;spheric(al)} structure；kugel
球状海林檎属[棘;O]☆Sphaeronites
球状灰岩☆pelleted limestone
球状碱安岩☆bulgarite
球状结核☆spheroidal concretion
球状节理☆spheroidal jointing{structure}；spherical joint；ball-structure parting；ball joint(ing)
球状节理形成作用☆spheroidal jointing
球状晶☆globularite
球状聚集☆conglobulation
球状粒☆peloid；pelletoid
球状脉☆beader vein
球状煤☆pebble{ball} coal
球状盘根☆ball packing
球状闪电☆global lightning
球状石☆spherolith
球状石墨☆spherulitic{globular;spheroidal;nodular} graphite；SG
球状体☆globule；globoid；glomeration；spheroid；conglobation；orbicule；spheroplast[原生质]
球状(渗碳)体☆spheroidite
球状投影☆globular projection
球状突起结构☆tubercle texture
球状物☆coccoid；bulb；ball
球状细菌☆coccus [pl.-ci]
球状谐和变形☆spherical harmonic deformation
球状穴☆spherical cavity
球状岩☆orbiculite；orbicular rock
球状药包爆炸成形☆spherical charge forming
球状应力曲线☆pressure bulb
球状硬赭石☆stone ocher
球状原生质粒☆sphaeroplast
球状云斜煌石☆ball kersantite
球状支座{点}☆ball socket
球锥式[头]☆sphaerocone
球子蕨属[K-Q]☆Onoclea
球子类☆Coccogoneae
球组构☆spherical fabric
球坐标☆spherical coordinates
球座☆ballseat；ball seat；tee
球座圈[轴承的]☆raceway
球座型调平装置☆“bull's-eye” type leveling device
求(根)☆extract
求补☆supplement
求长(法)☆rectification
求导(数)☆differentiation；differentiate；derivation
求……的最小值☆minimize
求根☆extract a root；rooting
求和(法)☆summation
求和滤波☆sum filtering
求积☆quadrature；integration
(用)求积方法确定块度☆planimetering
求积仪☆planimeter；integrator；area meter；totalizing{integrating} instrument
求解点☆solution point
求救信号☆distress signal；SOS[save our souls{ship}]
求勒型压力浮选机☆Juell pressure flotation cell
求面积法☆area method
求偶轮藻属☆Perimneste
求平均值☆averaging；medial alligation
求容{体}积法☆cubature；cubage
求援机动性☆salvageability
求值☆evaluation
求助☆resort；recourse
囚锢气旋☆occluded cyclone
囚锢吸留☆occlusion
囚浆☆trapped magma
囚液☆trapped liquid
犰狳[哺]☆armadillo
犰狳类[哺]☆armadillos
犰狳属☆Dasypus
巯基[HS−]☆sulfhydryl；sulfhydril；mercapto
巯基苯[C_6H_5SH]☆benzene-thiol
巯基醋酸[$HS•CH_2•COOH$]☆thioglycollic acid
巯基噁唑[C_3H_2NOSH]☆mercapto-oxazole
巯基蒽醌[$C_{14}H_7O_2•SH$]☆mercaptoanthraquinone
巯基二(氮杂苯)[$C_4H_3N_2SH$]☆mercaptodiazine
巯基己烷[$C_6H_{13}SH$]☆hexane-thiol
巯基甲烷[CH_3SH]☆methane-thiol
巯基噻吩[HSC_4H_3S]☆thiofuranthiol
巯基噻唑☆mercapto-thiazol(e)
巯基戊烷[$C_5H_{11}SH$]☆pentane-thiol
巯基-1,3 氧氮杂茂[C_3H_2NOSH]☆mercapto-oxazole

qū

趋避性[生]☆phobotaxis
趋表效应☆skin effect
趋触性[生]☆thigmotaxis
趋触性的[生]☆thigmotactic
趋地性☆geotaxis

Q

趋电性☆electrotaxis
趋放射性☆radiotropism
趋风性[生态]☆anemotaxis
趋肤深度☆skin depth；depth of penetration
趋肤效应☆skin{Kelvin} effect；surface action
趋肤效应伴热☆skin effect current tracing；SECT
趋肤因子☆skin (factor)
趋光性☆phototaxis
趋光源性☆topophototaxis
趋合板块界线☆convergent plate boundary
趋化性☆chemotropism；chemotaxis
趋激性[生]☆tropotaxis；topotaxis
趋进速度☆velocity of approach
趋近线段☆approach segment
趋离板块界线☆divergent plate boundary
趋流性☆rheotaxis
趋扭性☆strophotaxis
趋气{氧}性☆aerotaxis
趋浅效应☆shoaling effect
趋日性☆heliotaxis
趋渗性☆osmotaxis
趋湿性☆hygrotaxis
趋食性☆sitotaxis
趋势☆drift；current；tide；tendency；trend；tone；temper；swing；squint；spirit；propensity
趋势分量{|分析|函数}☆trend component{|analysis|function}
趋势面的阶☆degree of trend surface
趋势面分析☆trend surface analysis
趋势显示☆trending displays
趋水性☆hydrotaxis
趋同☆converge；convergence
趋同同型☆convergent homeomorphy
趋弯性☆strophotaxis
趋温(性)的☆thermotactic
趋温性☆thermotaxis
趋稳定[从可塑状态向稳定状态的转化]☆oronization
趋向☆direction；tendency；trend；stream；verge towards{to}
趋向成熟☆the drive to maturity
趋向修平法☆trend surface analysis
趋向于(做)☆tend to
趋性☆taxis [pl.taxes]
趋压性☆barotaxis
趋阳性☆heliotaxis
趋药性☆chemotaxis
趋液性☆rheotaxis
趋异☆adaptive radiation{divergence}；divergence
趋异演化[生]☆divergent evolution
趋于和缓☆thaw
趋于平衡{稳定}的温度☆level(l)ing-off temperature
(曲线)趋于平滑☆smooth-out
趋于平缓(曲线)☆flatten out
䓛☆chrysene
区☆zone；township；province；sector；block；district
GP 区☆GP{Guinier-Preston} zone
N{|P}区[半导体]☆n{|p}-region
区[生]☆cohort
区别☆distinction；differentiate；alternation；sort out；severance；difference；distinguish；demark；demarcate
区别机☆selector-repeater
区别信号☆distinguishing signal
区别种[生]☆differential species
区测☆regional (geological) surveying
区测量员☆deputy surveyor
区层取样器☆zone sampler
区带电泳☆zone electrophoresis
区段☆segmentation；sector；area
区段边界☆boundary of section
区段灌注[用水泥浆]☆impregnation of zone
区段巷道☆section road
区段煤仓☆gate road bunker
区段煤水上山☆sublevel slurry rise
区段平巷☆sublevel roadway；intermediate drivage；heading
区段石门☆district cross-cut；sublevel rock cross-cut
区段位☆zone bit
区分☆discrimination；separation；parcel；partition；differentiate；discriminate；delimitation；mark off；distinguish；division；secernment
区分符☆specifier；specificator
区泓线☆axis of channel
区划☆delimitation；division into districts；plot；zoning；regionalization；compartment
区划图☆zoning map；block plan
区化石☆province index
区际不整合☆interregional unconformity
区监视员☆district inspector
区间☆interval；cell；int；space；block；lap；section of a route line
区间长度☆burst length
区间分半法☆interval halving
区间分析{|函数}☆interval analysis{|function}
区间煤柱☆(thin) fender
区间入流☆local inflow
区间石门☆sectional tunnel
区间速度☆interval velocity；IVEL
区间套☆nested intervals
区间信号☆wayside signaling；interval signal
区间支架☆intermediate mast{trestle}
区角天井☆corner raise
区截信号☆block signal
区界☆zonal boundary
区块☆tract；block
区熔单晶☆float crystal
区熔法☆float-zone method；zone melting growth
区时☆zone time；Zt
区特征☆provincial characteristic
区外群落☆extraregional community
区位☆location
区位趋向总结☆summary of locational trends
区位特征☆location(al) characteristics
区系☆provincial series
区域☆circumscription；belt；tract；division；territory；province；district；region；range；realm；reach；area；country；limit；zone；section；sphere；domain；corner；bowl；dist.
区域安全条约☆regional security treaty
区域变质 P/T 比类型☆P/T ratio types of regional metamorphism
区域测势面☆regional potentiometric surface
区域差别的例子☆examples of regional disparities
区域超周期{旋回}☆regional supercycle
区域成矿规律图☆regional metallogenic map；map showing regional mineralization regularity
区域单元评价☆regional cell evaluation
区域地层☆stratigraphy
区域地层对比委员会☆Regional Committee on Stratigraphic Correlation；RCSC
区域地层研究程度☆stratigraphic control
区域地化异常☆areal geochemical anomaly
区域地幔等时线☆geoisochron
区域地球化学图册☆regional geochemical atlas
区域地下地质制图☆regional subsurface geological mapping
区域地震剖面编绘☆regional seismic compilation
区域断裂构造图☆lineament map
区域反射地震☆areal reflection seismic
区域分布☆areal distribution
区域分级☆local gradation
区域分离符☆field separator
区域分支图☆area cladogram
区域供冷☆district cooling
区域拱起作用☆regional arching
区域构造☆areal structure；formation of country
区域构造稳定性☆regional stability to tectogenesis
区域构造线☆lineament
区域构造运动☆tectogenesis
区域规划勘察阶段☆regional planning investigation stage
区域规模的(美)西部州型砂岩铀矿☆regional scale version of WSSU；RWSSU
区域海平面升降超周期☆regional supercycle
区域海平面相对升降周期☆regional cycle
区域和种族人类发展指数的变化☆regional and racial variations in the HDI
区域化变量☆regionalized variable
区域划分☆regional division；regionalism
区域化石☆zonal fossil
(消防用)区域火灾报警箱☆auxiliary box
区域加厚作用☆regional thickening
区域矿产资源开发中心☆Regional Mineral Resources Development Center；RMRDC
区域离差分析☆regional deviation analysis
区域评价☆regional estimation{evaluation}；terrain evaluation
区域平移断裂形式☆regmatic pattern
区域坡面沉积☆regional slope deposit
区域剖面井☆regional section borehole
(岩层)区域倾角☆normal{regional} dip
区域倾斜☆regional{normal} dip
区域熔炼☆zone{zonal} melting；zone-melting
区域(性)散染☆regional dissemination
区域扫描☆sector{regional} scanning
区域(异常)-剩余(异常)的区分☆regional-residual separation
区域时间☆zone time；Z.T.
区域数字雷达模拟器☆digital radar landmass simulator
区域水动力形式{格局}☆regional hydrodynamic pattern
区域水均{平}衡☆regional water balance
区域水文地质研究{调查}☆regional hydrogeological investigation
区域特征☆provincial characteristics
区域网平差☆block{area} adjustment
区域位置显示器☆zone position indicator{indicater}
区域问题类型☆types of regional problem
区域物探工作{扫面}[所完成的测量]☆regional geophysical coverage
区域下降☆regional dip
区域线性构造体系☆lineament system
区域性☆regionality
区域性的☆territorial；regional；areal
区域性地幔挤入☆regional mantle diapirism
区域性地震活动率☆regional seismic activity rate
区域性断裂作用☆r(ha)egmagenesis；rhaegmageny
区域性海平面相对升降亚{|超}周期☆regional paracycle{|supercycle}
区域性迁{运}移☆regional migration
区域性土☆zonal soil
区域性走向滑移作用☆r(ha)egmagenesis；rhegmagenesis
区域性走向滑移断裂模式☆rhegmatic pattern
区域性走向滑移的☆regmatic
区域岩浆热变质☆regional magmatic thermal metamorphism
区域援助的变化图☆changing map of regional assistance
区域约束☆range(r) restriction
区域再{重}结晶☆zone recrystallization
区域蒸散发☆regional evaportranspiration
区域政策评估☆evaluation of regional policy
区域指点标☆zone marker；Z.M.
区域重力场校正☆correction for regional change in gravity
区域准周期{旋回}☆regional paracycle
区域自然结构☆physique
区域走向滑移形式☆regmatic pattern
区长☆section mine foreman；section boss
区(域)值估计法☆areal value estimation
区组☆block
曲板古杯纲[$Є_1$]☆taenioidea
曲蚌☆Arconaia
曲笔石属[O]☆Maeandrograptus
曲壁珊瑚属[S_2]☆Kyphophyllum
曲臂☆arm
曲柄☆crank (arm)；brace；crankshaft；bell crank；toggle
曲柄臂☆crank-arm；crank arm
曲柄操纵的推进蜗杆☆crank-operated worm
曲柄齿轮☆cranked drive wheel
曲柄冲程☆stroke of crank
曲柄捣矿{碎}机☆crank stamp
曲柄的☆elbowed；articulated
曲柄滑块机构☆slide crank mechanism
曲柄角☆crank-angle
曲柄连杆传动☆slot and crank drive
曲柄连杆大头的孔☆crank bore
曲柄连杆式无游梁抽油机☆crank-guide blue elephant
曲柄连杆装在驴头和支点之间的抽油机☆back-crank pumping units
(用)曲柄连接☆crank
曲柄平衡式抽油机☆crank-balanced pumping unit
曲柄头扳手☆brace wrench

Q

曲柄弯程☆crankthrow
曲柄箱☆crankcase；crank{chamber;box}；sump
曲柄箱油☆crank case oil
曲柄销☆crank pin；crankpin
曲柄行程☆crank throw；throw of crank
曲柄型偏心轮☆crank-type eccentric
曲柄轴☆crank axle{shaft}；lever shaft；crankshaft
曲柄钻☆bit brace{stock}；brace drill；circle brace；bellybrace
曲材☆knee
曲槽密封☆tongue-aad-groove labyrinth
曲齿蜡属[双壳;O-D]☆Cyrtodonta
曲尺☆try{carpenter's} square；zigzag rule
曲椽☆knee piece
曲单针[绵]☆heloclone
曲的线性☆curvilinear
曲度☆degree of curvature{curve}；curvature；camber
曲度参数☆buckling
曲度率☆angle of curvature
曲断层☆curved fault
曲颚牙形石属[D_3-T]☆Gnamptognathus
曲房虫属[E_2-Q]☆Sigmoilina
曲缝孢属[P-T]☆Anguisporites
曲辐带轮☆curved arm pulley
曲肝辰砂☆corallinerz；korallenerz
曲拱石桥☆arched stone bridge
曲拐☆crank；toggle
曲拐式混砂机☆sigma blade mixer
曲管☆knee (pipe)；circle bend；bent pipe
曲管迹☆Arenicolite
曲黑蛭石[$K_{1½}(Mg,Fe^{3+},Fe^{2+})_{5½}((Si,Al)_8O_{20})(OH)_4$]☆philadelphite
曲滑☆flexural{bedding-plane} slip
曲滑褶皱☆flexure-slip fold；flexural slip fold
曲滑褶皱(作用)☆bend{flexure}-glide folding
曲角石属[头;J]☆Grypoceras
曲解☆falsification；distort(ion)；contort；twist；torture；misrepresentation；misconstruction
曲解的☆pervasive
曲晶☆curved crystal
曲晶石[锆石含稀土和铀的变种；$Na_2Y_2(Zr,Hf)(SiO_4)_{12}$]☆cyrtolite
曲颈管☆goose-neck；trap
曲颈龟类[K-Q]☆Crytodires
曲颈龟亚目☆Cryptodira
曲颈类☆Pleurodira
曲颈瓶{甑}☆retort
曲径☆maze
曲径密封☆labyrinth seal
曲径式密封☆labyrinth (packing)
曲靖鱼属[D_1]☆Qujinolepis
曲梁单元☆curved beam element
曲流☆meander (curve;course)；meandering course
曲流摆动崖☆meander swing scarp
曲流瓣☆lobe
曲流裁直☆neck cut-off{cutoff}
曲流层☆current sheet
曲流带的侧移{摆动}☆swinging of meander belt
曲流的环状河道☆meander loop
曲流`朵体{舌}☆tongue
曲流废道☆meander scar
曲流幅度☆amplitude of meander；meander amplitude
曲流孤丘☆cut off meander spur；cutoff meander core；meander core
曲流故道☆meander scar
曲流盒☆wall niche
曲流痕迹阶地☆meander-scar terrace
曲流环绕岛☆meander core
曲流截弯取直☆meander cut-off
曲流颈快捷方式☆neck cutoff
曲流颈桥☆natural bridge
曲流旧道阶地☆alternate{meander-scar} terrace
曲流内侧坝☆meander scroll
曲流内侧沙洲沉积☆point bar deposit
曲流喷嘴☆bent stream tip
曲流扫荡崖☆meander sweep scarp
曲流沙坝层序☆point bar sequence
曲流山嘴阶地☆meander-spur terrace
曲流舌尖☆tailland
曲流舌外端☆toe-tap flood plain
曲流下移☆down-valley migration；sweeping (of meander)
曲流指数☆index of meandering
曲流状☆meandriform
曲流作用☆(stream) meandering
曲率☆curvature；degree of curvature{curve}；rate of curve；flexure；flexivity；flection；camber；curvity；angularity；CAM
曲率半径☆curvature{clearance} radius
曲率变化(段)☆curved transition
曲率差[扭秤测量]☆differential curvature
曲率计☆curvimeter；flexometer；exometer
曲率角☆angle of curvature
曲率系数☆coefficient of curvature；curvity coefficient
曲率弦☆chord of curvature
曲率线☆lines{line} of curvature
曲率`圆{|中心}☆circle`圆{|center} of curvature
曲率轴☆axis of curvature
曲螺科☆Ancylidae
曲螺属[腹;E-Q]☆Ancylus
曲脉穿插的[岩]☆crook-veined
曲霉☆aspergillus
曲霉属[真菌]☆Aspergillus
曲面☆curved surface{face}；hook face；camber
曲面板☆camber-board；camberboard
曲面玻璃☆bent{curved} glass
曲面玻屑☆sherd；shard
曲面的☆curviplanar
曲面的基本型☆fundamental forms of a surface
曲面的内蕴几何☆intrinsic geometry of a surface
曲面的抛物点☆parabolic point of a surface
曲面的切平面☆tangent plane to a surface
曲面千斤顶法☆curved jack technique
曲面上的双曲点☆hyperbolic point on a surface
曲面蜗轮☆globoid worm gear
曲面叶轮☆curved-blade impeller
曲面应力☆quadric stress
曲面元素☆surface element
曲囊苔藓虫属[C_3-P]☆Streblascopora
曲片状☆curve-plate
曲脐螺科[腹]☆Omphalocirridae
曲腔笔石属[O_1]☆Flexicollicamara
曲沙坝☆curved bar
曲射线地震层析成像☆curved ray seismic tomography
曲身道☆stoopway
曲神经亚纲[腹]☆Streptoneura
曲式骨针[绵]☆arcuate type
曲铁☆knee-iron
曲头钉☆brad
曲吞标度☆Troughton scale
曲瓦☆bent tile
曲膝(状)双晶☆geniculate(d) twin
曲线☆curve；history；break；chart；sweep；curvi-；bight；pattern；plot；kink[结构或设计等]
β 曲线☆beta curve{diagram}；pulse curve
PA 曲线[差热分析中样品量与温度的关系曲线]☆PA-curve
曲线板☆curve (ruler)；French{drawing} curve；plotting board；gabarite{gabarit} [法]
曲线笔☆contour{swivel} pen
曲线测设☆curve ranging；setting out of a curve
曲线超高☆raised curve
曲线尺☆curve ruler；spline
曲线的☆curvilinear；curvic
曲线的包线{面}☆envelope of curves
曲线的峰☆high
曲线的阶☆order of a curve
曲线的内蕴方程☆intrinsic equations of a curve
曲线的平直段落☆plateau
曲线的寻常点☆ordinary point of a curve
曲线顶点☆hump
曲线度☆angularity
曲线段☆segment of curve；knee
曲线法地震勘探☆curved method prospecting
曲线方程中的指数☆degree of curve
曲线方向☆direction of a curve
曲线分支☆branch of a curve
曲线副法线球面指标☆spherical indicatrix of binormal to a curve
曲线惯性式风力分级机☆inertia-type curvilinear air classifier
曲线绘制的标度{量程;范围}☆curve tracing scale
曲线绘制仪☆plotting device
曲线积分☆line integral
曲线计☆curvimeter；opisometer
曲线(轨)迹☆trace of curve
曲线交叉☆curved intersection
曲线结点☆node of a curve
曲线井段钻进[指水平井钻进中从直井眼向水平井眼过渡时的钻进]☆curve drilling
曲线锯☆sweep-saw
曲线螺属[腹]☆Loxonema
曲线描绘仪{器}☆curve tracer
曲线挠率☆torsion of a curve
曲线拟合的☆curve-fitted
曲线平直部分☆plateau
曲线坡度☆slope of the curve
曲线起点☆spring of curve；curve point；point of curvature
曲线切线的球面指标☆spherical indicatrix of tangent to a curve
曲线曲率☆curvature of a curve
曲线上的极大点☆maximum point on a curve
曲线上升斜率☆rate of rise
曲线式空气分级机☆curvilinear air classifier
曲线图☆diagram；(graphical) chart；plot；graph
PVT 曲线图☆pressure-volume-temperature relations
曲线外轨☆high rail
曲线弯曲值☆knee of curve
曲线型☆curviform
曲线型凹衬板[悬轴式旋回破碎机外锥体]☆curved concave head
曲线修匀☆graduation of curve
曲线窑☆shaft kiln with curved exit
曲线原点☆point of curvature
曲线藻属[Z]☆Tortofimbria
曲线状枢纽☆curvilinear hinge
曲线族☆family{series} of curves；family curve
曲线坐标☆curvilinear{graphic} coordinates
曲型{形}☆kamptomorph
曲形部件☆knee piece
曲形虫属[孔虫]☆Sigmoilina
曲形腔☆sigmoid cavity
曲形支架☆curved support
曲翼面☆aerocurve
曲隐头虫属[三叶;O_{2-3}]☆Flexicalymene
曲张造山带☆oroclinotath
曲杖虫属[孔虫;T_3-Q]☆Lituola
曲爪科☆Gampsonychidae
曲折☆anfractuosity；sinuosity；crankle；flection；staggered；tortuosity；sinuousness；sinuation；inflection；inflexion；crippling[往复]
曲折岸☆indention；indented coast
曲折(海)岸线☆indented coast line
曲折滨线☆broken shoreline
曲折的☆zigzag；wandering；tortuous；meandering；staggered；zz
曲折点☆buckling
曲折度☆sinuosity
曲折断层☆zig(-)zag fault
曲折海岸☆cala(s) coast
曲折巷道☆zig(-)zag roadway；zig zag roadway
曲折河☆meandering{snaking} stream
曲折环式密封☆labyrinth seal
曲折角☆angle of curvature{bend}
曲折立井☆compound{elbow} shaft
曲折路线☆winding track
曲折率☆index of refraction；refractive index
曲折密封出口☆labyrinth outlet
曲折劈理☆refracted cleavage
曲折平坦海岸☆flat indented coast
曲折试验☆bending and unbending test
曲折天井☆zig-zag raise
曲折狭道☆meander channel
曲折型河流☆sinuous stream
曲折行进☆crankle
曲折性☆tortuosity
曲折严{密}封出口☆labyrinth outlet
(往复)曲折应变☆crippling strain
曲折应力☆buckling{crippling} stress
曲折褶曲☆zig-zag fold
曲肿螺属[腹;E-Q]☆Ancylastrum
曲轴☆crankshaft；bent axle{shaft}；crank (axle)
曲(柄)轴配重☆crankshaft balancer
曲轴线☆axial curve

曲轴箱☆crankcase; crank chamber{case}; sump; crank shaft housing
曲轴箱机油过滤器☆crankcase oil filter
曲轴箱强制换气☆positive crankcase ventilation
曲轴销磨床☆crank pin grinder
曲柱状☆scolecoid
曲状窝(穴)☆curved bowl
躯干☆trunk; body; truncus
躯干椎☆trunk vertebra
躯体增大定律☆law of increase in size
屈从☆truckle; bend
屈电性☆electrotropism
屈服☆yield(ing); prostration; buckle; stoop; subdue; submit; knuckle under; submission; bow; crumple
屈服点☆yield point{strength;value;limit}; ductility limit; yield(-)point; minimum yield; fundamental strength; YP
屈服函数☆yield function
屈服极限☆minimum yield; yield limit
屈服前微变形☆preyield microstrain
屈服前应变☆preyield strain
屈服强度☆yield strength; criterion of yielding; Y.S.
屈服伸长(率)☆elongation at yield
屈服时间线图☆yield-time diagram
(支柱)屈服压力☆bleed{yielding} pressure; leg yield pressure
屈服应力☆yield stress{point}; threshold pressure; proof stress; Y.S.
屈服应力模型☆yield stress model
屈服值☆yield (value); YV; value of yielding
屈服阻力☆resistance to yield
屈光不正测量器☆ametrometer
屈光的☆dioptric
屈光度☆dioptre; diopter
屈光学☆anaclastics; dioptrics
屈拉蒙塔那风[地中海一种干冷北风]☆tramontana
屈曲☆flexure; inflexion; flection; buckling; flexion; buckle; crank
屈曲的[植]☆gyrose
(管道)屈曲{弯曲;折皱}检测器☆buckle detector
屈曲扩展压力☆propagation pressure
屈曲力矩☆moment of deflection{flexure}
屈身☆bend
屈氏-索贝体☆troosto-sorbite
屈氏体[晶]☆troostite
屈铁锤☆dumper
屈戌关节☆ginglymus
驱虫剂[植物中提取]☆rejectant
驱出☆sweepout; sweep
驱除☆chase
驱动☆drive (arrangement); driving (motion); hound; actuate; expulsion; activate; ACT
驱动部的油槽润滑☆oil bath lubrication on integral drive
驱动带[挖泥船]☆rotating band
驱动的☆driving; actuated; activated
驱动电机或正交轴齿轮箱☆drive motor or right angle gear box
驱动端☆driving{drive} end; DE
驱动方式☆type of drive
驱动滚柱开关☆actuated roller switch
驱动机构☆drive{driving} mechanism; actuating unit
驱动力☆energy; driving force{power}; motivating force
驱动力机械支撑臂☆powered mechanical back-up arm
驱动量矩☆moment of momentum
驱动轮☆bull{drive} wheel; engine pulley
驱动器☆driver
驱动器阀☆actuator valve
驱动(油)时的有效孔隙度☆net displacement porosity
驱动指标{效率}☆driving index
驱动轴☆drive shaft{axle}; head shaft live axle; power{driving} axle
驱动装置☆drive unit{system;assembly}; machine drive; drive [motor and gearbox]; actuating {driving} device
驱动钻杆的套管轴☆drill-rod drive quill; drive quill
驱管速度☆displacing velocity
驱气☆degas
驱散☆dissipate; dispersal; scatter
驱扫☆sweepout; sweep
驱扫面积[注水]☆coverage of water flood
驱扫效率☆displacement sweep efficiency
驱石剂☆lithagoga; lithagogue
驱替法注水泥塞☆displacement method of plugging
驱替界面张力测定法☆interfacial displacement tensiometry; IDT
驱替介质☆displacing medium
驱替泥浆☆displace mud
驱替前岩芯内流体饱和度☆preflood core fluid saturation
驱替前缘☆invading{displacing;displacement} front; leading displacement edge
驱替时的布井方式☆displacement pattern
驱替速度☆displacement velocity; rate of displacement
驱替-吸入{渗}润湿相☆invading-imbibing wetting phase
驱替相☆injected{displacing;sweeping} phase
驱替相和被驱替相流度比☆displacing-displaced phase mobility ratio
驱替相前端{缘}☆displacing phase toe
驱替效率☆invasion efficiency; efficiency of displacement; displacement recovery efficiency
驱替液储罐☆displacement tank
驱替-自吸润湿相☆invading-imbibing wetting phase
驱油成带☆banking
驱油机理☆oil-displacement mechanism; mechanism of oil displacement
驱油机制☆mechanics of expulsion of oil
驱油剂☆oil displacement agent
驱油气☆gas-oil displacement
驱油效果☆displacement characteristics
驱油效率☆flushing efficiency; oil displacement efficiency
驱油用水[酸化后]☆load water
驱杂石英☆swept quartz
驱逐☆expulsion; dislodge; eject; pursuit; ouster; pursuance
驱逐舰☆destroyer; chaser

qú

瞿德森珊瑚属[O_3-S_2]☆Troedssonites
瞿麦[铜钼矿示植]☆Dainthus superhus
瞿氏角石属[头;O]☆Troedssonella
鸲岩鹨☆robin accentor
渠☆ditch; channel; furrow; chamfer
渠槽☆canal basin
渠道☆gully; race; conduit; channel; sike; canal; ditch (line); aqueduct; irrigation ditch; medium of communication
渠道边坡☆side slopes of canal
渠道分叉口☆turnout
渠道化☆channelization
渠道流法☆channel-flow technique
渠道水流☆concentrated{channel} flow
渠道网☆canalization
渠段☆canal reach
(沟)渠盖☆drain cover
渠灌☆canal irrigation
渠痕☆channel mark
渠化{导性}☆canalization; channel(l)ing
渠化河段☆canalized river stretch
渠化开发☆open-channel development
渠化三角洲平原☆channelized delta plain
渠化状态☆pool stage
渠迹☆channel mark
渠模☆gutter cast
渠桥☆aqueduct bridge
渠首工程☆head work
渠头控水建筑物☆headwork
渠系☆canal system
渠系泥沙☆silt of canal system
渠向发育☆canalized development
渠向选择☆canalizing selection
渠状断层☆moat(-)like fault

qǔ

取出☆withdrawing; dislodg(e)ment; take out; take-off
取出的岩芯按深度上下顺序排列☆book fashion
取出点☆off-take point
取出井中破裂管子☆collapse job
取出炮泥☆unstem
取出燃料☆defueling
取出松岩☆dislodging of loose rock
取出岩芯[从岩芯筒内]☆removal of core
取出造斜器的工具☆whipstock grab
取代☆restitution; substitute for; supersede; take over; replace(ment); supplant; supersession; ouster
取代的芳香化合物☆substituted aromatics
取代度☆degree of substitution
取代基☆substituent
取代基者[有机化合物中氢被元素或基团置换]☆substitute
取代型钇铁石榴石☆substituted yttrium iron garnets
取代者☆substituent; supplanter
取代作用☆displacement; substitution
取道于☆via
取得☆make progress; taking; acquire; derive; purchase; procurement; cop; recover
取得适当坡度☆bring to grade
取得岩芯☆obtaining core
取得资格[尤指大学任教资格]☆habilitate
取地下水水样☆groundwater sampling
取缔☆ban
取锭机☆ingot retractor
取动压差☆driving pressure differential
取分样☆subsampling
取粉管☆sludge barrel; sediment tube; calyx
取干样筒☆dry sample barrel
取管器☆overshot
取过岩芯的井☆cored well
取回☆retrieve; resume; retake; withdraw; subduct; recapture; retrieval
取近路☆short-cut
取尽☆exhaust
取景器☆viewfinder; iconometer; photographic {view} finder; finder; viewfinder (on a camera)
取矿机{矿耙;料机}☆reclaimer
取铆(钉)器☆B.O.; back-out
取幂☆exponentiation
取名☆name; call
取模机☆picker
取黏土岩芯管☆clay coring barrel
取暖器☆warmer
取暖用的核桃级无烟煤☆stove nuts
取暖用煤☆fire coal
取平☆levelling
取平均值☆pool
取砂(样)器☆sand sampler
取沙器☆silt sampler
取舍权☆refusal
取(……的)十分之一☆decimate
取石刀☆lithotome
取石钳☆lithotomy forceps
取食游动孢子或水螅体☆polypite
取数据☆data fetch
取水口☆water intake
取水样器☆water sampler
取土☆borrow
取土费☆cost of borrow
取土坑☆borrow pit{area}; barrow area; claypit
取土器☆soil{dry} sample barrel; soil sampling rube; sample tube; sampling spoon[勺形]
取土样的麻花钻☆earth screw
取土样器☆soil sampler
取物☆fetch
取下☆strike; taking-off; withdrawal; take-down
取向☆orientation
取向标记☆description point
取向错误☆misorientation
取向的☆orientated; oriented
取向分布☆distribution of orientation
取向附生[晶]☆epitaxy; epitaxial overgrowth
取向附生位错☆epitaxial dislocation
取向互{交}生☆oriented intergrowth
取向角☆angle of orientation
取向力☆Orientational force
取向连生☆syntaxy; syntactic growth
取向连生边☆syntaxial rim
取向无序☆disorder of orientation; orientation(al) disorder
取消☆withdraw(al); abolish; abrogate; remove; blank; cancel; back-out; strike{call} off; negate; avoidance; undo; swallow; kill; countermand;

Q

set aside；revocation；rescission；nullification；mark out；retractation[意见、陈述等]；di-；dif-[f前]；dis-
取消管制☆decontrol
取消合约☆rescind a contract
取消信号☆cancelling signal
取消资格☆disqualification
取芯☆coring；cg；boring with sampling；take a core
取芯弹☆bullet；hollow projectile；taking{coring} bullet
取芯弹排脱器☆bullet removal tool
取芯弹筒☆cannon bore
取芯的钻孔☆cored hole
取芯管☆corer；coring vessel
取芯井☆core hole；drill core sample hole
取(岩)心井☆cored well
取芯井段☆cored intervals；core interval
取芯器☆core lifter；sampler
取芯式落物打捞篮☆core-type junk backet
取芯式涡轮钻具☆coring type turbodrill
取芯筒上盖☆core barrel head
取芯筒鞋☆core barrel shoe
(压力式)取芯筒鞋☆core shoe
取芯钻井的环状井底☆curf
取芯钻☆column{core} drill；annular auger
取芯钻具零件[钻头、钻杆、接头、岩芯筒等]☆core-drill fittings
取(岩)心钻头☆rock core bit
取芯钻头切削面☆curf
取信号电路☆playback circuit
取雪样器☆snow sampler
取岩粉样☆sludge sampling
取岩粉样品的钻孔☆sludge hole
取岩环☆retrieving ring
取岩芯☆(running) coring；recovery of core；core (extraction)
取岩芯管☆core{coring} tube
取岩芯器☆core sampler
取岩芯枪☆coring{core} gun
取岩芯圈[勘]☆overcoring
取岩芯钻进☆coring-drilling
取岩芯钻头给进压力☆coring weight
取岩芯作业☆coring operation
取样☆sampling；sample (collecting;collection)；thief [pl.thieves]；cut sample；taking cut；take a sample；essaying；taking of sample
(保持岩样天然湿度的)取样☆dry sampling
取样不正☆sampling skew
取样槽☆sampling channel；testing tray
取样长度☆footage sampled；sample length
取样的井☆sampled well
取样法☆sampling method{system}
取样方法试验☆sampling test
取样分析矿脉品位的工作面☆assay wall stope
取样工☆sampler；sample catcher；sampleman
取样管☆sampling pipe{tube}；probe tube；bleeder；(stopple) coupon
取(矿)样管☆pipe ore sample
取样函数☆sampling function
取样厚度☆sampled width{thickness}
取样机☆(machine) sampler；sampling machine
取样间距☆sampling interval；interval of sampling
取样绞车☆coring winch
取样器☆sampling device{apparatus}；sample thief[泥泵]；sampler；sample taker{collector}；trier；tester；snorkel chamber；taker；sniffer；thief [pl.thieves]；ST；cheese tester[深部]；sample-taking gun [井壁]；beaker sampler[油罐]
(用)取样器取出的样品☆thief sample
取样器取出的油样☆thief sample
取样勺☆(sampling) spoon
取样深度☆depth selection；sample{sampling} depth
取样深度标[记在方钻杆上]☆sample mark
取样室容积☆chamber volume；CV
取样试验☆pick{sampling} test；pick-test
取样数据控制☆sampled-data control
取样探井☆sample pit
取样筒☆sampler{sampling} barrel；basket；sample chamber；sampling tube
取样网☆grid
取样位置☆sampling location；sample site
取样信号网络☆sampling network
取样压力换能器☆sample pressure transducer
取样员☆sample-jerker
取样钻☆test boring
取油样器☆oil sampler{thief}
取淤泥样☆sludge sampling
取直☆short-cut；lining
取准☆normalization
取总和☆summation
取总样☆bulk sampling
取钻孔岩芯圈的岩芯[测定岩层原地应力]☆overcored
龋齿☆odontonecrosis

qù

趣味☆spice
去☆going；to；de-；des.
去氨☆deammoniation
去白云石化石灰岩☆cornieule
去白云岩化(作用)☆dedolomitization
去饱和器☆desaturator
去冰化学物质☆deicing chemical
去玻(作用)☆devitrification；devitrify
去不掉的☆indelible
去层理作用☆destratification
去尘☆de-dusting
(煤炭表面)去尘处理☆dust-proofing
去除表层☆skimming
去除……的密封保护外壳[以加工已用过的核燃料使之成为有用物质]☆decan
去除固相设备☆solid removal equipment
去除结垢☆elimination of scaling
去除空气☆deaeration
去除矿物质器☆demineralizer
去除脉壁软泥☆hulk
去除浅层(干扰)影响☆layer stripping
去除效率☆removal efficiency
去除悬露岩{矿}石的工人☆hang-up man
去磁☆degauss(ing)；unbuilding；demagnetization；demagnetize；washing；deperm
去磁器☆demagnetizer；degausser
去氮法☆denitrogenation
去电离☆deionization
去电子(氧化)作用☆de-electronation
去掉☆abrogate；remove；knock-down
去掉氨基☆deaminize；deaminate
去掉废石的原矿[去除废石后入厂处理的矿石]☆run-of-mill{mill-head} ore；run-of-mill
去掉障碍物☆unplug
去丁烷汽油☆stabilized gasoline
去顶☆decapitation；topping；cutting the terminal bud off the main stem；unroofing
去定向☆deorienting
去多次波处理☆antimultiple processing
去浮点☆defloating
去浮渣☆despumation
去负载☆unload
去钙☆decalcification
去根☆extraction
去垢☆skim；depuration；deterge
去垢的☆abstergent
去垢剂☆detergent (agent)；cleaner；descalant；scaling agent
去垢力☆detergency
去垢器☆scaler
去光剂☆deluster
去光泽的材料☆deadening
去光泽膜☆delustring film
去硅(作用)☆desilication
去硅铝作用☆desialification
去硅作用☆desilicification
去锅垢器☆scaler
去焊剂☆deflux
去核的☆enucleate
去核机☆seeder
去合金腐蚀☆dealloying corrosion
去(负)荷☆unloading
去花岗岩(化)作用☆degranitization
去磺弧菌☆desulfuricans；desulfovibrio
去挥发(分)(作用)☆devolatilization
去灰尘☆dust
去灰分☆deashing
去灰燃料☆de-ashed fuel
去混响☆dereverberation
去活☆deactivation
去活剂☆deactivator
去激(发)☆deexcitation
(荧光屏)去激活作用☆deexcitation
去激励☆de-excitation；de(-)energization
去极化☆unpolarizing；depolarization
去极(化)剂☆depolariser；depolarizer
去加重☆deemphasis；de-emphasis；DE
去甲高石蒜碱☆demethylhomolycorine
去甲络石苷☆nortracheloside
去甲氧基甘石黄素☆de(s)methoxykanugin
去假频☆antialiasing
去碱作用☆lixiviation
去胶☆degum
去胶结(作用)☆decementation
去矫☆deemphasis
去角☆chamfer
去节☆knobble
去禁溜线信号☆shunting signal to prohibitive humping line
去静电器☆destaticizer
去壳☆dejacket；shell
去壳装置☆dejacketer
去矿化(作用)☆demineralization
去矿泥☆desludging；desliming
去矿质的水☆DMW；demineralized water
去蜡☆dewaxing
去离子式熄弧栅☆de-ion type arc-splitter
去离子水☆de-ionized；deionized water
去离子作用☆deionization
去磷☆dephosphorization
去鳞器☆descaler；scaler
去硫☆sulfur elimination；desulphurization
去硫(作用)☆desulfur(iz)ation；desulphidation
去硫焙烧☆sweet roast(ing)
去硫铸铁☆off-sulphur iron
去瘤☆knobble
去流角☆angle of run
去流体作用☆defluidization
去氯☆dechloridizing
去氯剂☆antichlor
去孪☆detwinning
去毛边☆deflashing
去毛刺☆barb；deburr(ing)；burring；burr
去毛刺的弹孔☆deburred bullet hole
去鸣振☆deringing
去沫☆defoaming
去沫剂☆defoamer；defoaming agent
去能☆de(-)energize；de(-)energization
去泥剂☆desludging agent
去泥浆酸☆mud-removal acid
去泥渣☆desliming；desludging
去耦☆decoupling；uncoupling；uncouple；decouple
去耦器☆isolator
去耦元件☆buffer
去泡{沫}☆defoaming；despumation
去皮☆peeling；skinning
去皮工具☆skinner
去偏振(作用)☆depolarization
去偏振光☆depolarized light
去偏振镜☆depolarizer
去平均☆antiaveraging
去气☆deaeration；degas；make the gas；degassing；outgassing；degasification
去气泡☆debubble；anti-cavitation
去气味☆odor control
去热☆heat-removing
去溶剂化(作用)☆desolvation
去色☆decoloration；discoloration；decolourization
去砂☆desanding
去砂器☆desander
去湿☆dewetting；dehumidification；dehydration
去石☆de-stoning
去石膏化(作用)☆degypsification
去石机☆stone removing machine
去石蜡☆deparaffinize
去势圆锥☆cone of influence
去收尘器的管道☆duct to dust collector
去霜器☆defroster
去双晶(作用)☆detwinning
去水☆dewater(ing)；dehydration；water removal
去水分的☆desiccant
去酸☆deacidification
去酸洗泥☆desmutting

去碳☆decarbonization
去碳反应☆decarbonation reaction
去铁☆deironing
去烃(作用)☆dealkylation
去同步☆desynchronize
去图像条带(处理)☆deskew
去稳定(作用)☆destabilization
去污☆decontamination
去污粉☆abstergent
去污机☆spotter
去污剂☆detergent
去污矿物☆scavenger mineral
去污力☆detergency
去污染☆decontamination；decon；anti-pollution
去相关☆decorrelation
去相位☆dephased
去象散透镜☆anastigmatic lens；anastigmat
去锈☆scour；scaling
去锈剂☆descalant
去盐☆desalt
去盐丘(效应)剩余异常☆salt residual
去阳离子☆decationize
去氧☆deoxidation；deoxidize；deacidize；deoxidise
去氧化皮☆descale
去氧作用☆deoxidization；deoxidisation
去叶☆defoliation
去银的金☆parting gold
去应变回火☆strain relief tempering
去应力带☆destressed zone
去应力的☆stress-free
去油☆de(-)oiling；cleaning；unoil
去油泥☆desludging
去油污剂☆degreaser
去杂质☆decontamination；despumation；decon
去渣☆skim

quān

圈☆ring；convolution；burr；sphere；circle；aureole；aureola；loop；collar；coil；annulus [pl.-li]；gyro-
(一)圈☆round
圈板☆coatings；stave sheet；girth[油罐]
(油罐)圈板人孔☆shell manway
圈闭☆trap{entrapment}[油]；closure；oil{petroleum} trap；encirclement；entrap；catch；pond
圈闭层☆housing；confined lid；(stratigraphic) trap
圈闭储层☆closed{volumetric;bounded} reservoir
圈闭的富矿体☆impounded shoot
圈闭的油☆insular oil
圈闭机理☆trapping mechanism
圈闭评价☆evaluation of trap
圈闭气☆entrapped gas
圈闭容量☆capacity of trap
圈闭水☆impound water
圈闭型地热系统☆closed geothermal system
圈闭油层☆volumetric reservoir
圈闭油珠☆trapped oil globule
圈边☆outline
圈定☆delimit；delineate；definition；block-out[矿体]
圈定的储量☆blocked out reserves
圈定矿体☆markup block
圈定炮眼{孔}☆trimming hole；line{outside;rib;periphery;peripheral;cropper} hole；square-up holes
圈定平巷☆contour drift
圈定位系统☆position fixing system
圈定一个块段的全部钻孔☆slabbing round
圈定震中位置☆location of epicentre
圈火道☆circular flue
圈角石属[头;O-D]☆Spyroceras
圈解的☆schematic
圈井设备☆cementing unit
圈栏☆girt(h) rail
圈砾岩☆plum-pudding stone；pudding-stone
圈梁☆collar{periphery;fascia} beam；frame；girth
圈轮☆felloe；felly
圈扇藻属[褐藻;Q]☆Zonaria
圈设井拦☆curb
圈兽属[E_1]☆Periptychus
圈数☆cyclomatic number；turn
圈套☆pitfall
圈形对流☆cellular convection
圈状的☆cycloid
圈状物☆wreath
圈子☆circle

quán

鬈发{缩}☆curl
颧弓☆zygomatic arch
颧骨☆jugal；zygomatic (bone)
颧间阔度☆zygomatic width
权变理论☆contingency theory
权倒数☆weight reciprocal
权度☆measures and weights
权函数☆weight(ing) function
权衡☆balance；trade(-)off；trade off；weigh
权脊☆shutterridge
权空间☆weight space
权利☆business；title
权利人☆obligee
权力☆power；authority；force；right；faculty[授予的]
权平均值☆weighted mean value
权术☆expedience；expediency
权威☆authority
权系数☆coefficient of weight；weight coefficient
权限☆competency；competence；jurisdiction；commission；purview
权向量☆weight equation
权宜办法☆half measure
权宜之计☆expedience；expediency；makeshift；expedient；stopgap (measure)
权益☆equity；equities
权益入股法☆pooling of interest method
权因子☆weighting factor
权责发生制☆accrual basis
权责法☆law of responsibility and authority
权重☆weight；weighing；weighting
权重式箕斗装载机☆weight-type skip loader
权重装料器☆weigh-loader
醛[RCHO]☆aldehyde
醛化(作用)☆hydroformylation
醛羟胺(类)[R•CHNOH;RR'CNOH]☆aldoxime
醛酸☆half aldehyde
醛缩醇☆acetal
醛(式)糖☆aldose (sugar)
醛肟(类)[R•CHNOH;RR'CNOH]☆aldoxime
蜷面☆helicoidal surface
蜷缩☆coiling up；crunch；scrunch
蜷线☆spiral
泉☆well；(surface) spring；fontein
泉冰体☆crystocrene；crystocrene
泉沉积物☆spring sediment
泉成埋藏冰层☆crystosphene
泉的(涌水)量☆yield{outflow} of spring
泉的水位☆level of a spring
泉的水文(过程)线☆spring hydrograph
泉点☆spring site；outflow point
泉湖☆spring lake；limnokrene
泉华☆(travertine) sinter；hot-spring sediment；tufa；encrustation；mineral deposit
泉华饼☆biscuit
泉华沉积☆sinterite；sinter{subter} deposit
泉华刺☆spinose projection
泉华疙瘩☆excrescence
泉华化石☆fossil sinter；fossil products of hot spring
泉华灰岩☆tufaceous limestone
泉华脊☆spine
泉华结核☆nodular encrustation
泉华毛☆fur
泉华丘☆sinter mound{cone}；spring uphill
泉华裙☆(spring) apron
泉华镶嵌体☆patch
泉华压力脊☆sinter pressure ridge
泉华檐☆cornice
泉华垣☆sinter lip{rim}；travertine rims；brim；border；(retaining) rim
泉华冢☆mound
泉华状沉积物☆geyserite-like sediment
泉间(分水区)☆interfluve
泉胶的☆sinter-cemented
泉胶砂岩☆hydrothermally-cemented sandstone
泉胶作用☆hydrothermal cementation
泉颈☆spring neck
泉径流☆spring runoff
泉壳☆sinter
泉坑☆spring pit{basin}；catch pot；pit
泉坑底部的喷气孔☆drowned fumarole
泉口☆issue (point)；vent；hydrothermal{spring vent；watering place；spring head{eyes;mouth}；point of issue；nozzle；outlet；openings；egres
泉口孔道☆vent-hole
泉口围岩蚀变产物☆fossil products of hot spring
泉口温度☆emerging{vent;orifice} temperature；(water) discharge temperature
泉`流冰锥{冰体}☆chrystocrene；crystocrene
泉流坑[洪积湖或干盐湖边部的]☆spring pot
泉苗☆water seepage
泉盆☆spring basin；catch-basin；bowl
泉盆边沿☆basin-front
泉丘☆spring mound{uphill;dome}
泉区☆(cluster of) springs；spring site{complex}
泉群☆spring group{complex}；(cluster of) springs
泉石华[$Ca_5H_2Si_6O_{18}$•$6H_2O$?]☆plombierite
泉蚀凹壁☆alcove
泉蚀槽形谷首☆spring alcove
泉水☆spring (water)；font；fount；water seepage；emerging water；surface spring；creno-
泉水边画廊☆wellside gallery
泉水沉积☆bateque；spring deposit
泉水的氯离子浓度☆chloride flux
泉水灌溉☆well irrigation
泉水坑☆seep
泉水渗流☆seepage flow
泉水渗眼☆ooze
泉塘☆holding pond；spring-fed pool；bowl
(热)泉塘☆spring pool
泉塘水室☆pool reservoir
泉塘垣☆retaining{pool} rim
泉头☆spring head
泉溪☆spring stream
泉线☆spring line
泉向源掏蚀☆spring alcove
泉眼☆spring mouth{vent;eyes}；aperture；ooze
泉源☆wellhead；feeder；wellspring
泉源河☆wellstrand；spring stream
泉源湖☆spring-fed{spring} lake
泉源掏蚀☆spring sapping
泉渣☆adarce
泉塚☆inactive spring
全☆col-；pan(o)-；com-；cor-；con-；omni-；holo-
全暗煤☆dull attritus；list
全暗色岩☆holomelanocrate；holomelanocratic rock
全白色的☆hololeucocratic
全白信号☆white signal
全白(色)岩☆hololeucocrate
全斑结构☆euporphyritic{euporphyric} texture
全半面象☆holohemihedron
全包角(滚筒)刹车☆full wrap brake
全包井☆turnkey well
全孢型☆eu-form
全饱和潜水法☆full saturation diving procedure
全北区☆holarctic region
全逼真模拟器☆full-fidelity simulator
全笔石属[O_1]☆Holograptus
全闭☆full cut-off
全闭型芯子☆full shut-off ram
全壁☆holotheca
全变晶☆holoblast；holoblastic
全变态☆complete metamorphosis
全变形☆holometabolism；total{overall} deformation
全标度☆full scale
全玻质☆holohyaline
全波☆full wave；FW；all-wave
全波长吸收比☆total absorptance
全波动方程☆full wave equation
全波段☆all band
全波列声波测井☆full wavetrain acoustic logging
全波形层析成像(法)☆full waveform tomographic reconstruction
全不等粒[结构]☆seriate
全部☆whole；full(ness)；great；in extenso[拉]；omnium；panto-；in. ex.；pant-；omni-
全部包做合同☆lump contract
全部爆破☆clean blast
全部充填☆solid stowing{filling}；whole fill；full{solid} packing；complete fill{packing;stowing；backfilling}
全部出产量☆full-yield

全部倒塌☆total collapse
全部的☆entire; overall; complete; total; whole
全部地☆in toto
全部功☆input work
全部焊接的☆all-welded
全部回收☆full extraction
全部活动☆full-motion
全部级配集料☆fully graded aggregate
全部价格☆all-round price
全部价值☆gross value
全部胶带运输开采矿山☆all-belt (drift) mine
全部馏分蒸出时温度☆full boiling point
全部泥化☆all-sliming
全部时间☆total time; T.T.
全部水力机械化的煤矿☆fully hydro mechanized mine
全部脱硫焙烧产品☆dead-calcine
全部网格☆total-grid
全部下套管的孔☆cased through hole
全部陷落法☆bulk caving
全部已开拓煤矿☆fully developed mine
全部重(力)选☆all-gravity separation
全部注上水泥☆cementing through
全部组合☆whole assembly
全采☆mining completely; clean mining
全彩色信号☆composite colo(u)r signal
全侧叶☆omnilateral lobe
全层厚度采割☆full seam cutting
全层煤柱☆seam section
全层系☆holostrome
全层型☆holostratotype
全长☆overall{total;structural;full} length; span; out-to-out; length overall; O.A.L.; OL; LOA
(在巷道)全长上铺设双轨☆full double tracking
全长英岩☆holofelsic rock
全长有丝扣的短接☆all-thread nipple
全超覆☆complete overstep
全程☆whole course; omnidistance[航]; mop-up[线路]
全程变量☆global variable
全齿高☆whole depth; WD
全齿高齿☆full-depth tooth
全齿轮主轴{床头}箱☆all-gear headstock
全齿(亚)目[哺;E]☆Pantodonta
全齿猪属[E_3]☆Homacodon; Entelodon
全尺寸☆full scale; overall dimension; full gauge
全稠度☆overall thickness
全出刃[钻头切削齿]☆full exposure
全穿孔☆lacing
全串行模/数转换器☆all serial A/D converter
全纯函数☆holomorphic function
全磁化☆holomagnetization
全磁通☆fluxoid
全次数☆total degree
全存储☆store through
全淡色岩☆hololeucocratic rock; hololeucocrate
全导数☆total derivative
全等☆congruence; congruency
全等式☆identical relation
全等子化的☆all-electronic
全地幔对流☆mantle-wide convection
全地堑阶段☆full graben stage
全地形车[一种轻便坚固,供崎岖地势行走的汽车]☆all-terrain vehicle ; ATV
全电视信号☆composite video signal; combined television signal; signal complex
全电信号(装置)☆all-electric signalling
全叠前偏移☆true migration before stack
全动力铲运机☆full-powered scraper
全动态`范围{|解}☆full dynamic range{|solution}
全动压头☆total dynamic head
全断☆full cut-off
全断面☆gross section
全断面掘进炮眼组☆full face round; full-size tunneling shot
全断面式刀盘☆full face cutterhead
全断面隧洞掘进☆full face tunnelling
全断面岩巷掘进机☆full-size tunnelling machine; rock boring machine; rock drift machine
全断面岩石隧道掘进机☆full face rock tunnel boring machine
全断面一次掘进法☆driving the whole cross section in a single stage
全断面移动式巷道掘进机(组)☆roadheader
全对称☆holosymmetry; holohedral symmetry
全对称(现象)☆pantomorphism
全(面)对称☆holohedry
全对称的☆holosymmetric ; holomorphic ; holohedric; holohedral; holosystematic
全对称(单)形☆holohedral form
全对称形的☆holohedral
全对称性☆holohedrism; holohedry
全对称轴☆axis of total symmetry
全对称(晶)组[$\bar{3}m$ 晶组]☆trigonal holosymmetric class
全反复应力☆completely-reversed stress
全反复载荷平均应力☆mean stress under fully-reversed load
全反射☆total reflection
全反射计☆total reflectometer
全反射角☆angle of total reflection
全反射(折光)仪☆total reflectometer
全范围☆gamut
全方位距离导航☆omnibearing-distance navigation
全方位指示器☆omni-bearing indicator
全防爆型电动机☆fully-flameproof motor; fully flame-proof motor
全放射☆total emission
全分析☆complete{bulk;ultimate;total;full} analysis
全(量)分析☆total{gross;complete} analysis
全封闭☆whole sealing; complete shut-off
(环形防喷器)全封闭☆complete shut-off; CSO
全封闭风扇冷却式☆totally enclosed fan-cooled type
全封闭式的☆fully{totally} enclosed
全风☆full blast
全风化带☆violently weathered zone
全风险☆against all risks; a.a.r.
全风压☆total pressure of a fan; fan total pressure head
全辐射☆total radiation
全辐射体☆perfect radiator
全幅值☆double amplitude
全氟癸酸[C_9F_{19}•COOH]☆perfluo-octanoic acid
全氟化的☆perfluorinated
全氟煤油☆perfluorokerosene
全氟羧酸[$CF_3(CF_2)_n$•COOH]☆perfluorocarboxylic acid
全氟碳化物☆perfluorinated hydrocarbon
全氟烷基磺酸[$CF_3(CF_2)_n$•SO_3H]☆perfluoalkylsulfonic acid
全浮式活塞销☆full floating piston pin
全浮选☆bulk flotation
全浮选法☆all-flotation process
全浮游生物☆holoplankton
全腐殖{生}物☆holosaprophyte
全覆盖式稳定☆full cover stabilization
全覆盖翼片式稳定器☆full wrap design blade stabilizer
全腹茎孔式[腕]☆permesothyridid
全负荷☆full load{charge}
全概率☆total{full} probability
全干浸渍☆impregnation on dried basis
全感应式信号控制☆fully-actuated signal control
全钢(旋转泥浆软管)☆all-steel rotary hose
全钢车☆steel car
全高☆overall height; height overall
全高单一回采工作面☆(one-)panel stope
全高开采☆full-dimension mining
全格放射虫类☆Acanthophracti
全工序循环☆completing cycle
全工作面☆full face; fuller's earth
全功率☆aggregate capacity
全拱作用☆full arching
全古[岩溶]☆olofossil
全骨类☆Holostei
全挂车☆full trailer
全惯性制导系统☆all-inertial guidance system
全光反射装置☆holophote
全规模生产☆full-scale operation
全轨距☆full ga(u)ge
全国大地测量调查所☆National Geodetic Survey
全国矿工联合会☆National Union of Miners; N.U.M.
全国煤炭协会☆National Coal Association; NCA
全国消防规范[美]☆National Fire Codes; NFC
全国性商标☆national brand
全国资源局☆National Resources Board; N.R.B.
全(部)焊(接)的☆all-welded
全焊接球阀☆all-welded ball valve
全行程进给☆full stroke admission
全巷法[取样]☆whole tunnel method
全巷取样☆bulk sampling
全合成☆complete synthesis
全合金罐笼☆all-alloy cage
全(负)荷☆full load
全荷特性☆full load characteristic
全黑色的☆holomelanocratic
全黑信号☆black signal
全黑(色)岩☆holomelanocrate
全痕[遗石]☆full relief
全红信号☆all red signal
全厚(煤层等)☆overall width
全厚采出煤☆full-seam coal
全厚度变形☆through-thickness deformation
全厚开采☆full-seam mining{extraction}; full-dimension mining
全化学成分☆bulk chemical composition
全环境☆total environment
全回流☆infinite reflux
全回转☆full circle (swinging)
全回转式挖掘机☆swing excavator
全混合的☆holomictic
全混合作用☆holomixis
全混凝土框架☆all-concrete frame
全活动性组分☆perfectly mobile component
全机械化设备☆fully mechanized equipment
全集☆universal set
全剂量辐照☆full-scale irradiation
(井下)全(用)胶带输送机运输☆all-belt haulage
全铰(亚纲)[双壳]☆Teleodesmacea
全角变化率[包括井斜和方位变化率]☆rate of over-all angle (change)
全接型[颌]☆holostylic
全截滤波器☆all-stop filter
全截面掘进☆full advance
全节距绕组☆diametral winding
全节流(阀)☆full throttle
全结构☆full-structure
全结晶(的)☆holocrystalline
全介质多层高反射膜☆all dielectric mirror
全金属制的☆all-metal
全浸区☆continuous immersion zone
全晶斑状☆holocrystalline-porphyritic
全晶玻璃[含铅晶玻璃]☆full crystal
全晶矿物☆stabilites
全晶粒岩☆granomerite
全晶岩☆isomerite
全晶质☆pleocrystalline; holocrystalline
全精制石蜡☆refined paraffin wax
全井底爆破☆full bottom round
全井孔☆full hole
全(部)井眼☆full hole
全井眼流量计探头☆full-bore flowmeter sonde
全井眼套管柱☆full hole casing
全井注水泥☆full-hole cementing
全景☆scenery; panorama; full view; full shot[镜头]
全景红外摄影系统☆panoramic infrared photo system
全景图☆panorama (sketch)
全景显示☆video mapping; panoramic display
全景相片☆panoramic photograph{picture}
全颈式[头]☆holochoanitic
全静压头☆total static head
全径☆full gauge{bore;hole}
全(井)径地层测验☆full-hole testing
全径金刚石岩芯钻头☆full-radius crown
全径偏斜钻头☆full gage deflecting bit
全局的☆in the large
全局优化☆global optimization
全局最{极}小值☆global minimum
全聚焦谱仪☆fully focusing spectrometer
全聚酯树脂灌浆加固杆☆fully bounded reinforced bar
全距[统]☆range
全喀斯特☆holokarst
全开阀☆full-opening valve
全开管道球阀☆full conduit ball valve
全开井筒[无任何井下装置]☆full open well bore
全开位置{状态}☆fully open position

全颗石[钙超]☆holococcolith
全壳[腹]☆teleoconch
全壳口☆entire aperture
全刻度☆full scale
全空化作用☆full cavitation
全空遮蔽总量☆total sky cover
全孔径☆full aperture
全孔树脂锚固顶板锚杆☆fully resin anchored roof bolt
全孔隙度☆total porosity
全孔隙压力比☆full pore-pressure ratio
全孔下套管☆full-hole casing
全口螺属[腹;O-C]☆Holopea
全口式[腹]☆holostomatous
全扣打捞丝锥☆tap bottoming
全宽☆out-to-out；overall{all} width；aw
全矿层回采☆full-seam mining
全矿工作面总长度[总生产能力]☆face room
全矿生铁☆all-mine pig iron
全拉伸变形丝☆fully drawn texturing yarn
全棱齿兽科☆pantolambdodontidae
全棱兽属☆Pantolambda
全砾(石)磨机☆all-pebble mill
全粒度分析☆complete size analysis
全力提升泵☆pneumatic lifting pump
全联法☆complete linkage method
全量理论☆totality theory
全裂☆divisus
全裂海绵属[O]☆Pasceolus
全裂片☆segment
全磷☆total phosphorous
全零信号☆all-zerosignal；all {-}zero signal
全硫☆total sulfur
全流变曲线☆full rheological curve
全流冲击式涡轮机☆total-flow impulse turbine
全流沸腾☆bulk fluid boiling；volume boiling
全流利用设想☆total-flow concept
全流量安全阀☆full capacity relief valve
全流量彭奈控制阀☆full-flow Pennine control valve
全流式分级机☆whole-current settler{classifier}
全流式纤维细度仪☆pneumatic fiber fineness indicator
全流水型的☆holorheotypic
全略微分重叠法☆complete neglect of differential overlap method；CNDO method
全螺纹☆perfect thread
全裸露☆full exposure
全埋没的☆totally buried
全锚灯☆anchor light
全毛类[原生]☆Holotrichida
全毛滤尘器☆all-wool filter
全煤厚开采☆full-seam mining
全镁铁质的☆holomafic
全糜棱片麻岩☆holo-mylogneiss
全密封☆total enclosure
全面采用胶带输送机的矿山☆all-belt mine
全面的☆full scale；all-round；comprehensive；general
全面电子化办公室☆comprehensive electronic office
全面调查☆complete survey
全面对称的☆holohedric
全面法☆longwall{breast(ing)} method；cavity working
全面分析☆multi-analysis；overall analysis
全面工作☆full face
全面后退式盘区☆full-retreat panel
全面回采☆break stopping；open stoping without regular pillars；over-all mining method；full advance system；all(-)work；breast(ing) method；cavity working
全面活动☆permobile
全面积放矿☆area draw
全面检查☆check over
全面结冰[雪或水]☆ice-up
全面开发☆full-scale{full} development
全面开发的二次开采方案☆fully developed secondary scheme
全面开发井网☆full-scale well pattern
全面前进式盘区☆full-advance panel
全面石化的化石☆permineralized fossils
全面试压☆thorough-pressure testing
全面式异极象(晶)组☆holohedral hemimorphic class
全面体☆holohedron；holohedra；holosymmetric
全面体类☆holohedral class
全面析晶☆general precipitation
全面象☆holohedrism；holohedry
全面象(晶)组☆holohedral class
全面心格子☆all-face-centered lattice
全面研究☆traverse
全面延伸式运输系统[输送机系统]☆full dimension extensible conveyor system
全面运转☆full-plant operation
全面战争突然爆发☆wargasm
全面钻进☆non-coring{full-hole} drilling
全面钻进金刚石钻头唇部锥度内角☆apex angle
全面钻头☆full-face bit
全模标本☆cotype
全模拟模拟器☆full-analog simulator
全木质的☆all-timber
全能材料☆all-round material
全能的☆almighty；all-round
全能地质测量仪器☆universal stage
全能法测图☆universal method of photogrammetry
全能峰☆total-energy peak
全能利用概念☆total energy concept
全泥化☆all-sliming
全泥浆(化)提金法☆all-sliming process
全年(候)的☆yea-round
全年(使用的)勘探钻井(装置)☆year-round exploratory drilling
全年通车路面☆year-round surface
全黏-温曲线☆full viscosity-temperature curve
全欧的☆European
全盘电气化煤矿☆all-electric colliery
全盘机械化☆complex{complete;full} mechanization
全盘设计☆turning turnkey basis
全盆地构造图☆basin-wide structure map
全偏移☆full migration
全漂浮生物☆holoplankton
全平壁的☆totlplanomural
全平目镜[显微镜]☆hyperplane ocular
全蹼目☆Pelecaniformes
全蹼足☆totlpalmate foot
全期油封轴承☆“sealed for life” bearing
全脐螺属[腹;O-J]☆Euomphalus；Hologyra
全气体分析记录仪☆total gas analysis recorder
全气压盾构☆compressed air shield
全潜式驳船平台[浅海钻探]☆submersible barge platform
全潜式岩芯钻机☆submersible core drill
全潜式钻探平台☆submersible drilling platform
全桥式应变计测量法☆full bridge method
全氢化菲☆perhydrophenanthrene
全氢化-β-胡萝卜素☆perhydro-β-carotene
全倾斜☆full{true} dip
全氰化法流程☆all-cyanide flowsheet
全球变化计划☆Global Change Program
全球标准地震台测网☆world-wide standardized seismographs；WWSS
全球标准站☆worldwide standard station
全球层☆stratotype
全球大地坐标系统☆world geodetic system
全球大气研究计划☆Global Atmospheric Research Program；GARP
全球的☆global；hologeodic
全球地层☆geostrome
全球地层标准☆geostratigraphic standards
全球地学断面☆GGT；Global Geoscience Transect
全球断裂网☆worldwide network of faults
全球对流层放射性沉降☆worldwide tropospheric fallout
全球感测范围☆global coverage
全球构造网☆global tectonic network
全球海面相对上升☆global relative rise of sea level
全球海平面升降☆global eustasy
全球海上遇险安全系统☆global maritime distress and safety system；GMDSS
全球海洋站系统☆Integrated Global Ocean Station System；IGOSS
全球环流模型☆global circulation model
全球金属成矿带☆planetary metallogenic belt
全球流体静压状态☆global hydrostatic state
全球膨胀假说☆global expansion hypothesis
全球平均瑞利波群速☆global average group velocity
全球平流层放射性沉降☆worldwide stratospheric fallout
全球热储系☆global reservoir system
全球事件☆global event
全球水平(回声)测(深)技术☆global horizontal sounding technique；GHOST
全球体系☆worldwide system
全球投影☆globular projection
全球性断陷系☆world rift system
全球性放射性微粒回降☆worldwide fallout
全球性分布☆global distribution
全球性海面升降旋回☆eustatic cycle
全球性海面相对变化准{|超}周期☆global paracycle {|supercycle} of relative change of sea level
全球洋底分析研究计划☆Global Ocean Floor Analysis and Research Project；GOFAR
全区道平衡☆region-dependent equalization
全曲率☆total curvature
全驱动轮铲运机☆all-wheel-drive scraper
全权代理{|委任}☆general power of attorney
全然☆dead
全然地☆diametrically
全燃气☆full gas
全燃烧☆all-burnt
全人类☆universe
全韧带☆amphidetic ligament
全韧式韧带☆amphidetic{alivincular} ligament
全日潮☆diurnal tide；single day tides
全日的☆all-day
全日工作制☆around-the-clock operation
全日射强度测量☆pyranometry
全日周期型☆full diurnal type
(坡口)全熔气焊☆full fusion welding
全熔融年龄☆total age
全熔岩☆diatexite
全熔岩浆☆hypersolvus
全容量☆full capacity
全三维弹性偏移☆full three-dimensional elastic migration
全散射☆total scattering
全色成像☆panoramic imagery
全色调拷贝☆continuous{full} tone copy
全色激光显示器☆full-color laser display
全色盲者☆monochromate
全色乳胶☆panchromatic emulsion
全色散☆total dispersion
全色相片☆panchromatic photo
全色信号☆composite{complete} colo(u)r signal
全色眼☆holochroal eye
全珊瑚属[S_{2-3}]☆Entelophyllum
全伸出长度☆fully extended length
全身剂量☆body dose
全身照射☆full-body exposure
全深度偏移☆full depth migration
全深灌浆☆full {-}depth grouting
全深海的☆holopelagic
全生物带☆holontozone；holobiozone
全升举位置☆fully lift position
全盛冰期☆pleniglacial
全盛的☆meridianal
全盛期☆acme；meridian；heyday；noon；springtime
全石棉绝缘电缆☆all asbestos insulated cable
全石墨反射层☆all-graphite reflector
全时间偏移☆full time-migration
全食{蚀}☆total eclipse
全蚀病☆Ophiobolus
全使用期内修理费☆life repair cost
全世界产量☆worldwide production
全世界范围的☆mondial
全世界性变化☆global change
全世界自然灾害警报系统☆worldwide natural disaster warning system
全适应☆exaptation
全视图☆general{full} view
全收缩☆total shrinkage
全寿命周期系统安全☆life cycle system safety
全兽目☆Pantotheria；Panthotheria
全输送机化的☆all-conveyor
全数检查☆one hundred percent inspection
全衰减☆full attenuation
全双向的☆full duplex
全水分☆total moisture
全水力化采煤矿井☆all hydromechanized mine
全水头☆full head

全水系统☆all-water system
全水压机☆all-hydraulic press
全似的☆holisopic
全松[放松给进螺杆,便于换钢缆卡子]☆hitch over
全速☆full speed{throttle}
全速后退紧急停船试验☆crash stop astern test
全速前进☆full ahead；F Ahd
全碎屑的☆holoclastic
全碎屑岩☆holoclastic (rock)；holoclastite
全他形变晶的☆panallotriomorphoblastic
全态学☆holomorphology
全弹性理论解☆complete elastic theory solution
全淘汰☆total selection
全套☆complex；full set；complete
全套炊具[便于拥带的]☆kitchen
全套防喷装置☆blowout hookup
全套工具☆tool outfit
全套用具☆implements
全体☆gross；total；entire；totality；population
全体波束☆global beam
全体船员☆company；ship
全体的☆total；general；gross；overall
全体阁员☆cabinet
全体工作人员☆staff
全体会议☆plenum [pl.plena]
全体会员☆membership
全体论的☆holistic
全体人员☆personnel
全体说[生物界]☆holism
全体作业人员☆team
全天工作☆around-the-clock service；full day's operation
全天候(的)☆weatherproof；all {-}weather
全天候道路☆all-weather road
全天候级液化石油气☆all-weather grade liquified petroleum gas
全天候探测能力☆all weather measuring capability
全天日照☆total daily sunshine
全天(候)通车路面☆year-round surface
全调制☆complete modulation
全铁☆total iron
全停☆full cut-off
全通道译码器☆all channel decoder
全通滤波器☆all-pass filter
全同化包体☆endopolygene
全同立构{聚合}☆isotaxy
全同平面☆identical plane
全同温☆homothermous
全同相的☆holisopic
全同形的☆panidiomorphic
全头亚纲☆Holocephali；ratfish
全透射角☆angle of intromission
全图☆complete image
全退火☆dead{true} annealing
全拖车☆full trailer
全脱硫精矿☆dead-roosted concentrate
全脱氧☆fully-killed
全外壳扇风机☆"full housed" fan
全网笔石属[S_3]☆Holoretiolites
全微分☆perfect{total} differential
全微晶[结构]☆pilotaxitic
全微商☆total derivative
全危生层☆letal pantostrat
全位错☆perfect dislocation
全位移☆total displacement
全文☆in extenso；in. ex.
全稳定的旋转钻具组合☆frilly stabilized rotary assembly
全稳定状态☆full-cratonic state
全窝(木材浸渍)法☆full-cell process
全误差☆total (composite) error
全息☆holography
全息层析{分层摄影}术☆holographic tomography
全息地震☆holoseismic；seismic holography
全息干涉测量(术)☆holographic interferometry
全息胶片☆holofilm；holographic film
全息介电光栅☆holographic dielectric grating
全息摄影☆holograph(y)；holographic photography
全息透镜☆hololens
全息图☆hologram
全息照相☆hologram；optical holograph(y)
全息照相干涉仪☆holographic interferometer
全系[昆虫学]☆holophyly
全系统☆total system
全细磨☆all-sliming
全险☆against all risks；a.a.r.
全线☆full line；all fronts；the entire length；the whole line [of a railway or highway]
全线试车☆on-line
全线性群☆full linear group
全相关☆total correlation
全项目分析☆total analysis
全像的☆panoramic
全向导航台☆omnirange；omnidirectional radio range
全向的☆omnidirectional；omnibearing；all-round
全向式雷达预测☆omnidirectional radar prediction
全向式无线电信标☆omnirange
全(方)向水下检波器☆all-directional hydrophone
全向天线☆omniaerial；omnidirectional antenna
全向压力试验法☆triaxial test method
全向整体渗透系数☆all direction all permeability coefficient
全象☆complete image
全消光☆integral{complete} extinction
全消耗型燃烧器☆total consumption burner
全谐振☆complete resonance
全新的☆fire-new；brand new
全新世[1.2 万年至今;人类繁荣]☆Recent；Holocene (epoch)；Postglacial；the Recent Epoch；Flandrian transgression；Qh
全新世中期海进{侵}☆middle Holocene transgression
全型☆holotype
全形☆holohedral form；holomorph；euhedral
全形贝属[腕;C_2-P]☆Enteletes
全形区☆complete shadow
全形态种☆holomorphospecies
全形性☆pantomorphism
全形褶曲☆holomorphic fold
全胸龙属[P]☆Stereosternum
全循环☆complete alternation{cycle}；full circle
全循环湖☆holomictic lake
全压☆full{total} pressure
全压力[钻头上]☆total pressure
全压启动☆full-voltage starting
全压头下降☆drop of total head
全牙形石属☆Holoconodont；Holodontus
全岩☆total rock{bulk}；whole{bulk} rock
全岩分析☆bulk {-}rock analysis
全岩年龄☆whole rock age
全岩式矿层☆whole-rock ore bed
全岩体☆holosome
全(直径)岩芯分析☆whole core analysis
全眼地层测验☆full {-}hole testing
全样☆bulk sample
全药卷试验☆whole cartridge test
全液相体系☆all-liquid system
全液压驱动泥炮☆clay gun with all-hydraulic drive
全液压凿岩机☆all-hydraulic (rock) drill
全异的☆disparate
全隐式方法☆fully implicit method
全印刷电路☆all print
全硬化☆through-hardening；full hardening
全应变理论☆total strain theory
全应力☆total{resultant} stress
全优综合测井法☆grand slam
全游泳生物☆holonektonic
全油浮选☆(bulk-)oil flotation
全油门☆full throttle
全油体系☆all-oil system
全油田亏空(体积)☆fieldwide voidage
全油田同时注入{水}☆fieldwide simultaneous injection
全淤泥法[提取黄金]☆all-sliming
全羽的[棘海百]☆holotomous
全羽橱[珊]☆holacanth
全域☆population
全预应力☆full pre(-)stressing
全原油[未提取汽油的原油]☆whole crude
全员效率☆output per man-shift；o.p.m.s.；overall productivity efficiency
全圆(观测)法☆method of round
全圆角☆perigon angle
全圆型工☆full circle molding
(叶)全缘[植]☆integer
全缘的[植]☆entire
全缘生长[腕]☆holoperipheral growth
全缘石荠花☆lady's-smock；laetic
全缘叶☆integrifolious
全陨铁☆holosiderite
全造山幕☆holoorogenic phase
全折射☆total refraction
全褶鱼属[D_3]☆Holoptychius
全震尾运动☆complete coda motion
全蒸发☆pervaporation
全正态图☆full normal plot；FUNOP
全知☆omniscience
全知全能合理系统☆omnisciently rational system
全直径岩芯☆full diameter core
全直径岩芯分析法☆bulk method
全直领类☆Eurysiphonata；Nautiloidea
全植物性的☆holophytic
全值计算机☆absolute value computer
全指介属☆Graphiodactylus
全致死剂量☆lethal dose-100；LD_{100}
全重☆gross weight
全重力出矿矿块☆full gravity block
全重选流程☆all-gravity flowsheet
全周☆complete cycle
全轴☆holoaxial
全轴亚目☆Holaxonia
全转☆turn-round
全转式的☆full-circle-swinging；full-revolving
全转式机铲☆full-circle{revolving} shovel
全装☆load-through
全装药☆full charge
全椎目{类}☆Stereospondyli
全椎式☆stereospondylous
全椎亚目[两栖]☆Stereospondyli
全自动(化)的☆supermatic；full{all;fully} automatic
全自动化采煤法☆push-button mining method
全自形变晶[结构]☆panidioblastic
全自形的☆panidiomorphic；panautomorphic
全组☆full set
全组分模拟☆fully compositional simulation
全组构☆total fabric
全组合角度量测法☆measurement of angles in all combination
拳(头)☆fist
拳级煤[块煤]☆range coal
拳卷的[植]☆circinate
拳螺科☆Vasidae
拳石☆boulder

quǎn

犬齿☆dentes canini{caninae}；canine
犬齿龙附目☆Cynodontia
犬齿龙类☆cynodontia
犬齿螺科[腹]☆Vasidae
犬齿珊瑚(属)[C]☆Caninia
犬齿兽(次)亚目☆Cynodontia
犬(嗅)地球化学☆biocaningeochemistry
犬颌兽属[T]☆Cynognathus
犬黄杨☆ilex crenta
犬类☆Canoidea
犬鬣类☆hyenoid dog
犬属[Q]☆Canis
犬头龙☆cynognathus
犬嗅地球化学(方法)☆biocaningeochemistry
犬牙交错☆rough dentation；indent
犬牙交错的海岸☆indented coast
犬牙壳目{类}☆Cynostraca
犬牙式接合☆dog clutch
犬牙形☆dog-tooth form

quàn

劝导性的☆persuasive
劝告☆suasion；recommend(ation)；advice
劝告者☆advisor；adviser
劝说☆reason；advise；urge (up)on；persuade
劝诱投资☆induced investment

quē

缺☆an-；paucity；mero-
缺凹☆sinus
缺凹螺属[腹;O-C]☆Sinuites
缺层☆stratigraphic hiatus{break}；break；hiatus
缺齿鲸亚目☆Mysticeti
缺齿兽属☆Tillotherium

缺齿亚目☆Anomodontia
缺翅目[昆]☆Zoraptera
缺氮☆nitrogen deficiency
缺地下水☆groundwater shortage
缺点☆drawback；disadvantage；failing；weakness；blemish[表面]；crack；spot；fault；defect；vice；wrinkle；vise；touch；shortcoming；objection；negative feature；limitation
缺点多的☆faulty
缺对称☆merosymmetry；merohedrism
缺乏☆lack；deficiency；fail；empty；defect；scarcity；absence；short of；privation；need；drought[长期]
缺乏病征[营养]☆deficiency symptom
缺乏导水裂隙的井孔☆blind hole
缺乏的☆void；short
缺乏钙盐的☆calciprivic
缺乏燃料☆fuel-short
缺乏生油气的源岩☆inadequate source rock
缺乏训练☆indiscipline
缺乏岩浆活动的☆amagmatic
缺乏知识☆nescience
缺钙☆lime famine
缺弓亚纲[爬]☆Anapsida；Anaspida
缺荷(的)☆undercharge
缺环状☆ellipticone
缺货☆turnaround
缺货费用☆stockout cost
缺甲鱼`目{亚纲}[无颌龟]☆Anaspida
缺刻☆indentation{notch}[生]；indention；sinus[牙石]
缺口☆indentation；interrupt；chip；stable (hole)；wall niche；nick；gap；hag；notch；breakup；buttock；breach[地形]；rabbet
缺棱☆truncation
缺量加药(剂)☆starvation
缺裂层理☆dented bedding
缺鳞鱼属[D]☆Endeiolepis
缺硫环境☆sulfide-free environment
缺铝纯钠辉石☆urbanite
缺绿病☆chlorosis
缺码☆poise；code absence
缺面☆merohedron
缺面断层☆planeless fault
缺面对称☆merosymmetric
缺面双晶☆twinning by merohedry；merohedral twin
缺面象☆merohedrism；merohedry；merohedral
缺某元素的病☆deficiency disease
缺钠病☆natruresis；natriuresis
缺气☆deficiency；scarcity
缺气沉积☆anaerobic sediment
缺少☆discrepancy；lack；failure；devoid of；want；stringency；shortcoming；oligo-
缺少的☆absent；abs；shy
缺少若干级别的粒度组成☆intermittent gradient
缺少数量☆wantage
缺省值☆default value
缺失☆lacuna[地层;pl.-e,-s]；hiatus；deficiency；check；vacancy；lacunnae；omission；loss[地层]
缺失层☆nonsequential bed
缺失地层☆phantom
缺失面☆omission surface
缺失某种自卫器官的[如齿、爪等]☆muticous；mutic ate
缺失相☆absent{missing} phase
缺失岩段☆ghost member
缺失因子☆deficiency factor
缺失元素☆deficient element
缺蚀面☆omission surface
缺水☆water deficit{shortage;deficiency}；shortage
缺水的☆unwatered
缺水冻土☆dry pergelisol
缺水矿山{砂矿}☆dry diggings
缺水区☆water-deficient region
缺水砂矿突然放水冲洗法☆booming
缺酸的☆acid-deficient
缺腕贝属[腕;D_2]☆Anoplotheca
缺位☆vacancy；vacant (position)
缺位晶格☆Schottky defect；defect lattice
缺席☆default；absence
缺陷☆fault；imperfection；(coating) flaw；drawback；defect；deficiency；deformity；defective portion；gap；default；vice；objection；blemish；wart；touch；bug；unsoundness；shortage；pitfall；divot[凹坑]
缺陷的临阈浓度☆threshold concentration of defects
缺陷型固溶体☆omission solid solution
缺陷中心☆defect centre
缺序☆absent order
缺氧☆hypoxia；anoxia；oxygen lack{depletion;deficiency;deficient}；apnoea；anaerobism；apnea
缺氧不完全燃烧状态☆reduction condition
缺氧层☆anoxic{hypoxic;hypoxid} layer；layer of oxygen deficient
缺氧代谢☆anaerobic metabolism
缺氧的☆anaerobical；anoxygenous；anoxybiotic；anoxic；oxygen-deficient{-deficiency}
缺氧度{性}☆anoxicity
缺氧腐解作用☆moldering
缺氧腐蚀☆anerobic corrosion
缺氧海相孔隙水☆anoxic marine pore-water
缺氧环境☆anoxygenous{anoxic} environment
缺氧火焰☆soft fire
缺氧警告系统☆hypoxia-warning system
缺氧区☆oxygen-starved area
缺氧燃烧☆reducing fire；anoxycausis
缺氧生活☆anoxybiosis
缺氧生活的☆anoxybiotic
缺氧性缺氧☆sypoxic hypoxia
缺氧炸药☆oxygen-deficient explosive
缺养分富氧性☆oligotrophy
缺养分湖☆oligotrophic lake
缺养湖☆distrophic lake
缺养环境☆anaerobic environment
缺页率☆page fault rate
缺油☆out of gas
缺釉☆exposed body
缺雨区{性}☆anhyetism
缺震区☆seismic gap；seismogap
缺肢目{类}[两栖]☆Aistopoda
缺纸☆paper empty
炔☆alkyne
炔醇☆alkynol；acetylenic alcohol
炔化☆ethynylation
炔基☆alkynyl
炔属☆acetylene series
炔属烃☆acetylenic hydrocarbon
炔烃☆alkine；acetylene series
(链)炔烃[C_nH_{2n-2}]☆alkine
炔系☆acetylene series

què

却尔却克虫属[三叶;$Є_3$]☆Charchaqia
确保☆ensure；make sure
确定☆fix；fixedness；establishment；explore；verify；state；definition；determination；establish；clinch；assessment；diagnose；ascertain；assess；settle；seal；verification；locate；df
确定储量☆measured reserve
确定的☆fiducial；established；definite；clear cut；assured；well-defined；positive
确定断裂时代☆timing off faulting
确定浮土厚度和基岩性质的钻探☆bedrock test
确定故障处{点}☆fault localization
确定货币等价值☆certainty monetary equivalent
确定价格☆firm offer；F.O.
确定井位☆hole siting
确定孔底情况☆lock for bottom
确定矿石☆visible ore
确定年代☆date
确定身份的证明☆identification
确定数据☆specified data
确定数量{|速度}☆quantity{|velocity} determination
确定条件下的决策☆decision making under certainty
确定型等价(事件)☆certainty equivalent
确定性☆finality；determinacy
确定性的稳定分析☆determinative stability analysis
确定性旋回序列☆deterministic cyclic series
确定油藏边界的井☆pinch {-}out well
确定准确位置☆spotting
确定钻孔涌水部位☆locating point of entry of water
确盘☆firm offer
确切☆definiteness
确切储量☆positive reserves
确切的☆exact
确切性☆validity
确认☆acknowledge；countersign；affirm；pinpoint；validation；confirm；uphold；sustain；ACK
确认(的)[储量]☆established
确认信号☆acknowledge{ACKNLG} signal
确实☆surety；sure enough；positivity
确实(性)☆certitude
确实的☆absolute；tangible；reliable
确实的事☆certitude
确实地☆securely
确实数据☆factual data
确实性☆credibility；certainty；validity；reliability；authenticity
确限种☆fidelity species
确信☆certitude；assurance；positivity；make sure
确凿☆conclusive；authentic；undeniable；accurate；solid；reliable；definite；precise；well-established；ironclad；irrefutable
确凿(的)事实☆irrefutable facts；absolute fact
确凿性☆facticity
确证☆corroboration；positive proof；corroborative
确证分析☆confirmatory analysis
确知信号☆deterministic signal
雀(形)目☆Passeriformes
雀鳝属[Q]☆Lepisosteus；Lepidosteus

qún

(围)裙☆apron
裙板☆apron (board)；skirt
(钻头)裙部表面硬化☆shirt-tail hardfacing
裙带菜属[褐藻;Q]☆Undaria
裙海扇属[双壳;C-P]☆Limipecten
裙环缘☆skirt
裙礁☆apron{fringe;fringing;shore} reef
裙圈☆apron ring
裙扇蛤☆limipecten giganteus
裙式☆apron-type；apron type
裙式输送机{运输器}☆apron conveyor
裙饰贝属[腕;P_1]☆Institella
裙状冰川☆ice-foot{fringe;slope} glacier
裙状物☆petticoat
裙子☆petticoat
群☆group；flock；swarm；cluster；team；gr；drove；crowd；large numbers of people；in groups；in large numbers；herd；train；nest；qun[地层单位]；infraturma[孢粉分类]；Grp.
(信号)群[法]☆ensemble
群笔石体☆synrhabdosome
群表示☆group representation；representation of group
群波☆wave group
群虫☆coloniality；polyzoa
群虫个体☆polyzooid
群重叠积分☆group overlap integral
群穿孔☆gang punch
群丛☆association；assemblage
群丛系数☆coefficient of association
群带☆assemblage zone
群岛☆islands；archipelago；isles；Arch.；Is.
群岛(周围深海扇形地)☆archipelagic apron
群岛中的非主要岛屿☆out-island
群的阶☆order of a group
群迭代法☆group iterative method
群动☆group motion
群发地震☆earthquake swarm；swarm earthquakes
群分析☆cluster analysis
群海百合属[棘;$D-C_1$]☆Agelacrinus
群火山☆cluster of cone
群基遗传学☆syngenetics
群集☆confluence；conflux；cluster；concourse；swarm；gather；assemble；throng
群集带☆cenozone；assemblage zone
群集度☆sociability
群集分析☆assemblage analysis
群集模式☆shoaling pattern
群集死亡[生态]☆mass mortality
群集体☆clustered aggregate
群集效应☆constellation effect
群集型细菌☆colony-forming bacteria
群集岩基☆gregarious batholiths
群礁☆cluster rock
群截面☆group cross-section
群结层☆colonial plexus
群井抽水☆combined draw-off
群井系统☆multiple well system

群居[生]☆communal
群居动物☆social animal
群聚☆crowd；clustering；aggregation；adoption society；bunching
群聚腔☆buncher
群聚体☆cybotactates
群聚性☆cybotaxis
群孔☆multiple wells
群扩散☆group diffusion
群离子☆crowdion
群量分布学☆synchrology
群鳞虫亚属[孔虫;K-Q]☆Pliolepidina
群滤波器☆group filter
群论☆group theory；theory of groups
群落☆community；biocoenosis；colony；building complex；coenosis[生]；cluster of buildings；coenosium；society
群落带[生]☆coenozone
群落的季相☆seasonal aspect of biome
群落的演替☆succession of biome
群落对比☆coenocorrelation
群落发生☆syngenesis
群落过渡区的☆ecotonal
群落交错☆alternes
群落交错区☆ecotone；tension zone
群落局变☆saltation
群落类型[生]☆coenotype
群落生态学☆synecology
群落属☆alliance
群落外貌☆physiognomy
群落系数☆coefficient of community
群落型带[生]☆community-type zone
群落演化☆community evolution
群落组合现象☆anabolism in community
群码☆group code
群慢度☆group slowness
群锚效应☆anchor group effect
群囊蕨属[C_{1-3}]☆Botryopteris
群内变异☆intragroup variation
群内个体变异☆intrapopulational individual variation
群频率☆group frequency
群栖虫☆bryozoan；polyzoan
群青☆ultramarine；French blue；ultramarine blue R
群山☆range of mountains
群山贝属[腕;P_1]☆Monticulifera
群扇笔石属[O_2]☆Syrrhipidograptus
群社☆biocoenosis；community
群生的☆clustered
群生岩基☆grouping batholith
群时延差☆group delay differential
群速度☆group velocity
群特征标☆group character
群体☆population；colony；groups
群体发生{育}☆astogeny
(生物)群体发育史☆astogeny
群体环境生态☆synectics
群体内均值☆intracolony mean
群体状☆colonial form
群析☆group analysis
群系[植]☆formation；fm
群信号继电器☆group marking relay；g.m.r.
群星藻属[绿藻]☆Sorastrum
(波)群性质☆group property
群选择{|延迟}☆group selection{|delay}
群议集团技术☆"Buzz" group
群占线信号☆group busy signal
群障[位错用语]☆forest
群震☆earthquake swarm；swarm earthquakes
群智冰期☆Günz glacial age；Günz glaciation
群种☆population
群众☆crowd；mass
群柱☆grouped column
群桩☆group pile；pile group
群状硅酸盐矿物☆sorosilicate mineral
群组☆cohort

R

rán

燃☆fire；burn
燃爆☆ignite and explode；an explosion caused by ignition
燃爆事故☆pyrophorocity accident
燃焙恶臭☆fire stink
燃弹量热器☆bomb calorimeter
燃点☆kindling{fire;ignition;burning;flash} point {temperature}；flammability{firing;flame} point；kindle{set fire to;light;ignite}［点着］；firing temperature {point}；temperature of combustion；FP；F.T.
燃点试验☆burning point test
燃发☆blazing
燃放☆set off
燃放爆竹☆setoff firecrackers
燃粉☆catch
燃管☆can burner
燃管碳氢分析☆micro combustion tube analysis
燃焊混合金(表面的)钻头☆hard faced bit
燃耗☆burn(-)up；burn-up；burn(ing)-out；BU
燃耗深度☆specific burnup；burn-up level
燃耗原子☆discarded atom
燃弧☆arcing
燃弧电压☆arc-burning voltage
燃弧计时测定器☆arc timer
燃弧角☆angle of ignition
燃弧时间☆arcing time；arc time{current time}
燃弧时间率☆arcing time factor
燃琥珀香脂☆stanekite
燃灰腐蚀☆fuel ash corrosion；fuel(ash){ash} corrosion
燃毁☆burn
燃火加热器☆fired heater
燃焦坩埚炉☆coke-fired crucible furnace
燃金属纸条[雷达干扰用]☆flasher
燃尽☆burnup；after-combustion{flaming}；burn out
燃尽点[火箭燃料完全燃尽的瞬间]☆all burnt
燃尽后(的)☆afterburnt
燃具☆gas appliance
燃坑☆colliery
燃垃圾电厂☆waste recovery power plant
燃离酸☆phloionic acid
燃料☆fuel (material)；combustible；firing；combust；heating gas；propellant；bunkers
燃料棒定位端板☆fuel locating plate
燃料棒束☆cluster of (nuclear fuel) rods；fuel bundle
燃料包壳管☆fuel tube
燃料(-)包壳相互作用☆fuel-cladding interaction
燃料泵☆fuel pump{actuator}；ptolift；feed-pump；petrolift
燃料泵膜☆fuel pump diaphragm
燃料比[固定碳/挥发分]☆fuel ratio{consumption; rate}
燃料比热☆enthalpy of fuel
燃料表浮标☆fuel ga(u)ge float
燃料不足的火焰☆lean flame
燃料舱☆fuel compartment{tank}；bunkers
燃料层☆fuel bed；bed of flux
燃料层燃烧开始区☆early part of fuel bed
燃料产汽率☆fuel evaporation rate
燃料成分比☆fuel air ratio
燃料储存池☆fuel storage bay
燃料传输容器☆fuel-transfer cask
燃料床层局部化学☆topochemistry of fuel beds
燃料吹氧废钢电弧炉炼钢法☆fuel oxygen scrap process；FOS process
燃料次组件☆fuel subassembly
燃料单位耗量☆specific fuel consumption；SFC
燃料当量☆coal{fuel} equivalent
燃料的储运☆fuel handling
燃料电池☆fuel cell{battery}；redox cell；fuelcell
燃料动力工业☆fuel and power industries
燃料放泄喷嘴☆fuel jettisoning nozzle
燃料分布☆fuel distribution
燃料分析☆fuel analysis
燃料封装机☆fuel encapsulating machine
燃料富选☆preparation of fuel
燃料改变☆change of fuel
燃料供给调节(器)☆fuel control package
燃料工业地理学☆geography of fuel industry
燃料管☆cartridge
燃料管线☆burning line
燃料过载☆overloading of fuel
燃料耗尽信号器☆fuel runout warning device
燃料耗量☆firing rate
燃料和空气比☆fuel air ratio
燃料化工型炼油厂☆petrochemical refinery
燃料化学☆fuel chemistry；chemistry of fuel
燃料挥发度调节☆fuel volatility adjustment
燃料回收工厂☆fuel reprocessing plant
燃料汇流腔☆fuel manifold
燃料混合物☆fuel{burning} mixture
燃料混烧率☆mixed fuel burning ratio
(在)燃料或油内加入填料☆doping
燃料激荡试验☆fuel slosh test
燃料加工工艺学☆fuel processing technology
燃料加热式炉☆fuel-fired heating furnace
燃料加压供给系统☆pressure fueling system
燃料加注场☆fueling area
燃料检验盘☆monitor fuel disk
燃料焦☆coke fuel
燃料结构(重量)比[航]☆fuel structure{weight} ratio
燃料紧急自动切断器☆emergency fuel trip
燃料进给调节(器)☆fuel control package
燃料-空气切槽机☆fuel-air channelling unit
燃料孔☆teasehole
燃料块破损探测☆burst slug detection
燃料矿产☆fuel commodities；mineral fuel
燃料冷却[机]☆fuel {-}cooling；fuel-cooled
燃料冷却式润滑油散热器☆fuel-cooled oil cooler
燃料量控制☆control of fuel rate
燃料炉☆fuel-fired furnace
燃料滤器盖☆fuel filter cover
燃料慢化剂比☆fuel-to-moderator ratio
燃料密实体☆fuel compact
燃料木柴☆firewood
燃料喷入器☆fuel injector
燃料喷射☆expulsion{spraying} of fuel；fueling injection；fuel atomization {injection}
燃料喷射长度☆fuel spray penetration
燃料喷雾均匀性☆uniformity of fuel spray
燃料切断系统☆fuel shutoff system
燃料球心{芯}块[核]☆fuel pellet
燃料/燃料转换☆fuel-to-fuel conversion
燃料燃烧(爆炸)成形☆fuel combustion forming
燃料熔融事故☆fuel melting incident
燃料溶液☆fuel solution；soup
燃料烧毁☆burn-out；fuel burnout
燃料烧尽速率☆fuel burning up rate
燃料剩存量☆fuel inventory
燃料试验反应堆☆fuel assay reactor
燃料束棒[核]☆stringer
燃料树皮☆bark for fuel
燃料树脂☆dissolved gum
燃料随动棒{|添加器}☆fuel follower{|feeder}
燃料调节表☆fuel-metering device
燃料投入量☆fuel inventory
燃料脱硫☆fuel desulfurization；desulphurization of fuel
燃料雾化☆fuel atomizing；spraying of fuel
燃料雾-空气混合物☆fuel spray-air mixture
燃料系故障☆failure of fuel
燃料箱供给☆drumcontainer feeding
燃料箱增压式火箭☆balloon-type rocket
燃料箱罩☆fuel tank cover
燃料消费量试验机☆mileage tester
燃料消费效率☆gas mileage
燃料消耗☆fuel consumption；fuel rate；investment
燃料消耗比☆specific fuel consumption；SFC
燃料消耗电测表☆electric fuel consumption gauge
燃料卸车滑坡台☆fuel ramp
燃料芯核{|块}☆fuel kernel{|pellet}
燃料型炼油厂☆fuel type refinery
燃料选别☆preparation of fuel
燃料学会[英]☆IOF；institute of fuel
燃料循环全过程☆total fuel cycle
燃料压力表{计}☆fuel pressure indicator
燃料研究局☆fuel research station
燃料-氧气-废钢炼钢法☆fuel-oxygen-scrap{fos} process
燃料用量测定仪☆fuel-metering unit
燃料油☆fuel{furnace;bunker;heating} oil；oil fuel
燃料油槽车下卸油罐☆transit site tank
燃料油储油站☆bunker station
燃料油船☆fuel ship；bunker boat
燃料油袋形滤器☆fuel oil bag filter
燃料油解析塔☆fuel oil stripper
燃料油排放罐{舱}☆fuel oil drain tank
燃料油喷嘴☆fuel oil burner
燃料油泄塞杯☆fuel drain cook bowl
燃料油贮存库☆oil-fuel depot
燃料预热☆preheating of fuel
燃料元件☆fuel element；heat liberating device
燃料元件棒束☆fuel elements bundle
燃料元件包壳☆can
燃料元件破裂检测器☆burst can detector；leak detector
燃料元件稳流套☆shroud
燃料元件装卸事故☆fuel handling accident
燃料源物质☆fertile material
燃料再生工厂☆fuel reprocessing plant
燃料再制备☆fuel refabrication
燃料增殖循环☆fuel {-}breeding cycle
燃料蒸发量比☆fuel evaporation rate
燃料置换室[物]☆fuel-changing chamber
燃料重油☆heavy fuel oil
燃料转换率☆fuel conversion factor
燃料转运池☆fuel transfer pond
燃料准备工段☆fuel preparation plant
燃料自动分配器☆automatic fuel distributor
燃料总指示器☆fuel totalizer (gauge)
燃料组件拆卸☆fuel assembly dismantling
燃硫炉[化]☆burner
燃硫燃料☆sulfur-burning fuel
燃煤☆fire coal
燃煤的蒸汽发生器☆coal-fired steam generator
燃煤独立温水采暖装置☆coal-burning (heater type) hot water heating equipment
燃煤发电厂☆coal-fired power plant
燃煤锅炉☆coal-firing{-fired;-burning} boiler
燃煤气的☆gas firing
燃煤炭☆ember
燃煤温水锅炉☆coal-burning heater
燃煤制粉系统☆coal pulverizing system
燃模☆gasifiable pattern
燃木☆firebrand
燃气☆(combustion) gas；gas-type{gaseous} fuel；gas (fuel)；fuel{fire} gas
燃气侧全压损失☆total pressure loss for gas side
燃气成分分析☆burnt gas component analysis
燃气的☆gas-fueled
燃气断路器☆gas circuit breaker
燃气舵☆gas{jet} vane；internal controller；jetavator
燃气发生器效率☆gasifier efficiency
燃气发生站☆gas generator station
燃气房空气调节器☆gas home air conditioner
燃气辐射管加热炉☆gas tube furnace
燃气供暖法☆gas firing
燃气供应方法☆gas distributing system
燃气管☆gasline
燃气管道☆fuel gas conduit；gas piping
燃气管线[油]☆(gas-)burning line
燃气回吞☆gas ingestion
燃气混合物☆steamgas mixture
燃气加热固化炉☆gas-fired curing oven
燃气加压风机☆gas booster fan
燃气检测管☆gas indicating tube
燃气紧急截止阀☆gas-emergency trip valve
燃气空气混合☆gas-air mixture
燃气连接阀☆gas linking valve
燃气流☆combustion-gas stream
燃气轮机☆gas turbine；gas motor；turbine engine；combustion (gas) turbine；GT
燃气轮机列车组☆gas-turbine trainset
燃气喷流温度☆gas jet temperature
燃气烧水器☆gas water heater
燃气炭黑☆impingement black
燃气透平启动装置☆combustion turbine starter
燃气稳压箱☆gas collector
燃气涡轮动力装置☆gas-turbine generator；gas-turbine power unit；GTG；GTPU
燃气涡轮喷气机☆jet gas turbine
燃气蒸汽联合汽轮机☆combined gas-steam turbine
燃气装置配件☆gas fittings

燃汽灯☆vapour lamp
燃氢汽车☆hydrogen-burning automobile
燃区☆depot
燃烧☆combustion; burn; inflammation; ignition; flame (out); kindle; conflagration; blaze; combust; set on fire; fire; burning; ignite; baking
燃烧臂☆(burner) boom
燃烧病☆adustiosis
燃烧波[化]☆combustion wave
燃烧部位☆hotspot
燃烧残渣{留}☆combustion residue
燃烧仓☆fuel bunker
燃烧层☆zone of combustion; burning zone; fire blanket; firebed
燃烧产物☆combustion product; products of combustion
燃烧产物腐蚀☆fuel(ash) corrosion
燃烧程度☆burning degree; degree of burning
燃烧匙☆deflagration spoon
燃烧充分☆completeness of combustion
燃烧促进剂{器}☆combustion improver
燃烧带热力强度☆thermal intensity of burning zone
燃烧弹量热计☆bomb calorimeter
燃烧的干石堆☆fire bank
燃烧(过程)的控制☆combustion control
燃烧点☆burning{fire;ignition;flare} point
燃烧定碳法☆Strohlein method
燃烧度☆degree of burn-up
燃烧废气☆burned{burnt} gas; combustion gas effluent; combustion emission
燃烧废气的烟囱☆flambeau
燃烧废物发电☆garbage burning generation
燃烧管☆combustion{flame;burner} tube
燃烧过程相似☆combustion process similarity
燃烧过的气体☆burned{burnt} gas
(把……)燃烧过度☆overburn
燃烧过速导火线☆running fuse
燃烧焓☆enthalpy of combustion
燃烧航弹☆incendiary bomb
燃烧(室)拱顶☆ignition arch
燃烧后的碳质页岩☆burnt shale
燃烧化学☆combustion chemistry
燃烧灰分☆fuel ash
燃烧混合物☆ignition mixture
燃烧火箭☆incendiary rocket
燃烧火山☆burning volcano
燃烧计☆comburimeter
燃烧距离☆distance burned
燃烧空气计量孔☆combustion air metering hole
燃烧控制☆combustion control; control of combustion
燃烧类型分析仪☆combustion type analyzer
燃烧量[环]☆quantity combusted
燃烧炉☆burner; combustion furnace; burning oven
燃烧率☆burning{combustion} rate; intensity of combustion; rate of combustion {burning;firing}; intensity of combustion; combustion ratio; fuel ratio[固定碳/挥发分]
燃烧能力☆flammability
燃烧排气测定器☆combustion fuel gas apparatus; combustion flue gas apparatus
燃烧喷烟器☆combustion fog machine
燃烧喷嘴☆combustion nozzle; atomizer burner
燃烧瓶☆combustion bottle; frangible grenade
燃烧评价☆rating of fuel
燃烧期☆gas{combustion} period
燃烧器☆combustor; (main) burner; firing hood; oil burning unit; nozzle; combuster; inflamer
(气体)燃烧器☆flare
燃烧器辐射帽☆burner radiation head piece
燃烧器降燃因素☆burner turn(-)down factor
燃烧气量☆amount of combustion gas
燃烧气体等离子体☆combustion gas plasma
燃烧器旋孔☆burner arch
燃烧强度☆combustion intensity
燃烧区☆combustion zone{area}; fire{burning} area; fire room; zone of fire{combustion}; Z/F
燃烧热☆heat of combustion; heat output; heating power; combustion heat; h.c.; thermal value
燃烧时发白光的煤☆gaist{ghaist;ghost} coal
燃烧时间☆burning{combustion;firing} time; hours of combustion; combustion interval[导火线等]
燃烧室☆combustion chamber{source;space}; fuel chamber; burner (house); combustor; fire(-)box; firing box; fire chamber[航]; hot bulb; furnace room{chamber}; gasification chamber[煤炭地下]; combustion well{space;chamber}; burning compartment{chamber}; explosion chamber[发动机]; barrel; CC
燃烧室比热强度☆specific calorific intensity of combustion chamber
燃烧室壁温☆chamber wall temperature
燃烧式传感器☆catalytic sensor
燃烧室墙☆heating wall
燃烧式燃气浓度测定器☆burning method gas analyser
燃烧室收缩段[航]☆constrictor
燃烧室特征长度[航]☆characteristic chamber length
燃烧速度☆burning velocity{rate}; combustion {burning} speed; flame velocity; combustion velocity; velocity of combustion; rate of burning
燃烧速率☆combustion rate{speed}; burn-rate; rate of burning
燃烧损失☆combustible{combustion} loss; loss by burning
燃烧体☆blazer; combustible
燃烧温度☆combustion{ignition;burning} temperature; temperature of combustion; CT
燃烧物☆fire goods; comburent; comburant; inflamer
燃烧系数☆burn-up factor
燃烧性☆flammability; incendivity; burning quality {property}; combustibility
燃烧油☆burning oil; heavy fuel
燃烧原理☆theory of combustion
燃烧值☆heating power; fuel value
(发动机)燃烧中断☆flameout
燃烧周期☆firing period
燃烧铸造法☆combustion casting process
燃烧着的☆flambe
燃烧作用☆combustion; ustulation; incendiary
燃素☆phlogiston
燃素的☆phlogistic
燃素说☆phlogistic{phlogiston} theory; phlogistonism
燃碳率[色]☆carbon burning rate
燃屑☆embers
燃臭☆combustion odor
燃用木柴☆fuel wood
燃用树脂☆preformed gum
燃用油☆heating oil
燃(料)油☆fuel (oil); oil-(type) fuel; f.o.; burning oil
燃油`泵{帮浦}☆fuel pump
燃油泵调节器☆fuel-oil pump governor
燃油残渣☆fuel-oil residue
燃油的燃烧炉☆oil-fired burner
燃油灯☆fuel-burning lamp; oil-fired burner
燃油独立温水采暖装置☆oil-burning{heater type} hot water heating equipment
燃油供应罐☆fuel service tank
燃油管线图☆fuel oil piping diagram
燃油精虑器☆fuel precision filter
燃油空气比☆fuel-air ratio
燃(石)油炉☆petroleum-fired furnace
燃油滤清器滤芯☆fuel filter element
燃(料)油喷吹☆fuel oil injection
燃油器☆oil burner; oilburner
燃油射注器☆fuel injector
燃油系故障☆fuel failure
燃油细滤器☆fuel fine filter; second-stage filter
燃油箱加油漏斗滤网☆fuel tank filler screen
燃油引燃泵☆fuel oil priming pump
燃油油量表☆fuel gage; fuel quantity indicator
燃枝☆twig
燃舟☆boat
燃轴☆excessively heated axle; severe hot box
燃着☆catch

rǎn

染☆tinge
染(色)☆bedye
染尘情况☆dust environment
染成紫色☆purple
染红作用☆red coloration
染料☆dyestuff; dye; coloring agent; colorant; color; tincture
染料木☆hypernic
染料渗入法☆dye penetrant technique
染色☆colo(u)ration; colo(u)r; coloring; dyeing; tincture; tint; stain(ing); tinction; colorate; dye
染色孢子☆colored{dyed} spore
染色单体☆chromatid
染色的☆coloured; stained
染色度☆dyeability
染色剂☆stain; colouring agent
染色胶片☆ink film
染色示踪剂试验☆dye tracer test
染色体☆chromosome
染色体组型☆karyotype
染色相差法☆staining contrast method
染色岩石☆pigmented rock
染色液流试验☆dye flow test
染色质☆chromatin
染污的☆dirty
染污岩芯☆foul the core

ráng

穰[10^{-18}]☆exa

rǎng

(土)壤气探头☆soil gas sensor
壤土☆loam (soil); lehm
壤土质的☆loamy
壤质化(作用)☆loamification
壤质土☆loam(y) soil; loamy clay
壤中冰☆soil ice
壤中流☆interflow
壤中气☆earth{soil} gas; soil atmosphere

ràng

让步☆concession
让车(岔)道☆turnout
让出☆relinquishment
让出地位☆make room
让菱黑稀土矿☆thorosteenstrupine
让氏藻属[K-Q]☆Jania
让压拱构件☆yieldable{yielding} arches; yielding steel arches
让压巷道拱☆sliding roadway arch
让压块☆crush block
让压矿柱法☆yield-pillar system
让压煤柱☆yield pillar
让压能力☆capacity to yield
让压下沉时间图☆yield-time diagram
让压性拱形支架☆yielding arch
让压支架☆compressible support{prop}; collapsible {yield} timbering; sliding arch; pliable{ yielding; stilt;yieldable} support
让压支柱尖端压裂☆burning of tapered prop
让油井猛出油☆let die
让与☆grant; give up; concession
让与人☆grantor; granter

ráo

桡侧腕骨☆radiale
桡尺骨☆radioulna
桡尺关节☆articulatio radioulnaris
桡尺远侧关节☆articulatio radioulnaris distalis
桡骨☆ulna; radius
桡脚类☆Copepoda
桡腕关节☆antibrachio-carpal joint
桡足类[节甲;Q]☆Copepoda
饶氏藻属[Q]☆Jaoa

rǎo

扰荡法☆method of perturbation
扰动☆disturbance; trouble; flutter; destabilization; commotion; remo(u)lding; be in turmoil; upset; disturb; be turbulent; perturbation; whirling; turbulence; storm; perturbance; perturb
扰动波痕☆interference ripple mark
扰动参数☆excitation parameter
扰动带☆disturbed belt{zone}; troublesome zone
扰动的逐渐减弱☆decay of a disturbance
扰动地层☆slurry bed; disturbed strata
扰动法☆perturbation procedure; method of perturbation
扰动分析☆disturbance analysis
扰动函数☆disturbing function
扰动力☆disturbed{disturbing} force
扰动黏土☆remolded clay
扰动强度☆turbulence intensity

R

扰动球粒☆dispellet
扰动式喷燃器☆swirl burner
扰动体☆perturbing body
扰动信号☆disturbing signal
扰动因子☆perturbation factor
扰动源地☆seat of disturbance
扰动噪声☆turbulent noise
扰动指数☆disturbance{remolding} index
扰动中心☆center of disturbance
扰流☆buffeting；burbling
扰流板☆interceptor
扰流器☆baffle；spoil
扰乱☆disorder；trouble；discompose；harass；perturb；disarray；disarrange(ment)；disturb(ance)；create confusion；perturbation；interference
扰乱脉☆troubled vein
扰乱水系☆deranged drainage pattern
扰乱性的☆perturbative
扰频☆scramble
(地磁)扰(动)日☆active day
绕☆coil；wrap；spooling；reeling；reel
绕坝渗漏☆leakage around dam abutment
(在无极绳上用)绕车链挂车☆lash-on
绕车线☆detour
绕成螺旋☆coiling
绕带机☆wrapping machine
绕道☆by-path；by-way；roundabout (way)；circuit；loop road；runaround way；passby；make a detour；go by a roundabout route；run-around；compass；runaround[井底]
绕道而行☆fetch
(卫星)绕地球一圈☆pass
绕法☆winding
绕风道☆dumb drift
绕杆☆turnstile
绕根结核☆root cast；rhizoconcretion rhizomorph；rhizocretion
绕过☆circle；bypass(ing)；by-passing
绕过事故钻具所钻的孔段☆overlap
绕过事故钻具钻进☆drill around
绕焊☆boxing
绕航☆deviation
绕极水团☆circumpolar water mass
绕卷机构☆winding mechanism
绕流器☆cowling
绕流效应☆bypassing effect
绕轮式提升☆reeling hoisting
绕曲管☆crooked pipe
绕圈(盘绕雷管脚线)☆coil
绕圈距☆pitch of the laps
绕纱工宝塔筒子络筒机☆coner
绕上☆reel up
绕上钢丝绳的☆reeved
绕射☆diffraction；diffract
绕射波振幅☆diffraction amplitude
绕射叠加偏移☆diffraction stack migration
绕射反射☆diffracted reflection
绕射旅行时曲线☆diffraction traveltime curve
绕射曲线透明图版☆diffraction overlays
绕射系数☆diffraction coefficient
绕渗☆by-pass{roundabout} seepage
绕绳防滑☆snub
绕绳滚筒☆whim；wem
绕绳卷筒☆storage drum
绕绳式提升☆wound type hoisting
绕绳筒☆rope drum{roll}；reel
绕绳主槽摩擦轮☆fleetwheel；surge pulley；clifton{fleeting} wheel
(筛管)绕丝☆wrapping wire；wire wrap
绕丝机☆screen fabricating machine
绕丝间隙☆wrap{wire} spacing
绕丝筛管型衬管☆wire-wrapped screen-type liner
绕丝筒☆forming tube
绕丝直接绕在中心管上的筛管☆flush-wrapped screen
绕筒线圈☆bout
绕线☆wiring；WNG
绕线滑轮☆winding pulley
绕线架☆carcase；carcass；bobbin
绕线器☆winder
绕线式感应电动机☆wound-rotor induction motor
绕线筒☆take-up
绕行☆circuitousness；detour around；make a detour；bypass；move round；circle；circuity
绕行管道☆stinger loop
绕行星变轨☆swingby
绕旋式[孔虫]☆plectogyra
绕有电阻丝的☆wirewound
绕在卷轴上的材料☆spool
绕扎钢丝绳头用的长圆形铁环☆wire line thimble
绕制线圈☆coiling
绕 *X* 轴(的)力矩☆*X*-moment
绕轴旋转☆axial rotation
绕轴转动☆circuition
绕柱式的☆peripteral
绕柱式建筑物☆peripteros；periptery
绕住☆cling
绕……走☆bypass
绕组☆winding；coil；cl
绕组端部支撑{架}☆winding overhang support

rě

惹☆catch；incur；offend；annoy；tease
`惹丁那{吉丁}阶[D_1]☆Gedinnian (stage)
惹丁那{尼}期☆Gedinnian (age)
惹怒☆roil
惹烯☆retene

rè

热☆heat (calorie)；thereto-；thermal(ism)；caloric；pyro-；ht；pyr-
热坝{屏;障}☆thermal barrier
热斑☆hot spot；melting anomaly；rheological intrusions
(加)热板☆hot plate
热拌(的)☆hot-mix
热保险装置☆thermocutout
热暴露极限☆thermal exposure limit
热爆炸☆thermal explosion
热焙烧矿☆hot calcine
热崩溃[半]☆thermal runaway
热泵☆heat pump
热泵作用☆thermal pumping
热比☆thermal ratio；TR
热比重计☆thermohydrometer
热比容距☆thermosteric anomaly
热变☆thermal alteration
热变彩石☆burnt{heated} stone
热变低挥发分锅炉煤☆heat-altered low-volatile steam coal
热变电阻测链☆thermistor chain
热变定☆hot-set；thermosetting
热变化☆thermic{heat} change
热变换器芯子☆heat-exchanger core
热变时间☆cooking time
热变形☆thermal deformation{distortion; distorsion}；heat distortion{deformation}；hot deformation；heat distort ion；RDT；HDT
热变形点[工]☆heat distortion point
热变形控制技术☆thermomechanical control process
热变形学☆thermomechanics
热变形仪☆hot deformation unit
热变指数☆thermal {-}alteration index；TAI
热变质(作用)☆thermal metamorphism
热变质煤☆thermaly metamorphosed coal；thermaly altered coal；thermaly affected coal
热变质岩☆thermal metamorphic rock；thermaly metamorphosed rocks；thermometamorphic rock
热变质作用☆thermometamorphism；thermal metamorphism
热变中等挥发分锅炉煤☆heat-altered medium-volatile steam coal
热变(电)阻器☆thermistor
热表面☆hot surface
热波☆heat{temperature} wave
热波动☆thermal fluctuation
热波段窗口☆thermal window
热波驱油法☆heat-wave process
热补☆burning-on
热补偿☆thermal compensation
热补给☆heat supply{recharge;input;influx}；thermal refluxing
热补给量☆heat input{influx}
热不稳定性☆thermal instability
热采井☆thermal (production) well
热残余物☆thermal residue
热测井☆temperature survey；thermologging
热测量☆thermometric measurement；thermal survey
热层☆thermosphere
热层次☆thermal layering
热差重分析☆differential thermal gravimetric analysis
热差分析☆differential thermal analysis；DTA
热差异☆thermic contrast
热差值☆thermal difference
热产率☆generation of heat；rate of heat production
热常数☆thermal constant
热场☆thermal field
热超载继电器☆thermal-overload relay
热潮☆rush
热沉☆heat sink
热沉淀器☆thermal precipitator
热沉淀取样机☆thermal-precipitator sampler
热沉效应☆heatsink effect
热衬管完井法☆hot liner completion
热成层☆thermosphere
热成熟☆thermomaturation；thermal maturation{ripening}
热成熟度☆thermal maturity
热成像☆thermal imaging{imagery}
热成形{型}(的)☆thermoforming；thermal forming；thermosetting；hot-moulded
热成岩作用☆thermal diagenesis
热成因[矿物]☆thermogene
热成因气☆thermogenic{oil-related} gas
热成作用☆thermogenesis
热池☆hot pool
热弛豫☆thermal relaxation
热赤道☆heat{thermal;oceanographic} equator
热冲击(的)☆thermal shock；heat-shock
热(致)重结晶☆thermal recrystallization
热抽除☆heat abstraction
热出力☆heat output
热储☆thermal deposit{reservoir}；accumulator；hot{heat-storage;heat} reservoir；reservoir of heat energy；reservoir；pool
热储的基底温度☆base reservoir temperature
热储集☆heat story
热储建模☆reservoir modeling
热(能)储量☆heat reserve
热储内部沸腾☆in-situ{in-place} boiling
热处理☆heat{thermal;thermic} treatment；heat；hot work(ing)；temper(ing)；h.t.；ht；h tr.
热处理槽☆heater {-}treater
热处理钢(纤)☆heat-treated steel
热处理工☆hardener；worker of heat treatment
热处理过的链轮☆heat-treated sprockets
热处理机☆heat-treating machine
热处理器☆heated-treater
热穿透☆heat penetration；thermal break-through
热传导☆thermal conduction{trans;conductance}；heat conduction {transfer}；egress{conduction} of heat
热传导率☆thermal conductivity；TC
热传递模式☆heat-transfer model
热传感器☆thermal{heat} sensor；thermosensor
热窗口☆thermal window
热吹☆hot blow
热磁(性)☆thermomagnetism
热磁效应☆thermomagnetic{thermo-magnetic} effect
热磁仪☆thermomagnetometry apparatus
热瓷漆涂层☆hot enamel coating
热催化(作用)☆thermocatalysis
热催化的☆thermo-catalytic
热脆☆hot{red}-short；short-brittle；red brittleness
热脆的☆red-short；nesh
热脆性☆hot shortness{brittleness}；hot-shortness；red shortness；redshortness；red-shortness
热大气层☆thermosphere
热带☆tropics；tropical belt{zone}；hot{torrid;tropic} zone；hot-zone
热带岸边地☆tierra caliente
热带白[石]☆Tropical White
热带材地下卷取机☆hot downcoiler
热带丛林☆jungle
热带的半干旱☆tropical semi-arid
热带腐殖质黑土☆grumosolic soil
热带干树林☆therm forest
热带旱生林☆thorn forest

R

热带黑色潜育土☆vlei soil
热带黑土☆densinigra soil；melanites
热带化☆tropicalization
热带环境☆torrid environment
热带季节性降雨☆tropical seasonal rainfall
热带绿[石]☆Verde Tropical SF；Tropical Green
热带美洲雨季☆invierno
热带气团气候☆tropical air mass climate
热带气旋眼☆eye of tropical cyclone
热带森林生态系(统)☆tropical forest ecosystem
热带土壤矿物学☆mineralogy of tropical soils
热带外气旋☆extra tropical cyclone
热带无树(大草)原☆llano
热带稀树草原含铁土☆ultisols
热带稀树草原林地☆savanna woodland
热带稀树干{大}草原☆savanna(h)；savana
热带性☆tropicality
热带洋区{海洋}☆hot ocean
热带雨林☆hileia；hylaea；hylea；hylaeion tropicum；euhylacion；tropical rainforest；selva[南美]；tropical rain forest
热带雨林景观☆selva landscape
热单位☆thermal{caloric;calorie} unit；TU
热(量)单位☆heat{caloric} unit
热当量☆heat equivalent；heat conversion factors
热岛☆heat{thermal} island
热导池检测器☆thermal conductivity cell detector
热导计☆katharometer；conductometer
热导检测☆thermal conductivity detection；TCD
热导介质☆heat-conducting media
热导率☆thermal conductivity{conductance}；specific thermal conductivity；thermoconductivity (factor)；heat-conductivity
热导体☆thermal conductor
热导性☆heat conductance{conductivity}
热得起泡☆blistering
热的☆thermal；hot；thermic；caliente；caloric；th
(加)热的☆heating
热(量)的☆caloric
热的传导☆transmission of heat
热的机械当量☆mechanical equivalent of heat
热等静压黏结☆thermal isostatic bonding
热等时线☆thermochron
热等效谱强级☆thermal equivalent spectrum level
热低压☆thermal{heat} low
热滴定(法)☆pyrotitration
热地下水☆thermal subterranean water；hot groundwater
热点☆hot{bright} spot[地震反射振幅相对增强的点,可能有油气的标志]；hot shot{point}；hotspot；central issue；point at issue；matter arousing general interest；rheological intrusions；thermal pint
热点地幔柱{流}☆hot-spot plume
热点区火山☆hot spot volcano
热电☆thermal electricity{power}；pyroelectricity；thermoelectricity；thereto-
热电厂☆steam{thermal} power plant；cogeneration {thermal-electric} plant；heat and power plant
热电厂和轮船锅炉燃料油☆black oil
热电池(组)☆thermobattery
热电充电☆pyroelectric charging
热电磁性☆pyromagnetism
热电导☆pyroconductivity
热电电极☆thermoelectrode
热电动势☆thermopower；thermoelectromotive force；thermoemf
热电放射效应☆Edison effect
热电负极☆antilogous pole
热电荷释放☆thermal charge release
热电计☆thermoelectrometer
热电离层☆thermosphere
热电离(离子)源☆thermal-ionization source
热电联供☆cogeneration
热电联合生产工艺☆cogeneration technology
热电流☆thermocurrent；thermal{thermoelectric(al)；thermionic} current
热电流表☆thermoammeter
热电偶☆thermocouple；thermoelectric couple{cell；junction}；thermoelement；thermopile；pyrometer couple；thermal junction{element}；thermopair；thermojunction；pyod；TC
热电偶孔{|丝}☆thermocouple well{|wire}
热电体☆pyroelectrics
热电应变☆thermoelastic strain
热电正极☆analogous pole
热电子☆thermion；thermoelectron；thermal electron
热电子的☆thermionic
热电阻☆hot{thermal} resistance
热电阻线(的)☆hot-wire
热动开关☆thermostat
热动力势☆thermodynamic potential
热动力学☆thermodynamics
热动式过载继电器☆thermal-overload relay
热动态☆thermal regime
热镀锡☆hot tinning
热镀锌法☆Aplataer process
热度☆heat degree；degree of heat
热端[热电偶测量端]☆hot body{junction}；fire-end
热段塞驱油法☆thermal slug shifting process
热断裂☆thermal rupture
热断流器☆thermocutout
热断路器☆thermal breaker
热堆块中子转换器☆donut；doughnut
热对比☆thermal contrast
热对流☆thermal{heat;free} convection；thermal convective current；convection current
热对准☆hot alignment
热发光☆thermoluminescence；TL
热发散性☆thermal emissivity
热发射☆heat{thermal} emission
热发射率{|体}☆thermal emissivity{|emitter}
热发生(装置)☆heat-generation unit
热发声法☆thermosonimetry
热阀☆thermal valve
热法勘探☆thermal prospecting
热珐琅管线涂层协会☆Hot Enamel Pipeline Coatings Association；HEPCA
热反差☆thermal contrast
热反射☆heat reflection
热反射玻璃☆reflective glass；heat reflecting glass
热返矿☆hot return{recirculating} fines；thermal recovery；H.R.F.
热返矿犁☆hot returns plough
热返矿率☆hot returns ratio
热范的☆thermoplastic
热防护层☆thermal shielding
热放射☆heat{thermal} emission
热分辨力☆thermal resolution
热分接☆hot-tapping
热分解曲线☆thermal decomposition curve
热分离☆pyrogenic decomposition
热分裂☆thermofission
热分散☆heat{thermal} dispersion
热分析☆thermal analysis；thermoanalysis；TA
热分析仪☆thermoanalyzer；thermal analyzer
热分子的☆thermomolecular
热峰压力☆thermal-peak pressure
热锋☆warm front
热风☆hot air{blast}；thermal wind；s(c)irocco
热风飑☆breather
热风(供给)法☆hot-air system
热风机☆air-heater；hot-air fan{generator}；calorifier
热风炼铁☆hot-blown iron
热风炉☆heat generator；hot {-}blast stove；blast preheater{heater}；calorifere；calorifier
热风炉燃烧器关闭阀☆stove-burner shutoff valve
热风炉用燃料☆stove fuel
热风器☆heat gun；unit{air} heater
热风总管☆hot-blast main
热辐射☆heat radiation{emission}；emission of heat；thermal{calorific} radiation；heat
热辐射计☆kampometer；thermal radiometer
热辐射源☆thermal source
热浮选☆hot flotation
热辅助隧道掘进☆thermally assisted tunnelling
热腐蚀☆hot corrosion
热负荷☆heat duty{load}；thermal load
热负极☆antilogous pole
热改造型铀矿☆thermal reworked type uranium deposit
热干扰☆thermal disturbance
热干岩☆hot dry rock
热感度试验☆heat sensitivity test
热高压☆thermal high
热隔层☆thermofin
热各向异性☆thermal anistotropy
热工学☆heat(-power){thermal} engineering；pyrology
热工仪表☆thermal meter
热工作面☆hot working face
热功当量☆thermal equivalent of work；mechanical equivalent of heat
热功率☆thermal power{rating}；heat output
热功转换当量☆conversion constant
热供应对流☆heat-supply convection
热共振☆thermal resonance
热构造(作用)☆thermotectonics
热(梯度)构造☆thermal structure
热鼓风☆hot blow{blast}
热谷☆thermal valley
热固化☆heat {-}curing；hot-set；thermosetting
热固化薄膜粉末☆thermosetting thin-film powder
热固树脂☆thermosetting resin；resinoid
热固性☆thermoset
热固性玻璃纤维增强塑料☆glass fiber reinforced thermoset plastics
热固性模塑料☆thermosetting molding compound
热管☆heat pipe；caloriduct
热管点火☆hot tube ignition
热惯量制图☆thermal {-}inertia mapping
热惯性{量}☆thermal inertia
热光☆calorescence；hot light；calorescense
热光常数☆thermo-optical constant
热害☆thermal damage
热含量[单位质量]☆heat{thermal} content；heat-function；enthalpy
热焓{函}☆enthalpy[热力学单位]；total heat；heat content{function}；heat-function；H
`热函{焓}分析☆enthalpy analysis
热焊接☆hot bonding
热焊接性☆thermal weldability
热耗☆heat rate{loss;sink}；rate of heat loss
热耗散☆heat dissipation；thermal exhaustion
热核反应☆thermonuclear reaction
热核聚变☆nuclear fusion
热核燃料☆fusionable material；thermonuclear fuel
热合金☆thermalloy
热河龙(属)☆Jeholosaurus；Jeholosauripus
热壑☆heat sink
热壑本领☆heat-sinking capability
热虹吸☆thermosyphon；thermosiphon
热红外☆thermal infrared{IR;band}；TIR
热红外(辐射)测温仪☆infrared-radiation thermometer
热红外道☆thermal-infrared channel
热红外法普查☆thermal-infrared reconnaissance (survey)
热红外辐射测量成像☆TIR radiometric imagery
热红外区☆thermal-infrared region
热后效应☆thermal after-effect
热互换☆heat interchange
热化☆(neutron) thermalization；thermification
热化学☆thermochemistry；thermal chemistry
热化学沉降脱水☆thermo-chemical settling dehydration
热化学成因气☆thermochemical gas
热化中子☆thermalized neutron
热环流☆thermal cycling{circulation}
热还原(法)☆thermal reduction
热还原剂☆thermite；thermit
热缓冲☆thermal buffer
热换算因数☆heat conversion factors
热灰流☆hot ashflow
热回流☆thermal refluxing
热回收☆heat recovery
热回收法☆heat scavenging method
热惠{利}☆thermal enrichment
热活动☆thermal perturbation{activity}；thermality
热活动带☆thermogenic{thermal} belt
热活动史☆thermal history
热活化(的)变形☆thermally activated deformation
热击玻璃☆diaplectic glass
热击穿☆thermal breakdown
热基☆hot radical
热机☆heat{thermal} engine
热(-)机分析(法)☆thermo(-)mechanical analysis
热-机械疲劳裂缝☆thermal-mechanical fatigue crack
热激电致发光☆thermo-electroluminescence
热激发☆thermal agitation
热挤出形成☆hot extrusion

R

热季☆thermal season
热迹☆heated spot
热剂焊☆thermit welding；TW
热寂☆heat death
热继电器☆thermorelay
热加工☆hot work(ing){forming}；heat working；hotworking
热加固(法)☆thermal stabilization
热甲基化☆hot methylation
热监视☆thermal surveillance
热检波器☆thermodetector
热间隔☆thermal divide
(用)热建筑物☆heat building
热浆浮选☆hot pulp flotation
热降☆heat drop
热降解作用☆eometamorphism
热降解作用带☆thermal degradation zone
热胶结☆thermosetting
热交换☆heat exchange{change;interchange}；exchange of heat；thermic change
热交换法☆heat exchange method；HEM
热交换率☆rate of heat exchange
热交换器☆heat exchanger{interchanger}；H.E.
热搅动{|接触}☆thermal agitation{|contact}
热接触圈☆thermal aureole
热接点(点)☆hot junction{end}；hj.；thermojunction
热(中子)截面☆hot cross-section
热解☆pyrolyze；thermolysis；pyrogenic{thermal} decomposition；crack；pyrolysis
热解定向石墨☆pyrographite
热解反应☆pyrolytic reaction
热解分析☆pyrolysis analysis
热解器☆pyrolyzer
热解气相色谱-质谱(法)☆PGC-MS；pyrolysis gas chromatography-mass spectroscopy
热解(气相)色谱(法)☆pyrolysis gas chromatography
热解石墨合金☆pyrographalloy
热解烃☆pyrolyzed{pyrolytic} hydrocarbon；PHC
热解图☆pyrogram
热解重量分析仪☆thermogravimetric analyzer
热解作用☆thermolysis；thermal decomposition；pyrolysis
热界面层☆thermal boundary layer
热金属和渣☆hot metal and slag
热浸☆hot-dip
热浸镀☆hot-dip coat；hot (steeply) dipping
热(致)晶体增长☆thermal crystal increasing
热精整☆hot-trimming
热井☆hot well
热井水泥☆hydrothermal cement
热警报信号☆heat alarm
热阱☆hot{thermal} well；(heat) sink
热静力学☆thermostatics
热锯☆warm saw
热绝缘☆heat{thermal} insulation
热绝缘体{子}☆heat{thermal} insulator
热均衡☆heat balance
热喀斯特[冰融地形]☆thermokarst；thermal karst
热喀斯特洞☆thermokarst pit
热(敏)开关☆thermoswitch
热炕☆hotbed
热空气循环对流加热器☆convector
热控管☆thermistor
热控开关☆thermal switch
热控制☆heat control
热库☆heat story{reservoir}
热矿☆hot agglomerate
热矿泉☆thermomineral spring；thermometallic water
热矿泉浴疗胜地☆bathing resort
热矿水☆thermal mineral water；hot metalliferous brine；thermomineral{thermometallic} water
热矿(石)压块(法)☆hot-ore briquetting process；HOB (process)
热扩散☆thermal{heat} diffusion；thermodiffusion；Soret effect
热扩散率☆thermal{heat} diffusivity
热拉的☆hot-drawn
热浪☆heat{hot} wave
热浪蚀变☆hydrothermal alteration
热老化☆thermal ageing
热雷暴{雨}☆heat thunderstorm
热离解☆thermal dissociation
热离子☆thermion
热离子电离规☆thermionic ionization gauge
热离子学☆thermionics
热历史☆temperature{thermal} history
热利{惠}☆thermal enrichment
热利用(率)☆heat utilization
热沥青浆☆hot bitumen
热力变质☆thermal metamorphism；pyromorphism；pyro-metamorphism；thermometamorphism
热力剥落☆thermal spalling；heat spall
热力采矿(法)☆thermal-mining
热力采油层☆thermal zone
热力穿孔☆fusion{thermal;jet} piercing；drilling by flame；thermal boring{drilling}；igneous{thermic} drilling；jet (piercer) drilling
热力穿孔测速变阻器☆piercing rheostat
热力打眼☆thermal drill
热力(学)的☆thermodynamic(al)
热力法钻进☆fusion piercing
热力工程☆heat-power{heat;thermal} engineering
热力海蚀海岸☆thermo-abrasion type of shoreline
热力函数☆thermodynamic function
热力机☆heat engine
热力机械钻井☆thermal-mechanical drilling
热力加成作用☆thermal addition
热力介质☆heating{heat} medium
热力开采☆flame mining
热力能量方程☆thermodynamic energy equation
热力喷射钻井(用)燃烧器☆jet piercing burner
热力破石☆fire-setting
热力破碎成孔钻探☆thermal-spalting drilling
热力图☆thermodynamic chart{diagram}
热力`位{|效率}☆thermodynamic potential{|efficiency}
热力效应☆heating effect
热力学第二{|零|三|一}定律☆second{|zeroth|third|first} law of thermodynamics
热力学函数☆thermodynamic function
热力学势☆thermodynamic potential
热力凿岩☆thermal drilling
热力中性☆thermoneutrality
热力钻进☆piercing
热力钻孔喷燃器☆jet-piercing burner
热力钻眼法☆thermal drilling system{process}；thermal spalling
热力钻机☆jet-piercing{(fusion-)piercing;flame-throwing;thermal} drill；thermodrill
热联合☆heat integration
热联结☆hot tie-in
热量☆heat (quantity)；caloric(ity)；quantity of heat；thermality；thermalism
热量测定☆calorimetric determination
热量测定室☆calorimeter room
热量测量☆calorimetry
热量常数☆thermal constant
热量储存☆heat stowing
热量单位☆heat{thermal} unit；unit of heat；TU
热量的☆thermal；calorific
热量的分类与冰川运动☆thermal classification and glacier movement
热量分布☆heat distribution
热量回流速率☆heat return
热量积累☆heat stowing；thermal buildup
热量计☆calorimeter；calorifier
热量交换系统☆heat-exchange system
热量卡计☆calorifier
热量收支方程☆heat budget equation
热量贮存☆storage of heat
热量资用率☆heat availability
热疗(学)☆thermal therapy
热裂☆cracking；decrepitation
热裂缝☆hot crack；temperature fracture
热裂化(作用)☆thermal cracking
热裂纹☆heat crack；fire check
热烈的☆burning；keen；lively；passionate；rapturous
热磷光☆thermoluminescence
热临界点☆thermal critical point
热灵敏性☆thermal sensitivity{sensibility}
热硫化☆heat-curing
热馏出物☆hot oil
热流☆heat flow{current;flux;stream}；thermal flux{current;stream;flow}；flow{efflux} of heat；dry quicksand；warm current
热流(量)☆heat withdrawal{output;escape}
热流单位☆heat {-}flow unit；HFU
热流量☆heat flux{outflow}；heat-flow density；rate of heat loss{flow}；flux {efflux} of heat；thermal flow
热流量的格子间平均值☆heat-flow grid average
热流量分配格局☆heat-flow province
热流量高异常带☆high heat flow zone
热流速率☆rate of heat flow
热流体☆ (hydro)thermal{hot} fluid；thermofluid
热流柱☆plume
热漏失☆heat leak
热卤水☆hot{thermal} brine
热卤水-二次流体循环☆brine-to-secondary fluid cycle
热路☆caloriduct
热缕☆plume
热脉冲法导热系数测定仪☆thermal conductivity measuring apparatus by heat pulse
热脉动☆thermal pulse；pulse of heat
热漫散射☆thermal diffuse scattering
热铆钉盒[铆制贮罐用]☆catch can
热煤加热炉☆indirect-fired heater
热煤油干燥☆hot kerosine drying
热媒☆heat medium；heating agent
热密度☆heat density
热密封封隔器☆thermo-seal packer
热面层☆hot face zone
热苗☆hot{thermal} seepage；seepage
热敏波登元件☆temperature-sensing Bourdon element
热敏电阻☆therm(om)istor；thermal sensitive resistor
热敏度☆thermal{temperature} sensitivity
热敏金属☆thermometal
(光性)热敏晶体☆temperature sensitive crystal
热敏式打印机☆thermal printer
热敏水泥☆thermosensitive cement
热敏涂料☆heat sensitive paint；thermocolo(u)r
热敏性封隔器☆heat-sensitive packer
热敏油漆☆thermocolo(u)r
热敏元件☆thermal sensor{element}；thermal sensing element；thermosensor；temperature-sensitive{-sensing} element；temperature detector
热敏装置☆heat{temperature}-sensing device
热模☆heated die
热模塑的☆hot-moulded
热模型☆thermal model
热膜流速仪☆hot-filth probe
热磨损☆thermal wear
热(沙)漠(区)☆hot desert
热挠曲☆thermal distortion
热能☆heat{thermal} energy；thermality；thermal power；thermalism；thermopower
热能补给☆input of heat
热能等级{能位}☆grade of heat
热能富集机制☆heat-concentrating mechanism
热能化☆thermalization
热能量输送☆heat transfer
热能品位☆heat quality；grade of heat
热能谱的建立☆thermalization
热能区☆thermal energy field
热能输入☆input of heat
热能输送成本☆heat-transmission cost
热泥☆hot mud；warm sludge
热泥潭☆sulfur-mud pool；swamp of hot mud；mud pot
热泥塘☆hot muddy lagoon；hot mud；mud cauldron{pool;crater}；muddy lagoon；swamp of hot mud
热泥浴☆thermal mud bath；mud bath
热年代学☆thermochronology
热黏度计☆thermoviscosimeter
热黏分选[分选岩盐]☆thermoadhesive separation
热黏合☆heat bonding
热黏结☆thermal caking
热黏砂☆fusion bond
热凝结☆thermocoagulation
热凝泥浆☆heat bonding mortar；heat setting mortar
热凝性的☆thermosetting
热偶☆thermal couple；thermocouple
热偶电池☆thermo-electric battery
热偶腐蚀☆thermogalvanic corrosion
热喷镀层☆fused spray coating
热喷汽[火山区的]☆stufa
热喷泉☆spouting hot spring

R

热喷射水泥处理☆hot gunning
热喷涂☆thermal spraying{spray}；hot spray painting
热膨胀☆thermal expansion{dila(ta)tion; extension}
热频带☆thermal band
热平衡☆heat equilibrium{balance}；thermal balance{equilibration}；thermobalance；TB
热屏☆heat shield；thermal shielding{barrier}
热屏蔽☆thermoshield
热破坏☆thermal disturbance
热破裂强度☆hot rupture strength
热谱☆pyrograph；thermogram
热(态)启{起}动☆warm start；hot start
热气☆hot gas
热气缸壁点燃☆hot-bulb ignition
热气流烘砂装置☆hot pneumatic tube driver
热气体体积法☆thermal gasvolumetry
热迁移☆heat migration
热前缘☆heat{thermal} front
热强度☆hot strength；calorific{heat} intensity
热(砂)强度☆hot (sand) strength
热强化☆thermal-tempering
热切地☆intensely
热切削☆hot machining
热浸镀锌☆hot dip galvanizing
热侵蚀☆heat erosion
热氢燃料☆hot hydrogen fuel
热清洁处理☆thermal cleaning
热清洗☆heat cleaning
热情☆enthusiasm；ardo(u)r；avidity；zeal；warmth；soul
热穹隆{丘}☆thermal dome
热球菌目☆Thermococcales
热球团☆hot briquetting
热区☆hot area；anomalous heat area；thermal region {locality}
热驱动☆thermal drive
热驱法☆thermal-recovery method
热去除☆heat abstraction
热泉☆hot-water spring{occurrence;manifestation}；hot-well；gryphon；thermcale；hydrotherm；outlet of thermal water；therme；thermal spring；therma [pl.-e]
热泉(水)☆geothermal manifestations
热泉成因的金矿床☆hot-spring-type gold deposit
热泉集中出露的构造线☆hot lineation
热泉气体☆spring gas
热泉区☆hot springs；hot spring area；thermal-spring locality；hot-water point
热泉区热砂浴☆hot-spring sandbath
热泉上方水雾☆hot-spring vapor
热泉塘☆hot-spring chamber{bowl}；lagone；lagoni；lago(o)n
热泉型贵金属矿床☆hot-spring-type precious metal deposit
热泉型金矿体☆hot-spring gold orebody
热泉眼☆outlet of thermal water
热缺陷☆thermal defects
热燃气点火☆hot gas ignition
热燃引信☆thermal fuze
热染料☆thermodye
热扰动☆thermal perturbation{disturbance}
热日☆thermal day
热融滑塌☆thaw collapse{slumping}
热融喀斯特洼地☆alass；alas
热熔保险器☆thermal cutout
热熔焊接☆sweating soldering
热熔合☆heat fusion
热熔剂☆thermit；thermite
热熔塑胶☆thermoplastic
热熔涂层☆hot melt coating
热溶洞☆thermokarst pit
热容☆heat capacity{capacitance}；caloricity
热容比☆ratio of specific heat
热容成像(卫星)☆heat capacity mapping mission
热容量☆heat{thermal;heating;calorific} capacity；caloric{calorific} receptivity；caloricity
热容性☆heat-absorptivity
热容异常☆thermosteric anomaly
热蠕动{变}☆hot creep
热软化☆thermal softening
热塞引爆式柴油机☆semi-diesel engine
热散失☆thermal dispersion
热散逸☆heat dispersion{dissipation}；thermal dissipation
热骚动☆thermal agitation
热扫描仪☆thermal scanner
热色棒☆tempilstick
热色谱法☆chromatothermography；thermal{hot} chromatography
热色现象☆thermochromism
热砂☆hot sand
热砂浆☆thermal mortar
热砂流☆hot sand flow
热砂浴☆arenation
热沙流☆incandescent sand flow
热沙漠☆hot creep desert
热闪☆heat lightning
热烧结矿☆hot sinter
热烧结矿筛筛板☆hot sinter screen deck
热射病☆thermoplegia
热射流☆thermojet
热射线☆heat ray
热伸长☆thermal elongation
热参考源☆thermal reference source
热参数[热惯量的倒数]☆thermal parameter
热渗(滤)☆thermoosmosis；thermo-osmosis
热渗透☆heat leak；thermo(-)osmosis
热声地震仪☆thermophone detector
热声(测量)法☆thermosonimetry
热生成☆thermogene
热生成量☆heat generation
热剩磁☆thermoremanence；thermal remanent magnetism；thermoremanent magnetization；thermo- remanent magnetism[岩]；TRM
热剩余磁场☆thermal remanent magnetic field
热失稳性☆thermolability
热湿传导☆thermo-hydro conduction
热、湿度、营养盐有效性☆heat,moisture,nutrient availability
热石膏☆plaster
热石灰☆slaked lime
热时序☆thermochronology
热蚀☆thermal etching
热蚀岸龛☆thermoerosional niche
热蚀变地面☆thermaly altered ground
热蚀型滨线☆thermo-abrasion type of shoreline
热史☆thermal history
热式流量计☆thermal flowmeter
热式石灰阳离子交换法☆high-temperature lime cation exchange method
热势☆thermal{thermodynamic} potential
热事件☆thermal event
热释电晶体☆pyroelectric crystal
热释发光☆thermo luminescence
热释放☆heat release
热释放带☆zone of heat liberation
热释光☆thermoluminescence；TL
热释光谱☆thermally stimulated luminescence spectroscopy；TSL
热试法☆heat test
热收缩☆thermal contraction{shrinkage}
热收缩套[现场防腐补口用]☆heat shrink sleeve
热输☆hot piping
热输入☆heat input
热熟化☆thermomaturation；thermal maturation
热水☆hydrothermal{thermal} water；hydrotherm
热水沉积☆hot {-}water deposit；sedimentation-exhalation；sedex；hydrothermal sedimentation
热水池☆hot-well
热水储☆hot pool；thermal water reservoir；hot-water{aquifer;liquid-dominated} reservoir；accumulator；thermal-water-bearing layer
热水储顶部扩容区☆steam cap
热水的☆thermoaqueous
热水分级利用☆steplike utilization of the thermal water
热水罐☆boil water tank；B/W T
热水耗率☆hot-water rate
(受)热水解☆pyrohydrolysis
热水井☆thermal{thermal-water} well
热水聚合☆polymerization under hot water
热水扩容系统☆hot-water{wet} flashing system
热水落液☆hydrothermal solution
热水瓶☆thermos
热水器☆hot water heater；water heater；geyser
热水渗出点☆hot seepage
热水渗眼☆hot{thermal} seepage
热水塘☆lagone；lagoni；hot-spring bowl；hot pool
热水为主(的地热)系统☆hot-water-dominated system
热水系统☆liquid-dominated system
热水型地热储☆hot-water geothermal reservoir
热水液相☆liquid hydrothermal phase
热水主管☆hot-water main
热水贮槽☆boiler
热水作用的☆hydrothermal
热丝检测器☆hot wire detector
热松弛☆thermal relaxation
热素的☆caloric
热速度☆thermal velocity
热塑料(品)☆thermal plastic
热塑性☆thermoplasticity
热塑性(塑料)☆thermoplast
热塑性玻璃纤维增强塑料☆glass fiber reinforced thermoplastics
热塑性模塑料☆thermoplastic molding compound
热塑性石炭酸树脂☆thermoplastic carbolic resin
热酸处理☆hot acid treatment
热损失☆heat loss{waste;dissipation}
热缩☆firing shrinkage
热缩(作用)☆pyrocondensation
热缩裂隙☆frost crack；thermal contraction crack
热缩套☆thermal shrinkable sleeve
热台☆hot{heating} stage
热态☆thermal state
热弹性(力学)☆thermoelasticity
热弹性(力学)的☆thermoelastic
热毯☆thermal blanket
热探测器☆heat seeker；thermal detector
热探头☆heat-seeking head；thermal probe
热碳酸泉☆thermal carbonated spring
热特性☆thermal property{characteristic}
热梯度☆thermal{heat} gradient
热梯度炉☆thermal-gradient furnace
热梯度仪☆thermograd
热提取☆hot extraction
热体☆hot body
热体积收缩☆volumetric thermal contraction
热体制☆thermal regime
热天平☆thermobalance
热田☆thermal deposit{field}
热田第一口生产井☆discovery well
热田构造☆hot field tectonics
热田周边☆outskirt of thermal field
热调节☆thermoregulation
热调节器☆heat regulator
热跳闸断路(开关)☆thermal-trip circuit breaker
热铁管编号☆Schedule；Sched.
热烃化☆thermal alkylation
热通☆heat flux
热通道☆thermal channel
热通量☆heat{thermal} flux；thermoflux
(加热炉)热通强度☆flux density
热同素异形现象☆thermometamorphism
热桶处理法☆hot-tank process
热头☆thermal head
热透入☆heat penetration
热图像☆thermograph；thermographic {thermic; thermal} image；thermal pattern
热图像仪☆thermal mapper
热涂☆hot applied coating
热土☆hot{thermal} ground
热团矿(法)☆hot-ore briquetting；HOB (process)
热退火☆thermal annealing
热脱浆☆heat desizing
热弯曲☆hot bending
热弯曲率☆flexivity
热顽磁☆thermoremanence
热顽磁化(作用)☆thermoremanent magnetization
热顽留磁化☆thermo-remnant magnetization；TRM
热望☆avidity；thirst
热望者☆aspirant
热微波(检)测☆thermal microwave detection
热微声式地震仪☆thermomicrofonic detector
热煨☆fire bending
热位☆thermal potential
热稳定的☆heat-resistant；heat checked { stabilizing; stable}；thermotolerant；temperature-stable；thermostable

热稳定人造金刚石钻头☆thermal-stable synthetic diamond bit
热稳定性☆thermal{heat} stability; heat resistance; thermostability
热稳定性能好的金刚石钻头☆thermal stable diamond bit; TSD bit
热稳聚晶金刚石取芯钻头☆ballaset core bit
热污染☆thermal{heat} pollution; calefaction
热物理参数☆thermophysical parameter
热物理学☆thermophysics
热析☆sweating; sweat
热析出☆heat evolution
热析浮渣☆sweater dross
热析沥青体☆exsudatinite
热吸收☆heat absorption{sink}; thermal absorption
热(中子)吸收☆thermal absorption
热夏☆hot summer
热咸水储☆hot saline reservoir
热显示☆hot{thermal} feature; heat leaks; visible thermal activity; thermal phenomena{discharge; activity;manifestation;signature}
热显示区☆thermal locality; thermal-discharge area
热显影☆thermal development
热现象☆thermal phenomena; thermality
热限界☆thermal limit
热线☆hot {-}line; hot-wire; heat ray; telephone hot line; busy passenger (or freight) route; busy route
热线电阻地震计☆hot-wire resistance seismometer
热线式的☆hot-wire
热像☆thermal image
热像照相机☆thermocamera
热硝酸盐(引起的)应力腐蚀开裂☆nitrate cracking
热消耗☆heat rejection{consumption}
热消散☆thermal dissipation
热校准原☆thermal calibration source 、
热效率☆TE; thermal{heat;calorific;thermodynamic; heating} efficiency; efficiency of heat utilization
热效式瓦斯检定器☆thermoelectric gas determinator
热效应☆heat{calorific;thermal;caloric;heating} effect
热楔☆thermal wedge; wedge plume
热芯砂☆bedding sand
热心☆earnest; ardo(u)r; zest; zeal; enthusiastic
热心公益的☆public-spirited
热信号☆thermal signature
热性☆thermal character{properties}
热性裂缝测试仪☆hot crack test
热修☆hot repair
热修整☆hot-trimming
热臭石[$(Mn,Fe)_{14}(Si_{14}O_{35})(OH,Cl)_{14}$; $(Fe^{2+},Mn)_8Si_6O_{15}(OH,Cl)_{10}$;六方]☆pyrosmalite; pirodmalite
热臭石-3R[$Mn_8Si_6O_{15}(OH,Cl)_{10}$;三方]☆friedelite
热臭石-12R[$(Mn,Fe^{2+})_8Si_6O_{15}(OH)_8Cl_2$;三方]☆mcgillite
热需要量☆heat requirement
热蓄存☆heat storage
热旋柱[地幔]☆columnar plume
热选☆thermal{heat} separation
热学☆heat; calorifics; thermology
热学分析☆thermal analysis; thermoanalysis
热穴☆thermal sink
热血动物☆warm-blooded animal
热循环☆heat cycle; thermal cycling
热(力)循环☆exchange of heat
热循环的☆thermal-cycled
热压☆hot pressing{press}; thermal pressure; hot-press; thermocompression
热压成形☆hot-pressing
热压碲化镉陶瓷☆hot pressed cadmium telluride ceramics
热压氟化钡{|锶|镧}陶瓷☆hot pressed barium fluoride{|strontium|lanthanum} ceramics
热压机☆hot press; hp
热压块方案☆hot briquetting option
热压块铁☆hot briquetted iron; HBI
热压(反应)器☆autoclave
热压缩空气☆hot compressed air
热压缩空气供给法☆hot-air system
热压应力试样筒☆specimen tube of hot pressure stress
热压铸成形☆hot pressure casting; hot injection molding
热压铸机☆hot injection molding machine
热压铸石托辊☆hot-pressing cast-stone bracket roller
热烟道☆hotflue
热盐交替☆thermohaline alternation
热盐水☆thermohaline; thermal brine; saline hot water
热岩溶☆thermokarst; thermal karst
热岩溶泉☆hot karst spring
热岩土工程学☆thermal geotechnics; thermo-geotechnology
热岩屑☆incandescent detritus
热延伸☆thermal elongation
热演化分析☆thermal evolution analysis; TEA
热焰☆hot plume
热养护☆heat-curing
热冶的☆pyrometallurgical
热冶学☆pyrometallurgy
热液☆hydrothermal solution{fluid}; hydrotherm; thermal fluid
热液的☆hydrothermal; thermal; hydatothermal
热液交代形成矿床说☆hydrothermal-metasomatic formation of ore deposits
热液矿床☆hydrothermal (ore) deposit; deep-vein zone deposit
热液论者☆hydrothermalist
热液蚀变岩类☆hydrothermal rocks
热液石英☆keatite; hydrothermal quartz
热液酸碱性分异作用☆hydrothermal acid-alkaline differentiation
热液作用☆(tectonic) hydrothermalism; hydrothermal activity{process}
热移☆heat transfer
热逸散☆thermal runaway
热异常☆heat{thermal;thermic;thermal.} anomaly; anomalous thermality
热异常带☆zone of heat liberation; thermal belt
热异常区☆anomalous heat area; thermal region {locality}; thermo-anomalous territory
热阴极☆hot cathode
热阴极X光发生管☆Coolidge X-ray tube
(焊接的)热影响区☆heat-affected zone; HAZ
热硬度☆hot{red} hardness
热硬钢☆red-hard steel
热硬性耐火泥☆heat-setting mortar
热应变☆thermal strain; hot straining
热应力☆thermal stress{load}; heat{temperature} stress
热(态应)用☆applied hot; hot application
热油☆hot oil
热油清蜡车{|器}☆hot oiling truck{|machine}
热油循环☆hot-oiling
热羽☆plume
热域☆hot domain
热育土☆thermogenic{thermogenetic} soils
热浴☆thermal bath
热元件☆thermoelement; thermal element; thermistor
热原子☆hot atom
热源☆heater; heat source{reservoir}; source of heat
热源岩体顶面埋深☆top-of-source-depth
热源质谱☆thermal-source mass spectrometry
热月学家[认为月球内部有热能和火山活动]☆vulcanist
热月学者☆hot mooner
热云☆hot{fire} cloud
热运动☆thermal vibration{motion}
热运{对}流☆heat convection
热晕☆thermal halo{aureole}
热载体☆heat carrier{bearer}; heating cartridge; thermal barrier
热再生☆thermic regeneration
热噪声☆thermal noise; thermonoise
热(激)噪声☆Johnson noise
热造型衬圈☆hot molded liner
热增加(量)☆heat gain
热增量☆heat gain; gain of heat
热增殖反应堆☆thermal breeder
热轧☆hot rolling{reducing}; hot-rolling
热轧薄板☆lattin; latten
热轧钢☆hot {-}rolled steel; hrs
热轧、酸洗及浸石灰水的☆HRP & L; hot-rolled pickled and limed; h.r.p.l.
热涨落☆thermal fluctuation
热胀☆thermal expansion
热胀缩破裂☆thermal cracking
热胀性☆heat heave
热障☆thermal{temperature} barrier
热(红外)照相机☆thermocamera
热折射☆thermal refraction
热真空☆thermovacuum
热振动☆thermal vibration{agitation}
热(矿)振动筛☆hot vibro screen
热震☆hot earthquake; thermal{temperature} shock
热蒸发☆heat evaporation
热蒸时间☆cooking time
热正极☆analogous pole
热值☆heating value{power;capacity}; heat output {calorie}; heat of combustion; calorific value{power; capacity;efficiency}; caloricity; caloric power; HV; CV; energy value[石油]
热指示矿物☆thermal indicator mineral
热指数☆heat index{number}
热致变色☆thermochromism
热致的☆thermic
热致对流☆thermally-driven convection
热致发光☆thermoluminescence; TL
热致击穿☆thermorunaway (from)
热致机能失效☆thermal incapacitation
热致液晶☆thermotropic liquid crystal
热致叶状剥蚀☆thermal exfoliation
热质☆caloric
热滞☆heat stagnation; thermal hysteresis
热中和性☆thermoneutrality
热中子☆thermal neutron{neatron}
热中子扩散☆thermal neutron diffusion
热中子衰减时间测井☆thermal-decay-time log; thermal decay log (time log); TDL
热中子衰减时间测井现场快速直观解释☆thermal decay quicklook
热中子通量强度☆thermal neutron intensity
热中子诱发裂变径迹☆thermal-neutron-induced fission track
热衷{中}(于)☆absorption; be sold{intent} on; be addicted to; be engrossed in; be nuts about; have a fancy for; be full of enthusiasm about
热重法☆thermogravimetry; TG
热重分析☆thermogravimetric analysis{work}; thermal gravimetric analysis; TGA
热重力扩散☆thermogravitational diffusion
热重量分析☆thermogravimetry; thermo gravimetric analysis; TGA
热重-四极质谱分析☆thermogravimetric-quadrupole mass spectrometric analysis
热轴☆hotbox; thermo-axis; thermal axis
热柱☆heat{thermal;hot} plume; plume
热贮工程☆reservoir engineering
热铸☆hot-cast
热注入☆heat injection
热转变[有机质在热作用下转变为油气的过程]☆high-low inversion; thermal transformation {alteration}
热转化☆thermal inversion
热转换☆heat transformation; thermal cross over
热转换器☆thermal converter
热装料方案☆hot charging option
热装套筒☆shrunk-on sleeve
热状态☆thermal behavior{regime}
热灼伤☆thermal brun
热(能)资源☆heat{thermal} resource
热自动导引头☆heat seeker
热自来水☆hot tap water
热自流系统☆thermoartesian system
热总量☆heat budget
热阻☆thermal{heat} resistance
热阻抗☆heat impedance
热阻率☆thermal resistance{resistivity}; specific heat resistance
热阻器☆thermistor
热阻丝气体分析器☆hot wire gas analyzer
热钻孔喷热器☆jet piercing burner
热钻喷流☆piercing jet
热作(业)☆hot work

rén

壬胺[$C_9H_{19}NH_2$]☆nonylamine
壬醇[$C_9H_{19}OH$]☆nonyl alcohol; nonanene; nonanol
壬二腈[$NC(CH_2)_7CN$]☆nonyl dinitrile
壬二酸[$HOOC(CH_2)_7COOH$]☆azelaic acid

R

壬酚[$C_9H_{19}C_6H_4OH$]☆nonyl phenol
壬基☆nonyl；pelargon-
壬基-2,3-二氮杂茂[$C_9H_{19}C_3H_3N_2$]☆nonyl imidazol(e)
壬基(苯)酚☆nonylphenol
壬基聚氧乙烯[$C_9H_{19}(OCH_2CH_2)_nOH$]☆nonyl polyethylene-oxide
壬基聚氧乙烯醚醇[$C_9H_{19}(OCH_2CH_2)_nOH$]☆nonyl polyoxyethylene etheralcohol
壬基磷酸盐{|酯}[$C_9H_{19}OP(OM\{|R\})_2$]☆nonyl phosphate
壬基膦酸[$C_9H_{19}PO(OH)_2$]☆nonane phosphonic acid
壬基亚磺酰胺[C_9H_{19}•SO•NH_2]☆nonyl sulfenamide
壬基氧化乙烯醚醇[$C_9H_{19}OCH_2CH_2OH$]☆nonyl-oxyethylene-ether-alcohol
壬硫醇[$C_9H_{19}SH$]☆nonyl mercaptan
壬炔☆nonyne
壬酸☆nonylic acid [C_8H_{17}•COOH]；pelargonic acid [$CH_3(CH_2)_7COOH$]；nonanoic acid
壬酮-(5)[$(C_4H_9)_2CO$]☆valerone；dibutyl ketone
壬酮[$C_9H_{18}O$]☆nonanone
壬烷[C_9H_{20}]☆nonane
壬烷基[$C_9H_{19}-$]☆nonyl
壬烯[C_9H_{18}]☆nonene；nonylene
壬烯双酸[C_9H_{17}•$(COOH)_2$]☆Decanoic acid
壬酰(基)[$CH_3(CH_2)_7CO-$]☆nonanoyl；pelargonyl
仁慈的☆kind
人☆person；human；pers；soul
人班☆manshift；man-shift；man shift
人搬管子时唱的号子☆endo
人才☆talent
人才外流☆brain drain
人差☆personal equation
人车☆man car
人次☆attendance；person-time；man-time
人道主义者☆humanitarian
人地关系☆man-earth relationship
人防地下室☆air-raid shelter
人粪尿污泥☆night soil sludge
人感振动☆human perception vibration
人格☆personality
人工白电平信号☆artificial white signal
人工爆炸[地物]☆secondary reflection；shoot
人工表层☆anthropic epipedon
人工补给动态☆artificial recharge regime
人工采集的岩样☆hand-collected sample
人工采掘☆hew
人工操纵☆human operation；hand control
人工操纵的☆manually operated；man.op.
人工操作☆manual operation；hand-operation；manhandle；hand operating
人工场法☆artificial field method
人工陈化☆preag(e)ing；artificial ag(e)ing
人工沉箱☆hand-dug caisson
人工池塘☆ponding
人工充填☆hand packing{gobbing;filling}；packing by hand；hand-fill
人工处理☆man processing
人工处理或着色的宝石☆treated stone
人工(冲击)打眼☆kirn
人工捣固☆bishop
人工(造)的☆non-natural
人工堤坝☆levee
人工堤防☆embankment
人工地平线仪☆gyro(scopic) horizon
人工地物☆man-made feature{object}；anthropogenetic form
人工地震脉冲法☆artificial impulse method
人工定位凿岩机☆hand-positioned drill
人工堆砌巷道☆brattice way{road}
人工堆填土☆artificial fill
人工对流☆forced convection
人工翻卸器☆pedestrain-controlled dumper
人工方块☆modified cube
人工放顶爆破☆waste blasting
人工分段信号☆manual block signal
人工分离☆hand-sorting separation
人工和{拌}砂☆sand cutting-over
人工合成类晶石☆spinel；spinelle
人工合成元素☆artificial element
人工黑电平信号☆artificial black signal
人工湖☆impoundment；artificial lake
人工恢复原来润湿和饱和状态的岩芯☆restored-state core
人工回灌地下水☆artificial recharged ground water
人工混合物☆synthetic mixture
人工活化漂白土☆artificially activated earth
人工激发的生产能力☆artificially stimulating productivity
人工记忆神经元☆memistor
人工加固土☆artificially improved soil
人工加煤☆stoke by hand
人工拣矸场☆sorting floor
人工降雨☆artificial precipitation{rainfall}；rainmaking
人工降雨装置☆artificial rain device
人工截雪空地[密林中]☆snow trap
人工进给燃弧时间☆manual flashing time
人工举升井☆artificially lifted well
人工控制☆manual control{operation}；hand control
人工拉绳式打桩机☆bell rope hand pile driver
人工老化☆artificial ag(e)ing；tempering
人工裂缝☆manmade{hydraulic} fracture
人工裂隙式热水储☆fractured hydrothermal reservoir
人工裂隙型地热储☆fracture-stimulated geothermal reservoir
人工破碎(矿石)☆cob
人工破碎石料平板格筛☆flat sledging grizzly
人工气候加速老化试验☆artificial weathering test
人工敲碎☆cobbing
人工切坡☆cut slope
人工倾卸☆hand tipping
人工驱替油藏☆floodable reservoir
人工取样壶☆hand sample cutter
人工泉☆bored spring；artificially bored spring
人工染蓝的玛瑙或碧玉☆false lapis
人工砂☆manufactured{artificial} sand
人工砂源滩☆feeder beach
人工设置的海底居室☆man-rated ocean-floor habitat
人工石墨[冶]☆electrographite
人工双折系统☆artificial double refraction
人工水晶 Z-X 切籽晶☆Z-X cut seed of synthetic quartz crystal
人工碎矿☆bucking；cob；cobbing
人工缩样☆sample hand reducing
人工碳化泥炭☆peat coal
人工填密☆artificial-pack
人工填筑垫层☆structural fill
人工通风☆positive draft；forced air supply；artificial ventilation{draught}
人工土丘☆tepe
人工推车☆traming；manual tramming
人工挖的井☆shallow well
人工挖土石方☆hand excavation
人工弯曲钻孔法☆deflection method
人工位移☆manual shift
人工稳定(边坡)技术☆artificial stabilization technique
人工洗矿斜槽☆hand buddle
人工霞石☆nephelite
人工引喷☆artificially induced blowout；controlled blowout；speed up the blowout；inducement to action[间歇泉]
人工影响天气☆weather modification
人工淤滩☆artificial nourishment
人工鱼礁☆shelter；artificial (fish) reef
人工雨实验者☆rainmaker
人工语言☆fabricated language
人工育种☆biologic(al) engineering
人工源遥感☆active remote sensing
人工支撑采矿法☆(artificial) supported stope
人工支护回采工作面☆artificially supported stope
人工支架开采法☆supported-opening method
人工制备的氢氧化铝晶体☆bayerite
人工智能☆artificial{human} intelligence；AI
人工智能专业组[美]☆Special Interest Group on Artificial Intelligence；SIGART
人工制品☆artefact；artifact
人工重砂样品☆sample for person heavy minerals
人工装载工作面☆hand-filled face
人工转移(程序)☆force
人工装料输送机☆hand-loaded conveyor
人工装载☆manual{hand} loading；loading by hand；hand(-)fill(ing)；hand filling
人化(作用)☆hominization
人机对话☆interactive computer cession{session}；human-computer dialogue；man-machine dialog{interaction;conversation;communication}
人机工程学家☆ergonomist
人机交互垂直地震剖面处理☆interactive VSP processing
人机交互拭迹器☆interactive eraser
人机界面☆HMI；human-machine interface
人机决策能力☆interactive decision-making mentality
人机联作☆interactive programming；man-machine{man-computer} interaction
人机联作地震作图☆interactive seismic mapping
人机联作勘探系统☆interactive exploration system
人迹罕至的☆out-of-the-way
人际关系☆interpersonal{human} relation
人际距离学☆proxemics
人掘的井☆hand dug well
人均国民生产总值☆gross national product per capita；GNP per capita
人科☆Homidae；hominids
人孔☆manhole；access{man} hole；manway；mh；scuttle；mouse hole[机台上的]
人孔盖☆manhole cover；scuttle；manhead
人孔盖板☆manhole cover；clean-out plate
人孔盖钩☆manhole hook
人控探测☆manned probing
人口☆population；inlet
人口爆炸理论☆population explosion
人口不足☆underpopulation
人口稠密指数☆population density index
人口大小和分布☆population size and distribution
人口调查☆census
人口过剩{多}☆overpopulation
人口恢复☆repopulation
人口激增☆demographic explosion
人口减少☆depopulation
人口金字塔☆population pyramid
人口密度☆population density；density of population
人口统计变迁模型☆demographic transition model
人口增长观点☆views of population growth
人口-资源区域☆population-resource region
人口组成的变化☆components of population change
人类☆mankind
人类出现前的循环☆preman circulation
人类的☆anthropogenic；human；anthropic
人类对土壤的影响☆human impact on soil
人类发展指数☆HDI；human development index
人类工程学的☆ergonomical；ergonomic
人类化石☆fossil man{hominid}
人类活动☆man's{human} activity
人类活动影响圈☆technosphere
人类纪☆Anthropogen；Anthropogene
人类-经济因素☆human-economic factors
人类空间统计学☆proxemics
人类起源☆anthropogen；origin of humankind
人类圈☆noosphere
人类生境模式☆human habitat model
人类时代☆human period；age of man
人类学☆anthropology
人类遗址☆dwelling place
人类造成的污染☆man-induced contamination
人类知识的总和☆noosphere
人力☆man-power；manpower
人力车式轻便钻机☆Rick-a-sha (drill)
人力调度表☆manpower deployment chart
人力供给☆supply-manpower
人力夯☆hand rammer
人力夯具☆bishop
人力绞磨☆man-capstan
人力提升☆advance of individual manpower
人力推车☆hand putting{tramming;haulage}；hutching；manual haulage
人力推动☆manhandle
人力移动卸料车☆hand-propelled tripper
人力资本法☆human capital method
人力钻进的井☆hand dug well
人马座☆Sagittarius；Archer
人们☆folk
人名账户☆personal account；P.A.
人(-)年{|日|时}☆man-year{|-day|-hour}
人群☆confluence；conflux；crowd；assemblage
人群关系☆human relation

人身安全☆personal safety{security}；physical security
人身防护☆personnel protection；p.p.
人身伤害☆bodily injury
人事部门☆personnel (department)；staff division
人事关系管理☆human relations management
人事管理信息系统☆personnel management information system
人事责任☆personal responsibility
人手☆hand
人寿保险☆life insurance (policy)
人属☆(Genus) Homo
人体放射性耐受度☆human tolerance
人体伦琴当量☆rem
人体容许接触(标准)☆permissible level of human exposure
人体(食物)摄入☆human intake
人体最大容许含量☆maximum permissible body burden
人推矿车☆traming；manual tramming
人为变旱☆exsiccation
人为表层☆anthropic epipedon
人为出露☆artificial exposure
人为传布☆anthropochory
人为的两个孢粉超属单位之一☆ante-turma
人为地面形态☆hemeroecology
人为地提高矿山的矿石质量☆salt a mine
人为惯态☆human-induced habit
人为过失事故☆human element accident
人为绝灭☆extermination by man
人为破碎☆voluntary breakage
人为侵蚀☆man-made erosion
人为土壤☆bogus{anthropogenic;anthropic} soil；anthrosol
人为误差☆personal{human} error
人为限制开采量☆proration
人为因素☆human{anthropogenic;anthropic; artificial;man-made} factor；artifact；artefact
人为因素误差☆human-equation error
人为噪声☆culture noise
人文☆culture
人文学科☆arts
人文要素☆human element；man-made{cultural} feature
人物☆figure；character；char.
人形类☆anthropomorpha
人形石☆ningyoite
人行道☆trottoir[法]；walkway；sidewalk；walk；travel(l)ing way{track;road}；foot path；footway；(access) manway；footpath；pavement
人行地下道☆pedestrian subway
人行格梯子平台☆manway landing
人行巷道☆passageway；travel(l)ing roadway；access manway
人行井☆ladder{manway;way;access} shaft
人行上山☆slope manway
人行索道☆walk-through cableway
人行台☆walkway
人行天井☆service raise；way shaft
人行小门☆man door
人行栈桥☆walkway；walkaround
人眼辨认☆human eye dlstinguish
人淤海{造砂}滩☆artificial nourished beach
人与生物圈规划☆Man and Biosphere Program
人员☆crew；personnel；pers
人员材料提升机☆man-and-material hoist
人员出井☆ascent
人员的节约☆staff economics
人员调配☆manpower{personnel} deployment
人员列车往返一次☆man trip
(使)人员配备过多☆overman [pl.overmen]
人员升降☆raising and lowering of persons
人员输送☆manriding
人员提升自控安全装置☆automatic；contrivance
人员下入巷道☆fall of persons
人员运输☆man-riding haulage；man riding
人员运送☆man trip；man-riding haulage；riding of men
人猿类☆Anthropoidea
人-月☆man month；m/m
人造白宝石☆saphire
人造宝石☆stone；synthetic gem{jewel}；imitation jewel；hard mass；synthetic cut stone
人造的☆synthetic；ersatz[德]；syn.；man-made；factitious；false；artificial；haplo-
人造地球卫星观测计划☆artificial earth satellite observation program；AESOP
人造地球卫星运载火箭☆earth satellite vehicle
人造多孔介质模型☆sand column
人造沸石☆permutite；artificial zeolite
人造富矿☆agglomerated material；agglomeration of iron ore
人造富矿入炉比☆agglomeration rate{ratio}；rate of agglomerates
人造刚玉☆diamantine；aloxite；thermitocorundum；corubin；Adamite；boules
人造{合成}刚玉☆alundum
人造革☆leatheret(te)；pegamoid；leatheroid
人造琥珀☆amberoid
人造花岗石面☆granitoid
人造花岗岩☆granolith
人造假山石☆artificial{man-made} stone
人造金☆oroide
人造金刚砂☆carborundum
人造块矿☆block ore；agglomerated material
人造裂缝☆created{man-made} fracture
人造零点☆neutralator
人造绿宝{柱}石☆igmerald
人造磨石☆grit；rubbing stone
人造皮革☆leatheret；leatherette；sham
人造偏光板{振片}☆polaroid
人造偏振片☆polaroid
人造铺地石☆granolith
人造气☆manufactured gas
人造石☆artificial stone；-lith；imitation diamond
人造石辊☆artificial stone roll
人造石块☆cast stone
人造石墨[化]☆synthetic{delanium} graphite；artificial{manufactured} graphite；Delanium
人造石铺面层☆granolithic layer
人造手☆magic hand
人造丝☆rayon
人造土地☆made land{ground}
人造卫星☆man-made planet；(artificial) satellite；sputnik[苏]
人造卫星跟踪观测☆satellite tracking observation
人造卫星及宇宙飞船发射场☆cosmodrome
人造卫星穆森说☆Musen's theory of artificial satellites
人造卫星位置显示屏☆spascore
人造物☆artifact
人造纤维☆rayon；staple fibre
人造橡胶☆synthetic{artificial} rubber；elastomer；ameripol；lactoprene
人造橡皮☆ameripol
人造象牙☆compo
人造亚硝酸硼☆borazon
人造岩礁☆rockwork
人造岩芯☆packed{sand} column；pack；artificial {synthetic} core
人造羊毛☆lanital
人造液体燃料工艺学☆artificial liquid fuel technology
人造荧光树脂☆lucite
人造雨☆rain making；artificial rain
人造雨云设备☆meteotron
人造云母(绝缘石)☆micanite
人造钻井岛☆artificial drilling island
人造钻石☆simulated diamond
人珍珠☆human pearl
人种学☆ethnology；ethnography
人字齿轮☆chevron{herringbone} gear；double helical spur wheel；herring bone gear；herringbone (wheel)
人字花纹石盐☆chevron halite
(井架顶上)人字架☆gin pole
人字坡☆double spur grade
人字墙☆pediment
人字式{形}矿房布置☆herringbone room arrangement
人字形齿轮三级减速箱☆triple-reduction herringbone gearbox
人字形的☆herringbone
人字形构造☆lambda{λ}-type structure
人字形管道排水☆herringbone drainage
人字形脊☆lambdoidal crest
人字形架☆A-frame
人字形交错层理☆chevron{herringbone} crossbedding
人字形矿房采矿(开采)法☆herringbone method
人字形桅架☆A-mast

rěn

忍冬粉属[孢;E_3]☆Lonicerapollis；Caprifoliipites
忍冬科☆Caprifoliaceae
忍耐☆endure；endurance；stomach
忍耐力☆tolerance
忍耐心☆patience
忍受☆tolerate；bear；tolerance
忍受法则☆law of tolerance
忍住☆smother；smoulder；resist

rèn

韧带☆(hinge) ligament
韧带沟☆ligamental{ligament} groove
韧带关节☆ligamentary{muscular} articulation
韧带牙目{类}☆Desmodonta
韧度☆temper；toughness；tenacity；viscosity
韧化☆annealing
韧矿☆malleablizing ore
韧沥青☆tabbyite；wurtzilite
韧炼☆anneal
韧皮部[植]☆phloem；liber；bast
韧片☆nympha；nymph
韧上的☆epiphloedal
韧铜☆tough pitch
韧窝☆dimple
韧形的[木纤维]☆libriform
韧性☆toughness；ductility；tenacity；flexibility；viscosity；obdurability；malleability
韧性的☆dauk；tough；malleable；ductile
韧性断口☆tough fracture
韧性损坏☆malleable failure
韧性岩的褶皱☆passive fold
韧性页岩☆sticky shale
韧性因数☆toughness factor
韧性铸件☆malleable casting
韧铸铁矿☆malleablizing ore
韧致辐射☆bremsstrahlung；braking radiation
韧致辐射单色谱☆bremsstrahlung isochromat spectroscopy；BIS
任何大的全体☆macrocosm
任何地方都不☆nowhere
任何石斑鱼幼鱼☆hamlet
任何似血的液体☆grume
任何一种井架☆iron pile
任剪断(钢缆)☆jack-boot o
任命☆name；appointment
任命者☆nominator
任期☆term
任务☆responsibility；mission；role；job；charge；function；challenge；undertaking；task
(分派)任务☆assignment
任务表☆duty chart
任务补贴☆hot shot
任务分工表☆conduct sheet
任务更改计划☆task change proposal；TCP
任务控制(部件)☆task control block；TCB
任务书☆job specification{description}；instruction sheet
任务速成☆project crashing
任务网络法☆mission network
任向河☆insequent river{stream}
任选☆option
任选港的装船☆optional shipment
任意☆at random；indiscrimination；arbitrarily
任意布置井位☆random pattern (of well spacing)
任意布钻☆random pattern
任意参照线☆arbitrary line
任意成形的软油罐☆formed rubber tank
任意抽取{水}☆arbitrary pumpage
任意单位☆arbitrary unit；A.U.
任意的☆voluntary；optional；random；arbitrary；haphazard；free；discretional
任意定向的应变标志☆randomly oriented strain marker
任意分布☆haphazard distribution
任意几何状态☆random geometry
任意角度钻进的坑道钻机☆radial drill
任意井网☆arbitrary well pattern

R

任意连测导线☆random-traverse；random line
任意排列的应变标志☆randomly oriented strain marker
任意切面☆random section
任意石料堆筑☆random rockfill
任意卸货港货物☆optional cargo
任意钻井{孔}☆random drilling
任职者☆occupant
认出☆discern；recognition
认定☆cognizance
认购☆capital contribution；subscribe
认购{股}权☆subscription right
认股权证(书)☆subscription warrant
认可☆authorization；recognize；endorsement；approval
认可试验☆warranty test
认领☆claim
认识☆knowledge；knowing；ken；cognizance；awareness；recognize；recognition；acquaint
认识(力)☆cognition
认识的☆aware；cognizant
认识的人☆acquaintance
认识论☆theory of knowledge
认为☆judge；esteem；count；consider；take；suspect；surmise；repute
认为……有理(由)☆justify
认真☆trueness；seriousness；earnest
认真地☆down
认真去做☆tackle
认证☆identification；legalize；attest；authenticate；attestation；authentication
刃☆blade；ket
刃瓣☆tooth
刃背☆cutting leg
刃边☆edge
刃虫☆planula [pl.-e]
刃沸石[$CaAl_2Si_3O_{10}$•5~6H_2O;斜方]☆cowlesite
刃厚☆wing thickness
刃后角☆angle of backing-off
刃脊☆knife-edge crest；arris；arete；arridge；comb ridge
刃脚☆cutting shoe
刃脚刀口☆shoe cutting edge
刃角☆rake (angle)；taper{point;wing;edge;blade;bit;wedge} angle；bit facing{cutting;wing} angle
刃具☆cutlery
刃具后角☆relief angle
刃口☆cutting edge；the edge of a knife sword,etc.
刃口磨损[钻头]☆wear across the edge
刃口式磁秤☆Schmidt's field balance
刃口悬置☆knife-edge suspension
刃棱☆edge
刃岭☆arete
刃岭金字塔形峰☆aretes pyramidal peaks{horns}
刃岭式恶地☆knife-edge badland
刃面☆cutting face
刃面反向凹弯鱼尾式钻头☆reversed fishtail bit
刃面角☆rake angle
刃面宽度☆edge width
刃磨☆grinding；sharpening
刃前角☆angle of cutting edge
刃(型)位错☆edge{wedge;Taylor-Orowan} dislocation
刃型俘获☆edge trapping
刃形边棱☆knife edge
刃形的☆sharp-edged
刃形位错☆edge dislocation
刃缘打碎法☆knife-edge splittering
刃状☆bladed
刃状(山脊)[美西南]☆cuchilla
刃状变位☆edge dislocation
刃状晶体☆bladed crystal

rēng

扔☆fling；chuck
扔出☆outthrow；pitching
扔掉的☆refuse
扔散☆tumble

réng

仍在继续的火灾☆active fire

rì

日☆day；coal-related；Sun
日斑☆sunspot；sunpot；solar spot
日斑白[石]☆Sunshine White
日班☆day shift{pair}；dayshift
日报☆journal；daily
日报表☆daily report{sheet}；log sheet
日本(瓷器)☆japan
日本八角烯☆sikimin
日本蚌属[J_3-K_1]☆Nippononaia
日本大金☆unidyne
日本电气公司☆Nippon Electric Company；NEC
日本海狮☆Zalophus japonicus
日本海型地槽☆Japan sea-type geosyncline
日本金松属[K-N]☆Sciadopitys
日本(盘)菊石属[头;K_2]☆Nipponites
日本流态自硬水泥砂制模法☆Japan hard-fluid cement-sand process
日本龙☆Nipponosaurus
日本(双晶)律☆Japan(ese) law
日本美浓䗴属[孔虫;C_3-P_1]☆Minojapanella
日本气象厅☆Japan Meteorological Agency；JMA
日本式水泥瓦☆Japanese cement tile
日本丝☆japan
日本䗴属[孔虫;P]☆Nipponitella
日本洋流☆Kuroshio
日变☆diurnal variation{change}
日变动☆daily variation
日变改{校}正☆diurnal correction
日波☆diurnal{daily} wave
日差☆diurnal inequality
日差程☆daily range
日躔☆sun's motion
日产储罐油桶数☆stock tank barrels oil per day
日产吨数☆daily tonnage
日产量☆daily output{yardage;ton;capacity;rate;flow;production}；day output；tale；current yield
日产煤量☆stent；stint
日产水桶数☆barrels of water per day；BWPD
日产油桶数☆barrels (of) oil per day；BOPD；BOD
日常☆day to day
日常费用☆cost of upkeep
日常分析☆routine analysis
日常供应罐☆day tank；daily supply tank
日常回采☆draw assignment
日常检修☆permanent repair；routine maintenance
日常开采规划与设计☆day-to-day mine planning and design
日常取样☆domestic{routine} sampling
日常水泡检查☆routine level check
日常性支付☆current payments
日常修理☆running{permanent} repair；(operating) maintenance
日长波动☆fluctuation in length of day
日长石☆sunstone[为具有淡红色火样反光的奥长石]；heliolite[由斜长石嵌有赤铁矿或云母鳞片构成]；sun-stone；sonnenstein[德]；aventurine feldspar
日潮☆solar tide
日潮不等☆diurnal inequality
(按)日(付息)成本☆day-rate cost
日程☆schedule
日承☆circumhorizonal arc
日承对弧☆kern's arc
日池窑☆day tank
日出风☆so(u)laire；souledre；souledras
日出水量☆daily capacity
日出图像☆postsunrise image
日出与日落过渡期☆sunrise and sunset transition
日磁变☆magnetic diurnal variation
日磁校正☆diurnal magnetic correcting
日丹诺夫符号☆Zhdanov notation
日地关系☆solar-terrestrial relation(ship)
日地重心☆Sun-Earth barycenter
日定额☆daily allowance
日东纺石纤维☆Nittobo rock fiber
日珥☆sierra；(solar) prominence；Lowitz arcs
日耳曼式构造☆paratectonics
日耳曼型造山运动☆germanotype orogenesis
日耳曼银☆nickel-silver
日峰负荷☆daily peak load
日工☆day labo(u)r(er){work}；dayman；daytaler；dataller；company man{hand;worker}；wageman；daywork；darg；dl
日工资☆day's pay；daily wage；per diem rate
日工作循环☆daily{day} cycle
日光☆sunlight；sunbeam；daylight
日光层☆heliosphere
日光抽气的☆solar-pumped
日光灯☆fluorescent light；daylight lamp
日光反射信号器[讯]☆heliograph
日光胶版术{法}☆heliography
日光节约时☆daylight-saving time
日光榴石[$Mn_4(BeSiO_4)_3$•S,与铍榴石 $Fe_4(BeSiO_4)_3$•S、锌日光榴石 $Zn_4(BeSiO_4)_3$•S 三矿物中的 Mn、Fe、Zn 可互相代替;等轴]☆helvite；helvine；tetrahedral garnet
日光燃料☆sunfuel
日光晒印☆heliographic{sun;sunlight} print
日光石☆sunstone
日光信号镜☆daylight signalling mirror
日光仪☆heliograph
日光照热☆solar heating
日晷☆(sun) dial；sundial；gnomon
日晷投影☆gnomonic projection
日晷投影地图☆gnomonic{great-circle} chart
日海☆thalassoid
日海球石[钙超]☆Helicopontosphaera
日华[气]☆corona
日环食☆annular eclipse
日辉☆dayglow
日级泥层☆diurnal varve
日剂量☆daily dose
日计划☆daily planning
日记☆journal
日记(本)☆diary
日记簿☆day book
日记账☆journal
日际☆interdiurnal
日间海风☆daytime sea breeze
日间信号☆day (time) signal
日检☆daily test
日较差☆diurnal{daily} range
日结存☆daily balance
日界线☆date{calendar;day;data} line；international date line
日进尺☆daily advance；international date line；daily drilling progress；advance per day
日掘进(量)☆daily advance
日均温☆mean daily temperature
日均行度☆mean diurnal motion
日颗石[钙超;E_1]☆Helicolithus
日历☆calendar
日历年龄[按出生年月排列的]☆chronologic(al) age
日流量☆daily flow；daily rate of flow
日率☆rate per diem；per diem rate
日落☆sunset
日落辉☆crepuscular rays
日冕☆(solar) corona
日面北极☆north heliographic pole
日面旋涡结构☆vortex structure
日面坐标☆heliographic coordinates
日内瓦[瑞士]☆Geneva
日内瓦湖的西南风☆sudois
日盘星石[钙超;E_{1-2}]☆Heliodiscoaster
日偏食☆partial solar eclipse；partial eclipse of the sun
日平均☆daily average；diurnal mean
日平均温☆mean daily temperature
日期变更线☆date line；DT line
日顷海松属[C-P]☆Hikorocodium
日球☆heliosphere
日球石[钙超;E-Q]☆Helicosphaera
日圈☆heliosphere
日容许摄入量☆allowable daily intake
日筛虫亚科[射虫]☆Heliosestrinae
日晒☆insolation
日晒风化砾石☆insolilith
日晒作用☆solarization
日射☆insolation；solar radiation
日射(总量)表☆solarimeter
日射脊板珊瑚属[D_{1-2}]☆Heliophyllum
日射珊瑚亚纲☆Heliolitoidea
日射微粒流☆solar wind
日射仪☆actinograph
日食{蚀}☆(solar) eclipse；eclipse of the sun
日式双晶☆Japanese twin
日输出量☆day{daily} output
日输送量☆drily throughput；daily capacity

R

日陶石☆porcelain jasper
日挖掘量☆daily yardage
日温变化☆daily temperature fluctuation
日温度变化☆diurnal temperature variation
日文件☆dayfile
日纹理☆diurnal lamination
日硒(成因的)卵石☆insolilith
日息☆interest per diem; daily interest
日下点☆sub solar point
日心☆heliocenter
日心坐标☆heliocentric coordinates
日需要量☆daily requirement
日循环☆daily{day;diurnal} cycle
日焰效应☆solar flare
日耀长石☆sunstone
日叶石[$Pb_3As^{3+}O_{4-n}Cl_{2n+1}$]☆heliophyllite
日夜安全弹簧锁☆night latch
日益☆increasingly; day by day; ever-
日用量料槽☆day bins
日用燃油罐☆daily fuel tank
日用搪瓷☆domestic enamel ware
日用陶瓷☆household{domestic} porcelain
日用炸药贮存室☆make-up shed
日语(的)☆Japanese
日月贝属☆Amussium
日月潮☆lunar solar tide; luni-solar tide
日月合成潮☆lunisolar tide
日月周期☆luni-solar period
日月(对喷发作用{活动}的)最大{|低}影响☆luni-solar maximum{|minimum}
日运输量☆daily flow
日晕☆solar halo; aureole; aureola
日晕上的光轮☆parhelia
日载☆circumzenithal arc
日照☆sunshine
日照差异加热效应☆solar differential heating effect
日照(丰)度☆solar abundance
日照极光☆sunlit aurora
日照角☆sunangle
日照累积器☆sunshine integrator
日照(小)时☆sunlight hours; sunshine-hour
日直石[钙超;E]☆Heliorthus
日志☆journal
日周期☆diurnal period
日柱☆light pillar
日注入量☆diurnal injection
日注水量☆daily water-injection rate
日灼病☆sun-scald; sunburn; barkscorch
日灼作用[月面等处]☆sunburn; suntan
日子☆date; day; time; life; livelihood
日总量☆daily amount
日最低{|高}温度☆daily minimum{|maximum} temperature

róng

茸鞭型☆tinsel type
茸角☆antler
茸毛鞭的[藻]☆acronematic
荣昌窑☆Rongchang ware
荣誉☆honour; honor
榕属[K_2-Q]☆Ficus
榕叶☆Ficophyllum
融冰☆rotten{melting} ice
融冰地形☆melt form
融冰湖☆thaw{cryogenic} lake
融冰季☆thawing season
融冰加料[底碛]☆plastering-on
融冰流☆ice run{motion;gang}; debacle
融冰洼地☆kettle basin; asgruben
融层[冰]☆thaw layer
融沉☆thaw collapse
融沉土☆sagging soil
融沉系数☆coefficient of thaw-subsidence
融动下界☆frost table
融冻变形层☆involution layer
融冻层☆active{thawing} layer
融冻湖☆thaw{thermokarst} lake
融冻泥流☆solifluction; congelifluction; gelifluction; solifluxion; cryoturbation
融冻泥流平台☆solifluction bench
融冻泥流扇☆solifluction fan
融冻扰动☆cryoturbation
融冻扰动作用☆congeliturbation; geliturbation; kryoturbation; cryoturbation
融冻桶☆thawing tank
融冻土☆thawed ground
融冻土层☆talik; tabetisol
融冻土壤☆tabet soil
融冻作用☆congelifraction; frost riving
融洞湖☆thaw{cave-in} lake
融固结(作用)☆thaw consolidation
融合☆interfusion; inosculate; fusion
融合壁[苔]☆fused-wall
融合铰板[腕]☆fused hinge plates
融合锯齿☆appressed denticle
融合状[珊]☆plocoid
融滑包卷☆cryoturbate involution
融滑溜☆thaw slumping{flowing}
融化☆defrostation; thaw; dissolution; breakup; melt; ice-out[水面冰块]; dissolve; snowbreak[雪]
融化冰山碛☆berg till
融化不稳定的永冻土☆thaw unstable permafrost; thaw unstablepermafrost
融化带☆melt(ing) band
融化解冻管☆thaw pipe
融化区☆area of dissipation
融化稳定的永冻土☆thaw stable permafrost
融化指数☆thawing index
融混作用☆syntexis
融季☆thawing season
融解(性)☆deliquescence
融解高度☆melting level
融解壶☆thawing kettle
融解土层☆tabetsoil
融坑☆thaw sink{bulb}
融裂作用☆suttosion
融凝冰桥☆penitent ice
融凝冰柱☆nieve penitente
融泡☆thaw bulb
融期冰河☆temperate glacier
融区☆talik; thawed zone
融熔气化技术☆melting-gasification technique
融蚀斑晶☆brotocrystal
融蚀岩浆☆suctive magma
融蚀(边)缘☆absorption border
融水☆meltwater; melt water
融水灌溉☆thawing-water irrigation
融通票据☆finance bill
融洼地☆thaw depression{basin}
融陷湖[永冻土区]☆thermokarst{cave-in;thaw} lake
融陷系数☆coefficient of thaw setting
融陷性☆thaw settlement
融线[冰]☆thaw line
融雪[水面冰块]☆snowmelt; snow-broth; ripe
融雪崩☆warm avalanche
融雪冰☆melt{alpine} firn
融雪补给的河流☆snow fed river
融雪洪水☆snow-water flood
融雪径流☆snow{snowmelt} runoff
融雪水☆snowmelt (water); meltwater
融雪雾{风}☆snow-eater
融雪汛☆freshet
融夷冰山☆weathered iceberg
融资性租赁☆financial lease
融资主体☆financing entity
蝾螺属[腹;J-Q]☆Turbo
蝾螈(目动物)☆salamander
蝾螈类☆Salamandrina; salamanders
蝾螈属☆Salamandra
熔☆melting
熔(化)☆fuse
熔棒钻孔法☆lance bar method
熔毕分析☆melt down analysis
熔玻璃☆foundry
熔玻璃炉☆glass furnace
熔长(玻璃)☆maskelynite
熔成岩☆syntectite
熔池☆basin; bath; molten bath{poll}; weld puddle
熔池溜槽☆pool launder
熔滴☆droplet
熔滴过渡作用☆droplet transfer
熔地☆crater
熔点☆fusion{fusing} point{temperature}; thawing {melting} point; temperature {point} of fusion; fusibility; m.pt.; MP; fn. p.; f.p.
熔点(测定)计☆meldometer
熔点曲线☆melting curve
熔点梯度☆melting-point gradient
熔掉暗模☆burnout
熔洞☆fluxing hole; concavity
熔度☆fusibility; meltableness; fluxibility; fusibleness; meltability
熔度标{级}☆fusibility scale
熔度表☆fusibility scale; scale of fusibility
熔断☆fusing
熔断电流☆fusing{blowing} current; blow out current
熔断器☆fuse (box); thermal element
熔敷金属☆deposit(ed) metal
熔敷率☆deposition rate
熔硅石[材]☆fused silica
熔锅☆crucible
熔焊☆fusion welding; sweat
熔焊液☆welding fluid
(点焊)熔核☆nugget
熔合☆fuse; frit; fusing; fritting; merge; alloy(ing); alloyage; mergence; alligation[金属]
熔合宝石☆reconstructed stone
熔合边岩墙☆welded dike
熔合部分☆bond
熔合物☆rafting; alloy
熔合岩☆fritted rock
熔化☆fusion; flux; fritting; deliquescence; fuse; melt (down); colliquation; smelting; defrosting; swealing
熔化部温度控制☆melter temperature control
熔化的☆molten; smelted; syntectics; melting
(焊接时)熔化垫板☆consumable insert
熔化焊丝☆filler wire
熔化极弧焊☆metal-arc welding
熔化金属与燃料比☆melting ratio
熔化炉☆liquation{melting} furnace
熔化能力☆melting-down power
熔化年龄☆high-temperature age
熔化器☆melter
熔化潜热☆latent heat of fusion
熔化区☆fusion{smelting} zone; region of melting
熔化热☆heat of fusion; melting heat
熔化石英观察孔玻片☆fused-quartz sight glass
熔化速度☆burn-off rate
熔化温度☆temperature of fusion; fusion{melt(ing); fusing} temperature; melting point
熔化温度制度☆temperature program for melting
熔化状态☆molten condition
熔灰炉☆ash-fusion furnace
熔灰燃烧☆slag tap firing
熔剂☆fluxing{fusing} agent; furnace addition; auxiliaries; flux; fluxes; rholite
熔剂仓☆flux bin
熔剂刚玉☆phermitocorundum
熔剂精炼☆flux-refining
熔剂矿浆萃取过程☆solvent-in-pulp{SIP} process
熔剂芯焊丝电弧焊☆flux-cored arc welding
熔剂性烧结矿☆flux sinter{bearing agglomerate}; fluxed sinter{agglomerate}; prefluxed sinter
熔剂性烧结矿炉料☆burden fluxing sinter
熔浆☆rock{magmatic} melt; molten lava
熔浆化☆vitrification; vitrifaction
熔浆囊{房}☆molten chamber
熔接☆butt fusion; (fusion) weld(ing); sweat(ing); sealing-in
熔接法☆autogenous welding
熔接密封☆hermetical{hermetic} seal
熔结☆clinkering[灰渣]; fuse; combine; alloying; cake
熔结法制造的钻头☆sintered bit
熔(融黏)结环氧树脂粉末涂料(层)☆fusion bonded epoxy power coating
熔结火山碎屑堤☆spatter bank
熔结集块锥☆agglutinate cone
熔结煤☆clinker{clinkering} coal
熔结黏砂☆sand fusion
熔结凝灰岩期前的☆pre-ignimbritic
熔结石英☆fused silica{quartz}
熔结石英`砖{|圆筒}☆fused silica brick{|cylinder}
熔结作用☆welding
熔解☆fusion; melt down; eliquation; fuse; liquate; liqu(ef)action; flux; dissolving
熔解产品☆fused product
熔解顶蚀☆solution stoping

R

熔解气驱☆internal gas drive
熔解温度☆fluxing temperature
熔解物☆liquefacient
熔块☆frit；clinker
熔块法☆ingot process
(焊接)熔宽不足☆insufficient width
熔矿炉☆ore(-smelting) furnace
熔蜡☆dewaxing
熔离☆differentiation by liquation；liquating
熔离(作用)☆liquation
熔离结构☆unmixing texture
熔离矿床☆liquation deposit；liquid unmixing deposit
熔炼☆smelting；smelt (down)
熔炼出☆liquation
熔炼的炉次☆heat
熔炼工☆melter
熔炼炉☆smelter；smelting furnace
熔炼炉文氏管收尘器☆smelting furnace venture scrubber
熔炼石英矿床☆fused quartz deposit
熔炼室☆laboratory
熔料☆melting stock
熔料长石☆maskelynite
熔流法☆fusion flow method
熔炉☆smelter；(smelting) furnace；calcar；crucible；melter
熔(玻璃)炉☆calcar
熔模铸造☆investment cast；precision casting
熔凝硅石丝☆fused silica filament
熔凝灰岩☆welded tuff
熔凝石英☆vitreosil；fused quartz{silica}
熔片☆fuse element
熔壳☆fusion crust；regmaglypt
熔切炬☆notcher
熔区偏析☆zone-segregation
熔圈☆pyrosphere
熔融☆fusing；liqu(ef)action；emollescence；fusion；flux；melt(ing)；liquate；liquating
熔融玻璃☆fused rock glass；molten glass
熔融的☆molten；melted；igneous
熔融度☆meltability
熔融分解法☆decomposition by fusion
熔融分异☆differentiation by liquation
熔融金属☆hot{molten} metal
熔融金属纯度计☆rhometer
(由)熔融金属溶液生长(晶体)☆molten metal solution growth
熔融莫来石☆fused mullite
熔融喷吹法☆melting and blowing process
熔融热☆heat of melting
熔融熵☆fusion entropy；entropy of fusion
熔融石☆tectite；obsidianite；tektite
熔融石场☆strewn field
熔融实验☆experimental melting
熔融石英☆fused quartz；vitreosil
熔融碳酸盐燃料电池☆fused carbonate fuel cell；molten carbonate fuel cell
熔融体☆molten mass
熔融外延法☆epitaxial growth by melting
熔融消失(作用)☆consume
熔融型烧结矿☆molten type sintered ore
熔融盐燃料☆fused salt fuels
熔融盐浴☆fused-salt bath
熔融银燃料电池☆fuel cell of molten silver
熔溶胶☆pyrosol
熔入法☆frit-in method
熔烧☆fused slurry coating technique
熔深☆depth of fusion
熔深焊接☆penetration welding
熔石玻璃☆fused rock glass
熔石铸造☆molten rock casting
熔蚀☆resorption；corrosion
熔蚀斑晶☆oriocrystal；brotocrystal
熔蚀边☆corona[pl.-e]；corrosion border{rim；zone}；resorption rim{border;border}；corroded margin
熔蚀变形(的)☆tectomorphic
熔蚀的晶体☆reabsorbed crystal
熔蚀改形晶体☆tectomorphic crystal
熔蚀结晶☆resorped crystal
熔蚀晶☆corroded crystal；tecoblast
熔蚀石英☆vericular{vermicular} quartz
熔蚀性☆corrosiveness
熔蚀岩浆☆magma of resorption
熔蚀作用☆reabsorption
熔丝☆fz；fuse wire{element}；fuze；link
熔丝断路器☆fuse cutout；safety cut {-}out
熔丝发火起火剂☆fuse (flashing) composition
熔丝管☆cartridge{tube} fuse
熔丝盘☆fused board
熔损☆smelting
熔态☆molten state
熔体☆melt (mass)；fused mass；fusion
熔体仿丝性特征☆spinning fluid characteristics
熔体结构☆structure of melt
熔体-晶体平衡☆melt-crystal equilibrium
熔铁炉☆forge
熔透焊道☆uranami bead
熔透区☆bond
熔透作用☆melting through
熔析☆liquation；liquating；eliquation；aliquation
熔线☆fuse (wire)
熔性☆fusibleness；fluxibility；fusibility
熔玄武岩☆fused basalt
熔压☆pressure fusion
熔压曲线☆fusion-pressure curve
熔盐☆fused salt
熔盐电解☆fusion electrolysis
熔盐法☆molten salt method；flux method
熔盐法生长晶体☆flux-grown crystal
熔盐强化☆salt quenching
熔盐燃料堆☆molten salt fueled reactor
(由)熔盐生长晶体☆flux growth
熔岩☆lava (wedge)；melted{molten} rock；molten lava
熔岩坝湖☆lava-dam(med) lake
熔岩薄层☆rivet of lava
熔岩被☆lava sheet；spread of lava
熔岩表面槽沟☆channel
熔岩饼☆driblet
熔岩擦沟☆lava scratch
熔岩层☆lava bed{bad}；pedrigal
熔岩沉陷崖☆slump scarp
熔岩刺☆(lava) spine
熔岩的☆laval；lav(at)ic；chysiogenous；chysiogene
熔岩等的溢出☆extravasation
熔岩堤☆levee；lava{block} levee；spatter{block} rampart；block embankment
熔岩滴丘☆driblet spire{cone}；hornito；blowing cone
熔岩滴锥☆volcanello；vulcanello；driblet{spatter} cone
熔岩碟☆lekolith
熔岩堆积堤☆lava moraine
熔岩沸泡☆intumescence of lava
熔岩覆盖砾石☆channel
熔岩高原☆lava plateau；planeze
熔岩鼓包☆tumulus [pl.-li]；lava tumulus；pressure dome；tumefaction of lava
熔岩冠岭☆loucerback
熔岩冠丘☆lava-capped hill
熔岩滑动崖☆lava slump scarp
熔岩基块☆base
熔岩脊☆block rampart
熔岩挤出☆push
熔岩夹层☆rib{rivet} of lava
熔岩溅屑☆lava toe
熔岩浆☆asthenolith
熔岩壳☆carapace
熔岩坑☆lava{fire} pit；pit
熔岩口☆bocca
熔岩枯竭孔道☆lava drain channel
熔岩扩散☆spread of lava
熔岩粒☆buckshot [pl.-,-s]
熔岩劣地☆scabland；malpais
熔岩劣地露头☆scabrock
熔岩裂隙☆lava rent；blister cave
熔岩瘤☆tumulus [pl.-li]；bulge；tumefaction of lava
熔岩流☆(lava) flow；extrusion flow；aa-flow；lava；nappe；coulee；stream of lava；coulie；lava-flow
熔岩流出☆withdrawal of lava
熔岩流错位残体☆louderback
熔岩流道☆aa channel
熔岩流脊☆stony rise
熔岩流间的☆intertrappean
熔岩流区☆lava field
熔岩脉☆lava streak；pressure dome
熔岩疱☆bulge；blister
熔岩喷出☆extrude
熔岩喷叠锥☆driblet cone
熔岩喷泉☆fire{lava} fountain
熔岩丘☆(lava) dome；tumulus [pl.-li]；blister cone
熔岩丘的☆tumulous；tumulose
熔岩球☆lava ball；pseudobomb；volcanic dumpling {ball}
熔岩泉☆lava spring{fountain}；goblet of lava
熔岩扇(形地)☆fan of congealed lava
熔岩舌☆(lava) tongue；tongue of lava
熔岩速凝体☆glass
熔岩隧洞☆lava-tube cavern
熔岩碎屑集块岩☆driblet agglomerate
熔岩笋☆(lava) stalagmite
熔岩台地☆lava plateau；pedionite
熔岩头[火山口内]☆head of lava
熔岩凸形挤出☆lava squeeze-ups
熔岩团☆volcanic dumpling
熔岩外喷☆(lava) extravasation
熔岩陷落崖☆lava subsidence scarp
熔岩溢出☆outflow of lava
熔岩溢流☆effluent lava flow；outflow of lava
熔岩涌丘☆lava fountain；goblet of lava
熔岩趾☆(lava) toe
熔岩钟☆lava cupola；bulge；barrow
熔岩钟乳☆(lava) stalactite
熔岩冢☆(lava) tumulus；pressure dome
熔岩肿瘤☆tumulus[pl.-li]；pressure dome；schollendome[德]
熔岩肿胀☆bulge
熔岩状泥流河☆lava-like mud scream
熔岩锥☆lava{blowing} cone；cone of lava
熔岩阻塞湖☆coulee lake
熔窑热效率☆heat efficiency of furnace
熔渣☆(molten) slag；clinker；sprue；slagging
熔渣磨机☆cinder mill
熔渣状的☆scoriform
熔质偏析☆solute segregation
熔珠☆bead
熔铸成形☆casting
熔铸法焊接☆cast-weld
熔铸铬刚玉耐火制品☆fused cast chrome corundum refractory
熔铸工☆smelter
熔铸件氧化铝砖☆fused casting-alumina brick
熔铸耐火块☆castable refractory
熔铸 α-β 氧化铝砖☆fused cast α-β alumina brick
熔铸砖☆fused-cast brick
(使)溶暗{解}☆dissolve
溶变结构☆catalytic texture
溶冰机☆defroster
溶残席☆palette；shield
溶槽☆lapiaz；solution slot{groove}；lapies
溶池浸出法☆dump pond method
溶出☆stripping；digestion
溶出矿浆☆digested pulp{slurry}
溶出器☆digester
溶道☆solution passage{conduit;channel}
溶洞☆leach{solution} hole；solution cavity {cave; opening;crevice;vug;channel}；cave(rn)；opening of solution；dissolution；cutter；limestone {water-eroded} cave；pocket
溶洞充填☆solution-cavity filling
溶洞泉☆solution channel spring；tabular{cavern} spring；rise
溶斗☆corroded funnel
溶(解)度☆dissolubility；dissolvability；solubility
溶度积常数☆solubility product constant
溶度计[路工]☆lysimeter
溶度曲线☆curve of solubility
溶度指数☆Solubility exponent
溶方解石[$Ca(HCO_3)_2$]☆luo-calcite
溶峰☆karst peak
溶敷焊道☆weld bead
溶沟☆karren；solution channel；corroded gully
溶沟(喀斯特)☆karren karst
溶沟化作用☆lapiesation
溶构☆solution groove
溶谷☆corroded{solution} valley
溶(解)管☆solution conduit{pipe}
溶化☆deliquation；melting；meltdown

R

溶化的☆diffluent
溶化土☆tabet soil
溶混带☆miscible bank
溶混度间隙☆immiscibility{miscibility} gap
溶混性☆miscibility
(石膏-硬石膏帽岩内的)溶积层☆katatectic strata
溶剂☆solvent；dissolvent；dissolvant；solving agent；resolver；resolvent；vehicle；menstruum [pl.-rua,-s]；solv
溶剂抽提物☆solvent extract
溶剂萃取☆solvent extraction；SX
溶剂分解☆solvolysis；solvent cracking
溶剂和溶质的化合☆solvation
溶剂化(作用)☆solvation
溶剂化度☆solvability
溶剂化水☆solvation water
溶剂化物☆solvate
溶剂沥青☆asphaltum
溶剂驱动法☆solvent flooding process
溶剂态☆solvated state
溶剂用脉石英☆vein quartz for flux
溶剂油☆naphtha；solvent oil
溶剂原料矿产☆flux raw material commodities
溶胶☆sol；collosol；colloidal sol{solution}；solation
溶胶化(作用)☆solution
溶胶器☆peptizer
溶胶体☆sol
溶结☆cement
溶结玄武岩衬里☆fused basalt lining
溶解☆disassociation；solution；diffluence；dissolve；resolve；resolution；dissolution；solubilization；solve；lysis [pl.-ses]；cut；defrosting；liquation；melt；dil.
(增溶)溶解☆solubilisation；solvation
溶解搬运(质)☆dissolved load
溶解本领☆solvency
溶解变形作用☆solution deformation
溶解槽☆dissolving tank
溶解常数☆solubility constant
溶解沉淀机理☆dissolution-precipitation mechanism
溶解沉析传质机理☆dissolution reprecipitation material transfer mechanics
溶解的☆dissolved；solutionized；resolvent
溶解度☆solubility；solubleness；dissolubility
溶解度参数☆solubility parameter；SP
溶解度积☆solubility product
溶解法开采☆solution mining
溶解缝合状劈理☆stylolitic solution cleavage
溶解固体☆dissolved solid；DS
溶解硅酸盐的酸☆silicate control acid
溶解节理☆solution joint
(石盐矿)溶解开采研究所☆Solution Mining Research Institute；SMRI
溶解空隙☆space of dissolution；solution cavity
溶解孔隙☆space of dissolution；opening of solution
溶解类型☆dissolved species
溶解力☆dissolving power{capacity}；solvency
溶解裂隙[石灰岩中]☆cutter
溶解囊☆pocket
溶解能力☆dissolving capacity{power}；solvent power；solvability
溶解气☆dissolved{solution} gas；gas in solution
溶解器☆dissolver
溶解气-气顶-水综合驱动☆solution gas-gas cap-water drive
溶解气驱☆gas expansion drive；internal{dissolve;solution} gas drive；depletion type of drive；depletion{dissolved-gas} drive；solution gas expansion
溶解气驱型油田☆depleted-type field
溶解气驱一次采油量☆solution gas-drive primary oil
溶解热☆heat of solution{dissolution}；solution heat
溶解态氧化硅☆dissolved silica
溶解物☆solute；dissolved matter
溶解系数☆solubility factor
溶解效应☆solution{dissolving} effect；lytic response
溶解性☆dissolubility；solubleness；solubility
溶解性能☆solubility property
溶解压力☆solution pressure；SP
溶解羊肚菌状刻蚀☆solution-morel sculpturing
溶解阳极提取(法)☆soluble anodes extraction
溶解氧下降曲线☆dissolved oxygen sag curve
溶解在石油中的气体☆included gas
溶解质总量☆total dissolved solid
溶解装置☆dissolver
(在)溶解状态中☆in solution
溶解作用☆dissolution；solvent{dissolving} action；solubilization；solution effect
溶浸☆leaching；leach
溶浸沉淀浮选(联合)法☆leach-precipitate-float {leach(ing)-precipitation-flotation} process
溶浸法开采☆solution mining
溶浸-离子交换-浮选联合法☆leach-IX-flotation process
溶浸吸附(法)☆leaching-adsorption
溶浸洗涤周期{循环}☆leach-wash cycle
溶坑☆sinkhole
溶坑卵石☆cupped pebble
溶孔☆solution hole{opening}；corroded hollow
溶离线☆solvus
溶料☆melt
溶菱镁矿[$Mg(HCO_3)_2$]☆luo-magnesite
溶菱锰矿[$Mn(HCO_3)_2$]☆luo-diallogite
溶菱铁矿[$Fe(HCO_3)_2$]☆luo-chalybite
溶滤☆leaching；li(o)xiviation
溶滤产物☆leacheate
溶滤带☆leached zone；zone of leaching
溶滤的☆lixivial
溶滤矿物☆leach mineral
溶滤水☆leachwater
溶滤污染☆leachate contamination
溶媒☆dissolvant；solvent；menstruum [pl.-rua]；resolver
溶泌区☆ecotone
溶泌体☆ectect
溶泌岩☆ecotone；ectectite；ectexite
溶泌作用☆ectexis；ektexic
溶模孔隙☆moldic porosity{pore}
溶盘☆solution pan
溶气浮选法☆dissolved air flotation
溶气驱☆solution gas drive
溶丘洼地☆hill depression
溶去☆leach out
溶圈☆solusphere
溶肾石酸素☆renacidin
溶生的☆lysigenous；lysigen(et)ic
溶失量☆loss by solution
溶石术☆lithodialysis
溶石作用☆litholytic effect
溶蚀(作用)☆(chemical) erosion；corrasion；etching；corrosion；solution；attack；dissolution
溶蚀残丘☆hum；mosor
溶蚀残余层☆katatectic layer
溶蚀谷☆steephead；solution valley
溶蚀锅穴☆solution potholes
溶蚀痕☆facet
溶蚀灰岩穴☆solution sinkhole
溶蚀基准☆base of corrosion
溶蚀礁☆resorbed reef
溶蚀坑☆weather(ing) pit；bogaz [pl.-i]；morel basin；solution corridor；pocket；solution sink
溶蚀孔☆emposieu；gnamma hole
溶蚀孔隙☆dissolution pore
溶蚀面☆corrosion surface{zone}
溶蚀盘☆solution pan；panhole
溶蚀平穴☆solution nip
溶蚀平原☆corrosional plain
溶蚀丘☆mogote；haystack hill
溶蚀泉湿地☆corrosion spring swamp
溶蚀深槽☆helk
溶蚀台地☆solution{low-tide} platform
溶蚀塘☆kamenitza
溶蚀梯度☆ablation gradient
溶蚀通道☆solution{karst} corridor；karst street
溶蚀洼地☆ablation funnel；bay；corroded{solution} depression
溶蚀相☆solutional phase
溶蚀岩柱☆pillar (travertine)
溶蚀作用☆chemical erosion；corrosion；denudation；corrasion
溶水有机物☆water-soluble organic matter
溶松岩☆rottenstone
溶速剖面☆dissolution-rate profile
溶(蚀)速(度)序列☆dissolution-rate sequence
溶塌残丘☆collapsed monadnock
溶提层☆eluvial horizon{layer}；eluvium
溶体☆solution
溶洼☆solution depression
溶纹☆corroded flute
溶析☆leaching
溶隙☆dissolution；solvi
溶纤剂[$C_2H_5O(CH_2)_2OH$]☆cellosolve
溶陷湖☆sink{sinkhole} lake
溶线☆solvus (curve)
(可)溶(解)性☆dissolubility
溶性玻璃☆soluble glass
溶性明胶☆soluble gelatin；SG
溶穴☆cavity
溶岩滴丘{锥}☆hornito
溶岩洞☆swallow (hole)；swallet hole
溶岩沟☆karsten；schratten[德]；bogaz [pl.-i]；solution corridor
溶岩泉☆rise；rising
溶岩笋☆stalagmite
溶岩塔☆spine
溶氧☆dissolved oxygen
溶液☆solution；solvent；aqua[拉]；aque-；Aq.；dip；liquor；aquo-；aqui-；sol.；soln；sol
溶液的冰点降低☆solution depression
溶液化☆solubilisation
溶液介质☆solution medium
溶液-矿物平衡☆solution-mineral equilibrium
溶液浓度☆chemical concentration；strength of solution
溶液圈[地球]☆solusphere
溶液渗入{透}☆thrust of solution
(由)溶液生长(晶体)☆SG；solution growth
(在)溶液中不电离的☆monistic
溶液中铜和铀☆copper and uranium in solution
溶移(质)☆solution transfer
溶于硫酸☆vitriolization
溶于石油馏出物中的沥青☆asphalt cutback
溶于水的☆water-soluble
溶原性☆lysogeny
溶跃面[碳酸盐速溶深度]☆lysocline
溶渣☆clinker；cinder
溶胀☆swell；swelling
溶胀剂☆sweller
溶胀性胶束溶液☆swollen micellar solution
溶脂的☆lipolytic
溶致液晶☆lyotropic liquid crystal
溶质☆solvend；solute
溶质边界层☆concentration boundary layer
溶质运移时间☆solute travel time
溶柱☆karst pillar
容槽式砧[捣碎机]☆containing die
容差☆allowance；fault tolerance
容错技术☆fault-tolerant technique
容度☆specific volume
容积☆volume；tankage；capacity；cubic {volumetric} capacity；bulk (volume)；cubage；containment；dimension；(cubic(al)) content；cubature；content holding capacity；measurement；v.；vol；B.V.；cont；B/V
容积表☆loading table
容积大的☆voluminous
容积单位☆volume unit；vu
容积的☆volumetric；voluminal
容积度☆voluminosity
容积分率☆volume fraction
容积(式)分批计量箱☆volumetric batch box
容积分析☆measure analysis
容积份数☆volumetric fraction
容积计☆volumometer；volumeter
容积浓度百分率☆percentage by volume
容积式泵☆displacement{volume-delivery} pump；positive displacement pump
容积式流量计☆positive displacement meter；PDM
容积式水银泵☆mercury displacement pump
容积式压缩机☆(positive) displacement compressor
容积数直径☆volume median diameter
容积系数☆coefficient of volume；volume factor；volumetric coefficient
容积相☆surface{volume} phase
容积效率☆volumetric efficiency；apparent volumetrical efficiency
容积仪表测量☆volumetric metering
容积重量☆weight by volume
容抗☆condensance；cap(aci)tance；capacitor

{capacity; capacitive; captive} reactance；Xc
容矿岩☆host (rock)
容量☆(holding) capacity；volume (capacity)；(cubic) content；volumetric{cubic} capacity；capability；yield；weight by volume；injectivity；containment；capacitance；replenishment；CC；cap.
容量比☆volume factor{ratio}
容量单位☆unit of capacity
容量度☆voluminosity
容量分析☆volumetric analysis；volumetry；analysis by measure
容量计☆volume meter；volumeter
容量刻度☆containing mark
容量摩尔浓度☆volumetric molar concentration
容量瓶☆measuring{volumetric} flask
容量水容度☆volumetric moisture content
容量仪器☆volumetric apparatus
容量值☆capacity value
容量置换式流量计☆volumetric displacement meter
容模☆molarity
容模浓度☆molar concentration
容纳☆admittance{admission}[类质同象]；retention；contain；lodge；hold；recipience；recipiency；take
容纳的☆recipient
容纳量☆carrying capacity
容纳能力☆holding capacity
容器☆contain(er)；chamber；jar；containment；cistern；vessel；cell；case；recipient；receptacle；takir；pod；receiver；receiving device；well；tank；capsule；cask；can；holder；reservoir；repository；quiver[能装一套东西的]；bottle[流体]
容器保温☆vessel insulation
容器壁上人孔☆shell manway
容器边缘测量容量☆level capacity
容器(桶)的折叠☆refolding of cell
容器内液面以上的空间☆ullage
容器平顶容量☆struck capacity
容器提升☆conveyor hoisting
容器外壳间距离☆shell-to-shell distance
容器箱☆tank
容器摇架☆container cradle
容器重量☆tare weight
容器贮量☆tankage
容器装满部分☆shell innage
容气量☆air capacity
容气器☆gas container
容忍☆grant；tolerate；bear
容绳量☆rope capacity
容水度☆moisture{water} capacity
容水量☆entrance capacity
容水能力☆water-holding capacity
(配合)容(许)误差☆allowance
容限☆(allowable) tolerance；allowance；tol
容许☆be capable of；admission；tolerance；permit
容许安全静荷载☆safety statical permissible load
容许产量☆allowable production
容许承载应力☆allowable bearing stress
容许单位剪应力☆allowable unit stress for shearing
容许单位结合应力☆allowable bond unit stress；allowable unit stress for bond
容许电流☆let-go current
容许范围☆tolerance range
容许负荷☆safe load capacity
容许负载☆allowable load；admitted charge；charge of surety
容许过载☆overload margin
容许函数☆admissible function
容许荷载☆allowable{admissible;safe} load；safe working load
容许集☆admissible set
容许剂量☆acceptable{tolerance;permissible} dose
容许间隙☆tolerance (clearance)
容许结合应力☆allowable bond stress
容许紧固性{密度}☆allowable tightness
容许紧急剂量☆acceptable emergency dose
容许精度☆permissible accuracy；acceptable precision
容许量☆thruput；throughput
容许隆起量☆allowance for uplift
容许磨耗☆wear allowance
容许能力☆thruput；throughput
容许黏度☆tolerable viscosity
容许黏结应力☆allowable bond stress
容许偏差☆tolerance (deviation)；allowable deviation {tolerance}；permissible aberration
容许谱☆allowed spectrum
容许曝光☆allowed exposure
容许曝露限度☆permissible exposure limit
容许铅含量☆lead tolerance
容许日摄入量☆allowable{acceptable} daily intake
容许速度☆permissible speed
容许瓦斯气量☆allowable firedamp
容许污染极限☆permissible limit of pollution
容许误差☆allowable{admissible;permissible; allowance; tolerable} error；tolerance；acceptable discrepancy；tol
容许限差☆accepted tolerance
容许相对变形☆allowable relative deformation
容许信号☆permissive signal
容许性☆permissibility；admissibility
容许压曲应力☆allowable buckling stress
容许应力☆allowable{permissible;admissible;proof} stress；stress allowable；s.a.；ps
容许应力设计法☆allowable stress design method
容许有的☆admissive
容许跃迁☆permitted{allowed;allowable} transition
容许桩基荷载☆allowable pile load
容许总沉降☆allowable total settlement
容岩☆container rock
容液腔☆fluid chamber
容易☆facility；ease；readiness；facilitate
容易成片碎落的煤[采掘时]☆proud coal
容易干的工作☆easy digging
容易激动☆temperament
容易解裂{劈开}的☆eutomous
容易掘进地层☆well pulling ground
容易倾出的☆free-pouring
容易受到☆susceptible to
容易受影响的地方☆sensitive receiver
容易填实药卷☆tamptite{tamping} cartridge
容易同整体分离的煤☆free coal
容易自然崩落的☆free-caving
容重☆unit{volumetric;volume} weight；bulk specific gravity{weight}；bulk{apparent;volume} density；mass unit weight
容重比☆volume to weight ratio
容重控制☆weight control
绒布☆lint
绒布绷带用麻布☆lint
绒布带集尘器☆flannel filter
绒布沾污☆cloth dirt{mark}
绒衬垫☆corduroy
绒聚剂☆flocculating agent
绒毛[鸟类]☆fuzz；fluff；plumule
绒毛丛☆floccus；flocci
绒毛似的☆fluffy
绒毛状☆viliform
绒泡菌(属)[黏菌;Q]☆Physarum
绒泡黏菌属☆Physarum
绒鼠属[Q]☆dawn meadow mouse；Eothenomys
绒铜矾[$Cu_4Al_2(SO)_4(OH)_{12}$•$2H_2O$;斜方]☆lettsomite；cyanotrichite；kyanotrichite；kupfersamm(e)terz；(kupfer) sammeterz；namaqualite；velvet copper (ore)
绒线藻属[红藻;Q]☆Dasya
绒屑☆flock
绒羽☆plumule
绒枝藻[绿藻]☆dascycladacean
绒枝藻科☆Dasycladaceae
绒枝藻目☆Dasycladales
绒枝藻属[Q]☆Dasycladus

rǒng

冗长☆diffuseness；voluminosity；diffusion
冗长测量☆tedious measurement
冗长的☆tedious；interminable
冗余的设备☆redundant unit
冗余位☆redundance；redundancy；redundant digit；redundancy bit
冗余选项☆redundancy options

róu

揉☆malaxate；malaxation
揉搓作用☆kneading action
揉和☆temper
揉和机☆malaxator
揉混☆malaxate
揉搅器☆kneading mill
揉麻泥工具☆loam beater
"揉面"式变形☆rolling dough deformation
揉泥机☆blunger
揉泥碾☆chaser
揉黏土☆blunge；batter
揉捏的黏土☆puddle；pugged clay
揉捏机☆kneading machine；pug (mill)
揉捏黏土☆pugged clay；puddling
揉曲☆flexure
揉曲性☆flexibility
揉软泥条☆blunging
揉碎的黏土☆batter
揉土机☆blunger
揉皱☆crumple；corrugate；crinkle；wrinkle；crunch；corrugation；scrunch
揉皱层理☆crumpled bedding
揉皱构造☆rumpled structure
揉皱页片☆crumpling-lamellae
揉皱作用☆corrugation；crumpling；wrinkling
鞣革(法)☆tanning
鞣花丹宁[$C_{20}H_{16}O_3$]☆ellagitannin
鞣花酸[鞣花丹宁水解产物;$C_{14}H_6O_8$]☆ellagic acid
鞣料☆tan
鞣皮(法)☆tanning
鞣酸[$(HO)_3C_6H_2COC_6H_2(OH)_2COOH$]☆tannic acid；gallotannic acid；tannin；digallic acid
鞣酸酒石酸铝☆tanalum
鞣酸溶液☆tan-ooze
鞣酸石榴碱☆pelletierine{punicine} tannate
鞣酸盐☆tannate
鞣质体[褐煤显微亚组分]☆phlobaphinite
荑荑花序[植]☆ament；catkin
柔度☆compliance；ductility
柔(软)度☆flexibility
柔杆钻进☆bendable pipe drilling
柔杆钻具组合☆cracker assembly
柔和的☆soft
柔和压缩☆mild compression
柔块云母[镁和钾的铝硅酸盐]☆terenite
柔量☆compliance
柔流☆flowage
柔流变质(作用)☆rheomorphism
柔葡萄石☆koupholite；coupholite
柔曲性☆compliance
柔韧性☆pliability；flexibility；pliancy
柔软☆velvet；softness；silkiness
柔软部分☆soft
柔软的☆flexible；soft；ductile；waxen；velvet；tender；pliable；limber；emollient
柔软的(毛等)☆kind
柔软地☆soft
柔软度☆emollescence
柔软剂☆softener；softening agent
柔软拖曳电缆☆flexible trailer cable
柔软物☆soft
柔软性☆ductility
柔弱笔石属[O]☆Chaunograptus
柔弱玻璃状[固体]☆liquevitreous
柔顺常数☆compliance{elastic} constant
柔顺性☆compliance effect；flexibility
柔松性☆fluffiness
柔无洞贝科☆Lissatrypidae
柔新定律☆Rosin's law
柔星介属[K-Q]☆Cyprois
柔(软)性☆flexibility；pliability；flexible
柔性变形☆dough{plastic;ductile} deformation
柔性传动☆continuous drive
柔性的☆flexible；non-rigid
柔性动力联动装置☆flexible power linkage
柔性钢绳☆flexible steel cable；hand rope
柔性拱☆flexible arch；sliding roadway arch
柔性固体☆plastic solid
柔性硅应变仪☆flexible silicon strain ga(u)ge
柔性滚柱☆limberoller
柔性剪切的☆soft shear
柔性接头☆flex(ible) joint
柔性金属掩护网支护☆protective shield with flexible wire mesh
柔性井下测井系统☆flexible downhole logging system
柔性静流☆stationary plastic flow
柔性铠装☆pliable armouring

柔性立管☆compliant riser
柔性连接链☆flexibly jointed chain
柔性石墨纸☆soft graphite paper
柔性水泥☆fleximer
柔性塑料☆flexiplast
柔性支挡结构☆flexible retaining structure
柔性支座☆stilt
柔性组合☆limber hook up
柔性钻井管线☆flexodrill pipeline
柔性钻杆☆flex-stem；flexible drill rod
柔组织[植]☆parenchyma

ròu

肉齿目☆Creodonta
肉齿兽属[K]☆Sarcodon
肉豆蔻醇[$C_{14}H_{29}OH$]☆myristyl alcohol
肉豆蔻基[$C_{14}H_{29}$–]☆myristyl
肉豆蔻醚☆myristicin
肉豆蔻脑酸☆myristoleic acid
肉豆蔻酸☆myristic{tetradecanoic} acid
肉豆蔻萜☆myristicene
肉豆蔻酮[$(C_{13}H_{27})_2CO$]☆myristic ketone；myristone
肉豆蔻酰-N-牛磺酸[$C_{13}H_{37}CONHCH_2CH_2SO_3H$]☆N-myristyl taurine
肉桂☆cinnamon；Cinnamomum
肉桂醇[C_6H_5CH:$CHCH_2OH$]☆cinnamic alcohol；styron(e)
肉桂的☆cinnamic
肉桂塑料[一种聚苯乙烯塑料]☆styron
肉桂酸肉桂酯☆styracine
肉桂酰甲基苄基胺[C_6H_5CH:$CHCON(CH_3)CH_2C_6H_5$]☆cinamyl mythyl benzyl amine
肉红长石☆paradoxite
肉红玉髓[SiO_2]☆carnelian；sardine；sardachate；sard；sardite；carneol；karneol；cornelian；demion；corneal；cornaline；sardius；sardion；sarder
肉红正长岩☆leelite
肉茎[腕]☆pedicle；stalk；peduncle；pedicel
肉茎盖☆deltidium
肉茎管[腕]☆pedical tube
肉茎胼胝☆(pedical) callist；pedicle
肉茎植物☆chylocaula；stem succulent；sarcocaul
肉瘤☆sarcoma
肉泥肠☆minced meat sausage
肉鳍鱼(亚纲)☆Sarcopterygii；lobefin
肉色☆incarnadine；incarnate；flesh-colored；cuticolor
肉色锰磷石☆palaite
肉色柱石[$(Ca,Na)_{7\sim8}Al_4Si_6O_{24}(OH)_2$?；四方]☆sarcolite；sarkolith；analcime carnea
肉珊瑚目☆Actinaria
肉食的☆zoophagous
肉食龙☆Carnosaurus
肉食牙系☆carnivorous dentition
肉网层[射虫]☆sarcodictyum
肉眼☆unassisted{unaided;naked} eye
肉眼观察☆visual inspection{examination}；perusal；megascopic examination；unaided eye
肉眼检查☆macroscopic examination{test}；eyeball；macrography；visual{macro} check；visual testing
肉眼检视☆visual examination；visually examined
肉眼可见的非均质性☆megascopic heterogeneity
肉眼可见含尘量☆naked-eye dustiness
肉眼评价☆eye assay
肉眼识别的☆megascopic
肉眼图☆macrograph
肉叶植物☆chylophylla
肉用仔鸡☆broiler
肉质根☆fleshy root
肉质鳞被☆epimatium
肉质种皮☆sarcotesta
肉柱石[$NaCaAl_3Si_5O_{19}$]☆sarcolite
肉柱塑料☆styron
肉状夹石☆bacon；beef
肉状脉石☆bacon；horseflesh
肉足虫纲[原生]☆sarcodina
肉足纲[Є-Q]☆sarcodina

rú

茹巴拉那红[石]☆Juparana Rossa
茹氏蕨☆Ruffordia
茹水砷钙石[$Ca_3(AsO_4)_2$•$10H_2O$；单斜、三斜]☆rauenthalite
茹亚那红[石]☆Rosso Luana
蠕变☆creep (strain;deformation)；creepage；time yield；creeping；afterflow；change-in-deformation；walkout
蠕变变形☆creep deformation；crap strain；total creep；deformation of creep
蠕变变形与时间(关系)曲线☆creep strain-time plot
蠕变断裂应力判断☆creep fracture stress criterion
蠕变复原☆creep recovery；elastic afterworking {after-effect}
蠕变极限☆limit of creep；creep limit
蠕变类型☆type of creep
蠕变量☆amount of creep；creep value
蠕变裂断试验☆creep-rupture test
蠕变率☆rate of creep
蠕变上限☆upper yield point
蠕变试验☆long-duration static test；creep test
蠕变速率与应力关系曲线☆creep rate-stress plot
(岩石压力)蠕变图☆flow line
蠕变系数☆coefficient of creep
蠕变线☆line of creep
蠕变形态理论☆formal theory of creep
蠕变性状试验☆creep behaviour test
蠕变仪☆creepmeter
蠕变影响☆draw
蠕变应变时间图☆creep strain-time blot
蠕波☆creeping wave
蠕虫☆worm；helminth；Vermes
蠕虫动物☆vermes；vermis
蠕虫迹☆worm trail{cast}；wormcast；vermiglyph；Helminthoida[遗石;K-N]
蠕虫礁☆sabellariid reef
蠕虫结构☆myrmekitic texture
蠕虫类☆vermes；worm
蠕虫石☆myrmekite
蠕虫石化(作用)☆myrmekitization
蠕虫遗迹☆arthrophycus
蠕虫铸型(作用)☆erpoglyph
蠕虫状☆vermiform；vermicule
蠕虫状石墨铸铁☆vermicular graphite cast iron；vermicular iron
蠕动☆creep{creeping} (motion)；stable sliding；crawl；decoiffement；dead；creepage；peristalsis；inching；wriggle；squirm；aseismic movement
蠕动(现象)☆crawling
蠕动泵☆peristaltic pump
蠕动变形☆creep deformation
蠕动的☆vermicular
蠕动矸石堆☆screening{creeping} waste
蠕动滑坡☆downhill creep
蠕动量☆amount of creep
蠕动破裂☆creep rupture{fracture}
蠕动现象☆crawl
蠕滑☆creeping slip
蠕滑响应☆creep response
蠕脊单缝孢属[T_3]☆Undulatosporites
蠕孔藻☆vermiporella
蠕孔藻属[O-P]☆Vermiporella
蠕瘤孢属[C_1]☆Convolutispora
蠕(动)流☆creep (flow)；creeping flow
蠕蝼☆worm
蠕绿泥石[$Mg_3(Mg,Fe^{2+},Al)_3((Si,Al)_4O_{10})(OH)_8$]☆prochlorite；helminth(e)；oncoite；ripidolite；ogcoite；chromophyllite；grastite；loph(o)ite；sungulite；aphrosiderite；tatarkaite；rhipidolith；pattersonite
蠕曲的☆ptygmatic(al)；ptigmatic(al)
蠕蛇纹石☆sungulite
蠕石英☆myrmekite
蠕形动物☆Vermes
蠕形{样}动物门☆Phoronida
蠕英石☆myrmekite
蠕(动)皱(纹)☆creep wrinkle
蠕状反纹长石☆myrmekite antiperthite
蠕(虫)状结构☆myrmekitic texture{structure}
蠕状连晶☆simplectite
蠕状连晶结构☆simplectic texture
蠕状石☆myrmekite[石英和长石的混合物]；myrmeki perthitoid；Vermiculithina[钙超;E_3]
蠕状石化(作用)☆myrmekitization
铷☆rubidium；Rb
铷磁力仪☆rubidium magnetometer
铷黄钾铁矾☆rubidium jarosite；rubidiojarosite
铷矿床☆rubidium deposit
铷频标☆rubidium standard
铷汽磁强计☆rubidium vapor magnetometer
铷锶年代测定法☆rubidium-strontium age method；rubidium-strontium dating
铷微斜长石☆rubidium microcline{microclin}
铷霞石☆rubidium-nephline
铷蒸汽地磁{磁力}仪☆rubidium vapor magnetometer
铷钟☆rubidium standard
儒略历☆Julian calendar
儒略日序☆Julian day series
如果其他情形都一样☆ceteris paribus；cet par
如检波器组合☆multiple geophones
如雷的☆thundery
如前所述☆ditto；do.
如上所述☆ut supra；u.s.
如实的☆right；naked；objective；truthful
如……一般快{早}☆as soon as

rǔ

辱骂☆setdown
乳☆lacto-
乳(液)☆milk
乳埃洛石[$Al_4(Si_4O_{10})(OH)_8$•$4H_2O$]☆glagerite
乳癌☆mastocarcinoma
乳白{色}冰☆milk(y) ice
乳白铅矿☆cherokine；cherokeen
乳白色☆oyster white；ivory
乳白色玻璃☆opal glass
乳白石[SiO_2•nH_2O]☆tabaschir；tabasheer
乳白天空☆milky weather；whiteout
乳白釉☆opaque
乳冰☆milk ice
乳饼☆cheese
乳齿☆dentes decidui；milk tooth
乳齿象(属)[N]☆Mastodon；Mammut
乳蛋白石[SiO_2•nH_2O]☆milk(y) opal；milchopal
乳蛋白晕彩☆milky opalescence
乳(状液)滴☆emulsion droplet
乳滴状结构☆emulsion texture
乳顶贝☆Acrothele
乳房☆breast
乳房贝(属)[腕;$Є_{1\sim2}$]☆Acrothele
乳房构造☆mammillary structure
乳房山☆mamelon；mameron
乳房状(云)☆mamma；mammatus
乳房状的☆mammiform；mammillary；mammillatus；mammillate(d)
乳房状面[大陆冰河]☆mammilated surface
乳房状山☆mammillary hill
乳杆菌☆lactobacillus
乳菇属[真菌;Q]☆Lactarius
乳管苔藓虫属[E_2-Q]☆Mamillopora
乳光☆opalescence (glaze)
乳化☆emulsify；emulsification
乳化的☆emulsive；emulsifying
乳化度☆emulsibility
乳化反应☆emulsion reaction
乳化机☆mulser
乳化剂☆emulsifying agent；emulsifier
×乳化剂[烷基硫酸乙醇胺盐]☆Emcol{|Emulsol} X25
×乳化剂[烷基苄基二甲基氯化铵;$(C_6H_5CH_2)RN^+(CH_3)_2Cl^-$]☆Hyamin
×乳化剂[烷基萘磺酸钠]☆Iporit
乳化态☆dispersed{emulsion} state
乳化液分离☆separation of emulsion
乳化油☆oil emulsion；cut{emulsified} oil
乳化油脂☆oil-soluble grease
乳化原油☆emulsified crude oil；oily oil
乳化原油泥浆☆oil emulsion mud
乳化作用☆emulsification；flouring
乳黄石灰岩☆Yellow Limestone
乳黄素☆lactoflavin
乳剂☆emulsion；calpis；Umix；backing[照相]
×乳剂[妥尔油与一种中性油如柴油或燃料油的乳剂]☆Umix
乳浆剂☆magmata；magmas
乳胶☆emulsion；emulsoid；lactoprene
乳胶类型多乳化(油)系☆emulsion type
乳胶体分层☆breaking of emulsion

乳胶液☆latex [pl.latices]
乳节藻属[红藻;Q]☆Galaxaura
乳金☆milk gold
乳孔贝目☆Acrotretida
乳孔贝属[O]☆Acrotreta
乳酪制造业☆dairying
乳清☆whey; serum
乳色☆opalescence
乳色{白}玻璃☆opal{cryolite} glass; opaline
乳色的☆opaline; opalescent
乳砷铅铜石[$PbCu_3(AsO_4)_2(OH)_2$;单斜]☆bayldonite
乳石[SiO_2]☆milk {-}stone; galalith
乳石英☆milk(y) quartz; greasy quartz; milk-stone
乳鼠皮☆mousie skin
乳鼠片☆ru-shu-pi
乳酸[$CH_3CHOHCO_2H$]☆lactic acid; lacto-
乳酸钙☆calcium lactate
乳酸干馏液☆lactone
乳酸盐☆lactate
乳糖☆lactose; milk sugar
乳糖酶☆lactase
乳体☆mortar
乳头突围坑[苔]☆areole
乳头形成☆mammillation
乳头藻属☆Mastogonia
乳头状的☆mam(m)illate; mammi(li)form; papillate; mastoid
乳头状的固定颊[三叶]☆buttress of fixigena (fixed cheek)
乳头状地形☆mammillated surface
乳头状突☆papilla
乳突☆papilla [pl.-e]
乳突鼓窦凿开术☆mastoid antrotomy
乳突凿☆mastoid chisel
乳突凿开术☆mastoidotomy
乳突状的☆mammiform; mammiliform
乳突状棘[海参]☆papilla [pl.-e]
乳腺☆mammary gland
乳香☆mastic (gum); frankincense; olibanum
乳象玻璃☆opal
乳絮凝剂☆milk coagulant
乳岩[中医]☆mammary cancer
乳液反相☆emulsion inverse
乳液清器☆demulsifier
乳液转相☆emulsion inverse
乳玉螺属[腹;K-Q]☆Polinices
乳汁密度计☆lactometer
乳状☆milkiness; milky
乳状沥青☆asphalt emulsion
乳状流型☆emulsion-flow regime
乳状水☆emulsified water
乳状物☆milk
乳状液☆emulsion; creaming; latex [pl.latices;-xes]; solution
乳状液稳定度{性}☆emulsion stability
乳状液稳定剂☆emulsion stabilizer
乳浊☆opacity
乳浊玻璃☆opaque glass
乳浊层☆nepheloid layer
乳浊灯泡☆opal lamp bulb
乳浊构造☆emulsion structure
乳浊液☆emulsion; calpis; dispersion
乳浊状岩浆☆emulsive magma
汝拉山式地形☆Jurassian relief
汝拉型沉积滑脱构造☆Jura-type sedimentary decollement
汝窑☆Ru ware; Ju ware

rù

入☆enter; go in; join; income; come into; in-
入场的☆admissive
入场券☆pass-check; tessera [pl.-e]; ticket
入场许可☆intromission
入厂原煤☆through-and-through{raw;run;rough} coal; mine run coal
入超☆unfavorable balance
入潮口☆tidal inlet
入出管理☆I/O management
入端导纳☆input admittance
入风☆intake (air)
入风井☆downcast (shaft); cold pit
入辐射☆incoming radiation
入港☆make a port; make harbour
入港费☆port duties; inward charges
入港航道☆entrance channel
入港税☆keelage; harbour dues
入港停泊☆harbour; harbor
入海冰川☆tide{tidewater} glacier
入海河口☆estuary
入海口和河口湾☆inlets and estuaries
入湖口{河}☆lake inlet
入会者☆intrant; entrant
入境道路☆access road
入局信号传输☆incoming transmission
入孔冲击钻机☆down-the-hole drill
入孔盖☆companion; clean-out cover
入孔口☆companion
入口☆entry; inlet (port;opening); entrance; eye; access (hatch); portal; throat; approach; ingress; enter the mouth; import; adit; gateway; intake[水、气体流入管道的]; point of entry; aditus[生]
入口导堤☆entrance jetty
入口端☆upstream side; arrival{inlet} end
入口管线☆source{inlet} line
入口过密☆excess density of population
入口汇管☆arrival manifold
入口检查处☆access control
入口检验比☆entrance test ratio
入口节流式电路☆meter-in circuit
入口孔☆ingate
入口泥浆温度☆(mud) temperature in; tpi
入口收缩处☆entry neck
入口压力☆intake{inlet} pressure
入口叶片(安装)角☆inlet blade angle
入口中心面积☆inlet eye area
入扣☆stab(bing)
入量☆input
入料☆starting material
入料接头☆intake joint
入料口直径☆feed diameter
入料上{下}限☆top{lower} size
入料压力[选]☆inlet pressure
入料原煤☆raw feed coal
入流☆inflow (current); qualified
入流水量☆intake yield
入炉矿石☆feed ore
入炉烧结矿☆chargeable sinter; furnace bell sinter
入门☆introduction; entrance; threshold; alphabet
(使)入门☆initiate
入门的☆propaedeutic
入门书☆grammar
入门学☆isagoge
入门指导书☆guide book
入歧途☆erro; errare
入侵☆encroachment; invade; intrude; make an incursion; make inroads; invading
入侵超覆☆onlap; transgressive overlap
入侵海☆transgressing continental sea
入侵海侵☆invasion transgression
入侵丘状☆subtuberant
入侵者☆invader
入射☆incidence
入射点☆point of incidence
入射光☆incident light
入射光谱☆incident-light spectrum
入射面☆plane of incidence; incidence{incident} plane
入射倾角{时间}☆angle{time} of incidence
入射狭缝☆entrance slit
入射余角☆grazing angle
入射中子☆incoming{impacting} neutron
入渗☆influent seepage
入渗(量)☆deep percolation
入渗井☆infiltration well
入渗能☆entrance capacity
入渗能(力)☆rate of infiltration
入渗水☆infiltrating water
入水☆launch
入水孔☆inhalant (pore;orifice); ostia [sgl.ostium]; prosopore
入水口☆entrance; intake; inlet
(电波)入水深度☆underwater penetration
入土☆be buried{interred}; penetration
入(船)坞(的)☆docking
入洗☆washery feed
入洗粒度☆feed size
入洗下限粒度☆lower size limit of feed
入洗原料☆starting material
入洗原煤可选性特点☆washing characteristic of raw coal
入选☆be selected{chosen}; washery feed
入选矿石☆mill(ing) ore
入选矿石矿脉厚度☆milling width
入选矿石每吨试验值☆mill-head
入选粒度☆feed size
入选品位矿石☆milling-grade ore
入选原矿☆head of mill; (mill) head; mill-head
入选原矿矿石☆mill-head ore
入选原煤☆raw coal feed
入选者☆choice
入学者☆intrant; entrant
入掩[星]☆immersion
入站线☆upline
入中继监视信号☆backward supervision signals
(使)入座☆chair
褥垫☆mattress

ruǎn

软☆soft; supple; gentle; weak; shaky; feeble; mildness
软白黏土☆prain
软雹☆graupel; soft hail; pellet snow
软铋矿[Bi_2O_3;等轴]☆sillenite
软铋铅钯矿[$Pd(Bi,Pb)_2$;六方]☆urvantsevite
软铋银矿[Ag_6Bi]☆chilenite; bismuth(ic) silver; silver bismuthide; platabismatul
软表面☆pressure-release surface
软滨☆soft shore
软冰☆slush; sludge
软玻璃☆platinum group glass
软波电平☆carrier level
软薄布☆mull
软材☆softwood
软彩☆ruan-cai; soft colors
软层☆soft stratum
软层褶皱☆carinate fold
软沉积物混杂体☆soft-sediment mixing body
软沉积物侵入☆soft-sediment intrusion
软磁(性)☆soft magnetization
软磁材料总损耗☆total loss of soft magnetic material
软磁钢☆magnetically soft steel
软磁盘☆(floppy) diskette; flexible (plastic) disc; floppy (disk); disc; soft disk
软磁铁氧体单晶☆soft magnetic ferrite single crystal
软脆云母[$(Mg,Fe^{2+},Fe^{3+},Al)_{6-7}((Si,Al)_4O_{10})_2(OH)_4\cdot 8H_2O$]☆kos(s)matite
软袋[如用浸胶尼龙丝等制成的袋]☆jerribag
软导火线☆plastic igniter cord
软的☆incompetent; green; soft; mushy; tender
软底☆soft bottom
软地层钻头☆mud bit
软地基☆soft ground{formation;foundation}
软碲铜矿[CuTe;斜方]☆vulcanite; valcanite; vulkanite
软点火线☆plastic igniter
软垫☆cushion; bolster
软电缆☆cord; flexible cable; pigtail
软顶板☆soft roof
软度☆softness
软风☆light air
软风管☆flexadux; air{pneumatic} hose; ducts; flexible duct(ing); ducts
软辐射☆soft radiation
软腐泥☆decay ooze
软钙质砂岩☆hassock
(一种)软(钻)杆钻机☆Retractor Rig
软感☆meager feeling
软钢☆mild (carbon) steel; M.S.
软钢锻件☆blackwork
软钢锚杆☆mild-steel bolt
软钢绳☆running rope
软钢织物套☆sheath of woven steel
软高岭石[$Al_4(Si_4O_{10})(OH)_8$]☆myelin
软膏☆unguent; slurry; paste
软骨☆cartilage; chondrite; jellyfish; cantilage
软骨病☆softening of bones; Ricker rickets
软骨轮的☆trochlear
软骨内化骨☆os endochondrale
软骨硬鳞类☆chondrostei

R

软骨鱼☆selachian；selacean
软骨鱼纲☆Chondrichthyes；Selachii
软骨鱼类☆Chondrichthyes；Cartilaginous
软骨鱼目☆Chondrostei
软骨藻痕[Є-N]☆Chondrites
软骨藻属[红藻;Q]☆Chondria
软骨置换骨☆endochondral{cartilage-replacement} bone
软骨组织变形☆chondrometaplasia
软管☆hose (tube;pipe)；hosepipe；bag；flexible pipe {conduit;tubing;tube;hose}；bagging；collapsible tube；band tubing
(油槽车)软管☆hose carrier
(用)软管冲洗{灌油}☆hosing
软管滚筒☆coil tubing reel
软管加长节☆hose extension
软管浇水☆hosing
软管喷水工☆hoseman
软管绕平机构☆level wind mechanism
软管三通☆all flex tee
软管式泵☆hose-type{hose} pump
软管式喷砂(清理)机☆hose-type sandblast tank machine
(用)软管水流冲洗☆hosing-down
软管吸入式集尘器☆suction-hose type filter
软管藻属[E_2]☆Hapalosiphon
软管支架☆hose support
软管钻进{井}☆bendable pipe drilling；flexodrilling
软硅铜矿[$CuSiO_3•½H_2O$]☆bisbeeite
软海绵属[E-N]☆Chondrilla
软焊☆soldering；soft{sweating} soldering
软焊料☆fake；soft solder
软褐煤☆soft lignite；soft brown coal
软琥珀☆gedanite
软滑黏土☆melinite
软化☆mollification；fluxing；softening (point)；soften；win over by soft tactics；emollescence；melt；bate (leather)；demineralization
软化(现象)☆dehardening
软化点☆softening{yield;sagging} point；littleton's softening point；soft. pt.
软化极限曲面☆limit surface of yielding
软化剂☆softener；emollient；mollifier；softening agent；plastifier；mollient
软化器☆mollifier；demineralizer
软化器冲洗瓶☆demineralizer wash bottle
软化屈服☆yield
软化水☆demineralized{softening} water；DMW
软化温度☆softening temperature
软化岩石☆softened rock
软化作用☆emollescence；softening effect；soft action
软灰岩☆marianna
软货币☆soft currency
软基础☆soft foundation
软甲类[节]☆malacostraca
软甲亚纲☆Entomostraca；Malacostraca
软钾镁矾[$K_2Mg(SO_4)_2•6H_2O$;单斜]☆picromerite；scho(e)nite；pikromerit(e)；picromeride
软件定时报警信号☆software timer alarm
软件监视程序☆software probe
软件类☆slit
软件调试工具☆software debugging aids
软件研制过程☆software development process
软胶管☆flexible rubber hose
软胶化剂☆gelatinizer
软接头☆flexible connector
软金属☆soft metal
软绝缘管☆tubing
软拷贝☆softcopy
软颗粒含量☆soft particle content
软科学☆soft science
软壳䗴☆Doliolina
软块☆mush
软矿☆gougy{soft} ore
软矿物[比石英软的矿物]☆soft mineral
软蜡[石蜡与油的混合物]☆soft wax；(paraffin) slack wax
软砾岩☆soft conglomerate
软粒喷砂☆seed{nonerosive} blasting
软沥青☆maltha；viscid bitumen；fluxing{pit;soft} asphalt；earth{soft} pitch；petrolene；chapapote；sea wax；pittolium；pit(t)asphalt；pissasphalt；mineral tar {graisse}；brea；pisophalt；malthite；malthaite[德]；maltene
软沥青质☆malthene
软连接☆flexible connection
软练胶砂强度试验法☆plastic mortar strength
软练砂浆强度试验☆plastic mortar strength test
软鳞方解石☆earth-foam
软流☆plastic flow
软流变质(作用)☆rheomorphism
软流度☆rheidity
软流分层☆rheological stratification
软流圈☆a(e)sthenosphere；rheosphere；zone of mobility
软流体☆rheid
软流体的☆asthenolithic
软铝石☆diasporogelite
软绿泥石[$2FeO•Al_2O_3•2SiO_2•2H_2O$]☆(iron) strigovite
软绿砂岩☆hassock；calkstone
软绿脱石[$(Fe^{3+},Al)_2Si_3O_9•2½H_2O$]☆mu(e)llerite；zamboninite；müllerite；schertelite
软麻布☆lint
软毛☆fur
软煤☆soft{cherry;yolk;mining;mingy;run;free;easy;sea;apple} coal；gagat；minge
软锰矿[MnO_2;隐晶、四方]☆pyrolusite；varvicite；gray manganese (ore)；polianite；(β-)manganese dioxide；black oxide of manganese；calvonigrite；leptonemerz {graues manganerz} [德]；prismatic manganese-ore；magnesian nigra
软模☆soft mode
软磨石☆soft grinding stone
软木☆suber；cork [bark of the oak tree]；softwood
软木棒凿☆sash mortise chisel
软木垫片☆cork gasket
软木三萜酮☆friedelin
软木酸[$HOOC(CH_2)_6COOH$]☆suberic acid
软木烷☆cycloheptane
软木烯☆cycloheptene
软木屑☆dust cork
软木质☆suberin
软木状硅华☆corky sinter
软泥☆ooze (mud)；mud；oaze；slush；muck(le)；sludge
软泥板岩☆soft shale
软泥的☆oozy
软泥地☆quagmire
软泥基板桩排☆camp sheathing
软泥栖动物☆endopelos
软泥上或潜穴中的动物☆endopelos
软泥岩☆papa
软泥质次煤☆mush
软泥制坯法☆soft-mud process
软黏熔岩☆runny lava
软黏土☆bury；soft clay；mickle；myckle[夹石]
软黏性土☆soft cohesive soil
软凝聚物☆soft concrete
软盘☆floppy disc{disk}；flexible disk
软硼钙石[$Ca_2(BOOH)_5(SiO_4)$]☆howlite
软碰撞☆soft collision
软(牛)皮☆buff
(用)软皮擦亮☆buff
软片盒☆(film) magazine
软片移动☆advancement of film
软气管连接器☆air hose coupler
软燃料箱☆fabric fuel tank
软韧薄页岩层☆famp
软韧橡皮管☆band tubing
软韧橡胶面罩☆band mask
软熔(炉次)☆soft heat
软弱☆softness；weak；feeble；flabby
软弱带☆weak{weakness} zone；zone of weakness
软弱的☆fragile；flaccid
软弱地基☆soft foundation
软弱顶板☆weak roof{top}；clod；soft roof
软弱化[金属]☆fatigue
软弱面☆weak(ness) plane；surface{plane} of weakness；discontinuities
软弱泡沫☆tender froth
软弱区☆weak area；area of weakness
软弱线☆line of weakness
软弱性☆fragility；weakness
软弱岩床☆softrock riverbed
软塞☆soft plug
软砂岩☆holystone；packsand
软烧石灰☆soft burned lime
软舌螺(属)☆Hyolithes
软舌螺纲☆Hyolitha
软舌螺类☆hyolithid
软X射线表观电位谱☆soft X-ray appearance potential spectroscopy；SXAPS
软设备☆software
软砷钴矿☆freboldite
软砷铜矿[$CuAs_2^{3+}O_4$;四方]☆trippkeite
软绳[指麻绳、尼龙绳等]☆soft rope
软石☆free stone；soft rocks
软石蜡☆sunshine
软石脂☆vaselinum；petrolatum；vaseline
软矢量[金刚石]☆soft vector
软式的☆non-rigid
软式飞船☆blimp；non-rigid dirigible
软式潜水装置☆flexible diving equipment
软水☆rainwater；soft water
软(化)水☆softened water
软水法☆method of water-softening
软水剂☆(water) softener
软水铝石[$Al_2O_3•H_2O$;$AlO(OH)$;斜方]☆boehmite；bohmite
软水砂[化]☆permutit(e)；artificial zeolite
软水砂法☆permutite process
软水盐☆water-softener salt
软水作用☆demineralization
软松冰团☆sludge cake
软凇☆soft rime
软塑性的☆soft-plastic
软酸☆soft acid
软钛榴石☆ivaarite
软弹簧☆soft spring
软碳质(小块)页岩☆coaly rashings
软套管☆teleflex
软梯☆ladder
软体☆rheid
软体动物☆mollusc；mollusk；plicate；soft-bodied animals
软体动物(类的)☆molluscan
软体动物-纺锤䗴泥状灰岩☆gastropod-fusulinid mudstone
软体动物类☆opisthobranchia；Mollusca
软体动物门☆mollusca
软体罐[塑料和涂胶织物等制成]☆fabric tank
软体组织☆soft tissue
软填(料)☆wad [pl.wadden]
软铁☆moving iron
软桶☆fabric tank
软透闪石☆nephrite
软土☆yielding{soft} soil；mollisol；soft ground；slosh
软土层[地基]☆auger ground
软土的侧向挤出☆lateral squeezing-out of soft soil
软土刮刀☆tooth
软土夹层☆drift band
软外壳☆bladder
软弯头☆flexible bend
软微丝炭{煤}☆soft fusite
软围岩☆soft wall
软硒钴矿☆freboldite
软纤石类☆palygorskite
软线☆cord
软(电)线☆flexible cord
(跨接)软线☆patch cord
软橡胶衬☆soft rubber lining
软性☆flexibility
软性的☆flexible
软性底质☆bottom sediment
软性作用☆soft action
软雪区☆ripe-snow area；RSA
软盐水☆soft-water brine
软岩☆free stone；soft rock；auger ground；softrock
软岩层☆incompetent bed{formation}；soft formation {digging}；soft-formation
软岩掘进☆snowbank digging
软岩取芯用齿状钻头☆calyx
软岩石☆hazardous{soft} rock；scall
软岩脱落☆sluff
软岩用三翼岩芯钻头☆soft-formation cutter head
软岩钻具☆soft-ground boring tool
软页岩☆light{soft} shale；list；cash；bury；shiver；

clod；coaly rashings；coal rashings[煤层顶底板]
软硬交互岩层☆alternating hard and soft-layer rock
软硬锰矿☆varvicite
软油罐☆rolled up tank
软油桶或软油罐的卷叠☆refolding of cell
软有机黏土☆soft organic clay
软玉[$Ca_2Mg_5(Si_4O_{11})_2(OH)_2$—$CaFe_5(Si_4O_{11})_2(OH)_2$]☆nephrite；punamustone；kidney{axe} stone；aotea；nepherite；ax(e-)stone；punamustein；punamu；nephritis
软玉(状)的☆nephritic
软折叠管装油☆fold filling
软珍珠云母☆kossmatite
软脂酸[$CH_3(CH_2)_{14}COOH$]☆palmitic{palmic} acid；palmitate
软织物刹车衬层☆soft woven lining
软制地沥青☆asphalt cut back
软制沥青☆flux oil
软质白灰岩☆chalk rock
软质顶板☆clod
软质精陶☆soft fine pottery；earthenware
软质煤☆soft coal
软质黏土[主要成分为高岭石、伊利石、蒙脱石]☆plastic{soft} clay
软质岩石☆weak rock
软中兽属[E_2]☆Hapalodectes
软钟乳石☆moon milk
软轴☆flexshaft
软轴传动☆flexible drive；flexible shaft mechanical transmission
软着陆☆soft landing
软着陆装置{飞船}☆soft-lander
软组分☆low-energy component
软座阀☆soft-seated
朊☆proteid；glair；protein；proteo-[法]
朊络合物☆protein complex
朊酶☆protease

ruì

瑞德加大内平型[钻杆扣型]☆Reed wide open style
瑞德三瘤虫属[三叶;O_2]☆Reedolithus
瑞德吴德黏滞系数[雷氏数;油类]☆Redwood number
瑞德隐头虫属[三叶;O_2]☆Reedocalymene
瑞典☆Sweden
瑞典-芬兰构造{造山}带☆Svecofennide belt
瑞典红[石]☆Trawas Red；Rosso Vanga
瑞典卡累利阿造山运动☆Svecokarelian orogeny
瑞典落锥法☆Swedish fall-cone method
瑞典挪威带☆Sveconorwegian belt
瑞典式框式支架☆Swedish timber set
瑞典型连续底卸式矿车卸载装置☆Swedish-type car dump
瑞典圆弧法☆Swedish circle method
瑞芬贝(属)[腕;O_2-S_1]☆Rafinesquina
瑞芬构造(带)☆Svecofennides
瑞芬系☆Svecofennian
瑞(典)芬(兰)造山带☆Svecofennides
瑞弗晋(阶)[北美;$E_{2\sim3}$]☆Refugian (stage)
瑞(典)卡(累利阿)构造☆Svecokarelides
瑞卡构造带☆Svecokarelides
瑞卡若克炸药☆rackarock；rack-a-rock
瑞克贝属[腕;P]☆Geyerella
瑞利[1N/m²声压能产生1m/s的质点速度的声阻抗率]☆rayl；rayleigh
瑞利{立}波☆R{Rayleigh} wave
瑞利大气☆Rayleigh atmosphere
瑞利分异{馏}☆Rayleigh fractionation
瑞利凝结☆Rayleigh condensation
瑞利-威利斯关系(式)[震勘]☆Rayleigh Willis relation
瑞奈石油采矿系统☆Ranney oil mining system
瑞尼蕨[最原始的陆生维管植物,生存于早泥盆世末期]☆rhynia
瑞挪带☆Sveconorwegian belt
瑞奇型旋转钻机☆Reich drill
瑞钦龙☆Rinchenia mongoliensis
瑞士☆Switzerland
瑞士(阶)[N_1]☆Helvetian
瑞士(双晶)律☆Swiss law
瑞士石☆switzerite
瑞士(造山)运动[E_3]☆Helvetic orogeny{movement}
瑞氏洗槽☆Rheolaveur launder
瑞斯哈根霍拜尔型拖钩式刨煤机☆Reisshakenhobel plough
瑞提阶☆Rhaetian
瑞提克-里阿斯植物群☆Rhaeto-Lias flora
瑞提克期☆Rhaetic age
瑞替{提}(阶)[欧;T_3]☆Rhaetian；Rhaetic
瑞替贝属[腕;$T_{2\sim3}$]☆Rhaetina
瑞替层[下里阿斯层]☆infralias
瑞替蛤属[双壳;T]☆Rhaetidia
瑞威介属[C-P]☆Reviya
瑞兹投影☆orthoapsidal projection
锐班达效应☆Rehbinder effect
锐边的☆feather-edged
锐不可当的☆knockdown；irresistible
锐齿☆sawtooth
锐刺边的☆acculeate
锐(缘堰)顶☆sharp crest
锐度☆sharpness；acuity；acutance
锐度比☆sharpness ratio
锐度曲线☆acutance
锐度指数☆acute index
锐二面角☆acute dihedral angle
锐方向性射束☆pencil beam
锐钢钎☆sharpened steel
锐共振☆sharp resonance
锐化电路☆sharpener
锐脊☆karling
锐尖☆mucro
锐减☆sharp cutoff
锐角☆acute angle
锐角的☆sharply angular；acute；oxygonal
锐角交会☆acute (angle) intersection
锐角坡口☆under bevel
锐截止☆sharp cutoff
锐菊石☆Oxynoticeras
锐孔☆orifice
锐孔贝属[腕;T]☆Oxycolpella
锐棱蚌属[双壳]☆Acuticosta
锐棱菊石属[头;J_1]☆Oxynoticeras
锐利☆keenness；tapering；sharp；sharpness；sharp-edged；keen；sharp-pointed；penetrating；incisive
锐利的☆cutting；chisel shaped；acuminate；sharp
锐利钎{钻}头☆sharp bit
锐粒砂岩☆shoe stone
锐敏度☆keenness
锐敏效应☆subtle effect
锐谱带☆sharp band
锐气☆brunt
锐曲线☆sharp{steep} curve
锐蚀高地☆fretted upland
锐水碳镍矿☆reevesite
锐钛矿[TiO_2;四方]☆anatase；octahedrite；xanthitane；xanthotitan(it)e；wiserine；oysanite；leucoxene；blue schorl；xenotlite；leukoxen；dauphinite；oisanite；titanomorphite；octaedrite；schorl bleu indigo[法]
锐钛矿型(二氧化)钛☆anatase type titanium dioxide
锐调谐☆sharp tuning
锐弯(接头)☆sharp tend
锐弯(曲)☆sharp dogleg
锐型楔形(镶嵌)齿☆sharp chisel insert
锐穴孢属[C_2]☆Foveolatisporites
锐缘的☆sharp-edged
锐重贝属[腕;O_2-S_2]☆Oxoplecia
锐柱形的☆tapering
锐转变{弯}☆sharp transition

rùn

闰年☆leap year
闰日☆intercalary day
润滑☆grease；oiling；lubricate
润滑(作用)☆lubrication
润滑部位图☆lubricating diagram
润滑齿轮☆oilgear
润滑的☆oiling；lubricating
润滑垫衬☆oil pad
润滑环☆drip ring
润滑剂☆lubric(ant)；antifriction；lubricating agent；lubricator
润滑间隔期☆lubrication interval
润滑器☆greasing apparatus；lubricating coupler；lubricator；lubric
润滑系统地下室☆oil cellar
润滑性☆lubricity；unctuosity；oiliness
润滑学☆tribology
润滑油☆lubricating{lube;grease;lubrication} oil；lubricant；unguent；oil；lube；mobiloil；luboil；LO；Essolube[日]
润滑油杯☆grease cup
润滑油槽☆oilway；oil way；oil groove
润滑油的☆oily
润滑油的供给(系统)☆oil supply
润滑油的氧{老}化☆oil ageing
润滑油分类☆API service oil classification；classification of lubricating oil
润滑油控制环☆oil control ring
润滑油流动探测器☆lubrication oil flow detector
润滑油路图☆lubricating diagram
润滑油膜☆fluid{lubricant} film
润滑油系送(量)调节器☆baffler
润滑油箱☆oil tank
(石油)润滑油渣☆slum
润滑脂☆grease；dope；cup{(lubricating);consistent；railway；lubricant} grease；(consistent) lubricant；tallow；oleosol
(固体)润滑脂☆solid lubricant
润滑脂杯☆grease{pressure} cup
润滑脂盒☆grease box
(蒸气管线上的)润滑脂器{油管}☆(boll) weevil
润滑脂枪☆grease gun；doper
润滑脂阀☆grease valve
润滑脂增稠剂{机}☆grease thickener
润滑脂嘴☆grease fitting
润滑重油☆black oil
润滑(供油)装置☆lube unit
润摩性能☆tribological behavior
润色(文章)☆lard
润湿☆humidification；dew；wetting (out)；wetness；water-filming；wetter；wetting-out；watering；moist；damp；soak；infiltrate
润湿的☆wetter；wetted
润湿度☆degree of wetting{wettability}
润湿反转☆wettability switch
润湿反转角☆wettability reversal angle
润湿剂☆humectant；wetting reagent{agent}；wetter
×润湿剂[磺丁二酸,N-十八烷基磺化琥珀酰胺酸二钠盐,糊状物,含量35%～36%]☆Aerosol 18
×润湿剂[磺丁二酰胺盐,N-十八烷基-N-1,2 二羧乙基磺化琥珀酰胺酸四钠盐]☆Aerosol 22
×润湿剂[异丙基萘磺酸钠的水溶液,外加一种溶剂]☆Aerosol AS
×润湿剂[二戊基磺化琥珀酸钠]☆Aerosol AY
×润湿剂[一种阳离子胺类润湿剂和絮凝剂,十八烷基胍盐]☆Aerosol C61
×润湿剂[双异丁基磺化琥珀酸钠]☆ Aerosol IB
×润湿剂[双-(甲基戊基)-磺化琥珀酸钠]☆Aerosol MA
×润湿剂[丁基萘磺酸钠]☆Aerosol OSB
×润湿剂[异丙基萘磺酸钠]☆Aerosol OS
×润湿剂[双-2-乙基己基磺化琥珀酸钠]☆Aerosol `GPG{|OT}
×润湿剂☆Alrowet D
×润湿剂☆Decerosol{Aerosol} OT
×润湿剂[烷基苯磺酸盐]☆Dianol 11
×润湿剂[非离子型聚硅油]☆Dri-Film
×润湿剂[烷基醇聚酯磺酸盐]☆Dynesol F20
×润湿剂[十八烯{烷}基硫酸盐]☆ Empicol CHC
×润湿剂[十六{八}烷基硫酸盐]☆ Empicol CST
×润湿剂[油烯基硫酸盐;$C_{18}H_{35}OSO_3M$]☆Gardinol CA
×润湿剂[十二烷醇硫酸盐;$C_{12}H_{25}OSO_3M$]☆Gardinol WA
×润湿剂[十八烷二醇-9,18-二硫酸酯]☆Gardinol KD
×润湿剂[烷基聚乙二醇硫酸铵;$R(OCH_2CH_2)_n$•OSO_3NH_4]☆Genapol-AS
×润湿剂[月桂酰甲基牛磺酸钠盐;$C_{11}H_{33}CON(CH_3)C_2H_4SO_3Na$]☆Hostapon 18
×润湿剂[烷基酚聚乙二醇硫酸盐;R•$C_6H_4(OCH_2CH_2)_nOSO_3M$]☆Hostapal B
×润湿剂[烷基酚聚乙二醇醚;R•$C_6H_4(OCH_2CH_2)_nOH$]☆Hostapal C
×润湿剂[十四烷酰甲基牛磺酸钠盐;$C_{13}H_{27}CON(CH_3)CH_2CH_2SO_3Na$]☆Hostapon 21
×润湿剂[椰子油酰氨基乙基磺酸钠;R-$CONHCH_2CH_2SO_3Na$,(R-CO=椰子油酰)]☆Hostapon CT
×润湿剂[牛油酰氨基乙基磺酸钠;R-$CONHCH_2$

R

CH_2SO_3Na,(R-CO=牛油酰)]☆Hostapon MT
×润湿剂[油酰甲氨基乙基磺酸钠;$C_{17}H_{33}CON(CH_3)$ $CH_2CH_2SO_3Na$]☆Hostapon T
×润湿剂[油酸磺化乙酯钠盐;$C_{17}H_{33}COOCH_2CH_2SO_3Na$]☆Igepal AC{|AP|A}
×润湿剂[十二烷基/十四烷基苯酚聚乙二醇酯酸盐]☆ Igepal B
×润湿剂[烷基苯酚聚乙二醇醚;$R•C_6H_4(OCH_2CH_2)_nOH$]☆Igepal CA
×润湿剂[十二烷基苯酚聚乙二醇醚;$C_{12}H_{25}$-$C_6H_4(OCH_2CH_2)_nOH$]☆Igepal C
×润湿剂[月桂醇聚乙二醇醚; $C_{12}H_{25}(OCH_2CH_2)_nOH$]☆Leonil C
×润湿剂[己基/庚基-β-萘酚聚乙二醇醚;R-$C_{10}H_6(OCH_2CH_2)_nOH$,(R=C_6H_{13}−及 C_7H_{15}−)]☆Leonil FFO
×润湿剂[油醇、十六烷醇聚乙二醇醚;$R(OCH_2CH_2)_n$ OH,(R=$C_{18}H_{33}$−及 $C_{16}H_{33}$−)]☆Leonil O
×润湿剂[磺化脂肪酰胺衍生物]☆Mirapon RK
×润湿剂[烷基萘磺酸盐]☆Morcowet 469
×润湿剂[十二烷基甲苯磺酸盐;$C_{12}H_{25}•C_6H_3(CH_3)•$ SO_3M]☆Neo-lene 3000{|400}
×润湿剂[烷基萘磺酸盐;$RC_{10}H_6SO_3M$]☆Neomerpin N
×润湿剂[脂肪酸聚乙二醇酯]☆Neutronix 331{|333}
×润湿剂[烷基苯酚聚乙二醇醚;$R•C_6H_4(OCH_2CH_2)_n•OH$]☆Neutronix 600
×润湿剂[脂肪酸与二乙醇胺缩合物]☆Ninol 128{|200|400|517|521|57A}
×润湿剂[脂肪酸与二乙醇胺缩合物]☆Ninols
×润湿剂[烷基萘磺酸钠]☆Novonacco
×润湿剂[十八烯基/十六烷基硫酸盐]☆Nyfapon
Oronite 润湿剂 S[水溶性阴离子型润湿剂]☆Oronite wetting agent S
Oronite 润湿剂[油溶性石油副产品]☆Oronite wetting agent
×润湿剂[磺化油醇与十六醇的混合物]☆Petepon
×润湿剂[脂肪酸与胺类的缩合物]☆Pluramin S-100
×润湿剂[烷基苯酚聚乙二醇醚;$R•C_6H_4(OCH_2CH_2)_nOH$]☆Sapogenat A
×润湿剂[烷基苯酚聚乙二醇硫酸盐; $R•C_6H_4(OCH_2CH_2)_nOSO_3M$]☆Sapogenat B
×润湿剂[烷基苯酚聚乙二醇醚与烷基苯酚聚乙二醇硫酸盐混合物;$R•C_6H_4(OCH_2CH_2)_nOSO_3M$]☆Sapogenat C
×润湿剂[妥尔油与 12 摩尔环氧乙烷的反应产物]☆ Sterox D
×润湿剂[一种烷基苯磺酸盐]☆Stockopol L
×润湿剂[非离子型脂肪醇与环氧乙烷的缩合物]☆Stockopol WW
×润湿剂[十二烷基硫酸钠;$C_{12}H_{25}OSO_3M$]☆Sulfetal C
×润湿剂[十二烷基硫酸盐与油烯基硫酸盐的混合物;$C_{18}H_{35}OSO_3M$]☆Sulfetal OC
×润湿剂[油烯基硫酸盐;$C_{18}H_{35}OSO_3M$]☆Sulfetal O
×润湿剂[羟烷酰胺醇硫酸盐]☆Sulframin DR
×润湿剂[烷基芳基磺酸盐]☆Sulframin KE
×润湿剂[二烷基萘磺酸钠]☆Sulframin N
×润湿剂[十二烷基硫酸钠]☆Sulfsipol
×润湿剂[十二烷基硫酸铵;$C_{12}H_{25}OSO_3NH_4$]☆Texapon Extract A
×润湿剂[十二烷基硫酸三乙醇胺盐;$C_{12}H_{25}OSO_3H•N(CH_2CH_2OH)_3$]☆Texapon Extract T
×润湿剂[伯-烷基硫酸盐]☆Texapon Z
×润湿剂[烷基苯基聚乙二醇醚]☆Triton NE
×润湿剂[叔辛基苯基聚乙二醇醚;$C_8H_{17}C_6H_4O(CH_2CH_2O)_{9\sim10\{|12\sim13|7\sim8|5\}}H$]☆Triton X-100{|102|114|45}
×润湿剂[烷基苯酚聚乙二醇硫酸盐; $R•C_6H_4(OCH_2CH_2)_nOSO_3M$]☆Triton X-200
×润湿剂[二甲基-正十六(烷)基苄基氯化铵; $(C_{16}H_{33})C_6H_5CH_2N(CH_3)_2Cl$]☆Triton X-400
×润湿剂[十七烷基苯并咪唑一{|二}磺酸盐]☆Ultravon K{|W}
×润湿剂[烷基芳基磺酸钠]☆Ultrawet 40A
×润湿剂[烷基芳基磺酸钠,含活性物质 85%]☆Ultrawet DS
×润湿剂[脂肪酰胺]☆Ultranat S
润湿器☆humidifier；moistener；fogger；moistening apparatus
润湿热☆heat of wetting；wetting heat
×润湿乳化剂[植物油脂肪酸聚乙二醇酯; RCOO$(CH_2CH_2O)_nH$]☆Emulphor EL-719
×润湿乳化剂[水溶性脂肪醇]☆Emulphor O
×润湿乳化剂[十四烷基苯磺酸盐;$C_{14}H_{29}•C_6H_4•SO_3M$]☆Igepal NA
×润湿乳化剂[十二烷基苯酚聚乙二醇醚;$C_{12}H_{25}•C_6H_4(OCH_2CH_2)_nOH$]☆Igepal W
润湿相黏滞效应☆wetting-phase viscosity effect
润湿性☆wetting state{property}；water affinity；wettability
润湿性反转驱油☆wettability-reversal flood；wettability alteration flood
×润湿絮凝剂[聚氧乙烯]☆Dionil W
润湿液体[混汞法]☆anchored liquid
润湿转化{换}☆wetting transition
润周☆wetted perimeter

ruò

若虫☆nympha；nymph
若贾特[硝铵炸药]☆Raschite
若克密度☆Roche density
若克威尔型硬度测定器☆Rockwell machine
若林矿☆wakabayashilite
若筛虫属[孔虫;K_2-Q]☆Cribrolinoides
若特包型刨煤机☆Rodbod plough
若特维尔德 X 射线矿物含量分析方法☆Rietveld X-ray Modal Analysis Method
若汪{罗安德}型筛☆Rowand screen
弱爆炸☆low order burst
弱边水驱动☆thin edge-water-drive
弱变形带☆low-deformation zone
弱变质岩☆weak metamorphic rock
(高地)弱冰斗割切☆upland
弱波☆wavelet
弱层褶曲☆incompetent fold
弱场法☆weak field method
弱齿(蚶属)[双壳;S]☆Dysodonta
弱齿型☆desmodont；dysodont
弱初始气喷☆weak initial puff；WIP
弱磁场☆low intensity field
弱磁化☆weakly magnetization
弱磁性的☆feebly{weakly} magnetic
弱磁性矿物湿{福勒式;弗雷尔}磁选机☆Forrer magnetic separator
弱磁性物质☆weakly magnetic material
弱磁选机☆low-intensity (magnetic) separator；concurrent low-intensity magnetic separator
弱的☆weak；incompetent；frail
弱底板☆soft ground
弱地震相☆weak seismic facies
弱点☆infirmity；weak point{features}；weakness；vulnerability；negative feature
弱点分析☆vulnerability analysis
弱电工程☆light-current engineering
弱电流☆weak{light} current
弱顶板☆poor roof
弱多色性☆poor pleochroism
弱反差底片☆thin negative
弱反射层☆weak reflector
弱反应☆under-reaction
弱风化带☆weakly{slightly} weathered zone
弱风化岩石☆weakly weathered rock
弱缝膜环孢属[K_1]☆Aequitriradites
弱构造☆weak structure
弱固相☆nearsolidus
弱光带☆disphotic{dyssophotic} zone
弱光的☆dysphotic；scotopic；crepuscular
弱光泽☆dull luster
弱海流☆weak current
弱海扇属[双壳;T]☆Leptochondria
弱含水层☆poor aquifer；aquitard
弱函数☆minorant
弱化☆weaken(ing)；deplete；enfeeble；become weak；play down；downplay
弱化带☆weakness zone
弱化面☆surface of weakness
弱回波☆weak echo
弱火☆low fire
弱极值☆weak extremum
弱碱☆weak{mild} base
弱碱性的☆alkalescent
弱碱性反应☆faintly alcaline reaction
弱碱性阴离子交换树脂☆weak base anion resin；De-Acidite E；Lewatit M1；Duolite A-2,A-7,14-A…；Permutit W；Nalcite WBR
弱键☆weak bond
弱键联☆low binding
弱间断☆moderate{weak} discontinuity
弱胶结☆incompetence
弱胶结砂岩地层☆weakly consolidated sand formation
弱结合水☆loosely bound water
弱晶格方位☆weak lattice orientation
弱镜蛤属[双壳;E-Q]☆Dosinella
弱抗侵蚀性☆erosional weakness
弱苛性碱溶液☆weak caustic solution
弱可压缩流体☆slightly compressible fluid
弱矿化的☆slightly mineralized
弱矿化水☆mildly brackish water
弱浪海岸☆low-energy coast
弱螺属[腹;E-Q]☆Asthenotoma
弱脉动电流☆ripple current
弱冒汽地面☆weak-steaming ground
弱煤☆weak coal
弱面☆plane of weakness；discontinuities；weak(ness) plane
弱拟合☆poor fit
弱黏结煤☆weakly caking coal
弱黏结性☆weak coherence
弱黏性土☆feebly cohesive soil
弱耦合☆loose coupling
弱起爆药☆feeble initiator
弱气驱☆weak gas drive
弱亲水(的)☆slightly{weakly} water-wet
弱散射近似(法)☆weak scattering approximation
弱渗透的☆slightly permeable
弱渗透性☆low permeability
弱饰螺科[腹]☆Litiopidae
弱饰螺属[腹;E_2]☆Arrhoges
弱饰叶肢介属[节;J_3]☆Amelestheria
弱收敛☆weak convergence
弱束暗场技术☆weak beam dark yield technique
弱衰减☆periodic damping；underdamping
弱水驱☆weak aquifer influence
弱水湿(的)☆slightly{weakly} water-wet
弱酸☆weak{mild} acid
弱酸(性)的☆faintly acid；acid-deficient
弱酸冻{凝}胶☆weak acid gel
弱酸能溶的☆weak-acid-soluble
弱酸性水☆slightly acidic water
弱弹性弹簧☆weak activating spring
弱铁磁性☆weak{parasitic} ferromagnetism
弱透光带☆disphotic zone
弱透水层☆aquitard；poorly permeable strata
弱透水的☆slightly{less} permeable
弱透水岩层☆poorly permeable strata
弱拓扑☆weak topology
弱限☆weak limit
弱线峡谷☆weak-line gorge
弱响应☆weak response
弱信号☆weak signal
弱压地下水☆low-pressure groundwater
弱岩层☆incompetent bed
弱焰☆soft flame
弱异常☆weak anomaly
弱音的☆anacoustic
弱音器☆sourdine
弱阴离子☆weak anion
弱应变☆low strain
弱油湿(的)☆slightly oil-wet；weakly oil-wet
弱褶皱☆incompetent fold(ing)；injection fold
弱震☆weak earthquake{shock}
弱装药☆underload
弱阻尼运动☆under-damped motion

R

S

sā

撒丁岛☆Sardinia Island
撒丁岛人☆Sardinian
撒丁(双晶)律☆Sardinian law
撒哈拉☆Sahara
撒谎☆lie
撒卡风☆sarca
撒克逊{萨克森}蓝☆saxe
撒内亚期☆Thanetian Subage
撒小谎者☆fibber

sǎ

撒☆sprinkle
撒(布)☆besprinkle
撒(粉末)☆dust
撒播☆broadcast
撒布器☆flicker
撒布区☆strewn field
撒布岩粉☆dusting
撒布装置☆spreading unit
撒碴机☆ballaster
撒旦旋风☆satan
撒粉☆dusting
撒(岩)粉工☆stone duster
撒粉瓶{糖器}☆duster
撒粉器☆duster; rock{stone} duster
撒(岩)粉器☆stone duster
撒粉器头☆duster head
撒粉于……☆flour
撒黑{萨赫尔}风[摩洛哥沙漠尘风]☆sahel
撒料☆spillage
撒料盘☆distribution table; distributing plate
撒料器☆spreader
撒落碎块仓[箕斗提升]☆spill pocket
撒落物料运输机☆spillage conveyor
撒撒风[伊朗东北刺骨冷风]☆sarsar
撒砂☆sanding(-up); stucco[熔模铸造]; sand spraying
撒砂阀☆sanding valve
撒砂防滑☆frost-grit
撒砂钢轨☆sanded rail
撒砂器☆sander; sand trap{spreader}; sanding sprayer {machine}
撒砂装置试验☆test on sanding gear
撒沙机☆gritting machine; sand-spreader
撒沙者☆sander
撒施石膏☆application of gypsum
撒石灰☆lime application{spreading}; lime
撒石机☆stone spreader
撒石屑☆chipping
撒石渣车☆ballast spreader
撒碎石机☆gritting machine
撒岩粉☆dust (treatment;spreading); (rock) dusting; stone{shot} dusting
撒岩粉工☆rock{stone} duster; duster
撒岩粉机☆rock-dusting machine; rock duster; rock dust distributor
撒岩粉器☆rock{stone} duster; dust distributor; gritter; stone dust apparatus
撒岩盐粉除尘[法]☆rock salt dusting
洒☆dash; sprinkling; besprinkle; splash; perfusion
洒柏油柜☆tar-spraying tank
(沥青)洒布机☆distributor
洒浆☆spray grout
洒沥青卡车☆boot truck
洒沙滩的☆amnicolous
洒水☆watering-down; flushing; water (spray); watering; dust wetting; irrigation; sprinkle
洒水车☆water wagon{barrow}; sprinkler; sprayer; watering car; watercar; sprinkling truck
洒水管[例如装在洗矿筒内]☆sparge pipe
洒水器☆sprinkler; watering can
洒水散热的油罐☆water-sprayed tank
洒水装置☆spraying unit; water device
洒药式(飞行)☆crop-spraying

sà

萨埃尔冰期☆Saalian glacial stage
萨铵铁矾☆sabieite
萨奥特风☆saoet
萨巴棕榈粉属[孢;K_2-N_1]☆Sabalpollenites
萨比纳斯统☆Sabinas (series)
萨比尼昂☆Sabinian stage
萨宾(统)[北美;J_3]☆Sabinas
萨宾(阶)[北美;E_2]☆Sabinian
萨波塔叶属☆Saportea
萨波特轮藻属[K_2]☆Saportanella
萨布{勃}哈(盐坪)☆sab(a)kha; sebkha(t); sebkra; sebka; sebjet; sebja; sabhka; sebcha; sabkhah
萨布哈成盐模式☆sabkha salt model
萨德伯里岩☆sudburite
萨德布统☆Sudburium series
萨登型静电分选机☆Sutton (electrostatic) separator
萨迪造山作用[$Є_3$]☆Sardic orogeny
萨顿石☆Sutton stone
萨多伊斯风☆sudois
萨尔茨吉特(鱼子状)褐铁矿☆Salzgitter ore
萨尔马特(阶)[欧;N_1]☆Sarmatian (stage)
萨尔马提亚人(的)[古东欧维斯杜拉河和伏尔加河之间的]☆Sarmatian
萨尔曼皮卡德浮选法☆Sulman and Picard process
萨尔姆(阶)[欧;O_1]☆Salmian (stage)
萨尔珀冰碛丘陵[芬]☆Salpallsselka; salpausselka (advance)
萨尔珀前进期☆salpausselka advance
萨尔瓦多☆Salvador
萨尔运动☆Sealian{Saalian} movement
萨菲诺☆sulfinol
萨非尔斯☆sapphirus
萨费里解☆safari solution
萨夫运动[E_3]☆Savian movement
萨福德苔藓虫属[D-P]☆Saffordotaxis
萨根型可调高单滚筒双向采煤机☆sagem single-drum bidirectional ranging shearer
萨硅钠锰石☆saneroite
萨哈林岛[库页岛]☆Sakhalin
萨哈林羊齿属[K_1]☆Sachalinia
萨哈石☆sachait; sakhaite
萨赫勒地区的☆Sahelian
萨钾钙霞石[$(Na,Ca,K)_9(Si,Al)_{12}O_{24},((OH)_2,SO_4,CO_3,Cl_2)_3{\bullet}nH_2O$]☆sacrofanite
萨卡风☆sarca
萨克马尔{林}(阶)[欧;P_1]☆Sakmarian (stage)
萨克马力统☆Sakmarian
萨克森(阶{|统})[欧;P_2]☆Saxonian (stage{|serie})
萨克森蓝☆saxe blue
萨克森型相系☆Saxonian-type facies series
萨克斯残余应力测定法☆Sachs method
萨拉保矿[$CaSb_{10}O_{10}S_6$]☆sarabauite
萨拉辛菊石属[头;K_1]☆Sarasinella
萨莱纳(阶)[北美;S_3]☆Salinan (stage)
萨勒(冰期)[北欧;Qp]☆Saale
萨勒姆石灰岩☆Salem{Spergen} limestone
萨勒-瓦尔塔间冰期☆Saale/Warth interglacial
萨勒运动[P_1]☆Saalian movement
萨勒造山作用{运动}[P_1]☆Saalic orogeny
萨里亚克石☆saryarkite
萨罗斯帕塔石☆sarospat(ak)ite
萨洛平贝属[腕;S]☆Salopina
萨洛普(阶)[欧;S_2]☆Salopian (stage)
萨洛普郡人(的)[英]☆Salopian
萨洛普统☆Salopian
萨马隆铀燃料厂☆Cimarron uranium fuel plant
萨马洛依合金[耐热耐蚀]☆thermalloy
萨米亚高岭石☆Samian earth
萨摩兽属[长颈鹿类;N]☆Samotherium
萨默菲尔德-韦尔积分☆Sommerfeld-Wayl integral
萨姆森矿☆samsonite
萨姆西维尔多(双晶)律☆Samshvildo law
萨那(沙漠)☆sai
萨冉树脂☆saran
萨砷氯铅石[$Pb_{14}(AsO_4)_2O_9Cl_4$;单斜]☆sahlinite
萨斯喀彻温省[加]☆Saskatchewan
萨碳硼镁钙石[$Ca_3Mg(BO_3)_2(CO_3){\bullet}nH_2O(n<1)$;等轴]☆sakhaite
萨瓦板☆Savart's plate
`萨威尔{舍韦}型偏斜测量仪☆surwel
萨维奇准则☆Savage criterion{principle}
萨文运动☆Savian movement
萨沃纽斯转子海流计☆Savonius rotor current meter
萨彦岭☆Sayan Mountains

sāi

噻吩[C_4H_4S]☆thiophene
噻吩烷[$CH_2(CH_2)_3S$]☆thiophan(e)
噻环戊烷☆thiacyclopentane
噻唑[C_3H_3NS]☆thiazole
腮足[软]☆maxilliped
鳃☆gill; branchial
鳃板刺毛[介]☆branchial seta
鳃瓣☆branchial{gill} lamella
鳃缝[棘]☆branchial slit
鳃盖☆gill cover; opercular
鳃盖间骨☆interopercle
鳃弓☆branchial arch
鳃骨☆opercular
鳃弧[鱼]☆gill arch
鳃脊[节]☆branchial carina
鳃间脊☆interbranchial ridge
鳃孔☆spiracle; branchial opening; spiracular
鳃腔☆branchial chamber
鳃裂[棘]☆gill slit
鳃龙[可能是某些迷齿类的幼体,故具鳃;C-P]☆Branchiosaurs
鳃囊☆gill pouch
鳃腔☆branchial cavity
鳃室☆branchial{gill} chamber
鳃水管☆interhalant{branchial} siphon
鳃丝☆branchial filament
鳃条骨☆branchiostegal rays
鳃尾(亚纲)☆Branchiura
鳃下沟☆hypobranchial groove
鳃心沟[节]☆branchiocardiac groove
鳃穴☆branchial fossae
鳃叶[叶肢]☆branchia
鳃曳虫(属)[蠕;Q]☆Priapulus
鳃曳动物门[蠕]☆Priapuloidea
鳃足类[节甲]☆branchiopoda
鳃足亚纲☆Phyllopoda
塞☆plug; bung; stopper
塞波绿泥石☆serpochlorite
塞查风☆sechard
塞尺☆shim stock; feeler gage{gauge}; clearance (gauge); thickness ga(u)ge; searcher; gauge; feeler
塞垫☆choker block
塞电线心{芯}☆cork
塞阀☆ping-type valve
塞缝☆chinking
塞缝材料☆caulking material
塞缝片☆spline
塞缝石[材]☆keystone
塞管阶☆Sequanian
塞规☆male{insert;plug} gauge; gap tester; gauge feeler
塞焊☆plug weld; rivet welding
塞紧☆stoper; plug up; chock and block
塞进(去)☆tuck
塞卡风[气]☆sêca
塞孔☆(tip) jack; rabbet; taphole; tap hole; nest
塞孔接点☆female contact
塞口物☆gag
塞库安亚阶☆Sequanian stage
塞块☆chock; brake shoe
塞链☆choker-chain
塞林扰动☆Silinic disturbance
(木)塞螺旋钻☆cokscrew
塞满☆impact; cram; lade; fill; crowd
塞莫利亚☆Seymouria
塞炮泥☆stem
塞片☆chip
塞入☆cram
(用)塞(子)塞住☆stopple
塞沙钙霞石☆davyno-cavolinite
塞绳☆cord
塞式井底封隔器☆bottom hole plug packer
塞式流动☆piston{plug} flow
塞式炉☆compartmented furnace
塞氏测热熔锥☆Seger cone
塞氏辐射☆Cerenkov radiation
塞栓☆gland
塞塔图☆thetagram
塞套☆plug bush{sleeve}
塞头☆choke plug; bung; blind
塞头孔☆plugging hole
塞头砖☆stopper
塞维尔造山作用☆Sovior{Sevier} orogeny
塞销☆ball retaining plug

塞形比重计☆plug-type pycnometer
塞药棒☆charging{loading;stemming;tamping} stick；pole tamping；schnozzle；tamping bar
塞住☆cork；bung；stopping (off)；stop(er)；gag
塞住的☆clogged；plugged
塞状的☆plugged
塞兹瓦 M_2 波☆Sezawa M_2 wave
塞子☆core pusher；plug[儿丁]；stopple；stop(p)er；spigot；closer；tap；tampion；plug bung；cork
(桶等的)塞子☆bung
塞子未开的☆untapped
塞座☆plug seat
塞贝克测硬计☆Seebeck sclerometer
塞贝克效应☆Seebeck effect
塞达琥珀脂☆cedarite；chemawinite
塞尔马白垩层☆Selma chalk
塞尔(旋转圆筒式)黏度计☆Searle (type) viscometer
塞钒铅铁石☆cechite
塞格锥☆Seger Cone
塞角石属[头;O-S]☆Sactoceras
塞拉里昂☆Sierra Leone
塞拉期☆Sierrian phase
塞拉坦风☆selatan
塞拉瓦尔{勒}(阶)[欧;N_1]☆Serravallian (stage)
塞拉瓦勒阶☆Serravalian stage
塞拉烷☆serratane
塞里塑料☆celite
塞鲁蒂方程☆Cerrutti equation
塞曼-玻林相机☆Seeman-Bohlin camera
塞曼分裂☆Zeeman splitting
塞曼调制实验☆Zeeman-modulated experiment
塞蒙串联电阻伴热☆Thermon series resistance heat tracing
塞{西}蒙斯破碎机☆symons crusher
塞内加尔☆Senegal
塞内卡(统)[北美;D_3]☆Senecan (series)
塞涅卡式的[塞涅卡为古罗马哲学家、悲剧作家、新斯多葛主义的代表]☆Senecan
塞农阶☆Senonian stage
塞{赛;森}诺曼阶{|期}☆See "森诺曼(阶)"
塞{赛;森}诺期☆See "森诺期"
塞浦路斯☆Cyprus
塞浦路斯式块状硫化物矿床☆Cyprus-type massive sulfide deposit
塞舌尔☆Seychelles
塞斯莫杰尔炸药☆Seismogel
塞斯坦风☆Seistan
塞韦奇原则☆regret criterion；Savage principle
塞西亚人(的)☆Scythian

sài

赛白金☆platinite
赛宾[声吸收单位]☆sabin
赛波特秒数[黏度单位]☆Saybolt seconds
赛波特比色计☆Saybolt colorimeter
赛波特通用黏度☆Saybolt universal viscosity
赛勃莱特无烟燃料☆Sebrite
赛车☆kart
赛车燃料☆racing fuel
赛{硫}丹☆thiodan
赛蛋白☆albuminoid
赛德☆Oceanside
赛多维(阶)[植物阶]☆Seldovian (stage)
赛尔伐斯型氧气呼吸器☆Salvus set
赛尔西特硬质合金☆Celsit
赛夫沙丘☆seif；longitudinal dune；sif；saif
赛夫型钻孔测斜仪☆Cyfo clinograph
赛弗特星系☆Seyfert
赛戈叠层石属[Z]☆Segosia
赛过☆outgo
赛黄晶[$CaB_2(SiO_4)_2$;斜方]☆danburite
赛金刚石合金☆diamondite
赛凯风☆secaire
赛康姆型胶轮驱动运输系[法]☆Seccam
赛克板☆Secchi disc
赛克莱{拉}特炸药☆Cyclite
赛克罗奈特☆cyconite
赛克洛托尔炸药[60 黑索金,40 梯恩梯]☆Ceclotol
赛库安(亚阶)[英;J_3]☆Sequanian
赛库安型河流[水量夏季减少,如法国塞纳河]☆Sequanian type
赛库提期☆Scythian age
赛拉海百合属[棘;D]☆Thylacocrinus
赛拉(双晶)律☆Sella's law
赛拉莫赛尔型磁选机☆Sala-Mortsell separator
赛勒法[测折射率]☆Saylor's method
赛里曼矿☆seligmannite
赛里尼晕☆Cellini's halo
赛利迪斯☆Syledis
赛隆乃[一种热塑性硝化纤维]☆Xylonite
赛璐珽☆celloidin
赛璐{路;珞}玢☆cellophane
赛璐玢屑[堵漏用]☆shredded cellophane
赛璐酚纸圈[堵漏用的]☆celloseal；cell-O-seal
赛璐珞☆xylonite；celluloid；zylonite
赛马集虫属[三叶;$Є_2$]☆Saimachia
赛马矿☆saimaite
赛马莱特点{导}火线☆thermalite (igniter) cord
赛曼特炸药[一种用胶质炸药引爆的硝铵炸药]☆Cyamite
赛美虫属[三叶;O_1]☆Cybele
赛门炸药[一种低敏感度的硝铵炸药]☆Cyamon；Cyamon blasting agent
赛姆(阶)[欧;O]☆Saimian
赛乃绘图仪☆Xynetics plotter
赛聂卡石油☆seneca oil
赛帕隆絮凝剂☆Separan
赛跑☆race
赛谱阶[E_3]☆Sannoisian stage
赛铅铀矿☆sayrite
赛森型重差计(不稳定平衡型)☆Thyssen gravimeter
赛(希)氏板{盘}☆Secchi's disc
赛氏标准液☆Saybolt standard liquid
赛氏颗石[钙超;E_3]☆Cepekiella
赛氏(黏度)秒数☆Saybolt seconds
赛氏黏度计流出秒数☆Saybolt second
赛氏黏度计☆Saybolt viscosimeter
赛氏盘☆Secchi's disc
赛氏通用黏度☆Saybolt universal viscosity
赛氏通用黏度秒数☆Saybolt universal seconds；seconds Saybolt universal；SUS；SSU
赛氏钟☆Celsium clock
赛氏重油黏度秒☆seconds Saybolt Furol；SSF
赛树脂☆scheibeite
赛斯莫杰尔炸药☆Seismogel
赛思解☆Theis solution
赛叟超阶[N_1]☆Cessolian stage
赛特(阶)[欧;T]☆Skythian (stage)
赛瓦德主盖螺钉☆Sivad main cover screw
赛维虫属[介;C_1]☆Savagella

sān

三 A[钻探用金刚石优质品级符号]☆triple A；AAA
三氨乙基胺☆triaminotri-ethylamine
三胺☆triamine；triethanolamine
三八面体☆tri(aki)soctahedron；trioctahedron；trigonal trisoctahedron
三八面体层☆trioctahedral layer
三白石松宁☆pilijanine
三百度温标☆tercentesimal thermometric scale
三班工作制☆treble-shift working
三班循环采矿工作制☆three-shift cyclic mining
三班制(的)☆three-shift；triple shift；triple-shift
三瓣孢属☆Trilobosporites[K-E]；Trilobates[C_2]
三瓣丁香蓼粉属[孢]☆Ludwigiatrilobapollenites
三瓣花粉组☆Trilobata
三瓣式模筒☆three-way split former
三胞胎中的一个孩子☆trilling
三包☆three guarantees [for repair,replacement and compensation of faulty products]
三孢素☆tritisorin
三杯风速计☆three-cup anemometer
三棓酰甘油[$(C_7H_5O_4)_3$•$C_3H_5O_3$]☆trigalloyl glycerol
三倍☆triplicity；ter-；tri-；treble；tripling
三倍层胚胎体☆triploblastica
三倍的☆triple(x)；triplicate；treble；threefold
三倍频器☆frequency tripler；trebler
三倍器☆tripler
三倍于☆triple；treble
三苯基☆triphenyl
三苯基胍[C_6H_5N:$C(NHC_6H_5)_2$]☆triphenyl guanidine
三苯基四唑化氯☆triphenyltetrazolim chloride
三苯甲(游)基☆trityl
三苯甲烷[$(C_6H_5)_3$•CH]☆triphenylmethane；tritane
三笔石(属)[O_1]☆Triograptus
三铋(一)钯矿☆palladium bismuthide
三臂风车型(组合)☆3-arm windmill
三臂井径仪☆three-arm caliper
三边测量☆trilateration (survey)
三边测量网☆trilateration net
三边虫属[射虫;T]☆Triactis
三边的☆trihedral；trilateral
三边形☆trilateral
三边藻属[E_3]☆Deltoidinia
三边支承试验☆three-edge bearing test
三变量体系☆trivariant system
三变平衡☆trivariant equilibrium
三变元正态分布☆trivariate normal distribution
三丙氧基丁烷[$(C_3H_7O)_3$•C_4H_7]☆tripropoxy butane
三波川☆Sanbagawa
三波段相片比值法☆three-band photographic ratio method
三不同价的☆trivalent
三部的☆triplex
三部分的划分☆tripartition
三部曲[指石油生、储、盖组合]☆trilogy
三部掏槽☆three-section cut
三参数对数正态分布☆three-parameter lognormal distribution
三舱制船☆three-compartment ship
三层☆three-ply；TP
三层带☆triple belt
三层的☆treble；triple
三层的司钻凳☆knowledge bench
三层地层问题☆three-layer problem
三层电阻率模型☆three-layer resistivity model
三层构造☆three-layer structure
三层罐笼☆three-deck(er) cage
三层平台☆treble-platform
三层坡度减小筛☆trislope screen
三层绕杆式天线☆superturnstile
三层式摇床☆triple-deck concentrating table
三层台车☆three-level jumbo
三层型结构☆three-layer type structure
三层岩芯管☆clay barrel
三层凿井☆three-decked sinking stage
三层钻车☆three-level jumbo
三叉(式飞机)☆trident
三叉道岔☆three-way switch
三叉点☆triple point；(divergent) triple junction
三叉骨针[绵]☆triaene
三叉戟(飞)机☆trident
三叉角石属[头;O_1]☆Trifurcatoceras
三叉蕨科☆Aspidiaceae
三叉取石钳☆trilabe
三叉神经☆trigeminal nerve
三叉穗属[D_3]☆Eviostachya
三叉体☆triaene
三叉星石[钙超;K_2-E]☆Marthasterites
三叉棕榈龙☆Thrinaxodon
三岔点☆triple-point{triple} junction
三产品分离器☆three-product separator
三齿稃[澳]☆spinifex
三齿状[棘]☆tridentate
三冲量☆triplex
三重☆triply；ter-；tri-
三重贝类☆Triplesiacea
三重贝属[腕;O_2-S_2]☆Triplesia
三重存取☆triple access
三重的☆triple(x)；tern；three(-)fold；treble；triplicate；tripartite；ternary；three-ply
三重分度☆threefold division
三重管旋喷法☆triple-pipe chemical churning process
三重(伸缩式)管子钻塔☆triplex design tubular derrick
三重划分(法)☆threefold classification{division}
三重孔隙度系统☆triple-porosity system
三重脉冲☆triple-pulse；triplet impulse
三重器☆tripler
三重蠕变☆tertiary creep
三重扇☆three-story fan
三重态☆triplet (state)；triad；triply
三重奏☆trio
三出脉的[植]☆trinervious
三触针井径规☆three-fingered caliper
三唇孔粉属[孢;K-N_1]☆Triatriopollenites
三次采油阶段☆tertiary phase
三次的☆ternary；three-D{dimensional}；threefold；cubic
三次反射☆triple reflection

三次方程☆cubic equation
三次仿样函数☆cubic spline (function)
三次分裂☆pinna spit
三次函数☆cubic
三次甲基的硝胺[$C_3H_6N_6O_6$]☆hexogen
三次甲基三硝基胺基炸药☆cyclonite based powder
三次精选☆recleaning
三次幂☆third power；cube
三次配位☆threefold coordination
三次趋势分量{组分}☆cubic trend component
三次绕组☆tertiary winding
三次顺序摆动曲流尖嘴☆three-swing cusp
三次谐波☆triple-frequency harmonics
三次旋转倒反{反伸}轴☆threefold rotatory inverter
三次样条插值☆cubic spline interpolation
三次羽状复叶☆tripinnate
三次蒸馏水[比重测定]☆triple distilled water
三次轴☆threefold{triad;trigonal} axis；triad
三醋精[$C_3H_5(OOCCH_3)_3$]☆triacetin
三醋酸盐☆triacetate
三大洲的☆tricontinental
三带型{形}珊瑚☆triple-zoned coral
三带装置☆triple-filament assembly
三代(盐)[酸中有三个酸式 H 被取代]☆ tertiary
三代的☆tribasic
三氮杂苯☆triazine
三氮杂茂☆triazole
三档速率☆third speed
三刀开关☆three pole switch；triple-pole switch
三岛式船☆three island ship
三道体区☆trivium
三等宝石{水钻}☆third water
三等分☆trisection；trisect
三等分角线☆trisectrix
三滴料☆triple gob
三点法☆three-point method[测定地层斜面状态;求产状要素]；triplets[求重力高程改正系数]
三点交会☆three-point intersection
三点校正法☆triplet
三点求速度法☆tripartite method
三点式近钻头扩眼器☆three point near bit reamer
三点式井底扩眼器☆three point bottom hole reamer
三点式履带支承装置☆three-point crawler suspension
三点式稳定`扩眼器{|组合}☆three point stabilized reamer{|assembly}
三点调平装置☆three-point leveling system
三电极阵☆three array
三电位测量法☆tripotential method
三电子键☆three-electron bond
三叠龟(属)[T_3]☆Triassochelys
三叠纪[250～208Ma,华北为陆地,华南为浅海,卵生哺乳动物出现,陆生恐龙出现,海生菊石繁盛;T_{1-3}]☆ Triassic (period)；T；Trias；Anisian age；Jura-Trias
三叠纪的☆Triassic；Trias；Trias(sic)
三叠石蝇属[昆;T_3]☆Triassoperla
三叠蛙(属)[T_1]☆Triadobatrachus
三叠系☆Triassic (system;System)；T；Trias
三叠侏罗系[J-T]☆Jura-Trias
三丁基☆tributyl
三动泵☆triple-acting pump
三动式压力机☆triple-action press
三斗坪岩群☆Sandouping group complex
三度的☆three {-}dimensional{D}；tridimensional；triaxial
三度空间应变☆three-dimensional strain
三度三线制☆three dimension-three wire；3D-3W
三度像☆three-dimensional image
三度音☆tierce
三端开关器件{元件}☆trigistor
三段论(法)☆syllogism
三段式多级主轴涡轮钻具☆triple-section multistage spindle turbodrill
三段碎矿☆three stage (ore) reduction
三段掏槽☆three-section cut
三对称面☆trisymmetric face
三对发育[植]☆trizygoid development
三对叶属[植;P_{1-2}]☆trizygia
三颚(牙形石)属[O-D]☆Trichognathus
三-二型顶板支柱☆"three-two" roof
三-二氧环戊烷☆3-dioxolane
三发动机☆trimotor
三法拉第筒收集器☆triple Faraday collector
三藩市金[石]☆Giallo S.F. Real
三藩市绿[石]☆Verde San Francisco
三芳甾烷☆triaromatic steroid
三方(的)☆trigyric；trigonal
三方半面全轴体☆trigonal hemihedral holoaxial
三方半面式异极象(晶)组[3*m* 晶组]☆trigonal hemihedral hemimorphic class
三方半面象(晶)组[$\bar{6}$或$\bar{6}m2$ 晶组]☆trigonal hemihedral class
三方钡解石[$(Ba,Sr)Ca(CO_3)_2$;三方]☆paralstonite
三方赤平(晶)组[$\bar{6}$晶组]☆trigonal equatorial class
三方倒反(晶)组[$\bar{3}$晶组]☆trigonal inversion class
三方反半面体☆trigonal antihemihedron
三方反四方半面体☆trigonohedral antitetartohedral
三方副晶系☆trigonal subclass
三方硅砷锰矿☆dixenite
三方环☆triple ring
三方极性(晶)组[3 晶组]☆trigonal polar class
三方晶体☆regular crystal
三方晶系☆trigonal (crystal) system；rhombohedral system{division;subsystem}
三方菱面体(晶)组[$\bar{3}$晶组]☆trigonal rhombohedral class
三方硫砷银矿[$AgAsS_2$;三方]☆trechmannite
三方硫碳铅石[$Pb_4(SO_4)(CO_3)_2(OH)_2$;三方]☆susannite
三方硫锡矿[SnS_2;三方]☆berndtite
三方氯铜矿[$Cu_2(OH)_3Cl$;三方]☆paratacamite
三方米勒(结晶)轴系☆trigonal Millerian axial system；rhombohedral Millerian axial system
三方面的☆threefold
三方硼砂[$Na_2B_4O_7•5H_2O$;$Na_2B_4O_5(OH)_4•3H_2O$;三方]☆tincalconite；mohavite
三方偏半面象类☆trigonal paramorphic hemihedral class
三方偏方面体(晶)组☆trigonal-trapezohedral class
三方偏形体类☆trigonal trapezohedral class
三方羟铬矿[CrO(OH);三方]☆grimaldite
三方全面象(晶)组[$\bar{6}m2$ 晶组]☆trigonal holohedral class
三方全轴(晶)组[32 晶组]☆trigonal holoaxial class
三方闪锌矿[ZnS;三方]☆matraite
三方式六方半面象(晶)组[$\bar{6}m2$ 晶组]☆trigonal hexagonal hemihedral class
三方双锥体类☆trigonal dipyramidal class
三方双锥形半面象(晶)组[$\bar{6}$晶组]☆trigonal bipyramidal{dipyramidal} hemihedral class
三方水硼镁石[$Mg_2B_{12}O_{20}•15H_2O$;三方]☆mcallisterite；macallisterite
三方四分面类☆trigonal tetartohedral class
三方四分面式异极象(晶)组[3 晶组]☆trigonal tetartohedral hemimorphic class
三方四分面象(晶)组[3 晶组或$\bar{6}$晶组]☆trigonal tetartohedral class
三方碳钙钾石☆butschliite
三方碳钾钙石[$K_2Ca(CO_3)_2$;三方]☆buetschliite
三方五半面体☆trigonal parahemihedral
三方硒镍矿[γ-NiSe;三方]☆mäkinenite
三方协议☆tripartite arrangement
三方锌氯铜矿☆anarakite
三方型(晶)组[$\bar{6}m2$ 晶组]☆trigonotype class
三方氧钒矿[V_2O_3;三方]☆karelianite
三方异极象(晶)组[3 晶组]☆trigonal hemimorphic class
三方锥体类{晶组}☆trigonal pyramidal class
三方锥(晶)组[3 晶组]☆trigonal pyramidal class
三房贝(属)[腕;O_1]☆Tritoechia
三房再循环☆recycling waste
三放体☆triacts；tri-racts
"三废"处理☆disposal of waste gas；water and industrial residue；pollution control；industrial wastes control
"三废"污染☆"Three wastes" pollution
三分☆trisect；30 percent；a little；somewhat；divided into three parts；split into three
三分(裂)☆tripartition
三分孢属[Mz-K_2]☆Tripartina
三分贝属[腕;S]☆Trimerella
三分叉的☆trifurcate
三分称面☆trimetric face
三分刺属☆Trichonodella
三分法☆three(-)fold division
三分拱☆three-element arch
三分节虫属[O]☆Triarthrus
三分量☆tricomponent
三分量地震数据☆three-component seismic data
三分裂的☆trifid
三分向地震仪☆three-component seismograph
三分眼器[钻多底井用]☆three-slot receptacle
三分枝的☆triradial
三分重检波器☆three-component seismometer
三分组合的头鞍侧叶[三叶]☆tricomposite glabellar lobe
三份的☆triplicate
三峰法☆three-peak method
三峰孔隙大小分布☆trimodal pore size distribution
三缝孢(属)[K_1]☆Triletes；Trilites；trilete spore
三缝合☆trilete suture
三缝双囊系[孢]☆disaccitrileti
三辐肋海绵骨针☆triact
三氟丙酮☆trifluoroacetone
三氟醋酸盐{|酯}[CF_3COOM{|R}]☆trifluoroacetate
三氟化硼☆boron trifluoride
三氟化物☆trifluoride
三氟甲烷☆fluoroform
三氟醚☆trifluoro
三氟乙酸☆trifluoroacetic acid
三钙☆tricalcium
三甘醇[$H(OCH_2CH_2)_3OH$]☆triethylene {-}glycol；triglycol；TEG
三杆螺杆泵☆IMO pump
三缸泵☆triple barrel pump；triplex{three-throw} pump
三缸单作用泵☆triplex single action pump
三格储槽{矿仓}☆three-section bin
三个密封元件的密封装置☆three-element packing system
三个一组{套}(的)☆triad；triple(t)；tripartition；trinity；triplicity；triplicate；trio；tern；ternary
(由)三个原子组成的☆triatomic
三根管的☆tribble
(由)三根钻杆连{组}成的立根☆triple；treble
三宫之一组[占星术 12 宫中隔 120 度]☆trigon
三沟[孢]☆tricolpatus
三沟粉类[孢]☆triptycha
三沟粉属[孢;K_2-Q]☆Tricolpopollenites
三沟型[孢]☆tricolpate
三沟褶粉属[孢;K_2]☆Trifossapollenites
三估计手段☆three estimate approach
三骨孔☆foramen triosseum
三股贝类☆Trimerellacea
三股虫属[三叶;S_2-D]☆Trimerus
三刮刀管下扩大器☆three-cutter underreamer
三挂环大钩[带两耳环的大钩]☆triple-suspension safety book
三管泵☆three-tube pump
三管封隔器☆triple packer
三管镜筒☆binocular photo tube
三光眼镜☆trifocals
三硅酸盐[$2MO•3SiO_2$]☆trisilicate
三辊式磨矿{碎}机☆three-roller grinding mill
三滚筒扒矿机☆triple-drum slusher
三海里界(领海)☆three-mile limit
三行程的☆three-throw
(卡片)三行区穿孔☆overpunching
三巷系统☆triple-entry system
三号荞麦级煤[圆筛孔径 $^3/_{32}$~$^3/_{16}$in.,美无烟煤粒度规格]☆buckwheat No.3
三核的☆trinucleate(d)；trinuclear
三核心☆tricore
三合拱☆three-element arch
三合星☆triple star
三合一☆triad
三合(地)震台网☆tripartite seismic network
三弧(接)合(点)☆triple arc-junction
三环的☆trinuclear；tricyclic；trinucleate(d)
三环二萜烷☆tricyclic diterpane
三环烯☆tricyclene
三环岩兰烯☆tricyclovetivene
三辉岩☆niklesite
三回掌状复出的[植]☆tripalmately compound
三活塞增压器☆triple-headed booster
三基格子[体积等于原始格子三倍的有心格子]☆triply primitive lattice
三基晶胞☆triply primitive cell
三基色信号☆tristimulus signals
三基色信号比☆ratio of the three-colo(u)r primary

S

signals
三基数(对称)的☆trimerous
三极☆three-pole；TP；triple-pole
三极电火花电极☆three-electrode sparkarray
三极断路器☆triple pole circuit breaker
三极管☆triode；aerotron；audion；TRI
三极溅射☆triode sputtering
三级保养☆maintenance by three levels
三级处理☆tertiary treatment
三级储量☆three class of reserves；developed reserve；prepared and ready stoping reserve
三级分离☆three-stage separation
三级隔壁[珊]☆pinna{tertiary} septa
三级构造☆tertiary{pinna} structure；third grade structure
三级红☆3rd order pink
三级精度☆plain grade
三级矿量☆explored ore reserve
三级密封式防喷器☆blowout preventer of three stage packer type
三级套合分析☆three-level nested analysis
三级相变☆tricritical order transition
三级延发☆C delay
三级用户☆customer of third class
三级整合分析☆three-level nested analysis
三级制信号☆three-grade system signal
三级周期☆third-order cycle
三甲胺[$N(CH_3)_3$]☆trimethyl amine；trimethylamine
三甲苯☆trimethylbenzene
三甲酚基磷酸酯[$(CH_3C_6H_4O)_3PO$]☆celluflex
三甲基☆trimethyl
1,2,4-三甲基苯☆1,2,4-trimethylbenzene
1,3,5-三甲基苯☆mesitylene
三甲基-大豆油基季铵盐氯化物☆Arquad S
三甲基硅丁烷☆triptane
三甲基硅乙黄药☆trimethylsilane ethylxanthate
2-三甲基硅乙黄药[$(CH_3)_3Si{\cdot}CH_2CH_2OCSSNa$]☆2-trimethylsilane-ethylxanthate
三甲基甲硅烷衍生物☆trimethylsilyl derivative
三甲基甲硅烷酯☆trimethylsilyl ether
三甲基铝☆trimethylaluminum
三甲基-棉籽油基季铵盐氯化物☆Arquad CS
三甲基萘☆trimethylnaphthalene
三甲基-牛油基季铵盐氯化物☆Arquad T
三甲基铅☆lead trimethyl
三甲基-椰油{|正癸|正辛|氢化牛油}基季铵盐氯化物☆Arquad `C{|10|8|HT}
三甲基-正十二{|十四|十六|十八}烷基季铵盐氯化物☆Arquad 12{|14|16|18}
三甲取氯硅☆trimethylchloro-silicane
三甲烯☆trimethylene
三价☆trivalence；tervalency；trivalency
三价氮基[N≡]☆nitrilo-
三价的☆trivalent；trihydric；tervalent；teracidic
三价基三价原子☆triad
三价金的☆auric
三价锰的☆manganic
三价砷的☆arsenious
三价铊的☆thallic
三价铁☆ferric iron
三价铁二价铁平衡☆ferric-ferrous equilibrium
三价元素☆trivalent element；triad
三尖叉齿兽属[T]☆Thrinaxodon
三尖齿目{类}☆Trituberculata
三尖齿兽类☆Trituberculata；Pantotheria
三尖齿型☆tritubercular type
三尖端捞绳矛☆three-prong rope grab
三尖类☆Trituberculata
三尖牙☆trituberculate
三碱价的☆tribasic
三键☆triple bond{link(age)}；treble bond
三件式喇叭口管接头☆nut-and-sleeve flare fitting；three-piece flare fitting
三件一套☆trio；triplet；triplicate
三江褶皱系☆Sanjiang fold system
三降藿烷☆trisnorhopane
三降莫烷☆trisnormoretane
三降新藿烷☆trisnorneohopane
三焦点(透镜)☆trifocal
三铰拱☆arch with three articulation；three-element {-piece;-hinged} arch
三铰链的☆triple hinged
三脚骨☆(os) tripus
三脚架☆tripod (mount)；trivet；trevet；triangular frame；spider
三脚架承灯器☆lamp cup
三脚架回转式钻机☆tripod rotary drill
三脚架式钻机☆tripod drill
三脚架式钻岩机☆tri(pod)-point rock dril
三脚架头☆tripod{levelling} head
三脚架腿☆tripod leg
三脚架 U 形环☆tripod clevis
三脚井架☆three-pole{tripod} derrick
三脚平螺旋座☆tribrach
三脚台☆tripod；tribrach
三脚牙形石属[$O_{2\sim3}$]☆Tripodus
三脚站台[打钻用]☆shear legs
三脚支撑☆trishores
三脚柱架☆three-legged derrick
三脚钻塔☆Michigan{drill} tripod；three legged derrick；three-legged{three-pole} derrick
三角☆triangle；trigonometry；trigon
三角板☆set square；deltidium；triangulum[盘石海绵;托盘]；triangle
三角棒石[钙超;E_2-N_1]☆Triquetrorhabdulus
三角孢属[K]☆Deltoidospora
三角薄片金刚石双晶☆maacle；mackle；macle
三角薄片状金刚石☆maacle；makle；macie；mackle
三角笔石☆trigonograptus
三角笔石属{类}[$O_{1\sim2}$]☆Trigonograptus
三角波发生器☆triangular-wave generator
三角槽块☆V-block
三角测量基准☆trigdatum
三角测量者☆trigonometer
三角测站标志☆triangulation station mark
三角齿蛤属[双壳;T]☆Trigonodus
三角齿兽(属)[K_2]☆Deltatheridium
三角锤蛛属[蛛;C_2]☆Trigonomartus
三角刺面孢属[C_2]☆Acanthotriletes
三角(形)锉刀☆angle file
三角的☆cusped；triquetrum；trigonal；triangular；trigonometric
三角地带☆triangle zone；gore-shaped belt
三角点☆triangulation point{station}；trigpoint
三角点成果表☆trig card；triglist
三角法的☆trigon；trigonometrical
三角法学者☆trigonometer
三角反半面体☆trigonohedral antihemihedron
三角风帜☆pennant
三角钢拱☆three-piece steel arch
三角港[苏格]☆frith；firth；estuary
三角蛤(属)[双壳;T_3-K_2]☆Trigonia
三角骨☆os trigonum{triquetrum}
三角股钢丝绳☆triangle strands wire rope；triangular strand rope
三角关系☆triangular relationship；trigonometrical relation；triangularity
三角果(属)[植;C_3]☆Trigonocarpus
三角函数☆trigonometric(al){circular} function
三角和☆exponential sum
三角肌下的☆subdeltoid
三角基座☆tribrach；three-arm{-screw} base
三角岬☆cuspate foreland
三角岬坝☆cuspate foreland bar
三角江☆estuary
三角胶带☆vee belt；V-belt
三角茎属[棘海百]☆Trigonotrigonalis
三角晶系的☆rhombohedral
三角壳叶肢介属[K_1]☆Deltostracus
三角孔☆delthyrium
三角孔钢(丝围栅)☆triangle-mesh wire fabric
三角口螺属[腹;E-Q]☆Trigonostoma
三角块瘤孢属[C_2]☆Converrucosisporites
三角矿柱☆peak{remnant} abutment；triangular stump
三角棱镜☆corner cubes
三角粒面孢属[C_2]☆Granulatisporites
三角龙(属)[K_2]☆Triceratops
三角螺纹☆angular{triangle} thread；(sharp) V thread
三角{V 形}皮带☆V-belt；texrope；V(ee)-rope；triangle {cogged;vee} belt
三角剖分☆triangulation
三角旗☆pendant
三角腔☆delthyrial cavity；deltaenteron
三角墙☆gable
三角筛法☆conical sieve method
三角烧瓶☆Erlenmeyer flask
三角式成果表☆control data-card
三角双板[腕]☆deltidial{deletidial} plate；deltarium
三角锁☆chain of triangles
三角头夯砂锤☆pin rammer
三角图版法[一种气测解释方法]☆triangle method
三角图解☆trilinear diagram
三角图式法☆trigonometric-graphical method
三角湾☆negative delta；estuary；meare；mere
三角湾岸☆estuary coast
三角湾的☆estuarine
三角网☆net of triangulation；triangulation；triangular{triangulation} network
三角细刺孢☆planisporites
三角星形接线法☆delta-star connection
三角形☆trigon；triangle；trilateral；triangular
三角形成分图解☆triangular composition diagram
三角形触觉小器官[丁]☆triangular organelle
三角形带☆gore-shaped belt
三角形的☆deltoid；V-shaped；triangular；trigonal
三角形地区{带}☆gore
三角形法[储量计算]☆triangular method
三角形函数☆triangular function
三角形(密封)环☆delta ring
三角形礁☆plug reef
三角形木架透水坝☆abattis
三角形起重螺杆☆V-section jackscrew
三角形三向应变仪☆delta type rosette ga(u)ge
三角形式长条形荷载☆triangularly distributed strip load
三角形填石木笼丁坝☆triangular crib；groyne
三角形图(解)☆triangular diagram
三角形外肢片[叶肢]☆triangular epipodal lamina
三角形物☆delta
三角形堰☆V-notch weir
三角形(矩)阵☆triangular matrix
三角形支护系统☆triangular support system
三角形组合☆triangular pattern
三角学☆trigonometry；trig
三角学的☆trigon；trigonometrical
三角牙☆trigonodont
三角牙形石属[O_2]☆Trigonodus
三角堰☆triangle-notch weir；triangular notch{weir}
三角叶杨☆cottonwood
三角仪☆triangulator
三角凿刀☆burr；triangular chisel
三角藻(属)[硅藻;K-Q]☆Triceratium；Triangumorpha
三角支架☆A-frame
三角洲坝☆delta bar
三角洲冰川混合沉积☆delta moraine
三角洲岛☆deltoid{branch} island
三角洲的☆deltoid
三角洲顶☆intradelta
三角洲和河口湾☆deltas and estuaries
三角洲湖☆delta lake；bhil
三角洲化☆deltafication；deltation
三角洲间滨线☆interdeltaic shoreline
三角洲间的☆interdeltaic
三角洲靠陆侧☆intradelta
三角洲面☆delta plane
三角洲平原区域☆delta tract
三角洲平原☆delta plain
三角洲前锋自(行后)退☆auto-retreat of delta front
三角洲前缘谷☆delta-front valley
三角洲前缘席状砂☆delta front sheet sand
三角洲前展☆delta progradation
三角洲砂体圈闭☆delta sand trap
三角洲扇☆delta{deltaic} fan
三角洲上的冲积锥☆delta cap
三角洲席状砂圈闭☆deltaic-sheet trap
三角洲相☆delta facies
三角洲形成作用☆deltation；deltafication
三角洲型交错层理☆delta-type cross-bedding
三角洲学☆deltology；deltalogy
三角洲缘的☆perideltaic
三角洲状铸型☆frondescent{deltoidal} cast
三角洲锥☆deltaic cone
三角洲自然堤湖☆delta levee lake
三角肘板☆kneepiece
三角柱兽亚目☆Trigonostylopoidea
三角柱形岩芯☆tricore
三角状岩石陡坡☆pediment
三角锥瘤孢属[C_2]☆Lophotriletes
三角锥形拱☆V-arching

S

三角钻☆flat drill
三角座☆triangulum; trigon(id); triangle; tribrach; Tri
三角坐标分类[土壤]☆textural classification system
三校平螺钉座☆tribrach
三接点☆triple-point{triple} junction
三接合点☆triple junction
三阶巴特沃思滤波器☆third-order Butterworth filter
三阶差分☆third order difference
三阶段制管工艺☆three-stage process
三阶多次波☆third-order multiples
三节复式涡轮钻具☆triple-section turbodrill
三节砂箱☆three-part box
三节托辊☆three roll idler
三节螈属[P]☆Trimerorhachis
三结虫属[介;D_3]☆Trinota
三结合点☆triple point
三结节齿类☆Trituberculata
三结节类☆Eupantotheria
三金刚石整修工具☆triple diamond dressing tool
三金红石(结构型)☆trirutile
三进路房柱式采矿法☆triple-entry room-and-pillar mining
三晶☆tricrystal; trilling; tee pipe
三晶组☆trigonal-dipyramidal class
三镜头摄影相片☆trimetrogon photograph
三九一一[虫剂]☆thimet
三聚(作用)☆trimerization
三聚甲硫醛[$CH_2(SCH_2)_2S$]☆thioformaldehyde
三聚甲醛☆trioxymethylene
三聚氰胺[食品中超量,可致肾结石、肾衰竭,严重者可致死]☆melamine cyanuric triamide
三聚氰胺树脂☆melamine resin; melmac
三聚氰酸☆cyanuric acid
三聚氰酸二酰胺☆ammeline
三聚物{体}☆trimer; terpolymer
三(元共)聚物☆terpolymer
三聚乙醛☆paraldehyde
三玦虫(属)[孔虫;J-Q]☆Triloculina
三玦式☆Triloculinoid; triloculine
三开砂箱☆three-part flask
三孔的☆triporate
三孔多胞孢属[E]☆Triporicellaesporites
三孔法(井下抽放瓦斯)☆three-hole method
三孔粉属[孢;K-N]☆Triporopollenites
三孔粉组[孢]☆Triporosa
三孔沟粉属[孢;K_2]☆Tricolporopollenites
三孔沟类[孢]☆Ptychotriporines
三孔沟型[孢]☆tricolporate
三孔沟有间颗粒[孢]☆tricolporate tectate grain
三孔滑车☆deadeye
三孔隙度法☆tri-porosity method
三孔藻属[J_3-K_2]☆Triporoporella
三口道内芽生[珊]☆tristomodaeal budding
三口粉属[孢;K-N]☆Triorites
三口螺科[腹]☆Triphoridae
三口螺属[腹;K_2-Q]☆Triforis
三雷达台接收系统☆ratran
三棱板[棘海蕾]☆deltoid; deltoid plate
三棱棒藻属☆Triquetrorhabdulus
三棱尺☆three-edged-rule; three-square rule{scale}; triangular scale
三棱虫属[孔虫;E-Q]☆Trifarina
三棱的☆triquetrous; trihedral; triquetrum
三棱镜传感器☆axicon transducer
三棱龙属[T_3]☆Trilophosaurus
三棱石☆dreikanter; three-faceted stone; three-edge {sandblasted} pebble; gibber; three-square scale
三棱(齿)象☆Trilophodon
三棱状☆cuneal; cuneate
三锂云母☆trilithionite
三粒级煤[英煤粒度;圆筛孔直径3½～2in.]☆ trebles
三联苯[$C_6H_5•C_6H_4•C_6H_5$]☆terphenyl; p-terphenyl
三联的☆thrible; triplex; thribble
三联点☆triple junction; divergent triple junction
三联点夭折{遗弃}臂☆failed arm of a triple junction
三联法☆triplex-process
三联环☆threefold ring
三联脚架法[导线测量]☆method of three tripods
三连岛沙洲☆triple tombolo
三连点的夭折支☆failed arm of a triple junction
三连(晶)交生☆trilled intergrowth
三连晶☆threefold twin; trill(ing); triplet (crystal); threeling
三连双晶☆triple twin
三链输送机☆triple-chain conveyor
三梁天平☆triple beam balance
三量☆(category) A,B and C reserves; three class of reserves; three coal reserves
三列齿兽属☆Tritylodon
三列虫属[孔虫;K]☆Tritaxia
三列放泄-屈服阀☆triple release/yield
三列缝的[孢]☆trilete
三列配列☆triserial arrangement
三列式[孔虫]☆triserial
三列式的☆triplostichous
三列趾迹[遗石]☆Triavestigia
三裂缝的[孢]☆trilete
三裂痕☆trilatus
三裂口☆trilete aperture
三裂头虫属[三叶;$Є_3$]☆Tricrepicephalus
三裂羊齿(属)[植;C_1]☆Triphyllopteris
三磷酸钙☆triphosphate of lime; TPL
三磷酸钠[$Na_5P_3O_{10}$]☆sodium tripolyphosphate
三磷酸盐[$M_5P_3O_{10}$]☆tri-phosphate; tripolyphosphate
三菱面体的☆trirhombohedral
三菱面体(晶)组[$\bar{3}$晶组]☆trirhombohedral class
三硫代碳酸戊盐{酯}[$C_5H_{11}SCSSM${R}]☆amyl trithiocarbonate
三硫代碳酸酯☆ethylene trithiocarbonate
三硫代亚碳酸盐[M_2CS_3]☆trithiocarbonate
三硫化二铋[Bi_2S_3]☆bismuth sulphide
三硫化物☆trisulfide
三硫磷[虫剂]☆trithion
三瘤齿兽(龙)☆Tritylodon
三瘤虫(亚目)[三叶;O_{1-2}]☆Trinucleus
三瘤兽(属)[T]☆Tritylodon
三瘤亚目☆Trinucleina
三流体(同测)法☆triple-fluid method
三卤化物☆trihalide
三卤甲烷☆trihalomethane; haloform; THM
三路的☆three way
三铝磷铀矿☆triangulite
三铝酸五钙☆pentacalcium trialuminate
三氯丙烷☆trichloropropane
三氯代苯☆trichlorobenzene
三氯(苯)酚[剧毒的杀菌剂]☆trichlorophenol
三氯硅烷[$SiHCl_3$]☆trichloro(-)silicane
三氯化锑☆antimony trichloride
三氯化铁☆ferric chloride
三氯化物☆trichloride
三氯甲烷[$CHCl_3$]☆methenyl chloride; chloroform; trichloromethane
三氯氢硅☆trich lorosilane; trichlorosilane
三氯乙醛☆chloral
三氯乙酸☆trichloroacetic acid
三氯乙烷☆trichlor(o)ethane
三氯乙烯[$ClCH:CCl_2$]☆trichloroethylene; tric(h)lene; trilene
三氯乙烯溶剂脱蜡过程☆trichlorethylene process
三氯乙烯蒸气除油☆trichloroethylene Vapour degreasing
三轮车☆tricycle; pedicab
三轮(机器脚踏)车☆tricar
三轮滑车☆three-fold block
三轮手摇{摩托}车☆tricycle
三螺杆泵☆three-screw pump
三煤素质☆trimacerite
三门马☆Equus sanmeniensis
三门统☆Sanmenian series
三面孢属[E_1]☆Triplanosporites
三面采空矿柱的应力集中区☆peninsula abutment
三面刃槽铣刀☆side milling cutter
三面体☆trihedron
三面图☆three-view drawing
三面形[如三方锥]☆trihedron; tri(c)hedral
三面正投法☆axonometry
三明治式内浮顶☆sandwich type internal floating cover
三明治微结构☆sandwich microstructure
三名[生]☆trinomen; trinomial
三膜片元件☆three-diaphragm element
三没食子酰葡萄糖[$(C_7H_5O_4)_3•C_6H_9O_6$]☆trigalloyl glucose
三囊竹柏松粉属☆Dacrycarpites
三能级激光☆three-level laser
三捻花☆tri-twist flower glaze
三排舱油轮☆triple tank ship
三排的☆treble
三排炮眼组☆third-row holes
三胚层☆triploblasticus
三喷嘴☆tri-jet burner
三盆☆triplicity
三膨胀式蒸汽泵☆triple-expansion steam pump
三片孢属[C-P]☆Tripartites
三片合成☆ternary combination
三拼宝石☆triplet
三平巷☆triple entry{heading}
三平巷掘进系统☆triple-entry system
三平行面体☆triparallelohedron
三坡密子☆triple-pomeron
三期石棉肺☆tertiary asbestosis
三歧槽粉属[孢;K]☆Trichotomosulcites
三歧槽状的[孢]☆trichotomocolpate; trichotomosulcate
三歧式☆trichotomy
三歧鱼属[D_1]☆Sanqiaspis
三腔海百合属[棘;D-P]☆Tricoelocrinus
三腔模☆triple cavity mold
三强开采{采矿}☆high-speed driving, stoping and drawing
三羟的☆trihydric
三羟钒石[$V_2O_2(OH)_3$;单斜]☆haggite
1,2,4-三羟基蒽醌[$C_{14}H_8O_5$]☆purpurin
三羟甲基膦-酰胺防火阻燃整理☆THP-amide flame-retardant finish
三羟铝胶☆pregibbsite
三羟铝石[$Al_2O_3•3H_2O$;$Al(OH)_3$]☆bayerite(-Ⅱ); nordstrandite; claussenite γ
γ三羟铝石☆gib(b)site; hydrargillite; gibbsitogelite; gipsite; wavellite; hydrargyros; β-kliachite; zirlite; idrargillite
三羟铝土☆trihydrallite
三桥贝属[腕;T_2]☆Sanqiaothyris
三嗪☆triazine
三倾斜筛☆triple inclination screen
三球程(离心式)磨机☆three-race mill
三区分图☆tripartite map
三圈测角仪☆three-circle goniometer
三圈环流说☆tricellular theory
三燃料发动机☆trifuel-engine
三燃烧管锅炉☆triple flue boiler
三燃烧室发动机☆triple-barrel motor{engine}
三人工作[打钻等]☆three-handed work
三刃钎头☆three-point{-wing} bit; three point bit
三色的☆tristimulus; trichro(mat)ic; trichrom; tricolor
三色激励值☆tristimulus value
三色堇[Zn示植]☆calamine violet
三色密度☆three-color density
三色乳胶☆trichrom-emulsion; tricolor emulsion
三色性的☆trichroic
三色坐标☆trichromatic coordinate
三沙颈岬☆triple tombolo
三筛砂☆three-screen sand
三射骨外☆triactin
三射骨针[绵]☆triod(e); triaxon; triradiate; triact(in)
三射痕☆trilete marking
三射体☆triradial chromosome
三射线[孢]☆trilatus
三射型[骨针]☆triradiate type
三射针[海绵动物四射骨针中]☆trider
三射足的☆tripod
三声速空气动力学☆trisonics
三升藿烷☆trishomohopane
三-十八烷基溴化铵[$(C_{17}H_{35}CH_2)_3NHBr$]☆tristearyl ammonium bromide
三十二(碳)烷☆dotriacontane
三十三号黑药☆Aerofloat 33
三十四(烷)酸☆gheddic acid
三十碳六烯☆squalene
三十碳烷[$C_{30}H_{62}$]☆triacontane
三十烷[$C_{30}H_{62}$]☆triacontane
三十烷基[$C_{30}H_{61}$—]☆myricyl; melissyl
三十烷酸酯[$C_{30}H_{61}COOR$]☆melissyl ester
三十一(烷)基☆hentriacontyl
三十一烷☆hentriacontane
三十一烷醇☆hentriacontanol
三石塔[建]☆trilithon
三式☆triloculinoid
三室模型☆the three-cell model
三室式磨机☆three-compartment mill

三束轮藻属[K_1]☆Globator
三水胆矾[$CuSO_4•3H_2O$;单斜]☆bonat(t)ite
三水钒矿[$V_2O_5•3H_2O$;单斜]☆navajoite
三水方解石[$CaCO_3•3H_2O$]☆trihydrocalcite；hydrous calcium carbonate；subhydrocalcite
三水合物☆trihydrate
三水菱铝矿☆gibbsitogelite
三水菱镁石☆nesquehonite
三水铝石[$Al(OH)_3$;单斜]☆gib(b)site；claussenite；gipsite；wavellite；β-kliachite；gibbsitogelite；claussenite γ；zirlite；idrargillite；hydrargyros；hydrargillite[α-$Al_2O•3H_2O$]
三水铝石型铝土矿☆trihydrate{gibbsitic} bauxite
三水铝石型铝土矿溶出☆trihydrate bauxite digestion
三水铝岩☆gibbsitite
三水钠锆石[$Na_2ZrSi_3O_9•3H_2O$;三方]☆hilairite
三水硼砂☆kernite；rasorite
三水砷铝铜石[$(Al,Y)Cu_6(AsO_4)_3(OH)_6•3H_2O$;六方]☆goudeyite
三水碳钙石[$CaO_3•3H_2O$]☆trihydrocalcite
三水碳铝钡石☆hydrodresserite
三水碳镁石☆nesquehonite
三丝水准测量☆three-wire levelling
三丝藻属[N_1]☆Ternithrix
三四面体☆tri(aki)stetrahedron；trigonal tristetrahedron
三素组☆triad
三酸(价)的☆triacid
三(元)羧酸苯☆benzenetricarboxylic acid
三缩三个乙二醇[三甘醇;$C_6H_{14}O_4$]☆triethylene glycol
三态☆tri-state
三态点☆triple point
三碳酸盐☆tricarbonate
三糖☆trisaccharide
三体虫类☆Trinucleus
三体课题☆three-body problem
三体头帕海胆属[棘;T]☆Triadocidaris
三体组{联}合☆triplet
三天静压试验☆three-day static test
三萜(烯)☆triterpene
三萜酸☆triterpenic acid
三萜烷☆triterpane
三萜烯族化合物☆triterpenoid
三萜系化合物☆triterpenoid
三烃基☆trialkyl
三烃基胺[R_3N]☆trialkylamine
三通☆T-bend；tee (joint)；T-block；tee-bend；three way{exchanges}；T-branch{branch} pipe；straight tee；wye；T-joint；three direct links of mail,trade and air and shipping services；TB
三通(道的)☆three-way
三通道地震鉴别器☆three-channel seismic event discriminator
三通阀☆cross{tee;three-way;triple;T-port;change} valve；three throw tap；T-valve；change-over cock
三通管☆tee (pipe)；triplet；three-way pipe{point}；tee-branch；T-joint；T-pipe；pipe tee；tee-bend
三通接箍☆T-joint
三通接头☆duplex fitting；tee joint
三通量☆triflux
三通式热风炉☆three-pass stove
三通弯头☆double-branch elbow
三通型过滤器☆Tee strainer
三通旋塞☆three-throw tap；three-way cock；T cock
三通一平[工程施工前通水源、电源、运输道路及平整场地]☆three put through one level
三铜金矿☆tricuproaurite
三筒式振动磨☆three-cylinder vibrating mill
三投开关☆three-throw switch
三头螺纹☆three-start screw
三突虫亚超科[射虫]☆Triacartilae
三突孔粉属[K_2-E_1]☆Extratriporopollenites
三突孔室粉属[孢;$E_{1\sim2}$]☆Basopollis
三突起粉属[孢;K_2]☆Triprojectus
三腿井架☆three-pole derrick；tripod
三腿塔式平台☆tripod tower platform
三腿梯子☆three trees
三腿站塔☆three-legged derrick
三烷基☆trialkyl
三烷基胺[R_3N]☆trialkylamine
三烷基甲胺萃取剂☆Primene IM-T
三烷氧基烷烃☆trialkoxyparaffin
三桅帆船☆bark
三维波速结构☆three-dimensional velocity structure
三维测井☆three-dimensional{D} (velocity) log
三维处理法☆tridimensional processes
三维地形坐标☆three-dimensional terrain coordinate
三维地震法勘探☆three-dimensional seismic method
三维地震剖面栅状图☆fence diagram
三维叠加波场☆3D stacked wave field
三维二相流动☆three-dimensional two-phase flow
三维格子☆three-dimensional lattice
三维光弹应力分析☆three-dimensional photoelastic analysis
三维井底钻具组合模式☆three-dimensional bottomhole assembly model
三维颗粒流程序☆Particle Flow Code in 3 Dimensions
三维空间再造☆three-dimensional reconstruction
三维快速拉格朗日连续介质分析☆Fast Lagrangian Analysis of Continua in Three Dimensions；FLAC3D
三维(方位、距离、高度)雷达探测装置☆three-dimensional radar
三维流动☆triflux；three-dimensional flow
三维乱向☆3D randomly orientated
三维偏移☆3-D{three-D} migration
三维扫描测井☆volumetric scan well logging
三维式分室磨机☆tricone compartment mill
三维随机克里格法☆three-dimensional stochastic kriging
三维投影☆trimetric projection{rejection}
三维像点坐标☆three-dimensional image coordinate
三维向量☆tri-vector
三维型铁电体☆three dimensional ferroelectrics
三维应力☆stress in three-dimension；triaxiality；triaxial{three-dimensional} stress
三维重力模型☆three-dimensional gravity modeling
三维组合☆three-dimensional array
三位显示信号☆three aspect signal
三位一体☆triplicity；trinity
三位制信号☆three-grade system signal
三瓮放射虫(属)[Є-Q]☆Tripocalpis
三戊胺[$(C_5H_{11})_3N$]☆triamylamine
三烯☆triene
三洗跳汰机☆tertiary washbox
三细胞的☆tricellular
三峡大坝☆Three Gorges Dam
三峡古杯属[$Є_1$]☆Sanxiacyathus
三下采煤☆coal mining under buildings；railroads and water bodies
三酰甘油☆trigalloyl glycerol
三线的☆three-way；trilinear；three way
三线吊架☆trifilar suspension
三线交点☆trijunction
三线圈☆triple coil
三线图☆trilinear diagram
三线形☆trigram
三线性型☆trilinear form
三线制☆three-wire system
三项式(的)☆trinomial
三相☆three-phase；TP；triphase
三相沉积(物)☆ternary sediment
三相的☆three phase；triphase
三相点☆triple point
三相交流点☆three-phase alienating current
三相开关☆tee
三相连续换流器☆continuous three-phase convertor
三相区☆triple-phase region；three-phase area
三相深积物☆ternary sediment
三相图☆skeletal{three-phase} diagram
三相土☆tri-phase soil
三相系统的水相☆water leg
三相信号(机)☆three-position signal
三像的☆trimorphous
三向测应变片组☆rosette
三向的☆three-dimensional；three-way；trimodal
三向阀☆3-way valve
三向互相垂直的劈{解}理☆cubic(al) cleavage
三向记录地震仪☆universal seismograph
三向加载☆triaxial loading
三向联结构造☆triple point{junction}
三向水流☆three-dimensional flow
三向投影的☆axonometric(al)
三向图☆axonometric projection
三向应力☆triaxial{three-dimensional} stress
三向主应力三轴仪☆true triaxial apparatus
2,4,6-三硝基苯(替)甲硝胺[$(NO_2)_3C_6H_2N(CH_3)NO_2$]☆2,4,6-trinitrophenylmethyl-nitr(o)amine
三硝基二甲苯☆trinitroxylene
三硝基化☆trinitration
三硝基甲苯当量值☆triton value
三硝基间苯二酚铅☆lead styphnate
三硝基萘☆trinitronaphthanlene
三硝酸甘油酯☆trinitrin；glonoin
三硝酸酯☆trinitrate
三效立管式蒸发器☆three-effect vertical-tube evaporat or
三楔式的☆tribosphenic
三斜☆anorthic；clinorhomboidal
三斜(晶系)☆triclinic
三斜板面(晶)组[$\bar{1}$晶组]☆triclinic-pinacoidal class
三斜半面象(晶)组[1 晶组]☆triclinic hemihedral class
三斜钡解石[$BaCa(CO_3)_2$;三斜、假斜方]☆alstonite
三斜度☆triclinity；triclinicity
三斜副硅钙石☆triclinofoshgite
三斜钙锰磷铍石☆triclinic roscharite
三斜钙钠硼石☆ulexite；tinkalcit；franklandite；tiza；natro(n)borocalcite；stiberite；tincalcite；tincalzite；raphite；stiborite；boronatrocalcite；borocalcite
三斜钙砷石☆wapplerite
三斜格子☆triclinic lattice
三斜化☆triclinization
三斜晶系☆triclinic (crystal) system；asymmetric {anorthic;diclinic;clinorhomboidal} system；doubly oblique system；anorthic；triclinic crystallization
三斜蓝铁矿[$Fe^{3+}_{3-x}Fe^{3+}_x(PO_4)_2(OH)_x•(8-x)H_2O$;三斜]☆metavivianite
三斜磷钙石[$CaH(PO_4)$;三斜]☆monetite
三斜磷钙石胶磷矿☆monite
三斜磷钙铁矿[$Ca_2Fe^{2+}(PO_4)_2•4H_2O$;三斜]☆anapaite
三斜磷铅铀矿[$Pb_2(UO_2)(PO_4)_2•2H_2O$;三斜]☆parsonsite
三斜磷锌矿[$Zn_2(PO_4)(OH)$;三斜]☆tarbuttite
三斜氯羟硼钙石[$Ca_2B_5O_8Cl(OH)_2$;三斜]☆Cl-tyretskite
三斜锰辉石[$MnSiO_3$;三斜]☆pyroxmangite
三斜硼钙石[$Ca_2B_6O_6(OH)_{10}•2H_2O$]☆meyerhofferite
三斜全对称(晶)组[$\bar{1}$晶组]☆triclinic holosymmetric class
三斜全面长锥☆triclinic holohedral macropyramid
三斜全面短锥☆triclinic holohedral brachypyramid
三斜全面象(晶)组[$\bar{1}$晶组]☆triclinic holohedral class；pinacoidal class
三斜全面柱☆triclinic holohedral prism
三斜闪石[$(Na,Ca)(Fe^{2+},Ti,Fe^{3+},Al)_5(Si_4O_{11})O_3$]☆enigmatite；aenigmatite；kolbingite；ainigmatite；cossyrite；titanhornblende；koelbingite
(一种)三斜闪石☆wilshite
三斜砷钙石[$CaHAsO_4$;三斜]☆weilite
三斜砷钴钙石[$Ca_2Co(AsO_4)_2•2H_2O$]☆β-roselite
三斜砷铅铀矿[$Pb_2(UO_2)(AsO_4)_2$;三斜]☆hallimondite
三斜石[$CaMn_2(BeSiO_4)_3$]☆trimerite；trimerit
三斜石英☆vestan
三斜水钒铁矿[$Fe^{3+}VO_4•H_2O$;三斜]☆schubnelite
三斜水砷锌矿☆warikahnite
三斜水硼锶石[$Sr_2B_{11}O_{16}(OH)_5•H_2O$]☆veatchite-A
三斜铁辉石[$(Fe^{2+},Mn,Ca)SiO_3$;三斜]☆pyroxferroite
三斜霞石☆carnegieite [$Na_2O•Al_2O_3•2SiO_2$]；soda-anorthite [$Na(AlSiO_4)$]；anemousite；natronanorthite
三斜异极象(晶)组[1 晶组]☆triclinic hemimorphic class
三斜正规(晶)组[$\bar{1}$晶组]☆triclinic normal class
三芯电缆☆three-core{-conductor} cable；triple conductor{cable}
三芯同轴电缆☆triple concentric cable
三辛胺☆trioctylamine
三心拱☆three-element arch
三心曲线☆three centered curve
三心兽(属)[E_1]☆Tricentes
三星标☆asterism
三星凸轮☆clover-leaf cam
三型钾霞石[$(K,Na)AlSiO_4$;六方]☆trikalsilite
三形☆trimorphism
三形的☆trimorphous
三溴化物☆tribromide
三溴甲烷[$CHBr_3$,比重 2.8887]☆tribromomethane；bromoform；methenyl tribromide
三溴甲烷和醇混合液[选重液;比重 2.9]☆bromoform-alcohol mixture
三溴甲烷和四氯化碳混合物[可制备比重 1.6～2.8

S

的各种液体]☆bromoform-carbon tetrachloride mixture
三溴乙烷☆tribromoethane
三悬丝☆trifilar suspension
三(次精)选☆tertiary{triple} cleaning
三选洗煤机☆tertiary washer
三桠绣线菊☆Trilobata
三牙轮☆tri-cone
三牙轮管下扩大器☆three-cutter underreamer
三牙轮扩孔{眼}器☆three-point roller reamer
三牙轮岩石钻头☆tricone rock bit
三亚乙基四胺☆triethylenetetramine
三氧二(某化合)物☆sesquioxide
三氧化二砷[As_2O_3]☆arsenic trioxide; (white) arsenic
三氧化硫[SO_3]☆sulphur trioxide; sulfur trioxide
三氧化铈☆cerium oxide
三氧化物☆trioxide
三叶☆lichadacea
三叶草叶形衬里☆clover-leaf lining
三叶虫☆trilobite; Calymene; trilobita
三叶虫纲[节;Є-P]☆trilobita; trilobitae
三叶虫属{类}☆Triarthrus; trilobita
三叶虫相☆trilobitic facies
三叶浮标☆cloverleaf buoy
三叶素☆trilobin
三叶隙的[植]☆trilacunar
三叶星云☆trifid nebula
三叶形[植]☆triphyllous; triphyllour
三叶形纲☆Trilobitoidea
三叶亚门☆Trilobitomorpha
三一统☆Trinity Series
三乙胺乙基纤维素☆triethylaminoethyl-cellulose; TEAE-cellulose
三乙烯{撑}四胺[$(H_2NCH_2CH_2NHCH_2-)_2$]☆triethylene tetramine; TETA
三乙醇胺[$N(C_2H_4OH)_3$]☆triethanolamine
三乙基☆triethyl; trithyl
三乙基铝[$Al(C_2H_5)_3$]☆aluminium triethyl; triethy (aluminium); triethylaluminium
三乙基氢氧化锡☆triethylth{triethyltin} hydroxide
三乙酸酯☆triacetate
三乙氧基☆triethoxy
三乙氧基丁烷[$C_4H_7(OC_2H_5)_3$]☆triethoxybutane; TEB
三异丁基磷酸盐☆tri-isobutyl phosphate
三异晶体同质矿物☆trimorph
三异辛胺☆tri-iso(o)ctylamine
三翼的☆three-way
三翼粉属[孢;C_2]☆Alatisporites; Trialapollenites
三翼刮刀钻头☆three-winged drag bit
三因次的☆three-dimensional
三音速☆trisonics
三音信号☆three tone signal
三硬脂精[$(C_{17}H_{35}COO)_3C_3H_5$]☆stearin; tristearin
三硬脂酸甘油酯☆tristearin
三用的☆three-way; three-operating
三油精[$(C_{17}H_{35}COO)_3C_3H_5$]☆tri-olein
三隅牙形石属[O]☆Triangulodus
三元☆trivariate
三元胺[RR'R"N]☆tertiary amine
三元并行论☆threefold parallelism
三元彩色显像装置☆ternary color display
三元醇代酯☆trihydric alcohol ester
三元催化排气净化器☆three-way catalytic converter
三元单变[等压]☆ternary univariant; isobaric
三元的☆ternary; triple; three {-}dimensional{D}; triaxial; three-element; three-component
三元共晶{结}☆ternary eutectic
三元合金☆three-part{ternary} alloy
三元化合物☆ternary{tertiary} compound
三元回归☆trivariate regression
三元混合物☆ternary{tertiary} mixture
三元件物体☆triplex
三元流☆three dimensional flow
三元双晶☆three-unit twin
三元酸☆ternary acid; triacid
三元系压电陶瓷☆ternary system piezoelectric ceramics
三元相平衡图解☆ternary phase equilibria diagram
三元形图解[岩]☆ternary diagram
三元液体系统☆ternary liquid systems
三元正规方法论☆trivariate normal methodology
三元组☆triad
三原色☆three primary colours
三原色滤光线☆elementary colour filter
三原色性☆trichroism
三原岩☆miharaite
三原子的☆triatomic
三圆测角计☆third circle goniometer
三圆筒磁选机☆three-drum magnetic separator
三圆羽状复出的☆tripinnately compound
三圆锥牙轮钻头☆tricone rolling cutter bit
三月☆March; Mar.
三闸板防喷器☆triple ram preventer
三宅岩☆mijakite; miyakite; jijakite
三站(定位)系统[导航定位]☆triad
三张单幅相片☆three individual photo
三张力弯管☆loop expansion pipe
三者之间的☆tripartite
三褶壁粉类☆triptycha
三褶菊酮☆perezone
三振冲击筛☆Tri-vibe screen
三枝牙形石属[O_2]☆Trirhadicodus
三枝藻属[K_2-E]☆Trinocladus
三脂胺萃取剂[$N((CH_2)_nCH_3)_3$]☆tri-fatty amine RC-3749
三直角的☆trirectangular
三指定则☆motor rule[磁场中电流偏转方向]; Fleming's rule
三指内径规☆three-fingered calipers
三指数标志法[晶面的]☆three-index notation
三趾马☆hipparion
三趾跳鼠属[Q]☆three-toed jerboa; dipus
三种岩石☆three kinds of rocks
三周刊☆triweekly
三州地区☆Tri-State district
三州式铅锌矿床☆Tri-state type lead-zinc deposits
三轴骨针[绵]☆triaxon
三轴惯性平台☆three-axis inertial platform
三轴海绵目☆Triaxonida
三轴加速仪☆three axis accelerometer
三轴剪力仪☆triaxial shear equipment
三轴拉伸实验☆triaxial extension text
三轴式挤压制管机☆triaxial extruder pipe machine
三轴(压力)试验法☆triaxial test method
三轴试验容器☆triaxial testing cell
三轴台☆three-axis stage
三轴椭圆体{形}☆triaxial ellipsoid
三轴限制压力☆triaxial confining pressure
三轴向压缩☆triaxial compression
三轴型☆triaxons
三轴压敏检波器系统☆triaxial hydrophone system
三轴压实仪☆triaxial compaction apparatus
三轴仪☆triaxial equipment{apparatus;cell}
三轴载荷试验元☆triaxial loading cell
三轴针☆traiaxon
三轴坐标☆Cartesian Coordinates
三柱匙板☆spondylium{Polystichum} triplex
三柱类☆Trigonostylopoidea
三柱塞泵☆three-ram pump; three-throw ram pump
三柱凿孔机☆punch (perforator)
三爪卡盘☆three-jaw chuck
三锥☆tri-cone
三锥齿类三锥齿兽目☆Triconodonta
三锥齿兽(属)[T]☆Triconodon
三锥式分室磨机☆tricone compartment mill
三锥型球磨机☆tricone mill
三锥牙☆triconodont
三着丝点的☆tricentric
三自由度陀螺仪☆free gyroscope
三字(母组)☆trigram
三字长☆triple precision
三足的☆tripod
三足支架☆three-point support
三组分(显微类型)☆trimaceral
三唑☆triazole

sǎn

散斑壳属[真菌;Q]☆Lophodermium
散斑状☆sporadophyric
散比重☆bulk specific gravity; bulk density
散波☆diverging wave
散处的☆allopatric
散弹[枪式]统计法☆statistical shotgun
散岛☆strewn islands
散的☆sporadic
散点图☆scatter diagram{plot}; distribution scatter; scattergram
散点状的☆sporadic
散度☆divergence; divergency
散度的度量☆measure of dispersion
散断层☆splays
散放仓库☆bulk stone
散工☆job work; char; odd job; short-term hired labour; odd-job man; casual labourer
散沟☆ruga; pancolpi
散光☆astigmatism; astigmation
散光的☆scattered-light; astigmatic
散光计☆astigmometer
散光闪石☆imerina stone; imerinite
散光透镜☆diverging lens
散货☆bulkload; bulk goods
散见的锯齿状线理☆sporadic crenulation lineation
散块 E 层☆sporadic E layer
散离值☆Rf value
散粒矿物☆disseminated value
散粒式流(态)化☆particulate fluidization
散粒悬浮(液形成)☆dispersion
散料☆bulk cargo
散料砂☆friable sand
散料重量☆loose weight
散列的☆hashed
散列法[一种造表和查表技术]☆hashing
散列图解☆scatter diagram
散流☆unconcentrated flow
散流图☆dispersal map
散流星☆sporadic meteor
散乱☆straggle; sprawl
散乱崩滑物☆slurry slump
散乱扫描☆random scanning
散毛☆fimbriae
散诺(阶)[欧;E_3]☆Sannoisian
散砂☆loose{strewing} sand
散射☆scatter(ing); diffuse scattering; dispersion; reradiation; diffusion
散射测定计☆scatterometer
散射测量☆scatterometry
散射测浊法☆nephelometry
散射的☆scattered; reradiated
散射伽马射线测井☆scattered gamma(-)ray log
散射函数☆scattering function
散射角☆scatter(ing){scattered} angle
散射面系数☆scattering area coefficient
散射式压力计☆scattering-type pressure gage
散射损耗☆scattering loss
散射体轴瓦☆backing
散射通量☆leakage flux
散射图☆scatter diagram; distribution scatter
散射现象☆fringing
散射向量波☆scattered vector wave
散射因子{数}☆scattering factor
散射主{体}☆scatterer
散生的☆spallogenic
散石☆field stone
散丝☆loosely bonded filaments in strand
散碎煤☆crumble coal
散穗花序☆panicle
散态的☆particulate
散体成分☆bulk composition
散体地压☆loosening ground pressure; pressure of loose surrounding rock
散体结构☆loose structure
散体力学☆mechanics of granular media
散文☆essay
散线状侧碛☆frayed moraine
散屑☆decoherence
散屑器☆decoherer
散云☆scattered cloud
散运的☆in bulk
散杂(磁)场☆extraneous field
散杂影像☆spurious images
散(装)重(量)☆bulk{loose} weight; BULK WT
散装☆loading in bulk
散装搬运{送}☆bulk-handling; bulk handling
散装储存☆bulk storage
散装的☆(in) bulk; laden in bulk
散装货船☆bulk carrier
散装货拖车☆bulk trailer{freight;load}
散装货物☆bulkload; bulk freight; bulky goods
散装浆状炸药泵送车☆bulk pump truck

散装密度☆bulk (loading) density; apparent density
散装起爆剂{器}☆cast primer
散装水泥☆bulk{loose} cement; cement in bulk bulk (load)
散装水泥吹灰装置☆bulk facility
散装水泥专用船{中转站}☆bulk cement barge
散装物卸载机☆bulk unloader
散装油☆bulk oil; oil in bulk
散装油的储存[在油罐中]☆bulk oil storage
散装油站☆bulk station
散装运输☆bulk transportation{handling}; transport in bulk
散装载荷☆load in bulk
散装炸药泵送车☆(bulk) pump truck
散装炸药混合车☆bulk mixing truck
散装支撑剂运送车☆bulk-handling equipment
散状模塑料☆bulk molding compound
伞☆umbrella
伞包连接绳索☆daisy chain
伞齿轮☆conical{bevel;crown} gear; bevel wheel
伞(形)齿轮☆bevel gear; B.G.
伞齿轮面角☆face angle
伞齿轮咬合{装置}☆bevel gearing
(降落伞)伞盖☆canopy
伞花烃[$CH_3C_6H_4CH(CH_3)_2$]☆cymene
伞菌☆agaric
伞菌目☆Agaricales
伞轮藻属☆Umbella
伞球石[钙超;Q]☆Umbellosphaera
伞石☆logan stone
伞式单翼机☆parasol
伞投☆parachute
伞投炸弹☆parabomb
伞型☆umbrella type
伞形齿轮☆bevel gear
45°伞形齿轮☆mitre wheel
伞形虫超科[孔虫]☆Carterinacea
伞形骨针[绵]☆umbel
伞形科变形菜属植物☆sanicle
伞形托绳轮[无极绳运输]☆mushroom roller
伞形支架☆umbrella stull
伞形支架顶☆umbrella roof
伞岩☆umbrella rock
伞叶属[植;P_1]☆Umbellaphyllites
伞衣☆canopy
伞藻类☆Dasycladaceae
伞藻属[钙藻;E-N]☆Acetabularia; Acicularia
(属于)伞藻型结构的☆euspondyl
伞轴藻属[K_2-E]☆Cymopolia
伞状☆deliquescence; pileate; deliquescent
伞状花序☆umbel
伞状排出[旋流器下流]☆spray discharge
伞状天线☆umbrella antenna

sàn

散播☆spread; disseminate; strew; promulgate
散播力☆diffusibility
散布☆scatter(ing); disseminate; dissemination; sow; intersperse; diffusion; dispersal; range; distribute; spread; circulate; stud; straggle; outspread
散布孢子☆diaspore
散布矿石☆disseminated ore
散布区☆strewn field
散布体☆spreader
散布图☆scatter diagram; dispersal map; scattergram
散布围绕☆circumfusion
散布性☆diffusibility
散布者☆diffuser; diffusor
散布注入☆scattered injection
散步☆step; walking
散出☆effluvium [pl.-ia]
散队☆dequeue
散发☆shed; emission; send out{forth}; diffuse; emit; distribute; issue; give out
散发病例☆sporadic case
散发湿气的☆spewy
散发仪☆potometer
散粉器☆dredger
散焦☆misfocusing; defocus; lens out
散焦光束☆defocused beam
散开☆fan; scatter; fall away; scattering; blow out; spread out{apart}; disperse; dispersiveness; smear; diffuseness; divergence; ravel[编织物等]
散开部分[编织物]☆ravel
散开星云☆open clusters
散孔☆forate; panpori
散孔材☆diffuse-porous wood
散裂☆rotting; spall(ing); spallation
散裂成因核素☆spallogenic nuclide
散裂反应☆fragmentation{spallation} reaction
(微粒)散落☆fallout
散落砂☆spill{spilled} sand
散落碎屑[火山喷发或陨石冲击的]☆throwout
散落物☆fallout; airborne debris
散气叶片☆diffuser vane
散热☆heat radiation{elimination;rejection}; egress{abstraction} of heat; expelling {dissipate;radiate} heat; radiation; refrigerant
散热表面☆heat {-}delivery surface
散热的☆heat-radiating; radiating
散热剂☆coolant; clnt
散热介质☆heat {-}eliminating medium
散热能力☆heat-sinking capability
散热盘管☆coiled radiator
散热(冷却)片☆heat sink{radiator}; fin; cooling{radiating} fin; radiating rib; web
散热器☆(heating) radiator; radiating collar; sink
散热器风门片☆radiator shutter
散热器盖☆radiator cap
散热器式冷却装置☆radiator-type cooling unit
散热器罩☆radiator enclosure{guard}
散热系数☆coefficient of heat emission
散热效应☆heatsink effect
散失☆dissipation
散失的热量☆dispersed heat; heat loss
散式物质☆particulate material
散水滤床☆trickling filter
散烟☆fume-off
散逸☆dissipation; diffuse; [of a gas,etc.] escape; leak
散逸层☆mesosphere
散逸系数☆dispersion coefficient

sāng

丧服☆noire
桑勃勒特无烟燃料☆Sunbrite
桑橙素[$Cl_3H_{10}O_6$]☆maclurin
桑达风☆viento zonda
桑德尔体系☆Sander's system
桑德里特炸药☆Sunderite
桑堆砂蛀☆athrypsiastis salva
桑顿阶☆See “桑托阶”
桑顿-塔特尔分异指数☆Thornton-Tuttle differentiation index
桑多风☆sondo
桑佛二氏投影☆Sanson Flamsteed projection
桑福特迪型底卸式矿车☆Sanford-Day car
桑干片麻岩☆Sangkan{Sungkan} gneiss
桑各蒙冰间期☆Sangamon interglacial stage
桑寄生粉属[孢;K_2]☆Loranthacites
桑寄生科☆Loranthaceae
桑加蒙☆Sangamon
桑{散}加蒙{芒}间冰期[Qp]☆Sangamon interglacial stage
桑柯美恩塞尔型套筛振动器☆Cenko-Meinzer sieve shaker
桑螺属[腹;E-Q]☆morum
桑姆逊型(扒爪式)装载机☆Samson loader
桑拿浴☆sauna
桑尼[相位控制的区域无线电信标]☆sonne
桑尼(两囊)粉属[孢;C_3]☆Sahnisporites
桑诺斯阶☆Sannoisian stage
桑{珊}萨{撒}风☆sansar; sarsar; shamshir
桑葚状结石☆mulberry calculus
桑葚螺属☆morum
桑葚体期☆morula stage
桑葚藻属[Q]☆Pyrobotrys
桑生-弗兰斯蒂(地图)投影☆Sanson-Flamsteed (map) projection
桑氏(气候)分类☆Thornthwaites classification
桑塔前列泰☆xantal
桑托{桑顿;山唐尼}(阶)[87～83Ma;欧;K_2]☆Santonian (stage)

sàng

丧失☆eclipse; privation; deprivation; bankrupt
丧失劳动能力的事故☆disabling accident
(使)丧失信用☆discredit

sāo

搔痕☆rasping structures
骚动☆ferment; disorder; turmoil; commotion; riot
骚扰☆molestation

sǎo

扫☆sweep
扫板☆sweep
扫舱泵☆stripping pump
扫尘☆dust
扫除☆clearance; sweep(ing); cleaning; cleanup; clear away; remove; wipe out; mop-up; turnout; sweepout; hogging[船底]
扫除矿粉的开采区☆swept area
扫带柄☆broomstick
扫带器☆belt cleaner
扫道工☆duster
扫动☆traction
扫动力☆tractive force
扫动式搅拌机☆sweep-type agitator
扫管(线)☆sweeping
扫管器☆pipeline cleaner
扫海☆sweep
扫痕☆brush cast; brushmark
扫迹☆trace
扫精选☆scavenger cleaner
扫孔☆well cleanout; chipping
扫孔内坍塌物☆overlap
扫雷器☆paravane
扫雷装置☆flair
扫流☆tractive current
扫流平滑相☆smooth phase of traction
扫掠☆scan; sweepage; scanning
扫掠电路☆sweep circuit
扫掠机构☆scanner
扫面速度☆rate of coverage
扫描☆trace; sweepage; scanning (sweep); sweep; scan; time base; pass
扫描比较☆panoramic comparison
扫描测试仪☆sweep chanalyst
扫描场☆scanned field; raster
扫描超前信号☆scan advance signal
扫描点☆analyzing{flying;scanning} spot; scanning element
扫描电子显微分析仪{|摄影术}☆scanning electron microanalyzer{|micrography}
扫描范围☆scanned area; sweep limits; pan-range
扫描方向☆direction of scanning; scan direction
扫描管☆scanatron
扫描光栅☆raster
扫描行☆base{scan} line; baseline
扫描行距☆swash width
扫描记录☆sweep record; scannogram
扫描离子显微镜☆scanning ion microscope
扫描密度☆fineness of scanning
扫描器原位信号☆scanner home position signal
扫描 X 射线形貌图☆scanning X-ray topography
扫描时间☆setup{sweep} time
扫描试样支架☆scanning specimen holder
扫描速率☆scan-rate
扫描隧道光谱☆scanning tunneling spectroscopy
扫描图☆scintigram
扫描图形{样}☆scanning pattern
扫描线密度调整☆distribution control
扫描信号带宽☆sweep band width
扫描仪☆scanistor; scanner; scanister
扫描装置☆scanning device; scanner; time-base unit; scanister; scanistor
扫频显示信号发生器☆polyskop
扫频与标志信号发生器☆swemar generator
扫气☆scavenging; scavenge
扫三轴椭球面☆triaxial ellipse
扫砂机☆sand sweeping machine
扫视☆rake
扫调附加器☆panadapter
扫尾☆take-down; sweeping tail
扫雾器☆defogger
扫线☆purge
扫线泵☆scavenging pump
扫(管)线用泵☆scavenger slurry
扫(管)线用高压(空)气管线☆blow line
扫兴☆chill; discouragement; disappointment

S

扫选☆scavenge；scavenging (flotation)；secondary {scavenger} flotation
扫选回路{循环}☆scavenger flotation circuit
扫雪机☆snowplow；snow plow{sweeper}
扫油[三次采油]☆sweep；scavenging (process)
扫再精选☆scavenger recleaner

sào

(用)扫帚扫(除)☆broom
扫帚状骨针[绵]☆sarule

sè

瑟林烯☆eudesmene
瑟索板层岩群☆Thurso flagstone group
瑟西期☆Chazyan Age
铯☆caesium；cesium；Cs
铯磁力仪☆cesium magnetometer
铯钒铀石☆margaritasite
铯沸石[$CsAlSi_2O_6 \cdot nH_2O$；$(Cs,Na)_2Al_2Si_4O_{12} \cdot H_2O$；等轴]☆pollucite；pollux；caesium silicate
铯钙霞石[Ca的碳酸盐和硅酸铝]☆calciocancrinite；meionite；calciobiotite
铯杆沸石☆jacksonite
铯和稀土金属的合金[发火花用]☆misch metal
铯黑云母[$K(Mg,Fe)_3(AlSi_3O_{10})(OH)_2$；含$Cs_2O$可达3.1%]☆casiumbiotite；caesium biotite；caesium silicate；pollucite；pollux
铯矿床☆cesium deposit
铯锂辉石☆Cs-spodumene；caesium spodumene
铯榴石[$2Cs_2O \cdot 2Al_2O_3 \cdot 9SiO_2 \cdot H_2O$]☆pollux；pollucite；caesium silicate
铯绿柱石[$Be_3Al_2(Si_6O_{18})$,含5%的CsO]☆vorobyevite；verobieffite；morganite；rosterite；worobewite；caesium{Cs} beryl；worobieffite；worobyevite；caesium-beryl
铯锰星叶石[$(Cs,K,Na)_3(Mn,Fe^{2+})_7(Ti,Nb)_2Si_8O_{24}(O,OH,F)_7$；三斜]☆cesium{Cs} kupletskite {astrophyllite}；c(a)esium-kupletskite；caesium astrophyllite
铯铌钙钛矿☆loparite
铯硼锂矿[$CsAl_4(LiBe_3B_{12})O_{28}$]☆rhodizite
铯硼锂铍石☆rhodizite；rhodicite
铯频标☆cesium standard
铯铅钽矿☆cesplumtantite
铯束控制振荡器☆cesium beam controlled oscillator
铯锑钽矿☆ces(s)tibtantite
铯钇硅灰石☆lessingite
铯蒸气磁力仪☆cesium vapor magnetometer
铯钟☆cesium standard{clock}
色(彩)☆chromat-
色氨酸☆tryptophan
色斑☆stain；flower；patch；coloured patches；colo(u)r spot；punctum[医;pl.-ta]
色板☆color disk
色饱和度信号☆chroma signal
色比☆colour index{ratio}；color ratio
色比色计☆trichromatic colorimeter
色变指数☆color alteration index；CAI
色标☆color scale{code;bar;chart}；coloring pattern
色标管☆chromatron
色表☆color chart
色别标志{编码}☆color specification
色彩☆hue；colo(u)r；colorant；colo(u)ration；tinge；tint；overtone
色测高温计☆colour pyrometer
色层传递☆chromatographic transport
(用)色层法分离(物质)☆chromatograph
色层分离☆chromatographic separation{fractionation；analysis}；chromatograph
色层分离(法)☆stratography
色层分离的☆stratographic
色层分析☆chromatography；chromatographic {capillary} analysis
色层胶片☆ink film
色层谱☆chromatogram；chrom(at)ograph
色差☆chromatic aberration{defect;difference}；off colour{shade}；aberration；chromatism；color difference
色差的消除☆achromatization
色差信号[讯]☆colo(u)r difference signal；colo(u)r-minus brightness signal；color-minus-monochrome {chrominance} signal
色纯度信号☆chroma signal
色带☆color strip{band}；chromatape；color-banding；(typewriter) ribbon
色带法[研究液体流动状态]☆colour band method
色带盘支架☆ribbon spool bracket
色带信号☆colo(u)r bar signal
色的纯度☆saturation
色的亮度☆lightness
色灯信号[土]☆colo(u)r-light signals
色点☆color dot
色淀[涂料]☆(colour) lake
色调☆(colour) hue；(colour) tone；tint；color tone {scheme}；shade of color；shade；tinge；tincture
色调半晕☆tonal semihalo
色调表示☆toning
色调不鲜明的影像☆soft image
色调(深浅)对比☆picture contrast
色调分析☆tone analysis
色调计☆tintometer；tintmeter
色调(样)计☆tintometer
色调匹配☆tonal match
色度☆chrome；colority；chromaticity；depth of shade；(color) chroma；chrominance；tint
色度分析(法)☆colorimetric analysis
色度计☆colo(u)rimeter；chromo(photo)meter
色度图☆chromaticity (diagram)；chromatic diagram
色度信号☆chroma{chrominance;chromaticity} signal；carrier chrominance signal
色度信号副载波☆chrominance subcarrier
色度信号增益调整☆chrominance gain control
色度学☆colorimetry
色度载波基准信号☆chrominance carrier reference
(有)色对称☆color(ed) symmetry
色对称群☆color symmetry group
色多色图像☆multicolor image
色尔特矿泉水☆seltzer{selter} (water)
色二孢属[真菌;Q]☆Diplodia
色反应☆color response
色分辨本领☆chromatic resolving power
色分辨率☆chromatic resolution
色粉涂饰☆distemper
色粉颜色信号☆toner colo(u)r signal
色感☆color sensation
色光光度计☆leucoscope
色辉☆tint
色基☆chromophore
色剂呈色☆pigment coloration
(用)色胶涂☆distemper
色觉疲劳☆color fatigue
色雷斯蛤属[双壳;T_3-Q]☆Thracia
色利尔(砾漠)☆serir
色粒☆plastid
色亮差信号☆color-minus-brightness{-monochrome} signal
色料☆pigment；colorant
色率☆color index{ratio}；colorant；colo(u)ration
色{瑟}罗铜铝锰电阻合金☆Therlo
色码☆color code
色码成像☆color-coded imagery
色盲☆achromatopsia；achromatopsy；colour blind(ness)
(红绿)色盲☆daltonism
色姆[英热量单位]☆therm
色盘☆color disk
色偏光[振]☆chromatic polarization
色品☆chromaticity；chroma
色品信号调制器☆chromaticity modulator
色谱☆colo(u)r atlas{pattern;spectrum;chart}；chromatogram
色谱(固定相)棒☆chromatobar
色谱的☆stratographic
色谱(分析)地☆chromatographically
色谱法☆chromatography；stratography
色谱法的☆chromatographic
色谱分离室{箱}☆chromatograph chamber
色谱分析☆chromatographic(al){stratographic} analysis；chromatography
色谱分析类型☆chromatographic species
色谱扩散☆chromato-diffusion
色谱提纯☆purification by chromatography
色谱条☆chromatostrip
色谱图☆chromatogram；chromatograph chart；chromatlog
色谱学☆chromatographia
色谱仪☆chromatograph；chromatographic instrument
色谱载体☆chromosorb
色谱展开☆development of chromatogram
色谱质谱联用(仪)☆combined gas chromatography mass spectrometry
色谱柱切换技术☆switching column technique
色球☆chromosphere
色球爆发☆flare；chromospheric eruption
色球亮区☆plages
色球石[宝]☆datolite
色球藻属☆Chroococcus
色三角☆color triangle
色散☆(chromatic) dispersion；dispersive；dispersion of colo(u)rs；dispersiveness；dislocation
(光轴)色散☆optical-dispersion
色散倒数☆reciprocal dispersion
色散度☆dispersity；degree of dispersion
色散介质☆dispersion medium
色散力☆dispersive power；dispersion{London} force；relative dispersion
色散器☆disperser；dispersant
色散染色物镜☆dispersion staining objective
色散系数☆coefficient of dispersion；dispersion coefficient；Abbe number
色散元件☆dispersing unit
色散张量☆dispersivity tensor
色砂☆colo(u)red sand；smalt
色石渣☆colo(u)red marble chips
色视差☆chromatic parallax
色视觉☆color vision
色束[光或粒子的]☆polychromatic beam
色素☆pigment；chromo-
色素淀积☆pigmentation
色素离子☆colored ion；chromophores
色素粒☆grana
色素体[钙超]☆chromatophore
色素突变定则☆pigmentation rule
色素细胞☆chromocyte；chromatophore (cell)
色素质☆chromatoplasm
色条☆stripe
色条纹☆streak
色条信号图☆stripe{strip} pattern
色同步信号☆colo(u)r sync signal；burst (signal)；colo(u)r{reference} burst；colour synchronization {synchronizing} signal
色同步信号形成信道☆colour-sync processing channel
色土☆earth color
色外胶片☆infrachromatic film
色温☆colour{color} temperature
色温变换滤色片☆conversion filter for color temperature
色温表{计}☆color temperature meter
色雾☆painter
(彩)色相(位)☆color phase
色象{像}差☆chromatism；chromatic aberration
色(中)心☆color center；color centre
色信号☆chroma signal
色型☆color pattern
色异常☆color anomaly
色影☆hue
色域☆gamut
色阈☆chromatic threshold
色泽☆colour and lustre；shade；tinct；tone；coloration；tint；tincture
色帧☆color frame
色值失真{歪曲}☆falsification of tone values
色指数☆index of coloration
涩的☆acerbic
涩度☆acerbity
涩味☆astringency；acerbity；astringent (taste)

sēn

森伯里页岩☆Sunbury shale
森泊姆值磁导率合金☆Senperm
森德贝格法☆Sundberg method
森林☆forest；sylva [pl.-s,-ae]；silva [pl.-e,-s]；gran chaco；mata；timber；matta；woodland
森林`退化{逐渐失去活力}☆forest decay
森林残落物层☆F layer{horizon}
森林草原☆forest {-}steppe；sylvosteppe
森林草原带☆forest-steppe belt
森林层☆forest bed；chip yard；tree{arboreous}

S

layer；black drift
森林成煤过程☆forest-to-coal process
森林防火☆forest-fire prevention
森林覆被{盖}物☆forest floor
森林更新☆reafforest
森林古猿☆dryopithecus
森林和草甸间的灌木过渡带☆jarales
森林火灾气象学☆forest-fire meteorology
森林砍伐☆deforestation
森林绿[石]☆Verde Forest
森林泥炭☆forest peat；carr
森林(覆盖地)区☆forested terrain{region}
森林区的狭草地☆bay
森林区划线☆isohyle
森林树木☆silva；sylva
森林土☆sylvogenic{sylvestre;forest;wooded} soil
森林学☆forestry
(在)森林中生长的☆silvicolous
森林逐渐衰败☆forest deterioration
森林资源清查☆forest inventory
森林棕壤☆brown forest soil；braunerde
森那[某些欧洲国家的重量单位]☆centner
森诺曼(阶) [96～92Ma;欧;K_2]☆Cenomanian (stage)；Senomanian (stage)
森诺期{阶;统}[欧;K_2]☆Senonian
森特利弗莱克斯中碎用破碎机☆Centriflex crusher
森特瑞克斯仪☆Cendrex apparatus

sēng

僧帽☆mitre；miter
僧帽海胆属[棘]☆Bothriocidaris
僧帽式风斗☆cowl

shā

莎安娜米黄[石]☆Shabnam
莎布莱特炸药☆sabulite
莎利白[石]☆Sarry White
莎利士红[石]☆Pink Salisbury
莎纶☆saran
莎皮刺菊石属[头]☆Sharpeiceras
莎士达☆Shasta
杉木[俗译]☆cedar
砂{沙}["沙"与"砂"有时可通用，"沙"一般为自然形成的细小颗粒，"砂"一般与人类活动有关，故日常生活中常用"沙"，矿业、非松散者多用"砂"]☆sand；grail；grait；chisel；shot；dane；grit；gravel；arena；sd
砂斑☆sand spot{patch}
砂棒☆sand pipe
砂棒虫属[J-Q]☆Ammobaculites
砂煲☆casserole
砂泵☆sand pump{sucker}；sandhog；slush；sludger
砂泵采掘船☆sand-pump dredger
砂泵开采☆graved{gravel} pump mining
砂泵螺旋钻(钻探(法))[松软地层浅部钻探]☆shell-and-auger bore
砂泵容器☆sand-pump container
砂泵(取出的)岩样☆sand pumpings
砂比☆proppant concentration
砂比计☆gravel/fluid ratiometer
砂玻璃☆sand glass
砂铂☆placer platinum
砂铂矿☆platinum placer；placer platinum
砂布☆emery{abrasive} cloth；sand{glass} cloth；coated abrasive；sandcloth[机]；abrasive fabric
砂布带打光机☆finisher belt grinder
砂布底布☆backing for abrasives
砂布加工☆coated abrasive machining
砂槽☆sand trap{sump;launder;box}；sandpit
砂炒法☆boiling-on-grain
砂衬☆sand lining
砂(石)成分☆send(-stone) constituent
砂承重试验☆sand bearing test
砂池☆sand tank
砂齿鱼科☆Psammodontidae
砂舂☆sand rammer；tamper；ram；dabber
砂冲☆sand blast；sandblasting
砂充填☆sand filling；sandfilling
砂处理☆sand handling
砂处理机☆sand cutter
砂带☆abrasive belt{band}；sand belt{bank}；emery tape
砂带底涂☆make coat
砂带加工☆coated abrasive machining
砂带磨光☆abrasive belt polishing；linishing
砂带磨光纸☆abrasive belt abrasive paper
砂带磨削法☆abrasive belt grinding
砂带抛光☆abrasive band polishing；belt polishing
砂带研磨☆belt-sanding；abrasive belt finishing
砂袋[煤层顶板的冰川碎屑物]☆sandbag；sand pocket{pack}
砂袋垛☆cog of bags；bag chock
砂弹试验[炸药]☆sand-bomb test
砂当量试验☆sand equivalent test
砂挡铁墙☆sand stopping
砂岛☆barrier island；key；kay；cay
砂岛法[沉井施工]☆sand island method
砂道砟{碴}☆sand ballast
砂的☆arenaceous；sandish
砂(质)的☆aren(ace)ous；arenarious；sandy；sabulous
砂的堆积☆sanding
砂的固化☆petrification of sand
砂的体胀☆sand bulking
砂堤☆whaleback；sand levee；sand bank[压裂]；settled proppant bank[沉降的支撑剂]
砂堤平衡高度☆sand equilibrium bank height
砂(质)底☆sand {-}bottom
砂底的☆sand-bottomed
砂底动物☆epipsammon
砂底小河{海湾}☆mar [瑞;pl.marer]
砂地☆sandy ground{land}；sand
砂地芦苇☆marram grass
砂垫层☆sand mat{cushion;blanket}；sand bedding course
砂钉[铸]☆brad；steeple
砂斗☆sand hopper{tank}
砂豆虫属[孔虫;D-Q]☆Psammophax
砂堵☆fill-up；sand fill{plug;up;sealing;out;bridge}；bridging；sand-up；tip screenout
砂堵(井)☆sanded up
(用)砂堵塞(钻孔)☆sand-up
砂堵事故☆sand trouble
砂堵钻孔☆sand-up hole
砂阀☆sand valve
砂泛☆streamflood
砂坊☆check dam
砂肥皂☆sand soap
砂沸☆sand boil；boiling
砂分离器{选机}☆sand separator
砂粉土☆sansicl
砂封☆sand seal(ing)
砂浮法☆sand flotation
砂负载[电磁]☆sand load
砂干化床☆sand drying bed
砂坩埚☆hessian crucible
砂杆虫属[孔虫;J-Q]☆Ammobaculites
砂隔层☆sand parting
砂隔渣板☆sand stopping
砂根虫属[孔虫;T]☆Rhizammina
砂拱☆sand arch
砂拱强度☆arching strength
砂汞矿石☆Hg placer ore
砂钩☆cleaner；lancet；lifter；gagger
砂沟☆sand furrow
砂沟区☆riffle area
砂垢☆sand scale
砂鼓磨床☆drum sander
砂骨比☆sand-aggregate ratio
砂管☆blanket core tube；sand pipe{gall}；pipe；stone canal[棘]
砂管口虫属[孔虫;T_3]☆Ammosiphonia
砂光机☆electric abrasive finishing machine；sander
砂犷兽☆Chalicotherium
砂锅☆marmite
砂锅菜☆casserole
砂锅炖菜☆pot-au-fen
砂过滤器☆sand filter{screen}
砂海滨☆litus
砂海星科[动]☆Luidiidae
砂焊☆sandweld
砂糊炮☆sand blast
砂环虫属[孔虫;K-Q]☆Cyclammina
砂灰☆lime-sand{limesand} mortar
砂灰岩☆calcarenyte；calcarenite
砂回收率☆sand recovery
砂火山☆sand volcano
砂基☆sand foundation
砂基液化☆liquefaction of sand bed
砂积矿☆alluvial ore
砂积矿床☆placer (deposit)
砂积矿床钢丝绳冲击式钻机☆placer churn drill
砂级颗粒☆sand-size grain{particle}
砂级球粒钙质沉积☆pellet sand
砂计时器☆hourglass
砂夹层[泥灰岩中]☆skerry
砂夹碎石☆tabby
砂假型☆sand match
砂礓☆ginger nut；gravel；conglomerate
砂浆[建]☆mortar；sand pulp{grout}；grout
砂浆拌和厂☆mortar mill
砂浆泵送机☆mortar squeezing conveyer
砂浆标号☆grade of mortar；mortar grade；strength grading of mortar
砂浆稠度☆consistency of mortar
砂浆垫层☆bed{bedding} mortar
砂浆分层度测定仪☆mortar sat stratification tester
砂浆滚射机☆roll-spraying mortar machine
砂浆混合物密度☆slurry mix density
砂浆搅拌盘☆mortar board
砂浆搅拌喷射器☆grout mixer and placer
砂浆抗压试模☆mortar compressive strength test mould
砂浆里衬管☆mortar lining pipe
砂浆砾石充填作业☆slurry gravel pack operation
砂浆料粉碎机☆mortar mill
砂浆锚定{杆}☆grouted bolt
砂浆抹面☆cement plastering；mortar top
砂浆铺砌☆mortar masonry{paving}；paving with mortar
砂浆砌砖☆brick laid with mortar；mortar masonry
砂浆嵌缝接头☆grouted scarf joint
砂浆输送时间☆slurry transit time
砂浆桶☆hod
砂浆涂层☆dash-bond{dash} coat
(用)砂浆涂抹☆mortar
砂浆箱☆bailing bucket
砂浆扬送高度☆pulp pumping height
砂浆液☆particle loaded fluid
砂浆一次混合量☆slurry batch
砂浆胀缩试模☆mortar expansion and contraction test mould
砂浆准备车间[水力充填]☆pulp-preparation plant
砂姜☆irregular lime concretions；ginger nut
砂姜石☆rock shachiang
砂姜土[中]☆shachia(n)g；sajong soil
砂胶☆mastic gum
砂胶层防水工程☆sheet mastic water proofing
砂胶灌缝施工法☆sand-mastic method
(地层)砂胶结液☆sand-consolidating fluid
砂胶外墙涂料☆sand-mastic exterior wall paint
砂角☆sand horn
砂结晶☆sand crystals
砂金☆alluvial gold；placer (gold)；gulch gold；gold dust；goldmining；wash gold；alluvial gold placer
砂金精矿☆washing；gem washings
砂金矿☆gravelmine；placer{gravel} mine；gold{bole} placer；alluvial gold placer
砂金矿床☆gold-bearing{gold} placer
砂金矿床底部的粗砾(石)☆lama
砂金矿床最高的底部[澳]☆gutter
砂金矿井☆gravel{placer} mine
砂金矿挖掘船开采☆gold dredging
砂金矿中的镜铁矿漂砾☆tepostete
砂金矿中的铁矿巨砾☆slicker
砂金石☆aventurine (glass)；goldstone；adventurine；flamboyant quartz；gold stone；avanturin；taganaite；sandastros
砂金石化☆aventurization
砂金洗选☆gem washing
砂晶☆sand crystal
砂井☆sand (drain) well；(vertical) sand drain；drain pile；sand filled drainage well
砂阱式冲砂闸门☆sand{silt} trap scour gate
砂卷☆sand{sandrock} roll
砂壳☆arenaceous shell；sand skin
砂壳泥球☆armored clay ball；armored mud ball
砂壳纤毛虫☆tintinnid
砂孔☆sandhole；sand hole
砂口层☆sandgate beds

砂库☆sand storage
砂块破碎机☆sand crusher
砂矿☆placer (deposit;mine;river(-bar);accumulation;ore)；alluvial (mine;ore;diggings)；mineral sands；lead；(gravel) mine；sand pit；stream (ore;gravel)；ore of sedimentation；water-sorted material；bench ore[海滩或河滩]；sandstone ore；drift mine；minerals in the form of sand
砂矿边沿(基岩)☆rimrock；rim-rock
砂矿剥离☆stripping for alluvial
砂矿床☆placer (deposit;digging;formation)；alluvial ore deposit；cod placer；gravel deposit
砂矿粗粒表层☆heading
砂矿带☆alluvion
砂矿底岩☆reef
砂矿底岩中开凿的巷道☆reef drive
砂矿回收值☆alluvial values
砂矿基底☆bedrock
砂矿基岩☆main bottom
砂矿搅取机☆puddler
砂矿解冻☆frozen placer thawing
砂矿金刚石伴生重矿物☆bantams
砂矿开采☆placer mining{digging;dredging;workings}；placering；alluvial working
砂矿开采冲矿沟☆ground sluicing
砂矿开采自泄坝☆automatic dam
砂矿流洗后尾矿☆wash dirt
砂矿露边底岩☆high reef；rim rock
砂矿囊☆sand(y) pocket
砂矿浅部采掘☆diggings
砂矿挖掘船采掘场☆paddock
砂矿挖掘船开采☆alluvial dredging
砂矿选金装置☆placer gold-saving unit
砂矿样品☆panned concentrate sample
砂矿用钢绳冲击钻机☆placer churn drill
砂矿有用成分☆alluvial value
砂矿中与金刚石伴生的重矿物☆bantam
砂矿自动节水闸门☆flop gate
砂矿钻机☆banka drill
砂冷☆cooling by embedding in sand
砂冷却☆sand cooling
砂冷却器☆sand cooler
砂砾☆grit (gravel)；grail；(granule) gravel；landwaste；grave；gritting material；channery；boulder bed；sandy{alluvial;pebbles;sand} gravel；land waste；granule；grit；shingle；sand-and-gravel
砂砾层☆gravel{grit} stratum；sandy gravel (stratum)
砂砾层井☆boulder well
砂砾充填完井☆gravel packing completion
砂砾垫层☆gravel-sand cushion
砂砾防冻(法)☆frost-gritting
砂砾盖面☆lag gravel
砂砾过滤仓☆grit sump
砂砾{岩屑;泥石}滑动☆debris slide
砂砾垒☆(gravel) rampart
砂砾速滤器☆rapid sand filter
砂砾特[硅化硅陶瓷材料]☆thyrite
砂砾岩☆glutinite；glutenite
砂砾桩☆sand-gravel pile
砂粒☆sand grain{particle}；grit；granule；(grained) sand；solids
砂粒表层滚磨[除掉表层黏附物,颗粒本身不大量破碎]☆scuffing grind
砂粒病毒☆arenavirus
砂粒尺寸选定☆sand size designation
砂粒冲蚀探测塞☆sand erosional plug
砂粒冲蚀探头☆sand erosional probe
砂粒充填过滤器☆sand pack filter
砂粒从液流中沉降☆sand falling out
砂粒度测定器[铸]☆sieve shaker
砂粒分析☆mechanical analysis of sand
砂粒级金刚石☆sand dust
砂粒级配☆grading of sand
砂粒间的接触点☆sand grain contact point
砂粒胶结溶液☆sand consolidation fluid
砂粒粒组☆sand fraction
砂粒破碎☆sand-grain crushing
砂粒桥接防砂作用☆solids bridging
砂粒填充管取替试验☆sand-packed tube displacement
砂粒团块☆sand (grain) cluster
砂粒网屏☆granulated screen
砂粒细度值☆gruin fineness number；gfn
砂粒屑碎岩☆arenite
砂粒形状☆sand figure
砂粒悬浮体分选法☆quick sand process{separator}
砂粒岩[沉积]☆granulite
砂粒状凝灰岩☆sand tuff
砂粒状网屏膜☆grain screen film
砂粒状线迹☆sand stitch
砂沥青☆sand asphalt
砂量不足的混合☆under sanded mixture
砂量过多的混凝土混合料☆over sanded mixture
砂磷块岩☆phospharenite
砂流☆sand flow{fall}；sand-run
砂流磨耗法☆sand stream abrasion method
砂率☆sand coarse aggregate ratio；sand percentage
砂滤☆sand leach{filtration}
砂滤器☆sand filter；a sand filter
砂轮☆grinding{emery;abrasion;carborundum; stone} wheel；abrasive wheel{disc}；emery cutter；grinder；emery stone{grinder}；stone；grindstone；disk {grind} wheel；abrasive disk{disc}；sandstone disk；buzzer；buzzy；knife grinder；emery sharpener[金刚]
砂轮成型工具☆wheel forming tool
砂轮虫(属)[孔虫;S-Q]☆Trochammina
砂轮刀☆crusher
砂轮分级☆grading abrasive wheels
砂轮横向进给☆wheel traverse
砂轮回转强度☆rotation strength of grinding wheel
砂轮机☆grinding{abrasive;grind} machine；(bench) grinder；abrader；grindstone；sharpener
砂轮校正铁☆racing iron
砂轮截断机☆cut-off grinder
砂轮磨工☆jiggerman
砂轮平衡台☆wheel balancing stand
砂轮切割片☆abrasive disc cutter
砂轮清理工作台☆grinding bed
砂轮套筒[设计]☆wheel sleeve
砂轮头☆grinding (wheel) head；wheelhead
砂轮修整☆grinding wheel dressing
砂轮修整机组☆grinding-wheel conditioning unit
砂轮修正☆dressing；grinder truing
砂轮用树脂☆grinding wheel resin
砂轮粘接材料☆grinding wheel bonding material
砂轮(压刮)整形工具☆grinding wheel dresser
砂轮整修装置☆grinding wheel truing device
砂轮自动平衡器☆grinding wheel auto-balancer
砂脉☆sand dyke{dike}
砂锚☆sand{mud} anchor
砂门子[水砂充填]☆hydraulic stowing partition；sand gate；filter bulkhead；fascine
砂密封☆sand sealing
砂面☆sand pavement{surface}；sandface
砂面[撒在新浇混凝土上]☆sand mat{pavement}
砂面动物☆epipsammon
砂面管☆sand-coated pipe
砂面丘☆sand-covered mound{hillock}
砂面油毡☆mineral-surfaced felt；sanded bitumen felt
砂模☆sand mo(u)ld
砂模加固铁杆☆sprig
砂模生铁☆sand-cast pig；sand mould pig iron
砂模铸生铁☆sand-cast pig
砂模铸造轧辊☆sand roll
砂模砖☆sand-mo(u)lded brick
砂磨☆sand (blast)；sanding；ashing
砂磨具☆sanders
砂磨蚀作用☆sandblast action
砂磨修整☆sand-rubbed finish
砂抹镀锌☆sand galvanizing
砂漠☆sandy{sand} desert；erg；Koum
砂目平版[刷]☆graining plates
砂目网版[刷]☆mezzograph
砂目网屏[刷]☆grained screen
砂囊☆gizzard[鸟;动]；mastax；vesica arenae[生]；sand pocket
砂囊虫(属)[孔虫;S-Q]☆Saccamina
砂内含水量测定仪☆water-in-sand estimator
砂内冷却☆in sand cooling
砂泥☆sand slime
砂泥比☆sand-mud ratio
砂泥分离☆sand-slime separation
砂泥海藻混合滩☆matte
砂泥混合物☆sand clay
砂泥石灰角砾岩☆brockram；brocram
砂泥相间层☆alternation of sand and mud
砂泥岩层序☆sand-shale sequence
砂泥质相☆arenaceous {-}pelitic facies
砂拟球虫属[孔虫;E-Q]☆Ammosphaeroidina
砂(质)黏土☆sand(y) clay；hazel earth
砂黏土混合物☆sand-clay matrix
砂耙子☆dredge
砂盘☆sand bath
砂盘虫(属)[孔虫;S-Q]☆Ammodiscus
砂盘虫科☆Ammodiscidae
砂炮泥☆sand stemming
砂泡☆sand blister
砂培[农]☆sand culture
砂喷☆sand blasting{blast;injection}；sand-jetting
砂皮☆burning-on；emery cloth or paper
砂皮辊☆grit covered paper roll
砂皮树☆chaparro
砂漂积物☆sand drift
砂平均粒径☆average size of sand
砂瓶☆sand bottle
砂坡地震相☆sand-prone seismic facies
砂栖石☆arenicolite
(蛸)砂钱☆clypeaster
砂潜蚀☆outwashing
砂(桥)墙☆bridge over
砂桥☆bridging；sand bridge{arch}
砂桥防砂技术☆bridging technique
砂桥卡钻☆sand bridging{sticking}；bridge plug
砂侵☆inrush of sand；sand contamination{cutting}；formation entry
砂球[沉积岩中]☆ball
砂球虫属[孔虫;S-Q]☆Psammosphaera
砂裙{裾}☆sand apron
砂壤土☆sandy loam (soil)；sand loam；stony sandy loam；loam sand
砂扰动☆disturbance of sand
砂塞☆bod
(分段)砂塞☆sand compartment
砂筛☆sand shaker{screen;sieve;riddle}
砂闪电熔岩☆sand fulgurite
砂舌☆sand lobe
砂渗透性☆sand permeability
砂石☆sandrock；sandstone；sand and gravel；grail；dinas
砂石搬运机☆muck loader
砂石泵☆gravel pump
砂石比☆sand-course aggregate ratio
砂石厂☆aggregate plant；gravels and sands processing plant
砂石垫层☆sand-gravel cushion
砂石基础☆rubble foundation
砂石料厂☆aggregate reclaiming plant
砂石淋☆stranguria from urolithiasis
砂石路☆sand pavement
砂石路面☆sand `aggregate{and stone} pavement
砂石笋☆sand stalagmite
砂石摊铺机☆ballast spreader
砂石性蹄裂[兽]☆sandcrack
砂石针☆abrasive points；carborundum stone point
砂石制备厂☆aggregate preparation plant
砂蚀☆sand erosion{abrasion;cutting;cutting.}
砂蚀作用☆erosive action of sand
砂饰面☆sand finish
砂栓☆sand plug
砂水分离器☆sand-water separator
砂-水泥混合料☆sand-cement natures
砂水压裂☆sandfrac
砂粟虫属[孔虫;K-Q]☆Miliammina
砂碎屑岩☆arenite；arenyte
砂榫☆centring cones
砂胎☆close-over；cod
砂胎模☆oddside；sand match
砂台☆sand table
砂糖☆granulated sugar
砂糖石☆saccharite
砂糖椰子☆gomuti palm
砂糖状[岩]☆saccharoidal；sucrosic；sugary
砂糖状的☆saccharoidal；saccharoid
砂糖渍水果☆succade
砂(岩)体☆sand body
砂体单位☆sand unit
砂体几何形态☆sand-body geometry
砂填层☆choked layer of sand
砂填充物☆sand-fillings
砂填料☆sand fill

S

砂田☆sandy land；stone mulch field
砂铁☆magnetic sand
砂桶☆sand bucket
砂透镜体☆sand lens
砂团虫属[孔虫;T]☆Tolypammina
砂瓦☆sanding shoe；abrasive segment
砂位☆sand level
砂纹☆sand ripple{streak}；ripple (mark)
砂锡[SnO_2]☆placer{alluvial;gram} tin；stream {-}tin
砂锡矿☆alluvial{placer;stream} tin；tin placer deposit；cassiterite placer
(一种)砂锡矿跳汰机☆Willoughby
砂锡淘洗工☆streamer
砂席☆sand sheet；blanket{sheet} sand
砂洗☆sand wash
砂细度☆grain fineness number
砂线[求α指数趋势图上的一条边界线]☆sand line
砂箱[机;冶]☆sand box；mo(u)lding flask；(foundry) flask；casing{casting;mo(u)ld(ing)} box；box form；moulding flask；box{bottle} [铸]；sander；sandbox
(铸造用)砂箱☆foundery flask
砂箱底板☆flask{moulding} plate；turnover {stamping} board
砂箱底板板垛☆board stack
砂箱垫板☆bottom board
砂箱骨架☆crib
砂箱夹☆binder
砂箱框☆upset frame
砂箱卡子☆sand grip；mould clamp
砂箱填砂机☆flask filler
砂相☆sand facies
砂屑☆sand formation cuttings；sand cutting
(风化)砂屑☆arene
砂屑白玉岩☆dolarenite
砂屑白云岩状☆dolarenaceous
砂屑(岩)构造☆psammitic structure
砂屑化☆arenization
砂屑灰岩☆calcarenyte；calcarenite
砂屑泥质岩的☆psammopelitic
砂屑丘☆psammogenic dune
砂屑岩☆arenite；arenyte；psammite；psammitolite；psammyte；pasmmite
砂芯☆(sand) core
砂芯烘干器☆core drier
砂芯间☆coreroom
砂芯模☆coremaker
砂芯黏合☆core pasting；pasting of core
砂芯黏合膏☆core paste
砂芯呛孔☆core blow
砂新成土☆psamment
砂型[冶]☆sand mo(u)ld
砂型撑架☆crib
砂型吊钩[铸]☆gagger
砂型骨☆inserted piece
砂型假箱☆oddside
砂型抗裂试验仪☆mo(u)ld fracture tester
砂型孔隙金属液渗透☆abreuvage
砂型蠕变试验仪☆mo(u)ld creep tester
砂型涂黑☆blacking
砂型硬度试验计☆mould-hardness tester
砂型用黏合剂☆sand mo(u)ld binder
砂型铸件[冶]☆sand (mould) casting；sand-cast
砂型铸造☆sand casting{cast;moulding}；open (sand) casting；sand-cast
砂型铸造法☆sand casting process
砂性☆grittiness
砂性地层☆sandy formation
砂性土☆sandy{cohesionless} soil
砂性雪[水]☆sand snow
砂悬浮体{液}☆sand suspension
砂压控制☆sand pressure control
砂岩☆sandstone；grit；malmstone；sand rock {stone}；silt rock；sandrock；arenite；stone bind；galliard[坚硬]；quar[威尔士]；sand；ss；s.s.
砂岩百分含量☆sandstone percent content
砂岩产层☆producing sandstone formation
砂岩冲洗带体积☆flushed sand volume
砂岩储(油)层☆sandstone reservoir
砂岩的成球作用☆balling up of sandstone
砂岩地偿☆sandstone formation
砂岩怪石☆sarsen
砂岩夹层☆interbedded sand；sand stone band；sand streak
砂岩夹页岩☆stony-bind；stone bind
砂岩结核☆cank ball
砂岩泥状基质☆paste
砂岩容矿型的☆sand stone-hosted
砂岩射孔试验靶☆sandstone target
砂岩体积☆sand volume
砂岩铜矿浸染体☆sandstone copper impregnations
砂岩透镜体圈闭☆sand lens trap
砂岩屑砂岩☆sandstone-arenite
砂岩型矿床☆sandstone-type deposits
砂岩学☆arenology
砂岩-页岩比☆sand shale ratio
砂岩-页岩对☆sandstone-shale pair{couplet}
砂岩铀矿浸染体☆sandstone uranium impregnations
砂岩圆石☆bridestone
砂岩质复理层☆sandy flysch
砂岩中巨大的钙结核☆cracker
砂岩中透镜状煤体☆scares
砂岩中的黏土结核☆stone gall
砂岩状的☆arenilitic
砂眼[冶;铸]☆blowhole；air-bubble；blister；slag pin hole；sand hole{explosion}；drop；abscess air hole；blow hole；porosity；sand blister{mark;pit}；abscess；push-up；void；dumb；inclusions of moulding sand；pit；sandhole；pithole
砂眼漏油☆pit leak
砂眼针孔☆slag pin hole
砂样☆sand sample{specimen}；chip sample；drilling mud cuttings
砂样百分比剖面图☆percentage strip log
砂样采取器☆sand-pump sampler
砂样分取☆sample splitting
砂样上的油显示☆color
砂页交织岩☆linsey
砂页岩☆hazel；hazle；sandshale；rammell
砂(-)页岩比☆sand-shale ratio
砂页岩切割阶梯地形☆alcove lands
砂液混合比装置☆sand-fluid proportioner
砂印[压]☆sand markr
砂涌[水]☆sand boil；blowout
砂-油比☆sand-oil ratio；SOR
砂油井☆sandy well
砂淤炮眼☆sand-filled tunnel
砂与粗骨料比☆sand-coarse aggregate ratio；sand and coarse aggregate ratio
砂浴☆sand (steam) bath
砂浴回火☆sand {-}bath tempering
砂皂☆sandsoap
砂枕☆sand pillow
砂枝☆sand twig
砂纸☆abrasive{emery;sand;carborundum} paper；sand cloth；coated abrasive；glasspaper；sanders
(用)砂纸擦光☆sandpaper
砂纸打磨☆sanding；sand papering
砂纸磨光☆coated abrasive working
砂纸原纸☆abrasive base paper
砂置换法☆sand {-}replacement method
砂质☆chiltern；arenaceous；sandy
砂质层系☆sandy formation
砂质沉积☆arenaceous sediment
砂质虫属[孔虫;K-N_1]☆Ammotium
砂质的☆arenaceous；sabulous；sandy；arenose；tophaceous；arenarious；sdy；sandish
砂质地基{质}☆sandy subgrade
砂质方解石☆sand-calcite；sand calcite
砂质粉砂☆sandsilt；sandy silt
砂质腐泥☆sandy sapropel；sapropsammite
砂质灰岩☆arenaceous limestone
砂质建造☆sandy formation
砂质结构☆arenaceous texture
砂质砾岩复理石☆sandy-conglomeratic flysch
砂质劣铁石☆maggie；maggy
砂质垆坶{壤土}☆sandy loam (soil)；silt(y) loam；sand(y) (clay) loam
砂质内碎屑亮晶灰岩☆sandy intrasparite
砂质黏土☆dauk；loam；douk；sand(y) clay；lam；sandy clay loam
砂质土☆roach；sand(y) soil；sandy ground
砂质土壤☆sandy soil；sand loam；goz soil[苏丹]
砂质相☆arenaceous facies
砂质{屑}岩☆arenaceous rock；psammite；arenite；psammyte
砂质页岩☆arenaceous{sandy} shale；fake；faike；doab；rock bind；rattler；metal stone
砂质有孔虫亚纲☆Arenacea
砂质藻屑生物亮晶灰岩☆sandy algal biosparite
砂中浇铸取样☆sand-cast sample
砂柱☆sand pinnacle{column}
砂柱充填☆core plug
砂(型)铸(造)场☆sand casting bed
砂铸生铁☆sand-cast pig (iron)
砂砖☆bath brick；sanded bricks
砂桩[土]☆sand pile
砂桩挤密法☆extrusion method of sand pile
砂桩施工法☆sand drain method
砂状的☆arenaceous
砂状氧化铝☆sandy{sand} alumina
砂锥[机]☆abrasive cone
砂子堆集☆sanding in
砂子炉裂解☆sand cracking
砂子输送设备☆sand handling equipment
砂子体积☆sand volume
砂子填塞[浮选机]☆sanding-up
砂子洗净器☆elutriator
砂组成☆sand fraction
杀白血球素☆leucocidin
杀变形虫剂☆amoebacide
杀变形菌素☆protecidin
杀蝉泥蜂☆cicada killer
杀虫剂☆insecticide；pesticide；biocide
杀冻{|霜}[严寒{|霜}]☆killing freeze{| frost}
杀菌(法)☆disinfection
杀菌辐射☆germicidal radiation
杀菌剂☆fungicide；bactericide；germicide；pesticide；germifuge；bactericidal agent；sterilant；microbiocide
杀菌器☆sterilizer
杀菌作用☆bactericidal action
杀亲式出芽[珊]☆parricidal budding
杀亲芽生[珊]☆parricidal budding
杀伤☆kill；damage
杀生物剂☆biocide
杀微生物剂☆microbiocide
杀细菌(作用)☆bactericidal action
杀真菌剂☆fungicide
刹把☆brake handle
刹车☆brake；trig；braking；lock；deadman control trig；trigger action；turn off a machine；bring to a halt；arrest；skid；Johnson bar；stopping
刹车促动缸☆actuating brake cylinder
刹车带☆brake strap{band}；back band
刹车杆[插入轮辐中]☆locker
刹车杆止动爪钮☆brake lever pawl button
刹车片☆brake pads；brake block
刹车闸☆overrun brake
刹车遮油圈☆brake grease ba{baffle}
刹车制动☆drag
刹哈石☆sachait
刹水装置☆cutwater
刹住☆trig
沙霭☆sand mist
沙岸☆sandbank；sand(y) coast{shore}；hurst
沙(海)岸☆psammolittoral
沙岸生物☆amnicolous
沙凹[激浪所成]☆cavernous sand
沙奥特风☆saoet
沙芭蒂诺红[石]☆Sabatino
沙巴棕☆sabal
沙坝☆hirst；(sand)bar；sand barrier{reef;bar}；sand dam {bank}；river bar[河成]；sandbank；hirst；river(-bar) place
沙坝间的沉积层{物}☆interbar
沙坝盆地☆barred basin
沙坝坪☆barrier flat
沙坝圈闭☆bar trap
沙坝台地☆bar platform
沙坝头☆bar head；bar-head
沙坝尾☆bar tail；bar-tail
沙斑☆sand patch
沙搬运☆sand transportation
沙包☆bagwork；sandbag
沙宝绿石☆Emerald Green
沙暴☆sandstorm；sand storm
沙爆☆blowout；sandblasting
沙崩☆sand avalanche
沙表性生{面动}物☆epipsammon

沙滨☆sandy shore
沙波☆sand wave{ridge}；bed{giant} ripple；zastruga {sastruga}[俄;pl.-gi]
沙波痕☆sand ripple
沙波系☆sandwave system
沙擦痕☆sand scratches
沙菜属[红藻;Q]☆Hypnea
沙蚕☆Nereid；Nereidavus
沙蚕迹☆Nereites
沙蚕潜穴☆Arenicolite
沙蚕属[环节]☆Nereis
沙层☆sands；sand body{bed; stratum; member; seam; layer; unit}；dene；sand；stratum of sand
沙层`总数{有效厚度}☆sand count
沙层面产率☆sand-face rate
沙层内泥{页}岩☆intro-sand shale
沙层(中)油苗☆sand shows；sandshow
沙场☆sand pool
沙尘暴☆sandstorm
沙尘窝☆dust bowl
沙尘旋风☆desert devil
沙尘影响☆dust and sand effect
沙川☆sand glacier
沙川闪石☆sadanagaite
沙床☆casting bed[铸]；sand bottom；sand{mould} bed
沙带☆sand ribbon{strip}
沙袋☆sandbag
沙岛☆cay；sand island
沙岛群☆barrier chain
沙岛泻湖☆barrier-lagoon
沙德隆矿☆shadlunite
沙的☆arenaceous
沙堤☆sand barrier{levee}；sandbar；whaleback；beam；sand
沙堤列☆barrier chain
沙堤形成☆bank build-up
沙地☆sands；desert
沙丁鱼☆sardine
沙堆☆sand drift；sand mound；bank；ball
沙堆积☆sandwash；sand-wash
沙尔木齐阶[英;J_1]☆Charmouthian (stage)
沙阜☆sand{chop} hill
沙冈☆sandhill；sand hill
沙高原☆esker delta；sand plateau
沙埂☆sand barrier
沙埂列☆barrier chain
沙钩☆(sandy) hook
沙管☆sand gall{pipe}
沙哈方程☆Saha equation
沙海☆sand sea；ergh；huge expanse of desert
沙害☆sand blockade{drift}
沙河{|洪}☆sand river{|flood}
沙赫尔☆the Sahel
沙赫(残余应力测定)法☆Sach's method
沙赫纳矿☆schachnerite
沙化的☆arenated
沙化作用☆sandification；sanding
沙獾属☆Arctonyx；sand badger
沙荒☆sandy wasteland{waste}
沙皇☆Czar
沙基底隆起☆basement hi
沙积矿床☆placer deposit
沙脊☆dune ridge
沙加兽属[蹄兔;E_3]☆Saghatherium
沙岬☆sand horn
沙间{隙}生物[砂(穴)居动物]☆mesopsammon
沙礁☆cay；sand reef{bar}；sandbar；sand cay{key}；(sand)cay；(sand)key；kay
沙金☆alluvial{placer} gold
沙金石☆aventurine
沙颈岬☆land-tied island；tombolo
沙径☆fejj；feij；feidsh；feidj
沙橘{桔}☆vermillion mandarin
沙坑☆sand hole{pit}；sandpit
沙卷☆sand auger
沙槛盆地☆barred basin
沙科虫属[孔虫;K]☆Schackoina
沙拉[美西南部]☆salar [pl.salars,salares]
沙拉风[四五月间中东干热东风]☆sharaf；sharav
沙拉拿风[西班牙东南海岸夏天的东风]☆solano
沙朗木属[P]☆Psaronius
沙浪☆sand wave
沙里策石☆scharizerite
沙砾☆gravel
沙砾的☆gritty
沙砾河床☆sand-wash；sandwash
沙砾混合沙嘴☆mixed sand-and-shingle spit
沙砾{质}泥☆gravelly mud
沙砾平坦面☆sand sheet
沙砾石冲积层☆sand and gravel alluvium
沙砾土(混合物)☆tabby
沙砾土壤☆flinty ground
沙砾质前滨☆sand and gravel foreshore
沙砾质土☆gritty soil
沙砾质相☆arenaceous-conglomeratic facies
沙利红[石]☆Sally Rosa
沙立昂☆solion
沙粒流动的河床☆sand mobile bed
沙廉榴石☆Syrian garnet
沙涟☆sand ripple
沙梁☆sandbar
沙疗☆sand therapy
沙陵☆sand-covered hillock
沙岭☆dune ridge
沙硫锑铊铅矿☆chabourneite
沙流☆sand flow{drift}
沙龙卷☆sand spout{tornado}
沙隆{|垄}☆sand swell{|ribbon}；sand ridge
沙漏☆hourglass；sand glass
沙漏构造☆sand-watch structure
沙漏式分带☆hourglass zoning
沙漏形吊管架☆hourglass type cradle
沙漏状`谷{|泉盆}☆hourglass valley{|basin}
沙滤层☆sand-filter bed；sand filter
沙滤器☆sand filter
沙罗周期☆Saros
沙埋蒸气浴☆sand steam bath
沙霾☆bai；sand haze
沙霾风☆shamal
沙煤☆sand(y) coal
沙蒙风[撒哈拉北部]☆samoon
沙米尔[宝石]☆shamir
沙面动物的☆phanerozoic
沙磨(作用)☆sandblasting
沙魔☆dust devil
沙漠☆desert；sand (desert)；Gobi；sahara[非]；raml(a)
沙漠边缘的大草原区[法]☆sahel
沙漠草原区的☆sahelian
沙漠车☆dune buggy
沙漠的☆desert；eremic
沙漠啡[石]☆Desert Brown
沙漠风暴☆sandstorm
沙漠湖☆desert lake；bajir
沙漠弧形脊☆desert ripple
沙漠化☆desertification；desert encroachment；desertization
沙漠景观☆erg landscape
沙漠扩侵☆desert encroachment
沙漠砾☆pocket rock
沙漠砾石表层☆desert pavement
沙漠砾石`滩{表层}☆desert pavement
沙漠玫瑰状晶群☆desert rose
沙漠磨光石☆desert glaze
沙漠盆地[尤美、墨]☆(desert) bolson；semibolson
沙漠漆☆varnish；veneer；desert varnish{patina}
沙漠穹残砾☆nubbin
沙漠穹隆☆pediment dome
沙漠区☆desert area；xerochore
沙漠泻湖☆desert lagoon
沙漠镶嵌盖层☆desert mosaic (ceremology)
沙漠响声☆song of the desert
沙漠学☆eremology
沙漠盐壳☆patina；desert crust
沙漠滞砾☆pavement gravel
(北非)沙漠中浅盐水湖或洼地☆chott
沙漠中盐斑地☆shott；chott
沙漠中的干谷☆akle
沙内生物☆endopsammon
沙泥蚬属[双壳;K_2]☆Leptesthes
沙盘☆sand table
沙培☆sand culture
沙坪{浦}☆sand flat；sand flat
沙坡地震岩相☆sand-prone seismic facies
沙瀑☆sand fall
沙栖的☆psammobiotic
沙栖动物☆endopsammon
沙栖蛤科☆Psammobiidae
沙栖生物☆psammon
沙桥卡钻☆bridge plug
沙穹☆sand dome
沙丘☆dune；sand dune{hill;drift}；chop hill；dene[海边]；xerophorbium；sand-covered hillock；sand-flood；downs；rig；pap
沙丘(综合体)☆dune complex
沙丘长湖☆bajir
沙丘的☆thinic
沙丘的上游侧{端}☆upstream side of dune
(充填砾石)沙丘的下游斜坡面☆downstream face of the dune
沙丘沟[撒哈拉地区]☆gassi
沙丘鹤☆sandhill
沙丘滑面顶{顶面}☆brink
沙丘荒漠☆nefud
沙丘基底☆plinth
沙丘脊间凹槽☆dune valley
沙丘间☆interdune
沙丘间的风蚀通道☆interdune passage
沙丘尖端伸出的长沙脊☆sand strip
沙丘间风槽☆gassi
沙丘间湖☆bojia
沙丘间湿地☆dune slack
沙丘陵区☆sandhills
沙丘前缘☆foredune
沙丘区☆dune field；qoz
沙丘群落☆thinium
沙丘沙漠☆edeyen；erg
沙丘向风坡☆luv-side
沙丘相推移☆dune-phase traction
沙丘效应☆duning effect
沙丘演替☆sand dune succession
沙丘移动☆migration of dunes
沙丘翼☆sand strip
沙丘植物☆thinophyta
沙丘状积砂[苏丹]☆goz [pl.gozes]
沙塞☆sand plug
沙色☆sandiness；sand colour
沙沙声☆whisper
沙山间槽地☆intramontane trou
沙上浮游{游泳}生物☆suprapsammon
沙生的☆psammobiotic
沙生动物☆psammofauna
沙生群落☆psammon
沙生生物☆ammocolous；amnicolous
沙生植物☆psammophyte；silicicole
沙石☆gravel；sandstone
沙石比[建]☆sand coarse aggregate ratio
沙石厂☆aggregate plant
沙石脊☆rampatf
沙石结构☆structure of gravel and sand
沙石配备厂☆aggregate preparation plant
沙士达山[美国加州北部山脉]☆Shasta
沙氏孢属[C_3]☆Savitrisporites
沙氏晶体☆Charcot's crystal
沙氏银杏☆Saportea
沙栓☆sand plug
沙水硅锰钠石☆shafranovskite
沙斯塔(组)[美;K_1]☆Shasta
沙斯塔统☆Shasta series
沙滩☆sand (beach;bank;bar;flat)；shoal；bank；sandy beach；sandbank
沙滩沟道☆swashway
沙滩游憩胜地[气候温和的]☆riviera
沙特阿拉伯轻原油[用来评定其他原油的质量和价格]☆arabian light
沙特阿拉伯石油☆Saudi Arabian oil
沙特白[石]☆Sunshine White
沙条☆sand streak
沙土☆sandy soil{ground}；sand (soil)
沙土荒漠☆areg [sgl.erg]
沙土流化☆liquefaction of sand
沙土路☆earthroad
沙土坍落[井中]☆sloughing of sand
沙土浴[火山区]☆earth bath
沙土植物☆silicicole
沙尾{|席}☆sand tail{|sheet}
沙窝[海滩上因水下渗造成]☆sand drip
沙隙生物☆mesopsammon
沙楔☆sand{sandy} wedge
沙蟹科☆Ocypodidae

沙蟹属☆Ocypoda
沙蟹亚科☆Ocypodinae
沙萱翡翠[石]☆New Blue
沙雪☆sand snow
沙影[背风积沙区]☆sand shadow
沙原☆sand plain
沙质☆sandiness
沙质海岸☆seabeach；sandy{sand} coast
沙质海滩☆sea sands；sand(y) beach；plage
沙质荒漠☆sand desert；erg
沙质(沙)漠☆sand(y){gravel} desert；koum [撒哈拉]；areg[撒哈拉;sgl.erg]；(kum) erg；sand desert(sea)；ergh；nefud；kum[中亚]
沙蚤☆sandhopper
沙嘴☆sand spit；sandspit
沙质土☆sandy soil
沙钟构造☆sand-watch structure
沙洲☆kay；key；diara；shoal；cay；sandbank；herst；hurst；high bed；bar；alluvion；alluvium；shelf；sand reef{bank;bar;cay}；bank；sandbar
(河中)沙洲☆bel；bela
沙洲沉积学说☆hypothesis of bar deposition
沙洲岛☆wadden island
沙洲河口☆barred estuaries
沙洲礁☆shoal reef
沙洲链☆barrier chain
沙洲台地☆bar{shoal} platform
沙蠋(属)[环节]☆Arenicola
沙蠋迹[Є-Q]☆Arenicolite
沙锥☆sand cone
沙子[细小的石粒]☆sand；grit
沙嘴☆spit；sand{barrier} spit；tongue；shoal head
沙嘴陆向扩展区☆recurve
沙嘴滩☆nehrung [德;pl.–gen]
鲨齿状突起构造☆shark-tooth projection
鲨纲{目}☆Selachii
鲨革面的☆shagreened
鲨类☆sharks
鲨类鱼☆selachian
鲨皮状熔岩☆sharkskin pahoehoe
鲨烯☆squalene
鲨鱼皮绳状溶{熔}岩☆sharkskin pahoehoe
鲨鱼状的☆sharklike
纱☆yarn；sheer；curtain-like{textile;fabric} products
纱包层☆cotton sleeving
纱包线☆cotton-covered wire
纱编丝包线☆silk and cotton-covered wire
纱布☆gauze (fabric)
纱层防塌装置☆layer locking motion
纱的长度单位☆spindle
纱冠球石[钙超;Q]☆Calyptrosphaera
纱冠石[钙超;Q]☆Calyptrolithus
纱绝缘☆cotton insulation
纱框测长仪☆counter reel
纱帽统☆Shamao Series
纱线☆yarn
纱线崩脱☆sluff-offs；shell-off；cop flying-off

shāi

筛☆screen(er)；sieve；meshwork；sift(er)；jigger；cullender；jigging；bolter；cribble；strainer；boult；bend；riddle；tamis；vibrating screen[振动]；mesh；grizzl(e)y[条]；trommel[滚筒]；eliminate through selection；scree；screening；sieving；bolt；scr
筛板☆ethmoid{deck;grid;screen;sieve} plate；deck；screen deck{cloth}；screenplate；madreporite[棘海胆]；cribrum；cribellum [pl.cribelia]
筛板附件☆fittings for screen
筛板孔形系数☆deck factor T of screed
筛板室☆sieve compartment
筛板输送{运输}机☆separator-conveyor
筛板之间通道☆access between deck
筛棒石[钙超;J_3-K]☆Ethmorhabdus
筛杯☆Coscinocyathus
筛鼻骨☆os ethmonasale
筛比☆screen{sieve} scale；sieve ratio；screen size ratio
筛壁☆Ethmophyllum
筛别分析☆mechanical gradation
筛别试验☆screen{sieve;sieving;size;screening} test
筛布☆(fin-mesh) screen cloth；bolting{sieve} cloth
(泥浆)筛布☆wire screen
筛布编织误差容限☆tolerance for wearing error
筛布垫条☆bucker-up strip
筛布(通)过泥浆能力☆screen flow capacity
筛布孔☆cloth opening
筛布面积☆wire-cloth area
筛部☆phloem
筛侧空气室跳汰机☆baum jig；Baum type washbox
筛出☆scalping-out；shake out；screen-out
筛出粗块☆scalping
筛出废料☆screened refuse
筛出废石☆screen reject
筛出废物☆screening
筛出给料中的大块☆scalp the feed
筛出岩粉☆stone screenings
筛除☆screen out；screen-out
筛除大块的格筛☆scalping grizzly screen
筛除法☆screening
筛串虫属[孔虫;C_2-P]☆Cribrogenerina
筛的☆meshy
筛底☆screen deck
筛底上的矿块☆sieve raggings
筛蝶区{骨}☆ethmosphenoid
筛堵☆screen blinding
筛法☆sieve method
筛分☆bolting；sieving；sizing；screen(ing)；screen classification{separation;sizing;out}；sift(ing)；size separation{grading}；scr
筛分长度系数☆deck factor D of screen
筛分车间☆screen house{building}；sorting plant
筛分分析☆mesh{sieving;sieve；screen(ing);grain-size;size;sizing;mechanical} test；screen(ing) test；elutriation analysis
筛分概率☆probability in screening
筛分工☆screener；screenman；screen man
筛分过的矿石☆screened ore
筛分机☆bolting machine{mill}；screener；screen (grader)；grading plant；sieving{sieve(-test);sizing;screening} machine；screening device；sizer；sifter
筛分结晶的☆subcrystalline
筛分器☆sifter
筛分曲线☆characteristic size curve；grain-size {size-distribution;sizing;screening} curve
筛分物料☆screened material
筛分效率☆efficiency of sizing；screening{sizing} efficiency
筛分型砂☆riddled sand
筛分作业模型化☆screening operation mode
筛缝☆net opening
筛格☆picket-fence
筛格古杯(属)☆Clathricoscinus
筛工☆sifter
筛沟藻属[K-N]☆Cribroperidinium
筛骨☆ethmoid (bone)；os ethmoidale
筛骨棘☆spina ethmoidalis
筛管☆sieve tube；(slotted) liner；screen (pipe)
筛管部分☆screen segment{section}
筛管尺寸设计{选用}☆screen sizing
筛管-冲管环空☆screen-tailpipe annulus
筛管-裸眼环形空间☆screen formation annulus
筛管绕丝间隙☆screen gauge
筛管制造机☆screen fabricating machine
筛过的料☆sized{screened} feed
筛号☆mesh number；gauze；(basic) mesh size；screen size{mesh}；(size of) mesh
筛后混煤[美]☆mud-screen product
筛积☆sieve deposit(ion)
筛架☆screen frame
筛浆工☆screenman
筛径☆sieve diameter
筛菌属[黏菌;Q]☆Cribraria
筛孔☆mesh (aperture)；hand-hole；picker slot；sieve mesh{opening;pore}；aperture of screen；screen hole {aperture;opening;perforation}；through；torate[孢子]；cribriporal；cell
筛孔贝属[腕;P_1]☆Coscinophora
筛孔尺寸☆screen{aperture;opening} size；size of mesh；sieve aperture size；sieve opening size
筛孔大小的序次☆screen size gradation
筛孔的☆meshy
筛孔堵塞☆screen blinding；lodge
筛孔堵塞的筛子☆chocked screen
筛孔管☆antipriming pipe
筛孔颗石[钙超;K_2]☆Cribrocentrum
筛孔可调式格筛☆adjustable-aperture grizzly
筛孔宽度☆width of meshes in a sieve
筛孔面积☆area of mesh；open area
筛孔面积百分率☆percentage of open area
筛孔目数☆screen number
筛孔球石[钙超;K-E_1]☆Cribrosphaera
筛孔有效面积百分比☆screen percentage of open area
筛孔与矿粒总表面比☆ratio of opening to total surface
筛孔中有过滤网的衬管☆button-screen pipe
筛孔状颗石☆cribrilith
筛口虫(属)[孔虫;C-P]☆Cribrostomum
筛口格涅茨虫属[孔虫;P_2]☆Cribrogeinitzina
筛框☆screen frame{boa;box;sash}；screen
筛框型{式}过滤机☆screen-frame filter
筛矿石☆scalping
筛矿室☆dozing chamber
筛篮☆basket
筛滤☆screen tailings
筛滤板☆screen filter
筛帽虫亚超科[射虫]☆Sethopiliilae
筛煤工☆screenman；screener
筛面☆deck (plate)；meshwork；screen deck {surface}；screening surface
筛面板☆deck(ing) plate
筛面比热装置☆thermo-deck heating unit
筛面的倾角☆screening angle
筛面粉的机器☆bolter
筛面夹紧☆gripping of screen surface
筛面类型☆type of screen surface
筛面有效筛分面积☆effective screening area
筛膜[菌藻]☆sieve membrane
筛磨装置{车间}☆grinding-and-sifting plant
筛目☆sieve mesh
筛目规☆mesh gauge
筛目数值系列☆sieve rating system
筛诺宁虫属[孔虫;E_2-Q]☆Cribrononion
筛 R 排料式磨矿机☆screen discharge mill
筛盘☆sieve tray
筛盘石[钙超]☆Ethmodiscus
筛球虫亚科[射虫]☆Ethmosphaerinae
筛球藻属[T]☆Sestrosphaera
筛砂☆sand sifting
筛上☆plus mesh
筛上产品☆oversize (product)；onsize；cup{retained; take-off} product；plus material；rejected{sieve; screen} oversize；sieve raggings {residue}；screen overflow{over-product;over-flow}；over-product
筛上产品集矿管☆oversize collection manifold
筛上产品排卸☆oversize discharge
筛上冲洗☆dillying
筛上物☆residue on the sieve；overtails；oversize
筛上物排料刮板☆overflow discharge plough
筛身☆screen box
筛石厂☆screening plant
筛石机☆bolter
筛石筛☆rock screen
筛式分离器☆screen separator
筛式圆盘喂料机☆circular screen feeder
(不带中心管的)筛套☆screen jacket
筛体后支撑☆screen body support at back end
筛体前支撑弹簧☆spring for screen body at front end
筛条☆grizzly{grate;screen} bar；grizzle；screen strip；grating
筛条棒☆grate bar
筛条间距☆bar spacing
筛筒☆cylindrical screen
筛网☆grit；cullender；screen mesh{panel;cloth; grid}；mesh{sifting} screen；tamis；sieve；strainer
筛网冲洗☆cloth wash
筛网粗粒☆shorts
筛网孔眼☆screened port
筛网排料式(球)磨机☆screen-discharge{-type} mill
筛网自动跟踪装置☆automatic cloth tracker unit
筛析☆fractional{grating;screening;screen;grading; sieve; mesh} analysis；screen test
筛析标☆sieve ratio
筛析表☆sizing{size} plot
筛析曲线☆grain-size distribution curve；screen analysis curve
筛析数据☆size data
筛析样品☆screening sample
筛析终点☆end point of screening
筛希望虫属[孔虫;N_3-Q]☆Cribroelphidium

筛下产品☆undersize (collection); hutch product[跳汰机]; fell; screen under flow; screen throughs{undersize;underflow}; through (product); screening; passings; hutchwork
筛下产品集矿管☆undersize collection manifold
筛下的☆undersized
筛下粉矿☆ore screenings
筛下矿石☆hurdled ore
筛(滤)下来的杂质☆sifting
筛下料☆minus-sieve
筛下品☆passing material
筛下气室跳汰机☆Batac{Tacub} jig
筛下烧结矿粉末☆sinter screenings
筛下水[跳汰机]☆back{underscreen} water; backwater
筛下物☆minus material; screen underflow; subsieve fraction; undersize
筛下物密度{比重}测定{试验}☆spigot-density test
筛下物卸料刮板☆underflow discharge plough
筛下细煤称量机☆billy
筛下原矿粉☆(run-of-mine) screenings; R.O.M.
筛箱☆screen body{box}
筛屑☆screenings; chippings; sieve retention; fines; sievings; shiftings; sifting
筛型干燥机☆screen-type drier
筛序☆gradation; screen scale; scale screen series; screen size (gradation); sieve scale{series; ratio}
筛旋虫属[孔虫;C_1]☆Cribrospira
筛选☆screen(ing); dressing by screening; grading; sift(ing); ore dressing by screening; scr; selection by sifting; select; sizing; filtration; sieving
筛选的砂和砾石[完井时在衬管中用的砂砾]☆assorted sand and gravel
筛选分析试验☆sizing-sorting-assay test
筛选过的物质☆screening
筛选机☆bolter; bolting mill{machine}; (screen) grader; sieving{screening} machine
筛选矿石☆screened ore
筛选砾石☆graded gravel
筛选煤☆sized coal
筛选砂☆riddled sand
筛选试验☆shaker{screening} test
筛选效应☆sieve effect
筛眼☆cell; hand(-)hole; sieve{screen} mesh; mesh
筛样☆screening sample
筛样机☆sieving machine
筛余☆debris; residue
筛余粗料☆reject
筛余物☆screen tailings{residue}; residue on the sieve; sieve retention{residue}; screenings; tailing
筛渣☆sieve residue{retention}; overtails; screenings; screen residue
筛制☆sieve scale{series}
筛状变晶☆diablastic (texture)
筛状变嵌晶[结构]☆sieve-like poikiloblastic
筛状的☆cribriform; cribellate[孢]; cribrimorph[苔虫;唇口]
筛状构造☆mesh{sieve} structure
筛状结构[丝炭的原植物细胞结构]☆sieve(-like) texture; screen structure
筛状壳口[孔虫]☆cribrate
筛状组织☆phloem; sieve tissue
筛子☆screen; griddle; boult; hurry; sieve; seed screen; s(h)ifter
筛子安装平面☆screen floor
筛子的生产率☆screen capacity
筛子过滤布☆mesh screen cloth
筛组☆set of sieves

shài

晒☆sun; solarization
晒白☆bleach
晒斑☆sunburn
晒干☆dry in the sun; sun drying; desiccate
晒干的木料☆desiccated wood
晒黑☆suntan; sunburn
晒红(皮肤)☆sunburn
晒焦☆sun-scald; sunburn; barkscorch
晒蓝图☆cyanotype; blueprint
晒裂(泥块)☆sun crack
晒泥场☆sludge drying bed; sun sludge field; drying mud yard
晒片机☆printer
晒融再冻雪面☆sun crust
晒伤☆sunburn; sun-scald; barkscorch
晒图☆print
晒图机☆ozalid; blueprint{blue-printing} machine; blueprinter; printer
晒图纸☆heliographic{blueprint;printing} paper
晒相☆sticking
晒像速度☆print speed
晒像灯☆printing lamp
晒像机☆copy(ing){copier} machine; photoprinter
晒印☆print(ing)
晒印机☆copying apparatus
晒印相片☆contact print; photoprint
晒印员☆photoprinter
晒制盐☆solar salt

shān

珊瑚☆coral
珊瑚暗礁☆boiler (reef); coral shoal
珊瑚壁☆theca
珊瑚虫☆coral (polyp;insect); polyp[腔]; Anthozoa
珊瑚虫的☆actinozoan
珊瑚虫纲☆Anthozoan; anthozoa; Actinozoa(n)
珊瑚虫花☆Anthozoa
珊瑚丛☆coral coppice{thicket}; coppice; copse
珊瑚单体☆corallite; solitary coral
珊瑚纲☆Anthozoa
珊瑚隔壁羽榍连接线☆axis of divergence
珊瑚个体☆cup coral
珊瑚骨素☆sclerenchyma; scleroderm; sclerenchyme
珊瑚和藻类沉积☆coralgal
珊瑚红[石]☆Rosso Alicante; Coralito
珊瑚化石☆corallite
珊瑚灰岩土☆coral limestone soil
珊瑚礁☆key; kay; cay; coral reef
珊瑚礁(海)岸☆coral-reef coast
珊瑚礁岛☆coral-reef cay
珊瑚礁屑角砾岩☆coral rag
珊瑚礁岩覆盖岛☆reef-coated island
珊瑚菌属[真菌;Q]☆Clavaria
珊瑚类☆actinozoan; anthozoa
珊瑚玛瑙[德]☆korallenachat; coral {-}agate
珊瑚目☆gorgonacea
珊瑚群体☆polyparium; polypary
珊瑚砂岛☆sand key{cay}
珊瑚体☆corallum [pl.-lla]
珊瑚体的繁殖☆increase of corapllite
珊瑚文石☆coralloidal aragonite
珊瑚屑混合沉积☆cascajo
珊瑚芽体☆hystero(-)corallite
珊瑚芽螅☆anthozoan polyp
珊瑚岩帽☆coral cap
珊瑚友螺属[E-Q]☆Coralliopbila
珊瑚藻☆coralgal; nullipore
珊瑚藻(属)[钙藻;C-Q]☆Corallina
珊瑚藻类☆corallineae; coralline algae
珊瑚藻类边缘脊☆coralgal ridge
珊瑚藻岩☆coralgal rock
珊瑚质的☆corallaceous
珊瑚洲☆coral shoal; coral-shoal
珊瑚状(的)☆coralloid(al)
珊撒风☆See “桑萨风”
杉☆cryptomeria
杉粉属[K_2-N_1]☆Taxodiaceae-pollenites
杉硅钠锰石☆saneroite
杉科☆taxodiaceae
杉树状岩盖☆cedar-tree structure; christmas tree laccolith
杉型木(属)☆Taxodioxylon; Araucarioxylon
杉叶藻属☆hippuris
(配电装置的)栅☆cubicle
栅板☆grid plate; baffle
栅磁方位角☆grid magnetic azimuth
栅地-阴地放大器☆cascode
栅电流☆gate current
栅(极)发射☆grid emission
栅负电压☆bias
栅(形电)极☆grid electrode; baffle; mesh electrode
栅极变压器☆grid transformer
栅极电池☆trigger battery
栅极回路☆gird return
栅极检波☆grid rectification; (cumulative) grid detection
栅极结构☆gate structure
栅极支架☆grid support
栅(极)控(制)管☆grid-control tube
栅控信号☆gate control signal
栅流截止信号分离器☆grid current cut-off separator
栅漏☆grid leak
栅漏电流☆gate leak(age) current
栅漏整流☆grid-leak rectification
栅偏压☆grid bias{priming}; priming; C-bias; g.b.
栅屏☆grid screen
栅(流)陷(落式测试)振荡器☆dipmeter
栅形场信号发生器☆grating generator
栅源电容☆gate-source capacitance
山☆mountain (slope); djebel; jabal; mount; jebel; hill; massif; daung; hillside; berg; gable; taung[缅]; montes[月面]; slieve[爱]; Mt.
山隘☆ghaut; ghat
山鞍☆saddle; nek
山案座☆Mensa; Table Mountain
山凹☆coire; corrie; sag; cove; rincon[西]
山坳☆col; lap
山坝☆mountain barrier
山背风☆yamase
山崩☆landslide; landslip; landsliding; landfall; (slide) debacle; avalanche; mountain creep{slide}; (rock) slide; mountain-slide; rock-slide; avalanche of rock; landcreep; eboulement; land fall{slide}
山崩凹地☆(landslide) scar; avalanche scar
山崩沟☆muren
山崩湖☆lake due to landslide; landslide lake
山鼻子☆spur
山边☆sidehill
山边沟☆hillside ditch
山边界层增厚☆boundary-layer grow
山边渠道☆side hill canal
山侧[缅]☆side(-)hill; versant
山岔☆offspur
山成转{脉力}矩☆mountain torque
山鹑红砾石☆Berccia Pernice
山岛☆mountain island
山道☆trail
山德(火成岩)分类☆Shand's classification
山的☆montanic
山的(突出部)☆counterfort
山地☆mountain (land); mountainous terrain{area; region;country}; serra; fields on the hill; hilly area{country}; hillside field; upland
山地避暑地☆hill station
山地草场☆patana
山地的☆montane
山地工程☆proving hole
山地和山谷风☆mountain and valley winds
山地牧场☆gwaun
山地前缘[月质]☆hadeley delta
山地水文学☆orohydrography
山地土壤☆orogenic soil
山地形成学☆orology
山地植物☆orophyte
山巅解冻☆upbank thaw
山靛[有毒植物]☆mercury
山顶☆crest; brow; (mountain) top; summit; crib; cumbre; kyr; crown; peak; comb
山顶冰劈碎屑☆mountain-top detritus
山顶槽☆ridge-top trench
山顶洞人☆Upper Cave Man
山顶面平齐☆accordance of summit levels; concordance of summit level
山顶平齐☆concordance of summit levels; summit concordance
山顶平齐面[德]☆gipfelflur
山顶准平原☆peak peneplain
山东虫(属)[三叶;$Є_3$]☆Shantungia
山东古地块☆Shantung massif
山东壳虫属[三叶;Є]☆Shantungaspis
山东鸟(属)[N_1]☆Shandongornis
山对称岩盖☆symmetric laccolith
山多{桑托}林火山灰水泥☆Santorin cement
山矾粉属[孢;N_1]☆Symplocoipollenites
山矾属☆Symplocaceae; Symplocos
山峰☆pin; mountain peak{crest}; peak; ben; cima; pike; meall
山峰高度一致☆accordance of summit levels
山风☆mountain breeze{wind}; bergwind
山腹平地☆bench

山冈☆hump
山根☆(mountain) root；root of mountain；buttress；the foot of a hill
山根带☆downward bulge；root zone{scar}
山沟☆trench；gully；ravine；(mountain) valley；remote mountain area
山谷☆(mountain) valley；intermont；clough；ravine
山谷冰川☆valley(-type){intermontane} glacier
山谷风[意大利哥莫湖的一种日风]☆breva
山谷式充填型堆浸☆valley-fill heap leach
山谷天线☆valley-span antenna
山谷小溪☆quebrada
山固体含量百分数☆percent solids
山核☆mountain core
山核桃☆Chinese walnut；carya；hickory (nut)
山核桃粉属[孢;K_2-N]☆Caryapollenites
山核桃壳☆pecan shell
山核桃属[K_2-Q]☆Carya
山褐铁矿☆mountain brown ore
山洪☆torrent；torrential flood；freshet
山洪暴发☆flash flood
山洪(越渠)陡槽☆over chute
山弧☆mountain arc{garland}
山獾属[Q]☆Helictis
山环☆mountain garland
山黄麻属☆trema [pl.tremata]
山汇☆mountain structure{mass;knot;fold}
山基坡☆plinth
山脊☆mountain ridge{crest}；(ridge) crest；back；ridge；horst ridge；coomb(e)；comb(e)；back-bone；chine；drum；coom
山脊口☆cof
山脊线☆topographical crest
山尖山☆butte
山间(的)☆intermontane；intermountainous；inter mont
山间隘口☆notch
山间凹槽☆mountain trench
山间凹地☆intermontane depression；intermont；lap
山间坳陷☆intermontane deep{depression}；interdeep；intermountain deep
山间地槽☆idiogeosyncline
山间地带☆intermontane{intermountain;intramontane} space；zwischengebirge
山间地区☆intermountain{intermontane} area
山间高原☆intermontane{intermountain} plateau；puna
山间海槽☆intramontane trou；intramentane trough
山间急流☆torrent
山间盆地☆intermountain(ous){intermont(ane);intramontane;orographic} basin；innertief[德]
山间盆地冰川☆intermont{intermontane} glacier
山间平原☆bolson{intermontane;intermountainous} plain
山间碛原☆mountain pediment
山间通道☆cajon
山间小高平原☆yaila
山间小湖☆tarn
山肩☆shoulder；replat
山碱[$Al_4(Si_4O_{10})(OH)_8 \cdot 4H_2O$]☆mountain{rock}soap；bergseife
山涧☆ravine；quebrada；mountain stream；gill
山椒鱼科☆Hynobiidae
山脚☆bottom；base；spur
山脚沟☆hillside{hill-side} ditch
(在)山脚下的☆submontane；submontanous
山结[如帕米尔]☆plexus of mountains；(mountain) knot
山金☆mountain{reef} gold
山口☆gap[地貌]；col；hause；mouth；haws；ghaut；slip；(mountain) pass；ghat；collado；slap；cove；lak；puerto
山口石☆yamagutilite；yamaguchilite
山口台地[印]☆balaghat
山拉普拉斯方位角☆Laplace azimuth
山榄粉属[孢;K_2-Q]☆Sapotaceoidaepollenites
山梨酸酯[CH_3CH:$CHCH_2CHCOOR$]☆sorbate
山梨糖☆sorbose
山黧豆螺属[E-Q]☆Latirus
山狸☆sewellel；Aplodontia
山理学☆orography；orology
山砾石☆pit gravel
山沥青☆mountain pitch
山链☆(mountain) chain；cordillera
山链轴地☆protaxis
山梁☆flat-topped ridge
山岭☆serra；range；mountain range{ridge}；a chain of mountains
山岭断谷{洼地}相间沙漠区☆mountain and bolson desert
山龙眼粉属[孢;E-N_1]☆Proteacidites
山龙眼科☆Proteaceae
山龙眼叶属[K_2]☆Proteaephyllum
山麓☆foothill；piedmont；foot of slope；bottom；base
山麓冰川☆bulb glacier；piedmont ice{glacier}；malaspina{ice-foot} glacier
山麓冰川扇☆ice fan
山麓残砾☆nubbin
山麓冲积外伸阶地☆suballuvial beach{bench}
(在)山麓的☆submontanous；submontane
山麓堆积☆talus (accumulation;deposit)；piedmont deposit
山麓堆积锥☆talus cone
山麓干三角洲组合☆alluvial bench
山麓河间坪地{平台}☆piedmont interstream flat
山麓缓斜平原☆pediment
山麓阶☆piedmont benchland；piedmonttreppe
山麓宽通道☆pediment gap
山麓砾积平原[塔里木盆地]☆sai
山麓砾原{石}☆piedmont gravel
山麓联合干三角洲☆alluvial bench；bajada
山麓露头☆outfall
山麓喷发☆excentric eruption
山麓坡☆toe slope
山麓侵蚀面作用☆pediplanation
山麓侵蚀平原☆pediplane
山麓侵蚀坡☆rock floor
山麓泉☆vauclusian spring
山麓裙带☆piano
山麓深井☆gemma
山麓碎石☆scree；cliff debris；run-of-bank stone；glidder；run of hill
山麓碎石斜坡☆scree slopes
山麓碎屑平原☆waste plain
山麓洼地☆piedmont depression
山麓型冰川☆piedmont-type glacier
山麓岩屑物质☆scree material
山峦☆chain of mountains；multipeaked mountain；chains of mountains
山峦起伏☆undulating hills
山萝卜粉属[孢;K_2-Q]☆Scabiosapollis
山马(属)[E]☆Orohippus
山脉☆mountain (range;chain;uplift)；range；djebel；chain{range} of mountains；chain；jabal；berg；cordillera；jebel；ghaut；ghat；montes；Ra.；mts.
山脉残脊☆nubbin
山脉的支脉☆offspur
山脉交会处☆plexus of mountains
山脉锐接☆linkage
山脉束☆syntaxis
山脉中轴☆protaxis
山毛榉☆beech；fagus
山毛榉粉属[孢;K_2-N_1]☆Faguspollenites
山毛榉科☆Fagaceae
山毛榉煤☆beech coal
山毛榉属[植;K_2-Q]☆Fagus
山帽云☆standing cloud
山梅花[虎耳草科,锌局示植]☆Philadelphus；Mock orange
山木矿☆agaric mineral
山南矿脉☆sun vein
山泥炭☆mountain peat
山坡☆(mountain) slope；hillslope；versant；brae；coteau[法;pl.-x]；sidehill；(natural) hillside；backfall；downhill；side；mountainside；side-hill；hill slope；clivis[解]；declive[解]
山坡不对称定律☆law of unequal slope
山坡草地☆patana
山坡地☆shoulder
山坡陡谷☆kloof
山坡覆盖工程☆hillside covering works
山坡干谷☆coom；coombe；coomb；combe
山坡灌溉水沟☆catchwork
山坡后退风化☆backweathering
山坡滑坡☆open hillslope landslide
山坡开阶☆side-benching
山坡蠕流☆hill-creep
(在)山坡上营造森林☆put the hillside under timber
山坡物质蠕动☆hill(side) creep
山坡下部☆underfall
山坡栅栏工程☆hillside fence works
山前坳陷☆piedmont depression；foredeep
山前带☆mountain front；foothill belt
山前地带☆foreland；frontland；piedmont；front land
山前地堑☆range-front graben
山前湖☆alpine border lake
山前(地)区☆submountain region
山前上冲断层☆piedmont overthrust
山前型冰川☆piedmont-type glacier
山(形)墙☆gable；head wall
山墙顶石☆apex stone of gable；saddle{apex} stone
山墙端盖顶石☆fractable
山墙角石☆kneestone
山倾构造运动☆orocline
山丘☆massif；hill
山区☆mountain(ous) area{region;terrain;land}；rough country；terrain；torrent tract
山区的穹形沼泽地☆bay
山区干河口☆imi
山区急流☆hill-torrent
山区绵亘☆range
山曲☆oroflex
山(向)曲(转)的☆oroflexural
山群☆mountain group；group of mountains
山柔皮[由纤维组合而成之薄片]☆attapulgite；palygorskite；mountain leather
山乳☆agaric mineral；rock{mountain} milk
山软木☆palygorskite；attapulgite
山扇面☆bahada；bajada
山上升温☆upbank thaw
山上小湖☆tarn
山石材料☆stone material
山石棉☆mountain wood
山势特性☆orographic character
山水画☆landscape painting
山水绿[石]☆Kinawa Light
山唐尼阶☆See“桑托阶”
山桃类☆Myricaceae
山体☆mountain mass{structure;fold}
山体滑坡☆mountain {natural terrain} landslide
山体(滑坡)灾害缓减措施☆natural terrain hazard mitigation measures
山头云☆helm cloud
山外盆地☆extramontane basin
山旺统☆Shanwan Series；Miocene
山尾端面☆spur-end facet
山文线☆orographic line
山文学☆orography
山雾☆mountain fog
山西螺(属)[腹;P]☆Shansiella
山西式铁矿床☆Shansitype iron ore deposits
山西台拱☆Shansi Anticlise
山溪☆mountain stream；torrent
山系☆mountain system；cordillera；chain of mountain
山峡☆notch；donga；pongo；gorge；defile
山峡风☆mountain-gap wind
山心☆mountain core
山形☆montiform
山形断层☆orographic fault
山形钩☆double hook
山形墙☆pediment；gable
山形图☆orogram
山形纹(章)构造☆chevron structure
山形仪☆orograph
山形藻属[E_2]☆Montiella
山崖☆cliff；mountain scarp
山岩☆cliff
山岩压力☆rock pressure
山羊(属)[Q]☆Capra；goat
山阳☆adret；adretto
山腰☆mountainside；hillside；halfway up the mountain；mountain slope
山腰泉☆hill{hillside} spring
山药☆yam
山银花[忍冬属之一种，Ag，Au 指示植物]☆Lonicera confusa；honeysuckle
山阴[法]☆ubac
山影法☆hill shading method
山(坡阴)影法☆hill shading；hillwork
山影图☆hill-shaded view
山萮菜☆wasabi
山萮酸☆behenic acid

S

山原☆plateau mountain；peak plain
山岳☆mountain；lofty mountains；massif
山岳冰河区☆mountain glacier region
山岳成因学☆orology
山岳的降水☆orographic rainfall
山岳的形成☆diapiric orogenesis
山岳地槽☆orogeosyncline
山岳地带☆rough country；mountainous terrain
山岳地区☆mountainous region
山岳形态因素☆orographic factor
山岳岩体☆group of mountains；mountain mass
山岳雨☆orographic rainfall{precipitation}；orographical rain
山岳症☆soroche
山楂☆hawthorn
山楂属[K_2-Q]☆Crataegus
山脂土☆rock soap；oropion
山纸☆mountain paper
山志的☆orographic
山志学☆orography；oreography
山中裂缝中的岩石☆chockstone
山茱萸(属)[K-Q]☆Cornus
山茱萸粉属[E]☆Cornaceoipollenites
山茱萸科☆Cornaceae
山主元搜索☆pivot sear
山状☆montiform
山字形{型}[构造;Є]☆epsilon type；ε type
山足面☆pediment
山足面化(作用)☆Pedimentation
山足平面☆pediplane
山足平夷(作用)☆pediplanation
山足平原☆pediplain
山嘴☆(mountain) spur；nose；hoo；prong；nab
山嘴三角面☆spur-end facet
钐☆samarium；Sm
钐钕年龄测定法☆Sm-Nd dating method
钐石榴石☆samarium garnet
(大)舢板☆pinnace
舢板螺属[腹;K_2-Q]☆Cantharus
删除☆deletion；delete；cancellation
删除时间☆peel-off time
删除信道☆erasure channel
删除信号☆deleted signal
删掉☆erasure
删改记录☆deletion record
删行字符☆line deletion character
删减☆cut down
删节☆cut (down)；omission
删去☆cancellation；crossing{strike} off；delete；dash {-}out；erase；dele；cancel
删去的东西☆cutout
删去符☆cancel{erase} character
煽动☆instigate
煽动性的☆incendiary
煽动者☆sower
扇出☆fan out
扇入☆fan-in；fan in

shǎn

闪☆lightning
闪安山岩☆amphibole-andesite
闪安岩☆suldenite
闪暗霞正长岩☆amphibole malignite
闪斑☆glitter
闪斑玢岩☆ortlerite
闪爆弹☆flash-band；stun grenade
闪铋矿[$Bi_4Si_3O_{12}$]☆bismuth blende；agricolite；eulytite；eulytine；kieselwismuth[德]
闪避☆duck
闪玻基辉橄岩☆amphibole-lujavrite
闪长斑岩☆diorite-porphyry
闪长变质岩类☆palite
闪长玢岩☆diorite-porphyrite
闪长岩☆diorite
闪长岩的☆dioritic
闪长岩化(作用)☆dioritization
闪长岩类[野外用]☆dioritoid
闪长质脉岩☆tandileofite
闪川石[$(Mg,Fe^{2+})_{17}Si_{20}O_{54}(OH)_6$;斜方]☆chesterite
闪磁化力☆flash magnetization
闪磁铁岩☆amphibole-magnetite rock
闪点☆flash(ing) point；fp；fl pt；fl. pt
闪电☆lightning (discharge)；bolt
闪电电流特性记录器☆fulchronograph
闪电熔石{|岩}☆fulgurite
闪电熔岩法☆fulguration
闪电式贯入体☆flash injection
闪丁古岩☆amphibole tinguaite
闪动作☆snap action
闪顿叶岩☆shineto shales
闪方钠正长岩☆amphibole sodalite syenite
闪放电☆lightning discharge
闪沸煌岩☆amphibole-monchiquite
闪沸绿岩☆amphibole teschenite
闪橄榄岩☆olivinite；amphibole-peridotite
闪镉矿☆cadmium blende；greenockite
闪汞矿☆mercury{mercuric} blende
闪古橄榄岩☆valbellite
闪光☆glisten(ing)；glist(er)；flash(ing)；flicker；burst；blink(er)；scintillation；schiller；glare；spark；blaze；streak；chatoyment；chatoyancy；shimmer；splash；schillerization；prefulgency；stroboflash；sparkle；glint；flash-light；fulguration；stroboscopic light；twinkling；a flash of light；gleam；glitter
闪光报警信号机☆flashlight crossing-signal
闪光变彩☆change of color；labradorescence
闪光常数☆glare constant
闪光灯☆flash(-)light；flash lamp{bulb}；blinker；flashbulb；(photo) flash；photoflash[摄]；FL
闪光灯标☆strobeacon
闪光电弧☆flash-arc
闪光对焊☆flash butt welding；resistance flash welding
闪光对焊接头☆flush weld tool joint
闪光非金属结晶☆spar
闪光构造☆schiller structure
闪光管☆flashtube；speedlight；flash tube
闪光光谱☆flash spectrum
闪光焊覆层☆flash coat
闪光焊接(钻杆接头)☆flash weld；FW
闪光环☆zipper
闪光结构☆ray structure
闪光警戒标☆blinker
闪光矿[Pb,Mn,Mg,Ca 及 Na 的硫酸盐]☆lamprophan(it)e；lamprofan
闪光煤☆lustrous coal
闪光三角测量☆flare{flash} triangulation
闪光摄影☆spark photograph
闪光石☆chatoyant；lamprophanite
闪光体☆twinkler
闪光效应☆stroboscopic effect
闪光信号☆flash(ing){flicker(ing)} signal；flasher；flare；blinker；flashing light (signal)
闪光信号报警器☆flashing signal alarms
闪光仪☆stroboscope
闪光泽☆glistening luster
闪光指示箭头☆flashing arrow
闪光质☆ganoin
闪黑云沸煌岩☆amphibole ouachitite
闪化辉绿岩☆ophite
闪煌岩☆camptonite
闪辉长斑岩☆aleutite
闪辉长岩☆amphibole-gabbro
闪辉二长煌斑岩☆mondhaldeite
闪辉沸霞斜岩☆lugarite
闪辉黄煌岩☆farrisite
闪辉煌(斑)岩☆garganite
闪辉碱粗面岩☆kaiwekite
闪辉蓝方斜霞岩☆mareugite
闪辉绿岩☆amphibolobase
闪辉石岩☆amphibole pyroxenite
闪辉响岩{石}☆apachite
闪辉正煌岩☆vogesite；garganite
闪回波☆lightning echo
闪火点☆flash point
闪击☆stroke
闪击雷☆lightning stroke
闪尖榴辉岩☆amphibole-ariegite
闪镜煤☆xylain
闪苦橄岩☆amphibole picrite
闪矿类[闪锌矿、红锑矿、闪铋矿、硫镉矿等]☆blende
闪亮☆flash
闪榴辉岩☆amphibole-eclogite
闪流☆streamer
闪流霞正长岩☆amphibole-foyaite
闪路☆lightning channel
闪绿泥石☆epiphanite
闪绿岩☆diorite；greenstone；black granite
闪络☆flashover；flash-over
闪络距离☆flash over distance
闪煤☆vitrain
闪美云斜煌岩☆volhyaite
闪钠正长岩☆amphibole soda-syenite
闪片麻岩☆amphibole-gneiss
闪片岩☆amphibole-schist
闪企猎辉长岩☆amphibole theralite gabbro
闪千枚岩☆amphibole phylite
闪燃☆flash burn{fire;bum}；flash
闪燃点[物]☆flash point；f.p.
闪燃光三角测量☆flash and flare triangulation
闪散☆lightning diffusion
闪闪长辉长岩☆amphibole belugite
闪闪煌岩☆amphibole camptonite
闪石[族名,旧名角闪石]☆amphibol(it)e；napoleonite
(角)闪石的☆amphibolic
闪石化☆amphibolization
闪石形绿泥石☆loganite
闪兽☆Astrapotheriurn
闪兽属[哺;E_3-N_1]☆Astrapotherium
闪烁☆glint；blink；flicker；scintilla；schillerization；scintillation；schiller；twinkle；shimmer；spangle；waver[光]；wink[光、星等]；scintigram[曲线]
闪烁玻璃☆scintillation glass
闪烁测井计数管☆scintilogger
闪烁的☆scintillant
闪烁放射线测定器☆scintillation counter
闪烁辐射☆scintillation emission
闪烁火光☆flame
闪烁计[用于分选放射性矿物]☆scintillometer
闪烁计数☆scinticounting；scintillation counting
闪烁计数器信号符合☆scintillation coincidence
闪烁晶体☆scintillating{scintillation} crystal
闪烁景☆laurence
闪烁镜[计算 α 射线等粒子数用的]☆geigerscope；spinthariscope；scintilloscope
闪烁录井装置☆scinillation drill-hole logging unit
闪烁谱法☆scintigraphy
闪烁器☆flasher；scintillator
闪烁扫描☆scintiscan
闪烁体慢中子探测器☆scintillator slow neutron detector
闪烁限度☆flicker threshold
闪烁现象☆twinkling；scintillation；scintilla
闪烁信号☆flash(over) signal
闪烁仪☆scintilloscope；scintillator
闪苏安山岩{石}☆danubite
闪苏橄榄石岩☆valbellite
闪速焙烧☆suspension{flash;shower} roasting
闪速浮选☆flash flotation
闪钛辉沸煌岩☆amphibole fourchite
闪炭☆vitrain
闪锑铁锰矿[Mn 及 Fe 的锑酸盐]☆lamprostibian
闪铜铅矿[$2Cu_2S$•PbS]☆alisonite
闪突起☆twinkling
闪图☆flash-figure；flash figure
闪顽橄榄岩☆weigelith；weigelite
闪顽火橄榄岩☆weigelite
闪纹长二长岩☆amphibole mangerite
闪霞灰玄岩☆amphibole nepheline tephrite
闪霞碱{粒}玄岩☆kulaite
闪霞岩☆monmouthite
闪现☆ray
闪响岩☆amphibole phonolite
闪象{像}☆flash-figure；flash figure
闪斜煌岩☆spessartite
闪锌矿[ZnS；(Zn,Fe)S;等轴]☆sphalerite；false galena {lead}；blende；jack；garnet{zinc} blende；mock ore；mock lead[英]；black{steel} jack；lead marcasite；pseudogalena；wild lead；zincblende；rosin jack；robertsonite；blackjack；blend；pebble jack [黏土中卵石状]；szaszkaite；merasmolite
闪锌矿型晶体☆zincblende{sphalerite} type crystal
闪性仪{计}☆klydonograph
闪烟☆glist
闪岩☆amphibolite
闪岩橄岩☆amphibole picrite
闪岩化☆amphibolization
闪焰☆flare
闪耀☆glisten；glare；glister；glance；flare；glitter；

S

glint；blaze；shining；sparkle；spark
闪耀的☆flaring；blazing；ablaze
闪耀光泽☆glistening luster
闪叶石 [$Na_3Sr_2Ti_3(SiO_4)_4(O,OH,F)_2$； $Na_2(Sr,Ba)_2Ti_3(SiO_4)_4(OH,F)_2$；单斜]☆lamprophyllite；molengraaf(f)ite
闪叶异霞正长岩☆lamprophyllite-lujavrite
闪英粒玄岩☆vintlite；vintite
闪云二长岩[角闪黑云石英中长正长岩,助记名称]☆hobiquandorthite
闪云煌岩☆amphibole-minette
闪云灰玄岩☆buchonite
闪云片岩☆amphibole-mica schist
闪云霞玄岩☆buchonite
闪蒸☆flashing；flash (evaporation;distillation;over; vaporization)；explosive boiling
闪蒸分离段☆flash trapping stage
闪蒸后卤水☆flashed brine
闪蒸面深度☆flash depth
闪蒸前钙含量☆pre-flash calcium content
闪蒸前化学组成☆preflash chemistry
闪蒸-双循环组合电站☆combined flash-binary plant
闪蒸蒸汽发电☆flashed-steam power generation
闪正煌(斑)岩☆vogesite

shàn

擅离☆desert
擅自占地者☆squatter
膳食☆meal
膳宿☆boarding
善良☆honesty
善萨博介属[C]☆Sansabella
善于适应环境的☆adaptable
善于提供信息的☆informative
扇贝☆(bay) scallop
扇贝超科☆Pectinacea
扇贝科☆Pectinidae
扇贝式射孔器☆scallop gun
扇贝形边界☆scalloped boundary
扇贝状结构☆(cusp-and-)caries textur
扇顶☆fan apex
扇顶沟☆fan-head trench
扇顶区☆fanhead
扇颚牙形石属[O_3]☆Rhipidognathus
扇房贝属[腕;S-P_2]☆Rhipidomella
扇风机☆fan (motor;blower)；ventilating fan；fanner；air machine{fan}；ventilator
扇风机出风扩散螺道☆fan-volute
扇风机串联☆fan in series
扇风机的入风孔☆ear
扇风机动压☆velocity pressure of fan；fan dynamic pressure
扇风机反向运转☆fan reversal
扇风机风道的风门☆fan-drift door
扇风机风量损失☆fan slip
扇风机风压风量特性曲线☆pressure-volume；characteristic curve of fan
扇风机风压系数☆abstract pressure head of fan
扇风机个体特性曲线☆characteristic curve of single fan
扇风机工作风阻☆working resistance of main fan
扇风机进口集流器☆fan collector
扇风机静压输出功率☆static output power of fan
扇风机静压效率☆fan static efficiency
扇风机类型特性曲线☆typical characteristic curve of fan
扇风机全压输出功率☆total output power of fan
扇风机全压效率☆overall fan efficiency
扇风机实际压头☆actual fan head
扇风机输出功率☆fan power output
扇风机引风道[联络风井顶部和扇风机用]☆fandrift；ventilator duct；fan drift
扇覆山足面☆fan-topped pediment
扇杆藻属☆Licmophora
扇蛤☆Pecten
扇蛤类☆Pectinidae
扇骨鱼亚目[D_1-P]☆Rhipidistia
扇谷[海底]☆fan valley
扇谷下端隆起带☆suprafan
扇积砾☆fanglomerate
扇间河☆intersequent stream
扇角石科☆Rhiphaeocaratidae
扇阶☆fan terrace
扇节链☆pintle chain
扇蕨☆Rhacopteris
扇孔贝属[腕;D_2]☆Rhipidothyris
扇砾岩☆fanglomerate；rana
扇(形)轮藻属[K_1]☆Flabellochara
扇面☆sector
扇鳍鱼亚目☆Rhipidistia
扇区扫描☆sector scanning
扇上河道☆fan channel
扇舌(亚目)[腹]☆Rhipidoglossa
扇石[$(Mg,Fe^{2+},Al)_6((Si,Al)O_{10})(OH)_6$]☆prochlorite
扇式喷雾器☆fan atomizer
扇树笔石属[O_1]☆Rhipidodendrum
扇体齿轮☆quad
扇通(滤波)☆fan pass (filter)
扇尾形火焰喷燃器☆fantail burner
扇尾亚纲[鸟类]☆Ornithurae；Neorifihes
扇相[北美;E_3]☆Hackberry facies
扇相模式☆fan facies model
扇形☆flabelliform；flabeliformis；flabellatus；sector；flabellate；fan-shaped；fan
扇形板给料器☆fan-shaped plate feeder
扇形变异☆sectoring
扇形冰川☆fan glacier；expanded foot；glacier bulb
扇形冰川尾☆bulb glacier
扇形布置的炮眼☆fanholes
扇形齿轮☆sector{segment} gear；quadrant；gear sector
扇形虫属[孔虫;J]☆Rhipidionina
扇形磁分析器☆sector magnetic analyzer
扇形的☆scalloped；flabellate；segmental；fan-shaped；flabelliform；quadrantal
扇形分布☆fan shaped distribution
扇形分割☆fan-segmentation
扇形高地☆scalloped upland
扇形拱☆ribbed arch
扇形环带{节}☆sector zoning
扇形火焰喷燃器☆fishtail burner
扇形截断闸门☆arc cutoff gate
扇形结构☆scalloping；scallop
扇形晶体☆sectorial crystal
扇形可回收射孔器☆scalloped retrievable gun
扇形孔☆radial hole；ring holes
扇形孔矿岩爆破量☆fan burden
扇形孔眼钻进☆fan drilling
扇形溜槽☆pinched sluice
扇形溜口闸门☆circular chute door
扇形滤波☆fan filtering；pie slice
扇形轮齿☆quadrant tooth
扇形排列法[震勘]☆fan shooting
扇形炮孔☆blasthole ring；fan；fanholes ring blasting
扇形炮孔凿岩☆ring drilling
扇形炮眼排列方式☆ring pattern
扇形{状}劈理☆cleavage fan；fan cleavage
扇形气窗☆fanlight
扇形区☆modern sectors
扇形扫描指示器☆sector scan indicator；SSI
扇形蛇丘☆esker fan
扇形射束扫描☆fan-beam scan
扇形速度函数☆sector velocity function
扇形掏槽炮眼组☆fan-shaped round
扇形体☆(toothed) segment；quadrant；quad
扇形铜片☆copper segment
扇形图解☆angle diagram
扇形推进☆slewing advance pivoting advance
扇形尾☆fantail
扇形岩堆☆fan talus；fan-talus
扇形岩塌磊☆fan-talus
扇形叶属☆Psygmophyllum
扇形藻属[硅藻;Q]☆Meridion
扇形闸门☆arc door{gate}；undercut arc gate{door}；sector gate
扇形展布滑移线☆fanning of slip lines
扇形折纸☆fanfold paper
扇形褶皱☆fan-type{fan(-shaped)} fold
扇形轴☆fanaxis
扇形浊流区☆turbidity fan
扇形钻进☆fan drilling
扇羊齿(属)[C]☆Rhacopteris
扇叶(属)[P_2]☆Rhipidopsis；flabellum
扇闸☆moulinet
扇状☆flabelliform
扇状脉☆diadromous
扇状丘☆fan-like mound
扇状尾☆fantail
扇状岩堆☆fan-talus；fan talus
扇状异常☆fan-shaped anomaly
扇状炸测{爆破}☆fan shooting
扇状枝属[植;K_1]☆Rhipidocladus
扇状组合☆fan-like array
扇浊积岩☆fan turbidite
嬗变☆transmutation；evolute
缮写☆scribe

shāng

伤☆wound
伤疤☆scar
伤病员☆invalid
伤残☆disability
伤感☆goo；sentimental；sick at heart
伤害☆hurt；disservice；injury；damage；wound；spite；harm；injure；detriment
伤寒☆typhus
伤痕☆lesion
伤口☆bite
伤口螺属[腹]☆Traumatophora
伤亡☆casualty；casualties；injuries and deaths
伤亡人数[事故]☆toll
伤心☆sorrow
伤员急救用品☆first-aid-to-the-injured appliance
商☆quotient；factor
商标☆trademark；trade{identification} mark；brand (name)；label；chop；nameplate；TM
商标的☆ideographic
商标法☆merchandise marks act
商-差算法☆quotient-difference algorithm
商船☆trader
商店☆business；shop
商定☆arrangement
商港☆commercial port
商行☆(commercial) firm；trading company；concern；business
商号☆firm；house；shop；store；company；business establishment
商级☆commercial grade
商量☆consult；consideration；talk；conference
商品☆commodity；good；commercial product；ware；merchandise；commodities；mdse.
商品材☆timber
商品产值☆value of merchandise production
商品分析☆commercial analysis
商品化☆commercialization
商品矿石配矿☆marketable ore ingredient
商品流动{转}☆flow of goods
商品煤☆commercial (disposable) coal；commercially disposable coal
商品名☆trade name；tn
商品目录☆qualified products list；QPL
商品铅☆market lead
商品天然气管道☆gas sales line
商品铜☆merchant copper
商品销售☆offtake
商品锌☆spelter
商品型号☆marque
商品油☆tank oil
商品原油[经过分离器后]☆merchantable{separator} oil；commercial (crude) oil
商品原油管道☆oil sales line
商群☆factor{quotient} group
商群分裂☆factor-group splitting
商人☆dealer；businessman；trader；business man；merchant；tradesman
商数☆quotient
商讨☆deliberation
商务☆commerce
商业☆commerce；trade；business；commercial
商业部[美]☆Department of Commerce；DOC
商业的☆commercial；merchant
商业公司☆Business Company；trading company
商业规模(地热)电站☆commercial scale plant
商业化☆commercialization
商业会议☆business-conference
商业价值☆commerciality；commercial value
商业企业☆commercial enterprise；merchandising enterprising
商业失利☆laydown

商业石油库☆depots for commercial oil
商业性开发☆commercial exploitation
商业用储罐☆commercial tank
商业中心☆mart
商议☆consult
商用级喷砂清理☆commercial blast cleaning
商用旋风分离器☆commercial cyclone
熵☆entropy；thermal charge
熵比率岩相图☆entropy-ratio lithofacies map
熵比图☆entropy ratio map
熵变☆entropy change
熵单位☆entropy unit；E.U.；gibbs；clausius unit
熵贡献☆entropy contribution
熵函数岩相图☆entropy function lithofacies map
熵率☆entropy rate
熵图☆entropy{isentropic} map
熵跃☆entropy spring
熵增加原理☆principle of entropy
熵增率☆entropy production
熵值☆entropy value
熵最小化☆entropy minimization

shàng

上车{船;飞机}☆board
上岸☆disembarkation
上岸码头趸船☆landing stage
上岸数量为准☆landed quantity terms
上凹的☆concave-up(ward)
上凹断层☆listric fault
上凹形☆upconcavity
上奥陶统☆upper{late} Ordovician
上白垩纪☆Cenomanian age
上白垩统☆upper{late} Cretaceous；Chalk
上摆动颚板面☆upper swing jaw face
上板[腹]☆superior lamella
上瓣[硅藻]☆epivalve；epitheca
上半隔板☆superior hemiseptum
上半模☆patrix
上半球☆upper hemisphere
上半体卸扣安全接头☆top half backoff safety joint
上半圆月☆first-quarter moon
上帮☆rise{upper} side；hanger；upper side wall
上薄褶皱☆supratenuous fold
上报工伤☆reportable injury
上贝尼奥夫带☆supra-Benioff (seismic) zone；SBZ
上贝氏体☆high bainite
上臂☆brachium [pl.-ia]
上边☆upside
上边带☆up side band；USB
上边缘☆coboundary
上边缘板[棘海星]☆supramarginalia
上标☆raising of indices；superscript
上表层[植]☆epithallus；epithelium
上表面☆top surface
上表皮☆epicuticle
上冰风[向冰上吹的风]☆on-ice wind
上冰碛☆supraglacial deposits
上膊骨☆humerus；humerous
上不动关节☆epizygal
上部☆top；topping；dayside；upper part
上部层☆higher slice
上部超前工作面开采法☆heading method
上部沉积☆overburden
上部衬板楔和螺栓☆upper liner wedge and bolt
上部衬胶层☆rubber top cover
上部粗圆下部细长的☆napiform
上部达尔瓦尔系☆Upper Dharwar System
上部地函计划☆Upper Mantle Project
上部地幔☆soft mantle
上部分级接箍[注水泥用套管附件]☆top stage collar
上部给进或进刀☆top feed
上部构造☆suprastructure；superstructure
上部海滩☆dry beach
上部巷道☆upper workings；top gate；brattice way
上部给料薄膜(式)浮选机☆top feed film-flotation machine
(平台)上部甲板☆Texas deck
上部阶梯{段}☆top bench
上部截槽☆overcut；overcutting
上部井段钻进☆top hole drilling
上部井筒凿井☆foreshaft sinking
上部径向轴承传动接头[螺杆钻具]☆radial bearing upper drive sub
上部开口凡尔罩☆top open cage
上部煤体垮落☆drop；drop of upper coal
上部炮孔☆ceiling hole；tophole
上部平衡配重☆upper counterweight
上部平行巷道☆top parallel entry
上部弱阻挡层☆weak upper barrier
上部掏槽☆inverted draw cut；top cut{kerf}
上部围岩☆overlying wall rock
上部岩层☆capping cap
上部岩层中松散沉积岩层☆caller
上部延长段☆top extension
(立柱的)上部移出部件☆solid upper member
上部阴螺纹-下部阳螺纹接头☆box up and pin down
上部油层的开采☆workover；W.O.
上部中间相绝缘挡[电]☆upper centre phase barrier
上部重块☆upper weight
上采☆high cutting
上彩釉的陶器☆faience
上槽型[前接合缘]☆episulcate
上侧☆upper{superior} side
上侧板☆cheek plate upper
上侧张紧的传动皮带☆belt driving over
上测☆up run
上层☆ectosexine；upper bed{layer;levels;strata}；topside；overstorey；topdeck；top ply{leaf}；topping；epitheca[原生]
上层的☆incumbent；supernatant
上层级☆upstage
上层建筑☆superstructure
上层煤☆day-coal
上层清液☆supernatant
上层圈气流研究☆aeronomy
上层水☆head{upper} water
上层遗留河道☆superimposed channel
上层云☆high cloud
上层滞水☆perched (ground)water；upper perched ground water；vadose{upstream} water
上层滞水丘☆perched mound
上层种☆pelagic species
上插销☆bolt
上差☆upper deviation
上铲式单斗挖掘机☆vertical arc-type loader
上长冲程☆upstroke
上超☆onlap
上潮间{|上}带☆upper intertidal{|supratidal} zone
上潮间{|上}带相☆upper intertidal{|supratidal} facies
上承压层☆upper confined bed
上匙骨☆supracleithrum
上耻骨☆os epipubis{epigastroidale}；epipubis；epipubic
上冲☆thrust (up)；upcast；thrusting；overthrust；upthrow；uprush；overshoot(ing)；upthrust
上冲程☆stroke up
上冲断层☆upthrust (fault)；overthrust (fault)；over {reversed;thrust;up-thrown} fault；over(-)fault
上冲断块☆overthrust{upthrust} block；up trust block；upthrusted fault block
上冲断块宽度☆width of overthrust block
上冲流☆swash；uprush
上冲片体☆overthrust slice
上冲刷坡☆upper wash slope
上抽干燥{|冷却}风机☆upblast drying{|cooling} fan
上抽式炉☆updraft furnace
上出绳☆overlap rope
上船{车;飞机等}☆boarding
上窗型[茎孔;腕]☆epithyrid
上吹☆top blast
上唇[节]☆labrum [pl.-ra]
上刺状突(起)☆upper-aristate process
上次☆last (time)
上搓断层☆trap-up
上错扣☆cross threading
(上紧钻杆的)上大钳☆lead tongs
上带装载式皮带运输机☆top-loading belt
上导坑法☆top heading method
上灯时间☆candlelight
上等的[法]☆deluxe
上等块煤☆fancy lump coal
上等品类☆select grade
上等原油☆prime crude oil
上地幔☆upper{outer} mantle；exo-mantle
上地壳☆supracrust
上地使用费☆easement
上地围垦☆land accretion
上第三系☆Neogene (system)；N
上颠(幅度)☆scend
上叠☆super position
上叠冰川☆inset ice stream
上叠构造☆superposed tectonics；superimposed structure
上叠三角[钙超]☆upper triplet
上叠沙丘☆climbing{rising} dune
上叠扇☆suprafan
上定点☆top center；TC
上定{|动}颚板☆upper fixed{|moving} jaw
上动型颚式破碎机☆dodag breaker
上端☆upper end{extreme}；head；topping
上端朝下☆upside down
上端沉淀精矿☆head tin；headings
上短节☆head sub
上段[中胚层]☆epimere；upcast；pleurite
上段层☆superincumbent bed
上段承载式胶带输送机☆top-loading belt
上段(运输)带☆top belt
上段炉膛☆upper stove
上段式斗链挖掘机☆high-cut bucket chain excavator
上段式多斗挖掘机☆bucket excavator for upward scraping
上段四程式胶带输送机☆bottom-belt{-loading} conveyor
上舵杆☆rudder spindle{pin;stock}
上额齿周边瘤☆parastyle
上轭☆yoking
上颚[昆]☆mandibula；mandible
上颚臼齿列☆upper molar series
上颚须[昆]☆mandibular palpus
上珥☆supralateral tangent arcs
上耳骨☆epiotic；os epioticum
上二叠纪☆Grauliegendes epoch；Lungtan series
上发条☆wind (up)
上发条的钥匙☆winder
上翻☆upturning
上反角☆dihedral
上返流☆upward flow
(泥浆)上返速度☆up-hole{upward} velocity
上返钻液☆returning fluid
上分层☆higher slice
上分台阶☆high substep
上分支☆top set
上蜂巢层[孔虫]☆upper keriotheca
上风☆upcast (air)；upwind
上风侧☆weather-slide
上风的☆weather-side
上风管☆upcast ventilation pipe；ventilating pipe
上风井☆outlet{upcast} shaft；upcast (pit)；uptake
上风立{竖}井☆discharge air shaft
上风面☆up-wind side；windward
上风桥☆overcast air bridge
上风向☆upper drift
上风岩☆weather shore
上伏板块前缘☆front of over-riding plate
上浮介质流☆ascending media current
上浮能力☆floating ability
上浮时间☆ascent time
上浮物☆float product
上浮液体层☆supernate
上覆冰川☆riding glacier
上覆不透水层☆overlying impervious bed
上覆层☆overlying stratum{strata}；superimposed bed {seam}；superjacent seam{stratum}；overlie；overburden；superstratum [pl.-ta]
上覆层揭露图☆supercrop{worm's-eye} map
上覆层序☆supersequence
上覆的☆superincumbent；overlying；incumbent；overlain；superjacent
上覆地层☆burden
上覆构造☆superstructure；suprastructure
上覆荷载☆cover load
上覆土☆superimposed soil
上覆压力☆burden{overburden} pressure
上覆岩层☆overburden (rock;strata)；overlying rock {formation}；lap seam；superincumbent stratum
上覆岩层压力梯度☆overburden gradient
上腹甲☆epiplastron (onlap)
上盖☆top head{cap}
上盖层☆tegumentum

S

上杆螺钉☆step screw
上肛板☆suranal (plate)
上更新统☆Epipleistocene
(椎)上弓☆upper arc of vertebra
上拱☆upper bend；upwarp
上拱高☆depth of camber；height of arc{arch}
上拱褶皱☆upfold
上鼓室凿开术☆atticotomy
上古☆Palaeoid
上古生界☆Neopaleozoic
上骨端骨[龟类]☆epiphysis [pl.-ses]
上固定颚板面☆upper fixed jaw face
上光☆glazing；polishing；ferrotyping
上光机☆glazer
上光了的火药☆glazed powder
上硅铝壳变动级☆dermal class
上硅铝壳变形{形变}☆dermal deformation
上龟属[N_2]☆Epiemys
上海底扇☆upper fan
上海绿石砂层☆upper green sand；upper greensand
上寒武纪☆Changshanian age
上寒武统☆upper{late} Cambrian
上合☆superior connection
上颌骨☆maxilla[兽类]；upper jaw (bone)
上颌颊牙{齿}☆maxillary cheek tooth
上颌孔☆foramen maxillare
上颌片{的}☆supragnathal
上黑龙江冒地槽褶皱带☆upper Heilongjiang miogeosynclinal fold belt
上黑鹿亚属[Q]☆Epirusa
上痕迹[遗石]☆epichnia
上滑锋☆anafront
上滑坡道☆ramp for climbing
上回转台☆upper turntable
上喙骨☆os epicoracoideum{hypercoracoideum}
上击的☆overshot
上击器☆top jap
上基准垛式支架☆higher key chock
上机架☆upper frame
上机架下半部☆lower top shell
上极核☆upper polar
上极限☆ceiling margin
上级☆seniority；superior
上级的☆superior；senior
上级机关{构}☆supervising authority
上迹[遗石]☆epichnia
上颊☆temporal
上颊板☆cheek plate upper
上甲板中部☆waist
上架☆overframe
上肩胛骨☆suprascapula
上浆☆starch
上浆亚麻薄布☆tiffan
上胶☆proofing；waterproof
上胶器☆sizer
上胶塞[注水泥]☆top cement plug
上阶段☆up bench
上截式带式运输机☆top-loading belt conveyor
上截止频率☆upper cut-off frequency
上解放层☆upper working seam to provide relief
上界☆upper bound；world above；abode of the gods
上紧(泵的盘根压盖)☆pull up
上紧力矩☆make up torque
上紧螺纹☆thread up
上紧螺纹管钳☆make-up wrench
上紧扭矩☆tightening torque
(液压或气动)上紧-卸开螺纹装置☆make-up gun
上颈☆upper hind neck
上颈区☆supranuchal area
上静点☆top centre
上旧石器时代☆upper Paleolithic
上锯齿☆superior denticle
上髁☆epicondylus
上壳背板☆dorsal epithecal plate
上课☆lesson
上课日☆school day
上课时间☆session
上空☆in the sky；overhead；zenith angle
上孔虫属[孔虫;P_1-Q]☆Hyperammina
上孔型☆epithyrid
上孔亚纲[爬]☆Parapsida
上控工作面☆high face；up-face
上控式挖掘船☆up-boom dredge
上口虫属[孔虫;K_2-Q]☆Epistominella
上扣☆backup；screw on
上扣不足☆undertonging
上扣过紧☆cross threading；overtonguing
上(螺纹)扣猫头☆spinning cathead
上扣用装置☆spinning chain
上扣装置☆spin-up chain
上跨☆obduction
上跨交叉☆flyover
上跨桥☆overpass；overbridge
上跨通道☆overhead passing
上框架拱门☆top frame arch
上矿☆high-grade ore
上眶骨☆supraorbital
上拉☆(upward) pull
上拉式极绳☆overhead rope
上拉式无极绳☆over-tub{overhead} rope；endless over rope
上拉现象[地震剖面上因浅层高速层引起的同相轴隆起现象]☆pull-up
上蜡☆cere；beeswax；wax
上蓝剂☆blu(e)ing
上了胶的☆rubber-coated
上了石膏☆in plaster
上肋骨☆os epipleurale
上棱镜☆upper nicol
上敛复背斜☆abnormal anticlinorium
上亮带☆upper bright-band
上邻层☆superjacent stratum
上邻的☆superjacent；suprajacent
上零点标记☆top zero mark
上流式砂滤器☆upflow sand filter
上流压力☆upstream pressure
上龙属[J]☆Pliosaurus
上陆☆ashore
上陆坡☆upper continental slope
上履岩石☆overlying rock
上氯仿☆chloroform
上滤带☆top belt
上螺母器☆nut-runner
上螺栓[on,up]☆bolt
上螺丝器☆creeper
上幔岩☆pyrolite
上煤☆coal
上密封筒☆upper seal bore
上密封座[方钻杆防喷阀]☆upper seal support
上幂☆superpower
上面☆dayside；above；over；on top of；aforesaid；on the surface of；above-mentioned；foregoing；higher authorities；higher-ups；aspect；respect；regard；the elders；upside；uppermost；over-
上面煤层[接近地表]☆day coal
上面排料☆upper discharge
(在)上面提及之处[拉]☆ubi supra；u.s.
上模☆top mould half；patrix
上模箱☆cope
上磨环☆upper grinding ring
上磨盘☆runner stone
上磨石☆mano
上挠☆upwarping
上挠度☆camber
上挠区☆upwarped district
上泥盆纪☆Chautauquan
上泥盆统☆upper{late} Devonian
上泥釉☆slip coating
上尼科耳棱镜☆upper Nicol
上年度未决赔款责任☆loss portfolio of the preceding year
上颞孔☆foramen supratemporale
上颞颥骨☆supratemporal (bone)
上颞窝类☆Parapsida
上扭岩层应力☆overburden stress
上爬坡道[车辆]☆ramp for climbing
上爬沙丘☆climbing dune
上排泄封塞☆upper drain plug
上攀波痕纹理☆climbing-ripple lamination
上攀式[笔]☆scandent
上盘☆upside；top wall{level}；overwall；upper side{wall;plate}；hanging；roof；upper circle{case}；hanger；superjacent{superincumbent} bed；back
上盘扳手☆chuck handle
上盘断壁[逆掩断层]☆hanging-wall cutoff；leading edge
上盘断块☆upfaulted block
上盘平巷☆hanging gallery；hanging wall drift；hangingwall drift
上盘天井☆hang {-}wall raise；hanging layer
上盘下盘的闭合☆closure
上盘转动☆upper motion
上抛和下落玻璃球系统☆up and down glass ball system
上抛和下落立体角反射器方法☆up and down corner cube method
上胚轴[植]☆plumule；epicotyl
上喷水突☆superspiracular process
上皮[动]☆epithallus；epithelium
上皮癌☆epithelial cancer
上偏光镜☆analyzing prism；upper nicol{polar}；analyser；analyzer (Nicol prism)
上漂[钻孔]☆climb
上平巷☆top gate{head}；higher{upper;rise} level；upper entry{gangway}
上坡☆grade-up；up(-)slope；ascending (grade)；rise；upgrade；uphill (slope;gradient)；upward gradient；ascent；acclivity；runup；uprise；up-gradient；climbing
上坡(露天)采矿☆collar mining
上坡度☆upgrade；up gradient
上坡防退器☆hill holder
上坡风☆anabatic{upslope} wind
上坡扩散☆uphill-diffusion
上坡流☆mountain upslope flow
上坡路☆upward trend{steady progress}[向好的方向发展]；upward slope{uphill road}[由低处通向高处]
上坡平巷☆upraise drift
上坡升压泵站☆upgrade (pumping) station
上坡运输☆hauling {-}up；on grades against the loads
上漆☆varnish
上骑冰川☆riding glacier
上碛☆upper moraine
上气室☆upper chamber
上汽油(入发动机)☆dope
上牵引绳☆overhanging{overhaul} cable
上钳工☆backup man
上浅海带☆euneritic fascia；epineritic zone
(在金属片等)上敲出浮凸花纹☆snarl
上翘☆upwarp；upwarping
上壳[甲藻]☆epitheca；epitract
上壳层岩☆supracrustal rock
上壳腹(甲片)☆ventral epithecal plate
上壳古口☆epitral archaeopyles
上壳岩☆supercrust rocks
上壳翼☆carapace
上壳原孔[藻]☆epitractal archaeopyle
上切☆upcut
上倾☆updip；acclivity
(位于构造)上倾部位{方向}的井☆updip well
上倾尖灭☆updip wedge-out；up dip pinch out
上倾砂岩尖灭☆updip sandstone pinchout
上清液☆clear liquid
上穹(作用)☆updoming
上穹状☆domal
上曲式☆recurved；reflexed
上曲式的[笔]☆reflexed
上屈服`点{|应力}☆upper yield point{|stress}
上驱动[方钻杆上部动力驱动]☆top drive
上驱动锤☆up driving hammer
上取样室☆upper sample chamber
上确界☆least upper bound；supremum
上乳齿象属[N_2]☆Pliomastodon
上乳孔藻属[C_3-P]☆Epimastopora
上鳃[节足]☆mandible
上鳃骨☆epibranchials；os epibranchiale
上塞☆wiper{upper} plug
上塞法注水泥☆moving-plug method of cementing
(单用)上塞注水泥(固井)法☆top-packer method
上三叠统☆upper{late} Triassic
上三角矩阵☆upper triangular matrix
上三棱板[棘海蕾纲]☆epideltoid
上伞[腔]☆exumbrella
上色☆colo(u)r；best-quality；top-grade；colour (a picture,map,etc.)；ink application
上砂箱☆cope (box)；flask cope；top (moulding) box；top part
上山☆rise entry{heading}；go up a hill；raise；go uphill；hatching；rise(r)；uphill opening；

S

up-brown；upset；bord-up；slope；gug；steep drift；inclined winze；raising
上山方向的巷道侧帮☆upper side wall
上山巷道☆bord-up；brow-up
上山巷道侧帮☆rise side
上山绞车道☆rising mine
上山掘进☆raise advance{driving;tunneling}；incline driving；rise heading drivage
上山开拓{掘}☆raise opening
上山眼☆thorough{through} cut；tophole
上山振动式输运机☆uphill shaker conveyor
上扇☆upper fan
上上颌骨☆supramarilla
上舌骨☆epihyal；os epihyoideum
上射流器[放射性示踪测井仪的]☆upper ejector
上蜃景☆superior mirage
上升☆elevation；uplift；upcast；rise (up)；upraise；upgrading；ascent；updip；acclivity；ascend；emergence；uprising；lift；hypogene；lifting；uphill；ascension；climb；upheaval；rising；upthrow；uptake；upwelling[海流]；kite[风筝般]
上升岸☆raised bank；rising coast
上升边☆leading edge
上升滨线☆elevated{negative} shoreline；shoreline of emergence{elevation}；hegatire shoeline
上升部分☆rising segment[曲线]；incremental portion
上升侧☆uplifted{lifted} side
(断层)上升侧☆upthrow side
上升冲程☆upstroke
上升大陆☆emerged continent
上升岛☆upheaved island
上升的☆upward；hypogene；bent-up；uphill；ascending；ascensional；anogene；raised；rising；hypogenic；anogenic
上升地形☆emergent form
上升点☆point of rise；rising point
上升断层☆upcast{upthrow} fault；up-fault
上升断块☆upthrown{rising;uplifted} block
上升断块边棱☆updip edge
上升发育☆waxing development
上升分异(作用)☆ascensional differentiation
上升分支[下颚的]☆ascending ramus
上升风☆anabatic wind；upwash
上升高原[地壳]☆chapada；altiplano；diastrophic plateau
上升构造☆upward-risen structure
上升谷☆valley of elevation
上升罐笼☆upcoming cage
上升海岩☆elevated{uplift} coast；coast of elevation
上升火口假说☆elevation crater hypothesis
上升角[断层]☆angle of elevation{ascent;climb}；ascending angle
上升阶地☆raised{elevated} bench；emerging terrace；high-level beach
上升阶梯信号☆riser staircase signal
上升矿流分级机☆ascending pulp-current classifier
上升扩散☆hypogene dispersion
上升力☆uplift{raising} force
上升流☆upstream；upward current{flow}；upflow；upcurrent；upwelling (current)；lifting current
上升流井☆riser well
上升流体☆upwellings；hypogene fluid；ascending fluids
上升率☆escalating rate
上升暖气流☆thermals
上升派学说☆ascentionist theory
上升盘☆upthrown block{wall}；upcast；uplifted side{wall}；heaved{upthrown；upthrow} side；upthrow；top wall；upside[断层]
上升盆地☆elbasin
上升平台☆lift platform
上升坡度☆ascending grade；upward gradient
上升气流☆updraft；up current；updraught；upflow
上升气流风☆anabatic winds
上升气泡☆coursing bubble
上升区☆zone of uplift；positive area
上升曲线☆upcurve；ascent curve
上升(水文)曲线☆concentration curve
上升裙礁阶地☆karang
上升热流带☆upwelling hot flow zone
上升热液造成的☆telethermal
上升溶液生成的☆hypogene
上升时间☆rise time
上升水成坑[沙滩上]☆spring pit
上升水流分级管☆rising-current sizing tube
上升水流分流机☆upward current classifier
上升水流洗选机☆classifier washer
上升水脉动循环[跳汰]☆cycle of pulsion
上升水位试验☆rising-head test
上升速度☆ascending speed{velocity}；upward velocity；emergence velocity[冰]
上升通道☆channelway
上升稳定☆anastable
上升向斜高原[西]☆moela
上升斜坡☆acclivity
上升压力☆uplifting pressure
上升烟道☆uptake
上升岩☆raising coast；raised bank
上升洋流成矿作用☆upwelling-current mineralization
上升洋流磷矿成(矿)模式☆upwelling-current model of phosphate deposit
上绳☆overlying rope
上绳式☆over rope system；over-tub
上绳式无极绳☆over-tub rope
上绳式无极绳运输系统☆overtub system
上石盒子组☆upper Shihezi{Shihhotse} Formation
上石灰☆liming
上石炭统☆upper Carboniferous (series)；Coal Measures
上市☆listing
上视图☆top view
上疏松层[孔虫]☆upper tectorium
上述的☆aforementioned；preceding；above-named{-mentioned}；a.m.；an；prec
(在)上述引文中[拉]☆loco citato
上水泵☆feedpump；f.p.；feed pump
上水管☆charging{suction} pipe
上水平☆upper{higher;rise} level
上水石☆tufa
上顺槽[回风巷]☆tail gate；upper level
上死点☆upper{top} dead center{centre}；top centre；TDC；UDC
上饲式燃烧☆overfeed(ing) firing；overfeed burning
上溯☆ascent
上锁☆caging；lock
上台阶☆ascend the steps；upper berm{bench}；top bench；reach a new height
上腾雾☆lifting fog
上梯段☆upper bench{berm}；top berm
上梯段超前掘进爆破☆heading-and-bench blasting
上提☆pick up；upward strain
上提丢手☆pull-to-release
上提管柱剪切丢手☆upstrain shear release
上提管子☆dog pipe
上提式闸门☆lifting gate
上提下放式坐封☆recipro-set
上提阻力☆pickup drag
上投[断层]☆upcast；thrown up；upthrow；upslide；upleap；uptake
上投(物)☆upcast
上投侧☆upcast{upthrow;heaved;upthrown} side；upthrown wall
上投侧的☆upthrown
上投断层☆upcast{upthrown;upthrow} fault；jump-up；riser；up(-)leap；jump up
上投断块☆upfaulted block
上投型☆upthrow type
上凸层面☆epirelief
上凸轮轴☆overhead camshaft；OHC
上凸坡☆waxing slope
上凸型等温面畸变☆upward isotherm distortion
上凸形坡☆convex slope
上凸状☆domal
上涂层☆coating
上涂料☆coat；enameling；doping；dope
上推☆push up；upthrust；push-up
上推冰碛[德]☆stauchmoranen
上推力轴承☆up-thrust bearing
上推式装罐推车器☆upward cager
上臀板☆suprapygal plate
上托力☆uplift force
上驮作用☆overriding
上驼属[N]☆Pliauchenia
上挖☆updrive；high cut
上挖式挖掘船☆up {-}boom dredge
上弯虫属[孔虫;K_1-Q]☆Eponides
上弯护顶板☆turned-up strap
上桅☆topgallant mast
上尾散骨☆suprapygal
上位花的☆epicarpius；epicarpous；epicarpanthous
上位平衡☆epistatic balance
上尉☆captain
上温期☆anathermal period
上温限[生]☆upper temperature limit
上乌喙骨☆epicoracoid
上午[拉]☆a.m.；ante meridiem；forenoon
上洗流☆upwash
上下摆动☆nod
上下班时间☆commuter time
上下簸动☆jigging
上下层窗空间☆spandrel
上下冲程☆up-down stroke
上下冲击松脱钻具☆far
上下错位的阶梯式竖井☆staged tandem well-shaft
上下颚☆jaws
上下封隔器测试☆straddle-packer test
上下浮动☆float up or down
上下活动式(井壁刮)针[固井用]☆recipro wall cleaner
上下活动套管的装置[注水泥用]☆pipe reciprocator
(井)上(井)下激发极化法☆down-the-hole IP method
上下矿房☆upraise room
上下盘之间的闭合计☆closure meter
上下平巷联络巷☆linking top；bottom road
上下起伏☆heave
上下山采样分析☆raise and winze assay
上下视差☆vertical parallax
上下双链运输机☆over-and-under conveyor
上下双向竖井掘进☆over-and-under method of sinking
上下跳动☆bob
上下文[计]☆context；contexture
上下弦☆half moon；quadrature
上下限法☆up-and-down method
上、下向挖掘轮斗挖掘机☆high-deep bucket wheel excavator
上、下向挖掘挖掘机☆high-deep digger
(下井仪)上下移动方式☆yo-yo fashion
上下运动☆seesaw (motion)；alternating motion
上先出☆anadromic
上弦☆first quarter；chord；first quarter of moon
上弦横向水平支撑☆top lateral bracing；upper lateral bracing
上弦月☆first-quarter moon
上弦纵向水平支撑☆top longitudinal bracing；upper longitudinal bracing
上现(远景)☆looming
上限☆upper bound{limit;extreme;deviation}；superior{top;high} limit；maximum permissible{prescribed}；toplimit；upgrade；UL
上限尺寸☆high limit
上限粒度☆top size
上向冲程☆upstroke
上向单翼(回)采(工作面)☆overhand single stope
上向倒梯段回采面下角☆(overhand) stope toe
上向倒V形回采(法)☆rill stoping
上向倒V形梯段充填回采工作面☆filled rill stope；inclined cut-and-fill stope
上向倒V形梯段充填采矿法☆rill cut-and-fill method
上向倒V形梯段留矿工作面☆(over hand) rill stope
上向分层充填(法)☆overhand cut-and-fill
上向分层回采充填法☆open-stope and filling
上向分层柱式采煤{矿}法☆semi-open stoping method
上向分力☆lifted component
上向关闭式滑板闸门☆upward-closing slide gate
上向和下向(梯段)联合采矿法☆combined overhand and underhand stoping；overhand-underhand stoping
上向滑动☆upslide
上向回采☆working to the rise；raise mining；back{overhead} stope；overhand stoping；rise heading
上向回采工作面下角☆overhand stope toe
上向掘进☆raise mining；upr(a)ising；overbreaking；upward advance
上向掘进的井筒☆upraise shaft
上向开采☆ascending order；upward mining；working to the rise；rise working
上向孔☆overhead{up} hole；up-hole
上向流体静压☆upward hydrostatic pressure
上向爬坡道☆ramp for climbing

上向炮孔☆ceiling{roof} hole；uphole
上向炮眼作业☆uphole work
上向坡道☆ramp for climbing
上向坡度☆undulating{uphill;upward} gradient
上向倾斜分层采矿法☆rill method
上向式凿岩作业☆overhead drilling operation
上向双翼采矿法☆flat-back system
上向水平分层充填法☆flat-back cut and fill
上向台阶采矿法☆overhand method
上向梯段不充填的留矿(采矿)法☆overhand stoping with shrinkage and no filling
上向梯段充填回采工作面☆overhand filled stope face
上向梯段工作面回采☆stope overhand
上向梯段工作面采落矿岩☆muck from overhand stope
上向梯段回采的充填法采场☆overhand filled stope
上向梯段回采空场法☆overhand stoping in open stope
上向梯段回采面下角☆stope toe
上向梯段式回采☆overhand mining；overhead mining
上向梯段随后充填的留矿(采矿)法☆overhand stoping with shrinkage and delayed filling
上向梯阶式长壁开采法☆overhand longwall
上向通风☆ascensional{upward} ventilation
上向挖掘☆high cutting{mining}
上向下向混合式横撑支柱{|留矿柱的}采矿法☆back and underhand stoping by stull{|pillar}-supported stopes
上向下向混合式漏斗采矿法☆back and underhand stoping-milling system
上向下向混合式空场采矿法☆back and underhand stoping by open stopes
上向下向混合{联合}采矿法☆overhand stoping and mining system；over-and-under method
上向下向梯段联合回采(法)☆combined overhand and underhand stoping；overhand-underhand stoping
上向凿井☆upover；rising；up-over
上向凿岩☆drill upward；overhead{upward} drilling；raising
上向钻孔工作☆up-hole work
上楔块☆upper wedge
上斜☆acclivity；acclive
上斜面[生]☆ramp
上斜炮眼☆dry hole
上斜坡☆upslope
上斜式[笔]☆reclined
上斜着☆uphill
上卸扣旋转工具☆make and break rotary
上卸式采掘☆casting cut
上卸钻杆护箍工具☆stabilizer expander and remover
上新更新世界线☆Pliocene-Pleistocene boundary
上新马(属)[N_2]☆Pliohippus
上新世[5.30～2.48Ma;人猿祖先出现]☆Pliocene (epoch)；N_2；Pasadenian；the Pliocene Epoch
上新世-更新世近海砂层☆Plio-Pleistoene paralic sands
上新世后[晚上新世,即第四纪]☆Post-Pliocene
上新世-中新世地层☆Plio-Miocene beds
上新猿☆pliopithecus
上新猿属[E_3]☆P(rop)liopithecus
上心拱☆stilted arch
上心拱形穹顶☆stilted vault
上型箱☆cope
上行☆up (cast)；upgoing；anadromic；[of boats] going upstream；upriver；[of documents] sent to the upper levels；up run[仪器]
上行波☆upward traveling wave；upcoming wave；upgoing events
上行测井☆dogged up
上行测量☆out-hole run；up survey
上行冲程☆upstroke
上行的☆ascensional；anadromous
上行风流☆coursing of air；upcast air；upward flow {current}
上行风桥☆overcast air-bridge
上行海岸☆upcoast
上行扩散☆uphill-diffusion
上行(波)旅行路径☆upgoing travel path
上行坡☆acclivity
上行燃烧☆bottom-to-top{flow-up} burning
上行热水流☆hot ascending stream
上行勺斗{吊桶}☆ascending bucket
上行式振动运输机☆uphill shaker
上行水流☆upflowing water
上行水平分层开采法☆ascending horizontal slicing
上行线☆up{upgoing} line；upline
上胸骨☆episternum
上悬式弧形闸门☆overhung arc gate
上旋壳的[腹]☆hyperstrophic
上压力☆uplift pressure
上压式压力机☆up-packing press
上牙床骨☆upper jaw (bone)；maxilla
上岩基带☆embatholite zone
上沿岸带☆supralittoral zone
上眼☆top hole
(横撑支柱)上仰角☆underlie
上腰棱三角(形翻光)面[宝石的]☆top break facet
上摇动筛☆upper shaker screen
上叶板[三叶]☆upper lamella
上叶状体☆epithal(l)us；epithelium
上曳气流☆updraft
上一代的矿石矿物☆predecessor ore mineral
上遗构造☆superimposed structure
上(层)遗(留)谷☆epigenetic valley
上(层)遗(留)河☆epigenetic{super(im)posed} stream
上遗水系☆epigenetic{superposed} drainage
上移构造☆upward-moved structure
(背斜)上翼☆upper limb
上翼骨☆os epipterygoideum；suprapterygoid bone；metapterygoid；epipterygoid；collumella cranii
上涌☆(oceanic) upwelling
上涌波浪☆surging wave
上涌带☆zone of upwelling；upwelling zone
上涌的地下水☆upwelling water
上涌地幔物质☆upwelling mantle material
上涌浪☆upsurge
上涌流体☆upwellings
上涌水流☆upwelling；surging
上油的☆oiled
上油漆☆coating
上游☆upstream；above；upper reaches [of a river]；upper course{river;water;reach}；updrainage；head waters；upcurrent；headwater；advanced position
上游坝壳☆upstream shell
上游段☆upper reach{course}；torrent tract
上游河段☆mountain tract；upstream reach
上游进水池☆upper pool
上游(来)水☆headwaters；upper{upstream} water
上釉☆glazing；enameling；vitrification；vitrifaction；glaze
上釉的☆vitreous
上釉支撑装置☆glazing support system
上隅骨☆surangular；supraangulare
上元古代{界}☆Epiproterozoic
上原生界☆Epiprotozoic
上园热河龙☆Jeholosaurus shangyuanensis
上远洋表层带☆epipelagic region{zone}
上院☆senate
上月[拉]☆ult；ultimo
上月骨☆os epilunatum
上闸门☆upper gate
上账☆keep books
上枕骨☆supraoccipital bone
上枕髁☆condylus supraoccipitalis
上支架☆top frame
上肢[无脊]☆epipodite
上肢带☆cingulum extremitatis superioris
上肢鳃叶[叶肢]☆epipodite；gill；branchia
上志留纪☆Cayugan
上置(遗)河流☆superimposed stream
上置扇叶☆suprafan lobe
上置信限☆upper confidence limit
上中天☆upper culmination
上中心的骨或脊柱☆epicentral
上中新世☆Sarmatian age
上舟牙形石属☆Epigondolella
上轴承☆head{upper} bearing
上侏罗统☆upper{late} Jurassic
上柱☆upper prop
上柱列[柱状节理上部]☆entablature
上铸☆top cast
上装☆loading to the upper bench；loading on bank top；make up (for a theatrical performance)；upper outer garment；jacket
上装油台☆overhead filling rack
上椎骨☆epipyramis
上(半)子午圈☆upper branch
上钻杆扣用装置☆spin-up chain
尚难利用(的)储量☆useless reserves
尚普兰统[北美;O_2]☆Champlainian
尚未开发的地热储☆natural geothermal reservoir
尚未能利用的石油储量☆oil in reserve

shāo

梢☆tip；spic-；summit；thin end of a twig；etc；conical shape；coning；taper
(桨叶的)梢速☆tip speed
蛸螵石☆sepiolite；sea foam；meerschaum
蛸沙钱☆clypeaster
蛸亚纲☆Coleoidea
稍呈棒形的☆clavulate
稍次于完全的☆subtotal
稍加探究☆dip
稍尖的☆subacute
稍具隔膜的☆subseptate
稍稍☆comparatively
稍稍割开☆snick
稍耸起的☆low arched
稍提[钻具上提几个立根,调节充气泥浆]☆short runs
稍透明的☆semitranslucent
稍微☆somewhat of；sub
稍咸的☆brackish；brk
稍许肿胀的☆tumescent
稍异常的☆subnormal
稍有咸味的☆subsaline
艄肋骨☆transom frame
艄梁☆transom beam
烧☆carbonado；burning；burn；baking；flame
烧爆☆decrepitation；decrepitating；decrepitate
烧爆作用☆puffing；decrepitation；decripitate
烧杯☆(Bunsen) beaker；beaker in the laboratory
烧杯笔析法☆beaker decantation
烧杯嘴☆NOZ；nozzle
烧变煤☆burnt coal
烧变岩☆fritted{burnt} rock
烧剥☆scaffing
烧成☆burn；firing
烧成气氛☆atmosphere during firing
烧成石灰☆dead burnt limestone；calcination
烧成炭☆carbonate；charring
烧成油浸碱性砖☆burned-impregnated basic brick
烧成油浸镁白云石砖☆burned-impregnated magnesiodolomite brick
烧成制度☆temperature-time schedule
烧虫☆thread worm
烧除[为减少火险而从事的]☆controlled burning
烧穿☆burning through
烧穿炉衬☆breakout；break out
烧穿炉腹☆bosh breakout
烧(陶)瓷燃料☆ceramic fuel
(锅炉中)烧大汽☆raise steam
烧得太久的☆overburn
烧得旺的☆blazing
烧断☆blow；burn-out
烧粉状燃料炉☆pulverized-fuel(-fired) furnace
烧光☆burning-out；swealing
烧硅☆silicon blow
烧过的核燃料储存☆spent nuclear fuel storage
烧褐{赭}土☆burnt umber
烧花[彩烧]☆decoration firing
烧坏☆deflagration；burnout
(火花)烧坏(接点)☆sparkwear
烧坏的钎头☆green bit
烧毁☆burn(ing)；bakingout；burn-up；overburning；burnup[火箭、人造卫星]；sparkwear[火花]
烧毁的(金刚石)钻头☆burnt bit
烧火☆stoke
烧火工(人)☆stoker；firer
烧架☆firing holder
烧碱☆caustic soda；sodium hydroxide
烧碱石棉☆soda-asbestos；ascarite
烧碱石棉剂☆ascarite
烧焦☆char；chur；chark；burn；char(r)ing；flame；sear；scorch(ing)；sweal
(焊接)烧接☆burn-back
烧结☆fritting；crozzle；cake；sinter(ing)；clotting[焙烧矿的]；cementing；agglutination；adglutinate；caking；agglutinate；agglomeration；cementation；glazing[酸性平炉护底]；frit
烧结变形☆sintered strain；sintering warpage

烧结变质(作用)☆optalic{caustic} metamorphism
烧结玻璃☆sintered glass
烧结玻璃盘☆fritted glass disk
烧结厂返矿☆sinter plant fines
烧结磁铁☆ceramic magnet
烧结法压制的金刚石钻头☆powder-pressed{-set} bit
烧结矾土支撑剂☆sintered bauxite proppant
烧结粉末胎体(金刚石)钻头☆sinter{sintered} bit
烧结钢☆sintered steel; pseudosteel
烧结机(上)返矿☆sinter machine return fines
烧结剂☆agglomerant; agglutinant
烧结块☆(sinter) cake; sinter; agglomerated cake; agglomerate
烧结矿☆(ore) agglomerate; sinter(ed){sintering} ore; sinter
烧结矿供给线☆sinter track
烧结矿化学成分控制☆control of sinter chemistry
烧结矿结构定量分析☆quantification of sinter morphology
烧结矿矿相☆sinter morphology
烧结矿筛分系统配置☆sinter screening layout
烧结矿筛下返矿☆sinter screenings; return undersized sinter
烧结矿石☆sintered ore
烧结矿碎末☆sinter fines
烧结矿渣泡沫混凝土☆agglomerate-foam concrete
烧结炉底☆fused hearth bottom
烧结镁砂☆magnesite clinker; sintered magnesite; britmag
烧结黏砂☆sand sintering
烧结黏土条板☆storey-high ceramic plank
烧结砂块☆burning sand
烧结式干燥机☆sinter-type drier
烧结收缩☆firing{thermal} shrinkage
烧结台车☆pallet
烧结碳化钨硬质合金镶齿☆sintered tungsten-carbide insert
烧结碳化物☆cemented{sintered} carbide
烧结陶粒支撑剂☆Z-prop fused ceramic; sintered bauxite proppant
烧结土☆burned clay
烧结物床层☆sinter bed
烧结型☆slug-type
烧结用燃料☆sintering fuel
烧结原料料斗☆sinter raw mix hopper
烧结渣☆clinker
烧结罩☆retort
烧结终点☆burn through point
烧结作用☆modulizing
烧尽☆burnout; burn-up; burning-out
烧尽区[煤炭地下气化]☆burnt-out areas{zone}
烧开☆boil
(焦炉用)烧空炉方法除石墨☆scurfing
烧矿法☆calcination
烧矿工☆burner
烧蓝☆blueing
烧裂☆decrepitation
烧裂器☆decrepitoscope
烧绿石[$(Na,Ca)_2Nb_2O_6(O,OH,F)$, 常含 U、Ce、Y、Th、Pb、Sb、Bi 等杂质;等轴]☆pyrochlorite; pyrochlore; (azor-)pyrrhite; columbomicrolite; koppite; fluochlore; endeiolite; chalcolamprite; niobpyrochlore [铈镧的铌酸盐及钛酸盐,含钍、氟等]; hydrochlore
烧绿石型结构☆pyrochlore type structure
烧绿石族☆pyrochlore series
烧煤(旋)转(干燥炉)☆coal-burning rotary
烧面介属[E_1-Q]☆Uroleberis
烧黏土水泥☆brick cement
烧盆☆sagger; saggar
烧硼砂☆calcined borax
烧瓶☆flask; bulb
烧瓶底部☆drag
烧瓶形的☆lageniform
烧气(体燃料)的☆gas-fired
烧球式发动机☆semidiesel
烧去☆burn off
烧去旧漆☆torch
烧热(钻头)☆burn in
烧熔结合剂☆fused bond
烧伤☆burn
烧伤药膏☆unguentum
烧失量☆ignition loss; LOI; loss {-}on {-}ignition
烧石膏[$CaSO_4\cdot\frac{1}{2}H_2O$;三方]☆bassanite; plaster of paris; hemihedrate; hemihydrite; vibertite; (dead) burnt gypsum; plaster; calcined gypsum{plaster}; miltonite; soluble anhydrite; polyhydrat; calcium sulfate-hemihydrate; mirupolskite
烧石灰☆burnt{burn} lime
烧石灰用煤☆lime coal
烧蚀挡板[宇宙飞船用]☆ablator
烧蚀率☆ablativity; ablation velocity
烧蚀热☆heat of ablation
烧蚀涂层☆ablation coating
烧损的金刚石钻头☆burnt bit
烧损钻头☆burned bit
烧缩☆crawling
烧透砖☆burnt{hard-burned} brick
烧完☆outburn [outburnt,outburned]
烧析☆sweating
烧矽☆silicon blow
烧箱☆sagger; saggar
烧箱用黏土☆sagger clay
烧岩☆burnt rock
烧页岩☆burnt shale
烧液体燃料的☆liquid-fired
烧硬☆bake
烧油☆degreasing by burning
烧油的[如发动机等]☆oil-firing{-burning}; oil fired
烧油或烧气两用燃烧器☆dual oil-or-gas-firing burner
烧油炉☆oil-fired furnace
烧玉髓[呈现美丽的红色,曾被认为受火烧的结果; SiO_2]☆burnt stone
烧渣☆calcigenous
烧炸☆firebombing
烧赭石☆burnt ochre
烧制☆burn
烧重油的☆residual fired; RF
烧灼☆cautery; cauterization
烧钻☆burning of bit; bit-burnt out
烧嘴☆pulverizing jet

sháo

杓斗挖泥机☆dipper dredger
杓取试样☆dip sample
杓式挖泥机☆scoop dredge
杓样☆dip{scoop} sample
勺☆scoop; spoon; ladle; shao; an old unit of capacity [=1 centilitre]; bra[量子力学符号]
勺板丛珊瑚属[D]☆biattershyia; Battersbyia
勺板珊瑚(属)[D_2]☆Spongophyllum
勺斗☆bucket
勺斗门☆dipper door
勺斗式装车机☆scoop loader
勺杆☆handle
勺管式液压联轴节☆scoop-tube fluid coupling
勺蚶属[双壳;C_3]☆Cucullopsis
勺皿☆casserole
勺{杓}取法(取样)☆shovel sampling
勺式刮土机{|给矿器}☆scoop scraper{|feeder}
勺形齿☆scoop chisel insert
勺形取土器☆spoon sampler
勺形钻孔除渣器☆auger cleaner
勺形钻☆quill bit
勺样☆ladle sample
勺状凿形齿☆scoop chiseled tooth
勺子☆scoop
勺钻☆rotary bucket; bucket auger; spoon bit

shǎo

少☆little; pauci-; paucity; oligo-
少斑晶的☆oligophyric
少棒的[孢]☆oligobaculate
少道接收法[震勘]☆transposed method
少橄白榴碧玄岩☆kivite
少灰混凝土[水泥较少]☆lean concrete
少脚纲☆Pauropoda
少结节目☆Paucituberculata
少孔海胆属[棘]☆Oligoporus
少浪流区☆low energy environment
少量☆jolt; ounce; spot; drib(b)let; dribble; drib; snap; sprinkling; slight amount; handful; spatter; scintilla; modicum; spareness; smack; mouthful; morsel
少量的☆marginal; spare
少量维护保养☆low maintenance
少量元素☆minor element; oligo(-)element
少量沼气检定仪☆burrel gas detector
少毛亚目[原生纤毛虫纲]☆Oligotricha
少美细晶岩☆engadinite
少锰透闪石☆hexagonite
少木的☆manoxylic
少泥沙河流☆underloaded stream
少平壁的☆miniplanomural
少砂大孔混凝土☆hollow concrete with less sand
少砷方钴矿☆smaltine; smaltite
少数☆minority
少铁陨石☆oligosiderite
少腿贝属[腕;O_2]☆Paucicrura
少网胞的[孢]☆oligobrochate
少许☆jot; vestige; glim; stitch; crumb; inch[距离、数量、程度等]
少旋式☆paucispiral
少循环湖☆oligomictic lake
少盐水☆oligohaline
少银黄铁矿☆argentopyrite
少英二长岩☆ukrainite
少英细(花岗)岩☆engadinite
少有的☆out of the way
少雨期☆infrequent{brief} rain period
少芋海胆属[棘;E_{2-3}]☆Oligopygus
少圆孔的☆oligoforate
少震区☆peneseismic country
少(地)震(地)区的☆peneseismic
少足目[多足]☆Pauropoda
少做工作☆underwork

shào

少年☆youngster; boy
少年读物☆juvenile
少年老成准平原☆old-from-birth peneplain
少年期☆meraspis [pl.-ides]; meraspid period; boyhood; neanic age
少女(的)☆Maiden
少壮地形☆topographical youth; topographic adolescence
少壮河☆adolescent river
少壮期(河)☆adolescence; adolescency
哨兵☆sentry; outpost
哨浮标☆whistle buoy
哨音☆birdie
哨子☆whistle
邵特图☆Sauter diagram
绍兰☆shoran; short range navigation

shē

奢侈(品)☆luxury
奢求菌☆captious microanimal
赊购☆credit; cr.
赊购进货☆bought for account
赊买☆account purchase; purchase with credit
赊欠{销}☆tick
赊欠凭证☆credit note; C/N; C. N.
赊账☆deferred payment; mark-up
赊账(付款)条件☆credit term
畲田桥期☆Shetienchiao age
猞猁属[Q]☆Lynx

shé

蛇☆snake; ophio-
蛇般爬行☆snake
蛇棒骨针☆ophirhabd
蛇齿龙(属)☆Ophiacodon
蛇胆类[棘]☆Ophiocysta
蛇发女怪龙[K]☆Gorgosaurus
蛇夫座☆Ophiuchus; Serpent Bearer
蛇杆骨针☆ophirhabd
蛇根碱☆serpertine
蛇管☆coil(er); flexible{coil;serpentine} pipe; worm; pipe coil
蛇管类☆Ophiocystia
蛇海[月]☆Mare Anguis
蛇函纲[棘]☆Ophiocistioidea
蛇鲸属[C_3]☆Ophiderpeton
蛇颈龟(属)☆Plesiochelys
蛇颈龙(亚)目☆Plesiosauria
蛇颈龙属☆Plesiosaurus
蛇菊石(属)[头;T_1]☆Ophiceras
蛇卷壳☆serpenticone
蛇卷螺(属)[腹;O]☆Ophileta

S

蛇类☆ophidia
蛇砾阜☆Indian road{ridge}；serpent kame
蛇蛉亚目{总科}☆Raphidiodea
蛇绿火成岩类☆ophiolite
蛇绿泥石☆miskeyite
蛇绿霞辉岩☆ngurumanite
蛇绿岩[$Mg_6(Si_4O_{10})(OH)_8$]☆ophiolite
蛇绿岩-放射虫岩岩系☆ophiolite radiolarite series
蛇绿岩(-)放射虫岩推覆体☆ophiolite-radiolarite nappe
蛇绿岩期后的☆postophiolitic
蛇绿岩期前的☆preophiolitic
蛇绿岩塞☆ophiolitic ram
蛇绿岩杂岩体☆ophiolite complex
蛇绿岩质推覆体☆ophiolitiferous nappe
蛇绿岩组合☆ophiolitic assemblage
蛇螺(属)[腹;K-Q]☆Vermetus
蛇螺礁☆vermetid reef
蛇螺类腹足动物☆vermetid gastropods
蛇盘状沙嘴☆serpentine spit
蛇炮眼底扩大☆snake-hole springing
蛇葡萄属[E_2-Q]☆Ampelopsis
蛇丘☆esker；eschar；escar；aesar；eskar；aeser；asar；os{ose} [pl.osar]；as[瑞;pl.asar]；eiscir[爱]
蛇丘的☆eskerine
蛇丘底碛☆betalayers
蛇丘阶地☆osar terrace
蛇球藻(属)[裸藻;K]☆Ophiobolus
蛇曲☆meander
蛇曲带☆flood-plain lobe
蛇曲河☆snaking stream；meandering river
蛇曲颈☆neck of meander lobe
蛇曲沙嘴☆serpent spit
蛇蜷螺(属)☆Ophileta
蛇石☆snake stone
蛇尾类[棘]☆ophiuroids；Ophiuroidea
蛇尾亚纲[棘]☆Ophiuroidia
蛇纹方解石☆ophicalcite
蛇纹滑石[$Mg_6Si_6O_{15}(ON)_6$]☆serpentine talc{talk}
蛇纹化辉石☆monradite
蛇纹粒玄斑{班}岩☆navite
蛇纹片岩☆serpentine-schist
蛇纹石[$Mg_6(Si_4O_{10})(OH)_8$]☆kupholite；serpentine；taxoite；ophiolite；pipe coil；kypholite；kuphoite；serpentine；taxoite；green marble；cyphoite；telgsten；schweizerite；switzerit(e)；serpentite；rocklandite；ophite；ricolite
蛇纹石化后☆post-serpentinization
蛇纹石化生油论☆serpentinization theory
蛇纹石类☆serpentine；ophite
蛇纹石(石)棉 [$Mg_6(Si_4O_{10})(OH)_8$] ☆ serpentine asbestos；hydrophorsterite；chrysotile-asbestos；hydroforsterite
蛇纹岩[$Mg_6(Si_4O_{10})(OH)_8$] ☆ serpentine (rock)；lizard stone；serpenti(ni)te；ophi(oli)te
蛇纹岩化☆serpentinization
蛇纹岩指示区系☆serpentine flora
蛇纹玉☆serpentine {-}jade
蛇纹状岩☆ophite
蛇蜥☆Caecilia；Gymnophiona
蛇蜥类☆anguimorpha
蛇形的☆coiled
蛇形骨针[绵]☆ophirhabd
蛇形管☆coil
蛇形迹[遗石;P-Q]☆Ophi(o)morpha
蛇形龙☆Ophiderpeton
蛇形盘管☆sinuous coil
蛇形{行}丘☆esker；eschar；serpent{serpentine} kame；eskar；os [pl.osar]；back{buck} furrow；sandosar；as[瑞;pl.asar]；morriner
蛇形丘槽☆os trough
蛇形丘底碛☆betalayer
蛇形丘脊☆kame ridge
蛇形丘网☆os net
蛇形砂丘☆seif dune
蛇形水道☆serpentine waterways
蛇形星石[钙超;Q]☆Ophiaster
蛇形油气成藏☆serpentine accumulation
蛇形钻☆twist{clay} bit
蛇穴法☆snake holing method
蛇穴炮孔{眼}☆snake hole
蛇亚目☆ophidia
蛇异橄榄岩☆stubachite
蛇螈☆Ophiderpeton
蛇状冰砾阜☆serpent kame
蛇状沙嘴☆serpentine spit
蛇锥☆ophiocone
舌☆tongue；lingua[动;pl.-e]；lobe；clapper；lingu-
舌癌☆tongue cancer
舌瓣☆lip
舌贝☆Lingula
舌贝类☆Lingulacea
舌笔石(属)[O]☆Glossograptus；Glossograpturs
舌笔石类☆glossograptidae
舌槽☆tongue-and-groove
舌槽接合☆matching{tongue-and-groove} joint
舌槽榫合联轴器☆tongue-and-groove coupling
舌槽砖☆lug{notched} brick
舌齿鱼科☆Hyodontidae
舌带齿☆radula teeth
舌阀☆flapper valve
舌腹甲☆hyoplastron
舌蛤超科[双壳]☆Glossacea
舌骨☆hyoid
舌颌骨☆hyomandibular
舌簧☆tongue；reed
舌簧式震击打捞筒☆jar tongue socket
舌脊贝属[腕;O]☆Lingulasma
(轧件)舌尖☆backfin
舌间冰水扇☆interlobule fan
舌间碛☆interlobate{intermediate} moraine
舌接型[鱼类;颌]☆hyostylic
舌进☆coning；fingering；tonguing[流体]
舌菌迹☆Glossifungites
舌孔贝属[腕;P]☆Glossothyropsis
舌块凹陷构造☆lobate plunge structure
舌懒兽属[N_2-Q]☆Glossotherium
舌梁☆sliding cantilever
舌门☆flapper
舌面☆buccal
舌片☆tongue
舌鞘目☆Glosselytrodea
舌球接子属[三叶;$Є_2$]☆Linguagnostus
舌珊瑚属[C_{2-3}]☆Kionophyllum
舌式抽筒阀☆tongue
舌式刮斗☆tongue scraper
舌榫接合☆tonguing
舌突☆tongue
舌突起☆odontophore
舌下弓☆sublingual arch
舌下神经☆hypoglossal nerve
舌形☆linguiform
舌形贝(属)[腕;Є-Q]☆Lingula
舌形贝层[欧;$Є_3$]☆Lingula flags
舌形贝类[腕]☆lingulid；linguloid
舌形虫类☆Pentastomida
舌形的☆linguiform；linguloid；lingulate
舌形动物门☆Pentastomida
舌(瓣)形浮鞋[套管附件]☆flapper float shoe
舌形交错(沉积)☆intertongue
舌形菌迹[遗石]☆Glossifungites
舌形{状}沙坝{洲}☆lingual{linguoid} bar
舌形体☆lobe；tongue
舌形藻属[Z]☆Glottimorpha
舌咽神经☆glossopharyngei
舌焰☆narrow flame
舌羊齿(属) [C_3-T_1]☆Glossopteris
舌羊齿类[古植]☆glossopterides
舌羊齿-圆舌羊齿植物群☆Glossopteris-Gangamopteris flora
舌叶☆ligule
舌叶属[古植;T_3-K_1]☆Glossophyllum
舌状☆ligule；lobate form
舌状波痕☆linguoid{linguloid} ripple mark；linguoid sole mark；linguoid current ripple；linguoid ripples
舌状虫属[介;O_2]☆Glossomorphites
舌状的[植]☆lobate；li(n)gulate
舌状冻土坎☆lobate soil
舌状构造☆protruding structure
舌状夹层{交叉,互相穿插}☆intertonguing
舌状泥石流体☆coulee
舌状盆地☆tongue {-}like basin
舌状曲流内侧坝{扇}☆lacine
舌状石☆glossopetra
舌状体☆tongue
舌状突☆ligula [pl.-e]
舌状突起[牙石]☆linguiform projection
舌状小波痕☆linguoid small ripples

shě

舍蒙(阶)[北美;D_3]☆Chemungian
舍蒙期☆Chemung Age
舍去☆casting out
舍入☆half {-}adjust；round(ing) (off)；round-off；RO
舍入成整数☆round-off；rounding
舍入进位☆end-around carry
舍入数☆round figure；rounded{rounding} number
舍位☆truncation
舍项法☆method of truncation
舍项误差☆truncation error

shè

摄动[天]☆perturbation；perturbance
摄动解☆perturbed solution
摄动力☆perturbational{disturbing;perturbative} force
摄动势能☆disturbing potential
摄动体☆disturbing{perturbing} body
摄尔修{夏}斯[瑞;人名;1701～1744]☆Celsius
摄固体生物☆phagotrophic
摄光谱法☆spectrography
摄谱的☆spectrographic
摄谱(仪使用)法☆spectrography
摄谱鉴定☆spectrographical identification
摄谱学{术}☆spectrography
摄谱仪☆spectrograph
摄取☆ingestion；uptake
摄食☆ingestion
摄食沉积物的动物☆deposit-feeling animal
摄食构造☆feeding trail；Fodinichnia
摄食迹☆grazing trace
摄食结构☆food-collection device
摄氏(温度)☆centigrade；Celcius；C.；Cent
摄氏度(数)[℃]☆Celsius degree；degree of centigrade；degree(s) centigrade；deg C
摄氏温标[℃]☆centigrade (scale)；Celsius temperature scale；Celsius(') thermometric scale；degree (of) centigrade；deg. cent.
摄像☆taking；still photography
摄像机☆camera [pl.-e]
摄像器☆image pick-up device
摄影☆filming；take a photograph；photograph；take down；photo
摄影凹版☆heliogravure
摄影版☆colortype
摄影报道☆photojournalism
摄影舱口☆camera window{hatch}；window opening
摄影测量☆photogrammetry；photogrammetric survey {measurement}；photo(graphic) survey
摄影测量地图☆photogrammetric map
摄影测量因素☆photogrammetric factor
摄影测图☆photographic{photogrammetric} mapping；photoplotting
摄影测图仪器☆photoplotting apparatus
摄影场☆photostudio
摄影打样图☆photographic layout drawing
摄影底片☆photoplate；film of survey
摄影地质插图☆photogeologic tracing
摄影读数经纬仪☆camera-read theodolite
摄影机挡光板☆dowser
摄影记录☆camera record；photographic registration {recording}；photorecord(ing)
摄影记时术☆photochronography
摄影检测法☆photographic detection method
摄影拷贝☆photocopy
摄影刻图法☆photoscribe process
摄影闪光器☆flashgun
摄影师☆photog
摄影室☆studio；photographic laboratory
摄影术☆photography；photog
摄影瞬间☆moment of exposure
摄影死区☆non-exposed area
摄影透视仪☆photoperspectograph
摄影线☆photolineation
摄影现场☆floor
摄影员☆cameraman
摄影原版☆phototype
摄影员座☆cockpit
摄影侦察☆photographic reconnaissance；PhR；PR；photointelligence；photoreconnaissance

S

摄影支架☆camera support
摄影制版术☆heliography; photomechanical process
摄影制图☆photomapping; photogrammetric mapping; photocartography
摄影资料区☆photographic coverage
摄远镜头☆telephoto lens
摄制图☆photographic map
摄制影片☆film
射☆eject; fall
射锕[RdAc]☆radioactinium
射不出☆misfire
射程☆flight; reach; carry; throw; path; range
射程角☆range-angle
射程信号☆random signal
射齿型☆actinodont
射齿型铰合构造[双壳]☆actinodont hinge
射出☆emission; ejaculation; effluence; emerge; efflux; outshot
(光线)射出☆stream
射出(物)☆outshoot
射出的☆emergent; outbound
射出骨☆pterygium
射带蛤属[双壳;D]☆Actinodesma
射弹☆projectile
射弹成孔型钻机☆Terra drill
射弹破岩☆rock breakage with projectile
射电☆radio
射电爆发☆(radio) burst
射电金属☆radiometal
射电噪声☆cosmic noise
射电噪声爆发☆burst
射颚牙形石属[O_3]☆Balognathus
射辐透[照度单位]☆radphot
射骨[射虫]☆scleracoma
射花蛤属[双壳;T_3]☆Radiastarte
射击☆shoot(ing); fire; firing; bombardment; shot
射击安全角☆limit of fire
射击冲孔[钻井套管]☆gun perforation
射击法[炸药爆炸力试验]☆ballistic method
(在)射击方面超过☆outshoot
射击臼炮参数[炸药强度试验]☆ballistic mortar parameter
射击孔☆embrasure
射击目标☆butt
射击式(井壁)取样器☆gun sampler
射击学☆gunnery
(发)射极[晶体管的]☆emitter
射浆☆gunite
射角☆angle of firing{departure}
射径图☆ray-path chart
射壳虫属[三叶;D_2]☆Radiaspis
射孔☆(gun) perforation; gun-perforation; lay an egg; torpedoing; shot[套管]; shoot; bore-hole springing; (burrless) perforating; perforate(d); blasting; shooting a well; PERFD
射孔(表皮效应)☆perforating system
射孔车☆perforator truck
“射孔-处理”联合作业的固砂工具☆“shoot-and-treat” sand consolidation tool
射孔弹成孔钻机☆projectile drill
射孔弹金属颗粒☆metallic charge particle
射孔弹装弹平面☆charge plane
射孔-地层(测试)-接箍(定位)(图)☆perforating-formation-collar; PFC
射孔段长度☆perforation length
射孔孔道充填物☆tunnel-fill
射孔孔眼☆bullet hole; perf; perforation
射孔孔眼摩阻☆perforation friction
射孔孔眼外砾石充填☆outside perforation packing
射孔排列形式☆shot pattern
射孔器☆penetrator; gun; shot{perforation} gun; perforator; perforating gum
(子弹)射孔器☆bullet perforator{gun}
射孔器管☆perforator cylinder
射孔器水力丢手接头☆hydraulic gun release sub
射孔器松开接头☆gun release sub
射孔器自动丢手接头☆automatic gun release sub
射孔枪射孔☆gun perforating
射孔设备接头☆perforating equipment head; PEH
射孔设计☆perforation design
射孔试验层段☆test target
射孔碎屑清除☆perforation debris removal
射孔弹☆explosive{perforation;perforating; penetrating} charge; bullet
射孔完成井☆perforated hole{well}
射孔完井☆gun-perforated{perforated} completion
射孔与砾石充填一次起下作业装置☆one trip perforating gravel pack system
射孔质量不良☆poor perforation
射口☆jet orifice
射粒☆radion
射量测定法☆radiometric determination
射流☆jet (stream;flow); efflux(ion); shooting flow; fluid (injection); hydraulic{water} jet; injector stream; fluidics
射流泵☆jet{jetting;ejector} pump; ejector vacuum pump; ejector
射流采掘船☆jet dredge(r)
射流冲击式钻探机☆jetting drill
射流的☆effusive; fluidic
射流分离☆nappe separation
射流互作用元件☆interacting jet element; stream-interacting element
射流几何(学)☆bet geometry
射流脉冲整修回路☆fluidic pulse conditioning circuit
射流偏转舵☆jetavator
射流器件☆fluidics; fluerics
射流式流量计☆fluidic flowmeter
射流学☆fluid(on)ics; fluerics; fludics
射流液马力☆jet hydraulic horse-power
射流轴心动压力☆dynamic pressure of jet to centre
射流铸型☆shooting {-}flow cast
射流装置☆fluidic device; fluidizing system
射流总打击力☆all impact force of jet
射流作用☆jetting action
射落☆drop
射频☆radio {-}frequency; RF; r-f
射频标准信号发生器☆R.F. standard signal generator
射频分量☆radio-frequency component
射频干扰☆radio {-}frequency interference; RFI
射频火花源质谱测定☆radio-frequency spark-source mass spectrometry
射频加热☆radioheating
射频加热术☆radiothermy; radiothermics
射频脉冲☆wave packet
射频调谐☆tuned radio-frequency; YRF; trf
射频信号失落补偿器☆RF dropout compensator
射气☆emanium; emanon; Em; (gaseous) emanation
射气测量计☆emanator
射气仪☆emanometer
射气异常☆radiogenic gas anomaly
射汽式抽气器☆jet ejector
射铅☆radiolead
射取式井壁取芯器☆gun sampler
射入轨道☆injection; inject
射砂阀☆sand shoot valve
射石弹者站立的基线☆tawery
射石炬☆bombard
射手座☆Sagittarius
射束☆beam; streamer; pencil
射束孔径☆aperture of beam
射束宽度☆beamwidth
射束调准☆positioning of beam
射束微摆☆wobbulation
射水沉桩☆jetting pilling; jetted pile; pile jetting
射水冲洗钻进法☆jetting drilling
射水打桩法☆jetting piling
射水管☆discharge jet
射水机工☆nozzle man; nozzleman
射水器☆water-blaster
射水切割法☆water jet cutting
射水式凝汽器☆jet-type{spray-type;jet} condenser
射水下沉法☆sinking by jetting
射碳定年☆radiocarbon dating
射体脉冲☆emitter impulse
射钍☆radiothorium
射网格层孔虫属[D_3]☆actinodictyon
射纹系统☆ray system
射线☆ray (radiation); beam; line of fire; shading
X 射线☆X{Rontgen} {-}ray; radio-
α{|β|γ}射线☆alpha{|beta|gamma} ray{particle}
射线(径迹)☆prong
X 射线波长单位[$=10^{-13}$m]☆X-ray unit; XU
γ 射线测井☆gamma-ray{gamma} log(ging)
射线测量☆radiometric survey
X 射线层析术☆X-ray computerized tomography
(三)射线的[孢]☆radial
射线底片☆radiograph
X 射线定向术☆X-ray orientation technique
射线发光(现象)☆radioluminescence
X 射线(致)发光☆rontgenluminescence
射线发光现象☆radioluminescence
X 射线发射显微分析☆X-ray emission microanalysis
射线法☆rays{ray} method
射线方程偏移☆ray-equation migration
γ 射线放射性☆gamma (-ray) activity
X 射线分层照片☆laminogram
X 射线分光晶体☆X-ray analyzing crystal
X 射线分馏技术☆X-ray fractionation technique
X 射线分析☆X-ray analysis; X-raying
X 射线粉末照片☆x-ray powder photographs
X 射线辐射计☆X-ray emission gauge; XEG
X 射线赋色☆colored by X-ray
X 射线隔屏{防护}罩☆X-ray shield
射线跟踪偏移☆ray-tracing migration
β 射线管☆febetron
射线光学方程☆ray-optic equation
X 射线光子光谱学☆X-ray photon spectroscopy
X 射线激射器☆xaser
X 射线计☆roentgen meter; roentgenometer; r-meter; radiationmeter
X 射线技术☆XRT; X-ray technique
射线检验学☆radiography
X 射线结构测角法☆X-ray texture goniometry
X 射线结晶学分析☆X-ray crystallographic analysis
射线理论正演模拟☆ray-theoretical forward modeling
射线量测定器☆skiameter
射线疗法☆beamtherapy; actinotherapy
γ 射线灵敏探测器☆gamma-sensitive detector
X 射线流体分析仪☆X-ray fluid analysis tool; XFT
射线路径畸变☆ray path distortion
X 射线密度探头☆X-ray density probe; XDP
射线描迹☆ray tracing; raytracing
X 射线浓密度检定仪☆transviewer
γ 射线屏蔽层☆gamma shield
X 射线谱☆X-rayspectrum
射线求逆法☆ray inversion method
X 射线绕{衍}射设备☆X-rays diffraction apparatus
α 射线散射☆alpha scattering
射线伤害危险☆radiohazard
射线声学☆geometric{ray} acoustics
射线(旅行)时间☆ray-time
X 射线双晶体分析法☆X-ray double crystal analysis
射线探伤法☆radiographic inspection
X 射线透视器☆radioscope
X 射线微分析器☆X -ray microanalyser
X 射线微束技术☆X-ray microbeam technique
X 射线吸收近边结构分析☆X-ray Absorption Near- Edge Structure Analysis; XANES
X 射线显微放射照相法☆X-ray microradiography
X 射线消光☆extinction of X-rays
X 射线形貌图☆X-ray topogram{topograph}
X 射线学☆radiology; roentgenology
X 射线衍射☆X-ray diffraction; XRD
X 射线仪☆X-ray unit; XU
X 射线荧光仪☆X-ray fluorescence instrument
X 射线影屏照相术☆fluorography
X 射线影扫描{照片}☆skiagram
X 射线硬度测量仪☆qualimeter
X 射线应力测定☆X-ray method of stress determination
X 射线(法)应力研究☆X-ray stress research
射线诱发致死因子☆radiation-induced lethal
γ 射线源☆gamma-ray-projector; gamma-ray source
X 射线照片☆sciagram; roentgenograph; X-ray image {photograph;photogram}; shadowgraph; radiogram; sciagraph; radiograph
X 射线照相☆X-ray photograph{radiography}; roentgenogram; roentgenograph; scotography
X 射线照相学☆sciagraphy; skiagraphy
X 射线真空光谱仪☆X-ray vacuum spectrograph
射线中心☆ray center
射线状结构☆beam texture
射线追踪方法☆ray-tracing scheme{procedure}
X 射线钻机☆X-drill
射线作用☆actinism
射向☆downrange
射焰燃烧器[热]☆impact burner
射翼蛤属[双壳;S-P]☆Actinopteria

S

射影☆projection
射影函数☆mapping function
射影几何☆projective geometry
射影中心☆centre of projection
射油系统☆oil injection system
射针[绵]☆ray
射枝[海百]☆cladus [pl.cladi]；clad；cladome
射轴☆ray
射足目☆Actinopoda
舍里夫标准型压滤机☆Shriver standard filter press
舍利人☆Chellean man；Homo erectus leakeyi
舍弃☆desert；rejection
舍弃区☆area of rejection
舍韦型回转式钻孔测斜仪☆Surwel gyroscopic clinograph
舍因伍德阶[S]☆Sheinwoodian
麝☆moschus；musk deer
麝猫类☆civet
麝猫类的☆viverrine
麝鼩[N-Q]☆white toothed shrew；musk shrew；Crocidura
麝鼩☆Crocidura [N-Q]；white toothed shrew [N-P]；musk shrew [N-Q]
麝属[Q]☆musk deer；Moschus
麝香草酚☆thymol
麝香石竹☆car(o)nation；gillyflower；carnadine
麝足兽(属)[似哺爬;P]☆Moschops
涉及☆involve；enter{go} into；cover；deal (with)；(be) associated with；concern；touch；run on；relate；refer to；reference
涉及河流的问题☆problems related to rivers
涉及面积☆areal coverage
慑服☆submit in fear；cow sb. into submission；succumb
社☆bureau [pl.-x]；soc；society；office
社会☆society；community；socio-；soc
社会安全事业保险☆social security insurance
社会不经济性☆social diseconomy
社会法律☆socio-legal
社会化☆socialization
社会-经济的决定因素☆socio-economic determinants
社会-经济因素☆socio-economic factor
社会系统过程☆social systems engineering
社会学☆sociology
社交☆public relations
社交的☆social
社交界☆society
社论(性)的☆editorial
社论栏☆shirttail
社区☆community
社团☆incorporation；community；college；society；league
设备☆installation；instrument；equipment；gear；facilities；furnishing；furniture；tool；fitment；facs；device；equipage；appliance；means；system；outfit；contrivance；machinery；apparatus；set；structure；arrangement；fixture；gadget；rig；turnout；tangibles；plant；seating；aid；provision；equip.；eqpt；syst.；sys.；eq.；arrgt；furn.；dev. ；inst
设备安装☆erection；installation mounting；rig up
设备保养☆corrective maintenance
设备表☆equipment list；EL
设备补偿资金☆fund for replacement of equipment
设备部分☆environment division
设备的高温适应☆hot soak
设备的架座☆installation mounting
设备返空费☆demobilization cost
设备分类{级}☆sizing of equipment
设备负荷测量☆load meterage
设备改型明细表☆equipment modification list；EML
设备改装☆scrap build
设备更改申请☆equipment change request；ECR
设备更新☆equipment renewal；renewal{updating} of equipment
设备(或仪器)工作日志☆equipment performance ton
设备管理协会☆plant engineering association
设备过剩☆overcapacity
设备间的胶管☆inter-unit hose
设备校准程序☆equipment calibration procedure
设备聚集☆clustered aggregates
设备类型☆types of equipment；device type
设备能力☆designed capacity
设备齐全的☆fullscale；self-contained
设备容量因素☆plant (utility) factor
(使)设备失去效能的事故☆disabling accident
设备使用保养技术☆terotechnology
设备所占面积☆floor space
设备台日利用率☆utilization efficiency of machine-days
设备维修☆equipment maintenance；maintenance of equipment；ME
设备效率☆device availability；planting{plant} efficiency
设备型号☆unit type
设备性能检查☆equipment performance inspection
设备元件明细表☆equipment component list
设备运转状况记录簿☆equipment performance log
设备折旧☆equipment amortization
设备综合管理学☆terotechnology
设标桩☆stake down
设定☆postulate
设定电压☆setpoint voltage
设定价值☆declared value
设定位置组号☆set location stack；SLS
设定值☆set (a) value；set point；setting value
设计☆design；layout；frame；contrivance；device；devise；plan；lay out；excogitation；engineer；drafting；laying-out；planning；weave；work out a plan{scheme}；development；project(ion)；construction；block in；style；devising stratagem；projecting；des.
设计(工作)☆designing
设计暴雨径流量☆design storm
设计变动命令(书)☆engineering change order；ECO
设计产量☆design rate
设计成能(做)☆(be) designed to{to + inf.}
设计处☆drafting department
设计带☆(be) designed with
设计的☆engineered；rated
设计地震系统☆design seismic coefficient
设计方案☆layout of plan；project；design proposal{scheme}；planning program{scheme}；alternate design；software
设计概念鉴定☆concept evaluation
设计工程☆design engineering；DE
设计公式☆design formula；df
设计、工艺数据库和报表☆engineering process database and reporting
设计过大☆over-designed
设计荷重☆assumed load
设计及施工☆design and construction
设计计算书☆design calculation
设计角☆published angle
设计井☆planned well
设计孔径☆rated hole diameter
设计孔隙体积倍数☆design pore volume
设计马力☆designed horsepower；DHP
设计内压☆internal design pressure
设计人☆creator；contriver
设计容量☆designed capacity
设计师☆designer；constructor
设计时考虑安全过多的管柱☆overdesigned string
设计手册☆design manual；DM
设计输量☆design throughput
设计数据包☆design data package；DDP
设计水线☆designed waterline；DWL
设计图☆design chart{drawing}；layout (map)；draught；draft；plan；cyanotype；blueprint
设计详图☆detail of design
设计新颖☆ingenuity
(可)设计性☆designability
设计压实层厚☆design lift
设计用波浪条件☆design wave condition
设计与施工☆engineering and construction
设计员☆programmer
设计原则☆principle of design
设计者☆deviser；designer；constructor；composer；artificer；projector；planner
设计总负责人☆chief designer
设计最小温差点[锅炉]☆design pinchpoint
设立☆institution；institute；establish；constitution；set (up)；formation；found；establishment；erect
设立界碑☆bordering
设圈套者☆spider
设施☆facilities；institution；furniture；facility；facs；installation；service
设陷阱☆trap
设想☆fancy；consideration；assumption；consider；assume；envisaged；suppose；presumption；perhaps
设想储量☆probable reserves
设想的矿☆probable ore
设想井☆imaginary well
设想井法☆image-well method
设信号☆beacon
设营地☆camp
设有木垛墙的运输平巷☆cribbed gangway
设在陆上的☆land-based
设障碍于……☆hedge
设置☆installation；install；institute；institution；set (up)；establish；configuration；setup；settle；provision；locate
(在……)设置船坞☆dock
设置的☆located
设置费☆cost of installation
设置线路标记☆route marking
设置信标{灯塔}☆beaconage
设置信号☆signalization
设桩☆stake
设桩圈定矿权地☆stake a claim

shēn

砷☆arsenic；As；arsenium
砷钯矿[Pd_3As;$Pd_5(As,Sb)_2$;$Pd_8(As,Sb)_3$;三斜]☆arsenopalladinite
砷白铁矿[FeAsS]☆kyrosite；lonchidite；kirosite；kausimkies；arsenomarcasite；weisserz；weigserz
砷钡铝矾[$NaAl_3(AsO_4)(SO_4)(OH)_6$?;三方]☆weilerite
砷钡铀矿☆heinrichite；uranosandbergite
砷钡铀云母[$Ba(UO_2)_2(AsO_4)_2$•10~12H_2O]☆meta-arsenuranocircite；arsenouranocircite；metasandbergite
砷铋铂铀矿☆asselbornite
砷铋钴矿[$Co(As,Bi)_2$]☆cheleutite；kerstenite；kobaltwismutherz；chelentite；bismuthic cobalt
砷铋矿☆rooseveltite [$Bi(AsO_4)$]；arsenical bismuth [$Bi_4(AsO_4)_3(OH)_3$•H_2O]；rhagite；atelestite
砷铋石[$BiAsO_4$;单斜]☆rooseveltite
砷铋铜石[$BiCu_6(AsO_4)_3(OH)_6$•3H_2O;六方]☆mixite
砷铋铀矿[$(BiO)_4UO_2(AsO_4)_2$•3H_2O;三斜]☆walpurgite；waltherite；walpurgin
砷铂矿[$PtAs_2$;等轴]☆sperrylite；platinum arsenide
砷车轮矿[$PbCuAsS_3$;斜方]☆seligmannite；arsenian bournonite
砷单斜硫☆arsen(o)sulfurite
砷的☆arsenic；arsenical
砷地热温标☆arsenic geothermometer
砷碲锌铅石[$Pb_3(Zn,Cu)_3(Te^{6+}O_6)(AsO_4)(OH)_3$;六方]☆dugganite
砷钒铅矿☆endlichite；arsenvanadinite
砷方铅矿☆nolascite
砷丰滦矿☆arsenian fengluanite
砷浮选槽☆arsenic flotation cells
砷钙矾☆calcium arsenate-sulfate
砷钙复铁石☆lazarenkoite
砷钙高铁石☆ogdensburgite
砷钙镁石[$CaMg(AsO_4)(OH)$;斜方]☆adelite
砷钙锰矿[Mg,Ca,Mn 的砷酸盐类]☆rhodoarsenian
砷钙锰石☆grischunite
砷钙锰锌石☆lotharmeyerite
砷钙钠铜矿[$Na_3(Cu,Ca)_3(AsO_4)_2(OH)_3$•$H_2O$]☆freirinite
砷钙钠锌石☆zinc-lavendulan；zinklavendulan
砷钙镍石☆nickelaustinite
砷钙硼石☆teruggite
砷钙石[$CaH(AsO_4)$•H_2O;斜方]☆haidingerite
砷钙铁钴土☆khovakhsite；hovaxite
砷钙铜矿[$CaCu(AsO_4)OH$]☆conichalcite；higginsite
砷钙铜石[$CaCu(AsO_4)(OH)$;斜方]☆conichalcite
砷钙锌锰石☆lotharmeyerite
砷钙锌石[$CaZn(AsO_4)(OH)$;斜方]☆austinite
砷钙钇锰矿[Y,Mn,Ca 等的含水砷酸盐]☆retzianite
砷钙铀矿[$Ca(UO_2)_2(AsO_4)_2$•nH_2O(n=8～12)；$Ca(UO_2)_4(AsO_4)_2(OH)_4$•6$H_2O$;斜方]☆arsenuranylite；(calcium-)uranospinite；wranospinite；calcium-arsenuranite
砷铬铅矿[$(Pb,Ag)_5((Cr,As,Si)O_4)_3Cl$;六方]☆bellite
砷铬铜铅石[$(Pb,Cu)_3((Cr,As)O_4)_2(OH)$;单斜]☆fornacite；furnacite
砷汞钯矿[$(Pd,Hg)_3As$;六方]☆atheneite
砷汞矿☆chursinite

S

砷钴钙石[$(Ca,Co,Mg)_3(AsO_4)_2•2H_2O$; $Ca_2(Co,Mg)(AsO_4)_2•2H_2O$;单斜]☆roselite
β砷钴钙石☆beta-roselite; β-roselite
砷钴矿[$(Co,Fe)As$;斜方]☆modderite; gray{grey} cobalt (ore); smaltite{smaltine}[$(Co,Ni)As_2$]; tin-white cobalt [$(Co,Ni)As_{3-x}$]; speiss-cobalt; white {bismuth;arsenical} cobalt; cobaltite; cobalt gris
砷钴镁钙石☆wendwilsonite
砷钴镍矿[$(Co,Ni,Fe)_2(As,Bi)_3$]☆badenite
砷钴镍铁矿[$(Fe,Ni,Co)As$;斜方]☆westerveldite
砷钴石☆erythrite; remingtonite; erythrine; rhodoit; rhodoise; rhodoial
砷钴铀矿[$Co(UO_2)_2(AsO_4)_2•nH_2O$]☆kirschheimerite
砷硅铝锰石[$Mn_4(Al,Mg)_6(SiO_4)_2Si_3O_{10}((As,V)O_4)(OH)_6$;斜方]☆ardennite; mangandisthene
砷硅锰矿[$(Mn,Fe)_8AsSi_6(O,OH,Cl)_{26}$; $(Mn,Fe^{2+})_{16}Si_{12}As^{3+}_3O_{36}(OH)_{11}$;三方]☆schallerite
砷硅钠镁锰石☆johninnesite
砷硅锌锰石[$Mn_6Zn(AsO_4)(SiO_4)_2(OH)_3$;六方]☆kraisslite
砷华[As_2O_3;等轴]☆arsenolite; arsenite; arsenic bloom; white arsenic; chlor(o)arsenian; arsenic blanc{flowers}; arsen(o)phyllite
砷化镓☆gallium arsenide
砷化镓光耦合器件☆GaAs light coupled device
砷化氢[AsH_3]☆arseniuretted hydrogen
砷化(三)氢气体☆arsine gas
砷化三氢☆arsine
砷化物☆arsenide
砷化铟☆indium arsenide
砷黄锑华☆arsenstibiconite
砷黄锑矿[$AsSb_2O_6(OH)$]☆arsenostibite; arsenstibite; arsenstibiconite
砷黄铁矿[$FeAsS$]☆arsenopyrite; arsenikstein; white mundic; arsenical pyrite{mundic}; arsenic iron; dalarnite; mispi(c)kel; thalheimite; mistpuckel; arsenomarcasite; misspickel
砷灰石[$Ca_5(AsO_4)_3F$;六方]☆svabite; arsenatapatite
砷辉银矿[Ag_3As]☆arsenargentite; arsenargenlite
砷泲铝矾[$(H_3O,Ca)Al_3(SO_4,AsO_4)_2(OH)_6$;三方]☆schlossmacherite
砷钾钙铜石☆schubnikowit
砷钾铀矿☆abernathyite
砷矿☆red arsenic
砷矿床☆arsenic deposit
砷矿石☆arsenical ore
砷镧铜矿{石}☆agardite-(La)
砷铑矿☆cherepanovite
砷类矿物[主要为毒砂]☆arsenic minerals
砷钌矿[$(Ru,Ni)As$;斜方]☆ruthenarsenite
砷磷铵镁石☆arsenstruvite
砷磷铅铜矿[$Pb_2Cu(P,As)O_4(OH)_3•3H_2O$]☆arsenotsumebite
砷磷铁矾[$Fe^{3+}_2(PO_4,AsO_4)SO_4(OH)•5H_2O$]☆arsenic {arsenian} destinezite
砷菱铅矾[$PbFe_3(AsO_4,SO_4)_2(OH)_6$;$2PbO•3Fe_2O_3•As_2O_5•2SO_3•6H_2O$]☆beudantite; dernbachite; bieirosite
砷硫[含As约56.9%,S约35.92%,H_2O约7%]☆arsenschwefel; pozzuolite; arsensulfurite; pozgolite
α砷硫☆α-arsenic sulphide
砷硫铋锑镍矿☆arsenian{tellurian} hauchecornite
砷硫碲矿[$Te_2As_2S_7$]☆arsenotellurite
砷硫矿[(S,As)]☆sulfurite
砷硫镍铋锑矿☆arsenian haucheconite
砷硫镍矿☆gersdorffite
砷硫酸铅铁矿☆beudantite
砷硫锑矿☆paakkonenite
砷硫锑铜银矿[$(Ag,Cu)_{16}(As,Sb)_2S_{11}$;单斜]☆arsen(o)polybasite
砷硫铁铜矿[$(Cu,Fe)_5AsS_6$?;斜方]☆epigenite
砷硫银矿☆pearceite [$Ag_{16}As_2S_{11}$]; arsenopolybasite [$8(Ag,Cu)_2S•As_2S_3$]; arsenopoly fosite
砷铝锰矿[$5MnO•2(Mn,Al)_2O_3As_2O_3•SiO_2•5H_2O$; $(Mn,Ca,Mg,Pb)_4(AsO_4)(OH)_5$]☆allodelphite; synadelphite
砷铝铅矾[$PbAl_3(AsO_4)(SO_4)(OH)_6$]☆hidalgoite
砷铝石[$Al(AsO_4)•2H_2O$;斜方]☆mansfieldite
砷铝铜石[$Cu_2Al_2(AsO_4)_2(OH)_4•H_2O$;单斜]☆luetheite
砷氯铅矿[$Pb_3(AsO_4)Cl_3$]☆georgiadesite; finnemanite; georgzadesite
砷镁钙石[$Ca_2Mg(AsO_4)_2•2H_2O$;三斜]☆talmessite; arsenate-belovite{-belowite}; belovite
砷镁锰石[$(Mn,Mg)_3(AsO_4)_2•8H_2O$;单斜]☆manganese ho(e)rnesite; magnesium chlorophoenicite
砷镁石[$Mg_3(AsO_4)_2•8H_2O$;单斜]☆ho(e)rnesite; magnesium arsenate
砷镁锌石[$(Na,K)(Mg,Zn)_2H(AsO_4)_2•4H_2O$; $(Mg,Zn)_5H_2(AsO_4)_4•10H_2O$;三斜]☆chudobaite
砷锰钙石[$Ca_2(Mn,Mg)(AsO_4)_2•2H_2O$;单斜]☆brandtite; caryinite
砷锰钙矿[$(Ca,Na,Pb)_3(Mn,Mg,Fe^{3+})_4(AsO_4)_4$?;单斜]☆caryinite
砷锰硅铝矿☆arsenioardeinnite
砷锰矿[$Mn_3(AsO_3)_2$;$Mn_{20}As^{3+}_{18}O_{50}(OH)_4(CO_3)$;三方]☆armangite; chlor(o)arsenian; kaneite; arsenical manganese
砷锰矿石☆brandtite
砷锰镁石[$(Mg,Mn)_5(AsO_4)(OH)_7$;单斜]☆magnesium chlorophoenicite
砷锰铅矿[$Pb_3MnAs_3O_8OH$; $Pb_3Mn(As^{3+}O_3)_2(As^{3+}O_2OH)$;单斜]☆trigonite; sjogru(f)vite; karyinite; caryinite [$(Pb,Mn,Ca,Mg)(AsO_4)_2$]; koryinite
砷钼钙铁矿[$CaFe^{3+}_2H_4(As_2Mo_5O_{26})•12H_2O$]☆betpakdalite
砷钼铅矿☆achrematite
砷钼铁钙石{矿}[$CaFe^{3+}_2H_8(AsO_4)_2(MoO_4)_5•10H_2O$;单斜]☆betpakdalite
砷钼铁钠石[$(Na,Ca)_3Fe^{3+}_2(As_2O_4)(MnO_4)_6•15H_2O$;单斜]☆sodium betpakdalite
砷钼铜铁钾石☆obradovicite
砷钠钢矿☆freirinite
砷钠铀矿☆ellweilerite; sodium uranospinite
砷鸟粪石☆arsenstruvite
砷镍钯矿[$PdNiAs$;六方]☆majakite; mayakite; nickel-palladium arsenide
砷镍钴矿[$(Co,Ni)As$;六方]☆langisite
砷镍华☆nickel bloom{ocher;ochre;green}; annabergite; nickelbluthe
砷镍矿[$Ni_{11}As_8$;四方]☆maucherite; nickeline; copper nickel; placodine[Ni_3As_2]; chloanthite [$NiAs_2$]; temiskamite [$NiAs_2$]; white nickel[斜方砷镍矿或复砷镍矿;$(Ni,Co)As_{3-x}$]; plakodin; nickelite; niccolite
砷镍石[$(Ni,Co)As_{3-x}$;$Ni_3(AsO_4)_2$;单斜]☆xanthiosite; white nickel; yellow arsenate of nickel
砷镍铜矾[$Ni_3Cu_6(AsO_4)_4(SO_4)(OH)_4•5H_2O$]☆lindackerite
砷镍铜矿☆lindakerite; lindackerite
砷硼钙石[$4CaO•B_2O_3•As_2O_5•4H_2O$;$Ca_2B(AsO_4)(OH)_4$;四方]☆cahnite; calmite; calcium edingtonite
砷硼镁钙石[$Ca_4MgAs_2B_{12}O_{22}(OH)_{12}•12H_2O$;单斜]☆teruggite
砷铍硅钙石[$Ca_3(Ti,Sn)As_6Si_2Be_2O_{20}$;三方]☆asbecasite
砷铅钯矿☆palladium plumboarsenide
砷铅矿[$Pb_5(AsO_4)_3Cl$]☆mimet(es)ite; mimetene; lead arsenate; prixite; gorlandite; petterdite; flockenerz [$Pb_5(AsO_4,PO_4)_3Cl$]; chlormimetesite; mimetase
砷铅铝矾[$PbAl_3(AsO_4)(SO_4)(OH)_6$;三方]☆hidalgoite
砷铅石[$Pb_5(AsO_4)_3Cl$;单斜、假六方]☆mimet(es)ite; mimetene; mimetase
砷铅铁矾[$PbFe^{3+}_3(AsO_4)(SO_4)(OH)_6$;三方]☆beudantite; lossenite
砷铅铁矿[$Pb_3Fe_{10}(AsO_4)_{12}$]☆carminite; carmine spar; karminspath; karminite
砷铅铁石[$PbFe^{3+}_2(AsO_4)_2(OH)_2$;斜方]☆carminite; carmine spar; carminspath
砷铅铜矾☆plumcusulasite
砷铅铀矿[$Pb_2(UO_2)_3(AsO_4)_2(OH)_4•3H_2O$;单斜]☆huegelite; hügelite
砷氢镁石[$MgHAsO_4•7H_2O$;单斜]☆ro(e)sslerite
砷氢锰钙石[$CaMnH_2(AsO_4)_2•2H_2O$;三斜]☆fluckite
砷泉☆arsenic spring
砷热臭石☆nelenite
砷闪锌矿[ZnS,含有砷]☆gumucionite; gumuiconite
砷铈镧石☆gasparite-(Ce)
砷铈铝石☆arsenoflorencite-(Ce)
砷霜[As_2O_3]☆claudetite
砷水锰矿[$Mn_7(AsO_4)_2(OH)_8$]☆allactite; allaktit
砷水锑铅矿☆arsenbleinierite
砷锶铝矾[$SrAl_3(AsO_4)(SO_4)(OH)_6$;三方]☆kemmlitzite
砷锶铝石☆arsenogoyazite
砷酸铋矿☆atelestite; rhagite
砷酸二氢钾晶体☆potassium dihydrogen phosphate crystal
砷酸钙镁石☆adelite
砷酸钴和氧化钴混合物[硫化矿焙烧产物]☆zaffre; zaffer
砷酸镁钙石☆talmessite; arsenate-belovite
砷酸铅☆lead arsenate
砷酸铅矿[$Pb_5(AsO_4)_3Cl$]☆mimetene; mimet(es)ite; mimetase
砷酸铜矿☆cornubianite; lindackerite
砷酸盐☆arsenate; arseniate
砷酸铀矿☆hornbergite; hoernbergite
砷钛钒石[$(V^{3+},Fe^{3+})_4Ti_3As^{3+}O_{13}OH$;单斜]☆tomichite
砷钛铁钙石[$Ca_8(Ti,Fe^{2+},Fe^{3+},Mn)_{6-7}(As^{3+}O_3)_{12}•4H_2O$;等轴]☆cafarsite
砷锑钯矿☆mertieite; arsenopalladinite
砷锑钯矿-I[$Pd_{11}(Sb,As)_4$;三方]☆mertieite-I
砷锑钙铜石☆richelsdorfite
砷锑矿[$AsSb$;三斜]☆stibarsen; arsenical antimony; allemontite; wretbladite; antimoniferous arsenic; allemontit(eⅡ); arseniostibio; antimonial arsenic
砷锑锰矿☆manganostibi(i)te
砷锑镍矿[$Ni(As,Sb)$]☆(a)arite; bournonit-nickelglanz
砷锑铁钙矿[$CaFe^{3+}(As^{3+}O_2)(As^{3+}Sb^{3+}O_5)$;四方]☆stenhuggarite
砷锑银矿☆chanarcillite; huntilite
砷铁矾[$Fe^{3+}_2(AsO_4)(SO_4)(OH)•5H_2O$;单斜]☆sarmientite; arsendestinezite
砷铁钙石[$Ca_3Fe^{3+}_4(AsO_4)_4(OH)_6•3H_2O$;单斜]☆arseniosiderite; arsenocrocite
砷铁华☆arsen(e)isensinter
砷铁矿☆symplesite; ferrisymplesite
砷铁铝石[$(Al,Fe^{3+})_3(AsO_4)(OH)_6•5H_2O$;斜方?]☆liskeardite
砷铁镍矿[Ni_2FeAs_2;六方]☆oregonite
砷铁镍锑矿☆seinajokite
砷铁铅矾☆dernbachite; bieirosite
砷铁铅石[$Pb_2(Fe^{2+},Zn)(AsO_4)_2•H_2O$;单斜]☆arsenbrackebuschite; ludlockite
砷铁铅锌石☆jamesite
砷铁石[$FeAs_2$; $Fe^{2+}_3(AsO_4)_2•8H_2O$;三斜]☆symplesite; arsenoferrite; karibibite; kankite
砷铁铜石[$Cu_2Fe^{3+}_2(AsO_4)_2(OH)_4•H_2O$;单斜]☆chenevixite
砷铁锌铅石[$PbZnFe^{2+}(AsO_4)_2•H_2O$;单斜]☆tsumcorite; arsenbleinierite
砷铁锌铜石☆tsumcorite
砷铜矾[$Cu_9(AsO_4)_2(SO_4)(OH)_{10}•7H_2O$;斜方]☆parnauite
砷铜钙矿☆higginsite
砷铜矿[Cu_3As;等轴]☆domeykite; condurrite; cobre blanco; arsenic(al) {white} copper; aphanesite; abichite{clinoclase} [$Cu_3(AsO_4)(OH)_3$]; olivenite [$Cu_2(AsO_4)(OH)$]; clinoclasite[$Cu_3(As_3O_4)•3Cu(OH)_2$]
砷铜镁钠石☆johillerite
砷铜镍矿☆keweenawite
砷铜铅矿[$CuPb(AsO_4)(OH)$;斜方]☆duftite; cuproplumbite; plumbocuprite; arsenotsumebite
β砷铜铅矿☆beta-duftite; pseudobarthite
砷铜铁矿[$(Cu,Fe)_2As$]☆orileyite
砷铜银矿[$(Cu,Ag)_4As_3$;四方]☆novakite; sovakite
砷钍石[$(Th,Fe,CaCe)((Si,P,As)O_4(CO_3,OH))$]☆arsenothorite; shentulite; shen-t'u-shih
砷污染☆arsenic pollution
砷硒铜矿☆chameanite
砷硒银矿[$Ag_3As(S,Se)_3$]☆rittingerite
砷锡钯矿☆palarstanite; patarstanide
砷锡钴矿☆cheleusite
砷锡铅钯铂矿☆palladium-platinum plumbostanno-arsenide
砷酰☆arso-
砷锌钙矿[$CaZn(AsO_4)(OH)$]☆austinite; brickerite; austenite
砷锌钙石☆zincroselite
砷锌镉铜石[$(Cu,Zn,Cd)_3(AsO_4)_2$;单斜]☆keyite
砷锌矿[$Zn_3(As^{3+}O_3)_2$;斜方]☆reinerite
砷锌铝石☆gerdtremmelite
砷锌锰矿☆chlorophoenicite
砷锌石☆reinerite
砷锌铜矿☆barthite; cuprian austinite
砷铱矿[$(Ir,Ru)As_2$;单斜]☆iridarsenite

S

砷钇铝铜石☆goudeyite
砷钇锰矿☆retzian；retzianite
砷钇石{矿}[$YAsO_4$;四方]☆chernovite
砷钇铜矿☆chlorotile
砷钇铜石[$(Y,Ca)Cu_6(AsO_4)_3(OH)•3H_2O$;六方]☆agardite
砷银矿[Ag_3As]☆pyritolamprite；arsenical silver (ore)；steel ore；arsenic silver ore
砷铀铋石☆walpurgin；walpurgite；waltherite
砷铀矿[$(UO_2)_3(AsO_4)_2•12H_2O$]☆tro(e)gerite；troegrite；uranocircite
砷铀铅矿[$Pb_2(UO_2)(AsO_4)_2•nH_2O$]☆hallimondite
砷铀钐石☆walpurgite
砷黝铜矿[$Cu_{12}As_4S_{12}$；$(Cu,Fe)_{12}As_4S_{13}$;等轴]☆tennantite；gray copper (ore)；arsenfahlerz；giraudite；kupferfahlerz；tetrahedrite；julianite；fa(h)lerz；fahlore；fahlite；fahl ore；fahlglanz；erythroconite；β-enargite；julienite；dufrenoysite；arsenfahlery；temantite；binnite；regnolite
砷中毒☆arseniasis
砷阻化剂☆arsenic inhibitor
申报价值☆declared value
申报书☆declaration
申弗利斯符号☆Schoenflies symbol
申克孔隙尺寸分布测量仪[水银渗透法]☆Schenck porosimeter
申明保证的效率☆declared efficiency
申请☆apply (for)；application；file an application；application discovery claim；request；proposal；petition
申请(书)☆requisition
申请人☆applicant；claimer；claimant
申请书☆application form
申请专利范围☆claim
申诉☆claim
伸☆stretch
伸臂☆corbel；cantilever
伸不开的☆inextensible
伸差函数☆stress function
伸长☆stretch (elongation)；elongation；stretching；lengthening；extend；extension；prolongation；outstretch；elongate
伸长测定☆extensometry
伸长计☆tensometer；tautness meter；extensometery
伸长计延长仪☆extensometer
伸长流动☆extensional flow
伸长率☆tensibility；unit{percentage} elongation
(裂缝)伸长率☆length growth rate
伸长卵石☆stretched pebbles
伸长式内管☆inner-tube eatension
伸长四点井网☆elongated four-spot pattern
伸长系数☆coefficient of extension{elongation}；elongation factor；stretch coefficient
伸长性☆extensibility；distensibility
伸长仪☆extensimeter；extensometer
伸长褶皱☆elongated fold
伸出☆stretch；protrusion；butting；extrusion；poke；outthrust；protraction；outreach；butt；overhang；protrude；exsert
伸出部分☆projection；outshot
伸出长度[立柱]☆fully extended length
伸出的☆overhanging；protrusive；exserted
伸出的杆☆extension rod
伸出架☆extension frame
伸出凿尖犁☆bar-point plow
伸海胆(属)[棘;O_3]☆Ectinechinus
伸几丁虫属[O_2-S]☆Tanuchitina
伸角☆hade；angle of hade；bade
伸角石属[头;$Є_3$]☆Ectenoceras
伸景☆towering
伸开☆spread；stretch out；outspread
伸开的☆flat
伸开(式)井架☆extending derrick
伸口螺属☆teinostoma
伸梁支架☆boom brace
伸入☆finger
伸入(的)☆diving
伸入地槽的稳定大陆区☆foreland shelf
伸入向斜☆re(-)entrant syncline
伸缩☆telescoping；distortion of medium
伸缩比☆magnification ratio
伸缩臂托架☆arm extension bracket
伸缩变化[子波的]☆stretch
伸缩车身式梭车☆telescopic shuttle car
伸缩吊臂☆telescoping boom
伸缩管☆compensating{expansion;telescope} pipe；draw-tube；draw{telescopic} tube
伸缩胶带机☆extendable belt conveyor
伸缩接头☆expansion{telescopic} joint；slip pipe；extension fitting
伸缩节☆telescoping{telescopic;expansion} joint；bumper sub
伸缩器☆pipe expansion joint；pusule apparatus
伸缩式臂架☆crowd-type boom
伸缩式测向{角}器☆telescope-goniometer
伸缩式捶拍阀☆telescoping trip valve
伸缩式的☆extension type
伸缩式电车架☆collapsible trolley collector
伸缩式吊盘卡☆retractable scaffold bracket
伸缩式高架梯☆extension trestle ladder
(两节)伸缩式管子井架☆duplex design tubular derrick
伸缩式经纬仪支杆☆stretcher bar
伸缩式可调节支柱☆telescopic adjustable leg
伸缩式起重杆{机}☆telehoist
伸缩式切削臂☆expanding cutting arm
伸缩式轻便钻架☆telescope derrick
伸缩式输送机采煤☆full-dimension mining
伸缩式双层装载槽☆telescopic loading trough
伸缩式塔[井下高采区用]☆telescopic mast
伸缩式天井凿岩机☆raise “torpedo”
伸缩式万向节☆universal extensible{slip} joint
伸缩式支臂☆extensible arm；telescopic mast
伸缩式轴☆telescopic shaft
伸缩式(圆)柱体☆telescopic cylinder
伸缩式钻机`柱{|井架；井桅杆}☆telescopic drilling post{|mast}
伸缩栓☆expansion bolt；expansion-bolt
伸缩套管式天线☆telescopic mast
伸缩天线☆telescopic antenna
伸缩条款☆escalator clause
伸缩调整件☆expansion piece
伸缩图器☆eidograph
伸缩箱式封盖☆bellows seal gland
伸缩性☆flexibility；elasticity；tone；extensibility
伸缩仪☆extensometer；extensimeter
伸缩振动☆stretching vibration
伸缩振子☆magnetostrictor
伸缩爪☆extendible and retractable dog
伸向☆hade
伸延钢轨☆advance rail
伸展☆stretch；elongation；protraction；spread(ing)；extend；uncoil；extension
伸展半径☆radius of extent
伸展长度☆outreach
伸展得超出……的范围☆outstretch
伸展断层☆extensional tectonics
伸展角石属[头;O_1]☆Ectenolites
伸展开☆trail；spread out
伸展式锁块☆expanding latch segments
伸展型流动☆elongational flow
伸展性☆extensibility
伸张☆stretching
伸张差☆stress
伸张度☆elongation
伸张器☆stretcher；tensor
伸张应变☆stretch strain
伸胀支撑☆expansion bearing
伸趾窝☆fossa extenosoria
伸足肌☆protractor pedis；pedal levator muscle；levator
(自)身[拉]☆per se
身板☆stave sheet
身材☆inch
身份☆status；identity；capacity；state；honourable position；dignity；character；footing；char.
身份证☆identity document{card}；identification{ID} card；I.D.
身体的☆physical
身体剂量仪☆body dosimeter
身体上的孔或坑☆porus
身体时钟颠倒☆biorhythm upset
深☆deep；profundity；dp；bathy-；batho-
深(工作区)☆deep workings
深(度)☆depth；deepness
深暗色岩☆hypermelanic rock
深凹☆deep notch
深拗槽☆geotectogene；tectogene；tectonofer
深拗带☆tectocline；geotectocline
深拗陷☆morphological{morphologic} deep
深拗相☆geotectogene
深奥☆depth；profundity；profoundness；deep
深(沙)坝☆deep bar
深泵井☆deep pumped well
深变带☆zone of katagenesis
深变质(作用)☆kata-metamorphism
深变质带☆catazone；katazone；hypozone；metamorphic bathozone
深变质带的☆katazonal；catazonal
深变质的☆hypometamorphic
深变质级☆bathograd；metamorphic bathograds
深变质岩☆kata-metamorphite；hypometamorphic rock
深变作用☆metagenesis
深不可测的☆unfathomable
深部☆deep (level)；at depth
深部变形☆deep-seated deformation
深部采区☆bottom；deep workings
深部层☆bathy-derm；bathyderm
深部成矿论☆abyssal theory
深部成岩(作用)☆anadiagenesis
深部的☆deep-lying；plutonic
深部地壳活动作用☆deep-seated crustal process
深部地热能开发☆deep geothermal development
(岩层)深部缝隙☆pithole
深部构造☆deep-seated{deeper} structure；infrastructure
深部构造线成矿说☆metallogeny of deep lineaments
深部巷道☆dip；deep working
深部勘探☆in-depth exploration；deep {-}prospecting
深部煤层☆underseam
深部内壳根部带☆deep-seated infracrustal root zone
深部黏土流☆deep-seated clay flowage
深部侵入☆subtrusion
深部取样器☆cheese tester
深部泉☆hypogene spring
深部砂矿☆deep lead{placer}；deep-lead
(地层)深部损害☆in-depth formation damage
深部同化(作用)☆abyssal assimilation
深部凸起☆downward bulge
深部温度测量☆deepdown temperature measurement
深部相☆depth facies
深部岩浆☆hypomagma
深部岩浆侵入体☆deep-seated magma intrusion
深部岩体温度☆deep-rock temperature
深部应力探头☆deep stress probe
深部油层{藏}☆deep oil reservoir
深部造斜型☆deep-deviation type
深部增温☆downward increase of temperature
深部褶皱(作用)☆underground folding
深采掘☆heavy cutting
深采矿山☆deep (level) mine
深舱☆deep tank；DT
深藏☆deep-seated；deep-lying
深槽☆deep groove
深(掏)槽☆deep{heavy} cut；heavy cutting
深槽角托辊☆deep-troughed idler
深槽式平板输送机☆deep-pan apron conveyor
深槽型浮选机☆deep-cell machine
深侧向☆deep investigation laterolog；LLd
深(探测)侧向测井☆deep investigation laterolog
深侧向屏蔽电流的衰减☆deep bucking current attenuation{attennation}；DBCA
深测法☆bathymetry
深测法的☆bathymetric；bathymetrical
深层☆deep zone
深层带[海]☆bathypelagic zone
深层地下楼☆rockscraper
深层风化☆deeply weathered；deep seated alteration；deep weathering
深层构造☆infrastructure；deep structure
深层环流☆abyssal circulation
深层搅拌桩☆mixed-in-place piles
深层开挖☆deep-level excavation
深层流☆deep(-water) current；deep-seated flowage
深层黏土流☆deep-seated clay flowage
深层砂☆low-lying sand
深层生烃热源☆abyssal hearth
深层石灰搅拌法☆deep-lime-mixing method
深层属变☆deep seated alteration

深层压实☆compaction of deep bed；deep compaction
深层岩体☆plutons
深层因数[地基承载力]☆depth factor
深层油☆deep-seated oil
深长的切槽☆jad
(声音)深沉的☆deep
深沉侵入☆abyssal intrusion
深沉岩☆plutonic rock；plutonites
深橙赭石[深橙黄色并成土状的氧化物,由他种矿物分解而成]☆roman ocher
深成☆subnate
深成(界)☆hypozoic
深成变质☆plutonic{hypozonal;deep-seated} metamorphism；katogenicmetamorphism
深成变质活动☆plutonometamorphic activity
深成成矿幕☆plutonic metallogenic episode
深成带☆katazone；abyssal zone
深成(变质)带☆anamorphic zone
深成的☆hypogene；abyssal；intratelluric；subnate；abysmal；plutonic；abyssolithic；hypogenic；subjacent；plutonian；deep-seated
深成分异(作用)☆deep-seated differentiation
深成分异旋回☆deep-seated differentiation cycle
深成构造☆deep-seated structure
深成(岩)化☆plutonization
深成(上升)矿物☆hypogene ore mineral
深成流体☆hypogenic{hypogene} fluid
深成黏土流☆deep-seated clay flowage
深成气体☆gas of deep-seated origin
深成浸入带☆zonenkomplex of abyssal intrusion；zone of abyssal intrusion
深成侵入相☆plutonic intrusive facies
深成热解阶段☆catagenetic stage
深成热流{液}☆katathermal solution
深成渗透作用☆hypofiltration
深成事件☆plutonic event
深成同化(作用)☆abyssal assimilation
深成相☆depth{plutonic} facies
深成岩☆abyssal{plutonic;hypogene;typhonic;deep-seated;plutonian;abysmal} rock；plutonite；deepseated rocks；batholithite；tiefengestein[德]
深成岩的☆plutonian；plutonic
深成岩基带☆hypobatholithic{hypobatholitic} zone
深成岩浆☆hypogene magma
深成岩脉带☆deep vein zone
深成岩墙☆hypomagmatic dyke{dike}
深成岩栓☆plutonic plug
深成岩体☆pluton；abyssolith；massif；plutonic mass {terrain}；batholith
深成岩体边部矿床☆periplutonic deposit
深成岩体的☆abyssolithic；plutomian；plutonic
深成岩体局边对流☆periplutonic convection
深成岩体周缘矿床☆periplutonic deposits
深成钟状岩☆plutonic cupola
深成作用☆hypogenic{hypogene} action；plutonism；hypogenesis
深成作用历史☆plutonic history
深吃水☆heavy draught；deep draft
深冲☆deep drawing
深冲沟☆coulee；coulie；gulch
深冲性(能)☆drawability
深处☆deep (level)；depth；bottom
深穿透的☆deep penetrating
深穿透压裂☆deep penetrating fracture
深床上流式过滤器☆deep bed upflow filter
深大断裂☆discordogenic fault
深带☆catazone；bathozone；katazone；hypozone
深带变质☆hypozonal{katazonal} metamorphism；hypometamorphism
深(变质)带标准矿物☆catanorm
深带复合变质(作用)☆anamorphism
深带黑土☆tropical black soil
深带岩☆catarocks
深带褶皱(作用)☆underground folding
深的☆deep；thick
深的盆地☆bowl
深底带☆profundal zone
深底片☆dense negative
深地槽☆tectogene；tectonofer；trench
深地幔柱{羽}☆deep mantle plume
深地壳变动☆bathy-derm；bathyderm
深地下水位☆deep water table
深地震测深☆deep seismic sounding；DSS
深地震面☆deep seismic plane
深(探测)电磁波传播测井(下井)仪☆deep propagation tool；DPT
深电阻率测井☆deep resistivity log
深冻☆deep freezing
深冻湖☆freeze-out lake
深度☆vertical extent；depth；fullness；profundity；degree of depth；thoroughness；measurement；d.
深度表☆depthmeter
深度采样☆depth-sampling
深度测定仪☆dutch penetrometer
深度常数☆depth constant；DCON
深度尺☆depth gage；pit gauge
深度单位☆depth unit；DU
深度导出井眼补偿声波测井☆depth derived borehole compensated sonic；DDBHC
深度导电仪☆bathyconductograh；BC
深度-肥度图☆depth-fertility diagram
深度分辨变换电子穆斯鲍尔谱☆depth-resolved conversion electron Mossbauer spectroscopy
深度干精矿喷射技术☆bone dry concentrate injection technology
深度过大爆破不了的爆孔☆on the solid
深度函数☆function of depth
深度计☆depth ga(u)ge；depthometer；bathymeter；depth-meter；DEGA
深度校正☆depth correction；DC
深度、距离和时间☆depth,distanceand time；D.D.T.
深度孔隙方程式☆depth-porosity equation
深度控制测井☆depth-control log
深度-宽度比☆depth-width ratio
深度偏差☆depth offset；DO
(测井记录)深度取齐☆on depth
深度渗碳☆jackmanizing
(回声测深的)深度图解记录☆echogram
深度温度仪☆bathythermograph；BT
深度线☆depth line；fathom curve；deep level
深度效应☆effect of depth
深度因子{素}☆depth factor
深度转换☆depth conversion；DEPCON
深断槽☆deep-fault trough
深断层☆abyssal{deep-reaching;profound} fault
深断裂☆deep rupture{fault;rapture;fracture}；profound {deep-reaching} fault
深断裂(作用)☆deep-seated faulting
深断裂带☆deep {-}fracture zone
深发地震☆deep(-focus) earthquake
深发性☆plutonicity
深放的☆deep-seated
深粉红色☆radiance；radiancy
深风化☆deep weathering
深缝接头☆sunken joint
深感应☆deep induction
深(探测)感应测井☆deep investigation induction log
深感应仪☆deep investigation induction device
深根植物☆phreatophyte；deep-rooted plant
深(沙)埂[近岸波浪破碎形成的]☆deep bar
深钩顶蛤属[双壳;T-K]☆Coelopis
深沟☆breach；barranca；deep groove；barranco；moat；zanjon[西]
深沟虫属[三叶;O_2]☆Bathyurus
深沟谷{河床}☆coulee
深沟肋虫属[三叶;S-D_2]☆Aulacopleura
深构造☆infrastructure
深构造带☆infrastructural belt
深谷☆clough；barranca；barranco；donga；glen；canon
深刮泡沫☆deep scraping
深管计数☆deep-cell counting
深管井☆deep tube well
深硅铝层☆bathyderm
深海☆deep sea{ocean}；deeps；deeper ocean；abyss；bathometer；abysmal{abyssal} sea；bathymeter；bathymetric；deep-sea
深海隘口{隙崖}☆abyssal gap
深海波☆trochoidal wave
深海采金船开采☆deep ocean dredging
深海采矿环境研究☆deep ocean mining environmental studies；DOMES
深海采油系统☆deep sea production system；DSPS
深海槽☆(deep-sea) trough；(fault) trench；trough
深海测深系统☆bathymetric system
深海沉积(物)探查☆deep ocean sediment probe
深海成因细粒灰岩☆saprokonite；saproconite
深海带☆abyssal (marine) zone；bathymetric fascia；abyssopelagic zone
深海的☆eunic；abyssal；thal(l)assic；bathymetric；abysmal；pelagian；pelagic；archibathyal；bathy-
深海底的☆archibathyal；bathybic
深海底海床☆deep sea-beds
深海底区☆bathyal zone{district}
深海底山☆abyssal hill
深海底系☆profundal system
深海地槽☆thalassoge(n)osyncline
深海地震☆bathyseism
深海电子潜水工作船☆electronics deep-ocean work-boat
深海调查运载器☆deep research vehicle；DRV
深海沟☆(deep-sea) trench；oceanic trench
深海沟-岛弧系统☆deep-sea trench-island arc system
深海观测用的球形潜水器☆bathysphere
深海花介科☆Bythocytheridae
深海环境☆abyssal{deep-sea{-marine}} environment
深海技术会议☆Deep offshore Technology；DOT
深海角介属[N_2]☆Bythoceratina
深海结核☆pelagite；plelagite
深海静水(沉积)☆pontic
深海考察器☆deep ocean survey vehicle；deep research vehicle；DOSV；DRV
深海矿床☆delagic{pelagic} deposit
深海矿核☆pelagite
深海泥岩[德]☆tiefseeton
深海抛锚绞车☆deep-sea anchoringwinch
深海坡积软泥☆pelagic slope muds
深海牵引器☆deep tow
深海潜水系统☆deep diving system
深海浅层区☆epipelagic region
深海丘☆ocean hill
深海{洋}丘陵☆abyssal (hill)
深海球形摄形{影}仪☆benthograph
深海区☆abysmal area{region}；abyssal region{area; zone}；pelagic realm{division}
深海区域☆depressed area
深海群落☆pontium
深海热流量探测仪☆deep-sea heat probe instrument
深海溶液沉积物☆halmeic deposit
深海散声{射}层☆DSL；deep scattering layer
深海碎屑沉积的[与 halmeic 反]☆chthonic
深海碎屑物环境☆deep-sea clastic environment
深海相的加厚序列☆expanded succession
深海 U{V}形谷☆deep-sea U{V}-trough
深海岩☆thalassic{abysmal;abyssal} rock
深海遥控潜艇☆deep unmanned submersible
深海异重流盆地☆alee basin
深海域☆fondoform
深海元素☆thalassophile element
深海植物☆Thalassiophyta
深海锥☆abyssal{deep-sea} cone；submarine fan
深海浊流盆地☆alee basin
深海综合导航☆integrated deep water navigation
深海(生物)组合☆abyssal association
深海钻进☆deepwater drilling；deep sea drilling
深海钻探计划☆deep {-}sea drilling project {programme}；Joint Oceanographic Institutions Deep Earth Sampling；DSDP；JOIDES
深盒法[显微镜观察尘末悬浮体]☆deep-cell method
深河槽☆gut；deep
深褐色☆puce；dark brown
深褐色砂层产油☆black oil
深黑☆jet black；atrous
深黑的☆coal-black
深黑色的有机物质☆dark colour-much organic matter
深黑岩☆hypermelanic rock
深痕☆gash
深横裂缝☆butt crack
深横推断层带☆deep transcurrent fault zone
深泓线☆channel line；thalweg；axis of channel
深红☆scarlet；crimson；deep{bright} red；carmine；ponceau
深红宝石[泰国与红宝石一同产出的一种黑红色尖晶石]☆siam (ruby)
深红色☆garnet
深红石竹☆blood pink
深红眼镜玻璃☆dark red spectacle glass
深红银矿[Ag_3SbS_3]☆aerosite；pyrargyrite；dark ruby ore{silver}；argyrythrose；red{dark-red} silver ore；dark red silver (silver ore)；

argyrotaenia; silver ruby; antimonial silver blende [$3Ag_2S \cdot Sb_2S_3$]; antimonial sulphuret of silver; argyrithrose; antimonial red silver
深红赭石☆almagra
深厚的☆deep
深厚水平沉积盆地☆geobasin
深湖的☆pelagic
深湖底[25m 以下]☆bathile
深湖底的☆euprofundal
深湖区☆abyss
深黄红色☆strong yellowish pink
深黄铀矿[$CaO \cdot 6UO_3 \cdot 11H_2O$;$CaO \cdot 6UO_2 \cdot 11H_2O$]☆becquerelite; beckerelite
深灰褐色☆dark grayish brown
深灰岩井[天然的]☆obruk
深混熔作用[硅镁壳变为硅铝镁岩浆的作用]☆hypomigmatization
深火成岩☆infracrustal rock
深基坑☆deep foundation pit
深积层☆katatectic layer
深积相☆fondothem facies
深截深☆vide web; wide web depth
深截式采煤机☆deep web shearer; wide-web shearer
深金砂矿床[澳;指上覆很深土壤或岩石的金砂矿]☆deep lead
深井☆deep{deep-emplacement;draw} well; bore
深井泵☆drowned{submersible;down-the-hole; sump} pump; deep well pump; deep-well {borehole} pump[离心泵]; working barrel pump; deep-well working barrel
深井泵抽油的皮带驱动☆band wheel pumping power
深井泵的动力装置☆pumping power
深井泵凡尔罩的连接头☆cage adapter
深井泵拉杆的拉紧器☆stretcher jack
深井泵联合驱动装置☆jerking plant
深井泵疏干法☆deep well pumping
深井测温仪☆deep-well thermometer
深井抽水单元☆deep-well pumping unit
深井处理{置}☆deep-well disposal
深井回灌☆deep-well recharge
深井开采技术☆technologies required for deep mine
深井排放污水☆deep-well disposal
深井式抽水站☆well-sump type pumping plant
深井式进人孔☆deep manhole
深井式燃油锚链热处理炉☆shaft oil-fired cable heat treatment furnace
深井注入法☆well injection
深井注水诱发地震☆earthquake induced by deep-well water injection
深井作业☆heavy duty service
深喀斯特☆deep karst
深开采☆heavy cut
深开挖☆deep cut{excavation}
深克拉通☆tiefkraton; infracraton
深刻☆depth; profundity; profoundness; deep
深坑[侧移河床中]☆kolk; well; mouilles
深空间☆deep space
深空石斧☆jedding ax
深空探测器☆deep-space probe
深孔☆deep borehole{hole;well}; deep-hole; long hole; longhole; deep drill hole
深孔(注水泥)☆long-hole grouting
深孔爆破☆long{deep} hole blasting; deep-hole {longhole;wellhole;long-hole} blasting; muffling
深孔爆破矿层式采矿法☆blasthole stoping method
深孔爆破天井掘进☆longhole raising
深孔崩矿的分段空场法☆blasthole method
深孔崩矿的矿房式采矿法☆blasthole stoping
深孔崩矿作业☆blasthole work
深孔崩落回采(法)☆blasthole{long-hole} stoping
深孔分段爆破(天井)掘进(法)☆drop raising (method)
深孔扩壶☆blast springing; blasthole chambering
深孔凿岩☆borehole{blasthole;deep} drilling; deep boring; long blast-hole drilling
深孔钻☆depth drill
深孔钻机☆deep-hole drill; long-hole (drilling) machine; deep-capacity drill rig
深口[表面缺陷]☆roke
深宽比[河流]☆form ratio
深矿☆deep (level) mine
深拉☆extrusion; cupping
深蓝矾土☆sory; soru
深蓝色☆navy{dark} blue; blue-black; cyaneous; mazarine; mid night blue
深蓝色的☆sapphire; ultramarine; mazarine
深冷抽气☆cryogenic pump
深冷冻☆deep refrigeration
深冷化学☆cryochemistry
深冷膨胀机工艺☆cryogenic expander process
深冷吸收☆cryosorption
深梁☆deep beam
深裂的☆partite; parted
深裂隙☆deep fracture
深流岩☆rheomorphite
深流作用[岩]☆rheomorphism; rheomorphic effect
深陆根带☆deep-root zone
深滤床过滤☆deep bed filtration
深绿☆dark green; bottle green
深绿辉石[$Ca_8(Mg,Fe^{3+},Ti)_7Al((Si,Al)_2O_6)_8$;$Ca(Mg,Fe^{3+},Al)(Si,Al)_2O_6$;单斜]☆fassaite; Al-pyroxene; pyrgom; fassoite; prothe(e)ite; maclur(e)ite; proteit
深绿软玉☆spinach jade
深绿色☆bottle green
深绿细绿泥石☆subdelessite
深绿纤维闪石☆uralite
深绿玉(髓)[SiO_2]☆plasma
深螺纹☆deep thread
深埋成岩(阶段)☆anadiagenetic stage
深埋的☆deep-seated; deep(-)lying; deeply buried
深埋基础☆deep-lying foundation
深埋印痕☆kataglyph
深煤层☆deep-lying seam
深煤化沥青煤☆kata(-)impsonite
深谋远虑☆forethought; foresight
深内陆海☆deep inland sea
深能级☆deep (energy) level
深镍蛇纹石☆n(o)umeite; noumeaite
(颜色)深浓的☆deep
深盘板式翻板输送机☆deep-pan apron conveyor
深炮眼☆longhole; long hole
深炮眼崩落开采☆blast-hole mining; long blast-hole work; longhole work
深炮眼凿岩机☆deep-hole drill
深盆地气藏☆deep basin gas accumulation
深盆气圈闭☆deep basin gas trap
深撇泡沫☆deep scraping
深平硐☆deep adit
深破裂带☆deep {-}fracture zone
深剖面图☆bathymetric profile
深前礁☆reef wall; deep fore-reef
深潜计划☆Deep Submergence Program; DSP
深潜器☆deep submergence vehicle; deep ocean survey vehicle; DSV; DOSV
深潜水器☆bathyscaph(e); bathyscaf
深潜水球☆bathysphere
深潜艇艇员☆hydronaut
深潜拖车☆deep-diving vehicle
深潜研究运载器☆deep submergence search vehicle
深浅计☆densitometer
深浅色相间层理☆zebra layering
深壳变形☆bathydermal deformation
深切☆incise; entrenchment; incision; keen; deep dissection {cut}; profound; penetrating; heartfelt; deep; thorough
深切沟☆barranca
深切河谷☆deep {-}river-cut valley
深切曲流的陡岸☆coombe; comb(e); coomb; coom
深切融沟河[冻土区]☆beaded stream
深切峡谷☆incised gorge
深切 V 形峡谷☆canada
深青岩☆greenstone
深倾摄影学☆high-oblique (aerial) photography
深泉☆deep seated spring
深泉坑☆chasm
深泉水☆bahr [pl.bahar]
深燃耗运行☆deepening burn-up operation
深染的☆ingrained
深热矿井☆hot deep mine
深熔☆anatexis; anatexes
深熔暗包体☆mianthite
深熔(变质)带☆anamorphic zone
深熔焊条☆deep penetration electrode
深熔作用☆anatexis; anatectic melting; anatexes
深溶混合岩化☆anamigmatism
深溶蚀通道☆deep solution channel
深入的☆ingoing; in-depth
(老油田的)深入勘探☆additional exploration
深入探讨☆in-depth exploration
深入围岩的矿脉☆extension of ore into wall
深入仔细的☆intensive
深散射层☆false bottom; deep scattering layer; DSL
深色层☆dark layer
深色的☆dark-colored; noire; saturate(d); dense[底片]; dark; phaeo-
深色调的☆dark-toned
深色岩☆melanocratic rock
深色云母正长岩☆durbachite
深砂矿☆buried{deep} placer
深砂矿床☆burzed place; "deep leads"
深山根带☆deep-root zone
深渗碳处理☆jackmanizing
深生☆hypogene
深生(界)☆hypozoic
深生的☆hypogene; hypogenic
深生富集(作用)☆hypogene enrichment
深石色☆deep stone
深时曲线{|转换}☆depth-time curve{|conversion}
深蚀河床☆deeply eroded river bed
深室型自由沉落分级机☆deep-pocket free-settling classifier
深水☆deep water
深水白浪头☆comber; combing wave
深水波☆combing{deep-water;short} wave
深水槽☆bendway; bend way
深水带☆aphytal
深水动物☆profundal fauna
深水港☆superport
深水港口☆deepwater port
(岸外)深水海面☆offing
深水航线☆deep-draught route
深水平开采☆deep product
深水潜航器驾驶员☆hydronaut
深水水砣☆deep-sea lead
深水探视仪☆hydroscope
深水炸弹☆diving torpedo
深水炸弹爆发器☆depth charge exploder
深水(港)转运(油)库☆deepwater terminal
深水桩支撑围栏☆corral
深水作业潜水☆deep working dive
深思☆contemplate
深思熟虑☆cogitation; mull
深松土☆chiselling
深潭[瀑布下的]☆linn; gouffre; lynn
深潭泉☆pool spring
深探测的☆deep penetrating
深探测电磁波传播测井仪☆deep propagation tool
深探测井眼补偿声波☆deep borehole compensated sonic; DBHC
深探测向测井☆deep laterolog
深探(测)电阻率测井仪☆deep investigation resistivity device
深探(测)曲线☆deep penetration curve
深塘[松软岩石河床上]☆kolk
深套筒扳手☆deep socket wrench
深填(土)☆deep fill
深同(化)作用☆abyssal assimilation
深透角☆angle of penetration
深拖设备☆deep-towed devices
深挖(土方)☆deep cut
深挖掘☆heavy cut
深挖掘船采矿(法)[采掘深度 200～600ft.]☆deep dredging
深挖式挖掘{采砂}船☆deep-digging dredge
深位分异(作用)☆deep-seated differentiation
深位旋体☆deep-seated fluid
深位岩☆typhonic rock; plutonic rocks
深温记录☆bathythermogram; BT
深温矿床☆hypothermal{katathermal} deposit
深温热液☆katathermal solution
深纹胎面☆deep-tread
深隙☆pithole
深峡谷☆gulf; coulee; barranca
深陷的☆deep-set
深陷于☆deep; immerse
深相☆depth facies{faces}
深向渗房{漏}☆deep percolation
深小枪[瑞;商;电磁勘探仪器]☆demigun
深型充气式浮选槽☆deep air cell
深 U 形谷☆Yosemite

S

深循环地热系统☆deep-circulation geothermal system
深(部)压(力)灌浆☆deep pressure grouting
深岩沟☆bogaz
深岩基的☆hypobatholithic
深(成)岩基阶{期}☆hypo-batholic stage
深岩浆☆hypomagma
深岩溶☆deep karst
深(炮)眼☆longhole; long (blast-)hole
深眼爆破☆deep hole blasting; longhole blasting
深眼灌浆☆long-hole grouting
深眼钻机向下推进力☆weight capacity
深洋底增生物☆deep-sea floor accretion
深洋流假说☆deep ocean currents hypothesis
深洋缺{隘}口☆abyssal gap
深阳极地床☆deep anode bed
深油气藏探井☆deeper pool test
深峪☆barranca
深渊☆deep; chasm; abyss; submarine trench; abyssal sea; abysmal area; abime
深渊带☆hadal{abyssopelagic} zone
深渊的☆abyssopelagic; abyssal; abysmal
深圆弧滑动破坏☆deep rotational failure
深源☆anatectic origin
深(震)源☆deep-focus
深源火成岩的均质化☆homogenization of palingenic igneous rock
深源甲烷☆geothermal methane
深源硫☆juvenile sulfur
深源气体☆gas of deep-seated origin
深源水☆deep (phreatic) water; plutonic water
深源图☆deep source map
深源岩☆typhonic rock
深远☆profundity; kata-
深远地震☆anatectic earthquake
深岳兽属[N_1]☆Ticholeptus
深造山的☆cataorogenic
深泽土☆fen soil
深褶皱山☆thick-shelled mountain
深(源地)震☆anatectic{deep-focus;palintectic;deep(-seated);plutonic;anaerobic} earthquake; deep focus earthquake{shock}; bathyseism
深震的☆hyposeismic
深震区☆deep {-}seismic area
深锥浓密机☆deep-cone thickener
深紫红色的☆claret-colored
深紫色☆grape; modena
深棕色☆nut-brown
深钻☆deep drilling
深钻工艺☆deep-penetration technology
深钻进☆longholing
深钻孔☆deep (drill)hole; deep drill hole; gun drilling
深钻设备☆deep-drilling rig
娠烷☆pregnane
娠烯☆pregnene

shén

什雷巴菊石属[头;K_2]☆Schloenbachia
钟☆arsonium
神保石☆jimboite
神笔石属[O_3]☆Nymphograptus
神创{造}论☆divine creation; creationism
神道碑[墓道前的石碑]☆tombstone; gravestone; tablet on the side of a tomb giving biographical sketch; inscriptions on a tombstone{gravestone}
神房贝属[腕;D_1]☆Latonotoechia
神父贝目[腕]☆Paterinida
神父贝(属)[腕;Є]☆Paterina
神岗矿☆kaniokaite; kamiokalite
神户地震☆the Kobe earthquake
神经☆nerve; neur-; neuro-
神经崩溃☆nervous breakdown
神经丛☆plexus
神经弓{弧}☆neural arch
神经紧张☆fantod
神经网络☆nerval network
神经元☆neurone; neuron
神经中枢☆ganglion
神经组织崩解☆neurolysis
神镜☆zoomer
神螺(属)[腹;O-T]☆Bellerophon
神螺超科☆Bellerophontacea
神螺类☆Bellerophontids
神秘☆mystery; mysterious
神秘化☆mystify
神秘蜥属[爬;E_2]☆Arretosaurus
神秘铀矿☆walpurgin
神盘虫属[射虫;Pz-Q]☆Theodiscus
神圣线带螺属[软舌螺]☆Ambrolinevitus
神仙堡垒构造[月面一种微地形]☆fairy-castle structure

shěn

审查☆audit(ing); examination; censorship; go through; examine (plans,proposals,credentials, etc.); inspection; investigate
审查年度☆year under review
审查人☆referee
审查员☆inspector
审定☆judgement
审定认可☆authorizing; authorization
审核☆verification
审计☆audit; auditing
审计员☆auditor
审美的☆aesthetic
审判(员)☆judge
审问☆try; question
审议☆deliberation; consideration
审阅单据☆look over the vouchers

shèn

甚低频☆very{ultra} low frequency; VLF
甚低频法☆{VLF}very low frequency method
甚短波☆very short wave; VSW
甚高频☆very {-}high {-}frequency; VHF
甚高频等强信号式定位设备☆equisignal localizer equipment; VHF
甚高频全向无线电信标☆very high frequency omnidirectional radio range; VOR
蜃景☆looming
肾☆kidney
肾蛋白石☆neslite; kidney opal
肾硅锰矿[$(Mn,Mg)_3Si_2O_5(OH)_4$;单斜]☆ectropite; caryopilite
肾颗石[钙超;K_2]☆Nephrolithus
肾矿石[Fe_2O_3]☆kidney (iron) ore
肾(状)矿石☆kidney{nodular;reniform} ore
肾磷灰石☆epiphosphorite
肾磷铁钙石[$(Ca,Fe)_5(PO_4)_3(F,Cl)$]☆epiphosphorite
肾明矾☆ignatievite; ignatieffite; ignatiewite
肾(结)石☆nephrolith; renal calculus; kidney stone
肾石病☆renal lithiasis; nephrolithiasis
肾树脂☆prilepite
肾铁矿[Fe_2O_3]☆kidney ore{iron}; kidney stone
肾形的☆kidney-shaped; kidney-form; nephroid
肾形石☆kidney stone
肾形藻属[绿藻;Q]☆Nephrocytium
肾盂结石☆pyelolithiasis
肾状(的)☆reniform
肾状结构☆reniform texture
肾状结核☆spheroidal concretion
肾状矿块☆kidney
肾状矿脉☆kidney
肾状(铁)矿石☆nodular ore
肾状卵石☆kidney stone
肾状皮壳☆botryoidal crust
肾状石☆botryoid; kidney
肾状铁矿脉☆ball vein
胂基☆arsino-
胂气☆arsine gas
胂酸[$RAsO_3H_2$]☆arsenic acid
胂中毒☆arsine poisoning
渗☆leakage current
渗成脉☆infiltration vein
渗出☆seepage; exude; extravasation; diffuse; seep; ex(s)udation; effluent (seepage); dialyse; ooze (out); bleed(ing); zigger; vegetate; zighyr; weep; sweating; seeping (discharge); sweat
渗出(物)☆transudation
渗出的☆oozy
渗出段☆surface of seepage
渗出沥青体☆exsudatinite
渗出面☆bleeding{seepage} surface; surface of seepage
渗出泉☆filtration{weeping;seepage} spring
渗出水☆seep water; water seepage
渗出土☆seepage soil
渗出物☆exudate; diffusate; seeps; exudation; transudation; spew
渗出液☆exudation; exudate; transudate[组织]; diffusate; percolate; extravasate
渗出作用☆exudation
渗床☆percolating bed
渗氮☆nitriding; nitridation; nitride; nitrogen case-hardening
渗氮合金☆nitroalloy
渗度☆penetration
渗硅☆siliconizing
渗硅的☆siliconized
渗过☆leak
渗化☆imbibition
渗化带☆imbibitionzone; imbibition zone
渗加☆infiltrate
渗金属法☆cementation
渗浸☆maceration
渗井☆cesspool; cesspit; diffusing well
渗井泄洪☆well flooding
渗径☆seepage tracking
渗开☆bleed
渗坑☆sink (hole); seepage pit; Trichterdine
渗了碳的碳化物☆cemented carbide
渗料同位素☆spike isotope
渗凌率仪☆permeameter
渗硫☆sulphurizing; sulfurizing
渗流☆seepage (flow;discharge); effluent seepage; influent; filtrate; transfusion; filtration; (percolation) vadose; seeping; underground flow; percolation
渗流的不连续性☆flow discontinuity
渗流洞系☆vadose cave system
渗流豆石{粒}☆vadose pisolite
渗流理论☆filtration theory; theory of seepage
渗流盆地☆exudation basin
渗流时的视黏度☆Darcy viscosity
渗流水☆kremastic{wandering;influent;suspended; vadose; seeping; seep(age);percolating} water
渗流速度☆seepage velocity{rate}; specific discharge
渗流速率☆rate of flow
渗流通道系统☆flow matrix
渗流线的偏移☆deflection of seepage line
渗流液☆percolating fluid
渗流中的连续性☆flow continuity
渗流阻力☆filtrational resistance
渗漏☆(influent) seepage; leakage; leak(ing); seep; percolate; blowby; bleed-down; zigger; weeping; percolation; oozing; infiltration; bleeding
渗漏测定仪☆lysimeter
渗漏测试☆test for leak
渗漏层☆leaky layer
渗漏带☆water leakage zone; zone of percolation; percolation zone
渗漏的☆effluent; leaky
渗漏地层☆absorbent formation{ground}; permeable formation
渗漏分析☆seepage analysis
渗漏工程☆percolating work
渗漏化石☆leaked fossil
渗漏量☆filter loss
渗漏面☆leached surface
渗漏水排出量☆vadose water discharge
渗漏速度[冲洗液]☆rate of absorption{penetration}
渗漏损失☆loss by percolation; seepage{absorption; filtration} loss
渗漏系数☆leakage factor; coefficient of leakage; leakage{seepage;leakance} coefficient; leakance
渗漏性☆leakance
渗漏油☆oil seepage
渗铝☆calorize; calorizing
(钢铁表面的)渗铝法☆alitizing
渗铝钢☆colored{calorized} steel
渗滤☆infiltration; filtration; infiltrate; diffusion; filter(ing); percolation (filtration); percolating; colation; percolate; strain
渗滤池☆continuous; (percolating) filter
渗滤的☆strained; percolating
渗滤动力电位☆osmo-dynamic potential
渗滤粉砂☆vadose silt
渗滤坑☆soakaway
渗滤面☆seepage face
渗滤器☆percolator; percolation filter

渗滤速度☆infiltration{filtration} rate；rapid{rate} of percolation
渗滤系数☆permeability coefficient
渗滤异常☆leakage{infiltration} anomaly
渗滤指示剂{器}☆percolation indicator
渗滤阻力☆filtrational resistance
渗滤作用☆transudation
渗摩[用摩尔表示的渗透压单位]☆osmol
渗硼☆boronize；boronization；boronisation
渗气坑☆sinkhole
渗溶☆vadose solution
渗入☆infiltration (filter)；infiltrate；inleakage；seep into；infusion；filtrate；imbibe；filter；soak；seeping；incorporation；permeate；[of influence, etc.] penetrate；permeance
渗入带[电测井]☆flushed{flush} zone
渗入的水☆infiltrated water
渗入地层内☆influent seepage
渗入计☆infiltrometer
渗入井中的天然气☆connection gas；CG
渗入率☆infiltration ratio{rate}；rate of infiltration
渗入热水的溪流☆heated stream
渗入深度☆depth of penetration；penetration depth
渗入水[岩石中]☆infiltration{imbibition} water；water of infiltration；influent water
渗入物☆penetrant
渗色☆bleeding；bleed
渗失河☆losing{influent} stream
渗失量☆infiltration loss
渗失特性☆filtration characteristics
渗湿区☆seepage area
渗湿试验☆moisture penetration test
渗水☆water creep{seepage;leak;percolation}；dampness penetration；seepage
渗水层☆permeable strata
渗水池塘☆percolating{percolation} pond
渗水地层☆weeping formation
渗水断层☆dripping fault
渗水计☆lysimeter
渗水井☆leaching{infiltration;seepage;absorbing;draw;negative;filter;suction;inverted} well；catch basin；seepage pit；catchpit；soakaway
渗水坑☆infiltration{seepage;percolation} pit；water sink；soakaway
渗水量☆quantity of percolation
渗水砂岩☆bleeding rock
渗水试验☆flood-pot experiment；water penetration test；infiltration test
渗水眼☆seepage；seep
渗碳☆harden；carbonate；cement (carbon)；carburize；carburet(ion)；brinelling；carburization；acierage；hard facing；cementation；acieration
渗碳层☆cementation{carburization} zone；bark
渗碳氮化☆nicarbing
渗碳的☆hardened
渗碳法☆cementation (process;method)；carburizing method
渗碳钢软心☆sap
渗碳剂☆carburizer；packing agent；carburant
渗碳金属☆cemented metal
渗碳炉☆cementing{carburizing} furnace
渗碳螺纹☆carburized thread
渗碳煤气体的碳势☆carbon potential
渗碳器☆carburetor；carburet(t)er
渗碳体☆cementite；tri-ferrous carbide
渗碳作用☆carbur(iz)ation；carburize；cementation
渗填(作用)☆infiltration
渗填假象☆infiltration-pseudomorphosis；infiltration pseudomorph
渗透☆infiltration；impregnate；interfusion；infiltrate；(influent) seepage；filtering；transfusion；percolation；percolate；penetration；filtration；percolating；seep(ing)；transudation；permeability；imbibition；imbue；impregnation；osmosis；ingoing；permeation；permeate；soak；pervasion；pervade
渗透层☆filter{permeable;pervious} bed；pervious course；permeator；permeable stratum{layer;zone;formation}
渗透常数☆transmission constant
渗透成为多孔固体☆persorption
渗透的☆impregnated；permeable；penetrative；penetrant；osmotic；pervious；osmolar；pervasive；percolating
渗透(作用)的☆osmolar
渗透电位☆stream{electrofiltration} potential
渗透固结☆permeance consolidation
渗透剂☆penetrant
渗透(压力)计☆osmometer
渗透剂检验法☆penetrant inspection
渗透交代(作用)☆pervasive replacement
渗透沥滤选矿法☆percolation leaching
渗透率☆permeability (coefficient)；coefficient of permeability；seepage{infiltration} rate；rapid{rate} of percolation；specific permeability；transmission percolation rate；perm.；durchgriff[德]
渗透率-饱和度曲线☆permeability saturation curve
渗透率变异因数☆permeability variation factor
渗透率差异小的储层☆low permeability contrast reservoir
渗透率成层非均质性☆permeability stratification
渗透率分布☆permeability stratification{distribution}
渗透率公式的系数☆coefficient of permeability formula
渗透率-厚度乘积☆permeability-thickness product
渗透率-孔隙度比☆permeability-(to-)porosity ratio
渗透率剖面录{测}井☆permeability profile log
渗透率微观分层现象☆permeability microstratification
渗透率异相带☆permeability phase-out zone
渗透面☆pellicular{infiltration} front；bleeding surface；seepage{penetration} face
渗透前锋☆pellicular{infiltration} front
(消防)渗透水[加有润湿剂,使水的渗透力增强]☆wet water
渗透速度☆seepage{filtration;infiltration;filter;darcy} velocity；velocity of permeability
渗透速率☆infiltration rate；transmissibility
渗透探伤☆penetrating inspection
(液体)渗透探伤☆liquid penetrating test
渗透途径☆path of filtration{percolation}；filtration path
渗透位势☆osmotic potential
渗透物☆permeant
渗透物料☆seepy material{meepy}
渗透系数☆leakance{infiltration;filtration; permeability;osmosis;osmotic;seepage;transmission} coefficient；hydraulic conductivity；coefficient of permeability{conductivity; percolation}；permeability quotient；meinzer；Meinzer unit；PQ
渗透线☆phreatic{seepage} line
渗透型液体☆penetrating-type fluid
渗透性☆permeability；osmolarity；perviousness；penetration (coefficient)；osmosis (permeability)；penetrability；osmose
渗透性不连续体☆body of penetrative discontinuity；penetrative discontinuity
渗透性的室内{|现场}量测☆laboratory{|field} measurement of permeability
渗透性函数☆permeability function
渗透性土(壤)☆permeable soil
渗透性楔状带☆wedge belt of permeability
渗透性岩浆对流☆penetrative magmatic convection
渗透压度☆osmolality
渗透压摩尔☆osmol
渗透压吸力☆osmotic {-}pressure suction
渗透仪☆infiltrometer；permeameter (apparatus)；lysimeter
渗透仪法☆lysimetric method
渗透晕☆leakage halo
渗透蒸发(过程)☆pervaporation
渗透作用☆permeation；osmosis；osmose
渗土混凝土☆soil concrete
渗析☆dialysis [pl.-ses]；dialyse；leachates
渗析器☆dialyser；dialyzator；dialyzer
渗析吸力☆solute suction
渗析吸力梯度☆osmotic suction gradient
渗析液☆dialyzate；dialysate
渗析作用☆dialyse；dialysis
渗吸☆imbibition
渗吸水☆water of imbibition
渗泄电导☆leakance
渗锌☆zinc impregnation
渗穴☆(cloup) doline；sink hole stoch
渗穴侵蚀☆sinkhole{tunnel} erosion
渗压☆osmotic pressure
渗压计☆osmometer
渗压效应☆seepage pressure effect
渗压仪☆consolidometer；oedometer
渗盐现象☆salt-filtering phenomenon
渗油☆exudation sweating
渗育层☆percogenic horizon
渗杂剂{物}☆dopant
渗至地面的油☆seep oil
渗渍盐剂[木材防腐用]☆osmosalt
慎重☆deliberation；circumspection；deliberately
慎重考虑☆exercise caution

shēng

声☆sound；phono-；audio-；phon-
声斑☆acoustic blur
声保真度☆acoustic fidelity
声饱和☆acoustic saturation
声报警☆acoustic alarm
声背景值☆background noise
声逼真度☆acoustic fidelity
声变换器☆acoustic transformer
声表面波☆surface acoustic wave
声波☆acoustic(al){sonic;sound;speech;elastic} wave；acoustic waves
声波波列测井☆acoustic signature log；ASL
声波波形负向零点☆negative-going zero
声波波形记录☆waveform recording
声波波形正向零点☆positive-going zero
声波测井☆acoustic (velocity) log(ging)；(bore hole) sonic logging；velocity{sound} logging；acoustic well logging；acoustilog；AL；BSL
声波测井的井径范围☆caliper limit for sonic；CLIM
声波测井下井仪电子线路部分☆sonic logging cartridge
声波测位法[测定岩石压力]☆sonic location method
声波(控制)重返(原井位)法☆acoustic reentry
声波导航与测距系统☆sonar；sound navigation and ranging
声波的空穴(作用)☆acoustic cavitation
声波地层☆acoustic stratigraphy；acoustostratigraphy
声波地层因数☆acoustic formation factor
声波地震曲线☆sonic seismogram
声波电视测井☆acoustic televiewer log
声波定位(仪)☆sofar
声波定位参考系统☆acoustic position reference system
声波发射☆acoustic emission
声波法测井☆sonic well logging
声波反射层深度☆sonic-layer depth
声波含砂测定仪☆acoustic sand probe
声波记振仪☆phonautograph
声波降解法☆sonication
声波界面探测仪[顺序输送管线用]☆sonic interface detector
声波跨孔探测☆crosshole survey by acoustic wave
声波立体扫描测井☆sonic volumetric scan；SVS
声波脉冲☆acoustic pulse
声波-密度-中子测井系列☆sonic-density-neutron logging suite
声波频率响应校正☆sonic frequency response correction；SFRC
声波扫描下井仪☆acoustic scanner tool；AST
声波时差☆interval transit time；sonic differential time；acoustic slowness{time}；SDT
声波视地层因素☆sonic apparent formation factor
声波衰减☆attenuation of sound；sonic attenuation
声波速度☆acoustic{wave;sonic} velocity；SVEL
声波探头测试盒☆sonic sonde test box；SSB
声波体积扫描☆sonic volumetric scan
声波图☆audiogram；acoustic picture；audiograph
声波显示仪☆phonodeik
声波信号发送站☆acoustic transmitting beacon
声波型介质☆acoustic-type medium
声波沿炮眼传播时间☆shot hole time
声波液面测定器☆acoustic liquid level instrument
声波液位探测器☆sonic level detector
声波仪☆sonograph
声波振荡器模块☆sonic oscilloscope module；SOM
声波振动记录☆phonautograph
声波质量指示☆acoustic quality indicator；ACQ
声波-中子测井组合☆acoustic-neutron combination
声波钻头[浅孔用]☆sonic drill
声不透射层☆acoustically opaque layer
声测☆(acoustic) sounding
声测井☆sound logging
声测距☆sound ranging；SR
声测距器☆phonotelemeter

声测距仪☆acoustic{sound} ranger
声测仪☆soniscope
声场☆sound field
声称☆claim
声成像☆acoustic{sound} image
声程测量☆acoustic range measurement
声程差☆path difference
声冲击☆acoustic shock
声穿透☆ensonify
声穿透(作用)☆ensonification
声穿透区☆insonified zone
声传播☆sound propagation
声传播法☆sound-transmission method
声传感器☆sonic transducer
声存储器☆acoustic storage{memory}
声达距离☆audible range
声带振动☆voice
声导[声导纳的实分量]☆acoustic conductance
声导率☆acoustical{acoustic} conductivity
声导纳☆acoustic(al) admittance
声道☆channel；ch；sound track；sound channel[海洋地震波低速段]
声低数值☆noise background
声电振荡☆acoustoelectric oscillation
声电子学☆acoustoelectronics
声调☆intonation
声调谐振荡结构射流☆structured acoustically tuned oscillating jet；STRATOJET
声(学)定位参照系☆acoustic position-reference
声定位法☆sound operation navigation and range
声定位系统{装置}☆acoustic positioning system
声定位仪☆sonic locator
声断面图☆acoustic profile
声发☆sofar；sound fixing and ranging
声发波道☆sofar channel
声发射☆acoustic emission；sonic
声发射探伤☆sound emission for nondestructive testing
声法测漏☆sonic leak detection
声反射☆acoustic reflection
声(波)反射面☆acoustic reflecting surface
声反射系数测井☆acoustic reflection coefficient logging
声反射性{率}☆acoustic reflectivity
声风速计☆sonic anemometer
声(波)辐射☆sound radiation
声幅恢复☆amplitude recovery
声干扰器☆acoustic jammer
声感抗☆acoustic(al) inertance
声功率☆sound power
声功率级☆sound power level
声惯量☆acoustic{acoustical} inertance
声光玻璃☆acousto-optic glass
声光干涉☆acoustooptical interaction
声光晶质因数☆acousto-optic quality factor
声光偏转☆acousto-optic deflection
声光陶瓷☆phono-optic ceramics
声光效应☆acoustooptic(al){A-O} effect
声光性纯指数☆indices of acousto-optic properties
声光优值☆figure of merit of acoustooptic material
声航速仪☆acoustic marine speedometer
声化学☆photochemistry
声换能器☆acoustic{sonic} transducer
声畸变☆Donald Duck effect
声极限☆sound limit
声级☆sound{acoustical} level
声级仪☆acoustimeter；acoustometer
声迹信号☆sound track signal；track signal
声劲(度)☆acoustic stiffness
声距测量☆sounding
声抗☆(acoustic) reactance
声控☆acoustic control
声控重返指引浮标☆acoustic recall buoy
声控浮标☆pop-up buoy
声雷达☆sodar；sound detection and ranging
声垒☆sonic barrier
声量☆volume of sound
声裂法☆sonication
声脉冲☆sound pulse
声脉冲回声探测☆pinger proof echo-sounding
声门裂隙☆rima glottidis
声明☆proclamation；testimony；manifest；dictum [pl.dicta]；statement；deliverance；protestation；pronouncement；confession；manifestation
声明书☆statement；manifesto
声名狼藉的☆notorious
声呐{纳}☆sonar；asdic (gear)；acoustic susceptance [声导纳的虚分量]；so(u)nd navigation and ranging；sonic detector；"mountain goat"；sound operation navigation and range；acoustic(al) admittance
声呐参考强度☆sonar reference intensity
声呐舱☆asdic control room；ACR
声呐测井☆sonar log；SNL
声呐测距控制☆SORC；sound ranging control
声呐测试仪☆sonar test set
声呐导流罩☆sonar dome
声呐-电视探测器☆sonar/TV sonde
声呐浮标{简}☆sonobuoy
声呐化学☆sonochemistry
声呐记录☆sonogram
声呐无线电浮标☆sono-radio buoy
声呐员☆sonarman
声能☆acoustic{sonic;sound;acoustical} energy
声能学☆sonics
声能源密度☆sound energy flux density
声耦合☆acoustic coupling
声(波)耦合器☆acoustic coupler
声频☆sonic{speech;audio;acoustic;acoustical;voice;sound} frequency；audio-frequency；A.F；AF
声频磁场技术☆audio-frequency magnetic technique
声频磁法☆audio-frequency magnetic method；Afmag method；AFMAG
声频大地电场法☆acoustical frequency geoelectric field method
声频大地电磁法勘探系统☆audiofrequency magnetotelluric prospecting system
声频带☆voice band
声频声子☆acoustic phonon
声频输出☆audio-output
声频调制☆buzzer{audio;voice} modulation
声频谐波失真{畸变}☆audio-frequency harmonic distortion
声频信号☆audio{audible;aural;acoustical;sonic} signal
声频信号陷阱☆sound trap
声频信号制☆voice-frequency signalling system
声剖面图☆acoustic profile
声谱☆acoustic{sound} spectrum
声谱记录☆sonogram
声谱仪☆acoustic spectrometer{spectroscope}；sound spectrograph；sonograph
声迁移率☆acoustic mobility
声强☆sound{acoustic} intensity；pressure level of sound
声强(度)☆intensity of sound
声强级☆sound intensity level
声强计☆acoustometer；acoustimeter；phonometer
声桥☆sound bridge
声全息图☆acoustical hologram
声容☆acoustic capacitance
声容抗☆acoustical{acoustic} compliance
声散射☆acoustic scattering
声射线☆sound ray
声射线轨迹仪☆sound ray tracking plotter
声失真☆Donald Duck effect
声释放器☆acoustic releaser
声衰减常数☆acoustic(al) attenuation constant
声顺☆acoustic{acoustical} compliance
声搜[水下固定式声学反潜监听系统]☆sonar surveillance system
声速[声导纳的虚分量]☆acoustic{sound;sonic} velocity；velocity{speed} of sound
声速测井☆acoustic velocity log(ging)；acoustilog；velocity logging；sonic{acoustic} log(ging)；AVL
声速测井确定的孔隙度☆velocity derived porosity
声速计☆(sound) velocimeter
声速喷射微粉机☆micronizer
声探(测器)☆sonoprobe
声特征(信号)☆acoustical signature
声透镜☆sound lens
声透射☆ensonify
声透射层☆acoustically transparent layer
声图像鉴定☆voice recognition
声外波☆infrasonic wave
声望☆reputation；fame；repute
声温度计☆sonic thermometer
声吸收☆sound absorption
声线☆ray path；sound ray
声响释放☆acoustic release
声响污染☆sound pollution
声响信标☆aural type beacon
声响信号☆audible{sound;aural} signal
声相位常数☆acoustic phase constant
声像同步装置☆moviola
声谐振器☆acoustic resonance device
声信号☆acoustic(al){sonic;sound} signal
声性☆acoustic property
声学☆sound；acoustics；phonics；sonics
声学测量☆acoustic(al) measurement
声学定位☆acoustic(al) deep
声学定位和测距☆sound fixing and ranging
声学法测压☆pressure determination by acoustic method
声学家☆acoustician
声学量度☆acoustic(al) measurement
声学深度探测☆acoustic depth sounding
声学试验☆acoustic investigation
声学应答器导航☆acoustic transponder navigation
声压☆acoustic pressure；sound pros
声压级☆sound{acoustic} pressure level；SPL
声延迟线☆sonic delay tins；acoustic delay line
声音☆sound；SND；voice
声音的☆sonic；audio；tonal；phonic
声音的压强级☆pressure level of sound
声音警报☆audible alarm
声音全息记录器☆holophone
声音响{强}度☆sound intensity
声音信号☆audio{aural} signal
声音信号混合器☆sound mixer
声引信水雷☆acoustic mine
声影☆sound shadow
声应变仪{计}☆acoustic strain ga(u)ge
声应答器☆acoustic transponder
声源☆sound source；sounder source
声源级☆source level；SL
声障板☆sound baffle
声障脊☆acoustically opaque ridge
声照射☆ensonify
声折射☆acoustic refraction
声震☆acoustic shock
声支撑☆acoustic suspension
声致冷{发}光☆sonoluminescence
声制导鱼雷☆acoustic homing torpedo
声质量☆inertance；acoustic mass
声重力波☆acoustic gravity wave
声转发器☆acoustic transponder
声子传热☆heat transfer by phonon
声子-声子碰撞☆phonon-phonon collision
声阻☆acoustic resistance{impedance}
(比)声阻☆specific acoustic resistance
声阻抗☆acoustic impedance{resistance}；impedance；acoustical stiffness
声阻抗比差☆acoustic contrast
生☆crudity；resultant；incertae sedis；yield；bio-
生氨(作用)☆ammonification
生氨细菌☆ammonifying bacteria
生白云石☆crude{raw;green} dolomite
(使书页等)生斑变色☆fox
生贝壳的☆conchiferous
生冰铜☆green matte
生波机☆wave maker
生卟啉类(固醇)☆porphyrinogenic steroid
生草丛☆tussock-grass
生草生{表}层☆plaggen epipedon
生草土☆plaggen boden；soddy soil
生产☆fabric；fabrication；production；turn out；produce；output；open up；breed[动]；pdn.
生产(的)☆manufacturing；mfg
生产备件☆running spare parts
生产不足☆underproduction
生产测井☆production log{logging}；PL
生产测井组合(下井)仪☆production stack logging tool；production logging stack (system)
生产层☆producing formation{horizon;zone}；pay streak{horizon;formation;bed;unit;sand}；payzone；productive strata {formation;unit;reservoir;layer}；contributing{productive} zone；production horizon {formation; aquifer}
生产层段☆pay section{member;interval}；productive

S

interval{member}; producible pay intervals
生产层位☆level
生产成本☆fabrication{working;initial;production; first; running; manufacturing; producing; factory; operating} cost; cost price; cost of production
生产持续时间☆production lead time
生产地带☆productive{producing} zone; payzone
生产地质指导☆control of production geology
生产定额☆job rate; production quota
生产动态☆history; production performance
生产额☆(delivery) capacity
生产废料☆processing waste
生产费用☆expenses{cost} of production; operation {operating;producing;production;running;working} cost; production expenses; operating charge; running charges
生产分析控制技术☆production analysis control technique; PACT
生产工效{效率}☆operating labor efficiency; operational efficiency
生产工艺过程用燃料☆fuel used in productive technological processes
生产工艺学☆production techniques; PT
生产管理制度{系统}☆production management system
生产管柱☆flow string
生产规模(地热)电站☆commercial scale plant
生产过程用检测仪表☆processing instrumentation
生产过程中的调整☆industrial control
生产过剩☆over(-)production
生产巷道☆live{active;productive} workings; production tunnel
生产和参谋并列型体制☆line and staff organization
生产滑坡☆drastic decline of production
生产-回灌井方案☆coupled-wells solution
生产活动地点☆lease
生产计划处{科}☆design-production department
生产记录☆record of production; production record
生产技术准备☆technical preparations in production
生产夹层☆pay stringer
生产检查流程图☆flowsheet for production check
生产结构☆organizational structure of production
生产节拍☆tact
生产经营型{性}管理☆marketing-oriented management
生产井☆production well{shaft}; active mine; field development well; producer; drainage point; ex-producer; extraction{work(ing)} shaft; producing {recovery; output; off-take} well; strike; working pit; FW
生产井-回灌井系统☆double system
生产井排☆row of producers; lines of producing wells
生产井(数)-注入井数比☆producer-to-injector ratio; ratio of producers to inectors
生产矿☆operating{active;producing;productive} mine; be alive; mine engaged in working ore deposit
生产矿层☆effective pay; productive measures {series;ground}
生产矿层数[房柱法]☆pit room
生产矿井☆production shaft; working pit; existing {productive} mine
生产矿井调查☆investigation of productive mine
生产矿量变动☆variation of production reserves
生产矿脉☆quick (vein)
生产类型☆types of production
生产力☆productivity; capacity; productive {production} force; yield-power
生产(能)力☆capacity; cap.
生产量☆throughput (capacity); duty; turnout; out put; production; productive output; yielding capacity; productivity; thruput
生产流程☆line of production; work flow
生产率☆capability; capacity; productivity; rate of production; producibility; throughput (rate); thruput; (performance) rating; output (factor)
生产率低☆undercapacity
生产率指数测井图☆producibility index log
生产煤量☆productive coal reserves
生产煤样☆coal sample for checking production; run-of-mine coal sample
生产能力☆throughput (capacity); thruput; capacity (production); output; productivity; deliverability; productive{production;output;annual;yielding} capacity; through put; annual production capacity; productiveness; producibility
生产能力检定{剖面}☆capacity rating{|profile}
生产平台☆satellite{production} platform; production vessel
生产前的定型试验☆preproduction-type test
生产前准备阶段☆pre-production phase
生产日报☆daily production report
生产筛管段周围的砾石充填☆main pack
生产上的变化因素☆operational variables
生产石油☆produce petroleum
生产事故☆industrial accident
生产试验☆factory{production} test
生产条件复杂的井☆bear cat
生产图表☆diagram of output
生产维修☆productive maintenance; PM
生产尾矿☆treatment{mill} tailings
生产系统检查☆system performance inspection
生产下降☆decrease of output
生产线工艺☆production-line technique
生产小组☆zveno
生产型管理☆production-oriented management
生产行政指挥系统☆chain of command in production
生产性开发☆commercial exploitation
生产性能☆producibility
生产压差{降}☆draw down pressure; producing pressure drop
生产一吨煤的矿工工资☆working rate
生产用燃气轮机☆processing gas turbine
生产用水☆water of productive use; production water supply; process water
生产油料的工厂{车间}☆oilery
生产与储存组合系统☆combined production and storage system; COMPASS
生产者☆producer; manufacturer
生产者的风险☆producer's risk
生产指标☆performance figure; production index {quota;target}
生产指数☆productivity index{factor}; PI
生产质量试验☆production quality test
(在)生产中☆on stream; in-process
生产中断☆production interruption
生产助理☆line assistant
生产装置尾气☆product gas
生产准备期☆pre-production period
生产资料☆capital goods; means{off} of production
生产钻眼{进}☆production drilling
生产作业准备☆pre-operation work
生潮位势☆tide-generating potential
生尘☆dust-making; dust formation; dusting
生尘量☆dust yield; dustiness
生尘性☆dust-forming quality
生成☆formation; genesis [pl.-ses]; be born{gifted} with; come{bring} into being; generate; produce
生成程序☆generator (program); generating program
生成秆☆culm
生成函数☆generating{generated} function
生成核☆product{produced} nucleus
生成胶质的烃☆gum-forming hydrocarbons
生成硫化氢的细菌☆hydrogen-sulfide-forming bacteria
生成气量☆gas generating amount
生成曲线的轴缘☆axial margin of generating curve
生成曲线外缘☆outer margin of generating curve
生成热☆heat{enthalpy} of formation
生成树[计]☆spanning tree
生成条件☆genetic condition
(地质层的)生成同一☆homogeny
生成物☆product; resultant; fragment
生成相似带☆band of genetic similarity
生成序次☆succession of generation
生成压力☆build-up pressure
生成元(素)☆generator
生成状态☆manner of occurrence
生存☆existence; subsistence; survive
生存函数☆survivor function
生存环境☆living environment
生存竞争☆struggle for survival{existence}
生存{活}空间☆living space; lebensraum [德; 指国土以外可控制的领土和属地;pl.-e]
生存率☆survival rate; fraction-surviving
生存能力☆viability; vital capacity
生存期☆duration; life cycle; lifetime
生存曲线☆survivorship curve
生存时间☆survival time
生存于陆地上的☆terraneous
生存者☆existent; survival
生的☆crude; green; raw; undressed; procreation; unslaked; -genous
生地化学探勘☆biogeochemical prospecting
生动☆animation; vividly
生动的☆instinct; telling; living
生动性☆vitality
生颚牙形石属[O_2]☆Tokognathus
生发层[组织]☆stratum germinativum
生发孔☆germinal pore
生腐殖质☆raw humus
生根☆root; radication; rootage
生根植物☆rooted plant
生垢水☆scale-producing water
生痕☆Lebensspur
生痕化石☆eophyton
生痕属☆ichno-genera
生痕学☆ichnology
生痕种☆ichnospecies
生(物)化(学)还原☆biochemical reduction
生(物)化(学)甲烷☆biochemical methane
生化需氧量负荷☆biochemical oxygen demand load
生化学岩☆biochemical rock
生(物)化(学)制品☆biochemicals
生化作用☆biochemical action
生还☆survivorship
生荒地☆virgin{lay} land; uncultivated soil
生辉放电☆glow discharge
生混凝土☆green concrete
生活☆livelihood; live; life
生活场所☆life arena; lift-arena
生活方式[生态]☆mode of life
生活废水☆sanitary wastewater
生活费用☆cost of living; living expenses; CL
生活复现☆Lebensbild
生活供冷☆comfort cooling
生活供水☆domestic water supply
生活固态废物☆domestic solid wastes
生活环境☆habitat; living environment
生活垃圾☆household{consumer} waste
生活力☆life force; vitality
生活区☆living quarter; quarters
生活污水☆home{domestic} wastewater; domestic {sanitary} sewage; sanitary wastes
生活污水排泄☆sanitary drainage
生活小区☆biotope
生活小区内的生物种群☆micropopulation
生活型☆biotype
生活型谱☆biologic(al) spectrum
生活用井☆domestic well
生活于硅质土中的☆silicicolous
生活在树上的☆arboreous
生活在死水中的☆stagnicolous
生活在沼泽中的☆palustral
生活资料☆consumer(s') goods; means of livelihood
生活组合☆biocoenosis; life assemblage
生火花的☆pyrophoric
生火间☆stokehold
生机☆vital
生机论{说}☆vitalism
生计☆livelihood; keep; living
生焦宝石☆raw flint clay
生焦痂性的☆escharotic
生焦炭☆green coke feed
生胶体☆coacervate
生胶纤维☆collagenous{collagen} fiber
生胶质☆ossein; collagen
生精矿☆raw{unroasted;green} concentrate
生精矿仓☆green concentrate bin
生精矿装置料反射炉☆green-feed reverberatory furnace
生境☆habitat; ecologic(al) niche
生境(形态)☆habitat form
生聚[油]☆habitat
生壳☆incrust
生矿☆raw{run-of-mine} ore
生矿石☆green{unroasted;crude} ore
生蜡的☆ceriferous
生来的☆inherent
生理干旱☆physiologic drought
生理化学☆chemophysiology; physiological chemistry

S

生理活性☆biological activity
生理机能☆physiological function
生理节奏☆circadian rhythms
生理品系☆biologic(al) strain
生理燃料价值☆physiological fuel value
生理生化特征☆physiological-biochemical characteristic
生理学☆bionomy；physiology
生理盐水☆normal{physiological} saline
生理作用☆physiological action
生利率☆yield rate
生料☆crude{raw} material；raw mix{meal}；raw material composite
生料均化控制☆homogenizing control of raw material
生料磨优化模块☆raw mill optimization module
生硫化矿☆green sulphide ore
生锍☆green matte
生瘤☆tumorigenesis
生(物群)落生境☆biotope
生霉的☆musty
生命☆biosis；life
生命必要元素☆bioelement
生命单元☆bion
生命的☆biotic
生命地☆vitally
生命发生学说☆biogenesis
生命分子☆biomolecule
生命过程☆life{vital} process
生命巷基☆basic building blocks of life
生命合成序列☆biosynthetic pathway
生命力☆vitality；life (force)；vital capacity
生命粒子☆biozone
生命起源☆origin of life
生命起源学说☆biogenesis theory
生命圈☆vitasphere
生命素☆biogen
生命体☆biomass；standing crop
生命维持系统☆life support(ing) system
生命物质☆living matter
生命线☆lifeline
生命现象☆biology；living phenomenon
生命元素☆bioelement
生膜☆filming
生木材☆live wood
生能燃料☆energy-producing fuel
生泥炭☆unripe peat
生黏土☆virgin clay
生牛皮((制)的)☆rawhide
生泡液☆foam-forming liquid
生坯张度☆green strength
生片☆raw film
生气勃勃的☆animated
生气层☆source bed
生气剂☆blowing agent
生气潜量☆gas-source potential
生气岩☆gas source rock
生氰的☆cyanogenation
生球☆green pellet
生球爆裂☆rupture of green pellets
生球和矿石准备车间☆green ball and ore preparation plant
生然产状☆naturally occurrence
生热☆heating；generation of heat
生热的☆thermogenic；calorific
生热力☆caloricity
生热力的☆calorifacient
生热元素☆heat-producing{heat-generating} element
生热作用☆thermogenesis；heat generation
生色精☆aniline；anilin
生砂☆virgin sand；greensand
生烧结矿☆green sinter
生石膏☆plaster stone
生石灰☆calk；(calcium;oxide) lime；burned{quick;free;caustic;unslacked;calcined;dehydrated} lime；calx；quicklime；pellouxite；caulk；lime in lumps；shell；BL
生石灰临界水灰比☆critical water-lime ratio
生石灰桩☆quicklime pile；unslaked lime pile
生石棉☆crude asbestos
生手☆green{new} hand；beginner；inexpert；tender foot；stranger
生疏的☆raw
生水☆raw water
生丝☆silk
生死过程☆birth and death process
生酸的☆acidific
生态☆zoology
生态变化☆ecologic change
生态变异(等级)☆ecocline
生态变种反应☆ecophene
生态标记{|志}☆eco-mark{|labelling}
生生态表型☆ecophenotype
生态差型☆ecocline
生态大气☆eco-atmosphere
生态单位{元}☆ecological unit
生态的多型现象☆ecological polymorphism
生态顶极群落☆climax community
生态发生☆ecogenesis
生态分布{|带|类}☆ecologic(al) distribution{|zonation |classification}
生态复合体{杂性}☆ecologic(al) complex
生态活动[对抗污染保护环境等活动]☆eco-activity
生态技术☆eco-technique
生态建筑(学)☆arcology
生态聚居环境☆ecotope
生态空间☆ecospace
生态临界☆ecologic(al) threshold
生态旅游☆ecotourism
生态灭绝☆ecocide
生态平衡☆ecologic(al) balance；ecologic{ecological} equilibrium；eco-equilibrium
生态气候☆ecoclimate；ecological climate
生态区☆ecotope
生态圈☆ecosphere
生态群☆ecogroup；cline；synusium；synusia [pl.-e]
生态群落☆ecologic(al) community；community biocoenose；clan
生态适应辐射☆adaptative radiation
生态适应能力☆adaptive faculty
生态统计(学)☆biodemography
生态危机☆ecologic(al) crisis；ecocrisis
生态位能☆bioecological potential
生态稳定性和调整☆ecological stability and modification
生态系的物质循环☆material cycle in ecosystem
生态系统☆ecosys(tem)；ecologic(al) system{balance}
生态系统的物质循环☆material cycle in ecosystem
生态型☆ecotype；ecologic(al) type
生态性物种形成☆ecologic(al) speciation
生态学☆ecology；bionomy；oecology；bionomics；bioecology
生态学(工作者)☆ecologist
生态循环规律☆ecocycle rule
生态演替☆(ecological) succession
生态因素☆ecologic(al) factor；ecofactor
生态域☆biome
生态灾难☆eco-catastrophe
生态种☆ecospecies
生态种群☆mores
生态转变带☆ecotone
生态组合☆ecologic assemblage
生锑☆antimony sulphide
生体毒素☆biotoxin
生体群集☆lift assemblage
生铁☆pig (iron)；ci；cast-iron
生铁矿石炼钢法☆pig and ore process；P & O
生铁水泥法☆Basset process
(用)生铁增碳☆pigging up{back}
生统群落型☆biome-type
生土☆immature{raw} soil
生污泥☆fresh mud{sludge}；primary{undigested; raw} sludge
生物☆creature；biology；organism；life；living beings {things}；biont；bio-
生物白云泥晶灰岩☆bio {-}dol {-}micrite
生物包被☆bioencrustment
生物包被的[如结核]☆bioencrusted
生物包黏灰岩☆bindstone
生物爆发☆biotic explosion
生物变化论☆transformationism
生物变质☆biodeterioration；biometamorphism
生物标记物对比☆biological marker correlation
生物标志化合物☆biomarker；biological marker compound
生物表饰层☆organic veneer
生物玻璃☆bioglass
生物捕积(灰)岩☆bafflestone
生物部分限制元素☆biointermediate element
生物材料☆biomaterial；biologicals
生物残留层☆biogenic lag-layer
生物残体变化学☆necrology
生物测井☆biolog
生物测试(设备)[航]☆bioinstrumentation
生物层☆biostrata；biostrome；biosphere
生物层段[一种生物地层单位]☆biomere
生物层理构造☆biostratification structure；biogenic bedding structures
生物层序单位☆biostratigraphic{biostratic} unit
生物层序学年代☆biostratigraphic age
生物差距☆biotal distance
生物产品☆biologics
生物成矿☆biomineralization
生物成因的矿物☆biolite
生物成因分化作用☆biogenic fractionation
生物成因作用☆biogenic process
生物重(复)演(化)说☆recapitulation theory；Haeckel's law
生物出现前的☆prebiotic；prebiological
生物处理法☆biological treatment
生物促长质☆biocatalysator
生物大地构造说☆bio-tectonics hypothesis
生物大气层和污染物质☆biosphere and contaminants
生物带☆biozone；biocycle；ontozone；life{biotic} zone
生物单体☆biomonomer
生物的危害性☆biological hazard
生物的指示现象☆biological indicator
生物地层☆biostratum
(用)生物地层测时的☆biostratigraphically-dated
生物地层层理构造☆biostratification structure
生物地层带时代☆intrazonal time
生物地层等级划分☆biostratigraphic(al) rank classification
生物地层学划分☆biostratigraphic classification
生物地层学亚带☆biostratigraphic subzone
生物地(球)化(学)踏勘☆biogeochemical reconnaissance
生物地理的☆biogeographic
生物地理圈☆biogeosphere
生物地理群落学☆biogeocoenology
生物地貌发生因素☆biologic(al) morphogenic factor
生物地球化学生态学☆biogeochemical ecology
生物地球化学藩篱☆biochemical fence
生物电☆bioelectricity
生物电流{|源}☆bioelectric current{|source}
生物电位☆biopotential；biological potential
生物叠礁☆biostromal reefs
生物蝶{喋}呤☆biopterin
生物顶极群落☆biotic climax
生物堆积☆biogenic accumulation{deposit}
生物堆置灰岩☆bafflestone
生物多样性的丧失☆loss of biodiversity
生物惰性源☆bioinert source
生物发电☆bioelectrogenesis
生物发光☆bioluminescence；noctilucence；biological luminescence
生物发霉☆micro-organism corrosion
生物发生☆biogenesis
生物发生原则☆biogenetic law
生物反应{|防除}☆biologic(al) response{|control}
生物放大☆bio-magnification
生物废弃物管理☆biologic(al) waste management
生物沸石☆biozeolite
生物分布渐进标准☆criterion of chorological progress
生物分布学☆biogeography；chorology
生物分解☆biolysis
生物分界☆dominion
生物分类(学)☆biotaxis；biotaxy
生物分析(法)☆bioanalysis
生物分异度☆biotic diversity
生物分子☆biomolecule
生物粉砂石灰岩☆biocalcisiltite
生物钙质砾屑岩☆biocalcirudite
生物个体发生形式☆tachygenesis acceleration
生物工程☆biologic(al) engineering；bioengineering
生物公害☆biohazard
生物工艺学☆biotechnology
生物工艺学家☆ergonomist
生物共生☆symbiosis
生物构架灰岩☆flamestone；framestone

生物古趋性学☆palaeotexiology
生物固氮(作用)☆biologic nitrogen fixation
生物光☆bioluminescence
生物合成☆biosynthesizing; biosynthesis
生物合成途径☆biosynthetic pathway
生物痕迹☆lebensspur [德;pl.-en]
生物化石☆fossil organism
生物化石地质学☆oryctogeology
生物化探☆biogeochemical prospecting{exploration}
生物化学☆biochemistry; biological chemistry; chemicobiology; biochem.
生物化学电池☆biochemical fuel-cell
生物化学反应{|降解|凝胶化|岩储集层}☆biochemical reaction {|degradation| gelification| reservoir}
生物环境☆biological{biotic} environment; biotic habitat; coenocorrelation
生物环境(梯度)(地层)对比(法)☆coenocorrelation
生物环境调节技术☆biotronics
生物(堆积)灰岩☆bioaccumulated limestone
生物活动温度临界☆biokinetic temperature limit
生物活度{性}☆bioactivity
生物活力源☆bioactive source
生物积聚因素☆biologic(al) accumulation factor
生物积累☆bio-accumulation
生物计☆biometer
生物计量分析☆biometric(al) analysis
生物监测☆biologic(al) monitoring; biomonitoring
生物碱☆alkaloid
生物碱的☆alkaloidal
生物鉴定☆biological assay; bioassay
生物建灰岩☆biolithite
生物建设灰岩☆bioconstructed limestone
生物建设相☆bioconstructed facies
生物建造体前缘☆bioconstructional lip
生物建造相☆bioconstructed facies
生物降解油☆biodegradation oil
生物{黄原}胶☆xanthan gum
生物礁☆bioherm; organic reef{mound}; reef
生物礁核☆reef core
生物胶体☆biocolloid
生物礁岩☆hermato(bio)lith; biohermite; reef rock
生物结核{石}☆biolite
生物节奏颠倒☆biorhythm upset
生物界☆biosphere; organic sphere{world}; biological universe; living nature; bios; Protoctista
生物景带☆biologic(al) spectrum
生物境☆biotope
生物聚集因素☆biological accumulation factor; BAF
生物科学☆bio-science
生物坑☆ecology pit
生物块礁☆bioherm
生物矿化☆biomineralization
生物矿物☆biolite; biomineral; biogenic mineral
生物累积☆bioaccumulation
生物类带☆ontozone
生物力学☆biomechanics
生物连续性定律☆biologic continuity law
生物连续原理☆principle of biologic continuity
生物量☆bio(-)mass; biological; standing crop
生物亮晶泥晶灰岩☆biosparry micrite
生物量塔☆biomass pyramid
生物滤池☆biofilter; trickling{biologic(al)} filter
生物滤化☆bioleaching
生物埋藏印痕☆taphoglyph
生物门类☆toxonomy
生物面☆biohorizon
生物膜☆biological{organic} membrane; membrane
生物(堆积薄)膜☆biofilm
生物磨耗☆bioattrition
(古)生物某部群☆merocoenose
生物耐受度☆biologic tolerance level
生物内孔隙☆intrabiotic porosity
生物能(疗法)☆bioenergetics
生物泥丘{冈}☆biogenic mud mound
生物泥(质)岩[黑页岩等]☆bipelite
生物年代☆biochron
生物年代单位☆biochronologic unit
生物黏结灰岩☆boundstone
生物凝胶☆xanthan gel
生物浓缩☆bio-concentration
生物片☆biochore
生物平衡☆biotic balance; biostasy; biobalance
生物破坏搬运(作用)☆biorhexistasis; biorhexistasy
生物破坏搬运说☆theory of biorhexistasy
生物破碎(作用)☆biofraction
生物谱系树☆genealogical tree
生物期☆biophase
生物起源((成因)说)☆biogenesis
生物起源的☆biogenic
生物气☆biogas
生物气候☆bioclimate
生物气候分区☆bioclimatic zonation
生物气囊☆air sac
生物潜穴☆dwelling burrow
生物侵蚀☆bioerosion
生物侵蚀结构☆bioerosion structure
生物丘☆organic mound; bioherm
生物丘岩☆biohermite
生物丘组合☆biohermal complex{suite}
生物球{团}粒微{泥}晶灰岩☆biopelmicrite
生物区☆biotic province{zone;district;division}; biota; bioprovince
生物区系☆realm
生物区系形成☆bioprovinciation
生物区域界线☆biochore
生物圈☆biosphere
生物圈的污染☆biospheric contamination
生物群☆biota
生物群类☆biologic group
生物群落☆biome; bioc(o)enosis; biocommunity; life assemblage; biocoenosium; bioc(o)enose; c(o)enosis; biotic community{formation}
生物群落共生体☆biocenotic association
生物群落学☆bioc(o)enology; biocoenotics
生物群-生境{物}小区系统☆biota-biotope system
生物燃料[动植物废料用作燃料]☆bio-fuel; biomass{biological} fuel; biomass
生物扰动隆起{超}☆bioturbation heaving
生物扰动岩☆bioturbate; bioturbite
生物扰动遗迹结构☆fossitexture
生物扰乱☆bioturbation
生物热☆biotherm
生物热礁☆biothermal reef
生物软泥☆bioslime; abyssal ooze
生物杀灭剂的☆biocidal
生物深度仪☆bio-sounder
生物生活方式的☆biotic
生物声学☆bioacoustics
生物生长力☆biological productivity
生物盛况☆biostasy
生物尸体积☆thanatocoenose
生物时代☆zoic age
生物实验☆bioexperiment
生物事件☆biological event
生物数学☆biomathematics
生物水平带☆biolevel
生物顺序☆biotic succession; biosequence
生物死后(所受)的破坏☆postmortem destruction
生物素☆biotin
生物速效性☆bio-availability
生物碎屑☆bioclast; biodetritus; biogenic debris
生物碎屑粒状灰岩☆bioclastic grainstone
生物滩地震相单元☆bank seismic facies unit
生物体☆biosome; organism; living body
生物统合原理☆principle of organic unity
生物凸起☆buildup
生物团粒亮晶灰岩☆biopelsparite
生物退化☆biodeterioration
生物微晶砾屑灰岩☆biomicrudite
生物危险☆biohazard
生物污染☆biological pollution; bio-contamination
生物系☆ecosystem
生物系列☆bioseries
生物咸湖☆apatotrophic lake
生物限制元素☆biolimiting element
生物镶固灰岩☆bindstone
生物相☆biofacies (realm); biologic(al) facies; biophase
生物相带☆biofacial zone
生物相格局{模式}☆biofacies pattern
生物屑粒泥灰岩☆bioclastic wackestone
生物型☆biotype; bion; biologic(al) form
生物形结构☆biomorphic texture
生物性发光☆bioluminescence; noctilucence
生物絮凝(作用)☆bioflocculation
生物学☆biology; mutation
生物学家☆biologist
生物学上的混杂☆biologic(al) admixture
生物学上有效性☆biologic(al) availability
生物学用的激光器☆biolaser
生物学种☆biologic(al) species
生物循环☆biologic(al) cycle; biorhythm; biocycle
生物岩☆biolith; biohermite; organolite; biogen(e)tic {biogenous;organic;bioclastic} rock; biolite
生物研究☆bioresearch
生物研究卫星☆biosatellite
生物岩类☆biolithite
生物岩丘复合体☆biohermal complex
生物岩丘相☆biohermal facies
生物岩体☆biosome
生物延续带☆range zone
生物演化☆evolution of life; biogenetic{biogenic} derivation; organic evolution
生物演化关系☆biological context
生物演化停顿期☆biostatic period
生物氧化(作用)☆bio-oxidation
生物样品☆biosample
生物遥测术的☆biotelemetric
生物医学和环境研究部[美]☆Biomedical and Environmental Research; BER
生物遗痕☆biogenic markings
生物遗迹☆bioglyph; biogliph; organic hieroglyph; lebensspur [德;pl.-ren]
生物移栖☆migration of organisms
生物遗体沉积学☆biostratinomy; biostratonomy
生物因素☆biotic factor; biodyne
生物印痕☆biogliph; organic hieroglyph; bioglyph
生物营造体前缘☆bioconstructional lip
生物营造相☆bioconstructed facies
生物淤泥☆bioslime
生物域☆ecosphere
生物元素☆bioelement; biogenic element
生物韵节☆biophase
生物甾醇☆biosterol; biosterin
生物暂时种☆generalist species
生物早期警告☆biological early warning
生物质地球化学☆biomass geochemistry
生物滞积灰岩☆bafflestone
生物制剂☆biological agent; biopreparate; biologic(al)s
生物治理☆bioremediation
生物质能☆biomass-based energy
生物钟☆biologic(al){living} clock; biochronometer
生物钟学☆chronobiology
生物种☆(biologic(al)) species; biospecies
生物转化☆bio(-)transformation; bioconversion
生物转运☆bio-transport
生物转盘☆RBC; rotating biological contactor
生物转盘法☆biological rotating disc
生物准面☆biolevel
生物阻壁☆biotic barrier
生物组合☆life assemblage
生物阻限☆biotic{biologic(al)} barrier
生物钻孔☆burrow; bur
生物钻孔孔隙☆boring porosity
生物作用☆biological action; biotic processes; biogenic agency
生相☆major phase
生橡胶☆caoutchouc
生硝☆caliche; calithe
生效☆go to operation; enter into force
(使)生效☆validate; implement
生锈☆rust(ing); furring; rustiness; tarnishing; stain; get rusty; patination; scaling; oxidization
生旋涡☆burble
生涯☆career
(使人)生厌的☆tedious
生阳极车间☆green anode plant
生氧的☆oxygenous
生药学☆pharmacognosy
生野矿[$Bi_2(S,Se)_3$]☆ikunolite
生叶☆foliation
生液☆humour; humor
生因☆genesis
生营养层[光合作用层]☆trophogenic layer
生硬☆stiff; asperity; harsh
生油[油]☆occurrence of oil
生油凹陷☆source sag; petroleum generative depression
生油参数☆generation parameter
生油(地)层☆source bed[油]; petroleum source bed;

S

oil-generating strata；oil-producing formation
生油层序{系}☆source sequence
生油的☆oil-forming；olefiant
生油率☆oil {-}incidence factor
生油门限☆threshold of oil generation；oil threshold
生油母质☆generative kerogen；original source material
生油气凹陷☆hydrocarbon kitchen
生油气岩抽提物☆source rock extracts
生油潜力☆genetic potential
生油岩☆oil source{generative} rock；source rock {bed}
生油岩与原油的对比☆source rock-crude oil correlation
生油液态窗☆liquid window of oil generation
生有钟乳石的☆stalactic
生于腐殖物上的植物☆perthophyte
生于偏僻地区的☆Cryptozoic
生于球状囊中的耳石☆sagitta
生于热带干燥地的☆xerophilous
生于椭圆囊中的耳石☆lapillus [pl.-li]
生于沼泽地带的☆fenny
生育☆generation
生育高峰☆baby boom
生(命起)源说☆biogenesis
生源体☆biophore；biogen
生源物☆precursor compound
生月石☆birthstone
生长☆growth；vegetate；buildup；upgrowth
生长(的)☆growing
生长层☆growth layer{lamellae;band;lamina}；Stratum germinativum
生长带☆growth band{zone}；accretion{growing} zone
生长带托[叶肢]☆prolongation of the growth band
生长的☆vegetal
生长断层☆growth{contemporaneous;sedimentary;progressive;slump;recurrent} fault；gulf coast-type fault
生长断层-滚动背斜圈闭☆growth fault roll over anticlinal trap
生长方向☆growth direction；direction of growth
(碳酸盐岩)生长格架孔隙性☆growth-framework porosity
生长过度☆overgrowth；overgrow
生长互碰边线☆growth impingement boundary
生长环☆growth ring{layer}；annual growth ring
生长活跃时期☆active growing period
生长阶(梯)☆growth step；ledge
生长流☆withdrawal current
生长率☆rate of growth
生长密接边界☆growth impingement boundary
(群体)生长面[苔动环口]☆common bud
生长期☆growth phase{period}；growing period {season}；vegetation period；generative stage；period of growth
生长期混杂的数据☆growth-confounded data
生长器[晶]☆grower
生长丘☆growth hillock{prominence}；mound of growth
生长曲面☆yield surface
生长受阻☆inhibited growth
生长顺序☆succession
生长速度☆rate{speed} of growth
生长条纹☆(growth) striation；striae
生长物☆grower；outgrowth
生长线☆growth line{band}；concentric striation；striae of growth
生长型板块边缘☆constructive plate margin
生长于陡峭或赤裸岩石之上的植物群落☆cremnion
生长于泥泞地带的(生物)☆uliginous；uliginose
生长于沼泽或泥泞地带的(生物)☆uliginous；uliginose
生长在雪中的☆nival
生长在岩石上的☆rupestrine；rupicoline
生长障碍☆disturbance of growth
生长织{结}构☆growth{growing} texture
生长锥☆pyramid{cone} of growth
生长阻遏剂☆growth suppressor
生(屏)障☆physiological barrier
生褶菊石(属)[头;J_{2-3}]☆Oecoptychius
生殖☆reproduction；propagation
生殖胞{鞘}☆gonotheca；gonidium
生殖变形☆epitoky
生殖槽☆germinal furrow
生殖巢☆gonad
生殖分异☆reproductive differentiation
生殖个体{虫}☆gonozooid
生殖根☆stolon
生殖后节☆postgenital segment
生殖窠[藻]☆conceptacle
生殖孔☆hilum；genopore；genital opening；apertura genitalis；gonopore[棘林檎]；genital pore[棘海胆]；parietal pore[海蕾]
生殖力☆fecundity
生殖囊☆genital pouch
生殖盘[藻]☆fertile whorl{disc}
生殖期☆generative stage；reproductive period
生殖器官☆reproductive organ；organs of reproduction
生殖前节☆pregenital segment
生殖体☆gonangium
生殖腺痕☆genital markings
生殖叶☆gonophyll
生殖周期☆sexual cycle
生质子的☆protogenic
牲畜☆beast；cattle；livestock
牲畜粪便☆dung
升☆litre；liter；kiloliter；boost；kl；Lit.；L
升岸阶地☆elevated shoreface terrace
升壁{|侧}☆upthrown wall{|side}
升标☆raising of indices
升车机☆car lift
升沉[船体]☆heave；heaving
升沉仪☆heavemeter
升沉移动☆heave movement
升程☆lift
升船斜坡道☆boat ramp
升带[腕足类腕骨结构]☆ascending branch
升挡[由低速挡换高速挡]☆change up
升阀☆lift valve
升高☆elevate；raise；power-up；step up；ascension；ascend；upward；elevated
(满潮)升高比☆ratio of rises
升高电压☆boosting voltage
升高顶点☆absolute ceiling
升高平台☆raised platform
升高沙丘☆rising dune
升格☆upgrading
升汞☆sublimate；mercuric chloride
升汞防腐☆kyanizing
升管机☆pipe riser
升华☆sublim(at)e；efflorescence；sublimation
(喷气孔)升华被壳☆fumarole{fumarolic} incrustation
升华干燥☆lyophilization
升华器☆sublimator
升华热☆heat of sublimation
升华物{的}☆sublimate
升藿烷☆homohopane
升降☆heave；elevation and subsidence；fluctuation；go up and down；fluctuate；seesaw
升降叉车☆fork lift truck；fork-lift
升降车☆cage
升降带☆belt of fluctuation
升降道☆fall way
升降吊桶用单拉绳☆flying-fox
升降顶☆expansion{lifter} roof
升降舵☆elevator；diving plane{rudder}；elevating rudder
升降发射平台☆flyout launch platform
升降副翼[航]☆elevon
升降机☆elevator；lift(er)；lifting tackle；inclined hoist
升降机末端的斗仓☆elevator hopper
升降机式装载机☆elevator-type loader
升降机用电机☆elevator motor
升降计[航空用]☆statoscope
升降距离☆heave height
升降口☆hatchway；hatch；manhole
升降口的入孔门[井筒梯子间和凿井井盖等]☆manhole door
升降门☆drop door
升降盆地☆oscillating basin
升降器☆riser
升降气袋☆ballonet
(提升机)升降人员☆paddy mail
升降人员和材料的罐笼☆man and material cage
升降色谱(法)☆ascending-descending chromatography
升降设备☆jacking equipment；crane
升降室☆cage
升降(机构)室☆jack house
升降式平路{道}机☆elevating grader
升降式平台☆elevating platform
升降丝杠☆elevating screw
升降索☆fly rope；halyard
升降台☆lifting table；lift platform
升降套管钢丝绳滑轮☆casing line pulley
升降套管用绞车☆cathead
升降梯☆escalator；companion ladder
升降系统☆jacking system
升降压变压器☆step transformer
升降运动☆vertical{vibratory} movement
升降罩☆hoisting cap
升降装置☆jacking gear
升降钻杆☆handling the drill pipe
升降钻具☆hoisting and lowering；trip
升降钻头用的滑轮和链☆bit pulley and chain
升礁☆elevated reef
(上)升交点☆ascending node
升井☆upraise
升举☆lift；jacking
升举范围☆margin of lift
升举力☆raising force
升举速度☆speed of lifting
(使飞机)升空☆launching
升孔时间☆uphole time
升孔速度☆up-hole velocity
升力☆expulsive{elevating;repulsive;lifting} force；lift
升力效应☆lifting effect
升链条件☆ascending chain condenser
升梁机☆beam{belt} lifter
升流☆upwash
升流式厌氧污泥床法☆upflow anaerabic sludge bed
升膜蒸发器☆climbing-film evaporator
升频器☆frequency-booster
升频扫描{振动}[连续震动法震源信号]☆upsweep
升坡☆upgrade；elevation
升坡雾☆upslope fog
升坡窑☆ascending kiln
升起☆hoist；rise；upr(a)ise；levitation；arise
升起闩销[自动车钩]☆lock raising
(压力阀的)升启☆crack
升生作用☆hypogene{hypogenic} action
升蚀作用☆stoping
升水管☆water-lifting pipe
升水头试验☆rising head test
升温变形☆elevated temperature deformation；ETD
升温变形法☆elevated temperature deformation process
升温高应变率☆elevated temperature high strain rate
升温期☆anathermal；An
升温曲线☆heating-up schedule
升温时间☆temperature rise time；TRT
升温信号☆heat alarm
升温着色[阴极保护]☆heat-tinting
(上)升限(度)[最大飞行高度]☆ceiling
升序排序☆ascending sort
升旋形☆helicoid form
升压☆step up (pressure)；boost；set up pressure；lifting pressure；boosting
升压回路☆boosted circuit
升压器☆booster；compensator；pressure controller
升压速度☆rate of rise
升压中心☆pressure rise center；anallobaric center
升液器☆lift
升液装置☆eductor
升运器支架☆elevator leg
升运式铲运机☆elevating scraper
升支☆ascending branch
升柱☆rise of the leg；setting prop
升阻比☆liftover-drag (ratio)；L/D
笙珊瑚☆organpipe coral
笙状☆phacelloid；phaceloid

shéng

绳☆cordage；cord；string；tie；rope
绳槽☆rope groove
绳测☆string survey
绳测深度☆wire depth
绳车☆reel
绳(索)传动☆rope drive{gearing}
绳带输送机☆cable-belt conveyor
绳道(暗井提升机)☆rope race
(用)绳钉系紧☆toggle
绳东取芯钻头☆wire line core bit

绳斗电铲☆dragline；drag line
绳反射☆energetic reflection
绳钩☆rope{cord} hook
绳股☆(cable) strand；rope{wire} strand；twine；yarn；strands of rope or wire；strand line
绳股右捻(的)☆right(-hand) lay；right-handed twist
绳罐道☆rope guide
绳罐道导环☆rope shoe
绳罐道罐斗☆guide eye
绳滚☆rope roller
绳环☆rope sling{thimble}；thimble；bight
(用)绳环缚住☆bight
绳环钩☆thimble hook；hose
绳夹☆cable{rope;strand;drilling} clamp；twine keeper{retainer}；cord holder；bulldog{stringing} grip；monkey；rope{snood} clip
绳铰接{|接头}☆rope splice{|coupling}
绳结☆knot；cat's ass
绳结护舷软垫☆mat fender
绳径-轮{|筒}径比☆rope to pulley{|drum} ratio
绳菊石(属)[头;J_1]☆Amaltheus
绳锯☆wire line saw
绳卡☆bulldog{stringing} grip；cable head；clam；rope cappel{clamp}；line anchor
绳扣☆cable loop
绳拉机械拖斗☆scooter
绳拉式井下运料车☆coolie car
绳拉式扒子☆cable{cableway} excavator
绳缆扶手[急倾斜巷道行人用]☆strap lift
绳量定位炮孔☆string-directed hole
绳龙类☆aigialosaurs
绳轮☆cable{rope} pulley；(rope) sheave
绳轮槽☆sheave groove；throating
绳轮托臂☆jack boom
绳锚☆line anchor
绳帽☆(cable) socket；bullhead；wireline adapter kit；rope socket
绳帽与钻绳间的一段棕绳☆cracker line
绳捻接☆rope splice
绳牵引耙式刨煤机☆cable scraper-planer
绳绕主槽摩擦轮☆surge wheel
绳珊瑚(属)[D_2]☆Stringophyllum
绳式顿钻☆American system of drilling
绳式顿钻钻机的主传动轮☆band wheel
绳式顿钻钻具☆cable tools
绳式股芯☆independent wire rope core；IWRC
绳式刹车☆cable brake
绳式悬载抽油☆cable {-}suspended pumping
绳丝夹☆screw clip
绳速☆rope{cable} speed
绳索☆fox；cord(ing)；strand；rope；thick cord；binder；rigging；marlin(e)；line
绳索绷紧装置☆come along
绳索操纵☆cord{rope} control
绳索测深☆wire sounding
绳索带输送机☆rope-belt conveyor
绳索的☆funicular
绳索顿钻☆rope-drilling；jump{cable-tool} drilling
绳索飞轮☆rope-pulley flywheel
绳索绞距☆pitch of strand
绳索井泵☆wire line pump
绳索井斜记录仪☆indenometer
绳索控制的机械式起落机构☆rope-controlled mechanical lift
绳索拉出工具☆wireline pulling tool
绳索起下的☆wireline
(用)绳索起下工具进行的修井☆wire-line workover
绳索牵引式铲运机☆cable (drag) scraper
绳索取芯☆wire line coring；wire-rope coring
绳索取芯内管接头☆inner-tube head for wire line
绳索取芯筒吊绳☆swinging core line
绳索伸长☆rope stretch
绳索什具[船上的]☆raffle
绳索式起落机构☆cable{rope-operated} lift
绳索式(取)岩芯器{筒}☆wire line core barrel
绳索运输用车夹☆monkey
绳索作业☆wireline operations
绳索坐放短节☆wireline landing nipple
绳套☆grommet；eye splice；deadline；rope socket{slings}
绳梯☆rope{Jacob's;jack} ladder
绳筒比☆rope-to-drum ratio
绳头☆cable head；fag end
绳头套环☆socket
绳芯☆wire rope{strand} core；(cable) core；inner{central;rope} core
绳曳式刨煤机☆rope-hauled plough
(褐藻类)绳藻属[Q]☆Chorda
绳张力☆cable tension
绳状☆ropy
绳状排砂☆cord undercurrent
绳状熔岩☆pahoehoe (lava)；lava with corded-folded surface；ropy{p(a)ehoehoe(-type); corded} lava；satin rock；gekroselava[德]；corded pahoehoe；pahoepahoe
绳状玄武熔岩流☆pahoehoe

shěng

省☆province
省工装备☆labour-saving device
省会☆capital
省空间的☆space-efficient
(节)省(劳动)力(的)装置☆labour-saving device
省略☆drop；curtailment；contraction；cancellation；clip；cancel；omission；omit；skip；abbreviate
省略的☆elliptic(al)；curtate；clipped
省略法☆ellipsis；ellipse
省略号☆ellipse；suspension points；apostrophe
省去☆omit
省时反褶积☆parsimonious deconvolution
省水器☆water economizer
省油阀☆economizer valve
省油汽化器☆economy-type carburettor
省油针阀☆needle valve of economizer
省油轴承☆oil saving bearing

shèng

盛冰期☆pleniglacial
盛槽地形☆trough-in-trough form
盛产煤铁☆abound in coal and iron
盛产石油☆be rich in oil
盛传☆fame
盛弗利{里}斯标记☆Schoenflies notation
盛举☆occasion
盛开的☆blooming
盛满☆fill
盛期☆acme
盛仕年滨线☆fully mature shoreline
盛氏虫属[三叶;$Є_3$]☆Shengia
盛夏☆hot summer
盛行☆prevail；prevailing；reign；prevalent
盛阳珊瑚属[C_1]☆Acmoheliophyllum
盛壮年谷☆full {-}mature valley
盛壮年期☆full maturity；full {-}mature stage
剩磁☆(magnetic) remanence；retentivity；remanent{residual;remnant} magnetism
剩磁多剩余磁感应☆magnetic remanence
剩磁法[磁粉探伤]☆residual field method
剩磁感应☆remanency；remanence
剩磁通密度☆residual flux density；remanency；remanence
剩电☆residual electricity
剩留重力☆residual gravity
剩水☆water surplus
剩同余法☆multiplicative congruential method
剩药☆unfired explosive
剩油回输管线☆excess-oil return line
剩油量☆innage
剩余☆excess；residual；overmuch；surplus(es)；residue；remnant；overplus；remain(der)；ex.
剩余部分☆rest
剩余差值☆offset
剩余长度☆overlength
剩余场化☆residualizing；residualize
剩余储量☆remaining reserves
剩余磁性☆remanence；remanent magnetism
剩余的☆residual；remanent；remnant；irreducible；surplus
剩余地幔异常☆residual mantle anomaly
剩余电磁参数☆residual electromagnetic parameter
剩余电位☆rest potential
剩余度☆redundancy
剩余功率☆afterpower
剩余降水☆rainfall{precipitation} excess
剩余开采期☆remaining productive life
剩余脉冲☆afterpulse
剩余密度☆density contrast
剩余炮点静校正☆residual shot static
剩余热量☆surplus heat；heat residual
剩余射线☆residual rays；reststrahlen
剩余伸长☆permanent extension
剩余时移异常☆residual time-shift anomaly
剩余水☆bleed{surplus;waste} water
剩余水量的存蓄☆storage of surplus water
剩余推力法☆residual thrust method
剩余物☆left-over；leaving；residuum；remainder
剩余吸入绝对压头☆net positive suction head
剩余压力☆overpressure；residual{surplus} pressure
剩余油☆remaining oil；oil remaining
剩余油量☆innage
剩余油气地质储量☆remaining{residual} petroleum in-place
剩余有效开采期☆remaining effective life
剩余原油饱和度☆remaining crude saturation
剩余振幅剖面☆residual amplitude section
剩余值图☆residual map
剩余重力值☆local{residual} gravity
剩余自由气☆residual free gas
胜地☆resort
胜过☆prevail on(upon,with){over}；surpass；trump；superior to
胜利☆battle；win；victory；success
胜利红[石]☆Red LP
胜利者☆victor
胜任的☆equal；adequate
胜任河流☆competent river
胜于☆outweigh
圣`埃尔{爱}摩火☆St. Elemo's fire
圣安德列斯`断层{大断裂}[美]☆San Andreas fault
圣安娜风☆Santa Ana
圣饼[宗]☆wafer
圣戴维斯统[Є]☆St. Davids
圣诞树☆Christmas tree
圣地亚哥红[石]☆Santiago Red；Rosso Santiago
圣多美和普林西比☆Sao Tome and Principe
圣弗利斯符号☆Schoenflies symbol
圣赫勒拿岛和阿森松岛等[英]☆Saint Helena and Ascension etc.
圣基茨和尼维斯联邦☆The Federation of Saint Kitts and Nevis
圣迹石碑☆hagiolith
圣甲虫宝石☆scaraboid
圣克鲁阿(阶)[北美;$Є_3$]☆Saint Croixian
圣卢西亚☆Saint Lucia
圣路易斯银[石]☆Saint Louis
圣萝莎暴☆Santa Rosa storm
圣罗兰[石]☆Tan Brown；Scuru
圣马力诺☆San Marino
圣皮埃尔和密克隆群岛[法]☆Saint Pierre and Miquelon
圣水☆holy water
圣塔阿那风[焚风的地方性名称]☆sant(a) anna
圣维南体☆St. venant body；ideal plastic solid；St.Venant body[塑性物质]
圣文森特和格林纳丁斯☆Saint Vincent and The Grenadines
圣约型筛☆St. Joe screen
圣主贝属[腕;O_{2-3}]☆Christiania

shī

䴓科☆Sittidae
师式盘足龙☆Helopus Zdanskii
师鹰贝属[腕;E-Q]☆Gryphus
失败☆failure；loss；miss；collapse；fail；confusion；catastrophe；breakdown；beating；balk；crash；stumble；flop；cave-in；shipwreck；frustration；defeat；miscarriage；desert
失败者☆stumer；loser
失步☆step(-)out；drop out；desynchronizing；fall out of step；out of step
失步晶畴☆out-of-step domain
失策☆blunder
失察☆oversight
失常☆deviation；upset
失齿类☆Lipodonta
失得比☆risk/reward ratio
失动症☆akinesis
失光☆chill；extinction
失(去)光泽☆tarnish；devitrify

失衡☆off{out of} balance; unbalance; overbalance
失衡力☆unbalanced force
失环☆missing link
失活☆deactivate
失活作用☆deactivation
失火的☆nipped
失甲类☆Lipostraca
失检☆lapse
失径☆loss of `gauge{working diameter}
失聚☆misconvergence
失控☆get out of control{hand}; run(-)away; run amain; runway; stall; incontrollable; out of control
失控的速率☆runaway speed
失控井☆well out of control
失控井孔☆wildbore; wild well
失控孔☆rogue bore
失蜡法☆dewaxing
失蜡精铸☆precision casting
失蜡铸造☆investment casting; lost wax casting
失蜡铸造法☆lost wax process
失利☆loss
失灵☆false; malfunction
失绿症☆chlorotic symptom
失落孔内[物件]☆run over in the hole
失落套管组☆string of lost casing
失能分析☆energy-loss analysis
失配☆mismatch; unbalance; maladjustment
失配信号传感器☆error pick-up
失去☆toll; miss
失去方向☆disorientation
失去光泽☆frost; tarnishing
失去控制猛喷☆wild flowing
失去控制猛喷气井☆wild gas well
失去平衡☆disequilibrium; overbalance; off-balance; out of trim[船]
失去调节☆disaccommodation
失去同步☆fall out of step
失去自制☆skyrocket
失散☆stray
失色☆eclipse; tarnishing; pale
失事☆wreck(age); hazard; (have an) accident
失收敛☆misconvergence
失双晶的☆detwinned
失水☆water loss; dehydration; dehumidifying; filtration[泥浆]
失水量☆water{fluid;filtration;filter} loss; filtration
失水量控制剂☆water-loss control agent
失水性☆fluid loss property{characteristics}
失水仪☆filter press
失水诱发的☆dehydration-induced
失速☆stalling; stall; burble
失速(信号器)☆stallometer
失速扭矩☆stalling torque
失速气流☆stalled flow
失速状态☆stall conditions
失算☆miscalculation
失调☆disturbance; disarrangement; disorder; out of adjustment{tune}; detune; misadjustment; detuning; misregistration; disordering effect; maladjustment; step(-)out; disadjust; detuning; imbalance; dislocation; misalignment; mismatch; disadjustment; par-; para-
失同步☆desynchronize; jitter
失透(明性)☆devitrification
失透石☆devitrite
失位露头☆misplaced outcrop
失稳☆collapse; buckling
失稳后果☆consequence of failure
失稳扩展☆non-stable propagation
失稳应力☆instability stress
失稳作用☆destabilization; destabilizing effect
失误☆fail; fluff; pitfall
(操作)失误防止设备☆foolproof apparatus
失消☆abatement
失效☆failure; fail; meaningless; malfunction; out of work; vitiation; neutralize; abatement[律]; lapse
失效层☆dead layer
失效的☆dead; out of operation; nonoperative; vitiated
失效分析☆failure analysis
失效率平均函数☆failure-rate average function
失效名称[生]☆devalidated name
失效模式☆failure mode; FM
失效炮眼☆failed hole
失效弱化☆fail-soft
失效异常方式☆failure exception mode
失谐☆detuning; disadjustment; detune; tune out; mistermination; mismatch; mistuning
失锌现象☆dezincification
失修☆disrepair; out of repair
失修倒塌☆dilapidation
失业☆unemployment; out of work; jobless
失运动能☆akinesis
失泽☆tarnish
失真☆skewness; deformation; distortion; dead accurate; anamorphosis; falsification; infidelity; lack fidelity; wow
失真波☆distorted wave; waves of distortion
失真的[录音等]☆distortional; distorted; fuzzy
失真度☆degree of distortion
失真图像☆fault image
失真系数☆distortion factor; percentage distortion
失重☆imponderability; agravic; weightlessness; loss of weight; zero gravity
失重曲线☆weight-loss curve
失踪☆disappearance
失踪的行星☆missing planet
狮鼻贝属[腕;D-P]☆Pugnax
狮鼻长身贝属[腕;$C_{1\sim2}$]☆Pugilis
狮头虫(属)[三叶;S-D_1]☆Leonaspis
狮子☆lion
狮子座☆Leo; Lion
施蒂策尔贝格(黄铁矿渣直接炼制铁水)法☆Stürzelberg process
施蒂勒造山时代律☆orogenic time law of Stille
施蒂里亚造山作用[N_1]☆Styrian orogeny
施尔贝尔格型钻孔摄影测斜仪☆Schlumberger photoclinometer
施{塞}钒铅铁石☆cechite
施放烟幕的船只{飞机}☆smoker
施肥☆dress; fertilization
施工☆job implementation; implement; carry out construction{large repairs}; construction (work)
施工便道☆pioneer{construction;builder's} road
施工变数☆treatment variable
施工材料目录☆list of execution
施工船☆factory
施工单☆working order
施工队长☆spread superintendent
施工方程☆constructional measurement; job practice
施工服务工作☆construction service
施工工具☆service tool
施工后沉降☆post construction settlement
施工技术☆operating technique
施工监督☆building inspection
施工阶段☆installation phase
施工勘察☆investigation during construction
施工前可行性模拟☆pre-survey feasibility modelling
施工人员☆builder; constructer
施工人员运送车☆crew vehicle
施工设计☆executive project; working{job} design; detailing
施工施线测量☆layout survey
施工收尾☆end of construction
施工条件不好的土壤☆poor soil
施工图☆working plan{map;drawing}; construction drawing{plan;working map}; detail of construction
(油管)施工线☆firing line
施工现场☆fabricating yard; job location{site}; construction (site); camp site; working-yard
施工线路准备[管线]☆preparation of right-of-way
施工用的☆working
施工员日志☆builder's diary
施工指令☆directives for construction
(在)施工中☆under construction
施工组织设计☆construction organization design
施骨肥☆bone; boning
施焊部位坡口修整☆welding V
施加☆impose; apply; application
施加的压力☆applied pressure
施加负荷☆applied load; load application
施加力☆exert
施加力矩☆applied moment
施加压重☆ballasting up
施加应力☆stressing; straining
施拉盖电动机☆Schrage motor
施莱恩风☆Schlernwind
施赖因马克束☆Schreinemarker's bundle
施力点☆point of application
施伦贝格测井记录☆Schlumberger log
施伦贝格电测深法☆Schlumberger sounding method
施罗德-范德柯克法☆Schroder-van der Kolk method
施洛氏菊石属[头;J_1]☆Schlotheimia
施洛氏珊瑚属[$S_{1\sim2}$]☆Schlotheimophyllum
施密特(回弹试验)锤☆Schmidt (rebound test) hammer
施密特{史密德{特}}共轭幂定律☆Schmidt's conjugate-power laws
施密特井筒定向法☆Schmide method of shaft plumbing
施密特立井定中盘☆Schmidit shaft plumbing apparatus
施密特临界切应力定律☆Schmidt's critical shear stress law
施{史}密特密特数[(运)动黏(滞)度与分子扩散系数之比]☆ Schmidt number
施密特图☆Schmidt plot{diagram}
施密特网☆Schmidt{equal-area} net
施密特野外磁秤☆Schmidt field balance
施奈德洪矿☆schneiderhohnite
施奈德-毛赫矿床学派☆Schneider-Maucher school
施努贝属[腕;D_2]☆Schnurella
施佩克底质取样器☆Shipek bottom sampler
施羟镍矿☆theophrasite; theophrastite
施若内马克思束☆Schreinemakers' bundle
施若普郡采煤法[薄膜层全面开采法]☆Schropshire method{system}
施石灰☆lime spreading; liming
施石灰机☆lime spreader
施氏介属[O-S]☆Schmidtella
施氏网☆Schmidt{equal-area} net
施氏学说☆Sciama's theory
施塔德[挪城]☆Stade
施特伦茨石[$Mn^{2+}Fe_2^{3+}(PO_4)_2(OH)_2 \cdot 8H_2O$;三斜]☆strunzite
施旺克出溶作用☆Schwantcke exsolution
施维茨陨铁☆schwetzite
施行☆perform; rendition; administer
施压法☆pressure application
施以煤气☆gas
施英石☆stipoverite; stishovite
施影☆shadowing
施用泥灰岩[肥料]☆marl
施用石灰☆liming
施釉☆glazing
施杂质☆decorate
施照体☆illuminator; illuminant
施主☆donor; donator
施主-受主对☆donor-acceptor pair
施转楔☆toggle{rotating} wedge
湿☆wetness; hygro-; wet; moist; damp; humid
湿版(摄影术)☆wet plate photography
湿拌☆wet mix
湿崩坍{落}☆wet avalanche
湿变形☆green deformation
湿变性土☆udert
湿变质作用☆wet metamorphism
湿草地☆wich; wych
湿草甸☆aquiprata
湿草甸土☆wiesenboden[德]
湿草原丘☆prairie mound
湿草原土☆prairie{meadow} soil; sols bruns acides; brunizem; plansol
湿差应力☆moisture difference stress
湿产品生产量☆throughput on wet basis
湿沉(积作用)☆wet deposition
湿陈雪☆wet old snow; wet firn
湿成岩☆humid rock
湿成岩石成因说☆humid lithogenesis
湿处理☆wet treatment
湿船坞☆wet dock
湿存水☆hygroscopic{surface} moisture
湿大气☆damp atmosphere
湿单位重量☆wet{massive} unit weight
湿捣法[试件制备]☆moist rodding
湿的☆humid; green; wet
湿的土壤☆wetland
湿地☆wetland; marsh; glade; wet land{ground}; swamp; slash; moist{marshy} ground
湿地带☆belt of marshes
湿地热蒸气☆wet geothermal steam
湿地扇☆humid fan

S

湿地学☆telmatology
湿地植物☆phreatophyte；mesophytia
湿电池☆wet cell
湿度☆humidity；dampness；damp；moisture (capacity；content;condition)；moistness；(degree of) wetness
湿度表☆hygrodeik；hygrometer；psychrometric chart
湿度测定☆hygrometry；psychrometry
湿度测量计☆humidity meter
湿度差☆psychrometric difference；moisture deficiency
湿度当量[土壤]☆centrifuge moisture equivalent；moisture equivalent
湿度贯透☆dampness penetration
湿度计☆hygrograph；hygrometer；hydroscope；drimeter；moisture meter{indicator}；hygroscope；psychrometer
湿度检定箱☆hygrostat
湿度控制☆humidity control；moisture-control
湿度控制炉☆humidity-controlled oven
湿度-密度试验☆moisture-density{compaction} test
湿度图☆hygrogram
湿度学☆hygrology
湿度一致☆wet consistency
湿度仪☆hygronom；hygroscope
湿度因子☆damping factor
湿度中值☆medial humidity
湿度自记曲线☆hygrogram
湿端☆wet end
湿法☆wet method{process;blasting}；wet-process
湿法充填☆filling by flushing；flush(ing)；hydraulic flushing
湿法防尘☆liquid dust control
湿法防尘开采☆wet mining
湿法分级☆classification with water；wet classification；coal classification on hydroscreen
湿法分析☆humid{wet;wet-way} analysis；analysis by wet way；wet assay
湿法分选☆wet separation (method)；water floatation process
湿法干法混合筛分技术☆wet-dry sieving technique
湿法搅拌批量☆wet batch rating
湿法截割的(煤层)☆wet-cut
湿法空气澄清器☆water air clarifier
湿法逆流式砂分级机☆hydraulic counterflow sand classifier
湿法喷砂☆vapour blasting
湿法破碎☆wet crushing；Wet crush
湿法燃气净化☆wet purification of combusting gas
湿法热压处理的☆wet-autoclaved
湿法筛分的☆wet-screened
湿法脱除细粒☆de-slurrying
湿法脱泥☆desliming；de-sliming
湿法选矿☆wet dressing{preparation}；wet-mill concentration
湿法选矿后的水分容差☆wet wash allowance
湿法压热处理的☆wet-autoclaved
湿法养护☆moist curing
湿法养护混凝土☆water-cured concrete
湿法冶金☆hydrometallurgical concentration；bacterial leaching
湿法冶金(学)☆hydrometallurgy
湿法冶炼☆hydrometallurgical extraction
湿法预先分离☆wet preliminary splitting
湿法制棉板☆wet process for making mineral wool slab
湿法铸件清砂滚筒☆wet tumbler
湿反应☆wet reaction
湿分含量☆moisture content
湿分析(法)☆wet analysis{assaying}
湿粉煤☆wet fines
湿干联合筛分法☆wet-and-dry screening
湿给料☆wet feed
湿固化☆moisture curing
湿海[月]☆Mare Humorum
湿寒☆raw
湿旱生植物☆tropophyte
湿焊☆wet weld(ing)
湿巷道☆wet workings
湿盒☆wet box
湿化☆humidification
湿化学分析☆wet-chemical analysis
湿化验法☆wet assaying
湿灰化☆wet ashing
湿击法[试件制备]☆moist tamping
湿季☆wet season
湿季草原☆karoo (table)；karroo
湿检修☆wet repair
湿(式)搅拌机☆wet mixer
湿搅拌喷浆设备☆wet-mix shotcrete equipment
湿接成形☆wet sticking process
湿精矿☆wet concentrate
湿井☆wet well{hole}
湿境土☆humid soil
湿绝热线☆moist adiabat
湿绝热直减率☆moist-adiabatic lapse rate
湿空气☆moist{wet;humid;soft} air；damp atmosphere
湿孔☆wet hole
湿块云母☆hygrophilite
湿老成土☆udult
湿冷坡面☆mesocline
湿量☆moisture content
湿料炉☆wet-process{wet} kiln
湿林地☆car
湿磷块岩产品运输车☆wet phosphate rock product car
湿磷块岩储存、干燥和运输☆wet phosphate rock storage drying and shipping
湿淋淋的☆dripping
湿淋溶土☆udalf
湿流取样☆wet(-stream) sampling
湿霾☆damp haze
湿煤气净化法☆wet gas purification
湿密度☆wet density
湿敏电阻☆hygristor
湿敏元件☆humidity-sensitive element
湿膜厚度☆wet-film thickness
湿磨☆wet grinding{separator}
湿磨矿渣硅酸盐水泥☆Trief cement
湿泥炭沼泽地☆flow moss
湿泥芯☆green-sand core
湿黏土☆wet clay
湿碾矿渣混凝土☆foamed slag concrete；slag slurry concrete；wet-rolled granulated slay concrete
湿炮眼☆water hole
湿喷(支护)☆shotcrete
湿喷气孔☆wet fumarole
湿喷砂机☆wet abrasive blasting machine
湿坡沼泽☆hanging bog
湿期☆wet spell
湿砌风墙☆set-wall stoping
湿气☆humidity；hygro-；humid{combination;rich} gas；wet gas[含水或未脱水天然气]；moisture；damp；dampness；eczema；fungus infection of hand or foot；wet；moistness；raw gas[未提取液烃的天然气]；wet filed gas[矿场采出的]
湿气中抽提的汽油☆raw gasoline
湿强度☆wet strength；wet-strength
湿亲岩浆的[元素]☆hygromagmatophile
湿球☆wet-bulb；wet bulb
湿燃法{烧}☆wet combustion
湿燃料☆wet-fuel
湿燃烧法☆wet combustion method
湿燃室锅炉☆wet combustion chamber boiler
湿热处理☆hydrothermal treatment
湿热带☆humid tropic
湿熔融☆wet melting
湿容重☆wet unit weight
湿软土☆udoll
湿润☆wetting；wet out；springiness；humidify
湿润的☆humectant；humid；washy
湿润的和干燥的热带☆wet and dry tropics
湿润垫支架☆damping pad holder
湿润度{性}☆wettability
湿润断面☆wettability{wetted} cross section
湿润剂☆humectant；wetting agent；wetter
湿润角☆angle of contact{wetting}
湿润境土☆humid soil
湿润器☆humidifier；moistener
湿润气候☆moist{humid} climate
湿润通风☆humidity ventilation
湿润土壤☆soggy soil
湿润温和{暖}气候☆humid temperate climate
湿润相移动时在毛细管壁上形成的液滴形状☆pendular configuration
湿润周界☆wettability{wetted} perimeter
湿洒的☆hygrocolous
湿砂☆greensand；green sand
湿砂环状型芯☆green-sand ring core
湿砂假型☆green-sand match
湿砂(型)芯☆green (sand) core；cod
湿砂型硬度计☆green-hardness tester
湿砂养护☆wet sand curing
湿砂铸法☆green(sand) casting
湿筛☆wet sieving{screen}；wet-screened
湿闪络试验☆wet flash over test
湿烧法☆wetting combustion method
湿舌☆moist tongue
湿深成岩相☆wet plutonic facies
湿生☆humidogene
湿生的☆hygrocolous；humidogene
湿生动物☆hygrocole；mesocole
湿生型☆hydra
湿生植物☆hygrophyte；hydrophyte
湿石粉抛光☆ashing
湿石灰涤气法{|器}☆wet limestone scrubbing{|scrubber}
湿式☆wet-type
湿式捕尘☆dust wetting
湿式操作破碎机☆wet-worked crusher
湿式层内燃烧☆damp in situ combustion
湿式充填☆flushing
湿式顶板锚杆安装机☆set-type roof bolting machine
湿式分析☆wet analysis
湿式鼓型磁选机☆wet drum cobber
湿式滚筒清砂法☆wet tumbling process
湿式化学分离法☆wet chemical separation method
湿式给料水泥回转窑☆wet-feed cement kiln
湿式给药器☆wet (reagent) feeder
湿式架式(凿岩)机☆wet drifter
湿式矿灯☆wet-cell caplight
湿式量水计☆wet-type watermeter
湿式螺旋集尘器☆hydro-volute scrubber
湿式逆流式筒形弱磁选机☆countercurrent wet drum low intensity magnetic separator
湿式破碎☆wet crushing
湿式气柜☆dish gas-holier
湿式水表☆wet-type watermeter
湿式水井法☆wet type well method
湿式顺流式筒型弱磁选机☆concurrent wet drum low intensity magnetic separator
湿式洗选机{涤气器}☆wet washer
湿式旋转钻眼☆wet rotary drilling
湿式凿岩☆injection{flush;wet;hydraulic} drilling；drilling with water flushing；flush{wet} boring；wet boring for rock；wet drilling for rock
湿式凿岩钎子☆injection drill-bit
湿式铸件清净器☆wet tumbler
湿式转盘型高梯度磁选机☆wet Carousel high gradient magnetic separator
湿式钻孔☆flush{wet} boring{drilling}
湿试剂☆wet test meter
湿试剂加入器☆wet reagent feeder
湿试样脱水器☆moisture-sample dewaterer
湿水能(力)☆wettability
湿态☆hydroscopic state
湿滩☆wet beach
湿体积密度☆wet bulk density
湿天然气☆wet (natural) gas
湿条焊接☆wet-stick welding
湿透(的东西)☆sop
湿土☆wet{humid} soil；moist ground
湿挖☆wet cut
湿洼地☆swale
湿弯曲[水下管线纵向弯曲]☆wet buckle
湿温气候☆humid mesothermal climate
湿温图☆hythergraph
湿温仪☆hygrothermograph
湿污泥☆wet sludge
湿坞☆wet dock{basin}
湿雾☆wet fog
湿洗充填☆flushing
湿洗摇床☆washing table
湿陷☆collapse；hydroconsolidation；slump；hydrocompaction
湿陷量☆collapse settlement；slumping type settlement
湿陷起始压力☆initial collapse pressure；initial pressure of collapsing
湿陷实验☆collapsing test
湿陷系数☆coefficient of collapsibility
湿陷性☆collapsibility
湿陷性土☆collapsible{slumping} soil；water sensitive soil

(润)湿相前缘☆wetting phase front
湿向{润}曲线☆wetting curve
湿新成土☆udent
湿型砂☆green {-}sand；wet moulding sand
湿性土壤☆moist soil
湿朽☆wet rot
湿选☆wet separation{treatment;concentration}；water concentration
湿选厂☆wet-milling plant
湿选法☆washing{wet-cleaning} method；wet process{washing;preparation}
湿选矿法☆wet dressing
湿选尾矿☆washery slurry
湿雪☆waterlogged{wet;cooling;damp} snow
湿雪崩☆wet-snow{ground;wet} avalanche
湿雪崩坍☆damp-snow avalanche
湿雪流☆slushflow
湿雪区☆slush field
湿盐湖☆moist playa
湿盐碱滩☆wet{moist} playa
湿研矿渣☆wet ground slag
湿岩浆☆wet magma
湿岩生动物区系[生态]☆hygropetrical fauna
湿岩生物☆hygropetrobios
湿氧化☆wet oxidation
湿氧化土☆udox
湿养护的☆moist-cured
湿养混凝土☆water-cured concrete
湿样☆wet sample
湿样过筛装置☆wet screening assembly
湿幺重☆wet unit weight
湿油☆wet oil
湿油槽油雾☆wet sump mist
湿雨期☆Pluvial age
湿原料☆wet feed
湿云☆moist cloud
湿再生气☆wet regeneration gas
湿渣☆wet slag
(砂的)湿胀性☆bulking
湿胀应力☆swelling stress
湿沼泽☆damp marsh；dew-pond
湿沼泽地☆quagmire
湿蒸气☆wet steam
湿蒸气井☆wet (steam) well；wet steam drillhole；mixed bore
湿重☆green-weight；wet weight
湿周☆wettability{wetted;wet} perimeter；parameter
湿钻屑☆wet drill cuttings
诗螺属[腹;N-Q]☆Alectryon
诗条石☆poem-engraved stone slab
诗希特混合扇风机☆Schicht mixed-flow fan
尸胺[$H_2N(CH_2)_5\cdot NH_2$]☆pentamethylene diamine
尸积区域☆thanatotope
尸积群[生]☆thanatocoenosis；thanatoc(o)enose；thanatocenosis
尸蜡☆adipocere；dead body naturally dried and preserved
尸体☆corpse；dead body；remains；carcass
尸体群☆thanatoc(o)enose；thanatoc(o)enosis；liptocoenosis；necrocoenosis
尸体群落☆thanatoc(o)enosis；taphocoenosis；taphocoenose；thanatocenose
尸体上生的☆cadavericolous；cadavericole
尸体组合[生态]☆thanatocoenosis；death assemblage
虱目☆anoplura

shí

十☆decade；da；deca(-)；deka(-)；decem-；dk
十八(烷)胺(浮选剂)☆octodecylamine
十八胺醋酸盐[$C_{18}H_{37}NH_2\cdot CH_3COOH$]☆octadecyl-amine acetate
十八(烷)胺盐酸盐[$C_{18}H_{37}NH_2\cdot HCl$]☆octadecyl amine hydrochloride
十八醇胺[$HOC_{18}H_{36}NH_2$]☆octadecylolamine
十八(碳)二烯-(9,12)-酸☆linolic acid
十八基-2,3-二氮杂茂[$C_{18}H_{37}C_3H_3N_2$]☆octadecyl imidazol(e)
十八(碳)(烷)基硫代硫酸盐{|酯}[$C_{18}H_{37}S_2O_3M${|R}]☆octadecyl thiosulfate
十八基三甲基胺[$C_{18}H_{37}NH(CH_3)_3$]☆octadecyl trimethylamine
十八(碳)炔-(5)-酸[$CH_3(CH_2)_{10}\cdot C\equiv C(CH_2)_4COOH$]☆tariric acid
十八(碳)三烯-(9,12,15)-酸☆linolenic acid
十八碳醇[$C_{18}H_{37}OH$]☆octadecanol
十八碳二烯酸[$CH_3\cdot(CH_2)_4\cdot CH:CH\cdot CH_2\cdot CH:CH\cdot(CH_2)_7\cdot COOH$]☆octadecadienoic acid
十八碳三烯酸[$C_{17}H_{29}COOH$]☆octadecatrienoic acid
十八碳三烯-(9,11,13)-酸☆eleostearic acid
十八碳烷酸[$CH_3(CH_2)_{16}CO_2H$]☆stearic acid
十八碳烯酸[$C_{17}H_{33}CO_2H$]☆octadecenic acid
十八烷[$C_{18}H_{38}$]☆octadecane
十八烷胺[$CH_3(CH_2)_{17}NH_2$]☆octadecylamine
十八烷基次磺酰胺[$C_{18}H_{37}SONH_2$]☆octadecyl sulfenamide
N-十八烷基磺化琥珀酰胺二钠盐☆Alcopol R540[AP845;Aerosol 18]
十八烷基聚氧乙烯醚醇[$C_{18}H_{37}(OCH_2CH_2)_nOH$]☆octadecyl-polyoxyethylene-ether alcohol
十八烷基喹啉溴化物[$C_{18}H_{37}$-$C_9H_7N^+,Br^-$]☆octadecylquinoline bromide
十八烷基硫酸钠盐[$C_{18}H_{37}OSO_3Na$]☆sodium octadecyl sulfate
十八烷基三硫代碳酸盐{|酯}[$C_{18}H_{37}SCSSM${|R}]☆octadecyl trithiocarbonate
十八烷酸☆octadecylic{stearic} acid
十八烷酰基[$CH_3(CH_2)_{16}CO-$]☆octadecanoyl
十八(碳)烯胺[$C_{18}H_{35}NH_2$]☆AM 1180
十八烯基硫酸钠[$C_{16}H_{25}OSO_3Na$]☆Duponol CA
十八烯酸[$C_{17}H_{33}CO_2H$]☆octadecenic acid
十八酰基[$CH_3(CH_2)_{16}CO-$]☆octadecanoyl
十倍(的)☆decuple；tenfold
十边形☆decagon
十的补码☆ten's complement
十二☆dodec(a)-
十二(烷)胺盐酸盐[$CH_3(CH_2)_{11}NH_2\cdot HCl;C_{12}H_{25}NH_2\cdot HCl$]☆dodecyl amine-hydrochloride；laurylamine hydrochloride
十二分区☆dodecan；dodecant
十二分之(几的)☆duodecimal
十二基[$C_{12}H_{25}-$]☆dodecyl
十二(烷)基[$CH_3(CH_2)_{10}CH_2-$]☆lauryl(-)；dodecyl
十二(烷)基`甘{乙二}醇[$C_{12}H_{25}OCH_2\cdot CH_2OH$]☆dodecyl glycol
十二角{边}形☆dodecagon
十二进制☆duodecimal system{notation}；duodecimal number system
(纸张的)十二开☆duodecimo
十二面体☆dodecahedron [pl.-ra]；deltohedron
十二面体金刚石☆dodecahedral stone
十二氢化三菲☆dodecahydrotriphenanthrene
十二(碳)炔☆dodecyne
十二水钾铝矾矿☆kalinite
十二(烷)酸[$C_{11}H_{23}COOH$]☆lauric acid
十二碳烯☆dodecylene
十二碳烯胺萃取剂[液体阴离子交换剂]☆Amine 913-178
十二(碳)烷[$C_{12}H_{26}$]☆dodecane；dihexyl
十二烷胺[浮剂]☆dodecylamine；AM 1120
十二烷醇[$C_{11}H_{23}CH_2OH$]☆dodecylalcohol
十二烷基磺化乙酸酯[$C_{12}H_{25}OOC\cdot CH_2SO_3M$]☆laurylsulfoacetate
十二烷基硫酸钠☆Lissapol A and C；lauryl sodium sulfate
十二烷基六聚乙二醇单醚[$C_{12}H_{25}(OCH_2CH_2)_6OH$]☆dodecyl hexaethyleneglycol monoether
十二烷基三甲基氯化铵[$C_{12}H_{25}N^+(CH_3)_3Cl$]☆dodecyl-trimethyl-ammonium chloride
N-十二烷基-β-亚氨基二丙酸[$C_{12}H_{25}N(CH_2CH_2COOH)_2$]☆N-lauryl-β-imidodipropionic acid
十二烷基乙二胺盐酸盐[$C_{12}H_{25}NHCH_2CH_2NH_2\cdot HCl$]☆dodecyl ethylenediamine hydrochloride
十二烯☆laurylene
十二烯酸[$C_{11}H_{21}\cdot COOH$]☆dodecenoic acid
十二行穿孔☆Y-punch
十二旬风☆wind of 120 days；Seistan wind
十二月☆December；Dec
十二仲胺[$(C_{12}H_{25})_2NH$]☆didodecyl amine
十二柱式☆dodecastyle
十分☆fairly；enough
十分标计数器☆scale-of-ten counter
十分的☆super
十分位数(的)☆decile
十分之九☆nine-tenths
十分之一☆deci-
十分之一当量浓度溶液☆tenth-normal solution
十分之一高宽☆full width tenth maximum；FWTM
十份的☆decamerous
十公尺☆decameter；dkm.
十环烯☆decacyclene
十脚类☆Decapoda
十角形☆decagon
十进的☆deca(-)；denary；decimal；deka(-)；da
十进制-二进制转换☆decimal-binary conversion
十进位制☆decimal number system；D.N.
十进小数☆decimal；decimal fraction；DF
十九(碳)(烷)基[$C_{19}H_{39}-$]☆nonadecyl
十九碳烷基胺[$CH_3(CH_2)_{18}NH_2$]☆nonadecylamine
十九(碳)烷[$C_{19}H_{40}$]☆nonadecane
十九烷酸☆nonadecanoic acid
十克☆decagram(me)；decag；dkg.
十孔带检验☆ten-cell zone test
十立方米☆dekastere
十六☆hexadeca-
十六胺盐酸盐[$C_{16}H_{33}NH_2\cdot HCl$]☆hexadecyl amine-hydrochloride
十六(烷)醇[$C_{16}H_{33}OH$]☆hexadecanol
十六醇胺[$C_{16}H_{33}(OH)NH_2$]☆hexadecylol amine
十六(碳)(基)二酸[$HOOC(CH_2)_{14}COOH$]☆thapsic acid
十六分之一☆sexadecimal
十六基[$C_{16}H_{33}-$]☆cetyl
十六基二甲基(四氢)吡咯[$C_{16}H_{33}\cdot(CH_3)_2\cdot C_4H_5NH$]☆hexadecyl demethyl pyrrolidine
十六(烷)基聚氧乙烯醚醇[$C_{16}H_{33}(OCH_2CH_2)_nOH$]☆hexadecyl-polyoxyethylene ether-alcohol
十六(烷)基硫酸钾[$C_{16}H_{33}OSO_3K$]☆potassium cetyl sulfate
十六(烷)基三甲基氨基乙酸[$C_16H_{33}N(CH_3)_3\cdot CH_2COOH$]☆hexadecyl trimethyl glycocoll
十六基三甲基溴化铵[$C_{16}H_{33}(CH_3)_3N\cdot Br$]☆lissolamin(e) V
十六(烷)基三甲基甘氨酸[$C_{16}H_{33}N(CH_3)_3\cdot CH_2COOH$]☆hexadecyl trimethyl glycocoll
十六(烷)基三甲(基)溴化铵[$C_{16}H_{33}N(CH_3)_3Br$]☆Cetrimid
十六(烷)基亚磺酰胺[$C_{16}H_{31}SONH_2$]☆hexadecyl sulfonamide
十六进制☆scale-of-sixteen；sexadecimal number system；hexadecimal system
十六开本(的书)☆sextodecimo
十六(碳)炔☆hexadecyne
十六(烷)酸[$CH_3(CH_2)_{14}COOH$]☆palmitic{palmic} acid；palmitate
十六(碳)(烷)酸盐{|酯}[$CH_3(CH_2)_{14}CO_2M${|R}]☆palmitate
十六碳炔☆hexadecine
十六碳烯☆hexadecene；cetene
十六(碳)烷☆hexadecane；bioctyl；cetane
十六烷(基)胺☆hexadecyl amine[$CH_3(CH_2)_{15}NH_2$]
十六烷醇硫酸酯☆cetyl alcohol sulfate
十六烷基氨基乙酸 [$CH_3(CH_2)_{14}CH_2NHCH_2COOH$]☆cetyl amino acetic acid
十六烷基氨基二乙酸[$CH_3(CH_2)_{14}CH_2N(CH_2COOH)_2$]☆cetyl-imino-diacetic acid
十六烷基膦酸[$C_{16}H_{33}PO(OH)_2$]☆hexadecane phosphonic acid
十六烷基三甲基氯化铵[$C_{16}H_{33}N(CH_3)_3Cl$]☆hexadecyl-trimethyl-ammonium chloride；cetyl trimethyl ammonium chloride；CTAC
十六烷基三甲基溴化铵[$C_{16}H_{33}N(CH_3)_3Br$]☆hexadecyl trimethyl ammonium bromide；cetyl trimethylammonium bromid；CTAB
十六烷值☆cetane number
十六烯☆cetene
十六(碳)烯☆hexadecylene
十六(碳)烯-(9)-酸[$CH_3(CH_2)_5CH:CH(CH_2)_7CO_2H$]☆palmitoleic acid
十米☆decametre；dam.；decameter；dkm.
十面的☆decahedral
十面体☆decahedron [pl.-ra]
十秒测试点[电子探针]☆ten-second spot
十年(间)☆decade
(每)十年一次的☆decennial
十七(烷)酸☆margaric{daturic} acid
十七(碳(级))烷☆heptadecane
十七烷基仲胺[$(C_{17}H_{35})_2NH$]☆diheptadecylamine
十七烷酸☆heptadecanoic acid
十氢化萘[$C_{10}H_{18}$]☆decahydronaphthalene；decalin(e)；naphthane

S

十氢萘醇[$C_{10}H_{18}O$]☆decahydronaphthol
十三基[$C_{13}H_{27}-$]☆tridecyl
十三(烷)基聚氧乙烯醚醇[$C_{13}H_{27}(OCH_2CH_2)_nOH$]☆tridecyl-polyoxyethylene-ether-alcohol
十三(碳(级))烷[$C_{13}H_{28}$]☆tridecane
十三烷胺[$C_{13}H_{27}NH_2$]☆tridecylamine
十三烷醇[$C_{13}H_{27}$•OH]☆tridecanol
十三烷基膦酸[$C_{13}H_{27}PO(OH)_2$]☆tridecane phosphonic acid
十三烷酸[$CH_3(CH_2)_{11}COOH$]☆tridecanoic acid
十三(碳)烯☆tridecylene
十升☆decaliter; dkl.; decalitre; dal.; decal; deciliter
十数的☆decamerous
十四基[$C_{14}H_{29}-$]☆tetradecyl
十四(烷)基聚氧化亚硝基(苯)酚[$C_{14}H_{29}(OC_6H_3(N))_nOH$]☆tetradecyl-polyoxy nitroso phenol
十四(烷)基硫酸盐[$C_{14}H_{29}OSO_3M$]☆tetradecyl sulfate
十四面体☆tetrakaidecahedron
十四(烷)酸[$CH_3(CH_2)_{12}CO_2H$]☆myristic acid
十四碳醇[$CH_3(CH_2)_{12}CH_2OH$]☆tetradecyl alcohol
十四碳酸[$CH_3(CH_2)_{12}COOH$]☆tetradecanoic acid
十四(碳)烷[$C_{14}H_{30}$]☆tetradecane
十四烷胺[$C_{13}H_{27}CH_2NH_2$]☆tetradecylamine
十四烷基[$C_{14}H_{29}-$]☆tetradecyl; myristyl
十四烷基膦酸[$C_{14}H_{29}PO(OH)_2$]☆tetradecane phosphonic acid
十四烷基溴化吡啶☆tetradecylpyridinium bromide
十四烷基乙二胺盐酸盐[$C_{13}H_{27}CH_2NH(CH_2)_2NH_2$•HCl]☆tetradecyl ethylene diamine hydrochloride
十四烯☆tetradecene
十天平均☆ten-day mean
十烷[$C_{18}H_{38}$]☆octadecane
十万(卢比)[印]☆lakh
十腕目[头]☆Teuthoidea; Teuthoida
十位☆decade
十五(碳)(烷)胺盐酸盐[$C_{15}H_{31}NH_2$•HCl]☆pentadecyl amine hydrochloride
十五(烷)基[$C_{15}H_{31}-$]☆pentadecyl
十五(碳)(烷)基-2,3-二氮杂茂[$C_{15}H_{31}C_3H_3N_2$]☆pentadecyl imidazol(e)
十五(碳)(烷)基聚氧化亚硝基酚(醚)[$C_{15}H_{31}(OC_6H_3(NO))_nOH$]☆pentadecyl-polyoxynitrosophenol
十五(碳)(烷)基磷酸盐{|酯}[$C_{15}H_{31}OPO(OM\{|R\})_2$]☆pentadecylol phosphate
十五(烷)基硫酸盐{|酯}[$C_{15}H_{31}OSO_3M\{|R\}$]☆pentadecyl alcohol sulfate
十五(碳)烷[$C_{15}H_{32}$]☆pentadecane
十五烷基膦酸[$C_{15}H_{31}PO(OH)_2$]☆pentadecane phosphonic acid
十五烷基溴化吡啶☆pentadecyl pyridinium bromide
十五烷酸☆pentadecanoic acid
十芯电缆☆deca-cable
十一☆hendec(a)-
十一基☆undecyl; hendecyl
十一(烷)基苯酚[$C_{11}H_{23}C_6H_4OH$]☆undecyl phenol
十一(烷)基聚氧乙烯醚醇[$C_{11}H_{23}(OCH_2CH_2)_nOH$]☆undecyl-polyoxyethylene-ether-alcohol
十一(碳)(烷)基硫代硫酸盐{|酯}[$C_{11}H_{23}S_2O_3M\{|R\}$]☆undecyl thiosulfate
十一(烷)基噻吩烷[$C_{11}H_{23}C_4H_7S$]☆undecyl thiophanate
十一角{边}形☆hendecagon
十一面体☆hendecahedron
十一碳烷醇[$C_{11}H_{23}OH$]☆undecanol
十一碳烯☆undec(yl)ene; hendecene
十一碳烯双酸[C_9H_{17}•$(COOH)_2$]☆decanoic acid
十一(碳)烷[$C_{11}H_{24}$]☆undecane; hendecane
十一烷胺[$C_{11}H_{23}NH_2$]☆undecylamine
十一烷醇☆hendecanol
十一烷基膦酸[$C_{11}H_{23}PO(OH)_2$]☆undecane phosphonic acid
十一烷酸☆undecanoic acid
十一烷酮☆hendecanone
十一月☆November; Nov.
十亿[10^9]☆gig(a)-; milliard[英]; billion[美、法]; billi-[现改用 giga-或 kilomega-]
十亿分之几级☆parts per billion range; ppb range
十亿分之一[10^{-9}]☆ppb; part per billion{milliard}; billi; ppM; billi-[现改用 nano-]
十亿立方英尺/日[;美、法]☆billion cubic feet per day
十亿年[10^9年]☆gigayear; aeon; Gyr[拉]; billion year; gigayear; b.y.; AE; Ga; Byr; eon
十亿瓦☆gigawatt; GW
十亿位☆kilomegabit; billibit
十亿周☆kilomegacycle
十月☆October; Oct.
十中抽一☆decimate
"十中取一"码☆one-cut-of-ten code
十周年(纪念)☆decennial
十字☆crux [pl.cruces]; cross
十字板剪力仪☆vane (shear) apparatus
(土壤)十字板剪切试验仪☆vane (shear) tester
十字板抗剪强度值☆vane strength value
十字板仪☆vane borer
十字棒颗石[钙超;J_1]☆Crucirhabdus
十字笔石(属)[O_1]☆Staurograptus
十字波☆crossing wave
十字槽螺钉☆Philips screw
十字测角仪指示杆☆cross-staff index bar
十字叉给料圆口☆spider rim
十字铲☆bull point; cross-bladed chisel bit; cross chopping bit; cruciform bit
十字撑条{支撑}☆cross brace
十字毒砂☆crucilite; crucite
十字阀☆cross(-over) valve
十字沸石[$(K_2,Na_2,Ca)(Al_2Si_4O_{12})$•4½$H_2O$; $Na_2Ca_5Al_{12}Si_{20}O_{64}$•$27H_2O$;斜方、假四方]☆garronite; andreolite; staurobaryte; andreasbergolite; garranite
十字镐☆pickaxe; mattock; pickax
十字骨针[绵]☆stauractin
十字刮刀楔形齿钻头☆cross-bladed chisel bit
十字护板[圆锥破碎机]☆spider guard
十字花科☆Cruciferae
十字花科的一种植物[硒通示植]☆princesplume; Stanleya
十字架☆cross staff head; cross (piece); the Cross
十字交叉(的)☆criss-cross
十字交叉联杆☆cross bracing
十字接头☆cross connection{joint}; four-way union; pipe cross; XCONN
十字晶条☆axiolite; axiolith
十字镜[测定光在晶体中偏振平面方向的仪器]☆stauroscope
十字蕨(属)[C_{1-3}]☆Stauropteris
十字颗石[钙超;E_2]☆Cruciolithus
十字蓝晶分相☆staurolite kyanite subfacies
十字梁☆turnstile; crossmember
十字芦木☆Crutcicalamites
十字轮机构☆geneva gear
十字螺丝☆Phillips screw
十字排列☆X{cross}-spread; cross (arrangement;array)
十字片☆graticule
十字钎头☆star bit
十字球虫属[射虫;T]☆Staurosphaera
十字刃钎头☆cross bit
十字珊瑚(属)[S_{2-3}]☆Stauria
十字珊瑚科☆Stauriidae
十字山石[AlF_3•H_2O]☆kreuzbergite; pley(s)teinite
十字石[$FeAl_4(SiO_4)_2O_2(OH)_2$; $(Fe,Mg,Zn)_2Al_9(Si,Al)_4O_{22}(OH)_2$;斜方]☆staurolite; granatite; fairy stone; grenatite; staurotide; croisette; leucite; staurolith; cross-stone; xantholite
十字石-石英亚相☆staurolite-quartz subfacies
十字双晶☆crossed{cross-hatched} twin(ning); cruciform{cross-shaped} twin
十字丝☆reticule (cross); hair{tracking;filar} cross; reticle; cross-line; cross hair{wire}; crosshair; cross(-)wire; hairline[光学仪器]; index reference line[目镜]
十字头☆trunnion; crosshead; ross; spider[圆锥破碎机]; joint cross
十字头虫属[三叶;O_2-S]☆Staurocephalus
(泥浆泵)十字头大拉杆☆crosshead extension rod
十字头导承☆crosshead guide
十字头润滑油塞☆crosshead oil plug
十字头填料压盖☆land for crosshead
十字头销☆crosshead{wrist} pin
十字头销圈☆crosshead pin bushing
十字显示线操作手柄☆joystick
十字线☆retic(u)le; cross curve; cross-wire; hair (cross); crosshairs; graticule; hairline[瞄准镜上]
十字线片(测量)[测量仪望远镜中]☆graticule
十字心颖石[钙超;E]☆Cruciplacolithus
十字形☆cruci-[拉]; cruciate; cross; crisscross
十字形(的)☆cruciform
十字形表层冲破钻头☆cross-chopping bit
十字形车轮钻头☆cross roller (rock) bit; cross section cone bit
十字形的☆cruciform; four-way
十字形的(地)☆crisscross
十字形钢凿☆crosscut chisel
十字形拱☆cross arch
十字形截面火药柱☆cruciform grain
十字形梁☆cruciform girder
十字形螺丝起子☆phillips screwdriver
十字形排列的牙轮(钻头)☆cross section cutter
十字牙形石属[C_1]☆Staurognathus
十字云(母)片岩☆staurotile
十字晕[气]☆sun cross
十字藻属[绿藻;Q]☆Crucigenia
十字支架套管☆spider bushing
十字直角器指示杆☆cross-staff index bar
(万向节的)十字轴☆joint spider; criss-cross shaft
十字轴形节头☆cross pin type joint
十字状☆crosswise
十字准线☆crosshair; cross-hairs{-wire}; spider lines
十字钻头☆cross{four-point(ed);four-edged} bit; star-pattern drilling bit; boulder buster; four-wing rotary bit
十足目[头]☆Decapoda
拾波☆electric pickup
拾波`环{|电路}☆pickup loop {|circuit}
拾波器☆adapter; pick-up; adaptor
拾起勺☆pick-up scoop
拾起式磁选机☆pick-up separator
拾取电压☆pickup voltage
拾取误差☆picking errors
拾取信号天线☆pick-up antenna
拾声器☆playback reproducer
拾声器头☆playback head
拾遗☆gleanings
拾音器☆acoustic pickup; pickup (device); adapter; adaptor
拾音器臂☆pickup arm
拾音器臂架☆arm rest
拾振器☆(oscillation) pickup; vibro-pickup
石☆stone; rock; bone coal; lapidis [sgl.lapis]; lapides; petro-; litho-; lith-; st.; stn.
C 石[钙铁石]☆celite; celith
石岸☆stony shore; rock bank
石凹面☆sunk face
石坝☆stone{boulder} dam; a stone dam; rubble masonry dam
石斑☆lithosporic
石斑圈{壳}☆lithosporic zone
石斑鱼☆grouper; garrupa; rockfish; rock
石斑鱼属☆Epinephelus
石板☆slate; flagstone; flag; slab; slabstone; cleftstone; slato; broad{flake;quarry} stone; stone flag{plate; slab}; tilestone; slaty; quarrystone; tabula rasa
石板工[英]☆rockman
石板面配电盘☆slate switch panel
石板砌合☆ragwork
石板墙☆slatechanging
石板贴面做法☆veneer stone facing system
石板瓦☆tilestone; (roofing) slate; backer; ragstone; princess; viscountess; rag
石板外墙板☆slate boarding
石板屋面垫层☆slate boarding
石板印刷☆autographical printing
石板凿刀☆sax; seax
石板状☆flaggy
石版☆stone plate
石版画☆lithograph
石版印刷☆lithographic printing
石版纸☆paper
石包头☆amgarn
石碑☆stele [pl.-lae]; a crack in a rock; stone tablet; stela; monument; cairn
石碑圈☆peristalith
石碑石碣☆stone tablets and carvings with inscriptions of ancient calligraphy
石陂☆stone{rocky} ledge
石本☆rubbing from stone inscriptions
石崩☆rock avalanche
石笔☆slate pencil
石笔板岩☆pencil slate
石笔杆[石灰岩和灰页岩中的小柱状构造]☆stylolith; stylolite; lignilite

S

石笔片麻石☆pencil gneiss
石笔石[$Al_2(Si_4O_{10})(OH)_2$]☆pencil-stone；pencil (stone)
石壁☆cliff；precipice；stone-wall
石壁破坏☆rock wall failure
石鳊☆steentjie
石边多边形土☆rute-mark；rutmark
石表虫迹☆Epichnia
石表的☆petrophilous；epilithic
石鳖☆chiton；sea cradle
石蛃(亚目)[生]☆Microcoryphia
石冰☆stone ice
石冰川[冰缘]☆rock{block} glacier；rock-glacier
石冰川蠕移☆rock-glacial creep
石钵☆chopper
石材☆stone；dimension (stone)；stone used in construction and masonry；stn.；st.
石材硬度☆hardness of stone
石材支架☆stone support；stonewall
石菜花☆agar
石蚕☆cadbait；betony；germander；madrepore
石蚕蛾☆caddis fly
石蚕苷☆teucrin
石仓☆rock pocket
石层缝☆commissure
石菖醚☆sekishone
石菖蒲☆rhizoma graminei；acorus gramineus (soland)；grassleaved sweetflag (rhizome)
石长生☆Adiantum monochlamys
石场☆stone field；quarry
石场板岩☆stonefield slate
石尘☆stone dust
石蛏属[双壳;E-Q]☆Lithophaga
石成的☆lithogenous
石川☆stone stream
石川岛-中村(炉外钢液处理)法☆Ishikawajima-Nakamura process
石川石[(U,Fe,Y,Ce)(Nb,Ta)O_4]☆ishik(a)waite
石窗☆stone lattice{lace}
石锤☆crandall；hammerstone
石莼☆sea (lettuce)；ulva；lettuce
石莼(胶)聚糖☆ulvan
石莼科☆Ulvaceae
石莼属☆Monostroma；Ulva
石苁蓉醛☆plumbagol
石埭☆a dike or embankment of stone；name of a country in Anhwei Province
石带片[双壳]☆lithodesma
石黛☆graphite,formerly used as an eyebrow pencil
石胆酸☆lithocholic acid
石担[体]☆stone barbell
石弹☆tawery；stoneshot
石蛋☆bullion；egg-shaped boulder
石蛋地形☆pebbly landform
石岛红☆Peninsula Red
石的☆chiselly
石灯☆stone lantern
石磴☆stone steps
石堤☆stone dike{embankment;levee}；a bank of stone；rock embankment
石底☆rocky bottom
石底虫迹[遗石]☆hypichnia
石底河流☆hard-bed stream
石底`小涧{急流溪}[挪]☆beck
石地群落☆phellium
石地衣酸☆saxatilic{saxatlic} acid
石垫☆enrockment
石貂☆stone{beech} marten；Martes foina；foin
石雕☆stone carving[石上雕刻]；stone sculpture；carved stone[春米用具]
石雕塔☆stone-carved pagoda
石刁柏[植]☆asparagus；Asparagus officinalis
石刁柏收获机☆asparagus harvester
石吊兰☆lysionotius；fewflower lysionotus herb；lysionotus pauciflorus
石吊兰素☆nevadensin
石硐☆rock tunnel
石冻☆striolite
石洞☆stone cave{cavern;workings}；sandstone cave；rock hole{shelter}；rockshelter；pit hole
石豆☆pisolite
石堆☆enrockment；cairn；talus material；muck pile；clitter；bourock
石碓[石头做的凳子]☆a treadle-operated tilt hammer for hulling rice；stone pier
石墩☆a block of stone used as a seat
石多边形☆stone polygon
石垛☆cockhead；dummy packing；waste{stone} pack；pack
石垛带☆rock wall{pack}
石垛带间的未充填部分☆openset
石垛工☆waller；datailer；pack{wall} builder；pillar {slate} man
石垛巷道☆trail road
石垛阶地☆stone {-}banked terrace
石垛平巷☆dummy road{gate;roadway;drift}；barrier gate；brush；dummy-gate fast end；fast (end)；gob entry{heading}；fast at an end
石垛平巷充填法☆dummy-road packing；dummy-gate stowing
石垛墙间的未充填部分☆openset
石蛾☆phryganeid；trichopteron；caddis fly；chronic tonsillitis
石蛾幼虫☆Caddisfly{Trichoptera} larva
石额鱼☆graysby
石轭☆rock arch
石耳☆Gyropora esculenta,an edible mushroom grown on rocks；lichen
石耳(多糖;聚糖)☆pustulan
石耳科☆Umbilicariaceae
石耳属☆Umbilicaria
石耳酸☆umbilicaric acid
石发☆lichen；hairlike plants grown on rocks
石坊☆stone memorial archway
石方☆cubic meter{metre} of stone[方量]；stonework {rock excavation} [工程]
石房蛤毒素☆saxitoxin
石防波堤☆stone breakwater{betty}
石舫☆stone boat；the Marble Boat
石分选机☆stone sorting machine
石粉☆mountain{slate} flour；stone{silica} powder
石粉煮釜☆clay pan
石缝☆swallet
石缝生物☆mesolithion
石斧☆zax；stone axe
石覆盖☆stone mulch
石盖层☆stone pavement
石膏[$CaSO_4•2H_2O$;单斜]☆gypsum；plaster stone；maria glass；gypse；oulopholite；plaster；salt lime；lapis specularis{speculairs}；hydrous sulphate of lime；gyp；azurite；gips[德]；calcium sulfate {sulphate}；parget；rock gypsum；mineral white；selenite；sulphate of line；alabaster；hydrous；plaster cast [for a broken bone]；gipsite；groynes；fibrosum；montmartrite；yeso；gypsum fibrosum[材;中药]
石膏板☆gypsum plate{slate;board;lath}；plaster slab[房]；plaster tablet；thistle board；sheetrock；plasterboard
石膏板成形站☆plaster board forming station
石膏板护面纸☆cartonboard；carton board
石膏背心☆plaster-of-paris jacket
石膏彩塑工艺品☆painted plaster art ware
石膏层☆gypsic{gypseous} horizon
石膏炒锅☆gypsum kettle
石膏沉着☆stycosis
石膏初凝☆initial setting
石膏发夹板☆plaster splints
石膏矾土膨胀水泥☆gypsum aluminate expansive (expansive cement)
石膏防火盖面☆gypsum fireproofing
石膏粉☆gypsum powder；land plaster；terra alba；gesso[意]；plaster of paris；terraalba
石膏粉刷板☆plaster board
石膏盖层☆gipsmantle
石膏花☆cave{gypsum} flower；oulopholite；anthodite
石膏花铁炉渣水泥☆cupola slag sulphated cement
石膏化(作用)☆gypsification
石膏灰胶纸夹板[建]☆sheetrock
石膏灰岩角砾岩☆brockram
石膏脊垒☆gypseous rampart
石膏夹心纸板☆sheetrock
石膏胶泥☆gypcrete
石膏结壳☆desert{sandrock} rose
石膏矿带☆sekkoko zone
石膏料浆站☆plaster slurry mixing station
石膏墁灰制品☆stick-and-rag work
石膏帽☆gipshut；gypsum cap
石膏面层☆ga(u)ge staff
石膏模联合成形机☆plaster mixing and pouring machine
石膏模型真空注浆生产线☆plaster mold vacuum casting line
石膏抹底墙☆hardwall
石膏抹灰板☆plaster board
石膏木丝灰浆☆gypsum wood-fibered plaster
石膏砌块隔断☆gypsum block partition
石膏侵☆anhydrite and gypsum contamination
石膏砂石{岩}☆gyparenite；gypsarenite
石膏试板☆gypsum{selenite} plate；first-order red plate
石膏式矿物☆gypsoide
石膏双晶☆gypsum{swallow(-tail)} twin；larkspur
石膏水泥灰泥☆cement plaster
石膏铜矾☆lyellite
石膏形成前{|后}地层☆pre{|post}-gypsum strata
石膏型精密铸造法☆plaster mould process
石膏型铸造法[冶]☆plaster mould casting
石膏岩☆gypsolith；gyprock；gypeolyte；selenolite；gypsum rock；gypsolyte
石膏样发癣菌☆Trichophyton gypseum
石膏样小孢子菌☆Microsporum gypseum
石膏真空处理机☆vacuum gypsum treatment machine
石膏珍珠岩灰浆☆gypsum perlite plaster
石膏珍珠岩空心条板☆gypsum pearlite hollow plank
石膏蒸压锅☆gypsum autoclave
石膏质壳☆gypcrete
石膏质砂☆gyps(e)ous sand
石膏蛭石灰浆☆gypsum-vermiculite{vermiculite-gypsum} plaster
石膏制酸法☆anhydrite process
石膏铸型法[冶]☆gypsum cement
石膏状的☆gyps(e)ous
石膏状霰石☆foaming earth；earth-foam；aphrite
石膏桌状丘☆selenite butte
石戈壁植被☆rock pavement vegetation
石格(子)☆stone lattice
石隔墙☆masonry bulkhead
石根☆Stigmaria；arich
石根属[D-K]☆Radicites
石工☆mason{stonemason;stonecutter}[人]；hard-ground man；masonry {rockwork}[工作]；stone work{man;cutter}；mortar；stoneman
石工锤☆stone (mason's) hammer；bushhammer；kevel
石工肺☆chalicosis
石工岬錾☆stone cutters' cape chisel
石工锯☆helicoidal saw
石工菱形錾☆stone cutters' diamond point chisel
石工平凿☆drove chisel
石工小锤☆asisculis；acisculis；scutch
石工样板☆mason's mo(u)ld
石工用凿☆chisel for stone
石工錾☆tooler
石工錾子☆quill bit
石工凿☆tooth{stone;stonecutter's} chisel
石弓☆stonebow
石拱☆rock{stone} arch
石拱桥☆stone arch bridge
石拱支架☆arch walling；arching
石构造☆stone construction
石鼓☆drum-shaped stone blocks
石鼓丘☆rock{false} drumlin；drumlinoid；rocdrumlin
石鼓文[475～221B.C.]☆inscriptions on drum-shaped stone blocks of the Warring States Period
石骨质☆emplastic
石谷坊☆dry masonry dam
石棺☆sarcophagus
石管[棘]☆stone canal
石犷☆Moropus
石磙{辊;滚}☆stone roll(er)
石辊凿☆mill-stone piercer
石滚磨☆drag-stone mill
石滚筒☆stone roller
石果☆carpolit(h)es；carpolithus
石果衣属☆Endocarpon
石过梁☆lintel stone
石海☆felsenmeer[德]；rock sea；block sea{field;waste;spread}；stone{rock-block;sorted} field；blockmeer
石海绵☆lithistida；lithistid sponge
石海绵(亚目)☆Lithistida
石海星属[棘;O]☆Petraster
石巷☆lateral drift；driving；rock gangway{tunnel}；

S

hard heading; stone head; tunnel
石核☆steinkern; internal cast
石核化石中的☆steinkern
石核桃☆lithophysa [pl.-e]
石盒子统☆Shihhotze series
石河☆rock stream{river;glacier}; stone river{run}; block glacier; boulder stream
石河狸属[E_3]☆Steneofiber
石河蠕动☆rock-glacier creep
石鸻☆thick-knee
石胡荽☆Myriogyne minuta; centipeda mimima
石斛☆dendrobe; the stem of noble dendrobium; Dendrobium nobile[植]
石斛胺☆dendramine
石斛次碱☆nobiline
石斛碱☆dendrobine
石斛兰☆dendrobium
石斛宁(碱)☆shihunine
石斛酮碱☆nobilonine
石斛烷☆dendrobane
石斛星☆dendroxine
石斛因碱☆dendrin(e)
石花☆petrified bouquet
石花菜☆agar; Gelidium (amansii)
石花菜科☆Gelidiaceae
石花菜目☆Gelidiales
石花菜属[红藻;Q]☆Gelidium
石花虫目☆Telestacea
石花环☆stone semicircle{garland}; rock wreath; sorted circle{cycle}
石花胶☆agar-agar; agar
石花酸☆sekikaic{parmatic} acid
石花台☆stone flower bed
石华☆onyx; onice
石画☆mosaic
石化☆lapidification; petrification; petrifaction; lithification; petrify; petrochemical industry; lithify; petrescence; petrochemistry
石化产品☆(organic) petrochemicals; petrochemical products; petroleum chemicals
石化钙积带☆petrocalcic zone
石化工业☆petrochemical industry
石化海底☆lithified sea-floor
石化很强的☆well-lithified
石化(异化)颗粒☆lithochemical particle; lithochem(s)
石化木☆petrified wood{log}; lithoxyl(e); lithoxylite; lithoxylon
石化前作用☆prefossilization
石化森林☆petrified-forest
石化沙丘☆fossilized dune
石化作用☆petrification; petrifaction; lithification; lithifaction; lapidify; fossilization; lapidification
石獾毛笔☆white badger brush
石獾尾巴毛☆dressed water badger tail hair
石环☆stone ring{circle}; frost-heaved mound; rock wreath
石环沟藻属[K-E]☆Lithosphaeridinium
石环冠☆stone garland{semicircle}; garland
石黄☆hartite; mineral yellow
石黄衣☆wall lichen; Xanthoria parietina
石黄衣属☆Xanthoria
石磺(属)[一种海参]☆Onchidium; verruculatum
石灰[CaO]☆lime; kalk[德]; calx; calces; black coal; calcarea{crushed} lime; chunam; lime yard; whitewash; calc-
石灰白泥☆zaccab
石灰焙烧☆lime-roasting; lime roasting
石灰玻璃☆lime glass; soda lime glass
石灰衬里的还原钢弹☆lime-lined bomb
石灰衬料{里}☆lime liner
石灰池☆banker; lime pit
石灰处理(过)的☆limed
石灰处理光亮钢丝☆lime bright wire
石灰穿孔藻☆lime-boring algae
石灰纯碱法☆lime-soda process
石灰纯碱软化(法)☆lime-sodium carbonate softening
石灰氮☆lime {-}nitrogen; calcium cyanamide; nitrolime
石灰灯☆limelight
石灰底层填料☆lime padding
石灰煅烧系统☆lime calcining system
石灰堆场废物☆limeyard waste
石灰法☆calcic process
石灰-矾土熔体☆lime-alumina melt
石灰肥料☆fertilizing lime
石灰肺☆calcicosis
石灰粉☆lime powder{dust}; powdered limestone; powder(ed){pulverized} lime
石灰粉煤灰土基层☆lime flyash-soil base
石灰粉末喷口☆lime-powder injection tuyere
石灰沟虫属[三叶;$Є_3$]☆Shihuigouia
石灰硅酸水泥☆lime silica cement
石灰海绵纲☆Calcarea
石灰含量测定☆determining the lime content
石灰核☆kalar; lime nodule
石灰华[$CaCO_3$]☆adarce; inolith; calcareous{calc} tufa; travertine; calc {-}sinter; puffstone; tufa[意]; inolite; tophus [pl.tophi]; calc-tufa; calcareous sinter{tuff}; tiburtine; banded marble; tuffeau[法]
石灰华的☆tophaceous
石灰华塞☆tufa plug
石灰化☆calcification
石灰化肥并撒机☆lime-fertilizer distributor
石灰灰石中和☆limestone neutralization
石灰基泥浆☆lime-base mud; lime treated mud
石灰极限含量☆maximum lime content
石灰加固土☆lime-stabilized soil
石灰碱釉☆lime-alkali glaze
石灰浆☆lime mortar{white;slurry}; cream of lime; grout; limewash; l.m.
石灰脚病[兽]☆scaly leg
石灰结合硅砖☆lime dinas
石灰界限浓度☆lime dam
石灰浸槽☆lime coating tank
石灰浸渍退毛☆lime steeping
石灰阱☆doline; cloup; dolina; sink hole; sotch
石灰坑☆dolin(a)e; swallow hole; lime pit; dolina
石灰类黏结料☆calcareous cement; calcareous cementing material
石灰料玻璃管☆limestone glass tube
石灰硫(黄)合剂☆lime sulfur mixture
石灰滤渣废水☆lime cake waste water
石灰镁氧比例☆lime magnesia ratio
石灰钠碱软化法☆lime-soda softening process
石灰泥处理☆lime mud disposal
石灰泥岩☆calcilutite
石灰泥渣☆slaked carbide
石灰黏合剂{料}☆calcareous cement
石灰盘☆calcareous{lime} pan; caliche
石灰配料☆raw meal prepared from lime
石灰气纯化☆lime gas purification
石灰溶液喷嘴☆lime-wash nozzle
石灰乳☆milk {-}of {-}lime; lime milk{cream}; slurried lime
石灰乳槽☆liming vat{tub}; lime water tank; lime still
石灰软化法☆lime softening
石灰撒布机☆lime distributor{sower;spreader}
石灰砂☆limesand
石灰砂仓☆lime sand bin
石灰砂浆粉刷☆lime mortar plaster
石灰砂粒砖☆sand-lime brick
石灰砂岩☆lime-sand rock; lime {-}sandstone
石灰烧成☆calcination of lime
石灰石☆limestone; carbonate of lime; chalk; lime rock{carbonate}; calcaire; fluxing stone
石灰石板☆balatte
石灰石层☆limestone layer
石灰石粗集料混凝土☆limestone coarse aggregate concrete
石灰石粉☆limestone powder{fines}; agstone
石灰石喷入法脱硫☆desulfurization by limestone injection process
石灰石清洗法☆limestone scrubbing process
石灰石砂☆limestone sand
石灰石土松土机☆limestone ripper
石灰石屑☆race
石灰石中和处理☆limestone neutralization treatment
石灰熟化器☆lime slaker
石灰刷白[巷道]☆lime whitewash{wash}
石灰水☆lime{calcareous} water; whitewash; milk lye; limewash; limewater
石灰水泥[建]☆grappler cement
石灰水煮炼☆bowking; bucking
石灰(-)苏打法[化]☆lime-soda process
石灰体☆calcareous body
石灰添加系统☆lime feed system
石灰铁质结核☆lime-iron concretion
石灰涂料☆calcicoater
石灰土☆rendzina{limestone;lime} soil; rendzinas; soil-lime
石灰土压力试验仪☆lime soil compression tester
石灰洼地☆calc-pan
石灰稳定氧化锆☆lime stabilized zirconia
石灰消化分离器☆lime classifier
石灰性土☆terra calcis
石灰烟叶组成的咀嚼物☆buyo
石灰岩[以 $CaCO_3$ 为主的碳酸盐类岩石,其中碳酸钙常以方解石表现]☆limestone; carbonate of lime; limerock; chalkstone; calcareous{lime} rock; cau(l)k; lime; calcaire; calk; calcitite; buhr; algal limestone; LIM
石灰岩参差面☆clint
石灰岩渣☆chick(en) grit
石灰岩的中子孔隙度☆neutron porosity of limestone
石灰岩沟☆karren; lapie
石灰岩类☆calcilith; calcilyte
石灰岩露头薄土区☆glady
石灰岩-泥岩层系☆lime-shale sequence
石灰岩砂☆limestone sand
石灰岩上残留的红土☆terra rossa
石灰岩油层生产井☆lime producer
石灰-氧化亚铁-氧化铁熔体☆lime-ferrous oxide-ferric oxide melt
石灰窑☆lime(-)kiln; lime burner{kiln;pit}
石灰窑出石灰的口☆kilneye
石灰-萤石渣☆lime-fluorspar slag
石灰硬磐☆lime hardpan
石灰藻☆calcareous alga; lithothamnium
石灰藻脊☆lithothamnion ridge
石灰藻岭☆nullipore ridge
石灰蒸氧器☆lime still
石灰质☆lime; calcium carbonate; tufa; talc
石灰质鞭毛虫目☆coccolithophora
石灰质的☆calcareous; calcific; limy; calcaire; cal.
石灰质矿☆limy ore
石灰质卵石砾岩☆limestone pebble conglomerate
石灰质泉{|砂|土}☆calcareous spring{|sand|soil}
石灰中和处理☆neutralization with lime
石灰桩☆lime pile{column}; quick lime pile
石鮰☆tadpole madtom
石基☆ground mass; groundmass
石基础☆stone foundation
石基修建工☆stonemason
石鸡☆rock partridge; chukar
石鸡形区☆Alectoromorphae
石级☆flight of stone steps
石荠苧属☆mosla
石荠苧烯☆moslene
石碱草素☆saponetin
石碱玄岩☆nepheline tephrite
石硷☆soap
石见穿☆salvia chinensis; Chinese sage
石箭头☆arrowpoint
石匠☆stone mason{man}; stonemason; mason; squarer; builder in stone
石匠锤☆asisculis
石匠凿☆quill bit
石椒草☆boenninghausenia sessilicarpa; chinaure
石礁☆stone reef
石焦油☆rock tar
石阶☆stone steps
石阶踏步背榫☆back joint
石蜐☆musculus mitellae; mitella; a kind of crustacean
石结构☆stone structure
石芥花☆toothwort
石筋瘤☆tophus
石茎☆heligmite
石晶☆rock crystal
石经☆classics engraved on stone tablets in various dynasties after exhaustive verification and research, made usually by orders of the emperors
石疽☆stony mass
石拒[章鱼]☆octopus
石锯☆stone saw
石坎[石头砌的防洪坝]☆cross-wall; steps cut on a rocky mountain; flood control stone ridge
石柯二醇☆lithocarpdiol
石柯酮☆lithocarpolone
石刻☆stone engraving{inscription}; lithoglyph;

S

stonecutting；carved stone
石坑☆stone pit{lattice;lace}；quarry；rock pit
石孔☆swallet
石口期☆Shikouan Age
石窟☆rock cave；grotto
石窟画☆cave painting
石窟陵墓☆rock-cut tomb
石窟寺[考古]☆the Cave Temple
石窟钟乳☆stalactites in the stone cave
石块☆gobbet；(quarry) stone；rock (chunk)；knuckle；block；boulder
石块衬砌{里}☆stone lining
石块割口[备楔开用]☆grip
石块间隙缝☆abreuvoir
石块路面☆stone(-block){block} pavement
石块内裂痕☆fracturation
石块破碎[特指燧石]☆knapping
石块铺底☆bottoming
石块铺路面[土]☆stone-block paving
石块铺面☆stone paving；paving in stone blocks
石块铺砌☆penning
石块收集堆条机☆rock windrower
石筐☆gabion；gabionade
石筐筑堤工程☆gabion works
石筐筑垒工事☆gabionade
石矿☆quarry
石蜡[C_nH_{2n+2}]☆paraffin(e)；paraffin (wax)；ceresin {mineral;earth} wax；petrolin(e)；paraffinum；chloroflo；ozocerite；ozokerite；moldavite；urpethite；moldovite
石(油)蜡☆petroleum wax
石蜡沉积☆paraffin deposit；precipitation of paraffin
石蜡二甲苯溶液☆paraffinic xylol
石蜡防水法☆paraffinic waterproofing
石蜡封保藏☆paraffin sealing method
石蜡敷湖☆pliable paraffin
石蜡光敏氧化☆photosensitized oxidation of paraffin
石蜡含量☆paraffinicity；paraffinic content
石蜡糊☆nujol mull
石蜡基油☆paraffinic oil
石蜡基原油☆light{paraffin-base;paraffinic} crude；green oil；paraffin(ic) base crude (oil)；oil
石蜡加厚法☆thicknessing
石蜡节杆菌☆arthrobacter paraffineus
石蜡浸透探伤☆paraffin(e) test
石蜡浸注木☆paraffin-impregnated wood
石蜡类脱模剂☆paraffin release agent
石蜡沥青混合基原油☆paraffin-asphalt petroleum
石蜡裂化{解}☆wax cracking
石蜡瘤☆paraffinoma
石蜡滤饼☆press cake
石蜡凝(固)点降低剂☆wax dope
石蜡喷雾脱油☆paraffin spray deoiling
石蜡柔韧性试验☆flexibility test for paraffin wax
石蜡渗透探裂法☆paraffin test
石蜡石油[富含石蜡的变种石油]☆warrenite
石蜡物系☆paraffinic series
石蜡系烃☆paraffinic hydrocarbon
石蜡型浸润剂☆paraffin emulsion size
石蜡药膏☆petroxolin
石蜡液剂☆parogen；vasoliniment
石蜡油☆paraffin oil{oilow}；alboline；(liquid) petrolatum；paroline；paraffinum liquidum；white mineral oil；oil of paraffin
石蜡与油混合物☆slack wax
石蜡脂☆neft(de)gil；naphthadil；vaseline；neph(t)alite；paraffinic butter；nephatil；petrolatum
石蜡质量试验☆paraffinic wax quality test
石蜡中间基石油☆paraffinic intermediate crude
石蜡铸造☆lost wax casting
石蜡族☆methane series
石蜡族的☆paraffinaceous
石蜡族酸☆paraffinic acid
石蜡族烃☆paraffin hydrocarbon{series}；paraffin
石栏杆☆stone balustrade
石梨虫属[射虫;T]☆Lithapium
石篱☆woodland star
石栎☆lithocarpus glaber
石栗☆kekuioilplant；kekuneoilplant；candlenut (tree)；aleurites moluccana
石栗仁油☆lumbang oil
石砾☆chad
石砾质河床☆dry wash
石粒岩☆granulite
石沥青☆asphaltite；rock asphalt
石莲☆encrinite；Encrinus
石莲海百合的☆encrinal；encrinital
石莲化属☆Cotyledon
石莲子☆caesalpinia
石梁☆rock beam{bar}；rock-bar；ledge
石料☆rock{stone} material；aggregated rock；stone；building stones；stone as material
石料凹框☆sunk draft
石料场郊野公园☆Stone Field Country Park
石料工业☆lithic industry
石料基础石☆ground stone
石料加速磨光仪☆accelerated stone polishing tester
石料磨光值☆polished stone value
石料摊铺机☆aggregate paver
石料统一法☆method of unifying the rock materials
石料镶面工程☆stone cladding work
石料琢整☆picked dressing
石列☆rock train
石林☆stone forest；hoodoo；rock pillar；karst；cockpit；cone{crevice} karst
石林岩溶☆crevice karst
石淋☆stranguria caused by the passage of urinary stone；urolithiasis
石羚☆steenbok；steinbok；steinbock
石榴☆pomegranate；granada；punicagranatum
石榴根皮碱☆pelletierine
石榴红☆garnet[色]；pomegranate；puniceous；garnet-red；Ponegranate Red[石]
石榴红素☆grenadin
石榴碱☆pelletierine；peiletierine；punicine
石榴浆☆grenading
石榴科☆Panicaceae；punicaceae
石榴皮☆pomegranate bark{rind;peel}；pericarpium granati；granatum
石榴石[$R_3^{2+}R_2^{3+}(SiO_4)_3$,$R^{2+}$=Mg,$Fe^{2+}$,$Mn^{2+}$,Ca;$R^{3+}$=Al,$Fe^{3+}$,Cr,$Mn^{3+}$]☆garnet；johnstonotite；garnetite；granat；carchedony；carchedonius；carbuncle；garnet sand；aplome
石榴石棒☆garnet rod
石榴石化(作用)☆garnetization
石榴石结构铁氧体☆ferrogarnet
石榴石类☆garnet (group)
石榴石膜☆garnet film
石榴石砂☆garnet sand
石榴石型结构☆garnet type structure
石榴石岩☆garnet-rock；garnetite；granatite
石榴属☆Punica
石榴素☆punicin(e)
石榴油酸☆punicic acid
石榴汁红☆grenadine red
石榴子石☆garnet
石硫合剂☆lime sulfur (mixture;concentrates)
石硫黄☆sulfur
石流☆rock stream{flowage;glacier;storm;train}；block glacier；stony{block;stone} stream；rock fragment flow；rock-flow
石流滑移☆rock-glacier creep
石流星☆lithometeor
石龙刍☆Baltic rush；Lepironia articulata
石龙芮☆Ranunculus sceleratus；blister buttercup
石龙尾☆marsh weed
石龙牙草☆Drosera peltata；sundew
石龙岩☆shihlunite
石龙子☆skink；scincoid；scincid
石龙子科☆Scincidae
石龙子科蜥蜴的☆scincoid
石聋☆stone-deaf；totally deaf as a stone
石笼☆crib；gabion；pannier；crib work filled with stone
石笼坝☆wire{gabion;stone-case} dam；dam
石颅贝属[腕;O-P]☆Petrocrania
石鲈☆grunts；ronco
石鲈科[动]☆Pomadasyidae
石碌群☆Shilu group
石路☆a stone-paved road；pebble{gravel} road
石绿[$Cu_2(CO_3)(OH)_2$]☆malachite；koppargrun；mineral{malachite} green；green malachite；green copper carbonate
石螺钻☆rock auger
石麻☆kemetine；rock silk{cork}；amiant(h)us；stone- flax；amianthine；mountain flax；asbestus；cymatine；(amianthinite) asbestos；asbestoide；amianthoide
石马☆stone horse-as those beside a grace or tomb
石脉☆lodes{veins} of minerals
石脉丘陵☆stonefield
石幔☆sheet；curtain
石茅(高粱)☆Johnson grass
石锚☆stone anchor；killagh；killock；killick；kelleg；kellock；rock bolt
石玫瑰☆stone rose{packing}
石煤☆stone((-)like) coal；bone (coal)；steinkohle[德]
石门☆crosscut (tunnel;rock)；cross-entry；cross cutting {adit;cut;drift;tunnel;measure}；jack{bolt} hole；cross hole；(horizontal;cross-out) cross-cut；headway；gain；breakthrough；(rock;cross-out;arch) drift；cut-off entry；traverse{transverse} gallery；x-cut；bolthole；crossing；cross-measure tunnel；cross pitch entry；cross-drift；crossheading；cross-hole；cross-strata heading；monkey drift；shoot；crossdrift；adit；cross；cross strata heading；cross entry crossheading；bore
石门窗侧壁☆jamb post{stone}
石门或横贯采样分析☆crosscut assay
石门掘进☆cross cutting{drifting}；cross-measure drifting；crosscutting
石门掘进方案☆cross-measure stone-drift project
石门区段☆cross-measure{cross-measures} drift unit
石{硬}锰矿☆isiganeite
石米☆stone grain；chicken girt
石棉☆asbestos[$Mg_3Ca(SiO_3)_4$]；leatherstone；zillerite[$Ca_2(Mg,Fe)_5(Si_4O_{11})_2(OH)_2$]；asbest(us)；kemetine；fossil{earth;mountain;stone} flax；kymatine；rock silk {wool;leather;cork;wood}；salamander wool；amianthin(it)e；earth flax；mountain cork {leather;cloth;wood}；mineral cotton；stone-flax；amianthus；amianthine；salamander's hair；cymatine；zillerthite；carystine；rockwool；byssolite；asbestoide；asbestinite；amianthoide；asbeferrite；asb.
石棉板☆asbestos board{sheet;plate;slate;millboard;cardboard;flexboard}；sheet asbestos；asbest sheet
石棉包线☆asbestos {-}covered wire
石棉保温板☆asbestos heat insulating board
石棉标准检验筛☆asbestos standard testing machine
石棉布☆asbestos fabric{cloth}；carpasian linen；woven asbestos cloth
石棉布垫☆asbestos cloth folded gasket
石棉`尘肺{沉着病}☆asbestosis
石棉衬网☆asbestos wire gauze
石棉粗制程度[美]☆crudiness
石棉的☆asbestic；asbestine；abestrine
石棉堵漏丝☆control wool
石棉防护用品☆asbestos protection ware
石棉肺(病)☆pulmonary asbestosis
石棉粉☆asbestos cement{powder}；flake{pulverized} asbestos
石棉风选☆Pneumatic concentration of asbestos
石棉钢带缠绕式垫片☆asbestos steel belt entwining form pad
石棉箍垫片☆asbestos ring gasket
石棉硅酸钙板☆asbestos calcium silicate board
石棉护层☆asbestos protection
石棉灰泥{浆}☆asbestos plaster
石棉加强物☆asbestos reinforcement
石棉夹心胶合板☆asbestos textolite；asbestos {-}veneer plywood
石棉检验筛☆inspection sieves for asbestos
石棉结构☆texture of asbestos
石棉矿石地质品位☆geological tenor of asbestos ore
石棉沥青☆asbestumen；asbestos bitumen
石棉沥青热塑板☆asbestos-bitumen thermoplastic sheet
石棉沥青制品☆asbestos asphalt products
石棉镁氧混合物☆asbestos magnesia mixture
石棉抹镀锌☆wiped galvanizing
石棉木☆mountain{rock} wood
石棉耐油橡胶板☆oil resistant asbest packing sheet
石棉碾☆chaser
石棉扭绳☆asbestos twisted rope
石棉纱支数☆asbestos yarn count
石棉绳填密☆asbestos rope packing
石棉水泥☆eternit；asbestos{asbest} cement；AC
石棉水泥半波瓦☆asbestos cement semicorrugated sheet
石棉水泥保湿板☆asbestos cement insulation board

石棉水泥波瓦校准张☆nominal asbestos-cement corrugated sheet
石棉水泥电气绝缘板☆asbestos cement electrical insulating board
石棉水泥管标准米☆nominal meter of asbestos-cement pipe
石棉水泥珍珠岩板☆asbestos cement perlite board
石棉松解度☆asbestos fiberization
石棉陶瓷纤维复合材料☆asbestos-ceramic fibre composite
石棉填充剂{料}☆asbestos filler
石棉填缝浇口☆asbestos joint runner；pouring runner
石棉吸选法☆aspiration method
石棉细漆布绝缘电缆☆asbestos varnished cambric cable
石棉纤维☆fibrous asbestos；asbestos fiber{fibre}；salamander wool
石棉纤维剖分器☆jumbo
石棉线☆asbestos wire{thread}；(twisted) asbestos yarn
石棉线编包☆asbestos braid
石棉橡胶密封垫片☆asbestos rubber gasket
石棉小体☆asbestoic{asbestos} body
石棉芯铁丝网☆asbestos center gauze
石棉性的☆asbestine
石棉样头癣☆tinea amiantacea
石棉油浸☆oil-permeated asbestos
石棉增强效率☆reinforcing efficiency of asbestos
石棉纸板☆asbestos mill-board{card-board}；asbestos fibre；compressed asbestos sheet
石棉纸垫片☆asbestos paper gasket
石棉制动制品☆asbestos friction material
石棉制品厂废气和废水☆asbestos manufactory waste gas and water
石棉主体纤维☆constituent fiber of asbestos
石棉状☆asbestiform
石棉状的☆asbestoid
石面爆破☆cap shot
石面的[生]☆petrophilous；epilithic
石面底栖藻类☆epilithic benthonic algae
石面截槽☆jad；jud；jag
石面刻槽工作☆broached work
石面抛光☆polished finish of stone
石面圬工☆stone-faced masonry
石面凿毛☆daubing；dabbing
石面植物☆exochomophyte；epilithophyte
石面斫平工作☆plain work
石末沉着性结核病☆silicotuberculosis
石末肺☆chalicosis；masons' lung
石墨[六方、三方]☆graphite；plumbago；(black) lead；graphitoid；wad [pl.wadden]；grafite；mineral black；vod；carbite；potlead[涂于赛船底部减少摩擦的]；black-lead (ore)；wadite；plumbagine；crayon；mica pictoria；pombaggine；plombagine；molybdaena；manganomelane；melangraphit；manganocker；mangangraphite；carbon；mica des peintres[法]；manganwiesenerz {manganschwarze；manganschaum} [德]；gph
石墨棒电炉☆graphite bar electric furnace
石墨棒电阻熔炼炉☆graphite rod melting furnace
石墨捕捉{集}器☆kish collector
石墨层电位☆aquadag-coating potential
石墨层间化合物☆lamellar compound of graphite
石墨车间☆blackshop
石墨尘肺☆graphosis；graphite pneumoconiosis
石墨沉积感应炉☆graphite sediment induction furnace
石墨承热器☆graphite susceptor
石墨大理岩[主要成分为方解石、白云岩、石墨和少量石英]☆graphitic marble
石墨的☆plumbaginous；graphitiferous[含]；graphitic
石墨点☆grey spot
石墨碘氯化物☆graphite chloride iodide
石墨电极块☆graphite electrode slab
石墨电刷☆electrographite{graphite} brush；electric graphitized brush
石墨电阻辐射加热炉☆graphite resistor radiation furnace
石墨-二硫化钼固体润滑剂☆Graface
石墨帆布板☆graphitic canvas laminate
石墨反应堆{炉}[核]☆graphite reactor
石墨分离☆kish
石墨粉☆dag；graphite powder{dust}；ground graphite {powder-graphite}；powdered graphite；plumbago；black lead；plumbagine；graphite powder{flour;dust}
石墨粉阳极蓄电池☆S.A.F.T. battery
石墨敷面电极☆graphitized electrode
石墨坩埚原子化法☆atomization in graphite crucible
石墨钢丝绳润滑脂☆graphite-base wire rope grease；steel wire rope graphite base grease
石墨焊接用合金☆brazing alloy for graphite
石墨滑水☆aguaday
石墨滑油☆oildag
石墨化☆graphitizing[冶]；greying；graphitization；graying；graphitize；graphitise
石墨化钢☆graphitizable{graphitic} steel；hybrid metal
石墨化剂☆graphitizer
石墨化锂{|铯}☆lithium{|cesium} graphite
石墨化炉☆graphitizing furnace
石墨化铊镧☆lanthanum thallium graphite
石墨化碳☆graphitized{graphitizing} carbon
石墨化铟镧☆indium lanthanum graphite
石墨环氧复合材料☆graphite epoxy composites
石墨回收设施☆graphite recovery plant
石墨混合物☆graphite mixture
石墨基合成材料☆graphite-base composite material
石墨极电弧焊☆graphite-arc welding
石墨减速反应堆☆graphite {-}moderated reactor
石墨浆喷涂器☆black wash sprayer
石墨浆涂料☆darmold
石墨金刚石相平衡线☆graphite-diamond equilibrium line
石墨金属层间化合物☆graphite-metal adduct；graphite-metal lamellar compound
石墨卤素层间化合物☆graphite-halogen lamellar compound
石墨氯化硫酸盐☆graphite chlorosulfate
石墨慢化堆☆graphite-moderated reactor
石墨煤☆anthraxolite
石墨钼{|镍}氯化物☆graphite molybdenum{|nickel} chloride
石墨泡☆refining foam
石墨喷管衬套☆carbon nozzle insert
石墨片[冶]☆graphite flake{leaf;cake}；flake(d) graphite
石墨片岩[主要成分为石英、斜长石、石墨,还有辉石、角闪石等]☆graphocite；graphite-schist；grapholite；graphitic{graphite;plumbaginous} schist
石墨气冷反应堆[核]☆gas-graphite reactor
石墨潜能释放效应☆discomposition effect
石墨球化试验☆graphite spheroidizing test
石墨乳☆aquadag；colloidal graphite suspensions；graphite emulsion
石墨润滑衬套☆oilite bushing
石墨润滑无油轴承☆graphited oilless bearing
石墨熟料坩埚☆graphite {-}grog crucible
石墨水涂料☆aquadag
石墨-碳化硅温差电偶☆graphite to silicon-carbide couple
石墨-碳化硼热电偶☆graphite-boron carbide thermocouple
石墨陶瓷纤维增强酚醛树脂☆graphite-ceramic fibre reinforced phenolic resin
石墨淘洗水☆graphite water
石墨套管☆graphite sleeve
石墨体氮化钢☆graphitic nitralloy
石墨体钢☆graphitic steel
石墨铁氯化物☆graphite iron chloride
石墨涂层☆equadag{graphite} coating
石墨涂料☆graphite paint{blacking}；blacking
(用)石墨涂[船等]☆potlead
石墨推承环☆carbon thrust ring
石墨钨氯化物☆graphite tungsten chloride
石墨烯☆graphine
石墨系☆Graphite system
石墨纤维-环氧树脂凝合材料☆graphite fibre-epoxy composite
石墨纤维耦合剂☆graphite fibre coupling agent
石墨纤维纸☆papyrex
石墨芯棒☆central graphite rod
石墨型结构☆graphite structure
石墨型碳☆graphitic carbon
石墨型铸造法☆carbon mould process
石墨悬液☆hydrokollag
石墨岩☆graphitite
石墨氧化物☆graphite oxide
石墨(润滑)油☆graphite(d) oil
石墨油膏☆gredag
石墨铀堆☆graphite-uranium pile
石墨铀`堆{|混合物}☆graphite-uranium pile{|mixture}
石墨增强铝复合材料☆graphite-reinforced aluminium composite
石墨罩腐蚀☆graphite corrosion
石墨质耐火材料☆plumbago (refractory)
石墨轴承润滑剂☆graphite-bearing lubricant
石墨注勺☆graphite ladle
石墨状软锰矿[MnO_2]☆plumbageolike pyrolusite
石磨☆stone grinder{mill}；buhrimill；millstones；kollergang[磨纸浆用]
石磨床☆burstone mill
石磨机☆buhr{buhrstone;burr;huhrstone} mill
石磨盘☆grindstone
石磨钻凿机☆ditcher
石漠☆ham(m)ada；stony{rock;stone} desert；serir [pl.-]
石幕☆stone mulch
石南丛生的☆heathery
石南灌丛☆heath
石南荒原☆heathland
石南科☆Ericaceae
石南鹩☆heath-wren
石南泥炭☆calluna{heath} peat
石南属植物☆heather
石南素☆eicolin；ericolin
石南植物☆ericad
石楠☆moor besom；(photinia) serrulata
石楠丛☆heather cow
石楠花麦酒☆heather ale
石楠荒漠沙土☆belisand
石楠科☆Ericaceae
石楠群丛☆heath
石楠沙原☆dune heath
石楠藤☆piper wallichii
石楠叶☆folium photiniae；Photinia leaf
石楠枝丫☆heather cow
石楠植物☆ericophyte；ling
石楠状☆ericoid
石囊[动]☆lithocyst
石囊藻(属)[蓝藻;Q]☆Entophysalis
石脑油[石油馏分]☆naphtha；fresh spirit；benzin(e) {petroleum} naphtha；naftha；naphtho-
石脑油重整法☆naphtha reforming
石脑油精☆naphthalene
石脑油聚合重整☆naphtha polyforming
石脑油气回馏过程☆naphtha gas reversion
石脑油洗毛法☆naphthalating
石脑油皂[化]☆naphtha soap
石脑油蒸气裂解☆naphtha steam cracking
石内虫迹☆Endichnia
石内的[生]☆endolithic；petricolous
石内地衣☆endolithic lichens
石内植物☆endolithophyte
石碾☆rolling stone
石碾子☆stone roller
石尿症☆lithuresis
石牛栏阶{|期|组}☆Shiniulanian stage{|age|formation}
石奴鲷☆salele
石弩☆catapult；onager
石欧芹☆honewort
石牌坊☆dolmen
石泡☆lithophysa [pl.-e]；stone bubble
石盆地☆rock basin
石皮藻属[褐藻]☆Lithoderma
石片☆flake；chippings；scabbling；(stone) chip；flag；slate
石坪☆pavement
石坡☆stoneledge；rock{rocky;stone} ledge
石栖刺莺☆rock warbler
石栖动物☆petricole；petrocole；lapidicolous animal
石漆☆mineral varnish
石脐科☆Umbilicariaceae
石脐素☆pustulan
石砌☆barnacle；steening；steining
石砌坝☆stone{dry} masonry dam
石砌井壁☆stone lining of shaft；cradling；shaft rock wall
石砌立井☆masonry shaft
石砌墓☆cist
石砌体暗销☆bed dowel
石砌翼墙☆wing masonry
石器☆stoneware；stone vessel；stone implement

{artifact}；stone instrument
石器时代☆Stone{Anthropolithic} age；Lithic
石千峰统☆Shihchienfung series
石千峰组☆Shiqianfeng{Shichienfeng} formation
石墙☆dike wall{ridge}；ashlar；ashler；check；stone{rock} wall；clint
石橇☆stoneboat
石桥☆stone bridge
石切除术☆lithotomia；lithotomy
石侵入体☆stone intrusion{eye}
石青[$2CuCO_3•Cu(OH)_2$;$Cu_3(CO_3)_2(OH)_2$]☆azurite；chessylite；lazurite；lasurite；mountain blue；blue{chessy} copper；azure stone；azure copper ore；lasur；blue carbonate of copper；mineral blue；azzurrita；armenite；Armenian stone[旧]
石青蓝☆bice blue
石青岩☆gypsolith
石球式热风炉☆pebble stove
石渠☆stone canal
石人☆stone human statue
石茸酸☆gyrophoric acid
石绒☆amiant(h)us；asbestos；kemetine；rock silk{cork}；amianthin(it)e；asbestus；cymatine；mountain flax[细丝状石棉]；stone-flax；asbestoide；amianthoide；kymatine[石麻]
石鞣皮☆mountain leather
石乳☆agaric mineral
石蕊☆litmus；lacmus；lichen blue；turnsole；lacca coerula；reindeer moss；tournesol
石蕊茶渍☆cockur；corcir；korkir
石蕊萃☆lacmosol
石蕊地衣☆orchil；orseille
石蕊冻原☆cladonia tundra
石蕊红素☆erythrolein
石蕊精☆azolitmin
石蕊科☆Cladoniaceae
石蕊霉素☆litmomycin
石蕊染料☆persis；persio
石蕊杀菌素☆litmocidin
石蕊属☆Cladonia；Roccella
石蕊素试纸☆azolitmin paper
石蕊酸☆roccellic{barbatic;dydimic} acid
石蛃科[动]☆Machilidae
石珊瑚☆stony{hard;scleractinian;madreporarian;stone} coral；madrepore；Petraia；Madrepora
石珊瑚类[目]☆Madreporaria；Scleractinia
石珊瑚属[S_3]☆Petraia
石珊瑚藻☆lithothamnion
石珊瑚状体☆madreporiform bodies
石山☆tor
石山桃属☆Pholidota
石山羊☆mountain goat；rocky mountain goat；Oreamnos americanus
石上柏☆selaginella doederleinii
石上冰☆ice cast
石上地衣☆saxicolous lichen
石上鸣秋蝉☆steamed grouper slices spread with minced shrimp and mushrooms
石蛇床根☆petroselini radix
石生的☆lithophilous
石生海藻☆prickly tang；sea ork
石生群落☆lithic-community
石生悬钩子☆bunchberry
石生植物☆chomophyte；lithophyte；petrophyte；cremnion
石饰面圬工☆stone-faced masonry
石室☆hall；stone house very strong and safe[石房子]；stone tomb or vault[石砌的墓穴或地窖]；stone chamber for keeping books[藏书石屋]
石首鱼☆drumfish；croakers；Roncador
石首鱼科☆Sciaenidae
石水☆stony edema
石水闸☆dam
石松☆clubmoss；lycopodium (clavatum)；club moss；lycopod；staghorn；good-luck；stag-bom
石松孢属[K-E]☆Lycopodiumsporites
石松定(碱)☆lycodine
石松佛辛☆lycofawcine
石松纲☆Lycopidinae；Lycopodiatae；Lycopsida；Lycopods
石松根座☆stigmaria
石松鸡☆rock ptarmigan
石松碱☆lycopoding；clavating；Lycopodin；lycopodine
石松科☆Lycopodiaceae；Lycopidiaceae
石松类☆Lycopodiales
石松灵碱☆lycodoline
石松门☆Lycopodiophyta
石松目☆lycopodiales
石松鼠☆rock{David's} squirrel；Sciurotamias davidianus
石松烷☆serratane；lycopodane
石松油☆stone pine oil
石松脂烷☆pimarane
石松植物门☆Lepidophyta
石松子粉☆lycopodium powder
石松子碱☆lycopodin；lycopodine
石松子油酸☆lycopodium oleic acid
石酸☆tartrate
石蒜☆Lycoris radiata；short-tube lycoris
石蒜胺☆lycoramine
石蒜碱☆narcissine；lycorine；narcissin
石蒜晶碱☆licorinine
石蒜科☆Amaryllidaceae
石蒜裂碱☆lycorenine
石蒜素☆lycorisin
石髓[SiO_2]☆chalcedony；chalcedonite
石髓质燧石☆chalcedonic chert
石穗☆Strobilites
石笋[俄;$CaCO_3$]☆stalagmite；stagmalite
石笋顶滴杯☆splash cup
石笋状的☆stalagmitic；stalagmitical
石锁☆stone lock；a stone dumbbell in the form of an old-fashioned padlock
石塔☆pinnacle；torreon；chimney rock；stone pagoda
石胎☆lithopedion；calcified fetus
石滩☆rocky shallows；ground sel；ledge
石炭☆bitumen lapideum；(black) coal；charcoal；carbon
石炭蚌属[双壳;C_{2-3}]☆Carbonicola
石炭虫属[孔虫;C_1]☆Carbonella
石炭二叠冰期☆Permo-Carboniferous ice age
石炭二叠纪☆Permo-Carboniferous
石炭化泥炭☆charred peat
石炭纪[362～290Ma;华北海陆交替频繁,植物茂盛,重要成煤期,华南为浅海,珊瑚、腕足两栖类极盛,爬行动物出现、昆虫繁荣]☆Carboniferous (period)；Carbonic (period)；C
石炭纪冰期[冰川作用]☆Carboniferous glaciation
石炭纪层☆carboniferous formation
石炭纪及二叠纪☆Anthracolithic period
石炭纪煤☆Carboniferous coal
石炭纪石灰岩☆carboniferous limestone
石炭目[蜘]☆Antracomarti
石炭鲵类[爬]☆anthracosaurus
石炭鲵目[两栖;C-P]☆Anthracosauria
石炭色☆anthracine；anthracinus
石炭兽☆anthracotheres；Anthracotherium
石炭兽科☆Anthracotheriidae
石炭酸[C_6H_5OH]☆carbolic acid；phenol；phenyl hydrate；fenol；hydroxybenzene；phenylic acid；acidum；carbol(-)
石炭酸的☆phenolic
石炭酸钙☆carbolated lime；calcium carbolate
石炭酸硫紫☆carbol(-)thionine
石炭酸钠☆sodium carbolate
石炭酸尿☆carbolic urine；carboluria
石炭酸品红染剂☆carbolfuchsin stain
石炭酸品红液☆carbolfuchsin
石炭酸铅☆lead carbolate
石炭酸盐☆carbolate；phenate；phenolate
石炭酸藻红☆carbol erythrosin
石炭酸皂☆carbolic soap
石炭蜥(目)☆anthracosaur；Anthracosauria
石炭系☆Carboniferous{Carbonic} (system)；C；carboniferous system；the Carboniferous System
石炭系及二叠系☆Anthracolithic system
石藤☆helictite
石梯级☆stone step
石田☆barren land{fields}；field which is not arable
石田庄☆Stonefield Village
石条☆stone stripe
石铁(质)陨石☆lithosiderite；sider(ol)ite；stony irons；stony-iron{tony-iron} meteorite；pallasite；syssiderite
石铁陨石屑☆lithosiderite
石铁陨星☆lithosiderite；pallasite；siderolite；stony iron meteorite
石厅☆hall
石亭☆stone pavilion
石头☆rock；stone；petr-；petri-；petro-；-lith
石头晶体控制振荡器☆quartz controlled oscillator
石头盆景☆the marble bowl with scenery
石头掌[植]☆living-rock cactus
石外虫迹☆exichnia
石网☆stone lattice{net}；stockwork lattice
石网骨片☆lithodesma
石韦[中药]☆pyrrosia lingua
石韦属☆Pyrrosia
石围栏☆stone fence{wall}
石帷(围)裙☆apron
石苇☆pyrrosia lingua farw；herba pyrrosiae
石苇孢属[E_3]☆Cyclophorusisporites
石纹☆bat；grain
石纹鲸☆cabezon
石纹涂装法☆marble figure coating
石窝水☆quarry water
石硪☆stone tamper；flat stone rammer with ropes attached at the sides
石圬工☆stone masonry；stonework
石屋☆stone house
石蜈蚣目[动]☆Lithobiomorpha
石吸管☆soda straw
石烯醇☆stenol
石隙植物☆chasmophyte；crevice{saxifragous} plant；chomophyte；chasmochomophytes
石细胞[植]☆sclereid；stone cell；sclerid；lithocyte；stone{grit} cell；sclereide
石细胞团☆grit
石瘕☆stony uterine mass
石仙桃属☆Pholidota
石纤维☆mineral wool
石线☆stone line
石相☆stone phase
石像☆stony statue；figure in stone；statue {bust} of stone
石象生☆stone animal
石蟹☆Lithodes；Tanner crab
石蟹科☆Isolapotamidee
石蟹属☆Potamon；Isolapotamon
石屑☆aggregate chips；attle；chip；stone fragment；gallet；knocking；galet；tailing；grit
石屑肺☆lithosis
石屑撒布机☆stone{chips} spreader
石屑毯层☆chipping carpet
石心埽枕{|梢龙}☆gravel-core fascine roll
石心梢捆[护堤用]☆gravel core fascine
石星石[钙超;K_2]☆Lithastrinus
石碹胎☆centering
石穴蛤属[双壳]☆Saxicava
石穴管☆scolite
石压轧光机☆stone mangle
石芽☆clint
石芽区☆karren field
石牙☆karren；stone teeth
石牙(芽)区[德;岩沟原]☆karrenfeld
石盐[NaCl;等轴]☆halite；(ground) rock salt；salt rock；common{mineral} salt；salmare
石盐层最上层☆rockhead
石盐的☆halitic
石盐矿☆rock-salt mine
石盐镁矾☆kieseritite；halo-kieserite
石盐团块☆augensalz
石盐岩☆halilyte；halilith；rock salt
石岩☆stone cliff[石壁]；Phododendrom obtusum[灌木]
石眼☆stone intrusion{eye}
石燕[古]☆spirifer
石燕贝目☆spiriferida
石燕贝属☆Spirifer
石燕贝型☆spiriferoid
石燕类☆spiriferoid；spiriferids
石燕目☆Spiriferida
石燕型的☆spiriferoid
石燕(贝)型腕螺☆spiriferoid spiralia
石燕亚目☆spiriferacea
石砚☆stone inkslab
石羊☆bharal；blue sheep
石叶藻属[J-K_2]☆Lithophyllum
石鲈☆stonebass
石印☆lithograph(y)；lithographic printing；stone plate printing

石印蓝☆lithosized blue
石印品☆lithograph；LITHO；lithoprint
石印石结构☆lithographic texture
石印手帕☆ink printed handkerchief
(用)石印术印刷☆lithoprint
石印印花☆lithographic printing；oleograph
石印用毡☆lithographic felt
石印原版☆litho master
石印纸☆litho(-)paper；lithographic paper
石印转印墨辊☆nap roller
石英[SiO_2;三方]☆quartz；Brazilian pebble；kwarc；kiesel[德]；silex；katzenauge；rock crystal；cat's eye；diamond (bristol)；crystallus；qtz；silici-；QZ
α石英☆low(-temperature) quartz；alpha(-)quartz
β石英☆beta-quartz；hochquarz；high quartz
石英白云母岩☆quartz-muscovite rock
石英摆倾斜仪☆quartz pendulum tiltmeter
石英斑岩☆quartz{granite} porphyry；quartzophyre；quartz-porphyry
石英棒伸缩仪☆quartz bar extensometer
石英饱和度地热温标☆quartz saturation geothermometer
石英玻璃☆quartz glass；silex；quartzite{silica;silex;vycor} glass；fused silica；vycor
石英玻璃纤维状材料☆refrasil
石英长石质角岩☆quartzo-feldspathic hornfels
石英-磁铁矿偶温标☆quartz-magnetite thermometer
石英次杂砂岩☆quartzose subgraywacke
石英粗安斑岩☆dellenite-porphyry
石英大砖☆quartz glass block
石英刀{刃}口☆quartz knife edge
石英的☆quartzous；quartzy
石英灯[电]☆quartz lamp{light}；candle quartz
石英灯烘干装置☆quartz-tube dryer
石英滴☆quartz-bleb
石英碘灯☆quartz-iodine lamp
石英碘钨灯☆quartz iodine lamp
石英电钟☆crystal electric clock
石英电子表☆quartz watch
石英多长类☆quardofelsic
石英二长石☆adamellite；ukrainite；quartz monzonite；normal granite
石英粉☆silica{quartz} flour；(finely) ground quartz；silica powder{flour;dust}；quartz powder
石英粉晶☆ignited quartz
石英粉岩☆quartz-porphyrite
石英坩埚☆quartz{silica} crucible；silica pot{crucible}
石英钢片谐振器☆quartz-steel resonator
石英格架颗粒☆quartz framework grains
石英管☆silica{quartz} tube；quartz capsule；quartz tube{pipe}；silicatube
石英光劈补偿器☆quartz wedge compensator
石英过阻尼海洋重力仪☆marine quartz overdamped gravimeter；MQOG
石英黑电气岩☆schorlrock；schorl-rock
石英化☆quartzification；silicification
石英碱长粗面岩☆terektite
石英晶簇☆drusy quartz
石英晶洞毛晶☆erilite
石英晶控调频接收机☆quartz-crystal controlled frequency modulation receiver
石英晶体☆quartz crystal；quartzcrystal；piezoid
石英晶体力轴☆V axis
石英晶体水下传声器☆quartz-crystal subaqueous microphone
石英晶体稳频器☆quartz crystal stabilizer
石英晶体振荡器压力计☆quartz crystal oscillator gauge
石英类岩☆quartziferous rocks
石英棱镜☆quartz prism
石英砾岩☆hydrosilicirudyte；quartz conglomerate rock；anagenite；quartz-pebble conglomerate；conglomerate quartz
石英卤素灯☆quartz halogen lamp
石英马弗炉膛☆quartz muffle
石英脉☆buck；quartz vein{reef}；reef
石英脉石☆gangue quartz；almendrilla
石英脉岩☆silexite
石英锰榴岩☆gondite
石英锰榴岩型矿石☆gonditic ore
石英面镜☆quartz mirror
石英膜真空计☆quartz membrane ga(u)ge
石英泥砂岩☆quartz wacke
石英霓细岗岩☆karite
石英宁岩☆quartz schist
石英喷流岩☆quartz exhalite
石英偏振片单色器☆quartz-polaroid monochromator
石英片岩☆quartz-schist；quartz{quartzose} schist
石英频率测定器☆quartz-printer
石英枪☆flux{silica} gun
石英色层光纤☆silica cladded fiber{fibre}
石英砂☆quartz sand；arenaceous quartz；high silica sand；quartzite；silver sand
石英砂方解石☆Fontainebleau limestone；sand-calcite
石英砂石灰水泥☆silica-line cement
石英砂岩☆quartzose{quartz;quartzy} sandstone；silicarenite；quartz sand rock；quartz-sandstone
石英(纤维)纱☆quartz yarn
石英闪长岩侵入☆quartz-diorite intrusion
石英摄谱器{计}☆quartz spectrograph
石英石金矿脉地下开采☆quartz mining
石英双晶☆Brazil{Japanese} twin
石英丝☆quartz fiber
石英丝摆☆quartz-thread pendulum
石英丝直读剂量计☆quartz fibre type direct reading dosimeter
石英(扭)丝重力仪☆quartz fiber gravimeter
石英弹簧重力仪☆quartz spring gravimeter
石英条带(状铁)矿☆quartz-banded ore
石英铁白云岩☆quartz ankerite rock
石英透镜方法☆quartz-lens method
石英温标温度☆quartz temperature
石英稳频器☆piezoelectric stabilizer；quartz (frequency) stabilizer
石英稳频型频率基准☆quartz frequency-stabilization type frequency standards
石英纤维压力计☆quartz fiber manometer
石英楔☆quartz wedge{rod}；wedge；graduated quartz compensaior
(由)石英形成的☆quartziferous
石英压电换能仪☆quartz piezoelectric transducer
石英岩☆quartzite；aposandstone；silicilith；quartz rock；granular quartz；silexite；greisen；qtze
石英岩的☆quartzitic
石英岩质{状}砂岩☆quartzitic sandstone
石英岩砖☆quartz(ite) brick
石英页岩☆quartzose {-}shale
石英真空微量天平☆quartz vacuum microbalance
石英质☆quartzose；quartziferous；cherty
石英质的☆quartzi(ti)c；quartzous；quartziferous；quartzose
石英制棱柱体刃☆quartz knife edge
石英质土☆cherty{quartzitic} soil
石英中发金红石☆cupid's dart
V-石英轴☆V axis
α-β 石英转变地质温度计☆α-β quartz inversion geothermometer
α石英(晶)组[32 晶组]☆α-quartz type
β石英(晶)组[622 晶组]☆β-quartz type
石蝇☆perlid；stone fly
石蝇目[昆]☆Perlaria
石瘿[医]☆stony goiter
石蛹目[生]☆Microcoryphia
石尤风☆a windstorm
石油☆petroleum (oil)；fossil oil[旧]；oil (fuel)；mineral {earth;stone;rock;crude} oil；geoline；burning waters[旧]；gushing{flowing} gold；mineral earth {-}oil；bergol；bergbalsam；oleum terrae{vivum}；petrol(.)；oyl of peter；petro-；pet；litholine；black gold of Transylvania[旧]；paraffinite[类名]；black gold[俗]
石油苯☆petroleum benzene；petrobenzene
石油比重测定仪☆oil hydrometer
石油标价☆petroleum posted price；posted oil price；oil post price
石油冰点测定仪☆petroleum freezing point tester
石油丙烷☆petrogas
石油捕集作用☆oil entrapment
石油卟啉☆petroporphyrin
石油产地☆habitat of oil
石油产地使用费☆oil royalty{royalties}
石油产品☆oil{petroleum} product；pet. prod
石油产品分批点[管线中]☆batch and point
石油产品质量的试样☆spot sample
石油产品浊点或凝固点测定☆oil cold test
石油城☆boom town
石油成品的顺序输送☆products pipeline operation
石油成品管输时的尾部☆tail of tender
石油成因☆origin of oil{petroleum}；genesis of oil{petroleum}；oil genesis{origin}；petroleum origin
石油冲击☆oil crisis；oilshock
石油储层的圈定☆location of oil reserves
石油储集层☆reservoir
石油处理☆petrolization
石油处理法☆petrolage
石油储量的分布☆location of oil reserves
石油贷款办法[IMF]☆oil facility
石油蛋白☆petroprotein；petroleum albumen
石油当量☆equivalent in oil
石油的☆petroliferous；petrolic
石油的基类☆base of petroleum
石油地质综合大队[中]☆Research Party of Petroleum Geology；RPPG
石油冻☆petroleum jelly；vaseline；petrolatum
石油发动机燃料发酵☆petroleum fermentation
石油发酵过程☆petroleum fermentation process
石油反射光所显示的颜色☆bloom
石油分解微生物☆petroleum-degrading microorganism
石油分析☆petroleum analysis
石油浮选☆oil-buoyancy flotation
石油腐蚀☆corrosion by petroleum
石油膏金☆petromoney；oil money
石油高温成因论☆pyrogenetic theory
石油公司☆oil company；petroleum producer；petroleum company
石油公司和地主间关系协调人☆landman
石油工业☆oil{petroleum} industry；oildom；petrochemical processing
石油工业部☆Ministry of Petroleum Industry
石油工业兼并☆oil industry merger
石油工业衰落时放弃的浅井☆farmer well
石油工业投资商☆oilman
石油工业用的管类☆oil country tubular goods
石油工艺☆petro-technology
石油工艺学☆petroleum technology
石油关税☆petroleum import duties
石油管☆oil country tubular goods；OCTG
石油管理法规☆petroleum regulations
石油和水的乳化液☆bushwash
石油化工废水☆petrochemical wastewater；wastewater from petrochemical industry
石油化工用阀☆valves for petrochemical industry
石油化工用压缩机☆petrochemical compressor
石油化学☆petrochemistry；petroleum chemistry
石油化学中间产品☆petrochemical intermediate
石油化验☆crude assay
R-107(号)石油磺酸盐☆Reagent 107
石油磺酸盐溶液驱油☆petroleum sulfonate flood
石油磺酸油☆petroleum sulfonates
石油基☆petroleum base；base of petroleum
石油及天然气化探☆hydrocarbon geochemical prospecting
石油计量器{罐}☆oil meter
石油计税标价☆petroleum posted price
石油加工☆petroleum{oil} processing{refining}
石油加工化学☆chemofining
石油价格指数化☆indexing of oil price
石油焦☆oil{petroleum} coke；P.C.；PC
石油胶冻封闭☆petroleum jelly seal
石油结晶改进剂☆paraffin crystal modifier
石油紧急分配方案☆emergency allocation scheme
石油浸染☆oil {-}impregnation
石油精☆benzin
石油经纪商☆oil puncher
石油精炼工程☆petroleum refinery engineering
石油聚合物化学☆petroleum polymer chemistry
石油聚集的地壳运动理论☆diastrophic theory of oil accumulation
石油聚集的相控制条件☆facies-control of oil occurrence
石油菌☆micrococcus petrol
石油开采特许费☆oil royalty
石油开发筹资☆oil development financing
石油勘探☆petroleum prospecting{exploration}；oil exploration；explore for oil
石油可燃性组分☆inflammable constituent of petroleum
石油沥青☆asphalt(um)；petroleum asphalt；oil

S

asphalt{petroleum;pitch}; naphthabitumen; petro(-)bitumen; petroleum bitumen{pitch}; byerlyte
石油沥青玛琋脂☆asphalt(ic) mastic; mastic asphalt
石油沥青乳化剂☆emulsified petroleum asphalt
石油炼制☆petroleum{oil} refining
石油炼制厂☆petroleum refinery
石油裂解气☆oil gas
石油流动问题☆oil-flow problem
石油馏分☆petroleum fraction{cut;distillate}; oil distillate; fraction of petroleum; petroleum-fraction
石油美元☆petrodollar; petro-dollars
石油醚☆light petroleum; ligarine; ligroin(e); petroleum ether{benzine;level;spirit}; benzinum (purificatum); sherwood oil; solene; ligar(o)ine; mineral ether; L.P.
石油醚值☆sherwood number
石油免税额☆oil allowance
石油能源弹性值☆petroleum energy elasticity
石油农业☆oil{petro(leum)} agriculture
石油喷发☆blow out
石油破乳☆breaking petroleum emulsion
石油破乳控制设备☆oil demulsification control unit
石油气☆petroleum gas{vapour}; oil-gas; liquefied petroleum gas; LPG
石油气体凝缩产物☆gasol
石油气族[甲烷、乙烷等]☆gas family
石油情报局[英]☆Petroleum Information Bureau
石油圈闭☆oil{petroleum} trap; trap for oil; trapping of oil
石油燃料☆oil{petroleum} fuel; petroleum; OF
石油燃料代用品☆alternative{alternate} fuel
石油溶剂☆petroleum solvent{spirit}; white spirit; skellysolve
石油融资☆oil facilities
石油乳剂☆kerosene{petroleum} emulsion
石油软膏☆petrosapol; petrol ointment
石油软蜡☆Nujol
石油散货矿石三用船☆oil bulk ore carrier
石油砂☆tar sand
石油闪点测定器☆manus tester
石油设备与设施☆lease
石油社会☆gas-oriented
石油生产和输出国☆Oil Producing and Exporting Countries; OPEC
石油生成门限值☆threshold of oil generation
石油省[薁的异构物]☆petrocene; viridine
石油剩余地质储量☆residual oil in place; ROIP
石油食品☆petrofood
石油市场模拟☆oil market simulation; OMS
石油收入{益}税☆petroleum revenue tax; PRT
石油输出国组织☆Organization of Petroleum Exporting Countries; OPEC
石油输送☆oil delivery{transferring;transportation}; petroleum transportation; oil-transferring
石油束☆filament of oil
石油树脂☆petroleum{petro} resin; petroresins; petropols; quinton
石油酸☆petroleum acid; sherwood oil
石油碳氢化合物化学☆chemistry of petroleum hydrocarbons
石油(压力)梯度线☆oil gradient line
石油提炼业☆petroleum refining
石油天然气地质☆petroleum geology
石油通货☆petrocurrency
石油桶数☆barrels of oil; BO
石油投机企业☆oil play
石油推销人☆oil promoter
石油外汇☆petrodollars
石油威力☆petropower
石油尾气[$(C_2H_6,C_3H_8,C_4H_{10})$]☆paraffinic gases
石油污染检测☆oil pollution detection
石油物探☆petroleum geophysics
石油物探工作者☆oil geophysicist
石油烯☆petrolene
石油系合成干性油☆hydrocarbon drying oil
石油消费国☆oil consuming countries; OCC
石油信贷基金☆oil facility
石油絮凝脱水法☆flocculation oil removing method
石油学☆naphthology
(美国)石油学会☆API; (American) Petroleum Institute
石油学能量群☆petrochemical energy group; PEG
石油岩☆petrolite
石油衍生烃☆petroleum-derived hydrocarbon
石油氧化物☆petrox
石油业务活动☆oil play
石油以外的☆nonoil
石油异构化过程☆petroleum isomerization process
石油英☆ligroin(e); petroleum naphtha{ligroin}
石油有机成因说☆theory of organic origin
石油原始地质储量☆oil initially in place; oil originally in place; original oil in place; OOIP
石油运移☆oil{petroleum} migration; travel of oil; migration of oil{petroleum}; migration
石油渣油☆dead oil
石油炸药☆axite
石油蒸馏尾楼☆tail house
石油政治☆petropolitics
石油脂☆malthene; petrolatum
石油质☆malthenes
石油中的含氮碱☆petroleum nitrogen base
石油重油☆black petroleum products
石油装置☆petrochemical unit
石油资金贷款☆oil facility
石油钻井废水☆oil drilling waste
石油钻探☆boring for oil
石油钻探平台☆drillship; oil drilling platform
石油钻杆接头螺纹量规☆tool joint thread ga(u)ge
石油钻管☆drill pipe; oil drill pipe
石油钻机☆oil-well rig; oil(-field) drilling rig
石油钻机轴承☆oil-drill bearing
石油钻台☆derrick floor
石鱼[背上刺有毒,鱼肉鲜美]☆stonefish
石玉☆jadeite
石缘阶地☆stone-banked terrace
石缘琢边☆margin draft
石陨石☆stony{stone} meteorite; meteoric{air} stone; aerolite; meteorolite; aerolith; brontolith; asiderite; brontolite; stones
石陨星☆aerolite; asiderite; stony meteorite; aerolith
石錾☆moil; stone chisel; chisel for working in stone
石凿☆drove; celt[新石器时代石器]; stone chisel; cincel; puncheon
石藻☆Lithodinia; lithothamnium
石造建筑物☆stone building
石造物☆solid
石皂[呈沥青黑色或青黑色的硅酸铝矿]☆rock soap
石渣☆bottoming; broken stone; cellar connection; stone fragment; fragmental debris; rubble; ballast (aggregate); breakstone; crushed aggregate; ground rock; stone{rock} ballast; rock chunk
石针[动]☆tentaculocyst; lithostyle
石针迹☆Skolithos
石芝☆Fungiina; fungid
石枝[石灰岩洞穴中的树枝状体;$CaCO_3$]☆helictite
石枝藻(属)☆Lithothamnion; Lithothamnium
石脂☆clay
石指甲[垂盆草]☆stringy stonecrop
石制模☆stone die
石制品☆stoneware; rock product
石质☆lithical; lithic
石质的☆lithic(al); stony; petrous; lithoidal; rocky; lithogenous; calculous; petrean
石质冻原☆stone{rocky} tundra
石质华☆lithoid tufa
石质结核☆dirt inclusion
石质壳☆lithoidal cap
石质沙漠☆hamada{rock desert} [阿]; hamada stone desert; hammada
石质土☆lithosol; rock outcrop soil; stony{rocky; chisley;skeletal;lithomorphic} soil; rocky ground
石质小体☆lithosome
石质硬煤☆spire
石质元素☆stony element
石质陨石☆stony meteorite; aerolite; aerolith
石质陨铁☆aerosiderolite; stony-iron meteorite
石钟☆stone chimes
石钟乳☆stalactite
石轴珊瑚属[C_2]☆Axolithophyllum
石槠☆red bark oak [a variety of oak]
石竹[铜局示植]☆pink; Dianthus chinensis[拉]; carnation; Chinese pink; China pink
石竹科☆Caryophyllaceae
石竹目☆caryophyl; Caryophyllales; Caryophyllinae
石竹潜伏病毒☆carnation latent disease virus
石竹素☆caryophyllin; oleanolic acid
石竹苔☆vernal sedge
石竹烷☆carryophyllane; caryophyllane
石竹烯☆caryophyllene
石竹烯醇☆caryophyllenol
石竹亚纲☆Caryophyllidae
石竹皂苷 C☆dianthoside C
石柱☆hoodoo column; hoodoo{rock pillar} [地貌]; stele [pl.-lae]; stalagnate; stalacto-stalagmite[洞穴形成物]; column; peristele; pillar; menhir; stack; pedestal rock; stone pillar; pilar[美]; chimney (rock)[烟囱状]
石柱地形☆hoodoo rock
(陵墓等周围的)石柱圈[考古]☆peristalith
石柱群[史前遗迹]☆stone hange
石柱珊瑚(属)[C_1]☆Lithostrotion
石爪兽(属)[N_1]☆Moropus
石砖☆quarry rubbish
石状的☆flinty; lithomorphic
石状黏土☆leck; leek
石状渣☆stony slag
石锥☆coupdepoing; coup-de-poing
石梓☆gumhar; gmelina chinesis
石梓醇☆gmelinol
石梓属☆Gmelina
石籽{果}[化石果]☆carpolithus; carpolite
石子☆gravel; grail; arena gorda
石子路☆a graveled path; a macadam road
石镞☆bunt
石组☆systone
石钻☆churn drill
石钻头☆aiguille
石钻子[药]☆schumannian sabia root
石嘴☆spur; prong
时[地史]☆time; chron
时报☆chronicle
时变☆time variant
时变波散效应☆time-variant dispersion effect
时变校正☆time-variable correction
时变流☆time-dependent flow
时变滤波☆time variant filtering; time-variable filtering; TVF
时变式检测器☆TV-type detector
时变增益☆time varying gain; TVG
时标☆time scale{mark;base;span;reference}; mask; timing (line); hour {-}index; clock; chronometer
时表改正☆watch correction
时不变合成资料☆time-invariant synthetic
时不对称波前图版☆asymmetric wavefront chart
时步☆time step
时差☆step-out (time); time difference; moveout; equation of time; differences of local time between places belonging to different time zones; stepout; cut-in; slowness-time; offset time[补偿]
时差等效标准剖面☆moveout-equivalent canonical profile
时差叠加(法)☆beam steering
时差分析☆step-out time analysis
时差函数☆moveout function
时差校正☆stepout correction
时差相关☆slowness-time coherence
时常发生☆frequency
时超☆time lead
时程曲线[测震]☆time-travel curve
时程图☆time-distance graph
时(间延)迟☆time-delay
时窗☆time window
时窗长度☆window length
时窗道平衡☆windowed trace equalization
时大时小的油流☆surge flow
时带[地史]☆chronozone
时代☆age; epoch; eon; time; era; aeon; date; day; a period in one's life
时代变异[古]☆mutation
时代变异互界☆mutual boundary
时代测定☆time measurement; dating; date
(地质年代)时代单位[宙/代/纪/世/期/时]☆geologic(al) time unit [Eon/Era/Period/Epoch/Age/Chron]
时代地层跨度☆time-rock span
时代对比[地层的]☆time {-}correlation
时代范围☆interval scale
时代分类☆time classification
时代划分☆timepiece
时代鉴定☆age determination; age-dating

S

时单位☆time unit
时段☆time interval
时断信号☆time break
时发动机套☆engine jacket
时分多路传输技术☆time multiplex technique
时分系统☆time sharing system；TSS
时锋☆time front
时高截面☆time-height section
时候☆time
时基☆time base；time-base；TB
时基线☆base line；baseline
时机☆juncture；timing；opportunity；hour；tide；(an opportune) moment；puncture；occasion
时计☆chronometer
时记☆time mark
时价☆current{selling} price；quotation
时间☆time；chron；chronozone[地层带]；duration[持续]；chron(o)-
时间比例标度变化☆memomotion
时间变化☆time variation{variant}；TV
时间-变形关系曲线☆time-deformation curve
时间标度[分析扰动]☆airsecond
时间标记☆timer；fiducial
时间标准发生器☆time standard generator
时间表☆schedule；time table{scale}；timetable
时间采样☆time-sampling
时间测定☆chronometry；time measure{measurement}
时间差☆mistiming；time difference
时间常数☆time constant；TC
时间超前☆(time) lead
时间尺度☆time-scale
时间带☆chronozone；chronostratigraphic zone；chronthem
时间单位☆chronomere
时间的函数☆history
时间(年代)地层单位[宇/界/系/统/阶/时带]☆chronostratigraphic{chronolithologic;chronostratic;time-stratigraphic} unit[Eonothem/Erathem/ System/Series/Stage/Chronozone]
时间地层年龄☆chronostratic age
时间点☆point in time
时间对数拟合法☆logarithm of time fitting method
时间-反差指数曲线☆time-contrast-index curve
时间范畴法☆time-domain technique
时间、费用折衷值法☆method of time-cost tradeoff
时间分辨的☆time-resolved
时间分段信号☆time tick
时间分隔法☆time slot
时间分解光谱图☆time-resolve spectrum
时间分配☆time-share
时间高度截面☆time-height section
时间过去☆elapse
时间划分{分割}☆time division
时间恢复误差☆time recovery error
时间计算起点☆time zero
时间加权平均工作阻力☆time-weighted mean load density
时间间隔☆time interval{span;range}；headway；TI
时间节制器☆time regulator
时间距离原则☆time-distance basis
时间控制☆timing control
时间框架☆time-frame
时间拉伸☆time-stretching
时间老化理论☆time-hardening
时间-累积产量关系曲线☆time-cumulative relationship
时间落差☆lag
时间偏好率☆time preference rate
时间切片图☆time-slice map
时间倾角扫描叠加[震勘]☆beam steering
时间驱动☆timedrive
时间蠕动曲线☆time-creep curve
时间"上拉"☆time "pull-up"
时间深度曲线(图)☆time-depth curve{chart}
时间-水位恢复试验☆time-recovery test
时间-速度拾取对☆time-velocity pick pair
时间损失☆leeway
时间体☆chronosome
时间调制☆time modulation；TM
时间推移法☆time-lapse technique
时间维度☆time dimension
时间为界的岩石体☆time-bounded body of rock
时间-温度指数☆time-temperature index
时间先后次序☆time-series
时间线段[时距曲线的]☆intercept time
时间相关☆time {-}correlation
90°时间相(位差)☆time quadrature
时间项法☆time-term method
时间消逝☆efflux
时间性☆timeliness
时间序列☆time series{sequence}；time-series
时间延迟形变☆time-delayed deformation
时间岩石☆chronolith
时间岩石片断☆time-rock span
时间依存流体系统☆time-dependent fluid system
(使)时间一致☆synchronization
时间已到☆time-up
时间已过☆time-out
时间异常☆time anomaly
时间应力模型☆time stress model
时间与沉陷的关系☆time-subsidence relationship
时间域采样定理☆time domain sampling theorem
时间暂停☆time-out
时间增量[Δ*T*]☆delta time；increment of time；delta *T*{*t*}；time step-out{increment}；increment in time；incremental tame
时间增量指数☆time increment index
时间增益☆temporal gain
(地质)时间值☆time-value
时间滞后☆time lag
时间坐标☆time-base；time base
时间坐标拟合☆time-scale match
时角☆hour angle；HA
时接☆toggle joint
时进的☆time-transgressive；diachronous
时进事件☆diachronous event
时矩☆secule；moment
时距☆(time) span
时距表☆travel-time table
时距曲面☆reflection-time surface
时距曲线☆time curve{graph;path}；hodograph；time-distance graph{curve}；T-X curve；T-D chart
时距曲线支☆time branch
时距图☆time-distance{travel-time} graph
时距异常[地震波]☆traveltime anomaly
时刻☆time；tide
时刻线☆timing line
时空☆space time
时空分布☆space-time{spatiotemporal} distribution
时空滤波器☆space-time filter
时空特征☆spacio-temporal characteristics
时空域☆time-space domain
时控的☆timed；time-dependent
时控矿床☆time-bound (ore) deposit
时控脉冲☆time control pulse
时控岩石体☆time-bounded body of rock
时控应力张弛作用☆time-dependent stress relaxation
时令湖☆seasonal{nonperennial} lake
时令货☆weather goods
时率☆time-rate
时秒☆seconds of time
时-频避撞系统☆time-frequency collision avoidance system
时频基准☆time and frequency standards
时期☆epoch；a particular period；age；period；time；stage；day；cycle breadth
时侵☆time transgression
时区☆time zone{belt}
时圈☆hour circle
时尚玫瑰式[钻石]☆mode rose
时深失步{调}☆time-depth stepout
时深图☆time-depth graph
时深转换☆time-(to-)depth conversion
时势☆tide；time
时数☆hours；hrs
时速☆speed per hour
时速曲线☆tack-hour meter；time-velocity{speed-time} curve
时速图☆velocity-time diagram
时态☆tense
时-温指数☆time-temperature index
时误☆parachronism
时系☆time tie
时隙☆time slot
时隙内信号方式☆in-slot signalling
时现时没岛[湖中]☆intermittent island
时限☆data line；time limit；timing
(不整合)时限层☆limiting beds
时限矿床☆time-bound deposit
时线(层)☆time line
时相{|像}☆time phase{|image}
时效☆ag(e)ing；prescription；penetration rate；tempo；effectiveness for a given period of time；seasoning；ageing effect[强夯]
时效变化☆secular variation
时效变形☆season distortion
时效化☆aging；ageing
时效硬化合金☆age-hardening alloy
时兴的☆up-to-date
时序☆time{timing} sequence；chronogenesis；chronology；chronosequence
时序表☆time-scale
时序超覆☆temporal transgression
时序单位☆chronologic unit
时序分析☆time series analysis
时序控制☆sequential control
时序梯变☆chronocline
时序图☆timing diagram
时序信号☆sequence signal
时序亚种☆chronological subspecies
时续☆duration
时讯☆time signal
时岩单位☆time-rock{-stratigraphic} unit
时延☆(time) delay；TD
时延控制扫描☆time-delayed pilot sweep
时移☆time shift
时移算符☆time-displacement operator
时域☆time-domain
时针☆hour hand；(hour) hand of a clock or watch
时值☆time value
时滞☆time delay{lag}；time-lag{-delay}；skew(ing
时滞形变☆time-delayed deformation
时钟☆clock；CLK
(由)时钟带动的记录卡片☆clock-driven chart
时钟机构☆clockwork
时钟脉冲☆clock (pulse)；master{time} clock；CP
时钟日差☆rate of clock
时钟座☆Horologium；Clock
时轴☆time base
什锦锉☆needle file；broach file
什锦分类学☆omnispective classification
食变星☆eclipsing variable
食草的☆herbivorous；graminivorous
食草动物☆herbivore；vegetarian；browser；grazing{browsing;herbivorous;phytophagous} animal
食沉积物的☆sediment feeding
食虫的☆harpactophagous
食虫动物☆insectivore
食虫类{目}☆Insectivora；Insectivores
食虫性☆insectivorous
食虫植物☆insectivorous plant；carnivore
食道☆esophagus；gullet；oesophagus
食道的☆esophageal；oesophageal
(日、月)食的☆ecliptic
食底泥的☆sediment feeding
食底泥动{生}物☆bottom feeder
食地衣的☆lichenophagous
食动物的☆zoophagous
食粪的[生态]☆merdivorous
食粪动物☆coprophaga
食浮游生物的☆planktivorous
食浮游生物者☆plankton-feeder
食腐动物☆scavenger；saprozoic；saprophagous animal
食腐木的☆saprophytophagous
食沟☆food groove
食管☆esophagus；oesophagus
食管的☆esophageal；oesophageal
食海藻动物☆browser；browsing animal
食痕☆feeding mark
食迹类☆Fodinichnia
食昆虫的动物[生态]☆entomophagous
食料连锁☆feeding chain
食毛目[昆]☆mallophaga
食木的☆xylophagous；hylophagus
食泥的☆lim(n)ophagous；mud-eating
食泥动物☆limnophage；deposit feeder
食泥生物☆suprapsammon；suprapelos
食年☆eclipse year
食品安全毒理学☆toxicology of food safety

食品用石蜡☆food grade paraffin wax
食肉动物☆carnivorous{zoophagous} animal；sarcophaga；carnivore
食肉龙类[爬]☆Carnosaurus
食肉目☆carnivora
食尸(生物)的☆necrophagous
食尸动物☆necrophaga
食石的☆lithophagous
食石癖☆lithophagia
食树枝动物☆browser
食树枝叶动物☆browsing animal；browser
食双星☆eclipsing binary
食碎屑的☆detritus consuming
食碎屑动物☆detritus feeder；detritovore；detritivore
食碎屑者☆detritivore
食土的☆geophagous
食微生物的☆microphagous
食微生物者☆microbivorous
食物☆ingesta；eating；bread；aliment；food web；nutrition；nutriment；nurture；nourishment
食物的热量☆caloricity
食物链传送☆food chain transport
食物添加剂污染☆food additive agent pollution
食物中毒☆bromatoxism；alimentary toxicosis
食性☆food habit
食性分类☆trophic classification
食性类型☆feeding type
食悬浮生物的动物☆filter feeder
食悬浮物的动物☆animal；suspension-feeding
食盐☆common{table} salt；sodium chloride；halite；salt
食盐氯化焙烧焙砂☆salt roast calcine
食叶类☆phytophaga
食蚁兽(属)[N_2-Q]☆Myrmecophaga；anteater
食用或药用的胶☆gelatine；gelatin
食用价值☆edibility
食用量规☆tubular gauge
食用植物☆food plant
食鱼的☆ichthyophagous；piscivorous
食鱼鳄属[E-Q]☆Gavialis
食藻的☆algophagous
食真菌的☆fungivorous
食真菌动物☆fungivore
食植(物类)☆phytophaga
食植动物☆phytozoon；phytophage
食植物的☆phytophagous
食指☆index [pl.indexes,indices]
蚀☆eclipse
蚀暗锰辉石[$(Mn,Fe)_2Si_2O_7$(近似)]☆dyssnite
蚀疤{痕}☆pit
蚀斑☆etching{etch(ed)} pit
蚀斑分布☆etch-pit distribution
蚀边结构☆margination texture
蚀变(作用)☆alteration
蚀变白榴石[$KAlSi_2O_6$]☆metaleucite
蚀变产物☆alteration product；product of alteration
蚀变带☆alteration zone；alteration envelope
蚀变带包围{镶套}的矿体☆alteration-sheathed ore body
蚀变地面☆chemical ground
蚀变橄榄岩化☆birbiritization
蚀变花岗岩铌钽矿床☆niobium and tantalum deposit in altered granite
蚀变辉长岩{石}☆allalinite
蚀变辉石☆hectorite
蚀变辉橄岩☆josefite
蚀变剂☆etchant
蚀变假象☆pseudomorph by alteration；alteration-pseudomorph(ism)；alteration pseudomorphism
蚀变颗粒☆altered grain；metachemical particle(s)；metachem(s)
蚀变区☆altered zone
蚀变矽矿物☆alterite
蚀变英粗安岩☆trachorheite
蚀变指数☆index of alteration
蚀长石☆chlorolithine
蚀穿[炉衬]☆eating-through
蚀窗[法]☆fenster；fenêtre；fenetre
蚀窗孔隙☆fenestral porosity
蚀低(地面)☆reduction
蚀顶☆deroofing；unroofing
蚀顶背斜☆unroofed{breached} anticline；aerial arch
蚀顶的[背斜]☆bald-headed
蚀顶喷出☆extrusion by deroofing
蚀洞☆scoring
蚀方解石☆anthodite
蚀方钠水霞{钠沸}石☆spreustein
蚀方柱石☆wilsonite；terenite
蚀橄榄蛇纹石☆steatoid
蚀锆石☆calyptolite；calyptolin；erdmannite；caliptolith
蚀沟☆etched groove
蚀沟湖☆groove lake
蚀挂线石☆worthite；woerdhite
蚀硅线石☆wo(e)rthite；westanite；vestanite
蚀痕角[氟氢酸测斜仪中酸蚀面与瓶壁夹角]☆etch angle
蚀痕砾☆pitted pebble
蚀环☆etch ring
蚀黄铜矿☆barnhardtite
蚀积(构造)☆cut-and-fill
蚀积滨线☆graded shoreline
蚀积台地☆cut {-}and {-}built platform
蚀脊背斜☆scalped{unroofed;breached;scalloped} anticline
蚀剂☆etching reagent
蚀既☆second contact
蚀减作用☆decretion
蚀金红石☆micaultlite
蚀堇青石☆esmarkite；fahlunite；triclasite
蚀刻☆(acid) etching；etch
蚀刻的树脂铸模☆etched resin cast
蚀刻剂☆etchant
蚀刻平原☆etchplain
蚀刻椭圆痕☆etched ellipse
蚀刻线☆line of etch
蚀刻型☆etch-pattern
蚀刻用石蜡☆etcher's wax
蚀坑☆etch(ed){etching;corrosion} pit
蚀坑分布☆etch-pit distribution
蚀孔深度☆depth of pit
蚀块云母☆hygrophilite
蚀拉长石☆vosgite
蚀棱面☆praerosion face{plane}
蚀离体[德]☆schlieren
蚀离岩☆redwitzite
蚀砾☆etched pebble
蚀磷灰石☆talc-apatite
蚀露地形☆exhumed landscape
蚀铝直闪石☆snarumite
蚀面交错层☆planar cross-stratification
蚀木的☆xylophagous
蚀年☆eclipse year
蚀蔷薇辉石☆wittingite；dyssnite；nambulite
蚀丘☆etched hill{hillock}
蚀深☆etch(ed) depth
蚀铈磷灰石☆hydrobritholite
蚀双星☆eclipse binaries
蚀退滨线☆shoreline of retrogradation
蚀夕线石☆worthite；waerthite
(金属表面)蚀洗用涂料☆wash primer
蚀霞石块云母☆liebnerite；liebenerite
蚀霰石☆anthodite
蚀限☆ecliptic limit
蚀象☆etching{etch(ed)} figure
(熔)蚀形☆corrosion form
蚀形晶☆brotocrystal
蚀雪风☆snow-eater
蚀阳起石棉☆xylite
蚀阴沟硫杆菌☆concretivorus；thiobacillus (concrefivorus)
蚀余☆relict
蚀余沉积☆lag
蚀余岛☆nearly consumed island
蚀余灰岩块体☆monumental mass
蚀余山☆remainder mountain；residual outcrop；mountain of circumdenudation；outlier
蚀余岩片☆rock pendant
蚀原作用☆peneplanation；plain denudation
蚀源区☆provenance
蚀缘晶体☆corroded crystal
炻器☆semi-porcelain
实比熔融☆modal melting
实壁苔藓虫属[D]☆Stereotoechus
实变函数☆real variable function
实部☆resistive{energy} component；real part
实部算子☆real-part operator
实测☆actual measurement
实测标☆half-mark
实测储量☆observed reserves
实测船位☆fix position
实测底质☆sounded ground
实测点☆eyeball
实测井口数据☆observed wellhead data
实测年龄☆experimental age
实测数据的半对数坐标曲线图☆semilog data plot
实测误差☆observational error
实测原图☆plane-table{field} map
实长☆true length
实齿☆pleodont tooth
实尺模型☆full-scale model
实的☆faithful
实底沟☆puddled ditch
实底耙斗☆solid-bottom scraper
实地测量(容量)☆place measurement
实地观察☆autopsy
实地计数☆physical count
实地检查☆site inspection
实地运行实验☆field running test
实地址☆real address
实顶枝[植]☆fertile telome
实度☆solidity
实盾虫属[三叶;$Є_3$]☆Plethopeltis
实多面体☆stereohedron
实方☆bank measure{yards}；solid yardage
实沸点☆true boiling-point
实分量☆in-phase{real} component
实分析[数]☆real analysis
实高☆innage
实根☆real root
实功☆work of resistance
实函数☆real function
实积比☆solidity ratio
实际☆reality；practice
实际剥离速度☆actual stripping rate
实际玻璃组成☆actual glass composition
实际材料☆factual material
实际材料图☆field{data} map；primitive data map
实际操作应力☆actual working stress
实际产量☆actual output{yield}；practical yield
实际产率☆practical yield
实际持续出水{开采}量☆practical sustained yield
实际尺寸☆natural{physical;nat.;actual} size
实际尺寸的砾石充填模型☆full-scale gravel packing model
实际大小☆full size
实际的☆substantial；pragmatic；literal；actual；active；physical
实际地址☆absolute{actual;physical} address
实际吨数☆deadweight tons；DWT
实际费用☆out-of-pocket cost
实际丰度☆true abundance
(钻头)实际割取面☆actual penetrating face
实际荷重法☆practical loading method
实际加工应力☆actual working stress
实际降深☆true drawdown
实际井☆real well
实际井况☆realistic well condition
实际井深☆true depth；TD
实际矿物[C.I.P.W.]☆mode
实际矿物成分的☆modal
实际利润☆historical profit
实际利息计算法☆interest method
实际曲线☆data curve
实际上☆materially；substantially；virtually
实际深度☆observed depth
实际生态多维空间(网)☆realized ecological hyperspace；biospace
实际石油损耗☆real oil losses
实际使用☆in-service use
实际使用齿面☆active flank
实际输量☆actual throughput{delivery}
实际速度☆actual{field} velocity；AV
实际位置☆true position；TP
实际温度☆effective temperature；ET
实际误差☆actual error；TF；true fault
实际相对滑动☆actual relative movement
实际性☆practicality
实际野外数据{资料}☆actual field data
实际重量☆actual weight；A/W；aw

S

实际状况{态}☆actual state
实际钻孔时间及其钻进深度[美]☆making hole
实价☆net price{cost}；intrinsic value
实践☆practice；practise；praxis [pl.praxes]
实践性☆practicality
实焦点☆real focus
实角☆solid horn
实角装药☆tight corner charge
实缴资本☆contributed capital
实孔径雷达☆real aperture radar
实况☆scene
实况检查☆truth check
实肋板☆solid floor
实利的☆utilitarian
实例☆illustration；(living) example；practicality；case history；sample；ex；Ex.
实力☆strength；efficiency
实煤中的平巷[房柱法]☆stoop roadway
实木垛☆solid wooden chock；packed nog
实囊幼虫☆planulae
实胚☆parenchymula
实情☆fact；case
实情调查☆factual survey
实球藻(属)[绿藻;Q]☆Pandorina
实热力学效应☆real thermodynamic effect
实施☆go to operation；dispense；conduct；bring into operation；put in；deployment；practise
实施准则☆performance criteria
实时☆real{actual} time；real-time
实时超声波机械杂质监测仪☆real time ultrasonic particle monitor
实时固井数据☆real-time cementing data
实时计算控制☆real-time computing control；RTCC
实时监督☆real-tune oversight
实时控制监视器☆real time control monitor
实时时钟☆real {-}time clock；RTC
实时系统{|显示}☆real-time system{|display}
实时现场控制能力☆real time on-site control capability
实时遥测数据系统☆real-time telemetry data system
实时遥控测井系统☆real-time remote logging system
实时钻井决策☆real-time drilling decision
实收率☆extraction yield
实数☆real (number;quantity)；actual number；actual amount
实数乘☆real multiply；RM
实数加☆real add；RA
实数减☆real subtract；RS
实数平面☆number plane
实体☆entity；stereo；existence；solid (mass-)；materiality；substance；noumenal；parenchyma[动]
实体方☆bank measure
实体骨针[绵]☆parenchymalium [pl.-ia]
实体化石☆body fossil
实体率[与孔隙率相反]☆apparent solid density
实体煤层里的巷道☆solid road
实体密度☆in-place density
实体模型☆solid model；full scale model；mockup；full-scale mock-up
实体视像{视觉;影像;映像}☆stereopsis
实体体积[按立方码计]☆solid yardage
实体支撑性建筑☆underpinning
实头固定螺钉☆hollow-head set-screw
实物☆practicality；entity；substance；hardware；life
实物保护☆physical protection
实物测定{量}☆actual measurement
实物大小☆natural scale；full size；life-size；full scale
实物工资☆truck；natural wages；wages in kind；tommy
实物量☆volume terms
实物石油☆physical oil；wet barrel
实物试验☆full-scale test
实物投入☆input in kind
实物投资☆tangibles
实习☆practise；practice
实习生☆improver；apprentice
(真)实系统☆real system
实现☆implementation；implement；fulfil(l)ment；put through；realization；materialization；fruition；execution
实线☆full line{curve}；solid line{wire}；block curve
实线线路☆physical circuit
实像{|象}☆real image
实小羽片[植]☆fertile pinnule
实效☆efficiency
实效部分☆energy component
实心棒龙骨☆solid bar keel
实心的☆solid；stereo-
实心地☆solidly
实心堵头☆solid plug
实心垛架☆bulkhead
实心方石阶步☆square step
实心钢钎☆solid (drill) steel；steel solid bit
实心流束喷嘴☆solid-stream nozzle
实心轮胎☆band{tubeless;solid} tyre
实心铆钉☆blind rivet
实心木垛☆butt；clog pack；chock；solid chock{crib}；solid wooden chock
实心漂浮检波器电缆☆solid floatation hydrophone cable
实心钻头凿岩☆solid drilling
实信号表示法☆real signal representation
实星骨针☆sterraster
实形参量☆real shape parameter
实行☆float；exercise；accomplish；effect；wage；practise；pursuit；perform(ance)；fulfilment；put in；institute；realization；execution；pursuance
实行者☆executant；consummator
实牙组[蛇类]☆aglypha
实验☆experiment；experimentation；test；practice；essay；proof；demonstration；laboratory experiments；tentative；ex；Ex.；expt.；exp
实验爆破☆practical shot
实验产生的构造☆experimentally produced tectonics
实验的☆experimental；empiric(al)
实验的往返{换向}☆reversal of experiments
实验分析☆experimental analysis
实验工厂☆mini-plant；trial plant
实验估计☆empirical estimation
实验规模的☆bench-scale
实验平衡场☆experimental balance plot
实验任务☆experimental duties；EC
实验室☆(experimental) laboratory；(X) lab
实验室标准筛网图☆laboratory sieve mesh
实验室初期试验阶段☆initial laboratory phase
实验室间偏差☆interlaboratory discrepancy
实验室砂层模型☆laboratory pack
实验室吸滤机{法}☆laboratory suction filter
实验室型碎煤机☆lab{laboratory} coal crusher
实验室研钵研磨机☆laboratory mortar grinder
实验室岩芯试验☆lab core test
实验室用标尺☆laboratory scale
实验室转子磨☆laboratory rotor mill
实验台☆experimental table；desk；bench
实验型磨矿机☆laboratory mill
实验性厂☆pilot mill
实验仪器☆experimental apparatus
实验者☆experimenter
实验证据{明}☆experimental evidence
实验钻头☆prototype bit
实业家☆industrialist
实用☆utility；practical；pragmatic；functiona
实用分析☆proximate analysis
实用负{载}荷☆service load
实用公式☆field formula
实用配方☆commercial{practical} formulation
实用时间地层学☆practical time-stratigraphy
实用水☆applied water
实用物☆practicability
实用性☆practicality
实用原则☆functional principle
实用制单位☆practical system of units
实用主义☆pragmatism
实用作业☆practice
实有量☆net amount
实有限应变线理☆real finite-strain lineation
实羽片[植]☆fertile pinna
实在☆noumenon [pl.-na]
实在的☆substantive；sb.
实在价位☆real value
实在气体☆imperfect gas
实证古生物学☆actuopaleontology
实证论☆positivism
实值☆actual value
实指数☆real exponent
实质☆substance；hyle；implication；body；inward；essence；parenchyma
实质导数☆substantial{material} derivative
实质的☆substantive；subst.
实质化☆substantiation
实质均一论☆substantive uniformitarianism
实质论☆essentialism
实质上☆essentially；virtual
实质物体☆tangible mass
实质性☆essentiality；materiality
实质坐标☆material coordinates
实(际)重(量)☆actual weight；AW
实轴☆axis of reals；real axis
实椎型☆stereospondylous vertebra
实椎亚目☆Stereospondyli
实组分☆real component
识辨率☆discrimination
识别☆identify；diagnose；identification；discern；distinguish；diagnosis [pl.-ses]；spot；diagnostics；recognition；test；spotting；recognize
识别标记☆flag；identification mark
识别符号☆distinguished symbol
识别力☆discrimination；discernment
识别能力☆diagnostic{recognition} capability
识别器☆identifier；recognizer
识别特征信息☆identifying signature
识别信号☆call{identification} signal
识别信息☆identifying information
识别载波☆discriminatory
识图☆map reading
识阈☆limen

shǐ

豕齿兽(属)[E_2]☆Hyopsodus
史册☆annals
史丹特灰[石]☆Stanstead Grey
史蒂帕诺石☆stepanovite
史碲银矿☆stutzite；stuetzite
史莱风☆Schlernwind
史例☆case history
史密德{特}……☆See“施密特……”
史密斯反射器☆Smith reflector
史密斯海[月]☆Mare Smythii
史密斯阶[T_1]☆Smithian
史奈德火山分类☆Schneider's classification of volcanoes
史硼钠石[$Na(B_5O_6(OH)_4)\cdot 3H_2O$]☆sborgite
史前☆prehistory
史前气候☆palaeoclimate
史前潜河☆big ditch
史前三时代分类系统[石器、铜器、铁器时代]☆three- age system
史前石器☆ceraunite
史前石塔☆pinnacle；torreon
史前世界☆prehistoric world
史前峡谷☆big ditch
史实☆scene
史氏沉(降)速(度定)律☆Stoke's law of settling velocity
史氏定律☆Stoke's law
史塔夫(蜓属)[孔虫;C_2-P]☆Staffella
史太尔{斯特利}造山运动[N_1]☆Steirian orogeny
史腾堡{斯腾伯格}定律☆Sternberg's law
史提维图☆Stüve diagram
史托克……☆see“斯托克……”
史瓦济兰系☆Swaziland system
史瓦西半径☆Schwarzschild radius
史威登堡果属[植;T_3-J_1]☆Swedenborgia
矢☆arrow；sagitta
矢部虫属[三叶;C_2]☆Yabeia
矢部龙(属)[J_3]☆Yabeinosaurus
矢部蜓(属)☆Yabeina
矢车菊属[Q]☆Centaurea
矢虫☆sagitta
矢的☆vectorial
矢端曲线☆hodograph
矢耳石[鱼]☆sagitta
矢高☆crown；spring of an arch；bulge
矢(量)和☆vector sum
矢积☆cross{outer} product
矢径☆radius (of) vector
矢量☆complexor；vector (quantity)
矢量操作子系统☆vector operating subsystem
矢量差☆vectorial difference
矢量磁力仪☆vector magnetometer

S

矢量分解☆resolution of vectors
矢量分析☆vector analysis
矢量功率图☆geometric power diagram
矢量化☆vectorization
矢量计☆vectorimeter
矢量可选曲线☆vector washability curve
矢量图☆vectogram；vector diagram{plot;map}；polar plot；vectograph
矢量仪☆vectorscope device
矢量原点☆origin of vector
矢切面☆sagittal section
矢舌型☆toxoglossate type
矢石☆arrows and stones in ancient warfare；bullets and bombs in modern warfare
矢势☆vector potential
矢通量☆flux of vector
矢线图☆arrow diagram
矢星座☆sagitta
矢型三射骨针[绵]☆sagittal triact
矢牙形石属[O]☆Acontiodus
矢状缝(合线)☆sagittal suture
使安全☆secure；ensure
使凹☆dinge
使饱和☆satisfy
使爆炸☆fulminate；detonate
使跛☆lame
使不纯的☆adulterant
使不合法☆prescribe
使……不合格☆disqualification
使不均衡☆disproportion
使不可能☆preclude
使不可能适合的适合☆quantifying the unquantifiable
使不平☆discontent
使不同☆diversification
使不透明☆devitrify
使缠结☆tangle
使车脱轨的方木[矿车脱钩]☆nubber；nub
使沉没☆founder
使成冰☆ice
使成大量{块}☆bulk
使成五倍☆quintuplicate
使成乙基☆ethylize
使重新流动☆remobilization
使稠☆stiffen
使船急转☆heave a ship about
使(变)脆☆embrittlement
使得☆fetch；render；make
使动作☆actuate；ACT
使堵塞☆foul
使对等☆even
使A分解{归结;转化}为B☆resolve A into B
使分裂☆fragment；disrupt；disintegrate
使干涸☆exsiccate
使干枯☆sear
使固定☆fix；nail
使坚固☆brace；stabilise
使坚强☆steel
使坚硬☆rigidify
使尖锐☆acuminate
使交错{织}☆interlace
使节☆ambassador
使劲关☆slam
使劲拉☆lugging
使井投产☆placing on production
使聚集☆aggregate
使卷曲☆frizz；friz；crimple；curl
使均衡☆counterbalance；level
使矿车保持平衡的底座[急倾斜提升]☆ducky
使连锁☆interlock
(用楔形部件)使连接☆feather
使裂开☆craze
使锰氧化的细菌☆manganese-oxidizing bacteria
使命☆mission
使磨损☆frazzle
使黏土稳定聚合物☆clay stabilizing polymer
使凝结☆clot
使膨胀☆bulge
使(变)平☆adequation；flat；level up；dropoff
使平衡☆counterpoise；balance；counterbalance；counterweight；equilibrate；equipoise
使平滑☆smooth (off)
使倾斜☆decline；heel
使曲线平滑☆dropoff
使去水☆dehydrate
使柔和☆soften
使(变)弱☆soften
使闪光☆flash
使上提管子处于受拉状态☆take a strain on pipe
使生锈☆tarnish；rust
使(变)湿☆water；dampen
使通晓☆acquaint
使痛苦☆torture
使团☆mission
使脱水☆dehydrate
使弯曲☆incurve；flex；swerve；quirk；deflect；cast；buckle；torture；scrunch；crunch
使稳定☆ballast；stabilise；stabilize
使……无法混合☆unmix
使无效☆negate；dissolve；null and void；void
使相称☆match；equipoise
使向内弯曲☆incurve
使摇摆☆swing
使液化☆liquify；liquefy
使一口联合驱动抽油井停采[口,原意为把抽油杆挂起不动]☆hang a well off
使(变)硬☆stiffen
使用☆deployment；employ；service；play；make use of；usage；utilization；wear；manipulate；handling；requisition；commission；use
使用不便的☆awkward
使用的可靠性☆serviceability
使用电力☆electrification；electrization
使用毒气☆gas
使用范围☆usable range
使用方案☆operational version
使用方法☆method of application
使用方式☆use-pattern；usage mode
使用费☆tariff；working costs；operating cost
使用工具事故☆hand-tool accident
使用过度☆overuse
使用荷载☆imposed load
使用价值☆use value
使用交流电的矿山☆A-C powered mine
使用棱角☆corner
使用率☆occupating coefficient；rate of utilization
使用能力☆serviceability；habilitate
使用年限☆working life；duration of service
使用期☆under-stream period
使用期间☆on period
使用期限☆(service) life；lifetime；campaign；life length；serviceable{working} life；term of life {service}；age；live time
使用期限的特性曲线☆life curve
使用铅版☆stereotype
使用权☆disposal；royalties
使用上的局限☆operating limitation
使用申请☆request for utilization
使用时限☆pot life
使用手册☆instruction manual
使用寿命☆serviceable{operating} life；service life [of machines,etc.]；life length{cycle}；service limit；length {-}of {-}life；lifetime
使用说明☆direction for use
使用说明(书)☆operation instruction；user's manual；operating instruction manual
使用系数☆coefficient of performance{use}；service factor；C.O.P.
使用效率☆running{service} efficiency
使用斜面☆ramp
(可)使用性☆workability
使用性能☆operating{service} performance；usability
使用性能范围☆serviceability limitation
使用用户仪器进行的测井服务☆customer instrument service；CIS
使用预制混凝土楔形块的巷道砌壁☆hercularc lining
使用载荷☆proof load
使用者☆user；employer
使用蒸汽铲的露天矿☆steam shovel mine
使用支架的煤房☆supported openings
使用直流电的矿山☆D-C powered mine
使用中破坏☆service failure
使用周期☆life cycle
使由玻璃态变为结晶态☆devitrify
使有斑点☆speck；fleck
使有必要☆warrant
使有纪律☆discipline
使有棱(角)☆corner
使有坡度☆battering
使有纹理☆vein
使……有污点☆splodge；splotch
使愉快☆liven
使在脉络[纹理]☆vein
使真空☆deair
使质量变坏的物质☆aggressive substance
使综合☆integrate
使醉☆mull
屎粒化石☆casting；fecal pellets
始白垩层☆Eocretaceous
始爆器☆primer
始倍蛛(属)[节;E_3]☆Eodiplurina
始变质作用☆eometamorphism
始冰期☆anaglacial
始部☆proximal end
始岔线海扇属[双壳;P]☆Eocamptonectes
始成土☆inceptisol；cambisol
始成岩期的☆eogenetic
始翅属[昆;D_3]☆Eopterum
始锄牙形石属[O_{2-3}]☆Eoligonodina
始带齿兽(属)[T_3]☆Eozostrodon
始德姆贝属[腕;O_{1-2}]☆Eodalntanella
始等称虫☆Eoisotelus
始笛苔藓虫属[D_3]☆Eofistulotrypa
始地台☆eoplatform
始点☆initial point；point of origin
(磁带)始点☆beginning of tape[磁带]
始动点☆incipient point
始端☆initial end；apex
始端[珊]☆proximal end
始端节点☆start node
始端效应☆front-end{entrance} effect
始盾牙形石属[O_2]☆Eoplacognathus
始多足亚纲☆Archipolypoda
始颚龙☆Procompsog nathus
始颚牙形石属[D_1]☆Eognathodus
始鳄类☆eosuchians
始鳄目☆Eosuchia
始发性熔融☆primordial melting
始法拉牙形石属[O_2]☆Eofalodus
始纺锤䗴属[孔虫;C_2]☆Eofusulina
始费伯克䗴属[孔虫;P_1]☆Eoverbeekina; Eoverbeerina
始分喙石燕(属)[腕;C_1]☆Eochoristites
始弗莱契珊瑚(亚)科☆Eofletcheriinae
始弗氏虫☆Eoverbeerina
始负鼠(属)[K]☆Eodelphis
始沟牙形石属[C]☆Eotaphrus
始古生代☆Eopaleozoic
始冠毛虫属[孔虫;P_2]☆Eocristellaria
始龟亚目☆Eunotosauria
始海百合纲[棘]☆Eocrinoidea
始海林檎(属)[棘]☆Eocystides
始海牛属[E_2]☆Eotheroides
始海星介属[N-Q]☆Propontocypris
始寒武纪☆Eocambrian (period); Infracambrian (period)
始寒武系☆infracambrian；Eocambrian (system)
始航☆departure
始航港☆port of embarkation；PE
始猴☆Eochiromys
始极槽☆starting sheet cell
始加斯佩蕨属[D_1]☆Eogaspesiea
始箭菊石属[头;D_3]☆Eobeloceras
始箭筒古杯☆protopharetra
始剑虎属[E_{2-3}]☆Eusmilus
始铰纲☆Eoarticulate；Eoarticulata
始角孔藻属[P_2]☆Eogoniolina
始结岩☆protectite
始鲸属[E_2]☆Eocetus
始巨犀属[E_2]☆Juxia
始巨猪(属)[E_2]☆Eoentelodon
始雷兽(属)[S_2]☆Eotitanops
始丽蚌属[双壳;J_2-Q]☆Eolamprotula
始丽花介属[J_2]☆Eocytheridea
始'莲座{观音座莲}蕨属[古植;C_{2-3}]☆Eoangiopteris
始鳞木属[古植;C_1]☆Eolepidodendron
始羚属[N_1]☆Eotragus
始轮藻(属)[D_2]☆Eochara
始马☆Eohippus；Hyracotherium
始马来鳄属[K]☆Eotomistoma
始毛盘石属[孔虫;C-P_1]☆Eolasiodiscus
始密獾属[N_2]☆Eomelivora

S

始南兽属[E_2]☆Thomashuxleya
始囊粉属[K_1]☆Parvisaccites
始内沟珊瑚(属)[O_2]☆Protozaphrentis
始鲵类[C_3-P]☆Archegosaurus
始拟纺锤䗴属[孔虫;C_3]☆Eoparafusulina
始黏蚊属[昆;E_1]☆Eosciophila
始啮亚目[哺]☆Protrogomorpha
始凝(水泥浆)☆jelling
始凝点☆initial set; cloud point
始喷点[气举采油]☆point of no flow
始贫齿兽属[哺]☆Metacheiromys
始切口螺属[O-S]☆Eotomaria
始倾角☆primary dip
始乳齿象☆phiomia; Phoimia
始蛇尾目☆Stenurida
始生代☆Eozoic (era); Archaean{Archaeozoic} era
始生的☆primordial
始生方解石☆eospar
始生界☆Eozoic (group); Archaean{Archaeozoic} group; Prozoic
始生类☆Protoctista
始生物[55.8～33.9Ma]☆protozoan; eozoan; eozoon
始生系[相当于前寒武系]☆Primordial
始石器☆eolith; eolite
始石燕(属)[腕;S-D_2]☆Eospirifer
始史塔夫䗴属[孔虫;C_2]☆Eostaffella
始兽亚纲☆Eotheria
始舒伯特䗴属[孔虫;C_2-P_1]☆Eoschubertella; Eoschxberlella
始舒氏虫☆Eoschubertella
始胎管☆prosicula
始太古界☆Eoarchean
始猫(属)[E_3]☆Perchoerus
始驼属[E_2]☆Protylopus
始蛙目☆Eoanura
始网笔石属[S_3]☆Pal(a)eodictyola
始网格贝属[腕;D]☆Eoreticularia
始温☆initial temperature
始豨属☆Eoentelodon
始麟鹿属[N_1]☆Palaeomeryx
始先界☆Protista
始先类☆acritarch; Protista
始先生物界☆the kingdom portista
始仙人掌属[E]☆Eopuntia
始小滴虫属[孔虫;J-K_1]☆Eoguttulina
始新世[5.30～3.65Ma]☆Eocene (epoch;era); E_2; Changsintien age
始新统☆Eocene (series); eocene; E_2
始心蛤(属)[双壳;T_3-K]☆Protocardia
始形☆primitive form
始亚洲菊石属☆Eoasianites
始疣虫属[孔虫;D_2-C]☆Eotuberitina
始宇宙丰度☆primordial cosmic abundance
始元古代☆Pal(a)eoproterozoic (era)
始螈(属)☆Eogyrinus
始造山幕☆eoorogenic phase
始造山期的☆primorogenic
始造斜位置☆kick off
始造斜钻具总成☆kick-off assembly
始站[美]☆from-tank farm; from-depot
始折嘴贝属[腕;D_3]☆Eoparaphorhynchus
始褶齿贝属[腕;S_1]☆Eoplectodonta
始褶螺属[C]☆Eoptychia
始正形贝(属)[腕;$Є_3$-O_1]☆Eoorthis
始肢[55.8～33.9 Ma]☆protopod(ite); sympod
始植代☆Eophytic
始值☆initial value
始中齿蛤属[双壳;J-K]☆Eomiodon
始终如一的☆consistent
始柱角鹿属[N_2-Q]☆Eostyloceros
始爪兽(属)[E_2]☆Eomoropus
始籽羊齿属[古植;D_3]☆Eospermatopteris
始足目[介]☆Archaeocopida
始祖☆father
始祖马(属)☆Eohippus
始祖摸☆Homogalax
始祖鸟(属)☆Archaeopteryx
始祖象(属)[E_{2-3}]☆Moeritherium
驶程☆travel range
驶近速度☆approach speed
驶离☆pilot off
驶流☆steering current
驶入泊地时的航道☆approach channel
驶入式作业机☆drive-in rig
驶线☆steering line
驶引☆steering

shì

式☆formula; type; expression
KK 式浮选机☆K and K flotation cell
A 式俯冲盆地☆A-subduction basin
R{|S}式构造岩☆R{|S}-tectonite
V 式节制坝☆V-type check dam
(化学)式量☆formula weight
X 式双晶☆X-shaped twin
Y 式水准仪☆Y{Wye} level
(加拿大)式掏槽☆(Canadian) cut
式、型和系列☆type, model and series; TMS
式样☆form; type; style; fashion; pattern; model; way; look
式样翻新☆retrofit
示波法☆oscillographic method
示波管☆oscilloscope (tube); oscillatron
示波器☆klydonography; oscilloscope; electrograph; scope; oscillograph; oscillometer; ondoscope
示波图☆oscillogram; wave
示波仪☆recording camera; oscillograph; oscilloscope
示差分析☆differential analysis
示差倾斜压力计☆slanting leg
示差热图☆thermogram
示顶底的[岩]☆geopetal
示顶底性☆geopetality
示范☆exemplification; demonstration; demonstrate
示范性电站☆demonstration plant; demonstration electric power plant
示功器☆indicator; ergograph(y)
示功图☆indicator card{diagram}; ergogram; load position diagram[抽油井]; dynamometer diagram {card}; dynagraph card
示构分析☆rational analysis
示号器☆numerator
示候化石☆climate-indicating fossil
示教图☆working diagram
示例☆paradigm
示流器☆current indicator
示频器☆frequency indicator
示坡线图☆hatching
示强变数☆intensive variable
示深生物☆bio-sounder
示时记录纸☆clock chart
示数的☆numeral
示数管☆inditron
示数盘☆dial
示数器☆numeroscope
示数仪表☆cyclometer
示水旋塞☆gage cock
示水植物☆water-indicating plant
示位器☆position indicator
示温漆☆thermopaint; thermoindicator paint; tempilac
示温涂层☆temperature indicating coating
示温涂料☆thermopaint; thermocolo(u)r
示误三角形☆triangle of error
示相动物群☆facies fauna
示向器☆direction(al) indicator
示性分析☆rational analysis
示性辐射☆characteristic radiation
示性剖面☆character profile
示序构造☆geopetal structure
示意☆hint; breath
示意剖面☆diagrammatic{schematic} section
示意曲线☆profile
示意图☆diagrammatic map{sketch;drawing}; sketch map{plan}; (general) sketch; cartogram; (schematic; drawing;view;layout) diagram; chart; (tentative) scheme; representative{synoptic} diagram; rough drawing {draft}; pictorial sketch
示振计☆tromometer
示振器☆vibrograph; vibration meter{measure}; vibrometer
示值范围☆scale range
示值精度☆indicating accuracy
示值偏差☆deviation of reading
示重计☆weight indicator
示踪☆tracing; trace; track; label(l)ing; tr.; tr
示踪玻璃☆tracer glass
示踪测井☆tracer log; survey; trace; tracerlog
示踪测井剖面☆tracerlog profile
示踪分离{划分}法☆partitioning tracer method
示踪分子☆labelled{tagged} molecule
示踪伽马射线测井(下井)仪☆tracer gamma ray tool
示踪剂定(深度)☆tracer location
示踪剂流出量曲线☆tracer production curve
示踪剂流动动态☆tracer flow behavior
示踪剂浓度峰值☆peak tracer concentration
示踪剂损耗法☆tracer loss method
示踪剂探测法☆tracer method
示踪剂淘析曲线☆tracer elution curve
示踪剂停留时间☆tracer residence time
示踪剂洗脱曲线☆tracer elution curve
示踪剂相对分布☆relative tracer distribution
示踪剂液(流段)☆tracer slug
示踪剂注入井{器}☆tracer injector
示踪接头☆tag sub
示踪卵石☆tagged pebble
示踪气体☆gas tracer; tracer gas
示踪气体法☆tracer gas
示踪式流量计☆tracer flowmeter
示踪突入曲线☆breakthrough curve
示踪物相对分布☆relative tracer distribution
示踪物质☆trace substance; code material
示踪原子☆tagged{tracer;labelled;tracing} atom; (isotopic) tracer
示踪装置☆tracking device
拭接(铅管的接头)☆wipe
拭砂毫[昆]☆ammochaetae
螯刺[生]☆sting
螯肢☆chelicera
誓言☆swear
誓约☆pledge
势☆potential; potence; energy; power; force; strength; tendency; influence; momentum; situation; outward appearance; state of affairs; circumstances; sign; gesture; male genitals; potency; force potential[力]
势必☆tend to
势差☆potential difference{differential}; difference of potential; P.ds.; DP
势差现象☆potentiation
势常数{|函数|场}☆potential constant{|function|field}
势断层☆potential fault
势剪切面☆potential shearing plane
势降☆potential drop
势阱☆potential trough{well}
势垒☆potential barrier{hill}; barrier
势力☆might
势力法穿孔钻机☆fusion-piercing method drill
势力范围☆orbit; perisphere
势流☆potential flow; potential motion of a fluid
势论{|模型}☆potential theory{|model}
(电)势面☆potential surface
势能☆potential (energy); energy of position
势能量小(值)☆potential energy minimum
势曲线☆power curve
势态☆status
势梯度☆potential gradient
势头☆potential{position} head; impetus; tendency; momentum; the look of things
势位干扰☆potential disturbance; disturbing potential
势位密度☆potential density
势温面☆potential temperature surface
(电离)势值☆potential value
世☆epoch; aeon; eon; period; generation; from generation to generation; form of address among people who maintain good family relations; lifetime; life; age; era; time; world; society
世代☆generation; seculum [pl.-la]; years; ages; for generations; generation after generation; from generation to generation
世代交替☆alternation of generations; heterogony; allelogenesis; metagenesis; digenesis; turnover
世纪☆century; cent.; Cent; age
世纪性变化☆secular change{variation}
世界☆world; universe; cosmo-
世界标准地震仪(台站)网☆World-Wide Network of Standard Seismograph (Stations); WWNSS
世界测候网☆réseau [pl.-x]
世界测候录☆réseau mondial
世界大地测量(坐标)系统☆World Geodetic System
世界大洋水深总图☆general bathymetric chart of

S

the oceans; GEBCO
世界岛中心地[亚非欧中心]☆heartland
世界的☆global; internat; international
世界地质图委员会☆Commission for the Geological Map of the World; CGMW
世界典型地质区☆world point
(在)世界范围内☆worldwide
世界分布☆world distribution
世界国际地图☆International Map of the World
世界海洋组织☆World Oceanic Organization; WOO
世界航路☆ocean passages for the world
世界环境和资源委员会☆World Environment and Resources Council; WERC
世界气象组织☆World Meteorological Organization
世界热带[泛热带的]☆pantropic
世界人口上升☆the rise of world population
世界上的宜居区[有人居住的部分]☆ecumeme
世界时☆universal{zebra} time; Greenwich mean time; Greenwich civil time; GMT; UT
世界天气监视网☆World Weather Watch; WWW
世界性的☆cosmopolitan
世界性海面升降☆eustatism
世界应力图计划☆world stress map project
世界资料中心☆World Data Centers
世人☆world
世俗的☆secular
世外的☆superterrestrial; superterrene
世系☆ancestry; lineage; pedigree; genealogy
世系带☆lineage-zone; morphogenetic zone
柿☆diospyros; persimmon
柿石☆diospyrobezoar; persimmon bezoar
柿属[植;K_2-Q]☆Diospyros
事☆affair
事(务)☆business
事变☆emerg; emergency
事故☆emergency; accident; disaster; breakdown; trouble; hazard; casualty; collapse; distress; failure; mishap; mistake; wreck; incident; damage; emerg; fault; emg.
事故(处理)☆emergence milling out
事故保险☆accident insurance; accessory risk
事故保障(装置)☆fail-safe
事故备用灯☆emergency lamp
事故次数☆adversity number
事故阀☆guard valve
事故防治的原则☆principle of accident prevention and control
事故分析☆accident analysis
事故概率☆accident-liability
事故关闭设备☆emergency closure
事故管理☆risk management
事故回煤给料机☆emergency reclaim feeder
事故检修☆break down maintenance
事故井☆failure well
事故警告发报{|光}信号☆accident warning audible{|flash} signal
事故井喷☆spontaneous{uncontrolled} blowout
事故井喷井☆uncontrolled blowout well
事故开关☆breakdown switch
事故孔☆rogue bore
事故率☆accident frequency{rate}; possibility of trouble
事故模式和影响分析☆failure mode and effect analysis
事故跳闸☆trip out of service
事故停车☆emergency{accident} shutdown; ESD
事故停机☆force{emergency;breakdown} outage; emergency{accidental} shutdown
事故停机率☆forced outage rate
事故维修☆emergency{accidental} maintenance; EM
事故位置测定☆location of malfunction
事故信号☆emergency{accident} signal; warning; fault signalling
事故性停歇{停工;停产}时间☆outage time
事故性溢漏☆accidental spill
事故易发性☆accident liability
事故与安全☆accident and safety
事故预防☆accident prevention; foolproof
事故原因☆culprit; accident cause; cause of trouble
事故造成的经济损失☆accident costs
事故状态☆state of distress
事故自动刹车装置[电车]☆deadman device
事后的☆a posteriori; post-mortem
事后的聪明{觉悟}☆hindsight
事后分析☆post analysis
事后概率☆posteriority probability
事后剖析☆post-mortem; postmortem
事后适应☆postadaptation
事后信息☆after-the-fact information
事迹☆deed; feat
事件☆incident; fact; scene; occurrence; affair; development; event; circumstance; matter
事件标记组☆event flag cluster
事件的高潮☆climax
事件的经过{过程}☆sequence of events
事件概率☆probability of occurrence
事件链☆chain of events
事件性绝灭☆event-extinction
事件最早时间☆early event time
事例☆case
事前分布{|估计}☆a priori distribution{|estimate}
事前指定的阈值☆preassigned threshold value
事情☆thing; affair
事情的某一侧{方}面☆facet
事情将怎样变化☆how things will change
事实☆verity; circumstance; truth; fact; case
事实上☆deep down; ipso facto; actually; practically
事态☆affair
事物☆object; thing
事务☆transaction; service; affairs
事务所☆office; off.
事务员☆clerical staff
事先☆beforehand
事先试验☆pretest
(有关)事项☆circumstance
事业☆undertaking; thing; cause
事业部制☆divisionalization
事业心☆enterprise
是非决策☆yes-no decision
是否☆whether or not
是否法试验☆go/no-go test
是-否分类☆yes-no classification
是符号☆is-symbol
是函数☆identity function
是有益的☆be an asset
嗜氮植物☆nitrophyte; nitrophilous plant
嗜碘变形虫☆iodamoeba
嗜粪的☆coprophilic
嗜碱(性)的☆basophilous
嗜碱植物☆alkaline plant
嗜冷的☆psychrophilic
嗜硫细菌☆thiophilic bacteria
嗜热变形杆细菌类☆thermoproteus
嗜热的☆thermophilic
嗜热球细菌目☆Thermococcales
嗜沙性的☆psammophilic
嗜石油棒状杆菌☆corynebacterium petrophilum
嗜酸生物☆acidophil(e)s
嗜酸细菌☆acidophilic bacteria
嗜酸性的☆oxyphilous
嗜铁细菌☆iron bacteria
嗜硝酸植物☆nitrophyte
嗜盐的☆halophilic
嗜盐微生物☆halophile
噬菌体☆bacteriophage
噬菌现象☆bacteriophagy; bacteriophagia
噬硫杆菌☆thiobacillus
噬硫细菌☆thiobacteria
噬木虫☆xylophagous
噬犬属[N_2-Q]☆Borophagus
噬人鲨属[K-Q]☆Carcharodon
噬铁细菌☆ferrobacillus; iron bacteria
铈☆cerium; Ce
铈独居石☆monazite-(Ce)
铈氟硅石☆cefluo(ro)sil; cephtosyl
铈符山石☆cerhaltiger vesuvian
铈钆钛铁矿☆kalkowskyn; kalkowskite
铈钙锆石[ZrSiO4,含 Ca,Ce 等]☆anderbergite
铈钙钛磁铁岩☆africandite; afrikandite
铈钙酞磁铁岩☆africandite
铈钙钛矿[$CaTiO_3$ 含 Ce_2O_3 及 FeO]☆knopite
铈硅磷灰石[$(Ce,Ca)_5(SiO_4,PO_4)_3(OH,F)$;六方]☆britholite
铈硅硼钙铁矿☆erdmannite; michaelsonite; cerhomilite
铈硅铍钇矿[$3(Fe,Be)O•Y_2O_3•2SiO_2$,常含少许铈]☆erdmannite; cergadolinite; michaelsonite
铈硅石[化学组成十分复杂,大致为 $Ce4(SiO_3)_3$]☆cerite; lanthanocerit; kieselcerite; ferricalcite; cererite; cecerite; ochroite
铈褐帘石☆cerorthite; bagrationite
铈黑帘石☆bagrationite
铈黄绿石☆marignacite
铈黄玉[$Ce_3(SiO_4)_2(OH)$]☆to(e)rnebohmite; tornebohnite
铈金磨粉[红色]☆jeweller's red
铈矿☆cerium ore
铈磷灰石☆cerium apatite [$Ca_5(PO_4)_3F$,常含铈]; Ce-britholite; britholite[$Ce_3Ca_2(SiO_4)_3•(OH)$]; beckelite; cerapatite; cerium-apatite
铈磷土石☆rhabdophane-(Ce)
铈绿帘石☆bagrationite
铈钠闪石[$Na_2(Ca,Mg,Fe^{3+},Mn)_5(Si_4O_{11})_2(OH)_2$]☆chiklite
铈铌钙钛矿[$(Ce,La,Na,Ca,Sr)_2(Ti,Nb)_2O_6$;斜方?、假等轴]☆loparite
铈片榍石☆gainite; hainite
铈烧绿石[$(Ce,Ca,Y)_2(Nb,Ta)_2O_6(OH,F)$;等轴]☆ceriopyrochlore; marignacite
铈酸盐☆cerate
铈钛石☆lucasite
铈钛铁矿[德]☆kalkowskite; kalkorthosilicat; kalkowskyn
铈铁☆ferrocerium
铈土☆cerium earths; cerite earth
铈土金属☆TCe; cerium earth metal
铈钍矿☆eucrasite; eukrasite
铈钍钠钛矿[$(Na,Ca,Th,Ce)(Ti,Nb)_2O_6$]☆irinite
铈钨华{矿}[$Ce(WO_4)OH•H_2O$;$CeW_2O_6(OH)_3$;单斜]☆cerotungstite
铈钇矿[$(Ca,Ce,Y,La,\cdots)F_3•nH_2O$]☆yttrocerite; yettrocererite; flussyttrocerite; flussyttrocalcite; fluo(r)yttrocerite
铈钇石☆yttrocer(er)ite; yttroceriocalcit; yttrocalcite
铈钇铀矿☆nivenite
铈异常☆Ce anomaly
铈萤石[CaF_2,常含铈]☆cerfluorite
铈铀烧绿石☆ceruranopyrochlore
铈铀铁钛矿[$20FeO•8Fe_2O_3•4(RE)_2O_3•UO_2•74TiO_2$]☆ufer(t)ite
铈族稀土金属☆cerium-metals; cerium earth metal
舐食流体食物的人或动物☆lapper
适草性☆phytophily
适池沼的☆tiphophilus
适氮植物☆nitrophilous plant; nitrophyte; nitrophile
适当☆happiness; fitness; advisability; suitability; well; adequation; propriety; pertinence; pertinency
适当处理☆dress
适当的☆reasonable; fitting; appropriate; fit; due; advisable; adequate; suitable; relevant
适当地☆reasonably; accordingly
适当规模集成☆right scale integration; RSI
适当圈闭☆suitable trap
(在)适当位置☆in position; in place
适当性☆appropriateness; propriety
适低温的☆hypothermophilous
适定的☆well-posed
适洞的[生]☆troglophilous
适洞生物☆troglophile
适度☆within limit; moderateness; mildness
适度的☆moderate; temperate; rational
适度曝光☆correct exposure
适度絮凝☆controlled aggregation
适腐的☆saprophilous
适腐殖质的☆oxylophilus; oxygeophilus
适钙的☆calciphilous
适钙植物☆calciphile; calcipete; calcicolous plant
适干热植物☆xerotherm
适高寒植物☆psychrophyte
适耕土壤☆workable soil
适光变态☆helioplastic
适光的☆photophilous
适海滨的☆psamathophilus
适海的☆thalassophilus
适海性☆seaworthiness
适旱变态[生]☆xeromorphosis
适旱的☆xerophilous; xerophile
适旱环境☆xeromorphic
适旱林的☆xerophylophilous
适旱种的发育[生]☆xerophytization
适航的☆navigable
适航性☆seaworthiness; airworthiness; navigability;

S

seakeeping ability{quality}；sea going capability
适航性好的船舶☆seaworthy ship
适合☆fitting；fit；fashion；cotton；adapt(at)ion；suit；conformity；congruence；suitability；gear；quadrate；cater；propitiousness；adequacy；pertain
适合程度☆appropriateness
适合的☆good；adaptive；adaptable；compatible；adapt；suited；square
适合度☆grade of fit
适合浮选的☆floatation-arid
适合浮选物料☆arid floater
适合各种用途的☆all-purpose
适合食用的☆edible
(使)适合新(的)要求☆update
适合性☆compatibility；conformity；conformability；congruity
适合于(锯床)锯的☆millable
适合于砂丘的☆thinophilus
适河流的☆potamophilus
适滑斜坡☆glissade
适季节变化植物☆tropophyte
适碱的☆basophile
适碱植物☆alkaline{basophilous} plant
适均匀稳定环境的☆stenobiontic
适冷的☆cryophilous
适冷微生物☆psychrophiles
适木的☆xylophilous
适泥滩性☆octhophile
适配器☆adapter；adaptor
适配性☆suitability
适沙的☆psammophilic；psammobiotic
适沙动物☆psammofauna
适沙丘的☆thinophilus
适沙群落☆psammic；psamathium
适沙植{生}物☆psammophile
适山生物☆orophilous
适生物咸度☆vital saline
适湿的☆hygrophilous；hygrophilic；hygrophile
适石的☆lithophilous
适石地的☆phellophilus；petrodophilus
适石性☆petrodophile
适时☆timeliness；opportuneness
适时性☆period suitability
适水温☆optimum temperature
适水植物☆hydrophilous plant
适酸的☆oxyphilous；acidophilous
适酸植物☆oxylophyte
适土的☆geophilous
适土性☆geophile
适温☆preferendum
适温带的☆mesothermophilous
适温的☆thermophilic；thermophilous
适温活性污泥处理☆thermophilic activated sludge process
适温性☆thermophily
适淹礁☆rock awash
适盐的[植]☆halophilic；drimophilous；halophilous；halophyle；salsuginous
适盐矿物☆halophyllite
适盐生物☆halobiont；halophile
适岩性☆phellophile
适阳植物☆heliophilous plant；heliophile
适宜☆congeniality；opportuneness
适宜的☆arbitrary；agreeable
适宜机器装载的煤☆loadable coal
适宜配套☆correct combination
(气候)适宜期前☆pre-Optimun
适宜指标{示}[植物、元素]☆suitable indicator
适宜种☆preferential species
适阴的☆beliophobic；heliophobous
适阴植物☆sciophile；ombrophytes
适饮水☆potable water
适应☆adapt(at)ion；acclimatize；suit；conformation；adapt (to)；adjust(ment)；accommodate；overfit；accordance；sufficiency
适应(性)☆fitness
适应(限度)☆adaptive threshold
适应变化论[语]☆adaptation theory
适应变迁☆adaptive transition
适应变异☆adequate variation
适应不良☆maladjustment
适应度☆sufficiency；fitness
适应范围☆range of application
适应辐射☆adaptative radiation{irradiation}；adaptive divergence
适应光的☆photopic
适应规范[生]☆adaptive norm
适应横断面定律☆law of adjusted cross-section
适应计☆adaptometer
适应技术☆appropriate technology
适应(能)力☆adaptive capacity{faculty}；adaptability
适应气候☆acclimation；climatize
适应迁移☆adaptive migratory
适应前的☆pre-adaptation
适应曲线☆adjustment curve
适应水系☆adjusted{adjustable} drainage
适应特殊生态的☆ecotopic
适应条件☆condition of compatibility
适应突破☆adaptive breakthrough
适应退化☆adaptative{adaptive} regression
适应型☆epharmone；ecad
适应性☆adaptability；flexibility；adaptation；degree of adaptability；suitability；aptitude；conformance；accommodation；plasticity
适应照射☆adaptative irradiation
适应值☆adaptive value
适应主义者☆adaptationist
适用☆hold true{good}；apply；appliance；pertain
适用(于)☆cover；apply；available
适用范围☆applicability；range of application
适用极限☆validity limit
适用技术☆appropriate technology
适用期☆shelf life
适用性☆adaptability；applicability；availability；usability；suitability
适用冶金(学)☆adaptive metallurgy
适于发育平衡种的演化作用[生]☆K selection
适于干热环境的☆xerothermic
适于航海☆seaworthiness
适于居住☆habitability
适于掘地的☆fossorial
适于人用的☆man-rated
适于提供信息的☆informative
适于作业的季节☆weather window
适雨的☆ombrophilous
适雨天植物☆hydrochimous
适雨植物☆ombrophiles
适沼泽的☆limnodophilous
适者生存☆survival of the fittest
适中☆temperament；temper；temperate；moderate
适中土温☆mesic
侍从[古罗马通报来客姓名的]☆nomenclator
侍童☆Ganymede
释(放)出☆separation；liberation；release
释出激发补给量☆squeeze supplemental recharge
释出热☆released heat
释出蒸汽☆vapour disengagement
释出追加补给量☆squeeze supplemental recharge
释氮细菌☆nitrogen-liberating bacteria
释放☆liberation；liberate；release；uncaging；tripping；discharge；(set) free；unlock(ing)；deliverance；delivery；deenergization；back-off；relief；relieve；unset；slacking off；loose
(放射性)释放比率☆fractional release
释放参数☆dropout value
释放出☆give off；release；tear loose
释放工具☆releasing tool
释放和收回能力☆release-and-retrieve capability
释放矿物☆released mineral
释放气[气测]☆liberated gas
释放速率☆rate of release；release rate
释放位置☆off-position
释放信号☆release{unlock} signal；releasor
释放值[继电器]☆drop out
释放装置☆release gear{device}；tripping device；release(r)；trip mechanism；releasing means
释负炮眼[先于主炮眼爆破]☆block(ed){relief} hole
释荷板状节理☆unloading platy joint
释能密度☆power density
释气☆outgassing；outgas
释气反应☆gas-release reaction
释氢型腐蚀☆hydrogen-evolution type of corrosion
释(放)热☆heat release
释热元件☆cartridge
释水度☆specific storage
释水系数☆storage coefficient；coefficient of storage；storativity (factor)
释压☆unloading；pressure release
释压带☆relieved zone
释压节理(作用)☆pressure-release jointing
释压裂隙☆release fracture
释压破裂☆strain break
释氧蓝绿藻☆oxygen releasing blue-green algae
释义☆paraphrase
释重节理☆lift{release} joint
脲[蛋白质衍生物]☆album(in)ose；proteose
脲酶☆albumosease
脲尿☆albumosuria
脲血(症)☆albumosemia；albumosaemia
氏族☆sib
饰板[瓷制或金属制]☆plaque
饰边☆fringe；stolidium
饰边内缘[介]☆inner margin of fringe
饰变☆modification
饰格架离子☆network-modifying ion
饰花模糊☆unclear decoration pattern
饰框[刻度盘上]☆escutcheon
饰棱蛤属[双壳;P-T]☆Veteranella
饰丽蚌属[双壳;Q]☆Scriptolamprotula
饰面☆garment；facing；lining；modifying face[聚形中次要单形的晶面]
饰面玻璃☆decoration glass
饰面石☆decorative{face;ornamental} stone
饰面石料☆ornamental stone
饰面隧道☆trimmed tunnel
饰面砖☆terra cotta
饰墙花毡☆arras
饰形[聚形中次要单形]☆modification
饰样☆ornamentation
饰以斑点☆fleck
饰以宝石☆jewel；gem
饰锥牙形石属[C_3-S]☆Decoriconus
市场☆market；baza(a)r；marketplace；mart
市场策略模拟☆marketing strategy simulation
市场分配协定☆market-sharing arrangement
市场分析☆market analysis
市场价值☆marketable{market;marketing} value
市场交易管理人员☆floor officials
市场流行价格☆prevailing price
市场潜力预测☆forecasting of market potentials
市场上可供应☆commercial availability
市场调节☆market regulation；regulation through market；regulation by market forces
市场信号☆the signal of the market
市场需求增长速度☆market growth rate
市场需要的矿石☆marketable ore
市场学☆marketing
市电电源☆main supply
市电频率☆power frequency
市集☆fair
市价☆current price{cost}；market (value)
市价表☆price current{list}
市郊化☆suburbanization
市民身份☆citizenship
市内地下铁道☆metropolitan railway
市区钻井☆city-lot{town-lot} drilling
市长职位☆chair
市镇范围界[美国土地测量]☆range line
市镇界☆township line
市政业务☆municipal service
室☆chamber；compartment；cabinet；room；loculum [动植物组织的]；loculus{locule} [子房、花药等]
室壁☆locular wall
室的☆locular
室间分集☆space diversity；SD
室孔☆cameral aperture
室口[苔藓虫]☆aperture
室口前端☆opesial space
室内☆interior
室内调校☆bench check
室内分析☆lab{office} analysis；in office analysis
室内滑雪雪坡☆indoor skiing slope
室内实验☆in-house{shop} experiment；labtest；laboratory test
室内土工试验☆laboratory soil test
室内作业☆office operation
室内作业法☆paper method
室女座☆Virgo；Virgin
室女座α☆Spica

S

室上卵胞[苔]☆hyperstomial ovicell
室式干燥室☆chamber dryer
室式窑☆compartment kiln
室外安全疏散楼梯☆exterior escape stairway
室外储放☆outdoor storage
室外的☆out of door; outdoor
室外干燥☆dry in the open
室外工作☆outside work
室外广播☆nemo
室外曝晒试验☆outdoor exposure test
室外应力龟裂寿命☆outdoor stress-crack life
室温☆air{room} temperature; a.t.
室温硫化☆vulcanize under room temperature; RTV
室压[三轴]☆cell pressure
室状窑☆compartment kiln
试板[云母等]☆test{phase} plate; (accessory) plate
试棒☆test bar; coupon
试爆☆test explosion
试泵☆pump testing
试标☆test object
试饼法☆pat lest
试采[油]☆producing test; pilot production; exploration
试采法☆development test
试采阶段☆pre-production phase
试操作☆dry run
试槽☆(test) trench
试测线☆random line
试差法☆trial and error
试车☆break-in; chase; trial (run); driving{green; running;running-in} test; (having a) test nun; test working; breaking{run} in; runup; roder; run
试抽☆bailing test
试抽水☆test pumping
试垂(沉降测定粒度)法☆diver method
试凑{错}法☆cut and try procedure{method}; trial-and-error (method); method of trial and error
试错的☆heuristic
试点地区☆pilot area
试点分析☆orientation analysis
试洞☆test adit
试放罐笼☆run-the-tow
试飞☆fly out; trial
试管☆test tube; cuvette; curvette
试管容器☆test-tube vessel
试焊☆test welding
试航☆trial (cruise)
试合法☆method by trial
试极纸☆pole finding paper
试剂☆reagent; agent; reactant; reductant
试剂级☆reagent-grade
试剂加入器☆reagent feeder
试件☆(test) specimen{coupon}; test sample{piece}
试件变形(指示器)☆specimen strain
试讲☆prolusion
试金☆assay; assaying
试金棒☆touch needle
试金坩埚☆scorifier; scarifier
试金含量及品段☆assay-content-grade
试金石☆touchstone; lydian{test;touch} stone; (litmus) test; basanite; darlingite; lydi(ani)te; flinty slate; chrysitis; pht(h)anite; lyddite
试金者☆assayer
试金值等级☆assay grade
试金珠☆assay button; prill
试井☆well test(ing); test hole{borehole}; testing (of well); test-drilling
试井车☆wireline unit; well testing truck
试井费☆test well contribution; TWC
试井分析☆well test analysis
试井钢丝☆piano wire
试井解释☆well test interpretation{analysis}; WTI
试井曲线☆well-test curve
试井资料快速直观解释☆well test quicklook
试坑☆trial{test} pit; test adit
试孔☆See "试验孔"
试块☆test block
试炼☆smelting trial
试料☆specimen; charge; trier; assay
试硫液☆doctor solution
试漏(法)☆leak-off-test
试配法☆trial and error
试片高频感应示波法☆cyclograph
试瓶☆trial jar
试铅[试金用]☆test lead
试射信号枪☆spotting pistol
试生产☆preproduction
试栓☆test cock
试水器☆water finder
试水位旋塞☆gauge cock
试水纸☆water-finding paper
试算(法)☆cut-and-try method; trial calculation (method); cut and trial calculation
试探☆feel; trial
试探(者)☆feeler
试探法☆heuristics; cut and try method; heuristic procedure; probe{trial} method; method of trial
试探解(法)☆trial solution
试探器☆experimental probe; sounding borer
试探信号☆probe signal
试探性观测☆trial-and-error observation
试铁灵☆ferron
试听☆audition
试图☆endeavor; attempt; seek; try
试销品☆memorandum goods
试行☆try
试行本☆advance copy
试行标准☆tentative standard
试压☆pressure{water} test; pressuring
试压泵☆hydraulic (pressure) test pump; test pump
试演☆tryout
试验☆test(ing); experiment; investigation; trial; examine; examination; checkout; attempt; aliquot; assay; experimentation; put to test; tryout; try; touch; tentation; run; prove; proof(ing); TST
试验(电路)板☆breadboard
试验报告☆test report; TR
试验爆破☆trial blast{shots;blasting}; experimental blasting{firing}
试验标率☆test specimen
试验标准☆touchstone; tentative
试验测线☆turnkey shoot line
试验场☆experiment site; testing field{ground}; proving ground; test field; test-site
试验车间工作☆test-plant work
试验成果推广☆spread of results
试验的与使用的倾点温度间的差别☆pour reversion
试验地☆test-bed
试验地区☆study{pilot} area
试验段岩性☆lithological characters of experimental part
试验分析☆orientation analysis
试验附件☆test accessory; t.a.
试验过的☆examined; tested; proof; exd.; ex.
试验合格☆stand the test
试验荷载☆test load; TL
试验回次☆test-run; test routine
试验基地☆test base; TB
试验机载荷☆test scale load
试验技巧{术}☆experimental technique
试验井☆pilot{test;proving} well; test pit{hole}
试验井组内的井☆interior well
试验孔☆test hole{bore;borehole}; tester hole; specimen borehole; pilot bore; record hole[对穿过地层进行详细记录的钻孔]; trial hole{pit}
试验粒度☆checking{control;testing} size
试验炮☆reconnaissance shooting
试验平峒内向炮☆cannon gallery test
试验前准备{处理}☆pretest treatment
试验强度☆strength of testing
试验区井网☆pilot pattern
试验区开采期☆pilot life
试验区试验论证☆pilot demonstration
试验曲线☆assay curve
试验区注气方案☆pilot gas-injection project
试验区注水驱油试验☆pilot waterflood
试验容量☆tested capacity
试验筛振动器☆testing-sieve shaker
试验筛组☆nest of sieves{screens}
试验筛组的单位筛☆nester
试验设备☆experimental rig; test equipment; trial set; checker
试验(性)设计法☆experimental design
试验室煤样预先处理☆laboratory sample treatment
试验数据☆tentative data
试验数据报告☆test data report; TDR
试验台☆test bench{stand;rig}; testing stand{rig; table}; rig; bench; bedstand; experimental table; bed(stead)
试验田☆experimental plot{field}; study plot; a trial undertaking
试验温度☆test temperature; T.T.
试验线路☆hookup
试验信号☆test signal; spike
试验性采样☆survey sampling
试验性的☆tentative; pilot
试验性人工补给☆experimental artificial recharge
试验压机☆test-press
试验压力☆test(ing){proof} pressure; TP
试验研究☆experimental study{investigation}; pilot study; advanced development
试验样品☆development type
试验要求☆thermal requirement; TR
试验仪表☆trier
试验用土样☆test barings{borings}
试验员☆tester; tstr
试验载荷☆proof load
试验炸药用的炮☆cannon
试验值☆experimental{trial} value
试验指标☆index of test
试验指令☆test directive; TD
(在)试验中☆undergoing tests
试验中心☆test center; TC
试验装备☆semi-plant
试验资料处理仪☆analyzer
试验钻进☆drilling experiment
试样☆exemplar; sample (piece); handsel; essaying; test specimen{piece;sample}; sampling material; assay; proof sample; specimen; exampler; probe; try on a partly finished garment; try on; coupon[法]; advanced print; spec.
试样壁排水条[三轴]☆side drain
试样编制流程图☆sample reduction flowsheet
试样处理室☆sampling works
试样的小样☆sample individual increment
试样吊线☆specimen-holding wire
试样分析☆specimen assay
试样加工间☆sampling works
试样接收容器☆sample receiver
试样截取器{室}☆sample cutter
试样溜槽☆sample-deflecting spout
试样汽化室☆sample evaporation chamber
试样切取器☆sample cutter
试样扰动影响☆effect of sample disturbance
试样手工缩分☆sample hand reducing; reduction {splitting} of sample; sample reduction
试样缩制流程☆sample reduction flowsheet
试样图☆assay map; raster
试样研磨☆buck
试样注射☆sample injection; Sam. inj.
试样注射口☆sample injection port
试药☆reagent; test
试液☆test{reagent} solution; TS
试用☆trial; try (out); (on) probation; break-in; sample
试用假说☆working hypothesis
试用人员☆probationer
试用值☆tentative value
试油☆production test
试油树☆testing tree
试运跑合☆break-in
试运期☆running-in period
试运行☆test{preliminary} operation; test-run
试运转☆broken-in; running-in; test run{working; routine;operation}; running{breaking} in; roder
试运转期☆running period
试执行☆trial run
试纸☆indicator{test} paper; litmus paper[试酸碱性]
pH 试纸☆(Hydrion) pH dispenser; pH indicator; strip pH
试制☆pilot{trial} production; trial {-}manufacture; (advanced) development; preproduction
试制场☆experimental shop
试制车间☆laboratory shop
试制新机器的试验模型阶段☆prototype
试制样品{机}☆advanced development; AD
试注☆injection test
试注水☆pilot flood{flooding}
试转☆break-in
试桩☆test pile
试钻☆test{trial;probe;scout} boring; test-drilling;

trial drilling; boring; test-boring; run in; DRILLOFF
试钻求取最优钻压☆drill-off test
试钻探☆scout drilling{boring}
视坳陷☆push-down
视半径☆apparent semidiameter
视比电阻☆apparent specific resistance
视比重☆apparent (specific) gravity; false specific gravity
视臂☆sighting arm
视变厚☆apparent variable
视不整合☆apparent unconformity
视测☆visual test
视测量☆stadia surveying
视层状☆bedway
视差☆parallax (error;difference); optical parallax
视差测图镜{量仪}☆stereometer
视差差数☆differential parallax; parallax difference
视差杆☆parallax bar; stereometer
视差角☆subtense{subtended;parallactic} angle; angle of parallax
视差角(测距)法☆subtense method
视差校正发射机☆parallax range transmitter
视差量测器☆parallax measurer
视差台☆parallax table
视差位移☆parallactic{parallaxial} displacement
视察☆inspect(ion); view; watch; observe; sighting
视察员☆inspector; overlooker
视场☆field of view{vision}; range of vision; visual{viewing;angular} field
视场光澜☆field diaphragm
视场角☆angle of view{coverage}
视超复☆apparent onlap
视程公式☆visual-range formula
视赤纬☆apparent declination
视冲击坑☆apparent crater
视充电率☆apparent chargeability
视重折率☆apparent birefringence
视出射角☆apparent angle of emergence
视储量☆visible reserves
视磁极移☆apparent polar wander(ing); APW
视磁倾角☆apparent angle of dip
视等时年龄☆apparent isochron age
视地层超距{重叠}☆apparent stratigraphical overlap
视地层分隔{隔距;离距}☆apparent stratigraphical separation
视地平圈☆sensible horizon
视地平线☆local horizon
视点☆point of view{sight}; perspective; view point
(投影)视点☆point of vision
视电导率☆apparent conductivity
视叠覆☆apparent superposition
视动☆apparent motion
视(远)动☆apparent motion
视断层位移幅度☆apparent heave slip
视断层下降盘☆apparent downthrow
视反射点☆apparent reflecting point
视方位角☆apparent `azimuth{directional angle}
视分配系数☆apparent partition coefficient
视丰度☆apparent abundance
视感控器☆perceptron
视感应☆apparent inductance
视高度☆apparent altitude
视高改正☆height-of-eye correction
视各向异性☆apparent anisotropy; pseudoanisotropy
视给水度☆apparent specific yield
视功率☆applied power
视构造☆apparent structure
视(岩石)骨架剖面☆apparent matrix profile; AMP
视光轴角☆apparent optic axial angle
视含水饱和度☆apparent water saturation
视耗氧量☆apparent oxygen utilization; A.O.U.
视荷电率☆apparent chargeability
视横断距☆apparent heave
视恒星时☆apparent sidereal time
视厚度☆apparent thickness{width}
视滑距☆apparent (heave) slip; apparent slip
视环形山☆apparent crater
视会聚压力☆apparent convergence pressure
视火山口☆apparent crater
视极性☆apparent polarity
视极移曲线☆apparent polar-wander(ing) path
视级检波器☆pix detector
视加积[冬季平衡]☆apparent accumulation; winter balance
视见函数☆luminosity function
视见透光系数☆coefficient of visible light transparency
视角☆viewing{visual;apparent;vision;view} angle; angle of sight{view}; perspective
视(线)角☆angle of sight
视角测量☆subtense angle measurement
视角系数☆view factor
视接触角☆apparent contact angle
视接高(度)☆visual contact height
视界☆(visual) field; field of view{vision}; scope; coverage; horizon; view; visibility; range of vision; purview
视界角☆aspect angle; angle of visibility
视进动☆wander
视井筒储存系数☆apparent wellbore storage coefficient
视井眼半径☆apparent wellbore radius
视距☆clear-sight{clear-vision;sight;apparent;viewing; stadia} distance; stadia; sight
视距尺☆stadia (rod); range rod{pole}; ranging pole; tacheometry; tachymetry; telemeter rod
视距法☆stadia; tachymetry; tacheometry; tachymetric method
视距信号接收☆line-of-sight reception; visual distance reception
视距仪[测距离、高差、方位等]☆tacheometer; stadia (traverse); tachymeter; cross-wire meter; stadiometer
视距折算图表☆stadia reduction diagram
视觉☆vision; sight; seeing; visual perception
视觉比较图片☆visual comparison chart
视觉控制☆sense control
视觉亮度☆visual brightness
视觉上的☆ocular
视觉信号处理方法☆visual signal processing method
视觉暂留☆persistence of vision; visual persistence
视颗粒密度☆apparent grain density; DGA
视可混性☆apparent miscibility
视孔☆eyehole; oillet; eye{sight;peep} hole
视孔隙度{率}☆apparent{visible} porosity
视矿化度☆apparent salinity
视拉长☆apparent elongation
视力☆eyesight; eye; view; sight; vision
视力的☆visual
视力所及的范围☆eye-reach
视亮度☆apparent brightness
视流(动)度☆apparent fluidity
视隆起☆pull-up
视落差{|慢度}☆apparent throw{|slowness}
视密度☆apparent{volume;bulk} density; pseudodensity
视密度计☆volumenometer
视摩擦角☆apparent friction angle
视内聚力☆apparent cohesion
视年龄☆apparent life{age}
视黏(滞)度☆apparent viscosity
视凝聚力☆apparent cohesion
视偏差分力☆apparent deviation component
视漂移☆apparent wander
视频☆video (frequency); image{visual} frequency; videofrequency; VID; Y.F.; VF
视频测试信号发生器☆video test signal generator
视频磁带☆videotape
视频电流☆light current
视频描图术☆video mapping
视频图像传输与回放☆Video Image Communication and Retrieval; VICAR
视频信号☆vision{visual} signal; videosignal
视频信号变换零件☆colorplexer
视频信号导线对☆video pair
视频信号分离装置☆video separator unit
视频信号输出孔☆video output socket
视频信号显示和控制☆vidiac
视平超距☆apparent horizontal overlap
视平线☆horizon
视坡度☆apparent slope
视剖面☆pseudo-section; pseudosection
视倾伏角☆apparent plunge
视倾斜方位☆apparent dip azimuth
视清晰度☆apparent resolution
(构造线的)视趋向☆apparent trend
视容积☆apparent volume
视上超☆apparent onlap
视神经☆optic nerve
视渗透率☆apparent permeability
视声波(测井)孔隙度☆apparent sonic porosity
视时(间)☆apparent time
视双星☆optical pair; optical double stars
视双折射率☆apparent birefringence
视水位☆apparent water table
视速度{|缩短}☆apparent velocity{|shortening}
视太阳时☆apparent solar time
视体积☆apparent volume
视天平动☆apparent libration
视天然气储量☆apparent gas in place; AGIP
视听教材☆audiovisuals
视听警报器☆audio-visual alarm
视突起☆apparent relief
视图☆view; elevation
视网膜☆retina
视网膜铺路石样变性☆paving stone degeneration of retina
视为同一☆identify
视位☆apparent position
视温度☆apparent temperature
视午☆apparent noon
视物变形(症)☆metamorphopsia; metamorphopsy; dysmorphopsia
视晰度☆visual acuity; sharpness of sight
视下落断距☆apparent downthrow
视线☆line of vision{sight;of}; aiming{collimation; observing;pointing;sight;visual} line; view; visual ray; sight(-line); vision; LOS
视线角☆angle of sight; aspect{visual} angle
视线距离☆optical range
视线理☆apparent lineation
视线式微波定位(法)☆line-of-sight position location
视线速度☆radial velocity
视线条件☆sighting condition
视相对运动☆separation; apparent relative movement
视相关☆apparent correlation
视像☆visible image
视像磁带☆videotape
视像管☆vidicon
视消光☆apparent extinction
视消融☆apparent ablation; summer balance
视效率☆apparent efficiency
视星等☆apparent magnitude
视压力[压力恢复曲线外推压力]☆false pressure
视野☆field of view{vision}; field; eye-reach; range of vision; visual{viewing} field; view; outlook; scope; eyeshot; horizon; sight; Y.F.
视野计☆perimeter
视应力☆apparent (unit) stress
视有限应变线理☆apparent finite-strain lineation
视域☆field (of view{vision}); view; sight; alert[卫星]
视运动☆apparent movement
视在开采损坏☆apparent mining damage
视在摩擦抗剪强度☆apparent frictional shear strength
视在张力{抗拉}强度☆apparent tensile strength
视障(现象)☆obscuration; obscuring phenomenon
视正断层☆apparent normal fault
视值☆apparent value
视质量☆apparent mass
视中子(测井)孔隙度☆apparent neutron porosity
视重力☆apparent gravity
视周期☆apparent cycle
视轴☆boresight; sight axis
视准☆collimate
视准差☆collimation
视准尺架☆sight bracket
视准点☆sighting point
视准高度[水准测量]☆height of collimation
视准面☆plane of collimation; collimation plane
视准器[测]☆vane
视准线☆collimation line; line of sight {collimation}
视准仪☆collimator; alidade
视准轴[遗石]☆line{axis} of collimation; aiming {sight;collimation} axis
视总体压缩系数☆pseudo-bulk compressibility
视阻抗☆apparent impedance

shōu

收报机☆telegraph receiver
收报凿孔机☆reperforator

收舱泵☆stripping pump
收藏☆stow (away); house; collect and store up; collect; store up; preserve
收藏的样品☆sample collection
收尘☆dust collection{extraction;pick-up;arrest}
收尘电极☆collecting electrode
收尘器☆collector; dust arrester{allayer;trap;catcher; collector}; dust-precipitator; precipitator
收尘系统☆dust-collecting system
收尺日[据以算工资]☆account{bill;measuring} day
收到☆receipt; rept.; rect.; rcpt.
收到的☆received; recd
收到订单后☆after receipt of order; ARO
收到回信后即付款☆pay on return; P.O.R.
收到基[矿]☆(as) received basis
收灯房[矿灯]☆lamp-receiving room
收发(两用)☆send{transmit}-receive; T-R; SR
收发报机☆telegraph receiving set; transmitting set; transmitter {-}receiver; transceiver
收发分置声呐☆bistatic sonar
收发油单据☆run ticket
收发终止信号☆end-of-work signal
收方☆cubing; debit (side)
(起落架的)收放动作筒☆jack
收放在定盘上☆chock
收放装置☆releasing device
收废旧钻头者☆rettiper
收费☆charge
收费表☆tariff
收费(标准)表☆rate scale
收费车道信号灯☆toll lane signal lamp
收费的☆rechargeable
收复☆reclamation; recapture
收复力☆restoring force
收付实现制☆cash basis
收割☆harvest
收割的刈痕{宽度}☆swath
收割机☆reaper
收割台支撑管☆platform brace pipe
收归国有☆nationalization
收焊☆break-off the arc
收回☆retirement; retrieve; retract; resume; recall
收回管线作业☆pipe retrieval
收回位置☆retrieving position
收获☆harvest; fruit; gain; crop; take; attainment
收获节☆kirn
收获率☆yield; yld; y.
收货单☆receiving report
收货单据☆receipt ticket
收货检验☆purchase trial
收货人☆consignee
收货油库☆intake depot; intake bulk station
收肌☆adductor
收集☆collect(ion); gather (up); trap(ping); captation; entrapment; catching; col
收集罐☆holding{gathering} tank; drip tank
收集链[装载机]☆(loader) gathering chain
收集器☆collector; trapper; gatherer; catch(er); assembler; scoop; col
收集全部的汞和汞齐[捣矿机破碎矿石后]☆cleanup
收集筒☆calyx; surge drum
(用尽方法)收集油井资料☆scouting a well
收件人☆receiver
收紧器☆tightener
收颈☆necking down
收据☆receipt; check; voucher; rec; rept.; quittance
收款凭单☆warrant
收款人☆payee
收敛☆converge(nt); convergency; weaken; disappear; restrain oneself; astringent; contraction
收敛半径☆convergence radius; radius of convergence
收敛部分☆contractor
收敛度☆degree of convergence
收敛角☆convergence (angle); convergency; angle of convergence
收敛流动☆contraction-flow
收敛式构造☆convergent type of structure
收敛速度☆convergence rate; rate of convergence
收敛速率☆speed of convergence
收敛酸铅起爆剂☆lead styphnate priming composition
收敛酸盐☆styphnate
收敛型地震反射结构☆convergent seismic reflection configuration
收敛型喷嘴☆convergent nozzle
收敛性☆astringency; convergence
收敛域☆domain of convergence; convergence domain
收敛褶皱☆converged fold
收敛轴☆convergent axis; axes of convergence
收料试验☆an acceptance
收拢☆furl; retraction
(滑板)收拢直径☆collapsed diameter
收录系统☆acquisition system
收率☆collection efficiency
收泥器☆dirt excluder{trap}
收票员☆taker
收起☆set by
收入☆revenue; earnings; incomings; receipts; income; taking; proceeds; finance; take in; include
收入账目☆account to receive
收入总额☆gross revenue; GR
收湿性盐☆hydroscopic salt
收拾☆stow away
(把……)收拾整齐☆trig
收束谷☆hourglass valley
收缩☆astriction; striction; constrict(ion); draw back; bring down; shrink(age); contract(ion); drawdown; height reduction[测]; jamming; concentrate one's forces; systole; deflation; crispation; contractibility; shortening; take-up; retraction; narrowing
收缩{拢}☆gather
收缩板分级机☆constriction-plate classifier
收缩半径☆constriction radium
收缩爆炸☆converge explosion
收缩变形☆contraction distortion{strain}; drawdown deformation; shrinkage strain
收缩冰川☆shrinking glacier
收缩波☆condensational wave
收缩底☆constricted bottom
收缩度☆degree of shrinkage; constrictedness factor
收缩断面☆vena contracta
收缩海峡☆gut
收缩核☆retract
收缩机☆shrinker
收缩节理☆contraction{contractive;shrinkage} joint; joint of retreat
收缩颈直径☆neck diameter
收缩孔☆shrinkage pore; shrink hole
收缩口☆deadhead
收缩了的☆contract
收缩力☆convergent force
收缩量☆shrinkage; (amount of) contraction; wring
收缩裂缝☆contraction fissure{crack}; shrinkage {cheek} crack; pulls
收缩裂纹☆check crack
收缩裂隙☆synaeresis{contraction;shrinkage} crack; fissure of retreat; synclase
收缩流动☆contraction-flow
收缩留量☆allowance for contraction{shrinkage}
收缩率☆shrinkage ratio{percentage;factor}; height reduction; shrinkage; reducing; contraction (coefficient)
收缩率不一致造成的应力☆differential contraction stress
(原油)收缩率测定仪☆shrinkage tester
收缩炮眼☆tapered hole
收缩配合☆shrink(age){expansion} fit
收缩喷嘴☆contracting nozzle
收缩器☆constrictor
收缩容许值{量}[砼]☆shrinkage allowance
收缩式提升机☆collapsible elevator
收缩说☆compaction{contraction;shrinkage} theory
收缩头☆shrink head; deadhead
收缩位错☆pinching dislocation
收缩线状组构☆constrictional linear fabric
收缩性☆contracti(bi)lity; contractibleness; shrinkability; constringency; constringence
收缩性土☆contractive soil
收缩堰[堰宽小于水道宽]☆contracted weir
收缩仪☆shrinkage gauge
收缩因数☆shrinkage factor; reciprocal formation volume factor
收缩应变☆contraction{shrinkage;constrictive} strain
收缩应力☆shrink(age){retraction;contraction(al); retractable} stress; differential contraction stress
收缩值☆amount of shrinkage
收缩中心☆contraction center
收缩装置☆retraction device
收听☆tune
收听距离☆hearing distance; H.D.
收听系统☆listening system
收为纪念品☆souvenir
收尾☆finale
收尾工作[投产前完井]☆tail-in{final} work; tailing in work
收尾时间☆pack up time
收线轮☆take-up reel
收效☆payoff
收益☆earning; revenue; win; proceeds
收益不变法则☆law of constant returns
收益分配账户☆income distribution account
收益计算书☆earnings statement
收益仅敷支出的☆marginal
收益率☆earning{yield} rate; yield; rate of return; ROR
收音机☆radio (set); receiver
收音器☆sound receiver
收油池☆oil intercepter{catcher}
收油库☆receiving depot
收油桶☆drip tank
收油油库{终端}☆reception terminal
收张☆actuating
收支安排☆take-or-pay settlement
收足肌痕☆retractor scar

shǒu

手☆hand; talon; manus; manu-
手(提)☆tote
手把☆lever; handhold
手把给进岩芯钻机☆lever{hand}-feed core drill
手把火焰信号☆hand flare
手扳手☆hand wrench
手扳压床☆arbor press
手板锯☆panel saw
手板压床☆arbor{mandrel} press
手泵☆hand pump
手边的☆handy
手(大小的矿石)标本☆hand specimen
手表☆watch
手表钻石☆jewel; stone
手柄☆hand (lever;shank); handle (grip); handgrip; crank; knob; spoke; stick; arm; rein; lug
手簿☆field notes
手簿格式☆form of note; note form
手采☆hand mining{getting}
手采煤☆h-and-got coal
手操舵装置☆hand power steering
手操纵☆hand control{operation}; hand-operate
手操作☆manual manipulation
手册☆handbook; ench(e)iridion [pl.-ia]; manual; guidance; directory; vade mecum[拉]; record book; workbook; man.
手铲☆hand shovel
手铲充填☆slinger{shovel} stowing
手铲工作☆spade work
手车☆(hand) cart; handcart; pushcart; barrow; larry; lorry
手车运输的露天矿☆barrow pit
手持的小型装置☆handset
手持风钻可卸型钻头☆jack bit
手持工具☆hand tool
手持回转式电钻☆hand-held electric rotary drill
手持火焰信号☆hand flare
手持喷枪☆handlance
手持筛跳汰☆jigging on hand-held screens
手持式长钎(子)☆churner
手持式冲击凿岩机☆hand-held hammer drill
手持式视距水准仪☆stadia hand level
手持式水平孔凿岩机☆breast drill
手持式下向凿岩机☆hand-held sinker
手持式凿井凿岩机☆hand-held sinking drill
手持式凿岩钻☆hand drill
手持凿岩机操作工☆jack hammer operator; jack-hammer man
手舂砂顶箱造型机☆hand ram straight draw-moulding machine
手触试验☆hand-feel test
手传动装置☆hand-operated gear
手锤☆bishop; hand{light} hammer
(用)手锤敲去脉石的手选工☆cobber
手锤碎矿☆bucking ore
手锤碎矿场☆spalling floor

S

手锤测深☆handlead sounding{survey}
手锤选矿☆cob
手锤凿岩☆hand-hammer drilling
手磁铁☆hand magnet
手捣固☆common rake
手稻石[$Cu((Te,S)O_4)\cdot 2H_2O$]☆teineite
手电筒☆flash(-)light; electric torch; torch
手动☆hand-operate; hand drive; manual acting
手动摆动泵☆semirotary hand pump
手动泵☆hand-pump; manual{hand-operated} pump
手动闭塞信号方式☆manual block signal system
手动超越控制☆overriding manual control
手动冲击钻架☆spring pole rig
手动舂砂锤[铸]☆hand rammer
手动的☆hand operated{driven}; unpowered; hand-operated; manual; man.
手动电力放炮{起爆}器☆hand electric blaster
手动吊绳冲击(式)钻眼☆hand churn drilling
手动断路☆hands off
手动返回单向标准体积管☆manual-return unidirectional prover
手动方式给进☆jump
手动复归信号器☆hand-restoring indicator
手动钢丝绳(冲击式)钻机☆hand churn drill
(防喷器)手动关闭☆manual-lock
手动滑脂枪☆hand operated; grease gun
手动换挡☆manual shift
手动恢复式☆hand-reset type
手动开关☆hand-operated{manual} switch
手动链滑车卷扬机☆hand chain-block hoist
手动辘轳☆hand-operated gear
手动启动注水☆manual priming
手动起重器☆hand-jack
手动砂轮整形工具☆handwheel dressing tool
手动筛☆hand sieve; rider
手动上升☆manu-up
手动推进的旋转式凿岩机☆rotary drifter with hard operated feed
手动下降☆manu-down
手动信号☆manually operated signal; hand signal
手动旋钮☆manual-knob
手动液压钢筋剪切机☆jack type bar shear
手动闸门☆manually-operated gate; hand door
手动装置☆hand gear{operation}; hand-gear; hand priming device
手动钻进☆kirn
手动钻眼钻杆☆jumper bar
手端砂箱☆one man moulding box
手段☆machinery; intermediary; way; instrument; device; resource; channel; means; skill; medium [pl.-ia]; agency; instrumentality; measure; method; trick; artifice; finesse; resort; expedient; step; tool; road; instrumentation; weapon; gateway; move
手段和目的分析☆means-end analysis
手法☆tactics
手翻式箕斗☆hinged-back skip
手风琴☆accordion
手风琴形{状}褶皱☆accordion{concertina} fold
手风箱☆bellows
手扶平路机☆hand grader
手斧石[软玉;$Ca_2(Mg,Fe)_5(Si_4O_{11})_2(OH)_2$]☆hatchet stone
(消防用)手斧腰带☆ax belt
手杆☆hand lever
手杆操纵跳汰机☆brake sieve
手镐☆handpick
手镐工☆pick man
手稿☆manuscript; autograph; script(ure); original {holograph;written} manuscript
手给进☆hand feed
手工☆handwork; hand labo(u)r; by hand; manual (labor); charge for a piece of handwork
手工(艺)☆handiwork
手工采掘的☆hand-got
手工采矿☆pick mines
手工采矿工人☆pick{pick-and-shovel} miner
手工操纵☆hand-operation
手工操作跳汰机☆hand{hand-operated} jig
手工充填☆packing by hand; hand stowing
手工充填焊丝☆manually feeding fillered{filler rod}
手工吹筒法☆hand cylinder method
手工打眼☆chump; manual (rock) drilling
手工打眼工具☆paddy; manual drilling tools
手工捣固☆commander; hand rodding
手工夯具☆bishop
手工给料的☆hand-fed
手工架设的支柱☆hand-set prop
手工浇注干混凝土☆hand floating dry concrete
手工劳动☆manual labor
手工刨煤☆bare
手工砂舂[冶]☆peg(ging) rammer
手工台☆workbench
手工掏槽☆bare; hand-hole; hand-holing; handholding; hand hewing
手工淘金者☆gold digger
手工投运的☆hand launched
手工推车☆man tramming
手工修整☆hand finish{finishing}
手工旋转多喷嘴丙烷燃烧器☆wagon-wheel heater
手工业☆handicraft; trade
手工业者{|艺人}☆handicraftsman [pl.-men]
手工艺品☆handicraft
手工凿岩☆barrenar; manual rock drilling; hand-hammer{manual} drilling; rock drilling by hand; hand-hole
手工凿岩铁棒☆chump
手工制的☆home-made; hand-made
(一种)手工制封隔器☆mother Hubbard packer
手工制管式取芯筒☆poor-boy core barrel
手工制品☆handmade
手工制取芯筒☆makeshift
手工装载工作面☆hand-filled face
手工装煤☆hand-filling
手工装配{调整}☆manual setting
手工装修的[钎子等]☆hand-dressed
手工装岩☆hand mucking
手工做的☆by hand
手工作业☆handwork
手勾等高线☆sketched contours
手撼试验☆dilatancy{shaking} test
手夯☆set ram; bishop; punner
手夯锤☆hand hammer; set post
手糊工艺☆hand lay-up
手绘草图☆free hand sketch
手绘的☆free-hand
手绘等值{高}线☆freehand contouring
手绘模片法☆hand template method
手机☆handset; mobile phone; cellphone
手迹☆hand; script
手计数器☆hand counter
手拣☆hand picking; handpick
手拣富矿☆rich hand-picked ore
手拣样☆picked sample
手拣原矿☆hand-picked crude ore
手绞车☆hand winch{windlass}; hand-gear
手绞盘☆hand windlass; jackroll
(可)手紧的☆handy
手进刀{给}☆manual{hand} feed
手举过肩(的)☆overhand
手锯☆hack-file; handsaw; arm{plunging;hand} saw
(短把)手锯[锯柄固定在锯片背上]☆back saw
手掘井筒☆hand-dug pit
手开动☆hand-motion
手孔☆handhole; hand hole
手孔门☆access door
手控☆hand{manual} control; M/C
手控的☆manually operated{controlled}; m.o.; hand-operated{-controlled;-manipulated}; manual
手控地☆manually
手控阀☆hand-control valve; HCV
手拉粗丝☆starting waste fiber
手拉撒砂器传动杆☆hand sander reach rod
手拉钻☆fly drill
手力机☆hand machine
手轮☆handwheel; hand wheel; derrick wheel[司钻操纵柴油机油门的]
手轮压帽☆drift cap
手螺旋夹☆hand screw cramp
手磨机☆hand mill; hand-mill
手磨石☆handstone
手木锤☆hand-mallet
手喷枪☆hand spray gun; handlance
手旗信号☆hand flag signal
手启动[发动机]☆hand starting
手钳☆hand vice{tongs;vise}; (cutting) pliers; hand dog[美油矿习用语]
手枪☆firearm; pistol
手取(羽叶)属[植;双壳;K_1]☆Tetoria
手取蚬属[双壳;J_3]☆Tetoria
手刹车☆parking brake
手刹车杆☆hand brake lever arm
手筛☆hand screen
手杓☆bail
手勺{杓}取样☆spoon test
手势☆gesture
手势信号☆flag{hand;arm-and-hand} signal
手书☆holograph
手术的☆operative
手刷涂层☆brushing
手水准仪☆Abney level
手抬砂箱☆one man moulding box; one-man flask
手抬消防泵☆portable fire pump
手套☆glove
手提电灯☆electric hand lamp; hand electric lamp
手提电剪刀☆unishear
手提夯实仪☆portable compactor
手提键盘☆digitorium
手提内燃捣固机☆portable gasoline-powered tamper
手提皮箱☆suitcase
手提时计☆chronometer
手提式☆hand-held
手提式测图摄影机☆hand mapping camera
手提式灯☆portable lamp
手提式静电喷枪☆electrostatic hand gun
手提式坡口机☆portable-lathe
手提式实验箱☆portable laboratory hit
手提式转数{速}计☆tachoscope
手提信号☆hand signal
手提自给矿工灯☆miner's hand lamp
手调☆hand set{adjustment}; manual adjustment
手(动)调整☆manual regulation
手头的☆available
手涂焊条☆dipped electrode
手推车☆barrow; troll(e)y; larry; (push) cart; buggy; truck; hand{hurl;wheel} barrow; handcar(t); pushcart; wheelbarrow
手推车工☆wheeler
(用)手推车载运☆trolley
(小型)手推磨☆quern
手推土车☆buggy
手推凿岩机车☆drill carriage
手腕子☆carpus
手尾虫(属)[三叶;O_3-D_1]☆Cheirurus
手镶(金刚石)钻头☆hand-set bit
手写稿☆handwriting
手写体☆script
手信号☆hand signal
手性☆chlrality; chiral
手修☆retouch
手修法☆hand-trimming method
手续☆procedures; process; formalities
手续费☆handling cost; fee; factorage; commission; brokerage
手选☆hand(-)sorting; cobbing; picking (out); hand preparation{picking;cleaning;selection}; sorting (of ores); handpick; separate{separation} by hand
手选材料☆picked material
手选(矿石用两面)锤☆scabbling hammer
手选带☆belt sorter; hand-picking band{belt}; picking{handpicking} belt
手选的☆hand-picked
手选矸石☆handsorting; hand picking{preparation; cleaning;selection}; picking refuse; wale
手选工☆clean-up{cleanup;tiphouse} man; ore{hand} picker; picking labo(u)r; (coal) sorter
手选工长☆slate-picker boss
手选矿石☆screened ore
手选台☆sorting board{table;surface;floor}; hand-sorting{picking} table; strake; hand picking table
手选无烟矿煤[美]☆"pure coal" product
手压泵☆handlance; hand pump; handpump
(柴油机)手压泵☆fuel priming pump
(浅井用)手压泵☆pitcher pump
手压机☆hand-press
手压开关☆petcock
手压油泵☆oil hand pump
手摇泵☆handpump; hand{wobble;hand-operated; donkey} pump; forcer; stirrup hand pump
手摇(压)泵☆force pump

S

手摇(舱底)泵☆handy billy
手摇车☆handcar
手摇磁石(发)电机呼叫☆magneto call
手摇磁石发电机☆inductor
手摇绞车☆hand winch{putter;windlass}; jackroll; hand-operated winch
手摇绞车拉紧装置☆hand-winch take-up
手摇链式回柱机☆sylvester
手摇曲柄☆hand-crank; cranker
手摇上向凿岩机☆hand rotation stoper
手摇推进☆hand-operated feed
手摇推进架式钻机☆hand-feed drifter
手摇油泵☆oil hand pump
手摇凿岩☆barrenar
手摇钻☆bitbrace; (bit;stock) brace; hand drill {auger;brace}; brace bit; breast drill; nager; rotary hand drill; auger; crank brace; hand drill machine; wammel; road auger[探测路基用]
手摇钻机☆barrena; hand drill machine
手摇钻头☆pin bit
手艺☆workmanship; craftsmanship; handicraft; feat; trade
手印☆fingerprint
手用吹风器☆bellows
手用大锤☆sledge hammer; forehammer
手用电钻☆electric hand drilling machine
手用矿样研磨锤☆bucking hammer
手凿{|闸}☆hand chisel{|brake}
手掌☆palm
手杖式钟乳☆walking-stick stalactite
手征性☆chiral
手执计数器☆tally
手指☆digit; finger; talon
手指(的)☆digital
手指试验☆finger test
手制草图☆cartographical sketching
手(工)制的☆handmade
手转伸缩式凿岩机☆hand rotation stoper
手转铁水桶☆shank ladle
手装煤☆hand-filled coal
手装岩石☆hand lashing
手状(的)☆chiroid
手镯形的☆armillary
手镯状阳极☆bracelet anode
手钻☆hand drill{boring}; gimlet; gunlet
手钻炮眼用铁棒[在软物中]☆churn; chump
手钻钎子☆dumper stem
艏板☆stem plate
艏部纵剖线☆bow line
艏侧向推进器☆lateral bow thruster
艏垂线☆forward perpendicular; FP
艏灯☆bow light
艏端甲板☆fantail
艏浮标☆bow buoy
艏护材☆stem fender
艏尖舱☆fore peak tank; fptk
艏楼☆(sunk) forecastle
艏楼后端☆break of forecastle
艏锚☆bower
艏破浪柱☆cutwater
艏汽缸☆head cylinder
艏切水材☆false stem; cutwater
艏倾☆trim by head{bow}
艏柱☆stem (post)
首标☆header label
首波☆head{Mintrop} wave; von Schmidt wave
首部标签☆header label
首车☆first bus; lead car
首城石脑油[石油溶剂]☆prime city{cut} naphtha
首创☆origination; originate
首创精神☆initiative
首次爆破主要炮眼[地面测孔爆破]☆primary blast hole
首次出版☆first published
首次出现基准面☆FAD; first appearance datum
首次故障前平均时间☆mean time to first failure
首次经验☆induction
首次碰撞中子☆first collision neutron
首次熔炼☆pill heat
首都城市和遗产☆capital cities and heritage
首端☆head end
首级分腕板[海百]☆primaxil
首级棘[海胆]☆primary spine
首级腕板[海百]☆primibrachial
首角投影法☆first-angle protection
首客观异名☆senior objective synonym
首领☆chief; captain; boss
首轮☆head roller{sheave}
首轮驱动运输机☆head-pulley-drive conveyor
首批东西☆firstling
首期付款☆initial payment
首曲线☆intermediate contour
首犬熊属[E_2-N_2]☆Cephalogale
首绳☆headrope
首绳塔☆head mast
首饰星石[钙超;E_{2-3}]☆Agalmatoaster
首数☆characteristic
首塔☆head tower
首同名[古]☆senior (homonym); homonym
首尾绳运输绞车☆main-and-tail haulage hoist
首尾线☆keel line
首位☆top
首位的☆banner; capital; ranking; premier; leading
首涡流☆head vortex
首席的☆chief
首先☆first; primarily; uppermost
首项☆first term; leader
首项表☆first-item list
首项元素☆leading element
首相☆premier
首要☆proto-; prot-
首要的☆chief; capital; paramount; overriding
首要化学品☆priority chemical
首要控制[指井喷]☆primary control
首异名☆senior synonym
首站☆initiating pump station; terminal station[原油外输]; initial{originating} station; head bulk plant[油库]
首长☆director; chief
首震☆preliminary shock
首主观异名☆senior subjective synonym
首子午线☆prime{international;first;initial;basis; zero;Greenwich} meridian
首字母☆initial
守车☆caboose[美]; guard's van[英]; brake-van
守宫科☆Gekkonidae
守宫类☆Gekkota
守宫木属☆Sauropus
守规则☆regulate
守恒☆conserve; conservation
守恒电流☆persistent current
守恒定律☆conservation law; law of conservation
守恒性☆conservative property
守护神☆palladium; Pd
守旧的(人)☆conservative
守时克里格[点克里格法]☆punctual kriging

shòu

寿命☆life (span;time;length); lifetime; endurance; campaign; age; standing time; longevity; working life; length of life[使用]; service
寿命不长的建筑物☆limited life structure
寿命测定☆life-span determination
寿命较长的☆longer-lived
寿命试验☆durability{life} test; length of life test; long run test; long term test
寿命抑制因数☆life time killer
寿命预计☆biometry
寿命周期☆life cycle
寿山黑石☆agalma black
寿山石[叶蜡石的致密变种;$Al_2(Si_4O_{10})(OH)_2$]☆agalmatolite; figure stone; pagodite; pagoda stone; soapstone; lardite; korei(i)te; restormelite; coreite; koirei(i)te; agalmatolith
寿山石雕☆minor stone-carving of Shoushan
授(权)☆delegate
授粉☆pollination
授粉者☆pollina
授权☆authorization; authorize; empower; delegation of authority
授权给☆warrant
授权签字的印鉴☆facsimiles of authorized signatures
授权书☆letter of authority; power of attorney; L/A; P.A.
授时☆time service
授体☆donator; donor
授勋☆decorate
授予☆investment; grant; impart; award; gift
授予(称号)☆dub
授予合同☆award of contract
授予者☆grantor; granter
授予证书☆document
授予……证书☆certificate
售出权益☆farm out
售给矿工用的煤☆quarter coal
售后服务☆after(-sale) service
售货合同☆sales contract
售价☆(selling) price
售煤处[港口]☆fitting office
售票☆booking
售票员☆conductor
受保护的物种☆protected species
受保人☆insurant
受变质的☆metamorphosed
受变质硅铁建造☆metamorphosed cherty iron formation
受变质岩石☆metamorphosed rock
受冰川作用的☆glacialized; glaciated; glacierized
受冰冻的表土层[冬涨夏缩]☆active layer
受波器☆geophone
受补区☆intake area
受采动影响的覆盖层[地采]☆affected overburden
受超压的☆overpressed
(变压器)受潮☆breathing
受潮面积☆wettability wetted area; wetted area
受潮(地)区☆tideland
受潮岩☆tide-rock; side-rock
受冲击(波作用)的☆diaplectic
受冲击地区☆target area
受冲击端☆struck end
受冲刷的油藏☆flushed pool
受冲刷圈闭☆flushed-out trap
受处理机限制的☆processor-bound; processor limited
(使)受挫折☆balk
受到☆expose; receive; be subjected to; yield to[作用、影响]; come in for
(套管)受到损坏的部位☆bad spot
受电端阻抗☆receiving-end impedance
受电弓☆bow current collector; pantograph
受电器触轮☆trolley
受动器☆effector
受堵塞割缝☆restricted slot
受断层影响的地形☆fault-related topography
受风距离☆fetch
受腐蚀☆erode
受干扰日[地磁]☆disturbed day
受雇者☆employee
受害者☆victim
受河流控制的☆river-dominate
受护陆架☆protected shelf
受欢迎的位置☆favoured locations
受激发射☆stimulated emission
受激辐射可调电子放大器☆teaser
受激井喷☆stimulating{stimulated} blowout
受激原子☆excited atom
受夹介电常数☆clamped dielectric constant
受监护☆tutelage
受剪切片麻岩☆sheared gneiss
受剪应变☆tangential deformation
受精(作用)☆fertilization
受精卵☆oospore; oval-cell; zygote
受卡套管☆stuck casing
受控☆under control
受控保险方案☆Controlled Insurance Project; CIP
受控火烧☆controlled burning
受控机构[自动控制]☆slave mechanism
受控井喷☆controlled blowout
受控聚变堆☆controlled thermonuclear reactor; CTR
受控燃烧☆controlled burning
受控渗漏补给☆controlled seepage recharge
受控雪崩整流器☆controlled avalanche rectifier
受苦☆hardship; suffering
受款人☆payee
受矿仓☆receiving bin
受拉部分☆advancing{tension} side
受拉的☆tensile
受拉件☆tension(-carrying) member
受拉接合{头}☆tension joint
受拉区域☆tension side
受浪面积☆wetted area
受力范围☆field of load

受力梁☆bearing beam
受力体☆bearer
受力元件☆force-summing element
受力状态☆stress state
受量☆injectivity
受料仓☆receiving bin{bunker;hopper;pocket}；reception hopper
受脉冲作用的☆pulsed
受煤仓☆receiving bin
受煤坑{仓}☆track hopper
受纳(致污组分的)水体☆receiving water body
受难者☆sufferer
受黏度控制的互溶剂☆viscosity controlled mutual solvent
受扭构件☆member in torsion
受扭晶体☆twister；twistor
受盘人☆offeree
受劈性☆cleavability
受骗者☆victim (of a swindler)；fool
受迫动态误差☆forced dynamic error
受迫发射☆induced emission
受气候影响的☆meteorotropic
受侵地层☆invaded formation
受侵蚀尚少的☆young
受让人☆grantee；lessee
受扰日[地磁]☆active day
受扰位置☆disturbed site
受热变形☆temperature distortion
受热即分解的☆thermolabile
受热历程☆thermal history
受热土层☆heat(ed) soil
受热系数☆coefficient of heat perception
受摄体☆disturbed body
受摄运动☆perturbed motion
受射流冲洗的地层环形带☆jet-washed formation annulus
受舍灰岩☆receptor limestone
受声波的作用[尤指高频声波]☆insonate
受声器☆acoustic receiver
受势系数☆thermal-acceptance ratio
受输入输出限制的☆I/O-bound
受水地层☆receiving formation
受水河☆recipient stream
受水区☆reception basin；collectingarea；catchment {intake;collecting} area
受酸危害{影响}的☆acid-affected
受体☆acceptor；receptor；donee；accepter
受调节水流☆regulated stream
受托人☆assignee；consignee；bailee；depository；referee
受外伤☆traumatize
受弯构件☆member in bending
(使)受……危害☆jeopardize
受污染井的产能☆damaged well productivity
受限变量☆bounded variable
受限的☆confined
受限流体☆contained fluid
受限屏障☆containment barrier
受限制的☆restricted；finite；res.；obligatory
受限制性☆conditionality
受效☆response
受信任的人☆trusty
受雪井☆snow receiving shaft
受训练者☆exerciser
受训人☆trainee
受压☆bearing
受压变形☆compressive deformation
受压冰☆confined water
受压层☆bearing course；compressure{compressed} layer
受压沉陷☆compression-subsidence
受压的☆compressional
受压力破坏☆compression failure
受压面积☆area of pressure；compression area
受压速度☆load speed
受压突出☆pressure bump
受压岩石☆pressed rock
受压页岩☆pressured shale
受压翼缘☆compression flange
受淹面积☆inundated area
受淹森林或漂移树木形成的煤☆pelagochthonous coal
受液池☆catch tank
受益☆benefit
受影响的层{|区}☆disturbed zone{|area}
受影响区☆affected area
受应力层☆stressed layer
受有☆endowed with
受约人☆promisee
受约束机构☆constrained mechanism
受孕☆pregnancy
受孕的☆fertile
受载☆stand under load
受照体☆illuminated body
受褶皱作用的☆fold-modified
受震程度☆seismicity
受证人☆licensee；licencee
受支配的☆subject
受制冰崩地貌☆control(led) disintegration feature
受制管道☆restrained line
受重力作用☆gravitate；gravitative
受重速度☆load speed
受主[半导体]☆acceptor；accepter
受主电流☆hole current
受主分子☆acceptor molecule
受阻沉降☆hindered settling
(频带)受阻区☆reject region
受阻弯转☆restrained bend
狩猎保护区☆game reserves
狩月☆hunter's moon
瘦棒面☆conseranite；conzeranite
瘦棒石[$(100\text{-}n)Na_4(AlS_3O_8)_3Cl{\bullet}nCa_4(Al_2Si_2O_8)_3(SO_4,CO_3)$]☆couseranite (couzeranite)；couzeranite
瘦波痕☆starved ripple
瘦的☆thin；lean
瘦地槽☆leptogeosyncline
瘦地槽相☆leptogeosynclinal facies
瘦果[植]☆akene；achene
瘦猴[Q]☆presbytis；langur
瘦煤☆lean{meagre;uninflammable;non-gaseous;non-bituminous;dry;meager} coal；black(-)jack；hard ash coal
瘦黏土☆lean{sandy;sand;meagre} clay；adobe
瘦肉精[盐酸克伦特罗]☆clenobuterol hydrochloride
瘦(型)砂☆lean (mo(u)lding) sand；weak{mild} sand；mild moulding sand
瘦烛煤[含氢量低,过渡到烟煤]☆lean cannel coal；semi(-)cannel coal
兽☆beast；brute
兽(的)☆animal
兽齿亚目[P_2-T_3]☆Theriodontia
兽迹☆animal tracks
兽鲸属[N]☆Cetotherium
兽孔目[爬;P_2-T_3]☆therapsida
兽力运输☆teaming
兽皮☆hide
兽群☆Synapsida
兽炭☆animal charcoal
兽头亚{附}目☆therocephalia
兽形纲☆Theropsida
兽形类☆Synapsida；therapsida
兽形亚纲[爬]☆Theromorpha
兽亚纲☆theria
兽疫☆epizooty
兽疫学☆epizootiology
兽足亚纲{目}[爬]☆Theropsida

shū

蔬菜(的)☆vegetable；vegetal
蔬食的☆vegetarian
枢☆pivot
枢动断层☆trochoidal fault
枢杆☆hinged arm
枢机☆helm
枢纽☆pivot{hinge}[褶皱]；junction；gelenk {scharnier}[德]；apex [pl.apices]；linchpin
枢纽的☆nodal；pivotal
枢纽断层☆pivotal{hinge} fault
枢纽关节☆ginglymus
枢纽线等倾伏线☆hinge-line plunge isogons
枢纽站☆junction (station)；junc；terminal station
枢销☆pivot pin
枢轴☆pivot (shaft)；king bolt{journal}；weigh bar shaft；trunnion；swivel；journal；wrist；teat；pintle
枢轴承☆step{pivot(ed);pivoting} bearing；gantry post
枢轴垫片☆shaft spacer
枢轴关节[脊]☆trochoid
枢轴铰链接合☆pivot knuckle
枢轴盘☆thrust plate
枢轴元素☆pivotal element
枢轴支撑发动机☆pivoted engine
枢转度{性}☆pivotability
枢转断层☆pivotal fault
枢桩☆key pile
枢椎☆epistrophyeus；axis [pl.axes]；epistropheus
梳成辫子☆queue
梳齿层☆comb layering
梳齿蛤(属)[双壳;O-S]☆Ctenodonta
梳齿型[双壳]☆ctenodont
梳齿形[棘]☆pectinate
梳齿状构造☆spur-and-groove structure
梳刀盘☆chaser
梳冠孢属[C_2]☆Cristatisporites
梳海扇属[双壳;C-P]☆Euchondria
梳机☆comb
梳尖齿兽属[多瘤齿目;J]☆Ctenacodon
梳理(头发)☆dress
梳理作用☆combing effect
梳轮☆comb
梳毛机☆teaser
梳膜☆pecten
梳珊瑚属[D_3]☆Pexiphyllum
梳式架☆comb rack
梳式排水渠☆herringbone drain
梳刷者☆comber
梳型分编☆forming
梳型分配阀组☆pipe manifold valves
梳型管☆(pipe) manifold
梳型聚合物☆comb polymer
梳型矿耙齿☆hoe teeth
梳型耙斗☆rake scraper
梳型砂轮☆multiple rib grinding wheel
梳型信号☆comb signal
梳形尾虫属[三叶;C_3]☆Ctenopyge
梳趾鼠形啮齿类☆ctenodactylomorph rodents
梳皱孢属☆Tripartina
梳状波发生器☆comb generator
梳状的☆comby；pectiniform；pectinal
梳状函数☆comb (function)；shah
梳状结构☆pectination
梳状山☆comb-ridge
梳状突起☆pecten
梳状褶皱☆ridge-like{comb} fold
输[电]☆transmit
输差☆over and short；O & S
输尘管☆dust pipe
输出☆(computer) output；lead-out；export (outgoing)；exportation；outcome；take-off；yield；send{fan} out；effluent；delivery；outgoing；turnout；outlet
输出(功率)☆development
输出不变区☆dead band
输出侧☆outgoing side
输出的☆deferent；terminal；outbound；outgoing
输出低频电路☆integration circuit
输出地址☆output address；OPADD
输出动量☆leaving momentum
输出端☆lead-out；output (terminal;port;lead;end)；carryout terminal；pigtail；mouth；coil out；take-off
输出端口☆output port
输出端数☆fan-out factor；fan out；outdegree
输出港☆port of exportation；outport
输出功率☆output (power)；delivered{shaft} horse power；DHP；shp
输出工作队列☆output work queue
输出管☆delivery pipe；output tube；efferent duct
输出灰岩☆donor limestone
输出记录☆recording of output
输出立管☆export{shipping} riser
输出量☆sendout；output
输出脉冲☆reproduced pulse
输出门☆out gate
输出能量☆energy output；output energy
输出器☆follower
输出请求☆output request；OPREQ
输出曲线☆curve of output
输出设备☆output device{equipment;unit}；delivery arrangement；out(-)device；output
输出数据☆output data；data-out；DATO；printout
输出系数☆discharge{output} coefficient
输出下限☆bottoming

S

输出信号振幅☆output amplitude
输出信息速率☆output information rate
输出扬程☆delivery head lift
输出者☆exporter
输出支管☆outlet branch
输出值偏差☆output disturbance
输出轴☆output shaft{axis}；oa；take-off
输出装置☆output device{element;unit}；out-device；final assembly
输导层☆transport layer
输导岩☆carrier rock
输导组织[植]☆conducting{vascular} tissue
输导作用☆translocation
输{管}道余留存量☆pipeline stock
输电☆(power) transmission；transmit electricity
输电(能力)☆transmission capacity
输电电缆☆feeder cable
输电回路☆transmitting loop
输电塔☆electric transmission pole tower
输电网☆power transmission network；transmission grid；grid system
输电线☆power line；(electric) transmission line
输电线塔☆transmission line tower
输给☆deliver
输进☆trans；transfer
输精的☆seminiferous；deferent
输口速度☆muzzle velocity
输矿浆☆pulp transport
输料速度☆delivery rate
输卵管萼☆calyces [sgl.calyx]
输煤管☆coal pipeline
输气☆gas transmission
输气管☆gas-supply pipe；duct；transmission.line
输气管上的分液器☆drip
输气孔☆transfer port
输热流体☆heat-transporting fluid
输入☆lead-in；(computer) input；introduce；incoming；inlet；imput；import(ation)；enter(ing)；bring{fan} in；fan-in；entry；load(ing)；IN；
输入笔☆stylus [pl.-li,-es]
输入代替工业☆ISIs；import substitution industries
输入的☆inward
(调速管的)输入电极☆buncher
输入电流曲线☆arrival curve
输入电路☆input (circuit)；IC
输入端☆lead-in；input (end;terminal)；intake；carry-in terminal；coil in；IN
输入端数☆fan-in (factor)；fan in
输入港☆port of importation{entry}
输入功☆input work；work input
输入功率☆input (power)；power input；IP；PI
输入辊道☆run-in table
输入灰岩☆receptor limestone
输入机☆reader
输入结束(标志)☆end of input；EOI
输入精矿☆custom concentrate
输入孔☆access port
输入门☆ingate
输入热量☆heat input
输入式航空电脉冲勘探法☆input airborne electric pulse prospecting system
输入-输出互相关定理☆input-output cross-correlation theorem
输入数据☆incoming{input;import} data；data-in；input information；DATI
输入水☆imported water
输入图形表☆menu sheet
输入外资☆introduce foreign capital
输入相片☆input photograph
输入信号☆input (signal)；incoming signal
输入信号反相☆input inversion
输入引导☆bootstrap
输入支管☆inlet branch
输入总线[存储器的]☆storage-in bus
输砂管☆sand line
输砂{沙}量☆sediment yield；sediment discharge {load; yield;runoff}；load；duty of water traction；charge；silt{natural} load；sediment-transport rate；bed load calibre；sedimentary leading{loading}；load of stream
输砂率☆load discharge ratio；sediment-delivery ratio；transport concentration；sediment-transport rate；silt discharge
输砂能力☆competence
输砂浓度☆transport concentration
输砂效率☆sand-transport efficiency
输沙☆sediment transport
输食系统[棘]☆subvective system
输水☆water delivery；conveyance of water
输水道☆raceway
输水管(道)☆aqueduct；main pipes；delivery pipe；water line
输水管路延长☆waterline extension
输水管线☆waterline；water-transmission{water} line
输水平硐☆water-carrying tunnel
输水桥☆aqueduct
输水水头☆delivery head
输水隧洞☆water-tunnel
输水系统☆water-carriage system
输送☆transport；carry；convey；deliver(y)；travel；discharge；entrainment；transference；handle；transportation；feed[磁带等]；entrain；despatch；conveyance；deportation；transmission；handling；transfer；teaming；moving；stir
输送槽式干燥器☆conveyor dryer
输送侧螺塞☆delivery side plug
输送层☆transporting band
输送带倾角☆delivery angle
输送带停转机构☆draper stop
输送的☆deferent
输送端阻抗☆sending-end impedance
输送阀导向装置☆delivery valve guide
输送方向☆throughput direction
输送高度☆height of delivery
输送固体的管线☆solid pipeline
输送管☆duct；(flow) pipe；gathering{pipe} line；line pipe；delivery；deferent；pipeline
输送管线走廊☆transmission-line corridor
输送机☆(collecting) conveyor；transporter；conveyer
输送机安装中线☆flight centre
输送机搬移工☆panman
输送机槽☆conveyor pan{section;trough}；pan
输送机承料槽☆conveyor trough
输送机传动轴衬套☆conveyor drive；shaft bush
输送机道☆conveyor (track)；conveyor-way
输送机的平板☆apron
输送机端承☆conveyor end bearing
输送机段☆conveyor flight
输送机构☆conveying mechanism
输送机横向卸载悬臂滚筒☆cross delivery drum
输送机化的开采(法)☆conveyor mining
输送机胶带`托滚架{|卡子}☆conveyer belt carrier {|fastener}
输送机胶带清除工☆belt cleanup man
输送机结构纵向爬行☆conveyor creep
输送机煤斗支座☆conveyor hopper support
输送机式分级机☆conveyor separator
输送机通行槽☆conveyor trough
输送机窝球节☆conveyor balljoint
输送机下安设垛式支架☆cribbing-up the conveyor
输送机卸料端安装的卸料悬臂☆jib-end
输送机卸料悬端☆jib end
输送机移动{挪;置}工☆conveyor man{shifter}；pan shifter{turner}；pan man；conveyor flitter
输送机主动棘轮☆conveyor drive ratchet wheel
输送机爪回动销☆conveyor pawl reverse pin
输送机组总长度☆(total) terminal centres
输送计划☆displacement{transportation;traffic} plan
输送两种油品的管线☆dual-product pipeline
输送量☆delivery value；(operational) throughput；transport capacity；pumpage
输送流速☆nonsilting{transportation} velocity
输送率☆rate of delivery
输送煤斗承板☆conveyor hopper bearing plate
输送皮带外罩☆conveyor cover
输送器☆carrier；bucket；conveyor；forwarder
输送途中储存☆transit storage
输送压缩空气的胶皮管☆air hose
输送原油及重质油品的油轮[船]☆dirty tanker {ship}
输送站☆dispatch station
输送装置☆conveying device；handler；feedway；transportation
输线费用指数☆pipeline cost index
输线检漏☆pipeline leak detection
输血☆(blood) transfusion；bolster up
输血者☆donor
输氧呼吸器☆oxygen coffer
输氧器☆inhalator；inhaler
输药软管☆discharge hose
输液瓶☆liquid transfusion bottle
输液软管☆hydraulic hose
输油☆spit oil
(柴油机)输油泵☆(fuel) transfer pump
输油泵并联运行☆parallel operation
输油泵站☆on stream
输油干线☆production trunk line
输油管☆petroleum pipeline；pipe bridge；flow line
输油管道加压泵站☆line booster pump station
输油管的旁接罐☆floating tank
输油管线☆oil (pipe) line
输油管用泵☆oil-line pump
输油管中间泵站☆relay pump station
输油计划☆transportation plan
输油监测计量☆custody transfer measurement
输油损耗☆pumping losses
输油油轮☆shuttle tanker
输油站的输油报表☆out of station report
输油证☆clearance certificate
输油转运平台☆terminal platform
输运☆transportation
输运方程法☆transport equation method
输转☆pumping over
输子试压☆pipe test
叔[三元胺及 R_3COH 型的醇]☆tertiary；tert-
叔胺☆tertiary amine
叔醇[RR'R"•COH]☆tertiary alcohol
叔丁醇☆methyl propanol；tertiary butyl alcohol
叔丁基氯☆tertiary butyl chloride
叔己醇[$(CH_3)_2CH$-$C(OH)(CH_3)_2$]☆tertiary hexyl alcohol
叔碳原子☆tertiary carbon atom
叔烃☆tertiary hydrocarbon
叔戊醇[C_2H_5•$C(CH_3)_2OH$]☆tertiary amyl alcohol
倏逝波☆evanescent wave
舒伯特{克特;氏}鏇(属)[孔虫;C_2-P]☆Schubertella
舒布尼科夫☆Shubnikov
舒布尼科夫群[双色空间群]☆Shubnikov {Schubnikow} group
舒布尼科夫阵☆Shubnikov Groups
舒尔茨-哈迪律☆Schulze-Hardy rule
舒尔兹法☆Schultze method
舒尔曼系列☆Schürmann series
舒缓[坡度小]☆gentle；gradual
舒克贝属[腕;C-P]☆Schuchertella
舒克角石属[头;O_{2-3}]☆Schuchertoceras
舒勒尔周期☆Schuler period
舒勒调谐稳定平台☆Schuler-tuned stabilized platform
舒里卡氏苔藓虫属[D_3]☆Schulgina
舒马德虫(属)[三叶;O]☆Shumardia
舒曼共{谐}振☆schumann resonance
舒曼隆吉连续带☆Schumann-Runge continuum
舒适☆amenity；amenities
舒适性供冷☆comfort cooling
舒适因素☆comfort factor
舒氏定则☆Schuster's rule
舒斯特法则☆Schuster's rule{convention}
疏齿形☆remoto dentatus{serratus}
疏粗线☆paucicostae
疏电(子)的☆electrophobic
疏伐☆thinning
疏干☆dewater(ing)；unwater(ing)；drainage by desiccation；drainage；depletion；draining
疏干泵☆well-point pump
疏干程度☆degree of drainage
疏干漏斗☆cone of exhaustion
疏干盆地☆desiccating basin
疏干性开采(水)量☆mining yield
疏干钻孔☆drain{drainage} hole
疏管藻属[T]☆Paucibucina
疏合物☆symplex
疏忽☆laxity；inadvertence；failure；negligence；neglect
疏忽错误☆missing error
疏花岗岩元素☆granitophobe element
疏结的[骨针;绵]☆lyssacine
疏结目[六射绵纲]☆Lyssacina
疏菌的☆mycophobic
疏浚☆sweep；dredge；dredging；scour(ing)；drag
疏浚船☆dredger
疏浚区☆dredged area

S

疏开☆deployment；dispersal
疏离井框支护☆open-crib timbering
疏离支柱采场☆open {-}timbered stope
疏林草原☆veldt；veld
疏林地☆opening
疏密波☆dila(ta)tional wave{arc}； compressional-dilatational wave
疏木的☆manoxylic
疏耦合☆loose coupling
疏铺石板[建]☆spaced{open} slating
疏气的☆aerophobic
疏散☆evacuation；evacuate
疏散坡道☆escape ramp
疏散支柱☆open sheeting
疏散状态☆loose condition
疏扫描☆coarse scanning
疏树草地☆parkland
疏树草原☆boschveld
疏树常绿阔叶灌木丛☆monte
疏水单分子层☆water-repellent monolayer
疏水的☆hydrophobic；washing{water} repellent；hydrophobous
疏水基☆hydrophobic group
疏水器☆condensate trap；standpipe
疏水系统☆dewatering system
疏水性☆hydrophobicity；hydrophobic property；water repellent；hydrophobe
疏松☆loosen(ess)；loose；puff；unconsolidation；fluff
(岩脉)疏松部位[岩脉的]☆swallow
疏松层[孔虫]☆tectorium [pl.tectoria]
疏松的☆loose；crumbly；spongy；unconsolidated；meuble；loosened
疏松地层☆unconsolidated formation
疏松度☆fraction void
疏松堆积☆open packing
疏松粉末雪☆wild snow；wildschnee
疏松矿石☆bulk ore
疏松煤☆friable{loose} coal
疏松母质岩☆regolith
疏松砂层☆unstressed{understress;shifting;loose} sand
疏松石蜡☆slack wax；paraffinic slack wax
疏松填料[如软木屑、锯木屑]☆aerated filler
疏松土壤☆chessom
疏松质石灰华☆open tufa
疏松作用☆fluffing action
疏酸的☆acidophobous
疏穗苏铁(属)[裸子]☆Beania
疏通☆breakdown；ball out；deroppilation；mediate between two parties[调解;沟通]；dredge[疏浚]
疏通的☆deoppilant
疏通费☆facilitating payment
疏通关系☆lubricate relationships
疏通流通渠道☆unclog circulation channels
疏通商品渠道☆dredge the channel of the circulation of commodity
疏通药☆deoppilant；deoppilative
疏通淤滞的河道☆dredge the sluggish river
疏线☆paucicostellae
疏型壳线☆paucicostae
疏型壳纹☆paucicostellae
疏旋式☆paucispiral
疏穴孢属[K_1]☆Foveosporites
疏液的☆lyophobic
疏液器☆liquid trap
疏液溶胶☆lyphobic sol；lyophobe
疏液体☆lyophobe
疏油的☆oleophobic
疏圆齿形☆remoto crenulatus
疏远☆chilliness
疏云☆partly cloudy
疏质子的☆protophobic
书(本)☆book
书包☆satchel
书的章节☆chapter；chap.
书的左页☆verso
书店☆bookshop；bookstore
书堆组构☆book-house fabric
书记☆secretary
书记员☆clerk
书刊目录{评述}☆bibliography
书库☆repository
书面答复☆rewrite
书面同意☆written approval
书名☆title
书目(提要)☆bibliography
书鳃(类)[节鲎类]☆book gill
书写☆writing
书写体☆clerical type
书页黏土☆book clay
书页岩☆bibliolite；bookstone；page{book} stone
书页云母☆(mica) book
书叶岩☆bibliolite；book stone
书状页岩☆bookstone
书桌☆desk

shú

秫秸窗[水砂充填]☆fascine
熟白云石☆magnefer
熟粉☆prepared powder
熟腐泥☆eu-sapropel
熟钢管编号[美]☆Schedule；Sched.
熟化☆curing；cure；cultivate (land)；sla(c)king；till；slake；maturation
熟化的(石灰)☆slack
熟化泥浆☆mature mud
熟化石灰的设备☆slaker
熟化时间[石灰]☆time of slaking
熟化土☆vegetable soil
熟化土壤☆tilth top soil
熟化污泥☆ripening sludge
熟焦☆burning coke
熟焦宝石☆calcined flint clay
熟练☆proficiency；facility；master(y)；sleight
熟练程度☆proficiency；skill level
熟练的☆expert；versant；slick；skilled；proficient
熟练工减少☆dilution of labour
熟练工人☆labour；artisan；journeyman；capable men；artizan；artism；skilled worker{labor}；old hand
熟练焊工☆bell-hole welder
熟料☆clinker (aggregate)；grog (refractory)；chamotte；fired refractory material
熟料标号☆strength grading of clinker
熟料急冷☆quenching of clinker
熟料坯☆briquette；briquet
熟料热耗☆heat consumption of clinker
熟料砂☆chamotte sand；compo
熟料升重☆liter weight of clinker
熟料形成☆clinkering zone
熟料颜色☆colour of clinker
熟裂的☆dehiscent
熟铝石☆tanatarite
熟球团矿☆burnt pellet
熟石膏☆plaster；calcined{burnt;dried} gypsum；miltonite；plaster of paris
熟石膏粉☆calcined gypsum plaster{powder}；gesso
熟石膏泥浆☆plaster sludge
熟石灰[$Ca(OH)_2$]☆hydrated lime；calcium hydrate{hydroxide}；limoid；drowned{burned;slack(ed);slaked;white} lime
熟石灰库☆hydrated lime storage
熟石灰乳(液)☆slaked lime milk water
熟铁☆wrought{dug;wr't;ball} iron；knobbled is on；wrought-iron；puddle steel
熟铁板☆wrought {-}iron plate；boster
熟铁扁条轧辊☆muck rolls
熟铁成球☆balling
熟铁初轧扁条☆muck bar
熟铁初轧条☆millbar
熟铁块吹炼法☆bloomery；bloomary
熟铁条☆plated bar
熟铜[60Cu,40Zn]☆muntz (metal)
熟土☆previously cultivated land；mellow soil
熟污泥☆processed{ripe} sludge
熟悉☆familiarize；familiarity；acquaint
熟悉的☆versant
(对操作的)熟悉过程☆checkout
熟悉汇兑的人☆cambist
熟渣☆matured slag

shǔ

暑湾[月面]☆Sinus Aestuum
曙光☆aurora；twilight
曙光石☆eosphorite
曙红[$C_{20}H_8O_5Br_4$]☆eosin
曙红(染料)☆eosin
曙暮光☆twilight；crepuscule；crepuscle
曙暮光弧☆twilight arch
曙暮弧☆crepuscular arch
曙暮辉☆twilight-glow
曙人属☆Eoanthropus
署☆office
署长☆director；Dr.
蜀葵叶旋花[俗名旋花,旋花科,磷局示植]☆Convolvulus althaeoides
蜀黍红疹颈圈☆collarette
鼠(式光)标器☆mouse
鼠道式排水沟☆mole drains
鼠洞[放方钻杆用]☆rat hole；mouse hole；rathole
鼠洞吊卡[把钻杆吊入鼠洞用的]☆rat-hole elevator
鼠𫛭{负鼠}属[Q]☆Marmosa
鼠海豚类☆porpoises
鼠科(动物)☆murid
鼠狸☆Hyracotherium
鼠李粉属[孢;E]☆Rhamnacidites
鼠李科☆Rhamnaceae
鼠李糖☆rhamnose
鼠李糖脂☆rhamnolipid
鼠笼☆squirrel cage
鼠笼式感应电动机☆squirrel-cage induction motor
鼠色石耳☆velvet moss
鼠鲨属[K-Q]☆Lamna
鼠獭☆sewellel；Aplodontia
鼠兔(属)☆Ochotona；pika；cony
鼠尾藓属☆Myuroclada
鼠形类☆Myomorpha
鼠形啮齿类☆Myomorph{Muroid} rodents
数不清的☆innumerable；countless
属☆genus[生类;pl.genera]；group；race
属带☆genus-zone
属的[生]☆generic
属典型种☆generitype
属海胆壳的☆coronal
属加里东期☆Caledonian affiliation
属渐变{演化}☆genetic drift
属煤的☆coaly
属名☆generic name
属模标本☆genotype
属全型☆diplotype
属生带☆generic biozone
属酸性火成岩的☆persilicic
属听感的☆aditory
属统模(型)☆genosyntype
属完模(型)☆genoholotype
属型[生]☆generitype；genotype
属形☆genomorph
属性☆attribute；property；attribution；affection[事物]
属性抽样☆sampling of attribute
属性列表法☆attribute listing
属性确定的单位☆attribute-defined unit
属性特征☆attribute property；attributive character
属性文法☆attributed grammar
属选模(型)☆genolectotype
属延限带☆genus-range-zone
属以上名称[生类]☆suprageneric name
属于☆fall in；pertain
属于地的☆terranean
属于矿山土地所有者的矿石份额☆duty (ore)
属于脸颊或口的☆buccal
属种同名[动]☆tautonymy；tautonym

shù

术语☆jargon；nomenclature；terminology；technic；language；(technical) term；techn(ic)ology；buzz word；technicality；phraseology；register[适用于某一特别问题或场合的]；slang[专门的]
术语汇编☆glossary
术语学☆terminology；technology
树☆tree；arbor [pl.-es]；fir
树笔石(属)[Є-C_1]☆Dendrograptus
树草漂浮物☆sudd
树层孔虫属[D_2]☆Dendrostroma
树杈状分叉式[叠层石]☆minjaria type
树丛群落☆alsium
树丛沼泽☆slash
树丛植物☆alsad
树丛状泉华柱☆tufts
树袋熊(属)☆Phascolarctos
树墩☆stump
树发属[地衣;Q]☆Alectoria

S

树杆制矿用梯子☆monkey ladder
树干☆tree trunk{stem}；trunk
树干化石[常在煤层内]☆erratic
树根桩☆root pile
树根状☆tuberose
树挂☆air hoar；rime
树冠☆crown
树管笔石(属)[O_1]☆Dendrotubus
树海百合亚目[棘]☆Dendrocrinina
树海箭(属)[棘海箭纲]☆Dendrocystites
树环☆tree ring
树胶☆(natural) gum；balsam；gum of a tree
树胶醛醣☆arabinose
树胶状☆gumminess；gummy appearance
树角海绵(动物)目[K-Q]☆Dendroceratida
树茎☆tree stem
树景大理岩☆landscape{forest} marble
树篱☆hedge
树篱再生☆hedgerow regeneration
树立警告牌☆fence off
树林☆woods；hurst；forest；grove
树林石☆polymnite
树林状☆dendrite morphology；dendritic；dendroid
树龄学☆dendrochronology
树瘤☆knag
树龙☆Bradysaurus
树轮断代☆dendrodate
树轮年代学☆dendrochronology
树苗☆saplings
树模☆tree mold
树模石☆dendrite；dendron
树木☆silva；sylva [pl.-as,-ae]；timber
树木的☆arboreal
树木(状)的☆arboreous
树木凋落物☆tree litter
树木花粉☆arborescent{tree} pollen；TP；AP
树木年轮☆tree{growth} ring
树木线☆timberline；forest line；treeline
树木学☆dendrology
树木掩蔽☆vegetation screen
树木园林☆arbustum
树木状的☆arborescent
树年代学☆dendrochronology
树年轮☆annual zone；(tree) ring；annual (growth) ring
树皮☆bark
树皮表面附生植物☆epiphylloeophyte
树皮铲凿☆tan spud
树皮的☆corticous
树气候学☆dendroclimatology
树鼩属[Q]☆Tupaia；tree shrew
树上生活的☆arboreal
树身刻痕标志[刮去树皮后]☆blaze
树身上留下的痕迹☆blaze
树石松☆tree clubamoss
树食动物☆herbivoria
树食恐龙☆herbivorous Rhinosaurus
树食生物☆herbivora
树手海参目[棘]☆Dendrochirotida
树算法☆tree algorithm
树藤☆tree fern
树纹米黄 A[石]☆Biancone A
树线☆timberline；tree line{limit}；timber line
树型网络☆tree network
树形笔石目☆dendroidea
树形图☆tree derivation{diagram}；dendrogram；arborescence
树岩燕☆tree swallow
树叶牙形石属[C]☆Dryphenotus
树液☆sap；serum
树瘿☆wart
树语言☆tree language
树沼(泽)☆swamp
树枝☆limb
树枝化石☆dendrolite
树枝晶☆dendrite；dendritic crystal；firtree{dendritic;arborescent} crystal；dendrolite
树枝石☆dendr(ol)ite；polymnite；dendron
树枝型(的)☆dendriform
树枝型水系☆dendritic drainage pattern
树枝状☆branching；dendritic；tuberose；branched
树枝状笔石群体分枝☆dendroid rhabdosome
树枝状的☆branched；dendroid；dendritic；branching；arborescent
树枝状地下水系☆branch work
树枝状构造☆arborescent structure
树枝状谷☆dendritic valleys
树枝状浸染沉积物☆dendrite-impregnated sediment
树枝状排水系☆arborescent drainage pattern
树枝状石☆dendrite
树枝状图☆dendrograph；dendrogram；tree
树枝状(水管)网☆ramification ramified system
树枝状样式☆dendriticpattern
树枝状组织{结晶}☆treeing
树脂☆jaffaite；resin；colophony；rosin；resinoid；pitch；resinaceous；nature
ABS 树脂☆ABS {acrylonitril-butadiene styrene} resin
树脂斑岩☆Stigmite
树脂层☆resin-bed
树脂醇☆resinol
树脂-地层砂偶联剂☆resin-sand coupling chemical
树脂度☆resinousness
树脂覆膜砂☆resin {-}coated sand
树脂管痕☆resin canal cast
树脂化(作用)☆resinification
树脂化石☆fossil resin；sun-stone
树脂基液☆plastic base
树脂胶结充填层☆resin stabilized pack
树脂胶结顶板销板☆resin-bedded roof bolt
树脂胶结销杆☆resin-anchored bolt
树脂结合镁质白云石砖☆resin-bonded magnesite-dolomite brick
树脂菌☆bernardinite
树脂类矿物☆mineral resin
树脂沥青☆retinite；resinite；retinasphalt；resin asphalt；anthracoxene；antracen
树脂锚固的☆resin-grouted
树脂黏合编织物☆resin-bonded fabric
树脂黏结剂胶囊☆ampo(u)le of resin adhesive
树脂-溶剂固化剂(体系)☆resin-solvent-curing agent
树脂溶液增黏时间☆resin thickening time
树脂色层法☆resinography
树脂砂覆砂造型☆permanent-backed resin-shell process
树脂砂浆充填挤压☆consolidated pack squeeze
树脂砂片☆resin carborundum disc
树脂砂热变形试验仪☆tester for hot distortion of resin-bonded sand
树脂渗浸纸☆film
树脂石☆retinite；fossil resin；muntenite
树脂石类☆muchite
树脂石棉复合物☆resin asbestos composition
树脂丝☆resin fibril
树脂酸[$C_{20}H_{30}O_2$;$C_{19}H_{29}COOH$]☆geocerellite；abietic acid；retinellite；resin{retinic;resinic} acid
树脂酸铅☆georetinic acid
树脂体☆resinite[烟煤和褐煤显微组分]；retinite；resinous substance{body}；resin body
树脂体煤岩☆resinite
树脂涂层砾石☆coated resin gravel
树脂涂敷的☆resin-coated
树脂纤维齿轮☆fibre gear
树脂型物☆resinoid
树脂质沥青☆antracen
树脂质煤☆resinous coal
树脂铸体{模}☆resin cast
树脂状坡莫合金☆resin permalloy
树脂状石☆bucamarangite；bucaramangite
树质☆arborescence
树桩☆stub；(tree) stump
树状☆arborescence
树状冰晶☆dendritic ice crystal
树状的☆dendriform；arboreal
树状水系☆treelike drainage pattern
树(枝)状图☆dendrograph；dendrogram
树状图解☆tree diagram；dendrogram
束☆pack；beam；packet；pile；bind；tie；bundle (up)；slug；control；contain；restrain；bunch；cluster；tuft；truss；skein；sheaf[pl.sheaves]；strand；sheave
β(射线)束☆beta beam
束斑☆beam spot
束斑板岩☆garbenschiefer
(电子)束半张角☆beam half-angle
束成像☆beam image
束带☆lace；bridle；lacing；girding；spanner band
束单轴骨针[绵]☆dragma [pl.-ta]
(射)束电流☆beam current
束沸石[$(Na_2Ca)(Al_2Si_7O_{18})\cdot 7H_2O$]☆desmine；foliated{radiated} zeolite；stilbite；epidesmine
束缚☆yoke；curb；chain；captivity；bondage；trammel；tie；tether；shackle
束缚层☆fixed{bound} layer
束缚电子☆fixed electron
束缚分子☆bound molecule
束缚力☆binding force
束缚气体☆included gas
束缚水体积☆volume of irreducible water；VOIW
束缚水最小饱和度☆irreducible minimum saturation
束管苔藓虫属[S]☆Phacelopora
束化☆fasciculation
束角闪石☆fasciculite
束节式取土器☆ringed-line barrel sampler
束紧☆lacing；stricture[射虫]；bind up；tightening；lace
束开关☆beam switching
束宽☆beamwidth
束捆☆tie in
束肋旋菊石属[头;J_3]☆Virgatosphinctes
束磷钙铀矿[$Ca_2(UO_2)_3(PO_4)_2(OH)_4\cdot 4H_2O$;斜方]☆phurcalite
束流爆散☆beam blowup
束脉羊齿属[P]☆Validopteris
束偏斜☆beam deflection
束平行光管☆beam collimator
束珊瑚属[E_3-Q]☆Desmophyllum
束射功率管☆beam power tube；novar
束射极☆spade
束石☆bondstone；bond stone；bonder
束石层☆course
束丝菌属☆Ozonium
束套☆collar
束拖尾☆beam tail
束狭水道☆restricted waterway
束羊齿(属)[古植;P]☆Fascipteris
束藻属[蓝藻;Q]☆Symploca
束正形贝属[腕;O_1]☆Apatorthis
束柱类☆desmotylia
束状☆fasciculation；fascicular；sheaf-like
束状的☆fasciculate
束状分凝☆bunchy segregation
束状结构☆packet{fascicular;heal} texture
束状颗石[钙超]☆Fasciculithus
束状排列☆sheaf arrangement
束状炮眼☆bunch hole
束状喷射☆pencil jet
束准直仪☆beam collimator
束足蛛目[蛛;C]☆Haptopoda
(梯级)竖板☆riser
竖板桩☆vertical sheet pile{piling}
竖壁☆riser
竖槽凿☆scribing gouge
竖杆☆vertical
(储罐)竖钢板☆stave sheet
竖高☆orthometric height
竖高改{校}正☆orthometric correction
竖沟☆chase
竖管☆stack；standing pipe；vertical tube；pipe riser；driver-pipe[自流井]
(自流井)竖管孔☆drive-pipe hole
竖罐[炼锌]☆vertical retort
竖辊☆capstan roller
竖焊☆vertical weld
竖行掏槽☆drag cut
竖角☆elevation angle
竖截槽☆vertical kerf
竖井☆shaft；vertical{riser;tunnel;rising;main} shaft；well-shaft；(coal) pit；grube；sinking and walling scaffold；raise；pitshaft
竖井传递高程☆elevation transmission for shaft
竖井垂线井下方位定向(法)☆shaft plug
竖井的设计☆location and design of vertical shafts
竖井底部科尼斯泵摇滚下块☆catch wings
竖井反掘☆shaft raising
竖井架☆run derrick
竖井掘进出渣工☆sump cleaner
竖井开采矿☆shaft mine
竖井开拓☆opening up by vertical shafts
竖井口☆shaft mouth；bank shaft mouth
竖井群☆group of shafts
竖井人行梯子☆shaft-ladder
竖井三垂线井下方位定向法☆three point problem

S

竖井式团矿焙烧炉☆vertical shaft pelletizing furnace
竖井斜井联合提升法☆dukeway
竖井用全封闭式罐道绳☆full lock shaft guide rope
竖井凿岩吊架☆shaft drill(ing) jumbo
竖井中间底框☆intermediate bearer
竖井中的轨木[井筒横梁]☆biat
竖井钻机☆trepan
竖锯☆jigsaw
竖坑☆prit
竖立☆erect；set up；erection
竖立导(向)滚☆vertical guide idler
竖立的☆upright
竖立截槽☆step
竖立用具☆erecting tools
竖立钻塔☆run derrick
竖流式沉淀池☆vertical sedimentation basin
竖龙骨☆center keelson{keel}
竖炉☆shaft{high} furnace；vertical kiln
竖炉焙烧白云石☆shaft-kiln dolomite
竖炉文氏管收尘器☆shaft kiln venturi scrubber
竖螺属[腹;E-Q]☆Pollia
竖脉☆rake vein
竖盘☆vertical circle
竖剖面☆elevation profile
竖起☆cocking；erect；stand；rear
竖琴☆harp
竖琴螺属[腹;K_2-Q]☆Lyria
竖琴式摆动筛☆harp screen
竖琴式管子结构加热炉☆harp
竖琴似的☆lyriform；lyrate
竖曲线☆vertical curve
竖伸的☆lolongate
竖石纪念碑☆menhir
(无极绳)竖式导滚☆tommy dod
竖式管状电炉☆vertical tube electric furnace
竖式绞绳轮☆capstan pulley
竖式盘架干燥机☆vertical tray dryer
竖式石灰室☆vertical lime kiln
竖式石墨管热压炉☆vertical graphite-tube hot-pressing furnace
竖式塔型磨矿机☆vertical tower mill
竖式转锥磨机☆colloid(al) mill
竖视图☆elevation
竖丝☆vertical hair
竖掏槽☆vertical cut
竖梯☆vertical ladder
竖筒磨矿机☆vertical mill
竖向剪切法☆vertical shear method
竖向截水体[坝工]☆chimney drain
竖向膨胀潜量☆potential vertical rise；PVR
竖向位移☆vertical displacement
竖旋桥的双翼☆bascule
竖窑☆shaft kiln
竖直☆verticality；uprise；erect
竖直线偏差☆deviation of the vertical
竖趾丘☆steptoe
竖轴☆vertical{standing} axis
竖桩☆vertical piling；soldier
竖桩坑☆post hole
竖准器☆vertical collimator
竖着☆endways
数☆No.；count；number；reckon；quantity；num.
数百万吨储量的矿床☆multimillion-ton ore
数的阶部分☆exponent part of number
数的截短☆truncation of numbers
数符☆numeral sign
数基☆number base
数据☆data [sgl.datum]；information；digital data；numeral{quantitative} data；evidence；reformat
数据保密性☆data security
数据采集和处理☆data acquisition and processing
数据采集站☆data acquisition station；DAS
数据操作功能☆data manipulation function
数据处理☆data processing{handling;management;reduction}；processing of data；DP
数据传递☆data transmission；DT
数据传输流水线☆data transmit pipeline
数据传送☆data transfer{movement; transmission}
数据存取线☆data access line；DAL
数据点☆data point；data-point
数据发送装置☆data generator{source}
数据分析{|类}☆data analysis{|classification}
数据改正☆datum correction
数据化☆datamation
数据恢复电路☆data recovery circuit
数据回放{读}☆data readback
数据集☆data set；DS；file
数据校正表☆correction chart
数据解释☆interpretation of data；data interpretation
数据进入项☆data entry
数据库☆data(-)base；data base{bank;pool}；library；bank；DB
数据块☆data block；block data
数据链接控制☆control procedure
数据链路层☆data link layer
数据链取☆data chaining
数据列☆sequence of data
数据令牌☆data token
数据流通业务☆data traffic travel
数据密码化☆data encryption
数据(的)尼奎斯特☆data Nyquist
数据偏离值☆variance
数据曲线拟合点☆data-plot match point
数据收录和处理☆data acquisition and processing
数据输出☆data-out；data output
数据输入☆data input{entry;inserter}；data-in；datin
数据吞吐率☆data throughput
数据相关信息☆data association message；DAM
数据修匀☆graduation of data；data smoothing
数据压缩技术☆data compression technique
数据有效☆data valid；DAV
数据站☆(data) station
数据转换☆data conversion{switching;transition;translation}；data-switching
数均分子量☆number-average molecular weight
数控☆numerical{digital} control；NC
数控绘图☆digital drawing
数控机床☆numerically-controlled machine
数控切割☆numerical-control{NC} cutting
数理逻辑☆mathematical logic；logistic
数理气候☆mathematical climate
数理预报☆physical forecasting
数量☆quantity；magnitude；scalar (quantity)；amount；deal；tune；tale；quant.；qt；number
数量分类(学)☆numerical taxonomy
数量关系☆numerical relation ship；quantitative relation
数量化曲线☆quantized curve
数量级☆order；order of magnitude
数量减少☆depletion in number
数量流程(图)☆weighted flowsheet
数量清单☆bill{schedule} of quantities
数量实验模式☆scale experimental model
数量效率☆organic{quantitative;recovery} efficiency
数量演化☆quantum evolution
数量增加☆quantities uplifted
数列☆(number) sequence；array
数轮印刷装置☆counter-wheel printer
数论☆Sandhya；number theory；theory of numbers
数码☆cipher；circa；numeral (code)；number；digital
数码分段显示☆subgraph
数码管☆nixie light；digitron
数(字)模(拟)☆digital-analog；D-A
数模转换☆digital to analog
数/模转换☆digital-to-analog conversion
数目☆number；discount；quantity；nos.；nr；Nos
数十☆scores of
数十亿的世界人口☆world population in billions
数位☆digital number；digit；numerical figure
数系☆number{numerical;numeral} system
数序☆number sequence
数学☆mathematics；math
数学参数化法☆mathematical parameterization
数学地质(学)☆geomathematics；mathematical geology
数学分析☆mathematical analysis
数学关系☆mathematical relation
数学家☆mathematician
数学模拟☆mathematical modeling{modelling;simulation}；mathematic simulation
数学寻优过程☆mathematical search procedure
数学最优化法☆mathematical optimization
数域☆number field
数值☆figure；(numerical) value；ratings；number；fig.
数值部分☆value part；mantissa
数值分类{|析}☆numerical taxonomy{|analysis}
数值光孔{|计算}☆numerical aperture{|evaluation}
数值解的稳定性☆numerical stability
数值孔径[光学仪]☆numerical aperture；NA；N.A.
数值码☆numeral code
数值上☆numerically
数值数☆numbered
数值天气预测☆numerical weather prediction
数值预报☆numerical forecasting；quantitative {mathematical} forecast
数制☆number representation system；numerical {numeral} system
数轴☆number axis
数字☆(numerical) figure；numeral；number；digit；quantity；amount；cipher；num.；Fig；fig.
数字(的)☆numeric
数字编码的☆digitally coded
数字波形识别☆digital waveform recognition
数字彩色图像记录器☆digital color image recorder
数字处理技术☆digital processing technique
数字代号☆numerical name
数字捣弄☆number crunching
数字道朗定位系统☆Digitoran[商]
数字的☆numerical；numeric；numeral
数字地形文件☆digital terrain file
数字点描绘器☆digital point plotter
数字电平分割☆digital level slicing
数字定点装置☆digital set point unit
数字读数指示器☆numerical read-out indicator
数字对比☆numerical comparison
数字多波束定向系统☆digital multi-beam steering
数字多光谱遥感数据☆digital multispectral remote-sensing data
数字法模拟☆digital method simulation
数字分类(学)☆numerical taxonomy
数字分析☆digital{numerical} analysis
数字符☆numeric-alphabetic
数字符号☆digit；numeric character
数字服务装置☆digital service unit；DSU
数字管☆nixie light{tube}
数字化☆digit(al)ization；digitize；digital；analog-to-digital；quantization
数字化板☆digital tablet
数字化点式绘图仪☆digital point plotter
数字化校准滤波器☆digital calibration filter
数字化输入仪☆data tablet
数字化图☆digitized map
数字化仪☆digitizer
数字回声测深仪显示☆digital echo sounder display
数字绘图仪{机}☆digital plotter
数字激光束偏转器☆digital laser beam deflector
数字控制☆numerical{digit(al)} control
数字雷达信号处理☆digital processing of radar signal
数字量板分析☆digital template analysis
数字滤选法☆digital filtering
数字模拟☆numerical model；digital analog(ue) {simulation}；mathematical simulation
数字-模拟转换器☆digital-analog convertor
数字模型☆digital{numerical} model
数字偏移☆digimigration
数字上☆numerically
数字深度探测器☆digital depth detector
数字声波井下电子线路☆sonic digital cartridge
数字时间☆digit time
数字式石英手表☆quartz digital watch
数字数据☆digital{numerical} data；D.D.
数字数据交换器☆digital data converter；DDC
数字数值☆numerical value
数字随动伺服机构☆digital servomechanism
数字特征☆profile
数字调节☆digital modulation；DM
数字通信{讯}☆digital communication (system)；digicom
数字图像处理软件☆digital imaging processing software
数字显示☆digital display{presentation}；data display
数字向量发生器☆digital vector generator
数字信号☆digit(al){digitized;numerical} signal
数字信息检测☆digital information detection；DID
数字型连接☆numbered connection
数字元件☆digital element；DE
数字锥☆pyramid of numbers
数字资料收集和处理系统☆digital data acquisition and processing system；DDAPS
数字自适应技术☆digital adaptive technique
数字组☆blockette

数字作图☆Digiplot
数组☆array; group of numbers; mathematical{data} array; block of words
漱洗☆rinse

shuā

刷☆brush; card; comb
刷白☆lime spraying; whiten; whitewash; white; pale
刷白工☆whitewasher
刷白用石灰水☆lime whitewash
刷帮☆caunch(e); trimming; trim; canch; cutting down; rip; lame-skirting (re-rip); scallop; skipping (slash); trim the sides; wall rock breaking{break}; grading; slashing; brush; kanch; kench; rock bruching; slab; flitching
刷帮爆破☆slab blasting; brushing{buffer;piercing} shot
刷帮法回收煤柱☆slabbing method of pillar recovery
刷帮矸石☆ripping dirt
刷帮工☆skip miner
刷擦作用☆brushing action
刷大☆slash
刷大(硐室)☆slipping (out)
刷大的上山{天井}☆slashed raise
刷大巷道的炮眼☆ream hole
刷大角[钻井]☆reaming angle
刷粉☆calcimine
刷敷涂层☆brush-applied coating
刷管器☆tube scaler
刷光☆brushing
刷痕☆brush{scour} mark
刷花☆brushing decoration
刷尖放电☆brushing
刷轮☆brush wheel
刷模☆brush cast
刷(形印)模☆brush cast
刷墙粉☆kalsomine
刷去☆brushing
刷砂笔☆banister brush
刷石边☆stone dinting
刷石灰水☆lime wash; whitewash; limewash
刷式石(块分离)机☆brush stone separator
刷式土粒石块分离机☆brush type stones and clods separator
刷丝扣用金属丝刷☆wire thread brush
刷涂☆brush-applied coating; brushing; brush painting
刷涂料☆paint
刷握支架☆brush holder bracket
刷西里{苏希利}风☆suahili
刷洗☆scrubbing
刷新☆garnish
刷形放电☆brush discharge
刷修或刷直巷道☆broaching
刷岩☆rock brushing
刷印底板☆stencil
刷铸型☆brush cast
刷状函数☆brush function

shuāi

摔碎☆crash
衰败☆decay
衰变☆(beta) decay; disintegration; decomposition; desintegration; transformation
衰变产物☆disintegration{decay;daughter} product; descendant; descendent
衰变方式☆decay mode; mode of decay
衰变率☆decay rate; rate of decay
β 衰变能量☆beta decay energy
衰变/时间☆disintegrations per hour; DPH
衰齿型[双壳]☆asthenodont
衰耗☆die; attenuation
衰耗常数☆decay constant
衰化☆decay; degradation
衰化周期☆aging period
衰级☆degeneration
衰减☆kill; attenuation; fall(-)off; hush; fade; fail; damp(ing); extinction; decay; extenuation; fading; fade-away; weaken(ing); die away; deadening; diminish; dying out; droop; depression; decline; dampen; deamplification[信号]; regression; loss; build-down; reduction; relaxation; reject(ion); lessen
衰减臂☆failed arm
衰减波☆decadent{decaying} wave; damped waves
衰减计☆decremeter
衰减交流☆damped alternating current
衰减阶段☆waning stage
衰减距离[射线穿透深度]☆attenuation{decay} distance; depth of penetration
衰减量测量☆decrement measurement
衰减流☆recession flow
衰减率☆attenuation; decrement; decline rate; rate of decay{fall-off}
衰减器☆attenuator; pad; losser
衰减区☆decay arm; twilight band
衰减曲线☆attenuation curve
衰减全反射谱☆attenuated total reflectance spectroscopy
衰减时间☆die-away{decay} time
衰减速度☆depletion{decay} rate
衰减尾部☆tailing
衰减系数☆damping coefficient{ratio}; reduction factor{coefficient}; redaction factor; attenuation coefficient; coefficient of decay{attenuation}; lethargy
衰减循环☆skipped cycle
衰减振荡☆convergent{damped} oscillation
衰竭☆depletion; exhaustion; prostration; failure; deplete; breakdown
衰竭产层☆depleted reservoir
衰竭的☆spent
衰竭阶段☆stage of depletion
衰竭井☆marginal well
衰竭矿井☆declining pit
衰竭区☆drained{depleted} area
衰竭式开采☆blowdown
衰竭速度☆decline rate
衰竭土☆senile soil
衰竭允许率☆depletion allowance
衰老☆dote; senility; senescence; slow death[电]; catabiosis[细胞]; old-aged
衰老河☆senile stream
衰老湖☆senescent{moat} lake
衰老浪成台☆senile wave platform
衰老期☆герontic; senescence phase; old period
衰落☆fade; decline; ebb; be on the wane; wane; go downhill; turndown; slump; freak[信号]
衰落的☆down grade
衰落火山☆decadent volcano
衰落失真☆attenuation distortion
衰落时间☆die-away{decay} time
衰落图像☆rejection image
衰落信号☆fading signal
衰灭☆dying out
衰弱☆fail; extenuation; fade(-away); fading; weak; feeble; weaken; decline; diminish in strength; decay
衰碳☆dead carbon
衰(皮)土☆egolith
衰颓的☆downcast
衰退☆fail; failure; decay; decline; ebbing; depauperization; waning degeneracy; fading; slump; dropoff
衰退(期)☆wane
衰退冰☆delaying{decaying} ice
衰退距离[波浪]☆decay distance
衰退裂谷☆failed rift
衰退期☆waning{decline} stage; decline phase; phase of decline; paracme[生物系统发育]
衰退曲线☆recession{decline} curve
衰退相☆declining phase
衰退需求☆faltering demand
衰亡的放射性☆extinct radioactivity
衰亡裂谷☆failed rift
衰微波☆retrogressive wave
衰种☆telospecies

shuǎi

甩车道☆swing parting; switching{turnout} track
甩出预探井☆extension{outpost} test; outpost
甩负荷☆trip out
甩开井☆stepout well
甩开钻井☆outstep drilling
甩砂机☆sand slinger
甩油环☆oil slinger
(联合抽油装置)甩柱☆throw-off post
甩子☆swage; swedge

shuài

帅尔文贝属[腕;S_3-P]☆Schellwienella
帅铬绿纤石☆shuiskite
率领☆head
率直的☆flat; blunt

shuān

拴☆hitch; tether; plug; tie
拴孔☆keyhole
拴扣{牢}☆toggle
拴绳☆belay
拴系☆tie-down
拴住☆belay; tie down
栓☆forelock; cotter; spigot; plug; cleat; cock; pin; spile; hitch; (rifle) bolt; stopper; cork; anything resembling a cork or stopper; PL
栓钉☆feather piece; male pin
栓阀☆tap valve
栓固的交错层支垛☆duplex pack mat
栓化(作用)☆suberization
栓礁☆plug reef
(螺)栓结(合)凸缘☆bolted flange
栓内层[植]☆phelloderm
栓皮组织☆cutis tissue
栓塞☆embolism; packer; plug
栓塞止水渗透试验☆packer permeability test
栓闪石☆cork fossil
栓锁器☆latch
栓系点☆tie-down point
栓楔[不能完全取出]☆captive wedge
栓质层[植]☆suberinlamella
栓子☆embolus [pl.emboli]
闩☆latch(ing); bolt; lock; bar; beam used to bar a door; fasten with a bolt{latch}
闩骨[硬骨鱼]☆claustrum
闩合件☆latch fitting
闩螺钉☆screw for latch
闩上☆latch on; bolt
闩锁☆latch; (breech) lock
闩锁式(前)机头[钻机]☆latch-type front head
闩住☆catch; latch

shuāng

霜白的☆hoar
霜冰☆rime ice
霜沉积☆arien deposit
霜成角砾☆frost-breccia
霜点☆frost point
霜冻☆frost; frostbite
霜冻剥蚀☆cryoplanation
霜冻物☆hydrate
霜毒属[真菌]☆Peronospora
霜害☆frostbite
霜华☆efflorescence
霜化物☆hydrate
霜晶石[$NaCaAlF_6 \cdot H_2O$;单斜]☆pachnolite; pyroconite
霜霉属☆peronospora
霜面(化)☆frosting
霜期{|日}☆frost period{|day}
霜淞☆(hard) rime
霜凸☆frost boiling
霜雾☆rime fog
霜状的☆efflorescent
双☆double; dual; dyad; brace; duplexing; ambi-; bi(n)-; dis-; dif-[f 前]; dbl; dipl(o)-; twi-; twy-
双(体)☆binary
双胺绿 B☆diamine green B
双凹☆double concave
双凹(型椎体)[脊]☆amphicoelous
双凹虫☆amphoton
双凹的☆biconcave; concavo-concave; double-concave; concave-concave
双凹透镜☆biconcave lens; double concave glass
双凹形☆concave-concave; concavo-concave
双凹椎☆diplasiocoelous{amphicoelous} vertebra
双八面体☆dioctahedron
双摆☆double pendulum
双班工作制☆double-shift work{working}
双班作业☆two-shift operation
双板舵☆double plate rudder
双板块构造☆dual plate tectonics
双板藻属[E]☆Distic(h)oplex
双伴热管☆two trace tube
双瓣腭[菊石]☆aptycha
双瓣口盖☆synaptychi

S

双瓣珊瑚属[C-P]☆Duplophllum
双瓣式抓斗☆two-jaw grab
双半对数方程☆double semilog equation
双半面晶形[晶]☆disphenoid
双半筒型海底取样抓斗☆peterson grab
双胞的☆didymous
双胞菌孢☆twin-celled teleutospores
双包络线蜗杆传动☆double-envelope worm gearing
双包皮导火线☆double-tape fuse
双包体☆double enclave
双孢的☆bisporous
双孢锈菌属[Q]☆Puccinia
双孢子☆bispore
双薄膜☆duplex film
双保险(控制装置)[高压管线中顺接两个高压阀]☆double proofed connection
双饱和度☆dual saturation
双抱钩☆clip{clove;double;match;sister} hook
双曝光射线照相术☆double-exposure radiography
双杯迹[遗石]☆Diplocraterion
双杯圆顶海百合目☆Diplobathrida
双棓酸[$(HO)_3C_6H_2CO_2C_6H_2(OH)_2CO_2H$]☆digallic acid
双背斜☆twin anticline
双倍长乘法☆double-length multiplication
双倍的☆duplex；dpl.
双倍左移☆shift left double；SLD
双苯胺[$(C_6H_5NH)_2$]☆dianiline
双苯酚☆biphenol
双泵端泵☆double pump end pump
双鼻角犀属[E_3-N_2]☆Diceratherium
双鼻孔☆amphirhinal
双比重计法☆double hydrometer method
双笔石(属)[O_2-S_1]☆Diplograptus；Didymograptus
双笔石料☆Diplograptidae
双闭合应力[页岩和砂岩交互层压裂后,应力较高的页岩先闭合,接着砂岩闭合]☆dual closure stress
双壁☆double wall
双壁容器☆double-walled container
双壁珊瑚属[S_2]☆Diplophyllum
双壁深冷储罐☆double-walled cryogenic storage tank
双壁围堰☆double-wall cofferdam
双臂采矿台车☆two-boom；stope-jumbo
双臂拱{支}架☆two-armed spider
双臂井径仪☆two-arm caliper
双臂扭秤☆double-beam torsion balance
双臂曲柄☆bell crank
双臂台车☆twin-boom carriage
双臂信号☆double signal；home and starting signal
双鞭变形虫属☆Dimastigamoeba
双鞭毛(菌类)☆Biflagellate
双鞭藻黄质☆dinoxanthin
双边☆bilateral symmetry
双边(的)☆two-sided
双边边界☆bilateral boundary
双边带传输☆double-sideband transmission
双边裂缝☆double-edge crack
双编织金属丝网☆double-crimped screen
双变☆enantiotropy；bivariant
双变法[岩矿鉴定]☆double dispersion method；double variation method
双变量分析☆bivariate analysis
双变数☆bivariate
双变速齿轮装置☆double-purchase gear
双变(体)系☆divariant system
双变性☆enantiotropy；divariancy
双变性体☆enantiotropic body
双变质带☆paired (metamorphic) belt；coupling zone of metamorphism；pair of metamorphic belts
双标记☆double-tagging；double labeling
双表岩石☆surface rock
双冰川☆twinned glacier
双冰期说☆biglacialism
双柄锯☆cross-cut
双丙酮☆diacetone
双并联耙式分级机☆double duplex rake classifier
双波长光谱法☆double-wavelength spectroscopy
双波道☆two-channel
双波纹管差压计☆double-waved tube differential pressure gauge
双波形衬板☆double wave liner
双仓球磨机☆two compartment ball mill
双槽滑轮☆double-grooved pulley
双槽介属[O_{2-3}]☆Disulcina
双侧(的)☆two-sided
双侧地槽☆bilateral geosyncline
双侧对称地槽☆biliminal geosyncline
双侧沟☆double-sided ditch
双侧河☆twin-lateral stream
双侧横向凹槽☆bilateral transverse trough
双侧进气压缩机☆double-entry compressor
双侧限(地槽)链☆biliminal chain
双侧向测井☆dual laterolog；DLL
双侧溢流浮选槽☆double-spitz cell
双层☆dual stratification；bilayer；double layer；double-deck；two-layers
双层冰斗☆two-storied cirque
双层沉淀池{箱}☆imhoff tank
双层的☆double-ply；double-deck(ed)[筛分机、罐笼等]；bilamellar；two-deck
双层底空心肋板☆double bottom bracket floor
双层顶充填筛管☆dual screen prepack
双层分采井☆dual producer；flumping well
双层风闸门☆airlock
双层钢丝编织层软管☆double-wire-braided hose
双层隔仓板☆double layer diaphragm plate
双层谷☆two-story valley
双层罐笼☆double-deck(er){double-bank;two-deck(er)} cage；gig
双层含水层系统☆two-aquifer system；dual aquifer system
双层河[喀斯特]☆both cauce
双层界面生长理论☆double layer interface theory of crystal growth
双层晶格☆two-layer lattice
双层晶体☆bimorph crystal
双层麻布筛☆double burlap screen
双层纱包的☆double cotton-covered：D.C.C.
双层筛管☆concentric screen
双层筛子☆double-decker
双层式罐笼☆double{two}-bank{-deck} cage
双层丝包的☆double silk-covered：D.S.C.
双层台[装卸双层罐笼用]☆two-deck platform
双层同心管完井☆dual zone concentric completion
双层完成井☆dually completed well
双层围堰☆cellular cofferdam
双层吸附☆double-layer adsorption
双层摇床☆duplex{double-deck} table
双层直立苔藓虫群体☆adeoniform
双层转筒燃烧器☆Teclu burner
双层组合套管结构☆pipe in pipe casing
双叉分接盒☆bifurcating box
双叉迹[遗石;T]☆bifurculapes
双叉爪钩[回柱用]☆two-prong claw hook
双柴油机[两相同的柴油机带动绞车]☆twin diesel
双超重火石玻璃☆double extra dense flint
双(重)潮☆double tides；agger
双车道的☆double-lane；two-lane
双车入换待装法☆two-truck spotting method
双(面)撑杆☆pull-off pole
双成分粒子☆two-component particle
双程☆double journey；two-way
双程走时☆two way travel time
双齿辊破碎机☆double-toothed crusher
双齿蛎属[双壳;K]☆Amphidontes
双赤道☆double equator
双翅的☆bialatus
双翅果树脂☆paradamarile
双翅目[昆]☆diptera
双冲程☆double stroke；double-acting
双冲击坑☆twinned crater
双冲燃烧☆opposed firing
双重☆doubling；duplexing；twi-；twy-
双重标记☆double-tagging
双重标志☆duplication of marking；double marking
双重布格校正☆double Bouguer correction
双重抽提☆double extraction
双重传动(的)☆duplex-drive；D.D.
双重氮化合物☆bis-diazo compound
双重的☆dpl.；duplex；double；dulplex
双重断错背斜☆double-faulted anticline
双重法☆doubling method
双重放大电路☆dual amplification circuit
双重分级☆double grading
双重分类☆dual{twofold} classification
双重构造☆duplex
双重观测☆double-run
双重合电路☆double-coincidence circuit
双重划分☆dual{twofold} classification
双重缓冲☆double buffering
双重积分装置☆double integral plant
双重极大值组构☆double maximum fabric
双重校正{验}☆duplication check
双重孔隙度模型☆double-porosity model
双重孔隙介质☆double-porosity system；two porous media
双重孔隙介质产层动态☆dual porosity behavior
双重控制☆double control；dual operation
双重冷却☆duplicate cooling
双重目的☆dual purpose；dp
双重配筋☆double armo(u)ring
双重破火口☆double caldera
双重驱替☆dual displacement
双重融流滑塌☆bimodal flow
双重入沟系统☆double-entry ramp system
双重润滑☆duplicate lubrication
双重渗透率模型☆double permeability model
双重调制☆dual{double} modulation
双重投影☆double projection
双重透镜☆doublet
双重图像☆ghost image
双重图像效应☆ghost effect
双重线☆dublet；doublet
双重线圈☆coiled coil
双重循环☆bicirculation
双重岩相☆bifacies
双重岩芯管取样器☆double tube core barrel sampler
双重有心的六方格子☆H lattice
双重运费制度☆dual rate system
双重褶皱作用☆double folding
双触点☆(double) contact；d.
双触头的☆double-contact
双穿孔☆double punch
双传动☆dual{double} drive；double transmission
双船广角反射试验☆two-ship wide-angle reflection experiment
双船作业☆two-boat operation
双串虫属[孔虫;J-Q]☆Bigenerina
双窗贝属[腕;D_2]☆Ambothyris
双床面淘汰盘☆double-deck table
双垂曲线☆catenary；catenarian
双唇油封☆X-ring
双唇鱼(属)[E_2]☆Diplomystus
双磁力仪系统☆two-magnetometer system
双磁路☆double magnetic circuit
双磁心☆bimag
双磁阻(地震)检波器☆duplex reluctance seismometer
双刺头虫属[三叶;$Є_3$]☆Diceratocephalus
双刺尾虫属[三叶;$Є_3$]☆Diceratopyge
双次测线☆double traverse
双存储复凿机☆double-storage reperforator
双搭接焊缝☆double-strap seam
双带☆paired belts
双带蛤属☆Scrobicularia；Semele
双带介属[D_2-P]☆Amphizona
双带式(淘洗机)☆twin-belt vanner
双带型[珊;德]☆zweizoner
双单位(晶)面☆two-unit{two-elementary} face
双单元处理机☆dual unit processor；DUP
双旦纪前☆pre-Sinian
双刀单掷☆double pole single throw；DPST
双刀开关☆double-break switch
双刀双掷☆double pole double throw；DPDT
双刀旋坯机☆double template jigger
双岛虫属[三叶;$Є_2$]☆Dinesus
双(重)岛弧☆double island arc
双岛状硅酸盐☆sorosilicate
双导板泥浆泵阀☆dual guided slush service valve
双导线☆double conductor；DC
双道岔☆double switch
双道分析☆dual channel analysis
双的☆duplex；dual；diploid；double；twinned；dx；dpl.；duo-
双等的采剥比☆break-even stripping
双等离子体发射器☆duoplasmatron
双低潮☆tidal double ebb；double low water
双滴料☆double gob
双底(送料)吊桶[井筒送料]☆double-bottom kibble
双底座☆twin base

双地层倾角测井仪☆dual dipmeter
双点电极☆two point electrodes
双点法☆point-by-point method
双电层☆double (electric) layer；electric double layer；double electrode layer
双电层的内层☆inner layer of electrical double layer
双电磁阻抗检波器☆duplex reluctance seismometer
双电荷层☆electric{electrical} double layer
双电机☆bi-motor
双电价☆double electrovalence
双电滞回线☆double hysteresis loop
双电致伸缩继电器☆capaswitch
双电子枪存储管☆metrechon
双吊卡系统☆dual elevator system
双吊桶提升☆double-hopper winding；two-bucket hoisting
双叠宝石☆doublet
双丁基☆dibutyl
双丁字形铁横撑{梁}☆I-strut
双顶套管头☆double cap casing head
双定跳汰机☆duplex jig
双动球阀柱塞泵☆double-acting ball-valve ram type pump
双动式冲床☆double action press
双动式分配{控制}阀☆double-acting control valve
双动压气{缩}机☆duplex compressor
双动压缩空气缸☆double-acting compressed air cylinder
双动作自动伸缩式气腿推进装置☆double-acting jackleg feed
双斗☆twin bucket
双斗给料{药}机☆double-scoop feeder
双读数经纬仪☆double reading theodolite
双堵塞器试验[压水试验]☆double-packer test
双渡线☆double crossover
双端活塞☆double ended piston
双端可调高滚筒采煤机☆double-ended ranging drum shearer
双端螺栓☆stud (belt;bolt)；double-end bolt
双端司机室机车☆double-ended loco(motive)
双端凸缘管☆spool
双端卸载☆end-to-end discharge
双端装料中心排料管磨机☆double-end center-discharger tube mill
双端装药爆炸筒☆double-end(ed) charge
双端装药钻孔爆炸{破}筒☆double-ended charge
双段处理{搬运}☆double handling
双断层带☆duplex fault zone
双(逆掩)断层带☆duplex fault zone
双断开触点☆double break contact
双断裂夹持区☆sandwiched area of double fracture zone
双对称☆disymmetry；bisymmetry
双对称面☆disymmetric face
双对称平衡式给料器☆duplex balanced feeder
双对角化(法)☆bidiagonalization
双对偶☆bicouple
双对数☆double-log；double logarithmic
双对数图☆bilogarithmic graph
双对数(坐标)图☆bilogarithmic diagram
双对数型曲线☆log-log type curve
双对数诊断{鉴别}曲线☆log-log diagnosis plot
双对数坐标图☆double logarithmic chart；log-log plot
双`钝椎体的{平型}☆amphiplatyan vertebra
双盾颗石[钙超;K]☆Biscutum
双盾形的☆bipelatate
双多倍体☆amphipolyploid
双多谐振荡器☆duplex multivibrator
双舵☆twin rudders
双萼芽☆distomodaeal budding
双萼芽的[腔珊虫、水螅等]☆dicentric
双轭颗石[钙超;K$_2$]☆Amphizygus
双颚式破碎机☆twin-jaw crusher
双颚牙形石属[O$_{2-3}$]☆Dichognathus
双蒽☆dianthracene
双耳虫属[三叶;Є$_2$]☆Amphoton
双耳三叶虫属☆Amphoton
(雷纳型)双耳式钎尾☆Leyner shank
双耳轴式(圆筒)磨机☆two-trunnion mill
双耳作用☆binaural effect
双二倍体☆amphidiploid
双二次曲线☆biquadratic curve
双二极管☆duodiode
双二甲胂☆cacodyl
双二进制☆doubinary system
双发动机☆bi-motor；twin engine
双阀抽油泵☆dual valve pump
双阀管鞋☆double wall shoe
双法兰短管☆casing connecting spool
双反射☆bireflection；bireflectance
双反射率☆bireflectance
双芳基化(作用)☆bis-arylation
双方沸石☆apoanalcite
双房单柱开采法☆Pillar-and-double-stall method
双房的☆bilocular
双房(房柱式采矿)法☆double-stall system
双房角石(属)[头;O$_{1-2}$]☆Dideroceras
双沸腾双循环电站☆double boiling binary plant
双酚☆bisphenol
双分贝属[腕]☆Merista
双分法☆integration method
双分解☆double decomposition
双分支☆dichotomous
双分支的☆two-branched
双分支风道扇风机☆bifurcated fan
双分子[牙石]☆bielement
双分子的☆bimolecular；dimolecular
双分子反应定律☆bimolecular law
双分组合的头鞍侧叶☆bicomposite glabellar lobe
双封隔器(的)☆twin packer
双封隔器选择性地层测试☆straddle test
双峰☆bimodality；doublet；double-peaking
双峰反向古水流模式☆bimodal {-}bipolar palaeocurrent pattern
双峰反向玫瑰花图解模式☆bimodal-bipolar rose diagram pattern
双峰反向人字形交错层理☆bimodal-bipolar herringbone cross-bedding{cross-bed ding}
双峰分布☆bimodal distribution
双峰复合组大型交错层理☆bimodal cosets of large scale-cross-stratification
双峰高度☆dual peak height
双峰粒径沉积☆bimodal sediment
双峰谐振☆crevass(e)
双峰型粒度分布☆bimodal size distribution
双峰值组构☆double maximum fabric
双锋☆double front
双风标☆bivane
双风巷通风系统☆leakage intake system
双风化层☆double-layer weathering
双缝带环孢属[C-P]☆Cadiospora
双辐带轮☆double-arm{double-spoke} pulley
双辐对称的[如栉水母]☆biradial
双符合电路☆double-coincidence circuit
双K俘获☆double K-capture
双腹扭形贝(属) [腕;D$_2$]☆Dicoelostrophia
双负电子俘获☆double negatron capture
双负阻{打拿}管☆duodynatron
双盖板接合☆double-coverplate joint
双盖虫属[孔虫]☆Amphistegina
双坩埚法☆double crucible method
双甘油[((OH)$_2$C$_3$H$_5$)$_2$O]☆diglycerin(e)
双杆联吊☆burtoning system
双杆联吊起重系统☆union purchase system
双杆扭秤☆double-beam torsion balance
双感应-八侧向测井下井仪☆dual induction-laterolog-8 equipment
双感应侧向测井☆dual inductive laterolog
双感应聚焦测井下井仪☆dual induction focused log instrument
双钢筋射孔器☆biwire gun
双钢轮串联振动压路机☆vibratory tandem roller
双缸☆double cylinder；dc
双缸高压蒸汽泵☆dulplex high-pressure steam pump
双高潮☆double high water；tidal double flood
双高藿烷酸☆bishomohopanoic acid
双格点☆grid point
双格井框支护☆double cribbing
双格天井☆dual raise；two-way chute
双格斜井☆two-compartment slope
双隔板[腕]☆biseptum
双隔膜泵☆twin-diaphragm pump
双隔膜圆锥分级机☆double-diaphragm cone
双给矿口旋流器☆declone
双给料管水力旋流器☆declone；double entry cyclone
双根[两根钻杆组成]☆double；double joint；couplet
双根变形纱☆cotextured yarn
双根[管]连接☆double-jointing pipe
双工☆duplexing
双工传输☆duplex transmission
双工的☆duplex；diplex；dpl.
(同向)双工法☆diplexing
双工机☆duplexer
双工器☆diplexer
双工质地热动力循环☆binary geothermal power cycle
双工作区☆double unit
双公扣接箍☆double pin sub
双弓(亚纲的)[爬]☆diapsid
双弓贝属[S-D]☆Merista
双弓类☆Diapsida
双弓颅☆diapsidian skull
双弓亚纲[爬]☆Diapsida
双拱顶池窑[玻]☆amco-type{double-crow} tank furnace
双共价☆double covalence
双钩☆dual trailer；double hook
双钩虫属[三叶;O$_2$]☆Digrypos
双钩倒链☆twin-hook hoist
双钩钉☆dog
双钩提升☆two{double}-hook hoisting
双钩型电车线☆grooved wire
双沟的[孢]☆dicolpate
双沟型[绵]☆syconoid；sycon
双构件拱☆two-element arch
双鼓式磁选机☆double-drum separator
双古杯(属)☆Bicyathus
双股导线☆twin conductor
双股的☆double-ply；bifilar
双股电缆☆paired cable；duplex cable
双股松绞细绳☆soft line
双股尾虫属[三叶;O$_{2-3}$]☆Dimeropyge
双固结仪法☆double oedometer method
双刮刀钻头☆two-way{two-wing} bit
双胍☆biguanide
双拐曲轴☆double-throw crankshaft
双官能`分子{|交换剂|团萃取剂}☆bifunctional molecule{|exchanger|extractant}
双冠硅鞭毛藻(属)[Q]☆Distephanus
双管稠油泵☆dual string thick oil pump
双管关井总成☆double shut-in assembly
双管焊接[把两根管子焊接成管段]☆double-jointing
双管焊接厂☆plant double-jointing
双管可收回封隔器☆dual string retrievable packer
双管两层分采完井☆two-tubing dual completion well
双管水力封隔器☆dual hydrostatic packer
双(油)管完井☆two{dual}-string completion
双管线☆twin pipe line
双管形☆ogee
双管藻属[绿藻;Q]☆Dichotomosiphon
双管制钻塔☆two-leg pipe derrick
双罐砾石充填过滤装置☆2-pot gravel compaction filter unit
双罐笼提升☆two {-}cage hoisting；double-cage winding
双罐式喷射机☆double-vessel-type spraying machine
(砾石充填)双罐装置☆dual pot unit
双光导摄像管☆bivicon
双光阑法☆double diaphragm method
双光路法☆two-ray-path method
双光圈法☆double diaphragm method
双光束☆twin-beam；double beam
双光眼镜☆bifocal eye glass
双硅铝化(作用)☆bisiallization
双硅酸盐☆disilicate；sorosilicate
双龟(亚)目☆amphichelydia
双轨☆double track
双轨滑道☆twin rail runway
双轨可逆式无极绳运输☆double-track reversible endless-rope haulage
双轨上山☆double {-}tracked plane
双轨往复式无极绳运输☆double-track reversible endless-rope haulage
双辊电耙☆two-drum slusher
双辊轮串联振动压路机☆vibratory tandem roller
双辊式碾碎机☆edge mill；dege runner mill
双辊压制机[团矿]☆double-roll press
双辊轴筛☆two {-}roll grizzly
双滚筒☆double{twin} drums；dual{two}-drum
双滚筒绞车☆double-drum rope winch

双滚筒卸载车☆double-drum discharging car
双滚筒型倾斜钻机☆double drum tilt rig
双海台☆twin plateaus
双焊管站☆double joint station
双行程☆double stroke
双行星☆twin planet
双巷(采矿)☆double-gallery；double headings
双巷系统☆double-entry system
双核苷酸☆dinucleotide
双核的☆dinuclear
双核内变形虫属☆Dientamoeba
双核细胞☆dikaryocyte
双核子☆dinucleon
双核籽属[植;C_3-P_1]☆Tobleria
双合虫属[孔虫;K_2-N_2]☆Bifarina
双合拱☆two-element arch
双合矿物{石}☆binary ore
双合透镜☆doublet
双荷子☆dyon
双黑子周期☆double sunspot cycle；halecycle
双横木☆doubletree
双弧☆double-arc
双护盾☆double shield
双互嵌接合☆double-dapped joint
双花介属[J]☆Ambocythere；Amphicythere
双滑道漏斗☆two-way chute
双滑阀分配器☆dual-spool valve
双滑接线系统[电机车]☆double-trolley system
双滑距兽属[N]☆Diadiaphorus
双滑块曲柄链系☆double slider crank chain
双环带模式☆double girdle pattern
双环的☆amphicyclic；dicyclic
双环构造☆double-ring structure
双环化合物☆dicyclic compound
双环己铵硝酸酯[缓蚀剂]☆dicyclohexyl ammonium nitrate；DCHN
双环式轴支架☆spectacle type shaft bracket
双环行道运输系统☆double-loop haulage system
双环形山☆twinned crater
双环状萌发孔[孢]☆dizonotreme
双缓冲器☆ping-pong buffering；double buffer
双幻核☆double magic nucleus
双幻数☆doubly magic number
双黄管☆oboe
双黄药[RO•CS•S_2•CS•OR;$(ROCSS-)_2$]☆xanthic disulfide；dixanthogen；dixanthate
双回路的☆double-circuit
双回线感应测深☆two-loop induction sounding
双(对流)混合湖☆dimictic lake
双活塞杆油缸☆through-rod piston cylinder
双火花隙的[避雷器]☆double-gap
双火山☆twin volcano
双火焰光度检测器☆dual frame photometric detector
双基☆diradical
双基格子[体积等于原始格子两倍的有心格子]☆doubly primitive lattice
双基晶胞☆doubly primitive unit cell
双机传动运输机☆dual-drive conveyor
双机台车☆two-machine jumbo
双机拖动[胶带输送机等]☆dual drive
双积☆dyadic；diadic
双箕斗串联提升系统☆tandem system
双箕斗单滚筒提升(系统)☆balanced skip single drum hoist (system)
双极[布置]☆bipole
双极-场化(混合)晶体管☆befit
双极(性)的☆ambipolar
双极电机☆bi-polar machine
双极分布☆bipolarity distribution
双极化的☆dual-polarized
双极矩☆dipole moment
双极扇区☆bipolar magnetic region；BM region
双极水流玫瑰图☆bipolar current rose
双极型☆bi-poles type
双极性分布☆bipolar distribution
双极性基分子☆bipolar molecule
双极性机械整流设备[静电选矿机]☆double-polarity mechanical-rectifying set
双极性信号☆bipolar signal
双极亚类☆Diacromorphitae
双极坐标☆bipolar coordinate；dipolar coordinates
双棘石斑鱼☆grouper
双级充气阀☆two {-}stage {-}charger valve
双级单作用压缩机☆two-stage single-acting compressor
双级开关☆double-pole switch
双级旋风分离器☆double cyclone
双级真空挤压机☆two-stage de-airing extruder
双级注水泥法☆two stage cementing method
双脊牙{齿}型☆bilophodont type
双季回水湖☆dimictic lake
双迹放大器☆dual trace amplifier
双加厚管☆double extra strong pipe
双加仑桶☆peck
双加热器变形纱☆double-heater yarn
双甲藻属[Q]☆Prorocentrum
双尖[齿]☆amphicone
双尖锤[破甲]☆scabbling hammer
双尖的☆bicuspid
双尖镐☆mandrel；mandril；tubber；double-pointed pick
双间隔测井☆dual spacing logging
双检测器☆dual-detector
双碱度烧结矿☆different{double} basicity sinter
双减速比装置☆dual ratio reduction
双剪试验☆double shear test
双键☆double bond{link(age)}；duplet bond
双键的☆olefinic
双键烃类☆double-bonded hydrocarbon
双键指数☆double bond index；DBI
双渐尖的☆biacuminate
双桨☆twin screw
双降藿烷☆bisnorhopane
双降羽扇烷☆bisnorlupane
双焦点☆bifocus
双焦点(透镜)☆bifocal
双胶带☆duplex belt
双胶带夹料提升运输机☆hugger belt conveyor
双交叉滑移[位错增殖]源☆double cross-slip source
双交代☆two-way exchange；bimetasomatism
双铰拱☆two element arch；two-piece{-hinged} arch
双铰接顶梁☆twin articulated bar
双铰链吊卡☆double gate elevator
双脚规☆calipers
双脚泥芯撑☆double-head chaplet
双角虫属[介;O]☆Dicranella
双角的☆bicornute
双角土菱介属[T_{2-3}]☆Dicerobairdia
双角犀属[N_2-Q]☆Diceros；opsiceros
双角形牙槽骨凿☆biangle alveolar bone chisel
双角藻属[Q]☆Diceras
双角锥☆dipyramid
双接收机速度测井☆two receiver velocity log
双接收器☆dual receiver；double collector
双接头☆double-end
双接型颌☆amphistylic jaws
双阶闪蒸电站☆double flash plant
双节颌颁兽属[T]☆Diarthrognathus
双节流阀☆twin throttle
双节溶线☆binodal solvus
双结(点)☆binode
双结点的☆binodal
双结点曲线☆binodal curve
双结溶线☆binodal solvus
双界面贝尼奥夫-和达带☆double-planed Benioff-Wadati zone
双金属☆bimetal；plymetal；thermometal；composite metal
双金属测温仪器☆bimetallic instrument
双金属的☆bimetallic；BM
双金属对开式滑动轴承☆insert bearing
双金属钢☆cladding steel
双金属片☆bimetal；bimetallic strip
双金属丝☆composite wire
双金属条☆bimetallic strip
双进风道☆double intakes；two-intakes
双进风口扇风机☆double-inlet fan；double width fan
双进路房柱式采矿法☆double-room system
双进汽式☆double-flow type
双进双出磨煤机系统☆double-ended coal grinding ball mill system
双进双出球磨机☆double in double out ball mill
双(重)进位☆double carry
双进样系统☆double inlet system
双浸没式螺旋分级机☆duplex submerged spiral machine
双晶☆twin (crystal)；macle；(acline) twinning；maacle；bicrystals；twinned crystal；crystal twin；double formed crystals；double-crystal；mackle；doublet；double formation
M 双晶[钠长石律与肖钠长石律组合的单斜型双晶,即格子双晶]☆M{M-type} twin
T 双晶☆T(-type) twin
双晶(体)☆dimorph
(构成)双晶(的)单体☆twinned individual
双晶的☆dimorphous；dimorphic；twinned；macled
双晶缔合☆twin {-}association
双晶缝☆partition line of twin
双晶格子☆cross-hatching
双晶互{交}生☆twinned intergrowth
双晶间界面☆twin plane boundary
双晶接合面☆habit plane；composition plane {face}
双晶结合形☆complementary form
X 双晶律☆X twin law
双晶面凹入棱☆twin plane re-entrant edge；TPRE
双晶石[$HNaBeSi_3O_8$;$NaBeSi_3O_7(OH)$;单斜]☆eudidymite
双晶体☆bicrystal；twin crystal
双晶体红锌矿检波器☆perikon detector
双晶条纹☆twin-striation；twinning striation
双晶位移☆twinning displacement
双晶锡石☆visor tin
双晶现象☆dimorphism
双晶型超结构[周期双晶]☆twin-type superstructure
双晶中心☆twin{twinning} center
双晶轴☆twin(ning) axis
双晶状(的)☆twin-like
双(倍)精度☆double precision
双(重)精馏法☆birectification
双(重)精馏器☆birectifier
双井☆twin well
双井抽汲设备☆back-crank pumping units
双井定向法☆two-shaft method
双井方案☆coupled-wells solution
双井径测井仪☆dual caliper
双井联动抽油设备☆back-crank pumping units
双井筒钻进☆simultaneous{double-barreled} drilling
双井系统☆double system
双井注水☆double-well injection
双镜☆bimirror
双镜头低倾摄影术☆twin low oblique photography
双镜头摄影相片☆twin photograph
双臼兽科☆Dimylidae
双聚焦☆double focusing
双距定位法☆range-range determination
双距离德卡导航系统☆two range Decca
双锯齿形(支架)布置(系统)☆double-saw tooth system
双锯蛤属[双壳;D]☆Bicrenulla
双卷筒的☆dual-drum
双卷筒提升☆double-drum hoisting
双玦虫(属)[孔虫;J-Q]☆Pyrgo；Billoculina
双玦虫式[孔虫]☆biloculinoid
双玦式☆biloculine
双卡瓦大内孔单管封隔器☆double-grip large bore single string packer
双卡瓦的打捞矛☆bulldog double-slip spear
双卡瓦可回收式套管封隔器☆double grip retrievable casing packer
双开阀☆double beat valve；db valve
双壳纲☆bivalvia；Lamellibranchiata
双壳类☆bivalve[瓣鳃类]；bivalvia；Pelecypoda[软]
双壳类壳[软]☆dissoconch
双壳(低温)球罐☆spherical double-wall tank
双壳体☆double hull
双孔[棘林檎]☆diplopore
双孔板☆spectacle plate
双孔孢属[K_2-E]☆Diporisporites
双孔虫属[孔虫;T_{2-3}]☆Diplotremina
双孔的☆biforous；biporose；biforate
双孔底片[不对称式底片]☆two-hole film
双孔多胞孢属[E_3]☆Diporicellaesporites
双孔阀☆double-ported valve
双孔(花)粉属[孢;K_2]☆Diporites；Diporina
双孔沟的[孢]☆dicolporate
双孔目☆Diploporida；Diploporita
双孔球形孢属[E_3]☆Bipolarsporites
双孔室[孢]☆diplodal
双孔属☆Diploporus
双孔双胞孢属[E]☆Dyadosporonites
双孔隙度中子测井仪☆dual porosity neuron tool

双孔隙介质☆two porous media
双孔隙率(粒间加碎裂)热储☆dual porosity reservoir
双孔亚纲☆Diapsida
双孔藻属[P-T]☆Diplopora
双控制管阀☆dual-line valve
(在原子外壳中的)双空位☆bivacancy
双空位☆divacancy；double vacancy
双空隙☆double-void
双口虫超科[孔虫]☆Duostomininacea
双口道芽[腔石珊]☆distomodaeal budding
双口盖☆aptychus [pl.aptychi]
双口矿槽☆twin outlet bin
双口列盖板[棘海座星]☆double biseries
双快水泥自硬砂☆duo quick cement self hardening sand
双框支架☆double-frame support unit
双矿物的☆bimineralic
双矿物法☆dual mineral method
双矿物骨架标志☆TMMF；two mineral matrix flag
双矿物解☆two-mineral solution
双矿物孔隙度法☆dual mineral porosity method
双扩容循环☆double-flash cycle
双(级)扩容循环机组☆double flow unit
双扩散对流☆double-diffusive convection
双肋☆dipleural
双肋鱼属[C]☆Diplurus
双棱齿貘科☆Helaletidae
双棱镜☆biprism
双棱类☆Dilambdonta
双棱石炭兽属[E_3]☆Diplobune
双棱猬类☆dilambdodonts
双棱牙形石属[O_2]☆Dirhabdicodus
双(向)离合器☆double clutch
双锂辉石☆diaspodumene
双立方样条函数☆bicubic spline function
双粒级煤[圆筛孔直径1～2in.,英]☆doubles
双力分级☆pneumatic sizing
双力矩☆bimoment
双力偶型机制☆double couple type mechanism
双力偶源模型☆double-couple source model
双联齿轮☆dual gear；duplicate gears
双联单据☆indented documents
双联法☆duplex
双联合同☆indenture
双联囊蕨属[古植;P]☆Dizeugotheca
双联塔式消音器☆twin (vertical) tower silencer
双联体☆bicouple
双联旋风式消音器☆twin cyclone silencer
双连岛沙坝☆double tombolo
双连开关☆two-way tumbler switch
双(重)连续多孔介质☆bicontinuous porous media
双连续函数☆bicontinuous function
双链☆double{two-fold} chain
双链结构☆ribbon structure
双链状硅酸盐☆double chain silicate
双列☆biserial
双列虫科[孔虫]☆Biseriamminidae
双列的☆biserial；coiled-biserial
双列蛇丘☆double esker
双列藻属☆Disticoplex；Distichoplex
双列直插式封装{组件}☆dual-in-line package; DIP
双裂缝后馈辐射天线☆double-slot-feedback-radiation antenna
双裂肋虫属[三叶;O_{2-3}]☆Amphilichas
双磷酸盐☆diphosphate
(1-羟基辛基-)1, 1-双膦酸 [锡石捕收剂；$CH_3(CH_2)_6C(OH)(PO_3H_2)_2$]☆(1-hydroxyoctylidine-)1, 1-diphosphonic acid
双菱藻属[硅藻]☆Surirella
双零值静切力凝胶[泥浆]☆zero-zero gel
双硫锑银铅矿[$Pb_4Ag_3CuSb_{12}S_{24}$]☆nakaseite
双硫腙[C_6H_5N:NCSNHNHC$_6H_5$]☆dithizone
双瘤介属[D_2-C]☆Binodella
双流☆split flow
双流发送☆double transmission
双流体能量转换系统☆binary-fluid conversion system
双流体循环系统☆binary-fluid system
双六面体☆dihexahedron
双路(的)☆two-way
双路弯头☆twin elbow
双路移频制(电极)☆twinplex
双驴头装置[抽油机]☆dual horsehead unit
双氯乙基硫☆yperite
双滤器{网}的☆double screened
双轮骨针[绵]☆birotule
双轮滑车☆double sheave pulley；double block
双轮拖车☆semitrailer
双轮型☆birotulate type
双螺杆泵☆two-screw pump
双螺距的☆double pitch
双螺旋分级机☆duplex spiral classifier
双螺旋桨☆twin screw
双螺旋形掏槽☆double-spiral cut
双落潮☆double ebb
双络法☆grid method
双码信号☆dicode signal
双埋弧焊☆double submerged arc weld
双脉☆double vein
双脉冲热中子衰减时间测井☆dual-burst thermal decay time logging
双脉状矿化☆network mineralization
双锚目[绵]☆amphidiscophorida
双锚锁环☆mooring swivel
双茂☆dicyclopentadiene
双煤素质☆bimacerite
双门齿亚目[兔形类的旧称]☆Duplicidentata
双门牙型☆diprotodont
双锰矿☆kurnakite
双密度☆double density；D.D.
双密封☆dual seal；double seals；DS
双密封带孔短接☆double-seal port collar
双密封专用油管接头☆DSS{dual seal special} tubing joint
双面[轴双面]☆(sphenoidal) dihedron；dieder
双面凹的☆concave-concave
双面锤[破碎大块]☆sledge
双面的☆dihedral
双面点焊☆direct (spot) welding
双面调车信号机☆signal for shunting forward and backward
双面辐射加热炉☆equiflux heater
双面沟亚目[藻]☆Biraphineae
双面X光底片☆double-coated X-ray film
双面海百合属[C]☆Amphicrinus
双面焊☆welding by both side
双面焊缝接口☆double fillet welded joint
双面胶带☆double sticky tape；double-side tape
双面结构☆interfacial structure
双面介属[N_2]☆Amphileberis
双面链钳☆reversible chain tong
双面卵石纹绸☆armure bosphore
双面坡的☆double pitched；D.P.
双面坡口对接焊☆open-double-bevel butt weld
双面石☆zweikanter
双面J形坡口对接焊缝☆double-J butt weld
双面药膜底片☆double {-}coated film
双面油石☆rubbing brick
双名☆binomen
双名法[命名物种]☆binomen；binomial nomenclature
双模火山岩共生组合☆bimodal volcanic association
双模式☆bimodality；bimodal suite
双膜虫属[三叶;$Є_1$]☆Dipharus
双膜海绵属[O]☆Dystactospongia
双膜式压力盒☆double diaphragm pressure gauge
双母接头钻铤☆double box collar
双木塞注水泥☆two-plug cementation；perkins method
双目☆mesh
双目摄影镜筒☆binocular photo tube
双囊[孢]☆disaccate；bivesiculate
双囊类[孢]☆Disaccites
双能级记录☆bilevel record(ing)
双碾盘混砂机☆multi-muller
双颞窝类☆Diapsida
双凝水泥浆☆separable setting cement slurry
双纽线☆lemniscate
双耦合☆bicouple
双偶氮☆bisazo；bisdiazo
双偶电磁系统☆double dipole EM system
双偶极☆quadripole
双偶极子☆double dipole
双耙式分级机☆duplex rake classifier
双排安全线迹☆double safety stitch
双排多斗挖泥机☆double-ladder dredge(r)
双排炮眼爆破法☆two row method
双盘[油罐浮顶]☆double deck
双盘棒石[钙超;K]☆Bipodorhabdus
(油罐的)双盘浮顶☆double-deck floating roof
双盘骨针[绵]☆amphidisc
双盘颗石[钙超;K]☆Bidiscus
双盘石磨☆burr{buhr;bunt} mill
双盘式外浮顶油罐☆external double deck floating roof tank
双胚层的[动]☆diploblastic
双喷口间歇泉☆double geyser
双喷嘴法☆two-jet method
双盆地格局☆paired {-}basin framework
双皮菌属[黏菌;Q]☆Diderma
双皮碗跨越式工具☆two cup straddle tool
双偏转☆double deflection；D.D.
双片合成☆dual combination
双片牙形石属[D_3-C_1]☆Bispathodus
双拼宝石☆doublet
双频☆dual frequency
双频道回声测深仪☆dual frequency echo-sounder
双频电磁系统☆dual-frequency EM system
双频谱☆bispectrum
双平巷采煤法☆double-entry method
双平面☆biplane
双平行巷布置☆twin entry
双屏极管☆binode
双坡天窗☆double-pitch skylight
双坡压顶☆double splayed coping
双谱密度☆bispectral density
双歧藻属☆Scytonema
双脐的[孔虫]☆biumbilicate
双鳍鱼属[D]☆Dipterus
双气阀☆dual valve
双气囊的☆disaccate；bivesiculate
双汽缸(的)☆twin cylinder
双牵引器☆dual trailer
双腔贝属[腕;O_3-D_1]☆Ambocoelia；Dicoelosia
双腔蛤属[双壳;S_1]☆Amphicoelia
双墙防波堤☆double wall breakwater
双桥分流式挤入砾石充填法☆double crossover-squeeze gravel pack method
双桥式触探仪☆double bridge type penetrometer
双桥探头☆double-bridge probe
双切曲线☆bitangential
双切尾虫属[三叶;C_2-P_1]☆Ditomopyge
双亲☆parents
双亲性的☆amphiphatic
双倾伏背斜☆doubly{double} plunging anticline
双倾斜筛☆double inclination screen
双倾褶曲☆double-plunging fold
双氰胺☆cyanamide dimer；dicyandiamide
双巯丙氨酸☆cystine
双曲拱坝☆dome dam；double arch dam
双曲拐式混砂机☆double shaft sigma blade mixer
双曲函数☆hyperbolic function
双曲面☆hyperboloid
双曲抛物面☆hyperbolic paraboloid
双曲偏心拱结构☆hyperbolic and eccentric arc structure
双曲线☆hyperbola；hyperbolic curve
双曲线的☆hyperbolic(al)；hyp.
双曲线递减型☆hyperbolic decline pattern
双曲型☆hyperbolic type；resupinate
双曲正弦☆sinh；hyperbolic sine
双取代的☆disubstituted
双圈反射测角仪☆theodolite goniometer；two-circle reflecting goniometer
双圈瘤面粉属[孢;T_3]☆Duplicisporites
双圈游离海百合目{类}[目;棘]☆Cladoidea
双圈圆顶海百合类☆Diplobathra
双全同立构的☆diisotactic
双全型[生]☆diplotype
双燃(式)发动机☆dual combustion engine
双燃弧☆double arching{arcing}
双燃料发动机☆dual-fuel engine
双燃烧管锅炉☆double combustion chamber boiler
双燃烧室☆double combustion chamber
双绕(无感)线圈☆bifilar coil
双人字齿轮☆double helical gear
双人座敞篷汽车☆roadster
双韧管状[植]☆amphiphloic
双韧型韧带☆amphidetic ligament
双刃滚刀☆double disc cutter
双日潮☆double (day) tide
双茸鞭毛的☆pantonematic
双溶性的☆amphiphatic

S

双乳球朊☆β-lactoglobulin
双塞法注水泥☆cementing between two moving plugs
双塞灌浆☆double-packer grouting
双塞水泥头☆double plug cement head
双塞注水泥法☆two plug method
双三角形☆ditrigon
双扫描☆double {-}scanning
双色的[$Pb_{13}As_{18}S_{40}$]☆bicolor(ed)；dichromatic
双色点阵☆black-and-white{dichromatic} lattice
双色光分离器☆dichroic splitter
双色性☆dichromatism
双砂轮磨床☆double disc grinding machine
双刹车助推器☆double brake assist
双纱包☆double cotton covered；DCC
双扇蕨科[古植]☆Dipteridaceae
双舌目☆diploglossata
双舌态☆diploglossate
双舌蜥附目☆diploglossa
双射蛤属[双壳;K_2]☆Biradiolites
双射线的☆double-beam
双射线示波器☆two-gun oscilloscope
双射映射☆bijective mapping
双射针[绵]☆diactin(e)
双砷硫铅矿[$Pb_{13}As_{18}S_{40}$]☆rathite；wiltshireite；wiltschireite；rhatite；arsenomelan[部分地]
双身半潜式起重{钻井}船☆twin-hull semisubmersible derrick barge
双深度计数器☆dual odometer
双神经纲[软;ϵ_3-Q]☆amphineura
双神经索类☆Amphineura
双声子作用☆two-phonon process
双生的☆binate；gemel
双生地震☆twin earthquake
双绳抓岩机☆two-line clamshell
双石纪念碑☆bilith；bilithon
双石脑油重蒸设备☆twin naphtharerun units
双石英光度仪☆biquartz photometer
双石英片☆biquartz
双示踪剂喷射器☆dual tracer ejector
双饰叶肢介属[J_3]☆Diformograpta
双室球形潜水舱☆double chambered sphere
双手牵拉式安全装置☆two-hand pull guard
双兽属[哺;J_{2-3}]☆Amphitherium
双树[模式识别术语]☆binary tree
双束动力理论☆two-beam dynamical theory
双束松粉(属)[孢;T-N]☆Pinuspollenites
双竖井☆double-shaft
双数☆duad；dual
双数系统☆dual-number system
双衰变☆dual decay
双双地☆double
双水法快速直观解释☆dual water quicklook interpretation
双水龙头☆double swivel
双水模型☆dual water model
双丝的☆double-ply
双四边形☆ditetragon
双四次幂极小法☆biquartimin method
双四合粉属[孢;K_2-E]☆Dicotetradites
双四面体☆double tetrahedron；ditetrahedron
双梭亚类[疑]☆Dinetromorphitae
双索单钩吊货系统☆union purchase system
双塔式消音器☆twin-tower silencer
双苔藓虫属[O-D]☆Diplotrypa
双台地☆twin plateaus
双太阳黑子气候周期☆double sunspot solar climatic cycle
双态☆bifurcation
双态色☆color dimorphism
双态性状☆two-state character
双态元件☆binary element
双探测器中子寿命测井☆dual detector `NLL{neutron lifetime log}；DNLL；DDNLL
双逃逸峰☆double escape peak
双套☆bimodal suite
双特征式{性}☆bicharacteristic
双梯挖泥机☆double ladder dredger
双体船☆catamaran；twin-hull vessel；double canoe；straddle barge
双体浮座{筏}☆catamaran
双体椎型☆diplospondyly
双调和函数☆biharmonic function
双调谐的☆double-tuned
双萜☆diterpene
双萜(类)☆diterpenoids
双通道卫星接收机☆dual-channel satellite receiver
双通的☆bilateral
双通回转接头☆double passage swivel joint
双同步通信☆binary synchronous communication
双同位素指示剂法☆double spike method
双筒井☆dual well
双筒旋转式分流器☆dual rotating diverter
双筒钻井☆simultaneous{double barreled} drilling
双头扳手☆double-ended spanner{wrench}
双头笔石(属)[O_{2-3}]☆Dicranograptus
双头的☆double-end；bicephalous
双头假捻变形☆duo-twist texturing
双头螺钉☆dowel screw
双头螺栓扳手☆stud driver
双头螺栓连接的法兰☆double-studded flange
双头螺栓拧出器☆stud remover
双头螺纹☆double thread
双头式☆bullhead
双头阳螺纹接头☆double-pin connection
双头枝骨针[绵]☆dicranoclone
双头植物☆Dicranophyllum
双凸(面)的☆beconvex
双凸透镜形成☆lenticulation
双凸形的☆convexo-convex
双突螺属[腹;Q]☆Diplommatina
双涂层☆double coating
双腿井架☆two-legged{drilling} mast；double pole mast
双腿式起重机☆bipod
双腿A形{轻便}井架☆two-legged mast
双脱氧植红初卟啉[$Pb_{13}As_{18}S_{40}$]☆DI-DPEP；dideoxophyll(o)erythroetioporphyrin
双驼峰砂☆one-screen；camelback (sand)
双瓦闸☆double block brake
双(重)弯度导向接头☆double-tilted navigation sub
双弯管☆ogee
双万向支架☆double gimbal
双网状构造☆twin-mesh structure
双桅☆twin mast
双维管束式[孢]☆diploxylonoid
双尾冰川☆through glacier
双尾虫属[三叶;ϵ_{2-3}]☆Koptura
双尾的☆bicaudate
双尾分布☆two-tail distribution
双尾检验☆two-tailed test
双尾目{纲}[昆]☆Diplura
双位开关☆open and shut valve
双位式信号机☆two-position signal
双猬属[E_3]☆Amphechinus
双纹长石☆double perthite
双稳磁元件☆bistable magnetic element；BMAC
双稳态pnpn半导体组件☆trigistor
双稳元件☆bistable element
双窝型☆Diapsida
双五点井网☆double five-spot
双戊烯☆bipentene
双误差回归处理☆two-error regression treatment
双吸泵☆double suction pump
双吸收☆bi-absorption
双吸移管☆double pipette
双稀释法☆double dilution
双稀释剂分析☆double-spike analysis
双烯的☆diolefinic
双烯酮☆diketene
双下标☆double subscript
双下水胶结岩层☆water-table rock
双显示☆dual display
双线☆dual{double} pipeline
α双线☆alpha doublet
双线笔石属[O_1]☆Dinemagraptus
双线的☆bifilar
双(谱)线分辨☆doublet resolution
双线河[地图上表示河两岸]☆double-line stream
双线控制井下安全阀☆dual-line subsurface safety valve
双线平巷☆double track heading
双线圈感应电测深☆two-loop induction sounding
双线示波器☆double oscillograph
双线式信号☆two-wire signal
双线隧道☆double-track tunnel
双线索道☆bicable tramway
双线性☆bilinearity
双线性关系☆bilinear relation
双线栅变频器☆grating converter
双响爆竹☆double-bang{-explosion;-sound} firecracker
双相☆diphase
双相(的)☆biphase
双相带☆paired facies belts
双相解释☆diphase interpretation
双相介质☆two-phase media
双像{象}☆echo-image；double image；diplopia
双向☆bimodality；clipper-limiter；bidirectional；duplexing
双向爆破[震勘]☆two-way-shot
双向垂直传播时间☆two-way vertical-travel time
双向单射☆bijective；bijection
双向的☆bidirectional；duplex；bimodal；Ovonic
双向{侧;通;边}的☆bilateral
双向叠合组大型交错层理☆bimodal cosets of large scale-cross-stratification
双向端子☆double-ended clamp
双向反射附件☆bidirectional reflectance accessory
双向谷☆double valley
双向航线☆bidirectional flight lines
双向火山杂岩☆bimodal volcanic complex
双向卡瓦☆bi-directional slip
双向开关半导体元件☆Ovonic
双向扩展断层☆bilateral fault
双向离子变频器☆cycloconverter；cycloinverter
双向粒径分布☆bimodal grain-size distribution
双向裂谷火山活动☆bimodal rift volcanism
双向甚高频数据传送☆bidirectional VHF data link
双向水流玫瑰图☆bimodal{bipolar} current rose
双向水准测定☆bilateral levelling
双向锁簧☆crossbolt
双向弹簧☆double-acting spring
双向通道☆duplex channel
双向网络☆bilateral network
双向下超☆bidirectional downlap
双向旋启式止回阀[阀瓣关闭时,流体以一种方向流动,开启时能以反方向流动]☆backflow gate
双向压缩☆biaxial compression
双向遥测☆bidirectional-telemetry
双向应力应变关系☆biaxial stress-strain relation
(半导体)双向阈值开关☆ovonic threshold switch
双向折叠型标定系统☆bi-directional folded-type prover system
双向作用(千斤顶)☆double acting ram
双向作用的☆bilateral
双象{像}☆diplopia
双象全息相片☆dual-hologram
双硝胺☆dinitrooxyethyl nitramine；DINA
双效☆double effect
双楔☆disphenoid；bisphenoid
双楔类☆bisphenoidal class
双楔形体分析法☆double wedge analysis
双楔(晶)组☆disphenoitlal class
双斜度导向接头☆double-tilted navigation sub
双斜晶系☆diclinic system；doubly oblique system
双斜率模/数转换器☆dual slope A/D converter
双斜面(K形)搭接坡口☆double-bevel butt groove
双斜刃钻头☆double taper bit
双谐振回线☆bi-resonant loop
双榍[晶]☆(tetragonal) bisphenoid；disphenoid
双芯的☆twin
双芯电缆☆two-core{twin;two-wire;duplex} cable
双芯片☆twin lamella
双信号☆double signals；dual signal
双信号闭塞制☆composite block system
双信号区☆bisignal{bi-signal} zone
双信号振铃电路☆composite ringer circuit
双信左移位☆double left shift；D.L.S.
双星☆binary star；double stars
双星导航☆two stars navigation
双星形接线法☆Y-Y connection
双星藻属☆Zygnema
双型劈理☆bimodal cleavage
双形笔石☆Dimorphograptus
双形`层藻{叠层石}属[Q]☆Dimorphostroma
双T形断面☆H-section
双V形发动机☆W-engine
双形飞龙☆Dimorphodon
双形管迹[遗石]☆Biformites
双形迹[遗石]☆Dimorphichnus
双形晶☆double formed crystal
双形菊石超科[头]☆Dimorphocerataceae

S

双U形坡口☆double-U groove
双V{X}形坡口对接焊缝☆double-V butt weld
双形壳叶肢介属[K_2]☆Dimorphostracus
双形珊瑚属[C]☆Diphyphyllum
双形水沟☆V-ditch
双形羽榍隔壁[珊]☆dimorphacanth septa
双形藻属[绿藻]☆Dimorphococcus
双性电极☆bipolar electrode
双须藻属[蓝藻;Q]☆Dichothrix
双悬链式立管☆double catenary riser
双旋笔石属[S]☆Diplospirograptus
双旋虫属[孔虫;N_2-Q]☆Geminospira
双旋光☆birotation
双旋回谷☆two-cycle{two-story} valley
双旋回山☆two-cycle mountain
双循环发电系统☆binary-cycle electric power-generating system
双循环分流器☆dual reciprocating diverter
双循环示范电站☆binary-cycle demonstration plant
双压电晶片☆bimorph
双芽孢管的[笔]☆dicalycal
双牙轮☆two-cone
双亚乙基☆acetylene
双盐☆double salt
双岩芯管钻机☆double-core barrel drill
双眼井☆twin hole
双焰燃烧器☆two headed burner；two flame burner；fish tail burner
双阳极☆binode
双氧化物☆double oxide
双氧水☆hydrogen peroxide；oxydol
双氧铀(根)☆uranyl
双(份)样(品)☆duplicate sample
双样固结试验☆double-specimen oedometer test
双摇床☆duplex table
双叶轮式浮选机☆double impeller-flotation cell
双液缸装置☆dual hydraulic cylinder assembly
(示踪剂)双移效应☆drift effect
双-2-乙基己基磺化琥珀酸钠[成分同 Aerosol OT]☆Decerosol{Aerosol} OT；Alrowet D；Betasol OT-A
双-2-乙基己基磷酸☆di-2-ethylhexylphosphoric acid；di-2-EHPA
双异丁二甲基辛胺萃取剂[液体阴离子交换剂]☆Amine S-24
双异丁基甲醇[$((CH_3)_2CH•CH_2)_2CHOH$]☆diisobutyl carbinol
双异旋光☆birotation
双异藻属[K-E]☆Diphyes
双翼飞机☆biplane
双翼回采工作面☆double stope
双翼鱼☆Dipterus
双翼钻头☆two-way bit
双音信号发生器☆double-tone signal oscillator
(两端)双阴螺纹管☆box-to-box pipe
双用封隔器☆straddle packer
双用燃料发动机☆dual-fuel engine
双油层同心完井☆dual zone concentric completion
双油管采油(气)井口装置☆dual tubing wellhead
双油管井封隔器☆dual string well packer
双油管柱☆dual-tubing string；side by side tubing string
双有规立构性☆ditactic
双鱼座☆Pisces；Fishes
双雨季气候☆birainy climate
双语版☆bilingual edition
双羽蕨☆Ptilozamites
双预测反褶积☆double predictive deconvolution
双元件呼吸器☆dual-element respirator
双元燃料☆bipropellant
双元燃料(推进系统)☆bifuel propulsion
双元燃料火箭推进剂☆double base propellant
双原子分子☆diatomic molecule；diatomics
双螈属[C-T]☆Amphibamus
双圆虫属[孔虫;K_2]☆Dicyclina
双圆单晶X射线衍射仪☆two-circle single crystal X-ray diffractometer
双圆锥式分级机☆double-cone classifier
双源法☆double source method
双源距热中子衰减时间测井☆dual spaced thermal decay time log
双源距中子测井☆dual spaced neutron (log)
双缘介属[D-P]☆Amphissites
双月刊☆bimonthly
双云母花岗石☆binary granite
双渣熔炼☆two slag practice
双闸板型{式}防喷器☆double ram type preventer
双辗盘混砂机☆multimal mixer
双涨潮☆double flood
双折电缆☆fold back
双折射☆double refraction；birefracting；birefringence；birefringent
双折射的☆birefringent；birefractive；birefracting
双折射法☆birefringence method
双折射率☆birefraction；birefringence
双折射片☆birefringent plate
双折射透明方解石[$CaCO_3$]☆Iceland spar
双褶齿猬类☆lipotyphlans；dilambdodonts
双褶单缝孢属[P_2]☆Dictychosporites
双(重)褶皱(作用)☆double-folding
双振动筛☆dual shale shaker
双振幅☆double amplitude
双振环☆bi-resonant loop
双震预报☆prediction of earthquakes
双正态分布☆binormal distribution
双枝骨针[绵]☆diploclone
双枝藻属[E]☆Dissocladella
双支放射测量仪☆bifurcated radiometric probe
双支附肢[节]☆biramous appendage
双支柱☆twin props
双值的☆dyadic；bimodal；diadic
双值图像☆binary images
双值性☆ambiguity
双指示剂法☆double-tracer technique
双指数拟合法☆dual exponential fit method
双趾迹[遗石]☆Diplichnites
双纸盆扬声器☆kone
双掷☆double throw
双栉形的☆bipectinate
双置韧带[双壳]☆amphidetic ligament
双质丰度☆geologic(al) abundance
双质子☆diproton
双中隔板[腕]☆double median septum
双中心[出芽]的☆dicentric
双中心破火口☆double-centered caldera
双中柱☆distele
双中子☆dineutron；bineutron
双种金属电池☆bimetallic system cell
双众数分布☆bimodal distribution
双周刊☆fortnight；biweekly
双轴☆double shaft；tandem (sale)；twin shafts
双轴(磁心)☆biax
双轴铲土运土机☆two-axle scraper
双轴干扰图{涉像}☆biaxial interference figure
双轴光弹仪☆biaxial photoelastic gauge
双轴加速仪{器}☆two axis accelerometer
双轴拉伸流(动)☆biaxial extensional flow
双轴伸长☆biaxial extension
双轴向变形☆biaxial deformation
双轴向应力应变关系☆biaxial stress-strain relation
双轴针☆diaxon
双肘管☆twin elbow
双柱☆diprism；biprism
双柱匙板☆spondylium{Polystichum} duplex
双柱类[双壳]☆dimyarian
双柱色谱(法)☆dual column chromatography
双爪钳☆Volsella
双转体☆double swivel
双转子☆birotor
双转子泵☆bi-rotor pump
双转子燃气发生机☆two-spool gas generator
双椎螺属☆diplovertebron
双锥☆dipyramid；bipyramid；two-cone
双锥(的)☆dipyramidal；bipyramidal
双锥-垂球扭摆黏度计☆bicone-bob torsion pendulum viscometer
双锥的☆biconic
双锥沟藻属[K-E]☆Diconodinium
双锥珊瑚属[S-D_2]☆Diplochone
双锥式半板面[三斜晶系中{*hkl*}型的单面]☆bipyramidal{dipyramidal} hemi-pinacoid
双锥体☆bipyramidal；dipyramid
双锥形晶体☆doubly terminated crystal
双锥型矿槽☆double-conical type hopper
双锥鱼属[C-P]☆Amphicentrum
双子宫☆Didelphia
双子叶树☆dicotyledonous tree
双子叶植物纲☆Dicotyledoneae；dicotyledonae
双子座☆Gemini；Twins
双自由基☆diradical
双字母组(合)☆eigram
双组防喷器装置☆two-stack (blowout-preventer) system
双组分区域概念☆bicomponent district concept
双组分☆bi-component
双组分并合变形丝☆inter-textured yarn
双组分的(显微类型)☆bimaceral
双组元推进剂☆dipropellant
双嘴水泥包装机☆double-head cement packing machine
双作用☆double-action
双作用的☆duplex{double} acting；double-acting
双作用泵☆double displacement pump
双作用活塞式往复泵☆double action reciprocating pump
双作用无杆气动泵☆dual-acting rodless gas-actuated pump
双坐标系(统)☆bi-coordinate system
双座阀☆double seat valve
双座海百合目[棘]☆Diplobathrida

shuǎng

爽快的☆bracing；frank；alacrity；readily；refreshed；comfortable；outright；straightforward

shuǐ

水☆water；aqua[拉]；eau[法]；ab[波斯语]；Aq.；aqui-；glaze ice；aq；hydro-；aque-；aquo-
水埃洛石☆hydrated halloysite；hydrohalloysite；endellite
水铵长石[$NH_4AlSi_3O_8•½H_2O$;单斜]☆buddingtonite
水铵钙矾☆koktaite
水铵硼石☆ammonioborite
水坝☆(hydraulic) dam；pen
水白的☆water white
水白钠钾矾☆natrokalisimonyite
水白铅矿[$Pb_3(CO_3)_2(OH)_2$;三方]☆hydrocerussite；cerussa；plumbonacrite；hydrocerousite
水白石蜡☆water-white paraffin wax
水白云母[$(K,H_3O)Al_2((Si,Al)_4O_{10})(OH)_2$]☆hydromuscovite；hydomuscovite；sarospat(ak)ite；hydrosericite；bravaisite
水白云石[$CaMg(CO_3)_2•nH_2O$]☆hydromagnocalcite；hydrodolomite；damourite；hydro-dolomite；pennite
水斑铀矿[$UO_2•5UO_3•10H_2O$;斜方]☆iant(h)inite；lanthinite；janthinite；ianthite
水板铅铀矿[$Pb(UO_2)(OH)_4$]☆richetite
水半球☆water{oceanic;ocean} hemisphere
水胞☆hydraulic bladder
水包[矿内]☆bag；water pocket
水包油型乳化液压液☆o/w emulsion hydraulic fluid
水包溃块☆nest outburst
水孢子☆piece of water
水保持☆water conservation
水饱和率☆water saturation
水饱和土地☆waterlogged ground
水爆法☆hydro-blasting
水爆清砂☆water explosion blast cleaning；hydraulic blast
水爆清砂装置☆water explosive sand cleaning plant
水爆石☆aquacreptite；aquacipite
水钡锶烧绿石☆pandaite
水钡铀矿☆bauranoite
水钡铀云母[$Ba(UO_2)_4(PO_4)_2(OH)_4•8H_2O$]☆bergenite
水泵☆water{hydraulic} pump；draft engine；draught- engine；pump
水泵比转速☆specific speed of pump
水泵带气吸水☆working on air
水泵底部空吸状态[吸入管的滤罩部分暴露在空气中,吸入了带空气的水]☆on snore
水泵房☆water plant；lodge{pumping} room；pump house{chamber}；water-pumping station；pumping compartment
水泵工作定时器☆pump timer
水泵类型☆types of pumps
水泵皮碗☆pump cup{disk}；pump-cup leather
水泵启动注水☆pump priming
水泵送水口☆pump discharge
水泵吸水管滤网☆pump basket
水泵压头☆head on pump
水泵扬程☆lift (of pump)；lifting capacity；vertical head

S

水泵运行情况☆pump performance
水碧[SiO_2]☆amethyst；amatista
水边的☆riparian
水边低沙丘☆foredune
水边线☆water line{front}
水变锆石☆oerstedite；oesterdite
水变蓝磷铝铁矿☆hydrometavauxite
水变质岩☆hydrometamorphic rock
水变质作用☆hydrometamorphism；hydrometasomatism
水标☆water ga(u)ge
水标尺☆wg；water gauge
水标铀矿☆clarkeite
水表☆water meter{ga(u)ge;flowmeter}；watermeter
水表面☆water surface；WS
水滨的☆riparian
水兵☆sailor
水冰☆water ice
水玻璃[Na_2SiO_3]☆water glass；soluble silicate；sodium silicate{metasilicate}
水玻璃矿渣砂浆☆water glass slag mortar
水玻璃砂☆water glass sand；sodium silicate sand；water-glass{silicate-bonded} sand
水播植物☆hydrochore
水波☆hydrowave；water wave
水波高频探测器☆waterbreak detector
水波及带☆water-swept zone
水波及的井网区☆water-contacted pattern region
水波及孔道☆water-swept pore channels
水波侵蚀☆water-wave erosion
水波信号起始点☆waterbreak
水薄膜的表面张力☆surface tension of moisture films
水箔☆water foil
水驳☆water barge
水簸法☆elutriation (method)
水捕☆water trap
水补给源☆water supply source
水不发育的☆well-drained
水不溶性的☆water-insoluble
水不足☆water deficiency
水布植物☆hydrochore
水采☆hydraulic mining{extraction}；spatter work；spattering；jetting；hydraulicking；hydro-extraction
水采地沟☆ditch；ground sluice；canal；trench
水采尾砂☆mining debris
水采样器☆water sampler
水采用水枪☆hydraulic (mining) jet
水舱☆water tank；WT
水仓☆sump (gangway;pit)；lodgement；dibhole；water sump{chamber;standage}；little wind；dib hole；lodge；standage[大]；catchpit；drain{sludge} pit；gig；wellhole；vessel pond
水仓溃决☆nest outburst
水槽☆flume；water cistern{trough;tank;channel;reservoir;bath}；gutter；gullet；cistern；basin；aqueous phase；raggle；leat；penstock；sink water hole；fluid passage{porthole} [钻头]
水槽{加油}车☆bowser
水槽汽车☆tanker
水槽数目[钻头]☆number of water way
水槽运输矿石☆flurried
水草成因说☆grass origin theory
水草地☆flow meadow
水草地毯☆Seagrass carpets
水草类☆aquiprata
水草酸钙石[CaC_2O_4•H_2O;单斜]☆whewellite；thierschite；kohlenspath[德]；calcium oxalate
水测量学☆hydrography
水测势面☆water potentiometric surface
水层☆water layer{zone}；water-layer
(含)水层☆water bearing formation
水层部分☆pelagic division
水层混响☆water-layer reverberation
水层散射噪音☆water-layer-scattered noise
水层压力☆aquifer pressure
水产的☆aquatic
水产养殖☆aquiculture
水产资源☆fishery resource
水场☆water field
水车☆water wheel{wagon;chest}；watering car；waterwheel；watertruck；waterwheel (for irrigating, raising water or driving machinery)；watercart
水沉积{淀}的☆water-lain；water(-)laid
水沉凝灰岩☆water-laid tuff
水沉砂☆grit removal
水沉淤泥☆sullage
水成部分☆hydrogenous component
水成的☆hydatogen(et)ic；hydrogenous；aquagene；aqu(if)erous；hydatogenous；hydatomorphic；hydrogenic；hydrogene；neptunian
水成富集☆hydatogenic concentration
水成过程☆hydromorphous process
水成交错纹层{理}☆aqueous cross-lamination
水成(理)论☆neptunian theory；neptuni(ani)sm
水成论者☆neptunist
水成膜泡沫☆aqueous film-forming foam；AFFF
水成泥层☆hydrolutyte
水成派{论}的☆neptunian
水成片岩☆paraschist
水成沙波☆water ripple
水成碎屑☆hydroclast
水成碳酸盐碎屑岩☆hydrolith
水成土☆hydromorphic{hydrogenic;hydromorphous;aquatic;aqueous} soil；aquic taxa
水成物质☆hydrogenous material
水成岩☆hydrogenic{aqueous;hydatogenous;katogene; sedimentary} rock；neptunic rock
水成岩层论☆Neptune-horizon
水成岩墙☆sedimentary dyke；neptunian{neptunic} dike{dyke}
水成作用☆hydrogenesis；hydatomorphism；hydatogenesis
水程☆voyage
水澄清器☆water clarifier
水池☆pond；holding{vessel} pond；tank；basin；water tank{cistern;basin}；waterhole；represo；pool；charo；cistern；water-pot；mere
水尺☆gauging rod；draught marks；ga(u)ge；tidal pile；tide staff{pole}；water ga(u)ge；water level gauge
水尺零点☆gauge zero；zero of gauge
水尺零点高程☆level of zero of gauge
水赤铁矿[$2Fe_2O_3$•H_2O]☆turgite；hydrohaematite；turite；hydrohematite [Fe_2O_3•nH_2O]；ferrogel；turyite；turjit(e)
水赤铜矿[Cu_2O•nH_2O]☆hydrocuprite
水冲☆(water) hammer
水冲成的凹地☆kettle
水冲法☆jetting process
(山腰)水冲沟☆gully
水冲击钻探☆wash boring
水冲开挖法☆sluicing
水冲排料☆discharge{discharging} by wash
水冲排砂系统☆water wash/sand dump system
水冲蚀☆wash out；wash(-)out
水冲蚀的☆waterworn
水冲式分选机☆water flush(ing)
(用)水冲洗☆flush out
水冲卸载☆discharging by wash
(用)水冲选☆water flush
水冲淤坝☆slurry-fall fill dam
水冲钻孔☆hydrauger hole
水出现前的大气圈☆preaquatic atmosphere
水储☆water(-filled){aquifer} reservoir
水处理☆water handling{treatment;curing;handle}；disposal of water
水处理井☆water disposal well
水传播{染}疾病☆waterborne disease
水传染的☆waterborne
水串槽☆water breakthrough；WBT
水锤☆knocking；impingement；water{hydraulic} hammer
水锤现象☆(water) hammering
水锤效应☆water-hammer effect；hydraulic hammering
水磁(波)的☆hydromagnetic
水磁铁矿[Fe_3O_4•nH_2O]☆hydromagnetite
水刺腕☆Strophalosia
水窜☆water breakthrough；WBT
水淬☆water quenching{hardening}
水淬粒状矿渣☆water-granulated slag
水淬煤渣烧结制品☆water-quenching
水淬硬化☆water hardening；water-quenched cinder
水大气☆water atmosphere
水带☆water banks
水袋☆water bag{hardening}
水单硫铁矿[FeS•nH_2O]☆hydrotroilite
水胆矾[$Cu_4(SO)_4(OH)_6$]☆brochantite；konigite；brongniartine；krisuvigite；konigine；koenigite；koenigine；war(r)ingtonite；dystommalachite；brongnartine；blanchardite
水胆石☆brochantite
水胆玉髓☆enhydros
水氮碱镁矾☆chile-loeweite
水蛋白石[SiO_2•nH_2O]☆hydrophane
水当量☆water equivalent
水稻☆paddy{lowland} rice
水稻负泥虫☆Oulema oryzae
水稻区☆rice-growing district
水稻秧田☆rice-seeding bed
水道☆leat；klong；inset；cruise；gote；streamway；khor；(drainage) channel；(water;stream) course；gat；gate；watercourse；conduit；waterway；flume；euripus [pl.-pi]；course of river；water channel{passage;race;route}；river；culvert；lade；water route gat；water passage gate；lanes in a swimming pool；raceway；race；lode；lead[冰间]
水道测量☆hydrographic(al) survey；hydrography
水道测量精密扫描回声测深仪☆hydrographic precision scanning echo sounder；HYPSES
水道充填交错层理☆channel-fill cross-bedding
水道的水流☆streamway
水道-堤坝系统☆channel-levee system
水道工程☆water-way engineering
(在)水道里运输☆flume
水道名称☆hydrographic name
水的☆water(y)；aquatic；aqueous；hydro；aqua.
水(生;上)的☆aquatic；hydrogenous
水的(矿化度)☆water salinity
水的分配☆distribution water；allocation of water
水的浮力☆buoyance of water
水的更新和再用☆water renovation and reuse
水的进入☆ingress of water
水的净化☆water purification；treatment{cleaning} of water
水的密度☆density of water
水的平衡前进接触角☆equilibrium water-advancing contact angle
水的迁移☆water removal
水的软化☆water demineralizing；demineralization of water
水的酸化☆aquatic acidification
水的脱矿化☆water demineralizing
水的细菌净化☆bacterial purification of water
水的硬度☆hardness of water；water hardness
水的重度☆unit weight of water
水等势面☆water equipotential surface
水堤☆water banks
水滴☆water droplet{drop;bubble}；drop
水滴形☆tear shape
水底传播声音的☆hydroacoustic
水底的☆underwater；subaqueous；submarine；sunk；sunken；sub；submerged[位于]；demersal[居于]
水底动物☆zoobenthos
水底火(山)碎(屑)流☆subaqueous pyroclastic flow
水底锚链☆ground chain
水底喷发☆subaqueous eruption
水底声(波探)测系统☆acoust-subsea
水底生物☆benthon；benthos
水底通道☆underway
水底完井采油系统☆subsea completion tree system
水底涌泉☆underwater gushing spring
水底植物☆phytobenthon；benthophyte；bottom flora
水地球化学☆water geochemistry
水地质学☆water geology
水碲铅矾☆schieffelinite
水碲氢铅石[$Pb_6H_6(TeO_3)_3(Te^{6+}O_8)_2$•$2H_2O$;三斜]☆oboyerite
水碲铁矿[$Fe_2(TeO_3)_3$•nH_2O; $Fe^{3+}Te_2O_5(OH)$;四方]☆mackayite
水碲铁铅矿☆eztlite
水碲铜矿☆cesbronite
水碲铜石[$CuTeO_3$•H_2O;斜方]☆graemite
水碲锌矿[$(Zn,Fe^{2+})_2(Te^{4+}O_3)_3Na_xH_{2-x}$•$nH_2O$;六方]☆zemannite
水碘钙石[$Ca(IO_3)_2$•H_2O;单斜]☆brueggenite；brüggenite
水碘铜矿[$Cu_3(IO_3)_6$•$2H_2O$;三斜]☆bellingerite；jodbotallackite
水垫☆water cushion
(油罐、油船)水垫☆water bottom{ballasting}

水电☆hydro(-)electricity；water and electricity；hydroelectric power；hydropower；white coal；hydraulic power generation
水电比拟☆conductive liquid analog
水电厂☆hydroelectric (power) plant；hydro-plant
水电成形☆electrohydraulic forming
水电能☆hydroelectric power；HEP
水电效应破岩☆rock fragmentation by electrohydraulic effect
水电阻器☆water resistor
水顶油罐☆water-top tank
水定时式取样机☆water-timed sampler
水动力☆hydropower；hydrodynamic force
水动力带☆hydrodynamic zone
水动力(学)的☆hydrodynamic(al)
水动力倾斜液面☆hydrodynamic tilted fluid contact
水动力圈闭作用☆hydrodynamic trapping
水动力网☆hydrodynamic net
水动力学☆hydrokinetics；hydrodynamics
水动力学勘探☆hydrodynamics exploration
水动态☆hydroregime；water regime(n)
水动型海面升降☆eustatism；eustacy；eustasy
水动压梯度☆hydrodynamic pressure gradient
水洞☆estavelle
水斗☆bail
水斗容量☆water bucket capacity
水毒砂☆kankite
水堵☆water block(ing)
水端[蒸汽泵的]☆water end
水短缺量☆water shortage
水短柱石[$Ba_4Ti_2Si_8O_{22}•5H_2O$;单斜、斜方]☆penkvilksite
水多硅(锂)云母☆hydropolylithionite
水二次冷却系统☆water recooling system
水/二氧化碳灭火器☆water/carbondioxide extinguisher
水阀☆gate{water} valve
水法分离☆aqueous separation
水钒钡石[$Ba_4(Fe,Mn)_2(VO_4)_4•H_2O$;单斜]☆gamagarite
水钒钙石[$Ca(V_2O_6)•4H_2O$;三斜]☆rossite；rosellane
水钒矿☆vanoxite；bariandite
水钒锂铀矿☆ferghanite；ferganite
水钒铝矿[$Al(VO_4)•3H_2O$;单斜]☆steigerite
水钒铝石[$Al_6(VO_4)_2(OH)_{12}•5H_2O$;单斜]☆alvanite
水钒镁矿[$KMgV_5O_{14}•8H_2O$;三斜]☆hummerite
水钒镁钠石[$Ba_4MgV_{10}O_{28}•24H_2O$;三斜]☆huemulite；huemulit
水钒锰铅矿[锰铁钒铅矿;$Pb_2(Mn,Fe^{2+})(VO_4)_2•H_2O$;单斜]☆brackebuschite
水钒钠钙石[$Ba_4Ca_xV^{4+}{}_{2x}V^{5+}{}_{12-2x}O_{32}•8H_2O$;单斜]☆grantsite
水钒钠石[$Na_2V_6O_{16}•3H_2O$;单斜]☆barnesite
水钒铅铋矿☆pottsite
水钒石☆aloite
水钒锶钙石[$CaSrV_2O_6(OH)_2•3H_2O$;单斜]☆delrioite
水钒铁矿[$Fe_4^{3+}(VO_4)_4•5H_2O$;单斜]☆fervanite
水钒铜矿[$Cu_3V_2O_7(OH)_2•2H_2O$;$Cu_3(VO_4)_2•3H_2O$;单斜]☆volborthite；ousbekite；uzbekite；usbekite；vesbine；knauffite；ousbeckite；copper vanadate；mottramite
α水钒铜矿[$Cu_3•(VO_4)_2•3H_2O$]☆alpha-uzbekite
β水钒铜矿[$Cu_3(VO_4)_2•4H_2O$]☆beta-uzbekite
水钒锌铅矿[Pb,Zn 的含水钒酸盐]☆hu(e)gelite；hügelite
水钒铀矿[$(UO_2)_3(VO_4)_2•6H_2O$]☆ferg(h)anite；fervanite
水反射的☆water-reflected
水泛地☆overflow land
水方硅铝石[$Al_2O_3•(4\sim5)SiO_2•(3\sim4)H_2O$]☆dixeyite
水方解石☆hydrocalcite [$CaCO_3•2H_2O$]；hydroconite {hydrokonite} [$CaCO_3•nH_2O$]
水方锰矿☆hydromanganosite
水方钠石[$Na_8(AlSiO_4)_6Cl_2•nH_2O$]☆hydrosodalite
水方硼石[$CaMg(B_3O_4(OH)_3)_2•3H_2O$;单斜]☆hydroboracite
水方钍石☆mozambikite
水肺☆aqualung；self-contained underwater breathing apparatus；SCUBA；aqua-lung[潜水用]
水肺型潜水器☆aqualung type diving apparatus
水费☆water rate
水分离器☆water separator
水分离作用☆hydrofract(ur)ing
水分析资料汇总表☆water catalog
水分选作用☆water-sorting action
(单体)水分子☆hydrone
水粉磨☆water pulverization
水-粉砂悬浮液☆water-silt suspension
水分☆moisture (content)；wet；(liquid) water content；dampness；exaggeration；moistness；water substance
水分保持量☆moisture-holding capacity
水分测定☆ash{moisture} determination
水分测定箱☆moisture-box
水分储存量☆moisture storage
水分传感仪☆moisture transmitter
水分的内{|外}扩散☆interior{|external} diffusion of water
水分多的☆washy
水不过多☆excess moisture
水分控制☆control of moisture
水分逆增层☆moisture inversion
水分散液{体}☆aqueous dispersion
水分散晕☆aqueous dispersion halo
水分试样脱水器☆moisture-sample dewater
水分物料☆water-sorted material
水分循环☆hydrologic{water} cycle
水分逸出构造☆water-escapes structure
水分蒸发☆evaporation of water
水分蒸发强度☆evaporating intensity of water
水封☆hydroseal；hydraulic packing{seal}；liquid {water} seal；water seal packing；water lock{sealing; backfill;stemming;bosh}；aquaseal；gland water
水封(装置)☆packing water seal
水封爆破☆water(infusion) blasting；(pulsed-) infusion shotfiring；waterblasting
水封爆破采煤法☆flanking-hole method
水封(堵塞)袋☆water(-filled) stemming bag
水封防爆箱☆explosive-proof box
水封罐{|环}☆water sealed tank{|ring}
水封气井☆water-blocked gas well
水封设备☆water-sealed equipment
水封式安全阀☆hydraulic(al) back pressure valve
水封式泵☆hydroseal (sand) pump
水封输送{运输}机☆water-seal conveyor
水封套☆water seal gland；water-sealed gland
水封装置☆liquid packing
水风扇☆water-jet blower
水风箱☆trompe
水氟钙铈矾[$Ca_3(Ce,Y)Al_2(SO_4)F_{13}•10H_2O$;等轴]☆chukhrovite-(Ce)
水氟钙钍矿☆thorbastnaesite
水氟钙叶矾☆chuklovite
水氟钙钇矾[$Ca_6Al_3(Y,La)_2(SO_4)_2F_{23}•20H_2O$(近似);$Ca_3(Y,Ce)Al_2(SO_4)F_{13}•10H_2O$;等轴]☆chukhrovite；chuchrovite
水氟硅钙石☆bultfonteinite
水氟磷铝钙石[$NaCa_2Al_2(PO_4)_2(F,OH)_5•2H_2O$;单斜]☆morinite
水氟铝钙石[$Ca_3Al_2F_{10}(OH)_2•H_2O$;$Ca_2AlF_7•H_2O$;三斜、假单斜]☆carlhintzeite；evigtokite；yaroslavite；jaroslavite；jaroslawite
水氟铝钙矿[$Ca_3Al_2F_{10}(OH)_2•H_2O$;斜方]☆yaroslavite
水氟铝锶石[$SrAlF_4(OH)•H_2O$;单斜]☆tikhonenkovite
水氟镁铁矾☆svyazhinite
水氟硼石[$Ca_3Na_2Al_4H_4(BO_3)_6(F,OH)_6$]☆johachidolite
水(蚀)氟铈矿☆hydrofluocerite
水氟碳钙钍矿[$Th(Ca,Ce)(CO_3)_2F_2•3H_2O$;六方]☆thorbastnaesite；thorium {-}bastnaesite
水浮青☆water suspension paste
(储罐)水浮正装法☆water-float upward erection method
水腐蚀☆water corrosion
水覆盖区☆water-covered area
水复钒矿[$V_2^{4+}V_{12}^{5+}O_{34}•nH_2O$;斜方?]☆corvusite
水复钒石☆protodoloresite
水复锰矿☆birnessite-(Mn)
水改善☆water conditioning
水钙长石[一种已变化的、含水的钙长石]☆lindsayite；lindseit(e)；linseite；lindsavite
水钙钒矿☆hendersonite；hendessonite
水钙沸石[$Ca(Al_2Si_2O_8)•4H_2O$;单斜]☆gismondine；gismondite；abrazite；aricite；zeagonite
水钙硅石☆parryite
水钙碱☆pirssonite
水钙磷石☆stoffertite；brushite
水钙榴石[$(Ca,Mg,Fe^{2+})_3(Fe^{3+},Al)_2(SiO_4)_{3-x}(OH)_{4x}$;等轴]☆hydrougrandite；ferplazolite
水钙铝榴石[$Ca_3Al_2(SiO_4)_{3-x}(OH)_{4x}$;等轴]☆hydrogrossular
水钙铝石[$Ca_2Al_3(OH)_{13}•5H_2O$(近似)]☆bernonite
水钙芒硝[$Ba_4Ca(SO_4)_3•2H_2O$;单斜]☆hydroglauberite
水钙镁铀石[$2(Ca,Mg)O•2UO_3•5SiO_2•9H_2O$]☆ursilite
水钙锰矿☆birnessite-(Ca)
水钙锰榴石[$Ca_3(Mn,Al)_2(SiO_4)_2(OH)_4$;四方]☆henritermierite
水钙钠钡铀矿☆metacalciouranoite；metacaltsuranoite
水钙钛石☆hydrokassite
水钙霞石[$Na(AlSiO_4)•½H_2O$]☆hydrocancrinite
水钙硝石[$Ca(NO_3)_2•4H_2O$;单斜]☆nitrocalcite
水钙铀矾[$Ca(UO_2)_4(SO_4)_2(OH)_6•20H_2O$]☆calcio(-)uraconite
水钙铀矿☆caltsuranoite；calcium uranite
水钙铀石☆Ca-ursilite
水杆沸石☆hydrothomsonite
水(泵)缸☆liquid cylinder；pump bowl
水高岭石[$Al_4(Si_4O_{10})(OH)_8•nH_2O$]☆hydrokaolinite
水高岭土☆hydrokaolinite
水锆石☆orvillite[$Zr_8(SiO_4)_6(OH)_8•H_2O$;$8ZrO_2•6SiO_2•5H_2O$]；malakon(e)；malacon；hydrozircon [$((Zr,U)_{1-x}Fe^{3+})((SiO_4)_{1-x}^{4-}AsO_4^{3-})•2H_2O$]
水铬矿☆merumite
水铬镁矾[$(Fe,Mg)(Cr,Al)_2(SO_4)_4•22H_2O$]☆redingtonite
水铬铅矿[$Pb_{10}Cu(CrO_4)_6(SiO_4)_2(F,OH)_2$;三斜]☆iranite；khuniite
水工化学☆hydro-chemistry
水工建筑☆hydrotechnic(al) construction；hydraulic structure{architecture}
水工结构物☆hydraulic work
水工学☆hydrotechnics；hydrotechnique
水汞☆aqueous mercury
水沟☆gutter (water)way；(water) ditch；waterway；gole；runnel；rindle；scupper；drain；lade；lode
水沟改道☆channel change
水沟坡度☆ditch slope；slope of ditch
水垢☆incrustation；scale (deposit)；encrustaton；deposition；fur；scum；sediment
水垢溶化剂☆disincrustant
水钴矾[$Co(SO_4)•4H_2O$]☆kobaltchalcanrhit；cobalt{-}chalcanthite；aplowite
水钴矿☆lubumbashite [$CoO•OH$(有时含多达 4% 的 CuO)]；heterogenite [$CoO•OH$;$2CoO_3ZCuO•nH_2O$]；stain(i)erite[$Co_2O_3•H_2O$]；mindingite；boodtite；lumbumbashite；stamerite
水钴锰矾☆aplowite
水钴锰土☆kakochlor
水钴镍矿[Ni 和 Co 的含水氧化物;$(Co,Ni)_2O_3•2H_2O$]☆winklerite；heubachite；winkerite；kobaltnickeloxydhydrat
水钴铜矿[$CoO•OH$,含有 20%的 CuO]☆trieuite
水钴铀矾[$Co_2(UO_2)_6(SO_4)_3(OH)_{10}•16H_2O$;斜方]☆cobalt-zippeite
水固比☆water-solid ratio
水固结作用☆hydroconsolidation
水关[城市地下排水口]☆drainhole at base of a city wall,etc.
水管☆flow pipe；water supply pipe；tubing；water main{conduit}；raceway；siphon[腹;双壳]；waterpipe
水管板☆siphonnoplax
水管的☆siphonic
水管沟☆canal
水管刻隙☆siphonal notch
水管理机构☆water agency
(用)水管连接器☆riser connector
水管螺属[K_2-Q]☆Siphonalia
水管污染☆plumbing contamination
水管系统☆water-vascular system
水管嘴☆nozzle
水罐☆jug；water key{pot;tank}
水罐车☆water truck{tanker}；tanker
水罐性灰岩☆hydraulic limestone
(用)水灌注☆jawing
水硅钡锰石[$Ba_2(Mn,Fe^{2+},Ti)Si_2O_6(O,OH,Cl,F)_2•3H_2O$;六方]☆verplanckite
水硅钡石[$BaSi_2O_4(OH)_2•2H_2O$;单斜]☆krauskopfite
水硅钒钙石[$Ca(VO)Si_4O_{10}•4H_2O$;斜方]☆cavansite
水硅钒锌镍矿[$8(Zn,Ni,Cr)O•4Al_2O_3•V_2O_5•5SiO_2•27H_2O$]☆kurumsakite
水硅钙锆矿[$CaZrSi_6O_{15}•2½H_2O$;单斜]☆armstrongite
水硅钙钾石[$(Na,K)_4Ca_{14}(Si,Al)_{24}O_{60}(OH)_5•5H_2O$;三方]☆reyerite

S

水硅钙石[$CaSi_2O_4(OH)_2 \cdot H_2O$;三斜]☆okenite;bordite;dysclasite;disclasite;hillebrandite;ockenite
水硅钙铜石[$CaCuSiO_4 \cdot 2H_2O$;单斜]☆stringhamite
水硅锆钾石☆umbite
水硅锆钠钙石☆loudounite
水硅铬石[$(Cr,Al)_6SiO_{11} \cdot 5H_2O$?]☆rilandite
水硅灰石[$3CaO \cdot 2SiO_2 \cdot 3H_2O$;单斜]☆foshallas(s)ite;hydrowollastonite;radiophyllite [$CaSiO_3 \cdot H_2O$]
水硅碱钙镁石☆Hydrosilicite
水硅孔雀石[$CuSiO_3 \cdot 3H_2O$]☆asperolite
水硅磷钛铜矿☆kozhanovite
水硅铝钙石[$NaCa_6Al_9Si_{13}O_{46} \cdot 20H_2O$;四方]☆roggianite
水硅铝钾石[$H_2K_2Al_6(Si_8Al_2O_{30}) \cdot 3H_2O$]☆shilkinite;schilkinit(e);chilkinite;lithosite
水硅铝镁钙石☆juanite
水硅铝镁石☆hamelite;melite
水硅铝石[$Al_2SiO_5 \cdot (½\sim1)H_2O$(近似)]☆hydralsite;hydrosialite
水硅铝钛铜矿☆karnasurite;carnasurtite
水硅铝钛铈矿☆karnasurite
水硅镁石[$MgSi_3O_5(OH)_4 \cdot 2H_2O$]☆picrocollite
水硅镁铀石[$2MgO \cdot 2UO_3 \cdot 5SiO_2 \cdot 9H_2O$]☆magnesium- ursilite
水硅锰钙石[$CaMn^{3+}Si_2O_6(OH) \cdot 2H_2O$;单斜]☆ruizite
水硅锰矿[$(Mn,Zn,Ca)_7(SiO_4)_3(OH)_2$]☆leukophonizit;leucophoenicite;sturtite;dosulite;leukopho(e)nicit;rendaijiite;hydrorhodonite
水硅锰镁锌石☆gageite
水硅锰石☆leucophoenicite;dosulite
水硅钠钾铀矿☆gastunite
水硅钠锰石{矿}[$Na_4Mn_3Si_8(O,OH)_{24} \cdot 9H_2O$?;斜方]☆raite
水硅钠石[$NaHSi_2O_4(OH)_2 \cdot 2H_2O$;斜方]☆kanemite;revdite
水硅铌钠石[$Na_2(Nb,Ti)_2Si_2O_9 \cdot nH_2O$;三斜]☆epistolite
水硅镍矿☆revdanskite{refdanskite;rewdinskite}[$(Mg,Ni,Fe^{2+})_6(Si_4O_{10})(OH)_8$];connarite[$H_4Ni_2Si_3O_{10}$];kon(n)arite;kolotkovite;revdin(sk)ite;komarit;rewdinskit;rewdanskit(e)
水硅硼钠石[$NaBSi_2O_5(OH)_2$;单斜]☆searlesite
水硅铍钠石☆lovdarite
水硅铍石[$Be_3(SiO_4)(OH)_2 \cdot H_2O$;斜方?]☆berillite;beryllite
水硅铍钇矿☆hydrogadolinite
水硅石[$3SiO_2 \cdot H_2O$;斜方]☆silhydrite;hydrosilicite
水硅钛矿☆thraulite
水硅钛锰钠石[$Na_3H_3(Mn,Ca,Fe)TiSi_6(O,OH)_{18} \cdot 2H_2O$;三方]☆tisinalite
水硅钛钠石[$Na_2(Ti,Nb)_2Si_2O_9 \cdot nH_2O$;三斜]☆murmanite;epiramsayite
水硅钛铈矿[$(Ce,La,Th)(Ti,Nb)(Al,Fe^{3+})(Si,P)_2O_7(OH)_4 \cdot 3H_2O$?;六方?]☆karnasurtite
水硅钛铈石☆wudjavrite;vudyavrite
水硅钛锶石☆ohmilite
水硅铁钾矿[一种鳞片状的水云母]☆gyulekhite;gewlekhite;giulekhite
水硅铁矿[三价铁的硅酸盐]☆thraulite;gillingite;traulit;origerfvite
水硅铁镁石[$(Mg,Fe)_2Si_3O_8 \cdot 3H_2O$(近似)]☆quincite;quincy(i)te;quincyit
水硅铁锰钠石☆tisinalite
水硅铁石[$Fe^{3+}_2Si_2O_5(OH)_4 \cdot 2H_2O$;单斜]☆hisingerite;sjogrenite;nemecite;canbyite
水硅铜钙石[$Ca_2Cu_2Si_3O_8(OH)_4$;单斜]☆kinoite
水硅铜石[$Cu_5Si_6O_{17} \cdot 7H_2O$;单斜]☆gilalite
水硅钍铀矿☆enalite
水硅锡矿☆arandisite;gel-cassiterite
水硅线石☆wo(e)rthite[$Al_3Si_2O_8OH$];hydrous bucholzite;hydrobucholzite;westanite{vestanite}[$Al_{10}Si_7O_{29} \cdot 2½H_2O$]
水硅锌钙钾石☆minehillite
水硅锌钙石[$CaZn_2Si_2O_7 \cdot H_2O$;斜方]☆junitoite
水硅铀矿[$U(SiO_4)_{1-x}(OH)_{4x}$]☆coffinite;swamboite;ursilite
水硅铀钍铅矿☆nicolayite
水龟属[E₂-Q]☆Clemmys
水柜车☆water truck
水果☆fruit
(游离)水含量☆liquid water content
水航工程学☆hydronautics
水耗☆water loss
水合☆hydrate;hydration;hydrating
水合苯并戊三酮☆ninhydrin
水合的☆hydrous;hydrated;aqua
水合度☆hydrature
水合分子☆hydrated molecule
水合过度☆overhydration
水合肼☆hydrazine hydrate
水合氯☆chlorhydrate
水合钼酸铀矿☆umohoite
水合氢离子铁矾[$(H_3O)Fe^{3+}_3(SO_4)_2(OH)_6$;三方]☆hydronium jarosite;carphosiderite
水合氢明矾石☆oxonic alunite
水合热☆hydration heat;heat of hydration
水合萜烯☆terpene hydrate
水合物分级☆hydrate classification
水合性黏土☆hydratable clay
水合氧化铝浆液☆alumina hydrate slurry
水合氧化物☆hydrous oxid
水合作用☆hydration;aquation;hydrate
水合作用的水☆water of hydration
水褐帘石[Ca,Fe^{3+}和稀土的铝硅酸盐,由褐帘石变化而成,含多量水,但不含Fe^{2+}]☆vasite;hydroallanite;wasite
水褐(硅)锰(土)☆hydrobraunite
水鹤☆water crane
水黑氯铜矿[$Cu_2(OH)_2Cl_2 \cdot 2H_2O$]☆hydromelanothallite
水黑锰矿[$(Mn^{2+},Mn^{3+})_3(O,OH)_4$]☆hydrohausmannite
水黑铜矿[$CuO \cdot nH_2O$]☆hydrotenorite
水黑稀金矿☆hydroeuxenite;ampangabeite
水黑云母[$(K,H_2O)(Mg,Fe^{3+},Mn)_3(AlSi_3O_{10})(OH,H_2O)_2$]☆hydrobiotite;rastolyte;eukamptite;rhastolith;pseudobiotite
水黑蛭石☆eukamptite;eucamptite
水痕☆water mark
水红砷锌石[$Zn_3(AsO_4)_2 \cdot 8H_2O$;单斜]☆ko(e)ttigite
水后退接触角☆water receding contact angle
水壶☆kettle
水壶式加热炉☆jug heater
水胡豆☆menyanthes trifoliata
水花☆water breaker;spray
水华☆algal bloom;harmful algal bloom;water bloom
水滑大理岩{石}☆pencatite
水滑结晶石灰岩☆predazzite
水滑石[具尖晶石假象;$6MgO \cdot Al_2O_3 \cdot CO_2 \cdot 12H_2O$;$Mg_6Al_2(CO_3)(OH)_{16} \cdot 4H_2O$]☆hydrotalcite;gavite;volknerite;hydrotalkite;houghite;voelknerite;carbonate-hydrotalcite;hydrocalcite;hydrotalc;altacite;wolknerit
水化☆hydrate;hydrating;slaking;hydration
水化变质(作用)☆hydrochemical metamorphism
水化层测年法☆hydration rind dating
水化层法年代测定☆hydration dating
水化层反射☆hydrate reflection
水化的☆hydrous;aquatic;hydrated
水化构造☆(hydration) structure
水化活性☆hydraulic binding material
水化铝酸二钙☆dicalcium aluminate hydrate
水化铝酸四钙☆tetracalcium aluminate hydrate
水化氯铝酸钙☆calcium aluminate chloride hydrate
水化能力☆hydratability
水化器☆hydrator
水化热☆hydration heat;heat of hydration
水化热间接测定法☆indirect method for determining heat of hydration
水化热直接测定法☆adiabatic determination of heat of hydration
水化石灰☆slaked{hydrated} lime;hydrate of lime
水化速度☆rate of hydration
水化碳铝酸钙☆calcium carboaluminate hydrate
水化铁铝酸钙☆calcium alumino-ferrite hydrate
水化物沉积☆hydrate deposit
水化相☆saturating{hydrating;hydrated} phase
水化性☆hydrability
水化学☆water chemistry;hydro(-)chemistry
水化学(工作者)☆hydrochemist
水(文)化学分带性☆hydrochemical zonality
水(文)化学计温(法)☆hydrochemical geothermometry
水(文)化学异常☆hydrochemical anomaly
水化学图☆hydrochemical chart{map};chemical hydrograph
水化学(观测)网☆hydrochemical network
水化学相☆hydrochemical facies
水化氧化物☆hydrated oxide
水化云母☆hydrous mica
水环☆pendular water ring
水环减阻式压裂法☆superfrac
水环式压缩机☆liquid piston{ring} compressor
水换热器☆water-to-water heat exchanger
水黄长石[$Ca_{10}Mg_4Al_2Si_{11}O_{39} \cdot 4H_2O$?;斜方?]☆juanite;huanite
水黄锑矿☆hydrocervantite
水黄铜矿☆orickite
水黄铀矿☆studtite
水黄玉☆hydroxyl topaz
水灰比☆water-(to-)cement ratio;cement-water factor{ratio};w/c
水辉石[$(Mg,Fe)_2Si_3O_8 \cdot 3H_2O$(近似)]☆hectorite
α{|β}-水茴香烯☆α{|β}-phellandrene
水回收☆water recovery{reclamation}
水活度☆water activity
水火成的☆hydroplutonic;hydatopyrogenic;aqueo-igneous
水火成岩☆igneo-aqueous rock
水火山活动☆hydrovolcanic activity;hydrovolcanism
水击☆water hammer;slug of water
水(力冲)击☆water hammer
水基☆water-based;water-base
水基冻胶压裂液☆water base gel fracturing fluid
水基胶结(砂浆)充填体系☆water-base consolidation pack system
水基交联凝胶液☆aqueous crosslinked gelled system
水基凝胶携砂液☆gelled water-based carrier fluid
水基泡沫☆aqueous-base{water-based} foam
水基树脂胶结液☆water-base plastic consolidation system
水基铁矾[$Fe^{3+}_4(SO_4)(OH)_{10} \cdot 3H_2O$]☆hydroglockerite
水基性矾☆hydrobasaluminite
水基液压裂☆water fracturing
水基增产液☆aqueous stimulation fluid
水基阻燃乳化液☆fire resistant water emulsion fluid
水唧筒☆hand pump
水积土(壤)☆water-deposited soil
水迹印☆waterline
水镓石[$Ga(OH)_3$]☆sohngeite
水加氯消毒法☆chlorination of water
水加热器☆water heater
水钾钙矾[$K_2Ca_4(SO_4)_5 \cdot H_2O$]☆mikheevite;gorgeyite;mikheyevite;michejewit(e);micheewite
水钾铝矾☆calafatite;alunite
水钾铊矾[$H_8K_2Tl^{3+}_2(SO_4)_8 \cdot 11H_2O$;等轴]☆monsmedite
水钾铁矾[$K_3Fe^{3+}(SO_4)_3 \cdot nH_2O$]☆ferrikalite
水钾铀矾[$K_4(UO_2)_6(SO_4)_3(OH)_{10} \cdot 4H_2O$;斜方]☆zippeite
水价☆water rate
水监测☆water monitoring
水碱[$Na_2CO_3 \cdot H_2O$;斜方]☆thermonatrite;scale;urao;thermonitrite;termonatrite;incrustation;nitrum
水(态)碱性溶液☆aqueous alkaline solution
水浆涂料☆distemper
水胶☆hydrogel;water gel
水胶(态)溶液☆aqueous colloidal solution
水胶炸药☆water {-}gel (explosive);slurry explosives;AN slurry
水交代作用☆hydrometasomatism
水交换{替}☆water exchange
水交替困难带☆difficult water exchange zone
水浇地☆irrigated land;wet field
(用)水搅拌[黏土]☆blunge
水角海绵属[D-C]☆Hydnoceras
水角闪石☆hydroamphibole
水接触的井网区☆water-contacted pattern region
水接头☆water swivel
水节霉属[真菌;Q]☆Leptomitus
水洁性示踪剂☆water-soluble tracer
水结碎石(路面)☆water-bound macadam
水解☆hydrolysis;hydrolyze;slacking;hydrolyse
水解沉积物☆hydrolyzate
水解的☆hydrolytic;hydrolyzing;hydrolysed
水解淀粉☆hydrolyzed starch
水解度☆degree of hydrolysis
水解法☆water disintegrating
水解金属阳离子☆hydrolyzed metallic cation
水解聚丙烯腈的钠盐☆krilium
水解酶☆hydrolase
水解溶液☆hydrating solution
水解(产)物☆hydrolyzate;hydrolysate
水解性的☆hydrolytic;hydrolyzable
水解性酸度☆hydrolytic acidity

水解岩☆hydrolyzates
水解质☆hydrolyte; hydrolytic
水解作用☆hydrolysis; hydrolytic (action); dissociation; hydrolytic decomposition
水界☆hydrosphere
水介质☆aqueous{water} medium
水介质流器☆water-only cyclone
水金红石☆hydrorutile; paredrite
水金云母☆hydrophlogopite [$(K,H_2O)Mg_3(AlSi_3O_{10})(OH,H_2O)_2$]; culsageeite; jefferisite [$5(Mg,Fe)O \cdot 2(Al,Fe)_2O_3 \cdot 5SiO_2 \cdot 14H_2O$]
水堇青石☆hydrous cordierite; hydrocordierite; bonsdorffite
水堇云母☆bonsdorffite; bondsdorffite
水浸☆inrush; flooding; overflow; waterlog; water out
水浸出☆water-leach; water leaching
水浸的☆water-soaked
水浸海滩☆wet beach
水浸泡的☆waterlogged
水浸石☆aquafacts
水浸物镜☆water-immersion objective
水浸岩层☆flooded strata
水浸岩芯☆water-wet core
水晶[SiO_2]☆(mountain) crystal; spar silica; lake george diamond; rock{crystallized} quartz; rock{berg;quartz} crystal; (Brazilian) pebble; rhinestone
水晶白麻[石]☆Crystal White
水晶般的☆crystalline
水晶的双晶☆twinning of quartz crystal
水晶痕☆ice-crystal mark
水晶猫眼☆Quartz cat's-eye
水晶切型☆quartz crystal cutting
水晶制的☆crystalline
水井☆well; water producer{well}
水井吸洪☆well flooding
水井植物☆phreatophyte
水井竹滤管☆bamboo well screen
水井钻机☆aquadrill; water-well drilling rig
水静力学☆hydrostatics
水静压机☆all-hydraulic press
水径流☆water runoff
水净化☆water treatment{purification}
水净化厂☆water-purification plant
水净化池☆water purifying tank
水净化器☆water purifier
水韭类{目}[古植]☆Isoetales; isoetale
水聚集带☆water banks
水绢云母☆hydrosericite
水蕨科☆Parkeriaceae
水(量)均衡☆water balance
水均衡法☆water {-}balance method; water resources balance method
水科学☆hydroscience
水坑☆waterhole; water pocket{pit;hole}; puddle; sump; wallow; (spoil) pool; slop; dippa
水坑爆炸☆water-tamped explosion
水-空气比☆water/air ratio
水孔[棘林檎]☆eyes of the bit; hydropore; fluid passage
水控制法☆water control laws; WCL
水口☆water gap{hole;slot;way}; fluidway; weir
水口内相☆intracauldron facies
水口砖☆nozzle brick
水库☆impounded body; reservoir; impounding basin; water reservoir{storage}; barrier lake; pond
水库边岸☆water-storage reservoir shore
水库的产水量☆reservoir yield
水库调度{节}☆reservoir regulating
水库截留(泥沙)效率☆reservoir trap efficiency
水库库岸斜坡稳定性☆stability of reservoir slope
水库泄水☆flash
水库蓄水库容{能力}☆reservoir capacity
水库淤积☆reservoir silting{sedimentation}; siltation of reservoir; sedimentation in reservoir
水库淤积作用☆reservoir sedimentation
水块滑石☆hydrosteatite
水块铜矾[$Cu_5(SO_4)_2(OH)_6 \cdot 3H_2O$;斜方]☆arnimite
水扩散☆water spreading
水蓝☆saxe blue
水蓝宝石[一种堇青石]☆water sapphire; sapphire d'eau[法]; aquamarine
水蓝方石[$(Na,Ca)_{8-4}(AlSiO_4)_6(SO_4)_{2-1} \cdot nH_2O$]☆hydrohauyne; hydrohaugn; water-slurry flow sheet
水蓝晶石[$CuSO_4$]☆hydrocyanite; chalcocyanite; hydrohauyne
水镧石☆hydrolanthanite
水镧铈石[$(La,Ce,Nd,Pr)_2(CO_3)_3 \cdot 4H_2O$]☆calkinsite
水涝☆water log
水涝的☆waterlogged
水雷充填机构☆underwater mine extender mechanism
水累积图☆accumulating diagram of water demand
水冷☆aqueous vapo(u)r; water-cooling; hydrocooling
水冷隔爆电机☆water-cooled flameproof electric motor
水冷夹头{钳}☆water-cooled clamp
水冷凝器☆water condenser
水冷墙☆waterwall
水冷却喷雾系统☆water-cooling spraying system
水冷却器{塔}☆water cooler; hydrocooler
(用)水冷却☆hydrocooling
水冷式引燃管☆water-cooled ignitron
水离解☆hydrolytic dissociation
水理地质学☆hydrogeology
水理性质☆water-physical property
水理学☆hydrography
水锂锰土☆kakochlor; cacochlore
水锂云母☆hydrolepidolite
水利☆water conservancy (project); irrigation works
水利工程☆hydrotechnique; water conservancy works; water project{engineering}; hydraulic engineering{architecture}; irrigation works; water conservation project
水利及森林资源保护☆river and forestry conservation
水利技术土壤改良☆hydrotechnical amelioration
水利枢纽☆hydro-junction; key water control project
水利水电工程地质☆engineering geology for water conservancy and hydroelectric construction
水利系统☆hydrosystem
水利资源综合(利用)规划☆integrated water resource planning
水利资源利用☆water conservation
水粒铁矾☆louderbackite; romerite
水沥青铀矿☆hydropitchblende; hydronasturan
水力☆hydropower; hydraulic (power); waterpower; white coal; hydroenergy; water power
水力爆破工作面☆water-blasting face
水力变向器☆circulating whipstock
水力波☆hydrodynamic wave; H {-}wave
水力剥离☆hydraulic stripping; strip with water
水力播种☆hydroseed
水力采掘船☆hydraulic dredge
水力采矿☆hydromine
水力采矿流出的砂砾☆hydraulic debris
水力采煤☆hydromechanical{hydraulic} mining; coal hydraulicking; hydro-extraction; hydraulic coal winning; hydro-mechanical coal mining
水力采煤矿井☆hydropowered coal pit; hydraulic {hydromechanized} mine
水力采砂船{器}☆hydro-jet dredge
水力参数优选☆hydraulics optimization
水力操纵的连接器☆hydraulic connector
水力操纵丢手机构☆hydraulically operated releasing mechanism
水力沉积坝☆hydraulic-fill dam
水力沉桩法☆jetting piling
水力撑开的井壁刮刀☆rotary hydraulic expansion wall scrape
水力冲[用于定向井造斜]☆jetting
水力冲采☆hydraulic extraction{sluicing}; jetting; sluice; spattering
水力冲采工作☆spatter work
水力冲采机{管}☆spatter pipe
水力冲击☆hydraulic impact{shock}; water hammer; jet impact
水力冲击式透平☆hydraulic impulse turbine
水力冲击钻探法☆hydraulic percussion method
水力冲射钻井☆jetting drilling
水力冲刷☆ground sluice jetting
水力冲刷剥离☆hydraulicking stripping
水力冲刷浮土法☆slickens
水力充填☆hydraulic stowing{fill;stowage;gobbing; silting;slushing}; flushing; slushing; float fill; hydraulic packing[砾石]; flow{controlled-gravity} stowing; wet laid deposit
水力充填坝[土]☆hydraulic {-}fill dam
水力充填用废渣☆flushing culm
水力冲挖☆hydraulicking; hydro-extraction; hydraulic excavation{extraction}
水力抽空搅拌器☆jet vacuum mixer
水力传导屏障☆hydraulic conductivity barrier
水力粗糙管☆rough pipe
水力的渗流☆hydraulic flow
水力等效颗粒☆hydraulically equivalent particles
水力等值☆equivalent hydraulic value
水力顶托☆hydrojacking
水力断裂法☆hydraulic fracturing
水力发电☆hydropower; waterpower; hydroelectric power (generation); hydraulic power generation
水力法钻探☆jetting
水力分级☆classification with water; hydraulic{wet} classification; hydroclassification; hydroseparation
水力分析☆hydraulic analysis; wet classification
水力浮槽☆hydrobowl
水力固结力☆hydraulic bond
水力管道运输式采金船☆hydraulic pipeline dredge
水力荷载系统☆hydraulic loading system
水力活塞泵装置☆hydraulic pumping unit
水力活塞压力接头☆hydro-trip pressure sub
水力击破试验☆hydraulic fracture test
水力机械采煤{矿}法☆hydro-mechanical mining method
水力给料的☆water-fed
水力计☆potamometer
水力井壁泥饼清除器☆hydraulic wall scraper
水力开采☆hydraulicking; hydraulic mining{work; excavation;extraction;sluicing;stripping}; hydraulic jet mining; hydroextraction; hydromining; spattering
水力开采工作☆spatter work
水力勘探☆hydraulic prospecting; hushing
水力孔眼测井器☆hydraulic hole calipers
水力控床☆hydraulic table
水力扩眼刮刀☆rotary hydraulic expansion wall scrape
水力捞砂器☆hydrostatic bailer
水力(破碎形成的)裂隙网☆hydraulic fracture network
水力脉冲爆破(巷煤)装置☆impulse firing installation
水力末端缸[钻水平井段工具]☆hydraulic tail cylinder
水力囊☆pressure capsule
水力泥包点☆hydraulic flounder point
水力排管式挖掘船☆hydraulic pipe line dredge
水力排料{泄}☆hydraulic discharge
水力排泥管☆hydraulic ejector
水力跑道装置[研究钻料运动]☆hydraulic race track device
水力喷砂射孔器☆sand jet perforator
水力喷射☆hydrojet; hydraulic jet(ting); jet hydraulic; water bet
水力喷射射孔☆hydraulic perforation
水力喷射式采金船☆hydrojet dredge
水力喷射钻成的(井)眼☆jet hole
水力劈裂☆hydraulic fracture; hydrofracture
水力坡降线☆hydraulic gradient; hydraulic grade line
水力破裂含油层作业☆frac job
水力破裂矿层作业☆frac job
水力破煤☆breakdown agent
水力破煤地下气化法☆gasification by hydraulic fracturing
水力破碎☆hydrofracturing; hydraulic fractionation {fracture}
水力切割头采金船☆hydraulic cutter head placer dredge
水力清砂☆hydroblast(ing); hydraulic(al) blast; stream jet blasting; hydraulic cleaning; water-blasting
水力刹车☆hydromatic{liquid} brake; hydrobrake
水力上顶力[钻头喷射液流反作用力]☆hydraulic lift force
水力失调点☆hydraulic flounder point
水力实体及数学模型☆hydraulic physical and mathematical models
水力式单管封隔器☆hydrostatic single-string packer
水力输送☆hydraulic conveying{transport}; water transport; hydrotransport
水力输送槽{管}☆hydraulic conveyor
水力松煤☆long-hole infusion
水力弹性☆hydroelasticity
水力淘洗☆hydraulic elutriation
水力提升器排砂☆grit discharge with hydraulic elevator
水力填方☆sluiced fill
水力填密☆liquid packing
水力挖泥提升机☆hydraulic dredge

S

水力弯管设备☆hydraulic pipe bending equipment
水力洗矿斜槽☆hydraulic buddle
水力细射流落煤法☆hydraulic jet cutting
水力系统☆hydraulic system；hydrosystem
水力旋流器底孔大小调节环☆tyre valve
水力旋压☆hydrospinning
水力旋转式集尘器☆hydro rotor filter
水力学☆hydromechanics；hydraulics；hyd
水力{利}学家☆hydraulician
水力学性质相当的颗粒☆hydraulically equivalent particles
水力循环给水器[钻机]☆hydraulic circulating
水力压裂☆hydro(-)fracturing；hydrofrac；hydraulic fracturing{stimulation;parting;cracking}；hydrafrac；waterfrac amusementment；waterfrac treatment[用稠化水作压裂液的]
水力压裂试验☆hydraulic fracture test
水力压头面☆hydraulic head surface
水力岩芯提取{断}器☆hydraulic core extractor
水力翼栅☆hydrofoil cascade
水力迂曲度☆hydraulic tortuosity factor
水力运输管☆hydraulic conveyer
水力振荡式分级机☆hydroscillator classifier
水力振击打下去☆hydraulic jar-down
水力资源蕴藏量☆potential water power resource
水力自动上砂法☆hydraulic sanding
水力钻进☆jetting{jet} drilling；hydro-drilling
水力钻井☆jetted well；jetting
水力钻探法☆jetting method
水力钻具☆hydrodrill；hydraulic drill
水力坐封(的)☆hydro(static) setting；hydraulically set
水力坐封接合组件☆hydro-set adapter kit
水力坐封双管悬挂器☆hydraulic-set dual hanger
水连续相☆water continuous phase
水量☆specific water yield；water flow rate
水量大的河☆good river
水量计☆watermeter；water meter；floodometer
水量平衡☆balance in water quantity
水量热器☆water calorifier
水疗法☆hydropathy；hydrotherapy
水疗室☆hydropathic clinics
水磷铵镁石[$(NH_4)_2Mg_3H_4(PO_4)_4\cdot 8H_2O$；三斜]☆hannayite
水磷钒铝矿[$(Al,Fe^{3+})_3(PO_4,VO_4)_2(OH)_3\cdot 8H_2O$]☆gutsevichite
水磷钒铝石[$Al_2(PO_4)(VO_4)\cdot 8H_2O$;单斜]☆schoderite
水磷钒铁矿[$(Fe^{3+},Al)_5(VO_4,PO_4)_2(OH)_9\cdot 3H_2O$]☆rusakovite；rusacovite
水磷复铁石[$Fe^{2+}Fe^{3+}_4(PO_4)_4(OH)_2\cdot 2H_2O$;斜方]☆giniite
水磷钙钾石[$K_2Ca_4Al_8(PO_4)_8(OH)_{10}\cdot 9H_2O$]☆englishite
水磷钙锰矿[$Ca_3Mn^{3+}_4(PO_4)_4(OH)_6\cdot 3H_2O$；单斜]☆robertsite
水磷钙铍石[$CaBe_3(PO_4)_2(OH)_2\cdot 4H_2O$；单斜]☆uralolite
水磷钙石[$Ca_2(PO_4)(OH)\cdot 2H_2O$;单斜]☆isoclas(it)e；isoklas
水磷钙铁石[$Ca_2Fe^{3+}_2(PO_4)_3(OH)\cdot 7H_2O$；单斜]☆calcioferrite
水磷钙钍石[$(Ca,Th,Ce)(PO_4)\cdot H_2O$;六方]☆brockite
水磷高铁石{矿}☆tschinwinskite
水磷灰石[$Ca_5(PO_4)_3(OH)$]☆hydroapatite
水磷钪石[$ScPO_4\cdot 2H_2O$;单斜]☆kolbeckite；sterrettite；colbeckite
水磷镧石{矿}[$(La,Ce)PO_4\cdot H_2O$]☆rhabdophane-(La)
水磷锂铝石☆hebronite
水磷铝矾[$Al_2(PO_4)(SO_4)(OH)\cdot 9H_2O$；单斜?]☆sanjuanite
水磷铝钙钾石[$K_4Na_2Ca_9Al_{18}(PO_4)_6(PO_3OH)_{12}(OH)_{36}\cdot 8H_2O$;斜方]☆englishite
水磷铝钙镁石[$CaMgAl(PO_4)_2(OH)\cdot 4H_2O$;斜方]☆overite
水磷铝钙石[$Ca_3Al_8(PO_4)_8(OH)_6\cdot 15H_2O$]☆overite；pallite；uduminelite
水磷铝钾石[$KAl_2(PO_4)_2(OH,F)\cdot 4H_2O$；斜方]☆minyulite
水磷铝碱石[$(Na,K)CaAl_6(PO_4)_4(OH)_9\cdot 3H_2O$;四方]☆millisite
水磷铝镁石[$(Mg,Fe^{2+})_3(Al,Fe^{3+})_4(PO_4)_4(OH)_6\cdot 2H_2O$;单斜]☆souzalite
水磷铝锰镁{镁锰}石☆lun'okite
水磷铝锰石☆sinkankasite
水磷铝钠石[$NaAl_3(PO_4)_2(OH)_4\cdot 2H_2O$；四方]☆wardite；soumansite
水磷铝铅矿[$PbAl_3(PO_4)_2(OH)_5\cdot H_2O$；三方]☆plumbogummite
水磷铝石[$Al_6(PO_4)_4(OH)_6\cdot 5H_2O$；$Al_2(PO_4)(OH)_3\cdot H_2O$；斜方]☆senegalite；sterrettite；eggonite
水磷铝锶石[$2(Sr,Ca)O\cdot 4Al_2O_3\cdot P_2O_5\cdot 11H_2O$]☆sokolovite
水磷铝铜石[$Cu_3Al_4(PO_4)_3(OH)_9\cdot 4H_2O$；四方]☆zapatalite
水磷铝钇石☆koiwinit；koivinite
水磷镁石[$MgHPO_4\cdot 3H_2O$;斜方]☆newberyite
水磷镁铁石☆ushkovite
水磷镁铜石[$Cu_2Mg_2(PO_4)_2(OH)_2\cdot 5H_2O$；单斜]☆nissonite
水磷锰铵石☆niahite
水磷锰钙石☆zodacite
水磷锰石[$Mn^{2+}_3(PO_4)_2\cdot 3H_2O$;斜方]☆reddingite；phosphoferrite
水磷钠钡石☆nabaphite
水磷钠石[$Na_7(PO_4)_2F\cdot 19H_2O$;等轴]☆natrophosphate
水磷钠铈石☆nastrophite
水磷铍钙石[$Ca(Be(OH))PO_4$]☆hydroherderite；hydroxyl-herderite；fransoletite；herderite
水磷铍锰石[$Ca(Al,Fe^{2+},Mn)_3Be_2(PO_4)_3(OH)_3\cdot 2H_2O$?;单斜、三斜]☆roscherite
水磷铍石[$Be_2(PO_4)(OH)\cdot 4H_2O$;单斜]☆moraesite
水磷铍锌石☆ehrleite
水磷铅钍石[$(Th,Pb,Ca)(PO_4)\cdot H_2O$;假六方]☆grayite
水磷氢钠石[$Na_2H(PO_4)\cdot 2H_2O$;斜方]☆dorfmanite
水磷铈矿[$(Ce,Ca)(PO_4)\cdot 2H_2O$；六方]☆rhabdophan(it)e；churchite；rogersite
水磷铈石☆rhabdophane-(Ce)；rhabdophan(it)e；scovillite；skovillite；erikite
水磷铁氨石☆spheniscidite
水磷铁钙镁石[$CaMgFe^{3+}(PO_4)_2(OH)\cdot 4H_2O$;斜方]☆segelerite
水磷铁钙石[$Ca_2(Fe^{2+},Mn)(PO_4)_2\cdot 2H_2O$；三斜]☆messelite；neomesselite
水磷铁矿☆hydrous iron phosphate；eugelite
水磷铁镁石☆garyansellite；baricite
水磷铁锰石[$(Mn^{2+},Fe^{2+})_3(PO_4)_2\cdot 4H_2O$；单斜]☆switzerite
水磷铁钠石[$NaFe^{3+}_3(PO_4)_2(OH)_4\cdot 2H_2O$；四方]☆cyrilovite；avelinoite
水磷铁铅石[$Pb_2(Fe^{3+},Al)(PO_4)_2(OH)\cdot H_2O$;单斜]☆drugmanite
水磷铁石[$(Fe^{2+},Mg)_3(PO_4)_2\cdot 3H_2O$；斜方]☆phosphoferrite；delvauxene；delvauxite；giniite
水磷铁锶矿[$(Sr,Pb)Fe^{3+}_3(PO_4)_2(OH)_5\cdot H_2O$;三方]☆lusungite
水磷钍铀矿[$(Th,Ca,Pb)H_2(UO_2)_4(PO_4)_2(OH)_8\cdot 7H_2O$?;斜方?]☆kivuite
水磷锌铝矿[$(Zn,Ca)Al_2(PO_4)_2(OH)_2\cdot 5H_2O$;等轴、假等轴]☆kehoeite
水磷锌铍钙石☆ehrleite
水磷钇矿[$YPO_4\cdot 2H_2O$;单斜]☆weinschenkite；churchite
水磷铀矿[$(U,Ca,Ce)_2(PO_4)_2\cdot(1\sim2)H_2O$；斜方]☆ningyoite；uranospathite
水磷铀镁矿☆magnesium phosphoruranite
水磷铀铅矿☆dumontite[$Pb_2(UO_2)_3(PO_4)_2(OH)_4\cdot 3H_2O$;$(PbO)_2(UO_3)_2\cdot P_2O_4\cdot 5H_2O$]；prjevalskite；przhevalskite [$Pb(UO_2)_2(PO_4)_2\cdot 2H_2O$]
水菱钙镁矿[$(Mg,Ca)_5(CO_3)_4\cdot 3H_2O$]☆hibbertite
水菱镁钙石☆rabbittite
水菱镁矿[$Mg_5(CO_3)_4(OH)_2\cdot 4H_2O$;$Mg_4(CO_3)_3(OH)_2\cdot 3H_2O$]☆hydromagnesite；idromagnesite；lancasterite
水菱镁石☆hydromagnesite
水菱镍矿[$NiCO_3\cdot 6H_2O$]☆hellyerite
水菱铈矿☆calkinsite
水菱钇矿☆tengerite；carbonyttrine
水菱铀矿[$6UO_3\cdot 5CO_2\cdot 8H_2O$;$UO_3\cdot CO_2\cdot nH_2O$]☆diderichite；sharpite；studite
水羚(羊)属[Q]☆Cobus；Kobus；waterbuck
水榴石☆hibschite；hydrogrossular；gibbsite；gibschite；plazolite；hydrogarnets
水榴石类☆hydrogarnet；grossularoid
水硫碲铅石[$Pb(Te,S)O_4\cdot H_2O$;斜方]☆schieffelinite
水硫钠铁矿☆coyoteite
水硫砷矿☆pozzuolite
水硫砷铁石[$Fe^{3+}_4(AsO_4)_3(SO_4)(OH)\cdot 15H_2O$;斜方]☆zykaite
水硫酸铜☆brochantite
水硫碳钙镁石[$Ca_6Mg_2(SO_4)_2(CO_3)_2Cl_4(OH)_4\cdot 7H_2O$;斜方]☆tatarskite
水硫碳石☆telegdite
水硫锑铅石☆schieffelinite
水硫铁钠矿[$NaFeS_2\cdot 2H_2O$;单斜]☆erdite
水硫硝镍铝石[$(Ni,Cu)Al_4(NO_3)_{1.5}(SO_4)_{0.25}(OH)_{12}\cdot 13\sim14H_2O$;单斜]☆hydrombobomkulite
水硫铀矿[$CaO\cdot 8UO_3\cdot 2SO_3\cdot 25H_2O$]☆uranopilite
β-水硫铀矿[$(UO_2)_6(SO_4)(OH)_{10}\cdot 5H_2O$]☆β-uranopilite
水流☆(stream;water) current；fluent；(fluid) flow；waterflow；fleet；bourn(e)；water (flow;course;stream;moving)；stream；streams flow strand；rivers
水流安全关闭☆water flow safety shut-off
水流搬运☆potamic transport
水流波痕☆water-current ripples；aqueous current ripple mark
水流层理☆current {-}bedding
水流程(图)☆liquid flow sheet
水流冲蚀☆fluvial abrasion
水流冲蚀的☆current-worn
水流出☆throughput of water
水流的☆potamo-；potam-
水流的黄色水锈☆yellow boy
水流断面☆active cross section
水流方向☆direction of flow
水流分选☆separation in streaming current
水流鼓风器☆water blast
水流函数☆stream function
水流很大的裂缝☆heavy water fissure
水流类型☆types{regime} of flow
水流力☆drag force
水流量☆flow magnitude；waterflow；throughput of water；water runoff{discharging}；discharge
水流侵蚀☆channel erosion
水流情况☆regime of flow
水流日射计☆water-flow pyrheliometer
水流入速度☆water influx rate
水流上涌☆upwelling
水流蚀痕☆tool mark；tool-mark
水流收缩☆jet contraction
水流速度☆velocity of flow；water velocity
水流体☆aqueous fluid
水流停滞☆detention of flow
水流通道☆streampath；water communication
水流湍急处☆quickwater
水流{潮水}湍急的海峡{水道}☆euripus [pl.euripi]
水流位势☆streaming potential
水流洗掘☆current scour
水流挟带的砂子☆entrained sand
水流阻力☆flow {-}resistance；drag
水龙☆Lystrosaurus
水龙带☆(flexible) hose；rotary hose[钻井]
水龙骨☆Polypodium；wall fern；golden locks
水龙骨孢属[K-Q]☆Polypodiidites
水龙骨科☆Polypodiaceae
水龙骨属[植;E-Q]☆Polypodium
水龙卷☆spout；waterspout
水龙兽(属)[T]☆Lystrosaurus
水龙头☆hydrant；tap；(rotary) swivel；bibcock；faucet；water tap{faucet}；water swivel[钻井设备]
水龙头(活接头)☆hose union
水龙头(的)鹅颈(管)☆swivel (goose)neck
水龙头吊环防碰器☆swivel bumper
水龙头中心枪☆swivel stem
水路☆gullet；fairway；fluidway；waterway；pass；race{water} way；passage(way)；water (course; route)
水路图☆(hydrographic) chart
水路运输☆waterborne transportation
水鹿[Q]☆Cervus unicolor；sambar
水陆带☆terraqueous zone
水陆交替线☆water line
水陆联运☆portable
水陆两栖战车☆amphibian
水陆两用拖拉机☆marsh-buggy
水陆平底军用车☆alligator
水铝矾☆werthemanite；doughtyite
水铝矾榴石☆hydrogrossularite
水铝矾石☆alvanite
水铝氟石[$CaF_2\cdot 2Al(F,OH)_3\cdot H_2O$;$CaF_2\cdot 2Al(F,OH)_3\cdot H_2O$]☆prosopite
水铝钙氟石[$Ca_3Al_2F_{10}(OH)_2\cdot H_2O$]☆yaroslavite；protheite；jaroslavite；varoslavite
水铝钙石[$Ca_2Al(OH)_7\cdot 3H_2O$;单斜]☆hydrocalumite
水铝钙铜石☆paragoite
水铝铬方解石☆knipovichite

水铝黄长石[$Ca_2Al_2SiO_7$•$8H_2O$;三方]☆straetlingite
水铝矿☆gibbsite; hydrargillite; boehmite
水铝镍石[$Ni_6Al_2(OH)_{16}(CO_3,OH)$•$4H_2O$; $Ni_5Al_4O_2(OH)_{18}$•$6H_2O$;三方]☆takovite; ear(d)leyite; takowite; eardieyite
水铝石[AlO•OH;$HAlO_2$]☆diaspor(it)e; medamaite; empholite; doyleite; medama-isi
水铝石(型结构)层☆gibbsite sheet
水铝氧石☆gibbsite
水铝英石[Al_2O_3及SiO_2的非晶质矿物;Al_2O_3•Si_2O•nH_2O]☆allophane{allophanite} [Al_2SiO_5•$5H_2O$]; elhuyarite; elhnyarite; riemannite; imogolite; riemanite; ehrenbergite; elhujarite; carolathine; malthazit[德]; malthacite; allophane evansite[含P_2O_5大约8%]
水铝英石吸附的钴硒石☆hovite
水铝英岩☆allophanite
水铝铀云母[$HAl(UO_2)_4(PO_4)_4$•$40H_2O$;四方]☆uranospathite
水氯碲铜石[$(Cu,Zn)_{16}(Te^{4+}O_3)(Te^{6+}O_4)_2Cl(OH)_{25}$•$27H_2O$;单斜?]☆tlalocite
水氯钙石[$CaCl_2$•$2H_2O$]☆sinjarite
水氯钴石[$CoCl_2$•$6H_2O$;单斜]☆albrittonite[废]
水氯铝铜矾[$CuAl(SO_4)_2Cl$•$14H_2O$;三斜]☆aubertite
水氯镁铝石[$(Mg,Fe^{2+})_5Al_3(OH)_{16}(Cl,OH,(CO_3)_{½})_3$•$3H_2O$;六方]☆chlormanasseite
水氯镁石[$MgCl_2$•$6H_2O$;单斜]☆bischofite; bishopite
水氯镁铁石☆iowaite
水氯镍石[$NiCl_2$•$6H_2O$;单斜]☆nickelbischofite; nickel bischofite
水氯硼钙镁石[$CaMgB_2O_4Cl_2$•$7H_2O$?;斜方]☆chelkarite
水氯硼镁石[$Mg_5(BO_3)(Cl,OH)_2(OH)_5$•$4H_2O$;单斜]☆shabynite
水氯硼碱铝石[$KNa_2Al_4B_6O_{15}Cl_3$•$13H_2O$;斜方]☆satimolite
水氯铅矿☆fiedlerite; laurionite
水氯铅石[$Pb_3(OH)_2Cl_4$;单斜]☆fiedlerite
水氯碳钙镁矾☆tatarskite
水氯铁镁石[$Mg_4Fe^{3+}(OH)_8OCl$•$2\sim4H_2O$;六方]☆iowaite
水氯铁石☆hydromolysite
水氯铜矿[$CuCl_2$•$2H_2O$;斜方]☆eriochalcite; atelite; antofagastite; erythrochalcite; ateline
水氯铜铅矿[$Pb_5Cu_4Ca_{10}(OH)_8$•$2H_2O$;四方]☆pseudoboleite
水氯铜石[$Cu(OH,Cl)_2$•$3H_2O$;单斜]☆anthonyite
水(沥)滤的☆water-leached
水滤清器☆water filter
水绿矾[$Fe^{2+}SO_4$•$7H_2O$;单斜]☆(iron) melanterite; iron{green} vitriol; copperas; iron-melanterite; melanteria; ink stone; inkstone; kupferwasser; copras; atramentum; alcaparossa verde{vende}; eisenvitriol; melantherite
水绿铬矿[铬的含水氧化物]☆merumite
水绿榴石[$Ca_3Al_2Si_{3-x}O_{12-4x}(OH)_{4x}$,其中$x$近于1/2]☆hydrogrossular; hibschite; hydrogrossula; plazolite
水绿镍矿☆jamborite; iamborite
水绿铁铅石☆hematophanite
水绿脱石☆hydronontronite
水绿皂石☆griffithite; lembergite
水轮☆waterwheel; water wheel
水轮叶片☆bucket
水落管☆gullet; down pipe; downspout; water-spout; boot; rainspout
水落管槽☆boot
(使)水落石出☆bottom out
水络合物☆aquo complex
水马力☆hydraulic{water} horsepower; whp; hhp
水埋深图☆depth-to-water map
水脉[探水师用语]☆water vein{pocket}
水脉卜探☆dowsing
水脉冲[一种皮套式气体爆炸能源]☆Aquapulse; sleeve exploder
水霉属[Q]☆Saprolegnia
水煤比[水采]☆water-coal ratio
水煤气☆water{blue} gas; blue water gas; water-gas
水媒的☆hydrophilous
水媒质☆aqueous medium
水镁大理岩☆pencatite; brucite-marble
水镁矾[$MgSO_4$•H_2O;单斜]☆kieserite; martinsite; wathling(en)ite; ki(e)seritite
水镁方解石☆hydromagnocalcite
水镁铬石[$Cr_3Mg_6(OH)_{16}(CO_3)$•$4H_2O$]☆barbertonite
水镁铝矾[$MgAl_2(SO_4)_4$•$27H_2O$]☆seelandite
水镁铝石[$Mg_6Al_2(CO_3)(OH)_{16}$•$4H_2O$]☆manasseite
水镁锰矿[$(Mn^{2+},Mg)_2Mg_8^{3+}CO_3O_{12}(OH)_2$•$8H_2O$]☆wiserite
水镁明矾☆aromite
水镁石[$Mg(OH)_2$;MgO•H_2O;三方]☆brucite; texalite; hydrophyllite; shepardite; bishopvillite; texalith; nitromagnesite; magnésie hydratée; hydrinphyllite; magnesine
水镁石层☆brucite layer
水镁石(型结构)层☆brucite-type sheet
水镁石岩☆brucitite
水镁硝石[$Mg(NO_3)_2$•$6H_2O$;单斜]☆nitromagnesite
水镁铁矾☆franquanite; magnesian szomolnokite
水镁铁石[$Mg6Fe_2^{3+}(CO_3)(OH)_{16}$•$4H_2O$]☆sjogrenite
水镁型方镁石☆metabrucite
水镁铀矾[$Mg_2(UO_2)_6(SO_4)_3(OH)_{10}$•$16H_2O$;斜方]☆magnesium-zippeite
水门☆sluice; gate (valve); penstock; water-valve
水蒙脱石☆hydromontmorillonite
水锰矾[$MnSO_4$•$7H_2O$]☆mallardite
水锰辉石[$Mn_2Fe_2Si_4O_{13}$•$6H_2O$(?); $(Mn,Fe^{2+})SiO_3$•H_2O?]☆hydrotephroite; neotocite; neoto(c)kite
水锰矿[Mn_2O_3•H_2O; (γ-)MnO(OH);单斜]☆manganite; acerdese; pseudopyrochroite; gray manganese (ore); sphenomanganite; grey oxide of manganese; newkirkite; nsutite; prismatic{brown} manganese ore; cement[方]; yokosukaite; vernadite gray manganese; backstromite
α-水锰矿☆groutite
β-水锰矿☆feitknechtite
水锰铜矾☆campigliaite
水锰土☆hydroxybraunite; hydromangan(os)ite; hydropyrolusite; hydrohausmannite
水锰型软锰矿☆pseudo(-)manganite
水密舱壁☆water tight bulkhead; WTB
水密的☆watertight
水密度☆water-mass density
水密接合☆water(tight) joint
水密门☆water tight door; WTD
水密填料函[灌浆孔用]☆packer
水密性☆watertightness
水绵☆spirogyra
水绵霉属[真菌;Q]☆Isoachlya
水绵属[绿藻;Q]☆Spirogyra
水面☆water surface{plane;table;level;face}; surface of (the) water; surface; water
水面操纵的电动-液压机械手☆surface-operated electrohydraulic manipulator device
水面测试井口装置☆surface test tree; STT
水面层流☆laminar surface flow
水面浮雪☆snow sludge
水面高度☆gage height
水面供给的压缩空气潜水☆surface-supplied compressed-air-diving
水面供气式潜水☆surface demand diving
水面管线☆floating line
水面航行艇☆surface vehicle
水面滑(走的小快)艇☆hydroplane
水面降落☆water table drawdown; drop in water surface
水面降水[河面或湖面]☆channel precipitation
水面居留室☆surface habitat
水面控制的井下安全阀☆surface controlled subsurface safety valve; SCSSV
水面控制的图☆surface-actuated valve
水面漏油☆slick
水面坡度☆water surface slope; slope of water surface; water-table gradient{slope}; surface slope
水面坡降☆surface slope; gradient of water table; water-surface gradient
水面坡降流量曲线☆slope-discharge curve
水面人员☆topside personnel
水面上测量[水下数据的]☆surface measurement
水面上的碳酸钙膜☆scum
(在)水面上忽沉忽浮☆bob up and down
水面上升☆water-table rise
水面拖曳系统☆surface towed system
水面挖掘线☆water level digging line at
水面下的☆subsurface
水面下降[井的]☆water-table decline; drawdown; recession of level
水面型采油树☆surface-type christmas tree
水面油膜☆oil slick
水面有一层泉华膜的热水塘☆roofed pool
水面与底岩间深度☆dredging depth
水面运动☆hydrocratic motion
水敏(地)层[遇水膨胀]☆water-sensitive formation
水敏性☆water sensitivity
水膜☆aqueous{water} film; water-film
水膜残迹试验☆water break test
水膜破散{裂}☆waterbreak
水膜钻孔[钻孔穿越时,使工作管与孔壁间充水形成水膜,保护防腐层和减少钻进阻力]☆slick boring
水磨☆levigation; watermill; polish with a water stone,grind grain,etc. fine while adding water
水磨大理石砖☆marble terrazzo tile
水磨光{圆}的☆water-rolled
水磨砂纸☆waterproof abrasive paper
水磨石☆terrazzo[意]; rubbed concrete; rubbing stone; waterstone; mosaic; pelikanite; cimolite; pelicanite; terrazo
水磨石分格缝☆division of terrazzo joint
水磨损作用☆wet blasting
水磨土☆Lemnian earth{bole}; hunterite; kimolit; cimolite; terra Lemnia{sigillata}; cymolite; eimelite
水磨土岩☆peliconite rock
水母[腔]☆jellyfish; medusa; cyclomedusa; acaleph; aurelia; seajelly
水母根☆hydrorhiza
水母属[腔;J]☆Medusina
水母型☆medusoid; medusa
水母雪莲花☆medusa Maxim; Saussurea medusa
水幕☆water curtain{screen}; water-curtain
水幕喷头☆drencher
水钼矿[MoO_3•$2H_2O$]☆sidwillite
水钼铁华矿☆molybdic ocher
水钼铁矿[Fe_2O_3•$3MoO_3$•$8H_2O$;$Fe_2(MoO_4)_3$•$8H_2O$]☆ferrimolybdite; molybdic ochre; molybdate of iron
水钼铀矿[UO_3•$2MoO_3$•$4H_2O$]☆iriginite
水钠矾石☆alumian(ite); natroalunite
水钠沸石☆hydronatrolite
水钠(钙)锆石[$(Na,K)_2CaZr_2Si_{10}O_{26}$•$(5\sim6)H_2O$;单斜]☆lemoynite; hydrokatapleite
水钠铝矾[Na_2SO_4•$Al_2(SO_4)_3$•$24H_2O$]☆almerute; mendozite; natron alaun; mendocita
水钠镁矾[$NaMg(SO_4)(OH)$•$2H_2O$;单斜]☆uklonskovite; uklonskowite
水钠镁钒石☆huemulite
水钠锰矿[$(Mn^{4+}(Mn,Ca,Mg,Na,K)(O,OH)_2$; $Na_4Mn_{14}O_{27}$•$9H_2O$;斜方]☆birnessite; manjiroite
水钠羟石☆hydrogedroitzite
水钠铀矾[$Na_4(UO_2)_6(SO_4)_3(OH)_{10}$•$4H_2O$]☆sodium zippeite
水钠铀矿[$(Na,K)_{2-2x}(CaPb)_xU_2O_7$•$yH_2O$; $(Na,Ca,Pb)_2U_2(O,OH)_7$;非晶质]☆clark(e)ite
水钠铀石[$Na_2(UO_2)_2P_2O_8$•$12H_2O$]☆sodium uranospinite
水钠云母☆brammallite; hydroparagonite
水囊☆hyponome; water cell
水囊蕨属[植;T_3-J_1]☆Hydropterangium
水囊弯☆hyponomic sinus
水瑙云母☆hydronaujakasite
水内行星☆intra-mercurial planet
水能☆water energy; hydroenergy
水能利用☆water(power) utilization
水铌钙石☆hochelagaite
水铌钠矿☆franconite
水铌钽石☆niohydroxite
水铌钇矿☆hydrosamarskite
水泥☆cement; cem; -lith; ct; cem.
C水泥[水泥溶渣的一种成分]☆celite; celith
水泥板(铺砌)路面☆cement flag pavement
水泥拌和试验☆cement mixing test
水-泥比☆water-clay ratio
水泥壁麻面☆honeycombing
水泥标号☆cement mark{grade}; strength{fineness} of cement; strength grading of cement
水泥标号快速测试法☆accelerated test for cement strength
水泥饼☆pat of cement
水泥薄浆☆thin cement grout{slurry}; cement grout; fluid{weak} cement grout
水泥薄浆壶☆gauge pot
水泥掺土施工法☆soil cement construction method

水泥厂粉尘☆dust from cement factory
水泥衬(里)☆cement-lining
水泥称重机☆cement-weighing machine
水泥承留(转)器☆cement retainer{reamer}
水泥冲筋☆cement screed
水泥充填井壁裂隙和孔隙☆walling up
水泥船☆plastered{concrete} boat；concrete ship
水泥次品☆sub-standard cement
水泥袋纸☆cement sack paper
水泥的活性☆activity of cement
水泥的水硬率☆hydraulic index
水泥{混凝}的{土}终凝☆final set
水泥的终凝时间☆final setting time
水泥地层交界面☆cement-formation interface
水泥电杆☆concrete column
水泥钉☆cement nail；steel nails for use on a cement wall
水泥顶面定位器☆cement top locator
(用)水泥堵塞岩石裂缝防水☆wall off
水泥返高☆fill-up
水泥防漏外掺料☆lost-circulation-control admixture for cement slurry
水泥防气窜剂☆gas channeling inhibitor for cement slurry
水泥粉磨控制☆cement grinding control
水泥封堵☆grout off
水泥封隔性能☆cement packing property
(用)水泥封隔住☆cementation-off
水泥封孔☆injected hole
水泥覆层{盖}☆cement coating
水泥改良土☆cement-modified soil
水泥杆菌☆cement bacillus；ettringite
水泥工尘肺☆cement worker's pneumocomosis
水泥工事☆concrete fortification
水泥骨料比☆cement aggregate ratio
水泥固化☆cement solidification；cementation
水泥固结球团☆cement {-}bound pellet
(用)水泥固住的套管☆solid casing
水泥刮☆scratcher
水泥管异形件☆cement pipe fittings
水泥灌浆☆cementation；cement grouting {infection}；cementing；cement grout
水泥灌浆工☆cementation chargehand
水泥贯透☆cement penetration
水泥灌注筒☆cement injection
水泥含量少的水泥浆☆lean cement
水泥护层☆cement sheath
水泥互层☆kaimoo
水泥花砖☆cement decorated floor file；designed cement brick；decorated cement floor file
水泥化学☆chemistry of cement
水泥环厚度名义值☆nominal cement thickness
水泥环内(的)窜槽☆annular bypass
水泥灰岩☆hydraulic limestone
水泥混合料的组成☆formulation of the cement blend
水泥活性☆activity of cement
水泥集浆稠度☆cement consistency
水泥集料的相容性☆compatibility of cement-aggregate
水泥及土混合料☆soil-cement
(用)水泥加固☆consolidation grouting
水泥加重{|减轻}外掺料☆heavy{|light}-weight admixture for cement slurry
水泥浆☆cement paste{slurry}；grout；cement grout {wash;milk;mortar;matrix;sludge}；slurry；gunite (grozzle)；liquid{slurry} cement；fluid cement grout；laitance；grouse；cem.m.
水泥浆拌合计算线解{诺模}图☆grout mix computation chart
水泥浆槽☆slurry tank
水泥浆附加量☆excess slurry volume
水泥浆灌注☆cement injection
水泥浆灌注修理法[修补混凝土支架或路面]☆mud-jack method
水泥浆搅拌器☆slurry agitator
水泥浆(用)量☆cement slurry volume
水泥浆流动度试验☆ring test
水泥浆滤失剂☆filtrate reducer for cement slurry
(混凝土表面的)水泥浆沫☆bleeding cement
水泥浆-泥浆隔离液配伍性☆cement-spacer-mud compatibility
水泥浆渗散试验锥☆grout flow cone
水泥浆刷浆{面}☆cement wash
水泥浆液吸收速度☆rate of grout-acceptance
水泥胶结测井☆CBL；cement bond log(ging)
水泥胶结评价测井☆cement evaluation log
水泥胶结指数☆bond index
水泥胶砂☆cement mortar
水泥结石☆harden grout film
水泥结碎石(路)☆concrete-bound macadam
水泥井管☆cement well pipe
水泥净浆标准稠度☆normal consistency for cement paste
水泥壳皮☆slurry cake
水泥孔隙比配料法☆void-cement ratio method
水泥块试验☆pat test
水泥量多的混合料☆rich mixture
水泥量与骨料孔隙比率☆cement-space ratio
水泥密度(伽玛-伽玛)测井☆cement-density log
水泥木屑板☆cement chip board
水泥黏合砖☆cementitious brick
水泥黏结的(裂隙地层的)岩芯☆grout core
水泥黏结团块(法)☆cement briquette
水泥凝固☆cement setting；set{setting} of cement
水泥凝结硬化理论☆theories of cement setting and hardening
水泥喷枪☆concrete-gun；cement gun{injector;jet barrel}；air cement gun；cement-throwing jet
水泥喷射灌浆衬砌☆gunite lining
水泥喷涂☆spray cement coating
水泥膨胀珍珠岩制品☆expanded pearlite cement product
水泥评价测井☆cement evaluation log
水泥气压输送机☆cement pneumatic conveyer
水泥枪☆gunjet；gunite (gun)；cement gun；cement (-throwing) jet
水泥强度☆strength of cement；cement strength
水泥侵泥浆☆cement cut mud
水泥{泥浆}侵染☆cut
水泥软练试验仪☆instrument of plastic mortar test for cement strength examination
水泥塞☆cement{cementing} plug；plug
水泥伞☆(cement) basket；petal basket
(注)水泥伞☆cementing basket
水泥色料☆colo(u)ring material of cement
水泥砂混合物☆cement-sand mixture
水泥砂浆☆cement mortar{plaster;sludge}；compo；cement and grout；composition；sand {-}cement slurry；cement-sand grout；sanded cement grout
水泥砂浆保护层☆sand-cement coat
水泥砂浆滴水线脚☆cement filleting
水泥砂浆地{|抹}面☆cement mortar surface {|plastering}
水泥砂浆嵌齿合缝☆cement joggle
水-泥沙流量关系曲线☆sediment-rating curve
水泥烧块{|粒|伤}☆cement clinker{|grit|burn}
水泥少的混凝土☆poor concrete
水泥生料准备控制系统☆cement raw mix preparation control system
水泥石☆hardened cement paste
C-水泥石☆Celite
水泥石屑拌和{合}料☆cement stone-dust mixture
水泥试验(用标准)砂☆cement-testing sand
水泥刷面☆cement rendering
水泥-水比☆cement-water ratio；c/w
水泥水化合物☆cement hydrate
水泥瞬时失水☆flash set
水泥碎石(混合路面施工)法☆cement macadamix method
水泥碎屑☆drilled cement
水泥榫接合☆cement joggle joint
水泥套管交界面☆cement-casing interface
水泥体积安定性☆soundness of cement
水泥填料☆filler for cement
水泥土加固☆cement soil stabilization
水泥土浆☆cement-treated-soil grout
水泥外掺料☆admixture for cement slurry
水泥外壳(抹面)☆coat of cement
水泥稳定土道路☆soil cement road
水泥系涂料☆cement family coating material
(预制)水泥(空心)型块☆cement block
水泥压团☆balling up of cement
水泥压线条☆cement fillet
水泥岩[制水泥用的泥质灰岩]☆cement rock {stone}；cementstone
水泥养护☆curing
水泥窑粉尘☆cement kiln dust
水泥硬固检验针☆cement needle
水泥硬化动力学☆hardening kinetics of cement
水泥用灰岩☆cement rock{stone}
水泥原料矿产☆raw material for cement
水泥造浆量☆slurry yield
水泥找平层☆cement screed-coat
水泥制品养护☆cement products curing
水泥蛭石板☆cement vermiculite board
水泥制引鞋圆头☆cement guide nose
水泥制造配料工☆iron man
水泥重量投配器☆cement weighing hopper
水泥贮存站☆cement shed
水泥注浆☆cement grouting；injecting cement
水泥注浆锚杆☆cement grouted rockbolt
水泥砖铺面☆cement brick pavement
水泥状物质☆cement-like material
水-黏土比☆water-clay ratio
水-黏土基钻井液☆aqueous clay-based drilling fluid
水镍钴矾[$(Co,Ni,Mn)SO_4•6H_2O$;单斜]☆moorhouseite
水镍矿☆hydroniccite
水镍石☆theophrastite
水镍铁矾☆dworinkite
水镍铀矾[$Ni_2(UO_2)_6(SO_4)_3(OH)_{10}•16H_2O$;斜方]☆nickel {-}zippeite
水柠檬钙石[$Ca_3(C_6H_5O_7)_2•4H_2O$]☆earlandite
水凝胶☆aquagel；hydrogel；aquogel；aqueous gel
水凝砂浆☆hydraulic(al) mortar
水凝水泥☆water{hydraulic} cement
水凝性☆hydraulic activity；hydraulicity
水牛☆(water) buffalo；bubalus
水牛属[Q]☆buffalo；Bubalus
(高压)水炮☆water cannon
水炮封☆water stemming
水炮泥☆water-ampul
水泡☆bubble；water-filled vacuole；blister
水泡铋矿[$(BiO)_2CO_3•2\sim3H_2O$]☆hydrobismutite
水泡的☆water-soaked
水泡状☆blister-like
水培☆water culture
水配给☆water allocation
水喷流☆water jet
水盆地☆piece of water
水盆周边钙质沉积☆rimstone
水硼铵石[$(NH_4)_2B_{10}O_{16}•5H_2O$;单斜]☆ammonioborite
水硼钙石[$Ca_2B_{14}O_{23}•8H_2O$;单斜]☆ginorite；bechilite {hydroborocalcite}[$Ca(B_4O_5(OH)_4)•2H_2O$]；haysenite；hayesine {hayesite; hayesenite} [$CaB_4O_7•6H_2O$]；frolowite；frolovite[$CaB_2O_4•3½H_2O$]；cryptomorphite；kryptomorphite；hayesinite；hayeserite；hydroboracite；criptomorphite；volkovite；borocalcite
水硼钙锶石[$(Sr,Ca)_2B_4O_8•H_2O?$]☆kurgantaite
水硼钾石[$KB_5O_6(OH)_4•2H_2O$;斜方]☆santite
水硼钾锶石[Sr 和 K 的含水硼酸盐]☆volkovite
水硼铝钙矾☆charlesite
水硼氯钙钾石☆ivanovite；iwanowite
水硼镁钙石[$CaMg(B_3O_3(OH)_5)_2•6H_2O$;单斜]☆inderborite
水硼镁石☆admontite[$Mg_2(B_{12}O_{20})•15H_2O$;单斜]；paternoite[$Mg(B_8O_{10}(OH)_6)•H_2O$]；kaliborite；hydroxyl ascharite {szaibelyite }
水硼镁锶矿[$(Ca,Sr)_2Mg(B_4O_6(OH)_2)_3•1½H_2O$]☆strontioborite
水硼锰石{矿}☆wiserite
水硼钠镁石[$Na_6MgB_{24}O_{40}•22H_2O$;单斜]☆rivadavite
水硼钠石[$Na_2(B_5O_7(OH)_3)•½H_2O$; $NaB_5O_6(OH)_4•3H_2O$; 单斜]☆biringuc(c)ite；sborgite
水硼铍石[$Be_2(BO_3)(OH,F)•H_2O$;三方]☆berborite
水硼锶石[$Sr_2B_{11}O_{16}(OH)_5•H_2O$;单斜]☆veatchite；strontium ginorite
水硼铁矿☆sideroborine；lagonite
水硼铁石☆lagonite
水膨胀性(的)☆water-swollen
水砒亚铅矿☆adamite
水片硅碱钙石[$KCa_2Si_7AlO_{17}(OH)_2•6H_2O$;斜方]☆hydrodelhayelite
水漂层☆HB{hydromorphous bleached} horizon
水漂植物☆pleuston
(用)水漂☆leach
水平☆level；horizon(tal)；state；standard；estate
水平板☆leveling board
水平变化☆develeling

水平变位☆horizontal displacement；tangential dislocation
水平变形☆horizontal strains；lateral movement{deformation}；deformation of surface
水平标志层☆datum horizon
水平部分☆horizontal component
水平层☆level (seam;curve)；level(ling) course；flat (bed)；horizontal layer
水平层点震源模拟☆plane-layer point source modeling
水平层理☆horizontal bedding{stratification}；flat bedding
水平层位剖面☆horizon section
水平层状介质模型☆layer-cake model
水平产状☆flat pitch；flatlying
水平产状的☆flat-lying
水平成层砂岩☆horizontally stratified sandstone
水平承压流☆horizontal confined flow
水平尺☆leveling staff{box}；balance{spirit} level；level bar；level(l)ing rod
水平冲断层☆horizontal thrust fault
水平穿孔钻机☆horizontal borer
水平传动轴承☆countershaft bearing
水平垂高☆vertical height of level interval
水平垂直线圈电磁勘探系统☆electromagnetic H-V loop system
水平磁力变感器☆horizontal{H} variometer
水平磁强仪☆horizontal magnetometer
水平(分量)磁异常☆horizontal magnetic anomaly
水平错距☆offset；horizontal separation
水平搭接☆lateral overlap
水平带式过滤机断面☆section of horizontal belt filter
水平的☆level；horizontal；aclinic；aclinal；straight；tangential；square；horiz；hor.；HOR
水平地层☆aclinic line；acline
水平地下冰层☆ice layer
水平地质断面图☆horizontal geologic profile
水平点☆bench mark
水平度☆horizontality；levelness
水平度盘水准器☆surface level
水平断错☆offset；horizontal dislocation；normal horizontal separation
水平断错距离☆offset gap；heave
水平断距☆heave
水平对置式发动机☆pancake engine
水平多辊式磨机☆Whiting mill
水平舵☆diving rudder{plane}
水平方向变化☆lateral variation
水平分布☆horizontal distribution
水平分层(崩落回)采法☆horizontal slicing
水平分层方框支架采矿法☆flat-back square-set method{system}；horizontal square-set system
水平分层横向充填回采(法)☆transverse stoping
水平分层横向留矿回采法☆transverse shrinkage stoping
水平分层上向回采工作面☆flat-back overhand stope
水平分量☆horizontal component
水平风巷☆ventilation lateral
水平辐射状孔(金)刚石钻(进)☆horizontal-radial diamond drilling
水平钢丝绳钻进☆horizontal wire line drilling
水平割缝管☆horizontal slotted pipe
水平跟踪浮子{筒}☆surface following buoy
水平工作面推进的留矿采矿法☆straight shrinkage stoping
水平惯性摆☆horizontal inertia bar
水平巷道☆drift[不通地表的水平沿脉]；entry[煤矿的 drift]；level working{course; drift;curve}；(mine) gallery；adit；driftway；trunt；footrill；day{free} level；gangway；gateway；heading；(lateral) opening；slash；workings；flat roadway；horizontal drive
水平巷道上方矿脉☆headings
水平巷道仰拱底☆drivage invert
水平衡☆water balance；hydrologic budget
水平衡法☆water budget{balance} method
水平横楣☆lintel
水平衡总方程式☆total water-balance equation
水平弧形截槽截煤机☆arcwaller
水平滑距☆gap；horizontal slip
水平化☆complanation
水平回路法[电勘]☆horizontal loop method
水平混波☆horizontal mixing{stacking}；common-depth-point stacking
水平或微{缓}倾斜炮眼☆breast hole
水平极化天线☆ground plane antenna
水平集水布置☆horizontal water-collecting layout
水平间的☆inter-horizon
水平剪切法☆horizontal shear method
水平角全测☆close{closure} of horizon
水平节理☆bath(r)oclase；bottom{horizontal} joint；flat
水平节理花岗岩采石场☆sheet quarry
水平井测井☆horizontal wellbore logging
水平井段☆lateral segment
水平井眼长度☆radial bore length
水平径向运动检波器☆horizontal radial motion geophone
水平距☆horizontal interval；HI
水平距离☆horizontal range{distance}；ground range
水平距离当{等}量值☆horizontal equivalent；HE
水平掘进☆entry advance
水平开采年限☆level life
水平坑道☆footrill；adit
水平坑道运输机☆drift conveyer
水平孔测斜仪☆clinoscope
水平矿层☆flats；flat deposits；horizontal seam
水平矿床☆horizontal deposit；floor
水平矿浆(流)分级机☆horizontal pulp-current classifier
水平矿脉☆horizontal lode；flat；flatwork；level seam；lode plot
水平矿柱☆arch{level} pillar；macro-horizontal jamb
水平拉杆☆tie beam
水平连杆型破碎机☆horizontal-pitman crusher
水平裂缝井☆horizontally fractured well
水平流☆horizontal flow{current}；levelling current
水平(空气)流分级机☆horizontal current (air) classifier
水平滤井☆horizontal filter-well
水平慢度☆horizontal slowness
水平煤层煤巷开采法☆drift mining
水平面☆level (surface;water;surface)；equipotential surface；horizontal (plane;plan)；h.p.；water plane；level horizontal plane
水平木支撑☆bar timbering
水平排管架[井场上的]☆horizontal pipe rack
水平炮孔下向回采法☆breast underhand stoping
水平炮眼(底扩大)☆snake hole springing
水平喷吹法☆horizontal blowing process
水平喷水{雾}洗矿机{涤器}☆horizontal-spray washer
水平偏振切变波☆SH wave
水平平行岩层☆floetz
水平剖面轴☆ground axis
水平切割{削}☆dropping cut
水平切片☆dropping cut；level{parallel} cut slice
水平倾斜纹层交变构造[沉积岩]☆ebb-and-flow structure
水平圈(单圈反射)测角仪☆horizontal-circle goniometer
(在)水平上的☆on level
水平上向段工作面☆flat-back stope
水平上向{向上}梯段充填回采工作面☆horizontal cut-and-fill stope；filled flat-back stope
水平射角☆quadrant elevation
水平射流☆plane jet
水平深孔阶段矿房法☆horizontal longhole stope method
水平渗透率与垂直渗透率之比☆horizontal to vertical permeability ratio
水平渗透性{率}☆horizontal permeability
水平绳索取芯钻进☆horizontal wire line drilling
水平失调☆off-leveling
水平视差☆horizontal parallax；hp
水平式内燃机☆horizontal internal combustion engine
水平双晶☆acline twins
水平条石☆summer
水平条形抛掷药包☆horizontal cylindrical throwout
水平投影范围☆horizontal(ly)-projected area
水平推动☆tangential push
水平推动信号☆horizontal driving signal
水平推进垂直工作面回采法[全面法等]☆breast mining{stoping}；breast-and-bench stoping
水平推进回采作业☆breast-stoping operation
水平推进上向段回采(法)☆raise{side} stoping
水平托辊☆flat idler
水平弯管☆side bend
水平位移☆horizontal displacement{deviation; shift}；tangential{lateral} displacement；x-shift
水平纹层☆horizontally-laminated bed；horizontal lamination
(在)水平下☆under level
水平线☆horizontal (line)；level；horizon
水平线路☆horizon；alignment
水平线圈法☆horizontal {-}loop method；Slingram
水平相关树技术☆horizontal relevance tree
水平形态指数☆horizontal form index
水平岩层☆horizontal seam{stratum;strata}；rock sheet
水平摇杆破碎机☆horizontal-pitman crusher
水平仪☆level (gauge;indicator)；level(l)er；horizon；spirit level
水平移动平衡器☆heave compensator
水平应力等值线☆contour of horizontal stress
水平圆形裂缝[水力压裂的]☆pancake
水平运输平巷掘进☆horizontal drive{crosscut}
水平正错距☆horizontal normal offset
水平正隔距{离距}☆horizontal normal separation
水平状态☆horizontality
水平自由切割☆horizontal free cut
水平组☆group of horizontal
水平钻孔的环状钻进☆horadiam
水平钻机☆side-wall driller
水平钻机穿孔机☆horizontal strip borer
水鼭属[哺;Q]☆watervola；Arvicola
水期变化☆water stage fluctuation
水栖的☆hydrocole
水栖管虫的☆hydrodephagous
水栖生物群☆aquatic biota
水歧管☆water manifold
水气☆aqueous gas
水气比☆water-gas ratio；WGR
水气候环境☆hydroclimate
水气计☆hydroscope
水-气交替注入周期☆WAG cycle
水-气交替注入比{|井}☆WAG ratio{|injector}
水-气界面☆water-gas interface
水-气界线☆water-air boundary
水气提取☆whiz(z)
水(蒸)气{汽}学☆atmology
水(蒸)汽☆fume；aqueous{water} vapo(u)r
水汽爆炸☆hydroexplosion
水汽爆炸活动☆explosive steam activity
水汽波导☆hydroduct
水汽喷发☆hydroeruption
水汽提塔☆water stripper
水汽吸收☆water-vapor absorption
水汽循环☆moisture cycle
水汽压力定律☆(water-)vapour pressure law
水汽张力☆tension of vapour
水铅钒铬矿☆cassedancite
水铅矿[铅和铀的含水氧化物]☆hydroplumbite；wulfenite；masuyite
水铅铀矿☆sayrite；clarkeite
水前进角☆water-advancing angle
水前缘[采油]☆water front
水潜力☆water potential
水枪☆(hydraulic;monitor;nozzle;gun;jet) giant；(water) gun；branch pipe；water canon{giant; cannon}；monitor；nozzle；gunboat
水枪冲采(法)☆goosing；monitoring；jet method
水枪工☆giant tender；nozzleman
水枪落煤电耗☆energy consumption for hydraulic breaking per ton of coal
水枪手☆branchman
水枪效率☆duty of giant
水墙☆waterwall
水蔷薇辉石☆hydrorhodonite；stratopeite
水羟碲铁石[$Fe^{3+}Te^{4+}O_3(OH)•H_2O$;单斜]☆sonoraite
水羟钒石☆paraduttonite
水羟硅铝钙石[$Ca_4Al_4Si_4O_6(OH)_{24}•3H_2O$;单斜、假六方]☆vertumnite
水羟硅钠石[$Na_2Si_{22}O_{41}(OH)_8•6H_2O$;单斜]☆kenyaite
水羟钾铀矾☆zippeite
水羟锂矾石☆hydrobasaluminite
水羟磷铝石[$Al_4(PO_4)_3(OH)_3•13H_2O$?;斜方]☆vashegyite
水羟磷铝钙石[$CaAl_2(PO_4)_2(OH)_2•H_2O$;单斜]☆gatumbaite
水羟磷铝锌石[$ZnAl_2(PO_4)_2(OH)_2•3H_2O$;单斜]☆kleemanite
水羟铝矾[$As_4(SO_4)(OH)_{10}•(12\sim36)H_2O$; $Al_{12}(SO_4)_5(OH)_{26}•20H_2O$]☆zaherite；hydrobasaluminite
水羟铝铁矾☆pseudo-apatelite

S

水羟氯铜矿[$Cu_4Cl(OH)_7$•½H_2O; 六方]☆claringbullite; calumetite
水羟锰矿[$(Mn^{4+},Fe^{3+},Ca,Na)(O,OH)_2$•$nH_2O$;六方]☆vernadite
水羟锰铁钾石☆paulkerrite
水羟镍石{矿}[$(Ni^{2+},Ni^{3+},Fe)(OH)_2(OH,S,H_2O)$?;六方]☆jamborite
水羟硼钙石[$Ca(B(OH)_4)_2$•$2H_2O$; 单斜]☆hexahydroborite
水羟砷锰石[$Mn_3(AsO_4)(OH)_3$•H_2O; 斜方]☆hemafibrite; hamafibrite; aimafibrite
水羟砷锌石[$Zn_2(AsO_4)(OH)$•H_2O;单斜]☆legrandite
水羟碳铝石[$Al_{14}(CO_3)_3(OH)_{36}$•nH_2O; 三斜]☆hydroscarbroite
水羟碳镁石☆yoshikawaite
水羟碳锶铝石☆montroyalite
水羟碳铜石[$Cu_5(CO_3)_3(OH)_4$•$6H_2O$; 非晶质]☆georgeite
水羟铜矾☆roewolfeite; posnjakite; poznyakite
水羟铀矾☆zippeite; dauberite; uranochre; uranocher; uranbloom; uraconite
水鞘藻属[蓝藻;Q]☆Hydrocoleum
水侵☆encroachment[油气田中]; water influx{out; invasion;encroachment; intrusion}; drowning; aquifer encroachment{influx}
水侵的☆water-invaded; watered; water-encroached
水侵井☆drowned well
水侵泥浆☆water cut mud; WCM
水侵气藏☆watered-out gas reservoirs
水侵区☆water-invaded region
水亲和力☆water affinity
水青冈属☆Fagus
(用)水清洗☆hush(ing)
水氰钙石☆sinjarite
水氰钾铁石☆kafehydrocyanite
水情☆hydrologic(al){flow} regime; hydroregime; regimen
水情预报☆regime prediction
水情站☆reporting station
水丘☆water mound
水曲柳☆ashtree
水驱☆waterflood(ing); flooding; w.f.; water drive
水驱后的残余油☆residual waterflood oil
水驱前的☆preflood
水驱强度☆strength of water drive
水驱特征曲线法☆characteristic curve method of water drive
水驱替效率☆water displacement efficiency
水驱替油☆water-oil displacement
水驱效果试验☆waterflood susceptibility test
水驱油☆displacement of oil by water; water displacing oil
水驱油层☆water-drive{-controlled} reservoir
水驱油井☆water {-}dependent well
水驱油田☆water-controlled{-drive} field; water drive
水渠☆flume; flow{water} channel; (water) ditch; waterway; watercourse; conduit; canal; penstock
水渠水流☆channel flow
水圈☆hydrosphere; aqueous envelope; water ring
水圈的☆hydrospheric
水泉☆water spring
水热爆炸☆hydrothermal outbreak{explosion}; hydrovolcanic{contact} explosion
水热爆炸活动☆explosive steam activity
水热爆炸角砾岩类☆hydrothermal explosion breccias
水热变质☆hydrothermal modification; metapepsis; hydrometamorphism
水热成因岩类☆hydrothermal rocks
水热活动☆hydrothermal activity{ism}; spring thermality; hydrotherm; hydrovolcanic activity
水热活动产物☆hydrothermal product
水热假说☆aquathermal hypothesis
水热交代(作用)☆hydrothermal replacement {metasomatism}
水热胶结砂岩☆hydrothermally-cemented sandstone
水热(活动)金矿化☆hydrothermal gold mineralization
水热进行泥质蚀变☆hydrothermal advanced argillic alteration
水热喷发角砾岩类☆hydrothermal eruption breccias
水热区☆hydrothermal{discharge} area; hot fluid region; hydrothermal-locality; fluid site
水热蚀变玉髓☆hydrothermal chalcedony
水热通道断裂☆hydrothermal fault
水热系统基底☆circulation base
水热型地热田☆hydrothermal geothermal field; geothermal fluid field
水热压力装置☆hydrothermal pressure apparatus
水熔(作用)[结晶体在其本身的结晶水中熔化]☆aqueous fusion
水溶放平衡☆aqueous equilibrium
水溶剂☆hydrosolvent; hydro-solvent
水溶剂碱{|酸}☆aquo-base{|-acid}
水溶胶☆hydrosol
水溶圈☆solusphere
水溶性☆water-solubility; hydrotrope
水溶性胺☆water-soluble amine
水溶性非{|阴}离子表面活性剂☆water soluble nonionic{|anionic} surfactant
水溶性季铵氯化物☆Arquad
水溶性膜胺☆water soluble filming amine
水溶液☆water(y){aqueous} solution; aqueous system; W.S.; WS; col.aq.; aq.sol.
水溶液法☆aqueous solution method
水溶液降温法☆aqueous solution cooling method
水溶指示膏☆water indicator paste
水容量☆water capacity{content}; standage; moisture capacity
水容器☆water receptacle
水乳化抑制剂☆water emulsion inhibitor
水乳化油☆bad oil
水乳(化的原)油☆roily oil
水乳状液☆water emulsion; W Em
水入电石式乙炔发生器☆water-to-carbide system {acetylene generator}
水(的)软化☆water softening
水软化法☆method of water-softening
水软铝石☆boehmite
水软锰矿☆hydropyrolusite
水润湿的☆water-wetted; water wet
水润湿剂☆water-wetter
水润湿膜☆aqueous wetting film
水色[宝石色泽标准]☆water (color); water-color
水色霞石[$HNa_2(Al_3Si_3O_{12})$•$3H_2O$]☆hydronephelite
水砂比☆ratio of volume of water to volume of filling materials; water-sand ratio
水砂充填☆hydraulic stowing{fill;stowage; silting; (back)filling; gobbing;flushing;slushing}; flush(ing); controlled-gravity{flow} stowing; slush; filling by flushing; sand fill(ing); float fill; controlled gravity stowing; hydraulic sand stowing; hydraulic tailling fill; inwash; sandstowing; hydraulic gravel fill
水砂充填采煤法☆hydraulic filling{stowing}
水砂充填出砂口☆filler discharge orifice
水砂充填用砂子☆mine fills
水-砂浆液☆sand/water slurry
水砂磨☆water sanding
水砂抛光☆liquid honing
水砂抛光处理[铸]☆wet blasting
水-砂清理☆hydro-sand blasting
水砂纸☆waterproof abrasive paper; emery paper
水刹车☆hydro{hydrodynamic} retarder; water brake
水珊瑚目[腔]☆Hydrocorallina
水杉☆metasequoia; dawn redwood
水闪石[角闪石和泥石的混合物]☆hydroamphibole
水上的☆overwater; (above) water; aquatic
水上飞机☆hydroplane; hydroaeroplane; float{water} plane; flying boat; seaplane; aerohydroplane; sea craft; aquaplane; waterplane
水上检修☆afloat repair
水上交通☆waterborne traffic
水上景观☆superaqueous{supraaqual} landscape
水上平台☆above-water platform
水上起重机☆floating crane
水上液化天然气处理系统☆marine liquefied nature gas system
水上钻井☆overwater drilling
水上钻探☆drilling on waterways
水上钻塔[用绷绳固定]☆anchored tower
水上作业场☆road
水烧绿石☆hydropyrochlore
水蛇纹石[斜纤蛇纹石与富镁蒙脱石混合物; $4MgO$•$3SiO_2$•$6H_2O$]☆gymnite; melopsite[镁和钙的铝硅酸盐]; deweylite; hydrophite; hydroserpentine [$Mg_6(Si_4O_{10})(OH)_8$•nH_2O]
水蛇座☆Hydrus; Water Snake
水舌分离☆nappe separation
水舌上缘线☆upper nappe profile
水舌形式☆coning
水摄入量☆water intake
水射流辅助切割☆water jet assisted cutting
水射流切割☆hydraulic jet cutting
水射切割☆water jet assisted cutting
水砷钙镁石☆arsenate-belovite
水砷钙石[$H_2Ca_5(AsO_4)_4$•$4H_2O$;单斜]☆sainfeldite; weilite
水砷钙铁石[$Ca_3Fe^{3+}_7(AsO_4)_6(OH)_9$•$18H_2O$?;非晶质]☆yukonite
水砷钙铜石{矿}[$Cu_8Ca_2(AsO_4)_6Cl(OH)$•$7H_2O$?;斜方?]☆shubnikovite
水砷钴石☆cobaltkoritnigite; kobaltkoritnigite
水砷钴铁石[$(Co,Ni,Mg,Ca)_3(Fe^{3+},Al)_2(AsO_4)_4$•$11H_2O$;斜方]☆smolianinovite
水砷铝铜矿[$Cu_2Al(AsO_4)(OH)_4$•$4H_2O$; 单斜]☆liroconite
水砷镁钙石☆wendwilsonite
水砷镁石[$MgHAsO_4$•$4H_2O$;斜方]☆brassite
水砷锰铅石☆rouseite
水砷锰石[$Mn_5(AsO_4)_2(OH)_4$]☆arsenoklasite; arsenoclasite
水砷镍矿[$Ni_3(AsO_4)_2$•$8H_2O$]☆nickel green; nickel ocher{bloom;ochre}; annabergite; nickelbluthe
水砷铍石[$Be_2(AsO_4)(OH)$•$4H_2O$;单斜]☆bearsit(e)
水砷羟钙铜矿☆goudeyite
水砷氢锰石☆villyaellenite
水砷氢铁石☆kaatialaite; kaalialaite
水砷氢铜石[$H_2Cu_5(AsO_4)_4$•8~$9H_2O$; 单斜]☆lindackerite; lindakerite
水砷铁矾☆arsendestinezite
水砷铁矿☆symplesite
水砷铁石[$Fe^{3+}AsO_4$•$3.5H_2O$;单斜]☆kankite
水砷铁铜石[$CuFe^{3+}_2(AsO_4,PO_4,SO_4)_2(O,OH)_2$•$4H_2O$;单斜]☆arthurite
水砷铁锌石☆mapimite; mapionite
水砷铜铅石☆thometzekite
水砷铜石[$Cu_8(AsO_4)_4(OH)_4$•$5H_2O$; 单斜]☆strashimirite
水砷锌钙石☆zincroselite
水砷锌矿[$Zn_2(AlO_4)(OH)$]☆adamite; adamine
水砷锌铅石[$PbZn_2(AsO_4)_2$•$2H_2O$; 三斜]☆helmutwinklerite
水砷锌石[$Zn_3(AsO_4)_2$•$8H_2O$]☆ko(e)ttigite
水砷铀矿☆kahlerite; arsenuranylite
水深☆water (depth); WD
水深测量☆bathymetric{sounding} survey; (depth) sounding; bathimetry; bathymetry
水深成岩☆hydroplutonic rock
水深浅☆depth curve; underwater contour
水深图☆bathymetric(al) chart; bathymetric map; fathogram
水深信号☆depth signal
水深仪☆fathometer
水神蚌属☆Naiadites
水神鱼属[J_3]☆Undina
水渗滤☆hydro-osmosis; water percolation
水渗侵入☆encroachment of water
水渗透率☆water permeability
水声☆underwater sound
水声波☆waterborne sound
水声定位☆hydrolocation; hydroacoustic positioning
水声器☆hydrophone
水声通信机☆underwater acoustic communication apparatus
水声信标☆acoustic marker{beacon}
水声信号☆submarine{underwater} sound signal
水声学☆hydroacoustics; marine{underwater} acoustics
水声研究船☆acoustic research vessel
水声仪器监听海区☆ensonified area
水生☆aquagene
水生贝壳类动物☆shellfish
水生波☆waterborne wave
水生草木群落☆aquiprata
水生沉积(物)☆hydrogenous sediment
水生的☆aquatic; hydrogenous; hydrocole; hydric; waterborne; aqua.
水生(植物)的☆hydrophytic
水生动物☆aquatic animal
水生菌类☆water-borne bacteria
水生矿床☆hydrogenous deposit

水生群落☆aquatic community
水生肉食目[哺]☆Pennipedia
水生生物☆hydrobios；hydrobiont；aquatic organism {life}
水生态系☆aquatic ecosystem
水生物☆marine growth
水生形态☆hydromorphism
水生岩☆hydrolith；hydrogenic rocks
水生演替的☆hydroarch
水生藻类☆hydrobiontic algae
水生噪声☆water-borne noise
水生真菌☆aquatic fungus
水生植物☆hydrophyte；water plant；hygrophyte；(submerged) aquatic plant；aquatic growth
水湿表面☆water-wetted surface
水湿程度☆degree of water wettability
水湿地层☆water-wet formation
水湿度☆water-wetness
水湿润☆water-wetting
水湿性☆water wettability
水石[月长石、玻璃蛋白石、水玛瑙、硬玉等]☆water stone
水石层☆waterstones
水石榴☆hydrogranat
水石榴石☆hydrogarnet
水石盆景☆rock and water penjing
水石髓☆lutecit
水石盐[$NaCl\cdot 2H_2O$;单斜]☆hydrohalite
水石岩☆hydrohalite
水石英☆silhydrite
水石梓☆sarcospermataceae sarcosperma laurinum
水时计☆clepsydra
水蚀☆wet blasting；water erosion；erosion by the action of running water；ablation
水蚀残砂☆aqueo-residual sand
水蚀的☆waterworn
水蚀沟☆rain channel
水蚀砾☆wash-out gravel
水蚀石灰洞☆karst (cave)
水蚀通道☆breakthrough
水示踪剂☆water tracer
水势☆water potential
水铈铀磷钙石[$(U,Ca,TR)_3(PO_4)_4\cdot 6H_2O$]☆lermontovite
水室☆water chamber
水室的抽送系统☆reservoir-plumbing system
水室腾空☆reservoir depletion
水收支☆water budget
水手☆sailor；seaman [pl.-men]；tarp；tarpaulin
水手餐室☆sailors' mess
水手舱☆forecastle
水手业☆seafaring
水手长☆boatswain；bosn
水兽龙☆Lystrosaurus
水树藻属[金藻;O]☆Hydrurus
水刷石☆granitic plaster；exposed-aggregate finish
水刷石墙面☆granitic stucco coating
水栓☆water slug；slug of water
水霜☆water frost
水丝墙☆drain(age) stopper
水丝铀矿[$UO_4\cdot 4H_2O$;单斜]☆studtite
水松☆Glyptostrobus pensilis；water{Huon} pine；China{Chinese} cypress；yew
水速计☆hydrodynamometer
(含)水塑性☆hydroplasticity
水塑性比☆water-plasticity ratio
水碎☆granulation
水碎渣☆slaking slag
水损耗☆water loss
水塔☆water{tank} tower；cistern；storage tank
水獭☆(common) otter；lutra
水獭堤☆beaver dam
水獭属[N_2-Q]☆otter；Lutra
水苔泥炭☆sphagnum peat
水态☆aquosity；water phase
水钛锆钙石☆belyankinite
水钛锆石☆oliveiraite
水钛铌矿[$(Mn,Ca)_2(Nb,Ti)_5O_{12}\cdot 9H_2O$]☆gerasimovskite
水钛铌钇铈矿☆scheteligite
水钛铁矿[$FeTi_6O_{13}\cdot 4H_2O$?;六方]☆kleberite；water hole；hydroilmenite
水潭☆water pocket{sink}；waterhole；puddle；pool
水碳钙镁石☆sergeevite
水碳钙镁铀矿[$Ca_3Mg_3(UO_2)_2(CO_3)_6(OH)_4\cdot 18H_2O$;单斜]☆rabbittite
水碳钙钇石[$CaY_3(CO_3)_4(OH)_3\cdot 3H_2O$;四方?]☆tengerite；kimuraite；lokkaite
水碳锆锶石[$Sr_3Na_2Zr(CO_3)_6\cdot 3H_2O$;三斜]☆weloganite
水碳铬镁石[$Mg_6Cr_2(CO_3)(OH)_{16}\cdot 4H_2O$;六方]☆barbertonite
水碳钾钙石☆buetschliite
水碳镧铈石{矿}[$(Ce,La)_2O_3\cdot 3CO_2\cdot 4H_2O$; $(Ce,La)_2\cdot(CO_3)_3\cdot 4H_2O$;斜方]☆calkinsite
水碳铝钡石[$Ba_2Al_4(CO_3)_4(OH)_8\cdot 3H_2O$;斜方]☆dresserite
水碳铝钙石[$CaAl_2(CO_3)_2(OH)_4\cdot 3H_2O$;三斜]☆alumohydrocalcite
水碳铝镁石[$Mg_6Al_2(CO_3)(OH)_{16}\cdot 4H_2O$;六方]☆manasseite
水碳铝铅石[$PbAl_2(CO_3)_2(OH)_4\cdot H_2O$;斜方]☆dundasite
水碳铝锶石[$(Sr,Ca)Al_2(CO_3)_2(OH)_4\cdot H_2O$;斜方]☆strontiodresserite
水碳镁钙石[$Ca_3Mg_{11}(CO_3)_{13-x}(HCO_3)x(OH)x\cdot(10-x)H_2O$?;三方]☆sergeevite
水碳镁钾石[$K_2Mg(CO_3)_2\cdot 4H_2O$;单斜]☆baylissite
水碳镁矿☆lancasterite；hydromagnesite；magnesia alba
水碳镁铝石[$Mg_2Al_2(CO_3)_4(OH)_2\cdot 15H_2O$;单斜?]☆indigirite
水碳镁石☆hydromagnesite[$Mg_5(CO_3)_4(OH)_2\cdot 24H_2O$;单斜]；nesquehonite；barringtonite[$MgCO_3\cdot 2H_2O$?;三斜]
水碳钠钙铀矿☆andersonite
水碳镍矿[$Ni(CO_3)\cdot 6H_2O$;三斜]☆hellyerite
水碳硼(钙镁)石[$Ca_2Mg(CO_3)_2B_2(OH)_8\cdot 4H_2O$;单斜]☆carboborite
水碳氢钙石☆earlandite
水碳酸钙铀矿[$3CaO\cdot UO_2\cdot 6UO_3\cdot 2CO_2\cdot 12\sim 14H_2O$]☆wyartite
水碳酸钾钙石[$K_6Ca_2(CO_3)_5\cdot 6H_2O$]☆bu(e)tschliite；bütschliite
水碳酸钠钙铀矿[$Na_2CaUO_2(CO_3)_3\cdot 6H_2O$]☆andersonite
水碳铁矿☆jocketan
水碳铁镁石[$Mg_6Fe^{3+}_2(CO_3)(OH)_{16}\cdot 4H_2O$;六方]☆sjogrenite
水碳铁镍矿[$Ni_6Fe^{3+}_2(CO_3)(OH)_{16}\cdot 4H_2O$;三方]☆reevesite
水碳铜矾[$Cu_8(SO_4)_4(CO_3)(OH)_6\cdot 48H_2O$;斜方]☆nakauriite
水碳铜镁石[$Cu_2Mg_2(CO_3)(OH)_6\cdot 2H_2O$;单斜]☆callaghanite
水碳铜石[$(Cu,Mg)_5(CO_3)_4(OH)_2\cdot 4H_2O$;单斜]☆cuprohydromagnesite
水碳铜锌石☆claraite
水碳钇矿☆ytt(e)rite；tengerite；carbonyttrine
水碳钇石[$(Y,Ca)_2(CO_3)_3\cdot 2H_2O$;斜方]☆lokkaite
水碳铀矿[$(UO_2)CO_3\cdot H_2O$?;斜方?]☆sharpite
水塘☆holding pond；water cistern；waterhole；pool；pow；represo{charo} [美西南部]
水套☆water-jacket；water jacket{chamber;block; cooling; jacketing}；jacket
水锑钙赭石☆idrormeite
水锑铜石☆cualstibite
水锑锰矿[由Mn_2O_3,Sb_2O_5,H_2O等组成]☆basili(i)te
水锑铅矿[$Pb_2Sb_2O_6(O,OH)$;等轴]☆bindheimite；pfattite；stibiogalenite；bleinierite；bleiniere；moffrasite；lead antimonate；blumite；monimolite
水锑铅银矿[$(Pb,Ag)_{2-y}Sb_{2-x}(O,OH,H_2O)_7$]☆coronguite；coronspuite
水锑铜矿[$Cu_{2-y}Sb_{2-x}(O,OH,H_2O)_{6\sim 7}$,其中 $x=0\sim 1$, $y=0\sim ½$; $Cu_2Sb_2(O,OH)_7$?;等轴?]☆partzite；t(h)rombolite；thrombolith
水锑银矿[$Ag_{1\sim 2}Sb_{2\sim 1}(O,OH,H_2O)_7$;$Ag_2Sb_2(O,OH)_7$?;等轴]☆stetefeldtite
水锑银铅矿☆corong(u)ite；corunguite
水提取物☆aqueous{water} extract
水体☆body of water；water (body;mass;aquifer;leg; substance)；aquifer region；bahr[阿;湖河或海;pl.bahar]
水体包围地区☆gezira
(冷热或上下)水体倒转☆overturn of water
水体迁移☆mass transport
水体污染☆water body pollution；contamination of water bodies
水体载荷☆loading of water
水填挖流闸☆penning gate
水调节☆water conditioning
水铁矾[$Fe^{2+}SO_4\cdot H_2O$;单斜]☆szomolnokite；ferropallidite；schmollnitzit(e)；ferrofallidite
水铁矿[$5Fe^{3+}_2O_3\cdot 9H_2O$;六方]☆ferrihydrite；ferrihydrate；szomolnokite
水铁镁石[$Mg_7Fe^{3+}_4O_{13}\cdot 10H_2O$;三方?]☆muskoxite
水铁锰矿[$(Mn,Fe)_2O_3\cdot H_2O$]☆skemmatite；skammatite
水铁锰土☆brostenite
水铁镍矾☆hydrohonessite
水铁铜矾☆poitevinite
水铁钨矿☆mpororoite
水铁盐[$FeCl_3\cdot 6H_2O$]☆hydromolysite；stagmat(ite)
水听器☆hydrophone；pressure detector；nautical receiving set
水-烃类界面☆water-hydrocarbon interface
水铜矾☆vernadskite；wernadskyit
水铜钴矿☆boodtite
水铜铝矾[$Cu_4Al_2(SO_4)(OH)_{12}\cdot 2\sim 4H_2O$]☆woodwardite
水铜氯铅矿[$Pb_5Cu_4Cl_{10}(OH)_8\cdot 2H_2O$]☆pseudoboleite
水铜镁矾☆cupromagnesite；magnesium boothite
水铜镁钙石[$Cu_4Mg_4Ca(OH)_{14}(CO_3)_2\cdot 2H_2O$]☆callaghanite
水铜锰土☆lepidopha(e)ite；lepidophacite
水铜锌砷矿☆cupro adamite
水桶☆bucket
水筒☆flask
水头☆(hydraulic) head；water{delivery;vertical;fall; piezometric} head；head of water；hydraulic pressure head；flood peak；peak of flow；H.
水头(的)单位损失☆specific loss of head
水头损失☆(water) head loss{lost}；loss of head
水头梯度☆head{elevation} gradient；gradient of (the) head；hydraulic head gradient
水透明度☆water clarity
水突破时间☆water breakthrough time
水突然涌入矿井☆water inrush
水土☆climate
水土保持☆soil and water{water and soil} conservation；soil conservancy{conservation}
水土比☆clay-water ratio
水土病☆acclimation disease
水土流失☆(soil) erosion；soil and water loss；loss of soil；surface erosion；water loss and soil erosion
水土性地方病☆endemic disease
水钍石[$ThSiO_4\cdot 4H_2O$]☆hydrothorite
水团分析☆water mass analysis
水团运动☆motion of water mass
水推进前缘☆water advance front
水退☆dereliction；reliction
水豚(属)[Q]☆capybara；Hydrochoerus
水脱矿物质☆water demineralization
水砣☆hand lead
水洼☆waterhole；represo；charo；puddle
水湾☆inlet
水网☆water system
水网藻属[Q]☆Hydrodictyon
水往低处流☆low-seeking
水为连续相的乳状液[水包油乳状液]☆aqueous emulsion
水为主的(汽水混合物)☆predominantly liquid two phase fluid
水位☆water level{surface;stage;height;potential; table;line}；stage (rod)；elevation of water；gauge height；free-water elevation；water table level；WL
水位变动区☆water table fluctuation zone
水位变幅☆range of stage
水位变化☆denivellation；water stage fluctuation；sea-level change；water level fluctuation
水位标☆staff gauge；water spot
水位标志☆watermark；water (level) mark
水位表[机]☆gauge glass；glass gauge；water gate
水位玻璃☆water gauge glass
水位测量(术)☆hydrography
水位差☆fluid potential；water head；drawdown
水位尺[标杆]☆depth gage；water-level scale；stage rod
水位点☆gaging station
水位观测☆water level observation
水位过程线☆stage hydrograph
水位恢复法☆recovery method
水位计☆water gage{gauge}；fluviograph；water level gauge；level detector；limnimeter；fluviometer；

S

stage indicator{gage}; sight gauge; nilometer
水位记录☆limnogram; limnograph; water level record; stage record
水位渐消退☆reliction
水位降(低)等值线图☆water-level-decline contour map
水位降落☆fall of water level; water table drawdown; falling of watertable (water table)
水位警告器☆water alarm
水位快速消落☆high speed decline of water level
水位-流量关系☆stage-discharge relationship
水位-流量关系表☆stage record
水位流量环形关系曲线☆stage-discharge curve; loop rating curve
水位落差☆height of water; water table drop
水位坡降☆gradient of water table
水位上升☆water-level rise
水位上升期☆rising water stage
水位升高☆water-level rise; raising of water level
水位瞬时降落☆transient drawdown
水位探测☆sounding of water level
水位调节☆regulation of level
水位突降☆sudden drawdown
水位图☆hydrograph; water table map
水位下降☆decline of water level{table}; head decline; lowering of water level; water lowering; water table drop{depression}; down-draw; drawdown
(地下)水位下降垂直距离☆drawdown
水位线☆ga(u)ging{water;flowing} line; waterline; hypsogram
水位延时曲线☆stage-duration curve
水位站☆gauging{gaging} station
水位滞点☆stagnation point
水位骤降☆rapid drawdown
水温探头☆water probe
水温调节{解}器☆water temperature regulator
水文☆hydrology
水文标志☆hydrological marks
水文测量☆water{hydrographic(al);hydrological} survey; hydrometry
水文测验断面☆gauge line
水文(学)的☆hydrologic(al)
水文地层单位{元}☆hydrostratigraphic unit
水文地球化学找矿☆hydrogeochemical prospecting
水文地质☆hydrological geology; hydrogeology
水文地质队☆hydrogeologic(al) team
水文地质分区☆hydrogeologic(al) subdivision {zoning; division}; hydrogeologic division
水文地质水井钻机☆hydrogeology well drilling machine
水文地质详细勘察☆detailed hydrogeologic investigation
水文地质野外人员☆field-oriented hydrogeologisi
水文地质(观测)站☆hydrogeologic(al) station
水文动态☆hydrologic(al) regime
水文方程☆hydrologic equation
水文工程方法☆hydrologic engineering method
水文估算☆hydrologic evaluation
水文观测总站☆central ground water observation station; CGOS
水文过程曲线图☆hydrographic chart
水文过程线☆hydrograph
水文化学☆hydrochemistry; chemical hydrology; hydrological chemistry
水文化学图☆hydrochemical map{chart}
水文化学异常☆hydrochemical anomaly
水文记录☆watergram
水文年鉴☆Water Year Book
水文平衡计算☆hydrologic budget
水文气候☆hydroclimate
水文气象☆hydrometeor
水文区☆hydrologic region
水文曲线☆hydrographic curve; hydrograph
水文曲线的分割☆hydrograph separation
水文曲线分离☆hydrograph separation
水文图☆hydrologic{hydrographic;hydrological} map; hydrograph; hydrographic chart; hydrochart
水文网的疏密度☆texture of drainage network
水文系列☆hydro-sequence
水文系统☆hydrosystem
水文性质☆hydrographic feature
水文学☆hydrography; hydrology; hydroscience
水文学家☆hydrologist; hydrographer
水文站☆hydrologic(al){gauge;hydrometric;gaging} station; streamline measurement station; stream measurement (station)
水文站网☆gauge network
水文质量平衡方程☆hydrologic mass-balance equation
水文周期☆hydroperiod; hydrologic cycle
水文阻体☆hydrologic barrier
水窝☆(dredge) sump; dibhole; (water) pocket; lodge; dib hole; drain{eye;sludge} pit; lum(b); wellhole; lodgement
水钨华[$WO(OH)_4$;单斜]☆hydrotungstite; meymacite
水钨铝矿[$Al(WO_4)(OH)$;$Al_2W_2O_9$•$3H_2O$;三斜]☆anthoinite
水钨铁铝矿[$(W,Al,Fe^{3+})(O,OH)_3$•H_2O?;三斜?]☆mpororoite
水污染☆water pollution{contamination}
水(质)污染控制☆water pollution control
水污染物☆water{aquatic} pollutant
水污染影响和治理措施☆the effects of water pollution and control measures
水(质)污染源☆water pollution source
水雾☆water spray{pulverization;mist}; spray; warm{visible} vapor
水雾防尘☆dust prevention by water cloud
水雾凿岩法☆detergent drilling
水析(淘折法)☆elutriation
水析器☆elutriator
水析水分☆moisture in coal sample analysis
水硒钴石[$CoSeO_3$•$2H_2O$;单斜]☆cobaltomenite
水硒镍石[$NiSeO_3$•$2H_2O$;单斜]☆ahlfeldite; ahlfeldide
水硒铁石[$Fe_2^{3+}Se_3O_9$•$4H_2O$;单斜]☆mandarinoite
水矽{夕}线石☆wo(e)rthite[$Al_3Si_2O_8OH$]; vestanite {westanite}[$Al_{10}Si_7O_{29}$•$2½H_2O$(近似)]; hydrous bucholzite; hydrobucholzite
水螅[动]☆hydra; main stalk; polyp
水螅虫类☆hydrozoan
水螅目[腔;Є-Q]☆Hydroidea
水螅珊瑚☆hydrocoral
水螅珊瑚目{类}☆Hydrocorallina
水螅式的☆hydroid
水螅水母类☆Hydrozoa
水螅体☆hydroid polyp
水螅型☆polypoid form
水螅状构造类型☆hydrozoid
水吸渗驱替☆water imbibition displacement
水锡石[H_2SnO_3; $(Sn,Fe)(O,OH)_2$;四方]☆varlamoffite; hydro-cassiterite; hydrocassiterite; sowxite; souxite
水鼷鹿属[Q]☆cherrotain; Hyemoschus
水席☆sheet water
水洗采油期☆flushed production period
水洗带☆water-flushed zone
水洗涤器☆water scrubber
水洗过的油砂层☆watered-out sand
水洗砾石☆washed gravel
水洗器☆water scrubber
水洗式废冷净化器☆water-exhaust conditioner
水洗式凿岩机☆water drill
水系☆hydrographic net; drainage (pattern;system); water{river} system; water reticulation network
水系并集☆integration of drainage
水系不发育的☆undrained
水系测量{调查}☆drainage survey
水系沉积物异常☆drainage{stream} sediment anomaly
水系叠加☆palimpsest
水系发育的☆well-drained
水系分析☆drainage analysis
水系碱☆aguo-base; aquo-base
水系间变差☆between-streams variation
水系结构☆drainage texture; texture of drainage
水系内(的能)变(性)☆within-stream variability
水系普查☆drainage reconnaissance
水系酸☆aquo-acid
水系统☆aqueous system
水霞石[$(Na,Ca)(Al_2Si_2O_8)$•H_2O]☆hydronepheline; ranite; hydronephelite
水下☆undersea; underwater; subsea
水下安全预警☆underwater security advance warning
水下岸坡☆offshore slope; clino
水下岸坡沉积☆clinothem
水下摆仪测量☆submarine pendulum observation
水下饱和舱☆saturation habitat
水下爆破☆submarine blasting{blast}; firing under water; underwater blasting{explosion}; water shooting; underwater demolition[军]; limpet mine
水下爆破式桩柱☆limpet pile
水下爆破助药包☆water work booster
水下爆炸回声测距☆submarine explosive echoranging
水下冰突{角}☆ram
水下布缆设备☆underwater cable laying equipment
水下采掘作业☆underwater excavate
水下采油站☆subsea production station; SPS
水下测声仪☆hydrophone
水下测试井口装置☆subsea test tree; SSTT
水下测音器☆hydrophone
水下常压系统☆subsea atmospheric system; SAS
水下超压干式焊☆excessive-pressure welding
水下沉积的植物质☆crypthydrous
水下承压外壳☆submarine pressure hull
水下冲压式喷射发动机☆hydroduct
水下穿越☆marine{underwater} crossing
水下存车库☆submerged parking garage
水下单锚腿系泊☆submerged single anchor leg mooring
水下岛☆blind island
水下导弹☆submarine-based missiles
水下的☆underwater; subaqueous; subfluvial; submarine; subaquatic; U.W.; UW
水下电缆☆bay cable; estuary{underwater} cable
水下电视☆underwater television{TV}; subsea TV
水下定位技术☆underwater position fixing technique
水下短时间工作舱☆seashore work chamber
水下对管机☆submersible pipe alignment rig
水下对空导弹☆underwater-to-air missile
水下对正器☆underwater straighter
水下多井完成☆multiwell subsea completion
水下发射应答器☆underwater transponder
水下发声换能器☆underwater sound projector
水下防喷器装置☆subsea blowout-preventer stack
水下浮标☆subsurface float{buoy}; underwater buoy
水下辐射率计☆underwater radiance meter
水下干室高压焊接☆hyperbaric dry-habitat welding
水下干式完井☆dry subsea completion
水下干箱焊接☆dry-box underwater welding
水下杆柱系统☆submarine mast system
水下高压焊接舱☆under water hyperbaric welding habitat
水下工艺学☆underwater technology
水下工作系统密封装置☆underwater work system package
水下固井设备☆subsea cementing equipment
水下观景系统☆underwater viewing system
水下管道[工]☆submarine pipeline; sea line; subwater {underwater} pipeline
水下管线穿越☆submarine line crossing
水下灌注混凝土☆subaqueous concreting
水下湖震☆internal seiche
水下回声测深☆subsurface echo sounding
水下回声地震剖面仪☆hydrosound underwater seismic profiler
水下混凝土封底☆subaqueous concrete seal
水下火山矿床☆subaquatic-volcanic deposit
水下基础☆underwater{subaqueous} foundation; foundation under water
水下激发[震]☆undershooting
水下激光测量系统☆underwater laser surveying system
水下集油管道☆underwater gathering line
水下监视电视☆monitor TV under water
水下尖岩☆pinnacle rock
水下礁丘☆nab
水下浇筑混凝土法☆under water concreting
水下阶地☆shoreface terrace; shore face terrace
水下阶段减压法☆underwater stage decompression
水下井口回接系统☆subsea well tie-back system
水下井口完井作业潜水器☆subsea completion system
水下居住人员☆man-in-the-sea
水下掘削机☆underwater excavator
水下开挖☆underwater{wet} excavation; wet cut
水下考察车☆underwater (research) vehicle; URV
水下空间☆hydrospace
水下连续墙☆underwater continuous wall
水下脉冲收发机☆underwater transponder
水下脉动式喷射发动机☆hydropulse
水下密封工作室☆subsea work enclosure
水下喷发☆subaquatic eruption

S

水下偏振仪☆underwater polarimeter
水下破冰机☆submerged ice cracking engine
水下铺管设备☆underwater piping laying equipment
水下启动☆starting in water
水下切割☆underwater cutting; cutting in water
水下切割割炬☆underwater cutting blowpipe
水下侵蚀☆subaqueous corrosion; subsurface erosion
水下取景装置☆underwater viewing system
水下热动力推进系统☆underwater heat engine propeller system
水下(防喷器控制)软管绞车☆subsea hose bundle reel
水下三角洲前沿{缘}☆submerged delta front
水下散射仪☆underwater scattering meter
水下筛矿器☆underwater jigger
水下摄像机起下装置☆camera hoisting equipment
水下摄影测量学{术}☆underwater photogrammetry
水下生产系统☆subsea production system
水下声呐扫描测量☆scanning sonar subsea survey
水下声能电话☆underwater sound telephone
水下生物医学☆undersea biomedicine
水下声系统☆underwater acoustic system
水下释放塞注水泥系统☆subsea release cementing system
水下事故☆underwater accident
水下收听站☆underwater listening post
水下水样采集器☆hydrophore
水下体操浴☆kinetotherapeutic bath
水下听音器☆hydrophone
水下通气呼吸管☆snorkel; schnorkel
水下通信掩蔽☆underwater communication mask
水下透射率仪☆underwater transmissiometer
水下土溜☆(sub)aqueous solifluction; subsolifluction
水下拖测器☆submarine sentry
水下拖`撬{曳器}☆underwater tow(ed) vehicle
水下完井☆subsea{underwater} completion; UWC
水下涡轮喷射发动机☆hydroturbojet
水下无人作业系统☆unmanned underwater work system
水下物体打捞装置☆submerged object recovery device
水下物体定位器☆underwater object locator; UOL
水下吸氧减压法☆underwater oxygen decompression
水下系缆潜水器☆underwater tethered submersible
水下小陆壳☆microcontinent
水下斜坡沉积相☆clinothem facies
水下信号☆submarine{underwater} signal
水下芽植物☆hydrocryptophytes
水下岩脊☆ledge
水下曳引车☆underwater crawler
水下翼☆hydroflap
水下用隔水采油树☆encapsulating tree
水下油库☆sunken oil storage
水下语言通信☆underwater speech communication
水下噪声☆hydroacoustic{underwater} noise
水下照明弹药☆underwater flare bomb
水下真空吸采器[开采水下砂金矿及海底矿物用]☆sea vacuum cleaner
水下住所☆under water habitat
水下铸造☆subaquatic casting; SAC
水下自动导航装置☆underwater self-homing device
水下钻岩机☆underwater rock drill
水下钻具控制系统☆control system of subsea drilling equipment
水下作业☆underwater operation{work}; working under water
水纤菱镁矿[$Mg_2(CO_3)(OH)_2 \cdot 3H_2O$]☆artinite
水纤铁矿☆hydrolepidokrokite; hydrolepidocrocite; hydrogoethite
水藓孢属[E_3-N_1]☆Sphagnumsporites
水藓环形泥炭沼☆sphagnum atoll
水藓科☆Sphagnaceae
水藓沼泽☆muskeg; sphagnum bog; muskeeg
水线☆water{wet} line; WL; waterline
水线面系数☆coefficient of water plane
水线平面☆waterplane
(船侧在)水线上向内倾斜☆tumble home{in}
水线图☆half breadth plan
水线下的船头☆entrance
水线以上的船舷☆topside
水箱☆water tank{chamber;box;chest}; header; tank; tilting-box; reservoir; monkey cooler
水相☆hydrofacies; watery{water;aqueous} phase
水相斥性☆water repellency
水相腐蚀☆water-phase corrosion
水相汞☆aqueous mercury
水相离子☆ionic aqueous phase
水(文气;汽现)象☆hydrometeor
水硝碱镁矾[$K_3Na_7Mg_2(SO_4)_6(NO_3)_2 \cdot 6H_2O$;三方]☆humberstonite
水携带的沙子☆water-transported sand
水携的[沉积物]☆water-lain
水携凝灰岩☆hyaloclastite; aquagene tuff
水斜硅镁石[$Mg_9(SiO_4)_4(OH)_2$]☆hydroclinohumite; hydroklinohumite
水锌矾[$(Zn,Mn)(SO_4) \cdot H_2O$;单斜]☆gunningite; flower of zinc; cegamite; earthy calamine; zinc bloom marionite; hydrocincite; hydrozincitef; hydrozinkite; zinc- flower
水锌矿[$Zn_5(CO_3)_2(OH)_6$;$3ZnCO_3 \cdot 2H_2O$;$ZnCO_3 \cdot 2Zn(OH)_2$]☆hydrozincite[$7ZnO \cdot 3CO_2 \cdot 4H_2O$]; zinc bloom; (earthy) calamine; hydrozinkite; cegamite; marionite; idrozinkite; hydrocincite; zinconine; flower of zinc[$Zn_3(CO_3)(OH)_4$]; paraurichalcite; zinconise; cadmia
水锌锰矿[Zn,Mn 及 Pb 的含水氧化物;$Zn_2Mn_4^{3+}O_8 \cdot H_2O$;四方]☆hydrohetaerolite; hydroheterolite; wolftonite; zinc(-)dibraunite; hydroheta(e)rolith; zinkdibraunit; hetaerolite
水锌铀矾[$Zn_2(UO_2)_6(SO_4)_3(OH)_{10} \cdot 16H_2O$;斜方]☆zinc-zippeite
水星☆Mercury
水星凌日☆transit of Mercury
水星叶石[$(H_3O,K,Ca)_3(Fe^{2+},Mn)_{5\sim6}Ti_2Si_6(O,OH)_{31}$;三斜]☆hydroastrophyllite
水型☆water type
水型异常☆hydromorphic anomaly
水形的☆hydrographic; hydrographical
水性☆aquosity
水锈☆incrustation; fur; scale[管壁或锅炉壁的附着物]
水溴镁石[$MgBr_2 \cdot 6H_2O$]☆brom-bischof(f)ite
水悬浮(作用)☆aqueous suspension
水悬胶体☆hydrosol
水悬浮颗粒☆aqueous suspension
水旋板[棘]☆hydrospire
水旋管棘皮动物☆hydrospire
水旋塞☆water cock
水选☆water concentration; seed or ore selection by immersion; water gravity selection
水穴☆water eye
水穴动物☆aquatic cave animal
水循环☆water circulation{cycle}; circulation of water; hydrologic(al) cycle
水(文)循环☆water cycle
水循环器☆water circulator
水压☆hydraulic{water} pressure; head; HD
水压爆煤筒☆(hydraulic) coalburster
水压沉井凿井☆forced drop shaft
水压的☆hydraulic; hyd; hydrodynamic
水压法试验☆water loading test
水压防漏装置☆water seal packing
水压分布☆water pressure distribution
水压封闭泵☆Vacseal pump
水压机☆hydraulic press{engine;machine}; water pressure engine; hydropress; water{hydrostatic} press; hydraulic forging press
水压计☆piezometer
水压力表☆hydraulic pressure gauge
水压力地☆hydrostatically
水压力计☆water gauge; wg
水压面变化旋回☆piestic cycle
水压面上升☆piestic rise
水压坡降线☆piezometric line
水压破裂煤层☆pressure parting
水压破碎☆hydrofrac(ture); hydraulic fractionation
水压升降性☆pipe elevation
水压实作用☆hydrocompaction
水压式取芯管☆hydrostatic actuated corer
水压松散冲采法☆infusion jet method
水压梯度☆virtual slope
水压载☆water ballast; WB
水压张裂压力☆hydrofracturing pressure
水压致{胀}裂法☆hydraulic fracturing (technique)
水压桩☆hydropin
水亚铁铁矾☆romerite
水烟☆water smoke
水淹☆floodout; go to water; flooding; drowning; water out{flood(ing)}; come on water[油井]
水淹(油井等)☆drown out
水淹层☆water-flooded{watered-out} zone
水淹的☆drowned; dnd; waterlogged; watered
水淹过程☆watering-out process
水淹后☆postwaterflood
水淹后的☆postflood
水淹井☆drowned well; water producer
水淹气藏☆watered(-out) gas reservoirs
水淹气井☆watered{water-blocked} gas well
水淹区☆waterflooded{watered-out} area; flooded area{region}
水淹(区)形态☆flood out pattern
水淹油层☆water-out{waterflooded} reservoir
水盐动态☆hydrosaline regime
水盐均{平}衡☆salt-and-water balance
水研究科学委员会☆Scientific Committee on Water
水岩比率☆water/rock ratio
水岩盖☆hydrolaccolith; cryolaccolith
水岩浆☆hydromagma
水岩作用☆water-rock interaction
水掩井☆drowned well
水眼☆flushing port; waterhole; circulating opening; water eye{hole;passage}; (receiving) water course [钻头上]; port[金刚石钻头]
(钻头)水眼流体冲力☆momentum of nozzle fluid
(钻头)水眼压力☆nozzle pressure
水堰高度☆water weir height
水杨☆salicylo-; salicyl-
水杨醇葡糖苷[$C_6H_{11}O_5 \cdot O \cdot C_6H_4 \cdot CH_2OH$]☆salicin; salicyl alcohol glucoside
水杨苷[$C_6H_{11}O_5 \cdot O \cdot C_6H_4 \cdot CH_2OH$]☆salicin; salicyl alcohol glucoside; salicoside; saligenin
水杨基[$HO \cdot C_6H_4 \cdot CH_2-$]☆salicyl
水杨醛肟[$HOC_6H_4CH=NOH$]☆salicylaldoxime
水杨酸[$HOC_6H_4CO_2H$]☆o-hydroxybenzoic{salicylic} acid
水杨酸过滤采样器☆salicylic acid-filter sampler
水杨酸钠☆sodium salicylate
水杨酸盐{|酯}☆salicylate
水杨酰[$C_6H_4(OH)CO-$]☆salicylyl
水氧硫锑钾石☆cetineite
水氧钨矿[$WO_3 \cdot 2H_2O$;非晶质]☆meymacite
水样☆water{aqueous} sample
水样采取器☆hydrophore
水样温度☆temperature of water sample; TWS
水样液☆aqueous humor
水冶☆hydrometallurgy; hydrometallurgical concentration
水冶废液☆barren solution
水叶蜡石☆hydropyrophyllite
水叶云母☆hydroxyl siderophyllite
水液相☆fluid water phase
水液岩浆的☆hydatopyrogenic
水伊利云母☆illidromica
水移煤☆water borne coal
水乙二醇乳化液☆water-glycol emulsion
水乙二醇型液压液☆water-glycol type hydraulic fluid
水逸度☆water fugacity
水异剥石☆ernite; oehvnite; oehrnite
水翼☆hydroplane; hydrofoil; hydroflap
水铟矿[$In(OH)_3$]☆dzhalindite
水银☆mercury; Hg; quicksilver; quecksilber[德]; quick silver; hydrargyrum; mercurius; quick[美西部]
水银比重瓶{计}☆mercury pycnometer
水银薄膜[混汞铜板上]☆quicksilver film
水银槽气压计☆cistern barometer
水银管地震计☆mercury tube seismometer
水银恒温计☆mercury thermostat
水银开关☆mercoid (switch); mercury cut-off{contact}
水银孔隙度仪测定的饱和度☆mercury porosimetry saturation
水银矿☆mercury ore; hydrargillite
水银毛细管压力曲线☆mercury capillary-pressure curve
水银模铸造☆mercast
水银氧(体计)量器☆mercury gasometer
水银球☆bulb
水银渗透率仪☆mercury permeameter
水银柱[温度计]☆mercury column{slug}; column

of mercury；measuring column
水银柱英寸数(高度)☆inch of mercury
水引渗法☆water spreading
水印☆water mark
水英寸[压头为 1/12in.时通过 1 in.直径的孔的流量,≈每分钟 14 品脱]☆water inch
水硬的[如水泥]☆hydraulic
水硬度☆hardness of water；hydraulic index；Clark degree[英]
水硬度计☆hydrotimeter
水硬石灰☆hydraulic{water} lime；calcareous cement
水硬性☆hydraulic activity；hydraulicity
水硬性石灰岩{石}☆hydraulic limestone
水映光{空}☆water sky
水应力☆hydraulic stress
水涌现象☆water flood
水铀矾☆zippeite [$(UO_2)_3(SO_4)_2(OH)_2 \cdot 8H_2O$]；dauberite [$(UO_2)_2(SO_4)(OH)_2 \cdot 4H_2O$]；uranochre；uranocher；uranbloom；uraconite
水铀矿 [$2UO_2 \cdot 7H_2O$] ☆ janthinite；iantinite；i(i)anthinite [$Ca_3(UO_2)_6U^{4+}(CO_3)_2(OH)_{18} \cdot H_2O$]
水铀钼矿☆uranium moluranite
水铀铅矿☆vandendriesschreite；masuyite
水铀铜矾☆peligotite
水铀铜矿☆uranolepidite；vandenbrandeite
水铀钍矿☆uranohydrothorite
水油比☆water-oil ratio{factor}；WOR
水油过渡地带☆water to oil area
水油气☆water,oil,gas；WOG
水油(型)乳化{浊}液☆water-oil emulsion
水黝方石☆hydronosean
水俣病[汞污染所致]☆Minamata disease
水玉髓☆lutecite；lutecin
水域☆water space{area;body;domain}；waters；basin；waterspace；a body of water
水育土☆hydrogenic{hydromorphic} soil
水浴☆fluid passage；water bath；bain-marie
水源☆wellhead；water source{resource}；source of water；head water；the source of a river；headwaters；waterhead
水(资)源保护☆water conservation
水源层与注水目的层之间的海拔高差☆dumping height
水源控制☆watersource control
水源区☆contributing region；contributory area
水源箱☆suction pit；pump suction pit
水缘☆water front
水跃☆hydraulic jump；cascading water
水跃(值)☆entrance drop
水云☆water cloud
水云母☆hydromica{hydrous mica} [由于风化淋滤云母失掉一部分碱离子并为 H^+所替补]；hydrated mica；hydroglimmer；gyulekhite；hydrous mica hydromica
水云母化☆hydromicazation
水云母类☆hydromica；hydroglimmer
水陨硫铁[$FeS \cdot nH_2O$]☆hydrotroilite
水运☆water carriage{transport}；by-water；waterborne transportation
水运动损失系数☆coefficient of groundwater head loss during movement
水灾☆inundation；flood (hazard;catastrophe)；flooding
水载体☆water bearer
水载运过程☆water-borne process
水再利用☆water reuse
水蚤幼虫期☆zoea stage
水闸☆flood{water;lock;bifurcation} gate；dam；sluice；penstock；waterlock；headgate；lock (chamber)；strake
水闸(门)☆sluice gate
水闸板☆water board
水闸材料☆lockage
水站☆water station
水杖探水☆water divining
水胀氟云母☆water-swelling fluoromica
水沼地☆aquamarsh
水沼泽(土壤)带☆hydromorphic zone
水照云光☆water sky
水锗钙矾 [$Ca_3Ge^{4+}(SO_4)_2(OH)_6 \cdot 3H_2O$; 六方] ☆ schaurteite
水锗铅矾[$Pb_3Ge(SO_4)_2(OH)_4 \cdot 4H_2O$]☆fleischerite
水针[凿岩钻机]☆water needle
水针硅钙石 [$(Ca,Na_2,K_2)_2Si_4O_{10} \cdot 3H_2O$; 单斜] ☆ mountainite
水针铁矿☆esmeraldaite；hydrogoethite；mountainite；hydrolepidocrocite
水震击☆water hammer
水蒸馏装置☆water-distillation unit；water maker
水蒸气☆water vapor{vapour}；aqueous vapor；steam；damp
水蒸气乳化度☆steam emulsion number；S.E.NO.
水脂石☆euosmite；kampferharz
水直闪石☆hydroanthophyllite；hydrous anthophyllite
水植☆flume
水指进☆water fingering
水致地方病☆hydric endemic
水致疾病☆waterborne disease
水蛭石☆jefferisite [$5(Mg,Fe)O \cdot 2(Al,Fe)_2O_3 \cdot 5SiO_2 \cdot 14H_2O$]；hydrovermiculite；culsageeite [$(Mg,Fe^{2+},Fe^{3+},Al)_{6\sim7}(Si,Al)_8O_{20}(OH)_4 \cdot 8H_2O$]；hydroclintonite；pelhamite
水置换法☆water displacement method
水置换式标定罐☆water displacement prover
水制的☆aqueous；aq.
水质标准☆water quality standard
水质处理☆water conditioning
水质法☆water quality law
水质分析☆examination of water quality；water (quality) analysis
水质改善{良}☆water quality improvement
水质及水力数学模型☆Water Quality & Hydraulic Mathematical Model
水质监测☆water quality monitoring{surveillance}
水质黏土基洗井液☆aqueous clay-based drilling fluid
水质土[以别于矿质土、有机质土]☆hydrosol
水质污染征兆☆polluted sign of water quality
水质形成作用{过程}☆water quality formation process
水质指数{标}☆water quality index{guideline}；WQI
水滞层☆monimolimnion
水滞后现象☆water hysteresis
水中爆炸☆water {-}shooting；water(-tamped) explosion
水中病毒☆waterborne virus
水中的☆underwater；subaquatic；subaqueous
水中毒☆overhydration
水中放电法☆electrohydraulics
水中光☆underwater light
水中黏土特性☆clay-water property
水中抛石☆piere-perdue
水中软管☆Aquaflex
水中射筒震源☆maxipulse
水中探音器☆detectoscope
水中拖曳探头☆fish
水中物质☆seston
水中细磨☆levigation
水中悬浮作用☆aqueous suspension
水中讯号器☆detectoscope
水中演化系列☆hydrosere
水中幺重☆submerged unit weight
水中隐树☆snag
水中照(明)度☆Underwater illumination
(地层)水中子俘获截面☆sigma water
水肿☆edema；dropsy；dropsical
水中倒土坝☆water dumping dam
水重力舌进☆water gravity tongue
水珠☆bead；water globule{bubble}
水柱☆cascade；water column{ga(u)ge}；pillar
水柱测量总单位压力☆total water gauge
水柱长石☆vosgite
(用)水柱冲刷☆water jetting
水柱高度☆head{height} of water；water column head；water height
水柱腾起阶段☆rising stage
水柱压力☆water column；wc
水柱铀矿[$5UO_3 \cdot 9½H_2O;3UO_3 \cdot 7H_2O$]☆paraschoepite
水注☆water jet；column of water
水转分选机[上升水流式]☆hydrotator
水转式(上升水流)分(选)机☆hydrotator classifier
水装刨花板☆wood-shaving-cement plate
水状的☆hydrous；aqueous
水状流体☆aqueous fluid
水锥☆water coning{cone}；vertical coning
(底)水锥进速度☆water-coning rate
水锥侵进(油井)☆coning
水锥突破☆water-cone breakthrough
水准☆(datum) level；standard
水准(点)☆benchmark
水准变化☆develeling
水准标杆☆levelling staff；stadia rod
水准标志☆level(ling) peg；bench mark
水准测量☆level(l)ing (survey)；level；boning；run a level；water-level surveys；bring up；grading；bone
水准测量作业☆level(ling) practice{process}
水准测平☆bone
水准尺☆grade{level((l)ing)} rod
水准点☆level{bench;datum} mark；benchmark；bra；spot level；point of reference；leveling point；BM
水准点标高{高程}☆bench mark elevation
水准管气泡☆level tube bubble
水准基点☆benchmark；leveling base
水准经纬器☆level theodolite
水准面☆equipotential{level} surface；water level；level plane；datum water level
水准器☆level；water{spirit} level；level(l)ing bubble
水准器轴☆spirit-level axis；axis of level{levelling bubble spirit-axis}
水准网平差☆adjustment of leveling circuits
水准线☆horizon；hor.；line of level；HOR；datum line；level string
水准线路平差☆adjustment of leveling circuits
水准仪☆(spirit-)level(l)ing instrument；level (gauge)；balance{surveyor's} level；gradienter[测坡度]；wye level[Y(形)]；air bubble level[气泡]
水准仪水泡管☆bubble tube
水资源☆water resource
水资源勘探☆water exploration；water resource development
水自吸驱替☆water imbibition displacement
水渍过程☆hydromorphous process
水阻效应☆Jamin effect
水钻☆water；rhinestone
水嘴☆water nozzle
水作燃料☆aqueous fuels；water as fuel

shuì

睡(眠)☆sleep
睡菜☆buckbean；menyanthes trifolia{trifoliata}
睡菜醇☆Menyanthol
睡菜属☆Menyanthes trifoliata
睡菜质☆Menyanthin
睡莲☆lotus；water lily；Nymphace；candock
睡莲科☆Nymphaeceae
睡莲属[Q]☆Nymphaea
睡莲叶☆stool stalagmite；lily pad
睡眠者☆sleeper
睡鼠(属)[N-Q]☆Glis；Myoxus；fat dormouse
睡鼠类☆Gliroid rodents
税☆impost；fee；tariff；duty；cess[英]
税法☆tax law
税后☆after tax
(用)税款支{维}持的☆tax-supported
税率☆rate of taxation{tax;duty}；tax{tariff} rate；tariff
税收☆revenue；tax
税收抵免☆credit；cr.
税制☆taxation

shǔn

吮吸者☆sucker

shùn

瞬变☆transient；transition；ringing；tr
瞬变场法☆transient (field) method；transitional field method
瞬变的☆transient；transitional；prompt
瞬变电子过剩现象☆transient electron excess
瞬变态电压☆transient voltage
瞬变现象☆transient (phenomena)；transiency
瞬变岩☆instant rock
瞬动开关☆sharp{instant-on} switch
瞬发爆破☆instantaneous firing{blasting}；instant blast
瞬发导火索{线}☆instantaneous fuse
瞬发伽马射线☆prompt gamma ray
瞬发裂变中子测井☆prompt fission neutron log
瞬发起爆导火索☆fuse of instantaneous detonating
瞬发性井喷事故☆prompt-venting accident
瞬发引信☆direct-action (impact) fuze；super quick fuze；instantaneous {immediate-action} fuse
瞬发炸药☆extemporaneous explosive
瞬灰火山☆tuff volcano
瞬间☆moment；blink；wink；twinkling；twinkle；

trice；second；minute；temporal
瞬间点焊☆shot-weld；shot {-}welding
瞬间负载{载重}☆instantaneous load
瞬间交联☆instant{instantaneous} crosslink
瞬间井喷☆instantaneous blowout
瞬间延发☆short delay
瞬间振动☆transient vibration
瞬间值☆momentary value
瞬凝☆flash set
瞬凝水泥☆flash-set{quick(-set);rapid hardening} cement
瞬生(变)岩☆instant rock
瞬时☆instant；moment；instantaneous；temporality
瞬时爆裂试验☆instant burst test
瞬时爆破☆instantaneous blast；instant blasting；short {short-period} delay
瞬时变形☆instantaneous deformation；temporary set
瞬时波场图☆snapshot
瞬时产量☆instantaneous producing rate；momentary output
瞬时产生的不稳定电流☆electrical transient
瞬时沉降☆distortion{immediate;instantaneous; initial;undrained} settlement
瞬时迟发☆short-period{short} delay
瞬时抽水或瞬时注水法☆slug method
瞬时地面爆破☆instantaneous surface shooting
瞬时电点火管☆instantaneous squib
瞬时放射☆prompt radiation
瞬时分析☆transient analysis
瞬时浮点☆instantaneous floating point；IFP
瞬时计☆chronoscope；microchronometer
瞬时接触☆momentary contact；MC
瞬时滤失距离☆spurt distance
瞬时凝固☆flash set
瞬时漂移控制☆instantaneous deviation control
瞬时起燃☆instant-start
瞬时球形水流☆transient spherical flow
瞬时视场☆instantaneous field of view；IFOV
瞬时水面☆wave level
瞬时稳定分析☆immediate stability analysis
瞬时效应☆temporal effect
瞬时性☆instantaneity
瞬时压缩☆immediate compression
瞬时液体静力摩擦系数☆momentary hydrostatic friction coefficient
瞬时载荷☆impulsive{instantaneous} load
瞬时增/降(斜)率☆instantaneous build/drop rate
瞬时中断☆hit
瞬时钻井评价测井☆instantaneous drilling evaluation log
瞬态☆transient (state)；transiency；momentary state
瞬态变形☆instantaneous deformation
瞬态放电☆spark
瞬态分析☆transient analysis
瞬息☆moment；secule
瞬息气泡☆short-lived froth
瞬息数据☆ephemeral data
瞬心轨迹☆centrode；poid
瞬压曲线☆isochrone
顺(位)☆cis-
顺岸的☆alongshore；longshore
顺岸浮{漂}移☆alongshore drift
顺岸流☆alongshore{along-shore} current
顺岸码头☆quay；marginal type wharf
顺冰坡☆lee-seite
顺槽☆gate；sublevel；crossheading；sub entry
顺槽采区配电开关☆gate-end section switch
顺槽端系统☆gate end
顺槽隔爆配电箱☆gate-end unit
顺槽开关☆gate-end circuit breaker；gate-end switch
顺槽系统☆inbye system
顺槽转载机电缆☆gate-feeder cable
顺槽装煤点☆gate loading point
顺层冲断☆veneering thrust
顺层滑坡☆consequent landslide
顺层裂开性☆bedding fissility
顺层流☆accordant junction
顺层面方向☆cleaving way
顺层劈理☆bedding cleavage；cleavage with (the) bedding
顺层侵入(体)☆concordant intrusion
顺层位变质作用☆positional metamorphism
顺层位移☆bedding-plane movement
顺层运移☆parallel migration
顺层注入☆lit-par-lit injection
顺层状(矿)脉☆bed(ded) vein
顺差☆surplus
顺潮(流(航行))☆with the tide；fair tide
顺车☆forward drive；ahead running
顺冲断层的对冲隆起☆ramp rises along thrust
顺磁的☆sideromagnetic；paramagnetic
顺磁共振☆paramagnetic resonance；electron spin resonance；electron paramagnetic resonance；PMR
顺磁共振测量☆paramagnetic resonance measurement
顺磁体☆paramagnetic body；paramagnet
顺磁性☆paramagnetism
顺次的☆following；serial
顺次进化☆program evolution
顺次排列的☆seriate；sedate
顺从☆compliance；ductility
顺从的☆fictile
顺从结构☆compliant structure
顺从性☆amenability
顺从药剂的矿石[浮]☆amenable ore
顺存地[拉]☆seriatim
顺电导(性)☆paraconductivity
顺电态☆paraelectric state
顺电体☆paraelectrics
顺丁烯☆maleic
顺(式)丁烯二酸[HOOC•CH:CH•COOH]☆maleic acid
顺方差极大法☆promax method
顺风☆following{free;fair;tan;down;favourable;tail} wind；down(-)wind；have a favourable wind；running free
顺风潮☆lee tide
顺风航行☆down{off} the wind
顺风行驶☆scud
顺服常数☆compliance constant
顺服轴☆axis of compliance
顺构造倾斜向下的☆down structure
顺滚☆climb hobbing
顺河道的☆down-channel
顺滑流动☆streamline(d) flow
顺化☆naturalization
顺加作用☆cis-addition
顺桨水平旋转☆feathering
顺节间河段☆cis link
顺解理置换(作用)☆replacement along cleavage
顺(式)聚2-甲基丁二烯☆cis-polyisoprene
顺(式)聚异戊间二烯☆cis-polyisoprene
顺矿找矿☆gopher
顺浪☆following{stern} sea
顺浪航行☆running before the sea
顺利☆propitiousness
顺利的☆favorable；fair；right
顺利续钻☆straight-ahead drilling
顺利钻进☆easy drilling
顺列☆inline arrangement
顺列论☆syntax
顺裂碎面☆synclastic plane
顺流☆downstream；forward{concurrent} flow；fair current；down(-)current；uniflow；cocurrent；afloat
顺流而下☆drop down
顺流分选☆progressive sorting
顺流刮管☆on-stream scraping
(螺旋桨)顺流交距☆feather
顺流坡度☆sustaining slope
顺流清管☆on-stream{-flow} pigging (operation)
顺流式尾矿池坝☆downstream tailings dam
顺螺旋线的☆anodal
顺面劈理☆bedding plane cleavage
顺逆节间河段☆cis-trans link
顺捻☆straight{lang} lay
顺捻(向)☆Albert's{Lang's} lay
顺捻绳☆universal-lay rope
顺扭向的☆synthetic
顺排管束☆in-line tube bank
顺坡☆positive slope；run-off elevation；favo(u)ring grade；grade in favo(u)r of the load
顺坡滑动☆translational{transitional} slide
顺坡集材☆downhill skidding
顺坡流☆downslope current
(气垫船)顺坡下滑☆coasting
顺坡运动☆down-slope movement
顺砌(砖)☆stretcher
顺倾向的☆downdip
顺倾向水流☆downdip water flow
顺倾斜的☆conclinal
顺倾斜(的)巷道☆bord-down
顺日向☆cum sole
顺生双晶☆metagenic twin
顺时等温线☆instantaneous isotherms
顺时针的☆dextral
顺时针方向地☆deasil
顺时针偏斜☆clockwise inclination
顺时针旋转法则☆clockwise rule
顺时针压力-温度-时间轨迹☆clockwise P-T-t path
顺式☆cis-form；cis；sym-；syn-
顺式丁烯二酸☆maleic acid
顺式构形☆cis-configuration
顺式化合物☆cis-compound
顺式邻羟苯丙烯酸[$OH•C_6H_4•CH:CH•COOH$]☆coumar(in)ic acid
顺式廿二(碳)烯-(13)-酸[$CH_3•(CH_2)_7•CH:CH•(CH_2)_{11}CO_2H$]☆erucic acid
顺式-12-羟基十八碳烯-(9)-酸[$CH_3•(CH_2)_5•CH(OH)•CH_2•CH:CH•(CH_2)_7•COOH$]☆ricinoleic acid
顺式萜二醇(1,8)-内醚[$C_{10}H_{18}O$]☆eucalyptole
顺水道的☆down-channel
顺碎裂面的☆synclastic
顺位☆cis-position；syn-position
顺纹应力☆parallel-to-grain stress
顺铣☆climb milling{cut}；down milling
顺(河)下☆drop down
顺纤维方向应力☆fiber stress
顺相序☆positive phase sequence
顺向☆cissoid；consequence
顺向岸线☆concordant coastline
顺向的☆catacline；conclinal；straightforward；cataclinal
顺向定位☆cis-orientation
顺向分带☆normal zoning
顺向河☆adjusted{consequent;original} stream；cataclinal {consequent} river
顺向计数☆counting forward
顺向脉☆right running lode
顺向式☆lang lay
顺斜河☆cataclinal river
顺斜面移动☆uniclinal shifting
顺行☆direct{prograde} motion；smoothworking
顺序☆s(ubs)equence；succession of strata；consecutiveness；consecution；succession；order；top down；in proper order；in turn；O.
顺序爆破☆consecutive{sequential} firing；sequence blasting；series shotfiring
顺序操作☆sequential operation；operation in tandem
顺序冲模☆progressive die
顺序出现带☆succession appearance zone
顺序的☆in series；successive；tactic；ordinal
顺序递变☆distribution grading
顺序动作回路☆sequential acting circuit
顺序关系☆ordinal relation
顺序号☆serial number；SN；Ser. No.
顺序检索☆sequential search；ordered retrieval
顺序控制移架[液支]☆sequence-controlled advance
顺序拉伸变形丝☆sequentex yarn
顺序排列☆systematic{series;serial} arrangement
顺序剖面☆serial section
顺序失常☆asequent
顺序收集的样品☆serial sample
顺序输送的油品☆blocking
顺序外延☆successive extension
顺序相关☆rank correlation
顺序型蛇绿岩☆sequence type ophiolite
顺序照射☆consecutive irradiation
顺序作业☆sequential operation
顺旋☆conrotatory
顺选☆selective top-down
顺崖面河流☆scarp stream
顺异构(化合)物☆maleinoid
顺应☆conformance
顺应扭折☆accommodation kink(ing)
(使)顺应气候☆climatize
顺应式☆compliant type
顺应性☆elasticity
顺游标☆direct vernier
(使)顺直☆smooth off
顺轴裂缝☆axial fracture
顺转☆clockwise；veering[风向]

顺着风(向)☆with the wind；down the wind

shuō

说法☆version；parlance
说服☆suasion
说服力☆force；cogency；stringency
说话☆speaking
说明☆illustration；instruction；interp(r)et；show；explanation；description；exposition；directive；illustrate[用图或例子等]；interpretation；explain；prove；directions；caption；demonstrate；account；demonstration；declaration；clarification；version；assignment；translation；state；represent；light；illus；xpln；Descr
说明(原因;用途)☆account for
说明牌☆index plate
说明书☆instruction (book;manual;sheet)；booklet of directions；specification；directions；(technical) manual；synopsis [pl.-ses]；instructions for；description (of)；interpretation；spec.；SPEC；legend；prospectus；description；leg.；SP
说明问题的☆tell-tale；telling
说明性的☆illustrative
说明者☆illustrator
说明注记☆explanation；descriptive name

shuò

蒴苞☆perianth
蒴齿☆peristomal teeth
蒴盖[植]☆operculum [pl.-la]
蒴蛤属[双壳;N_1-Q]☆Asaphis
蒴果☆capsule
蒴链藻属[蓝藻]☆Capsosira
蒴轴[苔]☆pillar
硕大态☆gigantism
硕人(属)☆Meganthropus
硕士☆master
朔☆new moon；first day of the lunar month；north
朔望☆syzygy；the first and the fifteenth day of the lunar month
朔望低潮时间☆low water full and change
朔望平均月潮低潮间隙☆low water full and change
朔望月☆synodic(al){lunar} month；lunation

sī

撕(开)☆rip；tear (off)
撕裂☆rip(-up)；rend；tear；split；rupture；crowbar
撕裂(石棉)☆rifting
撕裂构造☆rip-up
撕裂强度☆peel strength
撕裂式扩展☆mode of anti-plane-slide
撕裂试验☆tear test
撕裂型应力强度因子☆tearing mode stress intensity factor
撕裂应力☆splitting stress
撕捏(作用)☆mastication
撕松机☆loosener
撕下☆tear out{down}
斯(勒格)[英尺-磅秒制质量单位;=32.2 磅]☆slug
斯巴尔那亚期☆Sparnacian subage
斯巴纳克阶[E_2]☆Spainacian (stage)
斯巴纳绥(阶)[欧;E_1]☆Sparnacian
斯巴兽属[J_3]☆Spalacotherium
斯本奈兹卷曲变形工艺☆Spunized
斯-波二氏定律☆Stefan-Boltzmann law
斯翅类[昆]☆neoptera
斯达发马达[一种径向柱塞式油马达]☆Staffa motor
斯德龙布利型☆Strombolian type
斯蒂芬{范}(阶)[欧;C_3]☆Stephanian (stage)
斯蒂芬菊石属[头]☆Stephanoceras
斯蒂芬期☆Stephanian
斯蒂芬生百叶箱☆Stevenson screen
斯蒂芬世☆Stephanian
斯蒂酚酸铅☆lead styphnate
斯蒂文石☆stevensite
斯蒂文森型磁选机☆Steffensen Separator
斯帝芬斯-艾丹生(空)气砂精选法☆Stephens-Adamson air sand process
斯`笃尔特万{特蒂文}特取样{|型磨}机☆Sturtevant sampler{|mill}
斯笃尔特万特型离心分级机☆Sturtevant whirlwind classifier
斯顿型风力分选机☆Stump air-flow separator
斯伐尔巴藻属☆Svalbardella
斯硅铀矿☆swamboite
斯基道阶☆Skiddavian stage
斯剑虎☆Smilodon
斯金纳矿☆skinnerite
斯卡斯奥特磁铁矿☆Skarstote iron ore
斯堪的牙形石属[O-D]☆Scandodus
斯考比型定时器☆Scobey timer
斯柯茵迹[遗石]☆Scoyenia
斯科比(双晶)律☆Scopi law
斯科勒斯比叶属[J_1]☆Scoresbya
斯科特颚牙形石(属)[C]☆Scottgnathus
斯科特连接法(变二相为三相变压器连接法)☆scott connection
斯科特牙形石属[O]☆Scottella
斯可特☆skot
斯克雷龙铝基合金☆scleron
斯库巴[自携式水下呼吸器]☆self-contained underwater breathing apparatus；SCUBA
斯莱特函数☆Slater's function
斯劳尼克关系(式)☆Slotnick relationship
斯勒格☆slug
斯里兰卡☆Sri Lanka
斯陵格兰姆法☆Slingram method
斯硫锑铅矿[$Ag_2Pb_{10}(Sb,As)_{12}S_{29}$;斜方]☆sterryite
斯硫铜矿[$Cu_{39}S_{28}$;六方]☆spionkopite
斯洛伐克☆Slovakia
斯洛文尼亚☆Slovenia
斯蒙脱石☆sobatkite
斯密兹磨矿机[带滚筒、滚筛和周边格子排料口]☆Smidth Kominuter
斯莫福尔德阶[Z]☆Smalfjord
斯钠闪石☆svidneite
斯纳德尔型弧路取样机☆Snyder sample
斯奈德减压碎矿法☆Snyder process
斯奈德破碎法☆Snyder Crushing；Snyder process
斯奈尔地震道☆Snell seismic trace
斯涅耳定律[折射率]☆Snell's law；law of refraction
斯帕克曼分类☆Spackman System
斯帕思阶[T_1]☆Spathian
斯派利型圆形淘汰盘☆sperry buddle
斯潘德克斯弹性纤维[用于腰带、游泳衣等]☆spandex
斯皮尔曼相关系数☆Spearmen correlation coefficient
斯皮雷克型(粉汞矿)焙烧炉☆Spirek furnace
斯皮特菊石属[头;J_3-K_1]☆Spiticeras
斯坡任☆sporine
斯普伦内瑟三组分地震仪☆Sprengnether three-component seismograph
斯普伦牌氯酸钾炸药☆Sprengal-type explosive
斯奇道阶[O_1]☆Skiddawian
斯羟铜矿☆spertiniite
斯切潘诺夫贝属[腕;P_1]☆Stepanoviella
斯切潘石☆stepanovite
斯砷锰石☆sterlinghillite
斯砷稀硅石☆cervandonite
斯石英[超石英;SiO_2;四方]☆stishovite；stipoverite
斯(考特)氏黏度计☆Scott viscosimeter
斯氏石英☆stishovite
斯氏体[磷化物共晶体]☆steadite
斯氏蜓☆Staffella
斯氏藻属[K-E]☆Svalbardella
斯水氧钒矾☆stanleyite
斯塔福德(阶)[欧;C_3]☆Staffordian
斯塔福郡方房开采[法]☆Staffordshire square-chamber work
斯塔菊石属[头]☆Stacheoceras
斯塔克效应☆stark effect
斯塔利奥螺属[腹;K-N]☆Stalioa
斯塔燧石☆staarstein
斯台范(-)玻耳兹曼定律☆Stefan-Boltzmann's law
斯台范内斯考函数☆Stefanesco function
斯台诺定律☆Steno law
斯台{施泰}因曼三位一体☆Steinmann's trinity
斯泰菲颗石[钙超]☆Stephanolithion
斯泰因诺德[一种超外差接收机]☆stenode
斯太比利☆Stabilit
斯太芬森型充气浮选槽☆Steffanson cell
斯坦卜期☆Stampian age
斯坦丁关系曲线☆Standing's correlations
斯坦顿-洛内尔曲线☆ Stanton-Pannel curve
斯坦顿数☆Stanton number
斯坦福大学地球物理勘探研究小组☆stanford exploration project；SEP
斯坦磷钙镁矿☆stanfieldite
斯坦纳姆高锡轴承合金[拉]☆stannum
斯坦尼克树脂☆stanekite
斯坦普阶☆Stampian (stage)
斯特拉基石☆straczekite
斯特拉塔[瑞士矿业公司]☆Xstrata
斯特拉牙形石属[O_{2-3}]☆Strachanognathus
斯特兰斯基模式[晶长]☆Stranski model
斯特劳勃衬里[在螺旋时]☆Straub lining
斯特劳曼法☆Straumanis method
斯特雷福特(燃气脱硫)法☆Stretford process
斯特里克兰贝属[腕;S]☆Stricklandia
斯特里帕型跳汰机[利用重介质]☆Stripa jig
斯特利造山运动[N_1]☆Steirian movement
斯特隆(阶)[欧;D_3]☆Strunian
斯特隆博利式[火山]活动☆Strombolian activity
斯特隆博利型喷发☆Strombolian-type eruption
斯特隆阶[欧;D_3]☆Strunian (stage)
斯特系[Z]☆Sturtian
斯藤特氏印模膏☆stent
斯梯帕{捷潘}诺夫法☆Stepanov technique
斯提☆Stilb
斯提金风☆stikine wind
(加拿大)斯提金河附近的东北阵风☆stikine wind
斯提利亚造山运动☆Styrian orogeny
斯通波利式火山☆Strombolian type volcano
斯通利波☆Stoneley wave
斯图伯法[晶育]☆Stober method
斯图尔特石[$Mn^{2+}Fe_2^{3+}(PO_4)_2(OH)_2•8H_2O$;三斜]☆stewartite
斯托格洛夫磁铁矿☆Storgruve iron ore
斯{史}托克[动力黏度单位]☆stoke
斯托克巴格法☆Stockbarger method
斯托克波☆Stokesian wave
斯托托克函数☆Stoke's function
斯托克斯定律☆Stokes{Stoke's;Stokes'} law
斯托克斯定律范围内等速自由下沉粒径☆stokes diameter
斯托克斯线☆stokes line
斯托派特炸药☆Stopeite
斯托普斯-赫尔冷{海尔伦}分类☆SH{Stopes-Heerlen} System
斯瓦齐代☆Swazian
斯万氮石☆sveite
斯旺西的中心商业区☆the CBD of Swansea
斯威士兰☆Swaziland
斯威特(牙形石)属[C_3]☆Sweetognathus
斯韦特叠层石属[Z]☆Svetliella
斯维里格石☆sverigeite
斯维洛查石☆svetlozarite
斯维特兰型叶片过滤机☆Sweetland filter
斯温福石{膨土}☆swinefordite
斯铀硅矿☆swamboite
斯皂石[$Mg_3Si_4O_{10}(OH)_2$;单斜]☆stevensite
嘶嘶{咝咝}(地响;作声)☆fizz；hiss；sizzle
嘶哑的☆husky
思潮☆thought
思考☆debate；reflection；think；reflexion；speculation
思路☆clue
思氏水锰矿☆nautite
思索{考}某事物☆mull
思维☆thought
思想☆image；idea；concept；thought
思想动摇的人☆wobbler
思想家☆ideologist；philosopher
思想库☆think bank
思想灵敏☆headwork
思想体系方面变化☆change in ideology
思想意识{方式}☆ideology
思羽蛤☆Cryptonemella producta
咝`咝声{音}☆sibilant
锶☆strontium；Sr
锶钡解石☆paralstonite
锶冰晶石☆jarlite；metajarlite
锶长石[$(Sr,Ca)Al_2Si_2O_8$;单斜]☆slawsonite；strontium anorthite
锶单位☆strontium unit；SU
锶发光沸石☆ptilolite；ashtonite
锶方解石[$(Ca,Sr)CO_3$]☆strontianocalcite；strontium calcite；stronti(o)calcite
锶沸石[$(Sr,Ba,Ca)(Al_2Si_6O_{16})•5H_2O$;单斜]☆brewsterite；diagonite；brusterite
锶氟磷灰石☆strontium fluor apatite
锶副钡长石☆slawsonite

锶富集指数☆delta Sr
锶-钙比☆Sr/Ca ratio
锶杆沸石☆strontium thomsonite
锶橄榄石☆strontium olivine
锶骨质☆acanthin
锶硅钛铈矿☆strontio-chevkinite
锶基性硼钙石[$(Sr,Ca)(B_7O_9(OH)_5)•1.5H_2O$]☆strontium ginorite
锶矿类[主要为天青石和菱锶矿等]☆strontium minerals
锶帘石☆handcockite
锶磷灰石[$(Ca,Sr)_5((P,As)O_4)_3(F,OH)$;六方]☆strontium {-}apatite；fermorite；strontiumapatite；saamite；strontianapatite
锶龄☆strontium age
锶铝黄长石☆strontiogehlenite
锶镁杆沸石☆strontium thomsonite
锶钠长石☆stronalsite
锶铌钙钛矿☆strontian-loparite
锶硼钙石☆strontium ginorite
锶硼石[$(Ca,Sr)_2Mg(B_4O_6(OH)_2)_3•1½H_2O$]☆strontioborite
锶片沸石☆strontium {-}heulandite
锶羟氯硼钙石☆strandohilgardite；hilgardite-1Tc
锶霰石[$(Ca,Sr)(CO_3)$]☆mossottite；strontium aragonite；strontioaragonite；mossotite
锶闪叶石☆strontium lamprophyllite
锶砷磷灰石[$(Ca,Sr)_4(Ca(OH,F)((P,As)O_4)_3$;$(Ca,Sr)_5(As,P)O_4)_3F$;$(Ca,Sr)_5(AsO_4,PO_4)_3(OH)$;六方]☆fermorite；strontium-arsenapatite；strontianapatite；strontium arsenapatite
锶铈磷灰石[$CeNaSr_3(PO_4)_3(OH)$;六方]☆(phosphate)belovite；phosphate-belovite
锶水氯硼钙石[$(Ca,Sr)_2(B_5O_8(OH)_2)Cl$]☆strontiohilgardite
锶水硼钙石[$(Sr,Ca)_2B_{14}O_{23}•8H_2O$;单斜]☆strontioginorite
锶水泥☆strontium silicate cement
锶丝光沸石☆ptilolite；ashtonite
锶钛硅钇铈矿☆strontium perrierite
锶钛矿☆fabulit；tausonite
锶铁钛矿[$(Sr,La,Ce,Y)(Ti,Fe^{3+},Mn)_{21}O_{38}$;三方]☆crichtonite
锶同位素☆strontium isotope
锶文石☆strontium aragonite；strontioaragonite
锶演化线☆strontium development line
锶氧☆strontia
锶-氧体系☆Sr-O system
锶增长线☆strontium development line
锶重晶石☆celestobarite；strontiobarite
私开矿井☆wild hole
私立{人;有}的☆private
私人企业☆individual enterprise
私营商标汽油商☆private brand dealer
私用井☆private well
私有化☆privatization
私章的☆ideographic
私自开采☆bootleg
司☆department；bureau [pl.-x]；dep；dept.；BU
司泵☆pumper
司泵工☆pumpman；pump man{operator}
司秤记车员☆machineman
司秤员☆weigher；hill clerk；weighman；weighmaster
司尺员☆chainman；tapeman；rod{staff} man
司动部分☆director
司尔克分类☆Zirkel's classification
司法☆jurisdiction
司法机关☆juridical authorities
司罐工☆cage loader{tender;conductor}；bank man；lander；hitcher；(toplander) cager；runner-on
司机☆(winding) engineman；(engine) driver；operator；machine{engine} operator；shovelman；chauffeur；machineman
司机长☆driver boss
司机室☆cab[挖掘机等]；driver's{driving;operator} cab；cabin；cockpit；operator's compartment
司机视线的水平高度☆operator's eye level
司机制动阀☆driver's{engineer's} brake valve
司机助手☆(machine) helper；swamper
司克龙铝基合金☆scleron
司库员☆storeman
司链员☆tapeman；chainman
司令部☆headquarters；hdqrs
司炉☆pot-boiler；pot man；fireman；stoker；smoke eater
司莫尔曼型夹[一种颚式夹]☆Smallman clip
司帕斯阶[241.9～241.7Ma]☆Spathian (stage)
司石英[金红石型的石英变种;SiO_2]☆stishovite
司太立耐磨硬质合金☆stellite
司梯肯风☆stikine wind
司徒登{顿}t分布☆Student's t-distribution
司徒登化全距☆Studenized range
司徒哈{斯特劳哈尔}数☆Strouhal number
司徒马瀑风☆struma fall wind
司闸工☆brakeman
司闸员☆brake(s)man；brakemen
司钻☆(well) digger；drill man{operator;runner}；(head) driller；boring master；clutcher；borer[早期用名]；brake rider[贬称]
司钻的绰号☆auger master
司钻助手☆rotary helper；tool dresser
丝☆silk；hair；anything threadlike；one ten-thousandth of certain units of measure；unit of weight [=0.0005g]；unit of length [=0.0033 mm]；tiny {least} bit；filament；web
丝氨酸☆serine
丝暗煤☆fusodurain
丝包线☆silk yarn covered wire；silk-covered wire
丝笔石(属)[O_2]☆Nema(to)graptus
丝翅目☆Embioptera
丝锥晶☆trichyte；trichite
丝带结构☆ribbon texture
丝的☆silk
丝堵☆spigot；bullnose
丝堵口☆screw port
丝杆☆screw rod
丝杠☆guide{lead(ing)} screw
丝杠车床☆leading screw lathe
丝锆矿☆chaldasite
丝锆石[ZrO_2]☆reitingerite；baddeleyite；reilingerite
丝根☆meniscus
丝挂超科☆epitoniacea
丝光处理☆mercerization
丝光沸石[$(Ca,Na_2)(Al_2Si_9O_{22})•6H_2O$;$(Ca,Na_2,K_2)Al_2Si_{10}O_{24}•7H_2O$;斜方]☆mordenite；steeleite；arduinite；flo(c)kite；pseudonatrolite；steelit；ptilolite；pyrgom；fassaite；ashtonite；robertsonite；feather-zeolite
丝光云母☆ivigtite
丝硅镁石[$MgSi_2O_5•nH_2O$]☆loughlinite
丝毫☆whit
丝毫不差的☆dead
丝褐煤团块☆truffite
丝黄铀矿☆diderichite
丝极☆filament
丝极电池☆A battery；A-battery
丝甲藻属[甲藻;Q]☆Dinothrix
丝角石属[C]☆Rayonnoceras
丝经棉纬凸纹绸☆moscovite
丝镜煤☆fusovitrain
丝绢☆tiffan
丝绢光泽☆silky{satin} luster
丝扣底☆gap
丝扣短节☆screwed nipple
丝扣尖☆crest of screw thread
丝扣接头☆threaded joint
丝扣接头加强箍[管线穿越河流用]☆river clamp
丝扣卡住☆cross threading
丝扣连接☆screw joint
丝扣套筒接头-螺纹套筒接头☆threaded sleeve joint
丝扣油☆dope；lubricant of threads
丝锂云母[铁和钠的铝硅酸盐]☆ivigtite
丝亮煤☆fusoclarain
丝硫细菌属☆thiothrix
(灯)丝(电)流调整☆filament control
丝铝矾[$Al_4(SO_4)(OH)_{10}•7H_2O$]☆para(-a)luminite
丝络状伪足☆reticulose pseudopodia
丝毛釉☆glaze of furry appearance
丝煤☆charcoal-like{mineral;fibrous} coal；mother {-}of {-}coal；fossil charcoal；fusite；fusain
丝煤类☆fusoid
丝米[10^{-4}m]☆decimillimeter；dmm
丝棉☆floss
丝膜菌属[真菌;Q]☆Cortinarius
丝幕印刷技术☆screen printing technique
丝钠云母☆ivigtite
丝囊霉属[真菌;Q]☆Aphanomyces
丝绒状石英试金石☆basanite
丝鳃☆filibranch
丝鳃型☆filibranchiate (type)
丝塞☆tap；filament plug
丝纱罗☆tiffan
丝蛇纹石[$MgSiO_3•H_2O$]☆karachait(it)e
丝砷钙铜矿☆tyrolite
丝砷铜矿[$Cu_3(AsO_4)_2•5H_2O$]☆trichalcite；tyrolite；aphrochalcite；leucochalcite
丝砷铜石☆trichalcite
丝石竹☆gypsophila
丝石竹(皂苷元)☆gypsogenin
丝石竹酸☆gypsogenic acid
丝石竹皂苷☆gypsoside
丝式应变计☆wire strain ga(u)ge
丝梳[双壳]☆ctenolium
丝束☆tow
丝炭☆fusain；mother {-}of {-}coal；mineral{fossil} charcoal；charcoal-like coal；dant；fusain mineral charcoal mother of coal；motherham；fusite
丝炭化真菌物质☆fusinized fungal matter
丝炭化作用☆fusini(ti)zation；fusainisation
丝炭煤[含50%～90%微丝炭的煤]☆soot coal
丝炭为主的显微质点[煤尘,如在矿工肺中发现的]☆F-coal
丝锑铅矿[$(Pb,Ca)_3Sb_2O_8$?;等轴]☆monimolite；bindheimite
丝网印☆screen decoration
丝纤石[一种Mg及Fe^{2+}的铝硅酸盐]☆duport(h)ite
丝线[目视气流用]☆tuft
丝悬式磁力仪☆suspension wire magnetometer
丝翼蛤属[双壳;D_{2-3}]☆Byssopteria
丝藻属[绿藻;Q]☆Ulothrix
丝枝霉属[Q]☆Chaetocladium
丝织品☆silk knit goods；silk cloth{fabrics}
丝质暗煤☆fusodurain
丝质结构镜质煤☆fusinite{fusinito}-telinite coal
丝质类☆fusinoid
丝质亮{镜}煤☆fusoclarain；fusoclarite
丝质煤☆fusinitic coal
丝质似结构镜质煤☆fusinito-precollinite；fusinite-precollinite coal
丝质体[烟煤和褐煤的显微组分]☆fusinite
丝质亚结构☆fusinite-posttelinite coal
丝质亚结构镜质煤☆fusinito-posttelinite
丝状☆filiform；filamentous；silkiness
丝状冰☆satin ice
丝状的☆filamentous；wiry；capillary；setuliform
丝状晶体☆filament crystal
丝状蓝藻(属)☆Oscillatoriopsis
丝状蓝藻属[蓝藻;Ar]☆Oscillatoriopsls
丝状流☆filamented flow
丝状炭☆peaty fibrous coal
丝状体☆nema；thread；filament[藻]；protonema
丝状液晶☆nematic liquid crystal
丝状藻泥炭☆conferva peat{coal}
丝状植物(门)☆Nematophyta
丝锥☆tap；taper(ed) tap
丝锥扳子☆crab winch
丝锥和板牙☆tap and die
丝锥及钻头规☆tap and drill gage
丝足☆byssus

sǐ

死☆die；nothingness
死扳手☆solid wrench
死焙烧矿☆dead-roosted concentrate
死冰☆dead{stagnant} ice
死冰沉积沙碛丘☆ice-crack moraine
死冰川冰☆dead glacier ice
死冰体☆dead-ice mass；stagnant ice mass
死层☆dead horizon
死岔子☆dead-end siding
死程序☆dead program
死带[航测]☆dead ground
死道[地震记录]☆dead(-looking) trace
死底耙斗☆closed-bottom box
死(古)地热系统☆deceased geothermal system
死地下水☆dead groundwater
死点☆dead point{center;centre}；dead spot[接收机]；terminal point；DP；dc；d.
(车床)死顶尖☆dead center
死洞穴☆dry{dead} cave

死堵☆bull plug
死端☆dead end；cul-de-sac
死端开关☆deadline switch
死断层☆dead{passive} fault
死二氧化碳☆dead CO_2
死法☆blind flange
死法兰☆blank flange
死浮游(生物)☆necroplankton
死负荷消耗能量☆dead-load power
死谷☆dry{dead} valley
死滚筒[提升机]☆keyed drum
死骸群☆necrocoenosis
死海☆dead sea；the Dead Sea
死海蚀崖☆dead cliff
死巷☆dead end；cul-de-sac
死巷道☆cul-de-sac；blind heading；dead end
死河☆billabong
死后浮游生物☆necroplankton
死胡同☆cul-de-sac；blind alley；dead end；impasse
死湖☆dead{extinct} lake[干涸的]；blind lake[无补给湖]；Lacus Mortis[月]
死火口☆decayed crater；dead{deserted} vent
死火山☆extinct volcano
死火山锥☆puy
死记硬背☆rote
死间歇(喷)泉☆dead geyser；extinct geyser
死角[测]☆dead angle{spot;space;position;ground;area}
死角(落)☆dad position
死角燃烧☆corner firing
(绳索)死结☆builder's knot
死晶[失去灵敏度的晶体]☆dead crystal
死井{|孔|空间}☆dead well{|hole|space}
死孔隙☆blind{stagnant;storage} pore
死库容☆dead storage
死裂谷☆extinct rift valley
死炉☆dead furnace
死路☆cul-de-sac
死平巷☆blind gallery
死瀑布☆obliterated water fall
死区[炉内]☆inert{dead} area；dead band{belt;ground;place;zone;space}；channel[炼铅炉]；dead volume
死区时间☆dead time
死泉☆quiescent{inactive} spring
死泉口☆deserted{dead} vent；decayed crater
死热☆heat-death
死砂☆dead sands
死珊瑚礁☆dead coral reef
死伤者☆casualty
死烧☆dead roasting{burning;roast}；dead-roasting
死烧白云石水泥☆cement of dead-burned dolomite
死烧焙砂☆dead-calcine
死烧精矿☆dead-roosted concentrate
死生油岩☆dead source rock
死绳☆deadline；dead end{rope}
死绳结☆granny knot
死绳式(制动器)☆dead-rope brake
(钢丝绳)死绳头外余绳☆ledger side
死时间漏计☆dead-time loss
死水☆stagnant{dead;unfree;standing;slack} water；backwater
死水池☆dub
死水湖☆girt；bayou
死水洼地☆billabong
死锁☆deadly embrace；deadlock
死碳☆ancient carbon
死头☆dead head
死头平巷☆blind gallery
死土☆dead soil
死亡☆death
死亡报告☆obituary notice
死亡的☆lethal
死亡后的☆postmortem
死亡裂谷☆extinct block
死亡率☆mortality (rate;ratio)；fatality (rate)；rate of mortality；death rate
死亡率多次回归分析☆mortality multiple regression
死亡群☆nekrocoenose
死亡人数☆fatalities；fatality
死亡事故☆fatal accident；fatality
死亡统计☆necrology
死亡组合☆thanatocoenosis；death assemblage
死物上生的☆cadavericolous；cadavericole
死线☆dead line
死芯子☆hole-closure rams
死循环☆infinite loop
死压☆dead pressure
死油☆dead oil{crude}；by(-)passed oil
死油气☆bypassed hydrocarbons
死油区☆dead{inert} area；region of bypassed oil
死晕☆extinct halo
死载荷☆dead-weight
死者☆dead

sì

嗣生双晶☆metagenetic{metagenic} twin
四☆four；quaternary；quadr(i)-；tetr(a)-；quadru-；quart-
四氮烯☆tetrazene
四胺☆tetramine
四班三运转制☆3-shift work system with 4 groups of workers
四板古口[甲藻]☆tetratabular archaeopyle
四瓣石[钙超;K_2]☆Tetralithus
四瓣胀壳式锚杆☆four clacks expansion shell steel bolt
四瓣轴瓦的滑动轴承☆box quarter
四半面象☆tetartohedry
四孢类[绿藻]☆Tetrasporeae
四孢体痕☆tetrad mark
四孢线演化系列[绿藻]☆tetrasporine line
四孢藻(属)[绿藻;Q]☆Tetraspora
四棓酰赤丁醇[$C_{32}H_{26}O_{20}$]☆tetragalloyl erythrite
四棓酰甲基葡萄糖苷[$C_{35}H_{30}O_{22}$]☆tetragalloyl methyl glucoside
四倍☆quadruple；quadruply；quadri-
四倍的☆quad.；quadruple(d)；quadruplicate；quadruplex
四倍频器☆quadrupler
四苯基卟吩☆tetraphenylporphin
四吡咯☆tetrapyrrole
四吡咯核☆tetrapyrrole nucleus
四笔石(属)[O_1]☆Tetragraptus
四壁珊瑚(属)☆Tetradium
四臂井径仪测井☆4-arm caliper log
四臂下井仪☆four arm instrument
四鞭藻属☆Carteria
四边(形)的☆quadrilateral；quad.
四边形☆quadrangle；quad；quadrilateral；tetragon
四边形的☆quadrangular；quadrilateral；tetragonal
四边形裂隙桩☆quadrilateral tension crack stake
四边支撑☆supported along four sides
四丙基甘醇☆tetrapropyleneglycol
四波段光谱数据☆four-band multispectral data
四不像{象}☆(Pere) David's deer；Elap(h)urus
四部的☆tetramerous
四采平巷☆stope drift stoping
四槽钻头☆four-groove drill
四层半导体开关管☆binistor
四层聚焦粉末相机☆Guinier de Wolff camera；quadruple focussing powder camera
四层三端器件☆p-n-p-n transistor
四层式罐笼☆four-decker cage
四层同时完成[油井]☆quadruple completion
四叉骨针[绵]☆tetraene
四叉羚属[Q]☆Stockoceros
四程循环狄氏内燃机☆four cycle diesel
四齿的☆quadridentate
四齿轮钻头☆four-cutter bit
四齿兽☆Tetraclaenodon
四冲程内燃机☆four-stroke internal combustion
四重的☆quadruple(x)；quadruplicate；quad.
四重地☆quadruply
四重非键轨道☆quadruplet of nonbonding orbitals
四重光谱态☆quartet spectroscopic state
四重环☆quadruple{fourfold} ring
四重扇☆four story fan
四重双晶☆fourling twinning
四重线☆quartet；quartette
四重轴☆tetragyre；fourfold rotor；tetrad；tetragon
四川地块☆Szechuan block
四川角石属[头;S_2]☆Sichuanoceras
四川龙☆Szechuanosaurus
四川爬岩鳅☆beaufortia szechuanensis
四川运动☆Sichuan{Szechwan;Szechuan} movement
四窗贝属[腕;D_{1-2}]☆Quadrithyris
四次倒反轴☆inversion tetrad
四次的☆biquadratic；quarternary；quartic
四次对称晶☆tetrad
四次方☆fourth power
四次方的☆quadruplicate
四次幂☆biquadratic
四次幂极大{|小}法☆quartimax{|quartimin} method
四次配位☆fourfold{tetrahedral} coordination
四次旋转倒反{反伸}轴☆fourfold rotatary inverter
四次轴☆tetrad(-axis)；fourfold-axis；tetragonal axis
四氮烯[一种起爆药;NH$_2$NHN:NH]☆tetrazene
四氮烯衍生物起爆药☆tetrazene derivative
四道多光谱观察器☆four-channel multispectral viewer
四等纯锌☆good ordinary brand；GOB
(把……)四等分☆quarter(ing)；quadrate；quater-
四等分极限轴转法☆quartimax rotation
四等分器☆quadruple coincidence set
四等分线☆quarterline；quartile
四底型[棘海胆]☆tetrabasal
四碘化物☆tetraiodide
四点法井网☆four-spot well network；four-spot pattern
四点木垛☆four-pointed pigsty(e)
四电极法的电极组☆Wenner (electrode) configuration
四电极下井仪☆four electrode instrument
四丁氧基乙烷[$(C_4H_9O)_4C_2H_2$]☆tetrabutoxy ethane
四端电路{网络}☆quadripole
四段掏槽☆four-section cut
四对称面☆tetrasymmetric face
四方半面象(晶)组[4/*m* 晶组]☆tetragonal-hemihedral class
四方赤平(晶)组[4/*m* 晶组]☆tetragonal-equatorial class
四方倒反(晶)组[$\bar{4}$晶组]☆tetragonal inversion class
四方的☆tetragonal；dimetric；tetragyric
四方(左右)对映半面象(晶)组[422 晶组]☆tetragonal-enantiomorphous-hemihedral class
四方(左右)对映象☆tetragonal enantiomorphy
四方二维格子☆tetragonal two-dimensional lattice
四方矾石☆alumianite
四方沸石[$NaK(Ca,Mg,Mn)Si_5Al_4O_{18}\cdot 8H_2O$]☆falkenstenite
四方复铁天蓝石[$(Fe^{2+},Mn)Fe^{3+}_2(PO_4)_2(OH)_2$;四方]☆lipscombite
四方格子☆square lattice
四方铬铁矿[$(Fe^{2+},Mg)(Cr,Fe^{3+})_2O_4$;四方]☆donathite
四方极性(晶)组[4 晶组]☆tetragonal-polar class
四方剪机☆squaring shears
四方进刀架☆square groove
四方孔组[棘海百]☆Tetragonotremata
四方硫砷铜矿[Cu_3AsS_4;四方]☆luzonite
四方硫铁矿[$(Fe,Ni)_9S_8$]☆mackinawite
四方锰铁矿[$Mn^{2+}(Fe^{3+},Mn^{3+})_2O_4$;四方]☆iwakiite
四方钠沸石[$Na_2Al_2Si_3O_{10}\cdot 2H_2O$;四方]☆tetranatrolite
四方镍纹石[FeNi;四方]☆tetrataenite
四方偏方面体(晶)组☆tetragonal-trapezohedral class
四方偏三角面体(晶)组☆tetragonal-scalenohedral class
四方铅汞矿☆altmarkite
四方羟锡锰石[$MnSn(OH)_6$;四方]☆tetrawickmanite
四方全对称(晶)组[4/*mmm* 晶组]☆tetragonal-holosymmetric class
四方全面式异极象(晶)组[4*mm* 晶组]☆tetragonal-holohedral-hemimorphic class
四方全轴(晶)组[422 晶组]☆tetragonal-holoaxial class
四方三锥(晶)组[4/*m* 晶组]☆tetragonal-tripyramidal class
四方双楔☆tetragonal disphenoid{bisphenoid}；disphenoid；bisphenoid
四方双楔晶组☆tetragonal disphenoidal class
四方双锥☆tetragonal dipyramid{bipyramid}；double tetragonal pyramid
四方双锥(晶)组☆tetragonal-dipyramidal class
四方四分面象(晶)组[$\bar{4}$ 晶组]☆tetragonal-tetartohedral class
四方四面体(晶)组[$\bar{4}$晶组]☆tetragonal-tetrahedral class
四方钛铝矿☆macedonite；makedonite
四方钽锡矿[$(Fe^{3+},Mn)_x(Ta,Nb)_{2x}Sn_{6-3x}O_{12}(x<1)$;四方]☆staringite
四方锑铂矿[$(Pt,Pd)_4Sb_3$;四方]☆genkinite
四方体堆置☆tetrahedral packing
四方图☆square diagram
四方硒矿☆selenolite
四方楔(晶)组[$\bar{4}2m$ 晶组]☆tetragonal-sphenoidal class
四方纤铁矿[β-$Fe^{3+}O(OH,Cl)$;四方]☆akaganeite
四方形☆quadrate

S

四方性☆tetragonality
四方异极半面象(晶)组[4*mm* 晶组]☆tetragonal-hemimorphic-hemihedral class
四方映转(晶)组[$\bar{4}$晶组]☆tetragonal alternating class
四方正规(晶)组[4/*mmm* 晶组]☆tetragonal normal class
四方锥形半面象(晶)组[4/*m* 晶组]☆tetragonal-pyramidal-hemihedral class
四方锥形异极象(晶)组[4 晶组]☆tetragonal-pyramidal-hemimorphic class
四方锥(晶)组☆tetragonal-pyramidal class
四房虫属[孔虫;C-T]☆Tetrataxis
四放体☆tetractin
四分胞子☆tetraspore
四分孢子☆tetraspore; quartet; tetrad
四分笔石☆Tetragraptus
四分叉的☆quadrifurcate
四分称面☆tetrametric face
四分对称☆tetartosymmetry; tetartohedry
四分法☆quartering; inquartation; fourfold division {classification}
四分(缩样)法☆(sample) quartering
四分法缩样铲☆quartering shovel
四分花粉[孢]☆pollen tetrad
四分裂的☆quadrifid
四分螺属[腹;O]☆Tetranota
四分面体☆tetartohedron [pl.-ra]; tetratohedron
四分面五角十二面体☆tetratohedral pentagonal dodecahedron
四分面象☆tetartohedrism; tetartohedry
四分面象(晶)组☆tetartohedral class
四分面(象单)形☆tetartohedral form
四分谱☆quadrature spectrum
四分取样锥☆quarternary cone
四分体[孢]☆tetrad
四分位差☆Interquartile range
四分位分选系数☆quartile sorting coefficient
四分位数的分隔☆interquartile separation
四分仪的☆quadrantal
四分藻属[Q]☆Tetrapedia
四分之一☆quarter(n); qr; quater-; qtr; quar
四分之一波`片{长试板}☆quarter-wave plate
四分之一的☆quarterly; quart.
四分之一光波云母片☆quarter undulation mica plate
四分之一硅酸渣☆quarter slag
四分之一英石{配克;品脱}☆quartern
四分柱[{*hk*0}型的单面]☆tetarto-prism
四分锥[{*hkl*}型的板面或双面]☆tetarto-pyramid
四分组效应[稀土元素]☆tetrad effect
四氟二溴乙烷[灭火剂]☆dibromotetrafluoro-methane
四氟化硅{|碳|氙}☆silicon{|carbon|xenon} tetrafluoride
四氟化物☆tetrafluoride
四氟化铀[UF_4]☆uranium tetrafluoride
四氟(代)甲烷☆tetrafluoromethane
四氟乙烯☆tetrafluoroethylene
四杆测链☆Gunter's{pole} chain
四个☆tetrad; four; tetr(a)-
四个(脉冲组)☆tetrad
四个部分形成的☆quadruple; quad.
四个一组☆tetrad; quaternary; quaternion
(罗盘上)四个主要点中的一点☆quarter
四个主要云群☆the four main groups of clouds
四工的☆quadruple
四钩吊绳{链}☆four-leg sling
四构件支架☆four-piece set; four-section support
四骨针☆tetraxial spicule; tetraxon
四刮刀的☆four blade
四硅酸钾{|镁}☆potassium{|magnesium} tetrasilicate
四硅酸盐☆tetrasilicate
四辊式烧结矿破碎机☆quadroll sinter crusher
四滚筒吊盘绞车☆four-drum stage hoist
四海绵亚目☆Lencones
四航道低频无线电信标☆four-course low-frequency radio range
四号荞麦级煤[圆筛孔径$^3/_{64}$～$^3/_{32}$in.,美国无烟煤粒度规格]☆buckwheat No.4
四核的☆tetranuclear
四核环☆tetracyclic ring
四合体☆tetrad
四合体痕[孢]☆laesura; tetrad scar{mark}
四合星☆quadruple star
四合一铲斗☆four in one bucket
四合院☆quadrangle
四环的☆tetracyclic; tetranuclear
四环化合物☆tetracyclic compound
四环烷☆tetracycloalkane
四黄药[$(-S(S)CO(CH_2)_nOC(S)S-)_2$]☆tetraxanthogen
四基板☆tetrabasal
四基格子[体积等于原始格子四倍的有心格子]☆quadruply primitive lattice
四基晶胞☆quadruply primitive unit cell
四机凿岩台车☆quadruple{four-drill} rig
四极☆quadripole; quadrupole
四极场质谱计☆quadrupole mass spectrometer
四极的☆four-pole; quadrupole
四极管☆tetrode; quadrode
四极质谱分析器☆quadrupole mass analyzer
四极组合☆four-electrode pattern
四棘藻属[绿藻;Q]☆Treufaria
四集体{藻}型☆palmelloid
四集藻属☆Palmella
四级侧生的☆quadrilateral
四级的☆four stage; quarternary
四级风☆moderate breeze
四级脉☆quaternary vein
四级逆转风扇透平☆four-stage contra rotating fan turbine
四级色序☆fourth-order colors
四级延发☆D delay
四脊螺属☆Tetranota
四季青蔬菜☆out-of-season vegetables
四甲二胂☆cacodyl
四甲基铵☆tetramethylammonium
四甲基八氢化䓛☆tetramethyloctahydrochrysene
四甲基苯☆tetramethylbenzene
1,2,4,5-四甲基苯☆durene
四甲基(取)代链烷☆tetramethyl substituted alkane
四甲基硅[$Si(CH_3)_4$]☆tetramethylsilane
四甲基硅(烷)☆tetramethylsilane
2,6,10,14-四甲基十六烷[植烷]☆2,6,10,14-tetramethylhexadecane [phytane]
四价☆quadri valency{valence}; tetravalence; tetravalency
四价的☆tetravalent; quaternary; quadrivalent; tetrad; quadravalent
四价铅(赭石)☆plumbic ocher
四价钛的☆titanic
四价锡的☆stannic
四价铀的☆uranous
四价元素☆tetrad
四(节钻杆立根的)架工工作台☆fourble board working platform
四架一组[液压支架]☆four chock
四尖瘤介属[O_2-D_2]☆Tetrastorthynx
四尖兽☆Tetraclacnodon
四尖兽属[E_1]☆Tetraclaenodon
四件一套☆quartette; quartet; quadruplet
四降藿烷☆tetrakisnorhopane
四焦磷酸钠☆tetra sodium pyrophosphate; TSPP
四脚插头☆four-pin plug
四脚动物[尤哺]☆quadruped
四脚架☆tetrapod
四角标桩☆quarter post
四角防波石☆tetrapod
四角鹿☆Syndyoceras
四角木材☆cant
四角燃烧锅炉☆corner-fired boiler
四角三八面体☆trapezohedron [pl.-ra]; leucitoid; tetragonal trisoctahedron; tetragon-trisoctahedron; tetrakisoctahedron; deltoidicositetrahedron; leucitohedron; icositetrahedron
四角双锥☆double tetragonal pyramid
四角形☆quadrangle; quad; tetragon
四角形的☆quadrangular; quadrangle; quad.
四角藻属[绿藻;Q]☆Tetraedron
四角锥形花粉[孢]☆pollen tetrahedron
四接合☆four-arm junction
四阶对数比例尺☆four cycle logarithmic seals
四阶矩(量)☆fourth moment
四阶马尔柯夫链☆fourth-order Markov chain
四阶张量☆fourth-order tensor
四节点平矩形剪切面☆four-node flat rectangular shear panel
四节钻杆为一立根高度处的二层台☆forble board
四进制的☆quaternary; quarternary
四晶☆fourling
四晶的☆tetramorphous
四聚丙二醇[$H(OCH_2CH(CH_3))-OH$]☆tetrapropyleneglycol
四聚丙二醇单甲醚[$CH_3(OCH_2CH(CH_3))-OH$]☆tetrapropylene glycol monomethylether
四聚物☆tetramer
四锯牙形石(属)[O]☆Tetraprioniodus
四开☆quarto
四开珊瑚属[O]☆Tetradium
四开圆木☆quarter timber
四刻度盘☆divided circle
四空心药柱装药☆quadruple hollow charge
四孔粉属[孢]☆Tetrapollis
四孔沟粉属[孢;E_2]☆Tetracolporites
四口器粉属[K_2-Q]☆Tetrapollis
四肋粉属[孢;P_2]☆Taeniaesporites
四棱齿象(属)[N]☆Tetralophodon
四棱石[钙超;K_2]☆Quadrum
四棱像☆Tetralophodon
四联杆掩护支架☆pantograph shield-type support
四联(钻)管☆fourble
四联环☆fourfold ring
四连晶☆fourling; quartet
四列☆quadriserial
四列的☆tetrastichous; quadrifarious
四列木属[植;D_3]☆Tetraxylopteris
四裂蕨属[C_{2-3}]☆Tetrameridium
四磷酸钠☆sodium tetraphosphate
四磷酸盐☆tetraphosphate
四硫代砷酸钠[Na_3AsS_4]☆sodium thioarsenate
四硫代锑酸钠[Na_3SbS_4]☆sodium thioantimonate
四硫化物☆tetrasulfide
四硫脂☆kiscellite
四六工作制☆4-shift work system with a 6-hour workday
四六面体☆tetra(kis)hexahedron
四卤化物☆tetrahalide
四路的☆quadruple
四路多工的☆quadruplex; quad.
四氯化硅[$SiCl_4$]☆silicon tetrachloride; chloro-silane
四氯化钛☆titanium tetrachloride
四氯化碳☆carbon tetrachloride; perchloromethane; phenixin; CT; CTC
四氯化物☆tetrachloride
四氯(化)萘[$C_{10}H_4Cl_4$]☆tetrachloronaphthalene
四氯乙烷[$CHCl_2-CHCl_2$]☆acetylene tetrachloride
四氯乙烯[$Cl_2C=CCl_2$]☆tetrachlor(o)ethylene; zellon
四轮车☆brougham
四轮滑车☆quadruple block
四轮列的☆tetracyclic
四轮驱动拖拉铲运机☆four-wheel-drive tractor shovel
四轮托轮机构☆quad wheel trunnions
四轮转向架☆bogie
四面磨光(修整)或加工过的☆surfaced or dressed four sides; S4S
四面体☆tetrahedron [pl.-ra]; tetrahedroid
四面体地球模型☆tetrahedral Earth model
四面体共有结合半径☆tetrahedral covalent radii
四面体环☆tetrahedron loop
(配位)四面体基团☆tetrahedral group
四面体配位位置☆tetrahedral (coordination) site
四面体群☆tetrahedral{tetrahedron} group
四面体烷☆positive tetrahedron
四面体型半面象☆tetrahedral hemihedrism {hemihedry}
四面体型半面象(晶)组[$\bar{4}3m$ 晶组]☆tetrahedral-hemihedral class
四面体型键☆tetrahedral bond
四面五角十二面体类☆tetrahedral-pentagonal-dodecahedral class
四面坐标☆quadriplanar coordinate
四膜虫醇☆tetrahymanal
四钠☆tetrasodium
四能级激光☆four-level laser
四年级学生[大学]☆senior
(电缆)四扭编组☆squaring
四耙式分级机☆quadruplex rake classifier; double duplex rake classifier; four-rake classifier
四排链的传动☆quadruple chain drive
四配位体☆quadridentate
四硼酸钠☆sodium borate{tetraborate}
四硼酸盐☆tetraborate

S

四皮碗跨越式(充填)工具☆four cup straddle tool
四频器☆quadrupler
四平行面体☆tetraparallelohedron
四坡顶[建]☆hip{hipped} roof
四坡顶垂脊脊瓦☆arris hip tile
四坡屋顶☆hip(ped) roof；whole hip
四坡屋顶面坡椽☆hip rafter
四坡-阴戗屋顶☆hip-and-valley roof
四气缸发动机☆fours
四羟酮醇☆flavin
四氢卟吩☆tetrahydroporphin
四氢呋喃☆tetrahydrofuran；THF
四氢化吡咯[$(CH_2)_4$:NH]☆tetrahydropyrrole
四氢化萘☆tetrahydronaphthalene；tetralin
四氢萘☆tetrahydronaphthalene
四氢噻吩☆tetrahydro-thiophene；thiophane
四氢噻吩砜☆sulfolane
四氢松香胺☆tetrahydroabietyl amine
四球藻属☆Westella
四燃烧室火箭发动机☆four-cylinder thrust unit
四人一组☆quartet(te)；quaternion；quaternity
四刃钎头☆four-point(ed) bit
四鳃亚纲[头]☆Tetrabranchiata；Ectocochliata
四散☆circumfusion；straggle
四散地☆broadcast
四闪贝属[腕;O_3]☆Tetraphalerella
四舍五入☆round-off；round off
四射的☆tetractinal；quadriradial；quadriradiate
四射对称☆tetramerous symmetry
四射骨针[绵]☆tetract(in)；quadriradiate spicule
四射海绵☆tetractinellid
四射海绵目☆Tetractinellida
四射珊瑚☆Zoantharia Rugosa；four-part coral
四射珊瑚(目;亚纲)☆Tetracoralla
四射式☆tetrameral
四声道立体声☆quadrasonics；quadraphonics
四升藿烷☆tetrakishomohopane
四十度哮风带☆roaring forties
四十烷[$CH_3(CH_2)_{38}CH_3$]☆tetracontane
四十一烷☆hentetracontane
四式☆quadruplex
四氏岩石分类法☆norm system C.I.P.W
四室分级机☆four-spigot classifier
四室式磨机☆four {-}compartment mill
四水白铁矾[$Fe^{2+}SO_4$•$4H_2O$;单斜]☆rozenite
四水钒钙矿☆pintadoite
四水钴矾[(Co,Mn,Ni)SO_4•$4H_2O$;单斜]☆aplowite
四水合物☆tetrahydrate
四水钾硼石☆santite
四水锰矾[$(Mn,Zn,Fe^{2+})SO_4$•$4H_2O$;单斜]☆ilesite
四水硼矿☆kernite
四水硼钠石☆ho(e)ferite；biriaguccite；biringuccite；ameghinite
四水硼砂☆rasorite；kernite
四水砷镁铀矿☆metanovacekite
四水碳钙矾☆rapidcreekite
四水铜铁矾[$CuFe^{3+}(SO_4)_2(OH)$•$4H_2O$;单斜]☆guildite
四水泻盐[$MgSO_4$•$4H_2O$;单斜]☆starkeyite；leonhardite；leonhardtite；magnesium tetrahydrate；tetrahydrite
四水锌矾[(Zn,Mg)SO_4•$4H_2O$;单斜]☆boyleite
四(元)羧酸苯☆benzenetetracarboxylic acid
四钛酸钡陶瓷☆barium tetratitanate ceramic
四探针法☆four-probe method
四羰基化物☆tetracarbonyl
四糖☆tetrose
四通☆crossbar；(straight) cross
四通管☆four way piece；cross；crossbar
四通接头☆four-way connection；cross tee
四头拉伸变形工艺☆four-end drawing texturizing
四凸缘波纹拼合弓形板☆corrugated four-flange plate
四突起虫属[介;O]☆Tetradella
四烷基胺☆tetra-alkylammonium
四烷基氧基戊烷[$(RO)_4C_5H_8$]☆tetraalkoxy pentane
四烷氧基链烷羟☆tetra-alkoxy paraffin
四烷氧基戊烷[$(RO)_4C_5H_8$]☆tetraalkoxy pentane
四位(的)☆four-digit
四位一体☆quaternity
四位组☆nibble
四硒五铜矿☆athabascaite
四显性组合☆quadruplex
四线电缆☆quadded cable
四箱砂矿跳汰机☆four-cell placer jig
四项式(的)☆quadrinomial
四相点☆quadruple{quadriple} point
四向的☆four-way
四硝化戊四醇季戊四醇四硝酸酯[导爆索和装填雷管的起爆炸药]☆pentagrythritetetrani-trate；PETN
四硝基甲苯胺☆tetranitromethylaniline
四硝酸酯☆tetranitrate
四心电缆☆quad cable
四心拱☆four centered arch
四信路制☆twinplex
四型钾霞石[(K,Na)$AlSiO_4$;六方]☆tetrakalsilite
四溴化物☆tetrabromide
四溴化乙炔[Br_2CH-$CHBr_2$]☆acetylene tetrabromide
四溴甲烷☆tetrabrom-methane
四溴乙烷[Br_2CH-$CHBr_2$]☆tetrabromoethane；TBE
四牙长颚乳齿象☆four-tusked long-jawed mastodon
四牙轮钻头☆cross section cone bit；four-roller {-cutter} bit
四牙轮钻头牙轮支架☆bridge of the bit
四氧化三钾☆minimum
四氧化三铁锈层☆magnetite
四氧化物☆tetroxide
四氧三镍矿☆nickel oxide
四叶贝属[腕;O_1]☆Tetralobula
四叶的☆quadrifoliate
四乙基☆tetraethyl
四乙基铅☆tetra-ethyl lead；lead tetraethyl；TEL
四乙酸盐☆tetraacetate
四乙氧基乙烷☆tetraethoxyethane
四翼(钻头)☆four-way
四翼的[钻头]☆four blade
四翼钻头☆four-wing pattern bit
四翼[刮刀]钻头☆four-way bit；fourwing (rotary) bit
四用扳手☆four-way
四元不变点☆quaternary invariant point
四元共晶{结}点☆quaternary eutectic point
四元合金☆quarternary alloy
四元数☆quaternion
四元指数☆four-member indices
四圆单晶X射线衍射仪☆four-circle single-crystal X-ray diffractometer
四月☆April；Apr.
四正方偏方三八面体☆tetragonal trapezohedron
四枝骨针[绵]☆tetraclad；tetraclone
(有)四肢的☆appendicular
四肢发炎症☆beat disease
四肢骨骼☆skeleton appendiculare
四指数标志法[晶面的]☆four-index notation
四趾螈属☆Salamandrina Fitzinger
四栉贝属[腕;T_2]☆Tetractinella
四周有控制的地下爆炸☆contained explosion
四轴的☆tetraxial
四轴多射单突骨针[绵]☆candelabrum [pl.-ra]
四轴骨片☆tetracrepid
四轴海绵(类;目)[E-Q]☆tetraxonida
四轴台☆four-axis stage
四轴型☆tetraaxial；tetraxon
四柱双铰掩护支架☆4-leg limniscate calipers
四柱型井架☆four-post type headframe
四爪卡盘☆independent{four-jaw} chuck
四爪锚☆grapnel (anchor)
四爪同心卡盘☆four-jaw concentric chuck
四字粉(属)[孢;Mz]☆quadraeculina
四足动物总纲☆Tetrapoda
四足十字藻☆Crucigenia tetrapedia
四足兽☆quadruped
四组分四面体☆four-component tetrahedron
四钻机钻车☆four-drill{quadruple} rig
四钻机钻车托臂☆quadruple boom
四唑☆tetrazolium；tetrazole
四唑衍生物起爆药☆tetrazole derivative
四作用手摇泵☆quadruple-action hand pump
伺服☆follow-up
伺服泵☆servo-pump；servopump
伺服补偿机☆servotab
伺服传动(装置)☆servodrive
伺服电磁石{铁}☆servomagnet
伺服舵☆servorudder
伺服阀防护☆servo valve protection
伺服活塞☆servopiston；servo piston
伺服机构☆servo (unit;mechanism)；servo-control {-gear}；servo(-type) mechanism；servounit；SU
伺服机构动力学☆servo dynamics
伺服控制样品台☆servo-controlled specimen stage
伺服连接☆servoconnection
伺服马达☆servomotor；pilot motor
伺服系统☆servo loop{system}；servo-link
伺服系统的动力传动(装置)☆servodyne
伺服系统模拟装置☆servo simulator
伺服闸☆servant brake
伺服作用☆servo action；servo-action
似☆homo-；quasi-；dvi-
似阿尼米蕨属[C_1]☆Anemites
似埃吉尔贝属[腕;O_2]☆Aegironetes
似埃洛石☆ablikite；ablykite
似安杜鲁普蕨属[T_3]☆Amdruppiopsis
似安加拉羊齿属[C]☆Angaropteridium
似安山岩☆andesitoid
似暗螺亚属[腹;E_2-Q]☆Amauropsis
似暗色岩☆trappoid rock
似白垩的☆chalky
似白粉藤属[K_1-E]☆Cissites
似白榴岩☆leucitoid
似斑岩☆mimophyre
似斑状结构☆porphyritic-like texture
似板带贝属[T_2]☆Septaliphorioidea
似棒轮藻属[T-J]☆Clavatorites
似苞的☆bracteal
似包晶反应☆quasi-peritectic reaction
似包珊瑚(属)[S_2]☆Amplexoides
似杯珊瑚属[O]☆Cyathophylloides
似背三角板[腕]☆homoechilidium；homeochilidium
似贝牙形石属[S]☆Icriodina
似碧玄岩☆basanitoid
似碧玉☆jaspoid
似碧玉岩☆jasperoid (rock)
似壁虱的☆acaroid
似扁豆虫☆Robuloides
似变晶☆blastoid
似变形虫的[昆]☆amoeboid
似冰碛岩☆tilloid；gerollton
似波浪石燕属[腕;D_1]☆Undispiriferoides
似槽模[层面上的]☆setulf
似层孔虫属[J_3]☆Stromatoporina
似层理☆layering
似层状构造☆stratoid structure
似查米羽叶(属)[T_3-K_1]☆Zamites
似长多长石类☆lendofelic
似长二长正长岩☆plagifoyaite
似长石☆feldspathoid(ite)；foid；felspathoid
似长石类☆feldspathoid(ite)；feldspathide；lenad；lenfelic
似长石岩☆feldspathoidite；feldspathoidal rock
似长岩☆foidite
似车轮星石[钙超;E_2]☆Trochasterites
似成岩作用的☆paradiagenetic
似匙(形台)[腕]☆spondyloid
似触手的东西☆tentacle
似穿孔贝☆Terebratuloidea
似瓷器的☆porcelaneous
似瓷岩☆passauite；porcellanite
似枞☆Elatides
似粗面响岩☆trachytoid-phonolite
似粗面状结构☆trachytoid texture
似大地水准面☆quasi-geoid
似大理岩☆metamarble
似大理岩的☆marmoraceous
似单沟型[孢]☆asconoid
似单栏虫属[孔虫;J-Q]☆Haplophragmoides
似单排虫属[孔虫;C]☆Monotaxinoides
似蛋白石☆opaline
似刀蛏蚌{蚌属}[双壳;D-P]☆Soleniscus
似等称虫属[三叶;O_1]☆Isoteloides
似地堑盆地☆graben-like basin
似地球面☆telluroid
似地线☆Marchantites
似地震余震系列☆earthquake-like aftershock sequences
似地质节理☆quasi-geologic joint
似电气石☆eicotourmaline；eukotourmaline；eikotourmaline
似蝶的☆papilionaceous
似叠饰叶胶介属[K_2]☆Diestherites
似动力装置☆pseudodynamic device
似豆石介属[D_1]☆Paraleperditia
似豆属[Q]☆Leguminosites

似短耳兔属[N_3]☆Ochotonoides
似断裂构造☆fault-like feature
似盾壳属[寒武骨片目;$Є_1$]☆Sachites
似厄尔兰德虫(属)[孔虫;C]☆Earlandinita
似鲕状{粒}☆oolitoid
似耳菊石属[头;T_1]☆Anotoceras
似二叉叶属[C_{1-2}]☆Dichophyllites
似藩德尔牙形石属[O_2-T_2]☆Pandorina
似反应边结构☆quasi-corona structure
似纺锤䗴(属)[孔虫;C_3]☆Quasifusulina；Fusulinella
似放射层孔虫属[J]☆Actinostromina
似霏细状☆felsitoid
似沸腾作用☆boilinglike action
似丰颐螺属[腹;O-T]☆Bucanopsis
似蜂窝的☆favoid
似蜂窝状的☆alveolitoid
似缝裂菌状的☆hysteriform；hysterioid；hysterine
似腹窗板[腕]☆homoedeltidium
似腹三角板[腕]☆homoedeltidium
似钙铝榴石☆grossularoid
似橄榄石[$(Fe,Mg)_2(SiO_4)$]☆olivinoid
似钢的☆steely
似隔板槽贝属[腕]☆Septaliphorioidea
似共结物☆eutectoid
似钩贝属[腕;D]☆Uncites
似钩状构造☆hook-like structure
似古杯(属)[O]☆Archaeoscyphia
似古坟的☆tumulous；tumulose
似管状叶属[植;J_2]☆Solenites
似光学性(的)☆quasi-optical
似龟甲鱼☆Boreaspis
似果穗属[J]☆Strobilites
似海螺属[腹;Є]☆Pelagiella
似海蚯蚓迹[遗石]☆Arenicolite
似海氏星石[钙超;K_{1-2}]☆Hayesites
似海星迹[遗石]☆asteriacites；Asteriactes
似海藻迹[海龟草等;遗石]☆Thalassinoides
似核形石☆oncoid
似盒弓形贝属[腕;T_2]☆Thecocyrtelloidea
似褐煤☆huminite
似黑色石灰土☆barovina
似黑曜岩☆tektite
似红土{壤}☆lateritoid
似喉颈石[钙超;E_2]☆Peritrachelina
似乎矛盾的说法☆paradox
似胡桃粉属[孢;J-N]☆Juglandites
似弧的☆arcual
似花岗(岩)状☆granitoid
似花冠石[钙超;K_2]☆Similicoronilithus
似滑石[$Al_{10}Si_9O_{33}$•$3H_2O$]☆talcosite
似滑石的☆talcoid
似黄檀属[K_2-Q]☆Dalbergites
似黄锡矿[$Cu_8(Fe,Zn)_3Sn_2S_{12}$;斜方]☆stannoidite；hexastannite
似灰的☆ashen
似辉长岩的☆gabbroid
似辉石☆pyroxenoid
似茴芹螺属[腹;J-E]☆Anisopsis
似活塞作用[钻头泥包后的]☆piston-like action
似火成岩☆quasi-igneous rock
似火的☆igneous
似火山地形☆pseudovolcanic landforms
似火山渣的☆scoriform
似基性砷镁石☆wapplerite
似棘龙属[K]☆Parasaurolophus
似戟贝属[腕;O]☆Chonetoidea
似几丁质的☆chitinoid
似几丁质的外壁物质[实为蛋白质;孔虫]☆tectine
似脊柱的☆spiniform
似脊椎骨腕骨[棘蛇尾]☆vertebral ossicle
似碱玄岩☆tephritoid
似箭石(属)[头;J_2]☆Belemnopsis
似剑齿虎(属)[N_2-Q]☆Homotherium
似礁的☆reefy；reefoid
似角砾岩☆breccioid
似节房虫属[孔虫;C-K]☆Nodosinella
似节头虫属[三叶;$Є_1$]☆Arthricocephalites
似节肢动物(门)[Є-Q]☆Pararthropoda
似金刚石☆diamantine
似金缕梅属[植]☆Hamamelites
似金属(的)☆metalloid；submetallic
似金星介☆paracypris
似荆棘牙形石属[O_2]☆Acanthodina
似晶☆mimetic crystals
似晶化☆metamictization；metamict
似晶化态☆metamict state
似晶石[$Be_2(SiO_4)$]☆phenacite；phenakite
似晶质☆crystalloid
似静定的☆quasi-static
似(永)久形变☆quasipermanent deformation
似锯齿牙形石(属)[S-T]☆Prioniodina
似糠的☆furfuraceous
似克什米尔菊石属[头;T_1]☆Anakaskmirites
似矿物☆mineraloid；gel mineral
似昆栏树属[K_2-E]☆Trochodendroides
似蜡的☆waxen
似蜡石[$Mg_6Al_4Si_7O_{26}$•$7H_2O$(近似)]☆limbachite
似蓝闪石☆naurodite
似郎士德珊瑚属[P_1]☆Lonsdaleoides
似泪滴的☆dacryoid
似里白属[古植;T_3-K]☆Gleichenites
似栗蛤(属)[双壳]☆Nuculana
似丽星介属[K_2-Q]☆Paracypria
似连续☆paracontinuity
似镰虫(属)[三叶;O_1]☆Harpides
似镰(牙形石)属[D_3]☆Drepanodina
似邻接面☆vicinaloid；paravicinal
似鳞的☆squamiform
似瘤田螺属[腹]☆Tulotomoides
似流体☆quasi-fluid
似流纹英安岩☆dellenitoid
似绿榴石[$Ca_3Al_2(SiO_4)_2(OH)_4$]☆grossularoid
似绿松石☆amatrice
似卵形的☆ovaloid
似轮藻属[K_2-Q]☆Charites
似罗汉松☆podocarpites
似裸齿菊石属[T_2]☆Anagymnites
似马丁贝属[腕;C_3-P]☆Martiniopsis
似煤的☆coaly
似门策贝属[腕;T]☆Mentzeliopsis
似蒙脱石☆raz(o)umovskyn；razoumoffskin；razoumowskyn
似膜蕨属[古植;K_1]☆Hymenophyllites
似膜苔藓虫属[K-Q]☆Membraniporidra
似木的☆xyloid
似木贼☆Equisetites
似木贼孢属[T_3]☆Equisetosporites
似木贼属[古植;C_2-Q]☆Equisetites
似钠闪石[$(Na,Ca)(Mg,Fe^{3+},Ca)_5(Si_8O_{22})(OH)_2$]☆eckrite
似钠透闪石☆chernyshevite；tschernischewit；tschernichewite
似南美杉属[P_1-K_1]☆Araucarites
似囊叶藻(属)[褐藻;T-N]☆Cystoseirites
似内卷虫属[孔虫;D-C_1]☆Quasiendothyra
似黏性流☆quasi-viscous flow
似念珠藻☆Nostocites
似鸟喙贝属[腕;C-P]☆Tomiopsis
似鸟龙属[K_2]☆Ornithomimus
似凝灰岩☆tuffoid；mappamonte
似诺氏石[钙超;K_2]☆Noelites
似欧石南属植物的☆ericoid
似盘星石[钙超;E]☆Discoasteroides
似泡沫珊瑚属[C_1]☆Vesiculophyllum；Cystiphylloides
似栅珊瑚☆Arachnolasma
似片岩状{的}☆schistoid
似平底晶洞状构造☆stromatactoids
似剖面☆quasi-section
似葡萄石[$NaCa_2Al_3Si_5O_{17}$•$4H_2O$(近似)]☆uigite
似奇里海绵属[绵;K-Q]☆Jereica
似鞘的☆vaginate
似亲孢子☆autospore
似亲刺囊孢[甲藻]☆proximochorate cyst
似亲囊孢[甲藻类;甲藻]☆proximate cyst
似亲群体☆autocolony
似球虫属[Q]☆Allogromia
似球果属[D-Q]☆Conites
似球粒☆peloid；pelletoid；spheruloid；pelletoidal
似球体☆spheroid
似球形的☆subspherical
似球状的☆spheroidal；orbicular
似犬齿珊瑚属[C]☆Caninophyllum
似然估算{计}☆likelihood estimation
似然温度☆likely temperature
似燃☆plausibility
似蝾螺属[腹;C-P]☆Turbiniliopsis
似熔岩☆paralava
似熔岩般灼热的☆laval
似蠕绿泥石☆angaralite
似蠕(虫)状☆myrmekitiod
似软舌螺☆Hyolithelmithes
似软体动物☆molluscoid
似瑞替贝属[腕;T_2]☆Rhaetinopsis
似萨巴榈(属)[K_2-N]☆Sabalites
似三角板[腕]☆homoedeltidium
似三角齿兽属[K]☆Deltatheridoides
似三角兽☆Deltatheroides
似莎草蕨属[T_3-Q]☆Schizaeites
似砂户虫属[孔虫;C_1]☆Parathurammina
似沙蚕迹遗迹化石☆Nereites
似沙漠区☆near desert
似鲨的☆sharklike
似鲨皮的☆shagreened
似筛口虫属[孔虫;K_2-Q]☆Cribrostomoides
似闪长岩☆dioritoid
似扇形颗石[钙超;K]☆Flabellites
似上窗贝属[腕;T_3]☆Epithyroides
似勺板珊瑚属[S_{2-3}]☆Spongophylloides
似蛇纹石[$(Mg,Ca)_2(SiO_4)$•H_2O]☆miskeyite；totaigite；pseudophite
似舌的器官☆lingua [pl.-e]
似舌形沙坝☆linguoid bar
似十字颗石[钙超;K]☆Staurolithites
似石榴(子)石(类)☆garnetoid
似石龙子的☆scincoid
似石棉☆asbestiform
似石棉的☆asbestoid
似石墨的☆graphitoid
似石松穗属[T_3]☆Lycostrobus
似石英的☆quartzy
似石英二长岩[黑云石英角闪正长中长岩]☆biquahororthandite
似是而非的说法☆paradox
似手尾虫属[三叶;$Є_1$]☆Cheiruroides
似舒马德虫属[三叶;O]☆Shumardops
似鼠兔(属)☆Ochotonoides
似树枝状水系☆subdendritic drainage pattern
似双晶☆mimetic twinning；twin-like
似水泥的☆cementitious
似水平线理☆subhorizontal lineation
似丝兰属[古植;T_1]☆Yuccites
似苏维伯贝属[腕;O]☆Sowerbyites
似酸的☆acidoid
似弹性的☆quasielastic；quasi-elastic
似炭煤☆charcoal-like coal
似特提斯的☆Tethyan-like
似鲦属[N_2-Q]☆Hemiculterella
似条纹(长石状) [结构]☆perthitoid
似条纹状☆perthoid
似䗴☆Quasifusulina；Fusulinella
似透镜状☆lensoid
似团粒☆peloid；pelletoid
似团粒的☆pelletoidal
似团扇蕨属[J]☆Trichomanides
似推覆体构造☆nappe-like structure
似腿的部分☆crus
似托第蕨(属)[T_3-K_1]☆Todites
似鸵(鸟)龙(属)☆Struthiomimus
似椭圆颗石[钙超]☆Ellipticolithites
似瓦刚{根}贝属[腕;P]☆Waagenites
似弯角石[钙超;K_2]☆Ceratolithoides
似微棒石[钙超;K_2]☆Microrhabduloides
似微缘介属☆Paramicrochilinella
似伟晶岩☆pegmatoid
似猬的☆erinaceous
似文采尔珊瑚属[P_1]☆Wentzellophyllum
似文象构造☆hieroglyph
似稳定的☆quasi-stable；quasi-stationary
似稳态☆quasi-steady state；quasi-stability
似稳态的☆quasi-stationary
似无齿蚌属[双壳;E-Q]☆Anodontoides
似无洞贝属[腕;S-D_1]☆Atrypopsis
似无饰介(属)[D-P]☆Paraparchites
似西伯利亚菊石属[T_1]☆Anasibirites
似西藏菊石属[T_3]☆Anatibetites
似峡谷的☆canyonlike
似先期固结压力☆pseudo{quasi}-preconsolidation pressure

似纤维状☆fiberlike
似藓☆Muscites
似线叶肢介属[K]☆Filarisestheria
似香肠构造☆allantoid structure
似小薄贝属[腕;O_2-S]☆Leptelloidea
似小扭形贝属[腕;D_3]☆Strophonelloides
似小潘德尔牙形石属[D_3]☆Pandorinellina
似小泡虫属[孔虫;E_2-Q]☆Buliminoides
似小丘的☆tumulous; tumulose
似锌的☆zincic
似欣德牙形石属[D_3-C_1]☆Hindeodina
似心形的☆subcordate
似亚麻布制品☆linen
似曜岩☆obsidianite; tektite
似曜岩斑状体☆marekanite
似曜岩类☆tektite; tectite
似叶肢介属☆Estherites
似叶状体(属)[苔;T_3]☆Thallites
似叶状体的[植物学、真菌学]☆thalloid
似液体☆quasi-liquid
似异口介属[E_2-Q]☆Paradoxostoma
似异形珊瑚(属)[C_1]☆Heterophylloides
似银杏(属)[古植;T_2-N]☆Ginkgoites
似隐球藻☆Aphanocapsites
似英安岩☆dacitoid
似永久变形☆quasipermanent deformation
似疣菊石属[头;T_2]☆Anacrochordiceras
似油物质☆oily material
似有可能的☆likely
似渔乡叶肢介科☆Limnadiopsidae
似玉螺(属)[腹;S-T]☆Naticopsis
似原植体的☆thalloid
似圆形穹隆☆sub-circular dome
似圆柱状褶皱☆cylindroidal fold
似云母黏土☆micaceous clay
似藻的☆algoid
似噪声信号☆noise-like signals; noiselike signal
似毡状结构☆felt-like texture
似赭土的☆och(e)rous; ochreous
似真☆likelihood
似真菌的☆fungoid
似真星介属[E_2-Q]☆Paraeucypris
似针石[钙超;K]☆lithraphidites
似针牙形石属☆Belodina
似整合☆paraconformity
似整合的☆paraconformable
似正长岩☆syenoid; syenitoid
似脂肪的☆adipose
似埴轮虫属[三叶;$Є_2$]☆Haniwoides
似直线叶肢介属[节;K_1]☆Orthestheriopsis
似中渔乡叶肢介(属)[节甲;T-K]☆Mesolimnadiopsis
似钟乳石☆stalactite
似舟刺属[T]☆Paragondolella
似舟硅鞭毛藻(属)[E-Q]☆Naviculopsis
似舟牙形石属[T]☆Paragondolella
似帚叶属[C_1-T_1]☆Koretrophyllites
似烛煤☆jetlike coal
似烛煤的☆canneloid
似柱形的☆quasi-cylindrical
似柱状体☆prismoid body
似紫萁属[T-E]☆Osmundites
似樽型☆asconoid
饲料☆keep; forage; feeding stuff; fodder; mash
饲料通道☆feedway
饲料作物☆feed crop
饲养场☆farm
饲养员☆feeder; breeder
饲用牧草☆forage grass

sōng

松☆pinus; pine; relaxation; dried meat floss; dried minced meat; not firm; loose; slack; not hard up; well off; light and flaky; fluffy; soft; loosen; relax; relieve; slacken; untie
松(联轴节)☆loose coupling
松柏醇☆coniferyl alcohol
松柏苷☆coniferin
松柏纲☆Coniferae; coniferales
松柏类植物☆coniferophyte; conifer
松柏目{类}☆Coniferales
松柏亚纲☆coniferidae
松边☆loose side
松边张力☆slack side tension
松冰山☆sugar iceberg{berg}
松冰团☆ice gruel; rubber ice
"松饼罐"势☆muffin-tin potential
松巢珊瑚属[S_2]☆Somphopora
松弛☆laxity; incompetence; relaxation (slacking); limp; slack; flabby; letdown; lax; ease off; relax; laxation; slacken; relief
松弛的☆flaccid
松弛法☆relaxation method; method of relaxation
松弛角☆angle of dilatancy
松弛速率☆release rate
松弛危岩压力☆loosened rock pressure
松弛岩体☆relaxed rock
松垂☆swag
松脆☆shortness; openness
松脆顶板☆short roof
松袋鼠类☆phalangers
松丹宁酸[$C_{14}H_{16}O_8$]☆pinitannic acid
松德维克石☆sundvi(c)kite; sundwikite
松的☆lax; loose; meuble; by(e)-
松动☆backlash looseness; become less crowded; not hard up; become flexible; show flexibility; relax; start; loose; rap; slap[声]
松动爆破☆concussion blasting{shot}; blasting for loosening rock; light{loose(ning);shock} blasting; inducer shotfiring{shot-firing}; standing (shot)
松动带☆zone of loosening; relaxation zone; cracked zone[爆破的]
松动导绳轮☆spider
松动地基{层}☆loose ground
松动(性)放炮☆vibration{standing} shot; concussion blasting
松动块体☆discrete block
松动煤层☆dislodge the coal
松动泥土☆dig
松动配合☆running fit
松动区☆loose zone; loosened zone
松动圈☆relaxation zone
松动石头☆glidder
松动压力☆loosening pressure
松动岩层☆dislodged strata
松动岩体☆loosened rock mass
松度☆looseness
松堆容重☆loose packing unit weight
松放☆round-down
松粉☆Pinuspollenites
松(螺旋)给进器快钻[顿钻]☆fan out screw
松根油☆pine root oil
松管拉力☆"break loose" pull
松管引爆管☆casing squib
松果体☆pineal
松果体石☆acervulus
松合物☆symplex
松花江鱼☆Sungarichthys
松环☆loose collar
松肌蛤属[双壳;J_1-K_1]☆Myophorella
松级配的☆open-graded
松接缝☆leaky seam
松节油☆turpentine (oil); abies{pine} oil; gum spirit; terebinthina
松节油精☆terebene
松节藻属[红藻;Q]☆Rhodomella
松解☆slake; slaking
松紧(度)☆tightness
松紧接头☆slack joint
松紧绳☆bungee
松紧装置☆take-up
松聚集结构☆loosely aggregated structure
松卷☆loose coil; reeling{winding} off
松卷角石属[头;O_1]☆Aphetoceras
松卷菊石属[头;D_1]☆Anemotoceras
松卷锥☆ancylocone
松开☆uncaging; loosen; slip; disengage; back-off; trip; swivel{slack} off; unwind; unfasten; loose
松开(线卷)☆uncoil
松开(螺纹)工具☆back off tool
松开管线卷☆pipeline unreeling
松开卷尺☆unreeling of tape
松开刹车☆releasing of brake
松开弹簧☆trip spring
松开位置☆release position
松开信号☆unlock signal
松开装置☆releasing device; back-off assembly
松开钻头与钻柱间的固定销☆knock bit off
松莰烷☆pinocamphane
松科☆Pinaceae
松扣☆back-out; swivel off
松扣急拉绳☆jerk rope{line}
松扣炸药包{爆震器}[打捞用]☆back off shot; string shot
松类的☆coniferous
松量☆loose measure; loose-measured
松辽地块☆Songliao massif
松辽粉属[孢;K_2]☆Songliaopollis
松辽介属[K_1]☆Sunliavia
松裂穹☆fracture dome
松林石☆dendrite; pine-forest stone{scone}
松林沼泥炭☆pine-bog peat
松履带☆loose track
松煤杆☆pricker
松密度☆bulk (density)
松木☆pine wood
松木材☆deal
松潘甘孜褶皱系☆Songpan-Garze fold system
松炮泥☆loose stemming
松配合的活塞☆loose fitting piston
松皮丹宁酸[$(C_{16}H_{18}O_{11})_2$•H_2O]☆pinicortannic acid
松皮油☆pine bark oil
松破阻力☆loosening resistance
松球海百合属[棘;D_2]☆Cupressocrinites
松壤土{散垆坶}☆mellow loam
松软☆soft; spongy; loose; fluffy; incompetence; nesh
松软大冰块☆sludge floe
松软地☆hover ground
松软矿石☆weak ore; scrowl
松软煤☆yolks; yolk coal
松软煤层☆lum
松软区☆weak area
松软壤土☆fibrous loam soil
松软石材☆bread stone
松软(性)土☆mellow{soft;spongy;mallee} soil; mollisols
松软土地☆yielding ground; mold; mould
松软岩石☆crumbly rock
松散☆incoherence; disintegration; relax; loose; porous; take one's ease; inattentive; loosening; bulking; aeration; dilate; unconsolidation
松散比☆swell
松散冰流☆ice drift
松散冰团☆lolly ice
松散材料☆bulk; noncohesive{discrete;cohesionless; bulk;free-flowing;non-coherent} material
松散层下地层☆submask geology
松散产物☆incoherent product
松散沉积☆flusch
松散沉积的侵蚀☆sublevation
松散沉积流动☆sedifluction
松散床层☆dilated bed
松散的☆bondless; bulk(y); loose; incoherent; free open-textured; friable; incompetent; unconfined; non(-)cohesive; cohesionless; unconsolidated; mouldy; noncoherent; discrete; son-preformed; loosened
松散的微粒物质层[月球表土]☆layer of loose particulate material
松散地☆hover ground
松散地层☆loose{ravelly} ground; unconsolidated deposit{strata}; scall
松散盖层地质图☆drift map
松散矸石层☆following dirt
松散褐煤☆moor{crumble} coal; formkohle
松散滑塌☆slump incoherent; incoherent {incoheren ce} slump
松散结构☆fluffy texture; free open-texture; discrete {loosen} structure
松散介质力学☆mechanics of loose media
松散块体☆discrete block
松散泥炭☆crumble{crumbling} peat
松散砂岩☆sandrock
松散体度量☆dry measure
松散(料)体积☆bulk{loose} volume
松散土壤☆friable soil
松散物料☆bulk (material); no-coherent{loose; free-flowing } material
松散系数☆coefficient of expansion{volumetric

expansion}；loosening{increase} coefficient；swell factor
松散性☆incoherence；incohesion
松散雪崩☆loose-snow avalanche
松散岩层☆loose bed{stuff;ground}；running {ravelly} ground
松散岩石☆loosened{incoherent;friable;crumbling; unconsolidated;loose} rock；loose stuff；ramblin stone；rammel；rumel
松散页岩假顶[煤层]☆following dirt
松散易崩坍落地层☆loose ground
松散淤泥☆bulky sludge
(在)松散状态下测量☆loose measurement
松砂☆loose{running} sand；aeration；blending； sand {-}cutting；aeration of moulding sand； fluffing of moulding sand；aerating the sand
松砂机☆fluffer；aerator；disintegrator；sand-aerating apparatus；desintegrator；sand aerator{blender; breaker; crusher;cutter}
松刹把☆lengthen drilling line
松刹把放钢丝绳[给进钻头]☆feed off
松杉的☆abietinean
松杉木(属)☆Pityoxylon
松山反(磁)期☆Matsuyama Reversed Polarity Epoch
松山反向期[古地磁]☆Matsuyms reversed epoch
松山逆转期☆Matsuyama reversed epoch
松山期☆Mat(s)uyama epoch
松绳☆slack rope；slackline
松绳刮斗式架空索道☆slack-line cableway
松绳塔式刮土机☆slackline scraper
松绳提升☆slack-rope hoisting
松石☆loose{loosened;running} rock；ramblin stone；rammel；scall；tophus [pl.tophi]
松石工☆(bar) loosener；dirt scratcher；roof loosener；roofman；scale cleaner
松石刻花片☆carved turquoise plaque
松石绿☆viridis
松石器☆rock ripper
松氏重液☆Sonstadt's solution
松鼠(属)[Q]☆Sciurus；squirrel
松鼠形啮齿类☆sciuromorph rodents
松鼠亚目☆Sciuromorpha
松属[K_1-Q]☆Pinus
松树☆pine；pinetree
松树绿[石]☆Pine Green
松树石☆dendrite
松树汁☆pin tree sap
松树状☆pinetree(-shaped) cloud
松碎程度☆amount of loosening
松碎式采煤机☆ripping machine
松坍☆slacktip
松套法兰☆slip-on flange
松套法兰盘接头☆loose-flange joint
松套凸缘☆loose flange
松填☆loose fill
松填蛭石☆loosely-filled vermiculite
松萜☆sobrerone；pinene
松透性土☆mellow soil
松土☆ripping；scarification；scarify(ing)；loosen(ing) the soil；hover ground；rotovation
松土层凿井{掘进}☆spilling
松土齿根☆shank (tooth) scarifier
松土机☆(road) ripper；scarifier；loosener；stripper
松土机齿☆scarifier tooth
松土犁犁尖☆ripper point
松土器☆scarifier；rock ripper
松土器齿☆scarifier tooth
松脱☆ratchet；ratch；unravel
松脱式联结装置☆release hitch
松香☆(gum) rosin；colophonium；colophene；talloil rosin；(pine) resin；colophony
松香(的)☆colonphony；colonphonic
松香醇☆abietinol；abietylalcohol
松香黄[石]☆Song Xiang Yellow
松香水☆turpentine
松香酸☆abietic acid；colophonic{colopholic} acid
松香酸盐☆silvinate；sylvate
松香酸皂☆rosinate
松香烃☆pinoline
松香亭酸☆abietinic acid
(用)松香涂擦☆rosin
松香烷☆abietane
松香烯☆abietene
松香芯焊条☆rosin-cored solder
松香油☆rosin{abies} oil；rosinol；retinol
松香油的石油代用品☆rosin oil adulterant
松香皂泡沫剂☆rosinate soap foamer
松香脂☆phylloretin
松懈☆relax
松型粉属[孢;T_3]☆Pityosporites
松型果鳞属[J_3-K_1]☆Pityolepis
松型木(属)☆Pinuxylon
松型球果属[J_3-K_1]☆Pityostrobus
松型叶属[T_3-K]☆Pityophyllum
松型枝属[T_3-K]☆Pityocladus
松型籽属[T_3-K]☆Pityospermum
松旋杆状壳[头]☆baculicone
松旋螺属[腹;O-S]☆Ecculiomphalus
松雪崩☆loose-snow avalanche
松岩☆scall
松岩层☆soft formation
松岩坠落☆desludging of loose rock
松叶蕨(属)[N-Q]☆Psilotum
松叶兰目[裸蕨]☆Psilotales
松叶油☆pine needle oil
松油☆pine oil
Aroma Ⅱ松油[捷;含 15%α-萜烯醇以及锭子油或柴油]☆pine oil Aroma Ⅱ
×松油☆GNS 5
×松油[经水蒸气蒸馏的]☆Risor
松油基☆terpinyl
松油萜醇[$C_{10}H_{18}O$]☆terpineol
松油烯☆terpinene
松油脂☆terebinthina
松藻属[Q]☆Codium；Lychnothamnus
松胀☆dilatation；dilation
松沼泥炭☆pine-bog peat
松脂☆rosin；pine resin{gum}；colophony；turpentine；resin
松脂光泽☆resinous luster；resinaceous lustre
松脂黄(原酸盐)[$C_{19}H_{29}OCSSM$]☆abietylxanthate
松脂石[$C_{10}H_{16}O$]☆chemawinite；cedarite；fluolite；pitchstone
松脂石蜡软膏☆basilicon
松脂素☆pinoresinol
松脂岩[酸性火山玻璃质成分为主,偶见石英、透长岩斑晶]☆pitch(-)stone；fluolite；retin(i)te；cedarite
松织帆布☆loose-weave canvas
松质骨☆alveolus；cancellus
松装体积{比容}☆apparent volume
松装炸药☆loose explosive
嵩山群☆Songshan group
嵩阳运动☆Songyang orogeny

sǒng

樬木属[K-Q]☆Aralia
耸棒头虫(属)[三叶;$Є_2$]☆Corynexochus
耸出部☆jog
耸立☆cock；protrude；spire
耸立贝属[腕;P]☆Horridonia
耸立高度☆soar
怂恿☆instigate

sòng

送☆give away
送车工☆wagon man
送充填料的井筒☆rockshaft
送出☆present
送出阀☆sending valve
送出量☆sendout
送带盘☆file reel
送电☆power transmission{on}
送发☆forward；despatch；dispatch
送发话器☆headphone
送粉器☆powder feeder
送风☆air-on；blow(ing)；air-feed；fan；blowdown；blast；airblast
送风道☆delivery conduit
送风机☆forced draught blower{fan}；(fan) blower；air feeder；blowing fan
送风口☆inlet port
送风式暖气系统☆all-blast heating system
送风(井)筒☆blow-in column
送给☆deliver
送管滑道☆ramp
送话器☆transmitter；mike；microphone
送进☆foot-off；advance
送卡箱☆hopper
送料泵☆feed pump；f.p.
送料井☆supply shaft
送料立管{管柱}☆feeder column
送料皮带☆feeder belt
送料平巷或顺槽☆supply gate
送料支架☆stock support
送料装置☆magazine
送煤工☆coal man
送气☆air-feed；air-on；aspirated
送气管☆flue
送气机☆air feeder
送气量☆fluid delivery
送气通风☆plenum
送钎工☆nipper；steel nipper{hauler}；tool carrier
送入☆intromission；load
送入工具☆running tool
送入(压缩)空气☆air-on
送入气体☆feed gas
送砂机☆sand feeder
送受话机☆transmitter-receiver；T-R；TR
送受话器☆electrophone；monophone；handset[手持]
(导管)送水☆water carriage
送水管☆flow pipe；feeder
(焊机)送丝机构☆wire drive feeder
(往井架中)送套管手推小车☆casing wagon
送往炼厂的油量☆runs to stills
送桩☆pile follower
送桩器☆chaser
送钻☆bit feed
送钻(头)工☆nipper
送钻过量☆overfeeding
送钻速度☆speed of feed
送钻头工☆tool carrier
宋[响度单位]☆sone
宋加彩☆Song additive colors
宋钧花釉☆Song Jun colored glaze
宋体☆Song typeface

sōu

搜查☆rummage
搜{声}发[声波定位和测距]☆sofar；sound faction and ranging
搜集☆gather(ing)；collect；muster
搜集能力☆acquisition capability
搜集物☆gleanings
搜罗人才的人☆bird dog
搜取(他人数据与)资料(的人)☆scout
搜索、营救和归航的设备☆search and rescue and homing；Sarah
搜索☆hunt{search} (for)；finding；bird dogging；look in；reconnaissance；scout (around)；rake；seek；reconnoitre；reconnoiter(ing)；scan(ning)；stalk；scour
搜索方向向量☆search direction vector
搜索雷达☆spotter
搜索理论☆theory of search
搜索目标☆scanning
搜索器☆searcher
搜索天线☆search antenna
搜线端标记☆terminal reference
搜寻☆scrounge
搜寻器☆hunter

sǒu

薮枝虫(属)[腔]☆Obelia

sū

苏埃斯塔多{丝他杜}风暴☆suestado；sudestades
苏氨酸☆threonine
苏柏林式牙轮钻头☆Zublin bit
苏柏羊齿属[P]☆Supaia
苏必利尔湖型铁矿床{|石}☆Lake Superior-type iron deposit{|ore}
苏伯特鏟科☆schubertellidae
苏长伟晶岩☆norite pegmatite
苏长岩☆norite；hypersthenfels；hypersthenite
苏打[$Na_2CO_3 \cdot 10H_2O$]☆soda (ash)；sodium carbonate；washing{salt} soda
苏打湖☆natron lake
苏打灰[Na_2CO_3]☆soda (ash)；barilla
苏打石[$NaHCO_3$;单斜]☆nahcolite；nahcalite
苏打石棉☆soda-asbestos

苏打水蜡管☆tubular stalactite；soda straw
苏打土☆sodic soil
苏丹☆Sudan
苏蛋白石☆sautilite
苏德堡电极☆soderborg electrode
苏德利阶[O_3]☆Soudleyan
苏杜娃风☆sudois
苏尔风☆suer
苏尔石☆surite
苏岗岩☆charnockite
苏格兰霭{|枞}☆Scotch mist{|fir}
苏格兰煤[烛煤]☆Scotch coal
苏格兰石☆scotlandite
苏格兰式铁纱罩安全灯☆Scotch gauze lamp
苏格兰型火山☆Scotch-type volcano
苏格兰牙形石属☆Scotlandia
(一种)苏格兰烛煤☆parrot coal
苏硅镁铝石☆surinamite
苏霍威{柯维;克霍维}风☆suchovei;sukhovei
苏纪石☆sugilite
(紫)苏钾(质)白岗岩☆birkremite
苏克辛粉属[孢;T_3]☆Succinctisporites
苏拉桑风☆surocon
苏拉祖风☆surazo
苏雷特风☆suroet
苏黎世数☆Zürich number
苏里南☆Suriname；Surinam
苏联☆Union of Soviet Socialist Republics；USSR
苏罗埃风☆suroet
苏门答腊风☆Sumatra
苏门答腊鲢(属)☆Sumatrina
苏木☆blood wood
苏木精☆haematine；hematoxylin
苏闪玢岩☆klausenite
苏生器☆resuscitator
苏斯通{顿}☆Souston
苏斯效应☆Suess effect
苏台德运动[早石炭纪]☆Sudetic movement
苏钽铝钾石☆sosedkoite
苏铁☆cycas；fern{sago} palm
苏铁粉(属)[孢;K_2-E]☆Cycadopites
苏铁纲☆Cycadopsida
苏铁科☆Cycadaceae
苏铁类☆cycadales
苏铁鳞片属[古植;T_3-K_2]☆Cycadolepis
苏铁目[古植]☆Cycadales
苏铁杉(属)[T_3-K_1]☆Podozamites
苏铁素☆cycasin
苏铁亚纲☆Cycadidae
苏铁植物(门)☆Cycadophyta
苏铁植物时代[J]☆age of cycads
苏铁状羊齿类☆cycadofilicales
苏皖运动☆Suw(u)an{Jiangsu-Anhui} movement
苏希利风☆suahili
苏斜岩☆klausenite
苏醒☆resuscitation；revive；regain consciousness；come to{round}；resurgence
苏伊士运河[埃]☆Suez Canal
苏英玄武岩☆miharaite
苏云石英[花岗]闪长岩☆opdalite
苏州黏土☆Suzhou clay
酥皮火山弹☆bread-crust bomb
酥性土☆friable soil

sú

俗名☆trivial name；nomen triviale；vernacular {popular;common} name[生]；nom. triv.

sù

素白☆plain pattern
素材☆raw data{material}；(source) material
素雕☆bisque sculpture
素混凝土☆plain concrete
素粒子☆elementary particle
素沥青☆plain asphalt
(橡胶)素炼☆mastication
素炼机☆masticator
素描☆(literary) sketch；adumbration；mapping；outline
素三彩☆plain color glaze；plain tricolor
素色{彩色}花饰[书页顶端]☆headband
素烧☆biscuit firing
素烧坩埚☆unglazed crucible
素石☆flat band
素食动物☆phytophagous animal
素数☆prime (number)
素填土☆plain fill
素土垫层☆plain soil cushion
素烷☆ursane
素衣藻属☆Polytoma
素元素☆prime (element)
素质☆quality；intrinsic qualifications；stuff
速爆性☆quickness
速爆炸药☆high explosive；H.E.
速比☆velocity ratio{contrast}
速壁珊瑚(属)[C-P]☆Tachylasma
速变黏土☆quick clay
速波放大☆magnification for rapid waves
速测法☆tachymetry；quick{rapid} test；tachymetric method
速测仪☆tachymeter；tacheometer(- telemeter)
速差制信号☆speed signaling
速拆接头☆rapid coupling
速沉矿石☆quick-settling ore
速挡☆shielding
速动比率☆quick ratio
速动的☆fast-acting；fast running；quick acting
速动阀☆snap valve
速冻☆quick freezing
速度☆speed；(over-all) velocity；rate；tempo[意;pl. -pi]；pace；smoke；rapidity；pelt；veloc；Vel.；v.；VE；tacho-；S.P.
速度表☆speedometer take-off；velometer；velograph；speed indicator
速度波动系数☆speed fluctuation coefficient
速度不足☆underspeed
速度测量☆velocity survey
速度场向量☆velocity field vector
速度传感检波器☆velocity-sensing receiver
速度倒数测井☆reciprocal velocity log
速度电表☆velograph
速度叠加{|反向|断面}☆velocity stack{|reversal|profile}
速度段☆velocity profile{shooting}
速度反应谱☆velocity response spectrum
速度范围☆velocity range；speedrange
速度-方位对☆velocity/azimuth pair
速度分布[震波速度随深度的变化]☆velocity distribution
速度分量☆speed component
速度分析☆velocity analysis
速度覆盖图[绘在透明纸上]☆velocity overlays
速度高度比值☆velocity/height{V/H} ratio
速度各向异性测量☆velocity anisotropy measurement
速度惯性系统☆velocity inertial system
速度规律性变化☆cresceleration
速度计☆speedometer；autometer；velocimeter；velocity meter{ga(u)ge}；speed gage{indicator；log}；velograph；tacheometer；tachymeter；odometer
速度减小☆reduction of speed
速度开关☆speed switch
速度可调式传动装置☆adjustable-speed drive
速度滤波☆velocity filtering；pie slice
速度扭矩曲线☆speed-torque curve
速度偏差指示器☆speed-and-drift meter
速度剖面☆velocity profile；V.P.
速度牵引力曲线☆speed traction effort curve
速度矢量图解☆velocity vector diagram
速度式地震检波器☆seismic detector of the velocity type
速度调制☆velocity modulation；VM
速度头损失☆lost velocity head
速度图☆velocity diagram{plan}；hodograph；tachogram
(示踪剂)速度推测法☆velocity shot technique
速度系数☆velocity coefficient{factor}；Y.F.
速度限制信号☆restricted speed signal
速度型地震检波器☆velocity-type seismometer
速度增加因子☆velocity-increasing factor
速度子波☆velocity wavelet
速端平面☆hodograph plane
速断☆quick {-}break；qb
速返潜水☆bounce diving；short-duration diving
速放装具☆quick release harness
速高比☆speed-to-altitude{velocity-height} ratio
速固水泥☆quick setting cement
速归函数☆recursive function
速换卡头☆quick change chuck
速回运动☆quick return motion
速记(文字)☆stenograph
速记(法)☆shorthand
速记员☆steno
速决方法☆summary method
速立支架☆immediate{immediated} support
速率☆rate；speed；velocity；rate of speed；number of revolution；S.P.
速率传感器信号☆rate sensor signal
速率过程理论☆rate process theory
速率计☆speed counter；ratemeter
速率偏差信号☆off-speed signal
速率式地震计☆velocity(-type) seismograph
速率式水下听声器☆velocity hydrophone
速描☆drawing
速凝☆rapid hardening
速凝的☆quick-setting；rapid setting；quick- hardening
速凝化学掺和剂☆chemical accelerating admixtures
速凝剂☆accelerating agent{chemicals;additive}；accelerator；set{setting} accelerator；rapid setting admixture；quick-setting additive
速凝沥青☆quick-curing bitum{bitumen}
速凝砂浆☆ga(u)ge mortar{stuff}
速凝石膏粉刷☆adamant plaster；quick-hardening gypsum plaster
速凝水泥☆Lumnite{quick-setting;high-speed;quick; accelerated;quick-hardening} cement；rapid {fast} setting cement；early strength cement；high early cement{strength cement}；rapid hardening cement；ferrocrete
速漂爆发☆fast drift burst
速燃☆deflagrability；quick{free} burning；quick firing；deflagrate；conflagration；deflagration；qu.f.
速燃波☆combustion wave
速燃层☆accelerant coatings
速燃法☆explosion method
速燃火药☆fast-burning{deflagrating;quick-burning} powder
速燃引信☆quick-acting{-burning} fuse
速燃引信头☆quickmatch
速熔石☆tachylite
速溶瓜尔豆胶☆fast hydrating guar
速溶金属☆readily soluble metal
速溶石☆tachylite
速珊瑚属[C_1]☆Tachyphyllum
速矢端迹{|线}☆hodograph
速示(仪表指针)☆dead-beat
速填药筒☆quicktamp cartridge
速调测微仪☆quick-adjusting micrometer calliper
速调管☆klystron
速调管中集电极☆catcher
速(度)头☆velocity head{pressure}；kinetic head
速头系数☆velocity-head coefficient
速效水☆readily available water
速效养分☆available nutrient
速写图☆sketch map
速卸沉积☆dumped deposit
速卸接头☆quick-release coupling
速液密度☆filtrate density
速移的分水岭☆leaping divide
速震动放大☆magnification for rapid vibration
速子☆tachyon
速足类[介]☆podocope
速足(亚)目[介]☆Podocop(id)a
粟☆foxtail millet
粟孔虫科☆Miliolidae
粟孔虫类☆miliolid
粟孔虫-珊瑚-羚角蛤泥晶粒属灰岩☆miliolid-coral-caprinid packstone
粟孔总科☆Miliolacea
粟粒状砂岩☆millet-seed sandstone
粟米虫亚目☆Miliolina
粟砂☆medicinal；millet-seed sand
嗉石☆tripe stone
塑变☆gall
塑变(流)☆flow
塑变值☆plastic yield
塑度计☆plastometer；plastigraph；plasticorder
塑高水位☆banked-up water level

S

塑化☆cure
塑化剂☆elasticizer
塑化作用☆plastification; plastication
塑胶护层☆plastic sheath
塑胶炸药☆slurry explosives
塑炼机☆plasticator
塑料☆plastic (material); plastomer
塑料表面可见结晶图☆frosting
塑料层化☆aliquation
塑料衬里油管☆plastic-lined tubing
塑料齿形组合☆plastic chevron combination
塑料固砂作业☆plastic job
塑料护层☆plastic sheath
塑料加固的导爆线☆plastic; reinforced primacord
塑料胶结层☆plasticized zone
塑料量勺☆plastic scoop
塑料模制罐☆molded plastic tank
塑料披盖☆cocoon
塑料蠕变☆creep of plastics
塑料涂敷砾石☆plastic coated-gravel
塑料芯排水☆plastic wick drain
塑(性)流(动)☆creep; plastic flow
塑流的☆rheomorphic
塑流区☆zone of plastic flow
塑流型滑坡☆flow slide
塑流学☆theology
塑流作用☆rheomorphism
塑模☆mo(u)ld
塑模标本☆plastotype
塑模用黏土☆plasticine
塑黏滞变形☆plasto-viscous deformation
塑黏性☆plasticoviscosity
塑水高度☆height of swell
塑水曲线☆backwater curve
塑弹(性)形(变)☆plastoelastic deformation
塑望(性)的[天]☆syzygial
塑限☆plastic limit
塑像用黏土☆plasticine
塑型☆plastotype
塑型泥☆modeling clay
塑型装药☆collapsible type charge
塑性☆plasticity
塑性变形☆plastic deformation{yield;strain}; creep; ductile{large;plaster;long-term} deformation ; plastic deformation{strain;flow}; offset strain; flow; scuffing; plastometric set
塑性变形曲线描记仪☆plasticorder; plastograph
塑性变形碎屑结构☆clastic texture of plastic deformation
塑性变形图描记录器☆plastograph
塑性槽地理论☆plastic trough theory
塑性-脆性变形{形变}☆ductile-brittle deformation
塑性断口百分率☆shear fracture percentage
塑性阀座☆conformable seat
塑性范围试验☆plastic range test
塑性合金☆ductile alloy
塑性后效☆plastic `drift{flow persistence;after flow}
塑性挤出☆squeeze out of plastic ground
塑性挤出机☆plastic extruder
塑性计☆plastometer; ductilimeter
塑性理论☆theory (of) plasticity
塑性流动传质机理☆material transfer by plastic flow
塑性模量☆modulus of plasticity; plastic modulus
塑性泥岩☆plastic shale; pelinite
塑性黏度-屈服值比[非牛顿流体]☆plastic viscosity to yield value ratio; Pv/Yv
塑性黏滞流理论☆theory of plastic viscous flow
塑性凝胶☆plastogel; plastigol
塑性盆地理论☆plastic trough theory
塑性区尺寸☆dimension of plastic zone
塑性(区)应力-应变关系☆plastic stress-strain relation
塑性砂浆☆wet{plastic} mortar
塑性上限☆upper limit of plasticity; upper plastic limit
塑性水泥黄土☆plastic loess cement
塑性碎屑☆plasticlast
塑性陶土☆figuline
塑性特性☆long-term behaviour
塑性体☆plastic body; plastomer
塑性物料充填☆plastic fill
塑性系数☆coefficient of plasticity
塑性下限☆lower plastic limit; lower limit of plasticity
塑性形变幕☆ductile deformation episode
塑性岩层☆flowing rock formation; plastic strata
塑性应力-应变矩阵☆plastic stress-strain matrix
塑性炸药☆plastic(-type) explosive; plastic bomb; high-explosive plastics; plastic type explosive
塑性值☆plasticity number; P.N.
塑性状态☆plastic state; condition of plasticity
塑造☆sculpture; model; mould; mo(u)lding; portray
塑造尼龙消弧盒☆moulded nylon turbulator
塑造物{的}☆fictile
溯谷而上的☆upvalley
溯河洄游☆runup; anadromous migration
溯积有机软泥☆gyttjor [sgl.gyttja]
溯源的☆headward
溯源侵蚀☆headwater{head;headward;retrogressive; headward-migrating} erosion; regression
溯源于加里东期☆Caledonian affiliation
溯源至☆date; date back to
宿落风☆solaure
宿命论的☆deterministic
宿舍☆dormitory; boarding house
宿营船☆quarterboat
宿主☆host (plant)
诉讼☆lawsuit; litigation
诉讼费用☆court cost; cost for Judicial proceeding; litigation expense
缩砂密[植]☆Amomum xanthioides
缩砂仁素☆alpinone

suān

酸☆acid; soreness; feeling; sour; vinegary; tart; sick at heart; sad; grieved; of impoverished pedantic scholars in the old days; ache; ac.
酸胺☆amide
酸败☆rancidity
酸斑☆acid stain
(用)酸拌和的☆acid-pugged
酸泵☆acid pump
酸(液)比重计☆acidimeter; acidometer
(氢氟)酸测斜仪☆acid bottle inclinometer
酸处理☆acid treating{treatment}; acid(iz)ation; acidizing treatment; a.t.; at.
酸处理后关井☆shutting in the acid treatment
酸处理井☆acidizing of well
酸处理钻孔☆acidize the hole
酸穿透(距离)☆acid penetration
酸催化剂☆acid catalyst
酸催化剂处理的树脂☆acid catalyzed resin
酸脆☆acid brittleness
酸的☆acid; acidic; acerbic; sour; ac.
酸定量法☆acidimetry
酸度☆acidity; acidness; sourness; oxygen ratio
酸度计☆acidometer; acidimeter
酸度系数☆acidity coefficient{quotient}; oxygen ratio [氧比]; coefficient of acidity
酸反应☆acid reaction
酸防护☆acid protection
酸废料☆acid-waste product
酸废水石灰处理法☆limestone treatment for acid waste water
酸分解法☆acid splitting
酸腐的☆sour
酸腐蚀☆acid corrosion
酸酐☆(acid) anhydride
酸根☆acid radical{radicle}
酸罐☆acid tank
酸化☆acidating; acidize; acid(iz)ation; acid(ul)ate; acid treating{treatment}; acidification; acidify
酸化(增产)☆acid stimulation
酸化处理经济评价☆acidizing economics
酸化的☆acidific
酸(性)化的☆acidified
酸化度☆acescency
酸化剂☆acidifier
酸化前管线接头试压☆pressure up
酸化(反应)曲线☆acid response curve; ARC.
酸化水☆acidulated{acidulous} water
酸化物质☆acidifying substance
酸化用的低黏煤油与酸配制的乳状液☆unisol
酸化作业☆acidizing treatment
酸化作用☆acidification; acidization; acidulation
酸缓蚀剂☆acid inhibitor
酸辉绿充填物☆oxymesostasis
酸(性)回路☆acid circuit
酸回收☆acid recovery
酸基☆acid radical{group}; acidic group
酸基分异☆acid-base differentiation
酸基含长结构的☆oxybasiophitic
酸基性辉绿(结构)☆oxybasiophitic
酸级☆acid grade
酸碱催化☆acid-base catalysis
酸碱度☆pH value; acidity-alkalinity; alkalinity-acidity; potential of hydrogen
酸碱度计☆pH meter
酸碱度与氧化还原电位图解☆pH-Eh diagram
酸碱度值☆pH value
酸碱渣池☆sludge chamber
酸碱障☆acid-alkaline barrier
酸碱值☆power of hydrogen; pH
酸酱贝☆Terebratella (coreanica)
酸降滤失剂☆acid fluid-loss additives
酸降黏剂☆acid breaker
酸焦油☆acid tar
酸(与地层)接触时间☆acid residence time
酸解☆acid hydrolysis; acidolysis
酸解分析[土壤]☆acid-digestion analysis
酸浸☆acid maceration
酸浸(除锈)☆acid dipping
酸浸出类精矿☆acid leach type concentrate
酸(液)浸(出)法☆acid leaching
酸浸蚀的☆acid-etched
酸浸液☆dip; pickle liquor
酸井☆sour well
酸刻法[测量钻孔偏斜]☆acid etch method
酸类☆acid
酸量测{滴}定法☆acidimetry
酸量器☆acidimeter
酸淋滤带☆acid leached zone
酸(性)流程☆acid circuit
酸模[铜矿示植]☆Rumex acetosa
酸凝☆acid coagulation
酸凝固剂☆acid curing agent
酸浓度☆acid strength
酸浓缩器☆acid concentrator
酸抛光☆acid polishing
酸瓶[装硫酸等]☆carboy
酸破胶剂☆acid breaker
酸破乳{坏}剂☆acid breaker
酸气☆acid{sour} gas
酸强度☆acid strength
酸侵蚀☆acid attack
酸(味;性矿)泉☆acidulous spring
酸溶解度☆acid solubility
酸溶性固体材料☆solid acid-soluble material
酸溶性筛管保护层☆acid soluble screen protection
酸(性)溶液☆acid solution
酸容积与试件面积比☆acid volume-to-coupon area ratio
酸乳浊液爆破法☆acidfrac process
酸食性的☆acidotrophic
酸蚀☆acid etching
酸蚀孔道☆etched channel
酸蚀孔洞☆wormhole
酸式☆acidic; acid-form
酸式碱酸盐☆bisulphate
酸式酒石酸铋钠☆acid bismuth sodium tartrate
酸式酒石酸钠☆sodium acid{acid sodium} tartrate
酸式盐☆acid(ic) salt
酸(性)水☆acid(ulous) water
酸坛☆(acid) carboy
酸调和槽☆acid conditioner
酸烃乳状液☆acid-hydrocarbon emulsion
酸外相乳状压裂液☆acid-external emulsion fluid
酸味☆acidity; sour (taste)
酸雾☆acid mist
酸析☆acid out
酸洗☆acid pickling{cleaning;wash(ed)}; pickle
酸洗薄板☆white finished sheet
酸洗残渣☆smut
酸洗处理☆cleanup acid treatment
酸洗腐蚀☆pickling
酸洗钢板☆pickled plate{sheet}
酸洗和水冲洗槽☆acid wash and water rinse tank
酸洗剂☆mordant
酸洗溶液☆acid-wash solution
酸洗脱氧[钢]☆de-scaling
酸洗液☆dip; pickler
酸洗油☆acid-refined oil

酸洗装置{设备}☆pickler
酸硝基[(HO)ON＝]☆aci-nitro
酸消耗速率☆acid spending rate
酸效应系数☆coefficient due to H+
酸性☆acidity; acidic; acidness; sourness; silicic
酸性斑岩☆oxyphyre
酸性采出水☆acidic produced water
酸性的☆acid; acidic; persilicic; silicic
酸性反应☆acid reaction
酸性废污泥☆acid waste sludge
酸性废物☆acid waste; AW
酸性腐泥☆moder
酸性腐蚀☆sour corrosion
酸性工业废弃液{物}☆acidic industrial waste
酸性含长结构的☆oxyophitic
酸性焊条☆acid electrode; welding rod with acidic coating
酸性辉绿(结构(的))☆oxyophitic
酸性火山玻质岩☆macusanite
酸性火山岩☆silicic volcanic rock; acidic volcanics
(辉绿结构的)酸性基质(最后充填物)☆oxymesostasis
酸性介质☆acid(ic) medium
酸性矿坑废水☆acid mine drainage waste
酸性矿水☆acid mine water{drainage}; AMD
酸性矿物☆acid-forming{acid(ic)} mineral
酸性硫酸基的☆sulfonic
酸性硫酸盐氯化物水☆acidic sulfate chloride water
酸性硫酸盐型蚀变☆acid-sulfate alteration
酸性炉渣☆acid slag
酸性卤水☆sour brine
酸性氯化物泉☆acid-chloride spring
酸性渗滤效应☆acidic filtration effect
酸性蚀变热地面☆acid-altered hot ground
酸性水☆acidulous{acid} water
酸性水热活动☆acid thermal activity
酸性土☆acid clay{earth;soil}; acidity soil; sour earth
酸性瓦斯交代作用☆acid gas metasomatism
酸性物质☆acidoid
酸性系数☆acid{base} ratio; acidity coefficient; oxygen acidity quotient
酸性岩☆acidite; acid(ic){(per)silicic;persiliceous} rock
酸性氧化物☆acid{acidic} oxide
酸性营养(型)☆acidotrophy
酸性淤渣☆acid sludge
酸性月岩☆lunarite
酸性朱☆ponceau
酸性转炉☆Bessemer{acid-lined} converter; bessemer
酸性转炉用铁矿☆acid Bessemer ore
酸性组分的洪流☆advancing wave of acid components
酸压☆fracture acidizing
酸压裂液☆acid fracturing fluid
酸烟☆acid fume
酸盐棕色土☆terra fusca
酸-岩反应动力模拟☆dynamic simulation of acid-rock reaction
酸液☆acid medium
酸(处理)液☆acidizing fluid
酸液管汇☆add manifold
酸液浸泡☆acid soak
酸液喷淋☆acidified liquor spray
酸营养湖☆acidotrophic lake
酸硬化清漆☆acid cured varnish
酸油乳化液☆acid-in-oil emulsion
酸雨☆acid rain{precipitation}
酸雨的影响☆effects of acid rain
酸浴☆acid bath
酸预冲洗液☆acid preflush
酸再生☆acid regeneration
酸藻(属)[褐藻]☆Desmarestia
酸渣☆acid-waste product; acid tar{sludge}; pepper
酸沼☆moor; peat bed{bog;moor}; bog
酸沼草原☆grass moor; moor grass
酸值☆acid number{value}; neutralization number
酸致凝结☆acid coagulation
酸质☆acid grade; sour
酸中毒{毒症}☆acid poisoning; acidosis
酸棕色土☆sols bruns acides

suàn

蒜臭☆alliaceous odour
蒜泥☆mashed garlic
蒜味的☆alliaceous
算出☆figure out; evaluation; evaluate; cipher
算错☆miscalculation
算定☆compute
算法☆algorithm; algorism
算法语言☆algorithmic language; algorithm routine
算符☆operator; functor
算后检查☆postmortem; post-mortem
算盘☆abacus; calculation; plan; scheme
算入☆count
算式☆formula
算术☆arithmetic; figures; numbers
算术差☆arithmetical difference
算术除法☆arithmetic division
算术化☆arithmetization
算术家☆arithmetician
算术晶类{组}☆arithmetic crystal class
算术均数☆AM; arithmetic mean
算账☆reckoning
算珠石☆abacus-bead stone
算子☆operator
算作☆reckon

suī

虽然☆although; though; in spite of; spite of; while

suí

随笔☆essay
随便☆at random
随便的☆casual; passing; shirttail
随采煤{矿}柱☆early mining of pillars
随采随充☆contemporaneous filling
随采随灌☆instant grouting
随采随落的顶板☆draw{following} roof
随地层走向而变化的孔隙度☆differential porosity
随动☆follow-up; following
随动齿轮☆driven gear; gear follower
随动舵☆servorudder
随动机构☆follow-up mechanism; follower; servounit
随动件☆follower
随动控制☆follow-up control; servocontrol
随动平台☆compliant platform
随动扰动☆random perturbation
随动体{器}☆follower
随动拖动☆slave drive
随动万向架☆unlocked{unlock} gimbal
随动系统☆servo (system); follow(ing)-up system
随动系统辅助机构☆servomechanism
随动闸☆servo-brake
随风向改变方位☆weathervaning
随负载变化自动作用的☆loadamatic
随工作面支护☆bring up
随荷发电☆load-following power generation
随后产量☆follow-up production
随后充填☆delayed fill{filling}; immediate fill; early backfilling
随后充填的分段空场采矿法☆sublevel open stoping with delayed filling
随后的☆follow-up; subsequent
随后地☆subsequently
随后加热☆postheating
随后洗井☆after-flush
随后注入的段塞☆followup slug
随机☆probabilistic; random
随机变量☆extraneous{stochastic;random} variable; random variate
随机步度(原则)☆random walk principle
随机参数☆stray parameter
随机抽样方式☆random sampling pattern
随机存取☆random{arbitrary;direct} access; RA
随机的☆hit-and-miss; stochastic(al); probabilistic; random; accidental
随机反射地震模型☆random reflection seismic model
随机(介质)方程☆stochastic (medium) equation
随机分布☆random{sporadic;chance} distribution; stochastic(al) contribution
随机分量☆stochastic{random} component
随机分析☆analysis of random; random analysis
随机干扰☆random noise{disturbance}; noise
随机故障☆random fault; random failure
随机函数☆random function
随机化☆randomization; randomize
随机间层☆randomly-interstratified layer; random interstratification
随机交配☆panmixis; panmixia; panmixy
随机介质模型☆random-media model
随机克里格☆random kriging
随机利润☆chance of profit
随机码☆hatted code
随机偏差☆arbitrary deviation
随机评价☆haphazard evaluation
随机图式☆aleatory scheme
随机线失落☆random-line dropout
随机性☆stochasticity; randomness
随机循环模式☆random recurrence pattern
随机应变☆adjust to changing circumstances; act according to circumstances
随掘{挖}随填法☆cut-and-cover method
随路信号方式☆channel-associated signalling
随炮检距变化的振幅{|波形}☆offset-dependent amplitude{|waveform}
随身电话装置☆bellboy
随身物[拉]☆vade mecum
随深度而变的☆depth dependent
随时☆on occasion; whenever; at any time
随时抽样☆random sampling
随时间而发生的变形☆time deformation
随时间而增加的形变☆time-delayed deformation
随时间下降的(煤柱)支撑力☆time-dependent deterioration
随时间变化的曲线图☆time history plot
随时间变化的梯度☆time-varying gradient
随时间变化的流量☆varying flow rate
随时间变化的载荷☆time-dependent load
随温度变化(而变)的☆temperature(-)dependent
随形的☆baroque
(凸轮)随行件☆tappet
随要随有的☆forthcoming
随意布置的矿柱☆random pillar
随意的☆arbitrary; ad libitum[拉]; voluntary; optional
随意排列支护☆random timbering
随意组合方石板路☆flag stone path paved at random
随遇的☆ubiquitous; neutral
随遇中性点☆indifferent point
随员☆follower
随转阀☆puppet valve
(车床的)随转尾座☆poppet (head (stock))
随钻测井☆downhole{well} logging while drilling; drill-pipe log; logging{measurement} while drilling
随钻测量☆measurement {-}while {-}drilling; MWD
随钻录井☆logging-while-drilling
随钻转数测量仪[涡转钻用的]☆MWD tachometer

suǐ

髓☆marrow; pith; sth. like marrow
髓部☆medulla
髓部石核☆pith cast
髓弓☆vertebral arc; neural arch
髓骨☆coxae
髓臼骨[哺]☆cotyloid bone
髓磷脂☆myelin
髓模☆pith cast
髓膜属[科达纲;C_2-P]☆Artisia
髓木☆medullosa
髓木科☆Medullosaceae
髓木属[古植;C-P]☆Medullosa
髓腔☆pulp cavity[牙石]; pith-cavity[蕨]
髓射线☆pith ray
髓石☆denticle; pulp stone
髓线☆pith ray

suì

碎☆crumble; broken (pieces); break; fragmentary; scattered; garrulous; gabby; talkative
碎斑☆mortar; porphyroclast
碎斑构造☆porphyroclastic{mortar;murbruk} structure
碎斑结构☆mortar (texture); murbruk (structure); porphyroclastic texture
碎包尔兹(金刚石)[孕镶钻头用]☆fragmented bortz
碎变岩☆frangite
碎冰☆brash(-ice); frash{cracked;debris} ice; mush (ice)
碎冰堆☆screw ice
碎冰块☆rubble ice
碎冰片☆ice splinter
碎冰器☆deicer; deicing device
碎冰山☆growler

S

碎玻璃☆cullet
碎玻质熔岩☆hyaloclastite
碎波☆breaking wave；breaker
碎波带☆surf (zone)
碎波水花☆white water
碎波水深☆depth of breaking
碎波线☆foam{breaker;plunge} line
碎部测量(法)☆close mapping；detailing
碎部描绘☆rendering of detail
碎成粉☆flour
碎胆石术☆cholelithotrity；cholelithotripsy
碎的☆chippy
碎粉☆disintegration
碎罐的☆clastic
碎硅石☆bitstone
碎后膨胀☆expansion on breaking
碎花岗岩混凝土铺面☆granolith
碎化物☆telluride
碎黄铁矿☆pyrite smalls
碎击机[使用锤板或盘]☆beater mill
碎集煤☆attritus
碎坚果壳[堵漏用]☆ground nutshell
碎减式旋回破碎机☆reduction gyratory crusher
碎焦☆gleeds
碎结石☆lithontriptic
碎解☆disintegration
碎晶凝灰岩☆albani stone；peperino
碎晶质的☆crystalloclastic
碎块☆rubbish；fragment；brash；shiver；cob；chunk；rubble pile
碎块(屑)的☆fragmental；fragmentary
碎块级无烟煤☆broken{furnace} coal
碎块体☆clastic mass
碎块土☆lumpy soil
碎块岩石☆rock fragment
碎块状结构☆cloddy structure
碎块自然下降[地层中]☆letdown
碎矿☆kibble；crushing；crushed ore
碎矿(杵臼)[选]☆dolly
碎矿板☆anvil；bucking iron
碎矿比☆reduction ratio
碎矿仓☆crushed ore pocket{silo}；crushing pocket
碎矿车☆crusher car
碎矿车间☆ore-breaking plant；crushing workshop
碎矿锤☆(knocking-)bucker；bucking hammer{iron}
碎矿工☆bucker；spaller
碎矿机☆bucker；breaker；crusher；ore{rock;stone} crusher；bruising{stamp} mill；spaller；bkr
碎矿块☆float
碎矿清除☆cleaning
碎矿设备☆crushing plant
碎矿石☆rubble ore
碎矿楔☆spalling wedge
碎浪☆breaker；surf；breaks；broken{breaking} sea；breaking wave
碎砾石☆crushed{broken} gravel；crushed-gravel
碎砾岩☆psephite；psephyte；rudite；rudyte
碎粒[构造]☆granulitic
碎粒的☆granulate
碎粒化的☆granulated
碎粒剔除[煤炭]☆degradation screening
碎粒剔除筛☆degradation screen
碎料板☆flakeboard
碎料工☆stocker
碎裂☆crumple；fly；fissuration；crumbling；bursting；chip；disruption；cataclasm；cataclasitic；cataclasis crack；degradation；fragmentation；disintegration；fracturing；cracking；splintering；cataclase[岩石晶粒]；clastation；shattering
碎裂斑状[结构]☆clastoporphyritic
碎裂半径☆fracture radius
碎裂爆破☆splitting shot
碎裂变质☆cataclastic metamorphism；(katamorphism) catamorphism
碎裂带☆cataclastic{shatter(ed);crackle;rupture(d); crush} zone；shatter belt
碎裂的☆cataclastic；kataclastic；detrital；rubbly
碎裂缝☆spalled joint
碎裂改形晶体☆schizomorphic crystal
碎裂构造☆crush{kataclastic;cataclastic} structure
碎裂剪切(作用)☆cataclastic shearing
碎裂粒度☆shatter-size
碎裂裂隙☆shattery fracture
碎裂玛瑙☆pietersite
碎裂器☆disintegrator
碎裂松动☆relaxing of cataclastic rock
碎裂为主的地热储☆fracture-dominated geothermal reservoir
碎裂物☆sliver
碎裂细晶[结构]☆clastoaplitic
碎裂岩☆kataclastics；kataclasite；cataclastic (rock)；cataclas(t)ite；kataclastic{fragmented} rock
碎裂岩体☆clastic mass
碎裂应力☆spalling stress
碎裂褶皱☆disjunctive fold
碎裂中的东西☆crumble
碎裂作用☆clastation；catagenesis；katagenesis；cataclasis；fragmentation；cataclysm；cataclasm
碎鳞机☆scale breaker
碎流器☆blowgun
碎落☆slough；removal
碎煤☆conny；burgy；slack
碎煤刀☆milling cutter
碎煤杆☆boring arm
碎煤机☆coal crusher{breaker}
碎煤射流☆breakdown agent
碎磨☆comminution；disintegration；crushing and grinding
碎磨不足☆undergrinding
碎磨岩石☆ground rock
碎磨机☆disintegrating machine{mill}
碎木橛☆scob
碎皮坡☆rubble slope
碎片☆fragment；debris；fraction；flake；shatter；scrap；crumb；chip(pings)；shard；shred；patch；junk；shiver；snatch；splinter；segment；spall；sherd；rive；sliver；rag；pearl；garbage[弹道上]；missile[飞出的]；Deb
碎片的☆fractional；fractionary
碎片间的☆interfragmental
碎片泥层☆argille scagliose；scaly shale
碎片谱☆fragmentography
碎片谱法☆fragmentography
碎片谱图☆fragmentogram
碎片体[煤岩]☆micrinite
碎片图☆fragmentograph
碎片性的☆clastic
碎散机[洗矿]☆disintegrator
碎散煤☆crumble coal；formkohle
碎砂机☆sand cracker{cutter}
碎砂砾堆积☆gruss；grus；grush
碎烧结矿☆sinter fines；broken sinter
碎石☆rubble；broken{crushed;bray;cellar;churning; reduced;break} stone；debris [pl.debris]；crushing；macadam；gallet；moellon；bitstone；detritus；spall；breakstone；chat；angular cobble{gravels}；galet；hardcore；talus；dust；chunk；stone ballast；ballas
碎石坝☆loose rock dam；rubble{debris} dam
碎石层☆metalling；crushed stone bed
碎石厂☆rock-crushing{stone-breaking;stone-crushing} plant；crushing mill{plant}
碎石充填滴滤池☆rock-filled trickling filter
碎石床层筛[脉动跳汰机]☆shot-bedded screen
碎石锤☆ballast{gravel;knapping;granulating;stone; spall(ing);muckle} hammer；mash；knapper；boss hammer
碎石底层☆crushed stone base course；(gravel) bottoming；metal bed
碎石底土☆stonebrash
碎石垫层☆broken stone hardcore；blotter
碎石堆☆scree；debris；stockpile[养路用]；rubble pile {drift}
碎石干选[非洲土法]☆scuttling
碎石沟[出水]☆dribble
碎石护岸☆stoning
碎石基础☆broken stone foundation
碎石机☆rock crusher{breaker;cutter}；breaker；rock crushing machine；(stone) crusher；knapping machine；knapper；stonebreaker；grinder；stone mill{breaker}；granulator；stonemill；scalper；stoner
碎石机罩☆alligator bonnet
碎石剂☆lithontriptic
碎石块☆channery；hardcore；rubblestone
碎石块层铺底☆broken stone layer pitching
碎石沥青混合料☆macasphalt
碎石料☆metal(l)ing；road metal；metal
碎石流☆rubble{debris} flow；flow of debris
碎石路面施工法☆macadam method
碎石冒落☆dribbling
碎石面饰☆depeter；depreter
碎石耙☆ballast rake
碎石片嵌灰缝☆galleting
碎石坡☆detrital{rubble} slope；scree
碎石铺底沟☆French drain
碎石铺路[土]☆macadamized road
碎石器☆lithotriptor；lithoclast；knapper；lithoconion；lithokonion；lithotrite[泌尿]
碎石砌谷坊☆rubble-masonry check dam
碎石腔室☆rubble chamber
碎石撒布机☆chippings{stone} spreader；road-metal spreading machine；macadam-spreader
碎石术☆lithotrity；lithothrypty；lithotripsia；lithplaxy；litholapaxy；(intracorporeal) lithotripsy
碎石摊铺机☆chip spreader
碎石土☆gravelly soil
碎石楔☆spalling wedge
碎石选分设备☆chip rejector
碎石用杵和臼☆dolly
碎石筑路(法)☆macadamization
碎石子☆gravel；macadam
碎条☆shred
碎铁☆junked{scrap} iron
碎土机☆soil pulverizer；clay mill；ripper
碎瓦片☆crock
碎物抓取器☆junk catcher
碎锡矿☆cased tin
碎锡矿渣☆loob
(海上)碎啸冰☆growler
碎屑☆detritus；fragment；clast；fraction；scrap；offal；rubbish；fines；chipping；trash；debris；chips；oddment；trade；scum；detrital matter；clastic debris{fragment}
碎屑(作用)☆clastation
碎屑白云岩[主要成分为白云岩碎屑]☆clast dolomite
碎屑变形☆clastic deformation
碎屑擦痕[海滩上]☆trash line
碎屑产物☆fragmental product
碎屑沉积☆detrital{fragmental} deposit；clastic {detrital; mechanical} sediment
碎屑沉积形成过程☆mechanogenesis
碎屑沉积岩☆clastic sedimentary rocks
碎屑成因(的)☆clastogene
碎屑岛☆earth{debris} island
碎屑的☆detrital；detritic；fragmentary；fragmental；petroclastic；clastic；frustulent；detr
碎屑的继承性☆detrital inheritance
碎屑度☆clasticity
碎屑堆☆talus
碎屑堆积☆hash；clastic deposit
碎屑堆积线☆debris line
碎屑惰性体☆inertodetrinite；fusinite splitter；inert detritus；fusinitsplitter；opaque matter{attritus}
碎屑方解石质点☆detrital calcite particles
碎屑-钙质旋回☆clastic-calcareous cycle
(用)碎屑固定套管或管子☆collar-bound
碎屑化(作用)☆fragmentation
碎屑灰岩☆detrital{petroclastic;clastic} limestone；calclithite
碎屑机☆chip breaker calclithite
碎屑颗粒☆clastic particles
碎屑矿体☆fragmentaulic
碎屑流☆clastic{debris} flow；flow of debris
碎屑煤☆detritic coal
碎屑内的☆intraclastic
碎屑黏土基质☆detrital clay matrix
碎屑侵蚀变形(的)☆clastomorphic
碎屑石☆aggregated rock
碎屑碳酸盐岩的☆calciclastic
碎屑体☆detrinite
碎屑物☆clastics；fragmental material；(clastic) fragment；clast；trash；clastic debris{fragment}
碎屑岩☆kataclasite；kataclastics；fragmentals；clastic {fragmental;detrital;kataclastic;petroclastic; aggregated} rock；clasolite；conglomerate；detrital stone
碎屑岩(类)储集层☆fragmental reservoir；clastic reservoir (rock)

碎屑岩墙☆clastic dyke{dike}；intruclast
碎屑岩筒☆clastic pipe
(侵入)碎屑岩筒☆tuffisite；intrusive tuff
碎屑岩楔☆clastic wedge
碎屑岩族☆family of fragmental rocks
碎屑支撑(的)砾岩☆clast-supported conglomerate
碎屑注入☆amarmatic；amagmatic
碎屑状废金刚石☆scrap diamonds
碎屑{冰成}锥☆glacier cone
碎屑组合☆clastic association
碎(屑)玄玻璃☆sideromelane
碎选机☆rotary breaker
碎岩☆detritus；broken rock；rubble
碎岩船☆rock-cutter
碎岩杆☆boring arm
碎岩机☆rock cutter；demolisher
碎样☆chip-sample
(破)碎样(品)☆crushed sample
碎雨云☆scud
碎玉☆broken jade
碎云☆fractus
碎云玻璃☆basalt-obsidian；sideromelane
碎云幂☆ragged ceiling
碎渣☆disintegrating{disintegrated} slag
碎渣机☆cinder mill
碎胀系数☆coefficient of bulk increase
碎砖☆bat；scrap brick；hardcore；rubble
碎砖石垫层☆hard core
岁差[天]☆precession；precession of (the) equinoxes
岁差周期☆precessional period
岁入☆finances
岁实☆length of the year
岁首月龄☆epact
穗层孔虫属[D_{2-3}]☆Stachyodes
穗果杉☆Stachyotaxus
穗菊石属[P]☆Stacheoceras
穗囊羊齿☆crossotheca
穗形孢属[C-P]☆Ahrensisporites
穗状流痕☆fringy rill mark
穗状排列的☆spicate
遂安石[$Mg_2B_2O_5$;单斜]☆suanite
遂(硼镁)石☆suanite；magnioborite
燧石☆chert[岩]；silex；flint (stone)；firestone；fire stone；hornstone；kornite；boulder{cherty} flint；feurstein[德]；feuerstein；neopetre；amausite；zonite；petrosilex；arrow-stone；gunflint；silic-
燧石白垩黏土☆clay with flint
燧石板岩☆lydi(ani)te；flinty slate；lyddite；basanite；lydian stone
燧石玻璃☆flint glass；flintglass
燧石的☆cherty
燧石工☆flintworker
燧石化[作用]☆chertification
燧石结核☆flint{chert;chart} nodule；nodular chart
燧石结核的风化表层☆cotton rock
燧石砾岩☆chat
燧石磨盘发光器☆flint-mill
燧石(辊管)磨石机☆flint tube mill
燧石泥板岩接触☆chert-argillite contact
燧石石灰管☆cherty limestone
燧石岩☆silexite
燧石页岩☆chert-shale
燧石玉髓砾岩☆chalite
燧石质☆cherry；flintiness
燧石状土☆flint clay
燧石状压碎岩☆ultramylonite；flinty crush rock
燧石镞☆fairy arrow
燧土☆flint clay
隧道☆tunnel；gallery；tube；bore
隧道衬砌☆lining of tunnel；tunnel lining
隧道工☆sandhog；tunneller
隧道工程☆tunnel work；tunnel(l)ing
隧道谷☆tunnel valley；rinnental [德;pl.-er]；tunneldale
隧道管☆tunneltron
隧道进口掘进☆approach cutting
隧道掘进☆tunnel(l)ing；construction of tunnels；tunnel heading{driving;excavation;piercing}；gallery driving
隧道掘进激光导向☆laser tunnel guidance
隧道掘进用钻车☆tunnel jumbo{invert}
隧道开挖机☆tunnel boring machine
隧道开凿机☆tunneling machine
隧道口☆tunnel portal{front;opening}；portal
隧道炉☆tunnel-type furnace
隧道砌成装置☆tunnel lining erector
隧道全面开挖☆full-face tunneling
隧道式干燃窑☆car-tunnel drier；tunnel drying oven
隧道式搪烧炉☆tunnel type enamelling furnace
隧道式养护窑☆tunnel curing chamber
隧道塌落☆overbreak in tunnel
隧道坍顶☆tunnel roof fall
隧道脱落☆pull in tunnel
隧道挖凿机☆tunnel borer
隧道围岩分级☆classification of tunnel surrounding rock
隧道无轨掘进☆trackless tunneling
隧道效应系数☆channeling effect coefficient
隧道岩爆☆popping in tunnel
隧道窑高温点☆high-temperature spot in tunnel kiln
隧道窑通道面积比☆area ratio of channel to cross section of tunnel kiln
隧道用凿岩机☆tunnel drill
隧道注浆止水☆tunnel water sealing by injection
隧道钻进联合机☆tunneling machine
隧洞{硐}☆tunnel
隧洞底拱{板}☆tunnel invert
隧洞围岩质量指标☆quality index of tunnel surrounding rock
繸囊羊齿属[蕨;C_2]☆Crossotheca

sūn

孙氏虫属[三叶;$Є_2$]☆Sunia
孙氏盾虫属[三叶;$Є_2$]☆Sunaspis
孙氏鳄(属)[J_3]☆Sunosuchus

sǔn

损害☆injury；impairment；insult；impair；founder；disservice；detriment；nuisance；damage；prejudice；mutilation；jeopardize；mischief；lesion
损害表皮因数☆damage skin factor
损害程度☆degree of damage
损害程度比☆damage ratio
损害国家安全☆detrimental to national security
(地层)损害区☆disturbed area
损害性修井☆damaging workover
损耗☆tear and wear；dissipation；disadvantage (expense)；wastage；depreciation；deterioration；wear and tear；loss；spoilage；wasting；attrition；wear(ing)；deplete
损耗(物)☆losser
损耗(量)☆breakage；wastage；ullage
损耗波☆evanescent wave
损耗估算{|函数}☆loss evaluation{|function}
损耗角正切☆loss tangent
损耗介质☆lossy medium
损耗求和☆summation of losses
损耗数量☆quantity loss
损耗系数☆disadvantage factor；coefficient of losses
损耗因子☆dissipation factor
损耗元件☆losser
损坏☆impairment；fret；deterioration；fault；distress；decay；damage；casualty；breaking down；breakdown；deteriorate；break；vitiation；run out；tear and wear；lesion；out of repair；mar；spoil
损坏包络☆envelope of failure
损坏处测定☆location of faults
损坏的☆flimsy；vitiated
损坏点☆failure point；spot failure；blemish[磁带]
损坏工件物料☆material of spoiled work
损坏损失☆loss from spoilage
损坏由货主负责☆Owner's Risk of Damage；O.R.D.
损坏原因☆source of damage
损毁☆breakage；damage；destroy；blemish
(部分)损毁☆dilapidation
损伤☆damage；failure；impairment；wound；trauma [pl.-s,-ta]；dmg；mar
损伤外观☆deface
损伤应力☆damaging stress
损失☆loss；detriment；decrement；toll；damage；lose；wastage；sacrifice；disadvantage；penalty；nuisance；peril
损失部分能量的中子☆degraded neutron
损失的压头☆lost head
损失汇总法☆loss-summation
损失率☆loss factor{ratio}；coefficient of losses；reject fraction；overburden ratio；percentage (of) loss
损失时间☆waste time
损失岩芯☆lost core
损形☆deformation
损益☆loss and gain
损益比☆income sheet ratio
损益表☆income statement{account}；profit and loss statement
损益汇总☆profit and loss summary
损益两平点☆break even point；B.E.P.
损益两平图☆break even chart
损益平衡分析☆break-even point analysis
损益账☆profit-and-loss{loss and gain} account
榫☆tenon；Betula；birch
榫槽☆joggle；tongue-and-groove；mortise
榫槽刨☆beveling plane
榫槽(式)连接☆tongue-and-groove connection；grooved joint
榫钉☆dowel
榫规☆mortice{mortise} gauge
榫接☆joggle (joint)；joggled{mortised;tenon} joint；tenon；tie-in connection；dovetail
榫接梁{|柱}式构架☆cap{|post}-butting framing
榫孔凿☆firmer chisel
榫舌☆feather piece；tenon
榫头☆tenon
榫头连接构架☆step-down frame
榫销☆tongue；drawbore pin
榫眼☆dovetail；gain；mortise；mortice
(用)榫眼接牢☆indent
榫眼去屑凿{錾}☆ripping chisel
榫眼凿☆socket chisel
榫凿☆mortise{framing;heading;socket} chisel；tenon chisel suo
笋螂属[双壳]☆Pholadomya
笋螺属[腹;E-Q]☆Terebra

suō

蓑蛤☆Lima
蓑状线[绘地图用]☆hachure；hachured line
(用)蓑状线或影线表示山岳的地图☆hachure map
莎草蕨孢☆schizaeoisporites
莎草蕨属☆Schizaea；Schizaeopteris
莎草泥炭☆carex{sedge} peat
莎草渍水沼泽☆carex swamp
桫椤孢属[J-K]☆Cyathidites
桫椤科[蕨]☆Cyatheaceae
梭☆edge；shuttle
梭贝属[双壳;N-Q]☆Amphiperas
梭(式矿)车☆shuttle(-)car；buggy；shuttle (mine) car；shuttle tram
梭车电缆倒卷☆back-spooling
梭(式矿)车司机☆shuttle-car operator{driver}
梭动☆shuttle；shuttling
梭动式皮带运输机☆shuttle belt conveyor
梭动式装卸输送机☆shuttle conveyor
梭动装煤犁[收装碎煤、溢出煤]☆activated ramp plate
梭阀☆shuttle valve
梭孔藻属[T_2]☆Teuthoporella
梭拉狭缝☆Soller slit
梭鲁推期☆Solutrean Age
梭罗{索伦;索罗}人[印尼爪哇梭罗河岸尼安德特古人化石]☆Homo soloensis；Solo man
梭囊藻科[甲藻]☆Netrelytraceae
梭石燕属[腕;P_1]☆Fusispirifer
梭式板形运输机☆shuttle apron conveyer
梭式刮板输送器☆shuttle-action scraper
梭式井底车场☆shuttle shaft station
梭式矿车运输{集矿}☆shuttle car gathering
梭尾螺属[E_3-Q]☆Tritonalia
梭形孢属[疑;O-S]☆Leiofusa
梭形裂缝☆fusiform fissure
梭形螺属[腹;K]☆Medionapus
梭形模☆bounce mold
梭形亚类[疑]☆Netromorphitae
梭旋螺属[腹;O-S]☆Fusispira
梭状☆fusiform
梭状星云☆spindle nebula
羧[−COOH]☆carboxyl
羧化(作用)☆carboxylation
羧化物☆carboxylate
羧化作用☆carbonation
羧基[−COOH]☆carboxyl (group)；carboxy

羧基代苄基乙基硫醚[$CO_2HC_6H_4CH_2SC_2H_5$]☆carboxyl-benzyl ethyl sulfide
羧甲基☆ethyloic；carboxymethyl
羧甲基化(作用)☆carboxy methylation
羧甲基-羟丙基瓜尔豆胶☆carboxymethyl hydroxypropyl guar gum；CMIIPG
羧甲基羟基乙基纤维素[泥浆添加剂]☆carboxymethyl hydroxyethyl cellulose；CMHEC
羧甲基烃乙基纤维素☆cellulosice CMHEC
羧酸[R−COOH]☆carboxylic acid
羧酸盐{酯}☆carboxylate
羧酸阳离子交换树脂☆Lewatit (C)；Permutit H-70
羧乙基纤维素☆hydroxyethyl cellulose；NEC
缩氨酸☆peptide
缩凹☆blink
缩拌混凝土☆shrink-mixed concrete
缩苯胺☆anil
缩比☆shrink ratio
缩编本☆abridged edition
缩波☆wave of condensation；condensational wave
缩成锥形☆taper
缩尺☆(reduced) scale
缩到最低(程度)☆minimize
缩度误差☆scale error
缩短☆cut short{down}；contract(ion)；curtailment；contractibility；close-up；shorten(ing)；abridge
缩短的☆curtate；contract
缩短三瓣粉属[孢]☆Brachytrilistrium
缩短视线☆foreshortening
缩短-旋转关系☆shortening/rotation relation
缩短演化系列☆brachygenesis
缩锻☆upset
缩多氨酸☆polypeptide
缩多酸☆polyacid
缩(对称)二氨基脲☆carbazone
缩二胍☆biguanide
缩二龙胆酸[$C_{14}H_{10}O_7$]☆digentisic acid
缩二脲颜色反应☆biuret color reaction
缩放(形)的☆convergent-divergent
缩放喷嘴☆contracting-expanding nozzle
缩放图法☆pantography
缩放仪☆pantograph；eidograph；pantagraph
缩放因子☆scaling factor
缩分(样品)☆splitting
缩分器☆splitter
缩分试样☆cutting-down of sample；reduced sample
缩格☆indentation
缩管☆ contracted pipe；shrinkage pipe；pipe；draw
缩合(作用)☆condensation
缩合产品{物}☆condensation product
缩合丹宁{鞣质}☆condensed tannin
缩合剂☆condensing agent
缩回☆withdraw；retraction；retract
缩回(上节)井架☆derrick retracting
缩绘☆contracted drawing
缩肌☆retractor muscle
缩简☆cut short；brevity
缩减☆hold-down；cutback；curtailment；reduction；reduce；demultiplication；shrink；cut；retrench；trim；diminution；splitting；scale-down[按比例]
缩减比率☆scalage
缩减的☆reductive
缩减法☆flop-out method
缩紧☆crunch；scrunch
缩进☆indent(at)ion；retractation
缩进排{写}☆indent
缩进装置☆retraction device
缩景☆stooping
缩颈☆constriction；necking；waist bottling；neck down；gapping[桩工]
缩径☆diameter diminution；neck down
缩径(丁字管节)☆reducing tee{T}
缩径的☆convergent
缩径管☆reducer；tapered{reducing} pipe
缩径接头☆reducer coupling；reducing joint{piece}
缩径孔段[钻具受阻的]☆restricted area
缩径钻孔☆tight hole
缩聚(作用)☆condensation polymerization；polycondensation
缩(合)聚(合)物☆condensed polymer
缩孔☆drawhole；crawling；check crack；shrink hole；contraction{shrinkage;pipe} cavity；pockhole
缩口衬套☆reducing bush
缩口断面☆constriction area
缩扩型喷嘴☆converging-diverging{convergent-divergent} nozzle
缩裂(缝)☆shrinkage crack
缩硫醇☆mercaptol
缩硫醛☆mercaptal
缩拢☆pucker
缩略☆breviary
缩脉☆vena contracta
缩盘☆retractor disk
缩醛☆acetal
缩容☆contractancy
缩绒黏土☆fulling clay
缩水甘油[$C_2H_3O•CH_2OH;CH_2O-CHCH_2OH$]☆glycidol；glycide；diglycidyl
缩丝法☆contraction-beading method
缩头☆shrink head
缩图☆epitome；minimizing chart；contracted drawing；mini
缩图器☆planimegraph；omnigraph
缩退☆collapse
缩微☆demagnify；microcopy[复制文件]
缩微材料☆microform
缩微地图☆micromap
缩微机☆processor cameras
缩微胶片现{显}像器☆microfilm processor
缩微卡片☆micro(-)card；microfiche
缩微摄影☆micrography；microphotography
缩微相片☆photomicrograph；microfilm
缩微阅图器☆microfilm reader；micro reading apparatus
缩微照片☆microfilm；microphotograph；microcopy
缩微照相术☆microphotography
缩隙☆shrinkage crack
缩限☆shrinkage{contraction} limit；SL
缩相☆condensed phase
缩小☆diminution；contraction；reduce；shrink；lessen；demagnification；extenuation；narrow；be reduced；diminish；reducing；reduction；neck；minification；demagnify[照片影像、电子射束等]
缩小比☆drawdown ratio
缩小比例☆scaling down；descaling；scale-down
缩小成一点☆punctation
缩小的☆miniature；necked
缩小电视布景☆diorama
(井径)缩小段☆tight spot
缩小截面☆drawing down
缩小井径钻进☆mouse ahead
缩小模型☆diorama；reduced model
缩小摄影{板形}机☆reduction camera
缩小图像☆diminished image
缩小外径的接箍☆undersized coupling
缩小系数☆coefficient of reduction
缩小像☆reduced image
缩小一半的模型☆half-scale model
缩小仪☆reductor；photoreducer[相片]
缩小影印文件☆microdot
缩写☆contract(ion)；abbreviated (form)；short form；abridge(ment)；brevity；abb.；abbrev；abbr
缩型☆mini
缩性指数☆shrinkage index
缩样☆cut sample；sample reduction
缩样器☆riffler；splitter
缩样台☆riffling bench
缩叶(病)☆leaf curl
缩印卡☆microcard
缩影☆miniature；epitome；aspect
缩胀势☆shrink-swell potential
缩胀形态☆pinch-and-swell form
缩足肌☆retractor pedis；pedal retractor muscle

suǒ

琐冲洗液☆preflush
琐碎☆detail；futile
索☆cordage；cable；string；cord；tab.；table；rope
索拜构造☆sorbite
索伯洛风☆sopero
索测深☆wire sounding
索车☆cable car{carriage}
索齿兽(属)[N]☆Desmostylus
索达图☆Soda plot
索带的☆funicular
索道☆(wire) tramway{cableway}；wire ropeway；cable road{railway}；ropeway；tram-rail
索道塔(架)☆cableway mast
索道卸载仓☆tramway bin
索道支架☆ropeway supporting trestle
索德伯格自焙电极☆soderberg electrode
索斗铲☆dragline (crane) shovel；dragline (excavator)；drag (line)
索斗铲的铲斗☆dragline bucket
索斗铲式淘金厂☆dragline doodlebug
索斗式采金船开采☆dragline dredging
索斗式清沟机☆dragline ditch cleaner
索斗挖掘{采砂}船☆dragline dredge
索多边形☆equilibrium polygon
索恩伯法[地震折射解释]☆Thornburgh's method
索恩思韦特气候分类☆Thornthwaite's classification of climate
索尔吐鳄☆Saltopsuchus
索尔瓦(阶)[欧;$Є_2$]☆Solvan (stage)
索菲亚杰柯巴重介法[Barvoys process 的别名]☆Sophia-Jacoba process
索高价☆hold-up
索格底安石☆sogdianovite；sogdianite
索环☆grommet；garland
索肌[苔]☆funicle
索价☆asking price
索结☆hitch
索具☆rigging
索卷☆bight
索卡☆rope clip
索科洛夫定则☆Sokolov rule
索克氏虫属[三叶;$Є_3$]☆Saukia
索克斯赖特纸套测尘法[空气含尘量]☆Soxhlet thimble method
索克形虫属[三叶;$Є_1$]☆Saukianda
索拉油[粗柴油]☆(engine) solar oil
索莱尔双石英楔☆Soleil wedge；Soleil double plate
索莱斯海蛇匣(属)[S-D]☆Sollasina
索兰诺风☆solano
索缆(操纵的)抓岩机☆cable-operated mucker
索勒{雷}尔`胶结料{(镁质)水泥}☆Sorel cement
索链式带式运输机☆ropechain belt
索列特效应☆Soret effect；thermodiffusion
索硫锑铅矿[$Pb_{17}(Sb,As)_{22}S_{50}$;单斜]☆sorbyite
索伦森系数☆Sorensen's coefficient
索伦石[$Ca_2Si_2O_5(OH)_2•H_2O$;斜方]☆suolunite；solanit
索马里☆Somalia
(缆)索锚(栓)☆cable anchor
索姆深海平原☆Sohm abyssal plain
索诺拉雷雨☆Sonora
索赔清单☆statement of claim
索赔损失☆loss on insurance claim
索佩罗风☆sopero
索普雷马克斯玻璃☆Supremax glass
索桥☆hanging bridge
索球藻属[蓝藻]☆Gomphosphaeria
索瑞尔(镁石)水泥☆Sorel cement
索塞斯(阶)[北美;E_3-N_1]☆Saucesian (stage)
索绳抓斗装岩机☆Cable-operated mucker
索式自卸卡车☆cable-dump truck
索氏虫☆Saukia
索氏颗石[钙超;J-K]☆Sollasites
索氏囊蛇尾属[棘]☆Sollasina
索氏体☆sorbite
索氏体的☆sorbitic
索斯金娜珊瑚属[P_1]☆Sochkineophyllum
索体椎[脊]☆chordocentrous vertebra
索土顿法[多次波消去]☆Souston
索维风☆Sover
索眼密封☆grommet type seals
索要☆scrounge
索引☆index [pl.indexes,indices]；ind.；subscript；apparatus；indexing；app.
(词汇)索引☆concordancy；concordance
索引表☆concordance{indexed} list；index table
索引簿☆directory
索引杆☆drag-bar；drawbar
索引图☆key map{diagram;plan;drawing}；index map{sheet;mapp}；location index
索藻(属)[褐藻;Q]☆Chordaria
索闸☆cable brake
索状体☆funicular entity
索钻钻具☆cable drilling tool
锁☆bar；lock
锁闭离合器☆lockup clutch

S

锁步操作☆lock-step operation
锁窗贝(属)[腕;C-P]☆Cleiothyridina
锁存器☆latch
锁定☆interlocking; caging; lock(ing); lock-out; cage; latchdown; latching; locking in
锁定(陀螺仪)☆cage
锁定机构☆lock(ing){blocking;caging} mechanism
锁定链☆anchoring{anchor;sway} chain
锁定信号☆locking signal
锁定爪☆locking pawl
锁定装置☆fixing{lock-out;retaining} device; trigger; locking system{device}
锁风通行道☆air lock
锁风装置☆airlock (system)
锁缝☆crimping; crimp; eyelet[孔眼]
锁缝(的)☆overhand
锁杆☆lock rod; locking bar
锁钩☆clipper; dog
锁骨☆clavicle; collarbone
锁固理论☆theory of locking-up
锁光圈☆iris diaphragm
锁合☆lockdown
锁合螺母☆closure nut
锁环☆circlet; lock(ing){latching} ring
锁环销☆chain pin
锁簧☆lock(ing) spring
锁间(甲)骨[龟]☆interclavicula
锁键☆latch (finger); locking key
锁件☆latch fitting
锁紧舵栓☆rudder lock
锁紧缸☆clamping cylinders
锁紧环☆clip{locking} ring
锁紧(卡)环☆check ring
锁紧回路☆locking circuit
锁紧活塞☆latching ram
锁紧块☆latch segment; locking shoe; lock dog
锁紧联动机构☆locking transmission
锁紧螺钉☆gib{lock(ing)} screw; tie down screw
锁紧螺杆☆tie down screw
锁紧螺帽☆jam{check;block;set;retaining} nut
锁紧螺母☆lock(ing){checking;jam;securing;set} nut; checknut; keeper
锁紧螺母和止推轴承☆locking nuts with thrust bearing
锁紧球指针☆ball-locking finger
锁紧圈☆clamp{lock(ing)} ring
锁紧式密封总成☆anchor seal assembly
锁紧应力☆locked-up stress
锁口井框☆collar set
锁口井圈☆head piece
锁口框{棚}☆collar set
锁口圈☆collar crib{set;structure}; (shaft-sinking) curb; head piece
锁扣☆latching; latch
锁扣面[自动挂钩]☆lock face
锁扣装置☆latching system; locker
锁块☆dog{locking} segment
锁链☆chain
锁气器☆air lock
锁圈☆insert retainer
锁上☆padlock; key
锁上骨☆supraclavicula
锁式安全阀☆lock relief valve
锁式插头☆locking-type plug
锁丝钢丝绳☆lock(ed) (coil) rope
锁死☆deadlock
锁下骨☆infraclavicula
锁相补偿☆phase-locking compensation
锁相电路☆interlock circuit
锁相环路☆phase-locked loop
锁销☆latch (finger); pin; locking{lock} pin
锁止器☆gear lock
锁住☆latching; lock in{on}; catch; lockup
锁住的安全灯☆locked safety lamp
锁住构件☆keying action member
锁座☆apron block
所☆station; place; bureau [pl.-x]; office
所包含{研究}的☆involved
所得☆income; earning
所得税申报表☆income tax return
所加的压力☆applied pressure
所罗门群岛☆Solomon Islands
所涉及的☆involved
所属不明种类☆incertae sedis
所特有的☆(be) peculiar to
所托运的货物☆consignment
所需信号☆desired signal
所需要的氧☆requisite oxygen
所研究的层☆zone of interest
所有☆possession; overall; holding; panto-; pant-
所有品☆things
所有权☆ownership; property; title; proprietary rights; possession; holding
所有权的转移☆passage of title
所有权费☆ownership cost
(矿地)所有权图☆ownership map
所有人☆proprietor
所有图解的重点☆key for all diagrams
所有物☆belongings
所有者☆owner
所有制☆ownership (system)
所在地☆locality; seat; occurrence; locus [pl.loci]
所长☆director

T

tā

塌☆collapse；fall down；cave in
塌岸☆bank slump{caving;failure}
塌崩☆breakdown
塌鼻子{梁}☆snub{flat} nose；snubby nose
塌边☆slip-off edge
塌成洞☆caving
塌的☆cavernous
塌顶☆crown-in
塌顶板岩☆draw slate
塌方☆landslide{landslip} [地层结构]；cave(-)in；rockslide；overbreak；rockfall；collapse{cave in;overbreak rock-fall}[修筑]；soil{land;rock} slide；landfall；earth slide{slump;creep}；down fall；slip
塌方防御栅☆avalanche defence
塌滑☆slumping
塌滑构造☆slump structure
塌毁☆collapse；fall into ruin
塌积☆colluvial；colluviation
塌积层☆colluvium；colluvial deposit
塌积物☆collapsed material；colluvial deposit；colluvium；talus
塌架[倒塌]☆collapse；fall from power
塌棵菜☆broadbeaked mustard
塌孔☆snakes in hole
塌磊{岩屑}扇☆talus fan
塌砾{磊}☆talus
塌料☆avalanche；slip
塌落☆caving；fall；cave (in)；cave-in；collapse；crumble；tearing-away；general collapse[井下建筑]
塌落的顶板☆shet
塌落面☆avalanche face
塌落区☆gob{fall;subsidence;caved} area；area of subsidence；ground caved area
塌落物☆caved material
塌落性☆cavability
塌落岩层☆falling rock formation
塌落岩石堵住的钻孔☆squeezed borehole
塌坡☆landfall
塌腮☆sunken cheeks
塌缩☆collapse
塌台☆collapse；fall from power
(井中)塌坍{坍塌}的落石☆cavings
塌下☆cave
塌陷☆collapse；subsidence (damage)；infall；cave (in)；cave-in；wash-in；caving{fall} in；subside；dishing；crush；breakdown[洞顶]；break down；sink (downward)；slump；give way (under pressure)；excessive penetration[熔深过大引起的焊接缺陷]
塌陷表面☆depression surface
塌陷沉积☆collapsional{delapsional} deposit
塌陷的土地☆collapse land
塌陷高度☆height of fall
塌陷构造☆(gravity) collapse structure
塌陷火口☆caldera
塌陷角[岩压]☆angle of draw{subsidence}；limit angle
塌陷坑☆movement basin；collapse crater
塌陷裂缝{隙}☆collapse-fissure
塌陷漏斗☆emposieu
塌陷陆基{裾}☆collapsing continental rise
塌陷密度☆density of collapse
塌陷破裂边线☆subsidence break
塌陷强度☆intensity of collapse
塌陷区☆subsidence area；area of subsidence
塌陷性☆collapsibility
塌陷中心☆locus of foundering
塌箱[铸;冶]☆drop (off)；sag；crush；sand crushing；downslide；drop-out；dropoff
塌芯☆sag (core)
塌腰☆downward bowing；warpage
塌窑☆material collapse inside the kiln
踏实☆steady and sure；earnest；dependable
铊☆thallium；Tl
铊白榴石☆thallium leucite
铊钡沸石☆thallous edingtonite
铊的☆thallic
铊钙沸石☆thallous scolecite
铊辉沸石☆thallium stilbite
铊矿床☆thallium deposit
铊菱沸石☆thallium chabazite
铊钠沸石☆thallous natrolite
铊质菱沸石[$(Tl,Ca)(Al_2Si_4O_{12})\cdot 6H_2O$]☆thallium chabazite
铊中沸石☆thallous mesolite
他变作用☆allometamorphism
他化变质(作用)☆allochemical metamorphism
他化质☆allochem
他基晶簇☆heterochton druse
他激(励;激励)☆separate{independent} excitation
他色☆allochromatic colo(u)r
他色性☆allochromatism
他生的☆allothigen(et)ic；allo(tho)genic；allogenetic；allothigenous；progenetic
他生化学作用☆allochemical
他生物☆allogene(s)；allothigene(s)
他矽卡岩☆alloskarn
他型☆allotype
他型{形}变晶☆allotrioblast；xenoblast
他形☆anhedral form；xenomorphism
他形(的)☆xenomorphic
他形变晶的☆allotrioblastic
他形的☆xenomorphic；allotriomorphic；anhedral；allomorphic；leptomorphic；anidiomorphic；xenotopic；polymorphic
他形晶☆anhedral{xenomorphic;allotriomorphic} crystal；xenotopic；allothimorph；anhedron [pl.-s,-ra]
他形粒状☆xenomorphic{allotriomorphic} granular；granulitic[结构]
他形体☆allothimorph
他源包体☆allolite；allolith
他源异常☆allochthonous anomaly
他源韵律☆exogenous rhythm
它普酸[$HOOC(CH_2)_{14}COOH$]☆thapsic acid

tǎ

塔☆tower；stack；column；pagoda；tr
塔板☆column tray
塔胞藻属☆Pyramidomonas
塔崩[一种神经性毒剂]☆tabun
塔崩(水解)酶☆tabunase
塔比安(阶)[欧;N_2]☆Tabianian
塔侧重沸器☆side reboiler
塔齿轮☆cluster{stepped} gear
塔底残留物☆bottoms
塔顶馏分☆tops；top cut；overhead fraction
塔顶气☆overhead gas
塔耳波特[光能单位]☆talbot
塔尔虫属[三叶;O_2]☆Thaleops
塔尔迪长扁甲科[昆]☆Taldycupidae
塔尔马奇硬度☆Talmage hardness
塔{妥}尔油[浮剂]☆tallo(e)l；talloil；tall oil
塔凡尼克(阶)[北美;D_2]☆Taghanic(an)
塔菲贝属[腕;O_1]☆Taffia
塔菲石[$MgAl_4BeO_8$;六方]☆taaffeite；berinel；toaffeite；taprobanite；tarfite
塔飞角石目[头]☆Tarphycer(at)ida；Tarphyceratide
塔费尔定律☆Tafel's law
塔夫努尔层状塑料☆tufnol
塔格糖☆tagatose
塔古风☆Taku wind
塔硅锰铁钠石☆taneyamalite
塔基☆column foot
塔吉克石[$Ca_3(Ce,Y)_2(Ti,Al,Fe^{3+})B_4Si_4O_{22}$;单斜]☆tadz(h)ikite；tajikite
塔吉克斯坦☆Tajikistan
塔架☆pylon；(support) tower；warwick；derrick
塔架式挖掘机☆tower excavator
塔尖☆spire
塔礁☆pinnacle (reef)；reef pinnacle
塔脚☆column foot
塔节石目☆Nowakida
塔节石(属)[头;D]☆Nowakia
塔浸☆tower leaching
塔菊石(属) [头;K_2]☆Turrilites
塔卷壳[头]☆turriliticone
塔卷式[孔虫]☆trochoid
塔康(无线电战术导航)系统☆tacan；tactical air navigation (system)
塔考石[黏土矿物]☆tacherite；takherite
塔拉索夫石☆tarasovite
塔莱[尼泊尔;谷中低地]☆tarai；Tarai[德赖平原]
塔兰农(阶)[欧;S_1]☆Tarannon (stage)
塔兰塔塔风☆tarantata
塔兰特法[一种折射波图解法]☆Tarrant method
塔朗他他风☆tarantata
塔里木地台☆Tarim platform
塔里西粉属[孢;K-E_2]☆Talisiipites
塔利(畸)异兽(属)[C_2]☆Tullimonstrum
塔楼☆turret；tower
塔轮☆cone{step;stepped} pulley；stepped gear；taper cone pulley
塔螺(属)[腹;K-Q]☆Turritella；Pyrgula
塔螺式[腹]☆turriculate
塔罗油☆talloil
塔曼三角形[确定共结点的]☆Tammann triangle
塔{泰}曼温度☆Tammann temperature
塔门☆pylon
塔锰矿[$(Mn^{2+},Ca)Mn^{4+}_4O_9\cdot H_2O$;六方]☆takanelite
塔米纳铜矿☆Antamina
塔姆贝恩风☆tamboen
塔钠明矾☆tamarugite
塔内淋水板☆tower fill
塔内竖放钻杆容量☆stacking capacity of derrick
塔内提{特}(阶)[欧;E_1]☆Thanetian (stage)
塔内污泥☆tower sludge
塔内作业☆inside work
塔盘☆column tray
塔盘阀☆tray valve
塔硼锰镁矿[$(Mg,Mn^{2+})_2(Mn^{3+},Fe^{3+},Ti^{4+})BO_5$;斜方]☆takeuchiite
塔日酸[$CH_3(CH_2)_{10}\cdot C\equiv C(CH_2)_4COOH$]☆tariric acid
塔上工作台☆runaround
塔上起下钻工作平台☆tubing board
塔式干燥器{机}☆tower drier
塔式井架☆tower-type headframe{headgear}
塔式井架提升机☆tower hoist
塔式拉铲☆dragline tower {tower cable} excavator
塔式马尼亚孢☆Tasmanites
塔式扒斗挖掘机☆tower scraper excavator
塔式湿除尘器☆tower scrubber
塔式挖掘机的塔☆cableway mast
塔式挖掘机上部滑轮组设备☆mast-top block assembly equipment
塔式卸料箅子☆cone type discharge grate
塔式钻铤组合☆tapered drill collar string
塔式钻柱☆tapered string
塔氏硬度☆Talmage hardness
塔斯宾花岗岩☆taspinite
塔斯马尼亚孢属[疑源;O_1-N_1]☆Tasmanites
塔斯马尼亚煤☆tasmanite
塔斯曼迹[遗石]☆Tasmanadia
塔斯曼煤[介于烛煤与油页岩之间的不纯煤]☆tasmanite；yellow{white} coal；Mersey yellow coal
塔斯曼油页岩☆combustible shale；tasmanite；Mersey yellow coal；yellow{white} coal
塔斯塔贝属[腕;S_2-D_1]☆Tastaria
塔台能见度☆tower visibility
塔特尔高压弹☆Tuttle bomb
塔特尔纹☆Tuttle lamellae
塔特尔型(高压斧)☆Tuttle-type vessel
塔特尔型压力容器☆Tuttle-type pressure vessel
塔翁[缅;山]☆taung；daung
塔西斯山脊[火星]☆Tharsis Ridge
塔下水池☆tower basin
塔型洗矿机☆tower washer
塔形火山☆belonite
塔形扩孔钻头☆fir-tree{pilot-and-reamer} bit；pilot reaming bit
塔形{状}钻头☆crowned bit；pilot(-type){ear;high-centre} bit
塔伊加气候☆climate of Taiga
塔泽淮制式陨石☆tazewellite
塔哲尔陨石☆tadjerite
塔状冰山☆pinnacled iceberg
塔状的☆excurrent；castellated
塔状火山☆belonite
塔状积云☆towering cumulus
塔状{形}沙丘☆pyramidal dune；khurd[阿尔及利亚]；guern；rhourd
塔状石英☆babel-quartz；babylonian quartz
塔状云☆turreted cloud
塔锥☆turriliticone
塔锥壳[动]☆turreted
塔锥式☆turriculate

塔兹伯里(静电)发生器☆Tudsbury machine
獭螺属[腹;N-Q]☆Lataxiena
溚沙☆tar sand

tà

榻榻米[日]☆matting；tatami；floor mats
踏☆hoof；tread
踏板☆step；pedal；treadle；foot board{pedal}；floor sheet；footboard；footrest；paddle；footstool；access board；tread
踏板车☆scooter
踏板垫☆pedal pad
踏板杆☆pedal-rod
踏板式起落机构☆foot lift；reconnaissance；scouting
踏出☆beat
踏跺坡☆banquette slope
踏脚板☆running board；toeboard
(汽车等的)踏脚板☆footboard
踏脚凳☆stool
踏脚孔☆foot hole
踏脚石☆stepping stone；stepping-stone
踏勘☆reconnaissance；(running) survey；make an on-the-spot survey；scouting；preliminary prospecting {exploration}；walk-over survey；field inspection；reconnoitre；reconnoiter；pioneering；rcn.；recon
踏面☆tread
踏钻☆foot drill

tāi

胎边☆bead
胎垫☆boot
胎儿干尸化☆fetus mummification
胎儿化(作用)☆f(o)etalization
胎儿石化☆calcified fetus
胎房{室}☆periembryonic chamber
胎房室上区[孔虫]☆supraembryonic area
胎管[笔]☆sicula
胎管刺[笔]☆virgella
胎管幼枝[笔]☆sicular cladium
胎环☆tyre rim
胎火山☆embryonic{abortive} volcano；volcanic embryo
胎肩☆tire shoulder
胎具☆positioner
胎壳☆protoconch[软]；(carcass) embryonic apparatus；embryonic shell[孔虫]；prodissocouch；nucleoconch
胎壳孔[孔虫]☆proloculus pore
胎面☆tread
胎面翻新外胎☆recapped tyre
胎膜石化☆lithokelyphos
胎内衬片☆tyre boot
胎盘[动]☆placenta
胎盘菊石属[头;K_2]☆Placenticeras
胎盘岩墙[侵入炽热围岩的岩墙]☆secundine dike
胎生☆viviparity
胎体[金刚石钻头]☆matrix
胎体成分{材料}☆matrix material
(钻头)胎体冲蚀问题☆body erosion problem
胎体滴状突出式金刚石钻头☆teardrop set bit
胎体坐成☆embryogeny
胎头变形☆moulding of head
胎纹间距☆lug spacing
胎座☆placenta；spermaphore

tái

抬板机☆pallet loader
抬刀装置☆clapper
抬高☆run-up
抬高水位☆heading up
抬棚子☆junction timbering
抬起☆elevate；upraise；upheaval；uplift；raise
抬升☆uplift；rise；elevation
抬升岛☆upheaved island
抬升的盐沼☆raised salt marsh
抬升断块盆地☆tilt-block basin
抬升礁☆makatea；maktea
抬头支票☆order check
抬物架☆handbarrow
抬斜断块☆tilt block；tilted fault block
苔菜属☆Monostroma
苔草丛☆sedgeland
苔草沼泽☆carex swamp；sedge moor
苔地☆mochazhinas
苔点绿☆mottled moss green；tai-dian-lu
苔纲☆Hepaticae
苔类☆Hepaticeae；Liverwort
苔芦泥炭☆moss sedge peat
苔绿色☆moss green
苔玛瑙☆moss{tree} agate；moosopal；moosachat
苔(类)泥炭☆moss{highmoor} peat
苔色酸☆orse(i)llic acid
苔属植物☆carex
(油井)苔填密☆moss packing
(宝石中)苔纹☆moss
苔纹硅华☆moss sinter
苔纹玛瑙☆moss-agate；moss agate
苔纹铜☆Mossbauer copper
苔藓☆moss；lichen；ctenostomata
苔藓笔石属[O_1]☆Bryograptus
苔藓虫☆bryozoan；bryozoon；polyzoa(n)；zoarium；moss animal
苔藓虫个体间的☆interzooidal
苔藓虫类☆bryozoan；moss polyp；Mossbauer coral
苔藓虫属[E-Q]☆Retepora
苔藓动物☆bryozoa(n)；moss animal
苔藓动物唇口目☆Ascophora
苔藓动物门☆Bryozoa
苔藓类植物☆bryology
苔藓泥炭☆eriophorum{sphagnum} peat
苔藓泉华☆Moss sinter
苔藓湿地☆moss land
苔藓学☆bryology；muscology
苔藓沼泽☆sphagniopratum
苔藓植物☆bryophyte；moss；bryophyta
苔藓植物门☆Bryophyta
苔藓状的☆mossy；mosslike
苔原☆tundra；cold desert
苔原泥环☆(tundra) ostiole
苔原融土斑☆tundra ostiole
苔原土壤☆tundra soil
苔藻灰岩☆bryalgal (limestone)
苔状的☆muscose
苔状构造☆mossy structure
台☆table；platform；bay；board；station；bench；stage；rest；stand；rack；pedestal；sta；tab.
台坳☆syneclise
台班☆machine shift
台板☆platen
(钻)台板之下☆underfloor
台背斜☆anteklise；anteclise；anticlise；(platform) anticline
台臂☆table arm
台{枱}布云☆tablecloth
台槽☆progib；platform(al) trough
台车☆trolley；flat car；bogie；tompkins；pallet[带式烧结机的]；jumbo；carriage
台车式吊运器☆trolley conveyor
台车式窑☆platform car kiln
台车托臂☆jumbo arm
(用)台车凿岩☆drilling by drill carriage
台秤☆weighbridge；beach{platform;counter} scale；weighing machine；scale platform；platform balance；bench-scale
台床☆bogie
台床砂轮☆bench grinder
台灯☆reading lamp
台地☆tableland；platform；plateau；table (land)；(bench) terrace；mesa；veldt；chapada[南美]；tableland in mesa
台地边缘浅滩相☆platform edge shallow facies
台地边缘斜坡☆platform margin slope
台地前缘斜坡相☆platform foreslope facies
台地浅部☆epiplatform
台地相☆plateau facies
台段爆破☆benching cut
台段标高☆bench elevation
台对☆pair of stations
台尔[(矢量)微分符号、劈形算符]☆del
台尔曼虫属[孔虫;E]☆Thalmannita
台风☆typhoon
台风眼☆eye of typhoon
台风`(云)坝{堤}☆typhoon bar
台浮☆table flotation；flotation-tabling；air float table
台拱☆anteclises
台沟☆aulacogen
台虎钳☆bench screw{vice}
台基☆stereobate
台架☆ga(u)ntry；staging；gauntree；horse
台架式黄铁矿焙烧炉☆pyrite shelf oven{furnace}
台架试验☆bench test
台肩☆shoulder；cog；ledge[井筒内的]
台肩端面挤入[钻杆接头上扣过紧,一个端面挤入另一端面]☆lapped shoulder
台肩扭矩☆shouldering torque
台肩式{形}密封☆lip seal；lip packing
(有)台肩钻铤☆shouldered drill collar
台礁☆table{platform} reef
台阶☆berm；bench(ing)；ledge；bank (face)；bankette；terrace (step)；banquette；step；benching bank；a flight of steps；bench face；stoop；open pit bench；altar[干船坞的]
台阶爆破☆stoping{bank;bench} blasting；benching cut
台阶崩矿分段空场法☆bench-and-trail method
台阶边缘☆bench edge；edge of highwall
台阶布置☆arrangement step；step arrangement
台阶采区平面图☆bench block plan
台阶等高值平面☆bench contour plan
台阶底部水平炮孔☆snakehole
台阶端面☆abut face of bench
台阶工作面平行炮孔崩矿的矿房式采矿法☆bench- and-trail method
台阶工作面施工☆construction method using bench face
台阶后冲破坏☆overbreak
台阶回采☆bank work
台阶开掘☆bench cutting；notching
台阶宽度☆bench width；width of bench
台阶眉线☆crest of berm
台阶炮眼☆bencher
台阶式采煤法☆stepping
台阶式回采☆bench stoping
台阶式掘进工作面的炮眼组☆bench round
台阶式配置选矿厂☆terraced mill
台阶式墙基础☆stepped wall footing
台阶掏槽☆bench(ing){stope} cut
台阶稳定坡面角☆angle of repose of bank slope；bench slope stable angle；bank slope stable angle
台阶下盘☆bench bottom{floor}
台阶效应☆staircase effect
台阶型侵入剖面☆step profile of invasion
台阶隅角☆corner angle of bank{bench}
台阶装载☆bank-loading
台阶状产量试井☆step-rate testing
台阶状的☆stair-stepping
台阶状流量注入试井[注水量呈台阶状变化,测量注水井井底压力的变化]☆step-rate injectivity test
台镜☆magnify chart reader
台锯☆bench saw
台卡`特拉[跟踪测距][导航系统]☆Dectra；Decca tracking and ranging
台链☆station chain
台梁☆crossing balk{girder}；carrying girder
台隆☆anteclise；anticlise；anteklise
台曼干涉仪☆Twyman interferometer
台面☆mesa；deck；aboveboard；on the table；in public
(摇床)台面板☆deck(ing) plate
台面厚木板☆floor board
台面阶地☆mesa-terrace
台面式晶体管☆mica；mesa
台木属[古植]☆Dadoxylon
台诺风☆Taino
台坪☆table
台钳☆bench clamp
台上车床☆bench lathe
(在)台上工作的人员☆stage hand
台石[建]☆socle
台-(小)时[机床工作]☆machine-hour
台式虎钳☆stock{table} vice
台式检验☆desk check
台式浇注☆table casting
台式(仪表)磨床☆bench grinder
台式钻床☆bench drilling machine；benchtype drill
台双斜☆amphiclise
台斯卡立轮重介分选机☆Teska separator
台跳☆stepover
台凸☆salient
台洼☆syneclise
台湾大纵谷深断裂带☆great longitudinal valley of

T

Taiwan
台湾新生代地槽☆Taiwan Cenozoic geosyncline
台湾叶菊石☆Holcophylloceras taiwanicum
台宛太白{特旺特佩克}风☆tehuantepecer
台线☆squall line
台向斜☆syneclise；platform fold{syncline}
台用旋床☆bench lathe
台垣☆wall
台月☆driller-month
台站间距☆station {-}to-station distance
台站校正☆station correction
台褶带☆platformal fold (belt)
台砧☆bench anvil；little beak iron
台阵[震]☆array
台柱☆pillar；pillar
台状火山☆pedionite
台状泉盆☆pulpit basin
台钻☆bench drill；bench drilling machine
台座☆bed box；fiddle；cabinet base；stand
台座木属[D-N]☆Dadoxylon

tài

泰安头虫属[三叶;$Є_3$]☆Taianocephalus
泰安炸药[$C(CH_2ONO_2)_4$]☆pentaerythritol tetranitrate；pentaerythritetetranitrate；PETN
泰安炸药导爆线[英]☆cordtex
泰白青[石]☆Tai Bai Black
泰恩炸药☆Tyne powder
泰尔福式碎石路☆Telford macadam
泰尔人[南非斯瓦特克朗发现]☆Telanthropus
泰尔史密斯振动筛☆Telsmith pulsator
泰格(公司制的)比重计☆Tag{Taglibue} hydrometer
泰格法☆Tagg('s) method
泰国☆Thailand
泰赫伦☆Tegelen
泰加[西伯利亚针叶林]☆taiga；tayga
泰加林[西伯利亚]☆taiga；tayga-forest；tayga
泰克诺[商]☆Techno
泰来藻属☆Thalassia
泰劳特型筛☆Ty-Rod screen
泰勒(阶)[北美;K_2]☆Tayloran
泰勒-奥罗文位错☆Taylor-Orowan dislocation
泰勒标准分级表☆Tyler standard grade scale
泰勒标准筛目系列☆Tyler standard sieve series
泰勒布隆顿型格槽取样机☆Taylor and Brunton；riffle sampler
泰勒定理☆Taylor's theorem
泰勒钢丝绳牵引带式运输机☆Telebelt
泰勒级数近似法☆Taylor's series approximation
泰勒目筛析☆Tyler screen analysis
泰勒筛析法☆Tyler sieve analysis method
泰勒氏虫属[三叶;$Є_3$]☆Tellerina
泰勒制标准筛序{组}☆Tyler standard series
泰罗特型筛布☆Ty-rod wire cloth
泰罗制☆Taylor system
泰曼原理☆Tammann's principle
泰慕金理论☆Temkin theory
泰那林奈粉属[孢;K]☆Tenerina
泰诺风☆Taino
泰若克型筛☆Ty-rock screen
泰森-矿务局分类[煤的]☆Thiessen-Bureau of Mines System；TBM
泰山虫属[三叶;$Є_3$]☆Taishania
泰山代☆Taishanian
泰山刻石☆the Mt. Tai inscription
泰山磐石散[药]☆miscarriage preventing powder；Taishan panshi San
泰山岩群☆Taishan Group Complex
泰斯拉线圈☆Teslacoil
泰坦兽科☆Titanoideidae
泰坦型双隔膜跳汰机☆Titan (twin-diaphragm) jig
泰晤士河☆Thames
酞☆phthalein
酞(花青)☆phthalocyanine
酞菁蓝☆Heliogen blue
酞精矿☆titanium concentrate
酞酸二甲酯☆dimethyl phthalate
酞酸二乙酯{盐}[$C_6H_4(COOC_2H_5)_2$]☆diethyl phthalate
酞酸盐☆phthalate
酞酰亚胺石[$C_6H_4(CO)_2NH$;单斜]☆kladnoite
太☆T；tera-；over-
太安☆tetranitropentaerythrite
太白星的☆Venusian
太古☆Archaeoid；remote antiquity
太古代[4570～2500Ma;地球形成、海洋形成、原核生物出现,岩石变质程度很深,目前已知最古老岩石 45 多亿年]☆Arch(a)ean{Pre-Cambrian} era；Arch(a)eozoic (era)；Ar
太古代的☆Ar；Arch(a)eozoic；Arch(a)ean
太古代后地台☆eoplatform
太古的☆gerontogeous；arch(a)eo-
太古界的☆Arch(a)eozoic；Arch(a)ean；Ar
太古马属[N_1]☆Archaeohippus
太古生代{宇的}☆Arch(a)eozoic
太古细菌☆archaebacteria
太古植代☆Archeophytic；Algophytic
太古植‘生{物时}代☆Arch(a)eophytic
太古植宙☆Archeophytic；Archaeophytic
太古宙(宇)[3800～2500Ma]☆Arch(a)ean eon；AR
太古宙的☆Archaeozoic
太古宙后的☆post-Archean
太行运动☆Taihang movement
太湖石☆eroded limestone；Taihu Lake stone；water modeled stone；Taihu stone [famous for its cavities and unique shape,and good for rockery in landscaping]
太康造山运动[晚奥陶世]☆Taconic progeny
太克拉通☆archons
太空☆firmament；expanse；space
太空城☆cosmograd
太空船☆satelloid
太空飞机☆spaceplane
太空黑洞☆black hole；collapsar
太空化学☆astrochemistry
太空甲虫☆astrobug
太空漫步☆spacewalk
太空目标角☆object space angle
太空人☆spaceman [pl.-men]
太空上的☆spaceborne
太空鼠☆astromouse
太空数据接收站☆readout station
太空探索☆extraterrestrial research
太空图像☆deep-space picture
太空站☆cosmodom
太空站的降落部分☆cosmodrome
太雷埃石☆tyreeite；tireeite
太梅尔冰楔多边形[西伯利亚北部]☆Taimyr polygon
太梅尔蛤属[双壳;P]☆Taimyria
太平滑梯☆slide escape
太平井☆escape shaft{pit}
太平门☆emergency door{exit}；exit [of a building, etc.]；escape hatch；relief{safety} door；fire escape；fire escapeway[防火]；safety pod
太平梯☆escape stair{stairway}；fire exit{escape}；safety ladder；emergency staircase
太平岩☆pacificite
太平洋岸地槽☆the pacific Coast Geosyncline
太平洋瓣状漂移☆Pacifico-petal{Pacific-petal} drift
太平洋的海岸线☆Pacific coastlines
太平洋副北极水团☆Pacific sub-arctic water mass
太平洋活火山带☆ring of fire
太平洋两岸种[生]☆amphi-pacific species
太平洋内岩区☆intra-Pacific province
太平洋区☆Pacific Ocean Area；POA
太平洋式(海)岸线☆Pacific-type coastline
太平洋套[岩]☆anapeirean；Pacific suite；circum-Pacific province
太平洋型地槽☆Pacific-type geosyncline
太平洋岩☆pacificite
太平洋岩套的☆anapeirean
太平洋月生说☆Pacific moon-birth theory
太平洋珍珠绿[石]☆Pacific Pearl
太沙基承载力公式☆Terzaghi's bearing capacity formula
太沙基承载力理论☆Terzaghi bearing capacity theory
太沙基固结理论☆Terzaghi consolidation theory
太沙基有效应力方程☆Terzaghi's effective stress equation
太阳☆sun；sonne；helio-
太阳白[石]☆Astra
太阳爆发静止效应☆dellinger effect
太阳爆发探测量☆sunblazer space probe
太阳虫类{目}[原生]☆Heliozoa
太阳大爆发☆solar outburst
太阳单色光照相仪☆spectroheliograph
太阳的☆heliacal；solar；sunny
太阳灯☆sun (lamp)；sunlamp；sunlight lamp
太阳灯房☆sun-lamp room
太阳灯丝☆helion filament
太阳地势假说☆solar relief hypothesis
太阳地文假说☆solar-topographic hypothesis
太阳地形说☆solar topographic theory
太阳电池☆solar battery{cell}；solaode
太阳电浆通量☆solar plasma flux
太阳顶点☆solar apex
太阳发射说☆solar emission theory
太阳分光热量计☆spectropyheliometer
太阳分米波爆发☆solar decimeter burst
太阳辐射☆sun's{solar} radiation
太阳辐射红外线光谱☆infrared solar spectrum
太阳幅照☆solar irradiation
太阳辐照度☆solar irradiance
太阳干扰☆sun-interference
太阳观测附件☆solar attachment
太阳光☆sunlight
太阳光度测定器☆solar photometry probe；SPP
太阳光能计☆actinometer
太阳光谱黑线☆Fraunhofer line
太阳光球上的光斑☆facula [pl.-e]
太阳光线☆sunlight；sunbeam
太阳黑子{点}☆sunspot；solar spot；macula
太阳红外☆infrared；solar IR
太阳角影响☆sunangle effect
太阳菊石属[头;J_2]☆Sonninia
太阳连续射电爆发☆solar continuum radio burst
太阳米波爆发☆solar meter burst
太阳面记述☆heliography
太阳能的☆solar-powered
太阳能电池板☆solar panel
太阳女神螺属[腹;Є]☆Helcionella
太阳期前的☆presolar
太阳气候关系☆solar-climatic relationship
太阳气旋假说☆solar cyclonic hypothesis
太阳日☆solar{apparent} day；Sun Day
太阳软 X 射线爆发☆solar soft X-ray burst
太阳珊瑚☆Heliolites
太阳射电爆发☆solar radio burst
太阳神☆Titan；Apollo
太阳石[琥珀]☆sunstone；tourmaline sun；sun-stone；aventurine feldspar；sonnenstein[德]
太阳微波爆发☆solar microwave burst
太阳系☆solar{sun} system
太阳系外的☆extrasolar
太阳眼镜☆sunshades
太阳域[受太阳气体及磁场影响的领域]☆heliosphere
太阳灶{炉}☆solar furnace
太阳噪扰爆发☆solar noise bursts
(用)太阳照相机拍摄☆heliograph
太阳中心说☆heliocentric theory；heliocentricism
太阴☆moon
太阴表☆tables of the moon
太阴潮重力效应☆lunar tidal and gravity effects
太阴低潮间隙☆low water lunitidal interval
太阴交周☆draconitic revolution
太阴月☆lunation；lunar month
太阴中天☆moon's transit
太阴逐日磁变☆lunar diurnal variation
太原统☆Taiyuan series
太子虫属[三叶;$Є_2$]☆Taitzuia
太子河虫属[三叶;$Є_3$]☆Taitzehoia
太子河鑝属[孔虫;C_2]☆Taitzehoella
太子红[石]☆Red Ruby
态度☆approach；attitude；behavio(u)r；tune；style；stance；spirit；postures；manner
态函数☆state function
态射☆morphism
(生)态(适)应变态☆adaptation modification
钛☆titanium；Ti
钛白☆titanium dioxide
钛白釉☆titania enamel
钛贝塔石☆titanobetafite；tangenite
钛钡铬石☆lindsleyite-(Ba)
钛钡钾石☆jeppeite
钛泵☆vacion (pump)
钛蚕豆矿☆titan-favas
钛赤铁矿[$(Fe,Ti)_2O_3$,含钛 6%～8%的赤铁矿]☆titanohematite；titan(o)haematite；basanomelan；haplotypite；titanhaematite；basanomelane

T

钛磁尖晶霞辉岩☆ostraite
钛磁铁橄辉岩☆anabohitsite
钛磁铁矿[$(Fe,Ti)_3O_4$]☆titanic magnetite；iserite；titanomagnetite；titanmagnetite；titaniferous magnetite；coulsonite；titanomagnetic ore
钛的☆titanic
钛碲矿[$TiTe_3^{4+}O_8$;等轴]☆winstanleyite
钛电气石[$(Na,Ca)(Li,Mg,Fe^{2+},Al)_3(Al,Fe^{3+},Ti)_6B_3Si_6O_{27}(O,OH,F)_4$]☆titantourmaline
钛钒矿☆berdesinskiite
钛钒石☆tivanite
钛符山石☆titanvesuvian(ite)
钛钙钠锰铅石☆titano-lavenite
钛橄榄石☆titanolivine [$Mg_7Ti(SiO_4)_4(OH)_2$]；titanclinohumite[$Mg_9(SiO_4)_4(OH)_2$]；titanolivinite；titanclinogumite
钛锆钼容器☆TZM vessel
钛锆烧绿石☆zirconolite；zirkonolith；zirkonolite；blakeite
钛锆钍矿[$(Ce,Fe,Ca)O•2(Zr,Ti,Th)O_2$；$(Ca,Th,Ce)Zr(Ti,Nb)_2O_7$;单斜]☆zirkelite；zirconolite；blakeite；zirkonolite；zerkelite；zirkonolith；zirkelike
钛锆钍石☆zerkelite；zirkelite
钛铬铁矿☆titanochromite；titanoarmalcolite；chromian ulvospinel
钛硅钙钠石☆molengraafite
钛硅镁钙石☆rhoenite；rhonite
钛硅钠矿[$Na_2Ti_2Si_2O_9$]☆ramsayite；lorenzenite
钛硅钠铌矿☆pyrhite
钛硅钛铌钠矿☆titanonenadkevichite
钛硅钇铈矿☆perrierite；mineral de coromandel
钛褐锰锆矿☆titanolovenite
钛褐钇铌矿☆risorite [$RE(Nb,Ti,Ta)O_4$]；risoerite [$(Y,Er)(Nb,Ti,Ta)(O,OH)_4$]；titaniferous fergusonite
钛黑榴石[$Ca_3(Fe,Ti)_2(SiO_4)_3$]☆titanmelanite
钛黑云母☆titan(o)biotite；wodanite；wotanite；odenite；titanglimmer
钛化合物☆titanium compound
钛黄云橄岩☆africandite；afrikandite
钛辉方钠正长岩☆assyntite
钛辉闪斜霞岩☆berondrite
钛辉闪(石)玄(武)岩☆yamaskite
钛辉石[$(Ca,Na)(Mg,Fe,Ti)(Si,Al)_2O_6$]☆titanaugite；titanian augite
钛辉霞岩☆aiounite
钛辉斜煌岩☆camptospessartite
钛火石玻璃☆titania flint glass；TiF glass
钛钾钙硅石☆tinaksite；tinaxite
钛钾铬石☆mathiasite-(K)
钛尖赤磁铁矿☆shishimskite
钛尖晶石☆titan-spinel [$MgAl_2O_4$,含有 TiO_2]；jozite；ulvospinel [Fe_2TiO_4]；ilmenocorund；titan(o-)spinel
钛胶盐交联剂☆titanate crosslinker
钛角闪石[$Ca_4Na(Mg,Fe^{2+})_7(Al,Fe^{3+})_5Ti_2S_{12}O_{46}(OH)_2$]☆kaersutite
钛介质电容器☆titanium capacitor
钛金红石☆teshirogilite；smirnowit
钛矿床☆titanium deposit
钛粒硅镁石☆titanochondrodite
钛磷铈钇矿[含水的稀土钛硅酸盐]☆tundrite；titanorhab(o)dophane
钛榴石[$Ca_3(Fe^{3+},Ti)_2((Si,Ti)O_4)_3$(含 TiO_2 约 15%～25%);等轴]☆schorlomite；iiwaarite；ferrotitanite；ivaarite；titangarnet；jivaarite；iwaarite；schorlamit
钛铝石☆simpsonite
钛镁尖晶石[Mg_2TiO_4]☆baikorite
钛镁铁矿[$Fe_2MgTi_3O_{10}$]☆kennedyite
钛锰铁矿☆ecandrewsite
钛钼锆压力釜☆TMZ pressure vessel
钛钠锆石[$Na_2(Ti,Zr)Si_6O_{15}•3H_2O$]☆titan(o)-elpidite
钛铌钙铈矿☆loparite
钛铌锰石[$(Mn,Ca)(Nb,Ti)_5O_{12}•9H_2O$;非晶质]☆gerasimovskite
钛铌铅钠石☆zimbabweite
钛铌酸钙铀矿[$Ca_2(Nb,Ta)_2(Ti,U)_2O_{11}$]☆mendeleyevite；mendelyeevite；mendeleeffite
钛铌酸钠铈矿[$(Ce,La,Na,Ca,Sr)_2(Ti,Nb)_2O_6$]☆loparite
钛铌酸铀铁矿☆blomstrandite
钛铌钽矿[$(Ti,Nb,Ta,Fe)O_2$]☆stru(e)verite
钛铌钽砂☆titanium niobium tantalum concentrates
钛铌铁矿☆titanoniobite
钛铌铁钇矿[$(Y,U,Th)_3(Nb,Ta,Ti,Fe)_7O_{20}$]☆chlopinite；khlopinite；hlopinite；klopinite
钛铌钇矿☆nuevite
钛铌铀矿☆blomstrandi(ni)te
钛镍铬耐热合金☆tinidur
钛硼镁铁石☆warwickite
钛普通辉石☆titanaugite
钛铅钍铀矿☆blackeite
钛闪石[$Na_4(Fe^{2+},Fe^{3+},Ti)_{13}Si1_2O_{42}$；$NaCa_2(Mg,Fe^{2+})_4Ti(Si_6Al_2)O_{22}(OH)_2$；单斜]☆titanhornblende；k(a)ersutite；
钛闪霞辉岩☆ampasimenite
钛烧绿石☆titan(o)pyrochlore；titanmikrolithe；titanbetafit
钛石☆titanite
钛铈钙矿[$(Ca,Ce)(Ti,Fe^{3+},Cr,Mg)_{21}O_{38}$;三方]☆loveringite
钛铈硅石☆titanocerite；certitanite
钛水斜硅镁石☆titanhydroclinohumite
钛水蛭石☆zonolite
钛锶矿[人工合成]☆symant
钛酸[金红石、锐钛矿、板钛矿]☆titanic acid
钛酸钡☆barium titanate
钛酸铋{|钙|镧|镁|铅|锌}陶瓷☆bismuth{|calcium|lanthanum|magnesium|lead|zinc} titanate ceramics
钛酸锆系陶瓷☆zirconium titanate system ceramics
钛酸锶铋陶瓷☆strontium bismuth titanate ceramics
钛酸锶晶体☆strontium titanate crystal
钛酸盐类☆titanates
钛酸铀矿[$(U,Ca,Fe,Y,Th)_3•Ti_5O_{16}$]☆brannerite
钛燧石玻璃☆titanium flint glass
钛钽精矿☆titanium tantalum concentrates
钛钽铌铀矿☆pisekite；blomstrandine
钛钽铁矿 [$Fe^{2+}(Ta,Nb)_{2x}Ti_{1-3x}O_2$] ☆ tantalum ilmenorutile
钛碳铀钍矿☆titanothucholite
钛锑钙(石) [$(Ca,Fe^{2+},Na)_2(Sb,Ti)_2O_7$;等轴]☆lewisite
钛锑烧绿石 [$(Ca,Fe,Na)_2(Sb,Ti)_2O_7$] ☆ titanantimonpyrochlore
钛铁(合金)☆ferrotitanium
钛铁长橄岩☆cumberiandite；cumberlandite
钛铁古铜灰岩☆ilmenite bronzitite
钛铁晶石[$TiFe_2^{2+}O_4$;等轴]☆ulvöspinel；ulvite；ferro-orthotitanate；jozite；ulvospmel
钛铁矿[$Fe^{2+}TiO_3$,含较多的 Fe_2O_3;三方]☆ilmenite；iserin(e)；haplotypite；kibdelophane；mohsite；titanic iron (ore)；titaniferous {axotomous} iron ore；menachanite；paracolumbite；gregorite；titanioferrite；iserite；menaccanite；washingtonite；kibdelophan；iron sand；gallizinite；ferroilmenite；eisentitan；paracolumbite titanioferrite；eisenrosen；kibdelopane；uddevallite；basanomelan(e)；chrichtonite；thuenite；menacan；cibdelophane；siderotitanium；menakan(ite)；manakan [德]；menakeisenstein；parailmenite；menacconit；manachanite；manaccanite
钛铁矿粉加重水泥☆ilmenite cement
钛铁矿型焊条☆ilmenite type electrode
钛铁粒{粗}玄岩☆mimosite
钛铁霞辉岩{石}☆jacupirangite
钛铁岩☆ilmenitite；cumberlandite
钛铁铀矿[$(Ti,U)O_2•UO_3(Pb,Fe)O•Fe_2O_3$]☆ferutite
钛铁云母☆ilmenit-glimmer
钛透辉石☆titandiopside
钛钍矿[$(Th,U,Ca)Ti_2(O,OH)_6$;单斜]☆thorutite；smirnovite
钛钍铀沥青[为金红石、沥青铀矿及碳氢化合物的混合物]☆titano(-)thucholite
钛微晶石☆titan-mikrolith
钛钨钴硬质合金☆tungsten carbide-titanium carbide-cobalt alloy
钛钨硬质合金☆Titanit
钛稀金矿[$(Y,U)(Ti,Nb)_2(O,OH)_6$;非晶质]☆kobeite；cobeite
钛细晶石☆titanmikrolithe
钛纤硅钡铁石☆titantaramellite
钛斜硅镁石☆titanclinohumite[$Mg_9(SiO_4)_4(OH)_2$]；titan-clinohumite；titanhydroclinohumite [$Mg_7Ti(SiO_4)_4(OH)_2$]；clino-olivine；titanoclinohumite；titanolivine；titanclinogumite
钛锌钠矿[$(Na,Y)_4(Zn,Fe^{2+})_3(Ti,Nb)_6O_{18}(F,OH)_4$;等轴]☆murataite
钛型焊条☆titania type electrode
钛氧☆titania
钛氧石☆osbornite
钛冶炼实验室☆titanium metallurgical laboratory
钛钇矿☆taiyite；titanyttrite
钛钇钍矿[Ce,Y,Th 的含水钛酸盐；$(Y,Th,Ca,U)(Ti,Fe^{3+})_2(O,OH)_6$;斜方]☆yttrocrasite；yttrokrasit
钛钇易解石☆titanopriorite
钛钇铀矿[$(Y,U,Fe^{2+})(Ti,Sn)_3O_8$;$(Fe,Y,U)(Ti,Sn)_3O_8$]☆delorenzite
钛易变辉石[$(Ca,Mg,Fe^{2+},Fe^{3+},Ti)(Si,Ti)O_3$]☆titanpigeonite；titanhedenbergite
钛易解石[$(Ce,Th)(Nb,Ti)_2(O,OH)_6$]☆titanoeschynite；titano-aeschynite
钛银铜法陶瓷金属封接☆ceramic-to-metal seal by Ti-Ag-Cu process
钛铀矿[UTi_2O_6,U^{4+}部分被 U^{6+}代替；$(U,Ca,Ce)(Ti,Fe)_2O_6$；单斜]☆brannerite；brunnerite；absite；condobaite；cordobaite；lodochnikite
钛云母[$K_2(Mg,Fe^{2+},Fe^{3+},Ti)_{4-6}(Al,Ti,Si)_8O_{20}(OH)_4$]☆odinite；titanmica；odenite；wotanite；titanbiotite；wodanite
钛钍矿☆thorutite
钛质的☆titaniferous
钛重钽铁矿☆tantalorutile
肽☆peptide

tān

坍☆collapse；fall；tumble；crumble down
坍岸☆bank failure{caving}；sloughing bank
坍岸速度☆collapse velocity of bank
坍崩☆landslip
坍倒☆crash；founder
坍度☆slump
坍方☆creeping；earth creep；sloughing；collapse {cave in}[建筑]；landslide{landslip}[地层结构]；downfall；rock slide；soil slip
坍方防御廊☆avalanche gallery
坍方线☆line of slide
坍坏深度☆collapse depth
坍毁☆dilapidation
坍井压力☆caving pressure
坍落☆fall；(earth) slump；slumping
坍落的硐室☆caved chamber
坍落度大的混凝土☆quaking concrete
坍落度`试验锥{(圆锥)筒}☆slump cone
坍落拱☆caved arch
坍落块☆cavings
坍落物☆slough；slouch
坍落岩层☆falling rock formation
坍圮[书]☆collapse；fall{crumble} down
坍圮殆尽☆has fallen entirely to ruin
坍坡[工]☆landcreep；pinch；landslide
坍缩☆pinch；collapse；condense；concentrate；flow down
坍缩恢复现象☆collapses-revivals
坍缩星☆collapsar；black hole
坍塌☆(cave-in) collapse；caving；slump；jackknifing；cave (in)；jackknife；nip；wreck；slough (off)；fall in；topple；fallen-in；sloughing；tall{broke} down；crumble
坍塌帮壁☆cave-in
坍塌的页岩☆caving shale
坍塌地层☆cavernous formation
坍塌堵塞必须再钻的井☆lost hole
坍塌机构☆collapse mechanism
坍塌阶地☆landslide terrace；land slide terrace
坍塌井眼☆caved hole
坍塌径迹☆landslide track
坍塌区☆caving zone
坍塌物☆dilapidation
坍塌性页岩☆sloughing shale
坍塌岩层☆cavey formation
坍陷☆creeping；caving；cave
坍陷漏斗☆collapsed doline
坍陷区范围☆collapse area extent
坍陷作用[火山锥]☆engulfment
坍崖堆积物☆cliff-fall deposit
摊间海☆interbank sea
摊派☆apportion
摊派额☆contribution
摊铺石渣☆spreading ballast
摊提☆amortize
瘫痪☆paralyze

滩☆bank；beach；sands；rapids；shoal；strand
滩岸☆frontage；beach strand
滩壁☆berm scarp
滩冰☆beach ice
滩槽☆swale；furrow；trough；slash
滩槽沉积☆swage fill deposit
滩沉积☆littoral{beach} deposit
滩池☆beach pool
滩底☆beach bottom
滩地☆foreland；beach strand；coastal plain；bottom (land)；bottomland
滩地沼泽☆fluvial bog
滩地震`相单位{岩相单元}☆bank seismic facies unit
滩顶☆beach ridge{full}
滩堆积物☆beach material
(海)滩环境☆beach environment
滩积☆bank deposits
滩积岩☆beachrock
滩脊☆beach ridge{crest;rampart;full}；fulls；berm crest
滩尖(嘴)☆(beach) cusp
滩肩☆(beach) berm
滩肩后凹槽☆back-berm trough
滩肩前☆foreberm
滩礁☆beach{bank;shoal} reef
滩角☆(beach) cusp
滩角湾☆bay of cusp
滩坎☆beach scarp
滩浪☆beachcomber
滩浪带☆shoaling zone
滩砾☆shingle；pit-run{beach} gravel
滩砾脊☆boulder ridge
滩砾磨面☆chink-faceting
滩面☆beach face；accretion surface
滩面水深☆depth of flow over bar
滩内礁☆bank {-}inset reef
滩平原☆beach plain
滩坡☆beach slope
滩栖螺属☆Batillaria
滩沙{|潭|头|崖}☆beach sand{|pool|head|scarp}
滩沙圈闭☆beach sand trap
滩沙重矿富集☆beach concentrate
滩外缘☆berm crest
滩线☆beach{bank} line
滩岩☆beach rock；beachrock
滩淤(作用)☆nourishment
滩缘☆edge of bank
滩缘礁☆bank-inset reef
滩状地震相☆bank seismic facies
滩嘴☆(beach) cusp
滩嘴尖☆apex of cusp

tán

坛☆carboy
坛螺属[腹;J-N_1]☆Ampullina
坛形的☆ampullaceous
坛柱面函数☆cylindrical fund
檀香粉属[孢;K_2-N]☆Santalumidites
檀香萜☆santalene
檀香烷☆santalane
昙白蛋白石☆hydrophane
昙层☆turbidity screen
昙花一现☆skyrocket
潭泉☆pool spring
谭氏龙(属)[K_3]☆Tanius
谈及☆advert；speak about；speak of
谈论☆discourse；hash；talk about；remark on
谈判☆negotiate；treaty；treat；parley；negotiation
弹板刮土机☆buck scraper
弹出☆spring
弹点☆popped pit
弹动☆flick；springing
弹花石路面☆durax pavement
弹簧☆(mechanical) spring
弹簧安全联结装置☆spring safety hitch
弹簧保险转辙器☆catch points
弹簧波纹辊碎机☆corrugated spring rolls
弹簧超载松脱式联结装置☆spring overload release hitch
弹簧承重的☆spring loaded
弹簧床☆bedspring
弹簧促动的☆spring actuated
弹簧挡圈☆clip{check} ring；spring collar
弹簧导向压辊☆mangle roller drive
弹簧电气开关☆jack
弹簧垫圈☆spring{grower;retaining;lock} washer；elastic ring
弹簧对中阀☆spring centered valve
弹簧封闭钩☆snap hook
弹簧杆钻机☆spring pole rig
弹簧钢底梁☆spring steel floor member
弹簧箍☆hoop of spring
弹簧管☆Bourdon tube
弹簧夹☆alligator clip；spring clamp{finger}
弹簧夹头☆collet chuck
弹簧加压`缓冲器{|密封}☆spring loaded bumper {|seal}
弹簧加载单向{止回}阀☆spring-loaded check valve
弹簧架☆spring(-supported) mount
弹簧尖轨道岔☆switch with spring tongues
弹簧减震柱☆spring shock absorber strut
弹簧卷绳筒☆spring loaded reed
弹簧卡盘☆split{expanding} chuck
弹簧开关☆jack
弹簧扣☆latch catch
弹簧膜压力计☆harmonic membrane
弹簧片☆spring leaf{lamination;piece}；leaf spring
弹簧平衡卫板☆spring-balanced guard
弹簧筛☆Zimmer screen
弹簧式对辊机☆spring rolls
弹簧(加载)式拱脚斜石块☆spring-loaded skewback
弹簧松脱式联结装置☆spring release hitch
弹簧锁☆spring lock；latch；snap-lock
弹簧弹力(测量)仪☆blenometer
弹簧筒夹☆expanding chuck
弹簧脱钩式卡具☆spring-trip clamp
弹簧销☆spring{spiral} pin；yale lock
弹簧移位换向阀☆spring offset valve
弹簧辙尖转辙器☆switch with spring tongues
弹簧支撑的筛框☆spring-supported box
弹簧支架筛☆spring-supported screen
弹簧支枢座衬套☆spring pivot seat bushing
弹簧支座输送{运输}机☆coil-mounted conveyor
弹簧钟形压力计☆spring-balanced bell gage
弹簧座盖垫☆spring seat cap gasket
弹回☆recoil；bounce {-}back；resilience
弹回冲击☆impact of recoil
弹回体☆resilium
弹回张力☆sprung tension
弹架☆gun carrier
弹键☆latch
弹键柄销☆latch handle pin
弹沥青☆balkhashite；balkaschite
弹力☆resilience；elasticity；bounce；spring (force)；elastica；elastic force；tension
弹力计☆elastometer
弹力密封☆elastomeric seal
弹力式岩芯提取器☆spring (core) lifter
弹料☆elastomer
弹落☆kick-down
弹能☆absorbed-in-fracture{resilience} energy
弹黏塑性模型☆elastic visco-plastic model
弹黏度☆elastic(o)-viscosity
弹黏{性}固体☆Kelvin bode；Maxwell liquid；elastoviscous solid；firmoviscous substance{solid}
弹黏体{|体系}☆elastico-viscous body{|system}
弹黏性☆firmoviscosity；elasticoviscous property；elasticoviscosity
弹黏性的☆elasticoviscous；viscoelastic；firmoviscous
弹黏性流☆elastic-viscous flow
弹起☆bound；bounce
弹器[昆]☆elastes；furca；furcula
弹柔性☆elasto-plastic property
弹射☆catapult；pop
弹射起飞飞机☆cataplane
弹射筒(火药)☆powder charge
弹射增韧☆shotpeen
弹射增韧法☆shot peening
弹石脉☆flicking{snap-on-stone} pulse
弹束☆cluster
弹丝☆elater
弹丝孢属[C_{2-3}]☆Elaterites
弹塑性☆elastoplastic(ity)；plasto-elasticity；elasto-plastic；elastic plasticity
弹塑性变形理论☆theory of elastic-plastic deformation
弹塑性波☆elastic-plastic wave
弹塑性分析☆elastic-plastic analysis
弹塑性矩阵位移☆elasto-plastic matrix displacement
弹塑性耦合☆elastoplastic coupling
弹塑性体☆elast(ic)oplastic body；elastic-plastic solid；plastoelastic mass
弹塑性楔体☆elasto-plastic wedge
弹踢☆kick
弹跳☆bouncing；hop；spring(ing)
弹跳形地震仪☆pop-up seismometer
弹尾目[昆]☆Collembola
弹性☆elastic (constant;property)；elasticity；elastica；emollescence；resilience；spring(ing)；buoyancy；buoyance；tenacity；stretch；springiness；flexibility
弹性板法☆elastic plate method
弹性半(度)空间理论☆elastic half space theory
弹性比例极{界}限☆proportional elastic limit
弹性变形☆elastic deformation{strain}[力]；elasticity；resilience；elastic strain{deformation}；temporary set；elastica；short-term{resilient} deformation
弹性变形含水层☆elastic deformable aquifer
弹性变形造成的破坏☆elastic breakdown
弹性冰☆rubber ice
弹性波传播☆elastic wave propagation
弹性波偏移理论☆elastic migration theory
弹性波全息摄影术☆elastic wave holography
弹性不连续性{面}☆elastic discontinuity
弹性不稳定度{性}☆elastic instability
弹性残存{留}变形☆elastic drift
弹性储存量☆elastic storage
弹性挡(卡)环☆snapring
弹性地蜡☆a(e)gerite；aegirite；helenite；kautschuk fossiles；dapiche；caoutchouc；dapeche
弹性垫☆cushion
弹性垫座☆bumper block
弹性蝶铰☆resilium
弹性顶尖☆movable center
弹性冻胶☆elastogel
弹性非均匀压缩系数☆coefficient of elastic non-uniform compression
弹性复原☆recovery of elasticity；elastic recovery
弹性钢底座{梁}☆spring-steel floor member
弹性刚度常数☆elastic stiffness constant
弹性工作时间制度☆flexitime system
弹性关税☆flexible tariff
弹性和塑性屈服☆elastic-and-plastic yield
弹性后效☆elastic after effect；elastic after-working {afterworking;lag;aftereffect;drift}；spring-back；creep recovery；anelastic；retarded{residual} elasticity；afterworking；post-elastic behavior
弹性后效变形☆elastic after-deformation
(使)弹性化☆elasticize
弹性辉岩☆cromaltite
弹性回弹机理☆elastic rebound mechanism
弹性回跳理论[弹回回跳(学)说]☆theory of elastic rebound；elastic rebound theory
弹性回转帽☆resilient swivel cap
弹性基床反力☆elastic subgrade reaction
弹性极限☆elastic limit；criterion of yielding；k-point；limit of elasticity；EL
弹性给料连接管☆flexible feed connector
弹性计☆elastometer
弹性夹头☆collet
弹性夹头锁紧装置☆collet lock
弹性减震悬挂装置☆resilient shock absorbing suspension
弹性胶囊充填器☆elastic capsule filler
弹性均匀压缩系数☆coefficient of elastic uniform compression
弹性抗力系数☆coefficient of elastic resistance
弹性可变含水层☆elastic deformable aquifer
弹性力☆elastic force；elastic-force
弹性沥青☆elaterite；dopplerite；elastic mineral pitch；elastic bitum(en)；agerite；zittavite；aeonite；aegerite；wiedgerite；aegirite；mineral caoutchouc；liverite
弹性沥青型腐殖凝胶☆doppleritic-type humic gel
弹性量☆value of elasticity
弹性密封系统{装置}☆resilient sealing system
弹性模量☆elastic{elasticity;Young's} modulus；modulus of elasticity；Young's module
弹性模量测定☆elastic modulus test
弹性模数☆elastic modulus{module}
弹性泥炭☆peaty pitch coal

弹性黏度☆elastico-viscosity
弹性黏膏☆elastoplast
弹性黏流☆elasticoviscous flow
弹性排料连接管☆flexible discharge connector
弹性切力极限测定计☆pachimeter
弹性驱动☆elastic drive{control}；volumetric control
弹性驱动油层{藏}☆expansion type reservoir
弹性上限☆upper elastic limit
弹性伸缩块☆kickover lug
弹性释放量☆elastic storage
弹性势理论☆elastic potential theory
弹性水泥☆fleximer
弹性顺度常数☆elastic compliance constant
弹性塑料☆elastoplast；elastoplastic
弹性索☆bungee
弹性体☆elastic body{solid}；elastomer
弹性体的☆elastomeric
弹性物质☆elastic substance；Hookian solid
弹性系数☆elasticity{elastic} coefficient；coefficient of elasticity{resilience}；modulus of elasticity；elastic modulus{module;constant}；EC
弹性下限☆lower elastic limit
弹性形变☆compliance；elastic deformation{strain}
弹性悬置[减震]☆installation on silent block
弹性硬(蛋白)☆elastin
弹性应变☆rebound{elastic} strain
弹性应变寿命曲线☆elastic strain-life curve
弹性油泥[材]☆bouncing putty
弹性预算☆flexible budget；FB
弹性支撑装置☆resilient supporting unit
弹性滞后☆elastic lag{hysteresis}；delayed elasticity
弹性滞后闭合回线☆elastic hysteresis loop
弹性自流含水层☆elastic artesian aquifer
弹性轴☆axis of elasticity；elastic axis；e.a.
弹性装置☆springing
弹压齿式离合器☆snap clutch

tǎn

坦波拉尔风[中美太平洋沿岸的强西南风]☆temporale
坦泊[班图语;泛滥平原,雨季为沼泽]☆dambo
坦谷波☆trochoidal wave
坦克车☆caterpillar；panzer
坦拉尔风[安第斯山脉沿岸强烈东南海风]☆terral
坦纳(感应炉生铁矿石炼钢)法☆Tanna process
坦诺依扩音系统的商标名称☆Tannoy
坦普拉风☆Temporale
坦桑宝石[一种深蓝色黝帘石,作半宝石用]☆tanzanite
坦桑尼亚☆Tanzania
坦桑石[$Ca_2Al_3Si_3O_{12}$]☆zoisite；tanzanite
坦率☆freedom；outspoken
坦特朗空调设备☆Temtron
坦圆拱☆low arch
钽☆tantalum；Ta；tantal
钽奥勃鲁契夫矿☆tantalo-obruchevite
钽贝塔石☆tantal(o)betafite
钽铋矿[$Bi(Ta,Nb)O_4$;斜方]☆bismutotantalite；ugandite
钽电容☆tantalum capacitor
钽复稀金矿☆eschwegeite；tant(ato)polycrase；tantalopolycrase
钽钙矿[$Ca(Ta,Nb)_2O_6$]☆rynersonite
钽钙钍黑稀金☆tantalian lyndochite
钽锆钇矿[$(Y,Ce,Ca)ZrTaO_6$?]☆loranskite
钽黑钛钙铀矿[$(U,Ca)_2(Ta,Ti,Nb)_3O_{10}$]☆tantalbetafite
钽黑稀金矿[$(Y,Ce,Ca)(Ta,Nb,Ti)_2(O,OH)_6$;斜方]☆tanteuxenite；delorenz(en)ite；eschwegeite
钽钾铝石☆sosedkoite
钽金红石[$(TiTaNbFe)O_2$]☆tantalum rutile；ta-rutile；stru(e)verite；tantalorutile
钽矿☆tantalum ore
钽铝石☆simpsonite [$Al_2Ta_2O_8$]；calogerasite[大致为 $Al_5Ta_3O_{15}$,或可为 $Al_{13/3}Ta_3O_{14}$]；alumotantalite
钽锰矿[$MnTa_2O_6$;斜方]☆manganotantalite
钽钠矿☆natrotantalite；ertiesite
钽铌精矿☆tantalum-niobium concentrate
钽铌矿☆columbotantalite{columbite-tantalite} ore
钽铌矿砂☆tantalum niobium ore
钽铌锰矿☆Ta-manganoniobite
钽铌酸钾晶体☆KTN crystal；potassium tantalate niobate crystal
钽铌酸盐☆tanto-niobate
钽铌钛铀矿☆guimaraesite
钽铌铁矿☆ildefonsite
钽铌铁铀矿☆tantalbetafite
钽铌钇矿☆khlopinite；klopinite
钽烧绿石[$(Ca,Mn,Fe,Mg)_2((Ta,Nb)_2O_7)$]☆microlite；haddamite；neotantalite；mikrolith；tantalpyrochlore [$(Na,Ca)_2Ta_2O_6(O,OH,F)$]；metasimpsonite
钽石☆tantoxide；tantite
钽酸铋锶晶体☆bismuth strontium tantanate ceramics
钽酸盐☆tantalate
钽钛铀矿[$(U,Ca,Pb,Bi,Fe)(Ta,Nb,Ti,Zr)_3O_9 \cdot nH_2O$]☆djalmaite；uranmicrolite；tantal(o)hatchettolite；tantalobetafite
钽钛重铌铁矿☆tantalum ilmenorutile
钽锑矿[$SbTaO_4$;斜方]☆stibiotantalite
钽条蓝宝石唱针☆tantalum strip-sapphire skid
钽铁金红石[$(Ti,Ta,Fe^{3+})_3O_6$;四方]☆strueverite
钽铁矿[$(Fe,Mn)Ta_2O_6$;$Fe^{2+}Ta_2O_6$;斜方]☆ferrotantalite；tantalite；tantaline；tantalite ore；ildefonsite；siderotantal(ite)；polybrookite
钽土[Ta_2O_5]☆suomite；tantalic ocher；tantal ocher；tantalic ochre；soumite
钽钨钛钙石☆chernikite；tschernikit(e)
钽锡矿[$SnTa_2O_7$;单斜]☆thoreaulite；thoreaulith；thorolite
钽锡石[$Sn(Ta,Nb)_2O_7$]☆tantalian-cassiterite；tantalum cassiterite；thorealite；tantalian cassiterite；ainalite
钽稀金矿[$(Y,Er,Ce,U)(Ta,Nb,Ti)_2O_6$]☆tanteuxenite
钽钇矿☆yttrotantal(ite)；yellow yttrotantalite
钽钇铌矿☆formanite
钽钇易解石[$(Y,Ce,Ca)(Ta,Ti,Nb)_2O_6$;斜方]☆tantalaeschynite-(Y)
钽易解石☆tantalaeschynite；tantal(um)-eschynite；rynersonite
钽铀矿[$(Y,U,Fe,Th)(Nb,Ta)_2O_6$]☆uranotantalite
钽铀烧绿石[$(Ca,U)(Ta,Nb)_2(O,OH_7)$]☆tantalhatchettolite；tantalohatchettolite；tant(al)ohatchettolite
毯[脊椎]☆tapetum [pl.-ta]
(用)毯覆盖☆blanketing
毯海百合(属)[棘;D_3]☆Cuprisocrinus
毯状☆blanketlike
毯状沉积☆blanket deposit
毯状粗糙织物☆carpet
毯状泥层☆mud blanket (tan)
毯子☆wrap

tàn

探(海底等)☆drag
探棒☆sonde
探棒找水☆dowsing
探宝[勘探矿藏]☆prospect for mineral deposits
探臂支杆☆sting
探边☆outstep；outline
探边井☆out-stepping{extension;delineation;outpost;outstep;stepout} well；field development well
探边试验☆reservoir limit test；RLT
探(明)边(界)试验☆reservoir limit test
探边钻井☆delineation{step-out} drilling；extension well
探波器☆wave detector
探采结合孔☆exploration and developing drill hole
探槽☆channel；costean；costeen；(exploratory) trench；exploratory；test pit{trench}；trial{exploration} trench
探槽工作{掌子}面☆face of the channel
探测☆sound(ing)；detect(ion)；exploring；probing；exploratory；investigation；survey；acquisition；search；exploration；reconnaissance；finding；tracking；trace；seeing；locate；localization；beam[雷达]
探测半径☆radius of investigation
探测不到的☆undetectable
探测道宽度☆detection width
探测的☆exploratory；detective
探测点☆sensing point
探测范围☆investigative{detection} range
探测范围大的测井下井仪☆macro-tool
探测杆☆gauge rod
探测海底☆seabed survey
探测海底情况☆survey the sea bed
探测火箭☆prospecting rocket
探测极限☆limit of detectability
探测裂缝生长用位移计☆displacement gauge for crack growth detection
探测目标距离线☆range line
探测能力☆detectability；detectivity
探测器☆detector；feeler；probe(r)；sounder；explorer；bird；detecting device；finder；detecter；localizer；locator；sonde；sniffer；sensor；measuring probe；det
探测器滤光片组合☆detector-filter
探测器组☆detector bank
探测缺陷光电装置☆aniseikon
探测深度☆investigation depth；depth of investigation
探测数据☆sound data
探测水的位置☆water location
探测效率☆detectivity；detection efficiency
探测液面法☆draw-down exploration
探测仪(器)☆detection{detecting} instrument
探测用接收机☆passive detector
探测员{者}☆explorer；surveyor
探测钻☆sounding borer
探查☆exploring；explore；exploration；examine；look over；scout；probe
探查的☆exploratory
探查石油☆strike oil
探查线圈☆exploring{flip} coil；search coil
探尺☆trial rod
探尺孔[高炉]☆try hole
探出☆tracking{search} out
探出的☆overhanging
探底☆lock for bottom
探硐☆exploratory tunnel{heading;drift}
探洞者☆spelunker
探沟☆exploratory (trench)；prospecting trench
探管☆sonde；probe
探管器☆locator of pipe
探海调查运载器☆DOSV；deep ocean survey vehicle
探海沟-山脉系统☆deep-sea trench-cordillera system
探火巷☆fire-exploratory drift
探获☆prove；ascertain；verify
探极☆rapier；probe
(探头)探及的深度☆accessible depth
探井☆test{exploratory} well[油]；test{prospect} pit；exploratory shaft{excavation}；trial pit{hole}；open test pit；tester{prospect;test;proving} hole；pique；trial shaft hole；prospecting shaft{pit}；exploring shaft；wildcat；discovery{pioneer;prospect(ing)} well；manhole；founder；test (borehole)；shaft prospect；exploring；conduit{bore;bell} pit；shot-in-the-dark；costean；reconnaissance borehole
探井泵☆subsurface pump
探井盖☆manhole cover
探井见油☆strike oil
探井开凿☆test pit excavation
探井最大许可有效采油率☆discovery well allowable
探究☆inquiry；dig；delve；enquiry；inquire into；riddle；question
探距☆throat
探勘☆exploration
探坑☆inspection{test;prospect;trial;bore} pit；drill{proving;prospect} hole；costean；costeen；exploratory excavation{shaft}
探空火箭☆sounding rocket；probe
探空气球☆pibal
探空仪☆sonde
探孔☆handhole；prospect pit；hand{feeler;prospect;proving;wildcat} hole；manhole
探矿☆prospect(ing)；ore{mineral} prospecting；exploration；search for minerals；mining{mineral} exploration；prospection；ore-search
探矿法☆pendulum method
探矿工程☆mineral exploration engineering
探矿工作☆discovery{prospecting} work
探矿巷道☆(prospecting) drift
探矿机☆explorer
探矿坑道断面☆cross-section of exploration tunnel
探矿坑井☆costean pit
探矿浅孔[3m 以内]☆cast hole
探矿闪烁辐射计☆scintillator prospecting radiation meter
探矿术[用探矿杖]☆dowsing；divining
探矿天井☆exploratory raise
探矿小巷☆proving hole
探矿仪☆mine locator

T

探矿用音响指示器☆prospecting audio-indicator
探矿员☆hatter
探矿杖☆divining{dowsing;dipping;mineral} rod; twig; wiggle{witching} stick
(用)探矿杖探矿者☆dowser; diviner
探矿者☆mineralizer; (ore) prospector
探梁☆cantilever
探料尺☆sounder
探漏器☆leak tester
探锚☆grapnel
探觅☆detect
探明☆prove; ascertain; verify; find{bottom} out
探明(的)[储量]☆demonstrated; explored
探明边界☆contouring
探明储量☆demonstrated{explored;proven;proved; discovered; measured; known; positive; verified} reserves; measured{positive;proved} ore; verified deposits
探明储量的地热储☆identified geothermal reservoir
探明的☆assured; explored
探明地区☆proven territory; explored region
探明构造的取芯钻井☆core drilling
(储量)探明井☆confirmation well
探明面积{|区域}☆proved area{|field}
探潜仪☆asdic
探求☆hunting; seek (after); disquisition
探区☆prospect (area)
探区井网☆hole cover
探区勘查☆prospect-scale exploration
探区评价☆acreage evaluation
探砂面☆detecting sand level
探砂器☆sand probe
探伤☆flaw{defect;crack;fault} detection; detect a flaw{crack}; inspection
探伤(法)☆defectoscopy
探伤器☆fault indicator{finder;detector}; (crack) detector; flaw detector; scanner; inspectoscope
探伤仪☆inspectoscope; defectoscope; defect{flaw} detector
探深器☆depth sounder
探深球☆bathysphere
探深钻☆sounding borer
探声器☆sonoprobe
探试法☆heuristics; heuristic method
探试线☆test lead
探视方向☆look direction
探视孔☆peep{poke;sight} hole
探视器☆viewfinder; view finder
探竖井☆prospect pit
探水☆tap; water prospecting
探水侧孔☆flank hole{bore}; flanking hole
探水超前钻孔布置法☆pilot-hole cover
探水师☆waterfinder
探水术☆dowsing; divining
探水树杈☆divining rod; wiggle{witching} stick
探水钻孔区☆area cover
探索☆search (after); follow; exploration; searching; explore; quest; grope; tracking
(极力)探索☆quarry
探索平巷☆pilot heading
探索区间☆search interval
探索实验☆exploratory run
探索性研制☆exploratory development
探索者☆seeker; pathfinder
探讨☆approach; research
探听☆nose
探听者☆snooper
探头☆probe (head); detector; detection{search; sensing;measuring} head; sonde; pop one's head in; crane one's neck; searching unit; contact {measuring} probe; sensitive element
探头极板类型☆sonde pad type; SPT
探头能够探及的深度☆accessible depth
探头式倾角计☆probe inclinometer
探头体☆sonde body
探途元素☆pathfinder element
探土钻☆tester
探瓦斯{侧}孔☆flank bore{hole}
探温针☆thermoprobe; temperature probe
探险☆exploration
探险(队)☆expedition
探险者☆explorer
(海底线的)探线☆grappling
探向☆direction-finding
探向器☆direction(al) finder
探向信号☆sense signal
探像器☆photographic finder
探泄存水{瓦斯}☆tap
探询☆poll; interview; polling
探寻器☆seeker
探寻水矿脉的人☆water-finder
探寻踪{轨}迹☆trace out
探眼☆prospect hole
探眼工具☆jumping bar
探氧器☆oxygen probe; oxygen sensing cell
探油☆oil detection
探月钻机☆lunar drill
探照灯☆search light{lamp}; searchlight; projector; floodlight; plight
探照式色灯信号机☆searchlight signal
探针☆probe (handle); detecting head; feeler; touch needle; gamma-ray{measuring;needle} probe; rapier; sonde; proof stick; microprobe; sound(er); tester; comb; explorer; searcher; needle
探针测深☆rod sounding{test}
探针电流☆probe current
(显微)探针分析☆microprobe analysis
探针形成系统☆probe-forming system
碳☆carbon; C; carbo-; carb-
碳 ^{14}☆carbon-14; radiocarbon 14C
碳安全炸药☆carbonite
碳铵石[$(NH_4)HCO_3$;斜方]☆teschemacherite
碳白磷钙石☆martinite
碳斑☆carbon spot
碳棒☆kryptol; carbon (rod)
碳棒熔融法☆graphite rod melting method
碳钡☆witherine
碳钡钙石☆barium-aragonite
碳钡矿[$BaCO_3$;斜方]☆witherite
碳钡钠石☆khanneshite
碳钡锶矿☆barystrontianite
碳钡铀稀土矿☆m(a)ckelveyite
碳比☆carbon ratio; fixed carbon ratio
碳比说☆carbon-ratio theory
碳铋钙石☆beyerite
碳铋矿☆agnesite; gregorite
碳铋石☆agnesite
碳变质作用☆carbonic metamorphism
碳丙{γ}铁☆boydenite; austenite
碳薄膜法☆carbon replica method
碳草酸钙石☆mourolite
碳沉积☆carbon deposit{deposition}
碳充填物☆carbon filler
碳触角☆carbon electrical contact
碳大理岩{石}☆lucullite; lucullan
碳氮共渗☆carbonitriding; nicarbing
碳氮钛矿☆cochranite; titanium dicyanide
碳氮循环☆carbon-nitrogen cycle
碳的☆carbonic; carbon(ace)ous; carbolic
碳的氧化物☆carbon oxide
碳 ^{14} 地质年代学☆carbon 14 geochronology
碳碲钙石[$CaTe^{4+}(CO_3)O_2$;斜方]☆mroseite
碳电极☆carbon electrode
碳电阻片柱☆carbon pile
碳堆积☆carbon build-up
碳多矿质[含多种矿物的显微煤岩类型]☆carbopolyminerite
碳二亚胺☆carbodiimide
碳 ^{14} 法☆14C Method
碳方钠石☆carbonate-sodalite; carbonate-sodalith
碳方柱石☆stroganovite
碳分子筛☆carbon molecular sieve
碳氟钙铈矿[$3CeFCO_3$•$2CaCO_3$]☆rontgenite; roentgenite
碳氟化合物☆fluorocarbon
碳氟磷灰石[$Ca_5(PO_4,CO_3)_3F$;六方]☆carbonate-fluorapatite
碳氟铝锶石☆stenonite
碳钙钡矿☆bromlite
碳钙铋矿[$(Ca,Pb)Bi_2(CO_3)_2O_2$;四方]☆beyerite
碳钙碲矿☆mroseite
碳钙镁石[$CaMg_3(CO_3)_4$;三方]☆huntite
碳钙镁铀矿[$CaMg(UO_2)(CO_3)_3$•$12H_2O$;单斜]☆swartzite
碳钙石☆(calcium) carbide
碳钙铈矿[$(Ca,Sr)Ce(CO_3)_2(OH)$•H_2O;斜方]☆calcio(-) ancylite; calcio-ankylite
碳钙铈石☆calcioancylite
碳钙锶矿☆emmonite; calcium strontianite
碳钙铀矿[$Ca(UO_2)(CO)_2$•$5H_2O$;斜方]☆zellerite; urancalcarite
碳钙柱石☆calciocancrinite; kalkcancrinit; carbonate-mejonite; carbonat(e-)meionite; stroganovite
碳钢☆carbon steel; straight carbon steel; CS
碳钢测腐蚀挂片☆carbon steel coupons
碳钢局部索氏体化处理☆Sandberg process
碳锆石☆zircarbite
碳锆锶矿☆weloganite
碳蛤[双壳;O]☆Whiteavesia
碳铬矿☆carbochromite
碳铬镁矿☆chrom-brugnatellite; stichtite; bouazzerite
碳铬铅矿☆beresowite
碳管炉☆carbon tube furnace
碳硅棒☆globar
碳硅钙石[$Ca_7Si_6(CO_3)O_{18}$•$2H_2O$;单斜]☆scawtite; (β-)spurrite; tilleyite; scotite
碳硅钙钇石[$(Y,Ca)_4Si_4O_{10}(CO_3)_3$•$4H_2O$;斜方]☆caysichite
碳硅碱钙石[$KNa_4Ca_4Si_8O_{18}(CO_3)_4(OH,F)$•$H_2O$;四方]☆carletonite
碳硅孔雀石☆dillenburgite
碳硅铝铅石[$Pb(Pb,Ca)(Al,Fe^{3+},Mg)_2(Si,Al)_4O_{10}(OH)_2(CO_3)_2$;单斜]☆surite
碳硅泥岩型铀矿☆carbonaceous siliceous-pelitic rock type U-ore
碳硅硼☆boron-silicon carbide
碳硅砂检波器☆carborundum detector
碳硅石[(α-)SiC;六方]☆moissanite; carborundum
碳硅铈钙石[$Ca_2(Ce,Y)_2Si_4O_{12}(CO_3)$•$H_2O$;斜方]☆kainosite; cenosite; cainosite
碳硅钛钕钠石[$Na_3(Nd,La)_4(Ti,Nb)_2(SiO_4)_2(CO_3)_3O_4(OH)$•$2H_2O$;三斜]☆tundrite-(Nd)
碳硅钛铈钠石[$Na_3(Ce,La)_4(Ti,Nb)_2(SiO_4)_2(CO_3)_3O_4(OH)$•$2H_2O$;三斜]☆tundrite; titanorhabdophan(it)e
碳硅铜矿☆melanochalcite
碳褐帘石☆pyrorthite
碳胡敏素☆carbohumin
碳弧切割☆carbon {-}arc cutting
碳化的☆carboniferous
碳化二亚胺[$C(:NH)_2$]☆carbodi-imide
碳化钙☆carbide of calcium; calcium carbide
碳化钙{电石}乙炔发生器☆carbide feed generator
碳化锆陶瓷☆zirconium carbide ceramics
碳化铬陶瓷☆chromium carbide ceramics
碳化硅☆silicon{silicium} carbide; carborundum; green silicon carbide; crystolon; silit; carbon silicide; moissanite; carbofraa[耐火材料]
碳化硅棒☆Globar
碳化硅珩磨油石☆carborundum hone
碳化合物☆carbon-compound
碳化辉石☆allagite
碳化剂☆carbonizer
碳化铝☆aluminum carbide
碳化木[煤玉状植物质]☆gagatite
碳化钼陶瓷☆molybdenum carbide ceramics
碳化铌硬质合金☆hard alloy
碳化泡沫石灰混凝土☆carbonated lime foam concrete
碳化硼☆boron carbide; norbide
碳化硼铝☆Boral
碳化器☆carburet(t)or; carburet(t)er
碳化三铁☆tri-ferrous carbide
碳化砂☆carbosand
碳化石灰板☆sand-lime carbonified board; carbonized lime wall
碳化石硝砖☆carbonated rock rubbish brick
碳化室顶石墨☆roof carbon
碳化钛陶瓷☆titanium carbide ceramics
碳化钽[TaC;Ta_2C]☆tantalum (carbide); tantal
碳化铁☆iron carbide; cementite
碳化铁体☆cementite
碳化铜☆chalcarbite; chalcarbine
碳化钨☆tungsten{wolfram} carbide; TC
碳化钨合金片☆tungsten carbide
碳化钨块☆tungsten carbide slug{insert}; TCI
碳化钨球☆tungsten-carbide ball
碳化钨镶尖冲击式钻头☆tungsten-carbide-insert-percussive drill bit
碳化钨硬质合金一字形钻头☆tungsten-carbide chisel

碳化钨硬质合金活钻头☆detachable tungsten-carbide insert bit
碳化钨硬质合金珠齿钻头☆tungsten-carbide button bit
碳化钨钻头钻眼☆tungsten-carbide drilling
碳化物☆carbide；carbonide；carburet
碳化物冲击式凿岩{钻眼}☆carbide percussion drilling
碳化物后墩☆carbide backing block
碳化物基金属陶瓷☆carbide base cermet
碳化物燃料增殖反应堆[核]☆carbide-fuelled breeder
碳化窑☆carbonating chamber
碳化周期☆carbonating period
碳化桩柱一端☆char
碳化作用☆coalification；anthracolit(h)ization；incarbonization；carbon(at)ization；carbonification；carbon(iz)ation；anthragenesis
碳环☆homocyclic{carboatomic;carbocyclic} ring；carbocycle；homocycle
碳环的☆carbocyclic
碳黄铁矿[FeS_2 体积占 5%～20%的显微煤岩类型]☆carbopyrite
碳基☆carbon radical
碳甲铁(石)☆hardenite；martensite
碳钾钙石[$K_2Ca(CO_3)_2$;六方]☆fairchildite；gel-calcite；bu(e)tschliite
碳钾钠矾[$KNa_{22}(SO_4)_9(CO_3)_2Cl$;六方]☆hanksite
碳钾铀矿[$K_3Na(UO_2)(CO_3)_3•H_2O$;六方]☆grimselite
碳键☆carbon bond
碳胶体☆carbogel
碳-金属键☆carbon-metal bond
碳浸法回路☆CIL circuit
碳矿质[含较多矿物质的显微煤岩类型]☆carbominerite
碳镧石[$(La,Ce)_2(CO_3)_3•8H_2O$;斜方]☆lanthanite
碳链☆carbon chain；carbochain
碳磷钙镁石☆heneuite
碳磷钙石☆carbonate-whitlockite
碳磷灰石☆carbonate-apatite；carbapatite；podolite；kurskite；collophanite；quercyite-α；tavistockite；monite
碳磷锰钠石[$Na_3Mn(PO_4)(CO_3)$;单斜、假斜方]☆sidorenkite
碳(酸)硫(酸)钙霞石☆carbonate-vishnevite
碳硫氯铅矿☆wherryite
碳硫酸氯铅矿[$Pb_4Cu(SO_4)_2CO_3(Cl,OH)_2O$]☆wherryite
碳-硫质气体[水热活动区的 CO_2、H_2S 和 CH_4 等气体]☆carbon-sulfur gas
碳铝钙石☆alumohydrocalcite；khakass(ky)ite；hovite
碳铝镁石☆manasseite
碳氯仿抽提物☆carbon chloroform extract
碳慢化剂☆carbon moderator
碳镁铬矿☆bouazzerite；stichtite
碳镁磷灰石☆bialite
碳镁芒硝☆tychite
碳镁铁矿☆pyroaurite
碳镁铀矿[$Mg_2(UO_2)(CO_3)_3•18H_2O$;单斜]☆bayleyite
碳锰钙矾☆jouravskite
碳锰铅矾☆nasledovite
碳膜☆carbon membrane{diaphragm}
碳钠矾[$Na_6(CO_3)(SO_4)_2$;斜方]☆burkeite；gauslinite；makite；teepleite
碳钠钙铝石[$NaCa_2Al_4(CO_3)_4(OH)_8Cl$;四方]☆tunisite
碳钠钙石[$Na_2CO_3•2CaCO_3$;斜方]☆shortite
碳钠钙象方解石☆pseudo(-)gaylussite
碳钠钙铀矿[$Na_2Ca(UO_2)(CO_3)_3•6H_2O$;三方]☆andersonite
碳钠钾石☆gregoryite
碳钠铝石[$NaAl(CO_3)(OH)_2$;斜方]☆dawsonite
碳钠镁石[$Na_2Mg(CO_3)_2$;三方]☆eitelite
碳钠镍石☆kambaldaite
碳钠石☆natrite
碳钠柱石☆carbonatmarialite；carbonate-marialith；carbonate marialite
碳纳米管☆carbon nanotube
碳 14 年龄测定(法)☆carbon(-14) dating (method)
碳黏泥☆carbon cement
碳钕石[$(Nd,La)_2(CO_3)_3•8H_2O$;斜方]☆lanthanite-(Nd)；coutinite
碳硼钙镁石☆sakhaite；sachait
碳硼硅镁钙石[$Ca_{24}Mg_8Al_2(SiO_4)_8(BO_3)_6(CO_3)_{10}•2H_2O$;等轴]☆harkerite
碳硼镁钙石[$Ca_4MgB_4O_6(OH)_6(CO_3)_2$;三斜]☆borcarite；borkarite
碳硼锰钙石[$Ca_4Mn^{3+}_{3-4}(BO_3)_3(CO_3)(O,OH)_3$;六方]☆gaudefroyite
碳硼烷☆carborane
碳硼钇石☆moydite
碳铅矾☆leadhillite
碳铅蓝矾☆calcedonite
碳铅钕石☆gysinite
碳铅铀矿[$Pb_2(UO_2)(CO_3)_3$;斜方]☆widenmannite
碳羟磷灰石[$Ca_5(PO_4,CO_3)_3(OH)$;六方]☆carbonate- hydroxylapatite；dahllite
碳氢比☆hydrocarbon{C/H} ratio；carbon-hydrogen ratio[煤]；ratio of carbon-hydrogen
碳氢化合物☆hydrocarbon (compound)；HC
碳氢化物☆hydrocarbon
碳-氢键☆carbon-hydrogen link；C-H
碳氢链☆hydrocarbon chain
碳氢氮元素分析仪☆CHN analyzer
碳氢镁石[$Mg(HCO_3)(OH)•2H_2O$;单斜]☆nesquehonite
碳氢钠石[$Na_5(CO_3)(HCO_3)_3$;三斜]☆wegscheiderite
碳氢石☆dysodile
碳圈☆carbosphere
碳燃料电池☆carbon consuming cell
碳(核)燃烧☆carbon burning
碳绒铜矾[$Cu_4Al_2(CO_3,SO_4)(OH)_{12}•2H_2O$;斜方]☆carbonate-cyanotrichite
碳色铅丹☆radium vermillion
碳砂☆carbon granule；granular carbon
碳砷铜矿☆aphrochalcite
碳石墨布☆carbon-graphite cloth
碳石墨纤维电刷☆carbon-graphite fibre brush
碳石墨叶片☆carbon graphite blade
碳石墨增强纤维☆carbon graphite reinforcing fiber
碳石墨毡☆carbon {-}graphite felt
碳铈(钙)钡石[$Ba(Ca,Y,Na,Ce)(CO_3)_2$;六方]☆ewaldite
碳铈钙钠石[$Na_2(Ca,Sr,Ba,Ce,La)_4(CO_3)_5$]☆burbankite
碳铈镁石[$(Mg,Fe^{2+})Ce_2(CO_3)_4$;单斜]☆sahamalite
碳铈钠石[$(Ca,Ce,Na,Sr)CO_3$;斜方]☆carbocernaite
碳铈石☆lanthanite-(Ce)
碳刷☆carbon brush
碳刷导线☆brush lead
碳水化合物☆hydrocarbonate；carbohydrate
碳锶矿[$SrCO_3$;斜方]☆strontianite；strontian
碳锶石☆strontianite
碳锶铈矿[$SrCe(CO_3)_2(OH)•H_2O$;斜方]☆ancylite；weibyeite；manganancylite；ansilite；ankylite
碳素材料☆carbons
碳素发热材料☆carbon heating element
碳素工具钢☆ordinary tool steel
碳素钢☆carbon steel；plain carbon steel
碳素体☆cementite
碳酸[H_2CO_3]☆carbonic acid
碳酸(的)☆carbolic
碳酸铵☆ammonium carbonate；hartshorn salt
碳酸铵石[$(NH_4)HCO_3$]☆teschemacherite
碳酸饱和(作用)☆carbonation；carbonatization
碳酸钡[$BaCO_3$]☆barium carbonate
碳酸钡铋矿☆barystrentianite
碳酸钡矿☆witherite；barolite
碳酸钡锶矿[$(Sr,Ba)CO_3$]☆barystrontianite
碳酸铋☆waltherite；bismuthic ochre
碳酸丙烯☆propylene carbonate
碳酸定量计☆alkalimeter
碳酸钙☆lime{calcium} carbonate；carbonate of lime
碳酸钙补偿深度☆compensation depth
碳酸钙滴定值控制☆control of calcium carbonate titrating value
碳酸钙垢☆calcium carbonate scale
碳酸钙镁石☆huntite
碳酸钙膜[水面上形成的]☆pellicle
碳酸钙锶矿☆emmonite
碳酸钙萤石脉☆canny
碳酸酐酶☆carbonic anhydrase
碳酸镉☆cadmium carbonate
碳酸过多[血内]☆hypercapnia
碳酸过多症☆hypercapnia
碳酸化☆carbonatization[液中加 CO_2]；carbonation
碳酸黄铁细晶{长英}岩☆carbonate-beresite
碳酸辉石二长岩☆hormannsite
碳酸计☆calcimeter；carbonometer；anthracometer；anthrocometer
碳酸(测定)计☆calcimeter
碳酸钾[K_2CO_3]☆potash；potassium carbonate；sal tartari
碳酸钾钙石[$K_2CO_3•CaCO_3$]☆fairchildite
碳酸矿(质)水☆acidulae
碳酸离子[浮抑剂]☆carbonate ion
碳酸锂☆lithium carbonate
碳酸磷灰石[$Ca_{10}(PO_4)_6(CO_3)•H_2O$;$Ca_5(PO_4,CO_3OH)_3(F,OH)$]☆carbonate-apatite；dahllite；kurskite；carbapatite；podolite [$Ca_5(PO_4,CO_3OH)_3F$]
碳酸芒硝☆hanksite；mackite
碳酸镁[$MgCO_3$]☆magnesium carbonate
碳酸镁石棉灰☆magnesium carbonate asbestos powder
碳酸钠[Na_2CO_3]☆sodium carbonate；soda ash；natron{natronite} [$Na_2CO_3•10H_2O$]；(salt) soda
碳酸钠矾[$Na_6(SO_4)(CO_3)_2$]☆gauslinite；burkeite；teepleite
碳酸钠钙石[$Na_2Ca_2(CO_3)_2$]☆shortite
碳酸钠镁矿[$Na_2Mg(CO_3)_2$]☆eitelite
碳酸钠(珠)球试验☆sodium carbonate bead test
碳酸钠石☆trona
碳酸泥岩☆micstone
碳酸气☆carbonic {-}acid gas；carbon dioxide (gas)；choke damp；stanch{mephitic} air；mephitis
碳酸铅白☆ceruse
碳酸铅铝矿☆dundasite
碳酸氢铵☆ammonium bicarbonate
碳酸氢钙☆calcium bicarbonate；calcium hydrogen carbonate
碳酸氢钾干粉灭火剂☆purple-K-powder
碳酸氢钠[$NaHCO_3$]☆sodium bicarbonate；baking soda；bicarb；dicarbonate；bicarbonate of soda；soda mint
碳酸氢亚铁☆ferrous bicarbonate
碳酸氢盐☆hydrocarbonate；supercarbonate；dicarbonate；bicarbonate
碳酸泉☆effervescent {carbonate(d)；carbonide；calcareous;bubbling;apollinaris;acid} spring；carbon dioxide spring
碳酸泉水☆apollinaris water
碳酸铈钠石[$(Ca,Na,TR,Sr)CO_3$]☆carbocernaite
碳酸水☆aerated{carbon-dioxide;carbonated} water
碳酸锶☆strontium carbonate
碳酸锶矿[$SrCO_3$]☆strontianite
碳酸铁☆iron{ammonium} carbonate
碳酸铜矿☆bergblau
碳酸锌[$ZnCO_3$]☆zinc carbonate
碳酸锌矿☆smithsonite
碳酸岩☆carbonatite
碳酸盐补偿界面☆carbonate compensation level
碳酸盐潮坪{浦}☆carbonate tidal flat
碳酸盐地层在低于破裂压力下的酸化作业☆matrix acidizing
碳酸盐法☆carbonation；carbonatization
碳酸盐分析测井图☆carbonate-analysis log
碳酸盐含量测定法☆calcimetry
碳酸盐化火山岩☆carbonatized volcanics
碳酸盐胶结砂岩☆carbonate-cemented sand
碳酸盐浸出类精矿☆carbonate leach type concentrate
碳酸盐泥基质☆carbonate-mud matrix
碳酸盐凸起地震反射结构☆carbonate buildup seismic reflection configuration
碳酸盐相含铁建造☆carbonate-facies iron formation
碳酸岩型稀土矿床☆carbonatite-type rare earth deposit
碳酸盐岩层控铅锌矿床☆stratabound lead-zinc deposit in carbonate rocks
碳酸盐岩类储集层☆carbonate reservoir
碳酸盐岩铅锌交代矿床☆metasomatic lead {-}zinc deposit in carbonate rock
碳酸盐圆丘相☆carbonate mound facies
碳酸盐跃溶线☆lysocline
碳酸盐中的[赋存于]☆carbonate-hosted
碳酸盐助熔剂熔化☆carbonate-flux fusion
碳酸铀铅矿☆widenmannite
碳碎屑☆carbonaceous fragment
碳钛锆钠石[$Na_9Zr_4Ti_2O_9(CO_3)_8$;单斜]☆sabinaite
碳钛矿☆khamrabaevite
碳钽矿[TaC;等轴]☆tantalum (carbide)；tancarbite
碳钽石☆tancarite；tantalum (carbide)；tantal
碳-碳键☆carbon-carbon link{bond}；C-C
碳-碳链合☆carbon-to-carbon linkage

碳铁(合金)☆ferrocarbon
碳铁矿[$(Fe,Ni)_{23}C_6$;等轴]☆haxonite; carbopyrite
碳铁镁铈石☆sahamalite
碳铁钠矾☆ferrotychite
碳铁陨石☆chalypite
碳通量☆carbon flux
碳同位素比☆carbon (isotope) ratio
碳铜钙铀矿[$Ca_2Cu(UO_2)(CO_3)_4$•$6H_2O$; 三斜]☆voglite
碳铜钠石☆chalconatronite; chalkonatr(on)ite
碳铜铅钙石[$Pb_3Ca_6Cu_2(CO_3)_8(OH)_6$•$6H_2O$;单斜]☆schuilingite
碳铜锌矿☆risseite; aurichalcite; orichalcite; messingite; messingbluthe
碳鎓☆carbonium
碳钨钢砂☆allenite
碳污方解石☆antrakonite; anthratolith; anthraconite; anthoratonite
碳烯☆carbene
碳酰[=CO]☆carbonyl
碳酰氯[CCl_2O]☆phosgene
碳酰二胺☆carbamide
碳纤维☆carbon fiber{fibre}
碳纤维增强复合材料☆carbon fibre reinforced composite
碳线☆grey line
碳锌钙石☆minrecordite
碳锌锰矿[$(Mn,Zn)_7(CO_3)_2(OH)_{10}$;单斜]☆loseyite
碳锌铜矾☆schulenbergite
碳锌铜钙石☆zeiringite
碳星☆carbon star
碳循环☆carbon cycle
碳阳极☆carbon anode
碳阳离子☆carbocation
碳/氧比☆carbon-oxygen ratio; COR
碳氧双键☆carbon-oxygen double bond
碳页岩☆hartleyite; carbon shale
碳钇钡石[$Ba_3Na(Ca,U)Y(CO_3)_6$•$3H_2O$; 三斜]☆mckelveyite; mackelveyite
碳钇锶石[$Sr_3NaCaY(CO_3)_6$•$3H_2O$;三斜、假三方]☆donnayite
碳阴离子☆carboanion
碳印法☆autotype
碳优势{先}指数☆carbon predominance{preference} index; CPI; C.P.I.
碳铀钙石[$Ca_2(UO_2)$•$(CO_3)_3$•$10H_2O$]☆uranothallite; liebigite; kalkurancarbonat; hebergite; flutherite
碳铀矿[$(UO_2)(CO_3)$•$nH_2O(n=2?)$;斜方]☆joliotite; carburan
碳铀钍矿☆thucholite; thucolite
碳原子环☆carboatomic ring
碳原子团☆carbon radical
碳渣☆carbonaceous deposit
碳质页岩与煤线互层☆batt; bat
碳质铀矿☆carburan
碳质炸药[一种安全炸药]☆carbonite; carbonate
碳质中间相小球体☆carbon mesophase microbead
碳钟[碳 [14]]☆carbon clock
碳珠{|砖}☆carbon beads{|brick}
碳柱石☆carbonate-scapolite
碳族分析☆carbon group analysis
碳(极)阻((力)电)炉☆carbon resistance furnace
炭☆charcoal(-like thing); coal; coke; char; carbon
炭安全筛☆carbon safety screen
炭蚌科[双壳]☆Anthracosiidae
炭层☆coal seam
炭粉☆blacking
炭黑☆coom; lamp{jet;flame;carbon} black; black pigment{carbon}; black; soot{gas} carbon; smut
炭黑工业☆off-colour industry
炭化☆char(r)ing; carbonate; carbomorphism; carbonize; acieration; carburization; carbonise
炭化程度☆carbonization degree; rank; degree of carbonation{coalification}
炭化程度最高的无烟煤[含碳 98%以上]☆meta-anthracite; superanthracite
炭化(作用)☆anthracolit(h)ization
炭化辉石☆allagite
炭化木☆carbonized wood
炭化皮[植物化石]☆coal pipe
炭灰色☆charcoal gray
炭浆(提金)法☆char-in-pulp
炭角菌属[真菌;Q]☆Xylaria
炭精棒{片}☆carbon
炭精盒☆capsule
炭精膜片☆carbon diaphragm
炭精箱☆chamber
炭阱☆charcoal trap; cloup doline; sink hole stoch
炭疽☆charbon; anthrax
炭孔藻属[C]☆Anthracoporella
炭粒☆granular carbon
炭粒地震计☆carbon-grain seismometer
炭粒电炉☆kryptol furnace
炭粒电阻式传声器☆battery-powered microphone
炭沥青☆anthraxolite
炭煤☆peat coal
炭末沉着性变形☆anthracotic deformity
炭末润滑剂☆aquadag
炭末炸药☆amidpulver
炭青质☆kerotenes
炭色石龙子☆Eumeces anthracinus
炭(电)刷架☆brash holler
炭炱☆smutch
炭铁矿☆black band
炭钨刚砂☆allenite
炭再生窑☆carbon regeneration kiln
炭渣☆carbon residue
炭植堆积☆cumulose deposit
炭质堆积层☆cumulose deposit
炭质板岩☆black chalk
炭质沉积☆carbonaceous deposit
炭质灰岩☆ampelitic limestone
炭质夹矸☆middling
炭质沥青☆carbene
炭质泥套泥料☆carbon plastic
炭质泥岩☆carbargilite; blacks
炭质黏土☆bass; bast; Cologne umber{earth}
炭质球粒陨石中的有机物☆wo(e)hlerite
炭质球粒陨石分裂☆carbonaceous chondrite fission
炭质球粒陨石平均值☆average carbonaceous chondrite
炭质球粒陨石捕虏体☆carbonaceous chondritis xenolith
炭质砂岩☆carbonic{carbonaceous} sandstone
炭质铈矿☆carbocer
炭质铁矿☆blackband ore{ironstone}; blackband iron ore; blackband
(地床用)炭质物回填☆carbonaceous backfill
炭质岩☆carbonolite; carbonaceous{carbonic} rock; carbonolyte; carbonolith
炭质页岩☆carbon(aceous){coaly} shale; culm; kilve; kelve; jabes; following dirt; bat; drug; blacks; blaes; black cat{batt;mud;stone;bat}; jerry[煤层中]; bast; bass; macker; danby; bone{bony;sterile} coal; criggling; macket; mawkre; pindy; rattle jack; yeath; trub; coaly rashings; yeth; sclutt; sclit; pouncil; battie; dawk; danby
炭质组☆anthrinoid group
炭柱☆carbon columns

tāng

蹚(水)测(量)☆wading measurement
羰☆carbo-
羰合物类☆carbonyles
羰基[:CO;=CO]☆carbonyl; carboxide; carbonyl group
羰基法粉末☆carbonyl powder
羰基化(合)物☆carbonyl compound; carboxide
羰基化作用☆carbonylation
羰基-羰基中心键☆carbonyl-carbonyl center bond
羰基铁☆iron carbonyl
羰基氧☆ketonic oxygen
汤☆soup
汤池☆hot pool
汤恩☆daung; taung
汤硅钇石[$Y_4(Si,H_4)_4O_{12-x}(OH)_{4+2x}$;单斜]☆tombarthite
汤贵斯特虫属[三叶;O_2-S_1]☆Toernquistia
汤河原(沸)石[$CaAl_2Si_6O_{16}$•$4H_2O$; 单斜]☆yugawaralite
汤加☆Tonga
汤加拉风☆tongara
汤姆森因子☆Thomson factor
汤姆逊灰岩☆Thomson limestone
汤姆逊热☆Thomson heat
汤普森导杆(式)台阶(用)扩孔器[人工造斜钻台阶用]☆ Thompson pilot shoulder reamer
汤普森-哈斯克尔法☆Thompson-Haskell method
汤普森弧线钻具☆Thompson arc cutter
汤普森偏斜楔☆Thompson wedge
汤普森式转向楔☆Thompson wedge
汤普森氏黄芪[Sc、U 矿示植]☆Astragalus thompsonae; milkvetch
汤普森图☆Thompson diagram; AFM projection
汤泉☆steam vent
汤森属☆Townsendia
汤生放电☆Townsend discharge
汤氏孢属[K_1]☆Thomsonia
汤氏熊属[N_2]☆Tomarctus
汤霜晶石[$NaCaAlF_6$•H_2O;单斜]☆thomsenolite
汤溪介属[K_2]☆Tangxiella

táng

塘泥☆pond sludge{silt}
塘盆☆pool reservoir
塘泉☆pool spring
塘式间歇喷泉☆explosive(-type){fountain} geyser
塘状构造☆pool structure
搪玻璃☆glass lining
搪瓷☆enamel; porcelain{vitreous} enamel; enamelling
搪瓷溜槽☆enameled trough
搪缸机☆boring machine
搪炉衬☆daubing
搪磨☆honing; hone
搪泥堵铁{铁堵}耙☆spade; checker
搪塞☆shuffle
醣(类)☆carbohydrate
棠{唐}棣属[N_1-Q]☆Amelanchier
螳螂目[昆]☆Mantodea
镗(孔)☆bore
镗床☆boring mill{machine}; borer
镗刀☆boring cutter
镗杆☆boring bar{spindle}; sabot; cutter spindle
镗缸机☆cylinder boring machine; honing{lapping} machine
镗孔☆counterbore; bore (out); boring; borehole
镗孔刀具☆borer
镗磨油石☆honing stick
镗削{|屑}☆boring
膛☆bore
膛内保险☆detonator-safe
膛内爆炸☆burst in the bore
膛式干燥机☆hearth drier
膛式炉☆ore hearth
膛线☆rifle
唐加拉风☆tongara
唐老鸭效应[声畸变]☆Donald Duck effect
唐奈哈克原理☆Danny-Harker rule
唐努肯特纬向构造系☆Tannu-Kentiyn latitudinal structural system
唐三彩☆Tang tricolo(u)r; three-colour-glazed Tang ware
唐山贝属[腕;C_2-P_1]☆Tangshanella
唐山窑☆Tangshan ware
唐县期☆Tanghsien age
糖☆sugar
糖苷☆glucoside
糖苷酶☆glycosidase
糖蛋白☆glycoprotein
糖钙建筑砂浆外加剂☆calcium gluc
糖管法[一种测定空气含尘量的重量分析法]☆sugar-tube method
糖化☆sugar
糖化物☆saccharine; saccharide
糖化作用☆saccharification
糖浆☆syrup; sirup; molasses
糖晶岩☆saccharite
糖晶状结构☆sucrose texture
糖精[$C_6H_4CONHSO_2$]☆saccharin
糖块长白砂岩☆sugarloaf arkose
糖类☆carbohydrate; saccharine; saccharide
糖粒块☆sugar granular
糖粒状☆sucrosic; sugar-granular; saccharoidal; sucrose
糖粒状岩白☆sugary rock
糖量计☆saccharimeter; saccharometer
糖酶☆carbohydrase; saccharidase
糖蜜☆molasses; treacle
糖醛☆uronic
糖霜☆icing

糖酸☆sugar acid
糖酸盐☆saccharide
糖衣☆ice; sugarcoating
糖原{元}☆glycogen; hepatin
糖渍的☆glace

tǎng

躺☆lie
躺焊☆fire cracker welding
躺迹[遗石]☆Rusophycus
淌度☆mobility
淌度计☆mobilometer
淌水测量☆wading measurement

tàng

烫(伤)☆scald
烫痕☆burn marks
烫画☆pyrograph
烫开☆sealed-off
烫平☆ironing (out)

tāo

掏☆dip
掏凹槽☆hitch a cut
掏槽☆cutting(-in); initial break; undercutting; bench out; channel(l)ing; bear; boss; furrow; holing; holing a seam; kerf; jad; kerve; pool; slot{sumping} (cut); cut; underholing; punching; ore channel; slotting; unkey; kirve; carve; undermine
掏槽的☆holed
掏槽放炮☆sump shooting
掏槽工☆holer; snubber
掏槽机☆cutting{slotting} machine; slotter
掏槽孔☆breaking-in{kibble;slot} hole; cut; slot bole
掏槽(炮)孔布置☆cut pattern
掏槽炮眼☆key cut holes; cuthole; breaking-in hole {shot}; breaking{cut;gouging;opening;starting} shot; cut hole drill; snub{sump} hole; snubber
掏槽深度☆cut{cutting} depth; depth of kerf{cut}; bearing-in
掏槽速度☆shearing speed
掏槽眼☆cut (hole); deep cut; snubbing{breaking} shot; sumper
掏槽支柱回采法☆slot-timbered stoping
掏底☆sill{floor} cut; undermine; try to find out the real intention (or situation); undercut
掏底槽☆flat{floor} cut
掏洞(空)☆howk
掏壶☆spring(ing); hole{blast-hole} springing; squib; bullying; camouflet; chambering
掏泥筒☆mud barrel; bailer
掏蚀☆scour; excavation; exaration; undermining; sapping[流水]; undercutting
掏蚀(作用)☆scouring
掏蚀岸☆undercut bank; river cliff
掏蚀滑坡☆landslide sapping
掏蚀坡☆undercut slope
掏蚀作用☆sapping; undercutting; undermining; scouring
掏竖槽☆shear
掏挖眼☆cut hole
掏岩粉工人☆spooner
掏腰槽☆middle cutting
掏药壶☆hole spring; spring(ing); bullying; squib; camouflet; bull; chambering
掏渣池[玻]☆skimmer; skim pocket
涛☆eagre; tidal bore; eager
涛岸植物☆cumatophyte
绦虫☆phyllidium

táo

桃红☆peach; peachblow; peach-colored; peachy
桃花片☆peach-bloom; peach blow
桃花心木☆mahogany
桃金娘粉属[E]☆Myrtaceidites
桃金娘科☆Myrtaceae
桃金娘属[植;K-Q]☆Myrtus; Rhodomyrtus
桃轮轴☆camshaft
桃螺属[腹;K_2-Q]☆Persicula
桃形环☆cappel; continental gland-type capping
桃针钠石[$Na_6(Ca,Mn)_{15}Si_{20}O_{58}•2H_2O$]☆serandite
桃子轮☆cam
逃避☆evasion; weasel
逃出☆fly
逃跑☆bolt
逃跑计划(乐队)☆perdel
逃生☆escape; run{flee;fly} for one's life
逃生滑梯☆slide escape
逃脱俘获几率☆escape probability
逃逸倾向☆escaping tendency
逃逸区☆region of escape
逃逸速度☆escape speed{velocity}; velocity of escape
逃走☆flight
逃走痕☆escape trace
淘匾洗矿试验☆van; vanning
淘簸筛☆jigger
淘出的黏土☆washed clay
淘金☆flushing; (gold) panning; wash (for gold); pan
淘金槽☆cradle; tom
淘金帆布囊☆loam bag
淘金工(人)☆panner; gold finder; hatter
淘金木盘☆bateau; dolly
淘金盘☆(gold) pan; horn; prospector's{miner's; prospecting;wash} pan; batea; battel; prospecting disk; panning; vanning plaque; abacus
(用)淘金盘洗选小型砂矿☆dulang mine
"淘金热"法☆"gold rush" approach; "sheep" approach
淘净☆elutriation
淘矿☆van; vanning
淘矿工☆vanner
淘矿机☆(Frue) vanner; vanning machine
淘矿(扇形)盘☆(vanning) plaque
淘泥机☆clay slurry preparator; wash mill
淘盘分析☆panning assay
淘盘循环运动机构☆circular panning motion
淘砂☆placer
淘砂金粒☆Show
淘砂矿机☆superpanner
淘砂盘☆prospector's pan; batea
淘蚀☆undercutting; undermining
淘蚀保护☆scour protection
淘刷打桩法☆pile jetting
淘汰☆concentration; eliminate; selection[生]; sift out; replace
淘汰的☆on the shelf
淘汰(盘)的低质中矿☆crease
淘汰盘☆buddle; jerking table; table (concentrator; classifier); tye
淘汰盘精矿[煤]☆table concentrate
淘汰盘选☆table work
淘汰选☆tabling; table separation; tabl.
淘析☆elutriation; elution; elutriating
淘析产品☆elutriated product
淘析分析☆analysis by elutriation; elution analysis
淘析器☆elutriator
淘锡[用大木桶摇动]☆toss
淘锡桶☆tossing kieve
淘洗☆(wet) elutriation; desilting; buddle; dolly; buddlework; elutriate; pan; toss; panning
淘洗采矿☆placer mining
淘洗过的矿石☆buddle ore
淘洗矿砾找矿法☆tracing by panning
淘洗浓缩样☆panned concentrate sample
淘洗盘☆flume; battel
淘洗器☆elutriator
淘洗(泥浆中的)岩粉样☆panning
淘洗样☆panned sample
淘洗重矿物工艺☆panning
淘选☆elutriation; van; buddling; sorting; elutriate; pan out; elutriating; vanning
淘选不良沉积物☆poorly sorted sediments
淘选带☆slime-vanner; vanner
淘选堆积☆sieve deposit
淘选金刚石用淘盘☆diamond pan
陶贝超科☆Euliniacea
陶碧石[硬而不纯黏土]☆porcelain jasper; porcellanite
陶钵☆ceramic mortar
陶磁石☆ceramicite
陶瓷☆ceramic; keramic; pottery (and porcelain)
陶瓷材料☆ceramic material; stupalith
陶瓷的☆ceramic; keramic; fictile
陶瓷管☆clay{ceramic} pipe; ceramic tube
陶瓷合金☆ceramal
陶瓷合金刀具☆ceramic cutting tool
陶瓷夹板☆cleat
陶瓷金属封焊☆ceramic-to-metal seal
陶瓷晶须复合材料☆ceramic whisker composite
陶瓷卵石床☆ceramic pebble bed
陶瓷黏结砂轮☆vitrified bonded wheel
陶瓷燃料反应堆[核]☆ceramic fuelled reactor
陶瓷式壳☆porcelaneous test
陶瓷碎片☆sherd
陶瓷涂层热等静压黏结☆thermal isostatic bonding of ceramic coating
陶瓷冶金☆cerium cermet
陶瓷用的耐火黏土☆glass-pot clay
陶瓷原料矿产☆ceramic raw material commodities; ceramic material
陶瓷制(造法)☆ceramics
陶瓷砖☆tile
陶瓷状变岩☆porcellanite; porcelain jasper
陶管☆earthenware{stoneware;clay} pipe
陶鬶☆pottery pitcher (with three legs)
陶壶☆pottery pot
陶化的☆vitreous
陶粒☆haydite; ceramicite; ceramisite; earthware
陶轮{|泥}☆potter's wheel{|clay}
陶泥☆potter's clay
陶泥釉☆Albany slip
陶器☆earthenware; crockery; fictile; ceramics; ware; pottery; potter vessel; brown ware[褐色]
陶器的☆fictile; ceramic
陶器模具用熟石膏☆pottery mo(u)lding plaster
陶人矿☆potter(y)'s ore
陶砂☆fine ceramisite
陶土[$Al_4(Si_4O_{10})(OH)_8$;$Al_2Si_2O_5(OH)_4$]☆glass-pot{pot; baked;earthenware;pottery;stoneware;potter's} clay; argil; porcelain clay; kaoline; kaolin; syderolite; ceramics; pot{potter's} earth; argilla; carclazyte; figuline; earth ware clay
陶土产品☆vitrified clay product
陶土的☆argillaceous
陶土坩埚拉丝炉☆fireclay bushing furnace
陶土管☆vitrified-clay pipe; clay pipe
陶土化作用☆kaolinization
陶土水分蒸发计☆atomometer
陶土套管☆tile jacket
陶土岩☆ceramicite
陶土制的☆fictile
陶埙☆musical instrument; pottery Xun
陶渣☆grog
陶值☆Tau-value
陶制的☆earthen
陶制品☆fictile
陶质焊剂☆bonded flux
陶质换热器☆brick recuperator
陶砖(瓦)☆terra cotta
陶醉☆intoxication

tǎo

讨论☆handle; discussion; debate; deal with; treatment; treat (of)
讨论会☆forum; conference; clinic; seminar
讨厌的☆objectionable; grim; tired; vile; abhorrent; annoying; bothersome; distasteful; horrible

tào

套☆lag; housing; hub; jacket; complement; gang; enclosure; mantle; set; blanket; suite; encasing; case; casing; encasement; lagging; bridge; pocket; cover(ing); cowl; cap; stack; sheath; lorica; chamber; buckle; sleeve; armoring
套板☆cleading; strap
套板珊瑚(属)[S_3-D_3]☆Thecostegites
(半圆形的)套柄铁锤☆fuller
套层阀☆jacket valve
套层纤维☆clad fiber
(用)套锤锻制☆fuller
套叠☆telescope
套叠破火口☆double caldera
套叠作用☆telescoping
套顶☆breather roof
套阀☆sleeve{sleeving} valve
套杆☆loop bar
套箍☆cuff
套谷☆valley {-}in {-}valley
套管☆casing (body;pipe); outer{guard;lining;annular} tube; cannula [pl.-e]; conduct; cat-head; case pipe; boring{well} casing; bolster; boot; spigot; liner; sleeve; thimble; driver-pipe; drive pipe[强力下

压入]；clutch[电缆接头]；csg
套管安装管钻头☆pipe bit
套管壁厚磁测井☆magnetic thickness log
套管补孔器☆casing patch tool
套管测井{径}图☆casing caliper log
套管测漏{试}器☆casing tester
套管车☆dolly
套管尺寸☆casing size；CS
套管锤☆casing drive hammer；drive block{sleeve}；driving sleeve；drop weight
套管磁测井仪☆magnetic casing logging tool；MCLT
套管打捞矛☆trip casing spear；casing spear{dog}；bull dog casing spear；tubing spear
套管打捞爪☆casing grab
套管单节☆short casing joint
套管导进靴☆drive (pipe) shoe
套管导向帽{靴}☆casing (shoe) guide
套管的连顶接箍☆landing collar
套管的螺旋形扶正器☆coaxial spiral
(斜井)套管的下半侧☆bottom side of casing
(用)套管等保护钻孔孔壁☆blank{block;case(d)} off
套管底部装用的环状钻头坯☆blank-casing bit
套管底的金刚石钻头☆casing (drive) shoe
套管底端(注)水泥鞋☆set shoe
套管电位剖面☆casing potential profile；CPP
套管顶部临时出油装置☆casing oil saver
套管定中器☆casing centralizer
套管法☆multi-tubing method
套管防喷法兰短节☆casing spool
套管防坠装置☆tubing catcher
套管分析测井☆pipe analysis log；PAL
套管封隔☆case-off
套管浮箍节☆casing float collar
套管扶正{找中}器☆casing centralizer
套管割刀加力器☆casing cutter sinker
套管割缝器☆casing ripper
(下)套管隔开☆case off
(用)套管隔开孔壁☆wall off
(用无眼)套管隔离☆blank off
套管(封)隔住的☆cased off
套管公扣护丝☆casing screw protector
套管-工作管柱环空☆casing-work-string annulus
套管灌泥浆装置☆casing fill-up equipment
套管厚度检验☆casing thickness detection；CTD
套管护箍☆casing protector
(用)套管护孔☆line a hole；line with casing
套管环☆drivepipe ring
(井口)套管环形板☆annular casing
套管回收☆withdrawal{recovery} of casing；casing withdrawal
套管及钻杆的撞击头☆drivehead
套管挤坏{扁}☆casing collapse；collapse of casing
套管夹具[上管用]☆never-slip
套管间的环隙☆casing/casing annulus
套管检查测井☆casing inspection log
套管间隙☆shell clearance
套管矫正心轴☆casing mandrel
套管接箍定位器测井☆collar{casing-collar} log
套管接合☆socket pipe joint
套管接头☆casing adapter{joint;barrel;coupling}；float coupling[带逆止阀]；telescopic joint；muff-joint
套管紧扣杆☆casing pole
套管进水转座连接器☆casing water swivel
套管井☆cased hole；double casing well 5R；CH
套管-井壁环空☆casing-hole annulus
套管-井壁间的环隙☆casing/open hole annulus
套管井储集层分析☆cased hole reservoir analysis
套管井勘探服务☆cased hole exploration service
套管卡规检测☆casing calipering
套管开窗☆milled window in casing
套管开窗铣刀{鞋}☆window mill；starting mill
套管控制的间歇出油(装置)☆casing-actuated intermitter
套管拉出器[起拔套管或钻杆用]☆casing puller
套管联顶支座☆landing base
套管连接☆spigot；casing coupling{joint}；muff-joint
套管流压☆flowing casing pressure
套管锚(定器)☆well-casing anchor
套管锚(固)定式填料函☆casing anchor packer
套管帽☆driving cap；drive collar
套管磨出孔☆milled window in casing
套管磨铣工具☆section mill cutter
套管母扣护丝☆casing screw head
套管内部腐蚀☆internal casing corrosion
套管内径检测☆casing calipering
套管内平齐接头☆internal flush butt joint
套管排放的凝析液☆casing-blow condensate
套管膨管{|劈裂}器☆casing mandrel{|splitter}
套管起拔器{|吊绳}☆casing puller{|line}
套管气收集系统☆casing collection system
套管清刮器☆casing scraper
套管-筛管环空☆casing-screen annulus
套管珊瑚属[C_1-P_1]☆Trochophyllum
套管渗漏☆leak in the casing
套管声幅测井图☆pipe amplitude log
套管升降绳轮[钢丝绳钻进]☆calf wheel
套管式冷凝器☆tube-in-tube condenser
套管式钻杆等悬挂点☆landing top
套管衰减厚度☆casing attenuation thickness；CAT
套管丝扣规☆casing gauge
套管送下程序☆casing drill-in
套管提取机☆casing pulling machine
套管提引转头☆casing swivel
套管通径☆run through casing size
套管头☆casing head{drivehead}；bradenhead
套管头内卡瓦座圈☆casing head bowl
套管头气☆casinghead{bradenhead; wellhead} gas；well head gas
套管外封隔器☆external casing packer
套管外(的)环(隙)空(间)☆casing annulus
套管微弯处☆spring of the casing
套管铣磨工具☆casing milling tool
套管下及深度☆cased depth
套管鞋{靴}☆casing (pipe) shoe；shoe
(贝克尔)套管鞋☆Baker shoe
套管鞋所坐地层☆casing seat
套管鞋下扩孔钻头[钢绳冲击钻扩孔用偏心钻头]☆underreaming bit
套管鞋座不稳的(地区)☆poor casing seat
套管泄漏检测仪☆tester
套管型固定式井下泵☆fixed casing pump
套管压力☆casing(-head) pressure；CP；CSGP；CHP
套管压力下降{释放}☆casing pressure relief；CPR
套管以下的井眼☆small hole
套管异常定位器☆casing anomaly locator；CAL
套管引鞋{靴}☆casing guide
套管用滑车组☆casing block
套管-油管环空☆casing-tubing annulus
套管与孔壁(间的)间隙☆hole clearance
套管遇卡☆casing sticking
套管造斜器☆casing whipstock
套管制成的开孔钻头☆starting casing barrel
套管中的尾管座圈☆casing seat
套管重量☆casing weight；CWEI
(单位长度)套管重量范围☆casing weight range
套管轴☆quill
套管柱☆casing string{column}；string；column
套管柱内液面☆liquid level in casing
套管柱设计☆casing string design
套管柱设计图册☆casing design chart
套管柱外环隙[井眼直径减套管外径的二分之一]☆casing clearance
套管撞击头☆casing drive head；casing drop head；drive{jar} head
套管组合☆casing program(me){layout}
套管(柱)组合☆make-up of string
套管钻进☆drill in
套管钻头☆pipe{casing-shoe} bit
套规☆socket gauge
套海扇(属)[双壳;T-Q]☆Chlamys
套焊☆socket welding；SW
套好(车马)☆harness(ing)
套合定位孔☆register punch{pinch}
套合级☆nested level
套合线☆register mark；registration ticks
套环☆collar；eye{lantern;socket;grip} ring；toggle；burr；strap；capel；caple；thimble
套环孢属[C_1]☆Densosporites
套环映画器☆lantern
套夹☆cartridge clip
套接☆sleeve{bell-and-spigot} joint；toggle
套接(式)套管☆inserted{slip} joint casing；casing with inserted joints
套接头☆bell and spigot joint；Matheson joint
套接振动(钻)杆☆jars；drilling{sliding} jars
套接振动钻杆叉角打捞器☆jar rein socket
套节☆socket
套井☆drop shaft with outer guide-casing
套孔法☆cvercoring method；trepanation；overcoring
套口☆bell；hub；mouthing
套口接头☆spigot
套口孔☆bell-mouthed opening
套块☆sleeve chuck
套框☆lath crib{frame}
套料☆jacking；suiting
套买{|卖}☆hedge purchase{|sale}
套帽☆cover nut
套膜[软]☆mantle
套棚子☆double timbering
套片☆nest plate
套起来☆nest；jacketed
套砌井壁☆liner attached to the inside of the concrete curtain
套钎子☆drill steel set
套钎子钎头直径的依次缩小☆reduction in gauge of follower bits
套腔☆mantle cavity
套壳干燥器{机}☆double-shell drier
套球亚类[疑]☆Disphaeromorphitae
套取(脱落)岩芯☆running over core；overcoring
套圈☆ferrule；yoke
(使)套入☆telescope
套入式青苔封水箱☆moss box
套色版☆chromatograph
(用)套色印刷复制☆chromatograph
套筛☆set of sieves；molecular sieves；screen set
套上☆sheathe
套式冷却{加热}☆jacketing
套栓☆anchor(ed) peg
套索☆belay；noose；lasso
套索柱☆toggle
套索桩☆belaying pin
套筒☆lagging；collet；skirt；bush(ing)；cartridge；sleeve (piece)；socket；thimble；lining；inserted box；jacket；liner；muff；mantle；muffle；quill
套筒扳手☆key{socket;box;air;carriage;impact} spanner；box key{tubular} key
套筒衬垫☆chuck liner
套筒管☆casing barrel
套筒接合☆socket-joint；faucet{bell-and-spigot;female;spigot;sleeve;telescope;thimble;telescopic} joint；spigot and faucet joint
(管端)套筒接合☆bell and spigot joint
套筒连接☆slip{socket;telescoping;sleeve} joint
套筒螺母☆sleeve-nut；sleeve nut
套筒燃烧器{炉}☆sleeve burner
套筒绳卷筒[钢绳冲击钻]☆calf wheel
套筒式储气柜☆telescopic gas holder
套筒式环空防喷器☆annular blowout preventer；spherical BOP
套筒式扭力控制杆☆telescoping torque rein
套筒式油罐魄体结构☆shingled construction of tank
套筒式钻头导向工具[定向井用]☆Bit Boss
套筒状矿床☆thimble-like deposit
套头☆cuff
套网孢属[C_2]☆Novisporites
套息☆interest arbitrage
套铣引鞋☆mill guide
套洗[钻井]☆washover
套洗倒扣工具[套洗完即能倒扣工具]☆washover backoff connector tool
套洗倒扣组合☆washover back-off assembly
套洗落鱼作业☆wash-over fishing operation
套线☆mantle{pallial} line
套箱☆pouring jacket；casing
套鞋☆overshoe
套鞋式铰链横梁☆cap-shoe-type；hinged bar
套芯{心}(钻)☆overcoring
套靴{鞋}式冲洗钻头☆washover shoe
套压☆casing-head{annulus;casing} pressure；CHP
套衣☆overall
套用☆nest
套用老套☆stereotype
套在扳手上的管子[加长用]☆nigger
套在中心管上的筛管☆slip-on type pipe base screen
套罩☆shell
套轴☆sleeve spindle；spigot shaft
套住☆hitch；belay
套爪☆collet

T

套砖☆sleeve brick
套桩☆lag(ged) pile
套装品种☆slip-on variety
套状叠覆☆cloak-like superposition
套状沙洲☆loop (bar)；looped bar
套着的☆mantled
套着射孔☆well-cased perforating
套子☆cover
套钻☆overcoring；trepan；overcore
套钻式联合采煤机☆trepanner

tè

忒提斯☆Thethys
铽☆terbium；Tb
特☆tertiary{tert-}[CH_3…$C(CH_3)_2$–型支链烷基]；tex [纤度,mg/m]；extra-；extro-；supra-；super-
特(斯拉)[磁感应(强度)；磁通密度=$1Wb/m^2$=10^4Gs=10^9 gamma]☆tesla
特{德}拜-哈格尔理论☆Debye-Huckel theory
特钡硅石☆traskite
特别☆ad hoc{inter alia}[拉]；exceptionally；in particular；especially；particularly；esp；int. al.
特别大的☆out-sized
特别的☆extra；extraordinary；special；singular；privileged；Xtr；SP
特别恶劣的环境☆ultra-hostile environment；UHE
特别高的东西☆skyscraper
特别海损☆particular average；P.A.
特别记号的☆ideographic
特别紧(致)密共生☆extremely close association
特别任务班子☆task force
特别是☆in particular；notably
特别损失☆abnormal loss
特别指数权☆special drawing right；SDR
特博内达雷飑☆turbonada
特产产业☆speciality industry
特长射孔孔道☆extra-long perforation tunnel
特超强的☆XXS double-extra-strong
特出影像☆conspicuous image
特纯硅砂☆silver sand
特粗砂☆moulding gravel
特大(品)☆outsize
特大暴雨☆extreme rainstorm
特大的☆jumbo；imperial；extra-large；supergiant；super；outsize；out；XL
特大功率☆superpower
特大功率电台☆superstation
特大洪水☆extraordinary{catastrophic;eventual} flood；cataclysm；(superficial) superflood
特大火灾☆wildfire
特大品☆imperial
特大气田☆giant gas field
(沉积岩内)特大碎屑[沉积岩中]☆distant admixture
特大型☆oversize；gigascopic
特大型油气田☆supergiant field
特大油轮☆very large crude carrier；VLCC
特等舱☆cabin de luxe；luxe cabin
特等品{的}☆imperial
特低频☆extra-low frequency；extremely{very} low frequency；ELF
特低折射光学玻璃☆ultralow{extra low} refractive index optical glass
特点☆feature；characteristic；behavior；peculiarity；distinguishing{unique;salient} feature；specific character；trait；salience；saliency；philosophy；particular
特丁基[$CH_3C(CH_3)_2$–]☆tert-butyl
特定程序故障☆program-sensitive fault
特定尺寸☆specified dimension
特定的☆ad hoc；restrictive；specific
特定服务☆specific service
特定规格的机器☆custom-built machine
特定假设☆ad hoc hypothesis
特定目数纤维编织袋☆controlled mesh fabric bag
特定年龄死亡率☆age-specific mortality rates
特定水平☆characteristic level
特定网目(计算)磨矿效率☆key-mesh efficiency
特定坐标☆preferred coordinate
特尔瑞特炸药☆territe
特尔史密斯型旋球式破碎机☆Telsmith gyrasphere crusher
特尔斯密斯脉动筛☆Telsmith pulsator
特夫棱镜☆Dove prism
特氟隆[化]☆teflon
特富金矿块☆jeweler's shop
特富矿块☆prill；jeweler's shop
特富矿体☆specimen ore
特富品位☆extra high grade
特高的☆extra-high；XH
特高频☆very high frequency；super(-)frequency；superhigh frequency；SHF；VHF
特高强度管子☆double extra strong pipe
特高压☆extra-high voltage
特格尔(温暖)期[约 1.2Ma 前]☆Tegelen
特格斯颗石[钙超;Q]☆Tergestiella
特厚壁管材☆heavy-thickwalled pipe
特厚煤层☆very thick seam
特化☆specialization
特化虫体☆kenozooid
(一种)特化海绵骨针☆dermalium [pl.dermalia]
特化性状{质}☆specialized character
特化演化☆cladogenesis
特化种[生]☆equilibrium{opportunistic;specialized} species；r-strategist
特怀曼法[综合团矿直接炼钢]☆Twyman process
特惠的☆preferential
特级的☆fancy；superfine；super.
特级防滑深纹胎面轮胎☆extra skid depth tyre
特级浑圆形金刚石☆special rounds
特级美国白[石]☆Super American White
特级黏土砖☆super-duty fireclay brick
特级品☆super
特级胎面设计☆extra tread design
特技☆figure；trick
特技飞行(术)☆aerobatics
特加厚管☆double extra strong pipe
特加重(钢管)☆double extra heavy；XXH
特价☆special price
特解☆particular solution{integral}
特精煤☆ultraclean coal
特净煤☆extra clean coal；ultraclean coal
特刊☆special
特克尔燃烧器☆Teclu burner
特克斯和凯科斯群岛[英]☆Turks and Caicos Islands
特快的☆express
特快断路器☆superchopper
特快消息☆scoop
特快硬水泥☆extra rapid hardening cement
特宽角航空摄影机☆super-wide-angle aerial camera
特拉甘廷芯砂黏接剂☆Tragantine
特拉琥珀☆delatynite；delatinite
特拉华州[美]☆Delaware
特拉利凡底风☆terral levante
特拉蒙他那风☆tramontana
特拉斯达尔型自吸启动离心泵☆Drysdale snorer pump
特拉斯克分选系数☆Trask sorting coefficient
特拉外西尔风☆traversier
特拉外西亚风☆traversia
特拉型钻机☆Terra drill
特拉猿人☆Atlanthropus mauritanicus
特莱矿☆tellite
特兰彼得带[巷道硐室周围的破碎带，无压带]☆Trompeter zone
特兰科尔合金☆Trancor
特兰斯瓦尔系☆Transvaal system
特兰特浮选细末团煤法[美]☆Trent process
特劳茨尔铅柱☆Trauzl lead block
特劳茨尔铅柱试验☆Trauzl (block) test
特劳特文硫杆菌☆thiobacillus trautweinii
特劳文斯基公式☆Trawinski formula
特雷费冲击钻进法☆Trefor boring method
特雷克莱公式☆Drakely formula
特雷克利定量{|质}公式☆quantitative{|qualitative} Drakely formula
特雷欧苏风☆traersu
特雷{莱}斯卡(屈服)准则☆Tresca('s) (yield) criteria
特里戴特混合炸药☆Tridite
特里兰☆teleran
特里马道克阶[早奥陶纪]☆Tremadocian stage
特里其阶[S]☆Telychian
特里同[人身鱼尾的海神]☆Triton
特利速风☆traersu
特例☆special case
特立尼达和多巴哥☆Trinidad and Tobago
特力夫磨渣☆Trief ground slag
特烈阿托斯风☆terre altos
特林尼特(阶)[北美;K]☆Trinitian
特硫铋铅银矿[$Ag_7Pb_6Bi_{15}S_{32}$;单斜]☆treasurite
特硫锑铅矿[$Pb(Sb,As)_2S_4$;斜方]☆twinnite
特隆巴风☆tromba
特隆姆普分离点☆Tromp cut point
特鲁布关系曲线☆Trube's correlation
特鲁顿黏度☆Trouton's viscosity
特鲁氏海百合属[棘;$S-C_2$]☆Troosticrinus
特吕格分类[火成岩]☆Troger's classification
特吕格石☆trogerite；troegerite
特伦顿(阶)[北美;O_2]☆Trentonian (stage)
特伦诺风☆tereno；terrenho
特伦佩劳(阶)[北美;$Є_3$]☆Trempealeauan
特伦普分选点☆Tromp cut-point；Tromp partition density
特伦普井筒注水通风法☆Tromp blast
特伦普面积曲线☆Tromp area curve{diagram}
特伦普型重介质分选机☆tromp vessel
特伦普重介选煤法☆Tromp coal-cleaning process
特伦特制团法☆Trent process
特仑诺风☆terrenho
特罗-巴瑞(测量)仪[测钻孔方位和偏斜]☆Tro-Pari (surveying) instrument
特罗里特[塑胶绝缘材料]☆trolite
特罗里图耳[聚苯乙烯塑料]☆trolitul
特罗利兹☆triolith
特罗帕里钻孔方位倾斜测量仪☆Tro-Pari survey instrument
特罗央群(小行星)☆trojan (asteroid)
特罗扬小行星[处于拉格朗日点上的小行星]☆Trojan asteroids
特洛坡图☆tropogram
特马道克统[O_1]☆Tremadoc
特马道克(阶)[萨尔姆(阶);欧;O_1]☆Tremadocian
特麦特合金☆termite
特米克斯管式集尘器☆Thermix (tabular) collector
特免☆privilege
JFC 特纳模型☆JFC Turner's model
特挠钢绳☆special flexible rope
特普利茨☆Toeplitz
特普台特型构造[断层下落盘上的背斜]☆Tepetate- type structure
特强的☆extra strong；XS
特轻加载☆extra light loading
特屈儿[一种炸药;$(NO_2)_3C_6H_2N(CH_3)NO_2$]☆tetryl；2,4,6-trinitrophenylmethyl-nitr(o)amine；tetralite
特权☆freedom；franchise；charter；privilege
特萜烯☆terebene
特柔钢丝绳☆extra flexible wire rope
特软的☆extra-soft
特瑞塔年代☆treta
特色☆characteristic；(unique) feature；special(i)ty；peculiarity；particular
特摄☆closeup
特设系统☆mission system
特深的☆ultradeep
特殊☆specialness
特殊(安全)保护用品☆special safety protection article
特殊波动作用☆special undation
特殊波形信号发生器☆special waveform signal generator
特殊彩色[水面有油时水面的]☆rainbow
特殊产品☆speciality；specialty
特殊处理☆special(-purpose) processing
特殊的☆specific；special；distinctive；peculiar；particular；spec.；SP；idio-
特殊点焊☆gap weld
特殊点焊法☆gapped-bead-on-plate
特殊沸点☆special boiling point；SBP
特殊费用{|分析}☆special expenses 费用{|analysis}
特殊风险☆abnormal risk
特殊钢☆high-grade{special} steel
特殊功能☆specific function
特殊函数☆special function
特殊化☆become privileged；specialization
特殊化附加{|交替|增大|追加}定律☆law of additional {|alternate|increasing|superadditional} specialization
特殊技术☆skill
特殊金属嵌入(物)☆special metal inlay
特殊茎环组[棘海百]☆varii
特殊井☆exceptional well

特殊破岩技术☆special rock cutting technique
特殊情况下可以被测量的矿体☆extramensurate ore bodies
特殊燃料锅炉☆special fuel boiler
特殊深度☆detached sounding
特殊套管☆unusual casing
特殊条件下☆under special conditions
特殊外形☆distinctive appearance
特殊位置☆special position
特殊相对色散光学玻璃☆anomalous relative dispersion optical color
特殊向下凿井法☆special shaft sinking methods
特殊效果信号放大器☆special effect amplifier
特殊信息☆specialized information
特殊星系☆peculiar galaxy
特殊形状钢板☆sketch plate
特殊性☆distinct(ive)ness; singularity; particularity
特殊性状[生]☆character state
特殊影像☆specific picture; particular image
特殊用途结构系统☆special purpose structural system
特殊增大☆increasing specialization
特殊重力测试☆Specific Gravity Determinations; SG
特殊{杰出;卓著}自然美地区☆area of outstanding natural beauty; AONB
特殊组合装置☆specialized package
特水硅钙石[$(Ca,Mn)_{14}Si_{24}O_{58}(OH)_8 \cdot 2H_2O$;六方]☆truscottite; reyerite; trabzonite
特斯拉(螺旋管)☆tesla coil
特提斯☆Thethys; Thetis; Thetys; Tethys
特提斯-冈瓦纳区☆Tethys-Gondwana region
特提斯海☆Tethys (Sea)
特提{锡}斯海的☆Tethyan
特提斯成矿带☆Tethyan metallogenic belt
特提斯期的☆tethyan
特提斯旋扭带☆Tethyan torsion zone
特威戴尔比重标☆Twaddel scale
特韦林(牙形石)属[O_3]☆Tvaerenognathus
特沃德尔(液体)比重计☆Twaddel scale
特戊醇[$C_2H_5 \cdot C(CH_3)_2OH$]☆tertiary amyl alcohol
特戊基[$CH_3CH_2C(CH_3)_2-$]☆tert-amyl
特细砂目☆ultrafine grain
特细物料☆ultra-fine material
特向选择☆linear selection
特小的☆extra-small; XS
特效的☆specific
特写☆close up; closeup
特写文章☆feature article
特形接头☆sub; sublevel
特(制)形(状)硬合金齿钻头☆shaped insert bits
特性☆characteristic; distinction; behavio(u)r; trait; character; particularity; specific (property;character; characteristic); affection; feature; performance; property; identity; idiosyncracy; specificity; nature; special(i)ty; singularity; quality; attribute; tang; quale [pl.qualia]; peculiarity; char.
特性参数☆natural parameter
特性函数☆characteristic function
特性化石☆diagnostic fossil
特性描述(说明)☆characterization
特性黏度☆intrinsic{inherent;limiting} viscosity
特性趋势☆qualitative tendency
特性曲线☆characteristic (curve); curve; indicatrix; performance diagram{curve}; response
特性热储温度☆characteristic reservoir temperature
特性因数☆char{characterization} factor
特性周波带☆formalin
特许☆concession; franchising; franchise; specially permit; privilege; licence; license; liberty
特许的☆privileged; concessionary
特许权☆franchise; charter; chartered right; special concession
特许用户☆authorized user
特许证☆charter; diploma [pl.-ta]; (special) licence
特选的☆fancy
特选格筛☆sorting grizzly
特选砂石料☆selected granular material
特压添加剂☆extreme pressure composition
特异☆differentia
特异筛析☆differential screen analysis
特异形耐火砖☆special shape brick
特硬{优}的☆extra-hard{fine}
特有的☆characteristic; specific; typical; individual; peculiar; idio-; S.P.
特有分布☆endemism
特有水平☆characteristic level
特有元素☆typical element
特有种[生]☆endemic species
特征☆feature; imprint; distinction; impress; flag; characteristic; eigen-; diagnostic; attribute; texture; signature; characterization; accent; tag; specificity; character; trait; nature; unique{salient} feature; touch; token; tincture; temper; tagging; particularity; physiognomy; stamp; note; merit; mark
特征(位)☆flag (bit)
特征变换☆eigentransformation
特征标表{|群}☆character table{|group}
特征波前☆eigenwavefront
特征产品☆characteristic product
特征抽取☆feature extraction
特征的☆characteristic; diagnostic; eigen
特征点☆breakpoint; unique paint{point}; significant point; characteristic points
特征点法☆method of characteristic point
特征反应☆specified reaction
特征分析☆characteristic analysis
特征伽马射线常数☆specific gamma ray constant
特征函数☆characteristic{fundamental;eigen;proper} function; eigen(-)function
特征化石☆diagnostic{characteristic} fossil
特征积分☆characteristic(s)-integration; C-I
特征(的)加权☆weighting of characters
特征角☆characteristic angle
特征矩阵☆eigenmatrix
特征矿物☆distinctive{symptomatic;characteristic; diagnostic;varietal} mineral
特征类型分解法☆modal approach
特征码☆conditional code
特征能量损失分析☆energy-loss analysis
特征曲线☆indicatrix; characteristic (curve); pattern
特征X射线谱☆characteristic X-ray spectrum
特征时间滞延☆characteristic time delay
特征态☆eigenstate
特征条件☆representative condition
特征简述☆diagnosis [pl.-ses]
特征镶嵌现象☆heterobathmy of characters
特征向量☆latent{proper} vector; eigenvector
特征向量分析☆characteristic vector analysis
特征相位☆proper phase
特征形态分析去☆eigenshape analysis
特征性判据☆diagnostic criterion
特征选择方法☆feature selection approach
特征应变图样☆characteristic strain pattern
特征元素☆eigenelement; typical element
特征值☆eigenvalue; property value; characteristic value{number;root}; eigenwert
特征字☆tagged word
特征组合☆diagnostic assemblage; signature
特制☆made-to-measure{-order}; specially made (for specific purpose or by special process); purpose made
特制爆炸胶[材]☆gelatin extra
特制的☆tailor-made; purpose built{made}; PM
特制件组装胶带输送机☆pre-engineered (belt) conveyer
特制泥浆☆manufactured mud
特制泥丸风力充填☆kneading
特制品☆speciality; specialty
特制形状的钢丝☆specially shaped wire
特质☆distinction; genius; peculiarity; idiosyncracy; special quality; specific aspect; particularity; idiosyncrasy[人的]
特种爆破燃烧弹☆kenney cocktail
特种创造论☆special creation theory
特种导承☆special guide bearing
特种沸点酒精☆SBP{special boiling-point} spirit
特种分析☆special analysis
特种合金钢制成的摇摆棒条☆special alloy steel wobbler bars
特种钼铬钢衬板☆super-molychrome liner
特种燃料☆exotic fuel
特种识别曲线(图)☆specialised plot
特种水磨石砌块☆special terrazzo block
特种碳石墨材料☆special carbon-graphite material
特种图☆specific chart
特种无机纤维增强金属{|陶瓷}☆special inorganic fiber reinforced plastics{|ceramics}
特种信号☆accident warning signal
特种液压工作油[防腐及润滑用]☆skydrol
特种原子爆破弹药[军]☆special atomic demolition munition
特种闸板[具特殊节流能力的闸板]☆characterized gate
特种转印纸[印刷电路用]☆special transfer paper
特种作图仪模拟器☆thematic mapper simulator
特重的☆extra heavy; XH
特重火石玻璃☆extradense flint
特重钻杆☆extra-heavy drill rod

téng

藤☆vine
藤本植物☆vine; liana
藤笔石属[S_1]☆Hedrograptus
藤壶(属)[(节)甲;E-Q]☆Balanus; Balanus; barnacle
藤壶[附着在岩石、船底的贝属动物;节]☆(sessile) barnacle; balanus
藤黄☆rattan yellow; a light bright yellow
藤黄科[Clusio rosea 种,铁局示植]☆Copey clusia
滕加拉风☆tenggara
腾冲(铀)矿☆tengchongite
腾出☆vacation
腾空☆emptying
腾空式间歇喷泉☆emptying geyser
腾起☆welling up
腾起泡沫☆effervescent bubbles
腾涌☆slugging
疼痛☆pain; sore
誊写☆transcribe
誊写纸☆detail paper

tī

梯☆ladder
梯板☆gangplank; gangboard; septum [pl.-ta]
梯板领☆septal collar
梯保尔标志法[碳化硅结构的]☆Thibault notation
梯次爆破网络{路}布置型样{式}☆echelon blasting pattern
梯次平行排列☆en echelon
梯档{雁列}状构造☆en echelon structure
梯度☆grade; gradient; grad; step-by-step
梯度爆破☆blasting in benches
梯度比试验☆gradient ratio test
梯度电极地层倾角仪☆lateral dipmeter
梯度电极系曲线☆lateral log
梯度分析☆gradient analysis
梯度风高度☆gradient wind level
梯度光波导纤维☆parabolic index waveguide fiber
梯度角☆angle of gradient
梯度校正因子☆gradient correction factor
梯度排列☆gradient array; pole dipole array
梯度曲线☆lateral (log)
梯度洗脱色谱(法)☆gradient elution chromatography
梯度仪☆gradiometer
梯度种☆genocline; cline
梯段☆bench(ing); bank; carriage[建]; step
梯段爆破☆blasting benches; bank{bench} blast(ing) {shoot(ing)}; benching cut{shot}
梯段的下向垂直炮眼☆bench hole
梯段底部打(炮)眼☆toe holing
梯段底径☆bench floor
梯段法☆bench-and-bench
梯段工作面的清理☆cleaning of bench face
梯段工作面凿井法☆sinking by benching
梯段回采☆stoping by bench; bank{banks} work; bench cutting{stoping}; stepped face working
梯段掘进☆heading-and-bench(ing)
梯段眉线[露]☆edge of bank
梯段式工作面☆stepped face
梯段式工作面全面采矿法☆breast-and-bench method
梯段式水平推进采矿法☆breast-and-bench system
梯段水平☆grade of bench
梯段隅角☆corner angle of bench
梯段钻孔{眼}☆bench drilling
梯队☆echelon
梯颚牙形石属[C_1]☆Scaliognathus
梯恩梯☆(explosive) TNT; tri(-)nitro-toluene; trotyl; ammonium nitrate
梯尔米亚羽叶属[J_1-K_1]☆Tyrmia
梯格林(间冰期)[北欧;N_2]☆Tiglian

梯蛤属[双壳]☆Trapezium
梯管螺属[软舌螺;Є-O]☆Trapezotheca
梯管苔藓虫属[D_2]☆Scalaripora
梯戽采掘法☆ladder bucket dredge
梯级☆step (ladder); flyer; cascade; echelon; stave; stair; tread; rung; rundle; rise
梯级池☆staircase pond
梯级跌水☆cascading flow; steps
梯级谷底[冰成]☆dalbotn
梯级化河段☆canalized river stretch
梯级角石(属)[O_1]☆Bathmoceras
梯级利用☆cascading use
梯级平原☆scarped{stepped} plain
梯级坡降☆stepped gradient
梯级式分选机☆cascade classifier
梯级式后退(工作面)线[后退式开采矿柱]☆stepped retreat line
梯级踏步☆run
梯级突边☆nosing
梯级纵剖面谷[挪;冰]☆saekkedaler
梯架式钻孔{眼}法☆ladder drilling
梯阶式除尘器☆cascade-type deduster
梯阶信号发生器☆stair case{step} generator
梯阶形布置☆stairstep order
梯阶{段}凿岩☆bench drilling
梯列☆echelon
梯流☆cascading; cascade
梯流式九辊筛☆nine-roll cataract grizzly
梯路☆ladder way
梯螺(属)[腹;E-Q]☆Scala
梯落带[磨机内的磨料]☆cascade zone
梯落式取样机☆cascade sampler
梯落速度☆cascading speed
梯塞绕组☆teaser
梯式多{|加}筋锚定墙☆multi-anchored{|ladder} wall
梯式钻眼法[大规模掘进用]☆ladder drilling
梯索菊石属[头;K_2]☆Tissotia
梯台☆landing
梯田☆step{field} terrace; terrace (cultivation); terrale; (level) terraced field
梯田化☆terracing; benching
梯田崖☆lynchet; finch; linchet
梯桶采掘法☆ladder bucket dredge
梯纹导管[植]☆scalariform vessel
梯纹拟海藻属[孢;Є]☆Scalariphycites
梯形☆trapezium; trapezoid; trapeziform; ladder-shaped; trapeze [pl.trapezia]
梯形虫属[孔虫]☆Climacammina
梯形断面钢丝☆keystone shape wire
梯形割缝[内宽外窄的]☆keystone cut{slot}; feathered {undercut} slot
梯形沟☆trapezoid-shaped trench
梯形管☆laddertron; laddertrom
梯形畸变{失真}校正☆keystone correction
梯形加权☆trapezoidal weighting
梯形可缩性金属支架☆trapezium-shaped yielding steel support
梯形棱镜☆Dove prism
梯形炉排☆stepped{step} grate
梯形起重螺杆☆Acme jack screw
梯形丝扣☆acne thread; AC THR
梯形丝锥☆Acme thread tap
梯形掏槽☆step cut
梯形图幅☆quadrangle (map)
梯形网络☆ladder network; periodic line
梯形支架☆trapezoid support; porch set
梯形钻头☆ripper step bit; step-face bit; step core bit
梯阵☆echelon
梯阵式构造☆en echelon structure
梯状冰川☆step glacier
梯状的☆ladder-like; scalar
梯状地形☆riser
梯状平原☆stepped plain; klimak(o)topedion
梯状事件☆staircase event
梯锥螺属[腹;K_2-Q]☆Batillaria
梯子☆stairway
梯子侧板☆ladder string
梯子道☆footway; ladder road; ladderway
梯子格☆ladder shaft{compartment}; bajada; ladder way compartment; stair pit{way}
梯子间☆stairwell; footway; ladder road way; bajada; stair pit; ladder compartment{roadway}; foot{man} way; ladderway; staircase; travelling compartment
梯子平台☆stairs and plats; (ladder) landing; resting place; ladder{stair} landing platform; sollar; soller; stair landing
梯子石☆echellite
梯座[配合气腿用]☆ladder-cradle
剔出的废石☆discard
(被)剔除的变量☆deleted variable
剔除法[粗料备样]☆scalping method
剔骨☆bone
剔去果心☆core
剔心☆overcoring
踢☆kick; hoof
锑☆Sb; stibium[拉]; antimony (bloom); valentinite; white antimony; stib-
锑钯铂矿☆genkinite
锑钯矿[Pd_3Sb; Pd_5Sb_2;六方]☆stibiopalladinite; allopalladium; merenskyite
锑钯六方碲镍矿☆hexatenickelite; antimonian palladian hexatenickelite
锑白☆antimony white
锑白釉☆antimony-opacified enamel
锑贝塔石[$(Ca,Sb^{3+})_2(Ti,Nb,Ta)_2(O,OH)_7$;等轴]☆stibiobetafite
锑焙烧矿☆antimony sinter
锑铋钯碲矿☆testibiopalladite
锑铋钽矿[$(Sb,Bi)(Ta,Nb)O_4$]☆stibiobismut(h)otantalite
锑铂矿[$PtSb_2$;等轴]☆geversite
锑辰砂[一种朱红色颜料;Sb_2S_3•Sb_2O_3]☆antimony vermilion{vermillion}; red antimony sulphide
锑雌黄[$(As,Sb)_{11}S_{18}$;单斜]☆wakabayashilite
锑单斜砷钯矿☆antimonian palladoarsenite
(含)锑的☆antimonial
锑等轴铋铂矿☆antimonian insizwaite
锑等轴碲铋钯矿☆antimonian michenerite
锑等轴砷钯矿☆fengluanite; antimonian isomertieite
锑碲铋矿[Bi_2Te_3,含有锑的变种]☆stibio-telluro(-)bismutite; zodite
锑碲矿☆tellurantimony
锑方铅矿[PbS,含少量的 Sb]☆targionite
锑粉☆iron black
锑符山石☆Sb-idocrase
锑浮渣☆antimony skimmings
锑钙矾[$CaSb_4O_4(OH)_2(SO_4)_2$•$2H_2O$;单斜]☆peretaite
锑钙镁非石[$Ca_2Sb^{5+}Mg_4Fe^{3+}Si_4Be_2O_{20}$;三斜]☆welshite
锑钙石[$(Ca,Fe^{2+},Mn,Na)_2(Sb,Ti)_2O_6(O,OH,F)$;等轴]☆romeite; mauzeliite; titanantimonpyrochlore; romeine; schneebergite[$2CaO$•Sb_2O_4]
锑汞矿[$Hg_8Sb_2O_{13}$;三斜]☆shahovite; ammislite; amislite
锑广林矿☆antimonian guanglinite
锑硅锰锌石☆yeatmanite
锑华[Sb_2O_3;斜方]☆valentinite; antimony bloom; exitele (valentinite); exitel(e)ite; antimonious acid; exitèle; white antimony
锑化(三)氢☆stibine; stibin
锑化物(类)☆antimonide
锑化铟探测器☆indium antimonide detector
锑黄碲钯矿☆antimonian kotulskite
锑辉铋矿☆stibiobismuthinite
锑辉砷镍矿☆korynite
锑火石玻璃☆antimony flint glass
锑金矿☆montbrayite
锑精矿☆antimony concentrate
锑块☆regulus
锑矿☆antimony ore; stibium mine
锑类矿☆antimony minerals
锑硫镍矿[NiSbS]☆ullmannite; nickeliferous gray antimony; ullmanite; nickel-stibine; antimonial nickel; nickel bournonite; nickeliferous grey antimony; nickel-antimony glance
锑硫砷铅矿[$Pb_{14}(As,Sb)_7S_{24}$]☆jordanite; veenite; stibiodufrenoysit
锑硫砷铜银矿[$(Ag,Cu)_{16}(Sb,As)_2S_{11}$;单斜]☆antimonpearceite
锑六方铋钯矿☆antimonian sobolevskite
锑镁矿[$MgSb_2O_6$;四方]☆bystromite
锑锰锆钛酸铅陶瓷☆lead antimony manganese zircon-titanate ceramics
锑钠钙石[$(Ca,Na)_2Sb_2(O,F,OH)_7$]☆weslienite
锑钠铍矿[$NaBe_4SbO_7$;六方]☆swedenborgite
锑铌钛铀矿☆stibiobetafite
锑铌铁矿☆stibioniobite
锑镍矿☆breithauptite; antimonial nickel
锑铅(合金)☆hard lead
锑铅铋矿☆taznite
锑铅矿[$2PbS$•Cu_2•Sb_2S_3]☆antimonial lead ore; elasmos(in)e
锑铅银矿☆fizelyite
锑烧绿石☆antimon {-}pyrochlore
锑砷铋矿[铋的砷酸盐和锑酸盐,含有水和氯]☆taznite
锑砷方铅矿[PbS,含少量砷和锑]☆steinmannite
锑砷矿☆stibarsen
锑砷锰矿[$(Mn,Fe,Mg,Ca)_{10}((Sb,As)O_4)_2O_7$; $(Mn,Fe^{2+})_7Sb^{5+}As^{5+}O_{12}$;斜方]☆manganostibi(i)te
锑砷镍铁钴矿☆antimonwesterveldite
锑砷铜矿[$Cu_3(As,Sb)$]☆stibiodomeykite
锑酸汞矿☆ammiolite
锑酸铜矿[$Cu_5(PO_4)_2(OH)_4$•H_2O,常含 Sb]☆thrombolite
锑酸盐☆antimonate
锑铊铜矿[$Cu_2(Sb,Tl)$;四方]☆cuprostibite
锑钛烧绿石[$(Ca,Fe,Na)_2(Sb,Ti)_2O_7$]☆lewisite
锑钛铁矿[$6FeO$•$5TiO_2$•Sb_2O_5]☆derbylite
锑钽铋矿☆stibiobismutotantalite
锑钽矿[$SbTaO_4$]☆stibiotantalite
锑铁钙石[$(Ca,Fe^{2+})_2Sb_2O_7$]☆schneebergite
锑铁矿[$Fe^{2+}Sb^{5+}_2O_6$;四方]☆tripuhyite; flajolotite; juju(y)ite[$Fe_2Sb_2O_7$]
锑铁锰矿[由 MnO,FeO,Sb_2O_5,$(Mg,Ca)CO_3$,SiO_2,H_2O 等组成]☆ferrostibian; ferrostibianite; hematostibiite; hamatostibiite; melanostibite
锑铁钛矿[$Fe^{2+}_6Ti_5Sb_2O_{21}$; $Fe^{3+}_4Ti_3Sb^{3+}O_{13}(OH)$;单斜]☆derbylite; derbylith
锑铁银矿☆pseudolimonite; stibferrit
锑铜矿[Cu_5Sb;等轴?]☆horsfordite; thrombolite
锑铜土☆thrombolite
锑钨烧绿石[$(Ca,Y,Sb,Mn)_2(Ti,Ta,Nb)_2(O,OH)_7$]☆scheteligite
锑锡铂矿☆stumpflite
锑锡矿[SnSb;等轴]☆stistaite
(杂)锑细晶石☆stibiomicrolite
锑线石[$Al_6(Ta,Sb,Li)((Si,As)O_4)_3(BO_3)(O,OH)_3$;六方]☆holtite
锑氧化矿☆antimony oxide ore
锑银矿[Ag_3Sb;斜方]☆dyscrasite; stibiotriargentite; dyscrase; dyserasite; discras(it)e; antimonial silver; diskras(it)e; dyscrasit; stochiolith; steel ore; stibiohexargentite; bolivianite
锑黝铜矿[$Cu_{12}Sb_4S_{13}$]☆antimony fahlore; tetrahedrite
锑赭石[Sb_2O_3•Sb_2O_4•H_2O]☆cervantite; antimony ocher
锑朱砂☆antimony cinnabar{vermillion}

tí

提[水]☆buck
提奥纽格(阶)[北美;D_2]☆Tioughniogan
提包☆catchall; luggage
提倡☆set up; advocacy; put forward; advance
提出☆present(ation); hold out; formulate; file; set up; submission; develop; conceive; lay; put in; pose; tender; submit; render; proffer; offer; name; pull out[从井内]; advance[意见,要求]; raise[问题等]
提出的管子☆pulled pipe; p.p.
提出请求☆sue
(证件的)提出人☆exhibitor
提出问题☆interrogate
提出物☆extract(ive); educt; ext.; ex.
提出异议☆interposition; challenge
提出预算☆open the budget
提出者☆raiser
提出钻杆☆strip the drill pipe
提纯☆refinement; clean(-)up; depuration; epurate; epuration; purification; purify; refine; deposit; rectify; cleansing; clean(se); refining; retort[在蒸馏罐中]
提纯器☆treater; purifier
提纯信号☆purified signal
提存☆drawing
提单☆bill of lading; B/L
提到☆reference; mention
提灯☆lantern
提狄斯☆Thethys
提丢斯-波得定则☆Titius-Bode's law

提动阀☆poppet valve
(提升机)提斗☆elevator bucket{cup}
提斗机操作绳☆elevator rope
提斗机勺斗☆elevator (scoop)
提斗列组☆bucket line
提断环[岩芯]☆ring lifter
提尔干槽珊瑚属[D_2]☆Tyrganolites
提法恰当的☆well-posed
提杆开关☆rocker switch
提高☆enhance(ment)[清晰度]; develop(ment); lift; raise; elevate; boost; upturn; sublimate
提高(价格等)☆advance
提高(质量)☆upgrade
提高标价☆mark-up
提高标价法☆mark up pricing
提高采收率法采油☆enhanced oil recovery; FOR
提高采收率化学剂☆recovery-enhancing chemicals
提高产品等级☆product upgrading
提高的☆elevated
提高矿石的平均金属含量[精选富矿部分]☆sweetening of ore
提高品位☆upgrade; upgrading
提高汽油的辛烷值☆kick up
提高汽油辛烷值的添加剂☆dopes for gasoline
提高热值☆enrichment
提高设备利用率和效率的开采法☆equipment-intensive working method
提高税率☆tax on write-up
提高压力☆pressurizing
提高油品质量的添加剂☆product quality booster
提高允许量☆kick up
提高重力仪的灵敏度☆astatine
提高钻具停钻☆hang her on the hook
提供☆present; furnish; proffer; render; bear; afford; deliver; offer; tender; lend; implement; en-; em-[b,p,m 前]
提供的文件☆documentation
提供辅助地质图☆auxiliary geological map
提供消息{情报}的人☆informant
提供住房☆housing
提供资金☆fund
提供资金者☆bankroller
提公因子☆factor out
提钩☆cleaner
提钩槽☆pick-up slot
提管☆dog pipe
提管机☆pipe lifter
提管绳☆tubing line
提花纹板凿孔机☆jacquard card cutter; piano machine
提环☆lifting dog{bail}; bail[水龙头]
提货{凭}单☆invoice of withdrawals; bill of lading; B/L
提肌☆elevator; levator
提及☆dwell on{upon}; allusion; notice
提尖褶皱☆pinched fold
提交☆submission; commit; submit
(混汞)提金器☆amalgamator
提金桶☆amalgamating barrel
提净☆defecation; defecate
提考羊齿属[J_3-K_1]☆Ticoa
提克西螺属[软舌螺;$Є_1$]☆Tiksitheca
提款☆draft
提款日期☆date of draft
提矿箕斗☆ore{coal} skip
(溜槽)提拉闸门☆guillotine door
提篮笔石属[O_2]☆Phormograptus
提捞☆bail out{down}; bailing; bail
提捞滚筒☆sand reel
提捞筒☆bailer
提捞以降低井中液面☆bail down
提离孔底[把钻具]☆pull off the bottom
提炼☆extract and purify; abstract; refine; winning; extracting; refining; try; rendering
提炼厂☆refinery
提炼过的☆sublimate
提炼与加工工业☆rendering industry
提梁☆bail
提料斗☆chain bucket
提锍率☆matte fall
提罗菊石☆Tirolites
提曼菊石属[头;D]☆Timanites
提曼珊瑚属[C_3-P_1]☆timania
提(升)煤☆raising coal
提煤大筐☆corve; corf; corfe; cauf
提煤吊筐☆keeve
提煤井☆coal shaft
提煤立井☆landing{whim} shaft
提煤系统☆coal-raising system
提门器[自动车钩等]☆lock lifter
提米斯卡明(组)[加地盾;Ar]☆Timiskamian; Timiskaming
提名☆slate; put up; nominate
提名者☆nominator
提泥卷筒☆bailing drum
提泥螺钻☆auger with valve
提尼石☆tynite
提浓(物)☆concentrate
提起☆lift; hold up; pulling; take a hitch on[用绞车或其他提升机械]
提起(井底工具)☆draw out
提起矿车移置让路用吊车☆cherry picker
提前☆preact; advance; forward
提前点火☆advanced{premature} ignition; ignition advance
提前告警☆advanced warning
提前角☆advance angle; angular advance
提前进气☆preadmission
提前排汽[蒸汽机]☆prerelease
提前期☆lead time
提前坐封☆premature setting
提琴形[植物叶形]☆panduratus
提琴形的☆panduriform
提取☆extract(ion); abstract(ion); lifting; draw; pick up; collect; recover; withdrawal; ext.; ex.
提取的有机质☆extracted organic matter; EOM
提取度{性}☆extractability
提取剂☆extractant
提取金☆gold extraction
提取器☆extractor; catch; extraction apparatus; taker; extracter
提取套管装置☆kind's plug
提取物☆extract; Camellia sinensis
提取溴的车间☆bromine-extraction plant
提取岩芯☆take a core; coring
提取冶金(学)☆extractive metallurgy
提取银☆desilverizing
提取油☆stripping oil
提人吊桶☆man hudge
提砂斗轮☆sand wheel
提升☆hoisting; lift(ing); haulage; hauling(-up); wind{pick} up; draw(ing); winding; elevation; raising; promote; elevating; pull(ing); promotion
提升班☆winding shift
提升槽☆elevated sluices
提升的装卸时间☆winding interval
提升吊链☆suspension chain
提升吊笼☆bird cage
提升(大)吊桶☆hoppet; bowk; hoist(ing) bucket; junket; kibble; sinking bucket
提升短节☆pick-up{lifting} sub; elevator plug; lift nipple
提升阀☆poppet (valve)
提升方钻杆并放入鼠洞☆bozo line
提升负荷平衡☆equalisation of winding load
提升复式滑轮☆hoisting pulley block
提升富裕系数☆hoisting abundant factor
提升钢绳包头合金☆capping metal
提升钢丝绳和罐笼(箕斗)的再连接☆resocketing
提升钢丝绳直径变小[由于磨损]☆drawing-small
提升高度☆(lifting) height; lift; height of lift; winding depth; elevating height
提升隔间☆conveyance{hoist;hoisting} compartment
提升工☆drawer
提升工具物料绞车☆utility hoist
提升钩☆hoisting hook; tug
提升刮板机☆lifting flight
提升滚筒上的固定绕绳圈数☆dead wraps
提升过卷开关☆shaft way overtravel switch
提升和摆动系统☆lift-and-swing system
提升荷载☆upcoming load
提升滑轮☆derrick{derric} block
提升机☆(engine;engine;elevator) hoist; gig; hoister; holster; elevator; climber; drawing engine{machine}; hoisting engine{machine;works}; winder; raiser; lift; pulling{winding} machine; windlass; draw works; winding engine{barrel;gear}
提升机的风动传动装置电动机☆hoist air motor
提升机反转开关☆hoist back-out switch
提升机工☆top lander
提升机构曲柄☆raising crank
提升机滚筒表面导筋☆horn
提升机滚筒绳圈☆lap
提升机式取样车间☆elevator-type sampling mill
提升机天轮(托)梁☆hoist girder
提升机卸载悬臂☆elevator discharge boom
(井筒内)提升间☆hoist way; hoistway
提升绞车☆hoisting crab{gear;machine;winch}; drawing machine; hoist; lifting winch; winder; puffer; hoisting winch
提升绞筒☆lifting drum
提升(竖{立})井☆hoisting{drawing;access;engine; lift; hauling;haulage;landing;pulley;winding} shaft; wind hatch
提升井底撒落碎末用稳车☆spillage winch
提升量☆lifting capacity{power}; draught; draft
提升轮☆hoisting sheave{pulley}; hoist pulley; tailings wheel
提升矛头☆overshot spear head
提升平车☆dukey
提升器☆overshot assembly; lifter
提升容器☆conveyance; hoisting vessel; basket
提升容器和钢丝绳接头☆cap(p)el
提升容器悬挂装置☆suspension gear; suspender
提升撒落物的罐笼☆spillage cage
提升深度指示盘☆hoist depth indicator dial
提升绳☆band; haulage{lifting;lift;whim;winding} rope; overrope
提升绳道☆wire-rope way
提升绳端的链钩☆loop
提升绳上的夹车器☆jigger
提升时脱落岩芯☆lost core
提升式挖掘机☆elevating excavator
提升司机☆brakeman
提升速度☆hoisting speed{velocity}; speed of lifting; pulling speed
提升台阶☆pickup shoulder
提升通风两用立井☆joint hoisting shaft
提升稳车☆hoisting{lifting} winch
提升行程☆power stroke
提升悬臂钢丝绳☆boom hoist cable
提升(用)旋塞☆lift plug
(钻井液)提升岩屑的能力☆lifting capacity
提升用丝堵☆elevator plug
提升轴☆lift-shaft
提升轴盖☆winding shaft cover
提升装置☆lifting apparatus{mechanism;gear}; bont; hoisting gear{device;plant}; hauling-up device; winding gear{plant}; take-up; pulling machine
提升自动控制室☆automatic hoist control room
提升钻杆☆breakout; removal of pipe
提升钻杆(用的钩环)☆rod lifter
提升钻具☆hoisting
提升钻头的螺丝帽☆lifting cap
提示☆hint; cue; clue; reminder
提示信号☆cue; standby signal
提闩槽☆pick-up slot
提水☆water hoisting; bailing
提水采样☆dip specimen
提水吊桶☆cowl
提水斗☆bailing ship; water-hoisting tank
提水高度☆pumping lift
提水工☆(water) bailer; baler
提水机☆water-raising engine
提水箕斗[底部有阀]☆ba(i)ler; skip bail
提水筒☆ba(i)ler; bailing bucket; water barrel{bailer}; bail
提松(管柱)力☆"break loose" pull
提送泥浆泵的钢丝绳[钻]☆sand line
提坦[巨物]☆Titan
提通(塘)(阶)[135～141Ma;欧;J_3]☆Tithonian (stage)
提桶☆bailer; pail
提要☆synopsis [pl.synopses]; brief; outline
提议☆set up; overture; offering
提银炉☆cupel furnace
提引钩☆tackle hook
提引接头☆mud pot
提引器☆thumb bustar; catching-piece{elevator}[钻机用]

提引装置☆retraction device
提余液☆raffinate
提喻法☆synectics
提早进行☆anticipate
提足肌☆pedal elevator muscle
提钻☆pull out
题词☆inscription
题目☆title；subject；theme；text；sub.；thematic
蹄☆hoof [pl.hooves]；ungula；unguis [pl.ungues]
蹄蝠属[N_1-Q]☆Hipposideros
蹄盖蕨属[Q]☆Athyrium
蹄蛤科[双壳]☆Ungulinidae
蹄关节☆coffin joint
蹄痕茎(属)[C_2-P_1]☆caulopteris
蹄式制动器☆shoe brake
蹄铁[N-Q]☆horse(-)shoe；shoe
蹄兔(属)[N-Q]☆Procavia；Hyrax；dassie；cony；daman[产于非洲和中东]
蹄兔目{类}☆Hyracoidea；conies
蹄(齿)犀[走犀;跑犀;蹄兕]☆Hyracodon
蹄形磁体☆horseshoe magnet
蹄形藻属[绿藻;Q]☆Kirchneriella
蹄行性☆unguligrade
蹄状☆unguiform
蹄状的☆ungulate
蹄状体☆ungula
(鸡)啼☆crow
鹈形目[鸟类]☆Pelecaniformes；Pelicaniformes

tǐ

体☆body；colpus[具气囊花粉粒之中央部分；pl.-lpi]；corpus[孢]
体壁☆septum；pariety[古杯]；perisome[棘等]；body wall[生]；zooecial wall[苔]
体壁管[蔓足]☆parietal tube
体变潜量☆potential volume change
体波☆body{bulk;bodily} wave
体波相位☆body-wave phase
体操☆exercises
体操的☆gymnastic
体操浴[水下]☆kinetotherapeutic bath
体操治疗浴☆kinetotherapeutic bath
体层型☆body stratotype
体潮☆body tide
体磁化强度☆volume magnetization
体电导率☆cubic conductance
体电荷☆volume charge
(整)体方位☆bulk orientation
体管☆endoconch；siphon{siphuncle}[头]；zooidal tube[苔]
体管索[头]☆siphuncular cord
体管通孔☆septal foramen
体管叶[头]☆siphonal lobe
体海星亚纲☆Somasteroidea
体化石☆body fossil
体环☆annulus；periphract[头]；last whorl[腹]；body whorl[软]
体混响☆volume reverberation
体积☆volume；cubature；bulk；cubage；size；cubic capacity；bodiness；content；yardage；footage；cont；v.；vol
体积崩解☆body slaking
体积变化☆volume change{elasticity}
体积变化自动记录器☆auxograph
体积波及效率{系数}☆volumetric sweep efficiency
体积参数☆volumetric parameter
体积测量☆cubing
体积产量[地层条件下的体积]☆volumetric production
体积大的☆voluminous
体积单位[166 ⅜yd³]☆volume unit；perch；vu
体积的☆voluminal
体积的一致{适应}性☆volumetric conformance
体积等同定律☆law of equal volumes
体积度[比容]☆specific volume
体积分析☆volumetric{measure} analysis
体积估计法☆volumetric method of estimation
体积计☆stereometer；volumeter；volumenometer；volumescope[气体]
体积校正因子{素}☆volumetric correction factor
体积节理模数☆volumetric joint count
体积矩☆moment of volume
体积可溶性系数☆volumetric coefficient of solubility
体积空气注入速度☆volumetric air injection rate
体积力☆body{mass} force
体积流量☆rate of volume flow；volume rate of flow；volume flowrate；volume(tric) flow (rate)
体积流速☆volumetric flow rate；volume rate of flow
体积摩尔浓度☆molarity；molar concentration
体积摩尔浓度相等的☆equimolar
体积黏度☆bulk viscosity
体积排屑范围☆volume-removal limit
体积膨胀系数☆coefficient of cubic expansion；thermal cubic expansion coefficient；volume expansivity
体积平衡方程式[166⅜yd³]☆volumetric{volume} balance equation；equation of volumetric balance
体积清除范围☆volume-removal region
体积扫描测井☆volumetric scan well logging
体积色谱(法)☆volumetric chromatography
体积式计量仪☆volumetric meter
体积弹性率☆bulk modulus
体积稳定☆stability in bulk
体积稳定性的现场试验☆field test for volume stability
体积系数☆volume factor{ratio}；bulk modulus；volumetric coefficient；formation volume factor
体积相同(而密度不同)的颗粒☆volumetric grain
体积效率☆volumetric{volume} efficiency；VE
体积压缩实验☆volume compression test
体积因素{数}☆bulk factor
体积应变☆volumetric{bulk;cubic;volume} strain
体积增大☆increased volume；volumetric swell
体积-质量关系☆volume-mass relations
体积中心☆center of figure；centroid center of volume
体积骤变{增}☆volume surge
体节☆(trunk) segment；metamere；somite
体节硬壁☆sclerodermite
体力☆muscle；body force；brawn
体力的☆physical
体力地☆manually
体力劳动☆manual labor
体量校正系数☆volumetric correction factor
体(积)流变☆bulk flow
体螺旋☆body whorl
体密度☆volume{bulk} density
体内混合汞试验☆mortar-amalgamation test
体内平衡[生]☆homeostasis
体内无线电探头☆endoradiosonde
体内总负荷量☆total body burden
体扭变☆bulk distortion
体(积)膨胀☆volume(tric){measure} expansion；cubic(al) dilatation{expansion}
体膨胀系数☆volume expansion coefficient
体腔☆coelom[pl.-ata]；visceral{coelomic} cavity；body cavity[腕]
体腔动物(门)☆Coelomata
体腔痕☆vascular marking
体腔液☆perigastric fluid
体躯[节]☆tagma [pl.-ta]
体缺陷☆volume defect
体热膨胀☆volume thermal expansion；volumetric dilatation
体色☆body colo(u)r
体室[软]☆body chamber
体视☆stereo；stereoscopy
体视半径☆stereoscopic radius
体视比较{长}仪☆stereocomparator
体视(镜)的☆stereoscopic
体视法☆stereoscopy；stereography
体视光学☆stereoptics
体视镜☆stereoscope；stereogram；stereo
体视镜的☆stereo
体视图☆stereogram
体视学☆stereoscopy；stereology
体素☆tissue
体缩☆bulk shrinkage
体缩率☆volume shrinking rate；shrinkage degree
体(积压)缩系数☆compressibility coefficient of volume
体态☆attitude
(在生物的)体外☆in vitro
体外适应☆exoadaptation
体外碎石术☆extracorporeal shock-wave lithotripsy
体外性的☆xenogenous
体外振波破石机☆extracorporeal shock wave lithotriptor
体温☆temperature；blood heat
体温表{计}☆clinical thermometer
体温过{降}低☆hypothermia
体系☆system；hierarchy；syst；formalism；setup
(有)体系的☆systematic(al)
体系化☆systematization
体系结构☆architecture
体系学☆systematology
体隙☆endosiphoblade；blade
体细胞克隆[无性系]☆somatic clone
体现☆personification
体效应☆Gunn effect
体心格子☆body-centered{I-centered} lattice；I-lattice
体心立方(晶格)☆body-centered cubic；body centred cubic；B.C.C.
体心立方堆积☆body-centered cubic packing
体心四方晶格☆body-centered tetragonal lattice；BCT
体型半导体应变计☆bulk type semiconductor strain gauge
体形变异☆allo(io)metry；allometron
体衍互{交}生☆syntactic intergrowth
体衍生☆syntaxy；syntactic growth
体衍生的☆syntactic；synta(c)xic
体验☆taste；experience；undergo
体应变旋转分量☆body-strain rotation components
体应力☆body stress
体育比赛☆outing
体育场☆stadium
体育的☆gymnastic
体育馆☆gymnasium
体胀☆bulking；volume expansion
体征☆somatic feature
体制☆framework；form；organization；system；regime
体重度☆bulk unit weight
(内存)体周期时间☆bank cycle time
体组织☆body tissue

tì

替班工人☆spare hand；swing man
替补炮☆make up
替代☆supersede；replace；substitution；substitute for；replacing；replacement；vicari-
替代材料☆equivalent material
替代的☆backup
替代法☆method of substitution
替代法则☆law of substitution
替代能源☆alternative{substitute} energy
替代式化合物☆substitutional compound
替代弹性☆elasticity of substitution
替代性的☆vicarious
替代学名☆substitute name；nomen substitutum；nom. subst.
替换☆alternative；displace；substitution；substitute；replacing；replacement；relieve；relay；spell
替换电缆☆emergency cable
替换假象☆substitution{displacement} pseudomorph；pseudomorph by substitution
替换入口☆alias
替换使用☆alternate use
替换物☆alternative；substitute；refill
替泥浆量☆amount of mud displacement
替入☆bullheading
替位式固溶体☆substitution(al) solid solution
替相饱和度☆displacing phase saturation
替续板☆pecker
替续器☆relay；repeater
替用井☆replacement well
替用能源☆alternative source of energy
替置☆overdisplace
替置法☆displacement method
替置过量☆overdisplacing
替置压力☆replacement pressure
替置液☆flush fluid；after-pad；afterflush
睇酸[R-SbO_3H_2]☆stibonic acid
剃☆shaving；shave
剃齿☆(gear) shaving
剃刀☆razor
剃刀片☆slasher

tiān

天☆heaven；day；sky
天(球)北极☆north celestial pole
天(空电)波☆sky {space} wave
天才☆genius

T

天测☆astronomical observation
天车☆crown pulley{wheel;block}; shop traveller; overhead (travelling) crane; crownblock; bridge
天车吊架的横梁☆header of the gin pole
天车滑轮☆crown sheave{pulley}; derrick pulley
天车梁☆crownblock beam
天车平台☆crowns nest
天车台☆water table; derrick crown; catwalk; crown platform
天车台开口{度}☆water table opening
天窗☆gaping hole; skylight; hatch; roof{karst;top} window
天窗式断层☆trap-door fault
天的☆uranic
天底(点)☆nadir
天电☆atmospheric electricity; static; atmospherics; spherics; sferic
天电法☆audio-frequency magnetic method
天电干扰☆sferics; atmospheric noise{interference; disturbance}; static (disturbances); tweeks; sturbs; spherics; parasites; atmospherics
天电干扰场强仪☆radiomaximograph
天电干扰声☆grinder
天电强度仪☆radiomaximograph
天电源☆foyer
天电侦测☆sferics
天顶☆zenith (angle)
天顶距☆co-altitude; zenith distance
天冬氨酸[COOH•CHNH$_2$•CH$_2$•COOH]☆aspartic {asparaginic} acid
天冬酰胺☆asparagine
天冬酰胺酶☆asparaginase
天鹅☆swan
天鹅绒(似的)☆velvet
天鹅绒矿[$Cu_4Al_2(SO_4)(OH)_{12}•2H_2O$]☆velvet copper (ore)
天鹅绒状泉华毛☆velvety nap
天鹅(星)座☆Cygnus
天鹅座P型星☆P Cygni star
天风☆gale
天赋☆gift; dower; flair; inborn; innate; talent; faculty
天赋的☆natural
天盖☆canopy
天鸽座☆columba
天狗螺属[腹;K$_2$-Q]☆Hemifusus
天光☆sky shins{shine}
天河石[微斜长石的一个变种,$K(AlSi_3O_8)$,其中Rb_2O含量1.4%~3.3%、Cs_2O 0.2%~0.6%]☆amazonite; amazonstone; ammonite; green feldspar{microcline}
天河石化☆amazonitization
天候信号器☆aerolinoscope
天花板☆ceiling (board)
天极☆celestial pole
天际线☆skyline
天箭座☆Sagitta; Arrow
天降起源☆meteoric origin
天井☆steep drift; patio; raise (heading;shaft); riser; rise (heading;entry); upraise; atrium; staple pit; adit window; chute; uphill opening; development raise; small yard; courtyard; skylight; draw point
天井放矿采矿法☆chute caving
天井掘进☆driving of raises; (longhole) drop raising; (longhole) raising; raise driving
天井群☆group of raises
天井上下分段掘进法☆over-and-under method
天井深孔掘进法☆deep hole driving
天井钻孔☆raise-bore hole
天井钻孔进尺☆raise-bore advance
天井钻机☆boxhole{raise} borer; raise borer machine
天空☆heaven; sky (space); firmament; air
天空光☆skylight
天空蓝度测定术☆cyanometry
天空类型☆sky type
天空实验室多波段摄影机☆skylab multiband camera
天空实验室图像☆skylab imagery
天空下的☆subaerial
天空线☆skyline
天蓝☆cerulean; azure; celeste; sapphire; sky blue; skyey; ciel
天蓝长石[奥长石变种]☆lazurfeldspar; lazur-oligoclase
天蓝计量☆cyanometry
天蓝色符山石☆fresno
天蓝砷铜铝矿☆ceruleite
天蓝石[$MgAl_2(PO_4)_2(OH)_2$;单斜]☆lazulite; berkeyite; blue feldspar{spar;opal;zeolite}; azure stone{spar}; false lapis; tyrolite; voraulite; tetragophosphite; lazulith; klaprothite; gersbyite; mollite; siderite; eisenblau
天狼星☆Sirius
天帘甲板☆awning deck
天梁☆cross arm
天龙座☆dragon; Draco
天炉座☆Fornax
天律不变说☆Lyellism; uniformitarianism
天轮☆(hoisting) pulley; sheave (wheels;pulley;head; headgear;cage); pull wheel; headblock; headgear (pulley)
天轮钢绳直径比☆sheave-to-wire ratio
天轮高度☆clearance height; boom point sheave
天轮架☆sheave frame; cathead
天轮直径☆point sheave pitch diameter
天落石☆falls
天落水泉☆meteoric spring
天猫座☆Lynx
天门冬素☆asparagine
天目釉☆tenmoku; tianmu glaze
天(球)南极☆south celestial pole
天南星科[植]☆Araceae
(用)天棚(遮盖)☆canopy
天平☆balance; scale
天平动☆[of the moon] librations
天平盘托☆scale pan arrester
天平指针☆cock
天平座☆Libra; Balance
天气变动☆fluctuation of climate
天气电码报告☆synoptic report
天气分析☆synoptic{weather} analysis
天气改变{造}☆weather modification
天气疾病☆meteorotropic disease
天气图分析☆synoptic analysis
天气学☆synoptic meteorology; synoptics
天气谚语☆weather lore{proverb}
天气预报☆weather forecast{prediction}
天桥☆connecting{platform} bridge; footbridge; overhead walkway; runway; overbridge; dolly way
天桥工☆trestle man
天琴座☆Lyra
天青[陶]☆celeste glaze
天青钴矿[$Na_2Co(SCN)_2•8H_2O$]☆julienite
天青黑云岩☆girekenite
天青色☆azure
天青石[$SrSO_4$;斜方]☆celestine; celestite; celestinian; zolestin; schutzite; apotome; dioxynite; lapis lazuli; lapis-lazuri; lazurite; sicilianite; schatzite; coelestin(e); strontian; sizilianit; colestine; ultramarine[颜料]
天青石蓝☆lapis lazuli blue
天青象方解石☆pseudogaylussite
天青重晶岩☆barolite
天穹☆vault of heaven; the vault of heaven
天球☆celestial sphere
天球赤道☆equinoctial (circle); celestial equator
天球切面☆plane of the sky
天球仪☆(celestial) globe
天然宝石☆natural stone{gemstone}; genuine jewel
天然玻璃☆natural glass
天然波状土☆self wallowing soil
天然草地☆natural pasture; alang-alang
天然辰砂[HgS]☆natural vermillion
天然冲击堤☆levee
天然磁化☆spontaneous magnetization
天然磁石[Fe_3O_4]☆lodestone{loadstone}; lode; natural magnet
天然磁石矿☆lode ore
天然的☆natural; crude; inartificial; living; native; rude; nat.
天然的块金☆nugget; scad
天然堤(岸)☆levee (bank); natural levee{dike; barrier;dyke}; raised bank
天然堤后低地☆backland
天然堤湖☆levee lake
天然敌害☆natural enemy
天然碲化银[检波用晶体;Ag_2Te]☆hessite
天然地沥青质焦沥青☆native asphaltic pyrobitumen
天然地球体系☆natural Earth system
天然地震☆earthquake
天然电磁噪声☆natural electromagnetic noise
天然对流☆free{natural} convection
天然二氧化铀燃料☆natural uranium dioxide fuel
天然防护功能☆natural preventive function
天然放射系的母体☆natural parent
天然风洞☆gloup; gloap
天然丰度☆natural abundance
天然谷☆gouffre; mature valley
天然贵金属块☆nugget
天然海盐场☆salt garden
天然河床☆unregulated bed
天然红外源☆spontaneous infrared source
(未经筛分的)天然混合集料☆all-in aggregate
天然级配☆prototype gradation
天然级配砾石☆pit-run gravel
天然集水水系☆naturally impounded body
天然碱[$Na_3(CO_3)(HCO_3)•2H_2O$;单斜]☆trona; tronite; sal ammoniac soda [$Na_2CO_3•10H_2O$]; urao; natron
天然碱-水氢同位素地热温标☆trona-water geothermometer
天然建筑材料工程地质勘察☆engineering geological investigation for natural building materials
天然焦☆(mineral) cokeite; clinker; coke{cinder; finger; dandered;smudge;burnt;black;blind} coal; jhama; carbonite; natural{geologic(al);native;mineral} coke
天然焦炭☆carbonate; humphed{burnt} coal
天然金刚石取芯钻头☆natural diamond core bit
天然金属☆metallics; native metal
天然晶体☆crystal blank
天然井☆natural{native} well; cenote
天然景色的☆scenic
天然巨石建筑☆megalithic architecture
天然开采能量☆natural producing energy
天然块金☆nugget
天然矿柱☆pillar
天然沥青☆native asphalt{bitum;bitumen}; natural (rock) asphalt; pissasphalt; crude bitumen[褐煤中提取,由树脂与蜡质构成]; gilsonite; natural bitumen; original asphalt; bitusol[南美洲特立尼达]
天然裂缝☆intrinsic{natural} fracture; natural fissure
天然裂缝分布频率☆frequency of natural fractures
天然裂缝性储层{油藏}☆naturally fractured reservoir
天然硫☆burnstone; sulphur ore
天然硫砷化铂☆cooperite
天然硫酸☆sulfatite
天然硫酸钠矿石☆thenardite
天然流体☆endogenous fluid; natural emissions
天然漏泄显示☆natural leakage manifestation
天然磨石☆gritstone; grindstone; grinding stone
天然木炭[石]☆mother (of) coal; mineral charcoal
天然能量举油☆natural lift
天然能量开采的原油采收率☆natural depletion oil recovery
天然能量开采阶段☆natural depletion{recovery} phase
天然黏结剂型砂☆naturally bonded moulding sand
天然黏土砂☆naturally clay-bonded sand
天然排水☆free-draining; natural drainage
天然硼砂☆native borax; sassolite; tincal
天然硼酸[H_3BO_3;三斜]☆sassolite; sassolin(e)
天然劈理模式☆natural cleavage pattern
天然坡度☆natural slope; depositional gradient
天然气☆gas; natural{native;rock} gas
天然气饱和的原油☆gas-saturated oil
天然气层容积系数☆gas formation volume factor
天然气充满的孔隙度☆gas-filled porosity
天然气处理厂☆gas processing plant; natural gas treatment plant
天然气的供应量☆deliverability of gas
天然气发电机(驱动的)钻机☆gas electric rig
天然气发动机钻机☆gas rig
天然气管道网☆gas distributing system
天然气锅炉炉前室☆doghouse
天然气和凝析油显示☆show gas and condensate
天然气火炬平台☆flaring platform
天然气及原油☆gas and oil; G & O
天然气井☆gas well; gasser[商业]
(无油)天然气井☆dry{natural-gas} well

天然气净化和脱水用的乙二醇-胺装置☆glycol-amine gas treating plant
天然气-空气焰☆gas-air flame
天然气孔☆soffione; soffioni
天然气利用工程☆gas utilization project
天然气炉☆gas furnace{burner}
天然气内应力测定☆natural gas design stress
天然气凝析液产量{|管线}☆NGL production {|pipeline}
天然气凝析液回收☆NGL{natural gas liquid} recovery
天然气凝析油厂☆NGL plant
天然气轻油含量试验☆charcoal test
天然气驱喷油☆blow
天然气燃烧热值☆heating value of natural gas
天然气深冷加工厂☆cryogenic gas processing plant
天然气深冷膨胀机加工装置☆cryogenic expander gas processing unit
天然气提取装置☆gas extractor
天然气田☆natural-gas field
天然气为主的地热田☆gas-dominated geothermal field
天然气洗孔钻进☆gas drilling
天然气显示☆gas showings{show}
天然气向大气排放☆poping
天然气压缩因素{数}☆gas deviation factor
天然气液(体)[包括丙丁烷和天然汽油]☆natural gas liquid
天然气(凝析)液回收☆natural gas liquid recovery
天然汽油☆casing head gasoline; natural gasoline[油]; natural gas liquid; casinghead{casing-head} gasoline
天然气原始地质储量☆gas initially{originally} in place; initial gas in place; IGIP; GIIP
天然桥☆natural bridge{arch}; lighthouse
天然桥孔☆window
天然泉塘☆self-formed pool
天然热流量☆natural heat output{flow}
天然热流{|损}总量☆total natural heat discharge {|loss}
天然乳胶☆crude emulsion
天然色的☆technicolor
天然色乳胶☆natural-color emulsion
天然森林保护区☆primitive area
天然沙砾☆unscreened gravel
天然剩余磁(化)强(度)☆natural remanence
天然湿度☆field{natural;fieldless} moisture
天然石板粉☆slate dust
天然石材☆lithotome
天然石层☆quarry bed
天然石膏☆natural gypsum; plaster of Paris
天然水☆native{raw;natural} water
天然水库☆cistern
天然水敏性岩芯☆natural water-sensitive core
天然水泥产地☆cement deposits
天然隧洞☆tunnel cave; natural tunnel
天然炭☆mineral charcoal
天然条件☆natural condition; in-situ conditions
天然土路☆dirt road
天然土路面☆natural earth surface
天然物质☆natural-occurring substance
天然橡胶☆India{natural;native} rubber; N.R.; I.R.
天然橡皮☆India-rubber
天然硝石☆soda nitre
天然形态☆physical form
天然岩石群☆rockwork
天然盐水☆bittern; natural brine
天然氧气燃料电池☆natural gas-oxygen fuel cell
天然医疗资源☆natural healing resource
天然音频电磁法☆audio-frequency magnetics; AFM
天然硬红土☆brick stone
天然铀-石墨反应堆☆natural uranium-graphite reactor
天然沼泽☆atmospheric swamp
天然蒸气☆geosteam; endogenous{induced; direct; indigenous} steam
天然支护采`场(矿法)☆self-supported opening
天然状态的地热储☆natural geothermal reservoir
天然状态岩芯☆native core
天然自持拱☆natural self-supporting arch
天色☆complexion; sky
天色计☆cyanometer
天山地槽☆Tianshan geosyncline
天山龙(属)☆Tienshanosaurus; Tianshanosaurus
天山石[$BaNa_2MnTiB_2Si_6O_{20}$;六方]☆tienshanite; tienshaaite; Tianshanite; tyanshanite
天山兴安地槽褶皱区☆Tianshan-Xingan geosynclinal fold system
天上的☆superterrene; superterrestrial
天射计☆pyranometer
天生的☆inherent
天生桥☆karst{natural} bridge; (natural) arch
天使☆angel
天水☆meteoric water
天水洗体动力作用☆meteoric-water hydrodynamism
天坛座☆Ara
天堂蓝[石]☆Paradiso Blue
天体☆orb; sphere; astronomical body; astrodome; globe; celestial body{object;bodies}; world; astro-
天体测量☆uranometry
天体测量(学)☆astrometry
天体测量基线☆astrometric base line
天体尘☆kroykonite
天体磁学☆astromagnetics
天体的☆spherical
天体分光学☆astrospectroscopy
天体干扰☆star statics
天体光度(测定)☆astrophotometry
天体化学☆astrochemistry; cosmochemistry
天体碰撞坑☆astrobleme
天体起源☆origin of celestial bodies
天体摄影学家☆astrophotographer
天体摄影仪☆astrograph
天体学☆uranology
天体演化(学)☆cosmogony
天体演化理论☆cosmogonic theory
天体诱发地壳构造(的)☆astrotectonic
天体运转的轨道☆cycle
天体照相仪☆astrograph
天兔座☆Lepus; Hare
天外沉积(物)☆cosmogenous sediment
天外成因☆extraterrestrial causation
天外来客☆saucerman
天外石☆skystone
天王星☆Uranus
天卫二☆Umbriel
天卫三☆Titania
天卫四(星)☆Oberon
天卫五[拉]☆Miranda
天(王)卫一☆Ariel
天文☆astronomy; astro-
天文北方向线☆astronomical north line
天文大地测量偏差{斜}☆astrogeodetic deflection
天文大地水准测定☆astrogeodetic{astronomical} leveling
天文大地网平差☆astro-geodetic net adjustment
天文大地学测量☆astrogeodetic measurement
天文(距离)单位☆astronomical unit; AU
天文导航☆celestial navigation; astronavigation
天文地平☆sensible{celestial} horizon
天文定位☆astrofix; astronomical fixation; celoposition
天文馆☆planetarium [pl.-ria]
天文航海☆celo-navigation
天文航行(观察)舱☆astrodome
天文化☆astronomize
天文历☆ephemeris
天文罗盘☆astrocompass
天文年历☆astronomic{astronomical} year book; (astronomic) almanac
天文气候☆solar climate
天文生物地质气候磁性年代学☆astrobiogeo-climatomagnetochronology
天文数字(的)☆drillion
天文台☆(astronomical) observatory
天文望远镜玻璃镜坯☆glass blank for astronomic telescope
天文无线电干涉测量地球探测☆astronomic radio interferometric earth survey; ARIES
天文物理年龄☆astrophysical age
天文学☆uranology; astronomy
(美国)天文学会☆(American) Astronomical Society
天文学家☆astronomer
天文仪☆astroscope
天文钟☆chronometer; astronomic clock
天文重力水准测量☆astrogravimetric levelling
天雾☆sky fog
天线☆antenna [pl.-s,-ae]; aerial (wire); ant.; air wire
天线波束的控制☆lobing
天线方向性因数☆antenna formfactor
天线分离滤波器☆diplexer
天线辐射图记录仪☆antenna pattern recorder; APR
天线共用器☆duplexer
天线孔径☆antenna aperture
天线馈线分离隔板☆spreader
天线皮瓣方向(特性)图☆antenna lobe pattern
天线匹配器☆antenna matching unit; amu
天线屏蔽器☆radome
天线扫掠☆lobing
天线升降索☆halyard
天线位置控制机构☆antenna positioner mechanisms
天线旋转同步信号☆antenna rotary synchronizing signal
天线仰角☆tilt
天线引向器☆sender
天线罩[雷达的]☆blister; windshield
天线阵☆array; (antenna) array; aerial system; row; multiple-element antenna
天线阵列的侧视☆sidelooking
天线转接开关[雷达]☆polyplexer
天象图说☆uranagraphy
天象仪☆planetarium [pl.-ria]
天蝎座☆Scorpio; Scorpion
天性☆nature; instinct
天演☆natural selection
天燕座☆Apux
天鹰座☆Aquila
天灾☆act of God; plague
天真☆innocence
天轴☆line shaft; celestial axis
天轴轴承☆lineshaft bearing
天竺黄☆tabasheer; tabaschir
天竺鼠亚目☆Hystricomorpha
天祝虫属[三叶;$Є_2$]☆Tienzhuia
黇鹿[N_2-Q]☆Dama; fallow deer
添`标{后缀}☆suffix
添加☆supplement; add-on; affix
添加化学溶液破碎☆chemical fragmentation
添加剂☆introducer; dope; dopant; adjuvant; additive (agent); affix; admixture; bulking{wetting;addition} agent; auxiliaries
添加剂组合☆additive combination
添加矿石☆feed ore
添加料☆addition; additive
添加泥浆[工]☆add mud
添加燃料表☆bunkering schedule
添加水☆make-up water
添加物☆supplement; applier-addition; superaddition
添加型阻燃剂☆additive flame retardant
添料☆dopes; added substance
添煤☆firing
添煤机☆stoker
添上☆tail; put on
添水☆water addition
添头☆tret
添味剂☆odor ant
添味气[便于检漏]☆odorized gas
添味装置☆odorizer
添印上去的东西☆overprint
添增☆augment

tián

填☆pad; charge
填(入)☆cram
填板☆intercalated layer
填背☆backup
填背砂☆backing sand
填补☆fillup; supply; explement
填补孔☆infill hole
填补物☆expletive
填补桩☆filling pile
填层☆packing-course
填衬石块☆filled stone
填迟日期☆post-date
填充☆filling (up); congestion; fill (up;in); stuff(ing); fill in the blanks (in a test paper); potting; tamping
填充材料☆furniture; infill material
填充层{床}☆packed bed; packed layer
填充的采空区☆packed goaf
填充度☆compactedness
填充机☆squeezer

T

填充剂☆filling agent{material}; auxiliaries; stuffing; coupler; bulk additive; bulking agent
填充紧密的颗粒☆closely packed grains
填充沥青☆filled bitum{bitumen}
填充量☆packed weight; P.W.
填充料装(满)☆stuff
填充毛细管柱☆packed capillary column
填充气☆blanketing gas
填充砌块[建]☆filling-in block
填充石英的环氧树脂☆silica-filled epoxy resin
(进位)填充数☆filler
填充塔☆packed column{tower}
填充填料☆bulking filler{material}
填充土☆backing earth
填充物☆filling (material); filler; loading; packing; fill; infilling; pack; packed material
填充系数☆space factor; packing fraction; percentage loading of miu
填充因素☆packing factor
填充用型砂☆filler sand
填充柱式气相色谱☆packed-column gas chromatograph
填地☆landfill
填方☆fill (construction); embankment; earth{fissure} filling; filling
填方地面☆pad surface
填方高度☆depth of fill{earth backing}
填方量☆bank measure
填方区排水☆drainage in embankment area
填方渠道☆canal on embankment
填方土☆backing earth
填封☆blinding
填封度☆degree of confinement
填封土☆sealed earth
填封油灰{腻子}☆jointing paste
填缝☆fuller; jointing; caulk; caulking (hammer)
填缝材料☆choker
填缝胶泥☆gap {-}filling cement
填缝料☆crack{joint} filler
填缝石☆keystone
填缝石油沥青掺和料☆blended asphalt joint filler
填缝水泥☆gap-filling cement
填缝小砖☆glut
填高☆banking
填沟机☆backfiller; bullgrader
填谷☆channel fill(ing)
填海造陆☆land accretion
填焊☆filler bead; filling pass; weld up
填合物盐水完井液☆polymer brine completion fluid
填积☆aggrade; aggradation
填积大陆海☆aggrading continental sea
填积谷☆filled valley
填积河阶☆fill river terrace
填积密度☆packing density
填积面阶地☆fill top terrace
填积平原☆aggradation(al) {aggradated} plain
填积摊脊☆accretion ridge
填集☆packing
填集密度☆density of packing; packing density
填集趋近度☆packing proximity
填加脉☆accretion vein
填间结构☆intersertal texture
填角焊☆fillet welding{weld}
填角焊缝☆back bead
填井[夯紧地震井炸药包上充填物]☆tamp
填坑开采法☆Fill Pit operation
填孔☆porefilling
填空☆fill; completion
填空石☆expletive (stone)
填空系数☆percent break
填空小(毛)石☆sneck
填块☆packing block
填矿渣☆slag fill
填蜡构造☆sealing-wax structure
填砾☆gravel pack{fill}
(滤器)填砾☆gravel envelope
填砾(水)井☆gravel-wall{-packed} (water) well
填料☆stuff(ing); wad(ding); jointing (material); pad(ding); filler; filling (compound;agent); infill; fill(ing){loading;weighing;packing} material; gasket(ing); packing (filler;piece); plastic pack; aggregate; lagging; loading; packing-block; brasque; tamping; sealing; packer; matrix
填料衬套☆neck bush
填料的☆loaded
填料工☆fuller
填料函☆backing; gland housing; packing (box)
填料函盖☆flange gland
填料函式连接☆packed-gland joint
填料盒冷却处理☆stuffing box cooling
填料环☆sealing{seal;pack} ring; drilled packing ring
填料来源☆fill source; source of fill
填料密封☆impax seal
填料扒钩[将填料从盒中取出]☆packing drawer
填料盘螺栓☆stuffing box bolt
填料器☆sizer
填料塔☆absorption chamber; packed tower
填料压盖衬套☆packing bush
填料压盖轴领衬套☆gland-neck bush
填料柱☆filled column
填零☆zerofill; zero fill
填卵石[$(K,NH_4)_3H(SO_4)_2 \cdot 2H_2O$]☆guanovulite
填埋☆landfill (site); land-fill
填满☆occupy; fill-up; chock and block
填满砾石的射孔孔道☆gravel packed perforation tunnel
(注水)填满时压力☆fill-up pressure
填满体积☆pad volume
填密☆caulk; packing; filleting; packed
填密件☆ca(u)lking piece
填密片☆sheet packing; packing piece
填密绳☆cord packing
填泥[涂]☆filler
填泥料☆spackle
填{塞}炮泥☆tamp; tamping (plug)
填炮泥工☆tamper
填平☆backfill
填平地[露天矿坑初步填平]☆reconstituted land
填平裂缝☆filling of crack
填坡☆fill slope
填入☆infilling; offering
填塞☆blind(ing); tamp(ing); plugging; fill (plug); cram; close; pack(ing); pad(ding); wad; choke; caulk(ing); filling; stuff; stemming; stopping (up); wall; stop{block} up
填塞(作用)☆infilling
填塞(炮孔)☆stem
填塞材料☆blinding{choke} material
填塞层孔隙率☆pack porosity
填塞工具☆tamper
填塞料☆stopping
填塞裂缝☆crack filling
填塞密封☆fill plug seal
填塞棉绳☆wick
填塞能力☆plugging ability
填塞炮孔☆stem a hole; stemming
填塞(的)盆地☆stuffed basin
填塞器打捞器☆plug catcher
填塞砂浆☆dry patching mortar
填塞石缝☆galleting; garreting; garret
填塞物☆stemming; tamping; wadding; plug(ger); filling
填塞箱变形机☆stutter box texturing machine
填塞形式☆placement
填塞岩层☆plugged formation
填塞砖☆closure
填砂☆gravel input; sand-filling; packing sand; sand filling{charging}; sanding up
填砂间隔分段装药☆sand charging
填砂量☆fill-up
填砂裂缝☆sand packed fracture; packed fracture
填砂模型☆sand-packed model; sand-pack column; sand pack
填砂模型水驱试验☆sand-pack flood
填砂深度☆plug-back depth
填砂支柱[钢圈或混凝土圈]☆sandow
填砂柱☆sand pack; sand-pack column
填石☆enrockment; rockfill; stone filling{packing}; filled stone; drop-fill rock
填石坝[土]☆rock-fill dam; rock{stone}-filling dam; dumped rock embankment
填石沟☆puddled ditch
填石框架☆coffer
填石木垛☆packed{pigsty;filled;waste} crib; filled timber crib; dirt-filled chock; solid wooden chock
填石排水钩☆rubble drain
填石竖坑☆rockshaft
填石筒形铁笼护坡工程☆wirecylinder works
填石围堰☆rock-fill cofferdam
填实☆packing; gland; ca(u)lk; tight pack; gasketing
填实的物料☆packed material
填实度☆packing degree; degree of packing
填实垛架☆bulkhead
填实缝☆spline joint
填实接缝☆gasketed joint
填实空隙☆infill
填实木垛☆filled pigsty(e); packed cog{crib;nog}; solid wooden chock; dirt-filled chock
填实炮泥☆tamping
填实系数☆pack factor
填实引道☆approach fill
填树脂纸☆resin-impregnated paper
填碎石或砾石的排水沟☆blind ditch
填弹塞☆wad [pl.wadden]
填图☆platting; map spotting{plotting}; mapping; charting; plotting
填土☆landfill; (earth) embankment; earth fill(ing){backing}; banquette; banket; filled{made(-up)} ground; fill material; filling; made land; land fill
填土部分☆fill section
填土层厚☆lift thickness
填土动物穴☆krotovina; crotovina
填土孔穴☆crotowine
填土湿度☆placement moisture
填土斜坡☆earthfill slope
填挖平衡的坡度☆balanced grade
填洼沉积☆swale-fill deposit; swage fill deposit
填隙☆fuller; ca(u)lk; calking; shimming
填隙(子)☆interstitial; interst
填隙的☆intersertal; interstitial
填隙合金☆interstitial alloy; ca(u)lk{calking} metal
填隙结核[如龟甲石]☆intercretion
填隙金属☆filler{calking} metal
填隙晶☆endoblast
填隙-空位缺陷☆interstitial-vacancy defect
填隙矿物☆stuffed mineral
填隙片☆filling{filler} piece; shim
(用)填隙片填☆shim
填隙石☆pinning
填隙式固溶体☆interstitial solid solution
填隙式混晶☆interstitial mixed crystal
填隙物质☆interstitial material{matter}; matrix
填隙用木片☆shim
填隙凿☆yarning iron; caulking chisel
填隙作用☆interstitial filling; infilling
填絮☆wad(ding); pledget; oakum
填穴因数☆fill factor
填质☆matrix [pl.matrices]
填筑☆reclaim; reclaiming; reclamation
填筑地☆reclaimed land; made ground
填筑式坝☆fill type dam
填筑土地☆land accretion
填注控制☆placement control
填装☆packing
田地☆field (land); ploughland; acres
田凫☆peesweep; peeseweep
田埂坎☆finch; linchet; lynchets
田黄☆larderite
田间配水☆internal field distribution
田间容水量☆field capacity
田间水分不足(量)☆field moisture deficiency
田菁(属)[绿肥的一种]☆sesbania
田螺(属)[腹;J-Q]☆Viviparus; Bathonella
田麻☆Tilia
田纳西(统)[美;C_1]☆Tennesseean
田纳西砂金棉☆Tennessee gold dust
田舍☆cottage
田氏角石属[头;P_1]☆Tienoceras
田鼠☆vole
田鼠属☆Siphneus
田鼠穴☆crotovina; krotovina
田形的[矩阵]☆tesseral
田野☆dol
甜白☆lovely white glaze
甜菜锈病☆Uromyces betae
甜菜渣[堵漏材料]☆bagasse
甜的☆sweet
甜料☆sweetener
甜石连☆lotus fruit; Fructus Nelumbinis

甜水☆sweet{fresh} water; sugar water
甜水地☆gher
甜言蜜语☆goo; blarney; fine-sounding words

tiāo

挑出{择}☆pick up; pick out
挑水坝☆pier dam
挑剔☆fault; crab
挑选☆sift; discrimination; choose; select; pick (out)
挑选的☆sorted

tiáo

髫髫山统☆Tiaochishan series
条☆bar; slug; band; tie; strip; term; plate; strap; swath
条斑纹结构☆eutaxitic
条板☆flitch; batten; stripe plank
条板箱☆crate
(用)条板制造☆slat
条棒☆bar grit
条材☆bar stock
条虫状气孔☆wormhole (porosity)
条带☆stripe; band(ing); strip; cuts; flaser; swath; braid; riband; ribbon; streak
(上下平巷和开切眼圈出的)条带☆panel
条带板岩☆ribbon slate
条带孢属[T_3]☆Chordasporites
条带边界☆slice boundary
条带层状☆flaser-bedded
条带构造☆banded{striped;streaky} structure; ribbon banding
条带化☆banding
条带立柱☆lamellar prop
条带磷铅石☆sabaliter
条带绿板岩☆desmosite
条带式开采☆partial extraction
条带条痕状显微构造☆banded-streaky microstructure
条带土☆striped ground{soil}
条带型(细粒金刚石)扩孔器☆strip type reaming shell
条带岩☆zebra rock
条带状☆ribbon; flaser; banding; stripped
条带状赤铁(矿)石英岩☆banded hematite quartzite
条带状的☆zebraic; nonbanded; striped; zebra
条带状硅铁建造☆banded cherty iron formation
条带状露头平原☆belted outcrop plain
条带状煤的煤岩成分☆banded coal ingredient
条带状泥炭☆banded peat
条带状萤石闪锌矿石☆coon-tail ore
条带状韵律层理☆zebra layering
条锭铜☆wire bar copper
条沸石☆yugawaralite
条分法☆method of slices; slice(-dividing) method
条缝板☆slotted plate
条缝管过滤器☆slotted-pipe screen
条缝筛☆fine-slotted{slotted;wedge-bar{-wire}} screen; slot mesh screen
条幅式航空照片☆flight strip
条钢☆bar iron{steel}; strap iron
条焊☆fillet weld
条黑粉菌属[真菌;Q]☆Urocystis
条痕☆stria [pl.-e]; striation; (stray) streak; tramline; striature
条痕单缝孢属[C_3]☆Striatosporites
条痕色试验☆streak (test)
条痕状混合岩☆streaky migmatite
条棘泡沫珊瑚属[S]☆Gyalophyllum
条级地面☆striated{striped} ground
条脊☆lirae [sgl.lira]; vallate
条间力函数☆inter-slice force function
条件☆condition; cond.; constraint; provision; term; stipulation; schedule; requirement; qualification
(附带)条件☆proviso [pl.-s,-es]
条件闭环稳定性☆conditional closed-loop stability
条件储量☆onditional reserve
条件等色☆metamer
条件反射☆conditioned reflex
条件方程☆condition(al) equation
条件分布☆conditional distribution
条件化变量☆conditionalized variable
条件回采函数☆conditionally recovery function
条件结局{果}☆conditional outcome
条件紧集☆conditionally{relatively} compact set
条件苛刻的贷款☆hard loan
条件利润表☆conditional profit table
条件良好的地层☆favorable bed
条件码☆conditional{condition} code; CC
条件密度☆sigma-t; σt
条件名(字)☆condition-name
条件配色☆mgtamerism
条件频数{率}☆conditional frequency
条件平差☆condition adjustment; adjustment of condition equations{observation}
条件屈服应力百分数☆percentage of proof stress
条件效应☆conditioning effect
条件信息量总平均值☆equivocation
条件值☆condition{conditional} value
条块☆slices; schlieren
条块底面的法向力☆normal force base of a slice
条款☆clause; clause in a formal document; provision; article; stipulation; item; art.; term; subsection
条理☆tenor
条理性☆coherency; coherence
条例☆act; enactment; regulation; laws{rules} and regulations; ordinance
条料☆billot
条裂的[植]☆laciniate
条裂石芥花☆crowtoe
条木管☆stave pipe
条目☆catalogue
条片式卡瓦☆split slip
条鳍鱼(亚纲)☆Actinopterygii
条区☆panel
条筛☆bar grizzly{grit}; grizzl(e)y
条石☆rectangular slab of stone; block stone; boulder strip
条数☆term
条田☆strip check
条铁☆band{strap} iron
条图记录仪☆strip chart recorder
条纹☆stripe; streak(ing); striation; stria[晶;pl.-e]; fringe; marking; schlieren[德]; striature; strake; lira [pl.-e]; ribbon; lamella; raie; aigrette[晶体]
条纹斑(杂)状☆eutaxitic
条纹斑状构造☆eutaxitic structure
条纹碧玉[SiO_2的变种]☆bandjaspis; riband{ribbon} jasper
条纹布衬垫☆corduroy blanket
条纹层理☆flaser bedding
条纹长斑岩☆perthitophyre
条纹长石☆perthite; taenite
条纹沉淀☆banded precipitation
条纹地☆striped ground
条纹地面☆striated{striped} ground; striate land
条纹粉属[孢;K_2-E]☆Striatopollis
条纹构造☆streaky{schlieren;perthitic;ribbon(ed)} structure
条纹花岗闪长岩☆tirilite
条纹化☆streaking
条纹交生☆perthitic intergrowth
条纹矿石☆band ore
条纹玛瑙☆riband agate
条纹煤☆streaked{striated} coal
条纹模☆striation cast
条纹石鲈☆Plectorhinchus lineatus
条纹石燕☆striispirifer
条纹图形☆striated pattern
条纹霞(石)正长岩☆kakortokite
条纹线☆streak line
条纹信号☆stripe signal
条纹岩☆ribbon rock
条纹仪☆stria projector
条纹玉髓☆calcedonyx
条纹之排列☆striature
条纹状☆striate(d); striatus; striature
条纹状的☆striated; streaked; streaking; schlieric
条纹状泥☆streaked mud
条线☆striation
条线图☆bar chart{graph}
条信号☆bar signal; bars
条形基础☆strip foundation; continuous{strap} footing
条形码☆bar code
条形图☆strip chart
条形团矿☆pellet
条约☆treaty
条状层☆wispy{strip} layering
条状的☆streaky
条状垫板☆backing strip
条状护坡工程☆small terracing works
条状火药☆ribbon powder
条状煤☆strip coal
条状信号☆flagpole (signal)
调(收音机电台)☆dial
调变☆modulation
调变器☆modulator
调波示波器☆wamoscope
(传动装置)调成低速☆gearing down
调成水平直线☆horizontal alignment
调成一直线☆line up
调程员☆scheduler
调带轮[机]☆rigger
调挡☆gear shift; speed change; shift (gear)
调挡柄轭☆shifting yoke
调到一定位置☆positioning
调低速☆kick-down
调定☆setting; setting-up; set up
调定程序☆set-up procedure
调风器☆air register
调幅☆amplitude modulation{modulated}; AM
调幅结构☆modulated structure
调幅器☆(amplitude) modulator
调幅信号☆amplitude modulation{modulated} signal
调高千斤顶☆lifting jack
(采机)调高千斤顶用泵☆pump for ranging jack
调罐☆deck changing
调光器☆light modulator; dimmer
调和☆temper(ing); harmony; accordance; mediate; be in harmonious proportion; make concessions; reconcile; compromise; disannealing; congruity; chime; blend; conditioning; unison; rhythm; proportionment; temperament; concoction; compound; commingle
调和比☆blend ratio
调和变换☆Laplace transform
调和的☆harmonic; accordant; symmetric(al)
调和方法☆blending method
调和分析☆harmonic{Fourier} analysis
调和函数☆harmonic function
调和后的溢流☆conditioned effluent
调和级数☆hp; harmonic series{progression}; harmonical progression
调和井下测站{线}和国家测量格网☆correlation
调和平原☆conplain
调和漆☆ready-mixed paint
调和器☆dispenser; conditioner
调和水☆gaging{mixing} water
调和水系☆accordant drainage
调和算子☆Laplacian; Laplace operator
调和油☆blending stock; tempered oil
调和中项☆harmonic mean
调绘☆annotate classification; annotation
调剂☆temper
调剂使用☆conjunctive use
调架千斤顶☆aligning ram
调浆☆conditioning
调浆槽☆conditioner; surge tank
调焦☆focusing; focussing
调焦范围☆range of adjustment
调角☆angular{angle} modulation
调节☆adjustment; condition(ing); regulation; control; inquisition; govern; accommodate; throttle; adjust; register; regulate; tune {-}up; set; working; turndown; tuning; tracking; temperament; modulation; temper; moderate; adj
调节板☆damper
调节仓☆surge hopper{pocket;bunker;bin}; gate road bunker
调节储存量☆buffer storage
调节的☆regulatory
调节垫片☆adjusting gasket
调节定理☆moderation theorem
调节阀☆governor{governing;regulating;damper; control; manoeuvring;variable} valve; choke
调节范围☆variable range; range of adjustment {control; regulation}
调节风窗☆regulator opening
调节风挡☆tempering air{damper}
调节风流☆coursing the air{waste}
调节风门☆(door) regulator; gage{regulator;sham;trap;

T

scale;weather;regulating} door；box regulator；air damper{gate}；stiffener；trapdoor
调节管☆adjutage
调节辊☆dancer roll
调节好☆true up
调节环☆adjustable{adjusting;regulating;adjustment} ring
调节机构☆governing mechanism
调节剂☆conditioner；corrective；densifier；modifier；conditioning{modifying} agent；regulating reagent
调节焦距☆focus
调节镜☆compensator
调节(过的)空气☆artificial atmosphere
调节量☆regulating variable；surge capacity
调节螺钉☆set screw
调节螺丝☆adjusting screw
调节螺旋☆regulation screw
调节门☆shutter；adjust gate
(可调节喷口的)调节片☆eyelid
调节器☆conditioner；adjustor；governor；controller；regulator；compensator；actuator；adjustment cylinder；adjuster；densifier；accommodator；moderator；modifier；harmomegathus[孢;pl.-thi]；orifice button；reg.
调节器阀{|销}☆regulator valve{|pin}
调节容量☆pondage
调节(后的)水位☆regulated water stage
调节特性☆regulative property
调节温度风门☆temperature-controlled damper
调节楔☆setting wedge；block
调节信号☆modulated signal
调节信号相时☆timing offset
调节液压给进的针形阀☆drip valve
调节原动机速度的伺服电动机☆speeder motor
调节装置☆regulating device{unit}；controlling device；controller；accommodator
调节组分比的☆ratio governing
调解☆conciliation；intercede；mediation
调解人☆intermediary；mediator
调紧链☆tension chain
调紧皮带轮☆idler
调(节)聚(合)反应☆telomerization
调聚物☆telomer
调均☆equalization
调孔亚纲[爬]☆Euryapsida
调控管☆regulation-control tube
调控基因☆regulatory gene
调理☆conditioning；nurse one's health；recuperate；take care of；look after；play tricks on；tease
调理(作用)[免疫]☆opsonization
调理剂☆amendment
调理素作用☆opsonization
调量计☆regulator
调料[浮选前调和矿浆和药剂]☆conditioning
调零☆zero (setting;adjustment)；set (to) zero；zeroing
调零位☆zero-point adjustment
调零装置☆nulling device；null setting
调流器☆governor
调凝剂☆set controlling admixture
调凝水泥☆regulated set cement
调浓器☆salinometer
调配泵☆dispensing pump；dispenser
调配油料业务☆dispensing service
调偏螺丝{钉}☆bias-adjusting screw
调频☆frequency modulation；modulation frequency；FM
调频发射机综合测试仪☆panalyzer；panalyzor
调频管☆phasitron
调频接收机中去加重☆deemphasis
调频接收器{机}☆fremodyne
调频连续波多普勒雷达☆FM-CW Doppler radar
调频式(无线电)高度表☆frequency modulated altimeter
调频信号解调器☆FM signal demodulator
调频指数☆frequency-modulation index
调平☆level；leveling；levelling
调平器☆leveler
调平用千斤顶☆leveling jack
调屏调栅振荡器☆Armstrong oscillator
调坡☆adjusting gradient
调色☆toning
调色板☆pallet
调色计☆tintometer
调色剂☆toner
调栅调屏☆tuned grid tuned plate；T.G.T.P.
调绳☆adjusting position of rope
调绳轮☆surge wheel
调湿☆humidify；damping
调湿装置☆humidifier
调试☆debug(ging)；trial run
调试程序☆debugger；debugged program
调试卡片☆calibration card
调速(伺服)电动机☆speed-regulating motor
调速(电子)管☆prionotron
调速机(用)电动机☆governor motor；GM
调速控制☆variable speed control；VSC
调速器☆governor；kick-down；regulator；speed regulator{governor}；SR；gov.
调速气门☆throttle
调速器箱☆speed box
调速装置☆speeder
调停☆intervention；intermediate；heal；intercede
调停法☆conciliation act
调味品☆condiment
调位减速刹车液压系统☆primed brake hydraulic system
调温柜☆thermotank
调温器☆thermoregulator；thermosistor
调温装置☆attemperator；temperature control equipment
调弦☆chord
调相☆phase (modulation)
调相管☆phasitron
调相指数☆phase-modulation index
调向☆steering；veer
调向接收☆regulated directional reception；RDR
调向千斤顶组装件☆steering jack assembly
调向式底托架☆steering underframe
调向油缸☆alignment correction cylinder
调斜千斤顶☆tilting{steering} jack
调斜式底托架☆steering underframe
调谐☆tune (up;in)；trim；syntonize；harmonious；radio tune；debugging；control；tuning；tune-up；syntony
调谐度盘☆tuning scale；dial
调谐后频率漂移☆post tuning drift；PTD
调谐机构☆adjustment controls
调谐滤波器☆tuned filter
调谐器☆tuner
调谐时间☆stand-by period
调谐线☆magic line
调谐箱☆doghouse
调谐信号☆harmonic ringing
调谐振簧式继电器☆tuned reed relay
调心托辊☆trainer；training idler
调心轴承☆self-aligning bearing
调压阀☆dump{pressure-regulating} valve；pressure control valve；PCV
调压活塞☆relief piston
调压机☆booster
调压井☆surge shaft
调压螺杆☆screw press
调压器☆pressure{voltage} regulator
调压水库☆equalized reservoir
调页☆paging
调液厚器☆absorptiometer
调优运算☆evolutionary operation；EVOP
调油门☆throttling
调匀的☆smooth
调整☆regulation；regulate；adjust(ing)；revise；trim；fix；adjustment；harmonization；coordinate；tune (up)；checkout；balance；train；conditioning；tru(e)ing；debug(ging)；control；compensation；coordination；rectification；steering；tuning；trade off；true{set} up；take-up；set(ting)；redress；rectify；regularization；rearrange；processing；modulation；ordering；matching；justification[码速]；C/o.；SU
调整不当☆misadjustment
调整程度☆degree of regulation
调整程序☆debugger；adjusting procedure；scheduler
调整的☆regulatory
调整垫片☆setting shims
调整短管接头☆landing nipple
调整范围☆range of adjustment；setting range
调整盖封☆adjustment cap seal
调整工☆adjuster；setter
调整规☆set-up gage
调整环防尘圈☆adjustment ring dust collar
调整肌☆adjustor{pedical} muscle
调整给料☆scalp the feed
调整剂☆modifier；modifying{conditioning;regulating} agent；regulator
Aero158{|162}(号)调整剂[高分子聚合物]☆Aero modifier 158{|162}
pH 调整剂☆pH modifier
调整焦距☆focusing
调整筋痕[腕]☆adjustor scars
调整井☆adjustment well
(凿井时)调整井框用的长木楔☆half-end
调整孔☆access (hole)
调整矿区形状☆swinging a claim
调整料仓☆trim bin
调整零点☆zeroing
调整率☆regulation (factor)
调整螺栓☆jack{adjusting;adjustable} bolt
调整螺旋☆rectifying screw
调整偏差☆offset
调整片☆trimmer；tab
调整坡度☆slope of compensation
调整器☆adjuster；evener；corrector；regulator；controller；trimmer
调整圈☆adjusting ring
调整水系☆adjustable drainage
调整条款☆escalator clause
调整投弹机构☆cock
调整旋塞☆regulating cock
调整值☆adjust(ed) value；set
调整中心☆centering adjustment
调整周期☆accommodation period
调整装配试验台☆setting rig
调正的☆rectified；rect.
调直☆line-up
调置螺旋☆antagonizing screw
调制☆(width) modulation；concoct(ion)；MOD
调制本领☆modulability
调制表☆modulometer
调制波包络线☆modulation envelope
调制度☆depth{degree} of modulation；percentage modulation；modulation index
调制光☆modulated light
调制能力☆modulability；modulation capacity {capability}
调制频率与载频之比☆modulation frequency ratio
调制品☆concoction
调制器☆modulator；keyer；MOD
(调速管的)调制腔☆buncher
调制特性☆drive characteristic
调制信号☆modulating{modulation;modulated} signal
调制性☆modularity
调制元件☆modulator element
调质☆hardening and tempering；seasoning
调质钢☆quenched and tempered steel
调质砂☆tempering sand
调中误差☆centering error
调准☆tru(e)ing；adjust(ment)；(co-)alignment；true；tune{true} up；alinement；tune in[无线电等]
调准误差☆alignment error
调准装置☆adjusting device；co(-)alignment

tiǎo

挑灯☆datalling；raise the wick of an oil lamp；hang a lantern from a pole
挑顶☆(back;top;work) canch；brush (cutting)；barring {bar} down；overcut；(roof;top;back;second) ripping；back brush(ing){slash}；over-breaking；rip；kanch；roof brushing {cutting;cut}；grading；slashing；top breaking{brushing}；kench；taking top；rock brushing；rip{brushing} the roof；barringdown；bear；caunch(e)；re-rip；datalling；dint
挑顶爆破☆ripping blasting；piercing shot；top shooting
挑顶部分的顶面和边缘☆ripping lip
挑顶工☆back brusher{ripper}；brusher；dataller；ripper；scaler
挑顶面工作端☆ripping lip
挑顶炮孔{眼}☆canch hole
挑顶刷帮[巷道]☆scaling down
挑顶刷帮炮眼☆brushing shot
挑顶、卧底、刷帮[刷大巷道]☆brush(ing)；

rock{entry} brushing；caunch(e)
挑弧运(焊)条法☆whipping method
挑开术☆discission
挑台☆cantilever platform
挑衅☆provocation
挑战☆challenge
“挑战者”号海洋考察队☆Challenger Expedition

tiào

跳☆vault；tread
跳板☆gangplank；gang{foot} plank；gangboard；springboard (jumping)；diving{access} board；walkway；brow
跳背☆leapfrog；leap-frog
跳变☆tare{tear}[重力测量]；jump
跳波☆blip
跳步(法)☆leap-frog
跳槽☆job-hopping
跳程☆jump path
跳打[桩工]☆staggered piling
跳弹☆ricochet
跳挡☆trip over stop；trip dog
跳道混波☆skip mixing
跳点对比☆jump{spot} correlation
跳点法☆leap-frog{stepping} method
跳点扫描☆picture-dot interlacing
跳动☆leap；jump(ing)；jerking motion；jitter；jiggle；kick[仪表针]；darting movement；beat(ing)；move up and down；pulsate；chartering；bound；bounce；bouncing；throb；shimmy；pulse；chattering[钻头]
跳动锤☆tilt
跳动的☆jigging
跳动开关☆trip switch
跳动刻痕☆jumping gouges
跳动舌阀☆puppet valve
跳动声☆beat
跳动式开关☆toggle switch
跳动沼☆quaking bog；quagmire
跳动爪☆trip-off pawl
跳飞☆ricochet
跳过☆skipping
跳焊☆stitch welding{bonding}；skip welding
跳合联轴节☆jump coupling
跳(动)痕☆skip{bounce} mark；bounce
跳簧☆bungee
跳火☆flashover；flash-over
跳火电压☆sparking voltage
跳火花点火☆jump spark ignition
跳进的☆plunging
跳(跃)进位☆carry skip
跳开☆tripping
跳扣☆jump a pin
跳马涧介属[D_2]☆Tiaomajiania
跳马涧期☆Tiaomachien Age
跳模☆bounce；moding
跳囊鼠☆Dipodomys
跳频(器)☆frequency hopper
跳起☆springing；spring
跳伞☆bail out；parachute
跳伞用氧气瓶☆paraballoon
跳伞者☆para-
跳鼠科☆jerboa；Dipodidae
跳汰☆jigging
跳汰板筛☆jig(-screen) plate
跳汰床☆concussion-table
跳汰床层☆jigged{jigging;jig;mobile} bed；bed jig
跳汰床层膨胀☆bed dilation
跳汰法☆jigger work；jigging；jig washing
跳汰反常☆anomaly in jigging
跳汰格子面☆jigging surface
跳汰过程的最佳化☆optimization of jigging process
跳汰(洗矿{选})机☆jigging machine{appliance; box}；jigger；jig (washer;machine) l；wash box；hurley；washbox；pulsation washer；washbox discharge sil
跳汰机搏跳☆jig pulsion
跳汰机床层☆ragging
跳汰机滑风阀☆washbox piston{slide} valve
跳汰机给料拦板☆washbox feed sill
跳汰机空气进出周期☆washbox air cycle
跳汰机(筛上)人工矿层☆artificial jig bed
跳汰机筛上分室☆jigging{washbox} compartment
跳汰机筛下分室☆washbox cell
跳汰机上升水的冲动☆jig pulsion
跳汰机室☆jig compartment
跳汰机事故放水☆jig drain
跳汰机往复运动(立式)风阀☆washbox slide valve
跳汰机(下降水)吸啜(作用)☆jig suction
跳汰机溢流拦板☆washbox discharge sill
跳汰机运转工☆jigger
跳汰机中部拦板☆washbox centre sill
跳汰机中堰[调节物料前向运动用]☆washbox centre weir
跳汰水流特性曲线☆characteristic curve of jigging water current
跳汰箱☆jigtank；jigging box；hutch
跳汰选☆hotching；skimping；jigging (coal running)
跳汰选煤(法)☆(coal) jigging
跳汰引程☆jig distance
跳汰周期曲线☆jigging cycle curve
跳兔属[N_1]☆Alloptox
跳蛙式支架系统☆leap {-}frog support system
跳选产品☆jig-hutch product
跳选厂☆jig plant
跳选栅条面☆jigging surface
跳越距离☆skip distance
跳跃☆saltation[水中砂粒]；leap；jump；hop；bounce；buck；skip
跳跃搬运☆saltation transport
跳跃搬运负荷☆saltation load
跳跃的☆jumping；bouncing；salient
跳跃颠簸☆porpoising
跳跃函数☆jump function
跳跃痕铸型☆skip cast
跳跃类☆Salientia
跳跃式连续锤击法[震勘]☆skip continuous method {thumper method}
跳跃式膨胀☆throw
跳跃运动☆leaping motion
跳跃铸型☆skip cast
跳运☆saltation (transport)
跳蚤☆Siphonaptera
跳闸☆trip (out)；tripping；break
跳闸断路器☆trip breaker
跳闸弹簧☆kick-off-spring
跳针式爆震仪☆bouncing-pin indicator
跳周☆cycle skipping
跳字转数表☆cyclometer
跳钻☆bouncing；bit jumping{bouncing;bounce}；rough drilling

tiē

萜[$C_{10}H_{16}$]☆terpene
萜二醇☆terpine
萜二烯☆dipentene；terpadiene；limonene
萜类化合物☆terpenoid
萜品[$C_{10}H_{20}O_2$]☆terpine
萜品醇☆terpineol；terpinol；terpilenol
萜品二醇☆terpinol
萜品基☆terpinyl
萜品烯☆terpinene
萜品油烯[$C_{10}H_{16}$]☆terpinolene
萜烃[$C_{10}H_{16}$]☆terpene (hydrocarbon)
萜烷☆terpane
萜烯☆terpene；kautchin；diamylene
萜烯醇[$C_{10}H_{18}O$]☆terpene alcohol；terpenol；terpineol
萜烯(类)的☆terpenic
萜烯基☆terpenyl
萜烯硫醇☆terpineolthiol
萜烯酮☆terpenone
贴(糊墙纸等)☆hang
贴板☆flitch
贴帮柱☆props close to the wall
贴壁防斜工具☆packing hole tool
贴边☆welt；hem
贴箔☆foil
贴补短节☆overshot
贴触顶板移架阀☆contact advance valve
贴地大气☆lowest atmospheric layer
贴地石座☆earth table
贴顶板的煤层☆chitter
贴顶煤☆frozen{head;sticky} coal；sticky tops；jay
贴附砾岩☆plaster conglomerate
贴附小沙丘[大沙丘上]☆lateral dune
贴合无缝地☆flush
贴花[陶]☆decal；decalcomania；lithography
贴胶☆coating；onlay
贴近的☆proximate；next
贴井壁测井☆contact log
贴井壁(的)极板☆sidewall pad；wall contacting pad
贴面接合☆enfacial junction
贴面塑料☆Formica
贴沙砾泥球☆mud{pudding} ball；armored mud ball
贴上☆affixture
贴生的☆adnate；coadunate
贴水率☆premium rate
贴图[海图改正用]☆chartlet
贴现公司☆financier
贴现率☆discount rate；rate of discount
贴砖☆tile
贴琢石☆ashlaring
贴着煤[贴顶或底;贴底或贴顶]☆sticky coal

tiě

铁☆iron；Fe；ferrum[拉]；graupel；sidero-
铁埃洛石☆ferrohalloysite；ferri(-)halloysite
铁安山岩☆icelandite
铁铵矾[$(NH_4)_2Fe(SO_4)_2·6H_2O$]☆Mohr's{mohr's} salt；mobrite；lonecreekite
铁暗镍蛇纹石☆ferrigarnierite
铁螯合剂☆iron chelating agent
铁螯合物☆iron chelate
铁白榴石☆iron {-}leucite；eisenleucite
铁白云母☆ferromuscovite；ferri-muscovite
铁白云石[$Ca(Fe^{2+},Mg,Mn)(CO_3)_2$;三方]☆ankerite；brown{cleat} spar；ferrodolomite；parankerite；ferroan dolomite；rauhaugite；iron-dolomite；perlspath；pearl-spar
铁白云石碳酸岩☆rauhaugite
铁拜来石[$(Al,Fe^{3+})_2Si_3O_9·4H_2O$]☆ferribeidellite
铁斑☆iron spot
铁板☆armor plate
(防磨损用)铁板☆clout
铁板溜放工作☆sheet-iron work
铁板钛矿[Fe_2TiO_5]☆pseudo-brookite{-arkansite}
铁板照相☆ferrotype
铁棒☆iron bar；gavelock
铁包石棉垫片☆metal jacket gasket
铁贝得石☆iron beidellite[$(Al,Fe^{3+})_8(Si_4O_{10})_3(OH)_{12}·12H_2O$]；ammersooite；elbrussite；racewinite；ferribeidellite[$(Al,Fe^{3+})_2Si_3O_9·4H_2O$]
铁钡永磁合金☆magnadur
铁吡啉{比林}☆ferropyrin；ferripyrin
铁铋矿☆bismut(h)oferrite
铁箅☆grid iron
铁变埃洛石☆ferri-metahalloysite
铁饼螺属[腹;O-C]☆Tropidodiscus
铁铂矿[PtFe；四方]☆tetraferroplatinum；ferroplatinum；eisenplatin；iron platinum
铁卟啉☆iron porphyrin；ferriporphyrin
铁槽☆metal trough
铁叉☆broach
铁车☆hutch
铁橙黄石☆ferri(-)orangite
铁成土☆ferrimorphic soil
铁齿钻头☆steel tooth bit
铁磁感应☆ferric induction
铁磁共振☆ferromagnetic resonance；ferroresonance
(亚)铁磁合金☆ferrimag
铁磁流体☆ferrofluid
铁磁体☆ferromagnet
铁磁性☆ferrimagnetism；ferro(-)magnetism
铁磁学☆ferro(-)magnetism；ferromagnetics
铁磁元单位☆ferromagnetic elementary unit
铁磁振子☆ferromagnon
铁磁质学(体)☆ferromagnetics
铁丹☆colcothar；rouge
铁胆矾[$(Cu,Fe)SO_4·5H_2O$]☆iron copper chalcanthite；chathamite
铁淡绿泥石[$(Mg,Fe^{2+},Al)_6((Si,Al)O_{10})(OH)_6$]☆prochlorite
铁蛋白☆ferritin
铁蛋白石[因含有铁氧化物而呈黄色或褐色；$SiO_2·nH_2O$]☆iron opal；ferruginous opal；eisenopal
铁道☆railway；railroad；tramway；r.；rail
铁道侧线☆switch rails；SWR
铁道(或道路)的(弯)线外(侧)加高☆cant
铁道干线机车☆railroad mainline locomotive
铁道工☆track worker

铁道路线全长☆total trackage
铁道式机械铲☆railroad-type shovel
铁道脱轨器☆derail
铁道线路显示器☆track-layout display panel
铁道线路移设工序☆track shifting sequence
铁道斜面卸载台的弯挡轨☆ramp hook
铁道运输排土场☆rail (waste) dump
铁道自翻车☆dump-type rail car
铁的☆iron；ferro-；ferric；ferr(e)ous；siderous
铁垫板☆iron sheet{chair}
铁电☆ferroelectricity；Seignette electricity
铁电材体{料}☆ferroelectrics
铁电存储矩阵☆ferroelectric memory matrix
铁电介质阻抗☆transpolarizer
铁电气石[$NaFe_3Al_3(B_3Al_3Si_6(O,OH)_{30})$]☆iron tourmaline；pierrepontite；titantourmaline；pierrepantite
铁电体☆ferroelectrics
铁电体感应相变☆ferroelectric induced phase transition
铁钉菜(属)[褐藻;Q]☆Ishige
铁冻蓝闪石[$NaCa(Fe^{2+},Mg)_3Al_2(Si_7Al)O_{22}(OH)_2$;单斜]☆ferrobarroisite
铁锻件☆blackwork
铁多硅白云母☆ferrophengite
铁多价螯合剂☆iron sequestering agent
铁轭☆magnet yoke
铁鲕石☆iron ootite{oolite}
铁二铝酸六钙☆hexacalcium dialuminoferrite
铁矾☆siderotil[$Fe^{2+}SO_4•5H_2O$;三斜]；iron alum [$Fe^{2+}Al_2(SO_4)_4•24H_2O$]；misy；pissophane [$(Fe^{3+},Al)_5(SO_4)(OH)_{13}•14H_2O$]；pissophanite；siderotyl；mysite；misit
铁矾矿☆nolanite
铁矾石☆copiapite；ferroaxinite
铁矾土[主要成分:一水硬铝石、三水铝石、一水软铝石,还有蛋白石、赤铁矿、高岭石等]☆ferruginous bauxite；laterite；bauxite
铁钒矿[$Fe_3V_7O_{16}$;六方]☆nolanite
铁方钴矿☆iron-skutterudite；chathamite
铁方解石[$(Ca,Fe)CO_3$]☆ferrocalcite；ferroan calcite
铁方镁石[$(Mg,Fe)O$]☆magnesio(-)wustite；ferropericlase
铁方硼石[$(Mg,Fe)_3(B_7O_{13})Cl$;斜方]☆ericaite；iron boracite；eisenstassfurtite；huyssenite
铁方柱石☆ferri-gehlenite
铁粉☆iron powder；irons；polyiron
铁粉磁芯用镍铁合金☆gecalloy
铁粉厚条☆iron powder electrode
铁粉记录术☆ferrography
铁粉芯☆powdered-iron core
铁粉芯线圈☆dust-core coil
铁封玻璃☆iron-sealing glass
铁氟磷镁石☆iron wagnerite；ferrowagnerite；talktriplite；talc-triplite；magnesiotriplite
铁氟龙☆teflon
铁斧石[$Ca_2Fe^{2+}Al_2(BO_3)(Si_4O_{12})(OH)$;三斜]☆ferro(-) axinite；fer(ro)axinite
铁副矾石[$2Al_2O_3•SO_3•15H_2O$]☆ferri(-)paraluminite；ferroparaluminite
铁富铀矿☆lodochnikite
铁钙长石☆iron-anorthite
铁钙蔷薇辉石☆ferrobustamite
铁钙闪石[$Ca_2(Fe^{2+},Mg)_3Al_2(Si_6Al_2)O_{22}(OH)_2$;单斜]☆ferrotschermakite；bergamaskite
铁杆☆gavelock；crowbar
铁杆菌属☆ferrobacillus
铁橄榄石[$Fe_2^{2+}SiO_4$;斜方]☆fayalite；iron olivine；iron chrysolite；neochrysolite；eisenglas；neocrisolite
铁橄榄石型炉渣☆fayalite-type slag
铁橄榄岩☆fayalite peridotite
铁橄苏辉岩☆anabohitsite
铁淦氧(磁体)☆ferrite
铁淦氧磁物(的)☆ferrimagnetic
铁刚玉☆iron-corundum
铁钢☆iron and steel
铁高岭石[$(Al,Fe)_2O_3•2SiO_2•2H_2O$]☆faratsihite；iron {eisen} kaolinite；ferrikaolinite；canbyite
铁镐和锹的☆pick-an-shovel
铁格筛☆grid-ironing
铁格条☆iron sheeting
铁铬矾[$(Fe^{2+},Mg,Ni)(Cr,Al)_2(SO_4)_4•22H_2O$;单斜]☆redingtonite
铁铬尖晶石[$(Mg,Fe)(Al,Cr)_2O_4$]☆ferrichromspinel；ferropicotite
铁铬铝系电炉丝☆Alchrome
铁工☆blacksmith；ironwork(er)；ironsmith；milling (work)；miller；milling machine operator
铁工病[吸入铁粉所致]☆siderosis
铁工厂☆ironworks
铁共振计算线路☆ferroresonant computing circuit
铁钩☆cleek；dog (iron)；hasp iron；dog-iron
铁箍☆iron hoop；strake
铁箍桩帽☆driving band
铁骨☆gagger
铁钴钒磁性合金材料☆supermendur
铁钴矿[CoFe;等轴]☆wairauite
铁钴钼永磁合金☆comol；remalloy
铁钴氧体☆vectolite
铁管尺寸{直径}☆iron pipe size；ips；IPS
铁硅灰石[$CaFe(Si_2O_6)$;$Ca(Fe^{2+},Ca,Mn)Si_2O_6$;三斜]☆ferrobustamite；ferrowollastonite；iron-wollastonite；eisen{iron} wollastonite
铁硅钪矿☆bazzite
铁硅孔雀石☆ferrichrysocolle
铁硅铝磁合金☆sendust
铁硅镁钙石☆rhoenite；rhonite
铁硅镁镍石☆chocolite
铁硅镁石☆ferrohumite
铁硅盘☆iron-silica pan
铁硅石☆chytophyllite；chytophyhite
铁硅酸盐水泥☆iron portland cement
铁硅钛铁铈矿☆iron-chevkinite
铁硅铁铈矿☆iron-chevkinite
铁硅陨石☆syssiderite
铁轨☆rail
铁轨垫板☆baseplate
铁轨永久变形☆permanent set of rail
铁轨枕☆iron{steel} tie；steel sleeper
(用)铁辊轧平[如校直钻杆]☆ironing out
铁锅巷☆tin pan alley
铁海泡石☆gunnbjarnite；ferrisepiolite；ferrisepiolith
铁含量☆iron level
铁耗☆iron loss
铁皓矾[$(Zn,Fe)(SO_4)•7H_2O$]☆ferrogoslarite
铁核☆ironshot；iron core
铁核聚积[土壤中]☆buckshot gravel
铁合金☆alloy iron；ferro(-)alloy；ferrous alloy
铁褐锰矿[常 Fe^{3+}代替 Mn,Fe:Mn=1:5; Mn_7SiO_{12}]☆ferribraunite；ferrian braunite
铁褐钇铌矿☆risorite
铁黑锰矿[$MnFeMnO_4$]☆iron {-}hausmannite
铁黑钛硅钠锰矿☆ferrichinglusuite
铁黑硬绿泥石[$2(Fe,Mg)O•(Fe,Al)_2O_3•5SiO_2•3H_2O$]☆chalcodite；chalkodith
铁黑云母☆meroxene；lepidomelane；ferribiotite
铁黑蛭石[$(Fe^{2+},Mg,Fe^{3+})_6((Si,Al)_4O_{10})_2(OH)_4•7/2H_2O$ (近似)]☆voigtite
铁红磷锰矿☆baldaufite
铁红闪石☆ferri-katophorite
铁红锌矿[由 Fe_2O_3 和 ZnO 组成]☆ferrozincite
铁红釉☆iron red glaze
铁护栅☆guard
铁花斑岩☆ferrogranophyre
铁花岗岩☆ferrogranite
铁华☆eisenocher[为呈粉末状的氧化铁]；flower of iron；flos ferri；iron sinter；eisenbluthe
铁华石[$Fe_2^{2+}(Fe^{2+},Al)_3(AlSi_3O_{10})(OH)_8$]☆eschwegite；anthosiderite；aphrosiderite
铁滑石[$(Fe^{2+},Mg)_3Si_4O_{10}(OH)_2$;单斜]☆minnesotaite；liparite；iron talc{brucite}；anthosiderite；jerntalk；aphrosiderite；minuesotaite
铁化(作用)☆ferruginization
铁化合物染色☆ferruginate
铁化物☆ferride
铁环☆eyehole；(iron) hoop；tip
铁黄长石[$Ca_2Fe_2^{3+}SiO_7$]☆iron gehlenite；ironcored gehlenite；ferri-gehlenite；iron{ferro}-akermanite；humboldtilite；ferrogehlenite
铁黄碲矿[TeO_2,含有铁质;$FeTeO_4$]☆ferrotellurite
铁簧继电器☆ferreed
铁灰色的☆iron
铁灰石☆babingtonite
铁灰土☆ferrod
铁辉长岩☆ferrogabbro
铁辉钴矿[$(Co,Fe)AsS$]☆ferrocobaltite；ferrocobaltine
铁辉钼矿[$FeMo_5S_{11}$]☆femolite
铁辉石[$Fe_2^{2+}(Si_2O_6)$]☆ferrosilite；iron-pyroxene；iron hypersthene；ferrosilicite；ferroaugite；ferriferous augite
铁基合金☆ferrous alloy
铁及钢板桩法凿井☆iron and steel sheet piling
铁剂☆chalybeate
铁钾明矾☆clinocrocite
铁架☆hob；dogs[炉中的]
铁尖晶石[$Fe^{2+}Al_2O_4$;等轴]☆hercynite；iron spinel {sand}；chrysomelane；iron-spinel；iserite；ulvite；ferrospinel；hercinite；ferro-picotite；ulvospmel；ferrispinel；skorian
(电机)铁间空隙[法]☆entrefer
铁碱粗面斑岩☆lan-porphyry
铁建造☆iron formation
铁匠☆ironsmith；hammer man{smith}；vulcan；smith
铁匠炉☆forge
铁焦团矿(块)☆ferrocoke agglomerate
铁胶黏土[在煤层上面]☆gluing rock
铁胶石☆siderogel
铁角蕨属[K-Q]☆Asplenium
铁角砾岩☆canga
铁角闪石[$Ca_2(Fe^{2+},Mg)_4Al(Si_7Al)O_{22}(OH,F)_2$;单斜]☆ferro(-)hornblende；barkevikite；barkevicite；eisen hornblende；iron-hornblende
铁结核☆iron ball
铁(质)结核☆iron concretion
铁结核层☆marrum
铁结砾岩☆ferricrete
铁筋☆iron reinforcement
铁筋陨石☆siderolite
铁金红石☆nigrin(e)；iron rutile
铁金属☆ferrous metal
铁金云母[$K(Fe,Mg)_3((Al,Si)_4O_{10})(OH,F)_2$]☆ferri(-)phlogopite；ferrophlogopite
铁堇青石[$Fe_2Al_3(Si_5AlO_{18})$; $(Fe^{2+},Mg)_2Al_4Si_5O_{18}$;斜方]☆sekaninaite；eisencordierite；iron cordierite；ferrocordierite
铁浸染陨石☆sporadosiderite
铁精矿粉☆concentrate iron ore；iron concentrate powder
铁精矿烧结☆agglomeration of iron ore concentrates
铁韭闪石[$NaCa_2(Fe^{2+},Mg)_4Al(Si_6Al_2)O_{22}(OH)_2$;单斜]☆ferropargasite
铁绢云母[$KAlFe((Si_3Al)O_{10})(OH)_2$]☆ferri(-)sericite；iron sericite
铁菌☆iron bacteria
铁铠回路框架☆iron return frame
铁康铜热电偶☆iron-constantan couple
铁钶矿[铌铁]☆dianite
铁壳电动机☆iron-clad motor
铁壳陨石☆ayasite
铁口病☆siderosis
铁扣☆hasp
铁块☆bloom；slab
铁矿☆iron ore{mine}；ironstone；plumboniobite；mine earth
铁矿层☆bond；iron bed；iron ore bed；mine earth
铁矿层中的劣质层☆dogger
铁矿粉中退火☆ore annealing
铁矿搅炼☆ore puddling
铁矿结核☆cank ball；cathead[有化石]
铁矿开采区的顶板☆lid
铁矿砾☆buckshot gravel
铁矿流化直接还原法☆fluid iron-ore direct reduction process；FIOR
铁矿漂砾☆dornick
铁矿球团☆pelletized iron ore
铁矿球团产品装运仓☆iron ore pellet product load-out bin
铁矿区资源和开发委员会☆Iron Range Resources and Rehabilitation Commission；IRRRC
铁矿山☆iron ore mine；minework；stone mine
铁矿石☆iron ore；ironstone；ballstone；metal stone
铁矿石还原自动图示记录仪☆stathmograph
铁矿石流态化还原☆fluid iron ore reduction；FIOR
铁矿石末熔烧团矿☆iron ore pellet
铁矿石球团法原理☆fundamental of pelletizing of iron ores
铁矿石球团装运{出厂}量☆iron ore pellet shipment
铁矿石预处理设备☆iron-ore pre-treatment facilities
铁矿石造块设施{能力}☆iron-ore agglomeration

facilities
铁矿石造球{制粒}☆iron-ore pelletizing
铁矿石直接熔融还原(法)☆direct iron ore smelting reduction；DIOS
铁矿石制团{压块}☆iron ore briquetting
铁矿岩☆ferrolite
铁蜡蛇纹石[nFe_2O_3•MgO•SiO_2•$2H_2O$,式中 $n≥0.05$]☆ferrikerolite；ferri-cerolite；ferrikerolith
铁蓝闪石[$Na_2(Mg,Fe)_3Al_2(Si_8O_{22})(OH,F)_2$;单斜]☆ferriglaucophane；ferroglaucophane
铁蓝透闪石[$NaCa(Fe^{2+},Mg)_4AlSi_8O_{22}(OH)_2$;单斜]☆ferrowinchite
(三价)铁离子☆ferric ion
铁锂辉石[$LiAl(Si_2O_6)$,含有铁质]☆Fe-spodumene
铁锂闪石[$Li_2(Fe^{2+},Mg)_3Al_2Si_8O_{22}(OH)_2$;斜方]☆ferroholmquistite
铁锂云母[$KLiFe^{2+}Al(AlSi_3)O_{10}(F,OH)_2$;单斜]☆zinnwaldite；rabenglimmer；lithioneisenglimmer；lepidomelane
铁砾岩☆ferricrete
铁粒辉石☆funkite
铁粒磷钠锰矿☆ferrofillowite
铁链环☆chain iron
铁磷钙石[$CaFe^{3+}_3(PO_4)(OH)_8$•H_2O]☆efremovite；efremowite
铁磷橄榄岩☆camaforite
铁磷灰石☆paragite；zwieselite
铁磷锂矿[$(Li,Fe^{3+},Mn^{2+})(PO_4)$]☆ferri-sicklerite；Fe-sicklerite；pseudoheterosite；ferrisicklerite；triphylite；tetraphyline；perowskine；lithio-ferrotriphylite
铁磷锂锰矿☆ferrisicklerite；pseudoheterosite
铁磷铝钙石[$Ca_3Al_{12}(PO_4)_8(OH)_{18}$•$6H_2O$]☆pallite
铁磷铝石☆tangaite；harbortite；redondite
铁磷锰矿[$(Fe,Mn,Mg,Ca)_3(PO_4)_2$•$3H_2O$]☆iron-reddingite；phosphoferrite；magniotriplite
铁磷锰钠石☆ferrialluaudite
铁鳞☆(iron) scale；iron oxide scrap
铁鳞镁矿☆ferripyroaurite
铁鳞石☆ferroan lizardite；ferrolizardite
铁鳞云母[$K_2(Fe^{3+},Fe^{2+},Mg)_{4-6}((Si,Al,Fe^{3+})_8O_{20})(OH)_4$]☆lepidomelane
铁菱铝石☆redondite
铁菱镁矿[$(Fe,Mg)CO_3$]☆breun(n)erite；walmstedtite；mesitite；brown{mesitine} spar；hallite；mesitine；mesitinspath；ferromagnesite
铁菱锰矿☆ponite [$(Mn,Fe)CO_3$]；capillitite [$(Mn,Zn,Fe)CO_3$]；ferrorhodochrosite；eisen rhodochrosite
铁菱锌矿[$(Zn,Fe^{2+})(CO_3)$]☆kapnite；monheimite；capnite；ferrosmithsonite
铁岭叠层石属[Z]☆Tielingella
铁岭运动☆Tieling movement
铁榴石[$Fe^{2+}_3Fe^{3+}_2(SiO_4)_3$]☆skiagite；eisenandradit；iron andradite；iiwaarite；skigite；schorlomite；schorlamit；ferroferrisilicate；ferroferriandradite；potgietersrust
铁硫矿☆mackinawite；kansite
铁(-)硫锰矿☆iron(-)alabandite；ferroalabandine
铁六水泻盐[$FeSO_4$•$6H_2O$]☆ferrohexahydrite
铁路☆railroad；railway；rail；rr；ry.；rly.
铁路布置☆track layout
铁路槽车☆rail(way) tank car
铁路侧线☆siding
铁路敞车交货价☆free on train；FOT
铁路车辆延迟费☆demurrage
铁路工程地质遥感☆remote sensing of railway engineering geology
铁路公路两用桥☆combined bridge
铁路货车☆train car
铁路空车运输☆backhaul
铁路区段☆block
铁路(货车)上交货(价格)☆free on rail
铁路上无盖敞车☆truck
铁路线☆railway line；trackage；track
铁路线路坡度☆railway grade
铁路卸车点☆rail unloading point；rail clearance point
铁路信号的跨线桥☆gantry；gauntry
铁路油槽车顶部装油☆top filling of tank car
铁路油槽车缓卸栈桥☆tank car loading rack
铁路运费☆railage
铁路运输☆railage；transportation by railroad
(用;由)铁路运输☆railroading
铁路运输安全☆safety of railway traffic
铁路枕木☆cross-tie
铁路{道}支线☆branch track；railway{rail} spur；feeder
铁路职工☆railman
铁路转向车盘☆bogie car
铁路装车矿槽☆railroad loading pocket
铁铝点☆isofal
铁铝冻蓝闪石☆ferro-alumino-barroisite
铁铝矾[$Fe^{2+}Al_2(SO_4)_4$•$22H_2O$;单斜]☆halotrichite；halotrichine
铁铝铬耐蚀耐热合金☆Alcres
铁铝硅赭土☆vierzonite
铁铝合金☆ferroalumin(i)um；Fe-Al alloy
铁铝化☆iron aluminum ratio
铁铝榴石[$Fe^{2+}_3Al_2(SiO_4)_3$;等轴]☆almandine；greenlandite；gronlandite；almond stone；iron-aluminium {precious;oriental} garnet；almandite；alamandine；felsenrubin
铁铝榴石-硅线石-正长石亚相☆almandine sillimanite-orthoclase subfacies
铁铝榴石-透辉石-角闪岩亚相☆almandine-diopside- hornblende subfacies
铁铝率☆iron-alumina ratio
铁铝钠闪石[$Na_3(Fe^{2+},Mg)_4AlSi_8O_{22}(OH)_2$;单斜]☆ferro-eckermannite
铁铝闪石☆crossite
铁铝蛇纹石[$(Fe^{2+},Fe^{3+},Mg)_{2-3}(Si,Al)_2O_5(OH)_4$;单斜]☆berthierine
铁铝酸四钙☆tetracalcium aluminoferrite；brownmillerite
铁铝酸盐玻璃☆aluminosilicate glass
铁铝土☆ferral(l)ite；pedalfer；red bauxite；ferralsol；ferrallitic soil
铁铝土{富}化作用☆ferral(l)itization
铁铝岩☆ferralite；ferrallite；feralite
铁铝氧石[Al_2O_3•$2H_2O$]☆bauxite
铁铝英土☆sinopite；sinopis
铁铝赭土☆vierzonite；vierzinite
铁铝直闪石[$(Fe^{2+},Mg)_5Al_2(Si_6Al_2)O_{22}(OH)_2$;斜方]☆ferrogedrite；ferrigedrite
铁铝质土☆ferallitic soil
铁氯铅矿[$Pb_5Fe_4(Cl,OH)_2O_{10}$]☆hamatophanite
铁绿帘石☆iron-epidote；ferriepidote
铁绿泥石☆daphnite [$(Fe^{2+},Al)_6((Si,Al)_4O_{10})(OH)_8$]；helminthe；eisenchlorit(e)；ferrichlorite；ripidolite [$Mg_3(Mg,Fe,Al)_3((Si,Al)_4O_{10})(OH)_8$]；prochlorite；aphrosiderite；viridite；chromophyllite；rhipidolith
铁绿泥石类☆iron-chlorite
铁绿松石[$CuFe^{3+}_6(PO_4)_4(OH)_8$•$4H_2O$;三斜]☆ferri(-)turquoise；chalcosiderite
铁绿脱石[$(Fe,Al)_4(Si_4O_{10})(OH)_8$]☆ho(e)ferite；gepherite
铁绿纤石[$Ca_2Fe^{2+}Al_2(SiO_4)(Si_2O_7)(OH)_2$•$H_2O$;单斜]☆ferropumpellyite；julgoldite
铁绿皂石☆lembergite；nepheline-hydrate
铁轮箍☆iron tyre
铁络盐☆chromium-iron lignosulfonate
铁毛矾石[$Al_2(SO_4)_3$•$18H_2O$]☆tecticite；graulite；ferroalunogen；tekticit；tectizite
铁冒型铁矿床☆Gossan-type iron deposit
铁帽[Fe_2O_3•nH_2O]☆gossan；gozzan；broil；broyle；(red) capping；bryle；iron hat{cap;blow;gossan}；cap of vein；blossom；chapeau de fer[法]；iron stone cap{blow}；leached capping (gossan)
铁帽带☆zone of gossan；iron hat
铁帽的☆gossany
铁帽型铁矿床☆gossan-type iron deposit
铁镁钙辉石☆violaite
铁镁铬铁矿[$(Mg,Fe)Cr_2O_4$]☆magnesioferrochromite
铁镁硅酸盐岩☆femic silicate rock
铁镁辉石[$Ca(Mg,Fe)Si_2O_6$]☆violaite
铁镁交代作用☆iron-magnesium metasomatism
铁镁矿物[C.I.P.W]☆sideromelane；ferromagnesian (mineral)；femic mineral
铁镁铝钙石☆lodo(t)chnikovite；lodotschnikowit
铁镁铝硅系统☆Fe-Mg-Al-Si{FMAS} system
铁镁明矾[$(Fe,Mg)Al_2(SO_4)_4$•$19.6H_2O$]☆s(c)horsuite；ferropickeringite
铁镁钠钙闪石☆iron-richterite
铁镁镍矾[$(Ni,Mg,Fe)SO_4$•$6H_2O$]☆ferro(-)magnesian retgersite；Fe-Mg retgersite；eisen magnesium retgersite
铁镁系绿泥石☆Fe-Mg chlorites
铁镁指数☆ferromagnesian index
铁镁质☆femic；ferromagnesian；mafic；femag；fem
铁镁质岩边缘☆basic border
铁蒙脱石[$R^{1+}_{0.33}(Al,Mg)_2(Si_4O_{10})(OH)_2$•$nH_2O$ (R^{1+}=Na^{1+},K^{1+},Mg^{2+},Ca^{2+},Fe^{2+}等)]☆stolpenite；erinite；ferrimontmorillonite；ferromontmorillonite
铁锰方解石☆eisen mangan calcite
铁锰斧石☆tinzenite
铁锰钙辉石[$(NaFe^{3+},CaMg)Si_2O_6$(式中 $NaFe_3$:CaMg≈4)]☆lindesite；iron schefferite；ferro-johannsenite；urbanite
铁锰合金☆ferromanganese
铁锰辉石☆sobralite
铁锰结核☆ferromanganese concretion{nodule}；iron- manganese nodule；buckshot
铁锰磷矿☆ferrofillowite
铁锰榴石[$3MnO$•Fe_2O_3•$3SiO_2$]☆calderite
铁锰钠闪石[$Na_3Mn_4(Fe^{3+},Al)Si_8O_{22}(OH,F)_2$;单斜]☆kozulite
铁锰闪石☆asbeferrite；dannemorite；hillangsite；eisenrichterite；strawstone
铁锰氧化物沉淀岩类☆oxidates
铁锰氧化物岩☆femoxide rock
铁锰硬盘☆iron-manganese hardpan
铁锰云石☆kutnohorite
铁锰质土☆umber
铁密高岭土☆iron lithomarge
铁明矾[$Fe^{2+}Al_2(SO_4)_4$•$24H_2O$;FeO•Al_2O_3•$4SO_3$•$24H_2O$]☆halotrichite；iron alum；feather {ferric} alum；alum feather；feather(-)alum；butter rock；heversalt；federalaun；hversalt；trichite；eisenalaun；cermikite；shorsuite；alotrichine；mountain butter
铁磨砖石[建]☆float stone
铁模☆swage；swedge
铁模来石☆iron-mullite
铁木属[K-Q]☆Ostrya
铁钼合金☆ferromolybdenum
铁钼华[$Fe^{3+}_2(MoO_4)_3$•$8H_2O$?]☆ferrimolybdite；ferromolybdite
铁钠长石☆iron-albite
铁钠沸石☆iron natrolite；jernnatrolith
铁钠钾硅石[$(K,Na,Ca)_4(Fe^{2+},Fe^{3+},Mg,Mn)_2(SiO_4)_2(OH,F)$]☆fenaksite；phenaxite；phenaksite
铁钠钾石☆fenaksite
铁钠闪石☆riebeckite；osan(n)ite；orthoriebeckite
铁钠闪石英☆pseudocrocidolite；pseudokrokydolith
铁钠透闪石[$NaCa_2(Fe^{2+},Mg)_5AlSi_8O_{22}(OH)_2$;单斜]☆ferrorichterite；waldheimite；iron-richterite
铁铌矿[$Fe(Nb_2O_6)$]☆moissite；ferrocolumbite；iron clay
铁铌铁矿☆ferrocolumbite；ferro(-)niobite
铁铌钇矿[Fe,U,稀土(Y 和 Ce)及少量 Mn 和 Ti 的铌酸盐]☆fitinhofite；vietinghofite；iron-rich samarskite
铁泥☆iron mud
铁泥矿☆iron clay；moissite
铁镍铂矿☆ferronickel platinum；ferronickelplatinum
铁镍地核☆iron-nickel core
铁镍矾[$Ni_6Fe^{3+}_2(SO_4)(OH)_{16}$?$4H_2O$;三方]☆honessite；dwornikite
铁镍矿[(Ni,Fe);等轴]☆awaruite；josephinite；nickel iron；bobrovkite；trevorite；souesite；canadium；bobrowkite
铁镍铝铬耐热合金☆calite
铁镍耐热耐蚀合金☆thermalloy
铁镍陨石☆edmonsonite
铁镍皂石☆de saulesite；desaulesite
铁盘☆iron pan{ore}；hardpan；moorband
铁盘层☆placon
铁盘土☆placosols
铁磐☆hardpan；moorpan；moorland pan
铁泡石☆iron froth
铁硼铁矿☆ferrovonsenite
铁皮☆algam；iron sheet；strap
(用)铁皮打捆☆banding
铁皮坑☆cinder-pit
铁皮石斛☆officinale
铁皮筒☆tin
铁坡缕石☆ferri-palygorskite
铁葡萄石☆ferroprehnite；ferri-prehnite
铁普通辉石☆ferroaugite
铁七水镁矾☆ferroepsomite

T

铁器☆iron (implement)；hardware；taillanderie

铁器时代☆Iron Age；the Iron Age

铁铅矿☆ferroplumbite

铁铝榴石☆almandite；almandine

铁钳☆hawkbill；dogs

铁浅闪石[$NaCa_2(Fe^{2+},Mg)_5Si_7AlO_{22}(OH)_2$;单斜]☆ferroedenite；ferro-edenite

铁蔷薇辉石☆jernrhodonit；jarnrhodonit；eisen{iron} rhodonite

铁羟磷钡石☆perloffite

铁羟毛矾石☆ferri-hydroxy-keramohalite

铁羟镁石☆iron-brucite；ferropyroaurite；ferrobrucite

铁羟锰矿[$(Mn,Fe)(OH)_2$]☆iron-pyrochroite

铁锹☆shovel；spade

铁撬棍☆gavelock

铁青树粉属[孢;E_2]☆Anacolosidites

铁氰化钾[$K_3(Fe(CN)_6)$]☆potassium ferricyanide

铁氰化物☆ferricyanide

铁(质)球粒☆iron spherule

铁球石☆iron ball

铁圈☆siderosphere

铁圈支架☆iron-ring support

铁泉☆chalybeate；iron spring

铁染地区[被氧化铁污染的地区]☆iron-stained area

铁绒硬泥石☆chalcodite

铁肉色柱石☆iron-sarcolite；ferrisarkolith；ferric (iron) sarcolite

铁蠕绿泥石☆ogkoite；aphrosiderite；o(gko)nkoit；oncoite；ogcoite

铁朊☆ferritin

铁三铬矿☆ferchromide

铁三斜辉石☆pyroxferroite

铁砂☆iron sand[矿]；ironshot；shot{pellets}[猎枪子弹]；chilled iron pellet；shot in a shotgun cartridge；ferruginous sand；iron ore；cast iron shot

铁砂布☆steel wire cloth

铁砂出口国☆Iron-Ore Exporting Countries

铁砂清理☆rotoblasting

铁砂石层☆carstone

铁砂钻岩法☆shot drill

铁纱罩☆wire gauze guard

铁杉☆Chinese hemlock (spruce)；Tsuga；hemlock

铁杉粉属[孢;K_2-Q]☆Tsugaepollenites

铁杉树浸膏{皮萃}☆hemlock bark extract

铁闪长岩☆ferrodiorite

铁闪橄榴岩☆collobrierite

铁闪片岩☆grunerite {-}schist

铁闪石[$Fe_7(Si_8O_{22})(OH)_2$；$(Fe^{2+},Mg)_7Si_8O_{22}(OH)_2$；单斜]☆gru(e)nerite；grünerite

铁闪石化☆gruneritization；grüneritization

铁闪锌矿[$(Zn,Fe)S$]☆marmatite；newboldite；christophite；newboldtite

铁闪锌岩☆marmatite

铁蛇纹石[$Fe^{2+}_{4½}Fe^{3+}(Si_4O_{10})(OH)_8$；$(Fe^{2+},Fe^{3+})_{2\sim3}Si_2O_5(OH)_4$；单斜]☆greenalite；hydrophite；iron serpentine；greenolith；ferriserpentine；hydrofite；ferantigorite；metagreenalite

铁蛇纹岩☆greenalite-rock

铁砷钴矿☆spathiopyrite；eisenkobaltkies

铁砷矿[$Fe^{2+}_8As^{3+}_{10}O_{23}$]☆schneiderhoehnite

铁砷铝铅矾☆ferrihidalgoite

铁砷铅石☆ludlockite

铁砷石[$Fe^{3+}_2As^{3+}_4(O,OH)_9$;斜方]☆karibibite

铁砷铀云母[$Fe^{2+}(UO_2)_2(AsO_4)_2\cdot nH_2O$;四方]☆kahlerite

铁施特伦茨石☆ferrostrunzite

铁十字(双晶)律☆iron cross law

铁十字式垛☆iron cross pigsty(e)

铁十字双晶☆iron cross twin

铁石☆iron stone；cank；kank

铁石层中页岩夹层☆bat

铁石结核☆dogger

铁石开采区的顶板☆lid

铁石棉☆amosite[$(Fe,Mg)_7(Si_8O_{22})(OH)_2$]；xylite[含钙；$(Ca,Mg)_{22}Fe^{3+}_4Si_{6.5}O_{19}(OH)_5$(近似)]；xyloti(li)te；xylotile[含镁;$(Mg,Fe^{2+})_3Fe^{3+}_2Si_7O_{20}\cdot10H_2O$]；xylolith；amosa{amosite} asbestos；mountain wood；montasite

铁(-)石墨平衡图☆iron-graphite diagram

铁石英[因含铁而呈黄色或褐色;SiO_2]☆sinople；ferruginous quartz；ferruginous flint；eisenkiesel；sinopel；tetsusekiei[日]

铁石陨石{星}[天]☆aerosiderolite；stony-iron{iron-stony} meteorite；siderolite；siderometeorite

铁树☆hornbeam

铁树属[Q]☆cycas

铁水☆molten{hot} iron；iron water

铁水包☆ladle

铁水沟☆sow；sowback channel

铁水磷铝碱石☆pallite

铁水绿矾☆eisen melanterite

铁水镁石[$5Mg(OH)_2\cdot MgCO_3\cdot2Fe(OH)_2\cdot4H_2O$]☆eisenbrucite；iron {-}brucite；ferropyroaurite；ferrobrucite；nemalite

铁水上的浮碳☆kish

铁水桶☆pig iron ladle

铁水蛭石☆zonolite

铁丝剪☆wire cutter；snips

铁丝捆绑方木排☆mat pack

铁丝铝矾☆ferriparaluminite

铁丝筛☆iron-wire sieve

铁丝石棉网☆wire gauze with asbestos

铁丝{织}网☆chicken wire；{wire} entanglement；wire mesh(es){net(ting);gauze}；cattle-guard；abatis

铁丝网坝☆woven wire dam

铁苏辉石[$(Fe,Mg)_2(Si_2O_6)$]☆amblystegite

铁素体的☆ferritic

铁素体钢☆ferrite steel

铁素体化☆ferritize

铁素体化的退火☆ferritizing annealing

铁素体-石墨共析(体)☆ferrite-graphite eutectoid

铁酸钡磁石☆barium ferrite magnet

铁酸钡陶瓷磁铁☆barium-ferrite ceramic magnet

铁酸二钙☆dicalcium ferrite

铁酸石灰盐☆calcium ferrite

(亚)铁酸盐☆ferrite

铁燧类岩☆taconite{taconyte} type rock

铁燧石☆iron flint；taconite；taconyte

铁燧岩☆taconite；taconyte；Lake Superior type iron ore

铁损耗☆iron loss

铁索☆pendant

铁索桥☆cable bridge

铁铊矿☆avicennite

铁塔☆iron pagoda{tower}；mast；pylon[支持电线]；transmission tower

铁塔爆扩桩基础☆blasted and spreaded pile foundation for steel tower

铁塔菲石☆pehrmanite

铁钛矿☆arizonite

铁钛闪石[$NaCa_2(Fe^{2+},Mg)_4TiSi_6Al_2O_{22}(OH)_2$;单斜]☆ferrokaersutite

铁钛氧化物地质温度计☆iron-titanium-oxide geothermometer

铁钛云母[$K_2(Mg,Fe^{2+},Fe^{3+},Ti)_{4\sim6}((Al,Ti,Si)_8O_{20})(OH)_4$]☆ferriwotanite；ferrititanbiotite

铁弹(性)晶体☆ferroelastic crystal

铁弹体☆ferroelastics

铁弹性☆ferroelasticity

铁钽铌矿☆arrhenite

铁钽锡石☆ainalite

铁碳合金☆pearlite

铁碳酸岩☆ferrocarbonatite

铁锑钙石☆schneebergite

铁锑矿☆juju(y)ite；tripuhyite；flajolotite

铁天蓝石[$(Fe^{2+},Mg)Al_2(PO_4)_2(OH)_2$；单斜]☆scorzalite；lipscombite[$(Fe^{2+},Fe^{3+})_7(PO_4)_4(OH)_4$]；ferrolazulite；iron lazulite

铁条☆bar (iron)

铁条网☆crow's-foot

铁挺{棒;杆;撬}☆crow (bar)；gavelock

铁铜胆矾☆ferrocuprochalcanthite；iron-copper chalcanthite；ferrochalcanthite

铁铜蓝[Cu_3FeS_4?;六方]☆idaite；nukundamite

铁铜硫化物凝胶☆iron-copper sulphide gel

铁透长石☆iron sanidine

铁透闪石[$Ca_2Fe_5(Si_4O_{11})_2(OH)_2$]☆ferrotremolite；ferroactinolite

铁钍石☆ferrothorite；ferrithorite

铁顽火辉石[$(Fe,Mg)SiO_3$]☆protobastite

铁丸☆shot iron

铁微斜长石☆iron-microcline

铁文象斑岩☆ferrogranophyre

铁纹石[(Fe,Ni),Ni=4%～7.5%;等轴]☆kamacite；kamazite；balkeneisen；chamasite

铁钨华[$Ca2Fe^{2+}_2Fe^{3+}_2(WO_4)_7\cdot9H_2O$；等轴]☆ferritungstite

铁钨矿☆perferrowolframite

铁钨锰矿☆ferrohubnerite

铁硒铜矿☆eskebornite

铁矽☆ferrosilicon

铁锡石[常Fe^{3+}代替Sn，Fe：Sn=1：6；SnO_2]☆ferrian-cassiterite

铁细菌☆iron bacteria；ferrobacteria

铁纤硼石☆huyssenite；iron boracite

铁纤水滑石[$(Mg,Fe)(OH)_2$]☆ferronemalite

铁线虫属[假体腔动物;E-Q]☆Gordius

铁线蕨属[E_2-Q]☆Adiantum

铁线莲☆Clematis；cream clematis

铁相☆iron phase

铁硝石☆nitrammite

铁鞋法管道涂层检漏☆parson survey

铁斜方砷钴矿☆eisenkobalterz

铁谐振触发器☆ferroresonant flip-flop

铁榍石[$(Ca,Fe)TiSiO_5$]☆ferrotitanite；grothine；grothite

铁泻利盐☆ferroepsomite

铁屑☆iron scale；scrap (iron)

铁屑砂浆☆iron-filing mortar

铁屑箱☆scrap-iron box

铁芯☆(iron) core；slug；mandrel；leg[变压器]

铁芯片☆lamination

铁芯线圈☆iron-core coil

铁锌尖晶石☆automolite；zinc gahnite

铁锌矿☆capnite

铁锈☆iron rust{scale}；aerugo；rust

铁锈花釉☆light brown glaze；rust-colored glaze

铁锈色的☆ferrugineous；rusty

铁锈色砂☆ferruginous sand

铁锈水☆red water

铁玄武岩☆iron basalt；iron-basalt

铁血盘[牙石]☆ferrodiscus

铁亚铁☆oxoferrite

铁盐[$Fe^{3+}Cl_3$;六方]☆molysite；ferric salt；iron salts；molisite；malysite

铁岩☆ironstone；ferrilite；ferrolite；ferrilyte；ferrilith

铁阳起石[$Ca_2Fe^{2+}_5(Si_4O_{11})_2(OH)_2$;单斜] ☆ferro(-)actinolite；ferrotremolite

铁氧化剂☆ferrooxidant；iron-oxidizer

铁氧化皮☆iron scale

铁氧球粒土☆shot soil

铁氧体(素质)☆ferrite

铁氧体棒[作磁性天线]☆ferrod

铁氧体磁芯线圈☆ferrite-cored coil

铁氧体磁致伸缩振动子☆vibrocs

铁氧体的☆ferritic

铁氧体软磁性材料☆Ferroxcube

铁氧体微波器件☆ferrite microwave device

铁页岩☆rustite

铁叶蜡石[$Fe^{3+}_2Si_4O_{10}(OH)_2$;单斜]☆ferripyrophyllite

铁叶绿矾☆ferrocopiapite

铁叶云母[$K_2Fe^{2+}_4(Al,Fe^{3+})_{1\sim2}((Si,Al)_8O_{20})(OH)_4$；$KFe^{2+}_2Al(Al_2Si_2)O_{10}(F,OH)_2$;单斜]☆siderophyllite；hydroxyl-siderophyllite；eastonite[$KFe_3(AlSi_3O_{10})(OH)_2$]

铁易变辉石☆ferropigeonite

铁英安岩☆ferrodacite

铁英岩☆itabirite；taconite；itabiryte；tabirite；banded quartz hematite

铁营养湖☆siderotrophic lake

铁硬绿泥石☆mavinite

铁铀铜矾[$(Cu,Fe)(UO_2)_2(SO_4)_2(OH)_2\cdot6H_2O$]☆gilpinite (johannite)

铁铀云母[$Fe^{2+}(UO_2)_2(PO_4)_2\cdot8H_2O$;单斜]☆bassetite

铁黝铜矿[$(Cu,Fe)_3SbS_3$]☆coppite

铁云母[$KFe^{2+}_3AlSi_3O_{10}(OH,F)_2$;单斜]☆annite；iron mica；odite

铁云片岩☆iron-micaschist

铁陨石☆aerosiderite；sider(ol)ite；balkeneisen；iron (meteorite)；kamacite；kamazite；nickeliron；palasite

铁陨石类☆siderite

铁陨星{石}的☆sideritic

铁杂质☆iron contarnination

铁皂石[Fe,Mg的铝硅酸盐]☆cathkinite；Fe-saponite；griffithite；ferrisaponite

铁渣☆cinder；dross slag；scum

铁渣水泥☆iron portland cement

铁赭石☆paint rock；iron ocher

铁珍珠云母☆ferroferrimargarite

T

铁砧☆block; anvil; stithy
铁正长石☆iron orthoclase; ferri-orthoclase
铁正绿泥石☆tohdite
铁支架☆iron lining
铁直闪石[$(Fe^{2+},Mg)_7(Si_4O_{11})_2(OH)_2$; 斜方]☆ferro(an)thophyllite; feranthophyllite; amosite; iron-anthophyllite
铁制捣泥棒☆bull
铁质白云石☆ferrodolomite
铁质斑彩☆ironshot
铁质斑点富集带☆ferretto{ferrito;feretto} zone
铁质沉淀(物)[矿井水中]☆canker
铁质沉着病☆siderosis
铁质的☆ferruginous; ferreous
铁质夹杂物分离器☆tramp-iron separator
铁质胶膜☆iron coating
铁质结核[煤中]☆nablock
铁质结壳☆ferricrust
铁质壳☆ferricrete
铁质砾岩☆ferricrete
铁质黏土☆paint rock; iron lime
铁质热带土☆ferruginous tropical soil
铁质熔洞☆ferriferous fluxing hole
铁质砂岩☆ferruginous (nodule) sandstone; brownstone
铁质水☆chalybeate{iron} water
铁质燧石☆ferruginous chert; taconite; taconyte
铁质条带砂岩☆tiger sandstone
铁质土☆ferruginous soil
铁质微晶☆femicrite
铁质污染☆iron contarnination
铁质相☆ferric facies
铁质岩☆ferruginous rock; ferrite
铁质岩壳☆duricrust
铁质页岩☆paint rock
铁质硬脉壁泥☆cab
铁质硬盘☆iron hardpan
铁柱绿泥石[$2FeO•Al_2O_3•2SiO_2•2H_2O$]☆strigovite; iron strigovite; viridite; eisen strigovite
铁铸件☆iron casting
铁准埃洛石☆ferri-metahalloysite
铁紫苏辉石[$(Fe,Mg)_2(Si_2O_6)$]☆ferrohypersthene; amblystegite; jarnhypersten; eisen hypersthene
铁族☆iron group
铁钻角☆pike
铁钻石[C,含有3%～19.5%的铁的氧化物]☆stewartite; stewarkite

tīng

听☆listen; audio-; hearing; audition; tin
听得见的☆audible
听度计☆audiometer; audio meter
听距☆hearing
听觉☆audition
听觉的☆acoustical; acoustic; audio
听觉视觉训练☆audio visual training
听觉损伤☆acoustic trauma
听觉显示法☆aural presentation
听觉信号☆audible{aural} signal
听力☆auditory acuity; hearing
听力测定☆audiometry
听力范围☆earshot
听力计☆audiometer
听力图☆audiogram
听{耳;平衡}石☆otolith; statolith
听筒☆receiver; handset
听写☆dictation
听音计[测量岩石应力]☆sonometer
听众席☆auditorium
听装油☆canned oil
听装油堆☆filed can dump
烃[碳氢化合物]☆hydrocarbon; HC
烃采收率☆hydrocarbon recovery
烃产地☆hydrocarbon habitat
(活性剂的)烃端☆hydrocarbon end
烃分子{|含量}☆hydrocarbon molecule{|content}
烃富集作用☆bitumenization; bituminization
烃官能团☆hydrocarbon functional groups
烃化(作用)☆alkanization
烃化(过程)☆hydrocarbylation
烃化合物☆hydrocarbon compound
烃化喹啉☆alkylated quinoline
烃混合物☆hydrocarbon mixture
烃基☆hydrocarbyl; alkyl (radical;group); hydrocarbon (group)
烃基端朝外☆hydrocarbon-end-out
烃基化(作用)☆hydrocarbylation
烃加工工业☆hydrocarbon processing industry; HPI
烃-空气燃料电池☆hydrocarbon-air fuel cell
烃类☆hydrocarbon compound; hydrocarbons
烃类分布{|析}☆hydrocarbon distribution{|analysis}
烃类分解细菌☆hydrocarbon-utilizing bacteria
烃类-水界面☆hydrocarbon-water interface
烃类系列☆petroleum series
烃类占据的孔隙体积☆hydrocarbon pore volume
烃类族分析☆hydrocarbon group analysis
烃链☆hydrocarbon chain
烃密度☆hydrocarbon density
烃凝析液☆hydrocarbon condensate
烃硼钙石☆olshanskyite
烃膨胀机☆hydrocarbon expander
烃气☆hydrocarbon gas
烃圈闭{|生成}☆hydrocarbon trap{|generation}
烃-水对☆hydrocarbon-water pair
烃稀释剂☆hydrocarbon diluent
烃系☆hydrocarbon series{system}
烃相☆hydrocarbon phase
烃氧基金属☆alcoholate
烃液☆hydrocarbon liquid
烃乙基物☆ethoxylate
烃异构化(作用)☆hydrocarbon isomerization
烃油☆hydrocarbon oil
烃油类捕收剂☆collecting oil
烃源层☆source bed
烃源岩☆source rock{bed}; hydrocarbon source rock
烃灶☆hydrocarbon kitchen
烃蒸气☆hydrocarbon vapour
烃指数{|质谱}☆hydrocarbon index{|spectrum}
烃柱☆hydrocarbon column
烃族☆hydrocarbon series{system}
烃组成分析[烷烃、烯烃、环烷烃、芳烃的组成分析]☆aromatic hydrocarbons analysis; naphthene {oleffine;paraffine} hydrocarbons; PONA analysis; paraffine hydrocarbons, oleffine hydrocarbons, naphthene hydrocarbons, aromatic hydrocarbons analysis

tíng

廷德尔悬浮体测定法☆Tyndallometry
廷德尔悬浮体浓度计☆Tyndallometer; Tyndalloscope
廷斧石[$(Ca,Mn,Fe^{2+})_3Al_2BSi_4O_{15}(OH)$; 三斜]☆tinzenite
蜓[李四光创造该字,后大部分专业文献都使用其异体字"䗴",有学者建议恢复使用"蜓"]☆a character coined by Li Siguang meaning marine palaeoinvertebrates
䗴目☆Fusulinida
䗴超科☆fusulinacea
䗴类☆fusulinacean
䗴属☆Fusulina
停☆cutout; cut-out; stall
停泵☆pump off; termination of pumping
停泵装置[多井联动抽油机用]☆knock-off block
停闭☆lute; close; shut
停闭信号☆stopping{stop} signal
停表☆stopwatch
停播信号☆off-the-air signal
停泊☆moor; berthing; anchorage; mooring; call
停泊(地)☆berth
停泊处☆harborage; harbourage
停泊灯☆riding light
停泊地☆roadstead; berth
停泊费☆berthage; demurrage; pierage
停泊区☆berthing space
停泊税☆keelage
停采☆suspension of mine work
停采矿区☆stopping mining area
停产☆off {-}production; de-commissioning; go off[油井]
停产井☆shut-in{closed-in;shut-down;dead} well
停产矿井☆idle mine; dead
停产时间☆production shutdown{downtime}; off-time
停潮☆stand of tide; (tidal) stand; ebb slack
停车☆failure; cut {-}off; C-O; shutdown; stoppage; parking; stop (working); stopping; pull up; park (a car); [of a machine] stall; inaction; shut down
(发动机)停车☆power off
停车场☆parking; (car) park; parking lot{area; place}; motor pool; standage room
停车道☆stopway
停车平台☆landing
停车期间☆shut-down period
(矿车)停车器☆car lug
停车时间☆idle time; down(-)time; standing time[事故造成]
停车速度☆decking speed
停车位置☆stop position
停车线☆storage track
停车信号尾灯☆stop tail lamp
停船处☆ship berth
停船离子☆anchored ion
停吹[转炉]☆turndown
停当☆down
(使)停到☆draw up
停电☆power off{cut;failure}; failure of the current; cut out; cutting-off; cut off the power supply; have a power failure; blackout
停动接头[多井联动抽油机上用]☆knock-off joint
停顿☆pause; deadlock; standstill; stoppage; tie-up; time-out; stop; halt; be at a standstill; pause (in speaking); paralysis [pl.-ses]; disrupt
停顿的☆idle
停顿痕迹☆resting mark{trace}; cubichnia
停放☆park
停风☆air-off; stopping ventilation; blowdown; off-blast; go out of blast
停风信号☆stand-by signal
停付☆stoppage
停工☆shut down; sd; standing; stoppage; S.D.; stand off; stoppage{suspension} of work; shutdown; breakdown; drop; kenner; time-out; stop work
停工(时间)☆time out
停工报告☆down time report
停工待命☆shut down waiting for orders; S.D.W.O.
停工腐蚀☆standstill corrosion
停工工作区☆inactive workings
停工季节☆closed season
停工检查☆shut(-)down inspection
停工检修时间☆stream-to-stream time
停工期☆down time; DT; shut-down period
停工日☆lying{lay} day
停工时间☆dead{lost;breakdown;standing;idle;down} time; downtime; off-time; idle hour(s); kenner; deadline; shut down time
停工损失☆stand-by loss
停机☆shut down; stoppage; shutdown; stop; trip; halt; outage
停机不抽油☆shut down
停机场☆park
停机的☆idle
停机检修时间☆fault-time
停机坪☆(parking) apron; aircraft parking area; handstand; tarmac; hardstand
停机期(间)☆shut-down period; stand-by period
停机时间☆off-time; down(-)time; stop time
停机时间比☆down time ratio
停机维修溜槽☆shutdown maintenance launder
停机问题☆halting problem
停机装置☆deadman control; arresting gear
停机状态☆stopped status
停积☆nondeposition
停进决定论☆stop-and-go determinism
停进类型☆stop-go type
停靠表☆parking meter
停靠港☆port of call; P.O.C.
停留☆continuance; stick; stay
停留超限延期费[铁矿货车]☆demurrage
停留剂[搪]☆setting agent
停留时间☆dwell{retention;down;residence;resistance;detention} time; retention period; DT; RT
停留性检验☆setting test
停炉☆blowout; blow out; blowdown; furnace shutdown; break down
停煤燃烧[工]☆dead bank
停栖迹☆cubichnia; resting mark
停气阀☆closing{stop} valve
停气旋塞☆steam-stop cock
停气闸门☆cut-off gate
停汽{气}☆cutoff; steam cut-off; knock-off
(蒸汽机)停汽装置☆cut-off set(ting)

T

停燃☆brennschluss
停送(压缩)空气☆air-off
停息☆sputter
停息带☆extinction zone
停息痕{迹;痕迹}[遗石]☆resting mark{trace}; track; cubichnia; nest
停息遗迹和洞穴[双壳]☆pelecypodichnus
停下来☆quit
停歇☆outage; closing-in
停歇期☆blocked period
停歇时间☆unemployed{stand-by;down;idle;standing; delay;dead} time; down-time; idle hours[小时数]
停悬☆hover
停业☆out of business
停业待查☆drag up
停用☆block up
停用管线☆off-stream pipe line
停用巷道☆disused workings
停用时间☆off period
停用文件☆dead file
停(留)云[山帽云]☆standing cloud
停运充油管线☆inactive filled line
停运的[事故造成的]☆out of service{operation; action}; non-operating
停运机组☆suspended unit
(使)停在☆draw up
停暂时间☆residence{retention} time
停振☆block
停止☆standstill; stoppage; breakup; fade{put;trip; die} out; interruption; halt; suspend; drop; stop; end{call;shut} off; quit; finish; stay; cessation; stall; cease; kill; setback; knock-off; caging; rest; outage; chuck; shut in; give up; break; close; cutting-off; arrest; shut-off; shutting down; stalling; hold-up; cut short; lay off[生产或运转]; balk[突然]
(使一口井)停止采油☆hang her off the bump-post
停止点☆breakpoint; arrests
停止发行☆stoppage of publication
停止供应订货☆kill order
停止供油后的燃烧☆afterflaming
停止工作☆drop{stalled} out
停止给燃料☆failure of fuel
停止加料信号☆stop filling signal
停止流动☆slack
停止启动频率☆stop-start frequency
停止燃烧期间☆fuel off period
停止任一油矿作业☆shut down
停止时间☆off-time; stand-by time
停止使用☆come into disuse
停止位☆stop bit
停止信号☆break alarm; stopping{stop;danger} signal
停止旋转☆despinning
停止运动[冰]☆stagnation
停止运行☆de-commissioning
停止运转☆shutdown; stalled out
停止在底部☆bottom
停止支付☆suspension of payment
停止周期☆dead period; DP
停止自喷[油气井]☆go dead
停止作业待查☆drag up
停滞☆stagnation; stagnant; damp; detention; stasis; still-stand; deadlock; be at a standstill; bog down
停滞冰☆dead ice
停滞冰碛☆inactive{stable} moraine
停滞层☆monimolimnion
停滞潮☆stand of tide
停滞带后退[冰]☆stagnation-zone retreat
停滞的☆stagnant; sluggish; standing; dead
停滞风流☆soft air
停滞灰黏土☆stagnogley soil
停滞空气☆stagnant{dead;soft} air; clacker
停滞沙丘☆stationary dune
停滞水位☆standing water level
停滞物种☆static species
停滞性☆sluggishness
停滞状态☆statement{state} of stagnancy
(使)停住☆draw up
停驻沙波☆standing wave
停驻时间记录器☆parkometer
停转扭矩☆breakdown torque
停转装置☆stop-rotation
停钻☆hang her on the wrench; declutch the drill
停钻时间☆lost time; (rig) downtime
停钻损失☆stand-by{st-and-by} loss
停钻循环泵出岩屑☆bring bottoms up
庭园{院}废物☆yard waste
庭院☆yard; patio

tǐng

挺☆stiff
挺度计☆deflectometer
挺杆☆jib; disk; tappet; disc; transverse member
挺杆冲锤式(凿岩)机☆tappet machine
挺叶苔属[Q]☆Anastrophyllum
艇☆boat; watercraft
艇垫座☆boat chock
艇护舷[救生]☆boat fender
艇甲板☆boat deck
艇架☆keelblock
艇身☆hull
艇舾装☆boat fittings; boat equipment

tōng

通报☆herald; circular; telegraphy
通饼孔隙度☆cake porosity
通采区联络道☆gate way
通常☆as a rule
通常的☆customary; pedestrian
通常国际交易☆current international transaction
通称☆be known as
通称尺寸☆nominal dimensions; normal dimension
通称容量☆nominal capacity
通达程度☆accessibility
通达底部开采水平的竖井☆underlayer
通达回采区的巷道☆board gate
通达矿山的交通运输道路☆access road
通大气的☆open to atmosphere
通带[震]☆passband; transmission{pass} band
通(频)带☆transmission{pass} band; passband
通到地面的巷道☆outlet; opening to surface
通道☆aisle; channel (way); lane; canal; duct; lead; pass; crossheading; passage(way); path{traffic} way; through; feeder[矿液]; tube; pathway; channel-way; gangway; thoroughfare; corridor; traffic; access; door; communication (path); tunnel[孔虫]; drong; admittance; pervium; entry; walkway; strait; keyhole[洞中]; shoofly[联系管带与公路的道路]; acc.; tfc; chnl.
(矿液)通道构造☆plumbotectonics
通道监视信号盘☆aisle pilot
通道角[孔虫]☆tunnel angle
通道结束条件{状态}☆channel end condition
通道口☆porthole
通道宽度☆track{channel} width
通道门☆alley gate
通道命令☆channel control word; channel command
通道鏇属[孔虫;P_2]☆Minodiexodina
通道网络☆spongework
通道狭窄处☆channel restriction
通道衔接器☆channel adapter
通道效应☆hole{channel(ing)} effect
通道最高请求速率☆channel maximum request rate
通地☆earthing; earthed
通地表天井☆day raise
通地漏泄☆earth{ground} leakage
通地面(的)人行道☆boutgate
通电☆electromotion; switch on
通电电线☆live wire
通电动作接法☆circuit-closing connection
通电流☆galvanization; energization
通电流的☆current carrying
通断操作☆make-break operation
通断机构☆make-and-break mechanism
通断检查☆continuity check
通断控制室☆on-off controller
通分☆reduction to common denominator
通风☆(supply-exhaust) ventilation; draft; ventilate; venting; airing; aeration; draught(ing); coursing the air{waste}; course; sheth; aerate; draw; divulge information; air (conditioning; ventilation); aerage; draughtiness; reaeration; perflation; dft.
通风班长☆fire boss
通风不良☆dull; dacker of wind
通风不足☆deficiency in draft
通风出口扩散道☆evase
通风橱☆fume cupboard{hood}; fuming hood; draught cupboard
通风囱效应☆chimney effect
通风道☆air chute{flue}; ventilating trunk; air-duct; fan drift; vent gutter; airway; flue; ventilation passages; ducting; monkey
通风(管)道☆ventiduct
通风的☆ventilated; ventilative; airy; ventilatory
通风风流☆ventilating current
通风格☆air compartment{grating}; brattice; brettis
通风隔墙☆abatis; air barrage{sollar}
通风工☆fan runner; ventilation man
通风管(道)☆hydraucone; draft{air;ventilation} pipe; vent pipe{line}; air box{ducting;conduit; piping;line}; ventube; ventilating flue; blowpipe; air-circulating umbilical; air-drain; stack; ducting; ventage; air duct line; ductwork; tubing; (ventilating) duct; coal pipe
通风管罩☆ventilating cowl
通风管装置{设备}☆fan-pipe{-tubing} installation
通风柜☆hood; ventilated case
通风巷(道)☆ventilating{wind} roadway; ventilation opening; fang; monkey (entry); airway; aircourse; monkeyway; intake; windhole
通风巷道断面周长☆perimeter of airway
通风横巷☆cross hole; cross-opening; opening
通风机☆(air) fan; (electric) ventilator; fanner; ventilating machine; aerator; ventilation blower
通风机通风能力☆fan capacity
通风降温☆aeration-cooling; ventilation and cooling
通风井☆air pit{stack;funnel;shaft;well}; ventilation {tender;downcast;ventilating;intake;inlet} shaft; by-pit; fang; downcast; airway
通风井井架{楼}☆air-shaft tipple
通风空气试样☆ventilation sample
通风孔☆aspirail; airway; air breather{hole;vent}; vent (hole); draught {-}hole; air-vent; fresh air inlet; ventilation hole{slot}; blowhole[隧道]; FAI
通风孔针☆vent wire
通风口☆intake; air opening{vent}; ventilator scoop; vent; fresh air inlet; FAI
通风立井☆inlet{intake;tender;downcast} shaft
通风联络孔☆airhole
通风联络小巷☆spout
通风量法☆ventilation
通风炉☆draught-furnace; ventilating{draft} furnace
通风马力和风量的关系☆power-volume relation
通风帽☆breather cap; cowl
通风面具☆aerophore
通风旁路☆dumb drift
通风平硐☆air adit; fang
通风平巷☆air drift{gallery;heading;level;roadway; way}; bleeder{ventilating} entry; vent drift{level}; ventilation gallery{lateral;level;drift}; headway; top road; ventilating drift
通风器☆ventilator; vent.
通风区☆ventilation district; zone of aeration
通风软管☆flexible ventilation ducting
通风式潜水设备☆ventilative diving equipment
通风式湿度计☆ventilation psychrometer
通风竖道☆air funnel
通风条件☆atmospheric conditions
通风筒☆slacking stack; ventilation tubing; air funnel; ventilator
通风网路图☆ventilation network diagram
通风稀释沼气☆kill
通风系统与通风设备☆ventilation system and equipment
通风小巷☆air head{heading}; bolt hole; breakthrough
通风小烟囱☆snatch
通风小眼☆monkey drift
通风压力与风阻☆ventilation pressure and resistance
通风曳力☆pull
通风用钻孔☆ventilation borehole
通风员☆air deputy{man}; fireboss; fireman; gas man
通风装置☆fan layout; draft; draught; ventilation device {installation}; ventilation; ventilation blower unit
通风总量☆total volume throughput
通风阻力☆ventilation resistance; drag
通风阻力测量☆measurement of ventilation resistance
通告☆(give) notice; bill
通告集☆general notices

通告者☆annunciator
通格里(阶)[欧;E_3]☆Tongrian (stage)
通沟☆th(o)rough cut
通古尔鼬属[E_3-N_2]☆Tunguructis
通古斯叠层石(属)[Z]☆Tungussia
通古斯大爆炸☆Tunguska event
通古斯石☆tungusite
通谷☆through valley
通管器☆rabbit；pipe go-devil
通光孔径☆clear aperture
通过☆negotiate；transit；pass(ing)；enactment；by means of；put through；passage；leak；per-；di(a)-
通过出油管的☆through flow line；TFL
通过的物料☆passing material
通过方向☆direction of passage
通过规定筛孔的煤☆through coal
通过海底电缆发电报☆cable
通过检查☆past muster
通过井下的风量☆air quantity
通过量规☆go-gage；go-gauge
通过量因数☆throat opening factor
通过邻区矿井的采煤权☆instroke
通过零点的☆zeroaxial
通过率☆through-rate
通过能力☆leak off capacity；throughput (capacity)；(flow) capacity；thruput
通过排放控制☆through emission control
(使……)通过旁道☆bypass
通过区☆key-in
通过权[管路、道路]☆right-of-way
通过筛孔的物料☆passing material
通过式仓斗☆drive-over hopper
通过套管注水泥法☆casing method of cementing
通过特定筛孔的细磨效率☆key-mesh efficiency
通过跳汰机筛板的细料☆hutch (of a jig)
通过坐标原点的☆zeroaxial
通海阀☆hull{sea} valve
通海水道☆tickle
通海小河☆uvala；uvalica
通海运河☆sea canal；open sea canal
通航道☆passage
通航河槽☆navigable channel
通航水库☆navigation reservoir
通话☆call；transmission；telephony
通话面板☆communication panel
通话频率☆speech frequency
通话系统☆verbal system
通货☆current money；currency；medium of circulation
通货紧缩☆deflation
通货膨胀☆inflation
通解☆general solution{integral}
通井☆drifting；wiper trip
通井底的水平☆shaft level
通井规☆hole gauge；drift size gauge tool
通径☆drift diameter
通径规☆jack rabbit；drift diameter gauge；drift
通径规检验过的套☆drifted casing
(用)通径规检验内径☆drift test
通径套管{|钻进}☆full hole casing{|drilling}
通壳轴☆pervalvar axis
通孔☆through{open-end} hole
通孔珊瑚(属)[O_3-D]☆Thamnopora
通库斯贝属[腕;C]☆Tornquistia
通矿脉第一个井筒☆founder；first shaft；foundershaft
通廊☆vestibule
通连采煤工作面的巷道端配电设备☆gate-end panel
通连风桥的浅井☆jack pit
通量☆flux；shower
通量测绘法☆flux plotting method
通量穿透测量☆flux-traverse measurement
通量分布☆flux distribution
通量计☆fluxmeter
通量校正法☆flux updating method
通量密度[10^{-9}Tesla]☆nanotesla
通量微扰{扰动}☆flux perturbation
通灵系统[一种完备的可运行系统]☆turnkey
通流☆throughflow
通流能力☆flow{swallowing} capacity
通路☆access (route)；gullet；intercommunication；canal；closed circuit；corridor；lead；path；pass；passage (way)；linkup；entry；pathway；passageway；thoroughfare；route；channel；way；chain；fairway；ch；roadway；return passage
通路掘进☆opening driving
通路面积☆area of passage
通路器☆circuit-closer
通氯石英管☆silica chlorine tube
通煤层巷道☆opening
通(量)密度☆field density
通频带☆key-in；transmission band；passband
通平硐的竖井☆tunnel shaft
通气☆aeration；breathing；ventilate；aerate；be in touch；keep each other informed
通气不良的环境☆euxinic environment
通气层☆unsaturated{vadose} zone；zone of aeration
通气道☆airway；passage；parichno[鳞木叶座]；flue
通气的☆ventilatory
通气根☆erating root
通气管☆breathing{aeration} pipe；snorkel；air-drain；snort；schnorkel[潜水艇或潜水员]
通气搅动☆air agitation
通气孔☆breather；air path{vent;hold;hole}；air-hole；(gas) vent；ventilating eyelet{pit}；breathing hole；spiracle；airway；spiracular
通气孔的缝[棘海蕾]☆spiracular slit
通气孔塞☆airport plug
通气口☆vent (opening)；whistler；ventage
通气帽☆cowl；abat-vent
通气器☆aerator
通气塞☆breather plug
通气设备☆aerator
通气筒☆breather
通气细孔率☆aeration porosity
通气性☆aeration
通气装置☆breather (unit)；vent unit
通气组织☆ventilating tissue；aerenchyma
通勤列车☆commuter train
通勤者☆extern；commuter
通球型三通☆sphere tee
通人气闸[压气沉箱]☆manlock
通融汇票{票据}☆accommodation bill
通入蒸气☆steaming
通式☆general formula{expression;equation}；type formula
通视条件☆sighting condition
通视障碍☆visibility restriction
通竖井的平巷☆shaft tunnel
通水道☆passage
(钻杆)通水接头☆flush head；water coupling
通俗版☆popular edition
通俗性☆popularity
(穿在滑车上的)通索☆fall
通条☆rammer
通往工作面的巷道☆inbye workings
通限☆throughbore
(普)通项☆general term
通向☆lead
通向下部开采水平的竖井☆underlayer
通晓☆knowledge；familiarity；versant
通心粉☆macaroni
通心面☆spaghetti
通信☆communication；correspondence；allegiance；communicate；traffic；signalling；routing；message；contact；news report{letter; dispatch}；newsletter；talk；mss；ms；cmn
通信兵☆signaler；signaller
通信处☆address；add.；Add
通信订购☆mail order
通信链环☆communication link
通信量分析☆traffic analysis
通信设备☆linking{communication} facilities；communication equipment
通信卫星☆ (tele)communication(s){geostationary} satellite；telesat；comsat；telstar
通信线☆lines of communication；L.C.
通信线路针式绝缘子☆communication line insulator；telephone insulator
通信选接器☆communication adapter
通信员☆communicator；correspondent
通信者☆correspondent
通信装置☆communicator
通行☆traffic；thoroughfare
通行的☆prevailing
通行困难地区☆heavy going country
通行权☆right of way；ROW
通行税☆toll
通行性☆accessibility
通行证☆pass-check；passavant[法]；pass
通行状况☆trafficability
通烟口☆smoke hatch
通眼☆through hole
通用☆universal application；in common use；current；general；interchangeable
通用扳手☆Allen wrench；ordinary spanner
通用出入港许可证☆blanket clearance
通用磁带格式☆universal tape format
通用的☆all-purpose；general (purpose)；universal；general-purpose；generally accepted；current；all service{purpose}；versatile；utility；conventional；available；multipurpose；GP；GEN；univ.
通用电子线路单元☆general electronics unit；GEU
通用分类☆universal classification
通用工程计算及生产管理计算系统☆general engineering and management computation system
通用工具☆multi-purpose instrument
通用核燃料制造厂☆general atomic fuel fabrication plant
通用横向墨卡托图☆universal transverse Mercator
通用化☆unification；universalization
通用换算线路☆multiscaler
通用机柜☆general instrument rack；GIR
通用机架☆all-purpose{toolbar} frame
通用技术保养站☆superservice station
通用计数器☆universal counter
通用监测仪☆general monitor
通用简布法☆Janbu generalized method
通用接口总线☆general (purpose) interface bus；GPIB
通用精密立体测图仪☆using stereoplanigraph
通用内燃机油☆general service oil；universal internal combustion engine oil；general purpose engine oil
通用汽车公司☆General Motors (Corporation)；GM
通用器件☆general-purpose device
通用燃料箱组☆universal fuel tank kit
通用式车☆carryall
通用数字分析器☆verdan
通用水下自动机☆universal underwater mobile
通用洗锅石墨☆universal boiler graphite
通用系统仿真器☆general-purpose systems simulator
通用型板☆master template；MST
通用型采矿机☆universal mining machine
通用性☆versatility
通用远距输入-输出设备☆uniset
通用运输巷道的溜煤眼☆counter chute
通用震源子组合☆versatile source subarray
通用植物指示剂☆universal plant indicator
通用装置☆flexible unit
通用资料管理☆generalized data management
通用钻床☆full universal drill
通用坐标图☆master drawing
通有电流的☆alive
通约的☆common
通在矿物☆ubiquitous mineral
通则☆general principles；generalization
通知☆information；impart；give notice；circular；notify；convey；communication；advice；notify；notification
通知单☆requisition
通知付款☆advise and pay；A/P
通知书☆letter of advice；notification；L.A.
通知条☆billet
(路)通至☆conduct
通紫外线玻璃☆uviol
通钻(具)设备☆drilling-through equipment

tóng

桐柏矿☆tongbaiite；tongbaite
桐黄色☆brassy yellow
桐酸☆eleostearic acid
桐油☆Chinese (wood) oil；wood{tung} oil
桐梓虫☆Tungtzeella
酮☆ketone；keto-
酮醋酸揭片☆acetate peels
酮的☆ketonic
酮基☆keto-
酮酸☆keto-acid
砼[即混凝土]☆concrete
瞳孔☆pupilla
瞳孔变形☆coremetamorphosis；dyscoria；discoria

瞳孔间的☆interpupillary
瞳仁环颗石[钙超;E_2]☆Corannulus
同☆syn-；sym-；equi-；homo-；iso-
同伴☆companion；company；fellow
同胞☆brother；national
同胞血缘☆coenogenesis
同胞种☆sibling species
同辈☆fellow
同背斜断层☆epi-anticlinal fault
同变形的☆syndeformational
同变质的☆synmetamorphic
同变质花岗岩☆synmetamorphic granite
同表象相关☆cophenetic correlation
同波道☆co-channel
同步☆synchronization；isochroneity；isochronism；in step (with)；synchronizing；timing；lock (in)；synchronism；synchronous；in-sync；in pace with；sync；locking；syn.；synchro(-)
同步测风仪☆selsyn
同步传动☆synchrodrive
同步的☆synchro(nal)；synchronous；synchronizing；isochronous；cogradient；timed；synchroneity；syn.
同步地☆simultaneously
同步电路☆sync-circuit；synchronizing circuit
同步电钟☆synchroclock
同步断层☆sympathetic fault
同步辐射 X 射线形貌分析☆Synchrotron X-ray Topography；SXRT
同步轨道☆geosynchronous{geo-stationary} orbit
同步换流机☆synchronous converter
同步回波显示☆fruit
同步机☆synchrodyne；synchro；synchronizer
同步计☆synchrometer；synchronometer
同步记录操作☆synchronous record operation
同步加速器辐射☆synchrotron radiation
同步降低☆sympathetic retrogression
同步控制☆synchro{holding;synchronization} control；synchroncontrol
同步控制接收机☆synchrocontrol receiver
同步脉冲开关☆clock pulse gate
同步脉冲门☆clock pulse gate
同步啮合☆synchromesh
同步耦合{联结}☆synchrotie
同步配合☆synchromesh
同步频率☆synchronizing frequency
同步破坏☆desynchronize
同步器☆synchronizer
同步输入☆lock input
同步锁☆synchrolock
同步锁相☆genlock
同步条件☆in-step condition
同步调相机☆synchronous condenser；Syc
同步推进☆advance in synchronism
同步卫星☆geostationary{stationary;synchronous} satellite
同步误差指示灯☆sync error lamp
同步信号☆synchronizing{timing;sync;locking} signal；synch；synchronous signalling
同步信号纯化器☆sync signal purifier
同步信号分离管☆synchronizing separator tube
同步性☆synchroneity；synchronism
同步印刷器{机}☆synchroprinter
同步帧率☆synchronous frame rate；SFR
同步振动☆synchronous vibration；synchronized oscillation
同步转换☆synchrotrans
同步坐封☆simultaneous setting
同槽☆co-channel
同测线显示☆isoline display
同层的[生物境]☆isostrata；isostrate；biotope
同层双盘面风力摇床☆twin-dex table
同层型☆costratotype
同潮时☆cotidal hour
同沉淀平衡☆coprecipitational equilibrium
同沉积☆synsedimentary bank；syndeposit
同(时)沉积☆codeposition
同沉积变形作用☆synsedimentary deformational process
同沉积(期)的☆consedimental
同沉积期的☆syndepositional
同沉积期断层☆synsedimentary{growth} fault
同沉积区的☆isotopic
同成的☆idiogenous
同成分异组合的☆heteromorphic
同成矿床☆idiogenite
同成矿期的☆synore
同成兴作用☆syndiagenesis
同成岩期☆syndiagenetic stage
同成岩作用☆syndiagenesis
同成因☆homogeny；isogeny；isogenesis
同成因的☆isogenous；cogenetic；isogenetic
同成因岩☆congenetic{cogenetic} rock
同翅目[昆]☆Homoptera
同带面☆tautozonal faces
同单位的☆commensurate
同等☆indistinctness；coordination；par；indistinction；on an equal basis{footing}；parity；equi-
同等安全☆equal security
同等的人☆coordinate
同等化☆equalization
同等级网☆homogeneous network
同等物☆coordinator
同等性☆congruency；congruence
同等应变☆coordinate(d) strain
同地居群☆sympatric population
同地岩系☆homodromous sequence
同地震曲线☆homoseismal
同点偶极电磁系统☆double dipole EM system
同电子排列性☆isosterism
同电子群☆isoelectronic group
同调☆homology；coherence；coherency；ganging
同(单)调性☆joint-monotonicity
同动力期的[同构造期的]☆syntectonic；syndynamic
同动力期生长☆synkinematic growth
同动物群沉积☆homotaxial deposits
同动物群的☆homotaxial
同多酸☆isopoly acid
同多形现象☆isopolymorphism
同二形(现象)☆isodimorph；isodimorphism
同(时)发育的变形组构☆co-developing deformation fabric
同范☆homotype
同方差的☆homoscedastic
同方差性☆homoscedasticity
同方钠霞石正长岩☆anamigisodite
同分异构☆isomerism；isometry
同分异构态☆isomeric state
同分异构性☆isomerism
同(成)分异组(合)现象☆heteromorphism
同风向线☆isogon；isogonal{isogonic} line
同缝合构造的☆synsuturing
同俯冲作用的☆synsubduction
同格☆indistinction；parity；indistinctness
同功[生]☆analogy
同功{工}酶☆isozyme；isoenzyme
同功器官☆analogous organ；analogue
同沟敷设☆laying in one ditch
同构☆homology；isomorph；isomorphism
同构代换作用☆isomorphous replacement
同构的☆isomorphic；isostructural
同构(异素)的☆isologous
同构交代☆topotaxy
同构(异素)体☆isolog(ue)
同构(异素)现象☆isology
同构造(作用)☆syntectonism
同构造层☆syngroup
同构造的☆syntectonic；paratectonic；principal tectonic
同构造(期)的☆syntectonic；synkinematic
同构造期侵入体☆synkinematic intrusion
同构造(期)碎屑楔状{楔状碎屑}体☆syntectonic clastic wedge
同构造岩☆synkinematic rock
同管笔石类☆idiotubidae
同管道☆co-channel
同海螂属[双壳;T-Q]☆Homomya
同海西期的☆Cohercynian
同行☆craft；colleague
同号电荷☆homocharge
同核异能分布☆isomeric distribution
同核异能者{物体}☆nuclear isomer
同候(站)☆homoclime
同花岗岩期变形☆syngranitic deformation
同化☆assimilation；assimilate；mesitis；anabolism；incorporation；appropriation；assimilate (ethnic groups,etc.)；imbibition
同化反应☆assimilative reaction
同化混染与分离结晶(作用)☆assimilation and fractional crystallization；AFC
同化机理☆mechanism of assimilation
同化烃微生物☆hydrocarbon assimilative microorganism
同化吸收作用☆digestion
同化性☆assimilability
同化作用☆assimilation；anabolism；digestion；metabolism；assignment statement
同化作用的☆metabolic
同环节石属[竹节石;D_3]☆Uniconus
同环境形成的☆syntopogenic
同会聚期的☆synconvergence
同活度熔融曲线☆isoactivity melting curve
同伙☆affiliate；consortium
同火山(期)的☆synvolcanic；covolcanic
同基晶簇☆autochthon druse
同基数轮列的☆eucyclic
同极的☆homopolar；homeopolar
同极端☆analogous end
同极化的☆like-polarized
同极像{象}☆holomorph；holomorphe
同极象的☆holomorphic
同极性☆homopolarity
同级☆in step
同见线☆isopipteses
同角闪霞石岩☆amneite
同结构☆isostructure
同结构包体[法]☆synmorphe
同结构的☆isotypic
同结构型的☆homologous
同结构性☆isostructuralism
同结晶☆syncrystallization；cotectic crystallization
同结晶岩☆paracrystalline rock
同结区☆cotectic region
同晶带面☆tautozonal faces；co-zonal plane
同晶型(现象)☆isomorphism
同晶型{形}的☆isomorphous；isomorphic
(类质)同晶型体☆isomorph
同晶型系☆isomorphous series
同境生的☆syntopogenic
同径孢子☆isospory
(相)同(外)径接头☆straight OD sub
同距叠加☆common-offset stack；COS；KXSUM；common distance stack
同距选排(道集)[震勘]☆common-range gather
同锯片牙形石属[D_2-P_1]☆Synprioniodina
同{共}克里格法☆cokriging
同空间☆isospace
同孔贝(属)[腕;Є]☆Homotreta
同铑天然混合的金☆rhodium gold
同类☆ilk；uniformity
同类沉积☆isopical deposit
同类的☆homogeneous；fellow；akin to；congeneric；allied；vicarious[生]
同类的人{事物}☆like
同类裂隙☆cognate fissure
同类群☆deme
同类数☆like number
同类烃☆homologous series of hydrocarbon
同类土滑坡☆asequent slide
同类相关☆intra(-)class correlation
同类相残{食}[动]☆cannibalism
同类异性化合物☆heterotype
同类元素☆homolog(ue)
同类中特`大者{别大的东西}☆bumper；lunker
同离子土☆homoionic soil materials
同量的☆commensurate
同量异位素丰度☆isobaric abundance
同(原子)量异序的☆isobaric
同料变位☆homoclinal shifting
同料拖褶皱☆congruent drag fold
同裂谷期☆syn-rift
同流☆concurrent{cocurrent} flow
同流换热☆(heat) recuperation
同流换热器{室}☆recuperator
同流向线☆isogon
同律性☆homonomy
同伦☆homotopy
同伦映射☆homotopic mapping
同螺贝属[腕;S]☆Homoeospira
同媒堆{沉}积☆isomesical deposit
同媒相☆isomesic facies

T

同盟☆federation；alliance；league
同盟国{者}☆ally
同名磁极☆magnetic poles of the same sign
同名点[测]☆same place；identical point；homolog(ue)
同名律☆law of homonymy
同名器官☆homonomial organ
同名数☆like number
同名位置☆same position
同名影像☆corresponding{identical} image
同模标本☆homeotype；homoeotype
同模式☆common mode；homeotype
同年代的☆coetaneous；coeval
同捻向钢丝绳[绳股与股丝同捻向]☆lang lay rope；langlay rope；rope of parallel wires；wire cable
同炮检距偏移☆common offset migration
同胚☆hom(o)eomorphism；bicontinuous function；topological mapping
同胚空间☆homeomorphic spaces
同偏移距选排☆common-range gather
同频信道☆shared channel
同平面的☆coplaner；uniplanar
同普遍种☆sinensis
同期☆synchronism；the corresponding period；the same term (in school,etc.)
同期层☆isochron layer
同期沉积☆synchronous{contemporaneous} deposit
同期成的☆isogenetic
同期的☆coeval；synchronous；homochronous；timed
同期地层☆equivalent (layer)
同期断陷☆synrift
同期发生☆contemporaneity
同期管理☆management by synchronization
同期热液角砾岩☆co-hydrothermal breccia
同期三角洲-海底扇对☆contemporaneous delta-submarine fan couples
同期显微共生结构☆implication texture
同期性☆synchroneity
同期再生☆synresurgence
同栖共生☆calobiosis
同脐螺属[腹;C]☆Paromphalus
同前☆ditto；do.
同腔海绵的☆homocoelous
同侵位期的☆synemplacement
同情☆compassion；sympathy
同区堆积☆isotopical deposit
同区相邻地址☆regional address
同区域化模拟☆coregionalization simulation
同日期☆synchronism
同日线☆isostade
同熔岩☆syntectite；syntectics；syntexite；syntectic rock
同熔作用☆syntexis；syntectic
同溶族解☆homolysis
同容积(容量)☆co-content
同三晶形现象☆isotrimorphism
同色☆homochromy；isochrome
同色光度测量术☆homochromatic photometry
同上☆as above；ditto；do.；idem[拉]；id.；a.a.
同渗透的☆homoiosmotic
同生☆consortium；syngenesis
同生变形☆penecontemporaneous{contemporaneous} deformation
同生变形痕☆rheoglyph
同生成矿说☆syngenetic ore-forming theory
同生成岩期☆syndiagenetic stage
同生冲刷☆classic(al) washout
同生的☆idiogenous；co(n)temporaneous；connate；syngenetic；synchronogenic；symphitic
同生地☆biotope
同生断陷☆synrift
同生构造深成岩体☆syntectonic pluton
同生结构☆synsomatic texture
同生结晶☆syntaxy
同生均斜☆syn-homocline
同生孔隙☆primary porosity
同生矿床☆syngenetic{symphitic;symphilic} deposit；intergrown；idiogenite；associate
同生裂隙☆cognate fissures；synclase
同生卤水☆connate brine
同生论☆syngeneti(ci)sm；syngenetic theory
同生气☆cogenetic{idiogenous} gas
同生亲缘性☆syngenetic affiliation
同生水☆connate{native} water；water of retention
同生水热作用☆syngenetic hydrothermal process
同生物的☆symbiotic
同生相界限☆syngenetic facies limitation
同生印模{痕}☆synglyph
同生原生模式☆syngenetic primary pattern
同生组构☆apposition{primary} fabric
同生作用☆syngenesis；singenesis
同时☆synchrone；concurrently；simultaneously；pari passu[拉]
同时(代)☆contemporaneousness
同时(性)☆synchronism
同时爆破☆simultaneous firing{shot;blasting;blow-up}；simultaneous shot firing；voney
同时爆破炮眼{钻孔}☆simultaneous firing
同时变形☆concurrent deformation
同时采用两种运输系统[露天矿到选厂]☆dual haulage
同时沉淀☆coprecipitate；coprecipitation
同时沉积☆synchronous deposit；codeposition
同时沉积(作用)☆cosedimentation
同时充填☆contemporaneous{simultaneous} filling；contemporary fill
同时出现线☆isopipteses
同时萃取☆coextraction
同时存在☆coexistence
同时代的☆coeval；contemporaneous
同时代岩石☆isogeolith
同时的☆simultaneous；synchronal；synchronous；contemporaneous；instantaneous；homochronous；synchronic
同时地层☆plane of contemporaneity；synchrone
同时地震☆simultaneous earthquake；coseism
同时叠加褶皱作用☆simultaneous cross-folding
同时堆积☆synchronous deposits
同时发生☆contemporaneity；contemporaneousness；concur；simultaneity
同时放炮☆instantaneous blast
同时分离☆coseparation
同时感震线☆coseismal{isochronal} line
同时构造深成岩体☆syntectonic pluton
同时广播☆simultaneous broadcasting；SB
同时还原☆coreduction
同时混合☆symmixis
同时加速器发射☆synchrotron emission
同时交叉褶皱作用☆simultaneous cross-folding
同时结冰线☆isopectic
同时解冻线☆isotac
同时进风和回风立井☆joint ventilation shaft
同时掘进☆advance in synchronism
同时开采两层的井☆dual-zone well
同时开放式水喷淋系统☆deluge system
同时扩孔☆line reaming
同时律☆law of contemporaneity
同时面☆synchrone；plane of contemporaneity；time plane[地层]
同时期的☆coetaneous；coeval；contemporaneous；cotemporary
同时期性☆contemporaneity
同时起出抽油杆和油管作业☆stripping job
同时趋同☆isochronous convergence
同时事件☆simultaneous event
同时首次出现☆isochronic first occurrence
同时线☆isochrone；isochron
同时相☆contemporeneity；synchronism；parvafacies
同时性☆synchrone(ity)；synchronism；synchrony；contemporaneity；simultaneity；concurrency；isochronism
同时岩层☆time {-}parallel strata
同时异相沉淀{积}☆heteropic deposit
同时韵律结晶作用☆simultaneous rhythmical crystallization
同时注入☆simultaneous injection
同时作用☆synchronization
同势差的☆idiostatic
同世代球核的☆homeothrausmatic
同事☆fellow；co-workers；colleague；coagent；coadjutor；companion；brothers；Bros.
同收敛期的☆synconvergence
同手型☆homochivalry
同属☆kindreds
同属的[生]☆congeneric
同属动植物☆congener
同属混合物☆intraclass mixture
同水平的☆level
同素的☆coessential
同素环☆homoatomic{homocyclic} ring；homocycle
同素环核☆homocyclic nucleus
同素异晶变{构转}化{变}☆allotropic transformation
同素异形(现象)☆allotropy；polymorphism；allotropism
同素异性{晶}体☆allotrope
同素异重体☆allobar
同他物结合的物体☆conjunct
同苔藓虫属[O-S]☆Homotrypa
同态☆homomorphy；homomorphism
同态的☆isomorphous；homomorphic
同态的核☆kernel of a homomorphism
同态分子☆homomorphs
同态函数☆homomorphic function
同态滤波[由 filtering 倒排构成]☆liftering
同态频率[曾译:伪频率、倒频、逆频,由 frequency 倒序而成]☆quefrency
同态谱[曾译逆谱、倒谱、对数谱,由 spectrum 倒序而构成]☆cepstrum [pl.-ra]
同态调节模型☆homeostatic model
同态象☆homomorphs
同态相位[同态谱中的相位,由 phase 倒序而成]☆saphe
同体的☆coessential
同体积异密度颗粒☆volumetric gram
同体建筑物☆combined structure
同调代数☆homological algebra
同调的☆homologous
同铜处理☆copperization
同尾☆isocercal tail
同位☆parity；apposition；coordinate；coordination
同位差的☆idiostatic
同位次载体☆isotope carrier
同(结构)位(置)的☆diadochic
同位地层☆equivalent layer{beds}；equivalent
同位断层☆homothetic fault
同位素☆isotope；isotopic element
同位素比☆isotope{isotopic} ratio
同位素比的纬度效应☆latitude isotope variation
同位素比高程变异☆altitude isotope variation
同位素比示踪物法☆isotope ratio tracer method
同位素比值记录质谱仪☆isotope-ratio-recording mass spectrometer
同位素标样{|测探}☆isotope standard{|probe}
同位素表☆isotope table{chart}
同位素成分的变化☆isotope change
同位素纯☆isotopic(ally) pure
同位素等道线☆isotope contour
同位素地质纪年学☆isotopic geochronology
同位素对☆isotope pairs
同位素法☆isotope method
同位素法温度量测☆isotopic thermometry
同位素分离器☆isotron
同位素分馏校准曲线☆isotope fractionation calibration curve
同位素分子☆isotopic molecule
同位素丰度变化☆isotope abundance variation
同位素海流分析仪☆isotopic current analyzer
同位素含水率(探测)仪☆nuclear soil moisture meter；moisture probe
同位素混合物☆isotope{isotopic} mixture
同位素计温(法)☆isotopic thermometry
同位素矩☆isotopic moment
同位素均一{匀}化☆isotopic homogenization
同位素库☆isotope pool
同位素内部测温术☆isotopic internal thermometry
同位素年龄梯度☆isotopic age gradient
同位素轻化样品☆isotopically-lighter sample
同位素示踪测量☆isotope-tracer measurement
同位素图☆isotope chart
同位素温标温度☆isotopic temperature
同位素温度方程☆isotope thermometry equation
同位素稀释分析☆isotopic{isotope} dilution analysis
同位素稀释热离子化质谱仪☆Isotope Dilution Thermal Ionization Mass Spectroscopy；IDTIMS
同位素线[质谱分析]☆isotope line
同位素学☆isotopics；isotopy
同位素源{|值|质谱线}☆isotope source{|value| line}
同位素晕☆isotopic halo
同位素重化样品☆isotopically-heavier sample
同位素组成等值线图☆plot of isotope composition contours

同位型☆isotype
同位旋☆isospin
同位占位能力☆diadochy
同位置换☆diadochic substitution{replacement}
同温变质☆destructive{equitemperature} metamorphism
同温层☆stratosphere；strato-
同温的☆homothermal；isothermic
同纹长石☆isoperthite
同物异名[古]☆synonym；synonymy
同系☆sib；homology
同系列☆homologous series
同系射电爆发☆homologous radio burst
同系物☆homologue；homolog
同线的☆collinear；colinear；in-line
同线电话☆party line；P.L.
同线性☆colinearity
同相☆homophase；in step；in-phase；isopic facies；phase coincidence
同相(的)☆equiphase
同相边界☆self-boundary
同相波痕纹层☆ripple laminae inphase
同相沉积☆isopical{isofacial} deposit
同相的☆isofacial；isophase；co(-)phasal；in(-)phase；isopic
同相堆积☆isopical deposit
同相分量☆in-phase{real;inphase} component
同相排齐☆line-ups；lineups
同相谱☆cospectrum
同相土壤☆monophasic soil
同相位☆common mode
同相位波痕纹层☆ripple laminae in-phase
同相位的☆inphase
同相线☆isopen
同相信号☆in-phase signal
同相岩☆isopic rock
同相岩体☆lithostrome
同相异期☆same facies difference time
(地震波)同相轴☆lineups；line-ups[震录]；phase axis[震勘]；event
同相轴串位带[CDP叠加时]☆chatter zone
同向冲断层☆concordant thrust
同向滚铣☆climb hobbing
同向块状断裂作用☆synthetic block faulting
同向流动☆cocurrent flow
同向捻☆lang's{straight} lay；Albert lay (wire rope)
同向双工(制)☆diplex
同(旋)向双晶☆orientational twinning
同向弯曲☆continuous bend
同向线☆isogon；isogonal{isogonic} line
同向褶皱☆accordant fold
同象值☆cophenetic value
同象置换☆isomorphous replacement
同消色线☆isogyre
同斜☆homocline
同斜倾斜☆homocline dip；homoclinal dip(ping)
同斜拖褶曲☆congruous drag fold
同芯电缆☆concentric cable
同心保温油管☆concentric insulated tubing
同心部分[凸轮曲线的]☆dwell
同心布置方式☆concentric screen
同心层火山球☆accretionary lapilli
同心层状☆concentric-lamellar
同心带[腕]☆(concentric) bands
同心的☆homocentric；concentric；c/c
同心动作振动筛☆concentric action vibrating screen
同心度☆concentricity；right alignment
同心分带构造☆concentrically zoned structure
同心蛤总科☆Glossacea
同心管修井机☆concentric workover rig
同心管柱砾石充填☆concentric string gravel pack
同心管作业机☆concentric tubing unit
同心环带模型☆concentric cone model
同心环式处理{脱水}器☆concentric-ring treater
同心结粉属[孢;E]☆Parsonsidites
同心节理[均质岩层中]☆concentric jointing；bordering joints；ball joint(ing)
同心绝热油管☆concentric insulated tubing
同心可调轴承☆concentric adjustable bearing
同心肋孢属☆Circulisporites
同心肋缝孢属[D_3-K]☆Chomotriletes
同心排列期☆cycloclypeid stage
同心气举芯轴☆concentric gas lift mandrel
同心切变面☆concentric shearing surface
同心球矿石☆ring{sphere;cockade} ore
同心球粒☆granosph(a)erite；orbicule
同心圈☆concentric circles
同心圈布(金刚石)法☆concentric pattern
同心式超基性杂岩体☆zoned ultrabasic complex
同心纹壳☆concentric shell
同心线脊☆concentric costella{costellae}
同心向斜☆centroclinal fold；centrocline
同心型水系☆concentric drainage pattern
同心性☆concentricity；homocentricity
同心圆带孢属[Є-E]☆Circulisporites
同心圆筒流变性测量☆concentric cylinder rheology measurement
同心圆筒旋转式测黏法☆concentric cylinder rotation viscometry
同心圆筒仪☆coaxial cylinder apparatus
同心圆状结构☆circumferential structure
同心藻属[AnЄ]☆Microconcentrica
同心蒸气偏导器☆concentric steam deflector
同心轴减速器☆concentric shaft (speed) reducer
同心状[分带型]超镁铁杂岩☆concentric ultramafic complex
同心作用振动筛☆concentric action vibrating screen
同型☆syntype；hom(o)eotype；cotype；homotype；isotype；homo-
同型孢子☆isospore
同型变异☆homologous variation
同型的☆hom(o)eotypic；homotypic；isotypic
同型分裂☆homeotypic division
同型分子☆comolecule
同型合子☆homozygote
同型交配☆assortative mating
同型(同)境群落[植]☆synusia [pl.-e]
同型相关☆cophenetic correlation
同型性☆hom(o)eomorphism
同型牙☆homodont
同型异性物☆heterotype
同型装配[轨道上装配方法之一]☆cannibalization
同形☆isomorph；homomorphy
同形孢子☆homospore；isospore
同形孢子的质量{状态}☆isospory
同形齿☆homodont
同形代替☆isomorphous substitution
同形的☆isomorphous；isomorphic；congruous{congruent} [褶皱]；homomorphous
同形附生(现象)☆epimorphism；epimorphosis
同形混合物☆isomorphous mixture
同形配子☆isogamete；homogamete
同形态群☆phenon [pl.phena]
同形网状☆homobrochate
同形性☆isomorphic；isomorphism；homomorphosis；morphotropy
同形异义词☆homonym
同形异置形☆congruent forms
同形种[生]☆cryptic species
同性☆homogen(eit)y；of the same sex{nature;same character}
同性磁极☆magnetic poles of the same sign
同性极☆like poles
同性相☆magnafacies
同性型的☆hermatypic
同性质☆congeniality
同性质的☆homogeneous；cognate；congeneric
同序成种☆homosequential speciation
同序的☆homotactic
同旋干涉图☆same-rotating{SR} figure
同学☆schoolmate；schoolfellow
同(源)岩浆的☆comagmatic
同岩浆期的☆synmagmatic
同岩浆岩☆comagmatic rock
同样☆as well；ditto；sameness；tauto-
同样的☆identical；similar；parallel；like
同业工{公}会☆craft union；trade association{guild}
同一☆sameness；oneness；identity；ilk
同一个网路接取协定的电脑的集合☆subnetwork
(在)同一阶段上装载☆bank loading
同一粒度散粒悬浮液☆mono-disperse suspension
(在)同一平面上[工程]☆at grade
(在)同一时间内接连发生的事☆rash
同一水平面的☆horizontal coplanar
(在)同一条线上的☆in-line
同一位置☆same position
(在)同一直线上的☆colinear；collinear
同意☆grant；agreement；accession；comply；yield to；approval；permission；close；sympathy；consent
同意加入(条约等)☆adhesion
同义☆synonym(y)；synonymous；tantamount
同义反复☆tautology
同义名☆alias；synonymy；synonym
同硬碲岩{石}☆anhydritolite
同余☆coresidual；congruence
同余式☆congruence；congruency
同余数☆congruent number
同余线汇☆congruence
同域☆sympatry
同域(性)种(分化)☆sympatric speciation
同元汽化☆congruent vaporization
同源[岩]☆consanguinity；isogeny；isogenesis；affinity；homology[生]
同源包体☆homolog(ue)；endogenous {cognate} inclusion；cognate xenolith {enclosure}；autolith；enclave homoeogene；congeneric{homoeogene; homogeneous} enclave
同源捕`获岩{虏体}☆cognate xenolith；autolith
同源的☆cogenetic；isogenous；homologous；cognate；isogenetic；allied；connate；accessory[火山碎屑]；congeneric；homogenous
同源(岩浆)的☆comagmatic；consanguineous
同源堆积群☆consanguineous association
同源复质角砾岩☆genomict breccia
同源关系☆kindred；kinship；affinity
同源交切脉☆intersecting cognate vein
同源结构包体☆synmorphes
同源砾岩☆diaglomerate
同源器官☆homolog(ue)；homologous organ
同源色体☆homologues
同源似构包体☆plesiomorphe
同源同(结)构包体☆synmorph
同源物☆congener
同源线☆isopectics
同源型☆allied form
同源性☆consanguinity；homolog(ue)；homogeny；homology
同源岩☆congenetic{cognate;cogenetic} rock；allied rocks
同源岩浆区☆comagmatic region{area}；petrographic province
同源岩墙☆related dike
同源岩石☆kindred；related rock；ally
同源异构包体☆enclave allomorphe；allomorph(e)s
同源异形突变体☆homoeotic mutant
同源(共生)组合☆consanguinity{consanguineous} association
同运动重结晶(作用)☆synkinematic recrystallization
同在颗粒☆coexistent particle
同造陆期的☆synepeirogenic
同造山的☆paratectonic
同造山期☆synorogenic period{stage}
同造山期的☆synorogenic；syntectonic
同造山期楔体☆synorogenic wedge
同造山运动花岗岩☆synkinematic granite
同振荡☆cooscillation
同震☆coseism
同震电阻率变化☆coseismic resistivity change
同震区☆coseismic{coseismal} area
同震线☆homoseism；coseismal lines
同震线☆homoseism；homoseismal{coseismal; coseismic} line；coseism(al)
同震(曲)线☆coseismal；isochronatic curve
同枝性的[植]☆homeoclemous
同质☆unity
同质成核☆homogeneous nucleation
同质的☆homoplasmic；coessential；homogenous[指因遗传而构造相似的]；akin to
同质多晶☆polytropy
同质多象☆polymorphism；polymorphy
同质多象(型式)☆polymorphic form
同质多象现象☆polymorphism；pleomorphism；polymorphy
同质多象转化温度间距☆temperature-inversion interval
同质二象☆demorphism；dimorph
同质二象体☆dimorph
同质二形☆isodimorph(ism)；dimorphism
同质二形体系☆isodimorphic system

T

同质假象(现象)☆paramorph(ism)；allomorph(ism)；dimorph；migration structure；polymorph
同质结☆homojunction
同质球状角砾岩☆isothrausmatic rock
同质三象☆trimorph；trimorphism
同质三形[同一化学成分有三个结晶]☆trimorphous form；trimorph(ism)；triamorph
同质四象(体)☆tetramorph
同质四象(现象)☆tetramorphism
同质四象的☆tetramorphous
同质碎屑球状的☆isothrausmatic
同质蜕变☆metastasis [pl.-ses]
同质外延☆homoepitaxy
同质异构☆tautomerism
同质异构结构☆isomeric structure
同质异晶现象☆paramorphism；allomorphism
同质异矿的[岩]☆heteromorphic；heteromorphous
同质异矿现象☆heteromorphism
同质异能(现象)☆isometry
同质异能的☆isometric(al)；isomeric
同质异能分布☆isomeric distribution
同质异能性☆(energy) isomerism
同质异位素衰变☆isobar decay
同质异象变体☆allomorph
同质异象假象☆paramorph
同质异相胶体☆allocolloid
同质异性胶(体)☆isocolloid
同质异重☆genetic polymerism
同中心☆concentricity
同中心的☆homocentric
同中子异核数{荷素}☆isotone
同中子族☆isoneutronic group
同种☆homogen(eit)y；of the same race
同种的☆congeneric；homogeneous；conspecific；kindred
同种个体☆conspecifics
同种类(同性质)的(人)[或物]☆congener
同种溶解☆homolysis
同种异态☆heteromorph
同种异形☆dimorphism
同种原子环☆homoatomic ring
同轴☆coaxial；in-line
同轴地☆concentrically
同轴电缆☆concentric{coaxial;coax} cable；c/c；CC
同轴电网导线☆coax electrical braid conductor
同轴动力转向装置☆coaxial power gear
同轴度☆right alignment
同轴滚筒☆drums in line
同轴铰孔☆line reaming
同轴绝热油管☆concentric insulated tubing
同轴开关☆coaxswitch；gang switch
同轴漏电馈电电缆☆co-axial "leaky" feeder cable
同轴密封☆co-axial seal
同轴双滚筒扒矿绞车☆side-by-side slusher hoist
同轴调谐☆unituning
同轴筒式黏度计☆coaxial cylinder viscometer
同轴线的☆on-line
同轴线丝扣☆alignment thread
同轴向的☆homoaxial
同(心)轴信号电缆☆coax signal cable
同轴性☆coaxality
同轴旋转☆circumvolution
同轴圆筒测黏法☆coax cylinder viscometry
同轴圆筒式黏度计☆coax cylinder viscometer
同株[植]☆homophyletic
同著者(的)[拉]☆idem；id.
同柱类☆Homoyaria
同足亚纲[甲壳纲等]☆Homopoda
同族☆kindred；consanguinity
同族的☆homogeneous；consanguineous；akin to
同族矿脉☆domestic vein
同族元素☆homotope；congener
同组断层☆synthetic{homothetic} faults
同组元素☆group element
铜☆copper；Cu；rapier；cuprum[拉]；kupfer[德]；cupro
铜埃洛石☆cuprohalloysite；copper halloysite
铜氨纤维人造丝☆benberg rayon
铜钯金矿☆auricuproite
铜白钨矿[$CaCuWO_4$]☆cuproscheelite
铜板☆copper (coin;plate)
铜板蚀镂法☆aquatint
铜包石棉衬垫☆copper-asbestos packing
铜包头[剑鞘的]☆chape
铜被(覆)铁镍合金☆Dumet
铜币☆copper；cent
铜铂矿☆cuproplatinum
铜卟啉☆copper porphyrin
铜草☆copper flower
铜衬☆brass bush
铜床石{底层}☆copper substrate
铜磁黄铁矿[Fe_4CuS_6]☆chalcopyrrhotite；chalcopyrrhotine
铜胆矾☆copper chalcanthite
铜当量☆copper equivalent
铜的☆cupric；cupreous；coppery
铜(色)的☆copper
铜的氧化[空气中]☆aerugo
铜碲汞矿☆cu(-)coloradoite；Cu-coloradolite
铜碲矿☆rickardite；vulcanite
铜碘银矿☆cupro iodargyrite；cuproiodargyrite
铜靛矾[$CuSO_4$;斜方]☆chalcocyanite；chalcokyanite
铜靛石[$CuSO_4$]☆hydrocyan(ite)；chalcocyanite；chalcokyanite；chalkocyanite
铜垫片{|电极}☆copper backing{|electrode}
铜电解富液☆concentrated copper electrolyte
铜(套)电雷管☆copper electric detonator
铜锭☆pig copper；cake；copper ingot
铜矾[$CuSO_4$]☆chalcocyanite；chalcokyanite；hydrocyan(ite)；chalkocyanite
铜矾石[$CuAl_4(SO_4)(OH)_{12}$•$3H_2O$;单斜]☆chalcoalumite
铜钒铅矿☆cuprovanadinite
铜方解石☆cuprocalcite
铜粉☆copper powder
铜符山石☆cyprine；cupreous idocrase
铜浮渣☆copper scum
铜钙绿松石☆planerite；planerite
铜镉黄锡矿[Cu_2CdSnS_4;四方]☆cernyite
铜铬矿[CrOOCu;三方]☆macconnellite；mcconnellite
铜铬砷酸盐液处理木材☆"Wolmanizing"
铜汞黄{黝}锡矿☆velikite
铜钴华[$(Cu,Co,Ni)_3(AsO4)_2$•2½~$3H_2O$(?)]☆lavendulite；lavendulan
铜钴矿☆copper-cobalt ore
铜钴锰土[Mn,Cu及Co的含水氧化物]☆lubeckite；rhabdionite；rabdionite
铜钴镍永磁合金☆Permet
铜钴土☆cuproasbolan(e)；kupferasbolan
铜关角石属[头;P]☆Tungkuanoceras
铜官窑☆Tung-kuan{Tongguan} ware
铜硅锰铀矿☆jackymovite
铜硅钛铈矿☆cuprovudyavrite；cuprolowtschorrite；cuprolovchorrite；kupferlowtschorrit；copper-lovchorrite
铜硅硬铝合金☆lautal
铜焊☆braze (welding)；brazing
铜焊连接☆brazed joint
铜焊料☆spelter
铜皓矾[$(Zn,Cu)SO_4$•$7H_2O$]☆cuprogoslarite
铜合金☆aldary
铜黑渣☆black copper ore
铜红玻璃☆copper ruby glass
铜红铊铅矿[$PbTl(Cu,Ag)As_2S_5$;三斜]☆wallisite
铜红锌矿☆cuprozincite
铜花☆copper flower；(Ocimum) hombler；gypsophila patrini
铜花键☆brass spline；BRSPL
铜华[Cu_2O]☆copper bloom
铜环☆tip
铜黄色☆brass yellow
铜辉铋矿☆cuprobismutite
铜辉铅铋矿[$Cu_2Pb_3Bi_{10}S_{19}$]☆rezbanyite；bjelkite；retzbanyite；cuprocannizzarite
铜辉银矿☆cuprian argentite
铜尖晶石☆cuprospinal
铜匠☆brazier
铜胶硅钛铈矿☆copper-lovchorrite；cuprovudyavrite；cuprowudyawrite；copper vudyavrite{vudiavrite}；cuprolowtschorrite；cuprolovchorrite
铜金矿[CuAu;四方]☆cuproaurite；cuproauride
铜精炼厂阳极泥☆copper refinery slime
铜-康铜热偶铅套☆copper-constantan thermocouple lead
铜壳电雷管☆copper electric detonator
铜块硫锑铅矿☆cuproboulangerite
铜矿☆copper ore{mine}
铜矿带☆copperbelt；copper belt
铜矿石核焙烧☆kernel roasting
铜矿示踪植物☆gypsophila patrini
铜蓝[CuS;六方]☆covellite；covelline；indigo{blue} copper；covellonite；kupferindig；breithauptite；covellinite
铜类的[矿床]☆chalcographical
铜离析法☆copper segregation process
铜粒☆shot copper
铜沥青矿☆copper pitch ore；copper pitchore
铜量测量☆cuprometric survey；cuprometry
铜磷灰石[$(Ca,Cu)_5(PO_4)_3F$]☆cuproapatite；cupro apatite
铜菱镁矿☆cupromagnesite
铜菱锌矿[$(Zn,Cu)CO_3$]☆herrerite
铜菱铀矿[$CuCa_2U(CO_3)_5$•6~$7H_2O$(?)；$Ca_2CuU(CO_3)_5$•$6H_2O$]☆voglite
铜硫铋铅矿☆cuprolillianite
铜硫铅矿☆cuproplumbite；kupferbleiglanz
铜/硫酸铜半电极☆copper/copper sulphate half electrode
铜硫系☆copper sulfur system
铜锍☆copper matte
铜锍层☆blue metal
铜锍铅矿☆cuprolumbite
铜铝合金☆xaloy
铜铝锰土[Fe,Mn,Cu,Co的含水氧化物]☆rabdionite
铜铝石{矿}☆duramin
铜铝铁镍耐蚀合金☆Alcumite
铜氯矾[$(Fe,Cu)SO_4$•$7H_2O$]☆copperasin；copperasine；connellite{caeruleofibrite;ceruleofibrite;footeite}[$Cu_{19}(SO_4)Cl_4(OH)_{32}$•$3H_2O$]；coeruleofibrite；tallingite[$Cu_5(OH)_8Cl_2$•$4H_2O$]；cuproferrite；cyanoferrite；pisanite
铜氯铅矿☆cumengeite
铜绿☆aerugo；verdigris；olympic green；patina
铜绿矾[$(Fe,Cu)SO_4$•$7H_2O$]☆pisanite；vitriolite；kupfermelanterit；cuproferrite；cyanoferrite；copperasine；kupfereisenvitriol；salvadorite
铜绿泥石☆venerite
铜绿脱石☆copper nontronite
铜镁矾[$(Mg,Cr)(SO_4)$•$5H_2O$]☆kellerite；pulszkyite；magno-cuprochalcanthite
铜镁铁矾[$(Fe,Mg,Cu)(SO_4)$•$7H_2O$]☆cuprojarosite；kuprojarosit
铜蒙脱石[$R_{0.3}(Cu,Al)_3((Si,Al)_4O_{10})(OH)_2$•$7H_2O$]☆medmontite；cupro(-) montmorillonite
铜锰钴土☆lubeckite
铜锰合金☆cupromanganese
铜锰土[MnO_2,含4%~18%的CuO]☆lampadite；cupr(e)ous manganese；lepidopha(e)ite；pelokonite；kupferschwarze；kupfermanganerz；peloconite；tenorite
铜密垫☆copper packing
铜明矾[$CuSO_4$•$4Al(OH)_3$•$3H_2O$]☆chalcoalumite
铜末☆flour copper
铜钼矿☆copper-molybdenum ore
铜钼矿石☆Cu-bearing Mo ore
铜泥☆copper sludge
铜镍电桥导线☆copper nickel bridge；copper-nickel bridge wire
铜镍钴(永)磁合金☆cunico
铜镍合金☆cupro-nickel；Corronil；constantan；Monel metal
铜-镍合金{|矿床}☆copper-nickel alloy{|deposit}
铜镍硫化物矿床☆copper-nickel sulphide deposit
铜镍锰高阻合金☆nickeline
铜镍铁磁合金[60Cu,20Ni,20Fe]☆cunife
铜镍铁永磁合金☆cunife；magnetoflex
铜镍锡硅合金☆barberite
铜镍锌合合电阻丝☆platinoid
铜排☆copper bar
铜泡石[$Cu_5Ca(AsO_4)_2(CO_3)(OH)_4$•$6H_2O$;斜方]☆tyrolite；tirolite；kupaphrite；trichalcite；copper froth；kupferschaum；aphrochalcite{leirochroite}[$Ca_2Cu_9(AsO_4)_4(OH)_{10}$•$10H_2O$]
铜片☆copper form
铜器☆copper；brass
铜器上的绿锈☆patina
铜器时代☆Chalcolithic{Bronze;copper} Age
铜铅矾[$Pb_4Cu(SO_4)(OH)_8$;单斜]☆elyite
铜铅精矿☆copper-lead concentrate
铜铅矿☆boleite

T

铜铅矿石☆Cu-bearing lead ore
铜铅蓝矾☆caledonite
铜铅霰石[$Pb_3Cu_2Ca_6(CO_3)_8(OH)_6•6H_2O$]☆schuilingite
铜铅铁矾[$Pb(Cu,Fe^{3+},Al)_3(SO_4)_2(OH)_6$;三方]☆beaverite
铜墙峰☆toze kangri
铜羟钴矿☆trieuite; schulzenite
铜羟砷锌矿☆cuproadamite; cuproadamine
铜氰络离子[浮抑剂]☆coppercyanide ion
铜圈☆chalcosphere; stereosphere
铜染石☆venerite
铜溶剂萃取☆copper solvent extraction
铜色的☆cupreous
铜砂金石☆copper avanturine
铜闪绿矿[Fe,Cu,Zn 的硫化物]☆rahtite
铜砷华☆lavendulan; lavendulite
铜砷铀云母[$Cu(UO_2)_2(AsO_4)_2•10\sim16H_2O$;四方]☆zeunerite
铜(地球化学)省☆copper province
铜石并用时代的☆Aeneolithic; Chalcolithic
铜-石墨制品☆copper-graphite composition
铜水钴矿[由 Co_2O_3,CuO,H_2O 组成]☆schulzenite; mindigite; mindingite
铜水硅钛铈矿☆cuprovudyavrite
铜水绿矾[$CuSO_4•7H_2O$]☆boothite; pisanite; copper melanterite; vitriolite; cyanoferrite; cuproferrite; kupfervitriol-heptahydrat[德]; cupromelanterite; kupfermelanterite; copperasin(e)
铜水铀矾☆cuprozippeite
铜丝☆copper wire
铜丝布☆wire cloth
铜损☆copper loss
铜苔[苔藓植物,铜通示植]☆copper moss; Merceya latifolia
铜搪瓷☆copper enamel
铜条☆bar copper
铜铁铂矿[Pt_2FeCu;四方]☆tulameenite
铜铁矾[$Cu(Fe,Al)_2(SO_4)_4•7H_2O$; $CuFe_2^{3+}(SO_4)_4•6H_2O$;单斜]☆ransomite
铜铁分离☆copper-iron severance
铜铁尖晶石[$(Cu,Mg)Fe_2^{3+}O_4$;等轴]☆cuprospinel
铜铁矿[$CuFeO_2$]☆delafossite
铜铁矿石☆copper-bearing iron ore
铜铁灵[$C_6H_5N(NO)ONH_4$]☆cupferron; (ammonium) nitrosophenyl hydroxylamine
铜头☆copper head
铜网[显微镜装样用]☆grid
铜尾矿☆copper mining tailing
铜钨华{矿}[$Cu_2(WO_4)(OH)_2$]☆cuprotungstite; cupritungstite
铜五水镁矾☆kellerite
铜硒辉铅铋矿☆cuproselencannizzarite
铜硒铁石☆eskebornite
铜硒铀矿☆marthozite
铜锡合金☆speculum metal
铜锡石☆cuprocassiterite
铜线☆copper wire
铜硝石[$Cu_2(NO_3)(OH)_3$;斜方]☆gerhard(t)ite
铜斜方铅铋矿☆cuprocosalite
铜屑☆copper scale
铜锌矾☆cuprogoslarite; namuwite
铜锌合金☆ormolu; tombak; tombac; mosaic gold; pinchbeck; brazing metal[铜锌各半]
铜锌硫化精矿☆copper-zinc sulphide concentrate
铜锌绿矾☆copper zinc melanterite
铜锌七水镁矾☆copper-zinc-epsomite
铜锈☆aerugo
铜盐[Cu_2Cl_2; CuCl;等轴]☆nantokite; nantoquita; nantauquite
铜盐颜料☆verditer
铜冶炼☆copper smelting
铜页岩☆kupferschiefer; kupfersehiefer
铜叶绿石{矾}[$CuFe_4^{3+}(SO_4)_6(OH)_2•20H_2O$;三斜]☆cuprocopiapite
铜液☆copper liquor
铜银汞膏[(Ag,Hg,Cu)]☆cuproarquerite
铜银汞矿☆cupro arquerite
铜银铅铋矿☆benjaminite
铜铀矾[$Cu(UO_2)_2(SO_4)_2(OH)_2•6H_2O$;三斜]☆johannite; gilpinite
铜铀矿[$Cu_2(UO_2)_3(OH)_{10}•5H_2O$;三斜]☆roubaultite; copper uranite
铜铀云母[$Cu(UO_2)_2(PO_4)_2•8\sim12H_2O$;四方]☆torbernite; torberite; copper autunite; green mica; uranphyllite; cuprouranite; chalcolite; kupferuranit; copper uranite; kupferphosphoruranit; copper autumite; uranophyllite; kupfer phosphoruranite; chalkolith; orthotorbernite; calcholite; uran-mica
铜皂石☆medmontite; cupro-montmorillonite; kupfer saponite
铜渣☆copper scale
铜蛭石☆copper vermiculite; kupfer vermiculit
铜制的☆coppery; copperish; copper
铜制灯油壶☆lamp brass oil fount
铜制井下测站钉☆copper spad
铜质工具☆copper tool
铜柱☆copper cylinder
铜柱石☆marialite
铜柱压缩☆crushing of copper cylinder
童期的☆juvenile

tǒng

捅出式落砂☆push-out type shake-out
桶☆barrel[=42 US gal=158.988L]; launder; tank; cask; ladle; butt; bosh; pail; bar; barrei; vessel; bail; tub; bl; bbl.; bls.; vat; bbl
桶板☆lag; stave
(木)桶板储罐☆wood-stave tanks
桶垛{堆}☆rack of barrels; piled barrels
桶箍☆tire; barrel hoop
桶结壳☆scull; skull
桶口☆bung (hole)
桶链[清洗油捅用]☆barrel chain
桶磷氯铅矿☆pseudocampylite; pseudokampylite
桶脉石英☆barrel quartz
桶内加料[冶]☆ladle addition
桶皮☆drum shell
桶/日☆barrels per day; bbls/day; B/D; BD
桶/日历天☆barrels per calendar day; BCD
桶容☆bucket capacity
桶塞{孔}☆bung
桶式加热器☆drum heater
桶形靶子☆barrel-like target
桶形变形☆barrelling
(调速管的)桶形电极☆bucket
桶形浮标☆cask buoy
桶形失真☆barrel distortion
桶形失真修正☆antibarreling
桶形燧石☆paramoudra
桶样☆ladle sample
桶油[5gal 桶装煤油]☆case oil
桶装水泥☆barrel of cement
桶装油☆dump{drummed;canned} oil
桶状构造☆barrel-shaped structure
桶状体☆barrel
桶嘴贝属[腕;D_2]☆Cupularostrum
筒☆detachable core barrel; carboy; can(n)ister; cartridge; tube; barrel; trommel; sleeve; pot
(弹)筒☆container
筒板安装机械☆tubbing erector
筒孢藻(属)[Q]☆Cylindrospermum
筒仓☆silo
筒唇螺属[腹;K]☆Piestochilus
筒钩☆barrel hook
筒管☆bobbin
筒管式的☆tubular
筒管炸药☆bobbinite
筒环形燃烧室☆cannular burner; cannular combustion chamber
筒几丁虫属[O_2]☆Cylindrochitina
筒夹☆collet
筒夹控制凸轮☆collet cam
筒径-绳径比[提升机]☆drum-to-rope ratio
筒卷电缆☆spooling cable
筒量装载机☆cartridge weigh loader
筒囊藻属[绿藻;Q]☆Oncosaccus
筒筛☆drum sieve
筒珊瑚属[$D_{1\sim2}$]☆Cylindrophyllum
筒式泵☆working barrel pump
筒式仓☆silo
筒式的☆tubular
筒式过滤☆cartridge filtration
筒式破选机☆drum magnetic separator
筒式气体爆炸器☆sleeve exploder
筒式纤维织网过滤器☆fabric cartridge filter
筒套[射孔枪头上]☆sleeve chuck
筒体☆shell
筒体支撑半自磨机☆shell supported SAG mill
筒体支撑无齿轮传动球磨机☆shell supported gearless drive ball mill
筒瓦☆semicylindrical tile
筒螅(属)[腔]☆Tubularia
筒形构件☆tabular member
筒形扩孔器[用于管线河流穿越]☆barrel reamer
筒形木衬放矿溜眼☆cylindrical wood(-)stave chute
筒形汽缸☆barrel-type casing
筒形掏槽法☆cylinder cut
筒形蜗轮蜗杆传动装置☆cylindrical worm gearing
筒形支架☆tubbing support
筒形砖☆refractory recuperative tube
筒形转耙式浓缩机☆rotary-rake thickener
(一种)筒形钻头☆calix drill
筒藻属[绿藻;Q]☆Cylindrocapsa
筒支贝属[腕;D_3-C_1]☆Chonopectus
筒状的☆tubular
筒状构造☆barrel-shaped{pipe-like} structure
筒状环状组合燃烧室☆tube annular combustion chamber
筒状活塞发动机☆trunk
筒状矿体☆chimney (deposit); pipe ore body
筒状脉☆pipette{linear} vein
筒状喷发☆pipe eruption
筒状平台☆spar platform
筒状体☆tube-like body
筒状突起☆cylindrical process
筒状橡胶芯子防喷器☆bag type blowout preventer; sleeve BOP
筒状杏仁体{孔}☆pipe amygdule
筒状钻头☆annular borer; annular drill bit; annular-shaped rock; cutting bit
筒状钻头槽☆annular-shape cutting head
(圆)筒(圆)锥型球磨机☆cylindroconical mill
筒组件☆barrel assembly
统☆series[地层]; stockwerke[德]; rang[美火成岩分类单位]
统筹(方)法☆program evaluation and review technique; critical {-}path {-}method; PERT; CPM
统筹分析法☆critical path analysis
统货碎石☆crusher-run
统计☆statistics; numerical statement; count; add up; metering
统计报表制度☆system of statistical report
统计表☆cartogram; statistical chart{table}; (table of) statistics
统计参数☆statistical parameter
统计单击法☆statistical-zap approach
统计(学)的☆statistic
统计的岩相☆statistical lithofacies
统计地质(学)☆geostatistics
统计法☆method of average; statistical method; law of statistics; statistics; statistic law
统计分析☆statistical analysis{break(down); evaluation}
统计关联性☆statistical association
F{|t}统计量☆F{|t}-statistic
统计判定{|优}☆statistical decision{|arbitration}
统计容许极限{限度}☆statistical tolerance limit
统计上的波动☆statistical variation
统计渗透率模型☆statistical permeability model
统计数字[调查得]☆statistics; statistical figures; census
统计台账☆statistical record
统计图☆cartogram; diagrammatic map; statistical graph
统计图表☆pictograph; statistic(al) {chart;graph;table}
统计信号分析☆statistic(al) signal analysis
统计学☆stati(sti)cs; statistical method
统计学的模型☆statistical model
统计学家☆statistician; statist
统计有偏叠加☆statistically biased stack
统计预测手段☆statistical predictive device
统计员☆checker; statistician; record clerk; statist
统配物资☆centralized distribution of materials and equipment
统售价格☆flat rate
统调☆gang adjustment; tracking; padding
统调电路☆ganging circuit
统辖的☆governmental

统一☆identity; uniformity; unification; unity; unitize
统一标准粗牙螺纹☆unified coarse thread
统一标准小直径螺纹☆unified miniature screw thread
统一冰期☆uniglacial
统一的构造观点☆unified tectonic view
统一地层分类{划分}☆universal stratigraphic classification
统一价格☆unitary{uniform} price
统一开发规划☆unitized project
统一论的☆holistic
统一收费率☆flat rate
统一体☆whole
统一性☆unitarity
统驭{制}账户☆control account
统治☆dominate; dominant; govern; ruling; reign; predominate
统治者☆governor; ruler

tòng

痛刺单宁[$C_{26}H_{22}O_{11}$]☆tormentilla tannin
痛的☆sore
痛风☆gout
痛风结☆nodosity
痛击☆punishment
痛苦☆distress; agony; pain; travail; suffering
痛痛病[镉污染所致]☆itai-itai{ouch-ouch} disease

tōu

偷☆cop; snitch; steal; pinch; filch; thief; rip off
偷{多报;虚报}进尺☆steal hole

tóu

投☆fling; throw
投棒器[地层测试用]☆bar dropper
投保☆insure
投保人☆insurant
投标☆(public) bidding; make a bid; submit{enter} a tender; tender (for); proposal; submission of tenders
投标价格☆competitive price; price tendered
投标形式☆form of tender
投标者☆bidder
投产☆commission; commissioning; [of a factory] go into operation; put into production{operation}; bring into operation{production}; commencing operation; (go) on-stream; put in; place{put} on production; start-up; open up; on production
投产储量☆producing reserves
投产井☆brought {-}in well
投产前的剥离量☆amount of preproduction stripping
投产前井的收尾工作☆tailing in work
投产设备☆active rigs
投程☆throw
投弹☆bomb
投弹过程☆bombing process
投弹手☆bomber
投放井☆launching trap
投放式(测斜)仪器☆drop-type instrument
投放装置☆releasing device
(间歇泉)投肥皂(引喷)☆soaping
投杆接头☆knock out sub; bar drop sub
投稿☆contribute
投机的发展☆speculative developments
投机分子☆wildcatter
投机性探采区☆wild-cat area
投考者☆candidate
投料☆batch charging; feeding
投料口☆doghouse; filling pocket; feeder-nose
投料试(生)产☆commissioning test run
投落☆discarding
投配器☆dosing tank
投票☆vote
投弃☆jettison
投弃货物☆jetsam
投球短节☆dropping sub
投球封堵☆ball-off
(压裂用)投球器☆ball injector
投球液压割芯☆core breaking by hydraulic pressure
投入☆commitment; invest; plunging; put{throw} in; insert; launch
投入产出分析☆input-output analysis
投入的物资{资金}☆input
投入工具☆drop-in tool
投入开采☆placing on production
投入强度☆strength of investment
投入(钻具中的)球☆tripping ball
投入生产☆bring{put;go} on stream; bring into operation{production}; put into production; commencing operation; on stream; commissioning; placing{put} on production; go into operation
投入式☆throw-in type
投入式多点磁力测斜仪☆drop-type multiple shot magnetic survey
投入运行☆put into service; commission
投入资本☆investment; contributed capital
投塞☆setting plug
投砂机☆sand slinger{thrower}; sand-spreader
投射☆project(ion); dart; projecting
投射到……上☆be projected on to
投射的☆stand off
投射角☆angle of projection
投射距离☆standoff range; stand-off distance
(爆炸)投射锚☆anchor projectile
投射式阴极射线管☆projection cathode-ray tube
投射影像☆projected image
投石车☆demolisher
投石者☆slinger
投影☆project; projection; projecting
投影差改正☆altitude correction
投影点☆projective{plotted} point; subpoint
投影电荷近似法☆projected charge approximation
投影电位示波器☆iatron
投影法☆sciagraphy; method of projection
投影格网延伸短线☆projection ticks
投影基圆☆primitive circle
投影技术☆shadow casting technique
投影纠正☆rectification of projection
投影描绘反射镜☆projection drawing mirror
投影平面☆plane of projection
投影剖面(图)☆projected profile
投影切片定理☆projection alice theorem
投影图☆projection drawing; sciagraph; perspective view
投影误差☆relief displacement
投影型晒印机☆projection-type printer
投影仪☆(video) projector; projecting apparatus
投影中心☆principal point; projection center{centre}
投掷☆fling; cast; pitch; toss; throw; shoot; pelt
投掷充填☆centrifugal stowing
投掷反射带的导弹☆snowflake
投掷角☆angle of throw
投掷器☆kicker; pelter
投掷实验☆dark testing
投掷式充填(法)☆centrifugal stowing
投掷者☆caster; pitcher
投掷装置☆slinger
投资☆(initial) invest(ment); pre-production capital cost; commitment; money invested; investing in; capital expenditure {investment;outlay}; habilitate
投资报酬率☆ROI; return on investment; rate of return on investment
投资不足☆under-capitalization
投资不足的开采☆mining on a shoestring
投资偿还☆amortization
投资成本☆cost of investment
投资搭配管理☆portfolio management
投资的回收率☆returns-ratio (of)
投资额☆amount of capital invested; investment cost
投资方案排队格式☆ranking form
投资费用☆investment cost; expenditure of capital
投资分析☆investment analysis
投资回收利润☆return on investment
投资计划☆investment project{program}; pogo plan
投资决策的最小风险原则☆minima principle
投资利息☆interest on investment
投资人☆investor
投资收回☆capital pay-off
投资收益☆income from{gain on} investments
投资收益净额☆net investment income
投资损益☆profit and loss on investments
投资效果☆investment result; resulting from investment
投资盈余率☆rate of return
投资有价证券类☆investment portfolio
投资于新企业的资本☆equity capital
投资者利率☆investor's interest rate; IIR
投资中心☆investment center
投资总额☆gross investment{assets}; aggregate investment
骰(子)骨☆cuboid; os cuboideum
(用)骰子形花纹装饰☆dice
骰子状(方铅)矿☆dice mineral
头☆head; deadhead; caput; thimble
头鞍[三叶]☆glabella
头鞍侧叶☆glabellar lobe; lateral glabellar lobe
头鞍沟☆glabellar{basal} furrow
头鞍后叶[三叶]☆posterior lobe of glabella
头鞍基底叶☆cervical lobe; lateral preoccipital lobe; preoccipital glabellar lobe
头鞍前区☆preglabellar area
头鞍前叶[三叶]☆frontal lobe{glabella}; anterior lobe of glabella
头鞍前中沟☆longitudinal preglabellar furrow
头鞍中部[三叶]☆median lobe of glabella
头鞍中疣[三叶]☆glabellar tubercle{node}
头孢属[真菌;Q]☆Cephalosporium
头笔石(属)[S_1]☆Cephalograptus
头部☆head-shield; cephalon [pl.-la]; head section; cephalic region; header; nose cone; nosing[机身]
头部缝合☆cephalic suture
头部护板☆deflector plate
头部馏分☆heads
头部磨损[钎头]☆gage loss
头部前区[三叶]☆frontal{preglabellar} area
头部为喇叭形的圆锥破碎机☆flared-head gyratory
头部形成☆cephalisation
头部钟状体☆summit cupola
头茬矿石颗粒☆main crop ore grain
头刺☆cephalic spine
头戴耳机☆cans; telephone headset
头戴耳罩☆earmuff
头戴受话器☆headphone
头戴听筒☆headgear; headband receiver
头带[呼吸面具]☆headband
头带角石属[头;C-P]☆Tainoceras
头带受话机☆earphone (unit)
头挡☆first {bottom} gear
头灯☆headlamp; headlight; cap{head} lamp
头等舱甲板☆saloon deck
头等的☆first-grade{-rate}; paramount; first; tiptop
头等矿石☆first-class (shipping) ore
头顶☆vertex; corona [pl.-e]; overhead
(鸟)头顶的羽毛☆pileate
头端☆head end
(机)头端☆head-piece
头段☆header block
头阀☆valve in head
头发☆hair; capillus
头发笔石属[O_1]☆Trichograptus
头盖☆cranidium; hood
头盖骨☆cranium
头盖帽☆calotte
头盖{骨}学☆craniology
头盖中凹线沟☆middle pit-line groove of the skull-roof
头箍☆cap of pile
头骨☆skull; cranium
头后凹[节]☆occipital notch
头后斜凹线沟☆posterior oblique cephalicpl pit-line groove
头花蓼[铜矿示植]☆Polygonum capilalum
头华热☆heat of sublimation
头系带☆head harness
头甲☆head-shield
头甲目☆Cephalaspida
头甲(鱼)目[脊;无颌]☆cephalaspida
头甲亚纲[无颌]☆Cephalaspidomorphi
头甲鱼(属)☆Cephalaspis
头甲状亚纲☆Cephalaspidomorphi
头截双耳耳机☆bitelephone
头盔虫[孔虫]☆Cassidulina
头盔潜水装具☆helmet type diving apparatus
头盔-软管潜水设备☆helmet-hose diving apparatus
头颅变形者☆cyrtocephalus
头轮和驱动装置☆head pulley and drive
头脑☆headpiece
头脑风暴法☆brainstorming
头帕海胆☆Cidaris
头帕科☆Cidaridae
头帕目☆Cidaroida
头盘虫科☆Cephalodiscidae

头盘虫目☆Cephalodiscida
头盘虫属☆Cephalodiscus
头盘虫亚目☆Cephalodiscidea
头皮屑☆scall
头前的☆procephalic
头腔☆coeloma cephalica
头青☆Peking blue
头上的☆overhead
头绳☆head rope；headline；nose cable；headrope；plait string
头绳尾绳☆main and tail
头蚀☆headward erosion
头饰螺属[腹;E-Q]☆Tiara
头室☆cephalis
头数比☆specific lobe
头索(动物)亚门[脊索]☆Cephalochorda(ta)
头痛(的事情)☆headache
(使人)头痛的事☆nightmare
头尾控制☆end-to-end control
头尾绳运输☆main-and-tail(-rope) haulage
头尾摇动☆yaw
头线☆line of outcrop
头{皮}屑☆furfur；dander；scurf；scall；dandruff
头胸(部)[三叶]☆cephalothorax
头罩☆helmet
头枕☆headrest
头重脚轻☆top-heavy and unstead
头状骨☆capitate；os capitatum
头状突☆capitulum
头子☆boss
头足(类)动物(纲)☆Cephalopoda
头足类☆rhincholites；cephalopoda
头足类壳[胎壳除外]☆conch

tòu

透长斑岩☆sanidophyre
透长辉煌岩☆eustratite
透长金云碱斑岩☆jumillite
透长石[$K(AlSi_3O_8)$;单斜]☆sanidine；rhyacolite；ice spar；glassy feldspar；kalifeldspath[德]；ryacolite；sanidinite；high-sanidine；granzerite；eisspath；riacolite；rhyakolith；pseudo-orthoclase
透长石化☆sanidinization
透长伟晶岩☆bowralite
透长响岩☆sanidine phonolite
透长斜长霞辉岩☆orvietite
透长岩☆sanidinite
透长正基粗面岩☆drachenfels
透彻的☆lucid
透橙蛋白石☆feueropal
透程计☆transmittance meter
透出点☆point of emergence；melatope
透穿照射☆transillumination
透磁合金☆permalloy
透磁物体☆permeable body
透淡角闪石☆kievite
透蛋白石☆magic stone；hialit
透度计[测量土壤的坚实度或密度用]☆(dutch) penetrometer；penetrameter
透反射两用幻灯机☆epidiascope
透风☆wind
透风机☆aerator
透缝分层原理☆principle of consolidation trickling
透辐射热体☆diatherous body
透钙磷石[$CaHPO_4•2H_2O$]☆brushite；metabrushite；stoffertite
透钙碳羟磷灰石☆ornithite
透橄斑岩☆garewaite
透橄岩☆tilaite
透光☆penetration of light
透光层浮游生物☆phao-plankton
透光层云☆stratus translucidus
透光带☆photic{euphotic} zone；euphotic belt；well illuminated belt
透光的[指海水]☆pervious；photic；euphotic
透光度☆transmittancy；transmissivity；penetrability
透光度计☆light transmittance meter
透光珐琅☆pligue-a-jour enamel
透光海区☆photic region
透光化线性能☆diactinism
透光计☆penetrometer；penetrameter
透光孔☆light hole
透光膜☆transmitting film
透光区☆photic zone
透光石☆Sunshine Stone
透光天空遮蔽☆transparent sky cover
透光釉☆translucent enamel
透光云☆translucidus
透过☆penetration；transmission；strike
透过波法[震勘]☆proximity survey
透过法[超声波探伤]☆penetrant method
透过界线波长☆cut-off wave length
透过率☆transmission；transmittance；degree of transparency
透过系数☆coefficient of transmission {transmissibility}
透过性☆perviousness
透过圆孔筛的砾石☆round-screened gravel
透过植被的降水☆throughfall
透红外线玻璃☆infrared transmitting glass
透红玉髓☆sardoine
透红柱石[Al_2SiO_5]☆chizeuilite
透辉花岗岩☆diopside-granite
透辉金云(白榴石)☆madupite
透辉石[$CaMg(SiO_3)_2$ 为辉石族；$CaMg(SiO_3)_2$—$CaFe(SiO_3)_2$;$Ca(Mg_{100\sim75}Fe_{0\sim25}(Si_2O_6))$；单斜]☆diopside；mussite；malacolite；diopsite；green diallage；vermiculite；mussonite；malakolith
透辉石-方解石等变质级线☆diopside-calcite isograd
透辉石-硅灰石质石榴石☆diopside-wollastonite garnet
透辉石榴岩☆griquaite
透辉石岩☆diopsidite
透辉形透闪{阳起}石☆pitkarantite；pitkarandite
透辉岩☆bistagite；canaanite
透辉云斜煌岩☆diopside-kersantite
透辉棕闪岩☆farrisite CaFe
透镜☆lens
透镜放大的倍数☆diameter
透镜放大(率)计☆aux(i)ometer
透镜光栅(膜制造方法)☆lenticulation
透镜镜管☆lens tube
透镜孔(径)☆aperture
透镜砂体☆bar-finger sand
透镜式立体镜☆lens stereoscope
透镜式色灯信号机☆multi-lenses signal
透镜体☆lens；lentic(u)le；phacoid；lentil；lenticular body
透镜体化☆lensing
透镜体周围薄层☆flaser
透镜形层理☆ripple biscuit
透镜型接地接头☆lens-ground joint
透镜状☆lenticular；lentiform；lens-like；podiform；phacoidal；lensing
透镜状的☆lenticular；lentoid；lens-shaped；lentiform；lenticulated；podlike；phacoidal
透镜状地震相单位{元}☆lens seismic facies unit
透镜状体☆lensoid body
透镜状油藏☆lenticular oil pool
透镜组☆battery of lens
透空式防波堤☆curtain wall type breakwater
透孔织物☆openwork
透锂长石[$LiAlSi_4O_{10}$;单斜]☆petalite；castorite；castor；kastor；berzeli(i)te；berzeline；lithite
透锂铝石[$LiAlSi_2O_6•H_2O$]☆bikitaite
透磷钙石[$CaHPO_4•2H_2O$;单斜]☆brushite；epiglaubite
透磷锂锰矿☆hureaulite；bastinite
透磷镁钙石[$(Ca,Mg)HPO_4•2H_2O$]☆epiglaubite
透磷铅矿[$PbH(PO_4)$]☆phosphate {-}schultenite
透鳞绿泥石[$4H_2O•4MgO•Al_2O_3•4SiO_2$(近似)]☆batavite
透露☆disclosure；uncap
透铝英石☆hyaloallophane；jaloallofane
透绿帘石☆oisannite；oisanite
透绿泥石[$(Mg,Al)_6((Si,Al)_4O_{10})(OH)_8$]☆sheridanite；colerainite；grochauite
透绿玉髓☆plasma
透绿柱石[$Be_3Al_2(Si_6O_{18})$]☆goshenite
透明☆transparent
透明(度)☆clarity
透明安全片基☆transparent safety base
透明薄片[一种薄而软的]☆thinfilm
透明冰[水、陆上]☆black ice
透明薄膜☆cuticle
透明残植屑☆lucid attrite
透明层[孔虫;钙超]☆diaphanotheca；hyaline layer；diaphenotheca；hyaline；stratum lucidum
透明虫属[孔虫;N-Q]☆Hyalinea
透明磁性玻璃☆transparent magnetis glass
透明的☆hyaline；hyaloid；transparent；diaphanous；crystalline；crystalloid；vitreous；sheer；lucid；hyalo-
透明冻胶☆jelly
透明度☆transparency；transparence；diaphaneity[矿物]；transmission；transmittance；pellucidity；water；openness
透明度板☆Secchi('s) disc
透明度计☆diaphanometer；transparency meter
透明度仪☆transmissometer
透明多晶氧化铝陶瓷☆transparent polycrystal alumina ceramics
透明分解腐殖物质☆translucent humic degradation matter；finely divided anthraxylous matter；THDM
透明覆盖图板☆transparent overlay
透明锆钛酸铅铋镧陶瓷☆transparent DBZT ceramics
透明观察桌☆transparency viewing table
透明哈氏变形虫☆Hartmanella hyalina
透明铪钛酸铅镧陶瓷☆transparent PLAT ceramics
透明海绵☆hyalosponge；glass sponge
透明化☆vitrifaction；vitrification
透明基质☆residuite
透明流动管☆transparent flow tube
透明镁铝尖晶石陶瓷☆transparent magnesium-aluminium spinel ceramics
透明偏铌酸铅钡镧陶瓷☆transparent lanthanum modified lead-barium ceramics
透明片☆overlay
透明熔化石英☆clear fused-quartz
透明熔融石英电解槽☆clear fused-quartz cell
透明石膏[$CaSO_4•2H_2O$]☆selenite；fraueneis；selenate
透明石英☆vitreous{translucent} silica；limnoquartz；suprasil
透明石英熟料☆vitreous silica grog
透明树胶☆copal gum
透明塑胶☆clear plastic；perspex
透明陶瓷☆new industry ceramics；transparent ceramics
透明天色石英☆pebble
透明性☆diaphaneity；transparency；transparence；vitreousness
透明氧化钇陶瓷☆transparent yttria ceramics
透明正片☆diapositive；transparent positive
透明纸☆tracing{cellophane} paper
透明质☆hyaloplasm(a)；paraplasm；transparent substances
透明桌☆light table
透霓辉石☆urbanite；lindesite
透帕罗型钻机☆Turbro
透平☆turbine；turbo
透平泵☆turbopump；roturbo
透平灯☆turbolamp
透平机轮叶组☆blading
透平式深水泵排水☆drainage by turbine deep-well-pump
透平钻机☆vane borer
透气☆venting
透气玻璃☆gas permeable glass
透气底板☆permeable base
透气度☆permeability；degree of aeration
透气度测定仪☆densometer
透气孔☆bleeder{riser} vent
透气式燃料棒[核]☆vented fuel rod
透气性[煤的]☆air{gas} permeability；permeability for gas；gas penetration potential
透气砖☆gas-permeable brick
透热的☆diathermic；diabatic；diatherm(an)ous；diathermal；transcalent
透热度☆permeability to heat
透热(疗)法☆diathermy
透热过程☆diabetic process
透热厚度☆heat penetration
透热计☆diathermometer
透热体☆diathermic body
透热性☆diathermaneity；diathermancy
透热性的☆transcalent
透入☆infiltrate；penetration；penetrate
透入剪切☆penetrative shear
透入湿气☆moisture entrance
透入性剪切☆penetrative shearing
透筛排料☆discharge of heavy material through

screenplate
透闪片岩☆tremolite-schist
透闪石 [$Ca_2(Mg,Fe^{2+})_5Si_8O_{22}(OH)_2$；单斜]☆tremolite；grammatite；hopfnerite；sebesite；kalamit；calamite；karamsinite；nordenskioldine；raphilite；hoepfnerite；nordenskioldite；rhaphilith；raphyllite；peponite
透闪石化(作用)☆tremolitization
透闪石棉[$Ca_2(Mg,Fe)_5(Si_4O_{11})_2(OH)_2$]☆abkhazite；Italian asbestos；abchasite；tremolite-asbestos
透闪岩☆tremolite
透蛇纹石 [$Mg_6(Si_4O_{10})(OH)_8$] ☆ bowenite；tangiwaite；nephritoid
透蛇纹岩☆bowenite
透射☆transmission；transmit；transillumination；[of light] pass through
透射比☆transmittance；trans；transmissivity
透射传输☆through transmission
透射窗☆transmission{atmospheric} window；infrared atmospheric transmission window
透射光☆transmitted{transmission} light
透射光观察工作[显微镜]☆transmitted work
透射光显微镜鉴定学☆transmitted-light microscopy
透射路径{程}☆transmission path
透射率☆transmissivity；transmittance；transmittancy；transmission ratio；transmittivity；permeability
透射损失☆transmission loss；noise insulation factor
透射系数☆transmission coefficient{constant}；transmissivity；transmittance；transmittivity
透射线的☆radioparent
透射型显微镜☆transmitting type microscope
透射中心☆center of penetration
透射纵横转换波☆transmitted P-S conversion
透砷铅石[$PbHAsO_4$;单斜]☆schultenite
透声系数☆acoustic(al) transmission coefficient {factor}
透声压力容器☆acoustically transparent pressure vessel
透湿性☆moisture-penetrability
透石膏 [$CaSO_4•2H_2O$] ☆ selenite；selenitum；selenate；spectacle-stone；marienglas；maria glass
透石膏片☆selenite blade
透视☆perspective；fluoroscopy；roentgenoscopy；see through
透视(性)☆perspectivity
透视的☆perspective
透视断块图☆fence diagram
(用)透视法缩小绘制(图)☆foreshortening
透视函数☆transmission function
透视画绘图器☆perspectograph
透视绘法☆perspective representation
透视镜(荧光屏)☆photoscope
透视力[法]☆clairvoyance
透视石 [$Cu(SiO_3)•H_2O$;H_2CuSiO_4;$CuSiO_2(OH)_2$;三方]☆ dioptase；achirite；kupfersmaragd；copper emerald；kirghisite；emerald malachite；kirgisite；dioptasite；emerandine；achlusite；emerald copper；emeraudite；smaragd-malachit；emeraudine；aschirite
透视体的☆dioramic
透视投影地图☆perspective chart
透视图☆perspective (drawing;view;diagram)；phantom {expanded;skeleton} view；diorama；panorama sketch；scenograph
透视图法☆scenography
透视中心投影地图☆great {-}circle chart
透水☆inrush of water；water entrance；leaky；breaking through of water
透水比☆specific permeability
透水层面☆permissive bedding plane
透水的☆pervious；permeable；seepy
透水断层☆dripping fault
透水井☆penetrating well
透水铺盖层[地基加固]☆blanket course
透水区☆permeable domain
透水石☆porous{perforated} stone
透水土☆pervious soil
透水系数☆permeability coefficient；hydraulic conductivity；water coefficient of permeability
透水性☆perviousness；hydraulic conductivity；water {hydraulic} permeability；permeability
透水性测定仪☆infiltrometer
透水性差的地热田☆tight geothermal field
透水涌水☆mine water inrush
透铁橄榄石[$(Fe,Mg)_2SiO_4$]☆hyalosiderite
透歪粗安岩☆tristanite
透顽剥辉岩☆niklesite
透顽辉石☆endiopside
透微岩☆tilaite
透析☆dialysis [pl.-ses]；dialyse；analyse penetratingly
透析结晶(作用)☆percrystallization
透析器☆dialyzator；dialyser；dialyzer
透霞玄武岩☆westerwaldite
透斜长石☆microtinite
透写台[描图桌]☆tracing table
透写图☆overlay
透岩浆溶液☆transmagmatic solution
透印☆offset
透影几何☆perspective geometry
透硬玉☆tuxtlite；jadeite-diopside
透油气的☆seepy
透油岩层☆open oil-bearing rock
透照(法)☆transillumination
透照镜☆diaphanoscope
透支☆overdraw
透支(额)☆overdraft；overdraught
透紫外(线)玻璃☆uviol (glass)；sunalux glass；ultraviolet transmitting glass；vitaglass

tū

凸岸☆inner{convex} bank；convex-bank
凸凹比☆lug-to-void ratio
凸凹薄面的☆meniscoid
凸凹不平☆rugosity
凸凹地形☆knob-and-basin{kame-and-kettle} topography
凸凹面☆male/ female；M/F
凸凹坡☆convexo-concave slope
凸凹形☆pseudoresupinate
凸凹型壳☆convexo-concave phase
凸板[珊]☆flange
凸棒骨针[绵]☆kyphorhabd
凸包络☆convex envelope
凸边☆flange
凸边压痕☆cs{convex-sided} indentation
凸部☆crown
(物件的)凸部{凹部、内部}☆belly
凸出☆bunch；projection；bulging；jog；protrusion；butt；bumping；protrude
凸出部☆salient；nib；lip；boss；sally；tongue
凸出部分☆bulge；projection；lobe；salient[海岸]
凸出处☆crest；washout
凸出的☆projecting；gibbous；prominent；outstanding；tumid
凸出段[褶皱轴迹]☆salient
凸出沟槽☆projecting groove
(齿形)凸出弧☆topping curve
凸出角☆sally
凸处☆hump；summit
凸(面)的☆convex；convey
凸底☆crowning
凸(出)点☆salient
凸雕☆cuvette；curvette
凸雕凿面☆boss bushing
凸度☆convexity；camber；bump；protuberance；bulge；crown
凸端☆summit
凸多面体☆convex polyhedron
凸耳☆ledge
凸分析☆convex analysis
凸岗[层面上的;flute 的反形]☆setulf
凸管螺属[E-Q]☆Cymatosyrinx
凸规划{|函数}☆convex programming{|function}
凸焊☆projection welding
凸弧形闸门☆convex arc gate
凸或凹底{顶}☆dished head
凸极☆salient pole
凸极电枢☆pole armature
凸集☆convex set
凸件启动开关☆switch；TS
凸交错层(理)☆convex cross-bedding
凸角☆salient angle；bulge
凸角石[房]☆rusticated ashlar
凸结☆umbo [pl.-nes,-s]
凸晶☆antiskeleton{convex} crystal
凸镜虫属[T-Q]☆Lenticulina；Robulus
凸镜体☆lens
凸镜状☆lentiform；lenticular
凸口☆bulged finish
凸块☆lug
凸块式夯捣碾压机☆pad-type tamping rollers
凸棱座☆rib seat
凸瘤☆boss
凸隆贝属[腕;C_1]☆Inflata
凸轮☆cam (wheel)；cog；latch；tooth；clutch；dog
凸轮传动☆cam-driven；cam drive
凸轮垂直振动筛☆cam-tap screen
凸轮从动件☆tappet；cam follower
(用)凸轮带动{控制}☆cam
凸轮环☆cams ring
凸轮磨床☆cam grinder；camgrinder
凸轮式充填机☆cam packer
凸轮式固定阻车器☆monkey block
凸轮松扣键☆cam release key
凸轮锁☆cam-lock
凸轮调整☆eccentric adjustment
(捣矿机)凸轮托棍☆cam stick
凸轮箱盖☆cam gear case cover
凸轮型旋转泵☆cam pump
凸轮摇杆型摇动机☆cam-and-rocker type head motion
凸轮轴☆camshaft；tumbling{cam} shaft
(捣矿机)凸轮轴轮☆bull wheel
凸轮轴颈☆cam journal
凸轮作用☆camming action
凸码头☆finger pier
凸面☆crowning；convex (surface)；raised face；gibbous phase；convexity
凸面宝石☆cabochon
凸面不取芯金刚石钻头☆convex bit
凸面法兰☆raised-face flange
凸面滚筒☆crowned pulley；crown faced pulley；crown wheel
凸面镜☆convex mirror
凸面皮带传动轮☆crowned (face) pulley
凸面三缝孢群☆apiculati
凸面向山道路曲线☆inside curve
凸面向上的斜层理☆convex inclined-bedding
凸模☆top mould half
凸模糊集☆convex fuzzy set
凸磨光☆relief-polishing
凸盘[钙超]☆flange
凸平形的[一面凸一面平]☆convexo-plane
凸坡☆convex slope；waxing
凸起☆saliency；claw；heave；salience；hogging；lobe；horseback；bump；projection；overhang；pimpling；symon fault；salient[大地构造]
(地层)凸起部分☆positive element
凸起的☆bossy；embossed
凸起体☆asperity
凸起物☆lug
凸起形☆protuberance
凸起岩瘤☆raised boss
凸起叶片☆bulged blade
凸曲☆cambering
凸曲力矩☆hogging moment
凸曲线☆convex curve
凸饰系[孢]☆apiculati
凸榫☆cog；tenon
凸头☆nosepiece；high link；boss head；nose
凸头螺钉{|栓}☆raised-head screw{|bolt}
凸透镜☆convex lens
凸弯☆dishing
凸尾☆graduated tail
凸尾介属[E-Q]☆Caudites
凸系统☆convex system
凸斜层理☆convex inclined-bedding
凸型层理☆convex bedding
凸形☆convex
凸形底☆bumped head
凸形斜{边}坡☆convex slope
凸形叶片☆bulged blade
凸性☆convexity
凸沿喷嘴☆flanged nozzle
凸油表面☆convex oil surface
凸圆☆gibbosity
凸圆的☆gibbous；convex
凸圆体☆convex
凸圆头☆fillister head
凸圆线脚☆bead

凸圆形宝石☆cabochon
凸缘☆flange[介]; lip; flanch; lug; lid; rand; flaring; collar; teat; rib; flg.
凸缘朝向井内丘宾筒☆inner-face{inside-flange} tubbing
凸缘工人☆flanger
凸缘管管道☆flanged piping
凸缘活塞☆flanged piston
凸缘接头☆bump joint
凸缘连接☆companion flange; collared connection
凸缘轮☆flange pulley; flange(d) wheel
凸缘密垫☆flanged packing
凸缘喷嘴☆flanged nozzle
凸缘向内{|外}的预制弧形块井壁(支护)☆inner-face {|outside-flange} tubbing
凸月☆gibbous phase{moon}
凸状☆convex; gibbosity; convexity
凸状的☆gibbous
凸状钎{钻}头☆convex bit
秃顶背斜☆bald-headed structure{anticline}; scalloped anticline
秃顶构造☆bald-headed{scalloped;scalped} structure
秃顶山☆bald
秃椴木☆bass
秃峰☆core-stone; bald peak
秃化病[缺锰症状]☆frenching
秃球接子属[三叶;$Є_2$-O]☆Phalacroma
秃山☆bald mountain
秃腕期☆leiolophus stage
突阿斯[法;旧;=1.949m]☆toise
突坝尾端☆tail
突暴那达(雷飑)☆turbonada
突爆性☆bursty
突边☆nib
突变☆leap; jump; discontinuity; heterogenesis; break; accident (mutation); saltation[古]; mutation; sudden{mutational} change; tare
突变的☆discontinuous; saltative
突变点☆catastrophe point; discontinuity
突变接触☆abrupt{sharp} contact
突变面☆surface of discontinuity
突变(间)期[生]☆aurora [pl.-e]
突变体☆mutant
突变跳跃☆catastrophic jump
突变微生物释放☆mutated microorganisms release
突变效应☆mutational effect
突变形成☆mutagenesis
突变(性)演化☆saltatory{eruptive} evolution
突出☆jut; hangover; emphasis [pl.-ses]; butting; bump; burst(ing); beetle; outburst[岩石、瓦斯等]; protrude; sudden{instantaneous} outburst; foregrounding; break through; projecting; outstanding; prominent; give prominence to; stress; highlight; overhang; sticking out; protuberance; projection; salience; stick; saliency; protraction; predomination; predominate; predominance; run-out; outthrust; outsho(o)t
(使)突出☆exsert; protrude; spotlight
突出部☆jut; boss; teat; protuberance; nodosity; ledge[牙石]
突出部分☆lip; outshot; lug; projecture; projection; outgrowth; protrude; nose; rising
突出的☆prominent; salient; protrusive; projecting; predominant; outthrust
突出的内管钻头[双层岩芯管]☆projected inner bit
突出地☆out; eminently; pointedly
突出地面(的)火山颈☆projecting neck
突出度☆standout
突出堆{头}☆bursting head
突出峰度☆leptokurtosis
突出骨片{针}[绵]☆prostal [pl.prostals,prostalia]
突出后崩☆afterburst
突出机理☆mechanism of outburst
突出口[古植]☆aspis
突出强度☆intensity of outburst; quantity of one outburst
突出球形藻属[K-E]☆Exochosphaeridium
突出刃☆upstanding prong
突出体☆excrescence; corbel
突出危险煤层☆outburst coal seam
突出物☆protrusion; outshoot
突出悬谷[悬支谷底凸出于主谷壁]☆bastion
突出岩架☆ledge rock
突出岩石☆shelf
突堤☆jetty; shore-connected breakwater; pier
突堤堤头☆mole head
突(堤(式))码头☆jetty (type wharf); jetty; quay pier
突颚牙形石属[S]☆Exochognathus
突发☆ejaculation; outburst; bursting; spurt
突发波☆erupting wave
突发错误☆burst error
突发的☆sporadic
突发前进[冰]☆catastrophic advance
突发水灾☆flash flood
突发现象☆(accident) tachytely
突发型☆slug-type
突发性地质灾害☆paroxysmal geological hazard
突发噪声☆hazardous{burst} noise
突发浊流☆spasmodic turbidity current
突沸☆froth-over
突杆☆outrigger
突贯碳层的喷出岩☆carbophyre
突硅钠锆石☆terskite
突击☆dash; charge; spearpoint; assault
突加负{载}荷☆impulsive{shock} load
突肩☆crossette
突减☆sharp reduction
突角大孢属[C_2]☆Valvisisporites
突进☆fling; dash; dart; cusp; rush
突镜虫属☆Lenticulina
突厥蛎属[双壳;E]☆Turkostrea
突开压力☆popping pressure
突梁☆cantilever; cantalever; cantaliver
突瘤[海胆]☆mamelon
突纳万德阶[S_2]☆Tonawandan (stage)
突尼斯☆Tunisia
突尼斯石☆tunisite
突破☆break(-)through; breach; piercement; break (through); surmount; make{effect} a breakthrough; top
(气顶气)突破☆breakthrough
突破后的☆post-breakthrough
突破极限[分级机]☆surging limit
突破前的☆pre-breakthrough
突破时的流线☆breakthrough streamline
突破时毛细管压力☆breakthrough capillary pressure
突起☆relief[结晶光学]; gibbosity; process[古]; macula[苔;pl.-e]; enation; break out; suddenly appear; rise high; protuberance; tubercle; tower; upswell; appendix[pl.-ices]; shagreen[结晶光学]; prominency; prominence; evection[藻]; horn[裂甲藻]
(乳头状)突起☆nipple
突起部☆jut
突起部分☆outshot
突起的☆gibbous; mammilar
突起底板☆hogbacked bottom{floor}
突起拱☆raised arch
突起骨[海胆]☆apophyse
突起间膜☆ectophragm
突起物☆vesicula aerifera
突然☆bang
突然爆发☆flare; flare-up; salvo
突然爆炸☆pop off
突然崩坍☆inrush
突然承载☆pick up
突然冲击过载☆sudden shock overload
突然倒塌☆implosion
突然的☆unexpected; precipitous; sudden
突然地☆bump; sharp
突然发生☆burst; tachytely
突然发生的事☆sudden
突然发现☆start
突然发作☆burst
突然反转方向☆flip-flop
突然放水冲洗法[缺水砂矿]☆booming
突然关闭☆sudden closure
突然激增☆bloom
突然降临☆light
突然叫出☆ejaculation
突然开大的油门☆goose
突然开动[机器等]☆buck
突然开启☆poping
突然冒顶☆rush; uncontrolled{spontaneous} caving; bump
突然喷发☆paroxysm; paroxism
突然偏转[声波测井(曲线)]☆tent poling
突然破裂☆brittle fracture
突然侵水☆water invasion
突然燃烧☆deflagration; flare-up
突然失效☆catastrophic failure
突然衰落[信号]☆freak
突然弹回☆snapback
突然跳出☆popping
突然停车☆hard shutdown
突然停顿☆break off
突然停歇☆chance failure
突然停止☆check
突然突出☆instantaneous outburst
突然弯曲☆sharp tend; abrupt bend
突然性☆surprise; surprize
突然移动☆whisk; whip
突然涌水☆sudden flooding; flash flood; water inrush {irruption;burst}; outburst of water; break(ing) through of water
突然长出的东西☆fungus [pl.fungi]
突然折断☆sharp break; snap
突然制止{刹住}☆snub
突然中断{止}☆stop short
突然转弯[火箭等]☆pitchout
突然转向☆jog; swerve
突然自行垮落☆spontaneous caving
突燃☆deflagration
突燃器☆deflagrator
突入☆irruption; breakthrough
突水☆water bursting{irruption;invasion;blast}; break through of water; breaking water
突滩☆point bar
突跳☆kick
突跳电压[阶跃电压]☆step voltage
突围☆sally
突现特征☆emergent feature
突胸超目[鸟类]☆Carinatae; Neognathae
突岩[地理]☆tor; penitent{monk} rock
突岩的形成☆the formation of tors
突隅石☆projecting quoins
突缘☆lug
突缘饰☆nosing
突增☆rush
突栈桥码头☆piled pier{jetty}
突洲☆point bar
突转弯头{道}☆sharp{blade} bend

tú

菟海葵珊瑚亚纲☆Zoantharia
图☆map; draw(ing); view; graph; pattern; figure; diagram; scheme; picture; plot; chart; intent(ion); plan; seek; pursue; covet; desire; be after; paint; table; sheet; dwg; carto-; fig.; Fig; PATT; diag.
A'KF{|ACF|AFM}图☆A'KF diagram{|ACF|AFM}
H-R 图☆Hertzsprung-Russell diagram
L-Z 图[海洋测定实际深度的图解]☆L-Z graph
PT 图☆P-T{pressure-temperature} diagram
T-Φ 图☆tephigram
图(形)☆artwork
(曲线)图☆pictogram
图阿尔阶☆Toarcian stage
图案☆figure; design; pattern; fig.; graphics; design of a stamp; Fig; device
图案地{形土}[花纹地表层]☆patterned ground
(用)图案或符号表示☆emblem
图案结构☆patterning
图坂藻煤☆gayet
图板☆map{drawing;panel;chart;sketching} board; trestle-board; graphic tablet
图板集☆chart book
图板藻煤☆bituminite; torbanite coal
图版☆engraving; plate
图版集☆chart manual
图比例尺☆map scale
图边☆marginalia; map collar
图边资料☆marginal data
图标☆title
图标符号☆legend of symbols
图表☆graphic(al) chart; sheet; plot; diagram; graph; chart(ing); table; scheme; bar diagram[直线表示,如进度表]; schedule; illustration; pattern; card; curve; pictogram; figure; diag.

图表(内)边线☆neat line
图表测定☆graphical determination
图表的☆schematic
图表分类☆card sorting
图表集☆atlas
图表细分☆mesh refinement
图表显示☆graphic displays；graphics display
图表移动速度切换装置☆chart-speed shifter
图表纸☆coordinate paper
图册☆atlas
图的☆graphical
图的整饰☆completing the chart
图钉☆tack；thumbtack；thumb pin{tack}
图尔曼菊石属[头;K_1]☆Thurmanniceras
图尔内昔期☆Tournaician Age
图尔石☆hydrohematite；tur(y)ite；turjit
图幅☆sheet；man-area；scene；map-area；map sheet {area}；chart；quadrangle；size of the stamp-design
图幅编号法☆block numbering system
图幅分幅☆sheet dimensions{division}
图幅号☆call number
图幅接合表☆index diagram；interchart relationship；sheet assembly；assemblage{location} index
图幅名称☆quadrangle{sheet} name
图幅位置示意图☆location diagram
图格☆chart division；CD
图格编码☆grid code
图根三角测量☆detail triangulation
图号☆map figure
图画☆drawing；picture
图画模式☆pictorial model
图基准面☆hydrographic datum
图辑☆map series
图集☆atlas；collective drawing
图件绘制☆map development
图角坐标☆sheet corner coordinates
图解☆illustration；graph；graphical{graphic} solution；diagram；scheme；illustrate；illus；figure；nomogram；schema [pl.-ata]；pictogram；cartogram；nomograph；illust.；diag.
A'KF 图解[$A'=Al_2O_3+Fe_2O_3-(Na_2O+K_2O+CaO)$；$K=K_2O$;$F=FeO+MgO+MnO$]☆A'KF-diagram
AFM 图解[$A=Al_2O_3$、$F=FeO$、$M=MgO$]☆AFM diagram
D/P 图解☆daughter-parent diagram
P-T 图解☆P-T{pressure-temperature} diagram
T-S 图解☆T-S{temperature-salinity} diagram
图解的☆diagrammatic(al)；schematic；graphic；figured
图解点☆geometric point
图解法☆graphic solution；graphic(al) interpretation {approach;depiction;art;method}；diagrammatic；graphics；graphology
图解分析☆graphic{graphical} analysis
图解峰态☆graphic kurtosis
图解评审法☆graphical evaluation and review technique；CERT
图解剖面☆diagrammatic(al) profile{section}
图解器☆illustrator
图解显示☆graphics display
图卡斯蛤属[双壳]☆Toucasia
图廓☆map collar{margin;border;edge;frame}；(sheet) border；marginalia
图廓花边☆cartouche
图廓资料☆marginal data
图例☆legend [of a map,etc.]；graphic{graphical;map} symbol；explanation；chart{legend} of symbols；explanatory legend{pamphlet}；key-words；key；conventional signs legend；symbol；conventional sign；leg.
图例说明☆marginal data；chart of symbols
图林根(阶)[欧;P_2]☆Thuringian (stage)
图林根(文化)的☆Thuringian
图灵(计算)机☆Turing machine
图鲁汗藻属[Z]☆Turuchanica
图论☆graph theory
图面☆map face
图名{题}☆figure caption；map title；designation
图谋☆hatch
图囊☆satchel
(地)图判读☆map interpretation
图硼锶石[$Sr(B_6O_9(OH)_2)\cdot 3H_2O$;$SrB_6O_{10}\cdot 4H_2O$;单斜]☆ tunellite
图偏移☆map migration
图片☆picture
图片的☆pictorial
图片说明☆caption
图谱☆pattern；icon；atlas
图区☆map-area；map area；man-area
图上单元☆map(ping) unit
图上格网☆lattice
图上距离☆distance；MD；map range
(海)图上未注明的☆uncharted
图上作业法☆graphical{paper} method
图式☆map form；system of map representation；scheme
图示☆graphic(al) representation；diagram；graphic (expression)；chart；diagrammatic presentation；figure
图示(法)☆graphical representation
图示的☆graphical；figured；graphic
图示湿度计{表}☆hygrodeik
图示水深☆charted depth
图示特征☆man appearance
图示系☆system of map representation
图示仪器☆graphic instrument
图书馆版☆library edition
图书馆书籍的提要说明☆collation
图书厚度[封面、封底不计在内]☆bulk
图书显微软片☆bibliofilm
图算均方差☆inclusive graphic standard deviation
图腾☆totem
图头☆heading；header
图头部分☆heading section
图土蚬属[双壳;J]☆Tutuella
图瓦卢☆Tuvalu
图尾信号(传真)☆end of copy signal
图文的☆graphical
图系☆map series
图下面积☆area under the graph
图线-信号变换级☆scanning stage
图像☆icon；pattern；image (matrix)；picture；imagery；presentation；graphics；pictorial；signature
图像暗点调整☆low-light adjustment
图像斑点调整☆shading correction
图像比值技术☆image ratioing technique
图像变位☆pattern displacement
图像变形☆anamorphose
图像变形法☆anamorphosis
图像表示☆graph；graphical representation
图像不稳定故障☆jitterbug
图像差异纠正☆differential rectification
图像重现装置☆image reproducer
图像处理功能☆image-processing function
图像传输☆picture transmission
图像的暗点调整☆low-light adjustment
图像底片☆negative map
图像定位☆framing
图像发晕☆bloom
图像放大☆zoom(ing)；image multiplication
图像分辨度☆image resolution
图像分类☆image sort
图像分析☆graphical{image} analysis
图像分析器控制台☆image analyzer console
图像分析仪系统示意图☆Schematic drawing of image analysis system
图像复制设备☆picture reproducer
图像格式再编排☆reformat image
图像观察试验☆viewing test
图像红外线摄影术☆pictorial infrared photography {phonography}
图像灰度校正☆gamma correction
图像鉴别学☆graphic diagnostics
图像角上的清晰度☆corner detail
图像解译员☆image interpreter
图像净化技术☆image-cleaning technique
图像滤波器矩阵☆image filter matrix
(使)图像轮廓鲜明☆crispen
图像模糊☆image diffusion；fog；bloom
图像模型☆graphic model
图像配准不佳☆image misregistration
图像清晰化☆image sharpening{clarification}
图像深淡程度{等级}☆gradation of image
图像失真☆distortion of image
图像输入板☆graphic tablet
图像数据数字化系统☆image data digitizing system
图像数字化器☆image digitizer
图像说明单位☆image-defined unit
图像撕裂☆tearing
图像提取装置☆pattern extraction unit
图像调节台☆picture control desk
图像跳动☆jitter(bug)；flutter；bouncing
图像拖尾☆streaking
图像信号对伴音干扰☆vision on sound
图像信号中频变压器☆image intermediate frequency transformer
图像信息☆pictorial{picture} information
图像压缩☆packing
图像载频☆pix carrier
图像载频(的)抑制☆image rejection
图像增强☆image intensification{sharpening}；imagery enhancement
图像折边现象☆fold-over
图像指针☆graphics pointer
图像终了信号☆end-of-copy signal
图像中心☆photograph center
图像中最亮处☆highlight
图像中的黑色电平☆picture black
图像中的细节☆image detail
图像转换☆inversion of the image；picture inversion
图像转换摄像机☆image-converter camera
图形☆(geometric) figure；configuration；graph；trace；diagram；history；pattern(ing)；Fig；fig.；PATT
(用)图形表示☆figuring；delineator
图形参数☆graphic(al) parameter
图形分类☆pattern classification
图形识别法☆feature recognition technique
图形式数据☆pictorial data
图形输入☆menu input
图形输入板☆tablet
图形缩放☆pantography
图形显示百分数☆plotting percentage
图形学☆graphics
图样☆design；pattern；drawing；device；graphics；draft；pat.
图页☆map sheet
图载水深☆charted depth
图章☆stamp；signet
图褶积☆map convolution
图纸☆drawing；design；chart paper；blueprint；dwg；dr
图注☆explanatory text
图注资料☆descriptive data
图组☆map{sheet} series
徒步旅行☆hike
徒劳的☆lost
徒林根期☆Thuringian age
徒那特[烈性炸药]☆tonite
徒涉场☆ford
徒手操纵☆hand operating
徒手的☆free-hand
徒手图☆freehand drawing；free hand drawing
途耗☆ullage
途径☆highway；gateway；avenue；approach；way；road；pathway
(在)途中[法]☆en route；e/r
途中搅拌(的)☆mixing on route；mixed-in-route
涂☆coat；daub；smear；overlay
涂白☆whiten
涂薄胶泥☆grouting
涂布油☆dope
涂层☆layer；garment；coat(ing)；finish；coverage；wash；rendering coat；overlay
涂层剥落☆disbonding
涂层承包单位☆coating contractor
涂层检漏☆jeeping
涂层抗热震性能☆thermal shock resistance of coating
涂层燃料颗粒☆coated fuel particle
涂层样品☆coated sample
涂层中的空隙☆coating flaw
涂衬☆lining
涂底层☆priming；prime
涂粉☆dusting-on；dusting
涂敷☆plastering-on
涂敷核燃料颗粒☆coated nuclear fuel particle
涂敷脂膏☆creaming
涂敷中间金属封接☆intermediate metallic sealing
涂覆层☆overlay

涂附磨具☆coated abrasive
涂膏明胶炸药[二次爆破用]☆plaster gelatin(e)
涂膏耐蚀试验☆corrodokote test
涂焊料☆buttering
涂黑☆blackening；black
涂后处理☆post-treatment
涂滑石粉☆talcing
(用镘)涂灰浆☆buttering
涂灰泥☆parging；parget；plaster
涂浆极板☆pasted plate
涂焦油的☆tarry
涂焦油于☆tar
涂胶☆gumming；gum arabic；gelatinize；adhesive coating
涂胶的☆resinous
涂胶铝箔☆template
涂胶泥☆putty；luting
涂胶器☆spreader
涂金属层板☆plymetal
涂聚氯乙烯钢板☆Vynitop
涂蜡☆cere；wax
涂蓝☆bluing；blueing
涂了胶的☆rubber-coated
涂沥青的管子☆bitumen-coated pipe
涂沥青电缆☆bitumen-sheathed cable
涂了油的☆oily
涂料☆facing；dressing；(slick) dope；paint；covering；daub；coating (compound)；washing；skim stock；precoat
涂料层☆coating
涂料器☆coater
涂料溶剂☆paint solvent
涂满油☆oiliness
涂膜玻璃细珠☆film-coated glass beads
涂膜剥落☆peeling
涂抹☆daub(ing)；pasteup；plaster
涂抹剂{油}☆liniment
涂抹物☆smear
涂泥用铁棒☆claying bar
涂硼闪烁计数器☆boron-loaded scintillation counter
(显微镜)涂片☆smear
涂漆☆japan；covering；painting；paint
涂漆的☆varnished
涂漆尾管☆painted tailpipe
涂墙石灰乳☆limewash
涂青铜粉☆gilding
涂润滑脂☆dope
(机器上)涂色☆daubing
涂色剂☆marking compound
涂砂浆☆mortaring
涂上☆cover；coating
涂上泡沫层的☆foam coated
涂上塑料层的☆plastic coated
涂渗☆coating penetration
涂圣公式☆Toussaint's formula
涂石灰☆lime coating；liming
涂石灰水于☆whitewash
涂石蜡☆paraffinize；paraffinization
涂石棉和助熔剂的铁焊条电弧焊☆quasi-arc
涂氏兽属☆Thomashuxleya
涂饰[粉刷;抹灰泥]☆daub on a wall；whitewash
涂树脂☆skim
涂树脂的纸☆resin sized paper
涂树脂于☆resin
涂刷☆coating；paint(ing)；washing；apply paint,etc. with a brush；stencil
涂刷处理[坑木防腐]☆brush treatment
涂刷器☆squeegee
涂刷质量☆brushing quality
涂塑布机组☆plastic coated fabric；manufacturing aggregate
涂塑窗纱机组☆plastic impregnation aggregate for insect screening
涂炭粉☆blackening
涂搪☆application of enamel
涂搪不均☆non-homogeneous enamelling
涂涂层厂{场}☆coating yard
涂污☆blur；blot；smudge
涂橡胶☆rubberize
涂修☆opaquing
涂鸦兽☆Thoatherium
涂药焊条☆fluxed{flux-coated} electrode
(给……)涂药水☆swab；swob
涂以保护层☆slushing
涂以油{脂}☆liquor
涂油☆gumming
涂油捕收(作用)☆smear-collection
涂油的☆oiled
涂油工具☆wiper
涂油灰☆slush
涂油面精选法☆greased-surface concentration
涂油于☆lard
涂油脂☆tallow
涂有薄膜的电极☆thin-covered electrode
涂有沥青的骨料☆asphalt-coated aggregates
涂有涂层的纸☆clouded paper
涂脂板选矿法☆greased-deck concentration
涂脂摇床☆greased table
涂装保护膜☆film coating
屠立潘辐射计☆Tulipan radiometer
屠杀☆sword；carnage；massacre；butcher；slaughter

tǔ

土☆earth；ground；soil；terrae [sgl.terra]；terra；dust；land；territory；local；indigenous；crude；native；rustic；home-made；unenlightened；unrefined；(raw) opium
土疱{疱}☆soil blister；frost mound
土坝☆(earth)fill{clay;earth(-fill(ed))} dam；soil slip
土坝冲毁☆foundation failure
土坝核心☆core of earth dam
土白铅矿☆earthy lead ore
土办法☆indigenous method
土棒☆crotovina；krotovina
土被☆regolith；ground cover{layer}；mantle rock；soil mantle{covering;mulch;cover}；mantle of soil
土崩☆soil slip{fall}；earth fall{slide}；landslide；earth-flow；landfall；earth-slide；landslip；avalanche
土崩解性☆soil disintegration
土边坡☆soil slope
土变形参数试验☆soil deformation parameter test
土表☆soil surface
土表生的☆terricolous
土拨鼠属[N_3-Q]☆Arctomys
土槽☆soil box
土层☆soil layer{horizon}；layer of earth；horizon of soil；solum [pl.sola]；(true) soil；topsoil；pedosphere
土层穿透性测定仪☆penetrameter；penetrometer
土层的非均匀性☆nonhomogeneity of soil layers
土层灌浆☆ground cementation
土层锚杆☆earth{soil} anchor
土层蠕动☆creep of soil
土层中的铁瘤或锰瘤☆buckshot
土铲☆soil spade
土产的☆home made
土赤铁矿[Fe_2O_3]☆raddle
土赤铜矿☆tile ore
土臭☆argillaceous odour{smell}
土臭{壤}腐蚀☆soil corrosion
土锄☆soil pick
土传递系数☆soil transfer coefficient
土垂环☆soil pendant
土袋☆earth-filled bag
土袋熊属[Q]☆Phascolarctos
土袋状坝☆bag dam
土刀☆spatula
土的☆earthen
土的变形参数☆soil deformation parameter
土的不规则结构☆erratic soil structure
土的非线性性质☆nonlinear soil behavior
土的加筋法☆soil reinforcement
土的简易分类法☆quick{rapid} soil classification
土的结构☆soil structure；structure of soil
土的浸渍性能☆soaking capacity of soil
土的类型{|密度|破坏}☆types{|density|failure} of soil
土的肉眼分类☆visual soil classification
土的三角坐标分类图☆soil classification triangle
土的三相关系☆phase relationships of soil
土的识别☆identification of soil
土的水分胁迫☆soil moisture stress
土的物理化学相互作用☆physicochemical interaction of soil
土堤☆earth embankment{bank;dike;fill;mound}
土堤坝填筑材料☆bank materials
土堤敷设管线☆earth embankment lay pipe
土地☆country；land；ground；earth；tract；territory；soil；village god；terra[拉;pl.-e]
土地坳扭月贝属[腕;S_2]☆Tudiaophomena
土地保护和开发委员会☆Land Conservation and Development Commission；LCDC
土地测量☆land survey(ing)；cadastral survey；chorometry
土地测量地块[1/4mil.见方]☆quarter-quarter section
土地测量联{连}测点☆witness corner
土地的机会成本☆opportunity cost of land
土地分类☆land classification
土地复田护理☆after-care；aftercare
土地划分☆subdivision of land
土地荒芜[采矿造成]☆dereliction
土地恢复[露]☆(land) restoration
土地界线图☆land boundary plan
土地开发☆handling of land
土地可用限☆land use capability
土地利用的影响☆the effect of land use
土地利用估计☆land-use assessment
土地排水☆drain
土地平整☆formation{preparation} of land；land level(l)ing{grading}
土地平整测量☆survey for land smoothing
土地坡筑☆land fill
土地清除犁☆land-clearing blade
土地所有者对地下矿石的所有权☆ore delfe
土地填筑☆reclamation of land
土地图☆plat
土地退化和荒漠化☆land degradation and desertification
土地下沉☆land subsidence；subsidence of land
土地整治复田☆aftertreatment
土地总署☆general land office
土地租用人☆land holder
土钉☆soil nail
土动力学☆soil dynamics；terradynamics
土冻胀☆soil blister
土洞☆earth cave；karstic earth cave
土斗车☆muck car
土豆泥☆mashed potato；potato mash
土堆☆windrow；agger；earth deposit
土墩☆hillock
土耳其螺属[腹;N-Q]☆Turcica
土耳其玫瑰[石]☆Beige & Rose
土耳其(砥)石☆Turkey stone
土耳其语☆Volfram
土耳其玉☆turquoise；turkey stone
土尔干槽珊瑚属☆Tyrganolites
土尔内昔阶☆Tournaisian
土法☆indigenous{local} method
土法炼焦☆heap coking
土法炭化☆pile char(r)ing
土方☆earth excavation；earthwork；folk recipe；cubic metre of earth
土方爆破开挖☆bog blasting
土方表☆quantity sheet
土方叠积图☆mass diagram
土方工程☆earthwork；excavation；groundwork
土方工程工具☆earth-moving tool
土方工作☆earth-moving (job)
土方机械{器}☆dirt mover；earthmover
土方截度{面}☆earthwork section
土方掘填搬运图☆mass haul diagram
土方累积图☆mass diagram
土方量估计☆quantity survey
土方数☆yardage
土方修整工作☆grading work{operation}
土沸(现象)☆boiling of soil
土沸石☆bodenzeolith
土分类三角图☆soil classification triangle
土氟磷铁矿[$4FeP_2O_8\cdot Fe_2OF_2(OH)_2\cdot 36H_2O$; $Ca_3Fe^{3+}_{10}(PO_4)_8(OH,F)_{12}\cdot nH_2O$;非晶质]☆richellite
土盖层☆soil covering
土纲☆soil order{class}
土蛤属[E_2-Q]☆Semele
土工☆earthwork；soil engineering
土工布☆geofabric；geotechnical fabrics
土工程地质分类☆engineering geological classification of soil
土工垫☆geocushion；geomat；geospacer
土工格栅☆geo-grid

土工合成材料的退化☆degradation of geosynthetics
土工结构物☆earth structure
土工滤料设计方法☆design methods for geotextile filter
土工膜☆geomembranes
土工图☆geotechnical map
土工网☆geonets
土工学☆geotechnique；geotechnics
土工织物☆geotextile；geofabric；soil engineering fabric；fabric
土工织物滤层☆geotextile filter
土沟☆earth ditch
土骨架的压缩性☆compressibility of soil skeleton
土硅铜矿[玻璃质,为硅孔雀石的胶体相；$CuSiO_3•2H_2O$]☆cornuite
土核丘☆earth hummock{mound}
土褐煤☆earth{wax} coal
土黑铜矿[CuO]☆melaconite；black copper ore；melaconise；melaconisa；chalkomelan
土红钴矿[$CoCO_3•H_2O$]☆remingtonite
土花彩☆earth garland
土滑☆earth slide{slip}；soil creep{slip}；creep；slud；earthflow；earth-creep
土滑小阶坎☆terracette
土环[冻土花纹之一种]☆earth{soil} circle；earth ring
土黄☆stone yellow
土黄色☆khaki
土黄银铅矿石☆canary ore
土基☆earth base{pad}
土基与建筑物间的相互作用☆soil-structure interaction
土加固剂☆soil stabilizer
土建费用☆civil engineering costs
土胶体☆soil colloid
土界☆pedosphere
土金属☆earth metal
土井☆shallow well
土居生物☆edaphon
土康硬度☆Tukon hardness
土抗力☆earth resistance；passive earth pressure
土科☆soil family
土坑爆炸☆pitot shooting
土库曼斯坦☆Turkmenistan
土块☆clod；soil lump{clod;mass}；clump；clad；lumpy soil
土拉姆法☆Turam (method)；reduced ratio
土拉姆双线框测井法☆“(downhole) Turam” method
土莱尔(法)☆Turair
土狼☆Hyaena
土狼属[哺;Q]☆aardwolf{Protetes}；Proteles
土类☆great {-}soil group；soil (great) group；soil type
土棱子介☆Bairdia
土粒☆soil grain{particle}；soft particle
土粒密度☆density of solid particles
土粒容重☆unit weight of solid particles
土沥青☆stellarite；oil{stellar} coal；malthite
土沥青煤☆stellarite
土力学☆geotechnics；soil mechanics；geotechnique
土链☆(soil) catena
土链复域☆catenary complex
土料☆earth material
土裂☆soil crack
土磷灰石[$Ca_5(PO_4)_3•(F,Cl,OH)$]☆osteolite；bone {-}phosphate
土磷铁钙矿[$Ca(Fe,Al)_4(PO_4)_2(OH)_8•7H_2O$]☆f(o)ucherite；foucheite
土磷铁矿☆picite；pizit
土磷锌铝矿[$(Zn,Ca)_3Al_4(PO_4)_2(OH)_{12}•21H_2O$]☆kehoeite
土菱锌矿[$ZnCO_3$]☆dry bone ore
土菱子介科[O-Q]☆Bairdiidae
土溜☆sludging；slud；solifluction
土溜作用坡☆flowing slope
土硫铀矿☆uraconite [$SO_3•UO_3•H_2O$]；uranocher；uranochre；uranic ocher
土流☆earthflow；solifluction；earth{soil} flow；soil flowage{fluction}
土流堤☆toe of earthflow
土流物质☆flow earth
土垄☆earth ridge
土路☆dirt{unsurfaced;soil} road
土铝矾[$Al_4(SO_4)(OH)_{10}•7H_2O$]☆doughtyite
土绿磷铝石[$Al_3(PO_4)(OH)_6•6H_2O$]☆planerite
土仑(阶)[92～88Ma;欧;K_{1-2}]☆Turonian (stage)
土螺旋钻☆ground{earth} auger
土脉☆ground vein
土煤☆muck；sooty coal
土煤烟煤☆smut coal
土面路☆earth(en){top-soil} road
土名☆soil name
土木工程☆civil engineering (work)
土木工程标准计量方法☆standard method of measurement for civil engineering works；SMM
土木香粉☆inulin
土木香干燥的根和地下茎☆inula
土木香酶☆inulase
土内等孔隙水压线☆soil lines of equal pore pressure
土内含气☆soil air
土内水流☆interflow
土爬☆soil creep
土磐{盘}☆pan；roof
土泡沫[$CaCO_3$]☆schaum-earth
土坯☆adobe
土坯砖☆clay body brick
土皮☆mantle of soil
土皮掮客☆land jobber
土坡☆earth slope；soil
土坡的平面破坏☆planar failure of soil slopes
土坡的旋转破坏☆rotational failure of soil slopes
土坡基底破坏☆base failure of slope
土坡圈的☆edaphic
土坡坍毁☆failure of earth slope
土坡有效推力☆active throat of earth
土器☆crockery；clay ware；earthenware
土丘☆thufa[冰岛;pl.thufur]；mound；hugelboden；hillock；bulten；earth hummock；tuft
土壤☆soil；land；ground；earth；mound；fertility
土壤本质☆nature of soil
土壤表层☆upper soil layer；solum
土壤表层通气带☆zone of aeration
土壤采样钻☆soil auger
土壤测量{调查}☆soil survey
土壤测深装置☆soil-sounding device
土壤层次☆soil zone{stratification;horizon}；horizon of soil
土壤层位学☆soil stratigraphy
土壤层下灌溉☆subsurface irrigation
土壤差异性☆soil heterogeneity
土壤长湿状态☆udic
土壤成带性☆soil zonality
土壤成因学☆pedogenics
土壤承载能力☆soil bearing capacity
土壤冲刷{蚀}☆soil washing
土壤传播{带有}的☆soilborne
土壤吹失☆blowing of soil；soil drifting
土壤的☆edaphic；terrene
土壤的放气现象☆gas exhalation of soil
土壤的水分不足☆soil moisture deficit
土壤的隙溜表面积☆interstitial surface area of soil
土壤地脚接触☆soil-footing contact
土壤地球化学显示☆soil-geochemical expression
土壤地区积水的时期☆hydroperiod
土壤(-)地植物图☆soil-geobotanical map
土壤电导率测量☆soil conductivity (measurement)
土壤定域性☆zonality of soil
土壤发生☆genesis of soils；soil genesis{formation}；pedogenesis
土壤反力系数☆coefficient of soil reaction
土壤分类{|析}☆soil classification{|analysis}
土壤腐蚀☆underground corrosion
土壤腐殖质☆soil-ulmin
土壤腐殖质残积层☆agron
土壤复区☆soil complex
土壤改良☆improvement of soil；amelioration (of soils)；melioration；fertilization；land restoration；soil amelioration {improvement;amendment}；(soil) reclamation；reclaim
土壤改良水文地质学☆soil improvement hydrogeology
土壤概测图☆reconnaissance soil map
土壤盖层☆mantle of soil；pedological cover
土壤灌浆☆ground cementation
土壤和基础工程师协会☆Association of Soil and Foundation Engineers；ASFE
土壤化育☆pedogenesis
土壤化育层☆soil horizon
土壤环境☆edatope
土壤灰白层☆albic horizon
土壤活化压力☆active soil pressure
土壤基础接触☆soil-footing contact
土壤级配☆grading of soil
土壤结构相互作用☆soil-structure interaction
土壤拮抗体☆soil antagonist
土壤抗剪强度值☆vane strength value
土壤颗粒分组☆(soil) separate
土壤空气界面☆soil-air interface
土壤蓝藻(类)☆edaphocyanophyceae
土壤垒结性☆soil constitution
土壤粒径区分☆soil separate
土壤力学☆soil mechanics；geotechnics
土壤利用图☆soil utilization map
土壤粒组☆(soil) separate
土壤零温度层☆zero curtain
土壤流失☆soil loss；loss of soil
土壤毛细含水量☆field capacity
土壤毛细水上升高度☆capillary lift of soil
土壤毛细(管)性☆soil capillarity
土壤密实度测定针☆penetration needle
土壤描述学☆pedography
土壤内的渗水线☆phreatic line
土壤胚体☆pedon
土壤气体☆soil air{gas}；earth gas
土壤侵蚀☆soil erosion
土壤取样线☆soil-sample traverse
土壤圈☆pedosphere
土壤圈的☆edaphic
土壤蠕动{变}☆soil creep
土壤乳浆☆lac
土壤上层部[即A、B层]☆solum
土壤深测装置☆soil-sounding device
土壤渗透系数测定仪☆drainage indicator
土壤生物☆geobiont
土壤湿度和渗透☆soil moisture and infiltration
土壤试验☆tests of soil
土壤试样☆ground-test piece
土壤水带☆belt of soil water{moisture}；zone of soil water；soil water zone；discrete {-}film zone；soil-water belt{zone}
土壤水的毛细运动☆capillary movement of soil moisture
土壤水分加速风化作用☆soil moisture weathering
土壤水分测定计☆soil moisture meter
土壤水分偏干状态☆ustic
土壤水分蒸发☆soil discharge
土壤松散度☆looseness of soil
土壤酸碱度图☆soil pH map
土壤探测钎☆soil probe
土壤图☆pedological{soil} map
土壤吸着能☆absorbing capacity
土壤习居者{菌}☆soil inhabitant
土壤细管☆isotubule
土壤隙溜面☆interstitial surface of soil
土壤下(伏)岩层☆subsoil formation
土壤形变☆deformation of soil
土壤形成过程{作用}☆soil-forming processes
土壤学☆pedology；edaphology；soil science
土壤学的☆agronomic
土壤学分类☆pedologic classification
土壤学家☆pedologist
土壤压密性☆firmness of soil
土壤岩☆soilstone
土壤演替顶极{级}☆edaphic climax
土壤样品☆pedotheque
土壤因素☆edaphic factor
土壤硬壳☆duricrust
土壤有机质矿质化作用☆mineralization of soil organic matter
土壤整段标本☆soil monolith
土壤中和☆sweetening of soil
土壤中(所含的)空气☆ground air
土壤柱状样本☆soil monolith
土壤总含水量☆holard
土壤组合☆soil association{complex}
土壤阻力计☆dynamometer
土壤钻☆drill for overburden
土色☆soil tone
土筛☆earth sieve
土舌☆soil tongue
土砷钴镍矿☆smolyanskite

土砷铁矾[$Fe^{3+}_{20}(AsO_4,PO_4,SO_4)_{13}(OH)_{24}$•$9H_2O$]☆pitticite；arseneisensinter；eisenbranderz；eisensinter；pittizite；retinallophane；sideritine；eisenpecherz；sideretine{pitchy iron ore}[$Fe^{3+}_2(AsO_4)(SO_4)(OH)$•$nH_2O$]
土神介属[K_1]☆Ilyocyprimorpha
土生的动植物☆indigene
土生(土长)的☆native；indigenous
土生土长的动植物☆autochthon(e)
土石☆earth material
土石坝☆earth and rockfill dam；earth-rock(fill) dam；embankment
土石方☆cubic metre of earth and stone；cubic meter of earth and stone
土石方体积图☆volume diagram of earth-rock work
土石膏[$CaSO_4$•$2H_2O$]☆gypsite；gypsum earth；clay{earthy} gypsum
土石缓滑☆soil flow；solifluction
土石缓滑阶地☆solifluction terrace
土石混合坝☆earth and rockfill dam
土石流☆murgang；earth flow
土式☆soil suite
土属☆soil genus
土属元素☆earthy element
土水泥☆soil cement
土-水体系☆soil-water system
土水铀矿[UO_3• nH_2O]☆urgite；urhite；urhyte
土松陨铁☆tuczonite
土酸☆earth{mud} acid
土酸处理☆clay acid treatment
土酸的☆hydrochloride-hydrofluoric
土酸性元素[铌、钽]☆earth-acid element
土塌☆soilfall；earth fall；soil slip
土塔☆earth pyramid{turret}
土台☆earth pad
土探头☆soil probe
土体☆solum；soil mass{body}
土(壤)体☆solum；sola
土体的干缩多边形裂缝☆shrinkage polygon
土体-基础体系☆soil-foundation system
土体压缩变形段☆compressive deformation stage of soil mass
(用)土填☆earth filling
土条☆earth stripe
土条带☆earth{soil} stripe；soil strip
土铜锡矿☆cuprocassiterite
土团粒☆soil granulation
土推力☆thrust of earth；earth thrust
土豚(属)[N_1-Q]☆aardvark；Orycteropus
土网☆earth net
土围堰☆earth (fill) cofferdam
土味的☆terre
土卫八{一|二|九|六|七|三|十|四|五}☆Iapetus{|Mimas|Enceladus|Phoebe|Titan[最大]|Hyperion|Tethys|Janus|Dione;Gione|Rhea}
土温☆soil temperature
土蜗属[J-Q]☆Galba
土系☆soil series
土相☆soil phase
土楔(体)☆soil wedge
土楔分析☆wedge analysis
土屑坠落☆soilfall
土心☆soil core
土星☆Saturn
土星暗环☆crape ring
土星(光)环☆rings of Saturn；Saturnian ring
土星介属[K-Q]☆Ilyocypris
土星心坐标☆Saturnicentric coordinates
土型☆soil type
土性改良物☆soil conditioner
土压☆earth{soil} pressure
土压力☆thrust of earth；earth pressure{load}
土压力分布☆earth pressure distribution
土压力盒☆earth {-}pressure cell
土压平衡盾构☆EPB{earth pressure balanced} machines {shield}
土压系数☆coefficient of earth (pressure)
土压元件☆earth-pressure cell
土样☆soil sample{core}
土异极矿☆vanuxemite
土应力☆soil stress
土油坑{池}☆earth storage
土釉☆clay glaze
土与结构物的相互作用☆soil-structure interaction
土与桩的相互作用☆soil-pile interaction
土源疾病☆soilborne disease
土胀☆soil blister
土赭石☆humoferrite
土指[小土柱]☆earth finger
土制的☆earthen
土质的☆terrene；earthy
土质地基☆earth foundation
土质分布图☆soil map
土质检验☆testing of soil
土质劣煤☆craw-coal；craws
土质坡☆terrain slope
土质碳酸锌矿☆dry bone ore
土质学☆soil science
土中空气☆subsurface air
土中炮眼☆foot hole
土中水的张力☆soil water tension
土中水分流动☆soil water movement
土种☆soil species
土猪(属)[N-Q]☆Orycteropus；aardvark
土著[原地生物等]☆aborigine
土著的[固有动植物;原地岩体]☆aboriginal；indigenous；endemic
土著化石☆indigenous fossils
土著区☆area of endemism；endemic area
土著性☆endemism
土著植被☆native vegetation
土著种☆endemic species；autochthon(e)
土柱☆earth column{pillar;pile;pyramid}；fairy chimney；soil{hoodoo} column；penitent；pillar；earth-pillars
土柱冠石☆perched block
土状不纯赤铜矿☆kupferlebererz
土状辰砂[美]☆paint
土状臭葱石☆jogynaite
土状钴矿☆earthy cobalt；asbolane
土状光泽[光泽暗淡]☆earthy luster
土状褐煤☆brown earthy coal；earthy{earth} brown coal；bog{earth} coal；earthy lignite{browncoal}
土状结核☆glaebule
土状煤☆coal smut；smut coal；mush
土状石膏☆gypsite；kopi
土状烛煤☆hoo (cannel)；hoo cannel (coal)
土锥☆earth pyramid
土资源☆soil resources
土族元素☆earthy element
土组☆soil variant
土钻☆earth drill{screw}；sounding{sound} borer；(soil) auger；soil drill
吐☆spewing；spit
吐柏斯石☆Topaz
吐不连续☆nonsequent
吐出☆spitting；spew
吐凡风☆tufan；tofan
吐风暴☆tofan；tufon；tufan
吐弗诺(层压塑料板)☆tufnol
吐集风暴☆teuchit
吐硫花☆sulfuring
吐鲁番叶肢介属[节;K_1]☆Turfanograpta
吐伦系统[一种电法勘探系统]☆Turam system
吐丝器[昆]☆spinneret；spinning organ
钍☆thorium；Th
钍^{230}☆ionium
钍A{|B|C'|C"}☆thorium A{|B|C'|C"}
钍D☆thorium lead{D}；Th D
钍贝塔石☆thorbetafite
钍方铀矿☆broggerite；thoruranin(ite)
钍氟碳铈矿☆thorobastnaesite
钍钙铌钛矿☆thorbetafite
钍锆贝塔石☆zirconolite；zirkonolith；zirkonolite；zirkelike；blakeite
钍硅铍钇矿☆thor(o)gadolinite
钍硅石☆cerite
钍硅钛铁铈矿☆thorchevkinite
钍氦法☆thorium-helium method
钍褐帘石☆thororthite
钍黑稀土矿☆thoromelanocerite；caryocerite
钍化物☆thoride
钍基燃料☆thorium-base fuel
钍钾比☆thorium potassium ratio；TPR
钍、钾含量指数☆thorium potassium index；TPI
钍金红石[$2((Th,U,Ca)Ti_2O_6)$•H_2O]☆smirnovite；smirnowit
钍矿☆thorium mine{ore}
钍^{230}-镤^{231}过剩法☆thorium-230 to protactinium-231 excess method；protactinium-ionium age method
钍^{230}-镤^{231}亏损法[年龄测定]☆thorium-230 to protactinium-231 deficiency method
钍铅[铅的稳定同位素 Pb^{208}]☆thorogenic lead；thorium D{lead}；Th D
钍铅定年法☆thorium-lead dating method
钍燃料循环☆thorium fuel cycle
钍射气☆thoron；thorium emanation
钍石[$Th(SiO_4)$;四方]☆thorite
钍石矿脉矿床☆thorite vein deposit
钍铈矿☆eucrasite
钍试剂☆thoron
钍水硅铈钍矿[$(Ca,Th,Mn)_3Si_4O_{11}F$•$6H_2O$]☆thorosteenstrupine
钍钛矿[$(Th,U,Ca)Ti_2(O,OH)_6$]☆thorutite
钍钛铀矿☆absite [$2UO_2$•ThO_2•$7TiO_2$•$5H_2O$]；thorium brannerite；lodochnikite [$2(U,Th)O_2$•$3UO_3$•$14TiO_2$]
钍土☆thoria
钍^{230}-钍^{232}年龄测定法☆thorium-230 to thorium-232 age method
钍钨华{矿}☆thorotungstite
钍系☆thorium series
钍系元素☆thoride
钍钇矿☆yttrialite
钍易解石[$(Y,Er,Ca,Fe^{2+},Th)(Ti,Nb)_2O_6$]☆thorium eschynite；blomstrandinite；thoro(a)eschynite；thoro-aeschynite；blomstrandine
钍银星石☆eylettersite
钍-铀比☆thorium-uranium ratio；Th/U ratio
钍铀矿[$(U,Th)O_2$]☆broggerite；thoruranin(ite)；broeggerite
钍铀铅矿☆aldanite；thorianite
钍脂铀矿☆thorogummite
钍脂状铅铀矿[$(Th,U)(SiO_4),(OH)_4$,含 Pb,Ca,Fe 及稀土元素等]☆nicolayite
钍族☆thorium family

tù

吐酒石☆potassium antimonyl tartrate [$K(SbO)C_4H_4O_5$•$3/2H_2O$]；tartar(ic) emetic；antimony potassium tartrate；tartrated antimony
兔☆rabbit；Lepus；hare
兔{兎}(属)[Q]☆Lepus
兔毫[陶]☆hare
兔猴科[E_{1-2}]☆Adapidae
兔类☆lagomorpha
兔毛斑[陶]☆hare's fur spots
兔{兎}形目☆Lagomorpha；Duplicidentata

tuān

湍动☆turbulence；turbulent motion
湍动地性对流☆turbulent mantle convection
湍动剪切☆turbulent shear
湍急☆torrential；rapid
湍急冰川☆cascading glacier
湍急的喷泉☆gurge
湍急河流☆flashy stream
湍急洪水☆racing flood-water
湍流☆hydraulic{turbulent;tortuous;eddy} flow；rapid；torrent；turbulence；torrential flood{stream}；eddying；stirring motion；turbulent stream；rushing waters；swift current；turbulization
湍流层☆turbosphere
湍流层顶☆turbopause
湍流度☆turbulence (scale)
湍流海峡☆euripus [pl.-pi]
湍流河段☆roil
湍流核心阻力☆core resistance
湍流(发生)器☆turbulator
(支撑剂)湍流输送区☆turbulent transport region
湍流态☆state of turbulence
湍流应力☆eddy{Reynolds';turbulent} stress
湍滩☆rapid；sault
湍性☆turbulence

tuán

团☆group；gr；lump；cluster[原子]；fold；mass
团簇粒☆spherulite
团黑粉属[真菌;Q]☆Sorosporium
团积火山砾☆accretionary lapilli
团甲鱼属[D]☆Cyclodiscaspis

团结☆bond；band；solidarity
团结剂☆agglomerator
团结一致☆cohere；solidarity
团精矿☆briquetted concentrate
团聚☆conglobation；coacervation；flocculation or agglomeration
团聚(作用)☆agglomeration
团聚带式浮选法☆agglomeration belt flotation
团聚的☆glomerate
团聚法☆aggregation process
团聚分选方法☆agglomeration-separation process
团聚浮选☆agglomeraton flotation
团聚体☆coacervate；aggregate
团聚性☆constipate；agglomerability
团聚值☆agglomerating value
团聚作用☆agglomeration；coacervation
团块☆lump；(block) mass；glomerate；briquet(te)；clot[沉积岩]；noddle；bullion；agglomerate；cake；aggregate；nodule[岩]；brances；glaebule[土壤中]；crumb；lumpiness
团块结构☆crumb-structure
团块砖形块☆briquette；briquet
团块状的☆lumpy；nodular
团块状土壤☆crumby{crumbling;crumbly} soil
团块状炸药爆炸成形☆pellet-charge forming
团矿☆agglomerate；briquet(te)；briquet(t)ing；block {briquetted} ore；nodulizing；pelletizing{pelleting；pelletization }[条形或丸形]；pelleted charge；aggregate
团矿焙烧炉☆pelletizing furnace
团矿和造块学会[美]☆Institute of Briquetting and Agglomeration；IBA
团矿机☆briquet(te) machine；briquetting machine {press}
团矿模☆cup；impression
团粒☆pellet；cumularspharolith；grain cluster；lump；crumb；granule
团粒☆pellet
团粒构造☆crumb {-}structure
团粒集块(作用)☆agglomeration
团粒结构基质☆lumpy groundmass
团粒黏聚性试验☆aggregate coherence test
团粒台浮☆agglomerate tabling
团粒状☆pelletoid
团粒组构☆domain fabric
团粒作用☆granulation
团毛菌属[黏菌]☆Trichia
团煤☆briquetting
团球☆slump ball
团球粒☆spherulite
团砂现象☆clustering sand phenomenon
团扇藻(属)[褐藻;Q]☆Padina
团体☆community；republic；association；corporation；consolidator；organization；fellowship；body；group；organisation；Assn.
团网菌属[黏菌;Q]☆Arcyria
团压机☆briquetting machine{press}
团藻(属)[Q]☆volvox
团藻虫科☆Volvocidae
团藻虫目☆Volvocales
团藻类☆Volvoceae
团藻式演化系列☆volvocine line
团藻属[Q]☆Volvox
团状集球雏晶☆globospha(e)rite
团状模塑料☆dough molding compound；DMC
团状石墨☆nodular graphite

tuī

推☆thrust；cant；shove(l)；push；buck；scrooge；lunge
推板☆backsloper；push pedal；pusher
推板式平路机☆blade grader；push-type motor grader
推板式窑☆push bat kiln
推拨钢管机☆push bench
推测☆guestimate；guesswork (conjecture)；guess；presume；fathom；infer；speculation；conjecture；presumption；tentative；suspect；supposition；surmise；suppose；projection
推测储量☆hypothetical{expected;speculative; inferred; supposed;prospected} reserves；prospective ore
推测储量基础☆inferred reserve base
推测的☆hypothetical[资源]；tentative；stochastic(al)；speculative
推测(井斜)角☆presumably angle
推测井☆image well
推测(含油气)面积☆speculative domain
推测性储量☆speculative reserve
推车☆car putting；trip feeding
推车工☆carman；bumper；car dropper{man;nipper; runnet;pusher;runner}；drag(s)man；drawer；hand putter {trammer}；barrier；headman；haulage hand；hauler；hurrier；hutcher；hutch runner；trammer；wagoner；putter；trailer；truller；(tub) pusher；wagon man
推车机☆(car;feeder) pusher；creeper-traveler；creeper；trip feeder；decking gear[罐笼用]；thruster；tub pusher；(conveyor) ram
推车机带角链☆creeper chain
推车机缓冲支挡☆cushioned horn
推车器☆pusher；car hauler；sneck；wagon pushing device；tub-pusher
推车器链☆travelling chain
推成曲线☆glissette
推迟☆suspend；delay；defer(ment)；postpone；put off；retardation
推迟爆破☆delayed blasting
推迟角☆angle of retard
推迟势☆retarded potential
推斥☆counterbuff；repulsion
推斥极☆repeller
推斥式电动机☆repulsion motor
推出☆ejection；knockout；impulsion；introduce；put out；present；protrude
推出(器)☆throwout
推出式落砂[铸]☆push-out type shake-out
推导☆infer；derivation；deduction；development；derive；develop[公式]
推导出☆fetch
推顶杆☆ejector pin
推顶体型油田☆nappe-type oilfield
推锭机☆ingot pusher
推定☆deduce；illation；construction
推定储量☆indicated reserves{ore}；inferred ore{reserves}；probable ore
推定皮重☆computed tare
推动☆impulse；wheel；boost；bear；urge；actuate；propulsion；throw；spur；shove；prompt；propel
推动(力)☆impulsion
推动级☆driver stage
推动介质☆push medium
推动力☆driving force{energy}；impulse；impulsion；dynamic thrust；propulsion；motive power；impetus
推动螺钉☆motion screw
推动器☆impeller；impellor
推动式滑坡☆push-type{pushing} landslide
推动物{的}☆impellent
推动信号☆driving signal
推动(摄影机)移动车☆dolly
推动装置☆thrust unit；driving device
推断☆infer；implication；inference；educt(ion)；draw；deduction；deduce；extrapolation；educe；illation；take；presumption
推断出☆extract
推断(性)储量☆inferred reserves；prospective reserve
推断的接触带☆inferred contact
推断矿量☆extension{inferred} ore；prospective reserve
推断力☆extrapolability
推翻☆demolition；coup；overthrow；overturn；cast aside；pull{throw} down；topple；reversal
推翻的☆tilted up；overturned
推反构造☆deckenbau；nappe structure
推覆☆overriding
推覆断层褶皱☆nappe
推覆构造☆nappe (structure;tectonic)；deckenbau
推覆后构造☆postnappe structure
推覆体☆thrust sheet{plate;block;slice;nappe}；nappe；decke[德]；displaced mage{mass}；decken
推覆体底部断层☆décollement{sole} fault
推覆体前坡底☆toe
推覆体说☆nappe theory
推覆体位移机制☆mechanism of nappe displacement
推覆岩席☆transported nappe sheet；nappe sheet
推覆增生构造☆nappe-accretionary structure
推覆作用☆napping
推杆☆linkage；push rod{bean}；pushing bar；thruster；thrustor；putting；pusher；tappet；follower[航]
推杆装置组合☆push rod assembly
推钢机☆(block) pusher；ejector
推估☆prediction
推管车☆dolly；pipe trolley
推广☆generalize；generalization；popularize；spread；extend；propagation；popularization
推广定理☆generalized theorem
推广应用☆deployment
推后☆retard
推回火灾烟雾☆backing of smoke
推集☆bulldoze
推挤☆thrust on
推挤冰碛☆washboard moraine
推挤式离心机☆push-type centrifuge
推荐☆recommendation；commendation；recommend
推荐方案☆proposed layout
推荐流程☆recommended flowsheet
推荐意见☆design recommendation
推荐者☆nominator
推今及古原理☆uniformitarianism
推紧连接☆push-on joint
推进☆advance；drive；advancement；forge；push (on)；progradation；carry (forward)；give impetus to；feeding；propel；p(rop)ulsion
推进波☆translatory{advanced} wave；anaseism
推进沉淀作用☆displacive precipitation
推进的☆propellant；propellent；projectile
(船)推进动力舱☆propulsion plant
推进方向☆direction of winning
推进机车☆back locomotive
推进剂☆propellant (powder)；propellent
推进剂燃烧压裂工艺☆propellant based technology
推进剂筒☆propellant canister
推进距离☆length of travel
推进力☆impulse；thrustor；impelling{propellant; propelling;propulsive} force；driving{ propelling; feed} power；propulsion；thruster
推进马力☆thrust horsepower；thp；T.H.P.
推进器☆feed(er)；thruster{thrustor} [钻机左右移动的]；impellor；propeller；impeller；propulsion (device;propeller)；pusher；propulsor；locomotive；mover
推进前缘☆advancing front
推进式☆push-type；push-in type
推进式船☆barney
推进式(管状)炉☆pusher-type furnace
推进速度☆advance rate；forward{feed} speed；rate of advance；movement velocity
(钻架)推进腿☆pusher-leg
推进效率☆external efficiency
推进压力☆feed(ing) pressure
推进液☆propelling fluid
推进轴☆feed shaft；screw-shaft
推进装置☆advanced{advancer;thrust} unit；feed gear{arrangement}；crawler；propulsion device
(由)推进装置支承的☆crawler-mounted
推进作用☆progradation；propellant (effect;action)；pushing action{effect}；wedging action；prograding
推举☆hold up
推距☆advance
推开☆shove
推靠板☆back up plate
推靠臂☆backup shoe{arm}；arm
(下井仪)推靠臂☆positioning arm
推靠井壁检波器☆wall lock seismometer；wall-locked geophone
推靠器☆geolock；contact device；telescoping ram；clamp piston；sidewall contact device
推拉门☆fly door
推拉千斤顶☆push-pull jack
推理☆inference；development；illation；reason(ing)；consecution
推理的☆theoretical；rational
推力☆thrust (force)；counterforce；traction；thrusting force；propulsion
推力范围☆range of thrust
推力器☆thruster
推力线☆line of thrust；thrust line
推料机☆pusher；shedder
推鳞鱼属[S_3-D_1]☆Lanarkia
推论☆infer；deduction；illative；deduce；illation；

T

extrapolation; corollary; reason; consequence; inference; derivation; eduction; conclusion
推论储量☆indicated reserve
推论的☆illative; consequential
推马力☆thrust horse power
推煤器☆coal pusher
推木机☆nigger
推泡锥☆froth crowder cone
推坡土☆mule
推碛☆ice-pushed{shoved;push;upsetted;push-ridge} moraine; thrust moraine
推碛岭☆push-moraine ridge
推敲☆elaboration; elaborate
推入(清管器)☆pushing-in
推入配合☆push fit
推塞到底[装入炸药]☆press home
推式拖拉机☆pusher{pushloading} tractor
推式装载☆pushloading
推水车工人☆water hauler
推送[风浪]☆push
推送(用)机车☆barney
推算☆calculate; predication
(天体位置)推算表☆ephemeris
推算导航法[凭速度和罗盘判断的船位推算法]☆dead reckoning ; DR
推算定位☆piloting
推算价格☆shadow price
推算利息☆imputed interest
(根据井的以前产量)推算(以后采油量的)曲线☆appraisal curve
推算位置☆dad position
推算温度☆inferred temperature
推算压力☆hypothetical pressure
推算子☆estimator
推填机理[陶]☆interstitialcy mechanism
推土☆dozing; bulldoze
推土工作☆earthmoving
推土机☆dozer (tractor); bulldozer; skimmer; (land) grader; earth{dirt} mover; blader; pusher-dozer; blade machine; soil shifter; stocker
推土机工程装置☆earthmoving attachment
推土机刮刀操纵轮☆blade control wheel
(用)推土机平场地☆bulldoze
推土机伸臂架☆extension dumping frame
推土机手☆grader man; cat skinner
推土机修整土方☆blade grading
(用)推土机整平土方☆blading operation
推土犁☆draw plough
推土犁板☆mouldboard
推土器☆soil pusher
推土作业☆stockpiling operation
推挽变压器☆push-pull transformer
推挽坡度☆pusher{helper} grade
推挽式的☆push-pull; p.p.
推诿☆blame
推想☆suppose
推向海岸的☆up-to-coast
推向盆地的☆up-to-basin
推销☆push; promotion; merchandise
推销商☆promoter
推销员☆salesman [pl.salesmen]
推销者☆pusher
推卸☆decline
推行☆push
推削☆push cut
推压☆bulldoze; crowding; bulldozing
(挖土机铲斗的)推压动作☆racking
推压机构☆crowding motion; yoke block
推压式铲运机☆push-type scraper
推压挖掘☆crowd-and-dig
推压装载☆push-lading; push loading
推压作用☆crowd{thrusting} action; crowd shovel
推掩构造☆overriding; overlapping structure
推演☆deduce
推曳☆traction
推移(作用)☆traction; lapse[时间]
推移搬运☆surface-creep transport
推移沉淀作用☆displacive precipitation
推移力☆tractive force
推移流☆tractional{traction} current
推移千斤顶组☆bank of pushing rams
推移沙丘☆advanced dune
推移式破坏☆advancing failure
推移输送机的千斤顶☆conveyor ram
推移性结核☆displacive concretion
推移质☆traction{tractional;bed;contact} load; bed material load; bedload; solid load[河水中]
推移质比☆bed-load function
推移最大颗粒能力☆tractive competence
推移作用☆traction; drift effect
推运[手推车]☆barrowing
推知☆derive
推皱层理☆prolapsed bedding
推装☆bulldoze
推装式☆push-type
推撞☆jostle

tuǐ

腿☆leg
腿骨状颗石[钙超]☆osteolith
腿脊☆pinna [pl.-e]
腿口(亚纲)☆merostomata
(井架底座的)腿柱☆corner columns
腿柱井组[海上钻井]☆leg well cluster

tuì

蜕变☆decay; disintegration; transmutation; change qualitatively; molting[生]; transform; transmute; disintegrate; metamorphosis; decomposition; split (up); breakup; (radioactive) desintegration; spall; spallation; transformation[同位素]; ecdysis
蜕变(作用)☆disintegration
蜕变矿物☆metamict mineral
蜕化☆degeneracy
蜕化期☆molt stage
蜕甲[壳]☆instar
蜕晶态☆metamict state
蜕晶作用☆metamictization
蜕皮☆shed{cast off} a skin; ecdysis; molting; exuviate
蜕壳☆ecdysis; molting
褪光☆matting
褪光剂☆delusterant
褪色☆fox; fade; (colour) fading; fly; decoloration; discoloration; bleaching-out; bleaching; weather; parachrosis; etiolation
褪色带☆bleached zone
褪色圈☆bleach spot; deoxidation sphere
褪色效应☆bleaching{bleach} effect
褪色作用☆fading; decolorization
退☆remove; quit; return; cancel; running off; draw back; back up; retreat; withdraw
退拔☆taper
退白云岩化☆dedolomitization
退班☆degaussing
退保☆surrender
退变[重结晶]☆degrading
退变反应☆retrograde reaction
退变新成{生}作用☆degrading neomorphism
退变岩☆diaphthorite
退步☆setback; regress
退步相☆declining phase
退潮☆ebb (tide;reflux); falling{receding} tide; ebbing; ebb-reflex; tidal backwash; refluence
退潮防堤☆ebb shield
退潮流☆ebb stream{current}; ebb; rip tide
退潮砂地☆beach at ebb tide
退出☆quit; exit; deactivate; logout; withdraw from; secede; withdrawal
退出(测线)☆roll-off
退出角☆receding angle
退出效率☆ejection efficiency
退磁☆de(-)magnenetization; washing; degauss(ing)
退磁机(器)☆demagnetizer
退磁因数☆demagnetizing factor
退弹簧[军]☆extractor
退刀槽☆relief groove
退订货☆countermand
退覆☆offlap; regressive overlap{offlap}
退格☆back space; BS
退汞☆mercury withdrawal{ejection}
退汞毛细管压力曲线☆capillary pressure withdrawal curve; mercury withdrawal capillary pressure curve
退汞效率☆ejection efficiency
退汞压汞比☆ratio of ejected to injected mercury; mercury ejection-injection ratio
退后一刀系统☆one-web-back system
退化☆degradation; catagenesis; retrogressive evolution; katagenesis; degeneration; involution; deteriorate; re(tro)gression; degeneracy; devolution
退化变质☆retrogressive metamorphism; diaphthoresis
退化成岩(作用)☆hypergenesis; regressive diagenesis
退化成岩带☆retrograde diagenetic zone
退化次数☆degree{order} of degeneracy
退化的☆re(tro)gressive; vestigial; rudimentary
退化的孢子囊痕☆vestigial sporangial scar
退化反应☆retrograde reaction
退化分布☆degenerate distribution
退化河☆degrading river
退化阶段☆catagenetic stage
退化阶段成因气☆catagenetic gas
退化矩阵☆singular{degenerate} matrix
退化蕨属[C_3-P_1]☆Anachoropteris
退化马尔柯夫链☆degenerate Markov chain
退化片岩带☆retrograde schist zone
退化期☆obsolescence
退化器官☆vestige; rudimentary{degenerated} organ; rudiment
退化石化☆defossilization
退化水田土☆degraded paddy soil
退化碎裂变形☆retrograde cataclastic deformation
退化体系☆degenerate system
退化土壤☆degenerated{degraded} soil
退化因素{数}☆degeneration factor
退化原孔☆reduced archaeopyle
退化作用☆catagenesis; katagenesis; retrogressive evolution; degradation; deterioration; retreated metamorphism; degeneration; re(tro)gression
退还金额☆surrender value
退回☆withdraw; retirement; regress
退回支票☆returned check
退火☆anneal(ing); draw; bakeout; back-out; lighting; softening; ANL
退火的☆annealed; tempered; ann; temp
退火色☆annealing colour; temper color
退火上限温度☆upper limit of annealing temperature
退火石墨☆aggregate graphite; graphite aggregate
退火下限温度☆lower limit of annealing temperature
退火箱☆tray
退货☆goods returned{rejected}
退积☆retrogradation
退积层序☆retrograding sequence
退极化☆depolarization; umpolarization
退极化剂☆depolarizer
退款☆draw-back; drawback; refund
退流☆abstraction
退流波痕☆regressive ripple
退落☆ebb
退敏剂☆desensitizer
退耦☆decouple; decoupling
退票☆returned check
退碛☆retreatal{recessional} moraine
退却☆retreat
退让☆yield; make room
退绕机☆unwinder
退溶☆desolvation
退入式作业机☆back-in rig
退色板岩☆fading slate
退色带☆bleached zone
退色能量灵敏度☆bleaching energy sensitivity
退色作用☆bleaching
退蚀☆backweathering; retrogradation
退式回采全部煤柱☆robbing on the retreat
退水☆subsiding water
退水过程线☆recession hydrograph
退水曲线☆recession curve
退水渠☆tail race
退水堰☆waste weir
退税☆draw-back
退税凭单☆debenture; deb.
退缩☆holdback; crab; retire
退缩冰川☆shrinking{retreating} glacier
退缩冰碛☆recessional (moraine); moraine of retreat
退缩波☆retrogressive wave
(浮选气泡)退缩时间☆recedence time
退缩装置☆retraction device
退缩作用☆retrogradation
退位☆back space
退位符号☆backspace character

T

退吸(作用)☆desorption
退下{休}☆retirement
退向变质(作用)☆retrogressive metamorphism
退新生变形☆degrading neomorphism
退行☆recession；regression
退行波☆retrograde wave
退行波痕☆regressive ripple
退岩芯装置☆sample extruder
退夷滨线☆retrograding shoreline
退夷作用☆retrogradation
(使……)退役☆decommissioning
退职☆retirement
退租☆throw a lease；surrender of tenancy
退钻☆run-back

tūn

吞☆swallow
吞加(整流)管(二极)钨氩(整流)管☆Tungar
吞口☆swallow hole
吞没☆mergence；engulf
吞没结构☆engulfment texture
吞噬细胞☆phagocyte；scavenger cell；wandering
吞噬作用☆phagocytosis
吞吐量☆thruput；throughput
吞吐泉☆estavelle；estavel

tún

屯大石[$PbAl_2(CO_3)_2(OH)_4 \cdot 2H_2O$]☆dundasite
屯积☆storing；stock
囤积☆make a corner in
囤积居奇☆hold{corner} the market；corner；forestall
豚草花粉☆ragweed pollen
豚脊☆hogback；sowback
豚脊形的☆hogbacked
豚鼠属[Q]☆guinea pig；Cavia
豚鼠形啮齿类☆Caviomorph rodents
臀☆glutea
臀板☆pygal plate；pygidium
臀瓣[昆]☆subanal laminae
臀部☆pygal；rump
臀的[动]☆pygal
臀盾[龟背甲]☆pygal acute
臀腹足[蜜蜂类]☆planta [pl.-e]
臀孔海胆属[棘;K_2]☆Pygurostoma
臀鳍☆anal fin
臀下动脉☆arteria ischiadica

tuō

托☆torr[真空单位,=1mm 水银柱的压力]；holder；hold up；hold in the palm；support with the hand {palm}；serve as a foil；set off；ask；beg；entrust；give as a pretext；plead；count upon；rely on；owe to；sth. serving as a support
托阿尔(阶)[175～184Ma;欧;J_1]☆Toarcian (stage)
托铵(白)云母☆tobelite
托班煤☆bitumenite
托班藻煤☆kerosene{kerosine} shale；kerosine coal；torbanite
托班藻煤的一种显微组分☆gelosite
托板☆carrier；pallet
托板式闸门☆bracketed board gate
托贝硅石☆traskite
托贝石☆tobamorite
托柄[海参]☆stock
托博利虫属[孔虫;K_2]☆Tobolia
托勃莫来石☆tobermorite
托布里兹递归算法☆Toeplitz recursion
托布里兹性质☆Toeplitz property
托车☆transfer car
托持压力{强}☆backing pressure
托词{辞}☆pretence；excuse；cloak
(钻机用)托底千斤顶☆floor jack
托第藤孢属[J_2]☆Todisporites
托弟蕨☆Todites
托顶滑梁装置[支柱上]☆bar side (prop) head
托儿所☆nursery
托尔顿(阶)[欧;N_1]☆Tortonian (stage)
托尔阶☆Toarcian；Tuorian stage
托尔佩克斯混合炸药[42 黑索金, 40 梯恩梯, 18 铝粉]☆ Torpex
托范风暴☆tofan；tufon；tufan
托管台架☆dolly
托辊☆idler roll(er)；(carrying) roller{idler}；drum；support(ing) roller；carrying；ragging-off
托辊间距☆roll spacing；idler pitch
托环☆riding ring
托换的范围☆extent of underpinning
托换基础☆underpinning
托换桩☆underpinned pile
托簧☆bearing spring
托灰板☆hawk
托架☆stool；carriage；cradle；console；bracket (mount)；crutch；backstop；carrier；cassette；clam；bearer；chariot；carrying frame；clamp；lug support；set shoe；mounting base；pallet[板]；saddle (strap)；back stop；cratch；tray；stake；saddle-mount；poppet
托架控制☆carriage control；CC
托克井斜仪☆ToTcometer
托克劳群岛[新]☆Tokelau Islands
托克瑞特法[喷射混凝土支护]☆Torkret method
托克双记录单点式测斜仪[有摆锤和钟表机构]☆ToTco double-recording clinograph
托拉斯☆trust
托莱多-克罗诺弗罗型连续自动秤[输送机用]☆Toledo-Cronoflo weigher
托兰☆Toran
托劳茨尔试验☆Trauzl test
托勒碧玉☆torrelite
托雷扬阶☆Torrejonian stage
托里拆利砌室☆Torricellian chamber
托里东(组)[英;An€]☆Torridonian
托里切利管☆Torricelli's tube
托里约阶[E_1]☆Torrejonian (stage)
托利(埃罗)风☆touriello
托梁☆joist；abutting beam；crown runner；stringer；stull；trimmer；needle beams
托梁漏板☆beam-supported bushing
托硫锑铱矿☆tolovkite
托氯铜石☆tolbachite
托轮☆supporting roller
托轮式离心成形机☆roller-driven centrifugal moulding machine
托洛斯[人、地名]☆Toros
托马乔夫贝属[腕;C_1]☆Tolmatchoffia
托马氏法☆Thomas process
托马斯介属[O]☆Thomasatia
托马斯燃气表☆Thomas gas meter
托马斯型气体流量计☆Thomas electric gas meter
托马斯牙形石属[D_3]☆Thomasella
托马斯重型矿浆泵☆Thomas heavy duty slurry pump
托卖☆consignation
托锰矿☆todorokite
托莫特阶[E_1]☆Tommotian (stage)
托姆藻煤[产于西伯利亚托姆河]☆tomite
托木☆bolster
托纳万德(阶)[纽约州;S_2]☆Tonawandan
托奈特炸药☆Tonite
托诺洛威阶[北美;S_3]☆Tonoloway (stage)
托盘☆(serving) tray；guide shell[凿岩机]；saucer；ladder-cradle；salver
托盘贝(属)[腕]☆Paterina
托盘贝类☆paterinacea
托盘海绵☆receptaculites
托盘类[粗枝藻]☆receptaculitids
托盘属☆paterina
托盘天平☆counterbalance
托品烷☆tropane
托普勒泵☆Toepler pump
托契利矿☆tochilinite
托墙梁☆bressummer
托轫器☆buttress
托轫支板[腕]☆cardinal buttress
托绳轮☆rope roller{rider}
托氏球石[钙超;$E_{1\sim2}$]☆Toweius
托氏体☆troostite
托收银行☆remitting bank
(上层滞水的)托水层☆perching bed
托斯卡风☆tosca
托苏石☆tosudite
托索轮☆rope support sheave
托特柯钻井测斜试验☆Totco test
托铁☆skewback bearer；iron bracket
托烷☆tropane
托碗砖☆bowl brick
托维特 2 型硝铵类炸药☆Tovite 2
托叶☆stipule；interfoyles
托叶迹☆stipular trace
托叶鞘☆ochrea；ocrea
托运☆consignment；consignation
托运单☆booking note
托运人☆shipper
托住☆hold；hold-up；cradling[管子]
托砖☆curtain block
托座☆bracket；supporting；shoe；wing
拖☆drag(ging)；haul；(hurrying) traction；pull；tug；drag behind one；drag on；trail；tow(age)；delay；postpone；procrastinate；tote；roping；lug
拖靶[飞机或降落伞的]☆drogue
拖把☆swab；swob；swabber
拖板☆articulated bottom plate；trail；tug
拖板杆☆traction bar；trail；tug
拖板箱☆apron
拖布☆mop
拖采☆dredging
拖舱☆(towed) fish
拖测☆dredging
拖测仪☆towfish
拖铲☆dragscraper；drag{dragline} scraper；hoe
拖长☆drag；protraction
拖车☆caravan；trailer (car)；(tractor-)trailers；drawbar trailer；towed vehicle；van；trail car；articulated trailer[用铰链连接的]
拖车机☆car haul
拖车牵引载重汽车☆trailer truck
拖车式灭火机☆trailer-type extinguisher
拖车自动联结装置☆automatic trailer hitch
拖车(气动)钻车☆wagon drills
拖出☆hauling-away
拖船☆dumb barge；tow boat{vessel}；(trailing) tug；tug(-)boat；towboat；a wooden boat (towed by a tugboat)；towing vessel{ship}；tow
拖船费☆towage
拖带☆tow
拖带机构☆chart-drive mechanism
拖动☆drag
拖动力☆driving power
拖斗☆drag bucket；scooter；sled drag
拖斗拉索装置☆scooter deflector
拖饵钓鱼☆troll
拖杆☆towbar
拖钩☆tow{towing} hook
拖钩式刨煤机☆drag-hook plough
拖钩渔船☆troller
拖挂的☆traction driven
拖挂卡车☆tandem truck
拖挂式筑路机械☆trailbuilder
(机车)拖挂质量☆service weight
拖管法☆push-in construction
拖管头[铺水底管线]☆pulling head
拖罐☆trailed tank
拖航☆tug；towing
拖航式磁力仪☆ship-towed magnetometer
拖(曳)痕☆drag mark{line;cast}；ksimoglyph
拖迹☆trail
拖架☆carriage
拖拉☆dilatory；slow；sluggish；tow
拖拉齿滚式挖泥船☆hedgehog
拖拉道☆skidway
拖拉管[用于管段穿越施工]☆work string
拖拉机履带在泥土上留下的印痕☆the impress of a tractor's tread on the mud
拖拉机牵引拖车运输☆tractor-trailer haulage
拖拉机上装的☆tractor mounted
拖拉机式铲运机☆carryall{motorized;tractor} scraper
拖拉机手☆cat skinner
拖拉机载重车组☆tractor-carryall unit
拖拉机装凿岩机☆traction drill
拖拉能力☆lugging ability
拖拉石滚的破碎设备☆drag-stone mill
拖拉式卷扬机☆tugger hoist
拖拉推土机{车}☆tractor-dozer
拖拉线☆dragline
拖拉运动☆drag movement
拖拉藻属[红藻]☆Thorea
拖拉重量☆hauled weight
拖缆☆hauling{haulage;tow;towing} rope；towing bridle{line;hawser;cable}；drag{tow} cable；tow line；streamer；tow-cable；towing
拖缆偏转☆feathering

拖缆震颤☆cable strum
拖捞船☆trawlboat
拖离☆pull-apart
拖链☆tow chain
拖流☆tractive current
拖轮☆tug; towboat
拖锚☆clubbing
拖木橇☆go-devil
拖挠褶☆drag flexure
拖耙斗☆drag scraper bucket
拖欠☆default
拖欠的☆back
拖欠概率☆probability of default
拖倾斜☆drag dip
拖入井架内☆tail into the derrick
拖伸冲断层☆stretch thrust
拖绳☆towing; tow (line)
拖绳轮[顿钻用]☆tug rim
拖送设备的骡马队[美早期油田用]☆boiler rockers
拖速☆towing speed
拖速和行程计量仪☆sled velocity and distance meter
拖网☆drag
(用)拖网等探寻☆drag
拖网取样☆dredging
拖网样☆dredge sample
拖网渔船☆trawlboat
拖尾☆trailing; sweeping tail
拖尾巴的[震波]☆tailing; leggy
拖尾峰☆tailed peak
(冰川)拖线☆drag line
拖鞋珊瑚☆Calceola sandalina
拖鞋珊瑚属[S-C_1]☆Calceola
拖鞋状☆calceoloid
拖(持)压(力;强)☆back pressure
拖延☆hang-up; detention; prolongation; protract; procrastination
拖曳☆dra(win)g; haulage; haul; draft; traction; draught; trail; pull; tow; draw; towing
拖曳(水)☆tractional current
拖曳搬运☆traction (transport); transportation by traction
拖曳层垫☆traction carpet
拖曳的☆drawn
拖曳端☆trailing end
拖曳分离构造☆pull-apart structure
拖曳负载☆traction(al) load
拖曳构造☆drag structure; tectonique d'entrainement
拖曳脊☆trail ridge
拖曳矿☆drag ore
拖曳力☆drag{tractive;traction} force; gradeability
拖曳流☆undertow
拖曳倾斜☆drag dip
拖曳声呐☆towed sonar
拖曳式泵☆trail-mounted pump
拖曳式航速{计程}仪☆taffrail log
拖曳天线☆trailing antenna
拖曳物☆trail
拖曳型作用☆traction-type process
拖曳噪声☆tow noise
拖曳者☆haulier; drawer
拖曳褶皱☆drag fold; drag-folding; terminal curvature
拖曳装置☆towing system
拖曳阻力☆resistance to pulling out
拖曳作用☆effect of dragging
拖引断层☆drawing-out fault
拖影☆smear
拖鱼☆towfish; fish[探测器]; eel[水声仪探头装置]
拖运☆haul(ing); haulage; traction (transport); towage; hurl; barging
拖运材料的道路☆haul road
拖运车☆tractor-trailer
拖运道☆haulway
拖运机☆hauler
(用)拖运夹夹住矿车[无极绳运输]☆hang on
拖运能力☆tractive capacity
拖运器☆sled
拖运式钻探设备☆skid rig
拖运装置☆drag unit
毛☆torr [see“托 torr”]
脱☆stripping; des.; de-
脱(掉)氨基(作用)☆deaminizating; deaminization
脱氨基酶☆deaminase
脱靶距离☆missdistance

脱白云作用{石化}☆dedolomitization
脱饱和作用☆desaturation
脱丙烷☆depropanization
脱玻的火山玻璃☆devitrified glass
脱玻黑曜石☆apoobsidian
脱玻化(作用)☆devitrification
脱玻作用☆devitrify
脱层[涂层与管子表面脱离]☆delamination; disbond
脱尘[从气体中脱尘]☆dust extraction; dedust
脱尘空间☆dust-free space
脱尘煤☆dedusted coal
脱尘曲线☆dedusting curve
脱尘效率☆efficiency of dedusting{dust removal}
脱齿☆ungear
脱出☆emergence; shed
脱出力☆breakout force
脱出水☆water of dehydration
脱出同步☆hold-off
脱除☆removal
脱除粉末的煤☆dedusted coal
脱除锅垢☆de-scaling; descale
脱除硫、硫醇的石油产品☆doctor sweet
脱除石墨☆degraphitization
脱除乙烷☆rejecting ethane
脱除作用☆elimination
脱垂层理☆prolapsed bedding
脱磁力☆demagnetization force
脱磁线圈☆demagnetizing coil
脱氮(作用)☆denitrogenation; denitrification
脱氮剂☆denitrifier; denitrifying Agent
脱氮装置☆nitrogen rejection unit{facility}; NRU
脱氮作用☆denitrification; denitrogenation
脱蛋白作用☆deproteinization
脱底☆detachment; decollement
脱底断层☆detachment fault; décollement thrust
脱底褶皱☆superficial{decollement} fold
脱丁烷(作用)☆debutanization
脱顶(构造)☆décollement
脱顶断层☆detachment fault
脱顶褶曲☆décollement
脱二氧化碳反应☆decarbonation reaction
脱芳族石油溶剂☆dearomatized white spirit
脱酚(作用)☆dephenolization
脱粉☆de-dusting
脱氟磷肥☆fused phosphate
脱钙(作用)☆decalcification
脱钙红土☆terra rossa
脱钙环带[斜长石中由于去钙作用而形成的正常环带]☆passive zoning
脱(碳酸)钙样品☆decalcified sample
脱(碳酸)钙作用☆decalcification
脱根构造☆decollement structure
脱钩☆break off relations; cut ties; decoupling; sever ties with; detachment; throw off hook
脱钩的车☆runaway car
脱钩滑走[车辆]☆runaway
脱钩器☆detacher; tripper
脱钩式联结器☆trip hitch
脱垢☆detergency
脱官能团☆defunctionalization
脱管机[塑]☆extraction device for pipe
脱硅(作用)☆desiliconization; desili(fi)cation
脱硅铝作用☆desialification
脱轨☆deorbit; derailment; be derailed; derail(ing); track jumping; jump
脱轨器☆derail; derailer
脱轨装置☆derail unit; derailing{throw-off} switch
脱焊☆sealing-off; tip-off; sealed-off
脱环(作用)☆decyclization
脱挥发分☆devolatilize
脱挥发分(作用)☆devolatilization
脱灰☆deashing; deliming; ash removing
脱灰燃料☆de-ashed fuel
脱火☆disconnected flame
脱机[和主机不连贯的操作]☆off {-}line
脱机功能☆offline function
脱机晒印装置☆off-line printer
脱机输出☆indirect{off-line} output
脱甲基(作用)☆demethylation
脱甲烷(作用)☆demethan(iz)ation
脱钾伊利石☆stripped{degraded} illite
脱碱(作用)☆dealkalization
脱碱化壤土☆solodized soil

脱碱土☆soloti; soloth{solod} soil; solod(i); Soloth
脱碱作用☆solotization; solodization; dealkalization; base desaturation
脱胶☆degum; breaking of emulsion
脱胶剂☆degumming agent
脱胶结(作用)☆decementation
脱接器☆connecting-tripping device
脱节☆dislocation; diverge; decohesion; come apart; broken beading; disjoint; disjunction; out of joint; be out of line with
脱节带☆disjunctive zone
脱节异常☆disrupted{detached} anomaly
脱介☆draming; scalping
脱介筛☆medium draining screen; medium drainage screen; sculping{scalping;spraying} screen; scalper
脱金属(作用)☆demetall(iz)ation
脱静电剂☆destaticizer
脱开☆decoupling; decohesion; uncoupling; stripping; throw{screw} off; slip-off
脱开的套管☆parted casing
脱开机构☆throwout
脱开力☆tearaway load
脱开式套管打捞器☆trip casing spear
脱开装置☆throwoff; throw off
脱壳☆dejacket; peel; ecdysis[昆]
脱壳稻米☆paddy rice
脱扣☆twist-off[钻杆]; dropout; decoupling; drop out; tripping; release; thread off
脱扣叉☆releasing spear
脱扣器☆trigger
脱扣手柄☆free-handle
脱扣线圈☆tripping solenoid; trip coil; TC
脱矿槽☆demineralizer
脱矿泥筛☆desliming screen
脱矿{泥}器☆desilter
脱矿物器☆demineralizer
脱矿质☆demineralization; demineralizing
脱矿质剂{器}☆demineralizer
脱矿(物)质水☆demineralized water
脱蜡[油]☆dewax(ing); deparaffinating
脱蜡馏分油☆blue oil
脱蜡油☆dewaxed oil
脱离☆emancipation; divorcement; disengagement; divorce; liberate; disengage; departure; desert; separate oneself from; breakaway; break away from; straggle; removal; leave; dep; ab-
脱离常规☆out of the way
脱离轨道☆deorbit
脱离(研磨流程的)粒度☆release mesh
脱离面☆plane of detachment
脱离式联结装置☆breakaway-type hitch
脱离速度☆velocity of escape; escape velocity
脱离子剂☆deionizer
脱离子水☆deionized water
脱沥青☆diasphaltene; deasphalting; d.a.
脱链☆chain disengagement
脱磷☆dephosphorizing[钢]
脱鳞片的☆desquamate
脱硫☆desulphur(iz)ation; sweeten(ing); desulphurize; desulfur(iz)ation; sulphur reduction; desulphation; desulphate; desulfation; desulfate; stall; sulfur removal {removing;elimination}; desulphidation; desulfidation
脱硫的☆devulcanizing; sweet; desulphurized
脱硫法☆doctor treatment
脱硫干气☆sweet dry gas
脱硫弧菌(属)☆desulphovibrio; desulfovibrio
脱硫剂☆desulfurizer; desulphurizer; desulphidizer
脱硫炉☆desulphurizing furnace
脱硫率☆percentage of desulfurization
脱硫设备☆sweetener; desulphurization plant
脱硫酸盐作用☆desulfation
脱硫酸作用☆desulphidation
脱卤(作用)☆dehalogenation
脱铝(作用)☆dealumination
脱氯(作用)☆dechloridizing; dechlorination
脱氯剂☆antichlor
脱仑登期☆Trentonian Age
脱罗央群(小行星)☆trojan (asteroid)
脱落☆fall-off; fall (off;away); dropout; drop; shed; come{slough} off; slough(ing); ripping-out; start; drop out[如衔铁]
脱落车辆的阻挡装置☆runaway device

脱落齿☆dentes decidui
脱落齿列[动]☆deciduous dentition
脱落的金刚石☆loose stone
脱落块[岩石等]☆burst
脱落率☆percentage of cake discharge
脱落物[如毛、皮等;动]☆casting
脱落岩石☆detached rock; float
脱毛☆epilation
脱毛的[动]☆detersile
脱镁叶绿二酸☆ph(o)eophorbin
脱锰☆demanganization; demanganize
脱模☆knockout; drawing of patterns; strip(ping); ejection
脱模工具☆extractor
脱模机☆stripper; stripping device; bumper
脱模剂☆demoulding agent; (mould) release agent
脱模强度☆demoulding strength
脱模斜度☆draft
脱模油☆form oil
脱囊☆excystment; abandoned cyst
脱泥☆deslime; de(-)sliming; desilting; de(-)sludging; deslurrying; slime-separation
脱泥槽☆sloughing-off tank
脱泥给矿☆slime-free feed
脱泥后入料☆deslimed feed
脱泥机☆desiltor; deslimer; deduster; desilter
脱泥入选☆preparation of deslimed raw coal
脱泥效率☆efficiency of desliming
脱黏☆abhesion
脱皮☆flake{flaking;peeling} off; peel(ing); molt; desquamate[动]
脱皮的☆decorticated; decorticate
脱皮装置☆dejacketer
脱片☆glass flaking
脱坡☆[of floodwater] wash away dike{dam} slopes
脱气☆gas freeing{evolution}; degassing; de-airing; deaeration; degasification; outgas; gas-separation
脱气(层段)☆gassed out zone
脱气的☆gas-free
脱气分析☆evolved gas analysis
脱气剂☆degasifier; degasifying agent
脱气器☆degasifier; deaerator; degasser
脱气区☆de-aeration zone
脱气水☆degassed{deaerated;deaired} water
脱气味☆odor control
脱气效率☆degassing efficiency
脱气盐水☆deaerated brine
脱气油☆inert hydrocarbon liquid
脱气原油☆gas-free{dead;degassed;tank} oil; dead {degassed} crude
脱气装置☆degasser
脱气作用☆degassification; outgassing
脱汽反应☆devaporization reaction
脱铅☆deleading
脱羟基(作用)☆dehydroxylation
脱氢(作用)☆dehydrogenation
脱氢(酵素)☆dehydrase; dehydrogenase
脱氢环化(作用)☆dehydrocyclization
脱氰(作用)☆decyanation
脱去氨基☆deaminize
脱去电子的原子☆stripped atom
脱去挥发分☆devolatilize
脱去硫的(油品)☆sweet
脱去汽油的石油☆stripped oil
脱去轻馏分的油☆lean oil
脱去碳素☆decarbonize
脱燃素☆dephlogistication
脱溶(作用)☆exsolution; precipitation
脱溶剂器☆desolventizer
脱乳☆demulsify; treatment{separation} of emulsion; de(e)mulsification
脱乳(化)剂☆demulsifying compound; demulsifier; emulsion breaker; demulsifying compound{agent}
脱散☆decoherence; decohere
脱色☆decolo(u)rization; decolo(u)r; decolo(u)rize; discolo(u)ration; tarnish; decoloration; fade; bleach
脱色计☆decolorimeter
脱色剂☆decolorant; decolorizer; decolourizing agent
脱色炭☆decolorizing carbon
脱色作用☆decolorization; decoloration
脱砂☆desanding; de(-)gritting; sand-out; screen-out; sand screening; sand (falling) out; screening[从洗井液中]
脱砂(工作)[流洗锡砂时]☆reducing
脱砂筛☆desanding screen
脱砂压力☆sand {-}out pressure
脱蛇纹石化(作用)☆deserpentinization
脱湿空气☆dehydrated air
脱湿器☆moisture separator{trap}; mist-extractor
脱石化(作用)☆delithification
脱石蜡☆deparaffination
脱树脂作用☆deresination
脱水☆dewater(ing); desiccate; evaporation; water removal; anhydration; evaporate; elimination of water; dehydration; dehydrating; unwater(ing)
脱水柏油☆dehydrated tar
脱水泵☆dehydration pump
脱水变质(作用)☆evaporation metamorphism
脱水仓☆dewatering bin{box;bunker}; drainage bin {hopper}; draining hopper
脱水产品{物}☆dewatered{dehydration} product
(煤浆管道末站)脱水厂☆dewater plant
脱水除砂槽[油井大量出水、出砂时用]☆sand box
脱水斗☆drainage{draining} hopper
脱水后的物料☆material after dewatering
脱水机☆dewater(iz)er; densifier; hydroextractor; water separator; wringer
脱水剂☆dehydrating{dewatering;desludging} agent; dehydrant; dehydrator
脱水阶段[烧砖]☆water-smoking
脱水矿石☆dewatered ore
脱水冷冻(法)☆dehydrofreezing
脱水酶☆dehydrase; anhydrase
脱水密度☆water-free density
脱水泥浆☆dried mud
脱水器☆dehydrator; dewaterer; hydro(-)extractor; water extractor{trap}; steam strap{trap}
脱水砂浆☆dehydrating slurry
脱水式提升机☆dewatering bucket elevator
脱水试验☆decantation{dehydration} test
脱水收缩(作用)[胶体]☆syneresis
脱水收缩晶簇☆syneresis vug
脱水收缩作用☆synaeresis; synerisis
脱水尾矿☆de(-)watered tailings
脱水物☆dehydrate; calcination
脱水锡☆anhydrous tin
脱水效率☆efficiency of dewatering
脱水性质☆filtration property
脱水引起的☆dehydration-induced
脱水用耙式分级机☆dewatering drag
脱水作用☆dehydrolysis; deaquation; dehydration; dewater(ing); drainage; water removal{deprivation}; decantation; abstraction of water; unwatering; hydroextraction
脱酸作用☆deacidification
脱榫☆out of joint
脱羧(作用)☆decarboxylation
脱羧产物{作用}☆decarboxylation
脱羧基酶☆decarboxylase
脱锁装置☆release locking device
脱胎瓷☆bodiless porcelain
脱碳☆decarbonize; decarbonization; decarburation
脱碳(过程)☆carbon rejection process
脱碳层☆decarbonized zone
脱碳剂☆decarburizer; decarbonizer
脱碳(酸盐)作用☆decarbur(iz)ation; decarbon(iz)ation
脱碳薄层☆bark
脱羰作用☆decarbonylation
脱铁☆deferrization
脱烃基化(作用)☆dehydrocarbylation
脱烃作用☆dealkylation
脱铜槽☆liberator cell
脱烷基化☆dealkylation
脱味器☆destinker
(使)脱位☆disjoint
脱吸油[脱去轻馏分的油]☆lean{sponge} oil
脱锡☆de-tinning
脱险梯☆escape ladder
脱线☆off-line
脱箱☆drawing
脱箱造型☆removable flask moulding
脱相[震勘]☆shingling
脱硝(作用)☆denitration; denitrification
脱硝剂☆denitrifying agent; denitrifier
脱销费用☆stockout cost
脱卸带☆zone of detachment
脱屑☆desquamate
脱锌☆dezincification
脱臭(作用)☆deodorization
脱臭剂{器}☆deodorizer
脱压实数☆decompaction number
脱盐☆desalin(iz)ation; desalt; demineralization; salt elimination{removal;exclusion}
脱盐基作用☆base desaturation
脱盐剂☆desalting agent; desalter
脱盐原油☆desalted crude oil
(硬水)脱盐装置☆demineralizer
脱盐作用☆desalting; desalinization
脱岩化(作用)☆delithification
脱阳离子(作用)[水的软化]☆demineralization
脱氧☆killing[炼钢]; disoxidation; deoxidation; de(s)oxidate; deoxygenize; deacidizing; desoxy-
脱氧胞(嘧啶核)苷☆deoxycytidine
脱氧淡水☆oxygen-scavenged fresh water
脱氧核糖☆ribodesose
脱氧核糖核酸碱基☆DNA bases
脱氧剂☆deoxidizer; killing{reductive;deoxidizing} agent; deoxidant; deoxidation reagent; scavenger; deoxygenate
脱氧器☆deaerator
脱氧水☆deoxygenated water
脱氧叶{植}红素初卟啉☆de(s)oxophyllerythra-etioporphyrin; DPEP
脱氧藻☆oxygen-evolving algae
脱氧作用☆desoxydation; deoxygenation; removal of oxygen; deoxidisation; deoxidization; de(s)oxidation
脱叶☆defoliation
脱叶剂☆defoliant
脱液带☆drainage belt
脱乙烷(作用)☆deethanization
脱乙烷塔☆deethanizer
脱乙酰佛石松碱☆deacetylfawcetliine
脱银(作用)☆desilverization
脱银的铅☆desilverized lead
脱油☆de-oil(ing)
脱油干气☆stripped gas
脱油水☆de-oiled water
脱渣性☆(slag) detachability
脱脂☆degrease; deoiling; de(-)fat; cleaning; ungrease
脱脂的☆fat-extracted
脱脂锅[选金刚石]☆degreasing pot
脱脂剂☆degreaser
脱脂棉☆absorbent cotton
脱脂提取纸☆fat-free extraction-paper
脱植基叶绿素☆chlorophyllide
脱字符☆caret

tuó

坨庄介属[E_{2-3}]☆Tuozhuangia
鸵鸟(属)☆Struthio; ostrich
鸵鸟蛋☆sruthio{Struthio} eggs
鸵鸟目☆Paleognathae
鸵形目[鸟类]☆Struthioniformes
沱{沲}[动力黏度单位]☆stoke
陀螺☆(spinning) top
陀螺摆☆gyropendulum
陀螺测试仪☆gyrometer
陀螺测斜仪法☆gyroscopic-clinograph method
陀螺定期内漂移量☆time running of gyroscope
陀螺方位{向}☆gyrobearing
陀螺感应同步罗盘☆gyro flux-gate compass
陀螺环节☆gyrounit
陀螺积分加速度计☆gyro integrating accelerometer
陀螺减摇装置☆gyroscopic stabilizer
陀螺进动性☆gyro precession
陀螺轮泵{藻}属[K_2-E_2]☆Turbochara
陀螺罗盘☆gyro(-)compass; gyroscopic compass
陀螺漂移☆drift of gyro; time running of gyroscope
陀螺球☆gyroshere; gyrosphere
陀螺珊瑚(属)☆Turbinaria; Turbinolia
陀螺属☆Liotia; Strobeus
陀螺同步罗盘☆gyrosyn
陀螺稳定的重力仪☆gyrostabilized gravity meter
陀螺稳定摄影机☆gyro-stabilized camera; gyroscopically stabilized camera
陀螺系统☆gyrosystem
陀螺形砌石路面☆pegtop paving
陀螺仪☆gyroscope; gyro; gyrostat
陀螺仪和防摇水槽稳定器[船舶防摇]☆gyro and

T

fume stabilizer
陀螺漂移值☆amount of drift of the gyro
陀螺运动☆circumgyration
陀螺振子☆gyrotron
陀螺轴☆gyroaxis；gyro-axle
陀螺转子☆gyrorotor
陀螺状☆turbinate
陀螺锥☆torticone；trochoceroid
陀螺总漂移值☆total gyroscopic drift
陀螺作用☆gyroscopic action
驼背☆gibbosity
驼背海百合目[棘]☆Hybocrinida
驼峰[铁路调车用土坡]☆camel back；hump (of a camel)
驼峰曲线☆camel-back curve
驼峰石[煤层顶扳中易冒落岩石]☆tortoise；camel back
驼峰无线电调车信号☆radio shunting signal at hump
驼峰信号☆humping signal
驼鹿属☆moose；Alces
驼色☆camel
驼蜿☆Schizophoria
驼嘴贝属[腕;D_3]☆Hyborhynchella

tuǒ

椭底筒状钻具[钻硬泥岩用]☆shoe-nose shell
椭口螺属[软舌螺;E_1]☆Turcutheca
椭(圆)率☆ellipticity
椭螺属[腹;E-Q]☆Bezoardica
椭球(面{体})☆ellipsoid
椭球虫科[孔虫]☆Ellipsoidinidae
(放射状)椭球粒☆axiolite；axiolith
椭球率☆index ellipsoid
椭球面大地测量学☆ellipsoidal geodesy
椭球区分线☆spheroid junction
椭球体的☆ellipsoidal；spheriodic；spheriodal
椭球体状☆spheroidicity
椭球弦距☆ellipsoidal chord distance
椭球形大类[疑]☆Ellipsoidomorphida
椭球状地球模型☆ellipsoidal Earth model
椭圆(形)☆ellipse；ellipsoid
椭圆棒式给料机☆wobbler feeder；elliptical bar feeder
椭圆变形[钢]☆ovality
椭圆长轴☆major axis
椭圆虫科[射虫]☆Ellipsidiidae
椭圆的☆elliptic；elliptical
椭圆度☆ovality；ellipticity；out of roundness
椭圆(量)规☆trammel；ellipsograph
(用)椭圆规调整☆tram
椭圆海林檎属[棘;O]☆Ovacystis；Ovocystis
椭圆函数☆elliptic(al) function
椭圆极化波☆elliptically polarized wave
椭圆计测量☆ellipsometry
椭圆茎环类{组}[棘海百]☆Elliptici
椭圆距离测量系统☆DM Raydist
椭圆颗石[钙超;E]☆Ellipsolithus
椭圆盘石[钙超;E-Q]☆Ellipsoplacolithus
椭圆抛物面☆(elliptic(al)) paraboloid
椭圆偏(振)光☆elliptical(ly) polarized light
椭圆偏振计测量☆ellipsometry
椭圆球☆ellipsoid；spheriod
椭圆球石[钙超;J_3]☆Ellipsagelosphaera
椭圆-双曲线(导航)系统☆ellipse-hyperbolic system
椭圆体☆ellipsoid；spheroid
椭圆体的☆ellipsoidal
椭圆头虫超科[三叶]☆Ellipsocephalicea
椭圆头钉☆oval nail
椭圆土壤水方程☆elliptic(al) soil-moisture equation
椭圆线☆ellipse
椭圆形☆oblong；elliptic(al)；oval；ellipse；disciform；oval-shaped
椭圆形分布☆elliptic(al) distribution
椭圆形拱☆barrel vault
椭圆形头虫属[三叶;$Є_1$]☆Elliptocephala
椭圆形压力圈☆pressure ellipse
椭圆旋转云母补色器☆elliptic(al) rotary mica compensator
椭圆(饰)叶肢介属[K_2]☆Ellipsograpta
椭圆仪☆ellipsograph
椭圆圆钻☆oval brilliant
椭圆运动振动筛☆Eliptex screen
椭圆柱(的)☆cylindroid
椭圆桩虫属[射虫;T]☆Ellipsostylus
椭圆状异常☆elliptic(al) anomaly
椭圆锥形褶曲☆elliptical conical fold
妥尔油☆talloil{talloel;tallol}；tall (oil)；liquid rosin
妥尔油混合脂肪酸☆opoil
妥尔油甲酯☆tall oil methyl ester
妥尔油酸甲酯☆Metalyn
妥尔油酸甲酯磺酸盐☆Metalyn sulfonate
妥尔油皂☆Micatetallel soap
妥尔油脂[非离子型矿泥分散剂]☆Renex
妥尔皂☆tall soap；thallic oil soap
妥善保护☆safekeeping
妥协(方案)☆compromise

tuò

拓荒☆pioneering
拓宽☆widen；expand
拓宽河曲☆advanced {-}cut meander
拓扑(学)☆analysis situs
拓扑对称☆toposymmetry
拓扑关系☆topotaxy
拓扑空间☆topological groups；manifold
拓扑型☆topological type{form}
拓扑学☆topology

W

wā

挖☆delve；hoe；scoop；scraping；sap
挖(洞、沟等)☆dig
挖槽☆rut；groover；grooving；gouging
挖槽回填☆trench backfill
挖出☆dig{gouge} out；enucleation；rout
挖出的土☆dug-out earth
挖出土石☆excavated material
挖锄☆trench-hoe
挖除☆excavated out
挖除泥沙☆dislodging of sediment；desilting
挖穿☆dig through
挖倒☆sap；dig down
挖底☆bottom cutting
挖底爆破☆bottom-ripping shot；bottom ripping
挖底回采(法)☆waste-lifting stoping
挖地☆navvy；dig in；grub
挖洞☆gopher；cavitation；make (a) hole
挖斗☆digger；(digging) bucket；bowl；excavator bucket{grab}
挖斗格筛☆well grizzly
挖斗架☆elevator{edge} ladder；bucket ladder
(挖泥船)挖斗架间☆ladder well
挖斗链☆scoop{bucket} chain
(挖泥船)挖斗列组☆bucket line
(轮式挖掘机)挖斗轮☆excavating wheel
挖斗门☆dipper door
挖方☆excavation [of earth or stone]；cut；cubage of excavation；earth excavation；excavated volume
挖方和填方相等的土方作业☆balanced earthwork
挖方滑坡☆sliding in cut
挖方区排水☆drainage in excavation area
挖方渠道☆canal in a cut
挖方取得的泥石料☆borrow material
挖方填方☆cut-and-cover；cut-and-fill
挖方崖石边坡☆excavated rock slope
挖方支撑☆planking and strutting；sheeting for excavation；timbering of a cut
挖根机☆stumper
挖沟☆ditch excavation{cutting;work}；dike；ditching；trench (excavation)
挖沟工☆ditcher；ditch cutter；trencher
挖沟工程经理☆manager of trenching
挖沟工作☆trenching；trench work
挖沟机☆ditcher；ditching{trenching} machine；mucker；ditching and trenching machine；trencher；ditch excavator{digger}；trench-hoe；clamshell shovel；trench excavator{digger;hoe}；channeller；trench cutting machine；sewerage dredger；bagger
挖沟犁☆(mole) plough；plow
挖沟排水☆dyke；dike
挖沟土方测量☆ditch excavation measurement
挖壕☆entrenchment
挖井工人☆sinker
挖掘☆excavation；digging；dredge(r)；(basal) sapping；baly；delve；entrenchment grub；howk；mole；hoeing；move the earth；prong；pulling-down；cutting；unearth
挖掘(出)☆pick up
挖掘半径☆digging reach{radius}；radius of cut；cutting{excavating} radius
挖掘边坡☆pulling-down of banks
挖掘叉☆digging{lifting} prong；spading fork
挖掘铲☆grubbing hoe；lifting shovel
挖掘铲斗推进齿条☆dipper
挖掘船☆dredger；dredge (hog)；classifier dredge[装有分级机]；dredging engine{machine}
挖掘船工☆dredger；dredgeman
挖掘船链斗井☆dredging well
挖掘船锚桩操纵采矿(法)☆spud dredging
挖掘船水力采矿法☆hydraulic dredging suction
挖掘船吸入式采矿法☆suction dredging
挖掘地下宝藏☆unearth buried treasure
挖掘斗架卷扬机☆digging ladder hoist
挖掘高度☆cutting height；optimum height of cut
挖掘工人☆navvy
挖掘机☆(ditch) digger；excavator；(clamshell) shovel；dredging{excavating;digging} machine；grubber；dirt loader；earth{dirt} mover；navvy (excavator)；grab；hoe；ditcher；bildar
挖掘机铲斗☆shovel{excavator} bucket
挖掘机的回转角☆excavator swing angle
挖掘机式推土机☆excavator-type bulldozer
挖掘机作业循环时间☆excavator swing cycle time
挖掘架吊挂系统☆ladders us pension system
挖掘角☆dig(ging) angle
挖掘(的)井☆dig(ging) well
挖掘净半径☆clean-up radius；radius of cut at grade
挖掘坑道☆sap
挖掘力☆breakout{cutting;digging} force；digging power
挖掘梁窝☆hitch cutting；moil a hitch；needling
挖掘器☆digger；sapper
挖掘前地质☆pre-excavation geology
挖掘深度☆cutting{digging;dredging;cut} depth；depth of excavation{cut}；under digging depth
挖掘升运机☆elevator-digger
挖掘式盾构☆excavator shield
挖掘探沟☆channeling
挖掘体积☆excavation volume
挖掘样☆dredge sample
挖掘叶轮☆scoop vane
挖掘用拉绳☆digging rope
挖掘直径☆excavated diameter
挖掘作业☆dredging operation
挖掘作用[冰]☆(glacial) sapping；plucking
挖开☆dig up
挖坑☆potholing；pitting；dig a pit
挖坑机☆pit digging machine
挖坑基础☆foundation by pit sinking
挖坑掩埋☆land fill
挖空☆scoop；hollow
挖空下部☆undercut
挖孔(穴)工具☆dibble
挖孔桩挡土墙☆caisson wall
挖苦话☆cynicism
挖硫☆sulfur quarrying
挖煤船☆coal dredger
挖煤工人☆clearer
挖泥☆dredge；sludge；muck；dredge scoop out earth
挖泥泵☆excavating{dredge} pump
挖泥处置区[航海]☆disposal area
挖泥船☆(suction) dredger；bagger；dragnet{drag} boat；hog barge；(Ekman) dredge；dredge (boat)；muddredge；hydraulic{mud} dredge；dragboat
挖泥船摆动移动☆(dredge) walking
挖泥工☆dredger；mucker
挖泥机☆dredge (hog;machine)；bagger[建]；dredger (shovel)；dredging machine{engine}；navvy (excavator)；mud dredge(r) bulb；Ekman dredge；floating{mud} dredger；basket
挖泥盘的泵☆dredge pump
挖泥器☆dredger；mud dredge
(水底)挖泥抓斗☆bottom-grab
挖泥装置☆sludger
挖坡沉基☆foundation by pit；sinking
挖堑沟☆trenching
挖渠机☆diker；dyker
挖取☆bite；excavating；extract；dredge
挖入☆dig in
挖砂☆coping out{down}；cutting-out
挖砂工☆sandhog
(管沟)挖深☆deepen
挖石☆unkey
挖石工程☆rock excavation
挖石工具☆stone drawing tool
挖蚀☆scoops
挖蚀岸☆cut bank；cutbank
挖蚀作用☆scoops；detersion；detraction
挖树机☆tree mover；treedozer
挖松☆dig up
挖隧洞☆tunnel
挖探槽☆channel(l)ing
挖填☆cut-and-fill
挖通☆dig through
挖土☆grub
挖土(工作)☆ground excavation
挖土工☆navvy
挖土工程☆earth excavation
挖土机☆dredging{shovelling} machine；clay digger；earth{dirt} mover；hog；excavator；backhoe；spoon；navvy (excavator)；spader；mucker；shovel[单斗]
挖土机垫物☆excavator mat
挖土设备☆earth-digging{earthmoving} equipment
挖土作业☆spade work
挖污泵☆dredge pump
挖穴球粒微晶灰岩☆burrowed pelmicrite
挖雪堤[钻比较软的易钻地层]☆snow-bank digging
挖岩石管沟☆rock ditching{trenching}
挖圆井和泥浆池☆digging cellar and slush pit
挖凿机☆navvy
蛙☆frog；Rana
蛙螺属[腹;E-Q]☆Bursa
蛙目黏土☆gairome-clay；frog-eye clay
蛙目锡石☆toad's-eye tin
蛙人☆frogman [pl.-men]
蛙人器具☆self-contained underwater breathing apparatus；SCUBA
蛙式打夯机☆frog rammer
蛙属[N_1]☆Rana
蛙跳☆leapfrog
蛙跃式沉积分布☆leapfrogging sediment distribution
洼地☆depression；lacuna [pl.-e,-s]；pit；(depressed) basin；hollow；howe；bottom{low-lying} land；topographic low；bottomland；bottomglade；senke；bowl；low-lying ground；swale；lacunae
洼地断面☆sag profile
洼地积水☆pocket storage；storage in depression
洼地吉尔盖[黏土小洼地]☆depression gilgai
洼地开采☆subgrade mining
洼地岩钟☆trough cupola
洼地钟形火山☆trough cupola
洼谷石☆wallkilldellite
洼坑泉☆dimple spring
洼{漥}盆☆ouvala；uvala

wǎ

瓦☆watt；W
瓦(特)[功率、辐(射)通量单位]☆watt
瓦板☆roofing slab
瓦板岩☆roofing slate；healing stone；shindle
瓦波汽枪[商;高压蒸汽枪]☆Vaporchoc
瓦茨劳藻属☆Watznaueria
瓦达风☆vardar
瓦达拉克风☆vardarac
瓦当☆tile end
瓦德尔沉(降)速(度)定律☆Wadell's law of settling velocity
瓦德风☆vaudaire
瓦耳库贝属[腕;O_2]☆Valcourea
瓦耳库{考}角石属[头;O-D]☆Valcouroceras
瓦尔堡(范围)[IP 法]☆Warburg region
瓦尔冰间期☆Waal warm age
瓦尔德曼空心玻璃球☆Waldmann hollow glass sphere
瓦尔海统[美;C_1]☆Valmeyeran
瓦尔阶☆Waalian stage
瓦尔梅(统)[美;C_1]☆Valmeyeran (series)
瓦尔暖期☆Waal stage
瓦尔特定律☆Walther's law
瓦尔威克落梁式防跑车装置☆Warwick safety device
瓦尔维德玻璃☆valverdite
瓦分贝☆decibels above one watt；dbW
瓦钙镁硼石☆wardsmithite
瓦格郎贝属[腕;D_{1-2}]☆Vagrania
瓦根{|岗}贝属[腕;C_2-P]☆Waagenoconcha
瓦根股蛤属[双壳]☆Waagenoperna
瓦根菊石属[头;P]☆Waagenoceras
瓦根珊瑚属[P]☆Waagenophyllum
瓦工☆brick layer
瓦工锤☆bricklayer's hammer
瓦沟☆tile
瓦管☆clay{tile;earthenware} pipe；tile
瓦管沟挖掘机☆tile trencher
瓦硅钙钡石[$BaCa_2Si_3O_9$;三斜]☆walstromite
瓦加拉石[钙超;K]☆Vagalapilla
瓦解☆disintegration；crumble；breakup；collapse；disorganization；disruption；subversion；solution；overthrow；disagglomeration
瓦克灰岩☆wackestone
瓦克斯曼-史密茨模型☆Waxman-Smits-type model
瓦克岩☆wacke；waclee
瓦矿石[赤铜矿类;Cu_2O]☆tile ore
瓦拉[古西班牙长度单位,≈33in.]☆vara
瓦拉安地风☆vala-andhi
瓦拉赤运动☆Wallachian movement

瓦拉几亚☆Wallachian
瓦拉伊斯风☆valais wind
瓦来风☆valais wind
瓦螂蛤属[双壳;T-K]☆Inoceramya
瓦朗统[Z]☆Varangian
瓦楞(薄钢板)☆corrugated metal{iron;sheet}
瓦楞铁板☆corrugated iron；ci；C.I.
瓦里安核子旋进磁力仪☆Varian (magnetometer)
瓦里西期☆Vallesian Age
瓦砾☆detritus
瓦利风☆ouari
瓦利斯群岛和富图纳群岛[法]☆Wallis and Futuna Islands
瓦利泽牙形石属[O-S]☆Walliserodus
瓦林恰红奶油[石]☆Cream Valencia
瓦林鏟属[孔虫;C_2]☆Waeringella
瓦鳞迹[遗石]☆Walpia
瓦垄{垅}钢板☆deck plate
瓦垄石棉板☆corrugated asbestos plate
瓦垄石棉瓦☆corrugated asbestos-cement sheet
瓦垄铁☆elephant；roofing iron；channeled plate；zores bar
瓦垄铁皮☆iron roofing
瓦娄蜗牛属[腹;E-Q]☆Vallonia
瓦伦精密压力计☆Wanlen gauge
瓦伦特[S_1]☆Valentian
瓦伦特石☆walentaite
瓦罗拜克法[折射震勘]☆Wyrobek method
瓦曼泵☆Warman pump
瓦曼卧式矿浆泵零件分解图☆explode view of Warman horizontal slurry pump
瓦模☆template
瓦姆科无烟燃料☆Warmco
瓦努阿图☆Vanuatu
瓦硼镁钙石[$Ca_5MgB_{24}O_{42}$•$30H_2O$; 六方]☆wardsmithite
瓦普三叶形虫(属)[节;Є$_2$]☆Waptia
瓦契杉(属)[C_3-P_2]☆Walchia
瓦器☆crockery
瓦萨粗玄岩☆Vaasa dolerites
瓦(特小)时☆watt-hour；watthour；wh；whr
瓦氏贝☆Waagenoconcha
瓦氏沉(降)速(度定)律☆Wadell's law of settling velocity
瓦氏角石☆waagenoceras
瓦氏珊瑚☆Waagenophyllum
瓦(特)数☆wattage
瓦水砷锌石[$Zn_3(AsO_4)_2$•$2H_2O$;三斜]☆warikahnite
瓦斯☆gas；damp；fire(-)damp；mash{top} gas；methane
瓦斯伴随煤层☆accompanied layer
瓦斯包突出☆nest outburst
瓦斯爆炸☆firedamp{gas;fire-gas;fire-damp} explosion；outburst of gas；gas burst{shot}
瓦斯爆炸体积☆volume of explosion gas
瓦斯边界区☆firedamp fringe b.；fire-damp fringe
瓦斯测验员☆fire boss
瓦斯超限☆disallowed gas concentration
瓦斯尘末混合物[云雾]☆gas-and-dust mixture
瓦斯(催化)重整法☆firedamp reforming process
瓦斯抽放泵☆gas-suction pump
瓦斯储量☆reserve of gas
瓦斯断电仪☆gas(eous) circuit-breaker；gaseous circuit breaker
瓦斯躲避峒{硐}☆gasproof shelter
瓦斯放散初速度☆initial velocity of gas
瓦斯分层☆layering of firedamp；methane layering
瓦斯工☆gasman
瓦斯罐爆发☆nest outburst
瓦斯焊接{管}机☆gas welding tube mill
瓦斯和煤尘混合爆炸☆mixed explosion
瓦斯灰量☆dust rate
瓦斯混合物☆gas mixture
瓦斯活化带☆zone of gas emission
瓦斯积聚层☆fire(-)damp layer
瓦斯极限含量☆firedamp limit
瓦斯及烟雾取样仪☆gas and mist sampler
瓦斯监控系统☆methane monitoring system
瓦斯检测继电器☆gas detector relay
瓦斯检查器☆gas detector
瓦斯检定员☆fireboss
瓦斯空气火焰☆gas-air flame
瓦斯矿☆gassy (mine)；hot{safety-lamp{-light};foul;fiery} mine
瓦斯矿井☆fiery{gaseous;safety-lamp} mine
瓦斯矿井等级分级☆classification of gassy mines
瓦斯扩散☆dispersal of gases；gaseous diffusion
瓦斯量测量☆gas surveying
瓦斯煤☆bottle{fiery;gas-producer;light} coal
瓦斯煤层采煤法☆gassy seam mining method
瓦斯煤矿☆fiery{closed-lamp;gassy} colliery；gassy coal mine
瓦斯煤矿断{停}电标准☆electricity cut(-)off standard of gassy mines
瓦斯煤样☆coal sample for determination of gas
瓦斯浓度检定器☆gassy meter；dasymeter
瓦斯排放☆draining(-out) of gases；firedamp{methane} drainage
瓦斯抛出☆gassing
瓦斯喷出☆gas inrush{blow;burst;outburst;blow-out}；blowout；blowby；blow；bleed of gas
瓦斯燃烧☆gas combustion{ignition}；gas-ignition
瓦斯容量☆laboratorial gas capacity
瓦斯上下爆炸极限☆upper and lower explosivity limit of methane
瓦斯渗透伴随层☆accompanied layer
瓦斯生产☆production of gas
瓦斯生成性☆fume characteristic
瓦斯释出☆liberation of gas
瓦斯突出☆(firedamp) outburst；gas rush{projection;(out)burst;blowout}；outburst of gas；blower
瓦斯吸收{附}☆gas absorption
瓦斯洗井钻进☆gas drilling
(用)瓦斯洗井钻成的天然气井☆gas-drilled gas well
瓦斯细菌处理☆devouring methane by bacterium
瓦斯泄出☆gas blower{emission;seepage;release;flooding}；blow；gassing；emission of gas
瓦斯泄出控制☆gas control
瓦斯泄放声☆bowk
瓦斯窑☆fire-gas kiln
瓦斯遥测警报仪☆gas telemetry alarm device
瓦斯移动☆firedamp migration
瓦斯逸出☆feeder；escape of gas
瓦斯涌出量☆out-flow of methane；gas discharge{emission}
瓦斯油☆gas-oil；gas oil
瓦斯油蒸汽裂解☆gas oil steam cracking
瓦斯允许含量☆allowable fire damp
瓦斯窒息事故☆gas-asphyxiating accident
瓦斯柱高☆gas column
瓦特☆watt；wt
瓦特表{计}☆Watt{power} meter；wattmeter；W.M.
瓦特林页岩☆Watling shales
瓦铜矿[赤铜矿变种;Cu_2O]☆tile ore；ziegelite；zigueline
瓦土管☆tile
瓦味利期☆Waverlian age
瓦味利岩群☆Waverly group
瓦希塔石[材]☆Washita stone
瓦肖焚风☆Washoezephyr
瓦形物☆shoe
瓦休来菲风☆Washoezephyr
瓦因-马修斯假说☆Vine and Matthews hypothesis
瓦用板岩☆roofing slate
瓦兹利石☆wadsleyite

wāi

歪长斑岩☆pilandite；anorthophyre
歪长钠端员☆analbite
歪长闪正长岩☆leeuwfonteinite
歪长石[(K,Na)$AlSi_3O_8$;三斜]☆anorthoclase；soda{sodian} microcline；anorthose；analbite；pseudo(-)orthoclase；parorthoclase；natronorthoklas；soda-microcline；mikroklas；natronmesomicrocline；para-orthose；kalinatronfeldspath{kalinatromikroklas}[德]；natromicrocline；pantellarite；natronmikroklin
歪长石系列的理论端员☆analbite
歪长岩☆anorthoclasite
歪长云闪正长岩☆hatherlite
歪长正长岩☆anorthosyenite；hatherite
歪的☆contorted；skew
歪度☆skewness；flexure；SK
歪钙正长岩☆kjelsasite
歪海胆☆Heteraster
歪辉安山岩☆volcanite
歪碱正长岩☆larvikite；laurvikite
歪铰合线☆nonstrophic
歪角齿轮☆bevel pinion
歪晶☆distorted{malformed} crystal；malformation-crystal
歪螺属[腹;E-Q]☆Distorsio
歪扭☆skew
歪扭变形☆warping
歪扭波痕☆swept ripple mark
歪曲☆distort(ion)；falsification；wrench；twist；wrest；askew；torture；swerve；misrepresent；crooked；aslant；misrepresentation
歪曲波☆distortional wave
歪曲层理☆distorted bedding
歪曲的☆distortional；violent
歪曲度☆degree of warping
歪伞齿轮☆skew bevel gear
歪(长棕)闪正长岩☆hatherlite；leeuwfonteinite
歪石英☆vestan
歪四点注水井网☆skewed four-spot injection pattern
歪尾☆heterocercal tail{fin}
歪尾类[昆]☆anomura
歪霞正长岩☆laurdalite；lardalite
歪像☆anamorphosis
歪像校正镜☆anamorphoscope
歪斜☆heel；out of square
歪斜度☆skewness
歪斜系数☆skew factor
歪斜褶曲☆inclined fold
歪心干涉图☆off-center interference figure
歪形海胆☆Irregularia
歪圆形☆bias
歪正细晶岩☆bostonite
歪嘴砺属[双壳;J-K]☆Exogyra
歪嘴钳☆bent nose pliers

wài

外☆epi-；ecto-；para-；par-；xeno-
外(部)☆extro-；extra-；exo-
外鞍[菊石]☆external saddle
外岸☆outer bank
外岸滩礁☆bank {-}inset reef
外摆线☆epicycloid
外板☆case
外板摩擦☆skin friction
外(缘)半径☆external radius
外包(体)☆envelope
外包硅华的☆silica-encrusted
(在金属)外包上另一种金属☆clad
外包维修☆maintenance by contractor
外包协作☆contracted-out production
外孢壁☆sclerine
外保护套管☆outside protective case
外抱型斗杆☆outside bucket arm
外抱闸☆external contracting brake
外爆法☆external explosion process
外杯属[古杯;Є]☆Exocyathus
外被☆tegument
外鼻孔☆external naris
外币到岸价(格)☆CIF value in foreign currency；cost, insurance, freight and value in foreign currency
外壁内层[孢]☆intexinium
外壁☆peridium；exot(h)eca；theca [pl.-e]；ectotheca；extine{exine;exospore} [孢]；ektexine；sexine；outer wall[古杯]；epitheca[珊]；exinium；theca (in corals)[珊]；periphragm；ectooecium[苔虫室]；outside wall；ect(o)exine
外壁变薄区[孢]☆tenuitas；tentuitas
外壁薄区[孢]☆leptoma
外壁层{板}☆exothecal lamella
外壁的☆exinous
外壁缝状坑☆fossette
外壁[半面]加厚[孢]☆patina
外壁内层[孢]☆endexine；intex(t)ine；endexinium；nexine
外壁外层☆exoexine；ektexinium
外壁中层[孢]☆mesexinium
外边界☆exterior{external;outer} boundary
外边界反应阶段试井分析☆late-time analysis
外边界区☆external boundary region
外变☆exomorphism
外变(作用)☆exomorphic
外变沉积☆epigenic sediment
外变量☆exogenour variables

外(接触)变质(作用)☆exomorphism; exomorphic-metamorphism; exometamorphism
外变质带☆exomorphic zone; outer metamorphic belt
外(接触)变质的☆exomorphozed; exomorphosed; exomorphic
外标记☆foreign labeling
外表☆appearance; face; surface; similitude; likeness; outward (appearance); exterior; semblance; showing; superficies; exteriority
外表层☆ect(o)exine; ektexine; exolamelle; exoexine; ectosexine[孢]
外表的☆exterior
外表检查☆visual examination
外表裂缝☆external crack
外表面☆outer{outside} surface; externality; extrados
外表面的☆extradosal
外表皮☆epicuticle
外表皮层[腕]☆outer epithelium
(导火线)外表燃烧☆side spitting
外表上☆proforma; outside; pro forma
外表有螺旋凹槽的岩芯☆fluted{corkscrew} core
外表运动☆outward movement
外滨☆outshore; offshore
外滨线☆outer shoreline
外冰川水系☆extraglacial drainage
外波☆external wave
外薄层☆exolamelle
外部☆exterior; ex situ; external; without; outside; out
外部爆破☆spider shooting
外部变形☆dimensional deformation
外部吹风机或浮选机☆machine with external blower
外部催化体系☆externally activated system
外部导向重式蓄能器☆externally guided weight-loaded accumulator
外部的☆external; extraneous; exterior; foreign; peripheral; ext
外部定向☆exterior{outer} orientation
外部反面机构☆external reversing mechanism
外部符号字典☆external symbol dictionary
外部沟☆out-of-mine trench{ramp}
外部过滤☆bulk filtration
外部鉴定☆visual identification
外部接触☆exocontact
外部接口转接器☆peripheral interface adapter; PIA
外部可调节的给料管☆externally adjustable feed tube
外部裂缝{隙}☆external crack
外部临界阻尼电阻☆external critical damping resistance
外部漏风☆surface air leakage
外部密封☆outside seal
外部能源☆extra power
外部时钟信号源☆external clock source
外部条件☆external-condition; ambient conditions; external requirement
外部性☆externalities
外部因素的☆ectogene
外部装药☆plaster{unconfined} shot; unconfined charge
外部装药爆破☆contact{sand} blasting; mud copping; adobe shoot(ing){shot}; plaster{spider} shooting; mud-capping
外部装药爆破重钻泥☆mud-copping
外部组构☆se-fabric
外部作用力☆external agency
外侧☆case; outboard; exposed side
外侧板☆extralateral plate
外侧的☆outboard; outward
外侧度☆exterior{outer} measure
外侧孔☆apertura lareralis
外侧坡度☆front slope
外侧刃金刚石[钻头]☆outside stone
外侧双链输送机☆outer double-chain conveyor
外侧托辊☆backside idler
外侧卫星☆outer satellite
外层☆ectoderm; outer wall{layer}; tegmentum; cortex; sexine[孢]; ektexinium[孢]
(钢丝绳)外层钢丝☆cover wire
外层加厚☆outside upset
外层空间飞行☆spaceflight
外层空间开采☆extraterrestrial mining
外层筛管☆outer screen
外插(法)☆extrapolation (method)

外差(法)☆heterodyne (method)
外差式从动滤波器☆heterodyne slave filter
外缠绕(层)☆outer wrap
外场☆external field
外潮汐三角洲☆outer tidal delta
外沉☆extravasate
外沉积带☆outer sedimentary belt
外沉积弧☆outer sedimentary ar.{arc}
外成☆epigenesis; exogene; exogenesis
外成变量☆exogenous variable
外成的☆exogen(et)ic; exogenous; epigene; epigenic; exokinetic
外成地形☆epigene relief
外成力作用☆exogenic process
外成土☆ectodynamomorphic{ektodynamomorphic} soil
外成岩☆exogenetic rock; exogenite
外成作用☆exogen(et)ic process; epigenesis; epigene; {exogenetic} action
外耻骨☆epipubis
外齿层☆exoperistome
外齿带☆stylar cingulum; ectocingulum
外(啮合)齿轮☆external gear
(齿轮泵)外齿轮☆outer rotor
外冲☆dutrusion; detrusion
外冲冰碛☆washboard moraine
外充亚纲的[头]☆ectocochleato
外出☆out; sally; outgo
外触发☆external trigger; stimulus
外传动辊式地下卷取机☆surface-driven expanding type downcoiler
外传力法预应力☆prestress without bond
外唇[腹]☆outer lip
外唇线[腹]☆collabral
外磁场☆external magnetic field
外磁场中和用线圈☆field neutralizing coil
外磁效应☆extraneous magnetic effect
外(部)猝灭☆external quenching
外存储器☆external memory{storage}
外错角☆alternate exterior angles
外大气☆outer atmosphere
外大气圈☆exosphere; exoatmosphere
外大钳☆lead tongs
外带☆outer zone{belt}
外带(个体)[苔]☆exilazooecium
外带(成熟区)[苔藓虫]☆exozone (mature region)
外带式闸☆external-band-type brake
外担子菌属[真菌;Q]☆Exobasidium
外岛弧☆outer arc
外导角的余角☆outer cutting angle
外导线☆outer conductor
外底☆outer bottom
外地槽☆exogeosyncline; deltageosyncline; fore deep; foredeep
外地槽带☆externide
外地槽的☆exogeosynclinal
外地幔☆exo-mantle; outer mantle
外地壳岩石☆supracrustal rock
外地圈元素☆exogeospheric elements
外地台☆epiplatform
外地中海的☆extra-Mediterranean
外地种☆exotic species
外电流电阻☆external resistance
外电路电流☆external current
外电子壳层☆outer electron shell
外东西轴☆outer (horizontal) east-west axis; OE-W
外动力☆exogenetic force
外动力的☆ectodynamic; ektodynamomorphic; exokinetic; exokinematic[沉积作用中的位移现象]; ectodynamomorphic
外动力地质作用的☆exogenic; exogenetic
外动力土☆ectodynamorphic soils
外度的[晶形]☆xenometric
外端支架☆outboard support
外对管器☆exterior clamp; external line-up clamp
外对光☆external focusing
外对接搭板☆outside butt strap
外轭板☆epizygal
外颚叶[昆]☆galea
外耳☆auris externa; external ear
外耳壳☆pinna [pl.-e]
外耳口螺亚属[腹;E_2-Q]☆Auristomia
外耳柱☆extracolumella

外发灰分☆extraneous ash
外法兰☆outside flange
外法线☆outer normal
外翻☆eversion
外反射☆external reflection
外方位☆exterior{outer} orientation
外分类☆external sort
外分泌☆ectocrine
外分枝[海百]☆exotomous
外封炮泥☆external stemming
外缝合线[菊石;头]☆external suture
外覆爆破☆blister; cap shot
外赋传导率☆structure-sensitive conductivity
外腹弯曲☆exogastric
外负荷☆external loads
外附体☆epimorph
外附同态(现象)☆epimorphism
外附同态体☆epimorph
外附杂质☆extraneous impurity
外干涉☆external interference
外(油)缸☆outer cylinder
外肛亚纲{类}[苔]☆Ectoprocta
外肛亚纲动物☆ectoproct
外港☆outport
外(径)割管器☆outside pipe cutter
外隔壁[珊]☆exoseptum
外隔脊☆costa
外拱(状构造)☆outer arch
外沟[鳠类]☆external furrow
外构造带☆externide
外鼓式过滤机☆outside-drum filter
外骨骼☆exoskeleton; dermoskeleton; episkeletal; ectoskeleton; test
外挂石板瓦☆late hanging; weather slating
外关闭压力☆external confining pressure
外观☆garment; facies; exterior; face; externalities; seeming; look; aspect; outward appearance
外观检查☆visual inspection{check}; outer inspection
外观检验☆visual testing
外观上的☆apparent; seeming
外观图☆outside drawing
外观形式修整过程[成果、图件]☆cosmetic procedure
外观修饰技术☆cosmetics
外管[双层岩芯管]☆casing; outer tube{barrel}; outside barrel
外管螺纹☆external prop thread; external pipe thread
外灌浆管☆outer grout pipe
外轨☆outside rail
外轨垫高☆super-elevation (intrack)
外国的☆foreign; oversea; external
外国{陌生}地☆fremdly
外国来的☆exotic
外国人☆foreigner
外果皮☆epicarp; exocarp
外裹纤维布的泡沫玻璃☆fabric-jacket foam glass
外海☆off coast; outshore; open{off-lying;main} sea
外海沟☆outer trench
外海行星☆trans-Neptunian planets
外海种☆pelagic species
外函燃烧☆by-pass combustion
外行☆layman; stranger
外壕☆fosse
外核☆outer core
外赫{亥}姆霍兹双层☆outer Helmholtz double layer
外痕迹[遗石]☆exichnia
外痕迹潜穴{虫孔}☆exichnial burrow
外恒温器☆outer thermostat
外后顶骨[两栖]☆exoccipital
外后举突☆external postlevator process
外湖☆paralimnion
外弧☆secondary{outer} arc
外弧海槽☆indeep
外弧海岭☆outer island arc ridge
外弧脊☆outer {-}arc ridge
外弧口凿☆outside gouge
外护坡道☆outer banquette
外花键☆male spline
外环☆outer race{portion}; periphery
外(开口)环☆external circlip
外环海胆属[棘;N]☆Eupatagus
外环式[海胆]☆exocyclic
外缓冲☆external buffering

外回转凿岩机☆rotary rock drill; independent rotary drill
外汇☆foreign exchange{currency}; FX
外汇法定平价☆fixed par of exchange
外汇黑市☆dark change
外汇率☆exchange rate
外汇期货☆futures exchange; F.E.
外汇损失☆loss on foreign exchange
外混式喷燃器☆outside-mixing burner
外混式油喷燃器☆external-mix oil burner
外火山☆exovolcano
外基层[孢]☆basosexine
外基质{填料}☆epimatrix
外积☆buildout; outer product
外激电子☆exoelectron
外激多谐振荡器☆driven multivibrator
外激素☆ectohormone
外脊☆ectoloph; outer ridge
外迹☆exichnia
外寄生☆ectoparasitism
外寄生物☆ectoparasite
外加☆superaddition; accretion; sur-
外加不谐和褶曲☆extra disharmonic fold
外加场☆applied field
外加冲击☆applied shock
外加的☆fresh; supernumerary; applied; exenic
外加电流阳极☆impressed-current anode; power impressed anode
外加电压☆impressed{external} voltage
外加厚的管子☆outside upset pipe
外加厚油管☆tubing with external upset ends; external upset tubing
外加厚油管螺纹☆external upset tubing thread
外加灰分☆sedimentary{extraneous} ash
外加热量☆extra-heat
外加热器☆guard heater
外加热水热高压釜☆externally heated hydrothermal unit
外加物☆extra; additive
外加线理标志{符号}☆extra lineation notation
外加信号☆external signal
外甲☆exoskeleton
外假形☆epimorph
外架☆stylar shelf
外间隙☆outside clearance
外间隙比[取样器]☆outer clearance ratio
外肩骨☆extrascapular
外检☆external control analysis
外礁弧☆outer reef-arc
外交照会☆note
外浇口☆pouring basin
外铰板[腕]☆outer hinge plate
外铰窝脊[腕]☆outer socket ridge
外角☆coign(e); cant; exterior{external;deflection} angle; quoin[房屋]
外角构件[接合平面或墙壁]☆quoining
外角质☆epicuticle
外接☆circumscription; outside coupled; circumscribed
外接触带☆exocontact
外接触(面)☆external contact
外接电源☆external power supply
外接合腕板[棘海百]☆epizygal
外接圆☆circumcircle; circumscribed circle
外接圆半径☆circumradius
外节肢☆pre-epipodite
外结晶地块☆external crystalline massif
外界☆externality
外界场☆extraneous field
外界面浮选☆bubble-column flotation
外界温度影响☆extraneous thermal effect
外界因素☆extrinsic factor
外界噪声☆ground unrest; ambient{outside} noise
外景观☆extra-landscape
外静水压力☆external hydrostatic pressure
外径☆outside{outer;external;major;blank} diameter
(螺纹的)外径☆full diameter
外径 2⅞"标准套管☆BX casing
外径超高的坡度☆cant
外径规☆external gauge; outside calipers
外径间隙☆crest clearance
外径精测仪☆passatest
外径磨床☆cylinder and cone grinding machine
外径千分尺☆outside micrometer
外径掏槽刃[钻头]☆O.D. {outside diameter} kickers
外径 $1^{5}/_{16}$"{|$1^{29}/_{32}$"|2⅜"|2⅛"}钻杆☆EX{|BX|N|BW}-rod
外径指示规☆passameter
外卷壳☆planulate
外卡钳{规}☆outside caliper; bow compasses; external callipers
(电缆)外铠皮☆outer armor
外科医生☆surgeon
外壳☆jacket; package; crust; fuselage; shell (skin); exoskeleton; encasement; (element) housing; container; carcase; carcass; bottle; bulb; blanket; envelope; (enclosing) box; epidermis; enclosure; (outer) casing; mantle; utricle[轮藻]; cabinet; skin; cowl; outer housing{covering}; case; coating; incrustation; bark; hull; BTL; SH
(用)外壳{皮}包☆incrustation
外壳层☆outer ostracum
外壳构造☆superstructure; suprastructure
外壳亚纲[头]☆Ectocochlia(ta); Tetrabranchiata
外壳岩☆supercrust rocks; supracrustal rock
外壳岩剖面{层序}☆supracrustal sequence
外壳岩石☆epicrustal rock
外壳硬化☆case-hardening
外壳铸型☆biscuit
外壳总成☆cage assembly
外克拉通的☆epicratonic
外空地质学☆astrogeology; exogeology
外空间☆external space; superspace
外空腔调(制)速度管☆external-cavity klystron
外(层)空(间)生物学☆xenobiology; exobiology
外控式三极汞气整流管☆cathetron; kathetron
(齿轮的)外口☆top circle
外矿送选的煤☆foreign coal
外扩☆outstep
外廓(尺寸)☆overall (dimension); out-to-out; oad; oa
外拉杆☆external pull rod; outside link
外来包体☆enclave of external derivation; exogenous {exogen(et)ic; exogeneous; accidental}; foreign incluaion{inclusion} inclusion
外来成分☆ektogenic; allogenic constituents
外来的☆extraneous; exotic; foreign; xenolithic; alien; adventive; allo(thi)genic; allochthonous; adventitious; derived; allothigenetic; extrinsic(al); allothogenic; allochthonic
外来的(固体)颗粒☆foreign solids
外来的宇成反应☆exotic cosmogenic reaction
外来废石☆extraneous waste; bring waste to the stoping area from outside
外来化石☆allochthonous fossil
外来灰分☆secondary{extraneous;adventitious;free} ash
外来晶的☆xenocrystic
外来精矿☆custom concentrate
外来矿石操作法☆foreign ore practice
外来矿物☆introduced{allogenic} mineral
外来石块☆erratic
外来水产量☆extraneous water production
外来碎石充填☆imported dirt
外来碎屑☆extraclast; epiclast
外来碎屑球粒的☆allothrausmatic
外来体☆allochthon(e); foreign body
外来填料☆imported dirt{stowing}
外来土☆travel(l)ed soil
外来推覆体☆allochthonous nappe
外来物☆exotic; guest; crud; foreigner; allogene; foreign material
外来物的☆accidental
外来信号☆extraneous signal
外来岩块☆detached mass{block}; foreign rock fragment; exotic{allochthonous} block; allochthon
外来岩石☆extraneous rock
外来岩体☆allochthon(e); foreigner
外来岩体学说☆allochthonous theory
外来因素的☆ectogenic
外来语☆exotic; loan
外来褶皱☆displaced fold
外来植物☆adventitious plant
外棱☆ectoloph
外棱貘类☆isectolophids
外力☆external{exogen(et)ic;impressed;extraneous;exogene;outside} force
外力的☆exogenic; exogenetic
外力对流☆forced convection
外力裂隙☆induced break
外力溶解☆heterolysis
外力碎屑砾岩☆epiclastic conglomerate
外力作用☆external agency; exogenetic{epigene} action; epigenesis; exogenous process
(链条)外链板☆pink link plate
外流☆outflow; drain
外流冰舌☆outlet glacier
外流洞穴☆cave of debouchure; outflow cave
外流面[岩芯的]☆outflow face
外流盆地☆external{exorheic} basin
外流区域☆exorheic drainage
外流人才☆brain drainer
外流水系☆exterior{external} drainage; exorheism
外流水系的☆exorheic
外流通道☆outlet channel
外流中心[冰盖]☆center of outflow
外隆☆outer swell
外露☆exposed
外露层☆outlier; butte temoin; zeugenberg
外露单元☆bay
外露岩石☆day-stone; day stone
外(大)陆架☆outer (continental) shelf; OCS
外陆盆地☆extracontinental basin
外陆缘高地☆outerhigh; outer high
外滤式(过滤机)☆outside-drum filter
外轮☆felly; felloe
外轮山☆somma (volcano); caldera berg; circus; somma ring[一种古火山口]
外轮山环☆basal wreck
外轮胎☆ear
外轮罩壳☆wheel house
外螺纹☆male thread
外螺纹销连接器☆pin-to-pin coupling
外螺旋☆external spiral
外脉冲同步系统☆externally pulsed system
外冒地槽带☆external miogeosynclinal zone
外貌☆appearance; exterior; configuration; looks
外贸公司☆foreign trade corporation
外贸货物☆traded goods
外贸企业☆export-orientated enterprises
外贸投入和产出☆trade input and output
外面☆without; outflow face; out; outer face[磁带的]; periphery
外 S 面[包体]☆se
外面层☆coat
外面的☆exterior; outward; out; outer; outside
外模☆external mold; exocast; mo(u)ld; coat; exine
外模化石☆encrustaton; incrustation
外模振动法☆outer mold vibration method
外膜☆exine; coat; exospore; extine; pellicular envelope[丁]; ectophragm[沟鞭藻]
外摩擦角☆angle of external friction
外囊壁[生]☆ectocyst
外囊菌属[真菌;Q]☆Taphrina
外排齿☆heel row teeth
外排流☆effluent stream
外排序☆external sort
外盘菊石科[头]☆Xenodiscidae
外胚层☆ectoderm; epiderm; ectoblast; epiblast
外胚层质☆ectoplasm
外喷☆extravasation
外喷雾系统☆outer-water-spraying system
外喷溢☆external eruption
外劈理☆exocleavage
外皮☆perithecа; hull; cortex; epiderm(is); tegument; ectocyst; epitheca; shuck; sheath; outer bark; crust; incrustation

外皮板☆dermal plate
(用)外皮包裹☆incrustation
外皮层☆encrustation; exodermis[根的]; ectoderre[棘]
外皮的☆cortical; pallial
外皮质煤[煤岩成分]☆periblain
外皮质体[显微组分]☆periblinite
外偏角☆out-side fleet angle
外平板龙骨☆outer flat keel
外平接箍☆external flush-jointed coupling
外平连接钻杆☆externally flush-coupled rods
外平式油管☆nonupset tubing
外平台[牙石]☆outer platform
外平钻杆☆outside-flush drill pipe
外屏极阻抗☆external plate impedance

(礁)外坡☆outer slope
外坡[钢]☆riverside{front} slope；riser
外破火山口☆exocaldera
外栖动物☆epifaunal
外气层☆exosphere
外气缸☆outer cylinder
外牵引☆independent{remote} haulage
外钳☆lead tongs
外钳工☆lead-tong man
外前距[牙石]☆outer anterior spur
外潜热☆external latent heat
外浅海带☆infraneritic zone
外腔☆pericoel；exocoele
外墙☆outer wall
外墙面砖☆veneer{facing} tile
外墙托梁☆spandrel beam
外桥砖☆outside bridge wall
外鞘[腔]☆epitheca
外切☆circumscribe(d)；exterior contact
外切刀☆external cutter
外切刀刃☆outside blade
外切弧珥[气]☆tangent arcs
外切螺属[O-C]☆Ectomaria
外切圆☆circumcircle；circumscribed circle
外勤稽核☆field auditor
外勤(工作)人员☆outworker
外倾☆looked out；toe-out
外倾的☆decumbent
外清管机☆external cleaning machine
外曲(线)☆outcurve
外取芯筒☆outside barrel
外圈☆outer portion
(采煤机滚筒的)外圈☆clearance ring
外圈框石[房]☆outband
外群比较☆out-group comparison
外燃☆external fire{combustion}；external-burning；externally fired
外燃冲压发动机☆external burning ram
外燃室☆separate{external} combustion chamber
外燃式热风炉☆external-combustion stove
外(部{装})热电偶☆external thermocouple
外热高压容器☆externally heated pressure vessel
外韧带[双壳]☆outer{external} ligament
外韧带附着面☆nymph；ligament fulcrum；nympha
外韧的☆ectophloic
外韧带附着面☆nymphs
外韧脚☆outside shoe
外色尔特菊石属[头;T_1]☆Xenoceltites
外沙坝{堤}☆outer bar
外筛骨☆ectethmoid (bone)
外山脊☆outer ridge
外扇组合☆outer-fan association
外伤☆trauma [pl.-s,-ata]；wound；an injury
外上髁孔☆ectepicondylar foramen
外蛇管☆outer coils
外射海绵骨针体☆axinellid
外射投影☆external projection
外伸☆overhang
外伸叉架☆outrigger
外伸的横杆☆stinger
外伸式支臂☆outboard arm
外伸支架☆outrigger；out rigger；spider
外渗☆extravasation；extravasate；exosmosis
外生☆exogene
外生包体☆exogenous enclave{enclosure}
外生孢子☆exospore
外生成岩作用☆exodiagenesis
外生担子☆Exobasidium
外生的☆exogen(et)ic；exogenous；epigen(et)ic；epigene
外生分异(作用)☆exogenic-differentiation
外生迹纲[遗石]☆Bioexoglyphia
外生晶☆epigene crystal
外生菌根☆ectotrophic mycorrhiza
外生矿床☆exogenetic (ore) deposit；exogeneous ore deposit；exogenic ores；exogenite；exogenic mineral deposit
外生砾岩☆extraformational conglomerate
外生裂隙☆exokinematic fissure
外生效应☆exogene {-}effect
外生旋回☆minor{exogenic} cycle
外生作用☆exogenetic{epigene} action；exogenic process；exogenesis；epigenesis
外升压☆boost

外绳[吊挂掘进吊盘用]☆outer rope
外施应力☆applied stress
外时钟分频器☆external clock divider
外矢状脊☆crista sagittalis externa
外始式[古植]☆exarch
外适应☆exoadaption
外室☆vestibula；vestibulum
外视图☆external{exterior} view
外疏松层[孔虫]☆outer tectorium
外树皮☆rhytidome；outer bark
外水管目☆Fissiculata
外水管褶[棘]☆external hydrospire
外水压力☆external water pressure
外丝钎头☆bit with external threads
外丝钻杆☆male rod
外死点☆outside dead center；outer dead point；ODP
外碎屑☆extraclast；epiclast
外碎屑亮晶砾屑灰岩☆extrasparudite
外碎屑微晶砾屑灰岩☆extramicrudite
外缩闸☆external contracting brake
外锁信号☆external lock signal
外胎☆cover；casing；outer cover [of a tyre]；tyre cover{shoe;casing}；tyre
外胎面☆tread
外太空人☆saucerman
外滩☆outer beach
外套☆jacket；lagging；cloak；lag；outer housing；overcoat；(top) coat；outer case{wrap} [发动机]
(混凝土)外套层☆sheathcoat
外套的管子☆case pipe
外套管☆protection{external} casing；outside tube；jacket
外套冷却反应器☆jacket-cooled reactor
外套螺帽☆cap nut
外套膜[双壳]☆pallium [pl.pallia]；mantle[软]
外套腔[双壳]☆brachial{mantle} cavity；pallial chamber
外套筒式空气枪☆external sleeve gun
外套湾[双壳]☆pallial sinus；mantle canal；sinupalliate
外特性☆external characteristic
外体(壁)[生]☆ectosome
外体管[头]☆extrasiphonate；ectosiphuncle；ectosiphonate
外填料式浮头换热器☆outside-packed floating exchanger
外填料铜衬套☆male packing brass
外贴地下防水层☆externally applied tanking
外烃☆outside diameter
外同步信号☆external synchronizing signal
外筒☆outer barrel；cup
外筒旋转的黏度计☆conette type viscometer
外突(层面)☆epirelief；of bedding planes
外图廓☆exterior{external} margin；outer border
外涂层☆top coat；overcoating
外推☆extrapolation；extrapolate
外推法设计{函数}☆extrapolation design{function}
外推交点对应时间☆extrapolated intersection time
外推矿石(储量)☆extension ore
外推力☆extrapolability
外推论☆extrapolationism
外推式变向架☆hold out swing
外推压力恢复值☆extrapolated buildup pressure
外弯的☆recurved
外湾☆open bay
外湾生境☆outer bay biotope
外万向支架☆outer gimbal
外网☆extrareticulum
外围☆periphery；outskirts
外围层☆outlier；perisphere
外围的☆outside；peripheral
外围地块☆satellite massive
外围礁☆outlying reef
外围井☆perimeter{out-laying} well
外围平巷☆contour drift
外围设备[计]☆peripheral device{equipment;unit}；peripheral；auxiliary{ancillary} equipment
外围掏槽炮眼[槽]☆rib snubber
外围凸边☆peripheral flange
外围月坑☆satellitic crater
外围站☆outstation
外围转接系统☆peripheral switching system
外屋☆outhouse；outbuilding
外物☆foreign object

外矽卡岩☆exoskarn
外洗平原☆outwash (plain)
外洗扇☆outwashfan
外显率☆penetrance
外线☆out wire
外线的☆off-line
外线性化☆outer linearization
外项☆extreme (term)
外相☆external{bulk} phase
外相关{干}的☆external coherent
外相组合☆outer facies association
外向☆outby；outbye
外向冲程☆outstroke
外向式☆outboard type
外向推力☆outward thrust
外向型经济☆export-orientated economy
外销矿山☆commercial mine
外消旋(作用)☆racemization
外消旋(现象;性)☆racemism
外消旋的☆racemic
外消旋体{物}☆raceme
外楔骨☆os ectocuneiforme
外泄油边界☆outer drainage boundary
外心☆excenter；circumcentre；unfaithful intentions
外(接圆)心☆circumcentre；circumcenter
外心点的☆metacentric
外形☆outline；external{contour} form；species；contour；configuration；outward；appearance；ambit；boundary；dress；profile；physiognomy；view；externals；external cast；ideotype；ideo type
外形尺寸☆overall dimension{size}；clearance；outside (measurement)；(external) dimensions；out-to-out distance；gabarite{gabarit} [法]；od；oad
外形模☆epimorph
外形似桑葚☆mure de caverne
外形损伤☆disfiguration；disfigurement
外形态面☆outer form surface
外形图☆outline；outside drawing
外形线☆object line；outline
外形形态☆morphology
外形修整☆contouring
外行星☆outer{superior;exterior} planet
外序列地层☆out-of-sequence stratigraphy
外旋☆outward turning
外旋侧☆convex side of a curved fracture surface
外旋回性☆allocyclicity
外旋流☆outer vortex
外旋式[孔虫]☆evolute
外旋转角☆angle of external rotation
外旋状☆spirogyrate
外项☆extreme (terms)
外(生)循环☆external cycle
外压力☆external pressure
外压容器☆external pressure vessel；EPV
外芽胞(膜)☆exospore
外咽片[昆]☆jugulum
外岩浆☆epimagma
外岩浆的☆apomagmatic；extramagmatic
外岩浆热液分异作用☆exomagmatic hydrothermal differentiation
外岩芯{芯}筒☆outside{outer} (core) barrel；outer tube；external barrel
外延☆breadth；epitaxy[电]；extension；meaning in extension；extensiveness；denotation
外延层转移(技术)☆Eltran
外延的☆epitaxial；epitaxic；epitactic；extensive
外延接合☆epitactic coalescence
外延榴石膜☆epitaxial garnet film
外延能量损耗精细结构☆extended energy loss fine structure；EELFS
外延X射线吸收精细结构谱☆extended X-ray absorption fine structure spectroscopy；EXAFS
外延生长☆epitaxial growth；EG；overgrowth
外延石榴石膜☆epitaxial garnet film
外延位错☆epitaxial dislocation
外延氧化作用☆epitaxic oxidation
外沿岸带☆circalittoral
外沿边钻齿☆gage cutter
外沿井☆out-lying well
外焰☆outer flame
外洋☆broad ocean
外洋流域☆exorheism
外洋性环境☆oceanopelagic environment

外养寄生物[生态]☆ectotroph
外业☆outwork; field work
外业编图测量☆field compilation survey
外业记录☆survey records
外业计算位置☆field position
外业原图☆plane-table{field} map; field sheet
外(小)叶☆exite
外叶[菊石]☆outer{siphonal} lobe; external lobe; external lobe (in Ammonoids)
外衣☆garment; cloak; wrap; coat
外遗迹☆exichnia
外逸层☆exosphere; outersphere; exoatmosphere
外逸层的☆exoatmospheric
外逸电子☆exoelectron
外溢☆external eruption
外溢液☆extravasation
外翼☆outer flanks
外翼骨☆ectopterygoid; os ectopterygoideum
外因☆extrinsic factor
外(来)因(素)的☆ectogenic; ectogene; ektogenic
外因火灾☆fire ignition due to external heat; external{exogenous} fire
外银河☆exterior galaxies
外营力☆epigene{epigenetic} process; external agent {agency}; exogenetic{exogenic} force
外应力☆external stress
外应力的☆exokinetic
外用卡簧钳☆external plier
外油管柱☆outer tubing string
外游离层顶层☆plasmapause
外鱼尾板☆outer splice bar
外域☆outer continental shelf; OCS
外圆☆excircle; top circle
外(接)圆☆circumcircle
外圆车削☆cylindrical turning
外圆滚线☆epicycloid
外圆角☆bullnose
外圆磨床☆cylinder and cone grinding machine; external grinding machine; plain grinder
外圆筒[旋转黏度计]☆out cylinder
外圆周长☆outer circumference
外源包体☆exogenous enclosure{inclusion}; enclave exogene{enallogene}; exogenetic {accidental; exogenic} inclusion; enallogene enclave
外源薄壳☆illinition
外源沉积☆adventitious deposit
外源的☆allo(thi)genic; exogenous; allo(thi)genetic; allothogenic; exogen(et)ic; allothigenous
外源河☆allogenic river; allochthonous{allogenous; exotic} stream
外源滑积层☆allolistostrome
外源交代花岗岩☆allochthonous metasomatic granite
外源喷块☆accident block
外源气☆non-idiogenous gas
外源物☆allothigene; allogene
外源氧化硅胶结物☆extrastratal silica cement
外源直流式冷却水☆external once-through cooling water
外源准地槽的☆exogeosynclinal
外缘☆outer edge; outflow boundary
外(流边)缘☆outflow boundary
外缘槽[孔虫]☆scrobis septalis; inframarginal sulcus
外缘河☆peripheral stream
外缘湖泊☆outside pond
外缘井☆outlying well
外缘压力☆pressure at external boundary
外运☆egress
外运动的☆exokinematic
外在的不稳定性☆extrinsic instability
外在水分☆extraneous{surface} moisture
外在性☆externality; outness
外造山带☆externides
外展海岸☆accretion-coast
外展裂隙[冰]☆splaying crevasse
外展型砂岩☆splay sandstone
外展作用☆accretion; aggradation
外站☆outstation
(向)外张(开的)墙☆flaring wall
外罩☆encasement; outer garment; dustcoat; overall
外褶☆epirrhysum
外褶皱带☆externide
外褶皱弧☆outer fold arc
外褶皱面☆extrados; outer fold surface
外枕骨☆exoccipital bone; os exoccipitale
外枕髁☆condylus exoccipitalis
外疹[腕]☆exopuncta [pl.-e]
外振动☆external vibration
外枝准地槽☆exogeosyncline; deltageosyncline; foredeep; transverse basin
外支撑轮☆outrigger wheel
外支架☆outer support
外肢[节]☆exopodite
外肢横沟[节甲]☆diaresis
外指示剂☆external indicator
外趾☆outer toe
外置凝结器☆external condenser
外置轴承☆outboard bearing
外质[变形虫]☆ectoplasm
外质膜☆ectoplast
外中凹{褶}[牙的]☆ectoflexus
外种皮☆exopleura; testa; exotesta
外轴承☆outer bearing
外胄菊石属[头毛类;P]☆Xenaspis
外皱☆epirrhysum
外珠孔☆exostome
外柱[金属支柱]☆outer member of prop
外铸型☆exocast; external cast
外装修用石材☆exterior type stone
外锥☆outer cone; heel cone[牙轮]
外锥兽属[踝节目;E_1]☆Ectoconus
外锥折射☆exterior{outer} conical refraction
外准地槽☆transverse basin; deltageosyncline; exogeosyncline
外资企业☆foreign capital affiliate
外阻力☆external resistance
外座圈☆outer race

wān

豌豆大小的卵石☆pebble of pea size
豌豆等植物的支架☆peastick
豌豆级煤[英,圆筛孔 1/2～1/4in.;美,圆筛孔 9/16～13/16in.]☆pea
豌豆级无烟煤☆pea coal
豌豆粒烧结矿☆pea sinter
豌豆泥☆mashed peas
豌豆状☆pisiform
蜿曲☆meander
蜿曲颈☆neck
蜿蜒☆sinuation
蜿蜒波浪{痕}☆sinuous ripple
(车辆等)蜿蜒地行驶☆swan
蜿蜒沟☆winding groove
蜿蜒(的)河道{|流}☆sinuous course{|stream}
蜿蜒式运输机☆serpentix conveyor
蜿蜒推进[长壁工作面输送机]☆snaking-over; snaking
弯☆sinus[软]; curved; roundabout; tortuous; crooked; bend; flex; turn; curve; draw; siverve
弯凹☆sinus
弯板☆angle block; knee plate
弯板机☆bending roll; (plate) bender; squeezer; paws brake
弯板链☆chain with off-set plates
弯贝介属[K-Q]☆Loxoconcha
弯笔石属[O_1]☆Sigmagraptus
(用)弯边法使两个板料连接☆seaming
弯边机☆paws brake
弯边压力机☆flanger
弯波导☆bend
弯槽转向装置☆curved trough turn
弯插头☆angle plug
弯成弓形{状}☆bow; hunch
弯成钩形☆hook
弯成弧形☆arch
弯成曲柄状☆crank
弯成圆形☆circumflexion
弯齿亚目[哺]☆Ancodonta
弯导管☆curved conductor
弯道☆curve; clump; sweep
弯道阻力☆curve resistance; resistance on curve
弯度☆bending deflection; camber; curvature; flexure; sinuosity; CAM
(河道)弯度(角)☆angle of bend
弯度计☆deflectometer; deflection indicator; drift angle indicator
弯度线☆bending line
弯短管☆curved spool
弯颚牙形石属[D_3]☆Arcugnathus
弯复式涡轮钻具☆bended multiple turbodrill
弯杆藻属[Q]☆Achnanthes
弯钢筋☆bar bending
弯钢筋工具{搬头}☆bending iron
弯钢筋表☆bending schedule
弯钢筋机☆bending machine; steel bender
弯工作面☆bent face
弯拱☆hog
弯拱曲率☆bending of vault
弯拱作用☆arching
弯钩☆crotch; spear
弯管☆knee (piece;pipe;bend); bibb; half normal bend; elbow (piece;bend;pipe); bent pipe{tube}; ell; angle branch; syphon; bib; bend (pipe); siphon; swan neck; pipe bend
90°弯管☆right angle bend; quarter bent; normal bend
弯管部分☆curved pipe section
弯管管壁减薄率☆bend wall dethickness
弯管合金[填塞管子用]☆bendalloy
弯管机☆tube{pipe} bender; bending machine{roll}; bender
弯管角☆corner
弯管角阀☆sweep angle valve
弯管接头☆elbow{corner} joint; coupling bend
弯管流体压力计☆sympiesometer
弯管器☆hicky; hickey
弯管(摩阻)损失☆loss in bends
弯管胎瓦☆pipe bending shoe
弯管胎翼☆bending shoe
弯管椭圆率☆bend ellipticity
弯管小队☆bending team{party;gang;crew}
弯管旋塞☆bibcock; bib cock
弯管用心杆☆mandrel for pipe bending
弯管子的☆tubular
弯管子用的架垫{装置}☆bending shoe
弯轨☆jazz rail; swan neck rail
弯轨反回翻车器☆cradle dump; kick-back dumper
弯轨器☆jim crow; rail bender; cramp
弯滑褶皱☆flexural-slip fold
弯喙石燕☆cyrtospirifer
弯脚钩☆clasp hook
弯脚圆规☆caliber compass
弯角☆bend angle
弯角接头☆angle bend
弯角羚☆strepsiceros
弯角羚属[N_2-Q]☆sabre-horned antelope; Hippotragus
弯角(形)石[钙超;K_2-Q]☆Ceratolith(us)
弯接头☆elbow connection; union elbow; bent(ing) sub; angled type adaptor
弯筋工作台☆bending trestle
弯筋锚固☆bent bar anchorage
弯进的☆reentrant
弯晶☆curved{bent} crystal
弯颈管接头☆swan neck union
弯矩☆(bending) moment; moment of flexure{force}
弯壳体泥浆马达[用于定向井、水平井造斜]☆bent housing motor
弯孔珊瑚属[S_3-D_3]☆Scoliopora
弯口螺属[腹;J-K]☆Tylostoma
弯阔锥状[珊]☆trochoid
弯拉应力☆flexural-tensile stress
弯力☆bending force
弯领{颈}式[头]☆cyrtochoanitic
弯流☆sweep; coil
弯流型☆crooked pattern
弯流褶皱☆flexural{flexure}-flow fold
弯龙属[J_3]☆Camptosaurus
弯路☆sweep
弯螺脚☆crotch
弯脉管☆vascula{vascular} arcuata
弯面☆dome
弯目镜管☆bending tube eyepiece
弯扭☆crankle; tortuous; crumpled
弯劈理☆bent cleavage
弯片式压电换能器☆bender
弯片状☆curved lamellar
弯起钢筋☆bend bar
弯强化☆bending-quenching; bending-tempering
弯翘面☆warped surface
弯翘应力☆curling stress
弯鞘角石科[头]☆Cyrtovaginoceratidae

W

弯曲☆bend (over); inflexion; crook; inflection; sinuate; flexure; curving; curvature; (edge) fold; incurvation; crimp; flexuosity; angulation; flexion; tortuosity; deflexion; crank; skewing; circumflexion; flex(ur)ing; anfractuosity; buck(l)ing; flection; yield; incurve; curl; buckle; twist; wind(ing); dogleg; contraflexure; meandering; zigzag; sinuosity; turn; wandering; warp(age); deflection; sinuousness; sinuation; crankle; limpen; bight[绳索]; curvi-
弯曲变形☆flexural{bending} deformation; bending deflection; distortion bending; deflection due to bending
弯曲变形作用☆flexural deformation
弯曲部(分)☆flection; edge fold; flexion
弯曲测线☆slalom{crooked;wiggly} line
弯曲测线剖面☆slalom line profile
弯曲层☆buckle(d) layer
弯曲潮道☆meandering tidal channel
弯曲沉降☆sagging
弯曲处☆bend
弯曲带☆bending; sagging{crooked} zone
弯曲导机☆curved guide
弯曲的☆meandering; curved; incurvate; flexural; incurved; flexed; curvic; bent; bent-up; Crooked; campulitropous; sinuous; sinuate; strophic; winding; vermicular; campulitropal; swan; cambered; BT
弯曲的部分☆flection
弯曲的河流{沟渠}☆anfractuosity
弯曲的三维井眼☆curved three-dimensional wellbore
弯曲地堑☆flexure graben
弯曲点☆cusp
弯曲度☆degree of curve{curvature}; crookedness; amount of inclination[钻孔]; curvature; tortuosity (factor); sinuousness; amount of deflection; bending
弯曲多饰叶肢介属[K]☆Loxopolygrapta
弯曲颚牙形石属[D_3]☆Camptognathus
弯曲沟☆winding groove
弯曲刮刀推土机☆bullclam; bull clam
弯曲海岸☆flexure coast
弯曲巷道☆winding roadway
弯曲河☆meandering stream
弯曲和断层☆buckling and faulting
弯曲滑动☆flexural{bedding-plane} slip; bending glide; bend {-}gliding
弯曲滑动面☆curved slip-surface
弯曲滑移☆flexural glide
弯曲化(河流)☆meandering
(钢筋)弯曲截断两用机☆bender and cutter
弯曲节理☆toenail
弯曲截盘☆curved jib
弯曲介属[O]☆Sigmoopsis
弯曲进行☆sheer
弯曲井☆curved hole{well}; crooked well
弯曲井眼内的钻柱静态分析☆static curved hole analysis of analysis; SCHADS
弯曲矩☆moment of flexure
弯曲力矩☆deflection{bending} moment
弯曲梁☆flexed beam
弯曲量☆compliance
弯曲(滑)流褶皱☆flexure {-}flow fold
弯曲率☆tortuosity ratio
弯曲轮廓[等倾消光轮廓]☆bend contour
弯曲面☆plane of flexure; curved face; flexure plane
弯曲模膛☆edger
弯曲磨光岩盐晶体单色器☆bent and ground rocksalt monochromator

弯曲挠褶☆oroclinal flexure
弯曲劈理☆bent cleavage; curved fracture cleavage
弯曲疲劳☆bending fatigue
弯曲破坏☆bending{flexural} failure; fail in bending
弯曲球石[钙超;E_{1-2}]☆Campylosphaera
弯曲沙坝{洲}☆curved bar
弯曲砂芯☆snake core
弯曲闪银矿[$AgFe_2S_3$]☆flexible silver ore
弯曲上升坡道☆helicline
弯曲伸张换能器☆flextensional transducer
弯曲枢纽☆curvilinear hinge
弯曲说☆buckling hypothesis
弯曲损耗☆bend loss
弯曲缩短☆buckle shortening
弯曲头☆swan-neck
弯曲物☆bender
弯曲下挠☆flexural downwarping
弯曲线☆wiggle
弯曲效应☆budding effect
弯曲形变☆bending deformation
弯曲叶理☆flexed foliation
弯曲应变☆flexural {bending; flexion; transverse; buckling; crippling} strain; strain by bending
弯曲应力☆bending{transverse;flexural;curling; bend;flexure;buckling} stress; transverse strength
弯曲应力测定仪☆fleximeter; flexometer
弯曲振动☆flexural vibration
弯曲钻孔☆knee{crook(ed)} hole; crooked borehole
弯曲钻孔校直钻头☆straight-hole bit
弯曲作用☆bending; buckling
弯入[海岸]☆embayment; indentation
弯沙嘴☆recurved{hooked} spit
弯生性☆campylotropism
弯双晶☆geniculated twin
弯胎☆tyre bender
弯铁棒☆curved bar
弯头☆elbow (piece;pipe;bend); (double) bend; knee; angle head{fitting;bend}; bent (sub); bay head; pipe bend; bending; sixteenth bend[22.5°]; BT; elb.
弯头扳手☆hook{bent} wrench; bent spanner
弯头道钉☆brob
弯头吊耳☆elbow lug
弯头管子☆connector bend
弯头接合☆toggle{knee;elbow} joint; toggle-joint
弯头截齿☆sweep-head pick
弯头考克[角旋塞]☆angle cock
弯头连接☆corner joint
弯头螺栓☆bolt with one end bent back; clink bolts
弯头套管☆elbow union
弯外壳☆bent housing
弯外壳泥浆电动机☆bent housing mud motor
弯弯曲曲的☆tortuous; mazy
弯线地震☆crooked line seismic
弯线叶肢介(属)[E]☆Curvestheria
弯线藻☆Camptonema
弯线藻属[蓝藻;E]☆Campt(yl)onema
弯向造山带(山弧、弯移)的左旋耦合☆sinistral coupling of oroclines
弯形☆distortion bending
弯形的☆domelike
弯形潜势能☆potential deformation energy
弯压板☆bent clamp
弯腰☆stoop
弯摇臂☆bent boom
弯叶状☆curvilaminar
弯液面☆meniscus
弯移褶皱☆oroclinal folding
弯硬石膏[$CaSO_4$]☆tripestone
弯缘机☆flanger
弯月面形状☆meniscus shape
弯月形充填物☆meniscus fill
弯凿☆firmer gouge; bent chisel
弯闸☆knee brake
弯展造山带☆oroclinotath
弯折☆fold; kink; buck(l)ing; buckle; flexing
弯折点☆break point
弯折力矩{模量}☆moment{modulus} of rupture
弯折内鼓☆bending-swelling out
弯折线☆curvature
弯(曲)褶皱☆buckle{flexural;flexure} fold; buckled folding
弯针夹线支架☆looper thread tension post
弯正形贝属[腕;O_2]☆Campylorthis
弯枝藻属[红藻;Q]☆Compsopogon
弯支架☆curved support
弯支柱☆knee timbering
弯制管子☆pipe bending
弯制机☆pipe-bending machine
弯钟乳石☆anemolite
弯重晶石[德]☆schlangenalabaster
弯轴☆cambered axle; bending axis; crank
弯皱器☆crimper
弯柱☆crook prop; meanderoid corallum
弯柱迹[遗石]☆cololite; genus Lumbricaria
弯锥状[头壳]☆ellipticone
弯锥状壳[腹]☆cyrtoconoid
弯钻杆☆bent{bend} drill pipe; kinked double
弯嘴☆curved spit
弯嘴贝属[腕;C_1-P]☆Streptorhynchus
弯嘴龙属☆Chasmatosaurus
弯嘴钳☆angle jaw tongs
弯嘴旋塞☆bib valve; BV
湾[海湾、湖湾、河湾]☆gulf; bay; cove; bight
湾澳☆indentation
湾冰☆bay ice
湾侧(海)滩☆bayside beach; bay side beach
湾顶☆bayhead
湾段☆reach
湾鳄[K-Q]☆Crocodylus; crocodile
湾锦蛤☆Nuculana
湾口☆bay mouth; baymouth
湾口沙洲☆bay(-)mouth bar; bay barrier; nehrung
湾口修正☆mouth correction
湾流☆gulf steam; Gulf stream
湾流调剂效应☆tempering Gulf Stream effect
湾流系统☆Gulf Stream System
湾内冰☆bay ice
湾式平原滨线☆embayed plain shoreline
湾式山地滨线☆embayed mountain shoreline
湾头☆bay head; bayhead
湾头滩☆bayhead{pocket;cove;point} beach; reach
湾湾角石(上科)[头;$Є_3$]☆Wanwanoceras
湾形海岸☆embayed coast
湾腰(沙)洲☆midbay bar
湾中沙洲☆mid-bay bar
湾中湾滨线☆bay-in-bay shoreline
湾洲☆barrier spits; bay-barrier
湾状☆embayment
湾状湖☆bay lake

wán

顽剥(火)橄榄岩☆bielenite
顽磁☆(magnetic) remanence; remanency; remanent magnetism
顽磁化(作用)☆remnant magnetization
顽磁性☆retentivity (magnetic); remanent magnetism; magnetic retentivity
顽固泡沫☆sud
顽光辉石岩☆enstatolite
顽辉石[$Mg_2Si_2O_6$;斜方]☆enstatite; enstadite; enstatine; orthoenstatite
顽辉石陨星物质☆chladnite
顽辉无球粒陨石☆whitleyite; bustite; aubrite
顽火辉石[$Mg_2(Si_2O_6)Fe_2(Si_2O_6)$]☆enstadite; shepardite; bishopvillite; orthoenstatite; enstatite; c(h)ladnite; protobastite; victorite; peckhamite
顽火辉石无球粒陨石☆aubrite; enstatite achondrite; achondrite of enstatite; Ae
顽火闪石☆greenlandite
顽火石[$(Mg,Fe)SiO_3$]☆enstatite; orthoenstatite; enstatine
顽火无球陨石☆aubrite
顽火岩☆enstatolite; enstatitite
顽拉斑玄{玄斑}岩☆nonesite
顽普通辉石☆enstatite augite
顽强行进☆slog
顽石☆bastard; unpolished stones; coarse rocks
顽石坝☆boulder dam
顽透辉石☆enstatite-diopside; endiopside; endiopsite
丸☆pill; pellet
丸粒直径☆pellet diameter
丸形团矿☆pellet
丸形炸药☆ball powder
丸状构造☆buckshot structure
烷撑[$-(CH_2)_x-$]☆alkylene
烷芳基☆alkaryl
烷芳基胺☆alkarylamine
烷(基)酚[RC_6H_4OH]☆alkyl phenol
烷化☆alkanization; alkylation
烷(基)黄(原)酸盐[ROC(S)SM]☆alkyl xanthate
烷(基)黄药[ROC(S)SM]☆alkyl xanthate
烷基[$R-;C_nH_{2n+1}-$]☆alkyl radical{group}; alkyl
烷基氨基丙酸钠☆sodium alkyl amino-propionate
烷基铵☆alkylammonium
烷基胺[$R\cdot NH_2$]☆alkylamine
烷基胺氟氢酸盐[$RNH_2\cdot HF$]☆alkyl amine fluoride
烷基胺盐酸盐[$RNH_2\cdot HCl$]☆alkyl amine chloride
烷基苯☆alkylbenzene
烷基苯胺☆alkylaniline
×烷基苯酚聚乙二醇醚[$R\cdot C_6H_4(OCH_2CH_2)_nOH$]☆

Lissapol N
烷基苯磺酸钠☆sodium alkyl benzene sulfonate
烷基苯系列化合物☆lkyl benzenes
Duomeen CD 烷基丙二胺[含二胺 84%;$RNHC_3H_6NH_2$,R 来自椰油]☆Duomeen CD
烷基二甲苯磺酸盐☆alhylxylene sulfonate
Roccal 烷基二甲基苄基氯化铵[$RNH(CH_3)_2(C_6H_4CH_2),Cl$]☆Roccal 50%
烷基二硫代磷酸钠☆Aerofloat 249
烷基芳基甲醇[R-CH(OH)-Ar]☆alkyl arylcarbinol
烷基菲☆alkyl-phenanthrene
烷基菲系列化合物☆alkyl phenanthrenes
烷基酚☆alkyl-phenol
烷基酚聚乙二醇醚[$RC_6H_4O(CH_2CH_2O)_nH$]☆arkopale
烷基呋喃☆alkylfuran
烷基黑药[$(RO)_2PSSM$]☆dialkyldithiophosphate
烷基化的☆alkylated
烷基化环烃☆parathene
N-烷基磺化琥珀酸盐☆N-alkyl sulphosuccinate
烷基磺酸钠☆alkyl sodium sulfonate
烷基黄原酸氰乙酯[$RO•C(S)S•CH_2CH_2CN$]☆cyanoethyl alkylxanthate
烷基黄原酸乙烯芳甲酯[$ROC(S)SCH_2R'CH:CH_2$(R'=芳基)]☆S-vinylarylmethyl-o-alkyl xanthate
烷基联苯化合物☆alkyl biphenyls
烷基膦酸[$R•PO(OH)_2$]☆alkylphosphonic acid
烷基膦酰氯[$RPOCl_2$]☆alkanephosphonyl chloride
烷基硫代丙酰胺[CH_3CH_2CSNHR]☆alkyl sulfopropionic amide
烷基硫代丁酰胺[$CH_3CH_2CH_2CSNHR$]☆alkylsulfo- butyric amide
烷基硫亚硫酸盐[本特盐;$R-SSO_3Na$]☆alkyl thiosulfate
烷基脒盐酸盐[$RC(NH_2):NH•HCl$]☆alkyl amidine hydrochloride
烷基钠☆sodium alkyl
烷基萘☆alkylnaphthalene
烷基萘磺酸钠☆sodium alkyl naphthalene sulfonate
烷基萘系列化合物☆alkyl naphthalenes
烷基铅抗爆混含物☆alkyl lead antiknock mixture
烷基羟肟酸[R-C(O)NHOH]☆alkylene hydroxamic acid
烷基取代☆alkylation
烷基噻吩☆alkylthiophene
烷基胂酸☆alkane arsonic acid; alkylarsonic acid
烷基四氢化噻吩☆alkylthiolane
烷基位移化☆transalkylation
烷基酰氨基乙酸盐[$RCONHCH_2COOM$]☆alkyl amido acetate
烷基亚甲硅基☆silene
烷基异丁烯酸酯☆alkyl methacrylate
烷基茚☆alkylindene
烷基转移☆transalkylation
烷(基)腈[RCN]☆alkyl nitrile
烷(基)聚氧亚硝基酚(醚)[$R(OC_6H_3(NO))_nOH$]☆alkyl-polyoxy-nitrosophenol
烷硫醇☆alkanethiol
烷(基)咪唑☆alkyl imidazole
烷荃甲苯磺酸盐☆alkyl toluene sulfonate
烷属烃☆alkane; (*n*-)paraffin hydrocarbon; normal paraffin hydrocarbons; NPH
烷(属)烃☆alkane
烷烃馏分☆aliphatic fraction
烷系☆methane series
烷氧胺[$RO(CH_2)_nNH_2$]☆alkoxyamine
烷氧(基)巴豆酸盐[$ROCH_2CH:CHCOOM$]☆alkoxycrotonate
烷氧基☆alkoxy; alkoxy-
烷氧基化的☆oxyalkylated
完备☆stand alone
完备河曲☆full meander
完备集☆perfect set
完毕☆finish
完成☆encompass; accomplish; completion; perform; achievement; finish(ing); encompassment; put through; mature; consummation; implement; execution; performance; fulfillment; effectuation; perfecting; top off; complete[井]; finalize; round; fruition
完成的井☆completed well
完成断面☆finish cross-section
完成或接近完成的☆all-up
完成某一地区测量工作的速度☆rate of coverage
完成项目☆finished item
完成者☆consummator
完成周期☆execution cycle
完齿(类)[双壳]☆teledont
完工☆finishing; flange up; complete a project,etc.; finish doing sth.; get through
完工保证☆performance bond
完工的孔☆completed hole
完工日期☆completion{finish} date; c.d.
完工钻杆☆finisher
完好的☆sound
完好率☆availability
完好性检验{测试}☆integrity testing
完好岩体☆intact rock mass
完结☆finish; breakup; fin.; wink
完井☆(well) completion; finish a well
完井报告☆final well report
完井测井面板☆completion logging panel
完井后的油井寿命☆completion life
完井液渗滤{滤失}☆completion fluid filtering
(防止)完井液(漏失的)暂堵材料☆completion fluid bridging material
完井作业☆well-completion practice
完井作业失败☆completion failure
完孔☆finish a hole
完孔钢钎☆finishing steel
完美☆consummation; perfectness
完美无瑕的宝石☆perfect stone
完美压痕☆perfect{p} indentation
完纳虫属[三叶;$Є_1$]☆Wanneria
完期残余岩浆型矿床☆late residual magma-type deposit
完全☆fullness; down right; totality; fairly; hollow; total; completeness; down to the ground; dead; perfectness; integrity; per-; des.; de-; cat(a)-
完全保证系统☆safety assurance system; SAS
(使)完全变形☆transmogrify
完全不混合{溶}性☆complete immiscibility
完全不均匀平衡☆complete heterogeneous equilibrium
完全充填☆solid stowing
完全处理☆total treatment
完全打开的☆fully-opened
完全的☆entire; dead; round; complete; full
完全地☆down
完全地槽☆geosynclinal couple
完全发生☆hologenesis
完全发育岩溶☆holokarst
完全分析☆thorough{complete} analysis
完全分异过程☆perfect fractionation path
完全封闭的机壳☆totally enclosed housing
完全封闭的磨机外壳☆entirely closed mill housing
完全环流的[当湖水翻转时发生延伸到最深部分的]☆ holomictic
完全混合☆panmixia; perfect mixing; holomixis
完全混合活性污泥法☆complete mixing activated sludge process
完全进入极端位置☆extreme in position
完全开拓的矿体☆ore developed
完全可互溶液体☆completely miscible liquid
完全可积的☆totally integrable
完全可以测量的矿体☆plenimensurate ore bodies
完全扩散反射体☆perfectly diffuse reflector
完全冷却烧结矿☆fully cooled sinter
完全离开极端位置☆extreme out position
完全密实的砾石☆fully compacted gravel
完全棚子☆(closed) frame; four-piece{full;frame} set; four-section support; full timbering; picture-frame
完全亲油☆entirely oil-wet
完全燃烧☆complete{perfect} combustion; thorough burning; after flaming; afterflaming; completeness of combustion; overall combustion
完全燃烧的空气燃料混合比☆air-fuel ratio for complete combustion
完全冗余备份☆full redundancy backup
完全石化[动物遗体]☆permineralization
完全石化的化石☆permineralized fossils
完全疏松的地层☆totally unconsolidated formation
完全水化水泥☆completely hydrated cement
完全缩回的☆fully-closed
完全停机☆dead{drop-dead} halt
完全脱水冰晶石☆fully dehydrated cryolite
完全未固结的地层☆totally unconsolidated formation
完全稳定系统☆completely stable system
完全下沉☆full subsidence
完全相等☆closely coincide
完全相似的对应物☆duplicate; dupe
完全信息☆perfect information
完全信息{情报}期望值☆expected value with perfect information; EVWFI; EVPI
完全氧化活性污泥法☆complete oxidation activated sludge process
完全正规空间☆complete normal space
完全支架[带底梁的支架]☆four-section support
完全自给的钟形潜水舱☆MOWS
完人属☆Telanthropus
完善☆completeness; soundness
完善的☆sophisticated; elaborate
完善排料链斗式提升机☆perfect-discharge; bucket elevation
完善片理☆strong schistosity
完善系数☆flow efficiency; condition ratio
完{全}形褶曲☆holomorphic fold
完褶鱼☆Holoptychius
完整☆intact; completion; oneness; integrate; integrity
完整层☆unbroken layer
完整的☆integral; entire; complete; intact; whole
完整的砾石格架☆intact gravel framework
完整地槽☆perfect geosyncline
完整地层中的采掘工作☆advance workings
完整环带分布☆complete girdle distribution
完整记忆☆panmnesia; panmnesae; total recall
完整交货☆delivered sound; Dd/s
完整交切岩☆intersect intact rock
完整结构土样☆soil column
完整井☆completely{full} penetrating well; well of complete penetration; complete penetration of well
完整巨石☆monolith
完整矿脉☆ideal vein
完整煤层中的采掘工作☆solid work
完整煤体中掘进的巷道☆solid workings
完整密封壳☆total enclosure
完整剖面☆well-developed profile
完整侵蚀旋{轮}回☆uninterrupted cycle of erosion
完整式地槽☆perfect geosyncline
完整性☆completeness; integrality; continuity [of seam]; integrity[计]; perfection; wholeness
完整学名☆perfect name; nomen perfectum; nom. perf.
完整岩石☆intact{sound} rock
完整演化周期☆cyclic evolution
完整子波☆entire wavelet
完钻井☆drilled well

wǎn

挽钩☆drawhook
挽救☆save
挽救性规划☆retrospective planning
挽具☆harness
碗孔贝属[C-P]☆Brachythyris
碗扣式脚手架☆cup-lock scaffold
碗式(气)锚☆cup anchor; Hague anchor
碗星石[钙超;N_1]☆Catinaster
碗形漏斗☆bowl hopper
碗形砂轮☆tapered cup grinding; flaring cup wheel (grinding wheel); cup shell
碗形潭[常瀑布下]☆tinaja
碗形轴承☆socket
碗形转子☆rotor bowl
碗状坳陷☆bowl-shaped depression
碗状洼地☆bowl
碗状物☆bowl; parabola
晚奥陶世☆upper Ordovician
晚白垩世☆upper Cretaceous
晚班☆evening tour
晚北方期[9100～7900 年前]☆Late Boreal
晚冰期☆kataglacial; late {-}glacial
晚材☆summerwood; late wood
晚成晶体☆late-formed crystal
晚成年谷☆late-mature valley
晚成年{熟}期☆late mature
晚次冰期☆late glacial substage
晚地槽期构造作用☆late-geosynclinal tectogenesis
晚第三纪[约 23.30～2.48Ma]☆Neogene (period); N; late Tertiary
晚二叠世☆upper Permian
晚发活动☆late activity
晚更新世☆Epipleistocene

W

晚构造期的☆late {-}tectonic；late-kinematic
晚构造期岩浆活动☆late-tectonic magmatism
晚古生代[409～250Ma]☆Neopaleozoic；late palaeozoic era
晚寒武代[1000～542 Ma]☆paleo-Proterozoic
晚洪积期☆epipluvial
晚后生作用☆apokatagenesis
晚近[构造运动期]☆neoid
晚近冰期☆late glaciation
晚旧石器☆epipalaeolithic
晚朗格阶[N_1]☆Langhian-Late
晚密西西比世☆upper Mississippian
晚泥盆纪前时期☆pre-late Devonians age
晚泥盆世☆upper Devonian；Neodevonian；late Devonian epoch
晚期表成孔隙性☆telogenetic porosity
晚期不稳态流动阶段☆late-transient period
晚期残余岩浆型矿床☆late residual magma-type deposit
晚期成岩作用阶段☆phyllomorphic stage
(最)晚期的[地层]☆uppermost
晚期段[压力降落或恢复曲线的]☆late-time portion {regime}；LTR
晚期富集☆late-stage enrichment
晚期强度☆later strength
晚期效应☆paulopost effect
晚期形成的晶体☆later-formed crystals
晚期异物同形☆heterochronous homeomorph
晚气候适宜期☆late Optimum
晚三叠世☆upper Triassic
晚上新世[即第四纪]☆Post-Pliocene
晚盛冰期☆upper pleniglacial
晚石器时代☆late Stone Age
晚石炭纪☆Maping series
晚石炭世☆Taiyuan series；upper Carboniferous；late Carboniferous epoch
晚霜☆late frost
晚碳世煤系[英]☆coal measures；C. M.
晚霞红[石]☆Man Xia Red
晚旋回期地槽☆late-cycle geosyncline
晚岩浆期作用☆late-magmatic process
晚幼虫期[三叶]☆holaspis [pl.-ides]
晚于……☆postdate
晚雨期☆epipluvial
晚造山期的☆late orogenic
晚造山同期的☆syn-late-orogenic
晚志留世☆upper Silurian
晚侏罗世☆upper Jurassic；white Jura
晚壮年地形☆subdued forms
晚壮年期☆postmaturity；late mature
惋惜☆sorrow

wàn

万☆myria-；myri-
万充气箱☆plenum box
万次郎矿☆manjiroite
万达斯石☆vantasselite
万达因☆myriadyne
万古☆aeon
万国的☆public
万国油品公司☆Universal Oil Product Company
万花筒☆kaleidoscope
万克[10^4g]☆myriagram；myriagramme
万克赖维林法[煤化学结构研究]☆Van Krevelen method
万磷铀石☆vanmeersscheite
万马特尔型直路取样机☆Van Mater sampler
万米[10^4m]☆myriameter
万能笔[能在一般笔不能书写的表面划写]☆magic ink
万能的☆multipurpose；all-round；almighty；versatile；universal；general-purpose；univ.
万能电表☆volometer
万能吊索☆endless rope
万能后支架☆universal back rest
万能检查器☆multi-checker；multi-detector
万能接头☆universal contact；UVC
万能链☆loop chain
万能螺帽扳子☆come-along
万能目镜☆pan{slotted} ocular
万能起落设备☆pantobase
万能水下自动机☆universal underwater robot
万能铣床☆universal mill；universal milling machine
万能仪表☆all-purpose instrument
万能自动测试仪☆multivator
万能钻床☆full universal drill
万尼格型浮选机☆Weinig flotation cell
万年藓属[Q]☆Climacium
万年雪☆firn[德]；eternal{perpetual;permanent} snow
万宁式浮选机☆Weining flotation cell
万升[10^4L]☆myrialiter
万寿红[石]☆Rossa Verona；Rosso Verona-Asiago
万寿菊类提取法☆Mixican Marigdd
万寿菊提取物☆tagetes-extract
万瓦(特)☆myriawatt
万维网☆world wide web
万位☆myriabit
万物☆universe
万县动物群☆Wanhsien fauna
万向传感器☆gimballed sensor
万向吊环☆pivot bracket
(用)万向架固定的☆gimbal-mounted
万向架固定式检波器☆gimbaled geophone
万向接头☆joint(ed){Hook(e)'s;universal} coupling；cardan (joint)；gimbal (suspension)；universal point；jimbals；knuckle (joint)；Hooke
万向接头关节☆universal joint
万向节十字头☆trunnion
万向节式测功仪☆joint dynamometer
万向节头☆cross pin type joint；knuckle joint
万向节凸缘轭☆universal flange yoke
万向节销☆knuckle spindle
万向节轴☆cardan axis
万向节座☆universal socket
万向十字形接头☆cardan spider
万向弯头{管}☆universal elbow
万向支架[钟]☆gimbal；gymbals
万亿[英、德,=10^{12}]☆billion；tera-
万亿分之几[10^{-12}]☆parts per trillion；ppt
万亿立方英尺/日[英、德]☆trillion cubic feet per day；billion cubic feet per day；Tcf/d；BCFD
万亿位☆terabit
万因氏苔藓虫属[O_3]☆Vinella
万用表☆(circuit) tester；multimeter；versatile meter；avometer；multitester；avo meter；universal electric meter
万用支撑杆☆universal support rod
万有引力☆gravitational force；gravitation；gravity；gravitational pull{attraction}；force of gravitation；(universal) gravitation
腕☆carpus；wrist；brachiole[海蕾]；brachia[腕；纤毛环；sgl.-ium]
腕板☆brachidium [pl.-ia]；brachial plate[海百]；brach；brachiolar plate[棘]；septifer[腕]
腕板痕{窝}[海蕾]☆brachiole{brachiolar} facet
腕板系列[海百]☆brachitaxis [pl.-xes]
腕棒☆crura；crus
腕棒槽[腕]☆crural trough
腕棒腔☆cruralium
腕棒叶☆crural lobe
腕棒支板☆crural plate
腕棒嘴贝属[腕;T_{2-3}]☆Crurirhynchia
腕笔石式☆brachiograptid type
腕笔石属[O_1]☆Brachiograptus
腕带☆spire lamella
腕动式振动筛☆wrist-action shaker
腕洞石燕属☆Brachythyris
腕钩☆crura；radulifer；cilifer
腕钩基☆crural base
腕骨☆carpus[脊]；brachidium[腕;pl.-ia]；carpal bone；wrist (bones)；scaphoid；ossa carpi；loop[腕]
腕骨间关节☆articulatio intercarpea
腕骨腔☆brachial cavity
腕骨上的关节突起☆nose
腕关节☆articulatio carpi
腕痕☆brachial scar
腕猴类☆Carpalestids
腕后退肌☆brachial retractor muscles
腕环☆loop；platidiiform[腕]
腕环刺板[腕环前端融合而成的矛状板;腕]☆echmidium
腕基☆brachiophore；brachial base
腕基支板☆fulcral{brachial} plate；brachiophore support{plates}
腕肌☆brachial muscles
腕脊[腕;突起]☆brachial ridge
腕铰纲☆Brachiarticulata
腕壳☆brachial valve
腕力☆wrist
腕龙(属)[J]☆Brachiosaurus
腕螺{旋}☆spire；spiralium [pl.-ia]
腕器官☆brachial apparatus
腕腔[牙石]☆bowl；brachial cavity
腕扇[海百]☆arm fan
腕石燕属[腕;D_{1-2}]☆Brachyspirifer
腕锁[腕]☆jugum [pl.juga,-s]
腕锁脊☆jugal ridge
腕突起☆brachial process
腕推进肌☆brachial protractor muscles
腕窝[海蕾]☆brachiole socket
腕余骨☆os carpi supernumerarium
腕羽[棘海百]☆pin(n)ule；pinulus [pl.-li]；brachiole
腕掌骨[鸟类]☆carpometacarpus
腕掌关节☆articulatio carpometacarpea
腕支持构造☆brachial supports
腕锥☆brachial cone
腕足动物☆brachiopod；terebratuloid；lamp shell；brach
腕足动物门☆brachiopoda
腕足类☆Brachiopoda；Inarticulata

wāng

汪克尔[人名]☆Wankel
汪洋大海☆vast{boundless} ocean

wáng

王☆king
王冠虫(属)[三叶;S]☆Coronocephalus
王冠几丁虫属[O_3-S_1]☆Coronochitina
王冠颗石[J-K]☆Stephanolithion
王冠头虫属[三叶;$Є_3$]☆Stephanocare
王国☆kingdom
王雷兽(属)[E_3]☆Brontotherium
王牌☆trump
王牌测井☆grand slam
王水☆aqua regia[拉]；chlorazotic{nitromuriatic; nitrohydrochloric} acid；aqua fortis；aq.reg.

wǎng

网☆net；grid；network；projection；net work；web；stereographic net；net-like object；Internet；catch with a net；cover{enclose} as with a net；enmesh；brochus [pl.-chi]；cyclomatic；reticulum [pl.-la]；netting；cage；trammel；mesh(work)；lacuna[孢;pl.-e,-s]
网斑☆reticulate mottling；reticulated mottle
网板☆raster
网胞☆brochus；brochi
网笔石☆Dictyonema
网笔石层☆dictyonema bed
网壁[孢]☆mesh wall
网波纹☆insertion waves
网窗藻属☆Reticulofenestra
网点☆lattice{grid;mesh} point
网点剩余值法☆grid residual
网点图像输出信号☆half-tone output signal
网洞贝属[腕;O_2]☆Dictyonites
网(采)浮游生物☆microplankton；net plankton
网格☆grid；grille；framework；cell；great global grid；latticework；lattice；graticule；network；block；mesh；alveolus；reseau [pl.reseaux]；cancellus；Net.；GGG
网格孢子☆dictyospore
网格贝属[腕;C_1-P_1]☆Reticularia；Retaria
网格笔石(属)[$Є_3$-C_1]☆Dictyonema
网格长身贝属[腕;C_1]☆Dictyoclostus
网格点近似法☆grid-point approximation
网格纺锤虫☆Cancellina
网格分析☆netting analysis
网格构造☆cancellated structure；cancellation；box(-)work
网格函数☆net function
网格化数据☆gridded data
网格结构☆lattice texture；cellular structure；latticement
网格颗石[钙超;E_2-N_2]☆Reticulofenestra
网格孔隙☆fenestral porosity
网格块☆grid block；gridblock
网格排序☆ordering of grids
网格鲢☆Cancellina
网格叶肢介属[K_2]☆Dictyestheria

网格状☆fenster；cancellate；fenestra [pl.-e]；network {grid} pattern；clathrate[结构]
网格状(结构)☆clathrose；clathratus；clathrate
网格状线☆grid pattern
网格组构☆chicken wire fabric
网罟型☆reticulate
网罟座☆Recticulum；Rhomboidal Net；Reticulum constellation；Reticuli
网关☆gateway
网冠虫(属)[射虫;T]☆Dictyomitra
网管藻属[褐藻;Q]☆Dictyosiphon
网硅酸盐☆tectosilicate；framework silicate；tektosilicate
网海百合目[棘]☆sagenocrinida
网号☆mesh number
网几丁虫属[O_{2-3}]☆Sagenachitina
网脊[孢]☆muri；lattice bar
网甲鱼☆Arandaspis
网结☆anastomose
网结骨骼☆dictyonalia
网结脉序[植]☆dictyodroma
网结绳串状[绵骨针]☆dictyonal strand
网结伪足☆reticulopodium [pl.-ia]
网金红石☆sagenite；crispite
网距☆grid spacing
网蕨☆Linopteris
网颗石[钙超;K_2]☆Dictyolithus
网孔☆meshes in network；openings
网孔贝属[腕;J_{1-2}]☆Dictyothyris
网孔尺寸☆aperture size
网孔的[孢]☆fenestrated；fenestrate
网孔宽度☆mesh (opening) width
网裂☆check{map} crack
网流☆braided channel{course}
网路☆circuit(ry)；contour；network；loop
网路分析☆circuit{network} analysis
网滤器☆net{screen} filter
网轮藻属[K]☆Dictyoclavator
网络☆network (Internet)；lattice；graph；net；mesh；nexus；meshwork；Net.；electric network[电气]
网络布☆oyen weave cloth
网络分析{|函数}☆network analysis{|function}
网络机☆grid machine
网络节☆link
网络结构形☆network topology
网络式钢制塔架☆lattice-steel tower
网络图☆network chart{diagram}；arrow diagram
网络外离子☆extra-network ion
网络形成物☆network former
网络元件☆circuit component
网络状硅华☆silica network
网络坐标☆mesh coordinate
网脉☆stringer lode；stockwork；stockwerke[德]；network deposit{vein}
网脉穿插☆net-veining
网脉交代体☆stockwork replacement
网脉状☆net-veined
网茅属☆spartina
网密度☆reticular density
网面虫属[$Є_1$]☆Retifacies
网面单缝孢属[Mz-E_2]☆Reticuloidosporites
网面三孔沟粉属[孢;E_3]☆Retitricolporites
网面亚类[疑]☆Herkomorphitae
网面圆形孢属☆Reticulatisporites
网面藻亚类☆Herkomorphitae
网膜[射虫]☆veil
网膜侧视☆parafoveal{scotopic} vision
网膜珊瑚属[S_2-D]☆Plasmopora
网膜藻属[Q]☆Anadyomene
网目☆(net) mesh；graticule
网目板☆screen
网目尺寸☆mesh{aperture;screen} size；basic mesh size
网目电流法☆mesh method
××网目下样品☆minus mesh fraction
网目状水系☆braided{reticular} drainage pattern
网球藻属[Z_2-S]☆Dictyosphaeria
网球状对流[地幔]☆tennis-ball convection；"tennis ball" convection
网纱[金属、塑料等的]☆gauze
网筛☆cribble；wire{mesh} screen
网筛外套[洗矿筒筛]☆aperture jacket
网石坝☆wire dam
网石燕属[腕;D_{1-2}]☆Cyrtinopsis
网式☆network pattern
网式滤器☆strainer screen
网式排泄☆grapevine{trellis} drainage
网室☆hypocaust
网梭形藻属[Z]☆Dactylofusa
网苔藓虫(属)[E-Q]☆Retepora
网头头属[射虫;T]☆Dictyocephalus
网歪斜☆out of square
网纹☆reticulate pattern；texture
网纹斑☆vermiculated mottle
网纹斑杂状结构☆crescumulate{harrisitic} texture
网纹钢板☆floor plate
网纹构造☆dictyonitic structure
网纹黏土☆lattice clay
网纹球孢属[Z]☆Enretisphaeridium
网纹土☆patterned{polygonal} ground；(soil) polygon
网纹岩☆dyktyonite
网隙☆areola [pl.-e]
网线☆mesh line；parvicostellae
网形虫属[三叶;$Є_3$]☆Dictyites
网穴[孢]☆lumen [pl.lumina]
网穴孢属[T-Q]☆Klukisporites
网眼☆lacuna [pl.-e,-s]；cell；lattice pore；meshworm；(screen) mesh；lumen [pl.lumina]；areola[植物叶脉间;pl.-e]
网眼尺寸☆gauze
网眼钢板☆expanded metal
网眼过滤器☆mesh screen
网眼效应☆riviere
网眼状的☆areolate(d)；areolar
网眼状结构☆areolation
网羊齿(属)[古植;C_2]☆Linopteris
网叶蕨☆Dictyophyllum
网叶蕨孢属[J_2]☆Dictyophyllidites
网叶藻属[Q]☆Struvea
网胰藻属[褐藻]☆Hydroclathrus
网翼藻属[褐藻;Q]☆Dictyopteris
网渔乡叶肢介属[节;T_2]☆Dictyolimnadia
网羽类☆Dictyoptera
网羽木属[古植;T_3]☆Dictyozamites
网羽叶苏铁☆dictyozamites
网藻属[绿藻]☆Hydrodictyon
网罩☆gauze cap
网针的☆sagenitic
网针海绵目☆Reticulosa
网针目☆Dictyonina
网针石英☆sagenetic{sagenitic} quartz；cupid's dart；fleche d'amour
网状(物)☆reticulation
网状[苔;群体]☆reticulatus；reticulate；reteporiform
网状笔石☆Retiolites
网状壁[古杯]☆retiform wall
网状表面☆meshy surface
网状残片属[Z-Є]☆Retinarites
网状冲积扇三角洲沉积☆braided-fan-delta deposit
网状的☆fenestrate(d)[孢]；dictyoid；retiform；net (shaped)；reticular；anastomosing；reticulate
网状的辫状的☆braided
网状地☆anastomosis
网状洞穴☆anastomotic{network;maze} cave
网状钢筋☆barmat{mesh} reinforcement；steel mesh reinforcement{teinforcement}
网状格架[六射绵]☆dictyonal framework
网状构造☆mesh{kramenzel;network;reticulated;cell;net;netted} structure
网状构造混合岩☆dictyonite；diktyonite
网状骨片☆desma
网状骨片连接构造[绵]☆zygome
网状河☆braid(ed) river；braided{anastomosed} stream
网状河流☆braided{anastomosing} stream；anastomosing river
网状结构☆netted{reticulated;cell;net-like;mesh;net;reticulate;reticular} texture；reticulation；reticular {net; cellar;reticulate;network; mesh} structure；cellular；reticulum [pl.-la]
网状壳质[射虫]☆lattice shell
网状孔隙☆cellular porosity
网状矿床☆network{stockwork} deposit；stockwork ore deposit
网状矿脉☆interlacing{network;reticulated} vein；ore stock work；stockwork；ore stockwork{fold}
网状裂缝☆chicken-wire{map;pattern} cracking；honeycomb crack；chicken wire cracking
网状裂纹☆map cracking
网状裂隙☆reticulated cracks；ramifying fissures；network of cracks
网状裂隙发育面☆checked surface
网状鳞☆squama reticularis
网状脉☆dictyodromous[植]；interlacing{reticulated;network;reticulate} vein；lacework；anastomosing {ore} stockwork；network of veins；stockwor；net- veined；netted veins
网状沙洲☆reticulated{braid} bar
网状筛☆bar-mat reinforcement；mesh sieve{screen}
网状饰物☆fret
网状水系☆reticulate drainage；reticular{interlacing} drainage pattern
网状纹琢石☆reticulated ashlar
网状物☆meshwork；network；reticulation；net；web
网状线信号发生器☆cross hatch signal generator
网状形成作用☆dictyogenesis
网状叶脉☆dictyodromous
网状云☆lacunaris；lacunosus
网状支架☆network holder
网状中柱☆dictyostele
网状组织☆reticulation；reticular tissue；reseau [pl.-x]；network{net} structure
网足[孔虫]☆reticulopodium [pl.-ia]
网足虫属[孔虫]☆Allogromia
网足虫亚目[孔虫]☆Allogromiina
往测☆forward{direct} measurement；direct run
往程☆fetch
往返☆trip；turnaround；roundtrip；circulate
往返冲程计数器☆lift counter
往返法☆to-and-fro method
往返流☆reversing current
往返时间☆two-way time
往返式发动机☆reciprocating engine
往返速度☆round-trip speed
往返行程计数器☆lift counter
往复☆reciprocate
往复泵的脉动(作用)☆surge of reciprocating pump
往复潮流☆reversing current
往复冲程☆reciprocating stroke
往复阶段泻落式除尘机☆reciprocating cascade (dust) extractor
往复流☆rectilinear current
往复球式流量计☆oscillating ball meter
往复曲折应力☆crippling stress
往复燃烧☆reverse combustion
往复式泵☆reciprocal pump
往复式的☆shuttle；reciprocating
往复式刮(削器)☆reciprocating scratcher
往复式活塞液体流量计☆oscillating piston liquid meter
往复(运动)式耙(子)[分级机]☆reciprocating rake
往复式砂带磨床☆oscillating sander
往复式无极绳运输系统☆reversible endless rope system
往复式卸料箅子☆reciprocating discharge grate
往复式一次破碎机☆reciprocating-type primary crusher
往复(运动)式振动筛☆reciprocating vibrator
往复行程☆reciprocating travel{stroke}；play
往复旋转液压马达☆semi-motor
往复压碎型{挤式}破碎机☆reciprocating pressure type crusher
往复移动的机件☆reciprocator
往复运动☆in-and-out{to-and-fro;reciprocating} movement；reciprocal{reciprocating;alternating;end-to-end;seesaw;alternate} motion；multiple passes；reciprocation；shuttle
往复运动式破碎机☆reciprocating crusher
往复(振动)运矿槽☆reciprocating trap
往复折曲☆crippling
往井中泵{注}入一段稠泥浆☆slug the hole with viscous mud
往来银行☆dealing bank
往来账☆openaccount；nostro ledger
往来账户☆current{personal} account；C/A；P.A.
往上☆upslope
往上冒☆bubble
往上运动☆upstroke
往事☆bygone；past
往下☆down right；downward

往(液流)下游☆down

wàng

旺丹绿[石]☆Verde Vountain
旺季☆high{rush;busy;peak;boom} season；peak period；midseason；boom season
望(月)☆full moon
望格虫属[孔虫;P_2]☆Wanganella
望远镜☆telescope；binocle；jockknife；field glasses；binocular[双筒]
望远镜(式)的☆telescopic
望远镜螺属[腹;K_2-Q]☆Telescopium
望远目镜☆centering telescope
望远物镜☆teleobjective
望远显微(两用)镜☆panopticon；telemicroscope
忘却☆oblivion
妄改学名☆nom. van.；vain name；nomen vanum
妄想☆bubble

wēi

薇☆Osmunda
薇`石(属){角石}[O_2]☆Lituites
威布尔分布☆Weibull distribution
威布市[美城市]☆Webb
威得斯子波☆Widess wavelet
威地亚型硬质合金钻头☆Widia bit
威尔德内斯(阶)[北美;O_2]☆Wilderness
威尔多纳陨石☆Weldona meteorite
威尔菲摇床☆Wilfley shaking table
威尔弗莱型摇床☆wilfley{shaking} table
威尔考克斯型采煤机☆Wilcox miner
威尔科克斯阶[萨宾阶 Sabinian;E_2]☆Wilcoxian
威尔克斯(判别法)☆Wilks' criterion
威尔什石☆wilshite
威尔士[英]☆Wales
威尔斯型充气式浮选机☆Welsh cell
威尔士{施}型充气式浮选机☆Welsch flotation cell
威尔逊贝属[腕;D]☆Wilsoniella
威尔逊 X 射线衍射分析法☆Wilson technique
威尔逊石☆wilsonite
威尔逊云室☆Wilson cloud-chamber
威法型浮选机☆Welmco Fagergren flotation cell
威格煤☆Viger coal
威吓☆squeezability
威加士海渊☆Vitiaz deep
威克板层砂岩群☆Wick flagstone group
威克曼标准☆Wickman's standard
威克伤[真空密封]☆vacuseal
威克斯统计量☆Wilk's statistic
威兰士红[石]☆Rosa Valencia
威利瓦飑[见于南美洲]☆Williwaw
威力☆force；power；might；puissance；strength
威`力生{氏;力森}自动车钩☆Willison coupler
威廉姆逊{孙}苏铁(属)☆Williamsonia
威廉斯型筛☆Williams screen
威廉逊型磨机☆Williamson mill
威洛比[男名]☆Willoughby
威米格程序☆Wemig；wave equation migration
威姆科型实验室浮选机☆Wemco lab flotation machine
威姆柯型筒式分选机☆Wemco drum-type separator
威姆科型移动式重介分选设备[圆锥型或鼓筒型]☆Wemco Mobile-Mill
威尼斯蓝☆Venetian{Italian} blue
威尼斯式挡矸帘☆flushing shield type Venetian blind
威涅格型浮选机☆Weinig machine
威迫☆buffalo
威奇塔山地震观测所☆Wichita Mountains Seismological Observatory；WMSO
威森博格☆Weissenberg
威烧绿石☆westgrenite
威慑☆deterrence
威慑力量☆deterrent
威式浮选炉☆Welsch flotation cell
威氏孢属[C_{2-3}]☆Wilsonia
威氏瓦飑☆williwaw
威斯法阶[欧;C_2]☆Westfalian；Westphalian
威斯法利亚型液压串联式刨煤机☆Westfalia hydraulic tandem planer
威斯法利亚型硬煤刨煤机☆Westfalia plough
威斯康星(冰期)[北美;Qp]☆Wisconsin (glacial stage)
威斯康星(阶)[北美;Qp]☆Wisconsinan
威斯塔☆Wista
威斯特发利亚(阶)[欧;C_2]☆Westphalian{Westfalian}(stage)
威斯特伐牙形石属[C]☆westfalicus
威斯特法利亚型快速刨煤机☆Westfalia Anbauhobel
威斯特法利亚型煤巷(短壁)掘进机☆Westfalia short-wall heading machine
威斯特法利亚重型液压支架☆Westfalia heavy-duty powered-support
威斯托弗赖克斯合成橡胶☆Westoflex
威特-第托尼特炸药[德]☆Wetter-detonit
威特叠层石属[$Є_1$]☆Vetella
威特-卡朋尼特炸药[德]☆Wetter-carbonite
威特-努勃力{诺贝利}特(硝化甘油安全)炸药☆Wetter-Nobelit
威特-赛库瑞特炸药[德]☆Wetter-Sekurit
威特-瓦沙基特炸药[德]☆Wetter-Wasagit
威特-威斯特法力特炸药[德]☆Wetter-Westfalit
威特韦尔阶[S]☆Whitwell
威特沃特斯兰金-铀砾岩☆Witwatersrand auri-uraniferous conglomerate
威硒硫铋铅矿[$Pb_9Bi_{12}(S,Se)_{27}$;单斜]☆wittite
威胁☆danger；threat
威严的☆imperial
威远粉属[孢;T_3-J_1]☆Weiyuanpollenites
威载瑞尔-麦柴尼契型磁选机☆Wetherill-Mechernich (magnetic) separator
威载瑞尔-若汪型磁选机☆Wetherill-Rowand separator
威载瑞尔型磁选机☆Wetherill separator
威兹珀风☆wisperwind
微[μ;10^{-6}]☆micro；mu；mini-；sub-；micro-
微埃[10^{-16}m]☆microangstrom
微安[10^{-6}A]☆microampere
微安剂☆microammeter
(使)微暗☆dusk
微暗镜煤☆durovitrite
微暗亮煤☆duroclarite
微暗煤☆durite；microdurain
微暗煤 E☆durite E；black durite
微凹☆dimple
微奥扎克牙形石属[O_1]☆Microzarkodina
微巴[压强单位=10^{-6}μbar=10^{-5}Pa]☆barye；barie；microbar
微白云岩☆microdolomite
微斑板岩[德]☆fleckschiefer
微斑变晶[结构]☆microporphyroblastic
微斑橄玄岩☆dalmeny basalt
(显)微斑晶☆microphenocryst
微斑晶的☆miniphyric
微斑岩☆microporphyre
微斑杂结构☆microtaxitic structure
微斑状[最大斑晶≤8μm]☆microporphyritic；microphyric；miniphyric
微板块☆microplate
微半丝炭{煤}☆semifusite
微棒[海绵骨针]☆microrhabd
微棒石[钙超;K_2]☆Microrhabdulus
微胞☆micella[pl.-e]；supermolecule；micell(e)[pl.-les]；nanocyte
微胞的☆micellar
微胞藻属[Q]☆Microcystis
微孢藻(属)[绿藻;Q]☆Microspora；Microcystis
微孢子☆microspore；nanospore
微孢子煤☆sporite
微爆☆microexplosion
微爆凿岩☆microblasting drilling
微背反射劳厄照相机☆micr back Laue camera
微贝壳灰岩☆microcoquina
微比特☆microbit
微扁平状☆microflaser
微变传动☆vernier drive
微变量泵☆subvariable spring
微变形晶体☆lightly deformed crystal
微标度☆microscale
微标准学☆micromeritics
微表层[海]☆microlayer
微玻基斑状结构☆vitriphyric texture
微玻(璃)陨石☆microtektite
微波☆hyperfrequency wave；microwave；ripples；centimetric waves；riffle；microray；MW
微波测距☆tellurometer survey
微波测湿仪☆microwave moisture meter
微波成孔钻机☆microwave drill
微波传输带☆microstrip
微波大爆发{|法钻进}☆microwave outburst{|drilling}
微波辐射测量成像☆microwave radiometric imagery
微波辐射量学☆microwave radiometry
微波激射器☆maser；microwave amplification by the stimulated emission of radiation；paramagnetic amplifier
微波量子放大☆quantum paramagnetic amplifier
微波平台☆Texas tower
微波破岩钻井☆microwave drill
微波区位置显示器☆microwave zone position indicator
微波衰减陶瓷☆microwave attenuative ceramics
微波碎岩技术☆microwave rock breaking technique
微波锁定☆microlock
微波相移器☆microwave phase shifer
微波信标☆microwave beacon；MW/BCN
微波站☆microwave station；MWS
微波着陆系统☆microwave-landing system；MLS
微薄层黏土☆book clay
微薄岩层☆microstrata
微捕虏体☆microxenolith
微不稳定性☆microinstability
微不足道的☆negligible
微操作☆micro(-)operation
微侧向测井☆microlaterolog；microlateral log；MLL
微测井☆micrologging；minilog
微测深法☆contact log
微层☆microlayer；microstratum；microstrata
微层理☆microstratification；microlayered
微层序☆microsequence
微层状岩层☆microlaminated bed
微差爆破☆short-delay (type) blasting [0.001～0.1s]；split-second{slightly delayed} blasting；millisecond (delay) blasting；short period delay
微差波速分析仪☆differential wave velocity analysis
微差井径☆differential caliper；DCAL
微差井温☆DTEM；differential temperature
微差延发爆炸[工]☆short-delay blasting
微场扩流发电机☆metadyne
微尘☆mote
微尘层☆konisphere
微尘粒☆micronic dust particle
微尘学☆micromeritics；koniology；coniology
微尺度☆microscale
微尺目镜☆micrometer eyepiece
微翅类☆Siphonaptera
微虫体[苔]☆nanozooid
微畴☆microdomain
微处理机☆micro-processor；microprocessor (unit)；microprocessing unit；MPU
微疵点☆microcrack
微磁道☆Decatrack
微磁力仪☆micromagnetometer
微刺☆spinule
微刺藻属[Z-E]☆Micrhystridium
微粗斑结构☆magniphyric texture
微粗斑状[最大斑晶 0.2～0.4mm]☆magniphyric
微粗粒煤☆maeroite
微达西☆microdarcy
微大陆☆microcontinent
微大洋☆micro-ocean
微带☆microzone
微代码☆microcode
微淡水☆fresher water
微当量☆microequivalent
微德拜照相机{极}☆micr Debye camera
微灯☆micro-burner
微等离子体{区}☆microplasma
微等色岩☆microshonkinite
微滴☆droplet
微底栖生物☆microbenthos
微地块☆micro-landblock
微地貌学☆micro(-)geomorphology
微地貌因素☆minor relief elements
微地体☆miniterrane
微地形☆microrelief；microtopography；micro-relief topography
微地形学☆micro-relief topography；topology；microtopography；micro(geo)morphology
微地震☆microearthquake；earth tremor；seism noise；microseism(ic)；MEQ
微地震监测仪☆microseismic monitor

微地震剖面☆microseismic section
微地震学☆microseismics；microseismology
微地质构造☆microtectonics
微碲铅矿☆micro-dunhamite；dunhamite
微递变层☆micrograded layer
微电导率☆micro conductivity
微电机☆micromotor
微电极☆microelectrode
微电极测井极板☆minilog pad
微电极井壁成像☆microelectrical borehole wall imaging
微电计☆galvanometer
微电位☆micronormal
微电位电极系测井☆micronormal
微电子学☆microelectronics；microtronics
微电阻(率)-感应-侧向测井☆micro resistivity-induction-laterolog；MILL
微电阻率扫描测井仪☆micro-electrical scanner tool
微叠层石☆ministromatolite
微动☆fine motion{movement}；inching；jogging；micromotion
微动按钮☆spring-loaded pushbutton
微动关节[生]☆amphiarthrosis
微动环☆graduated micrometer collar
微动开关☆microswitch；momentary switch
微动刻度电容器☆vernier capacitor
微动力的☆microdynamic；oligodynamic
微动螺丝☆measuring screw
微动螺旋☆tangent{fine-adjustment;micrometer} screw
微动弹簧☆hair
微动调整旋钮☆vernier adjustment knob
微动物☆microzoon
微动物群☆faunule；microfauna；local fauna
微动作用☆oligodynamics
微度计☆microseismometer；microseismograph
微断层☆transversal fault；microfault
微断层{裂}活动☆microfaulting
微夺流☆micropiracy
微惰性煤☆microite；inertite
微厄塞岩☆microessxite
微二长岩☆micromonzonite
微法☆microfarad；mfd；mF
微法拉计☆microfaradmeter
微反纹长石☆microantiperthite
微方程的阶☆order of a differential equation
微纺锤☆Fusiella
微纺锤鲢型☆fusiellid type
微霏细岩☆microfelsite
微霏细状☆microfelsitic
微非连续性☆microdiscontinuity
微沸绿岩☆microteschenite
微分☆differential；diff.；differentiation
微分布破裂☆microdistributive fracture
微分层现象☆microstratification
微分法☆differentiation；differential method；peaking
微分分析☆differential analysis
微分干涉相衬显微镜☆differential interference contrast microscopy；DIC
微分静校正量☆differential statics
微分流形☆differentiable manifold
微分欧米伽[定位系统]☆differential omega
微分器区☆differentiator
微分时间☆derivative time
微分子☆scintilla
微粉☆micropowder
微粉化☆micronization
微粉化盐完{修;钻}井液☆micronized salt system
微粉级金刚石☆diadust
微粉磨机☆micronizer
微风☆(gentle) breeze[3 级风]breathing；air；whiffle
微风化带☆slightly weathered zone
微风化的☆slightly weathered
微缝合线☆microstylolite；suture joint
微辐射计☆microradiometer
微伏☆microvolt；MV
微伏计☆microvoltmeter
微浮游生物☆microplankton；plankton micro-organism
微腐泥混合煤☆sapromixtite
微复合岩☆microchorismatite
微复矿质煤☆carbopolyminerite
微伽[10^{-6}gal]☆microgal
微高斯[10^{-6}Gs]☆microgauss
微功率☆micropower
微巩膜煤☆sclerotite
微沟藻属☆Microdinium
微沟铸型☆microgroove case
微构造☆microscopic structure；microstructure；microtectonics
微构造分析☆microscopic structural analysis
微构造学☆microtectonics
微古生物学☆micropaleontology
微骨针☆microsclere
微观变形☆microscopic(-scale) deformation；microdeformation
微观不均一性☆microheterogeneity
微观穿插应变☆penetrative microscopic strain
微观的☆microscopic(al)；micr.；microscope
微观地理变化☆microgeographic variation
微观分凝☆microsegregation
微观构造☆microstructure；microscopical feature
微观环境☆microenvironment
微观机理☆micromechanism；microscopic mechanism
微观检验☆microexamination；microscopic examination
微观结构☆micro(-)structure；micromechanism；microtexture
微观结构损害☆microstructural damage
微观结晶学的☆microcrystallographic
微观经济模型☆microeconomic model
微观孔隙结构参数☆microscopic pore structure parameter
微观理论☆micro(scopic) theory
微观力学连续介质模型☆micromechanics base continuum model
微观流动流速☆microscopic flow velocity
微观流体☆microfluid
微观模型☆microvisual{microscopic} model
微观破裂☆microfracture
微观破裂极☆microfracture pole
微观热中子吸收俘获截面☆microscopic thermal neutron absorption capture cross section
微观生物石油工程☆microbiological petroleum engineering
微观世界☆microcosm(os)；microworld
微观拓扑结构☆microscopic topology
微观吸收☆microabsorption
微观现象☆microphenomenon [pl.-na]
微观效应☆microeffect
微观形象☆microscopical feature
微观演化☆microevolution
微观应变☆microstrain；microscopic strain
微观应力☆microscopic stress；micro(-)stress
微观组织☆micro-texture
微管力迟滞点☆lento-capillary point
微管束植物☆Tracheophyta
微管作用☆capillarity
微光☆glimpse；glimmer；twilight；gleam；shimmer
微光的☆scotopic
微光束☆microbeam
微光泽☆glimmering luster
微海绵属[O-P]☆Microspongia；Hindia
微海洋学☆micro-oceanography
微含长[结构]☆micro(-o)phitic
微含盐的☆subsaline
微焊☆microbonding
微毫米☆micromillimeter；Mμ
微核[细胞]☆micronucleus
微合金扩散晶体管☆microalloy diffused transistor
微赫(兹)☆microhertz；MHz
微黑晶☆microschorlite；mikroschorlit
微黑色的☆dusk
微痕☆microscratch
微亨(利)[10^{-6}H]☆microhenry
微红的☆reddish
微弧度☆microradian
微花斑结构☆micro-granophyric texture
微花斑岩☆granulophyre
微花斑状☆microgranophyric
微花岗变晶(结构)☆microgranoblastic
微花岗岩☆microgranite
微花岗状☆microgranitic；microgranitoid
微花岗状结构☆microgranitic texture
微滑破裂☆microdistributive fracture
微化分析☆microchemical {-}analysis；chemical microanalysis
微化石☆microfossil
微化学☆microchemistry
微环礁☆microatoll
微环境☆micro-milieu
微环菌属☆Microcyclus
微环隙[套管与水泥间微间隙]☆micro-annulus
微黄煌岩☆polzenite
微黄铁矿质层{煤}[显微煤岩类型]☆carbopyrite
微辉长岩☆microgabbro
微辉绿[结构]☆micro(-o)phitic
微辉绿岩☆microdiabase
微辉闪霞斜岩☆microberondrite
微辉石黄长岩☆microuncompahgrite
微机控制☆micro-computer control
微机体☆microorgan
微积分☆infinitesimal analysis；fluxionary calculus
微积分(学)☆differential and integral calculus；calculus
微集合粒☆microaggregate grain
微集合体☆microaggregate
微集粒组成☆microaggregate composition
微集料水泥☆blended cement
微戟贝属[腕;C_2-P]☆Chonetinella
微脊珊瑚属[S_1]☆Aphyllum
微迹分析☆trace analysis
微迹元素☆trace element
微继电器☆microrelay
微夹层☆subtle banding
微加(仑)☆microgal
微甲藻(属柱)[K-N]☆Microdinium
微尖的☆acutate
微碱钙霞石[$(Na,Ca,K)_{7\sim8}(Si,Al)_{12}O_{24}(Cl,SO_4,CO_3)_{2\sim3}$;六方]☆microsommite
微碱性☆alkalescence；alkalescency
微碱性的☆alkalescent；mildly alkaline；subalkaline
微间隙{断}☆microgap；microclearance
微焦☆microfocus
微胶粒☆micelle
微交错层理☆micro(-)cross-bedding
微角☆slight angle
微角砾化☆microbrecciation
微角砾岩☆microbreccia
微角质煤☆cutite
微节理☆microjoint
微结构镜煤☆telite
微结构镜煤质亮煤☆teloclarite
微结构镜质煤☆telite
微结核☆microconcretion；micronodule
微解冻泥流☆cryoturbation
微介壳灰岩☆micrococquina；micrococquinoid limestone
微金粒☆colours
微茎状突起石☆microstylolite
微晶☆microcrystal[结晶学]；microlite(s)[火成岩]；micrite[沉积岩]；crystallite；microlith
微晶玢岩☆microlithite
微晶玻璃[俄]☆glass ceramics；pyroceram；Sitall
微晶的☆micr(ol)itic；microcrystalline；microlithic
微晶方解石软泥☆microcrystalline calcite ooze
微晶霏细长石质结构☆microfelsitic
微晶核☆microcrystals；micronucleus
微晶化☆micritization；sitallization；controlled micro-crystallization；glass-ceramic process
微晶化的☆micritized
微晶灰岩☆micrite；calcipulverite [化学成因的]；microcrystalline{matrix} limestone
微晶加大作用☆micrite enlargement
微晶蜡☆ceresin(e) wax
微晶粒☆micrinite
微晶粒状☆microgranitic；microgranular；micromeritic
微晶粒状火成岩☆microgrenues
微晶鳞铅石☆ceruleolactite
微晶磷铝石☆ceraleolactite
微晶片[微型集成电路片]☆microchip
(硅质)微晶球体☆lepisphere
微晶砷铜矿[Cu_6As;斜方;假六方]☆algodonite
微晶生物砾{碎}屑灰岩☆microcrystalline biogenic calcirudite
微晶石☆microlite
微晶石英型铀矿☆U-ore of microcrystalline quartz type
微晶石英质燧石岩☆novaculite
微晶搪瓷☆vitro-ceramic{microcrystalline} enamel
微晶体结构☆microcrystalline texture
微晶文石☆micritic aragonite
微晶学☆micromeritics；microcrystallography

W

微晶云母☆microcrystalline mica
微晶质☆cryptocrystalline；phanerocrystalline-adiagnostic
微晶质的☆microcrystalline；paurocrystalline；dyscrystalline
微晶质泥☆microcrystalline mud
微晶状☆microlitic
微晶子☆microcrystallite
微井径仪☆microcaliper
微井喷☆kicking
微镜惰(质体)☆vitrinertite
微镜惰壳质煤☆vitrinertoliptite
微镜亮煤☆vitroclarite
微镜煤☆vitrite
微镜丝煤☆vitrofusite
微径规☆micrometer caliper gauge
微居(里)☆microcurie；MC
微矩阵☆micromatrix
微聚焦测井☆minifocused log
微蕨属[D_1]☆Sciadophyton
微菌核煤☆sclerotite
微喀斯特☆microkarst
微卡☆microcalorie
微壳灰岩☆spergenite Bedford limestone；Indiana limestone；microcoquina
微壳煤☆liptite
微壳屑岩{岩屑}☆spergenite
微壳质煤☆liptite；sporite
微克☆gamma；microgram
微孔☆micropore；pore；millipore；MP
微(气)孔☆pinhead blister；micropore
微孔道☆microchannel
微孔洞碳酸盐岩☆microvugular carbonate
微孔法兰☆orifice flange
微孔分气法☆atmolysis
微孔滤器{纸}☆millipore filter；microstrainer
微孔塑料膜过滤器☆millipore plastic membrane filter
微孔隙☆micropore；microporosity；MP
微孔隙的☆microporous；micro-vuggy
微孔隙性☆microporosity
微孔性的☆microporous
微孔毡[防止油蒸气挥发]☆microballoons
微空隙☆microvoid
微苦的☆bitterish
微库(仑)☆microcoulomb
微矿物☆micromineral
微扩展排列☆microspread
微拉伸的☆microextensional
微蓝乳光石英[玻璃石英]☆hyaline quartz
微浪[风浪 1 级]☆smooth sea
微勒(克司)☆microlux
微冷泉☆invigorating water
微锂云母☆microlepidolite
微砾岩☆microconglomerate
微利☆meager profit
微利井☆marginal well
微粒☆partic(u)late；fine (particle)；fleck；finely ground particle；lutum；corpusc(u)le；microprill；atom(y)；microboulder；subsieve
微粒包体☆microgranular enclave
微粒冰晶沉淀[南极洲]☆diamond dust
微粒的☆micrograined；microdot；impalpable；paurograined；subsieve；microgranular
微粒分级☆sub-sieve sizing
微粒浮选☆microflotation
微粒化☆grain diminution
(光学)微粒计☆dispersimeter
微粒结构☆fine-grain structure；microgranular texture
微粒金☆dust gold
微粒可吸泵☆respirable particulate pump
微粒凝胶☆microgel
微粒说☆emission theory
微粒特性测定计☆hondrometer
微粒体☆micrinite[煤岩]；microsome；micronite
微粒体组☆micrinoid (group)
微粒透明壳壁[孔虫]☆granular hyaline wall
微粒污染物图表☆particulate contaminant chart
微粒吸收☆particle-absorption
微粒型金矿床[<30μm]☆invisible gold ddeposit；Carlin-type gold deposit
微粒学☆micrometrics
微粒学说☆corpuscular theory
微粒隐晶质石墨☆fine-grained graphite
微粒照片☆microdot
微粒质壳☆micro-granular test
微粒状的☆microgranular；microgranulitic
微粒子☆microparticle
微力爆破☆squealer
微两尖骨针[绵]☆microxea
微量☆trace (amount)；glim(mer)；gleam；tittle；slight amount；sprinkle；ounce；touch；tincture；suggestion；microscale；micro-；tr.；tr
微量部分☆trace component
微量测定☆microdetermination；microdetection
微量层析☆microchromatography
微量沉积☆negligible deposition
微量初生油☆micro-oil
微量滴定☆microtitration
微量电解测定☆microelectrolytic determination
微量法☆micromethod
微量分析☆trace{spot;minor;micrometric} analysis；microanalysis
微量浮选试验机☆micro-flotation cell
微量化学☆microchemistry
微量化学试验☆microchemical test
微量金属☆trace-metal；microgram metal
微量扩散☆microdiffusion
微量试金分析的☆microdocimastic
微量天平☆microbalance
微量图☆pinch valve
微量污染☆micropollution
微量养分☆micro(-)nutrient
微量荧光光度法☆microspectrofluorometry
微量应变☆microstrain
微量元素☆trace{accessory;minor} element；micro(-) element
微量元素分异模式☆trace-element differentiation model
微量值☆micro-value
微量组分☆microconstituent；microcomponent
微亮暗煤☆clarodurite
微亮带☆twilight zone
微亮晶☆microspar
微亮晶方解石☆microsparry calcitè
微亮煤☆clarite；hydrite；microclarain
微亮煤 D[富含基质镜质体微亮煤]☆degradinite-rich hydrite；hydrite D
微亮煤 E[富含壳质组微亮煤]☆clarite{hydrite} E；exinite-rich hydrate
微亮煤质结构镜质体☆clarotelite
微亮质煤☆liptite；sporite
微裂☆(feather) checking
微裂缝{隙}☆crevice；microcrack；microfracture；micropipe；microflaw；microscopic{minute} crack；microfissure
微裂群区☆inclusion
微裂纹☆microcrack；check；microfissure
微裂压痕☆slightly fractured indentation
微鳞片变晶[结构]☆microlepidoblastic
微鳞片状☆microflaky
微流动结构☆microfluxion
微流计偏转☆galvanometer deflection
微流霞正长岩☆microfoyaite
微流星☆micrometeor
微流状(的)☆microfluidal
微漏☆pin-hole leak
微陆块☆micro-landblock；microcontinental block
微滤器☆micro-strainer
微逻辑(的)☆micrologic
微麻粒岩☆microgranulite
微脉冲发生器☆micropulser
微脉动☆micropulsation
微芒藻属☆Micractinium
微毛☆fuzz
微毛细管☆microscopic capillary
微毛藻属[蓝藻;Q]☆Microchaete
微(型)煤气灯☆microgasburner
微镁铬铁矿☆berezovskite；beresof(sk)ite；beresowite；berezowskite
微米[μ,μm]☆micron；micrometer
微米级☆microsize scale；micron-sized
微米级下的颗粒☆submicron particle
微密度计☆microdensitometer
微秒☆microsecond；M/S；M/sec；μs
微秒爆破☆millisecond delay blasting
微妙☆nicety；tender；subtle
微妙异常☆subtle anomaly
微明区☆twilight band{zone}
微模型☆microscopic model；micromodel
微膜☆membranelle；membranella
微摩擦☆minute friction
微姆(欧)☆micromho；umho
微囊粉属[孢]☆Parvisaccites
微囊介属[C-P]☆Micrococlonella
微囊肿☆microcyst
微挠曲作用☆microflexing
微霓霞岩☆microijolite
微泥☆micro-mud
微泥晶☆minimicrite
微泥流☆microsolifluction
微泥质层[显微煤岩类型]☆carbargillite
微黏度计☆microviscosimeter
微欧(姆)☆microhm
微欧米加[定位系统]☆micro-omega
微泡虫属[孔虫;K_2-Q]☆Buliminella
微泡软片☆vesicular film
微泡析出浮选机☆floatation by gas precipitation
微配子体☆microgametophyte
微喷(处理)☆micropeening
微劈理☆slip cleavage
微劈石☆microlithon
微片麻岩☆microgneiss
微泊☆micropoise
微起伏☆microrelief
微气☆microgas
微气候☆microclimate
微气化☆microgasification
微气囊☆micro-gas pocket
微气侵☆kicking
微气象系☆micro-meteorological system
微气象学☆micrometeorology
微气压计☆microbarometer；microbarograph
微潜晶质的☆microcryptocrystalline；cryptocrystalline
微嵌晶状(的)☆micropoikilitic
微腔牙形石属[O_2]☆Micrococlodus
微强度☆microstrength
微鞘藻属[蓝藻;Q]☆Microcoleus
微倾构造☆shallow dipping structure
微倾斜☆flat dip [0°～15°]；gentle dip [5°～25°]；low dip；slight pitch
微倾斜的床面☆slightly inclined deck
微倾斜煤层☆flatly inclined seam
微倾指示器☆heel indicator
微丘☆microhill
微球丛[黄铁矿]☆framboid
微球构造☆pellet structure
微球粒☆micropellet；microspherolite
微球粒的☆micropelletoid；microspherulitic
微球体☆microsphere
微球型[孔虫]☆microspheric
微球形聚焦测井☆micro(-)spherically focused log
微球状石☆orbiculite
微区☆microarea；microzone
微屈多次反射波☆peg-leg multiple
微渠道☆microchannel
微圈闭☆microtrap
微缺的[生]☆emarginatus；emarginate
微扰☆perturbation；perturbance
微扰法☆method of small perturbation；perturbation method
微扰近似☆perturbation approximation
微热☆microtherm
微热的☆tepid
微热区☆warm area
微热天水驱动说☆meteoric hydrotepid dynamism
微蠕虫状☆microvermicular
微乳化液驱油☆microemulsion flooding
微乳状液☆microemulsion
微弱[光、声等]☆tenuity
微弱变形☆low deformation
微弱的☆indistinct；faint
微弱电流线路☆feeble current line
微弱碎裂变形☆mild cataclastic deformation
微弱信号☆feeble signal；small-signal
微弱型爆发活动☆mild type of explosive activity
微三(组分混)合煤☆trimacerite
微三角洲☆microdelta
微三组混合煤☆trimacerite
微筛孔☆micromesh

W

微闪长岩☆malchite；microdiorite；maichite
微商☆derivat(iv)e；der.；differential coefficient
微少☆slenderness；paucity；pauci-
微蛇纹石☆microantigorite
微射线☆microray
微渗透压强计☆microosmometer
微声电子学☆acoustoelectronics
微生境☆microhabitat
微生境的优势种☆dominule
微生态气候☆ecidioclimate
微生物☆micro(-)organism；microbe；bacterium [pl.-ia]；germ；microscopic organism；microbion
微生物的☆microbial；microbic；microbiological；microbian
微生物的氧化作用☆microbial oxidation
微生物法☆microbial{microbiological} method
微生物分析☆microbiological analysis
微生物界☆microbial world
微生物黏性生长层☆slimy microbial overgrowth
微生物气☆bacterial gas
微生物群☆microbiota；micropopulation
微生物提高采收率法采油☆microbial(ly) enhanced oil recovery；MEOR
微生物相☆microbiofacies
微生物学☆microbiology
微生物学的☆microbiological
微生物学家☆microbiologist
微生物氧化作用☆microbiological oxidation
微生物(引起的)氧化作用☆microbiological oxidation
微生物引起的矿物转化☆microbial mineral transformation
微生物引起的硫酸盐还原反应☆microbial sulfate-reducing reaction
微生物转化作用☆microbial conversion
微生物(引起的)转化作用☆microbial conversion
微升☆microliter
微升平原☆pastplain
微石[耳石的一种]☆urticulith
微石棉☆asbestine；asbestinite
微石香肠☆microboudin
微石英☆microquartz
微石症☆microlithiasis
微时计☆oligochronometer；chronograph
微蚀刻☆microetch
微嗜氮生物☆oligonitrophiles
微树脂煤☆resite
微水滴☆water droplet
微水文学☆microhydrology
微丝☆fiber；fibre
微丝炭☆fusite；microfusain
微丝质亮煤☆fusoclarite
微似蛇纹石☆miskeyite
微松藻属[J-N]☆Microcodium
微苏长岩☆micronorite
微速☆dead slow
微粟虫属[孔虫;E_2-Q]☆Miliolinella
微酸的☆acescent
微酸水☆rare-acid water
微酸味☆acescency
微酸性的☆sub-acid；acidulous
微碎屑的☆microfragmental；microclastic
微碎屑惰性煤☆inertodetrite
微碎屑煤☆microfragmental coal
微碎屑岩☆microclastic rock
微碎屑状☆microclastic
微缩测量图☆microplot
微缩锯[雕琢宝石用]☆miniature saw
微探针☆microprobe
微碳酸盐质层[显微煤岩类型]☆carbankerite
微糖粒状的{结构}[碳酸盐岩的一种结构]☆microsucrosic
微梯度[电极系测井]☆microinverse
微体☆microbody
微体古生物法☆micropaleontological method
微体化石☆microfossil
微体生物☆microbios
微填充柱☆micro-packed column
微条斑纹结构☆microeutaxitic texture
微条带☆microbands
微条纹斑(杂)状☆microeutaxitic
微调☆trimming；fine setting{adjustment}；vernier control；fine-tuning；matching；readjustment；inching
微调变角连接器☆vernier coupling
微调电容☆trimmer
微调阀☆micrometering valve
微调夹头☆microcartridge
微调螺旋☆tangent screw
微调线圈☆alignment coil
微调整☆inching
微铁限辉岩☆jacupirangite
微透长岩☆microsanidinite
微透光的☆limpid
微透明(的)☆subtranslucent
微透水层☆aquiclude
微凸的☆low arched
微土壤学☆micropedology
微团☆micella [pl.-e]；micell(e) [pl.-les]
微团聚体☆ccroaggregate；microaggregate
微团粒☆micropellet
微团粒的☆micropelletoid
微瓦☆microwatt；MW
微歪粗面岩☆shihlunite
微弯波导☆minor bend
微网虫(属)[Є]☆Microdictyon
微网目☆micromesh
微微[皮;10^{-12}]☆micromicro-；oligo-；pico-；P
微微微[阿;10^{-18}]☆atto；atto-
微温☆tepefaction；damp
微温水流☆tepid stream
微温水浴[34～36℃]☆lukewarm bath
微温性的☆microthermal
微文象交生☆micrographic intergrowth
微文象岩☆granophyrite；micropegmatite
微纹层☆microlamination；microlaminae
微纹长辉二长岩相☆mangerite facies
微纹长辉二长玢岩☆mangerite porphyrite
微纹长石☆microperthite
微纹长岩☆microperthitite
(显)微纹理☆microlamination
微稳定煤☆liptite
微污染物☆micropollutant
微无结构亮煤体☆colloclarite；colloclarain
微物☆speck
微吸附检测器☆micro adsorption detector
微隙☆microgap
微细胞核☆micronucleus
微细的☆microscopic(al)；subtle；minute
微细粉末☆fines
微细构造☆microstructure
微细壳饰☆microtexture
微细粒☆ultrafine particle
微细粒煤☆micrite
微细裂缝☆cleavage microcrack
微细裂纹☆microcrack
微细裂隙☆ultramicrocrack
微细劈理☆fine cleavage
微细条痕☆microstriation
微细物质载荷[河流的]☆fine-material load
微细屑状☆microclastic
微细影像☆minute image
微霞钠长正长岩☆gooderite
微霞正长岩☆grennaite
微纤维☆microfiber
微咸的☆subbrackish；subsaline；brackish
微咸水☆mildly brackish water；brackish water
微咸水-海水煤相☆brackish-marine coal facies
微咸停滞水体☆bhil
微咸性☆brackishness
微限开关☆microlimit switch
微线棒石[钙超;K-E]☆Microrhabdulinus
微线性的☆microlinear
微镶嵌☆micro insertion
微响☆peal
微相☆microfacies
微相分析☆microfacies analysis
微向偏差值☆transversal discrepancy
微小☆minuteness
微小变化☆subtle change
微小变形☆microdeformation；micro-strain
微小变形理论☆infinitesimal deformation theory
微小擦痕☆microstriation
微小尺寸☆microsize
微小的☆tiny；piddling；minute；minim
微小地震☆microearthquake
微小动物☆microzoon；animalcule
微小发光{热}体测温计☆micropyrometer
微小裂隙☆leptoclase；minute fissure
微小偏斜(钻孔)☆kick
微小石器☆microlith
微小突起粉属[孢;K_2]☆Parviprojectus
微小物☆minim
微小延迟☆fine delay
微小应变假定☆assumption of small strain
微笑☆smile
微斜长石[(K,Na)$AlSi_3O_8$;三斜]☆microcline；micro cline；green feldspar；microklin；kalifeldspath[德]；anhydrous scolecite；mikroklin；amazonstone；amazonite
微斜长石残屑沉积[花岗-片麻岩风化形成的]☆square gravel
微斜长石(-)钠长石系☆microcline-albite series
微斜长石双晶[格子状双晶]☆microcline twinning
微斜条纹长石☆barbierite
微斜纹长石☆microcline perthite；chesterlite；miercline-perthite
微屑☆mote
微信号处理机☆microsignal processor
微星☆planetesimal
微星际石☆micrometeoroid
微星藻属[Q]☆Micractinium
微型☆microminiature；minitype
微型比色槽☆micro cell
微型冲击式检车器☆midget impinger
微型的☆baby；miniature
微型地图☆micromap
微型电极[微电阻率测井]☆button
微型电路☆microcircuit；MC
微型电路技术☆microcircuitry
微型电路组☆microcircuit package
微型叠层石属[Z]☆Microstylus
微型浮游生物化石☆planktonic microfossil
微型海洋☆miniocean
微型焊接☆microwave welding
微型化☆microminiaturization；miniaturization；micromation；microminiaturize
微型环路☆micro-annulus
微型基座应变试验☆miniature base strain test
微型阶地☆miniature terracing
微型壳☆microconch
微型壳纹☆parvicostellae
微型陆块☆microcontinent
微型器件制造法☆micromation
微型区☆microrealm
微型软管☆mini hose
微型色谱板☆microchromatoplate
微型砂轮修正笔☆miniature grinding wheel correcting pen
微型双工电台☆handie-talkie
微型探头钻☆micro-probe anger
微型叶☆leptophyll
微型照相机☆microcamera
微型褶皱☆microplissement；microfold(ing)
微型组件☆module；micromodule；nmicromodule
微型钻机☆microrig
(实验用)微型钻头☆microbit
微型钻头凿岩试验☆microbit drilling test
微形态(分析)☆micromorphology
微行星☆planetesimal
微溴银矿☆microbromite
微需氮微生物☆oligonitrophiles
微需氧的☆microaerophil(l)ic
微压☆minute-pressure；micropressure
微压扁构造☆microflaser structure
微压表☆microbarometer
微压计☆inclined water gage；micromanometer；tosimeter；piezometer；tasimeter[测量热致膨胀微变化的电气仪表]；microbarograph
微芽☆gemmule
微盐土☆brack{brak} soil
微岩溶☆microkarst
微岩相☆microlithofacies
微岩性学☆microlithology
微演化☆microevolution
微演化论者☆microevolutionist
微演替系列☆serule；microsere
微厌氧的☆microanaerobic
微焰灯☆micro-burner
微阳极☆micro anode

微叶理☆microfoliation
微叶体[拉长石中包裹体]☆microplakite; mikroplakite; microphyllite; microplacite; mikrophyllit
微液滴☆droplet
微移[晶格点]☆shuffle
微异地生成☆hypautochthony
微异地生成煤☆hypautochthony; hypautochthonous coal
微音的☆anacoustic
微音器☆phonoscope; mike; microphone
微音器连接插座☆microphone adapter
微阴极☆micro cathode
微隐晶结构☆microcryptocrystalline{microfelsitic} texture
微隐晶质☆dubiocrystalline; microfelsitic
微硬度☆microhardness
微应变☆microstrain; microscopic strain
微应变区☆microstrain region
微(观)应力☆micro(-)stress
微油滴☆micro-droplet of oil
微油气苗☆microseep; ndcroseepage
微余震☆microaftershock
微雨量计☆micropluviometer
微域☆microzone
微元☆infinitesimal
微元件学☆micrology
微缘介属[C-T]☆Microcheilinella
微月[10^{-6}月球质量]☆micromoon
微月坑☆lunar microcrater; micrometeorite crater
微陨石☆micrometeorite
微陨石坑☆zap{micrometeorite;micrometeorate} crater; microcrater
微陨星(体)☆micrometeoroid
微藻化石☆(fossil) microalgae
微藻类煤(藻类体)☆algite
微胀合金[英瓦合金]☆invar
微褶皱☆goffering; plaiting; microcorrugation; gaufrage
微褶皱(作用)☆crinkling
微真菌☆microfungus
微诊断☆micro-diagnosis
微振磨损☆fretting
微(地)震☆micro(earth)quake; slight shock; earth tremor; microseism(icity); micro(-)tremor; seismic noise; baroseismic storm[气压变化引起]
微震动☆microtremor; microseismic movement
微震分析☆microearthquake analysis
微震计☆microseismograph; microseismometer; microvibrograph
微震器☆thumper
微震学☆microseismology
微震仪☆microvibrograph; microseismograph
微震噪音探索☆microseismic noise detection
微正长岩☆microsyenite
微正压燃烧☆pressurized firing
微枝藻属[绿藻]☆Microthamnion
微植石☆microphytolite
微植物☆microphytes
微植物群☆micro(-)flora; microscopic flora
微指令☆microinstruction; micro-order; microcode
微栉虫属[三叶;O_1]☆Asaphelina
微蛭石[$(Mg,Fe^{2+},Fe^{3+})_3((Si,Al)_4O_{10})(OH)_2•4H_2O$]☆microvermiculite; mikrovermiculit
微中断☆microinterrupt
微中子☆neutrino
微钟乳石质胶结物☆microstalactic cement
微种[生]☆microspecies
微重力勘探☆microgravity exploration
微皱纹☆microcorrugation
微珠组合泡沫胶☆syntactic foam
微烛煤☆cannelite
微锥类☆nannoconids
微准花岗结构☆microgranitoid
微子☆neutrino
微自然电位井径仪☆micro-spontaneous potential caliper
微组分煤☆microfragmental coal
微组分☆microcomponent
微组构☆microfabric
微钻头钻进试验☆microbit drilling test
危地马拉☆Guatemala
危海[月]☆Mare Crisium
危害☆hazard; injury; harm; mischief
危害公共安全罪☆offence against public security
危害判断准则☆damage criteria
危害物☆enemy; foe
危害系数☆coefficient of injury
危害性噪声☆hazardous noise
危机☆conjuncture; crisis
危及☆jeopardize
危及安全☆endanger the safety
危急☆emergency; imminence; necessity
危急的☆critical
危急点☆peril point
危难☆distress
危如累卵☆at stake
危险☆at stake; hazard; all risks; jeopardy; peril; risk; precariousness; danger; a/r
危险大气环境☆dangerous atmosphere
危险的☆hazardous; critical; unsafe; touch and go
危险的软泥☆treacherous ooze
危险等级标准{号}☆hazards code
危险地势☆dangerous terrain
危险地震协会☆Jesuit Seismological Association; JSA
危险断层☆precaution fault
危险废物的深井灌注☆deep-well injection of hazardous wastes
危险告示牌☆danger board
危险警报☆warning of danger; danger warning
危险区☆danger zone{area}; hazardous{explosive; caution;dangerous} area; troublesome{damage} zone
危险区堵墙☆crossed-off; cross-off
危险上盘☆heavy ground
危险水域☆foul water
危险速率☆neckbreaking speed
(矿山运输)危险位置☆fouling position
危险物顶部的最浅水深☆detached sounding
危险物探测☆formation sounding
危险信号☆danger{warning} signal; redlight
危险性☆hazard; dangerous nature; danger
危险性分类制度☆hazard classification system
危险应力☆severe stress
危险状态☆critical condition; position of danger
危岩☆hanging{overhanging} rock
危岩体☆dangerous rock mass

wéi

韦(伯) [磁通单位,=10^8麦克斯韦]☆weber; Wb
韦比虫属☆Webbinella
韦勃[人名]☆Webb
韦伯定律☆Weber's law
韦伯盾虫属[三叶;S-D_2]☆Weberopeltis
韦伯-费希纳定律☆Weber-Fechner law
韦伯空洞☆Weber's cavity; bed separation cavities
韦伯月坑☆Webb
韦伯最少成本区位置模型[1926]☆Weber's least-cost location model
韦地亚钻头☆Widia bit
韦尔登期[早白垩纪]☆Wealden age
韦尔丰(阶)[欧;T_1]☆Werfenian (stage)
韦尔丰层[T_1]☆Werfener beds
韦尔吉法☆Welge method
韦尔曼虫属[孔虫;K-E_2]☆Wellmanella
韦尔瓦(含砷赤铁)矿☆Huelva ore
韦弗伊利石锐度比值☆Weaver's illite sharpness ratio
韦格型救护器☆Weg rescue apparatus
韦勒贝属[腕;C_2-P]☆Wellerella
韦勒介属[S-D]☆Welleria
韦曼贝属[腕;$Є_{1-2}$]☆Wimanella
韦硼镁石[$Mg_5(BO_3)O(OH)_5•2H_2O$;单斜]☆wightmanite
韦森堡☆Weissenberg
韦氏虫属[三叶;$Є_3$]☆Westergaardites
韦氏(大陆漂移)假说☆Wegener hypothesis
韦氏颗石[钙超;J-K]☆Vekshinella
韦氏天平☆Westphal balance
韦氏(虫)䗴☆verbeekina
韦氏效应☆Wright effect
韦氏学说☆Wernerian theory
韦氏牙形石属[$Є_2$-O_2]☆Westergaardodina
韦氏藻属[E]☆Wetzeliella
韦斯标示☆Weiss's notation
韦斯科非胶质煤矿用安全炸药☆Wesco coal powder
韦斯派风☆wisperwind
韦斯特法耳比重天平☆Westphal balance
韦斯特法利亚型重型输送机☆Wesfalia heavy duty conveyor
韦斯特加德牙形石目[Є-O]☆Wastergaardodinida
韦斯藻属[绿藻]☆Westella
韦沃海绵属[C_3]☆Wewokella
韦宪统{阶}[欧;C_1]☆Visean
韦谢特-古登堡不连续面☆Wiechert-Gutenberg discontinuity
韦柱石☆wernerite; rapidolite; passauite; paranthine; sodaite; ontariolite; nuttallite; fuscite; ekebergite
违背☆departure
违背信号规定☆signal violation
违法的☆illicit; foul
违法(学)名[生]☆illegitimate name; nomen illegitimum; nom. illegit.
违反☆break; breach; violation; offense; offence
违反合同中规定的选择权☆breach of option
违犯者☆violator
违禁品☆contraband (goods)
违(反联邦政府条)例的采油量或输送原油量☆hot oil
违约☆default; breake an agreement; breach of contract
违约概率☆probability of default
违章操作☆abuse
圩地☆diked marsh
圩田☆polder (land); polderland; low-lying paddy fields surrounded with dikes
桅灯☆headlight
桅顶☆masthead
桅顶灯☆top light{lantern}
桅顶电光☆St. Elemo's fire
桅杆[可立起或放倒的]☆mast; spar; lay-down jab
桅杆高处☆aloft
桅杆起重机☆derrick; mast crane
桅杆式井架☆mast
桅楼☆top
桅上☆aloft
桅栓☆fid
围坝☆coffer dam
围坝堵水☆dam in
围(护机械的围)板☆brattice
围包角☆angle of wrap
围笔石属[O]☆Amplexograptus
围草皮阶地☆turf-banked terrace; turf garland
围测☆strapping
围层☆marginal perithallus
围带式装置☆Belt apparatus
围岛沙坝{埂}☆flying bar
围道积分☆contour integral; closed contour integral
围定矿体边界☆delimitation of orebody
围颚环带[海胆]☆perignathic girdle
围耳骨☆peri-otic; periotic
围肛板☆periproct
围肛羽[棘]☆crissum
围攻☆siege
围弓海胆属[棘;E_2]☆Periarchus
围海胆目[棘]☆Perischoechinoidea
围海{湖}造田☆empoldering; polder; polderization
围护带☆protection{protective} zone; berm(e)
围护漏口☆fenced opening
围脊[腕]☆marginal ridge
围脊贝属[腕;C-P]☆Marginifera
围尖☆pericone
围角硅鞭毛藻(属)[E-Q]☆Vallacerta
围巾☆wrap; scarf
围晶[包含被包裹晶的晶体]☆inclosing{enclosing} crystal
围垦☆inning; reclamation; land accretion
围垦的土地☆inning
围垦低地☆empoldering; polder; polderization
围控[海百]☆perilumen
围口☆peristomice
围口部[棘]☆peristome
围口鳃☆peristomal gill
围栏☆fence; rail; fencing
围栏顶上板条☆ledger
围梁☆girth; girt
围领状矿床☆collar deposit
围路积分☆circulatory integral
围脉☆dike-satellite; dike satellite
围毛的☆peritrichous
围毛类[原生]☆Peritrichida

围膜类[甲藻]☆Peridinieae
围盘☆looping trough
围皮[笔石枝的]☆periderm
围起☆enclose
围起来的场地☆enclosure
围碛☆peripheral moraine
围墙☆enclosure；barrier{confining;enclosing} wall；closure；wall fence
围鞘☆perisarc
围绕☆hoop；surround (encircle)；envelop；engirdle；circumfluent；encompassment；enclosure；encircle；encompass；go round；centre on；gird；circum-
围绕井架外的人行平台[如二层台]☆runaround
围绕天极的☆circumpolar
围绕物☆surround；girdle
围绕着的☆circumjacent
围鳃腔☆atrium [pl.atria]
围鳃腔孔☆atriopore；respiratory{abdominal} pore；apertura atrialis；atrial aperture
围筛式[海胆顶系]☆ethmophract
围山矿[$(Au,Ag)_3Hg_2$]☆weishanite
围石舌状堆积物☆stone-banked lobe
围苔藓虫属[O-D]☆Amplexopora
围填利用[土地]☆landfill for reclamation
围土蚌☆Tutuella
围限的储层☆confined reservoir
围限压力☆confining pressure
围线☆contour
围斜成层{产状}☆periclinal attitude
围斜构造[穹隆或盆地]☆pericline；periclinal structure
围斜侵入体☆periclinal pluton
围(绕中)心的[岩石结构,指放射状或同心状]☆centric
围心腔[软]☆pericardium
围心区☆pericardial area
围胸目[节蔓]☆Thoracica
围压☆confining{peripheral} pressure；confinement (pressure)；hoop stress；all round pressure
围压强度☆strength under peripheral pressure
围压效应☆ambient{confining} pressure effect
围压压缩☆hydrostatic compression
围牙形石属[O_2]☆Periodon
围岩☆country (rock)；host(-rock)；inclosing{rock} wall；adjacent formation{strata}；deads；external waste；enclosing stratum{roof-and-floor}；shoulder bed；remaining rock；surrounding strata
(岩浆通道的)围岩☆perilith
围岩包体☆inclusion of wall rock
围岩壁面☆final rock surface
围岩层☆enclosing stratum；adjacent strata；casing；surrounding bed
围岩分类☆rock classification
围岩负荷☆confining load
围岩巷道运输☆haulage in country rock
围岩加固☆surrounding rock consolidation
围岩校正☆side-bed{shoulder-bed} correction
围岩控制的富矿体☆wall-controlled shoot
围岩偏压☆non-uniform rock pressure
围岩平巷☆side tie；country rock lateral drift
围岩屏障影响☆shoulder-bed effect；adjacent bed effect
围岩稳定☆adjoining rock stability
围岩压力☆pressure of surrounding rock；pressure from surrounding rock；surrounding rock pressure
围岩岩石应力显现☆rock stress；behaviour around mine openings
围岩岩枝☆wall apophyse
围岩异常☆wall-rock anomaly
围岩影响校正☆shoulder effect correction
围岩应力☆surrounding rock stress；stress in surrounding rock
围岩中的浸染矿床☆impregnation
围岩自承能力☆self-supporting capacity of surrounding rock
围堰☆coffer (dam)；cofferdam；embankment
围窑☆clamp{stack} furnace
围以篱笆☆fence
围有土堤的油罐☆diked tank
围缘[珊]☆peripheral edge
围缘介属[D_3]☆Perimarginia
围栅☆barrier
围中海百合属[棘;C_2]☆Perimestocrinus
围柱殿☆peripteros；periptery
围柱式建筑☆periptery
围住☆beset；twine；sphere；stockade
围桩☆stockade；skirt piles
唯名论☆nominalism
唯名种概念☆nominalistic species concept
唯能论{说}☆energetics
唯汽{|水}系统☆vapor{|water}-only system
唯水栽培☆aquaculture
唯物(主义)☆materialism
唯象方程☆phenomenological equation
唯象学☆phenomenology
唯心论的☆ideal
唯心主义☆idealism
唯一☆unity；oneness；unique；sole；exclusively
唯一性☆uniqueness；unicity
唯一因子☆unique factor
帷幕☆curtain
鮠鱼科☆Bagridae
为难☆worry；discomfiture；disconcertment；bewilder
为平头的☆truncate
为期七年☆septennate
A为奇数的元素☆odd-A element
为浅层地下水所污染的水☆reequilibrated water
为山脊或高地围绕的☆vallate
为提高效率和安全而安装的设备☆override system
为峡湾分割的☆fjorded
维☆dimension；dim.
维阿奇木属[P_1]☆Viatscheslavia
维勃赖克斯型筛☆vibrex screen
维勃罗奈特炸药☆vibronite
维持☆maintenance；sustain；last；hold out；support
维持(费)☆upkeep
维持荷载法[试桩]☆maintained load test；ML-test
维持现状☆in statuquo；status (in) quo
维持性托换☆maintenance underpinning
维持者☆sustainer
维达虫属[孔虫;K]☆Vidalina
维德叠层石属[Z_1]☆Weedia
维德曼斯特滕(图案状的)构造☆Widmanstatten structure
维得利菊石科[头]☆Vidrioceratidae
维迪阿硬质合金☆Widia
维地长身贝属[腕;P_1]☆Videproductus
维多利亚彩虹[石]☆Parana Tropical；Baltil Green
维恩定律☆wien's law
维恩图☆Venn{Vean} diagram
维恩位移定律☆Wien's displacement law
维尔巴氏矿☆vrbaite；vrbane；urbaite
维尔德尼斯阶☆Wilderness (stage)
维尔德统☆Wealden series
维尔弗莱型摇床☆Wilfley table
维尔格罗阶☆Anisian；Virglorian
维尔古[欧;J_3]☆Virgulian
维尔吉耳(阶)[北美;C_3]☆Virgilian
维尔吉耳统[美;C_3]☆Virgil (Penn) series
维尔莫特-台尼斯重介选法☆Wilmot-Daniels process
维尔纳叶法☆Verneuil method{process}
维尔纳叶法生长的晶体[焰熔法生长的晶体]☆Verneuil grown crystal
维尔农页岩☆Vernon Shale
维尔斯特拉斯曲线☆Weierstrass curve
维尔型选矿机☆Val mineral separator
维钙硼石☆wimsite
维格赖特硝甘炸药☆Vigorite
维格罗期☆Virglorian age
维格期☆Virgulian age
维管射线☆vascular ray
维管束[植]☆vascular{fibro-vascular} bundle；vein
维管束痕☆bundle scar
维管束系[植]☆skeleton
维管植物☆vascular plant；tracheophyte；tracheophyta
维管中柱[植]☆fibro-vascular cylinder
维管组织☆conducting{vascular} tissue
维海特硬质合金☆wiemet
维护☆(operating) maintenance；maintain；service；care；attendance；preserve；conserve；upkeep
维护、保养或操作规程☆service regulation
维护不善☆in bad repair
维护费(用)☆upkeep cost；maintenance expenses；carrying charge
维护人员☆maintainer
维护性疏浚☆maintenance dredging
维护钻头☆nursing the bit
维吉尔(风格)的☆Virgilian
维加风☆viuga
维津扇形取样机☆Vezin sampler
维卡(洛铁钴钒永磁)合金☆Vicalloy
维卡特(水泥)稠度测试针☆Vicat needle
维卡特水泥稠度试验☆Vicat test
维卡仪☆Vicat needle{apparatus}
维卡针针入度试验[测定水泥凝结时间]☆Vicat needle test
维克尔斯硬度指数☆vickers hardness number
维克斯堡(阶)[北美;E_3]☆Vicksburgian
维克特(阶)[阿普弟阶(阶);欧;K_1]☆Vectian
维克特型安全照明配件☆Victor I.S. lighting fittings
维克托利克型管接头☆Victaulic coupling
维拉夫兰动物群☆Villafranchian fauna
维拉弗朗阶[欧;Qp]☆Villafranchian
维拉里效应☆Villari effect
维拉曼矿☆villamaninite
维里式信号枪☆Very pistol
维利霍夫沥青☆velikhovite；welichowit
维量分析☆dimensional analysis
维列斯帕塔克(双晶)律☆Verespatak law
维列伊斯克阶[C_2]☆Vereiskian
维硫铋铅银矿[$Ag_5Pb_8Bi_{13}S_{30}$;单斜]☆vikingite
维硫锑铋铅矿☆venaite
维硫锑铅矿[$Pb_2(Sb,As)_2S_5$;斜方]☆veenite
维硫锑铊矿[$TlSbS_2$;三斜]☆weissbergite
维鲁卡诺砾岩☆verrocano conglomerate
维罗贝克-加德纳法[震勘]☆Wyrobek-Gardner-method
维梅特钨钛硬质合金☆wimet
维姆科 SmartCell 浮选机☆Wemco SmartCell flotation machine
维纳(自相关)定理☆Wiener's theorem (of autocorrelation)
维纳-霍普夫方程☆Wiener-Hopf equation
维纳-柯尔莫廓洛夫理论☆Wiener-Kolmogorov theory
维纳斯像石膏原型☆gypsum model of Venus
维纳最优设计准则☆Weiner optimal design criterion
维铌钙矿[$(Ca,Ce)(Nb,Ta,Ti)_2O_6$;斜方]☆vigezzite
维尼纶☆vinylon
维尼撒风☆vinessa
维纽尔贝属[腕;D-C]☆Verneuilia
维纽尔虫属[K-E]☆Verneuilina
维诺格拉德-傅里叶变换算法☆Winograd Fourier transform algorithm
维皮计☆Vebe apparatus
维契尔菊石属[头;J_2]☆Witchellia
维羟硼钙石[$CaB_2O_2(OH)_4$;单斜]☆vimsite
维羟锡锌矿☆vismirnovite
维塞尔☆Weichsel；Wista
维塞牟利纪☆Visemurian
维赛克型风动跳汰机☆Vissac jig
维生素☆vitamin；biotin；vitamine
维生素缺乏症☆hypovitaminose
维生素学☆vitaminology
维什努(群)[Ar]☆Vishnu
维士菊石属[头;T_1]☆Vishnuites
维氏角锥硬度位☆Vickers pyramid number；V.P.N.
维氏金刚石棱锥体硬度☆Vickers diamond (pyramid) hardness
维氏体☆Wustite；wüstite
维氏硬度☆Vickers {-}hardness；Hv；Vickers diamond hardness；diamond penetrator hardness
维氏硬度金刚石棱锥体压头☆Vickers diamond pyramid
维氏硬度(指)数☆Vickers hardness number；VHN
维数☆dimensionality；dimension
维数公式☆dimensional formula
维数理论☆dimension theory
维水碳镁石☆wermlandite
维斯巴赫三角☆Weisbach triangle
维斯纽系☆Vishnu system
维斯四边形法☆Weiss quadrilateral
维斯瓦河☆Wista
维思定律☆Wien's law
维送[有线探空仪]☆wiresonde
维苏里(阶)[英;J_2]☆Vesulian (stage)
维苏威式火山☆Vesuvian-type volcano
维苏威型☆Vesuvian type [sub-plinian type]
维他玻璃☆vitaglass
维他命☆vitamin；vitamine
维特里页岩☆Whittery shales
维提米亚叶属[植;K_1]☆Vitimia

维通[氟化橡胶]☆viton
维托索尔消烟剂☆vitasul
维瓦特斯兰系☆witwatersrand system
维系尼风☆vesine
维宪阶☆Visean stage
维辛式取样机[扇形取样机]☆Vezin sampler
维修☆keep in (good) repair；maintenance；repairs and maintenance；maintain；service；upkeep；
维修保养手册{规程}☆maintenance manual
维修成本☆cost of maintenance
维修费☆maintenance{upkeep} cost；carrying charge；upkeep
维修辅助潜水☆maintenance support diving
维修工☆back-bye deputy；maintainer；maintenance worker{man}
维修工具☆service tool；ST
维修工具(箱)☆repair kit
维修活动分析☆service action analysis；SAA
维修零件一览表☆service action parts list；SAPL
维修平均间隔时间☆mean time between maintenance
维修时间☆engineering{servicing} time
维修手册☆service{servicing} manual；manual of maintenance
维修停机率☆scheduled outage rate
维修中心☆maintenance center；MC
维修组☆fence gang
维修作业☆workover；remedial operation
维也纳标准平均大洋水☆Vienna Standard Mean Ocean Water；V-SMOW
维因利安系☆Vindyan System
n 维正态分布☆*n*-dimensional normal distribution

wěi

苇秆导火索☆straw
苇管泥炭☆reed-sedge peat
苇管状裂痕☆reed
苇泥炭☆reed{telmatic} peat
苇苔泥炭☆reed-sedge peat
萎刺苔藓虫属[D-C$_1$]☆Acanthoclema
萎黄病[植]☆chlorosis
萎靡☆slump
萎蔫☆languescent；languid
萎蔫点☆wilting point
萎软状的☆flaccid
萎弱的☆languid
萎缩☆depauperization；atrophy；wilt；suppression；abortion
萎缩湖☆old lake；oldlake
萎退冰☆delaying ice
萎退器官☆rudimentary organ
委内瑞拉☆Venezuela
委派☆delegate
委任☆commission；delegation；authorization；mandate
委任状☆warrant
委托☆commission；delegate；consignment；trust；consignation；commitment；mandate；leave
委托(统治的)☆mandated
委托的☆authorized
委托人☆client；bailor
委托书☆power of attorney；P.A.
委员会☆board；court；council；commission；committee
伟斑岩☆pegmatophyre
伟斑状☆pegmatophyric
伟齿蛤☆Megalodon
伟齿蛤属[双壳;D-T]☆Megalodon
伟海百合属[棘;D-C$_1$]☆Megistocrinus
伟晶☆giant crystal
伟晶(岩阶段)☆pegmatitic stage

伟晶的☆extremely coarsely crystalline；pegmatitic；giant-grained
伟晶蜡石[C_nH_{2n+2},如 $C_{38}H_{78}$]☆hatchettine；grave-wax；hatchettite；adipocerite；mountain{mineral} tallow；napht(h)ine；(mineral) adipocire；napheine；hatchetine
伟晶墙岩☆pegmatitic dyke rock
伟晶相☆pegmatitic phase；pegmatoid
伟晶岩{石}☆pegmatite
伟晶岩的☆pegmatitic
伟晶岩型铯矿石☆cesium ore of pegmatite type
伟晶岩型铀矿☆pegmatite uranium deposit
伟晶岩状☆pegmatoid
伟晶岩状粗屑岩[与硬石膏共生]☆pegmatite-anhydrite
伟晶状成层作用☆pegmatoidal layering
伟晶作用☆pegmatitization
伟星花岗岩☆giant granite
伟形贝属[腕;C$_1$]☆Titanaria
伟震☆megaseism
伟震区域☆megaseismic region
伪☆quasi-；pseud(o)-
伪变量☆pseudo(-)variable
伪彩色☆false color
伪彩色合成影像☆false color composite image
伪操作☆pseudo-operation；pseudo op
伪测井☆pseudolog
伪层面☆false bedding
伪钞☆stumer
伪程序☆dummy；pseudo-program
伪垂直剖面☆pseudovertical section
伪代码☆false code
伪的☆dummy；bastard
伪底☆floor pack
伪地层时序☆metachronogenesis
伪地震测井☆seismic log；seislog
伪顶☆false{draw;following} roof；ramble；clod
伪顶岩石☆false-roof rack；false roof rock
伪读数☆spurious reading
伪对策☆pseudogame
伪颚牙形石属[D$_3$]☆Nothognathella
伪鲕石☆false oolith；pseudo-oolith
伪反射波☆pseudoreflection wave
伪方位投影☆pseudoazimuthal projection
伪各向异性☆false anisotropy
伪共晶{结}体{的}☆quasi-eutectic
伪共析体{的}☆quasi-eutectoid
伪函数☆improper function
伪辉绿岩☆metadiabase
伪脊齿兽科☆Phenacolophidae
伪鲛(属)[D$_1$]☆Gemuendina
伪静态的☆pseudostatic
伪卷柏状石松碱☆pseudoselagine
伪孔[苔;绵;孢]☆pseudopore
伪口☆plagiostome；pseudostome
伪流动构造[变质岩]☆false bedding structure
伪流理结构☆dynamofluidal{metafluidal} texture
伪码☆pseudo-code
伪脉动☆pseudomicroseism
伪泥晶☆pseudomicrite
伪片状石墨☆quasiflake graphite
伪平稳☆pseudostationary
伪铅矿☆beldongrite
伪倾向坡☆pseudo-dipsloping
伪倾斜倒台阶回采☆rillcut mining
伪倾斜柔性掩护支架采煤法☆flexible shielding method on the false；false-inclined flexible shield mining system
伪溶液☆pseudosolution
伪瑞利波☆pseudo-Rayleigh wave
伪色片☆false color film
伪闪长岩☆metadiorite
伪深度剖面☆pseudodepth section
伪生类[二楔叶植物]☆Pseudoborniales
伪石榴皮碱☆pseudopelletierine
伪石蒜碱☆pseudolycrine
伪石燕属[腕;D$_1$]☆Fallaxispirifer
伪时序☆metachronogenesis
伪时域法☆quasi-time domain method
伪矢量☆pseudovector
伪速度测井☆Seislog
伪塑性☆pseudoplasticity
伪随机地震脉冲法☆sosie；pseudo-random impulse method
伪脱机{线}工作☆pseudo-offline working
伪稳态的☆pseudostationary
伪物☆sham
伪显示☆false indications
伪线☆spurious{phantom} line
伪相关☆spurious correlation
伪斜上山☆slope heading；diagonal rise
伪信号☆spurious{false} signal
伪形☆pseudomorph
伪应力☆pseudo stress
伪语言☆pseudo-language
伪圆柱投影☆pseudocylindrical projection
伪圆锥投影☆pseudoconical projection
伪噪声序列☆pseudo noise sequence
伪造☆fabrication；fake；adulteration；counterfeit
伪造的☆factitious；bogus；fake；phoney；false
伪造品☆bogus；fake；counterfeit
伪张量☆pseudotensor
伪整合☆pseudoconformity
伪枝藻(属)[Q]☆Scytonema
伪值线☆pseudovalue line
伪制品☆phoney
伪周期☆pseudoperiod
伪周期性☆pseudo-periodicity
伪珠光体☆pseudopearlite
伪装☆camouflage；simulate；shadowing；fake；mask；semblance
伪装探测胶片☆camouflage-detection film
伪装信号☆masking signal
伪装用涂料☆camouflage paint
伪装周界☆simulation perimeter
伪装装置☆deception equipment{device}
伪足☆axopodium；rhizopod(ium)；pseudopodium；pseudopod[原生]；parapodium [pl.-ia]
伪足孢子☆pseudopodiospore
伪阻抗☆pseudo-impedance
艉☆stern
艉板☆transom board
艉吃水☆after{aft} draft；AD
艉吃水变化引起的力☆draft force after；DA
艉垂线☆after perpendicular；AP
艉护材☆stern fender
艉甲板☆quarter deck
艉尖舱☆aft peak tank；after peak；APT；AP
艉栏杆☆taffrail；tafferel；taffarel
艉肋骨☆transom{stern} frame
艉楼前端☆break of poop
艉倾☆trim by stern
艉望台☆balcony
艉阳台☆stern walk
艉摇☆yaw
艉轴☆stern tube shaft
尾☆tail；end；cauda；rump[鸟类]
尾板☆pygidium[无脊;pl.-ia]；tailgate；pygidial{pygal} plate；caudal shield
尾孢属[真菌;Q]☆Cercospora
尾鞭病[植物缺钼症状]☆whiptail
尾标☆suffix
尾标(位置)校准☆tailbuoy adjustment
尾冰☆terminal ice
尾波☆tail of the comet；coda (wave)；cauda[地震]
尾波(频)谱☆coda spectrum
尾部☆tail；heel；end (portion)；tailpiece；stern；trail；foot section pulley；aft；trailing edge[逆掩断层的]；pygidium [pl.-ia]；rear-end
尾部壁☆trailing wall
尾部操纵[飞机的]☆tailing
尾部浮标☆tailbuoy；tail buoy
尾部回旋空间☆tail swing
尾部件☆end piece
尾部卡片☆trailer card
尾部扩大冰川☆expanded-foot glacier
尾部肋部[三叶]☆lateral lobe of pygidium
尾部收缩燃烧室☆constrictor
尾部水力活塞[钻水平井段工具]☆hydraulic tail piston
尾部天线☆aft-antenna
尾部异常☆rear anomaly
尾部整流锥☆tailcone
尾材☆tailing
尾插☆chuck rod
尾叉☆caudal furca
尾车☆tail{rear} car
尾刺☆caudal spine[假体腔动物]；posterior spine[三叶]；tail stingers[飞机的]
尾的☆caudalis
尾灯☆tail light{lamp}；taillight；rear light
尾骶骨☆pygal
(下井仪)尾端☆bottom nose
尾端[测线上震源以后部分]☆tail end；tail(-)piece
尾端部分☆tail{foot;end} section
尾端传动☆tail-end drive
尾端骨☆pygostyle
尾端件☆tail piece；tailpiece
尾端粒级☆terminal grade
尾端输送机的电动机[装载机]☆rear conveyor motor
尾端支架☆end support

未空透孔☆dead hole
未控制的落顶☆uncontrolled caving
未枯竭的☆undepleted
未矿化的☆nonmineralized
未矿化地区☆barren ground
未扩散的☆indiffusible
未拉伸长度☆unstretched length
未蜡封样品☆uncoated sample
未来的☆prospective; future; forward; interpretation
未来的事☆futurity
未来潜在可采量☆future potential recovery
未来学☆futurology
未来学家☆futurist; futurologist
未冷却的☆uncooled
未励磁的☆unexcited
未利用的☆not available; N/A
未列入钻井报表的进尺数☆lay-by footage
未列项目☆not otherwise provided for
未裂开的☆uncracked
未露出地面的☆blind
未滤波图像{|光射线}☆unfiltered image{|radiation}
未满能级☆unoccupied level
未密封☆unsealing
未密封的☆untight
未磨琢金刚石☆rough{uncut} diamond
未能收回的成本☆unrecovered cost
未能转化的烃☆unconvertible hydrocarbon
(管道的)未黏合绝缘层☆unbonded coating
未黏结的颗粒物质[即"月壤"或月尘]☆uncohesive particulate material
未粘接的☆uncemented
未凝固的☆unset
未凝固的酚醛树脂☆uncured phenolic resin
未凝固树脂☆unset resin
未耦合的☆uncoupled
未排放蓄水层☆untapped aquifer
未排水的☆undrained
未抛掷的剥离物☆uncasted overburden
未偏移的☆unmigrated
未偏移叠加剖面☆unmigrated stack section
未漂白的☆beige
未贫化的☆undepleted
未平差的☆out of adjustment
未平滑数据☆unsmoothed data
未平整的☆unlevel(l)ed
未屏蔽的☆unscreened
未破坏层☆unbroken layer
未破坏的样品☆undisturbed sample
未破裂颗粒☆uncracked grain
未破碎岩石☆unbroken rock
未曝光的☆unexposed
未起化学反应{作用}的(新鲜)酸☆live acid
未嵌金刚石的钻头坯☆bit{steel} blank
未侵入层☆non-invaded bed
未清欠债☆open debt
未清洗砂☆roughing sand
未取任何资料的钻进☆blind drilling
未取向区☆unoriented region
未取消前仍有效☆good till cancelled; G.T.C.
未取芯☆non coring; NC
未取样的☆unsampled
未圈定位置(的)☆nonlocating
未确定保单☆open policy; O.P.
未确定的☆unsettled
未确认信用证☆unconfirmed credit
未确知聚类法☆unascertained clustering method
未燃混合气☆unburned mixture
未燃尽的☆unburned; unburnt
未燃垃圾☆unburned refuse
未燃烧☆unburnt; unburned
未燃着导火线☆unlighted fuse
未染色的☆unpigmented
未染污岩芯☆uncontaminated core
未扰动的☆undisturbed; intact
未扰动的样品☆undisturbed sample
未扰动土☆undisturbed{natural} soil
未熔穿☆lack of penetration; LOP
未熔合☆lack of fusion
未熔化的☆unfused
未熔解矿砂☆undigested sand
未熔透焊缝☆skin weld
未溶解的☆undissolved
未润湿的☆unwetted; nonwetted
未(过)筛的☆unsized; unscreened
未筛分的☆crush-run
未筛石料☆run-of quarry
未筛选的☆unscreened
未删节地☆in extenso; in. ex.
未上套管钻孔☆bare foot
未烧透的☆underburnt; underburning
未射开的地层☆virgin formation
未射孔井段☆non-perforated interval
未审核凭单☆unaudited voucher
未生产工作面☆inactive face
未石化的☆unlithified
未蚀变的岩石☆unaltered rock
未使用的☆virgin; untapped
未受控制侧钻☆uncontrolled sidetrack
未受冷水掺和的深部热水☆original deep thermal water
未受侵带[测井]☆undisturbed{uncontaminated} zone
未受侵入(地)层☆noninvaded formation; non-invaded bed
未受扰动的顶板☆intact roof
未受损害的地层☆virgin formation
未受污染的地层面☆undamaged formation face
未受污染地层☆non-damage formation
未受影响的☆unaffected
未受应力的☆unstressed
未受阻的☆unbaffled
未疏干边坡☆undrained slope
未熟☆crudity
未衰减的☆unattenuated; undamped; undepleted
未衰竭的☆undepleted
未水合层☆unhydration layer
未水化{合}的☆unhydrated
未水化灰泥☆unhydrated plaster
未损坏的☆undamaged
未锁住的☆unclamped
未探测出☆not detected; ND
未探明区☆unproven area
未掏槽的☆uncut
未掏槽的小部分煤体☆panel
未提折旧余额☆undepreciated balance
未填出断层☆unmapped fault
未填满坡口☆incompletely filled groove
未填满筛☆clog-free screen
未填入固体颗粒的空隙☆non-solid space
未填实的☆packless
未填图区☆unmapping area
未填土的管沟☆open trench
未挑选材料☆random material
未调和的[浮]☆unconditioned
未调节的洪水流量☆unregulated flood flow
未调节水流☆unregulated stream
未投产储量☆nonproducing reserves
未涂层样品☆uncoated sample
未脱玻的☆undevitrified
未脱蜡的油☆crystal oil
未完成的☆incomplete; outstanding
未完全反应酸液☆unspent acid water
未稳定原油☆unstabilized crude oil
未稳定运动☆unsteady motion
未稳压的☆unregulated
未污染带☆unpolluted{uncontaminated} zone
未污染的☆uncontaminated
未污染井☆undamaged well
未稀释的☆undiluted
未下花管的生产井☆barefoot well
未下套管的井☆uncased{naked} hole
未下套管的井眼部分☆barren hole
未下套管孔段☆blanket hole
未下油管(的)井☆untubed well
未限量生产☆uncurtailed production
未相加检波器道☆unsummed geophone trace
未镶焊的钻头☆steel bit
未镶好的金刚石[钻头胎体上]☆loose stone
未镶牢的金刚石[由于黏结金属湿润性差]☆nonwetted diamonds
未消石灰☆calk; calcium lime
未楔固支架☆unblocked set
未形成的☆unformed
未修整的☆undressed
未修正镶嵌图☆unrecovered mosaic
未修琢的☆undressed; unhewn
未选的☆undressed; raw
未选过的矿☆green ore
未选矿的☆raw
未选矿石☆undressed{green;crude} ore
未选砾石☆bank(-run){pit(-run);run-of-bank} gravel
未选煤☆all-ups
未训练过的☆untrained
未压实☆uncompaction
未压实的砂层☆uncompacted sand
未岩化的☆unlithified
未掩护的锚地☆exposed anchorage
未氧化的☆unoxidized
未抑制酸☆uninhibited acid
未溢水条件☆no-overtopping condition
未应变环☆strainless ring
未应变介质☆unstrained medium
未用的☆unused
未用过的☆virgin
未用尽的☆undepleted
未预见到的☆unforeseen
未约化晶胞☆unreduced cell
未越波条件☆no-overtopping condition
未运转的☆idle
未遭贬低的☆undepreciated
未增强影像☆unenhanced image
未粘牢的☆unstuck
未褶皱的☆unfolded
未蒸发的燃料液滴☆slugs
未整治(的)河床{|溪流}☆unregulated bed{|stream}
未证实的☆unproven; unproved
未支撑的☆unpropped; unsupported
未支护的☆prop-free
未支护顶板距离☆unsupported roof distance
未支护区☆unsupported area
未支架的☆untimbered
未知的☆unknown; unkn; uncharted
未知框[内部特性未给出或未知的框图、设备等]☆black box
未知率☆coefficient of ignorance
未知世界☆outfield
未知数☆unknown (number); unkn
未知要素☆unfamiliar feature
未知元{量}☆unknown
未制成的☆unworked
未制动的☆unclamped
未中和质子☆unneutralised proton
未铸满铸件☆short-run casting
未注册公司[拉]☆de facto corporation
未注日期支票☆undated check
未装够☆underloading
未装雷管导火线☆uncapped fuse
未装配的☆unassembled
未装药的☆unloaded; uncharged
未装药的炮眼☆unloaded{void;empty;uncharged; blank} hole
未装足☆underloading; underload; UL
未琢磨的☆uncut
未着色的☆uncolored
未{无}阻尼波☆undamped wave
未钻到产层的井☆salted well
未钻的☆undrilled
未作标记的☆unlabelled; unlabeled
未作用完的酸液☆unspent acid water
未坐封的☆unset
蔚青色☆saphire
味☆taste; flavo(u)r
味觉{道}☆taste
味浓的☆flavourous; flavorous
味阈☆odor threshold
畏寒植物☆frigofuge
畏惧☆dread
畏来风[澳]☆willie-willies; willi-willi; willy-willy
胃☆gizzard; venter; stomach
胃癌☆stomach cancer
胃柄☆gastrostyle
胃残余物[遗石]☆gastric residues
胃肠石☆bezoar
胃骨片☆gastralia [sgl.gastralium]
胃腔☆gastral cavity
胃石☆gastrolith; stomach{gizzard} stone; gastric calculus
胃突☆gastrostyle
胃窝☆gastral cavity
胃形海绵属[K]☆Ventriculites

胃植物{植物毛}粪石☆phytobezoar
胃灼热的☆pyrotic
喂料☆threading
喂料槽☆feed bin
喂煤机☆feeder; coal-feeding machine
魏德肯鏟属[孔虫;C_2]☆Wedekindellina
魏德曼花纹☆Widmannstatten
魏尔德蒸发计☆Wild's evaporimeter
魏尔纳法☆Werner method
魏尔纳斯基☆Vernasky
魏尔纳学说☆Wernerian theory
魏尔斯特拉斯☆Weierstrass
魏菲迈尔定律☆Wefelmeier's rule
魏格纳假说[大陆漂移]☆Wegener hypothesis
魏古二氏不连续面☆Wiechert-Gutenberg discontinuity
魏克塞尔(冰期)[北欧;Qp]☆Weichsel
魏克瑟尔河☆Weichsel
魏兰苏铁(属)☆Wielandiella
魏磷(钙复铁)石☆wicksite
魏莫斯公式☆Weymouth's formula
魏森堡法{|图}☆Weissenberg method{|photograph}
魏森伯格☆Weissenberg
魏氏骨[鱼类]☆Weberian bones
魏氏矶波说☆Wiechert's surf theory
魏氏鏟☆Wedekindellina
魏氏组织[晶]☆Widmanstatten structure
魏斯磁化理论☆Weiss's theory of magnetism
魏斯定律☆Weiss law
魏`斯顿{氏}贝(属)[腕;$Є_2$-O_2]☆Westonia
魏锡克承载力公式☆Visec's bearing capacity formula
位☆order; place; potential
45°位☆diagonal position
(二进制的)位☆(binary) bit; bigit
位变仪☆metameter
位变异构(现象)☆mgtamerism; metamerism
位变异构性☆metamerism
位标器☆coordinator
位不稳定☆potential instability
位(置)布居☆site population
位(置)参量☆position parameter
位差[静压头]☆potential difference{differential}; potential pressure
位差损失☆loss in head; loss of head; lost head
位场分析☆potential field analysis
位场延拓☆field continuation
位错☆dislocation
位错崩☆avalanches of dislocations
位错剥裂应力☆break away stress of dislocation
位错的割阶☆jogs in dislocations
位错管线扩散☆diffusion along dislocation pipe
位错环☆dislocation loop{ring}; loop of dislocation
位错回复☆recovery of dislocation
位错结☆dislocation tangle{node}; tangle
位错密度☆dislocation density; density of dislocation; concentration of dislocations
位错模型{式}[晶体生长的、双晶的、多型的]☆dislocation model
位错攀移☆climb of dislocation; dislocation climb
位错强度☆dislocation strength; strength of dislocation
位错圈☆ring dislocation
位错速度☆velocity of dislocation
位错无序集☆bird-nest structure
位错线☆dislocation line; core of dislocation
位错缀饰☆decoration of dislocation
位灯信号机☆position light signal
位读出线☆bit-sense line
位函数☆bit{potential} function
位际☆intersite
位降☆potential drop; fall[电]
位降比法☆potential-drop ratio method
位阱☆potential well{trough}
位距☆distance
位觉砂膜☆statolithic membrane
位垒☆potential barrier{hill}; barrier
位流☆bit stream; potential{irrotational} flow
位密度☆bit{potential} density
位面控制☆levecon
位模式☆bit pattern
位能☆energy of position; potential (energy)
位片处理☆bit-slice processing
δ-位取代☆delta-substitution
位缺陷☆site defect

位容☆potential volume
位(觉)砂[耳石;位石]☆otoconia; statoconia; lapillus; otoconium; otolith; statolith; statoconium
位渗滤☆site percolation
位势☆potential energy; geopotential
位势差异常☆anomaly of geopotential difference
位势分布☆potential distribution
位数☆figure; digit; number of sites
位速率☆bit rate
δ位碳原子☆delta-carbon
位梯度☆potential gradient
位头☆position{potential} head
位温☆potential temperature
位涡旋度☆potential vorticity
位线{|向量|信息流}☆bit line{|vector|stream}
位相测定的直接法☆direct method of phase determination
位相反转法☆phase inversion method
位形☆configuration
位寻址☆bit addressing
位压差☆potential pressure difference
δ位氧化☆delta-oxidation
位移☆displacement; migrate; shifting; displace (displacement); transfer; (sliding) movement; dislocation; thrust; translocation; transposition; detrusion[滑移,剪切变形]; offsetting; leap; judder; creep; shift
(使)位移☆dislocate
位移包体☆displaced enclave
位移变位图☆displacement diagram
位移变址方式☆displacement indexed mode
位移超覆☆replacing overlap
位移冲程☆displacing stroke
位移带☆shift zone; disturbed belt
位移的☆biassed; translational; biased
位移反分析☆displacement back-deduction analysis
位移方向☆sense (of) displacement
位移分量☆displacement component
位移复始☆displacement renewal
位移函数☆displacement function
位移计☆displacemeter; deformeter; displacement meter
位移角☆displacement angle; angle of displacement {slip}
位移距离☆offset of displacement
位移裂隙☆fracture with displacement
位移模式☆mode of movement
位移曲线☆displacement curve; curve of displacement
位移梯度场☆displacement gradient field
位移`型地震计{式地震检波器}☆displacement type seismometer; seismic detector of the displacement type
位于☆locate
位于顶点下的☆subapical
位于受料点密集的托辊☆closely spaced idlers at loading points
位于同一平面的☆uniplanar
位于下部☆underlie; underlay
位于小山与小山之间的☆intercolline
位于油层主要渗透率方向上的井☆on-trend well
位于预计开发井网上的井☆on-trend well
位折射指数☆potential index of refraction
位蒸发☆potential evaporation
位致障碍☆steric hindrance
位置☆location; s(i)tuation; locality; loci [sgl.locus]; state; localization; site; situ; lie; position; locus [pl.loci]; loc; stance; attitude; placement; slot[组织、名单、程序中]; sit.
位置保持☆station keeping
位置变换性能☆locomotiveness
位置不正☆malposition; misregistration
位置测定系统☆positioning and location system
位置分布☆site population
位置公差☆location tolerance
位置函数☆function of position
位置、航向和速度☆position,course and speed; pcs
位置集居数☆site population
位置交通运输图☆locality{index} map
位置校正☆locating{position} correction
位置校准☆line-up
位置可疑礁石☆vigia
位置控制☆positioning; position control
位置调整☆repositioning
位置图☆location{locality} map; plan of site; site drawing{plane;plan}; space diagram
位置无序☆positional disorder; disorder of position
位置线☆lattice; position line
位置向量☆position{radius} vector
位置遥控☆remote {-}position control; R.P.C.
位置要求☆status requirement
位置择优☆site preference
位置指示器探针☆position indicator probe
位置转换☆transfer of position
位置转移☆translocation
位置坐标推算法☆dead reckoning; DR
位阻现象☆steric hindrance
猬的☆erinaceous
猬(属)[N_1-Q]☆Erinaceus; hedgehog
猬团(海胆目)☆Spatangoida
为剥毛皮而饲养的动物☆pelter
为……的容矿岩☆host to…
为改变底部钻具组合而进行起下钻作业☆BHA trips
为改善性能而进行的处理☆beneficiate
为更换钻头而进行起下钻作业☆bit trips
为公的☆public-spirited
为连接而割去管端护丝☆wrinkle pipe
为领取工资离开工作岗位☆drag up
为……砌砖石内壁☆steen
为清除岩屑的起下钻☆clean-up trip
为石板屋顶塞灰泥的工人☆torcher
为……涂上保护层☆treat
慰问☆sympathy
卫板[轧钢]☆guard
卫根珊瑚科☆Waagenophyllidae
卫露氏贝☆Wellerella
卫片地质解释☆geological interpretation of satellite photograph
卫生☆sanitary; hygiene; health; sanitation
卫生保健☆public health; health and sanitation; health care
卫生冲洗☆sanitary flushing
卫生的☆sanitary; wholesome
卫生改善☆improvement of sanitation
卫生陶瓷配件☆sanitary pottery fittings
卫生学☆hygiene
卫生学的☆hygienic
卫星☆satellite; secondary planet
卫星测距导航系统☆satellite range measurement navigation system
卫星点定位☆satellite point positioning
卫星定位☆satellite navigation{fix;positioning}
卫星多普勒导航☆satellite Doppler navigation
卫星反射☆satellitic reflection
卫星覆盖{感测}范围☆satellite coverage
卫星井出油管☆satellite flow-line
卫星井干式完井☆dry satellite completion
卫星井湿式采油树☆wet satellite tree
(海底)卫星井油气集输中心平台☆satellite-central gathering platform
卫星矿山断裂预测☆mine fracture forecast with satellite
卫星蓝[石]☆Peual Blue Surucu
卫星上的☆spaceborne
卫星通讯☆satcom; satellite communication
卫星星历误差☆satellite ephemeris error
卫星遥感热异常图☆satellite thermogram
卫星影像☆Landsat image
卫星油(气)田☆satellite; nearby field
卫星云图☆nephanalysis

wēn

鳁鲸属[Q]☆finwhale; Balaenoptera
瘟疫☆plague; pestilence
温包☆thermobulb
温钡硫铝钙石☆wenkite
温变史☆temperature history
温(度)标☆thermometric{temperature} scale; scale of thermometer; scale; Sc
温标换算☆temperature scale conversion
温标液体☆thermometer liquid
温草原☆meadow
温(度)差☆temperature difference{differential contrast}; differential temperature; difference in temperature; range of temperature; temp diff
温差电(现象)☆thermoelectricity
温差电堆☆thermopile
温差电流☆thermocurrent

温差电偶安培计☆thermoammeter
温差电(动)势率☆thermoelectric power
温差分层☆thermal stratification
温差环流冷却☆thermocooling
温差热电检流计☆thermogalvanometer
温彻斯特磁盘☆Winchester disk
温床☆hotbed；seminary
温带☆temperate zone{belt}；warm-temperate region；extratropical{moderate} belt
温带草地☆temperate grassland；downland
温带海水碳酸盐岩☆temperate water carbonate；temperate wafer carbonate
温带落叶林地☆temperate deciduous woodland
温带气旋☆extratropical cyclone
温带软土☆boroll
温带西风指数☆temperate-westerlies index
温带洋面水☆central water
温德华{瓦}狄叶属[植;K_1]☆Windwardia
温的☆thermic；warm
温(差)电偶☆thermojunction；thermoelectric couple；thermocouple；thermal element；thermoelement；pyod
温度☆temperature；warmth；degree of heat；temp.
温度变化缓急度☆abruptness of temperature change
温度变化形成的裂隙☆temperature fracture
温度标尺☆temperature scale
温度表☆thermometer
温度表的水银球☆bulb
温度测井☆thermologging；temperature (well) logging；thermal{temperature} log
温度测量☆temperature survey{measurement;runs;sounding}；thermometric measurement；thermometry
温度差计☆differential thermometer
温度常数☆thermometric constant
温度-成分切面☆T-X section
温度程控器☆temperature programmer
温度带☆temperature zone{band;belt}
温度倒退带☆retrograde temperature zone
温度的☆thermal；thermic；thermometric
温度范围☆temperature range{band}；TR
温度分布☆temperature traverse{distribution}
温度蜂鸣报警器☆temperature buzzer
温度风喷射流☆thermal jet
温度改正☆correction for temperature；temperature correction
温度共生组合梯度☆temperature-paragenetic gradient
温度过程线☆thermogram
温度和太阳辐射☆temperature and solar radiation
温度计☆thermometer；hydroscope；heat{temperature} indicator；temperature gauge{meter}；tempstick；psychrometer；thermograph；TM；moisture meter
温度计玻璃☆thermometer glass
温度计槽☆thermowell；thermometer well
温度计的☆thermometric
温度计的干球☆dry bulb
温度记录和控制☆temperature record and control
温度记录术{法}☆thermography
温度-降雨量图☆hythergraph
温度交变试验热循环试验☆thermal cycling test
温度-距离梯度☆temperature-distance gradient
温度控制☆temperature control；TC
温度廓线记录仪☆temperature profile recorder；TPR
温度逆增☆temperature inversion
温度逆增的顶点☆lid
温度逆转间距☆temperature-inversion interval
温度-配位法则☆temperature-coordination rule
温度坡差曲线☆thermal gradient diagram
温度坡度☆thermograde
温度剖面记录器☆temperature profile recorder；TPR
温度气候☆thermal climate
温度翘曲应力☆temperature warping stress
温度曲线☆temperature pattern；temperature-depth profile curve
温度曲线的平衡段☆temperature plateau
温度上升期☆anathermal period
温度上限☆upper temperature limit
温度深度仪☆bathythermometer；bathythermograph
温度升降☆fluctuation of temperature
温度剩磁☆thermoremanent magnetization
温度施测☆temperature runs
温度-湿度红外辐射{度}计☆temperature/humidity infrared radiometer
温度-时间平衡阀[液压震击器]☆temperature-time compensating valve
温度梯度☆temperature gradient{plateau}；gradient of temperature；thermograde；temperature lapse rate；lapse；temp grad
温度梯度倒转☆inversion of temperature gradient
温度调节☆temperature regulation；heat control；thermoregulation
温度调节度盘☆temperature-setting dial
温度图☆thermogram；temperature map
温度外延求值(法)☆temperature extrapolation
温度系数☆tc；temperature coefficient
温度下降☆drop of temperature；lapse；temperature fall
温度效应☆temperature effect；effect of temperature
温度-盐度图(解)☆temperature-salinity{T-S} diagram
温度严格控制{调节}☆rigid temperature control
温度遥测☆remote temperature sensing
温度仪订正卡☆thermograph correction card
温度异常☆temperature anomaly；anomalous thermality
温度应力☆temperature{thermal} stress；stress due to temperature
温度元件☆temperature element；TE
温度元件双金属☆thermostatic bimetal
温度跃变☆thermal tare
温度指数☆temperature index；TI
温度准数☆temperature number
温度自记(曲线)☆thermogram
温感应☆thermoperiodism
温高图☆pastagram
温和☆softness；moderateness
温和的☆temperate；moderate；gentle；quiet
温和气候☆moderate climate
温加工☆warm working
温降☆heat{temperature} drop；nip temperature
(高)温胶凝化作用☆temperature gelation
温较差☆temperature range
温阶☆temperature step
(湖泊中)温界☆thermal bar
温克尔假定☆Winkler's hypothesis
温克勒(溶解氧测定)法☆Winkler method
温克勒假设☆Winkler's assumption
温控涂层☆temperature control coating
温矿泉☆warm mineral spring
温洛克(阶)[欧;S_2]☆Wenlockian (stage)
温梅尔阶☆Wemmelian stage
温敏液体☆thermometer liquid
温纳排列☆Wenner arrangement{spread}
温宁-曼内兹假说☆Vening-Meinesz hypothesis
温暖☆warmth
温暖地区☆warm-temperate region
温暖期[Qp]☆thermomer
温暖气候☆temperate{warm} climate
温盘☆Winchester disk
温漂☆temperature drift
温谱(差热)图☆thermogram
温切尔带检验(方格)☆cell of the Winchell zone test
温切尔介属[O]☆Winchellatia
温区☆warm area
温泉☆therm(a)e；hot{weak-hot;warm;thermal;tepid} spring；hydrotherm；thermopegic；acratotherm(e)；therm；spa
温泉疗法☆thermalism
温泉泥☆fango
温泉盆地☆laguna
温泉区☆hot spring area；thermal-spring locality；spa
温泉群落☆thermium
温泉水☆hot-spring water
温泉塘☆warm pool{pond}
温泉学☆fountology；fontology
温泉藻类☆warm-water algae
温泉征候☆thermal identification
温泉滓石☆plombierite
温热☆tepefaction；hypothermal
温热地面☆warm surface{ground}
温热疗法☆thermal therapy
温热水的☆hydrotepid
温柔☆mildness
温柔的☆melting
温柔地☆gently
温色镜☆color filter
温山剑尾属[节鲎类;Є]☆Weinbergia
温熵图☆tephigram；temperature-entropy diagram
温蛇纹石☆nephritoid；fasernephrite
温深计☆bathythermometer
温深仪[深海温度测量器]☆bathythermograph；BT
温升☆temperature rise{increment}
温斯特姆型磁选机☆Wenstrom separator
温湿(指数)☆humiture
温湿计{表}☆thermohygrometer；thermohygrograph；hygrothermograph
温湿气候☆warm humid climate
温湿毯浴☆blanket bath
温湿图☆hythergraph；psychrometric chart
温石棉[$Mg_6(Si_4O_{10})(OH)_8$]☆chrysotile；chrysotilite；leucotile；leukotil；leukasbest{lefkasbest} [德]；rock cork；karystiolite；chrysotile{serpentine} asbestos；stone-flax；williamsite；asbestos；asbestoide；magnesium chrysotile
温石棉毡☆chrysotile felt
温石绒{绵}☆chrysotile
温氏(粒度)分级表☆Wentworth scale
温氏分类☆Wentworth classification
温室☆hothouse；glasshouse；greenhouse；stove；conservatory；growing{forcing;warm} house
温室蔬菜☆forced vegetable；out-of-season vegetables
温室效应☆greenhouse effect；the greenhouse effect
温室效应和全球变暖☆the greenhouse effect and global warming
温室园艺☆hot-house horticulture；horticulture under glass
温室栽培综合企业☆hothousing complex
温室种植业☆indoor agriculture
温水☆warm water
温水{度}圈☆thermosphere
温水溪☆warm creek；thermal{tepid} stream
温缩应力☆temperature contraction stress
温特风☆unterwind
温特沃兹粒度表☆Wentworth scale
温梯法☆temperature gradient method
温吞的☆lukewarm
温脱岩☆vintlite
温效指数☆T-E{temperature-efficiency} index
温性腐殖质☆mild humus
温血动物☆homeotherm；homiothermic animal
温血性☆homeothermia
温压表☆thermobarometer
温压的☆thermobaric
温压地球化学☆thermobarogeochemistry
温压曲线☆temperature {-}pressure curve
温压热力学图☆emagram
温盐对流☆thermohaline convection
温盐图☆temperature-salinity diagram
温盐图解☆T-S diagram
温跃层☆thermocline；discontinuity{thermal} layer；metalimnion
温障☆temperature barrier

wén

蚊科[昆]☆culicidae
蚊子{式}☆mosquito
文本☆texto；version；text
文变应力强度☆alternating stress intensity
文采尔珊瑚属☆Wentzellophyllum；Wentzelella
文策珊瑚属☆Wentzelella
文昌鱼(属)☆Branchiostoma；Amphioxus；lancelet
文达瓦(尔)风☆vendava
文档记载☆bookkeeping
文德带藻(属)[Z]☆Vendotaenia
文德带藻类☆vendotaenides
文德动物☆Vendozoa
文德纪-埃迪卡拉纪的☆Vend-Ediacaran

文德利管☆Venturi tube
文德期[晚前寒武纪;Z]☆Vendian (Period)
文电☆message；mss；ms
文多奔阶☆Vindobonian
文法☆grammar
文方(互层)石☆erzbergite
文富☆illiteracy
文蛤属[双壳;E-Q]☆Meretrix
文化☆civilisation；civilization
文化层☆dwelling place
文化遗址{迹}☆cultural remains
文化噪声☆cultural noise
文火☆low fire
文极叠层石属[Z]☆Wingia

文件☆file；document(ation)；writing；scripture；papers；muniment
文件标志{记}☆file mark
文件的☆documentary
文件分析☆file analysis
文件夹☆folder；portfolio
文具☆stationery
文莱☆Brunei
文洛克统[S_2]☆Wenlock
文盲☆illiterate；illiteracy
文明☆civilization
文明世界☆civilisation；civilization
文内萨风☆vinessa
文宁-迈内兹带☆Vening-Meinesz zone；negative strip
文努科维亚兽属[P]☆Venyukovia
文丘里管式流量计☆Venturi flowmeter
文丘里喉管☆Venturi throat
文丘里式装药器☆Venturi type loader
文丘里吸收器☆Venturi absorber
文沙剂☆Vinsol agent
文砷钯矿[$(Pd,Pt)_3(As,Sb,Te)$]☆vincentite
文石[$CaCO_3$;斜方]☆aragonite；oserskite；ktypeite；lancasterite；chimborazite；palaeocalcite；igl(o)ite；Aragon{needle} spar；conchite；mosenite
文石-方解石互层☆erzbergite
文石副象方解石☆paleo-calcite
文石华☆aragonite sinter；flos ferri；flower of iron
文石结壳☆coniatolite
文石泥☆drewite
文石溶解跃面☆aragonite lysocline
文石针泥☆aragonite needle-mud
文石质灰岩☆aragonitic limestone
文氏吹风管☆Venturi blower
文`氏{丘里}(测流)管☆Venturi；venturi tube
文氏管形通道☆Venturi(-shaped) passage
文氏降尘系统☆Venturi dust suppression
文氏珊瑚☆wentzelella
文氏图☆Venn diagram
文书☆clerical staff
文图拉(阶)[北美;N_2]☆Venturian (stage)
文物☆cultural{historical} relic；antiquity
文献☆literature；Lit.
文献编集☆documentation
文献查找☆document search
文献学☆bibliography
文象斑岩☆pegmatophyre；granophyre；graphiphyre
文象斑状☆graniphyric；pegmatophyric
文象斑状交生☆granophyric intergrowth
文象构造☆pegmatitic{graphic} structure
文象花岗岩[长石与石英约占70%以上]☆pegmatitic{graphic} structure
文象交(共)生☆graphic intergrowth
文选☆album；thesaurus [pl.-ri,-ses]；collected papers；analecta；analects
文学☆literature；letter
文学上的☆literate
文学硕士☆master of arts；MA
文学作品的杂集☆melange
文摘☆digest；abstracts
文摘卡(片)☆abstract card
(一篇)文章☆composition
文珠鳄属[J]☆Monjurosuchus
文柱☆stanchion
文字处理☆data{word} processing
文字符号法☆literal symbol system
文字记录☆written record
文字影像☆character image

闻☆sniff
闻限以下的☆subsonic
纹☆strand；thread
纹板岩☆varved slate
纹波因数☆ripple factor
纹层☆lamina [pl.-e]；lamination；lamellation；lamella [pl.-e,-s]；lamellar layer；folium [pl.-ia]；laminar bedding；straticule
纹层(-)窗状组构☆laminoid-fenestral fabric
纹层的☆laminar；laminal
纹层地层☆laminated ground
纹层间印痕☆inter-laminae markings
纹层-晶轴间关系☆lamellae-axes relation
纹层理☆lamina；lamella；lamination
纹层岩☆laminite；laminated rock
纹层状☆lamellar；laminoid；lamelliferous；laminar
纹层状赤铁矿石☆laminated hematite ore
纹层状的☆laminated；lamelliform；lamellated；lamellar
纹层组☆laminaset
纹长斑岩☆perthitophyre
纹长二长岩☆mangerite
纹长身贝属[腕;C-P]☆Linoproductus
纹长斜长(石)☆perthiclase
纹齿兽属☆Taeniolabis
纹窗贝(属)[腕;C-P]☆Phricodothyris
纹带构造☆banded structure
纹沟☆rill
纹沟石☆rilled stone
纹距☆ripple spacing
纹孔[植]☆pit
纹孔导管[植]☆pitted vessel
纹孔式[生]☆pitting
纹孔外口☆outer aperture
纹理☆lamination；lamellation；grain；lamina [pl.-e]；lamellosity；fiber；lamella [pl.-e,-s]；fibre；vein；texture；structure
纹理截断☆truncation of lamination
纹理木☆veined wood
纹理岩☆laminite
纹理终断☆truncation of lamination
纹路交叉的☆crosscut
纹绿泥石[$(Fe^{2+},Mg)_3(Fe^{2+},Al,Mg)_3(AlSiO_{10})\cdot(OH)_8$]☆brunsvigite
纹煤☆striated coal
纹泥☆varve(d){laminated;bandy;banded} clay；varve
纹泥冰湖☆varves
纹泥计层☆varve-counting
纹泥性☆varvity
纹泥岩☆varvite；pellodite
纹泥状硫黄层☆varved sulfur bed
纹片釉☆crackle glaze
纹起☆hoist
纹鞘科[昆]☆Permosynidae
纹绳[一次捻钢绳]☆spiral rope
纹石斑鱼☆hamlet
纹石燕属[S-D]☆Striispirifer
纹蚀☆rill erosion{wash}
纹蚀型☆ornamental patterns
纹饰☆ornamentation[孢]；sculpture；skulptur[德]
纹饰贝属[腕;P_1]☆Costellaria
纹饰角☆ornamented corner
纹饰斯特里克兰贝属[腕;S_2]☆Costistricklandia
纹条砂岩☆riband stone
纹线长身贝☆Linoproductus
纹星介属[E]☆Virgatocypris
纹鹦鹉螺☆Liroceras
纹影☆schlieren
纹影波痕☆streaked-out ripple
纹影{相片;摄影}☆schlieren{streak} photograph
纹缘螺钉☆milled-edged screw
纹沼螺☆Parafossarulus striatulus
纹皱☆crenulation
纹状层理☆laminar bedding
纹状大理岩☆onyx marble；oriental alabaster

wěn

吻☆kiss；proboscis
吻部[腹]☆proboscis
吻骨☆rostral
吻合☆dovetail；fit；tally；anastomosis；inosculate
吻合边界☆coincidence boundary
吻合的☆anastomosing
吻合线☆match line；M.L.
吻鳞☆squama rostralis
吻鳞鱼属[D]☆Rhyncholepis
吻龙类☆Labidosauria
吻片[无颌类]☆rostrum [pl.rostra]
吻切☆osculation
吻切轨道☆osculating orbit
吻突☆rostrum[节;pl.-ra,-s]；rostral；rostellum[腕]
吻蛛目[节]☆Phrynichida
吻状蛤属[T-Q]☆Nuculana
稳变异构☆merotropy；mesomerism
稳产井☆stabilized well
稳产能力☆rate-maintenance capability
稳产期☆production plateau；period of stabilized production；stable production period
稳(定)产油量☆stable oil production
稳车☆winch
稳车器☆car lock
稳车(操纵)手把☆winch handle
稳定☆stabilization；lasting；indissolubility；steady；stability；equalization；stab(i)lize；firm；staying；stabilité；stabilisation；stabilise；settle；moderation
稳定(性)☆steadiness
稳定岸外浅水陆棚☆stable coastal basin
稳定白云石烧块☆stable{stabilized} dolomite clinker
稳定包体☆resistant inclusion
稳定饱和自由面水流☆steady saturated free-surface flow
稳定爆炸{轰}☆stable detonation
稳定边缘海盆{盆地}☆inactive marginal basin
稳定冰川☆firm ice
稳定补注量☆stable recharge
稳定残余{存}矿物☆stable relict mineral
稳定层☆regular{resistant} bed；stationary layer；resistant strata；persistent horizon
稳定产量☆constant{stable} rate；settled{sustained} production
稳定产物☆constant product
稳定沉积状况☆lithotope
稳定传热☆steady heat transfer
稳定带☆dead zone
稳定岛☆island of stability
稳定的☆immobile；stable；steady；stationary；persistent[厚度、岩性等]；transient-free；tranquil；sustained；safe；rugged；resisting
稳定的砂床波动流动型式☆stationary bed-saltation flow pattern
稳定的增斜-降斜率☆stable build/drop rate
稳定地层☆good ground
稳定地块☆craton；kraton；resistant block{mass}；epeirocraton；epeirocratic{steadfast} craton；stable crustal block；stable landmass
稳定地块区☆kratogenic area
稳定点☆point of fixity；stable point
稳定顶板☆firm top；solid back
稳定冻胶酸☆stable gelled acid；SGA
稳定度☆degree of stability；stability；permanence；permanency
稳定扶架☆steady rest
稳定负荷{载}☆steady load
稳定估计☆robust estimation
稳定关系☆stability relation
稳定海面期的☆thalassostatic
稳定海盆☆inactive basin
稳定海滩☆stable-beach；stable beach
稳定河☆poised river{stream}
稳定河段☆quiet reach
稳定河流☆regime{poised} stream
稳定化处理预应力钢`丝{|绳(股)}☆stabilized wire{|strand}
稳定剂☆stabilizer；stabilizator；stabiliser；stabilité；stable{stabilizing;stabilization} agent
稳定夹☆steadying bracket
稳定架☆steady rest；steadier
稳定价格☆valorize
稳定角☆settlement angle
稳定介质☆stationary{self-sustaining} medium
稳定类☆leiptinite
稳定力☆holding power；stability force
稳定流方程☆equilibrium equation
稳定流能量方程☆steady flow energy equation
稳定陆块内的☆intracratonic
稳定面☆enduring surface；surface of stability
稳定能☆energy of stabilization；stabilization energy
稳定泥浆☆mature mud
稳定年龄☆plateau age
稳定凝胶酸☆SGA；stable gelled acid
稳定排油☆equilibrium drainage
稳定平衡的不混溶性☆stable equilibrium immiscibility
稳定坡度☆steady gradient；stabilized grade；slope of compensation
稳定器☆stabilizer[扶正器]；stabilizator[钻杆]；anti-fluctuator；balancer；stabiliser；regulator；reactor
稳定(大小配搭)球荷☆seasoned (ball) load
稳定区域☆stable region；stabilized zone；range of stability
稳定燃烧☆smooth{stable} burning{combustion}；self-sustaining{pulsation-free} combustion

稳定乳化{浊}液☆stable emulsion
稳定伞☆drogue
稳定沙丘☆anchored{established;stabilized;arrested;fixed} dune
稳定渗流☆time-invariant seepage
稳定生境区☆isohabitu
稳定市场☆stabilize market
稳定试井☆four point test; flow-after-flow test; systematic well testing
稳定式转向(钻具)组合☆stabilized steerable assembly
稳定水位☆permanent{steady} water level; standing level
稳定速度☆balancing speed
稳定态油相对渗透率☆steady-state oil relative permeability
稳定同位素地球化学☆stable isotope geochemistry
稳定图像☆freeze-frame
稳定温度☆level(l)ing-off{immobile} temperature
稳定物价☆valorize; valorization
稳定系数☆factor of safety; coefficient of stability; stability number{coefficient;factor}
稳定信号☆steady-state{steady} signal
稳定型重力仪☆stable type gravimeter
稳定性☆stability; firmness; constancy; stabilization; stiffness; rigidity; capacity to stand; sturdiness; stabilité; robustness; antiwhip[轴承]
稳定性白云石耐火`砖{|材料}☆stabilized dolomite brick{|refractory}
稳定性测定仪[测泥浆破乳电层仪器]☆stability meter
稳定性分析☆stability analysis; analysis of stability
稳定性图☆stability diagram
稳定岩瘤[德]☆platte
稳定元素☆ballast{stable} element
稳定支撑☆outrigger
稳定中心☆metacenter
稳定装置☆catcher; stabilization plant; stabilizer; stabilized mounting
稳定状态☆steady{stable} state; stable condition; standstill
稳定状态传递☆steady state transfer
稳定组☆liptinite; exinite
稳定作用☆stabilization; stabilisation
稳动☆steady motion
稳固☆firm; firmness; stabilization; stab(i)lize
稳固的☆firm; strong; stable; competent; good; hard; fast; tight; tough; solid; secure; safe; upstanding; robust; persistent
稳固地层☆solid ground
稳固地位{基}☆terra firma
稳固件☆holdfast; firmware
稳固立轴承☆fast step bearing
稳固围岩☆hard{firm} wall; firm rock
稳固岩层☆firm{standing;solid} ground; competent rock{bed}
稳管桩☆pipe-stabilizing pile
稳罐装置☆cage accepter; cage-receiver
稳恒爆震☆steady detonation
稳恒状态☆steady state; SS
稳弧剂☆arc stabilizer
稳滑☆stable slip
稳滑型活断层☆steady-slip active fault
稳化纪[古元古代第四(末)纪]☆Statherian
稳健回归分析☆robust regression analysis
稳健性☆robustness
稳快地行驶☆bowl
稳流☆undisturbed{tranquil;streaming;permanent; steady} flow
稳流池☆equalization pond
稳流灯☆barretter
稳流管☆regulating tube
(流体)稳流器☆vortex breaker
稳流作业法☆steady-flow process
稳黏固体☆elastoviscous{firmoviscous} solid
稳黏性☆firmoviscosity
稳谱峰☆stabilizer peak
稳绳☆guide rope for kibble; static rope
稳绳盘☆balance platform; scaffold for tensioning the kibble guide-rope
稳石楔☆quoin
稳塑陶土☆terra-cotta clay
稳索☆guy rope; vang
稳态☆stationary{steady;stable} state; steady-state; stationarity
稳态传导温度☆steady conduction temperature
稳态沸泉☆stable boiling spring
稳态分布{|流动}☆steady-state distribution{|flow}
稳态脉冲☆steady state pulse; SSP
稳态喷泉☆steady geyser; perpetual spouter
稳态平衡☆homeostatic equilibrium
稳态蠕变☆secondary creep; steady state creep
稳态渗流☆time-invariant{steady-state} seepage
稳态水位{面}☆steady-state water-table
稳态体系☆homeostasis system
稳态宇宙说☆steady-state theory
稳态振动隔离☆steady state vibration isolation
稳稳地射中☆quiver
稳线☆stability curve
稳相法☆stationary phase method
稳斜☆hold{maintain} angle; lock in
稳斜器☆clinostat
稳斜原理☆stabilization principle
稳斜(钻具)组合☆holding assembly
稳斜钻具总成☆angle-holding assembly
稳芯垫砂☆bedding a core
(船)稳心☆metacenter
稳心图☆metacentric diagram
稳性范围☆range of stability
稳性横交曲线☆cross curve of stability
稳性力臂☆arm{lever} of stability; stability{righting} arm
稳压电源☆stabilized voltage supply; regulated power supply; regulator
稳压罐☆buffer tank
稳压器☆stabilizer; regulator; stabilizator; voltage regulator{stabilizer; conditioner}; automatic voltage regulation; pressurestat; potentiostat; constant-voltage transformer; pressostat; manostat; reg.; VR; a.v.r.; AVR
紊动☆turbulent motion{fluctuation}
紊度☆turbulence
紊流☆erratic{turbulent;eddy(ing);tortuous;sinuous} flow; turbulence; eddying; turbulent (stream); swirl
紊流程度☆intensity of turbulence
紊流化☆turbulization
紊流剂☆disturbing admixture; turbulizer
紊流煤粉燃烧器☆turbulent burner
紊流密封型柱塞☆turbulent seal plunger
紊流系数☆coefficient of turbulence; turbulence factor {coefficient}
紊流状态☆disturbed flow condition
紊乱☆irregularity; chaos; disarrangement; disorder; confusion; derangement; abnormality
紊乱层理☆disorganized-bed
紊乱的☆turbulent
紊乱度☆degree of irregularity
紊乱堆积☆chaotic deposit
紊乱水系☆deranged drainage (pattern); chaotic drainage
紊乱水系作用☆derangement
紊曳☆turbulent drag
紊褶皱☆turbulent fold

wèn

问答机☆interrogator
问答器☆interrogator-responser; interrogator-responder
问顶☆jowling; tapping; sound(ing); tap a roof; roof testing{sounding;tapping}; tap; rap; back sounding; dinning; knock
问候者☆complementer
问卷☆questionaire
问世☆appearance
问题☆question; problem; challenge; matter; qu; q.
问题单☆questionnaire
问题的制定☆problem set-up
问题构成☆problem formulation
问题和缺点☆problems and drawbacks
问讯处☆information desk
汶水虫属[三叶;$Є_3$]☆Wentzuia

wēng

嗡嗡声☆buzz; boominess; zoom
翁岗岩☆ongonite
翁格达藻(属)[C-P]☆Ungdarella
翁钠金云母☆wonesite
翁戎螺(属)[腹;T-K]☆Pleurotomaria
翁氏虫属[三叶;$Є_3$]☆Wongia

wèng

瓮☆crock; vat; urn
瓮几丁虫(属)[O_3]☆Calpichitina
瓮蓝☆vat blue

wō

莴苣☆lettuces
蜗杆☆endless{perpetual;worm} screw; hob; worm; screw rod
蜗杆式机械手摇推进器☆worm-type mechanical; hand feed
蜗壳☆volute (casing)
蜗壳安全泄水道☆spiral-case relief sluice
蜗壳式离心泵☆volute centrifugal pump
蜗轮☆worm gear{wheel}; worm-wheel; Wg
蜗轮杆☆hob
蜗牛☆(land) snail
蜗牛(属)☆Eulota
蜗牛式螺旋☆helicoid spiral
蜗牛线☆cochleoid
蜗牛型曲线☆limacon
蜗牛状星云☆snail-shaped nebula
蜗线角☆spiral{spire} angle
蜗形管☆worm pipe
蜗形轮☆snail
蜗形绳轮☆fusee
蜗旋式螺旋排矿提升器☆spiral scoop; discharge lifter
涡☆whorl; eddy; scroll
涡凹[水流的]☆cavitation
涡鞭藻类☆dinoflagellate
涡(流)成沙坝☆eddy-built bar
涡虫☆turbellaria; turbellarian (worm)
涡电流☆eddy current
涡动☆vortex{whirling;turbulent} motion; eddy; curl; turbulence; whirlwind
涡动层☆turbosphere
涡动层顶☆turbopause
涡动幅度☆scale of turbulence
涡动角☆wobble angle
涡动结构☆structure of turbulence
涡动气云说☆turbulent gas cloud theory
涡动通量仪☆evapotron
涡度☆vorticity
涡管☆scroll; volute
涡(流)痕(迹)☆eddy mark(ing)
涡卷☆whirl; scroll
涡空☆cavitation
涡量☆vorticity
涡流☆eddy (flow;flux;motion); erratic{eddying;churn; vortex;rotational;tortuous} flow; eddying (motion); Foucault{eddy;whirling;vortex} current; flow in vortex; gyre; convolution; gyral; swirl; churning; backset; whirl(wind); whirlpool; turbulence; curl; vortex [pl.-xes,-tices]; vortex shedding; eddies; wash; stirring motion; whirling (fluid); EC
涡流板[旋涡孔板]☆swirlplate
涡流波痕☆ruffle
涡流捕尘板☆eddy catching plate
涡流沉积淤泥☆eddy-deposited silt
涡流挡板流量计☆vortex shedding flow meter
涡流的☆swirling; convolutional; non-vortex
涡流电流☆parasitic current
涡流分布频率谱☆eddy{turbulent;turbulence} spectrum
涡流痕迹☆eddy mark(ing)
涡流给料☆vortex; vortices
涡流角☆swirl angle
涡流空穴{蚀}☆vortex cavitation
涡流扩散☆eddy{turbulent} diffusion
涡流联轴器☆eddy-current coupling
涡流器☆whirlpool; swirler
涡流强度☆strength of vortex
涡流侵蚀☆evorsion; erosion
涡流式(电)磁感应试验仪☆cyclograph
涡流式燃烧室☆whirl combustion chamber
涡流式(旋风)收尘器☆scroll-type dust collector
涡流输量☆eddy transport
涡流损耗☆eddy-current loss
涡流体(系)☆vortices
涡流通量☆turbulent{eddy} flux
涡流系数☆austausch; eddy (current) coefficient;

eddy conductivity
涡流效应☆eddy(ing){eddy-current} effect
涡流凿蚀☆Dot(-)hole excavation
涡轮☆turbine；turbo
涡轮泵☆turbine(-driven){volute} pump；roturbo；turbopump
涡轮泵供油的☆turbofed
涡轮冲压式喷气发动机☆turboramjet
涡轮发动机汽车☆turbocar
涡轮风扇☆turbo-fan
(用)涡轮给……增压[美]☆turbocharge
涡轮机厂房☆turbine plant
涡轮机械☆turbomachinery
涡轮机站☆turbine station
涡轮机组☆turboset
涡轮螺桨发动机☆turboprop
涡轮螺旋喷气发动机☆propjet
涡轮喷气式发动机☆turbo-jet engine
涡轮偏心短节☆turbo-eccentric sub
涡轮取芯☆turbocoring
涡轮式发电机☆turbogenerator
涡轮式砂子分配器☆Betters and Mein distributor
涡轮压气{缩}机☆turbocompressor
涡轮翼片☆impeller blade
涡轮增压☆turbocharging；turbocharge
涡轮增压器压缩比☆turbocharger compression ratio
涡轮轴(发动机)☆turboshaft
涡轮状构造☆turbine-like structure
涡轮钻进☆turbo(-)drilling
涡轮钻进用钻头☆turbobit
涡轮钻井☆turbodrilling
涡轮钻具☆hydraulic thrust boring machine；vane borer；turbodrill；turbine drill
涡螺属[腹;E-Q]☆voluta
涡螺旋{类}☆volutacea
涡区[气流中]☆wake
涡蚀☆evorsion
涡蚀湖☆scooped lake
涡(旋)尾流☆vortex trail
涡洗式洗砂机☆eddy sand washer
涡线☆circumvolution；vortex line
涡形螺属[腹;K-R]☆Volutomorpha
涡形沙坝☆scroll bar
涡旋☆vortex；gyre；volution
涡旋度输送假说☆vorticity-transport hypothesis
涡旋分离现象☆vortex shedding
涡旋壳☆turbinate
涡旋强度☆turbulence intensity
涡旋曲线☆vortex line
涡旋式喷嘴☆swirler
涡旋竖沟☆turboglyph
涡旋形(的)☆volute
涡旋岩窟☆dentpit
涡旋运动☆eddy{turbulent;vortex} motion
涡旋状☆turbinate
窝☆fossae；nest
窝洞充填☆cavity filling
窝锻☆dishing
窝工日☆lay day
窝工时间☆idle hour；waiting-on
窝甲鱼(属)[D_1]☆Tremataspis
窝接式接头管☆spigot and socket pipe
窝坑☆dimple
窝龙类☆Trematosaurs
窝明岩☆wyomingite
窝木属[C_{2-3}]☆Bothrodendron
窝塞赤风☆Wasatch wind
窝氏螺属☆Warthia
窝托横梁☆backing
(使)窝陷☆dimple
窝形[钻头]☆pocket-type
窝形的☆nested
窝穴[孔虫]☆fossette
窝穴构造☆dwelling structure
窝状风化☆alveolar weathering
窝子矿☆nest；patch{nest} of ore；nested deposit

wò

握柄☆hand hold
握裹应力☆bond stress
握键[携带式磁石话机,送受话器上的]☆flap
握紧☆holdfast；clench
握力☆holding power
握手☆handshaking；clasp；shake
握住☆hold；clasp
斡件☆orgware
卧车☆coach；sleeper
卧倒背斜☆recumbent anticline
卧底☆rip；caunch；brush (cutting)；kanch；kench；bating；(stone) dinting；(bottom;floor) ripping；lift the floor；take up bottom；bottom raising {lifting; canch;taking}；bate；foot-ridding；rock taking-up {brushing; bruching}；floor brushing {excavation}；foot wall blasting；pavement {canch} brushing；undercut；footwalling；brushing bottom；floor excavation deepening；floor-ridding；grading；slashing；canch (work)；re-rip；dint
卧底层☆brushing bed；curf
卧底工☆bottom cutter；dinter；brusher
卧底炮眼☆canch hole；bottom-ripping shot
卧底水平炮口☆conduit hole
卧痕[动]☆repose imprint
卧孔属[真菌]☆Poria
卧龙角石属[头;$Є_3$-O_1]☆Wolungoceras
卧木☆ledger
卧盘式真空过滤机☆horizontal filter
卧式泵☆horizontal pump；low down pump
卧式管状炉☆horizontal tubular furnace
卧式烘砂滚筒☆revolving drier
卧式烘砂炉☆horizontal sand-drying oven
卧式搅拌机{器}☆horizontal mixer
卧式离心碾磨机☆horizontal centrifugal grinder
卧式平头圆筒形罐☆flat-ended horizontal cylindrical tank
卧式燃油锅炉☆horizontal oil firing boiler
卧式三相分离器☆horizontal three-phase separator
卧式闪蒸罐☆horizontal flash vessel
卧式石墨管热压炉☆horizontal graphite-tube hot-pressing furnace
卧式凸头油罐☆round-ended cylinder
卧式圆筒形压力储罐☆bullet type tank
卧式圆柱形罐☆horizontal cylindrical tank
卧式振动磨机☆horizontal vibrating mill
卧室☆thalamium；chamber
龌龊的☆dirty
肟[−CH(＝NOH)]☆oxime
肟化(作用)☆oximation
肟基[HON＝]☆isonitroso
沃尔博思螺属[腹;C_{1-2}]☆Volborthella
沃尔夫分离{选}点☆Wolf cut-point
沃尔霍夫海蛇匣(属)[棘海蛇匣;O]☆Volchovia
沃尔拉(疲劳)曲线☆Wohles's (fatigue) curve
沃尔曼盐[氟化钠及硝基苯酚混合而成的木材防腐盐]☆Wolman salt
沃尔生苔藓虫属[C_1]☆Worthenopora
沃尔特铝业有限公司☆Volta Aluminum Co.,Ltd.
沃钒锰矿☆vuorelainenite
沃夫坎期☆Wolfcamp age
沃格尔式产能曲线☆Vogel-type curve
沃可布(阶)[北美;$Є_1$]☆Waucoban (stage)
沃克环流☆Walker cell
沃克西海绵属[$Є_2$]☆Vauxia
沃拉斯顿反射测角仪☆Wollaston's reflecting goniometer
沃勒疲劳曲线☆Wohler's curve
沃里克式斜井提升安全装置☆Warwick safety device
沃林顿[大小丝交互捻成的钢丝绳股型]☆Warrington
沃硫砷镍矿☆vozhminite
沃龙诺依多边形☆Voronoi polygon
沃伦-鲁特模型[裂缝储层模型]☆Warren-Root model
沃仑{伦}斯基矿☆volynskite
沃洛格金氏藻属[Є?]☆Vologdinella
沃默钻杆安全夹☆Wommer safety clamp
沃姆斯日射珊瑚属[O_3]☆Wormsipora
沃纳滤波☆Werner filtering
沃纳卸载线☆Wallner lines
沃诺卡阶[Z]☆Wonokian
沃硼钙石[$(Ca,Sr)B_6O_{10}$•$3H_2O$;单斜]☆volkovskite
沃塞恩风暴☆Vuthan
沃塞利丝黑[石]☆Versailles Black
沃森特性因数☆Watson characterization factor
沃氏粉属[孢;K_2]☆Wodehouseia
沃氏螺属[C-P]☆Worthenia；Warthia
沃首型混汞提银法☆Washoe process
沃斯列夫模型☆Hvorslev soil model
沃斯帕洛(依镍基耐高温耐蚀)合金☆Waspaloy
沃思堡地质学会[美]☆Fort Worth Geological Society
沃特赖普型旋流分级器☆Vortrap
沃特韦尔组[C_1]☆Ottweiller formation
沃土☆generous soil；breeding ground；mold；mould
沃希托(阶)[北美;K_{1-2}]☆Washitan
沃希托岩☆Washita stone
沃兹颗石[钙超;J_2-K]☆Watznaueria
沃兹杉☆Voltzia
渥尔登重力仪☆Worden gravimeter
渥尔曼放大器☆cascode

wū

圬堤(坝)☆masonry dam
圬工☆mason；stone man；masonry (dam)
圬工石☆plums
圬工用水泥☆masonry cement
呜呜声☆whine
钨☆wolfram；tungsten；W；wolframium
钨靶☆tungsten target
钨铋矿[Bi_2O_3•WO_3;四方]☆russellite
钨的☆tungstic
钨对阴极☆tungsten target
钨钢☆tungsten{wolfram} steel；ferrotungsten
钨铬钢☆tungsten chrome steel
钨铬合金☆stellite
钨钴铬高温硬质合金☆stellite
钨钴硬质合金[用钴作黏合剂的]☆carboloy
钨合金☆tungalloy
钨弧熔化☆tungsten arc melting
钨华[WO_3•H_2O;斜方]☆tungstite；wolfram {-}ocher；tungstic ocher；wolframine
钨极☆tungsten electrode
钨极惰性气体保护焊☆tungsten inert gas arc welding
钨精矿☆tungsten concentrate
钨矿☆tungsten ore{mine}；tungsten oxide ore
钨矿物☆tungsten (mineral)；W
钨铼(合金)☆tungsten-rhenium
钨镁酸铅陶瓷☆lead magnesio-tungstate ceramics
钨锰矿[$MnWO_4$;单斜]☆hu(e)bnerite；blumite；megabasite；mangan(o)wolframite；hübnerite
钨锰铁矿[$(Fe,Mn)WO_4$]☆wolframite；wolfremite；wolframine；ferberite；cal
钨锰铁矿氯化☆chlorination of wolframite
钨钼玻璃☆tungsten-group glass
钨钼钙矿[$Ca(Mo,W)O_4$]☆tungsten-powellite；tungsto-powellite；wolfram(-)powellite
钨钼铅矿[$Pb(Mo,W)O_4$]☆lyonite；lionite；chillagite
钨铅矿[$Pb(WO_4)$;四方]☆stolzite；scheelitine
钨青铜(矿)型结构☆tungsten bronze type structure
钨砂☆tungsten ore
钨砂矿☆placer tungsten
钨砂生产者协会☆Primary Tungsten Association
钨-石墨热电偶☆tungsten-graphite thermocouple
钨铈矿☆yttrotungstite
钨丝☆tungsten filament{wire}
钨酸钙晶体☆calcium tungstate crystal
钨酸钙矿☆scheelite
钨酸钾[K_2WO_4]☆potassium wolframate
钨酸锰矿[$Mn(WO_4)$]☆manganese tungstate
钨酸钠[Na_2WO_4]☆sodium wolframate
钨酸盐☆tungstate；wolframate
钨酸盐类☆tungstates
钨锑贝塔石[$(Ca,Y,Sb,Mn)_2(Ti,Ta,Nb,W)_2O_6(O,OH)$;斜方?]☆scheteligite
钨锑金石英脉☆tungsten-antimony-gold-quartz vein
钨锑烧绿{贝塔}石☆scheteligite
钨铁☆tammite；ferro(-)tungsten；crookesite
钨铁矿[$Fe^{2+}WO_4$;单斜]☆ferberite；eisen-wolframit；ferrowolframite；ferrotungspath
钨铁砂[马来语,与锡石伴生的]☆amang
钨铁石☆ferberite
钨铜矿[$Cu_2WO_4(OH)_2$]☆cuprotungstite；cupritungstite
钨钍矿☆thorotungstite；yttrotungstite
钨锌矿[$ZnWO_4$; $(Zn,Fe^{2+})WO_4$;单斜]☆sanmartinite；zinkwolframit
钨硬锰矿[锰、钡和钨的氧化物,含 WO_3 2%～3%]☆tungomelane
钨铀华☆uranotungstite
钨赭石☆tungstic ocher
钨锗石☆W{tungsten}-germanite；germanite-(W)
钨中间电极☆tungsten target
乌丹暴☆Vuthan
乌顿布格矿☆uytenbogaardtite

乌耳斯得期☆Ulsterian age
乌{沃;伍}尔夫安全火焰灯☆Wolf (safety) lamp
乌尔夫分选点☆Wolf cut-point; equal errors cut-point
乌尔夫网[极射赤平投影网]☆Wulff net; Wulff's grid
乌尔斯特(统)[北美;D_1]☆Ulsterian (series)
乌菲姆阶[P_2]☆Ufimian
乌{沃尔}夫数☆wolf number
乌钙水硼锶石☆wolkowskite
乌干达☆Uganda
乌干达岩☆ugandite
乌喙骨☆os coracoideum
乌金釉☆mirror black glaze; black glister glaze
乌克兰☆Ukraine; Ruthenian
乌克兰岩☆ukrainite
乌克曼雷诺效应☆Workman-Reynolds effect
乌奎哈石☆urquharite; urquhartite
乌拉蒂斯阶☆Ulatisian (stage)
乌拉尔古杯(属)[Є]☆Uralocyathus
乌拉尔阶[俄;C_3]☆Uralian (stage)
乌拉尔硼钙矿☆uralborite
乌拉尔珊瑚属[C_1]☆Uralinia
乌拉尔山型冰川[吹雪补给的冰川]☆Ural-type glazier{glacier}; drift glacier
乌拉尔(壁锥珊瑚)属[D_2]☆Uralophyllum
乌拉尔叶属[T]☆Uralophyllum
乌拉尔藻属[C_2]☆Uraloporella
乌拉圭☆Uruguay
乌拉世☆Uralian epoch
乌拉梯斯期☆Ulatisian
乌里风☆ouari
乌里格菊石属[头;J_3]☆Uhligites
乌里康(群)[英;AnЄ]☆Uriconian
乌里克叠层石属[Z]☆Uricatalla
乌龙岗油页岩[无脊]☆wallongite; wollong(ong)ite
乌鲁木齐兽(属)[爬]☆Urumchia
乌鲁希腾贝属[腕;C_1-P]☆Urushtenia
乌洛托品[$(CH_2)_6N_4$]☆Uramin; Urotropine; hexamine
乌曼杉(属)☆Uumannia; Ullmannia
乌毛蕨属[植;Q]☆Blechnum
乌煤☆fusain; fusite; mineral charcoal
乌敏素☆ulmin
乌姆贝拉轮藻属[D_3]☆Umbella
乌木☆ebony; coromandel
乌钠铌钛石☆vuonnemite; wuonnemite
乌泥窑☆Wuni ware
乌硼钙石{矿}[$CaB_2O_2(OH)_4$;单斜]☆uralborite
乌恰(木蚌)属[双壳;T]☆Utschamiella
乌鞘蛇☆ophidia
乌散酸☆ursanic acid
乌散烷☆ursane
乌氏牙形石属[O_1]☆Ulrichodina
乌苏里菊石属[头;T_1]☆Ussuria
乌苏里岩☆ussurite
乌苏里中生代地槽☆Ussuri{Wusuli} Mesozoic geosyncline
乌苏烷☆ursane
乌塌菜☆Wuta-tsai; Brassica campestris; chinensis[拉] Makino var; rosularis Tsen et Lee
乌桐石英岩☆Wutung quartzite
乌鸦座☆Corvus; crow
乌釉☆black glaze
乌釉搪瓷☆majolica enamel
乌贼☆cuttlefish; sepia; inkfish; squid
乌贼目☆Decapoda[头]; Sepioidea; Teuthoidea[无脊]
乌贼属[头;T-Q]☆Sepia
乌兹别克斯坦☆Uzbekistan
乌{巧}嘴贝属[腕;S-D]☆Astutorhyncha
邬洛亚环☆ulloa's ring
污斑☆smirch; cloud; contamination spot[电子束]
污层☆dirt bed
污点☆spot; flick; blot; blemish; blur; tarnish; stain; splotch; slur; splodge; speck; smutch; smut; smudge; smear
污风☆exhaust{bad;foul} air
污垢☆dirt; fouling
污垢层[成层冰雪中;德]☆schmutzband
污垢物☆contaminant
污(水)灌(溉)☆sewage irrigation; irrigation with sewage
污灌的农田☆sewage farm
污害☆nuisance
污秽☆contamination; foul; filthy; feculent
污积带☆dirt band
污迹☆stain; blur; smear; smudge; splash
污泥☆(waste) sludge; (foul) mud; mire; sewage sludge[土]; muck; bulking
污泥泵☆sludge pump; sludger
污泥驳运☆barging of sludge
污泥层滤池☆sludge-blanket filter
污泥沉淀率☆sludge precipitation ratio
污泥沉积效应☆effect of sludge deposit
污泥池☆sludge sump{impoundment}; sludge storage tank; sludge-tank
污泥处理装置{设备}☆sludge treatment equipment
污泥堆积☆accumulation of mud
污泥发酵法☆sludge fermentation
污泥废水的处理☆sludge wastewater treatment
污泥分级消化☆stage digestion of sludge
污泥复氧☆reaeration sludge
污泥干化床☆sludge drying bed
污泥高度测定仪☆sludge height meter
污泥好气消化☆aerobic digestion of sludge
污泥回流☆sludge return; return sludge flow
污泥回流指数☆inverse sludge index
污泥活化池☆sludge activation tank
污泥界面仪☆sludge level meter
污泥坑☆slush{sludge} pit; sludge sump
污泥容积指数☆Sludge volume index; SVI
污泥丝状菌膨胀☆sludge filamentation bulking
污泥消化气☆sludge digester gas
污泥淤积量☆sludge storage
污泥增殖指数☆sludge growth index
污泥贮存池☆sludge storage tank
污泥贮留池☆sludge impoundment basin
污气☆foul gas
污染☆contaminate; foul(ing); impurity; pollution; contamination[水、空气]; damage; discoloration; soiling; staining; bottleneck; pollute; vitiation; ordure
污染比☆damage ratio; DR
污染不能起汞齐作用的☆deadened
污染产生源☆pollution-creating source
污染程度☆degree of damage{pollution}
(被)污染的☆contaminative
污染的乳酸液☆contaminated fluid
污染"点"源☆point source of pollution
污染调查☆survey of pollution
污染度测定☆contamination level measurement
污染防治☆prevention and control of pollution; pollution abatement
污染防治条例☆pollution prevention ordinance
污染汞[不能作汞齐的]☆sick{sickened} mercury
污染化藓沼☆polludification bog
污染剂☆pollutant
污染井☆contaminated well
污染控制指数☆pollution control index; pci
污染浓度☆concentration of contamination
污染强度☆polluting strength
污染清除☆depollution
污染区☆disturbed{bottleneck} area; damage zone
污染(的)散布源☆distributed sources of pollution
污染试验☆test for contamination
污染树脂物☆resin poisons
污染水流{道}☆polluted waterway
污染水体☆malenclave
污染为害部分☆pollutional contribution
污染物☆pollutant; contaminant; contaminate
污染物的安全浓度☆safe concentration of pollutant
污染物的铅直梯度☆vertical gradient of pollutant
污染物负荷模式☆pollutant burden pattern
污染液☆contaminating fluid
污染源☆pollution{pollutant;contaminant} source; source of pollution{contamination}; polluter
污染运移的媒介物☆vehicle of contaminant transport
污染者负担{付清理费}原则☆polluter pay's principle; polluter pays principle; PPP
污水☆sewage{waste;drainage} (water); discharge {foul;dirty;befouled;sullage;effluent;residuary;sludge; polluted} water; backwater; sewer; effluent; sludge; sewerage; sullage; slop; polluted waste water; SEW
污水泵☆sink{mud;effluent} pump; dirty water pump
污水槽☆leader
污水池渗排☆cesspool effluent
污水出口☆sewage outlet
污水储池☆effluent holding reservoir
污水处理☆waste water disposal{treatment}; disposal of sewage; sewage disposal{treatment}; wastewater treatment; effluent disposal; WWT
污水处理场☆sewage-farm
污水处理厂☆waste water plant; sewage{effluent} treatment plant
污水道盖板☆limber board
污水干管☆trunk{main} sewer
污水工程☆sewerage
污水管☆sewer (pipe); cesspipe; sanitary{foul-water} sewer; sewage{soil} pipe; S.P.; SEW
污水管道爆炸事故☆explosion accident in sewer
污水罐☆slop tank
污水灌溉☆broad irrigation
(用)污水灌溉[农田]☆sewage farming
污水回注☆produced-water re injection
污水回注驱油(法)☆dump floods
污水井☆hold well
污水井盖☆gully cover
污水净化☆waste-water{sewage} purification
污水坑☆cesspool; sump; slop; cesspit
污水浓度☆strength of sewage
污水排放☆discharge of sewage; sewage discharge
污水曝气☆sewage aeration; aeration of sewage
污水三级净化过程☆A-B-C-process
污水生物☆saprobia; saprobe
污水隧洞{道}☆sewer tunnel
污水系统☆foul sewer system; sewage system
污水泄放管☆relief sewer
污水一次{级}处理☆primary sewage treatment
污水支管☆branch sewer
污损生物☆fouling organism
污物☆dirt; filth; sewage; contamination; sullage; smutch
污油☆sump oil; tank heels; slops
污油泵☆slop pump
污油回收☆effluent oil recovery
污油坑☆sludge pit
污着船底☆foul bottom
污着生物☆fouler
污浊☆turbidity; dirty; muddy; foul; filthy; pollution
污浊的☆vitiated; stagnant
污浊环境☆sweated environment
污渍☆blot
屋板嵌灰泥☆torching
屋椽式支护法☆rafter timbering
屋顶☆roof; roofing
屋顶板岩☆heading stone
屋顶层☆attic floor{storey}
屋顶坡度☆inclination of roof
屋顶嵌灰泥工☆torcher
屋顶倾斜窗☆cripple window
屋顶石板材料☆slating
屋顶石板{瓦}衬板☆slate boarding
屋顶饰物☆crest
屋顶坍陷☆falls of roof
屋顶形☆tectate
屋基石☆foundation stone
屋脊☆rooftree
屋脊石☆saddle stone
屋脊状☆fastigate
屋架支撑☆roof truss bracing
屋角石(块)☆quoin
(在)屋里的☆inside
屋面☆roofing
屋面管套☆boot
屋面坡度☆roof pitch; slope of roof
屋面瓦☆roof(ing) tile
屋面小石板☆lady
屋前空地☆frontage
屋斯屈里风☆Ostria
屋索斯风☆Osos
屋檐☆eaves
屋伊旋风☆oe

wú

无☆no; free of; naught; nought; nothingness; nil; ir-; in-; im-[b,m,p 前]; il-[l 前]; dis-; dif-[f 前]; un-; an-; non-; no-
无鞍(缝合线的)[头]☆asellate
无安排☆randomness
无暗影的☆unshadowed
无凹坑的☆free from pits
无凹椎☆acoelous vertebra

无奥环花岗岩☆pyterite
无把握☆incertitude
无斑的☆stainless；nonporphyritic
无斑点的☆immaculate
无斑点片岩{|纹带}☆non-spotted schist{|zone}
无斑非显晶质安山岩☆aphyric andesite
无斑浅色霏细岩☆felsite；felside
无斑山溪鲵☆Batrachuperus karlschmidti
无斑隐晶质矿☆aphrizite
无板纲☆solenogastres；Aplacophora
无板(纲)类[软]☆Aplacophora
无板链运输道☆chain road
无板期[甲藻]☆avalvate stage
无瓣花类{花群;植物}☆apetalae
无瓣状的☆apetaloid
无包皮炸药☆non {-}sheathed explosive
无包装的☆unpacked
无孢子状态{生殖}☆apospory
无保护的☆unprotected；naked
无保真(性)☆infidelity
无爆(震)燃烧☆nondetonating combustion
无爆炸剖面仪☆non-explosive profiler
无爆炸性尘末☆inexplosive dust
无背板的☆unlagged
无背甲目☆anostraca
无被的[植]☆achlamydate
无被壳的☆unarmored
无被筒炸药☆non sheathed explosive
无绷绳固定的桅杆☆free standing mast
无泵充气式浮选槽☆pneumatic cell without pump body
无泵钻进☆pumpless drilling
无比的☆incomparable；nonparallel
无铋碲铂矿☆chengbolite
无壁腔三缝孢亚类[K_2]☆Acavatitriletes
无鞭类[藻]☆akontae；akontean
无鞭毛类[藻]☆aflagellatae
无边(花)粉组[孢]☆Plicata
无边界裂缝☆unbounded fracture
无边帽☆cap
无边缘☆rimless
无变(度)点☆invariant point
无变度体系{|组合}☆invariant system{|assemblage}
无变量的☆nonvariant
无变量体系☆invariant system
无变速的传动☆first motion
无变形钢☆non(-)shrinking{non-shrinkage} steel
无变形件☆unstrained member
无变形线☆isoperimetric{rhumb} line；loxodrome
无变压器输入☆input transformerless；ITL
无变{反}应性☆anergy
无变阻器启动☆line start
无标号信息块{组}☆unlabel(l)ed block
无冰☆ice nil
无冰核冰碛☆non-ice-cored moraine
无冰期☆ice-free period
无冰碛的☆drift-free
无冰水面☆open water
无柄的☆sessile；impedicellate；apodial
无柄古银杏☆Sphaenobaiera
无柄海百合目☆Roveacrinida
无柄石斧[史前]☆hand ax
无柄锈属[真菌]☆melampsora
无波动序列☆nonoscillating series
无波深度☆depth of no motion
无铂玻璃☆platinum-free glass
无补偿侧☆starved side
无补偿的☆uncompensated
无补给冰川☆dead glacier
无操作☆no-operation；NOP
无槽的☆acolpatus；acolpate
无槽电枢☆smooth-core armature
无侧限(抗)压缩仪☆unrestrained compression apparatus
无侧向应变试验☆zero lateral strain test
无层壳壁☆non-lamellar wall
无层理☆massiveness
无层理的☆unstratified
无差别的☆indiscriminate
无差拍☆dead-beat
无差异关系☆indifference relationship
无产油量☆zero oil production
无产者☆proletarian

无颤(抖)动的☆jitter-free
无颤痕光洁度☆chatter-free finish
无常☆transiency；mutability
无长煌岩☆autosite
无偿出口☆unrequited exports
无偿付能力的☆insolvent
无肠目[腹;E_2-Q]☆Acoel(e)a
无场发射电流☆field-free emission current
无潮海☆tideless sea
无潮上的☆nonsupratidal
无潮体系☆amphidromic system
无潮汐的☆tide-free
无尘的☆dustless；dust free
无尘矿☆non-dusty mine
无尘凿岩☆dustless{dust-free} drilling
无尘状况☆dust-free condition
无尘钻眼☆dustfree drilling
无沉淀带☆precipitate-free-zone
无沉积底☆hard ground
无沉积区☆nondepositional area
无沉积物☆deposit-free
无衬管井孔☆linerless well
无衬管套管外充填☆linerless behind-casing pack
无衬里的☆unlined
无衬砌渠道{运河}☆unlined canal
无衬石膏管型☆skin tight cast；unpadded cast
无衬套的☆unlined
无成果的钻孔☆powder hole
无迟发(的)[爆]☆non-delay
无齿蚌属[双壳;E-Q]☆Anodonta
无齿虫属[孔虫;N-Q]☆Edentostomina
无齿的☆edentate；smooth-mouthed；edentulous
无齿股蛤属[P_2-T_2]☆Waagenoperna
无齿龙属[T_3]☆Henodus
无齿轮传动式破碎机☆gearless crusher
无齿轮式圆锥破碎机☆gearless reduction gyratory
无齿型[动]☆anodont[双壳]；adont；edentate
无齿型铰合构造☆adont hinge structure
无齿翼龙属[K]☆Pteranodon
无尺寸的☆dimensionless
无翅类[节;D-Q]☆apterygota
无翅亚纲☆Apterygota
无翅罩形颗石[钙超;K]☆Aptertapetra
无冲击振动器☆non-impact vibrator
无充填方框支架开采{采矿}法☆unfilled square-set method{system}
无虫室面[苔]☆noncelluliferous face
无出口的☆blind
无出料☆zero discharge
无杵体☆carrot-free
无杵体型射孔器☆non-carrot forming type perforator
无触点的☆non-contacting
无触角的☆abactinal
无氚水☆zero-tritium{tritium-free} water
无穿孔壳[腕]☆imperforated shell
无传导性☆inconductivity
无窗贝(属)[腕;D-P]☆Athyris
无窗贝式[腕]☆athyrisoid{athypoid} type
无窗房屋☆blackout building
无唇螺属[$Є_1$]☆Ancheilotheca
无磁(性)合金☆non-magnetic alloy
无磁扰日☆quiet day
无磁性稳定器☆nonmagnetic stabilizer
无磁性接头☆non-magnetic sub
无磁滞的☆unslugged
无刺胞亚门[腔]☆Acnidaria
无刺的☆anacanthous；inermous；inerm
无刺珊瑚☆Diplochone
无次序☆confusion
无次序的☆out {-}of {-}order；O.O.O.
无错操作☆error-free operation
无大梁结构☆monocoque
无带的[孢]☆azonate
无代表性样品☆nonrepresentative sample
无代价☆no cost；NC
无担保公司债☆naked debenture
无单位的☆dimensionless
无单元法☆element-free method
无单元伽辽金法☆element-free Galerkin method
无挡板的☆unbaffled
无导线缆索☆non-conductor cable
无导向索钻井☆guidelineless drilling
无等高线地图☆planimetric map

无底的☆open end
无底洞[岩溶区]☆abime
无底坩埚☆potette；boot
无底梁棚子☆three-stick timbering
无底片黑白照片☆rotograph
无底深泥潭☆bottomless depths
无地表显示的对流系统☆blind convection system
无地层损害{污染}☆zero formation damage
无地震的☆aseismic；aseismatic
无地震区☆non-seismic region
无点刻的☆impunctate；impunctatus
无电导线☆dead wire
无电导性☆inconductivity
无电的☆electroless
无电电路☆dead circuit
无电花的☆sparkless
无电极放电☆electrodeless discharge
无电缆测井方法☆nonwireline logging method
无电流的☆currentless
无电压线圈装置☆no volt coil assembly
无雕纹的☆psilatus
无吊索取样管☆free(-draining)-fall corer
无调节风流分支☆open split
无顶平台☆stoop
无定负荷☆erratic loading
无定向☆astatization；amorphism
无定向摆☆astatic pendulum
无定向的☆astatic；non-directional；unoriented；omnidirectional
无定向地震触发器☆omni-directional seismic trigger
无定向点震源☆non-directional point source
无定向电流仪☆astatic galvanometer
无定向风☆baffling wind
无定向化☆astatic；astatization；astatine
无定向双短线☆double slash marks
无定向线(重力仪)[勘]☆labilizer fibre
无定向性☆astaticism
无定形☆amorphism；nonfixiform
无定形的☆amorphous；uncrystalline；formless；amph
无定形硅石粉☆amorphous silica dust
无定形蜡{|煤|体|岩}☆amorphous wax{|coal|solid|rock}
无定型石蜡☆protoparaffin
无定形碳☆amorphous{agraphitic} carbon
无定形性☆amorphism
无洞贝(属)[腕;S-C_1]☆Atrypa
无洞贝型☆atrypoid
无洞的☆atrypoid
无毒的☆innoxious；non(-)toxic；innocuous；harmless；non-poisonous；atoxic；innocuity
无毒高分子破胶{稀释;解卡;降黏}剂☆non-tonic polymeric thinner
无毒气延发雷管☆gasless delay detonator
无毒蛇类☆aglypha
无毒无爆炸危险的环境☆safe atmosphere
无堵塞爆破☆unstemmed shot；open hole shooting
无端链给料机☆endless chain feeder
无端绳☆continuous rope
无断层向斜☆unfaulted syncline
无断裂塑性重结晶(作用)☆fractureless reformation
无断绳保险器的☆dagless
无对称单面(晶)组[1 晶组]☆asymmetric pedial class
无对称面干涉图☆zero-symmetry plane figure
无对称(晶)组[1 晶组]☆asymmetric(al) class
无对流生长[晶]☆convection-free grow
无盾龟(属)[K_2-E_3]☆Anosteira
无惰性断路器☆high-speed circuit-breaker
无萼的☆acalycine
无轭铁芯☆unyoked core
无颚动物(亚门)[脊]☆Agnatha
无鲕石灰石☆beer stone
无耳髻蛤属[双壳;T_{2-3}]☆Amonotis
无法比较的东西☆disparate
无法辨认{鉴别}的☆unidentifiable
无法调换的☆irreplaceable
无法估价的☆priceless
无法估量的事物{影响;作用等}☆imponderables
无法解决{答}的☆unsolvable
无法兰的☆non-flanged
无法利用☆unavailability
无法弥补的缺陷☆irremediable defect
无法实现的☆fantastic
无法修复的损坏☆damage beyond repair

无法正确估计的☆imponderable
无反冲分数☆recoilless{recoil-free} fraction
无反风道反风☆inversed ventilation without air-way; non-air way inversed ventilation
无反射☆no reflection (events); NR
无反射段☆reflectorless interval
无反射区☆reflection-free area; wipe-out zone
无反响的☆anechoic
无反应的☆reactionless
无反应性☆nonreactivity; anergy
无方向性天线☆directionless {non-directional} antenna; unipole
无防护的☆unshielded; unprotected; non-protective
无防兽属[E]☆Anoplotheres
无纺织玻璃布☆non-woven glass fabric
无放回抽样☆sampling without replacement
无放射性的☆inactive; dead
无放射源电子俘获检测器☆non-radioactive electron capture detector
无废技术☆non-waste technology; NWT
无分流通风☆coursed ventilation
无分水(岭)的地面☆undivided surface
无分选☆assortment
无分选的☆nonsorted; assorted
无分选多角地☆nonsorted polygon
无分选土阶{条地}☆nonsorted step
无分支通风线路☆branch
无封隔器的单层选择性砾石充填完井☆packerless single selective gravel-packed completion
无锋台线☆non-frontal squall line
无风的☆air less; windless; airless; calm
无缝孢纲☆Aletes
无缝孢属[K-E]☆Divisisporites
无缝单囊系[孢]☆Aletesacciti
无缝的☆seamless; aletus{alete} [孢]; smls
无(焊)缝吊环☆weldless link
无缝钢管☆seamless steel tube{tubing}; seamless pipe; weldless steel tube; SSTU
无缝管☆seamless tube{pipe}; hot rolled pipe; solid drawn tube
无(焊)缝管子☆weldless tube
无缝环圈☆endless
无缝双囊系[孢]☆Disacciatrileti
无缝套管☆seamless casing
无缝填密☆silent packing
无缝组[孢]☆Irrimales
无辐散高度☆non-divergence level
无辐散面☆level of non-divergence
无辐射产生☆radiationless generation
无辐射带{照区域}☆radiation-free zone
无氟金云母☆hydroxyl phlogopite
无浮子式液面控制器☆floatless liquid level controller
无腐蚀的☆free from corrosion
无腐蚀性流体☆inert fluid
无腐水☆corrosion-inhibited water
无腐殖质的☆humusless
无覆盖层糙面花粉粒[孢]☆intectate scabrate grain
无覆盖层网面花粉粒[孢]☆intectate reticulate grain
无覆盖底☆hard bottom
无负荷的☆idle; loose
无负荷曲线☆non-loading curve
无负载运行☆running light
无钙钙霞石☆paracancrinite
无钙铜矿☆arnimite
无盖☆uncover
无盖层地热系统☆open geothermal system
无(囊群)盖的☆exindusiate
无盖货车☆trundle
无盖油箱☆half-box
无干扰(的)☆non-interfering; noiseless
无杆泵☆rodless (bottom-hole) pump
无杆锚☆stockless{patent} anchor
无杆水力钻具☆pipeless hydrodrill
无橄碱煌岩☆fourchite
无橄榄石的☆olivine-free
无橄云碱煌岩☆ouachitite
无橄紫苏辉绿岩☆hyperitite
无(电)感(应)的☆non-inductive
无感(觉)地震☆noninductive{unfelt;insensible} earthquake
无感觉的☆dead
无钢筋的混凝土管☆non-reinforced concrete pipe
无钢筋混凝土☆plain concrete
无割缝套管☆blank casing
无割口盘根☆non-split packing
无格筛锤碎机☆gridless hammer mill
无格式斗轮☆cell-less bucket wheel
无格子磨机☆nongrated mill
无隔板槽贝属[腕;D_1]☆Aseptalium
无隔孢子[植]☆amerospore
无隔担子菌亚纲☆Homobasidiomycetidae
无隔水罩的水底采油树☆wet tree
无隔藻属[黄藻门;Q]☆Vaucheria
无铬磺化木质素☆chrome-free lignosulfonate
无给进磨削☆float grinding
无根等斜褶皱☆rootless isoclinal fold
无根据的☆non-valid
无根喷溢道{火口}☆rootless vent
无根平轴褶曲☆rootless intrafolial fold
无根山☆drong mountain; mountain without roots
无根叶理内褶皱☆rootless intrafolial fold
无工伤的☆injury-free
无工业价值的☆unprofitable; uncommercial
无功部分☆wattless{reactive;reaction} component
无功成分☆idle component
无功的☆idle; wattless
无功电路☆quadrature network
无功分量☆imaginary{reaction;quadrature} component
无功伏安☆volt-ampere reactive; reactive volt-ampere; var
无功功率☆blind{reactive;wattless} power; reactance {reactive} capacity; magner
无功功率表{计}☆varmeter
无功率☆inactivity
无功运输☆deadhead
无公度☆incommensurability
无公害☆nuisance free
无拱铲(吊)斗☆archless bucket
无沟的[孢]☆acolpatus
无沟螺属[腹;T_3-K]☆Ataphrus
无沟渠的☆unsewered
无沟型[孢]☆acolpate
无沟组[蛇类]☆aglypha
无垢井孔☆clean well
无构造的基质☆structureless matrix
无骨的☆askeletal
无骨骼{骸晶;骨架}的☆non-skeletal
无骨海绵☆fleshy sponge
无骨气的(人)☆invertebrate
无股同心钢丝绳☆sealed rope
无故障的☆trouble {-}free; fault-free
无固相☆no solids
无关变量☆irrelevant variable
无关成分☆indifferent component
无关的☆foreign; extraneous; independent
无关节纲☆Class Inarticulata
无关节拱☆arch without articulation
无关紧要☆indifferency; indifference
无关紧要的东西☆inessential
无管孔贝属[腕;P_1]☆Asyrinx
无管帽的☆uncapped
无管石[钙超;Q]☆Anoplosolenia
无管式抽油泵☆tubingless sucker rod pump
无管完井☆tubingless completion
无罐道的提升桶☆swinging bont
无惯性检波☆inertialess detection
无光表面☆matting
无光彩☆dull
无光合作用的☆aphotic
无光面☆matter surface
无光相片☆matt{matte} print
无光岩屑☆nonluminous detritus
无光油漆☆flatting
无光泽☆dull (luster); clouding
无光泽的☆dull; mat; matt; flat; dead; dim; matte
无光泽面☆frosting; mat{frosted} surface
无规化☆randomization
无规立构的☆atactic
无规律的☆irregular; erratic
无规律分布☆haphazard distribution
无规律性☆irregularity
无规喷流☆wild flowing
无规体(干扰)势位☆potential of random masses; disturbing potential
无规网络学说☆random network theory
无规游动扩散☆random-walk diffusion
无{不}规则☆disorder
无规则分布页岩☆stochastic shale
无规则晶体{格}点阵☆random pattern
无规则型[气孔]☆anomocytic type
无规状态☆disorganized form
无硅水☆silica-free water
无轨道陆路交通☆ground communication
无轨道平巷☆back heading{entry}
无轨道运输采区☆trackless mining area
无轨电车☆trackless trolley{tram}; trolleybus; truck; trolley{electric} bus
无轨巷道☆trackless drift
无轨矿井{山}☆trackless mine
无轨行走☆random walk
无轨运货电车☆trackless trolley truck
无轨运输☆flexible transport; trackless haulage {transportation}
无轨运输开采☆trackless mining
无滚子套筒链☆combination chain
无果实的☆acarpous
无害查验☆nondestructive inspection
无害的☆innoxious; harmless; innocuous
无害物质☆innoxious substance
无含气饱和度☆zero gas saturation
无含水层地区☆non-aquifer area
无函菊石目☆Anarcestida
无焊缝的☆weldless
无焊剂{料}的☆solderless
无耗阻☆nonresistance
无核的☆enucleate
无核微生物☆monera; moneron
无核细胞☆cytode; akaryote
无合沟极[孢]☆blank pole
无颌纲☆Agnatha
无河((地)区)的☆aretic; arheic; areic; riverless
无河区☆see "无流区"
无痕的[孢]☆alete; aletus
无痕纲☆Irrimales
无厚壁的☆achlamydate
无弧避雷器☆non-arcing arrester
无护面的☆unlagged
无互换生物[鞭毛藻]☆achiasmatic organism
无花的☆ananthous
无花萼的☆acalycine
无花梗的☆impedicellate
无花果树☆figs
无滑动传动☆no-slip drive
无滑移位错☆sessile dislocation
无化石带☆barren zone
无化石的☆unfossiliferous
无化石的带间岩石☆interzone
无环孢属[J-K_2]☆Uvaesporites
无环带的[孢]☆exannulate
无环单缝孢亚类☆azonomonoletes
无环管虫属[Є-D]☆Scolithus
无环化合物的母链☆acyclic stem-nucleus
无环三缝孢亚类☆azonotriletes
无环无口器(孢粉)亚类☆Azonaletes
无环异戊间二烯化合物☆acyclic isoprenoids
无缓冲泵送☆solid pumping
无缓冲的☆unbuffered
无患子粉属[孢;E_2-Q]☆Sapindaceidites
无患子科☆Sapindaceae
无患子属[K_2-Q]☆Sapindus
无灰(分)的☆ash {-}free; ashless; af; a.f.
无灰分煤☆ash free coal
无灰基☆mineral-matter{ash(-)free;a.f.;mineral-matter-free} basis; dry mineral matter free

无回声室☆anechoic chamber
无喙的☆beakless
无会计科目☆no account; n/a
无活塞跳汰机☆Boum jig washer; air-driven pulsating jig; air-pulsated{Baum;non-plunger} jig
无火花的☆non-arcing
无火花工具☆safety tool
无火花性☆non(-)sparkability
无火险的☆fire-safe
无火焰发爆☆nonflame blasting
无火焰煤☆blind coal
无基底解释☆no-basement interpretation
无机成因论☆inorganic origin theory
无机成因气☆abiogenic{abiogenetic} gas; inorganic genetic gas

无机的☆inorganic；anorganic；abiotic；abiological；mineral
无机分析☆inorganic analysis
无机氟化合物☆inorganic fluorine compound
无机浮聚物质☆abioseston
无机富锌漆☆inorganic zinc rich paint
无机化学☆inorganic chemistry；abiochemistry
无机交换剂☆inorganic exchanger
无机胶凝黏结涂层☆coating by inorganic cementitious bonding
无机界成分☆abiotic component
无机泥酸☆mud acid
无机生成物质☆inorganic formed substance
无机生境☆abiocoen
无机生油理论☆inorganic theory
无机塑料运输管☆flexible{snaking} conveyor
无机酸酯☆inorganic acid ester
无机窝采煤☆non stable mining
无机物☆inorganic matter{substance}；inorganics
无机相☆physiofacies
无机岩☆anorganolith；anorganolite
无机营养生物☆lithotroph
无机增强充填剂☆inorganic reinforcing filler
无机质☆inanimate{dead} matter；inorganic substance
无畸变(的)☆orthoscopic
无畸变的☆undistorted；distortionless
无畸变点☆zero distortion
无畸变线☆zero distortion；line of no-distortion
无畸形☆free from distortion
无羁萜☆friedelin
无羁烷☆friedelane；freedelane
无羁-18-烯☆friedel-18-ene
无极带式抛掷充填机☆endless thrower
无极钢绳矿车运输☆endless-rope car-haul；endless rope haulage
无极加宽辊链驱动装置☆endless triple-width roller chain integral drives
无极价☆homopolar valency
无极链☆loop{endless} chain
无极链式多斗挖掘机☆endless-chain trench excavator
无极链运输坡道☆chain-brow way
无极面☆apolar
无极绳☆continuous{endless} rope；over-rope
无极绳运输斜井☆endless rope incline
无极输送{运输}机☆endless conveyor
无极性☆non-polarity；NP；nonpolarity
无棘鱼目[鱼类]☆anacardiaceae
无级变速☆infinitely variable speed control；stepless change
无级变速的☆positive infinitely variable；PIV
无级变速器☆variator
无级摩擦式传动☆stepless friction transmission
无级调速☆infinite speed variation；stepless speed regulation{variation}
无挤压崩落☆free breakage
无挤压的爆破漏斗张开角☆free angle of breakage
无脊贝属[腕;O_3]☆Anoptambonites
无脊缝亚目[硅藻]☆Araphidincae
无脊椎动物的生长旋回☆invertebrate growth cycle
无脊椎动物遗迹类[遗石]☆Invertebratichnia
无计划的探采☆gophering
无计划勘探☆wildcat
无记录☆no record；N/R
无记学名☆nomen nudum；naked name；nom. nud.
无际的☆boundless
无纪律☆indiscipline
无夹矸煤层☆clean coal
无夹杂沙泥☆free from earth & sand
无夹杂物☆inclusion-free
无加温污泥消化槽☆none heated sludge digestion tank
无甲的☆unarmored
无甲目☆anostraca；Atheca
无甲片式的[沟鞭藻]☆nontabular
无甲亚纲☆Lissamphibia
无钾石膏☆nonpotash gypsum
无价的☆priceless
无价值☆futility；naught
无价值(的事物)☆nothingness
无价值的☆hungry；unproductive；null
无(陆)架国☆shelf-less states
无架线(电机车)开采☆wireless mining
无架凿岩机☆unmounted drill
无肩虫属[三叶;$Є_2$]☆Anomocare
无碱玻璃纤维☆alkali-free glass fiber
无碱的☆alkali free
无间的☆intectate
无间断的运动☆steady motion
无间隙☆zero clearance
无浆干砌☆dry-walling
无礁的☆ahermatypic
无焦点的☆afocal
无胶结(构;物)孔隙(度)☆minus-cement porosity
无搅动结晶器☆non-agitated crystallizer
无铰的[腕]☆ecardinal
无铰纲{类}[腕]☆Inarticulata；Ecardines；Gastrocaulia
无铰(接)拱☆arch without articulation
无铰壳☆inarticulate shell
无铰链接合结构☆hingeless construction
无角的☆nonangular
无角菊石属[头]☆Agoniatites
无角(菊)石型缝合线[头]☆agoniatitic suture
无角犀属[哺;E_3-N_1]☆Aceratherium
无角质层的☆anoderm
无接缝的☆jointless；solid-drawn
无接箍平口(螺纹)接头衬管☆flush joint liner
无接箍套管☆flush casing
无接箍套管或油管端部☆open end
无接头拱☆arch without articulation
无截槽爆破☆burster；tight shot
无节的☆acondylose
无节钢筋☆plain bar
无节幼体☆nauplius
无节幼体中眼[节甲]☆naupliar eye
无节植物☆thallophyta
无节奏的☆rhythmless
无结构的☆anhistous；nonstructural
无结构腐殖地☆collinite；homocollinite
无结构镜质亮煤☆colloclarain
无结构镜质煤☆collain；collite
无结构煤☆amorphous coal
无结构凝胶质☆collinite
无界函数☆unbounded function
无界限的☆undefinable
无介质磨矿☆run-of-mine-milling；autogenous grinding
无筋混凝土☆plain concrete
无襟的☆achoanitic
无进位加☆addition without carry
无尽☆infinite
无尽的☆endless；infinite
无尽小数☆nonterminating decimal
无荆刺颗石[钙超;Q]☆Anacanthoica
无茎的☆acaulescent；acaulose
无茎性☆acaulosia
无经济价值☆non-commercial value
无经济价值的[矿产等]☆noncommercial；unpayable；dead；unpay；non-commercial
无经济价值的矿石☆unpayable ore
无经济意义的☆subeconomic
无经验☆inexperience
无经验的☆green；fresh (water)；inexperience；unskilled
无井壁的☆unlined
无颈出矿口☆chinaman
无颈式☆aneuchoanitic
无静差控制☆astatic control
无竞争的☆uncontested
无拘无束☆abandon
无锯齿的☆adenticulate
无决断力☆indecision
无菌☆asepsis
无菌的☆sterile；bioclean；bacteria-free；abacterial；aseptic；amicrobic
无菌介质[基质]☆aseptic medium
无菌培养☆axenic cultivation
无菌溶液☆sterile solution
无菌箱☆germ-free box
无菌液瓶☆sterule
无开采价值的☆inexploitable；nonpaying；unworkable；unprofitable；subcommercial
无开采价值的井{|油藏}☆non-commercial well{|pool}
无开采价值的矿床☆unworkable deposit
无开采价值的矿石☆submarginal rock
无开采价值的矿脉☆dead{unkindly} lode
无开采价值的贫矿☆barren mine
无开采价值时的水油比☆abandonment water-oil ratio
无开采经济价值的产油量☆abandonment oil production rate
无开口盘根☆non-split packing
无铠装海底电缆☆armourless ocean cable
无壳饰的☆laevigate；psilate
无壳桩☆shell-less pile
无可争议的☆uncontested
无可指责的☆irreproachable
无刻点的☆impunctate；impunctatus
无孔贝☆Atrypa
无孔贝类[腕]☆atremata
无孔单胞孢属[E_3]☆Inapertisporites
无孔的☆imperforate；impunctate；imporous；aporate
无孔的板☆blanking plate
无孔多胞孢属[E_3]☆Multicellaesporites
无孔粉纲[包粉]☆Aporosa
无孔粉属[孢]☆Aporina
无孔截头锥形筒离心机☆bowl centrifuge
无孔壳☆imperforated{ventless} shell
无孔类[腕]☆atremate
无孔颅☆anapsidian skull
无孔目[林檎]☆Aporita；Atremata
无孔式☆anaspid
无孔双胞孢(属)[E_2]☆Dicellaesporites
无孔套管☆blank casing
无孔隙的☆imporous；non(-)porous
无孔(隙)性☆nonporosity；imporosity
无孔亚纲[爬]☆Anaspida
无孔与有孔概念☆hole-no hole concept
无孔质有孔虫类☆Imperforate Foraminifera
无孔转筒沉降离心机☆solid bowl decanter centrifuge
无控制点镶嵌图☆uncontrolled mosaic
无控制井☆well out of control
无空间的☆aspatial
无空气喷砂清理☆airless blast cleaning
无空气气体燃烧法☆nonimpingement method
无空气水☆air free water
无空窝燃烧☆non-raceway burning
无空穴充填☆void free placement
无空穴的砾石充填☆holiday-free gravel pack
无口的☆lipostomous；inaperturate
无口河☆dwindling river
无(出)口湖☆lake without outlet；basinal lake
无口器粉属[孢;K-N]☆Inaperturopollenites
无口器类☆Aletes
无口亚目☆astomata[pl.-tida]
无(丝)扣接箍☆coupling with plain ends
无矿的☆barren；sterile；hungry；dead
无矿地层☆dead ground{bed}；sterile ground；nonproductive formation；barren measures
无矿地区☆barren zone{area}；sterile ground
无矿沸腾☆oreless boil
无矿化地区☆unmineralized district
无矿接触带{脉}☆barren contact
无矿区☆dead area
(在)无矿物区硬岩中掘进的平巷☆metal drift
无矿物溶液☆barren (solution)
无矿物质基☆mineral-matter-free basis
无矿线☆dead line；deadline
无矿岩石蚀变☆barren rock alteration
无亏损的☆undepleted
无亏损品位下限☆breakeven cut-off (ore) grade
无扩散晶格转变☆diffusionless lattice transformation
无扩展疲劳裂缝☆nonpropagating fatigue crack
无拉显晶岩类☆alabradorite
无蜡原油☆wax-free crude
无缆抓斗☆free-fall grab
无肋☆ecostate
无类别的☆unclassified
无棱角砂☆buckshot sand
无棱菊石☆Agoniatites
无离子水☆deionized water
无理函数☆irrational function
无礼的☆scorbutus
无利的☆unpay；unprofitable；unpayable
无利无亏点☆break even point
无立柱空间☆prop-free (working) front
无立柱空间支护开采法☆prop-free-front method
无粒古铜橄榄陨石☆amphoterite
无粒陨石☆achnakaite
无力☆invalidity；impotence；impotency；inability；disability
无(能)力☆anergy

无力量☆powerlessness
无联络的☆disconnected
无联络巷道的房柱式开采法☆single-stall system
无联系的☆bondless；disparate
无联系应力轨迹☆noninterlocking stress trajectory
无链牵引☆chainless haulage
无梁板☆flat slab
无量纲☆zero dimension
无量纲量☆dimensionless quantity
无量纲数☆dimensionless number；nondimensional parameter
无裂缝☆aletus；alete
无裂缝的☆uncracked
无林地☆opening
无鳞片的☆desquamate
无零点(的)☆inferred-zero
无零点的☆zero-free
无零数☆roundness
无领的☆achoanitic
无硫化氢气☆sweetening
无硫基☆sulfur free basis
无硫卤水☆sweet brine
无硫燃料☆sulfur-free fuel
无硫无氮基☆sulfur and nitro free basisgen
无流的☆currentless；arheic；aretic
无流点☆point of no flow
无流动资金的☆illiquid
无流区[无径流和水系]☆ar(h)eism；arheic region
无流区的☆see “无河区的”
无流深度☆depth of no motion
无流体的变质作用☆fluid-absent metamorphism
无漏缝涂层☆holiday-free coatings
(钻井液)无漏失地上返☆full returns
无颅☆acrania
无炉衬的☆unlined
无露头的[矿层]☆blind
无露头煤田☆concealed coalfield
无路面路基☆unsurfaced subgrade
无铝沸石[$(Ca,Na_2,K_2)_{16}Si_{32}O_{80}•24H_2O$]☆mountainite
无铝锌皂石[$Zn_3Si_4O_{10}(OH)_2•4H_2O$?;单斜]☆zincsilite
无轮回剥蚀☆noncyclic denudation
无轮紧绳滑车☆dead eye
无螺纹的☆threadless
无螺纹接箍☆coupling with plain ends
无螺纹栓☆blank bolt
无脉动流(量)☆ripple-free flow
无脉蕨属[D_2]☆Aneuraphyton
无脉叶片{羽叶}☆aphlebia
无芒的☆muticous；muticate
无毛刺☆burr-free
无毛刺的☆carrot-free
无毛的☆glabrous；calvous
无毛管压力☆zero-capillary pressure
无毛细作用面☆zero capillarity level
无煤层☆barren coal-measures
无煤带☆dead ground
无煤的☆coalless
无煤烟煤化☆anthracitization
无煤岩☆goaf
无煤柱开采☆pillarless mining
无镁棕闪石☆noralite
无门车☆doorless car
无门的☆ungated
无门矿车☆solid car
无萌发孔[孢]☆atreme；nonaperturate
无密封阀☆packless valve
无面甲的头盔☆morion
无面值股票☆non-par value stock
无名动物☆agnotozoa
无名骨☆innominatum
无名数系☆nondenominational number system
无模成形☆moldless forming
无磨面的☆unfacetted
无磨损☆in-gage
无摩擦传感器☆friction-free sensor
无目的{标}地☆at random
无钠杆沸石☆calciothomsonite
无囊盖的[植]☆inoperculate
无囊亚目[苔]☆Anasca
无囊组[孢]☆infriata
无内部加固的哈通球形油罐☆plain-type Horton spheriod
无内聚性☆incoherentness
无内胎的☆tubeless
无内胎轮胎☆tubeless tyre
无能(为力)☆inability；disability
无能力☆incompetence；incompetency
无能曲流☆underfit meander
无泥☆free from clay
无泥芯铸造☆coreless casting
无泥质地层☆clean-non-shale{non-shaly} formation
无黏结的预应力筋☆non-bonded tendon
无黏聚力的☆noncohesive；noncoherent
无黏性(物体)的☆invisid
无黏性土的极限加速度☆yield acceleration in cohesionless soil
无黏着力的☆cohesionless
无黏结剂团矿法[煤砖制造]☆binderless briquetting
无黏结力预应力☆prestress without bond
无黏聚力的☆noncohesive；cohesionless；noncoherent
无黏土钻进冲洗液☆clay-free drilling fluid
无黏性的☆incoherent；invisid；noncohesive
无黏性土☆cohesionless{noncohesive;frictional} soil
无黏性液(体)☆non-viscous fluid
无黏滞性☆inviscidity
无捻粗纱成带{|短切|分散}性☆tapability{|choppability| splitting efficiency} of roving
无捻矩变形丝☆non-torque textured filament
无凝胶的☆gel-free
无凝聚力的☆cohesionless
无凝聚性☆incoherence
无扭面☆surface of no distortion
无偶底板[棘]☆basal azygous
无排放缩环☆recirculation without bleed-off
无排水压力☆undrained pressure
无盘根的☆packless
无炮泥爆破☆unstemmed shot
无炮泥的炸药☆unstemmed explosive
无泡冰☆bubble-free ice
无泡沫浮选☆nonfrothing flotation
无配生{繁}殖☆anogamic propagation
无配生殖植物☆apomict
无配子生殖☆apogamy
无喷水装岩☆dry mucking
无硼电气石☆eikoturmaline；eicotourmaline
无硼釉☆boron-free enamel
无碰撞悬浮体☆collision free suspension
无皮的☆decorticated；decorticate
无偏差☆biased free
无偏差的☆agonic
无偏差灵敏点☆flat spot
无偏临界区域☆unbiased critical region
无偏条件☆unbiased conditions；non-bias condition
无偏误差☆unbiassed{unbiased} error
无偏性☆unbiasedness
无偏倚样本☆unbiased sample
无偏重要性抽样☆unbiased importance sampling
无偏转☆zero deflection
无平壁的☆nulliplanomural
无平方因子数☆quadratic free number
无平衡囊亚目[苔]☆Anasca
无平面断层☆planeless fault
无屏蔽的☆unshielded；unbaffled
无坡口对接焊☆square-butt welding；plain butt weld(ing); square butt weld; unchamfered{square-groove} butt welding
无破坏力超声法☆nondestructive ultrasonic method
无破碎带断层(作用)☆clean-cut faulting
无铺板甲板☆exposed{skeleton} deck
无蹼(保径)齿☆non-webbed gage
无歧义解☆unambiguous solution
无脐孔棱角石属☆Agoniatites
无脐型☆anomphalus；anomphalous
无鳍目☆Apodes
无起伏地区☆region of `no-relief (no relief)
无碛区☆driftless area
无砌壁立井☆unlined shaft
无气喷涂☆airless spraying
无气区☆air-free zone
无气时期☆atmosphere-less stage
无气水☆degassed water
无气体的☆gas-free
无气体延期混合炸药☆gasless (delay) composition
无气味的☆inodorous；odorless
无铅的☆lead-free；nonlead；nonleaded
无铅汽油☆clear{unleaded} gasoline
无铅燃料☆unleaded fuel{gasoline;gas}
无铅压电陶瓷☆leadless piezoelectric ceramics
无潜技术☆diverless technique
无潜水员协助的出油管连接(部位)☆diverless flow-line connection
无枪身聚能射孔弹☆body-free shaped charge
无腔目☆Acoelea；Acoela
无腔胚虫☆parenchymula
无羟基石英☆water-free silica glass
无切变面☆nonshearing surface
无切割槽爆破法☆off the solid
无侵蚀带☆belt of no erosion
无轻油的石油☆stripped oil
无氢火焰熔融法☆non-hydrogen flame melting method
无倾伏的☆unplugging
无倾角的☆aclinal；aclinic
无倾线☆aclinic line[磁赤道]；magnetic equator；acline[地理]
无倾斜的☆untilted；aclinic；nonangular
无倾斜构造☆aclinic structure
无氰电镀☆cyanideless electro-plating
无氰浮选☆cyanide-free flotation
无情的☆hard-boiled
无穷[拉]☆eternity；ad infinitum{inf}
无穷(数)☆infinitude
无穷大☆infinity；infinite (great)；infinitely great；inf.
无穷的☆interminable；boundless；transfinite
无穷级数的和☆sum of infinite series
无穷小☆infinitesimal；infinite(ly) small
无穷小的阶[数]☆order of an infinitesimal
无穷小应变理论☆infinitesimal strain theory
无穷远焦点☆infinity focus
无球粒顽辉陨石☆aubrite
无球粒陨石☆achondrite；shergottite
无球磨矿机☆aerofall mill
无区别☆indistinctness；indistinction
无权力☆powerlessness
无缺点管理☆zero defects management
无扰动位移块体☆intact displaced mass
无扰运动☆undisturbed motion
无热的☆heatless；athermal
无热溶液☆athermal solution
无人的☆desert；unmanned
无人浮标☆robot buoy
无人工厂☆unmanned factory
无人工作面开采☆minerless mining
无人管理(泵)站☆unattended station
无人回采☆manless mining
无人驾驶列车☆driverless train
无人看管的☆unattended；unwatched
无人控探测☆unmanned probing
无人岩☆boninite
无人值班发电站☆unattended station
无日期☆sine anno[拉]；no date；not dated；s.a.；ND
无融合生殖植物☆apomict
无容差☆zero allowance
无冗余闭合环路☆nonredundant closed-loop path
无蠕动☆creep-free
无色☆blank；leuc(o)-；leuk(o)-
无色玻璃☆colourless glass
无色的☆colo(u)rless；diaphanous；achromatic；water white；uncolored
无色滴虫属[Q]☆Polytoma
无色刚玉☆leukosaphir；walderite
无色光学玻璃分类法☆optical glass classification
无色石蜡☆water-white paraffin wax
无色透明的金刚石☆crystal
无色吸收紫外线玻璃☆ultraviolet absorbing glass
无砂产量☆sand free production
无砂浆砌砖☆dry-brick (building)
无砂石膏粉刷☆unsanded gypsum plaster
无砂铸造[冶]☆sandless casting
无伤亡事故的☆injury-free
无商业价值☆no commercial value；subcommercial
无商议余地的☆nonnegotiable
无舌亚目[两栖]☆Aglossa
无射珊瑚☆Tabulata；tabulate corals
无伸缩剖面☆plane of no deformation
无声☆silence；stillness；surd
无声的☆soundless；surd；mute；noiseless；silent
无声放电☆effluvium [pl.effluvia]
无声放电处理(法)☆voltolization

无声钢琴☆digitorium
无声链☆inverted tooth chain；silent chain
无声啮合☆silent mesh
无生产力的☆non-productive
无生产能力的井☆nonproducing well
无生存力☆inviability
无生代[An€ 早期或 An€]☆Azoic era；lifeless era；Azoic (age)；the Azoic Era
无生化学☆abiochemistry
无生命的[海底]☆azoic；abiotic；dead
无生命环境☆abiotic surround
无生气{命}的☆exanimate
无生物的☆abiotic；inorganic；azoic；abiological
无生物的全层☆letal pantostrat
无生物界☆inorganic sphere；abion
无生源说☆abiogenesis；abiogeny
无生源说的☆abiogenetic
无失真☆distortionless；undistorted
无石地区☆rock-free terrain
无石灰性棕壤☆non calcic brown soil
无石英斑岩☆quartzfree porphyry
无时效☆non-aging
无时延{延时}雷管[震勘]☆no-lag seismograph cap
无时滞地震勘探专用雷管☆no-lag seismograph cap
无使用价值矿石☆non-treatable ore
无事故☆accident free
无事故的☆non-hazardous
无适应性☆inelasticity
无释二次动差☆unexplained variance
无饰介属[O-D]☆Apar(i)chites
无视☆ (in) spite of
无收缩砂浆☆non-shrink mortar
无受精生殖☆apogamy
无输出变压器(的)☆output-transformerless；OTL
无输入变压器的☆input transformerless
无熟料水泥[建]☆clinker-free cement；cement without clinker
无树波状高地[挪]☆vidda
无树高草地☆campo limpo
无树沼地[美]☆spong
无束缚的☆unbonded
无束缚分子☆unbound molecule
无竖坑外洗平原☆non-pitted outwash plain
无数☆(over) hundreds of thousands of；thousand；millions；thous；lakh；myria-；myri-
无数(的)☆myriad；innumerable；infinite；countless；untold；thousand；thous；numerous
无数据☆no data；n.d.
无刷励磁☆brushless excitation
无衰减波☆non-attenuating{undamped} wave
无霜带☆verdant zone
无霜冻☆free of frost
无霜季(节)☆frost-free season；frostless season
无霜期☆frostless season；frost-proof date；frost-free period
无霜日☆day without frost；day free of frost
无双的☆incomparable
无双晶斜长石☆untwinned plagioclases
无水冰☆dried ice
无水产量☆water free production
无水道外扇沉积体☆outer-fan non-channelized bodies
无水的☆anhydrous；anhydric；nonhydrous；water(-) free；anh；anh.
无水矾石[Al_2O_3•$2SO_3$]☆alumian；natroalunite；alumina
无水分的☆moisture-free
无水硅酸☆silicic acid anhydride
无水钾磷砷酸盐☆para-uranite
无水钾镁矾[$K_2Mg_2(SO_4)_3$;等轴]☆langbeinite
无水钾锰矾[$K_2Mn_2(SO_4)_3$;等轴]☆manganolangbeinite
无水钾盐镁矾[K_2SO_4•$2MgSO_4$]☆langbeinite
无水碱芒硝[为Na_2SO_4和Na_2CO_3的混合物]☆makite
无水井☆barren{dumb;water-free} well
无水冷滑轨金刚砂砖☆non-watercooled skid rail carborundum brick
无水流出的泉口☆nondischarging spring
无水流态燃料反应堆☆non-aqueous fluid fuel reactor
无水芒硝[Na_2SO_4;斜方]☆thenardite；pyrotechnite；verde{sebastian} salt；Sansebastian salt；pyroteknit
无水钠镁矾[$Na_6Mg(SO_4)_4$;单斜]☆vanthoffite
无水炮泥☆waterless taphole mix
无水溶剂冶金(学)☆lyometallurgy
无水时代[生态]☆Anhydrous period
无水石膏☆(gypsum) anhydrite；anhydrous gypsum；terraalba；cube spar；hard-burnt plaster
无水石膏粉饰☆anhydrous plaster
无水试样☆dry-out sample
无水体系☆anhydrous system
无水无灰基分析☆dry ash-free basis analysis
无水无矿物质基分析☆dry mineral-matter-free basis analysis
无水亚黏土草原☆karoo
无水原油☆clean{dry} oil
无水凿井☆dry sinking
无水皂石☆anhydrosaponite
无水质污染☆zero water pollution
无税港口☆free port
无瞬变过程的☆transient-free
无说服力的☆lame
无私☆selflessness
无丝扣的管子☆unthreaded pipe
无塑性☆nonplastic
无酸的☆free from acid；acidless
无酸油☆acid-free oil
无损(伤)测定法☆nondestructive measuring
无损分析☆nondestructive analysis
无损害钻井☆non-damaging drilling
无损耗传播时间☆loss-free propagation time
无损耗的☆loss-free
无损金相探伤{试验}☆nondestructive metallography
无损喷砂☆nonerosive{seed} blasting
无损伤的☆intact
无损失的☆loss-free
无损试验☆nondestructive test{testing}；NDT
无损探伤法☆non-destructive testing
无缩颈变形☆neck-free deformation
无所不知的{者}☆omniscient
无塌{坍}落度混凝土☆no{zero}-slump concrete
无他种规定者☆not otherwise provided for
无塔布围护钻塔☆unboarded derrick
无台肩钻铤用安全卡瓦☆horse collar
无弹力☆inelasticity
无弹性的☆dead；inelastic
无弹性价格☆inelastic price
无碳铝镍钴磁铁☆alcomax
无碳水滑石☆meixnerite
无碳酸钾钙霞石☆acarbodaryne
无陶器时代☆aceramic age
无套层纤维☆nonclad fiber
(软体动物)无套的☆achlamydate
无套管的井☆bare hole
无套管加固(的)井☆open hole well
无套管井孔☆uncovered well
无套管完{成}井☆casingless completion
无套管桩☆uncased pile
无特色带☆nondistinctive zone
无特征的☆featureless；uncharacteristic
无提升机跳汰机☆bucket less jig
无体腔动物☆acoelomata；Acoelomate
无体腔类☆acoelomata
无体锥☆acentrous vertebra
无天车工作平台的井架☆bald-headed derrick
无添加剂的☆nonadditive；E-free
无填料阀☆packless valve
无填料密封☆packless seal
无条件的☆unconditional；unconditioned；unqualified；absolute
无条件支付期望值准则☆unconditional expected payoff criterion
无条理☆incoherence
无条理的☆illogical
无跳动燃烧☆pulsation-free combustion
无萜油☆terpeneless oil
无铁芯的☆air-cored
无铁芯电枢☆coreless armature
无铁陨石☆asiderite；polysiderite
无头钉☆sprig
无头纲☆Acephala；Cephalochordate
无头环形砂带条☆endless sand cloth band
无头类☆acrania；Acephala
无头螺钉☆grub{set} screw
无头亚门[脊索]☆acrania；Cephalochordata
无凸缘的☆unflanged
无凸藻属[O_1]☆Apidium
无突肋纹孢☆Cicatricosis porites
无突起的☆free from relief
无图纸☆no drawing；ND
无土栽培{培养}☆aquaculture；hydroponics；soil(-) less culture
无钍光学玻璃☆thorium-free optical glass
无腿拱形金属临时支架☆steel arched temporary support without legs
无退还抽样☆sampling without replacement
无托叶的[植]☆e(x)stipulate；astipulate
无瓦斯的☆gasless；sweet；nongassy
无瓦斯矿☆naked-flame{non-gaseous;nongassy; non-safety-lamp;open-lamp{-light}} mine；non fiery mine；naked light mine
无瓦斯矿山用机车☆naked-flame loco
无外部电磁场线圈☆fieldless coil
无外壳的☆bare；uncased
无外来固体杂质☆free of foreign solid particle
无外皮的☆anoderm
无外套湾的[双壳]☆integripalliate
无网络法☆meshless method
无微孔的☆imperforate
无危险☆no risk；N.R.
无围限压缩仪☆unconfined compression apparatus
无维参数☆dimensionless parameter
无维管束植物☆cellular plants
无维量单位☆dimensionless unit
无尾次亚纲[两栖]☆salientia
无尾目[两栖]☆anura；anurea
无味的☆flavo(u)rless；tasteless
无位错晶粒☆dislocation-free grain
无位向性☆random orientation
无位移包体☆non-displaced enclave
无位与有位概念☆spot-no spot concept
无温度补偿流量计☆non-temperature compensated meter
无稳定体积水泥☆unsound cement
无涡流☆irrotational flow
无污点的☆virgin
无污泥的☆nonfouling；non-fouling
无污染☆no pollution；NOPOL
无污染的☆free of contamination；pollution free
无污染磨样☆contamination-free grinding
无误差的☆free from error
无矽肺危害矿山☆non-silicosic mine
无锡泥人[工艺]☆Wuxi clay figurines
无锡青铜☆tinless{special} bronze
无系统开采☆gophering
无隙啮合☆tight mesh
无细胞的一面☆noncelluliferous face
无细划道的☆free from fine scratch
无细菌的☆abacterial
无细孔的☆impunctate；impunctatus
无细孔壳☆impunctate shell
无细孔有孔目☆imperforate Foraminifera
无细扣接头☆weld-on type tool joint
无细料混凝土☆non-fines concrete
无瑕疵的☆stainless
无纤维的☆nonfibrous
无咸味的☆fresh
无显示地热系统☆blind geothermal system
无限☆infinity；ad infinitum[拉]；immensity；(ad) inf
无限边界径向流动☆infinite acting radial flow；IARF
无限大(的)☆infinitely great
无限大数目的☆drillion
无限的☆interminable；infinite；endless；boundless；blank；unlimited；untold；transfinite
无限非{无}越流性`无{非承}压含水层☆infinite non-leaky unconfined aquifer
无限各向{|异}同性源☆infinite isotropic {|anisotropic} source
无限公司☆unlimited company
无限界含水层☆infinite aquifer
无限介质☆unbounded{infinite} medium
无限进化☆non-limited evolution
无限空间☆infinite space；inane
无限来源☆non-finite source
无限量物料☆infinite lot
无限螺旋☆perpetual screw
无限平面源☆infinite plane source
无限期关井☆infinite closed-in time
无限弹性薄壳☆unlimited elastic shell
无限条带状含水层☆infinite strip aquifer
无限小应变原理☆infinitesimal strain theory
无限小中性点☆infinitesimal neutral point

无限远的☆afocal
无限越流性承压含水层☆infinite leaky confined aquifer
无限云幂☆unlimited ceiling
无限知识☆omniscience
无限制的☆unconfined；unconditioned；ad libitum
无限制分歧☆unconfined virgation
无限自由面的抵抗线☆free burden
无限作用径向流动☆infinite acting radial flow；IARF
无限(边界)作用流动系统☆infinite-acting system
无线电☆radio；wireless；rad.；radio-
无线电报☆aerogram(me)；radiogram；radio；rad.；wireless telegraphy{telegraph}；radiotelegram
(马可尼式)无线电报☆marconigram
无线电测定(井底)方位法☆radio-direction-finder method
无线电测风☆rabal；radio wind sounding；rawin
无线电测风仪☆radiometeorograph
无线电测量距离☆radiosurveying distance
无线电测向法☆radiogoniometry；radio-direction finder method
无线电传真图片☆photoradiogram
无线电导航信号区☆quadrant
无线电定位台☆radio-positioning station
无线电定向法[确定钻孔偏斜方向]☆radio-direction-finder method
无线电定向计☆radiogoniograph
无线电发话机☆radiophone
无线电浮航标☆radiobeacon buoy
无线电干涉测量☆radio interferometry
无线电高空测风仪☆rawin sonde；rawinsonde
无线电鬼波{蜃景}☆radio mirage
无线电话☆radio (telephone)；radiotelephone；RT
无线电回波探测☆radio echo sounding
无线电机车信号☆radio locomotive signal
无线电接收机故障探寻仪{检查器}☆chanalyst
无线电空中导航及防撞系统☆Lanac；laminar air navigation and anticollision system
无线电控制的泵站☆radio-controlled pump station
无线电领航信号☆radio beam
无线电声测位☆radioacoustic position finding
无线电室☆wireless room
无线电台☆radio (station)；shoran site；radio-apparatus
无线电探空测风观测☆rawinsonde observation
无线电探向器法☆radio-direction finder method
无线电-微波遥测系统☆radio-microwave telemetering system
无线电穴☆radio hole
无线电遥测地震(数据)采集☆radio telemetry seismic data acquisition
无线电员☆radio operator；rad.
无线电侦察与测距☆radar；radio detection and ranging；radio detecting and ranging
无线遥控☆remotecontrol
无相关☆zero correlation
无项目☆without-project
无像差☆aberration-free
无向的☆unoriented
无向地性的☆apogeotropic
无向量场☆scalar field
无向量位☆scalar potential
无向性☆scalar property
无向性点☆isotropic point
无向压力☆directionless pressure
无向直线☆undirected line
无效☆invalid(ity)；inefficiency；impotence；illegal；impotency；avoidance；futility；frustration；void；no avail；unavailability；idling；nullity；nullification
无效(性)☆ineffectiveness
无效爆破☆seam out；spent shot
无效代码☆invalid code
无效道☆non valid trace
无效的☆invalid；idle；futile；dummy；inefficient；void；inert；contravalid；not available；null (and void)；non-valid{-operative;-available}；N/A
无效电流☆idle current
无效功☆lost work
无效功率☆reactive power；magner
无效解☆trivial solution；solution trivial
无效进尺☆footage unpayable
无效井☆inefficient well
无效零位压缩☆zero compression
无效率☆inefficiency
无效能☆unavailable energy；anergy
无效炮孔☆blown-out hole
无效炮眼☆spent shot；blown-out hole
(弹簧的)无效圈☆end coil
无效射性的[不旋光的、非放射性的]☆inactive
无效特性☆frustrating behavior
无效线匝☆dead turns
无效行程☆backlash
无效养分☆unavailable nutrients (in soil)
无泄漏的☆leak-free
无泄漏(水力坡)降线☆no leak gradient
无泄水区☆endorheic drainage
无懈可击☆hold water
无屑加工☆chipless machining{working}；strapless process
无心磨床☆centerless grinder
无心磨损☆obsolescence
无心砂带抛光机☆centreless belt grinder
无信号☆no{zero} signal
无信号的☆dead
无信号帘栅流☆zero signal screen current
无信号区☆hole；blind area；dead space；zero-signal zone
无信息☆null information
无形变的☆strainless
无形出口☆invisible exports
无形的☆intangible；aerial
无形权利☆incorporeal rights
无形损失☆non-physical loss
无形体☆incorporeity
无性孢子☆conidiospore；asexual spore
无性别特征☆unisexuality
无性的☆vegetative；asexual；neuter
无性期☆imperfect phase{stage}
无性生殖☆asexual propagation{reproduction}；monogenesis
无性系[生]☆clon；clone
无性杂种☆vegetative hybrid
无性种☆agamospecies；stock
无需酸化或射孔的产油井☆natural
无序☆disorder；chaos；disarrangement
无序层☆disordered layer；nonsequential bed
无序度☆degree of disorder
无序多型☆disordered polytype
无序化☆disordering
无序化速率☆disordering rate
无序(化)能☆energy of disorder
无序破裂☆indeterminate cleavage
无序线☆disordus
无序相[长石]☆chaos-phase
无序叶的[植]☆anomophyllous
无旋的☆irrotational；non-vortex
无旋流☆irrotational{potential} flow；stream line motion；streamline motion
无旋涡水流☆vortex-free discharge
无旋向量场☆irrotational{lamellar} vector field
无旋转☆rotation-free
无旋转流☆irrotational flow
无选择的☆indiscriminate
无穴贝类{目}[腕]☆Atremata
无压带[巷道硐室周围的破碎带]☆Trompeter zone
无压地层☆stress-relieved ground
无压含水层☆unconfined{phreatic} aquifer
无压释放保持装置☆no-volt release
无压线圈电路☆no volt coil circuit
无压载☆unballast
无芽的☆ablastous
无烟爆破药包用加热混合物☆heater mixing
无烟的☆smokeless；smkls
无烟火焰☆sootless flame
无烟火焰高度☆smoke point
无烟火药☆smokeless{flameless} powder；ballistite；flameless explosive
无烟煤☆tscherwinskite；kilkenny{glance;malting;anthracitic;black;smokeless;stone;anthracite} coal；hard coal[美]；kohlenblende[德]；kirwanite；dull hard coal；houillite；hards；anthrac(ol)ite；culm
无烟煤的☆anthracitous；anthracitic；smokeless
无烟煤的一种粒级[米级和大麦级混合物]☆birdeye
无烟煤粉☆anthracite culm；duff
无烟煤化(作用)☆anthracitization
无烟煤级腐殖煤[腐殖煤系列最高煤化阶段]☆humanthracite
无烟煤介质过滤器☆anthrafilt filter
无烟煤矿☆anthracite mine
无烟煤砾☆culm
无烟煤田☆pelletized anthracite
无烟燃料☆smokeless fuel；coalite
无烟味的☆sweet
无烟线状火药☆cordite
无烟延发炸药☆gasless delay composition
无烟炸药☆axite；ballistite；smokeless powder；cordite
无盐的☆nonsaline
无岩核冰碛丘☆till-shadow hill
无岩浆热源的水热系统☆amagmatic hydrothermal system
无岩芯回次☆blank run
无岩芯钻头钻井☆plugging
(用)无岩芯钻头钻凿的(炮孔)☆plugged
无颜料的☆unpigmented
无掩蔽的☆unsheltered
无掩护港口{的港}☆open harbour
无眼法兰☆blind flange
无眼套管☆blank casing
无焰光源☆non-incendive light
无焰燃烧☆flameless combustion；smoulder；covered or shielded fire
无焰燃烧火嘴☆non-flame combustion nozzle
无焰炭☆blind coal
无焰延燃时间☆flameless combustion time
无(火)焰原子吸收法☆flameless atomic absorption
无焰炸药☆nonexplosive agent
无羊膜的☆anamniote
无羊膜动物[低等脊椎动物,如圆口类、鱼类、两栖类]☆anamnia
无羊膜类☆Anamnia
无阳光影响的☆aphotic
无氧操作☆oxygen free operation
无氧化加热☆scale-free heating
无氧气层☆oxygen-free gas blanket
无氧气体☆stifle
无氧燃烧☆anoxycausis
无氧水☆anaerobic{oxygen-free} water
无样计数☆sample-out count
无样品☆n.s.；no sample
无药焊条☆bare electrode
无药卷炸药☆bulk explosives
无药雷管☆blank cap
无叶☆aphylly
无叶的☆afoliate；aphyllous
无叶理岩☆nonfoliated rock
无叶片的☆elaminate
无叶片汽轮发电机组☆bladeless turbogenerator
无叶舌☆Eligulata
无叶舌的☆eligulate
无液体的☆holosteric
无一定方向的☆amorphous
无意的☆casual；unintentional
无意流出☆blunder
无意识的☆unintended
无意污染☆unintentional pollution
无意义的☆inconsequential；straw；nonsignificant；meaningless
无意中☆inadvertently
无益☆inutility；futility；futile
无翼的☆apterous
无翼鸟目☆Apterygiformes
无翼鸟属[Q]☆Apteryx
无因次☆dimensionless；zero dimension
(酸的)无因次表面反应速率☆dimensionless surface reaction rate
无因次的☆dimensionless；non(-)dimensional
无因次赫诺曲线拟合分析(法)☆dimensionless Horner match
无因次孔隙体积☆dimensionless pore volume
无因次值☆dimensionless quantity
无音调的声音☆unpitched sound
无音信☆silence
无阴影区☆unshadowed area
无隐蔽的☆naked
无英斑岩☆quartz-free porphyry
无盈亏☆break-even
无影点☆no-shadow paint
无影响沉积☆unhindered settling
无应变层位☆level of no strain
无应变核☆strain-free nucleus

W

无应变面☆surface of no strain；neutral surface
无应力☆unstressing；unstressed
无应力计☆non-stress metre
无应力件☆unstrained member
无应力区☆stressless zone
无涌[涌浪 0 级]☆no swell
无用☆out of use；not{no} good；oou；NG
无用的☆refuse；barren；unwanted；unserviceable；nonutility；nullity；needless
无用功☆idle work
无用汇票☆non-value bill
无用燃料☆unuseable fuel
无用绳圈☆dead turn
无用输入,无用输出☆garbage-in,garbage-out；GIGO
无用数据{信息}☆junk；hash；garbage；gibberish
无用数据总和☆hash total
无用信号☆garbage{unwanted} signal；junk
无用学名☆unavailable name
无优先服务☆nonpreemptive service
无油伴生天然气☆nonassociated nature gas
无油管泵☆casing pump
无油管完井☆tubingless completion
无油品蒸气的储罐☆gas freed tank
无油气的井{|圈闭}☆barren well{|trap}
无油砂层☆dry sand
无油砂岩组☆Basse Oil-Measures
无油石蜡☆paraffin sweated wax
无油岩层☆barren rock
无油液体☆oil-free fluid
无油轴承☆oil-less bearing
无油嘴出油☆open flow
无游梁抽油设备☆(blue) elephant
无雨干旱带☆rain shadow
无羽笔石(属)[$Є_2$-C_1]☆Callograptus
无预期结果的☆dry
无圆木支护的☆timberless
无源大地测量卫星☆pageous
无源的☆passive；resistive
无源分析术☆passive technique
无源探测定位装置☆passive detection and ranging
无源微波遥测☆passive microwave remote sensing
无源稳定系统☆passive stabilizing system
无源信号分配装置☆passive signal-distribution unit
无源性☆passivity
无源-有源探测定位(系统)☆passive/active detection and location；PADLOC
无源中子法☆passive neutron method
无源座舱安全带☆passive seat belt
无远见☆improvidence
无约束的☆unconditioned；unconfined；unconstrained
无约束`解{|优化}☆unconstrained solution{|optimization}
无约束流☆unconfined stream
无云覆盖☆cloud-free coverage
无运动面☆level of no motion
(加工中)无运动时间☆dwell
无杂质☆inclusion-free
无杂质的☆neat；uncontaminated；clear
无载☆idling；no-load
无载(流子的)☆carrier-free
无载荷☆off-load
无载荷的☆uncharged
无载试验☆zero-load test
无载体示踪原子☆carrier-free tracer
无载质量☆empty weight
无噪声☆noise-free
无噪声道☆noiseless channel
无噪音采石法☆noiseless quarrying method
无噪音的☆noiseless；sound proof
无噪音凿岩机☆silenced drifter
无增长经济☆nilgrowth economy
无渣的☆sludgeless
无张力分析☆nontension analysis
无照导电性☆dark-conductivity
无照电流☆dark current
无遮蔽的☆unsheltered
无遮挡的☆unscreened
无遮挡井架☆unboarded derrick
无遮(盖(的))火焰☆open flame；naked flame
无遮喷矿法☆free-sand blasting
无褶壁单孔粉属[孢]☆Monoporina
无褶三孔粉属[孢;E_2]☆Triporina
无疹壳[腕]☆impunctate (shell)；unpunctate shell
无振动冷工作压力☆non-shock cold working pressure
无震侧向洋脊☆aseismic lateral ridge
无震区☆nonseismic{aseismic} region；aseismic district
无震形变率☆aseismic deformation rate
无震源地震勘探☆sourceless seismic exploration
无震运动☆earthquake-free{aseismic} movement
无争执的☆uncontested
无正流霞岩☆orthoclase-free foyaite
无政府状态☆anarchy
无枝的☆branchless
无支撑边☆free edge
无支撑叠合梁☆unshared composite beam
无支撑剂的☆unpropped
无支撑面积原理☆unsupported-area principle
无支撑{|承}切割☆free cutting
无支护{|承}的☆unsupported；timberless
无支护顶板跨度☆unsupported back span
无支护倾斜分层充填开采法☆untimbered rill method
无支护倾斜分层工作面☆untimbered rill
无支架☆unlined
无支架{柱}倒 V 形(上向)梯段采矿{回采}(法)☆untimbered rill system{stoping}
无支架吊装法☆erection with cableway
无支架倾斜层开采法☆untimbered rill method
无支宽度☆unsupported width
无支链烃☆unbranched-chain hydrocarbon
无支柱工作面采矿☆prop-free-front method of working
无知☆innocence；ignorance；nescience
无知因数☆factor of ignorance
无肢目[鱼类]☆Apodes
无职业的☆jobless
无植被的☆unvegetated
无植代{宙}☆Aphytic
无植生系☆aphytal system
(湖底)无植物带☆aphytal zone
无植物的☆aphytal
无止境的☆never-ending
无纸套炮泥☆paperless tamping
无纸张办公室☆paperless office
无制动爪支架☆dogless spider
无秩序☆ataxia；anarchy
无滞后☆no-lag
无中脉[生]☆ecostate
无中心的☆centerless；acentric
无中心管的筛管☆pipeless screen
无中柱式☆astely
无终止的☆open end
无种子的[植]☆aspermous
无重叠组☆nonoverlapping group
无重力分异的储层☆nonsegregated reservoir
无重力区☆agravic
无重量☆imponderability
无周期(的)☆non-periodic
无周期摆☆deadbeat pendulum
无周期性☆aperiodicity
无轴承滚筒☆rolamite
无轴管海绵骨结☆acrepid
无轴双面☆anaxial{reflection} dihedron
无轴亚目[笔]☆Axonolipa
无主根[植]☆arhizal
无主基的☆ecardinal
无柱底基☆stereobate
无柱海绵属[O-S]☆Astylospongia
无柱式的☆astylar
无转差动器☆no-spin-differentials
无桩平台☆pileless platform
无锥度螺纹☆straight thread
无追索权☆non-recourse
无准备的☆off-hand
无浊度水☆turbidity free water
无资格☆disability
无资料☆no data；non-available；NA；n .d.
无资源☆powerlessness
无滋养湖☆dystrophic lake
无子叶的[植]☆acotyledonous
无子叶植物☆acotyledon
无自由面爆破☆shooting in the solid；solid shooting；grunching
无足迹亚纲{遗迹类}[遗石]☆Apodichnacea
无足类☆Coecilian；Apodes
无足目[两栖,如裸蛇类,蚓螈类]☆Apoda
无足轻重的☆nonsignificant
无阻碍(重力)排料☆unhindered (gravity) discharge
无阻沉降☆permissive subsidence
无阻挡的☆obstruction free
无阻的☆expedite；unconditioned；unhindered
无阻井喷☆blowing in wild
无阻抗发生器☆impedanceless generator
无阻力☆nonresistance
无阻力{节制}摆☆undamped pendulum
无阻力的☆undamped
无阻流量☆open-flow capacity；open flow potential
无阻流量试井☆deliverability test；open {-}flow potential test；OFPT
无阻尼摆☆undamped pendulum
无阻尼波☆undamped{sustained} wave
无阻尼谐振荡器☆undamped harmonic oscillator
无阻尼振动{荡}☆undamped oscillation
无阻排料☆unhindered discharge
无阻塞给料☆nonclog feeding
无阻滞的☆fluent
无钻井资料井☆tight well
无罪推定☆presumption of innocence
无作用符号☆ignore
芜菁状的[根茎]☆napiform
梧桐属[E-Q]☆Firmiana
吴尔夫判据[晶形发育的]☆Wulff criterion
吴尔夫网☆Wulff{angle-true} net；Wulff's grid
吴氏反射测角仪☆Wollaston's reflecting goniometer
吴氏网☆Wulff{angle-true;Wulffenite} net；net of Wulff；Wulff's sterographic net
蜈蚣形矿丘☆seif dune
蜈蚣藻属[红藻]☆Grateloupia
毋庸置疑地☆undoubtedly

wǔ

武定虫属[三叶;$Є_1$]☆Wutingaspis
武定鱼(属)[D_1]☆Wudinolepis
武都鲢属[孔虫;P_1]☆Wutuella
武尔卡诺[火山]☆vulcano
武尔卡诺型喷发[火山]☆Vulcanian type eruption
武力☆force；sword
武木冰期[欧;Qp]☆Wurm `glaciations{glacial stage}
武器☆enginery；armament；weapon
武器`设计制造学{系统}☆weaponry
武仙(星)座☆Hercules
武靴叶{藤}☆Gymnema sylvestre
武装☆armament；weapon
武装的☆armed
武装直升机[美]☆gunship
五☆pentad；quinqu(e)-；pent-；penta-；quin-
(成)五倍☆quintupling；quintuplication
五倍的☆quintuplicate；quintuple
五倍的数(量等)☆quintuplicate
五倍器☆quintupler
五倍酰葡萄糖[$C_{41}H_{32}O_{26}$]☆pentagallyl glucose
五倍子☆gall (nut)；nutgall
五倍子酸☆gallic acid
五倍子酸钠☆Palconate
五崩☆the five types of leucorrhagia
五边形的☆pentagonal
五边藻属[甲藻;E_3]☆Pentagonum；Pentadinium
五冰硼石☆pentahydroborite
五彩☆polychrome；multicoloured；the five colours [blue,yellow,red,white and black]
五彩缤纷的☆rainbow
五彩石☆Variegation
五彩水晶石☆Multi-Crystal
五重的☆quintuple；quintuplicate
五重态☆quintet state
五重线☆quintete；quintet；quintette
五次☆quintic
五次配位☆fivefold coordination
五次趋势面☆quintic trend surface
五次轴☆pentad axis
五带石龙子☆bluetailed skink (lizard)
五岛鲸属[Q]☆Phocaena
五的☆quinary
五(次)的☆quintuple
五点[俚;骰子戏]☆Phoebe
五点布井网的盲区☆inert area
五点布置的支柱☆quincunx
五点井网☆five-point scheme；five spot pattern；

five-spot network{pattern}
五点井网流动公式☆five-spot flow formula
五点井网中相邻的两个单元井☆double five-spot
五点形☆quincuncial; quincunx
五点钻进试验☆five-spot drilling test
五项角石属[头;O_1]☆Wutinoceras
五项山虫属[三叶;$Є_3$]☆Wutingshania
五对角(矩)阵☆pentadiagonal matrix
五房贝(属)[腕;S]☆Pentamerus; Pentamerdi
五房贝类☆Pentameracea
五房贝目☆Pentameridina
五分裂的☆quinquefid
五分之一对座(的)☆quintile
五佛山群☆Wufoshan group
五跗节的[昆]☆pentamerous
五跗节头☆Pentamera
五辐的[棘]☆quinqueradiate; pentamerous
五辐性☆pentamerism
五氟化物☆pentafluoride
五氟化溴☆bromine pentafluorine
五隔间立井☆five-compartment shaft
五隔珊瑚☆Pentaphyllum
五箇{个}石[$(Mg,Fe)_2(Si_2O_6)$]☆gokaite
(由)五个部分组成的☆pentamerous
五个一套(的)☆quintuple; quintuplet; quinary; pentad
五号荞麦级煤[圆筛孔径<3/64in.,美无烟煤粒度规格]☆buckwheat No.5
五核的☆pentanuclear
五核环☆pentacyclic ring
五湖虫属[三叶;$Є_3$]☆Wuhuia
五花土☆tesselated soil
五滑轮天车[一滑轮居中,余者绕四周]☆scatter sheave crow
五环的☆pentacyclic; pentanuclear
五环三萜类化合物☆pentacyclic triterpenoid
五环辛烷☆cubane
五基数的[植]☆pentamerous
五极的☆pentode
五级风☆fresh breeze
五脊齿象☆Pentalophodon
五加粉属[孢;E_2]☆Araliaceoipollenites
五加科[植]☆Araliaceae
五加属[植]☆Acanthopanax
五甲撑硫[$CH_2(CH_2)_4S$]☆cyclopentane sulfide
五价的☆pentavalent; quinquivalent; quinquevalent
(含)五价氯的☆chloric
五价砷的☆arsenical
五价元素☆pentad
五件一套☆quintette; quintete; quint
五焦棓酚碳酰葡萄糖[$C_{41}H_{32}O_{26}$]☆pentapyrogallol carbonyl glucose
五角半面象(晶)组[*m*3 晶组]☆pentagonal hemihedral class
五角棒石[钙超;E_3]☆puinquerhabdus
五角的☆pentamerous; quinqueradiate
五角二十四面体类☆gyroidal class
五角粉属[孢;K_2-Q]☆Pentapollenites
五角海百合期☆pentacrinoid stage
五角海百合属[棘;P-K_1]☆Pentacrinus
五角海蕾(属)[棘;D]☆Pentremites
五角龙属[K_2]☆Pentaceratops
五角锚牙形石属[D_3]☆Ancyropenta
五角三八面体(晶)组[432 晶组]☆gyroidal{gyrohedral} class; pentagonal icositetrahedral class
五角三四面体(晶)组[23 晶组]☆tetrahedral-pentagonal-dodecahedral{tetartoidal} class
五角石[$Ca,(VO)Si_4O_{10}•4H_2O$;斜方]☆pentagonite
五角十二面体形半面象(晶)组[*m*3 晶组]☆pyritohedral hemihedral class
五角双锥配位☆pentagonal bipyramidal coordination
五角四面体晶组☆tetartoidal class
五角星(形)☆pentagram
五角形☆pentagon
五角形的☆pentagonal
五节☆Pentamera
五节类[似节]☆Pentastomida
五金☆hardware
五进制数字☆quinary digit
五晶☆fiveling
五聚物☆pentamer
五玦虫☆Quinqueloculina
五玦虫属[孔虫;C-Q]☆Quinqueloculina
五玦式☆quinqueloculine; quinqueloculinoid
五孔药粒☆five perforated grain
五口纲☆Pentastomida
五棱(齿)象属[N_2-Q]☆Pentalophodon
五棱镜☆pentaprism
五棱兽(属)[E_1]☆Pantolambda
五连晶☆fivefold twin; fiveling; quintet
五敛(子)属[植]☆Averrhoa
五磷酸钕晶体☆neodymium pentaphosphate crystal
五硫化二磷[P_2S_5]☆thiophosphoric anhydride
五硫砷矿☆usonite
五氯酚-石油溶液☆pentachlorophenol-petroleum solution
五氯硝基苯☆tritisan
五轮列的☆pentacyclic
五脉的☆quinquecostate
五美元钞票☆fin
五面体☆pentahedron [pl.-ra]
五年☆lustrum; pentad
五茄科☆Araliaceae
五人一组☆quintet(t)e; quintuplet
五栅管变频器☆pentagrid converter
五射骨针[绵]☆pentactin; pentacts
五射茎环组[海百]☆Pentameri
五升藿烷☆pentakishomohopane
五十(碳)烷[$C_{50}H_{102}$]☆penta-contane
五十一烷☆henpentacontane
五室型(的)☆quinqueloculine
五双棓酰葡萄糖[$C_{76}H_{52}O_{46}$]☆penta-digalloyl-glucose
五水方解石[$CaCO_3•5H_2O$]☆pentahydrocalcite; hydroconite; hydrokonite
五水合物☆pentahydrate
五水镁钠矾☆konyaite
五水锰矾[$MnSO_4•5H_2O$;三斜]☆jokokulite; manganese chalcanthite; mangan(o)chalcanthite
五水硼镁矿[$2MgO•4B_2O_3•5H_2O$]☆halurgite
五水硼砂☆borax pentahydrate
五水碳钙石[$CaCO_3•5H_2O$]☆pentahydrocalcite
五水碳镁石[$MgCO_3•5H_2O$;单斜]☆lansfordite
五水铜矾☆chalcanthite; kupferchalcanthit; chalcanthil; cyanos(it)e; chalcanthum
五水泻盐[$MgSO_4•5H_2O$;三斜]☆pentahydrite; allenite; magnesium chalcanthite
五(元)羧酸苯☆benzenepentacarboxylic acid
五台古地块☆Wutai massif
五通换向阀☆five port connection value
五维空间☆quintuple space
五烯☆pentaene
五相系统☆five-phase system
五小叶的☆quinquefoliolate
五亚甲基硫[$CH_2(CH_2)_4S$]☆cyclopentane sulfide
五颜六色的☆varicoloured; varicolored
五氧化碘☆iodine pentoxide
五氧化二氮☆nitric anhydride; nitrogen pentoxide
五氧化物☆pentoxide
五氧基☆pentoxy-
五英尺测深杆☆knowledge stick
五元素建造矿床[镍-钴-银-铋-铀]☆ore deposit of penta-element{Ni-Co-Ag-Bi-U} formation
五元体系☆quinary system
五月☆natural-color
五月花[石]☆Rosa Egeo
五趾跳鼠属[Q]☆five-toed jerboa; Allactaga
五趾型☆pentadactyl
五中脉的☆quinquecostate
五轴台☆five-axis stage
五柱木(属)[J]☆Pentoxylon
五柱木类☆Pentoxyleae
午城黄土[中]☆Wuchen loess
午饭盒[管道工用]☆bait box
午后☆p.m.; post meridiem
午后(工作)班☆back shift
午前☆a.m.; ante meridiem[拉]; forenoon
午前结算☆morning clearing
午夜☆midnight
午夜玫瑰[石]☆Midnight Roses
伍德-安德森扭力水平向地震仪☆Wood-Anderson torsion horizontal seismograph
伍德柏里式跳汰机☆Woodbury jig
伍德宾(阶)[北美;K_2]☆Woodbinian (stage)
伍德合金☆Wood's{wood} metal
伍德-纽曼地震烈度表☆Wood-Neumann intensity scale
伍登位级标准☆Udden grade scale
伍登-温德华粒级标准☆Udden-Went-worth{Udden-Wentworth} grade scale
伍登岩☆woodendite
伍塔兽☆Uintatherium
伍兹霍尔快速沉速分析仪☆Woods Hole rapid sediment analyzer
伍兹沥青☆wurtzilite
侮辱☆insult; scorn

wù

坞底☆dock floor
坞槛☆dock sill
坞龙骨☆docking{grounding} keel
芴☆fluorene
芴石[$C_{13}H_{10}$;斜方]☆kratochvil(l)ite; kratochwilite
兀龙(属)[T]☆Gyposaurus
戊☆pent-; penta-
戊氨酸☆norvaline
戊胺[$C_5H_{11}NH_2$]☆amylamine
戊(基)苯基聚氧乙烯醚醇 [$C_5H_{11}C_6H_4(OCH_2CH_2)_nOH$]☆amylphenyl-polyoxyethylene ether alcohol
戊苄基聚氧乙烯醚醇[$C_5H_{11}C_6H_4CH_2(OCH_2CH_2)_nOH$]☆amylbenzyl-polyoxyethylene ether alcohol
戊撑[$-CH_2(CH_2)_3CH_2-$]☆pentamethylene
戊醇[$C_5H_{11}OH$]☆amyl{pentyl} alcohol
戊醇胺[$C_5H_{11}(OH)NH_2$]☆pentanol amine
戊二胺[$H_2N(CH_2)_5•NH_2$]☆pentamethylene diamine
戊二醛☆glutaraldehyde
戊二醛基杀(生物)剂☆glutaraldehyde-based biocide
戊二酸[$CH_2(CH_2COOH)_2$]☆glutaric acid
戊二酸烷基酯☆glutaric acid alky ester
戊二烯☆pentadiene
1,3-戊二烯☆piperylene; 1,3-pentadiene
戊二烯-(1,3)[$CH_3CH:CHCH:CH_2$]☆pentadiene-1,3
戊二烯酸☆pentadienoic acid
戊黄酸钾[$C_5H_{11}OCSSK$]☆potassium amyl xanthate
戊(基)黄(原)酸钾[$C_5H_{11}OCSSK$]☆pentasol xanthate
戊黄药[$C_5H_{11}OCSSM$]☆amylxanthate
戊(基钠)黄药☆AC350
戊基☆pentyl; amyl
戊基苯酚[$C_5H_{11}C_6H4OH$]☆amyl phenol
戊基苯基甲酮[$C_5H_{11}COC_6H_5$]☆amyl phenyl ketone
戊基苄基十二(烷)基二甲基氯化铵[$(C_5H_{11}C_6H_4CH_2-)(C_{12}H_{25}-)(CH_3)_2N^+,Cl^-$]☆amyl-benzyl-dodecyl- dimethyl-ammonium chloride
戊基二甲苯聚氧乙烯醚醇[$C_5H_{11}C_6H_2(CH_3)_2(OCH_2CH_2)_nOH$]☆amylxylyl-polyoxyethylene-ether-alcohol
戊基二甲基胺[$C_5H_{11}N(CH_3)_2$]☆amyldimethylamine
戊基庚二酸盐{|酯}[$C_5H_{11}OOC(CH_2)_5COOM${|R}]☆amyl pimelate
戊基琥珀酸盐{|酯}[$C_5H_{11}OOC(CH_2)_2COOM${|R}]☆amyl succinate
戊基黄药☆amyl xanthate
戊基黄原酸盐☆amyl xanthate; amylxanthate
戊基聚氧化亚硝基(苯)酚(醚)[$C_5H_{11}(OC_6H_3(NO))_nOH$]☆amyl-polyoxy nitrosophenol
戊基聚氧化乙烯醚醇[$C_5H_{11}(OCH_2CH_2)_nOH$]☆amyl polyoxyethylene-ether-alcohol
戊基聚氧乙烯☆amyl polyethylene-oxide
戊基硫代硫酸盐{|酯}[$C_5H_{11}S_2O_3M${|R}]☆amyl thiosulfate
戊基萘聚氧化乙烯醚醇[$C_5H_{11}C_{10}H_6(OCH_2CH_2)_nOH$]☆amylnaphthalene-polyoxyethylene ether alcohol
戊基三甲基胺[$C_5H_{11}NH(CH_3)_3$]☆amyl trimethylamine
戊基胂酸[$C_5H_{11}AsO(OH)_2$]☆pentane arsonic acid
戊基辛二酸盐{|酯}[$C_5H_{11}OOC(CH_2)_6COOM${|R}]☆amyl suberate
戊基亚磺酰胺[$C_5H_{11}SONH_2$]☆amyl sulfenamide
S 戊基油[癸二酸戊酯的商品名]☆Amoil-S
戊基油[酞酸戊酯的商品名]☆Amoil
戊钾黄药☆potassium amyl xanthate; pentasol xanthate
戊间二酮[$(CH_3CO)_2CH_2$]☆acetyl acetone
戊间二烯[$CH_3CH:CHCH:CH_2$]☆pentadiene-1,3; piperylene; 1,3-pentadiene
戊聚糖☆pentosan
戊炔☆pentyne
戊硫醇[$C_5H_{11}SH$]☆pentane-thiol; amyl mercaptan
戊(烷)荃季戊炸药☆penty
戊醛[C_4H_9CHO]☆valeral; valeraldehyde
戊醛糖☆aldopentose

戊省☆pentacene
戊酸[$CH_3(CH_2)_3COOH$]☆valeric{valerianic} acid；pentanoic acid；valerene
戊酸盐☆valerianate
戊酸盐{酯}☆valerate；valerianate
戊糖☆pentose
戊酮☆pentanone
戊酮-(2)[$CH_3COC_3H_7$]☆pentanone-2
戊酮糖☆ketopentose
戊烷[C_5H_{12}]☆pentane
戊烷基☆amyl；pentyl
戊烷以上馏分☆pentane plus fraction
戊烯☆amylene；pentene
戊烯醇[$C_5H_{11}OH$]☆pentanol
戊烯二(酸)酐☆glutaconic anhydride
戊烯二酸☆glutaconate；glutaconic acid
戊烯二酸盐{酯、根}☆glutaconate
戊烯黄药[CH_3CH_2CH:$CHCH_2OCSSM$]☆pentenyl xanthate
戊烯-(2)-基黄原酸盐[CH_3CH_2CH:$CHCH_2OCSSM$]☆pentenyl xanthate
戊酰[$CH_3(CH_2)_3CO$−]☆valeryl
雾☆fog；haze；brume；damp；aerosol；mist
雾表☆fogmeter
雾带☆spray zone
(汽车)雾灯☆fog light{lamp}
雾灯光信号☆mist light-signal
雾滴水☆fog drip
雾笛{号}☆fog horn
雾笛燃料☆finely-pulverized fuel
雾地平☆fog horizon
雾点☆fog；hot end dust[玻]；atomization[化]
雾电计☆ballometer
雾风☆fog wind
雾虹☆fogbow
雾化☆atomization；spray；atomize；pulverize；pulverisation；pulverization；mist
雾化喷水☆atomisting spray
雾化器☆atomizer；pulverizer；atomizing jet
雾化燃烧加热设备☆atomized firing equipment
雾化水☆atomized water
雾化作用☆atomizing
雾灰色☆misty gray
雾粒电荷计☆ballometer
雾锣☆fog gong
雾迷片麻岩☆nebulitic gneiss
雾迷状混合岩☆nebulite
雾密度☆fog density
雾沫分离器☆entrainment separator
雾漠☆fog desert
雾气☆nebula [pl.-e]
雾日☆day with fog
雾室☆cloud chamber
雾凇☆rime；air hoar
雾团☆haze
雾消☆burn
雾效应☆mist effect
雾信号☆fog signal
雾信号器☆nautophone
雾信号台☆fog signal station
雾信号员☆fogman
雾翳☆fog
雾雨☆fog precipitation{plume;drip;rain}
雾羽☆fog plume
雾中信号☆fog signal
雾中音响信号喇叭☆foghorn
雾钟☆fog bell
雾状(云)☆nebulosus
雾状层☆nepheloid layer
雾状层云☆stratus nebuloses
雾状的☆foggy
雾状构造☆fog structure
雾状集球雏晶☆cumulite
雾状流☆mist flow
雾状流动☆spray flow
雾状泡沫设备☆fog-foam unit
雾浊☆hazy
物候☆biotemperatare
物候变化☆phenological change
物候学☆phenology；phonology
物化地质学☆physicochemical geology
物化境☆physiotope

物价上涨☆inflation of price；inflation；price rise{enhancement}
物价指数☆(commodity) price index；index of prices
物架☆object carrier
物件☆object
物镜☆field{final;objective} lens；object glass
物镜测微尺☆stage micrometer
物镜镜管☆lens tube
物镜口径计☆apertometer
物距☆object distance
物理剥离作用☆physical exfoliation
物理处理法☆physical treatment
物理的石油加工法☆physical refining processes
物理地貌发生营力☆physical morphogenic agent
物理分析☆physical assay
物理风化☆physical{mechanical} weathering；disaggregation
物理化学不相容性☆physicochemical incompatibility
物理化学处理法☆physicochemical treatment{technique}
物理假象☆physical pseudomorph
物理-结构煤化作用☆physico-structural coalification
物理勘探☆physical prospecting{exploration}；physics exploration
物理勘探资料☆geophysical data
物理可实现滤波器☆causal filter；physically realizable filter
物理疗法☆physiotherapy；physiatrics
物理双晶☆mechanical twinning
物理吸附☆physical adsorption{absorption}；physisorption
物理性崩解☆physical disintegration
物理性质不连续性☆physical discontinuity
物理学家☆physicist
物理治疗☆physiatrics
物力☆resource
物料☆material
物料表面处理喷砂☆sand blast
物料架拱☆arching of material
物料流☆flow of material
物料流程☆materials flowsheet
物料黏结程度☆degree of material build-up
物料撒漏程度☆degree of material spillage
物料塌落角☆angle of fall
物料特性☆physical feature
物料与磁极间的空隙☆air-gap
物料运输横向截面积☆cross-sectional capacity
物流管理☆physical distribution management
物面扫描仪☆object-plane scanner
物品☆article
(显微镜)物台光率计☆microscope stage refractometer
物台下(部件)[显微镜]☆substage
物态☆state of matter；state
物态变化☆change of state
物态方程(式)☆equation of state
物态量☆quantity of state
物探☆geophysical prospecting
物探队☆geophysical prospecting team；GPT
物探活动统计数字☆geophysical activity statistics
物探普查☆reconnaissance geophysical survey
物探人员☆exploration geophysicist
物探设备☆doodlebug
物探(用)钻机☆geophysical rig；seismograph drill[震勘]
物体☆object；body；substance；obj；matter
物体的体系空间☆hierarchial space
物体反射波束☆object beam
物物交换☆barter；trade off
物相☆phase
(两眼)物像不等(症)☆aniseikonia
物影照片☆photogram
物元理论☆matter element theory
物源区☆provenance；source area
物质☆matter；material；substance；stuff；substantia；species；mass；hylo-
物质不灭☆indestructibility of matter
物质传递☆mass transfer
物质单元☆urstoff
物质导数☆material derivative
物质的☆physical；substantial；natural；material
物质化☆materialization
物质交换☆interchange of material
物质交替☆metaboly
物质利益原则☆principle of material benefits
物质流动假说☆mass-flow hypothesis
物质平衡计算☆material balance calculation
物质坡移☆mass wasting{movement}
物质上☆materially
物质生成论☆hylogenesis
物质因素☆physical factors
物种的激变起源☆cataclysmic origin of species
物种分异度☆species diversity
物种描述的鉴定要点[古]☆diagnosis in species description
物种寿命中值☆median species longevity
物种特有性状☆species-specific character
物种形成☆speciation；formation of species
物种原始☆origin of species
物主☆owner
物资管理☆material management
物资企业☆materials and equipment enterprise
物资清单☆inventory
物资通过重量☆through-put weight
勿里洞玻陨石☆billitonite
勿违学名☆nomen inviolatum；inviolate name；nom. inviol.
务农☆farm
误☆kata-；cata-；mis-
误(解释)☆misinterpretation；misinterpret
误操作☆glitch；maloperation；misoperation
误差☆fault；error；uncertainty；discrepancy；corrigendum [pl.-da]；oversight
(小)误差☆lapse
误差标签☆discrepancy tag；DT
误差测量计☆error meter
误差常态律☆normal law of error
误差程度☆extent of the error
误差传播☆error propagation；propagation of error
误差传播定律☆law of error propagation
误差方向☆misalignment
误差分布☆error distribution
误差分析☆error{erroneous} analysis
误差概率☆probability of error
误差估计☆error estimate{evaluation}
误差校正剖析☆error correcting parsing；ECP
误差校准☆calibrate for error
误差界限☆bounds on error
误差控制☆error control；EC
误差口半径☆error-circular radius
误差来源☆source of error
误差累积☆accumulation of error
误差理论☆error theory；theory of errors
误差面积☆Tromp area
误差敏感度数☆error sensitivity number
误差曲线☆graph of errors；error curve；curve of error
误差调整☆compensation of error
误差(界)限☆margin of error
误差限度☆extent of the error；limit of error
误差信号交换器☆E transformer
误差影响☆effect of errors
误差与免除项均已除去☆errors and omissions excepted；e & oe
误差原因☆source of error
误差指数☆index error
误称☆misnomer
误传☆misrepresentation；misinformation
误付☆payment by mistake of fact
误工事故☆lost time injury
误会☆misapprehension
误接☆misconnection
误接受☆false acceptance
误解☆misconception；misunderstanding；misleading；misconstruction；misapprehension
误拒绝☆false rejection
误刻度☆miscalibration
误码率☆error rate；bit error rate
误入歧途的☆misguided
误调☆mistuning；misadjustment
误跳闸☆mistrip
误投☆miscarriage
误选的☆misplaced
误用☆misapplication；falsification；misuse
误置角☆angle of missetting

xī

熙提[亮度单位,=1 新烛光(cd)/cm²]☆stilb；sb.
析☆girder
析出☆precipitation；liberation；liberate；emission；flush{dissolve;drop;plate;separate} out；eduction；give off；flushout；evolve；precipitate；bleeding；separation；remove；separate；find (results) on analysis
析出的[岩]☆dialytic
析出点☆drop-out point；drop out point
析出电位☆deposition potential
析出蜡☆wax precipitation
析出曲线☆subtraction curve
析出石墨☆indigenous graphite
析出相☆excluded phase
析出因数☆factor out
析焦量☆coke yield
析晶☆crystallization
析晶温度下限☆lower limit of crystallization temperature
析蜡点☆drop out point
析离☆eduction; evolve; reverse stratification; segregate
析离器☆separator
析离体☆schlieren；dialyse
析取☆extraction；disjunction；scorifying
析取克里格(法)☆disjunctive kriging
析取字☆extractor
析渗☆exudation
析水☆bleeding
析稀胶粒☆vacuole
析稀作用☆vacuolation
析像☆image dissection
析像管☆image dissector
析像行☆scanning line
析像能力☆resolving power；resolution capability
析像器☆scanner
析氩系统☆argon extraction system
析因设计试验☆factorial design experiment
析因实验设计☆factorial experiment design
(硝酸)析银法☆quartation
西☆west；siemens；S
西澳洋流☆West Australia current
西芭啡[石]☆Simbad Brown
西班牙☆Spain
西班牙人☆Spaniard
西班牙石灰白☆Caliza Capri
西班牙石英质磁铁矿☆marbella
西半球☆New World
西北☆north-west；northwest；nw；N.W.
西北的☆northwestern；nw
西北地区☆northwestward；Northwest Territories
西北风☆northwester；maestrale
西北角法☆northwest corner method
西北偏北☆north-west by north；NW b N
西北西☆WNW；west northwest；West-North-West
西贝鳄(属)[E_2]☆Sebecus
西贝鳄类☆Sebecusuchia
西伯贝属[腕;S-D]☆Sieberella
西伯尔藻属☆Siberiella
西伯利亚[俄]☆Siberia
西伯利亚蚌属[双壳;T_3-J]☆Sibireconcha
西伯利亚草原的尘风☆suchovei;sukhovei
西伯利亚菊石属[头;T_1]☆Sibirites
西伯利亚羊齿属[C]☆Siberiella
西部☆westward；west
西部人☆western
西部湾[月面]☆Sinus Occidentalis
西部胃石☆Western bezoar
西冲鱼属[D_2]☆Xichonolepis
西大距☆(greatest) western elongation
西德尼鲎属[节;$Є_{1-2}$]☆Sidneyia
西蒂斯[海神 Nereus 的女儿;希]☆Thetis
西丁泥剂☆Pownax M
西多尔夫(双晶)律☆Seedorf law
西尔柏[人名]☆silber
西尔杰尔(胶质)炸药☆Cilgel
西尔威{维}斯特定理☆Sylvester's theorem
西尔维斯特雷☆Sylvestre
西方☆westward；Occident
西方宝石☆occidental
西方的☆westward；western；occidental
西方化☆westernisation
西方希瓦格☆Occidentoschwagerina
西非古地块☆West African massif
西风☆westerlies；zephyr
西风带☆westerlies；westerly winds
西风流☆west {-}wind drift
西风漂流带☆west-wind drift zone
西格尔测温锥☆Seger cone
西格洛石☆hydroparavauxite；hydrated paravauxite；sigloite
西格马[σ]☆sigma
西格马值(随井深变化)图☆sigma graph
西格奈特法☆Signet
西根阶[D_1]☆Siegenian (stage)
西瓜☆watermelon
西瓜状山☆sandia
西湖村石[蔷薇辉石变种;(Mn,Mg)SiO_3]☆hsihutsunite
西郊虫属[三叶;O_1]☆Agerina
西距☆westing
西坎型自动化电动输送机☆Seccam modular conveyor
西拉尔高硅铸铁☆silal
西拉科球石[钙超;E_2-Q]☆Syracosphaera
西拉木伦深断裂带☆Xilamorun deep fracture
西来浮冰☆west ice
西兰(阶)[欧;E_1]☆Seelandian
西兰德阶☆Seelandian
西勒迪斯定位系统☆Syledis
西里拉粉属[孢;E_3-N_1]☆Cyrillaceaepollenites
西里鲁姆海[火星]☆Mare Sirenum
西里西亚(阶)[欧;C_{2-3}]☆Silesian
西里西亚式铅锌矿床☆Silesian-type lead-zinc deposit
西丽红[石]☆Madame Red
西利格矿☆seeligerite
西利西亚采煤法[厚煤层房柱开采法]☆Silesia method
西利西亚厚煤层开采法☆Silesia system
西磷钙铁石☆selegerite
西硫砷汞铊矿☆simonite
西罗铜铝锰合金☆Therlo
西洛可{哥}风[从撒哈拉吹向地中海焚风]☆s(c)irocco
西门垛式支架系统☆Seaman support system
西门诺夫石☆semenovite
西门图(电阻率)方程☆Simandoux equation
西门子[姆欧电导单位;人名]☆siemens；S
西门子短头型圆锥破碎机☆Symons shorthead
西门子平箱筛☆Symons horizontal screen
西门子型圆锥破碎机☆Symons cone crusher
西蒙风☆simoon；simoom
西蒙矿☆simonite
西蒙内利烯☆simonellite
西蒙斯圆锥破碎机☆Symons cone (disk) crusher
西蒙螈☆Seymouria
西盟石{矿}☆ximengite
西米诺夫鲢属[孔虫]☆Siminovella
西摩金[石]☆Samoa
西摩两栖类☆Seymouriamorpba
西摩螈属[P_1]☆Seymouria
西娜啡[石]☆Sienite Balma
西娜黄点麻[石]☆Sienite D'armenia
西南☆south west；SW；southwest
西南瓣甲鱼(属)[D_1]☆Xinanpetalichthys
西南大风☆southwester
西南地区☆southwestward
西南地台[中]☆South-West China platform
西南偏南☆swbs；south(-)west by south
西南西☆WSW；west southwest；West-South-West
西南型浮选机[V 形底充气式]☆south western cell
西南正形贝属[腕;O_1]☆Xinanorthis
西涅缪尔阶☆Sinemurian stage
西欧☆Occident
西欧人☆western
西硼钙石[$Ca_2(B_2O_4(OH))(OH)$;单斜]☆sibirskite
西偏北☆west by north；W by N；WbN
西齐基风☆syzygy
西羟镍矿☆theophrasite
西撒哈拉☆Western Sahara
西萨摩亚☆Western Samoa
西塞亚语(的)☆Scythian
西沙瓦☆Sezawa
西山(常温自硬砂造型)法☆Nishiyama{N} process
西施红[石]☆Rossa Ziarci；Rosa Zarzi
西豕☆peccari
西蜀鳄(属)[K_2]☆Hsisosuchus
西太平洋(重力)校准线☆West Pacific calibration line
西锑砷铜锌矿☆theisite
西烃石[$C_{19}H_{24}$;斜方]☆simonellite
西图廓☆left-hand edge
西猯(属){科}[Q]☆Tayassu；peccary [pl.-ri,-ris]
西洼兽(属)[Q]☆Sivatherium
西瓦德 MK_2 型液压支架程序控制装置☆Sivad MK_2 control unit
西瓦古猿属[N]☆Sivapithecus
西瓦利克层☆Siwalik formation
西弯月☆Sivan
西微北☆west by north；W by N；WbN
西韦特☆Sievert
西屋再循环燃料厂☆Westinghouse recycle fuels plant
西西里(阶)[欧;Qp]☆Sicilian
西西里岛人{的}☆Sicilian
西西里黑[石]☆Sicilia Black
西西里阶☆Sicilian stage
西西南☆West-South-West；W.S.W.
西行航程☆westing
西洋☆Occident
西移[地磁场]☆westward drift
西营介属[E_{2-3}]☆Xiyingia
西寓贝属[腕;O_1]☆Hesperonomia
西藏贝属[腕;O_2]☆Xizangostrophia
西藏孔藻属[E_2]☆Tibetipora
西藏硬齿鱼属☆Tibetodus
西藏硬(骨)鱼(属)☆Tibetodus
西兹兰层☆Syzranian age
硒☆selenium；Se
硒钯☆allopalladium
硒钯矿[$Pd_{17}Se_{15}$;等轴]☆palladseite；allopalladium；selenpalladite；selenpalladium；eugenesite
硒钡铀矿[$Ba(UO_2)_3(SeO_3)_2(OH)_4$•$3H_2O$;斜方]☆guilleminite
硒铋汞铅铜矿☆petrovicite
硒铋矿[Bi_2Se_3;斜方]☆guanajuatite；bismuth selenide；selenobismut(h)ite；castillite；frenzelite
硒铋铅汞铜矿[$PbHgCu_3BiSe_5$;斜方]☆petrovicite
硒铋银矿[$AgBiSe_2$;六方]☆bohdanowicz(y)ite；Bohdanowicz(y)ite
硒雌黄☆laphamite
硒脆银矿☆sel enostephanite
硒碲[(Se,Te)]☆selen(-)tellurium
硒碲铋矿[Bi_2Te_2Se;三方]☆kawazulite
硒碲铋铅矿[$PbBi_2Se_2(Te,S)_2$;三方]☆poubaite
硒碲化镉着色玻璃☆glass colored with cadmium selenide telluride
硒碲矿☆hondurasite；selentellurium
硒碲镍钴矿☆selenio-siegenite
硒碲镍矿[NiTeSe;三方]☆kitkaite；selenio-melenite
硒碲铜矿☆bombollaite
硒碘汞矿☆coccinite
硒电池☆selenium cell
硒方硫镍矿☆selenio(-)vaesite
硒镉矿[CdSe;六方]☆cadmoselite
硒汞矿[HgSe;等轴]☆tiemannite；coccinite；kohlerite；onofrite；koehlerite
硒钴矿[$CoSeO_3$•$2H_2O$(近似)]☆cobaltomenite；kobaltomenit；coballomenite
硒光电池☆selenium cell; selenium barrier layer cell
硒光度计☆selenium photometer
硒红玻璃☆selenium-ruby glass
硒化物(类)☆selenide
硒化锌透红外陶瓷☆zinc selenide infrared transmitting ceramics
硒黄钾铁矾☆selen(i)ojarosite
硒黄铜矿[$CuFeSe_2$;四方]☆eskebornite
硒辉镍矿☆selenio-polydymite
硒钾铁矾[$KFe_3^{3+}((S,Se)O_4)_2(OH)_6$]☆selenojarosite；selenoiarosite
硒金银矿[Ag_3AuSe_2;等轴]☆fischesserite
硒矿床☆selenium deposit
硒硫铋铅矿[$Pb_5Bi_8(S,Se)_{17}$;斜方]☆weibullite
硒硫铋铅(铜)矿[$Cu_{0-1}Pb_{7.5}Bi_{9.3-9.7}(S,Se)_{22}$;单斜]☆proudite；weibullite
硒硫铋铜铅矿[$Pb_3Cu_2Bi_8(S,Se)_{16}$;单斜]☆junoite；soucekite；nordstromite
硒硫碲铋矿[$Bi_2Te(S,Se)_2$?;三方]☆csiklovaite
硒硫钴矿☆selenolinnaeite [$Co_3(S,Se)_4$]；musenite

[(Co,Ni)$_3$(S,Se)$_4$]；selenolinneite；selenlinnaeite
硒硫化镉玻璃☆cadmium sulphselenide glass
硒硫黄[(S,Se)]☆sulfo-selenite；selensulphur；eolite；eolide；selensulfur；sulfoselenium；vulcanite；selenic sulphur；volcanite [(S,Se)$_8$]
硒硫镍钴矿[(Co,Ni)$_3$(S,Se)$_4$]☆selenio-siegenite
硒硫铅铋矿☆wittite
硒硫砷矿[As(S,Se)$_2$?;非晶质]☆jeromite
硒铝矿☆bleiselenite
硒钼矿[MoSe$_2$;Mo(Se,S)$_2$;六方]☆drysdallite
硒泥☆selenium mud
硒镍矿☆nidiselite
β(-)硒镍矿☆sederholmite
γ(-)硒镍矿☆makinenite
硒铅[?]☆scacchite
硒铅矾[Pb$_2$(SeO$_4$)(SO$_4$);斜方]☆olsacherite；selenolite
硒铅汞矿☆lehrbachite；lerbachite
硒铅矿[PbSe;等轴]☆clausthalite
硒铅矿等[混合物]☆kobaltbleiglanz；kobaltbleierz
硒铅铜镍矿☆peuroseite
硒砷硫黄[As,Se 和 S 的一种非晶质混合物; As(Se,S)$_2$ (近似)]☆jeromite
硒酸[H_2SeO_4•nH_2O]☆selenic acid
硒酸盐(类)☆selenate
硒铊铁铜矿[Tl(Cu,Fe)$_2$Se$_2$;四方]☆bukovite
硒铊铜矿[Cu$_6$TlSe$_4$;斜方]☆sabatierite
硒铊银铜矿[(Cu,Tl,Ag)$_2$Se;四方]☆crookesite
硒钛硅矿岩☆vudyavkite
硒锑铜矿[Cu$_3$SbSe$_4$;四方]☆permingeatite
硒铁矿[FeSe;六方]☆achavalite
硒铜钯矿[(Pd,Cu)$_7$Se$_5$;斜方]☆oosterboschite
硒铜铋铅矿☆watkinsonite
硒铜钴矿[(Cu,Co,Ni)$_3$Se$_4$;等轴]☆tyrrellite
硒铜矿[Cu$_2$Se;等轴]☆berzelianite；berzeline；selen(o)cuprite
β 硒铜矿☆bellidoite
硒铜蓝[CuSe;六方]☆klockmannite
硒铜镍矿[(Ni,Cu)Se$_2$; (Ni,Co,Cu)Se$_2$;等轴]☆penroseite；blockite [NiSe$_2$,含 Cu 达 6.8%和少量的 Co,Fe]；selenide spinal；tyrrellite [(Cu,Co,Ni)$_3$Se$_4$]
硒铜铅矿[(Pb,Cu$_2$)Se]☆cacheut(a)ite；cacheutaite；zorgite
硒铜铅铀矿[Pb$_2$Cu$_5$(UO$_2$)$_2$(SeO$_3$)$_6$(OH)$_6$•2H$_2$O;三斜]☆demesmaekerite
硒铜铊矿☆bukovite
硒铜铁矿☆eskebornite
硒铜银矿[CuAgSe;斜方]☆eucairite；eukairite；berzelinite
硒铜铀矿[Cu(UO$_2$)$_3$(SeO$_3$)$_3$(OH)$_2$•7H$_2$O;斜方]☆marthozite；naumannite；marthosite
硒污染☆selenium pollution
硒锡银矿生☆bodhanowiczitc
硒斜方辉铅铋{铋铅}矿☆selenocosalite
硒锌矿☆zinc selenide{elenide}；zinkselenid
硒银矿[Ag$_2$Se;斜方]☆naumannite；selenium silver；selensilver；tascine；selenic silver；riolith
β 硒银矿☆β-naumannite；orthonaumannite
硒黝铜矿[(Cu,Hg,Ag)$_{12}$Sb$_4$(Se,S)$_{13}$;等轴]☆hakite
硒整流光电管☆photronic cell
硒整流器☆seletron；selenium reamer
硒指示(植物)区系☆selenium flora
硒中毒☆selenium intoxication
矽[硅之旧称，大量有关"矽"的词条请改换成"硅"查取]☆silicium[拉]；silic(o)-；silicon；Si
矽长岩☆felsite
矽尘肺细胞☆dust cell
矽肺☆silicatosis；silicosis
矽肺病☆pneumoconiosis；silico-anthracosis；silic(at)osis
矽肺的☆silicotic
矽肺结核☆tuberculosilicosis
矽卡岩☆skarn；scarn
矽卡岩白钨矿矿床☆scheelite skarn deposit
矽卡岩化(作用)☆skarnization
矽卡岩型钼矿床☆skarn molybdenum deposit
矽缪尔阶☆Sinemurian
矽线石[Al$_2$(SiO$_4$)O;斜方]☆sillimanite；zenolite；bucholzite；fibrolite；monroelite
矽岩色☆sandstone
豨属☆Entelodon
晰乌耳定律☆Raoult's law
蜥脚亚目☆Sauropterygia；Sauropoda
蜥肋螈属[C]☆Sauropleura
蜥龙目[爬]☆Saurischia；Sauropterygia
蜥鳍目☆Sauropterygia
蜥臀目[爬]☆Saurischia
蜥蜴☆Eumeces
蜥蜴类☆lizards；Lacertilia
蜥蜴式气球☆lizard ballon
蜥蜴亚目☆Lacertilia
蜥螈☆Seymouria；Diplovertebron
蜥螈属[C]☆diplovertebron
蜥螈亚目☆Seymouriamorpba
蠵龟属☆Chelonia
螅根☆hydrorhiza
螅体☆hydroid polyp
螅形目☆Hydroida
蟋蟀☆cricket
吸☆inhaust；snuff；drag；suction；draw；whiff；endo-
吸(水等)☆sop
吸瓣☆suction clack
吸藏☆occlusion；occlude
吸潮鼓起[地球表面的]☆tidal bulge
吸尘☆(dust) aspiration；vacuum cleaning
吸尘地点☆suction point
吸尘机☆aspirator
吸尘器☆dust extractor{collector;arrester;monitor;catcher}；clearer；(vacuum) cleaner；cycloning；precipitator；suction cleaner
吸尘罩☆dust-collector (hood)；dust{exhaust;suction} hood
吸持磁铁☆lock(ing){holding} magnet
吸持电流☆hold current
吸持线圈☆holding(-on) coil
吸虫纲[无体腔动物]☆Trematoda
吸出☆aspiration
吸出阀☆aspirating{bleeding} valve
吸出式凿岩☆suction drilling
吸除☆resorption
吸动☆tumult
吸动位置☆pull-up position
吸风☆indraught；indraft
吸风管☆aspiration leg；foul-air duct
吸风机☆drawing{induced-draft;suction} fan；induced draft fan
吸附☆adsorption；sorption；adsorb(ing)；absorb；adherence；absorption；attachment
吸附层☆adsorbed{adsorption;adsorptive} layer；outer layer of electrical double layer
吸附地下水☆attached groundwater
吸附度☆adsorptivity
吸附分析☆adsorption analysis
吸附剂☆adsorbent；adsorbents；sorbent；absorbing substance；adsorbate；absorbent；adsorber
吸附剂性能{效率}☆performance of the adsorbent
吸附胶体浮选☆adsorbing colloid flotation
吸附-解吸效应☆adsorption-desorption effect
吸附离子☆adion
吸附力☆absorbability；adsorption affinity{power}；adsorptive force
吸附量☆adsorptive power{capacity}；adsorbance
吸附能☆attachment kinetics；energy of adsorption
吸附平衡☆adsorption equilibrium；equilibrium adsorption
吸附起泡分离☆adsorptive bubble separation
吸附气体☆absorbed gas
吸附气体的焦炭(煤)☆gas-adsorbent coal
吸附热☆heat of adsorption
吸附水[水化]☆adhesive{pellicular;absorbed;adsorbed;attached; occluded; sorption; adsorptive; adsorption;planar} water；heldwater；hydroscopic{hydration} water
吸附水分☆inherent moisture
吸附水膜☆capillary film
吸附体☆adsorbate
吸附土☆adsorptional earth
吸附瓦斯的煤☆gas-adsorbent coal
吸附系数☆coefficient of adsorption
吸附效应☆pinning{adsorption} effect
吸附性☆adsorbability；adsorptivity
吸附性好的充填砂样☆adsorptive sandpack
吸附原子☆adatom
吸附值☆adsorptive value
吸附柱☆aspiration column
吸附作用☆adsorption；gettering{adsorptive} action；absorption
吸干☆blot
吸管☆sucker；straw；suction rubber tubing；suction conduits{tube;pipe}；snorkel tube；pipette
吸(水)管☆boot；wind bore；intake；suction pipe
吸管虫(属)[孔虫;E$_2$-Q]☆Siphonina
吸管虫类[原生]☆suctoria
吸管珊瑚属☆Siphonodendron
吸管纤毛虫亚纲[原生]☆suctoria
吸管亚纲☆suctoria
吸光度☆absorbance
吸光性☆light absorbancy
吸光仪☆absorptiometer
吸光指数☆exposure index
吸含气体能力☆gas-bearing capacity
吸合☆fire；actuation
吸红外紫外高硅氧玻璃☆infrared and ultraviolet absorbing vycor glass
吸回(作用)☆resorption
吸混(作用)☆persorption
吸积(作用)[天]☆accretion
吸浆池☆suction pit
吸浆量☆grout acceptance{take}
吸金炭☆gold enriched{|loaded|sorbing} carbon
吸进速度☆inlet
吸尽的井☆offset well
吸孔☆swallow
吸口虫(亚纲)☆Myzostomida
吸口上滤罩☆strainer box
吸蜡炉☆wax-absorbing furnace
(泥浆或泥沙)吸捞筒☆suction bailer
吸力☆suction (pressure;force)；attraction (force)；portative force
吸力泵☆excavating pump
吸力矿物☆attractive mineral
吸量管☆pipette；pipet
吸留☆sorption；occlusion；occlude
吸留(能力)☆sorptive capacity
吸留气体[包含及隐藏于固体中的]☆occluded{included;sorbed} gas
吸留水☆occluded water
吸留相☆sorbed phase
吸滤筐☆snore piece
吸滤器☆nutsch{suction;vacuum} filter；suction strainer；nutschfilter
吸滤式模型☆blotter model
吸滤纸☆blotting paper
吸墨水☆blot
吸墨纸☆thieving{bibulous} paper；blotter
吸能的☆endoergic；endoenergic
吸泥泵☆dredge{dredging;excavating;mud;scum} pump
吸泥船填成土堤☆barged in fill
吸泥机☆suction dredge(r)；sand sucker
吸泥器☆mud pump；air lift
吸泥式挖掘船☆hydraulic pipe line dredge
吸浓作用☆intertraction
吸盘☆cupule；cupula；sucker disk
吸盘式挖泥船☆dustpan dredgers
吸盘状☆sucker-like
吸器☆haustorium
吸气☆breathing in；aspiration；inspiration；suction；inhaust；indraft；gassing；sorption
吸气(声)☆sniff
吸气阀☆inhalation{inspiratory;shifting} valve；air suction valve
吸气分析☆analysis by absorption of gas
吸气风扇☆drawing fan
吸气管☆draft{aspirating;inhalation} tube；air suction pipe；air feeder
(真空)吸气剂☆getter
吸气口☆air intake；suction opening
吸气囊☆breathing bag
吸气剖面☆gas injection profile
吸气器☆inhaler；aspirator
吸气软管[防毒面具]☆inhaling hose
吸气室☆induction chamber
吸气塔☆aspiration column
吸气装置☆gas-suction plant
吸气作用☆gettering action
吸取☆absorb；suction；draw；assimilate；blotting
吸取式挖掘头☆suction cutter
吸去☆blot
(钢条)吸热☆decalescence
吸热玻璃☆heat absorbing glass

吸热的☆endothermic；heat-absorbing；endothermal；thermonegative；endoe(ne)rgic
吸热反应☆heat-absorbing{endothermic; endothermal; heat-absorption;thermonegative} reaction
吸热分解☆endothermic decomposition
吸热量☆heat absorption；caloric receptivity
吸热能力☆heat {-}absorption capacity
吸热体☆heat carrier
吸热作用☆thermal absorption
吸入☆suction；induction；inhalation；intake；inhale；imbibition；indraft；indraught；aspiration；suck (in)；entrain(ing)；inspiration；inflow；inleakage；inhaust[空气]；insoak；draw
(使)吸入(水分等)☆imbue
吸入瓣☆inlet clack
吸入泵☆suction{sucking} pump；drawlift
吸入采油☆imbibition oil recovery
吸入侧☆on the suction side
吸入的☆entraining；inhalant；soaked；drawn
吸入高差☆flooded suction；suction lift
吸入高度☆suction height；drawing lift
吸入高度(泵)☆lift height
吸入管☆draft{dredging;inhalation} tube；drawing lift；suction intake{pipe}；tail{induction} pipe；wind bore；suction
吸入管道☆intake conduit{line}；upstream line
吸入管汇☆suction manifold{header}
吸入管头过滤网罩[泵]☆rose head
吸入剂☆inhalation；inhalant
吸入空气☆air entrainment
吸入空气式泡沫发生器☆air aspirator foam maker
吸入口多通体☆suction manifold
吸入量☆absorbing capacity；intake
吸入滤网☆suction screen；strum
吸入剖面☆entry{injectivity} profile
吸入器☆inspirator；inhalator；sucker；inspiratory valve；(Flow) inhaler
吸入强度☆intensity of suction
吸入式采砂{金}船☆suction dredge
吸入式挖掘船剥离☆hydraulic dredge stripping
吸入式叶轮☆downthrust impeller
吸入水☆imbibitional moisture；water of imbibition
吸入头☆flooded auction；suction head
吸入效率☆efficiency of imbibition
吸入者☆inhaler
吸入中毒☆inhaled toxicity
吸入贮槽{罐}☆suction tank
吸砂泵☆sand pump{sucker}
吸砂船☆sand sucker；cutterless sand-sucker；suction (-type) dredge
(采砂船)吸砂管☆dredging tube
吸砂头☆suction cutter
吸沙(泥)机☆sand sucker
吸渗☆imbibition
吸渗{入}毛细管压力曲线☆imbibition capillary pressure curve
吸声☆acoustical{sound} absorption；acoustic；sound-absorbing
吸声板☆cof(f)er
吸声材料☆sound absorption material；acoustic absorbent
吸声穿孔石膏板☆acoustic perforated gypsum board
吸升力☆suction lift{head}
吸湿☆moisture absorption{regain;absorbing}
吸湿崩解☆perish
吸湿核心☆hydroscopic nucleus
吸湿剂☆silicagel；hygroscopic agent
吸湿力☆hygroscopicity
吸湿体法☆sorption block technique
吸湿系数☆hygroscopic coefficient；coefficient of moisture adsorption
吸湿性☆hygroscopicity；hydroscopicity；moisture absorbency；hygroscopic nature
吸湿压力☆suction pressure
吸湿压力薄膜☆suction pressure membrane
吸收☆uptake；trap；soak；absorption；blotting；draw；swallow；absorb(ing)；suck (up)；imbibition；enrol；assimilate；imbibe；recruit；admit；aspiration；ingestion；soaking；merge；abs；take up[水分]；drink[土壤等]
吸收比☆(radiant) absorptance；absorbancy
K 吸收边☆K-absorption edge
吸收波散对☆absorption-dispersion pair
吸收部分☆absorbed fraction
吸收层☆absorbing{absorbed;absorption} layer；blotter coat
吸收带☆absorption band；U-band
吸收度☆absorbancy；absorbance
吸收发射比☆absorptivity-emissivity ratio
吸收份额☆absorbed fraction
吸收钙的生物☆lime-depositer
吸收光程长度☆absorption path length
吸收光谱☆absorption spectrum{spectroscopy}；AS
吸收剂☆sorbent；scavenger；absorbent (agent)；dope；absorber；absorbing agent
吸收剂含云母碎片的狄那米特炸药☆mica powder
吸收剂量☆absorbed dose
吸收介质☆absorbing medium
吸收井☆absorption{inverted} well
吸收库☆reservoir
吸收力☆absorptivity；absorptive power；capacity
吸收量☆absorptive{absorbing} capacity；absorbtivity；absorbability
吸收料☆dopes
吸收率☆absorption rate{index;coefficient}；absorptivity；specific absorption；absorbency；linear absorption coefficient；radiant absorptance；absorbance；suction rate；absorbancy；absorbence
吸收能力☆absorptive power{capacity}；absorbing ability；absorbability；absorption{absorbing} power；intake{absorbing;absorption} capacity；absorptance；absorptivity；injectivity；receptivity[井的]
吸收-频散性质☆absorption-dispersion property
吸收器☆absorber (vessel)；annihilator；suction header；absorption column
吸收气体用活性炭☆gas absorbent carbon
吸收热量☆heat input
吸收溶剂(作用)☆lyosorption
吸收(致)色☆absorption(-caused) colo(u)r
吸收色彩层谱☆absorption chromograph
吸收时延效应☆pedestal effect
吸收式(二氧化碳)分析器☆absorbing econometer
吸收寿命{期}☆absorption lifetime
吸收速度☆rate of absorption
吸收损失{耗}☆absorption loss
吸收体☆absorbent；absorber
吸收系数☆absorption factor{coefficient;ratio;index}；absorptance；absorptivity；absorbance；coefficient of absorption；absorbancy；AC；a.c.
吸收系数☆absorption coefficient
吸收限效应☆edge effect
吸收像{影}☆houppes
吸收型过滤器☆absorptive-type filter
吸收性☆absorptivity；absorptance；absorption；absorbability
吸收性炭☆absorbent charcoal
吸收烟道☆flue collector
吸收衍射分析☆absorption-diffraction analysis
吸收影像☆epoptic figure
吸收制冷机☆absorption refrigerating machine
吸收制冷机组☆absorption unit
吸收终点状态☆absorbing terminal state
吸收轴☆absorption axes{axis}；axis of absorption
吸收作用☆absorption；assimilation；resorption；sorption
吸树汁[生]☆sap-sucking
吸水☆hygroscope；take-up
吸水泵☆drawlift；suction pump
吸水层段☆water-entering interval
吸水的☆water-absorbing；water-absorbent；water-avid；hygroscopic；hydroscopic
吸水地层☆absorbent ground{formation}
吸水洞☆shallow hole
吸水度☆water-absorbing capacity
吸水管☆suction pipe；boot；wind bore；intake
吸水剂☆water-absorbent；absorber
吸水井☆absorbing{inverted;absorption;suction} well；draw-well
吸水口☆suction mouth
吸水量☆water absorbing capacity；volume of water input；intake capacity；water-intake rate
吸水龙头☆snore piece
吸水率☆water-intake rate；percent sorption；water receptivity{absorption; absorptivity}；hygroscopic coefficient
吸水滤网☆rose
吸水能☆water absorbing capacity
吸水能力☆water injection capacity；water-absorbing {(water-)intake;absorbing} capacity；water-sorption ability；water absorbing capacity；absorption power；water injectivity{receptivity}
吸水剖面☆water injection profile；injectivity{entry; injection;input} profile
吸水剖面绘制☆injectivity profiling
吸水系数☆water-intake rate
吸水箱☆suction chamber
吸水效率☆water-taking efficiency
吸水性☆hygroscopicity；water receptivity{absorption; absorptivity}；water absorption power；water absorbing quality{capacity}；water-sorption ability；hydroscopicity
吸水性的☆absorptive
吸水性强的地层☆thief formation
吸水纸☆blotting{bibulous;thieving;absorbent} paper
吸铁器☆iron magnet
吸铁石☆magnet；lodestone
吸筒弯头☆suction bend
吸头☆suction head
吸微滤尘器☆microsorban filter
吸屑抽风机☆extractor fan
吸烟☆smoking
吸烟处☆smoke point
吸烟者{室}☆smoker
吸扬式泵☆aspiration pump
吸扬式挖掘船☆discharging dredger
(用)吸扬式挖泥船挖泥疏浚☆hydraulic dredging
吸氧☆oxygen uptake
吸氧量☆oxygen absorbed；oa
吸氧生物☆oxygen-breathers；oxygen-breathing organism
吸叶☆phyllidium；bothridium
吸液☆imbibition
吸液层段☆accepting fluid zone；receiving interval
吸液层位☆entry point
吸液高度☆suction range
吸液剖面☆fluid entry profile
吸液式模型☆blotter model
(地层)吸液压力☆leak-off pressure
吸液纸式电解模型☆blotter-type electrolytic model
吸移管☆pipette；pipet；volumetric pipette[容量的]
吸移管法[沉淀分析]☆pipet(te) method
吸音材料☆damping{acoustical} material
吸音灰泥☆acoustic plaster
吸引☆attract(ion)；recruit；draw；fetch；engage；court；win；train；aspiration
(把……)吸引过来☆accrete
吸引机理☆attracting mechanism
吸引力☆affinity；spell；traction；lure；attractive force；attractive powers suction head
吸引人的☆taking；colourful；tempting；winsome
吸引人的东西☆loadstone；lodestone
吸引式[侵入]☆permissive；suctive
吸引位差☆suction head
吸引效应☆pinch effect
吸油☆oil-taking
吸油(集料)☆blotter
吸油滤网☆suction filter screen
吸油砂层☆thief sand
吸油值☆oil adsorption；O. A.
吸胀水☆water of imbibition
吸胀作用☆imbibition
吸振块☆bumper block
吸振基础☆vibration-absorbing base
吸振器活塞☆shock absorber piston
吸着☆adsorption；sorbing；sorption
吸着度☆hydroscopicity
吸着剂☆sorbent
吸着水☆absorbed{retained;hygroscopic;hydroscopic; attracted;occluded} water
吸着水分☆hydroscopic{hygroscopic} moisture
吸着损失☆absorption loss
吸着物☆sorbate
吸着足☆sucking foot
锡☆stannum[拉]；tin；Sn；plumbum candidum；stann-
锡[威尔士]☆algam
锡钯矿[Pd_3Sn_2；$(Pd,Cu)_3Sn_2$?；六方]☆stannoplatinite；stannopalladinite
锡钯铂矿☆palladium-platinum stannide

锡板☆tin
锡钡钛石☆pabstite
锡铂钯矿[$(Pd,Pt)_3Sn$;等轴]☆atokite
锡铂矿☆niggliite；stannoplatinite
锡箔☆tin foil；tinfoil (paper)；pewter foils；leaf tin
锡槽☆tin bath
锡槽空间分隔墙☆tin bath partition wall
锡厂☆tinworks
锡带☆tinbelt
锡的☆tinny；stannous；stannic；stanniferous；tin
锡等轴铅钯矿☆stannian zvyagintsevite
锡滴☆tin speck
锡锭☆pig tin
锡镀槽☆tinning bath
锡粉☆tin powder
锡浮渣☆tin dross
锡富矿☆karang
锡根阶☆Siegenian stage
锡焊☆(tin) soldering
锡焊膏☆tinol
锡焊料☆medium solder
锡化物☆(platinum-palladium) stannide
锡回收量☆tin yield
锡金☆Sikkim
锡精矿☆barilla；tin concentrate；black tin；crop
锡精炼厂☆tin refinery
锡克教徒的分布☆distribution of Sikhs
锡块硫砷铜矿☆stannoluzonite
锡矿☆tin ore{mine}；stannary；wheal；tinworks
锡矿层☆tinfloor
锡矿的泥质尾矿☆loob
锡矿的最后精选桶☆kieve
锡矿(矿)工☆pioneer；tinner
锡矿脉☆tinlode；lode tin
锡矿泥☆loob
锡矿山☆tinnery；stannary；tin mine
锡矿山层☆Hsikuanshan formation
锡矿山阶{|期|组}☆Xikuangshanian{Hsikuangshanian} stage{|age|formation}
锡矿石☆tin{stanniferous} ore；floran-tin
锡矿铁帽[被氧化铁污染的锡矿脉露头]☆brown face
锡矿洗槽☆strake；palong
锡矿渣☆quitter
锡拉岩礁☆Scylla
锡镴(制)的☆pewter
锡兰橄榄石☆ceylonese chrysolite；elaeocarpus serratus
锡兰锆石☆Ceylon zircon；Matura diamonds
锡锂大隅石[$KSn_2Li_3Si_{12}O_{30}$;六方]☆brannockite
锡量测量☆stannometric survey
锡林郭勒矿☆xilingolite
锡榴石☆dhanrasite
锡硫砷铜矿☆stannoenargite
锡六方锑铂矿☆stumpflite
锡铝矿[$(Zn,Mg,Fe^{2+})(Sn,Zn)_2(Al,Fe^{3+})_{12}O_{22}(OH)_2$]☆nigerite
锡脉☆tin vein
锡锰钽矿[$(Ta,Nb,Sn,Mn,Fe)_{16}O_{32}$;单斜]☆wodginite；tin-tantalite；olovotantalite
锡锰钽石☆wodginite
锡鸣{嘶}☆tin cry
锡内穆(阶)[191～200Ma;J_1]☆Sinemurian (stage)
锡铌钽矿☆sukulaite
锡器☆tin；pewter
锡铅铂钯矿☆R cabri
锡铅焊料☆tin lead solder
锡铅合金☆tinsel
锡青铜☆tin bronze
锡三钯矿☆tripalstannite
锡砂[SnO_2]☆stream tin；tin concentrates{sand}；karang；stream-tin
锡砂矿开采☆streaming
锡石[SnO_2;四方]☆cassiterite (pebble)；tinstone；tin spar；stannolite；tin-stone；kassiterite；tinspar；tin stone{ore}；tantalum cassiterite；stanniolith
×锡石捕收剂[N-烷基磺化琥珀酰胺盐]☆IMPC-X-56
×锡石捕收剂[水三钙柠檬酸的干馏产物]☆Sitrex
锡石精矿☆crop tin
锡石矿脉☆lode tinstone
锡石硫化物矿床☆cassiterite sulfide deposit
锡石泥精矿精选桶☆kieve
锡石石英脉矿床☆cassiterite-quartz vein deposit
锡石双晶☆visor twin

锡石与铌铁矿的混合物☆ainalite
锡酸钙陶瓷☆calcium stannate ceramics
锡酸盐☆stannate
锡索甾醇☆sisosterol
锡钽矿☆tin-tantalite
锡钽锰矿☆tintantalite；cassitero tantalite
锡钽铁矿[$(Fe,Mn,Sn)(Ta,Nb)_2O_6$]☆tin(-)tantalite；stannotantalite；olovotantalite；zinn-tantalite
锡淘洗盘☆tin buddle
锡锑钯铂矿☆Y cabri
锡铁山石☆xitieshanite
锡铁钽矿[$(Ta,Nb,Sn,Fe,Mn)_4O_8$;斜方]☆ixio(no)lite；ixionite
锡铜钯矿☆taimyrite；cabriite
锡瓦利克(阶)[亚;N_1-Qp]☆Siwalik stage
锡钨矿☆tin-tungsten mine
锡细晶石[$Sn_2Ta_2O_7$;等轴]☆stannomicrolite；sukulaite
锡榍石[$Ca(Ti,Sn)SiO_5$,含 Sn 可到 10%]☆zinntitanit(e)
锡锌尖晶石☆limaite
锡盐☆tin salt
锡液分隔堰☆tin batch weir
锡钇☆stannopalladinite
锡黝铜矿☆colusite；collusite
锡渣☆tin dross；scruff；stannic oxide dross
锡纸☆tinfoil
牺牲☆sacrifice；trade-off；toll
牺牲管段☆sacrificial element
牺牲剂☆sacrificial agent
牺牲品☆sacrifice；prey
牺牲锌带阳极☆sacrificial zinc-ribbon anode
牺牲阳极☆galvanic{expendable;sacrificial;sacrifice;electrolytic} anode
牺牲阳极发生电流☆current of galvanic method
牺牲阳极防护☆sacrifice protection
牺牲者☆victim
稀矮植物区☆fell-field
稀拌砂浆试验☆test by wet mortar
稀表面性浮游生物☆spanipelagic plankton
稀薄[空气、流体等]☆rarefaction；tenuity；rarity
稀薄的☆fine；faint；subtle；dilute；washy；vacuum
稀薄混合物☆thin mixture
稀薄空气☆rarefied air
稀薄气体(动力学)☆superaerodynamics
稀薄油品☆thin oil
稀的☆dilute；thin
稀度☆dilution；dil.
稀锆英石☆hagatalite
稀沟粉属[K_2-T_2]☆Stephanocolpites
稀管藻属[J_3-E]☆Oligosphaeridium
稀糊☆magma
稀灰浆☆thin mortar
稀碱元素☆rare alkali element
稀见种[生]☆strange species
稀浆☆grozzle；slurry
稀介质泵☆dilute medium pump
稀(土)金属☆rare(-earth) metal
稀金属矿物☆mineral of rare metal
稀井网☆wide-spaced wells；wide spacing
稀苛性磷酸盐☆dilute caustic phosphate
稀孔虫亚纲☆phaeodaria
稀矿浆☆thin (liquid) pulp；dilute pulp
稀料☆thinner
稀囊蕨属[D_3-P_1]☆Oligocarpia
稀泥浆☆thin{wet} mud；slush；clash
稀奇☆rarity
稀气体元素☆rare gas element
稀缺的矿物☆critical mineral
稀熔浆☆aqueous lava
稀溶液☆lean{dilute;weak} solution
稀散元素☆scattered element
稀砂浆☆slurry
稀少☆sparsity；scarceness
稀少的☆sparse；poor
稀石灰乳{浆}☆milk-of-lime
稀释☆dilution；dilute；desaturation；deliquation；deconcentration；attenuation；deliquescence；thin out {down}；deliquate；cut(-)back；liquefaction；thinning；liquefy；rarefaction；liquify；dil.
稀释的☆dilute；humectant；diluent；dil.；cut(-)back；attenuant；thinned
(可)稀释度☆dilutability
稀释风机☆diffuser fan
稀释后倾点☆dilute(d) pour point

稀释极限☆dilation limit
稀释剂☆humectant；diluent (material)；diluter；diluting {dilution;thinning;fluxing} agent；desaturator；spike；thinner；liquifier；liquefier；deflocculant；attenuant
(沥青)稀释剂☆flux
稀释沥青☆cut-back asphalt{bitum;bitumen}；fluxing asphalt；asphalt cut back
稀释器☆deconcentrator
稀释气体☆diluents
稀释容积☆dilute volume；DV
稀释系数☆dilution factor；coefficient of dilution
稀释相型燃料反应堆☆dilute-phase-type reactor
稀释液注入流量☆diluent injection rate
稀释因子☆diluenting factor
稀饰环孢属[T_3]☆Kraeuselisporites
稀疏☆rarefaction；sparsity
稀疏波☆rarefaction wave；expansion shock
稀疏浮冰☆sailing ice
稀疏高斯消除法☆sparse Gaussian elimination
稀疏硫化物浸染带☆fahlband
稀疏植被{物}☆sparse{open} vegetation
稀树草地☆campo cerrado
稀树草原☆limpo
稀树干草原☆alsium
稀水泥浆☆thin cement slurry{grout}；cement water grout；weak{wet} cement grout；lean cement
稀酸液☆diluted acid
稀烃沥青☆bernalite
稀土☆rare earth；terres rares；terrae rare；earths；TR；RE
稀土磁辊组件☆rare earth roll assembly
稀土-磁铁矿-赤铁矿矿床☆rare-earth-bearing magnetite-hematite deposit
稀土锆石☆ribeirite [$ZrSiO_4$的变种]；naegite [$(Zr,Si,ThU)O_2$]；yamaguchilite；oyamalite[$ZrSiO_4$的变种;$(Zr,TR^{3+})((Si,P)O_4)$,约含 18%的稀土]；khagatalite；yamagutilite
稀土钴磁铁☆rare earth cobalt magnet
稀土辊式磁选机操作原理☆operating principle of RER magnetic separator
稀土辊式磁选机的皮带轮和磁辊组件☆pulley and roll assemblies of RE roll magnetic separator
稀土精矿粉☆rare-earth concentrate
稀土类元素☆rare earth elements
稀土离子半径倒数☆reciprocal RE ionic radius
稀土沥青☆carbocer
稀土磷铀矿[$(U,Ca,Ce)_3(PO_4)_4$•$6H_2O$?]☆lermontovite
稀土铌钽锆石☆hagatalite
稀土铌铀锆石[$ZrSiO_4$+UO_3]☆naegite
稀土水钙硼石☆braitschite
稀土碳酸岩矿床☆rare-earth-bearing carbonatite deposit
稀土氧化物☆REO；rare-earth oxides
稀土萤石☆yttrocer(er)ite [$(Ca,Ce,Y,La,\cdots)F_3$•nH_2O]；flussyttrocerite；flussyttrocalcite；fluo(r)yttrocerite；yttrocalcite；yttroceriocalcit；scacchite[Ce,La,Di]
稀土铀矿☆cleveite
稀土元素☆rare earth element；lanthanide；rare-earth (element)；terres rares；REE
稀土元素标型学☆REE typology
稀土元素分布模式☆distribution pattern of rare earth element
稀土着色玻璃☆rare earth coloured glass
稀性泥石流☆diluted debris flow
稀铀矿☆schmitterite
稀油☆thin oil
稀油密封干式爆气柜☆oiled sealed waterless gasholder
稀有金属伟晶岩☆rare-metal pegmatite
稀有燃料☆exotic fuel
稀有属矿物☆rare minerals
稀有元素☆rare(-earth) element；RE
稀淤泥☆muskeg
稀震区☆peneseismic region{country}
稀锥瘤孢属[C_2]☆Pustulatisporites
鼷鹿[N-Q]☆chevrotain；Tragulus
息痕化石☆Ruhespuren
息票[法]☆(test) coupon；interest coupons
息肉样☆polypoid
息税前利润☆earnings before interest and tax；EBIT
舾装工作☆outfit
希(沃特)[(放射性)剂量当量国际单位]☆Sv；Sievert

希巴德牙形石(属)[O_2-T_2]☆Hibbardella
希宾(钾锆)石[$K_2ZrSi_2O_7$;单斜、假三方]☆khibinskite
希宾岩☆chibinite
希玻耳-邵特照相☆Schiebold-Sauter photograph
希波箭石☆Hibolithes
希伯来岩☆Jewish stone
希伯尼造山运动[S_3]☆Hibernian{Erian} orogeny
希顿古装[古希腊人贴身穿的宽大长袍]☆chiton
希耳格灯☆Hilger lamp
希尔伯特变换☆Hilbert transform
希尔顿型装载机☆Shelton loader
希尔法直接还原铁☆HYL directly reduced iron
希尔令型浮选槽{机}[V形槽气孔底]☆Hearing cell
希尔特规律☆Hilt's law{rule}
希格瓦斯探测灯☆Ceage detector
希硅锆钠钙石[$(Ca,Na)_3ZrSi_2O_7(O,OH,F)_2$;三斜]☆hiortdahlite; guarinite
希克斯电解液比重计☆Hicks hydrometer
希克松属☆Hikorocodium
希克肖克造山运动[D_3-C_1]☆Schickshockian orogeny
希拉灰[石]☆Sira Grey
希腊☆Greece
希腊尺度名[=606.75ft]☆stadium
希腊颈鹿属[N_2]☆Helladotherium
希腊菊石属[头;T_1]☆Hellenites
希腊绿[石]☆Serpintine
希腊期[新生代至第三纪的欧洲运动幕]☆Hellenic
希腊琴状的☆lyriform; lyrate
希腊球石[钙超;Q]☆Helladosphaera
希腊字母☆Greek letter
希赖克特罗型筛☆Selectro screen
希利公式[桩工]☆Hiley formula
希马尼特制管机☆Hiamanit pipe machine
希梅诺颗石[钙超;Q]☆Hymenomonas
希砷铜锌石☆theisite
希氏法则☆Hilt's rule
希斯兰待介属[O_1]☆Hesslandella
希斯塔方解石☆hystatique
希特柯提升系统☆Schitko system of hoisting
希瓦格蜓(属)☆Schwagerina
希望☆hope; wish; chance; promise; like
希望虫(属)[孔虫;E_2-Q]☆Elphidium
希望虫类☆elphidiid
希文花岗岩☆Jewish stone
希沃特[剂量当量]☆sievert; SV
希指蕨孢属☆Schizaeoisporites
希指蕨属☆Schizaea
膝☆lap
膝刺[笔]☆genicular spine
膝盖骨☆knee cap; patella [pl.-e;-as]; kneecap
膝沟藻(属)[J-Q]☆Gonyaulax
膝壶属[甲壳;E-Q]☆barnacle; Balanus
膝脊贝属[腕;O_{1-2}]☆Gonambonites
膝脚目[蜘蛛]☆Ricinulei
膝空位☆kneeroom
膝囊蕨属[古植;J_1-K_1]☆Gonatosorus
膝曲☆knicking
膝曲的☆geniculatus; geniculate
膝曲点☆geniculation
膝曲面☆knickplane
膝曲牙形石属[C_1]☆Geniculatus
膝曲褶曲{皱}☆knee fold
膝弯的[长身贝]☆geniculate; geniculatus
膝型构造☆knee-type structure
膝折☆kink; kinking
膝折带☆kink band; kinked zone
膝折线☆knickline; nickline
膝褶皱☆kink fold
膝(形)制动器☆knee brake
膝状{形}双晶☆knee-shaped{geniculated;geniculate;knee;elbow(-shaped)} twin
膝状弯曲[介]☆geniculum; genicula
夕阳产业☆sunseting industry
熄爆☆incomplete detonation
熄灯器☆extinguisher
熄弧☆blowout; blow out
熄弧器☆spark arrangement
熄弧栅☆arc-splitter
熄火☆flame failure; blowout; blow{die} out; misfire; power cut; [of fuel,a stove,etc.] stop burning; [of an engine,etc.] stop working; go dead; stop fuel from burning; stop from burning; stop; slack[炼焦]; stop an engine,etc.
熄火山☆extinguished{dormant} volcano
熄焦☆quench-coke
熄灭☆fray{die} out; extinguish(er); die; extinct(ion); blank(et)ing; blank; suppress; quench(ing); blow out; blackout; [of a fire,light,etc.] go out; wink; attenuation; amortization; blowout[火花]
熄灭的☆decayed
熄灭火山☆extinguished volcano
熄灭脉冲☆blank
熄灭器☆annihilator; quencher
熄灭信号☆blackout signal
熄灭信号持续时间☆blanking time
熄灭装置☆blanker; blanket
烯☆ethylene; olefine
烯胺☆enamine
烯丙基[CH_2=$CHCH_2$-]☆allyl
烯丙基苯基甲(基)醚[CH_2:$CHCH_2$•$C_6H_4OCH_3$]☆allyl phenyl methyl ether
烯丙基氯☆allyl chloride
烯醇☆enol
烯的☆olefinic
烯二酸[CH_2=$CHCH_2CO_2H$]☆vinylacetic acid
烯化☆alkylene
烯化作用☆olefination
烯基☆alkenyl
烯键☆ethylenic linkage{link;bond}; olefinic bond
烯`类{(属)烃}[C_nH_{2n}]☆olefin(e) alkene; olefin hydrocarbons
烯链☆olefinic link
烯炔☆eneyne
α-烯烃☆alpha olefin
烯烃沥青☆olefinite
烯烃系☆ethylene series
烯烃族的☆olefinic
烯酮(类)☆keten; ketene
烯族的☆olefinic
烯组分☆olefinic constituents
溪☆brook; run
溪浜学[钻探]☆creekology
溪菜(属)[绿藻;Q]☆Prasiola
溪沟砂矿☆gulch place
溪谷☆gully; gole; river{small} valley; vale
溪河群落☆namatium
溪流☆gill; flume; (ravine) stream; ghyll; (creek) brook; rivulet
溪流中的泉华堤☆bar in streams
溪砂矿☆creek placer
溪生藻类☆pheophilic algae
溪石藻属[N]☆Rivularialites
溪水☆courant{branch} water
汐☆evening{night} tide; nighttide; tide during the night
犀(牛)☆Rhinoceros
犀角☆keratin-fiber horn
犀貘属[E_2]☆Heptodon
犀鸟属[Q]☆Bucerotes
犀牛海雀☆rhinoceros auklet
犀牛属[N_1-Q]☆Rhinoceros
犀皮螺属[腹;C_1]☆Rhineoderma

xí

袭夺[河流]☆capture; piracy; abstraction
袭夺河☆capturing river{stream}; diverter; pirate; diverting{pirate;captor} stream
袭夺湾☆elbow of capture
袭夺源☆captured source
袭夺肘弯☆elbow of capture
袭击☆incursion; attack; assault; revier; outfall
席☆sheet; mat
席层状矿床☆manto
席冲断层☆sheet thrust
席德廷(阶)[欧;$Є_3$]☆Shidertinian
席德廷阶☆Shidertinian (stage)
席卷☆engulf
席勒构造[离溶包裹体的定向分布构造]☆Schiller's structure
席裂☆sheeting
席裂带☆sheeted zone
席藻☆phormidium
席藻属[蓝藻;Q]☆Phormidium
席状☆sill-like
席状层理花岗岩采石场☆sheet quarry
席状的☆mantolike; sheetlike; sheet like
席状地震相单位{元}☆sheet seismic facies unit
席状叠覆☆sheet like superposition
席状覆盖地震岩相单元☆sheet drape seismic facies unit
席状构造☆pseudostratification; sheet{sheeting;slab} structure
席状节理☆sheet joint(ing); sheeting
席状晶体☆mat crystal
席状砾岩铜矿☆sheet conglomerates copper
席状连晶☆simplectite
席状连晶结构☆simplectic texture
席状泥流☆solifluction sheet
席状披盖地震相☆sheet drape seismic facies
席状侵入杂岩☆sheeted intrusive complex; S.I.C.
席状砂☆sheet sand; sand sheet
席状沙坝{洲}☆sheet bar
席状砂层☆blanket{sheet} sand
席子☆matting; mat; deflector sheet
习惯☆usage; practice; trick; habitus; custom; habit; praxis [pl.praxes]; wont; season; use
习惯的☆customary
习惯于☆wont; settle into
习惯作法☆accepted{market} practice
习性☆behavio(u)r; propensity; habit(us); habitue
习性变化{态}☆habit-modification
习性学[生态]☆ethology
习用方法☆accepted practice; conventional method
习用丰度☆conventional abundance
习用机械采煤法☆conventional machine mining
习用天井开凿法☆conventional raising
习用凿井方法☆conventional shaft sinking method

xǐ

喜爱☆be attached to; fancy
喜爱寒带地方的☆cryophilic; psychrophilic
喜爱冒险准则☆adventurous criterion
喜冰雪的☆chionophilous
喜草性☆phytophily
喜池沼的☆tiphophilus
喜畜性☆zoophilism
喜氮的☆nitrophilous
喜氮植物☆nitrophile; nitrogen-loving plant
喜低温的☆hypothermophilous; psychrophilic; cryophilic
喜低温植物☆hekistotherm
喜洞的☆troglophilous
喜洞生物☆troglophile
喜斗腕☆Pugnax
喜峰矿☆xifengite
喜腐的☆saprophilous
喜腐殖质的☆oxygeophilus; oxylophilus
喜钙的☆calciphilous
喜钙性的☆calcicolous
喜钙植物☆calcipete; calciphile; calcicolous plant; calcicole
喜高温的☆pyrophilous
喜光的☆photophilous
喜光植物☆sun plant
喜海滨的☆psamathophilus
喜海的☆thalassophilus
喜旱的☆xerophile; xerocole; xerophilous
喜旱植{生}物☆xerocole
喜河流的☆potamophilus
喜欢☆care; like
喜荒漠的☆eremophilous
喜碱的☆basophile
喜碱植物☆basophilous plant
喜静水的[生]☆stagnicolous
喜菌的☆mycophilic
喜冷的☆psychrophilic; cryophilic; cryophilous
喜马拉雅海胆属[K_3]☆Himalayechinus
喜马拉雅菊石属[头;J_3-K_1]☆Himalayites
喜马拉雅相☆Himalayan facies
喜木的☆xylophilous
喜暖植物群☆thermal flora
喜庆☆jubilee
喜热细菌☆heat loving bacteria
喜热植物☆philotherm
喜砂的☆ammophilous; psammophilic
喜砂植{生}物☆psammophile
喜沙丘的☆thinophilus

喜山生物☆orophilous
喜湿的☆hygrophilic；hygrophile；hygrophilous
喜湿植物☆hygrophilous plant{vegetation}
喜石的☆lithophilous
喜石膏的☆gypsophilous
喜水(生)的☆hygrophilic；hygrophile；water-loving
喜水植物☆hydrophilous plant
喜酸的☆acidophilous；oxyphilous
喜酸生物☆acidophil(e)s
喜酸细菌☆acidophilic bacteria
喜酸植物☆oxyphiles；oxyphilous plant；oxylophyte
喜土的☆geophile；geophilous
喜温带的☆mesothermophilous
喜温的☆thermophilic；thermophilous；thermophile
喜温生物☆thermophilous organism
喜温性☆thermophily
喜温植物☆thermophyte
喜硒植物☆seleniferous plant；selenophile
喜溪藻类☆pheophilic algae
喜盐的☆halophilous；halophilic；drimophilous
喜盐生物☆halophile；halobiont
喜盐植物☆halophytic vegetation{plant}
喜阳植物☆heliophilous plant；heliophile；heliad
喜氧(生物)的☆aerobi(oti)c；aerobian；oxyphilous
喜氧微生物☆aerobian
喜氧细菌☆aerobe；aerophile bacteria
喜阴植物☆sciophile；ombrophytes；skiophyte
喜雨植物☆ombrophiles；ombrophilous plant
喜中温(生物)☆mesophilic
镭[Sg,序 106]☆scaborgium
铣(削工具)☆milling cutter
铣槽☆channelling；channeling
铣铲☆cutter head
铣齿钻头☆milled tooth bit
铣床☆miller；milling machine
铣刀☆fraise；milling tool{cutter}
铣刀杆☆cutter spindle
铣刀盘☆facer
铣刀式钻头☆milling bit
铣刀型螺帽[打捞矛下部的]☆mill type nut
铣刀钻头☆junk mill；milling tool
铣割套管☆mill-cut casing
铣工☆miller (hand)；milling machine operator
铣键槽☆keyseat
铣具☆milling tool
铣孔板☆membrane
铣孔测量计☆diaphragm-type{diaphragm} gage
铣轮☆cutter head
铣轮式挖泥机☆cutter-head dredge
铣灭{掉}☆mill off
铣磨钻头☆milling bit
铣切割缝☆mill-cut slot
铣式隧道钻巷机☆milling type tunnel boring machine
铣铁压块☆kentledge
铣头☆cutter head；cutterhead
铣削夹具☆milling fixture
铣鞋☆rotary{mill;milling} shoe；mill type shoe；drill mill[钻用打捞工具]；milling bit
铣轴☆cutter spindle
徙动☆migrate
洗☆launder；scrub；wash
洗(澡)☆bathe
洗擦矿石☆washing and scrubbing
(油船主甲板上的)洗舱孔☆Butterworth hole
洗槽☆tank washer；wash trough；launder
洗槽分选☆flowing current separation
洗槽精矿☆strake concentrate
洗车台☆service rack
洗车装置☆car-washing plant
洗尘器☆dust scrubber
洗出[离子交换柱洗出吸附的离子]☆elution；elute
洗出层☆eluvial horizon{layer}；eluvium
洗出液☆eluate
洗出作用☆eluviation
洗除废气发动机☆scavenging engine
洗床☆wash bed
洗得精矿☆washing
洗涤☆cleaning；wet elutriation；flush；scrub(bing)；wash(ing)；rinsing；syringe；cleanup[溜槽的]；clean up；scour；scouring process；cleanse；purge
洗涤槽☆eluate{bath;washing} tank；washing jar；sink
洗涤层☆wash zone
洗涤厂☆washery
洗涤车间☆washroom
洗涤处理☆aqueous desizing；washing treatment
洗涤的☆abluent
洗涤混合液☆cleansing solution
洗涤机☆spacing washer；rinsing{washing} machine
洗涤剂☆detergent；detersive；abluent；strippant；cleaning{eluting;washing} agent；wash；clean(s)er；abstergent
×洗涤剂[同 Igepon A;$C_{17}H_{33}COOCH_2CH_2SO_3Na$]☆Alipon A
×洗涤剂[油酸磺化乙酯钠盐;$C_{17}H_{33}COOCH_2CH_2SO_3Na$]☆Fenopon{|Igepon} A
×洗涤剂[$RCON(R')C_2H_4SO_3Na$($R'=CH_3$,R=油烯基, $C_{17}H_{33}$)]☆Fenopon{|Igepon} T
MXP 洗涤剂☆Detergent MXP
×洗涤剂[油酰基甲基牛磺酸钠;R＝$CON(CH_3)CH_2CH_2SO_3Na$(R•CO=油酰基 $C_{17}H_{33}CO$−)]☆Neopol T
×洗涤剂[$C_{17}H_{33}CON(CH_3)CH_2COONa$]☆Neopol
×洗涤剂[四聚丙烯-苯基磺酸钠盐,同十二烷基苯基磺酸钠盐]☆Oronite S
×洗涤剂[烷基甲苯磺酸盐]☆Parnol
×洗涤剂[支链十碳-十三碳烷基苯磺酸钠;德]☆Rodapon
×洗涤剂[椰子油酰-N-甲氨基乙酸钠;R−$CON(CH_3)$ CH_2COONa(R−CO−=椰子油酰)]☆Warco A-266
85(号)洗涤剂☆Detergent 85
洗涤介质双层筛☆double-deck medium washing screen
洗涤空气☆scrubbed air
洗涤能力☆washability
(气体)洗涤瓶☆wash-bottle
洗涤器☆scrubber；washer；rip；spray tower；syringe；clearing device；washing apparatus{appliance}
洗涤溶剂☆cleaning solvent
洗涤石墨☆graphite water
洗涤室☆laundry room；washing chamber
洗涤式集(滤)尘器☆scrubber filter
洗涤损失☆washing-loss
洗涤塔☆tower washer{scrubber}；scrubber；scrubbing{washing} tower；washing column
洗涤箱☆washing box；washbox
洗涤液☆washing；cleansing{cleaning} solution
洗涤用水☆slurry
洗涤油☆flushing{detergent(-type)} oil
洗掉☆flush away
洗矸☆washed reject
洗矸脱水☆dirt dewatering
洗管☆washover pipe
洗管器☆pipe-line{pipe} cleaner
洗罐☆wash tank
洗罐机☆can rinser
洗(涤)剂☆lotion
洗金板☆ita
洗金槽☆gold washer；abacus
洗金机☆gold washer
洗金泥☆wash dirt
洗金设施☆gold-washing plant
洗金尾{属}矿分级器☆decanter
洗精煤量☆clean coal yield
洗精末煤☆washed slack
洗井☆clean-out of well；washing (in)；flushing{well cleanout{cleanup}}[油]；washover；cleanout blow；cleaning{scavenging} the hole；well washing；mud-flush of sinking；venting；WI
洗井管柱☆wash pipe；washover string
洗井和钻油层用的小钻机☆drilling-in unit
洗井水☆wash-down water
洗井性放喷☆cleanout blowout{blow}
洗井液☆flush{flushing;washing;drilling} fluid；drilling{drill} mud
洗井用过的废液[水、砂、泥浆和油]☆slush{shale} oil
洗井周期☆purge period
洗净☆clean(ing)；detergency；ablution；wash-out
洗净(作用)☆edulcoration
(煤的)洗净程度☆washability
洗净剂☆abstergent；abluent
洗净率☆detergent factor
洗净液☆ablution
洗孔☆flushing；clean-out of hole；hole cleaning
洗孔器☆cleanser；cleanout auger
洗孔时间☆flush time
洗孔液☆drilling{drill} fluid
洗孔液漏失控制☆drilling fluid loss control
洗孔用空气☆scavenging air
洗矿☆(ore) wash；stream；toss；vanning；cleaning of ore；wash(ed) ore；hutch；washup；levigate；desilting
洗矿槽☆launder；hutch[选]；strake；trough (washer)；buddle；hurley log washer；sluiceway；corduroy；trunk；hurley；lauchute；sluice{streaming(-down); wash} box；log washer；tye；abacus
洗矿槽衬底木块格条☆block{combination} riffle
洗矿槽的隔板☆apron
(在)洗矿槽里洗(矿)☆hutch
(用)洗矿槽淘洗☆buddle
洗矿铲☆van
洗矿厂☆(ore-)washing plant；washery
洗矿池☆desilter
洗矿船☆floating washer
洗矿地沟☆lauchute
洗矿工☆clean-up{cleanup;jig} man；buddler
洗矿滚筒☆wash trammel；trommel
洗矿机☆(ore) washer；log washer；washing apparatus {plant}；wash.
洗矿架☆rack
洗矿精矿(量)☆wash-up
洗矿浓密{缩}机☆wash thickener
洗矿人☆buddler；buddleman
(挖掘船)洗矿设备☆saving plant
洗矿水☆wash water；washwater
洗矿损耗☆washing-loss
洗矿台☆rag-frame[矿泥粗选的木制缓倾斜框架]；(ragging) frame；washing table；corduroy
(在)洗矿台中粗洗{选}矿石☆ragging
洗矿筒☆trommel；washer {wash(ing)} drum；drum {rotary} washer；wash(ing) trommel；trunnion screen
洗矿桶☆keeve；kieve
洗矿装置☆dolly
洗砾厂☆gravel-washing{gravel} plant
洗砾机☆gravel washer
洗料池☆diffuser；diffusor
洗炉☆slugging
洗滤☆filter wash
洗滤液☆washing filtrate
洗煤☆coal preparation{washing;dressing;cleaning}；washing；washed coal
洗煤槽☆trough washer
洗煤厂☆(coal) washery；(coal) cleaning{preparation;washing;processing} plant；prep
洗煤机☆(coal) washer
洗煤效率☆efficiency of separation
洗煤作业☆cleaning operation
洗黏土☆washed clay
洗瓶☆wash-bottle；washing bottle
洗(气)瓶☆gas washing bottle；washing bottle
洗气☆scrub；scrubbing
洗气罐☆volume tank
洗气器{机}☆gas washer；wet cleaner
洗汽油☆stripping oil
洗球机☆marble washer
洗去☆washing out；washing-out
洗入(作用)☆illuviation
洗入层☆illuvial horizon{layer}；illuvium
洗入土☆illuvial soil
洗砂☆washed-out sand
洗砂槽☆wash trough
洗砂厂☆sand-washing plant
洗砂沟☆sluiceway
洗砂机☆elutriator；sand washer；sand washing machine
洗砂剂☆sand cleaning agent
洗砂淘汰机☆sand-cleaner jig
洗砂样的容器☆sample bucket
洗石机☆washing apparatus；stone scrubber
洗石饰面☆exposed aggregate finish
洗刷☆washing；scrub；scour
洗刷器☆scourer
洗水☆washing；wash(ery) water
洗水仓☆wash-water sump
洗水澄清☆water clarification
洗水全部回收☆complete wash water recovery
洗水杓☆wash water sloop

洗提☆elution；stripping；elute；backwash
洗提剂☆stripper
洗提液☆eluant；eluate
洗铁☆wash(ed) metal
洗桶器☆can rinser
洗脱色谱法☆elution chromatography
洗碗机☆dishwasher
洗箱☆tank washer；box
洗鞋☆washover shoe
洗选☆washing；dressing{select} by washing；ore dressing (by washing)；cleaning；vanning
洗选厂☆preparation plant
洗选处理☆processing
洗选机械排出的污水☆effluent
洗选结果的预测☆prediction of cleaning result
洗选控制☆control of washing
洗选矿泥的坡面板☆jagging board
洗选煤☆washed coal
洗选前拣出的金粒☆pick-ups；pickups
洗选室☆washhouse；washing cell
洗选尾矿☆wash-ore tailings
洗液☆wash water{liquor}；decantate；washing liquid {liquor}；cleaning solution；washings；lotion
洗衣(店)☆laundry
洗衣板状碛群☆washboard moraines
洗衣机☆washer
洗油带[注水]☆flushed zone
洗油罐☆gun barrel
洗油率☆detergent factor
洗油效率☆flushing{displacement;cleaning} efficiency
洗熨☆launder
洗澡间☆bathroom；washhouse
洗渣☆washery slag{refuse}
洗中煤☆washed middling
洗濯☆wash；launder；cleanse

xì

系☆(homologous) series；group；family；faculty；department；assise；system；array；train；truss；tether；stockwerke[德]；Dpt；dept.；dept；dep
K{|L}(线)系☆K{|L}-series
系(定理)☆corollary
系板☆tie plate
系材☆tie；accouplement
系垂☆jugulum
系词☆copula
系带☆frenulum[pl.-la]；tie band；vinculum
系带式[腕]☆frenuliniform
系定板☆anchor plate
系杆☆bind；brace；pinning{tie} rod；tie(-)bar；tie(-)rod；bridle{tie} bar；debar
系管臂☆racking arm
系渐变☆phyletic gradualism
系件☆tie element{member}
系列☆series；family；serial；train；set；spectrum [pl.-ra]；catena [pl.-e]；bank
系列爆炸☆multiburst
系列的☆successional
系列化☆serialize；seriation；come out in serial form；serialization
H 系列液压圆锥破碎机☆H Hydrocone crusher
系列组织相同☆serial homology
系论☆corollary
系面升降滨线☆eustatic shore lines
系木☆accouplement
系谱☆genealogy
系谱分类☆genealogical{phylogenetic} classification
系谱关系☆genealogical relationship
系谱树☆family{genealogical} tree
系群☆system-group
K 系 X 射线☆K-series X-ray line
系石☆bond stone；bondstone；parpend；through-stone；perpend
系数☆coefficient；factor；fraction；modulus [pl.-li]；index [pl.indices]；module；quotient；ratio；quotiety；number；coeff.；coef；C.
g 系数☆g factor
α 系数☆alpha coefficient
系数矩阵☆coefficient matrix；matrix of coefficients
系数相乘器☆multiplier coefficient unit
系栓☆driftbolt
系统☆hierarchy；fr；frame；formation；assembly；combination；channel；system；array；assemblage；tract；syst；sys；syst.；sys.；ASSEM
GIPSY 系统☆General Information Processing System
系统安全危害分析☆system safety hazard analysis
系统边界与安全防线☆the system boundary and the security perimeter
(有)系统的☆systematic(al)
系统地下水调查☆systematic groundwater investigation
系统发生☆phylogenesis；phylogeny
系统发生带[地史]☆phylozone
系统发育☆phylogeny；phylogenesis；historical development
系统发育学☆phylogenetics
系统发育学家☆phylogeneticist
系统仿真☆system emulation{simulation}
系统分类☆genealogical classification
系统分析☆system{systematic} analysis；SA
系统工程☆system{systematic} engineering
系统供电单元☆system power unit；SPU
系统工作☆development
系统管理理论☆system management theory
系统化☆systematization；system(at)ize
系统排队区☆system queue area；SQA
系统排列的矿柱☆regular pillars
系统评价{定}☆system evaluation
系统失效☆thrashing
系统失真☆systematical distortion
系统时钟控制信号☆system clock control signal
系统试井☆flow-after-flow test；well performance test；systematic well testing；step-rate testing{analysis}
系统树☆family{phylogenetic;genealogical} tree
系统突变假说☆systemic mutation hypothesis
系统误差☆systematic{biassed;system(ic);serious} error；personal equation
系统学☆systematology
系统样品☆serial samples
系统增益☆system-gain
系统支持处理机☆systems support processor
系统组件设计☆system package plan；SPP
系线☆conode；tie line；haptonema[钙超]
系站☆pump station
系主任☆chairman
系住☆latching
系综☆ensemble
潟湖☆lagoon；barachois；laguna
潟湖沉积☆lagoon sediment；lagoon(al) deposit
潟湖沉积轮回☆lagoon cycle
潟湖的☆lagunar
隙☆gap；slot；rift；crack；chink；crevice；interval；loophole；nozzle；opening；opportunity；discord；grudge；spatium[棘等;pl.-ia]；magnetic gap[钻机电磁刹车]；NOZ
隙缝☆aperture；check
隙缝槽模型☆parallel plate model
隙缝阻抗☆impedance of slot
隙管海蕾目[棘]☆Fissiculata
隙规☆gap ga(u)ge；clearance gauge
隙灰比☆void-cement ratio
隙间窜流☆interporosity flow
隙间的☆interstitial；interst
隙间腐蚀☆crevice corrosion
隙间喉道☆pore throat
隙间化石水☆fossil interstitial water
隙间渗透☆interpenetration
隙间水☆interstitial water
隙角☆gage angle
隙居元素☆fissural elements
隙距☆stand-off distance
隙跨比☆fissure spacing-span ratio
隙裂☆craze
隙溜比[选]☆interstitial ratio
隙溜微孔☆interstitial pore
隙龙属[K_2]☆Chasmosaurus
隙密度☆gap density
隙栖的☆phreaticolous
隙生的☆phreaticolous
戏法☆sleight
戏剧(性)的☆dramatic
细☆tubule；lepto-
细白砂糖☆castor{berry} sugar
细白云岩☆beforsite
细斑晶的☆minophyric
细棒型☆radulifer
细胞☆corpuscle；cell
细胞壁变薄处☆pit
细胞壁分解物质☆cell {-}wall degradation matter
细胞变形{态}☆cytomorphosis
(有)细胞的☆cellulose
细胞分解☆tissue dissolution
细胞分裂素[植]☆cytokinin
细胞分子☆cellular elements
细胞构造☆fine-cellular{vesicular;cellular} structure
细胞含物☆cell inclusion
细胞核☆(cell) nucleus
细胞化学☆cytochemistry
细胞化学研究☆cytochemical research
细胞间脊{|沟}☆intercellular ridge{|furrow}
细胞口☆cystostome
细胞列[藻]☆trichome
细胞内的☆intracellular
细胞内浸透☆endosmosis；endosmose
细胞器☆organelle；cell organ
细胞溶质☆cytosol
细胞色素☆cytochrome
细胞束☆micella [pl.-e]；micell(e) [pl.-les]
细胞外的☆extracellular
细胞形成核☆cytoblast
细胞学☆cytology
细胞支架的☆cytoskeletal
细胞质☆kytoplasm；cytoplasm；tenuigenin
细胞质内各类淀粉颗粒或其他固体物☆statolith
细胞状的☆cellular；alveolate；alveolar
细胞状构造☆cell{cellular} structure
细胞组织☆tissue
细保险丝☆micro-fuse
细刨花充填层☆excelsior pack
细碧角斑岩建造☆spilite-keratophyre formation
细碧岩☆spilite
细碧岩化(作用)☆spilitization
细碧岩群☆spilitic suite
细碧岩质火山岩☆spilitic volcanic rocks
细壁珊瑚属[S_2]☆Tenuiphyllum
细变苔藓虫属[O]☆Atactoporella
细薄织物☆zephyr
细勃姆矿☆kushmurunite
细部☆detail；detail of a drawing
细部测量☆detailing；detail survey
细部分析☆detailed analysis
(冰川)细擦痕☆sand line；microlayer
细槽☆groove
细槽形铸型☆delicate flute cast
细测☆close mapping
细层☆lamella [pl.-e,-as]；lamina；tiny strata；microlayer
细层理☆slip cleavage
细层纹的☆finely-laminated
细层状碳质页岩☆paper shale
细产品☆fine product
细长☆slenderness
细长的☆elongate；slender
细长的列☆swath
细长的石刁柏{芦笋}☆sprue
细长结构☆slim-lined construction
细长口☆rima
(宝石的)细长形琢型[方石、棱石]☆baguette cut
细长叶☆leptophyll
细长凿☆ripping chisel
细尘岩☆pulver(yl)ite；pulveryte
细齿☆serration；denticulate
细齿的☆close-toothed
细齿花键☆involute serration
细齿脊锯☆lancashire back saw
细齿卡瓦☆serrated slips
细齿兽(属)☆Miacis
细齿型☆entomodont
细齿藻属☆Denticula
细冲孔☆fine perforation
细穿孔☆puncta；punctum
细瓷☆fine porcelain
细瓷状断口☆fine pottery fracture
细刺贝属[腕;D_3-C_1]☆Sentonia
细刺管苔藓{藓}虫属[Q]☆Acanthoporella
细锉☆smooth file
细带螺科[腹]☆Fasciolariidae
细单☆specification
细的☆fine；thin

细的下部钻具☆stinger
细(碎切割)地形☆fine topography
细雕☆entail
细读☆perusal
细度☆(degree of) fineness
细度模数{量}☆fineness modulus
细度系数☆fineness factor{modulus}; coefficient of fineness; surface factor
细度自动检测仪☆automatic detectometer for fineness
细对光☆fine adjustment
细剁石面☆fine axed stone finish; smoothed-axed stone face
细二长玢岩☆kullaite
细帆布☆duck
细返料☆return fines
细方铅矿☆dice mineral
细方石☆ashler
细啡珠[石]☆Café Imperial
细分☆subdivision; breakdown; subdivide; boult
细分层压裂☆separate minelayer fracturing
细分带☆microzoning
细分分类[与 lumping 反]☆splitting
细分派[生类]☆splitter
细分散镜煤质☆finely divided anthraxylous matter
细分散树脂体☆diffuse resinite
细分筛☆sifting screen
细分选的☆fine-sorted
细粉尘过滤器☆fine dust filter
细粉/空气排放口☆fines/air discharge
细粉煤☆finely-pulverized coal
细粉室☆fines chamber
细粉水泥☆cement flour
细粉碎机☆slimer
细粉状黏土☆fine clay
细蜂窝状构造☆fine-cellular structure
细缝☆hairline; check
细缝筛☆fine-slotted{needle-slot} screen
细腐殖质☆mull
细复成脉☆stringer lode
细复理岩☆laminite
细钙长辉长岩☆ouenite
细岗岩☆haplogranite
细高立罐[从原油中分离水和油泥的]☆shotgun tank
细锆石☆junkite
细割☆fine cut
细格壳叶肢介属[K]☆Clathrostraceus
细格子状构造☆fine-grating structure
细根☆rootlet
细工锯☆fret-saw
细沟☆rill (channel); runnel; groove; rigolet; rain rill; rachel; striae
细沟模☆microgroove cast
细沟侵蚀☆rill erosion{wash}; rillwash
细沟形成☆raggling
细沟藻属[J_3-N]☆Leptodinium
细骨料☆fine aggregate
细谷☆ravine; couloir; wash; gulch
细股蛤属[双壳;J-K]☆Inoperna
细观力学☆micromechanics
细管☆tubulus[环;pl.-li]; nema; tubule; slim tube
(小直径)细管☆macaroni pipe
细管驱替{|试验}☆slim-tube displacement{|test}
细光栅扫描☆microscanning
细硅线石☆fibrolite; bucholzite
细护土[细土覆盖层]☆dust mulch
细花白[石]☆White Carrara
细花岗岩☆microgranite
细花介属[E_3-Q]☆Leptocythere
细化☆degradation
细化燃料☆finely-disintegrated{-subdivided} fuel
细环囊粉属[孢;T_3]☆Enzonalasporites
细灰岩☆vaughanite
细集料☆fine aggregate
细尖☆apiculus
细尖的☆apiculate(d); acuminulate
细碱辉正{钠}长岩☆solvsbergite
细涧☆gully; wash; rachel
细焦粉☆fine coke breeze; finely-ground coke
细焦木☆fine breeze
细角砾化☆microbrecciation
细角砾岩☆microbreccia
细节☆detail; feature; circumstance; specific (details); thing; ramification; minutia [pl.-e]; minor details; particulars; niceties
细节设计☆detailing
细节再现☆rendering of detail
细结构土☆fine-textured soil
细结晶碳化硅☆fine crystal silicon carbide
细解硅岩粉☆ground ganister
细介壳灰岩☆microcoquina
细金刚砂☆fine emery powder
细晶☆kryptomere; cryptomere
细晶错综状的☆autallotriomorphic
细晶的☆finely crystalline; fine-grained{-crystalline}
细晶断口☆fine grained fracture
细晶岗岩☆haplogranite
细晶硅岩☆ganister
细晶花岗质☆aplite granitic
细晶化☆grain refinement
细晶粒的☆fine-grained; fine-granular
细晶粒低碳结构钢☆plastalloy
细晶粒钢☆grain refining steel
细晶钠铁矿☆bartholomite
细晶石[$(Na,Ca)_2Ta_2O_6(O,OH,F)$,常含 U、Bi、Sb、Pb、Ba、Y 等杂质;等轴]☆microlite; haddamite; aplite; microlith; metasimpsonite; pyrochlore; niobtantalpyrochlore; tantalpyrochlore; mikrolith
细晶石墨☆amorphous graphite
细晶岩☆haplite; aplite; granitine; alaskite
细晶岩类☆rhenopalite
细晶岩状花岗岩☆aplitic granite
细晶质☆finely crystalline; cryptomerous
细晶质的☆cryptomerous; kryptomerous
细晶质异离{条状}体☆aplitic schlieren
细颈瓶☆glass vial; flask
细颈盛水瓶☆decanter
细颈柱[浪蚀、风蚀]☆pedestal
细聚焦☆microfocus
细聚焦 X 射线管☆fine focus X-ray tube
细距☆fine pitch
细锯齿(状)☆serrulation
细卷褶皱☆convolute fold
细掘穴地层☆microburrowed strata
细菌☆germ; microbe; bacterium [pl.-ria]; microphytes
细菌测井☆biolog
细菌成因黄铁矿建造☆bacteriogenic pyrite formation
细菌成因气☆bacterial gas
细菌分解☆bacteriolysis; microbial decomposition
细菌分析☆bacteriological analysis
细菌含量☆bacteria content
细菌化泥炭☆bacterized peat
细菌藿四醇☆bacteriohopane tetrol
细菌检定{验}☆bacteriologic examination
细菌降解油☆bacterially degraded oil
细菌浸出{取}☆bacterial leaching
细菌黏液堵塞☆bacterial slime buildup
细菌凝聚团☆zoogloea
细菌培养☆bacilli-culture; microbe growth
细菌培养器☆incubator
细菌群密度☆bacterial population density
细菌形成的矿床☆mineral deposits by bacteria
细菌学☆bacteriology
细菌学家☆microbiologist
细菌演化作用☆bacterial alteration
细菌冶金☆biometallurgy
细菌引起的☆microbian; microbial; microbic
细菌总数☆total count of bacteria colonies
细菌作用☆bacteria(l) action; bacteriological process
细看☆scan
细颗粒的☆fine-grained
细颗粒土☆fines
细孔[腕]☆fine mesh; pore; punctate
细孔道[古杯]☆tubulus [pl. tubuli]
细孔的☆fine-pored; close-meshed
细孔垫布☆finely porous mat
细孔滤网☆fine-mesh filter
细孔筛☆fine-gauge{fine} screen; fine-mesh{close-meshed} sieve
细孔筛布☆screen cloth
细孔隙☆fine porosity{pore}
细孔藻类☆perforating algae
细控海绵属[C]☆Girtycoelia
细口的☆narrow-mouthed
细矿仓☆fine-ore bin; fine ore storage
细矿脉☆spur; boke; scun; rute; string(er); thread; veinule; veinlet
细矿脉苗☆string
细矿末沉积淘选[空气或水中]☆levigation
细矿团化☆pelletization
细砾☆granule roundstone [2mm]; fine gravel{pebble}; bird's eye gravel; granule [2～4 mm]; grit (gravel); pea gravel [1/4～3/4in.]; torpedo gravel
细砾石☆bird's-eye{fine} gravel; chips; bird's eye gravel
细砾岩☆microconglomerate; granule conglomerate
细粒☆fines; granule; fraction; fine particle{grain-size; grain}; drib; fine-grained; F.G.
细粒部分☆fine fraction
细粒长石石英净砂岩☆fine feldspathic quartzarenite
细粒长英粒岩☆halle-flinta
细粒磁铁精矿☆fine magnetite concentrate
细粒到中粒的☆fine-to medium-grained
细粒的☆fine-graded{-grained}; fine (grained); close{-}grained; fine{close}-meshed; short-grained; finely- granular; aphanitic; particulate
细粒度☆fineness
细粒分散煤化沥青☆polynigritite
细粒刚玉☆ajatit; ayatite; ajatite
细粒黑云闪长岩{石}☆pawdite
细粒花岗岩☆granitello
细粒化☆fining; sliming
细粒灰岩☆post stone; poststone; saprokonite; saproconite
细粒级☆fine fraction; low-mesh size
细粒级(配)的☆fine-graded
细粒结构☆fine (grained) texture; fine-grain structure
细粒金☆gold dust; mustard gold
细粒金刚石不取芯钻头☆solid concave bit
细粒金刚石镶条硬焊钻头☆kobelite diamond bit
细粒金刚石钻头半圆端☆half-round nose
细粒控制筛☆undersize control screen
细粒矿石☆smitham
细粒磷块岩产品仓☆fine phosphate rock product bin
细粒面大孢属[K_1]☆Maexisporites
细粒磨石☆turkey stone
细粒泥沙☆finely-divided silt
细粒浅海灰岩☆bahamite
细粒球状金刚石☆bullet
细粒砂岩☆poststone; packsand; post (stone); micropsammite; fine sandstone
细粒筛☆undersize screen
细粒石☆bird's eye gravel
细粒碎屑☆fine-grained clastics
细粒淘分器☆infrasizer
细粒体☆granular micrinite
细粒体组☆micrinoid group
细粒物料淘洗盘☆fine pan
细粒物质☆plasma
细粒岩[野外用]☆aphanide
细粒摇床☆slimer
细粒云正岩☆kamperite
细粒(黑)云正(长石)岩☆kamperite
细粒增量☆increment of fines
细粒(而)致密的☆close grained
细粒状☆acinose; fine-granular; fine(ly) granular; fine grain; acinous; granuliform; F.G.
细料充填☆fine fill
细料浆☆sludge
细裂缝☆minute{fine;hairline;check;minus} crack; hair line crack; hairline fracture
细裂缝辐裂☆check
细裂片☆segment
细裂纹☆hair crack; craze; feather checking
细劣煤☆duff
细鳞白云母[一种水云母;$KAl_2(AlSi_3O_{10})(OH,F)_2$]☆damourite; talcite; margarodite; sterlingite
细硫砷铅矿[$Pb_9As_4S_{15}$;三方]☆gratonite; hatchite
细瘤☆miliary tubercle
细流☆dribble; trickle(t); filamented flow; thread; low water flow; trickling
细流法制造铁丸☆shotting
细流侵蚀(作用)☆rill erosion; rilling
细(目)滤器☆fine filter
细卵石过滤器☆pebble filter
(一种)细螺杆[能分裂坚硬石头的]☆shamir
细瘰疣螈☆Tylototriton verrucosus
细麻布☆lawn
细麻布绝缘套管☆spaghetti
细马氏体☆hardenite
细脉☆lead{thread;stringer} vein; streak; stringer

X

(lead; lode); (fine) veinlet; ve(i)nule; thready pulse; string; rib; thread; runs
细脉穿插作用☆veining
细脉地面露头[德]☆rasenlaufer
细脉间的☆interveinlet
细脉浸染型钼矿床☆stockwork and disseminated molybdenum deposit
细脉浸染状铅锌矿石☆netted-disseminated Pb-Zn ore
细脉岩☆veinite
细脉状条纹长石☆strings perthite
细毛藻属[Z]☆Leptotrichomaria
细煤☆duff; fine fuel
细煤沉淀☆fine-coal sedimentation
细煤成球法☆nodulizing; balling
细煤末☆sea coal
细密板岩☆fine-textured slate
细密的☆close grained; close-grained
细密结构水系☆fine-textured drainage
细密晶质结构☆lithoidal texture
细密扫描☆clone scanning
细密水系☆fine{fine-textured} drainage
细密叶理☆close foliation
细密褶曲☆crenulation
细密褶曲劈理☆crenulation cleavage
细磨☆fine grinding{comminution}
细磨备选锡石☆slime tin
细磨矿石☆finely ground ore
细磨矿物掺和料☆finely-divided mineral admixture
细磨耐火黏土泥浆☆ground fireclay mortar
细磨期间☆duration of grind
细磨石☆hone; honestone
细磨石灰石筒仓☆ground limestone silo
细磨石料☆meal
细磨水泥☆fine {-}ground cement
细末☆dead small
细木工(作)☆woodwork
细木工技{行业}☆joinery
细木工人☆joiner
细木工所制的东西☆joinery
细目☆detail; item; enumeration; Det.; subsection; particularity; minutia [pl.-e]; it.
细目表☆specification
细目圆筛☆round fine-meshed sieve
细耐火泥☆finely-ground fire clay
细囊霉属[真菌;Q]☆Leptolegnia
细泥☆slickens
细黏土[经磨细及风选]☆air-float clay
细凝灰岩☆dust{pelitic} tuff; asolava
细劈理☆close-joints cleavage
细片☆microlithon
细潜穴地层☆microburrowed strata
细切☆fine cut
细切地形☆fine(-textured) topography; finely dissected topography
细切割地形☆fine topography
细切嘴螺属☆Lienardia
细球组构☆framboidal texture
细泉☆weeping spring
细燃料☆fine fuel
细熔岩流☆driblet
细溶沟☆rinnenkarren; rillenstein
细软薄布☆mull
细软化器☆polish softener
细散水铝矿☆kamenskit
细色(地层倾角)模式☆fine coloring (dip) pattern
细(粒)砂☆fine{silver} sand; fine-sand; arentilla
细砂布☆crocus{polishing} cloth
细砂的磨蚀痕迹☆fine cutting
细砂含量低的砾石☆low fine gravel
细砂机☆spinning machine
细砂磨砖☆bristol stone
细砂糖☆berry sugar
细砂岩☆packsand; fine sandstone
(用)细砂纸磨光毡帽☆pounce
细砂质亚黏土☆fine sandy loam
细沙☆fine{silver} sand
细沙质土☆fine sand loam
细筛☆fine sieve{screening}; hair sieve; sifter; lawn
细(网目金属丝)筛布☆fine-mesh{fine} wire cloth
细筛孔的☆fine-meshed
细筛目(眼)粒级☆low-mesh size
(用)细筛淘选细锡石☆dilluing
细筛网☆micromesh
细筛眼☆narrow-mesh
细闪长岩☆luciite
细射流钻头凿岩☆jet bit drilling
细绳☆yarn; twine
细绳筛☆harp screen
细绳状☆shoestring
细石膏灰浆☆fine stuff
细石灰粉☆kemidol
细石墨☆fine graphite
细石器[考古]☆microlith
细石器时代文化☆Microlithic culture
细石挖掘机{船}☆feather stone dredge
(铺路填缝用的)细石屑☆blinding
细刷清管器☆brush pig
细丝☆sleave
细丝长石棉☆amianthus
细丝海绵属[€]☆Leptomitus
细丝焊接☆micro wire welding
细丝石棉☆amiant(h)us; rock silk
细丝状熔岩☆filamented pahoehoe
细松虫属[三叶;O_1]☆Seisonia
细苏橄辉长岩☆ouenite
细碎☆fine crushing{breaking}; in small broken bits
细碎部分☆fines fraction
细碎工段☆fine-crushing department
细碎机☆grinding mill
细碎矿☆fine crushed ore
细碎(圆锥)破碎机☆fine-reduction gyratory
细碎石撒铺法☆shovel packing
细(粒)碎屑的☆fine-clastic
细碎屑岩☆microclastic rock
细弹簧☆hairspring; hair spring
细条带构造☆streaky structure
细条带煤☆thin bands; finely banded coal
细调☆fine adjustment{setting;turning}
(精)细调(节)☆fine control
细调(谐)☆fine tuning
细调节螺钉☆fine adjustment screw
细铁橄岩☆fayalitifels
细土☆fine soil{earth}
细土粒含量百分率☆percent fines
细土物质☆plasma
细网☆reticula
细网孢属[C_2]☆Microreticulatisporites
细网笔石(属)[$S_{1\sim2}$]☆Retiolites
细网目☆fine mesh
细网目{|眼}的☆close-meshed
细网纹☆granulo-reticulate
细微粗糙的☆fine-roughened
细微的☆microscopic(al)
细微滑移☆microslip
细微渐变☆fine gradation
细微粒体☆fine-grained micrinite
细微裂缝☆incipient crack
细微裂隙☆blind crack
细微裂隙间的☆interleptonic
细微末节的☆infinitesimal
细微生物碎屑的☆microbioclastic
细纹☆fine grain
细纹理状☆thinly laminated
细纹木(材)☆close grained wood
细纹泥☆megavarve
细矽线石☆fibrolite
细细地☆smnall
细霞霓岩☆tinguaite
细霞正长岩☆nosykombite
细纤维毡状结构☆fine fibrous-felted texture
细弦筛☆harp screen
细线☆fine{light;thin} line; hairline; thread
细线贝(属)[腕;C_1]☆Striatifera
细线理状煤☆finely striated coal
细想☆contemplate
细销☆hair-pin
细小(的)☆attenuation; fine; trivial; tiny; minute; very small
细小精矿☆hutch
细小开启裂隙☆little opened void
细小矿脉☆race
细小平裂藻☆Merismopedia tenuissima
细小脱出物☆fly
细屑☆fines; fine cutting
细屑的{质}☆microclastic
细屑煤☆attrital coal; attrinite; attritus
细屑丝炭☆attrital fusain
细屑体[褐煤显微组分]☆attrinite
细屑岩☆lutite; lutyte; lut
细屑质镜煤☆attrital-anthraxylon coal
细心的☆meticulous
细心照料☆oversight
细须石首鱼☆Atlantic croaker
细玄岩☆anamesite
细穴纹孢属[T_3-K]☆Microfoveolatosporites
细牙螺纹☆fine thread
细岩脉☆veinule; veinlet
细岩屑☆fine cutting
细(小)岩屑☆drilling fine
细岩芯钻头☆pencil coring bit; pencil-coring crown; pencil-core{semicoring} bit
细眼网目☆fine-mesh
细叶欧石南☆fine-leaved heath
细硬水铝石☆kamenskite
细硬雪晶☆poudrin
细淤泥☆fine silt
细渔乡叶肢介属[K]☆Leptolimnadia
细雨☆drizzle
细原地介壳灰岩☆microcoquinoid limestone
细圆齿圆筛藻☆Coscinodiscus crenulatus
细云片岩☆chocolate
细云正煌岩☆kamperite
细凿石面☆fine-picked{-pointed} stone finish
细则☆by(e)-law; instruction; bylaw; detailed rules and regulations; specified criteria; pamphlet
细轧机☆finishing roll
细褶曲☆intimate crumpling
细褶曲层☆plicated layer
细褶皱☆crenulate (fold); (minor) plication; minute folding; crenulation
细针管苔藓虫属[O]☆Stictoporella
细枝☆twig
细枝壳叶肢介属[K]☆Virgulostracus
细枝束[射虫]☆brush
细枝岩黄芪{蓍}☆Hedysarum scoparium
细枝藻☆Leptophytum
细枝状砂拉集合体☆sand twig
细肢[节]☆stenopodium [pl.stenopodia]
细至粗粒的☆fine to coarse-grained
细致☆nicety; meticulousness
细致调整☆close regulation
细质凝灰岩☆ashstone
细重晶石☆croylstone
细皱☆crenulation
细皱痕☆crinkle mark
细皱级层理☆crinkled bedding
细皱纹☆intimate crumpling
细柱☆columella [pl.-e]
细柱蓝铜盐☆connellite; footeite
细柱状☆slender prismatic
细琢方石砌体☆block {-}in {-}course
细琢石路面☆dressed stone pavement

xiā

瞎吹牛☆gas
瞎的[暗井]☆blind
瞎火☆misfire
瞎井☆blind hole
瞎弄☆fool
瞎炮☆blown-out{fast;cut-off;miss-fire} shot; miss fire; mis(s-)fire; blown out shot; miss-shot; failure of shot; unexploded{misfired} charge; ignited dynamite that fails to explode; fired artillery shell that fails to explode; dud
瞎炮后二次爆破☆buller shooting
瞎炮孔☆missed{misfire;miss-shot} hole
瞎炮孔眼☆bootleg
瞎炮孔组☆missed round
虾☆shrimp
虾类[节甲]☆caridoid
虾米腰弯头☆mitre elbow

xiá

瑕☆scab
瑕疵☆flaw{plume}[石]; disfigurement; crack; disfiguration; gendarme; gall; wart; drawback; stain; mote
匣☆box; casing; chest
匣钵☆sagger

匣式岩粉棚☆box barrier
匣型☆box type
匣形构架☆box frame
霞白斑岩☆arkite
霞斑响岩☆klinghardtite; klinghardite
霞斑岩☆nephelinite porphyry
霞长斑岩☆lupalite; lupatite
霞长共结玄武岩☆anemousite-basalt
霞得斯长度☆Peters' length
霞方沸石☆eudnophite
霞沸石☆eudnophite; eunophite
霞橄玄武岩☆essexibasalt
(富)霞黑云辉岩☆algarvite
霞黄(长)煌斑岩☆bizardite
霞辉二长岩☆essexite
霞辉碳酸伟晶岩☆kasenite pegmatite
霞碱正长斑岩☆hedrumite
霞磷(灰)岩☆neapite
霞鳞石英[含有 5%的 $NaAlSiO_4$ 鳞石英变种]☆christensenite
霞榴正长岩☆borolanite
霞钠长石☆anemousite-basalt
霞霓斑岩☆sussexite
霞霓钠辉岩☆melteigite
霞闪粗{粗}安岩☆isenite
霞闪二长岩☆nosykombite
霞闪岩☆bekinkinite
霞闪正煌岩☆sannaite
霞石 [$KNa_3(AlSiO_4)_4$; $(Na,K)AlSiO_4$; 六方]☆nepheline; nephelite; phonite; cavolinite; ditroyte; pseudosommite; carolinite; sommite; beudanitine; beudan(t)ite; phonit; pseudonepheline; nefelina; needle spar; lythrodes; nephelinite
霞石过剩硅氧地质温度计☆nepheline-excess silica geothermometer
霞石化☆nephelinization
霞石基质☆nephelinitoid
霞石微斜长岩☆itsindrite
霞石岩☆nephelin(ol)ite; nephelinolith
霞石正长岩族☆midalkalite
霞响岩☆nephelinitoid phonolite
霞斜岩☆theralite
霞岩☆nephelinite
霞云钠长岩☆litchfieldite
峡☆gorge; fretum [pl.-ta]; fiord; defile; gap; narrow[海;谷]
峡道☆defile
峡沟☆flume
峡谷☆defile; kloof; gorge; cleuch; trench; nullah; pongo; canyon; combe; flume; gill; (water) gap; ghyll; bottle-neck; chasm; valley; canon[西]; coom; gulch; cleugh; barranca; barranco; donga; coombe; clough; narrow (defile); glen; couloir[法]; claugh; gull; strait; coomb; comb; clove; khud; quebrada; lin; notch; poort; linn; lynn; kheneg[阿、北非]
峡谷出口☆boca
峡谷湖[冰川区]☆orido
峡谷邻近的宽阶地☆esplanade
峡谷内的☆intracanyon
峡谷坡☆canyonside
峡谷峭壁{急流}☆dalles; dells
峡谷森林群落☆ancium
峡海湾☆firth; frith
峡江(海)岸☆fiard coast
峡江底☆saekkedaler
峡口☆gap
峡流☆flume; gill
峡路☆col
峡门☆embouchure
峡湾☆fjord; fiord; frith; firth; fyord; sea loch
峡湾底☆back; botn
峡湾地带☆fiordland; Fjords zone
峡湾(式)海峡☆fjorded strait
峡湾河☆fiorded stream
峡湾型海岸☆fjord coast
狭隘的☆narrow
狭隘拥挤的☆bottleneck
狭板☆stave
狭鼻`猴亚{下}目☆Catarrhini
狭鼻猿☆catarrhini
狭冰谷☆ice creek
狭长背斜☆elongated anticline
狭长铲☆grafting spade
狭长潮道☆geo
狭长的条带☆belt
狭长地带☆corridor; strip
狭长海湾☆lough; sea loch
狭长盆地☆channel basin
狭长山脊☆drum
狭长山口☆narrow defile
狭长水道☆fosse
狭长条(形)矿地☆shoestring
狭长蜥☆Dolichosaur
狭翅[昆]☆pinna [pl.-e]
狭冲沟☆gulley; gully; gullet; sluit; sloot
狭带系☆Stenian (system)
狭道☆bottleneck; neck; throat
狭的焊缝☆bead weld
狭地带☆tang
狭地峡☆dumbbell
狭多{超}盐(生物)☆polystenohaline
狭缝板☆slit-plate
狭缝式换热器☆slit recuperator
狭沟☆fossula
狭谷☆coombe; coom; cwm; coomb; kluf; combe; gull; goyle; cwm; comb; claugh; clough; cajon; glen; gorge; canyon
狭谷地☆narrow valley
狭谷岩石或残积☆coombe rock or head
狭寡盐(生物)☆oligostenohaline
狭管苔藓`虫纲{类}☆stenolaemata
狭海湾[石灰岩地区]☆frith; firth; calanque
狭海峡☆gut; narrow waters{channel}
狭航道☆gat; gate
狭巷采煤法☆stret
狭河道☆khal
狭河段☆constricted section
狭荚蛤(属)[双壳;T_3]☆Angustella
狭岬☆barrier spits; bay-barrier
狭径☆defile
狭居生物☆stenotope
狭口☆jaw; throat
狭口螺属[腹;E-Q]☆Stenothyra
狭口凿☆cape chisel
狭矿脉☆slicking
狭路曲巷☆small,crooked alleyway
狭轮藻属[T_1-J_1]☆Stenochara
狭耐受性的(生物)☆stenotropic
狭栖性[生]☆stenoky
狭鳍足型[鱼龙]☆longipinnati
狭山口☆narrow pass
狭山麓冰坡☆ice fringe
狭深度性☆Stenobathy
狭深水性的☆polystenobath
狭深(的)峡谷☆chine
狭深性的☆stenobathic
狭生境的☆stenotopic
狭生态的☆stenooic
狭生{|适}性生物☆stenobiontic organism
狭食性生物☆stenophagous organism
狭适性的☆stenotropic; stenobiontic
狭适应性的[生]☆stenoplastic; stenecious; stenotopic
狭水道☆gut; sluit; sloot; narrow channel; swash[沙洲上]
狭酸性生物☆stenooxybiont
狭缩☆crimp; want; squeezing-out; squeeze; baulk; nip; reduced width; balk; pinch-out; pinch(ing); nip-out; narrowing; gaw[岩层]; bont[矿脉]
狭缩地槽☆kinegeosyncline
狭缩-膨胀形态☆pinch-and-swell form
狭缩羊齿属[P]☆Synia
狭体贝属[腕;D-P]☆Stenoscisma
狭条☆strap; list
狭条水槽☆fillet gutter
狭温动物☆stenotherm; stenothermal organism
狭温性☆stenothermy; oligothermal
狭温性的☆oligothermal; stenothermic
狭蜥鳄属[J]☆Steneosaurus
狭相生物☆stenofacies biota
狭小☆scanty; small; steno-
狭小通道☆channel restriction
狭旋光性生物☆stenophotic organism
狭垭口☆narrow pass
狭盐度☆stenohalinity
狭盐性的☆stenohalinous; stenohaline
狭盐性生物☆stenohaline (organism)
狭氧性生物☆stenoxybiotic organism
狭叶泥炭藓☆Sphagnum cuspidatum
狭义☆sensu stricto; euorogeny
狭窄☆closeness; steno-; stricture; narrowness
狭窄场所的工作☆close-quarter work
(在)狭窄处用的伸缩式凿岩机[向上钻眼用]☆stoping drill
狭窄的海峡☆belt
狭窄地采掘☆strait work
(流的)狭窄地带☆lane
狭窄巷道[地段]☆narrow
狭窄孔☆restricted pore
狭窄条带☆ribbon
狭窄岩缝☆chimney
狭窄岩脉☆stringer
狭正盐(生物)☆orthostenohaline
(捣碎机)狭直捣矿槽☆narrow straight-backed mortar
狭轴穗属[蕨;T_3-K_1]☆Stenorachis
狭锥状[珊]☆ceratoid

xià

下☆underhand; lower; early; under-; hypo-; sub-
下(客)☆drop
(急速地)下(帆等)☆dowse
下按式放炮器☆push-down machine
下暗管☆hand inside
下凹的☆concave-down(ward); notching
下凹交错层(理)☆concave cross-bedding
下凹螺栓☆undercut bolt
下凹坡☆waning slope
下凹形坡☆concave slope
下凹状冰川☆curving-down glacier
下拗☆downwarping; downwarp
下拗盆地☆downward basin
下奥陶世☆Canadian epoch
下奥陶统☆Lower{Early} Ordovician
下靶场☆downrange
下白垩统☆lower{early} Cretaceous
下摆动颚板面☆lower swing jaw face
下摆式扇形闸门☆underswung arc gate
下班☆knock off; corning or going off work; get off work; off-shift; off-duty
下班时间☆quitting time
下瓣☆hypovalve
下半齿面☆dedendum flank
下半隔板☆inferior hemiseptum
下半空间延拓☆downward continuation
下半球☆lower hemisphere
下半球等面积图解☆lower {-}hemisphere equal-area diagram
下帮☆underlier; lying side
下帮岩层☆lower beds
下雹☆hail
下泵生产☆put on pump
下边带☆lower side band; lower sideband; LSB
下边缘板[棘海星]☆inframarginal
下边缘槽☆inframarginal sulcus; scrobis septalis
下标☆subscript(ion); suffix; index [pl.-xes,indices]
下标变量☆index{subscript;subscripted} variable
下表层套管的井眼{钻孔}☆surface hole
下冰雹☆sleet
下冰风[从冰上向下吹的风]☆off-ice wind
下部☆underneath; lower class; bottom
下部凹陷☆undercut
下部边缘☆underedge
下部超前平巷梯段掘进(法)☆heading-and-overhand
下部衬胶层☆rubber bottom cover
下部承座[颚碎机]☆shimmed seat
下部传动压力机☆underdrive press
下部吹出☆downdraft; downdraught
下部粗粒向上递变☆coarse-tail grading
下部挡板☆undershield
下部地层☆substratum; under stratum
下部定向方法☆low-side orientation method
下部动力铲运机☆under-powered scraper
下部风桥☆undercast
下部构造☆down structure
下部构造层物质上涌☆infrastructural upwelling
下部滑动段☆lower sliding part
下部回程胶带的粉末☆underbelt fines
下部机架横梁臂☆bottom shell arms

X

下部甲板☆cellar dock
下部结构☆substructure; substruction; supporting structure; infrastructure
下部进料☆underfeed
下部径向轴承传动接头[螺杆钻具]☆radial bearing lower drive sub
下部孔☆underpunch
下部矿脉☆underset; underlay lode
下部煤层☆underlie coal seam
下部平衡配重☆lower counterweight
下部平盘☆(underlying) toe
下部侵蚀☆tail erosion
(液体或容器)下部取的样品☆lower sample
下部掏槽☆downcut; bottom cutting; down-cutting; lower{toe} cut
下部掏槽崩落开采法☆undercut-caving method
下部淘刷[放落管桩等]☆jetting
下部信号筛管与主筛管之间的间隔☆lower telltale spacing
下部油层防砂绕丝筛管☆lower sand screen
下部有递止阀的套管☆floating-in of casing
下部支撑☆underset
下部中段☆low level
下部重块☆lower weight
下部装回压阀(有浮力)的套管柱☆floating in casing
下采☆undermining
下舱☆lower hold; LH
下侧☆underside; U/S; downside; inferior side
下侧板☆cheek plate lower; infralateral
下侧张紧的传动皮带☆belt driving under
下测定向法☆low-side orientation method
下层☆sublayer; substratum [pl.-ta]; subterrane; lower leaf{levels;strata}; underlayer; endosexine; underlie; under stratum
下层地板☆subfloor
下层构造☆lower-layer structure; infrastructure
下层基础☆subfoundation
下层建筑☆substruction; substructure
下层结构☆underwork; understructure
下层流☆undercurrent
下层逆流☆undertow
下层侵入☆subintrusion; subtrusion
下层土☆undersoil; subsoil
下层滞水带[湖的]☆hypolimnion; hypolymnion
下插☆underthrusting
下插的板块☆plunging down plate
下超☆downlap
下潮间带相☆lower intertidal facies
下潮上带☆lower supratidal zone
下潮上带相☆lower supratidal facies
下车☆dismount
下沉☆sink(ing)[水流]; subside(nce); dip; sett(l)ing; sag(ging); submersion; convergence; laid down; settle(ment); gravitate; senkung[德]; s(h)inkage; downwelling[水流]; down-warping; pull[地表沉陷]; swag; sit; submerge(nce); subsiding
下沉岸☆coast of submergence; sinking coast
下沉凹槽☆trench of subsidence; subsidence trough
下沉板块☆downgoing plate
下沉滨线☆positive shoreline; shoreline of submergence
下沉带[定压]☆depressed zone
下沉的☆submerged; defixed; descending
下沉海岸☆submerged{sinking;submergent} coast; coast of submergence; plunging shore
下沉机制☆mechanism of subsidence
下沉介质流☆descending media current
下沉力☆negative buoyancy
下沉量-时间曲线☆convergence-time curve
下沉率☆rate of sinking; percentage subsidence
下沉盆地的边界点☆limit point of subsidence basin
下沉球[压裂时用于选择性封堵下部射孔孔眼]☆sinker
下沉区☆area of subsidence; subsiding region
下沉深水钙质浊积岩☆ponded calcareous turbidite
下沉速率☆fall(ing) rate
下沉形成说[盐丘形成学说]☆downbuilding
下沉预计☆prediction of subsidence
下衬管进行(砾石)挤压☆liner squeeze
下承压层☆lower confining bed
下冲☆thrust down; undershoot
下冲程位置☆down stroke position
下冲断层☆downthrust; underthrust; subcutaneous thrust
下冲法☆wash down method
下冲法充填(的)筛管☆washing-in screen
下冲管☆wash-down pipe
下冲(砾石充填)技术☆washdown technique
下冲气流☆downrush; downwash
下冲洗坡☆lower wash slope
下出绳☆underlap rope
下穿交叉道☆underpass
下船☆disembark
下窗型[茎孔;腕]☆formamen; hypothyrid
下吹风☆gravity{katabatic} wind
下垂☆deflect; sag; sagging; collapse; droop; hang down; prolapse; drooping; nutation; slack
下垂凹下点[横梁,顶板等]☆sagging point
下垂的☆pendent; pendens; pendentis
下垂额☆sinking crown
下垂式[笔]☆pendent
下垂天线☆trailing antenna
下垂物☆drop; pendant; pendent
下垂翼☆flap
下垂云☆pendant cloud
下唇☆second maxilla; labrum [pl.-ra]; lower labial; Labium [节;pl.-ia]
下次☆next
下次脊[哺]☆hypolophid
下次尖☆hypoconid
下次小尖☆hypoconulid
下次中凹☆sulcus oblique; hypoflexid
下次装配☆next assembly; N/A
下打入管☆spudding
下导管☆downcomer; downtake pipe
下导模法☆inverted Stepanov technique
下导气管[高炉]☆down-take
下导向管☆spudding
下等的☆inferior
下等钻石☆bort; boon; boart
下底板[海百]☆infrabasal; infrabasal plate; jinfrabasal
下地幔{函}☆lower mantle [D 层]; pallasite shell; inner mantle; mesosphere
下地壳层☆Conrad layer; infrastructure; lower crustal layer
下第三纪☆Eogene
下第三系☆Paleogene (system); Eogene; Palaeogene
下第一节套管☆standpiping
下垫层☆bedding{base;cushion} course; underlying bed; cushion
下定颚板☆lower fixed jaw
下定向管☆drivepiping operation
下定义☆circumscribe; define
下动型颚式破碎机☆Blake breaker; Blake (jaw) crusher
下动锥衬板☆lower mantle
下端☆lower end{extreme}; toe
下端导杆☆bottom bar
下端局设备☆downset
下段☆lower segment{bench}
下段承载式胶带输送机☆bottom belt conveyor
下段胶带☆under-belt
下段炉膛☆lower stove
下段岩芯面☆downstream core face
下颚[昆]☆maxilla
下颚襞[腹]☆lower palatal plicae
下颚齿列☆lower molar series
下颚骨(兽)☆mandible
下珥☆infralateral tangent arcs
下二叠纪[栖霞期、赤底世]☆Chihsia age; Rotliegende epoch
下阀门[深井泵的]☆lower valve
下反角☆cathedral; dihedral
下反角的☆anhedral
下方的[位置]☆inferior
下防水套管☆drivepiping operation
下放☆landing; lower; bringing-down; shooting{taking} down; cave in; breakage; land[入井内]
下放(测量)☆down-pass
下放沉箱☆coffering
下放充填料立井☆rock{stone} shaft
下放底☆flap bottom
下放矸石井筒☆rock shaft
下放矿石☆ore drawing
下放深度☆landing depth
下放时钻具重量☆slack-off weight
下放松卸装置☆drop dart-type release
下放(工具)头☆running head
下放物件的垂直运输机☆lowering conveyor
下放重量☆downgoing load
下放钻具☆drop; running in; feed off
下放钻柱测井底☆look for bottom
下分层☆lower slice{leaf}
下分台阶☆low step
下封闭层☆bottom impermeable layer; lower confining bed
下蜂窝层[孔虫]☆lower keriotheca
下峰信号☆down hump trimming signal
下风☆lee(ward); downcast; disadvantageous position
(在)下风处的☆leeward
下风巷☆undercast
下风化层平均速度☆average subweathering velocity
下风井☆cold pit; downcast
下风舷☆lee-side
下辐肛板[海百]☆inferradinnal
下伏☆underlie; underlay
下伏层☆underlie(r); underlying strata; bedding course; underlay; underlaying{subjacent;underlying} bed; subjacent stratum
下伏地层☆substratum [pl.-ta]; underlying formation{stratum}
下伏基岩☆underlying bedrock; subterrane
下伏基岩面坡度☆slope of underlying bed rock
下伏矿脉☆underset
下伏软流图☆underlying asthenosphere
下伏岩层☆lower beds; underseam; feu; underlying rock{bed}; underburden; cushion course
下伏岩石☆feu
下伏岩体☆undermass
下浮雕☆hyporelief
下俯☆nutation
下腹层[苔]☆hypostege; hypostega
下腹骨针[绵]☆hypogastralium
下腹甲☆hypoplastron
下附数{文}字☆inferior
下跟凹☆postfossid; talonid basin
下更新世☆Nihowan formation
下拱杆☆lower arch bar
(管线)下沟拖拉机☆lowering in tractor
下构造层☆infrastructure
下固定颚板面[颚式破碎机]☆lower fixed jaw face
下关节骨☆os infraarticulare
下关节脊☆infrarticular crista
下管滑道☆exit ramp
下管架(工作能力)☆stinger capacity
下管(入沟)橇杆☆mope pole
下管区☆laydown area
下管入井☆case off; stab
下管用自动卡盘☆spider and slips
下过滤网的☆screened
下海底扇☆lower fan
下海绿石砂☆lower green sand; lower greensand
下含☆inferior conjunction
下寒武统☆lower{early} Cambrian
下函数☆minor function
下颌骨☆maxilla inferior; mandibula; mandible; lower jaw bone; dentary[鱼类]
下颌关节☆articulatio mandibularis
下颌颊牙{齿}☆mandibular cheek tooth
下颌角☆angulus mandibulae
下颌颈☆collum mandibulae
下颌髁☆condylus mandibula
下颌孔☆foramen mandibulare
下颌片☆inferognathal
下颌体☆corpus mandibulae
下颌窝☆fossa mandibularis
下颌支架种植体☆ramus frame implant
下后部[沟鞭藻]☆hyposome
下后齿带☆postcingulid
下后附尖☆metastylid
下后脊[哺]☆metalophid
下后尖[哺]☆metaconid
下后剪面☆postvallid
下后棱☆postcristid
下花管的井☆perforated-casing well
下滑☆downslide; glissade[沿斜坡]
(倾向)下滑断层☆throw fault
下滑锋☆catafront
下滑面☆downslide surface; slip face

下滑漂移☆down-drift
下滑速度[岩屑在上返泥浆流中]☆slip velocity
下滑信标☆glide slope
下滑信标天线☆glide-path antenna
下滑运动☆down(-)glide motion
下环梁☆lower ring
下灰岩群☆lower limestone group
下回程段式胶带输送机☆top-loading belt conveyor; top-belt conveyor
下击器☆hexagonal bumper jar; bumper jars
下基准垛式支架☆lower key chock
下机架☆bottom shell; lower frame
下机架衬套销键☆bottom shell bushing key
下机架毂衬板☆bottom shell hub liners
(井)下激发激化法☆down-the hole IP method
下极限☆floor margin; smallest limit
下级☆junior; subordinate
下级的☆junior; subordinate; Jr; inferior
下系带[腔]☆frenulum [pl.frenula]
下迹[遗石]☆Hypichnia
下颊板☆lower cheek plate
下架☆undercarriage
下尖板[棘海蕾]☆under lancet plate
下检波器装置☆planter
下降☆descent; landing; subsidence; fall (off); falling; descend; slippage; deadening; lower; dip; falloff; degression; infall; slump; dropout; drop (down;out); settle; decline; drooping; convergence; depression; downwarp; subduction; plunge; go {come} down; droop[曲线的]; moving down; lowering; decay; drawdown; relief; down [pl.]; lapse[温度]
下降按钮☆lowering push button
(脉冲)下降边☆trailing edge
下降侧☆low(ered) side
下降的☆downgoing; downward; hypergene; decayed; descending; descendant; descendent
下降点☆drop point; drop-point
下降断块☆downthrown{downfaulted} block
下降发育☆waning development; descending {declining} development[地貌]
下降法☆descent method
下降风☆gravity{katabatic} wind; fall winds
下降风流☆downwind
下降富集☆downward enrichment
下降钢绳☆downgoing rope
下降谷☆valley of subsidence
下降管☆downcomer; gas down-take; down(-)take
下降罐笼☆down-going cage
下降函数☆decreasing function
(把……)下降后即行升起☆dip
下降进入钻孔☆down-(the)-hole
下降矿床☆descensional deposit
下降流☆descending current{flow}; downwelling; sinking
下降流井☆downflow well
下降漏斗[地下水]☆conical depression; cone of depression; drawdown cone
下降面☆low-going edge
下降盘☆downthrow side{block}; down(-)dropped {downthrown} block; downthrow; down-thrown; throw(n){bottom} wall; throw{downthrown} side
下降盘朝{为}海岸一侧的断层☆down-to-coast fault
下降盘朝{为}盆地一侧的断层☆down-to-basin fault
下降坡☆declivity
下降坡度☆descending grade; falling gradient
下降坡度的地面☆bowled floor
下降气流☆downdraft; downwind; downdraught; down current; downdrift
下降气流风☆katabatic winds
下降气流区☆hyperbar
下降潜水线☆drawn-down phreatic line
下降趋势☆downturn; downtrend(ing); decline trend; downswing
下降曲线☆decline{falloff;descending;drawdown; depression;drop-down} curve
下降泉☆gravity{descending;depression;down} spring
下降溶液☆supergene{descending} solution
下降溶液成矿说☆descension theory
下降溶液论者☆descensionist
下降溶液形成的☆supergene
下降时间☆fall{decay} time
下降说☆descension theory
下降速度☆decay{decline} rate
下降运动☆negative movement; descending motion; bathygenesis
下降载荷☆descending trip
下脚料☆revert
下脚料箱☆scrap-iron box
下接(某页)☆continued{cont.} on
下接头☆lower adaptor{sub}
下阶段☆bottom bench
下截盘[截煤机]☆lower bar
下截式扇形闸门☆undercut arc door{gate}; sector gate
下节扳[海百]☆infranodal
下结合板[海百]☆hypozygal
下解放层☆lower working seam to provide relief
下界☆lower bound; human world; world of mortals {man}; [of gods or immortals] descend to the world
下井☆descent
下井壁☆low-side well bore
下井分发炸药人员☆powder monkey
下井工具☆letting-in tool
下井工具顶部穿缆眼☆bail
下井管子上管扣用上猫头绳套☆spinning line
下井时间☆from bank to bank
下井筒☆well sinking
(仪器)下井完毕☆FGIH; finish going in hole
下井仪☆tool; probe
下井仪测井状态☆TLST; tool logging state
下井仪(与井壁)的间隙☆tool standoff
下井仪供电单元☆tool power unit; TPU
下井仪接口单元☆tool interface unit; TIU
下井仪模块扩展器☆extender tool module; ETM
下井仪器☆downhole probe{instrument}
下井仪器串☆tool string
下掘☆sunk
下掘的竖井☆sunk shaft
下掘进尺☆downward advance
下槛☆mudsill
下壳[硅藻]☆hypovalve; hypotheca
下壳背板☆dorsal hypothecal plate
下壳层☆hypostratum; hypostracum
下壳腹(甲片)☆ventral hypothecal plate
下坑木隔间☆timber compartment
下孔型☆hypothyrid; bottom pass
下孔亚纲[爬]☆Synapsida
下孔总目☆Hypotremata
下口板☆hypostoma [pl.-ta]
下口蝠鲼☆mobula hypostoma
下口叫姑鱼☆Johnius hypostoma
下眶{眼}骨☆infraorbital (bone)
下扩[扩孔]☆down-reamed
(套管鞋)下扩孔☆under reaming; UR
下拉☆subduct
(悬挂装置)下拉杆联结销☆lower hitch pin
下拉荷载[桩工]☆downdrag
下拉式无极绳☆endless under rope; ground{under-tub} rope
下拉现象[地震剖面上因浅层低速层引起的同相轴下凹现象]☆push-down
下了表层套管的井☆collared hole
下类☆lower class
下棱镜☆lower nicol
下里阿斯(层)[T_3]☆Infralias
下敛复向斜☆abnormal synclinorium
下链{|梁}☆under chain{|beam}
下料☆lay off
下料不顺☆sticky
下料隔间☆timber compartment
下料工☆layout man
下料管☆tremie pipe
下料罐笼☆material cage
下料机☆coper
下列的☆following
下邻层☆subjacent bed
下流☆down(-)flow; lower reaches [of a river]; low down; mean; obscene; dirty
下流程装置☆downstream unit
下流的☆scorbutus
(油船)下流阀[装于甲板总管上,油品通过下流阀流达船底总管,再经分支管进入各油舱]☆drop valve
下流管☆downcomer; down pipe
下流量☆down-off
下流式过滤器☆downflow filter
下陆坡☆lower continental slope
下滤带☆bottom belt
下滤水管的井☆perforated-casing well
下落☆downthrow; whereabouts; downcast; thrown down; downfall; sink; drop; fall; DT
下落的[断层]☆downfaulted; thrown
下落地块☆downthrow; dipper
下落地堑☆downthrown {-}graben
下落点☆setting point
下落断层☆downcast{downthrow} (fault); jump down; downthrowing{throw;downslip;downthrown;through} fault; dipper; downfall; trap-down
下落断块☆down-dropped{downthrow;downthrown; downdropped} block
下落幅度☆magnitude of throw
(断层)下落距☆downthrow (side)
下落裂谷☆downfaulted rift valley
下落盘☆down-thrown
下落盆地断层☆down-to-basin fault
下落时间☆down-time
下落式轨道☆drop(-set) rail
下落试验☆drop test
下埋的☆defixed
下脉带☆lower vein zone
下锚☆moor
下楣(柱)☆architrave
下密云☆undercast
下面☆underside; underneath; following; U/S; sub-
(捞砂筒)下面带顶开板的球阀☆clap valve
下面的☆underneath; subjacent
下面加垫的铁板[焊补管道上腐蚀漏洞]☆slab
下模☆lower mould half; nowel
下膜☆underfilm
下磨环☆lower grinding ring
下磨石☆bedstone
下挠☆downwarping; down-warping
下挠盆地☆sag; downwarped{downward} basin
下内附尖☆entostylid
下内尖☆endoconid[哺]; entoconid[牙]
下内尖棱[牙]☆entocristid
下内小尖☆endoconulid; entoconulid
下能谱仪☆gamma-ray spectrometer
下泥盆统{纪}☆lower{early} Devonian
下泥盆早期☆Gedinnian age
下尼科耳棱镜☆lower Nicol
下尿路结石☆calculus of lower urinary tract
下颞孔☆foramen infratemporale
下拧☆screw down
下盘☆bottom{ledger;heading;foot;lying;flat;lower; under;underlying} wall; footwall; lying{dropped; heading} side; underlier; underlying{lower} block; basal part; lower plate; underside[断层]; FW; F.W.
下盘断块☆downdip{footwall} block
下盘巷道运输☆footwall haulage
下盘截断(地层)☆trailing edge; footwall cutoff
下盘井筒☆footwall shaft
下盘留矿(回采)☆floor shrinkage stope
下盘石门溜眼放矿开采法☆footwall crosscut and ore pass method
下盘斜井☆rock slope; underlay{underlie;underlying} shaft; underlier
下盘转动☆lower motion
下胚层☆hypodermis
下皮☆hypodermis
下皮层☆subcortex
下皮碗☆down cup
下篇☆sequel
下偏光镜☆polarizer; lower nicol; polariser; polarizer Nicol prism; lower polarizing prism
下漂沙滩☆downdrift beach
下平巷☆lower level{gangway}
下坡☆downgrading; down(-)slope; descent; down(-) hill; descending{down;favo(u)ring;minus} grade; falling{downward} gradient; downgradient
下坡(度)☆downward pitch
下坡侧☆deep side
下坡道☆gug; downhill; down ramp
下坡道防护电路☆protection circuit for approaching heavy down grade
下坡的☆downward; down grade; downslope; declivitous; downhill
下坡的斜面形成的壕沟用以排水☆outslope
下坡度☆downgrade; descending grade
下坡风☆fall{downslope} wind

X

下坡焊位置☆downward position
下坡时转弯加速☆avalement
下坡推土法☆downhill dozing
下坡卸料开采☆drop cut
下坡运输☆down-hill haulage；on grades in favor of the loads
下坡运行☆down-hill travel
下碛☆lower moraine
下气道☆downcomer
下气室☆lower chamber
下牵肌缝[苔]☆opesiula；opesiule
下牵肌痕[节蔓足]☆depressor muscle crest
下牵肌孔☆opesiule；opesiula
下钳工☆chain{C} slinger
下前边尖☆anteroconid
下前齿带☆precingulid
下前脊☆paralophid；paracristid
下前尖☆paraconid
下前剪面[牙齿]☆prevallid
下潜☆dive；descent；diving
下潜海蚀崖☆plunging cliff
下潜溪☆sinking creek
下潜纵倾水线☆diving trim waterline；DTWL
下浅海带☆lower sublittoral zone
下翘☆down(-)warping
下翘盆地☆downwarped basin
下切☆incision；deepening；incise；basal sapping；entrenchment；down-cutting；undercutting
下切河(流)☆corrading{down-cutting;degrading;intrenched;entrenched} stream
下切曲流☆inherited{entrenched;upland} meander
下切作用☆downcutting；incision；vertical erosion；entrenchment
下倾☆infall；d(r)ipping；kick-down；descend；decline；downdip
下倾部分☆lower side
(构造)下倾部位的井☆downdip well
下倾部位注入☆injection downdip
下倾的☆declinate
下倾方向的偏斜☆down dip deviation
(在构造)下倾方向注入☆injection downdip
下倾型[腕;基面]☆catacline
下倾移动的底水☆downdip-moving bottom water
下穹作用☆recurvation
下丘脑尿崩症☆hypothalamic diabetes insipidus
下曲☆downbuckle
下曲式[笔]☆deflexed
下屈服`点{|应力}☆lower yield point{|stress}
下取样室☆lower sampling chamber；LSAM
下{底}燃烧器式炉☆underburner-type oven
下绕☆under winding
下融☆undermelting
下入(井中)☆run；running-in
下入(管柱)☆tripping in
下入(钻具成管子)☆running
(管道)下入钩内☆lowering in
下入井内☆go in the hole；run in hole；G.I.H.；RIH
下入井中☆trip in hole；TIH
下入深度☆depth of setting；landing depth
下鳃[节足动物]☆maxilla
下鳃盖骨[脊]☆suboperculum
下鳃骨☆os hypobranchiale
下三叠统☆lower{early} Triassic
下三角[钙超]☆lower triplet
下三角凹☆trigon shelf；prefossid；trigonid basin
下三角座[哺]☆trigonid
下三棱板[棘海蕾]☆hypodeltroid；subdeltoid
下砂箱☆drag box{flask;tank}；flask drag；bottom (moulding) box；nowel
下砂箱☆drag flask
下筛管的层段☆screen interval
下山☆dip entry[煤]；winze；down(-)hill；dip (heading)；engine{inclined} plane；jackhead pit；little wind；incline；diphead；go down a hill{mountain}；[of the sun] set；bord-down；sink below the horizon
下山风流分枝☆dip split
下山和上山的错乱接合☆dog's hind leg
下山煤☆under dip coal
下扇☆lower fan
下射波☆downcoming wave
(弹道)下(段)射程☆downrange
下射水轮☆under-shot wheel
下渗水☆down-seeping{penetrating;sinking;mobile;infiltration;descending} water
下绳☆underlying{ground} rope
下绳式☆under rope system；under-tub rope
下石炭纪{统}[C_1]☆lower Carboniferous
下石炭系☆lower coal measures
下蚀☆down-cutting；vertical erosion
下蚀(作用)☆deepening
下视密云☆undercast
下疏松层[孔虫]☆lower tectorium
下述的[拉]☆sequentia；seq；sequentes
下水☆launching；launch
下水道☆sewer (pipe)；(water) drain；sanitary sewer；sew(er)age；SEW
(用)下水道排水☆sewer
下水管☆downflow{down-flow;sewage;sewer} pipe；downcomer
下水管道☆sew；sewerage
下水管漏隙试验器☆asphyxiator
下水管线清扫机☆sewer pipe cleaner
下水滑道[船]☆ground{launching} ways；fixed way
下水架☆puppet；launching cradle
(造船)下水架☆cradle
下水平☆lower level
下水(溜放)台☆launchway
下水眼(喷嘴)钻头☆bit with extended nozzles；extended-nozzle bit
下水支架☆poppet；beachcart
下顺槽☆main gate
下死点☆bottom dead center{point}；BDP；lower dead center；bdc；l.d.c.
下死点前☆before bottom centre；BBC
下饲式燃烧☆underfeed firing
下送工具☆running tool
下台阶☆bottom bench{berm}；lower berm；get out of a predicament or an embarrassing situation
下套管☆case in{off}；(running) casing；blank off；case off casing；casing-off；casing operation{running;installation}；downtake pipe；stringing；line the hole；land{run;well} casing；hand inside；make of casing；pipe driving；run in；case[加固井孔]
下套管(信息)串☆string
下套管导引工具☆casing snubber
下套管的井☆cased borehole
下套管封隔☆casing off
下套管后再开钻☆drilling ahead
下套管护孔☆casing-off
下套管井☆cased well{hole}
下套管射孔井的产能☆cased and perforated productivity
下套管用钻头☆casing bit
下梯段☆lower{bottom} bench
(垂直或倾斜的)下通小暗井☆winze
下投☆downfaulting；downthrow
下投侧[断层的]☆dropped{downthrow} block；downthrow(n) block；downthrown side
下投的☆downfaulted
下投断层☆drop{downthrow} fault；downcast
下投式探空仪☆dropsonde
下凸☆downbluge
下突重荷模☆torose load cast
下图廓☆bottom edge
下推[推入后进先出浅]☆push-down
下推压力☆pulldown force
下拖☆dragging down
下拖式潜水工作舱☆downhaul utility capsule；DUC
下挖☆deep cutting；low cut
下挖深度☆digging depth below ground level
下挖式斗链挖掘机☆deep-cutting bucket chain excavator
下挖式多斗挖掘船☆bucket excavator for downward scraping；down-boom dredge
下外齿带[哺牙]☆ectocingulid
下弯☆sagging；downbuckle；downwarping；down-bowing；kick-down
下弯的☆recurved
下弯盆地☆downwarped{downward} basin
(挠曲)下弯折部分☆lower bend
下弯状冰川☆curving-down glacier
下位的[花瓣、萼片、雄蕊等;植]☆hypogynous
下位子房[植]☆inferior ovary
下文☆hereafter
下卧(地层)☆subjacent
下卧层☆subjacent bed{seam}；underlying stratum；substratum；underlayer
下卧有限压缩土层☆finite compressible material underlain
下午[拉]☆post meridiem；p.m.
下雾☆mist
下雾信号☆fog signal
下洗☆downwash
下先出[蕨]☆catadromic
下弦☆last quarter；last quarter of the moon
下现蜃景☆inferior mirage
下陷☆cave (in)；subsidence；bogging down；be sunken{hollow}；sag；dish；form a depression；sapping；settlement
下陷带☆negative belt
下陷的☆downcast；sunken；infossate
下陷火口☆crater pit
下陷气孔☆cryptopore
下限☆lower limit{bound;deviation;bracket}；inferior limit{boundary}；the latest {minimum} permissible；prescribed minimum；floor (level)；LL
下限尺寸☆low limit
下限含量☆threshold content
下限气动信号器☆low limit pneumatic relay
下向☆down the dip；downdip
下向采掘☆underhand work；underbreaking
下向单翼回采工作面☆underhand single stope
下向方框支架安装法☆method of underhand square- setting
下向(扇形)分层崩落采矿法☆radial top-slicing；top-slicing mining
下向分层横向采矿法☆cross cut method of slices taken in descending order
下向分层留矿联合采矿法☆combined topslicing-and- shrinkage system
下向风☆downdrift
下向风流☆down draft；downcast air
下向换向☆proper crossover
下向回采☆bottom{underhand} stope
下向回采的长壁法☆underhand longwall
下向井眼☆downhole
下向空场采场☆open underhand stope
下向孔☆down-hole；downward{under} hole；hole looking down
下向扩孔☆underream
下向扩张钻头☆open underhand stope
下向连续分层回采法☆downward successive slicing
下向流动☆down-flow；downflow
下向倾斜分层崩落采矿法☆top-slicing with inclined slices
下向上向梯段联合开采法☆combined underhand-overhand method{system}
下向双翼回采工作面☆underhand double stope
下向水平分层回采☆horizontal-cut underhand；horizontal cut under hand stoping
下向水平分层崩落矿房法☆top slicing by rooms
下向水平分层崩落采矿法☆top slicing and caving
下向台阶与上向台阶回采的联合采矿法☆combined underhand-and-overhand method
下向梯段回采工作面☆underhand stope
下向梯段回采面上角☆stope toe
下向梯段式的☆underhand；heading-and-stope mining
下向梯段式回采☆heading-and-bench{-stope} mining；horizontal-cut under-hand (stoping)
下向通风☆down draft；descensional ventilation
下向通风炉箅法[烧结铁矿]☆downdraft grate method
下向通风支流☆underthrow
下向挖掘☆chopping down；low cut；deep digging {cut;mining}
下向应力型☆downdip stress type
下向凿岩☆downward drilling；underhand work
下向凿岩机支腿☆sinker leg
下楔板☆lower wedge
下斜☆laying-off
下斜板☆lower lamella
下斜坡☆declivity；down grade；downslope
下斜式[笔]☆declined
下斜温层☆subthermocline
下斜线理☆down-dip lineation
下卸式开采☆drop cut
下型箱☆nowel
下型箱板☆drag plate
下行☆down the dip；descend；catadromic；

X

downcast；down；[of boats] going downstream；downriver
下行(测量)☆down-pass
下行波☆downcoming{downgoing} wave；downgoing event；downward traveling wave
下行波减去法☆downgoing wave subtraction
下行采掘充填开采法☆undercut and fill mining method
下行测井☆dogged down
下行测量☆in-hole run；down-run survey
下行冲程☆down-stroke
下行次序☆descending order；downward working；underhand stoping
下行的☆descendant；descendent；down；downgoing
下行地下层间多次波☆downgoing subsurface intrabed multiples
下行(波)地震同相轴☆downgoing seismic event
下行叠加☆downstacking
下行分层崩落联合采矿法☆combined top slicing and ore caving
下行风☆downcast air
下行风流☆downward flow；down-ward current
下行风桥☆undercast air-bridge
下行辐射状分层采矿法☆radial top slicing
下行管☆down pipe；down-take
下行管线☆downhill pipe line
下行海岸☆down-coast
下行开采☆downward{descending} mining
下行冷水☆descending cold water；cold descending water
下行连续分层开采法☆downward successive slicing
下行列车☆down train；down-train
下行(波)旅行路径☆downgoing travel path
下行倾斜分层崩落假顶采矿法☆top-slicing with inclined slices
下行{向}式开采☆descending order
下行{向}水平分层和矿体崩落联合采矿法☆combined top slicing and ore caving
下行{向}水平分层崩落假顶采矿法☆top slicing and cover caving
下行水平分层崩落采矿法☆horizontal topslicing；(horizontal) top slicing；top slicing and caving
下行水平分层留矿联合采矿法☆combined top slicing and shrinkage stoping
下行水平分层部分矿石崩落和顶板崩落联合(矿)☆top slicing with partial ore caving followed by cover caving
下行体波☆downgoing body wave
下行线路☆downline
下行线路导爆线支线☆down line
下行叶序[植]☆falling phyllotaxy
下行子波☆downgoing wavelet
下悬管☆lance
下悬喷管☆spray lance
下悬式☆underslung
下旋☆screw down
下雪☆snow
下压[钻头对下行钻孔底的压力]☆down pressure
下压滚柱[无极绳运输]☆depression roller
下压机构☆screw-down mechanism
下压压力☆downward pressure
下牙床骨☆lower jaw bone
下崖坡☆under cliff
下延矿体☆underlay；underlie
下延叶[植]☆decurrent leaf
(脉冲)下沿时间☆fall time
下扬子地槽[中]☆lower Yangtze geosyncline
下腰棱三角(形翻光)面[宝石的]☆bottom break facet
下药☆dosage
(在)下页☆overleaf
下叶板[三叶]☆lower lamella
下叶状体[藻]☆hypothallium；hypothallus [pl.-li,-es]
下曳绞车☆down haul winch；haul-down winch
下曳气流☆downstream
下腋瓣[昆]☆squamula thoracalis
下一次会议☆next assembly；N/A
下一代产品☆next generation
下一排扇形(环行)炮孔☆successive ring
下一世代褶皱☆next generation of fold
下移(作用曲流)☆sweeping (meander)
下移波痕☆downslope ripple
下仪器☆down-pass
下溢☆underflow

下翼☆lower{trough} limb；lying side；underlimb；floor limb
下油管的井☆tubed well
下油管深度☆tubing depth
下油管用链钳☆crummies
下游☆downstream；lower reaches{course;river} [河流]；underwater；tail water；downriver；backward position；dstr
下游侧☆downstream side
下游段☆tail (water)；lower reach；plain tract
下游方汇入支流☆barbed tributary
下游方注入水系☆barbed drainage pattern
下游管线☆downline
下游面☆lee{downstream} face
下游闸门☆aft-gate
下隅撑☆lower angle brace
下雨雪☆sleet
下原附尖☆protostylid
下原脊☆protolophid；metalophid；protocristid
下原尖[哺]☆protoconid
下源的☆anogenic；anogene
下缘☆lower limb；limbus
下缘片☆submarginal plate
下运输道☆lower gangway
下载式带式运输机☆bottom belt conveyor
下造斜器部位点☆whipstock point
下胀☆downbluge
下褶型[腕;前接合缘]☆antiplicate
下枕状熔岩☆lower pillow lavas
下支撑☆under-bracing
下肢带☆cingulum extremitatis inferioris
下支架☆subframe
下止点☆bottom dead center
下志留统☆Lower Silurian
下置的☆underslung
下置信限☆lower confidence limit
下中尖[臼齿]☆mesoconid
下中天☆lower culmination{transit}
下轴承☆lower bearing
下侏罗纪{统}☆lower{early} Jurassic
下柱☆lower prop；hanger
下柱(状层)☆lower colonnade
下铸法☆uphill casting
下注☆downpour；lay down a stake (in gambling)
下注解☆construe
下转☆downturn
下转楔专用钻杆☆setting rod
下椎弓凹☆hypanthrum
下椎弓突☆hyposphene
下锥体☆lower cone
下(半)子午圈☆lower branch
下组☆lower measures
下钻☆run back into the hole；lengthen drilling line；tripping；running-in；let out screw[顿钻]
下钻(入井)☆going down{in}
下钻(量钻杆长度)测算井深☆measure in
下钻具☆run in
下钻具入井并防杂物落井[口]☆hang her on the wrench
下钻速度☆running speed
下钻遇阻☆slack-off；slacking off
下钻遇阻钻具重量☆slack-off weight
下坐重量☆set-down weight
夏半球☆summer hemisphere
夏孢锈菌属[真菌;Q]☆Uredo
夏孢子☆uredospore；urediospore
夏比 V 型缺口冲击试验☆Charpy V test
夏伯矿☆scheibeite
夏材☆late wood；summerwood
夏船☆pontoon
夏船型抓斗挖泥船☆pontoon-type grab dredger
夏(季)的☆aestival
夏湖[月]☆Lacus Aestatis
夏季☆summer (season)
夏季浪积台☆summer berm
夏季牧场[挪]☆seater；seter；saeter
夏季时间☆summer time
夏季停滞期☆summer stagnation period
夏季纹泥堆积☆summer accumulation
夏季相☆aestival aspect
夏拉夫风☆sharaf；sharav
夏令时间☆summer{fast} time
夏绿乔木群落☆aestisival

夏马风[美索不达米亚的一种西北风]☆shamal
夏眠☆aestivation
夏尼兹风☆scharnitzer
夏皮冲击试验☆Charpy test
夏普方程☆Sharpe's equation
夏融☆summer thaw
夏生的☆aestival
夏时制☆daylight saving time
夏天☆summertime；summer；summertide
夏瓦诺兹变形丝☆chavanoz yarn
夏威夷式{型}火山☆Hawaiian-type volcano
夏威夷式块状硫化物矿床☆Hawaiian-type massive sulfide deposits
夏威夷岩☆hawaiite
夏威夷(州)[美]☆Hawaii
夏西统☆Chazyan (stage)
夏蛰☆aestivation
夏至☆summer solstice
夏至线☆tropic of Cancer

xiān

掀动☆tilting；launch (a war)；lift；start；set in motion
掀断盆地☆tilt-block basin{bas}
掀滑☆tilt slide
掀翘☆basculate
掀斜☆tilting
掀斜(式)断块山☆tilted fault block mountain
掀斜山☆tilt(ed)-block mountain
掀斜轴☆axis of tilt
掀斜作用☆tip-tilting
酰(基)[RCO−]☆acyl
酰胺☆amide；acidamide
酰胺粉☆amidpulver
酰胺化(作用)☆amination
酰胺基☆amide group；acylamino-
酰胺纤维☆nylon
酰化☆acidating；ac(id)ylate；ac(id)ylation；acidate
酰基卤☆acyl halide
酰肼☆hydrazide
酰酸☆hydrazide acid
酰游离{自由}基☆free acyl radical
氙☆Xe；xenon
氙测年法☆xenology
氙灯☆xenon lamp
氙灯式耐晒牢度试验☆xenotest
氙碘法年龄测定☆xenon-iodine dating
氙法测年☆xenology
氙弧老化试验机☆xenon arc weatherometer
氙年代学☆xenology
氙气灯☆xenon lamp
氙酸☆xenic acid
氙酸盐☆xenate
氙同位素法☆xenon isotope method
氙-氙法年龄测定☆xenon-xenon age method
先☆priority；prae-；fore-；for-；pre-；ex-
先闭后开触点☆make-before-break contact
先成的[变前的或早变的残留体]☆proterogenic
先采脉壁的采矿法[薄矿脉]☆resue method of mining
先尝☆foretaste
先成☆antecedence
先成的☆parogen(et)ic；antecedent
先成河☆prior{antecedent} river；antecedent stream
先成(晶)核☆preformed nucleus
先成基台说☆theory of antecedent platform
先成晶体☆ghost{phantom} crystal
先成矿物☆preexisting{early-formed} mineral
先成煤化☆precoalified
先成片理☆ante-schistosity
先成台地{地台}☆antecedent platform
先成体☆paleosome；palaeosome
先成岩石☆pre-existing{preexisting} rock
先成组分☆pal(a)eosome；pal(a)eosoma
先成作用☆antecedention
先冲后淤[河床]☆cut-and-fill
先出☆first out
先出叶☆prophyll
先存岛弧☆former island arc
先导性试验后的☆postpilot
先导性试验井网☆pilot pattern
先导性试验(开采)期☆life of pilot
先导性注气试验方案☆pilot gas-injection project
先得☆preengagement
先低共熔体☆proeutectic

先发制人的[桥牌、战争等]☆proactive；preemptive；preemptory
先锋☆spearpoint
先锋植物☆pioneer (plant)
先付☆make advance；on account；O. A.
先共晶☆proeutectic
先共析{晶}体{的}☆proeutectoid
先过滤器☆prefilter
先寒武代☆Timiskaming system
先寒武系{纪}的☆Infracambrian
先后次序表☆ranking list
先后顺序☆sequencing
先见☆prescience；foreknowledge
先接后断☆make-before-break；MBB
先接后离☆make-and-break
先节[动]☆epimerite
先进☆first in
先进的☆advanced；state-of-art(s)；state {-}of {-}the {-}art(s)；avant-garde；progressive
先进技术☆advanced technology；sophistication
先进技术采煤法☆advanced technology mining
先进油压机技术☆advanced hydraulic system
先进装备采煤法☆advanced technology
先决条件☆prerequisite；postulate；condition precedent；presupposition；precondition；premise
先开后合☆break-before-make
先来先服务☆first-come first-serve
先类低共熔体☆proeutectoid
先栗螺属[腹;N-Q]☆Cyllene
先例☆precedent；antecedency；antecedence
先林奈名☆nomen prae-linneanum
先鳞木属[D_2-C_1]☆Prelepidodendron
先落的☆fugacious
先买的☆preemptive；preemptory
先期存在的岩石☆preexisting rock
先期的☆advanced
先期点火☆preignition
先期防砂☆initial{pre-completion} sand control
先期固结☆preconsolidation
先期固沙☆pre-sand consolidation
先期砾石充填防砂☆initial pack
先期凝固☆premature set
先期蚀变☆prior alteration
先期位移☆preexisting displacement
先期形变☆predeformation
先期装好☆pre-assemble
先前的☆antecedent
先前地震活动性☆preceding seismic activity
先球截虫属[孔虫;K]☆Praeglobotruncana
先驱☆harbinger；forerunner[古]；herald；precursor
先驱(生物)☆pioneer
先驱(的)☆avant-garde
先驱波☆pioneering wave
先取分盘☆anticipation component
先犬属☆Cynodictis
先柔星介属[E_2]☆Procyprois
先入之见☆preconception
先生☆sir；gentleman [pl.-men]；Sr.；Sr
先兽☆Poebrotherium
先炭兽属[E_2]☆Anthracokeryx
先陶器时代☆aceramic age
先天的☆inherent；a priori[拉]；connate；innate
先天地☆innately
先填集料混凝土☆prepacked concrete
先头部队☆vanguard
先椭圆蚌属[双壳;K_1-E]☆Protelliptio
先瓦刚贝属[腕;D_{2-3}]☆Praewaagenoconcha
先希望虫属[孔虫;N_2-Q]☆Protelphidium
先行☆antecedence；antecedency；precession；look ahead
先行锤☆forehammer
先行(水泥)浆☆lead slurry
先行控制☆look ahead control；advanced control
先行零☆leading zero
先行音信号☆go-ahead tone
先验(论)的☆transcendental
先验方差☆sill；prior variance
先验分布☆prior distribution；a priori distribution
先验估计☆prior estimate；a prior(i) estimate
先验误差界线☆a priori error bound
先验性☆apriorism
先影法☆preshadow method
先于……☆precede
先占☆preoccupation
先张法☆pre-tensioning method
先兆☆forerunner；omen；portent；sign；indication
"先知"传感器☆forward-looking sensor
先作者的☆senior
仙菜属[红藻;Q]☆Ceramium
仙齿兽属[N_1]☆Nesodon
仙螺属[R-Q]☆Ethalia
仙女蚬(属)☆Cyrena
仙女星云☆Andromeda nebula
仙女座☆Cassiopeia
仙王δ型(变)星☆Cepheid
仙王座☆Cepheus
仙岩燕☆fairy martin
仙掌藻属[钙藻;Є-Q]☆Halimeda
鲜粉红色☆shocking pink
鲜红☆scarlet；bright{fresh} red；crimson
鲜红色☆cerise；ruby
鲜黄石[$PbSbO_2Cl$]☆ochrolite；nadorite；ochrolith
鲜壳孢属[真菌]☆Zythia
鲜绿色☆emerald green
鲜明☆brilliancy；brilliance；brill
鲜明地☆vividly
鲜明度{性}[光学仪]☆definition
鲜明分离☆clean-cut{sharp} separation
鲜明接触☆sharp contact
鲜奈藻属[红藻;Q]☆Scinaia
鲜泥螺☆fresh snail
鲜艳的☆colorful
鲜艳色彩☆technicolor
鲜重☆green-weight；fresh weight
纤[10^{-9}]☆part per milliard；nano；nano-
纤钡锂石[$BaMg_2LiAl_3Si_4O_{12}(OH)_8$;斜方]☆balipholite
纤笔石(属)[O_{2-3}]☆Leptograptus
纤笔石目☆Leptograptidae
纤铋铀矿[Bi_2O_3•$2UO_3$•$3H_2O$;单斜]☆uranosph(a)erite
纤变晶结构☆fibroblastic texture
纤层藻属[Z]☆Fibrostroma
纤橙玄玻璃☆fibro-palagonite
纤赤铁矿☆pencil-ore；pencil ore
纤虫纲☆ciliata
纤地震☆nanoearthquake
纤冻石☆neurolite
纤堆灰浆☆staff
纤堆状白云岩☆miemite
纤矾矿☆schtscherbinaite
纤钒钙石[$CaV^{4+}_2(H_2VO_4)_{10}$•$4H_2O$；$CaV^{4+}_2V^{5+}_{10}O_{30}$•$14H_2O$]☆fernandinite
纤方解石[$CaCO_3$]☆tartufite；tartuffite；lublinite[$CaCO_3$•nH_2O]；tartuffit；protocalcite；mountain milk
纤方铅矿☆frangilla
纤沸石[$Na_2Ca(Al_4Si_6O_{20})$•$7H_2O$;斜方]☆gonnardite；ranite；haarcialite；rauit；metathomsonite
纤匐茎☆runner
纤复碲铋矿☆yecoraite
纤杆沸石☆gibsonite；triphanite
纤高铁钠闪石☆pal(a)eocrocidolite
纤铬绿矾☆scherospathite
纤铬叶绿矾☆sclerospathite；sklerospathit；sclerospathite
纤硅钡高铁石{矿}[$Ba_4(Fe^{3+},Ti,Fe^{2+},Mg,V)_4B_2Si_6O_{29}Cl$；斜方]☆taramellite
纤硅钡铁矿[$(Ba,Ca,Na)_4(Fe^{2+},Mg)(Fe^{3+}_2,Ti)(Si_4O_{12})(OH)_4$]☆taramellite
纤硅钒钡石☆nagashimalite
纤硅钙石[$Ca_5Si_6O_{16}(OH)_2$•$2H_2O$]☆riversideite；okonite；hydrowollastonite
纤硅锆钠石[$Na_2ZrSi_6O_{15}$•$3H_2O$;斜方]☆elpidite
纤硅碱钙石[$(Ca,Na_2,K_2)_8(Si_4O_{10})_4$•$11H_2O$;斜方]☆rhodesite
纤硅镁石☆labrador feldspar-stone
纤硅石[SiO_2]☆zoesite
纤硅铜矿[$(Cu,Ca)_3(Si_3O_9)$•$3/2H_2O$；$Cu_8Si_8O_{22}(OH)_4$•H_2O;斜方]☆planchéite
纤核磷灰石☆land phosphate
纤褐铁矿☆fibrous limonite
纤黑蛭石[$(Mg,Fe^{2+},Fe^{3+})_3((Si,Al)_4O_{10})(OH)_2$•$4H_2O$]☆bardolite
纤滑石[$Mg_3(Si_4O_{10})(OH)_2$]☆beaconite；agalite；agolite；asbestine
纤钾明矾[$KAl(SO_4)_2$•11~$12H_2O$;单斜?]☆kalinite；alumen；alumotrichite；kalialaun；potash alum；calinite；alumbre
纤肩式钎尾☆bolster-type{collar} shank
纤晶石☆radiated spar
纤{纳}克[10^{-9}g]☆nanogram
纤蜡石☆neurolite
纤蓝闪石[$Na_2(Fe^{2+},Mg)_3Fe^{3+}_2(Si_4O_{11})_2(OH)_2$]☆rhodusite
纤帘石[$Ca_{10}Fe^{2+}_5Al_{27}Si_{18}O_{89}(OH)_5$]☆lombaardite
纤磷钙铝石[$CaAl_3(PO_4)_2(OH)_5$•H_2O；三方]☆crandallite
纤磷钾铁石☆phosphofibrite
纤磷铝石[$Al_4(PO_4)_3(OH)_3$•$13H_2O$(?)]☆vashegyite
纤磷铝铀矿[$HAl(UO_2)(PO_4)(OH)_3$•$4H_2O$;单斜]☆ranunculite
纤磷石☆phosphofibrite
纤磷铁矿[$Fe^{2+}Fe^{3+}_2(PO_4)_2(OH)_2$•$6H_2O$]☆kerchenite；kertschenite；kercgenite；kertchenite
纤磷铜矿☆tagilite；paeudomalachite
纤硫铋铅矿[$Pb_4Bi_2S_7$]☆goongarrite；warthaite
纤硫锑铅矿[$Pb_4Sb_6S_{13}$;三斜]☆robinsonite
纤铝直闪石☆amosite
纤氯氧镁铝石☆faserkoenenite
纤绿磷铁矿[含 Fe_2O_3 54.07%,P_2O_5 24.76%,H_2O 9.21%，不含 FeO]☆cardosonite
纤绿闪石[Ca 和 Fe^{2+}的铝硅酸盐]☆kirwanite
纤茅孢属[K_2]☆Tenellisporites
纤毛[原生]☆cilium[pl.-ia]；planula[pl.-e]
纤毛虫(纲)[原生]☆ciliata；infusoria
纤毛虫(纲)的☆infusorial
纤毛虫类☆infusoria；Ciliophora；Ciliata
纤毛刺[棘]☆clavula [pl.ae]
纤毛冠☆corona [pl.-e]
纤毛环☆lophophore；brachia；primary lamella
纤毛室☆ciliated chamber
纤毛束☆ciliary bands
纤毛树[几丁]☆wishbone spine
纤毛牙☆ciliform tooth
纤毛亚门[原生]☆Ciliophora
纤毛中心神经节[丁]☆neuromotorium
纤毛状硅华☆viandite
纤镁柱石[$MgAl_2Si_2O_6(OH)_4$;斜方]☆magnesio(-)carpholite
纤锰锌矿☆erythrozincite；erythrozinkite
纤锰柱石[MnO•Al_2O_3•$2SiO_2$•$2H_2O$;$MnAl_2(Si_2O_6)(OH)_4$;斜方]☆carpholite；strawstone；karpholith
纤明矾☆johnsonite；masrite
纤木锡矿☆dn(i)eprovskite；wood tin
纤钠海泡石[$Na_2Mg_3Si_6O_{16}$•$8H_2O$;斜方]☆loughlinite
纤钠明矾[$NaAl(SO_4)_2$•$11H_2O$]☆mendozite；mendocita
纤钠铁矾[$Na_2Fe^{3+}(SO_4)_2(OH)$•$3H_2O$；斜方]☆sideronatrite；urusite；uruzite
纤拟(水钙)沸石☆partheite
纤镍蛇纹石☆percoraite
纤硼钙石☆tertschite；bakerite
纤硼镁石☆ascharite
纤硼石[$Mg_3B_7O_{13}Cl$]☆stassfurt(h)ite
纤羟镁石☆nemalite；nematolith；nemaline
纤刃厚度☆wing thickness
纤闪黑玢岩☆aralitophyre
纤闪石[角闪石变种]☆uralite；byssolite；bissolithe；ouralite
纤闪石化(作用)☆uralitization
纤蛇纹石[温石棉;$Mg_6(Si_4O_{10})(OH)_8$]☆chrysotil(it)e rock cork；leucotile；leukotil；leukasbest{lefkasbest}[德]；karystiolite；lefkasbestos；williamsite；clino-chrysotile；bostonite；schweizerite；faserserpentine；switzerit(e)；stone-flax；magnesium chrysotile；(serpentine) asbestos；asbestoide；α-chrysotile；paramontmorillonite；nephritoid；zermattite
β纤蛇纹石[$Mg_6(Si_4O_{10})(OH)_8$]☆beta-chrysotile
δ-纤蛇纹石☆δ-chrysotile
纤蛇纹石石棉☆metaxite；lefkasbestos
纤砷钙铝石☆arsenocrandallite
纤砷铁矿[$Fe_6(AsO_4)_4(OH)_6$•$13H_2O$]☆ferrisymplesite
纤砷铁锌石☆ojuelaite
纤石虫纲☆ciliata
纤石膏[$CaSO_4$•$2H_2O$]☆fibrous gypsum；serikolith；sericolite
纤石棉☆asbestine；asbestic
纤水滑石[$Mg(OH)_2$]☆nemalite；nemaline
纤水磷铍石[$Be_2(PO_4)(OH)$•$4H_2O$]☆moraesite
纤水绿矾[$Fe^{3+}_4(SO_4)(OH)_{10}$•H_2O,含有 Fe_2O_3,SO_3,As_2O_5, H_2O 等]☆pitticite；vitriol ocher；pittizite；glockerite；hydro-glockerite；pittinite；pitchy iron ore

X

纤水镁石☆nemalite; amianthoide magnesite
纤水碳镁石[$Mg_2(CO_3)(OH)_2$•$3H_2O$;单斜]☆artinite
纤水碳铜石[$(Cu,Mg)_2(CO_3)(OH)_2$•$3H_2O$;单斜]☆cuproartinite; cupro artinite
纤丝☆filament
纤丝状的☆fibrillar
纤苏铁属[古植;T_3]☆Leptocycas
纤碳铀矿[$UO_2(CO_3)$;斜方]☆rutherfordine; diderichite; rutherfordite
纤铁矾[$Fe^{3+}(SO_4)(OH)$•$5H_2O$;单斜]☆fibroferrite; stypticite; siderotil [$FeSO_4$•$5H_2O$]; siderotitite
纤铁矿[FeO(OH);斜方]☆lepidocrocite; pyrosiderite; pyrrhosiderite; lepidocrokite; rubinglimmer[德]; lepidokrocite; γ-goethite; przibramite; eisenglimmer; hepidocrocite; sammteisenerz; sam(me)tblende
纤铁闪石☆montasite
纤铁柱石[$(Fe^{2+},Mg)Al_2Si_2O_6(OH)_4$;斜方]☆ferrocarpholite
纤铜铁矾[$Fe_2Cu(SO_4)_4$•$12H_2O$]☆phillipite
纤透闪石☆tremolite-asbestos
纤微地震活动☆nanoseismicity
纤维☆fibre; fiber; thread; fabric; staple
纤维板☆fiberboard; fiber (board); celotex; fibre(board)
纤维棒石族☆hormites
纤维变化[矽肺]☆fibrotic change
纤维变晶状(的)☆fibroblastic
纤维冰☆acicular{fibrous} ice
纤维玻璃☆fiber glass; fiberglass
纤维玻璃增强石膏☆fiberglass reinforced gypsum
纤维层☆fibrous layer; stratum fibrosum
纤维缠绕制管☆filament winding for pipe making
纤维二糖[$C_{12}H_{22}O_{11}$]☆cellobiose
纤维方解石皮壳☆coconut-meat calcite
纤维方向有效系数☆orientation-factor of fiber
纤维放射状体☆epiphysis [pl.-ses]
纤维封☆celloseal; cell-O-seal
纤维钙铝石与羟磷灰石混合物☆deltaite
纤维褐煤☆board coal
纤维滑石[Mg3(Si_4O_{10})$(OH)_2$]☆spaad
纤维化☆fiberization
纤维灰浆☆staff
纤维计算直径☆calculated diameter of fiber
纤维钾(明矾)☆kalinite
纤维间距理论☆fiber spacing mechanism
纤维间摩擦☆interfibrillar friction
纤维胶木☆fabroil
纤维结晶☆filament crystal
纤维镜☆fiberscope
纤维连接☆splice of fiber
纤维磷酸铝铁矿☆barrandite
纤维瘤☆fibroma
纤维泥炭[植物的纤维结构破坏轻微,坚韧而不具塑性]☆fibrous turf{peat}; fibrous-peat
纤维黏液瘤☆myxoma fibrosum
纤维平均间距☆average fiber spacing
纤维肉瘤☆fibrosarcoma
纤维朊☆fibrin
纤维扇面☆fan of filaments
纤维伸长法黏度计☆fiber elongation viscometer
纤维绳☆fiber rope; cordage; strap
纤维石☆cebollite [$5(Ca,Na_2)O$•Al_2O_3•$3SiO_2$•$2H_2O$; $Ca_4Al_2Si_3O_{12}(OH)_2$?;斜方]; satin stone[包括纤霰石和纤维石膏; $CaSO_4$•$2H_2O$]; satin spar[纤文石、纤方解石、纤维石膏总称]; atlasspath
纤维石膏[$CaSO_4$•$2H_2O$]☆satin spar; sericolite; fibrous gypsum{plaster}; fiber plaster; satin stone; atlasspath
纤维式应变仪☆fiber strain meter
纤维束☆tow
纤维水☆funicular water
纤维素[$(C_6H_{10}O_5)_x$]☆cellulose
纤维素黄药[$(C_6H_9O_4$•O•$CSSNa)_n$]☆cellulose xanthate
纤维素凝胶水☆cellulose-gelled water
纤维素六硝酸酯☆gun cotton
纤维素酶☆cellulase
纤维素醚☆cellulose ether
纤维素石☆sapperite
纤维素水基凝胶液☆cellulose water gel
纤维素型焊条☆cellulose type electrode
纤维炭☆peaty fibrous coal
纤维体积率☆volume percentage of fiber
纤维习性☆fibrous habit
纤维细度测定器☆eriometer
纤维锌矿[ZnS]☆wurtzite; dopplerite; aegerite; spiauterite
纤维锌矿型结构☆wurtzite type structure
纤维(状)星云☆filamentary nebula
纤维性☆fiberation; stringiness
纤维性土☆fibrous soil
纤维增强聚合物水泥混凝土☆fiber reinforced polymer cement concrete
纤维增强水泥☆fibre reinforced cement
纤维织物罐☆folding{pillowcase} tank
纤维质☆cellulosic material; fibre
纤维质煤☆board{fibrous} coal
纤维状(的)☆fibred; fibrous; nemaline; filiform; filamentous; fibrillar
纤维状方解石☆fibrous calcite
纤维状或柱状萤石☆blue-john
纤维状水镁石[$Mg(OH)_2$]☆fibrous brucite
纤维状体☆funicular entity
纤维状斜锆石☆brazilite
纤维状云☆fibratus
纤尾☆(bit) shank; steel shank
纤锡矿☆wood tin; dneprovskite
纤细☆tenuity; slender
纤细瘤突石蛾☆Hydromanicus verrucosus
纤细物☆gossamer
纤细月牙藻☆Selenastrum gracile
纤霰石[$CaCO_3$]☆sericolite; satin spar; atlasspath
纤锌矿[ZnS(Zn,Fe)S;六方]☆wurtzite; buergerite; spiauterite; buergerita; hurlbutite; faserblende; spiautrit; fleischerite; robertsonite
纤锌锰矿[$2(Zn,Mn)O$•$5MnO_2$•$4H_2O$;$(Zn,Mn)Mn^{4+}_3O_7$•$1\sim2H_2O$;单斜]☆woodruffite; zinkmanganerz; tunnerite
纤叶蜡石☆neurolite
纤硬锰矿☆rancieite
纤硬石膏☆faseranhydrite
纤铀铋矿[Bi_2O_3•$2UO_3$•$3H_2O$]☆uranosph(a)erite
纤掌颚牙形石属[O_2]☆Leptochirognathus
纤肢龙属[爬;P]☆Araeoscelis
纤重钾矾[$HKSO_4$; K_2SO_4•$6KHSO_4$?;单斜]☆misenite
纤重晶石[$BaSO_4$]☆fibrous barite; calk; caulk; cauk; faserbaryte; scho(h)arite; cawk
纤柱晶石[$AlSiO_3(OH)$]☆kryptotil(ite); kryptotile
纤状变晶(结构)☆nematoblastic (texture)

xián

咸淡水界面☆fresh-salt water interface
咸的☆saline; salty; salinous; briny; brinish; salt
咸地下水☆salt{saline} groundwater
咸度☆salinity; salt(i)ness; salt
咸海☆Aral Sea
咸湖☆saline lake
咸黄泥鳅☆salted yellow loach
咸泥螺☆salted mudsnail{snails}
咸热水☆saline hot water
咸肉薄片☆rasher
咸水☆saline{salt} water; brine; brine saline water
咸水层☆saline aquifer; salaquifer
咸水带☆salt-water zone
咸水的☆brinish
咸水湖☆salt water lake; saltwater lake; lagoon
咸水入侵☆salt water intrusion{encroachment}; saline intrusion
咸水生物☆halobios
咸水(压力)梯度线☆brine gradient line
咸水沼泽☆saline bog; marine marsh{swamp}; seamarsh; sea meadow; salt-water marsh
咸蒜泥☆salted garlic splits
咸味☆saline{salty} taste
咸性☆saltiness; saltness
咸性丹宁泥浆☆red mud
咸原生水☆brine connate water
贤明的☆judicious
衔接☆end-to-end; syntaxis
衔接的☆end-to-end
衔接复生☆syntaxial overgrowth
衔接深度☆depth of engagement
衔接站☆junction station
衔铁☆armature; keeper; anchor
舷☆chine; board; side of a ship or plane
舷板☆sheer strake
舷边☆gunwale; gunnel
舷边纵桁☆stringer girder
舷侧☆shipboard; sponsors
舷侧阀☆hull valve
舷侧支架{|纵骨}☆side arm{|longitudinal}
舷窗盖☆dead light
舷内防爆盖☆blind cover
舷灯☆side light{lantern}
舷顶列板☆gunwale{sheer} strake
舷弧☆sheer
舷护材☆bow fender
舷环孢属[C_3]☆Pectosporites
舷门☆gangway port{door}
舷坡列板☆bulwark strake
舷墙☆bulwark
舷伸甲板☆sponsors deck
舷台☆guard; sponsors
舷梯☆gangway (ladder); bulwark{accommodation} ladder
舷外(式)☆over-the-side
舷缘☆gunwale; gunnel
闲扯☆gas
闲端☆dead end
闲季☆off-season
闲频信号[电]☆idler
闲人免进☆no admittance except on business
闲散☆stand off
闲暇☆leisure
闲置的☆off duty; idle; on {-}the {-}shelf
闲置期间☆stand-by period
闲置折旧☆shelf depreciation
闲着的☆vacant
涎石[医]☆sialolith
涎石形成☆sialolithiasis
弦☆hypotenuse; subtense; latus[拉;pl.latera]; cord; string; chord; quarter; bowstring; string of a musical instrument; quadrature; spring [of a watch,etc.]
弦壁珊瑚属[S_3-D_2]☆Lyrielasma
弦材{长;杆}☆chord
弦齿厚☆chordal thickness
弦(向)切面☆tangential section
弦式引伸仪☆strain wire
弦线☆cord
弦线法展绘导线☆chord method of plotting traverse
弦线式应变计☆vibrating wire strain gauge
弦音计☆sonometer
弦栅☆wire grating
嫌冰雪的☆chionophobous
嫌钙的☆calciphobous; calcifugous
嫌钙植物☆calciphobe; calcifuge; calciphobous plant
嫌旱的☆xerophobous
嫌碱植物☆basifuge
嫌菌的☆mycophobic
嫌气的☆anaerobic; anaerobion
嫌气培养☆anaerobic culture
嫌气生物☆anaerobiont
嫌气土壤微植物☆anaerophytobiont
嫌酸的☆acidofuge; acidophobous; oxyphobous
嫌酸植物☆oxyphobe
嫌恶☆hate; hatred
嫌盐的☆halophobous; halophobe; halophobic
嫌盐植物☆halophobes
嫌阳的☆beliophobic; heliophobous
嫌阳植物☆heliophobe
嫌氧生活☆anaerobiosis; anerobiosis
嫌疑犯☆sus; culprit; (criminal) suspect
嫌油的☆oleophobic
嫌雨植物☆ombrophobe; ombrophobous plant

xiǎn

藓虫☆polypide
藓虫类☆polyzoa; Bryozoa
藓纲☆Masci; Musci
藓类☆musci; liverwort; moss
藓类沼泽☆high{moss} moor
藓苔动物☆polyzoa; Bryozoa
藓纹玛瑙[SiO_2]☆mocha stone[含软锰矿]; moss agate; moss-agate[含苔纹状褐色氧化锰]; mokkastein
藓衣☆moss incrustation
藓沼☆bog
显斑晶☆phanerocryst
显变晶结构☆phaneroblastic texture
显成因的☆phanerogenic
显程序☆explicit program

显窗贝☆Delthyris
显窗型[茎孔;腕]☆delthyrid
显磁极☆salient pole
显带目[海星]☆Phanerozonia
显得(重要)☆bulk
显得出众☆shine
显的☆explicit
显而易见的☆visible；transparent
显光管☆arcotron
显海百合属[棘;C_1]☆Phanocrinus
显焓☆sensible enthalpy
显函数☆explicit function
显赫☆splendour；splendor
显花蓼[铜矿示植]☆Polygonum jucundum
显花植物☆carpophytes；aerogam；flowering{seed} plant；spermatophyte；phanerogam(ia)；polycarpeae
显花植物门☆spermatophyta；Phanerogamia
显迹☆tracing
显迹剂☆marking compound
显接触的☆phanerocontact
显解☆explicit solution
显晶的☆phanerocrystalline；phenocrystalline；phaneri(ti)c；phanomeric[古词]
显晶石墨☆crystalline graphite
显晶碎屑岩☆macroclastic rock
显晶岩☆phanerite；phaneromere；phaneritic
显晶岩的☆phaneritic
显晶质的☆phaneritic；phanerocrystalline；eucrystalline；macrocrystalline；megacrystalline
显晶质火成岩系☆phanerocrystalline series
显晶质类☆phanerocrystalline variety
显距离☆explicit distance
显颗石[钙超;K]☆Tranolithus
显粒的☆phaneromerous
显粒岩☆phaneomere；phaneromere
显露☆manifest (itself)；become visible；appear；expos(ur)e；emerge；transpire；appearance
显露矿床☆exposed deposit
显明的☆unambiguous；obvious
显明劈理☆distinct{easy} cleavage
显脐型[腹]☆phaneromphalous
显球(形外壳)☆megalospheric
显球形☆megaspheric{megalospheric} form
显球型[孔虫]☆megalospheric；macrospheric
显球型壳[孔虫]☆megalospheric test
显然的☆manifest
显燃期☆sensible combustion period
显热☆sensible heat
显色☆colo(u)r development
显色剂☆developer
显色试剂☆chromogenic reagent
显色试验水[追踪水流用]☆colo(u)red test water
显色纸带☆sensing tape
显色作用☆colorant；colo(u)ration
显舌亚目[两栖]☆Phaneroglossa
显生代☆Phanerozoic time{era}
显生的☆phanerozoic；phanerogenic
显生物岩☆phanerobiolite
显生宇☆Phanerozoic (Eonothem)；Phanerobiotic；PH
显生{动}宙(宇)[570Ma 至今]☆Phanerozoic (eon; time)；Phanerobiotic；PH
显生宙的☆phanerozoic
显式☆explicit formulation
显式饱和度计算☆explicit saturation calculation
显式差分公式☆explicit difference formula
显式有限差分形式☆finite-difference explicit forms
显示☆indication{show} [油气]；exhibit(ion)；display；showing；discover(y)；demonstrate；present(ation)；manifest；video picture；occurrence
显示储量☆indicated reserves
显示格式☆display format
显示活力的☆motile
显示类型☆discharge feature
显示偏好☆revealed preference
显示屏和按钮☆display screen and buttons
显示器☆indicator；display；scope；IND
显示区☆area of occurrence{manifestation}；active area
显示扫描☆reading scan
显示设备☆display equipment；DE
显示头☆bubble head
显示仪表☆display instrument
显示用微处理机☆display microprocessor
显体化石☆megafossil
显体生物☆megabios
显头目☆Phanerocephala
显微暗煤☆durite；microdurain
显微斑晶结构☆mediiphysic texture
显微包体☆microenclave
显微薄片☆microsection；microscopic section
显微变晶[结构]☆microcrystalloblastic
显微波(基)斑状结构☆vitriphyric texture
显微操纵☆micromanipulation
显微操作针☆micro-needle
显微测焦法☆microfocusing
显微层理☆microlayering
显微的☆microscopic(al)
显微电泳☆microelectrophoresis
显微读数仪☆reading microscope
显微分析☆microscopic analysis；microanalysis [pl.-ses]
显微腐蚀☆microcorrosion
显微干涉折光仪☆micro-interference refractometer
显微构造☆microstructure；microtectonics
显微光子诱导 X 射线发射光谱☆Micro Proton-Induced X-ray Emission Spectroscopy
显微规模变形☆microscopic-scale deformation
显微含长(结构)☆micro-ophitic
显微焊☆microwave welding
显微划痕硬度计☆microcharacter
显微化学法☆microscopical chemical method
显微辉绿[结构]☆micro-ophitic
显微绘图☆microdrawing
显微绘图仪{镜}☆camera lucida
显微记录☆microrecording
显微检查☆micrography
显微检验☆micro(-)examination
显微胶卷放大机☆microfilm projector
显微结构损害☆microstructural damage
显微镜☆microscope；glass；scope；Mic；micr.
显微镜(工作者)☆microscopist
显微镜分粒(法)☆microscopic sizing
显微镜换镜旋座☆(revolving) nosepiece
显微镜台(下的)☆substage
显微镜物台☆stage of microscope
显微镜学☆microscopy；micr.
显微镜用灯☆microlamp
显微镜载物台☆microscope carrier
显微镜轴☆microscope vertical axis
显微孔隙☆micropore
显微矿物☆micromineral
显微扩视镜☆euscope
显微粒状包体☆microgranular enclave；microgrenu
显微粒状钙质藻☆micro-granular calcareous algae
显微粒状岩包体☆enclave microgranular
显微亮煤☆clarite；microclarain
显微裂缝☆microfissure；microcrack；microscopic crack
显微裂纹☆microcrack
显微脉混合岩结构☆microvenitic texture
显微煤岩类型组☆microlithotype-group
显微煤岩组分分类☆maceral classification
显微偏析☆microscopic segregation；micro(-) segregation
显微偏振光谱仪☆microscopic polarity spectro-meter
显微扫描☆microscan
显微摄影☆photomicrography；cinephotomicrographic
显微生长☆microgrowth
显微术☆microscopy；micr.
显微双晶☆microtwin；microtwinning；micro twin
显微丝炭☆fusite；microfusain
显微缩孔☆microshrinkage；microscopic porosity
显微探针分析☆microprobe analysis；MPA
显微条带状硅华☆micr silica
显微条痕构造☆streaky microstructure
显微投影☆microprojection
显微图☆micrograph；microgram
显微图像自动分析仪☆Micro-Videomat
显微纹层☆microlaminae；microlaminae
显微纹理☆microlamination
显微文象结构的☆micrographic
显微相片☆photomicrograph
显微小汽泡☆air pit
显微学☆micrology
显微压痕硬度测试☆microindentation hardness testing
显微岩相☆microfacies
显微岩组☆microlithofabric
显微应变☆microstrain
显微硬度☆microhardness；micro(-)hardness
显微应力☆microscopic stress；microstress
显微硬质煤组分☆degradinite
显微照片☆micrograph；photomicrograph；microphoto；metallograph；micro.
显微照片放大☆photomicrograph magnification
显微照相☆photomicrograph；microphotograph
显微照相的☆micrographic
显微照相术☆micrography；microphotography
显微针☆micro-needle
显微(均匀煤)组分☆maceral
显微(煤岩)组分☆micropetrological unit
显微组分反射率类型☆entity types
显微组构☆microfabric；microlithofabric；microscopic fabric
显微组织☆microscopic structure；microstructure
显现☆develop
显现罐[渗透试验]☆developer tank
显像☆development；visualization；display；video picture
显像不足☆underdevelopment；underdeveloping
显像管☆charactron；kine；image{Braun;picture} tube；teletron；oscillight；kinescope[电视]
显像剂☆developing agent；(photographic) developer；replenisher
显像密度测定☆densitometry
显像速度☆emulsion speed
显像仪☆visualizer
显屑碎块☆phanoclastic
显型表型☆phenotype
显型选择☆phenotypic selection
显形☆visualization
显形壳[头]☆macroconch
显形细胞☆megacells
显形液☆soup
显形中心☆development center
显性的☆dominant
显芽植物☆phaenerophyte；phanerophyte
显眼☆stare
显要人物☆notable
显影☆photographic develop(ing)；visualization
显影缸[单点测斜仪现场用]☆film developer
显影过度☆overdevelopment
显影剂☆developing agent；(photographic) developer
显域分布{|植被}☆zonal distribution{|vegetation}
显源的☆phanerogenic
显造山期☆epi-orogenic stage
显植宇{宙}☆Phanerophytic
显著☆particularly；evidence；visibility；conspicuously；prominence；predominance；prominency；striking；markedness；not(ice)able；distinguished；salient；pronounced；dominant；conspicuous；obvious；noteworthy；telling；noteworthiness；prominent
显著部分☆highlight
显著地☆materially；notably
显著地形☆topographic feature
显著对比☆striking contrast
显著连检验的功众☆power of a significance test
显著特点☆salient feature
显著特征☆prominent feature
显著误差☆appreciable error
显著性☆significance
显著性的 z 检验☆z-test of significance
显著增长☆dramatic increase
显字管☆charactron
显组分煤☆macrofragmental coal
蚬(属)[双壳]☆Corbicula；Cyrena
蚬牙系☆cyrenoid dentition
险底[水下有障碍物]☆foul bottom
险恶的☆inclement；foul
险恶地☆foul ground{bottom}
险恶水域☆hostile water
险礁☆danger{dangerous} rock
险峻☆dangerously steep；precipitous
险峻的☆precipitous；steep-to；rapid；abrupt
险峻岩面[南非]☆krantz；krans
险坡☆dangerously steep grade
险坡道☆dangerous
险区☆foul area
险滩☆cascade；rapids；dangerous shoal

xiàn

现产井☆active producer

现场☆in {-}situ; field; on {-}site; site; on the spot; working{at} site; scene; scene of an incident; spot; on-location; locality
现场拌和☆job mix
现场比容☆specific volume in situ
现场操作站☆field operating stations
现场草图☆location sketch; field sketching
现场测定☆on-the-spot determination; in-place measurement
现场测井队☆wellsite logging crew
现场测量☆in-situ measurement
现场处理☆in-site processing; site disposal
现场的☆spot; on-site; on-the-job{-spot}; in place{site; situ}
现场等价含水量☆field moisture equivalent
现场电缆编组盘☆field cable marshalling panel
现场雕凿的石材线脚☆revale
现场对岩石施加应力的缆索方法☆cable method of in-situ rock stressing
现场发泡☆foam-in-plate
现场分析☆field{on-the-spot;on-the-site} analysis
现场焊接☆field welding; site welling
现场混合的浆状炸药☆SMS; site-mixed slurry
现场混配的炸药☆on-site mixing explosive
现场计算☆field calculation
现场计算机解释☆quicklook interpretation
现场浇注☆cast in place{site;situ}
现场搅拌的☆mixed-in-place
现场搅拌混凝土☆job-mixed concrete
现场浸渍☆field impregnation
现场连接接头☆field joint
现场流变性测试☆on-site rheology test
现场论证方案☆field demonstration project
现场密度试验☆field density test
现场配制炸药☆"do-it-yourself" explosive{mixture}; do-your own explosive
现场拼合式平台[海洋钻探]☆template platform
现场起爆信号[震勘]☆field time break
现场取样规程☆field sampling procedure
现场渗透试验法☆field permeability test methods
现场实习☆on-the-spot{on-the-job;practical} training
现场使用的泵设备☆field scale pumping equipment
现场使用情况☆field performance
现场试验☆field trial{test;runs;experiment}; in-situ test{experiment}; on site test; OST
现场数据监测☆on-site data monitoring
现场涂敷法☆in-place coating method
现场涂漆☆actual spot painting
现场温度☆temperature in site
现场物(理勘)探☆geophysical site investigation
现场显示证据☆field evidence
现场修理☆current{spot;running} repair; maintenance work
现场压实性状☆field compaction behavior
现场压缩特性☆field characteristics of compression
现场岩石三轴压缩试验☆in-situ rock triaxial compression test
现场养护的☆job-cured
现场已证实的☆field proven
现场应用☆field use{practice;application}; rig-site utilization
现场用分级机☆mill-type classifier
现场预处理系统☆field preprocessing system
现场预制☆cast-in-place
现场载荷板试验☆field plate loading tests
现场再压缩曲线☆field recompression curve
现场注入能力试验☆field injectivity test
现场转换☆conversion in place; CIP
现场浊度试验☆on-site turbidity test
现场总线仪表☆fieldbus instruments
现场作业用量☆field volume
现成程序☆canned program
现成的☆forthcoming; ready made; off {-}the {-}shelf
现出☆emersion; emergence
(涌)现出☆open up
现出来☆out
现存的☆existing; present
现存价值☆existence value
现存矿石☆ore in stock
现存量☆stock on hand
现存种☆living species
现代☆present{recent} period; modern (times); today; recent; contemporary age; contemporary; time
现代冰川☆existing glacier; present ice
现代沉积☆modern{made} ground
现代成矿水热系统☆active ore-forming hydrothermal system
现代的☆co(n)temporary; up-to-date; recent; state of the art; present-day; modern
现代地表[日照面]☆sunlight surface
现代地壳运动委员会☆Commission on Recent Crustal Movements; CRCM
现代地形☆contemporary relief; live forms
现代海洋底部铁锰铜矿床☆manganese-iron-copper deposit on the modern ocean floor
现代河谷冲积物☆modern valley alluvium
现代痕迹学☆neoichnology
现代化☆modernize; modernization; bring up to date; update; streamline
现代化的☆state-of-art(s); state {-}of {-}the {-}art(s); modernized; up-to-date
现代人☆Homo sapiens sapiens; modern man
(类似)现代人的☆sapiens
现代三合{联}点☆recent triple junction
现代设计法☆modern design method
现代射孔技术☆modern perforating practice
现代式☆modernism
现代试井解释☆modern well test interpretation
现代式圆钻☆modern brilliant
现代系☆Recent; Holocene
现代性☆recentness; modernity
现代玄武岩铅☆recent basalt lead
现地化学性物质☆orthochem
现地形☆actual landform
现额☆quota; rate; rating; allowance; quantum; stint; standard
现付折扣☆cash discount
现购进货☆bought for cash
现购自运(的)☆cash and carry; CAC
现货☆actual stuff; spot goods
现货交易☆spot transaction; over-the-counter trading
现价☆current rate
现(场)浇(注的)混凝土☆cast-in-place{-site;-situ} concrete; in situ concrete
现金☆(hard) cash
现金付款☆moneying-out
现金购买☆purchase with cash
现金交易☆dealing for money; cash{money} transaction; sale for cash
现金流动(量)贴{折}现标准☆discounted cash flow yardstick
现金流量☆cash flow; CF
现金流量贴现☆discounted cash flow
现金售价☆spot price
现金损失☆loss of cash
现金投入☆input in cash
现金支付的费用☆out-of-pocket expenses
现今☆nowadays; present
现款☆fund; cash
现买现卖☆hand-to-month buying
现生超微体浮游生物☆recent nanno plankton
现生碳☆contemporary carbon
现生土☆entisol
现生种☆living species
现时☆nonce
现时产量☆current yield
现时用户☆active user
现实(性)☆reality
现实的☆real
现实性☆feasibility; practicability
现实主义[原则和方法]☆actualism
现实主义方法论☆actualism; uniformitarianism
现实主义原理☆principle of actualism
现世的☆temporal; secular
现视地平☆local horizon
现象☆phenomenon [pl.-na]; event; manifestation; development; mottling; occurrence
现象学☆phenomenology; piezoelectricity
现行标准☆actual{current} standard; act. std
现行的☆going; actual; active; operative
现行的油价☆nominal crude price
现行假说☆working hypothesis
现行价格☆current{prevailing} price
现行值☆existing value
现已变空的铸型☆now-empty cast
现已俯冲的☆now-subducted
现役☆active duty
现役的☆commissioned
现用的☆off the shelf
现用卡片☆active card
现有☆availability
现有储量☆current reserves
现有的☆available; existing; current
现有地下原油储量☆oil in place
现有订货☆orders on hand
现有井☆existing well
现在☆present; now
现在(的)☆present; now; running; present-day
现在地形☆actual landform
现在性☆nowness
现值☆present value{worth}; PV; PW
现制水磨石镶边☆in-situ terrazzo border
现制弯头☆construction bend
现注井☆active injector
现状☆status (in) quo; present{current} situation; existing state of affairs; status guo
苋(石竹色)☆amaranth
献(身)☆devote
献出☆sacrifice
献词☆foreword
献金☆flake gold
献身☆dedicate
霰☆graupel; pellet snow; snow pellets
霰石☆perlspath
霰弹☆canister; cannister; pellet
霰弹干扰{碰撞}☆pellet interference
霰弹钻井☆calix drill
霰弹钻井钻头☆jet pump pellet impact drill bit
霰弹钻头结构{设计}☆pellet bit design
霰钙华[$CaCO_3$]☆erzbergite
霰石[蓝绿色;$CaCO_3$]☆aragonite; chimborazite; oserskite; ktypeite; lancasterite; zeiringit; iglite; zeyringite; igloite; Aragon spar; mosenite
霰石华[$CaCO_3$]☆flos ferri; flower of iron; aragonite sinter; eisenbluthe
霰石化作用☆aragonitigation
(坚硬)霰石结壳☆coniatolite
霰石泥☆drewite; aragonite mud{sinter}
腺☆gland
腺病(性)的☆strumose; strumose
腺苷☆adenosine
腺螺旋☆gland coil
腺毛☆glands
腺嘌呤☆adenine
腺细胞☆glandular cell
腺组织☆glandular tissue
馅饼状物☆pie
羡慕☆envy
宪法☆constitution
宪章☆charter
陷波☆wave trap
陷波电路☆wave {-}trap; trap (circuit)
陷波器☆wave trap; wave-trap; trapper
陷{俘}获中心☆trapping center
陷进☆catch
陷井☆swallet hole; pitfall
陷阱☆trap; pit
陷阱电荷☆trapped charge
陷坑☆chasm; pit; gouffre; collapse doline; abyss; collapse depression[熔岩流表面]; pitfall
陷坑状☆scrobiculate
陷孔☆dolipore
陷口几何关系☆crater geometry relation
陷窟☆chasm
陷落☆founder(ing); downcast; slump(ing); come down; subside(nce); sink in{into}; fall into
陷落的顶板☆deteriorating roof
陷落地块☆depressed block
陷落地震☆depressive{depression;fallen;collapse} earthquake
陷落顶☆cave roof
陷落洞☆swallow hole
陷落海☆ruin sea
陷落火口☆sunken caldera; depression{pit} crater; volcanic sink
陷落角☆angle of draw{subsidence}
陷落裂缝☆settlement crack
陷落漏斗☆local depression; pothole
陷落平衡拱顶☆pressure vault; apex of cave

X

陷落区☆caved{fall; subsidence; collapse; caving; ground} area; caving ground; area of subsidence
陷落土石☆running measure
陷落柱☆collapse post; subsided column
陷频削减☆notch muting
陷球作用☆indentation
陷入☆involve; land[困境]; yield to[某种状态]
(使)陷入大混乱☆play{raise} havoc among; make havoc of
陷入带[德]☆verschluckungs-zone
(使)陷入僵局☆deadlock
陷入困境☆swamp
陷入泥泞☆get stuck in the mire
陷入泥塘☆bog
(钢板)陷窝☆dimple
陷窝的网状(云)☆lacunaris
陷窝形水系☆lacunate drainage pattern
陷下☆subsidence
陷穴☆crater; concave; cave-in
陷于☆fall
(使)陷于困境☆trap
陷在泥坑里☆get stuck in the mud
限☆limit
限差☆allowance; tolerance; allowable{admissible} error
限产☆production curtailment; limited production
限程☆range
限程器☆guard
限带信号☆band-limited signal
限定☆definition; curtailment; stipulate; circumscribe; qualification; limitation; limit
限定尺寸☆finite dimension
限定的☆finite; constrained; qualificatory
限定关系☆definite relation
限定物☆terminator
限定狭缝☆defining slit
限定行车间距☆restricted clearance
限定性的☆determinant
限定种☆exclusive species
限定状态☆qualifier state
限动环☆stop collar
限动器☆debooster; bridle
限度☆threshold; limit; boundedness; boundary; range; stretch; tether; limitation (extent); margin; limiting value; mark
限度表☆table of limits
限额☆quota; stint; norm; prohibitive amount
限额进出口制☆quotient{quota} system
限幅☆clipping; clipped; chopper; (amplitude) limit; slicing; restriction; limitation
限幅器☆clipping{clipper} circuit; limiter; clipper; clipper-limiter; debooster
限幅信号☆limited{clipped} signal
限幅削顶☆flat-topping
限杆☆bridle
限厚开采☆limited thickness extraction
限价☆valorize; valorization
限间检索☆between-limits search
限角☆limiting angle
限界☆gabarite{gabarit} [法]; frontier; margin
限界定符☆delimiter
限界馈膜晶体生长[晶体的控形拉晶生长]☆edge-defined film-fed crystal growth
限界效用☆marginal utility
限矩阀☆limit-torque valve
限粒格筛☆limiting grizzly
限量给料☆starvation
限量装置☆loading cartridge
限流电路☆current-limit circuit
限流电抗器☆current limiting reactor
限流阀☆flow-limiting{restrictor} valve
限流法压裂☆limited entry treatment
限流器☆current limiter; restrictor; amperite
限流射孔技术☆limited-entry perforation technique
限流作用☆metering function
限期☆time limit; date of expiration; term; deadline; prescribe a time limit; set a time limit
限燃固体火箭☆restricted-burning rocket
限珊瑚(属)[D_{2-3}]☆Metriophyllum
限上率☆oversize rate
限深器☆depth stop
限时继电器☆time limit relay
限速☆speed limit
限速阀☆excess flow valve
限速开关☆speed limiting switch; overspeed switch
限速器☆overspeed preventer{governor}; overspeed limit device; speed limiting device
限外温度计☆ultrathermometer
限位开关☆limit switch
限位链☆anchor(ing) chain
限位器☆stop; limiting device
限位台阶面☆no-go base
限下加载☆understressing
限压回路☆pressure limiting circuit
限压器☆voltage limiter
限压燃烧☆limiting pressure combustion
限约(水)流☆bound flow
限噪反褶积☆noise-limited deconvolution
限值以下的☆sub-threshold
限止☆bound; limitation
限止的消耗量☆prohibitive consumption
限止阀☆limit stop valve
限止器☆chopper
限制☆constraint; confinement; curtailment; confine; clipping; clip; circumscription; localization; slicing; limitation; boundary; striction; restraint; wrap; tie; tether; stint; restrict(ion); limit (confinement); slice; regulation; bound; astriction; modification; place {impose} restrictions on
限制(物)☆stricture
限制产量☆restriction of output; restricted output; restricted production rate; production curtailment
限制的☆confined; restrictive; qualificatory; limiting
限制地层☆confining stratum
限制电平☆cutoff level
限制航槽[限制性航道]☆restricted waterway
限制粒径☆constrained diameter
限制坡度☆ruling grade; maximum resistance grade; limiting{ruling} gradient
限制器☆killer; guard; eliminator; clipper; (limit) stop; catcher; restraint; chopper; slicer; restrictor; debooster; limiter; limitator; Lim
限制区间☆limited block
限制燃烧火药柱☆inhibited{restricted} grain
限制日期☆limiting date; LIMDAT
限制线夹☆clip
限制信号☆qualifier signal
限制性的☆restrictive
限制性扩散☆restrained diffusion
限制因素☆limiting factor
限制褶曲☆non-sequent folding
限制褶皱(作用)☆nonsequent folding
限钻头过早磨损☆premature bit failure
线☆filament; bar; thread; string; streak; striate; ray; tie; linea; line; rope; ligament[丝]
线凹螺属[腹;O-D]☆Raphistoma
线(状)斑岩☆linophyre
线斑状(结构)☆linophyric
线爆成形☆forming with initiating wire
线笔石☆Nemagraptus
线标轴☆linear parameter
线飑☆line {-}squall
线玻正斑岩☆atatschite
线材☆wire rod
线材编号☆number of delay period
线槽☆trunking
线测☆string survey
线测量图像分析器☆linear-measuring image analyzer
线层理构造☆linear bedding structure
线超载☆line surcharge loads
线齿蚶属[双壳;J-K]☆Grammatodon
线虫动物门☆Nemathelminthes
线虫类☆thread worm; nematode
线虫学☆nematology
线刺贝属[腕;P]☆Costispinifera
线丛☆complex
线带螺属[软舌螺;Є-O]☆Linevitus
线担☆crossmember; (bracket) arm
线道☆string; thread; channel; canal
线道移设☆track shifting
线的☆linear; lin.
线地震☆linear earthquake
线电压☆line voltage
线迭代☆line iteration
线动量☆linear momentum
线度☆dimension
线端(加负载)☆terminating
线段☆line segment
X 线断层照片☆tomogram
线对☆line-pair; line pair
线对/毫米☆line pair per millimeter; LPM
X 线粉末线☆x-ray powder line
线沟的☆vallecular
线箍☆wire ferrule; binding clip
线挂水准器☆string level
线管☆hasp; nema[笔]
线光源☆line source
线规☆wire ga(u)ge; wg
BS 线规☆Brown and Sharpe wire gauge; (wire) gauge; B & S
线轨法☆ray tracing
线轨图☆nomogram
线行程☆lineal travel
线盒熔丝☆fixture cutout
线荷载☆line load
线痕笔石(属)[S_3]☆Linograptus
线弧☆bank
线划版印样☆line print
线划跟踪数字化器☆line follower
线划光滑☆line smoothing
线化☆linearization
线化作用☆stringing
线汇☆congruency; congruence
线积分☆line{curvilinear} integral
线极☆line pole
线戟贝属[腕;D-C_1]☆Plicochonetes
线几丁虫(属)[S]☆Linochitina
线夹☆clamp; clip; cleat; anchor ear
线加速度☆linear acceleration
线间电容☆mutual capacitance
线焦点☆line focus
线脚☆architrave
线接触☆lineal contact
线解图☆nomograph; nomogram
线金属量☆linear productivity
线晶格☆linear lattice
线矩阵☆wire matrix
线聚焦☆line focusing
线距☆wire intervals; line-spacing
线锯☆jigsaw
线卷☆winding; coil
线孔贝(属)[腕;S_2]☆Linoporella
线宽☆linewidth; line breadth
(谱)线宽度☆line width
线矿物☆minal
线括(号)☆vinculum [pl.-la]
线理☆lineation
线理联通{连接}☆linkage of the lineation
线理倾伏☆lineation plunging
线理状煤☆striated coal
线粒迹[遗石]☆Chondrites
线粒体☆cytochondriome [pl.-ia]; chondriosome; plastosome; mitochondrion [pl. -ia]
线量误差☆linear discrepancy
线流☆linear current{flow}; streamline flow
线流(状)构造☆linear flow structure
线路☆circuit(ry); channel; wiring; (communication) line; scheme; route; wire; train; path; link; cct
线路常数☆line constant
线路充填☆fine packing
线路电压降补偿器☆line drop compensator
线路吊牌信号☆line drop signal
线路断路器☆circuit breaker; CB
线路分支☆T-off
线路简图☆schematic circuit diagram
线路交叉☆crossing
线路校直机☆track liner
线路接地故障电流☆line-to-earth fault current
线路接法☆configuration
线路曲线半径☆track curve radius
线路图☆diagrammatic sketch; circuit (diagram); line drawing; wiring diagram; layout; circuitry; chart; route map
线路图寻迹☆tracing
线路芯子☆cartridge
线路巡查工☆ridge-runner; rider
线路养护☆track maintenance
线路养护机械☆track maintenance machine
线路中断☆hook

线麻油☆hemp seed oil
线磨蚀☆linear corrasion
线囊蕨属[C_2-P_2]☆Danaeites
线内☆on-line
线鸟蛤属[双壳;K-Q]☆Nemocardium
线偶☆line-pair；line pair
线蟠☆coil
线膨胀☆line swelling；line(ar){polar} expansion
线膨胀计☆dilatometer
线偏光{振}☆linear polarization
(直)线偏振波☆linearly polarized wave
线偏振光☆linear polarized light
线剖面[电子探针的一种分析方式]☆line profile
线谱☆line spectrum；pattern
线强度☆line intensity
线侵蚀☆linear erosion
线渠☆culvert
线圈☆coil(er)；fake；cl；winding；spool
线圈架☆coil form{former}；former；bobbin
线圈距☆coil span{spacing}；transmitter-receiver spacing
线圈排布☆coil configuration
线圈伸长因数☆elongation factor of a coil
线圈式地磁仪☆coil magnetometer
线圈系☆coil system{array}；sonde body
线圈纵行☆wale
线缺陷☆line defect
线(性)缺陷☆linear defect
线群☆line group
线绕变阻器☆wire rheostat
线绕的☆ww；wire-wound；wirewound
X 线绕射仪☆x-ray diffractometer
线绕组☆coil
线热源☆line heat source
线熔(化)☆fuse
线扫描☆line scan
线色散☆linear dispersion
(生产)线上分析☆on-belt analysis
线生长速度☆linear growth rate
线升降☆snowline fluctuation
线石燕属☆Striispirifer
线式变形测定仪☆wire strain gauge
线(性)收缩(率)☆line(ar) shrinkage
线束☆bight；beam；pencil
线束三维观测☆swath
线束铁芯☆wire core
线数☆line number
线松弛☆line successive over relaxation；LSOR
线搜索☆line search
线速[钻头外缘的]☆peripheral speed
线速度☆linear speed{velocity}；peripheral speed；LV
线索☆cue；thread；clue；trace；scent；pointer
线苔藓虫属[Q-P_1]☆Nematopora
线(性)弹性☆linear elasticity
线体植物(门)☆Nematophyta
线条☆line；lineation；contour；figure；raie；linellae
线条交叉☆cross connection
线条图☆Gantt bar chart；bar chart
线头焊片☆chape
线头形虫属[三叶;O_{1-2}]☆Ampyx
X 线透视屏☆radioscope
线图☆diagram
线外编码☆out-of-line coding
线网☆reticule
线网滤器☆strainer filter
线位错[刃位错]☆line dislocation
线位移☆linear displacement
线纹☆stria [pl.-e]
线纹蚶属[双壳;K_2-Q]☆Striarca
线纹扭月贝属[腕;D]☆Linostrophomena
线污染源☆line source
线务员☆wireman；lineman；linesman
线吸收系数☆linear-absorption coefficient
线系[无脊]☆linellae；lineal series
线系的☆phyletic；phylogenetic
线系(物)种(形式)☆phyletic speciation
线蚬属[双壳;E-Q]☆batissa
线向压力☆linear pressure
线芯☆wire core
线星☆linar
线星介属[N-Q]☆Lineocypris
线型☆lineament
线型分子☆linear molecule
线型掏槽☆burn-cut
线型盐丘☆salt anticline
线形☆linearis
线形孢子类☆Scolecosporae
线形不对称海岭☆linear asymmetrical ridge
线形布置☆line pattern
线形动物类{门}☆Nemathelminthes
线形连珠山脊☆beaded linear ridge
线形图解☆alignment diagram
线性☆linearity；linear (manner)；lineation；line characteristic
线性板状发育☆linear-tabular development
线性变换的核☆kernel of a linear transformation
线性薄膜应变☆linear membrane strain
线性不对称海岭☆linear asymmetrical ridge
线性测试信号发生器☆linearity test generator
线性差动传感{变换}器☆linear variable differential transformer；LVDT
线性常速度叠加☆line constant velocity stack
线性成核速率定律☆linear law of the nucleation rate
线性程序升温器☆linear temperature programmer
线性储水{集}层模型☆linear reservoir model
线性磁致伸缩系数☆linear magnetostriction
线性达西方程☆linear Darcy equation
线性当量☆linear equivalent
线性的☆linear；unidimensional；one-dimensional；lineal
线性掉格率☆linear drift rate
线性度误差☆linearity error
线 性 多 路 传 输 井 温 仪 ☆ linear multiplexing temperature tool
线性多(元)相关☆linear multiple correlation
线性反差加大☆linear contrast stretch
线 性 非 马 尔 科 夫 过 程 ☆ linear non-Markovian processes
线性分布{|析}☆linear distribution{|analysis}
线性风流法☆method of laminar{linear current}
线性构造☆lineament；aligned{linear} structure；lineation；linear feature
线性关系☆linear relation(ship)；straight-line relation
线性光栅☆striated pattern
线性规划☆linear programming；LP
线性函数☆linear function
线性化☆linearization；linearize；linearise；linearisation
线性绘图显示器☆line drawing display
线性活塞式驱替{油}☆linear piston-like displacement
线性(反差)加大图像☆linear-stretch image
线性交换矩阵☆matrix of a linear transformation
线性近似(法)☆linear-approximation
线性井网☆line pattern
线性流动阶段☆linear flow period
线性滤失机理☆linear flow leak-off mechanism
线性黏弹性介质☆linear viscoelastic medium
线性膨胀☆linear dilatation；polar expansion
线性曲回归☆curvilinear regression
线性群☆linear group
线性升温程序☆linear temperature program
线性试样偏差☆linear sample bias
线性收缩率☆linear shrinking rate
线性速度☆linear velocity；LV
线性同余法☆linear congruential method
线性无关☆linear independence；linearly independent
线性楔形悬臂梁☆linearly tapered cantilever beams
线性斜坡☆liear ramp
线性岩的驱替☆linear core flood
线性延伸褶皱☆linear-elongated fold
线性要素☆linear element{feature}；lineament
线性正交转换☆linear orthogonal transformation
线性注水☆line flood(ing){drive}
线性组合☆linear combination
线压力☆linear pressure
线衍生☆monotaxy
线衍生的☆monotactic；monotaxic
线要素☆linear element
线叶属[S-D]☆Nematothallus
线叶肢介属[节;K_2]☆Nemestheria
线翼藻属[褐藻;Q]☆Tilopteris
线银杏☆Czekanowskia
X 线荧光分析☆X-ray fluorescence analysis
线应变[力]☆linear{line} strain；longitudinal strain
线应变仪☆wire type strain ga(u)ge
线元☆linear element
线源☆line source
线源解☆line-source {Theis} solution
线运行报告☆pipeline operation report
线载荷☆linear load
线藻属[S-D]☆Nematophyton
线张应变计☆wire strain ga(u)ge
线褶曲☆linear fold
线振(式)应变仪☆vibrating wire strain ga(u)ge
线织构☆wire{line} texture
线直径☆linear diameter
线制品☆wire work
线中噪音☆line noise
线轴☆spool；bobbin
线轴形沙坝{洲}☆spool bar
线株覆盖☆stubble mulching
线逐次超松弛☆line successive over relaxation；LSOR
线状凹斑构造☆lineage-structure
线状孢子☆scolecospore
线状标志☆linea；line
线状的☆linear；striate；setuliform；lineal；capillary {wiry} [自然金属]
线状地槽模型{式}☆linear-geosynclinal model
线状断裂带☆linear fracture zone
线状分布☆linear distribution
线状构造☆linear{lineation} structure；lineation
线状构造成分☆linear component
线状构造频率☆frequency of lineament
线状光谱☆line spectrum
线状火山口群☆linear series of craters
线状礁☆ribbon reef
线状脉叶☆inophyllous
线状排列☆alignment
线状排列的火山口☆linear series of craters
线状喷出{发}☆linear eruption
线状绕制用聚丙烯☆string wound polypropylene
线状沙脊☆sand streak
线状体☆linear mass
线状凸形挤出☆lineation squeeze-ups
线状物☆thread
线状形迹☆lineament
线状盐[矿床;德]☆liniensalz
线状岩筒穿刺[构造]☆linear pipe piercement
线状阴极☆filament(ary) cathode
线锥定理☆pencil theorem
线组构要素☆linear fabric element
线嘴贝属[腕;D_1]☆Costellirostra

xiāng

相☆one another；reciprocally；mutually；see and evaluate in person；each other；choose for oneself
相伴的☆concomitant
相伴物☆concomitance
相伴张量☆associated tensor
相比☆compare
相比密度☆relative density
相参散射横截面☆coherent scattering cross-section
相参性(光)☆coherence
相参应变☆coherency strain
相称☆equipoise；equilibrium [pl.equilibria]；match；commensurability；suit；symmetrization；equilibrate；proportionment；proportionality；call each other
相称(性)☆equilibrium
相称的☆suited；commensurate；fitting；proportional
相乘☆multiplication
相斥的☆repellent
相斥性☆repellency
相重叠的☆equitant
相重数☆multiplicity
相重项☆multiplet
相当☆homology；correspondence；equivalency；equivalence；correspond；equivalent
相当(多的)☆enough
相当大的☆considerable；substantial
相当的☆equivalent；corresponding(ly)；adequate；correspondent；congruent；equiv.
相当的时代名称☆equivalent time term
相当厚的大气圈☆considerable atmosphere
相当煤吨数☆tons of coal equivalent；tce
相当性☆equivalence；equivalency
相当有保证的储量☆reasonably assured reserve
相当于☆contain；be equivalent to；compare；(be) corresponding to with；amount；tantamount
相等☆equation；equipollence {equipollency}[力量等]；equality

X

相等的☆level；equivalent；identical；equal；uniform；equiv.
相等二歧分枝☆isotomic dichotomy
相等入料条件☆identical feed condition
相等物☆equivalent
相等向量☆equas vector
相等性☆equality
相等于……的☆tantamount
相地层典型剖面☆faciostratotype
相动物群☆facies fauna
相对☆versus；vs；with-
相对保留值☆relative retention (value)
相对比例守恒定律☆law of constancy of relative proportions
相对比率定律☆law of relative proportions
相对闭集☆relatively closed set
相对稠度☆relative consistency；consistency index
相对磁力吸引性☆relative magnetic attractability
相对粗糙度{率}☆relative roughness
相对的☆fractional；fractionary；relative；opposite
相对动观测☆relative gravimetric observation
相对堵塞指数☆relative plugging index；RPI
相对对比度{率}☆relative contrast
相对方位☆relative bearing{orientation}；rb
相对分异(作用)☆contrasted differentiation
相对高度☆freeboard；relative height
相对高度型☆relative hypsography
相对隔水层岩性☆rock type of relative aquifuge
相对规则系数☆coefficient of relative orderliness
相对航高☆terrain clearance；relative flying height
相对价格作用☆relative price effect
相对减率☆relative reduction
相对开集☆relatively open set
相对可磨度{性}☆relative grindability
相对老地层☆geologic(al) low
相对立☆contrast
相对亮度☆lumen fraction
相对论☆relativism；relativity (theory)；theory of relativity；relativistic relativity
相对论性电压☆relativistic voltage
相对论性电子发生器☆febetron
相对密度☆relative{specific} density；density ratio
相对排列脊板☆yardarm carina
相对频数{率}☆relative frequency
相对燃耗☆fuel utilization
相对色散偏离值☆deviation of relative dispersion from normal
相对熵函数☆relative entropy function
相对伸长☆tensile{relative} elongation
相对渗透率变换☆relative permeability alteration
相对渗透率曲线☆permeability saturation curve
相对湿度☆relative humidity{moisture;wettability}；relative degree of humidity；r.h. ；RH
相对时间保留值☆relative retention time
相对寿命{期}☆comparative lifetime
相对数☆antipode
相对水含量☆relative water content
相对死亡指数☆relative mortality index
相对体积☆bulk volume fraction
相对同位素富集系数☆relative isotopic enrichment factor
相对位偏☆malalignment；malalignement
相对位置☆contraposition；relative position
相对误差☆relative{proportional;fractional} error；true fault；RE
相对下降[海面]☆relative fall
相对响应值☆relative response
相对性☆relativism；(relativistic) relativity
相对于☆with respect to；in relation to；relative to；w-r-t；w.r.t.；rel.
相对原子变化☆relative atomic variation；RAV
相对运动☆relative motion{movement}；opposing movement
相对置换静校正☆relative replacement static
相对重力差☆relative gravity difference
相对(声)阻抗曲线☆relative impedance traces
相反☆counter；contra[拉]；in contrast；reverse；opposite；dis-；dif-[f 前]；con；cat(a)-
(测尘用)相反衬显微镜☆phase contrast microscope
相反的☆converse；inverse；counter；reverse；opposite；adverse(ly)；reciprocal；opp
相反的断层倾向[断层倾向与地层倾向相反]☆hade against the dip
相反地☆inversely；conversely；adversely；counter；per contra
相反电荷的颗粒☆oppositely charged particle
相反动作☆counteract
相反方向☆reverse{opposite} direction；opposite sense
相反混合☆blending back
相反位置角☆alternate angle
相反组断块☆antithetic blocks
相符☆congruency；congruence
相符(-)不符数据☆fit-nonfit data
相符褶皱☆congruous fold
相干☆cohere；be concerned with；have sth. to do with
相干的☆coherent；pertinent
相干反斯托克斯拉曼光谱☆coherent anti-Stokes Raman spectroscopy
相干分布☆coherent distribution
相干干扰☆clutter
相干函数☆coherence function
相干加强☆coherency enhancement；coherence emphasis
相干检波{测}☆coherent detection
相干雷达相片☆coherent radar photograph
相干散射☆incoherent{coherent} scattering
相干系数☆coefficient of coherence
相干信号☆coherent signal
相干性加强☆coherence enhancement
相干准则☆coherence criterion
相割☆intercross
相隔☆apart
相关☆dependence；correlation；be mutually related；mutuality；be interrelated；pertinence；pertinency
相关(性)☆dependency
相关(数)☆correlate
相关变量☆covariance；related variables
相关长度☆persistence length
相关场分裂☆correlation field splitting
相关程度☆correlativity；degree of association
相关成长定律☆law of correlation growth
相关带宽☆correlated bandwidth
相关的☆dependent；correlatable；coherent；correlative；relevant
相关定律[器官]☆law of correlation
相关度☆coherence
相关对☆correlating pair
相关分析☆(correlation) analysis；coherent
相关函数☆correlation{related} function
相关计☆correlometer
相关价值☆correlative value
相关检波{测}☆correlation detection
相关解译☆interactive interpretation
相关联的设备☆associated outfit
相关平差☆adjustment by correlates；adjustment of correlated observations
相关散射横截面☆coherent scattering cross-section
相关色调☆relative tonality
相关式☆relational expression
相关(曲线)图☆correl(at)ogram；correlatograph；correlation chart{diagram}
相关系☆facies relationship；phase relation
相关系数☆correlation coefficient{factor}；coefficient of correlation；related coefficient
相关系图☆facies relationship diagram；FRD；facies relation ship boundary
相关线☆line of correlation
相关信号☆correlation signal
相关型☆allied form
相关性☆interdependency；correlativity；dependence；(relativistic) relativity；corrector-correlatability；dependance；correlatability；coherence
相关要素☆interacting element
相关仪☆correlator
相关域☆range
相关噪声振幅☆correlation-noise amplitude
相关指数☆correlation{correlated} index；CI；C.I.
相关组构☆physical{functional} fabric
相合☆fall in；congruence；congruency；coincidence
相合的☆accordant；synodical
相互☆inter-；enter-；co-；re-
相互保护效应☆mutually protective effect
相互标定{校准}☆intercalibration
相互参照☆cross-reference
相互掺混☆interblend
相互超覆的透镜体☆overlapping lenses
相互穿插☆interfingering
相互垂直☆orthogonality；quarter
相互的☆cross；reciprocal；mutual
相互叠加裂隙☆overlapping fissures
相互反应☆interreaction
相互附生☆rim each other
相互固定☆interfix
相互关联☆interdependence；interdependency
相互关联性☆interrelationship
相互关系☆correlation；interrelationship；interface；reciprocity；inter(-)relation；mutuality；mutual relationship
相互关系法☆correlation method
相互混合☆comingle
相互检验☆cross-check
相互交搭☆overlap
相互均衡☆cross equalization
相互扩散☆interdiffusion
相互来往☆intercommunication
相互连接☆interconnection
相互连通的油罐☆interconnected tanks
(使)相互联系☆interrelate
相互密合着的☆coherent
相互摩擦☆confriction
相互啮合的齿轮☆pitch wheel
相互凝聚☆intercoagulation
相互迁移☆intermigration
相互切割裂隙☆overlapping fissures
相互套合结构☆intermeshed structure
相互调制☆intermodulation
相互同化☆cross-assimilation
相互吸引☆inter-attraction；mutual attraction
相互楔接☆interfinger
相互信托☆open-end investment trust
相互研磨☆intergrind
相互依存{赖}☆interdependence
相互依赖性☆interdependent property
相互影响☆interplay；interaction；interference；babble
相互影响模拟技术☆Kane simulation；KSIM
相互有关☆interrelate
相互制约的☆interinhibitive
相互组合☆intercombination
相互作用☆interplay；inter(re)action；co(-)action；interact；mutual effect；repercussion
相互作用的☆interactive
相互作用因素☆interaction factor
相会点☆passing point
相继☆successiveness
相继的☆sequential；successive；successional
相继发生的事☆sequent
相继反应定律☆law of successive reactions；Ostwald's step rule
相继侵入☆successive intrusion
相继系数☆consecutive coefficient
相加☆addition；summation；summarization
相加定律☆additivity law
相加尔叠层石属[Z]☆Schancharia
相加器☆summitor
(可)相加噪声☆additive noise
相间☆interlacing
相间传质☆interphase mass transfer
相间的自身扩散☆interphase self-diffusion
相间地☆alternately
相间张力☆interfacial tension
相间作用☆phase interaction
相交☆intersect(ion)；intercross；intersecting；cross(ing)；intercept(ion)；cut；phase change；traversing；make friends with；transposition
(使)相交☆cross；correlate
相交成角☆corner
相结合的☆adjoint
相结合线☆Alkemade line
相克作用☆antagonistic action
相利共生☆mutualism
相连地址☆associated address
相连(的)☆mating
相连的☆conterminous
相连接的☆coherent
相连续性方程☆phase continuity equation
相邻波道干扰☆second-channel interference
相邻道干扰☆adjacent-channel interference
相邻的☆adjoining；adj；adjacent
相邻点☆consecutive point

相邻基可行解☆adjacent scent basic feasible solution
相邻角点解☆adjacent corner-point solution
相邻锚杆☆neighboring anchor
相邻位置☆adjacent position
相邻像对☆pair of adjacent photograph
相邻信号道选择性☆adjacent channel selectivity
相邻性度量☆proximity measure
相邻样品☆contiguous sample
相邻值平均值☆average of adjacent values
相配☆suitability；tie {-}in；suit；pertain；match
相配的☆suitable
相嵌接合☆halved joint
相切☆contact[数]；intersecting；tangential contact；tangent；touch；tangency
相切面☆osculation plane
相容方程☆consistent{consistency;compatibility} equation；compatible equations
相容剂☆compatilizer
相容三角形☆compatibility triangle
相容事件☆compatible events
相容条件☆consistency condition
相容性☆consistence；consistency；compatibility[共生]；compatibleness
相容性方程☆equation of compatibility
相容组合☆sympathetic association
相三角图☆triangular phase diagram
相三角形☆facies triangle
相识☆acquaintance
相适的☆adequate
相适应☆co-adaptation TL
相似☆homoplasy；resemble；analogy；similar{alike}；equiform；similarity；conformance；similitude；semblance；likelihood；par-；para-
相似(性)☆resemblance
相似比☆ratio of similitude
相似比值判别☆Gaussian
相似材料☆equivalent material
相似的☆homogeneous；equiform；compatible；similar
相似定律☆law of similarity{similitude}；scaling law
相似度[两组反射或两个道的相似程度]☆copy
相似多孔介质模型☆scaled porous media model
相似法解题☆analog approach
相似古山谷☆similar fossil valley
相似模型☆analogy model
相似群落☆isocommunity
相似时差信号☆slowness-time semblance signal
相似条件☆simulated{similar} condition
相似物☆homolog(ue)；image；double；resemblance
相似细管☆isotubule
相似系数☆coefficient of similarity；similarity{similar;semblance;scaling} coefficient；semblance
相似型构造☆similar-type structure
相似形盆地☆homothetic basin
相似性☆similarity；semblance；similitude；likeness；homoplasy；resemblance；likelihood
相似性指数{标}☆similarity index
相似因数☆soling factor
相似原理☆principle of similitude；theory of similarity；similitude principle
相似褶皱☆similar fold
相似之物☆counterpart
相似中心☆center of similitude；homothetic centre
相似种(生物)☆conformis；cf.；sibling species
相似准则☆similarity criterion{criteria}
相随的☆adjoining；adj
相通☆communicate
相同☆identity；homology；homo-；congruency；congruence；homonomy；tauto-；paralelism；parity
相同标高的点☆point of same elevation
相同的☆identical；congruent；parallel；similar；same；equivalent
相同地层☆identical strata
相同类型的东西☆sister
相同气候☆homoclime
相同位置穿孔[一组卡片]☆batten
相像☆likeness
相像的人{物}☆image
相向流动☆countercurrent flow
相向上倾☆antithetic updip
相消律☆cancellation law
相信☆confidence；belief；acceptation
相续各层☆successive layers
相依(性)☆dependence
相(互)依(赖的)参数☆interdependent parameter
相依的☆correlative
相依函数☆interdependent function
相依事件☆dependent event
相依性☆interdependency；correlativity；dependence
相宜☆congeniality；pertinent
相异☆distinction；diverging；divergent
相异叠加☆diversity stacking
相异读数☆variant reading；v.r.
相应☆correspondence；conformity；conformation
相应吃水☆corresponding draft；CDR
相应的☆homologous；congruent；commensurable；commensurate；relevant；opposite
相应的时代名称☆equivalent time term
相应地☆correspondingly；accordingly
相应水位☆equivalent water level
相应压力☆relevant pressure
相应于一个齿节的弧☆pitch arc
相遇时距曲线☆reversed profile
相助的☆coadjutant
镶☆fillet；mount
镶巴比{氏}合金☆babbiting；babbitting
镶板☆panel(l)ing；panel (board)；coffer；veneer
镶板法崩裂性试验☆panel spalling test
镶宝石戒指☆dinner ring
镶边☆inset；flanging；flange；ending；border(ing)；band；braiding；welt；rim；list；edge；hem
镶边的☆limbate
镶边结构☆rimmed texture
镶边节理☆fringe joint
镶边石☆border{trim} stone；trimstone；kerbstone；curb[道路]
镶边砖石☆angle closer
镶玻璃条砂☆glarear end stop
镶槽☆tip seat
镶齿☆tungsten carbide tooth
镶齿板牙☆inserted die
镶齿齿高☆insert extension
镶(硬合金)齿钻头的(碳化钨)齿☆compacts
镶多粒金刚石整修工具☆multiple diamond dressing tool
镶颚牙形石属[O_3]☆Plegagnathus
镶焊☆built-up welding
镶焊硬合金尖截齿☆sintered carbide-tipped pick
镶焊钻头☆set bit
镶尖截齿☆tipped pick
镶金刚石基体[机]☆diamond matrix
镶金刚石条块☆diamond set pad
(把……)镶进☆infix
镶面☆veneer
镶面石层☆opus lithostratum
镶木地板状☆parquet-like
镶配轴颈☆built-in journal
镶片钻头☆D-bit
镶嵌☆inlay；incrustation；mosaic；mozaic；insert；set (weight)；setting(-up)；mount(ing)；mosaicking；incrust；tessellate
镶嵌冰☆ice mosaic
镶嵌彩图☆mosaic color map
镶嵌草图☆rough mosaic
镶嵌的钻头[用金刚石或硬合金]☆set bit
镶嵌地块☆felder；tessera [pl.-e]
镶嵌独粒宝石的戒指☆solitaire
镶嵌法☆insetting
镶嵌分布☆mosaic distribution
镶嵌复照注记☆group tracing annotation
镶嵌工☆setter
镶嵌好的☆mounted
镶嵌合图☆mosaic
镶嵌化☆mosaicism
镶嵌踝类主龙☆Suchia
镶嵌检查塞规☆setting plug
镶嵌结构☆mosaic texture{structure}；interlocked structure；mosaic
镶嵌砾漠☆pebble mosaic
镶嵌模型☆inlaid model
镶嵌式胶结☆mosaic cementation
镶嵌所用的材料☆inlay
镶嵌碳化钨活钻头☆detachable tungsten-carbide insert bit
镶嵌图☆sheet assembly；mosaic
镶嵌物☆incrustation；inlet；insert
镶嵌物(似)的☆tesseral
镶嵌相片重叠边剔薄☆feathering；feather edging
镶嵌硬合金的☆set with hard alloy
镶嵌有金刚石的硬质合金工具☆diamond-impregnated hard metal tool
镶嵌状☆cyclopean；mosaic；zyklopisch；mosaic-like
镶嵌钻石的王冠☆a crown mounted with diamond
镶嵌作用☆tes(s)ellation；tesselation
镶墙边的砖☆closer
镶人造钻石(的)☆diamante
镶刃刀头☆insert bit{blank}
镶刃钎头☆tipped steel{bit}
镶入☆inlay
镶入式模具☆insert die
镶上的☆built-in
镶石☆conchite
镶石工程☆stone cladding work
镶石制品☆stone-inlaid product
镶饰表面的薄板☆veneer
镶碳化钨合金(尖)钻头☆tungsten-carbide-tipped bit
镶碳化钨硬合金齿钻头☆sintered tungsten carbide compact bit
镶碳(化)物硬质合金(钻头)☆carbide bit
镶套式构造☆telescope structure
镶条焊接法☆strip welding
镶图☆mosaic map
镶样机☆mounting press
镶一粒金刚石的整修工具☆single(point) diamond dressing tool
镶硬合金齿的牙轮钻头☆insert (rock) bit
镶硬合金钎子{钻杆}☆tungsten-carbide-tipped drill rod
镶硬合金切削(具)刃[钻头的]☆tipped edge
镶硬质合金钢钎☆carbide-tipped steel
镶有齿形缘饰的☆scalloped
镶有金刚石条扩眼器☆insert reaming shell
镶有三粒金刚石的整修工具☆triple diamond dressing tool
镶有扇形金刚石压块的钻头☆padded bit
镶有扇形缘饰的☆scalloped
镶在框子内☆incase
镶皱边的[介]☆frill
镶铸叶片☆cast-in blade
镶装☆insert
香☆incense
香柏油☆cedarwood oil
香槟红[石]☆Prelino Rosa；Perlino Rosato
香槟金麻[石]☆Topazio Imperiale
香槟酒式间歇泉☆champagne geyser
香槟麻[石]☆Crema Champan
香槟石☆Champagne
香槟钻[石]☆Najran Red；Majran Brown
香伯指数☆Shimbel index
香草☆herb
香草酸☆vanillic acid
香肠构造☆sausage structure；boudinage (structure)
香肠马铃薯泥☆sausage and mashed potato
香肠状的☆allantoid
香肠状构造☆sausage structure
香椿属[Q]☆Cedrala
香豆素☆coumarin
香豆酸[$OH•C_6H_4•CH:CH•COOH$]☆coumar(in)ic acid
香豆酮☆coumarone；benzofuran
香港菊石(属)[J_1]☆Hongkongites
香膏☆balsam
香格里拉[石]☆Shangri-la
香菇属[真菌]☆Lentinus
香花石[$Ca_3Li_2Be_3(SiO_4)_3F_2$;等轴]☆hsianghualite；sjanchualinit
香蕉☆banana
香蕉插头{|座}☆banana pin{|jack}
香蕉水☆lacquer thinner
香蕉油☆banana oil；amyl acetate
香精☆essence
香精油☆volatile-oil
香蕨木属[K_2-Q]☆Comptonia
香料☆flavo(u)r；aromatic substance；odorant；spice；perfume
香螺属[腹;E_2-Q]☆Neptunea
香茅酸☆citronellic acid；citronellol
香煤☆sweet coal
香农采样定理☆Shannon's theorem
香蒲☆tule
香蒲属[E-Q]☆Typha

X

香`普兰{宾}统[北美;O_2]☆Champlainian series
香气☆incense; odo(u)r; spice; scent
香芹酚☆carvacrol
香芹盖烯[$CH_3C_6H_8CH(CH_3)_2$]☆carvo-menthene
香芹盖烯二醇[$CH_3C_6H_8CH(CH_3)_2$]☆carvomenthene diol
香芹盖烯过氧(化)氢[$C_{10}H_{17}$—OOH]☆carvomenthene hydroperoxide
香芹盖烯硫醇[$C_{10}H_{17}SH$]☆carvomenthene mercaptan
香鼩鼱☆Crocidura
香薷(属)[海州香薷,宽叶香薷,唇形科,铜通示植]☆Elsholtzia
香砂六君子汤[药]☆decoction of cyperus and amomum with six noble ingredients
香石竹☆carnation
香树精☆amyrin
香水☆perfume
香味☆aroma; perfume; odor; odour
香味剂☆odorant
香溪叶属[J_1]☆Hsiangchiphyllum
香溪叶肢介属[节;T_3]☆Xiangxiella
香谢萱[石]☆Paly Sandro Nuvolato
(用)香熏☆incense
香叶醇☆geraniol
香叶醛☆geranial
香液☆balsam
香羽鳞[昆]☆plumule
香脂枞☆balsam fir
香脂岩蔷薇☆labdanum
香柱菌属[真菌;Q]☆Epichloe
箱☆compartment; chest; chamber; clip; case; casing; can(n)ister; box (hole); bin; bx; banjo; encasement; magazine; housing; trunk; box-like thing; tank; vat; pod; blockhouse[料]; hutch[盛物用]
箱车☆box car
箱的共振☆boominess
箱叠式底座☆box-on-box type substructure
箱斗铰链☆hopper hinge
箱房贝属[腕;C_1]☆Tetracamera
箱格型心墙☆cellular core wall
箱蚶(魁蚶)☆Arca
箱盒☆magazine
箱护玻璃{塑料;金属}瓶☆carboy
箱化石☆feldspath terrace
箱件☆box unit
箱容量☆tank volume
箱软片盒☆magazine
箱珊瑚属[D_2]☆Arcophyllum
箱式泵☆housed{chamber} pump
箱式分料斗☆spread box hopper
箱式封套☆encapsulation fitting
箱式涵洞☆culvert box
箱式搪烧炉☆box type enamelling furnace
箱谐振☆boominess
箱型基础☆box footing{foundation}
箱形刀具☆box tool
箱形的☆boxlike; trunk
箱形矿耙{耙斗}☆box-hoe{-type} scraper
箱形梁☆cased{box} beam; box girder
箱形龙骨☆duct{box} keel
箱形台☆tank table
箱形狭谷☆cajon
箱形峡谷☆box canyon
箱穴☆box fold
箱装件☆box unit
箱状构造☆box structure
箱状孔隙☆box-like pore
箱状罩☆boxing
箱子☆cassette
襄理☆sub-manager
湘江铀矿[(Fe^{3+},Al)$(UO_2)_4(PO_4)_2(SO_4)_2(OH)\cdot22H_2O$;四方]☆xiangjiangite
湘潭介属[P_2]☆Xiangtanella
乡村☆country
乡村-城市边缘☆the rural-urban fringe
乡村地区的类型☆types of rural areas
乡村供水☆village water supply
乡村接近计划☆countryside access scheme
Waugh 乡村居住地模型☆Waugh's model of rural settlements
乡村土地的利用☆rural land use
乡土蛤属[双壳;T_{2-3}]☆Prolaria
乡土种☆autochthon(e); indigenous species

xiáng

详表☆full edition
详测☆detailed survey{investigation}; close mapping; detail shooting[地震]
详查☆detailed survey{investigation;exploration}; final drive
详尽的☆full; exhaustive; thorough
详尽地☆in extenso; in. ex.
详尽说明☆elaborate
详论☆commentary
详论员☆commentator
详情☆specific details
详述☆give particulars; enlarge on; dilation; dilate; recitation; recital; particularization
详述者☆dilator
详探井☆development{evaluation;appraisal} well
详(细)图☆comprehensive chart{map}; detail (drawing); plan; Det.
详细☆detail; Det.
详细爆破[震勘]☆detail shooting
详细查账报告☆long-form report
详细的☆minute; circumstantial
详细地☆in detail
详细对比☆detailed correlation
详细分析☆detailed{close} analysis
详细格式☆long form
详细记录☆detail log; spread
详细检查☆canvass; canvas; overhaul
详细勘探☆detailed exploration{prospecting}; final drive
详细设计☆detailing
详细数据☆particular (data)
详细说明☆specification; spell out; expound
详细讨论☆dwell on{upon}; bat
详细推究分析☆dissect
详细信息☆detailed information
详细叙述☆give particulars; detail; recount
详细研究☆formal examination
详注☆commentary

xiǎng

想☆think; mull over; suppose; consider; feel
想不到的☆unexpected
想出☆hit on; form; devise; conceive; cipher
想(象)出☆figure out
想法☆thinking; reflection; reflexion; notion
想领会☆catch
想气体定律☆perfect gas law
想睡☆sleepiness
想象☆imagination; envision; visualize; image; fantasy; figure; supposition; picture; fancy
想象的☆ideal; fictitious; envisaged
想象力☆imagination; fancy; vision
想象水流☆fictitious flow
想象物☆figment
想象中的☆tacit
想要☆want
想知道☆wonder
响白灰(碱)玄岩☆orvietite
响度☆volume; volume of sound; loudness; degree of loudness; sonority; sensation
响度计☆sound-level-meter
响墩信号☆detonating signal
响蛤属[双壳;D_{1-2}]☆Phthonia
响亮☆vibrancy; sonorousness; vibrance; sonority
响亮的☆sounding
响煤☆parrot coal
响砂岩☆ringer
响沙☆singing{sounding;musical;whistling;booming; roaring;squeaking} sand
响声☆peal
响声很大的喷汽孔☆roaring steam vent
响石☆clinkstone; phonolite; ktyppeite
响尾蛇[N_2-Q]☆crotalus; rattle snake; rattlesnake; pit viper
响尾蛇属☆rattle snake; pit viper; Crotalus
响尾蛇状矿石☆rattlesnake ore
响霞岩☆grazinite
响玄岩☆phonolite basalt
响盐☆cracking salt
响岩☆phonolite; klinkstone; clinkstone; klingstein; echodolite
响岩及苦橄粗面岩、安山岩的旧称☆leucostine
响岩结构☆phonolitic texture
响应☆response; respond (answer); answerback; echo correspondingly
响应度☆responsivity; responsiveness; responsive
响应函数☆response function
响应井☆responding well
响应面分析☆response-surface analysis
响应器☆responder; responser
响应信号☆acknowledge{response} signal
响应性☆responsivity; responsiveness; responsive; responsibility
响(岩)质凝灰岩☆phonolite tuff
享用☆fruition
享有☆holding
享有用益权的人☆usufructuary

xiàng

项☆item; element; col; column; term; nucha; member; nape[颈]; it.
项的☆nuchal
项棘☆nuchal spine
项链☆torque
项目☆item; it.; art.; head; project; article; particular
项目场地图☆project site plan
项目单☆menu
项目分析☆item analysis
项目管理组☆project management team{group}
项圈☆chaplet
项圈藻属[蓝藻;Q]☆Anabaena
巷☆lane; alley; narrow street
巷号{|设定|识别}☆lane letter{|set|identification}
巷尾☆end of a lane
巷议☆street gossip
巷子☆lane; alley
相☆facies; phase (position;state); looks; countenance; appearance; appearance of things; bearing; carriage; posture; form; image; picture; state of element; chief{prime} minister; chancellor; minister; attendant; usher; assist; help
相变☆phase change{transformation;transition}; facies change; intergrowth along the facies; differential phase change; transformation
相饱和度☆phase saturation
相变层理☆phase-change layering
相变前缘{锋}☆facies front
相变圈闭☆p; facies change (trap)
相变温度☆inversion{transformation} temperature
相变诱发塑性☆transformation-induced plasticity
相补角☆phase margin
相不平衡☆phase unbalance
(矿物)相层理☆phase layering
相层型☆faciostratotype; fasiostratotype
相差☆lag; phase difference{contrast}; differ; phasal difference
相差显微技术☆phase contrast microscopy
相差异☆facial difference
相差异图☆facies-departure map
相差荧光聚光镜☆phase-contrast fluorescence condenser
相长干涉(作用)☆constructive interference
相衬☆phase contrast
相衬(度)显微术☆phase contrast microscopy
相成层☆phase layering
相带☆facies belt{tract;zone}
相的☆facial
相`电压{|法|方程(式)|分布|分离器|锋}☆phase voltage{|method|equation|distribution|separator|front}
相分布图☆distance-function map
相(位)分析☆facies{phase} analysis; facieology
相幅调制☆phase-to-amplitude modulation
相构造☆phase structure
相轨迹交点☆node
相化学☆phase chemistry
相机快门☆camera shutter
相畸变☆phase distortion
相角☆phase angle
相角鉴别☆phase-angle discrimination
相接触带{面}☆phase contact
相界☆phase boundary
相界面☆interphase; phase interface
相界曲线☆boundary curve
相聚结☆phase coalescence
相空间☆phase space

X

相控制☆phase control；facies-controlled
相框☆reference frame
相类型☆facies type
相离差图☆facies departure map
相量☆phasor
相量双感应测井(下井)仪☆phasor dual induction logging tool
相龄☆phase age；phase age of tide
相流动☆phase flow
相流动度☆phase mobility
相律图☆phase-rule diagram
相貌☆physiognomy
相密度☆phase density
相面☆facies plane
相敏元件☆phase-sensitive{phase-detecting} element
相模型☆facies model
相摩尔分数☆phase mole fraction
相幕阶段☆phase
相黏度☆phase viscosity
相排列☆facies-ranging
相偏离图☆facies {-}departure map
相片☆photogram；print；photograph；photographic print[正片]
相片测倾仪☆topoangulator
相片测图☆photoplotting
相片尺寸☆picture ratio
相片放大☆photo-enlargement
相片分析☆photographic image analysis
相片基线☆photobase
相片校正☆photographic correction；photoproof
相片接收☆photoreception
相片解译员☆photointerpreter；image interpreter
相片连测☆plate conjunction
相片量测☆picture measuring；image measurement；measurement from photograph
相片略图☆photo(-)sketch；uncontrolled mosaic
相片判读☆photo(-)identification；photointerpretation；photographic interpretation；photo reading
相片判读用样片☆interpretation key
相片缺残☆photographic deficiency
相片上{的}距离☆photo(graphic) distance
相片声迹☆photographic sound track
相片数字化器☆photodigitizer
相片缩小☆photoreduction
相片透光密度☆photographic transmission density
相片镶嵌☆photoindex；photo(graphic) compilation；photomontage
相片镶图☆photomosaic
相片信息☆print signal；photographic information
相片中心☆picture center
相片主点☆principal point of photo
相片组合☆photographic combination
相片坐标☆photographic coordinate；photocoordinate
相平衡{|迁移|前}☆phase equilibrium{|migration|front}
相平衡图☆constitutional diagram
相切割☆phase cut；PC
相区☆phase field{region}
相曲线☆facies curve
相群☆facies suite
相绕组☆phase winding
相渗性☆coherency
相时关系☆facies-time relationship
相时调制☆phase time modulation；PTM
相时序☆facies-ranging
相矢量图☆phasor diagram
相疏系数☆coefficient of alienation
相速{|态}☆phase speed{|state}
相态回归程序☆phase behavior regression program
相套☆facies suites
相特性{|体积}☆phase behavior{|volume}
相填图☆facies mapping
相调☆phase modulation
相图☆facies map；phase{equilibrium} diagram；constitutional diagram[合金组成]；phasor
相图的绘制☆facies mapping
相图作图☆phase diagram construction
相脱离[铀矿浸出]☆phase disengagement
相望远镜☆phase telescope
相位[地震记录]☆phase (position)；leg；PH
相位比较声呐☆phase comparison sonar
相位变化过程☆phase history
相位差☆phase difference{defect;differential}；difference of phase；skewing；potential difference；PD
相位差值法☆phase-difference method
相位的☆phasic
相位对比系统☆phase-comparison system
相位对正[地震记录]☆line up
相位分布{|离}☆phase distribution{|splitting}
相位-幅度显示器☆phase-magnitued display
相位复数矢量☆phasor
相位计☆phase meter；phasometer；phaser
相位间短路☆phase-to-phase short
相位检波☆phase-shift detection
相位角(度)☆phasing degree；angular phasing
相位校正滤波☆phase-correction filtering
相位扭动☆phasing
相位器☆phaser
相位舍弃值☆phase cut value
相位双稳态多谐振荡器☆phase-bistable flip-flop
相位调整叠加☆phase adjustment stack
相位调制☆phase modulation；PM
相位调制变送器☆phase-modulated transmitter
相位同步回路☆phase-locked loop
相位旋转偏移☆phase rotation migration
相位移动☆phase migration
相位滞后☆phase lag；lagging{retardation} of phase
相物体近似法☆phase object approximation
相系☆facies sequence
相(位容)限☆phase margin
相消干扰{涉}☆destructive interference
相消失法☆disappearing-phase method
相型(式)☆facies pattern
相序☆facies{phase} sequence
相序列分析☆facies sequence analysis
相旋回☆facies cycle
相研究☆facieology
相演化{变}☆facies evolution
相移☆lag；phase shift
相(位)移☆phase displacement
相移的☆dephased
90°相移分量☆quadrature component
相移加内插(偏移)法☆phase-shift-plus-interpolation method；PSPI
相移键控(法)☆phase-shift keying；PSK
相移扫描序列☆phase-shifted sweep sequence
相因数☆phase factor
相宇☆phase space
相域☆facies {-}tract；phase region{area}；macrofacies
相原理☆facies principle
相直接测定☆direct phase determination
相纸☆photographic paper；photopaper
相滞延☆phase delay
相皱变位☆plicated dislocation
相转变☆phase transition{transformation;change}
相走向☆facies strike
相族☆facies family
相(电)阻☆phase resistance
相组☆facies group{suite}
相组分☆phase component
相组合☆facies association{group}；association of facies；phase assemblage
橡果虫属[孔虫;K_2-Q]☆Glandulina
橡黄素☆quercetin
橡浆☆latex (cement)；rubber latex
橡胶☆rubber；elastica
橡胶安全踏板☆rubber safety tread
橡胶包的☆rubber-sheathed
橡胶保护的给矿平台☆rubber protected feed plan
橡胶衬层卡瓦☆rubber bonded slips
橡胶衬里的☆rubber lined
橡胶磁石☆rubbernet
橡胶磁铁☆ferrogum
橡胶带缝筛面☆rubber slotted deck
橡胶电缆☆vulcanized-rubber-sheathed cable
(合成)橡胶定子☆elastomer stator
橡胶防冲垫☆rubber fender
橡胶箍稳定器[钻杆]☆rubber-sleeve stabilizer
橡胶和聚氨酯筛面☆rubber and polyurethane tension mats
橡胶护箍☆rubber sleeve
(倍蒂斯制)橡胶护箍☆Bettis protector
橡胶或聚氨酯筛面☆rubber or polyurethane screening elements
橡胶结合剂砂轮☆rubber bonded wheel
橡胶绝缘软电缆☆cab-tyre cable
橡胶硫化☆vulcanization of rubber
橡胶硫化剂☆curing agent
橡胶轮安装的运输设备☆rubber-tired equipment
橡胶囊式保护器☆rubber sacked protector
橡胶炮棍☆elastic rod
橡胶球台面☆rubber-ball deck
橡胶柔性联轴节☆rubber shaft coupling
橡胶弹簧☆spring rubber
橡胶套式稳定器[非旋转型]☆rubber sleeve stabilizer
橡胶套岩芯筒☆rubber sleeve core barrel
橡胶套岩芯筒☆core barrel with rubber core container；rubber sleeve core barrel
橡胶筒取芯☆rubber-sleeve core
橡胶托辊磨机☆solid rubber roller mill
橡胶吸球☆rubber bulb
橡木制的☆oak
橡皮☆rubber；vulcanizate
橡皮擦☆eraser
橡皮衬管☆rubber-lined pipe
橡皮带☆elastic；rubber belt
橡皮地☆quagmire
橡皮地毯☆kamptulicon
橡皮垫圈☆rubber bush{gasket;washer;packing}；rubber collar grommet；packing rubber；india-rubber packing
橡皮垫深拉法☆marforming
橡皮膏☆strapping；adhesive plaster
橡皮刮板☆squeegee
橡皮管☆rubber tube；proofed sleeve
(用)橡皮辊辗滚☆squeegee
橡皮滚子清管器☆squeegee pig
橡皮筋☆bungee
橡皮沥青☆dopplerite
橡皮膜校正[三轴试验]☆membrane correction
橡皮泥☆plasticene；plasticine；modeling clay
橡皮泥炭☆dopplerite
橡皮弹簧☆spring rubber
橡皮套[大型三轴试验]☆boot；rubber sleeve (tube)；rubber sheath
橡皮涨圈打捞器☆packer rubber grab
橡皮支撑的筛箱☆rubber-supported box
橡实形管☆acorn (tube)
橡树☆oak tree
橡树岭原子核研究所[美]☆Oak Ridge Institute of Nuclear Studies；ORINS
橡树子☆acorn
橡套电缆☆rubber sheathed pliable cable
橡碗子丹宁[鞣]☆valonia tannin
橡叶双晶☆oak-leaf twin
像☆image；resemble；icon；simulacrum；be similar to；picture；like
(使)像雹子般落下☆hail
像杯的☆calicular
像鞭子的☆whiplike
像草的☆gramineous；graminaceous
像差☆astigmation；aberration
像差校正☆aberrational correction
像差校正凹面全息光栅☆aberration-corrected holographic concave grating
像场角☆angle of coverage
像场弯曲☆curvature of field
像长石的☆highly felspathic
像衬☆image contrast
像虫一样的☆worm-like
像大肠菌的☆coliform
像刀片一样的☆cultriform；cultrate
像的合成☆image synthesis
像的畸变☆distortion of image
像底点☆nadir point；plate{photo(graph(ic))} nadir
像地体☆geoid
像点☆picture point{dot;element}；image point
像点辨认☆point identification
像点模糊☆diffusion of image point
像对☆picture{image} pair；pair of pictures；paired photograph
像方☆image space
像幅☆size of image；scene；picture ratio
像感反射扫描装置☆image sensing reflection scanner
像高修正☆height-of-image adjustment
像公牛的☆taurine
像含数据☆image-contained data
像机器一样地行为{事}☆robotization；robotize

像畸变☆anamorphosis
像畸变校{核}正镜☆anamorphoscope
像煤的☆coal-like
像角☆image angle
像距☆image distance
像面扫描☆image plane scanning
像面天底点☆photograph nadir
像面坐标☆image coordination
像频干扰抑制☆image rejection
像频响应☆image response
像清晰度☆image definition; definition of the image
像圈☆image circle
像熔岩一样的地幔☆lava-like mantle
像熔渣的☆scoriform
像容数据☆image-contained data
像散(现象)☆astigmatism
像散测定仪☆astigmometer
像散差☆astigmatic aberration
像散器☆astigmatizer
像散性☆astigmatism
像沙的☆arenaceous
像深壑一般的☆chasmy
像石南的☆heathery
像石头的[尤其像石碑的]☆lapidescent
像素☆pixel; picture element{point}; image element
像土狼的☆hyenoid
像弯曲☆image curvature
像析数据☆image-derived data
像信号☆image signal
像信号板☆image plates
像要☆like
像移补偿☆image movement compensation
像移流动模型☆drift-flux model
像移面☆glide (reflection) plane; glide-plane of symmetry
像羽毛般飘动{生长等}☆feather
像元☆picture element{dot}; pixel; image element
像元亮度☆pixel brightness
像元间☆inter-pixel
像元间隔{隙}☆pixel spacing
像源☆image source
像帧☆picture frame
像值☆image value
像主点☆principal point of photo
像转换器☆image converter
向☆im-[b,m,p 前]; with-; pros-; in-; ad-
向岸☆inshore; ashore; shoreward
向岸的☆onshore; shoreface; coastward; shoreward; on shore
向岸流☆indraught; onshore current
向北☆northward
向北东东☆east-northeast
向北方☆north; northward; norward
向北海岸☆upcoast
向北极☆north-seeking pole
向北倾斜的褶皱☆north-verging fold
向滨☆ashore; on shore
向滨流☆onshore current
向滨线的☆shoreface
向采空区倒堆的挖掘机开采☆casting-over
向采空区倾斜的断裂☆backward heading breaks
向侧☆stoss side
向触性☆thigmotropism
向船上☆aboard
向船尾☆aft; abaft; astern
向磁极性☆verticity
向导☆guidance; guide; pilotage
向导性示踪剂☆guide tracer
向地层注入☆infusion in seam
向地面绞煤☆turn
向地堑(侧)倾斜☆grabenward inclination
向地球的[尤指宇宙飞船向地球回航]☆transearth
向地球轨道☆transearth trajectory
向地心的☆geotropic
向地性☆geotropism; geopetal
向电性☆electrotropism
向顶的☆acropetal
向东☆eastward
向东北(的)☆northeast; northeastward
向东的☆orientated; easterlies
向东南(的)☆southeastward; southeast
向东倾斜☆east dip
向……发信号☆signalize
向放矿道放石☆lashing
向放射性☆radiotropism
向风☆windward
向风岸☆weather shore
向风性☆anemotropism
向辐射性☆radiotropism
向(矿仓)格筛下面送风☆downcasting of tip
向各方移动☆diffuseness
向工作区的☆inby(e); inbyeside; in-o'er; in-over
向光的☆phototropic; heliotropic
向光性☆phototropism
向海☆oceanward; seaward
向海岸☆downcoast; inshore; coastward
向海岸一侧下落的断层☆down-to-coast fault
向海的☆seaward; off-lying; offshore; oceanward
向海陆坡☆sea slope
向海侵进☆progradation
向海外☆oversea
向红团[降低吸收频率的有机化合物原子团]☆bathochrome
向后☆back; abaft; palin-; pali-; retro-; with-
向后的☆astern; retral; overshot
向后反射☆retroreflection
向后方☆counter
向后方倾斜的断裂☆backward heading breaks
向后气流☆slipstream
向后散射☆backscattering; backscatter
向后伸{凸}的☆rearward extending
向后投射算法☆back-projection algorithm
向后弯☆recurve
向后运动☆setback
向后直接装车式装岩机☆overshot mucker
向后转☆turnabout
向荒漠化开战☆combating desertification
向回采工作面运支架的道路☆pole roadway
向极地{的}☆poleward
向碱性☆alkalitropism
向……交涉☆tackle
向井口开采☆working home
向井流动动态☆inflow performance relationship
向井田边界开采☆mining to the boundary
向井筒推进的回采☆home mining
向径☆radius vector
向口的☆adapertural
向矿仓下面送风☆downcasting of ore bin
向矿井内部的☆inby(e); in-o'er; in-over; inbyeside
向冷性☆cryotropism
向里☆inby
(油罐底)向里凹☆cambered inwards
向量☆vector (quantity); directional component
向量差☆vectorial difference
向量场的散度☆divergence of a vector field
向量的分解☆resolution of a vector
向量函数☆vector function
向量化☆vectorization
向量积☆outer{vector;cross} product
向量计☆vectorimeter
向量空间的维数☆dimension of a vector space
向量图☆vectograph; vectogram; vector-diagram
向量雨计☆vectopluviometer
向量元☆element vector
向料堆装载☆bank loading
向列液晶☆nematic liquid crystal
向流面☆stoss side
向流性☆rheotaxis; rheotropism
向露头☆a-cropping
向陆(的)☆landward; onshore
向陆(地一)侧☆landward side; landward-side
向陆蚀退作用☆retrogradation
向南☆downcoast
向南倒转的褶皱☆south vergence fold
向南的☆meridional; austral; south
向南东东☆east-southeast
向南方(的)☆southerly
向南海岸☆down-coast
向南倾斜☆south-dip
向南倾斜的褶皱☆south vergence fold
向内☆im-[b,m,p 前]; intro-; in-
(反应堆)向内爆炸☆implosion
向……内掺入添加剂{抗爆}剂☆dope
向内的☆in-over; inbye; inbyeside; inby; in-o'er
向内陡崖☆inward-facing scarp
向内分泌结核☆incretion
向内拱的☆cambered inwards
向内尖顶☆inward-pointing cusps
向内建筑☆inbuilding
向内扩散☆indiffusion
向内倾斜☆inward dip
向内生长结核☆incretion
向内弯曲☆inflexion; incurve
(边缘)向内弯曲☆necked-in
(由井筒)向(工作面开掘的)内向巷道☆inbye opening
向内褶曲☆fold inwards
向旁边☆out of the way
向盆地的☆basinward
向盆地(一侧)下落的断层☆down-to-basin fault
向器官的☆organotrophic
向气性☆aerotropism
向气性的☆aerotropic
向前☆front; forward; fwd; pros-; pro-
向前方倾斜的断裂☆forward heading breaks
向前进的☆progressive
向前平移的位置线[沿航向线]☆advanced line of position
向前信号☆go-ahead signal; GA
(按岁差)向前运行☆precess
向前走纸☆paper advance
向倾向☆adipping
向倾斜☆dip toward
向热的☆thermotactic
向日的☆heliotropic
向日性☆heliotropism
向日仪☆sunseeker
向三方射出的☆triradiate
向上☆topside; updip; upturn; up-
向上变薄☆thinning-up
向上变薄变细层序☆thinning-fining-upward sequence
向上变粗的沉积层序[颗粒]☆upward-coarsening sequence; coarseness{coarsening}-upward sequence
向上变陡的断层☆upward {-}steepening fault
向上变厚变粗层序☆thickening-coarsening-upward sequence
向上变浅的层序☆shallowing-upward sequence
向上变细(的)层序☆fining-upward sequence
向上(颗粒)变细的堆积旋回☆stacked upward-fining cycle
向上冲☆upthrust
(跳汰机)向上冲程☆upstroke; pulsion stroke
向上冲程位置[震击器]☆up stroke position
向上抽的☆updraft
向上打扇形眼的钻车☆fan jumbo
向上打眼凿岩机☆overhead driller
向上的☆upward; ascending; anadromous
向上辐射☆upwelling radiation
向上拱{弓}☆upper bend
(使)向上拱曲☆hog
向上焊☆uphill welding
向上回采☆working to the rise
向上兼容(性)☆upward compatibility
向上掘进☆rising; updrive; land; break up
向上掘进的斜面或斜坡☆ramp-up
向上开采☆taking up
向上开掘☆rise
向上流☆upward current{flow}; upflow
向上挠曲☆upwarping
向上排气☆updraft; updraught
向上坡☆upslope
向上切割☆high cut
向上侵入(作用)[岩浆的]☆uptrusion
向上倾移动☆move up-dip
向上趋势☆uptrending
向上扫描☆upsweep
向上升起的构造☆upward-risen structure
向上式凿岩机☆stope(r) drill; overhead driller; stoper
向上水平分层工作面☆flat-back stope
向上跳的☆vaulting
向上推进☆raising feed
向上推矿车用的小车☆bullfrog; ground(hog)
向上弯☆camber
向上弯起的☆upturned
向上弯曲☆camber(ing); upward buckling
向上斜坡☆bank; acclivity; acclivous
向上延生的[指叶基翅状伸长]☆surcurrent
向上游(的)☆upstream; upcurrent
向上游面[与 pluck side 反]☆scour side
向上运动的构造☆upward-moved structure

向上凿穿☆raising-through
向上凿井☆shaft raising; raise a shaft
向上凿岩☆drill upward
向上增长[沉积物]☆vertical accretion
向上折算☆reduction ascending
向上褶皱☆upfold
向上震击☆jarring up; up-jarring
向上转移☆roll-off
向上钻的孔[从水平巷道向上钻,开采重油]☆ uphole
向上钻进☆up-hole drilling
向上钻孔[地下钻进]☆drill upward; upward{rising} borehole; pilot raise
向盛期☆epacme
向湿性☆hygrotropism
向食性☆sitotaxis; sitotropism
向水性☆(positive) hydrotropism
向同斜☆syn-homocline
向陀螺栓的☆gyrotropic
向外☆outward; outby(e)[指离开工作面至井底或地表]; de-; out-; des.
向外边☆outward side; outby(e)-side
向外尖顶☆outward-pointing cusps
向外看☆outward-looking
向外扩散☆outdiffusion
向外扩张的岩石圈板块☆outward-spreading lithospheric plate
向外扩张构造的(造山带)☆apotaphral
向外排放☆out-emission
向外喷发☆external eruption
向外倾的☆cambered outwards
向外倾斜☆outward-dipping
向外曲的☆flaring
向外弯曲☆outcurve
(边缘)向外弯曲☆necked-out
向外下滑的☆apotaphral
向外循环☆circulated out; co
向外张开☆flare
向往☆dream
向位☆bearing
向温的☆thermotropic
向温性☆thermotropism
向西北(的)☆northwestward; northwest
向西的☆western; westerlies; westward; west
向西南的☆southwest; southwestward
向夕层积云☆vesperalis
向夕层积云☆(stratocumulus) vesperalis
向下☆down (right); downturn; downcast; de-; down-; kata-; D.N.; cata-; des.
向下采掘☆deep cutting
向下冲洗管鞋☆washdown set shoe
向下吹风☆down-run
向下搭接☆downlap
向下打眼☆downhole; downholing
向下打眼钻爆法☆flat cut
向下的压力☆down pressure
向下辐射☆downwelling radiation
向下焊☆downhill welding
向下进刀☆downfeed; down feed
向下卷入☆undertucking
向下掘进用提升绞车☆sinking hoisting plant
向下开采☆taking down
向下开凿的竖井☆sunk shaft
向下流☆downstream
向下流的河段[如源于冰川或湖泊之河段]☆defluent
向下流动☆downward flow; downflow
向下面突出的☆underthrust
向下挠曲☆down(-)sagging; downflexure
向下拧紧☆screw down
向下(游)漂移☆down-drift; downdrift
向下切割☆low cut
向下切削☆down-cutting
向下侵蚀[河流]☆vertical erosion; downcutting; deepening
向下倾☆downdip
向下倾斜☆downslope
(矿脉)向下倾斜☆downward course; angling downwards
向下扫描☆downsweep
向下伸出齿[搅拌式浮选槽叶轮]☆downward-projecting teeth
向下拖曳☆dragging down
(挖掘机)向下挖掘☆below-grade digging
向下弯曲☆downwarping
向下压力☆downward pressure; downpressure
向下延拓法☆downward-continuation method
向下游☆downstream
向下游面[与 scour side 反]☆pluck side
向下凿井☆shaftsinking
向下凿岩☆sunk
向下折算☆reduction descending
向下震击☆jarring down
向斜☆syncline; downfold; trough (bend)
向斜凹地☆synclinal bowl
向斜槽☆down fold; downfold; trough of syncline; synclinal trough{bend}; syncline trough
向斜层☆syncline; mulde; synclinal strata; swally
向斜顶点☆lower apex of fold
向斜谷☆synclinal{canoe} valley; val [pl.vaux]; valley of subsidence
向斜谷山☆canoe valley mountains
向斜脊☆synclinal keel{ridge}; perched syncline
向斜脊线☆lower bend
向斜式构造☆synform
向斜枢纽☆hinge of syncline
向斜型构造☆synform
向斜翼☆synclinal{trough;syncline} limb; slope of syncline; syncline slope
向斜中心☆core of syncline; trough core
向斜轴☆synclinal{trough} axis; trough; axis of trough {syncline}
向斜状同斜☆syn-homocline
向心☆endocentric
向心层[圆形构造盆地]☆centrocline
向心的☆centripetal; axipetal
向心辐射式轴承☆radial bearing
向心会聚☆syntaxis
向心汇流系统☆circular drainage system
向心挤压☆implosion
向心交代(作用)☆centripetal replacement
向心倾斜☆centroclinal dip
向心性☆centrality
向心褶皱☆centroclined{centroclinal} fold
向心状结构☆centric texture
向形☆synform
向形向斜☆synformal syncline
向性☆taxis; tropism
向旋光性☆phototaxis
向压性☆barotaxis
向洋☆oceanward
向阳山坡☆endroit
向阳性☆heliotropism
向氧性☆acrotropism; oxytropism
向药包内装雷管☆priming
向药性☆chemotropism
向一侧倾斜☆list
向银行挤提存款☆run on a bank
向油罐、油车或油船吸取残油用的泵☆stripping pump
向右☆right; dextral
向右的☆dextro-
向右偏斜☆right-hand deviation
向右移位☆right shift
向源切割☆headcut
向源侵蚀☆headwater{head;backward;retrogressive; headward;back} erosion
向源融流滑塌☆retrogressive thaw flow slide
向源水系☆backward drainage
向月飞行☆moonflight
向月球的☆translunar
向月性☆selenotropism
向沼泽地运送管子和设备的大型滑橇☆mud scow
向震源初动☆kataseismic onset
向震源地壳运动☆kataseism
向震中☆rarefaction; dilatation
向中☆intro-
向中心倾斜的☆centroclinical
向周围倾斜的☆periclinal
向轴的☆adaxial
向着地球的[尤指宇宙飞船返航时]☆transearth
向自己的{地}☆self-ward
向自由面反面的爆破作用☆back break
向左方☆levo-; laevo-
向左面☆leftward
向左旋转☆left-hand rotation
象☆elephas{elephant} [动]
象鼻贝属[腕;C-P]☆Proboscidella
象鼻管☆elephant-trunk spout
象龟[Q]☆Testudo elephantopus; Galapagos tortois
象鸟目☆Aepyornithiformes
象皮熔岩☆elephant-hide pahoehoe
象头形沙丘☆elephant-head dune
象限☆quadrant; sector; quarter; quad.; quad
象限的☆quadrantal; quadratic
象限分布☆quadrantal distribution
象限角☆quadrant{bearing} angle; bearing; QA
象限型初动分布☆quadrantal distribution of initial motion
象限与方位角☆bearing and azimuths
象形法☆glyph system
象形生物搅动构造☆figurative bioturbation structure
象形石☆heirographen
象形图☆pictograph; pictogram
象形位移构造☆keazoglyph
象形文字结构☆hieroglyphic texture
象形印模☆hieroglyph
象牙(白色;制成的)☆ivory
象牙白(瓷)[石]☆ivory white ware; ivory yellow; Cremo Marfic-IVory
象牙海岸玻陨石☆Ivory Coast tektite; ivorite
象牙质☆dentine
象征☆indicia; indication; image; emblem; represent; badge; indicate; attribute; token; symbol
象征常量☆figurative constant
象征的☆indicative; typologic; typical; symbolic(al)
象征论的☆typologic
(由)象征所代表的事物☆antitype
象征性的☆typic; token
象征主义的☆typologic
象征着英国的女性[诗]☆Britannia
象州贝属[腕;D_2]☆Xiangzhounia

xiāo

萧条☆depression
萧条期☆winter
萧{肖}托夸(统)[上泥盆纪]☆Chautauquan
硝铵[NH_4NO_3]☆ammonium nitrate; amatol; aerolith; aerolite; nitramine; schneiderite; AN
硝铵柴油混合炸药☆ANFO
(用)硝铵代替部分硝甘的胶质炸药☆gelatine extra
硝铵狄纳米特炸药☆ammon-dynamite
硝铵二硝基萘树脂炸药☆schneiderite
硝铵二硝基(苯)炸药☆ammonite
硝铵管炸药☆ammonpulver
硝铵基半凝胶炸药类☆semi-gelations
硝铵吉那特炸药☆ammonium nitrate gelignite
硝铵类炸药☆AN explosive; Ammonal type explosive
硝铵铝炭炸药☆ammonal
硝铵燃料油混合物(炸药)☆ammonium nitrate-fuel oil mixture; AN fuel oil mixture
硝铵燃料油丸装药器☆prill loader
硝铵三硝基甲苯浆状炸药☆AN-TNT (slurry); ammonium nitrate trinitrotoluene
硝铵碳氢炸药☆ammonium nitrate-hydrocarbon (mixture)
硝铵硝酸钾三硝基甲苯炸药☆Densite
硝铵型安全炸药☆unirend TNT
硝铵鱼雷弹☆nitro torpedo
硝铵与燃料油混合物制成的防水炸药丸☆waterproof ammonium nitrate prill
硝铵炸药☆gelignite; ammonpulver; ammonia niter; amnion-dynamite; ammonium nitrate powder; nitrolite; ammonia-nitrate{ammon} dynamite (explosive); AN {fertilizer-type} explosive; Nitramon; ammonal
硝铵炸药装药软管☆AN {ammonium nitrate} hose
硝饼[硫酸氢钠]☆niter-cake
硝醇液☆nital
硝代☆nitration
硝滴涕☆dilan
硝甘安全炸药☆nitroglycerine safety explosive
硝甘芯硝铵炸药☆cored ammonium nitrate dynamite
硝甘炸药☆(nitroglycerine;powder;explosive) dynamite; nabit; nitroglycerin dynamite
硝(化)甘(油)炸药☆nitroglycerine explosive
硝甘炸药解冻室☆thawing house
硝甘炸药药包☆dynamite cartridge
硝酐[N_2O_5]☆nitric anhydride
硝化☆nitrification; nitrifying; nitriding; nitrate; nitride
硝化淀粉☆xyloidine; nitrostarch; starch nitrate

硝化淀粉炸药☆nitrostarch explosive
硝化二乙二醇☆diglycol dinitrate
硝化甘醇[$C_2H_4(NO_3)_2$]☆nitroglycol
硝化甘油[$CH_2NO_3CHNO_3CH_2NO_3$;$C_3H_5(NO_3)_3$]☆nitroglycerin(e); blasting{explosive} oil; glycerol trinitrate; angioneurosion; glonoin; grease; soup; NGL; NG
硝化甘油低密度炸药☆nitroglycerine low-density powder
硝化甘油和硝化纤维火药[发射药]☆double-base powder
硝化甘油基硝甘炸药☆NG-base dynamite
硝化甘油胶质炸药☆nitroglycerine gelatine explosive
硝化甘油酒精溶液[1%]☆glonoin
硝化甘油酰胺炸药☆nitroglycerine-amide powder
硝化剂☆nitrifier
硝化棉☆nitrocellulose; cotton powder; pyroxylin(e); nitro(-)cotton; guncotton
硝化棉纤维素硝酸酯☆nitrocellulose
硝化棉硝化甘油石蜡混合火药☆Rottweil powder
硝化细菌☆nitrifier; nitrifying bacteria; nitrobacteria
硝化细菌属☆nitrobacter
硝化纤维☆nitro(-)cellulose; guncotton; single-base propellant; NC
硝化纤维清漆☆zapon
硝化纤维素火药☆nitrocellulose powder
硝化纤维硝化甘油混合炸药☆nitrocellulose-nitroglycerine mixture
硝化炸药爆破☆dynamiting
硝化作用☆nitration; nitrification
硝基[$-NO_2$]☆nitro-
硝基苯[$C_6H_5NO_2$]☆nitrobenzene
硝基苯胺☆nitroamine
硝基苯酚[$C_6H_4(OH)NO_2$]☆nitrophenol
硝基苯酚盐起爆药☆nitrophenol salts primary explosive
硝基苯偶氮萘酚[$O_2NC_6H_4N{:}NC_{10}H_6OH$]☆nitrobenzene azonaphthol
硝基二乙醇胺二硝酸脂☆dinitrooxyethyl nitramine
硝基胍☆guanidine-nitrate; nitroguanidine
硝基甲苯(炸药)☆nitrotoluene
硝基甲烷[CH_3NO_2]☆nitromethane
硝基莱[$(CH_3)_3C_6H_2NO_2$; 硝基-1，3，5-三甲苯]☆nitromesitylene
硝基萘☆nitro-naphthalene
硝基萘胺[$C_{10}H_6(NO_2)NH_2$]☆nitronaphthylamine
硝基漆☆lacquer
硝基清漆☆zapon
硝基酸[兼含$-NO_2$及$-COOH$的化合物]☆nitro-acid
硝基酸胍☆guanidine-nitrate
硝基碳硝酸盐炸药☆NCN; nitro(-)carbo-nitrate
硝基体(炸药)☆nitro-body
硝基肟☆nitroxime
硝基炸药爆破工艺☆nitro-shooting
硝结层☆caliche
硝卤水☆caldo
硝棉胶☆collodion
硝皮☆taw
硝石[钾硝;KNO_3]☆nitrokalite; nitre; niter; nitrate of potash; saltpeter; saliter; saltpetre; kalisaltpeter; salt peter; salpeter; kalinitrat[德]; salitre; nitrite; nitr-
硝石化☆calichification
硝石沥渣☆ripio
硝石溶液☆caldo
硝石土☆nitrous earth
硝属☆niter group
硝酸[HNO_3]☆nitric acid; aqua fortis; hydrogen nitrate; azotic{nitrate} acid; caustic water
硝酸铵[NH_4NO_3]☆ammonium {-}nitrate; ammonia niter; AN
硝酸铵吉里那特炸药☆ammon gelignite
硝酸铵胶质炸药☆ammonia{ammon;ammonium} gelatin(e); ammonium nitrate gelatin(e)
硝酸钡☆barium nitrate
硝酸钙☆calcium nitrate
硝酸甘油☆carbonate; grisounite
硝酸胍[$H_2NC({:}NH)NH_2{\cdot}HNO_3$]☆guanidine nitrate
硝酸钾[KNO_3]☆potassium nitrate; carbonate; nitre; niter; aerolith; aerolite; carbonite; saltpetre; nitrate of potassium; saltpeter
硝酸浸蚀试验法☆spot test
硝酸灵[$C_{20}H_{16}N_4$]☆nitron
硝酸铝{|氯|镁}☆aluminium{|chlorine|magnesium} nitrate
硝酸钠[$NaNO_3$]☆chile saltpeter{niter}; Chile nitre; sodium nitrate; nitre; niter
硝酸钠吉里那特炸药☆sodium nitrate gelignite
硝酸铅[$Pb(NO_3)_2$]☆lead nitrate
硝酸溶银法☆inquartation
硝酸石灰☆citrate of lime
硝酸钍[$Th(NO_3)_4$]☆thorium nitrate
硝酸析银法☆quartation
硝酸纤维(素)☆cellulose nitrate; nitrocellulose
硝酸盐氮☆nitric{nitrate} nitrogen
硝酸岩矿床☆nitrate deposit
硝酸盐敏感地区☆nitrate sensitive areas
硝酸乙醇腐蚀液☆nital
硝酸银☆silver nitrate; lunar caustic
硝态氮☆nitrate{nitric} nitrogen
硝滩[南美]☆salitral
硝铁铝粉混合炸药☆AN-Al mixture; ammonium nitrate-aluminum mixture
硝酰(基)[无机化合物中的$-NO_2$]☆nitroxyl
硝烟信号弹☆maroon; marroon
2-硝氧乙基硝胺☆DINA
硝沼☆salitral
肖尔法☆Schauer method
肖尔回跳硬度计☆Shore scleroscope
肖克莱位错☆Shockley dislocation
肖兰[近程导航系统]☆shoran; short {-}range navigation
肖兰站短程导航站☆shoran site
肖模式[标本]☆icotype
肖钠长石[沿 *b* 轴延长的钠长石;$Na(AlSi_3O_8)$]☆pericline
肖钠长石律双晶☆pericline law
肖瑞金属喷涂法☆Schori process
肖式硬度☆scleroscope hardness; SH
肖氏岩石硬度计☆shore hardness tester
肖氏硬度☆rebound{Shore;scleroscope} hardness
肖特基二极管☆schottky diode
肖{萧}托夸统[北美;D_3]☆Chautauquan series
肖亚硬度标☆shore hardness scale
肖亚硬度试验法☆shore hardness test
削边☆chamfered edge
削边刀☆edge tool
削尖☆tapering; nib
削尖山嘴☆sharpened spur
削角[建]☆chamfer; champher; chanfer
削截☆truncation
削棱双等斜面☆bevelment
削面☆bevel
削片☆shaving; spall
削片刀☆chipper knife
削去☆pare; thinning
削蚀☆truncation; chipping
削蚀到基准面理论☆theory of baseleveling; theory of "reduction to base level"
削蚀作用[地层]☆erosion truncation; chipping; elision
削凿☆cape chisel
削凿刀☆paring chisel
鸮头贝(属)[腕;D_2]☆Stringocephalus
骹关节☆pastern joint
销☆jaw; finger; dog; claw; pin
(轴)销☆axle pin
销槽☆keyseat
销钉☆feather piece; tag; plug; pin bole
销钉封接机☆stud pin inserting machine
销钉固定的开启位置☆pinned open position
销钉连接☆glut
(用)销(栓)固定☆cotter
销毁☆meltdown
销毁式射孔器☆expendable gun
销毁炸药☆destruction of explosive
销货(日记账)☆sales journal
销货账☆Account Sales; A/S
销迹☆erase
销孔☆pin hole; pinhole
(用)销{钉}连接☆pin; pin coupling{connection;joint}
销路☆consumption; sale
销路好的煤☆marketable coal
销蚀☆wear down; wear-down; ablation
销式换向阀☆pin type reversing valve
销式连接☆pin-type attachment
销售☆distribution
销售超过气管输气能力的气体☆off-system sales
销售承包商协会☆distribution contractors association
销售成本☆selling cost
销售分析☆sales analysis
销售服务☆sale service
销售管连接座☆sales line connection receptacle
销售煤☆salable coal
销售商☆dealer
销售试样☆commercial sample
销售损失☆loss on sale
销售桶装油品库房☆barrel house
销售信息☆marketing information
销售原油☆merchantable oil
销售者☆distributor
销售总额☆gross sales; GS
销数☆sale
销型☆pin-type
销型条板式输送机☆pin-type slat conveyor
销轴承☆pin bearing
销子☆key; bolt; stud
销座☆keyway
潇洒风格(的)[法]☆galant
(相)消☆cancel
消癌素☆carcinocidin
消冰带☆zone of wastage
消波岸坡{滨滩}☆wave-absorbing beach
消波混凝土块体☆hollow square; wave dissipating concrete block
消波器☆wave breaker{absorber}
消波滩☆wave trap; spending{dummy} beach
消侧音电路☆anti-sidetone circuit
消除☆preclude; elimination; suppression; expel; erase; evacuate; erasure; dissipation; dismissal; defeat; buck; cancellation; disposal; dissipate; wipe (out); clearing; kill; removal; dispel; remove; clear up; annihilation; smooth-out; smooth; allayment; rule out; equalization{backing off}[应力]; WO
消除(影像)☆cancel
消除标志☆elimination key
消除残余应力退火☆relief annealing
消除的☆counteractive
消除电离☆deionization
消除堵塞☆unchoke; unchoking
消除短路(现象)☆unshorting
消除故障☆troubleshooting
消除核爆余震☆decouple
消除火花接触片☆spark-extinguishing contact piece
消除交流声电容器☆antihum capacitor
消除角联分支法☆method of exclusion of diagonal branch
消除结晶☆decrystallization
消除局部应力热处理☆local stress-relief heat treatment
消除拒爆的爆破☆relieving shot
消除溜井堵塞放矿工☆pluggerman
消除溜井堵塞爆破(放炮)工☆chute blaster
消除内应力处理☆stabilizing
消除浓缩☆deconcentration
消除器☆eliminator; allayer; cancel(l)er; extinguisher; eliminate; clarifier[无线电干扰]
消除氰化物质☆cyanicide
消除污染☆abatement of pollution; pollution abatement
消除瞎炮的炮眼☆relieving shot
消除信号☆erasure{erase} signal
消除虚反射反滤波器☆deghost inverse filter
消除压实☆decompaction
消除烟尘☆smoke abatement
消除应变退火炉☆strain-relief furnace
消除应力☆relief{removal} of stress; relaxing; relieving stress[热处理]
消除应力槽☆relief groove
消除应力处理☆stress relieving treatment
消除应力处理裂纹☆stress relief cracking
消除应力的原地岩体☆relaxed rock mass
消除杂音☆antijamming
消除噪声☆noise elimination{abatement}
消除装置☆cancelling device
消除字符☆delete character; DEL
消磁☆washing; wiping; unbuild(ing)
消磁的☆demagnetizing; anti-magnetized
消磁块☆demagnetic stack

消磁绕组☆killer winding
消磁头☆erasing{erase} head; eraser
消磁系数☆demagnetizing factor; demagnetization coefficient
消电离☆deionization; deion
消电离水☆deionized water
消毒(作用)☆decontamination; sterilization; decon; disinfection; antisepsis
消毒剂☆disinfectant; disinfector; sterilant
消毒器☆sterilizer; disinfection apparatus
消毒药☆toxicidum; toxicide
消毒蒸锅☆autoclave
消反射膜☆antireflecting film
消防☆fire control{fighting}; fire prevention and control
消防安全委员会☆fire safety committee
消防材料库☆storeroom for firefighting materials
消防车☆fire truck[美]; fire engine[英]; aerial ladder track; fire-fighting (truck); fire wagon; quenching car
消防队☆fire-fighting crew; salvage corps; fire company{brigade;department;patrol}
消防服☆bunker clothing
消防斧☆flathead ax
(尖型)消防钩☆pike pole
消防龙头☆fire hydrant{plug}; hydrant; fhy
消防情报实地调查☆fire information field investigation
消防人员输送车☆personnel carrier
消防软管架☆fire hose rack; FHR
消防设备☆fire-protection{firefighting} equipment; fire control unit; fire extinguishing equipment
消防栓☆hose saddle; fire plug{hydrant;cock; pillar}; hydrant; fp; FH
消防水池{罐}☆fire-water supply{pond}
消防梯☆fire-fighting rack; aerial ladder
消防艇☆fireboat
消防需水率☆fire-demand rate
消防巡逻员☆firebug
消防摇梯☆Bangor ladder
消防用水储罐☆fire water storage tank
消防用水贮水仓☆fire water-pot
消防员☆firefighter; fireman; fire squander; Fr
消防云梯操纵手☆pole man
消防站☆fire station; firehouse; quarters
消费☆expenditure; expend; expense; consumption; consume; exp
消费品☆consumer(s') goods; consumable
消费者剩余☆consumer surplus
消光☆extinct(ion); light extinction
消光表面☆frosting
消光法[沉积分析]☆photoextinction method
消光角☆angle of extinction; extinction angle
消光敏锐☆sharp extinction
消光位☆extinction direction{position}; normal position; direction{position} of extinction
消光影☆isogyre; polarization (brush); brush
消光杂质☆killer
消过毒的☆sterile
消耗☆wastage; dissipation; wear and tear; expend; exhaustion; drain; consumption; drawdown; eat{use} up; discharge; consume; decrement; ablation; burn; wasting; dissipate; deteriorate; attrition; depletion; waste; deplete[如储量或能量等]; suck; tear and wear; sweal; outgo
消耗带☆zone of wastage
消耗垫环☆consumable insert
消耗电极☆consutrode
消耗电阻☆absorbing resistor
消耗功率☆consumed power
消耗矿堆☆live storage pile
消耗量☆flow; consumption; wastage
消耗率☆voidage{consumption} rate; rate of discharge; specific consumption
消耗器☆customer
消耗燃料☆use up the fuel
消耗式载体☆expendable carrier
消耗性器材(或配件等)☆consumable supplies
消耗已久的气井压力☆open pressure
(熔断器的)消弧片☆muffler
消弧器☆spark{arc} arrester; turbulator; arc chute
消化☆slaking; digest(ion); stomach
消化不良☆indigestion
消化池☆digestion tank
消化道☆enteron; digestive tract
消化的[石灰]☆slack
消化管☆digestive tube
消化过的污泥☆digested sludge
消化石灰☆air-slack; air-slake; slaked lime
消化污泥☆digested sludge
消化系☆gastrovascular system
消火花的☆anti-spark; antispark
消火花消声器☆spark arresting muter
消火器☆flame arrestor; (fire) extinguisher
消火栓☆hydrant; fire hydrant{plug}; fhy
消极的☆passive
消极的外部效应☆negative externalities
消极性☆negativity
消极因素☆negative factor
消加常数透镜☆anallatic lens
消加速度海洋检波器☆acceleration-cancelling hydrophone; ACH
消减☆consumption; dent; shortening; subduction; break
消减板块☆subducting{consuming;subduction} plate; subduction{consumption} zone
消减冲击回路☆shock-absorbing circuit
消减带☆zone of subduction; subducted{consuming; consumption;subduction;extinction} zone; consuming lines; verschluckungs-zone[德]
消减的岩石圈☆subducting lithosphere
消减型板块边界☆destructive plate boundary
消减夜形层☆reduction wedge
消尽指示器☆null detector
消力池☆water cushion; still basin; stilling pool
消力结构{设施}☆baffle structure
消零☆zero suppression{elimination}
消隆☆detumescence
消落☆retrogression; draw-off
消灭☆extinguish; extinction; eat up; elimination; annihilation; obliterates; silence[噪音]
消灭过程☆annihilation process
消灭火炬☆flare elimination
消灭器☆extinguisher
消灭晕☆extinct halo
消磨☆wear and tear; wear down; fritter{while;idle} away
消沫剂☆defrother; scum breaker; defoaming agent
消能☆dissipation of energy; dissipates energy
消能井☆stilling well
消能装置☆energy dissipater
消泡☆antifoam; froth breaking; defoaming
消泡剂☆foam suppressor{suppressant}; foam-breaking {defoaming; antifoaming; antifoam; antifrothing} agent; defrother; defoamer; antifoamer; scummer; froth destroyer; foam inhibiting agent; anti-froth
消泡器☆defrother; froth breaker{breaking;killer}; foam suppressor; deaerator
消偏振(作用)☆depolarization
消偏振镜☆depolariser; depolarizer
消平均☆antiaveraging
消球差镜☆aplanat
消球差孔径☆aplanatic aperture
消去☆elimination; deadening; erasure; removal; cancellation
消去叠加☆desuperposition
消去法☆elimination (method); method of elimination
消去离子☆deion
消缺反射☆absent reflection
消热的☆refrigeratory
消融☆fusion; ablation; wastage; dissipate; outwash
消融冰碛☆ablation drift{moraine;till}; melt-out till
消融冰山☆weathered iceberg
消融冰体☆wasting ice mass
消融部分[冰]☆dissipator
消融季节[冰]☆summer season
消融碛☆superglacial till
消融壳[雪]☆foam crust
消融区☆ablation area; region of melting; area of dissipation; zone{area} of ablation[冰]
消融仪☆ablatograph
消融作用☆ablation; dissipation
消溶☆resorption
消溶礁☆resorbed reef
消散☆dissipation; evaporation; dispersal; scatter(ing); scatter and disappear; disappearance; dispersiveness; vanish; slaking; solution; breakaway[云雾]
消散的☆resolvent
消散尾☆distrail; dissipation trail
消色☆compensation; decoloration; achromatism
消色差☆achromat; achromatism
消色差磁(性)质谱仪☆achromatic magnetic mass spectrometer
消色差化☆achromatization
消色差镜☆aplanat
消色差性☆achromaticity; achromatism
消色干涉☆destructive interference
消色器☆compensator; colour absorber
消砂☆blasting shot
消声☆squelch; sound deafening; noise elimination
消声柜{池}☆anechoic tank
消声器☆baffler; (exhaust) silencer; deafener; buffer; deadener; acoustical filter; muffler[美]; anti-rattler; attenuator; suppressor; sound{noise} suppressor; noise muffler; muffle
消声室☆anechoic chamber
消失☆involute; fly; faint; dying{die;peter;petering} out; dissolve; disappearance; fading; deletion; crumble; fade; extinction; die-back; evaporate; vanish; die; decay; wearing through; merge(nce); melt
消失板块☆consumering plate
消失次序☆order of depletion
消失方位☆direction of extinction
消失河☆disappearing stream
消失角☆range of stability
消失瀑布☆obliterated waterfall; obliterated water fall
消失时间☆die-out time
消失元素☆missing element
消失作用☆subduction; consumption; extinction; disappearance; obliteration; dying out; submerge
消石灰[$Ca(OH)_2$]☆hydrated lime; slaked{killed} lime; calcium{lime} hydrate; lime slaking
消石素☆uralyt
消逝☆elapse; passing
消逝时间☆elapsed time
(使)消瘦{耗}☆sweal
消瘦病患者☆piner
消瘦的☆marcid
消损冰体☆wasting ice mass
消退☆subsidence
消亡(作用)☆consumption
消亡带☆Benioff{consumption;consuming;subduction} zone; consuming boundary zone; consuming lines; subduction belt
消亡的板块边界☆consumed plate boundary
消亡湖☆dying{extinct} lake
消亡作用☆subduction; consumption
消雾术☆fido
消息☆knowledge; intelligence; information; word; advice; notice; news; message; mss; ms; inf.
消息{资料}的来源☆quarry
消息灵通的☆well-informed
消息收到符号☆acknowledge character
消隙弹簧☆backlash{antibacklash} spring
消像差反射望远镜☆anaberrational reflector
消像散(的)☆stigmatic
消像散器☆stigmator
消像散性☆anastigmatism
消向☆deorienting
消旋天线☆despun antenna
消眩屏☆apodizing screen
消烟除尘☆smoke prevention and dust control
消衍射屏☆apodizing screen
消焰剂☆flame inhibitor; cooling substance{agent}; antiflash agent
消焰炸药☆flashless charges
消焰罩☆flash eliminator
消摇龙骨☆bilge piece{keel;chock}
消摇水舱☆anti-rolling tank
消摇装置☆anti-roll(ing) device
消夷冰面☆weathered ice
消音☆amortization; silencing; amortize; muting; noise abatement{elimination}
消音器☆exhaust box; dampe(ne)r; bumper; muffler; sound muffler{suppressor}; silencer; deafener; noise suppressor; noise-suppression device; sourdine; anti-squeak; attenuator
消音凿岩☆quiet drilling

消音装置☆silencer；noise abatement；quieter[内燃机的]；noise-suppression device
消隐☆blanking
消隐脉冲峰值☆sync pedestal
消隐脉冲选通门☆blanking gate
消隐信号☆blacking{blanking} signal；black-out-signal
消隐信号部件☆black-out unit
消应力退火☆stress-free annealing
消元法☆elimination (method)；elimination of unknown
消晕衬板☆anti-halation backing
消长带☆crossing
消褶皱作用☆unfolding
消振☆weakening
消振的☆damped
消振器☆vibration{shock} absorber
消振打眼☆buffer drilling
消振弹簧☆shock eliminating spring
消肿药☆resolvent
消自旋☆despin

xiǎo

小☆little [less，lesser;least]；small；tiny；minor；Jr{Junior} [放在姓名后]；mini-；lepto-
小阿贝得虫属[三叶]☆Abadiella
小阿伯特虫属[三叶;$Є_2$]☆Albertella
小阿盖特珊瑚属[O_3]☆Agetolitella
小艾树☆sagebrush
小爱利夫贝属[腕;P_1]☆Elivella
小安德生虫属[三叶;$Є_3$]☆Anderssonella
小安那虫属[三叶;O_1]☆Annamitella
小暗井☆winze；monkey shaft；jackhead pit；shank
小凹星虫属[介;D-C]☆Cypridinella
小白井虫属[三叶;$Є_3$]☆Shirahiella
小斑点☆blob；speckle
小斑状礁☆chapeiro；chapeirao
(地震队)小搬家☆hot shot；spike
小板☆platelet
小板块☆microplate；small plate
小板体☆tablet
小拌砂浆板☆spot board
小瓣☆lappet
小半径弯头☆short-radius curve
小棒柱[腕假疹壳类]☆taleola [pl.-e]
小包☆parcel
小包工头☆butty collier
小包裹☆packet
小包体☆bleb
小孢子☆microspore；sporule；small spore
小孢子沟的加厚边缘☆margo colpae
小孢子囊☆microsporangium
小孢子体☆microsporophyte；micro(-)sporinite
小孢子叶☆microsporophyll
小雹☆small hail
小宝丰虫亚属[三叶;$Є_2$]☆Paofeniellus
小爆破☆light blasting
小杯状穴☆calicle
小背包☆satchel
小贝尔氏螺属[腹;E-Q]☆Belgrandiella
小贝牙形石属[O_2-S_1]☆Icriodella
小倍友虫属[三叶;O_{2-3}]☆Achatella
小比例☆lower range
小比例尺☆small-scale；small scale
小笔螺☆Micromitra
小笔螺属[腹;E-Q]☆Mitrella
小闭镜蛤属[双壳;T_3]☆Mysidiella
小臂螈属[C_{2-3}]☆Microbrachis
小蝙蝠类☆Microchiroptera
小蝙蝠亚目☆microchiroptera
小边贝属[腕;P_1]☆Limbella
小边大壳虫属[三叶;O_1]☆Megalaspidella
小边石塘☆microgour
小扁豆层☆lentil
小扁豆体☆lenticule
小扁卷虫属[孔虫;E_2-Q]☆Planorbulinella
小扁头层(体)☆lentil
小便☆void；make{pass} water；urine；urinate
小变晶☆metacript
小标题☆subtitle；subhead；crosshead；cross headline
小冰川☆glacieret
小冰川脊☆paha
小冰块☆screw ice；calf
小冰帽☆jokull；jokul
小冰期☆Little ice age；Katathermal；Neoglaciation；Medithermal
小冰球☆ball ice
小冰山☆floeberg；glowler；bergy bit
小冰原☆small ice-field
小玻(璃)管☆cu(r)vette；glass vial；ampo(u)le
小玻璃介属[E_2-Q]☆Candoniella
小波☆wavelet
小波动☆minor undulation
小波什虫属[三叶;O_1]☆Borthaspidella
小薄贝属[腕;O_1]☆Leptella
小薄层苔藓虫(属)[D]☆Leptotrypella
小檗碱☆berberine
小檗属[植;Q]☆Berberis
小不连续☆diastem
小布氏牙形石属[O_2]☆Bryantodina
小步蛤属[双壳;T_{2-3}]☆Badiotella
小部分☆fraction；snippet
小彩石☆colour stonelets
小残丘☆pimple (mound)
小舱口☆booby hatch；scuttle
小槽☆coulisse；fuller；minor trough；sulculi[孢]
小槽贝属[腕;C_{1-2}]☆Aulacella；Sinuatella
小槽带[腹]☆alveozone
小槽珊瑚属[S-D]☆Alveolitella
小草原☆prairillon
小册子☆brochure[法]；booklet；tract；pamphlet
小层☆subzone；member；sublayer；mbr
小层动态数据{资料}☆subzone performance data
小层理☆microstratification
小叉尾虫属[三叶;$Є_{2-3}$]☆Dorypygella
小铲☆trowel
小铲头虫属[三叶;O_1]☆Dikelocephalina
小长身贝属[腕;D_2-C]☆Productella
小长身腕{贝}☆Productella
小潮☆neap (tide)；micro-tidal
小潮差☆microtidal{neap} range
小潮道☆caleta；creek；seapoose
小潮高潮☆high water neaps；HWN
小巢石☆nidulite
小车☆bogie；wheelbarrow；(light) cart；pallet；larry；carriage；carrier；(dolly) car；buggy；trolley；bam；handbarrow；handcart；pushcart；sedan
小车门走轮☆carrier wheel
小车运输☆carting
小车载量☆cartload
小陈氏䗴属[孔虫;P_1]☆Chenella
小程序块☆blockette
小承包商☆lumper
小池☆cell；pondlet；pill
小齿[牙石]☆denticle
小齿轮☆pinion (wheel;gear)；gear pinion
小齿轮端密封件☆pinion end seal
小齿轮和小齿轮轴☆pinion and pinion shaft
小齿轮轴筋护板☆pinion shaft arm liners
小齿条☆pinion rack
小齿鱼属[J]☆Microdon
小齿状突起☆denticle
小尺寸的☆half size；pony-size；small-scale
小赤铁矿☆turgite
小赤藓属[Q]☆Oligotrichum
小翅☆winglet
小冲沟☆rain gutter
小冲击☆small shock
小冲量位移☆small impulsive displacement
小虫室{房}[苔]☆zooeciule
小虫样体☆vermicule
小锄虫(属)[三叶;$Є_2$]☆Marrella
小储集层☆microreservoir
小川☆branch
小穿孔贝(属)[腕;J-Q]☆Terebratella
小船☆boat；tender
小船泊地☆boat basin
小船坞☆camber
小椿藻属[Q]☆Characium
小唇管苔藓虫属[O]☆Cheiloporella
小磁滞回线☆minor loop
小刺☆crista [pl.-e]
小刺孔[苔]☆micracanthopore
小刺突[硅藻]☆spinulus
小刺突起粉属[孢]☆Projectopocites
小丛藻属[Q]☆Microthamnion
小粗筛壳虫属[三叶;C_3]☆Humilogriffithides
小翠绿[石]☆Balmoral Green (Dark)
小达尔曼虫属[三叶;O_2-S_1]☆Dalmanitina
小大陆☆microcontinent
小戴维斯贝科☆Daviesiellidae
小带☆zonule；fasciole
小带(状)的☆zonular
小带蕨属[K_2]☆Microtaenia
小带纹☆taeniole
小袋虫属[三叶;O]☆Marsipella
小袋兽属[E]☆Peratherium
小单栏虫属[孔虫;C_{1-2}]☆Haplophragmella
小弹丸☆dust-shot；duck-shot
(车床)小刀架☆compound rest
小刀类☆Machaeridia
小岛☆islet；isle；inch；skar
小导洞掘进法[先开小洞]☆pilot method
小导管预注浆☆pre-grouting with small duct
小导巷☆pilot heading
小道☆trail；bypath；by-path
小德比贝属[腕;P]☆Derbyella
小的☆diminutive；little；small (sized)；s.m.；meio-
小(型)的☆diminutive；dim.
小的单体☆subindividual
小的角砧☆beakiron
小的球形突出物☆knobble
小灯☆small light
小凳☆granny{growler;lazy} board
小滴☆droplet
小滴虫属[孔虫;J-Q]☆Guttulina
小迪凯氏苔藓虫属☆Dekayella
小笛管层孔虫属[D_2]☆Syringostromella
小狄克氏苔藓虫(属)[O]☆Dekayella
小底板☆platter
小地段☆plot
小地块☆micro-landblock
小地毯☆rug
小地体☆miniterrane
小地文学☆microphysiography
小地形☆microtopography；minor irregularities
小地形学☆microgeomorphology
小地旋回☆deuterogaikum
小地震法[专测浅层或低速带变化情况的方法]☆mini-seismics
小帝王虫属[三叶;O_{1-2}]☆Basiliella
小点☆dot
小点符号☆tittle
小垫☆pulvinus
小垫片☆minipad
小电阻测量表☆ducter
小雕肋虫属[介;C_1]☆Glyptopleurina
小调整☆minor adjustment
(蒸发用)小碟子☆capsule
小蝶虫属[孔虫;N_2-Q]☆Patellinella
小叠层石☆ministromatolite
小钉☆tack
小东北虫属[三叶]☆Manchuriella
小东京虫属[三叶;$Є_2$]☆Tonkinella
小动力机☆pony
小动物群☆faunule
小洞☆voog；tick hole
小洞穴☆grotto
小洞状装饰☆cavernous sculpture
小陡崖☆scarplet
小豆房沟角石属[头;O_2]☆Tofangocerina
小豆介属[E_{2-3}]☆Phacocypris
小豆螺属[腹;E_3]☆Bythinella
小豆石介属[O-D]☆Leperditella
小豆状体☆onokoid
(连杆的)小端☆little end
小端面☆terminal facet
小段☆sub-section
小段塞☆pill
小断层☆minor{craven} fault；hitch；slip；rider；natch；step；jump；thurm；minute movement；microfault；rither
小断层崖☆fault scarplet
小断阶☆kernbut
小断面的[管道、管子等]☆light-gauge
小断面分层巷道☆dog drift
小断崖☆scarplet
小堆积间断☆lacuna
小队☆squad
小对牙形石属[T_2]☆Didymodella

小顿巴{包}鏟(属)[孔虫;P]☆Dunbarula
小盾侧片☆scapula
小盾片[昆虫类鞘翅目]☆escutcheon
小盾壳孢属[E_3]☆Microthyriacites
小多颚牙形石属[D]☆Polygnathellus
小多股虫属[三叶;O_2]☆Pliomerina
小多维尔贝属[腕;D_1]☆Douvillinella
小鹅☆gosling
小轭胞介属[S]☆Zygobolbina
小轭介属[S]☆Zygosella
小轭螺贝属[腕;S_1]☆Zygospiraella
小颚[叶胶介]☆maxilla
小颚鳃板[介]☆branchial plate of maxilla
小颚牙形石属[D-C_1]☆Gnathodella
小而深的河道☆khari
小儿科医师☆pedologist
小耳虫属[三叶;O_2-D_3]☆Otarion
小耳石☆lapillus [pl.lapilli]
小发动机☆donkey{jack} engine
小发明☆gizmo；gismo
小阀☆valvelet
小法螺属[腹]☆Tritonalia
小帆船☆yawl
小帆牙形石属[O_2]☆Histiodella
小反称虫属[E_2-Q]☆Sigmoidella
小范围屈服理论☆yield theory of small scope
小方块☆dice
小方山☆meseta；butte；mesita；mesilla
小方石☆sett
小方石路☆sett-paved road
小房☆chamberlet
小房贝属[腕;O_2-S]☆Camerella
小房孔贝属[腕;C_1]☆Camarophorella
小房室[腕]☆camera [pl.-e]
小纺锤虫(属)☆Fusiella
小纺锤鏟(属)☆Fusulinella
小菲利普虫属[三叶;O_3]☆Phillipsinella
小榧螺属[腹;K_2-Q]☆Olivella
小分段☆sub-cutout
小分类学☆microtaxonomy
小分支☆subbranch
小丰颐螺属[腹;O-D]☆Bucanella
小蜂巢虫科[孔虫]☆alveolinellidae
小蜂窝☆alveolus [pl.-li]
小峰☆small peak
小风☆jackhead pit
小风暴☆whirlies
小风羽☆feather
小幅度的对称褶皱☆low-amplitude symmetric fold
小幅度古构造☆low-amplitude paleostructure
小幅度调整汇率☆crawling peg
小浮标[白天挂旗,夜间悬灯]☆dan buoy
小浮冰☆small floe；glacon
小浮冰块☆calved ice
小浮游生物☆microplankton；net plankton
小弗尼斯牙形石属[Є$_3$]☆Furnishina
小副美女神虫属[三叶;Є$_3$-O1]☆Parabolinella
小阜☆monticule
小负角倾斜定向[金刚石]☆low-angle negative rake
小负载☆small load
小盖☆tegillum [pl.-la]
小盖虫属[孔虫;E_1]☆Operculinella
小坩埚☆monkey
小钢尺☆steel{steeleite} hand tape
小钢凿[劈裂矿石或岩石用]☆gad
小港☆bayou；doghole
小港道☆channel creek
小港湾☆haven
小搁栅☆sleeper
小割理面☆end of coal
小格根贝属[腕;P_1]☆Gegenella
小隔壁☆septula；minor septum
小埂[连接两山的]☆hause；haws
小梗☆sterigma [pl.-ta]
小功率☆miniwatt；light-duty；low-duty
小共生体☆microsymbiont
小弓兽属[E_3]☆Scarrittia
小钩☆hamulus；crotchet；uncinus
小钩贝属[腕;C]☆Uncinella
小钩形扣☆tack
小钩子☆hooklet
小沟☆fuller；gutter；groove；runnel；grip；runlet；rill；rundle
小沟牙形石属[C_1]☆Solenodella
小构造☆minor structure
小孤谷☆rincon
小古杯属[Є$_1$]☆Archaeocyathellus
小古鹿属☆Eumeryx
小古猫属☆Miacis
小古驼属[N]☆Stenomylus
小古猬属[K_2-E]☆Lepticids
小骨☆ossiculum；ossicle
小骨片☆microxea
小骨针[绵]☆microsclere
小谷☆val [pl.vaux]；vallon；dol
小臌包☆blister
小股东☆small holders
小股汹涌的急流☆roil
小管☆incher；tubule；minute tubula{tube}
(一种)小管线接头☆wing union
小灌木林☆copse；coppice
小冠[轮藻突]☆coronula
小冠螺属[腹;N-Q]☆Cassidula
小光颊虫属[三叶;Є$_2$]☆Lioparella
小光嘴贝属[腕;T_2]☆Nudirostralina
小规模采矿作业☆small-scale mining operation
小规模的☆miniature；small-scale
小规模井开采(煤)☆“island” mining
小规模试验性生产井☆pilot producing well
小贵州头虫属[三叶;Є$_3$]☆Guizhoucephalina
小棍虫属[孔虫;N_1]☆Virgulinella
小果石笔木☆tutcheria microcarpa
小海风☆minor sea breeze
小海角☆cusp
小海浪蛤属[双壳;C-P]☆Posidoniella
小海林檎属[棘林檎;O_2]☆Malocystites
小海绵属[C-P]☆Microspongia
小海湾☆cove；zawn；bight；caleta
小海峡[侵蚀形成]☆breach
小海星介属☆Pontoniella
小海柱☆chimney
小旱☆partial drought
小汉江介属[Є$_1$]☆Hanchiangella
小汉中介属[O_1]☆Hanchungella
小行星带☆asteroid belt{zone}
小巷☆holing-through；alley；lane；dog{monkey} heading；doghole；inlet；by-lane；allee
小巷道☆monkey heading{way;entry}；cundy
小蒿里山虫属[三叶;Є$_3$]☆Kaolishaniella
小濠介属[C_1]☆Scrobicula
小核[无脊]☆micronucleus
小核级块煤☆small nuts
小核菌属[Q]☆Sclerotium
小河☆khari；creek；fleet；bogue；slang；brook；rivulet；river(l)et；font；bourn(e)；streamlet；brooklet；bayou；rithe；run；rill；spruit；branch；nailbourne；springlet
小河般地流☆rilling
小河汊☆cala
小河床☆minor (river) bed
小河道网☆anabranch；anastomosing branch
小河谷☆bache
小河流的洪水☆freshet
小河星介属[E_{2-3}]☆Potamocyprella
小荷尔(介属)[D-T]☆Hollinella
小荷载☆small load
小褐壳藻☆Ralfsia pusilla
小黑螺属[腹;K_2-Q]☆Melanella
小黑子[太阳]☆pore
小横板☆tabella [pl.-e]
小横巷☆drift
小洪德{通}瓦虫属[三叶;Є$_2$]☆Hundwarella
小红石蕊酸☆didymic acid
小红细胞☆microcyte
小厚颚牙形石属[T]☆Hadrodontina
小呼吸损耗☆standing loss
小湖☆lagune；laguna(to)；lakelet；tarn；ojo；stagnum；lochan[冰斗]
小花蛤属[双壳;C-P]☆Astartella
小花梗☆pedicel
小花介属[J-Q]☆Cytherella
小花球石[钙超;Q]☆Florisphaera
小华尔科特虫属☆Walcottaspidella
小滑轮☆small sheave
小画齿状的☆crenulate；crenellate
小环☆circlet；small loop；Zonule；annulet
小环礁☆faro
小环境☆microenvironment；subenvironment
小环流☆minor circulation
小环囊孢属[C_2]☆Microsporites
小环藻(属)[硅藻;E-Q]☆Cyclotella
小荒岛☆sea holm
小谎贝属[腕;O_3-S_1]☆Mendacella
小灰角石属[头;O_2]☆Stereoplasmocerina
小茴香烷☆fenchane
小茴香烯☆fenchene
小彗星虫属[三叶;O_2]☆Encrinurella
小活塞☆chippy
小伙子☆youngster
小火[用一条水龙带线能扑灭的]☆one-line fire
小火道☆branch flue
小火口☆craterkin；craterlet
小火口群☆megata
小火山☆monticule；mear
小火山口☆craterkin；craterlet；mear；volcanic orifice
小火山锥☆conelet
小机车☆dolly；pug engine
小机件☆gadget
小机械☆widget
小积矩☆minor product moment
小肌束蛤属[双壳;C_2-P_1]☆Myalinella
小极管☆polar tubule
小棘(鱼)目☆Ischnacanthiformes
小集水区☆small watershed
小戟贝属[腕;P]☆Chonetella
小脊☆minor ridge
小系带☆frenulum [pl.frenula]
小剂量☆minidose
小计☆subtotal；sub-total
小加费林虫属[孔虫;E]☆Gavelinella
小贾汪虫属[三叶;Є$_3$]☆Chiawangella
小甲虫属[蔓足]☆Loricula
小岬角☆point
小坚果☆pyrene；nucule
小尖☆conule
小尖顶螺属[腹;D_2-T_3]☆Luciella
小尖端☆apiculus
小尖枪牙形石属[S_2-T]☆Lonchodina
小尖头虫属[三叶;Є$_3$]☆Acrocephalina
小尖牙形石属☆Scolopodella
小检修☆line check
小箭头虫属[孔虫;E_2-Q]☆Bolivinella
小件打捞钳☆pick-up grab
小间☆booth
小间断[地层]☆diastem
小间隔取样☆close sampling
小间距速度分析☆close-spaced velocity
小间隙苔藓虫属[O]☆Mesotrypella
小间歇喷泉☆miniature geyser
小礁堤☆buttress
小礁丘[美]☆kay；key；cay
小礁圈☆faro
小胶片绘图仪☆small-film plotter
小脚轮☆castor；caster
小角散射☆small-angle scattering
小角牙形石属[T]☆Cornudina
小绞车☆monkey{crab;carb} winch；donkey；puffer；windlass
小绞车木制操纵杆☆handspike
小街狭巷☆small streets and narrow alleyways
小阶☆cat step；small terrace
小阶段☆sublevel
小阶段集中巷☆sublevel mother
小阶梯光栅☆echelette
小截面材料☆light material
小节☆sub(-)section；knobble；a small matter；trifle；bar；measure；subparagraph[文章的]
小结☆summary；sum.；conspectus
小结核☆microconcretion
小结石病☆microlithiasis
小槲树灌丛☆chaparral forest{shrub}；chaparral
小金沙虫属[O_1]☆Jinshaella
小金属棒☆spill
小金属粒☆dust-shot；duck-shot
(井底)小金属落物☆loose iron
小进化☆microevolution
小晶粒☆fine grain
小晶片☆tablet
小井☆dug hole；staple

小井距☆dense{small} well spacing；close spacing
小井上虫属[三叶;$Є_2$]☆Inouyella
小井上壳虫属[三叶;$Є_2$]☆Inouyellaspis
小井眼☆slimhole；small hole
小井银钻铤打捞矛☆slim-hole drill collar spear
小径☆alley；byway；trail
小径掘井☆"slim hole" well
小径深孔开采法☆small-bore deep-hole method
小径钻孔法☆small-hole method
小聚环叠层石属☆Collen(i)ella
小巨犀属☆Juxia
小距离排列地震检波仪☆short spread of detectors
小锯齿[牙石]☆lesser denticle
小锯牙形石属[S_2-T_2]☆Prioniodella
小绝缘子☆pony insulator
小卡☆therm; cal; calory; calorie; small{gram} calorie
小卡车☆pick-up truck；pickup
小卡尔虫属[孔虫;N_3-Q]☆Karreriella
小卡口灯座☆small bayonet cap；SBC
小开口辊碎机☆close-set rolls
小凯瑟贝属[腕;D_2]☆Kayserella
小坎宁安霉属[真菌;Q]☆Cunninghamella
小颗粒☆fines；finely ground particle；speck
小颗粒的☆short grained
小科克牙形石属[S_{2-3}]☆Kockelella
小壳房贝属[腕;D_2]☆Conchidiella
小壳化石☆small shelly fossils
小壳脊☆costula [pl.-e]
小克劳德克罗夫特格值测定方法[专为拉科斯特重力仪测定格值用]☆Cloudcroft junior calibration method
小克勒登介亚目[O-P]☆Kloedonellocopina
小克罗登介属[S-D]☆Kloedenella
小克神苔藓虫属[J-Q]☆Crisinella
小克因虫属[三叶;O_1]☆Kainella
小(数)刻度☆down scale
小坑☆craterlet
小空窝☆voog
小空隙的☆areolate(d)；areolar
小孔☆aperture；eyehole；eyelet；small hole；snoot；micropore；dactylopore；ascopore；pinhole；ostium [pl.ostia]；pore；ear
小孔贝属[腕]☆Brachythyrina
小孔的☆narrow meshed
小孔分馏校正☆orifice correction
小孔径偏移☆small-aperture migration
小孔径钻凿{进}☆slim-hole drilling
小孔距☆close hole spacing
小孔砂眼☆dit
小孔隙☆fine{small} pore；channel restriction
小孔亚目☆Ascophora
小口☆ventage
小口径取芯孔☆slim core hole
小口径钻孔法☆small-hole method
小口瓶压吹成形法☆narrow neck press-blow process
小口水穴☆gnamma hole
小库托贝属[腕;C_2-P_1]☆Kutorginella
小块☆tablet；fraction；nubble；pat[试样]；light dirt；scrap；nub
小块虫属[孔虫;K-Q]☆Massilina
小块大理石镶嵌面砖☆tessera tile
小块地☆plat
小块废铁☆junk scrap
小(岩)块渐近公式☆small blocks asymptotic formula
小块焦炭☆egg coke
小块茎☆tubercle
小块煤☆egg-coal；small{nut} coal
小块石灰☆small-size lime
小块土地☆plot
小块镶嵌大理石☆tessella
小块原煤☆bank coal
小块中煤☆small middlings
小块状构造☆cloddy structure
小筐硅鞭毛藻(属)[K_2-Q]☆Corbisema
小矿槽☆raw mix hopper；small bin；mixed material hopper；surge hopper；roll feeder surge bin
小矿巢{房}☆bunch
小矿车☆corf；barney；bogie；trolley
(用)小矿车运输的中间平巷☆buggy gangway
小矿脉☆stringer lead；leader；boke
小矿脉的大露头☆blowout
小矿石仓☆ore pocket
小矿体☆squat
小矿窑☆doghole (mine)
小矿柱☆thin fender；tack；track；cob；stump
小昆明介属[$Є_1$]☆Parakunmingella
小昆阳介属[Є]☆Kunyangella
小捆☆wisp
小拉黄色树脂体☆muckite
小莱德利基虫(属)[三叶;$Є_2$]☆Redlichina
小拦河坝☆weir
小朗迪介属[P_1]☆Roundyella
小浪☆slight sea
小肋束☆fascicle
小类☆subclass；subdivide
小李恰列夫贝属[腕;P_1]☆Licharewiella
小栗蛤属[N_1]☆Nuculina
小砾☆pebble
小砾石☆pea gravel
小笠原岩☆boninite
小立方体☆cubelet
小粒的☆pearl
小粒黄色(树脂体)☆muckite
小粒金刚石钻头铸造基础☆cast (metal) matrix
小粒螺属[腹;D-P]☆Microdoma
小粒容许量☆undersize tolerance
小镰刀介属[O-S]☆Drepanella
小链☆chainlet
小梁☆joist；girt；trabecula [pl.-e]
小两球骨针[绵]☆tylaster
小量开采☆mole-hole operation
小量生产☆small volume production；short run；small scale production；short-run{small-scale} production
小量重力选矿盘[体视显微镜用]☆micropanner
小料钟☆small bell
小裂缝☆fine{pin} crack；gap；microcrack
小裂片☆lobule
小裂头虫属[三叶;$Є_2$]☆Crepicephalina
小裂隙☆rimala
小裂线贝属[腕;O_1-D_2]☆Schizophorella
小林介属[N]☆Kobayashiina
小临界区域塑性应变☆plastic strain in small critical regions
小鳞☆squamula
小鳞茎☆clove
小鳞片☆ramentum [pl.-ta]
小菱面☆minor hombohedral face
小铃纤虫(属)[原丁;J_3-K_1]☆Tintinnopsella
小羚羊☆chamois
小羚羊属[N_2]☆Dorcadoryx
小溜口☆monkey chute
小瘤☆nub；miliary tubercle
小瘤鱼类☆Thelodonti
小瘤状☆tuberculata
小瘤状体☆onokoid
小流☆rill
小流量水流☆low water flow
小流域☆small watershed
小龙头☆(sill) cock
小龙螈(类)☆Microsauria
小漏☆trivial leak
小漏斗管☆funnel
小炉☆port
小炉煤☆small stove coal
小炉舌头☆port tongue；tongue tile
小炉水平通道☆horizontal conduits of port
小路☆path；pass；trail；footpath；by-path；by-road
小陆块☆microcontinent
小卵[动]☆ovule
小卵石☆pebble
小卵石纹组织☆azmure；pebble-weave；armure weave
小轮☆truckle；trundle
小轮齿☆leaf
小轮回☆minor cycle
小轮螺属[腹;J-Q]☆Solariella
小轮线螺属[腹;O]☆Trochonemella
小轮藻(属)[E_2]☆Microchara
小螺贝☆spirigerella
小螺钉刀☆cabinet screwdriver
小螺距☆small pitch
小螺丝旋凿☆cabinet screwdriver
小落水洞☆daya
小玛瑙蜗牛超科☆Achatinellacea
小马丁贝属[腕;C_1]☆Martiniella
小马拉得形虫属[三叶;$Є_3$]☆Maladioidella
小马龙介属[$Є_1$]☆Malongella
小马逊虫属[三叶]☆Marssonella
小麦(色)☆wheat
小脉☆scun
小脉管蛤属[双壳]☆Veniella
小满贯测井☆small{little} slam
小满洲虫属[三叶;$Є_2$]☆Manchuriella
小曼纳介属[D-C]☆Mennerella
小盲井☆shank
小锚[系于船尾,备紧急用]☆killick；kedge (anchor)
小帽贝属[腕;Є]☆Micromitra
小煤球☆boulet
小煤炱属[真菌]☆Meliola
小煤柱☆cob；small pillar；stump
小美牙形石属[P-T]☆Cypridodella
小米粒砂☆millet-seed sand
小米雨季[东非 10～12 月]☆millet rains
小面☆facet
小面包虫属[孔虫;E-N]☆Cibicidina
小面化晶体生长☆facet(t)ed crystal growth
小皿{盒}☆capsule
小模数的☆close-toothed
小模型☆minimodel
小膜☆membranelle；membranella
小魔鬼[一种英国小型放炮器]☆Little Demon
小木块☆scantling
(支护用)小木楔☆page
小穆里弗贝属[腕;D_2]☆Muriferella
小囊多肋粉属[孢;T_3]☆Protosacculina
小脑☆cerebellum
小脑山坡☆clivis；declive
小内径☆small bore
小能量逐点爆炸法☆shot popper
小鲵科☆Hynobiidae
小鲵目[两栖]☆Microsauria
小鲵属☆Hynobius
小泥铲☆trowel
小泥塘☆boglet
小拟多颚牙形石属[C]☆Polygnathodella
小溺谷湾☆caleta
小黏壳虫属[三叶;O_1]☆Symphysurina
小捻螺属[腹;T_3-K]☆Actaeonella
小鸟龙属[J_3]☆Ornitholestes
小鸟头贝属[腕;T_3]☆Ornithella
小扭形贝属[腕;S_1-D_2]☆Strophonella
小纽结☆kindle
小脓疱☆hicky；hickey
小女儿虫属[三叶;$Є_3$-O_1]☆Niobella
小女神介属☆Cytherella
小诺宁虫属[孔虫;K_2-Q]☆Nonionella
小鸥蛤属[D_2]☆Pholadella
小耙贝属[腕;T]☆Rastelligera
小排量柱塞泵☆jerker pump
小排列[震勘]☆microspread；minispread
小攀苔藓虫属[O-T]☆Batostomella
小潘德尔牙形石属[D_3]☆Panderodella
小盘珊瑚属[D_2]☆Microcyclus
小盘星石[钙超;E_1-Q]☆Discolithina
小盘状的☆patellate
小炮眼☆plug{pop} shot；small hole
(用)小炮眼爆破大岩石☆block holing
小泡☆alveolus；bulla
小泡虫(属)[孔虫;J-Q]☆Bulimina
小泡螺属[腹;E-Q]☆Bulinus
小泡沫喇叭珊瑚属[D_{2-3}]☆Aulocystella
小配子☆microgamete
小配子体☆microgametophyte
小佩奇虫属[三叶;$Є_1$]☆Pagetiellus
小喷发锥☆eruptive conelet
小喷枪☆little giant
小喷射流☆jetlet
小棚架☆pong set
小批量☆short run
小批生产☆packaged production；small lot{batch} production{manufacture}
小批装油☆bulk reduction
小皮伞属[真菌;Q]☆Marasmius
小偏顶蛤属[双壳;C_2-P]☆Volsellina
小片☆flake；tablet；die；bit；crumb；platelet；fleck；snippet；scrap；bisquit[录音]
小片晶☆platelet
小漂砾[15～38cm]☆boulderet
小平板(仪)☆traverse table
小平道☆drift

X

小平顶孤地☆zeugenberg
小平顶丘☆tent hill
小平房☆bunkhouse
小平巷☆stenton；dog drift；companion{monkey} heading；monkey entry
小平台☆terracette
小平凿☆snap
小瓶☆vial；ampule；ampoule
小坡☆clivis；declive
小坡度☆easy{gentle} gradient
小坡度锥形顶盖[储罐]☆low pitch cone roof
小蹼牙形石属[D_3-C_1]☆Palmatodella
小瀑布☆cascade
小栖息地☆microhabitat
小鳍☆finlet；pinnule
小旗☆fanion
小起伏侵蚀面☆low-relief erosion surface
小起重杆☆little boom
小企业☆small firms；peanut
小器具☆widget
小气候☆microclimate；local conditions{climate}；specific political or economic climate
小气候学☆microclimatology
小气候最宜期☆little climatic optimum
小气囊☆ballonet
小气象学☆micrometeorology
小气旋☆cyclonette；small cyclone
小气眼☆weak fumarole
小汽车☆car
小汽船☆launch
小汽锅☆kettle
小汽快艇☆cutter
小钎子☆nager
小前尖(齿)[哺]☆paraconid；paraconule
小前提☆subsumption
小浅水池☆buffalo wallow
小腔☆locule；loculus
小腔螺贝属[腕;D_{1-2}]☆Coelospirella
小墙☆gable
小桥或涵洞☆ponceau
小巧的☆cabinet
小鞘虫属[孔虫]☆Vaginulina
小侵入体☆small intrusive body；minor intrusion
小青瓦☆blue roofing tile；small black tile
小穹隆☆shallow dome
小丘☆hillock；knob；colina；collado；knock；how；mound；bugor[俄;pl.-ri]；blister；tump；toft；cerrito；cerrillo；knap；monticule
小丘岛☆nubble
小丘和冰斗小湖☆cnoc and lochan
小丘陵☆monticle
小丘型扇☆small-mound-type fan
小球☆bulb；bead[如硼砂球]；pill；spherule；pellet；semi-pellet
小球虫属[孔虫;J-Q]☆Globulina
小球壳属☆Mycosphaerella
(含水火山)小球粒☆anemolite
小球松粉属[孢;E-Q]☆Microcachryidites
小球(状)体☆globule
小球团烧结矿☆hybrid pelletized sinter；HPS
小球形虫属[孔虫;N_1-Q]☆Sphaeroidinella
小球旋虫属[孔虫;C-Q]☆Glomospirella
小球藻(属)☆Chlorella；Micrococcus
小球藻素☆chlorellin
小球状☆coccoid；peloid
小球状突起☆tubercle
小区☆plot；subdistrict；residence district
小区地形☆microrelief
小区灌溉☆basin irrigation
小区划☆microregionalization；microzonation；microzoning
小区居群☆deme
小区域☆Zonule；subregion
小区域划分☆microregionalization
小曲流☆submeander
小曲形虫属[孔虫]☆Sigmoidella
小圈☆circlet；chape
小泉☆seep；springlet
小泉盆☆miniature basin
小泉眼☆obscure spring
小犬座☆Canis Minor；Little Dog
小群落☆assembly
小人猴属[N_1]☆Homunculus
小刃岭☆grat
小熔珠[陨]☆spatter
小容量地热电站☆small geothermoelectric powerplant
小软盘☆mini-floppy disk
小软舌螺属[腹;Є]☆Hyolithellus
小塞子☆spile
小三脚牙形石属[D_3]☆Tripodellus
小三角洲☆subdelta；washover；microdelta
小伞齿轮☆cone{bevel;conical} pinion
小伞菌属☆Lepiota
小砂岛☆sand cay{key}；sandkey；sandcay
小砂洞☆bunker
小砂矿☆patch；patch
小砂眼☆dit
小沙岛☆sand key{cay}；sandkey；sandcay
小沙科虫属[孔虫;N_1]☆Schackoinella
小沙岭☆bhit
小沙鼠属[N_2-Q]☆Gerbillus
小沙原☆sand sheet
小筛分☆sieve{screen(ing)} analysis
小筛目支撑剂☆smaller-mesh proppant
小珊瑚岛[玻里尼西亚]☆motu
小珊瑚礁☆faro；cay；kay；key
小山☆kyr；djebel；ben；jebel；hill；dun；pen；koppie[南非]；knap；jabal；pap；rath；cerro[西]
小山顶☆hilltop
小山岗☆monticle
小山谷[有树林]☆dell
小山瘤[孔虫]☆tumulus [pl.-li]
小山坡☆hillside
小蛸枕(属)[棘海胆;K-Q]☆Micraster
小蛇环螺属[腹;E-Q]☆Serpulorbis
小舌☆ligule
小舌贝属[腕;O_2]☆Glossella
小舌痕[叶痕]☆lingular scar
小舌形贝(属)[腕;Є]☆Lingulella
小麝鼩☆Crocidura suaveolens
小深沟虫属[三叶;O_1]☆Bathyurellus
小渗穴☆scallop
小生境☆(ecological) niche；microhabitat
小圣伯纳风☆petit St. Bernard
小狮座☆Leo Minor；Little Lion
小石☆stone；glut；chad；Minylitha[钙超;E_2]；rocklet
小石锤☆bull set
小石孔藻属[K-Q]☆Lithoporella
小石块☆scantling
小石器☆microlith
小石燕(贝)(属)[腕;C_3-P]☆Spiriferella
小石子☆scree；kiesel
小时☆hour；hr.；hr；H.；h
小时产量☆hourly tonnage{capacity}
小时功率[马达的]☆one-hour{hourly} rating；motors
小时钟☆minor clock
小实盾虫属[三叶;$Є_3$]☆Plethopeltella
小事故☆minor{plus-three-day;slight} accident
小室☆cell；booth；cabin；chamber；cuddy；cellule；loculus [pl.-li]；cubicle；locule
小(卧)室☆cubicle
小(通话)室☆cope
小室房[孔虫]☆chamberlet
小室古杯目☆Loculicyathida
小手推车☆bogie
小瘦螺属[腹;E-Q]☆Pusia
小鼠☆Musculus
小鼠洞[接单根用]☆mouse hole
小鼠形啮齿类☆theridomyomorph rodents
小树☆arboret
小树丛☆copse；coppice
小树林☆monte
小束☆fascicle；wisp
小数☆fraction；broken{decimal} number；decimal (fraction)
(用)小数表示的孔隙体积☆fractional pore volume
小数部分☆fraction{fractional;decimal} part
小数的☆decimal；fractional；fractionary；dec.
小数点☆(base) point；dot；decimal{arithmetic} point；pt；BP
小数目☆peanuts
小数位☆decimal place
小双刺属☆Diplododella
小双耳虫属[三叶;$Є_2$]☆Amphotonella
小双弓{分}贝(属)[腕;S-D]☆Meristella
小双玦虫属[孔虫;E-Q]☆Billoculinella
小双牙形石属[D-T]☆Diplododella；Dichodella
小水仓☆gig
小水池☆pondlet
小水道☆draw
小水滴☆water droplet
小水管[绵]☆prosodus
小水库☆small reservoir；tank
(矿内)小水流☆weeper
小水平板☆pinnule
小水团☆bolus of water
小水眼钻头☆restricted bit
小说☆fiction；novel[长篇]
小斯卡金贝属[腕;C_3-P]☆Scacchinella
小丝膜菌属[真菌;Q]☆Cortinellus
小苏打[$NaHCO_3$]☆(sodium) bicarbonate；baking soda；dicarbonate；bicarb
小苏维伯贝属[腕;O_1-S]☆Sowerbyella
小粟虫(属)[孔虫;E_{1-2}]☆Miliola
小粟虫类[孔虫]☆milioline
小粟虫目[孔虫]☆Miliolida
小塑造虫属[三叶;$Є_3$-O_1]☆Leptoplastus
小穗状花序☆spicule
小缩尺☆small scale
小索克氏虫属[三叶;$Є_3$]☆Saukiella
小塔虫属[孔虫;E_{2-3}]☆turrilina
小塔螺(属)[腹;Q]☆Pyramidella
小滩角☆cusplet
小探巷☆monkey drift
小探井☆exploratory excavation；bell pit
小塘☆puddle
小掏槽☆baby cut
小藤石[$Mg_3(B_2O_6)$;斜方]☆kotoite
(井架)小(平)梯台☆ladder landing platform
小梯子☆monkey ladder
小提灯石[钙超;E_{2-3}]☆Lanternithus
小体动物群☆dwarf fauna
小体积伸长☆minute extension
小天地☆microcosm
小铁矿☆small iron mine
小铁梃☆heaver
小鲢(属)☆Fusiella
小艇☆skiff；yawl
小通风井☆jackhead pit
小通风眼☆monkey drift
小桐梓虫属[三叶;O_1]☆Tungtzuella
小同苔藓虫属[O]☆Homotrypella
小桶☆kilderkin[英,16～18gal]；keg[容量一般在 30 gal 以下]；firkin[英容量单位,=9 gal 或 40.9L]
小头关节面☆capitellum
小头兽属[似哺爬;P_2]☆Cistecephalus；Kistecephalus
小透镜☆minilens
小透镜状层☆lenticule
小突☆crochet
小突变☆micromutation
小突变株☆petit mutant strain
小突起☆papula [pl.-e]
小土堆☆hill
小土墩☆tump
小土滑阶坎☆terracettes
小土阶☆terracette
小土菱介属[C-P]☆Bairdianella
小土丘[法]☆rideau
小土柱☆earth finger
小推覆体☆sub-nappe
小腿☆crus
小托叶☆stipel
小拖板☆upper slide rest
小拖网船☆dragger
小拖褶☆minor drag
小驼贝属[腕;O_2]☆Cyrtonotella
小挖斗☆rocker
小洼地[沙漠中]☆dais
小洼地群☆chain crater
小瓦尔科特虫属[三叶;$Є_3$]☆Walcottaspidella
(井架)小(平)外侧梯台☆ladder offset platform
小弯角石[钙超;K_2]☆Ceratolithina
小弯月面☆water meniscus
小湾☆creek；inlet；cove；fleet；voe；hope；wick
小腕叉{枝}[棘海百]☆ramule
小腕龙☆Microbrachis
小王牌测井☆small{little} slam
小网眼筛机☆fine mesh
小网藻属[绿藻;Q]☆Microdictyon

X

小望远镜☆spyglass
小威廉(姆)逊苏铁(属)[J_2]☆Williamsoniella
小韦宾虫属[孔虫;S-Q]☆Webbinella
小韦兰德介属[C_3-P]☆Waylandella
小艉门☆half port
小尾虫属[三叶;$Є_3$]☆Peltura
小尾碛☆recession ridge
小尾型☆micropygous
小魏兰德苏铁(属)[植;T_3-K_1]☆Wiellandiella
小位移桩☆small displacement pile
小文蛤属[K-Q]☆Veniella
小纹沟☆rillet
小瓮几丁虫(属)[S-D]☆Angochitina
小窝☆fossula [pl.-e]; foveola; fossette
小屋☆hut; cabin; stall; lodge
小无洞贝属[腕;S-D_1]☆Atrypella
小无肩虫属[三叶;$Є_2$]☆Anomocarella
小五房贝(属)[腕;D_{1-2}]☆Pentamerella
小五金☆hardware; metal fittings
小物件☆gismo; gizmo
小希望虫属[孔虫;E_1-Q]☆Elphidiella
小膝☆geniculum
小膝沟藻属[J-K]☆Meiourogonyaulax
小溪☆rill; kill; creek; streamlet; nullah; brock; rivulet; runnel; brooklet; run; rithe; slang; canada; fleet; runlet; wick; bourne; draft; bourn; sike; burn(ie); bayou; syke; sheugh{sheuch}[俄]; brook; rundle; rigolet; rive; quebrada; pill; nailbourne
小溪谷☆nant; cove
小溪流入地下的进口☆swallet
小溪群落☆namatium
小潟湖☆microlagoon
小细胞☆cellule
小细脉☆boke
小细丝海绵属[Є]☆Leptomitella
小虾☆shrimp
小匣子☆casket
小峡谷☆hause; haws; gulch; side canyon
小峡湾☆fjard
小蚬形蛤属[双壳;E-Q]☆Sunettina
小陷窝☆dimple
小限☆minor limit
小线[检波器串联而成]☆geophone leader cable; flyer; string cable
小线凹螺属[腹;T_2]☆Raphistomella
小线头形虫属[三叶;O_3]☆Ampyxinella
小箱☆casket; booth
小箱藻属[J-Q]☆Pyxidiella
小相☆parvafacies
小小喷发☆minor eruption
小小组☆subsection
小斜度井眼☆low angle hole
小泻湖☆lagoonlet; fleet
小欣德牙形石(属)[S-T]☆Hindeodella
小心☆(with) care; wc
小心操作☆nurse
小心的☆precautionary; meticulous
“小心加矿石”温度范围☆“ore with caution” range
小心轻放☆handle with care
小心牙形石属[O_2]☆Cardiodella
小信号电流放大系数☆small-signal current amplification factor
小星藻属[Q]☆Micrasterias
小型☆mosquito; minitype; mini-
小型(的)☆midget
小型宝石[<1/4 karat]☆melee
小型爆破☆minor blasting; light shot
小型标定压裂☆minifrac calibration treatment
小型采矿水枪☆little giant
小型采砂船精选厂☆doodlebug
小型槽钢☆channel bar
小型侧卸式货车☆jubilee truck
小型冲机☆bear
小型冲刷-充填形态☆smaller scour-and-fill feature
小型出海船舶☆sea craft
小型带☆mini zone
小型的☆snmall; half size; small sized; diminutive; baby; pony-size; miniature; small-scale; runabout; pocket-size; pony; bench-scale
小型地下化学剂“工厂”[细菌发酵产生化学剂]☆miniature in situ chemical factory
小型地震无线电浮标☆miniature seismic radiobuoy
小型电极☆button
小型电缆☆mini-cable
小型(真空)电容器☆peanut capacitor
小型多面型宝石☆calibre stone
小型飞船☆blimp
小型飞机☆light aircraft; runabout
小型富砂金矿{金矿床}☆lob of gold
小型干酪结构☆cottage cheese feature; “cottage cheese” texture
小型钢材☆light section
小型高通量中子发生器☆Hiltron
小型隔膜☆microdiaphragm
小型构造☆minor-scale{minor;small-scale} structure
小形管玻壳制造机☆miniature glass tube machine
小型滚筒☆casing reel
小型滑车☆dan
小型滑坡☆minor landslip
小型化☆miniaturization
小型话筒☆microtelephone; lapel microphone
小型环礁☆microatoll
小型货车☆jubilee wagon
小型机车☆iron mule; minibike
小型检验开关☆baby check valve
小型接力电台☆satellite station
小型结核☆bird-shot concretion
小型旧砂回收装置☆compact reclaimer
小型局部褶皱☆minor partial fold
小型颗石[钙超]☆micrococcolith
小型客车☆wagon
小型矿车☆cocopan; corf; corfe
小型矿山☆miniature-tonnage mine; small-scale mining operation
小型棱石☆calibre stone
小型煤筐☆corf
小型煤矿☆small-size colliery
小型煤气发生器☆gasogene
小型模型☆minimodel
小型配套机器装置☆packaged limit; package(d) plant
小型汽车☆kart
小型迁移交错层理☆cross-drifting
小型潜水器{艇}☆minisub
小型轻便泵☆gosling
小型砂金精选厂☆doodlebug
小型砂柱☆microhill
小型设备☆bantam
小型渗透率仪☆mini-permeameter
小型生物☆microscopic organism
小型试片☆reduced specimen
小型试验☆small(-scale){bench-scale;pilot} test; pilot study; minitest
小型试验后的☆postpilot
小型试验井网☆pilot pattern
小型试注回采率☆“ball-park” recovery factor
小型手泵☆forcer
小型手推货车的一种☆curragh
小型条信号(发生器)☆minibar
小型投影测图仪☆aerovelox
小型拖缆☆ministreamer
小型现场试验论证☆pilot demonstration
小型硝化甘油炸弹☆squib shot
小型携带式照度计☆lightmeter
小型斜向器理论☆miniature whipstock theory
小型型钢☆light(er) section
小型旋塞☆pet cock{valve}; petcock
小型压裂☆small scale fracturing
小型(标定)压裂☆mini-frac
小型压缩空气机车☆beetle
小型烟煤矿☆scram
小型延伸构造☆minor-scale extensional structure
小型叶☆microphyll
小型液压起重设备☆jacking cylinder
小型月牙藻☆Selenastrum minutum
小型云梯☆junior serial
小型凿岩台架☆gadding machine
小型照相机拍的照片☆kodak
小型褶皱☆minor-scale fold
小型支架☆pony support
小型中国喇叭孔珊瑚属[S_1]☆Sinoporella
小型注气试验方案☆pilot gas-injection project
小型组装炼油装置☆distillate fuel system
小型钻机用钻杆☆sack borer stem
小型钻石☆melee
小型钻头☆sack borer cutter
小 V 形掏槽☆baby V cut
小行星[天]☆planetoid; asteroid; minor planet
小行星带☆asteroid belt{zone}
小行星环☆asteroid ring
小行星体(的)☆planetesimal
小行星族☆family of asteroids
小杏仁体{子}☆amygdule
小熊猫属[Q]☆Ailurus; lesser panda
小熊(星)座☆Ursa minor; Ursa-Minor; Little Bear
小修☆running{minor;operating;current;temporary; permanent} repair; minor overhaul; jobbing; operating maintenance; periodic inspection; maintenance work
小修井队☆clean-out crew
小絮团☆small flocs
小旋回☆epicycle; minor cycle; apicyclo
小旋螺属[腹;J-Q]☆Gyraulus
小穴☆scrobicula [pl.-e]
小穴栖蛤属[双壳]☆Pholadella
小雪☆light snow
小雪崩☆sluff
小循环☆minor cycle; epicycle
小压机☆sub-press
小芽孢☆sporule
小牙轮钻头牙轮支架☆bridge of the bit
小崖☆nip; scarplet
小亚翁虫科[三叶]☆Avoninidae
小砑头虫属[三叶;O_2]☆Proetidella
小岩饼☆lenticule
小岩岛☆skjaer; skar; skjer
小岩洞☆grotto
小岩沟☆microlapies
小岩墙☆dikelet
小岩石☆rocklet
小岩芯钻头☆pencil coring bit; pencil-core bit
小眼☆ommatidium; aperture
小眼的☆narrow meshed
小眼井☆slim hole; slimhole
小眼凿深孔法☆small-bore deep-hole method
小眼藻(属)[钙藻;K_3]☆Neomeris
小雁☆gosling
小阳伞虫属[孔虫;D-C]☆Umbellina
小样品{本}☆small sample
小样取样{矿}☆increment sampling
小姚营介属[$Є_1$]☆Yaoyingella
小药包爆破☆squib shot{shooting}
小耶雷虫[虫管化石]☆Jereminella
小叶☆folial; lobule
小叶柄☆petiolule
小叶病[植物缺锌症状]☆little leaf disease
小叶片☆leaflet; aphlebia
小叶植物☆microphyllous
小伊尔文虫属[三叶;$Є_3$]☆Irvingella
小伊尔文形虫属[三叶;O_1]☆Irvingelloides
小翼☆tab; winglet; ala parva
小翼孔☆foramen alare pavum
小翼羽☆alula; ala spuria
小音程☆subinterval
小应变☆small strain
小应力☆minor stress
小疣介属[C_1]☆Verrucosella
小油气藏☆microreservoir
小油桶☆oil{petroleum} can; can
小油栉虫☆Olenellus
小游船☆canoe
小游星☆asteroid
小于☆minus; less than; LT
小于标准尺寸的岩芯☆undersize core
小于环径的[可通过特定直径的环的岩块]☆ring-small
小于或等于☆less than or equal to; LE
小于间隙尺寸☆subinterstitial size
小于筛孔半径的粒度比☆half-size ratio
小于××网目的样品☆minus mesh fraction
小于一的☆fractional; fractionary
小于一定尺寸的路基石料☆ring-small
小雨☆light rain; sprinkle
小宇宙☆microcosm
小羽骨针[绵]☆pin(n)ule; pinulus [pl.pinuli]
小羽海扇属[双壳;C_1-P_1]☆Pterinopectinella
小羽片[植]☆pinnule; pinule; pinulus [pl.-li]; midrib
小圆☆small circle
小圆饼状浮冰☆lily-pad ice
小圆齿☆crenulation; crenul

小圆顶星石[钙超;K-E$_2$]☆Micrantholithus
小圆光面孢属[K$_1$]☆Orbella
小圆规☆bow compasses
小圆环带☆small-circle{cleft} girdle
小圆货贝[腕]☆Obolella
小圆锯☆burr
小圆颗石[钙超;E$_2$-Q]☆Cyclolithella
小圆块☆knobble
小圆粒带番钻石[宝石]☆melee
小圆木☆scaffold pole
小圆盘虫属[孔虫;E-Q]☆Discorbinella
小圆片虫(属)[J-K]☆Orbitolina
小圆丘☆hummock; malmelon; dod; dodd
小圆丘的☆hummocky
小圆石☆small cabbie; shingle; (rounded) pebble
小圆凸线☆astragal
小圆穴☆foot hole
小圆凿☆quick gouge
小缘螺属[腹;E$_1$-Q]☆Marginella
小跃变☆microsaltation
小岳兽属[E$_3$]☆Leptauchenia
小月肌束蛤属[双壳;C]☆Selenimyalina
小月面[双壳]☆lunule
小云南贝☆Yunnanellina
小陨石坑☆microcrater
小杂物☆notion
小载重汽车运输☆light-vehicular traffic
小造山运动☆minor orogeny
小泽鲢☆Ozawainella
小泽鲢科☆Ozowainellidae
小增量切割☆small incremental cut
(用)小炸药包爆炸☆squib shooting
小炸药量☆small-charge
小站☆halt
小掌牙形刺属☆Palmatodella
小掌牙形石属[D$_3$]☆Chirodella
小招牌[尤指医生或律师挂的营业招牌;口]☆shingle
小沼图☆Onuma diagram
小沼泽☆slew; slough; sleugh
小折射观测☆short-refraction survey
小褶窗贝属[腕;O$_3$]☆Plectothyrella
小褶曲☆minor fold
小褶皱☆minor fold{crumple}; puckering; plaiting
小针☆casing nail
小针骨☆microscleres
小针海绵属[D-K]☆Permnidella
小针锐牙形石属[O-D]☆Acodina
小针牙形石属[O-C$_1$]☆Belodella
小枕☆pulvinus
小振动☆small shock
小振幅波☆small amplitude wave
小震☆tremor; minor earthquake
小震活动☆microcrater; microseismicity
小阵雨☆sprinkle
小蒸汽发动机☆jack{donkey} engine; donkey
小正长岩☆microsyenite
小正齿轮☆spur pinion
小正形贝属[腕;O$_{1-2}$]☆Paurorthis
小枝☆twig; branchlet; ramule; ramellus
小支流☆sprout; pup
小直喙贝属[腕;Є$_1$]☆Artimyctella
小直径☆minor diameter
小直径多管井☆multiple string small diameter well
小直径高储罐☆gun barrel
小直径管☆macaroni; narrow{narrow-bore} tube
小直径试验钻头☆microbit
小直径油管修井机☆macaroni rig
小直形贝属[腕;Q$_1$]☆Orthidiella
小植物群☆florula; florule
小值平均值☆minimum average value
小栉虫属[三叶;O$_1$]☆Asaphellus

小中段的开采☆stor(e)y working
小肿胀☆puff
小轴颈[牙轮钻头的]☆pilot pin
小皱☆wrinkle
小皱勒介属[S-D]☆Thlipsurella
小皱纹☆minor crumple
(有孔)小珠☆bead
小主应力☆minor principal stress
小柱☆trabecula [pl.-e]
小柱体☆paxilla [pl.-e]
小铸件☆light casting
小庄氏虫属[三叶;Є$_3$]☆Chuangiella
小锥☆conelet; conule
小锥子☆bradawl
小准副凸贝属[腕;O$_3$-S$_2$]☆Parastrophinella
小准共凸贝属[腕;O$_1$]☆Syntrophinella
小子弹☆pellet
小鬃形的☆setuliform
小组☆circle; subgroup; small group; panel[专家]; sub-committee
小钻杆☆bull rod; skinner's macaroni; mule skinner's delight
小钻粒☆dust-shot
小钻压钻井[目的在于防斜]☆fanning bottom
小嘴贝类[腕]☆rhynchonellooid
小嘴贝属[腕;J$_3$-K$_1$]☆Rhynchonella
小嘴蜿类☆Rhyhchonellacea
小遵义介属[Є$_{1-2}$]☆Tsunyiella
筱悬木☆Platanus

xiào

啸风砂☆whistling sand
啸扰☆singing
啸声☆squeal(ing); whistle(r); screaming; howl(ing)
啸声(信号)☆whistler
啸声流星☆whistling meteor
啸声抑制电路☆squelch circuit
效果☆effect; fruitage; emotion; impression; effectiveness; result; sound and lighting effects
效果费用比☆effectiveness cost ratio
效力☆validity; effect; effectiveness; efficacy; render a service to; serve; virtue; impact
效率☆efficiency; effy; effectiveness; coefficient of performance{efficiency}; effy; eff; ability; capacity; duty; power{effective} efficiency; output; C.O.P.
效率不高的☆inefficient
效率高的☆efficient
效慢的生产井☆lagged production well
效能☆efficiency; efficacy; virtue
效能参数☆performance parameter
效能系数☆output coefficient
效益☆use; benefit; beneficial result
效益成本分析☆benefit cost analysis
效应☆influence; effect; impress; physical or chemical effect; trouble; action
效应器官☆effector
效用☆effectiveness; utility; usefulness
效用和决策论(判定论)☆utility and decision theory
效用理论☆theory of utility

xiē

楔☆key; gib; forelock; embolus [pl.emboli]; coign(e); wedge; sphenoid[轴双面]; chock; clits; nib; peg; drive (a wedge,etc.); sphen(o)-
楔(的)☆sphenoidal
楔拜拉属☆Sphaenobaiera; Sphenobaiera
楔蚌(属)[双壳;J-Q]☆Cuneopsis
楔胞藻属☆Sphenomonas
楔壁贝属[腕;D$_1$]☆Sphenophragmus
楔波☆wedge wave
楔齿龙属[P]☆Sphenacodon
楔齿龙亚目☆Sphenacodontia
楔齿鼬属[E$_3$-N$_1$]☆Plesictis
楔冲断层☆wedging thrust
楔出☆edge away
楔锤☆wedge hammer
楔顶☆wedge crested chisel insert
楔顶凿形齿☆wedge crested chisel tooth
楔端罐道☆receiver{taper;wedge} guide
楔缝法锚固☆slot-and-wedge
楔缝锚杆☆sliding {-}wedge roof bolt
楔缝式☆slot and wedge anchor
楔骨☆os cuneiforme
楔固☆wedging; wedge; keying
楔固井壁的充填料☆wedging
楔规☆wedge ga(u)ge
楔海螂属[双壳;E-Q]☆Sphenia
楔合块☆wedge block
楔环孢属[K$_2$]☆Camarozonosporites
楔环三缝孢属☆Camarozonotriletes
楔击缺口冲击试验☆notch wedge impact
楔尖沙坝{洲}☆wedge-tip bar
楔尖式钻孔定向器☆whipstock
楔剪齿兽属[E$_1$]☆Sphenopsalis
楔角☆wedge angle
楔角石☆Gomphoceras
楔紧☆quoining; wedge-caulking
楔紧构件☆keying action member
楔紧固定☆tightly set
楔紧式轮毂☆taper-lock hub
楔紧支架☆blocking and wedging
楔紧支柱☆damp prop
楔进作用☆wedging action
楔蕨☆sphenopteris
楔开作用☆wedging action
楔壳式螺栓☆wedge-and-sleeve{wedge-nut} bolt
楔壳胀式锚杆☆wedge explosion shell bolt
楔块☆chock; wedge; voussoir
楔矿☆sphene
楔牢☆wedge
楔连接☆keying
楔裂☆wedging
楔裂式断陷☆sphenoclastic rifting
楔羚属[N$_2$]☆Selenoportar
楔轮藻属[T]☆Cuneatochara
楔螺母胀壳锚杆☆wedge-and-sleeve bolt; wedge-nut expansion shell bolt
楔落☆wedging down
楔落石块☆rap-in
楔灭☆wedge out
楔木属[D$_{2-3}$]☆Sphenoxylon
楔木羽叶属[植]☆Sphenozamites
楔盘菊石属[头;K$_2$]☆Sphenodiscus
楔劈☆wedging
楔劈开岩石或矿石☆gadding
楔劈作用☆wedgework; wedge work
楔钳式☆wedge-clamp type
楔入☆wedging; wedge; key on
楔入蠕动☆indentation creep
楔石☆chockstone
楔式阀☆wedge valve
楔兽☆Gomphotherium
楔栓卡夹☆cotter clamp
楔似查米亚属[T$_3$-J$_1$]☆Sphenozamites
楔锁☆wedge yoke
楔锁式支柱☆wedge (lock) prop
楔体分析☆wedge analysis
楔体基础☆wedge-shaped footing
楔条☆wedge strip
楔条固定衬板☆wedge-bar liner
楔铁☆drag wedge guide
楔(型)位错☆wedge dislocation
楔销☆taper
楔星叶属[植;C$_3$]☆Sphenasterophyllites
楔型☆wedge type
楔型密封器☆lip seal
楔型破坏☆wedge-type failure
楔型锁☆wedge locks
楔形☆wedge-form; wedge-shape; cuneiform; wedge; sphenoid; sphenoidal dihedron; sphen(o)-
楔形(的)☆sphenoidal
楔形板☆clapboard; wedge-shaped blade
楔形半面象性☆sphenoidal hemihedrism
楔形半面象(晶)组[$\bar{4}2m$ 晶组]☆sphenoidal hemihedral class
楔形棒筛☆wedge bar screen
楔形变向器☆deflecting wedge
楔形玻璃池☆echelon cell
楔形(掏)槽的张开角☆V-angle
楔形潮沟口☆tidal wedge
楔形刀片[检查储罐板间焊缝质量用]☆mooching knife
楔形的☆wedge-shaped; cuneate; wedgy; tapered; sphenoidal; cuneiform(e); cuneal
楔形地震岩相☆wedge seismic facies
楔形垫块[调整高度或扶正用]☆correcting wedge
楔形断块☆fault wedge
楔形断陷☆sphenochasm
楔形缝条筛篮☆wedge-wire basket
楔形辐射颗石[钙超;K$_1$]☆Sphenoradiatus
楔形钢丝☆wedge type wire; wedge-shape wire
楔形拱☆linear arch
楔形罐道☆wedge guide; taper
楔形挤压☆Sphenopiezm
楔形夹层☆interfinger; interfingering
楔形尖灭☆wedging out
楔形键☆stock key

楔形金属棒筛板☆wedge-wire screen plate
楔形晶体☆cuneate
楔形井硐{礅}☆wedge{wedging} crib
楔形卡瓦☆dovetail slip；wedge type slips
楔形开口角☆V-angle
楔形颗石[钙超]☆sphenolith
楔形梁☆tapered beam
楔形裂开谷[与平行裂开谷相对]☆sphenochasm
楔形冒落空穴☆wedge-shaped roof fall cavity
楔形堑沟☆key cut
楔形切面☆chamfer cut
楔形丘☆wedge-shaped hill
楔形融坑☆plowshare；ploughshare
楔形筛条筛网☆wedge wire cloth
楔形石☆Sphenolithus；quoin
楔形石块的薄边☆feather edge
楔形丝筛网☆(cloth) wedge wire screen
楔形四分面象(晶)组[4 晶组]☆sphenoidal tetartohedral class
楔形掏槽☆wedge{draw;figure;drag;key;plough;slipe-hole;slabbing;Lewis;square;wedging;spare;slipping} cut；V-cut；wedge-shaped cutting；drag round cut；wedging shot；slipe
楔形体说☆wedge theory
楔形填隙片☆shim
楔形条固定衬板☆wedge-bar lines
楔形条状筛板☆wedge-bar screen deck
楔形销☆cotter
楔形岩☆concentration wedge
楔形硬合金齿钻头☆chisel type insert bit
楔形藻属[C]☆Cuneiphycus；Licmophora
楔形造斜器上部的定向环☆deflector-wedge ring
楔形整合☆sphenoconformity
(磨机)楔形纵向搭接衬板☆shiplap liner
楔削梁☆tapered beam
楔羊齿(属)[D_3-P]☆Sphenopteris
楔叶☆sphenophyllum
楔叶类☆articulatae
楔叶目☆sphenophyllales
楔叶属[D_3-P_2]☆Sphenophyllum
楔叶穗(属)☆Sphenophyllostachya；Bowmanites
楔叶羊齿属[D_3-P_1]☆Sphenopteridium
楔叶植物门{类}☆Sphenopsida
楔银杏☆Sphenobaiera
楔胀式锚杆☆wedge-nut expansion shell bolt；wedge and sleeve bolt
楔肘☆wedge toggle
楔住☆key on；sticking
楔住的☆keyed；keying；lodged
(用)楔转变钻孔偏向[金刚石钻进]☆whipstocking
楔状☆sphenoid；cuneate；cuneal；wedgelike；wedge shaped
楔状薄片☆wedging thin-section
楔状冲断体☆wedge-shaped thrust body
楔状骨☆cuneiform
楔状互{交}生☆structure peg
楔状节理☆sphenoidal joint
楔状脉群☆range of gash veins
楔状熔岩☆lava wedge
楔状碎屑层☆clastic wedge
楔状体说☆wedge theory
楔状铁栓☆fid
楔状压板☆wedge-like clamp
楔状整合☆sphenoconformity
楔状椎☆embolomerous vertebra
楔锥目☆Embolomeri
楔子☆cleat；quoin；prologue；cleet；wedge；peg
(用)楔子垫阻☆chock
(用)楔子固定☆quoin
楔(晶)组[2 晶组]☆sphenoidal class
歇后降低[桩承载力]☆relaxation
歇后增长[桩承载力]☆freeze；set-up
歇火(时间)[喷气发动机]☆burnout
歇迹☆cubichnia；resting mark
歇立立磨☆Loesche vertical roller mill
歇斯底里爆发☆hysterics
歇业☆out of business
蝎毒液类☆scorpion venoms
蝎虎座☆Lacerta；Lizard
蝎科☆Scorpionidae
蝎类☆Scorpid；Scorpionidea
蝎蛉科☆Panorpatae
蝎目[节]☆Scorpionida；Scorpionidea
蝎属☆Bibos
蝎形虫属[三叶;$Є_2$]☆Nepea

xié

挟☆nip
挟带(泥砂)☆entrainment
挟带的油☆entrained oil
挟带物☆entrainment；entrained material
挟砂风☆sand-driving wind
挟沙的☆silt-bearing
挟沙河道☆sediment-laden stream
挟沙{砂}能力☆silt carrying capacity
携(带)☆carry
携匙贝属[腕;D_2]☆Mystrophora
携带☆entrainment；carry-over；carry (over)；take along
携带固体颗粒性能☆solid-carrying behavior
携带固体颗粒能力☆solids-carrying capability；solid carrying capacity
携带硅氧流体☆silica-laden fluid
携带介质{作用}☆carrying agent
携带金属能力☆metal carrying capacity
携带砾石的液体☆gravel laden fluid
携带泥沙的底流☆sediment-carrying bottom current
携带式放射性矿石探测器☆portable radioactive ore detector
携带式汞分光计☆portable mercury spectrometer
携带式信号机☆portable signal
携带物☆entrained material；tote
携带岩屑☆cuttings carrying
携带岩屑能力☆solids-carrying capability
携带液漏失☆carrier fluid leakoff
携带支撑剂的能力☆proppant transporting capability；proppant-carrying capacity
携带钻屑的能力☆lifting capacity
携肋贝属[腕;P]☆Costiferina
携螺贝属[腕;P]☆Spirigerella
携泥沙量☆silt carrying quantity
携砂剂☆transporting agent
携砂能力☆prop(pant)-carrying capacity；(solids-) carrying capability{capacity}
携砂凝胶液☆carrier gel
携砂效率☆sand-transport efficiency
携砂性能☆solid-carrying behavior
携砂液☆carry{carrier;prop(pant-)laden;sand-laden; load;transport} fluid；sand-carrier；sand carrying agent；proppant-laden slurry
携砂液漏失☆carrier fluid leakoff
携载能力☆thruput；throughput (capacity)
鞋带型{状}☆shoestring
鞋带状沉积岩体☆shoe string
鞋带状砂岩(体)圈闭☆shoestring-sand trap
鞋带状透镜体油藏☆shoestring lenses
鞋钉结构☆hobnail texture
鞋管[下部第一节导管]☆shoe joint
鞋石藻属☆Crepidolithus
鞋星介属[E_{1-3}]☆Crepocypris
鞋罩☆welding spats；spat
协变☆covariant；co-variation
协变差图☆covariogram
协变性☆covariance
协步的☆cogradient
协定☆concord(at)；pact；convention；treaty；settlement
(国际)协定☆accord
协定工资☆tariff wages
协定价格☆conventional price
协度☆covariant
协方差的分割(法)☆covariance partitioning
协方差极小法☆covarimin method
协方差图函数☆covariogram function
协和☆concordance；concordancy
协和边界☆compromise boundary
协和层理☆parallel bedding
协和创作法☆synectics
协和地貌☆accordant morphology
协和汇流☆accordant junction
协和合流☆concordant junction
协和剂☆synergist
协和片理☆compromise schistosity
协和山脉☆harmonic mountain range
协和型地形构造☆accordance-type morphostructure
协和作用☆synergistic action；synergy；synergism
协会☆association；institution；company；society；corporation；institute；Assn.；Co；assoc；ASS.
协理员☆roustabout
协力合作法☆synergetic approach
协配☆match
协商☆consultation；treat；negotiation；treaty
协商会☆conference
协商价格☆negotiated price
协商者☆negotiator；negotiant
协态应力-应变曲线☆static(al) stress-strain curve
协体积☆covolume；co-volume
协调☆trade off；coordinate；coordination；(in) tune；concordancy；accordance；harmony；balance(d)；synchronization；concert；harmonize；bring into line；in a concerted way；harmonious；concord；chord；rhythm；concordance；concent；match
协调的☆compatible；consistent；coherent；accordant
协调方程☆equation of compatibility
协调机理☆concerted mechanism
协调开采☆harmonic extraction
协调器☆synchronizer
协调设备研究委员会☆Coordinating Equipment Research Committee；C.E.R.C.
协调生长☆compromise growth
协调水系☆accordant{concordant} drainage
协调性☆compatibility；harmony
协调员☆coordinator
协调褶皱☆congruous{accordant} fold
协同☆synergy；synergism；timing；cooperative
协同操作☆co-operating
协同动作☆teamwork；concerted action
协同勘查☆coordinated survey
协同克里格系统☆cokriging system
协同学☆synergetics
协同作用☆synergy；synergetic effect
协议☆agreement；treaty；arrangement；accord；deal
协议控制信息☆protocol-control-information
协约☆concord
协张量☆co-tensor
协助☆forward
协作☆coordinate；team；cooperate；combine (in efforts)；cooperation；collaboration
协作的☆synergetic
协作合作☆teamwork
协作计划☆co-operation plan
协作件检验☆inspection of contracted-out parts
协作评价☆synergistic evaluation
协作项目☆joint project
偕醇腈☆cyanohydrin
偕老同穴海绵(属)[Q]☆Euplectella
偕日升降☆heliacal rising and setting
斜☆aslope；slant(ing)；oblique；tilted；askew；plagio-；clin(o)-
斜岸☆glacis
斜岸线☆oblique coast lines
斜白灰玄岩☆ottajanite
斜斑粗安岩☆vulsinite
斜板[腔]☆tabella [pl.-e]
斜板桩☆batter piling
斜(面式)半面体☆inclined hemihedron
斜半面象☆inclined face hemihedrism
斜钡钙石[$BaCa(CO_3)_2$]☆barytocalcite
斜钡锰矿☆clinohollandite
斜铋钯矿[$PdBi_2$;单斜]☆froodite
斜壁干谷☆coulee；coulie
斜边☆hypotenuse；bevel edge
斜边凿☆beveled firmer chisel
斜变位☆oblique cross-course
斜波☆wavetilt
斜槽☆flume；lander[输送金属用]；chute；spout；skewed{tapered} slot；spotty-pout
斜槽 C 号油☆bunker C oil
斜槽式洗矿机☆log-type scrubber；log washer
斜侧近端盾[钙超]☆oblique proximal
斜侧面☆prism
斜层☆inclined height；sloping bed
斜层理☆inclined bedding；diagonal{oblique} bedding {stratification}；cross-bedding；false-bedding
斜插背斜☆perianticline
斜插俯冲☆oblique subduction
斜插阶段☆spur terrace
斜铲式推土机☆angle dozer
斜长斑岩☆plagiophyre；porphyrite；plagioporphyry

斜长玢岩☆plagiophyrite
斜长二辉*麻粒岩☆pyriclazite; pyriclasite; piriklazite; pyriklazite
斜长方柱[单斜晶系中由{100}、{010}、{001}三对板面组成的聚形]☆oblique rectangular prism
斜长黑云花岗岩☆yosemitite
斜长辉石☆anorthositic gabbro
斜长金云刚玉岩☆naxite
斜长榴闪岩☆drusite
斜长闪辉岩☆pyribolite
斜长石[(100-n)Na($AlSi_3O_8$)•nCa($Al_2Si_2O_8$); 通式为(Na,Ca)Al(Al,Si)Si_2O_8的三斜硅酸盐矿物的概称]☆plagioclase; anorthose; anorthosite; analbite; didymolite; orthomic {sodium-calcium} feldspar; oligoclase; didjumolite; plagioklas
斜长岩☆anorthosite; plagioclase rock; plagioclasite; labradosite
斜长岩化(作用)☆anorthositization
斜长岩类☆plagioclasolite
斜长岩-苏长岩-橄长岩系[月球]☆troctolite; norite; anorthosite; ANT
斜长阳起相☆plagioclase-actinolite facies
斜长支柱☆tront
斜(对)称的☆skewsymmetric
斜撑☆knee piece{brace}; (inclined) strut; gib arm; (arm) abutment; (angle) brace; cross{diagonal} brace; rake; raker; sprag; slanted prop; sway rod; cockermeg; brail; bracing; raking shore
斜撑底座☆thrust block
斜撑帆杆支撑帆☆spritsail
斜撑杆☆hound
斜撑螺栓☆staybolt
斜撑木☆angle tie; rocked timbering; force piece
斜撑系统☆shoring
斜撑型钻塔☆sway braced derrick
斜撑支柱☆breast timber; raking prop
斜橙黄石[Al,Fe^{3+}及碱金属的硫酸盐]☆plagiocitrite
斜齿齿轮☆angular gear
斜齿齿条☆screw rack
斜齿轮☆helicoidal{helical;screw;angle} wheel; helical{spiral;miter} gear; cross-axes helical gear
斜齿伞齿轮☆helical bevel gear
斜齿纹☆diagonal pitch
斜冲刷痕☆diagonal{oblique} scour mark
斜臭葱石[$FeAsO_4•2H_2O$]☆clinoscorodite; chinoscorodite
斜出刺[腕]☆suberect spine
斜床洗矿法☆racking
斜吹氧气转炉炼钢法☆Kaldo-process
斜磁法☆oblique magnetization
斜翠绿磷铜矿☆dihydrite
斜锉蛤属[双壳;Mz]☆Plagiostoma
斜挡板☆sloping baffle
斜导架打桩机☆batter leader pile driver
斜的☆oblique; skew; slant; tapered; askew; bevel; bevelled; off-angle; diagonal; bias; sideling; scalene; semitransverse; obl; angular
斜的方向☆oblique cross-course
斜等距圆筒投影☆oblique equidistant cylindrical projection
斜笛卡儿坐标☆oblique Cartesian coordinates
斜底☆heel tap
斜底(贮)仓☆slant(ing) bin
斜底车☆inclined {-}bottom car
斜底罐☆sloping bottom tank
斜底溜槽精选☆planilla reconcentration
斜底杓[旋转戽斗式脱水机]☆slant-bottom scoop
斜地☆diagonally
斜地震道☆radial trace
斜碲钯矿[Pd_9Te_4;单斜]☆telluropalladinite
斜碲铅石☆girdite
斜垫圈☆bevel{oblique} washer
斜(楔形)垫圈☆bevelled washer
斜垫轴承☆titting pad bearing; tilting bearing
斜叠弧构造☆juxtaposed arcuate structure
斜钉☆toe; toenail
(用)斜钉钉牢☆toenail
斜顶冰山☆tilted iceberg
斜硐☆inclined adit; foreset mine
斜度☆incline; gradient; obliquity; taper; tilt; degree of inclination; gradient of slope; inclination; crab; acclivity; grade; steepness; slope; obliqueness; angularity
PT 斜度☆PT slope
斜度比☆slope ratio
斜度角☆rake angle
斜度序列☆clinosequence
斜度仪☆clinograph
斜断层☆diagonal{semitransverse;semilongitudinal; oblique} fault
(破裂)斜断口☆oblique fracture
斜对称矩阵☆skew matrix
斜对称张量☆skew symmetric tensor
斜颚牙形石属[O_2]☆Loxognathus
斜发沸石[(Na,K,Ca)$_{2-3}$$Al_3(Al,Si)_2$$Si1_3O_{36}$•$12H_2O$;单斜]☆clinoptilolite; natronheulandite
斜阀瓣止回阀☆tilting-disc check valve
斜钒铋矿[$BiVO_4$;单斜]☆clinobisvanite
斜钒铅矿[$Pb_2V_2O_7$;单斜]☆chervetite
斜钒钛矿☆kyzykumite
斜方[晶系]☆orthorhombic; ortho.
斜方半面象(晶)组[222 晶组]☆rhombic hemihedral class
斜方钡锰闪叶石[$NaMn_2(Fe^{3+}O)Si_2O_7(OH)$;斜方]☆orthoericssonite
斜方带☆clinogonal zone
斜方-单斜辉石地质温度计☆orthopyroxene-clinopyroxene geothermometer
斜方的☆trimetric; rhombic; prismatic; orthorhombic
斜方(晶)的☆trimetric
斜方碲钴矿[$CoTe_2$;斜方]☆mattagamite
斜方碲金矿[$(Au,Ag)Te_2$; $AuTe_2$;斜方]☆krennerite
斜方碲铁矿[$FeTe_2$;斜方]☆frohbergite
斜方短锥☆rhombic brachy-pyramid
斜方(左右)对映半面象(晶)组[222 晶组]☆rhombic {orthorhombic} enantiomorphous hemihedral class
斜方鲕绿泥石☆orthoberthierine
斜方钒铁矿☆shcherbinaite
斜方矾石[$Al_4(SO_4)(OH)_{10}•5H_2O$]☆felsobanyaite; felsobanyite; felso(e)banyite
斜方反半面体☆Orthorhombic antihemihedron
斜方钙钠锆石☆orthorhombic lavenite; ortholavenite
斜方格子☆orthorhombic lattice
斜方汞银矿[Ag_3Hg_2;斜方]☆paraschachnerite
斜方硅钙石[$Ca_3Si_2O_7$;斜方]☆kilchoanite
斜方辉铅铋矿[$Pb_2Bi_2S_5$;斜方]☆cosalite
斜方辉铅铂矿☆bjelkite
斜方辉石[$Mg_2(SiO_3)_2$-$Fe_2(SiO_3)_2$]☆orthopyroxene; enstenite; (ortho)rhombic pyroxene; o-pyroxene
斜方辉锑铅矿[$Pb_{13}CuSb_7S_{24}$;斜方]☆meneghinite
斜方金铜矿[Cu_3Au;斜方]☆auricupride; cuproauride
斜方晶系的☆orthorhombic; ortho.
斜方蓝辉铜矿[Cu_7S_4;斜方]☆anilite
斜方岭石☆newtonite
斜方 α 硫☆daiton-sulphur
斜方硫镍矿[$(Ni,Fe)_7S_6$;斜方]☆godlevskite
斜方硫铁铜矿[$Cu_4Fe_5S_8$;斜方]☆haycockite
斜方硫锡矿[Sn_2S_3;斜方]☆ottemannite
斜方硫铋铅矿[$Pb_3Bi_2S_6$?;斜方]☆bonchevite
斜方铝矾[$Al(SO_4)(OH)•5H_2O$;斜方]☆rostite; khademite; lapparentite
斜方氯砷铅矿[$Pb_6As_2O_7Cl_4$?;斜方]☆heliophyllite
斜方镁黑镁铁锰矿[$(Mn^{2+},Mg)(Mn^{3+},Fe)_2O_4$;斜方]☆rhombomagnojacobsite
斜方镁铁辉石☆eulite
斜方锰矿[MnO_2]☆ramsdellite
斜方锰顽辉石☆donpeacorite
斜方钠锆石[$Na_2ZrSi_3O_9•2H_2O$;斜方]☆gaidonnayite
斜方钠灰石☆pirssonite
斜方钠能矿☆igdloite
斜方钠铌矿[$NaNbO_3$;斜方、假等轴]☆lueshite
斜方硼镁锰矿[$(Mg,Mn^{2+})Mn^{3+}BO_5$]☆orthopinakiolite
斜方硼砂☆rasorite; kernite
斜方铅铋钯矿[$Pd(Bi,Pb)$;斜方]☆polarite
斜方羟铁矾☆parabutlerite
斜方全对称(晶)组[*mmm* 晶组]☆orthorhombic holosymmetric class
斜方全面体晶系☆rhombic-holohedral crystal system
斜方全面象(晶)组[*mmm* 晶组]☆(ortho)rhombic holohedral class
斜方闪石☆anthophyllite
斜方砷[As;斜方]☆arsenolamprite; arsenic glance
斜方砷钴矿[$CoAs_2$;斜方]☆safflorite
斜方砷镍矿[$NiAs_2$;斜方]☆rammelsbergite
斜方砷铁矿[$FeAs_2$;斜方]☆lollingite
斜方砷铜矿[Cu_2As_3;斜方]☆paxite
斜方双楔体类{晶组}☆rhombic disphenoidal class
斜方双锥体类{晶组}☆rhombic dipyramidal class
斜方双锥(晶)组[*mmm* 晶组]☆(ortho)rhombic dipyramidal{bipyramidal} clas
斜方水硼镁石[$Mg_3B_{11}O_{15}(OH)_9$]☆preobrazhenskite; preobrazhensquite; preobratschenskit; preobrajenskite
斜方水锰矿[$MnO(OH)$;斜方]☆groutite
斜方钛铌酸盐矿☆blomstrandinite
斜方钛铀矿[$(U^{6+},U^{4+})Ti_2O_6(OH)$; $U^{4+}U^{6+}Ti_4O_{12}(OH)_2$;斜方]☆orthobrannerite
斜方碳锌矿☆zincarbonate
斜方锑镍矿[$NiSb_2$;斜方]☆nisbite
斜方锑铁矿[$(Fe,Ni)(Sb,As)_2$;斜方]☆seinäjokite
斜方铁辉石[$(Fe^{2+}Mg)_2Si_2O_6$;斜方]☆orthoferrosilite
斜方铜矾[$Cu_3(SO_4)(OH)_4$]☆ant(i)lerite
斜方钍石☆parathorite
斜方纹螺钉☆buttress thread screw
斜方硒镍矿[$NiSe_2$;斜方]☆kullerudite
斜方硒铜矿[Cu_5Se_4;斜方]☆athabascaite
斜方锡钯矿[Pd_2Sn;斜方]☆paolovite
斜方系晶型☆orthorhombic form
斜方楔像☆rhombic sphenoidal class
斜方形☆rhombus [pl.rhombi]; rhomb; lozenge
斜方叶肢介属[K_2]☆Rhombograpta
斜方异极半面象(晶)组[*mm*2 晶组]☆(ortho)rhombic hemimorphic-hemihedral class
斜方异极像类☆rhombic hemimorphic class
斜方云石[$CaMg_3(CO_3)_4$]☆huntite
斜方正规(晶)组[*mmm* 晶组]☆orthorhombic normal class
斜方柱体类☆rhombic prismatic class
斜方锥体类{晶组}☆rhombic pyramidal class
斜方锥(晶)组[*mm*2 晶组]☆(ortho)rhombic pyramidal class
斜风道☆dip switch; slope air course
斜风井☆upcast incline
斜缝筛☆diagonal-slotted screen
斜钙沸石[$CaAl_2Si_4O_{12}•2H_2O$;单斜]☆wairakite; calcium-analcime
斜杆☆hound; brail
斜杆阀☆valve with inclined stem
斜杆式支撑☆branch bar strut type timbering
斜高☆inclined height of the level interval; inclined {slant} height
斜高比☆slope and height factor
斜锆石{矿}[ZrO_2;单斜]☆baddeleyite; caldasite; zirkite; brazilite; reitingerite; chaldasite
斜锆石矿☆zirkite ore
斜锆石砾[斜锆石(ZrO_2)和锆石($ZrSiO_4$)集合体]☆zirkite; zircon favas
(钻头)斜割刀☆oblique cutting edge
斜工作面☆diagon(al){angle;slanting;oblique} face; oblique front; inclined cut
斜拱☆skew{askew} arch
斜沟式田埂{阶田}[山侧]☆graded-channel type terrace
斜沟兽(属)[J]☆Plagiaulax
斜构件☆diagonal member
斜古铜辉石☆clinobronzite
斜谷☆diagonal valley
斜管(坡)☆chute
斜管珊瑚属☆Eridophyllum
斜管式压力计☆slanting leg manometer
斜管液平压力计☆inclined standard wire gauge
斜硅钙石[β-Ca_2SiO_4;单斜]☆larnite; belite
斜硅钙石-镁蔷薇辉石相☆larnite-merwinite facies
斜硅钙铀矿☆lambertite
斜硅锆钠钙石☆clinoguarinite
斜硅灰石☆belite
斜硅铝铜矿[$Cu_6Al_2Si_{10}O_{29}•5H_2O$;单斜]☆ajoite
斜硅镁石[$(Mg,Fe)_9(SiO_4)_4(F,OH)_2$;单斜]☆clinohumite
斜硅锰石[$Mn_9(SiO_4)_4(OH,F)_2$;单斜]☆sonolite
斜硅钠钙石[$(Ca,Mg,Na)_7(Si,Al,Fe^{3+})O_{22}(OH)_2$]☆istisuite; istisnite
斜硅钛铈铁矿☆clinochevkinite
斜硅钛铁铈镧矿☆clino-chevkinite
斜硅钛铁铈钇矿☆klinotscheffkinit
斜硅铜矿[$2CuO•2SiO_2•H_2O$]☆shattuckite; shettuckite
斜轨道☆oblique orbit
斜滚柱☆skew roller
斜蚶属[双壳;J_2-Q]☆Limopsis
斜焊☆bevel welding

X

斜行(物)☆diagonal
斜航☆loxodrome
斜航的☆loxodromical; loxodromic
斜航法☆loxodromy; loxodromics
斜巷☆dip switch; inclined drifts{roadways}
斜号[即/]☆virgule
斜横☆crosswise
斜横断层☆semitransverse fault
斜横式洗选☆log washing
斜横蜥亚目☆Plagiosauria
斜桁☆gaff
斜桁支索☆vang
斜红磷铁矿[$Fe^{3+}PO_4•2H_2O$;单斜]☆phosphosiderite; metastrengite; clinostrengite
斜红闪石☆cossyrite
斜红铁矾[$Fe^{3+}_2(SO_4)_3•7H_2O$;单斜]☆kornelite
斜厚蛤(属)[K_2]☆Plagioptychus
斜护墙☆sloping apron
斜滑断层☆inclined dip-slip fault; oblique shift fault; diagonal{oblique}-slip fault
斜滑倾斜正断层☆oblique-slip normal dip fault
斜环带☆oblique girdle
斜煌岩☆spessartine; spessartite
斜辉橄榄岩☆kylite; harzburgite
斜辉煌岩☆tjosite
斜辉石☆clinopyroxene; monopyroxene
斜辉石类☆clinopyroxene; monoclinic pyroxene
斜辉陨石☆andrite
斜积☆skew product; clinothem
斜极半面象☆diagonal polar hemihedrism
斜脊[哺牙]☆cristid obliqua
斜钾铁矾[$KFe^{3+}(SO_4)_2$;单斜]☆yavapaiite
斜架☆cant frame
斜架轴承☆angle pedestal bearing
斜碱沸石[$K_2Na_2Al_4Si_4O_{16}•5H_2O$;单斜]☆amicite
斜碱铁矾[Na,K 和 Fe 的硫酸盐;单斜]☆clino(-)ungemachite
斜剪齿兽属[E_1]☆Lambdopsalis
斜剪切褶皱☆oblique shear fold
斜键☆taper key
斜交☆oblique crossing; obliquity; skew
斜交层理☆drift structure
斜交叉☆skewed{skew} crossing
斜交的☆heterotropic; diagonal; oblique
斜交地震反射结构☆oblique seismic reflection configuration
斜交极大{|小}法☆oblimax{|oblimin} method
斜交阶梯状线理☆parting-step lineation
斜交节理☆*hk*0 joint
斜交矿脉☆pee; slant vein
斜交前积地震相☆oblique-progradational seismic facies
斜交纹理☆diagonal{oblique;cross} lamination
斜交旋转因子解☆oblique rotation factor solution
斜交岩序☆transgressive sheet
斜交轴锥齿轮☆angular gear
斜角☆oblique{bias;bevel;taper;slope} angle; angle of obliquity; bevel; drift angle[方向井的]; taper-angle
斜角缝☆miter
斜角复合式压缩机☆angle compound compressor
斜角肌的☆scalene
斜角接触☆angular contact
斜角连接☆mitre joint
斜角闪石☆clino-amphibole
斜角石☆squint quoin
斜角双晶☆inclined twin
斜角支管☆Y-pipe
斜接☆juxtaposition; mitre; bevel(le){diagonal;inclined} joint; miter; scarf(ed) point; juxta position; angle tie; scarf [pl.scarves]
斜接口☆miter; mitre; skew joint; angle stake
斜接口(连接法)☆bevel framing
斜接口式构架☆mitre framing
斜接头☆diagonal joint
斜接褶皱☆mitre-fold; miter fold
斜阶梯☆sloping step
斜阶跃波☆ramp step wave
斜截☆bevel
斜截面☆oblique section
斜截式☆slope {-}intercept form
斜节规☆miter gauge
斜节理☆oblique{diagonal} joint; angular jointing
斜解理☆clinoclase
斜金汤普松石☆clinojimthompsonite
斜进掘进☆incline{slope} driving; slope sinking
斜晶石[$H_2ZnCaSiO_5$;$CaZnSiO_3(OH)_2$;单斜]☆clinohedrite
斜井☆inclined (shaft;well;hole); slant-hole; incline (shaft;opening); deflecting{slant;deviated} well; dip drift; dook; downward sloping hole; decline; foremine; groundhog; slope[不直通地表,提升物料]; mine slope; slant (hole); upbrow; braking incline[不直通地表,下放物料]; deviated hole; brae
斜井捕井{车}器☆dog
斜井车组保险链☆bridle chain
斜井垂直地双剖面法☆deviated-well VSP
斜井单箕斗单滚筒提升机☆inclined hoist single skip single drum
斜井的下段井壁☆lower side of the bore
斜井底部☆foot of incline{slope}
斜井吊桥☆lifting bridge for inclined shaft
斜井钢丝绳托辊☆shaft roller
斜井挂钩台☆incline landing
斜井罐笼☆slope cage{carriage}; carriage; incline bogie
斜井巷自重运输☆self-acting{gravity;jig} haulage
斜井井筒☆deviated well bore; non-vertical wellbore
斜井开采矿(山)☆slope mine
(用)斜井开拓☆opening-up by inclined shafts
斜井口☆apex; slope (mouth;collar;top); band head
斜井快车[一种定向井测井系统]☆Slant-hole Express
斜井矿车防跑车叉{|杆}☆jock{|dog}
斜井矿车防坠杆☆drag; drag-bar; ketche
(行人攀登用)斜井拉绳☆ski tow
斜井列车☆dukey
斜井(的)煤房☆angle room
斜井跑车防坠器☆forward runaway arrester{catch}
斜井坡度突变处导轮☆knuckle sheave
斜井上部的挖钩人☆headman
斜井上端平台☆bank head
斜井双箕斗单滚筒提升机☆inclined hoist balanced skip double drum
斜井提升胶带输送机☆hoist belt
斜井完井设计☆deviated well completion design
斜井下段井壁☆low wall of the hole
斜井用罐笼式矿车☆giraffe
斜井用推车器☆mule
斜井用自动翻笼☆gunboat
斜井运煤自卸式箕斗☆gun boat
斜井载人列车☆spake
斜井中矿车脱钩☆amain
斜井钻头☆deviation bit
斜距☆slant range; slope distance; S/R
斜距定则☆slope-distance rule
斜卷扬机道☆tracked gravity incline
斜靠角☆angle of lean
斜壳线叶肢介属[节;P_2]☆Loxopolygrapta
斜坑☆inclined winze; hoisting slope
斜坑道☆sloping adit
斜孔☆incline(d){angular;crooked;branch;deviating; rat;slant;angle} hole; dogleg; downward sloping hole; downward borehole[坑道钻进]
斜(钻)孔☆dogleg; inclined (bore)hole; oblique hole
斜孔掏槽☆inclined-hole cut
斜孔下帮☆low wall of the hole
斜孔岩芯☆deflecting core
斜孔钻进☆slant (hole) drilling
斜口[有壳变形虫类]☆bevel connection; plagiostome; sinking
斜口管鞋定向法☆muleshoe orientation method
斜口管鞋投掷锁定器☆muleshoe slinger lock
斜口接头☆muleshoe sub
斜口四通☆oblique{slanting} cross
斜口引鞋☆mule shoe guide
斜口凿☆turning chisel
斜块(拱石)☆skewback
斜框式支架法☆Moore timbering system
斜矿脉☆lode; vein
斜拉筋☆angle brace
斜拉力☆diagonal tension
斜蓝铜矾[$Cu_4(SO_4)(OH)_6•2H_2O$?;单斜]☆wroewolfeite
斜蓝硒铜矿[$CuSeO_3•2H_2O$;单斜]☆clinochalcomenite
斜棱☆cristid obliqua; bevel edge
(钻进时金刚石磨损)斜棱☆flats
(带)斜棱钻铤☆turned-down drill collar
斜犁板☆angle blade
斜锂蓝闪石☆clinoholmquistite
斜锂闪石[$Li_2(Mg,Fe^{2+})_3Al_2Si_8O_{22}(OH)_2$;单斜]☆clinoholmquistite; lithium amphibole
斜联络巷[平巷间]☆run
斜梁☆brail; bracing piece{strut}
斜列☆diagonal
斜列(式)断层☆echelon faults
斜列沙{砂}坝☆diagonal bar
斜列式断错位移☆en echelon offset(ting)
斜列式断块☆en echelon fault blocks
斜裂隙组☆diagonal sets of fracture
斜磷钙铁矿[$Ca_3Fe^{3+}_4(PO_4)_4(OH)_6•3H_2O$]☆mitridatite
斜磷钙锌石☆parascholzite
斜磷硅钙钠石☆clinophosinaite
斜磷铝钙石[$Ca_4Al_5(PO_4)_6(OH)_5•11H_2O$]☆montgomeryite
斜磷铝石[$Al(PO_4)•2H_2O$]☆clinovariscite; β-variscite; chinovariscite; metavariscite; metravariscite; meyersite [$(Al,Fe^{3+})(PO_4)•2H_2O$]
斜磷锰矿[$Mn_3(PO4)_2•4H_2O$]☆stewartite; stewarkite
斜磷锰铁矿[$(Fe^{2+},Mn,Mg)_3(PO_4)_2$;单斜]☆sarcopside
斜磷酸钙☆bassetite
斜磷铁锂矿[$Li(Fe,Mn)PO_4$]☆clino(-)triphylite
斜磷铜矿[$Cu_5(PO_4)_2(OH)_4•H_2O$]☆ehlite; lunnite; phospho(ro)chalcite; rhenite; prasin [$Cu_5(PO_4)_2(OH)_4$]; phosphorchalcite; phosphorkupfererz[德]; pseudomalachite; prasinchalzit
斜磷锌矿[$Zn_4(PO_4)_2(OH)_2•3H_2O$;单斜]☆spencerite; lusitanite
斜菱晶系☆clinorhombic system
斜溜槽☆diagonal{inclined;slant} chute
斜溜井☆slant chute
斜硫铅铋镍矿☆parkerite
斜硫砷汞铊矿[$TlHgAsS_3$;单斜]☆christite
斜硫砷钴矿[$(Co,Fe)AsS$;单斜]☆alloclasite
斜硫砷银矿[$AgAsS_2$;单斜]☆smithite
斜硫锑铋镍矿[$Ni_3Bi_2S_3$]☆parkerite
斜硫锑铅矿[$Pb_5Sb_8S_{17}$;单斜]☆plagionite
斜硫锑铊矿[$Tl(Sb,As)_5S_8$;单斜]☆parapierrotite
斜流☆inclined flow
斜六方石☆nocerite
斜路☆ramp; crosscut
斜铝矾[$Al(SO_4)(OH)•5H_2O$;单斜]☆jurbanite
斜铝石[$Al_2O_3•H_2O$]☆tanatarite
斜氯硼钙石[$Ca_2B_3O_4(OH)_4Cl$;单斜]☆solongoite
斜氯铜矿[$Cu_2Cl(OH)_3$;单斜]☆botallackite
斜率☆slope (coefficient); gradient; amount of inclination[井身]
斜率加倍☆double slope
斜率为1的直线☆unit-slope straight line
斜率效率☆slope efficiency
斜绿镁铝石[Fe,Al,Mg 及 Ca 的氧化物]☆lodochnikovite; lodotschnikowit; lodotchnikovite; lodochnikowite
斜绿泥石[$(Mg,Fe^{2+})_4Al_2((Si,Al)_4O_{10})(OH)_8$(近似); $(Mg,Fe^{2+})_5Al(Si_3Al)O_{10}(OH)_8$;单斜]☆clinochlore; clinochlorite; prochlorite; corundophilite; grastite [$(Mg,Fe^{2+},Al)_6((Si,Al)_4O_{10})(OH)_8$]; klinochlor; pseudophite; mohelnite
斜绿松石☆matulaite
斜轮☆pin gear
斜轮式平路机☆leaning wheel grader
斜螺旋面☆oblique helicoid
斜麦开脱地图投影☆oblique mercator map projection
斜脉☆rake; diagonal vein
斜脉帘石☆clinozoisite
斜脉走向☆random
斜镁川石[$(Mg,Fe^{2+})_5Si_6O_{16}(OH)_2$;单斜]☆clinojimthompsonite
斜镁锂闪石[$Li_2(Mg,Fe^{2+})_3Al_2Si_8O_{22}(OH)_2$;单斜]☆magnesioclinoholmquistite
斜锰钡矿☆clinohollandite
斜锰钙磷铍石☆monoclinic roscherite
斜锰钾矿☆clinocryptomelane
斜锰针钠钙石☆schizolite
斜面☆incline; inclined{oblique} plane; slope; bevel (face;edge); declivity; batter; splay; acclivity; ramp; cant; droop; chamfer; decline; backfall; relative fall; talus; slant; scarf [pl.scarves]; CHAM
斜面的☆bevelled
斜面度☆splay
斜面焊接☆scarf welding
斜面接头☆bevelled joint

X

斜面累积洗矿槽☆building buddle
斜面黏度仪☆inclined plane viscometer
斜面墙☆embrasure
斜面式半面象☆inclined face hemihedrism
斜面台☆bench board
斜面体☆clinohedral
斜面体属☆clinohedral group
斜面头钎子☆splayed drill
斜面洗矿(床)☆buddle
斜面型[晶]☆plagiohedral
斜面应力试验仪☆incline plane tester
斜摩擦轮☆friction bevel gear；bevel wheel
斜木撑☆inclined timber shores
斜钠钙石[$Na_2Ca(CO_3)_2$•$5H_2O$]☆gaylussite；elpidite；natrocalcite
斜钠明矾[$NaAl(SO_4)_2$•$6H_2O$;单斜]☆tamarugite；lapparentite
斜挠曲滑动褶皱☆oblique flexural-slip fold
斜能见度☆oblique visibility
斜镍矾[$(Ni,Mg,Fe^{2+})SO_4$•$6H_2O$]☆nickel-hexahydrite
斜扭法☆gradient method
斜扭因数☆skew factor
斜排泄眼注水泥管鞋☆whirler shoe
斜排桩☆batter piling
斜盘☆sloping plate
斜盘泵☆port plate pump
斜盘式轴向柱塞泵☆cam plate type axial piston pump；cam-type axial piston pump
斜炮孔☆angle borehole
斜炮眼☆angular{oblique;inclined;angle} hole；grip shot
斜硼钙石☆calcioborite
斜硼镁(锰)钙石☆clinokurchatovite
斜硼钠钙石☆probertite
斜劈理☆oblique{diagonal} cleavage
斜偏菱晶系☆clinorhomboidal system
斜片榍石☆clinoguarinite
斜平硐☆side adit
斜平巷☆cross gate{gateway}
斜平台☆sloping platform
斜平行四边形面网☆general net
斜坡☆incline；hill；ramp (grade)；inclined ramp；tilt；backfall；jamb；rise{acclivity}[向上]；hang(ing)；slope；descent；declivity；batter；decline；shelving；steep{downward;mountain} slope；ascent；gradient；inclination；dip；rampway；sideling；subida；clivus；pitch；lean；pali；slant[牙石]；-cline
斜坡(纵断面图)☆profile of slope
斜坡变形监测☆monitoring of slope deformation
斜坡波发生器☆ramp generator
斜坡长度☆length of slope
斜坡车道☆jinny road{roadway}
斜坡道☆decline；ramp (road)；(braking) incline；jinny (road;roadway)；jig brow；footrill；footrail；inclined roadway{subway;plane;track}；futteril；slope ramp；engine plane；inclining shaft；bin；skid transfer
斜坡道无轨掘进☆slope LHD driving
斜坡道重车停车道☆kip
斜坡底脚☆sloped footing
斜坡地☆sloping land
斜坡地形☆clinoform
斜坡顶部☆crest of slope
斜坡定律☆law of declivity
斜坡度☆grade of slope
斜坡谷仓☆bank ban
斜坡过渡反射☆ramp transition reflection
斜坡函数☆ramp function
斜坡护面工程☆slope surface protection works
斜坡滑道☆runway
斜坡滑移-压致拉裂☆sliding-compressive tensile fracturing of slope
斜坡极限分析法☆slope limit analysis method
斜坡加固☆consolidation of slope
斜坡角☆angle of slope{slip}
斜坡矿车防跑车杆☆dog-iron；dragbar；drawbar
斜坡辘轳提升机房☆gin race{ring}
斜坡码头☆inclined wharf
斜坡排水☆batter drainage
斜坡跑车☆breakaway
斜坡坡度☆gradient of slope
斜坡破坏☆failure of slope；slope failure
斜坡前中点☆clition
斜坡切割☆scarfing；skive
斜坡蠕滑-拉裂☆creep sliding-tensile fracturing of slope
斜坡式差分表☆sloping difference table
斜坡式护墙☆sloping apron
斜坡输入☆ramp input
斜坡双晶☆Baveno twin
斜坡塑流-拉裂☆plaster flow-tensile fracturing of slope
斜坡算法☆ascent algorithm
斜坡弯曲部分[坡凸或坡凹]☆slope element
斜坡弯曲-拉裂☆bending-tensile fracturing of slope
斜坡维护☆slope maintenance
斜坡限速☆amp speed
斜坡卸荷带☆unloading zone of slope
斜坡信号☆ramp signal
斜坡信号响应时间额定值☆ramp response-time rating
斜坡型螺帽[打捞矛下端的]☆sidehill type nut
斜坡削缓☆slope(s) regrading
斜坡岩层☆clinothen；clinothem
斜坡岩土工程手册☆geotechnical manual for slopes
斜坡引道☆ramped approach
斜坡应力带宽度☆width of ramp tension zone
斜坡轧制☆taper rolling
斜坡资料目录☆inventory of slopes
斜坡纵断面图☆profile of slope
斜破裂组☆diagonal sets of fracture
斜剖面{|破裂|曝光}☆oblique profile{|fracture|exposure}
斜普通辉石☆clino-augite
斜砌石[建]☆skew
斜浅(海)底☆shelving bottom
斜嵌槽☆scarf [pl.scarves]
斜羟氯铅矿☆rafaelite；paralaurionite
斜羟砷锰石[$Mn_7(AsO_4)_2(OH)_8$;单斜]☆allactite
斜桥☆skew bridge
斜切☆bevel(ing)；chamfer；slanting cut
斜切薄片☆oblique section
斜切的☆bevelled
斜切地震反射结构☆tangential oblique seismic reflection
斜倾☆squint
斜倾面☆obliquely inclined surface
斜倾型[腕;基面]☆apsacline
斜曲滑褶皱☆oblique flexural-slip fold
斜曲线☆skew curve
斜曲砑头虫亚属[三叶;D_2-C_1]☆Cyphoproetus
斜圈绕组☆skew-coil winding
斜刃面☆basil
斜刃切削☆oblique cutting
斜刃凿☆bevel(ed)-edge chisel
斜容层☆pycnocline
斜蠕绿泥石☆aphrosiderite
斜三角形☆oblique triangle
斜砂轮☆tapered emery-wheel
斜(交)沙坝{洲}[与海岸交角]☆reticulated bar
斜闪煌岩{石}☆camptonite
斜闪辉正煌岩☆camptovogesite
斜闪正煌岩☆camptovogesite
斜上山☆topple
斜摄航照☆oblique aerial photograph
斜射☆oblique incidence
(超声探伤)斜射法☆angle beam method
斜射光☆inclined{oblique} light
斜射臼炮试验法☆angle-shot method
斜射投影(法)☆clinographic projection
斜射线效应☆slant-path effect
斜砷钯矿[Pd_2As;单斜]☆palladoarsenide
斜砷钴矿[$(Co,Fe,Ni)As_2$;单斜]☆clinosafflorite
斜砷镁钙石[$Ca_4MgH_2(AsO_4)_4$•$4H_2O$;单斜]☆irhtemite
斜砷铁矿☆mazapilite
斜生石笋☆heligmite
斜升高原☆inclined plateau
斜石虫属☆Scolithus
斜石门☆inclined cross-cut
斜驶线☆loxodrome
斜视☆oblique view
斜视(角)☆squint
斜视程☆oblique visual range
斜视虫属[三叶;O-S]☆Illaenus
斜视虫亚目[三叶]☆Illaenina
斜水钙钾矾[$K_2Ca_5(SO_4)_6$•H_2O;单斜]☆görgeyite；goerg(e)yite；mikhe(y)evite
斜水硅钙石[$2Ca_3Si_2O_7$•H_2O;单斜]☆killalaite
斜水氯铁石☆rukuhnite
斜水铀矾☆clinozippeite
斜顺光☆plain light
斜丝锥☆rotary taper tap
斜苔藓虫属[O_2-D_2]☆Eridotrypa
斜台肩☆bevelled shoulder
斜钽锰矿☆alvarolite；manganotantalite
斜碳钡钙石☆barytocalcite
斜碳钠钙石☆gaylussite；gaylussacite
斜炭蚌属[双壳;C_3-P]☆Anthraconauta
斜梯段随采随填方框支架回采(法)☆inclined cut-and-fill stoping
斜锑铅矿[Pb的锑化物]☆dervillite
斜体字☆italics；ital
斜天井☆incline raise；topple
斜条☆slanted bar；beveled slice
斜铁辉石[$(Fe^{2+},Mg)_2Si_2O_6$;单斜]☆clinoferrosilite；ferriferous augite
斜铁锂闪石[$Li_2(Fe^{2+},Mg)_3Al_2Si_8O_{22}(OH)_2$;单斜]☆ferro(-)clinoholmquistite
斜铁镁铈矿[$(Mg,Fe)(Ce,La,Nd,Pr)_2(CO_3)_4$]☆sahamalite
斜铜泡石[$Ca_2Cu_9((As,S)O_4)_4(O,OH)_{10}$•$10H_2O$;单斜]☆clinotyrolite
斜投影☆clinometric{clinographic} projection
斜投影法☆oblique-projection method
斜钍石[$ThSiO_4$;单斜]☆huttonite
斜腿☆splayed leg；splay-legged set
斜腿棚子☆battered{splaylegged} set
斜腿支撑掩护式支架☆inclined leg chock shield support
斜拖褶皱☆incongruous drag fold
斜歪褶皱☆inclined{asymmetrical} fold
斜顽辉石[$Mg_2Si_2O_6$;$Mg(SiO_3)$;单斜]☆clinoenstatite
斜顽火石☆clino(-)enstatite
斜顽苏石[$MgSiO_2$•$FeSiO_3$]☆clinoenstenite
斜桅仰角☆steeve
斜位移☆oblique displacement
斜温☆thermocline
斜温层的☆thermoclinic
斜温图☆skew T-log diagram
斜纹☆twill (weave)；tweel
斜纹布工作服☆jean
斜纹的☆cross-grained
斜纹理☆diagonal{oblique} lamination
斜纹组织{织物}☆twill
斜卧等斜褶皱☆reclining isocline
斜卧褶皱☆reclined fold
斜钨铅矿[$PbWO_4$;单斜]☆raspite
斜硒镍矿[Ni_3Se_4;单斜]☆wilkmanite
斜细脉☆diagonal veinlet
斜霞正长岩☆husebyite；nosykombite；plagiofoyaite
(使)斜下☆decline
斜纤(维)蛇纹石[$Mg_3Si_2O_5(OH)_4$;单斜]☆clino(-)chrysotile；clino(-)chybotile
斜纤蛇纹石或鳞蛇纹石与镁皂石混合物☆deweylite
斜线☆bias
斜线尺☆diagonal scale
斜线符号☆diagonal；slash
斜线号☆virgule
斜线螺属[O-T]☆Loxonema
斜线透视☆angular perspective
斜向☆slant；verge to{towards}；toeing[轮子]
斜向挡板☆sloping baffle
斜向的☆declinate
斜向地☆bevelways
斜向分层☆diagonal slice{strip}；oblique slice strip
斜向河☆insequent stream{river}
斜向荷载☆inclined load
斜向滑动☆oblique slip；oblique-slip
(矿房)斜向开切☆angle opening
斜向扭曲☆oroclinal warping
斜向平巷☆cross gangway
斜向器☆whipstock
斜向芯布轮胎☆bias ply tire
斜向凿岩☆slant drilling
斜向钻孔[坑道钻探的]☆down-pointing borehole
斜象幅☆oblique frame
斜削(的)☆bevel；tapered；taper
斜削法兰☆bias-cut flange
斜削接头☆bevelled joint
斜削面☆bevelled surface
斜销☆taper pin
斜消光☆oblique{inclined} extinction

斜楔石[$HPb_3Mn(AsO_3)_3$]☆trigonite
斜楔体法☆inclined wedge method
斜心墙☆sloping core
斜星介属[T-K]☆Clinocypris
斜型母螺丝☆tapered female thread
斜形交叉☆oblique crossing
斜形颗石[钙超]☆Loxolithus
斜旋转☆oblique rotation
斜压☆barocline
斜压大气☆baroclinic atmosphere
斜压度☆baroclinity
斜压缩☆oblique compression
斜牙形石属[O_1]☆Loxodus
斜眼☆wall-eye; cross-eye; incline hole; strabismus; squint; cross{wall}-eyed person
斜眼掏槽☆angle(d) cut
斜阳绿片岩☆chlorogrisonite
斜(长)阳(起)绿片岩☆chlorogrisonite
斜移断层☆diagonal-slip{oblique-slip} fault
斜翼蛤属[双壳;C-P]☆Pteronites
斜因子解☆oblique factor solution
斜应力☆diagonal{oblique} stress
斜应力场☆inclined stress field
斜尤莱辉石☆clinoeulite
斜黝帘石[$Ca_2Al_3(SiO_4)_3(OH)$;单斜]☆clinozoisite; aluminium epidote; clinoepidote
斜隅石☆squint quoin
斜羽叶(属)[C_3-P_1]☆Ptilophyllum; Plagiozamites
斜域☆skew field
斜缘☆bevel edge
斜凿面☆pitch face
斜凿刃☆oblique cutting edge
斜照法☆(method of) inclined illumination; oblique illumination (method); Schroder-van der Kolk method
斜褶蛤属[双壳]☆Plagioptychus
斜褶曲{皱}☆oblique fold
斜震☆oblique shock
斜支撑☆bearing diagonal; sway brace
斜支撑法☆(raking) shoring
斜支撑木☆inclined{raking} shore
斜支腿☆batter{sloping} leg
斜支柱☆inclined strut{prop}; battered prop; back leg; outrigger
斜直闪石☆clino-anthophyllite
斜置晶体照相法☆tilted crystal method
斜置皮带☆oblique belt
斜置砂轮(滑)座☆angular wheel slide
斜轴☆clinoaxis; typer shaft; drift mandrel; oblique axis; clino-axis{clinodiagonal} [单斜晶系中的 *a* 轴]
斜轴端面[单斜晶系中{0*k*0}型的单面]☆clinopedion
斜轴阀☆valve with inclined stem
斜轴解理的☆paratomous
斜轴墨卡托投影地图☆oblique Mercator chart
斜轴坡面[单斜晶系中{0*kl*}型的菱方柱]☆clinodome
斜轴坡式柱[单斜晶系中{0*kl*}型的菱方柱]☆clinodomal prism
斜轴双晶☆inclined (axial) twin
斜轴投影无变形线☆oblique rhumb line
斜轴轴面[单斜晶系中{010}型的板面]☆clinopinacoid
斜轴柱[单斜晶系中 $h>k$ 的{*hk*0}型菱方柱]☆clinoprism
斜轴锥[单斜晶系中 $h>k$ 的{*hkl*}型菱方柱或双面]☆clinopyramid; clino pyramid
斜柱☆batter(ed){baffered;spur} post; juggler
斜注☆tiltpour
斜砖☆skew brick
斜转直型[定向井井身剖面型式]☆return-to-vertical type
斜转子泵☆inclined rotor pump
斜桩☆batter(ed){angled;spur;inclined} pile
斜锥☆torticone; trochoceroid
斜锥体☆scalene
斜准直闪石☆clinojimthompsonite
斜着☆bevelways
斜紫苏辉石☆clinohypersthene; gokaite
斜自然硫[S_8;单斜]☆rosickyite
斜纵断层☆semilongitudinal fault
斜走向滑断层☆oblique strike-slip faults
斜钻孔☆oblique (bore)hole
斜钻新眼[在井壁上]☆side tracking
斜钻机☆tilt rig
斜坐标☆skew coordinates
斜座石☆skew corbel{putt}
胁变☆strain
胁强☆stress
谐波☆harmonic (wave); overtone
谐波分析☆harmonic{frequency;wave;Fourier} analysis
谐波模式石英晶体☆harmonic model crystal
谐波型磁放大器☆magnettor
谐波振幅☆harmonic amplitude
谐函数☆harmonic (function)
谐和☆harmony; harmonization; consonance
谐和边界☆compromise boundary
谐和层理☆parallel bedding
谐和关系☆harmonic relation
谐和年龄☆concordant{concordia} age
谐和图[同位素年龄]☆concordia plot{diagram}; concordancy diagram
谐和褶皱(作用)☆harmonic folding
谐和中项☆harmonic-mean
谐级数☆harmonic series
谐频☆fundamental{harmonic} frequency; harmonic
谐弹性波☆harmonic elastic wave
谐调☆harmonization
谐调边界☆compromise boundary
谐调的☆harmonic
谐调水系☆accordant drainage
谐调褶皱☆congruous{accordant} fold
谐音☆harmonic; chime; singing
谐运动☆harmonic motion
谐振☆resonance; consonance; syntony; resonate; sympathetic{resonant} vibration
谐(波)振(荡)☆harmonic oscillation
谐振点☆tuning-points
谐振电路☆accepter; acceptor (circuit); tank{resonant} circuit
谐振动☆harmonic motion{oscillation}
谐振反射☆tuned reflection
谐振簧片☆resonant reed
谐振尖锋信号☆resonance spike
谐振器☆harmonic oscillator; resonator
谐振腔☆cavity (resonator); resonator{resonant} cavity
谐振天线☆resonant antenna
谐振压电石英片☆resonating piezoid
缬氨酸[$(CH_3)_2CHCH(NH_2)CO_2H$]☆valine
缬草酸[C_4H_9COOH]☆valeric acid

xiě

写出☆write out; WO
写错☆erratum [pl.errata]
写进☆insert; interpolate
写景地质学☆scenographical geology
写入☆read-in; insert
写入磁带☆write magnetic tape; WMT
写上☆inscribe
写在下面☆underwrite
写字台☆bureau; desk

xiè

械齿鲸[E_2]☆zeuglodon(t); Basilosaurus
榍(的)☆sphenoidal
榍[轴双面]☆sphenoid
榍斑[杂;云]花岗闪长岩☆engelburgite
榍磁碱辉岩☆titanolite
榍横隔片(古植)☆trabecula
榍辉煌斑岩☆salitrite
榍裂石☆sphenoclase
榍石[$CaTiSiO_5$;$CaO•TiO_2•SiO_2$;单斜]☆sphene; titanite; spinelline; aspidelite; leucoxene; pictite; leukoxen; ligurite; séméline; castellite; lederite; titanomorphite; spinthere; pyromelane; grothite; arpidelite; menac
榍石霓辉岩☆salitrite
榍石霓霞正长岩☆pienaarite
榍石岩☆titanolite
榍体☆sphenoidal
榍形☆sphenoidal dihedron
(向岸上)卸(货)☆disembarkation
卸饼装置☆press cake discharge
卸车☆dumping; turnover; unload (goods,etc.) from a vehicle; unload a truck,car,etc.
卸车场☆tipple; cardump
卸车工☆dumper; dumpman; cardumper
卸车装置☆truck discharge
卸抽油杆☆rod uncoupling
卸出☆drop out
卸出管线☆downstream line
卸出总管☆discharge header
卸掉☆take-off; relief; shed; breakout
卸斗拉绳☆dump(ing) rope
卸阀器☆valve lifter
卸矸架☆dumping frame
卸罐☆uncaging
卸荷☆stress release; unloading; reduction of load; off-load; relief; decompress
卸荷节理☆stress-release{unloading} joint; stress release joint
卸荷裂隙☆relaxed fracture
卸荷模量☆decompression{unloading} modulus
卸货☆break bulk; disburden; deplanement; unload; discharge; unload{discharge} a cargo; offloading; discharging; unlade
卸货点☆break of bulk location; clearance point
卸货费用☆landing charges
卸货港☆port of unloading
卸货码头☆discharge jetty; terminal
卸货品质条款☆discharged quality terms
卸货器☆unloader
卸货人☆discharger
卸货设备☆delivering device
卸货装置☆easing gear
卸积物☆dumping ground
卸架砂筒☆sand cylinder for centering unloading
卸件装置☆shedder
卸开☆tear out; breaking-out; spinoff; knock-down; breakout; hook off
卸开被卡油管☆tubing backoff
卸开螺纹☆uncouple
卸开器☆stripper
卸开卡子☆unclamp
卸开一个接头☆breake a joint
卸开一根☆brake out a joint
卸开装置☆back-off assembly
卸空☆emptying
卸扣☆strip; back-off; break out; brake out a joint
卸扣链(绳)☆breaking line
卸扣液缸☆hydraulic break out cylinder
卸矿(场)☆tip; tipple
卸矿仓☆bin discharger; outloading bunker
卸矿槽☆discharge hopper
卸矿车☆tripper car
卸矿点☆dump point
卸矿台☆bridge
卸矿天桥☆unloading gantry
卸矿栈桥☆unloading-stocking{ore(-handling)} bridge
卸矿装置☆dumping equipment
卸料☆unload(ing); material out; discharge; unlade; dump
卸料侧板☆wing tripper
卸料场☆dumping place
卸料点☆emptying point
(输送机)卸料端☆delivery{head} end
卸料管☆draw-off pipe
卸料口☆discharge port{opening;outlet;lip;set;spout; orifice}; outlet; discharging opening; shovel lip
卸料盘驱动组件☆discharge table drive assembly
卸料器☆tripper; tripping device
卸料台☆debris unloading platform
卸料斜板☆discharge slope sheet; slope sheet for discharging
卸滤饼☆cake discharge
卸轮器☆wheel remover
卸螺纹☆breakout; unscrew
卸煤工人☆coalwhipper
卸煤机☆coal {-}drop; coalwhipper
卸煤台☆off-loading station
卸煤栈桥☆unloading gantry
卸煤装置☆dumping equipment
卸泥区☆mud discharging area
卸泥拖驳船☆dumphopper barge
卸倾水泥浆筒☆dump bailer
卸燃料☆defueling; defuel
卸砂拖驳船☆dumphopper barge
卸石梯☆rock ladder
卸下☆haul{tear;nipple} down; knock-down; land; dismount; detachment; unload(ing)

卸下的☆stripped；laid up
卸下扣来☆screw out
卸下钎卡☆unchuck
卸下一节(管子)☆breake a joint
卸压☆release；release of pressure；reduction of load；destressing；pressure relief
卸压爆破☆relieving shot
卸压舱水☆unballast
卸压舱物☆deballast
卸压阀☆safety{pop-off;pop;(pressure-)relief} valve
卸压螺钻钻孔☆preweakening hole
卸油☆oil discharge；offloading
卸油损耗☆discharge loss
卸油栈桥☆unloading rack
卸载☆discharge；uncharge；disburden；unload(ing)；load removal{shedding}；(stress) relief；unlade；off loading；off-load；dumping；reduction{removal} of load；download；relieve；emptying；release
卸载半径☆dump(ing) radius；dumping range{reach}
卸载爆破☆stress-relief blast；relieving shot
卸载仓☆dump bin
卸载槽☆discharge chute{spout}；down{draw-off} spout；spron；unloading trough；stress-relief grooves
卸载场☆dumping-ground；lodge；unloading area
卸载导阀☆subtractive pilot
(压力)卸载的原地岩体☆relaxed rock mass
卸载点☆discharge{emptying;dump(ing);unloading} point；disposal pointy dump
卸载端和回程端驱动装置☆delivery-and-return end drives
卸载法☆relaxation method
卸载分配悬臂☆distributing boom
(输送机)卸载滚筒☆tripper pulley；delivery{jib} drum
卸载机☆unloader；discharging loader
卸载拉绳☆inhaul (cable)
卸载门☆dump door；endgate
卸载器☆ballast throw；emptier
卸载曲轨☆dumping curve{scroll}；curved guide；dump rail；ramp
卸载输送输送器☆conveyor-unloader
卸载速度☆dischargerate；discharge rate
卸载速率☆rate of discharge
卸载台☆discharge gantry；discharging platform
卸载探头[输送机]☆cantilever discharge end
卸载系数☆coefficient of discharge
卸载线☆Wallner line
卸载岩体☆relaxed rock
卸渣炉箅☆dump plate
蟹☆crab
蟹航法☆crabbing
蟹类{航}☆crab
蟹珊瑚属[C_1]☆Carcinophyllum
蟹式起重机☆crab
蟹手藻属[E]☆Amphiroa
蟹守螺(属)[腹;K_2-Q]☆Cerithium
蟹体鲎☆Carcinosoma
蟹虾属☆Astacus
蟹型窑☆crab-shape tank furnace
蟹形贝属[腕;C_2-P]☆Cancrinella
蟹学☆carcinology
蟹眼式望远镜☆hyposcope
蟹爪式装岩机☆gathering-arm；crab rack loader
蟹状{形}星云☆crab{oval} nebula
泄☆discharge；let out；deflate；release；divulge；leak；disclose；give vent to；vent
泄爆屋顶☆blowout roof
泄冰槽☆ice chute
泄出☆give off；draining-out；emanation
泄出存油☆defuelling
泄出河流☆effluent stream
泄出气体☆make the gas
泄出水☆bleed{discharge;waste} water
泄出损失☆drag-out losses
泄阀接头☆knockout bleeder collar
泄放☆blowdown；BD；release；tap[液体]
泄放电流☆leakage current
泄放电阻☆leak resistance；bleeder
泄放活门☆blowdown
泄放孔☆bleed；escape orifice
泄放器☆bleeder
泄放旋塞☆discharge{delivery} cock
泄放装置☆tapping assembly
泄荷☆discharge
泄洪☆flood discharge；release floodwater
泄洪道☆floodway (channel)；flood-relief channel；spillway；waste weir
泄洪洼地☆spill-hollow
泄洪闸☆flood gate；sluice
泄降☆drawdown
泄降圆锥☆cone of depression
泄空时间☆time of emptying
泄料☆blowdown
泄料坑☆blow-down pit
泄流☆flush-flow；flush flow；by-pass
泄流板☆draw-off pan
泄流槽☆debris aqueduct
泄流带☆zone of discharge
泄流阀☆eduction{venting} valve
泄流管☆leak-off pipe
泄流河☆exit stream
泄流孔☆discharge orifice
泄流水☆streaming water
泄流堰☆tumble bay
泄露☆transpire；spillage；disclosure；reveal
泄露放电☆spillover
泄露天机☆make the secret known；give away a secret
泄漏☆leakage；spill(ing)；leak{let} out；[of a secret, fluid or gas] leak；efflux；bleed-down；transpiration；leakiness；escape；divulge；give away；scattering
泄漏地点☆location of leak
泄漏电流☆bleeder current
泄漏构件☆leaker
泄漏馈线电缆☆leaky feeder cable
泄漏率☆blow-by rate
泄漏试验☆leak(-off) test；LOT
泄漏因素{数}☆leakage factor
泄漏源☆source of leaks
泄气☆staleness；leak off
泄气阀☆gas{air} bleed valve；bleeder；gas-release valve
泄气封壳☆total enclosure
泄气工具☆air escape tool
泄气管☆air-escape pipe；eduction tube
泄气口☆release port
泄水☆fallback；dewatering；drainage；sluicing (weep)；leakage；weepage；weephole；weeping
泄水坝☆flush weir；sluice dam
泄水处☆offtake
泻水带☆zone of discharge
泄水道☆outlet conduit；sluice (way)；sluiceway；water outlet；tail race；drainage way；by-pass；spillway
泄水底孔☆unwatering conduit；bottom sluice{outlet}
泄水阀☆draw-off{drain} valve
泄水沟☆relief ditch；weeper drain
泄水构造☆water-escape(s) structure
泄水管☆discharge{tapping;runoff;bleeder;drain} pipe；decanting arm
泄水井☆catch(-)pit；drainage{absorbing;absorption;negative} well
泄水孔☆discharge opening；weep hole[挡土墙]；weep(-)hole；bleeder；weeper；dewatering orifice；drain{release} hole；outlet；reliever
泄水口☆scupper；discharge opening；drain outlet
泄水面积☆runoff area
泄水盆地☆feeding ground
泄水平巷☆flood gate
泄水区☆discharge{drained} area；drainage basin
泄水斜坡☆weathering
泄水眼☆bleed hold
泄水装置☆water draw-offs
泄水钻孔☆release hole
泄压☆decompression；pressure relief
泄压爆破盘☆rupture disk
泄压阀☆purging valve
泄压管线☆blowdown line
泄压罐☆let-down vessel
泄压斜井☆deviated relief well
泄油☆oil drainage{drain}
泄油半径☆drainage radius；radius of drainage
泄油带☆infiltrated zone
泄油阀☆draw-off{oil-release} valve；oil drain valve
泄油孔钻井☆drain-hole drilling
泄油器☆bleeder
泄油区☆discharge area
泄油体积{|异常}☆drainage volume{|anomaly}
泄殖腔☆cloaca (cavity)；paragaster
泄殖腔骨☆cloacal bone
泄殖腔孔☆apertura cloacalis
泻出☆outpouring；outpour
泻湖☆laguna；lagoon；lagune；haff[德]；barachois；liman；fleet
泻湖的☆lagunar；lagoonal
泻湖礁岛边缘☆lagoon reef margin
泻湖陆侧地☆lagoonside
泻湖前沙滩[意]☆lido
泻湖型海岸☆lagoon-type coast
泻利盐[$Mg(SO_4)\cdot 7H_2O$;斜方]☆epsomite；epsom{hair} salt；seelandite；halotrichum；bitter salt；sal catartica；reichard(t)ite；epsomsalt；magnesium fauserite
泻利盐(晶)组[222 晶组]☆epsomite type
泻落槽☆cascade cell
泻落式自磨机☆Cascade autogenous mill
泻石松☆piligan
泻下☆shed
泻盐☆epsomite；epsom{bitter} salt；reichardtite
谢德炸药☆cheddite
谢尔贝薄壁取样器☆Shelby tube sampler
谢尔普霍夫统[C_1]☆Serpukhovian
谢法尔人工呼吸法☆Schaefer system
谢菲尔德冶金协会[美]☆Sheffield Metallurgical Association；SMA
谢果阳石☆shergottite
谢绝☆decline；declination；refusal
谢乐方程☆Scherrer's equation
谢纳蒙试板☆Senarmont plate
谢泼德平滑公式☆Sheppard's smoothing formula
谢泼德修正☆Sheppard's correction
谢塞诺夫系数☆Secenov's coefficient
谢文型电磁振动器☆Sherwen shaker
谢文型筛☆Sherwen screen
屑☆leavings；chippings；carrot；scraps；tailing
屑冰☆frazil ice
屑间砂☆interclast sand
屑块石[钙超;K]☆Micula
屑粒☆detritus；crumb
屑粒金☆dust gold
屑粒土☆crumb(l)y soil；crumb
屑粒状构造☆crumb-structure
屑料☆left-over
屑片☆chip
屑物☆leftover

xīn

薪☆fire wood
薪(炭木)☆fuel wood
薪材☆fuelwood
薪金☆salary
芯☆wick；core；rush pith
芯棒☆insert
芯布[胶带或胶管中的夹层]☆plys of fabric
(原子反应堆的)芯部☆core
芯骨☆arbor；rodding
芯模转角☆rotating angle of mandrel
芯片☆chip；array；silicon chips；subindividual
芯片选择☆CS；chip select
芯砂☆core sand
芯砂混合物☆core sand mixture
芯式变压器☆core-type transformer
芯填充系数☆core packing fraction
芯线☆core wire；middle yarn
芯线平衡电流互感器☆core balance current transformer
芯型[冶]☆core
芯药☆powder core
芯轴☆spindle；arbor [pl.-es]；centroidal axis；mandrel；axle；spigot shaft；tribolet；mandril
芯轴型下井仪☆mandrel type tool
芯轴支架☆mandrel carrier；arbor support
芯柱☆stem；limb
芯柱式预应力混凝土管☆prestressed concrete pipe-core type
芯子☆slug
(铰刀的)芯子直径☆core diameter
锌☆Zn；zinc；zink[德]；zincum[拉]；spelter
锌白[ZnO]☆zinc white
锌白铅矿☆iglesiasite
锌白云石☆zink-dolomite
锌板☆zinc plate

锌版(印刷品)☆zinco；zincograph；zincotype
锌饱和☆zincification
锌刨屑☆zinc shavings
锌钡白[做颜料]☆lithopone
锌钡白级[重晶石精矿]☆lithopone grade
锌钡镁锰矿☆zink-todorokite
锌焙砂☆zinc calcine
锌箔☆zinc foil
锌赤铁矾[$(Zn,Mg,Mn)Fe^{3+}(SO_4)_2(OH)•7H_2O$]☆zinc(o)botryogen；zinkbotryogen
锌磁锰铁矿☆zincian vredenburgite；zinkvredenburgit
锌粗选槽☆zinc rougher cells
锌胆矾☆zinc-cupro{copper}-chalcanthit
锌二次精选槽☆second zinc cleaner cell
锌矾[$ZnSO_4$；斜方]☆zinkosite；almagrerite；zincosite；salt of vitriol；zinc-vitriol
锌矾石[$Zn_6Al_6(SO_4)_2(OH)_{26}•5H_2O$；六方?]☆zinc aluminite；zincaluminite
锌钒铅矿☆descloizite；vanadite；eusynchite；ramirite；tritochorite
锌方解石[$(Ca,Zn)CO_3$，含ZnO达5%(?)；$(Ca,Zn)CO_3$]☆zincocalcite
锌方铅矿☆huascolite
锌粉☆zinc dust
锌浮渣☆zinc scum{ash}
锌腐蚀☆zincification
锌钙铜矾[$Ca(Cu,Zn)_4(SO_4)_2(OH)_6•3H_2O$；单斜]☆serpierite
锌橄榄铜矿☆zinkolivenite；staszycyt；staszicite
锌膏☆calamine cream
锌铬(尖晶石)☆zincochromite
锌钴华☆kottigite
锌硅铍钠石☆Zn-chkalovite；zinc chkalovite
锌焊料☆spelter；zinc solder
锌褐铁矿☆moth
锌黑辰砂[$(Hg,Zn)S$]☆leviglianite；guadalcazarite
锌黑铝镁铁矿[$(Zn,Mg,Fe)_7(Al,Fe)_{20}TiO_{39}$(近似)]☆zinc hogbomite
锌黑镁铁铝矿☆zinc-hogbomite；zink-hogbohmit
锌黑锰矿[$ZnMn_2O_4$]☆hetaerolite；hetairite；heterolite；wetheril(l)ite；zinc{-}hausmannite；hetarolith
锌黑铁锰矿☆zinc-vredenburgite
锌糊☆zinc mush
锌华☆flower of zinc；zinc flower
锌化☆zinc impregnation
锌化合物☆zinc compound
锌黄☆buttercup yellow
锌黄(粉)☆zinc yellow
锌黄长石[$Ca_2Zn(Si_2O_7)$；四方]☆hardystonite
锌黄锡矿[$(Cu,Sn,Zn)S$(近似)；$Cu_2(Zn,Fe)SnS_4$；四方]☆k(o)esterite；kusterite；custerite；k(y)osterite；koestebite；isostannite；khinganite；isostannin
锌灰☆zinc ash{dust}
锌辉石☆petedunnite
锌基合金☆zinc based
锌极☆zincode
锌钾明矾石☆zinkalunite
锌尖晶石[$ZnAl_2O_4$；等轴]☆gahnite；zinc-spinel；zinc spinel{gahnite}；fahlunite；zincian-spinel；automolite
锌堇菜☆zinc violet；Viola calamineria
锌精矿储存罐☆zinc concentrate storage tanks
锌精炼厂☆zinc refinery
锌精选尾矿☆zinc cleaner tailing
锌壳☆zinc crust
锌孔雀石[$(Cu,Zn)_2CO_3(OH)_2$；单斜]☆rosasite；cuprozincite；paraurichalcite Ⅱ
锌块☆spelter
锌矿☆zinc ore；hydrozincite；zinconise
锌矿焙烧(车间)☆zinc ore-roasting plant
锌粒铁矾[$(Zn,Fe^{2+})Fe^{3+}_2(SO_4)_4•12H_2O$]☆zinkromerit；zinc-ro(e)merite；
锌磷沸石☆kehoeite
锌菱镉矿☆zink otavite
锌菱锰矿☆zincor(h)odoc(h)rosite；capillita
锌榴石[$(Zn,Fe,Mn)_8Be_6Si_6O_{24}S_2$]☆genthelvite
锌硫锡铅矿☆zinc-teallite；pufahlite
锌六水泻盐☆zinchexahydrite
锌铝☆allumen
锌铝矾[$(Zn,Fe^{2+},Mn)Al_2(SO_4)_4•22H_2O$]☆dietrichite
锌氯砷钠铜矿☆zinc-lavendulan；zinklavendulan
锌绿矾☆zinc-melanterite
锌绿松石[$ZnAl_6(PO_4)_4(OH)_8•5H_2O$；$(Zn,Cu)Al_6(PO_4)_4(OH)_8•4H_2O$；三斜]☆faustite
锌绿铁矾☆zinc-rockbridgeite
锌绿铁矿☆zinc-rockbridgeite；zinkrockbridgeit
锌镁胆矾[$(Mg,Cu,Zn)SO_4•5H_2O$]☆comstockite；zinc-magnesia chalcanthite；zinc magnesium chalcanthite
锌镁矾[$(Mg,Zn,Mn)_8(SO_4)(OH)_{14}•3H_2O$；单斜]☆mooreite
锌镁铁钛铝矿☆zinc-hogbomite；zink-hogbohmit
锌蒙脱石[$(Zn,Mg,Al,Fe)_3((Si,Al)_4O_{10})(OH)_2$]☆sauconite
β锌锰矾☆beta-mooreite
锌锰方解石☆zinc-manganocalcite；zink-manganokalcit
锌锰钙辉石☆zinc-schefferite
锌锰红辉石[$Ca(Mg,Mn,Zn)(Si_2O_6)$]☆zinc-schefferite
锌锰辉石[$(Mn,Zn)SiO_3$]☆fowlerite；keatingine；fowlerine
锌锰矿[$ZnMn^{3+}_2O_4$；四方]☆het(a)erolite；hetairite；heta(e)rolith
锌锰土☆zinkmanganerz；woodruffite；tunnerite
锌锰泻盐☆zinc-fauserite；zinkfauserit；cinkfauserit
锌明矾[$Zn_3Al_3SO_4(OH)_{13}•5/2H_2O$]☆zinc(-)aluminite
锌明矾石☆zincalunite
锌钼矿石☆Zn-bearing Mo ore
锌(矿)泥☆zinc sludge
锌镍铜合金☆German silver
锌铍榴石☆zinc danalite；zinc-danalite
锌片☆zinc metal sheet
锌七水锰矾[$(Mn,Mg,Zn)SO_4•7H_2O$]☆zinc-fauserite；zinkfauserit；cinkfauserit
锌铅白云石☆zincoplumbo-dolomite
锌铅矿床☆zinc-lead ore deposit
锌蔷薇辉石☆fowlerite；fowlerine；keatingite；keatingine；zincian rhodonite
锌羟锗铁石☆zinkstottit；zinc-stottite
锌日光榴石[$Zn_4Be_3(SiO_4)_3S$；等轴]☆genthelvite；genthelvin
锌日光石☆genthelvite
锌乳石☆voltzite；voltzine
锌三层云母☆hendricksite
锌三次精选槽☆third zinc cleaner cell
锌三方氯铜矿☆anarakite
锌霰石[$(Ca,Zn)CO_3$，含$ZnCO_3$达10%]☆zinc aragonite；nicholsonite
锌扫选槽☆zinc scavenger cells
锌扫选精矿再磨☆zinc scavenger concentrate regrind
锌(铝)蛇纹石[$(Zn,Al)_3(Si,Al)_2O_5(OH)_4$；单斜]☆fraipontite；fraiponite
锌砷钙铜矿☆staszycyt；staszicite
锌十字石☆zink{zincian} staurolite
锌水绿矾[$(Zn,Cu)SO_4•7H_2O$；$(Zn,Cu,Fe^{2+})SO_4•7H_2O$；单斜]☆zinc-melanterite；sommairite；calingastite
锌水砷铜矿[$(Ca,Na)_2(Cu,Zn)_5Cl(AsO_4)_4•4\sim5H_2O$]☆zinc(-)lavendulan；zinchavendulan
锌水铀矾☆zinc-zippeite
锌四次精选槽☆fourth zinc cleaner cell
锌酸钙☆calcium zincate
锌酸盐☆zincate
锌钛铁矿☆zinc ilmenite
锌提炼☆zinc extraction
锌铁矾[$(Zn,Fe)SO_4•6H_2O$]☆bianchite；biankite；zinc-ferrohexahydrite
锌铁橄石☆roepperite
锌铁尖晶石[$(Zn,Mn^{2+},Fe^{2+})(Fe^{3+},Mn^{3+})_2O_4$；等轴]☆fran(c)klinite；isophane；zincoferrite；ferrozinkite；ferrozincite；zinkferrit
锌铁矿[$(Zn,Mn)Fe_2O_4$]☆franklinite
锌铜胆矾☆zinc-cupro{copper}-chalcanthite
锌铜矾[$(Cu,Zn)_{15}(SO_4)_4(OH)_{22}•6H_2O$；$(Cu,Zn,Ca)_5(SO_4)_2(OH)_6•3H_2O$]☆serpierite；zinc-cupro{copper}-melanterite；zinkpisanit(e)；glaucocerinite；zinc-pisanite
锌铜钙矾☆tlapallite
锌铜钴华☆zinclavendulan
锌铜合金☆platina
锌铜矿☆djeskasganite
锌铜矿石☆Zn-bearing copper ore
锌铜铝矾[$Zn_{13}Cu_7Al_8(SO_4)_2(OH)_{60}•4H_2O$；$(Zn,Cu)_{10}Al_4(SO_4)(OH)_{30}•2H_2O$?]☆glaucokerinite；glaukokerinite；glaucocerinite
锌铜绿矾[$(Zn,Cu)SO_4•7H_2O$]☆zinc-boothite；zinc-copper melanterite
锌温石棉☆zinc chrysotile；zinkchrysotil
锌文石☆zinc-aragonite；nicholsonite
锌五次精选槽☆fifth zinc cleaner cell
锌锡黄铁矿☆ballesterosite
锌纤蛇纹石☆zinc chrysotile；zinkchrysotil
锌榍石☆zinntitanite
锌屑[氰化过程用作强化沉淀剂]☆zinc shavings
锌亚铁铁矾☆zinc-ro(e)merite；zinkromerit
锌阳极☆zinc anode
锌氧{白}粉[ZnO]☆zinc white
锌氧燃料电池☆zinc-oxygen fuel cell
锌冶炼厂☆zinc smelting plant
锌叶绿矾[$ZnFe^{3+}_4(SO_4)_6(OH)_2•18H_2O$；三斜]☆zincocopiapite；zinkcopiapit
锌一次精选槽☆first zinc cleaner cell
锌钇矿☆murataite
锌黝铜矿[$(Cu,Fe,Zn,Ag)_{12}(As,Sb)_4S_{13}$]☆zinc fahlerz；sandbergerite；miedziankite；fahlerz zinc；copper blende；zincian tetrahedrite；miedziankite erythroconite；medziankite；erythroconite；Zn-fahlerz；sandbergerito
锌云母[$K(Zn,Mn)_3Si_3AlO_{10}(OH)_2$；单斜]☆zinc mica hendricksite
锌皂石☆sauconite[$Na_{0.33}Zn_3(Si,Al)_4O_{10}(OH)_2•4H_2O$；单斜]；zinc-saponite[锌蒙脱石；$R^{1+}_{0.3}(Zn,Al)_3((Si,Al)_4O_{10})(OH)_2•nH_2O$]；zinksaponit；zinc montmorillonite；zinkmontmorillonit；saukovite；tallow clay[含锌黏土矿物]；zinc-saponite
锌渣☆zinc slay
锌蒸馏炉☆zinc distilling furnace
锌蒸气☆zinc vapo(u)r
锌置换☆zinc cementation
锌置换金泥☆zinc precipitate
锌铸品☆spelter
欣德海绵属☆Microspongia；Hindia
欣德牙形石属[C_1]☆Hindeodus
欣烷☆shionane
辛胺☆octyl amine；octylamine
辛胺、癸胺与月桂胺的混合物☆Lorolamine
辛胺盐酸盐[$C_8H_{17}NH_2•HCl$]☆octylamine hydrochloride
辛巴尔型液氧呼吸器[英]☆Simbal breathing apparatus
辛巴威黑[石]☆Zimbabwe Black
辛(基)苄基聚氧乙烯醚醇[$C_8H_{17}C_6H_4CH_2(OCH_2CH_2)_nOH$]☆octylbenzyl-polyoxyethyleneether-alcohol
辛醇-3☆octyl-alcohol-3
辛醇[$CH_3(CH_2)_6CH_2OH$]☆octylalcohol；capryl alcohol；octanol
辛的☆symplectic
辛迪加☆syndicate
辛二酸[$HOOC(CH_2)_6COOH$]☆suberic acid
辛二酸二丁酯[$H_9C_4OOC•(CH_2)_6•COOC_4H_9$]☆dibutyl suberate
辛二酸二乙酯[$C_2H_5•O•CO(CH_2)_6•CO•OC_2H_5$]☆diethylsuberate
辛二酸戊酯[$C_5H_{11}OOC(CH_2)_6COOH$]☆amyl suberate
辛二酸盐☆suberate
辛二酸盐{|酯}[MO•CO•$(CH_2)_6$•CO•OM{|R}]☆suberate
辛二酸酯☆suberate
辛二烯☆octadiene
辛酚[$C_8H_{17}C_6H_4OH$]☆octyl phenol
辛氟碳钙铈矿☆synchysite
辛基(-2,3-二氮杂茂)[$C_8H_{17}C_3H_3N_2$]☆octyl imidazol(e)
辛基[$CH_3(CH_2)_6CH-$]☆octyl
辛基酚[$C_8H_{17}C_6H_4OH$]☆octyl phenol
Lissapol N.D.B 辛基甲酚聚乙二醇醚[$C_8H_{17}•C_6H_4(OCH_2CH_2)_nOH$]☆Lissapol N.D.B
辛基磷酸盐[$C_8H_{17}OPO(OM)_2$]☆octyl phosphate
辛基三甲基胺[$C_8H_{17}NH(CH_3)_3$]☆octyl trimethylamine
辛基胂酸[$C_8H_{17}AsO(OH)_2$]☆octane arsonic acid
辛加苔藓虫属[P_1]☆Hinganotrypa
辛可醇[$C_{20}H_{34}O$]☆cinchol
辛可烯[$C_{19}H_{20}O_2$]☆cinchene
辛克莱模型☆Sinclair's model
辛苦☆toil
辛苦的工作☆warm work
辛苦地工作☆fag
辛(硫砷铜)矿☆sinnerite
辛辣的☆acrid

X

辛(基)硫醇[$C_8H_{17}SH$]☆octyl mercaptan
辛硫砷铜矿[$Cu_6As_4S_9$;三斜]☆sinnerite
辛尼里岩☆sinnirite
辛涅缪尔(阶)[欧;J_1]☆Sinemurian
辛普森法则☆Simpson's rule
辛普孙{逊}说☆Simpson's theory
辛普逊冰川假说☆Simpson's Glacial Hypothesis
辛普逊三点律☆Simpson's three-point rule
辛羟砷锰石[$(Mn,Mg,Ca,Pb)_9(As^{3+}O_3)(As^{5+}O_4)_2(OH)_9•2H_2O$?;斜方]☆synadelphite
(使)辛勤地工作☆labor
辛勤劳动☆travail
辛炔☆octyne
辛氏图法☆zimmermanns graphic method
辛酸☆caprylic acid [$CH_3(CH_2)_6COOH$]; sad; bitter; miserable; octanoic acid
辛酸盐[$C_7H_{15}COOM$]☆caprylate
辛太克斯☆Syntex
辛特隆振动器[磁力筛分级用]☆Syntron vibrator
辛烷[C_8H_{18}]☆octane
辛烷基☆octyl
辛烷值☆octane number{value;rating}; O.N.
辛味☆pungent taste
辛烯☆octene; octylene
辛酰[C_7H_{15}•CO−]☆capryl; decoyl
辛辛那{纳}提(统)[北美;O_3]☆Cincinnatian
新阿尔卑斯造山运动☆Neo-Alpine orogenesis
新安石☆xinanite
新奥法☆New Austrian Tunneling Method; NATM
新巴西加宾红[石]☆New Capao Bonito
新白垩纪的☆Neocretaceous
新板块后缘海岸☆neo-trailing-edge coast
新版☆new edition
新拌混凝土☆fresh concrete
新瓣甲鱼属[D_1]☆Neopetalichthys
新孢子虫亚纲☆Neosporidia
新暴露顶板☆fresh{green} roof; green top; freshly exposed roof
新北极☆nearctic
新北区(生态) [大陆动物地理区,包括格陵兰和北美]☆Nearctic (realm)
新变成作用☆neomorphism
新变量☆new variable
新变体{形}的☆neomorphic
新变种☆varieties nova; var. nov.; var.nov.
新表面产品☆surface product
新冰☆young ice
新冰川{河}作用☆neoglaciation
新冰河作用的☆neoglacial
新冰期☆neoglaciation; neo-ice age; neoglacial
新不伦瑞克省[加]☆New Brunswick
新材料☆revelation
新采出的煤☆green{fresh} coal
新采煤☆fresh{green} coal; freshly mineral coal
新彩☆new colo(u)rs
新残积层☆neoeluvium
新残积土☆immature residual soil
新侧分泌学说☆neolateral secretion
新层型☆neostratotype
新叉瘤孢属[T-K]☆Neoraistrickia
新铲齿(牙形)刺属☆Neospathodus
新产品☆development; novelty
新产品初次展览☆rollout
新产物☆neosoma
新沉积物☆recent sediment
新陈代谢☆metabolism; katabolism; metaboly; metastasis [pl.-ses]
新陈代谢的☆metastatic; metabolic
新城镇和绿带☆new towns and green belts
新成冰☆new ice
新成结晶(作用)☆neocrystallization
新成矿作用☆neomineralization
新成双晶[如长石风化后又再生]☆newformed twin
新成体☆metasome[混合岩的新形成部分]; guest; neosoma; neosome; metasom; aeosome
新成土☆entisol
新齿牙形石属[P_1]☆Caenodontus
新翅(下纲)☆Neoptera
新冲积平原[印]☆khuddar; khad(d)ar
新充填带☆green pack
新虫室[苔]☆kenozooecium
新储量☆new reserves
新粗筛壳虫属[三叶;P_1]☆Neogriffithides
新簇褶贝属[腕;T_3]☆Neofascicosta
新达尔文主义☆neo-Darwinism; neodarwinism
新打磨的钎头☆fresh bit
新大陆热带的☆neotropic(al)
新大西洋期☆neo-atlantic period
新大洋☆Neo-Ocean
新带羽叶属[古植;K_1]☆Neodoratophyllum
新袋目☆Paucituberculata
新袋鼠(属)[Q]☆Caenolestes; opossum-rat
新袋鼠上科☆Caenolestoidea
新单笔石(属)[D_1]☆Neomonograptus
新单角介属[E_2-Q]☆Neomonoceratina
新淡黄色石灰岩☆New Limestone
新的☆green; novel; Maiden; neo-
新的或改良的庄稼☆new or improved crops
新地槽☆neogeosyncline
新地巨旋回☆neogaic {-}megacycle
新地时期☆epoch of neogenicum
新地旋回☆neog(a)ea; neogaikum; neogean
新蒂勒尼安海进[地中海]☆Neotyrrhenian transgression
新第三纪☆Neogene (period); N; Neocene; late tertiary time
新第三系☆Neogene (system)
新叠饰叶肢介属[节;K_1]☆Neodiestheria
新都匀鱼属[D_1]☆Neoduyunaspis
新断口☆fresh fracture
新断裂☆neofracture
新断裂的☆freshly broken
新多箭牙形石属[O_{1-2}]☆Neomultioistodus
新颚(超目)☆Neognathae
新发明☆innovation; neo-
新发明的玩意儿[尤指叫不出名字者]☆hick(e)y
新发明品☆gadget
新发现☆discovery; revelation; neo-
新伐(的)坑木☆green prop
新反刍类☆Pecora
新酚树脂☆xylok-phenolic
新风☆first-of-the-air; free air
新风道☆fresh flue
新风化壳[不饱和硅酸盐残积的]☆neocoluvium
新副型☆neoparatype
新腹足目☆Caenogastropoda; Neogastropoda
新盖涅茨虫属[孔虫;P]☆Neogeinitzina
新干酪根[油页岩中]☆neokerogen
新高岭石[由霞石人工制成]☆neokaoline
新高岭土☆neokaolin
新戈尔德施密特主义☆neo-Goldschmidtian
新给料量☆fresh material volume
新耕土☆freshly plowed soil
(钻台上)新工人的工作位置☆boll-weevil corner
新弓形贝属[腕;T_2]☆Neocyrtina
新共型☆neocotype
新构造☆neotectonics
新构造层☆new structural beds
新构造断{破}裂带☆neotectonic fracture zone
新构造图☆neotectonic map
新构造学☆neotectonics
新古盘虫属[孔虫;C_2]☆Neoarchaediscus
新古生代☆Neopaleozoic
新管孔藻属[N]☆Neosolenopora
新管线第一道焊☆stringer bead
新硅钙石[$CaSi_2O_5•2H_2O$]☆nekoite
新硅铝层☆neosial
新硅镁层☆neosima
新海利克的[北美;Pt]☆Neohelikian
新海绿石[海绿石的变种]☆neoglauconite
新海西(期)的☆Neohercynian
新海西运动☆Subhercynian movement
新海西造山作用{运动}[K_2]☆Subhercynian orogeny
新海洋☆new oceans
新罕布什尔州[美]☆New Hampshire
新豪猪属[N_1]☆Neoreomys
新郝屯学说☆neo-Huttonian theory
新颌(总目)[鸟类]☆Neognathae
新颌超目☆Neognathac
新颌龙属[曾称新颌鸟属;K]☆Caenagnathus
新褐煤☆brown coal
新黑珍珠[石]☆Labrador Pearl Green
新黑蛭石[Mg,Fe^{2+},Fe^{3+}及K的铝硅酸盐,可能是一种水云母]☆buldymite
新红砂岩[英;P-T]☆new red sandstone
新猴属[E_2]☆Caenopithecus
新胡萝卜素☆neocarotene
新花岗岩☆neogranite
新华复式构造体系☆Neocathaysian tectonic system
新华夏式(系)☆Neocathaysian
新华夏式构造体系☆Neocathaysian tectonic system
新环境适应☆postadaptation
新环流模型☆new circulation models
新缓菊石属[头;C_2-P_1]☆Neoaganides
新黄素{质}☆neoxanthin
新黄土☆neo-loess; young loess
新活化作用☆neomobilism
新火成岩体☆neosome
新火山的☆neovolcanic; kainovolcanic
新火山岩☆neovolcanite; neovolcanic{kainovolcanic} rock
新火山作用☆neovulcanism
新基底构造☆new basement tectonic
新基生代☆Neoproterozoic era
新机械磨合用润滑油☆break-in oil
新激发☆reshooting
新脊犀属[蹄齿犀类;E_2]☆Canolophus
新己烷☆neohexane
新技术☆innovation; skill
新纪元☆epoch
新加坡士林饮料☆Singapore sling
新加坡条子棉平布☆singapore supers
新甲藻黄素☆neodinoxanthin
新见解{观点}☆neodoxy
新渐成说☆neo-epigenesis
新建造☆neoformation
新鲛目☆batoidea
新浇注的☆freshly placed
新浇注混凝土☆fresh{green} concrete
新脚犀(属)[E_3]☆Caenopus
新角石藻属[K_2]☆Neogoniolithon
新结晶作用☆neocrystallization
新界☆neogaea
新介质☆fresh medium
新金花米黄[石]☆New Yellow
新金属面☆fresh metal
新金丝缎[石]☆New Seta Yellow
新进腹足总{超}目☆Caenogastropoda
新近的☆late
新近堆积土☆recently deposited soil
新近喷发☆subrecent eruption
新近水☆recent water
新近系☆Neogene (system)
新近资料通告☆current awareness
新井☆new well
新井砾石充填防砂☆initial pack
新井投产☆bring in a well
新颈鸟☆Caenognathus
新锯齿牙形石属[O-T]☆Neoprionidus
新喀里多尼亚[法]☆New Caledonia
新开采的(煤)☆green
新开平角石属[头;O_1]☆Neokaipingoceras
新考米菊石属[头;K_1]☆Neocomites
新柯波尔氏虫属[三叶;$Є_1$]☆Neocobboldia
新颗石[钙超;K_2-E_2]☆Neococcolithus
新孔目{类}☆Neotremata
新矿化作用☆neomineralization
新矿土☆mine entrant
新矿物与矿物名称审查委员会☆Commission on New Minerals and Mineral Names; CNMMN
新拉马克主义☆neo-lamarckism
新莱昂(阶)[北美;K_1]☆Nuevoleonian
新莱采贝属[腕;T_3]☆Neoretzia
新莱得利基虫属[三叶;$Є_1$]☆Neoredlichia
新来水☆introduced water
新老易位沉积☆intrapositional deposit
新类型学☆neotypology
新里海缩小期[咸海里海区在武木冰期后缩小]☆Novo-Caspian regression
新丽星介属[E_{2-3}]☆Neocypria
新鼲兽属[N_2]☆Dissopsalis
新裂齿蛤属[双壳;T]☆Neoschizodus
新裂谷☆neorift
新磷钙铁矿[$(Ca,Fe,Mn)_3(PO_4)_2•2H_2O$]☆neomesselite
新领域☆frontier; new{fresh} field
新瘤虫属[孔虫;C_1]☆Neotubertina
新芦木(属)[T-J_2]☆Neocalamites
新陆湖☆new land lake; newland lake

新轮叶属[T_3]☆Neoannularia
新轮藻属[E_2]☆Neochara
新轮皱贝属[腕;P_1]☆Neoplicatifera
新马尔萨斯☆neo-Malthusian
新马尔萨斯主义者☆neo-Malthusianist
新美洲大陆☆Neo-America；Neo-Amerika
新米黄[石]☆Perlato Sicilia
新米斯蜓☆Neomisellina
新名☆nom. nov.；nomen novum；new name[古]
新模☆neotype
新磨钻头☆sharpened bit
新墨角(藻)黄素☆neofucoxanthin
新墨西哥州采矿学院☆New Mexico School of Mines
新木材☆green timber；neowood
新木属[C_1]☆Caenodendron
新脑皮层☆neopallium
新内沟珊瑚属[C_1]☆Neozaphrentis
新泥盆世☆Neodevonian
新鸟(亚纲)☆neornithes
新凝砂浆☆freshly-set mortar
新诺尔贝格型多绳摩擦(轮)提升机☆new Noralberg type multiplerope ground-mounted friction hoist
新欧洲大陆☆Neo-Europa
新盘虫属[孔虫;P_1]☆Neodiscus
新喷出岩☆neoeffusive；kainolith；kainolite
新喷发岩☆kainolite；kainolith
新(大脑)皮质☆neopallium；neocortex
新辟的低地[以坝围海、湖等]☆polder
新片牙形石属[P-T]☆Neospathodus
新品种无色光学玻璃☆new type optical glass
新奇☆novelty
新奇的事情☆news
新砌的矸石垛带☆"green" pack
新前棱蜥(属)[T]☆Neoprocolophon
新侵入岩☆neointrusion
新球石[钙超;Q]☆Neosphaera
新区位理论☆new location theory
新全球构造(说;地质学)☆new global tectonics
新全型☆neocotype；neoholotype
新燃料储存☆new fuel storage
新热带区☆neotropic(al) region；neogaea
新人☆Homo sapiens
新人的[人类学]☆neoanthropic
新人造沸石☆neopermutite
新熔中酸凝灰岩☆rheoignimbrite
新茹巴拉那[石]☆New Juparana
新三瘤虫属[三叶;O_3]☆Novaspis
新三趾马(属)[N_2]☆Neohipparion
新砂☆new{virgin} sand
新扇颚牙形石属[D_3]☆Neorhipidognathus
新'杓{勺板}珊瑚(属)[D_2]☆Neospongophyllum
新邵贝属[腕;D_3]☆Xinshaoella
新邵运动☆Xinshao movement
新设施☆innovation
新生☆regeneration；anagenesis；neogenesis；rebirth；rejuvenescence
新生变晶☆neoblast
新生变态☆Cenogenesis
新生变体☆mutant
新生变形(作用)☆neomorphism
新生产井☆new producer
新生代[65.5Ma至今]☆Cenozoic{Neozoic} (era)；Cz；kainozoic；new generation
新生代的☆Cenozoic；Neozoic；Caenozoic
新生代植物期☆Cainophyticum (era)
新生的☆palingenetic；neogenic
新生地槽☆new-born geosyncline
新生地幔☆juvenile mantle
新生界☆Cenozoic (group;Era;Erathem)；Cainozoic{Neozoic} (group)；Cz；erathem；kainozoic
新生界的☆Cenozoic；Caenozoic
新生晶☆neocryst
新生茎叶{菜}植物☆Neocormophyta
新生晶状☆neocrystic
新生矿床☆juvenile mineral deposit
新生矿物☆neogenic mineral
新生料☆fresh feed
新生幔源物质☆juvenile mantle-derived material
新生裙礁☆newly generated fringing reef
新生蚀变灰岩☆neomorphically altered limestone
新生石油☆neo-petroleum
新生式地槽☆new-born geosyncline
新生态☆nascent state
新生态玻璃纤维强度☆strength of virgin glass fiber
新生态氧☆nascent oxygen
新生体☆neosome；aeosome
新生透镜状结构☆neolensic texture
新生土☆recent soil
新生物☆neoplasm；neoformation
新生物的☆neoplastic
新生型结晶☆neomorphic crystal
新生岩浆☆neomagma
新生种☆neospecies
新生作用☆epigenesis；neogenesis；neoformation
新绳珊瑚属[D_2]☆Neostringophyllum
新石[Mg-Al硅酸盐矿物]☆neolite
新石器☆neolith
新石器时代文化☆Neolithic culture
新石燕(贝(属)) [腕;C-P]☆Neospirifer
新式☆modernity
新式的☆up-to-date
新事件☆news
新事物☆development；novelty
新手☆beginner；green{new} hand；raw recruit；tenderfoot；bronc(h)o；bronc；youngling；tyro
新兽属[E_{2-3}]☆Cainotherium
新书样本☆advance copy
新属☆genus novum；new genus；gen.nov.
新水☆fresh{new} water
新水平的准备工作☆new level preparation
新斯科舍省[加]☆Nova Scotia
新似查米亚属[植;K_1]☆Neozamites
新苔原期[北欧;公元前 9000～8000 年]☆Upper Dryas phase；Younger Tundra phase
新特提斯☆Neo-Tethys
新特提斯的☆Neotethyan
新特有种☆neoendemic species
新调制的(泥浆)☆fresh
新凸贝属[腕;O_{1-2}]☆Neostrophia
新钍☆mesothorium；Ms. Th
新推覆基底☆neoautochthon
新玩意儿☆gismo；gizmo
新温暖期[约1万年前;Qp]☆Neothermal
新闻广播☆newscast
新屋☆new genus
新无生源说☆neo-abiogenesis
新武木期☆Neowurm
新戊烷☆neopentane
新西兰标准协会☆New Zealand Standards Institute
新西施红沙石☆New Zarai
新希氏蜓(类)☆Neoschwagerina
新希瓦格蜓☆Neoschwagerina
新希瓦格蜓科☆Neoschwagerinidae
新希瓦格蜓型[孔虫]☆neoschwagerinid type
新系统学☆new systematics
新泻{潟;泻}水俣病[日]☆Niigata-Minamata disease
新仙女木事件☆Younger Dryas event
新鲜☆viridity
新鲜冰☆fresh ice
新鲜的☆green；fresh；unweathered；live[气体、蒸气]；sweet
新鲜度☆freshness
新鲜风流源☆fresh-air base
新鲜空气☆fresh{pure;ventilating} air；ozone
新鲜空气(呼吸)面具☆fresh-air mask
新鲜露头☆fresh exposure；freshly exposed surface
新鲜面样品☆fresh-opened sample
新鲜黏土☆virgin clay
新鲜气体☆live gas
新鲜污泥☆raw sludge
新鲜雪☆new snow
新鲜岩石☆unaltered{fresh} rock
新鲜岩芯技术☆fresh-core technique
新显示的事物☆revelation
新相[岩]☆kainotype；cenotype；cenotypal
新(生)相☆new phase
新小扇形虫属[孔虫;K]☆Neoflabellina
新欣德牙形石属[T]☆Neohindeodella
新星☆nova [pl.-e]；temporary{new} star
新星爆发☆nova outburst
新星爆前光谱[天]☆pre-nova spectrum
新兴工业化国家☆newly industrializing countries
新型☆neotype
新型的☆modern
新型砂☆virgin sand
新形成的☆neogenic
新(矿物)形成的☆neogenic
新形成多边形土☆active patterned ground
新(矿物)形成作用☆neogenesis；neoformation
新形作用☆neomorphism
新性发生☆caenogenesis
新性发育☆coenogenesis
新修☆renewal
新修(磨的)钻头☆fresh bit
新学说☆neodoxy
新穴(贝类)[腕]☆Neotremata
新雪☆new{fresh} snow
新讶头虫属[三叶;P_1]☆Neoproetus
新岩藻黄质☆neofucoxanthin
新鳐目[J_3-Q]☆batoidea
新叶黄素☆neoxanthin；neofucoxanthin
新叶角石☆Neophylloceras
新翼鱼☆Eusthenopteron
新印度红[石]☆New Imperial Red
新颖☆novelty；originality
新颖的☆junior；fresh
新油☆new pool wildcat
新油藏预探井☆new-pool wildcat
新油层第一口产油井☆pool opener
新油井☆grease hole
新油、气田(野猫)井☆new-field{pool} wildcat
新油石脂☆neoichthammolum
新油田☆find
新油田第二口采油井☆confirmation well
新元古代{|界}[1000～570Ma]☆Neoproterozoic (era {|erathem})
新元古代第三纪{系}☆Neoproterozoic Ⅲ
新元古纪[620～542Ma;多细胞生物出现]☆Neoproterozoic (period)
新原地(生成)的☆newautochthonous
新原地岩体☆neoautochthon
新原生代☆Neoprotozoic
新圆货贝属[腕;$Є_2$]☆Neobolus
新月☆new{crescent} moon；crescent
新月脊齿象属[N]☆Selenolophodon
新月蕨属[植;Q]☆Abacopteris
新月螺属[腹;K-Q]☆Lunatia
新月霉属[Q]☆Ancylistes
新月面☆lunule
新月丘☆barchan(e)；barkhan；crescent dune；bark han
新月沙坝{埂}☆lunate bar
新月沙丘臂{|角}☆barchan arm{|horn}
新月珊瑚属[C_{1-2}]☆Meniscophyllum
新月纹{线}[腹]☆lunula
新月形☆meniscus
新月形齿☆selenoid tooth；selenodont
新月形冲蚀痕☆crescent scour mark
新月形的☆lunate；crescent(-shaped)；meniscoid
新月形拱☆sickle-shaped arch
新月形痕☆crescent(ic) mark；lunate mark
新月形湖☆crescentic lake
新月形火口堆积☆rampart
新月形或新月状沙丘☆barchan or crescent
新月形(暗)礁☆crescentic reef
新月形密封齿轮泵☆crescent (seal) gear pump
新月形沙屿{岛}☆lunate sandkey
新月形水流痕☆crescent cast
新月形物☆meniscus [pl.ici]
新月藻属[绿藻;Q]☆Closterium
新云母☆novomikanit
新灾变论☆neocatastrophism
新造☆reforging；mint
新泽西锌矿跳汰机☆New Jersey zinc jig
新增储量☆new reserves
新褶曲☆new fold
新褶皱的几何控制☆geometric(al) control of new folds
新蒸气{汽}☆live steam
新征☆novelty
新织片牙形石属[T_{2-3}]☆Neoplectospathodus
新植代[K_2-Q]☆Cenophytic era；Cainophytic Era
新植代的☆Cenophytic；Neophytic
新植二烯☆neophytadiene
新栉齿目[双壳]☆Neotaxodonta
新栉齿型[双壳]☆neotaxodont
新质☆novelty
新中华棘鱼属[D_1-S_3]☆Neosinacanthus
新种☆species nova[拉;古生]；new breed{species}；novel species；sp. nov.

新种群[生]☆c(o)enospecies
新肿牙形石属[O_2-T_2]☆Neocordylodus
新舟牙形石(属)[P-T]☆Neogondolella
新蛛网珊瑚属[C_1]☆Neoclisiophyllum
新烛光[=0.981 国际烛光]☆candela; candla; new candle; cd; CD.; C.
新足迹化石学☆neoichnology
新钻工☆bronco; broncho; bronc
新钻进方法☆novel drilling method
新钻井☆newly drilled well
新钻头☆green bit
新(金刚石)钻头☆sharp bit
心☆centrum; centra; Bicolorexinis
F{|V}(色)心☆F{|V}-centre{center}
心棒☆mandrel bar; axle; tribolet
心笔石(属)☆Cardiograptus
心饼☆cake
心不在焉☆abstraction
心材☆heartwood; duramen
心带☆core
心电图☆cardiogram; electrocardiogram
心电图描记器☆electrocardiograph
心电信号☆electrocardiosignal
心房☆atrium [pl.atria]
心腐病[缺硼症状]☆heart rot
A{|B}心格子☆A{|B}-centred lattice
心管☆core tube
心果☆Cardiocarpus
心坏的☆noire
心环孢属☆Cadiospora
心肌病☆myocardiopathy
心肌梗死☆myocardial infarction
心肌硬化☆myocardiosclerosis
心迹线☆centroid
心角形孢属☆Cardioangulina
心绞痛☆angina
心菊石(属)[头;J]☆Cardioceras
心理☆psychology; psych(o)-
心理(学)的☆psychological
心理分析学☆psychoanalysis
心理因素☆mental factor
心灵圈☆psychosphere
心脉蕨属[C_2]☆Cardioneura
心皮离生的☆apocarpous
心墙[岩]☆core (wall)
心情☆mood
心球藻属[K-E]☆Cordosphaeridium
心区[节]☆cardiac region
心射极平投影图☆gnomonogram
心射极平投影尺☆gnomonic ruler
心射切面投影☆gnomonic projection
心身平行论[哲]☆paralelism
心事☆cares
心滩☆channel bar; batture; chur; diara[多见于三角洲河床沉积]; char
心土☆subsoil
心土层☆D-horizon
心线{型}☆core
心形☆cordate
心形的☆cordiform; cardioid
心形蛤属[双壳;C]☆Cardiomorpha
心形曲线☆poid
心形双晶☆heart-shaped twin
心形物☆heart
心牙形石属[O_2]☆Cardiodus
心羊齿(属)[蕨;C_1]☆Cardiopteris
心叶[节腿口纲]☆cardiac lobe
心脏形(曲)线☆cardioid
心状叶[节]☆cardiac lobe
心籽属[古植;C-P]☆Cardiocarpus

xìn

信☆letter
信标☆shore beaten; beacon
信长石☆bytownite
信长岩☆bytownitite
信贷☆credit; cr.
信道☆(information) channel; chain; canal
信(息)道☆information channel
信道的频率划分☆frequency division of channel
信道空闲信号☆channel free signal
信道相关时间☆correlated time of channel
信风☆trade (wind)
信风区沙漠☆trade-wind desert
信钙长石☆bytownorthite
信鸽☆homer
信管☆fuse (tube); fuze; fusee; mine fuse; exploder; detonator; destructor; fz
信管口☆eye
信号☆command; signalling; indication; sign(al); annunciation; traffic; waft; cue; semaphore; vidicon; alert; gun; beacon; sig
信号矮柱☆doll
信号摆幅电压☆signal swing voltage
信号板☆signal plate{panel}; backplate
信号保护比☆signal protection ratio
信号倍增光电摄像管☆signal multiplier iconoscope
信号臂板夹☆blade grip
信号闭塞☆nonpassage of signal
信号标志☆marker; signal mark
信号表征器☆signal characterizer
信号兵☆signalman
信号波包络☆signal-wave envelope
信号波形加工☆signal conditioning
信号布板码☆panel code
信号不稳☆signal swinging; swinging of signal
信号采集☆acquisition of signal; signal pickup
信号成形网络☆signal-shaping network
信号抽样☆sample of signal
信号处理地震仪☆signal processing seismograph
信号传感电路☆signal sensing circuit
信号传输☆signal transmission{propagation}; signalling
信号串话{音}比☆signal-to-crosstalk ratio
信号锤☆rapper; knocker
信号弹☆signal flare{shell;projectile}; pyrotechnics
信号灯☆signal lamp{light;lamb;flare}; signallight; flash(ing){call(ing);pilot;tell-tale;alarm;indicating; indication;signaling;telltale} lamp; semaphore; pilot light; (flare-up) light; lantern; signal lamp{light}; winker; blinker; eye; SL; FL
信号电极电容☆signal electrode capacitance
信号电平中值☆median of signal level
信号吊绳滑车☆jewel block
信号叠加☆superposition of signals
信号定时☆timing of signals
信号渡越时间[光电倍增管的]☆signal transit time
信号对噪声和失真比☆signal to noise and distortion ratio; SINAD
信号遏制☆signal-curbing
信号发射☆signal emission{radiation}
信号发射机☆transmitter
信号发送台☆signal-transmitting station
信号法☆noise-signal approach
信号方位☆aspect
信号方向☆sense
信号分类{|量|析}☆signal sorting{|component|analysis}
信号分配装置☆act signal distribution equipment
信号附属器☆signal appendant
信号干扰比☆signal to jamming ratio
信号跟踪☆(signal) tracing
信号工☆bell{signal} man; hitcher; flagman; cage loader; signalling worker; bellman; signalman
信号管理交叉口☆signalized intersection
信号光☆flashlight; signal light
信号过载点☆signal overload point
信号互控☆multi-frequency compelled
信号环☆hoop
信号还原☆de(-)emphasis
信号混响比☆signal to reverberation ratio
信号机☆semaphore; telegraph; teleseme[呼唤人的]; numerator; annunciator; signalling device; signal
信号积累☆signal integration; integration of signals
信号极性逆转☆signal inversion
信号剂☆flare
信号间干扰☆intersymbol interference; ISI
信号间距☆signal distance; intersignal interval; ISI
信号检测理论☆signal detection theory
信号渐弱式导航定向☆fade out range orientation.
信号交换☆handshaking; signal switching; handshake
信号交换点☆signal transit point
信号觉察理论☆theory of signal detectability; TSD
信号开放表示☆cleared signal indication
信号控制☆signal gating{control}; control of signal
信号控制交叉口☆signalized crossing
信号宽度☆duration of signal
信号拉绳☆knocker{knock} line
(铁路用)信号雷管☆torpedo
信号连乘器☆multiplexor; multiplexer
信号铃☆signal bell{hammer}; call-bell
信号铃绳{线}☆bell (line) rope; bell wire
信号流图解☆signal-flow graph
信号楼☆signal cabin{boxes;tower}; tower
信号母线☆highway
信号-偏差{|漂移}比☆signal-to-deviation{|drift} ratio
信号偏压计☆signal bias meter
信号频率☆signal frequency; s-f.
信号旗☆signalflag; wigwag; code flag
信号旗手☆flagman; signal flag; semaphore
信号器☆signal indicator; signalling apparatus {device}; ann(o)unciator; advertiser; alarm; ringer; signal(iz)er
信号枪☆ground signal projector; signal gun{piping}; pyrotechnic{flare} pistol; flare gun
信号强度变动☆swinging; signal intensity swing
信号区别能力☆signal discrimination
信号筛管☆tell-tale{tall-tale} screen
信号筛管被充填砾石掩埋☆telltale sandout
信号设备☆signal(l)ing equipment{device;facilities; appliance;apparatus}; signal(l)ing
信号声☆sign tone
信号绳☆pulling rope
信号失落补偿器☆(signal) dropout compensator
信号识别颗粒☆signal recognition particle; SRP
信号时差☆(phase) offset
信号式线路故障寻找器☆signal tracer
信号手☆signalman; signaler; signaller
信号衰减{|说明}☆signal attenuation{|instruction}
信号索滑车☆dasher block
信号台☆lantern; signal station{stand;tower}; beacon
信号提取☆extraction of signal; signal extraction
信号天电噪声比☆signal-to-static ratio
信号通过☆data flow
信号尾部☆wave{signal} tail
信号无效标☆signal out of order signal
信号物☆signifier
信号显示☆aspect; signal aspect and indication; event marker; signal display
信号线☆signal wire (line); signaling-line; holding wire; signal-wire; SW
信号线(路)☆signal-line
信号箱☆signal(ling) box
信号相位起伏☆signal phase fluctuation
信号消失☆signal drop-out; blackout; black out
信号形成器☆shaping unit; signal shaping unit
信号选别器☆signal slot
信号烟火☆balefire
信号烟幕☆smoke signals
信号焰管☆fuzee
信号仪☆bashertron
信号译码{释}☆signal interpretation
信号与偏差比☆signal-to-deviation ratio
信号与随机{|野外队干扰}噪声比☆signal-to-random{|crew}-noise ratio
信号源☆(signal) source
信号员☆signalman; flagman
信号圆牌☆target
信号源致噪声☆signal-generated noise
信号杂波{|音}比☆signal-to-clutter{|noises} ratio
信号载频☆signal-carrier frequency
信号涨落极限☆signal fluctuation limit
信号整形☆reshape; signal-shaping
信号质量检测☆signal quality detection
信号钟绳☆bell cable
信号柱顶☆pinnacle
信号装置☆signalling (device;equipment;gear); signal device{apparatus;installation}; signal(l)er; telltale; tell-ta(b)le; advertiser; annunciator; tell-tal
信号自动同步交换☆automatic handshake
信(号)混(响)比[声呐]☆echo-reverberation ratio
信件☆note; correspondence; missive
信赖☆dependence
信赖的☆trusty
信赖级☆confidence level
信念☆faith; belief
信任☆confidence; hope; faith; credence; reliance; trust
信石精☆arsenous oxide

信天翁号海洋考察队☆Albatross Expedition
信天翁科☆Diomedeidae
信条☆tenet
信息☆information；message；data；communication；intelligence；prelude；call；news；infm.；info.
信息安全代码☆message security code
信息编排☆format
信息采集{|存储}☆information acquisition{|storage}
信息分块☆block sort
信息分离☆data separation
信息概率☆informational probability
信息更换☆change dump
信息交换☆message exchange
信息块☆block of information；message block
信息理论☆communication theory
信息量☆information content；amount{quantity} of information；traffic
信息漏失☆spillover；spill
信息率☆data{information} rate
信息论☆information theory；informatics；IT
信息脉冲☆data{information} pulse
信息内容☆information content；L.C.
信息频带☆intelligence band
(磁带)信息起止点☆load point
信息权☆informative weight
信息数据☆intelligence{message} data
信息素☆ectohormone
信息提取☆information extraction{retrieval}；IR
信息统计机☆file computer
信息系统☆information system；infosystem
信息显示☆presentation of information；information display
信息写入线☆W-wire；information {-}write {-}wire
信息选送时间☆latency
信息学☆information (science)；informatics
信息压缩技术☆data compression technique
信息域☆information field
信息载波☆information-bearing wave
信息支撑☆support of information
信息中心☆information center
(存储器)信息转储☆memory dump
信息转接☆store and forward
信息转移通路☆bus
信息组☆field；byte；message block
信线☆fusee
信箱☆(mail) box；postbox；MB
信心☆reliance；optimism；confidence；trust；faith；belief
信仰☆religion；faith；belief
信用☆tick；cr.；credit
信用贷款☆credit；fiduciary loan
信用债券☆deb.；debenture
信用证☆letter of credit；L/C
信誉☆reputation
信源编码☆information source coding
信噪比☆signal-to-noise (ratio;performance)；signal-noise {message-to-noise;signal/noise;noise-signal} ratio；SN performance；S/N (ratio)；snr；SNR
信纸☆stationery

xīng

星☆star；emersion
星瓣迹[遗石]☆Asterophycus
星孢藻属[红藻;Q]☆Asterocystis
星爆式☆star burst
星爆星系☆starburst galaxy
星表☆star catalogue
星(历)表误差☆ephemeris error
星彩☆asterism；epiasterism
星彩宝石☆ruby star；star-ruby；asteria；asteriated ruby；astroite
星彩玻璃☆goldstone；aventurine glass
星彩色性☆asterism
星彩石 [Al_2O_3] ☆ astr(o)ite；aventurine glass；star(-)stone；goldstone
星彩石英[SiO_2]☆aventurine{star} quartz；asteriated quartz；star-quartz；sandastros；starolite；sternquartz
星彩性☆asterism；stellate opalescence
星尘说☆dust theory
星虫类{纲}☆sipunculida
星虫(动物)门☆Sipunculoidea；sipunculida
星的☆stellar
星等[天]☆magnitude
星等比度☆magnitude scale
星点刻纹☆dotted sculpture
星颚牙形石属[S_1]☆Astrognathus
星耳石☆asteriscus
星分类☆stellar classification
星峰岩群☆star peak group
星杆沸石☆sph(a)erostilbite；sphaerodesmin；faroelite；fa(e)rolith；mezoline；mesole
星杆藻属[硅藻]☆Asterionella
星根☆astrorhiza
星根虫目[孔虫]☆Astrorhizida
星宫☆starry sky
星共珊瑚(属)☆Astrocoenia
星古盘虫属[孔虫;C_2]☆Asteroarchaediscus
星骨海绵属[Q]☆astrosclera
星光☆epiasterism；starlight
星光宝石☆star gem；asteria
星贵榴石☆star garnet
星海百合属[棘;C_2]☆Stellarocrinus
星海绵(属)[O-C]☆Astraeospongia
星号☆star；asterisk
星迹☆Asterichnites
星际☆interspace；interplanetary；interstellar
星际尘☆interstellar dust
星际分子☆interstellar molecule
星际航行学☆astronautics
星际弥漫物质☆interstellar diffuse matter
星际石☆meteoroid
星际物质☆intergalactic{extraterrestrial} material；interstellar matter{medium}
星甲鱼☆Astraspis
星节珠沉积☆actinosiphonate deposits
星壳☆star crust
星壳均衡☆isostasy；isostacy
星空☆starry sky
星孔☆astropyle
(五角)星孔类[海百合]☆Pentagonotremata
星孔珊瑚(属)[S-D]☆Stelliporella
星孔苔科[苔;Q]☆Asteroporae
星口动物门☆Sipunculoidea
星厘藻属[蓝藻;Q]☆Asterocapsa
星历表☆ephemeris [pl.-ides]
星裂反应☆fragmentation reaction
星鳞鱼(属)[D]☆Asterolepis
星流☆star drift
星芦木(属) [C_1]☆Asterocalamites
星芦木孢属[C_1]☆Asterocalamotriletes
星卵茎海百合属[棘;C]☆Pentagonoellipticus
星轮☆spider
星(形)轮☆spider；star wheel
星轮虫(属)[孔虫;N_2-Q]☆Asterorotalia
星轮式控轴器☆star-wheel axle controller
星轮藻属[T_2-J]☆Stellatochara
星螺属[腹]☆Astraea
星芒☆asterism
星芒图☆star figure
星木(属)[古植;$D_{1\sim2}$]☆Asteroxylon
星囊蕨☆Asterotheca
星囊蕨科☆Asterothecaceae
星诺宁虫属[孔虫;K_2-Q]☆Astrononio
星盘[天]☆astrolabe
星盘虫属[孔虫;K-Q]☆Asterigerina
星期☆week
星球丰度☆stellar abundance
星球人☆saucerman
星球学☆star science
星球宇宙三角测量法☆stellar and cosmic triangulation
星球陨石坑力学☆planetary cratering mechanics
星球藻属[绿藻;Q]☆Asterococcus
星群☆asterism
星三角形接法☆delta-star{star-delta;Y-Δ} connection
星散状斑点☆scattered specks
星闪☆stellar lightning
星闪动☆twinkling of stars
星蛇纹石[$Mg_3Si_2O_5(OH)_4$]☆radiotine
星射☆aster
星射的☆stellate
星射双晶☆stellar twin
星射状[腔]☆astreoid；aster；asteroid
星神螺属[腹;E-Q]☆Astraea
星石☆asteriscus
星石英☆starolite；asteriated quartz
星蚀学说☆eclipse theory
星髓木属[古植;C_3-P_1]☆Asteromyelon
星苔藓虫属[O]☆Constellaria
星锑☆tar antimony
星体丰度☆stellar abundance
星体核合成作用☆stellar nucleosynthesis
星体化学☆planetary chemistry
星体相片☆star photograph
星体亚纲[棘]☆Somasteroidea
星体演化☆stellar evolution；evolution of star
星突☆astropyle
星图☆star chart{atlas}
星团☆(star) cluster；galactic cluster
星托属[裸子;P]☆Astrocupulites
星尾虫属[三叶;$D_{2\sim3}$]☆Asteropyge
星尾海胆属[棘;J-K]☆Pygaster
星位角☆parallactic angle
星系☆galaxy
星系内的☆intragalactic
星系天文(学)☆extragalactic astronomy
星系团☆cluster of galaxies
星下点☆sub-stellar point；subpoint
星下轨道[卫星平面在地球表面上的投影]☆path
星象罗盘☆astrocompass
星象仪☆planetarium
星协☆(stellar) association
星星茎海百合属[棘;O_2]☆Pentagonopentagonalis
星星形接法☆star-star{Y-Y} connection
星星藻属[Q]☆Erythrotrichia
星型发动机☆radial engine
星形宝石☆asteria；starsapphire；asteriated sapphire
星形大类[疑]☆Asteromorphida
星形纲☆Stelleroidea
星形迹[遗石;K_1]☆Asterichnites
星形角石属[头;O_2]☆Actinomorpha
星形接法[Y]☆star connection；wye{Y}-connection
星形接头☆spider
星形接线相电压☆star voltage
星形颗石☆stephanolith
星形孔火药柱☆star perforated grain
星形连接☆Y{wye;star}-connection{connected}
(十字轮机构的)星形轮☆geneva cam
星形轮的滚针轴承☆spider needle bearing
星形内腔火药柱☆star perforated grain
(跳汰机)星形排矸阀☆refuse rotor
星形球石☆discoaster
星形曲折接法☆star zigzag {Y-Z} connection
星形三角形启动☆star-delta starting
星形双晶☆stellate twin
星形藻属[绿藻;Q]☆Actinastrum
星形组合☆star patterns
星形钻头☆star bit{drill}；wedge rose bit
星形钻头的前导部分☆rose bit pilot
星形钻头接箍☆rose-bit dropper
星宿仪☆astroscope
星学的☆uranic
星叶(属)[古植;C_2-P_2]☆Asterophyllites
星叶石 [$(K,Cs,Na)_3(Fe^{2+},Mn)_7(Ti,Zr,Nb)_2Si_8O_{24}(O,OH,F)_7$,有时含少量 BaO、MgO、$Al_2O_3$、$Nb_2O_5$ 等杂质;三斜]☆ast(e)rophyllite
星印☆star-like cracks
星影计时法☆sciagraphy
星元☆Astral Eon
星圆茎海百合属[O_2-D]☆Pentaganocyclicus
星云☆nebula [pl.nebulae,nebulas]
星云假说☆nebular{nebula} hypothesis
星云母 [$Mg_2(Mg,Fe)(AlSi_3O_{10})(OH)_2·4H_2O$] ☆ hallite；star mica
星云时代☆astral era
星云素☆nebulium
星云岩☆nebulite
星云状☆nebulous；nebular
星云状的星系☆nebula
星载传感器☆satellite borne sensor
星载的☆satellite-borne；satellite-based
星盏☆star flashing glaze
星占学☆astrology
星震☆starquake
星蛭石[$Mg_2(Mg,Fe)(AlSi_3O_{10})(OH)_2·4H_2O$]☆hallite
星质学☆planetary geology
星桩箭石属[K_3]☆Actinocamax
星撞☆star collision
星状☆stellar；stellated

星状冰川☆star glacier
(一种)星状的球石粒☆dicoaster
星状动物☆asterozoan
星状断口☆rosette fracture
星状耳石☆asteriscus
星状沟[水螅]☆astrorhiza
星状骨针[绵]☆actine；euaster
星状骨针分枝[绵]☆clade
星状海绵属[P-K]☆Stellispongia
星状颗石[钙超]☆asterolith
星状丘☆asteroid mound
星状体[动]☆Aster
星状图☆star-plot；asterism
星状物☆asterisk
星状中柱☆actinostele
星状椎☆asterospondylous vertebra
星状组织☆actinenchyma
星锥箭石属[头;T_3]☆Asteroconites
星子☆planetesimal
星字炸药☆Astralit(e)
星族☆family；stellar{star} population
星座☆constellation；stellar system；chair
腥黑粉菌属[真菌;Q]☆Tilletia
猩红☆bright red；scarlet
猩猩[Q]☆orang-outan；pongo；oraug-utan；orang
猩猩科☆Pongidae
猩猩类☆Pongid
兴安石☆xinganite；hingganite；hingganite-(Y)
兴安石燕(属)[腕;D_2]☆Khinganospirifer
兴安运动☆Hsinan movement
(使)兴奋(的)☆flush；thrill；excitant
兴奋剂☆excitant；stimulant
兴蒙地槽☆Hing-Mong{Hinggan-Mongolia} geosyncline
兴灭☆die away
兴起☆arise
兴盛期☆flourishing period
兴盛种☆mesospecies
兴旺(时期)☆bloom；blossom；thrive；flourish；health
兴中矿[(Ir,Cu,Rh)S;等轴]☆xingzhongite

xíng

刑罚☆penalty
型☆type；form(a)；model；proplasm；pattern；MOD
(晶)型☆form
B 型[铅]☆Bleiberg type
型(面)☆profile
型板☆stencil；mo(u)ldboard；template；templet
型板铸件☆planchet casting
N{|P}型半导体☆N{|P}-type semiconductor
Q 型本征值分析☆Q-mode of eigenvalue analysis
型崩坏☆typolyse
EX{|NX}型标准尺寸金刚石钻头☆EX{|NX}-bit
型材☆sectional material
N 型材料☆N-type material
型吃水☆moulded draft
型刀☆forming tool
M.S.型底吹式浮选机{槽}☆M.S. subaeration machine (flotation cell)
Q 型定位(法)☆Q-mode ordination
型锻☆die-forge；swaging
W 型多次(反射)波☆W-type multiple
型发生☆typogenesis
N{|P|S}型防冻剂[含`酒精{|乙二醇|甲醇}]☆type N{|P|S} antifreeze
MSA 型防毒呼吸器☆MSA all-service gas mask
Q 型分析☆Q-mode analysis
A 型俯冲☆Ampferer type subduction
B-型俯冲带☆B-type subduction
型钢☆profile steel{iron}；(steel) shape；fashioned {section} iron；swage；swedge；rolled{sectional; shape} steel；(stell) sections

Z 型钢☆Z-bar
型钢横梁☆girder-section bar
型钢轧辊☆grooved roll
型钢轧机☆shape{section} mill
型工☆forming
D 型果糖☆D-fructose
Agidisc 型过滤机☆Agidisc filter
型号☆Mk；mark；type；model (number)；mk.
型恒星☆type M. star
A 型花岗岩☆A-type granite
Q-M 型机械铲☆quarry-mine{Q-M} shovel
I-D 型集群绝灭☆I-D{intermediate-and-deep-water}-type mass extinction
型架☆fixture
型键异构☆mesomerism
DB 型可收回封隔器☆retrievable-DB packer
Q 型空间☆Q-mode space
型宽☆breadth moulded；molded breadth
M.O.型矿井安全指示器☆M.O. mine safety indicator
Jeffrey 101MC Helimatic 型连续采煤机☆Jeffrey 101MC Helimatic continuous miner
型煤☆briquette；briquet
型面高度不大的☆low-profile
型面砂带磨床☆profile sander
型模☆pattern die
(船)型排水量☆moulded displacement
B 型铅☆B-type lead
J 型铅☆Joplin-type{J-type} lead
PIV/6 型前进式井下轻便钻机☆Fortschritt PIV/6 boring machine
型腔☆cavity
MDH 型曲线[压力和时间的半对数曲线]☆MDH-type curve
Q 型曲线☆Q-type curve
型砂☆molding{foundry;casting} sand；moulding sand{mixture}；sand (blend;mixture)；plasticine
型砂捣`锤{固机;击锤}☆pegging{sand} rammer
型砂钉☆moulder's brad
型砂翻新器[铸]☆revivifier
型砂干燥度电测仪☆electric hydrocel
型砂高温强度试验仪☆sand tester for high temperature strength
型砂烘干板☆sand drying plate
型砂回韧☆sand tempering
型砂混合物☆sand mixture
型砂混炼机[铸]☆puddle mill
型砂加入剂☆sand additions
型砂溃散☆break(ing) up of sand
型砂配制工段☆sand-conditioning plant
型砂起模性☆liftability
型砂强度测定仪☆sand strength testing apparatus
型砂热压应力试验机☆hot pressure stress testing machine of sand
型砂寿命☆life of sand；durability of moulding sand
型砂水分控制器☆mouldability controller
型砂塌砂☆spelling-off
型砂调匀{停放}☆sand tempering
型砂学☆sandology
型砂压实☆compacting of sand
型砂用黏合剂☆sand binder
型砂再生☆reclamation of moulding sand
型砂造砖☆sand-molding
(铸造用)型砂振实机☆foundery jolter
型砂制备工段☆sand-conditioning plant
型深☆depth mo(u)lded
型兽亚目☆Typotheria
M{|T}型双晶[钠长石律与肖钠长石律组合的单{|三}斜型格子双晶]☆M{|T}-type twin(ing)
H 型四端网络☆H-network
R 型特征值分析☆R-mode of eigenvalue analysis
型铁☆sectional{profiled} iron；swedge
R{|Q}(-)型统计法☆R{|Q}-mode statistical method
型土☆ABC soil
H 型网络☆H-network
B.H.型无岩芯金刚石钻头☆B.H. bit
profibus PA 型现场总线☆profibus PA fieldbus
(叶片)型线☆contour
型线图☆sheer profile{plan}
型箱☆flask
Q 型向量图☆Q-mode vector diagram
型芯☆core
型芯撑[铸造]☆chaplet
型芯骨☆brod
型芯黏砂☆burning-on into cores
型芯砂破碎机☆core breaker
型心撑☆chapelet
型心砂☆core sand；foundry core sand
Q 型因子分析☆Q-mode factor analysis
TB-205 型硬岩钻巷机☆TB-205 boring machine
β-型油藏数值模拟体系☆Beta-type Simulator
D 型炸药☆dunnite
MSA 型沼气检定器☆MSA methanometer
A{|B}型褶皱☆A{|B}-type {-}fold
型阻☆form-drag
HBP 型钻头[美、加,直径 3⅞"标准金刚石钻头]☆HBP-bit
U 形☆horseshoe；U
Y 形☆wye
V 形凹槽☆hinge trough
V 形八缸发动机☆V-type eight cylinder engine
S 形扳手☆S-wrench
S 形边缘向斜☆S-shaped marginal syncline
形变☆deformation；(shape) distortion
形变测量计☆deformation gage
形变带☆deformation band；deformed belt；slipband
形变鲕粒☆spastohith；spastolith
形变能☆energy of deformation；deformation energy
形变期前沉积物☆pre-deformational sediment
形变器☆deformer
形变前的☆predeformation(al)；pre-deformational
形变强度☆deformation intensity
形变生物搅动构造☆deformative bioturbation structure
形变图☆deformograph
形变仪☆strain seismometer
形变硬化材料☆strain-hardened material
形变应力☆deformation(al) stress
U 形补偿器☆expansion U-bend
V 形残脊[冰斗之间的]☆tahoma
C 形槽☆C-slot
J 形槽☆J-slot；single J groove
T 形槽☆T-slot；tee-slot
J 形槽销钉☆J-pin
T 形测平板☆boning board
U 形铲☆U-shovel
H{|K}形断面☆H{|K}-type section
形成☆form(ation)；find；fashion；yielding；build up；creation；take shape；generation[线、面、体]
形成边界膜的物质☆boundary-film-forming material
形成冰(岩)墙☆ice-wall forming
形成层☆cambium
形成层理☆encrustation
形成沉淀物☆sludging
形成大块{量}☆bulk
形成代码☆generated code
形成的☆constituent
形成电弧☆arcing
(脉冲)形成电路☆shaper
形成叠层石的微生物群☆stromatolite microbiota
形成动态的因素☆regime-forming factor
形成洞穴☆caving
形成对比☆contrast
形成法☆forming；formate
(使)形成峰值☆spike
形成拱穴☆dome
形成管洞☆chimney forming
形成龟裂纹☆sorted polygon
(板材深冲时)形成花边☆earing
形成灰岩的沉积物☆limestone-forming sediments
形成回路☆looping-in
形成火山口的☆cratered
形成角☆corner
形成角度☆angulation
形成界隔膜的物质☆boundary-film-forming material
形成矩形(脉冲)☆squaring
形成开裂☆cracks formation
(路面上)形成坑洞☆potting
形成坑穴☆cratering
形成矿物的元素☆mineral-forming elements
形成类质同象混合物☆intercrystallizing
形成 OH 离子的物质☆carrier of hydroxylion
形成裂缝☆cracking；fissuring
形成裂谷的古应力场☆rift-forming paleo-stress field
形成裂隙☆fissuring；fissuration
形成螺旋细沟[岩芯上]☆spiral grooving
形成蘑菇头☆cupping
形成泥包☆balling
形成凝块☆clustering
形成泡沫☆fobbing；froth；frothing
形成偏差☆origin bias
形成卡口区域☆bottleneck area
形成球状☆ball-up；conglobate
形成渠沟☆channeling；channelling
形成砂墙☆sanding up
形成石墨☆graphitization
形成双晶☆twinning；twinning

形成水舌☆cusp(ing)
形成推覆体的岩块☆overriding mass
形成网眼状空隙☆areolation
形成细颈现象☆necking
形成形式☆mode of formation
形成絮块☆floc formation
形成旋涡☆gurge
形成岩浆☆magma formation
形成阳离子膜阻蚀剂☆cationic film forming inhibitors
(通过爆破)形成一定大小的岩石块☆rubblize
形成因素☆formation factor
形成应力集中的因素☆stress raiser
形成油膜包覆层的方法☆oil-coating process
形成圆锥堆☆funneling
形成中心☆implode
形成珠☆bead
M 形齿[钻头的]☆M-tooth
V 形传动带☆V(ee)-rope；V-belt
V 形磁极☆V-shaped magnetic pole
C{S}形的☆sigmoid(al)
H 形的☆zygal
V 形的☆dihedral；V-shaped
Z 形的☆zigzag
形低能延伸的☆progradational
V 形低压☆V-shaped depression
V 形底艇☆V-bottom boat
C 形垫圈☆C-washer
H 形电杆双回路馈线☆H-pole double circuit feeder
D 形电极[回旋加速器的]☆dee
T 形电缆接线盒☆tee-off joint box
Δ形电路☆delta circuit
U 形钉☆staple
(用)U 形钉钉住☆staple
L 形短管☆ell
Y 形短管☆wye spool
T{|Z}形断面☆T{|Z}-section
S 形对称波痕☆corrugated ripple mark
X 形对接☆double-bevel butt joint
形而上学☆metaphysics
V 形发动机☆vee engine
V 形法则☆rule of V's
S 形反射结构☆sigmoid reflection configuration
S 形分布☆sigmoidal distribution
S 形峰系☆S-shaped peak system
A 形杆☆A-Pole；AP
Z 形杆扭秤☆Z-beam torsion balance
Z 形钢☆Z-steel；Z-bar
T 形钢管{轨}☆T-rail
V 形钢丝芯撑☆jammer
V 形拱☆V-arching
U 形钩☆clevis (U)；clevice
U{|V}形沟蚀☆U{|V}-shaped gullying
N 形构架☆N-truss
Ω 形构造☆Omega-structure
η{|ξ|I}形构造☆eta{|xi|iota} structure
C 形骨针☆diancistra；sigma
S 形骨针[绵]☆sigmaspire
T 形骨针[绵]☆tauactin
I{|V|W|Y}形谷☆I{|V|W|Y}(-shaped) valley
U 形谷☆U-shaped{flat-bottomed;trough} valley；trench；trough
S 形管☆ogee
T 形管☆tee pipe{branch}；T-tube；tee-branch
U 形管☆U-band{-pipe}；U-form tube；open return bend
J 形管法[连接海底管线与平台立管的施工法]☆J-tube method
T 形管接合☆service tee
Y 形管接头☆wye
V 形管卡连接☆V-clamp joint
Z 形轨迹☆zigzag trajectory
V 形海沟☆V-shaped trench
T 形焊(接)☆Tee welding；T-weld(ing)
V 形焊缝☆V-shaped weld
T 形焊接头☆triplet；tee-piece；T-junction；T-joint
D 形盒☆dee；duant
U 形河湾☆U-band
V 形痕☆chevron mark
X 形横梁☆X-cross member
A{|K|N}形桁架☆A{|K|N}-truss
O 形环☆O ring；O-ring
U 形换热器☆hairpin heatexchanger
Ω 形回弯补偿管☆double offset expansion "U" bend
Y 形活瓣式分流器☆wye-flapper diverter
S 形畸变☆sigmoid distortion
形迹☆vestige；feature；a person's movements and expression；formality；evidences
ε 形交错层理☆epsilon cross-bedding
形迹滑距☆trace slip
形迹滑距断层☆trace-slip fault
(河流)U 形急(转)弯☆hairpin bend
Λ 形脊☆lambdoidal crest
C{|V}形夹☆C{|V}-clamp
S 形夹(钳)☆S clamp
U 形夹☆clevis (U)；clevice；stirrup
U 形夹销☆clevis pin
U 形夹子☆U-clamp
A{|X}形架☆A{|X}-frame
V 形架[独立悬挂的]☆wishbone
S 形剪切☆sigmoidal shear
Y 形接法☆star{wye} connection
T 形接管☆T-union
T 形接合器☆T-junction
T 形接头☆T{tee}-joint；tee-bend；triplet；tee；TB；T
U{|Y}形接头☆U{|Y}-joint-junction
Y-Y 形接线☆Y-Y connection
T 形接续箱☆T-junction box
V 形阶地☆V-terrace
H{|T}形截面☆H{|T}-section
V 形截面钢丝☆vee-shaped wire
L 形节理☆L joint
S 形节理☆sigmoidal{S-shaped;Σ} joint
S 形结构☆sigmoid configuration
I 形结构☆iota structure
S 形井(身剖面)[定向井]☆S-shaped hole
A 形井架☆twin mast；open-front tower；A-type headframe；two-post type headframe；A-headgear
V 形均样器☆V-shaped homogenizer
U 形卡子☆U-clamp
X-形拉条☆X-bracing
S 形累积曲线☆sigmoidal cumulative curve
S 形粒度分布☆sigmoidal grain-size distribution
X(-)形连接☆X-bracing
Y 形连岛沙坝☆Y-tombolo
T 形连接☆T-junction；tee{T}-connection；TC
Z 形连接☆Zigzag connection
H 形梁☆H-beam
X 形梁☆X-member
N 形(架)梁☆N-girder
V 形量水堰☆V-notch weir
U 形螺母{|栓}☆U-nut{|bolt}
V 形螺纹☆vee-type thread
V 形螺纹的☆V-threaded
形貌☆morphology
形貌象[背散射电子]☆topographic image
形貌衍全的☆topotactic；topotaxic
V 形密封环☆chevron (packing)
O 形密封圈☆O-ring
形面☆formset surface
形面填图☆form{formset} surface mapping
N 形木桁架☆N-truss
L{|Z}形扭秤☆L{|Z}-beam torsion balance
L 形排列☆broadside；L-shaped spread
T 形排列☆T spread
V 形排列☆V position
V 形盘根☆chevron (packing)
A 形棚架底梁☆A-frame sill
V 形皮带☆V-belt
U 形皮圈☆U-leather ring
I 形坡口☆square groove
J 形坡口☆single J groove；(single) J-groove
K 形坡口☆double-bevel groove
V 形坡口☆vee groove；vee[焊]；(single) V groove
X 形坡口☆double V groove
Z 形坡口☆Z-type groove
K 形坡口焊☆double-bevel groove weld
J 形坡口连接☆J-groove
K 形坡口 T 形焊(接)☆double-bevel T
H 形剖面☆H-type section
V 形起重螺杆☆V-section jackscrew
V 形汽缸☆V-cylinder
V 形汽缸体☆V-block
S 形前积地震相☆sigmoid progradational seismic facies
A 形轻便井架☆full view mast
U 形倾斜流体压力计☆inclined U-gage
Z 形曲柄☆Z-crank
S 形曲线[ogee]☆ogee；S shaped curve；OG
S 形(筛析)曲线☆S-plot
V 形缺口球{|堰}☆V-notch ball{|weir}
形容☆description
形蕊生成☆yielding
Y 形三沟[孢]☆Y-mark；trilete laesura
U 形砂丘☆U-shaped dune
V 形沙坝☆V-bar
Y 形沙颈岬☆Y-type tombolo
S 形沙丘☆sigmoidal dune
U 形沙丘☆upsiloidal{U-shaped} dune
V 形沙丘☆chevron dune
S 形筛析曲线☆S shaped curve
U 形山道☆siphon
U 形山谷☆U-shaped valleys
T 形射(波)束☆tee-beam
U 形伸缩节☆expansion bend
S 形石榴石☆S-garnet
Y 形水准{平}仪☆Y-level；Y level
U 形天线☆U-antenna
S 形斜交型混合反射结构☆complex sigmoid-oblique reflection configuration
S 形弯管☆S-bend pipe
W 形星☆W star
Z 形星云☆Z-shaped nebula
形式☆fashion；hue；version；external；pattern；style；circumstance；species；format[数据排列]；kind；form[变体]
形式参数☆form(al) parameter
形式多样☆multitudinousness
(使)形式化☆stereotype
形式上☆proforma；pro forma
形式实在转换程序☆thunk
形式属☆form genus；genomorph
形式主义☆formalism
形势☆face；circumstance；complexion；tide；situation；position；outlook；things
形势的☆phasic
T 形输送机☆T-square conveyor
U 形双尖骨针[绵]☆eulerhabd
K 形双面坡口焊缝☆double-bevel weld
T 形双坡口对接焊缝☆double-bevel tee butt weld
Y 形水准仪☆Y-level
形似的☆apparent
形似小塔的☆turriculate
形素[转换语法]☆morpheme
S 形台地☆sigmoid-terrace
形态☆conformation；morphology；modality；form；regime；attitude [of the ore body]；shape；aspect；pattern；morpho-
形态变化阶段☆modification stage
形态测量分析☆morphometric analysis
形态层组☆formset
形态成因☆morphogenesis
形态的左右旋方向[晶]☆morphological hand
形态度量☆morphometrics
形态发生☆morphogeny
形态发生过程☆morphogenetic process
形态分化☆morphological differentiation
形态分类☆formal taxonomy；phenetic classification
形态分量☆shape component
形态分析☆morphological analysis
形态描绘学☆morphography
形态描述码{符}☆morphologic descriptor
形态歧异程度☆degree of morphologic divergence
形态属☆form genus；genomorph
形态停滞☆morphologic(al) stasis
形态信息☆morphologic information
形态型☆morphotype
形态学的☆morphologic(al)
形态学法☆typology method
形态演进☆aromorphosis
形态中心☆geometric(al) center
形态种☆morphospecies；morphologic(al){form} species
形态种名☆Linnaean{Linnean} species
形态主义☆morphism
形态组构☆formal fabric
L-S 形态组构☆L-S shape fabric
X 形弹簧☆X-spring

V{|W|X}形掏槽☆V{|W|X}-cut
H 形套管[外径 4½英寸的平接套管]☆H-casing
U 形套谷☆U-in-U-valley
T 形套管☆T-socket
U 形提钩☆bail
形体☆species; type
形体吃水☆geometric draught
形体排列☆dimensional orientation
L 形天线☆L-antenna; L-type antenna
Γ 形天线☆inverted L antenna
U{|V}形铁☆U{|V}-iron
Z 形铁☆Z-bar; Z-iron; Zed
T 形铁条☆T-bar iron
T 形头螺栓☆T-bolt
U{|V}形图像☆U{|V}-shaped pattern
V 形拖板☆v-dray
V 形洼地☆V-shaped depression
S 形弯管☆double bend; S-trap
Z 形弯管☆offset bend
U 形弯头☆close return bend; tube turn; U-bend; return elbow{bend}
S 形挽桩☆belay
T 形网(络)☆T-network
π 形(四端)网络☆pi network
S 形尾迹☆sigmoidal trails
形稳型阳极☆dimensional stable anode
T 形物☆tee
V 形峡谷☆V-shaped gorge
S 形向斜脊☆S-shaped synclinal keel
形像显示☆video display
形象☆figure; image (formation); portrait; picture; imagery; shape; personage; form; similitude; literary or artistic image; configuration; fig.; Fig
形象表现☆figuring
形象化☆imagery; visualization; pictorial
形象石☆lapides idiomorphi{figurati}
S 形斜列张裂缝☆sigmoidal en echelon tension gash
形心☆centroid; centre of figure
形心反作用原理☆principle of reaction through center
形形色色的☆diverse
U 形压力计☆U-type manometer
形衍互{交}生☆topotactic intergrowth
X 形油封☆X-ring
T 形运输机☆T-square conveyor
V 形凿☆bent
S 形张裂隙☆sigmoidal tension fissures
S 形褶曲{皱}☆S-fold; S-folds; sigmoidal fold
Σ{S}形褶皱☆sigmoidal fold
X 形支撑☆X-bracing
Y 形支管☆Y-branch
T 形支护☆wrecking supported by one prop
K{|T}形支架☆K{|T}-support
U 形支架☆U-shape set
V 形支柱☆V-strut
Z 形轴☆oblique crank
A 形转臂起重机☆A-derrick
形状☆configuration; figure; shape; appearance; form; fig. ; Fig; morpho-
形状变形能塑性条件☆distortion energy plasticity condition
形状不规则的石块☆random-shaped stones
形状不规则的石质煤块☆dog-iron
形状分布特征[表示沉积物内碎屑颗粒相对滚动度的图表]☆shape distribution
形状分析☆shape analysis
形状符合实际的☆true to shape
形状复杂矿体☆complex-shaped orebody
形状计☆shapometer
形状误差☆shape error
形状系数☆form factor{coefficient}; shape coefficient
形状相同的盆地☆equant-shaped basin
形状仪☆shapometer
形状因子☆form factor; shape-dependent constant
形状应变能强度理论☆strength theory of shape strain energy
形状应力因素{数}☆form stress factor
形状阻力☆shape resistance; form-drag
V 形组合坡口☆combination bevel V groove
H 形钻杆[外径 3.5"平接钻杆]☆H-drill rod
A 形钻架{塔}☆A-frame; A-headgear
H 形钻头[外径 3.875"岩芯钻头]☆H-bit
T{|Z}形钻头☆Z{|Z}-bit{chisel}
X 形钻头☆X-bit; X-chisel; double arc bit; cross bit

邢白{|窑}☆Xing{Hsing} white{|ware}
邢州窑☆Xing-zhou ware; Hsing chow ware
行波☆progressive{travel(l)ing;kinematic;running; moving} wave; TW
行差☆run{progressive} error
行车☆overhead crane; (overhead) travelling crane
行车安全☆driving safety
行车道☆driveway; wagon way; driving lane
行车调度员助手☆trapper
行车集中控制系统☆centralized traffic-control system
行车路☆roadway
行车密度☆traffic density
行车式抛砂机☆gantry slinger
行车舒适性☆readability
行车隧道☆vehicular tunnel
行车图表☆service diagram
行车位置☆running position
行车线路☆carriage road
行车信号(机)☆train signal
行车循环☆haul cycle
行车阻力☆car resistance
行程☆travel (range;line); trip; stroke; course; throw; running; route {distance} of travel; path; motion; march; run
行程不足☆under-travel
行程差☆progressive error
行程长度☆LS; length of stroke
行程距离☆stage
行程开关☆limit switch
行程速率☆rate of travel
行程钻速☆drilling rate of a trip; rate of round trip
行得通的☆practicable; operable
行动☆doings; deed; motions; act; action
行动步骤☆tack
行动迟缓☆slackness
行动带式筛☆travelling(-belt) screen
行动负载☆running load
行动路线☆track
行动者☆actor
行/分钟☆lines per minute; LPM
行蛤属[双壳;J]☆Gresslya
行过☆cover
行迹[遗石]☆trail; trackway
行进☆travel; march
(铁路煤车)行进过程(电子控制)称量系统☆weighing in motion system
行进卸载☆non-stop{on-the-mover} dumping
行进信号☆proceed signal
行进中过秤(矿车)☆motion weighing
行近流速☆velocity of approach
行李☆dunnage; baggage; trap; luggage
行李车[铁路]☆baggage car; van; luggage van{cart}
行李箱☆boot
行礼☆salute
行人☆pedestrian
行人安全☆pedestrians safety
(井下巷道的)行人侧☆walking side
行人过街信号灯☆pedestrian crossing signal lamp
行人止步线☆dead line
行筛☆travel(l)ing belt screen
行使☆exert; invoke; exercise
行使职权的人☆exerciser
行使职责☆function
行驶☆roll; run; travel; steer; steam; foot[船等]
行驶速度☆drive speed
行驶性能☆riding characteristics
行驶重量☆road weight
行为☆deed; conduct; behavio(u)r; performance; act; behave; on-going
行为分异☆ethological differentiation
行为科学☆behavio(u)r(al) science
Huff 行为模型☆Huff's behavioural model
行为效果☆behavioral effect
行销☆consumption
行销货☆seller
行星☆planet; sphere
行星摆转混砂机☆(cycloidal) rotation mixer
行星表面学☆planetography
行星尘假说☆planetesimal hypothesis
行星齿轮`式吊车{传动提升机}☆planetary geared hoist
行星传动装置箱☆planetary cage
行星大气圈丰度☆planet atmosphere abundance

行星的潮汐影响☆tidal influence of the planet
行星丰度☆planetary abundance
行星轨道资料☆planetary orbital data
行星级地热带☆planetwide geothermal belt
行星际尘(埃)☆interplanetary dust
行星际的☆interplanetary; extraterrestrial
行星际介质☆interplanetary medium
行星(轨道内)空间☆cisplanetary space
行星轮支架☆planetary carrier
行星内部地质学☆geology of planetary interiors
行星式齿轮传动比☆planetary gear ratio
行星式断裂☆planetary fracture
行星式闸☆planetary brake
行星胎☆embryo of a planet
行星探测计划☆planetary exploration program
行星外的☆extraplanetary
行星学☆planetology
行星学家☆planetologist
行星演化学☆planetary cosmogony
行星状星云☆planetary nebula
行星自转速率☆planetary rotation rate
行政管理☆supervision
行政管理(区域)☆government
行政管理数据处理☆administrative data processing
行政管理组☆brains department
行政机关☆executive; administration; office
行政开支☆cost of supervision
行政人员☆administrator; official; admr
行走部件☆travel{traction} unit
行走传动☆propulsion drive
行走机构☆running gear; bogie
行走绳斗铲[挖掘机]☆walking dragline excavator
行走时间☆walking time
行走式电动机☆propelling{travel(l)ing} motor
(使)行走似地移动☆walk
行走一次[机]☆in one go

xǐng

醒☆wake [waked,woke; waked,woken,woke]

xìng

幸存☆survival
幸存者☆survivor
幸亏☆fortunately
幸免☆shave
幸运☆luck; fortunately
杏☆apricot
杏黄色☆apricot
杏仁辉绿石☆toadstone
杏仁孔☆amygdule; amygdale
杏仁奶油饼☆frangipane
杏仁珊瑚(属)[C]☆Amygdalophyllum
杏仁体☆amygdaloid
杏仁细碧器{岩}☆dunstone
杏仁岩☆amygdaloid; amygdalphyre; amygdaloidal rock
杏仁状充填☆amygdaloidal filling
杏仁状细碧绿岩☆dunstone
杏仁状岩☆amygdaloidal rock
杏树☆apricot
杏状构造☆almond-shaped{amygdaloidal} structure
性伴变异☆sex-associated variation
性孢子☆pycniospore
性巢☆gonad
性格☆fiber; character; char.; texture; composition; fibre; temperament
性能☆performance; behavio(u)r; capability; worth; feature; efficiency; virtue; property; function [of a machine,property, etc.]; characteristic; state; ability
性能不良☆malfunction
性能改善的泥浆☆premium mud
性能经调节的溶液☆pre-engineered solution
性能试验☆performance{service} test; PT
性能系数☆coefficient of performance; figure of merit
性能指标☆performance figure{standards;indicators; rating;index}; specification; payoff
性能指标测定☆performance determination
性能指数☆performance index; index of performance
性情☆complexion; vein; temper
性双型☆sexual dimorphism
性系☆tie down
性选择☆sexual election

性质☆property；character；kind；quality；nature；composition；complexion；stripe；quale [pl.qualia]
性质与宾夕法尼亚州原油类似的原油☆Pennsylvania-grade crude oil
性状☆behavio(u)r；performance；character；trait；shape and properties；properties；quale [pl.qualia]
兴趣☆interest；zest；int；fun
姓☆surname
姓虫目☆Corrodentia
姓名{组织}的开头字母☆initials

xiōng

兄弟☆brother；Bros.
兄弟姊妹☆sibship
凶猛螺属[腹;$Є_1$]☆Aimitus
凶险风☆traversier
胸(部)☆breast；bosom
胸板☆pectoral scute
胸板螺钻☆breast auger
胸部☆thorax；bosom；bust；pars thoracalis；chest；trunk；truncus；thoracic region；pereion[甲;pl.-ia]；pregenital segment；pereon[节甲]
胸部附加骨☆pectoral appendages
胸窗☆pectoral fenestra
胸窦☆pectoral sinus
胸盾[龟腹甲]☆pectoral scute
胸苷☆thymidine
胸骨☆breast bone；sternum；breastbone
胸骨部☆pars sternalis
胸骨关节☆articulatio sternalis
胸骨后突☆metasteon；metosteon
胸骨间关节☆articulatio intersternalis
胸骨节☆sternebra
胸骨体☆gladiolus
胸关节窝☆fassa articularia pectoralis
胸怀☆bosom
胸棘片☆spinal plate
胸甲球石[钙超;K_2-Q]☆Thoracosphaera
胸角☆pectoral cornu
胸节☆thorax；thoracic segment；thoracomere[节]；pereonite{pereionite} [节甲]
胸铠☆breastplate
胸肋☆sternal rib；costae sternales
胸膜石☆pleurolith
胸鳍☆pectoral fin
胸前受话器☆breastplate
胸墙☆breast{jamb} wall；parapet；breast(-)work
胸神经☆nervus thoracalis
胸体☆thorax
胸外侧动脉☆arteriae thoracalis lateralis
胸腺(嘧)啶(核苷)☆thymidine
胸压手摇钻☆breast drill
胸针形球接子属[三叶;$Є_2$]☆Peronopsis
胸肢☆thoracopod
胸轴[三叶]☆axothorax
胸状物☆bosom
胸椎☆thoracic vertebra；dorsal vertebrae；vertebra thoracalis
胸足☆pere(i)opod；peraeopod；thoracopod[节]
匈牙利介属[T_3]☆Hungarella
匈牙利蓝☆Hungary blue
匈牙利式螺线型选矿流槽☆Hungarian-riffle sluice
匈牙利型流矿槽衬底方木格条☆Hungarian riffle
汹涛☆rough water
汹涛海面☆heavy sea
汹涌☆turbulence；popple
汹涌的☆boiling；surgent
汹涌状态☆surge condition

xióng

雄孢子☆androspore
雄孢子囊☆androsporangium
雄孢子叶☆androsporophyll
雄辩☆eloquence
雄辩的☆silver
雄雌同体的☆monoecious
雄的☆bull
雄蜂☆drone
雄红宝石[深红色;Al_2O_3]☆masculine ruby
雄(蕊)花☆staminate flower
雄花穗属[J]☆Masculostrobus
雄黄[As_4S_4;AsS;单斜]☆realgar；eolite；eolide；zarnich；red orpiment；ruby sulphur；auripigment；red arsenic (ore)；zarnec；sandarac(ha)；sandarae；realgarite；rejalgar
α 雄黄☆alpha-arsenic sulfide
雄黄矿床☆realgar deposit
雄集状态☆state of aggregation
雄鹿☆buck
雄鹿角☆staghorn
雄配子☆male gamete；microgamete
雄气阀☆gas take
雄球果☆androstrobus
雄球花[植]☆male cone
雄蕊☆stamen [pl.-s,-na]
雄榫☆tenon；tongue
雄榫接合☆cogging
雄烷☆androstane
雄细胞☆androcyte
雄性☆maleness；male
雄性两性同体☆andromonoecy
雄乙烯化合物(的)☆polyvinyl
雄甾烷☆androstane
熊☆bear；Ursus；rebuke；upbraid；abuse；scold；impotent；timid；faint-hearted
熊本水俣病☆Kumamoto-Minamata disease
熊齿兽属[Q]☆Arctodus；Arctotherium
熊耳运动☆Xiong'er orogeny
熊果苷[$HO•C_6H_4•O•C_6H_{11}O_5$]☆arbutin
熊雷兽(属)[E_2]☆Arctotitan
熊类☆bears
熊猫☆Ailuropoda；panda
熊犬(属)[E_1]☆Arctocyon
熊石燕属[D_3]☆Arctospirifer
熊属[Q]☆Ursus
(浣)熊尾状矿☆coon-tail ore
熊型总科☆Arctoidea

xiū

休伯斯打火石合金☆Hubers' alloy
休断层☆dormant fault
休顿洛契连生[斜长石出溶形成]☆Huttenlocher intergrowth
休恩仪[粒度分级用]☆Shoene apparatus
休尔-洛克连接[管道机械连接法]☆Sure-Lock joint
休耕地☆fallow
休会☆recess
休火山☆dormant volcano
休火山喷气的☆solfataric
休假[美]☆vacation
休假日☆off-day
休角☆natural angle of slope
休克尔分子轨道理论☆Huckel molecular orbital theory；HMO theory
休赖姆贝尔格仪钻孔偏斜测量☆Schlumberger survey
休赖姆贝尔格直流野外法[电勘]☆Schlumberger's D.C. field method
休利特参数☆Hewlett parameter
休伦(统)[加;Pt]☆Huronian
休伦期(后)造山阶段☆Epi-Huronian orogenic period
休曼曲线☆integral{Schuhmann} plot
休曼无烟煤☆humanthracite
休眠☆dormancy
休眠孢囊☆resting cyst
休眠孢子☆resting spore；cyst；cystospore
休眠地热系☆dormant geothermal system
休眠火山☆subactive{dormant;inactive} volcano
休眠期☆dormant{repose;rest} period；period of repose{sleep}；dormancy
休眠性地热系统☆dormant geothermal system
休眠芽☆resting{dormant} bud；statoblast
休明煤☆huminite
休氏藻科☆Scheuchzeriaceae
休斯刀具公司☆Hughes Tool Company
休斯效应☆Suess effect
休斯型隧道{平硐;平巷}掘进机☆Hughes tunnel-boring machine
休乌特型装载机☆Huwood loader
休息☆repose；break；halt；cessation；recess；rest；intermission
休息痕☆Ruhespuren
休息迹☆nest；cubichnia
休息角☆angle of rest{repose}
休息日☆lay{lying;off} day；off-day
休息时间☆intermission
休息室☆parlor；rest room；parlour
休闲☆leisure
休养地☆sanatorium；sanitarium
休养胜地☆healthpolis
休止层☆tropopause
休止角☆repose angle；angle of repose{rest}；critical slope (angle)；slope of repose
休止平衡☆equilibrium at rest
休止坡度☆slope of repose
休兹-思特尔造霍尔法[测定煤炭含氧量]☆Schuetze-Unterzaucher method
修☆pare；cobble；adorn；repair；mend；fix；write；study；learn；build；prune；cultivate
修刨☆shaping
修笔尖☆nib
修边☆trim
修边冲模☆ripper die
修边机☆trimmer
修边炮孔☆pop shot；trim{trimming;trimmer} hole
修补☆repair(ing)；repatching；revamp；remedy；patching；mend；daubing；patch (up)；piece；restore；renew；renewal；retreat；fettling[炉子]
修补回填☆reinstatement of site
修补物☆restorer
修补油罐壁板☆skin patching
修测图板☆deletion model
修车(用)坑☆engine pit
修船厂☆repairing yard
修船处☆careenage
修辞☆eloquence
修订☆revise；revisal；revision；variation
修订麦{默}加利地震烈度表☆modified Mercalli intensity scale；MM scale
修订者☆reviser
修尔风☆sur
修复☆recondition；doctor；rebuild；redemption；repair；reclaim(ing)；rehabilitation；restoration；rehabilitated；renewal；reclamation
修复(路面)琢石☆dressing
修复钻头☆replacement bit；dress out；rebuild
修改☆vary；modification；rework；revisal；revamp；adapt；remake；update；modify；revise；adapt(at)ion；handling；revision；correct；MOD
修改措词☆metaphrase
修改……的文体、措词等☆metaphrase
修改液☆opaquing fluid
修改者☆modifier；modificator；MOD
修管器☆pipe twist
修光☆slick
修光的工具☆smooth
修光工具☆smoother
修好☆impound
修合☆backfit
修尖☆resharpening；nib
修剪☆trim；pruning；clip；crop；lop；dress[树木等]
修剪的☆clipped
修建者☆restorer
修井☆workover；well repair{conditioning;workover；pulling}；remedial well treatment；redress；clean-out of well；WO；W.O.
修(油)井报查☆clean-out report
修井壁钻头☆rammer
修井工作舱☆workover module
修井机☆service machine{rig}；well service hoist；well pulling unit{machine}；(well) servicing rig
修井机对井口中心☆rig spotting
修井起下作业☆well-pulling service
修井柔管☆reeled tubing
修井用水龙头☆workover swivel
修井钻头☆redrill bit
修井作业☆workover job{treatment}；remedial work；rework operation；downhole remedial operation
修砍(木材)☆disbranch
修砍碗口☆dap
修理☆recondition；servicing；repair(ing)；repatching；fix (up)；refitment；reparation；workover；dressing；overhaul；piece；trim；remedy；refitting；rep.
修理厂☆fix-it{repair;back;service} shop；maintenance {servicing} depot；depot
修理车☆shop{repair;service} truck；breakdown van；mobile repair shop
修理费☆repairing expense；overhaul charge；cost of repairs；repair charges{expenses}
修理工☆adjuster；by(-)worker；repairman [pl.-men]；

byeworker; dresser; fitter; trimmer; serviceman
修理工厂☆salvage shop
修理(用)工具☆service equipment
修理工长☆head repairman
修理工作☆byework; remedial{repair(ing)} work
修理管线区域☆firing line
修理坑☆pit
修理用材料☆repair material
修理用的设备☆reconditioning equipment
修理与维护☆r and m; repair and maintenance
修理支架☆retimber
修理周期☆turnaround
修理钻头☆finishing bit; dress a bit
修理作业☆remedial work
修炉☆fettle
修路工(人)☆trackman; road mender; roadman
修磨☆thinning
修磨纤刃☆bit cutting{facing;wing} angle
修磨钻头☆retipping; resharpen; dressing
修内司官窑☆Xiuneisi official ware
修配☆overhaul
修配厂☆(repair) shop
修平刀☆trowel
修坡☆grading
修坡口☆veeing
修珀{拍}X 炸药[一类硝铵胶质狄那米特炸药]☆Super X
修器材☆maintenance supply
修钎厂☆drill building
修钎车间☆redressing shop
修钎房☆bit-grinding room
修钎工☆sharpener; toolie
修钎机☆bitsharpener; (bit) dresser; bit-grinding machine; jackmill
修钎炉☆jack furnace; jackfurnace
修钎用平锤☆bit fuller
修切边缘☆chamfer
修切山嘴☆trimmed spur
修渠☆ditch
修缮(和扩建)☆betterment
修饰☆retouch; dress; trimming; garnish; decorate; dr.
修饰成分☆modificator
修饰词[如形容词、副词]☆qualifier
修水龙带用套夹☆hose mender
修胎橡皮砂磨轮☆tyre repair rubber sanding drum
修梯地基☆terracer
修型墁刀☆sleek; slicker
修样器☆soil lathe
修匀☆smoothing; smooth
修匀的辐射图形☆smoothed radiation pattern
修匀函数☆smoothing function
修整☆trim; round-off; tru(e)ing; dressing; cropping; grathe[煤]; repair and maintain; prune; redressing; squaring; cleaning; shaving; fattening; tailor; chipping; trimming; finish(ing); onlay
修整费☆renewal cost
修整工☆fabricator; finisher
修整过的☆trimmed
修整好的心线端☆skinner
(道路)修整宽度☆graded width
修整炮眼☆pop shot; trimmer
修整平直☆square up
修整坡度☆bring to grade
修整器☆trimmer; finisher; truing device
修整砂轮的金刚石工具☆tool dresser
修整套管柱用钻头☆dress bit
修整用磨石☆dressing stone
修整铸件☆fettling
修整钻孔☆condition the hole
修整钻具用的砧铁☆dressing block
修整钻头☆dressing bit; bit dressing
修整钻头用的钳子☆dressing bit tongs
修正☆amend; readjustment; update; modification; ease off; correction; correctness; revisal; revision; tare; meliorate; retrieval; amendment; amelioration
修正产量☆modified flow rate
修正的斯泰尔斯法☆modified Stiles method
修正后的☆corrected; cor.
修正量☆allowance
修正麦加利烈度表☆MM {modified Mercalli} scale
修正器☆dresser; corrector
修正曲线☆fair curve
修正网络☆roll-off network
修正误差☆error correction
修正系数☆correction {adjustment} factor; coefficient of correction{correlation}; reduction coefficient
修正旋回☆refinement cycle
修正议案等☆amend
修正因数☆calibration{correction} factor
修正值☆amendment; corrected{modified} value; correction
修正值表☆accuracy table
修枝(钩刀)☆pruning-hook
修枝剪{夹}☆secateurs
修直☆realign
修直井身☆hole straightening
修直钻孔的钻具☆straight-hole tool
修筑地基☆subgrade
修筑隔墙☆damming; barricading
修筑路基☆subgrading
修琢☆dress

xiǔ

朽冰☆rotten ice
朽车轮矿☆wolchite
朽刚玉[Mg,Na 和 K 的铝硅酸盐]☆willcoxite
朽木☆dote
朽木菌☆wood-decay fungus
朽石☆rottenstone; terra cariose
朽松木烷☆fichtelite

xiù

嗅☆smell; nose; snuff(er); scent; sniff
嗅测技术☆sniffing technique
嗅觉☆smell; scent; nose
嗅觉测定☆olfactronics
嗅觉单位☆olfactory unit
嗅囊☆nasal capsules
嗅神经☆olfactory nerve
嗅探器☆sniffer
嗅味检验[检验石油中硫的含量]☆odor test
嗅阈值☆threshold odor number; TON
锈☆stain; rust (disease); canker; tarnish; become rusty
锈斑☆rust staining; pitting
锈孢子☆aecidiospore
锈孢子器☆aecidium
锈的☆rusty
锈坏☆eat away
锈迹☆rust staining
锈金☆rust(y) gold
锈菌目[真菌]☆uredinales
锈膜☆film rust
锈色☆patina
锈色岩☆muscovado
锈蚀☆corrosion; corrode; rust(ing); rustiness; attack; tarnish; corroded{spoilt} by rust; corrodent
秀丽石鳖属☆Lucilina
臭☆odor
溴☆Br; bromine; bromium[拉]
溴铵[合成矿物]☆bromammonium
溴百里兰☆bromothymolblue; dibromothymolsulfonphthalein
溴苯(基)肼[$BrC_6H_4NHNH_2$]☆bromophenyl hydrazine
溴苯乙腈☆bromo-benzyl cyanide; BBC
溴苄基-氰☆BBC; bromo-benzyl cyanide
(用)溴处理☆bromate
溴代的☆brom(o)-
溴代二甲苯☆xylene bromide
α-溴代萘☆α-bromonaphthalene
(含)溴的☆brom(o)-
溴方钠石☆bromidsodalith
溴仿[选重液,比重 2.8887;$CHBr_3$]☆bromoform; tribromomethane; methenyl tribromide
溴酚红☆dibromophenolphthalein
溴氟碳化合物☆bromofluorocarbon
溴钙镁石[$CaMg_2Br_6$•$12H_2O$]☆brom-tachyhydrite
溴汞石☆kuzminite
溴光卤石[$KMgBr_3$•$6H_2O$]☆brom(-)carnallite
溴化(物)☆bromide
溴化(作用)☆bromination
溴化钙{|钾|钠|铯|锌|银}☆calcium{|potassium|sodium|caesium|zinc|silver} bromide
溴化癸基吡啶盐[$C_{10}H_{21}$•$C_5H_5N^+Br^-$]☆decyl pyridinium bromide
溴化氢[HBr]☆hydrobromic acid; hydrogen bromide
溴化氰法(提金)☆bromocyanide process
溴化物阴离子树脂柱☆bromine anion resin column
溴化乙烯[CH_2Br:CH_2Br]☆ethylene bromide
溴化作用{处理}☆bromination
溴甲酚绿☆bromcresol{bromocresol} green
溴甲酚紫☆bromoresol purple
溴甲烷☆bromomethane
溴钾镁矾[$KMgSO_4Br$•$3H_2O$]☆brom-kainite
溴角铅矿[$Pb_2(CO_3)Br_2$]☆Br{brom}-phosgenite
溴角银矿[Ag(Cl,Br)]☆bromchlorargyrite
溴矿床☆bromine deposit
溴氯二氟甲烷☆bromochlorodifluoromethane; BCF
溴氯银矿☆orthobromite
溴钠石[NaBr]☆natrobromite
溴萘☆bromonaphthalene
α 溴萘☆α-monobromnaphthalene
溴羟铅矿☆brom-laurionite
溴水☆bromine water
溴酸盐☆bromate
溴碳铅矿☆brom-phosgenite
溴铜矿[$Cu_2Br(OH)_3$]☆bromatacamite
溴钨灯玻璃☆bromine tungsten lamp glass
溴盐☆bromine salt
溴液☆bromoform
溴乙烷☆bromoethane
溴银☆bromargyrite; bromyrite
溴银矿[AgBr;等轴]☆brom(yr)ite; bromargyrite; bromic silver
溴值☆bromine valve{number}
袖口☆cuff
袖套杉属[古植;K]☆Manica
袖珍版☆packet edition
袖珍本☆enchiridion; encheiridion
袖珍车间☆mini-workshop
袖珍剪力仪☆pocket shear meter
袖珍罗盘☆Bouguer{Brunton;pocket} compass; Brunton (pocket transit)
袖珍通风干湿计☆pocket aspiration psychrometer
袖珍型的☆pocket-size
袖珍仪器☆pocket instrument
袖砖☆sleeve brick
袖子☆arm
绣花支架☆embroidery lathe
绣球属[植;E-N]☆Hydrangea

xū

需大量投资的☆capital intensive
需二次破碎的大块矿石☆ore boulder
需风量☆required quantity of air current
需光度☆light requirement
需技能的工作☆skilled work
需两人使用的重钻具☆double handed gear
需气的☆aerobiotic; aerobic
需签字照付的票据☆bill to order
需求层次理论☆need hierarchy theory
需求定价法☆demand-oriented
需求价格☆demand price
需上油的接头☆jackbird; crybaby
需水☆water requirement{need}
需水峰☆peak demand
需水量☆water requirement{demand;need}; rate of draft; demand; amount of water required
需选矿石☆mill(ing)(-grade) ore; second class ore
需盐种☆salt-obligate species
需氧(生物)的☆aerobi(oti)c; aerobian
需氧量☆oxygen demand
需氧(气)生活☆aerobiosis; oxybiosis
需氧生活的☆oxybiotic
需氧生物☆aerobiont
需氧生物学处理☆aerobic biological treatment
需氧微生物☆aerobe; aerobian
需氧性生物☆oxybiotic organism
需氧氧化☆aerobic oxidation
需要☆lack; involve; entail; in need of; requirement; demand; call (for); challenge; requisition; request; need; necessity; necessitate
需要测定的密度☆interrogated density
需要层次论☆hierarchy of needs theory
需要处理的问题☆ill-defined problem
需要的☆requisite; required
需要风量☆air requirement
需要拉底的分段崩落法☆sublevel undercut-caving

method
需要性☆desirability
需要支承的岩层厚度[用以计算支架阻力]☆height of strata requiring support
需要支护的巷道☆supported opening
需要支架的(采空区)☆artificially supported openings
需用功率☆power demand
需用系数☆demand factor
需用硬通货偿还的贷款☆hard loan
虚报进尺☆steal hole
虚报矿石品位法☆salting method
虚爆炸点☆image shotpoint
虚边界面☆imaginary boundary surface
虚变量☆fictitious variable；dummy variables
虚变形☆virtual deformation
虚标记☆false mark
虚部☆imaginary part；idle{reactive;reaction} component
虚(数)部(分)☆imaginary component{part}
虚层{|道}☆imaginary layer{|trace}
虚的☆imaginary；dummy；virtual；spurious
虚地磁极☆virtual geomagnetic pole；VGP
虚电光效应☆virtual electrooptic effect
虚发点☆dummy source
虚反射☆ghost (reflection)；ghosting；secondary
虚反射路径☆ghost path
虚分量☆imaginary {quadrature; out-of-phase} component
虚高(度)☆virtual height
虚根☆imaginary root
虚工作☆dummy activity
虚功☆idle{virtual;lost} work
虚功原理☆principle of virtual work
虚构☆figment；fiction；concoction；romance
虚构的☆imaginary；fictitious；fabricated
虚构力☆fictitious force
虚构物☆nonentity
虚骨龙☆coelurosaurs
虚荷载☆imaginary loading
虚活动☆dummy activity
虚假的☆bogus；synthetic
虚假设☆null hypothesis
虚假图谱☆deceptive spectrum
虚假信号☆ghost{spurious} signal
虚假需求☆imaginary demand
虚假指示☆phantom indication
虚焦点{|结构}☆virtual focus{|structure}
虚角☆false angle；hollow horn
虚井☆imaginary{imaginal} well
虚镜像点☆fictitious specular point
虚距☆false distance
虚款项☆imaginary term
虚力☆fictitious force
虚梁☆imaginary beam
虚量☆imaginary{virtual} quantity
虚零(点)☆false zero
虚脉冲☆ghost pulses
虚(反射)脉冲☆ghost pulse
虚摩尔体积☆fictive molar volume
虚拟单元法☆Diffuse Element Method；DEM
虚拟的☆fictitious；imaginary；subjunctive
虚拟介质☆virtual medium
虚拟水流☆fictitious flow
虚盘☆offer without engagement
虚炮点☆image shotpoint；shot image
虚平面☆imaginary plane
虚坡度☆virtual grade
虚曲线☆dashed curve
虚弱☆infirmity；weakness
虚设物☆dummy
虚设线☆imaginary line
虚实分量法☆imaginary-real component method
虚收点☆dummy destination
虚数☆imaginary (number)；unreliable figure；j-number
虚数部分☆imaginary part；IP
虚速度测井☆pseudovelocity seislog{log}
虚头☆deadhead
虚伪的☆counterfeit
虚伪性☆falsity
虚位移场☆virtual displacement field
虚温☆virtual temperature
虚线☆dotted{dot;imaginary;broken;hidden;break;dash(ed);vacant} line；broken curve；line of dashes
(两条线中间的)虚线☆interline
(用)虚线表示☆dot
虚线的☆dotted；dashed
虚像☆virtual image；false image
虚像波前☆imaginary wavefront
虚压☆virtual pressure
虚压电效应☆virtual piezoelectric effect
虚阴极☆virtual cathode
虚应力☆virtual stress
虚圆☆imaginary circle
虚圆{源}点☆focoid
虚圆面☆spurious disk
虚造干扰☆meacon
虚震源☆image{virtual} source
虚指数☆imaginary exponent
虚重力☆virtual gravity
虚轴☆imaginary axis；axis of imaginaries
嘘声☆hiss
须☆whisker；palpus [pl.-pi]；palp
须苞石竹☆heated pink
须根状刺[腕]☆rhizoid spine
须蚶属[双壳;J-Q]☆Barbatia
须几丁虫属[O_3-S_1]☆Pogonochitina
须甲亚纲☆Mystacocarida
须脚目☆Palpigradi
须晶☆whisker crystal
须鲸亚目[缺齿鲸亚目]☆Mysticeti；Mystacoceti
须藤(绿泥)石☆sudoite
须腕动物(类)☆Pogonophora
须腕动物门[后口动物]☆Pogonophora
须鲵属☆Polymixia
须羊齿(属)☆Rhodea
须鱼☆Polymixia；beardfish
须藻属[蓝藻;Q]☆Homeothrix
须肢☆pedipalp(us) [pl.pedipalpi]

xú

徐变应变回复☆creep strain recovery
徐沸☆simmer
徐行☆crawl
徐缓沸腾☆bubble formation；ebullition
徐缓冒汽阶段☆passive steam stage；passive period
徐冷带☆annealing zone
徐升多边形法☆Thiessen polygons method
徐氏孢属[K]☆Hsuisporites

xǔ

栩栩如生的☆animated
许艾贝属[腕;$Є_{1-2}$]☆Huenella
许多☆host；dozen；crowd；stack；a series of；various；numerous；scores of；troop；spate；slew；shoal；quiverful；much；mass；lot；gobs；thousands；thous
许多(的)☆hundred
许多倍☆manifold；manyfold
许多的☆thousand；thous；numerous；manifold
许{舒}尔曼(金属)系列☆Schuermann{Schürmann} series
许可☆grant；permit；clearance；allow；sanction；permission；permissibility；licence；license；leave
许可标准☆approval standard；permissible criteria
许可产量☆allowable production rate；acceptable rate
许可的☆approved；permissible；appd
许可范围☆tolerance range；admittance；admission
许可合同规定的面积☆concession acreage
许可进入☆admittance
许可偏差☆permissible aberration
许可贫化(率)☆permissible dilution
许可速度☆licensed{permissible} speed
许可信号☆enabling signal
许可证☆license；licence；clearance；permit；warrant；ticket
许可证区块☆licence block
许诺☆commitment
许容浓度☆allowable concentration
许入的☆admissive
许氏孢属[C_2]☆Schulzospora
许用材料☆approved material
许用剪切应力☆permissible shearing stress
许用矿地☆gale
许用应力☆working{allowable;permissible;safe} stress

xù

蓄潮池(湖)☆tide pool
蓄潮库{池}☆tidal basin
蓄电☆storage；store
蓄电池☆accumulator[英]；accumulator cell{jar;plant;tank}；electric accumulator；secondary{storage} cell；(storage;secondary) battery；bat.；BAT
蓄电池槽☆battery container；accumulator tank
蓄电池车☆accumulator vehicle；battery cart
蓄电池灯☆accumulator{battery} lamp
蓄电池更换站☆changing station
蓄电池架线两用机车☆pantograph-cum-battery {trolley-cum-battery} loco(motive)
蓄电池井下材料车☆battery-powered supply truck
蓄电池牵引☆accumulator{battery} traction
蓄电池箱☆accumulator tank；cell box
蓄电池型矿用电机车☆storage-battery-type electric mine loco(motive)
蓄电池组☆accumulator{storage;secondary} battery；battery pack
(用)蓄电池作(掉电)保护的☆battery-protected
蓄电瓶后援系统☆battery backup system
蓄洪☆flood absorption{storage}；store{storing} floodwater
蓄洪量☆storage capacity
蓄洪区☆flood containment area；pondage land；flood control area
蓄积☆store (up)；reservoir；storing；accumulation
蓄积水☆intercepted water
蓄能器☆(energy) accumulator
蓄气层☆reservoir bed
蓄气器☆air-receiver；air receiver
蓄气式燃气轮机☆air accumulator gas turbine
蓄气装置☆caisson
蓄汽器☆steam accumulator
蓄热☆heat accumulation
蓄热器☆heat accumulator；regenerator；thermofor
蓄热式二通热风炉☆cowper
蓄热式坩埚室☆regenerative pot furnace
蓄热系数☆thermal storage coefficient
蓄水☆impoundment；retain{store} water；impound；water storage{accumulation}；ponding
蓄水槽☆catch basin
蓄水层☆aquifer；water horizon；water-carrier
蓄水(地)层☆aquifer；reservoir bed；waterlogged ground
蓄水池☆impounding basin{reservoir}；impounded body{basin}；cistern；(feeding) reservoir；pond；(hydraulic) accumulator；impoundment；storage bay{basin}；lasher；water-storage tank；water sump；piece of water；lodge
蓄水的☆water-retaining；water {-}carrying
蓄水地☆pondage land；flood fringe
蓄水库☆impounding{(water-)storage} reservoir；storage basin
蓄水量与开挖量之比☆storage excavation ratio
蓄水量与挖方量之比☆water-to-earth ratio
蓄水前地震活动性☆pre-impounding seismicity
蓄水区☆reservoir basin
蓄水势能☆storage potential
蓄水式雨量计☆storage raingage
蓄水洼地[希]☆repi
蓄压气☆cushion gas
蓄压器☆accumulator
蓄油层☆reservoir bed
叙晶石☆clinohedrite
叙利亚☆Syria
叙事文☆narrative
叙述☆express；represent；development；relate；paint；delineate；account；proposition；depict；mention；description；tale；narration
叙述的☆narrative
叙述者☆delineator
叙永石☆halloysite；glagerite
旭杯珊瑚☆Heliophyllum
旭来风☆so(u)laire；souledre；souledras
旭珊瑚☆Heliopora
序☆prolusion；order；synthem；eonothem；series；prolegomenon [pl.-na]；proem
序参数☆order parameter
序对☆ordinal pair
序贯检验{测试}☆sequential test
序号☆order{ordinal;sequence;serial} number
序计数器☆program counter；PC
序进应力试验☆progress stress test

序粒层☆diadactic{diatactic} structure；graded bed {layer}；gradational zone
序粒层序☆graded-bed sequences
序粒粉砂浊积岩☆graded siltstone turbidite
序粒构造(二元结构)☆diadactic{diatactic} structure
序粒性☆grading
序列☆s(ubs)equence；suite；succession；formation；alignment；train；array；line-up；rank；number sequence；order
序列表☆ranking list
序列的拼合(法)☆slotting of sequences
序列对比☆matching of successions
序列分析☆sequential{sequence} analysis
序列概率比试验☆sequential probability-ratio test
序列估计☆sequential estimation
序列极限☆limit of sequence
序列理论☆sequencing theory
序列判据☆sequence criterion
序列氢氟酸酸化法☆sequential hydrofluoric acid
序列时☆sechron
序列数☆serial number
序列褶积修匀(法)☆sequence convolution smoothing
序幕☆induction；prolog(ue)；prolusion[乐]
序数☆cardinal{serial;ordinal} number；effective atomic number；ordinal；number
(定)序位(置)☆ordination position
序言☆isagoge；foreword；preface；prolog(ue)；prolegomenon [pl.-na]；prelude；preamble；pref.
序言的☆isagogic；preliminary
畜牧场☆grazing-land；stock farm
畜牧业☆graziery；stock{live} farming
絮结☆flocculate
絮结的☆flocculent
絮凝☆floc (formation)；flocculate；flocculation；flocculus [pl.-li]；agglomeration
絮凝(粒)☆floccule
絮凝比☆flocculation ratio；F.R.；fr
絮凝的☆flocculent；flocculated；flocky；wooly
絮凝浮选☆flocflotation
絮凝极限☆limit of flocculation；LF
絮凝剂☆flocculant；flocculating{flocculation} agent；floc；floc.；aerofloc；flocculent；coagulant
6701 絮凝剂[一种液态高分子聚合物]☆Alfloc 6701
×絮凝剂[用谷类淀粉制成的阴离子型絮凝剂]☆AF
×絮凝剂[冷水可泡胀的淀粉]☆Arojel M
×絮凝剂[动物蛋白质衍生物]☆Colloid Nos. 1-5
×絮凝剂[氧化的动物蛋白质衍生物]☆Colloid YG-13
×絮凝剂[骨胶衍生物]☆Consol
×絮凝剂[阴离子型高分子聚羧酸]☆DX 882
Dupon EXR-102A 絮凝剂[羧甲(基)纤维素钠]☆Dupon Flocculant EXR-102A
×絮凝剂[水解的甲基丙烯酸与甲基丙烯酸甲酯共聚物]☆Flockal 152
×絮凝剂[部分水解的淀粉]☆Flockal `5{|202}
×絮凝剂[水溶性合成高聚物]☆Good-rite K721S{|770S}
×絮凝剂☆KH-3
×絮凝剂[二氯乙烷与乌洛托品的缩合产物]☆K`D{|DT}
×絮凝剂[藻朊]☆Kelcosol
×絮凝剂[德]☆Latcoll AS
×絮凝剂[土豆淀粉]☆Leiocom
×絮凝剂[烷基聚乙二醇醚;$R(OCH_2CH_2)_nOH$]☆Lubrol MOA
×絮凝剂[乙烯基醋酸盐与顺丁烯二酐共聚物]☆Lytron 886{|887}
×絮凝剂[活性硅溶胶;$SiO_2 \cdot xH_2O$]☆N-Sol
×絮凝剂[加工的蒙脱石]☆Nalco 650
×絮凝剂[非离子型高`{|极高}分子聚合物]☆Nalcolyte 110{|960}
P-250 絮凝剂[纯的聚丙烯酰胺,分子量 $5.5×10^6$]☆Cyanamer P-250
×絮凝剂[一种弱水解的聚丙烯酰胺]☆P.G.5
×絮凝剂[氧化的动物蛋白质衍生物]☆P.M. Colloid No.4V
PAM 絮凝剂☆Polyacrylamide；PAM
×絮凝剂[一种经过水解的聚丙烯酰胺]☆PAM
×絮凝剂[一种合成的高分子化合物]☆PK_3
×絮凝剂[十二烷基甲基丙烯酸酯与二乙氨基乙烯-甲基丙烯酸酯共聚物]☆PL-164
×絮凝剂[聚丙烯酰胺与甲醛的共聚物]☆Pamform
×絮凝剂[一种动物胶]☆Peter Cooper std. No.1
×絮凝剂[非离子型聚丙烯酰胺;英]☆Polyflok PX
×絮凝剂☆Polyox
×絮凝剂[脱去纤维素的可溶性干燥的血和蛋白]☆Profloc
×絮凝剂[乙醇化的烷基喹尼啶-胺络合物]☆Aerosol (R) C-61
×絮凝剂[美氰胺公司]☆S-3100{|3109}
×絮凝剂[一种合成的有机聚电解质]☆Sedomax F
×絮凝剂[聚丙烯酰胺,分子量 150～170]☆Separan 2610
×絮凝剂[一种水解聚丙烯酰胺]☆Separan AP30
×絮凝剂[聚丙烯酰胺,分子量 $3～5×10^6$]☆Separan MGL
×絮凝剂[丙烯酰胺与丙烯酸钠共聚物,其中丙烯酸钠量 10{|20|30}%]☆Separan NP10{|20|30}
×絮凝剂[苯乙烯与失水苹果酸酐的共聚物铵盐;捷克]☆Styromel
×絮凝剂[聚丙烯酰胺,相当于 Separan MGL]☆Superfloc 16
×絮凝剂[聚丙烯酰胺,分子量比 Superfloc 16 大,比 Superfloc 84 小]☆Superfloc 20
×絮凝剂[性质同 Superfloc 127;澳]☆Superfloc N 100
×絮凝剂[高分子量的聚丙烯酰胺]☆Superfloc `84{|127}
×絮凝剂[阴离子型碘化甘油酯]☆Supernatine S{|T}
×絮凝剂[土豆淀粉与 $CaCl_2$ 及 $ZnCl_2$ 制成的产品]☆Unifloc
×絮凝剂[阴{|阳}离子型水溶性淀粉]☆Wisprofloc `20{|P}
×絮凝剂[聚丙烯酰胺,分子量 150～170]☆X-2610
3000(号)絮凝剂[中等分子量的聚丙烯酰胺]☆Aerofloc 3000
3171(号)絮凝剂[高分子量聚丙烯酰胺]☆Aerofloc 3171
3425(号)絮凝剂[比 Aerofloc 550 号分子量更高]☆Aerofloc 3425
3453(号)絮凝剂 [高分子量的阴离子型聚丙烯酰胺]☆Aerofloc 3453
548{|552}(号)絮凝剂[聚电解质型高分子聚合物]☆Aerofloc 548{|552}
550(号)絮凝剂[水解了的聚丙烯腈]☆Aerofloc 550
×(号)絮凝剂[古耳豆科植物种子的精制液]☆Burtonite No.78
S-3019{|3100}(号)絮凝剂☆Reagent S-3019{|3100}
S-3257{|3258|3259|3292|3346}(号)絮凝剂[有机硅油类化合物,用于硫化物浮选]☆Reagent S-3257{|3258|3259|3292|3346}
S-3302(号)絮凝剂[戊基黄原酸烯丙酯]☆Reagent S-3302
絮凝剂给入管☆flocculant feed pipe
絮凝剂添加漏斗☆flocculant funnel
絮凝力☆force of flocculation
絮凝器☆flocculator
絮凝体☆flock；floc (unit)
絮凝脱油法☆flocculation oil removing method
絮凝物☆floc；floccul(at)e；flocculant
絮凝效果☆efficiency of flocculation
絮凝性☆flocculence；flocculability
1038{|1063}絮凝助剂[改性的阳离子淀粉衍生物]☆Floc aid 1038{|1063}
絮凝作用☆flocculation；coagulation；flocculating；flocculate
絮片体☆flakes
絮散(作用)☆deflocculation
絮团☆floc；flock；glomerule；pellet flocs；floccules
絮状沉淀☆floc
絮状堆积☆flocculent deposit
絮状体☆(flack) flock；flake
絮状物☆floss；floccus [pl.flocci]；floccule；floc(k)
絮状云☆floccus
絮状支托乳结☆flocculated clay buttress bond
(学术研究的)绪论☆isagoge
绪言☆foreword；exordium
续保☆renew
续订☆renewal
续发地震☆ensuing earthquake
续发脉冲☆secondary pulse
续骨[鱼类]☆symplectic (bone)
续行☆continuation line
续航力☆(cruising) endurance
续集☆sequel；spinoff
续流☆shut-in production；wellbore storage{fillup}；after-production；postproduction；afterflow[试井]
(关井后的)续流☆after flow；afterproduction
续流递减速率☆wellbore storage depletion rate
续流流量☆afterflow rate
续流期☆fill-up period；after production period
续流时间☆time of afterflow
续燃☆after-flame
续型☆ideotype
续约☆renew
续造山岩浆活动☆subsequent magmatism
续至☆secondary arrival
续至波☆later arrival；secondary；second event {arrival}；S{secondary;subsequent} wave
续至时间☆second arrival time
续注[注水井停注后注入水继续流入地层]☆afterinjection
续钻钻头☆follower

xuān

喧闹[英方]☆roil
宣布☆blaze；proclamation
宣传☆disseminate；indoctrinate；publicize；propagate
宣传(机构)☆propaganda
宣传人员☆hyper
宣告☆pronounce；pronouncement
宣龙式铁矿床☆Hsuan-lung type iron ore deposit
宣判☆sentence
宣誓☆swear
宣言☆dictum；declaration

xuán

悬☆suspend；hang；fly；announce openly；make known to the public；raise；lift；miss；be concerned about；imagine；unresolved；unsettled；far apart；outstanding；dangerous；precarious；suspension；perilous
悬岸☆overhanging bank
悬帮☆hanging{top;upper} wall
悬背起重机☆boom crane
悬壁☆hanging
悬壁式扒斗装载机☆jib-type scraper loader
悬壁涡流☆cliff eddy
悬臂☆cantilever；boom；cantalever；(pole) bracket；cantaliver；gib{spiral} arm；jib；jut；overarm
悬臂安装☆installation with overhang
悬臂把杆☆cantilever gin pole
悬臂擦磨机[雕琢宝石用]☆over-arm lapping machine
悬臂长度☆jiblength；jib-length
悬臂撑☆cross-arm brace
(起重机)悬臂传动装置电动机☆jib motor
悬臂吊车☆boom hoist；arm crane
悬臂桁架☆corbel；cantilever truss
悬臂梁☆cantilever (beam;bar;girder)；overhanging beam；cantalever；outrigger；semi-girder；cantaliver
悬臂排上式采金船☆stacker dredge
(用)悬臂起重机搬运☆arm crane
(挖掘机)悬臂牵索滑车☆luff tackle
悬臂式的☆cantilevered
悬臂式井斜仪☆cantilever type inclinometer
悬臂式联合开巷机☆boom{boom-type} miner
悬臂式墙☆cantilever wall
(挖掘机)悬臂首端滑轮☆jib-head pulley
悬臂岩柱☆cantilevered column of rock
悬臂支架☆console support{timbering}；pole bracket；cantilever{conventional} support；outrigger
悬臂支座☆abutment of corbel
悬臂轴承☆stay bracket
悬冰☆hanging ice
悬冰川谷☆hanging{perched} glacial valley
悬冰斗☆hanging cirque；corry；rasskar[挪]；coire；corrie
悬冰针☆frazil (ice)
悬冰箸☆icicle
悬持系数☆holdup factor
悬冲积扇☆hanging alluvial fan
悬锤☆pendulum{plumb} bob；plumb rule{line}；suspension weight
悬锤摆动量油法[测油罐蒸汽-空气空间高度]☆swinging gouge method
悬锤弹簧☆bob spring
悬垂☆overhang；tang；suspense

悬垂的☆overhanging；pendent(is)；pendens
悬垂设置点☆plumbing station
悬垂式信号机☆pendant signal
(洞顶)悬垂体☆horst
悬垂型☆pendent
悬带式磁选机☆overhand magnetic separator
悬滴法☆pendent{sessile} drop method
悬滴实验☆pendent drop experiment
悬滴试验☆hanging drop test
悬点☆point of suspension
悬吊☆hang(ing)；suspension；suspend；sling
悬吊绳☆scaffold suspension rope；carrying{stage} rope
悬吊石膏管型☆hanging cast
悬吊式单轨运输系统☆overhead monorail system
悬吊式防护磁铁☆mushroom-type guard magnet
悬吊试验☆free suspension test
悬吊试样式地磁仪☆suspended sample type magnetometer
悬吊药包☆suspension-explosive
悬吊药包试验☆suspended cartridge test
悬吊在顶板上的钢绳支架输送机☆roof-supported wire rope conveyor
悬吊轴承☆overhang bearing
悬吊装置☆hanger
悬顶☆flap top；lype；corniche[法]
悬而不{未}决☆hang；suspension；suspensibility；suspense；pendency；pending；pendent
悬浮☆levitation；suspension；flo(a)tation；suspend；dispersion；hover；airborne；weighing；soliquoid
悬浮沉淀{积}物☆suspended sediment
悬浮的液滴☆hanging drop
悬浮废液雾化法☆atomized suspension technique
悬浮分级☆levigation
悬浮负荷☆suspension{suspended} load
悬浮固体☆suspended solid (material)；SS
悬浮固体颗粒含量☆suspended solid content
悬浮固体(物)总量☆total suspended solids；TSS
悬浮荷载☆suspended{suspension} load
悬浮混合物☆suspended mixture
悬浮火车☆aerotrain
悬浮机械杂质总(含)量☆total suspended solids；TSS
悬浮剂☆suspend(ing){suspension} agent；deflocculant
悬浮胶体(液)☆suspensoid
悬浮介质☆suspending medium
悬浮颗粒☆suspended{suspensoid} particle；particle in suspension
悬浮矿尘☆aerial dust
悬浮矿物☆dredge
悬浮力☆suspension force
悬浮煤尘☆flue coal dust
悬浮磨料☆abrasive suspension
悬浮泥沙量☆suspended sediment concentration
悬浮气体中的微粒☆gas-bone particles
悬浮(空心)球☆levitated sphere
悬浮区熔生长法☆floating zone-melting growth
悬浮燃料☆slurry fuels
悬浮燃烧式焚烧装置☆suspension firing equipment
悬浮散态物质☆suspended particulate matter
悬浮沙{砂}☆suspended{teetering} sand；sand in teeter
悬浮石墨☆deflocculated graphite
悬浮式挖泥机☆suspension dredge(r)
悬浮水☆suspended water；water in suspension
悬浮水带☆zone of suspended water
悬浮态☆teeter
悬浮体☆suspension；suspensoid；suspended matter {mixture;substance}；soliquoid；levitated body；quicksand
悬浮体的带动☆entrainment
悬浮微粒☆aerosol
悬浮微粒总量☆total suspended particulates；TSP
悬浮物(与推移质)比值☆suspended-bed load ratio
悬浮物测量计☆nephelometer
悬浮物量☆total suspended matter；TSM
悬浮物摄食者☆suspension feeder
悬浮下沉井壁☆sinking of shaft liner by means of floatation
悬浮效率☆suspending efficiency
悬浮型转向剂[导流剂]☆buoyant diverter
悬浮选矿☆ore floatation
悬浮液☆suspensoid；suspending{suspended} liquid；suspension (fluid)；soliquoid；fluid suspension
悬浮液滴法[求表面张力]☆drop weight method
悬浮液研磨法☆suspending liquor grinding
悬浮预热器窑☆dry process kiln with suspension preheater
悬浮载荷沉积☆suspension load deposit
悬浮沼泽☆schwingmoor
悬浮质☆suspended load；suspensate
悬浮状态支撑剂高度☆prop-suspended height
悬杆☆swing
悬隔☆disparity
悬拱☆hanging arch
悬鼓丘☆hanging drumlin
悬骨褶☆phragmina
悬谷☆suspended{hanging} valley；valleuse
悬谷支流☆hanging tributary
悬挂☆hang (off)；hanging-up；suspension [of a motor vehicle]；suspend；drape；fly (a flag)；pendency
悬挂的☆suspended；hanging；suspensory；swing；underslung；pendulous
(管柱的)悬挂顶点☆landing top
悬挂垛盘的木框☆hanging sets
悬挂管子罐笼的隔间☆utilities compartment
悬挂加固作用☆suspension reinforcing effect
悬挂井框基环的木板☆hanging deal
悬挂盘式提升机☆suspended tray elevator
悬挂器☆hanger
悬挂绳式单轨运输☆overhead-rope monorail
悬挂式的☆linkage-mounted
悬挂式机械搅拌机构☆fully suspended mechanism
悬挂式倾斜{半圆}仪☆hanging clinometer
悬挂式丘宾筒☆suspended tubbing
悬挂式输送{运输}机☆underslung conveyor
悬挂式托辊结构☆suspended idler structure
悬挂式预制弧形块井壁☆suspended tubbing
悬挂物☆suspensory；suspension
悬挂仪器测量☆suspension instrument survey
悬挂褶皱☆suspended fold
悬挂、支撑封隔器组☆combination wall and anchor packer
悬挂轴承☆hanger bearing
悬挂装置☆hook-up；hold-down；suspender；linkage；hitch (structure)；bogie；suspension (gear;system)
悬挂装置联结销☆hitch pin
悬挂座☆hang-off receptacle
悬轨条溜口☆finger chute
悬辊法☆roller suspension process
悬辊式磨机☆pendulum (roller) mill
悬荷搬运☆suspended-load transport
(挖掘机)悬架升降机构☆derricking gear
悬胶☆suspension colloid
悬(浮)胶(体)☆suspension colloid；suspensoid
悬胶催化裂化燃料☆suspensoid cracked fuel
悬胶体☆suspensoid
悬空☆hang(ing)-up；be impractical；overhang
悬空长度☆unsupported length
悬空的☆pending；pendent；flying
悬空键☆dangling bond
悬空缆车☆cable carriage{car}
悬空煤☆hanging coal
悬跨管线☆span pipeline{line}
悬框☆spreader
悬缆☆suspension rope
悬缆线☆messenger (wire)
悬粒灰岩☆float-stone；floatstone
悬粒浆(液)☆particulate grout
悬链部分☆catenary section
悬链吊架☆chain attachment
悬链(式)锚腿系泊☆catenary anchor leg mooring
悬链式锚腿系泊浮筒☆catenary anchor leg mooring buoy；CALM buoy
悬链式挠性立管☆catenary flexible riser
悬链线☆catenary；catenarian
悬链状波痕☆catenary ripple (mark)
悬梁☆cantilever；overarm；hang oneself from a beam；lazy balk{girder}；over arm
悬量☆string suspending weight
悬料☆hang-ups；hanging-up；hanging
悬铃木粉属[孢;N_1]☆Platanoidites
悬铃木属☆Platanus
悬流交汇☆discordant junction
悬落石堆☆hanging talus
悬煤☆hanging coal
悬片[端]☆dag
悬飘焙烧☆flash roasting
悬旗浮标☆pendant buoy
悬枪☆jib
悬桥☆hanging bridge
悬鳃痕☆gill suspensory
悬沙☆suspension
悬绳器☆polished rod eye；mule-head hanger
悬(钢)绳器☆beam hanger
悬石☆balm{float;pumice} stone；detached{dislodged;loose;float;running} rock；balmstone；pumice
悬式电枢电动机☆motor with overhang armature
悬式接头☆suspended joint
悬式峡湾☆hanging fjord{fiord}
悬殊☆disparity
悬水面湖☆perched lake
悬丝☆suspension wire
悬索☆messenger line{cable}
悬索桥☆suspension bridge
悬索曲面☆catenoid
悬索线☆catenary
悬梯☆ladder
悬停直升飞机☆hovering helicopter
悬艇式小型零件搬运箱☆gondola
悬网式☆suspended net type
悬藓属[苔]☆Barbella
悬线垂度☆catenoid
悬崖☆cliff；scarp；kliff；bluff；escarpment；beetling {rock;overhanging;steep} cliff；lin(n)；hanger；lynn；(hang) klip；brow；crag；hangklip；cleve；precipice；steep；hanging side；corniche；steilwand[德]；khud[印]
悬崖的☆precipitous
悬崖海岸☆cliffed coast
悬崖坡☆front slope；inface；scarp slope[与倾向坡相对]；scarp face
悬岩☆rock shelter；sandstone cave；cleve；cliff
悬叶☆suspensive lobe
悬液☆suspension
悬液计☆nephelometer
悬液效应☆liquid hang-up effect
悬移☆suspension transport
悬移水流☆suspended current
悬移质☆suspensate；suspended{suspension;wash;sediment; silt} load
悬移质流☆suspension current
悬异重流☆suspended turbidity current
悬运☆suspension
悬在钢丝绳上的托辊[输送机]☆cable-suspension idler
悬支谷☆hanging tributary valley
悬置☆suspension
悬置式火钻☆suspension piercing
悬重☆hanging load；overhang；hang{suspending} weight；suspension weight[拉紧钢丝绳罐道用]；weight in suspension
悬轴式{型}旋回破碎机☆suspended spindle gyratory crusher；suspended-spindle type gyratory
悬着水☆pendular{suspended;hanging;radose} water
悬浊液☆suspension
旋☆wind；twiddle；turn；screw；cyclo-
(螺丝等的)旋棒☆tommy bar
旋杯风速计☆cap anemometer
旋壁[孔虫]☆spirotheca (wall)；spiral lamella
旋臂☆radial arm
旋臂吊车☆whirler crane
旋臂式☆jib-type
旋波☆spiral wave
旋成的☆turned
旋齿鲨(属)[P]☆Helicoprion；Edestus
旋锤式破碎机☆swing hammer mill
旋磁化☆gyromagnetic ratio
旋错☆disclination
旋错觉☆oculogyral illusion RR
旋滴(法)界面张力仪☆spinning drop interfacial tensiometer
旋动☆gyration；gyrate
旋动式耙子☆rotary rake
旋度☆rotation；curl；vorticity；circulation[线积分]
旋锻☆swaging
旋顿钻井☆rotary percussion drilling
旋房虫属[孔虫; K-Q]☆Spiroloculina
旋缝[孔虫]☆spiral suture
旋杆菊石☆Baculites

旋耕机☆rotovator
旋沟藻属[J-Q]☆Gonyaulax
旋管☆coil (pipe); worm; coiler
旋光☆rotation; optical activity
旋光玻璃☆rotation glass
旋光测定(法)☆polarimetry; polariscopy
旋光测定计☆polarimeter
旋光度☆(optical;activity) rotation; optic rotation; OR
旋光分析☆polarimetric analysis
旋光改变☆mutarotation
旋光改变作用☆birotation
旋光计☆polariscope; polarimeter; polarograph
旋光力☆rotatory power
旋光率☆specific rotatory power; specific rotation
旋光器☆polariscope
旋光色散☆(optical) rota(to)ry dispersion; ORD
旋光性☆optical activity{character;property}; optic(al) rotation; rotary polarization; opticity; optical rotary power; rotation property; OR
旋光性非均向☆optic anisotrope
旋光左右对映体☆optically active enantiomorph; optical enantiomorph
旋花[学名蜀葵叶旋花,旋花科,磷局示植]☆bindweed
旋花粉属[E]☆Convolvulus
旋花科☆convolvulaceae
旋回☆cycle; cyclothem
旋回沉积☆cyclical deposit(ion); cyclothem; cyclic sediment(ation); cyclothemic sedimentation
旋回单元☆cyclic unit
旋回浮筒[校正罗经用]☆swinging buoy
旋回弧形断裂☆encircling arcuate fracture
旋回阶段的缺{略}失☆elision of cycle stage
旋回面☆rotation surface
旋回球面破碎机☆gyrasphere crusher
旋回圈☆turning circle
旋回式破碎机☆gyrating crusher{breaker}; gyrator; gyratory breaker
旋回性☆cyclicity; cycling
旋回性地形发育理论☆cyclic geomorphic theory
旋回学☆cycleology
旋积沙脊☆eddy {-}built bar
旋脊☆spiral rib
旋脊☆spiral ridge{rib}; choma
旋肩式接头规范[旋接式带台肩接头的简称]☆rotary shouldered connection dimension
旋桨式流速仪☆rotating meter; propeller current meter
旋角羚属[N_2-Q]☆Antilospira
旋角石(亚)目[头]☆Rutoceratina
旋接☆screw together
旋节的{线}☆spinodal
旋节分解☆spinodal decomposition
旋紧螺纹☆screw on
旋进☆precession; precess
旋进法☆precession method
旋进(速)率☆precession rate
旋晶法☆rotating-crystal method
旋菊石(属)[头]☆Perisphinctes
旋卷☆vortex [pl.-tices]; convolute; volution; coiling; curl; circumvolution
旋卷带☆whirl zone
旋卷单列式[孔虫]☆coiled-uniserial
旋卷的☆volute; coiled
旋卷构造☆roll-up{vortex;spiral;convolute} structure; convolutional ball
旋卷流痕纹理☆convolute current-ripple lamination
旋卷片[丁]☆spiral lamina
旋卷双列式[孔虫]☆coiled-biserial
旋卷形褶皱☆convolute fold
旋菌形☆spirillum [pl.spirilla]; spine
旋开分量☆helicospiral component
旋开平台☆swinging platform
旋壳(螺类)☆Cochliostraca
旋壳扩张速率☆whorl expansion rate
旋扣急拉链☆jerk chain
旋扣器☆spinner assembly
旋棱螺属[腹;O]☆Helicotoma
旋离☆whizz; whiz
旋链☆spinning chain
旋量☆spinor; curl
旋量空间☆spin space
旋流☆cyclone; eddying{rotational;eddy} flow; eddy current; whirlblast
旋(转涡)流☆rotating vortex; whirl(wind)
旋流的☆swirling
旋流短节☆vortex sub; spiral flow sub
旋流分级{选}机☆cyclone separator
旋流浮阀(套管)引鞋☆combination whirler float and guide shoe
旋流镜☆rotoscope
旋流喷嘴☆swirl nozzle
旋流曝气☆spiral-flow aeration
旋流器☆cyclone; whirlcone; swirler
旋流器底流箱☆cyclone underflow box
旋流器给矿泵☆cyclone feed pump
旋流器组☆cyclopac
旋流区☆turbulent core
旋流燃烧☆swirl-flow combustion
旋流室☆vortex chamber
旋流式燃烧器☆cyclone{vortex} burner
旋流(器)洗煤法☆cyclone washing
旋流(器)洗选机☆cyclone washer; washing cyclone
旋律☆melody
旋轮线☆cycloid; trochoid; roulette
旋轮线的☆cycloidal
旋螺贝属[腕;O_2]☆Cyclospira
旋螺科☆Fasciolariidae; Vertiginidae
旋毛虫类[原生]☆Spirotrichida
旋扭☆turn-knob
旋钮☆knob[钙超]; button; BUT; tongue
旋盘☆capstan
旋盘式铺砂器☆spinner gritter
旋盘压制机☆rotary table press
旋喷法☆spin-jet grouting
旋喷灌浆☆jet grouting
旋喷桩☆jet-grouted pile; rotary jet pile
旋坯成型☆jolleying; jiggering
旋偏光角☆rotatory polarization angle
旋偏振性☆opticity
旋脐口[孔虫]☆spiroumbilical aperture
旋启式上回阀阀瓣☆clapper
旋壳的几何形态[生]☆coiling geometry
旋壳几何形态☆coiling geometry
旋球构造☆spiral ball{structure}; snowball structure
旋球型破碎机☆gyrasphere crusher
旋圈☆convolution; volution; revolution
旋圈虫☆spirorbis
旋绕☆convolve; convolution
旋绕层理☆convolute bedding
旋熔炼☆cyclonic smelting
旋塞☆cock; faucet; plug (cock); turncock; bib; tap (valve); bibb
旋塞的塞子☆plug of cock
(小型)旋塞阀☆stopcock
旋升飞机☆gyroplane
旋升螺线☆helicospirals
旋绳☆spinning rope
旋绳器☆spinner
旋束管☆helitron; spirateon
旋双晶☆rotation twin
旋松☆back-out
旋速图表☆tachograph
旋塔赫煤化跃变☆Stach jump; coalification jump in exinites
旋台螺属[腹;T_3-N_1]☆Ampullospira
旋梯☆caracole
旋梯中柱☆spindle
旋调管☆cyclophon
旋筒筛☆cylinder{revolving} screen
旋脱☆rotation release
旋纹☆lira [pl.lirae]; spiral striation
旋涡☆vortex [pl.-tices]; eddy; whirl(wind); swirl; churning; burble; whirlpool; gurge; turbulence; vorticity
旋涡潮流☆maelstrom
旋涡核心☆turbulent core
旋涡流☆whirling currents
旋涡脉冲式干燥机☆vortex-impulse dryer
旋涡磨机☆eddymill; vortex mill
旋涡侵蚀☆vortical erosion
旋涡探向孔☆vortex finder
旋涡形图廓花边☆cartouche; title box
旋涡状臂☆spiral arm
旋涡状岩石☆swirled rock
旋涡作用☆swirling action
旋向带☆coiling-direction zone
旋向副隔壁[孔虫]☆spiral septulum
旋向沟☆cuniculus [pl.-li]
旋斜视计☆clinoscope
旋星骨针[绵]☆spiraster
旋选矿机☆gravity separation; spirals
旋压☆spin; spining; spinning
旋压成型机床☆spin forming
旋牙形石(属)[C_1]☆Dinodus
旋焰爆震☆spinning detonation
旋叶给料器☆rotary-vane feeder
旋翼☆rotator; vane
旋翼飞机☆gyrocopter; cyclogiro; autogiro; rotocraft; autogyro
旋翼机☆autogyro; autogiro; giro
旋翼式飞机☆rotary-wing aircraft
旋凿☆turn screw
旋藻☆Lyngbya
旋织虫属[孔虫;C-Q]☆Spiroplectammina
旋轴☆pivot
旋柱白鼓丁[石竹科,Cu 局示植]☆Polycarpea spirostylis
旋转☆revolution; convolution; gyre; gyration; curl; gyrate; whirl; convolve; rotate; circumvolution; swivel; circumgyration; rotation; spin; circumgyrate; circ(u)late; running; troll; place; revolve; rotating turn; slue; wheel; reel; turning; slew; vrille[飞头向下旋转下降]; spinning; quartimax; tour; rotary inversion; swim; rota-; rot.; rev; gyr(o)-
旋转(矢量)☆circulation; circuitation
旋转安全☆spin safe
旋转百叶孔干燥机☆rotary louvre dryer{drier}
旋转板块☆rotated plate
旋转板(式)填料机☆rotary plate filler
旋转泵☆wheel{rotary(-type)} pump
旋转变形☆spiral{rotational} deformation; rotative distortion
旋转测度器☆gyrograph
旋转场电磁(勘探)法☆rotary-field electromagnetic method
旋转衬里法☆rotational lining
旋转冲击式钻井☆rotary percussion drilling
旋转充填衬管振动装置☆rotary compactor liner vibration
旋转充填丢手工具☆rotary compactor releasing tool
旋转磁化☆rotary magnetization
旋转磁铁式磁选机☆rotating-magnetic separator
旋转大钩☆rotary hook
旋转带☆whirl zone; rotating band
旋转带法☆turning-band method; method of rotating bands
旋转倒反对称轴☆symmetry axis of rotary inversion
旋转的☆rota(to)ry; rotational; gyrate; gyral; rolling; convolutional; rotating; whirler; revolving; swing; revolutionary; pivoted
旋转的东西☆twirl
旋转涤气器☆rotary scrubber
旋转垫衬V形压气浮选槽☆rotating-mat V-type cell
旋转电流偶极法☆rotating current dipole method
旋转吊钩☆shackle hook
旋转对称应力☆rotationally-symmetric stress; rotation stress of symmetry
旋转多孔面V形槽气压浮选槽☆rotary-mat V-type cell
旋转多面镜☆rotating multi-faced mirror
旋转阀☆change-over{rotating;rotary} valve
旋转翻卸车☆revolving{rotary} dump car
旋转反伸对称轴[倒转轴]☆symmetry axis of rotary inversion
旋转反伸轴☆rotary{rotation} inversion axis; axis of rotary-inversion; inversion rotation axis
旋转反映☆roto-reflection
旋转反映轴☆rotation-reflection axis
旋转方向☆sense{hand} of rotation; direction of rolling; rotation sense
旋转方向相反的叶片☆contra rotating blades
旋转风☆cyclostrophic winds
旋转杆☆swing(ing) bar
旋转刮孔刀头☆cutter head
旋转关井工具☆rotating shut-in tool
旋转管☆swivel pipe
旋转光速云幕{幂}计☆rotating-beam ceilometer
旋转滚柱☆swivelling idler
旋转焊接☆roll welding

旋转后的位置☆slew
旋转戽斗式脱水机☆rotoscoop
旋转滑动☆rotational slide{slip}
旋转滑动后壁☆rotational scar
旋转环☆swivel eye
旋转换流机☆rotary converter
旋转回声☆spin-echo
旋转火墙式燃烧器☆rotary wall flame burner
旋转肌痕☆rotator muscle scar
旋转极☆pole of rotation
旋转肩台连接☆rotary shouldered connection
旋转剪切滑坡{落}☆rotational shear slide
旋转角☆angle of rotation；rotation angle
旋转接头☆swivel (joint)；swivel adapter head；rotary joints；SAH
旋转晶体图☆rotating crystal diagram
旋转镜扫描系统☆rotating{rotary} mirror scan system
旋转锯石机☆rotary saw
旋转开关☆rotary{revolving;tumbler;ROT} switch
旋转控制阀箱☆rotary control valve
旋转扩口机☆flaring machine
旋转力☆angular{torsional} force
旋转力矩测量器☆torquemeter
旋转链[拆卸钻杆、套管用]☆spinning line
旋转量度☆roton
旋转量☆windup
旋转漏斗脱水机☆rotary hopper dewaterer
(油管)旋转密封封隔器☆screw packer
旋转磨机☆tumbling mill；rotary grinding mill
旋转磨石☆grindstone
旋转偶极法☆rotating dipole method
旋转耙机构[分级机]☆rotating rake mechanism
旋转排渣阀☆refuse rotor
旋转抛物面☆paraboloid of revolution
旋转喷注燃油器☆rotary-cup oil burner
旋转偏差{转}☆rotational deflection
旋转偏光☆rotatory polarization
旋转频率☆gyro frequency
旋转器☆rotator；spinner；turner；slewer
旋转切割器总成☆rotary knife assembly
旋转-驱动总成☆rotary-driven assembly
旋转曲线筛网☆cardan arched screen
旋转熔池☆rotating bath
旋转三通☆swivel tee
旋转筛☆revolving grid{screen}；trommel；rotary screen{riddle}
旋转上管扣☆spinning
旋转声☆whir
旋转时间☆rotating time；HRON
旋转石榴☆rotated{snowball} garnet
旋转式翻卸矿车☆rotary dump car
旋转式刮刀活钻头☆drag rotary detachable bit
旋转式环碎机☆rotary ring crusher
旋转式炮眼钻机架☆rotary blasthole rig
旋转式浅眼钻粒钻机[打震探眼]☆rotary shot drill
旋转式受矿设备☆turnstile
(用)旋转式松土机松土☆rotovation
旋转式悬臂☆slewable boom
旋转式压(缩空)气钻机☆rotary air drill
旋转水平穿孔机☆horizontal auger
旋转速度☆rotary{gyro;swing;rotation(al)} speed；velocity of rotation；rotational velocity
旋转速率☆speed of rotation；slewing rate；SR
旋转台☆u-stage；universal stage；rotating `stage{table}[显微镜]；stage goniometer；swivel
旋转(针)台☆spindle stage
旋转套洗管鞋☆rotary washover shoe
旋转体☆swivel{drill} head[钻机]；spinner；solid of rotation；feed-head
旋转筒式磁化焙烧炉☆rotary-tube type magnetic-roasting-furnace
旋转推进式金刚石钻机☆screw-feed diamond drill
旋转位移☆disclination
旋转位移断层☆fault of rotational displacement
旋转物☆gig；whirl
旋转楔☆toggle wedge
旋转斜盘☆swash plate；swashplate
旋转型井壁取芯筒☆rotary type side core barrel
旋转型三联大钩☆swivel-type triplex hook
旋转性能☆verticity
旋转叶片型稳定器☆rotating blade stabilizer
旋转叶压气机☆rotary vane compressor
旋转应变☆rotation(al) strain；pure rotation
旋转油泵☆backing pump
旋转圆盘试验仪☆rotating disk reactor
旋转运动☆rotational{rotary;spinning;rotatory;circular} movement；wheel；turning{pivoting;rotary;rotating} motion；gyrate
旋转照相☆rotation photograph
旋转褶皱☆vortex；rotational fold
旋转针齿破碎机☆rotary-pick breaker
旋转振动充填设备☆rotary compactor vibration equipment
旋转振动钻井☆rotary vibratory drilling
旋转中心☆rotation centre；pivot center
旋转轴☆rotation{B;pivotal;screw;rotated;spin} axis；axis of rotation{coiling}；gyro-axle；gyre；turning axle
旋转转换充填工具☆rotary compactor crossover tool
旋转装置☆rotation device；turning gear
旋转状的☆rotaliform
旋转钻进土壤试验☆draw works；vane test
旋转钻进用水基泥浆☆water-base rotary drilling fluid
旋转钻井☆boring{drilling} by rotation；rotary drilling
旋转钻井用钻头☆rotary bit
旋转钻井游动钢丝绳☆rotary drill line
旋转钻眼法☆rotary system of drilling
旋转钻的超炮孔☆rathole
旋转钻管卡瓦☆rotary slip
旋转钻和顿钻两用钻机☆combination drill
旋转钻机☆rotary(-drill(ing)) rig；rotary boring
旋转钻机打炮眼(法)☆rotary blasthole drilling
旋转钻具的连接管☆coupling block
旋转钻头☆bur；roller bit；rotary bit
旋转钻压☆rotation weight；Rot. wt
旋转坐放衬管悬挂器☆rota-set liner hanger
旋转坐封装置☆rota-set assembly
旋转作用☆turning effort；rotative action
旋状带☆spiral band
旋状(纤毛)环[腕]☆spirolophe
旋状接触缝☆spiral suture
旋状体☆swirl
旋锥纹石☆wickelkamazite
玄玻凝灰岩☆palagonite {-}tuff；trinacrite
玄玻杏仁体☆hullite
玄玻质火山灰☆palagonitic ash
玄橄岩☆pyrolite
玄灰凝灰岩☆basalt ash tuff
玄晶凝灰岩☆basalt crystal tuff
玄精石☆(gypsum) selenitum
玄块凝灰岩☆basalt-agglomerate tuff
玄砂石☆wacke
玄闪斑岩{石}☆kilaueite
玄闪石 $[(Ca,Na,K)_{2\sim3}(Mg,Fe^{3+},Al)_5((Si,Al)_8O_{22})(O,OH)_2]$☆hexabolite；oxyhornblende；lamprobolite；basaltic hornblende
玄闪钛辉岩☆yamaskite
玄参红酸☆azafrin
玄参科☆scrophulariaceae
玄土☆wacke
玄土岩☆vakite
玄武斑岩☆basalt-porphyry
玄武斑状玻璃☆hyalomelane；basaltic vitrophyre
玄武碧玉☆basalt-jasper；basaltjaspis
玄武玻璃☆sordavalite；jaspoid；tachylite；tachylyte；hyomelan；wichtyne；wichtine；wichtisite；basalt (glass)；sideromelane；sordawalite；basaltic glass
玄武玻璃质底层☆palagonite；basaltic glassy substratum
玄武辉石☆oktobolite；basaltic augite
玄武角闪石辉石☆basaltine
玄武球颗构造☆variolitic texture；variolated structure
玄武熔岩☆basaltic lava；black stone；malpais
玄武石☆graystone
玄武土☆basalt clay；iron lime；(basalt(ic)) wacke；vake[法]
玄武蛙☆Rana basaltica
玄武岩☆basalt；Irish touchstone；Bas；wacke
玄武岩层☆basaltic{intermediate} layer；sima
玄武岩道☆basaltic vent
玄武岩的☆basaltine；basaltic
玄武岩盾☆shield basalt
玄武岩化(作用)☆basaltization
玄武岩亏损机制☆basalt {-}depletion mechanism
玄武岩类☆basanitoid；basaltic rocks
玄武岩类岩石☆whinstone
玄武岩棉☆basalt wool
玄武岩疱☆basaltic blister
玄武岩壳☆basaltic crust{shell}
玄武岩穹地{隆}☆basalt dome
玄武岩蚀变红黏土☆erinite
玄武岩原☆basalt-plain
玄武{花岗}岩质层☆P layer
玄武岩质喷火口☆basaltic vent
玄武岩柱状体[法]☆orgues
玄武岩状☆basaltiform；basalt-like shaped
玄武皂石☆thulite
玄武值无球粒陨石最佳初始值☆basaltic achondrite best initial；BABI
玄武质地壳层☆basaltic crustal layer
玄武质凝灰岩☆basaltic tuff
漩涡☆eddy；whirlpool；swirl
漩涡(花样)☆torsel
漩涡水面☆overfalls
漩涡星系☆spiral galaxy
漩涡状的☆circinate

xuǎn

选☆sort；dress[矿石]
选拔☆cull
选拔赛☆tryout
选别☆upgrading；sweeten
选别充填☆selective filling
选别工作☆concentration operation
选别回采☆selective mining{stoping}；picking；resue (stoping)；separate stoping{mining}；selectivity in mining
选别取样☆fractional sampling{selection}
选层锚☆side wall anchor；selective zone anchor
选层型(地层)☆lectostratotype
选厂☆mill
选厂矿泥☆milling slime
选厂尾煤☆waste coal
选厂原砂☆stone
选车☆tram
选尘器[石棉选矿]☆dusting grader
选池☆scavenger
选出☆tab；single out；cussed
选出废品☆shake-out trash
选出矿石☆picked{run-of-mill} ore
选出之物☆cull
选道☆trace selection
选点☆reconnaissance；point sort；location；setpoint
选点法☆method of selected points
选定☆fix；adoption；adopt；designate
选定标准地层剖面☆lectostratotype
选定(构件)断面☆dimensioning
选定方向☆preferential direction
选定孔深☆selected depth
选定孔位☆location of hole
选定路线☆routing
选定筛眼孔径☆designated sieve size
选发式射孔器☆selectively fired gun
选废石的选矿工☆halvanner；millman；(ore-)dresser
选分☆graduation；classification；sort
选粉机☆air separator
选矸含煤率☆percentage of coal in picked refuse
选过的☆graded
选集☆anthology；selected works{writings}；selection；collectanea；omnibus (book)；florilegium；analects；analecta
选件[计]☆option
选接完成信号[电]☆end-of-selection signal
选金厂☆gold concentrator
选金摇床☆gold-saving table
选举☆election；mote
选举人☆chooser
选控信号☆selectivity signal
选矿☆(mineral) separation；dress(ing)；ore dressing{beneficiation;preparation;cleaning;concentration}；ore dressing treatment{concentration}；cleaning；beneficiation；concentrate；minerals separation；treatment {beneficiation} of ore；(oredressing) treatment；ore-processing；milling；prepare；take up；milling of ores；processing；treat；mineral dressing{processing}；concentrating；beneficiating ore；beneficiate；wash；van；ore concentration dressing；m.p.；dr.；o.d.；M-S；M.S.
选矿背负剂☆carrier

选矿比[给料质量与精矿质量之比]☆concentration {upgrading} ratio; separation coefficient
选矿槽☆hutch
选矿槽析流板☆apron
选矿产品☆ore-dressing products
选矿产物☆mineral-dressing product
选矿厂☆(concentration) plant; (concentrating) mill; concentrator; ore{mineral} dressing plant; mineral separation{processing} plant; ore mill; cleaning plant; ore treatment plant; dressing {reduction} works; preparator; beneficiating facilities; dressing-works; concentrates; separation{separating; ore-beneficiation; preconcentrate } plant; washery; ore improvement plant
选矿厂暖气灶☆mill radiator
选矿厂入厂原矿☆mill head
选矿场尾矿☆mill tailings
选矿等级☆rate of enrichment
选矿方案☆scheme of concentration; ore-dressing scheme
选矿方法☆mineral separation process; system of ore dressing; beneficiating process; mineral dressing method; beneficiation method
选矿费☆treatment charges; dressing expenses
选矿废水☆beneficiation wastewater
选矿废渣☆rejects
选矿工☆millman; dresser
选矿工段☆concentration area; concentrating section
选矿工人☆millman [pl.-men]
选矿工艺☆mineral separation process; processing technique
选矿工艺学☆mineral separation technology
选矿后的废石☆lean material
选矿机☆concentrator; (ore) dresser; concentrating {dressing} machine; preparator; dresse; concentrates
选矿机械☆beneficiation{ore-dressing} machinery; concentrating{dressing} machine
选矿技术☆processing technique; beneficiation technology
选矿金属平衡表☆metallurgical balance sheet
选矿流程☆concentrating circuit; flow-sheet of mineral dressing; beneficiation{mineral processing} flowsheet; scheme of concentration; ore-dressing scheme
选矿流程研究☆study of ore-dressing scheme
选矿器☆separator
选矿试验☆ore testing; metallurgical test
选矿所得重质部分☆heading
选矿台☆dressing{concentrating} table; cam
选矿跳汰机脉冲波☆jig wave
选矿桶☆kieve
选矿(滚)筒☆trommel
选矿尾矿☆tailings
选矿系数☆rate of enrichment
选矿箱☆hatch; hutch
选矿效率☆grade efficiency
选矿摇床☆cleaning{concentrating;concentration; picking} table
选矿(用)药剂☆flotation{beneficiation} reagent
×选矿药剂[混合高级醇硫酸钠;$R-OSO_3Na$]☆Duponol D
×选矿药剂[十八烯基硫酸钠;$C_{18}H_{37}OSO_3Na$]☆Duponol LS-paste
×选矿药剂[纯十二烷基硫酸钠;$C_{12}H_{25}OSO_3Na$]☆Duponol MP
×选矿药剂[十二烷基硫酸钠{盐}]☆Duponol WA
×选矿药剂[羧甲纤维素钠;英]☆Editas B
×选矿药剂[硫酸氨基乙基月桂酸酯;$C_{11}H_{23}COOCH_2CH_2OSO_3NH_4$]☆Emcol X1
×选矿药剂[脂肪醇聚乙二醇醚]☆Emulphor P
×选矿药剂[脂肪酸类季铵衍生物]☆Emulsol K-1243{|1339|1340}
×选矿药剂[烷基磷酸盐]☆F-1/415
×选矿药剂[全氟 C4-C10 混合脂肪酸铵]☆F-126
×选矿药剂[脂肪族伯胺与丙二胺二乙酸二丙酸盐混合物]☆F-2/286
×选矿药剂[二甲基聚硅酮]☆F-258
×选矿药剂[苯基甲基聚硅酮]☆F-550
×选矿药剂[叔辛基苯酚聚乙二醇醚;$C_8H_{17}\cdot C_6H_4(OCH_2CH_2)_{11\sim12}OH$]☆Igepal CA-710
×选矿药剂[C8/C9-烷基苯酚聚乙二醇醚; $R\cdot C_6H_4(OCH_2CH_2)_nOH(R=C_8H_{17}-,C_9H_{19}-)$]☆Igepal CA-Extra
×选矿药剂[壬基苯酚聚乙二醇醚;$C_9H_{19}\cdot C_6H_4(OCH_2CH_2)_{1\sim2\{|4|6|8|9\sim10\}}OH$] ☆ Igepal CO-210{|430|530|610|630}
×选矿药剂[油酰环己氨基乙基磺酸钠;$RCON(R')C_2H_4SO_3Na,(R=C_{16}H_{33},R'=C_6H_{11}-)$]☆Igepon CN
×选矿药剂[油酰氨基乙基磺酸钠;$C_{17}H_{33}CONHC_2H_4SO_4Na$]☆Igepon C
×选矿药剂[三甲酚基磷酸盐;$(CH_3\cdot C_6H_4O_3)PO$]☆Kronitex
×选矿药剂[十四-十八烷基磺酰氯,含量 80{|30}%;$R-SO_2Cl(R=C_{14}-C_{18}$烷基)]☆Mersol `D{|30}
×选矿药剂[伯-烷基硫酸盐]☆Sandopan BL
×选矿药剂[二烷基苯乙烯聚合物]☆Santodex
×选矿药剂[癸基苯磺酸钠;$C_{12}H_{25}C_6H_4SO_3Na$]☆Santomerse D
×选矿药剂[二乙氨基乙基油酰胺; $C_{17}H_{33}CONHCH_2CH_2N(C_2H_5)_2$]☆Sapamine CH
×选矿药剂[二乙氨基乙基油酰胺]☆Sapamine KW{|MS}
×选矿药剂[椰子油酰-N-甲氨基乙酸]☆Sarcosyl LC
×选矿药剂[月桂酰-N-甲氨基乙酸;$C_{11}H_{23}CON(CH_3)CH_2COOH$]☆Sarcosyl L
×选矿药剂[月桂酰-N-甲氨基乙酸钠;$C_{11}H_{23}CON(CH_3)CH_2COONa$]☆Sarcosyl NL`30{|100}
×选矿药剂[油酰-N-甲氨基乙酸;$C_{17}H_{33}CON(CH_3)CH_2COOH$]☆Sarcosyl O
×选矿药剂[硬脂酰-N-甲氨基丙酸;$C_{17}H_{35}CON(CH_3)(CH_2)_2COOH$]☆Sarcosyl S
×选矿药剂[十六烷基硫酸钠;$C_{16}H_{33}OSO_3Na$]☆Sipex CS
×选矿药剂[十二烷基硫酸钠;$C_{12}H_{25}OSO_3Na$]☆Sipex S
×选矿药剂[烷基磺酸盐,纯十二碳-十八碳烷基磺酸盐]☆Spellin W
×选矿药剂[二十烷基苯磺酸钠; $C_{20}H_{41}\cdot C_6H_4-SO_3Na$]☆Sulfanol
×选矿药剂[十二烷基苯磺酸钠;$C_{12}H_{25}-C_6H_4-SO_3Na$]☆Sulfonate `AA{|1,2,3}
×选矿药剂[油酸磺化乙酯钠盐;$C_{17}H_{33}COOCH_2CH_2SO_3Na$]☆Syntex A
×选矿药剂[椰子油酸单甘油硫酸盐]☆Syntex L
×选矿药剂[脂肪酸单甘油硫酸盐]☆Syntex M
×选矿药剂[油酰甲基牛磺酸钠盐;$C_{17}H_{33}CON(CH_3)C_2H_4SO_3Na$]☆Syntex T
×选矿药剂[弱碱性阴离子交换树脂]☆Wofatit M
×选矿药剂[磺酚阳离子交换树脂]☆Wofatit `KS{|P}
×选矿药剂[75%$NaHCO_3$ 和 25%氟代戊基磺酸盐的混合物]☆Zeromist
选矿用格筛☆grizzly
选矿中级产物☆fausteds; fausted ore
选砾厂☆conglomerate mill
选炼厂☆extraction plant
选路开关☆selector switch
选路制信号☆route signaling
选录☆excerpt
选陆不整合☆epeirogenetic unconformity
选律☆selection rule
选煤☆coal dressing{cleaning;preparation;washing}; upgrade; cleaning (of coal); preparation
选煤槽☆launder; trough cleaner
选煤厂☆coal plant{washery}; preparator; washery; (coal-)preparation plant; coal processing plant; concentrator; separating plane; C.P.P.
选煤厂工艺流程最优化☆optimization of coal washery flowsheet
选煤厂排放水☆plant{washery} effluent
选煤法☆beneficiating method
选煤方法☆preparation method; coal cleaning method; method of coal compensation
选煤机☆concentrating machine; cleaner; coal separator; concentrator
选煤粒限☆size range of feed
选煤试样☆float-and-sink sample
选煤效率☆efficiency of coal preparation
选民☆voter; constituency; constituent; elector
选模☆lectotype
选木工☆bolter
选浓☆draft; draught
选排☆gather; spit-out
选排处理☆gathering process
选派☆draft; appointment; designate
选配的☆assorted
选配法☆matching method
选片☆chip select; CS
选频器☆frequency selector
选区☆precinct
选区通道花样☆selected area channeling pattern; SACP
选区(电子)衍射☆selected {-}area diffraction; SAD
选手☆player
选数管☆seletron; selectron
选速齿轮☆pick-off gear
选通☆gating; gate; strobe
选通脉冲☆kipp-pulse; gate (pulse); strobe (pulse); gating signal; sampling pulse
选通时间函数☆gating time function
选线☆route selection
选线器☆select switch
选箱产物☆hutch product
选型☆lectotype
选言推理☆disjunction
选样☆collection
选样器☆dip can
选移作用☆assorting effect
选用☆adoption; select for employment or for use
选油站☆gathering station; tank{production} battery; oil tank battery
选余之物☆cussed
选择☆finding; preference; election; back and forth; choose; select(ion); option(al)
选择安全尺寸☆selection of safe dimensions
选择剥棉☆differential fiberizing
选择厂址☆plant-siting
选择磁铁☆select magnet; SM
选择单☆menu
选择定向☆preferred orientation
选择定则放宽☆relaxation of selection rule
选择度☆selectance
选择公理☆axiom of choice
选择呼叫☆selcal; selective calling (system)
选择机会☆choice
选择假设☆alternative hypothesis
选择交代☆selective replacement{metasomatism}
选择解决方式☆select solution
选择开关☆selector{select} switch; SS
选择开矿{采}☆selective mining
选择扩散式路径确定☆selective flooding routing
选择论者☆selectionist
选择培养法☆selective culture method
选择其一☆trade-off
选择器☆selector (switch); finder; selecting unit; chooser
选择润湿☆wetting preference; selective wetting
选择湿润☆fractional wettability
选择试验☆percent test
选择调制辐射计☆selective chopper radiometer; SCR
选择通道☆selective channel; SELCH
选择图表☆selectrograph
选择物☆candidate
选择吸附☆preferential adsorption; selective absorption
(给……)选择新址☆resite
选择性☆selectivity; selectance
选择性薄膜渗滤☆selective membrane filtration
选择性重熔带☆zone of differential anatexis
选择性的移入☆selective immigration
选择性反向反馈☆selective inverse feedback
选择性封堵出水层☆selective plugging water-production formation
选择性堵绪气层☆selective gas shut-off
选择性后生萃取☆selective epigenetic extraction
选择性检定{测}☆selective detection
选择性聚集团(作用)☆selective aggregation
选择性联顶短节☆selective landing nipple
选择性磨矿☆selective{differential} grinding
选择性滤光器☆selective filter
选择性生长假说☆growth selection hypothesis
选择性酸化配方☆selective acidizing formulation
选择性要素{组合}☆selective feature {assemblage}
选择性注水(开发)☆selective flooding
选择值☆selected value
选择纵坐标法☆selected ordinate method
选址查勘☆site selection investigation
选址勘察☆siting investigation
选组器☆group selector

xuàn

碹{礶}☆arch；build arches with bricks or stones
碹岔☆arch crossing
碹顶{|架}☆arch apex{|centering}
碹胎☆arch center；centers
眩光☆glare；dazzling light
眩光曲线☆flare curve
眩晕☆dizziness；swim；swimming
旋出☆back-out
旋风☆whirl (wind)；cyclone；whirlwind；tornado；swirl；wind spout；whirlblast
旋风尘柱☆dust whirl
旋风管☆tornadotron
旋风集料桶☆cyclone furnace
旋风燃烧式锅炉☆cyclone-fired boiler
旋风式分离器☆cyclone{whirlwind} separator
旋风式燃料悬浮煤气发生炉☆cyclone-type suspension gasifier
旋风压裂射孔器☆tornado frac gun
旋风预热器窑☆dry process kiln with cyclone preheater
旋工☆spinner
旋入☆screw-in
(螺纹)旋入长度☆length of fit
旋入式保险丝☆screw-plug fuse
旋子☆spinner；roton
旋子型流速仪☆spinner velocimeter
炫{眩}目的☆blinding；dazzling
炫耀☆splash

xuē

靴☆shoe
靴式打捞篮☆boot basket
靴式(浮顶)密封☆mechanical shoe type seals
靴形接头☆boot sub
靴形颗石[钙超;J]☆Crepidolithus
靴桩☆shoe
靴子☆boot
薛才系数☆Chezy coefficient
薛定谔波动方程☆Schrodinger('s) wave equation
薛氏粉属[孢;C_2]☆Schopfipollenites
薛氏鲵☆Andrias scheuchzeri
薛氏三缝孢属[C_2]☆Schopfitea
削☆cut；scrape；spall；sharpening；chipping；shave；chip；whittle；pare；peel；chop；filing；skive
削壁☆precipice；cliff
削壁回采☆resue (stoping)；resuing
削扁尖凿☆cape chisel
削波☆clipping；slice
削波器☆(peak) clipper
削成薄片☆chip
削成锥形☆tapering
削刀☆sharpener
削低[山的]☆down(-)wearing
削低地形☆subdued forms
削顶☆decapitation；truncate
削顶的☆capped-off
削顶锥☆truncated cone
削陡作用☆over-steepening
削断山嘴☆truncated spur
削钝山嘴{脚}☆blunted spur
削蜂器☆despicker
削峰背斜☆breached{scalped;scalloped} anticline
削割力☆cutting effort{force}；digging force
削割瓦☆fine clay tile
削减☆curtailment；fade[震勘]；cutback；cat down；axis；ax(e)；mute
削减(费用等)☆cut
削减产量☆cutting output
削减带[包括震中在内的倾斜带]☆subduction zone
削……皮☆rind
削平☆face；downwearing；truncation；raze；char；wipe out；suppress；subdue；bevel
削平波☆clipped wave
削平补强的焊缝☆weld machined flush
削平的☆subdued；truncated
削平的火内锥☆truncated cone
削平地形☆remove the relief；subdued relief
削坡☆cut slope；slope cutting；open cut
削坡减载☆cutting slope and reducing load
削峭谷☆oversteepened valley
削峭作用☆oversteepening
削切(山嘴)☆faceted spur
削弱☆impair；weaken(ing)；cripple；dent
削弱器☆weakener
削下☆clip
削屑☆shavings
削夷作用☆degradation

xué

学报☆transactions；trans
学部☆department；workshop；faculty；dept.；dep(t)
学分☆credit
学会☆institute；Inst；society；academy；college；association；institution；Assn；Acad. ；A.；Ac
学科☆discipline；subject；study；science
学科的分支☆(scientific) subdiscipline
学科分科☆branch
学科间的☆interdisciplinary
学名☆scientific name
学派☆school
学期[美、德等学校]☆term；semester；session
"学生"化全距☆studenized range
学识☆learning；attainment；acquirement
学士☆bachelor
学术☆scholarship；academic
学术协会☆academy；Ac；A.；Acad.
学术杂志☆scientific serials
学说☆theory；teaching
学位☆(academic) degree；title
学习☆study；take；learning
学校☆institution；campus；seminary；school；Sch.
学院☆institute；college；Inst；col；Ac；academy；faculty；Acad.；seminary
学者☆literate；student；scholar
穴☆hole；lacuna [pl.-e,-s]；delve；fovea；cavity；cave；cavern；scoop；pot；den；lair；nest；grave；tomb；coffin{calicular} pit；acupoint；excavation；acupuncture point；hollow；burrow；opening；nozzle；NOZ
穴斑沉积物☆burrow {-}mottled sediment
穴点☆piercing point
穴洞☆hollow
穴颚牙形石属[C-P_1]☆Cavusgnathus
穴海螂属[J-Q]☆Pholadomya
穴环孢属[C_1]☆Vallatisporites
穴环三缝孢属☆Trematozonotriletes
穴居的☆cryptozoic；troglobitic
穴居动物☆cave animal；troglobite
穴居人的☆Neanderthal
穴居生物☆cavity dweller；burrowing organism
穴孔网☆spongework
穴面膜片属[孢;Z_2]☆Brocholaminaria
穴面球形藻属[AnЄ-Є]☆Trematosphaeridium；Orygmatosphaeridium
穴栖的☆cavernicolous
穴泉☆pocket spring
穴塌☆cavitation
穴塌作用☆cavitation；cavitating
穴苔藓虫属[K-Q]☆Porina
穴兔☆Oryctolagus；rabbit
穴网孢属[K_2]☆Reticulisporites
穴网大孢属[K_1]☆Horstisporites
穴蜥科☆Amphishaenidae
穴隙☆nozzle
穴芽海绵属[Є]☆Camarocladia
穴珠☆cave pearl
穴状☆scrobiculalus
穴状配体☆cryptand

xuě

雪霭☆snow mist
雪岸冰川☆nivation glacier
雪凹☆(nivation) niche
雪白色☆snowy white
雪白银狐[石]☆Ariston
雪白云石[$CaMg(CO_3)_2$]☆gurhofite；gurofiane；gurhofian；gurhosian；geldolomite
雪板☆snow slab
雪暴☆snow broom{blast;storm}；snowstorm；blizzard
雪被☆snow cover
雪崩☆snowslide；(snow) avalanche；snow slide{slip}；Shneebrett{schneebrett} [德]
雪崩保护设施☆avalanche protecting facilities
雪崩防护棚☆avalanche roof
雪崩感应徙动☆avalanche-induced migration
雪崩巨砾舌☆avalanche boulder tongue
雪崩气浪☆flurry；avalanche wind
雪崩倾向的☆avalanche-prone
雪崩式传导[生理]☆avalanche conduction
雪崩型探测器☆avalanche detector
雪崩学☆avalanchology
雪崩学(专)家☆avalanchologist
雪崩锥☆grooved{avalanche} cone
雪冰☆firn[德]；snow ice；slob；firn snow；névé
雪冰河☆nivation glacier
雪冰原☆firn-basin
(风蚀)雪波☆zastruga；sastruga
雪铲☆snow-shovel
雪带☆snow zone{belt}；nival bell
雪带石隙植被☆nival chomophyte vegetation
雪的☆nival
雪的蕴水量[以雪样体积的百分数计]☆quality of snow
雪的滞留☆retention of snow
雪堤☆snowbank；firn{snow} bank
雪地反射在天上之白色光辉☆snowblink
雪垫层☆snow cushion
雪斗☆nivation cirque
雪堆☆snow wreath
雪尔珊瑚属[C_{2-3}]☆Gshelia
雪幡☆snow virga
雪峰运动☆Xuefeng orogeny
雪覆盖山☆tahoma
雪盖☆snow mantle
雪盖数字地图☆digital snow map
雪蛤科☆Cultellidae
雪硅钙石[$Ca_5Si_6O_{16}(OH)_2\cdot 4H_2O$(近)；斜方]☆tobermorite；hydrowollastonite[$CaSiO_3\cdot nH_2O$]；crestmoreite
雪硅泉华☆michaellite；michaelite
雪硅污石与硅硫磷灰石混合物☆crestmoreite
雪含水量☆snow density
雪花☆snowflake
雪花白[石]☆Snow Flower White
"雪花"干扰☆snowstorm；snow
雪花石膏[$CaSO_4\cdot 2H_2O$]☆onychite；albatre；compact gypsum；alabaster；alabastrite
雪花石膏瓶[古希腊、罗马盛香膏用]☆alabastron；alabastos (alabastrum)；alabastrum
雪花衣属[地衣;Q]☆Anaptychia
雪滑☆snow glide；sluff
雪滑地☆smut drift site
雪滑动☆snowcreep
雪积☆snowdrift
雪脊☆Zastrugi
雪季☆falling weather
雪茄式纵火器☆cigarette burner
雪茄(烟)形山[两端倾伏背斜脊]☆cigar-shaped mountain
雪结皮☆skare
雪晶☆capped column；snow crystal
雪阱☆snow trap
雪卷☆snow roller
雪浪楔☆plowshares
雪雷暴☆snow thunderstorm
雪犁☆snowplow
雪里红[石]☆Empress Rose
(极框式)雪里威尔高压滤机☆Shriver press
雪利玉☆sherry topaz
雪粒☆snow grain
雪莲☆Jellyfish Lake
雪链[防滑]☆snow chain
(降)雪量☆snowfall
雪量测量☆snow survey
雪量器☆nivometer
雪林气候☆snow forest climate
雪流☆wachte
雪盲症☆snow blindness
(山顶)雪帽☆snow cap；snowcap
雪密度☆snow density
雪面☆nival surface
雪面冰霜☆surface hear{hoar}
雪面波纹☆sastruga [pl.-gi]；zastruga [pl.-gi]；skavler
雪面波状{纹}脊☆skavl [pl.-ler]
雪面壳☆skare
雪面裂缝☆snow rift
雪泥☆(snow) slush；snezhura；slosh
雪泥轮胎☆mud and snow tire

雪凝结物☆snow concrete；snowcrete
雪片☆flake；snowflake
雪坡[体]☆drift ice foot；snowbank；snow slope
雪旗☆snow banner
雪橇☆sledge；sleigh；sled；ski
雪桥☆snowbridge；snow bridge
雪丘☆snow dune
雪球(状生长)☆snowball
雪球构造☆snowball{ spiral} structure
雪球状石石榴石☆rotated{snowball} garnet
雪区☆snow patch{region}；snow-limit
雪刃脊☆snow arete
雪融☆snowmelt
雪伞☆snow mushroom
雪山☆snowberg；snow-capped{snowy;-covered} mountain
雪生藻类☆cryophilic algae
雪蚀☆snow erosion；nivation
雪蚀堤☆winter-talus ridge
雪蚀作用☆snow(-patch) erosion；nivation
雪氏藻属[Q]☆Sirodotia
雪水☆snow{thawing} water；snowmelt；slush ice；snow-broth；lolly
雪水补给的河流☆snow-feed river
雪水当量☆snowpack water equivalent
雪水供应盆地☆snowshed
雪水灌溉☆thawing-water irrigation
雪水式变律☆nival regime
雪松☆(deodar) cedar；cedrus；cedre
雪松粉属[孢;E_2]☆Cedripites
雪松木油☆cedarwood oil
雪松囊系[孢]☆cedrosacciti
雪松脑{醇}☆cedrol
雪松属[裸子;K_2-Q]☆Cedrus
雪松树岩盖☆cedar-tree laccolith
雪松素☆cedrin
雪松烷☆cedarane
雪松烯☆cedrene
雪松烯醇☆cedrenol
雪松型木属☆cedroxylon
雪塔☆penitent snow；nieve penitente
雪钛辉霞岩☆bebedourite
雪洼地☆snow niche
雪丸☆snow pellet；graupel
雪席☆snow mat
雪下冰晶☆depth hoar
雪下霜☆sugar snow
雪纤硅钙石类☆hydrowollastonite
雪线☆snowline；snow(-cover) line；snow-limit
雪线面坡降☆nival gradient
雪线热流图☆snowline heat-flow contour
雪型☆nival regime
雪旋风☆whirlies
雪崖☆pressure wall
雪盐[德]☆schneesalz
雪檐{|掩|野}☆snow cornice{|lying|field}
雪原☆snow field；snowfield；chionic
雪原面☆neve-field level
雪蕴水量☆snow retention
雪载荷☆snow load
雪怎样成冰☆how snow becomes ice
雪障☆snowbreak
雪沼☆snow swamp；slush field
雪照云光☆snow sky{sheen}；snowblink
雪枕[测雪层重量仪器]☆snow pillow
雪震☆snowquake；snow tremor
雪阵☆snow flurry
雪质☆quality of snow
雪炙☆snow burn
雪中冰层☆ice band
雪珠☆snow-board
雪柱☆snow{nieve} penitente；penitent snow
雪状物☆snow
雪阻力计☆snow resistograph
鳕☆cod；codfish
鳕鳞鱼☆blood stone
鳕鳞鱼属[D]☆Cheirolepis

xuè

血崩☆metrorrhagia
血变形虫病☆hemamebiasis
血卟啉☆hematoporphyrin；porporino
血蛋白☆haemproteins
血的☆sanguine
血滴石☆bloodstone；red chalk；heliotrope
血点玛瑙[带有红色碧石斑点]☆hemagate；h(a)emachate；blood(-colored) agate
血隔膜分离☆hemodialysis
血管石☆vascular calculus；hematolith；angiolith
血红层☆blood rock
血红的☆sanguine
血红方解石☆h(a)ematoconite；haematokonite
血红朊☆hemoglobin
血红石斛☆cruentum
血红素☆heme；haem；protoheme
血红素计☆haematinometer
血红朊☆haemoglobin
血浆☆(blood) plasma
血块☆grume
血流计☆rheometry
血绿(蛋白)☆chlorocruorin(e)
血绿卟啉☆spirographis porphyrin
血亲关系☆sibship
血亲亲族☆sib
血清☆serum；sera
血清检查☆serologic examination
血球☆hemocyte；blood corpuscle{cell}；corpusc(u)le
血色的☆haematine
血色玛瑙☆blood agate
血色素☆hemochrome
血渗析☆hemodialysis
血石☆blood stone；bloodstone
血石蛤属[双壳;D_3-P]☆Sanguinolites
血石髓[玛瑙变种;SiO_2]☆h(a)emachate；heliotrope；blood{-}stone
血统☆descent；blood；origin；lineage
血统带☆lineage-zone；morphogenetic zone
血位[叶肢]☆blood rooms
血温☆blood heat
血纤维石[$Mn_3(AsO_4)(OH)_3•H_2O$]☆hemafibrite；aimafibrite；hamafibrite
血型铅☆blood-type lead
血雪☆blood snow；blood-snow
血压☆blood pressure；BP
血液病☆blood disease
血液学☆hematology
血雨☆blood rain；blood-rain
血玉髓☆bloodstone；heliotrope
血缘关系☆genetic connection；sibship
血中毒☆blood poisoning

xūn

埙☆xun；ancient musical instrument；ancient Chinese wind instrument made of porcelain with one to six holes and shaped like an egg
熏干☆smoke dry
熏烧☆smouldering；smolder
熏烟(蒸)法☆fumigation
熏烟纸☆smoked sheet{paper}
熏衣草☆lavender
熏蒸变质☆metapepsis
熏蒸消毒剂☆fumigant
熏制食品☆smoked provisions

xún

哻[旧，英寻=6ft=1.8288m]☆fathom
循等高线的☆contour
循规进化论☆nomogenesis
循轨波☆guided wave
循环☆circulation；cycle；circulating；loop；circuit；circ(u)late；recurrence；cyclothem；recursion；turnover；round；revolution；attack[掘进]；CY；circ；cir.
(再)循环☆recirculating
循环泵☆circulating pump (circulator)；ebullantor；circulation{recycle;recirculating} pump
循环变化☆circuit alteration
循环沉积(作用)☆patterned sedimentation
循环充填☆flow{circulation} pack
循环冲洗井底地层砂{沉淀物}☆circulation out fill
循环的☆cycling；cyclic(al)；round-robin；circular；circulatory；rotative；rota(to)ry；recursive；recurrent；periodic
循环法☆cyclic process；cycling；round-robin
循环反击器☆circulating jar
循环反应☆yclic{cyclic} reaction
循环放喷压井☆circulation flow kill；CFK
循环风☆recirculation of air；recirculating air
循环风流☆recirculated air；recirculation of air
(磨矿)循环负荷比☆circulating-load ratio
循环钢球式(蜗轮机构)☆circulating ball type；ball nut type；ball screw type；ball circuit type
循环公式☆recurrence formula
循环工作用的机器☆cyclic machine
循环轨道☆circular orbit
循环基板☆circular base slab
循环加载曲线☆cyclic loading curve
循环加重压井方法☆circulate-and-weight method
循环浆结晶器☆circulating magma crystallizer
循环交变应力张弛☆cycle dependent stress relaxation
循环借位☆end-around borrow
循环介质☆circulating{recirculated;circulation} medium
循环进尺☆pull；advance per round
循环进度☆cyclic advance；advance per attack
循环进位☆end {-}around carry；EAC
循环井☆returning well
循环(作业)开采☆cyclic{cycle;cyclical} mining
循环砾石充填衬管完井☆gravel flow packed liner completion
循环链☆endless chain
循环量☆circulating rate；circulation
循环(给)料☆reconstituted feed
循环流化床燃烧室☆circulating fluidized bed combustor
(钻井泥浆)循环漏失区☆lost circulation zone
循环路器☆circuitry
循环论证☆argue in a circle；circular reasoning；(vicious) circle
循环泥浆流速☆annular return velocity
循环判断☆cycle-criterion
循环期间☆duration of cycle
循环(传能)器☆circulator
循环气体气举☆rotation gas lift
循环球式(转向器)☆circulating ball type；ball nut {screw} type
循环取样☆round sampling
循环燃料(反应)堆☆circulating fuel reactor
循环溶液☆spillage solution
循环冗余码校验☆cyclic redundancy check；CRC
循环扫描☆cyclically scanning
循环(一周)时间☆cycling time
(钻井泥浆)循环(一周)时间☆cycle time
循环使用☆recycling；duty-cycle operation；cycle use
循环式淘选盘运动☆circular panning motion
循环水☆vadose{(re)circulating;wandering;return;recirculated;supergene;recycle(d)} water；backwater
循环水泵☆circulating water pump；CWP
循环水与非循环水的界面☆chemocline
循环速度☆circulation rate{velocity}；speed{rate} of circulation；circulating rate
循环速率☆cycle ratio
循环塑性应变指数☆cyclic plastic strain exponent
循环随机游动模型☆recurring random-walk model
循环损失☆circulationloss；circulation loss(es)
循环套循环☆loop-within-loop
循环通道☆circulation passage；circulating path
循环通路☆circulation path
循环筒☆recirculation drum{well}
循环头[顿钻]☆hydraulic circulating head
循环退火☆cycle annealing
(井下工具)循环位置☆circulation position
循环洗煤水路☆wash water circuit
循环系统☆setting{circulation;circulating;recycle;circulatory} system；cycle timer
循环小数☆recurring{circulating;repeating;periodic} decimal；circulator；periodic{periodical} fraction
循环信号☆loop signalling
循环型地热系统☆cyclic geothermal system
循环型砾石充填技术☆circulation-type gravel emplacement technique
循环性☆cyclicity
循环压差式灌浆`套管鞋{|接箍}[套管附件]☆circulating differential fill shoe{|collar}
循环液☆circulating water{fluid;liquid}；circulation fluid；fluid circulation
循环一次的收率☆yield per pass
循环应变疲劳☆cyclic strain fatigue
循环应变软化曲线☆cyclic strain softening curve

循环应力加工硬化☆cycling stress work hardening
循环应力-应变响应☆cyclic stress-strain response
循环用离心泵☆centrifugal circulation pump
循环运动☆circulatory flow
循环载荷☆circulative load
循环载荷应力比☆stress ratio during cyclic loading
循环滞回环☆cyclic hyteresis loop
循环中的泄漏☆leak in cycle
循环贮存☆cyclic storage
循环转移☆loop jump
循环状态☆recurrent state
循环钻液☆circulating fluid；drill circulation fluid
循环钻液转座☆water swivel
循环最大{|小}标称应力☆cyclic maximum {|minimum} nominal stress
循环作业☆cyclical{cycle} operation；cycle of operation；consecutive working
循环作业图表☆operating cycle figure
循进式X射线单晶照相法☆precession X-ray method
循向反应☆prograde reaction
循序渐进☆step by step
旬☆decade
旬平均☆ten-day mean
鲟(形)目[T-Q]☆Acipenseriformes；Acipenseroidea；Acipenseroidei
鲟鱼(属)[Q]☆Acipenser；sturgeon
询价{盘}☆inquiry
询问☆interrogation；inquiry；enquiry；interrogate；challenge；question；query；questionary
询问器☆challenger；interrogator
询问信号☆interrogating{request} signal
询问执行任务情况☆debrief
寻常光☆ordinary light
寻常海绵纲☆Demospongia；Desmospongia
寻常解☆trivial solution
(导弹的)寻的☆homing
寻的弹头{设备}☆homer
寻获陨石☆find meteor
寻觅错误☆location of mistakes
寻求☆seek{look} after
寻线机☆finder
寻星镜☆finder
寻优法☆search method
寻找☆trace；bird dogging；search (after)；searching；look for；quest；seek；hunting；finding；location
寻找故障☆tracing
寻找目标☆pathfinding
寻址☆address(ing)
巡查☆patrol
巡查班☆visiting team
巡道工[井下轨道]☆plate-player
巡官☆inspector
巡航☆cruise
巡航范围☆cruising range{circle}
巡航时间☆duration
巡回☆tour；circular；itinerant
巡回工☆boomer
巡回检测☆cyclic detection；scan
巡回检查☆itinerant mission；tours of inspection
巡回养护☆patrol maintenance
巡回者☆circuitor；circuiter
巡逻舰信号☆patrol boat signal
巡逻线☆range line
巡视☆beat；patrol；perambulation
巡天观测☆sky survey
巡线☆walking；pipeline{line} walking
巡线工☆line foreman
(管路)巡线飞行☆patrol flight
(管路)巡线工☆patrolman
巡线人员☆ridge-runner；(track) walker

xùn

蕈珊瑚☆Fungia
蕈珊瑚属[K-Q]☆Fungia；Mucophyllum
蕈石亚目☆Fungiina
蕈体冠☆calyces [sgl.calyx]
蕈岩☆mushroom{pedestal} rock
蕈状的☆mushroomed；mushroom-shaped
蕈状石☆mushroom rock；demoiselle
殉爆☆detonation by influence；sympathetic detonation {explosion}；detonation in sympathy；explosive coupling；propagated blast；transmission of detonation
殉爆度试验☆propagation-though-air test
殉爆感度☆air gap sensitiveness；gap sensitiveness
殉爆距离☆gap{detonation} distance；distance of coupling
殉爆性☆flash-over tendency
汛期☆flood season{period}；overflow stage；freshet period[春]；highly-water{high water} season
训斥☆scolding
训练☆instruction；exercise；education；discipline；drilling；coach；turn out；trial；train(ing)；teaching；school(ing)；nurture
训练(科目)☆gymnastic
训练计划☆training plan；TP
训练区☆training area
训练人☆trainer
训练样本集☆training sample set
训练用电影☆training film
讯道☆canal
讯号☆indication；(radio) signal；signature
讯号铃☆bell
讯号旗手☆flagman
讯问(的)☆interrogatory；interrogative
迅速☆fastness；expedition；celerity；velocity；speed；readiness；rapidity
迅速安装的☆quick-mounting
迅速闭合☆snap
迅速成长☆mushroom
迅速处理☆despatch；dispatch
迅速的☆expedite；sudden；prompt；tachy-
迅速低下头{弯下身}☆duck
迅速地☆expeditiously；promptly
迅速递减☆precipitous decline
迅速吊运☆snatching
迅速发展☆explosive growth；boom
迅速飞过☆flit
迅速扩散☆proliferation
迅速燃烧☆deflagrate
迅速停止或关闭反应堆☆scram
迅速增大☆runup
迅速转动的机件☆whip
迅缘区☆spray region
逊石笋☆substalagmite
驯脆☆temper brittleness
驯化☆acclimation；reclamation；acclimatization
驯鹿(属)[Q]☆rangifer；Rangifer tarandus；caribou；reindeer
驯养☆reclaim

Y

yā

垭☆pass
垭口☆nek; crossover; puerto; col; pass; saddle
押船契约☆hypothecation
押金☆deposit
押运☆escort (goods) in transportation
押运工☆triprider
押租☆foregift
压☆pushing; press; squeeze; push; pressing; pressure
压(迫)☆bear
压凹☆dint
压板☆clamp; pressboard; press-spahn; pressure pad; holddown; platen; spud
压板机☆board machine
压扁☆squashing; collapsing; platten; flattening
压扁层☆flattened seam
压扁层理☆flaser bedding
压扁的☆thinned; flattened
压扁面☆plane of flattening; flattening plane{surface}
压扁试验☆squeezing test
压扁作用☆flattening; fattening
压变波痕☆load-casted ripple; ripple load cast
压变形☆compressive strain
压饼吹杯机☆tumbler cup blowing machine
压饼吹制成型法☆tumbler blowing machine
压波☆wave of compression
压布☆compress
压舱生铁☆kentledge
压舱水☆ballast water
压舱物☆ballast(ing); ball.; blst
压槽☆groove pressing
压(力)差☆drawdown[生产]; pressure differential {difference; drawdown}; difference in pressure
压差的☆manometric
压差密度计探头☆gradiomanometer sonde; GMS
压差卡钻☆differential pressure{wall} sticking; differential pipe{pressure differential} sticking
压差式油管安全阀☆pressure-differential tubing safety
压差作用阀☆differential displacing valve
压渣爆破☆buffer blasting
压沉锥☆cone of depression
压成的☆piezogene
压成丸{片}的☆pelleted
(岩屑)压持作用☆chip hold down
压出☆force out; pinch-out; extrusion; extruding; spew; outsqueezing; extrude; express
压出带☆protrusion rampart
压出阀☆pressure{forcing} valve
压出水☆compaction water
压出型材☆extrudate
压穿☆breakdown
压床☆press
压吹成形法☆press-and-blow process
压锤☆ram
压磁测重装置☆pressure-magnetic weight-testing device
压磁灵敏度常数☆piezomagnetic sensitivity constant
压(电)磁性☆piezomagnetism
压带轮☆guide pulley
压单轴抗压强度☆uniaxial compressive strong
压刀板☆knife{sickle} keeper
压倒☆override; stoop; overpower; layover
压倒的☆staggering; crushing
压倒一切的☆overriding
压低☆depression; pull down; depress
压低者☆depressor
压地热能☆geopressured geothermal energy
压垫☆pressure pad
压电发光☆piezo-luminescence
压电换能石英片☆transducing piezoid
压电激励器[磁机]☆piezoelectric driving system
压电晶体☆piezocrystal; piezoelectric crystal{quartz}; piezoquartz; piezoid
压电晶体探测器☆piezoelectric crystal detector
压电井间地震系统☆piezoelectric cross-hole seismic system
压电拾音器☆crystal pickup
压电石英检测器☆piezoelectric quartz detector
压电石英片☆piezoid
压电式地震仪☆piezoelectric seismometer
压电水晶矿床☆piezoelectric rock crystal deposits; piezoelectric quartz deposit
压电陶瓷受话器☆piezoelectric ceramic receiver
压电陶瓷加速度计☆piezoceramic accelerometer
压电体☆piezoelectrics
压电系数☆piezoelectric coefficient
压电效应☆piezoeffect; piezoelectric{piezoelectricity} effect; direct piezoelectric effect
压电性铁电体☆piezoelectric ferroelectrics
压电学☆piezoelectricity
压电应变{|力}常数☆piezoelectric(al) strain{|stress} constant
压电原料矿产☆raw material for piezoelectricity
压电圆片式水下检波器☆disc hydrophone
压电振子振动模式☆vibration mode of piezoelectric resonator
压顶☆bear down on one; weigh heavily on one; capping (cap)
压顶石☆coping{cap} stone; cap piece; capstone
压顶岩芯短管☆pump-out bean
压锭机☆bead machine
压动力输出(箱)☆power take-off
压短☆compress
压锻☆drop forging
压粉☆press powder
压封堵☆block off
压风☆compressed air
压风吹洗☆airblast (cleaning); airblasting
压风管☆pressure ventilation pipe; blow-in pipe
压风机☆blower; pressure{force;forcing} fan; air compressor; blowing{air compressing} engine
压风机房☆compressor house{building}
压风喷管☆air mover
压风扇☆blowdown fan
压风设备分布图☆compressed-air plan
压风站☆plant
压缝机☆seamer
压缝条☆batten
压盖☆gland; capping
压盖机☆capper
压盖螺栓☆packing bolt
压盖密填☆gland packer
压盖与耐磨环☆gland and wear ring
压干机☆wringer
压杆[测井探头的]☆strut; compression flange; arm
压缸☆press cylinder
压缸中的活塞装置☆piston-in-cylinder apparatus
压格纸☆tympan
压汞☆mercury penetration
压汞法(测量的)孔隙大小分布☆mercury-intrusion pore size distribution
压汞毛细管压力仪☆mercury-injection capillary pressure apparatus
压钩☆pressure hook
压钩坡☆coupler compression grade
压固☆welding
压固作用☆compaction
压管风速计☆tube-anemometer
压光☆calender
压光系数☆piezo-optical coefficient
压辊☆mangle roller; compression{drag;press} roll; nip drum
压焓图☆pressure-enthalpy diagram
(气)压毫巴☆baromil
压合☆stitching
压合式铅封接头☆drive-on lead seal adapter
压合纤维☆bonded fibre
压痕☆impression; dent; indentation; dint; press mark; indent; rut
压痕器☆indentor
压痕深度☆depth of indentation
压痕试验☆penetration
压花☆coining; embossing; coin
压花玻璃☆pattern{patterned;figured} glass
压花刀具☆roulette
压花的☆embossed
压花滚刀☆pinking roller
压花模☆knurled dies
压坏☆collapsing; compression failure; squashing
压坏的支架☆crushed timbering
压环☆pressure ring
压(缩)环☆compression ring
压簧☆compression{pressure} spring
压回地层压井法☆bullheading
压回气☆repressuring gas
压机☆(forge) press
压机压力☆pressure of press
压挤☆extrude; extruding
压挤卵石☆pinched pebble
压挤瓶☆squeeze bottle
压挤团煤法☆pelletizing method; tabletting
压挤液☆chaser
压浆☆mud jacking; mudjack
压降☆pressure drop{drawdown;fall}; DP; differential pressure; lapse; loss in head; fall-off; drawdown[油]
压降分析☆(pressure) drawdown analysis
压降曲线☆drawdown curve; (pressure) fall-off curve
压降试井[注水井]☆(pressure) fall-off test; drawdown test
压降系数☆pressure-drop coefficient
压降因数☆voltage drop factor
压脚子☆peavy; peavey
压接☆impaction; compression joint
压结☆welding
压结晶(作用)☆piezocrystallization
压解理☆compressive cleavage
压紧☆compact(ion); pack; jam; compression; clip; clamp(ing); holddown; impact(ion); compress tightly
压紧安装接头☆compression-fitting joint
压紧带式驱动装置☆hugger drive
压紧的颗粒☆closely packed grains
压紧垫圈☆packing washer
压紧辊☆mangle roller
压紧环☆set collar; clamp ring
(套管)压紧环☆hoM-down ring
压紧机构☆hold-down mechanism
压紧胶带☆cover belt
压紧接箍型连接☆compression coupling type joint
压紧框☆holding down curb
压紧力☆snap-in force
压紧螺钉☆housing{compression} screw; clamp {compression} nut
压紧螺母☆gland{compression;clamp;packing} nut
压紧螺丝☆forcing screw
压紧器☆densener; compactor
压紧圈☆pressure ring
压紧式承载元件[力传感器]☆compression-type load cell
压紧式反向接头☆impact reverse sub
压紧弹簧☆tightening spring
压紧物☆compacts
压紧向斜☆pinched syncline
压紧楔[摩擦立柱时]☆drag wedge
压紧装置☆clamped-in style; clamping device
压紧装置[用于钻井中]衰减器☆pad
压井[油]☆kill(ing) well; well{kick} killing
压井(循环速度)☆kill rate
(泵入流体)压井☆drown out
压井(方)法☆well killing method
压井和阻流管线☆kill and choke lines
压井水☆load water
压井用的阀☆kill valve
压井作业☆kill job
压具☆holddown; holding-down
压开☆breakdown
压开裂缝☆manmade fracture
压刻痕☆tool mark; dent; dint; tool-mark
压刻硬度☆indentation hardness
压坑☆load mold{mould}; indentation
压控(地层)测试器☆pressure controlled tester
压控流动☆pressure-controlled flow
压垮☆collapse under pressure; overwhelm
压块☆briquetting; ballast; kentledge; tablet
压块机☆briquet(te){balling;briquet(t)ing} press; block machine
压块式燃料元件☆pressed block-shaped fuel element
压捆机☆baler
压拉双作用预应力☆prestressing with subsequent compression and tension
压阑石☆rectangular stone slab
压浪板☆spray strip
压牢装置☆hold down fitting
压力☆pressure; force; force of compression; stress;

Y

compressive{overwhelming} force；drive；centre of pressure；compression；tax；piezo-；press.；pr
压力板试验☆pressure plate tests
压力保持回路{系统}☆pressure holding circuit
压力保持井☆pressure-support well
压力泵☆force{forcing;pressure} pump；forcing lift{set}
压力变动☆piestic fluctuation；pressure variation
压力变动情况{化曲线}☆pressure history
压力变化范围很小☆pressure level-off
压力变质☆pressure metamorphism；piezo-metamorphism
压力标定{校准}☆pressure calibration
压力表☆pressure ga(u)ge{instrument}；manometer；pressure-meter；PG
(流体)压力表☆tensimeter
压力表的连接管☆manometer tube
压力表机构的减震器☆gauge saver
压力表校正仪☆pressure gauge tester
压力波动☆fluctuation of pressure；pressure surge{fluctuation;oscillation}；piestic fluctuation
压力波动缓冲罐☆surge relief tank
压力不断升高☆steady rise of pressure
压力不平衡警报☆pressure imbalance alarm
压力操纵开关☆pressure operated switch；POS
压力槽☆head{overhead;pressure} tank
压力侧☆pressure side；on the pressure side
压力测绘☆pressure-plotting
压力测探{深}☆pressure sounding
压力层☆shell of compression
压力差☆pressure sink{difference}；gravity head；differential pressure
压力、产量与时间的关系☆pressure-rate-time relationship
压力-成分切面☆P-X section
压力充填☆back-fill under pressure；back under pressure[机]；pressure packing[砾石滤器]
压力传递☆transmission of pressure；positive-geared feed
压力传递介质☆pressure-transmitting media
压力传感开关☆pressure sensitive switch
压力促动的☆pressure-actuated
压力大的井☆live well
压力导数分析(法)☆differential of pressure analysis
压力导数图版拟合(试井)解释(法)☆differential of pressure analysis
压力的☆compressive；manometric
压力递变☆gradient of pressure
(油层)压力递减动态☆pressure depletion performance
压力点☆pressure event；spot pressure
压力垫(枕)☆flat jack
压力锻造☆press forging
压力-对数时间曲线☆pressure-log time curve
压力法☆piezometry；pressure application
压力法掘进隧道☆pressure{power} tunnel
压力范围☆range of pressure；pressure range{limit}
压力-飞溅复合润滑☆combined force-feed and splash lubrication
压力分布☆pressure distribution
压力分配控制板☆pressure distribution panel；PDP
压力峰值☆peak pressure
压力浮选池☆pressured flotation cell
压力干扰☆pressure interface{disturbance}
压力拱内已松散岩体☆arch core
压力管☆run pipe；standpipe；Pressure Pipe
压力管道取样机☆pressure pipe sampler
压力灌浆☆pressure grouting{cementing}；injection grout；squeeze cementing
压力灌浆贯透{深度}☆pressure grout penetration
压力锅炉☆manhead
压力过高☆pressure-out
压力盒☆load cell{gauge}；dynamometer
压力横向分布测定☆traversing
压力化学☆piezochemistry
压力换算读数☆pressure count
压力簧座☆pressure spring seat
压力恢复☆pressure buildup；build-up (of pressure)
压力恢复测试{试井}☆ (pressure) build-up test
压力恢复中止时间☆buildup cutoff time；BCT
压力回升☆repressuring
压力回转吸收☆pressure swing absorption
压力机☆press；punch；pressing machine
压力机架风门装置☆pressure frame damping device
压力积累☆accumulation of pressure；pressure buildup
压力集中带☆supplemental pressure zone
压力脊裂级[海冰]☆hinge crack
压力计☆pressure instrument{gauge;capsule;meter;cell}；(compression) gauge；dynamometer；manometer；piezometer；manograph
压力计管☆manometer tube
压力记录器控制☆PRC；pressure recorder control
压力计-温度计探`头{测器}☆manometer-thermometer sonde；MTS
压力计下入深度☆bomb level
压力加工☆shaping；plastic working
压力减低{降}☆release of pressure
压力检震{传感}器☆pressure pickup
压力降☆pressure drop{slope;sink;fail;loss;fall}；fall{lost} head；loss{lost} in head；drop of pressure；difference in pressure；head lost{loss}；pd；DP
压力降落☆pressure breakdown{depletion;decline;falloff;deficiency}；head fall；PFO
压力角☆engaging{pressure;process} angle；angle of obliquity{pressure}；PA
压力校正均一化温度☆pressure-corrected homogenization temperature
压力接合☆compression bonding
压力结构☆cataclastic{pressure} texture
压力进给☆force(d){positive} feed；pressure-feed
压力均衡☆pressure equalization
压力卡片筒☆chart holder
压力(操纵)开关☆pressure switch；PS
压力坑道☆pressurized gallery
压力(-)孔隙比曲线☆pressure-void ratio curve
压力孔隙仪☆pressure porosimeter
压力控制地层测试器☆pressure controlled tester
压力廊道☆pressurized{pressure} gallery
压力-累计产量曲线☆pressure {-}cumulative production curve
压力类型☆barie type
压力裂缝(节理)☆diaclase
压力裂谷☆pressure-rift valley
压力裂隙☆fissure without displacement；induced cleavage；pressure cleat{fissure}
压力-流量特性曲线☆pressure-flow characteristics
压力脉冲峰值☆pressure peak
压力脉动阻尼器☆pulsation dampener
压力猛烈增加☆pressure surge
压力泥浆天平☆pressurized mud balance
压力-浓度-温度☆pressure-concentration-temperature；PCT
压力配位法则☆pressure coordination rule
压力喷浆☆gunite
压力喷雾式燃烧器☆pressure spray type burner
压力喷油燃烧器☆pressure oil burner
压力喷嘴☆pressure nozzle；injection jet
压力匹配层位☆pressure matching level
压力平衡式轴承密封[井下动力钻具]☆pressure balanced bearing seal
压力评价剖面☆pressure evaluation profile；PEP
压力破坏☆compression failure；fail in compression
压力强度☆pressure intensity；intensity of pressure
压力驱动温度计☆pressure actuated thermometer
压力趋平☆pressure decay
压力趋于稳定☆pressure level-off
压力-容积-温度关系☆pressure-volume-temperature relations
压力容限☆pressure tolerance
压力润滑☆pressure (feed) lubrication；flood lubrication
压力润滑泵☆forced lubrication pump
压力上升(速度)☆rate of pressure rise
压力渗透地下气化☆gasification by percolation
(使)压力升高☆build the pressure
压力时间作用过程[炸药爆炸]☆pressure-time history
压力式地音计☆pressure geophone
压力释放接头☆pressure relief sub
压力式热水供暖☆forced hot water heating
压力试验☆pressure test；test under pressure
压力试验机校准仪☆calibrator for compressive testing machine
压力输管道☆head conduit
压力数值失真☆pressure damage
压力衰减动态☆pressure depletion performance
压力双晶☆pressure-twin
压力水管☆penstock；flow pipe；pressure water pipe
head conduit；pressure (water) pipe
压力水面等高线☆pressure surface contour
压力水箱☆header box
压力瞬变分析☆pressure transient analysis
压力瞬时下降☆flash down
压力速复{|降}☆rapid pressure recovery{|decline}
压力隧洞试验☆pressure tunnel test
压力损失换算图☆pressure-loss conversion chart
压力梯度力☆pressure-gradient force
压力体积图☆pressure-volume diagram
压力-体积-温度关系☆{P-V-T}pressure-volume-temperature relation(ship)
压力调定值☆pressure setting
压力调节隔断阀☆pressure control stop valve
压力通风☆fored-air{positive;plenum} ventilation；forced draft；plenum；positive ventilating
压力头☆manometric head
压力涂层☆weight coating
压力推进☆force(d) feed
压力-温度-成分空间☆P-T-X space
压力-温度-流体-时间轨迹☆P-T-F-t{pressure-temperature-fluid-time} path
压力稳定上升☆steady rise of pressure
压力雾化喷枪燃烧器☆pressure-atomizing gun burner
压力下储存☆storage under pressure
压力下降☆relief of pressure；pressure drawdown{decline;decrease}
压力下胶液凝固性☆dilatancy
压力箱☆pressure box；forbay
压力箱式过滤机☆pressure-tank filter
压力(类)型☆baric type
压力依存性☆pressure dependence
压力影☆strain{pressure} shadow；pressure fringe
压力跃变☆pressure jump
压力增加☆build up
压力增量☆incremental pressure
压力枕☆flat{Freyssinet} jack；pressure cushion
压力指示器控制器☆pressure indicator controller；PIC
压力滞后影响☆pressure hysteresis effect
压力中心☆center{centre} of pressure；CP
压力注浆☆pressure casting；grout injection
压力注水泥工具☆shoe squeeze tool
压力锥☆shatter{pressure} cone
压力资料解释方法☆pressure interpretation method
压力自动补偿系统☆self-compensating pressure system
压力钻井{进}☆pressure drilling
压力坐封封隔器☆pressure-actuated packer
压力作用的☆pressure-actuated
压料带式运输机☆hugger belt conveyor
压裂☆pressure burst{crack;parting}；fracturing；frac；(compressive) fracture；breakdown；cataclasm；thrust
压裂参数计☆frac-monitor；frac pressure
压裂处理规模☆fracture treatment size
压裂辅助蒸汽驱工艺☆fracture-assisted steam flood technology；FAST
压裂工作水☆load water
压裂构造☆cataclastic structure
压裂管柱☆frac-string；fracturing string
压裂后的☆post-fracturing；post-frac
压裂后井温测井☆post frac temp log
压裂混砂车☆fracturing blender truck
压裂监测仪{车}☆fracture monitor
压裂监视仪☆frac pressure；frac-monitor
压裂井☆fractured well
压裂裂缝☆induced fracture
压裂评价测井☆fracturing evaluation log；FEL
压裂前产{流}量☆prefrac flow
压裂砂返回☆sand return
压裂酸化☆fracture acidizing；acid fracturing
压裂碎石带☆rubble zone
压裂梯度☆fracture{fracturing} gradient；FG
压裂隙☆piezoclase
压裂压开点☆breakdown point
压裂岩☆cataclasite
压裂液☆breakdown{fracturing;frac;fracture} fluid；break down agent；fracturing liquid
压裂液返排量☆fracturing fluid recovery
压裂用的支撑丸粒☆frac shot
压裂(作业)用水☆water blanket
压裂作业监控车☆frac instrument van

压流☆baric flow
压路机☆bulldozer; road packer{roller}; (street) roller
(用)压路机碾压☆steamroller
(耐)压(缩)率☆compression coefficient
压滤☆pressure filtration; filter pressing
压滤分布{异}[岩浆]☆filtration differentiation
压滤机板☆filter press plate
压滤机关闭☆press closed
压滤器☆filter press; plate{pressure} filter
压滤脱水☆filter-pressing
压滤作用☆pressure leaching; filter-press action; filter pressing; expression
压轮☆pressure roller; oscillating sheave[钢绳冲击钻]
压密☆compact; compaction; consolidate
压密的黏土☆stiff-clay
压密度☆compactness; degree of compaction
压密核心带☆supplementary zone
压密机☆baler
压密模渗透计☆compaction-mold permeameter
压密深度☆compacted depth
压密系数☆coefficient of compaction
压敏布尔登元件☆pressure-sensing Bourdon element
压敏电阻☆varistor; voltage dependent resistor; VDR
压敏胶☆Pressure-sensitive adhesive
压敏效应☆voltage-sensitive effect
压敏元件☆pressure cell; pressure sensitive component; pressure-sensing{-active} element
压模☆die [pl.dies]; stamp die; indenter; stamper; indentor; penetrator; press mould
压模充填比☆die fill ratio
压模机☆mould press
压模套☆subpress
压模条痕☆load-cast striation
压模铸件☆die-casting
压模作用☆load-casting
压碾试样[在铁板上]☆bucking
压扭性构造面☆compresso-shear structural plane
压盘☆platen
压配合☆press{interference;force} fit
压劈理☆compressive cleavage
压片☆pressed disk; tabletting; wafer
压片机☆sheeter; briquet(te){briquet(t)ing} press; waferer; pelletizer; bead machine
压片状生长☆lamellar growth
压平☆ironing (out); planish; collapsing; crushing
压平板☆platen
压平机☆flatter
压平器☆level(l)ing{hand} press
压坡☆counterpoising
压坡度[航]☆banking
(使)压破☆implode; implosion
压迫☆oppression; stress; weight
压迫者☆oppressor
压气☆compressed air
压气爆破☆air blasting
压气爆破器☆airbreaker
压气沉箱凿片☆pneumatic shaft sinking
压气传动☆air drive
压气吹风管式集尘器☆venturi dust trap
压气吹风管形通道☆Venturi(-shaped) passage
压气吹洗☆air flush; air-blast cleaning
压气洞☆blowing well
(用)压气防止土壤落入采空区☆plenum
压气管道线☆compressed air lines
压气管加油器[润滑凿岩机用]☆line oiler{oil}
压气机☆compression pump; pneumatic plant; (gas) compressor; compressed air motor; gas-booster[输送气体用]
压气机特性曲线图☆compressor map
压气机械搅拌式浮选机☆mechanical-air machine
压气搅拌式(浮选机)☆agitation-pneumatic
压气井[反映气压变化]☆breathing well
压气落煤装置☆air breaking installation
压气马达驱动的☆air-motor-powered
压(阀门)气密关闭☆bubble-tight shut-off
压气排渣☆air flushing
压气排量泵☆air-displacement pump
压气炮孔填塞器☆hurricane air stemmer
压气泡沫除尘系统☆air-foam system
压(缩空)气喷(硫)酸罐[酸化油井用]☆acid blow case; acid egg
压气驱动电灯☆compressed-air-driven lamp
压气软管检查工☆hoseman

压气设备☆air-compressing equipment
压气渗透地下气化法☆gasification by air-linking percolation method
压气式铲斗后卸装载机☆air driven rockerloader
压气式浮选机☆pneumatic flotation machine
压气弹簧制动器☆compressed air spring brake
压气提水桶☆pneumatic water barrel
压气推进器气缸☆air-feed cylinder
压气推进式上向{向上}凿岩机☆air-feed stoper
压气箱☆air tank; blow case
压气压水泵排水☆drainage by air displacement
压气药卷装药器☆pneumatic cartridge loader
压气止水法☆pneumatic method
压强☆intensity{strength} of pressure; pressure (intensity); tension
压强计☆piezometer; tensimeter
压强中心☆centre of pressure
压切掘进机☆pressure face machine
压球法[硬度试验]☆ball method
压曲[纵向]☆buckling
压曲临界负{载}荷☆buckling load
压屈☆lateral deflection
压燃式发动机☆C.I.{compression ignition; self-ignition} engine
压热器☆autoclave
压热效应☆piezocaloric effect
压融[冰的]☆pressure melting
压融体☆pressed melt
压熔接的☆pressure-welded
压溶(作用)☆pressolution; pressure solution
压溶的☆pressolved
压溶裂缝☆pressolutional fracture
压(力)-容(积)关系曲线☆pressure-volume curve
压蠕变应变☆compressive creep strain
压入☆indentation; pressed-in(to); drive into
压入抽出联合通风系统☆pressure-and-exhaust system of ventilation; push-pull ventilation system
压入法[测硬度]☆pressing {-}in method
压入风流☆blowing current
压入接头☆driver over adapter
压入抗力☆penetration resistance
压入坑☆pressure concave
压入配合☆hand fit; force fit
压入式的☆forcing
压入式活塞取样器[地表操作]☆modified California sampler
压入式取土器☆Ohio sampler
压入水☆load water
压入物料吨量☆ribbon tonnage
压入与抽出联合通风法☆combination pressure and exhaust ventilation system
压入桩☆jacked pile
压色性[如萤石]☆piezochromatism
压伤☆bruise
压上去☆force up
压伸器☆compandor; compander
压渗☆pressure filtration
压渗漏途径☆seepage path
压生位移☆pressure-induced shift
压石机☆stone press
压实☆compact(ion); consolidation; compression; sealing; welding; impact(ion); densification; ramming
压实遍数☆compactor pass
压实不足的页岩☆undercompacting shale
压实沉陷☆consolidation settlement
压实得很好的☆well-compacted
压实的土☆puddled soil
压实度☆degree of compaction; compactness
压实腐泥☆metasapropel
压实混合物☆compressed mixture
压实机☆compactor
压实机械☆compacting plant
压实挤出的水[沉积物]☆water of compaction
压实力☆compactive effort
压实率☆specific{percent} compaction; compaction percentage
压实煤☆pressed coal
压实密度☆compaction density
压实盘☆pressure pan
压实器☆squeezer
压实-水力说☆compaction-hydraulic theory
压实物☆compacts
压实系数☆compacting factor; coefficient of `filling setting{compaction}; relative{percent} compaction; compaction{consolidation} coefficient
压实效应☆compaction effect
压实性☆compactibility; compactness; compactability
压实雪层☆snowpack
压实岩石☆pressed{compacted} rock
压实作用☆squeezing action
压实作用力☆compaction effort
压势☆pressure potential
压栓☆holding-down bolt
压水☆water forcing
压水冲洗☆blow wash
压水管气升器压力管☆lift column
压水唧筒☆force pump
压水试验☆packer permeability test; pressing water test; water(-pressure) test; hydraulic pressure test
压水筒泵☆lift pump
压水位观测☆piezometric measurement
压送泵☆compressing pump
压送管☆eduction{force} pipe
压送管路☆discharge line
压送管线☆pressure piping
压速波动☆pressure-velocity surge
压塑☆compaction
压塑琥珀☆amb(e)roid; pressed amber
压塑琥珀粉☆ambroite; amberoid; ambroid
压塑性☆briquettability; compactibility
压碎☆crushing; pressure burst; squash(ing); stamp; crumple; cram; cataclasis; implosion; scrunch; crunch; compression fracture; bruising; mash
压碎板☆bucking board
压碎变形☆cataclastic deformation
压碎变形结晶☆schizomorphic crystal
压碎法钻进☆drilling by crushing
压碎机☆bucker
压碎结构☆crush{pressure;cataclastic} texture
压碎砾岩☆crush(ed){tectonic;cataclastic} conglomerate; pseudoconglomerate
压碎性☆crushability
压碎岩☆cataclasite; kataclastics; cataclasitic{crushed; crush;kataclastic} rock
压碎岩石☆crushed rock
压损☆pressure loss
压损(率)☆pressure deficiency
压缩☆compress(ion); constriction; astriction; hoop [静水压的]; pinch; contraction; shrinkage; press; compaction; dent; packing; condensation; cut down; condense; pressure; reduce; encapsulate; capsule
压缩板☆flakeboard
压缩背斜☆pinched{squeezed} anticline
压缩比☆compression{compressibility} ratio; c.r.
压缩变形☆deformation in compression; compression(al) deformation; compressive strain
压缩变形抗{阻}力☆resistance to compression
压缩波☆longitudinal{primary;irrotational;push-pull; plastic;compression(al)(-dilatational)} wave; waves of compression; P {-}wave
压缩部分☆constrictor
压缩侧☆pinched sides
压缩层序☆condensed sequence
压缩沉降{陷}☆compression subsidence
压缩成形密封☆squeeze type seal{moulded seal}
压缩迟滞☆lag of compression
压缩带☆constrictive zone; compaction band; shortening zone[地陷]; compressive belt; compression zone[岩压]
压缩的☆compressional; compressive; thinned
压缩点☆point of compression
压缩点火(式)☆compressed{compression} ignition; C.I.
压缩度☆intensity{degree} of compression
压缩-负荷沉陷☆compression-subsidence
压缩负载☆compressive load
压缩和回弹试验☆compression and recovery test
压缩弧☆arc of compression
(内燃机)压缩环☆compression ring
压缩机☆compression pump; blower; compressor; gas booster compressor; BLO; compr
压缩机(车间)☆compressor plant
压缩机的临界压缩比☆compressor critical ratio; CCR

压缩机构☆compressing mechanism
压缩机站☆compressor station{plant}
压缩计☆compressometer
压缩加衬滑脂杯☆compression grease cup
压缩空气☆compressed air；(blast) wind；pressurized air；CA；COMPA
压缩空气(抽水)☆air lift
(由)压缩空气操作☆pneumatic
压缩空气储存筒☆storage cylinder
压缩空气传动扇风机☆compressed air (operated) fan
压缩空气分散供给☆decentralized air supply system
压缩空气渗透地下气化法☆gasification by pressure method
压缩空气室☆delivery air chamber
压缩块段模型☆compressed block model
压缩扩展操作☆compress-expand operation
压缩力☆compression efficiency；compressure；force of compression；compressive{compressional} force；compaction
压缩量☆amount of compression；draft；draught；yield
压缩裂理☆pressure parting
压缩率☆compressibility；ratio{rate} of compression；coefficient of compressibility；compression ratio {rate}；bulk factor；percent reduction
压缩脉冲☆compressional{compression} pulse
压缩模量{数}☆compressibility{compression} modulus；modulus of compression{compressibility}
压缩破坏☆compression failure；fail in compression
压缩剖面☆compressed{squeeze} section；squash plot
压缩器☆constrictor；compressor
压缩气钻☆compressed air drill
压缩牵引☆compressive traction
压缩曲线☆compression{shortening;compressing} curve；pressure-void ratio curve
压缩燃气汽车☆compressed gas automobile
(气体输送)压缩设备☆gas booster compressor
压缩室☆delivery{compressive;compression} chamber；pressure space
压缩式承载元件☆compression-type load cell
压缩式封隔器☆compression packer
压缩速率☆coefficient of compressibility；rates of compression
压缩弹性☆elasticity of compression
压缩退火热解(能)石墨☆compression-annealed pyrolytic graphite；CAPG
压缩位移☆impact displacement
压缩物☆constriction；constrictor
压缩系数☆compacting factor；compression coefficient{factor}；compressibility (coefficient; factor)；coefficient of compressibility
压缩限度☆limit (of) compression
压缩向斜☆squeezed syncline
压缩行程☆instroke
压缩性充填料☆compressible fill
压缩性土☆compressible soil
压缩页岩☆charged shale
(可)压缩页岩☆compressible shale
压缩仪☆compressometer；oedometer
压缩因数☆compressibility{deviation} factor；Z-factor
(超)压缩因数☆supercompressibility factor
压缩因子☆compressibility{deviation} factor
压缩应变☆compression{compressive;compressing; constrictive} strain；strain by compression
压缩应变试验☆compression strain test
压缩应力☆compression{compressive;compressing} stress；stress in compression
压缩应力试验机☆compression stress tester
压缩褶皱[一种同沉积褶皱]☆constricted{squeezed; pinched} fold；compaction fold
压缩中翼☆reduced middle limb
压缩装置☆constrictor
压缩子波☆compact wavelet
压索轮☆depression roller
压条☆batten；clamping bar
压条衬板☆bar liner
压铁☆clamp
压头☆indenter；ram；(pressure) head；indentor；head pressure；head of delivery；rammer；fall {elevation; hydraulic (pressure);falling;squeeze;discharge} head；penetrator[硬度试验]；H.
压头管线☆penstock
压头计☆headmeter
压头流☆flowing head
压头损失☆head loss{lost}；loss in head；lost head；draught loss；loss of head
(在)压头下☆under a head
压头线☆headline
压头箱☆headbox；head tank
压头增高☆pressure boost
压头指示仪☆head meter
压透阻力☆penetration resistance
压土机☆packer
压团机☆briquet(t)ing{briquet(te);ram} press
压团精矿☆briquetted concentrate
压弯☆buckle
压弯机☆bulldozer；bending press；brake-press
压弯应力☆buckling stress
压丸☆(pressed) pellet
压丸机☆pelletizer
压位差☆pressure head
压温时轨迹☆pressure-temperature-time{PTt} path
压纹☆knurl；emboss
压纹的☆embossed
压熄☆stifle
压下☆screw down
压下的☆depressed
压陷法[硬度测定的;硬度测定]☆indenting method
压限压力☆threshold pressure
压像{象}☆pressed{pressure} figure
压斜☆baroclinity；barocline
压斜(状态)☆baroclinity
压型☆briquetting
压型化石☆compression
压型机☆cambering machine
压形☆swaging
压性断层☆compression fault
压性构造☆compressional structure
压性系数☆piezocoefficient
压延☆recycle；drawing；malleate；reducing；calender
压延玻璃☆rolled glass
压延法☆rolling process
压延机☆calender；calenderstack
压延面☆flattening plane{surface}；flat surface
压眼☆breast hole
压药☆pressing
压(火)药机☆wringer
压抑☆constrain；inhibit；depress；constriction；hold back；repression
压荫☆pressure fringe{shadow}
压印☆impression；coin
压印(图案等)☆indent
压印锤☆set hammer
压印加工☆coining
压印模☆load cast
压印盘☆platen
压印条痕☆load-cast striation
压印硬度☆pressure hardness
压应变百分率☆compressive strain percentage
压应力☆compressive{pressure} stress；stress in compression；compression(al){compressing} stress；compressive resistance
压泳(现象)☆barophoresis
压油泵☆pressure oil pump
压跃层{面}☆barocline
压晕☆pressure fringe{shadow}
压载☆ballast；ball.；blst
压载-储存舱☆ballast/storage chamber
压载(油船)打压舱水☆ballasting
压载分布☆distribution in ballast
压载罐{舱}☆ballast tank
压载回程☆return ballast voyage
压载块☆kentledge
压载箱☆weight tray；ballast tank{box}
压载状态☆ballasted condition
压在……上面☆overlie
压轧辊☆knobbling rolls
压榨☆compress；screw；pinch
压榨出☆grind
压榨机☆squeezer；mangle；masher
压榨作用☆expression
压粘云母石☆micalex
压折☆backfin；fold
压折缝的器具☆creaser
压砧☆anvil
压直式直管机☆gag type straightener
压纸格☆tympan
(打印机)压纸卷筒轴☆pleten
压致发光☆piezoluminescence
压致结晶(作用)☆piezocrystallization
压致拉裂破坏☆compressive tension failure
压致双折射☆piezobirefringence
压制☆suppress(ion)；coercion；oppression；pressing；hold-down；nullification
压制板☆pressboard
压制棒筛☆profile screen
压制薄片☆laminating
压制波纹☆gofer；gauffer；goffer
压制不够☆underpressing
压制成型☆pressing；press forming
压制的泥炭☆pressed peat
压制干扰☆noise cancellation
(绕丝)压制间隙块☆impressed (spacing) lug
压制井喷☆kill；killing well
压制煤砖☆briquetting of coal
压制铁芯☆iron-dust core
压制效应☆depressing effect
压制性☆briquettability
压制堰☆suppressed weir
压制阴模法☆hubbing
压制因素☆constraint
压制者☆strangler
压重☆kentledge
压重块☆weight clamp
压重填土☆counterweight fill
压皱☆crumple
压煮(器)☆autoclave
(液)压(支)柱屈服压力☆leg yield pressure
压铸☆diecasting；pressure diecasting{casting}；die cast
压铸合金☆die-casting alloy；alloy for die casting
压(模)铸件☆die-cast
压住☆hold-down；kill
压住井喷☆kill the well；harness a well
压住钻屑的静压力☆static chip hold down pressure
压注机☆pressure filter
压砖机☆briquet(te){briquet(t)ing;brick} press；brick- pressing machine
压装炸药☆pressed explosive
压锥☆indenter；indentor
压阻(现象)的☆piezoresistive
鸦鼻贝属[腕;D_{1-2}]☆Corvinopugnax
鸦趾状水系☆crow-foot drainage pattern
鸭☆duck；Phorohacos
鸭蛤超科[双壳]☆Pandoracea
鸭脚板[潜水员的]☆flapper
鸭属[E_3-Q]☆Anas
鸭跖草[铜矿示植]☆Commelina communis
鸭嘴☆duckbill
鸭嘴铲离合装置☆duckbill grip block
鸭嘴龙☆duck-billed-dinosaur；Trachodon
鸭嘴龙类☆hadrosaur(u)s；duck-billed dinosaurs
鸭嘴龙属[K_2]☆hadrosaurus；Anatosaurus；Trachodon
鸭嘴蜮属[E-Q]☆Scutus
鸭嘴式挖掘机铲斗☆shovel trough
鸭嘴式装载机可伸缩装载槽☆duckbill telescopic trough
鸭嘴式装载机夹紧机构☆duckbill clamping mechanism
鸭嘴式装载机截齿{|转座}☆duckbill pick{|swivel}
鸭嘴兽(属)[Q]☆Ornithorhynchus；Platypus
鸭嘴输送{运输}机头☆self-loading head
鸭嘴装载机伸缩式装载槽☆duckbill telescoping trough
(用)鸭嘴装载机装载☆ducking
丫腺☆furcula

yá

芽☆bud；outgrowth
芽苞叶☆cataphyll
芽孢☆gemma；spore
芽孢杆菌属[D-J]☆Bacillus
芽孢油页岩☆bitumenite
芽笔石属[O-S]☆Thallograptus
芽槽珊瑚属[D_2]☆Natalophyllum
芽管[孢]☆germpore tube
芽痕☆bud scar
芽迹☆shoot trace

芽茎[苔]☆stolon
芽晶☆germ crystal
芽晶作用☆induced crystallization
芽孔[孢]☆germpore
芽鳞☆tegumentum；tegmentum
芽鳞颗石[K]☆Tegumentum
芽木目☆Cladoxyales
芽木属[D_2-C_1]☆Cladoxylon
芽前的☆preemergent
芽球☆gemmule
芽生☆protogenesis；offset[珊]；gemmation[生]
芽生胞管☆stolotheca；budding individual
芽生孢子[真菌]☆blastospore
芽体发育变化[珊]☆hystero-ontogeny
芽隙[植]☆shoot gap
芽(保护)叶☆bud scale
芽枝[植]☆twig
牙☆tooth；dens
牙板☆dental plate
牙槽☆(tooth) socket；alveolus (dentalis)
牙槽孔☆foramen alveolaria
(钻头)牙齿的凸出高度☆tooth projection
牙齿钝化系数☆tooth wear coefficient
(钻头)牙齿后面☆trailing flank
牙齿(尖)磨平处☆tooth flat
牙齿前面☆leading flank
牙底剖面[螺纹的]☆root section
牙顶☆crest；top of tooth
牙氟中毒☆dental fluorosis
牙杆☆rack bar
牙膏(式)熔岩☆toothpaste lava
牙膏状熔岩☆push；squeeze-up
牙根☆fang
牙根膜☆periodontal membrane；periodontium；pericementum
牙根状的[医]☆radiciform
牙冠☆corona dentis
牙坏死☆odontonecrosis
牙积石☆odontolith
牙尖☆cuspis dentis
牙嚼面[哺]☆abrasion
牙科人造石☆dental{artificial} stone
牙科用熟石膏☆dental plaster
牙列☆dentition
牙轮☆cutter；(roller) cone；gear (wheel)；pineapple
牙轮巴掌☆wheel carrier
(钻头)牙轮背圈保(持井)径面☆gage surface
牙轮齿☆cutter teeth
牙轮齿排互插深度☆depth of interfit
牙轮规径面☆cone gage surface
牙轮卡死☆cone lock；locked cone
牙轮内排齿面☆inner row surface
牙轮切削具☆rolling cutter
牙轮移轴距☆cutter offset
牙轮支臂☆cutter arm
(钻头)牙轮轴☆bearing pin
牙轮轴颈角☆journal angle
牙轮轴线不偏移的钻头☆non-offset bit
牙轮轴线与钻头底平面夹角☆pin angle
牙轮爪(巴掌)背表面硬化☆shirt-tail hardfacing
牙轮锥☆rolling cone
(钻头的)牙轮锥顶☆nose of cone
牙轮锥尖☆spearpoint
牙轮锥体☆right cone
牙轮钻机☆geared{rotary} drill；rotary；rotary drilling rig{machine}；roller-cone machine；mobile rotary drilling unit
牙轮钻头☆cone{roller} rock bit；(true-rolling) bit；rock (roller) bit；bit disc；roller type (bit)；rolling cutter bit{rock bit}；roller (bid)；Hawthorne {roller-type;tooth-wheel;toothed} bit；roller cutter{cone} bid；rifler；rock drill bit
牙轮钻头齿撞碎裂或弯卷☆bradding
牙轮钻头啮合图☆cone bit design layout
牙轮钻头体☆shirttail；shirt-tail
牙轮钻头止推块☆nose button
牙螺属[腹;N-Q]☆Columbella
牙买加☆Jamaica
牙盘☆chain wheel
牙钳☆die tongs
牙嵌离合器☆jack{coupling;claw;jaw} clutch
牙石☆gruma；girmir；tartar of teeth；dental calculus {deposit}；odontolith
牙石指数☆calculus index；CI
牙式☆formula dentalis；dentition formula
牙髓结石☆pulpstone
牙索动物☆Conodontochordata
牙体充填器械☆tooth filling instruments
牙条☆gear rack
牙系☆dentition
牙形虫类☆Conodont
牙形刺(石)☆conodont
牙形刺目☆Conodontophorida
牙形石古生态学☆conodont paleoecology
牙形石目☆Conodontophorida
牙形石色度指数☆conodont alteration index；CAI
牙形索动物☆Conodontochordata
牙鳕☆whiting
牙医☆dentist
牙医用长石☆dental spar
牙应力分析☆dental stress analysis
牙蛹蜗牛科☆Family Vertiginidae
牙釉质氟中毒☆enamel fluorosis
牙质☆dentine；dentinum
牙周膜☆pericementum
牙爪☆lug；jaw of drilling bit
(牙轮钻头的)牙爪尖☆shirt-tail
牙状割刀☆spur cutter
牙状突起☆denticulation
蚜头虫☆Proetus
崖☆cliff；scarp；crag；pena；precipice；limit；bound；boundary；margin；cote
崖柏属[J-Q]☆Thuja
(海蚀)崖崩☆cliff fall
崖道☆banquette
崖底堆积物☆under cliff
崖底阶地☆undercliff
崖底泉☆cliff spring
崖顶☆brow
崖洞☆rock shelter；sandstone cave
崖堆☆run of hill；talus (deposit)；cliff debris
崖滑☆cliff landslide
崖脚缓坡☆haldenhang；wash slope
崖脚砂堆☆sand fall
崖径☆berm
崖麓泉☆scarp-foot spring
崖面☆scarp{rock} face；sheer
崖坡☆escarpment；scarp face{slope}
崖坡棚地形☆scarp-slope-shelf topography
崖上砂洞☆zawn
崖石质含铁层☆cherty ironstone；cherty{banded} iron formation；BIF
崖坍☆cliff landslide
崖退☆scarp retreat
崖屑堆☆sliderock
崖檐冰川☆cornice glacier
崖盐☆cliff salt
崖缘☆brow
崖锥湖☆talus-cone lake
钘[An;99 号元素旧名,今名锿]☆athenium

yǎ

雅丹地貌☆yardang
雅碲锌石☆yafsoanite
雅典米黄[石]☆Pearl
雅尔当☆yardang
雅洪托夫石☆yakhontovite
雅佳发☆Aquaflex
雅卡(雪)暴☆yalca
雅柯夫列夫贝属[腕;P]☆Yakovlevia
雅科布直线解析法☆Jacob's linear analysis
雅可比簇☆Jacobian variety
雅可比[K.G.J.Jacobi]的理论的[德]☆Jacobian
雅可比法☆Jacobi method
雅库特长身贝属[腕;C-P]☆Jakutoproductus
雅库特粉属[孢;K_2]☆Jacutiana
雅库特羽叶属[K_1]☆Jacutiella
雅硫铜矿[Cu_9S_8;三方]☆yarrowite；yarrowit
雅罗鱼属[E-Q]☆Leuciscus
雅茅斯(间冰期)[北美;Qp]☆Yarmouth(ian)
雅面介属[K_2-Q]☆Xestoleberis
雅木(墨)斯冰间期☆Yarmouth interglacial stage
雅尼贝属[腕;S_2-D_2]☆Janius
雅羟砷锰石☆jarosewichite
雅瑞恩☆Arien
雅士(图)白[石]☆Ariston
雅箱蚶属[双壳;T_{2-3}]☆Elegantarca
雅致枝霉☆Thamnidium elegans
雅座螺属[腹;N-Q]☆Ganesella
哑巴☆mute
哑变量☆dummy variable
哑层☆barren-bed；barren bed
哑带[无化石依据的地层]☆barren zone
哑地层☆barren strata
哑点☆dead spot{point;center}
哑间带☆barren {-}interzone
哑铃晶☆clavalite
哑铃体☆dumbbell
哑铃星云☆Dumb-bell nebula
哑罗经☆pelorus
哑内带☆barren {-}intrazone
哑炮☆failure of shot；cut-off shot；miss-shot{fire}；misfire
哑下标{|指标|元}☆dummy suffix{|index|variable}
哑药包☆zero charge
哑音☆dumb sound

yà

亚☆hypo-；sub；infra-；sub-
亚氨基☆imino-
亚安第斯的☆Parandean
亚胺☆imine；imide
亚胺硫磷[虫剂]☆imidan
亚胞☆subcell
亚胞管[笔]☆metatheca
亚饱和☆subsaturation
亚北部(气候)期☆subboreal
亚北方期☆subboreal phase
亚北极期☆subarctic phase
亚贝壳状的☆subconchoidal
亚倍频程的☆suboctave
亚倍频程滤波器☆suboctave filter
亚苯基☆phenylene
亚边际性生产井☆submarginal producer
亚边界☆subboundary
亚边缘性地热资源[开发费用 2 倍于常规能源的地热资源]☆submarginal geothermal resources
亚扁球形☆suboblatus；suboblate
亚扁形☆suboblatus
亚变种☆subvariety
亚标准折射☆subrefraction
亚表土☆subsurface soil
亚表土耕松☆subsurface tillage
亚滨海{潮间}带☆sublittoral zone
亚冰晶石☆chiolite
亚冰期☆glacial substage{stade}；stade
亚冰期的☆stadial
亚冰碛谷☆subdrift valley
亚冰雪带☆subnival belt{region}
亚冰雪带砾块铺面☆subnival boulder pavement
亚布氏牙形石属[D_3-C_1]☆Subbryantodus
亚曾珊瑚属[P_1]☆Yatsengia
亚层☆underlayer；subdivision；subzone；sublayer
亚层土☆subsoil
亚层土钻进錾形钻头☆spudding bit
亚层序☆subsequence
亚长石砂岩☆subarkose
亚长石砂岩质瓦克岩☆subarkosic wacke
亚长石质岩屑瓦克岩☆subfeldspathic lithic wacke
亚长圆形的☆subprolatus
亚承压水☆hypopiestic water
亚畴☆subdomain
亚穿孔贝型[腕]☆subterebratulid (type)
亚次乙基[=CHCH=]☆acetylene
亚大西洋期☆Subatlantic (phase)
亚带☆subzone
亚代☆subera；subage
亚单(晶)体☆subindividual
亚单位☆subset；subunit
亚当的后裔☆adamite
亚当斯矿浆密度自动控制仪☆Adams automatic density controller
亚当斯型虹吸给药器☆Adams feeder
亚当斯预测-校正公式☆Adams predictor-corrector formulas
亚德龙属[爬]☆Adriosaurus
亚得里亚菊石科[头;P]☆Adrianitidae
亚迪吉贝属[腕;T_{2-3}]☆Adygella
亚迪绿[石]☆Artic Green

亚地层☆intrastratigraphy
亚地层型☆hypostratotype
亚地壳☆mantle
亚地圈☆subgeosphere
亚地台☆subplatform
亚地震波☆subseismic
亚碲酸钾[K_2TeO_3]☆potassium tellurite
亚碲酸钠[Na_2TeO_3]☆sodium tellurite
亚碲酸盐[M_2TeO_3]☆tellurite；telluric oche{ocher}
亚碲铜矿[$CuTe_2^{4+}O_5$;单斜]☆rajite
亚碘酸盐[MIO_2]☆iodite
亚点阵☆sublattice
亚电子☆subelectron
亚丁炔基☆butynelene
亚丁斯克阶☆Artinskian stage
亚对生☆subopposite
亚盾贝☆Hypothyridina
亚多雨阶☆subpluvial stage
亚苊基☆acenaphthenylidene
亚尔勃斯等积圆锥地图投影☆Albers conical equal-area map projection
亚二氢苊基☆acenaphthenylidene
1,2-亚二氢苊基☆acenaphthenylene
亚繁群☆subpopulation
亚非经济合作组织☆Asia-Africa Organization on Economic Cooperation；AAOEC
亚沸腾温度☆sub-boiling temperature
亚分子☆submolecule
亚砜[RSOR']☆sulfoxide；sulphoxide
亚风化层☆subweathered zone
亚佛莱明菊石属[头;T_1]☆Subflemingites
亚腐霉属[真菌]☆Pythiogeton
亚钙普通辉石☆subcalcic augite
亚肛板[棘]☆subanal
亚纲☆subclass
亚高地泥炭☆subalpine peat
亚高山带☆subalpine belt
亚哥伦布菊石属[头;T_1]☆Subcolumbites
亚歌红(卡伯拉)[石]☆Sea-Waue Flower；Cobra Red
亚根庭绿[石]☆Verde Argento
亚功率☆subpower
亚汞☆quecksilber
亚汞的☆mercurous
亚共晶(的)☆hypoeutectic
亚共析体{的}☆hypo-eutectoid
亚构造☆substructure；substruction
亚固线再造☆subsolidus reconstitution
亚固相冷却☆subsolidus cooling
亚光壳节石属[头足类竹节石纲;D_{1-2}]☆Metaastyliolina
亚海西期黄土带[德北部]☆boerde [pl.-en]；borde
亚含水层☆sub-aquifer
亚寒带☆subfrigid zone
亚毫达西☆submillidarcy
亚毫米☆submillimeter
亚毫米波振荡器☆teratron
亚毫微秒☆subnanosecond
亚核子☆subnucleon
亚恒雪带☆subnival region{zone}
亚化石☆subfossil
亚化育层☆subhorizon
亚环境☆subenvironment
亚磺基[−SO(OH)]☆sulfino-
亚磺酸[R-S(O)OH]☆sulfinic acid
亚磺酸盐[RS(O)OM]☆sulfinate
亚磺酰[(HO)OS−]☆sulfinyl
亚磺酰胺[$RS(O)NH_2$]☆sulfenamide
亚磺酰氮(杂环)已烷[$-SO-N(CH_2)_4CH_2$]☆sulfenyl piperidine
亚磺酰基☆sulfinyl；sulphinyl
亚灰瓦岩☆subgraywacke
亚火成岩☆infraplutonic rocks
亚基石☆jagiite
亚极限矿石☆submarginal ore
亚极限量☆submaximum
亚急性的☆subacute
亚级☆substate；antepenultimate order
亚纪☆subperiod；subage
亚加斯灰[石]☆Akashi
亚甲(基)[$CH_2=$]☆methene；methylene
亚甲基蓝☆methylene blue
亚甲蓝☆methylene blue；MB
亚甲斯炸药☆Ajax
亚尖形板[棘海蕾]☆sublancet plate
亚碱性的☆subalkalic
亚建造☆subformation
亚角突☆subangular process
亚阶[地层]☆substage；assise；episode
亚阶段上向梯段回采☆sublevel backstoping
亚结点☆sub-node
亚结构☆substructure；substruction
亚结晶的☆paracrystalline；subcrystalline；poorly crystalline
亚界☆subkingdom；suberathem；subgroup；Agnotozoa
亚金的☆aurous
亚金属光泽☆submetallic luster
亚金酸盐☆aurite
亚晶☆subgrain
亚晶胞☆subcell
亚晶格☆sublattice
亚晶核☆sub-nucleus
亚晶界☆subgrain boundary；subboundary
亚晶态的☆subcrystalline
亚晶系☆subsystem
亚晶岩☆metacrystalline rock
亚经济性地热蒸气田☆economically submarginal geothermal-steam field
亚镜煤☆sub-anthraxylon
亚居群☆subpopulation
亚巨(窗贝)型[腕;主缘]☆submegathyrid
亚锯齿牙形石属[O]☆Subprioniodus
亚菌约菊石属[头;T_1]☆Subinyoites
亚颗粒☆subgrain
亚科☆subfamily
亚拉巴马[美]☆Alabama
亚蓝闪石[$(Ca,Na)_{2½}(Mg,Fe,Al)_5((Si,Al)_4O_{11})_2(OH)_2$]☆barroisite；carinthine；carint(h)inite；keraphyllite
亚类☆subgroup；subtype；subdivision；sub-turma[孢]
亚里士多德提灯[棘海胆]☆(Aristotle's) lantern
亚历山大(阶)[北美;S_1]☆Alexandrian
亚利桑那岩☆arizonite
亚沥青煤☆lignitic coal
亚磷酸盐☆phosphite
亚磷酯肟酸[亚磷酸酯]☆phosphorite
亚临界的☆subcritical；infracritical
亚临界度☆subcriticality
亚临界流☆streaming flow
亚临界流(动)☆subcritical flow
亚鳞木(属)[D_3-C_1]☆Sublepidodendron
亚鳞皮木属[C]☆Sublepidophloios
亚硫的☆sulphurous；sulfurous
亚硫化碳☆carbon subsulfide
亚硫酸氨盐法☆bisulphite
亚硫酸钙☆calcium sulfite
亚硫酸钠[Na_2SO_3]☆sodium sulfite{sulphite}
亚硫酸氢盐[$MHSO_3$]☆hydrosulfite；bisulphite；bisulfite
亚硫酸氢盐法☆bisulfite
亚硫酸酰☆sulfinol
亚硫酸盐☆sulfite；sulphite
(用)亚硫酸盐处理☆sulfur
亚硫酸一酰[−SO(OH)]☆sulfino-
亚硫酸酯☆sulfite
亚硫碳铅石☆macphersonite
亚硫碳树脂[一种不透明暗褐色树脂体]☆duxite
亚硫酰[=SO]☆thionyl；sulfinyl
亚硫酰基[(HO)OS−]☆sulfinyl；sulphinyl
亚露☆subdomain
亚铝质的☆meta-aluminous
亚氯化☆chloritization
亚氯酸钠[$NaClO_2$]☆sodium chlorite
亚氯酸盐[$MClO_2$]☆chlorite
亚麻☆flax
亚麻布☆linen
亚麻黄(色)☆flaxen
亚麻仁土☆linseed earth
亚麻仁{子}油☆linseed oil
亚麻酸☆linole(n)ic acid；octadecatrienoic acid
亚麻油树胶☆flaxseed gum
亚麻油毡☆linoleum
亚麻子袋油管封隔器☆seed bag
亚麻子级煤☆flaxseed coal
亚麻子填塞料包[填塞钻孔用]☆seed bag
亚麻子状矿☆ore flax seed；flax seed ore；flaxseed ore
亚麻籽状铁矿☆dyestone
亚玛莉罗[石]☆Amarillo Sierra
亚马孙古陆☆Amazonia
亚马逊河流域森林砍伐☆deforestation in Amazonia
亚马逊河流域的集群☆colonization of Amazonia
亚美尼亚☆Armenia
亚门☆subphylum [pl.-la]
亚锰酸盐☆manganite
亚迷{阿门}角石☆Armenoceras
亚米克菊石属[头;T_1]☆Submeekoceras
亚莫螺属(天)[腹;K-E]☆Amaurellina
亚幕☆subphase
亚目☆suborder
亚目下的[生类]☆infraorder
亚南极海区☆subantarctic region
亚能级☆substate；sublevel
亚黏土☆loam；lam；clayey (soil)；mild{sand} clay；loum；lamb；dauk
亚黏土化(作用)☆loamification
亚欧(地震)带☆Eurasia belt
亚皮秒☆subpicosecond
亚皮特斯海☆Iapetus
亚偏晶☆hypomonotectic
亚平行地震反射结构☆subparallel seismic reflection configuration
亚平宁前沿☆Apennine Front
亚破火山口☆subcaldera
亚期☆sub(st)age；subepoch；subphase；subperiod
亚(磁极)期☆event
亚浅海底带☆ellitoral zone
亚壳层☆subshell
亚区(域)☆subregion
亚取向附生的☆subepitaxial
亚群☆quasi-group；subgroup
亚群落☆subcommunity；subgroup
亚热带☆subtropics；sub(-)tropical zone；semitropics
亚热带的☆subtropic(al)；semitropic(al)
亚热带混交雨林☆mixed subtropical rain forest
亚热水☆subthermal water
亚溶线的☆subsolvus
亚三孔粉属[孢;K-N_1]☆subtriporopollenites
亚砂土☆sabulous clay；loam (sand)；sandy loam (soil)；mild sand
亚筛(孔)粒度☆sub-sieve size；subsieve-size
亚砷的☆arsenious
亚砷酸[H_3AsO_3]☆arsenous{arsenious} acid
亚砷酸钠☆sodium arsenite
亚砷酸盐☆arsenite
亚砷铜铅石☆freedite
亚砷锌石[$ZnAs_2O_4$;单斜]☆leiteite
亚深海成区☆bathygenetic area
亚深海区☆bathyal region
亚声☆infrasonics
亚声的☆infrasound
亚声速☆subsonic velocity；infrasound
亚声速(空气动力学)☆subsonics
亚声速岩音☆subaudible rock noise
亚生物群落☆biociation
亚省☆subprovince
亚湿润带☆subhumid zone
亚湿土☆subhumid soil
亚石墨[固定碳>98%的煤]☆subgraphite；meta-anthracite；superanthracite
亚石炭系☆Subcarboniferous
亚石印灰岩☆sublithographic limestone
亚世☆subepoch
亚(磁极)世☆event
亚氏虹吸管加药机☆Adams siphon feeder
亚属☆subgenus
亚属的☆subgeneric
亚四分藻属[C_1]☆Subtetrapedia
亚松藻属☆Succodium
亚速尔高压☆azores high
亚速高压☆Azore's High
亚铊的☆thallous
亚胎管[笔]☆metasicula
亚态☆substate
亚弹性状态☆hypoelastic state
亚特标准混合物☆standard yard mixture
亚特兰泰红[石]☆Rosa Atlantide
亚特利安磁场☆cytherean magnetic field
亚体系☆subsystem
亚铁☆ferrous iron
亚铁磁性☆ferrimagnetism
亚铁次(透)辉石☆ferrosalite

亚铁的☆ferrous；ferro-
亚铁电体☆ferrielectrics
亚铁韭闪质角闪石☆laneite
亚铁量法☆ferrometry
亚铁铝钠闪石☆ferro-eckermannite
亚铁毛矾石☆ferrohalotriquita；ferrohalotrichite
亚铁明矾☆ferrohalotrichite
亚铁钠闪石[$Na_3(Fe^{2+},Mg)_4Fe^{3+}Si_8O_{22}(OH)_2$;单斜]☆arfvedsonite；arfwedsonite；soda-hornblende；ferrous riebeckite
亚铁铁矾☆ferroro(e)merite；roemerite；buckingite
亚铁正铁(根)☆ferroferric
亚铁状态☆ferrous state
亚烃基[$-(CH_2)_x-$]☆alkylene
亚同温层☆substratosphere
亚铜的☆cuprous
亚铜化合物☆cuprocompound
亚统☆subseries
亚土层☆subsoil
亚土层上层气体☆ground air
亚土层钻进工具☆spudding tools
亚瓦佩(统)[北美;AnЄ]☆Yavapai (series)
亚瓦状超覆☆imbricated overlapping
亚外延的☆subepitaxial
亚微尘粒☆submicronic dust particle
亚微观的☆submicroscopic
亚微观区的力☆force of sub-microscopic domain
亚微克(的)☆submicrogram
亚微粒级包裹体☆submicron-sized inclusion
亚微米空气源颗粒☆submicron airborne particle
亚微秒☆submicrosecond
亚微型☆submicron
亚微震☆submicroearthquake
亚维土菊石属[头;T_1]☆Subvishnuites
亚稳((定)的)☆metastable
亚稳不混溶面☆metastable immiscibility surface
亚稳定度{性}☆metastability
亚稳定膜☆metastable film
亚稳定平衡☆metastable equilibrium
亚稳分解☆spinodal decomposition
亚稳态氦磁力仪☆metastable helium magnetometer
亚翁贝☆Avonia
亚无烟煤☆subanthracite
亚硒酸盐☆selenate
亚锡的☆stannous
亚锡酸盐☆stannite
亚系[地层]☆subsystem；subseries
亚显微晶体☆submicroscopic crystal
亚线性(的)☆sublinear
亚相☆subfacies；intrafacies；parfacies
亚硝胺☆nitrosamine
亚硝化单胞菌属☆nitrosomonas
亚硝基☆nitroso-；nitrogen oxide radical
N-亚硝基苯胺铵[铜铁灵;$C_6H_5N(NO)ONH_4$]☆ammonium nitrosophenyl hydroxylamine；cupferron
亚硝基酚[HOC_6H_4NO]☆nitrosophenol
亚硝氰钛☆titanium cyano-nitride
亚硝酸钡{|钾|镁|钠|银}☆barium{|potassium|magnesium|sodium|silver} nitrite
亚硝酸鞭毛菌☆nitrosomonas
亚硝酸钴钠☆sodium cobaltnitrite
亚硝酸菌☆nitrite bacteria
亚硝酸球菌☆nitroscocus；Nitrosococcus
亚硝酸盐还原细菌☆nitrite-reducing bacteria
亚硝酸酯[$-NO_2$]☆nitrite
亚硝态氮☆nitrite nitrogen
亚硝酰[$-NO$]☆nitrosyl
亚硝酰基☆nitrogen oxide radical；nitrosyl
亚硝酰氯☆nitrogen oxychloride
亚硝烟☆nitrous fumes
亚型[生]☆hypotype；subtype；hipotype
亚形兽属☆Anagalopsis
亚形性☆hypomorphy；hypomorphism
亚序列☆subsequence；sub-sequence
亚旋回☆epicycle；apicyclo
亚循环的☆metacyclic
亚烟煤[黑色褐煤]☆sub(-)bituminous coal
亚烟煤级腐殖煤[腐殖煤系列第四煤化阶段]☆humodite
亚岩浆温度☆submagmatic temperature
亚岩屑瓦克岩☆sublithwacke
亚沿岸带☆sublittoral zone
亚厣[软]☆suboperculum
亚叶砂屑岩☆subphyllarenite
亚液相☆subliquidus
亚乙基☆ethylidene
亚音频的☆infrasonic
亚音速☆subsonic velocity{speed}
亚音速流☆subsonic flow
亚铀的☆uranous
亚油酸☆octadecadienoic acid；linolic{linoleic} acid
亚油烯基磺化乙酸酯[$C_{18}H_{33}OOCH_2SO_3H$]☆linoleyl sulfoacetate
亚阈值☆sub-threshold
亚原地生成☆hypautochthony
亚原子☆subatom
亚原子学☆subatomics
亚圆锥形☆subconical
亚恽塞兰贝属[腕;D_2]☆Subrensselandia
亚杂砂岩☆subgraywacke；subgreywacke
亚折射[电磁]☆subrefraction
亚锗酸杂盐[M_2GeO_2]☆germanite
亚震区☆peneseismic country
亚正常热流量值☆subnormal heat flow
亚正常水压面[地下水低于饱和层顶面的压力面]☆subnormal pressure surface
亚正常压力☆subnormal pressure
亚正常自流水压面☆subnormal artesian pressure surface
亚正规模型☆subregular model
亚(铁)正铁的☆ferroferric
亚直颈式[头]☆suborthochoanitic
亚中窗型茎孔[腕]☆submesothyrid foramen
亚中孔型☆submesothyrid
亚中温热液矿床☆leptothermal deposit
亚种[矿物分类单位]☆subspecies
亚种划分{形成}☆subspeciation
亚种群☆subpopulation
亚肿牙形石属[O_2]☆Subcordylodus
亚重力☆subgravity
亚众数☆submode
亚周期☆paracycle
亚洲☆orient；Asia
亚洲板块☆Asiatic plate；Asian plates；AP
亚洲豺犬☆Cuon (alpinus)
亚洲长身贝属[腕;P]☆Asioproductus
亚洲鳄属[爬;E_{1-2}]☆Asiatosuchus
亚洲棘鱼(属)[D]☆Asiacanthus
亚洲龙(属)[爬;K]☆Asiatosaurus
亚洲鲈鱼(属)[J-K]☆Sinamia
亚洲人(的)☆Asian
亚洲蚊属[昆;J_3-K_1]☆Asioculicus
亚洲象属[Q]☆Elephas
亚洲野驴☆Equus hemionus
亚洲叶肢介属[J_3]☆Asioestheria
亚洲鱼属[D_1]☆Asiaspis
亚轴向破坏☆subaxial fracturing
亚壮年(期(的))☆submature
亚锥形☆subconical
亚自流井☆subartesian well
亚族☆subgroup
亚组☆subgroup；subunit
亚组构☆subfabric；teilgefuge
亚最佳化☆suboptimization
压板☆seesaw；teeterboard；teeter-totter
砑光度☆glossiness
砑光机☆calenderstack；calender；mangle
砑头虫属[三叶;O-D_2]☆Proetus
轧场☆level a threshing floor{thresh grain on a threshing ground}with a stone roller
轧刀☆guillotine
轧碾☆buck
轧碎☆break-in；broken-in；granulate；crush(er)；breaking；crushing
轧碎机☆breaking-down rolls；crusher；breaker
轧碎石☆crushed sand
轧轧`的响声{地响}☆scroop
轧轧响☆squeak
轧液机[轧干衣服等用的]☆ironer
氩☆argon；Ar
氩保存性☆argon retentivity
氩萃取系统☆argon extraction system
氩电极惰性气体保护接地点焊☆aircospot welding
氩丢失☆argon loss
氩法年龄☆argon age
氩核{实}☆argon core
氩弧焊☆argon (arc) welding
氩离子激光器☆Argon-ion laser
氩气灯☆argon lamp
氩同位素比☆argon isotope ratio
氩 40/氩 39 法年龄☆total-fusion age
氩-氩计时☆Ar-Ar dating
氩氧脱碳法☆AOD process
犽兽目☆Anagalida
犽兽属☆Anagale

yān

菸酸☆nicotinic acid
醃☆brine
咽喉☆fauces；gullet；throat；uptake
咽喉痛☆angina
咽鳃弓☆pharyngobranchials
咽头颚板☆pharyngeal jaws
咽头兽属☆Daptocephalus
咽峡炎☆angina
腌☆salt down；souse
腌渍品☆pickled product
胭脂红☆carmine；famille rose；rouge red；nacarat
胭脂石竹☆fire pink
胭脂树素☆bixin
胭脂鱼属[E_2-Q]☆Catostomus
胭脂藻科☆Squamariaceae
胭脂藻属[红藻;Q]☆Hildenbrandia
烟☆aerosol；smoke；fume；smk
烟草☆snout
烟草色岩☆tobacco rock
烟测法[测量低速风流]☆smoke technique
烟尘☆(flue) dust；soot；smoke；smk；dust and fume
烟尘(测量)计☆smokemeter
烟尘微粒☆smokes-particle
烟橱☆fuming hood
烟囱☆smoke pipe{stack;funnel}；flue；chimney；stack；funnel[船、车]；tunnel；smokestack
烟囱抽力☆stack draught
烟囱的水平连接部☆breeching
烟囱管☆stovepipe
烟囱帽☆smoke stack cap
烟囱内衬☆flue lining
烟囱身☆shaft
烟囱效应☆halo theory；chimney {-}effect
烟囱罩☆cowl；bonnet
烟囱作用[电炉电极插入炉料中形成]☆chimneying
烟道☆flue；gas{air;smoke;stack} flue；chimney (neck)；ducting；breeching
烟道尘☆flue dust；quick ash
烟道尘回收给料仓☆recycle flue dust feed silo
烟道抽力☆upward pull
烟道(气)挡闸☆stack damper
烟道内涂灰泥☆pargeting
烟道气☆flue{stack} gas；effluent gases
烟道气注入法☆flue-gas injection
烟道式地热模式☆geothermal chimney model
烟道炭黑☆impingement black
烟点[喷气燃料的一种性质]☆smoke point
烟斗☆pipe
烟斗泥☆Indian pipestone；catlinite；cutty{ball;pipe} clay；pfeifenstein[黏土]
烟斗珊瑚☆Aulopora
烟斗石☆pipestone
烟杆藓属[Q]☆Buxbaumia
烟管(蜗牛)科[腹]☆Clausiliidae
烟害☆smoke nuisance{injury}；damage by fume
烟黑☆jet{smoke} black
烟花爆竹☆firecrackers and fireworks
烟华石☆anthraquinone
烟化☆fuming；fume
烟黄玉☆smoky topaz
烟挥发指数☆smoke volatility index
烟灰☆fly{tobacco;cigarette} ash；soot；flue dust
烟灰吹除机☆sootblower
烟灰状构造☆smoky structure
烟火☆fire work；smoke and fire；fireworks；cooked food
烟火点火☆cartridge{pyrotechnic} ignition
烟火燃烧胶☆pyrotechnic gel
烟火(气)味☆fire stink
烟火信号[☆pyrotechnic (code) signal；rocket
烟火药引燃系列☆pyrotechnic train

Y

烟碱☆nicotine
烟碱(酸)的☆nicotinic
烟晶[含少量的碳、铁、锰等杂质;SiO_2]☆smoky quartz {topaz}; cairngorm (stone); smokestone; smoke topaz; mor(mor)ion
烟晶石[$C_{14}H_8O_2$;斜方]☆ho(e)lite; anthraquinone
烟卷形状火药柱☆cigarette burner
烟缕☆plume
烟煤☆bituminous{soft;gas;sea;ring} coal; bitumen lepideum; bitumi(ni)te; hartleyite; boghead; carbo lapideus; metallophyton; lithanthrax; pechkohle
烟煤和无烟煤[别于褐煤]☆black{hard} coal
烟煤级腐殖煤[腐殖煤第五煤化阶段]☆humanthracon
烟煤上的油质泥☆mush
烟幕☆blanket
烟气☆flue{stack} gas; fumes
烟气捕收管☆flue collector
烟气煤爆炸☆smoke explosion
烟气上行式加热炉☆updraft furnace
烟气中毒☆smoke poisoning
烟色☆smoke
烟色的☆smoky
烟色红锆石☆jargon
烟色石英☆bull quartz
烟石英☆smoky quartz; cairngorm
烟室☆smoke-box
烟水晶☆cairngorm (stone); smoky quartz{topaz}
烟台隔墙☆baffler
烟炱☆soot
烟筒☆chimney
烟筒状构造☆chimney-like structure
烟(雾)污染☆smoke pollution
烟雾☆fume; smog; dry{aerosol} fog; mist; smoke (and fog); vapour
烟雾测定☆smokeshade; smokehade
烟雾的不透光性☆obscuration of smoke
烟雾观测器☆smokescope
烟雾笼罩{弥漫}☆smogout
烟雾试验☆smoke test
烟雾体☆aerosol
烟雾性☆smokiness
烟箱☆uptake
烟熏(法)☆fumigation
烟羽☆(fumigation) plume
烟云☆fog; mist
烟罩☆helmet; hood
烟纸☆smoked paper{sheet}
烟柱☆plume
烟状的☆smoky
湮☆oblivion
湮灭{没}☆annihilation; blackout[雷达]
湮没辐射☆annihilation radiation
湮没无闻☆fall{sink} into oblivion; buried in oblivion
湮没现象☆dematerialization
淹☆waterlogging
淹灌☆basin irrigation
淹浸☆deluge
淹满水的钻孔☆gone to water
淹没☆inundate; inundation; flood(ing); flush; flow; submerge(nce); engulfment; covering; drown(ed); submersion; submerse; oversubmergence; swamp
淹没的☆submerged; drowned; immersible; water logged; submers(ibl)e; dnd
淹没的矿☆drowned mine
淹没地区☆land liable to flood
淹没矿井☆inundated{flooded;drowned} mine; flooded{drowned} shaft
淹没漂移树木形成的煤☆pelagochthonous coal
淹没期☆period of covering
淹没式过滤器水井☆drowned well
淹没式排水泵☆submersible drainage pump
淹没效应☆swamping effect
淹没岩层☆flooded strata
淹没沼☆immersed bog
淹投带☆submerged under water zone
淹浴☆mock valley

yán

盐☆sal; salt
C 盐☆celite
EDTA 盐☆edetate
盐斑{|爆|饼}☆salt cast{|burst|cake}
盐背斜☆salt anticline
盐边贝属[腕;C_2]☆Yanbianella
盐表☆salinometer
盐剥(作用)☆exudation
盐残渣☆saline residue
盐槽☆salt bath
盐草[硼和沥青示植]☆saltwort
盐草潮滩[荷]☆schorre
盐层☆salt bed{deposit}
盐层空穴☆brine cavity
盐层套管☆salt-string
盐场☆saltern; salina; saltworks; salt garden
盐厂☆salt refinery{works}; saltern; saltworks
盐沉积物☆saline sediments
盐成古构造☆salt-generated paleostructure
盐成隆起☆salt-motivated uplift
盐成土☆halomorphic{halogenic} soil
盐池☆salt pond{pan;lake;garden}
盐储存量☆salt storage
盐川[重力流]☆salt glacier
盐刺穿☆salt diapir
盐淬☆salt hardening
盐的☆salinous
盐的精选☆saline beneficiation
盐堤☆salt rampart
盐底辟☆salt diapir
盐度☆salinity; salt content
盐度固定生物☆stenohaline organism
盐度较差☆salinity range
盐度速变带☆halocline
盐度随深度增大☆katohaline
盐度仪☆salinimeter; salinometer
盐堆积物☆saline deposits
盐多边形☆salt-polygon
盐鲕☆halolite
盐分解作用☆salt weathering
盐分散晕☆saline dispersion halo
盐分☆salinity
盐浮计☆salt gauge
盐浮选☆saline{salt} flotation
盐盖层☆salt-roof rock
盐干☆salt stock
盐构造学☆salt tectonics; halokinesis
盐含量☆salt content
盐旱的☆salty avid
盐核☆salt nuclei{core}
盐核构造{|圈闭}☆salt-core(d) structure{|trap}
盐糊[一种除煤尘黏合剂]☆salt paste
盐湖☆brine{bitter;saline;salt} lake; saline; salina; shor[俄]
盐湖矿床☆deposit of saline lake; saline lake deposit
盐湖盆地☆salt-lake basin
盐湖型硼矿床☆salt-lake-type boron deposit
(海冰上的)盐花☆salt flower
盐华☆(salt) efflorescence; florescence; encrustation; bloom; salt-sinter
盐华球☆saline pellet
盐化☆salinize
盐化的☆saliniferous
盐化栗(钙)土☆salinized chestnut soil
盐化作用☆salinization; salinification
盐荒地☆usar
盐基☆base
盐基饱和百分比[土壤]☆base {-}saturation percentage
盐基的交换☆exchange of bases
盐基度☆basicity
盐基交换络合物☆base-exchange complex
盐基泥浆☆salt base mud
(一种)盐基染料☆cerise
盐基性岩☆basic rock
盐脊☆salt ridge
(用)盐加重的☆salt weighted
盐碱不毛区☆slick spot
盐碱低地☆salt bottom
盐碱地治理☆reclamation of saline-alkali soils
盐碱湖☆dhand
盐碱化☆salinization (of alkaline soil); salinize; salting; alkalinization; alkalinization of (saline) soil
盐碱结壳区☆slick spot
盐碱滩☆salina; saline; alkali flat; salt marsh
盐碱土☆halomorphic{saline-alkaline{-alkali}; (alkaline-) saline} soil; saline (and{or}) alkali(ne) soil; alkalinized {alkaline} saline soil
盐结(壳)☆salcrete
盐浸作用☆brining
盐晶(体)☆salt crystal
盐晶的生长☆salt crystal growth
盐晶底干盐湖☆crystal-body playa
盐晶模☆salt-crystal cast; halite crystal cast
盐晶(印)模☆salt-crystal cast
盐井☆salt well{spring;pit}; brine pit; salina
盐镜面[德]☆salzspiegel
盐均衡☆salt balance
盐喀斯特☆saline karst
盐壳☆salt crust{incrustation;encrustation}; pellicular salt
盐壳法[盐撒在巷道上除尘]☆salt-crust method
盐壳构造☆salar structure
盐壳土☆salt-crusted soil
盐壳沼☆salitral
盐坑☆salt pit; vat; salt-pit
盐块☆saline
盐矿☆salt mine{pit}
盐垒☆exeme; ekzema; salt horst
盐类沉积☆saline lick{deposit;sediment}; halogenic {salt} deposit
盐类矿物☆saline mineral; salinelle minerals
盐类岩☆salinastone
盐类岩石☆halogen{salt} rock; salina stone
盐粒☆salt particle
盐量测定☆salometry
盐量测量☆halometry
盐量计☆halometer; salinometer
盐量监测仪☆salinity watcher
盐岭☆salt range{ridge}
盐瘤☆acromorph
盐流{|隆|漏斗}☆salt flowage{|swell|hopper}
盐卤☆salt brine; bittern
盐氯钙石[$KCaCl_3$]☆baeumlerite
盐霾{|脉|煤|蘑菇}☆salt haze{|dike|coal|overhang}
盐镁矾☆kainitite
盐镁芒硝[$Na_{21}Mg(SO_4)_{10}Cl_3$]☆d'Ansrte
盐模☆halite cast
盐漠☆salt waste{desert}; kavir{kewire;kevir} [伊]
盐泥☆salty mud
盐泥湖☆vloer
盐黏土☆salt clay
盐浓度☆salinity; solinity; salt content
盐浓密度计☆sal(in)ometer; salinimeter
盐排除(作用)☆salt exclusion
盐盘☆kalahari; playa
盐磐☆salt pan
盐盆☆salt-lake basin
盐劈(作用)☆salt wedging
盐皮☆saline; salt crust
盐皮土☆salt-crusted soil
盐坪☆sabkha; salt flat; sebkra; salar [pl.-s, -es]; sebka; sebkha(t); sebjet; sebja; sebcha; sabhka
盐平衡☆salt balance
盐浦☆sebkha; sabakha; sabkha
盐墙[盐背斜]☆salt wall
盐侵☆salt contamination
盐穹☆salt{saline} dome; ekzema
盐丘☆saline{salt;piercement} dome; diapir; salt diapir {hill}; piercing fold; acromorph
盐丘井☆salt-dome well
盐丘形成说☆downbuilding
盐泉☆saline (spring); salt{brine;muriated} spring; brine pit; salina
盐溶解圆坑☆salt corrie
盐溶液☆saline solution; salt solusion{brine}
盐筛作用☆salt-sieving
盐山☆salt hill
盐渗☆salt-filtering
盐生的☆halobiotic; halomorphic
盐生假木贼[藜科,沥青矿局示植]☆Anabasis salsa
盐生生物☆halobiont; halobios
盐生形态☆halomorphism
盐生植(物群落)☆halophytic vegtation; halophyte
盐蚀(作用)☆salt fretting
盐栓☆salt plug
盐栓族☆salt-stock family
盐霜☆(salt) efflorescence; florescence; bloom; reh
盐水☆salt water{solution}; saline (water); pickle[浸渍用]; brine; salina; briny water; SW

盐水层☆saline aquifer；salaquifer
盐水的☆brinish
盐水管冷却☆brine pipe cooling
盐水湖☆salina
盐水基泥浆☆salt water base mud
盐水基液☆brine-base fluid
盐水-胶粒(混合)液☆brine-colloid mixture
盐水浸渍试验☆salt water immersion test
盐水井☆brine pit{well}；salt well
盐水冷却循环装置☆brine-cooling circuiting plant
盐水漫流草地☆salt meadow
盐水潜冰☆lolly ice
盐水入侵☆salt water encroachment{intrusion}；saline intrusion；salt-water encroachment
盐水上地下水☆basal groundwater
盐水桶数☆barrels salt water；BSW
盐水-油比率☆brine-oil ratio
盐水阻体☆salt-water barrier
盐酸☆hydrochloric{chlorhydric;muriatic} acid
(粗)盐酸[旧名]☆muriatic acid
盐酸胺[RNH_2•HCl]☆amine-hydrochloride
盐酸胍[H_2N•C(:NH)NH_2•HCl]☆guanidine hydrochloride
盐酸癸胺[$C_{10}H_{21}NH_2$HCl]☆decylamine-hydrochloride
盐酸甲胺[CH_3NH_2•HCl]☆methylamine-hydrochloride
盐酸间二氮(杂)环戊烯[$NHCH_2N$:$CHCH_2$•HCl]☆imidazoline hydrochloride
盐酸萘胺[$C_{10}H_7NH_2$•HCl]☆naphthylamine-hydrochloride
盐酸壬胺[$C_9H_{19}NH_2$•HCl]☆nonylamine hydrochloride
盐酸十六胺[$C_{16}H_{33}NH_2$•HCl]☆hexadecyl amine-hydrochloride
盐酸甜菜碱蜂花酯[HCl•$(CH_3)_3NCH_2COOC_{30}H_{61}$]☆melissyl ester of betain hydrochloride
盐酸甜菜碱鲸蜡酯[$(CH_3)_3NCH_2CO_2$•$C_{16}H_{33}$•HCl]☆cetyl ester of betaine hydrochloride
盐酸烷(基)脒[RC(NH_2):NH•HCl]☆alkyl amidine hydrochloride
盐酸辛胺[$C_8H_{17}NH_2$•HCl]☆octylamine hydrochloride
盐酸乙基(-2,3-二氮杂茂)[C_2H_5•$C_3H_3N_2$•HCl]☆ethyl imidazole hydrochloride
盐酸乙基甘噁•啉[C_2H_5•$C_3H_3N_2$•HCl]☆ethyl imidazole hydrochloride
盐塌构造☆salt-collapse structure
盐台☆salt table
盐滩☆sab(a)kha；a beach for making sea salt；sebkha(t)；salina；salt flat；sebka；sabhka；sebjet；sebkra；sebcha；sebja；sabkhah
盐体动力形变☆halokinetic deformation
盐体构造☆salt structure
盐体力学☆halokinetics；halo kinetics
盐田☆salina；salt pan{bed}；kalahari；saltern；saltfield
盐田职工☆salter
盐条纹[条带状生长]☆salt ribbon
盐土☆saline{halomorphic} soil；solonchak[俄]；salt clay；kallar；reh；saltierra[西]
盐土的☆saliniferous
盐土壳☆crust solonchak
盐土平原☆scalded flats
盐土沙漠☆kavir；kewire
盐土植物☆halophyte
盐丸分隔剂☆salt kill pill
盐温深自记仪☆salinity-temperature-depth recorder
盐雾实验器☆salt spray testing instrument
盐雾试验☆salt spray{droplet} test；salt-fog test
盐析☆salt(ing) out；salting-out
盐洗段☆saltwash member
盐陷构造☆salt-collapse structure
盐箱☆kallar
盐相☆saline facies
盐效应[电解时]☆salt effect
盐楔湾☆salt-wedge estuary
盐屑岩☆halolite
盐形絮凝☆salt-type flocculation
盐性风化☆salt weathering
盐性(异)重流☆salinity current
盐岩☆halogen rock；rock salt
盐岩侧翼☆salt flank
盐岩溶☆saline karst
盐液流速法☆salt-velocity method
盐液密度计☆sali(no)meter；salometer；salinimeter
盐硬石膏☆halo-anhydrite
盐釉☆salt glaze
盐育土☆halogen soil
盐浴炉☆salt-bath furnace
盐原☆salt prairie；salada
盐跃层☆halocline；salt-water wedge
盐(度)跃层☆halocline
盐晕☆saline halo
盐泽☆salina
盐障☆salt rampart
盐沼☆kavir；kewire；kevir；sab(a)kha；sebkha(t)；salt swamp{marsh;cure;marshes}；salina；sabhka；solonchak；sebk(r)a；sebjet；sebja；sebcha；sabkhah
盐沼地☆(salt) lick；saline；salina (solonchak)
盐沼平原☆salt-marsh plain
盐沼群落☆limnium
盐沼泽群落☆helium
盐枕☆salt pillow
盐致岩爆☆salt burst
盐质的☆salty
盐质分开☆schizohaline
盐质泥岩☆halopelite
盐质沙漠☆salt desert{waste}
盐质泻湖☆sansouire
盐重计☆salinometer；salinimeter
盐洲☆sabkha
盐株☆salt stock{core;plug}
盐柱☆salt plug{pillar}
盐渍☆salt down
盐渍度☆salinity
盐渍化☆salinization；sali(ni)fication；salinize
盐渍化的☆saliferous；salinized
盐渍土☆halomorphic{saline;saliferous;salinized;salt-affected;szik;salty;salted} soil；saliferous clay；saline lick
盐渍土壤☆salt-affected soil
盐渍原野[阿半岛]☆mamlahah
严冬☆severe winter
严格☆rigo(u)r；stringency；rigidity
严格(性)☆exactitude；exactness
严格的☆rigorous；stringent；stern；firm；rigid；taut；rugged；hard
严格的制造标准☆rigid manufacturing standard
严格地☆stringently
严格管理☆close supervision
严格控制温度☆rigid temperature control
严格控制井眼☆tightly controlled well
严格性☆severity
(在)严格意义上来说☆in the strict sense of the term
严格遵循技术规范☆adherence to specification
严寒☆frost；severe cold；killing freeze；frigid
严寒地带☆ice box
严紧联结☆tight joint
严峻☆rigo(u)r
严苛条件☆severe condition
严酷☆asperity；rugged；harsh
严厉☆stringency；harsh
严厉批评☆stricture
严密☆close(ness)；rigo(u)r；tight(ness)；rigorous；narrow(ness)；searching；exact
严密风墙☆screen
严密平差☆rigorous adjustment
严霜☆severe frost
严肃☆seriousness
严重☆seriousness；stringency；severely
严重但无伤亡事故☆serious non-fatal accident
严重的☆serious；gross；high；catastrophic
严重飞溅☆excessive spatter
严重分解的泥炭☆mud peat
严重狗腿☆severe dog-leg
严重滑坡☆bad slip
严重裂缝地带☆zone of intense fracturing
严重冒顶☆clumb；clumper
严重破坏☆havoc
严重破裂的地层☆badly fractured ground
严重失职[危及其他工人]☆boll-weevil stunt
严重损坏☆catastrophic failure
严重灾祸☆major disaster
檐☆eaves
檐槽☆gutter
檐沟☆eaves{water} gutter
檐墙压顶石☆wall cornice
檐突☆overhang
檐突层☆bridging laminae
(泉华体的)檐突群☆overhanging group
研板[汞齐用]☆mortar plate
研钵☆mortar；triturator
研成粉末☆triturate
研发☆research and development；R & D
研粉☆trituration；triturate
研钢砂钻具☆adamantine drill
研究☆investigation；inquiry；explore；disquisition；deal with；examination；research；exploitation；study；search；treat (of)；tracking；test；take；res.
研究报告☆dissertation；research report{paper}；research；diss；rr；RP
研究不明飞行物的☆ufological
研究地质☆geologize
研究法辛烷值[在中速、中载汽油机内测定的汽油抗爆性能]☆research octane number；RON
研究方案{法}☆research approach
研究飞碟的☆ufological
研究公报☆Research Bulletin；RB
研究和发展☆research and development
研究计划☆research project{effort}；scientific effort
研究金☆fellowship
研究、开发、测试和鉴定☆research, development, test and evaluation；RDT & E
研究区☆region of investigation{interest}
研究人员☆researchist；researcher
研究生☆postgraduate；student
研究实例☆case study
研究室☆(research) department；facility；projects；dept.；dept；dep
研究试验☆research trial；development test
研究所☆institute；Inst
研究琐碎的事☆micrology
研究项目申请书☆research proposal
研究星学☆astronomize
研究影像☆examining image
(英国大学)研究员☆fellow
研究院☆academy；Acad.；Ac；A.
研究院的☆academic
研究者☆investigator
研究中心☆research centre；R.C.；RC
研磨☆grind；lapping；lap；abrasion；ground；lapped finishing；pulverize；abrasiveness；levigation；rub；abrade；comminution；abrase；milling；pestle；attrition；polish；whet；mull；roder；grd；gr.
研磨(阀门)☆resenting
研磨(过的)表面☆lapped face
研磨{磨削;磨碎;磨矿}操作☆grinding operation
研磨测硬法☆abrasion hardness test
研磨产品☆ground (product)
研磨车间☆grindery
研磨程度☆degree of grind
研磨成粉☆pulverize
研磨端面[如岩芯等]☆face off
研磨工☆grinder；mill-hand
研磨{磨削;磨碎;磨矿}工段{|工序}☆grinding section {|stage;operation}
研磨工具☆abrasive tool；abrader
研磨痕[德]☆schleifmarken
研磨机☆grinder；grinding machine{mill}；lapper；grind {lapping} machine；muller；list mill[琢磨宝石用]
研磨剂☆lapping compound；abrasive
研磨介质☆grinding medium{media}
研磨介质充填率☆media percentage of mill volume
研磨臼[粉碎小量金矿供淘洗]☆dolly pot
研磨料☆(grinding) abrasive；abrasiveness；abradant
研磨轮☆glaze-wheel
研磨盘☆grinder；pan (mill)；grinding wheel
研磨强度☆severity of grind
研磨圈☆bull ring
研磨时间☆duration of grind
研磨式混汞提金器☆grinding amalgamator
研磨体容重☆bulk density of grinding media
研磨添料☆interground addition
研磨细度☆grind
研磨型连续采煤机☆milling-type continuous miner
研磨性☆abrasive property；abrasiveness；grindability
研磨钻头☆milling bit；junk mill
研磨作用☆abrasive{milling} action
研末☆pulverize
研砂机☆sand crusher
研碎☆bruise；bray；trituration；dollying；pestle
研讨☆boult

研细☆comminute
研细的白垩☆whiting
研样板☆buckboard；bucking board
研样锤☆bucking hammer
研制☆develop(ment)；trituration [特指在液体中]
研制费用☆development cost；cost of development
研制与试验☆R & D；research and development
研制周期☆lead time
蜒房螺属[腹;J-K]☆Neridomus
蜒螺属[腹;K_2-Q]☆Nerita
岩☆rock
岩鞍☆phacolith；phacolite；saddle (rock)
岩鞍的☆phacolithic
岩岸☆rocky coast{shore}；promunturium
岩岸群落☆petrichthium
岩坝☆rock bar；verrou
岩白菜☆purple bergenia herb
岩白菜宁{素}☆bergenin
岩柏醇☆thujaplicine
岩柏苷☆thujin
岩柏基☆thujyl
岩柏甲酮☆thujaketone
岩柏素☆thujaplicin
岩柏酸☆thuzic{thujic} acid
岩柏酮☆thujone
岩柏烷☆thujane
岩柏烯☆thujene
岩柏油☆thuja oil；thuyol；thuyone；thujol
岩板☆rock beam；sheet；slabbing
岩帮☆country rock
岩堡☆tor
岩爆☆rock burst(ing){outburst;explosion;blasting}；pressure bump；crush burst；(rock) pressure burst；rockburst；grump
岩爆压力☆bursting pressure
岩被☆sheath
岩崩☆rock avalanche{slide;fall;burst}；avalanche；rock fragment flow；sturzstrom；avalanche of rock；rockfall
岩崩坝☆rockslide dam
岩崩湖☆lake dammed by rockfall
岩壁☆palisades；crag；cliff；rock face{wall}
岩壁湿生生物☆hygropetric
岩壁滋生{繁殖}的☆cliff breeder
岩滨港☆rocky harbour
岩滨平台☆scar
岩饼☆lentil
岩玻璃☆hyomelan
岩钵☆mortar
岩鷚☆rock wallaby
岩捕虫草☆rock catchfly
岩卟啉☆petroporphyrin
岩部[颞骨]☆petrosa；pyramis；pyramid
岩槽☆rock tank{hole}
岩层☆stratum [pl.strata]；(rock;stratum;bed;layer;mass;stratification) formation；layer；bed stratum；(terrane) terrain；terrane；earth's formation；ground；seam；measure；fm
岩层变薄☆squeeze；thinning
岩层变厚☆thickening；swell
岩层变形☆deformation of strata
岩层不稳定区☆trouble area
(采石场)岩层采掘部分☆caunch
岩层采掘场☆caunch
岩层产状☆attitude of rock(s){bed}
岩层沉陷理论☆strata subsidence theory
岩层大巷☆main roadway in rock
岩(石地)层单位[群/组/段/层]☆lithogenetic {rock (-stratigraphic)；lithostratigraphic；lithostratic} unit [Group/Formation/Member/Bed]
岩层的采掘部分[石场]☆canch
岩层的产状☆attitude of stratum
岩层顶板☆top of bed
岩层断裂☆fracturation
岩层对比☆identification of seams
岩层分岔{枝}☆offset of bed
岩层分离形成的空洞☆Weber's cavity
岩层巷道☆stone workings
岩层厚度☆thickness{depth} of stratum
岩层或地层黏结☆strata cohesion
岩层或岩体构造分离(的)破裂☆separation fracture
岩层间的薄黏土层☆clay gouge
岩层间的夹层☆middle man
岩层尖灭☆nip
岩层交互(变化)☆alternation of beds
岩层交替☆interlocking
岩层静压力梯度☆lithostatic gradient
岩层局部变厚☆swilleys
岩层孔道面☆face of the channel
岩层控制工程师☆strata control engineers
岩层裂缝☆want；crack in rock stratum
岩层裂缝分布绘图☆crack mapping
岩层溜眼开采法☆rock chute{hole} system
岩层露头☆outcrop
岩层内部破裂声☆talking；talking in rock
岩层内压性裂隙☆rider；rither
岩层膨胀☆swilly
岩层平面移动☆isoparaclase
岩层破裂面与垂直面间的角☆draw
岩层倾覆☆overtipping
岩层倾角☆pitch angle
岩层缺失☆omission of beds
岩层群☆group of beds；ledge
岩层上拱成背斜☆up-arching
岩层受力显现☆strata behavior
岩层水☆native water
岩层突裂☆rock burst
岩层图☆solid map
岩层稳定☆plastic flow
岩层稳定测试仪☆seismitron
岩层稳定指标☆rock quality designation
岩层下沉☆rock{ground} depression；shrinkage of ground
岩层下沉理论☆strata subsidence theory
岩层陷落☆depression of ground；rock subsidence
岩层性质☆ground behavio(u)r；nature of ground；strata behavior
岩层压扁应变☆layer-flattening strain
岩层压力☆underground{formation(al);rock} pressure
岩层压缩性{率}☆formation compressibility
岩层岩体分离破裂☆separation fracture
岩层移动☆earth{ground;rock;strata} movement；rock {ground} flow；strata displacement
岩层移动微裂声☆fissle；fistle
岩层中大型的天然裂缝☆pound
岩层中的煤砾☆raft
岩层中的狭窄岩浆岩脉☆gaw
岩层走向☆direction{strike} of strata；course of seam
岩层组构☆stratofabric
岩巢☆rock nest
岩尘☆rock(y) {stone;bug} dust
岩尘收集☆dust collecting
岩成土[松散母质]☆regosol
岩成土壤☆endodynamomorphic soil
岩齿鲷☆red steenbras
岩窗☆rock window
岩床☆sill；bed rock；cill；rock bed{sheet}；sheet；rock floor[砂矿]；sille；deck
岩床群☆sill-swarm；sill swarm
岩茨属[植]☆Cistus
岩茨烯☆lantadene
岩茨脂☆labdanum；ladanum
岩刺柏☆rock cedar
岩翠柏☆festoon pine
岩带☆terrane；terrain；rock zone
岩岛☆skerry
岩岛包围的静海面☆skerryguard；skj(a)ergaard；skjaergard
岩滴☆ductolith
岩底☆rock(y) bottom；rock-bottom
岩底侵蚀☆sapping
岩地线☆rock moss
岩电地层单位{元}☆litho-electric stratigraphic unit
岩电阻率☆resistivity of surrounding rocks；RS
岩顶崩落☆overhead caving
岩顶圆顶寺☆Dome of the Rock,Islamic shrine in Jerusalem surrounding the sacred rock
岩洞☆cavern；grotto；rock cavity{house;cave;tunnel;opening}；abri；abra；(shelter) cave；bag；shake
岩洞崩塌堆积(物)☆cavern breakdown
岩洞顶直洞☆chimney
岩洞建筑☆hypogee；hypogeum
岩洞掘进尺寸☆rock dimensions
岩洞霉素☆speleomycin
岩洞石[钟乳石等]☆cavestone
岩洞竖井☆cenote
岩洞水☆cavern water；cavernwater
岩洞陷落井☆cenote
岩洞学☆caveology
岩堆☆subgrade in rock deposit zone；talus；scree；rock pile{debris}
岩堆底☆pile toe
岩堆前砾堤☆protalus rampart
岩墩☆rock abutment
岩粉☆cuttings；boring；bug{rock;preventive;protective;stone;drilling} dust；flour；(drill(ing)) sludge；drilling breaks{cuttings}；buggy；rock meal；ground rock powder；rock cuttings{powder;flour}；stone powder；fossil farina[方解石]；meal (bore)；core borings；slime；farina fossilis；schlich[德]；rock-powder；bergmehl；bergmeal；stonedust；mo[瑞]
岩粉保护的门☆rock-dust protected door
岩粉采样图☆stone dust plan
岩粉堵塞☆sludging up
岩粉堵塞的钻头☆plugged bit
岩粉分布☆rock-dust distribution
岩粉管☆sludge barrel；basket
岩粉喷出☆booting
岩粉棚☆rock dust barrier{stopping}；stone (dust) barrier；barrier container；rock shelter；rock-dust stoping；(shelf-rock-)dust barrier；rock powder shed
岩粉棚防护的风桥☆rock {-}dust protected overcast
岩粉撒布机☆blower
岩粉试验用具箱[防煤尘爆炸用]☆rock-dust testing kit
岩粉试样分样器☆sludge splitter
岩粉土☆alphitite
岩粉制备厂☆dust-preparation plant
岩蜂[动]☆rock bee
岩峰☆pinnacle
岩缝面☆face of the channel
岩缝填充物☆joint-filling material
岩缝植物☆chasmophyte
岩缝装药爆破☆bulling
岩盖☆laccolith；rock cover；laccolite；cistern rock；cap；caprock
岩盖底盘☆floor of laccolith
岩盖构造☆nappe structure
岩盖式岩床☆laccolithic sill
岩盖岩床☆laccolithic sill
岩干☆stock；typhon
岩高兰☆red crowberry
岩高兰果☆crowberry
岩高兰科☆Empetraceae
岩鸽☆rock pigeon{dove}；blue dove
岩拱脚☆rock abutment
岩沟☆clint；grike；gryke；lapiaz；karren；lapies；schratten；lapiè
岩沟原☆karrenfeld
岩鼓裂☆petrotympanic fissure
岩骨☆periotic bone
岩骨骨折☆fracture of petrosa
岩关贝属[腕;C_1]☆Yanguania
岩关期☆Yanguanian{Aikuanian} age
(矿化)岩冠☆hood；cap
岩管☆tube；pipe
岩海☆felsenmeer
岩巷☆tunnel；stone{rock} drift；hard heading；rock gangway{drivage;roadway}；solid road
岩巷掘进☆waste cut；rock drivage；stone drifting；development work in stone
岩巷掘进产出的废石☆development waste
岩巷掘进用吸风管端滤尘器☆northern dust filter
岩核☆rocky core
岩河☆rock river
岩壑☆rocky mountain valley
岩黑醇☆granite moss
岩护阶地☆rock-defended terrace
岩华☆blossom
岩滑☆rockslide；rock slip
岩滑露头☆settling
岩画☆cliff{rock} painting；petrogram[史前洞穴中绘于岩石上的]；petroglyph；pictograph；rock picture
岩画雕刻法☆petroglyphy
岩画艺术☆petroglyphy
岩画艺术学☆painting artistry on the rock
岩化☆lithification；diagenesis；lapidification；lithifaction；lithify；blossom rock
岩化不足的岩石☆immature rock

岩化的☆lithified
岩化控制☆lithochemical control
岩化期后石油☆postlithifaction oil
岩化期前孔隙度☆prelithifaction porosity
岩化丝炭☆petrologic fusain
岩环☆rock doughnut
岩黄芪属☆Hedysarum
岩基☆bathylith; batholith; batholite; abyssolith; rock foundation; intrusive mountain; bathylite; central granite; batholyte
岩基成矿说☆batholith hypothesis of mineralization
岩基的迅速生长☆mushrooming
岩基顶阶段☆acrobatholithic
岩基化(作用)☆batholithization
岩基期后金矿床☆postbatholithic gold deposit
岩基深部带☆hypobatholithic zone
岩基体☆batholithic mass
岩基岩☆batholithite
岩级☆riedel-treppe
岩脊☆phacolite; phacolith; ribbing; rock ridge; clint[石灰岩]; cleaver[冰河或雪原]
岩脊潮间礁☆ledge
岩脊的☆phacolithic
岩岬☆snout; thurm
岩架☆ledge
岩浆☆magma [pl.-ta]; igneous{rock;primitive} magma; rock grout; rock-magma; magmatic melt
岩浆玻璃灰☆magma-glass-ashes
岩浆槽心☆trough focus
岩浆产物☆magmatic offspring
岩浆成因岩石☆magmatogene rock
岩浆-大气水热系统☆magmatic-meteoric hydrothermal system
岩浆带☆zone of magma
岩浆的分化作用☆magmatic differentiation
岩浆的分凝作用☆magmatic segregation
岩浆的泡沫状膨胀☆pumiceous inflation of magma
岩浆的热力学分类☆thermodynamic classification of magmas
岩浆底蚀☆underhand stoping
岩浆发生带☆magma generation zone
岩浆房☆(magma(tic);room;reservoir) chamber; macula
岩浆房底条带☆trough banding
岩浆分结矿床☆magmatic segregation deposit; ore deposit due to magmatic segregation
岩浆分离(作用)☆fractionation of magma
岩浆分异残余液成分系统☆petrogeny's residual system
岩浆固结后的火成岩作用☆multopost
岩浆贯入型矿床☆magmatic injection {-}type deposit
岩浆后期活动☆deuteric activity{action}
岩浆后期蚀变(作用)☆deuteric alteration; synantexis
岩浆灰岩同化☆magmatic sclerosis
岩浆活动☆magmatic{igneous} activity; magmation
岩浆活动历史☆plutonic history
岩浆活动强烈{剧动}带[优地槽]☆pliomagmatic zone
岩浆库☆magma reservoir{chamber;pocket}
岩浆隶属分支☆magmatic affiliation
岩浆(源)硫☆magma-derived{magmatic} sulfur
岩浆流程物理学☆physics of magmatic processes
岩浆轮回☆geomagmatic cycle
岩浆论者☆magmatism; magmatist
岩浆末期作用☆multopost
岩浆囊☆blob; pocket of magma{molten rock}; magma pocket{batch;trap}
岩浆内沉积☆magmatic sedimentation
岩浆内的☆intramagmatic
岩浆期后作用☆postmagmatic process
岩浆气成产物☆igneous exudation products
岩浆气化相☆magmato-pneumatolytic phase
岩浆气体☆juvenile gas
岩浆侵入☆magma(tic){igneous} intrusion; stoping; intrusion of magma; surgence
岩浆侵入变质煤☆humph(ed) coal
岩浆亲缘性☆magmatic affinity
岩浆圈☆magmosphere; pyrosphere
岩浆热开发☆magma tapping
岩浆热液交代☆magmatic {-}hydrothermal replacement
岩浆上升分异作用☆accession differentiation
岩浆射气☆igneous emanation; pneumatolyte
岩浆生成论[花岗岩]☆magmatism
岩浆蚀顶[坍顶](作用)☆foundering
岩浆水成的☆aqueo-igneous
岩浆水溶液沉积的☆hydatogen(et)ic
岩浆体☆asthenolith
岩浆同源☆consanguinity; consanguinity
岩浆晚期(作用)☆deuterism
岩浆晚期分异型矿床☆late magmatic differentiation- type mineral deposit
岩浆形成作用☆magma generation
岩浆型热泉☆magmatic spring
岩浆旋回☆magmacyclothem; magmatic cycle
岩浆学☆magmatology
岩浆岩☆magmatite; magmatic{igneous;pyrogenetic} rock
岩浆岩被☆hood
岩浆岩和变质岩地质(学)☆hard rock geology
岩浆岩气☆magmatic rock gas
岩浆缘的☆perimagmatic
岩浆源法☆magmatic source method
岩浆源硫化氢☆juvenile hydrogen sulfide
岩浆源抛出物☆juvenile ejects
岩浆源水☆magmatic connate (water)
岩浆缘岩脉☆perimagmatic dyke
岩浆再生(作用)☆palingenesis
岩浆蒸气卷流☆magmatic vapor plume
岩浆置入☆magmatic emplacement
岩浆柱遮挡油气藏☆magmatic plug screened hydrocarbon reservoir
岩浆最后期的☆hysterogenetic
岩浆作用☆magmatism
岩(石)礁☆rocky reef{ledge}; skjaer; stone{rock(y)} reef; lithoherm; ledge; skjer; skar
岩礁的☆reefal
岩礁海域生物资源☆rocky living resources
岩礁间的☆interreef
岩礁星布(的)海面[瑞]☆skargard
岩礁中的穿孔虫☆rock borer
岩鹪鹩☆rock wren
岩角☆thurm
岩阶☆rock terrace{step}
岩芥菜☆stonecress
岩界☆lithosphere
岩晶☆rock crystal
岩精☆ichor
岩颈☆neck; plug
岩静脉☆petrosal vein
岩境☆lithotope; lithostrome
岩居穴处☆dwell in mountain caves; be a hermit
岩蕨☆rusty woodsia
岩蕨属植物☆woodsia
岩菌素☆petrin
岩龛☆halbhohle; rock niche
岩坎☆rock step
岩槛☆rock beam; sill
岩块☆clod; block{rock} (mass); knocker; gobbet; mammock; intact rock; mass of rock; sillar
岩块包在基质中的混杂岩☆block-in-matrix melange
岩块剥落☆crumbling
岩块系☆systone
岩块状☆en bloc
岩矿测试技术研究所☆Institute of Rock and Mineral Analysis; IRMA
岩矿分析☆rock-mineral analysis
岩矿力学☆lithomechanics
岩矿特征☆lithology and mineral feature
岩兰☆vetivazulene
岩兰草☆cus-cus; vetiver
岩兰草油☆vetiver{cus-cus} oil
岩兰酮☆vetivone
岩兰烷☆vetivane
岩兰烯☆vetivene
岩雷鸟☆Lagopus mutus; rock ptarmigan
岩类☆kindred; clan; petrographic category
岩类划分☆lithostratotaxial classification
岩类学☆petrography
岩类学的☆petrographic(al)
岩类学家☆petrographer
岩狸☆rock hyrax; klipdassie; klipdas
岩狸目☆Hyracoidea
岩理学☆petrology
岩栎☆rock chestnut oak
岩粒间隙☆granular interspace
岩粒四周油膜☆oiler
岩沥青[含 7%~10%沥青的砂石或石灰岩]☆rock asphalt; rockasphalt; kir
岩镰☆harpolith
岩梁☆rock beam
岩梁理论☆beam theory
岩裂☆lithoclase; lithofraction
岩裂带☆zone of rock-fracture
岩鳞缝☆petrosquamosal sulcus
岩羚☆chamois; klipspringer; klipbok
岩岭☆rock ridge
岩瘤☆boss; bosse; knob; typhon; niggerhead
岩流☆rock flowage{stream;flow}; lava flow
岩流带☆zone of (rock) flowage
岩流单位☆flow unit
岩流圈☆astenosphere; asthenosphere
岩鹨☆rock pipit; accentor
岩龙属☆Petrolacosaurus
岩隆☆buildup; build up
岩漏斗☆ethmolith
岩鹭☆Egretta sacra
岩螺☆rock shell
岩马齿苋☆rock purslane
岩脉☆vein; dike; dyke; cog; streak; bar; gang
岩脉的分支☆apophysis
岩脉离距[断层引起的]☆separation of vein
岩脉群☆dike{dyke} swarm; swarm of dikes; swarm
岩梅☆pyxie; pixie; pixy
岩梅科☆Diapensiaceae
岩美人[植]☆rock beauty
岩幂☆nappe
岩棉☆rock fiber{wool;asbestos}; rockwool
岩面☆scar; floor
岩面的滑痕☆slip mark
岩面开挖☆ledge excavation
岩面小溶蚀沟[德]☆rillenstein
岩漠☆ham(m)ada; rocky{rock} desert
岩墓☆rock-cut{rock-hewn} tomb
岩内的☆petricolous; endolithic
岩(石)内的☆endolithic
岩攀鼠☆petromyscus collinus
岩盘{磐}☆laccolith; batholith; laccolite; bathylith; floored intrusion; batholite; batholyte; rock basin; rock in place
岩盘底板☆floor of laccolith
岩盘接触☆lithic contact
岩盘中垂入的老岩层☆roof pendant
岩炮☆rock blowing
岩泡☆lithophysa; lithophysae
岩配质☆rockogenin
岩盆☆lopolith[火成岩]; rock basin; rocky basin[冰]
岩盆湖☆rock-basin lake
岩盆式岩床☆lopolithic sill
岩盆状矿体☆lopolithic-shaped body
岩棚☆rock bench
岩片☆sliver; microlithon; schiefer[德]
岩鼱☆rock vole
岩屏☆screen
岩坡☆rock slope
岩谱图☆lithogram
岩栖柔鼠☆rock mouse
岩漆☆patina
岩企鹅☆rock hopper
岩堑☆taphrolith
岩墙☆dyke; dike; rib; cog
岩墙隔水间☆dike compartment
岩墙期后变形☆post-dyke deformation
岩墙期前褶皱☆pre-dyke fold
岩墙群☆dike{dyke} swarm; swarm of dikes; cluster; sheet dike complex[基性]
岩墙岩脉☆vein dike
岩蔷薇☆cistus creticus; frostweed; Cistus ladaniferus; labdanum
岩蔷薇胶☆labdanum gum
岩蔷薇属☆Cistus
岩蔷薇烷☆labdane
岩蔷薇油☆la(b)danum oil
岩桥☆rock{strata} bridge
岩壳☆shell
岩芹酸☆petroselinic{petroselic} acid
岩芹烷☆petrosilane
岩穹☆dome
岩秋麒麟草☆rock goldenrod

岩丘☆lithoherm；boss；(lava) dome
岩球☆noddle；nodule；orbicule；ball
岩区☆petrographic{magma;igneous;petrographical} province；terrain；cogmagmatic region；terrane；rocky area
岩区交错☆provincial alternation
岩圈☆lithosphere；rock sphere
岩圈热胀假说☆blister hypothesis
岩圈水☆lithospheric water
岩群☆terrane；terrain；group complex；rock suite
岩热的☆lithothermal；petrothermal
岩热地热资源☆petrogeothermal resources
岩刃☆akmolith
岩熔成孔钻机☆rock-melting penetrator
岩溶[惯称“喀斯特”]☆carst；karst；estavelle
岩溶槽谷☆ditch of karst；karst valley
岩溶测量☆cave(rn) survey
岩溶大厅☆large room
岩溶地段路基☆subgrade in karst zone
岩溶地区塌陷☆sinkhole deformation
岩溶洞(穴)连通试验☆karst-cave connecting test
岩溶分布规律☆distribution law of karst
岩溶沟☆lapiaz；lapies；grike；lapis；lapiez
岩溶孤峰☆turmkarst；tower karst
岩溶谷☆uvala；ouvala；vala
岩溶谷地☆karst valley；uvala
岩溶化☆karstification；karstify
岩溶坑☆aven；sinkhole
岩溶率☆degree{rate} of karstification；factor of karst
岩溶泉☆karst spring{source}；rise；rising；resurgence
岩溶竖井☆pit
岩溶水水位☆karstic water-level
岩溶通道☆karst street{channel;corridor}；karst passage way；karstic channel；solution corridor
岩溶温泉☆hot karst spring
岩溶性{式}(热)水储☆karstic reservoir
岩溶学☆karstology
岩溶沼泽☆karst fen；akalche
岩溶作用基底☆base of karstification{carstification}
岩乳[一种硅藻土或风化方解石]☆agaric mineral；rock{moon} milk；bergmehl；bergmeal；mondmilch；forril farina；moonmilk；bergmahl
岩塞☆plug
岩塞爆破☆chock blasting
岩沙漠☆rock desert；hammada
岩山嘴☆buttress
岩扇☆rock fan
岩扇属植物☆shortia
岩舌☆tongue；intertongue；akmolith[刀状垂直岩枝]；epiphysis [pl.-ses]
岩深神经☆deep petrosal nerve
岩神经节☆petrous ganglion
岩生的☆lithogen(et)ic；lithogenous；lithogene[矿]
岩生分泌☆lithogenic secretion
岩生山马茶碱☆rupicoline
岩生水文矿床☆lithogenic-hydrologic deposit
岩生庭荠☆goldentuft；golddust；basket-of-gold
岩生温热水矿床☆lithogenic-hydrotepid deposit
岩生早熟禾☆timberline
岩生蚤缀[植]☆rock sandwort
岩生植物☆rock plant；petrophytes
岩省☆rock{magma} province
岩石☆rock；roach；roche；klip；stone；cleavage；pena [西]；phytophoric；saxi-；-lite；-lyte；-lith；petro-；lith(o)-
岩石般的☆stonelike
岩石搬运☆casting；casting of rocks
岩石板块☆litho-plate；lithoplate
岩石伴生组合☆rock association
岩石薄片☆rock section{slice}；thin-section of a rock；petrographic thin section
岩石爆发☆crush burst
岩石爆裂☆popping rock
岩石爆破☆rock blasting{burst}；breaking ground
岩石爆破的震动波理论☆shock wave theory of rock blasting
岩石爆破性指数☆blasting index
岩石碑文☆petrograph
岩石焙烧☆bake a rock
岩石崩解☆rock reduction{disintegration}
岩石崩落☆rock fall{failure}；rockfall
岩石崩塌☆eboulement
岩石比面☆specific surface of rock
岩石边坡的楔形体分析☆wedge analysis of rock slope
岩石变形参数☆rock deformation parameter
岩石变形和稳定性测量☆rock deformation and stability measurement
岩石变异☆alternation of rocks
岩石变质程度☆metamorphic grade
岩石表层☆rock mantle；mantle of rock
岩石表面凹窝☆alveolization
岩石表面或缝隙中的金锈☆paint gold
岩石剥落☆sluffing
岩石测量☆rock survey；geochemical rock survey；geochemical rocksurvey
岩石层☆lithosphere；rock bed；RKB
岩石层位☆lithohorizon；lithostratigraphic horizon
岩石层位学☆lithostratigraphy
岩石产品工业☆rock product industry
岩石产状☆attitude of rock
岩石长期变形☆long-term deformation of rock
岩石成分☆rock{petrographic(al)} composition {constituent}；lithologic(al) composition
岩石成块作用☆rubblization
岩石成矿单元☆petrometallogenic unit
岩石成矿论☆petrometallogenesis
岩石成因(论；学)☆lithogenesis；petrogenesis；lithogen(es)y；petrogen(c)y
岩石成因网系图☆petrogenetic grid
岩石充填☆rock fill(ing)；rockfill
岩石出露面☆exposed rock surface；rock outcrop
岩石磁化率不均一性☆anisotropy of susceptibility in rock
岩石磁性☆magnetic characteristics
岩石磁性测定☆magnetic polarity test
岩石磁学{性}☆rock magnetism
岩石脆塑性分级☆classification of rock brittle-plasticity
岩石大巷☆tunnel
岩石单位[制图]☆lithogenetic unit
岩石单位体积破坏功☆specific volumetric fracture work of rock
岩石的☆rocky；petrean；rky；petrologic；petrographic；lithological
岩石的巴西劈裂拉伸试验☆Brazilian test of rock
岩石的波速参数☆wave velocity parameters of rock
岩石的分类☆classification of rock
岩石的干滑落☆dry-creep of rock
岩石的机械性破坏☆mechanical destruction of rock
岩石的颗粒分类☆classification of rock particles
岩石的劈理☆cleavage
岩石的强化特性☆intensive characteristics of rock
岩石的推陈(作用)☆metabolism of rocks
岩石的形成作用☆lithogenesis
岩石的致密节理结构☆shake
岩石的自然缝隙☆shack
岩石底板[煤层的]☆poundstone
岩石地层(学)☆lithostratigraphy
岩石地层单位[群/组/段/层]☆rock-stratigraphic unit [Group/Formation/Member/Bed]；rock {lithogenetic; lithostratigraphic;lithostratic} unit
岩石地层名称的大写☆lithostratigraphic capitalization
岩石地基☆rock foundation
岩石地面☆rocky ground
岩石电性☆electrical property of rock
岩石电钻☆electric rock drill
岩石雕刻☆petroglyph；petrograph
岩石雕刻画☆petroglyph
岩石掉块☆slabbing of rock
岩石吊桶☆debris kibble；mucking bucket
岩石顶层☆rockhead；rock head
岩石动力三轴仪☆dynamic rock triaxial apparatus
岩石断裂准则☆fracture criterion of rock
岩石发出破裂声☆crackle
岩石发展学☆petrogenesis
岩石防蚀阶地☆rock defended terrace
岩石分解☆rock rot；demorphism
岩石分类☆lithologic(al){petrographic;rock} classification
岩石(分类)分析☆petrographic{petrologic;rock} analysis
岩石缝隙微震探测仪☆seismetron
岩石缝隙中植物☆homophyte
岩石腐坏{蚀}☆rock decay
岩石工程地质特征☆engineering characteristics of rock
岩石工作☆rockwork
岩石共生期☆petrographic period
岩石构造☆rock structure{fabric;frame}；configuration of rock
岩石构造结构学☆histology
岩石骨架☆ma；rock matrix{skeleton;frame}
岩石骨架应力☆rock frame stress
岩石灌浆☆rock grout；case hardening
岩石灌浆硬化☆case hardening
岩石旱成论☆arid lithogenesis
岩石巷道☆stone head；dead-work；deading
岩石巷道波☆tunnel wave
岩石河床☆rocky bed
岩石和土的符号☆symbols for rocks and soils
岩石厚度比率图☆ratio map
岩石滑动☆slip；rock slide{sliding}
岩石滑落☆fall of rocks
岩石画☆petroglyph
岩石化学☆petrochemistry；lithochemistry；rock chemistry
岩石化学分类[火成岩]☆petrochemical classification
岩石化学性☆chemical property of rock
岩石火成说☆plutonism
岩石或岩层孔隙的含水量☆effective porosity
岩石机理☆mechanism of drilling
岩石机械性质井下测试仪器☆internal rock mechanics instrumentation
岩石基质强度☆rock matrix strength
岩石极限平衡理论☆rock ultimate balance theory
岩石夹层☆dirt band；intermediate rock；rock intercalation
岩石假塑性破坏☆pseudo-plastic failure of rock
岩石坚固系数☆rock consolidating coefficient
岩石剪碎(带)☆shearing of rocks
岩石鉴定☆rock identification；petrographic(al) examination
岩石结构☆rock texture；texture of rock
岩石节理剪切试验☆rock joint shear strength test
岩石晶粒热导率☆rock grain thermal conductivity
岩石静压力的☆lithostatic
岩石绝对吸水量☆absolute water absorbing capacity of rocks
岩石掘进☆rock out{cut}；dead work；deading
岩石开凿☆rock cutting；rock-cut
岩石抗爆阻力系数☆rock factor
岩石抗力系数☆reaction coefficient of rock；coefficient of rock resistance
岩石颗粒大小的分布☆size distribution of rock particles
岩石颗粒的结合☆rock joint
岩石可变形性☆deformability of rock
岩石可钻性因素☆drillability factors
岩石空间☆dirt room
岩石孔隙☆blowhole；rock pore
岩石(中充满水和气的)孔隙☆bag
岩石孔隙间沉积物☆open space deposit(s)
岩石孔隙率仪☆porosimeter
岩石孔隙中的各种流体☆geofluid
岩石孔隙中的拘留气体☆included gas
岩石快速热解分析☆rock-eval pyrolysis
岩石块体蠕变☆creep of rock mass
岩石类型鉴别☆rock{rock-type} discrimination
岩石里的黏土窝☆clay hole
岩石力学☆lithomechanics；rock mechanics
岩石力学性质测井曲线☆mechanical property log
岩石联络眼开采法☆rock(-)chute{rockhole} method
岩石量☆quantity of rock
岩石劣地☆scabrock
岩石裂缝☆rift；lissen；rock fracture{fissure}
岩石裂缝系数☆crack coefficient of rock
岩石裂隙☆lithoclase；rock fracture；lissen
岩石裂隙间距☆interval between fissures
岩石裂隙性☆fissuring of rock
岩石溜井☆muck raise；waste pass
岩石流动☆flow of rocks；ground flow；rock flow(age)
岩石流化作用☆rheomorphism
岩石-流体系统☆rock-fluid system
岩石隆起☆blow
岩石路☆rocky road
岩石露出面☆skin rock
岩石露头☆rock outcrop{exposure}；day-stone
岩石露头土☆rock outcrop soil
岩石锚杆☆rock anchor{bolt}；strata bolts；rockbolt

岩石锚杆{柱}灌浆法☆injekto method of rock bolting
岩石锚杆引伸仪☆rock bolt extensometer
岩石冒落☆fall of rock；rockfall；rock fall
岩石冒落事故☆rockfall related accident
岩石密度测定仪☆density logger
岩石模量折减系数☆reduction factor of rock modulus
岩石模式☆petromodel
岩石内部发声☆working
岩石内地衣☆endolithic lichens
岩石内聚力☆strata cohesion
岩石年代单位☆chronolith
岩石黏结☆rock cohesion；cohesion of rock
岩石抛射距离☆rock throw
岩石喷出☆burst；scaling；rock bursting
岩石劈裂机☆rock-splitter
岩石疲劳☆fatigue of rock
岩石疲劳破坏☆fatigue failure of rock
岩石平硐☆hard heading；hardhead；rock adit
岩石平硐指标☆hardhead
岩石破坏的格里菲思-霍克理论☆Griffith-Hook theory of rupture of rock
岩石破坏强度准则☆criterion of rock strength
岩石破裂☆rock failure{rupture;fracture;burst}；crackle；rockburst；pressure burst
岩石破裂机理☆mechanism of rock failure
岩石破碎☆rock disintegration{fragmentation; breaking}；fragmentation of rock；rock failure[钻头作用下]；cata(c)lase；lithofraction；reduction of rocks
岩石破碎能量☆energy of rock fragmentation
岩石气化成孔钻机☆vaporization drill
岩石钎子☆stone drill
岩石潜动{移}☆rock creep
岩石嵌入砂子的强度☆rock embedment strength
岩石强度☆rock strength；strength of intact rock
岩石强制位移特性☆rock force displacement performance
岩石切割{削}力学☆mechanics of rock cutting
岩石丘陵☆cerro；roach
岩石区☆petrographic{petrologic} province；rocky zone
岩石区潮水潭☆rock pool
岩石圈☆geosphere；lithosphere；stereosphere；solid earth；oxysphere；oithosphere；rock sphere{shell}；rocky shell
岩石圈的☆lithospheric
岩石圈底运动☆sublithosphere motion
岩石圈基部热异常☆sublithospheric thermal anomaly
岩石圈探测计划[加]☆Lithoprobe
岩石圈脱壳沉降(作用)☆continental delamination
岩石圈下运动☆sublithosphere motion
岩石群☆rockwork
岩石群落☆pelrium
岩石熔化兼固井两用钻机☆melting consolidated penetrator
岩石容重☆rock density
岩石三轴强度试验☆triaxial test of rock
岩石筛出物☆rock screening
岩石省交替☆provincial alternation
岩石试棒的纵向波速☆bar velocity
岩石受力显现☆rock behaviour
岩石受压移动☆crump；bump
岩石松脱系数☆bulking factor；rock bulking factor
岩石隧道掘进联合机☆rock-tunneling machine
岩石隧道施工法☆rock tunneling method
岩石碎块☆fly rock；brash；rock fragment
岩石(受暴雨)碎裂☆diffission
岩石碎片☆crag；channery；rock chip{fragment}
岩石碎屑☆rock debris{fragment}；clast
岩石塌落☆rock-fall；rock fall
岩石坍落☆fall of rocks
岩石坍溶带☆caved goaf
岩石坍塌☆cave
岩石探针☆Lithoprobe
岩石特性☆rock characteristics{property;character}；lithological characters
岩石体☆lithosome；rock bodies
岩石体积☆volume of rock
岩石突出☆rock outburst{burst;bump;blow;bursting}；crush (burst)；(sudden) bump；crump；rockburst；bounce；bumping；(knock;pressure) burst；crump pressure burst；sudden outburst
岩石突出源地☆bump seat；epifocus；epicenter；epicentrum
岩石突然崩碎☆rock burst
岩石突然坍塌☆inrush
岩石完好度等级的地质鉴定☆geological diagnostics of rock grade
岩石微观硬度☆microhardness of a rock
岩石位移☆displacement of rock masses
岩石窝孔☆rock pocket
岩石物理测井评价系统☆petrophysical evaluation system
岩石物理机械性质☆physical-mechanical properties of rock；rock physical mechanics
岩石物理性☆physical properties of rock
岩石物相☆lithophase
岩石物性☆physical properties of rock；petrophysics
岩石物性参数☆petrophysical parameter
岩石吸胀机理☆rock absorption swelling mechanism
岩石小脊☆chine
岩石性质☆nature of rock；rock properties{property}
岩石学☆petrology；lithology；petrography；geognost
岩石学的☆petrologic；petrological
岩石学分类☆petrological classification
岩石学家☆petrologist
岩石学者☆petrographer；petrologist
岩石压力☆rock pressure{thrust}；rp；land weight；underground pressure；R.P.
岩石压裂变形☆cataclasis
岩石眼炸弹☆rockeye
岩石移动☆rockmass{rock} flow；rock movement；displacement of rock masses；strata displacement
岩石移动阻力☆resistance to yield
岩石隐含铅☆cryptic rock lead
岩石硬度☆formation{rock} hardness；hardness of rock；rock strength factor
岩石应力测量仪☆sonometer
岩石与钻头互相作用☆rock-bit interaction
岩石域☆lithotope
岩石圆盖层☆skullcap
岩石载荷☆rock load；lithostatic loads
岩石再生☆metabolism of rocks
岩石凿机☆stone drill
岩石炸药☆petralite；rock blasting explosive
岩石真实渗透率[与流体的压力和性质无关的]☆Klinkenberg permeability
岩石支撑☆supporting of rock
岩石中不相通的孔隙☆isolated interstices
岩石中绿色含铁矿物群☆viridite
岩石中石油的储藏☆rock storing of oil
岩石中烃的含量☆hydrocarbon concent of rock
岩石种类☆nature of rock；species of stones；rock type
岩石中的泡孔☆vesicle
岩石状态系数☆rock position factor
岩石总压缩系数☆total compressibility of rock
岩石组成学☆compositional petrology
岩石组分☆rock constituent；petrographic compound
岩石组构☆petrofabric；rock fabric；petrologic make-up
岩石组构学☆petrofabrics
岩石组合☆rock assemblage{association}
岩石阻抗☆impedance of a rock
岩石阻留阶地☆rock-perched{-defended} terrace
岩石钻进(冷却)软化液☆drilling fluid
岩石钻孔☆rock hole；rock-boring
岩石-钻头互作用模式☆rock-bit interaction model
岩石作用☆lithification
岩鼠☆rock{dassie} rat；petromus typicus；noki
岩属☆rock kindred
岩属形貌☆chip morphology
岩树脂醚☆copal-ether
岩栓☆bysmalith；plutonic{igneous} plug；rock bolt；plug
岩水花☆rock spray
岩素馨[点地梅]☆rock jasmine
岩塔[法]☆gendarme
岩台☆rock bench
岩滩☆rock foreshore；rocky beach
岩套☆(rock) suite；superunit；package；motif
TTG 岩套☆TTG{rondjemite-tonalite-granodiorite} suite
岩梯☆rock step{stairway}
岩体☆rock mass{massif;masses;matrix}；lithosome；terrain (terrene)；mass of rock；terrane；lithesome；(magmatic) body；massif[深成岩体]
岩体变形☆rock mass deformation；deformation of rock masses
岩体变形试验☆deformation test of rock mass
岩体出露区☆terrane；terrain；terrene
岩体的稳定性☆rock mass stability
岩体动态☆strata behaviour
岩体对岩体协方差☆block-block covariance
岩体分级{类}☆rock mass rating；RMR
岩体分类方法的性质和用途☆the nature and use of rock mass classification scheme
岩体挤离部分☆detached part of mass
岩体结构效应☆structure effect of rock mass
岩体力学☆rock mass mechanics
岩体流动☆flow of rock mass
岩体排列☆structure
岩体破坏形态☆rock mass failure
岩体强度☆rock mass strength；strata cohesion；strength of rock mass
岩体深处爆破☆back break；back-break
岩体酸性溶蚀☆acidic corrosion and filtration of rock mass
岩体弯折倾倒☆block flexure toppling
岩体完整性指数☆intactness index of rock mass
岩体削弱☆rock-mass weakening
岩体移动☆ground movement；rock mass flow{movement}
(在)岩体中[爆]☆in solid
岩体自然节理(作用)☆natural rock jointing
岩筒☆pipe
岩透镜☆phacolith
岩突[解]☆petrosal process
岩土☆ground；rock-soil
岩土比重☆specific gravity of ground
岩土测压器☆rock-soil pressure measuring equipment
岩土的力学性质☆mechanical properties of ground
岩土的破坏形式☆failure form of rock and soil
岩土分类☆rock-soil classification
岩土工程勘察报告☆geotechnical investigation report；geotechnical study report
岩土工程详细勘察☆detailed geotechnical investigation
岩土工程专家☆geotechnical specialist
岩土滑塌☆earth slump
岩土技术方面☆geotechnically
岩土加固☆reinforcement of rock and soil
岩土力学☆soil and rock mechanics；geomechanics；rock-soil mechanics；geotechnics；mechanics for soils and rocks；geotechnique
岩土锚杆☆rock soil anchor
岩土密度☆density of ground
岩土模型☆mechanical models for soil and rock
岩土容重☆bulk weight of ground
岩土松动☆loosening of soil
岩土特性指标试验☆geotechnical index property test
岩土指南☆geo-guide
岩豚鼠☆moco
岩陀[解]☆rodgersflower rhizome
岩温率☆rock temperature gradient
岩乌蛤☆rock cockle
岩席☆sheet (drongs)；rock sheet；drongs
岩系☆(rock;system) series；terranes；series of rocks；petrographic{bed} series
岩隙植物☆chomophyte；saxifragous
岩下窦[解]☆inferior petrosal sinus
岩相☆petrofacies；lithofacies；(petrographic) facies；rock{petrographical;lithic} facies；rock-facies
岩相层序☆lithostratigraphy
岩相单位{元}☆facies unit
岩相对比☆lithologic correlation
岩相分析☆petrographic(al){rock-facies;lithofacies; maceral} analysis；petrographic examination
岩相富集☆concentration of macerals
岩相试样制备设备☆rocky sample-making equipment
岩相手蟹☆lithoselatitum pulchrum
岩相显微镜☆petrographic microscope
岩相相关律☆law of correlation of facies
岩相学☆petrography；facieology；lithology；petrog.
岩相学的☆petrographic(al)；petrog.
岩相学家☆petrog.；petrographer
岩相组分☆petrographic constituent；lithotype；maceral component
岩小神经[解]☆lesser petrosal nerve
岩楔☆sphenolith
岩屑☆debris [pl.-]；(rock;drilling;bit;drill;well;ditch)

Y

cuttings；landwaste；formation solid{cutting}；detritus；drilling returns{break}；(drill) solids；talus；lithoclast；(core) borings；fragmental{rock；clastic} debris；(rock) chip；bug dust；lithiclast；chippings；lithoclase；(rock；fragment) waste；slither；rubbish；lithic fragment{shards；pyroclast}；ripio；land waste；refuse；lithic；Deb
(山地)岩屑☆mountain waste
岩屑崩落☆debris avalanche{slide}；debris-avalanche
岩屑长石砂岩质瓦克岩☆lithic arkose wacke；feldspathic graywacke
岩屑长条带[陡坡上的]☆devil's slide
岩屑冲蚀极限☆debris line
岩屑大小☆cutting size
(取芯钻头)岩屑导筒☆calyx
岩屑的☆detrital；lithical；lithic；detr
岩屑堆☆éboulis[法]；scree{talus} (cone)；scratch cone{scree}；glitter；acree；screef
岩屑覆盖山地☆waste-covered mountain
(井底的)岩屑和泥饼垫层☆bed of debris
岩屑滑崩☆debris avalanche
岩屑滑动☆debris-slide；debris slide
岩屑滑落洞☆talus cave
岩屑巨流☆sturzstrom
岩屑流☆talus glacier；debris flow{stream}；detritus stream
岩屑录井☆cutting {SR；sieve residue；sample} log
岩屑侵入☆advance of debris
岩屑清除干净的地层☆clean cutting formation
岩屑取样☆chip sampling
岩屑砂岩☆lithic{rock-fragment} sandstone
岩屑生物☆skatobios
岩屑输送☆transportation of debris
岩屑输送比☆cutting(s) transport ratio
岩屑条井(图)☆sieve residue log
岩屑土☆debris soils；syrosem
岩屑下滑☆talus creep
岩屑悬浮☆suspension of cuttings
岩屑压持效应☆cuttings hold-down effect
岩屑亚长石砂岩质杂砂{瓦克}岩☆lithic subarkosic wacke
岩屑亚稳定砂屑岩☆lithic sublabile arenite
岩屑岩☆clasolite
岩屑样品☆chip sample；chip-sample
岩屑滞流☆slow debris flow
岩屑质泥粒灰岩☆lighoclastic packstone
岩屑中残余气☆cuttings gas
岩屑锥☆detrital{talus；debris；scratch} cone；glyd(e)rs；glitter；acree；cone of detritus；scree
岩屑锥下凸岩面☆subtalus buttress
岩芯管☆core barrel
岩芯☆(drilling) core；bore sample{core}；rock{well} core；column；borer sample；borehole{drill} log；kern；kernel
岩芯饱和率测定法☆weight-saturation method
岩芯崩散☆disintegration of core
岩芯采取器☆core picker
岩芯槽☆trough core
岩芯冲出器[利用冲洗液将岩芯压出]☆blowout plug
岩芯冲蚀率☆core wash
岩芯储存室☆core shack{house}
岩芯磁性定向试验☆magnetic core-orientation test
岩芯撮取套筒☆lifter case
岩芯顶取器☆core pusher
岩芯动态流动试验☆dynamic core flow test
岩芯断面☆core cross section；core intersection；ore interval
岩芯方向鉴定装置☆core interpreting device
岩芯分析☆core analysis{assay}
岩芯割断器☆sample cutter
岩芯隔板[按回次填写]☆depth marker
岩芯管☆basket (barrel；tube)；(core) barrel{tube}；mining core；corebarrel
岩芯管堵塞☆barrel blockage
岩芯管头☆core barrel head
岩芯过早卡塞☆premature block
岩芯烘箱☆core-drying oven
岩芯回收量☆core run
岩芯获取百分率☆percentage of core recovery
岩芯记录☆drill log{record}；core log(ging){record}
岩芯记录仪{器}☆core logger
岩芯夹(持筒)☆flow cell
岩芯卡断器☆catcher
岩芯卡取材料☆core grouting
岩芯卡塞☆lodge
岩芯库☆core storage{library；chamber；shack；house；repository}；drill core stores
岩芯描述图☆core-description graph
岩芯磨削{损}☆core grinding
岩芯扭断时所施的力☆break
(由)岩芯判定岩层构造特征的装置☆core orienter
岩芯劈开器{机}☆core splitter
岩芯切割机{取筒}☆core cutter
岩芯切片☆slabbed core
岩芯取样☆core{well} sampling；boring sample
岩芯取样钎☆boring stick
岩芯圈☆overcore
岩芯容纳管☆inner tube；core container
岩芯入口面☆core inlet face
岩芯上的螺纹槽☆rifling
岩芯渗流动力学试验☆dynamic core flow test
岩芯示出的含矿层☆core interval
岩芯试验夹持器☆test cell
岩芯试样☆core sample；test drill core
岩芯受(钻井液)冲刷☆flushing of core
岩芯水驱试验☆flood-pot-test
岩芯塑型器☆core cast device
岩芯碎片☆core flake
岩芯提断器☆core breaker{cutter；catcher；grabber；lifter；extractor}；lifter；basket (core) lifter；coring tool；catcher；sample cutter
岩芯提断深度标牌☆depth marker
岩芯提取点☆pull(ing) point
岩芯提取卡楔☆core lifter wedge
岩芯提取器导心☆guide core
岩芯提取器楔形块☆core-lifter wedges
岩芯筒入口截面☆inflow face
岩芯图☆coregraph
岩芯推出器☆core plunger{pusher}
岩芯推取杆{|塞}☆core plunger{|pusher}
岩芯显示的矿层厚度☆core intersection
岩芯箱☆core box{tray}；box
岩芯箱(回次隔板)☆marker block
岩芯-岩粉比☆core-to-sludge ratio
岩芯样制备☆preparation of core samples
岩芯因摩擦过热烧干☆burn in
岩芯造型☆cored-up mould
岩芯蒸馏仪☆core distillation apparatus
岩芯制备☆core preparation；preparation of core sample
岩芯贮藏箱☆core box
岩芯抓☆(core) catcher；basket；sample cutter
岩芯爪外套☆core-gripper{core-catcher} case
岩芯自动卡断器☆automatic core-breaker
岩芯自然伽马☆coregamma
岩芯总穿深☆total core penetration；TCP
岩芯钻进法开凿的竖井☆core drilled shaft
岩芯钻进勘探☆core drilling exploration
岩芯钻探☆(core) drilling；core exploration drilling；coring；rock-core drilling
岩芯钻☆annular auger；core drill
岩芯钻粉比☆core to sludge ratio
岩芯钻头☆core (drill) bit；coring bit{crown}；core barrel (head)；jackbit
岩芯钻头打捞工具☆core bit tap
岩型☆rock type；lithotype
岩形学☆petromorphology
岩性☆lithologic(al) character；lithology；rock property {characters}
岩性百分比图☆lithic percentage map
岩性沉积☆chthonic sediment
岩性垂直变异图☆interval-entropy{vertical-variability} map
岩性地层(学)☆lithostratigraphy
岩性地层侧向互为消长☆lithostratigraphic lateral intergradation
岩性地层的层型☆lithostratigraphic stratotype
岩性地层名称的大写☆lithostratigraphic capitalization
岩性对☆lithology{matrix} pair
岩性对比☆lithologic(al) correlation；petrographic comparison
岩性分类☆lithologic(al) classification；lithologic division；lithology breakdown
岩性分析程序包☆lithology analysis package
岩性构造接触带☆lithostructural contact
岩性函数☆litho-function
岩性记录测井☆recorded lithology logging；RLL
岩性尖灭油气藏☆lithologic pinchout hydrocarbon reservoir
岩性阶地☆esplanade
岩性-孔隙度交会图☆litho-porosity crossplot；M-N plot
岩性控制☆formational{formation} control
岩性圈闭☆depositional{lithologic} trap
岩性体[均质的]☆lithos(tr)ome
岩性透镜体油气藏☆lithologic lenticular hydrocarbon reservoir
岩性土☆endodynamorphic soil
岩性型☆lithotype
岩性序列☆lithological sequence；lithosequence
岩性学☆lithology；lith
岩性准则☆lithologic(al)-guide
岩性组合☆lithologic(al) association {combination}
岩穴☆vug；halbhohle{halbbohle} [德]；rock-shelter；abri；abra
岩穴动物☆mesolithion
岩压☆rock{lithostatic} pressure
岩压应力因数☆load stress factor
岩崖☆(rock) cliff；ledge；Clint
岩咽肌☆petropharyngeus
岩盐[NaCl]☆halite；fossil{rock；mineral；solid} salt；ground rock salt；halitum；Hal；salt rock
岩盐层最上层☆rockhead
岩盐的☆halitic
岩盐浮选☆saline flotation
岩盐河☆glacier of rock salt
岩盐开采(法)☆rock salt mining
岩盐型晶体☆rock-salt type crystal
岩眼☆phacolith
岩堰湖☆lake dammed by rockfall
岩羊☆blue sheep；bharal；barhal；burrher；burhel；Psendois nayaur
岩阳鱼☆rock bass
岩样☆rock specimen{sample}；formation{core} sample；specimen rock
岩样分析☆formation-sample analysis
岩样分选法☆method of sample taking
岩样(微)剩磁测测量仪☆rock generator
岩样室☆specimen chamber
岩野☆block field
岩液☆unvenile water
岩衣藻☆ascophyllum nodosum
岩移过程的总时间☆total time of ground movement
岩移理论☆strata movement theory
岩音☆rock noise
岩鹦鹉☆rock parrakeet
岩榆☆cork-elm
岩原☆rock plain{floor}
岩韵节☆lithophase
岩渣☆muck；rock waste；dirt
岩藻齿烯☆fucoserratene
岩藻多糖☆fucoidin；fucoidan
岩藻固醇☆fucosterol
岩藻黄醇☆fucoxanthol
岩藻黄素☆fucoxanthin
岩藻聚糖☆fucosan
岩藻色素☆fucochrome
岩藻糖☆fucose
岩藻糖胺☆fucosamine
岩藻糖苷贮积症☆fucosidosis
岩藻糖基☆fucosido-fucosyl
岩藻糖石☆fucosite
岩藻糖转移酶☆fucosyltransferase
岩藻依聚糖☆fucoidan
岩渣☆muck
岩渣流☆scoria flow
岩栅☆riegel
岩针☆spine
岩枝☆apophysis [pl.-ses]；tongue；off(-)shoot；offspur；apophyse；epiphysis [pl.-ses]；run
岩枝状贯入☆apophysal injection
岩支[解]☆petrous branch
岩汁☆ichor
岩指☆interfinger
岩志学☆petrography
岩质高荒原[挪]☆fjeld；fjell
岩质荒原☆petrideserta
岩质黏土☆battie

岩质沙漠☆hamada；hammada；rock desert
岩质土☆rocky soil
岩质斜坡☆rock slope
岩质圆丘☆nubbin
岩中突出层☆lencheon
岩钟☆kupola；cupola (stock)；stock；cupols；boss
岩钟成矿说☆cupola hypothesis of mineralization
岩株☆stock；typhon；shoot
岩株状☆stock-like
岩柱☆penitent{monk;pulpit} rock；rock pillar{stack}；gendarme[法]；bysmalith；(lava) stack；strata bridge rock column
岩铸体☆cho(a)nolith；chonolite
岩状冰☆ice-formed rock
岩状的☆lithoid
岩状骨☆petrosal bone
岩锥☆talus cone；rock piton{peg}
岩锥坡☆daman
岩锥炎☆petrositis
岩紫罗兰☆rock violet
岩族☆clan
岩组☆rock formation；fabric；petrofabric；systone；lithodeme
岩组分析☆petrofabric{tectonic;fabric} analysis；structural petrology
岩组套☆suite
岩组图的环带轴☆girdle axis
岩组学☆petrofabric；structural petrology；gefugekunde
延安统☆Yenan series
延爆剂☆ignition inhibitor
延爆引信☆delay fuse
延长☆elongation；extension；ext；prolongation；lengthen；extend；prolong；protraction；lasting
延长部分☆prolongation
延长槽[链式运输机]☆panup
延长的☆elongated；prolonged；protracted
延长法☆consolidation method
延长范围☆extended range；XR
延长符号☆sign of elongation；elongation sign
延长轨道☆advancing the track；track advancing；advancing rail
延长交流☆deferred tributary
延长率☆tensile elongation；elongation index
延长期限[热变]☆extended period
延长失真符号[电报]☆tailing
延长统☆Yenchang series
延长形点群☆elongate point-maxima
延长性☆extensibility；ductility；elongation
延长支流☆yazoo stream；deferred tributary
延长支流汇点☆deferred tributary junction
延长轴☆outrigger shaft
延迟☆lag；lagging；retard；(envelope) delay；arrest；defer；postpone；retardation；hold-off
延迟除泥法☆delayed desilting
延迟的☆deferred；retard；ret.
延迟地槽阶段☆tardigeosynclinal phase
延迟点火☆delay(ed){late;retarding} ignition
延迟电路☆delay network
延迟电位☆counter{retarding} potential
延迟动作☆delayed-action；delay-action
延迟多普勒耦合☆delay-Doppler coupling
延迟发火☆retarded spark
延迟管☆phantastron
延迟回送☆deferred echo
延迟积☆lagged product
延迟交联的☆delayed crosslinked
延迟开启阀☆delayed-opening valve
延迟脉冲发生{振荡}器☆delayed-pulse generator
延迟门☆hysterestic{delay} gate
延迟面板☆memorizer panel
延迟凝固注水泥(法)☆delayed-set cementing
延迟器☆delayer；retarder
延迟切断信号☆delay disconnect signal
延迟扫描☆delaying{delayed} sweep
延迟时间☆lag{delay;intercept;dead;retardation} time；delay interval{period}；detention period
延迟式脉冲振荡器☆delayed pulse oscillator；D.P.O.
延迟调制的信号☆delay-modulated signal
延迟熄灭信号☆delayed blanking signal
延迟线形成的脉冲☆delay-line-shaped pulse
延迟性碎裂☆delayed fracture
延迟修正☆correction for lag
延迟因素☆deferment factor
延迟引燃炸药☆delay action detonator
延迟中子活化测定☆delayed-neutron activation determination
延迟着火☆ignition lag
延迟作用☆delayed{delay} action；DA
延(英)尺☆running foot
延德尔悬浮体浓度计☆Tyndallometer；Tyndalloscope
延度计☆dactilometer test
延对角线地☆diagonally
延发☆delayed action；hung shot；delay
延发次数☆number of delay period
延发雷管☆electric delay fuse{detonator}；delay{-}blasting cap；retarded-action fuse；delay(-action) detonator
(雷管)延发签号☆delay tag number
延发性雪崩☆delayed snow avalanche
延后点火☆retarded ignition
延缓☆retardation
延缓的☆deferred
延缓反应氢氟酸☆retarded hydrofluoric acid
延缓时间☆slack time
延缓信号☆delay signal
延缓装置☆time-delay device
延缓作用☆delayed action
延吉叶肢介(属)[节;K_1]☆Yanjiestheria
延接段[钢轨、管子、钎子等]☆lengthening piece
延米☆running{linear} meter
延期☆hold{carry} over；slipping；demurrage；rain check；deferment；postponement
延期沉陷☆delayed subsidence
延期电导火索☆delay (electric) fuse
延期付款☆deferred payment
延期交货☆back order；spread delivery
延期雷管☆delay detonator；short-delay blasting cap
延期退火☆prolonged annealing
延期性突出☆delay outburst
延期雪崩☆delayed-action avalanche
延期引爆☆ignition lag
延期引信☆delay(-action) fuze；retarded action fuze
延期元件☆delay element
延期着火引信☆delay(-action) impact fuse
延燃空气☆auxiliary{secondary} air
延燃区☆secondary combustion zone
延伸☆extend；extension；thrust；extent；stretch；range；elongate；spread；verge
(使)延伸{长}☆carry
延伸背斜☆elongated anticline
延伸臂☆adju(s)tage；extension arm
延伸冰流☆extending flow
延伸部分☆continuation
延伸带☆range-zone
延伸的☆elongate；excurrent
延伸的莫尔-库仑破坏包线☆extended Mohr-Coulomb failure envelope
延伸度☆extensibility
延伸范围☆expanded range
延伸方向☆bearing of trend
延伸间☆sinking compartment
延伸接头☆extension sub
延伸矿体☆underlie
延伸力☆stretching force
延伸率☆stretch proportion；expansion；elongation (percentage)；percentage{specific;unit} elongation；expansibility；length-diameter (ratio)[燃烧室]
延伸面☆plane of extension
延伸前移☆moveup
延伸式胶带输送机☆extensive belt conveyor
延伸水流☆extending flow
延伸体☆ennation
延伸仪☆extensometer；tensometer
延伸应变☆elongation strain
延伸作用☆progradation
延深☆deepen(ing)；depth-extent；depth extent
延深间☆sinking compartment
延深井筒用的临时贮仓☆brow bin
延生叶☆enation leaves{leaf}
延时☆delay；time delay{expand;lag}；moderation；spacing
延时闭合☆time closing；TC
延时变形☆delayed deformation
延时的不可逆变形☆delayed non-reversible deformation
延时断路器☆time-limit breaker
延时机构☆dashpot mechanism
延时开关☆delay{time-limit;delay-action;inertia} switch；timing contactor
延时器☆chronotron；retarder；decelerator
延时元件☆delay cell；time-delay element
延髓☆medulla oblongata
延拓☆(analytic) continuation
延误☆delay；incur loss through delay
延误船期保险☆overdue risk
延误时间☆delays；delay time
延限☆duration
延限带☆range-zone；range zone；zonite
延性☆ductility；tensi(bi)lity；elongation[结晶光学]
延(伸)性☆dilatability
延(展)性☆ductility
延性-脆性变形{形变}☆ductile-brittle deformation
延性符号☆sign of elongation；elongation sign
延性计☆ductilimeter
延性铁☆forgeable iron
延续☆continuation；tailing；spread over
延续层{岩}序☆extended succession
延续时间☆perdurability
延续时限☆range
延续时限带☆range-zone
延续性☆duration；continuity
延续性分析☆continuity analysis
延羊齿☆Alethopteris
延展☆extend；stretch
延展纪[中元古代第二纪]☆Ectasian
延展面☆plane of flattening
延展系☆ectasian
延展性☆ductility；extensibility
(岩石的)延展性损坏☆malleable failure
延滞☆arrest
延滞部分☆delay section
延滞径流☆delayed run-off
延滞期☆delay period
言语☆word；speech
言语随机抽样演示器☆summator
颜料☆coloring (agent)；pigment；paint；colorant；colors
颜色☆color；col；chromo-
颜色饱和度控制{调整}☆color-saturation control
颜色玻璃细珠☆coloured glass beads
颜色测定图☆color chart
颜色分析{|亮度}☆colo(u)r analysis{|brightness}
颜色调和☆tone
颜色学☆chromatics
颜色釉☆colored glaze
颜色中心☆F center
炎热干旱区☆hot and zone；hot arid zone
沿岸☆inshore；coast；along the bank {coast}；littoral；riparian
沿岸凹槽☆longshore trough
沿岸搬运中立{转向}点☆neutral point of littoral transport
沿岸冰湖{穴}[海岸与浮冰间的冰湖]☆shore polynya
沿岸波☆edge wave
沿岸沉积痕☆strand marking
沿岸带☆strand；coastal belt；tidal land；littoral zone；tideland
沿岸的☆littoral；coastal；littorine；longshore；circumlittoral；alongshore；marginal
沿岸堤☆fulls
沿岸低沼泽区☆maremma
沿岸地区☆margin
沿(海)岸地区☆littoral；littorine
沿岸风暴冰脚☆storm icefoot
沿岸孤丘☆morro
沿岸海滩☆coastal beach
沿岸航行☆coasting；coast；cabotage
沿岸环境☆shore-environment
沿岸急流☆sea puss
沿岸挤压冰脊☆coastal pressure ridge
沿岸建筑☆water front construction
沿岸浪推冰☆coastal comb
沿岸林☆gallery forest
沿岸流☆littoral current{flow}；alongshore
沿岸陆地☆coastland
沿岸泥沙垄☆potrero
沿岸区☆littoral region{area}；coastal area

沿岸权☆riparian right
沿岸散冰☆pan ice；pan-ice
沿岸砂坝☆ball
沿岸砂矿[高出高水位]☆back lead
沿岸沙平衡{收支}☆littoral sand budget
沿岸沙丘☆littoral{shore} dune；towan；coastal sand dune
沿岸沙质低地[俄]☆machair
沿岸示踪剂{砂}☆littoral tracer
沿岸水域☆offshore strip；coastal water；stretch of coastal water
沿岸碎冰带☆flaw ice
沿岸台地☆sublittoral platform
沿岸洼槽☆longshore trough
沿岸物质主导流向变换区☆nodal zone
沿岸下沉山地☆embayed mountain
沿岸相范围☆coastal domain
沿岸淤积埂☆potrero
沿岸淤滩☆littoral nourishment
沿岸沼泽☆flotant；floating{coastal} marsh
沿岸植被☆marginal vegetation
沿崩落矿块边界分割巷道☆boundary cut
沿边擦过☆sideswipe
沿边焊☆weld edgewise
沿边界切割矿块☆boundary cut
沿表面燃烧的火药柱☆restricted grain；restricted burning charge
沿滨冰隙☆strand crack
沿滨流☆alongshore current
沿滨漂流☆shore drift current；long-shore drift
沿滨水道☆shore lead
沿冰壁河道☆ice-walled channel
沿冰边航行☆tracking
沿测线波[海上地震资料的一种相干噪声]☆in-line waves
沿测线排列{组合}☆in-line array
沿层错动☆lateral movement
沿层矿脉☆vein following bedding planes
沿层走向☆line of bearing
沿层钻孔☆coal seam hole
沿长壁工作面的小风巷{道}☆pen
沿程水流特征☆streamwise flow conditions
沿程阻力☆on-way resistance
沿垂向轴旋转的☆vertical pivoted
沿大圆弧的距离☆great circle distance
沿等高线开采☆contour mining
沿等深线流动的地转水流☆contour-following geostrophic current
沿底泥沙流☆tractive{traction} current
沿地层向上采掘☆foreset mine
沿地段边缘钻进☆line {-}well drilling
沿地震剖面{测线}勘探☆profile shooting
沿断层开采☆strip
沿断层面变位☆snapping dislocation
沿断层线陡崖滨线☆fault {-}line scarp shoreline
沿断层线聚集[油、气]☆fault-line accumulation
沿 X 方向位移☆X-shift
沿钢绳滑下井筒☆run-the-tow
沿工作面☆via face
沿沟泥石流☆channelized debris flow
沿构造倾斜向下☆down structure
沿构造下倾部位☆down-structure location
沿管道行走式化冰器☆line travel pipe defroster
沿管线递信的自动电报☆bug
沿管子做圆周运动的自动电焊机☆welding “bug”
沿轨道运行(的)☆orbiting
沿海☆inshore
沿海岸☆coastwise；coastal
沿海岸漂流☆longshore drift
沿海的☆coastal；inshore；seaside-orientated；sea board；seaboard；maritime
沿海地区☆coastal areas；coastland
沿海(岸)航船☆coaster
沿海航行指南☆coast pilot
沿海豁免区☆exempt coastal zone
沿海贸易(权)☆cabotage
沿海漂移(物)☆beach drifting
沿海平原丘☆mendip
沿海气候☆littoral{coastal} climate
沿海区☆coasting{littoral} area
沿海区域☆maritime province
沿海沙脊☆chenier
沿海沙脊(屏蔽)平原☆chenier{delta-marginal} plain
沿海沙岭平原☆delta-marginal plain
沿海沙丘☆exterior dune
沿海台地☆strandflat
沿海向风苔藓草地☆loma
沿海泻湖☆marginal lagoon
沿巷道中心线的底鼓☆crowning
沿巷道周边钻进☆line-hole drilling
沿河岸的☆riverine
沿河冲积低地☆bottom
沿河低冲积地☆carse
沿河荒地☆riverwash
沿河阶台[河滩]☆benchland
沿河排入的污染物☆riverine input of pollutants
沿河平地☆holm(e)
沿河泉☆channel spring
沿河沙堤☆hirst
沿湖沼泽平原☆lake-swamp plain
沿滑槽流下☆chute
沿礁砂☆sand apron
沿节理采掘☆side-over
沿茎水流[树干茎流]☆stemflow
沿井壁切取三角柱形岩芯工具☆tricore tool
沿井孔向上{身上行}☆uphole
沿径应力☆radial stress
沿巨砾底部下方打的炮眼☆snake hole
沿开拓巷道取样☆development sampling
沿空掘巷☆road driving along next goaf
沿空留巷☆road retained for next sublevel
沿(采场)矿壁的通道☆rib road
沿矿层底板的巷道☆plane
沿矿界的巷道☆march place
沿矿脉☆on reef
沿矿脉下盘掘进(的平硐)☆foot wall drive
沿矿区边界采掘☆marching
沿矿权区边界钻井☆line-hole drilling
沿露头开采☆outcrop mining
沿脉[巷道]☆strike entry
沿脉变色☆veinbanding
沿脉巷道☆drift；strike drive
沿脉进尺☆footage on reef
沿脉平巷☆drive；head；drive
沿脉运输坑道☆going headway
沿煤层上山推进(的)工作面☆rise face
沿煤层推进的工作面☆dip face
沿煤矿边界采掘☆marching
沿煤柱边的窄道☆skirting junking
沿(金刚石钻头底)面流速☆face velocity
沿面取向☆planar orientation
沿劈理方向☆on end
沿漂流矿石找矿☆shoad；shode
沿坡沟灌☆gradient irrigation
沿坡面等深线流☆along-slope current
沿坡面等深线流底基标志☆along-slope sole mark
沿坡上爬☆grade climbing
沿坡向下☆downhill
沿剖面向上☆up-section
沿切线方向飞出☆fly off at a tangent
沿倾向☆across strike
沿倾向的下落断块☆downdip block
沿倾斜☆down(-)dip；following{down} the dip；dip working；on-dip；adipping
沿倾斜向下☆down the dip；on dip
沿倾斜的废石充填{垛墙}☆dip waste pack
沿倾斜方向迁移[河道和分水岭]☆monoclinal {uniclinal} shifting
沿倾斜后退式长壁法☆longwall retreating to the dip
沿倾斜向上的渗出☆seepage up-dip
沿倾斜向上倾伏☆updip plunge
沿软方向定向[金刚石]☆structurally weak orientation
沿上山☆uphill
沿视线☆radial
沿竖井钢绳滑下☆ride-the-tow
沿太平洋造山带☆Peri-Pacific orogene{orogen}
沿滩漂移☆beach drifting
沿滩沙埂{堤}☆offshore barrier；barrier beach
沿提升绳滑下井筒☆run-the-tow
沿条☆welt
沿铁路线☆downline
沿同一勘探线打钻{钻孔}☆line drilling{boring}
沿途损失☆path loss
沿下倾部位注水☆downdip water injection；down-dip waterflooding
沿下倾方向边缘注水☆downdip peripheral injection
沿下倾方向驱替☆downdip displacement
沿线☆downline
沿线路铺放管子☆string
沿线路铺管[吊管]☆stringing
沿线偏移☆in-line offset
沿斜坡向下的☆downslope
沿翼上冲断层☆uplimb thrust fault
沿用☆adopt；holdover
沿油藏边界钻井☆line well drilling
沿油层延展面钻的斜井[为增加油流]☆gallery
沿圆弧面滑动☆rotational slide
沿轴取向☆axial orientation
沿轴应变史☆coaxial strain history
沿柱塞漏失☆slippage past the plunger
沿着……前进☆follow
沿着(航道)前进☆steer
沿纵轴☆Y-direction
沿走向☆following{along} the strike；across pitch；girtwise；downstrike；on (the) strike；lengthwise
沿走向(巷道)☆level course
沿走向布置矿房的留矿法☆longitudinal shrinkage stoping
沿走向的平巷☆strike entry
沿走向后退式回采充填法☆longitudinal backstoping and filling
沿走向后退式长壁法☆longwall retreating on the strike
沿走向上向梯段充填回采☆longitudinal backstoping and filling
沿走向探查矿脉☆chasing
沿走向梯段回采的前进式长壁法☆stepped longwall advancing on strike
沿走向推进的工作面☆strike face

yǎn

掩蔽☆cover(ing)；hide；masking；blanketing；shelter；screen(ing)；burial
掩蔽处☆covert
掩蔽的不整合☆nonevident disconformity {unconformity}
掩蔽构造☆hidden structure
掩蔽矿床☆hidden (ore;mineral) deposit；concealed {blind} deposit
掩蔽体☆buried body
掩蔽脱顶褶皱概念☆hidden decollement concept
掩蔽物☆covert；sconce；screen
掩蔽消融☆covered ablation
掩蔽元素☆masked element
掩冲☆overthrusting；overthrust
掩冲(岩席)☆overthrust sheet
掩冲断层☆bedding glide；overthrust (fault)
掩冲断层背斜☆overthrust anticline
掩覆☆overriding
掩盖☆blanket(ing)；cover (up)；overspread；conceal；cloak
掩盖构造☆covered structure
掩盖露头☆subterraneous{subterranean} outcrop；incrop
掩盖煤田☆concealed coalfield
掩盖缺陷☆subterranean weakness
掩护☆protection；cover；shield
掩护(物)☆covering
掩护顶板的金属网☆cyclone fencing
掩护队员☆screener
掩护盖☆sconce
掩护梁☆gob{waste;debris} shield
掩护平原☆covered plain
掩护式岩巷掘进机☆shield-type tunnel-boring machine
掩护物☆cover；shelter
掩护型隧道钻巷机☆shield(-type) tunnel boring machine
掩护支架☆(support) shield；canopy；shield(-type) support；protective shield
(用)掩护支架掘进的☆shield-driven
掩护支架开采法☆shield(ing) method
掩埋层☆burial layer
掩埋河☆buried channel
掩埋露头☆subterranean outcrop
掩埋砂矿☆fossil placer
掩模☆mask
掩没☆engulf；inundation
掩没构造☆buried structure
掩没矿井☆flooded mine

掩饰☆cloak；camouflage
掩星☆obscuration；occultation
厣☆opercular
厣壳虫☆Operculina
眼☆eyes；bore；scab
眼白☆white
眼斑[结构]☆ocellar；augen；ocellus [pl.ocelli]
眼斑铜石龙子☆eyed skink
眼板[棘海胆]☆ocular plate；exsert；ocular
眼板生殖板圈[棘海胆]☆oculogenital ring
眼柄☆eyestalk；ophthalmite
(机器等)眼布☆fabric
眼槽[鹦鹉螺;头]☆ocular sinus
眼虫类{目}☆Euglenoidea；Euglenids
眼虫藻☆Sphenomonas
眼虫藻属[Q]☆Euglena
眼的☆ophthalmic
眼点☆eyespot；stigma(tor)；eyespot of a protozoan；ocular spot[棘海星]
眼杆☆eyebar；eye bar
眼沟[三叶]☆palpebral furrow
眼光☆insight；flair；eye；vision；light
眼后的{部}☆postocular
眼后鳞☆squama postorbitalis
(使)眼花缭乱的☆blinding
眼基☆eye base；interocular distance
眼脊☆eye{ophthalmic} ridge[节]；orbital carina；eye list{line}；ocular ridge{band}[三叶]；paired eye ridge[成对的]
眼脊间隙[节腿口纲]☆cardiophthalmic region
眼间区☆interophthalmic region
眼间心脏区☆intercardiophthalmic region
眼睑☆eyelid；palpebral
眼睑上的☆palpebral
眼睑状构造☆eyelid structure
眼结节☆eye tubercle
眼界☆ken；eyeshot；eyesight；outlook；field of vision{view}；sweep；scope
眼睛的☆ocular
眼镜☆glasses；eyeglasses；spectacles
眼镜虫属[三叶;S-D]☆Phacops
眼镜猴(属)[Q]☆Tarsius；tarsier
眼镜框☆bow
眼镜目镜☆spectacles ocular；high-eye point ocular
眼镜蛇(属)[N_2-Q]☆Naja；cobra
眼孔☆orbital open；ocular pore
眼孔蛾属[K_2-Q]☆Diodora
眼孔式联结器☆eye hitch
眼孔型刀头☆eye-type knife head
眼孔藻属[Q]☆Lepocinclis
眼眶☆orbit
眼眶的☆orbital
眼泪☆tear
眼粒[节]☆eye tubercle
眼力☆discrimination
眼轮匝肌眶隔前睑部☆pars septalis muscles
眼玛瑙☆eye(d) agate
眼煤☆eye{circular} coal
眼眉状构造☆eye-and-eyebrow structure
眼(球)眉(毛)状构造☆eye-and-eyebrow structure
眼前鳞☆squama preorbitalis
眼球☆eyeball
眼球粉属[孢;K_2]☆Oculopollis
眼球构造{结构}☆kelyphitic{augen;ocellar} structure
(具)眼球(节理的)煤☆augenkohle
眼球片岩☆augen schist；augen-schist
眼球石☆medamaite
眼球体☆augen
眼球状变斑晶☆augen-blast
眼球状结构煤☆eye{circular} coal
眼球状煤☆birdeye{bird's-eye;circular;eye} coal
眼球状(结构)煤☆eye coal
眼区☆palpebral region；palpebral area[三叶]；orbital region[节]
眼圈☆eyelet
眼圈盲板☆figure-eight blank；spectacle blind
眼上的☆supraorbital；supraocular
眼身的钢板圈☆ring of staves
眼深☆drill-hole depth
眼石[玛瑙;SiO_2]☆eyestone；eye stone
眼识{视}分类☆megascopic{macroscopic} classification
眼视成分☆lithotype
眼视高度☆eye level
眼台☆eye{ocular} platform
眼铁☆eye bar；eyebar
眼突(起)☆eye tubercle
眼纹☆ocellus [pl.-li]
眼纹煤☆bird's-eye coal
眼窝☆orbital foramen；orbit
眼窝间阔度☆interorbital width
眼下的☆subocular
眼下鳞☆squama subocularis
眼线[三叶]☆eye line
眼形虫属[孔虫;T]☆Ophthalmidium
眼旋错觉☆oculogyral illusion
眼叶☆eye{palpebral} lobe
眼罩☆eye shield
眼重力错觉☆oculogravic illusion
眼珠塌陷☆atrophy of eyeball
眼状包体☆augen-like enclave
眼状构造☆eye structure
眼状玛瑙☆eye agate；Aleppo stone
眼状片麻岩☆augen-gneiss
眼状片岩☆augen-schist
眼状石灰斑☆glazki
眼状褶皱☆eyed folds
眼子菜科☆potamogetonacese
眼子菜属[N-Q]☆Potamogeton
鼹兽属☆Spalacotherium
鼹鼠穴☆krotovina；crotovina
鼹鼠穴采煤法☆mole-hole method [of working]
衍变☆transmutation
衍衬☆diffraction contrast
衍射☆diffract；diffraction
衍射测微器{计}☆eriometer
衍射光束☆diffracted beam
衍射极限散度☆diffraction limited divergence
衍射级序{次}☆order of diffraction
衍射角☆angle of diffraction；diffraction angle
衍射控象法☆apodization
衍射屏☆diffracting screen
衍射图☆diffractogram；diffraction diagram{pattern}
衍射线宽化☆line broadening
衍射学☆diffractometry
衍射学家☆diffractionist
衍射仪图录☆diffractometer trace
衍射用 X 射线发生器☆diffractis
衍射圆锥☆cone of diffraction；diffraction cone
衍射指标☆index of diffraction；diffraction index
衍生☆derive；derivation；evolve；produce；der.
衍生(作用)☆derivatization
衍生化石☆derived fossil
衍生特性的☆apomorphous；apomorphic
衍生特征☆apomorph(y)；derived character
衍生物☆derivat(iv)e；derivant；congener；ramification
衍生形式☆subform
衍征☆apomorphy；derived{apomorphic} character
衍征的☆apomorphous；apomorphic
演变☆evolution；differentiation；transmutation
演变的板块☆evolving plate
演变过程☆evolutionary process
演变期☆period of revolution
演变曲线☆development curve
演变图☆variation chart
演播室☆studio-to-transmitter link；STL
演出☆enactment；enact
演段{示}☆algorithm
演化☆evolution；evolve
演化单位☆evolutional unit
演化的反论☆paradox of evolution
演化动向{势头}☆evolutionary momentum
演化分枝☆clade
演化全盛阶段☆metaplasis
演化世系☆evolutionary lineage
演化线☆development line；clade
演化学家☆evolutionist
演化中的不可逆性☆irreversibility in evolution
演化周期[一个完整的]☆cyclic evolution
演讲☆dissertation；talk；speaking；lecture
演进☆evolutionary progression
演进变形☆aromorphosis
演说☆discourse
演算☆calculi
演替☆sere；prisere；succession
演替和种类选择☆succession and species selection
演替系列☆sere
演替系列单位☆seral unit
演替种☆successional species
演习☆maneuver；manoeuvre
演绎☆deduce
演绎(法)☆illation；deduction
演绎的☆illative；a priori
演绎法☆deductive method{reasoning}；deduction；the deductive method；method of deduction
演绎推理☆syllogism
演员☆actor
演奏☆rendition
演奏者☆executant

yàn

艳杆沸石☆jacksonite
艳冠石[Ca,Mg,Al 的含水磷酸盐]☆amphithalite
艳蓝色☆cobalt blue
艳绿色☆emerald
艳镁沸石☆lintonite
艳色方解石[一种蓝色至紫色的方解石;$CaCO_3$]☆brunn(e)rite；prunnerite
艳神介(属)[K_1-Q]☆Cythereis
堰☆barrier；weir；dike；barrage；stop；dyke；dam
堰坝☆barrage；weir dam
堰冰碛☆dam moraine
堰的溢流☆weir waste
堰顶☆crown of overfall；weir crest
堰堵塞湖☆bar lake
堰基石☆weir sill
堰口湖☆bar lake
堰流☆weir flow
堰碛☆dam moraine
堰前扩流减速箱☆weir-box
堰塞☆pondage
堰塞堆积☆dam gradation；contragradation
堰塞湖☆dammed{barrier;imprisoned;check(ed)-up;chocked} lake
堰塞盆地{|泻湖|泉}☆barrier basin{|lagoon|spring}
堰沙嘴☆barrier spits；bay-barrier
堰式挡板☆weir-type baffle
堰围盆地☆barrier basin
堰卧褶皱☆recumbent fold
堰箱☆weir-box
堰蜓座☆Chameleon；Chamaeleon
堰洲☆barrier (island)
堰洲滩☆barrier beach；offshore bar
燕风暴☆swallow storm
燕蛤(属)[双壳;S-Q]☆Avicula
燕海扇属[双壳;C-P]☆Aviculopecten
燕髻蛤属[双壳;P_1]☆Aviculomonotis
燕麦☆oat
燕然勒石☆engrave military merits on a stone
燕山矿☆yanshanite；yenshanite；Pt-vysotskite
燕山期☆stage{phase} of Yanshan
燕山旋回☆Yanshan cycle
燕山运动[J_2-K_3]☆Yanshan{Yenshan} movement
燕山准地槽☆Yenshan parageosyncline
燕头虫属[三叶;$Є_{2-3}$]☆Chelidonocephalus
燕尾☆forked tail；swallowtail
燕尾(接头)☆dovetail
燕尾槽卡瓦☆dovetail slip
燕尾双晶☆larkspur；swallow-tail twin
(用)燕尾榫接合☆dovetail
燕尾形物☆swallowtail
燕窝水系☆swallow-hole drainage pattern
燕窝状水系☆swallow hole pattern
燕中矿☆yanzhongite
(使)厌倦☆tire
厌气菌腐蚀☆anerobic corrosion
厌气培养☆anaerobic culture
厌气生物☆anaerobion [pl.-ia]
厌酸性的☆oxyphobous；acidophobous
厌恶☆reluctancy；reluctance；mislike；revolt
厌氧的☆an(a)erobic；anoxybiotic；oxyphobous
厌氧菌☆anaerobic microbe；anaerobion；anaerobe
厌氧生活☆anoxybiosis；an(a)erobiosis
厌氧生物☆anaerobiont；anaerobic organisms；anaerobe
厌氧下水道污泥☆anaerobic sewage sludge
厌氧性废水处理☆anaerobic waste treatment
砚☆inkstone
砚石[可作砚台的石头]☆stone suitable for making an inkslab；inkstone{inkslab} [砚台]

Y

雁列{行}的☆en echelon
雁列{行}断层☆(en) echelon fault; faults en echelon
雁列{行}断块☆(en) echelon fault block
雁列丘地形☆drumlin field; basket-of-eggs topography
雁列山岭☆coulisse
雁列山系{脉}☆cordillera
雁列式☆Cordillera type
雁形目☆Anseriformes
雁形状S形石英脉☆sigmoidal en echelon quartz veins
雁行{列}☆echelon
雁行{列}式构造☆en echelon structure
雁行状羽形裂隙☆en echelon feather fissure
雁鸭目☆Anseriformes
赝标量☆pseudoscalar
赝对称☆pseudosymmetry
赝琥珀☆galanit
赝品☆stumer; sham
赝绕射扫描☆pseudodiffraction
赝石墨☆pseudo-graphite
赝势☆pseudopotential
赝消光☆pseudoextinction
赝正弦线☆poid
赝制的☆pinchbeck
焰白云石☆flame dolomite
焰道☆flue
焰管板☆flue sheet
焰光分光光谱计☆flame spectrophotometer
焰光光度计☆flame photometer
焰黑☆flame black
焰花岗岩☆flame granite
焰火☆fireworks; skyrocket
焰火闪(电)☆rocket lighting
焰火制造{施放}术{法}☆pyrotechnics
焰尖晶石☆flame spinel
焰煤☆flame coal
焰片麻岩☆flame gneiss
焰熔法☆flame fusion method
焰熔法生长的晶体☆Verneuil grown crystal
焰色☆flame color{coloration}; flame coloration test
焰烧净化法☆flame cleaning
焰炭☆flame coal
焰条文长石☆flame perthites
焰晕☆cap (flame); burning-halo; flame{gas} cap; corpse light; fire damp cap; halo; top
焰状结构☆flame-like{pipernoid} texture
焰状凝灰岩☆pipernoid tuff
谚语☆proverb; maxim
验布机☆cloth inspecting machine
验潮☆sea level observation
验潮杆☆gauging rod; tide staff{pole}; tidal pile
验潮计☆marigraph
验潮井☆gauge box; float well
验潮仪☆tide-meter; tidal meter{gauge}; water level gage; tide ga(u)ge
验磁器☆magnetoscope
验电流器☆galvanoscope
验电器☆electroscope; rheoscope
验电术☆electrometry
验定吨(砝码)法☆assay ton
验轨器☆dynagraph
验合用的凭据☆tally
验货☆purchase trial
验孔规☆hole-gage; hole gauge
验流船☆drifting logship
验脉器☆pulsimeter
验明☆identify
验色管☆chromoscope
验色剂☆toner
验声器☆phonoscope
验湿器☆hygroscope; hydroscope
验收☆acceptance (check;inspection); accept; check before acceptance; checking and accepting; check upon delivery; take-over; control reception
验收的☆acceptable
验收人☆acceptor; accepter
验收试验☆acceptance{receiving;reception;proof} test
验收条例☆act of reception
验收要求☆acceptance requirements; AR
验算☆checking computation{calculation}; prove
验算公式☆check formula
验算图{表}☆checksheet
验温器{计}☆thermoscope
验箱泥块☆thickness piece
验压器☆baroscope
验油比重计☆elaeometer
验震器☆seismoscope
验证☆verification
验证储量☆demonstrated reserves
验证的样品☆proof sample
验证盖印☆acceptance stamp
验证计量☆check gauging
验证孔[验证已发现矿层]☆confirmation hole
验证试验☆retest
验证性试验☆proof test
验证证据☆experimental evidence
验证钻进☆check-boring

yāng

鞅[数]☆martingale; martingal

yáng

扬程☆lift (height); discharge{static;hydraulic;delivery; suction;pressure} head; head of water{delivery}; lifting height; delivery{suction} lift; height of lift; lifting capacity[泵的]; lift of pump; throw
扬程损失☆head loss; loss in head
扬出式充填机☆mine-fill throwing machine
(冲洗液)扬出岩粉能力☆cutting-carrying capacity
扬德方程☆Jander's equation
扬斗铲岩机☆overcast loader
扬斗式装岩机☆overshot mucker; rocker-type mucker with overshot bucket
扬帆的☆sailing
扬高☆discharge head; lift height
扬谷(器)☆winnow
扬料电极☆lifting electrode
扬煤机☆coal hoist
扬起☆hike
扬起高度[装载机铲斗]☆loader vertical range
扬起灰尘☆dust
扬弃☆sublation
扬弃爆破☆abandoned{abandonment} blasting
扬砂泵☆sand pump; sludger
扬沙峰顶[沙丘]☆smoking crest
扬声器☆reproducer; speaker; talker; loud(-)speaker
扬声器纸盒☆diffuser; diffusor
扬升器接头☆lift sub
扬水☆pump water
扬水能力{高程}☆water-raising capacity
扬压力☆buoyancy; uplift pressure
扬子贝属[腕;O_1]☆Yangtzeella
扬子鳄☆Alligator sinensis
扬子角石属[头;S]☆Yangziceras
扬子腕☆Yangtzeella
扬子准地台☆Yangtze paraplatform
杨家屯统☆Yanchiatun series
杨柳科☆salicaceae
杨梅粉属[孢;E_2-Q]☆Myricipites
杨梅科☆Myricaceae
杨梅属[K_2-Q]☆myrica
杨木☆cottonwood
杨铨䗴属[孔虫;P_1]☆Yangchienia
杨氏鳄属[P]☆Youngina
杨氏公式☆Young's formula
杨氏河狸属[N_1]☆Youngofiber
杨氏模量☆Young's modulus{module}; modulus of elasticity
杨属[K_2-Q]☆Populus
杨桃属[Q]☆Averrhoa
杨-特勒力☆Jahn-Teller force
杨图☆delineation
佯谬☆paradox
羊☆Capra; sheep
羊背石☆dressed{sheepback} rock[冰]; knob-and-basin topography; ice-dressed{embossed;bressed; sheep} rock; roches moutonnee[冰]; roche moutonee {moutonnee;moutonnée}; sheep backs; sheepback; rundhall[瑞]; sarsden{Saracen} stone; sarsen (stone) [风蚀柱]; moutonnee[法]
羊背石彭盆地形☆rundhall
羊肠道☆sheep track; cattle terrace
羊齿[植]☆fern
羊齿类☆filicinae
羊齿烷☆fernane
羊齿植物时代☆age of ferns
羊齿状冰晶☆fern-like ice crystal
羊肚菌属[真菌]☆Morchella
羊额状漂砾☆gray weather; graywether; greywether
羊胡子草泥炭☆eriophorum peat
羊脚压路机☆sheep-foot roller
羊脚(式辊)辗☆sheep's foot roller
羊角锤☆claw{law} hammer
羊角菊石☆Crioceras
羊角蕨(属)[D_2]☆Rhynia
羊角形菊石壳[头菊石]☆capricorn
羊角衣属[地衣;Q]☆Baeomyces
羊茅☆fescue
羊毛☆fleece; wool
羊毛囊☆woolsack
羊毛石☆woolrock
羊毛油脂☆yolk
羊毛甾醇☆lanosterol; lanosterine
羊毛甾烷☆lanostane
羊毛甾烯☆lanostene
羊毛脂☆lanolin; sheep oil
羊毛状的☆flocky; wooly; flocculent; floccose
羊毛状构造☆flocculent structure
羊毛状物☆fleece; wool
羊毛状氧化硅沉淀☆flocculent-silica
羊膜☆amnion; amniote
羊膜动物☆amniota
羊皮☆sheepskin; sheep
羊属☆ovis
羊驼☆Lama; alpaca
羊驼类☆llamas
羊驼属[N_2-Q]☆Lama; Auchenia
羊尾沟[火山锥四周因侵蚀而成的沟]☆barranco; sector graben; barranca
羊脂☆mutton fat
羊足辗☆sheep's{taper} foot roller
洋边☆oceanside
洋彩☆foreign colors
洋潮☆oceanic tide
洋床☆ocean bed
洋葱[百合科;沥青局示植]☆onion
洋岛玄武岩☆oceanic-island-basalt; OIB
洋底☆ocean bottom{bed;floor}; oceanic bottom; fondo; OB
洋底的☆suboceanic; subocean
洋底地函☆suboceanic mantle
洋底地壳☆oceanic crust
洋底地形☆fondoform
洋底构造考察{调查}☆suboceanic structural exploration
洋底-海洋界面☆ocean floor-ocean interface
洋底脊顺流内波☆lee wave
洋底扩张☆spreading of ocean floor; ocean {-}floor spreading; SOF
洋底扩张假说☆ocean-floor spreading hypothesis
洋底面积曲线☆bathygraph
洋底盆地☆suboceanic basin; ocean floor basin; SOB
洋底破裂带系☆oceanic fracture system{zone}
洋底深穴☆halistas
洋底峡谷☆ocean (ic) canyon
洋底[变质]型☆ocean-floor-type
洋底岩层☆fondothem
洋底永存(说)☆constancy of ocean floor
洋底钻探☆ocean floor drilling; OFD
洋沟☆oceanic{ocean} trench
洋红☆fuchsin; carmine; nacarat; magenta
洋化地壳☆oceanized crust
洋槐☆Acacia
洋脊☆oceanic{ocean} ridge; ridge
洋脊顶水热系统☆ridge-crest hydrothermal system
洋脊对洋脊转换断层☆ridge-to-ridge transform fault
洋脊后☆back-ridge
洋脊推动模型☆ridge-push model
洋脊-洋脊(型)转换断层☆ridge-ridge transform fault
洋流☆(ocean(ic)) current; sea{stream} current
洋流频向图☆current rose
洋流向☆set
洋隆☆ocean(ic) rise
洋陆分界面☆ocean-shore interface
洋幔☆oceanic mantle
洋面☆offing
洋面风(成波)☆wind-generated ocean surface wave
洋内弧☆intra(-)oceanic arc
洋内中水道☆mid-oceanic channel
洋盆☆ocean(ic) basin

洋盆区☆ocean {-}basin floor
洋盆相地层建造☆oceanic formation
洋盆永恒(说)☆permanence of ocean basins
洋壳☆oceanic crust{lithosphere}；oceanic block of crust；ocean crust
洋壳的大块解体☆large slices of oceanic crust
洋壳剖面☆ocean crustal section
洋区☆oceanic province
洋区扩大☆thalattocratic
洋石榴☆Passiflora edulis；eggfruit
洋松☆Douglas fir
洋滩☆oceanic bank
洋铁(器商)☆tinman
洋下水热系统☆oceanic hydrothermal system
洋中岛☆ocean(ic){mid-oceanic} island
洋中动力学试验☆mid-ocean dynamics experiment
洋中脊☆mid-ocean(ic){median;midoceanic} ridge
洋中脊(体)系☆ridge{mid-ocean-ridge;MOR} system
洋中裂谷☆median rift valley; mid-ocean{midoceanic} rift
洋中隆起顶部☆midoceanic rise crest
洋中隆系☆mid-ocean rise systems
洋中盆地☆median basin
洋中峡谷☆mid-ocean{midocean} canyon; deep-sea channel；mid ocean canyon
阳春砂[植]☆amomum vilosum
阳的☆positive；plus；pos.；POS
阳地龙属☆Actinodon
阳地台☆actinolite
阳地植物☆sun plant
阳电☆electro-positivity；positive electricity
阳电(性)的☆electropositive
阳电极☆positive electrode
阳电性☆electropositivity
阳电子☆antielectron；positron；positive electron
阳电子素☆positronium
阳(电性)根☆electropositive radical
阳光☆sun；shine
阳光轭石[钙超;J_3-K]☆Actinozygus
阳光曲[石]☆Solar Juparana
阳光蒸发☆solar evaporation
阳(茎)基☆tegmen
阳(茎)基背突[昆]☆epimere
阳极☆positive (pole;electrode)；anode；zincode[电池的]；ultor；plate；pos.；POS
阳极保护☆anodic protection
阳极残铜[电解]☆anode scrap
阳极的☆anodal；anodic；positive
阳(屏)极电池☆B-batiery
阳极电解测镀层孔隙度法☆electrography
阳极电流☆anode-current；plate current
阳极电流的直流分量☆feed current
阳极电源☆BP；power
阳极电源整流器☆anode converter；plate rectifier
阳极腐蚀效率☆anode corrosion efficiency
阳极化铝☆anodized aluminum
阳极检波☆anode-bend{plate} detection
阳极接地☆plus earth
阳极控制型腐蚀☆anodic control type corrosion
阳极帽封接机☆anode cap inserting machine
阳极泥☆anode mud{slime;sludge}；electrolytic {electrolyte} slime；anodic precipitate；anode sludge {slime;mud}；slime
阳极泥率☆anode slime ratio
阳极区☆anodic area{site}；positive column
阳极射线☆anode ray{light}；canal ray
阳极调制☆power modulation
阳极铜☆copper anodes；anode copper
阳极铜冶炼炉☆anode furnace
阳极氧化膜生成比☆coating ratio
阳极组装☆anodes rodding
阳极作用☆anodize
阳江红[石]☆YangJiang Red
阳茎端(突)☆brachia [sgl.brachium]
阳茎基片☆basal plates
阳抗衡离子☆counter cation
阳离子☆cation (ion)；kat(h)ion；positive{basic} ion；positively charged ion
阳(电性)离子☆electropositive ion
×阳离子表面活性剂[烷基噁唑啉类]☆Alkaterge-A
×阳离子表面活性剂[在酸性介质中为非金属矿物的矿泥絮凝剂]☆Aciterge OL
×阳离子捕收剂[烷基氯化吡啶]☆Emulsol 903-L
×阳离子捕收剂[十二烷基碘化吡啶]☆Emulsol 660-B
阳离子活性剂活性能☆cationic surfactant activity
阳离子碱性强度☆cation basic strength
阳离子交换率☆rate of cation exchange
阳离子交换膜☆cation {-}exchange membrane
阳离子交换(替)指数☆index of base exchange；IBE
阳离子聚电解质☆cationic polyelectrolyte
阳离子筛☆cation sieve
阳离子烃类表面活性剂☆cationic hydrocarbon surfactant
×阳离子型絮凝剂☆Aeromine 2026
阳离子药剂浮选☆cationic flotation
阳离子移变(现象)☆cationotropy
阳离子-阴离子空位对☆cation-anion vacancy pairs
阳离子皂☆cationic soap
阳历☆solar calendar
阳螺纹☆pin{male} thread
阳螺纹端☆pin (end)
(钻杆接头)阳螺纹台肩端面☆pin shoulder face
阳螺纹-阴螺纹十字接头☆male and female cross
阳螺纹-阴螺纹管子☆pin-to-box pipe
阳螺旋☆external screw
阳模☆patrix；male die
阳坡☆adret；adret(t)o；tailo；endroit；sunny slope；sonnenseite[德]；southern slope of mountain
阳起龙属[爬]☆Actinodon
阳起片岩☆actinolite {-}schist
阳起石[$Ca_2(Mg,Fe^{2+})_5(Si_4O_{11})_2(OH)_2$;单斜]☆actinolite；actinote；kupfferite；silbolite；actynolin；zillerite；iron-anthophyllite; strahlite; strelite; stralite; hydrous anthophyllite；zillerthite；sillbolite；chrysotilum；ferro-anthophyllite；raphilite；rhaphilith；raphyllite；radiated stone；aktinolite；aktinolith；actynolite
阳起石钙质斜长石带☆actinolite-calcic plagioclase zone
阳起石化☆actinolitization
阳起石化云煌岩☆pilite minette
阳起石岩☆actinolitite
阳起伟晶岩☆yatalite
阳伞☆parasol
阳栅☆priming grid
阳生植物☆heliophyte；heliad
阳遂足类☆Ophiuroidea
阳台☆balcony；terrace
阳碳☆carbonium
阳向离子☆anion
阳新统☆Yangsin series
阳性(词)☆masculine
阳性的☆positive；male
阳叶[植]☆sun leaf
阳-阴面[法兰]☆male/ female；M/F.

yǎng

氧☆oxygen；O；oxygenium[拉]
氧饱的☆oxygenated
(用)氧饱和☆oxygenate
(溶解)氧饱和量☆oxygen saturation capacity
氧比☆oxygen ratio
氧不足☆hypoxia
氧不足的☆oxygen-deficient
氧差☆weighted error
氧差电池☆differential oxygen{aeration} cell
氧撑☆oxido-
氧成层☆oxygen zoning
氧吹管☆oxygen blowpipe
氧磁铁矿[$Fe_{8/3}O_4$]☆oxymagn(et)ite；maghemite
氧代[O=]☆oxo
氧氮硅石[Si_2N_2O;斜方]☆sinoite
1,3-氧氮杂环戊烯-(2)[$OCH:NCH_2CH_2$]☆oxazoline
氧弹量热器☆oxygen bomb calorimeter{calorifier}
氧的☆oxygenous；oxygenic
氧的最低值☆oxygen minimum
氧碲铋矿☆smirnite
氧碲钛矿☆winstanleyite
氧电气石☆oxytourmaline
氧毒症☆oxygen toxicity
氧矾多钒酸盐矿☆corvusite
氧钒铅矿☆oxyvanadinite
氧钒石[$H_8V_6O_{16}$]☆doloresite
β-氧钒铜矿[β-$Cu_2V_2O_7$;单斜]☆ziesite
氧分压☆oxygen partial pressure；partial oxygen pressure
氧腐蚀☆oxygen corrosion
氧钙柱石☆oxide-meionite
氧高铁绿纤石☆oxyjulgoldite
氧锆石☆zirkite
氧铬基[CrO−]☆chromyl
氧钴根☆cobaltyl
氧钴矿-3R☆heterogenite-3R
氧硅比☆oxygen-silicon ratio
氧硅磷灰石[$Ca_5(SiO_4,PO_4,SO_4)_3(O,OH,F)$;六方]☆wilkeite
氧硅钛钠石[$Na_2(TiO)SiO_4$;四方]☆natisite
氧过电位☆oxygen overpotential
氧焊☆oxweld
氧焊器☆oxyarc welder
氧耗尽带☆oxygen-depleted zone
氧和二氧化碳混合物[人工呼吸用]☆di-carbox
氧合血红(蛋白)☆oxyh(a)emoglobin
氧黑云母☆oxybiotite
氧弧焊☆oxy-arc welding
氧弧焊器☆oxyarc welder
氧化☆oxidation；burning；oxidize；combustion；oxygenate; oxydation; oxidase; rust; oxygenation; oxidate；oxy-；oxido-；ox；keto-
氧化钡[BaO]☆baryta；barium oxide{monoxide}；heavy earth；baria
氧化铋类☆bismuthic ochre
氧化表层[金属或矿物]☆patina
氧化丙烷微生物☆propane-oxidizing microbe
氧化丙烯[CH_3-CH-CH_2-O]☆propylene oxide
氧化测定(法)☆oxidimetry
氧化层☆oxidation；oxide coating
氧化程度☆degree of oxidation
氧化带☆oxidation{oxidized;oxydation} zone；zone {-}of oxidation；enriched oxidation zone
氧化氮催化作用☆nitric oxide catalysis
(热)氧化发光☆oxyluminescence
氧化钒矿☆vanadium oxide ore
氧化分解(作用)☆oxygenolysis
氧化钙☆calcium oxide{lime}；quick{dehydrated; burned} lime；calcia；quicklime
氧化锆☆zirconia；jargonia；zirconium oxide
氧化锆氧含量分析器☆zirconia oxygen analyzer
氧化镉☆cadmium oxide
氧化铬矿☆chromium oxide ore
氧化钴☆powder blue；cobalt oxides
氧化硅☆silica；monox
氧化硅带☆silica belt
氧化硅含量高的岩石☆silicic rock
氧化硅-焓图☆silica-versus-enthalpy graph
氧化硅胶☆silicagel
氧化硅溶解-沉淀平衡量概算☆silica budget
氧化硅溶解沉淀旋回☆silica cycle
氧化硅温标温度☆silica temperature
氧化硅有机沉淀☆organic silica sink
氧化铪☆hafnia
氧化好的☆well-oxygenated
氧化合成过程☆oxo process
氧化还原☆redox；oxidation reduction；reduction-oxidation
氧化还原电位测试探针☆redox probe
氧化还原分化作用☆oxidation-reduction fractionation
氧化还原过程化学☆redox chemistry
氧化还原酸乳剂☆redox breaker
氧化还原状态测井☆redoxomorphic log
氧化钬☆holmia；holmium oxide
氧化火焰☆excess oxygen flame；oxidizing flame
氧化极☆anode
氧化剂☆oxidant; oxidizing agent{reagent}; oxidizer；oxygenant；OX
氧化钾☆kali；potassium oxide
氧化金属炸药☆oxidized metal explosive
氧化矿床☆ore{oxide} deposit; oxidized (ore) deposit
氧化矿和硫化矿混合矿石☆mixed ore
氧化矿还原☆reduction of oxide ore
氧化镧[La_2O_3]☆lanthana；lanthanum oxide
氧化锂☆lithia；lithium oxide
氧化沥青☆oxidized{air-blown;blown;oxidated} asphalt；blown asphaltic bitum{bitumen}
氧化硫☆sulfur oxide
氧化硫化铜矿石☆oxide-sulfide copper ore
氧化铝[Al_2O_3]☆alumina; harmophane; alumin(i)um oxide；corundum；aluminaut；alumine；alundum；alumia

Y

氧化铝铬金属陶瓷☆alumina-chromium cermet
氧化铝含量高的☆high-alumina
氧化铝膜处理法☆alumite process
氧化铝凝胶钻井液☆alumina gel drilling fluid
氧化氯☆hyperchlorous anhydride; chlorine monoxide
OP-100 氧化煤油☆(oxidized) OP-100
氧化镁☆magnesia; magnesium oxide; bitter earth; mag.
氧化镁钼金属陶瓷☆MgO-Mo cermet
氧化锰污染的砂金☆black gold
氧化膜☆film of oxide; oxidation{oxide} film
氧化钼☆molybdena
氧化钠☆natron; sodium oxide
氧化能☆energy of oxidation
氧化铌矿☆columbium oxide ore
氧化镍☆nickel peroxide
氧化钕☆neodymium oxide
氧化硼[B_2O_3]☆boric oxide{anhydride}
氧化皮☆cinder; chark; mill scale
氧化铍[BeO]☆beryllia; berillia; beryllium oxide
氧化铍管☆berillia tubing
氧化皮清除器{机}☆descaler
氧化铅☆lead oxide; massicot
氧化铅矿(石)☆linnet
氧化铅铁淦氧磁体☆magnetoplumbite
氧化砷☆arsenic trioxide
氧化石蜡皂☆petrolatum soap oxidized
氧化树脂☆oxidized resin; resene
氧化锶☆strontia; strontium oxide
氧化速度{率}☆oxidation rate
氧化钛☆titania
氧化塘☆oxidation pond; lagoon
氧化铽[Tb_2O_3]☆terbia
氧化锑☆antimony oxide
氧化铁[Fe_2O_3]☆iron oxide; ferric oxide; ironstone; burnt ore; mineral purple[红色染料]
氧化铁矿☆clay iron ore; iron oxide (ore)
氧化铁皮斑点☆kisser
氧化烃类微生物☆hydrocarbon-oxidizing microorganism
氧化铜☆cupric{copper} oxide; aerugo
氧化土☆oxisol
氧化钍☆thoria
氧化稳定性☆oxidation stability
氧化污泥法☆oxidized sludge process
氧化物玻璃☆oxide glass
氧化物层☆oxide coating
氧化物的长根☆long-root of oxidized material
氧化物电阻体☆oxide resistor
氧化(矿)物浮选☆oxide flotation
氧化物基金属陶瓷☆oxide-base cermet
氧化物类☆oxides
氧化物相含铁建造☆oxide-facies iron formation
氧化物优先浮选☆selective oxide flotation
氧化物质☆oxygenated substance
氧化锡电极砖☆tin oxide electrode brick
氧化锡涂层石英☆tin oxide-coated quartz
氧化锌[ZnO]☆zinc oxide{paste;whine}; zinc white
氧化型破乳{坏}剂☆oxidizing breaker
氧化亚氮☆nitrous oxide; nitrogen monoxide
氧化亚铁☆iron protoxide; ferrous oxide
氧化亚铁人造矿体☆Wustite
氧化亚铜☆cuprous oxide
氧化亚铜光电池☆photox
氧化亚锡☆stannous oxide
氧化焰☆oxidizing flame
氧化一氮[NO]☆nitric oxide
氧化钇☆yttria
氧化乙烷细菌☆ethane oxidizing bacteria
氧化乙烯醚醇[$R-OCH_2CH_2OH$]☆oxyethylene-ether-alcohol
氧化镱☆ytterbium oxide
氧化引起的应力☆oxide-induced stress
氧化应力开裂☆oxidative stresscracking
氧化铀☆urania; uranium oxide
氧化陨石☆shale {-}ball; oxidite
氧化障碍☆dysoxidation
氧化作用☆oxid(iz)ation; de-electronation; oxidizing (action;agency); oxydation; acescency; adduction
氧化作用(以)后的☆post-oxidation
氧(化)还原反应☆oxygen reduction reaction
氧缓冲剂☆oxygen buffer
氧荒酸[RO•CS•SH]☆xanthogenic acid
氧活化污泥系统☆oxygen activated sludge system
氧价☆oxygen valence
氧角闪石[含钛角闪石]☆oxykaersutite; basaltic hornblende; lamprobolite; oxyhornblende; hexabolite
氧(乙)炔割炬☆oxyacetylene torch
氧亏损☆oxygen deficit
氧离子☆oxyanion
氧离子缺位浓度☆vacancy concentration oxygen
氧利用率☆oxygen utilization
氧量递减的☆clinograde
氧磷灰石[$Ca_{10}(PO_4)_6O$;$10CaO•3P_2O_5$]☆oxidapatite{oxy-apatite}; voelckerite; volckerite; wolkerite
氧磷铝锰铁石☆oxytschildrenit; oxychildrenite
氧磷铝铁石[$(Fe^{3+},Mn^{3+},Mn^{2+})Al(PO_4)(O,OH)_2•H_2O$]☆oxychildrenite
氧磷氯铅矿☆oxypyromorphite
氧硫铋矿☆bolivite
氧硫化碳[COS]☆carbonyl sulfide
氧硫化物☆oxysulfide
氧硫系玻璃☆oxychalcogenide glass
氧卤化物☆oxyhalides
氧氯化镁水泥☆magnesium oxychloride cement
氧氯锑矿☆sarawakite
氧络[O=]☆oxo
氧茂☆furan; furane
氧(杂)茂[CH:CHCH:CHO]☆furan; furfuran
氧钼矿[MoO_2;单斜]☆tugarinovite
氧浓差电池☆oxygen concentration cell
氧平衡☆oxygen balance
氧瓶燃烧法☆oxygen flask combustion method
氧气[拉]☆oxygen; oxygenium
氧气电池☆aeration cell
氧气发生式自救器☆oxygen self rescuer
氧气氛烧法☆oxygen-atmosphere sintering
氧气囊☆breathing bag; oxygen gasbag
氧气喷(石灰)粉管☆oxygen powder lance
氧气瓶☆bomb; oxygen cylinder{bomb;bottle}; air bottle
(氧焊用的)氧气瓶☆welding bottle
氧气燃料熔炼☆oxy-fuel smelting
氧气燃气(体积)比☆flame ratio
氧气限量安全装置☆oxygen limiter; oxygen limitation safety device
氧气乙炔焊接☆oxyacetylene welding
氧气-油混合燃烧器☆oxy-oil burner
氧气与燃气(体积的)比率☆oxygen-fuel gas ratio
氧气转炉高磷生铁块状石灰炼钢法☆L.D.K. process
氧铅矾☆dioxylith; lanarkite; dioxalite
氧羟化物[如锰结核]☆oxy-hydroxide
氧羟基捕收{集}剂☆oxhydryl collector
氧羟基化合物☆oxhydryl compound
氧桥☆oxo-bridge
氧切☆oxweld
氧氢基☆oxhydryl
氧圈[岩石圈]☆oxysphere
氧炔焊☆oxy {-}acetylene welding
氧炔切割☆gas{flame;oxyacetylene} cutting
氧-燃料反射炉☆oxy-fuel reverberatory
氧-燃料火焰加热表面淬火☆oxy-fuel flame surface hardening
氧燃料油喷燃油器☆oxygen-fuel oil rocket jet burner
氧燃气火焰切割☆oxy-fuel gas cutting
氧熔剂切割☆flux cutting
氧摄取量☆oxygen uptake
氧砷铅矿☆oxymimetite; oxymimetesite
氧酞酸☆O-phthalic acid
氧钛角闪石☆oxykaersutite; linosite
氧钽矿☆tantite
氧探☆oxygen probe{sensor}
氧碳化硅☆siloxicon; fire sand
氧梯度☆oxygen gradient
氧锑铁矿[$(Fe^{2+},Zn,Fe^{3+})_8(Sb^{3+},Fe^{3+},As^{3+})_{16}O_{32}S$;斜方]☆versiliaite; versillaite
氧铁绿纤石☆oxyferropumpellyite
氧同位素☆oxygen isotope
氧同位素地温测定☆oxygen-isotope geothermometry
氧同位素对古水温的测定法☆measurement of paleotemperature by oxygen isotope
氧同位素宇宙温标☆oxygen isotope cosmothermo-meter
氧童颜石[$(Fe^{3+},Mn^{3+},Mn^{2+})Al(PO_4)(O,OH)_2•H_2O$]☆oxychildrenite; oxytschildrenit
氧鎓☆oxonium
氧污染☆oxygen contamination
氧芴☆dibenzofuran
氧硒矿[SeO_2]☆selenolite
氧硒石[SeO_2;四方]☆downeyite
氧纤磷铁矿[$(Mn,Mg,Ca)Fe^{3+}_8(PO_4)_6(OH)_8•17H_2O$]☆oxyker(t)chenite; oxykertschenite
氧星☆oxygen star
氧溴汞矿☆kadyrelite
氧溴化铊晶体☆KR S-6
氧压力计☆oxygen barometer
氧液化(石油)气切割☆oxy-L.-P. gas cutting
氧乙化壬苯酚☆nonylphenol
氧乙基化烷基酚☆ethoxylated alkylphenol
氧-乙炔管子切割机☆beveling machine
氧-乙炔焊焊炬☆blowpipe
氧乙炔火焰硬化(法)☆oxy-acetylene flame hardening
氧乙炔切割☆autogenous fusing
氧乙烯☆ethylene oxide
氧逸度☆oxygen fugacity
氧茚☆benzofuran
氧与二氧化碳混合物☆di-carbox
氧杂蒽[黄色小晶体,供有机合成物用;$C_6H_4CH_2C_6H_4O$]☆xanthene
氧杂环丙烷☆oxirane
氧杂茂☆furan; furane
氧杂萘邻酮☆coumarin
氧指数☆oxygen index; OI
仰鼻猴(属)[Q]☆Rhinopithecus; retrousee{snub}-nosed langur
仰采☆back{overhand;overhead} stoping
仰冲☆overthrust; obduction; overriding
仰冲板块☆obduction{overriding} plate; overplate
仰冲侧☆upthrust side
仰冲的坡脚☆overriding toe
仰冲交叉☆obduction-junction
仰冲平移滑断层☆upthrust strike-slip fault
仰冲(增长)岩席☆obducted sheet
仰度☆degree of elevation
仰拱☆inverted{inflected} arch; invert
仰焊☆overhead (position) welding; inverted{upward} welding; underside welling
仰极☆elevated pole
仰角☆(quadrant;angle) elevation; angle of elevation{gradient;altitude}; tilt; degree of elevation; angular altitude; vertical{vertex;up;plus} angle; ascending vertical angle; ae
仰角引导单元☆elevation guidance element
仰孔☆uphole; upward borehole; upward drainage hole
仰孔钻进☆overhead{self-cleaning;uphole} drilling
仰坡☆front slope
仰起端☆rising end of syncline
仰韶彩陶☆Yangshao faience
仰视图☆upward view
仰斜长壁后退开采法☆longwall retreating to the rise
仰斜巷道☆ascending workings; leading band; topple; up-brow; uphill opening
仰斜回采☆advancing to the rise
仰斜掘进☆driving up the pitch; advancing to the rise
仰斜开采[煤]☆overhand mining
仰斜与俯斜开采法☆up-dip and down-dip mining
仰斜柱式垮落采煤法☆overhand pillar method with caving
仰眼☆upward hole
仰泳☆backstroke
养成☆form
养成(习惯)☆contract
养成工☆foster labourer
养分☆nutrient (material)
养分富集(作用)☆eutrophication
养分供给层☆feeding zone
养分供应☆food supply
养护☆curing[保持混凝土湿润,使水泥硬化]; maintenance; maintain; conserve
养护费☆cost of upkeep
养护后硬化的混凝土☆matured concrete
养护胶体☆protective colloid
养护期☆curing cycle{period}; maturing period
养护设备☆maintenance equipment
养护窑☆steam-curing chamber
养护(混凝土)用的盖席☆curing mat
(混凝土)养护制度☆curing schedule
养护作用☆ag(e)ing effect

养老金☆(old-age) pension; old age pension; annuity; annuities; pensionary fund
养料☆nutrient (material); nutriment; nourishment; aliment
养路☆roadway maintenance
养路工☆surface man; trackman; pathmaster; track worker
养路工人☆road mender
养路机械☆maintenance machinery
养育☆breed
养殖场☆nursery; farm

yàng

样板☆gage (template); sampler; striking{screed(ing)} board; gabarit(e)[法]; formwork; former; template; flat {profile} gauge; templet; copy; calibre; shaping plate; reference master gauge; advanced sheet; jig; GT
样板刀成型☆template forming
样板曲线☆type-curve
样本☆sample (copy;book); exponent; representative species; scantling; specimen (copy); swatch; check {advance} copy; advanced copy{compilation}; mockup; catalogue[产品]; S.P.
样本的构型☆configuration of sample
样本定位{序}法☆sample ordination method
样本分布☆sample distribution
样本及保存☆sample and hold
样本间☆among-samples
样本内平方和☆within samples sum of squares
样本平均值方差☆variance of sample mean
样本中位数☆sample median
样规☆templet; template; test gauge
样盒☆specimen chamber
样机☆prototype (engine); preproduction{standard} model; model (machine); advanced development; mockup; specimen; sample machine
样机初次展览☆rollout
样机试验☆full-scale{development} test
样件☆sample piece
样品☆model; exemplar; specimen; sample (product); exponent; swatch; sampling; prototype; pattern; test piece; standard; representative; scantling; advanced development; SP; rep.
样品拌匀☆rolling
样品-本底(放射)性(强度)比☆sample-to-background activity ratio
样品采集☆collection of sample
样品采集员☆sample collector
样品电流图像☆specimen current image
样品方差比检验法☆F test
样品分布☆sample distribution
样品管☆sample hose
样品和水阀☆sample and water valves
样品间的相似性☆intersample similarity
样品浸提{煮解}☆geochemical sample digestion
样品库☆sample room; sample-room
样品流动制动器☆sample flow brake
样品缩分☆reduction of sample; sample division; sample-splitting
样品缩分器☆sample divider
样品缩减☆reduction of sample
样品体积方差☆sample-volume variance
样品制备☆sample{specimen} preparation
样品制作者{分配者、试验者}☆sampleman
样品状态☆object status
样勺{杓}☆scoop; spoon
样式☆fashion; pattern; mode; modality; make
样室☆specimen chamber
样条☆spline
样条逼近理论☆theory of spline approximation
样条函数☆spline function; splines
样条拟合☆spline fit; spline-fitting
样图☆characteristic{advanced} sheet
样张☆essay; proof
样子☆aspect; way; semblance; look

yāo

要求☆desire; entail; draft; demand; challenge; claim; postulate; call (for); requirement; appeal; dictate; requisition; request; quest; postulation; need; tap
要求捣碎精选的矿石☆stamp rock
要求的☆required; reqd.
要求高的☆critical
要求回报率☆required rate of return; RRR
要求式页面调度☆demand paging
要求提出事实☆challenge
要求应得权利☆claim
要求者☆demander; claimer; claimant
夭折裂谷活动☆aborted rifting
夭折支[断裂滑块]☆failed arm
邀请☆invitation; bid
腰☆flank; rump; waist
腰板片[甲藻]☆cingular plate
腰泵房☆stage pump station
腰鞭毛类☆dinoflagellate
腰部☆pars lumbalis[解]; waist; member[褶皱的]
腰槽☆gain
腰带☆belt
腰带[哺]☆pelvic (girdle)
腰带板☆girdle plate
腰带间区☆intercingular area
腰带式装置☆belt apparatus
腰骶支撑架☆lumbosacral rest
腰风☆peripheral blowing
腰干☆truncus lumbalis
腰鼓形的☆dolioform
腰缆☆breast line
腰缆桩☆breasting dolphin
腰棱[钻石的]☆girdle
腰棱三角(形翻光)面[宝石的]☆break facet
腰棱上{|下}部翻光面[钻石]☆upper{|lower} girdle facet
腰膨大{起}☆intumescentia lumbalis
腰曲[解]☆curvatura lumbalis
腰塞[注水泥用]☆bridging plug
腰水舱☆wing tank
腰臀的☆ischiatic
(巷道)腰线☆gradeline of road; vertical direction of workings; grade line
腰形阀☆kidney
腰形切槽☆kidney-shaped slot
腰圆石[宝石]☆cabochon
腰椎☆vertebra lumbalis; lumbar vertebra
妖女☆syren; siren
幺形[指数均不大于 1 的单形]☆primary form
幺元(素)恒等参数☆identity element
幺正对称☆unitary symmetry
幺正性☆unitarity
幺正(矩)阵☆unit-matrix

yáo

珧蛤属[双壳]☆Pinna
摇☆whisk; wave; shake
摇把☆crank (handle); cranking bar
摇摆☆stagger; swing(ing); wobble; waver; joggle; vacillation; sway(ing); rock(ing); vacillate; oscillate; lurching; bob; wigwag; wag; shimmy
摇摆板燃料泵☆wobble plate fuel pump
摇摆不定☆pendulousness
摇摆不定的人{物}☆wobbler
摇摆的人{物}☆oscillator
摇摆石☆rocking{logging;logan;loggan} stone; roggan; balanced{elephant;pedestal} rock; logan
摇摆式切削刀盘☆oscillating cutterhead
摇摆束技术☆rocking beam technique
摇摆台☆tilter
摇摆运动☆jigging motion
摇摆振动☆rocking oscillation
摇摆柱[分级现象]☆teeter column
摇臂☆rocker arm{lever}; rocking lever{arm}; (ranging) boom; working{balance} beam; rocker; balance arm; tilting boom
摇臂吊车☆jib crane
摇臂和底架阀☆boom plus underframe valve
摇臂连接☆articulated arm joint
摇臂桥式顺槽转载机☆swivel beam loader
摇臂式装载机☆rocker (arm) shovel
摇臂钻床☆radial drilling machine; beam{radial} drill
摇变性☆thixotropy
摇表☆tramegger; megger
摇柄☆(crank) handle
摇槽式全流取样机☆rocking whole-stream sampler; rocking whole stream cutter{sampler}
摇车☆larry
(手)摇车☆hand car; hand-propelled carnage
摇车机☆car shaker
(枢轴式)摇窗☆pivoted window
摇床☆(oscillating) table; tye; table concentrator {classifier}; concentrating{concentration;percussion} table; staken bed; concussion-table
摇床床面☆deck
摇床浮选☆table flotation; flotation {-}tabling
摇床精煤{矿}☆table concentrate
摇床精选技术☆tabling technique
摇床流槽选矿装置☆shaking-bed-sluicing device
摇床上矿物带偏移☆band wander
摇床(精)选{选矿}☆table separation{concentration; work;cleaning }; tabling; rocking; tabl.
摇床用(的)分级机☆table classifier
摇锤☆bob
摇锤式锤碎机☆swing hammer crusher
(使)摇荡☆swing
摇动☆agitation; joggle; shaking (motion); freedom; flicker; wag; swing (motion); jarring; shake; wave; sway; rock; crank; beat; stir; jutter; undulate; wobbling; vibration; swag; seesaw; rocking; quiver; waggling[来回地]
摇动槽☆shaking channel{trough}; rocking trough; rocker
摇动槽式装载机☆shaking pan loader
摇动槽选{洗}矿☆rocking
摇动床层☆shaken bed
摇动翻床☆orbital gravity concentrator; tilting table
摇动机构☆head motion; rocking mechanism
摇动架☆truss(ing) mounting
摇动溜槽☆swinging{shaker} chute; bull shaker; rocker; rocking cradle
摇动炉箅☆shaker grate
摇动(油)马达☆oscillating motor
摇动木马☆shoofly
摇动器☆shaker; wobbler; shaking apparatus
摇动筛倾斜{角}☆shaker pitch
摇动筛纤维吸出装置[选石棉用]☆shaking-screen suction table
摇动设备☆tilter
摇动式(溜)槽☆shaker (pan)
摇动式拣矸台☆picking shaker; shaking picking table
摇动式运输传动装置☆shaker machine
摇动式运输机转向溜槽☆angle trough
摇动式针齿破碎机☆shaking pick breaker; sinking-pick breaker
摇动凸轮☆swing cam
摇动洗矿槽{箱}☆cradle rocker
摇动 V 形淘盘[试验用]☆Haultain superpanner
摇动装置☆pendulous device
摇度☆swing
摇杆☆jerker rod; handhold; bell crank; rocking bar; rocker; spring pole; radius link; pitman; trail; rock beam; swing[改变抽油拉杆水平方向]
(联合抽油装置)摇杆☆stroke post
摇杆机构☆endplay device
摇杆托架☆rocker bracket
(摇床)摇杆肘板式传动机构☆pitman-and-toggle type head motion
摇拐☆coulisse; crank-guide
摇滚☆Residuo Fisso
摇晃☆weave; roll; stir (up); wow; rock; sway; shake; flicker
摇晃的☆staggering; jiggly
摇架☆cradle
摇梁☆walking beam{bar}; rocking{sway} beam
(康威尔泵)摇梁档☆indoor catch
摇频振荡器☆megasweep
摇溶(现象)☆thixotropy
摇溶水泥☆thixotropic cement
摇砂机☆rocker
摇纱工☆reeler
摇筛☆reciprocating screen; bull shaker
摇筛机☆(sieve) shaker; ro-tap testing sieve shaker
摇石☆logan (stone); laggan
摇实体积☆tap volume
摇手柄☆crank handle
摇台☆cage seat; decking{tilting} platform; tilter; decking plate swing deck; table (concentrator); shaking {oscillating; percussion} table
摇汰盘[搅拌矿石用]☆dolly

(油罐)摇头管☆swing pipe
(油罐)摇头管集油袋☆swing pit
摇尾鸟☆trembler
摇蚊科[昆]☆Tendipedidae
摇选(法)☆tossing
摇样式射孔器☆swing jet perforator
摇曳☆nosing；flicker；whiffle
摇正☆true
摇轴☆rocker
摇轴装置☆endplay device
摇柱[联合抽油装置中的中间柱]☆swing post
摇转搅拌筒☆churn
摇钻柄☆bitbrace
摇座式卡瓦☆rocker-type slip
遥测☆remote measurement{metering;measuring;sensing;sension}；telemetry；remote sensing technology；telemetering；telemeter；distant{distance} measurement
遥测传送☆teletransmission
遥测地震发射系统☆telseis transmitter system
遥测读数☆distant{remote} reading；dr
遥测对象☆teleobjective
(用)遥测发射器传送☆telemeter
遥测方法☆method of telemetering；remote-sensing method
遥测光度表{计}☆telephotometer
遥测记录☆telerecord
遥测记录地震仪☆remote recording seismograph
遥测技术☆telemetry；remote sensing technique；telemetering；TM
遥测距仪☆remote measurement device
遥测气象仪☆telemeteorograph
遥测设备☆telemetering device；telesynd；telemetry equipment
遥测式(直读)荷重计☆telemometer
遥测示温器☆telethermoscope
遥测式应变计☆remote-reading strainometer
遥测数据读出☆telemetry playback
遥测台网☆telemetry network
遥测温度计记录☆telethermograph
遥测温度器☆telethermoscope
遥测显微器{镜}☆telemicroscope
遥测信号☆telemetered{telemetry;remote} signal；telesignalisation；telesignalization；telesignal(l)ing
遥测仪☆telegauge；telemeter；telegage
遥测仪表☆remote measurement device；distant action instrument
遥测仪器☆distance apparatus
遥测钻孔偏斜仪☆teleclinograph；teleclinometer
遥导☆teleguide
遥感☆remote sensing{sension;metering}{technology}
遥感地质☆remote sensing (for) geology；geologic remote sensing
遥感器平台☆remote-sensor platform
遥感扫描(器)☆remotely-sensed scanner
遥感探测☆exploration {-}remote sensing
遥感图像☆remote {-}sensing image
遥感相关☆geochemical remote sensing correlation
遥感信息☆sensor information
遥径机械学☆telemechanics
遥控☆remote control{handling}；telemechanics；telecontrol；telemonitor(ing)；guidance；r.c.；tele-；tel-；telo-；rc
遥控按钮☆remote push button；RPB
遥控爆破☆radio blasting
遥控泵站☆radio-controlled pump station；unmanned station
遥控采煤(法)☆manless coal mining；push-button mining method；remote control {push button} coal mining
遥控操作☆telemanipulation；straight-forward operation
遥控操作机☆remote-controlled robot
遥控处理☆teleprocessing
遥控的☆remote (controlled)；telecontroled；distant controlled；remote-operated
遥控电站☆telecontrolled (power) station
遥控定位☆remote-position control
遥控定向井钻进☆remote controlled directional well drilling
遥控定向可调式弯接头☆tele-orientation adjustable bent sub
遥控读数重力仪☆remote reading gravimeter
遥控放射性年龄测定(法)☆remote-controlled radiometric age determination
遥控飞机☆telecontrolled aircraft；push-button plane
遥控浮标{筒}☆remote buoy
遥控高速爆炸成形☆standoff high-velocity operation
遥控海下机械手☆subsea telemanipulation device
遥控近地爆炸信管☆ground-approach radio fuse
遥控(启动前)警报信号发生器☆remote pre-starting warning generator
遥控开采☆remotely controlled mining；push-button mining
遥控开关☆teleswitch；pilot{remote} switch；remote control switch
遥控力学远距离控制☆telautomatics
遥控排字机☆teletypesetter
遥控起爆☆firing by radio
遥控器☆telepilot
遥控式☆distance type
遥控水下操作☆subsea telemanipulation
遥控台☆remote position control；remote control station
遥控台发出的信号☆joystick signal
遥控调谐装置☆remote tuner
遥控图像信号源☆remote video source
遥控无人作业系统☆remote unmanned work system
遥控系统☆remote control system；telecontrol system；telechirics
遥控刑警☆Remoto
遥控学☆robotics
遥控指令☆telecommand
遥控装置☆remote(-control) equipment；control facilities；remote control gear{unit}；teleequipment；robot；teleautomatics；remote-handling{telechiric} device
遥控自动动作完成时间☆reaction time
遥控{遥测}自动同步机☆magslep；magslip
遥控作用☆tele-action
遥示仪{器}☆remote indicator
遥调☆distant adjustment{set(ting)}；remote setting
遥远的☆far；remote；off-lying
遥远地区☆remote area
遥震☆teleseism
遥震学☆teleseismology
鳐类☆Hypotremata
鳐目☆batoidea
鳐鱼☆raie
窑☆kiln；stove；cave dwelling；brothel；pit[石灰,炭等]
窑变☆furnace transmutation；kiln transmutation-the technique of making iridescent chinaware by the irregular application of glaze
窑玻璃制品☆off-hand glass
窑长期安全运转☆safety long running of kiln
窑车☆kiln car
窑衬☆kiln liner{lining}
窑池☆furnace tank；lath of tank furnace
窑的利用系数☆coefficient of efficiency of kiln
窑的圆锥形外壳☆hovel
窑底{|烘|灰}☆kiln bottom{|drying|dust}
窑给料☆kiln feed
窑拱☆main arch；crown；cap
窑灰钾肥☆flue ash potash；potassium fertilizer from kiln dust
窑具砖☆kiln furniture bricks
窑炉☆kiln；oven；furnace
窑炉烟囱瓦斯采样器☆kiln-stack gas sampler
窑木☆pit wood
窑内气氛☆kiln atmosphere
窑皮{|墙|室}☆kiln coating{|wall|chamber}
窑墙温度☆furnace wall temperature
窑热工标定☆parametric measurement of kiln
窑热平衡{|效益}☆heat balance{|efficiency}of kiln
窑体保温☆insulation of furnace wall
窑体窜动☆up and down movement of kiln
窑体钢箍结构☆steel girderage of furnace；furnace bracing
窑筒体☆kiln shell
窑外分解技术☆precalcining technology
窑尾回浆☆slurry spillage；at kiln inlet
窑压☆furnace pressure
窑用燃烧设备☆combustion installation for kiln
窑用砂☆setting sand
窑用输送设备☆conveying device for kiln
窑用支架砖☆kiln furniture
窑余热利用☆waste heat utilization of rotary kiln
窑中喂料☆dust feeding at middle part of kiln
姚营虫属☆Yaoyingella

yǎo

咬☆bite；nip
咬边☆(sidewall) undercut；wagon tracks[焊缝缺陷]
咬定链钳[上卸管扣]☆back up chain tongs
咬定钳☆back-ups
(管钳)咬管嵌入块☆die
咬合☆gear；[of gear wheels,etc.] interlock；engage；tooth；mesh；snap-in；teeth
咬合的[石块间边界]☆imprisoned
咬合取样器-照相机☆grab-camera
咬合式底质采样器☆grab
咬合作用☆interlocking
咬接☆scuff[齿轮]
咬紧☆clench
咬紧连接☆bite-type titting joint
咬口接头☆saddle joint
咬入角☆nip{entering} angle；angle of nip
咬碎☆crunch；scrunch
咬住☆seizure；bite (into)；grip with one's teeth；grip；take firm hold of；refuse to let go of；seizing
(用勺)舀☆ladle
舀出{水}☆bail
舀取☆dip；scoop
舀取使成匙形☆spoon
舀水轮☆scoop wheel
舀水试验☆bailing test

yào

药包☆(explosive;amount) cartridge；bombillo；bag powder；(blasting) charge；powder bag；packaged explosive；explosive charge；shot；lk cartridge count；stick count{amount}；medicine package；medical kit
药包插孔棒☆skewer
药包串装法[不使用炮泥]☆string loading
药包戳孔棒[备装雷管用]☆pricker
药包戳孔针☆prod
药包当量包皮☆equivalent sheathing
药包的约束空间☆charge confinement
药包端穿孔顶杆[装雷管用]☆prod
(在)药包内掏雷管窝☆corkscrewing
药包内装入雷管☆priming
药包威力☆(cartridge) strength
药包纸壳卷制器☆firing pin
药包至孔壁间隙☆standoff distance
药包中装雷管☆prime (cartridge)
药包组合☆charge array
药饼☆tablet
药材土☆sphragid(ite)；sphragite
药草☆(medicinal) herb
药典☆formulary；pharmacopoeia
药方☆formula；cure
药方的☆formulary
药房☆apothecary；dispensary；chemist's (shop)；drug store[美]；(hospital) pharmacy；officina；chemist
药粉爆炸☆powder blast
药膏☆ointment
药壶☆chamber；bulled{squibbed} hole
药壶爆破☆springing blasting{blast}；squibbing
药壶炮孔☆squibbed{sprung} hole；sprung drill hole
药(香)环☆aromatic ring
药剂☆medicament；reagent；drug；remedy
ITK 药剂[O-异丙基-N-甲基-硫代氨基甲酸酯;(丙)甲硫氨酯;俄;$CH_3NH{\cdot}C(S)OCH(CH_3)_2$]☆reagent ITK
×药剂[聚乙二醇单甲醚;$CH_3(OCH_2CH_2)_nOH$]☆MGP 750
×药剂[烷基磺酸钠,由 Mersol H{|D|30}水解得来;$R\text{-}SO_3Na(R=C_{14}\text{-}C_{18}$烷基)]☆Mersolate-H{|D|30}
×药剂[鲸蜡基磺酸钠;$C_{16}H_{33}SO_3Na$]☆Mersolate
×药剂[巯基苯并噻唑;$C_6H_3CHNS{\cdot}SH$]☆Mertax
×药剂[双-2-乙基己基磺化琥珀酸钠]☆Monawet MO
×药剂[2-硝基-4-甲基胂酸;$O_2N{\cdot}C_6H_3(CH_3){\cdot}AsO_3H_2$]☆NGP
×药剂[煤油烷基苯磺酸钠,相当于 C14 烷基;$C_{14}H_{29}\text{-}C_6H_4\text{-}SO_3Na$]☆Nacconol NR
×药剂[二异丙基萘磺酸盐;$((CH_3)_2CH)_2C_8H_5SO_3$

Y

M]☆Nekal A
×药剂[双异丁基萘磺酸盐]☆Nekal BX
×药剂[异丁基萘磺酸盐;$(CH_3)CHCH_2C_8H_6SO_3M$]☆Nekal B
×药剂[二烷基萘磺酸盐]☆Nekal NF
×药剂[十二(碳)(烷)酸,月桂酸;$C_{11}H_{23}COOH$]☆Neo-fat 12
×药剂[精制棉籽油]☆Neo-fat 139
×药剂[油酸 44%、亚油酸 55%、亚麻油酸 1%混合物]☆Neo-fat 140
×药剂[十四(碳)(烷)酸;$C_{13}H_{27}COOH$]☆Neo-fat 14
×药剂[十六(碳)(烷)酸与十八(碳)(烷)酸混合物;$C_{15}H_{31}COOH$ 与 $C_{17}H_{35}COOH$]☆Neo-fat 16-54
×药剂[十六(碳)(烷)(基)酸;$C_{13}H_{27}COOH$]☆Neo-fat 16
×药剂[十八酸,硬脂酸;$C_{17}H_{35}COOH$]☆Neo-fat 18
×药剂[分馏的妥尔油,含 6{|7|12}%树脂酸]☆Neo-fat 42-06{|7|12}
×药剂[蒸馏的动物油脂肪酸]☆Neo-fat 65
×药剂[油酸 76%、亚油酸 10%、硬脂酸 7%、棕榈酸 6%等混合物]☆Neo-fat 88-18
×药剂[由妥尔油中分出的油酸与亚油酸混合物]☆Neo-fat D{|S}-142
×药剂[妥尔油的蒸馏残液]☆Neo-fat D-342
×药剂[精馏的油酸及亚油酸]☆Neo-fat `3{|3R}
×药剂[脂肪酸类]☆Neo-fat
×药剂[二异丙基萘磺酸钠]☆Nikal A
×药剂[烷基芳基磺酸盐]☆Nilin
×药剂[十二烷基苯磺酸钙,含 50%油]☆Ninate 402
×药剂[磺化脂肪酸钠盐]☆Praestabitol V
×药剂[戊黄烯酯;戊基黄原酸烯丙酯;$C_5H_{11}OCSSCH_2CH:CH_2$]☆S-3302
TFB 药剂[水解的丁基黑药;俄]☆reagent TFB
×药剂[椰子油酰-N-甲氨基乙酸钠]☆medialan KA
×药剂[月桂酰-N-甲氨基乙酸钠;$C_{11}H_{23}CON(CH_3)CH_2COONa$]☆medialan LL-99
×药剂[油酰-N-甲氨基乙酸钠;$C_{17}H_{33}CON(CH_3)CH_2COONa$]☆medialan LP-41
×药剂[硬脂酰-N-甲氨基乙酸钠;$C_{17}H_{35}CON(CH_3)CH_2COONa$]☆medialan LT-52
R-404{|425|444}(号)药剂[巯基苯并噻唑]☆Reagent 404{|425|444}
R-505(号)药剂[绿黄色粉末遇水反应放热,铜钼分离时为硫化铜抑制剂]☆Reagent 505
R-512(号)药剂[白铅矿捕收剂]☆Reagent 512
R-610(号)药剂[有抗胶体,成分可能是磺化木素类]☆Reagent 610
R-615{|633}(号)药剂[与 Reagent 620 相似,组成不同,为抑制剂]☆Reagent 615{|633}
R-620(号)药剂[含有木素磺酸盐,糊精等成分,为抑制剂]☆Reagent 620
R-637(号)药剂[为有机胶体,矿泥分散剂,成分可能是磺化木素类]☆Reagent 637
R-645(号)药剂[为有机胶体,成分可能是磺化木素类]☆Reagent 645
R-710{|712}(号)药剂[植物油脂肪酸]☆Reagent 710
R-723{|765}(号)药剂[植物油脂肪酸,不饱和度增高]☆Reagent 723{|765}
R-801(号)药剂[石油磺酸]☆Reagent 801
药剂给入管☆chemical feed piping
药剂管☆chemical pipe
药剂过量☆overdose
药剂设定点☆reagent setpoint
药剂师☆druggist; dispenser; pharmac(eut)ist; chemist
药剂在煤浆中的分布☆distribution of reagents in pulp
药剂制度☆regime of agent
药卷☆cartridge; bombillo; blasting tube; cartridged product; explosive (cartridge); cartridging; (powder) stick
药卷的药量☆cartridge weight
药卷筒☆shell; wrapper
药卷直径☆diameter of charge
药粒☆powder grain
药量☆dose
药量分配☆distribution of charge
药疗法☆medication
(用)药料防腐☆embalm
药裂缝☆anther slit
药膜面☆emulsion side
药囊爆力钻机☆explosive capsule drill
药皮焊条☆covered electrode
药片☆tablet
药品☆drug; medicine(s) and chemical reagents; pharmacopoeia; medicine
药铺人☆Homo erectus officialis; Sinanthropus {Pithecanthropus} officialis
药泉☆medicinal spring
药商☆druggist; chemist
药室☆bulled{coyote;gopher} hole; charged chamber; coyote{powder} drift; powder chamber{pocket}
药室爆破☆chamber blasting{blast}; heading blast; powder drift blast(ing); gopher hole blasting
药室崩矿☆powder-drift blasting
药室崩矿采矿法☆powder blast mining method
药室壁☆confining wall
药室大爆破采矿法☆forced caving system
药室巷道大爆破☆powder-drift blasting
药室全部装药☆confined charge
药室容量☆charging{charge} capacity; chamber cap
药体包皮☆squib wrapping
药筒☆blasting tube{cartridge}; (explosive) cartridge; bombillo; cartridged product; stick powder
药筒底直径☆head diameter
药筒裂口☆split neck
药筒压延(引伸)☆case drawing
药物☆pharmaceutical; medicament; medicinal; medicine
药物(处理)☆medication
药物{理}学☆pharmacology
药线☆squib; powder train
药线爆破☆squibbing
药芯☆explosive{gunpowder;inner;powder} core; middle powder
药芯焊丝电弧焊☆flux-cored arc welding
药学☆pharmacy
药用白油☆white oil
药用玻璃☆medicinal{pharmaceutical} glass
药用石蜡☆medicinal paraffin; paraffinum
药用油品☆American oil
药用植物☆drug plant
药浴疗法☆crenotherapy
药柱☆prill{charge} column; pellet
药柱衬套☆charge liner
药柱重量☆expended weight
药柱装药☆multigrain charge; multiple grain charge
要☆care; want
要隘☆poort
要点☆key point{strongpoint}; kernel; main points; gist; heart; force; feature; brief; essentials; thing; quick; nub; net; essentialities
要害☆vulnerability; vital
要害部位☆critical part
要害的☆strategic
要价☆asking price
要价过高☆excess charge; place excessive{exorbitant} demands
要件☆requisite
要紧地☆vitally
要紧法☆critical-path method; CPM
要考虑的事项☆consideration
要领☆substance
要路☆helm
要塞☆stronghold
要素☆ingredient; factor; element; integrant; essence; essential (factor); key{material} element; stuff; dominant; constituent; moment; feature; requisite; soul
要素的☆elemental
要素检出器☆feature extractor
要旨☆content; keystone; burden; tenor
耀斑☆solar flare; flare (spot); chromospheric eruption
耀长石☆aventurine feldspar
耀度☆brilliance; brilliancy; brill
耀光☆glare
耀面钻石☆brilliant
耀切面☆brilliant cut
耀石英☆flamboyant{aventurine} quartz
耀水晶☆aventurine
(照明)耀眼度☆glaring level
耀州窑☆Yaozhou {Yauh-chow} ware
钥孔蝛科☆Fissurellidae
钥匙☆key
钥匙齿☆bit
钥匙孔☆keyhole

yē

耶茨连续性校正(量)☆Yates' continuity correction
耶杜里阶[欧;An€]☆Jatulian (stage)
耶尔卡(雪)暴☆yalca
耶柯尔石☆yecoraite
耶拿 16{|59|2954}Ⅲ玻璃☆Jena glass16{|59|2954} Ⅲ
耶内克图☆reciprocal saltpair diagram; Janecke diagram
耶佐式(河流)☆Yazoo
(洗矿槽)椰席{毛}垫☆coco(a) mat(ting)
椰油胺醋酸盐☆Armac C; Amine AMAC-COCO-C
椰油混合胺☆Armac-Co-Co-B
N-椰油基-β-氨基丙酸钠[$RNHCH_2CH_2COONa$]☆Deriphat 151
椰(子)油酸单甘油硫酸盐☆Arctic syntex L
椰油仲胺[含 85%仲胺]☆Armeen 2G
椰子油☆cocoa oil
椰子油脂肪酸[选剂]☆Neo-fat-DD-Palmoil

yě

野的☆wild
野复理层{石}☆wildflysch
野化类型[生]☆wild form
野混合岩☆wild migmatite
野居虫☆Agraulus
野林地☆backwoods
野驴☆Equus hemionus
野蛮的☆wild
野猫井☆wildcat (well;drilling); WC
野猫探井☆wildcat; blue sky exploratory well
野煤☆wild coal
野牛☆buffalo
野喷☆gush
野喷井☆gushing{gusher;wild} well; gusher
野栖的[生]☆campestral
野生变种☆wild variety
野生的☆campestris
野生动物☆wildlife
野生欧石南☆wild brier
野生型基因☆wild-type gene
野生植物☆free grower; natural growth
野生植物处理剂☆wild plant additive
野生种☆wild-wild species
野石燕属[腕;C_1]☆Torynifer
野探井☆wildcat; blue sky exploratory well
野兔☆Lepus; hare
野外☆field; open country; outdoors
野外草图绘制☆field sketching
野外测量☆field measurement{survey;work}; measuring tour
野外初步鉴定☆field classification
野外的☆field; outdoor; open air; in-field[与 in-house 对]; fld
野外地球物理工作者☆doodlebugger
野外地形自动测绘仪☆field automatic topographical surveying device
野外地质队☆geologic(al) field party
野外地质工作☆field geology
野外地质路线记录☆road log
野外调查队☆field investigation group
野外定位{线}工作☆field location work
野外队队长☆party manager{chief}
野外队生产管理员☆party manager
野外方法设计☆field-procedure design
野外分类[化石、矿物、岩石等]☆field classification
野外分析☆field analysis
野外工作☆field operation{work}; fieldwork; outwork
野外工作工程师☆field engineer
野外勾画等高线☆field contouring
野外观测装置☆field setup
野外光谱资料☆field spectral information
野外红外温度计☆infrared field thermometer
野外化(学分析)箱☆chemical field-kit
野外基地☆field-based; base camp
野外计算☆field calculation
野外记录簿☆field book
野外记录滤波器☆field recording filter
野外鉴定方法☆field identification procedure
野外勘探系统☆field system
野外可更换部件☆field-replaceable unit

野外生产监督人☆supervisor
野外施工☆shooting
野外实验车☆vehicle-mounted laboratory
野外素描☆field sketch
野外双喹啉法☆field biquinoline analytical method
野外水文地质人员☆field-oriented hydrogeologisi
野外推定震源☆field focus
野外显示证据☆field evidence
野外研究实验室☆field research laboratory
野外用摆☆field pendulum
野外用磁力仪☆magnetic field balance
野外用双筒望远镜☆field glasses{glass}
野外预处理系统☆field preprocessing system
野外振摆仪[重力测量]☆field pendulum
野外指南书☆field guidebook
野外组长☆party manager
野外作业☆field work{service;operation}；off-road work；outwork
野外作业用具☆field instrument
野心☆ambition
野熊属[N-Q]☆Agriotherium
野营☆camp
野营车☆camper
野营虫属[三叶;Є2]☆Agraulos
野战轻便电话{电报}机☆buzzerphone
野战医院☆ambulance
野`账{外记录}☆field note
野支河☆yazoo river
野值☆tare；outlier
野猪(手套革)☆peccary [pl.-ri,-ris]
冶成☆forming
冶金☆metal(l).；metallurgy；metallurgical
冶金厂☆smelter
冶金工业{作}者☆metallurgist
冶金级矿石☆metallurgical ore
冶金焦☆ferrocoke；furnace{smelter;metallurgical} coke
冶金炉☆furnace
冶金镁砂☆fettling magnesite grain
冶金锰矿石☆manganese ore
冶金术☆metallurgy；geoalchemy；met.
冶金提取{炼}☆metallurgical extraction
冶金学☆(fabrication) metallurgy；met.；metallurgy
冶金学的☆metallurgic(al)；met；met.
冶金学家☆metallurgist
冶金用煤冲洗筛☆metallurgical coal rinsing screen
冶里角石属[头;O1]☆Yehlioceras
冶里上升☆Yehli uplift
冶炼☆smelting；smelt；colliquation
冶炼厂☆smelter(y)；smelting works；metallurgical plant
冶炼厂主烟囱☆main smelter stack
冶铁煤☆smiddy{smithy} coal
冶铁学☆siderology；siderurgy
冶铜反射炉☆copper reverberatory{reverberating} furnace
也☆likewise；as well
也就是[拉]☆id est；i.e.
也门☆Yemen

yè

页☆page；leaf；sheet；p.；PP
页边☆margin
页层[德]☆schiefer
页层状☆shaly bedded；schiefrig
页传输率☆paging rate
页硅酸盐☆phyllosilicate；sheet silicate
页结束暂停信号☆end-of-page stop
页界☆page boundary
页框☆page frame
页理☆lamellation；foliation；laminated structure of shale
页码☆folio；fo
页面出错频率☆page fault frequency
页片[德]☆schiefer
页片长石☆sliced feldspar
页片煤☆schistose{paper} coal
页片状☆schiefrig；lamellar
页式☆paging；page
页数☆pages；PP
页岩☆shale (rock)；bind；sh.；slate；shiver；bend；shaly；kerosene{torbanite} shale；schiefer[德]；cleaving stone；sh
页岩采油率☆extraction rate of oil from shale
页岩残渣☆burnt{oxidized} shale
页岩层☆shale bed；rammell
页岩(状)的☆schistoid
页岩光面结核☆creeshy
页岩化(作用)☆shalification
页岩夹层☆intercalated shale；shaly bed；shale break {band;hand}；bat；batt；slate intercalation
页岩拣选筛☆flat picker
页岩控制泥浆☆shale-control mud
页岩类☆argilloid
页岩砾砾岩☆shale {-}pebble conglomerate
页岩砾岩☆shale-pebble conglomerate
页岩裂缝中的油☆shale oil
页岩脉理☆shale-stringer
页岩煤☆bony coal；slum
页岩煤油☆shale oil；photogen(e)
页岩密度趋势☆shale bulk density trend
页岩膨胀☆swelling of shale
页岩圈闭☆shale-out
页岩容矿型的☆shale-hosted
页岩砂岩互层☆grayback beds
页岩碎片☆shale fragments
页岩碎屑☆rip-up
页岩太阳油☆secunda oil
页岩下面的砂层☆stray sand
页岩屑砂岩☆shale {-}arenite
页岩性☆shaliness
页岩抑制润滑剂☆shale inhibitor lubricant
页岩因子{数}[页岩中的黏土与非黏土组分之比]☆shale factor
页岩油☆shale oil；gabianol；oil {-}shale fuel
页岩油筛☆shale oil shaker
页岩原油☆crude shale oil
页岩质复理层☆shaly flysch
页岩质煤☆bone coal
页岩质砂☆shaly sand
页岩状灰岩☆shale limestone
页岩状煤☆callis
页岩状黏土☆shaly blaes
页转换☆page turning
页状剥离☆exfoliation；sheeting；sheet jointing
页状剥落丘☆exfoliation dome
页状剥蚀洞穴☆exfoliation cave
页状残渣☆burnt{oxidized} shale
页状层☆lamellar layer
页状的☆laminated；fissile；shaly；schistose；schistous
页(片)状的☆fissile
页状构造☆book{lamellar;book-house;laminated; micaceous} structure
页状集束构造☆bookhouse{book-house} structure
页状矿带☆sheeted zone
页状煤☆leaf{lamellar;shaly} coal；sclutt；mineral paper；sclit
页状泥煤☆martorv
页状泥炭☆leaf{paper} peat
页状岩☆laminated rock
页状岩层☆shaly bedding
业务☆service；business；transaction；occupation；Svc
业务部门{|管理}☆operating departments{|control}
业务的☆vocational
业务端点☆business end
业务流转☆work flow
业务能力☆professional ability{proficiency}
业务条例☆code of practice
业务通讯☆newsletter
业务状态☆state of affairs
业务组织☆activity
业业务报表☆bordereaux
业已停止沉陷的地表☆settled ground
业余的☆Sunday；amateur
业余地震预报☆amateur earthquake prediction
业余工作☆bywork
业余时间☆off hours
业余无线电爱好者☆ham
业主☆proprietor
业主的☆proprietary
业主权(益)☆owners' equity
叶☆lobe；foliage；leaf；lobus[生]
叶斑☆leaf spot
叶斑病☆grey leaf；leaf spot
叶瓣状外壳☆lobate vessel
叶背空泡☆back cavitation
叶背蜥属☆Eunotosaurus
叶背着生的☆hypophyllous
叶吡咯☆phyllopyrrole
叶笔石(属)[O1]☆Phyllograptus
叶变形☆phyllomorphosis
叶表植物☆epiphyllophyte
叶柄[植]☆stipe；(leaf) stalk；petiol(e)
叶柄(状)的☆petiolaceous
叶卟吩☆phylloporphin；phylloporphine
叶卟啉☆phylloporphyrin
叶部☆lobe
叶层☆lamination
叶层状☆foliated lamellar
叶层状的☆foliose
叶长石☆petalite
叶齿型☆lobodont
叶赤素☆phylloerythrin
叶初卟啉☆phylloaetioporphyrin
叶刺[植]☆leaf thorn
叶簇[植]☆leaf fascicle
叶袋角石属[头;O2]☆Thylacoceras
叶的☆foliar
叶碲铋矿[Bi_2Te_3; BiTe?;三方]☆wehrlite；wehriite；borszonyite[Bi_3Te_2]；pilsenite [BiTe]；molybdic silver；mirror glance；borzsonyite；wismuthspiegel {phyllinglanz}[德]
叶碲铋矿与碲银矿混合物☆wehrlite
叶碲铋石☆wehrlite
叶碲金矿[$Pb_5AuSbTe_3S_6$; $Pb_5Au(Te,Sb)_4S_{5\sim8}$;斜方?]☆nagyagite；foliated{glance} tellurium；nobilite；elasmos(in)e；black tellurium；silverphyllinglanz；telluriumglance；phyllinglanz[德]
叶碲矿[Pb5AuSbTe3S6]☆nagyagite；tellurium glance；foliated{black；glance} tellurium；elasmosine；elasmose；blatterine；nobilite；silverphyllinglanz；phyllinglanz[德]
叶垫☆leaf cushion
叶顶形的☆accuminatus
叶端☆leaf apex
叶尔伯虫属[三叶;Є1~2]☆Erbia
叶尔根虫属[三叶;Є1]☆Elganellus
叶沸石☆zeophyllite [$H_4Ca_4Si_2O_{11}F_2$;$3CaO•CaF_2•3SiO_2•2H_2O$]；knollite [$3CaO•CaF_2•3SiO_2•2H_2O$]；glimmer zeolite；radiophyllite
叶分离☆chorisis
叶杆石☆lobobactrites
叶杆石属[D2~3]☆Lobobactrites
叶蛤属[双壳]☆Tancredia
叶管藻属[绿藻;Q]☆Phyllosiphon
叶硅石☆knollite；glimmer zeolite；zeophyllite；radiophyllite
叶痕☆leaf scar；phyllule
叶红素☆carotin；erythrophyll；carotane；carotene
叶猴[Q]☆presbytis；langur；colobine monkey
(船)叶厚比☆blade thickness ratio
叶互生的☆allagophyllous
叶化石☆phyllite；lithophyll；fossil leaves
叶黄素☆lutein；chrysophyta；xenthophylls；xanthin；phytoxanthin
叶基[植]☆leaf{foliar} base
叶基形☆rotundatus
叶迹☆leaf{folial} trace
叶尖☆blade tip
叶尖与船体的间隙☆blade tip clearance
叶间的☆interfoliar
叶脚类☆phyllopoda
叶脚目[节]☆Branchiopoda；Phyllopoda
叶金☆leaf gold
叶茎植物☆cormophyta
叶颈大孢属[K1]☆Arcellites
叶镜煤☆phyllovitrite
叶菊石(属)[头;T-K]☆Phylloceras
叶菊石类☆phylloceratina
叶菊石目☆Phylloceratida
叶孔贝属[腕;J]☆Lobothyris
叶孔蒸腾☆stomatal transpiration
叶枯病☆leaf blight
(船)叶宽比☆blade width ratio
叶蜡石[$Al_2(Si_4O_{10})(OH)_2$;单斜]☆pyrophyllite；pyrauxite；agalmatolite；agalmatolith；pencil (stone)；pagoda stone；ljardite；pagodastone；pagodite；pyrophillite；agolite
叶蜡石化☆pyrophyllitiaation；pyrophyllitization

叶蜡石岩☆pyrophyllitite
叶蜡石质耐火材料☆pyrophyllite refractories
叶理☆foliation；lamellosity；exfoliation；sheeting；folium [pl.folia]；lamellation
叶理地层☆stratification-foliation
叶理间侵入脉☆interfoliated vein
叶理内褶皱☆intrafolial fold
叶理相☆phyllofacies
叶理岩☆foliate
叶理状的☆foliose
叶两面生长的☆bifrons
叶鳞鱼目☆phyllolepida
叶鳞鱼(属)[D_3]☆Phyllolepis
叶硫砷铜石[$Cu_{18}Al_2(AsO_4)_3(SO_4)_3(OH)_{27}\cdot 33H_2O$;三方]☆chalcophyllite；kupfer phyllite；tamarite
叶硫锡铅矿[$PbS\cdot SnS_2$]☆teallite
叶(状)滤器☆leaf filter
叶绿醇链☆phytol chain
叶绿蛋白☆chloroplastin
叶绿矾[$R^{2+}Fe^{3+}_4(SO_4)_6(OH)_2\cdot nH_2O$,其中的 R^{2+}包括Fe^{2+},Mg,Cl,Cu 或 Na_2;三斜]☆copiapite；misylite；flaveite {elaite;janosite}[$(Fe^{2+},Mg)Fe^{3+}_4(SO_4)_6(OH)_2\cdot 20H_2O$]；(yellow) copperas；xanthosiderite；misy；ferrocopiapite；ihleite；elaeite；knoxvillite；misit；niveite[$RO\cdot 2Fe_2O_3\cdot 6SO_3\cdot 22H_2O$]；mysite；elaile
α叶绿矾☆alpha-copiapite
叶绿基☆phytyl (group)
叶绿粒平衡石☆chlorostatolith
叶绿泥石☆pouzacite{japanite}[$(Mg,Fe^{2+},Al)_6((Si,Al)_4O_{10})(OH)_8$]；pennine；tabergite；hydrotalc；penninite [$(Mg,Fe)_5Al(AlSi_3O_{10})(OH)_8$;假三方]；pseudophite；leuchtenbergite；miskeyite
叶绿石☆chlorophyll；elaite
叶绿素☆chlorophyll；chloro
叶绿素 c☆chlorofucine
(含)叶绿素的☆chlorophyllose；chlorophyllous
叶绿素酶☆chlorophyllase
叶绿素体[褐煤显微组分]☆chlorophyllinite
叶绿酸☆chlorophyllin
叶绿体☆chloroplast(id)；autoplast
叶绿纹石☆septeantigorite
叶轮☆impeller；inducer；rotor；impellor；runner；vane (wheel)；disc；rotator；leaf cycle[植]
叶轮泵☆vane{wing} pump；turbopump
叶轮到破碎砧板间的间隙☆impeller to anvil clearance
叶轮盖板☆bell
叶轮毂☆impeller-hub
叶轮机☆turbine；turbo
叶轮机泵☆turbopump
叶轮激动器☆impellor；impeller
叶轮口环面积☆impeller eye area
叶轮扩散器间隙[浮机]☆impeller diffuser clearance
叶轮离心式风扇☆impeller centrifugal fan
叶轮喷管☆impeller-eductor
叶轮式充填机☆paddle stower
叶轮式格子☆turbogrid
叶轮中心进口通道面积☆impeller eye area
叶脉☆vein；nervures；costa
叶脉排列☆veining
叶脉型☆venation
叶霉病☆leaf mould
叶煤☆schistose coal
叶镁星石☆magnesium astrophyllite
叶面着生的☆epiphyllous
叶钠长石☆cleavelandite；clevelandite
叶泥炭☆leaf peat
叶尼塞木属[植;D_1]☆Jenisseiphyton
叶片☆blade (element)；lamella [pl.-e,-as]；fan；vane；folium [pl.folia]；leaf blade[植]；lamina[植;pl.-e]；panel；paddle；lobe；leaf；bucket[水轮机等的]
叶片安装☆blade setting；rooting-in of blades
叶片泵☆vane(-type) pump
叶片剥离山☆exfoliation mountain
叶片剥落漂砾☆exfoliation boulder
叶片层☆lamellar layer
叶片的允许速度☆bladed allowable speed
叶片分析☆foliar analysis
叶片(向)后弯式扇风机☆back(ward)-bladed fan
叶片滑石[$Mg_3(Si_4O_{10})(OH)_2$]☆foliated talc
叶片间的☆interlobate
叶片尖端☆point of blade
叶片间隔☆vane-spacing
叶片搅拌☆paddling
叶片连接☆root fixing
叶片煤☆schistose coal
叶片配料法☆blading method of proportioning
叶片石膏☆oulopholite
叶片式传动装置☆vane transmission
叶片式搅拌运输机☆paddle mixer conveyor
叶片式筒型洗矿机☆blade mill
叶片条纹辉石☆pyroxene-perthite
叶片向前弯曲式扇风机☆forward-bladed fan
叶片型扶正器☆blade type centralizer
叶片载荷分布图☆blade loading diagram
叶片装置☆blading
叶片状☆lamellar；foliate(d)；lamelliferous；bladed；flaky；laminated；laminar(y)；foliaceous
叶片状的钠长石☆cleavelandite
叶片状煤☆foliated coal
叶片状石膏☆foliated gypsum
叶片状岩(石)☆foliated rock
叶羟硅钙石 [$Ca_4Si_3O_8(OH,F)_4\cdot 2H_2O$; 三斜、假六方]☆zeophyllite
叶鞘☆leaf sheath；pericladium；vagina
叶肉[植]☆mesophyll
叶蠕绿泥石☆phyllochlorite
叶砂屑岩☆phyllarenite
叶上着生的☆epiphyllous
叶梢间隙☆paddle-tip clearance
叶蛇纹石[$(Mg,Fe)_3Si_2O_5(OH)_4$;单斜]☆antigorite；lamellar serpentine；zermattite{schweizerite}[$Mg_6(Si_4O_{10})(OH)_8$]；switzerit(e)；baltimorite；picrolite；nephritoid；bowenite；clino-antigorite；tangiwaite；porcellophite；schweizeerite；picrosmine；nephrite；hampdenite
叶蛇纹石-橄榄石-透辉{|闪}石带☆antigorite-olivine-diopside{|tremolite} zone
叶舌[古植]☆ligule
叶舌痕[古植]☆ligular scar
叶舌亚纲☆ligulatae
叶生的☆follicole
叶式浓缩机☆leaf thickener
叶饰☆foliage
叶双晶石[$(Na,Li)Al(PO_4)(OH,F)$]☆fremontite；soda-amblygonite；natramblygonite；natromontebrasite；natronamblygonite
叶素☆blade element；foline
叶酸☆folicsdd
叶苔目☆Jungermanniales
叶苔藓虫属[O-S]☆Phylloporina
叶锑华☆antimonophyllite
叶铁钨华☆phyllotungstite
叶头☆ultimate segment
叶突☆lobule
叶尾☆leptocercal{leaf} tail
叶隙[植]☆leaf{folial} gap
叶虾类[节]☆phyllocarida
叶虾目[节]☆Nebaliacea
叶下着生的☆hypophyllous
叶先端[植]☆leaf apex
叶镶嵌[植]☆leaf mosaic
叶形虫属[孔虫;P-Q]☆Frondicularia
叶形三叉骨针[绵]☆phyllotriaene
叶形饰☆foil
叶形线☆folium
叶序[植]☆phyllotaxy；leaf arrangement
叶序(螺)旋(线)☆archistreptes
叶印痕☆lithophyll；leaf prints
叶硬蛇纹石☆baltimorite
叶原基[植]☆leaf primordium
叶缘[植]☆leaf margin
叶缘内囊群的☆antemarginal
叶栅☆(vane) cascade；blading
叶枕☆pulvinus
叶蒸☆transpiration
叶枝杉型木属[J_{2-3}]☆Phyllocladoxylon
叶肢介☆Estheria
叶重晶石☆tripestone
叶轴☆rhachis；rachis
叶状☆lobation；parafoliate；leafy；lobate
叶状冰楔☆foliated ice wedge
叶状剥离穹隆☆exfoliation dome
叶状层☆folia；folium
叶状的☆fissile；leafy；phylloid；foliose；foliar；lobate
叶状腐泥☆leaf-dy
叶状构造☆foliation{leaflike} structure
叶状痕☆frondescent mark
叶状结构☆leaflike structure
叶状茎☆kladodium
叶状煤{|泥炭}☆leaf coal{|peat}
叶状体☆thallus[古植;pl.-li,-ses]；ala[节;pl.alae]；frond
叶状体(植物)的☆thallophytic
叶状体沟[植]☆alar furrow
叶状伪足☆lobose pseudopodia
叶状物☆foliaceous
叶状叶柄[植]☆phyllode
叶状肢☆phyllopodium [pl.-ia]
叶状枝☆leafy shoot；phylloclade；cladode[植]；phylloid (cladode)
叶状枝束☆phylloid trusses
叶状椎☆phyllospondylous vertebra
叶椎目[两栖]☆phyllospondyli
叶子☆foliage；fold
叶子植物(亚纲)☆phyllospermae
叶足☆podophyll；phyllopodium
叶足目{类}[节]☆Phyllopoda；Branchiopoda
叶座☆leaf cushion[植]；pulvinus；sterigma [pl. ata]
曳☆haul；drag；tug；pull；trail；tow
曳板☆dragging-shoe；dragging-slip
曳光穿甲燃烧弹☆armor-piercing incendiary tracer
曳光燃烧剂☆tracer incendiary composition
曳荷☆traction(al) load
曳力☆drag (force)
曳裂☆disjunction
曳裂岛☆island festoon
曳裂弧☆festoon；arc of disjunction
曳裂型断裂☆fault of shear-tensile type
曳裂褶曲{皱}☆disjunctive fold
曳拖力☆drag force
曳尾的☆trailing
曳物线☆tractrix
曳引☆tug；traction；towing；tow；pull
曳引绞车☆puffer
曳引能力☆hauling capacity；traction power
腋[植]☆axil
腋间生的☆inter-axillary
腋角☆axil{stream-entrance} angle
腋孔☆axillary foramen
腋下的☆subaxile
腋下孔[盾皮鱼]☆foramen axillare
腋直区[昆]☆axil
夜班☆graveyard tour{shift}；night{dog} shift
夜班班长☆night-shift foremen
夜班工长☆mastershifter
夜风☆night wind
夜福禄考属☆Zaluzianskya
夜光☆light-of-the-night-sky；noctilucence
夜光虫属[Q]☆Noctiluca；scintillans
夜光云☆noctilucent cloud
夜光藻属[甲藻]☆scintillans；Noctiluca
夜海百合属[棘;S_2]☆Nyctocrinus
夜弧☆night arc
夜晖☆nightglow
夜间☆night
夜间发光{可见}的☆noctilucent
夜间飞行任务☆night mission
夜间浮出☆nyctipelagic
夜间辐射☆nocturnal radiation
夜间陆地风☆nocturnal land breeze
夜间露天☆in the open air at night
夜间炮击☆fireworks
夜空背景☆night-time sky background
夜孔珊瑚属[O_{2-3}]☆Nyctopora
夜来雪[石]☆Night Snow
夜猫井☆shot-in-the-dark
夜面☆nightside
夜明砂☆bat's feces{dung}
夜明涂料☆undark
夜栖海中生物☆nyctipelagic plankton
夜视程☆night visual range
夜视器☆snooperscope
夜望镜☆snooperscope
夜效应补偿测向器☆lodar
夜行性动物☆nocturnal animal
夜以继日地☆round the clock
夜祖母绿[一种橄榄石]☆night{evening} emerald
液☆liquor；pad；liquid；fluid；juice

液氨☆liquid ammonia
液胞[甲藻]☆pusule
液包石英[德]☆gangquarz
液包体☆liquid{fluid} inclusion; fluidinclusion; fluid
液壁[指围绕气泡的液体]☆liquid wall
液舱顶☆tank top
液槽☆flume
液槽拖车☆liquid trailer
液差压☆osmotic pressure
液成☆hydatogenesis
液成沉积☆hydatogenic sediment
液成的☆hydatogen(et)ic; hydatomorphic; hydatogenous
液成的矿☆hydatogenetic
液成岩☆hydatogenous rock
液成作用☆hydatomorphism; hydatogenesis
液臭氧☆liquid ozone; LOZ
液氮☆liquid nitrogen; LN
液氮低温设备☆liquid nitrogen cryogenic equipment
液氮制冷☆liquid-nitrogen cooling
液氮制冷探测器☆liquid-nitrogen cooled detector
液等静压成型☆liquid isostatic pressing
液滴☆fluid drop; bubble; blob[不规则]; liquid droplet
液滴大小☆bubble size
液滴定管☆measuring buret(te)
液滴分离鼓☆knockout drum; liquid knockout drum
液滴燃烧☆droplet burning
液滴状包裹体☆drop-like inclusion
液电破碎☆hydroelectric crushing
液(压)电(动)推矿车机☆hydro-electric mine-car conveyor
液动的☆hydraulically operated
液动机☆(hydraulic) actuator
液动绞车☆hydraulically-powered winch
液动式测压计☆hydrodynamic piezometer
液动延迟器☆hydrodynamic retarder
液对液的展开☆spreading of liquids en liquids
液封☆fluid{wet;liquid} seal; hydroseal; water seal packing
液封的☆liquid-tight
(泵轴填料密封)液封环☆lantern gland
液浮摆式加速度计☆liquid floated pendulous accelerometer
液缸☆hydraulic cylinder
液缸孔☆cylinder port
液(压)缸拉杆☆cylinder rod
液固胶体☆lisoloid
液固吸附色谱☆liquid-solid adsorption chromatography
液罐☆fluid{flow} container
液罐拖车☆liquid trailer
液海松藻☆succodium
液氦☆liquid helium
液厚化☆inspissation
液琥珀脂☆siegburgite
液化☆liquefy; liqu(id)ation; fluidify; fluidification; dissolution; liquefaction; liquification; eliquation; fluidization; deliquescence; liquify; liquifaction; dissolve; liquidize; devolatilize[使蒸气]
液化丙烷☆leuna gas
液化沉积流☆fluidized sediment flow
液化的☆liquefacient
液化度☆degree of liquefaction
液化非黏滞颗粒流☆liquefied cohesionless-particle flow
液化剂☆liquefier; liquifier
液化凝胶☆solate
液化气☆gasol; blue{liquefied} gas
液化气驱☆LPG flood
液化气体☆liquid{liquefied} gas; LG
液化区☆fluidized zone
液化燃料反应堆[核]☆fluidized(-bed) reactor
液化热☆heat of liquefaction
液化石油气厂☆LPG{liquid petroleum gas} plant
液化石油气船☆liquefied petroleum gas carrier
液化石油气与空气混合物☆LPG-air mixtures
液化松散颗粒流☆liquefied cohesion less-particle flow; liquefied cohesionless-particle flow
液化天然气储罐☆LNG storage tank
液化天然气船☆LNG tanker
液化效应☆Joule-Thomson effect
(可)液化性☆liquescency
液化沼气☆liquid marsh gas; LMG
液化指数☆water-plasticity ratio; liquefaction index; relative water content
液化作用☆liqu(ef)action; liquidation
液环☆pendular{liquid} ring
液环状饱和度☆pendular saturation
液(压)挤(封)环(状)心(子)防喷器☆regain preventer
液结电池☆liquid crystal cell
液解(作用)☆lyolysis
液浸变形☆liquo(r)striction
液晶☆liquid crystal; crystalline liquid; crystal solution; paracrystal
液晶探伤法☆liquid crystal nondestructive testing
液晶显示☆liquid {-}crystal display; LCD
液控器压力☆Hydroset pressure
液控伸缩操作☆hydraulically-operated telescopic action
液控应力路径三轴室☆hydraulic stress-path triaxial cell
液冷式☆liquid-cooled
液力☆hydraulic (power); hydropower; fluid power
液力泵喷浆机☆hydraulic pump placer
液力操纵离合器☆hydraulic-actuated clutch
液力撑开的扩大器☆hydraulic expansion wall scraper
液力传动内燃机车☆diesel-hydraulic locomotive
液力供压机☆hydraulic mule
液力加压开裂测试[测岩层原地应力]☆hydrofracturing
液力减振坐{座}位☆hydraulically damped seat
液力连接头☆hydraulic connector
液力破煤楔☆hydraulic wedge
液力倾卸拖车☆hydraulic tipping trailer
液力霰弹(钻进)系统☆fluid pellet system
液力射流及铲顿法[冲顿(钻井)法]☆jetting and spudding method
液力制动☆hydro-check
液力锥破碎机☆hydrocone crusher
液量☆fluid measure
液量计☆dosimeter
液量升降☆fluctuation of level
液量最小单位[约为一滴]☆minim
液(体)流☆liquid flow; fluid stream
液流的会聚☆convergence of flow
液流气泡浸蚀☆cavitation-erosion
液流填充砾石衬管☆flow-packed gravel liner
液流通量☆fluid-in-flux
液马达☆fluid motor
液密的☆fluid-tight
液面☆equipotential{level} surface; (fluid) level; liquid{liquor} level; top fluid
液面测定杆☆dip stick{rod}
液面高度☆height of level; glass level
液面高度波动☆fluctuation of level
液面恢复☆build-up of fluid; liquid level build-up
液面计☆liquid level gauge; LLG; level gauge
液面记录控制器☆level recorder controller; LRC
液面间歇升降☆breathing
液面控制☆level control; LC
(容器中)液面上空间☆head space
(油井)液面上升☆heading
液面-体积换算☆level-volume conversion
液面位测定☆fluid-level measurement
液面下灌注{|装}☆undersurface filling{|loading}
液面下降☆liquid level drawdown
液面线☆level line; flux-line
液面撞击☆fluid pound
液膜☆fluid{liquid} film
液内放电法☆electrohydraulics
液凝胶☆liquogel
液泡☆vacuole
液泡追踪法☆liquid-bubble tracer
液(压)气(动)的☆hydropneumatic
(煤的)液气化☆hydrogasification
液-气界面☆solution-air interface
液-气冷却器☆fluid-air cooler
液气装置☆hydropneumatic device
液-汽相界面☆liquid-vapo(u)r interface
液热矿床☆hydrothermal ore deposit
液热载体破岩☆spalling by liquid heat carriers
液色体☆fluid inclusion
(容器中)液上气体☆head space gases
液(面)上(部)气体分析☆headspace analysis
液蚀台地☆abrasion platform
液塑限联合测定仪☆liquid plastic limit combine device
液态☆liquidity; liquid state{form}
液态 CO_2 包体☆breweterlinite; brewsterline
液态 CO_2 爆破筒爆破落煤☆cardox blasting
液态不混溶作用☆liquid immiscibility
液态出溶分凝物☆liquid-exsolution segregate
液态氮☆liquid nitrogen; l.n.; LIN
液态的☆liquid; fluent; liquidus
液态低限☆lower limit of liquid state
液态二氧化氮汽油炸药☆anilite
液态金属☆liquid{hot} metal; LM
液态金属燃料反应堆☆liquid-metal fuel reactor
液态扩散☆liquid-state diffusion
液态沥青☆asphaltum oil; liquid bitumen{asphalt}
液态硫喷发☆liquid-sulfur eruption
液态排渣式燃烧室☆wet combustion chamber
液态排渣{放液渣式}煤气发生炉☆slagging gas producer
液态羟燃料[液态氧和氢组成的二元燃料]☆hydroxygen
液态燃料☆fuel oil; fluid fuel
液态水为主的地热储☆liquid-dominated reservoir
液态碳化氢☆icosinene
液态碳酸包体☆breweterlinite; brewsterline
液态烃☆hydrocarbon liquid{oil}; liquid hydrocarbon
液态烃窗☆oil window
液态物质☆fluent (material)
液态型砂☆fluid(ized) sand
液态岩浆☆molten{liquid} magma; magma liquid
液态氧☆loxygen; LOX; liquid oxygen
液体☆liquid; fluid; liquor; aqua[拉]; hygro-; fld; lq; liq; fl.; Aq.; dip; fld.; wet; aq; liq.
(流入的)液体☆influent
×液体胺[德;商;磷矿、云母及石英的捕收剂]☆RF-54-38
液体饱和☆liquid saturation; hold-up
液体比重计☆hydrometer
液体边界电位☆liquid boundary potential
液体不可压缩学说☆incompressible fluid theory
液体舱☆tank
液体处理设施☆fluid-handling facility
液体的☆liquidus; liquid
液体的凝结部☆curd
液体的有效构造理论☆significant-structure theory of liquids
液体电阻控制器☆liquid controller
液体段塞捕集分离器[海上天然气管线]☆slug catcher
液体对(金刚石钻头)胎体的冲蚀☆fluid erosion of the matrix
液体二硝基石蜡☆gemdinitroparaffin
液体二氧化碳炸药☆liquid carbon dioxide explosive system
液体分离缓冲罐☆liquid-knockout surge drum
液体高位能☆elevation head
(用)液体灌满井筒☆fluid pack the wellbore
液体含量下限[土壤开始从塑态变成液态]☆lower liquid limit
液体化学燃料火箭☆liquid-chemical rocket
液体接触(电位)[测井]☆liquid-junction potential
液体金属燃料反应堆☆liquid {-}metal {-}fuel reactor; LMFR
液体静力☆hydrostatic force
液体聚结机☆coalescer
液体矿脂☆liquid petrolatum; petrolax; petrosio
液体离析装置☆liquid separator
液体-砾石比率☆fluid/gravel concentration
液体-砾石混合物☆fluid/gravel mixture
液体流程☆liquids flow sheet
液体遛底流[液体在油层下部流动]☆fluid under running
液体流动范围☆extent of fluid movement
液体摩擦☆oil drag
液体钼精矿☆liquid molybdenum concentrate
液体膨胀型测温仪☆liquid-expansion instrument
液体气动水下电源转换器☆hydropneumatic subsurface power converter
液体燃料☆liquid fuel{propellant}; wet-fuel; juice; fuel oil; f.o.; OF; LP
液体燃料剂☆liquid fire
液体燃料助推电动机☆liquid-propellant motor
液体溶气计☆absorption meter
液体闪烁谱☆liquid scintillation spectrum

液体射流☆hydrofluidic; fluid-jet stream
(钢的)液体渗铝☆mollerizing
液体渗透检查☆liquid penetrant inspection
液体石蜡☆atoleine; liquid paraffin{petrolatum}; atolin; usoline; whiteruss; fluid wax; paraffin oil{oilow}; white mineral oil
液体式内燃机车☆diesel hydraulic locomotive
液体水平压力计☆liquid-level gage
液体弹性☆hydroelasticity
液体添加剂系统☆liquid additive system; LAS
液体同源演化线☆liquid line of descent
液体桶数☆barrels fluid; BF
液体吸附于固体表面的作用☆lyosorption
液体吸气计☆absorptiometer
液体吸收法(油)蒸汽回收☆liquid absorption vapour recovery
(气举中)液体下落量☆liquid fallback
液体型盖格弥勒计数器☆liquid type G.M. Counter
液体样品计数☆liquid-sample counting
液体炸药钻机☆liquid explosive drill
液体钻粒混合物☆fluid-pellet mixture
液头☆liquid head
液位☆(liquid) level
液位斗☆slurry hopper
液位计☆liquidometer; level gage
液析☆eliquation
液下`充气{空气吹入}式浮选机☆subaeration {Sub-A;subaerated} (flotation) machine; M.S. {minerals separation} subaeration machine
液下射孔{爆炸}[射孔器在液面下]☆firing under fluid
液(性{态}极)限☆liquid limit
液限仪☆liquid limit apparatus{device}
液(相)线☆liquidus
液(相曲)线☆liquidus
液线温度☆liquidus temperature
液相☆liquid (phase); liquidoid; aqueous phase
液相层流-气相紊流☆liquid viscous-gas turbulent
液相分离☆liquid-phase separation
液相固相线间区☆liquidus-solidus interval
液相环境☆aqueous environment
液相结构☆liquid structure
液相燃烧☆liquid-phase combustion
液相色谱☆liquid chromatogram; LC
液相生长[晶]☆crystal growth from liquid phase
液相外延☆liquid-phase epitaxy; liquid phase epitaxial growth; LPE
液相洗脱色谱(法)☆liquid elution chromatography
液相(曲)线☆liquidus curve
液相线图☆liquidus diagram
液卸压☆bleed
液芯纤维☆liquid core fiber
液性☆fluidity
液性指数☆liquidity index{factor}
液悬体☆hydrosol
液压☆hydraulic{liquid} pressure
液压拔管器☆claw
液压泵泵组☆hydraulic pump package
液压泵浇注装置☆hydraulic-pump place
液压泵站☆power pack; hydraulic power pack; hydraulic pump station
液压臂凿岩台车☆hydraulic boom-type jumbo
液压操纵升举机构☆hydraulically operated lift
液压操纵助力器☆hydraulic control booster
液压操作铰接前顶梁☆power articulated front canopy
液压侧壁取芯工具☆hydraulic side(-)wall coring tool
液压差动传动装置☆hydrodifferential transmission
液压超前伸缩梁☆forward power-operated extensible roof bar
液压成型☆hydroform(ing); fluid formation
液压冲击☆hydraulic impact; pressure surge
液压冲击凿岩机☆hydraulic drill
液压传动☆hydrostatic{hydraulic;fluid} transmission; fluid{hydraulic;hydromatic} drive; hydraulic{liquid} pressure drive; hydraulic power {-}transmission; fluidrive
液压传送顶车机☆hydraulic pusher for transfer car
液压大钳☆hydraulic tongs; breakout gun
液压的☆hydraulic; hydraulically-operated; hydrostatic; oleo-
液压的燃油调节器☆hydraulic(al) fuel regulator
液压电子测力计☆hydraulic-electronic load cell
液压调车机☆hydraulic mule
(储罐)液压顶升倒装法☆hydraulic lift flip-chip
液压顶柱☆roof jack
液压阀☆hydraulic valve; hydrovalve
液压翻斗缸☆hydraulic tipping ram
液压防漏装置☆liquid packer
液压防吸器☆hydraulic blowout preventer
液压仿形控制☆hydraulic tracing control
液压缸☆(hydraulic{fluid}) cylinder; hydro-cylinder
液压缸盖☆cylinder cover
液压缸和安全臂☆hydraulic cylinder and safety arm
液压缸上{|下}衬套☆cylinder upper{|lower} bushing
液压钢枕☆Freyssinet{flat} jack
液压给进机构的压轭☆thrust yoke
液压给进式螺旋钻☆auger with hydraulic feed
液压给进岩芯钻机☆hydraulic feed core drill
液压管道切割机☆hydraulic pipe cutter
液压管路工作压力☆operating hydraulic line pressure
液压回转接头☆hydraulic swivel (head)
液压活塞取土{样}器☆hydraulic piston sampler
液压或气压卸管器☆breakout gun
液压或压气操纵装置☆brake engine
液压机☆hydropress; hydraulic{hydrostatic;oil} press
液压-机械过桥轮装置☆hydro-mech idler assembly
液压-机械驱动转盘扭矩☆hydromechanical drive rotary torque
液压集装臂☆hydraulically-operated gathering arm
液压挤出器☆hydraulic extruder
液压夹具☆hydroclamp
液压加载预应力轧机☆hydraulically-loaded pre-stressed rolling mill
液压减振工具☆hydra-cushion shock tool
液压绞车☆hydraulic (wireline) winch; hydraulic windlase; hydraulically-powered winch
液压接长管☆hydraulic extension pipe
液压进给钻☆hydraulic power feed drill
液压井壁泥饼清除器☆hydraulic wall scraper
液压可伸缩前探梁☆forward power-operated extensible roof bar
液压控制前探梁☆hydraulically operated cantilever bar
液压控制型测试阀[地层测试]☆LPR{liquid pressure response} tester valve
液压扣合☆hydraulic set
液压扩张的井壁刮刀☆hydraulic expansion wall scraper
液压流体☆hydraulic-fluid
液压轮卡车☆hydraulic wheel truck
液压马达☆hydraulic{fluid;oil;water} motor; fluid power motor; hydromotor
液压马达和转子给料门调节☆hydraulic motor and rotor throttle adjustment
液压锚杆打眼机☆hydraulic bolt
液压锚链张紧装置☆hydraulic chain tensioning device
液压门式挡板☆hydraulically operated door cowl
液压密封☆hydroseal
液压黏合{附}☆hydraulic bond
液压配油装置☆hydraulic distributor
液压气动学☆hydropneumatics
液压千斤顶☆bottle jack
液压千斤顶分离法☆hydraulic jack separating method
液压千斤支腿☆hydraulic support leg
液压牵引采煤机☆hydraulically hauled coal cutter; hydraulic hauling shearer
液压倾卸缸☆hydraulic tipping ram
液压驱动的破碎辊轴☆hydraulically driven chunk-breaker shafts
液压驱动履带式钻车☆mounted jumbo
液压驱动油管松脱装置[无电缆射孔用]☆pressure actuated tubing release
液压设备☆hydraulically operated equipment; hydraulic plant; HOE
液压伸出式前探梁☆hydraulically operated push-out cantilever
液压伸(长顶)梁☆hydraulic extension bar
液压伸张式井壁刮刀☆hydraulic expansion wall scraper
液压升高车☆hydraulic lift truck
液压升降平台☆hydraulic platform
液压升举机构☆hydraulic lift (mechanism)
液压绳索升降机☆hydraulic rope-geared elevator
液压式衬管挂☆hydraulic-set liner hanger
液压式顶板锚栓安装`机{|设备}☆hydraulic roof bolting equipment {|machine}
液压式减震器☆hydra-shock absorber
液压试验法☆leak-off-test
液压式支架安装机☆hydraulic setting device
液压水龙头☆fluid swivel
液压伺服调速器☆hydraulic servo-assisted governor
液压碎裂处理{破激发}☆frac-treatment
液压锁☆hydraulic lock(ing); ratchet valve
液压锁定油管悬挂器☆hydraulic-lock tubing hanger
液压锁紧油缸☆hydraulic closing cylinders
液压弹簧式测试阀☆hydrospring tester
液压套管靴扩孔器☆hydraulic under-reamer
液压提升工具☆hydraulic pulling tool
液压调节的圆锥破碎机[破碎砾石]☆hydrocone-crusher
液压调平千斤顶☆hydraulic leveling jack
液压调整马达☆hydraulic adjustment motor
液压腿☆hydraulic leg; hydro-leg
液压退心泵☆hydraulic core pump
液压外割刀[钻杆、套管用]☆hydraulic external cutter
液压弯管设备☆hydraulic pipe bending equipment
液压尾管挂☆hydraulic-set liner hanger
液压稳定缸☆hydraulic stabilizing cylinder
液压无级变速机☆hydraulic stepless transmission
液压系统☆hydraulic system{circuit}; HS; hydraulics
液压修井机☆hydraulic workover unit
液压旋转水龙头☆hydraulic swivel head
液压岩芯推取器☆hydraulic core extractor
液压样本挤出器☆hydraulic extruder
液压液传感系统☆fluid sensing system
液压液口☆pressure fluid port
液压液箱☆hydraulic tank
液压油回收器☆hydraulic oil saver
液压源组☆hydraulic power pack
液压载荷缸☆hydraulic loading cylinder
液压凿井钻台{机}☆hydraulic shaft jumbo
液压凿岩☆hydraulic drill(ing){drifter}; fluid-power drill
液压凿岩机腿☆hydra-leg
液压枕法☆flat jack technique
液压震(动发生器)☆seismic thumper
液压振击器☆hydraulic jar
液压支垛☆hydrochock; hydraulic chock
液压支架☆hydraulic support{chock}; powered roof support
液压支架间的胶管☆inter-unit hose
液压支架平底的整底座☆catamaran
液压支架前探梁测压器☆front canopy load capsule
液压支柱☆hydraulic lip{prop;support;leg}; hydropost; Dowty{powered} prop; power-set leg
液压支柱推拉移动法☆push-pull support system
液压制动阻车器☆hydrobrake retarder
液压中转控制盒☆control pod
液压助力转向☆hydraulic-assist steering
液压柱塞升降机☆hydraulic plunger elevator
液压阻塞☆hydraulicking
液压钻进☆hydro-drilling; hydraulic drilling
液压钻机☆hydrodrill; hydraulic drill{machine}; hydraulic drive rig; hydro-drillrig
液压钻机托架{支臂}☆hydrodrill jib
液压坐封的☆hydraulic set
液烟☆smudge
液盐水☆strong brine
液氧☆loxygen; lox; liquid {-}oxygen
液氧炸药☆oxygen{low} explosive; liquid oxygen explosive; oxyliquit
液氧中安全的渗透剂☆Lox-safe penetrant
液样室☆fluid chamber
液液不互溶☆liquid-liquid immiscibility
液-液-固生长[晶]☆liquid-liquid-solid{L-L-S} growth
液-液色谱(法)☆liquid-liquid chromatography; LLC
液液相矿浆☆liquid-liquid pulp
液应力☆hydraulic stress
液中放电合成☆synthesis by electric discharge in liquid
液柱☆fluid{liquid} column; head of liquid
液柱压力☆hydrostatic fluid column pressure; fluid column pressure; liquid head
液状沉积流☆fluidized sediment flow
液状凝胶☆liquogel
液状石蜡☆liquid paraffin{petrolatum}; paraffin oil; paraffinum liquidum liquidum
液状污泥☆liquid sludge

yī

一☆uni-；mono-；unity；mon-
一把☆handful
一把抓☆finger-type junk basket；junk catcher；catchall；devil's hand[打捞工具]
一百☆hundred
一百万年[1×10⁶年]☆Ma；megayear；m.y.
一百周年☆centenary
一百周年的(纪念)☆centennial
一班工作人员☆crew
一般安全☆generally recognized as safe
一般的☆general；indifferent；generic；conventional；run-of-the-mill{-mine}[质量]；GEN
一般地☆as a rule；typically
一般订货通知☆general order notice
一般分类账☆general ledger
一般荷载☆nominal load{surcharge}
一般化☆generalization
一般机械化采煤法☆general machine mining；conventional machine mining
一般品位铁矿☆conventional-grade iron ore
一般评论{说明}☆general remark
一般气流☆puff
一般趋势☆climate
一般取芯☆conventional coring
一般认为安全☆generally recognized as safe；GRAS
一般溶剂☆common solvent
一般砂箱☆tight flask
一般水准☆denominator
一般性☆universality；generality
一般性能☆average performance
一般意外开支储{损失准}备金☆general contingency reserve
一般用图☆general-purpose map
一般用途的☆general-purpose
一半☆moiety；semi-
一半地{的}☆half
一磅重的物☆pounder
一包☆packet；sack
一倍半于☆half as many again as
一边过重☆out of trim
一边靠煤壁的通道☆rib side gate
一边为矿柱的巷道☆rib roadway
一边为石垛的平巷☆gob entry
一边有坚实整体煤柱的顺槽☆ribside gate
一边有实体煤壁的回采巷道☆ribside road
一驳船的煤☆keel
一步☆single step；pace
一步步地☆step by step
一步法☆one-trip{-step} method；one trip (run)；single stage method[砾石充填]
一步(发炮)法☆one-shot method
一步法砾石充填技术☆one trip gravel pack technique
一步法转换充填砾石工具☆one-trip crossover packing system
一部分☆moiety；portion；instal(l)ment [分期连载、付款等]；mero-
一侧膨出的☆ventricose
一侧上升地垒☆half horst
一侧支流水系☆unilateral stream
一层☆tier；wrap[包裹物]；flat[楼房的]
一层甜衣☆glace
一茶匙容量☆teaspoonful；tspn
一铲的挖掘深度☆spit
"一车装"试井设备☆self-contained wireline
(使)一成不变☆stereotype
一出齿☆monophyodont
一触即离的☆touch and go
一串☆bunch；trail；bob；string；rope
一次☆first order；bout
一次安装☆one-step installation
一次包租油轮费[一次运送每吨油的运费]☆spot charter tanker rate
一次爆破☆initial fragmentation；primary breaking{blasting}
一次爆破炮孔钻进☆primary drilling
一次爆破循环进尺☆depth of round
一次爆破炸药单位消耗量☆primary explosive ratio
一次波☆primary (reflection)；wave
一次擦去装置☆bulk eraser
一次采全高☆full-seam extraction{cutting}；in single pass
一次采样给料机☆primary sample feeder
一次采油采收率☆primary recovery efficiency {factor}
一次采油量递减☆primary oil decline
一次操作☆pass；single job
一次操作所需的原料量☆batch
一次成巷☆completion of drifting in a single stage
一次成巷掘进☆simultaneous driving and supporting
一次成形钻巷机☆full-face tunnel boring machine
一次冲击☆single blow
一次除油罐☆primary oil removal tank
一次倒反{转}轴☆inversion monad
一次的☆linear；primary；lin.
一次电池☆dry element；decomposition{voltaic} cell
一次电池(组)☆galvanic battery
一次冻结全深☆freezing the whole depth in a single stage
一次断裂(的)☆single-break
一次方程☆first-order{linear;simple} equation
一次放炮崩落的岩石☆fell-burst；fell
一次放炮工作面推进长度☆pull length
一次分级☆primary classification；scalping
一次分离☆flash liberation
一次覆盖剖面☆hundred percent section
一次贯入☆legato injection
一次过滤固体颗粒清除(效)率☆one-pass solid removal efficiency
一次回采☆working the whole；primary excavation {mining;stoping}；whole working；advancing the room；first mining{working}；working in the whole (mine)
一次混砂量☆sand set
一次计算☆a computer run
一次加油润滑☆life time lubrication
一次接触混相压力☆first contact miscibility pressure
一次阶地☆second bottom
一次经济提升量☆economic hoisting weight
一次净保险费☆net single premium
一次开采期☆primary life
一次开来剩余储量☆remaining primary reserves
一次落下煤量☆drop
一次码烧工艺☆once setting in drying-firing
一次毛纱法☆direct staple yarn process
一次磨损报废的钎(钻)头☆throw(-)away bit
一次配制的砾石用量☆gravel batch
一次瓶☆one-way{non-returnable} bottle
一次破碎颚式破碎机☆primary jaw crusher
一次曝光全息图☆single hologram
一次起下钻的循环☆round trip
一次起下作业☆single trip
一次取芯长度☆pull length
一次去磁装置[整卷磁带]☆bulk eraser
一次燃烧用风{空气}☆primary combustion air
一次蠕变阶段☆deceleration creep stage
一次扫选☆1st scavenger flotation
一次上升脉☆mono-ascendant vein
一次烧搪瓷☆one-fire enamel
一次实验过程☆run
一次使用的☆one shot
一次搪☆one-coat enamel
一次提钻平均长度☆average trip length
一次调节☆homotaxic arrangement
一次通过的研磨物料量☆grind per pass
一次脱气原油体积系数☆flash oil volume factor
一次弯曲☆first order buckling
一次下井☆on one trip；in one trip
一次谐波☆first harmonic；fundamental
一次行程☆roundtrip
一次性桥塞☆expendable plug
一次压缩☆single-stage compression
一次沿工作面的截深☆face web
一次仪表☆primary instrument
一次用的炸药量☆blast
一次铀燃料循环☆once-through uranium-fuel cycle
一次轴☆one-fold{monad} axis；monad
一次装一袋的分量☆one-sack batch
一次总付的☆lump-sum
一次总购入☆lump-sum purchase
一次钻孔{程;进}的深度☆pull length
一簇☆bunch；tuft
一打[12个]☆dozen；dz.；doz
一大批☆rush
一大片☆hunk
一大片(土地)☆extent
一大群☆swarm
一代☆generation
一代盐☆primary salt
一袋☆sack
一挡☆first gear
一挡齿轮☆bottom gear
一刀煤☆slice；web
一道防火墙内的油罐组☆battery
一的补数{码}☆one's complement
一等☆first order
一等三角[测量]☆first-order triangulation
一滴☆driblet；dribblet；blob
一点☆bit；little；jot；fraction
一点测试☆pinpoint test
(在)一点打一束水平钻孔☆horadiam
一点点☆whit；straw；tittle；scantling；shred；whiff
一点法试井☆single-point test
一点一点地喝{吸、饮}☆sip
一点一点地切下☆nibbling
一定长度管线☆non-telescoped line
(在)一定程度上☆to a certain degree
一定尺寸范围的固体颗粒☆controlled-size solid particle
一定的☆absolute；definite；bound
(在)一定面积上钻尽可能多的井☆drill out
一定时间的产煤量☆draft；draught
一定时期内的矿山产量☆get
一定速率的爬坡能力☆grade-speed ability
一冬冰☆winter ice
一度的☆onetime
一度使用{发生}的☆nonce
一端带螺纹☆threaded one end；TOE
一端开口的管子☆half-open tube
一端伸长火山弹☆unipolar bomb
一段☆a length of
一段浮选☆one-stage-flotation
一段管线☆pipe string
一段磨矿☆one-stage{single-stage;primary} grinding
一段破碎☆one section crushing；single-stage crushing
一段情节的☆episodic
一段时间☆space；streak；span
一段铜镍浮选☆primary CuNi flotation
一段阅读时间☆read
一堆☆heap；crowd；body；ramassis；boodle；cumulus；bundle[相当大]
一堆泥炭藓植物☆sphagnum
一堆石头☆a heap of stones
一堆石子☆hurrock
一堆碎石☆brash
一队工作人员☆crew
一对☆pair；couple；twin
一对地槽☆geosynclinal couple
一对井筒☆pairs；twin shafts
一对一☆one-to-one；one-for-one；monogamy
一对中的一方☆companion
一、二挡☆first and second gear
(缔约的)一方☆party
一方面……,(而)另一方面……☆on the one hand…, (and) on the other hand…
一分☆penny [pl.pence]
一分为二法☆binary divisive procedure
一分子中有三个原子的☆triatomic
一份☆portion；lot；snip；copy
(正副两份中的)一份☆counterpart
一份食物☆serving
一幅图☆map sheet
一副铅字☆font
一服☆dose
一个安装工序☆one-step installation
一个半☆sesqui-
一个大气压等压图☆one-atmosphere isobaric diagram
一个单位的长壁工作面☆single unit face
一个方向解理☆cleavage in one direction
一个回次☆roundtrip
一个临时的实体☆a temporary entity
一个热带气旋断面☆a section through a tropical cyclone
一个事件[系列事件中的]☆episode
一个循环的进尺{度}☆advance per attack{round}
一个演替模型☆a model of succession
一个油田中钻井条件相同的井☆twin wells
一个自由面爆破☆tight-face blasting
一个钻进回次☆circuit

一根☆a length of
一构件支护☆one-piece set
一股(气流)☆blast
一贯的☆consistent
一行☆tier；swath
一号荞麦级煤[圆筛孔径5/16～9/16in.,美国无烟煤粒度规格]☆buckwheat No.1
一环的☆monocyclic；monocycle
一换性牙系☆diphyodont dentition
一回☆bout
一会儿☆while；bit
一伙☆ramassis；boodle；tribe
一击☆stroke
一级初磨☆one-stage primary grinding
一级地址☆one{first;single} level address
一级隔壁☆major septum
一级红试板☆first-order red plate
一级减速提升机☆second-motion hoist
一级阶地☆second bottom
一级精度☆extra fine grade
一级精度配合☆extra-fine fit
一级刻度标准☆primary calibration standard
一级矿☆shipping ore
一级矿石☆first-class{shipping} ore
一级膜转换{过渡}☆first-order film transition
一级色序☆first order
一级用户☆customer of first class
一级装置☆single-stage apparatus
一季一次☆quarterly
一剂☆dose
一甲基☆monomethyl
一价☆univalence；univalency；monovalence
一价的☆monovalent；univalent；monoacid
一价汞的☆mercurous
一价金的☆aurous
一价金离子☆aurous ion
一价铊的☆thallous
一价铜的☆cuprous
一价物☆monad
一件☆piece
一件一件地工作☆work piecemeal
一角[美币]☆dime
一角鲸(类)☆Narwhale
一绞☆skein；hank
一阶☆first order；single-order
一阶垂向导数☆first vertical derivation
一阶马尔柯夫链☆first-order Markov chain
一阶右置换性☆first-order right substitutability
一阶值☆first-order value
一节☆a length of
一节(钻杆或管子)☆joint
一节课☆lesson
一节立管☆riser joint
一节套管☆casing joint
一井定向☆orientation through a single vertical shaft；one-shaft orientation
一卷☆fold；bolt
一卷东西☆furl
一克拉金刚石粒数☆carat count
一刻钟☆quarter；qr
一口☆mouthful
一口井两用[用一口井的动力装置开采另一口井;一口井内同时开采两个油层]☆dual a well
一口油井生产率[生产率、使用期限、金刚石消耗量等]☆performance of a well
一夸脱的容器☆quart
一块☆bat；massa；cake；piece
(在)一块油田上能定的井位已钻完☆farm out
一捆☆truss；boodle；bundle；body
一篮的量☆basket
一揽子承包作业☆poor-boy job
一揽子的☆blanket；package
一览☆summary；synopsis [pl.-ses]；sum.
一览表☆schedule；brevity；general{complete} list；list；conspectus；diagram；data sheet；table；synopsis；catalogue；summary (listing)；GL
一览表法☆table-lookup method
一览图☆key map{plan;diagram}；synoptic diagram；general map{chart}
一类炮烟炸药☆fume class I explosive
一粒金刚石的克拉数☆carat-goods
一粒金刚石所承受的压力☆diamond pressure
一连串☆chain；sequence
一连两年地☆biennially
一梁二柱式支架☆double timber；three-piece{-quarter} set
一梁一柱式支架☆half-frame
一列☆tier
一列的☆in-line
一列六个☆hexad；hexade
一磷酸腺苷☆adenosine monophosphate；AMP
一硫代氨基甲酸酯{盐}[RR'N-C(S)OR{M}]☆monothiocarbamate
一硫化汞[HgS]☆cinnabar (ore)；zinnober；cinnabarite
一硫化铁☆iron monosulfide
一硫化物☆monosulfide
一绺头发☆tress
一炉☆batch
(烟、气)一缕☆wisp
一氯醋酸☆monochloro-acetic acid
一氯代萘☆monochloro-naphthalene
一氯化碘☆chloroiodide
一氯化物☆monochloride
一氯一溴甲烷[灭火剂]☆bromochloromethane
一轮计算☆run；a computer run
一螺旋回☆first-order cycle
一码长管子☆yard pipe
一满杯☆cupful
一米深测温法☆one-meter probe method
一面凹一面凸的☆concavo-convex
一面粉属[孢]☆Mancicorpus
一面磨光(修整)或加工过的☆surfaced {dressed} one side；S1S
一面倾斜的☆single-slope
一面凸一面凹的☆convexo-concave
一年到头的☆perennial
一年生☆first year's growth
一年生冰☆one-year ice；one year ice
一年生的☆annual
一排☆bank；tier
一排(房屋)☆block
一排连接梁☆row of linked bars
一排溜槽☆panline
一排掏槽(孔)☆row of cuts
一排岩壁☆a palisade
一盘电缆☆hank of cable
一盘文件带☆file reel
一批☆batch；crop；block；tribe；passel
(排列整齐的)一批☆array
一批装货☆one shipment
一匹☆bolt
一片☆piece；tract[土地、森林等]
一片生长的植物☆stands
一瞥☆glimpse；glim
一平底船的煤☆keel
一瓶(的量)☆bottle
一齐的☆simultaneous
一起运动☆movement “en masse”
一前一后(地)☆tandem
一羟基的☆monohydric；monohydroxy
(在)一切方面☆down to the ground
一切种类的☆all sorts of
(土地的)一区☆parcel
一圈☆wind；wrap；winding
一群☆tribe；parcel；passel；gang；batch；boodle；troop
一人操纵列车☆one-man train operation
一闪☆quiver；glance
一闪信号☆glitch
一生☆career
一时☆spirt；spurt
一式八份☆octuplicate
一式二份☆in duplicate
一式两份(或两份以上)地起草(文件、合同等)☆indent
一式三份☆tripartition；in triplicate
一式四份☆quadruplication
一式四份(中)的(一份)☆quadruplicate
一式五份☆quintuplication
一束☆bundle；bunch；fagot；batch；bob；package；skein；faggot；packet；hank[长度单位,在棉线中为840yd,在毛线中为560yd]
一双☆couple；dyad；pair；diad
一双壁波纹管☆double-wall corrugated pipe
一水方解石☆monohydrocalcite
一水化硅酸钙铝石☆bavenite
一水化(合)物☆monohydrate
一水钾酸锂晶体☆lithium formate monohydrate crystal
一水蓝铜矾[$Cu_4(SO_4)(OH)_6$•H_2O]☆posnjakite
一水铝石型铝土矿溶出☆monohydrate bauxite digestion
一水软铝石[AlO•OH]☆boehmite
一水软铝石型铝土矿☆boehmitic bauxite
一水铁矾☆ferropallidite
一水型铝土矿矿石☆boehmite-diaspore ore
一水硬铝石☆diaspore；diasporite
一水硬铝石型铝土矿☆diasporic bauxite
一瞬间☆tick；flash；breath
一丝☆vestige
一丝不苟的☆meticulously
一缩二丙三醇[$((OH)_2C_3H_5)_2O$]☆diglycerin(e)
一缩二-β-雷琐酸一缩双-2,4-二羟基苯(甲)酸[$(C_6H_3(OH)_2$•$CO)_2$•O]☆di-β-resorcylic acid
一台马达带动两口抽油井☆backside pumping
一套☆suit；suite；battery
一套房间☆flat；apartment
一套管子☆stack
一套器具☆nest
一套图☆set of diagrams
一体化☆unitization
一天的`活{|工作}☆honest jump
一天内的☆intraday
一天(一个)循环☆one-day cycle
一天钻进的深度☆making hole
(纸等)一条☆wisp
(在)一条线上☆on-line
一通三防☆the “ventilation and three-prevention” [prevention of flood,dust and gas]
一桶☆cask
一桶的☆pailful
一桶的量☆pail
一头沉(单缝)孢属[P-T]☆Torispora
(使)一头逐渐变细☆taper off
一团☆tuft；bat
一烷基磷酸酯[$ROPO_3H_2$]☆mono-alkyl phosphate
一碗(的量)☆bowl
一维不规则性☆one-dimensional imperfection
一维的☆unidimensional；one{single}-dimensional
一维定向☆(one-dimensional) aligned
一维反演理论☆one-dimensional inverse theory
一维非线性微分方程☆one-dimensional nonlinear differential equation
一维分割(法)☆one dimensional segmentation
一维校正☆one-dimensional correction；1DC
一维空间趋势分析☆spatial one-dimensional trend analysis
一维流☆one-dimensional flow；unidimensional stream
一维剖面☆line profile
一维驱替☆uni-dimensional displacement
一维土壤水运动☆one-dimensional soil {-}moisture movement
一维线性问题☆one-dimensional linear problem
一维应变☆one-dimensional strain；uniaxial train
一吸{吹}☆whiff
一系列☆round-robin；trail；a series of；chain
一箱的量☆box
一向延伸晶体☆directional crystal
一硝基间苯二酚铅☆lead mono-nitro-resorcin
一小部分☆a fraction of
一小撮☆handful
一小时吸氧器☆one-hour apparatus
一小条☆swatch
一小桶的东西☆keg
一小组矿工☆gang
一些儿[残余;形迹]☆vestige
一心☆close
一星期一次(的)☆weekly
一溴三氟溴甲烷☆bromotrifluoromethane
一氧化氮[NO]☆nitric oxide；nitrogen monoxide
一氧化二氮☆laughing gas；nitrous oxide
一氧化铅[PbO]☆litharg(it)e；massicotite；litarg(it)e；lead monoxide；plumbic ocher{ochre}；chrysitin
一氧化锶☆strontia
一氧化碳[CO]☆carbonic{carbide} oxide；carbon monoxide {oxide}；white{sweat} damp；carbonyl
一氧化碳低温氧化催化剂☆catalyst for carbon monoxide oxidation at low temperature

Y

一氧化碳电子检定{测}器☆electronic CO detector
一氧化铜☆copper oxide
一氧化物☆monoxide
一氧化一氮☆nitric oxide；nitrogen monoxide
一样的☆uniform
一页☆folio
一一对应☆one-to-one correspondence；monogamy
一乙醇胺[$H_2NCH_2CH_2OH$]☆monoethanolamine
一乙醇胺磷酸盐☆monoethanolamine phosphate
一乙基三氯硅烷☆monoethyl trichlorosilane
一亿分之几[10^{-8}]☆pphm；parts per hundred million
一英尺厚的一英亩产层☆acre-foot of sand
一又二分之一☆sesqui-
一元操作☆unary operation
一元醇☆monohydroxy {-}alcohol
一元的☆one-dimensional；un(it)ary；unicomponent
一元发生说☆monogenesis
一元分析☆univariate analysis
一元峰度系数☆univariate coefficient of kurtosis
一元论☆monism
一元论的☆monistic
一元偏斜系数☆univariate coefficient of skewness
一元谱系划分策略☆hierarchical-divisive-monothetic strategy
一元酸☆monoacid
一元相图☆one-component phase diagram；unary diagram
一元岩浆☆unicomponent magma
一元应力☆one-dimensional stress
一元运算☆monadic operation
一月☆January；Jan.
一月两次(的)☆bimonthly
一拃宽☆span
一长制☆system of one-head leadership；one-man authority
一阵☆round-robin；spell；waft；whiff；spate；gale[突发的]；hail[雹子般的]
一阵(风)☆blast
一阵发作☆tumult
一阵激动☆thrill
一阵眩晕☆qualm
一阵阵(地)吹☆whiffle
一指宽的长度单位☆digit
一致☆unity；conformation；coherence；concordancy；congruency；uniform；accordance；unification；conformity；correspondence；keeping；congruence；correspond；cotton；unison；trade off；uniformity；consonance；consilience；coherency；concordance；coincide(nce)；accord；fall in；identity；community；agreement；oneness；identify；concord；concent；unanimity[同意]；consensus[意见]；overlap[部分]
一致-不一致曲线处理☆concordia-discordia treatment
一致单位☆consistent unit
一致的☆concurrent；consonant；uniform；compatible；accordant；coincident；concerted；concordant；coherent；consistent；uni-
一致的断层倾向[断层与地层同倾向]☆hade with the dip
一致地☆correspondingly
一致共振☆uniform resonance
一致化☆uniformization
一致年代☆concordant age
一致铅(同位素)比值☆conformable lead ration
一致曲线交点☆concordia intercept
一致熔化合物☆congruent-melting compound
一致溶解☆conformal solution
一致熔融化合物☆congruently melting compound
一致溶液☆congruent solution
一致收敛☆uniform convergence
一致同意☆accord and satisfaction
一致系数☆coherence coefficient
一致性☆conformability；congruity；uniformity；consistency；conformity；regularity；accordance；consistence；compatibility；sameness；conformance
一种六射海绵骨骼☆euretoid
一周两次(的)☆biweekly
一轴的☆monaxial；monoaxial；uniaxial
一轴晶☆uniaxial crystal
一轴晶体☆optic uniaxial crystal；monoaxial {monaxial} crystal；optic monoaxial crystal
一轴台☆one-axis universal stage；single-axis {spindle} stage
一昼夜的生产量☆daily output
一柱一底梁棚子☆prop-and-sill
一柱一梁支架☆two-piece set；two-stick timbering
一字钎头☆spade-type{single-chisel} bit
一字形冲击钻头☆straight chopping bit；chisel (shaped) bit
一字型排列井☆well alignment
一宗☆parcel
一族曲线☆family curve
一组☆a cluster of；batch；battery；package；block；case；suite；suit
一组分体系☆unary
一组搁板☆shelving
一组管子☆pipe range
一组解理☆cleavage in one direction
一组煤房☆panel
一组密封☆seal stack
一组炮眼☆per round；round of holes
一组图☆set of diagrams
医疗地质(学)☆medical geology
医疗泉☆medicinal spring
医疗性能☆medicinal property
医疗意义☆curative importance
医生{师}☆doctor
医术☆med.；medicine
医务室[尤学校等附设的病房或配药处]☆infirmary
医学☆medicine；med.
医药的☆medicinal
医药地质学☆medical geology
医药废物☆pharmaceutical wastes
医药用润滑油☆nujol
医用矿泉☆health mineral spring；medicinal spring
医院☆hospital
医治☆cure；heal；doctor；treatment
铱☆iridium；Ir
铱铂[(Pt,Ir)]☆iridioplatin(it)a；irido-platinita
铱铂合金☆irid(i)o-platinum；platinum
铱铂矿☆iridplatine；irido-platinita；iridioplatina；iridic platinum；irido-platinite
铱锇☆osirita
铱锇矿[(Ir,Os),Os＞Ir;六方]☆iridosmine；iridium-osmine；iridosmium；irosita；irosite；nevyanskite；newjanskite；osmiridium；sysertskite；siserskite；iridoiridosmine；sysserskit；osmium-iridium；osirite；osmiridin；osmite；osmioiridosmine；nevjanskite
铱锇钌矿☆X cabri
铱铬矿☆irite
铱金[(Au,Ir)]☆iraurita；iridic gold
铱金矿☆iridic {-}gold；iraurita
铱矿☆iridium ores
铱钌矿☆ruthenium
铱铁矿☆nevyanskite
铱异常☆iridium anomaly
依次☆in sequence{turn}
依次的☆round-robin；ordinal
依次滴定☆stepwise titration
依次连续采掘的工作面☆consecutive workings
依次散布☆sequential dispersal
依次射孔☆selective firing
依次缩小网目滚筒筛☆diminishing-mesh trommels
依从☆conformity；compliance
依从关系☆dependence
依存系数☆interdependence coefficient
依附☆cling；adherence；adhere；accrete
依附的☆adherent
依附沙丘☆attached dune
依行扫描周期☆line period
依结果管理☆management by result
依据☆criterion [pl.-ia]；according{pursuant} to；in the light of；on the basis of；judging by；basis；foundation
依卡洛蜥属[T]☆Icarosaurus
依靠☆resort；recourse；by virtue of；reliance
依靠工资生活者☆wage-worker；wage-earner
依靠自己力量的☆bootstrap
依赖☆count；lean；dependence
依赖的☆dependent
依赖于压力的☆pressure-dependent
依米安期☆Eemian Age
依莫泵☆IMO pump
依姆巴特藻属[E_3]☆Imbatodinium
依姆李希虫属☆Emmrichella
依时变形☆time deformation
依氏烧瓶☆Erlenmeyer flask
依推测的估计☆guestimate
依{以}……为转移☆hinge (on)
依稀可辨的[信号]☆barely perceptible
依照法令地☆statutorily
依照模型造的船头☆modeled bow
伊阿佩托斯[希腊神话中十二提坦之一]☆Iapetus
伊达矿☆idaite；nukundamite
伊德维阶[S]☆Idwian
伊碲镍矿[NiTe?; 六方]☆imgreite
伊丁安山岩☆carmeloite；iddingsite-andesite
伊丁火成岩分类(法)☆Idding's classification
伊丁粒玄玢岩☆navite
伊丁石[$MgO•Fe_2O_3•3SiO_2•4H_2O$;$MgO•3SiO_2•Fe_2O_3•4H_2O$]☆iddingsite；oroseite；traversite
伊丁岩浆岩分类☆Iddings；classification of igneous rocks
伊顿贝属[腕;D_1]☆Eatonia
伊顿法[地层压力预测]☆method of Eaton
伊顿阶[C_2]☆Yeadonian
伊尔格纳-华德-勒纳型提升机☆Ilgner-Ward-Lenard winder
伊尔库茨克油页岩☆closterite
伊尔明花岗岩☆ilmengranite
伊尔塞颗石[钙超;E_3]☆Ilseithina
伊尔文登(阶)[Q_1]☆Irvingtonian
伊凡诺夫珊瑚(属)[C]☆Ivanovia
伊夫德尔贝属[腕;D_{1-2}]☆Ivdelinia
伊格风暴☆hig
伊谷草属[红藻;Q]☆Ahnfeltia
伊硅钙石[$(Ca,Na)_7(Si,Al)_8(O,OH)_{24}$?]☆istisuite
伊硅钠钛石[$(Na,Ce,Ba)_2TiSi_3O_5(OH)_{10}•nH_2O$;单斜]☆ilmaiokite；ilmajokite
伊辉叶石☆eggletonite
伊加利科石☆igalikite
伊间蒙脱石☆sarospatite；sarospatakite
伊卡洛{鲁}斯[小行星 1566 号] ☆Icarus
伊拉克石[$(K,La,Ce,Th)(Ca,Na,La)_2Si_8O_{20}$;六方]☆iraqite
伊朗虫属[三叶;$Є_3$]☆Iranoleesia
伊朗的东北风☆sansar；sarsar；shamshir
伊朗壳虫属[三叶;$Є_3$]☆Iranaspis
伊朗珊瑚(属)[P_1]☆Iranophyllum
伊朗石☆iranite；khuniite
伊朗珍珠米黄[石]☆Galala Pearl
伊里{利}亚(统)[北美;D_2]☆Erian (series)
伊利粉(属)[孢;C_3]☆Illinites
伊利诺斯冰期[北美第三次更新世冰期]☆Illinoian phase
伊利诺斯州[美]☆Illinois State
伊利石[$K_{0.75}(Al_{1.75}R)(Si_{3.5}Al_{0.5}O_{10})(OH)_2$(理想组成),式中 R 为二价金属阳离子,主要为 Mg^{2+}、Fe^{2+}等]☆illite；ledikite；giulekhite；s(c)hilkinite；goeschwitzite；glimmerton；grundite；leverrierite；sarospat(ak)ite；monothermite；monotermite；bravaisite；bacillarite；gyulekhite；goschwitzit；schilkinit；hydromuscovite；andreattite；chilkinite；heshvitcite；endothermite
伊利石的☆illitic
伊利石化☆illitization
伊利石类黏土☆illite clay
伊利水云母☆illite hydromica；hydromuscovite
伊玛特拉(石灰粉脱硫)法☆Imatra process
伊毛缟石☆imogolite
伊蒙脱石☆andreattite
伊姆霍夫矿☆imhofite
伊姆间冰期[中欧;上更新世初期,约十万年前]☆Eem interglacial
伊钠钛硅石☆ilmajokite；ilmaiokite
伊涅兹{茨}(阶)[北美;E_1]☆Ynezian
伊普雷斯{以卜累斯;伊普尔}(阶)[欧;E_2]☆Ypresian (stage)；Londinian
伊普雪珊瑚属[P]☆Ipciphyllum
伊羟砷锰石☆eveite
伊萨岩[苏]☆issite
伊砂黄素☆izalpinin
伊士托循环接头☆Easto circulating sub
伊氏藻属[C]☆Ivanovia
伊斯门型可移式钻孔定向器☆Eastman Removable Whipstock
伊斯门造斜涡轮☆Eastman whipstock turbine

伊苏瓦代☆Isuan
伊特鲁里亚((人)的)☆Tyrrhenian
伊特钠黄铜☆Aeterna
伊藤法☆Ito's method
伊藤石[$Pb_3(GeO_2(OH)_2)(SO_4)_2$]☆itoite
伊万斯式分级机☆Evans classifier
伊沃尔阶[C_1]☆Ivorian
伊逊矿[PtIn;等轴]☆yixunite；yisunite
衣阿{爱荷}华冰期[美;Q]☆Iowan glacial stage；Iowan phase
衣阿华阶☆Iowan stage
衣服☆array
衣酒石酸☆itatartaric acid
衣笠螺属[腹;K_2-Q]☆Xenophora
衣料☆cloth
衣囊鼠☆geomyid
衣鞘原始体[轮藻]☆sheath initial
衣色蓝☆icyl blue
衣索比亚地盾☆Ethiopian shield
衣细菌属[Pt]☆Chlamidotrix
衣藻(属)[绿藻门]☆Chlamydomonas

yí

颐{颈}板☆jugalar plate；jugalia
颐盾[龟腹甲]☆gular scute
夷低☆degrading；degradation
夷低作用☆deplanation
夷平☆level off；raze；deplanation；leveling；planation；shearing-off
夷平作用☆planation；level(l)ing；deplanation
夷直[岸线]☆rectification
夷直滨线☆rectified shoreline
遗产☆heritage；legacy
遗传☆inheritance；heredity；transmission
遗传单位☆hereditary unit
遗传的☆descendant；descendent
遗传多态性☆genetic polymorphism
遗传隔壁[珊]☆inherited septum
遗传谷{|河}☆epigenetic{superimposed} valley{|stream}
遗传歧异量☆amount of genetic divergence
遗传亲缘性☆genetic affinity
遗传事件☆genetic event
遗传特性☆inherent trait
遗传型☆genotype
遗传型的☆genotypic
遗传性变异☆genetic variation
遗传学☆genetics
遗传学家☆geneticist
遗传因子☆gene；genetic factor
遗传跃变☆genetic saltation
遗骸☆remains [of the dead]
遗骸群集☆thanatocoenosis
遗憾☆sorrow
遗憾的事☆pity
遗迹☆ichnite；remains；relic{trace;vestige}[古]；ruin；reliquiae
遗迹保存☆preservation of track
遗迹构造☆vestigial structure{sstructure}
遗迹河☆remnant stream
遗迹化石☆lebensspur [pl.-ren]；ichnofossil；trace fossil；vestigiofossil；ichnospecies；fossil lebensspur
遗迹化石沉积相☆ichnofacies
遗迹群(落)☆ichnocoenose；ichnocoenosis
遗迹属[遗石]☆ichnogenus
遗迹(化石)学☆ichnology
遗留核子迹☆stored nuclear track
遗留矿柱采矿法☆abandoned pillars method
遗留煤☆abandoned coal
遗留水系☆superimposed drainage
遗留物☆hangover
遗留叶理☆inherited foliation
遗留之物☆legacy
遗漏☆omit；omission；drop；skip；neglect
遗漏错误☆missing error
遗弃物☆derelict
遗散☆dismissal；demobilization
遗珊瑚属[D_2]☆Loipophyllum
遗失☆loss
遗失的汇票☆lost bill of exchange
遗失支票☆lost check
遗体☆(fossil) remains；reliquiae
遗忘☆leave
遗忘学名☆forgotten name；nomen oblitum；nom. oblit.
遗物☆survivor
遗岩☆skialith
遗赠物☆legacy
遗证冈{岗}☆butte temoin；zeugenberg[德]；witness butte；outlier
贻贝☆mussel；Mytilus
贻贝形☆mytiliform
贻贝型[双壳]☆mytilid
移车机☆car transfer{passer}
移车台☆bogie；transfer car
移出☆dislodged；emigration
移出式[海胆类顶系]☆exsert
移带叉☆blinker
移(胶)带器手柄☆belt shifter handle
移(动轨)道☆moving-up of track；track shifting
移道工☆(track) shifter
移道机☆track shifter{liner}；shifter；mechanical track shifter；track-shifting machine；rail shifting machine
移地的(岩)☆allochthonous
移锭器☆ingot retractor
移锭装置联结器☆ingot adapter
移动☆displacement；jockey；displace；dislodging；shift(ing)；removal；dislodg(e)ment；drift；move；travel；translation；movement；transference；remove；dislodged；dislodge；slipping；slip；sliding (motion)；transposition；translational motion；transit；transfer；running；migration；moving；migrate；leap
移动(力)☆locomotion
移动(木)板钩☆plank hook
移动边界☆moving boundary
移动波☆wave of translation；advanced{moving；translatory} wave
移动波前☆advancing wavefront
(支架)移动步距☆independent advance
移动采煤机用电动机☆tramming motor
移动成浪区☆moving fetch
移动带☆dislocation area；(smooth;gradual) sagging zone；subsidence zone；motive zone [with fractures]
移动的☆portable；locomotive；migratory；erratic；travelling
移动底片法☆film-moving{moving-film} method
移动电源-接收器{式}电磁勘探法☆moving source-receiver method
移动吊机☆jenny
移动订正☆removal correction
移动范围☆range of rock shift
移动分量☆component of movement
移动干线☆temporary working ramp
移动高度☆travelling height
移动滑坡☆downhill creep
移动记录☆shift log
移动检波器法☆moving-receiver method
移动角☆draw angle
移动阶地☆swing terrace
移动界面测量☆moving-interface survey
移动孔径☆travel(l)ing aperture
移动力☆displacing force
移动炉法☆Gossler process；reciprocating furnace process
(煤巷端装载机)移动轮☆flitting wheel
移动能量☆energy of translation
移动炮点☆skidded shots
移动盆地的边界点☆limit point of subsidence basin
移动盆地主断面☆principle sections of subsidence basin
移动平均分析☆moving average analysis
移动平台☆sliding stage
移动破碎系统[采用颚式破碎机]☆mobile crushing system [with jaw crusher]
移动器☆shifter
移动区☆motive zone；movement area{zone}
移动曲线☆displacement curve
移动溶区法[晶育]☆travel(l)ing solvent zone method
移动沙☆shifting{drift;quick} sand
移动式铲斗挖泥船☆walking scoop dredge(r)
移动式穿硐开采☆punch mining
移动式大型起重机☆goliath
移动式的☆portable
移动式调车转辙器浮放道岔☆sliding floor
移动式多斗装载机☆portable bucket loader
移动式防护笼☆travelling shield
移动式隔挡☆removable stopping
移动式机械取样机☆moving mechanical sampler
移动式集料制备{加工}装置{设备}☆portable aggregate plant
移动式检定装置☆portable prove
移动式桨叶搅拌机☆travelling paddle mixer
移动式胶带桥☆mobile bridge conveyor
移动式搅拌装置法[混凝土]☆travel plant method
移动式紧急提升设备☆mobile emergency winding equipment
移动式井场值班房☆doghouse
移动式救护梯扶手☆banisters of suspended rescue-ladder
移动式矿用钻机☆mobile mine drill
移动式沥青混合设备☆portable asphalt plant
移动式联合碎石机组☆mobile crushing plant
移动式排土{矸}桥☆mobile bridge
移动式配套装置☆packaged unit
移动式喷射混凝土工作平台☆mobile shotcrete platform
移动式破碎机组☆portable{mobile} crushing plant
移动式桥☆travel(l)ing bridge
移动式轻便空压机☆baby compressor
移动式上向{山}输送{运输}机☆mobile elevating conveyor
移动式 X 射线装置☆mobile X-ray unit
移动式污水处理装置☆package plant
移动式小贮仓☆mobile bin
移动式油品分配罐☆skid tank
移动式(顿钻用)钻井泥浆罐☆mud scow
移动式钻探平台☆mobile platform
移动式钻岩器☆gadder
移动速度☆displacement velocity
移动台☆transfer table；mobile station
移动系数☆detrusion ratio；transport coefficient
移动相关控制☆travel-dependent{travel} control
移动相☆solvent
移动信号☆movable signal
移动性☆mobility；movability
移动油带☆oil bank
移动油罐用的辊子☆rollarounds
移动遮护罩☆lizard
移动支架操纵台☆commutator
移动住宅☆mobile home
Univatic 移动装置☆Univatic shifter
移峰效应☆peak shifting effect
移行信号☆line feed signal
移后角☆angle of lag；lag(ging) angle
移花☆paper transfer
移积☆allochthonous deposit；remove
移积的☆derived；allochthonous；allochthonic
移迹☆trail
移架步距☆unit advance；support advance length increment
移架程序☆advancing movement
移架工☆chock mover
移交[任务]☆evoke；transfer；farm-out
移交地盘☆handing-over of site
移(动)角☆angle of draw (rock shift)；dislocation {travel(l)ing;fleeting} angle
移进[机器设备等]☆move-up
移居☆immigration；settling；transmigration
移居者☆settler
移距☆displacement；offset of displacement；shift
移开☆move-off
移来的☆immigrant
移列结构☆shifted structure
移溜☆pushover
移溜槽工☆pan shifter
移流☆advection
移频信号解调器☆demodulator of frequency shift signal
移栖虫属[孔虫;J_2-N]☆Migros
移栖动物☆migrant
移栖迁移☆migration
移栖种☆migratory species
移前☆set forward
移去☆take-off；dislodg(e)ment；dislodge；take-down；offtake
移去错误☆debugging
移溶生长☆travel(l)ing solvent growth；TSG
移入者☆immigrant
移设步距☆moving increment of track；increment of

advance；shift spacing of track
移设轨道☆moving-up of track；orbit-transfer
移设时间☆shifting time
移刷调整☆brush shifting control
移填矿脉☆immigrant vein
移位☆dislodg(e)ment；delocalization；bit shift；travel；transl(oc)ation；shift(ing)；dislocation；carry over；transitional motion；displacement；transposition
移位的☆translational
移位地震测定仪☆displacement-type seismic detector
移位化石☆reworked fossil
移位换能器☆displacement transducer
(炮点)移位记录☆transposed recording
移位裂缝{线}☆fissure{rent(line)} of displacement
移位脉冲☆shift pulse；SP
移位器☆shifter
移位趋向☆walk tendency
移位式(同质多象)转变☆displacive transformation {inversion}
移位岩席☆translated rock-sheet
移位因子☆shifted divisor
移位原子[晶格中]☆displaced atom
移位装置☆kick-down
移位钻井☆offset a well
移项☆transpose；trans；transposition
移项的[数]☆transpositive
移项器☆transposer
移相☆phase shift
移相键控☆phase-shift keying
移相器☆phase shifter{switcher}；shifter；phaser；phase-shifting device；Phs
移像管☆image tube
移像光电摄像管☆photicon
移像式摄像管☆superisocon
移向☆carry over
移行滑橇☆shifting sledge
移液管☆pipette；(transfer) pipet
移液管法☆pipette method
移液管分析☆pipette analysis
移用学名☆transferred name；nomen translatum；nom. transl.
移运☆deportation
移运式卸载胶带输送机司机☆tripper man
移支床层☆mobile bed
移植☆graft；deplantation；naturalization
移植泥炭☆allochthonous peat
移植体☆allochthon
移殖☆inoculation
移殖者☆colonizer
移置☆transposition；permutation；allochthonous deposit；transpose
移置不对称涟痕☆translational asymmetric ripple
移置成因论☆allochthonous theory
移置的☆allochthonous；allochthonic
移置断层☆translatory fault
移置术☆transfer technique
移置体☆allochthon
移置土壤☆travelled soil
移置岩块☆travel(l)ed mass
移置岩体☆allochthon；allochthone
移置运动☆transitional movement
移置褶皱☆displaced fold
移终阵雨☆passing shower
(钻头牙轮)移轴量☆bit offset
移轴牙轮☆offset cone
移注☆transfusion
移装机☆transhipping device
移装设备☆rehandling facilities
移准距点透镜☆anallatic lens
(将船)移准位置☆maneuver；manoeuvre
仪[量测仪表]☆meter
pH 仪☆pH-recorder
ζ(电势)仪☆zetameter
仪表☆apparatus；appliance；ga(u)ge；appar；device；instrument；app
仪表板☆console；instrument board{panel;duster}；dashboard；dash；control{meter} panel；panel
仪表板灯☆dash light
仪表车☆measuring track
仪表的刻度范围☆scale limitation
仪表读数☆instrument{gauge;meter} reading；i.r.；rdg
仪表读数校正☆index correction
仪表飞行气象条件☆instrument meteorological conditions；IMC
仪表化☆instrumentation
仪表检定调节器☆meter calibration adjuster
仪表壳☆metering house
仪表刻度☆scale of a meter
仪表累积位☆meter registration
仪表量程倍增器☆meter multiplier
仪表面板☆board；meter panel
仪表盘☆(instrument(ation);board) panel；gage panel；panelboard；ga(u)ge{meter;panel} board；dashboard；instrumentation console
仪表气☆pilot-gas；dehydrated air
仪表前盖☆bezel
仪表欠交付量☆meter-under delivery
仪表系数☆soling factor
仪表箱☆solenoid cabinet
仪表用变压器☆meter{instrument;potential} transformer
仪表准确度系数☆meter accuracy factor
仪表着陆系统☆instrument landing system；ILS
仪表总累积值☆gross meter registration
仪表组☆instrument duster；assembly；ASSEM
仪测渗透系数☆laboratory coefficient of permeability
仪器☆apparatus；implement(ation)；equipment；tool；device；instrument(ation)；appliance；dev.；inst
仪器玻璃☆apparatus{laboratory} glass
仪器本底☆instrument background
仪器不平衡{稳定}☆instrumentation imbalance
仪器常数☆instrument(al) {apparatus} constant；gauge {K} factor
仪器车☆recording{instrument} truck；instrument cab；dog house[地震]
仪器雏形☆breadboard model
仪器的漂移☆instrument drift
仪器读数的不规则起伏☆erratic fluctuations (in instrument readings)
仪器对于(泥浆等物)侵入的响应☆tool response to invasion
仪器分析☆instrumental analysis
仪器高☆horizon of instrument；elevation of sight
仪器高度[测量]☆height of instrument；HI
仪器快{热}中子活化分析☆instrumental fast{thermal} neutron activation analysis
仪器内刻度☆internal tool calibration
仪器棚☆booth
仪器芯子☆cartridge
仪器中的弹簧☆filament
(用)仪器装备☆instrument
仪式☆circumstance；ceremony；ceremonial；function
胰岛素☆insulin
胰石☆pancreatic calculus；pancreatolith
疑豺[Q]☆Cuon dubius
疑存☆existence doubtful
疑存暗礁[水运]☆vigia
疑沸石☆dolianite
疑龟目☆amphichelydia
疑迹☆problematicum [pl.-ca]
疑迹构造☆problematic structure
疑虑☆qualm；maybe
疑难榴石☆griphite
疑生代[元古代]☆Agnotozoic；Proterozoic
疑似新星☆suspected nova
疑题☆paradox
疑问☆interrogatory；doubt；question；query
疑问的☆interrogatory；interrogative
疑问化石☆problematica
疑问种[拉]☆species inquirenda
疑义度☆equivocation
疑源类[始先]☆acritarch
疑正形贝属[腕;$Є_3$]☆Ocnerorthis
沂蒙矿☆yimengite
宜昌虫属[三叶;$Є_1$]☆Ichangia
宜昌石灰岩☆Ichang limestone
宜钧☆Yi Jun {Chun} glaze
宜兴窑☆Yixing Ware
宜兴紫砂壶☆earthenware pot of Yixing
宜用水☆suitable{usable} water
宜于开采的☆payable

yǐ

椅腔贝属[腕;P_1]☆Edriosteges
椅式架空索道☆chair lift
椅式(乘人)提升机☆chair lift
椅状切割(剖面图)☆chair cutaway
蚁孔藻属[J_3]☆Myrmekioporella
蚁丘☆ant hill
(白)蚁丘☆anthill；termite mound；termitarium
蚁醛☆formalin
蚁属☆Formica
蚁酸[HCOOH]☆formic acid
钇☆yttrium；Y；y.
钇贝塔石[$(Y,U,Ce)_2(Ti,Nb,Ta)_2O_6(OH)$;等轴]☆yttrobetafit(e)；yttrotitanpyrochlore；titanoobruchevit(e)
钇方解石☆yttrocalcite
钇氟菱钙铈矿☆yttroparisite
钇氟石☆yttrofluorite
钇氟钛硅矿☆yftisite
钇氟碳铈矿☆yttrian bastnasite
钇-`钆{|钙-钒}石榴石型旋磁铁氧体☆Y-`Gd{|Ca-V} garnet type gyromagnetic ferrite
钇钙氟石☆yttrocalciofluorite
钇锆钽矿☆laranskite
钇硅磷灰石[$CaY_2((Si,P)O_4)_2O_8$;$(Y,Ca)_5(SiO_4,PO_4)_3(OH,F)$;六方]☆britholite-(Y)；yttererden silikat apatite；abukumalite
钇褐帘石[$(Y,Ce,Ca)_2(Al,Fe^{3+})_3(SiO_4)_3(OH)$;单斜]☆allanite-(Y)；yttrium orthite；muromontite；yttro-orthite；yttrepidote；nuromontite；allanit-(Y)
钇褐榴石[$Ca_3Fe_2Si_3O_{12}$,并含 Y_2O 36%]☆yttergarnet；yttrogarnet；yttrium{yttria} garnet；ytter-garnet
钇黑稀土矿☆yttromelanocerite
钇镓石榴石晶体☆yttrium gallium garnet crystal
钇矿☆yttrium ores
钇磷灰石[$(Ca,Y)_5(PO_4)_3(O,F)$]☆yttrocalcite；yttrium {yttrian} apatite；yttroapatite
钇磷铜石☆petersite
钇榴石[$Y_3Al_5O_{12}$]☆yttrogarnet；yttrium garnet；diamonair
钇铝榴石☆yttrium-aluminum garnet
钇铝石[$Y_3Al_5O_{12}$]☆yttroalumite
钇铝石{柘}榴石☆yttrium aluminum garnet；YAG
钇铝石榴石激光治疗机☆yttrium aluminum garnet laser therapeutic machine
钇铝石榴石器件☆YAG device
钇铝石榴石型旋磁铁氧体☆Y-Al garnet type gyromagnetic ferrite
钇绿帘石☆yttroepidote
钇锰榴石[$Mn_3Al_2(SiO_4)_3$,常含钇]☆emildine；emilite；erinadine
钇铌矿☆kochelite
钇铌钽矿☆yttro columbotantalite；hjelmite；hielmite
钇铌铁矿[$(Y,U,Fe^{2+})(Nb,Ta)O_4$;斜方]☆yttroniobite；yttrocolumbite
钇铅铀矿☆yttrogummite
钇烧绿矿[$3Na_2O•4(Ca,Fe)O•3Y_2O_3•(U,Th)O_2•5(Ta,Nb)_2O_5•20H_2O$]☆obruchevite
钇烧绿石[$(Na,Ca,Ce,Y)_2(Nb,Ta)_2O_6(OH)$]☆yttropyrochlore；obruchevite；marignacite
钇(铀)烧绿石☆obruchevite
钇砷盐☆yttriumarsenate
钇石榴石☆yttrium garnet
钇铈矿榍石☆eucolite-titanite
钇铈榍石☆keilhauite [$15CaO•(Al,Fe,Y)_2O_3•15TiO_2•16H_2O$]；yttrotitanite；grothite [$(Ca,Y,Ce)(Ti,Al,Fe^{3+})(SiO_4)O$]
钇铈萤石☆yttrocerite
钇钛矿☆yttroilmenite
钇钛烧绿石☆yttrobetafit(e)；yttro(-)titanpyrochlore；titanoobruchevit(e)；cerian uranian obruchevite
钇钽矿[$(Y,Ce,Ca\cdots)(Ta,Zr\cdots)_2O_7$;$(Y,Ca,Ce,U,Th)(Nb,Ta,Ti)_2O_6$]☆loranskite；yttrotantalite；yttrium tantalite；hatterikite
钇钽烧绿石☆yttromicrolite
钇钽铁矿[$(Y,Fe^{3+},U,Ca)(Ta,Nb)O_4$;斜方]☆yttrotantalite；yttroniobite；yttrocolumbite；ferrite garnet；yttrotantal；yttertantal；yttroilmenite；tantal-samarskite
钇铁石{柘}榴石☆yttrium iron garnet；YIG
钇铁石榴石单晶器件☆YIG{yttrium-iron-garnet} single crystal device
钇铁石榴石调谐振荡器☆YIG-tuned oscillator
钇铁石榴石微波限幅器☆YIG microwave limiter
钇土☆yttrium earths
钇土金属☆yttrium-earth metal
钇钨华[$YW_2O_6(OH)_3$;单斜]☆yttrotungstite；

thorotungstite
钇细晶石[$(Y,Ca)(Ta,Nb)_2O_6(OH)$；等轴]☆yttromicrolite
钇榍石[$CaTiSiO_5$,含有钇和铈]☆alshedite；yttrotitanite；keilhauite
钇易解石[$(Y,Er,Ca,Fe^{3+},Th)(Ti,Nb)_2O_6$；斜方]☆aeschynite-(Y)；priorite；blomstrandin(it)e；yttrium eschynite{aeschynite}；aeschinite-(Y)；taiyite
钇萤石[$(Ca,Y)F_{2\sim3}$]☆yttrofluorite；yttrofluoride；fluo(r)yttrocerite；yttrocer(er)ite；flussyttrocerite；fluorite-(Y)；flussyttrocalcite；yttroceriocalcit；yttrocalcite
钇铀矿☆cleveite；nivenite
钇铀烧绿矿[$3Na_2O•4(Ca,Fe)O•3Y_2O_3•(U,Th)O_2•5(Ta,Nb)_2O_5•20H_2O$]☆obruchevite
钇铀烧绿石[$(Y,Na,Ca,U)_{1\sim2}(Nb,Ta,Ti)_2(O,OH)_7$；等轴]☆yttropyrochlore；obruchevite；obrutschewite
钇铀钛铌矿☆kobeite
钇杂铌矿[镍、钽化合物与钇钍钛酸盐混合物]☆nuolaite
钇脂状铅铀矿[Y,Th,U的含水硅酸盐]☆yttrogummite
钇锥稀土矿☆tritomite-(Y)；spencite
钇族稀土☆yttrium group{earths}
倚☆lean upon {against}；rest on {against}；rely on
釔[钷的旧名]☆illinium；Il
乙氨酸[NH_2CH_2COOH]☆glycocoll
乙铵黄药[$C_2H_5OCSSNH_4$]☆ammonium ethylxanthate
乙胺[$C_2H_5NH_2$]☆eth(yl)amine；aminoethane
乙胺黄药☆ammonium ethyl xanthate
乙拌磷[虫剂]☆disyston
乙苯[$C_6H_5C_2H_5$]☆phenyl ethane；ethyl benzene
乙苄基十二基二甲基氯化铵[$(C_2H_5C_6H_4CH_2)(C_{12}H_{25})N(CH_3)_2Cl$]☆ethyl-benzyl-dodecyl-demethyl-ammonium chloride
乙丙橡胶☆ethylene propylene rubber
乙叉☆ethylidene
乙撑[$-CH_2=CH_2-$]☆ethylene (trithiocarbonate)；ethene
乙撑二醇☆ethylene glycol
乙醇☆ethyl alcohol{ethanol} [C_2H_5OH]；(grain) alcohol；alki；ethyl hydrate；alky[美]
乙醇胺[$NH_2CH_2CH_2OH$]☆ethanolamine；ethylol amine；cholamine；aminoethanol
乙醇胺法☆Girbotol process
乙醇丙醇仲胺[$HO(CH_2)_2NH(CH_2)_3OH$]☆ethanol propanol amine
乙醇的☆alcoholic
乙醇的汽油溶液☆gasohol
乙醇丁醇仲胺[$HO(CH_2)_2NH(CH_2)_4OH$]☆ethanol butanol amine
乙醇分解☆ethanolysis
乙醇化物☆alcoholate
乙醇酸☆glycolic acid
乙底酸☆ethylene dinitrilo tetraacetic acid；edetic acid；ethylenediamine tetraacetic acid；EDTA
乙底酸盐☆edetate
乙电池☆B-batiery
乙电池(组)☆anode battery
乙电池组☆anode{B} battery
乙电源☆power；BP；B-power (supply)；B-supply
乙二胺[$H_2N•CH_2CH_2•NH_2$]☆ethylenediamine；ethylene diamine
乙二胺钠☆sodium ethylenediamine
乙二胺四醋酸法☆ethylenediamine tetraacetic acid method；EDTA method
乙二胺四醋酸钠钙盐☆calcium disodium salt of EDTA
乙二胺四乙酸[$(HOOC•CH_2)_2:N•CH_2•CH_2•N:(CH_2COOH)_2$]☆EDTA；Cyquest acid；ethylene dinitrilo tetraacetic acid；Nullapon；edetic acid；ethylene diamine tetraacetic acid
乙二胺四乙酸二钠盐[$(-CH_2N(CH_2COOH)CH_2COONa)_2$]☆Komplexon (Ⅲ)；disodium ethylene diamine tetra acetate
乙二胺四乙酸四钠盐☆tetrasodium salt of EDTA
乙二胺四乙酸滴定法☆EDTA titration
乙二胺溴氢酸盐[$H_2N(CH_2)_2NH_2•2HBr$]☆ethylenediamine hydrobromide
乙二胺盐酸盐[$H_2N(CH_2)_2NH_2•2HCl$]☆ethylenediamine-hydrochloride
乙二醇[$HOCH_2CH_2OH$]☆(ethylene) glycol
乙(撑)二醇(炸药)☆(ethylene) glycol
乙二醇二硝酸酯[$C_2H_4(NO_3)_2$]☆nitroglycol
乙二醇法[煤气脱水]☆glycol process
乙二醇癸醚[$C_{10}H_{21}OCH_2CH_2OH$]☆decyl-oxyethylene- ether-alcohol
乙二醇醚[$ROCH_2CH_2OH$]☆glycol ether；ethylene glycol ether；ethylene-ether-alcohol
乙二醇一丁醚☆ethylene glycol monobutyl ether
乙二醛☆glyoxal
乙二醛二肟[$HON:CH•CH:NOH$]☆glyoxime
乙二酸☆ethanedioic{oxalic} acid；dicarboxyl
乙二肟[$HON:CH•CH:NOH$]☆glyoxime
乙二酰二胺☆oxamide
乙硅烷☆disilane
乙琥胺[抗癫痫药]☆ethosuximide
乙荒酸[CH_3CSSH]☆dithioacetic-acid
乙(基)黄(原)酸钾☆potassium ethyl xanthate
乙黄酸钠[$C_2H_5OCSSNa$]☆sodium ethyl xanthate
乙(基)黄(原)酸钠☆sodium ethyl xanthate
乙黄酸铅[$(C_2H_5OCSS)_2Pb$]☆lead ethyl xanthate
乙(基)黄(原)酸铅☆lead ethyl xanthate
乙黄烯酯[$C_2H_5OC(S)SCH_2CH:CH_2$]☆allylethylxanthate
乙黄药[C_2H_5OCSSM]☆ethyl xanthogenate
乙(基钠)黄药☆AC325
乙黄原酰胺[$C_2H_5OCSNH_2$]☆xanthogenamide
乙基[CH_3CH_2-]☆ethyl
乙基胺[$C_2H_5NH_2$]☆aminoethane
乙基苯☆phenyl ethane；ethylbenzene
乙基苯酚[$C_2H_5C_6H_4OH$]☆ethyl-phenol
乙基苯基膦酸☆ethyl phenyl phosphonic acid；EPPA
乙基苯聚氧化乙烯醚醇[$C_2H_5C_6H_4(OCH_2CH_2)_nOH$]☆ethylphenyl-polyoxyethylene-ether-alcohol
乙基苄基甲酮[$C_2H_5COCH_2C_6H_5$]☆ethyl benzyl ketone
乙基苄基聚氧乙烯醚醇[$C_2H_5C_6H_4CH_2(OCH_2CH_2)_nOH$]☆ethylbenzyl-polyoxyethyleneether-alcohol
乙基丁基酮[$C_2H_5COC_4H_9$]☆ethyl butyl ketone
乙基-2,3-二氮杂茂☆ethyl imidazol(e)；ethylene glyoxaline
乙基二甲苯聚氧乙烯醚醇[$C_2H_5(CH_3)_2C_6H_2$-(O-CH_2-$CH_2)_n$-OH]☆ethylxylyl-polyoxyethylene ether-alcohol
乙基甘噁啉☆ethyl imidazol(e)；ethylene glyoxaline
乙基化☆ethylization；ethylize
乙基黄药[即低级黄药]☆ethyl xanthate
乙基黄原料[$C_2H_5OCS•SH$]☆xanthogenic acid
乙基黄原酸铵[$C_2H_5OCSSNH_4$]☆ammonium ethylxanthate
乙基黄原酸钾[C_2H_5OCSSK]☆potassium ethyl xanthate
乙基黄原酸铅[$(C_2H_5OCSS)_2Pb$]☆lead ethyl xanthate
乙基黄原酸烯丙酯[$C_2H_5OC(S)SCH_2CH:CH_2$]☆allylethylxanthate
2-乙基己氨基醋酸盐[$CH_3(CH_2)_3CH(CH_2CH_3)CH_2NHCH_2COOM$]☆2-ethyl-hexylaminoacetate
2-乙基己醇☆2-ethyl-hexylalcohol；octyl-alcohol-3
2-乙基己基醚丙胺[$C_4H_9CH(C_2H_5)CH_2OC_3H_6NH_2$]☆Amino-803
乙基钾黄药☆potassium ethyl xanthate
乙基甲基十一(烷)基硫酸钠[$C_2H_5C_{11}H_{23}(CH_3)OSO_3Na$]☆Tergitol penetrant 4
乙基聚氧化乙烯醚醇[$C_2H_5(OCH_2CH_2)_nOH$]☆ethyl polyoxyethylene-ether-alcohol
乙基聚氧亚硝基苯酚[$C_2H_5(OC_6H_3(NO))_nOH$]☆ethyl polyoxynitrosophenol
乙基硫代氨基甲酸乙酯[$C_2H_5NHCOSC_2H_5$]☆ethyl thioethyl carbamate
2-乙基萘☆2-ethylnaphthalene
乙基萘聚氧化乙烯醚醇[$C_2H_5C_{10}H_6(OCH_2CH_2)_nOH$]☆ethylnaphthalene-polyoxyethylene-ether-alcohol
乙基-十二基氢氧化鏻[$(C_2H_5)(C_{12}H_{25})PH_2OH$]☆ethyl dodecyl phosphonium-hydroxide
乙基-十七(烷)基`甘噁啉{咪唑}[$C_2H_5•C_3H_2N_2C_{17}H_{33}$]☆ethylene heptadecynyl imidazol(e)
乙基双黑药[$(C_2H_5O)_2PS_2•S_2P(OC_2H_5)_2$]☆diethyl dithiophosphatogen
乙基戊醇☆ethylpentanol
乙基戊烷☆ethylpentane
乙基戊烯☆ethypentene
乙基-辛基酮[$C_2H_5COC_8H_{17}$]☆ethyl octyl ketone
乙基亚硫酰胺[$C_2H_5SONH_2$]☆ethyl sulfonamide
乙基氧化乙烯醚醇[$C_2H_5OCH_2CHOH$]☆ethyl-oxyethylene-ether-alcohol
乙基液☆antidetonating fluid
乙基异丁基酮[$C_2H_5OC_4H_9$]☆ethyl isobutyl ketone
乙基异硫脲溴化物[$C_2H_5S•C(NH_2):NH•HBr$]☆ethyl isothiuronium bromide
乙钾黄药[C_2H_5OCSSK]☆potassium ethyl xanthate
乙(基)钾黄药☆AC303
乙阶树脂☆B-stage resin
乙腈☆acetonitrile
乙膦酸[$CH_3CH_2PO(OH)_2$]☆ethane phosphonic acid
(丙)乙硫氨酯[$C_2H_5NH•C(S)OCH(CH_3)_2$]☆O-isopropyl-N-ethylthiocarbamate
乙硫醇[CH_3CH_2SH]☆ethanethiol；thio-ethyl-alcohol；ethyl mercaptan；odor ant
乙硫磷☆ethion
乙硫铅镍矿[$Ni_3Pb_2S_2$]☆lead-parkerite
乙硫橡胶☆thiokol；thiocol
乙醚☆(ethyl) ether；aether
乙醚启动装置[冬季柴油机启动]☆ether starting aid
乙钠黄药[$C_2H_5OCSSNa$]☆sodium ethyl xanthate
乙硼烷☆diborane
乙醛☆ethanal；acetaldehyde；(acetic) aldehyde
乙醛缩二乙醇[$CH_3CH(OC_2H_5)_2$]☆acetal
乙炔☆acetylene [HC≡CH]；ACET；acetl.；acetylene black；ethyne；ethine
乙炔割管机☆beveling machine
乙炔焊装置☆acetylene welding outfit{set}
乙炔化四氯[$CHCl_2-CHCl_2$]☆acetylene tetrachloride
乙炔化作用☆ethynylation
乙炔火焰表面热处理法☆Doppelduro process
乙炔基☆ethynyl；acetenyl；ethinyl
乙炔基苯[$CH≡C•C_6H_5$]☆acetylenylbenzene
乙炔基-乙烯烷基醚[硫化矿捕收剂;$HC≡C-O-(CH_2)_n CH=CH_2$]☆ethynyl vinylalkyl ethers
乙炔气焊☆gas{acetylene} welding
乙炔气焊设备{|装置}☆acetylene welding outfit{|set}
乙炔气瓶☆acetylene cylinder；welding bottle
乙炔切(坡口工具)[焊管用;焊接用]☆beveler
乙酸☆acetic{ethanoic} acid；ether；AcOH
乙酸基☆acetate moiety
乙酸甲酯☆methyl acetate
乙酸酒石酸铝☆aluminous acetotartrate
乙酸钠☆sodium acetate
乙酸-盐酸混合物☆acetic-hydrochloric acid
乙酸乙烯酯☆vinylacetate
乙酸乙烯酯-顺丁烯二酸酐共聚物☆a copolymer of vinylacetate and maleic anhydride；VAMA
乙酸乙酯☆ethyl acetate
乙酸异丙酯☆isopropyl acetate
乙缩醛[$CH_3CH(OC_2H_5)_2$]☆acetal
乙糖☆biosis
乙烷☆ethane；dimethyl
乙烷基☆ethyl
乙烷及乙烷以上的烷烃气体☆ethane-plus
乙戊基乙辛基胺萃取剂[液体阴离子交换剂]☆Amine 21F81
乙烯[$CH_2=CH_2-$]☆eth(yl)ene；dimethylene
乙烯二胺四乙酸☆ethylene diamine tetraacetic acid
乙烯化氧☆ethylene oxide
乙烯化作用☆vinylation
乙烯基[$CH_2=CH-$]☆vinyl；ethenyl；vinyl group
乙烯基磺酸盐共聚物☆vinyl-sulfonate copolymer
乙烯基基团☆vinyl groups
乙烯基氯☆acetylene chloride；chloro-ethene
乙烯基氰☆vinyl cyanide
乙烯基树脂漆☆vinyl resin paint
乙烯基乙酸盐-顺式丁烯二酸酐共聚物☆vinylacetate-maleic anhydride copolymer
乙烯基酯☆vinylester
乙烯胶带☆polyethylene tape；PE
乙烯萘☆vinylnaphthalene
乙烯气☆olefiant gas
乙烯噻吩☆vinylthiophene
乙烯石棉地板砖☆vinyl asbestos floor tile
乙烯石油共聚物☆ethylene-petroleum oil copolymer
乙烯酮☆ketene；keten
乙烯系树脂☆vinylite
乙烯原☆ethylogen
乙烯酯树脂☆vinylester resin
乙酰☆acetyl
乙酰胺[CH_3CONH_2;C_2H_5NO]☆acetamide
乙酰胺石☆acetamide
乙酰苯[$CH_3COC_6H_5$]☆acetophenone
乙酰丙酸☆laevulic acid
乙酰丙酮☆acetyl acetone；diacetone

乙酰二氢石松碱☆acetyl-dihydrolycopodine；lycopodium alkaloid 2
乙酰甲醇☆acetol
乙酰尖叶石松碱☆acetylacrifoline；lycopodium alkaloid 12
乙酰酒石酸铝☆aluminium acetotartrate
乙酰乙酸(盐)☆acetacetate
乙型硅钙铀矿☆β-uranotile；b(eta)-uranotile
乙氧(基)☆ethoxy；ethyoxyl
乙氧基[C_2H_5O-]☆ethoxy-
乙氧基巴豆酸盐{|酯}[$C_2H_5OCH_2CH$:CHCOOM{|R}]☆ethoxy crotonate
乙氧基苯[$C_2H_5OC_6H_5$]☆ethoxybenzene；phenetol(e)
乙氧基丙三醇磺酸盐☆ethoxy glycerol sulfonate
乙氧基醇☆ethoxy alcohol
乙氧基二硫代甲酸☆xanthogenic acid
乙氧基化醇类的硫酸酯盐☆sulphate-ethoxylated alcohols
乙氧基烷基苯酚[$C_2H_5O•R•C_6H_4OH$]☆ethoxyalkyl phenol
乙氧基乙醇[$(C_2H_5O)C_2H_4OH$]☆ethoxy ethanol
乙氧基乙基邻苯二酸盐☆ethoxyethyl phthalate
β-乙氧(基)乙(基)黄药[$C_2H_5OCH_2CH_2OCSSM$]☆β-ethoxyethyl xanthogenate
乙氧乙黄原酸盐[$C_2H_5OCH_2CH_2OCSSM$]☆cellosolve xanthate
乙酯基[C_2H_5OOC-]☆carbethoxyl
已爆破的炮眼☆fired{fire} shot
已不用的☆obsolete；out of use；o.o.u.
已采层☆mined bed；worked out seam
已采得的总产量☆past production
已采的{空}☆drawn
已采地区[露]☆bare ground
已采区☆swept{mined;worked-out} area
已采准矿体☆ore blocked out
已测海底☆sounded ground{bottom}
已测试井☆tested well
已测压力☆measured pressure
已成陈规的☆stereo
已成熟(的)☆adult
已澄清的母液罐☆clarified pregnant solution tank
已承兑☆accepted
已充填的采空区☆stowed{packed} goaf
已抽空的☆air-free
已除尘烟气☆washed gas
已处理信息☆processed information
已淬火的☆hard-tempered
已存数据☆canned data；stored data
已定井网下的扫油路线☆sweepout pattern
已放矿(的)☆drawn
已废(弃)的☆obsolete；archaic
已分开的乳化液☆broken emulsion
已辐照☆postirradiation
已付清的☆paid-up
已改良的土壤☆reclaimed soil
已固井套管☆solid{cemented} casing
已核准发票☆vouchered invoice
已划分成块段的矿体☆developed reserves；blocked-out ore
已化验的试样☆dump sample
已坏☆out of order；o.o.o.
已回采{收}的☆robbed (out)
已回采矿柱的老采区☆stooped waste
已(排)计划要修理的☆scheduled for repair
已加注燃料的导弹☆fueled missile
已拣选矿石☆sorted ore
已检波信号☆detected{rectified} signal
已建满房屋或其他建筑物的地区☆built-up area
已交代的沉积岩☆metasomatized sedimentary rock
已接种(细菌)的溶液☆inoculated solution
已解离矿物☆liberated mineral
已进行过防腐处理的水☆corrosion-inhibited water
已浸渍处理木材☆treated timer
已开采过的井☆exhausted well
已开发油田☆developed field
已开垦的土地☆previously cultivated land
已开拓煤层☆won seam
已勘探地区☆proved area
已密封的[裂缝]☆plugged
已灭瀑布☆extinguished waterfall
已磨损扳手☆knuckle-buster
已磨损的☆worn
已排水的边坡☆drained slope
已取得鉴定的设备☆approved apparatus
已取岩芯的☆cored；Crd；Cd
已全部投入开发的油田☆maturing field
已燃带☆burn{burned} out zone
已燃气☆combustion gas
已射孔井☆perforated hole
已射药筒☆used shell
已试过的☆approved
已试油井☆completed well
已收到[无线电语]☆Roger
已疏干☆in fork
已死的☆exanimate
已损坏的☆lame
已坍塌地层☆cavey formation
已探明的地热储☆identified geothermal reservoir
(在)已探明油藏之间或周边打探井找油☆trend play
(在)探明油田外的探井☆step out
已填图地区☆mapped area{region}；map region
已调幅信号☆amplitude-modulated signal
已调载波☆modulated carrier wave；M.C.W.
已停止活动的地热系统☆deceased geothermal system
已停止活动的热泉(区)☆ended hot spring
已脱除汽油的干气☆stripped gas
已完成凿面☆rock face
已稳定滑坡☆stabilized landslide
已吸留瓦斯☆mine occluded gases
已熄灭的火☆annihilated fire
已下管的井☆tubewell；tubed well
已下套管的井{|井段}☆cased well{|hole}
已下套管井的打捞☆cased hole fishing
已消磨的☆worn
已消逝的地热区☆extinct geothermal area
已形成的凹坑☆crater formation
已选矿石☆dressed ore
已验收的☆approved
已有管线上接的辅助管线☆stub line
(在)已有容器、管汇上接新管线☆stub in
已有数据☆preexisting data
已有特征☆given feature
已占用名☆preoccupied
已支撑的裂缝[隙]面积☆propped fracture area
已知储量☆known{visible} reserve
已知储量的矿体☆ore in sight
已知地热资源区☆known geothermal resources area
已知电压☆setpoint voltage
已知供应量☆visible supply
(在)已知见矿钻井之间钻探或探边找矿☆trend play
已知井☆fixed well
已知数☆datum [pl.data]；known number；fixed datum
已知值☆given value
已注水泥的☆cemented；cmtd
已装运背书提货单☆on board endorsement bill of lading
已钻尺数{|的井|区}☆drilled footage{|well|area}
已钻过{通}的☆drilled in
已钻井分析☆historical well analysis
已钻深度☆depth out
已钻探地区☆drilled area
以百分数表示的坡度☆percentage gradient
以鼻音说话☆snuffer
以便☆so as to；for ease in{of}
以便不成为障碍☆out of the way
以箔为衬底☆foil
以不安全的方法☆in an unsafe manner
以处理矿场水或污水的井☆disposal well
以单锚系泊的船位☆sheer
以导向楔钻进的偏斜钻孔☆rathole
以地层孔隙容积为计量单位的注入水量☆water thruput pore volumes
以地面、水面为基地的☆surface based
以地名命名者☆toponym
以毒气攻击{杀害}☆gas
以断层为界的深沟{|盆地}☆fault-bounded trough{|basin}
以吨计(的)采(油)量☆tonnage output
以反射为界的单位☆reflection-bounded unit
以防☆against；agt
以非炼焦煤☆mill coal
以隔热或隔冷材料保护(水管或贮水器等)☆lag
以公证人资格证实……☆notarize
以观察或实验为依据的☆empirical
以硅(氯烷)油为主要成分的油☆silicone-base oil
以后☆afterward(s)；posterior
以`基底{|片麻岩}为核心的推覆体☆basement{|gneiss}-cored nappe
以及其他地方{等等}☆et al；et alib；et alii
以角相接☆corner
以硫酸盐为主的水☆predominantly sulfate water
以陆地为基地的☆land-based
以挠曲为界的深槽☆flexure-bound trough
以卜累斯期☆Ypresian age
以前☆previously；heretofore
以前的☆former；antecedent；preceding
以燃烧驱散☆outburn
以三条线为界的☆trilinear
以色列☆Israel
50℃以上热水☆acrothermal water
以生产产品偿还的计划☆product-pay-back scheme
以十为底的☆decimal base
以石油支付☆in-oil payment
以时间为函数的载转移机理☆time-dependent load-transfer mechanism
以太☆ether；aether
以太网(络)☆Ethernet
以太阳为中心的☆heliocentric
以特定尺寸数作为量纲的东西☆incher
以同一步调[速度][拉]☆pari passu
以桶数计的地层原油储量☆barrels of reservoir crude
以往的生产动态☆historical production performance
以……为目标☆with the object of; be directed toward
以……为食物[能源]☆feed
以……为条件☆providing；provided
以为☆fancy
以……闻名☆noted for；(be) known as
以物易物☆truck；exchange of goods
以下☆hereafter
0℃以下的辗压[低温轧制]☆zerolling
以相等比量[拉]☆pari passu
以小数表示的孔隙度☆decimal porosity
以月球为中☆selenocentric
以蛛网物盖住☆spiderweb
以……著称{名}☆noted for；distinguished

yì

抑爆剂☆knock suppressor；detonation inhibitor
抑车钩☆holdback
抑尘☆coal dust deposition；dust allayment{arrest; depression;suppression}；dust-laying
抑尘介质☆dust-allaying medium
抑尘装置☆dust-suppression system{device}
抑垢药剂☆scale preventer{inhibitor}；chemical scale-inhibitor{inhibitor}
抑菌(作用)☆bacteriostasis
抑菌剂☆bacteriostatic agent；bacteriostat
抑煤尘☆coal dust deposition
抑泡剂☆foam suppressor
抑燃的☆fire-retardant
抑燃剂☆flame retardant
抑压者☆depressor
抑氧添加剂☆oxygen-yielding additive
抑止☆check；countercheck；nullification
抑制☆kill；constrain(t)；jamming；inhibit(ion)；stay (hold-back)；suppress(ion)；holdback；depress(ion)；quench(ing)；dam；curb(ing)；keep down；check(ing)；cork；choke；bridle；delay；subdue；neutralization；withhold；restrain(t)；control；damp；trap；repress(ion)；allayment；reject(ion)；neutralize；abatement
抑制比☆rejection ratio
抑制的☆inhibitory；inhibited；inhibitive；depressant；prohibitive；constrained
抑制电流☆curb
抑制(作用)机理☆mechanism of depression
抑制剂☆inhibiting{hold-back} agent；depressant；inhibitor；inhibiter；depressor；depressing (re)agent；suppres(s)ant；suppressor；restrainer；localizer
Aero 620 抑制剂[一种有机胶质]☆Aero Depressant 620
×抑制剂[水溶性淀粉制剂]☆Gum 3502
×抑制剂[硫化铜矿抑制剂]☆Gycolate
×抑制剂[从非洲金合欢树皮提炼出来的,经铬盐精制的螯合物]☆Kr6D
×抑制剂[美杜邦公司]☆La Retarder
×抑制剂[来自红木皮的木素磺酸盐]☆Palcotan
×抑制剂[木素磺酸钠,含磺酸钠基团`32.8{|5.8|

10.9|26.9|19.7}%]☆Polyfon F{|H|O|R|T}
×抑制剂[海藻粉末,为海生植物产品]☆Sobragene
抑制剂的增效剂☆inhibiter extender
抑制控制☆suppression control
抑制矿尘☆dust abatement
抑制了的☆depressed
抑制力☆damping force
抑制频带☆stop-band
抑制频带衰减☆stop band attenuation
抑制器☆suppressor；inhibiter；allayer；eliminator；inhibitor；rejector；SUP
抑制物☆inhibition
抑制性的☆suppressant；suppresant
抑制性泥浆☆inhibitive{inhibited} mud
抑制因素☆inhibitive factor
抑制载波☆suppressed carrier
抑制噪声☆noise elimination{abatement}
抑制栅极☆gauze；suppressor (grid)；SUP；sup. G
抑制作用☆inhibiting{retarding} effect
艺术☆art
艺术的☆aesthetic(al)
艺术家☆artist
艺术搪瓷☆artistic enamel
艺术作品☆artwork
轶事☆anecdote
易☆be capable of；easy；change；amiable
易安装的部件和管件☆weevil-proof
易螯合的☆chelatable
易搬运物质的河床☆movable bed
易爆(炸)气☆explosive gas
易爆物品☆explosive cargo
易爆性☆(explosion) hazard
易爆炸的☆explosible；explosive
易爆炸环境☆explosive atmosphere
易爆炸药☆percussion powder
易北(冰期)[北欧更新世第一次冰期]☆Elbe
易焙烧矿石☆free {-}burning ore
易被弄碎的☆shattery
易崩溃性☆collapsibility
易崩落的软顶板☆comedown
易崩落岩石☆hazardous rock；running measure
易崩页岩☆heaving shale
易变☆variability；uncertainty；mercuriality；volatility；versatility；mutability
易变的☆variable；unsteady；mobile；uncertain；labile；fluid；fluent；unsettled；versatile；protean；mercurial；liquid
易变硅钙石[$Ca_{12}Al_2Si_{18}O_{51}$•$18H_2O$; 单斜]☆tacharanite
易变化的☆labile
易变辉石[$(Mg,Fe^{2+},Ca)(Mg,Fe^{2+})Si_2O_6$; 单斜]☆pigeonite；titanpigeonite tk
易变色的☆allochromatic；allochroic
易变丝☆labilizing fiber
易变文件☆volatile file
易变型☆variable type
易变形的☆ductile
易变形钢☆easily deformable steel
易变形性☆dimensional instability
易变性☆variability；lability；inconstancy；mutability；changeableness
易变藻科[Q]☆Astasiaceae
易辨认点☆identifiable point
易剥层理☆fissile bedding
易剥辉石☆lotal(al)ite；lodulite
易剥裂页岩☆fissile shale
易剥落的☆flaky
易剥落性☆friability
易剥泥岩☆mud shale
易布石[Fe^{3+},Mg及碱金属的铝硅酸盐]☆elbrussite
易采的[矿石]☆free-working；kind；kindly
易采煤☆live coal
易操纵性☆handiness
易操作的☆maneuverable
易拆卸的☆knockdown
易产生顺层滑坡的高角度斜坡面☆daylighting
易潮解的☆deliquescent
易潮湿的☆retentive
易潮石☆trudellite
易成粉末状的☆shattery
易出故障的☆troublesome
易出砂地层☆(sand) problem formation
易出问题的井☆critical well
易处理☆docility
易磁化方向☆easy direction
易从富油层中吸进原油的砂层☆thief sand
易脆顶板[特指页岩]☆short ground
易达到的☆readily accessible
易导热的☆transcalent
易得的☆readily accessible
易点火的☆ignitable
易点燃性☆ease of ignition
易冻土☆frost-susceptible (soil)
易冻性☆frost susceptibility
易读☆readability
易读的☆easy-to-read
易堵塞的☆cloggy；susceptible to plugging
易断性☆brittleness
易发生……☆be liable to
易发生爆炸事故的矿山☆fiery{foul} mine
易发生的☆incidental；incident
易发生复杂情况的层带☆troublesome zone
易发生事故的☆accident-prone
易发生突出的煤柱{|区域}☆bump-prone pillar{|area}
易分辨的☆easy-to-read
易分解的☆labile；soft
易分解干酪根☆labile kerogen
易分离的☆segregative
易分离煤☆free coal
易分裂的☆fissile
易分选的☆thin-graded
易风化成碎屑的☆eugeogenous
易风化的☆readily slacking{alacking}；windy
易风化岩☆eugeogenous rock
易浮的☆fast-floating
易腐烂☆putrescibility
易腐蚀性☆susceptibility to corrosion
易感☆sensibilization
易感受的☆sensible
易汞齐[金银]☆free-milling
易汞齐的金矿石☆free-milling ore
易汞齐金☆free-milling gold
易管理的☆manageable
易耗工具☆expendable equipment{tool}
易糊钻地层☆balling formation
易滑动扳手☆knuckle-buster
易滑土☆slip clay
易滑移区☆easy glide region
易换的☆quick-replaceable
易挥发的☆volatile
易挥发烃稀释后的原油☆volatile-laden crude oil
易辉安山岩☆aleutite
易毁(坏)的☆fragile
易混(合)的☆miscible
易货贸易☆barter (trade)
易货协定☆truck agreement
易鉴定的☆eudiagnostic
易交代的☆readily replaceable
易交换的☆readily exchangeable
易浇注性☆remoulding effort
易接近的☆accessible
易解☆legibility
易解石[$(Ce,Y,Th,Na,Ca,Fe^{2+})(Ti,Nb,Fe^{3+})_2O_6$; 斜方]☆aeschynite；cererdenthoriumeuaenite；titano-(a)eschynite；eschynite；thoro(-a)eschynite；eschinite；alumo-aeschynite；aechynite
易掘进地区☆well pulling ground
易掘性☆rippability
易矿化岩☆favorable rock
易裂变性☆fissility
易(分)裂的☆fissile；fissionable
易裂砂岩☆liver rock；liverstone
易裂性☆fragility；fissi(bi)lity
易裂页岩☆slate ground
易溜{选;汞齐}金☆free-milling gold
易流动的☆softflow
易流动渣☆free-running slag
易流贮仓☆easy-flow bin
易漏☆leakiness
易落板岩的支护☆draw-slate holding
易落(上层岩)石☆running ground
易冒落的上盘☆heavy hanging wall
易门运动☆Yimen epeirogeny
易磨损的☆quick-wearing
易磨性☆grindability
易泥包地层☆balling formation
易黏矿石☆sluggish ore；tendency-to-stick ore
易劈灰岩☆conite；konite
易劈开的☆eutomous；cleavable
易劈裂岩石☆split rock
易劈砂岩☆liver rock；flaikes
易劈石☆freestone
易劈向(岩)☆grain
易劈性☆fissile
易疲劳性☆fatigability
易片落的岩石☆spallable rock
易破的☆evanescent
易破坏乳状液☆quick-breaking emulsion
易破裂的☆cracky
易破碎(煤)☆loose coal
易破碎的☆shattery；breakable
易破碎的东西☆breakables
(在)易破碎岩层中钻进☆easy drilling
易起火灾建筑物☆firetrap
易起泡沫的原油☆foamy crude
易切砂岩☆freestone；free stone
易切削钢☆free-cutting{free-machining} steel
易切岩{石}☆freestone
易曲砂岩[因含云母,性较柔脆]☆flexible sandstone
易燃☆inflammable；combustible
易燃(烧)的☆free burning；combustible；flammable；inflammable
易燃的混合气体☆inflammable mixture of gases；inflammable mixing of gases
易燃锆粉☆pyrophoric zirconium powder
易燃固体☆flammable solid
易燃合金☆boiler plug alloy
易燃化学品[包装]☆ignition control compound；ICC
易燃混合物☆inflammable{combustible} mixture
易燃焦☆fast-burning coke
易燃煤层采煤法☆spontaneous combustion coalseam mining method
易燃木☆light wood
易燃钠膜☆pyrophoric sodium film
易燃气体☆fire gas(es)；inflammable gas
易燃气体测试仪☆inflammable gas detector
易燃烧的☆incendive；free-burning
易燃物☆inflammables；combustibles；burnable；tinder；fire{inflammable} goods
易燃性☆inflammability；ignitability；flammability；combustibility；ignitibility；deflagrability
易燃性试验仪☆flammability tester
易燃雪(石)☆uranelain
易燃药品☆ignitable chemical
易燃油品☆dangerous oils；inflammable oil
易燃炸药☆deflagrating explosive
易燃织物☆inflammable {highly combustible} fabric
易熔玻璃☆fusible glass
易熔瓷土☆vitrifying{fusible} clay
易熔的赤铁矿☆smelting hematite
易熔点☆eutectic point
易熔焊料☆quick solder
易熔合金☆bendalloy；boiler plug alloy
易熔金属热阱☆fusible metal heat sink
易熔塞☆fusible plug
易熔石[$(Fe,Mg)SiO_3$]☆eulite
易熔石蜡☆soft wax
易熔土☆slip clay；easily fusible clay
易熔性☆fusibility
易溶金属☆readily soluble metal
易溶塞栓☆fusible plug
易溶物☆lyotrope
易溶性岩石☆soluble rock
易溶盐试验☆strongly soluble salt test
易如反掌的事情☆joke
易散的☆fugitive
易烧性☆burnability
易生向面[与易生向垂直的面]☆blastetrix
易生油岩[对生气而言]☆oil-prone source rock
易失存储器☆volatile storage{memory}
易湿水矿物☆lyophile mineral
易受冻的☆frost-susceptible
易受温度影响的☆temperature-responsive
易受污染损害的☆vulnerable to pollution
易受影响的☆yielding
易水化黏土☆easily hydrated clay
易撕碎的☆shattery
易塑的☆plastic

易碎成中等粒度的煤☆lively coal
易碎的☆brittle；fragile；crumbly；friable；brashy；pulverulent；nesh；soft；tender；brash；short；fluffy
易碎煤☆weak coal
易碎团块☆friable mass
易碎性☆friability；frangibility；fragileness；rottenness；pulverulence；fragility
易碎岩石☆crumbly{brittle;friable} rock；scall
易碎沼煤☆moor coal
易损坏的☆brittle；fragile；vulnerable；tender
易损(零)件☆quick-wear{worn-out} parts；consumable accessories
易损角钢☆wear angle
易损性☆vulnerability
易塌地层☆weak ground
易塌顶板☆collapsible roof
易塌落的顶板☆deteriorating{collapsible} roof
易塌坍{坍塌}的(地层)☆cavey；cavy
易塌陷的☆free-caving；free caving
易塌陷土石☆running ground
易塌页岩☆heaving shale
易坍的状态☆insecurity
易坍塌的(岩层)☆incompetent
易坍塌的孔{|地层}☆caving hole{|ground}
易坍塌性☆collapsibility
易探易采热储☆easy reservoir
易调整的喉衬套☆easily adjustable throat bush
易挖物料☆easy digging material
易弯的☆pliable
易弯曲的☆limber
易弯性☆flexibility；whip
易位☆transposition；translocation
易污染水区☆vulnerable water area
易吸收湿气的☆deliquescent
易洗煤☆easy-washing coal
易削合金☆free-cutting alloy
易消灭的☆evanescent
易消失的☆fugitive；fugacious
易效水☆readily available water
易卸压缩机☆accessible compressor
易修整性☆finishablility
易选的☆free-milling；free milling
易选金矿砂☆free-milling ore
易选煤☆easy{simple} coal
易选铅矿☆boose；booze
易压碎的东西☆squash
易淹区☆flood-prone area
易延展的☆ductile
易氧化的☆soft
易液化的☆liquescent
易液化烃类☆liquefiable hydrocarbons
易引火的☆fire-hazardous
易引起矽肺的矿井☆silicotic mine
易用火钻钻孔的岩石☆good spalling rocks
易于☆amenable；be capable of；prone；liable to…
易于出错的☆error-prone
易于精制☆docility
易于联在井口中的油管头☆boil-weebil tubing head
易于使用的☆easy-to-use
易在井壁上形成泥环的岩层☆balling formation
易展性{的}☆laminable
易着火的☆inflammable；fire-hazardous
易折安瓿☆easy break ampoule
易折性☆frangibility
易震区☆earthquake-prone area
易蒸发的☆evaporable
易蒸发性☆evaporability
易置换的☆readily replaceable
易装的油管头☆boll-weevil tubing head
易装易拆的东西☆knockdown
易自燃固体☆flammable solid liable to spontaneous combustion
易钻地层☆easy-to-drill formation
易钻岩层钻进☆easy drilling
螠蛏(属)[双壳;R-Q]☆Sinonovacula
螠虫动物☆Echiuroidea
螠纲☆Echiuroidea；Echiuroidae
螠形动物门☆Echiuroidea
屹立之史前时期纪念巨碑☆menhir
镱☆ytterbium；Yb
镱矿☆ytterbium ores
亿昂[宙;万古;地质时代]☆aeon
10 亿标准立方英尺每日(气)☆billion standard cubic feet of gas per day；bscf/d
亿分之一☆pphm；part per hundred million
亿万年☆aeon
臆测☆speculation
臆想的硅铝酸☆chloritite
逸出☆bleeding[沼气]；liberation；emit；diverge(nce)；divergency；breakaway；escape；emittance；slippage；overswing；overshoot(ing)；runaway
逸出侧☆outgoing side
逸出的气体☆escaping gas
逸出电子☆outcoming electron
逸出轨道☆disorbit
逸出角☆angle of flight
逸出坡降☆exit gradient
逸出气体☆escaping{emergent} gas
逸出速度☆velocity of escape
逸度☆fugacity
逸率☆fugacity coefficient
逸气坑☆gas pit
逸入☆inleakage
逸散☆effusion；escape
逸散电子☆escaped{runaway} electron
逸散速(度)☆velocity of escape
逸水☆lost circulation
逸性(度)☆fugacity
亦然☆vice versa
疫霉属[真菌;Q]☆Phytophthera
疫沼[月面]☆Palus Epidemiarum
癔病爆发☆hysterics
意大利白麻[石]☆Sardinia White
意大利的区域差异☆regional disparities in Italy
意大利蓝☆Italian blue
意大利式掏槽☆Italian cut
意见☆sight；idea；judg(e)ment；opinion；view；advice；version；voice；sentiment；note
意硼钠石[$Na_2(B_5O_6(OH)_5)•H_2O$]☆ercurrite
意识☆sense
意识到的☆aware
意识形态☆ideology
意水硼钠石[$Na_4B_{10}O_{17}•7H_2O$;三斜]☆ezcurrite
意思是☆mean
意图☆intention；intent
意外爆炸☆unplanned{accidental} explosion
意外变动☆afterclap
意外的☆fortuitous；accidental；chance；unexpected；uncontrollable
意外发现☆accidental discovery
意外井喷☆uncontrolled{spontaneous} blowout
意外利润☆windfall profit
意外失真☆fortuitous distortion
意外事☆surprise；surprize
意外事故☆mishap；emergency；contingency；contingence
意外事故断路器☆emergency circuit-breaker
意外事故发生频率☆accident frequency
意外事件☆chance；thunderbolt
意外停产{输}☆unexpected shutdown
意外停机☆hang-up
意外危险☆unforeseen danger
意味☆signify
意味着☆infer；represent；purport；mean
意向☆disposition；tendency
意义☆significance；intent(ion)；denotation；bearing；value；sense；purport；purpose
意译☆paraphrase
意愿调查评估法☆contingent valuation
意旨☆intention
毅力☆perseverance
益处☆profit
益富石☆masutomillite
益损值☆profit or loss
义务☆duty；responsibility；liability；charge；burden；obligation
义务的☆honorary；mandatory；incumbent；hon；hon.
义务(探)井☆obligatory well
义务人☆obligor
溢岸堆积物☆overbank deposits
溢出☆spill (out;over)；flow over extravasate[熔岩等]；run(-)off；flood；spilling；extravasate；effluence；springing out；spillover；overflow；spillage；effusion；egress；outflow；out-of range；superfusion；spill-out；overrun；transfluence；overfall
溢出的液体☆slops
溢出点☆spillpoint；run-off{spill} point
溢出段☆outflow surface
溢出口☆overfall；spill；spillway
溢出浪☆spilling wave
溢出量☆spill；spillover；spill-out；outflow
溢出煤转载输送机☆spillage conveyor
溢出泉☆boundary spring
溢出式塑模☆flash
溢出水带☆raising water
溢出物☆overspill；spillage
溢出物集流仓☆catchpit；catch sump{pit}
溢出信号☆overflow signal
溢出液☆effluent
溢出渣☆runoff slag
溢出作用☆upwelling
溢道☆spillway
溢顶[水流]☆topping
溢分流☆effluent
溢光灯☆klieg-light
溢洪道☆flood gate；discharge canal；spillway (tunnel;overflow)；terrace outlet；by-wash；waste weir；by-channel；by-pass channel；wasteway；spill；by-lead；overflow (spillway)
溢洪道护{海}堤☆spillway apron
溢洪堤☆spill-bank
溢洪河道☆by-channel
溢洪能力☆spillway capacity
溢洪坡☆spill slope
溢洪渠☆by-pass
溢洪隧洞{道}☆spillway tunnel
溢价☆premium
溢浆☆ichor；residual magma
溢晶石[$CaMg_2Cl_6•12H_2O$;三方]☆tachyhydrite；tach(h)ydrite
溢口☆overflow
溢料☆spew；flash[模型]
溢流☆flood(ing)；effluent (flow)；overflow；kick；effusion；washover；overfall；spill water；outflow；brim over；washout；running-off
溢流坝☆overflow{weir;spillweir;overfall} dam；an(a)icut；annicut
溢流板☆spillplate；tailgate；spill{overflow} plate
溢流补给(水)☆rejected recharge
溢流程度☆theoretical partition size
溢流池☆run-off{spill} pit；spill tank
(冰川)溢流道☆crease
溢流的☆effusive；overrunning
溢流阀☆flood{bleed-off;easing;relief;surplus;auxiliary} valve；excess flow valve；overflow cock{valve}；RV
溢流管☆flooding{down-flow;run-down} tube；branch nozzle；downspout；overflow (tube)
溢流管接头☆overflow pipe connection
溢流井☆decant tower
溢流控制☆bleed-off control
溢流口☆spillway；overflow lip{edge;vent}；overflow；overflow-lip；out gate
溢流量☆flowing yield；spill size；peripheral discharge；overflow
溢流流体熔岩☆dyngia [pl.dyngjur]
溢流冒口☆strain relief
溢流煤坑[设在主输送机装车点下]☆spillage pit
溢流喷发☆effusive eruption
溢流区☆discharge area
溢流渠☆bypass；outflow channel
溢流塞☆relief fitting
溢流式球磨机☆overflow ball mill
溢流水舌☆nappe
溢流速度☆flooding velocity；peripheral speed
溢流调节回路☆bleed-off circuit
溢流凸体☆spillover lobe
溢流线☆overlap level；overflow line；O.L.
溢流型分配器☆overflow-type distributor
(安全阀上的)溢流压力☆bleed pressure
溢流岩☆superfusive rocks；effusive rock
溢流堰☆(overflow;dam;gate;edge) weir；continuous weir；spillweir；sand bank；tailboard；wasteweir
溢流堰板☆tail board
溢流嘴☆overflow nozzle；downcomer
溢漏事故☆spill incident
溢漫☆spill

溢沫☆froth overflow
溢{逸}气泉☆bubbling spring
溢泉冰体☆crystocrene；crystocrene
溢水☆overfall；overtopping
溢水坝☆overtopped dam；overfall
溢水沟☆outfall ditch
溢水管☆spillway；flush{overflow} pipe
溢水接管☆spud
溢水井☆overflow well
溢水口☆riser；weir
溢水式沉降计☆hydraulic overflow settlement cell
溢液☆spillover
溢液刮扫器☆flood wiper
溢油清除技术☆oil spill clean-up technology；OSCUT
溢雨☆spillover
溢长☆mantle
议定☆negotiate
议定书草案☆draught protocol
议会☆court；congress；parliament
议价☆bargain
议价价格☆free market price
议价能力☆ability to bargain
议事录☆transaction
议事日程☆docket；agenda
议题☆question
议长☆chairman；chair
译☆translation
译成电码☆coding；code
译成密码☆cipher；cypher；encipher；cryptograph
译出☆decoding
译出(密电)☆unscramble
译出密码☆cipher
译出信息☆decoded information
译电员☆decoder
译后编辑☆post-editor
译码☆interpretation；interpet；decryption；decode；decoding；decipher；decipherment；translation
译码机☆interpreter
译码器☆(code) translator；decoder
译码信号☆decoded signal
译(密)码`员{装置}☆decoder；decipherer
译文{本}☆version；trans；translation
(翻)译者☆translator
异☆poikilo-；heter(o)-；xeno-；xen-
异艾氏剂[虫剂]☆isodrin
异凹椎☆heterocoelous{anemocoelous} vertebra
异白氨酸☆isoleucine
异板[腕]☆xenidium
异板贝属[腕;O_2]☆Xenelasma；Parallelelasma；Heterelasma
异板脊☆median fold of xenidium
异孢植物☆heterosporophytes
异倍体☆aploid
异比接触[堆晶层]☆ratio contact
异鞭藻目☆Heterochloridales
异鞭藻属[黄藻;Q]☆Chlorochromonas
异扁枝烯☆13β-haur-15-ene；isophyllocladene
异变的☆heterotactic
异变晶结构(不等粒变晶结构)☆heteroblastic texture
异冰片☆isoborneol
异丙醇[$(CH_3)_2CHOH$]☆isopropanol；isopropyl alcohol；dimethyl carbinol；Petrosol；IPA
异丙醇胺[$C_3H_6(NH_2)OH$]☆hydroxy isopropyl amine
异丙黑药[成分与 Aerofloat 203 同,但浓度更高]☆Aerofloat 243
异丙黄药[$(CH_3)_2CHOCSSM$]☆isopropyl xanthate
异丙(基钠)黄药☆AC343
异丙基☆isopropyl
异丙基苯☆cumene；isopropyl benzene
异丙基庚二酸盐[$(CH_3)_2CHOOC(CH_2)_5COOM$]☆isopropyl pimelate
异丙基黄原酸烯丙酯[$(CH_3)_2CHOC(S)SCH_2CH{:}CH_2$]☆allylisopropylxanthate
O-异丙基-N-甲基-硫代氨基甲酸酯[$CH_3NH{\cdot}C(S)OCH(CH_3)_2$]☆O-isopropyl-N-methyl thiocarbamate
O-异丙基-N-乙基-硫代氨基甲酸酯[$C_2H_5NH{\cdot}C(S)OCH(CH_3)_2$]☆O-isopropyl-N-ethylthiocarbamate
异丙烯基☆isopropenyl
异丙氧基[$(CH_3)_2CH{\cdot}O-$]☆isopropoxy-
异丙氧基苯[$(CH_3)_2CHOC_6H_5$]☆isopropoxy benzene
异剥钙榴(辉长石)☆rodingite
异剥古铜橄榄岩☆diallage bronzite peridotite；lehrzolite
异剥辉石☆diallage；germarite；pseudohypersthen
异剥石[习惯上亦常指透辉石及普通辉石之发育良好的裂开者;$Ca_7Fe^{2+}Mg_{6.5}Fe^{3+}_{05}Al(Al_{1.5}Si_{14.5}O_{48})$]☆ot(t)relite；diallage
异剥岩☆diallagite
异补堆积岩☆heteradcumulate
异步☆asynchronism
异步串联信号☆asynchronous serial signal
异步的☆asynchronous；non(-)synchronous
异步回波滤除☆defruiting
异层的生物境☆heterostrate biotype
异常☆anomaly；abnormal(ity)；unusual；extremely；exceedingly；particularly；exception；disorder；out of the way；abnormity；par-；para-
异常波☆extraordinary wave；abnormal events
异常产状☆abnormal occurrence
异常惨淡☆fading of anomaly
异常虫属[孔虫;N_3-Q]☆Anomalina
异常大小☆dimension of anomalies
异常的☆extraordinary；abnormal；ataxinomic[生]；deviant；anomalous；anomalistic(al)；abnormous；aberrant；heavy；atypical；xtry.；out-of-the-way；off-normal；novel
异常低区☆anomaly low
异常地面普查钻进☆anomaly drilling
异常方向☆grain of anomaly；atypical direction
异常分带☆zoning of anomaly
异常高压☆surpressure
异常高压储层☆overpressured reservoir
异常构造☆structural abnormality
异常光☆extraordinary light
异常光线☆E{extraordinary} ray
异常函数☆improper function
异常检查☆follow-up for anomaly
异常解理的☆heterotomous
异常快钻进☆faster drilling
异常脉序[植]☆anomodromy
异常排列☆heterotaxy
异常评价☆appraisal{assessment} of anomalies
异常强度☆intensity of anomaly；anomaly intensity
异常区钻孔{探}☆anomaly drilling
(在)异常区钻探井[放射性,地球化学,地磁重力等异常]☆anomaly drilling
异常热流区☆anomalous heat flow zone
异常弱化☆suppression of anomaly
异常似共结状[结构]☆anomalous eutectoid
(使)异常突出☆high-lighting an anomaly
异常土☆extranormal soil
异常下限☆(anomaly) threshold
异常型(体质)☆ectype
异常形(现象)☆heteromorphism
异常形变☆distortion of anomaly
异常形成☆malformation
异常形的☆heteromorphic；heteromorphous
异常形态☆form of anomalies
异常压力储集层☆abnormally pressurized reservoir
异常源☆anomaly source；source of anomaly
异常元素的存在形式☆mode of occurrence of anomalous elements
异常允许☆exception enable
异常增强☆enhancement of anomaly
异常震强区☆zone of abnormal seismic intensity
异常值[分化]☆anomalous value；anomaly；tectonic outlier[分化]
异常终止☆abend；abnormal end
异常状态☆error state；grain of anomaly；ERST
异常走向{趋势}☆anomaly trend
(固汽)异成分汽化☆incongruent vaporization
异齿龙属[P]☆Dimetrodon
异齿目[双壳]☆Heterodonta
异齿鲨类☆Heterodontoidei
异齿系☆heterodont dentition
异齿型[双壳]☆amphidont
异齿(兽)亚目☆Anomodontia
异翅目[昆]☆Heteroptera
异臭☆foreign odor
异刺硅鞭毛藻属☆Distephanus
异刺鲨(属)[P]☆Xenacanthus
异大分歧☆heterotomous
"异"单元☆anticoincidence unit
异胆甾烷☆isocholestane
异倒钩骨针[绵]☆anisochela
异地斑晶☆allolith
异地成煤说☆drift{transportation} theory；allochthony
异地成因、异地成煤说☆allochthony
异地的☆allochthonous；heterochthonous；allochthonic
异地化石☆transported fossil
异地煤煤田☆drift coalfield
异地(正)泥晶☆allochthonous orthomicrite；allomicrite
异地逆掩鳞岩席{片体}☆allochthonous thrust sheet
异地砂屑☆allodapic；alloclastic
异地生成煤☆allochthonous{allochthony;drift;transported} coal
异地岩☆allochthonous rock；allochthon
异地岩浆☆exotic magma
异地岩石☆foreigner
异地岩体学说☆allochthonous theory
异地褶皱☆displaced{allochthonous;allogene} fold
异地种群☆allopatric population
异碲金矿[$AuTe_2$]☆atamokite
异点☆dissimilitude；dissimilarity；outlier
异丁醇☆isobutyl alcohol；isobutanol
异丁(基)黄药☆isobutyl xanthate
异丁(基钠)黄药☆AC317
异丁基[$(CH_3)_2CHCH_2-$]☆isobutyl
异丁基氨基乙{醋}酸[$(CH_3)_2CHCH_2NHCH_2COOH$]☆isobutyl glycine
异丁烷☆isobutane
异丁烷工况曲线☆isobutane curve
异丁烯☆isobutene；isobutylene
异丁烯`黄药{基黄原酸盐}[$(CH_3)_2C_2HOCSSM$]☆isobutenyl xanthate
异丁烯酸甲脂{酯}☆methyl methacrylate
异丁酰☆isobutyryl
异丁橡胶☆Butyl；government rubber isobutylene；GR-I；butyl rubber
异度发育☆allometry；allometric development
异度生长☆anisometric{allometric} growth
异蒽☆isoanthracene
异发演替[生]☆allogenic succession
异方差性☆heteroscedasticity
异分同晶的☆allomeric
异分子聚合(作用)☆copolymerization
异腹足类☆heterogastropoda
异盖贝属[腕;C_1-P]☆Heteralosia
异盖虫属☆Heterostegina
异橄蛇纹岩☆stubachite-serpentine
异庚烷☆isoheptane；methylhexane
异沟粉属[孢;E_2-Q]☆Boechlensipollis
(同分)异构(现象)☆isomerism
异构(现象)☆isomery
异构产品☆isomate
异构重整☆isoforming
异构化(作用)☆isomerization
异构化的☆isomerized
异构体☆isomeride
(同分)异构体☆isomer
异构烃☆isomeric hydrocarbon；isohydrocarbon
异构烷烃☆isoalkane
异古肉食类[哺]☆Acreodi
异关节☆xenarthal
异关节类{目}☆Xenarthra
异关节型脊椎☆xenarthrous vertebrae
异管螺属[软舌螺类;软舌螺;Є-O]☆Allatheca
异管苔藓虫属[K-Q]☆Heteropora
异光沸石[$(Ca,Na_2,K_2)(Al_2Si_9O_{22}){\cdot}5H_2O$]☆ashtonite；robertsonite；mordenite
异癸胺[$(CH_3)_2CH(CH_2)_7{\cdot}NH_2$]☆isodecyl amine
异癸烷☆isodecane
异国情调的☆exotic
13-异海松二烯☆13-isopimaradiene
异海星属[棘;D_1]☆Xenaster
异号☆contrary{opposite} sign
异核球颗的☆allothrausmatic
异化☆dissimilation
异化变质(作用)☆allochemical metamorphism
异化粒☆allochem；allochemical element
异化(学)性包体☆antilogue
异化学变质(作用)☆allochemical metamorphism
异化作用☆dis(a)ssimilation；catabiosis；dissimilatory
异环节石属[竹节石;D_3]☆Dicricoconus
异辉锑铅银矿☆brongniartite；ultrabasite [$28PbS{\cdot}11Ag_2S{\cdot}3GeS_2{\cdot}2Sb_2S_3$]；diaphorite[$Ag_3Pb_2Sb_3S_8$]；brongniardite
异基晶簇☆heterochton druse
异基因的☆xenogeneic

Y

异机(制)旋回性☆allocyclicity
异极☆heteropole；heteropolar
异极半面象(晶)组☆hemimorphic hemihedral class
异极的☆heteropolar[性质]；hemimorphic[形态]；anisopolar
异极端☆antilogous end
异极沸石☆ledererite
异极(性)分子(浮选)☆heteropolar molecule
异极粉属[K_2]☆Mancicorpus
异极矿[$Zn_4(Si_2O_7)(OH)_2•H_2O$;$Zn_2(OH)_2SiO$;$2ZnO•SiO_2•H_2O$; 斜方]☆hemimorphite；(electric) calamine；galmei；smithsonite；wagit(e)；galmey；daviesite；cadmia；hemimorphyte；kieselgalmei{kieselzinkerz; kieselzinkspath}[德]
异极矿(晶)组[*mm*2 晶组]☆calamine type
异极全面象(晶)组☆hemimorphic holohedral class
异极石☆calamine
异极四分面象(晶)组☆hemimorphic tetartohedral class
异极象☆hemimorph(ism)；hemimorphy
异极象(晶)组☆hemimorphic class
异极性☆hemimorphism；heteropolarity
异极性化合物☆heteropolar compound
异极轴☆axis of hemimorphism；hemimorphic axis
异己(样品)☆outlier
异己氨酸[$(CH_3)_2CHCH_2CH(NH_2)CO_2H$]☆leucine
异己的☆alien
异己酸☆isocaproic acid
异己烷☆isohexane
异甲(亚纲)[无颌纲]☆Heterostraci
异价类质同象☆heterovalent isomorphism
异键的☆heterodesmic
异键型(结合)结构☆anisodesmic structure
异胶质☆isocolloid
异铰目[双壳]☆Anomalodesmata
异角鹿属☆Heterocemas
异节末射枝的☆heterodactylous
异节目☆xenarthra
异晶☆xenocryst
异境沉积☆heterotopic(al){heteromesical} deposit
异径管☆reductor
异径管箍☆bowl
异径管子短节☆swage；swedge
异径接箍☆combination collar；adapter{reducing} coupling
异径接头☆sub；increaser；swage；mandrel{adapter} substitute；connecting{union;pipe} reducer；reducing joint{coupling;piece}；adapter (coupling)；substitute；reducer；swedged nipple；sloper；reduced section sub
异径连续套☆reduction sleeve
异径三通☆reducer tee
异径双阴螺纹接头☆box to box reducer
异径套箍☆reducing socket
异径弯头☆street{reducing} elbow
异锯齿牙形石属[O_2-T_2]☆Idioprioniodus
异卷虫(属)[孔虫;K]☆Heterohelix
异蹶鼠属[N_2]☆Heterosminthus
异抗性☆heterogeneous resistance
异颗石[钙超]☆heterococcolith
异孔石鲈☆porkfish
异喹啉☆isoquinoline
异类☆heterogeneity；foreign peoples；a different class {species} [of plants or animals]
异类的☆xenic
异类岩相☆heterolithic facies
异离体[德]☆schlieren；streaky mass
异离体的☆schlieric
异离岩浆☆fractional magma
异离子效应☆diverse ion effect
异粒块状沉积☆symminct；symmict
异粒岩相☆heterolithic facies
异链烷烃☆isoalkane；isoparaffin
异亮氨酸☆isoleucine
异列(现象)☆heterotaxy
异列的☆heterotaxial；heterotactic；heterotactous
异列堆[沉]积☆heterotaxial deposit
异磷铁(锰)矿[$(Fe,Mn)_2(PO_4)_2•H_2O$]☆heterosite；heterozite
异磷铁锰矿☆neopurpurite[$(Fe,Mn)_3(PO_4)_2•H_2O$]；ferri-purpurite；soda-heterosite；heterosite{ferripurpurite}[$(Fe^{3+},Mn^{3+})(PO_4)$]；pseudotriplite[$(Mn,Fe)_2(PO_4)$ F]；melan(o)chlor
异-邻域☆allo-parapatry
异鳞虫属[孔虫;K_2-Q]☆Heterolepa
异硫脲[$RS•C(NH_2)$:NH]☆isothiourea
异硫脲盐☆iso-thiourea salt
异硫锑铅矿[$Pb_7Sb_8O_{19}$;单斜]☆heteromorphite
异瘤切壁孢属[C_2]☆Baculexinis
异龙(属)☆Allosaurus
异隆石岩☆eudialytite
异铝闪石[$NaCa_2(Mg,Fe^{2+},Fe^{3+})_5((Si,Al)_8O_{22})(OH)_2$]☆soretite
异轮藻属[K_1]☆Atopochara
异脉羊齿属[P_2]☆Comia
异牻牛儿醇☆isogeraniol
异貌接触[堆积层间]☆form contact
异媒堆{沉}积☆heteromesical deposit
异面的☆bifacial
异面弯曲☆non-uniplanar bending
异面叶[植]☆dorsi-ventral leaf；folium dorsiventrale
异面异弹性☆orthotropy
异名关系☆synonymy
异木(属)[植;T_2-K_1]☆Xenoxylon
异内沟珊瑚属[D]☆Heterophrentis
(同质)异能的☆isomeric
异捻向☆cross{ordinary;regular} lay
异脲[$NH_2•C(OH)$:NH]☆isourea
异配生殖☆anisogamy；heterogony
异配适应☆heterosis
异配子型☆digamety
异坡罗定☆isoporoidine
异气成作用☆anti-pneumatolysis；anti-pneumatogenic
异钳螯[节]☆subchela
异腔海绵目☆Heterocoelida；Heterocoela
异羟基硬脂酸☆isohydroxystearic acid
异羟肟酸[R•C(OH):NOH]☆hydroximic acid
异氰化物☆isocyanide
异氰酸盐[M-N:C:O]☆isocyanate
异球藻目☆Heterococcales
异球藻属[蓝藻;Q]☆Xenococcus
异区堆积物☆heterotopical deposits
异犬齿珊瑚(属)[C_1]☆Heterocaninia
异群落的种类☆heterochore
异韧目[双壳]☆Anomalodesmata
异日罗汉柏烯☆isohibaene
异肉桂(酸)酐☆isocinnamic anhydride
异肉桂酸☆isocinnamic acid
异软脂酸☆isopalmitic acid
异三十烷☆squalane
异色边缘☆limbus
异色的☆heterochromatic
异色粉☆coloured glaze inclusion
异色棉花交织物☆onde
异色异构混晶☆merochrome
异珊瑚☆Heterophyllia
异(形)珊瑚目☆Heterocorallia
异蛇纹石[$Mg_6Al_4Si_5O_{24}•H_2O$(近似)]☆allophite
异射☆correlation
异射骨针[绵]☆heteractine
异射海绵目☆Heteraclinellida
异砷锑钯矿-II [$Pd_8(Sb,As)_3$;三方]☆mertieite-II
异十二烷☆methylundecane
异十九烷☆norphytane
异十六(烷)酸☆isopalmitic acid
异石蜡烃☆isoparaffin
异石榴皮碱☆isopelletierine
异石松碱☆isolycopodine
异石竹烯☆isocaryophyllene
异时(发生)☆heterochrony
异时成种☆allochronic speciation
异时发育演化☆heterochronic evolution
异时首次出现☆heterochroneity heterochronic first occurrence
异时同形☆heterochronous homeomorphy
异时性[胚] ☆ heterochron(eit)y；diachronism
异时(生成)性☆heterochronism
异饰螺属[腹;T_2-J_1]☆Allocosmia
异兽亚纲☆Allotheria；metatheria
异数体☆heteroploid
异双牻牛儿基☆isodigeranyl
异水胆矾[$Cu_4(SO_4)(OH)_6$]☆heterobrochan(t)ite
异水菱镁矿[$Mg_5(CO_3)_4(OH)_2•5H_2O$?]☆giorgiosite
异丝藻目☆Heterotrichales
异松香酸☆isoabietic acid
异速进化☆allomorphosis
异速生长☆allo(io)metry；allometron
异速生长因子☆allometric factor
异苔藓虫属[O-S]☆Heterotrypa
异态☆oddity；heteromorphic；heteromorphous
异态干扰☆differential mode interference
异态螺属[Q]☆Traumatophora
异态性☆heteromorphism
异特龙☆Allosaurus
异蹄目[哺]☆Xenungulata
异体☆allosome；foreign body
异体的☆xenogenous
异体同形☆homology
异体愈合的[生]☆consolidated
异头鼠属[Q]☆Heterocepholus
异凸贝属[腕;O_1]☆Thaumatrophia
异突藻属[K-E]☆Areoligera
异外堆积结晶作用☆heteradcumulus crystallization
异烷基☆isoalkyl
异尾的[三叶]☆heteropygous
异尾类☆anomura；Heteropygous
异位的☆adventitious
异位元素☆heterotope
异猬属[E_1]☆Anictops
异温(动物)的☆poikilothermic；heterothermic
异温矿床☆xenothermal deposit
异文[不同版本的]☆reading
异无窗贝属[D]☆Anathyris
异戊醇[$(CH_3)_2CHCH_2CH_2OH$]☆isoamyl alcohol；isoamylol
异戊(间)二烯☆isoprene
异戊二烯类链烷烃☆isoprenoid alkane
异戊黄药☆isoamyl xanthate
异戊基[$(CH_3)_2CHCH_2CH_2$–]☆isopentyl；isoamyl
异戊基苯基(甲)酮[$(CH_3)_2CH(CH_2)_2COC_6H_5$]☆isoamyl phenyl ketone
异戊甲黄药☆Pentasol amylxanthate
异戊间二烯化合物☆isoprenoid
异戊间二烯型(链)烷烃☆isoprenoid alkane
异戊酸☆isovaleric acid
异戊酸异戊酯☆isoamyl isovalerate
异戊烷☆isopentane
异戊烯☆isopentene；isoamylene
异物☆foreign matter{impurity;body}；tramp material；foreign body；dead person；ghost；rare object
(化工生产过程中的)异物☆crud
异物探测☆tramp material detection
异物同名[生]☆homonym
异物同态☆hom(o)eomorphism
异物同形☆homeomorph(y)；homeomorphism
异鼷鹿属[E_3]☆Hypertragulus
异烯烃☆isoolefine；isoalkene
异细胞☆idioblast
异霞正长岩☆lujavrite；lujaurite
异纤蛇纹石[$Mg_6(Si_4O_{10})(OH)_8$]☆asbophite
异想天开的☆fantastic
异相☆out (of) phase；heteropic(al) facies；heterofacies；phase {-}out
异相边界☆interphase boundary
异相的☆heteropic(al)；heterogeneous
异相堆积☆heteropical deposit
异相分量☆quadrature{out-of-phase} component
异相信号☆out-of-phase signal
异相岩体☆lithosome
异象☆heteromorphism
异象共生☆heteromorphic paragenesis
异向断层☆discordant fault
异向捻钢丝绳☆regular-lay{reverse-laid;universal-lay} rope
异向拖(曳)褶(皱)☆incongruous drag fold
异向信号☆out-of-phase signal
异向性☆(textural) anisotropy；aeolotropism
异向性体☆anisotropic body
异向组构☆heterotactic fabric
异象☆aniseikonia；heteromorphism
异象的☆heteromorphic；heteromorphous
异象共生☆heteromorphic paragenesis
异象岩☆heteromorphic rock；heteromorph
异硝基☆aci-nitro
异缬硫氨酸☆isovalthine
异屑火山角砾岩☆alloclastic breccia
异辛基性磷酸盐☆iso-octyl acid phosphate
异辛烷☆isooctane；iso-octane
异型☆heteromorphism；allotype；heterotype；abnormal shape
异型的☆heterotypis；allotypic

异型分裂☆allotypical division
异型合子☆heterozygote
异型(扣)接头☆substitute
异型结合构造☆anisodesmic structure
异型墁刀☆sleeker
异型酶多态性☆allozyme polymorphism
异型砂轮☆form grinding wheel
异型砂箱☆special(ly) shaped moulding box
异型细胞☆heterocellular
异型型钢☆rolled section
异型牙☆heterodont
异型有性世代交替☆heterogenesis
异型砖☆shaped brick
异形孢子☆heterospore；anisogametes；anisospore
异形的[孢]☆heteromorphic；heteromorphous；baroque
异形钢☆profile iron
异形钢材☆profiled bar
异形股钢丝绳☆flattened-strand rope
异形管☆special
异形晶体☆misshapen crystal
异形珊瑚(属)[C_1]☆Heterophyllia
异形绳股☆flattened strand
异形网状☆heterobrochate
异形细胞☆heterocyst
异形现象[双壳]☆xenomorphism
异形信号电极☆difference type pickup electrode
异形性☆heteromorphism
异形岩☆heteromorphous rocks
异形叶片☆profile blade
异形叶性[古植]☆heterophylly
异形珍珠☆baroque pearl
异形植物☆heterophyte
异性电☆opposite electricity
异性石[$(Na,Ca)_6ZrSi_6O_{17}(OH,Cl)_2$；$Na_4(Ca,Ce,Fe)_2ZrSi_6O_{17}(OH,Cl)_2$;三方]☆eudialyte；eudialite；eudyalite；almandine spar；eukolite；eucolite；barsanovite；eud(i)alitite；mesodialyte
异性石岩☆eudialytite；eudialitite
异性土磐☆genetic pan
异性霞石正长斑岩☆lujavrite porphyry
异性型☆ahermatypic
异性型礁☆ahermatypic reef
异序构造☆heterotactic{heteropolar} structure
(同量)异序(元)素☆isobar
异序同晶现象☆entropy；eutropy
(同族)异序同象系列☆eutropic series
异序元素☆heterotope
异旋式[腹]☆heterostrophy
异旋性☆antidromy
异牙目[双壳]☆Heterodonta
异牙鲨类☆heterodontid sharks
异牙系☆heterodont dentition
异牙形石属[S_1]☆Distomodus
异亚硝基[HON＝]☆isonitroso
异岩不整合☆heteropic(al){heterolithic} unconformity；nonconformity
异岩浆矿床☆heteromagmatic ore deposit
异岩交互相☆heteropic facies
异岩芹酸☆petroselidinic acid
异岩藻黄素{质}醇☆isofucoxanthinol
28-异岩藻甾醇☆28-isofucosterol
异养成分☆heterotrophic component
异养的☆heterotrophic{zootrophic} [生]；metatrophic；allotrophic
异养生物☆heterotroph；heterotrophic organism
异养作用☆heterotrophism
异样的☆foreign
异叶蕨属[T_3-J_2]☆Thaumatopteris
异叶属☆Pseudorhipidopsis
异叶云母[$K_{2.5}Fe_3Al(Al_{2.5}Si_{5.6}O_{20})(OH)_4$]☆heterofilite；heterophyllite
异乙醇☆isopropyl alcohol
异乙基膦酸☆isohexyl phosphonic acid
异义名☆homonym
异议☆exception；objection
异隐藻黄素☆isocryptoxanthin
异油酸[$C_{17}H_{33}COOH$]☆elaidic acid
异羽叶(属)[古植;T_3-K]☆Anomozamites
异域☆allopatry
异域成种☆allopatric speciation
异元☆outlier
异元汽化☆incongruent vaporization
异原子序元素☆heterotope
异螈属[T_3]☆Gerrothorax
异源☆nonhomology
异源包体☆accidental{exogeneous}inclusion；allolite；exogenous enclave；enclave enallogene；antilogue
异源的☆allogenetic
异源多倍化☆allopolyploidy
异源矿床☆allogene{allogenic} deposit
异源同形☆homoplasy
异源相☆allofacies
异源岩☆dissogenite
异源岩浆☆exotic magma
异源组合☆heterogeneous assemblage
异缘颗石[钙超;K_2]☆Heteromarginatus
异枕角石属[头;O]☆Allopiloceras
异正形贝属[腕;O_{2-3}]☆Heterorthis
异趾足☆heterodactylous foot
异栉蚕(属)[节]☆Xenusion
异质☆alloplasm；heterogeneity
异质包体☆(enclave) antilogue
异质成核☆heterogeneous nucleation
异质的☆heterogenetic(al)；heterogeneous
异质等形☆isogonism
异质等形现象☆isogonism；plesiomorphism
异质夹层☆fletz
异质结☆heterojunction；heterostructure
异质晶体☆heterocrystal
异质凝结☆heterocoagulation
异质球状☆heterothrausmatic
异质碎屑☆plum
异质同晶(现象)☆allomerism；hom(o)eomorphism
异质同象体☆allomer
异质同形☆homomorphs；homo(eo)morphy；homeomorphy；hom(o)eomorphism
异质同形(体)☆homomorph
异质同形(晶体)☆homeomorph
异质外延☆hetero-epitaxy
异质性☆inhomogeneity；nonhomogeneity；heterogeneity；nonuniformity
异质液面附生☆rheotaxy
异质液面附生生长☆rheotaxial growth
异质陨石☆antirock
异种☆difference species；heterogeneity
异种的☆xenogeneic
异种电极电池☆dissimilar electrode cell
异种共生☆parabiosis
异种共生群中的生物☆parabiont
异种溶解☆heterolysis
异种同态☆homeomorphism；homeomorph
异重流☆density current{flow}；current of higher density；turbidity flow；suspension current
异重流尾{尾流}☆tail
异轴的☆heteroaxial
异轴增生☆epitaxial overgrowth
异轴褶皱☆heteroaxial {-}fold
异皱孢属[C-T]☆Proprisporites
异柱类☆anisomyarian；heteromayarian
异柱目☆Heteromyaria
异柱兽属[E_1]☆Allostylops
异柱总目☆anisomyaria
异转式☆heterostrophy
异状突出物☆wing-like projection
异自养生物☆heterotroph
异棕榈酸☆isopalmitic acid
异足类☆Heteropod
异足目[无脊]☆Tanaidacea；Anisopoda
异组分体☆allobar
翼☆wing[射虫;孢]；limb；flank；foil；flanks limb of fold；side[断层或背斜]；wing of a bird,etc.；assist；assist a ruler；aid；velum [pl.vela]；bladder；weep；vane；leg{branch} [褶皱]；ala[动;pl.alae]
(褶皱)翼☆branch
翼坝☆wing dam
翼板[腕]☆alate plate；ala
翼瓣[植]☆ala [pl.alae]
翼笔石(属)[O_1]☆Pterograptus
翼部☆limb；basal leaf cross
(海岭)翼部☆flank province
翼部断层☆limb fault
翼部阀☆wing valve
翼部缓倾大褶皱☆large low angle fold
翼部直的尖棱褶皱☆straight-limbed angular fold
翼舱☆wing tank
翼差角☆decalage
翼长比☆limb-length ratio
翼齿贝属[腕;S_1-D_1]☆Brachyprion
翼齿兽科☆Harpyodidae
翼齿兽属[E_2]☆Pterodon
翼橱☆bush
翼导45°斜接式阀☆wing-guided mitre type valve
翼蝶骨☆alisphenoid；os alisphenoidale
翼端装置☆wing-tip installation
翼萼☆buccae
翼颚牙形石属[C_2]☆Ptilognathus
翼耳骨☆pterotic bone
翼蛤(属)[双壳;T-Q]☆Pteria
翼蛤目[双壳;O-Q]☆Pterioida
翼沟藻属[K-E]☆Pterodinium
翼骨[鱼的]☆pterygoid (bone)；os pterygoideum
翼骨孔☆foramen pterygoideus
翼管螺属[软舌螺;D-P]☆Pterigotheca
翼管苔藓虫属[D-P]☆Ptylopora
翼果☆samara
翼厚比☆limb-thickness ratio
翼鲎☆Pterygotus
翼花介属[J-Q]☆Cytheropteron
翼环亚类[疑]☆Pteromorphitae；Pterompṛphitae
翼几丁虫(属)[S]☆Pterochitina
翼甲鱼属[S-D]☆Pterolepis
翼岬☆winged headland
翼间(夹)角☆interlimb angle
翼间窝☆interpterygoid vacuity{cavity}
翼间支架[航]☆cabane
翼角螺属[腹]☆Lambis；Pterocera
翼孔☆foramen alare
翼肋腹部☆loom
翼梁☆spar
翼龙☆pterosaur；ptera
翼龙目[鱼的]☆pterosauria；Ornithosauria
翼脉藻(囊孢)科☆Actinothecaceae
翼矛牙形石属[O_2]☆Ptilonchodus
翼眉虫属[三叶;O]☆Pterygometopus
翼面☆plane；deck[飞机]
翼膜藻(属)☆Pteromonas
翼囊藻属[R]☆Pterocystidiopsis
(装有)翼片☆winged sleeve stabilizer
翼片砂轮☆flap wheel
翼片式钻杆☆drilling rod of turbine type
翼片牙形石属[S_1]☆Pterospathodus
翼、鳍之类的☆pinnate
翼腔孢囊☆pterocatrate cysts
翼墙☆wingwall；wing{abutment} wall
翼球藻属☆Pterospermopsimorpha
翼燃料舱☆wing bunker
翼鳃纲{类}☆Pterobranchia
翼伞☆parafoil
翼梢☆wingtip
翼梢浮筒☆sponsors
翼神介(属)☆Cytheropteron
翼矢牙形石属[O_{1-2}]☆Pteracontiodus
翼式稳定器☆blade stabilizer
翼式轴流风扇☆vane-axial fan
翼手(指)龙(属)[J_3]☆Pterodactylus
翼手目[哺]☆chiroptera；Chroptera
翼鼠属☆Alilepus
翼栖蠊(属)[C]☆Pteroplax
翼头虫科[三叶]☆Pterocephaliidae
翼网苔藓虫属[O-C]☆Ptilodictya
(飞机)翼弦☆chord
翼斜视虫属[三叶;S_2]☆Ptilillaenus
翼星介属[E_{2-3}]☆Pterygocypris
翼型☆aerofoil
翼形☆wing form{shape}
翼形阀☆flutter valve
翼形螺母☆thumb{winged;wing} nut
翼形亚纲[双壳]☆Pteriomorphia
翼形叶片☆airfoil blade
翼形叶片扇风机☆airfoil-vane fan
翼缘☆flanges；lip
翼肢鲎(属)[节;O-D]☆Pterygotus
翼洲☆wing bar
翼柱☆cabane
翼状☆alar
翼状的☆pterate；aliform；alate
翼状骨☆pterygoid
翼状横撑{|肩胛}☆winged stull{|scapula}
翼状钻头☆drag{blade} bit

翼锥牙形石属[O_{1-2}]☆Ptiloconus
翼子板☆beater
翼足`虫{动物}软泥☆pteropod ooze
翼足类{目}[软;K-Q]☆Pteropoda
翼组☆cellule

yīn

茵硫锑铋矿☆ingodite
茵约菊石属[头;T_1]☆Inyoites
荫蔽☆shading
荫地植物☆sciophyte
荫区☆shadow zone
荫温☆shade temperature
因变化而产生的☆variational
因变驱动☆dependence-driven
因变数{量}☆dependent variable
因潮和风向变化而激起的波浪☆cross sea
因此☆whereby; accordingly; so that…; wherefore
因次法☆method of dimensions
因次分析☆dimensional{scaling} analysis
因达奇[陨]☆Indarch
因而☆consequently
因风化而呈鲜艳色的褐煤☆weather coal
因故停工补助金☆idle time money
因光变色☆metachromatism
因光异色现象☆metachromasia
因果分析☆cause-effect analysis
因果关系☆causation; causality; cause-(and-)effect relationship
因果律☆law of causation{causality}; causality; causal laws; determinism; laws{principle} of causality; law of cause and effect
因果率原理☆causality principle
因果图☆cause-consequence diagram; c.c.d
因(煤的)灰分增高而减价☆docking
因井底清洗不足钻速减慢☆hydraulic flounder
因卡矿☆incaite
因康合金☆nimonic
因科镍合金☆inconel
因硫碲铋矿☆ingodite
因摩擦过热钻头损坏☆burn a bit
因纽特人☆Inuits
因普特法☆induced pulse transient; INPUT
因绕流而形成的死油带☆bypassed pocket of oil
因式分解☆factorization; factoring; factor analysis
因式分析☆factor analysis
因受擦而发亮☆burnish
因数☆factor; coefficient; facient; coeff.; coef; C.
Q 因数☆Q quality; Q factor
因数砝码{重量}☆factor weight
因数分解☆factoring
因数分析☆factor analysis
因素☆(etch) factor; agent; agency; moment; EF
因素分析☆factor analysis
因瓦(铁镍合金)[47Ni,53Fe]☆invar
因瓦基线尺☆invar tape
因瓦劳(锰铬钨钒)钢☆invaro
因为☆in that; seeing; inasmuch as; owing to; for
因西兹瓦矿☆insizwaite
因吸热过快而温度降低☆decalescence
因袭名称[如地名]☆conventional name
因袭性☆conventionality
因中毒引起的☆toxic
因子☆divisor; factor; operator; efficient; agent; facient
因子分解☆factor; factoring; factorization
因子分数☆score of factor
因子分析☆factor analysis
因子设计试验☆factorial design experiment
铟☆indium; In
铟黄锡矿[$(Cu,Fe,Zn)_3(In,Sn)S_4$;四方]☆sakuraiite
铟矿☆indium ore; indite
铟石☆indite
殷钢☆invar (metal)
殷钢基线尺☆invar tape
殷曼法☆Inman's method
殷勤☆assiduity; attentions
音☆tone; audio-; phon(o)-
音爆[航]☆sonic boom
音标文字☆photogram
音波☆sound{sonic} wave
音波探查机☆sonic prospecting machines
音差效应☆doppler effect
音叉☆(tuning) fork; tonometer
音叉断路器☆tuning fork circuit breaker
音叉型三射骨针[绵]☆tuning-fork spicule
音场{|道}☆sound field{|channel}
音调☆clang; tone; accent; tune; pitch; note
音调的☆tonal
音调改变☆dodging
音调管☆tonotron
音符☆note
音高镜☆tonoscope
音轨☆track
音减☆spreading
音阶☆gamut
音阶第三度☆mediant
音节☆syllable
音控防鸣器☆vodas
音控增音调节器☆vogad
音量☆volume; loudness
音量单位☆volume unit; vu
音频☆voice frequency{band}; audio(-)frequency; audio; AF; VF
音频带压缩器☆voice band compressor
音频电路☆voice channel; audio-circuit
音频加重器☆accentuator
音频频段☆tonal range
音频强化器☆accentuator
音频视频资料☆audio-visual material
音频信号☆audio{sound;aural;sonic;voice-frequency; tonic} signal; audible{tone-burst} signal
音频载波☆sound carrier
音品[法]☆timbre
音谱☆noise spectrum
音强度计☆phonometer
音色☆clang; quality; timbre[法]; sound; SND
音速☆acoustic{sound;sonic} velocity
音速喷嘴流量检定装置☆sonic nozzle flow prover
音响☆sounding
音响报警☆acoustic{audible} alarm
音响测深☆sonic sounding
音响浮标☆sound buoy; sonobuoy
音响告警☆aural warning
音响脉冲收发两用机☆acoustic trans ponder
音响器☆tapper
音响探针☆sonoprobe
音响信号☆sound{acoustic;audible;acoustical;sonic; acoustic-type} signal; audible indication; audible sign
音响学☆acoustics
音响指示☆audible indication
音信☆news
音信号传输☆phonation
音域☆bracket
音源☆ping
音乐沙☆musical sand
音障☆sonic barrier
音质☆timbre[法]; (tone) quality; clang; acoustics; acoustic fidelity
音准☆noise level
阴暗☆cloudiness; overshadow
阴暗的☆clouded
阴暗区☆mare [pl.mania]
阴沉☆gloom
阴沉天气☆dull weather
阴丹士林蓝☆indanthrene blue
阴的☆clouded
阴地蕨(属)[E_3-Q]☆Botrychium
阴地栅地级联放大器☆cascade amplifier
阴地植物☆sciophyte; shade plant
阴电☆negative (electricity)
阴电性☆electronegativity
阴电性的☆electron(-n)egative
阴电子☆negative electron; negatron
阴雕☆intaglio carving
阴沟[地下排水沟]☆culvert; sewer; (covered) drain; underdrain; drainage
阴沟虫属[三叶;O_1]☆Inkouia
阴沟集泥井☆sewer catch basin
阴沟水☆sewage
阴极☆cathode; kathode; filament; catelectrode; anelectrode[电极]; C.; negative pole{electrode}
阴极保护☆cathodic{cathode} protection; CP
阴极的☆cathodic; negative; neg
阴极电离功率☆cathodising power
阴极淀渣☆cathodes
阴极发光☆cathodoluminescence; cathode(-)luminescence
阴极防蚀装置☆cathodic protector
阴极负反馈级☆cathode-degenerated stage
阴极解黏(合作用)☆cathodic disbonding
阴极偏压电阻☆cathode biasing resistor
阴极驱动☆cathode-driven
阴极射线☆electron beam; cathode{cathodic;negative} ray; CR; c.r.
阴极射线发光谱☆cathodoluminescence spectroscopy
阴极射线辐射谱仪☆cathode-ray spectroradiometer
阴极射线管显示仪☆cathode-ray display; CRD
阴极射线可致色晶体☆cathodchromic crystal
阴极液☆catholyte; catolyte
阴间的☆hadean
阴冷的☆raw
阴离子☆negative{anion} ion; anion
阴离子表面活性化剂☆anionic surfactant
阴离子表面晶格☆anionic surface lattice
阴离子电☆anionic current
阴离子-非离子混合表面活性剂☆combination anionic-nonionic surfactant
阴离子化功率☆cathodising power
阴离子碱☆anion base
阴离子交换膜☆anion exchange membrane
阴离子交换树脂☆anion (exchange) resin; AER
阴离子交换纸☆anion-exchange paper
阴离子聚电解质☆anionic polyelectrolyte
阴离子络氧化物☆anion oxide complex
阴离子团☆anionic group
阴离子吸持(作用)☆anion retention
阴离子型洗涤剂☆anionique detergent
阴离子型脂肪醇硫酸盐[$R-OSO_3M$]☆anionic fat alcohol sulfate
阴离子-阳离子优先浮选☆anion-cation selective flotation
阴离子移变(现象)☆anionotropy
阴历☆lunar calendar
阴螺纹弯头☆female ell
阴螺纹-阳螺纹连接(部位)☆box/pin connection
阴螺旋☆female{inner;internal} screw
阴面[月球或行星背太阳的一面]☆nightside
阴模☆mold; mould; female die
阴谋☆intrigue; plot
阴谋家☆schemer
阴囊结石☆scrotal stone
阴片☆negative
阴坡☆shady slope; schattenseite[德]; ubac[法]
阴燃☆smo(u)lder; smo(u)ldering; glow
阴山石☆yinshanite; yanshynshite; yanshainshynite; jiningite
阴山-天山纬向构造体系☆Yinshan-Tianshan latitudinal structural system
阴渗☆smear
阴湿(的)☆dank
阴碳离子☆carbanion
阴天☆over cast; overcast
阴向电泳☆cataphoresis
阴像地图☆negative map
阴象刻图片☆overlay
阴性的☆negative; neg
阴性结石☆radioparent calculus
阴性种☆shade species
阴阳风化(作用)☆shadow weathering
阴阳年☆luni-solar year
阴叶☆shade-leaf
阴影☆shadow; shade; shadowing; blanket
阴影法摄影☆direct-shadow photography
阴影校准技术☆shadow calibration technique
阴影率☆eclipse factor
阴影区☆umbra; shadow zone{area}; shadowed area
阴影线☆dash (line); hatchures
阴影响造☆ghost structure
阴影像☆direct-shadow image
阴影相片☆shadow photograph; shadowgraph
阴影效应☆shading{shade} effect
阴影状条纹长石☆shadow perthite
阴组分☆negative component

yín

垠丘☆riedel
霪雨期☆rain spell
龈上牙{积}石☆supragingival calculus
龈下牙{积}石☆subgingival calculus

银☆silver; argentum[拉]; argentine; Ag; Sil; luna[炼金术语]
银(的)☆argentum[拉]; argent; arg
银钯(合金)管☆silver-palladium tube
银白(色)☆silveriness
银白色☆silver; silvery white
银白色的☆argent; silver
银白珍珠☆Australian pearl
银板硫锑铅矿☆rayite
银钡沸石☆silver-edingtonite
银钡锰矿☆argentomelane
银本位的☆silver
银铋矿[AgBi]☆bismuth silver
银币水母(属)[腔]☆Porpita
银铂钯矿☆atokite
银箔☆silver foil
银柴属☆Aporosa
银枞☆silver fir
银脆硫锑铅矿[$Pb_5Ag_2Sb_6S_{15}$]☆silver{argentiferous} jamesonite
银导电胶☆silver conducting paste
银道北极☆North galactic pole
银道坐标☆galactic coordinates
银的☆argent(ine); argentic; silver
银的非线性演化☆nonlinear strontium evolution
银碲金矿[$(Au,Ag)Te_2$]☆speculite
银毒砂☆steel ore
银方沸石☆silver-analcite; silver-analcime
银方铅矿☆silver lead ore; argentiferous galena
银啡麻[石]☆Silver Grey
银粉背蕨属(性)[Q]☆Aleuritopteris
银钙沸石☆silver scolecite
银钙十字沸石☆silver-phillipsite
银杆沸石☆silver-thomsonite
银汞充填☆silver amalgam filling
银汞矿[Ag_2Hg_3; 等轴]☆moschellandsbergite; argental mercury; landsbergite
γ银汞矿☆moschellandsbergite; landsbergite; argental; hydrargyrite
银汞齐[Ag和Hg的互化物;等轴]☆(silver) amalgam; arquerite; (mercure) argental; natural pella; mercurial silver
银钴臭葱石☆goose silver ore; goose-dung ore; ganomatite; chenocoprolite
银光石[$CaCO_3$]☆shiver spar
银硅钾钍钙石☆steacyite
银焊☆silver soldering
银汉鱼超目☆Antherinomorpha
银行承兑率☆banker's acceptance rate
银行贷款或投资能力☆banking power
银行代理行☆banker's agency
(由)银行担保的项目☆bankable project
银行家☆financier
银行间同业往来☆bank-to-bank transaction
银行结单☆bank statement
银行居间交易☆bank-broker dealing
银行同意的透支额☆sanction
银行往来调节表☆bank reconciliation
银行往来账分户账☆nostro ledger
银河☆Milky way; galaxy
银河白[石]☆labVader White
银河爆炸说☆galactic explosion theory
银河密率☆galactic concentration
银河年☆cosmic{galactic} year
银河气尘☆galactic gas and dust
银河外的☆extragalactic
银河系☆galaxy; galactic{star} system; the Milky Way (Galaxy); Milky Way System{Galaxy}; universe
银河旋转周期☆galactic year
银河中央{重心}☆galactic barycenter
银河坐标☆galactic coordinate
银红铊铅矿☆hatchite
银狐[石]☆Drana White
银黄铁矿☆argentopyrite; argentiferous pyrite
银黄锡矿[Ag_2FeSnS_4;四方]☆hocartite
银灰蓝[石]☆Silver Blue
银灰平裂藻☆Merismopedia glauca
银辉铋铅矿☆beegerite
银辉铅铋矿[$(Pb,Ag_2)S•Bi_2S_3$]☆alaskaite
银极☆galactic pole
银鲛类{目;组}[鲨类]☆Chimaeriformes; Chimaerae
银郊中国肯氏兽☆Sinokannemeyeria yingchiaoensis
银金☆electrum
银金矿[(Au,Ag),含银 25%~40%的自然金;等轴]☆electrum; gironite; hyperythrin; chrysargyrite; pyrrhochryst; trinitatin; michelottin; owyheeite; argentiferous{silver} jamesonite
银经☆galactic longitude
银壳贝☆Argyrotheca
银矿☆silver mine{ore}; argentiferous ore; royal mine
银矿物{类}☆silver mineral
银老虎石戒指☆silver finger-ring with tiger-eye stone
银莲花属植物☆anemone
银量滴定法☆argentometry
银菱沸石☆silver-chabazite
银硫铋铅铜矿[$Pb_2(Ag,Cu)_2Bi_4S_9$]☆benjaminite
银氯铅矿☆bideauxite
银毛矿[$Ag_2Pb_5Sb_6S_{15}$]☆owyheeite; silver-jamesonite; silver{argentiferous} jamesonite; normal owyheeite
银锰铝汞磁合金☆silmanal
银幕☆screen
银钠沸石☆silver-natrolite
银钠盐☆huantajayite; lechedor
银镍黄铁矿[$Ag(Fe,Ni)_8S_8$;等轴]☆argentopentlandite; argentian pentlandite
银器☆silverware
银铅黝铜矿[Pb,Zn,Ag及Fe的硫锑化物]☆polytelite
银色☆silver; argental
银色长身贝属[C_1]☆Argentiproductus
银色的☆argent(ine); silvery; argentic; arg.
银色光泽☆silvering
银色云母☆cat('s) silver
银砂☆silver sand
银砂槐属☆ammodendron
银沙白[石]☆Galaxy White
银沙黑(浅)[石]☆Trigaches Light
银沙石☆Moca Cream
银杉属[裸子;E-Q]☆Cathaya
银砷铜矿☆argentoalgodonite; argentodomeykite
银-石墨复合品{物}☆silvergraphite
银水锑铅矿☆coronguite
银丝网☆silver gauze
银铁矾[$AgFe_3^{3+}(SO_4)_2(OH)_6$;三方]☆argentojarosite
银铁粉属[P_1]☆Entylissa
银铜金矿☆auricupride; argentocuproaurite; cuproauride
银铜氯铅矿☆boleite; argento-percylite
银微晶砷铜矿☆argentoalgodonite; argentodomeykite
银纬☆galactic latitude
银锡砷黝铜矿☆fred(e)ricite; zinnfahlerz
银藓属[苔;Q]☆Anomobryum
银线米黄[石]☆Bianco Perlino
银锌(蓄)电池☆silver-zinc battery
银锌铜合金焊剂☆silver solder
银星石[$Al_3((OH,F)_3•(PO_4)_2)•5H_2O$;斜方]☆wavellite; bialite; kapnicite; devonite; brazilianite; lasionite; brasilianite; brasilianita; zepharovichite; lazionite; hydrargillite; lationite; kapnikite; fischerite; braziliani; wawellite
银杏☆ginkgo; gingko; gingko-nut; maiden hair tree; maidenhair tree
银杏科☆Ginkgoaceae
银杏目☆Ginkgoales; Ginkgopsida
银杏属[T_3-Q]☆Ginkgo
银杏叶属[古植;P]☆Ginkgophyllum
银盐☆silver
银液滴定法☆argentimetry
银黝铜矿[$(Ag,Cu,Fe,Zn)_{12}(Sb,As)_4S_{13}$;$(Ag,Cr,Fe)_{12}(Sb,As)_4S_{13}$; 等轴]☆freibergite; silver tetrahedrite {fahlore;fahlerz}; aphthonite; aftonite; polytelite; leukargyrite; leucargyrite; silvertetrahedrite; gray silver; apthonite; aphtonite
银黝铜石☆aphthonite
银羽轻型手提钻机☆silver Feather
银羽苔藓虫属[O-D]☆Glauconomella
银云母☆cat('s) silver
银制品☆silverware
银质沉着病☆argyrism; argyria
银中毒☆silver poisoning; argyrism; argyria
银中沸石☆silver-mesolite
银朱{硃;珠}☆vermilion; vermillon
银锥螺属[腹;K]☆Glauconia

yǐn

蚓螈[无足目约150种两栖动物的统称]☆Coecilian
蚓螈目☆Gymnophiona
吲哚☆indolo-; indol-; indole
β吲哚基丙氨酸☆tryptophan
吲哚因蓝☆indoine blue
饮☆inhaust
饮杯几丁虫属[D_2]☆Poteriochitina
饮汞器{槽}☆Hg bubbler
饮疗水☆medicinal drinking water
饮疗用水☆therapeutic drinking water
饮料☆drink; potable; beverage
饮料水☆sweet water
饮食摄入量☆dietary intake
饮食习惯☆food habit
饮水☆drinking water; DW
饮水的地方☆spigot
饮水放射性容许量☆drinking tolerance
饮水供水☆potable water-supply
饮用供水井☆potable supply well
饮用矿水☆table water
饮用喷泉☆bubbler
饮用水☆drinking{sweet;potable;tap;table} water
尹氏虫属[三叶;$Є_1$]☆Yinites
尹氏菊石属[头;P_1]☆Yinoceras
尹氏壳虫属[三叶;O_1]☆Yinaspis
引爆☆firing; ignite; detonate; priming; detonation; fire the charge; fulminate; shooting
引爆包☆burster
引爆的人☆shooter
引爆点☆shooting point
引爆电极☆ignitor electrode
引爆电缆☆blasting cable
引爆电路☆explosive chain
引爆法☆ignition method
引爆管☆ignition rectifier; blasting cap{primer}; squib
引爆剂☆booster; detonator; flashing composition; detonating agent; explosive primer; percussion {percussive} cap
引爆器☆detector; trigger; detonator; igniter; electroexplosive; Det.
引爆时间☆induction time
引爆室☆firing chamber
引爆式干扰物投放器☆pyrotechnic chaff dispenser
引爆丝☆initiating wire
引爆速率☆detonating rate
引爆索☆primacord (fuse)
引爆物☆detonator; spark
引爆线☆detonating fuse{cord}; detonation cord; exploding wire; primacord
引爆信号☆detonator signal
引爆性☆incendiveness
引爆药☆initiator; priming{detonating} charge; primer; amorce
引爆药包☆primer
引爆炸药☆fire the charge; fired charge
引爆装置☆igniter (apparatus); ignitor; explosive device; detonator
引臂☆guide arm
引槽☆approach
引潮力☆tide-raising{tide-producing} force; tidal generation force; tide generating force
引出☆lead-out; elicitation; draw; derivation; outlet; diversion; eduction; deriv; der.
引出的☆outbound
引出电缆☆out-going cable
引出端☆exit
引出管☆flowing line; fairlead
引出歧管☆tee off
(栅极、屏极的)引出头☆cap
引出线☆outlet; leader (line); lead-out; lead
引出信号☆pilot
引出罩☆boot
引出重要结果的☆consequential
引导☆guide; introduce; induct; home; direct(ion); conduct; bootstrap; lead; vector; lend; steering; aim; marshal; leader
引导的☆pilot; leading
引导底卸式箕斗向外倾斜卸载的滚柱☆dump roller
引导构件☆guide member
引导加载程序☆bootstrap loader
引导孔☆bullport
引导码☆preamble code
引导器☆bullnose
引导信号☆pilot{calling-on} signal

引导星☆guiding star
引导者☆inductor
引导指令☆key instruction; bootstrapping; bootstrap
引道☆approach (road)
引堤☆approach embankment
引电片☆terminal of SnO_2 electrode
引动☆priming
(给……)引痘☆variolate
引杜林染料☆induline
引鳄(属)[T_1]☆Erythrosuchus
引发☆initiation; triggering; touch{trigger;spark} off
引发剂☆initiator; initiating agent
(应力腐蚀)引发期☆induction period
引发物☆trigger
引风机☆induced draft fan
引盖☆drive cap
引管☆drip; fuze
引航道☆approach
引号☆quote
引弧☆arc strike
引弧棒☆starting rod
引弧电压☆striking voltage
引火☆shotfiring; firing
引火不良☆misfire
引火的☆incendive
引火点☆flash(ing) point
引火剂☆igniter; fuse head; ignitor; starting mix
引火具☆portfire
引火头☆fuse{match} head; fusehead; ignition charge
引火物☆kindling; fire lighter; tinder; pyrophorus
引火线☆fuse; lead-in
引火性☆incendivity
引火药头☆fusehead
引进☆introduction; initiate; inlet; recommend (a person); introduce from elsewhere; guide…into
引进数☆induction number
引进水☆imported water
引进外国技术☆introduction of foreign technology
引晶☆crystal seeding
引晶技术☆seeding
引缆☆messenger
引缆绳☆heaving line
引理☆lemma [pl.-ata]
引力☆attractive{attraction;gravitational} force; force of gravity; attraction; gravitation; pull; sympathy
引力场☆gravitation(al) field; field of attraction
引力法☆gravitational method
引力范围☆gravisphere
引力能☆attractive energy
引力区域☆gravisphere
引力`坍缩{|位{势}}☆gravitational collapse{|potential}
引力质量探测设备☆gravitational mass senor; GMS
引力中心☆center of attraction
引流☆tapping; drainage; drain; conduction
引流管☆draft{drainage} tube; drain; hydraucone
引流管缓冲结晶器☆DTB{draft-tube baffled} crystallizer
引流器☆flow diverter
引龙亚目☆Eryopsoidea
引喷☆stimulating blowout; triggering
引起☆entail; generate; give; effect; draw; present; create; cause; catch; take; induce; promote; give rise to{of}; trigger; stir; start; raise; invoke; attract; originate; occasion; nail; make; wake[反响等]; capture[注意]; result in[结果]; GEN
引起变形的力☆transmutative force
引起……的兴趣☆appeal
引起地震的区域应力☆regional earthquake-generating stress
引起反感的☆antipathetic
引起改变的☆alterant; alterative
引起改变的物☆alterant
引起硫化物氧化的细菌☆sulfide oxidizing bacteria
引起突变☆mutagenesis
引起……兴趣☆intrigue
引起兴趣的☆intriguing
引起注意信号线☆attention line
引气混凝土☆air entrained concrete
引桥☆approach (span); access bridge
引桥路☆road approach
引擎☆engine; Eng
引擎启动油泵☆engine primer
引泉☆captation; igniting spring
引燃☆(pilot) ignition; inflame; firing; pilot; flaming; detonation; primer; ignite
引燃电缆☆firing{shot-firing} cable
引燃电压☆ignition{striking} voltage; priming potential; ignitor supply
引燃管☆ignitron (tube); ignition rectifier[电]; trigatron; ignition rectifier{tube}
引燃火焰{舌}☆pilot flame
引燃极振荡☆ignitor oscillation
引燃剂☆detonator
引燃开关☆glow switch
引燃盘☆pot type burner
引燃器☆igniter; ignitor; initiator; lighter
引燃用的木材☆lightwood
引燃源☆source of ignition
引人入胜的☆entertaining
引人注目的☆dramatic; conspicuous
引熔度☆ask fusibility
引入☆incorporate; lead-in; in(tro)duction; inlet; indraft; indraught; induct; insert; pull-in; call[子程序]; incorporation; call in; insertion; lead{draw} into; intake; lend-in; introduce from elsewhere
引入变量法☆method of leading variable
引入的☆inductive; incoming
引入架☆derrick
引入空气☆induced air
(把……)引入码头{船坞}☆dock
引入歧途的☆misleading
引入隧洞☆head race
引入线☆lead-in (wire); inlead; incoming line; inlet; entry; entrance; INC; IN
引入箱☆draw-in box
引上☆draw up
引上法☆pulling method
引上机利用率☆efficiency of drawing machine
引上率☆drawing rate
引上通路☆drawing channel; working canal
引射器☆eductor; ejector; jet exhaustor
引射式喷燃器☆nozzle mixing burner
引射压力☆injection pressure
引申出☆derive
引伸仪☆tensometer; tensiometer
引渗☆spread
引渗池☆recharge{spreading} basin
引渗地面☆spreading ground
引绳器☆fairleader
引水☆water diversion{conduction}; delivery; pilot a ship; conducting {draw;channel} water; diversion
引水槽☆flume; head race; feeder[金刚石钻头]
引水道☆headrace; head race; catchwater; derivation
引水沟☆head race; flume; leat; feed{(water-)diversion} ditch; water diversion ditch
引水管道☆conduit-pipe
引水渠☆diversion canal{channel}; aqueduct; headwater {supply} channel; lead; approach
引水员软梯☆pilot ladder
引缩大陆海☆attracted continental sea
引文☆quotation; citation; cit.; quote
引线☆leg; feed(-)through; lead; wick; squib; fuse; terminal; leading wire[电]; go-between; sewing needle; tail; lead-in
(热电偶)引线☆extension wire
引线迟发☆fuse delay
引线电容☆lead capacitance
引线端子☆end block; lead terminal
引线封焊☆lead-seal
引线孔☆fairlead
引线连接☆pin connection
引线帽☆boot
引线坡度☆approach grade
引线组件☆leads assembly
引向器☆director; transmitter; sender
引鞋☆guide{guiding} shoe; shoe (guide); guides; stinger
引信☆(blasting) fuse; fuze; fusee; detonator
引信爆发点距离☆fuse range
引信爆炸系列☆fuze train
引信起爆☆fuzing
引言☆introduction; incipit[拉]; foreword
引(爆)药☆initiator
引曳☆drag
引曳断层☆drawing-out fault
引用☆excerpt; quote; citation; take; adduction
引用错误☆misquotation
引用的☆quot; quoted
引用水头☆reduced head
引用语☆quotation; quot
引油不足☆underpriming
引诱☆induce; court; train
引诱(物)☆decoy
引喻☆allusion
引螈{弓龙}(属)[P]☆Eryops
引炸药☆initiating{primary} explosive
引张☆extension
引张断层☆stretch fault
引张强度☆tension strength
引照法☆cross-reference
引罩☆bowl
引证☆citation; instance; cit.; adduct(ion); cite; reference; quotation; loco citato; loc. cit
引种植物☆adventitious plant
引砖☆draw bar
隐☆krypto-; krypt-; crypt-; crypto-
隐包生物☆hidden encruster
隐孢子内壁体☆cryptointosporinite
隐孢子外壁体☆cryptoexosporinite
隐爆发作用☆cryptoexplosion
隐爆(发)构造☆cryptoexplosive{cryptoexplosion} structure
隐笔石(属)[O]☆Cryptograptus
隐蔽☆hood; concealment; blanket; suppression; camouflage; veil; secrecy
隐蔽(处)☆blind
隐蔽层☆hidden layer{later}; blind zone
隐蔽处☆nook; shelter
隐蔽的☆concealed; suppressed; underground; shy; blind; secret; subterranean; subterraneous; private
隐蔽分带☆cryptic zoning
隐蔽工程☆embeded construction; conceal engineering
隐蔽节理☆latent joint
隐蔽矿物☆occult{occlusion} mineral
隐蔽露头☆suboutcrop; incrop; concealed{hidden} outcrop
隐蔽露头深度☆sub-outcrop depth
隐蔽落头☆concealed outcrop
隐蔽气候☆cryptoclimate
隐蔽圈闭☆subtle trap
隐蔽式排放☆concealed discharge
隐蔽所☆concealment; (refuge) shelter
隐蔽隙片☆concealed shim
隐蔽油藏☆elusive reservoir
隐蔽原理[厚阻积等价原理]☆principle of suppression
隐蔽元素☆camouflaged element
隐闭式供暖器☆background heater
隐鞭(毛类)☆Cryptomonadina
隐变晶结构☆cryptoblastic texture
隐卟啉☆cryptoporphyrin
隐参数☆hidden parameter
隐藏☆hide; conceal; wrap; secrete; crypto-
隐藏的☆dormant; covert; perdue; perdu
隐藏露头☆buried outcrop
隐藏水☆hidden water
隐藏在岩石中间☆conceal oneself among the rocks
隐槽的[孢]☆cryptocolpate
隐槽苔虫属☆Cryptosula
隐层孔虫属[O]☆Cryptophragmus
隐层理[火成岩]☆cryptic layering
隐成的☆cryptogenic
隐齿型☆cryptodont
隐齿亚类☆cryptodonta
隐穿插变晶结构☆cryptodiablastic texture
隐窗贝属[腕;S]☆Cryptothyrella
隐窗型[腕]☆cryptothyrid (foramen)
隐带☆zone of avoidance
隐灯信号☆concealed-lamp sign
隐底辟褶皱☆cryptodiapiric fold
隐地址☆implicit address
隐叠颗石[钙超;E_{1-2}]☆Chiphragmalithus
隐定义☆implicit definition
隐动物群的☆cryptofaunal
隐遁☆sequester
隐鲕状(的)☆cryptoolitic
隐缝合带☆cryptic suture zone
隐缝二囊粉属[孢;P_2]☆Labiisporites

Y

隐伏爆炸☆cryptoexplosion
隐伏不整合☆subunconformity
隐伏的☆perdue；perdu
隐伏滑坡的斜坡☆potential landslide slope
隐伏接触☆buried contact
隐伏露头☆sub(out)crop；blind apex{deposit}；buried {subterraneous;concealed} outcrop
隐伏露头圈闭☆subcrop trap
隐伏热储☆hidden reservoir；quiescent underground hot reservoir
隐伏生油气岩☆latent source rock
隐伏水系的☆cryptorheic；cryptoreic
隐伏岩基的☆cryptobatholithic
隐伏岩溶☆covered karst；hidden karst
隐伏异常☆hidden anomaly
隐覆露头圈闭☆supercrop trap
隐复理石☆crypto-flysch
隐杆藻(属)[Q]☆Aphanothece
隐构造☆cryptostructure
隐谷☆hoek；blind valley
隐海扇属[双壳;E-Q]☆Cryptopecten
隐含概率☆latent probability
隐含价值法☆hidden method
隐含(的)因果变量☆latent causal variate
隐(含)函数☆implicit function
隐河道☆buried channel
隐河流性☆cryptorheism
隐河流域☆cryptorheic drainage
隐弧贝属[腕;C_1]☆Cryptonella
隐弧(贝)型[腕]☆cryptonelliform
隐花果☆syconium
隐花植物☆cryptogam(ia)；agamae
隐化池☆Imhoff tank
隐环带☆cryptic zoning
隐患☆snag；pitfall；hidden trouble{danger}；snake in the grass；near accident
隐患探测☆hazard detection
隐灰壤☆latent podzol
隐晦(的话)☆obliquity
隐火山☆cryptovolcano
隐颊类[三叶]☆hypoparian
隐颊目☆Hypoparia
隐钾锰矿☆cryptomelane；kalipsilomelane；kryptomelan；ishiganeite；romanechite
隐胶质(无结构)镜质体☆cryptogelocollinite
隐节理☆blind seam{joint;jointing}
隐节螺属[腹;J_1-E]☆Aphanotylus
隐结构镜质体☆cryptotelinite；telocollinite；cryptocorpocollinite
隐晶☆crypto(-)crystal
隐晶白榴石熔岩☆cryptoleucite lava
隐晶斑岩☆aphanophyre；felsophyre
隐晶斑状☆felsiphyric；aphanophyric；felsophyric；aphaniphyric
隐晶的☆aphani(ti)c；cryptomeric；aphanocrystalline；cryptocrystalline；microcryptocrystalline
隐晶基斑状☆felsiphyric；aphaniphyric
隐晶矿☆cryptomelane
隐晶粒的☆cryptograined；aphanocrystalline
隐晶粒状(的)☆cryptograined
隐晶石墨☆graphitoid；graphitite；cryptocrystalline {lump} graphite
隐晶文象(状)☆cryptographic；cryptocrystalline granophyric
隐晶岩☆cryptomere；kryptomere；aphanite；cornean；aphanide；cryptocrystalline rock
隐晶岩的☆kryptomerous；cryptomerous
隐晶岩类☆aphanerite
隐晶质☆phanerocrystalline-adiagnostic；aphanitic；cryptocrystalline；extremely fine crystalline
隐晶质的☆aphanocrystalline；extremely finely crystalline；cryptomerous；cryptocrystalline；adiagnostic；microcryptocrystalline；aphanitic
隐晶质类☆cryptocrystalline variety
隐晶质土状闪锌矿☆brunckite ore
隐晶状☆petrosiliceous
隐颈龟亚目☆Cryptodira
隐居亚纲☆Sedentaria
隐居元素☆camouflaged element
隐距离☆implicit distance
隐孔[棘林檎]☆humatipore
隐孔贝属[腕;D_{2-3}]☆Hypothyridina
隐孔粉属[J_1]☆Exesipollenites
隐孔菱[棘林檎]☆humatirhomb；cryptorhomb
隐孔隙[<0.1μ]☆cryptopore
隐口目{类}[苔;O-T]☆Cryptostomata；cryptostome
隐口苔藓虫目☆Cryptostomata
隐块状镜质体☆cryptocorpocollinite
隐矿脉☆blind lode{lead}
隐里亨珊瑚科☆Cryptolichenariidae
隐粒的☆cryptograined；aphanic
隐列牙形石属[D]☆Cryptotaxis
隐磷铝石[$Al_2(PO_4)(OH)_3$•4~5H_2O;非晶质]☆bolivarite
隐鳞片变晶(结构)☆cryptolepidoblastic
隐灵猫属[Q]☆fossa；Cryptoprocta
隐笼虫属[射虫;T]☆Adelocyrtis
隐轮植物☆aphanocyclae
隐脉☆blind vein
隐脉的☆hyphodromous；cryptonervus
隐瞒☆hide
隐毛藻属[绿藻;Q]☆Aphanochaetes
隐镁铁矿物火成岩☆melanide
隐门☆jib door
隐门目☆Cryptostomata
隐秘圈闭☆subtle trap
隐没带☆subduction zone
隐没河☆sinking creek
隐没信号☆black-out signal
隐钠长石☆crypto(cla)se；kryptoklas；criptosa
隐钠锰矿☆manjiroite
隐囊壁☆cryptocyst；opesiule；opesiula
隐匿☆harbor；harbour
(塑体的)隐匿气泡☆bubble
隐匿石☆Cryfiolite；Kryphiolite；cryphiolite
隐脐的[腹]☆cryptomphalus
隐脐螺属[腹;O-C]☆Anomphalus
隐嵌晶状[结构]☆cryptopoikilitic
隐侵蚀☆concealed erosion
隐穹丘☆cryptodome
隐丘反映构造☆reflected buried hill structure
隐球接子属[三叶;$Є_2$]☆Hypagnostus
隐球藻(属)[蓝藻门;Q]☆Aphanocapsa
隐热的☆cryptothermal
隐入水☆lost river
隐鳃类☆Tectibranchia
隐鳃鲵属☆Cryptobranchus
隐三瘤虫属[三叶;O]☆Cryptolithus
隐栅虫属[唇刺蝗]☆Cryptophragmus
隐栅(场效应晶体)管☆gridistor
隐砷钴镍矿☆forbesite
隐生(现象)☆cryptobiosis
隐生的☆kryptogene；cryptogenic；Cryptobiotic；Cryptozoic
隐生物扰动作用☆cryptobioturbation
隐生物岩☆cryptobiolith
隐生宇☆Cryptozoic (eonothem)；Cryptobiotic
隐生宙☆Cryptozoic eon
隐生藻☆cryptozoon [pl.-zoa]
隐生宙{宇}的☆Cryptozoic
隐石燕(属)[P]☆Cryptospirifer
隐式公式☆implicit formula
隐式压力显式饱和度☆implicit pressure explicit saturation；IMPES
隐数法☆implicit enumeration
隐水动水阻尼☆implied hydrodynamic damping
隐丝藻目☆Cryptonemiales
隐碎屑镜质体☆cryptovitrodetrinite
隐索动物[脊索]☆adelochordata
隐铁石陨石☆cryptosiderite
隐同步信号☆implicit synchronizing signal
隐头虫(属) [三叶;S-D_2]☆Calymene
隐头花序☆syconium
隐头形虫属[三叶;O_2]☆Calymenesun
隐团块(无结构)镜质体☆cryptocorpocollinite
隐退☆privacy
(使)隐退{隔绝}☆sequester
隐洼地☆crypto {-}depression
隐瓦蛤属[双壳;J]☆Retroceramus
隐微晶质结构☆adiagnostic texture
隐温☆kryptothermal
隐温矿床☆cryptothermal deposit；kryptothermal；cryptoclastic rock
隐纹长石☆cryptoperthite；kryptoperthite
隐窝☆krypto-；krypt-；crypt-；crypto-
隐窝结石☆cryptolith
隐无洞贝属[腕;S-D_2]☆Cryptatrypa
隐纤石[$AlSiO_3OH$(近似)]☆cryptotilite
隐显微组分☆cryptomaceral
隐现☆loom
(干旱区)隐现河☆broken stream
隐线的消除☆hidden-line elimination
隐线藻目☆Cryptonemiales
隐象☆latent image
隐屑岩☆cryptoclastic rock
隐形玻璃☆invisible glass
(煤层顶板)隐形裂缝☆dry
隐形石☆cryptomorphite
隐性的☆recessive
隐性疾病☆latent disease
隐芽植物☆cryptophyte
隐牙目☆Cryptodonta
隐(状)岩基的☆cryptobatholithic
隐岩浆的☆cryptomagmatic
隐荧光☆cryptofluorescence
隐语☆cryptology
隐域土☆intrazonal soil
隐约的☆distant
隐云煌岩{石}☆minettefels
隐甾醇☆cryptosterol
隐藻☆Cryptozoon
隐藻层[碳酸盐岩中]☆cryptalgalaminate
隐藻的☆cryptalgal
隐藻属[甲藻;Q]☆Cryptomonas
隐造礁生物☆cryptic
隐者☆Isurus
隐肢目☆Aistopoda
隐植宇{宙}☆Cryptophytic
隐种☆cryptic species
隐轴亚目[笔]☆Axonocrypta
隐柱匙形台☆sessile spondylium
隐柱腕棒腔☆discrete cruralium
隐子叶植物☆kryptocotyledons
隐组分☆cryptomaceral

yìn

茚☆indene
茚并芴☆indenofluorene
茚并茚☆indenoindene
茚酚☆indenol
茚满三酮[水合]☆ninhydrin
茚三酮☆triketohydrindene (hydrate)；ninhydrin
印☆impress；signet；imprint；peesash；peshash；pisachee；pisachi；print
印版☆forme
印版石灰岩☆lithographic limestone
印孢穗属[C]☆Sigillariostrobus
印出☆running-off；printout
印戳☆overprint
印次☆impression
印错☆misprint
印第安纳-肯塔基地质学会[美]☆Indiana-Kentucky Geological Society；IKGS
印第安纳石灰岩[实验常用岩石]☆Indiana limestone
印第安人{语}☆Indian
印第安座☆Indian；Indus
印度☆India
印度叠层石属[Z]☆Indophyton
印度红(中花)[石]☆Bundela{Imperial} Red
印度教徒的分布☆distribution of Hindus
印度蓝[石]☆Orion Blue
印度羚属[Q]☆Antilope；antelope
印度羚羊[Q]☆Antilope cervicapra；blackbuck
印度马来动物群☆Indo-Malayan fauna
印度南方的变化☆changes in South India
印度尼西亚饱和度公式☆Indonesia saturation equation
印度平均大潮低潮面[印度洋基准面]☆Indian spring low water
印度浅绿[石]☆Verde Affait (Light)
印度石[为成粒状结合的钙长石;$Ca(Al_2Si_2O_8)$]☆indialite；hexacordierite；α-cordierite；indialith；Indian stone
印度石燕☆Indospirifer
印度陶瓷学会☆Indian Ceramic Society；I.C.S.
印度桃木石☆New Mahgany
印度象牙红[石]☆Indian Jup. Ivory
印度熊(属)[N_2]☆Indarctos
印度洋中央海岭☆Mid-Indian Ridge

印度野犬☆Cuon alpinus
印度轴藻属[E]☆Indopolia
印度棕[石]☆Tan Brown
印行☆print line
印号槌☆die-hammer
印号码☆branding
印痕☆imprint; print; mark; impression; trace; marking; ichnite
印痕带☆impressed zone
(支撑剂嵌入)印痕直径☆diameter of impression
印花☆printed pattern; screen printing; printing (decoration); revenue{fiscal} stamp
印记☆imprint(ing); stamp; marking; the impression of a seal; trace; mark; impress deeply on one's mind; impress(ion)
印浪蚀崖☆wave-cut scarp
印模☆stamp; cast; mold; mould; die; impression block
印模记号[钢件上]☆stencil mark
印模孔隙☆moldic pore
印模石膏☆impression plaster; complaster
印膜孔隙性[沉积物或岩石中的个别组分溶解而形成的孔隙]☆moldic porosity
印泥☆red ink paste (paste); inkpad; stamp pad
印泥盒☆seal-box
印尼☆tongara
印染蓝☆printing blue
印石首鱼☆ghol
印时器☆time check
印数☆impression
印刷☆printing; print; press
印刷板☆board
印刷错误☆literal; misprint
印刷带进给☆line feed
印刷电路☆printed (electronic) circuits; card; P.e.c.
印刷电路板插座☆printed circuit connector
印刷电路基板☆tellite; tellite
印刷符号☆char.; character
印刷稿☆copy
印刷工人☆printer; pressman
印刷模糊☆slur
印刷品☆impression
印刷商☆typographer
印刷输出☆printout
印刷术☆typography
印刷线☆track
印刷线路☆printed circuit; PC
印刷线路板☆board; PC
印刷线路模型图☆artwork
印图☆impression
印相☆printing
印象☆imprint; impress(ion); image; percept
印章☆seal
印支期☆Indosinian; Indo-Chinese (epoch)
印支旋回☆Indosinian{Indo-Sinian} cycle
印支运动[P_2-J_1]☆Indosinian{Indo-China} movement
印制电路☆printed circuit
印制相片☆printing
印皱痕☆sagging; water mark
印卓尔叠层石(属)[Z]☆Inzeria
印字电报☆printergram
印字键盘凿孔机☆printing keyboard perforator

yīng

英☆British; Britain; Brit.
英安斑岩☆dacite(-)porphyry
英安玢岩☆dacite-porphyrite
英安玻璃☆lassenite
英安熔岩☆dacitic lava
英安岩☆quartz andesite; dacite
英白岗岩☆tarantulite
(用)英币(支付的)☆sterling
英布里 Q(-)型方法☆Imbrie Q-mode method
英长混片岩☆blavierite
英长似长(岩)类☆quarfeloid
英长云闪玢岩☆tollite; toellite
英尺☆foot; ft; feet
英尺-磅-秒单位☆feet pound-second units; f.p.s.; fps
英尺•吨[功单位]☆foot-ton
英尺郎伯[亮度单位]☆footlambert
英尺^3(气)/日☆cubic feet of gas per day; cfg/d
英尺-烛光☆foot(-)candle; f.c.; ftc
英寸☆inch; in.; i.; ins.
英寸-盎司[功单位、力矩单位]☆inch-ounce
英寸/年☆inches penetration per year; i.p.y.
英寸纵倾力矩☆inch-trim moment; I.T.M.
英担[=112 lb]☆hundred weight
英淡歪细晶岩☆quartz-bostonite
英吨[=2240 lb =1016.6kg]☆long ton
英橄辉绿岩☆kinne diabase
英格兰南部海岸的变化☆changes for the south coast of England
英国☆England; (Great) Britain; British; United Kingdom; UK; Eng; Brit.
英国标准☆British standard(s); BS; BR STD; B.S.
英国度[水硬度]☆clark{Clark} degree
英国镁砂☆britmag
英国热(量)单位☆British thermal unit; Btu; B.t.u.
英国人[尤英移民;加]☆bronc(h)o; bronc
英国人的☆English; Eng
英国(振动)筛☆imperial screen
英国专利☆British{English} Patent; BP; B.P.; Br.P.
英灰石☆konilite
英辉玢岩☆kuselite
英辉二长岩☆kjelsasite
英辉闪正长岩☆kjelsasite
英霍夫矿☆imhofite
英碱正长云煌岩☆nordmarkite minette
英卡石☆chrysoprase
英拉二长岩☆quartzlabradorite-monzonite
英里[=1.609km]☆mile; statute mile; mi
英里/加仑☆miles per gallon; mpg
英里数☆mileage; milage; mil.
英里/小时☆miles per hour; mph; mi/hr; M/H
英两[=28.35g]☆ounce; oz
英榴细斜长岩☆routivarite
英洛石☆morlop
英曼分选系数☆Inman sorting coefficient
英亩[1=40.47 公亩(are)=6.07 亩(Mu)]☆acre
英亩产量☆acre-yield
英亩数☆acreage; acrg.; ACR
英钠粗面岩☆hakutoite; taimyrite
英奈利石☆innelite
英普逊焦沥青☆impsonite
英钱☆pennyweight[金衡,=1/20oz =1.5552g]; pwt; dwt.; dram[药衡,=3.887g;常衡,=1.771g]
英热单位☆B.T.U.
英闪斑岩[德]☆muntpersporphyr
英闪玢岩☆esterellite
英闪岩☆tonalite
英蛇纹石☆hampshirite
英石[英,=14lb]☆stone; st; st. ; stn.
英石岩☆silexite; igneous quartz; quartzfels
英式丘宾筒☆English-type tubbing
英式预制弧形块井壁☆English-type tubing
英属维尔京群岛☆British Virgin Islands
英苏三原{玄武}岩☆miharaite
英特力无推力水枪☆Intelligiant
英瓦合金☆invar
英微闪长岩☆esterellite; esterallite
英文☆English; Eng
英武石燕属[腕;S_1]☆Yingwuspirifer
英霞透长岩☆cancarixite
英仙座☆Perseus
英仙座 β☆Algol
英斜煌岩☆gladkaite
英雄(人物)☆hero
英寻[嘚;=6ft=1.8288m]☆fathom; fath; fm
英云方解暗煌岩☆alvikite
英云橄闪长岩☆ilzite
英云煌斑玢岩☆hamrongite-porphyrite
英云煌岩☆jerseyite
英云角(页)岩☆keralite
英云闪玢岩☆toellite; tollite
英云闪长伟晶岩☆tonalite-pegmatite
英云闪长岩-奥长花岗岩☆tonalite-trondhjemite; TT
英云闪长质片麻岩☆tonalitic gneiss
英云岩☆burr rock; esmeraldite
英制☆imperial unit
英制单位☆English{British} unit
英制海里☆Admiralty mile
英制欧姆☆British Association Ohm; B.A. ohm
莺蛤目☆Pterioida
樱草黄☆primrose yellow
樱草糖☆primeverose
樱翅目{类}☆Thysanoptera
樱动☆vibration
樱蛤属[双壳;J-Q]☆Tellina
樱蛤形☆telliniform
樱花牌黄色(硝甘)炸药☆Sakura dynamite
樱井矿☆sakuraiite
樱煤☆cherry coal
樱珊瑚☆Thysanophyllum
樱石[为堇青石的异种]☆cerasite; cerasine; kerasite
樱尾类☆Thysanura
罂酸☆linoleic acid
罂粟属植物☆Poppy
婴儿☆baby; infant
婴猴属☆ojam; bush bady; Galago
婴年河☆infant stream
婴年期地形☆infantile landform
鹦哥绿☆parrot green
鹦鹉☆parrot
鹦鹉螺☆nautilus
鹦鹉螺壳☆nautilicone
鹦鹉螺类☆Eurysiphonata; Nautiloidea
鹦鹉螺目软体动物☆nautiloid
鹦鹉螺壳形的☆nautiloid
鹦鹉螺式☆nautiloid (type)
鹦鹉螺式壳[头]☆nautilicone
鹦鹉螺属[头]☆Nautilus
鹦鹉螺亚纲☆Nautiloidea
鹦鹉嘴龙☆psittacosaurus
鹰☆eagle
鹰(头)贝(属)[腕;S-D]☆Gypidula
鹰粉属[孢;K_2]☆Aquilapollenites
鹰类☆Accipiter
鹰蛎属[双壳;K]☆Aetostreon
鹰石☆klapperstein[德]; eaglestone[泥铁矿或燧石的结核状团块]; adlerstein; aetite; aerite; eagle-stone
鹰石首鱼☆maigre; maiger; meagre
鹰属[Q]☆Aquila
鹰塑性系统☆Pseudoviscous System
鹰滩(阶)[北美;K_2]☆Eaglefordian
鹰眼石☆pseudocrocidolite; pseudokrokydolith; hawk's eye
鹰嘴☆olecranon
鹰嘴齿☆hawk bill teeth
鹰嘴囊头☆beat elbow
应得(权益)☆due
应付借款☆loans payable
应付利息☆interest in red
应付票据☆bills payable; B/P.
应付凭单登记簿☆voucher register
应付账☆payable account
应负担的☆chargeable
应负责的☆answerable; chargeable
应该☆be expected to; ought
应计制☆accrual basis
应尽的义务☆ought
应能采出的☆recoverable
应收`放款{|(未收)利息|账}☆loans{|interest|account} receivable
应收客户款☆customer's account
应选品☆choice
应`有{支付}的☆due
应有尽有的☆self-contained
缨边蛤属[双壳;J-Q]☆Fimbria
缨翅目[昆;P_2-Q]☆Thysanoptera
缨盾壳虫亚属[三叶;D_{1-2}]☆Thysanopeltis
缨鳃虫类☆Sabellids
缨尾目[昆;C_3-Q]☆Thysanura

yíng

萤电花岗岩☆trowlesworthite
萤火虫☆firebug
萤石[CaF_2;等轴]☆fluorite; fluorspar; fluor; kann; bruiachite; cand; fluorbaryt; kelve; cann; blue john; kilve; kawk; calcium fluoride; derbyshire spar[德贝郡萤石]; ratofkite; fluorine; derby spar; johm; derbystone; gunnisonite; pseudonocerite; ratoffkite; liparite; cam; pseudonocerina; murrhina; F
萤石花瓶☆murrine; myrrhine; murrhine
萤石化(作用)☆fluoritization
萤石假象玉髓☆guanabaquite; guanabacoite
萤石瓶{的}☆murrhine
萤石型结构☆fluorite (type) structure; calcium fluoride structure
萤石制的☆murrhine

营☆battalion
营地☆camp site
营房☆hut
营救☆save
营救艇☆rescue boat
营历☆process
营力☆agent；agency
营穴鸟属[Q]☆Diatryma
营养☆nutrition；trophic layer
营养病☆trophonosis
营养不良☆innutrition；cacotrophia；malnutrition；cacotrophy
营养不良的环境☆dystrophic environment
营养不足☆denutrition；malnutrition
营养代谢☆trophism
营养的☆trophic；nutritive；nutritious；nutritional；nutrient
营养分解层☆tropholytic layer
营养丰富☆eutrophy
营养个体蕊☆gastrostyle
营养个员[腔]☆gastrozooid
营养剂☆nutriment
营养价值☆nutritive value
营养品☆nutriment；nurture
营养平衡☆nutritive equilibrium；nutrient balance
营养缺乏病症☆hunger signs
营养生成层☆trophogenic layer
营养失调☆trophopathy；nutritive disturbance；nutritional disorder
营养体☆vegetative
营养物☆ingesta；nutritive matter；nutrition；nutri(m)ent
营养物质吸收☆nutritive absorption
营养性疾病☆nutritional disease
营养盐的循环☆nutrient cycling
营养盐循环☆nutrient cycle
营养叶[植]☆trophyll；sterile frond；foliage leaf
营业额☆turnover
营业基金☆operating fund
营业年度☆fiscal accounting year
营业收入☆(operation{operating}) revenue；takings
营业余额☆working balance
营业员☆salesman [pl.-men]
营运余额☆working balance
营运状态☆service condition
营造☆building (operation)
荧蒽☆fluoranthene
荧光☆fluorescence；fluor；bloom[石油反射光所显示的颜色]；fluorescent light；fluo-；fluor(o)-
荧光玻璃☆flourescent glass
荧光测定☆fluorometric assay；fluoremetry；fluorimetric determination
荧光测定分析☆fluorimetric analysis
荧光测井☆fluorologging；fluorographic logging
荧光的☆fluorescent；psychedelic
荧光灯☆fluorescent lamp{light}；daylight lamp；ultraviolet light
荧光发生反应☆fluorigenic reaction
荧光(探矿)法☆fluorimetric method
荧光分析☆fluorescence{fluorometric;fluorimetric} analysis；fluorimetry
荧光红素☆luciferase
荧光黄[$C_{20}H_{14}O_5$]☆fluorescein(e)；eosin yellow
荧光计☆fluorimeter；photofluorometer；fluorometer；exometer
荧光剂☆fluorescer
荧光计分析☆fluorometric analysis
荧光计沥青分析☆fluorometric bituminological analysis
荧光检测☆fluoroscopic examination
荧光检查器☆fluoroscope
荧光镜☆fluoroscope；fluorescope
荧光蓝☆eosin blue
荧光密度测定法☆fluodensitometry
荧光浓度猝灭☆concentration quenching
荧光屏☆(fluorescent) screen；faceplate；telescreen；face；viewing{video;phosphorescent} screen；besel；window of tube；photofluoroscope[相机]
荧光屏色谱特性☆screen-color characteristic
荧光屏图像摄影☆photofluorography
荧光屏余辉保留时间☆screen persistence
荧光染料{色}☆fluorescent dye
荧光设备[浮选过程检查用]☆provision of fluorescent
荧光X射线光谱仪☆X-ray fluorescence spectrometric
荧光生成标记技术☆fluorigenic labeling technique
荧光素☆fluorescein；luciferin
荧光素钠☆uranin
荧光探伤(器)☆zyglo
荧光探伤法☆zyglo inspection
荧光探针技术☆fluorescent probe technique
荧光图☆fluorography
荧光图示录井☆fluorographic logging
荧光团☆fluorophore
荧光微波双共振法☆fluorescence microwave double resonance；FMDR
荧光物质☆fluorescent substance；phosphor
荧光信号服装☆signal clothing
荧光性体☆fluorinite
荧光学☆fluoroscopy；fluorescopy
荧光仪检查☆fluorographic study
荧光再放射☆allochromy
荧光指示剂吸附法☆fluorescent indicator{indicater} adsorption method；FIA-method
荧光质点示踪研究☆fluorescent particle tracer study
荧黄素☆fluoflavin
荧烷☆fluorane
蝇☆fly
蝇蛤属[双壳;P-K]☆Myoconcha
蝇形蛤属[双壳;E-Q]☆Sunetta
蝇子草[铜矿示植]☆Silene tortunei
迎☆stationary
迎(风面的)☆stoss
迎滨☆ashore
迎冰面☆stossend；stoss end
迎冰坡[德;与 lee-seite 反]☆stoss slope{side}；stoss-seite
迎冰向的☆stoss
迎波岸沼泽☆open-coast marsh
迎波面坡☆apron slope
迎波墙☆wave wall
迎风(的)☆windward；weather-side
迎风岸☆weather shore
迎风面☆stoss side{face}；windward
迎合☆hit
迎火☆backfire
迎间电容☆turn-to-turn capacitance
迎角☆angle of attack{incidence}；incidence
迎接☆salute
迎浪岸沼泽☆open-coast marsh
迎浪风☆opposing wind
迎浪海岸☆open (oceanic) coast
迎浪面☆stoss side
迎面而来(的)☆oncoming
迎面风☆headwind；opposing wind
迎面气流☆windstream
迎收电路☆acceptor circuit
迎水面护坡道☆outer banquette
迎水坡☆riverside slope；upstream slope{batter}
迎水坡阶梯式护坡工作☆stepwork
迎向磨损☆front-wear；frontal wear
迎战☆squed
赢得☆carry；buy
赢得(物)☆winning
赢得时间☆gain time
赢利的开采作业☆profitable workings
赢利性☆profitability
赢蜚迹[遗石;Є-K]☆Corophioides
盈亏平衡(点)分析☆break-even point analysis
盈利率☆discounted cash flow rate of return；DCFR
盈利能力☆profitability
盈水河[地下水补给的河流]☆gaining stream
盈余☆surplus
盈余电子☆excess electron
盈余日☆meridian-day；gained day
盈余(收益)总汇表☆summary of earnings

yǐng

影☆simulacrum；shade
影斑☆patch
影笔石属[O_1]☆Skiagraptus
影带☆shadow zone{band}；videotape of a TV programme, film, etc.；MTV tape
影调析离☆tone separation
影痕[岩石的]☆ghost；phantom
影片☆film；picture
影青☆shadowy blue
(地震)影区☆shadow zone
影色照相制版印刷术☆photochromogmphy
影显微镜☆shadow microscope
影线[地形、断面等]☆hachure；hatching；hachured line
(用)影线表示☆hachured line
影线图☆hatched drawing
影响☆govern；influence；affect(ion)；incidence；effect；contribute；impact；impression；impinge；operate upon{up}；contribution；repercussion；win；interest；inf.
影响半径☆action radius；radius of investigation {influence}
影响边坡稳定性分析的因素☆factor affecting slop stability analysis
影响传播角☆effect transference angle
影响带☆zone of influence；smear zone
影响到☆touch
影响范围☆incidence；influence region{circle;area}；circle{range} of influence；reach；umland[城市]
影响函数☆influence function
影响火山景观的因素☆factors affecting volcanic landscapes
影响漏斗☆cone of influence
影响内城的过程☆processes affecting inner cities
影响农业的因素☆factors affecting agriculture
影响破坏的因素☆factors affecting damage
影响区☆area of coverage；contributing{contributory；influence} area；zone{region} of influence
影响区域☆influence region{area}；range of influence
影响圈☆influence circle；area{circle} of influence
影响人口大小和分布☆affecting population size and distribution
影响深度☆depth of influence
影响生产流程的因素☆bottleneck
影响水头☆affected head
影响特性☆influencing characteristic
影响系数☆influence coefficient；coefficient of influence
影响心肌传导性的☆dromotropic
影响因素☆influential factor；factors influencing
影响域法☆area of influence method
影像☆(optical) image；picture；presentation；video；phantom；im.
影像重现装置☆image reproducer
影像地图☆photomap
影像地图制图学☆photocartography
影像分析☆photographic image analysis
影像观察试验☆viewing test
影像几何形状{性质}☆image geometry
影像联机扫描器☆on-line scanner of images
影像量化器☆image quantizer
影像凝合☆fusion of image
影像色调☆image-tone
影像调整盘☆picture desk
影像图☆image pattern{map}；shadowgraph；picture；striograph
影像镶嵌☆image mosaic；mosaicking
影像形成☆image-forming
影像压缩技术☆image compression technique
影像仪☆imager
影像云纹法☆shadow moire method
影像增强技术☆image enhancement technique
影像转制{绘}☆image transfer
影像资料的成形☆image data shaping
影像组合☆image combination
影印☆autotype；photographic print；photoprint
影印(本)☆facsimile；fac
影印凹板☆photogravure
影印本☆fax
影印法☆photolithography
影印机☆photoprinter
影印石版术☆lithophotography
影(像)源☆eikonogen
影锥☆shadow cone
影子汇率系数☆shadow exchange rate factor；SERF
影子价格☆shadow price
颖(片)[草的]☆tegmen
颖悟☆perspicuity；perspicacity
瘿瘩[大脖子病]☆endemic hypothyroidism

yìng

硬☆hard；hardness；sclero-

硬癌☆carcinoma fibrosum
硬暗色岩☆cank；cankstone
硬白垩☆clunch
硬板☆hardboard；rigid sheet
硬币☆hard currency{cash}；coin
硬壁苔藓虫属☆Stereotoechus
硬表面☆crust
硬玻岩☆apogrit；graywacke
(均匀)硬玻质的☆durovitreous
硬部☆huttriall
硬材☆hardwood
硬材焦油☆hard wood tar
硬彩☆hard colors；ying-cai
硬草草本群落☆duriherbosa
硬草草甸☆duripratum
硬层☆barren bed
硬长石砂岩☆arkositite
硬齿鱼目☆Pycnodontiformes
硬稠半塑性外壳构造☆stiff semi-plastic superstructure
硬磁钢☆magnetically hard steel
硬磁合金☆hard-magnetic alloy；magnetically hard alloy
硬磁化☆hard magnetization
硬磁性材料☆hard magnetic material
硬瓷状钙华☆porcelainous travertine
硬脆地层☆friable hard formation
硬脆岩石☆hard brittle rock
硬脆云母[$(Mg,Fe^{2+})_3(Al,Fe^{3+})_{12}Si_7O_{35}•9H_2O$]☆mavinite
硬错误☆unrecoverable error
硬蛋白(质)☆scleroprotein
硬的☆stiff；rigid；hard；dauk；tough；petrous；solid
硬底[海]☆hard ground；hard bottom{toes}
硬底黏土☆warrant
硬地层☆hard formation；pan
硬地层力☆hard formation force
硬(脆)地蜡[C_nH_{2n-2}(n≈25～30)]☆borislavite；boryslowite；boryslavite；boryslawite
硬调[摄]☆high contrast
硬度☆hardness；degree of hardness；rigidity；solidity；solidness；severity；hardness profile[变化曲线]；magnesium hardness[水的]；MgH；H
硬度表☆hardness scale；scale of hardness
硬度测量盘☆disk hardness gauge
硬度测试仪☆hardness-testing device；hardness tester
硬度低的☆soft
硬度分类☆class of hardness
硬度机压头☆indenter；indentor
硬度计☆hardness scale{gage;gauge;meter;tester}；hardometer；sclerometer；scleroscope；durometer；hardometer hardness tester；hardness testing device
(用)硬度计测定的硬度☆sclerometric hardness
硬度减低剂☆hardness reducer
硬度值☆hardness number{value}
硬鲕绿泥石☆baralite
硬防蚀剂☆hard ground
硬沸石☆bavenite{pilinite}[$Ca_4AlBe_3H(Si_9O_{27})•H_2O$]；duplexite [$Ca_6(OH)_2(Si_{14}Al_2Be_4O_{40})$]；daplexite
硬辐射☆hard{high-energy} radiation
硬腐泥[胶泥]☆saprocol；saprokol
硬腐泥岩☆saprocollite
硬副本☆hard copy
硬钙质板岩☆slatter slate
硬盖面(层)☆hard facing
硬钢☆high-speed steel
硬钢丝☆hardwire
硬铬尖晶石☆chrom(o)picotite
硬根(底)☆hard toe
硬工程☆hard engineering
硬骨☆os osseum
硬骨海绵纲☆Sclerospongiae
硬骨鱼☆teleost
硬骨鱼类☆Osteichthyes；bony fishes
硬硅钙石[$Ca(SiO_3)•2H_2O$；$Ca_6Si_6O_{17}(OH)_2$；单斜、三斜]☆xonotlite；xonaltite；eakleite；xenotlite；xonolite；calcium pectolite [$5CaSiO_3•H_2O$]
硬果皮☆sclerotesta
硬海百合碎屑灰岩☆criquinite
硬海绵纲☆Sclerospongiae
硬海绵目☆Lithistida
硬焊☆hard-soldering
(用)硬焊料焊接☆hard soldering
硬焊条[主要为碳化钨]☆borium
硬核体☆sclerotia；sclerotinite；sclerote
硬合金☆hard alloy{metal}
硬合金齿☆insert
(钻头)硬合金齿☆compacts
(钻头的)硬合金齿☆hand-metal insert
硬合金齿吃入(井底)深度☆carbide-insert burial
硬合金齿间凹槽☆land relief；relief cuts on lands
(钻头)硬合金齿隙间凹槽☆land relief
硬合金垫托层[聚晶金刚石复合片的]☆tungsten carbide substrate
硬合金球齿牙轮钻头☆slug bit
硬合金镶(碳化钨)齿牙轮钻头☆carbide type bit
硬合金镶尖钻头☆tipped{tungsten-carbide-tipped} bit
硬(质)合金钻头☆hard-metal bit
硬褐煤☆hard{black} lignite；hard brown coal
硬黑沥青脉[与油页岩有关]☆anthraxolite
硬滑石☆indurated talc
硬化☆harden(ing)；induration；stiffen；indurascent；set(ting)；cure；lapidify；cementation；sclerosis；calcification；brinelling；rigidification；rigidize；vulcanizing；ossify；strengthen；consolidation；hdn
硬化变形☆deformation due to hardening
硬化层深度☆case depth
硬化的☆indurated；indurascent；sclerotized；sclerotic；sclerified；sclereid
硬化的和回火的☆hardened and tempered；h and t
硬化点☆hard point；commencement of setting
硬化放射虫软土☆radiolarite
硬化极限☆stiffening limit
硬化剂☆hardener；stiffener；vulcanizer；hardening agent{medium; compound}；rigidizer
硬化冷轧☆temper rolling
硬化沥青☆manjak；munjack
硬化裂纹☆solidification cracking
硬化黏胶☆volcanizing cement
硬化深度☆hardness penetration
硬化时间☆firm time
硬化石油☆kir
硬化速度☆rate hardening
硬化体☆sclerotium
硬化为石☆hardened into a rock
硬化温度☆hardening temperature；hard-temperature
硬化细胞[植]☆scler(e)id；sclereide
硬化岩石☆indurated rock
硬化作用☆hardening action；sclerization；induration；induralization
硬化作用热补轮胎☆vulcanization
(层面受侵蚀的)硬灰岩层☆hard ground
硬灰质板{页}岩☆slatter
硬辉沥青☆harbolite
硬积[腹]☆callus
硬极限☆hard limiting
硬夹层☆hard streak
硬件☆(computer) hardware；zoarium；HA
硬件错误☆hard error；bug
硬件关联☆hardware context
硬礁岩☆klintite
硬鲛目☆Stegoselachii；Rhenanida
硬接线☆hardwire
硬结☆harden(ing)；indurate；scleroma；consolidation
硬结核☆hardhead
硬结期☆locomorphic stage
硬结土☆hard cemented soil
硬结土层☆indurated soil
硬金属☆hard metal
硬金云母☆folidolite；pholidolite
硬拷贝☆hard copy；hard-copy
硬拷贝机☆hardcopy unit{machine}
硬科学☆hard science
硬可读副本☆hard copy
硬块☆solid mass
(脉中)硬矿块☆burk
硬矿物☆hard mineral
硬盔潜水装置☆hard hat gear
硬蜡☆geocerite；geocer(a)in；hard wax
硬砾岩☆conglomerite
硬粒☆shot；hard grain
硬粒的☆hard-grained
硬沥青☆uintahite；gilsonite；hard asphalt；uintaite (gilsonite)；unitaite
硬连线指令☆hardwired instruction
硬练胶砂(砂浆)强度试验(法)☆earth-dry mortar strength test
硬裂缝黏土☆stiff fissured clay
硬鳞☆ganoid (scale)；squama ganoidea
硬鳞鱼类☆Ganoids
硬鳞质☆ganoin
硬硫铋铜矿☆lindstromite
硬硫铅银锑矿☆andorite
硬硫橡皮☆ebonite
硬铝☆umin；duralumin；Dural；duralium；ultralumin
硬铝箕斗☆duraluminium skip
硬铝胶[$Al_2O_3•H_2O$]☆diasporogelite；alumogel；cliachite；kliachite
硬氯铜矿☆tolbachite
硬率☆hardness scale
硬绿泥千枚岩☆ottrelite-phyllite
硬绿泥石[$(Fe^{2+},Mg,Mn)_2Al_2(Al_2Si_2O_{10})(OH)_4$；单斜、三斜]☆chloritoid；barytophyllite；strueverite；phyllite；masonite；kosmochromite；bliabergsite；chlorite spar；ottrelite[$(Fe^{2+},Mn)(Al,Fe^{3+})_2Si_3O_{10}•H_2O$]；chloritoidite；chloritspath；struverite；ta-rutile；sismondite；sismondine；bliabergite[块云母]
硬绿泥石片岩☆ottrelite schist
硬绿千枚岩☆chloritoid-phyllite
硬猫铁☆rigid magnet
硬毛藻属[Q]☆Chaetomorpha
硬毛状的☆hirsute
硬帽☆hardcap
硬帽盔☆hardhat helmet
硬煤☆anthracite；coal stone；hard{clod;strong;stone;bastard;lively} coal
硬煤与软煤混合物☆rifler
硬镁硅钙石☆jurupaite
硬锰矿[$mMnO•MnO_2•nH_2O$]☆psilomelane；black hematite；isiganeite；calvonigrite；leptonemerz[德]；leptonematite；manganese hydrate；psilomelance；psilomelanite；manganomelan(e)；beldongrite；protomelane
硬锰矿粉☆earthy manganese
硬锰石墨☆psilomelangraphit
硬密硅质砂岩[煤层底板]☆ganister；crowstone
硬面☆hard surfacing
硬模☆die
硬膜☆dura mater
硬磨石☆hard grinding stone
硬木☆hardwood；hard wood
硬木群落☆hammock
硬耐火土☆cat
硬脑(脊)膜☆dura mater
硬泥☆stift clay
硬泥灰岩☆marlite；marlstone；marlyte；marl stone
硬泥岩☆clift
硬泥质页岩☆irestone；plate shale；blue metal
硬泥砖☆stiff mud brick
硬黏土☆leck；gumbotil；bind；bluestone；clunch；bat(t)；blue bind[煤中]；firm clap{clay}；blue metal；stiff{gumbo;hard} clay；bend
硬黏土岩☆bina
硬镍☆Duranickel
硬镍合金[含 4%Ni,2%Cr 的特种铸铁]☆ni-hard
硬镍合金磨球☆Ni-Hard grinding ball
硬盘☆hard pan{disk}；HD；fixed disk；hardpan；ortstein；moorband
硬(磁)盘☆hard disk
硬磐☆orterde；hardpan；duripan；ortstein；moorpan；moorland pan
硬炮泥☆tamping plug
硬硼钙石[$Ca_2B_6O_{11}•5H_2O$;$2CaO•3B_2O_3•5H_2O$;单斜]☆colemanite；neocolemanite；borspar；pandermite
硬硼酸钙石☆colemanite
硬铍钙石☆bavenite；duplexite
硬皮马勃属[真菌;Q]☆Scleroderma
硬皮泥球☆armo(u)red mud{clay} ball；pudding ball
硬片☆plate negative{negation}
硬片(状)☆stiff lamella
硬片岩[德]☆hartschiefer
硬钎焊☆hard soldering；braze
硬钎料☆spelter
硬铅☆hard lead
硬羟钙铍石☆duplexite；bavenite；pilinite
硬羟铝石☆diaspor(it)e；kayserite；empholite；tanatarite；γ-diaspore；sporogelite；α-kliachite
硬壳☆duricrust；incrustation；(overlying) crust；sclerotesta

Y

硬壳材料☆encrusting matter
硬壳层☆duricrust
硬壳化☆encrustation
硬(介)壳灰岩☆coquinite
硬壳帽☆hard hat
硬壳式构造{结构}[航]☆monocoque
硬壳状物☆incrustation
硬球金刚石☆ballas
硬圈[位于软流圈之下]☆sclerosphere；sklerosphere
硬朊☆albuminoid；scleroprotein
硬色调底片☆hard negative
硬砂砾☆steel grit
硬砂岩☆greywacke；graywacke；hard sand；grey wacke；grauwacke[德]；blaize；blaes；kingle；clasmoschist；Hd. sd.
硬砂岩瘤☆hardhead
硬砂质页岩☆flue
硬刹☆grabbing
硬闪二长岩☆nosykombite
硬伤☆mechanical damage
硬烧☆hard burning
硬烧结矿(块)☆hard sinter
硬蛇纹石[$Mg_6(Si_4O_{10})(OH)_8$]☆picrolite；baltimorite；hampdenite
硬设备☆hardware；equipment unit
硬石☆adamant[金刚石或刚玉]；hard stone；bastard；burr[难钻透的]
硬(灰)石☆ragstone
硬石膏[$CaSO_4$;斜方]☆anhydrite；muriacite；cube spar；karstenite；anhedritite；anhydrous gypsum；anidrite；tripestone；hard plaster；bardiglione[无水石膏]
硬石膏-方解石盖岩☆anhydrite-calcite cap rock
硬石膏化☆anhydritization
硬石膏假象重晶石☆allomorphite
硬石膏鞘☆anhydrite sheath
硬石膏(地)区☆anhydrite region
硬石膏岩☆anhydrock；anhydrite rock；karstenite
硬石灰岩☆rag stone
硬石夹层☆band stone
硬石蜡☆paraffinum durum；hardparaffin；paraffin(e)；hard paraffin
硬石棉板☆cement asbestos board
硬石钻头☆chert bit
硬矢面☆hard vector surface
硬式飞船☆rigid dirigible
硬式图解☆stiff diagram
硬铈钍石[$(Th,Ce)SiO_4$]☆freyalite
硬书皮的(书)☆hardback
硬树脂[法]☆kopal；animé；copal
硬水☆hard{earthy;calcareous;earth;scale-producing;hand} water；scale producing water
硬水铝石[$HAlO_2$;$AlO(OH)$;Al_2O_3•H_2O;斜方]☆diaspore；diasporite；kayserite；empholite；α-kliachite；γ-diaspore；diasporogelite；tanatarite；draspor(tit)e；sporogelite
硬水铝石高岭石岩矿石☆diaspore-kaolinite ore
硬水铝石黏土☆diaspore clay
硬水母目☆Trachylida；Trachylina
硬水软化☆water softening
硬水软化装置☆softening plant
硬塑性的☆stiff-plastic
硬酸☆hard acid
硬算法☆brute force method
硬碎地层☆hard broken ground
硬燧石块平面衬里[磨机]☆silex lining
硬陶土[$Al_4(Si_4O_{10})(OH)_8$•0~4H_2O]☆terra cotta[意]；steinmark；terra-cotta (clay)
硬体☆zoarium[苔;pl.-ia]；zooarium；coenosteum[层孔虫类]
硬条带夹层☆hard streak
硬铁绿泥石☆bavalite [$Fe_3(OH)_6$;$(Fe^{2+},Al)_3(Al_{1.2\sim1.5}Si_{2.8\sim2.5}O_{10})(OH)_2$]；barolite；metashlorite；baralite；metachlorite [$(Fe^{2+},Mg,Al)_6((Si,Al)_4O_{10})(OH)_8$]
硬铁质砂岩☆carstone
硬挺[勉强支撑]☆endure with all one's will；hold out with all one's might；stick{hold} out
硬通货☆hard currency
硬铜线☆solid copper wire
硬头☆hardhead
硬土☆hard{firm} ground；stiff clay；pan soil
硬土层☆solid ground；hard pan；pan (formation)；stiffish soil
硬土黏土岩☆skleropelite
硬拖☆haul
硬拖架式航空电磁系统☆rigid boom AEM systems
硬微丝炭{煤}☆hard fusite
硬硒钴矿[$CoSe_2$;等轴]☆trogtalite
硬纤蛇纹石[$Mg_3Si_2O_5(OH)_4$]☆metaxite
硬线传输☆hardwire transmission
硬橡胶☆vulcan(n)ite；Stabilit；rubberite；hard rubber；ebonite
硬橡皮☆vulcanite；ebonite；vulcannite
硬性☆hardness；rigid；stiff；solidness；inflexible；inflexibility
硬性软物☆magnetically soft material
硬性水泥☆hard cement
硬雪☆snowcrete
硬雪壳☆telemark snow；snow crust
硬烟煤☆splint{splent} coal；splent
硬盐☆hartsalz；kieserohalosylvite；hardsalt
硬岩☆hard{tough} rock；header
硬岩层[离地面最近的]☆hard formation；firm；rockhead
硬岩层中钻进☆rough drilling
(冰成)硬岩粉土☆alphitolite
硬岩巷道☆metal drift
硬岩礁☆klint
硬岩开巷机☆hard-rock tunneling machine
硬岩块☆bastard
硬岩盘☆hardpan
硬岩平巷掘进机钻进法☆hard-rock tunneled boring
硬岩上井钻巷机☆hard-rock raise-boring machine
硬岩石☆kingle；hard rock{digging}；jewstone；secure rock；metal
硬岩天井钻进机☆hard rock raise boring machine
硬岩条带☆bar
硬岩峡谷☆hard rock gorge
硬岩用钻头☆hard-formation bit
硬岩钻进☆hard-rock drilling{boring}；driving in stone；rough drilling
硬岩钻头☆rock (drill) bit
硬羊齿(属)[J_3-K_1]☆Scleropteris
硬页岩☆drift
硬叶☆sclerophyll
硬叶常绿灌木群落☆durifruticeta
硬叶的☆sclerophyllcus
硬叶乔木群落☆durisilva
硬油☆hard oil
硬玉[$Na(Al,Fe^{3+})Si_2O_6$;单斜]☆jadeite；jade(-)stone；chalch(ig)uite；kyaukstein；feitsui；jadi(a)te；jad；(common) jade；chloromelanite；chalchewete；axe stone；chalchite；soda-jadeite；natronjadeite
硬玉(-)蓝闪石型相系☆jadeite-glaucophane type facies series
硬玉岩☆jadeitite
硬玉质辉石☆jadeitic pyroxene
硬渣☆speiss
硬支撑式动平衡机☆dynamic balancing machine with hard supports
硬支撑物☆rabato
硬脂☆stearin；tristearin；stearine
硬脂胺[$CH_3(CH_2)_{17}NH_2$]☆octadecylamine
硬脂酸[$CH_3(CH_2)_{16}CO_2H$;$C_{17}H_{35}CO_2H$]☆stearic acid；geoceric acid；octadecylic acid；stearin；St
硬脂酸甘油基的硫酸钠盐[$C_{17}H_{35}$•COO•CH_2•CH(OH)•CH_2•SO_4Na]☆sodium salt of steary glyceryl sulfate
硬脂酸铝☆aluminium stearate
硬脂酸盐[$C_{17}H_{35}CO_2M$]☆stearate
硬酯苹果酸酯[$C_{17}H_{35}$•COO•CH(COOH)•CH_2COOH]☆stearymalic acid
硬纸套管☆cardboard tube
硬质☆stereoplasm
硬质玻璃☆pyrex (glass)
硬质(合金)刀具☆inserted tool
硬质光学纤维棒☆multi-fiber rod
硬质海绵纲☆Sclerospongiae
硬质焊敷层☆hard facing
硬质合金☆hard metal{alloy}；hard-metal{carbide} alloy；(cemented) carbide；cast hard metal；hard metal alloy；tungsten carbide (alloy)；wimet；sintered carbide
WC-Ti-Co 硬质合金☆WC-Ti-Co hard alloy
硬质合金刀具☆carbide (tipped) tool；carbide cutter；cemented carbide tool；carbide-tipped cutting tool；hard metal cutting tool
硬质合金钢纤☆carbide drill；tipped steel
硬质合金管套靴☆set casing shoe
硬质合金矿车刀☆carbide-tipped lathe tool
硬质合金片☆carbide blade{slug;tip;insert}；hard-metal insert{tip}；carbide
硬质合金切割刃☆carbide cutting edge
硬质合金球齿牙轮钻头☆slug-type bit
硬质合金套管结☆casing-shoe bit
硬质合金污钻头☆detachable insert bit
硬质合金镶片☆carbide insert
硬质合金镶刃铣刀☆carbide tipped milling cutter
硬质合金牙尖的卡瓦☆carbide-tipped slips
硬质合金柱☆tungsten carbide stud
硬质合金钻具的风动冲击钻进☆carbide percussion drilling
硬质合金钻头包边☆hard metal bit tipping
硬质黏土[主要成分为高岭石,$Al_4(Si_4O_{10})(OH)_8$]☆hard-metal clay
硬质砂岩☆blaes
硬质塑料☆rigid plastic
硬质微孔泡沫塑料层☆rigid cellular foam layer
硬质橡胶☆ebonite；vulcanite
硬质岩石☆agstone；rag；ragstone；hard rock
硬质种皮☆sclerotesta
硬柱石[$CaAl_2(OH)_2(Si_2O_7)$•H_2O;斜方]☆lawsonite
硬柱石-蓝闪石-硬玉相☆lawsonite-glaucophane-jadeite facies
硬柱石-钠长石-绿泥石相☆lawsonite-albite-chlorite facies
硬砖☆clinker
硬着陆宇宙飞船☆impactor
硬组分☆hard component；stereosome
硬组分的☆stereogenic；stereogenetic
映点☆defect
映光纹路☆white cines in shading arc
映绘台☆tracing table
映描员☆tracer
映谱仪☆spectral projector
映射☆mapping；mapper；map
p-τ{|τ-p}映射☆p-τ{|τ-p} mapping
映射度☆degree of mapping
映射法☆method of image
映射分析☆map analysis
映射函数☆mapping function
映射井法☆image-well method
映射域☆mapped region
映像☆image；map；imaging；reflection；reflex(ion)
映像法☆method of image
映像分类☆image sort
映像井法☆image-well method
映像线性体☆mapping lineament
映象☆imaging；image
映转对称☆alternating symmetry
映转面☆plane of compound symmetry
映转轴☆rotation-reflection{rotoreflection;alternating} axis；rotatory reflection axis
应变☆strain[物]；relative deformation；morphotropy；meet an emergency{a contingency}[应付突发事]
应变标志{记}☆strain marker
应变并向量{矢式}☆dyadic of strain
应变部署表☆station bill；muster list
应变测定☆extensometry；strain measurement
应变测定仪☆strain ga(u)ge{meter}
应变测量☆strain measurement；strain-ga(u)ging
应变测量网格法☆grid method for strain measurement
应变措施☆emergency measure
应变导致再结晶☆strain {-}induced recrystallization
应变等值线图解☆strain contour diagram
应变电阻片☆strain gage
应变度☆degree of strain
应变二次曲线{面}☆strain quadric
应变范围区分☆strain range partitioning
应变分布☆strain distribution；distribution of strain
应变分解☆resolution of strain
应变分量☆component(s) of strain；strain component
应变浮升☆escalation
应变感生析出{沉淀}☆strain-induced precipitation
应变功☆deformation{strain} work
应变观测器☆strain viewer
应变关税☆contingent{contingency} duty
应变光学灵敏度☆strain-optic sensitivity
应变规范理论☆emergent norm theory

Y

应变规划☆contingency planning
应变轨迹☆strain trajectory; trajectory of strain
应变后的网格☆mesh after straining
应变环☆strain hoop
应变回复特性☆strain-recovery characteristics
应变极限破坏准则☆strain limit failure criteria
应变级计数器☆strain level counter
应变计☆strain ga(u)ge{meter;cell}; strain(o)meter; wire resistance strain gauge; extensimeter; strain meter{gauge}; deformeter; extensometer
应变结晶弹性体☆strain crystallizing elastomer
应变解除☆strain release
应变控制荷载试验☆strain-controlled load test
应变控制剪力仪☆strain-control shear apparatus
应变累积☆accumulation of strain
应变力☆flexibility; strain force; varying stress
应变量测☆measurement of strain
应变量规材料☆strain ga(u)ge material
应变路径{线}☆strain path
应变率☆strain rate{ratio}; percentage strain; rate of straining{strain}
应变率敏感材料☆strain-rate-sensitive material
应变率史☆strain rate history
应变率无关理论☆strain-rate independent theory
应变面☆displacement{deformation} plane
应变能☆strain{distortion} energy; energy of strain (deformation-energy of strain)
应变能(计算)法☆strain energy method
应变能力☆adaptability to changes; strain capacity; ability to deal with incidents{accidents}
应变-能量理论☆strain-energy theory
应变能释放率☆strain energy release rate
应变逆转☆reversal strain
应变劈理☆strain-cleavage
应变偏量☆strain deviator{deviation}; deviator of strain
应变片丛☆rosette ga(u)ge; strain (gauge) rosette
应变片花☆train-ga(u)ge rosette
应变片式压力计☆strain ga(u)ge type manometer
应变器☆strainer; effector
应变前的网格☆mesh before straining
应变强度因子☆strain intensity factor
应变球张量☆spherical tensor of strain
应变蠕变☆tram creep
应变软化模型☆strain softening model
应变-时间数据☆strain-time data
应变时效☆strain ag(e)ing[冶]; strain age(ing)
应变时效位错☆dislocation in strainaging
应变拾音器☆strain pickup
应变释放曲线☆strain release curve
应变势能☆potential energy of strain
应变式压力传感器☆strain pressure transducer
应变式直减仪☆direct strain apparatus
应变数☆dependent variable
应变速度☆speed of straining; strain rate
应变速率关系☆strain-rate dependence
应变速率敏感性指数☆coefficient of strain rate sensitivity; strain-rate sensitivity index
应变梯度塑性理论☆strain gradient plasticity theory
应变条纹值☆strain fringe value
应变图☆diagram of strains; strain pattern{figure}
应变退火生长的单晶☆strain-anneal grown single crystal
应变椭球圆截面☆circular section of strain ellipsoid
应变椭圆体{面}☆strain ellipsoid
应变-位移关系☆strain-displacement relation
应变消除法☆strain relief method
应变行为☆coping behavior
应变性☆compliance; adaptability to changing
应变巡检箱☆strain scanning unit
应变遥测☆telemetering of strain
应变仪☆strain ga(u)ge{indicator;meter;instrument}; deformeter; strain(o)meter; tensiometer; strain-ga(u)ge; strain-measuring instrument; extensometer
应变仪式加速度计☆strain ga(u)ge accelerometer
应变硬化区☆strain-hardening range
应变硬化性☆strain hardenability
应变-应力图解☆strain-stress diagram
应变余能函数☆complementary strain energy function
应变造成的损坏☆strain-to-failure
应变增量理论☆incremental strain theory
应变战略☆strategies for uncertainty
应变张量不变量☆invariant of strain tensor
应变指示漆☆strain indicating lacquer
应变致相变☆strain induced (phase) transformation
应变轴☆axis of strain; strain axis
应变主轴[力]☆principal axis of strain; principal axes of strain; strain axis
应变转变☆transformation for strain
应变转矩遥测计☆strain torque telemeter
应变状态☆state of strain; strained condition
应变总能☆total work of deformation
应酬☆commerce; social engagement
应磁☆induced magnetism
应答☆answerback
应答浮标☆call-back marker; recall buoy
应答器☆transponder
(雷达的)应答器☆responsor; responser
应答信号☆acknowledge{answering;reply;answer} signal; answer back signal
应答延迟☆beacon delay
应得☆earn; deserve
应付☆manipulation; reply; handle; cope
应急避难系统☆emergency evacuation system
应急的☆emergency; jury; crash; emergent
应急动力电源☆emergency power supply
应急费用☆contingent fund
应急费用储备金☆contingent reserve fund
应急工具☆doctor
应急井☆escape{emergency} shaft
应急开放☆fail open
应急燃料调节器☆emergency fuel regulator
应急人员☆emergency personnel
应急通信业务☆emergency service
应急用呼吸气瓶☆bail-out bottle
应急预案☆contingency plan
(使)应接不暇☆swamp
应考人☆testee
应力☆stress; resistance; S
应力[物]☆stress; strain; tension; charge
应力白化现象☆stress whitening
应力板☆stressed plate
应力比(例)法☆stress ratio method
应力闭锁机制☆stress-locking mechanism
应力变动范围☆range of stress variation
应力变化速率☆rate of change of stress
应力变形关系☆stress-displacement relation
应力变形面积图☆area of the stress-deformation diagram
应力表层(结构)☆monocoque; stress skin
应力波传播{|方程}☆stress wave propagation{|equation}
应力不足☆understressing; understress
应力测量☆stress measurement; measurement of stress
应力差☆stress difference; differential stress
应力场☆stress field{pattern}; field of stress
应力超限☆overstressing
应力弛缓☆relaxation of stress
应力重分布☆stress redistribution
应力次数曲线☆stress-number{S/N} curve
应力单位☆unit of stress
应力导致再结晶☆stress-induced recrystallization
应力的主平面☆principal plane of stress
应力定时变化疲劳试验☆interval test
应力定向☆orientation of stress
应力冻结光弹性☆stress-freezing photo(-)elasticity
应力断裂☆stresscracking; stress rupture{fracture}
应力分布{|解|离|量}☆distribution{|resolution|release|component} of stress
应力分布涂层检验法☆stress coating
应力分析☆stress analysis
应力峰☆stresspeak
应力峰值☆stress maximum; peak stress
应力峰值区☆peak abutment
应力幅度☆stress amplitude; amplitude{range} of stress
应力符号变换☆reversal of stress
应力腐蚀断裂敏感性☆stress corrosion cracking sensitivity
应力腐蚀界限强度因子☆stress erosion limiting intensity factor
应力腐蚀破裂机理☆mechanism of stress corrosion cracking
应力辅助局部腐蚀☆stress-assisted localised corrosion
应力副承托区☆secondary stress-bearing area
应力感生扩散☆stress-induced diffusion
应力光图☆stress optic pattern; fringe pattern
应力光学定律☆stress-optic law
应力龟裂试剂☆stress cracking agent
应力轨迹☆stress trajectory; trajectory of stresses
应力函数☆stress function
应力合成☆composition of stress
应力和应变场☆stress and strain fields
应力环☆NOL ring; stress ring
应力缓冲式桥☆broken stress bridge
应力恢复法☆stress restoration{recovery} method
应力回火☆stress tempering; S.T.
应力积聚{蓄}☆accumulation of stress
应力极限☆stress limit; limiting range of stress; principal stress; endurance{limiting} range
应力及应变响应☆stress and strain response
应力集中☆stress concentration; accumulation of stress
应力集中比[碎石桩]☆stress concentration ratio
应力集中区范围☆location of stress concentration zone
应力集中体[冶]☆stress raiser
应力计☆stress(o)meter; stress detector{ga(u)ge; meter}; taseometer
应力减轻槽☆stress-relief groove
应力检验片☆stress section
应力解除☆stress relief{release;relieving}; stress relieving; stress relaxation; relief of stress
应力解除槽☆stress-release channel
应力解除的☆de-stressed
应力局部集中☆localized stress on concentration
应力均匀化退火☆stress equalizing anneal
应力开裂环境☆stress cracking environment
应力控制剪力仪☆stress-control shear apparatus
应力矿物☆stress {-}mineral; stress of fluidity
应力拉伸区☆load tension point
应力类型☆kind of stressing
应力立体单元☆stress solid element
应力路径沉降分析☆stress-path settlement analysis
应力木☆reaction wood
应力耐久曲线☆stress-endurance curve
应力逆转容限☆stress reversal tolerance
应力泡☆bulb of pressure
应力膨胀理论☆stress dilatancy theory
应力偏量☆stress deviator; deviatoric{deviator} stress; deviator of stress
应力偏向状态☆deviatoric state of stress
应力平衡☆equilibrium of stress; stress equalization
应力平衡模型☆equilibrium model of stress
应力破断时间☆time to stress rupture
应力破坏☆stress failure{rupture}; stressrupture
应力破坏试验机☆stress-rupture testing machine
应力起伏☆stress fluctuation; fluctuations of stress
应力前岩石☆prestressed rock
应力强度☆stress intensity; intensity of stress
应力强化扩散☆stress enhanced diffusion
应力侵蚀开裂☆stress-corrosion cracking
应力球张量☆spherical tensor of stress
应力驱动作用☆stress-driving effect
应力屈服下降☆stress yield drop
应力全部释放技术☆complete stress relief technique
应力全承托区☆primary stress-bearing area
应力全息干涉术☆stress-holo-interferometry
应力时效☆stress ag(e)ing; stress-ageing
应力释放☆stress relief{release;relaxation}; release of stress; destrengthening annealing
应力释放初始应变☆stress-free initial strain
应力势能☆potential stress energy
应力式直剪仪☆direct shear apparatus
应力寿命特性☆stress-life characteristic
应力水平☆stress{stressing} level; level of stress
应力松弛☆stress relaxation; stress-release
应力松弛仪☆stress relaxometer
应力损失校正☆stress loss correction
应力梯度效应☆stress gradient effect
应力条纹值☆stress fringe value
应力涂层脆性漆☆stress coat brittle lacquer
应力涂料☆stresscoat
应力图形{样}☆stress pattern
应力退火☆(permanent) stress annealing
应力椭球☆stress ellipsoid; ellipsoid (of) stress
应力椭圆(图)☆stress ellipse; ellipse of stress
应力弯曲图☆stress deflection diagram
应力吸附裂纹☆stress sorption cracking
应力吸收薄膜☆stress absorbing membrane
应力系统叠加☆super of stress system; superposition

of stress system
应力消除☆stress relieving{relief;equalization}
应力消除槽☆stress-relief grooves
应力消除炉☆stress relieving furnace
应力性尿失禁☆stress incontinence
应力(-)循环次数图☆S-N diagram
应力-循环次数曲线☆stress number curve; stress-number{-endurance} curve
应力循环图☆stress cycle diagram
应力压缩曲线图☆stress-compression diagram
应力岩体破坏方式☆failure mode of stress rock mass
应力仪☆stressmeter; stress gauge{meter}
应力引起的溶(解原子)扩散☆stress-induced solute diffusion
应力-应变关系☆stress-strain relation(ship)
应力-应变临界值☆stress-strain threshold
应力应变曲线回(滞)环☆loop of stress-strain curves
应力-应变曲线的破坏后范围☆post-failure region of stress-strain curve
应力-应变-时间函数☆stress-strain-time function
应力应变滞后图☆stress-strain loop
应力诱导取向☆stress-induced orientation
应力诱发马氏体的最高温度☆Md point
应力诱致扩散☆stress-induced diffusion
应力圆☆stress{Mohr's} circle; circle of stress
应力增高区☆stress raiser
应力增加☆build-up of stresses
应力增量☆stress increment; increment of stress
应力张量分量☆component of stress tensor
应力指示涂层☆stress indicating coating
应力中断器☆stress-breaker
应力周数曲线☆stress number curve; S-N curve
应力轴☆axis of stress; stress axis
应力转变☆transformation for stress
应力状态☆stress state{condition}; state of stress
应力状态方法☆stress state approach
(在)应力状态下☆on load
应力锥角☆stress-cone angle
应力组合☆stresses combination
应时☆timing
应试者☆candidate
应用☆employ; supply; application; apply; appliance
应用范围☆range of application
应用管理☆application-management
应用光谱学学会☆Society of Applied Spectroscopy
应用光学☆applied optics
应用基☆as-fired basis
应用理论☆applicable theory
应用喷射技术☆spray application technique
应用软件语言☆application software language
应用图学☆applied graphics
应用无立柱空间支护方式的工作面☆property working face
(可)应用性☆applicability
应用钻井工艺学☆applied drilling technology; ADT
应予☆should be

yōng

拥抱☆embrace
拥护☆champion; advocacy
拥挤☆jostle; crowd; throng; over crowding
拥挤的☆congested
拥挤颗粒流的拱形成☆bridging
拥挤作用☆crowding action
拥塞☆hummocking; over crowding
拥塞效应☆crowding effect
拥有☆command; encompassment; encompass
拥有丰富的矿藏☆have rich mineral resources
佣金☆commission; premium; brokerage; rake-off; factorage; kickback; middleman's fee
痈☆carbunculus; carbuncle
雍正粉彩☆Yong Zheng powder doped colors
壅高☆damming
壅高水位☆banked-up water level
壅水☆back(-)water; damming; flash; dammed{back} water; heading up[用于调节措施]
壅水坝☆diversion dam
邕宁'层{|运动}☆Yungning formation{|movement}

yǒng

蛹[昆]☆nymph; pupa; nympha
蛹期的☆neanic
蛹形螺属[腹;N-Q]☆Pupilla
咏叹调☆Arien
泳游生物☆nekton
涌☆flush
涌潮☆eager; eagre; pororoca; (sea) bore; tidal{tide} bore; egre
涌出☆gush; well (out); inburst; flow; efflux; bleed; rush; flush; breakout; welling-up; start; spout; spillage; springing out
涌出带☆zone of upwelling
涌出地表☆surface
涌出水☆emerging water
涌出作用[熔岩]☆upwelling
涌到☆flood
涌风小巷☆bolt hole
涌高☆uprise
(土坝)涌毁☆fountain failure
涌进☆influx; deluge
涌进连接☆flooded connection
涌浪☆(wave) surge; swelling; swell[海]; surging; swell{surging} wave; bore; turbulent waves
涌浪处☆on-surge
涌浪外☆off-surge
涌流☆shove; shovel; flow rapidly; pour
涌泥流☆boil mud
涌泥砂浆☆mud-rush; mudrun
涌起☆boil{welling} up
涌起浪花☆comb
涌泉☆estavel(le); Yongquan; outpouring spring; fountain
涌泉带☆spring belt
涌泉坑☆rise pit
涌入☆inrush; affluence; blow-in; onflow
涌入河流☆effluent stream
涌入式☆poured-in type
涌塞(现象)☆bottleneck
涌砂☆heaving sand
涌升洋流☆upwelling oceanic current
涌水☆inrush of water; water burst{flush; discharge; gushing;inrush;inflow}; water in rush; swelling; gush
涌水(地)层☆water-yielding stratum
涌水的☆welling
涌水点☆issue; point of issue
涌水井☆artesian flowing well
涌水量☆inflow{make} of water; ground water discharge; (hydraulic) discharge; (flowing) yield; water-make; (water) inflow; outflow{discharge; inflow} rate; growth
涌水试验☆free flowing test; flow test
涌水速度☆water production rate; WPR
涌水诱发爆炸☆water blast
涌涛☆sea bore
涌腾泉☆spouting spring
涌溢☆ebullition
永备启动水泵☆ever primed pump
永不干涸泉(水)☆unfailing spring
永磁(性)☆permanent magnetism
永磁电机点火☆magneto ignition
永磁发电机-直流发电机组☆mag-dyno
永磁合金☆permanent-magnet alloy
永磁式☆static type
永磁铁氧体复合材料☆permanent magnetic ferrite composite material
永磁衔铁☆keeper
永存的☆nonvolatile
永存物☆perpetuity
永存雪☆eternal snow
永电体[永久极化的电介质]☆electret
永冻☆permafrost
永冻层☆permafrost (horizon;layer); ever-frozen layer {formation}; permanent frozen layer; frozen ground
永冻层底☆bottom of permafrost; lower surface of permafrost
永冻层间融层☆closed talik
永冻层上的物质☆supragelisol
永冻层上土层☆suprapermafrost layer
永冻层水☆intrapermafrost water
永冻层下界面☆permafrost base
永冻层钻井{进}☆permafrost drilling
永冻带内水☆intrapermafrost water
永冻的[土温]☆everfrozen; ever-frost; pergelic
永冻地☆eternal{perennially} frozen ground
永冻地带☆region of permanent frost
永冻湖☆amictic lake
永冻气候☆eternal{perpetual} frost climate; ice-cap climate
永冻区☆frozen zone
永冻区分布末端界限☆permafrost limit
永冻圈☆cryosphere
永冻上层☆supragelisol
永冻土☆(eternal;permanently) frozen ground; perpetually frozen soil{ground}; permafrost; ever-frozen{permafrosted} soil; tja(e)le[瑞]
永冻土底☆base of permafrost
永冻土面☆pergelisol{permafrost} table
永冻作用☆pergelation
永干湖☆permanently extinct lake
永和窑☆Yonghe ware
永恒☆indissolubility; eternity
永恒的☆perpetual; perp
永恒消失[湖的]☆permanent extinction
永久☆perpetuity
永久(性)☆permanence; permanency
永久变形☆permanent set[力]; permanent deformation {distortion;strain}; offset strain; perdurable{residual} deformation; (deformation) set; set-deformation; off-set; permanent set{distortion;change of form}
永久变形(应力)测定法☆offset method
永久冰雪☆neve; névé
永久磁带☆nonremovable tape
永久磁厚度计☆permanent magnetic thickness gauge
永久磁铁☆permanent{polarized} magnet; pm; hycomax; alcomax; ferroxdure
永久导向基座☆permanent guide structure
永久的☆everlasting; standing; secular; permanent; non-volatile
永久冻结(的)☆ever-frost; everfrozen
永久冻土☆permafrost; perennially frozen ground; ground frost{feast}; permafrosted soil; pergelisol
永久冻土区☆permafrost area{region}
永久封冻湖☆amictic lake
永久海☆epi-sea
永久荷重☆dead load
永久积雪☆firn[德]; perpetual snow; névé penitent
永久积雪冰☆firn ice
永久积雪形成作用☆firnification
(在)永久基准面以上☆above permanent datum; APD
永久极化的电介质☆electret
永久井壁☆permanent lining
永久井壁支护☆permanent shaft support
永久枯萎点☆permanent wilting pint
永久密封☆sealed for life
永久密封托辊☆sealed-for-life idler
永久喷泉☆perennial spring
永久栖居区[生]☆ecumeme
永久式水力坐封封隔器☆hydro-set permanent packer
永久完井封隔器☆permanent-completion packer
永久文件☆permanent file; PF
永久型封隔器☆permanent-type{permanent} packer
永久性草原{地}☆permanent meadow
永久性地下上层滞水☆permanent perched groundwater
永久性基准点☆permanent bench mark; PBM
永久性循环带☆permanent circulation zone
永久性压缩机房☆permanent compressor plant
永久雪山[德]☆jokull; jokul
永久应变☆yielding strain; permanent deformation {set;strain}
永久支柱☆final support; permanent set
永久滞水☆perched permanent groundwater
永乐窑☆Yongle ware
永里式压力计☆implanted gauge
永流河☆perennial river
永世☆aeon; eon
永续盘存账户☆perpetual inventory account
永续喷发☆permanent eruption
永远[拉]☆ad infinitum; ever-; ad inf; ad inf.
永滞层☆monimolimnion
永租地(权)☆feu
永租权☆lease in perpetuity
勇敢☆bravery; hardy; brave
勇气☆nerve; mettle

yòng

佣金☆brokerage; commission; factorage; kickback; middleman's fee

Y

佣金合同☆cost-plus contract
用☆expend；by means of
用暗井开拓下层☆opening-up lower level by blind shaft
用暗销接合☆dowel
用白粉擦☆chalk
用百乘☆centuple
用板堵{铺}☆board
用棒捣实☆rodding
用薄片叠成{覆盖}的☆laminate
用薄砂轮切割料石☆coping
用爆破筒爆破☆torpedoing
用绷带包扎☆bandage
用绷绳稳定的起重架☆guyed mast
用泵加压☆pump up
用壁{墙}分隔☆bulkhead
用标度盘测量☆dial
用表测时的☆gnomonic
用冰覆盖☆ice
用玻璃和钢制成的☆glassteel
用玻璃作半导体的☆Ovonic
用拨火棒搅动☆rabble
用波纹铁做背板的平巷☆corrugated gangway
用驳船运☆barge
用不同计算方法核对总数☆crossfoot
用不完的☆inexhaustible
用部分充填法管理顶板☆roof-control by partial filling or stowing
用草图示意的☆diagrammatic(al)
用测锤测深度☆sounding
用测杆探地下水☆dowse
用测井曲线划分的层☆electro-bed
用测径器测量☆calliper
用测链或卷尺测量长度☆chainage
用测深杆测量☆dipstick ga(u)ging
用插管导出☆spile
用柴油馏分稀释的道路沥青☆slow-curing asphalt
用铲取样☆fractional-shoveling sampling
用铲子掘起☆shovel
用长壁法回收煤柱(法)☆longwall pillar method
用超塑材料制成的☆superplastic
用超重机吊起☆derrick
用抄网拉(鱼)☆brail
用车装运☆cart
用沉井法开凿的竖{立}井☆drop-shaft；drum shaft
用撑架托住☆corbel
用齿轮换挡☆gear shifting
用齿条退回☆rack back
用冲击钻钻进表土层☆spudding
用锤击破大块石☆sledging
用锤尖敲击☆peening
用锤破碎大块☆knocking
用锤琢石☆spall；stun
用粗筛筛☆cribble
用大钩吊起钻具[口]☆hang her on the hook
用大理石贴面☆marmoration
用带导向杆的钻头扩孔☆stinger ream
用带缚住☆belt；fillet
用带捆扎☆string[strung]
用带子扎紧☆lace
用单宁酸钠处理的黏土泥浆☆red muds
用单色照相版复写☆autotype
用导管在水下浇注混凝土法☆tremie method
用(压力)导数图版进行试井解释的方法☆derivative approach
用灯引导☆beacon
用(土)堤围起☆embank
用滴定法测量☆titrate
用地[管道或道路等]☆right-of-way
用地线☆property line
用法☆hang；usage；use
用法说明(书)☆direction
用废矸石充填采空区☆bashing
用镐挖掘☆peck
用光☆used up
用光圈把(透镜的)孔径减小☆diaphragm
用过的☆waste；outgoing
用黑色☆noire
用户☆customer；consumer；user；subscriber
用户安全检验程序☆user security verification routine
用户电报☆telex
用户话机☆substation
用户认可☆customer's approval
用户造煤厂☆consumer's coal preparation
用滑车(固定)☆tackle
用坏(了的)☆worn out
用键固定☆key
用接近井径的钻挺钻进技术[防斜]☆packed hole technique
用进废退说☆theory of use and disuse
用尽☆exhaust；exhaustion；used up；spent
用酒石精馏☆tartarizer
用旧☆wear out；worn
用具☆utensil；accommodation；tackle；outfit；appliance；set
用具包☆kit
用具箱☆workbox
用锯曲线机锯☆jigsaw
用卷尺量☆tape
用扣扣上☆hasp
用苦功学习[下功夫于]☆bone up on
用来☆be devoted to；(be) designed to；serve to
用来控制分离区空气流量的百叶窗☆louvre for controlled air flow in the separating zone
用来做☆be used to；be devoted to
用捞砂筒注水泥☆bailer method of cementing
用肋加固☆rib
用类推法说明☆analogize
用篱笆隔开☆hurdle
用力☆force；strain
用力的☆vigorous
用力拖☆lugging
用力吸☆sniff
用量规量☆tram
用量☆dose；regime；volume；usage
用量不足[药剂]☆underdose
用量过多[药刻]☆overdose
用另一种语言或文字录写的东西☆transcription
用硫处理☆sulfur(et)；sulfurization；sulphurate
用辘轳或绞盘提升浅(矿)井☆gin pit
用铝作覆盖层的☆alclad
用煤作燃料的☆coal-fired
用秒表测量☆stop-watch measurement
用 TNT 敏化的托维克斯浆状炸药☆Tovex
用墨水写☆ink
用磨盘磨☆lap
用幕隔开☆curtain
用品箱☆cellar
用铅包☆lead
用钱疏通☆buy off
用锹挖掘☆spade
用勺取出☆scoop
用绳捆扎[strung]☆string
用绳系住☆cord
用石灰中和☆lime
用石砌☆mason
用时压力☆service pressure
用示踪剂标记的[放射性同位素]☆label(l)ed；label(l)ing；marking
用手☆by hand
用手搬运☆handle
用手夹夹紧雷管☆hand crimping
用手开关的阀☆hand operated valve
用手拧紧(螺丝)到位平面☆hand-tight plane
用手刹车下放钻具☆lowering with hand brake
用手上紧后剩下的螺尾长度☆hand tight standoff
用水☆water utilization
用水量☆water consumption；consumption of water
用酸顶替井中存油并接触油层面☆bleed a well down
用筒将物体倒入井内(如填水泥)等☆bailer dump
用图表示☆graphical representation；pictorialization
用图说明☆illustrate
用途☆assignment；use；usage；purpose
用完☆finish；used up
用为手段☆instrumental
用维持油层压力的方法来保持油层的生产能力☆deferred production
用……下入☆run on
用显微镜可见的☆microscopic(al)
用眼评定☆eye assay
用以清除淤泥等之机械{装置}☆sludger
用益权☆usufructuary right
用油齿轮☆oilgear
用油冲洗(油槽)☆oil-washing
用于☆commit
用于包裹的材料☆wrapping
用于磁极精确调整的偏心式固定套筒☆eccentric fixing bolt sleeves for exact pole alignment
用于烧焦炭的☆for coking purpose
用于维修的驱动装置☆drive for maintenance purpose
用于装前探梁的托架☆forehead bracket
用鱼雷攻击☆torpedo
用语☆parlance
用凿切削☆chiselling
用钟表切断☆time cut-out
用籽晶生长☆seeded growth
用左手的☆sinistral
用作通道及支撑给料管的梁☆beam for access and feed support

yōu

幽谷[有水流的]☆glen；dingle；dimble
幽灵☆phantasma [pl.-ata]
幽灵洲☆Lemuria
幽门环变形☆deformity of pyloric ring
幽默☆humour；humor
优大向斜区☆eugeosynclinal realm
优待☆preferential treatment
优等[英大学]☆class
优等的☆choice；high-class
优等地槽☆eugeosyncline
优地背斜☆eugeanticline
优地槽☆pliomagmatic zone；eugeosyncline
优地槽带{|区|相}☆eugeosynclinal zone{|realm|facies}
优地槽期岩浆活动☆pliomagmatic activity
优地槽岩序☆eugeosyncline sequence
优地洼区☆eugeodepression region；eudiwa
优地斜☆eugeocline
优地斜组合☆eugeoclinal association
优点☆virtue；advantage；asset；merit；excellence
优度大小☆order of priority
优函数☆major function；majorant
优黑云母☆euchlorite
优化☆optimize；majorization；optimization；optimal
优化的自由流动区域☆optimized free flow areas
优化设计☆optimum{optimization} design
优化顺序☆priority ranking
优化投资方法☆portfolio approach
优化序列☆majorizing sequence
优化压裂处理☆optimizing fracturing treatment
优化运输☆transport optimizing
优惠☆preferential treatment；privilege
优惠期☆grace period
优惠条件☆favorable condition
优级的☆high-grade
优甲虫[射虫;Mz]☆Euchitonia
优胶体☆eucolloid
优晶质(的)☆eucrystalline
优境学☆euthenics
优良☆fineness；fine
优良因{|指}数☆factor{|figure} of merit
优劣比☆odds
优冒地槽对偶☆eu-miogeosynclinal couple
优美☆nicety
优美叶肢介属[K_2]☆Calestherites
优尼麦格磁力仪[一种微型磁力仪]☆Unimag
优缺点☆relative merits；merit and demerit
优深海红泥☆euabyssite
优生的☆eugenic
优生学☆eugenics
优势☆dominance；overweight；preponderance；superiority；overhand；mastery；eminence；vantage；ascendancy；advantage；prevalence；bulge；ascendency；predominance；odds
优势地位☆start
(用)优势法简化☆reduction by dominance
优势年龄☆preponderant age
优势气体☆preeminent gases
优势温度☆prevailing temperature
优势习性☆dominant habit
优势形状定向☆preferred shape orientation
优势种☆dominant species；sociales
优势主压应力方向☆predominant direction of principal compressional stress
优似锯牙形石属[D_{2-3}]☆Euprioniodina
优泰姆[多伦多大学电磁勘探系统]☆UTEM
优先☆preference；precedence；precedency；first-priority；priority[次序]
优先的☆prior；precedent；preferential；privileged；

preferred
优先丢失☆preferential loss
优先分布☆recedence partition
优先浮选☆preferential{selective} flotation；differentiation；(concentration by) differential flotation；roller mill
优先购买(权)☆preemption
优先关系☆dominance relation；precedence relationship
优先化学品☆priority chemical
优先纪律排队模型☆priority-discipline queueing model
优先拣选☆selective sorting
优先借权☆lien
优先列☆dominated column
优先律☆law of priority
优先取棉☆differential fiberizing
优先权☆priority；refusal；preference；precedence；precedency
优先润湿☆preferential{selective} wetting；wetting preference
优先位置☆preferred position
优先选用的☆preferred
优形的☆euhedral
优秀☆ace；excellent；outstanding；splendid；capital
优序排列☆ranking
优选☆optimize；optimization
优选次序☆priority ranking
优选地点{孔位}☆preferred site
优选定向组构☆belteroporic fabric
优选方位☆preferential direction；preferred orientation
优选方位(佳)度☆degree of preferred orientation
优选系统☆mote
优选寻求法☆optimum seeking method
优选研磨粒度☆break
优选值☆preferred value
优岩藜[俗名冬肥草,硼矿局示植]☆Eurotia ceratoides
优于☆outweigh；outgo；overpass；exceed；dominate
优原穴鲎类☆Euproopracea
优越☆predominance；superiority；distinction
优越比例☆optimum ratio
优越的☆superior；preferable；star
优越解☆solution by dominance
优越性☆superiority；meliority；precedency；precedence
优越性能☆high performance
优值☆figure of merit；merit
优质☆h.q.；goodness；high quality
优质白滑石☆best white talc
优质材料☆quality material
优质的☆high-quality；premium-priced；quality；high test；high-grade；fine；premium；high-class；Hi-Q
优质度☆water
优质肥料☆generous manure
优质管☆long-life tube
优质金属☆high-test metal
优质晶体☆gem-quality crystal
优质矿石选厂☆high-grade mill
优质煤田☆fertile field
优质磨石☆hone of good grit
优质泥浆☆premium mud
优质铅矿☆bing
优质水泥☆high-grade{-quality} cement
优质碳钢☆qualitative carbon steel
优质图像☆excellent picture；high-quality image
优质细灰泥☆stucco
优质因数{子}☆figure of merit；FDM
优质原油☆high-quality-crude
优质炸药☆super dynamite
优质珍珠☆orient
优质铸铁☆high-duty{high-test} cast iron
优质钻石☆jager
优质钻用刚果金刚石☆C-one；C-1
悠久的☆venerable
悠闲地☆leisure
忧虑☆fear；worry；care
忧郁(地)☆noire

yóu

莸(草)属[Q]☆Caryopteris
柚木☆teak (wood)；teakwood
尤班石英☆euban
尤比洛得黏度计☆Ubbelodhe viscosimeter
尤登粒级标准☆Udden (grade) scale
尤地海绵属[T-J]☆Eudea
尤蒂卡页岩☆Utica shale
尤尔-沃科法☆Yule-Walker method
尤格风☆youg
尤金带☆Huggin bands
尤拉方程☆Euler equation
尤莱辉石☆eulite
尤蕾卡[铜镍合金]☆eureka
尤里康岩层☆Uriconian rocks
尤里学说☆Urey's theory
尤利卡[一种雷达信号]☆eureka
尤马廷纪[R]☆Yurmatin
尤梅贝属[腕;C_1]☆Eumetria
尤密克斯浮选捕收剂☆Umix
尤钠钙矾☆eugsterite
尤纳卡石☆Unakite
尤纳麦特炸药[90 硝酸铵,5 碳吸收剂,5 硝基甲烷]☆Unamite
尤纳素☆unisol
尤尼杰尔炸药☆Unigel
尤尼康型快速接头☆Unicone joint
尤其☆inter alia{ad hoc} [拉]；particularly；above all；especially；in particular；esp；int.al.；int. al.
尤什京矿☆yushkinite
尤氏介☆Ulrichia
尤斯特罗姆图解☆Hjulstrom diagram
尤司菊石属[头;K_1]☆Euthymiceras
尤维尔(阶)[英;J_1]☆Yeovilian (stage)
尤文德恩学说☆Ewing-Donn theory
尤文海底照相机☆Ewing submarine camera
尤因塔海百合目[棘]☆Uintacrinida
尤因塔阶☆Uintan stage
尤因塔兽(属)[E_2]☆Uintatherium
尤指比正确的日期迟☆parachronism
尤指为石油开发而招人承包土地☆farmout
由☆from；ex[拉]；per；fr
由此☆whereby；whence
由大而小☆descend
由顶向下☆top down
由动物做传粉媒介的植物☆zoochore；zoidospore
由……构成☆made up of
由古生物硬体的铭刻与其它穿蚀作用形成的痕迹化石[古生]☆boring
由环形成的☆annulate
由结果追溯到原因(的)[拉]☆a posteriori
由旧钻头回收金刚石[浸蚀法]☆cutout (diamond)
由鹃梅属[植]☆Exodorda
由来☆origin；derivation；derive
由氯制得的☆chloric
由壬☆(pipe) union
由上而下的沙丘式充填[斜井中]☆top-down packing
由深地层开采的天然气☆high-priced gas
由事实推论出原理(的)[拉]☆a posteriori
由四部分组成的☆quaternary；quadruple
由所输油品润滑的泵☆product lubricated pump
由碳得到的☆carbonic
由体外原因发生的☆xenogenous
由外而内策略确定法☆outside-inside approach to strategy
由……引起{发生;产生}☆stem from
由用户提供的☆customer furnished
由油管收回的☆tubing-retrievable
由于☆inasmuch as；ascribe；by virtue of；owing to
由于……的结果☆as a result of…
由于燃烧而发生变化☆fire
由于树干化石造成的底板隆起☆horse(-)back
由于水泥固结不良而引起的套管损坏☆whip off
由于压力或热力弯曲☆buckle
由远而近☆descend
由藻组成的☆algal
由蒸气生长[晶]☆vapor growth
由中心向四方扩散的☆quaquaversal
由……转化而来的☆derivative
由……转交☆care of；C/o.
由……组成☆comprise；be composed of；made up of
由最大值到最小值☆peak to peak
邮☆post；mail；stamps；postal
邮包☆parcel post；p.p.
邮戳☆indicia
邮费☆postage
邮费付讫的☆postpaid；PP
邮购{|汇}☆mail order{|transfer}
邮寄{件}☆mail
邮局☆post office；P.O.；PO
邮票☆stamp
邮政☆post；post-
邮政汇票☆post-office order；P.O.O.；POO
邮政信箱☆post-office box；P.O.B.；POB
铀☆uranium；U；uranite；mania left
铀Ⅰ{|Ⅱ}[UⅠ{|Ⅱ},铀的同位素 U238{|234}]☆uranium Ⅰ{|Ⅱ}
铀锕系☆uranium-actinium series
铀鑀地质年代学☆uranium-ionium geochronology
铀铵磷石$[NH_4(UO_2)PO_4\cdot 3H_2O]$☆uramphite
铀包装{|焙烧|沉淀}☆uranium packaging{|calcination|precipitation}
铀的☆uranic
铀的氦检定方法☆helium detection method for uranium
铀的浓缩☆enrichment of uranium
铀地球化学旋回☆geochemical cycle of uranium
铀矾$[(UO_2)_6(SO_4)(OH)_{10}\cdot 12H_2O$；单斜]☆uranopilite；uranochre；uranocher；uranic ocher
β铀矾☆beta-uranopilite；meta-uranopilite
铀方铅矿☆uranium galena；uran-galena；U-galena
铀方钍石$[(Th,U)O_2$,方钍矿的变种,其 U:Th 达 1]☆uran(o)thorianite
铀粉☆uranoflorescite
铀钙矾$[CaO\cdot 8UO_3\cdot 2SO_3\cdot 25H_2O]$☆uranopilite；medjidite；mediidite
铀钙铜矿☆uranochalcite；urangreen
铀钙铌水石$[(Ca,Fe,UO_2)O\cdot Nb_2O_5\cdot 2H_2O]$☆ellsworthite
铀钙石$[Ca_2U(CO_3)_4\cdot 10H_2O]$☆uranothallite；liebigite；flutherite；kalkurancarbonat
铀(-)汞型矿化☆mineralization of U-Hg type
铀 234 过剩法☆uranium-234 excess method
铀氦年龄测定法☆uranium-helium dating
铀黑☆uranium black
铀后元素☆transuranic element
铀华$[(UO_2)_2(SO_4)O\cdot nH_2O]$☆uranium ochre；uranium ocher；gummite；uran bliite
铀还原带☆uranium reduction zone
铀镀地质年代学☆uranium-ionium geochronology
铀灰石☆uranothallite；flutherite
铀活化☆uranium mobilization
铀基燃料☆uranium base fuel
铀迹进入最后离子交换柱☆breakthrough
铀/钾比☆uranium-potassium ratio；UPRA
铀碱正长细晶岩☆tutvetite
铀金属燃料☆uranium metal fuel
铀精矿☆uranium (ore) concentrate
铀矿[含 $U_3O_8\geq 0.10\%$;美]☆uranium mine{ore}；commission ore；bastite
铀矿床大气水热液成因说☆meteoric hydrothermal origin for uranium deposits
铀矿的☆uranic
铀矿开发☆development of uranium mine
铀矿石加工☆uranium ore processing；uranium milling
铀矿物类☆uranite
铀矿有机体络合物☆urano-organic complex
铀-镭平衡☆Ra equilibrium
铀量测定{量}☆uranometric(al) survey
铀磷灰石☆uran-apatite
铀-磷型矿化☆mineralization of U-P type
铀硫酸盐☆uranocher
铀炉☆uranium furnace
铀绿矾☆uranvitriol
铀煤☆kolm
铀钼矿☆uran-molybdate；sedovite
铀钼铅矿☆u-wulfenite
铀铌钽矿☆ashanite
铀铌钇矿☆uransamarskite
铀 ^{234}年代{龄}测定法☆uranium-234 age method
铀铅[即铀系衰变的最终产物]☆uranogenic{uranium} lead；urano-lead
铀铅定年☆uranium-lead dating
铀(钍)铅法☆U-Th-Pb method
铀铅沥青[为含 5% UO_3 的碳、氢、氧或沥青的混合物]☆carburan
铀(钍)铅年龄测定☆U-Th-Pb dating
铀燃料☆uranium fuel
铀(-235)燃烧堆☆U burner
铀溶剂萃取☆uranium solvent extraction
铀锐钛矿☆uranoanatase
铀烧绿石$[(U,Ca)(Ta,Nb)O_4;(U,Ca,Ce)_2(Nb,Ta)_2O_6(OH,F)$;等轴]☆uranpyrochlore；hatchettolite；

betafite；uranium pyrochlore；ellsworthite；blomstrandite
铀石[$U(SiO_4)_{1-x}(OH)_{4x}$；四方]☆coffinite；nenadkevite；bilibinite
铀石墨反应堆☆uranium graphite pile{reactor}；graphite-uranium reactor
铀铈铌矿☆ampangabeite；samarskite；uranotantalite
铀酸钠[Na_2UO_4]☆sodium uranate
铀酸盐[$M_2(UO_4)$;$M_2(U_2O_7)$]☆uranate
铀酸盐类☆uranates
铀钛铁矿[具放射性的钛铁矿异种;$TeTiO_3$,含 U_3O_8 达 10%]☆guadarramite
铀-钛型矿化☆mineralization of U-Ti type
铀钽铌矿[$(U,Ca)(Ta,Nb)O_4$]☆ hatchettolite
铀碳钙石☆liebigite；kalk-uran-carbonat
铀铁磷石☆uramphite
铀-铁型矿化☆mineralization of U-Fe type
铀同位素年龄☆uranium isotope age；uranium-uranium age
铀铜矾[$Cu(UO_2)_2(SO_4)_2(OH)_2$•$6H_2O$]☆johannite；uran(-)vitriol；peligotite (uranvitriol)
铀铜矿[$Cu(UO_4)$•$2H_2O$]☆uranolepidite；vandenbrandite；stylotypite
铀钍矿[$(Th,U)SiO_4$,含 UO_3 8%～20%]☆uranothorite；wisaksonite；roeggerite；bro(e)ggerite
铀钍铅年龄测定法☆U-Th-Pb{uranium-thorium-lead} dating；uranium-thorium-lead age method
铀钍石☆uranothorite；enalite；wisaksonite；thorite
铀系☆uranium series{family}
铀系不平衡年龄测定法☆uranium series disequilibrium dating method
铀系年龄法☆uranium series age method
铀系元素☆uranoid；uranides
铀细晶石[$(U,Ca,Ce)_2(Ta,Nb)_2O_6(OH,F)$;等轴]☆uran(-)microlite；djalmaite；tantalhatchettolite
铀酰[醯]☆uranyl
铀氧化带☆uranium oxidized zone
铀氧化-还原过渡带☆redox transitional zone of uranium
铀氧基☆uranyl
铀易解石☆sinicite；uranoaeschynite
铀铀年龄☆uranium isotope age
铀 ^{234}-铀 ^{238} 年龄法☆uranium-234 to uranium-238 age method
铀源铅☆urano-lead；uranogenic lead
铀云母☆uran mica；uran-mica；uranite
铀云母类[钙铀云母、铜铀云母等]☆uranite；uran-mica
铀族☆uranium series{family}
鱿鱼☆Teuthoida；squid
犹他型筛☆Utah screen
犹因他海百合目☆Uintacrinida
犹豫☆hesitancy；hesitance；wobble
犹豫不定{决}☆quandary；indecision；waver
疣☆tubercle；scar；verruca [pl.-e]
疣孢霉属[真菌;Q]☆Mycogone
疣的☆verrucose
疣猴☆presbytis；colobine monkey
疣环孢属[K_2-E]☆Verrucingulatisporites
疣菊石属[头;T_2]☆Acrochordiceras
疣瘤状(的)[孢]☆clavate
疣毛☆pilum；pila
疣面单缝孢属[C_3]☆Verrucatosporites；Verrucososporites
疣面球藻属[E_3]☆Verrucosphaera
疣蠕孢属[真菌;Q]☆Heterosporium
疣状☆verrucosus
疣状狼疮☆lupus verrucosus
疣状中轴☆trabecular columella
疣状装饰☆tuberculate sculpture
疣足[环节]☆parapodium [pl.parapodia]
油☆oleum[拉]；oil；hydrocarbon liquid；oleo-
Barrett 油[煤焦杂酚油]☆Barrett oil
×(号)油[煤焦杂酚油,黏度较 4 号大]☆Barrett No.634
×(号)油[煤焦杂酚油]☆Barrett No.`4{|410}
油胺☆oleylamine
油斑☆oil mark{slick;patch;flecked}
油斑的☆stained with oil
油包裹体☆oil inclusion
油包水乳化泥浆☆invert{water-in-oil} emulsion mud
油包水型乳化液☆water-in-oil emulsion；w/o
油包水型乳化液压液☆w/o emulsion hydraulic fluid
油饱和度[油砂层中]☆saturation
油饱和率☆oil saturation
油爆肚☆fried pig's tripe
油杯☆oil cup；lubricate cap
油泵☆oil pump；petrolift
油泵排量☆pump displacement
油泵调整定位☆oil pump setting
油比重计☆oleometer
油变坏{质}☆oil deterioration
油标{|表}☆oil pointer{|gauge}
油驳☆bulk boat；oil hulk{barge}
油驳船☆tank barge
油捕☆(oil) trap
油布☆oilcloth；tarpaulin；oil(ed) cloth；oilskin；tarp；oilcoat；linoleum
油布雨帽☆tarp；tarpaulin
油彩石☆tlapallite
油舱☆oil space{hold}；oil tank[油轮]
(油轮)油舱总管控制阀☆tank master valve
油藏☆oil pool{deposit;reservoir}[油]；petroleum pool{deposit;reservoir}；oil field{accumulation}；pool；accumulation of oil；reservoir
油藏边界低产井☆pinch {-}out well
油藏边界外的井☆outpost well
油藏边缘测定☆reservoir limit test；RLT
油藏各部分的储量分布☆sectional convergence of reserves
油藏含油部分☆oil column{leg}
油藏含油部分{高度}小☆thin oil leg
油藏开采工程☆oil reservoir engineering
油藏开发责任工程师☆staff reservoir engineer
油藏开始注水的压力范围☆waterflood startup range
油藏累加参数☆reservoir summary parameter
油藏描述服务☆reservoir description service；RDS
油藏衰竭动态☆depletion performance of reservoir
油藏桶☆reservoir volume barrel；RVB
油藏形成的构造理论☆diastrophic theory of oil accumulation
油藏咨询公司☆reservoir consulting firm
油藏总开采期限☆total reservoir life
油槽☆hydrocarbon{oleic;oil} phase；oil space{duct；groove; pocket}；tank；petroleum{fuel} tank
(三相系统的)油槽☆oil leg
油槽车☆tank car{wagon;truck}；cistern-car；cistern；petrol{road} tanker；oil carrier{car}；petroleum car[铁路]；TC
油槽车底部卸油☆bottom unloading of tank cars
油槽车装油部分☆shell innage
油槽船☆tank vessel；bunker (boat)；TV
油槽卡车☆oil delivery truck
油槽列车☆string of tank cars
油槽汽车☆tanker；tank car；tank body truck
油槽拖曳☆tank trailing
油层☆oil reservoir{layer;horizon;zone;formation；rock}；(petroleum) reservoir；pool；accumulation of oil；oil bed{coat}；oil-bearing sand；oily layer
油层爆炸处理☆well shooting squibbing；explosive treatment
油层表面净流量☆net sand face flowrate
油层产量测定器☆flow tester
油层初始平均压力☆original average reservoir pressure
油层的供水边界☆external boundary of reservoir
油层顶部☆top of oil horizon
油层顶部射孔☆top shot
油层动衰竭☆dynamic reservoir depletion
油层动态☆reservoir behavior{performance}；oil sand performance；performance of the reservoir；petroleum reservoir performance
油层堵住☆blank off
油层分析☆reservoir analysis
油层隔离☆zonal isolation
油层个别部分的枯竭☆differential depletion
(据岩芯的)油层厚度☆core intersection；ore interval
油层尖灭☆feather edging
油层静压☆reservoir static{static reservoir} pressure
油层孔隙空间体积☆reservoir voidage
油层枯竭压力☆abandonment pressure
油层亏空弥补☆reservoir voidage replacement
油层溃缩气体饱和度☆collapsing gas saturation
油层流体压缩性控制系数☆reservoir fluid compressibility controlled coefficient
油层内微生物采油法☆in situ biological process
油层剖面☆section of reservoir
油层气(油)比☆reservoir gas-oil ratio
油层上部天然气☆braden gas
油层上的天然气幕☆gas cap
油层水力压裂泵☆frac pump
油层水驱开采☆reservoir producing by water
油层套管☆production casing{string}；pay{capital; oil;sand} string
油层天然驱动机理☆natural recovery mechanism
油层条下油的密度☆reservoir density of oil
油层未波及体积☆reservoir volume unswept
油层下部底水☆basal ground water
油层压力的控制☆sand-pressure control
油层原始储油量☆oil originally in reservoir
油层原有油量☆oil initially in place
油层增产☆formation stimulation
油层中可动油储量☆mobile oil in-place；MOIP
油层中商品石油储量☆stock tank oil in place；STOIP
油层中现存油墨☆oil in place
油层中的稳定压力☆equilibrium reservoir pressure
油层注水☆underground flooding；waterflooding
油层注水驱油动态☆reservoir waterflooding behavior
油层最初压力☆rock pressure
油产量☆oil yield
油车☆oil car
油沉渣☆oil deposit
油池☆oil pool{basin;sump}；sump
油尺☆(oil-level) dipstick；oil-gauge stick；oil gauge
油抽提器☆oil extractor
油抽子☆barrel oil pump
油出口☆oil outlet
油储☆reservoir
油(气)储量☆oil (gas) reserves
油(品)处理器☆oil treater
(用)油传送(压力)☆oil-transferring
油船☆cargo{oil} tanker；tank vessel；ship tank；oiler；tankship；oil ship{hulk;carrier;barge}；t.v.；ot
油船到岸的装卸管线☆ship-to-shore pipe line
油船容量☆marine tankage
油船上油舱与锅炉间的隔墙☆tanker cofferdam
(生)油窗☆oil window
油床☆oil accumulation{pool;reservoir}
油锤(现象)☆oil hammer
油醇[CH_3•$(CH_2)_7$•CH:CH•$(CH_2)_7$•CH_2OH]☆oleyl alcohol
(涂)油磁选(矿法)☆oil-magnetic separation
油簇☆pocket of oil
油淬☆oil quenching；O.Q
油淬火钢☆oil quenching steel
油淬硬齿轮☆oil hardened gear
油带☆oil belt{zone}；bank of oil
(移动)油带☆oil bank
(驱油介质前缘)油带的形成☆banking
油当量吨☆tons of oil equivalents；toe
油道{管}☆oil-line
油的☆fatty；oily；butyraceous；oleic；oleo-
油的泵送性能☆pumping quality of oil
油的产物☆oilery
油的分类☆oil classification
油的加工、输运、装卸等作业(的总称)☆oil handling
油的焦化性能☆coking behavior of oil
油的摩擦阻力☆oil drag
油的黏度☆oil viscosity；body
油的色泽☆cast of oil
油的输出☆spitting
油的脱乳性能☆oil demulsibility
油的再生☆oil recovery
油等势面☆oil isopotential{equipotential} surface
油滴☆oil spot{globule;droplet}
油滴大小分布☆blob-size distribution
油滴拉长细颈☆oil filament
油滴排泄☆drip-drainage
油滴收缩颈☆oil neck{filament}
油滴缩颈弯月面☆oil-neck meniscus
油滴体积☆blob volume
油砥石☆hone；oil stone
油底壳☆oil pan；sump
油地区☆tank station{park}
油点☆oily spots
油点火喷燃器☆oil lighting burner
油垫☆oil{axle;blanket;hydrocarbon} pad
油垫润滑☆pad lubrication
油段塞☆oil slug

油断路器☆oil circuit {-}breaker；OCB
油反乳化性☆oil demulsibility
油返回☆oil return
油分离罐☆oil separating tank
油分离器☆oil eliminator{separator}
油封☆conservation；oil seal{tightening}；canning
油封封油圈☆gland follower
油(密)封式振击器☆oil-sealed bumper sub
油(密)封式振击器安全接头☆oil-sealed jar safety joint
油封套☆oil-sealing sleeve
油浮选☆oil flotation；oil-buoyancy
油浮选法☆oleo(-)flo(a)tation process
油腐蚀☆oil corrosion
油(对金属)腐蚀试验☆oil corrosion test
油缸☆hydro-cylinder；(linear) actuator；cylinder
油港☆oil dock
油高☆innage；oil height
油膏☆ointment
油膏选矿☆grease-surface separation
油隔离液☆oil spacer
油(矿)公司的财产☆book value
油公司在矿场的职工住地☆company camp
油沟☆oil groove{gallery;duct}
油垢☆oil sludge (formation)；oil foot
油-固体界面☆oil-solid interface
油管☆(well) tubing；tbg；hose；filter{oil} tube；oil well tubing；oil pipe{feeder;line}
油管补接段☆tubing extension
油管传递射孔☆tubing conveyed perforating
油管带枪射孔☆convey tubing perforation
油管的布置☆oil piping layout
油管的蒸汽加热管☆steam trace
油管底端止回(防喷)阀☆tubing check valve
油管定位密封接头☆locator tubing seal nipple
油管动态☆tubing performance；TP
油管堵塞☆oil-line plugging
油管加长短管☆tubing extension
油管结蜡☆paraffin build-up in tubing
油管静压☆static tubing head pressure；STHP
油管开关☆fuel line cock
油管连接{传送}的射孔器☆TCP{tubing conveyed perforation} gun
油管流压☆tubing pressure flowing；TPF
油管锚☆hold-down；tubing anchor
油管密封分配器☆tubing seal divider
油管内加热用的蒸汽管☆gut
油管伸缩短节☆telescopic tubing sub
油管双根☆coupled tubing
油管-套管环形空间☆tubing-casing annuls
油管头☆tubing head{bonnet}；flow-head
(悬挂油食用)油管头☆landing head
油管限位机构☆tubing stop
油管泄放凡尔☆tubing bleeder
油管悬挂器下入和定向工具☆tubing hanger running and orientation tool；Throt
(井口)油管压力☆tubing-head{surface-tubing} pressure
油管压力剖面分析☆tubing pressure profile analysis
油管与套管的压差☆tubing-to-casing differential pressure
油管中的液流☆tubing flow
油管柱☆flow column{string}；(production) tubing string
油管抓持器☆tubing catcher
油管转动器☆tubing rotor{rotator}
油管装卸☆tubing handling
油罐☆(oil;reservoir; petroleum) tank；tanker；tank car
油罐壁到油罐壁之间的距离☆shell-to-shell distance
油罐布置☆spacing of tanks
油罐车☆tank (wagon;car)；oil tank wagon；road tanker
油罐车底卸油阀帽☆boot cap
油罐车罐底放油阀☆boot
油罐车卸油点☆RTC unloading point
油罐车装油设备☆road loading{filling} facility
油罐`抽吸{出油口}加热器☆tank suction heater
油罐储量☆tankage
油罐存油量与实存油量的差值[不考虑损耗和膨胀的计算]☆over and short
油罐单位高度的容积计算☆tank calibration
油罐的底水☆bottom water
油罐的蒸气-空气空间☆segment
油罐底板折皱凹陷部☆packets in tank
油罐底部的残渣☆bushwash
油罐电钮式计量☆push-button tank gauging
油罐顶取油样人孔☆hatch
油罐阀☆skin valve
油罐阀汇☆tank manifold valve
油罐防护{火}堤☆tank dike
油罐防积水管☆swing pipe
油罐分类☆tank classification
油罐浮顶的环形密封圈☆joiner curtain
油罐浮顶密封圈装置☆seal curtain
油罐浮移[一种整体搬运油罐法]☆floating of tank
油罐管汇阀门☆tank manifold valve
(油船的)油罐横向隔舱板☆transverse tank bulkhead
油罐呼吸隔膜☆tank breathing diaphragm
油罐环箍连接☆tank hoop connection
油罐或油槽内为油料膨胀预留的空间☆outage
油罐集油池[洗罐时收集污油用]☆tank sump
油罐计量、油样分析、把油送入长输管道等一系列工作☆oil run
油罐建造工人☆tankies
油罐结束进油☆top out
油罐空高测量☆outage measurement{gauging}
油罐空高测量的基准点☆outage reference point
油罐列车装油栈桥☆tank train filling rack
油罐内摇头管装置☆tank winch
油罐内占油罐有效容积的构件☆deadwood
油罐盘管加热器☆tank coil heater
油罐清积(残)孔☆clean-out box
油罐区☆(oil) tank battery；storage plant；tank farm
油罐容积测定☆tank calibration
油罐上部气层☆top tank air
油罐剩油量高度的测定☆gauging by innage
油罐体圈板顺序搭接的结构☆shingled construction of tank
油罐通风☆windage of tank；tank ventilation
油罐桶数☆stock tank barrels；S.T.B.
油罐拖车☆tank-trailer
油罐外廓母线☆generatrix of tank
油罐未装油的空间☆void volume
油罐液面与姚顶接触☆top out
油罐用火管☆fire tube
油罐油脚排出孔☆tank drain
油罐油面上部空间高度的测定☆gauging by ullage{outage}
油罐油蒸气生成率☆tank's vapor formation rate
油罐蒸气密封安全装置☆snuffer
油罐中油的体积☆tank volume
油罐{油船;油槽车}中油面以上空间☆shell outage
油罐装油部分☆shell innage
油罐装油器☆can filler
油罐自动液面计量☆automatic tank gage
油和气☆oil and gas；O & G；O & G
油和盐水☆Oil and salt water；O & SW
油和钻泥混合物☆oil-cut mud
油盒☆(oil) cellar
油痕☆oil trace
油虹吸管☆oil syphon
油壶☆oil can；oilcan；lubricator
油壶菌(属)[真菌;Q]☆Olpidium
油花☆oil bloom
油滑的☆greasy；butyraceous
油画作品{染料}☆oil
油环☆lantern；drip{oil} ring；ring oiler；oil rim
(刮)油环☆scraper ring
油环润滑(法)☆oil ring lubrication
油环润滑轴承☆ring-oil bearing
油环轴承☆oil-ring bearing；ring lubricating bearing
油缓冲器☆oil dashpot
油灰☆badigeon；slush；putty；lute
油回流管道☆oil return passage
油击穿试验☆oil-puncture test
油基☆crude{oil} base
油基环氧树脂体系☆oil-base epoxy system
油基泥浆☆oil (base) mud；oil-base{oil-based} mud
(用)油基泥浆钻取的岩芯☆oil-base core
油基泡沫☆oil-based foam
油基水泥☆diesel-oil cement
油(气)集输流程☆oil (gas) gathering and delivering process
油迹☆oil trace
油计量泵☆oil-measuring pump
油夹套☆oil jacket
油加热器☆oil heater
油价上涨贷款☆oil facility
油煎菜豆泥☆frijoles refritos
油减振☆oleo gear；oil damping
油(压)减振器☆oleo shock absorber
油焦☆oil{petroleum} coke
油脚☆foots{bottom} oil；(oil) foot；bottom settlings{slugs;sludge}；sediment；bs
油脚和水☆bottom sludge and water；BS & W
油脚子☆bottoms
油(气)截留油(气)的势(分布)图☆oil (gas) entrapment potential map
油浸☆immersion；oil filled{cut;immersion}；of；oc
油浸的☆oil-soaked；oil-filled；oiled
油浸电缆☆oil {-}impregnated cable
油浸断路器☆oil {-}immersed circuit breaker
油浸木材☆creosoted timber
油浸套管☆oil-filled bushing
油浸物镜☆oil-immersion objective
油精☆olein
油精虫属☆Ottoia
油井☆(oil) well；greaser；oiler；mineral oil spring
油井保护关井装置☆protective well shut-in device
油井爆破☆well shooting；shooting of oil wells；torpedoing；oil-well blasting
油井爆破小药包☆bullet
油井爆炸[增产油流]☆oil-well shooting；squibbing
油井爆炸作业☆oil-well shooting
油井产量的计量☆gauging of oil well
油井产率☆well flow index；WFI
油井敞喷时的油藏压力☆open flow pressure
(使)油井持续产油的钻井作业☆workover drill
油井出砂☆sand production
油井(增产)处理后生产剖面测井☆after-treatment profile log
油井大修☆workover；top overhaul；W.O.
油井的间歇性沼气☆breathing of the earth
油井底☆face of well
油井动态参数选择☆nodal selection
油井分析表☆well analysis sheet
油井盖☆flow-head；flow head
油井供液能力☆well deliverability
油井管滤器☆well tube filter
油井灌浆水泥☆oil-well grouting cement
油井过滤筛☆oil-well screen
油井环空封隔(物)☆oil-well packing
油井记录☆dopebook；oil log
油井见水☆water breakthrough；water trouble；breakthrough
油井见水时的采油量☆initial breakthrough recovery
油井间歇抽油机构☆intermitter
油井井底压力☆bottom hole pressure；bhp
油井井架☆oil-well derrick
油(气)井井口控制装置☆capping
(使)油井开始用泵产油☆put on pump
油井枯竭☆decline of well
油井目的层产量☆well target rate
油井起流(用)油☆load oil
油井起套管☆well pulling
油井(砂)桥堵☆bridge
油井清蜡☆knife a well
油井日产量☆daily flow
油井射孔☆shooting of oil well；oil-well shooting
油井射孔工☆shooter
油井深泵筒☆deep-well working barrel
油井寿命与产量的关系☆age-size law
45℃油井水泥☆45℃ oil well cement
油井水泥组分☆cementing composition
油井水侵☆water trouble
油井套管保护☆well-casing protection
油井套管鞋☆well casing starter
油井停抽☆bump off a well
油井投产☆brought in；well startup
油井完成☆completion
油井修理工领班☆unit operator
油(气)井(水力)压裂☆well fracturing
油井引油装置☆capping
油井用旋转钻头☆oil-field rotary bit
油井油☆oil in hole；O.I.H.
油井再修☆well-rejuvenating
油井注水驱油☆flushing
油井自动刮蜡器☆automatic hole scraper
油井钻机☆oil-hole drill
油(气)聚集☆oil (gas) accumulation
油绝缘☆oil insulation

油开关☆circuit {-}breaker; oil circuit{current} breaker; oil (break) switch; OCB
油开关阀填密☆oil cut-off valve packing
油(气)勘探☆exploration activity
油科学☆naphthology
油坑☆oil sump
油-空气分离器☆air-oil separator
(加)油孔☆oil hole{passage}
油孔钻☆oil-hole drill
油库☆(fuel) depot; bulk plant; tank farm; storage; petroleum storage depot; oil store
油库管道(系统)☆piping for tank farm
油库交货价格☆tank cession price
(中转)油库交油☆terminal delivery
油库油罐☆stock tank
油矿☆oil field{deposit}
油矿泵☆jack-pump; jack pump
油矿储油系统☆lease-storage system
油矿单位☆oilfield unit
油矿工[钻井工、采油工、管道工, 因不用小于10in.的管子而得此名]☆Big Hole Ben
油矿工人☆bully
油矿工人小社团☆company camp
油矿活动消息☆doghouse dope
油矿计量工☆oil-field cowboy
油矿井口☆cellar
油矿矿场租地☆lease
油矿气☆casing-head gas
油矿商人☆lease hound
油矿团(聚物)☆oil-mineral agglomerate
油矿专用管材☆oil-country tubular goods
油矿作业用管子☆oil-country pipe
油扩散泵☆oil diffusion pump; ODP
油栏附件☆boomer
油老化☆oil degradation
油类倾点温度的不稳定性☆pour reversion
油类燃料☆oil-type fuel
油冷却的☆oil-cooled; oil cooled
油冷却器☆oil cooler
油连续相☆oil continuous phase
油连续性☆oil connectivity
油量☆oil spillage{mass}
油量调节套[柴油机油泵的]☆control-sleeve
油料补给孔☆oil supply hole
油料处理☆oil handling
油料给进槽☆oil feed groove
油料管理☆material management
油料收发区☆transit site
油裂化[油]☆oil-breaking; oil-cracking
油流☆oil stream
油流汇合装置[同时开采两层油的抽油井中]☆cross-over assembly
油流排泄☆drip-drainage
油龙☆tank train
油漏☆oil spill(age)
油炉☆oil(-fired) furnace
油路☆oil circuit{way;duct}; oilway
油路板☆circuit manifold; manifold block
油轮☆tanker; cargo{oil} tanker; tankship; oil ship
油轮隔舱☆partition of tanker
油轮固定泊位☆fixed tanker berth
油轮横隔舱板☆tanker transverse bulkhead
油轮轮{船}身☆tanker hull
油轮载量☆marine tankage
油轮至岸边管线☆tanker unloading line
油轮中线隔板☆tanker center line bulkhead
油轮装油港☆tanker loading port
油轮转运库☆tanker loading terminal
油螺☆whelk
油麻绳☆soft line
油麻(钢丝)绳☆marline; marlin
油码头☆jetty; terminal
油马达☆oil motor
油马达驱动头装置☆hydraulic motor drive head unit
油毛毡☆(asphalt) felt; building paper; asphaltic membranous materials; tarred felt; malthoid
油-煤组合☆oil-coal association
油门☆throttle; gas; acceleration pedal; accelerator; restriction; petcock
油门手轮☆telegraph wheel
(用)油密封的☆oil tightening
油面☆oil level{face}
油面标志☆oil-level mark
油面测深☆depthography
油面高度☆fuel head
油面观察玻璃窗{管}☆oil-gauge glass
油面计开关☆oil-level cock
油面讯号灯☆oil-level tell-tale
油苗☆oil seepage[油]; indication{showing} of oil; brea[西]; seep{seepage} oil; seepage; petroleum{oil} seep; oil show(ing){indication;shows}
油苗渗油处☆seep
油苗学[根据油气苗寻找油气田]☆seepology
油灭弧☆oil blast
油敏化硝(酸)铵(炸药)☆oil-sensitized ammonium nitrate
油膜☆oil slick{film;layer;coat}; film of oil; slickness
油膜水驱机理☆surface film drainage
油膜轴承☆kelmet; oil film bearing
油磨石☆oilstone
油墨☆ink
油母☆petrologen; kerogen
油母腐泥岩☆kerogenetic sapropelite
油母沥青☆kerobitumen; kerabitumen; kerogen
油母煤☆kerogenetic coal
油母岩☆kerogenite; kerogen (rock); oil-bearing rock
油母岩质☆kerogen; kerabitumen; petrologen
油母页岩☆oil{kerogen;bituminous;combustible; oil-forming} shale; kerogen; kerabitumen; petrologen; shale rock; oil-shale
油母页岩地下电热蒸馏法☆electric-heating{Ljunstrom} method of retorting oil shale underground
油母页岩地下电碳化蒸馏法☆electro-carbonization method of retorting oil shale underground
油母页岩内的有机质☆kerogen
油母质☆kerogen; petrologen; mother substance
油幕(集尘)☆oil curtain
油囊☆oil pocket
(在)油内成悬浮体的☆oil dispersible
油泥☆greasy filth; oil sludge{loam}; fatlute; sludge; grease; gunk; dirt; tank heels
油泥泵☆desludging pump
油泥塑☆clay sculpture
油泥子☆putty
油腻☆unctuosity; oiliness
油凝块☆oil clot
油凝离心机选煤机☆convertal process
油盘☆oil pan
油盘和刮油刷☆oil disc and wiper
油泡☆oil bubble
油喷射☆oil injection
油喷雾器☆oil atomizer
油品仓储损耗☆oil stock loss
油品储运业务☆handling operation
油品的破乳化性☆oil demulsibility
油品的循环[顺序输送时]☆products cycle
油品发还☆product departure
油品分配设备☆oil dispensing equipment
油品分输器☆despatcher
油品管路成批泵送法☆blocking
(管道顺序输送)油品界面追踪☆batch trace
油品起输☆product departure
油品气化☆oil gasification
油品气味☆smell of product
油品输送顺序☆sequence of produce; products sequence
油品损耗☆losses of petroleum products
油品蒸汽☆product vapour
油品装桶间☆oil house
油漆☆paint; decorate; painting
油漆刀☆spatula
油漆工☆japanner
油漆碎片☆paint chipping
油歧管☆oil manifold
油启动器☆oil starter
油气☆combination{associated;oil} gas; oil and gas; oil vapour; O & G
油气(资源)保护法☆oil and gas conservation law
油气比☆gas factor; oil-gas{gas-oil} ratio; GOR
油气捕集(作用)☆hydrocarbon entrapment
油气藏☆hydrocarbon reservoir; hydrocarbon-bearing pool; oil (and) gas accumulation
油气藏分类☆classification of pool
油气藏几何形状☆reservoir geometry
油气藏破坏和油气再分布☆destruction of pool and oil-gas redistribution
油气产地☆hydrocarbon habitat
油气储集空间☆hydrocarbon pore volume
油气分布☆hydrocarbon occurrence
油气分离☆gas oil separation
油气分离站☆gas/oil separation plant; flow station
油气分选☆oil-air separation
油气分异速率☆gas-oil segregation rate
油气含量☆hydrocarbon content
油气痕迹☆oil and gas traces; OGT
油气化法☆oil-gas process
油气混合管输☆combined gas and oil pipelining
油气混合注油器☆airline oiler
油气集输设施☆gathering facility
油气交替式燃烧器☆dual fuel burner
油气接触(面)☆gas oil contact; oil-gas contact; GOC
油气界面☆oil-gas contact{interface}; GOC; gas-oil surface{level;table;interface}; the interface of oil and gas; oil gas interface{contact}; OGC
油气浸泥浆☆oil and gas cut mud; O & GCM
油气井产物☆well effluent
油气井因故废弃[例如油层枯竭,套管损坏,油井水淹,地层坍塌造成的]☆abandonment
油气聚集带☆oil-gas accumulation and trend zone
油气开发{采}收入☆oil and gas extraction income
油气联合燃烧器☆oil and gas combination burner
油气流☆hydrocarbon flow
油气苗☆surface indication; seep
油气侵☆inrush of oil and gas
油气权益支付☆oil-and-gas payment
油气生产经济可行性☆oil and gas profitability
油气水分离☆oil/gas/water separation
油气田☆field; oil and gas field; pool; fld
油气田地质学☆geology of oil and gas field
油气田图☆oil and gas map
油气通路☆fairway
油气显示☆evidences{show(ing)} of oil and gas
油气悬挂系统☆air-over oil suspension system
油气影响校正☆hydrocarbon effect correction
油气源岩对比☆oil-gas and source rock correlation
油气远景☆prospectiveness
油前进接触角☆oil advancing contact angle
油前置液☆hydrocarbon preflush
油枪☆doper; oil gun
油枪润滑☆shot lubrication
油强化☆oil quenching{tempering}
油侵☆inrush of oil; oil cut; OC
油侵和气侵泥浆☆oil and gas cut mud; O & GCM
油侵泥浆☆oil cut mud; OCM; oil-cut mud
油区☆pool; oil region; oildom
油区监督☆district superintendent
油圈闭☆(oil) trap
油泉☆petroleum{oil} spring
油燃料☆oil fuel
油燃烧☆oil-firing
油燃烧器☆oil burner
油溶的☆oil-soluble; liposoluble
油溶剂☆hydrocarbon solvent
油溶性分散剂☆oil soluble diverting agent
油溶性膜胺☆oil soluble filming amine
油溶性石油磺酸☆mahogany acid
油溶性皂☆oil soluble soap
油溶性造壁固体颗粒☆oil-soluble wall building solid
油鞣革☆chamois
油乳化泥浆☆oil emulsion mud
油乳化{浊}液☆oil emulsion
油乳状液☆oil emulsion
油润湿剂☆oil-wetting agent
油润湿相☆wetting oil phase
油塞☆oil dam
油砂☆oil sand; oil bonded sand; oil-bonded{-bearing} sand; blacksand; kir; OS; O.S.
油砂层☆brea bed; pay{oil-bearing} sand
油砂矿坑开发法☆mineable oil sand development
油砂侵入井中☆formation entry
油砂体☆oil sand body; reservoir sand
油砂芯☆oil sand core; oil-core
油刹车☆oil brake
油沙☆oil sand
油杉属[E_2-Q]☆Keteleeria
油商☆oilman
(使)油生成泡沫的☆oil foaming
油绳☆wick
油湿表面☆oil-wetted surface; oil wet surface

Y

油湿程度☆degree of oil-wetting
油湿地层☆oil wet formation
油湿度☆oil-wetness
油湿度计☆hygrograph
油湿润的储层☆oil-wet reservoir
油湿损害{污染}☆oil wetting damage
油湿相☆wetting oil phase
油石☆oilstone[机]；abrasive stick；emery brick；(grinding) stone；hone[砥石]；whetstone[机]；oil-coated stone；Indian stone[$Ca(Al_2Si_2O_8)$;由铝氧粉制成]；strickle；oilstone for sharpening cutting tools；oily smooth[机]
油石比☆bitumen aggregate ratio
油石珩磨机☆honing machine
油石英☆oil quartz
油收集器☆oil trap
油树脂☆balsam
油束☆pocket of oil
油刷☆oil brush
油水☆juice
油水比☆water-oil{oil-water;o/w} ratio；water factor；W.O.R.；WOR
油水边界异常值☆edge value
油(气)-水分界线☆deadline
油水分离☆oil-water separation；oil and water separation
(油井的)油水分离立管☆boot
油水(相)互作用能☆oil-water interaction energy
(制备硝化甘油时的)油水混合工序☆drowning
油水界面☆oil-water contact{table;interface;level;boundary;surface}；water-oil interface{contact}；water oil contact；oil-aqueous interface
油水井钻井工☆well borer
油水勘探法[非科学的]☆dowser
油-水溶液界面☆oil-aqueous solution interface
油-水-砂界面☆oil-water-sand interfaces
油、水渗出面☆bleeding surface
油水相对渗透率比☆oil-water relative permeability ratio
油水型乳液☆"oil-in-water" emulsion
油酸[$CH_3(CH_2)_7CH:CH(CH_2)_7CO_2H$]☆oleic acid
油酸铵皂化的石蜡油☆petrox；petroxolin
油酸根离子[浮]☆oleate ion
油酸磺化乙酯钠盐[$C_{17}H_{33}COOCH_2CH_2SO_3Na$]☆Arctic-syntex A
油酸钾[$C_{17}H_{33}COOK$]☆potassium oleate
油酸钠[$C_{17}H_{33}COONa$]☆sodium `oleate{oleic acid}
R-40(号)油酸乳剂☆Reagent 40-oleic acid Emulsion
油酸铁皂化的石蜡油☆petroxo
油炭☆parrot coal
油-炭质残渣☆oil-carbon sludge
油套☆oversleeve；oil jacket
油提取器☆oil extractor
油添加剂☆oil additive
油田☆oil(-)field；(mine) field；oil deposit{region;patch;pool}
油田常用英制单位☆English oil field unit
油田储罐☆flow{lease} tank
油田的生产情况☆field performance
油田地带☆pool
油田递减动态☆field decline performance
(新)油田第一口见油(生产)井☆discovery well
油田范围测井评价☆fieldwide log evaluation
油田范围(测井)刻度☆fieldwide calibration
油田几何形态{状}☆field geometry
油田卡车拖挂的双轮平板拖车☆desert float；oil field float
油田开采期☆field's producing life
油田开发☆field{oil-field} development；development work；development of the field
油田开发初期☆early field life
油田扩{探}边井☆field extension well
油田累积采出量☆cumulative field offtake
油田联合开采{经营}☆field unitization
油田卤{盐}水☆oil-field brine
油田论证方案☆field demonstration project
油田内部密集钻井☆intensive infield drilling
油田内的☆intra-field
油田潜在产能☆field potential
油田试采方案☆field demonstration project
油田统一开发☆unitization of field
油(气)田图☆oil (gas) map
油田应用单位☆oilfield unit
油田由中心到边缘开发☆crestal development
油田再生[恢复产油能力]☆rejuvenation of oil field
油田证实井☆field-confirmation well
油田综合测井评价☆field integrated log evaluation
油田最大可能产能☆field potential
油跳闸试验☆oil trip test
(装)油听堆栈☆filed can dump
油烃☆petroleum hydrocarbon
油通路☆fairway
油桐属[Q]☆Aleurites
油桶☆oil drum{can;container}；tank；cask
(55 加仑)油桶☆drum
油桶的两端盖☆barrel heads
油头[油管连续输送时每批油品的]☆head of tender
油突破☆oil breakthrough
油团☆oil puddle
油团浮选☆bulk-oil flotation
油团聚法☆oil-agglomeration process
油外相乳化酸☆oil-external emulsified acid
油为连续相的完井液☆oil continuous completion fluid
油位表☆oil level ga(u)ge；fuel level gauge；gasoline level gauge[美]；oil gauge
(用)油位尺测量☆dipstick ga(u)ging
油位检查`丝堵{塞}☆oil level check plug
油位指示器管☆oil level indicator tube
油温表☆oil thermometer
油污的☆greasy；stained with oil
油污染☆oil contamination
油雾☆oil spray{mist}；mist
油雾化器☆oil fogger
油雾化作用☆oil atomization
油雾燃烧☆combustion of mist
油雾润滑☆mist lubrication
油雾雾珠☆oil droplet
油吸附值☆oil adsorption；O. A.
油烯胺[含 86%伯胺]☆Armeen O
油烯基[$C_{18}H_{35}-$]☆oleyl-
油洗☆oil flush
(用原)油(或清水冲)洗油层法☆washing-in method
油酰基[$CH_3(CH_2)_7CH:CH(CH_2)_7CO-$]☆oleoyl
油酰甲基牛磺酸钠盐[$CH_3(CH_2)_7CH=CH(CH_2)_7CON(CH_3)\cdot C_2H_4SO_3Na$]☆Arctic-syntex T
油显示☆oil show(ing) {indication}
油限含油高度☆oil column thickness
油箱☆(fuel) tank；banjo；(oil;tank) reservoir；oil tank unit；sump；batch of oil；breather
油箱内剩余燃料☆outage
油箱信号发送装置☆tank unit
油相☆oil-liquid phase
油相分布☆oil distribution
油消光☆oil delustering
油型☆oil type
油(气)形成☆oil (gas) accumulation
油性☆unctuosity；oiliness
油性大的☆butyraceous
油性的☆greasy；unctuous
油性泥炭☆bitumen peat
油性黏土☆fat{strong;soapy;unctuous} clay；mo(u)ld
油旋转泵☆oil rotary pump
油选台☆grease(d) table
油压☆(surface-)tubing{oil} pressure；TP；OP
(井口)油压☆tubing-head pressure；THP
油压表☆tubing gauge；oil pressure gauge
油压操舵机☆telemotor
油压传动(装置)☆oilgear
油压的☆oleo-
油压法耐压强度试验☆oil pressure test for strength
油压减振柱☆oleoleg
油压开关☆oil-pressure shut-off switch
油压速度传动器☆oleodynamic speed disciplinarian {driver}
油压延时机构继电器☆dashpot mechanism
油压制动(器)☆oil brake
油压轴承☆fluid bearing
油-盐水界面☆oil-brine interface
油岩☆oil rock
油堰☆oil weir
(油罐)油样抽取者☆sample-grabber
油样分析☆crude oil sample analysis
油药过量☆overoiling
油页岩☆kerosene{kerosine;kerogenous;kerogenetic;dunnet;(pyro)bituminous;combustible;cannel;wax;resinoid;resinous;petroliferous;paraffin} shale；kim shale {coal}；kukersite；kerosine coal；resinoid；coal stone；bituminite；dice；brazilite；pyroshale；petrolo-shale；kukkersite；kuckersite；kuchersite；torbanite[含碳 70%以上]；oil(-bearing) shale
油页岩干馏炉☆oil shale retort
油页岩加工工艺学☆shale oil process technology
油液☆oil trace
油液压动力装置☆oil hydraulic power pack
油溢☆oil spillage{spill}
油溢流阀☆oil-overflow valve
油溢流口☆oil weir
油印机☆copygraph；printer
油印品☆mimeograph
油印图☆copygraph
油用检查工☆tank tester
油域☆oil domain
油浴☆oil-bath
油浴回火☆oil tempering
油浴盘式离合器☆oil-coil clutch
油浴器☆bath of oil
油原层☆petroleum source bed
油源☆oil sources
油源层☆petroleum source bed
油源层系☆source sequence
油源岩丰度☆source-rock-richness
油灶☆(oil) kitchen
油渣☆fly ash；bottom settlings{sediment}；oil residue
油毡☆linoleum；asphalt felt；oil felt pad
油毡床面☆linoleum
油毡垫☆oil felt pad
油毡豆石屋面☆felt-and-gravel roofing
油毡接触润滑器☆felt-wick lubricator
油毡撒绿豆砂屋顶☆felt and gravel roof
油毡纸☆lincrusta
油枕(变压器)☆conservator
油-蒸汽比☆oil-steam ratio；OSR
油征☆oil indication
油脂☆grease
油脂带分选(法)☆grease-belt separation
油脂的☆greasy；oily；lipidic
油脂感的☆unctuous；greasy feeling
油脂光泽☆oily{greasy} luster
油脂泥炭☆tallow peat
油脂黏结型砂☆oil sand
(用)油脂涂(皮革等)☆dub
油脂质☆lubricity
油脂状冰☆ice slush；grease ice
油汁流度计☆ixometer
油纸板☆oiled cardboard
油栉虫属[三叶;ϵ_3]☆Olenus
(渣)油制炭黑工厂☆oil-black plant
油制振☆oil damping
油质捕收剂☆oily collector
油质的☆oily；unctuous；oleaginous
油质页岩☆dice
油滞后现象☆oil hysteresis
油中淬火☆hardened in oil；HO
油中含水量测定☆water-in-oil test
油中水和杂物含量☆cut
油中杂质[井中带出的]☆well cuts
油珠☆oil droplet
油潴☆petroleum pool
油柱☆oil column{leg}；column of oil
油柱底部的油☆cellar oil
油柱高度☆height of oil column；oil column height
油贮☆oil reservoir
油注期☆replenish period
油状石英[SiO_2]☆greasy quartz
油状提取物☆oil-like extracts
油渍的岩石☆oil-stained rock；oil stained rocks
油渍岩石☆oil-stained rock
油阻尼(的)☆oil damping
油阻效应☆Jamin effect
油嘴☆flow plug{nipple}；choke (nipple)；cracked valve；fitting；bean；cherries；control choke；spray head；glib；oil{spray} nozzle；well bean[井口]；ck
油嘴尺寸☆choke size
油嘴(处)液流动态☆bean performance
(用)油作燃料的☆oil-burning
游摆☆swinging pendulum
游标☆jaw；vernier (scale)；cursor；slider；"follow-the-pointer" dial；slipper；sliding index；nonius

游标测高规☆vernier depth
游标尺☆vernier scale{ga(u)ge;cursor}; vernier
游标读数压力计☆vernier-reading manometer
游标高度尺☆vernier height gauge
游标规☆caliper square; vernier gauge
游标卡尺☆slide{vernier} ga(u)ge{calliper}; vernier slide calipers; sliding{square} calipers
游标螺丝☆antagonising{clip} screws
游标盘☆alidade
游彩[宝石的]☆vagrant colors
游车大钩☆hook block assembly
游车的低吊取位置☆lower pickup point
游车上升最高点☆upper pickup
游尺☆vernier; nonius
游荡河☆anastomosed stream
游荡河槽☆interlaced channel
游荡水系☆interlacing drainage (pattern); braided drainage pattern
游荡性河☆braid river
游动☆walk; play; move about
游动(现象)☆motility
游动孢子☆zoospore; zooid; zoid; zoosperm; swarmer
游动泵筒杆式泵☆travelling barrel rod pump
游动大绳☆casing{calf} line
游动阀底短杆☆garbet rod
游动凡尔[深井泵的]☆travel{travelling} valve; TV
游动钢丝绳的活端☆live end of the line
游动滚筒☆floating-pulley{clutch} drum
游动横裂甲藻☆motile dinoflagellate
游动滑车☆travel(l)ing block{sheave}; hoisting {running; tackle} block
游动滑车护板☆rope guard
游动滑轮☆travel(l)ing sheave; loose pulley
游动精子☆spermatozoid; zoosperm
游动卡瓦☆traveling slip
游动壳阶段☆motile thecate stage
游动黏变形体☆myxoflagellate
游动配子☆zoogamete
游动天轮☆floating pulley sheave
(钻机)游动系统钢丝绳☆block line
游动楔形卡箍☆travelling spider
游动运行员☆roving operator
游动轴承☆free bearing
游各{尤格}风[地中海]☆youg
游滑轮☆free wheel; loose drum
游记☆travels
游聚结构☆synneusis texture
游览☆recreation; visit; outing
游览洞穴☆commercial cave
游览港☆sight seeing port
游览利用☆recreational use
游览胜地☆resort
游离☆liberation; extrication; dis(a)ssociation; ionization
游离层☆ionized{ionospheric} layer; ionosphere
游离的☆uncombined; free; loose
游离度☆freedom
游离二氧化硅比色测定☆colorimetric estimation of silica
游离酚含量☆free phenol content
游离海百合亚纲[棘;O-P]☆inadunata; Inadunate
游离灰量☆segregated ash content
游离基☆(free) radical
游离器☆extricator
游离气产量☆free-gas production
游离气顶☆free{separate} gas cap; free-gas cap
游离气体层☆plasmasphere
游离水含量☆free{liquid} water content
游离水脱除器☆free water knockout
游离氧☆free-oxygen
游离氧化物☆free oxide
游离有机气体☆free organic gas
游历☆journey
游梁☆beam; walking{balance} beam; wiggle stick; teeteringing; rocker
(抽油机)游梁拉杆☆pitman [pl.pitmen]
游梁拉杆销☆wrist pin
游梁平衡抽油机☆beam-balanced pumping unit
游梁式抽油机抽油的井☆beam pumping well
游梁悬支{托架}☆beam hanger
游梁支承座板☆fish plate
游梁支柱☆sampson post
游梁支座☆jack V
游梁轴承☆center{saddle} bearing
游梁轴脱开轴承☆jump the saddle
游梁-主曲轴连杆轴承☆cabbage head
游轮☆loose pulley
(天平)游码☆balance rider
游码[天平梁上]☆rider
游牧的☆nomadic
游牧畜牧业的作用☆effects of nomadic pastoralism
游泥的☆muddy
游泥质的☆oozy
游舌鱼总科☆Aphetohyoidea
游饰石燕属[腕;D_{2-3}]☆Eleutherokomma
游说☆canvass; canvas
游说团体☆lobbying group
游丝☆hair(spring); filament; gossamer; spiral
游丝控制☆spring control
游艇☆excursion boat
游涡场☆vortex field
游隙[炮管内径和外径的差率]☆windage; play; lash
游戏☆sport
游行亚目[真米虾]☆Natantia
游移半底穴生物☆vagile hemiendobiont
游移(不定)的☆vagrant
游移底穴生物☆vagile endobiont
游移河槽☆shifting channel
游移湖☆wandering lake
游移亚类☆Eleutherozoa
游移沼泽☆swing moor
游泳☆bathe; swim
游泳(的)☆swimming
游泳的☆natatorial; natatory
游泳刚毛☆natatory bristles
游泳类☆swimmers
游泳生物☆nekton; necton; nektonic organism
游泳亚目☆Natantia
游泳肢☆swimmeret; swimming leg
游玉螺属[腹;C-T]☆Natiria
游螈目[两栖]☆Nectridia
游资☆idle fund; floating money
游子计数器☆ion counter
游走目[环节]☆Erranti(d)a
游足目☆Elasipoda

yǒu

酉(矩)阵☆unitary matrix
有☆endowed with; availability; bear; obtain
有安全意识的☆safety-conscious
有暗藏危险的☆treacherous
有凹槽的☆channelled
有凹口的☆notched
有螯肢亚门[Є-Q]☆Chelicerata
有疤痕的[孢]☆cicatricose
有疤铸件☆scabbed casting
有斑点☆punctation
有斑点的☆variolitic; spotted; dotted
有(彩色)斑点的☆guttate
有斑纹的☆dapple; brindle; marbled
有瓣的☆valvate
有帮助☆help; subservience; subserviency
有苞被的☆indusiate
有孢圆酵母属[真菌;Q]☆Torulaspora
有保持力的☆retentive
有保护套的热电偶☆sheathed thermocouple
有报酬的☆remunerative
有爆破槽的工作面☆broken-in face
有爆炸危险的环境{空气}☆explosive atmosphere
有杯状窝的☆calicular
有背板的(支柱)☆lagged
有背腹性的☆dorsiventral
有贝壳的☆conchiferous; testaceous
有被囊{膜}的☆Tunicate
有比原告更高的权利☆jus tertii
有闭合风冷系统的电动机☆closed-air-circuit
有壁的☆lined
有编织物填衬软管☆braided hose
有变化力的☆transmutative
有标高的☆hypsometrical; hypsometric
有标记的☆labeled; labelled
有标示旗的钻孔盖☆flagged drill hole cover
有表面光滑和浮雕装饰☆terra sigillata
有柄刀具☆shank-type cutter
有柄的[植]☆stipitate
有柄木凿☆firmer chisel
有柄生物☆radicantia
有柄亚门☆Pelmatozoa
有柄凿☆tang chisel
有病的☆invalid
有薄膜的☆pelliculate
有补偿的☆balanced
有擦痕基岩☆striated bedrock
有才智的人☆intellect
有糙硬毛的☆hispid
有槽插头☆slotted stab
有槽齿的☆thecodont
有槽垂直引上法☆Fourcault process
有槽的☆slotted; fluted; sulcate
有槽滚筒☆fluted roller
有槽口的☆notched
有槽螺钉☆milled screw
有槽铅条☆came
有槽凸圆头定位螺钉☆fillister head set screw
有槽托轮☆grooved roller
有槽纹的☆fluted
有侧水眼的一字形钻头☆chisel bit with lateral flushing hole
有侧限的☆confined
有测井资料的井孔☆documented well
有层次的☆stratal
有差别的☆distinct
有掺和料(的)水泥☆additive cement
有长孔的☆slotted
有长坡度车顶的汽车☆factback
有偿付能力的☆solvent
有潮冰川☆tidewater{tide;tidal} glacier
有潮渠☆wave channel
有潮水道☆surge{tidal} channel
有衬里的☆lined
有衬石膏管型☆padded cast
有成效的成本会计☆successful-efforts costing
有成因联系的岩石☆allied rocks
有齿铲斗☆tooth bucket
有齿镰形拱[虫牙]☆dentate falcal arch
有齿石☆rhyncholite
有齿钻头岩芯钻进法☆Davis-calyx system
有尺度的☆dimensional
有翅的☆alate
有翅类{亚纲}[节;D-Q]☆Pterygota; Pterigota
有重大影响☆signify
有臭气的☆odorous
有臭味的☆odoriferous
有臭(蛋)味的☆fetid
有出口的湖☆open lake
有穿透能力的☆penetrative
有传导性的☆conductive
有床板的☆tabulate
有创造才能的☆ingenious
有瓷(衬)里的☆porcelain-lined
有刺胞类☆cnidarian
有刺常绿灌木群落☆phryganion
有刺的☆spinose; spinigerous; echinate; aristate; spinate; aculeate[生]; spiniferous
有刺激(性)的☆irritant
有刺脊的☆echinolophate
有刺毛的☆echinulate
有刺铁丝☆barbed wire
有丛毛的☆floccose; tufted
有促进作用的☆favorable
有带的☆zonate
有带下目☆Cingulata
有代表性的☆representative; typical
有袋类[哺]☆marsupials; Marsupialia; mouse opossum
有袋目☆Marsupialia
有袋目的哺乳动物☆Marsupials
有单独液压马达驱动的冲击式钻机☆rotary percussive drill
有单叶的☆unifoliate
有氮参与的地热活动☆nitrogenous thermal phenomena
有挡传动☆step transmission
有档锚链☆stud link cable
有灯的发声(信号)浮标☆lighted sound buoy
有抵抗力{性}的东西☆resistant
有底柱分段崩落法☆sill pillars sublevel caving method
有点☆somewhat of; to some extent
有垫支承{撑}☆cushioned horn

有电视引导系统的鱼雷☆dragon
有电压的☆live
有调车杆的机车☆poling loco(motive)
有钉齿的☆studded
有顶仓库☆covered storage
有顶洞☆shelter{rock} cave
有顶岩墙☆roofed dike
有顶走廊中胶带输送机☆covered belt conveyor
有痘痕的☆variolate
有毒☆perniciousness；noxiousness
有毒的☆mephitic(al)；deleterious；poison；noxious；toxinic；toxic；mischievous
有毒金属矿尘☆poisonous metalline dust
有毒气☆noxious gas
有毒气体防护器☆escape apparatus
有毒水☆poisonous water
有毒物质☆poison
有毒性的☆toxicant
有毒元素☆toxic element
有独立思想的人☆independent
有堵塞修井☆damaging workover
有杜仲胶防水层的安全导火线☆white-countered gutta percha
有短尖头的☆mucronate
有短柔毛的☆pubescent
有断网壁的[孢]☆fragmentimurate
有对抗作用的☆antagonistic
有对数比例的图表☆arithlog diagram
有多层楼的☆multistory
有多方面才能的人☆generalist
有恶臭的☆noisome
有颚类☆Gnathostomata
有颚亚门☆Mandibulata
有耳轴的☆trunnion
有二裂片的[植物叶]☆bilobular
有发酵力的☆fermentative
有阀(门功能)的☆valvate
有方向性☆aeolotropy
有方形{菱形}花饰的皮革☆dicing
有防尘盖的轴承☆shield bearing
有防护的☆armo(u)red；shielded
有防护器官的[如甲壳、皮刺等]☆armed
有放回抽样☆sampling with replacement
有肺亚纲[腹]☆Pulmonata
有分段激磁绕组的电动机☆tap-field motor
有分激线圈的☆shunt wound
有分枝的☆ramiform
有蜂窝夹层的☆honeycomb-filled
有峰曲线☆peaky curve
有(裂)缝冰川☆crevassed glacier
有缝的☆consertal；seamy
有缝钢管☆slotted pipe
有缝管☆slit tube；seamed pipe
有缝夹套☆collet
有浮力的☆buoyant
有浮力装置的而水管☆riser with floatation modules
有辅助极的电机☆interpole machine
有腐蚀力的☆corrodent
有腹板外圈齿[铣齿钻头的；包括门形齿、T 形齿等]☆webbed heel teeth
有副产矿石的掘进☆productive development
有负荷的☆loaded；on load
有负载的☆laden
有负载的(品质因数)☆external Q
有附着性的☆cohesive
有改革精神的☆innovatory；innovative
有盖层地热系统☆closed geothermal system
有盖的☆operculoid
有(囊群)盖的☆indusiate
有盖的篮☆hamper
有盖轮藻(属)[E]☆Tectochara
有盖螺钉☆cap screw
有杆泵☆sucker rod pump
有杆锚☆stock anchor
有感地震☆felt earthquake；sensible{sense} shock
有感区[震]☆area of perceptibility；felt area
有感染力的☆catching
有感振动☆human perception vibration
有干劲的☆driving
有刚毛的☆setiferous
有高程注记的地形剖面图☆profile in elevation
有格筛的装煤溜槽☆screen (loading) chute
有格式斗轮☆cell-type bucket wheel
有隔担子菌亚纲☆Phragmobasidiomycetidae
有根牙☆rooted tooth
有根植物状的[绵]☆rhizophytous
有梗的☆pedunculate
有工业价值储(集)层☆commercial reservoir
有工业价值的储层圈闭☆commercial trap
有工业价值的最下油砂层☆farewell sand
有工业价值的`油(气)层{|油藏|矿体|热卤水}☆commercial bed{|deposits|orebody|hot brine}
有功部分☆resistive{energy} component
有功的☆wattful；active
有功分量☆energy component
有功伏安☆active volt-ampere
有功热能☆beneficial heat
有供水意义的地下水☆available groundwater
有公度的☆commensurable
有拱顶的走道☆arcade
有共度性☆commensurability
有钩的卸载链☆lazy chain
有钩形槽{长孔}的工具☆J-tool
有沟槽的☆fluted
有沟的☆channelled；sulcate；plicate
有沟壳☆grooved{interrupted} shell
有故障☆defectiveness；out of order；o.o.o.
有拐角槽的阻滞输送机☆open angle conveyor
有关☆pertain (to)；relate (to)；concern；concerned
有关变量☆related variables
有关的☆involved；pertinent；allied；relevant
有关节的☆articulate；jointed
有关节纲☆Class Articulata
有关系☆import；pertain
有关系的☆relative；pertaining
有关因素☆pertinent factor
有管状小花的☆tubulous
有光泽☆luster；lustre；sleek
有光纸相片☆glossy print
有规聚合☆isotaxy
有规律变化☆rhythmic change
有规律的☆regular
有规律地循环的☆rhythmic
有规则连续的裂缝☆continuous discontinuity
有规则排列的层状油藏☆systematic stratified reservoir
有硅肺危险的矿☆silicotic mine
有硅华衬的泉盆☆sinter-encrusted basin
有归还习性的☆homing
有轨车☆railcar
有轨的倾斜巷道☆gannen
有轨电车☆tram (car)；trolley
有轨电车道☆tram
有轨平巷☆track entry
有轨台车☆track-mounted jumbo
有轨运输☆trackbound transport；tramming；rail travel；track haulage
有轨钻车☆track-mounted{track-type} jumbo；jumbo for rail service
有辊式闸门的吊桶☆roller gate bucket
有果实的☆fertile
有过滤器{网}的井☆screened well
有害☆disadvantage；perniciousness；noxiousness
有害沉降☆detrimental settlement
有害尘末☆deleterious dust
有害的☆noxious；detrimental；hazardous；harmful；insalubrious；destructive；deleterious；obnoxious；toxic；noisome；mischievous
有害东西☆nuisance
有害反应☆adverse reaction
有害废料控制系统☆hazardous waste control system
有害化学物品☆harmful chemicals
有害气体☆harmful{deleterious;noxious} gas；damp
有害物质☆hazardous material{substance}；injurious substance；objectionable impurities
有害元素☆damaging element；hazardous elements
有害杂质的☆deleterious
有害组分☆undesirable component；harmful constituent
有害作用☆ill{deleterious} effect
有含矿显示的☆likely
有颔下门☆Gnathostomes
有航差(的)相片☆crabbed photograph
有耗散的元件☆dissipative element
有核的☆eucaryotic
有核火山弹☆cored bomb；perilith
有核球形藻☆Nucellosphaeridium
有核细胞☆karyota
有颌类☆Gnathostomes；gnathostoma
有颌亚门☆Gnathostomata
有痕纲[孢]☆Rimales
有横板的☆tabulate
有横挡的绳梯☆Jacob's ladder
有横条的具刺孢囊☆trabeculate chorate cyst
有虹吸管的☆siphonate
有护板的☆lined
有花格平顶的☆lacunar
有花梗的☆pedunculate
有花石的铁矿结核☆cathead
有花纹的☆delineate
有花植物☆flowering plant
有花植物门☆Anthophyta
有滑槽{缝}的板☆coulisse
有划痕的☆scored
有化石(的)时代☆zoic age
有环单缝孢类☆zonomonoletes
有环单缝孢属[C_2]☆Zonalosporites
有环的☆annulate；zonate
有环附目☆Annulata
有环螺钉☆collar screw
有环球形藻属[Z-D]☆zonosphaeridium
有环圈的☆zonate
有环三缝孢类☆Zonales
有环纹的☆annulate
有灰斑的☆grizzly
有灰色纹理的大理石☆calacata
有回流的环空☆refluxing annulus
有回收废热装置的锅炉☆economic boiler
有回弹力的☆resilient
有喙形舰首装饰的☆rostral
有喙状突起的☆rostrate
有活(关)节的☆articulated
有火灾征兆的☆fire(-)breeding
有机☆organic；organo-
有机氨肥☆ammoniate
有机玻璃☆Plexiglas(s)[聚甲基丙烯酸甲酯]；perspex；organic glass；acrylic plastic sheet；(poly)methyl methacrylate；lucite
有机(物)部分☆organic moiety
有机成因沉积{|元素}☆organogenic deposit{|element}
有机成因论☆origin(ic) theory
有机堆积矿床☆organic deposit
有机分泌作用☆organic secretion
有机分子☆organic molecule
有机粉尘☆particulate organic matter
有机风化☆chelation
有机腐败物☆organic decay product
有机富锌漆☆organic zinc rich paint
有机铬高分子电解质☆organo-chrome polyelectrolyte
有机汞☆organomercury；organic mercury
有机固定作用☆organic fixation
有机硅(化合物)☆organosilicon
有机硅酸盐涂层☆organo-silicate coating
有机硅烷☆organosilane
有机含氮碱☆alkaloid
有机合成☆organic synthesis；Org. Syn.
有机化学评价☆organo-chemical evaluation
有机基质域[钙超]☆organic matrix region
有机胶泥☆pelogloea
有机胶体☆organic colloid
有机胶体分散剂[防止形成矿泥薄膜]☆organic colloidal dispersant
有机金属分子☆metallo-organic molecule
有机金属化合物的☆organometallic
有机金属交联剂☆organo-metallic crosslink
有机聚合物浆(液)☆organic polymer grout
有机矿物☆organic mineral；humatite；organo-mineral
有机磷☆organophosphorus；organic phosphorus
有机硫排放物☆organosulfur emission
有机卤化合物☆organic halogen compound
有机铝石☆pigotite
有机氯☆organochlorine
有机锰络合物☆mangano-organic complex
有机黏土络合物☆organoclay complex
有机凝胶☆organogel；organic gel
有机溶剂☆organic solvent；os
有机溶胶☆organosol
有机生成岩石☆organolite

有机酸盐{酯}☆acidylate；acylate
有机碳☆(organic) carbon；oc
有机碳酸盐聚集体☆organized carbonate aggregate
有机体☆biont；organism；organization
有机体中(放射性同位素的)半排出期☆biological half-time
有机天体{宇宙}化学☆organic cosmochemistry
有机铜离子络合物☆organocupric ion complex
有机土☆histosol；organophilic{organic} clay
有机团集体☆organic aggregate
有机-无机缓蚀剂体系☆organic-inorganic inhibitor system
有机物☆organic matter{material}；organism；organics
有机物的残渣☆debris
有机物降雨[水体中]☆organic rain
有机物异速生长☆allometry
有机物支助计划☆organic aid schemes
有机物质☆organic material{matter;mass;substance}
有机物质地质学☆geology of organic matter
有机锡[木料防腐剂]☆organotin
有机岩☆organic{biogenic} rock；organolite
有机营养菌☆organotrophic bacteria
有机铀☆organouranium
有机铀矿☆urano(-)organic ore
有机淤泥☆muck；organic sludge{mud}
有机元素☆organized elements
有机沾染物☆organic contaminant
有机质☆organic matter{substance;material}；soil-ulmin
有机质层☆dirt bed；A horizon
有机质成熟程度☆degree of organic metamorphism
有机质成熟作用☆organic maturation
有机质分解层☆tropholytic layer
有机质混合物☆jonite
有机质泥☆organic mud
有机质谱分析{测定}☆organic mass spectrometry
有机质土(壤)☆organic soil
有积水的☆dropsical
有极晶格☆heteropolar lattice
有极绳运输☆direct rope haulage
有级(分级)齿轮传动装置☆stepped gearing
有级领盘式钎尾☆staved collar drill shank
有脊的☆cicatricose；spinate
有脊椎的☆vertebrate
有技能的☆skilled
有计划的☆systematic(al)；designing
有记忆力的☆retentive
有夹层的[煤层]☆banded；intercalated
有{|无}夹套的端盖☆jacketed{|non-jacketed} end plate
有加热盘管的油槽汽车☆coil car{truck}
有甲的☆armored；armoured
有甲类☆Loricata
有甲亚纲☆Stegocephalia
有甲亚目☆Cingulata
有价成分含量☆valuable content
有价矿物浮选☆value flotation
有价证券管理☆portfolio management
有价值的☆valuable；worth
有间的花粉外壁[孢]☆tectum [pl.tecta]
有间光滑颗粒[孢]☆tectate psilate grain
有肩钎杆☆shanked drill rod
有检验许可证的防爆设备☆certified flameproof apparatus
有减速器的发动机☆gearmotor
有鉴定意义的☆diagnostic
有见识的☆judicious；knowledgeable
有间隙接头☆open joint
有铰腕足(动物纲)☆Articulata
有脚的☆pedate
有脚架☆horse
有角的☆angulate
有角鳄属[T_3]☆Desmatosuchus
有角类目☆Ceratomorpha
有角下目☆Pecora
有角性☆angularity
有角质外壳的☆obtected
有节虫属[孔虫;E_2-Q]☆Articulina
有节的☆nodose
有节纲[蕨类植物]☆articulatae
有节理(的)岩石☆jointed rock
有节拍信号☆cadence signal
有节制的☆temperate
有结构土壤☆structure soil
有结合力的☆cohesive
有界变分函数☆function of limited variation
有界函数☆bounded{limited} function
有界限的☆definite；definable
有界向量☆bound vector
有筋锚固☆bent bar anchorage
有金属包层的☆metalclad；metalled
有金星的☆aventurine
有进无出钻进[钻液]☆blind drilling
有尽的☆finite
有精选价值的矿石☆mill(ing) ore
有经济价值储集层{|热卤水|矿层|热田|矿床}☆commercial reservoir{|hotbrine|bed|field|deposit}
有经济价值的☆produceable；payable；quick；alive；live；commercial
有经济价值的产量{|品位|热资源|矿物}☆economic 'flow rate{|grade|thermoresource|mineral}
有经济价值的矿床☆economic (ore;mineral) deposit；commercial ore deposit
有经济价值的矿石☆pay(able){commercial} ore
有经济开采价值的石油储量☆economically recoverable oil
有经验的☆versant
有经验的管道建筑人员☆pipeline cat
有警标牌的炸药车☆placarded car
有巨刺的大轴[射虫]☆hydrotomical axis
有锯齿的☆crenate；serrate
有决定作用的☆determinative
有诀窍的☆trick
有绝缘的管道☆coated pipe line
有菌盖的☆pileate
有开采价值的☆alive；economic；commercial；valuable
有开采价值的储层☆commercial reservoir
有开采价值的油藏☆commercial accumulations
有开采价值的矿层☆pay horizon；commercial bed
有开采价值的矿床☆promising{commercial} deposit
有开采价值的矿石☆pay rock
有开采价值的矿藏☆promising deposit
有开采价值的砂矿☆pay wash{gravel}
有开采价值井☆commercial well
有开采煤层的煤系☆productive measures
有开业执照的工程师☆licensed engineer
有抗电路☆reactive circuit
有抗氧化力的☆oxidation-resistant
有壳变形虫目☆Thecamoebida
有壳变形类[孔虫;E-Q]☆thecamoebian
有壳的☆testaceous；shelly；Conchiferous
有壳斗的☆cupulate
有壳类☆Loricata；Conchifera
有壳翼足亚目☆Pteropoda
有可采煤层煤系☆productive measures
有可靠储量的矿(山)☆proved mine
有可能的☆potential
有可能性☆tendency to
有刻槽的☆crenate
有刻度的☆scaled；graded
有刻痕的圆木梯或方木梯☆chicken ladder
有空洞的低标号(混凝土)混合料☆lean open-lype mixture
有空洞的贫混凝土{合物}☆lean open-type mixture
有空穴的☆cuniculate
有孔包皮☆perforated wrapper
有孔虫☆foram；Camerina
有孔虫-超微化石软泥☆foraminiferal-nannofossil ooze
有孔虫的☆foraminiferal
有孔虫类☆foraminifera；Alveolitidae
有孔虫目☆foraminifera；Foraminiferida
有孔虫岩☆foraminite
有孔的☆pored；foraminate(d)；meshed；perforated
有孔底板☆permeable base
有孔管☆well point
有孔卡片☆load card
有孔螺栓☆eye bolt
有孔塞栓☆Cannon plug
有孔石英☆mica-eaten quartz
有孔隙砾石层☆openwork
有孔性☆porosity
有孔质☆perforate
有快关紧箍的油脂桶☆snap-closed drum
有宽翼缘的工字梁{铁}☆H-iron
有框标底片☆calibration negative
有矿柱的留矿法采场☆stope shrinkage and pillar
有矿钻孔☆ore hole
有喇叭口的☆mouthed
有肋骨的☆costate
有棱角的☆angular
有理的☆justifiable；rational
有理多项式滤波器☆rational polynominal filter
有理分析☆rational analysis
有理化☆rationalization
有理近似{逼近}☆rational approximation
有理性☆rationality；thinking；rational
有理指数定理☆rationality rule of indices
有利☆advantages；propitiousness；pay
有利齿的机器☆devil
有利{简便;应急;权宜}措施☆expedient measure
有利的☆favorable；beneficial；profitable；payable
有利可图的☆profitable
有利模型形成☆favorable model formation
有利目标☆lucrative target
有利区域☆range of profitability
有利润的☆profitable
有利于☆favo(u)r；amenable
有利于重车运行的坡度☆favo(u)ring grade；grade in favo(u)r of the load
有利指数☆favorability index
有力的☆energetic；vigorous；bull；telling；powerful
有联系的☆contact
有连续割缝中心管的绕丝筛管☆continuous slot pipe base screen
有链牵引采煤机☆chain-hauled shearer
有凉台的平房☆bungalow
有两个自由度的[化学系统]☆bivariant；divariant
有裂缝的☆fractured；seamy
有裂隙的岩石☆fractured rock
有林的小陡谷☆dene
有林地☆wooded area
有林小谷地☆dell
有鳞的☆squamous；squamaceous
有鳞类☆lepidosauria；Pholidota
有鳞岭☆squamata
有鳞目[爬]☆Squamata
有硫化氢味的☆fetid
有瘤状突起的[植]☆strumose
有流体的变质作用☆fluid-present metamorphism
有流状晶的☆nematic
有漏洞的☆leakiness
有履带的☆on track；ot
有轮的☆wheeled
有螺栓的嵌钉☆stud
有螺纹的底部导向鞋☆threaded bottom guide
有螺纹的软管接头☆threaded；hose coupling
有马型热卤水☆Arima-type brine
有脉的☆nervose
有芒的☆aristate；barbate
有毛病☆defective(ness)；out of order{true}；o.o.o.
有毛病的(机器)☆back-out；B.O.
有毛病的组{部}件☆faulty component
有毛刺(射孔)孔眼☆jagged hole
有毛撮的☆penicillate；penicillatus
有毛的[尤指植]☆piliferous；pilate
有毛缘的☆fimbriae
有帽螺钉☆cap screw
有美丽花饰的泉华饼☆ornate fringing biscuit
有迷惑力的☆intriguing
有密封垫圈的钎尾☆seal ring shank
有灭弧设备的断路器☆arc-control breaker
有明显解理的☆eutomous
有名的☆classic；reputed
有名无实的☆virtual
有魔力的☆magic
有木瘤的木材☆knaggy wood
有耐力的人☆stayer
有囊类[孢]☆saccites
有内涂层的干线管☆internally coated line pipe
有内外双管的岩芯管☆double tube core barrel；double core barrel
有能力☆suffice
有泥芯铸造☆cored casting
有黏性的☆viscoid
有黏结力预应力☆prestress with bond
有黏着力的☆cohesive
有凝聚力的☆coherent
有泡沫的☆frothy

有胚植物☆embryophyte
有配体☆gamont
有棚仓库☆inside storage
有棚卡车☆van
有膨胀头的锚杆☆headed bolt
有碰撞痕迹的☆collisional
有皮刺的☆aculeate
有皮壳的☆obtected
有偏估计量☆biased estimator
有平行蛇管的加热器☆split-flow heater
有坡度☆aslope
有坡度的☆graded；acclive
有破裂易落的危险顶板☆lype
有蹼齿☆webbed teeth
有契约的采煤承包人☆chartered mast
有气管亚门☆Tracheata
有气孔的☆stomatal；vesicular
有气泡的☆vesiculate
有气体逸出的热泉☆degassing hot spring
有气味☆smack
有气味的☆odorous；odoriferous
有气味的(东西)☆odourant；odorant
有钎肩的钎尾☆collared shank
有前途的☆promising
有潜力的[矿床]☆alive；quick
有枪身射孔器☆hollow carrier gun
有鞘的[生]☆vaginate
有鞘类☆Thecata
有切痕安全导火线☆notched safety fuse
有切口的堰☆notched weir
有侵蚀性的井☆corrosive well
有……倾向的☆prone；be liable to；apt
有情鹦鹉嘴龙☆Psittacosaurus sattayaraki
有穷区间☆finite interval
有屈服点的拟塑性体☆yield pseudo plastic
有趣的☆entertaining
有趣的事{人}☆fun
有趣味☆readability
有趣味的☆flavo(u)rous
有权的☆weighted
有权签字的样本☆facsimiles of authorized signatures
有泉华衬的泉盆☆sinter-lined basin
有缺点的☆defective
有缺口的☆gapped
有缺口的边排牙齿☆ventilated hen tooth
有缺陷☆defectiveness[质量]；flawy
有缺陷点☆bad spot
有确实证据的☆valid
有绕道的井口☆by-pass collar
有人(管理的)平台☆manned platform
有日程表的计划☆calendar plan
有溶解力的☆solvent；dissolvent；resolvent
有绒毛的☆fuzzy
有肉茎的☆pedunculate
有软毛的☆pubescent
有三边的☆trilateral
有三个地面台的雷达导航系统☆tricon；triple coincidence navigation
有色背景图案☆ground pattern
有色的☆nonferrous
有色合金☆nonferrous alloy
有色痕的宝石☆off-colo(u)r gem
有色金属☆non(-)ferrous{base;colored} metal；nonferrous alloy
有色金属冶金(学)☆non-ferrous metallurgy
有色菌属[厌氧]☆chromatium
有色石渣☆colo(u)red sand
有色体☆chromoplast；chromoplastid
有色噪音☆colored noise
有商业价值的油(气)田☆commercial field
有舌的☆labiate
有射孔的套管☆perforated casing
有深沟的☆sulcate
(水下)有声传播区☆ensonified area
有声电视钻孔检查器☆acoustic borehole television viewer
有声电影☆talkie；phonofilm
有声(活动)电影机☆kinetophone
有声区☆insonified zone
有声信号☆audible signal
有生产能力的含水层☆productive aquifer
有生产意义的☆commercially significant；produceable
有生产意义的热田☆commercial field
有生存力的☆viable
有生命的☆live
有生命力的☆vital
有生气的☆fresh；dynamic
有生物的☆zoic
有生物的盐化度☆vital saline
有生物碎屑构造痕迹的☆clastizoichnic
有生物(微)咸湖☆apatotrophic lake
有湿气的☆humid
有十字丝的指示器☆hairline pointer
有时☆at times；sometimes；occasionally
有时打中有时打不中的☆hit-and-miss
有时序的信号☆sequenced signal
有使用权的☆beneficial
有势地磁场☆potential geomagnetic field
有事故隐患的作业☆trouble prone job
有适应力的[生]☆plastic
有饰物{纹}的☆exornate
有树丘☆herst
有树小丘☆hurst
有数道线圈的☆multicoil
有数轴的☆multiaxial
有栓旋塞☆locking plug cocks
有双后撑的井架☆double-braced headframe
有双锯齿的☆double serrate
有水孔☆water bore
有水流出的泉口☆discharging spring
有水套的[机]☆water-jacketed
有水头管套☆head conduit
有水-无水反应☆hydrous-anhydrous reaction
有顺序的☆sequential
有说服力的☆persuasive
有蒴盖的☆opercular
有四个漏斗形导向承口的导向架☆four-funnel guide frame
有四面的☆tetrahedral
有四坡的平屋顶☆hip-and-flat roof
有四足的☆quadruped
有塑料衬里的泵☆internally plastic coated pump
有穗的[植]☆spiked
有损害性的修井液☆damaging workover fluid
有损耗传播时间☆lossy travel time
有损耗的☆lossy
有损健康的☆insalubrious
有损完美☆blemish
有胎盘亚纲☆Placentalia
有弹回力的☆resilient
有弹力的☆elastic
有弹性☆springiness
有弹性的☆elastic；springy；distensible；resilient
有套管保护的岩芯管☆double (tuble) core barrel
有套管的生产井☆cased production well
有套筒的压注管☆sleeved injection tube
有特权的☆privileged
有特色的☆distinctive
有蹄类☆Ungulata
有蹄类(动物)☆ungulates
有蹄兽类☆ferungulata
有"天窗"冰盖☆friendly ice
有填充物的天然树脂[一种绝缘化合物]☆electrose
有条带螺旋的螺旋运输机☆ribbon spiral conveyor
有条件的蕴藏量☆conditional reserves
有条纹的☆streaky
有铁箍的木桶☆tierce；tier
有铁膜的金☆rust(y) gold
有通气孔的钎座☆vented chuck
有筒管的☆trunk
有头类☆Cephalophora
有头亚门[脊索]☆craniata
有图地区☆map coverage
有图要素☆mapped element
有途中搅拌工具的混凝土运输车☆agitator truck
有退还抽样☆sampling with replacement
有托板的带式给矿机☆plate-supported belt feeder
有外壁内层构造的[孢]☆tectate
有外壳包围的☆mantled
有外壳的☆thecate
有外套的☆jacketed
有外源设备的系统[如水泵等]☆active system
有网脉的☆net
有微刺的☆aculeate
有危险性的工作☆warm work
有围柱的运水车☆pole crate
有尾目☆Caudata；Urodela
有尾褶皱☆tail fold
有味的☆flavourous；flavorous
有文化的☆literate
有文化者☆scholar
有纹理的☆veined；veiny；grained
有纹饰的☆apsilate
有纹缘的☆milled-edged
有稳定器的☆finned
有问题的☆problematic(al)
有问题地区[如钻井复杂情况]☆problem area
有涡轮的☆turbo-
有"无立柱空间"长壁工作面☆prop-free-front face
有雾的☆foggy
有误差的☆inaccurate
有矽肺危险的矿☆silicotic mine
有吸收力的☆absorptive
有吸收能力的☆adsorbent；water-absorbent；absorbent
有吸引力的☆attractive；magnetic(al)
有吸引力的物{人}☆duck；magnet
有息贷款☆lend money at interest
有息票据☆interest bill
有希望的☆prospective；promising；likely
有希望的含油地区{段}☆prospective oil land
有希望找到矿产的地区☆prospect
有洗净力的☆detersive
有系带或钩子的帘幕☆tieback
有系统的☆organic；systematic(al)；methodic(al)
有细胞的面[苔;正面]☆celluliferous face
有细锯齿的☆serrulate
有细孔壳☆punctate
有细裂缝的☆checked
有下位排列部分的☆hypogynous
有罅隙的☆fatiscent
有先买权的☆preemptory；preemptive
有纤鳞的☆fibrillose scaly
有纤维质的☆cellulosic
有咸味的☆saltish
有限变形理论☆theory of finite deformation
有限差分偏移☆finite-difference migration
有限差量法☆method of terminal difference
有限乘法群☆finite multiplicative group
有限穿深射孔器☆limited penetration perforator
有限垂向燃烧☆segregated combustion；limited vertical coverage
有限带宽信号☆band-limited signal
有限单元法☆finite {-}element method；FEM
有限导压{流}性裂缝☆finite conductivity fracture
有限的扩张☆limited expansion
有限定作用的(东西)☆determinative
有限发展☆restrictive evolution
有限风区☆fetch limited
有限风时☆duration limited
有限公司☆company limited；Limited；corporation；(Co) Ltd；corp
有限禁止核试验条约☆Limited Nuclear Test Ban Treaty
有限空间☆confined{finite} space
有限孔径☆finite aperture
有限砾石储留量☆limited gravel reserve
有限联结四面体群☆finite-linked tetrahedral group
有限量物料☆finite lot
有限马尔科夫分析☆finite Markov analysis
有限脉冲响应系统☆finite impulse response system
有限泥质岩段☆limited pelite member
有限蛇{排}队☆finite queue
有限外推☆definite extrapolation
有限维向量空间☆finite dimensional vector space
有限信号☆limited signal
有限性破碎☆arrested crushing
有限旋转刮泥器☆limited-rotating scratcher
有限应变理论☆finite-strain theory
有限域☆Galois field
有限(单)元法☆finite element method{technique}
有限元法预估沉降☆prediction of finite element method
有限(单)元分析☆finite {-}element analysis；FEA
有限运动源☆finite-moving source
有限振幅波☆finite amplitude wave
有限正比区☆limited proportionality region
有限制的☆close；qualificatory；narrow
有限中性点☆finite neutral point
有限总体校正因素☆finite population correction factor

Y

有线电视☆cable TV; CATV
有线探(测气球)☆wiresonde
有线探测[对大气低层的]☆wiresounding
有线遥控☆wired remote control
有相互关系的☆correlative
有香味的☆flavourous; flavorous
有项目☆with-project
有相位差的☆dephased
有向的☆oriented
有向(性)的☆anisotropic; eolotropic; aeolotropic
有向生长模型☆vectorial growth model
有向图☆digraph
有向岩组数据☆vectorial rock fabric data
有向直线☆directed line
有销路的☆marketable
有小刺的[生]☆echinulate
有小角塔的☆turriculate
有小泡的☆vesiculate
有小腔{室}的☆locular
有小水滴状斑点的☆guttulate
有小穴的载玻璃☆hollow slide
有效☆hold true{good}; utility; function; validity; validation
有效半径☆effective radius; reach
有效保险☆insurance in force
有效爆破☆effective fragmentation; clean blast
有效爆炸深度☆shot depth; effective shot depth
有效部分☆energy component
有效层体积☆net pay volume
有效沉降球度☆effective settling sphericity
有效程度☆degree of functioning
有效尺寸☆clear; effective size
有效齿探☆depth of engagement
有效抽放距离☆efficient distance of gas suction
有效传输率☆effective transmission rate
有效存储器☆real memory
有效大面辐射☆effective terrestrial radiation
有效的☆approved; efficient; good; effective; active; available; actual; useful; valid; virtual; powerful; telling; live; acting; operative; eff; act.; APP
有效的增产技术☆sophisticated stimulation technique
有效电流☆watt{active;wattful;effective;energy;virtual; useful} current
有效动态弹性模量☆effective dynamic modulus
有效反射☆usable reflection
有效分离密度{比重}☆effective separating density
有效分选半径☆effective separation radius
有效峰值速度☆effective peak velocity
有效肤深☆penetration depth
有效覆盖压力☆effective overburden pressure
有效负荷☆incumbent{live;net} load; workload; payload
有效负载压☆effective overburden pressure
有效钢丝主弹簧☆penetration cable mainspring
有效功☆useful{available;effective} work; work of resistance
有效功率☆active{actual;effective;useful;real;available; net} power; effective capacity{horsepower}; useful efficiency; gross effect
有效工作系数☆operating ratio
有效估算量☆efficiency estimate
有效骨架参数☆effective matrix parameter
有效光阑直径☆effective diaphragm diameter
有效果的☆resultant
有效含烃孔隙体积☆net hydrocarbon pore volume
有效厚度与总厚度的比值☆net-to-gross ratio
有效化☆effectuation
有效剂量☆effective dose; EC
有效剪切应力差☆effective shearing stress difference
有效剪应变能准则☆effective shear strain energy criterion
有效降水差☆effective abstraction
有效降雨(量)☆effective rainfall; rainfall-effectiveness
有效截面☆effective section; effective crossover; area of passage; effective cross-section; free{clear} area; finished section
有效进尺☆footage payable
有效井径☆apparent wellbore radius
有效抗剪刚度☆effective shearing rigidity
有效孔径☆real{effective} aperture
有效理论频率☆effective theoretical frequency
有效力的☆operative
有效利用率☆availability
有效裂缝面积☆propped fracture area
有效马力☆effective horse power; actual{useful; effective} horsepower; e.h.p.; ehp
有效密度[物质]☆effective{bulk} density; density effect
有效名☆valid name
有效模型☆neat model
有效排水孔隙度{率}☆effective drainage porosity
有效炮孔线☆effective gun bore line
有效期☆useful life; longevity
有效期间☆term of validity
有效区(填)☆coverage
有效燃油消耗率☆effective specific fuel consumption
有效壤中水分☆available moisture
有效日期☆date of expiration
有效容积[储气罐]☆dischargeable capacity
有效容量☆available{live;useful} capacity
有效射距☆effective jetting distance
有效生产厚度☆net production thickness
有效寿命☆actual{useful;effective} life; active life
有效数据传输率☆effective data transfer rate
有效水动力弥散系数☆effective hydrodynamic dispersion coefficient
有效水头☆acting{effective;available} head; available hydraulic head
有效体积☆active volume
有效天线长度☆effective antenna length
有效调制百分比(率)☆effective percentage modulation
有效贴合应力☆effective seating stress
有效推力点☆point of effective thrust
有效位☆significant digit; significance
有效温度☆brightness{effective} temperature
有效系数☆efficiency; availability factor; AVF; coefficient of efficiency
有效信号期间☆effective signal duration
有效性☆validity; availability; effectiveness
有效压力☆active{effective;intergranular} pressure; fugacity; effective stress
有效压力系数☆fugacity coefficient
有效压头☆available{effective;productive;acting} head; effective{net} pressure head
(离心泵)有效压头比☆manometric efficiency
有效氧利用量☆apparent oxygen utilization; A.O.U.
有效药料☆active ingredient; a.i.
有效益的☆cost-efficient; cost-effective
有效应变☆effective{significant} strain; generalized strain
有效应力☆effective stress{pressure}; intergranular pressure; virtual stress
有效运转的条件☆operative condition
有效载荷☆useful{real} load; payload; P/L; PL
有效载荷质量☆payload mass
有效载重☆pay load; payload (weight); pay-load in weight
有效振动距离☆effective vibration length
有效蒸汽控制☆active vapor control
有效值☆virtual{effective;significant;practical} value; quadratic mean
有效制动面积☆effective brake area
有效中心☆active center
有效重当量图☆equivalent effective weight chart
有效组分☆active ingredient; a.i.
有效阻拦边界☆effective barrier boundary
有效作用☆useful effect
有效作用力☆effective force
有卸料小车的带式输送机☆tripper conveyer
有心格子☆centered lattice
有心脱水☆centrifugal dehydration
有信息卡片☆load card
有信用的☆fiducial
有形的☆concrete; tangible; physical
有形贸易☆visible trade
有形损耗☆physical depreciation
有形性☆materiality
有形资产净额☆net tangible assets
有性分离☆sexual segregation
有性及无性世代交替☆sexual and asexual alternation of generation
有性生殖☆syngenesis; generative propagation; sexual reproduction
有须(状)的(穗的)☆barbate
有许多共同之处☆in common; have much in common
有许多缺口的☆castellated
有序☆order
有序变量☆ordinal variate{variable}
有序标率☆ordered sample
有序沉积(作用)☆patterned sedimentation
有序度☆degree of order
有序化☆ordering
有序能☆energy of order
有序排列的水膜层[黏土结构]☆well-ordered water layer
有序区☆ordered region
有序(-)无序型同质多形体☆order-disorder polymorph
有序系数☆coefficient of order
有序线☆ordus
有序相[长石]☆kosmo-phase
有旋波☆S{rotational} wave
有旋光性的☆active; act.
有旋流☆rotational flow
有选择的☆preferential
有血缘关系的☆sib
有压的☆under a head
有压力的☆compressive
有压流☆pressure flow
有压隧洞☆water {-}pressure tunnel
有压缩力的☆compressive
有压缩作用的☆compressional
有烟火药☆gunpowder (explosive)
有盐华地面☆frosted surface
有研磨作用的☆abrasive
有延展性的☆malleable; ductile
有掩护的浅水区[防波堤内]☆sheltered shallow water area
有眼端☆eye-end; eye end
有眼管☆perforated pipe
有眼螺栓☆eye screw; eyebolt
有眼螺栓装置孔☆eyebolt hole
有眼盘虫属[三叶;$Є_2$]☆Opsidiscus
有焰炉☆open-flame furnace
有焰喷气孔☆flame-emitting fumarole
有焰燃烧☆flaming combustion
有羊膜动物☆amniota
有氧的☆aerobiotic; aerobic
有氧水☆aerobic water
有叶的☆lobate
有叶舌的☆ligulate
有叶舌类☆ligulatae
有叶植物☆phyllophyte
有一点可能性☆bare possibility
有一扣不合格的接头☆bastard connection
有一面暴露的矿体☆ore face
有疑问的☆problematical; problematic
有意☆incline; intentional; calculated
有意放喷☆intentional venting
有意义☆significance; meaning
有益☆utility
有益伴生组分☆useful associated component
有益的☆beneficial; good; wholesome; profitable
有义务的☆bound
有异色边的☆limbate
有翼垂球☆winged plumb bob
有翼的☆finned; alate
有翼状物的☆aliform
有引用价值的☆quote-worthy
有荧光性的☆fluorescent
有赢利的☆economic; profitable
有硬毛的☆hispid
有勇无谋的人☆wildcatter
有用☆help; utility; stead
有用伴生组分☆useful associated component
有用层等厚线图☆convergence sheet
有用的☆profitable; valuable; useful
有用功率☆useful power; act horsepower
有用矿层等厚度线图☆isochore map
有用矿石☆commercial{valuable} ore; valuable rock
有用矿物☆valuable{useful;economic;usable;ore} mineral; pay dirt; ore material
有用矿物暴露☆exposure of values
有用物料☆pay material
有用信号☆desired signal
有用信号功率☆available signal power
有疣的☆verrucate
有疣毛的☆pilate; piliferus; piliferous
有雨沙漠☆rain desert
有羽毛的☆plumose
有羽状脉的☆pinninervate

有圆齿的☆scalloped
有源信号☆active signal
有缘铣刀☆skirted mill
有远见的☆foreseeable
有远景的☆promising
有运转力的☆locomotive
有载启动电动机☆loader-start motor
有噪音的☆noisy
有责任的投标人☆responsible bidder
有增益的相互作用☆positive interaction
有闸门的严密水坝☆bulkhead
有展性的☆malleable
有沼泽的☆paludous
(使)有折缝☆crease
有折痕的☆rugate
有辙窝的道路☆rutted road
有褶的☆plicate(d)
有枕轨道☆sleeper track
有疹壳☆punctate
有争议的☆controversial
有支撑的框架门☆framed and braced door
有支撑开挖☆excavation with timbering
有支护的☆supported
有支护井筒☆line shaft
有支架{座}的☆standoff; stand off
有支配力的☆dominant
有支座的☆stand off
有知识的☆knowing; knowledgeable
有执照的工程师☆diplomat(ed) engineer
有植被的多边形土☆vegetation polygon
有植被覆盖的圆丘[威尔士]☆moel
有趾的☆digitate
有趾类[哺]☆Unguicutata
有致病力的☆nosogenic
有秩序☆orderliness
有秩序的☆cosmical; cosmic
有痣的[孢]☆verrucose; verrucate
有中间冷却的压缩机☆intercooled compressor
有钟口的☆belled
有周面孔的[孢]☆forate
有周期的☆rhythmic
有轴的[无脊]☆alivincular
有轴亚目[笔]☆Aphonophora; Axonophora
有皱襞的☆plicated
有皱纹的☆rugged
有主见的☆independent
有柱腹足目☆Stylommatophora
有柱桩的拉线☆stub guy
有助于☆instrumental; contribute (to); conducible; conducive
有注记的相片镶嵌图☆annotated photographic mosaic
有爪的☆ungulate
有爪动物门☆Protracheata; Onychopora
有爪类☆Unguicutata[哺]; Onychop(h)ora[似节]; unguiculata
有专利权的☆patented
有转矩度盘的扳手☆dial-type torque wrench
有着火危险的距离☆exposure distance
(在)有着火危险距离内的油罐☆exposed tank
有自由面的爆破☆fired-to
有自重溜放能力的☆on the-run
有鬃的☆hispid
有纵槽的锁紧管☆pod lock line
有纵梁支撑的棚子☆stringer set
有足迹亚纲{遗迹类}[遗石]☆Podichnacea
有阻、卡(现象)的起下钻☆tight trip
有阻力的☆resistive
有阻力流☆drag flow
有阻尼振动☆damped vibration
有钻孔的矿柱☆drilled-off{drilled} pillar
有最高位{值}的曲线☆peaky curve
有罪的☆guilty
有作用的☆functional; live
友爱的☆kind
友冰☆friendly ice
友基贝属[腕;O-P]☆Philhedra
友谊☆fellowship
友(矩)阵☆companion matrix
黝白霓霞斑岩☆schorenbergite
黝(方)白(榴)霓霞斑岩☆schorenbergite
黝白霞霓岩☆seblergite
黝方白榴霞霓岩☆selbergite
黝方黑云霓辉岩☆riedenite
黝方霓霞白榴岩☆schorenbergite
黝方石[$Na_8(AlSiO_4)_6(SO_4)$;等轴]☆nosean(e); noselite; nosite; spinelline; spinellane; spinellan; noseanite; nosian; nosin; natronhauyne
黝方石岩☆noseanolite; noseanolith
黝方透长黑云辉岩☆boderite
黝方响斑岩☆katzenbuckelite
黝方岩☆noseanite; noseanolite
黝黄煌岩☆bergalite
黝辉石☆snarumite
黝矿☆fahlore; fahlerz
黝矿带[为细碎硫化物所浸染的矿带]☆fahlband
黝帘奥长伟晶岩☆zoisite-oligoclase pegmatite
黝帘宝石☆tanzanite
黝帘片状{麻}岩☆floitite
黝帘石[$Ca_2Al_3(Si_2O_7)(SiO_4)O(OH)$; $Ca_2Al_3(SiO_4)_3(OH)$;斜方]☆lime-epidote; zoisite; illuderite; saualpite; saulpitite; orthozoisite
黝帘石化(作用)☆zoisitization
黝岭石[$Al_4(Si_4O_{10})(OH)_8$]☆myelin
黝绿帘石[$(Ca,Fe^{2+})_2(Al,Fe^{3+})_3(Si_2O_7)(SiO_4)O(OH)$]☆fouqueite; fouquéite
黝锰矿[指结晶较好的软锰矿;MnO_2]☆polianite
黝膜☆tarnishing film
黝锑银矿☆freibergite
黝铜矿[$Cu_{12}Sb_4S_{13}$,与砷黝铜矿($Cu_{12}As_4S_{13}$)有相同的结晶构造,为连续的固溶系列; $(Cu,Fe)_{12}Sb_4S_{13}$;等轴]☆tetrahedrite; gray copper (ore); fahlore; fahlite; fahlerz; studerite; fahlers; tennantite; kupferfahlerz; fieldite; falkenhaynite; falerz; fahlglanz; panabase; grey copper; arsenical fahlore; grey copper ore; clinoedrite; nepa(u)lite; tetrabedrite; gray tin; tetraedrit; clinohedrite; stylotyp(ite); polyophane; poliophane; pavonado; melanerz[德]
黝铜矿(晶)组[$\bar{4}3m$ 晶组]☆tetrahedrite type
黝锡矿[$Cu_2S•FeS•SnS_2$;Cu_2FeSnS_4]☆stannite; stannine; kassiterolamprite
黝锌铜矿☆fahlerz zinc
黝叶石[$(Na,K)_4(Mg,Fe)_3(Fe,Al)_2Si_8O_{24}$]☆spodiophyllite
黝云霓辉岩☆riedenite
黝脂斑岩☆bergalite
铕☆europium; Eu
铕独居石☆kularite
铕过剩{|亏损|矿|异常}☆europium{Eu} excess{|depletion| ores|anomaly}

yòu

右☆right (hand); r.h.; r.; rt
右岸☆right bank
右瓣☆LV; left valve
右边☆right side; second member; dextral; rs
右侧☆right hand{side}; right-hand; the right (side); starboard[船、飞机]; r.h.
右侧传动破碎机☆right-hand crusher
右侧倒转☆dextral vergence
右侧断层☆right-lateral{right-slip} fault
右侧滑降{阶梯状}断层线☆right-stepping strand
右查分布☆right censored distribution
右长捻☆right long lay
右导数☆right-hand{progressive;regressive} derivative
右的☆right
右(旋)的☆dextr-
右端☆second member
右方☆right hand side; r.h.s.
右回转☆right-hand rotation
右极限☆limit on the right
右胶浮标☆starboard hand buoy
右交捻☆regular-lay right lay; right regular lay
右截面☆right section
右晶☆right-handed crystal
右(旋)晶☆right-twisted crystal
右壳瓣☆right valve; RV
右括号☆right parenthesis
右离距☆right handed{lateral} separation
右(旋)螺纹的☆right-threaded
右螺纹丝锥☆right-hand thread tap
右螺旋☆dextral coiling
右面的☆right-handed
(绳股)右捻向☆right lay; slay
右扭[钻头横向扭转而向右变化方位]☆right walk
右偏(振)光☆right-handed polarization
右偏摄影☆right averted photography
右偏斜分布☆right-skewed distribution
右偏行褶曲☆right-handed en echelon folding
右偏置☆right-hand off set
(压)右坡度☆right bank
右前射辐☆ray right-anterior
右切刀☆right-hand tool
右倾断层☆right-dipping fault
右倾斜的☆right-oblique; right oblique
右上象限☆right upper quadrant
右矢☆ket
右式破碎机☆right-hand crusher
右视图☆right elevation{view}; right side view
右手螺旋定则☆right-hand screw rule
右手向量系☆right hand vector system
右图廓☆right-hand edge
右拖褶曲☆dextral drag fold
右下限☆lower limit on the right
右下象限☆right lower quadrant
右舷的(船)☆starboard
右向的☆dextrorsal; right-handed; dextrorse
右向捻☆right (hand) lay
右型氨基酸☆D-amino acid
右形☆right-handed form
右行的☆right-handed
右行剪切☆right-lateral shear
右行离断层☆right-separation fault
右行扭动断层☆right-lateral wrench fault
右行位移☆dextral sense of displacement
右旋☆clockwise; right lateral{coiling}; right-hand(ed) rotation; dextrorotation; dextrogyrate; right-hand direction; right hand turn; turn right[方位变化]
右旋的☆dextrorota(to)ry; clockwise; right-handed{-lateral}; dextrorse; dextrogyrate; dextral; dextro-
右旋分量☆dextral component
右旋滑动☆right-lateral slip
右旋滑降☆right-hand stepping
右旋脊(-)弧{|脊}转换断层☆right-lateral ridge-arc{|ridge} transform fault
右旋剪张带☆right-lateral shear and tensional belt
右旋结晶☆right-handed crystal
右旋晶体☆dextrorotatory{right-handed} crystal
右旋离距☆right-lateral separation
右旋裂开☆right lateral{handed} separation
右旋轮藻(属)[D-C1]☆Trochiliscus
右旋螺☆dextral
右旋螺纹连接☆right-hand joint
右旋逆滑断层☆right-reverse-slip fault
右旋扭动断层☆right-lateral wrench fault
右旋偏振☆dextropolarization
右旋葡萄糖☆D-glucose
右旋石英☆right-hand(ed){dextrorotatory} quartz
右旋糖☆dextrose; glucose
右旋糖酐☆glucan
右旋推进螺杆☆right-hand feed screw
右旋瓦状叠覆☆dextral imbrication
右旋位移☆right-lateral displacement; dextral (sense of) displacement; dextral offset
右旋物☆dextrorotatory; dextrorotary
右旋(化合)物☆dextro-compound
右旋一圈☆one-turn-right
右旋原油☆dextrorotary crude
右旋褶曲☆dextral fold
右雁行褶曲☆dextral en échelon folding
右移☆right shift
右移断层☆dextral fault
右移位[顺时针方向]向左漂移☆right-hand wall
右油溶剂☆petroleum spirit
右转角☆angle in clockwise direction; angle right
右转坡道☆right-turn ramp
右座梭车☆opposite-hand-control car
囿的☆bounded
囿函数☆limited function
鼬(属)[N_1-Q]☆Mustela; weasel
鼬臭石油☆skunks
鼬龙☆Ichthyosaurid
鼬龙(次亚)目[爬]☆Ictidosauria
鼬鲨目☆Galeoidea
鼬鲨属[E-Q]☆Galeocerdo
鼬鼠☆weasel
釉☆glaze; luster; lustre
釉的呈色☆colour produced in glazes
釉的光泽度☆glossiness of glaze
釉的黏度☆glaze viscosity
釉工☆glazier; glazer

釉化☆glazing
釉灰☆glaze ash
釉浆☆enamel slip
釉浆粗细度检验☆slip fineness test
釉里红☆underglaze red
釉料☆glazing；glaze
釉裂☆craze
釉缕☆excess glaze
釉面砖☆glazed tile
釉上彩☆over-glaze decoration；overglaze colors
釉烧瓷器☆delf；delft
釉陶☆glazed pottery；earthen ware
釉下彩☆underglaze decoration{colors}
釉质☆(substantia) adamantina
釉中彩☆in-glaze decoration{colors}
诱癌剂☆carcinogen
诱爆☆detonation by influence
诱爆性☆flash-over tendency
诱变☆mutagenesis；mutagism；mutagen
诱变致癌因子☆mutagenic carcinogen
诱病因素☆predisposing factor；mutagen
诱捕☆trap
诱导☆induce；induction；guide；lead
诱导爆破☆propagated blast；induction blasting
诱导的☆inductive；incentive
诱导方法☆incentive
诱导滚动力矩☆induced rolling moment
诱导剂☆derivant
诱导劈理☆schistosity
诱导式进气室☆induction chamber
诱导通风☆induced draught{ventilation}；ID；I.D.
诱导通风扇风机☆induced-draft fan
诱导物☆inductor；inducer
诱导信号☆induced signal
诱导液流☆induced flow；rocking the well to production
诱导油流☆influent
诱发☆triggering
诱发的 X 射线荧光☆passive X-ray fluorescence
诱发地震滞后时间☆stagmant time of induced-earthquake
诱发反应☆evoked response
诱发放射核☆induced radioactive nuclide
诱发机制☆inducement mechanism
诱发裂缝☆created fractures
诱发位移☆induced displacement
诱发性井漏☆induced lost circulation
诱发作用☆trigger action
诱拐者☆abductor
诱惑☆lure
诱流☆induced flow
诱喷☆kick-well-off operation；induced flow；rocking the well to production
诱骗☆trap
诱骗设备☆spoofer
诱生裂隙理论☆theory of induced cleavage
诱生劈理{裂}☆induced cleavage
诱陷☆entrapment
诱因☆incentive；predisposition；persuasive
诱鱼灯☆jacklight
又及☆postscript；p.s.
又丝单囊壳属[真菌;Q]☆Podosphaera
幼虫☆larva；nympha
幼虫扩散{散布}☆larval dispersal
幼虫期☆larval stage；protaspis
幼鹅☆gosling
幼发拉底河☆Euphrates
幼海绵体☆olynthus
幼红壤☆young red earth
幼火山☆young volcano
幼菊石属[头;T_1]☆Juvenites
幼壳[双壳]☆nepioconch；juvenarium
幼苗☆offspring；youngster；sprout；youngling
幼年边缘海-岛弧系☆young marginal sea-island arc system
幼年初期[珊]☆hystero-brephic stage
幼年地区☆immature region
幼年地形☆young topography{forms}；juvenile landscape{relief}；youngland；topographic infancy；infantile landform{feature}
幼年海岸☆primary{young;youthful} coast
幼年河☆youthful{young} river
幼年后期☆metaprotaspis [pl.-ides]
幼年化☆younging
幼年浪蚀台地{平台}☆juvenile wave platform
幼年期☆immaturity{infancy;young stage}；juvenility；brephic；meraspid period；early{infancy;youth} stage；youth[河流、山地、地形等]；stage of youth；nepionic；meraspis[三叶;pl.meraspides]；neanic
幼年期低洼地形☆low youthful relief
幼年土☆amorphic{young;juvenile} soil；rhogosol；inceptisol
幼年晚期[珊]☆late neanic stage
幼年早期☆anaprotaspis [pl.anaprotaspides]；protaspid period；protaspis[三叶;pl.-ides]；hystero-neanic stage[珊]
幼期性熟☆neoteny；paedomorphism；paedogenesis；neotenid
幼态成熟[幼虫期性成熟]☆neoteny；paedomorphism
幼态持续☆neoteny；paedomorphosis；neotenid
幼态的☆juvenile；paedomorphic
幼体虫属[孔虫]☆Pullenia
幼体单性生殖☆paedogenetic parthenogenesis
幼体发育☆neoteny；paedomorphosis；proterogenesis
幼体生殖☆paedogenesis
幼托尔石蛤☆washington
幼小☆infancy
幼小的☆shirttail
幼小动物☆youngster；youngling
幼型形成梯变系列☆paedomorphocline
幼性保留☆neoteny；proterogenesis
幼芽[植]☆germ；plumule；spear
幼芽孔☆germinal pore
幼褶皱带☆young folded belt
幼枝[笔]☆cladium
幼枝骨针[绵]☆cleme
幼枝海百合目[棘]☆cladida
幼栉齿[双壳]☆provinculum
幼稚的☆infant

yū

迂缓的河段☆sluggish river reach
迂缓溪流☆sluggish stream
迂回☆circuitousness；circuity；routing
迂回导线☆by-pass conductor
迂回的路☆compass
迂回地形飞行☆drape-flown
迂回封口☆labyrinth seal
迂回管☆off-set bend
迂回巷道☆detour
迂回路线☆alternative route
迂回前进☆snake；circuity
迂回扇☆(flood-plain) scroll
迂回线☆detour；passing{run-around} track；round about line
(使)迂回行进☆weave
迂回运行☆circumvolution
迂曲☆tortuosity
迂曲的河道☆tortuous channel
迂曲状☆meandroid
淤标罗盘仪☆vernier compass
淤淀☆silt{silting} up；fill；siltation；silting-up
淤高☆silting up；silting-up
淤高河床☆batture
淤灌☆colmatage；colmatation；warping；basin irrigation
淤积☆mud silting；fill[河流]；silting (up)；(silt) deposit；silt(ed) up；charge；(inwash) siltation；clog；silting-up；accumulation of mud
淤积测量☆sedimentation survey
淤积层☆alluvium；alluvial deposit；superficial stratum；alluvion
淤积岛☆aggradation island
淤积的☆silted；aggradational
淤积谷☆filled valley
淤积湖的河流☆filler
淤积泥层☆warp
淤积泥滞☆become filled with silt
淤积平原☆wash plain
淤积砂☆dirty sand
淤积蚀低阶地☆fillstrath terrace
淤积土☆alluvial (soil)
淤浆泵☆slush pump
淤浆槽☆slurry tank
淤泥[0.002～0.06mm]☆sludge；silt；underflow product；slush；schlick[德]；muck；ooze；soft organic clay；bottom clay；mud (accumulation；filling)；sullage；mire；fluid mud；gyttja
淤泥崩滑☆slurry slump
淤泥层☆silt seam{layer;stratification}；mud (layer)
淤泥沉积☆sludge bank；mud{muddy} deposit；silt deposition；silting；siltation
淤泥池☆lagoon for holding sludge
淤泥的☆muddy；silty；uliginous；uliginose；silt
淤泥地带☆muddy terrain{ground}
淤泥堆积{堵塞}☆mud accumulation
淤泥海滩☆poto-poto
淤泥流槽冲洗☆silt sluicing
淤泥泥炭☆dredged peat
淤泥土☆miry{puddly;silty} soil
淤泥团☆siltage
淤泥泄出口☆silt drain
淤泥质的☆oozy
淤泥质土☆mucky{muck} soil
淤塞☆silt(ing) (up)；choking；clog；blocking up；be choked with silt；plug；colmatage[法]；filling up[湖]
(泥浆)淤塞层[地层流体被泥浆取代]☆colmatation zone
淤塞处理☆sludge treatment
淤塞的☆choking；silted；silt-covered
淤塞谷☆filled valley
淤塞河道☆blocked channel
淤塞湖成沼泽区☆rhohelos
淤塞湾☆bayou (lake)
淤砂☆deposited sand
淤沙☆blocking up
淤填☆warp(ing)；choking-up；silting；siltation；warpage
淤填海湾☆filled bay
淤填沙滩☆leveed bank
淤土坝☆check dam
淤涡运动☆swirling motion
淤渣☆sludge
淤渣生成抑制剂☆sludge inhibitor
淤滓☆silt

yú

于是☆accordingly；now
盂☆cavitas；calyces
榆☆(Siberian) elm；ulmus
榆(属)[E-Q]☆Ulmus；Elm
榆粉属[孢;K-N_2]☆Ulmipollenites
榆科☆Ulmaceae
榆木☆elm wood
愚昧☆ignorance
愚人金☆fool's gold
舆论☆consensus
余☆counter-；complementary
余摆管☆trochotron
余摆线☆trochoid
余摆线波☆trochoidal wave
余爆炸☆second explosion
余冰☆ice remnant
余波☆complementary wave；backwash；trail
(事件等)余波☆aftermath
余补性☆complementation
余部☆remainder
余赤纬☆codeclination
余除☆clearance；CL
余地[时间、空间]☆room；scope；margin
余动期☆residual-mobility period
余度☆margin
余对数☆cologarithm；colog
余额☆balance；remains
余额递减折旧☆regressive depreciation of remaining sum
余额移后页☆balance carried down
余割☆cosecant；csc；cosec
余功☆afterworking；after working；creep recovery
余焓☆residual enthalpy
余函数☆cofunction；complementary function
余弧☆complement；complement of an arc
余辉☆afterglow；persistence；after glow；persistency；decay[荧光屏]
余辉成像[荧光屏上]☆photogene
余辉带☆reststrahlen band
余辉管☆afterglow tube
余辉时间☆after time
余辉特性☆persistence characteristic
余价☆partial valence
余剪应力☆complementary shearing stress
余键[分子键]☆residual bond

余角☆complement(ary) angle；complement (of an angle)
余款☆remainder；surplus
余矿脉☆complementary dyke
余量☆margin；excess；remnant；leftover；surplus；residual
余量检查☆residue check
余料☆odds
余流流量☆afterflow rate
余脉☆complementary dike
余面☆lap；lapping
余模☆complementary module
余谱☆cospectrum
余切☆cotangent；cot；ctn；ctg
余燃☆residual combustion
余扰☆residual disturbance
余热☆surplus heat{energy}；residual{excess;remnant;used} heat；old people's capacity for work；afterheat；thermal waste
余热发电☆power generation by waste heat
余热锅炉☆waste {-}heat boiler；heat recovery steam generator；W.H.B；HRSG
余热锅炉对流{|辐射}段☆waste heat boiler convection {|radiation} sections
余热回收管道☆recoup duct
余热利用☆waste {-}heat utilization；recuperate
余热利用法☆heat scavenging method
余容(积)☆covolume
余矢☆coversed {-}sine；coversine；versed cosine
余式☆residue
余数☆complement；remainder
余酸☆spent acid
余突出☆afterburst
余外角☆residual external angle
余纬(度)☆co(-)latitude
余隙☆clearance；allowance for space；free clearance {distance}；stand off；windage；back play
余下的☆spent
余弦☆cosine；cos；cosing
余项☆residue；remainder (term)
余像{象}☆after(-)image
余形☆complementary form
余压☆extra pressure
余岩☆complementary rock
余因子☆cofactor；complementary divisor
余裕☆margin
余振动☆after vibration
余震☆after earthquake{shock}；aftershock；repetition of earthquake；post-earthquake；post shock；seismic aftershocks；afterburst
余植煤☆rhabdopissite；rabdopissite
余值☆residual value
余子式☆complement(ary) minor
逾限变形☆threshold deformation
逾限率☆overrate
逾限应力☆overhead stressing；supertension
鱼镖绳☆fore line
鱼鳔☆vesica [pl.-e]
(捕鲸)鱼叉☆harpoon
鱼叉笔石属[O_1]☆Lonchograptus
鱼川-静冈地沟☆Fossa Magna
鱼道☆chute
鱼的化石☆ichthyolite
鱼饵石☆oolith
鱼纲☆Pisces
鱼钩形沙丘☆fishhook dune
鱼骨(型)天线☆fish(-)bone antenna；
鱼骨型鳞板☆herringbone dissepiments
鱼骨形天线☆fishbone antenna
鱼骨状交错层理☆herringbone{chevron} cross bedding
鱼化石☆ichthyolite
鱼迹纲[遗石]☆Piscichnia
鱼甲龙属[两栖;D_3-C_1]☆Ichthyostega
鱼甲螈属[D_3-C_1]☆Ichthyostegopsis
鱼胶☆isinglass；fish glue；air{swim} bladder
鱼筐贝☆cyrtina
鱼篮螺属[腹]☆Nassaria
鱼雷式水下摄影机☆torpedo camera
鱼雷形分流棱☆torpedo
鱼类☆Pisces
鱼类保护☆fish protection
鱼类缝合骨[续骨]☆symplectic
鱼类时代[D]☆age of fishes
鱼类学☆ichthyology
鱼梁☆weir；kiddle
鱼鳞☆(fish) scale
鱼鳞板☆shiplap；quadrant；lip
鱼鳞贝(属)[腕;C-P]☆Squamularia；Lepismatina
鱼鳞蛤(属)[双壳;T_{2-3}]☆Daonella
鱼鳞蕨属[Q]☆Acrophorus
鱼鳞片☆flap
鱼鳞天☆mackeral sky
鱼鳞藻属[Q]☆Mallomonas
鱼鳞状沙丘☆scaled dune
鱼龙(属)[J-K]☆Ichthyosaurus；ichthyosaur
鱼龙目☆Ichthyosauria
鱼龙亚纲☆Ichthyopterygia
鱼卵石☆roestone；oolite；roe stone；eggstone；ovulite；oolith
鱼卵状的☆oolitic
鱼鸟(属)☆Ichthyornis
鱼扑式☆Matsya
鱼栖苔属[红藻;Q]☆Acanthophora
鱼枪☆ichthyodorulites
鱼群☆(fish) shoal
鱼石油☆ichthyol oil
鱼石螈(属;类)☆Ichthyostega
鱼石螈目☆Ichthyostegalia
鱼石脂☆ichthyol；ichthammol；ittiolo；ammonium bithiolicum {ichthosulfonate; sulfoichthyolate}；ichthynat；trasulphane；ichthymall；ammonium ichthyolsulfonate{bituminosulfonate}
鱼石脂肪☆ichth(y)olform；ichthyolfromaldehyde
鱼石脂磺酸钠☆sodium ichthyolsulfonate
鱼食牙{齿}系☆piscivorous dentition
鱼体滴滴涕含量☆fish DDT level
鱼网叶(属)[古植;T_3-K_2]☆Sagenopteris
鱼尾(槽)☆fishtail
鱼尾板☆fish plate；butt strap；fishing baseplate；fish(-)plate；splice{joint} bar；strap fishplate
鱼尾锤☆claw hammer
鱼尾接口☆fishing
鱼尾喷管☆fishtailed downcomer
鱼尾石☆oolite
鱼尾式燃烧器☆fishtail burner
鱼尾式铁刀☆fish tail cutter
鱼尾误差[船身摇摆引起的误差]☆fishtailing error
鱼尾形的☆fishtail
鱼尾形接触区☆fish tail bearing
鱼乡蚌虫形☆limnadiform
鱼形虫(属)[介;K_2-Q]☆Paijenborchella
鱼形石英☆ichthyoglyptus；ichthyoglypte
鱼形水砣☆fish lead
鱼形总纲☆Pisces；Pistes
鱼牙化石☆ichthyodont
鱼眼[钢材加热或受力时表面产生的缩孔]☆well{fish-eye} [钻石中反光不完全部分]；fish eye
鱼眼石[$KCa_4(Si_8O_{20})(F,OH)\cdot8H_2O$]☆apophyllite；ichthyophthalmite；xylochlore；oxhaverite；fish-eye stone；oxhverite；fluorapophyllite；albine[风化的]；tesselite；pyramidal zeolite；brünnichite；brünnikite；brunnichite；brunnikite；fish eye stone；oxahaverite；fisheye stone；mesotype epointee；ichthyophthalme
鱼样怪胎☆sympodia
鱼遗迹类[遗石]☆Piscichnia
鱼子菜属[红藻;R]☆Lemanea
鱼子黄[陶]☆fish-roe yellow
渔场☆fishing ground；fishery；fishing
渔灯{|港|区|船队}☆fishing light{|harbour|zone|fleet}
渔港☆fishing harbour
渔光器☆optical filter
渔{鱼}礁☆fish shelter；fishing reef
渔具{|梁|网}☆fish trap{|weir|net}
渔权☆fishery
渔乡蚌虫形[叶肢]☆limnadiform
渔堰区☆fish-trap area
渔业☆fishing；fishery
渔栅☆fish(ing) stakes
愉快☆happiness；pleasure；amenities
愉快的事☆treat
隅☆corner；coign(e)
隅板☆gusset (sheet)
隅撑☆angle{knee} brace；bracket
隅骨☆angular；os angulare
隅角☆solid angle
隅角节点力向量☆force vector at the corner nodes
隅角棱镜☆corner prism
隅角域☆domain with corner
隅接☆angle joint
隅梁☆angle-beam
隅石☆coign(e)；cornerstone；quoin；corner
隅铁☆knee-iron
娱乐(业)☆recreation
娱乐的☆recreational

yǔ

雨☆rain；wet；pluvi-；pluvio-
雨暴☆rain storm
雨波列☆rain wave train
雨层云☆nimbostratus；nimbustratus
雨带☆rain belt
雨的类型☆types of rain
雨滴☆raindrop
雨滴反射信号强度☆rain-echo intensity
雨滴激溅作用☆splattering of drops
雨滴印痕☆rain print
雨滴撞击☆splash erosion
雨点撞击☆raindrop impact；rainbeat
雨点状外貌☆sprinkled appearance
雨幡☆fallstreaks
雨贡纽弹性极限☆Hugoniot elastic limit
雨沟☆rain rill{channel}；gully；rachel
雨谷☆donga；rill
雨刮器☆wiper
雨海[月]☆Mare Imbrium；Imbrium Basin
雨海盆地月海☆Imbrium Basin Mare
雨海系{纪}[月面]☆Imbrian
雨痕☆rain mark{impression;print;imprint}；raindrop print{imprint;impression;impact}
雨后储水区☆redir [pl.redair]
雨后湖☆evanescent lake
雨后流☆recession flow
雨花石☆Yuhua pebbles
雨季☆falling weather；wet spell{season}；rainfall{moist;rainy;raining} season；pluvial{rainy} period；rainy day season；bhadoi[印 4～8 月]；kharif[印北部]
雨季草原☆karoo；karroo
雨季泛滥谷地☆boli
雨季河☆blind creek{creak}
雨季河床☆dry wash{bed}
雨季湖☆chaur；ephemeral{playa;play} lake；hamun
雨季积水盐原☆sebkha；sabakha；sabkha
雨迹[气]☆trace
雨夹雪☆sleet；mixed rain and snow
雨溅击侵蚀☆rain-splash erosion
雨阶☆rain stage
雨坑☆rain pitting
雨量☆rainfall (amount)；quantity of precipitation
雨量赤道☆hyetal equator
雨量分布☆rainfall distribution
雨量分布学☆hyetography
雨量计☆hyetometer；hyetograph；pluviometer；raingauge；(pluviometer) ombrometer；rain ga(u)ge；pluviograph；precipitation gauge；udometer
雨量记录☆rainfall record
雨量逆变☆inverse of rain fall
雨量器☆rain ga(u)ge；udometer；pluviometer；ombrometer
雨量强度☆rain(fall) intensity；raininess
雨量区(域)☆hyetal region
雨量商数☆pluviometric quotient
雨量图☆hyetograph
雨量学☆hyetography；hyetology
雨量仪☆pluviograph
雨量站网☆rain gage network
雨林☆rainforest；hylaeion；rain forest
雨淋☆drench
雨淋式浇口☆shower gate
雨率☆intensity of rain
雨率器☆rate-of-rainfall gage
雨绿灌(木群落)☆hiemefruticeta
雨绿乔木群落☆hiemisilvae
雨绿植物☆hiemal plant
雨帽☆rain cap；hood；tarpaulin
雨披☆rainproof
雨期☆rainy spell{period}；wet-spell；rain spell
雨期气候☆pluvial climate
雨栖犀☆Metamynodon

雨前土壤湿度☆antecedent-soil moisture
雨区☆rain area{field}; rainfall province
雨日☆rain day
雨润泥煤☆ombrogenous peat
雨渗灌注☆recharge by rainfall penetration
雨石蒜碱☆pluviine
雨时☆rain hours
雨蚀(作用)☆rain erosion; rainwash
雨水☆meteoric{precipitated;rain} water; rain(water); rainfall; Rain Water—the 2nd of the 24 solar terms
雨水暗管☆storm-sewer
雨水冲刷☆rainwash; rain wash
雨水冲刷沉积☆outwash
雨水冲洗☆rain-out
雨水道☆storm drain
雨水管下承石☆gutter receiving stone
雨水过多☆excessive rainfall
雨水(和)河流共同作用的☆pluviofluvial
雨水河水剥蚀作用☆pluviofluvial denudation
雨水井☆catch-basin
雨水排放☆stormwater drainage
雨水渗透补给☆recharge by rainfall penetration
雨水纹沟☆shoestring rill
雨水泻流系数☆run-off coefficient
雨凇☆glazed frost; glaze; verglas
雨天☆wet; rainy day
雨温图解☆ombrothermic diagram
雨纹沟☆rain rill
雨雾衰减☆rain fog attenuation
雨雾凇☆glime
雨洗☆rain wash
雨雪壳☆rain crust
雨雪蚀(作用)☆pluvionivation; Pn
雨汛☆freshet
雨燕属☆Apus
雨衣☆waterproof; tarp; tarpaulin; rainproof; raincoat
雨荫☆rain shadow
雨影荒漠☆rain-shadow desert
雨影区☆rain shadow
雨域☆rainfield
雨源河床☆ephemeral channel
雨源湖☆pluvial lake
雨云☆nimbus; rain cloud
与☆logic multiply; AND; syn-; sym-; ad-
与……比较[拉]☆versus; ver; vs
与布朗运动有关的☆perikinetic
与采煤工作面成45°的线☆horn
与长壁工作面垂直的工作面☆buttock face
与沉积同时的☆syndepositional
与……成比例☆in relation to
与成因无关的☆nongenetic; non-genetic
与……成正比☆be (directly) proportional to
与齿条啮合的子齿轮☆rack pinion
与船舶通信的无线电台☆radiophare
与次解理成直交的巷道☆ending
与次解理成直角的平巷☆butt-entry
与次解理垂交掘进的☆driven on the butt
与次解理垂直的平巷[煤]☆butt heading
与次解理直交掘进的☆driven on the butt
与大气压对应的沸点温度☆atmospheric boiling temperature; ambient boiling point
与岛弧有关的☆arc-related
与低压有关的天气☆weather associated with a depression
与地表连通的含水层☆outcropping pervious formation
与地层倾斜`一{|不一}致的断层☆fault dipping with {|against} the bed
与地层有关的矿床☆strata-related ore deposit
与地绝缘☆insulation against ground
与地没有电接触的☆floating
与地面贯通的巷道☆surface breakthrough
与地热活动无关的构造带☆nongeothermal tectonic zone
与地下水有关的水灾害☆groundwater-related hazard
与动力装置成整体的泵☆monoblock pump
与发动机不同轴线的离合器☆overcenter clutch
与发动机制成一体的泵☆built-on pump
与法线构成的偏角☆angle of underlay{underlie}
与放疗有关的☆radiotherapeutic
与分选筒轴成平行方向布置的磁极☆magnetic poles arranged in rows parallel to the drum shaft
与俯冲带有关的☆subduction-related
与割理成45°☆half-and-half
与工序有关的☆activity oriented
与工作面成直角的煤面☆butt
与工作区尚未连接的水平(巷道)☆blind level
与管同径的球阀☆full conduit ball valve
与管子等径的☆full bore
与过敏有关的☆anaphylactic
与海面流向或风向相反的潜流☆underset
与海相连的河口☆estuary
与横梁方向一致☆capwise
(使)与混合物混合☆decompound
与活动有关的☆activity oriented
与火成活动相关的地热系统☆igneous-related geothermal system
与火山伴生的地热系统☆volcano-associated geothermal system
与节理面垂直的煤壁☆butt
与(金属)结合成螯合物☆chelate
与距离成反比的数☆inverse distance
与煤层连接的泥质页岩层或黏土层☆binder course
与密度相关的压力梯度☆density-dependent pressure gradient
与目标有关的☆goal-oriented
与炮井耦合的炸药爆炸☆well-coupled dynamite shot
与……配合☆in combination with
(使)与硼砂{硼酸}混合☆borate
与碰撞有关的非岩浆型水热系统☆collision-related amagmatic hydrothermal system
与劈理成45°角☆half-and-half
与平巷平接的☆flush with
与平巷平行的风巷☆entry air course
与剖面有关的道平衡☆section-dependent equalization
与侵入作用相关的构造☆intrusion-related structure
与倾斜不一致的断层☆fault hading against the dip
与热水无关的水☆nonthermal water
与砂混合的粒状自然铜☆copper barilla
与扇风机负向一致{|相反}的自然风流☆natural draught acting with{|against} the fan
与上盘平行的矿体☆parallel hanging-wall orebody
与深度对应的沸点☆boiling point at depth
与深度有关的黎卡蒂系统☆depth-dependent Riccati system
与生俱来的效能☆designed-in efficiency
与石油有关的气☆oil-related gas
与时间有关的☆time {-}dependent
与实际尺寸(相)同的☆full sized
与事件有关的☆event oriented
与属型有异的属☆genomorph
与双列有关的☆biserial; coiled-biserial
与水不混溶{溶混}的☆water-immiscible
(使桨)与水面平行☆feather
与水面齐平☆awash
与水平裂缝相切割的井☆horizontally fractured well
与水有关的疾病☆water-related disease
与速度无关的叠前偏移☆velocity independent prestack migration
(使)与碳化合☆carbonise
(使)与碳酸化合☆carbonate
与围压对应的沸点温度☆ambient boiling point
与温度无关的☆temperature-independent
与温压相关的平衡☆temperature-preasure dependent equilibrium
与污染有关的疾病☆pollution-related disease
与……无关☆independent(ly) of
与下盘平行的矿体☆parallel footwall orebody
与巷道顶板`成斜角{|平行}的直接顶[平巷]☆lamina `not parallel{|parallel} to the roof
与……相当{相符;对应}☆(be) corresponding to with
与……相对{反}☆vs.; opposite to
与……相适应{一致}☆in accordance with; match
(使)与溴混合☆bromate
与压力无关的☆pressure-independent
与压缩有关的☆compressional
与盐化合☆salification
与岩层倾斜一致的☆accordant
与岩层全倾斜成45°的巷道☆half course
与氧化合的物质☆oxygenated substance
与液态水共存的蒸气☆coexistent steam
与萤石有关的☆murrhine
与油不发生反应的☆inert to oil
与……有关☆in relation to; (be) concerned with
与……(相互)有关(系)☆be correlated with {to}
与雨水有关的作用☆pluviation
与月球(地质)研究有关的☆lunilogical
与震源有关的波☆waves associated with the focus
与蒸气共存的液态水☆coexistent liquid water
与之相当☆weigh against
与中心线对称的☆symmetrical about centerline
与众不同(的)☆distinctive
与主割{劈}理成45°角的工作面☆half
与主割理成直角☆on bord{board}
与主巷道(约成45°)的巷(道)☆cross gate
与主巷平行的小(辅助)巷☆monkey gangway
与主机联在一起工作的☆on-line
与主解理成大于45°的采煤工作面☆short horn
与主解理成45°的工作面☆half
与主解理成 45°角推进的采煤工作面☆half-end; on half bord
与主解理成小于45°的采煤工作面☆long-awn; long horn
与主解理成直角前进的采煤工作面☆bond-face; bordways
与主解理成直角推进的采煤工作面☆on bord; butt
与主解理成直角的巷道{|平巷|方向|矿房|采煤法}☆bord{|face entry|on end|plane|end-on working}
与主解理垂直的平巷☆face heading
与主解理方向垂直的工作面☆bordways
与主解理面成直角的煤层☆plane
与主解理平行的巷道☆headway
与主解理直交掘进的☆driven on the face
与主平巷垂直的煤巷☆butt {-}entry
与主钻孔直径相同的分支钻孔☆full-gauge branch hole
与走向成45°的巷道☆half-and-half plane
与走向成角度上下倾斜的平巷☆cross pitch entry
与走向交叉☆across strike
与走向正交的构造☆offtrend structure
屿☆islet
伛偻贝属[腕;O_3]☆Plaesiomys
禹余粮[褐铁矿]☆aetite
宇☆eonothem; aeonothem
宇称不守恒☆parity nonconservation
宇航病的☆spacesick
宇航工业☆aerospace
宇航火箭☆astrorocket
宇航石英织物☆astroquartz fabric
宇航术语☆space speak
宇航员☆spaceman; cosmonaut; astronaut
宇宙☆cosmos; world; universe; space; metagalaxy; cosmo-; astro-; spatio-
宇宙常数☆cosmical constant
宇宙尘☆cosmic{zodiacal;meteoric} dust; meteoroid
宇宙成因放射性同位素☆cosmogenic radioisotope
宇宙成因论☆cosmogenesis
宇宙磁场☆cosmic magnetic field
宇宙大爆炸学说☆big explosion cosmology
宇宙导航☆interplanetary navigation
宇宙的☆cosmic(al); interplanetary; extraterrestrial; universal; univ.; spatial
宇宙的原始能量☆primeval energy of the universe
宇宙飞船☆spacecraft; spaceship
宇宙飞船传感器☆aircraft sensor
宇宙飞船预定着陆点☆footprint
宇宙飞船载的遥感器☆spaceborne remote-sensor
宇宙飞行动力学☆astrodynamics
宇宙飞行器上的☆spaceborne
宇宙飞行器载的☆spacecraft-based
宇宙丰度☆universal{cosmic;universe} abundance
宇宙干扰☆star statics
宇宙构造常数☆cosmological constant
宇宙航船☆spaceship
宇宙航行☆astronavigation
宇宙航行学☆astronautics; cosmonautics; spationautics
宇宙化学☆cosmochemistry; space{extraterrestrial; cosmic} chemistry
宇宙化学元素成因☆nucleogenesis
宇宙颗粒☆cosmic spherule
宇宙空间☆aerospace; cosmic{outer} space; space; astrospace
(在)宇宙空间(上展开)的☆spaceborne
宇宙空间学☆aerospace
宇宙力☆forces of the universe
宇宙年代测量学☆cosmochronometry
宇宙年龄☆age of universe
宇宙起源说☆cosmogony; cosmogenic theory
宇宙射电爆发☆cosmic radio burst
宇宙射线☆cosmic ray{radiation}; ultraray

(由)宇宙射线产生的☆cosmogenic
宇宙射线产生的核素☆cosmic-ray-produced nuclide
宇宙射线产物☆cosmic-ray-produced material
宇宙射线通量恒定理论☆theory of constant cosmic flux
宇宙生化学☆cosmobiochemistry；space biochemistry
宇宙生态学☆cosmecology
宇宙速度☆astronautical speed
宇宙万物☆cosmic inventory；nature
宇宙微尘采样自动分析器☆multivator
宇宙温(度计)☆cosmothermometer
宇宙物质☆cosmozoan
宇宙线☆ultraray；cosmic ray；ultra rays
宇宙线爆丛☆cosmic-ray burst
宇宙线放射年龄☆cosmic ray radiation age
宇宙学☆cosmology；cosmography
宇宙学家☆cosmologist；cosmographer
宇宙有生命说☆cosmozoism
宇宙源成矿说☆cosmogenic hypothesis of mineralization
宇宙原始论☆cosmogony
宇宙原子核合成☆nucleosynthesis in universe
语调☆tone
语法☆grammar；syntax
语汇☆lexicon
语声信号处理☆speech signal processing
语素[结构语法]☆morpheme
语态☆voice
语言☆language；lingu-
BASIC 语言☆BASIC；Beginners Algebraic-Symbol Interpreter Compiler；Beginner's All-purpose Symbolic Instruction Code
COBOL 语言☆COBOL；common business oriented language
FORTRAN 语言☆formula translator；FORTRAN
语言学☆linguistics
语义码☆semantic code
语义学☆semantics
语音信号编码器☆voice coder；VODER
语音学☆phonetics
语源(学)☆etymology
羽白云母☆plumose mica
羽斑角闪岩☆feather amphibolite
羽笔石☆Diplograptus
羽笔石科☆Ptilograptidae
羽笔石属[O-S]☆Ptilograptus
羽层孔虫属[C_1]☆Pennastroma
羽层状组织[珊]☆fibro-lamellar tissue
羽齿兽(属)[E_1]☆Ptilodus
羽雏晶☆scopulite
羽丛状小穗状花☆plumicome
羽簇[珊]☆fibre fascicles
羽蛤属[双壳;O-C]☆Pterinea
羽骨[乌贼]☆pen
羽冠[古脊椎;pl.cristae]☆crista
羽海扇(属)[双壳;S_2-D]☆Pterinopecten
羽痕构造☆plumose structure
羽节[海百]☆pinnular
羽裂石竹☆pink
羽毛☆feather；plume；pinion
羽毛(管)☆quill
羽毛骨针[绵]☆plumicome
羽毛矿[$Pb_4FeSb_6S_{14}$]☆jamesonite；(brittle) feather ore；pilite{warrenite} [$Pb_2Sb_2S_5$]；gray{grey} antimony；plumosite；feather-ore；tinder{plumose} ore；wolfsbergite；plumostibiite；plumose antimony；plumites；pfattite；lumpenerz[德]
羽毛上的羽支☆pinnula
羽毛石☆imogolite
羽毛状雏晶交织法物☆scopulite picotaxitic texture
羽毛状的☆feathered；plumose
羽毛状构造☆plumose structure
羽片☆(accessory) pinna
(复叶的)羽片[植]☆pinna [pl.-e]
羽鳃类{纲}[半索亚目]☆pterobranchia
羽衫属☆Walchia
羽扇[腔]☆trabecular fan；Sabal；lup
羽扇(豆)醇☆lupeol
羽扇豆糖☆lupeose
羽扇豆烷酮☆lupanone
羽扇豆烯☆lupene
羽扇多环烷☆lupane
羽扇糖☆lupeose
羽扇烷变种☆lupane variety
羽扇烷醇☆lupanol
羽扇烷类化合物☆lupanoids
羽扇烷宁☆lupanine
羽扇烷酮☆lupanone
羽扇烯☆lupene
羽扇烯酮☆lupenone
羽饰☆feathering
羽苔藓虫属[D-P]☆Penniretepora
羽纹(亚纲)☆Pennales
羽纹藻(属)[硅藻门;Q]☆Pinnularia
羽榍[珊]☆trabecula [pl.-e]
羽榍中柱[珊]☆trabecular columella
羽星目☆Comatulida
羽烟☆buoyant plume
羽羊齿(属)[古植;P_2-T_1]☆Neuropteridium
羽叶植物(类;门)☆Pteropsida
羽衣藻属☆Udotea
羽疑[珊]☆fibre fascicle
羽藻属[绿藻;Q]☆Bryopsis
羽针☆fiber；fibre
羽枝☆pinnule
羽枝板☆pinnular
羽支☆ramus
羽轴☆scapus；scape；rachis[动;pl.-es]；pinna rachis[植]
羽状☆pinnate
羽状半裂的[植]☆pinnatifid
羽状冰☆feather ice
羽状的[植]☆pinnate；plumose
羽状断裂☆feathered fracture
羽状节理☆feder{feather;pinnate} joint(ing)
羽状锯齿裂的[植]☆pinnatoclentate
羽状流痕☆feather-like flow marking
羽状脉的☆penninerved
羽状漂移[海洋地震测量]☆feathering
羽状切变面☆pinnate shear plane
羽状全裂[植]☆pinnately divided
羽状全裂的[植]☆pinnatisect
羽状梳齿裂的[植]☆pinnatopectinate
羽状水系☆pinnate{pennate} drainage (pattern)
羽状水柱☆rooster tail
羽状体☆plume
羽状物☆feathers；plume
羽状张裂缝{隙}☆pinnate tension gash
羽状组合[地震检波器组合形式]☆feather pattern
羽状组织[珊]☆fibrous structure{tissue}
羽锥牙形石属[O_{1-2}]☆Pteroconus

yù

玉☆jade；yu；jad；jade-like stone；pure；handsome；fair；beautiful；calicot；jade-stone；yu-shih
玉滴石[$SiO_2 \cdot nH_2O$]☆hyalite；water opal；jalite；gummistein；Muller's glass
玉夫座☆Sculptor；Apparatus of the Sculptor
玉符山石☆californite [$Ca_6(Al(OH,F))Al_2(SiO_4)_5$]；American jade；vesuvian jade [$Ca_{10}(Mg,Fe)_2Al_4(Si_2O_7)(SiO_4)_5(OH)_4$]
玉红丹宁酸[$C_{14}H_{22}O_{12}$]☆rubitannic acid
玉花岗[石]☆Palm Green
玉绿☆jade-green
玉螺(属)[腹足;K_2-Q]☆Natica
玉螺(总科)☆Naticacea
玉玛瑙[石]☆Verde Veneziano
玉门虫属[三叶;O_2]☆Yumenaspis
玉门甲属☆Umenocoleus
玉门蛐属[昆;K_1]☆Umenocoleus
玉米☆maize
玉米的颜色☆maize
玉米淀粉☆pearl starch
Douglas CZ 玉米淀粉[用作絮凝剂]☆Douglas CZ Pearl Starch
Douglas 502(号)玉米糊精☆Douglas No. 502 canary Dextrine
玉米黄素☆zeaxanthin
玉米(状钙质砾)岩☆cornstone
玉米制的☆Indian
玉木冰期[Qp]☆Wurm glacial age；würm glaciation；Wurm
玉屏虫属[三叶;$Є_3$]☆yuepingia
玉器☆jade article{object}；jadeware
玉器匠☆lapidary
玉色玻璃☆jade glass
玉蛇纹石☆williamsite
玉石☆jade；yu；yu-shih
玉石笔☆slate pencil
玉蜀黍海百合属[C]☆Zeacrinites
玉蜀黍油脂肪酸[选剂]☆Neo-fat-DD-corn oil
玉黍螺[中新生代]☆Littorinids；periwinkle
玉髓[SiO_2]☆chalcedon(y)；calcedony；beckite；chalcedonite；kalzedon；kalcedon[德]；gelite；white agate；beekite；calcedony white agate
玉髓化☆chalcedonization
玉髓燧石[SiO_2]☆beekite；beckite；beekite welded chert；welded chert
玉髓岩☆chalcedonilite
玉髓样方解石☆brunnerite；prunnerite
玉髓质燧石☆chalcedonic chert
玉髓状方解石☆brunnerite
玉质透辉岩☆diopside-jadeite
域☆domain；field
D{E|F}域☆D{E|F}-region
H 域☆Hollerith{H} field
τ-P 域☆tau-P domain
域[生物地理单元]☆realm
芋参目☆Molpadonia
芋海参目[棘]☆Molpadonia
芋螺☆cone shell
芋螺科芋螺科☆conidae
芋螺属[腹;E-Q]☆Conus
芋石☆geode；potato stone
芋头藻(属)[J-K]☆Pareodinia
芋形晶洞☆geode；potato stone
郁闭群落[生]☆closed community
郁金香☆Liriodendron
郁汁现象[植物缺铜症状]☆exanthema
遇到{见}☆encounter；meet
遇难☆accident；wreckage
遇难船☆shipwreck
遇难信号[航海]☆distress signal；SOS
遇水膨胀(的)地层☆water-sensitive formation；swelling ground
遇酸膨胀聚合物☆acid-swellable polymer
遇仙寺虫属[三叶;$Є_1$]☆Yuehsienszeella
遇险☆accident；wreck
遇险手持红光信号☆red hand flare
遇险信号☆emergency{distress} signal；SOS
遇阻[钻具上提时]☆tight pull
遇阻沉积☆eoposition
遇阻的☆logy
遇阻堆积☆encroachment
峪☆vale；dale
御夫座☆Auriga；Charioteer
御窑☆royal ware
愈创木酚[$CH_3OC_6H_4OH$]☆guaiacol
愈创木酚磺酸钾☆thiokol；thiocol
愈创木粉{素}☆guaiacin
愈创木油醛☆guaiene
愈创树脂☆guaiac
愈合☆[of a wound] heal[裂隙]；cure；healing；cicatrization；coalescence；intergrown；matching
愈合荐椎☆synsacrum
欲{待}测物[元素、离子、原子团等]☆determinand
欲望☆desire；lust
育儿袋[哺]☆marsupium
育卡普西叠层石属[Z]☆Eucapsiphora
育空地区[加]☆Yukon Territory
育空石☆yukonite
育式{约利;焦利}弹簧比重天平☆jolly balance
育叶藻(属)[红藻]☆Phyllophora
阈☆threshold；th；limen [pl.limina]
阈剂量☆threshold dose{dosage}
阈能☆threshold energy
阈限的☆liminal
阈限值☆threshold limit value；TLV
(临)阈应力☆threshold stress
阈值☆threshold (value;level)
阈值电压☆turn-on voltage
阈值下的☆sub-threshold
阈重☆threshold weight
浴(器)☆bath
浴池☆bathing pool{basin}
浴缸☆bathtub
浴海绵☆Bath sponge
浴疗(法)☆crenotherapy；balneotherapy cure
浴疗泉☆curative spring
浴疗设施☆bathing facility
浴疗学☆balneology
浴疗用水☆medicinal water

浴室☆bathroom
浴水槽☆catch tank
浴滩☆lido
誉☆copy
寓所☆tent
寓言☆allegory
寓于☆dwell
裕度☆margin；allowance
裕量☆allowance
预白噪声化☆prewhitening
预拌☆premix(ing)
预饱和的☆pre-saturated
预报☆forecast(ing)；forerun；prognosis [pl.-ses]；predict(ion)；bodement；warning；predicting
预报波浪数据☆synoptic wave data
预报的☆prognostic
预报函数☆forecasting function
预报井斜☆predicted-deviation
预报图☆expectancy map
预报者☆forerunner；predictor
预报值☆predicted value
预爆轰[震]☆predetonation
预爆震☆preknock
预备☆provision；provide
预备储量☆prepared reserves
预备定理☆lemma [pl.-ta]
预备费☆contingency (allowance in an estimate)
预备工制度☆pre-employment trainee system
预备好的☆provided
预备教育☆propaedeutic
预备轮胎[汽车]☆stepney
预备容量☆reserve capacity
预备数据☆preliminary data
预焙烧烧结矿☆precalcined sinter
预焙阳极☆baked anode
预编程序☆preprogram(ming)
预变形☆predeformation；scragging
预变形钢☆prestressing steels
预变形器☆preformer
预变址☆preindexing
预布置☆preplot
预测☆prognosis [pl.-ses]；forecast(ing)；calculate；foreshadow；prognostication；cast；predict(ion)；anticipate；prognosis；prevision；tip；predicting；projection；preestimate；predication
预测储量☆prognostic reserves；possible reserve
预测的油田动态☆predicted field performance
预测反褶皱☆predictive deconvolution
预测分量{|函数}☆anticipation component{|function}
预测井斜☆predicted-deviation
预测判断法☆prognosis-diagnosis method
预测偏低☆under-prediction
预测试☆pretest
预测试室☆pretest chamber
预测图☆expectancy{prognostic;evaluation;prognosis} map；prognostic chart
预测异常☆predicted anomaly
预测有希望探井的工程师☆scout
预测值☆predictor
预掺料灰泥☆premixed plaster
预沉淀☆presedimentation
预撑力☆setting pressure
预称重的☆preweighted
预成矿作用☆premineralization
预成型钢索☆preformed wire rope
预成岩作用☆prediagenesis
预澄清☆presettling；presetting
预澄清池☆preliminary clarifier
(砾石)预充填的防砂衬管☆gravel packed sand control liner
(地层和炮眼)预充填作业☆prepacking operation
预充装☆preliminary loading{filling}
预冲洗☆preflush；prerinse
预冲洗液段塞☆preslug
预抽☆forepumping；prepumping
预抽泵☆prepump
预抽放能力☆predrainage capacity
预抽管道☆fore line
预抽煤层瓦斯☆predrainage of coal seam
预抽瓦斯☆beforehand withdrawal of gas
预抽压力☆forepressure
预抽真空☆for(e)vacuum
预筹资金☆budgeting
预除废石后的选矿☆acceptance operation
预储备☆prestocking
预处理☆preprocessing；pretreatment；pre-service；preliminary{first} treatment；precondition(ing)
预处理过的矿石☆pretreated ore
预处理机[信息]☆preprocessor
预处理器☆pretreater
预处理液☆preflush；spreadhead
预传导☆preconduction
预吹☆foreblow
(炉膛内)预吹扫☆prepurge
预磁☆pre-magnetization
预(先)磁选☆antecedent magnetic concentration
预点火☆preignition；pre-ignition；prefiring
预淀积☆predeposition
预定☆forecast(ing)；destination；book；design；budget；prodetermine；preset；predetermine；take；subscribe；schedule；reserve；reservation；predetermination
预定标法☆prescale method
预定表☆reservation table；preplot
预定参数☆preset{predefined;preassigned} parameter
预定长度{位置}的联顶短节☆pre-positioned landing nipple
预定成核☆preformed nucleation
预定的生态空间☆prospective ecospace
预定分配方法☆predetermined distribution
预定(井斜、方位)角☆published angle
预定目标☆intended target
预定日期☆target date
预定时间☆schedule time
预定实验☆designed experiment
预定数据☆tentative date
预定算法☆pre-defined algorithm
预定位置☆desired location
预定性☆foreordination
预定压力☆predeterminated pressure；predetermined stress
预定值☆predetermined value
预定字☆reserved word
预定钻进行程☆preset boring stroke
预订☆subscription
预读☆preread
预煅烧器☆precalciner
预堆边焊☆buttering
预反变形焊接☆shrink welding
预反应料☆prereacted raw batch
预防☆preclude；guard；conserve；prevent(ion)；prophylaxis；precaution；preclusion
预防措施☆preventive measure{action}；precaution；provision；prevent(at)ive；potential trouble measure；preventive health measures
预防的☆precautionary；forehand；prevent(at)ive
预防故障(的)☆trouble-saving
预防规程☆preservative regulation
预防火灾☆fire preventing；take precautions against fire
预防剂☆preventative；preventive
预防结垢☆prevention of scaling
预防冒顶措施☆anti-flushing measures
预防事故(的)☆fault proof
预防性处理☆preventive treatment
预防性托换☆precautionary underpinning
预防性维护检查☆preventive maintenance inspection
预防性注{灌}浆☆preventive grouting
预防战略☆strategies for prevention
预分解☆predecomposition
预分解炉☆precalciner
预分析☆preanalysis
预粉碎☆precomminution
预粉碎机☆prebreaker
预敷层☆precoat
预浮处理☆prefloat treatment
预浮选粗选槽☆prefloat rougher cells
预付☆(make) advance；prepayment
预付地租☆prepaid rent income on land
预付公务费☆imprest
预付款☆imprest；payment in advance；prepayment；advance{down} payment
预付利息☆interest advance
预付租金☆foregift
预(先)富集☆preconcentration；pre(-)enrichment；preliminary concentration
预干(燥)☆predrying
预感☆presage；premonition
预感器☆anticipator
预告☆herald；harbinger；warn
预告信号☆anticipating{distant} signal；warning signal
预告信号机构☆distant signal mechanism
预告者☆warner
预割缝衬管☆preslotted liner
(斗轮挖掘机)预割器☆pre-cutter
预拱机☆chambering machine
预鼓风☆foreblow
预固化☆precure
预固结☆preconsolidation
预灌浆☆pre(-)grouting；preliminary grouting
预灌浆法☆precementation process
预过滤器[防尘呼吸器]☆prefilter
预荷☆preload
预化石化☆prefossilization
预还原☆pre-reduction；pre-reducing
预混合☆premix(ing)
预混合模塑料☆premix molding compound
预混合优化模块☆pre-blending optimization module
预混可燃气[体]☆flammable premixed gas
预混式气体喷燃器☆intermixing gas burner
(火箭发动机)预(启动)级☆prestage
预挤压区☆pre-press zone
预计☆predict(ion)；envision；slate
预计的油管伸长☆guestimated tubing expansion
预计开发{采}资源☆predicted exploitation resource
预计矿量☆probable ore
预计离岸时间☆estimated time of departure；ETD
预计期限☆life expectancy
预计时间☆expected approach time；EAT
预计体积☆precalculated volume
预计完工时间☆estimated time of completion；ETC
预计误差☆determinate error
预计压力☆predictable pressure
预计值☆predicted value
预加工☆preprocessing；preparatory cut
预加荷载☆preloading；preload
预加氯处理[水过滤前的]☆prechlorination
预加强☆pre-emphasis
预加压☆precharge
预加应变☆prestrain
预加应力☆prestress(ing)；prestressed
预加应力台☆prestressing bed
预加张力☆pretensioning
预监测☆premonitoring
预检☆preview；preliminary examination；potential trouble measure
预检时间☆servicing time；engineering servicing time
预剪切☆preshearing
预见☆foresight；forecast(ing)；envision；prevision；prefiguration
预浇注{铸}☆precast
预搅拌分配设备☆ready-mixed distribution facilities
预搅动{拌}☆preagitation；premix
(频应)预矫☆pre-emphasis
预校正☆precorrection
预截器☆pre-cutter
预截式采煤机☆pre-cut shearer
预结晶☆precrystallization
预解释☆pre-interpretation
预解式☆resolvent
预借☆imprest
预进☆preadmission
预浸(洗剂)☆presoak
预浸胶纱(带)缠绕法☆pre-preg winding
预浸泡☆Pre-soaking
预浸渗☆preimpregnation
预浸水☆prewetting
预浸渍体☆prepreg
预精选☆preconcentration
预(先)精选[例如在氰化前处理金矿等]☆pre-enrichment；preconcentration
预警雷达☆early-warning radar；EWR
预聚☆pre-polymerization
预聚合物☆prepolymer
预聚焦☆prefocusing；prefocus
预均化堆场☆prehomogenizing stockpile
(开关)预开度☆pretravel
预可行性评价☆prefeasibility assessment
预矿化作用☆premineralization
预馈脉冲☆prepulsing
预扩散☆prediffusion

预拉力胶带☆pretensioned belt
预拉伸☆pretension；prestretching
预冷(却)☆forecooling；precoollng
预冷凝器☆precondenser
预冷器☆forecooler；precooler
预冷却☆precooling
预料☆forecasting；expectation；contemplate；anticipation
预裂爆破☆presplit(ting){pre-shearing} blasting
预裂裂缝☆pre-split crack
预裂炮孔☆pre-shear hole
预裂掏槽☆presplit cut
预裂隙理论☆theory of induced cleavage
预硫化☆precure
预留变形量☆deformation allowance
预留的容量☆outage
预留地盘☆reservation of site
预留机组☆future units
预滤器☆prefilter
预埋工程[建房时管子或电线的]☆carcase work
预埋锚栓☆cast-in fixing bolt
预埋条状物☆embedded strap
预煤化☆precoalified
预磨☆pre-grinding；premill；preliminary grinding
预谋的☆forethought
预挠曲☆pre-buckling
预凝淀粉☆pregelatinized starch
预浓缩☆preconcentration；preconcentrating
预配制泥浆☆ready made mud
预平衡水相☆pre-equilibrated aqueous phase
预破碎粉磨系统☆pre(-)crushing and grinding system
预曝气池☆preaeration tank
预期☆expectance；anticipation；expectancy
预期产额[选]☆call；expected yield
预期产量☆ore expectant
预期储量☆expected reserves；prospected reserve；prospective ore
预期的☆due；prospective；anticipated；interpretation
预期的纯地层颗粒密度☆expected clean grain density
预期地震强度图☆seismic intensity expectancy map
预期目的达不到的☆counterproductive
预期寿命☆life expectancy；expectation of life；expected life
预期物☆expectant
预期消耗☆forecast consumption
预期值☆expected{prospective;required} value
预启动警报设备☆prestart alarm equipment
预切槽☆precutting；precut
预清洁处理☆pre-service
预清洗☆prepurge
预驱替☆pre-displacement
预取☆anticipatory fetch；prefetch
预取向晶格焦性石墨☆pyroid
预燃☆precombustion；pre(-)burning；pre(-)ignition；preliminary{primary} combustion；pre-sparking；pre-arcing；preflame
预燃器☆premix burner
预燃时间☆prearc period；preborn time
预燃室☆pre(-)combustion{stilling;preignition;mixing} chamber；antechamber；prechamber；energy cell
预燃式发动机☆prechamber engine
预燃室式柴油机☆precombustion (chamber) engine；diesel engine with antechamber；precombustion diesel
预热☆preheat；preheating；warm-up
预热产生的沉积☆preheating deposit
预热处理☆thermal pre-treatment；preheating treatment
预热的☆warm-up；preheated
预热缸盖点火☆hot head ignition
(空气)预热管☆economizer bank
预热锅炉☆preboiler
预热和焙烧带☆preheat and firing zone
预热器☆preheater；heat booster；forewarmer；primary heater
预熔炼☆presmelting
预熔烧☆preroasting
预赛☆preliminary
预筛筛分机☆pre-sizing screen
预烧☆prefiring
预烧处理☆ignition-first treatment
预烧结☆presintering
预烧能力☆preheating capacity
预设计☆preplot
预生☆progonozoic
预失真☆predistortion
预湿筛☆prewet screen
预示☆foretoken；foretaste；prognostication；omen；portend；signify；predict(ion)；adumbration；foreshow；presage；prefiguration
预示性温度☆indicated temperature
预(先)适应☆preadaptation
预试☆pretesting；preexamination
预试(验)☆trial test
预试打支撑桩☆pretest underpinning
预试验☆pre-operational test
预收租金☆prepaid rent income
预售票☆pre-sale of ticket
预梳机☆scribbler
预输入☆preinput
预熟化☆precure
预水化☆prehydration
预水(合)膨(润)土☆prehydrated bentonite
预送☆send on
预塑性变形☆prior plastic deformation
预算☆budget；estimate；preestimate；account valuation
预算编制☆budgeting；budget lay-out{preparation;making;formulation}；budgetary planning
预算的☆estimated；est.
预算条款☆money clause
预碎(矿石)☆free
预探井☆exploratory test；blue sky exploratory well；wildcat；preliminary prospecting well；preparatory reconnaissance borehole
预碳化[丝炭]☆precoalified
预掏槽☆precutting；precut
预填惰性材料模板☆prepacked form
预填骨料专用砂浆☆colgrout
预填集料混凝土☆prepacked concrete
预填土砂压力灌浆混凝土桩☆prepacked soil concrete pile
预调☆preset；pre-service
预调理☆preconditioning
预调力矩扳手☆preset torque wrench
预调线圈☆pretuned coil
预调制☆premodulation
预投(料试车)☆precommissioning
预涂层浆液罐[硅藻土过油器系统中]☆precoat tank
(有)预涂层(的)砂☆coated sand
预涂敷砾石☆precoated gravel
预涂助滤剂的过滤器{机}☆pre(-)coat filter
预挖的管沟☆pre-dredged{-excavated} pipeline trench
预弯法预应力☆prestressing without tendon by prebending
预稳定的☆prestabilized
预吸收☆pre-absorbing
预稀释的☆prediluted
预习☆prolusion；preview
预洗(涤)☆prewashing
预洗矿筒☆preliminary washing drum
预先☆beforehand；preliminary；forward；anticipated；pre-；prae-
预先安排☆pncondition；prearrangement
预先爆破☆pre-blasting
预先变形☆prestrain
预先变形钢丝绳[防止自转和扭结]☆preformed {tru-lay} rope
预先称重的坩埚☆preweighted filter crucible
预先成型☆preshaping
预先充填☆prepack；prefill
预先处理☆anticipate
预先穿孔☆pre-punch
预先存在的微裂缝☆pre-existing microcrack
预先分布☆a priori distribution
预先分段装配☆preconstruction
预先分级☆preparatory classification；primary sizing
预先概率☆prior probability
预先估计☆a priori estimate
预先灌浆☆precementation
预先规定☆predefine
预先还原☆prereduction
预先混合☆pre(-)mix
预先混合的溶液☆pre-blended solution
预先计划好的☆forethought
预先加料☆preload
预先加水☆prewatering
预先检查☆preexamination
预先检验☆pretest；precheck
预先警告☆forewarning；premonition；precaution；presage
预先决定☆prodetermine；preform
预先开拓☆pre-development
预先考察☆preconsideration
预先拉伸☆prestretching
预先磨细☆pre-grinding
预先磨矿☆preliminary grinding
预先排(气)☆predrain
预先排水☆predrain；predrainage
预先判断☆prejudgment；prejudgement
预先配制☆presetting
预先配制的溶液☆pre-made solution
预先破碎☆prereduction
预先确定☆predefine
预先润滑封闭轴承☆prelubricated sealed bearing
预先润湿☆prewatering
预先筛分☆pre(-)screening；pre-sizing
预先渗碳☆precarburization
预先水合混凝土☆prehydrated concrete
预先调节☆presetting
预先调谐☆pretuning
预先调整好的泥浆☆regular mud
预先脱水☆scalping；primary{preliminary} dewatering
预先脱水后精煤☆predewatered clean coal
预先挖沟☆pre-trenching
预先挖好的管沟☆pre-dredged trench
预先弯曲☆prebend
预先形成{成型}☆preformation；preform
预先支付☆advancement
预先注入☆preloading
(煤层)预先注水☆preliminary infusion
预先装配☆pre-assemble
预先装入☆preloading
预先装油☆preliminary loading{filling}
预先装置☆pre-set
预先灼烧法[测定空气含尘量]☆ignition-first method
预先钻进☆pilot boring
预先作的☆forehand
预限☆prelimit
预想☆foresight；presumption；preconception
预形变材料中的流变应力☆flow stress in prestrained material
预行分级☆forecasting grade
预修正☆pre-emphasis
预旋☆prewhirl
预选☆preconcentration；preselection；pre-selecting；preliminary concentration{election}；primary election
预选精矿☆pre(-)concentrate
预选器☆preselector
预压☆precompression；preload(ing)；pre-pressurize
预压(坯块)☆prepressing
预压法☆precompression；preloading method
预压结土☆preloaded soil
预压排淤法☆preloading silt-drainage
预压坯☆preform
预压填土☆preconstruction fill
预压应力☆compressive pre-stress
预压制☆initial suppression；presuppression；premoulding
预言☆prognostication；predict；read；presage
预言(能力)☆prophecy
预言者☆herald
预演☆prolusion；preview
预抑制☆presuppression
预译器☆pretranslator
预印☆advanced print
预印本☆preprint
预应变☆prestrain；scragging
预应力☆prestress；prestressing force；pretension；initial{inherent;preload} stress；prestressing
预应力坝☆prestressed dam
预应力薄板模板☆prestressed concrete plate form
预应力缠丝机☆wire prestressing machine
预应力法[钢筋]☆pre-tensioning method
预应力钢筋混凝土支架☆prestressed precast reinforced concrete framed support
预应力钢筋腱☆steel tendon
预应力高强度钢丝☆shaft plumbing wire
预应力混凝土灌注浆☆prestressed concrete grout
预应力加筋锚固☆prestressed reinforcement anchoring
预应力筋☆prestressed reinforcing steel；tendon；prestressed reinforcement

预应力梁☆prestressed (concrete) beam{girder}
预应力锚夹具☆prestressing tendon anchor
预应力喷丸成形☆prestress peen forming
预应力方式拉杆☆prestressed tie rod
预应力束☆prestressing tendon
预应力土锚☆prestressed soil anchor
预应力张拉机☆prestress stretcher
预应力张拉台☆prestressing{pretensioning} bed
预应力桩☆prestressed pile
预有准备地☆deliberately
预约☆booking; subscribe; preengagement; precontract
预约的☆forward
预运行☆prerun
预增模☆preplastication
预增强器☆preaccentuator
预轧机☆pony rougher
预展☆preview
预(施)张(应力)混凝土☆pretensioned concrete
预张力☆pretension
预照射☆pre-irradiation
预兆☆harbinger; handsel; forerunner; sign; omen; symbol; foretoken; bodement; precursor; auspice; signal; portent; presage; premonitory symptom
预兆性事件☆preamble
预真空☆forevacuum
预蒸发☆pre-evaporation
预知☆foreknowledge; anticipation; prevision; presage; prescience; precognition
预置☆initialize[初始状态]; initialization; preset; INIT
预置比☆anticipated ratio
预置音响系统☆designed-in sound
预置值☆prevalue; preset value
预制☆fabrication; fabricate; prefabricate; precast
预制板☆precast slab; prefabricated board
预制(支架)背板☆precut lagging plank
预制厂绝缘☆plant-applied insulation
预制成型炮泥☆preformed stemming
预制的☆pre-formed; ready made; prefabricated; prefab
预制钢筋混凝土井壁☆shaft tubing
预制钢筋混凝土井壁支架☆precast reinforced concrete shaft set
预制弧形井壁(木)楔☆tubing wedge
预制弧形块井壁☆tub(b)ing; tubing column{lining}
预制弧形块状井壁楔圈[德;在含水层凿井时密封用]☆keilkranz
预制弧形木圈井壁☆frame tubing
预制弧形铸铁板☆tubing plate
预制混凝土弧{弓}形块☆pre-cast concrete segment; precast concrete unit segmental
预制件☆fabricated section; building block; prefab
预制井壁☆precast tubing; shaft liner
预制粒精矿☆pre-pelletized{-granulated} concentrate
预制裂缝试样☆preflawed speciment{specimen}
预制滤管☆shop-perforated pipe
预制滤砂管☆prepacked gravel liner; prepack(ed) screen
预制模☆premoulding
预制磨石地面☆prefabricated terrazzoflooring
预制泥浆☆ready made mud
预制弯头☆factory pipe bend
预制预应力梁☆precast prestressed beam
预制支架工{机}☆framer
预制装配造船法☆precast panel shipbuilding
预注浆(法)☆advance grouting; preliminary grouting
预转☆prerotation
预装的☆pre-positioned
预装配☆pre-assemble; preframe; prefab
预组装模块式机组☆prefabricated modular unit
预钻孔☆preboring
鹬鸵目☆Tinamiformes
豫西运动☆Yuxi movement

yuān

渊☆deep; deep pool
渊博(的)☆profoundness

yuán

元☆dollar[美、加等]; yuan[中]; dol. [反应性单位]; member; dimension; component
元宝筋☆bend bar
元宝螺钉☆butterfly screw
元宝螺母☆lamb; wing nut
元宝螺丝☆wing screw
元波☆elementary wave
元程序☆metaprogram
元地宙☆Protogean
元颚牙形石属[O_2]☆Gyrognathus
元隔板☆circular orifice
元古代{|界|宙|宇|群}[2500～570Ma;大气中开始充满氧气,真核生物出现,后期埃迪卡拉纪多细胞生物出现]☆Proterozoic{Agnotozoic} (era{|erathem|eon|eonothem| group}); Pt
元件规格☆component specification; CS
元件中的主要频率成分☆formant
元件组合☆unit construction
元逻辑☆metalogic
元模☆master pattern
元谋人☆Homo erectus yuanmoensis
元谋组☆Yuanmo formation
元气☆sap; vigour; vigor
元数据☆metadata
元数学☆metamathematics
元素☆element; elem; unity
元素114[类铅,一个假设超铜族元素]☆ekalead
元素比值图☆diagram of element ratio
元素产额☆elemental{element} yield
元素的☆elementary; elem; elemental
元素递变☆transmission of element
元素(的)地球化学分类☆geochemical classification of element
元素分布☆element distribution; distribution of element
元素分离{|散}☆apportion{|dispersion} of element
元素分析☆ultimate{elementary;elemental} analysis
元素丰度☆element(al){element's} abundance
元素富集☆enrichment of element
元素合成理论☆theory of nucleosynthesis
元素活动性等级☆mobility scale of elements
元素间的影响{效应}☆interelement effect
元素亏损☆depletion of element
元素浓度☆concentration of element; element concentrate
元素普存☆omnipresence of element
元素有机化合物起爆(炸)药☆elementary-organic-compound primary explosive
元素置换☆element transfer{substitution}
元素状态的[金属矿]☆virgin
元素组合☆element substitution; element association
元阳模☆hob
元语言☆metes-language
元植代☆Algophytic; Proterophytic; Archeophytic
元质点☆elementary particle
袁氏珊瑚(属)☆Yuanophyllum
援引{用}☆invoke
援助☆aid; support; assistance
原☆ortho-; proto-; orth-
原奥尼昂塔牙形石属[$Є_{2-3}$]☆Prooneotodus
原白橄黄长岩☆protokatungite
原白云石{岩}☆prodolomite; protodolomite
原板[双壳]☆protoplax; primordial plate
原版录音片☆master
原瓣[蔓足]☆primordial valve
原半翅目{类}☆Protohemiptera
原胞法☆cellular method
原胞管[笔]☆protheca
原孢子☆protospore
原孢子堆☆prosorous
原孢子囊☆prosporangium
原被子植物☆Protangiospermae
原本卟啉☆proto(a)etioporphyrin
原本的☆original
原本内苏铁粉属[孢;J]☆Bennettiteaepollenites
原壁☆autophragm; prototheca
原边绕组☆primary winding
原变位结构☆protogranular texture
原变形虫☆archameba
原变岩☆proterogenic rock
原标兽☆Protypotherium
原(始)标准器☆primary standard
原波曼虫属[三叶;$Є_1$]☆Probowmania
原哺乳亚纲☆prototheria
原卟啉☆orthoporphyrin; protoporphyrin
原布☆original
原步带辐板[海座星纲]☆primary ambulacral radius
原材料☆raw{starting} material; staple; raw and semi-finished materials; RME
原采出的☆pit run; pit-run
原层理☆crude bedding
原层序☆original order
原层中渗入水[岩]☆quarry water
原产卵河川☆mother stream
原长山虫属[三叶;$Є_2$]☆Prochangshania
原长石☆crude feldspar
原肠胚[腔]☆gastrula
原肠体腔类☆Enterocoela
原沉积顶阶地☆filltop terrace
原成的☆original
原成岩☆primary{native} rock
原齿象属[N-Q]☆Archidiskodon
原齿型☆protodont type
原齿猿属[N_3]☆bunopithecus
原尺寸☆natural size
原尺寸图☆full-size drawing
原尺寸值☆full-scale value
原翅目[昆]☆Hapalopteroidea
原冲断岩席☆proto-thrust sheets
原虫室[苔]☆protoecium
原初流体☆parental fluid
原初准平原☆old-from-birth{primary} peneplain
原处试验☆in-situ test
原处维修☆on-site maintenance
原瓷☆protoporcelain
原刺尾虫属[三叶;$Є_{2-3}$]☆Proceratopyge
原大☆natural scale{size}; full size
原大海海湾☆proto-oceanic gulf
原大陆☆protocontinent
原大西洋☆proto-Atlantic ocean
原大洋☆urozean
原大趾☆prehallux
原单脊叶肢介属[节;P_1-T_2]☆Protomonocarina
原单束多肋{维松型}粉属[孢;P-T]☆Protohaploxypinus
原单柱期☆protomonomyaria stage
原德氏虫属[三叶;$Є_2$]☆Prodamesella
原的☆primary; pri.
原地☆in place{situ}; in-situ; on site
原地槽☆protogeosyncline; primary geosyncline
原地沉积☆(autochthonous) deposit; sedentary deposit; deposit in situ; deposit in(-)situ; geest
原地沉积速度☆in-situ sediment velocity
原地成块爆破☆in-situ explosive rubblization
原地成煤说☆growth in place theory; swamp{in-situ; autochthonous} theory; autochthony; autochthonous
原地成因☆in situ origin; autochthony
原地的☆autochthonous; situ; sedentary; in situ[拉]; autochthonal; autochthonic
原地典型标本☆topotype
原地断块☆passive fault block; overridden block
原地分异☆in-place differentiation
原地风化岩屑☆atmoclast
原地覆盖层序☆autochthonous cover sequence
原地贯入☆auto-injection
原地化石☆fossils in situ; autochthon; in-situ fossil
原地激振试验☆in-situ impulse test
原地建造☆katachthonous formation
原地浇注☆cast in situ; cast
原地介壳灰岩☆coquinoid limestone
原地块☆autochthon; autochthone
原地块石化爆破☆in-situ explosive rubblization
原地矿(石)☆rock-ore
原地沥青☆native bitumen
原地(钻井)连续爆破试验☆bore-springing experiment
原地幔☆proto-mantle
原地密度☆in-situ{in-place} density; in situ density
原地盆屑再积的☆autocannibalistic
原地壳☆protocrust
原地侵入☆autointrusion
原地燃烧☆combustion in-situ
原地熔成的[火成岩]☆innate
原地溶浸☆leaching in place
原地深风化岩☆saprolite
原地生成[煤]☆growth-in-place
原地生成论☆autochthonous theory; in situ theory
原地生成油☆indigenous crude oil
原地生物构造☆in-place organic structure
原地生物灰岩☆biolithite
原地生长型☆topomorph
原地石油(储量)☆oil in situ

原地水☆local{native} water
原地碎矿石沥滤☆stope leaching
原地碎屑☆authiclast
原地台☆protoplatform
原地土☆sedentary soil
原地土壤☆autochthonous soil
原地土壤剪切试验☆in-place soil shearing test
原地形变试验☆in-situ deformation test
原地旋回☆protogaikum; protogaicum; protog(a)ea
原地岩☆autochthonous rock{coal}; autochthon(e)
原地岩石☆homeland mock{rock}; rock in place; in-situ{autochthonous} rock; in situ rock
原地岩石弹性模数比分类(法)☆soundness classification
原地岩石应力☆in-situ rock stress
原地岩体☆autochthon(e); stationary{steady;rock} mass; overridden block
原地衣硬酸☆protolichesterinic acid
原地褶皱☆sedentary folding; rooted{autochthonous} fold
原地正微晶灰岩☆automicrite
原点☆initial{base;zero} point; origin; in-situ; point of origin; punch mark; origin of coordinates; BP
原点矩☆moment about the origin
原点位移☆shift of origin
原点增长学说☆doctrine of zero growth
原电池☆galvanic cell{battery;element}; dry element; primary battery{element;cell}; decomposition cell
原电压☆primary voltage
原顶体[植]☆acroblast
原动机☆prime motor{engine;mover}; mover
原动力☆dynamic agent; motive force{power}; impetus; moving force; motivity
原动线☆generator
原多齿类☆Polyprotodontia
原多股虫属[三叶;O_1]☆Protopliomerops
原颚龟属[T]☆Proganochelys
原腭骨☆os autopalatinum
原鳄☆Protosuchus
原鳄龙属[T_3]☆Proterochampsa
原鳄亚目☆Protosuchia
原儿茶酸☆protocatechuic acid
原发射☆primary emission
原发生☆protogenesis
原发事件☆initial event
原方解石[并可能含水;$CaCO_3$]☆protocalcite
原狒狒☆Procynocephalus
原分歧腕板☆primaxil
原鼢鼠(属)[N-Q]☆Prosiphneus
原封不动的砾石骨架☆intact gravel framework
原辐鳍鱼超目☆Protacanthopterygii
原辐射☆primary radiation
原蜉蝣目[昆;C_3]☆Protephemeroidea
原幅☆original format
原腐殖质☆prohumic substance
原腹足(亚纲)☆Protogastropoda
原附栉{节}虫属[三叶;$Є_2$]☆Proasaphiscus
原钙长石☆primitive anorthite
原盖螺(属)[腹;K_3-Q]☆Architectonica
原干酪根☆proto-kerogen
原冈瓦纳古陆☆proto-Gondwanaland
原钢☆crude steel
原稿☆manuscript; original; copy; ms.; mss.; MSS
原稿探测信号☆document detection signal
原蛤泡点压力☆original bubble-point pressure
原隔壁☆proseptum; primary septum
原给矿☆original feed
原给料☆raw feed
原沟肋虫属[三叶;$Є_3$]☆Proaulacopleura
原构造岩☆protectonic rock
原古杯目☆Archaeocyathida
原古马(属)[E_2]☆Propalaeotherium
原古肉管{食}目☆Procreodi
原古生代的☆Propaleozoic
原古世界☆primaeval world
原古兔(属)[E_1]☆Eurymylus
原古细菌☆archaeobacteria
原古猪(属)[E_3]☆Propalaeochoerus
原骨☆os primarium
原骨骼☆primary skeleton
原固溶体☆primary{end} solid solution
原瓜海百合属[棘;S_2]☆Promelocrinus
原管藻属[Q]☆Protosiphon
原硅酸☆ortho-silicic acid
原硅酸钠☆sodium orthosilicate
原硅酸盐[酯]☆ortho-silicate
原海螂属☆Protomya
原海蕾目[棘]☆Protoblastoidea
原海绿石☆proglauconite
原海绵☆Protospongia
原海绵体☆olynthus
原海牛属[E_2]☆Protosiren
原海星纲☆Somasteroidea
原函数☆object{primitive} function
原核生物☆procaryotic organism; prokaryote
原核(细胞)生物☆prokaryota; procaryote; prokaryotic organism; prokaryote
原核微生物☆prokaryotic micro-organism
原核细胞☆prokaryotic{procaryote;procaryotic} cell; prokaryocyte
原颌龟☆proganochelys
原河床☆original bed
原河谷☆urstromtal
原赫茨牙形石属[$Є_1$]☆Protohertzina
原赫定虫属[三叶;C_{2-3}]☆Prohedinia
原横脊☆protoloph
原恒星☆protostar
原猴类☆prosimians
原猴亚目☆Prosimii
原厚脊齿马属[E_2]☆Propachynolophus
原鲎属[节;AnЄ]☆Protadelaidea
原花粉☆propollen
原化石☆eophyton
原黄狒属[Q]☆Procynocephalus
原辉石[人造,主要为原顽火辉石]☆protopyroxene
原基☆primordium
原基质☆protomatrix
原积土☆sedentary soil
原棘鳍总目☆Protacanthopterygii
原棘鲨属[J]☆Protospinax
原戟贝属[腕;S-D_1]☆Protochonetes
原几何因子[垂直脉冲试井的]☆primal geometric factor
原脊[哺]☆protoloph
原颊虫目☆Proparia
原颊目{类}[三叶]☆Protoparia
原甲期[三叶]☆protaspid period
原甲藻属☆Prorocentrum
原钾霞石[$KalSiO_4$;六方]☆kalsilite
原价☆initial{prime;first;original} cost; cost price; p.c.
原坚稳地☆urkraton
原尖[哺]☆protocone
原尖后棱☆postprotocrista
原尖前棱☆preprotocrista
原尖兽属☆Priacodon
原件接端☆full size end
原剑盘☆prosicula
原剑珊瑚(属)☆Prosmilia
原胶类[原生]☆proteomyxa
原鲛鲸属[N_1]☆Prosqualodon
原角龙(属)[K_3]☆Protoceratops
原角鹿☆protoceras
原角鹿属[E_3]☆Protoceras
原角闪石☆proto-amphibole
原金龟子☆proteroscarabacus
原金属☆virgin metal
原晶体☆mother crystal
原鲸属[E_2]☆Protocetus
原井底深度☆old total depth; OTD
原境后生作用☆juxta-epigenesis
原蕨类☆Protopteridium
原卡尼菊石属[头;T_1]☆Procarnites
原开石☆quarry-faced{quarry-pitched} stone
原开石面☆quarry face of stone; quarry face
原壳☆protegulum
原克拉通☆protons
原恐齿龙☆Prodeinodon mongoliensis
原恐角兽属[E]☆Prodinoceras
原孔☆archeopyle[古植]; apical archeopyle; protopore {protoforamen} [孔虫]
原孔贝属[腕;Є]☆Prototreta
原孔珊瑚属☆Proporia
原口☆primary mouth; protoforamen
原口动物☆protostomia
原矿☆run-of-mine (ore); run-of-mill; crudes; head; raw{green;rude;rough;crude;head;undressed;original; pit-run} ore; mine-run; run-off-mine; mine run (ore); green-ore; pit run; rom; R.O.M.; m.r.
原矿变奥钠长石☆pal(a)eo-oligoclase albite
原矿仓☆crude-ore{mine-rum;primary;run-of-mine} bin
原矿储存设备☆crude storage arrangements
原矿储量☆source of crude ore
原矿分析☆head assay
原矿给料☆feeding head; head{run-of-mine} feed
原矿浆☆feed{raw} pulp
原矿块☆ore bloom
原矿料斗☆ROM hopper
原矿品位☆grade of mined ore; head-%; uncut{head} value
原(煤)矿取样机☆head sampler
原矿石☆crude{green;raw;undressed;undiluted;run-of-mine;as-mined} ore; run of mine (ore); run-of-pit (ore); run-of quarry ore[露]; (original) head; mine-run; green-ore; grena; dirt
原矿石预选作业☆acceptance operation
原矿体(物)☆solid ore
原矿样☆primary sample
原矿直接熔炼☆direct ore smelting
原蜡☆wax stone
原来的☆virgin; native; original
原雷兽(属)[E_2]☆Protitanotherium
原理☆principle; theorem; element; tenet; theory; axiom; rationale; philosophy; institutes; maxim [pl.-a]; pricipium [pl.-ia]
(基本)原理☆fundamentals
原理草图☆key diagram
原理的阐述☆rationale
原理流程☆quick-reading flow sheet
原理图☆schematic figure{diagram}; synoptic map; block diagram; skeleton layout
原理性电路图☆elementary diagram
原砾☆bank{bank-run;pit(-run);run-of-bank} gravel
原粒状[形成于部分熔融时]☆protogranular
原粒子能量☆primary energy
原沥青[有机物质变成石油的最初阶段]☆protobitumen
原沥青组[壳质组]☆protobitumina
原谅☆excuse
原料☆feedstock; raw{basic;crude} material; material parent lot; stuff; material; stock
原料烘干机控制☆control of raw material dryer
原料混合物☆raw mix
原料来源☆source of feed
原料配料计算机控制☆computer control of raw material mixing
原料石蜡☆slop wax
原料准备☆feed preparation
原(始)鳞木目☆Protolepidodendrales
原(始)鳞木属{类}[D_{1-2}]☆Protolepidodendron
原领鹦鹉螺类☆protochoanites
原龙目{类}☆Protorosauria
原颅☆primordial skull
原鹿属[E_3]☆Eumeryx; Protomeryx
原陆地{生}的☆proterrestrial
原铝土矿☆raw bauxite
原绿泥石☆orthochlorite
原绿脱石☆protononttronite
原轮藻属[Q]☆Protochara
原螺属[腹;O]☆Omospira
原裸子植物纲☆Progymnospermopsida
原码形式☆true form
原马属☆Merychippus; Protohippus
原马形兽属[E_1-N_2]☆Proterotheres
原麦(粒)鏟(属)[孔虫;C_{2-3}]☆Protriticites
原帽虫超科[放射虫类;射虫]☆Archipiliicae
原貌☆natural form
原煤☆(run-of-mine) coal; run of mine; mine run (coal); all-ups; mine-run; brat; through{initial;run; as-mined;green} coal; crude fuel; thru-and-thru; all conveyor ups[输送机收集的]; r.o.m.; M.R.
原煤仓☆run-coal{mine-run;run-of-mine} bin; raw coal bunker{banker}
原煤层☆high coal
原煤层锚杆布置方式☆bolting pattern for very thick coal; high-coal bolting pattern
原煤产量☆output of raw coal
原煤车间☆raw-coal plant
原煤二次分级筛☆secondary scalping screen
原煤分选的加工工作☆concentration operation

原煤给料☆run-of-mine feed
原煤气☆rough gas
原煤筛☆raw coal screen
原煤试样☆head sample
原煤受煤选择性破碎机☆raw coal receiving rotary breaker
原煤卸煤胶带机☆raw coal tripper belt
原煤与销售煤的重量差百分数☆loss(es) of vend
原镁石☆raw magnesite
原蒙脱石[Mg 和 Fe^{3+}的铝硅酸盐]☆protomontronite
原米契林珊瑚(属)[D-P]☆Protomichelinia
原绵虫(属)[原生]☆Proterospongia
原面☆original surface
原面曲线☆eohypse
原末煤☆unmashed fine coal
原貘(属)☆Protapirus
原木☆timber
原木等级☆log grade
原(始)拟鳞木属[D_{2-3}]☆Protolepidodendropsis
原鸟(属)☆Archaeornis
原潘德尔牙形石属[O_{1-2}]☆Protopanderodus
原硼砂☆tinkal; tincal
原皮藻属[绿藻]☆Protoderma
原片密{黑}度☆original density
原蝛属[腹;O-S]☆Archinacella
原鳍☆archipterygium
原气☆unstripped gas
原气管纲[节;有爪类]☆Protracheata
原气管类☆Onychophors
原气管亚纲☆protrocheata
原腔☆autocoel
原羟锑铜矿☆protopartzite
原鞘翅目☆Protelytroptera
原蜻蜓目[昆]☆Protodonata
原倾斜☆primary dip
原球藻属[绿藻;Q]☆Protococcus
原燃料☆crude fuel
原绕组☆primary winding
原人☆Protoanthropic man
原人参二醇☆protopanoxadiol
原人类☆Protoanthropus
原人猿☆proconsul
原人猿[非洲第三纪中新世和类人猿有亲缘关系的猿,已绝灭]☆proconsul
原日射珊瑚(属)[O_3-S_1]☆Proheliolites
原软体纲{类}☆Amphineura
原鳃☆protobranch
原鳃目[双壳]☆Protobranchia; Protobionta
原鳃型☆Protobranchiate type; protobranchiate
原三角板[腕]☆prodeltidium
原色☆primary (color)
原色球藻属[Z]☆Praechroococcus
原色乳胶☆orthochromatic emulsion
原色三角(形)☆color triangle
原砂☆roughing{crude} sand
原闪石☆proto-amphibole
原闪岩☆orthoamphibolite
原鳝属[P]☆Tarrasius
原上猿(属)[E_3]☆Propliopithecus
原蛇绿岩☆protoophiolite
原射线☆primary ray
原设计☆original design; od
原深密度☆in situ density
原肾管[苔]☆protonephridia
原生☆protogene; primordial
原生(成因)☆primary origin
原生(的)☆juvenile origin
原生包体☆pramiry inclusion
原生变晶[结构]☆protoblastic
原生变晶构造☆protoblastic{proteroblastic} structure
原生层理☆original bedding; direct{primary} stratification
原生产井☆ex-producer
原生产状☆original attitude
原生成因☆in situ origin
原生冲刷☆classic(al) washout
原生代[元古代]☆proterozoic era; Protozoic
原生代古生代间☆Killarney revolution
原生的☆connate; protogen(et)ic; protogenous; virgin; primordial; coarse; juvenile; primary; protosomatic; crude; syngenetic; autogenetic; protogene; original; mother; progenetic
原生动物☆protozoa(n); agnotozoa; protozoon; microzoon; protistan
原生动物门☆Protozoa
原生动物期☆protozoic
原生断层{裂}作用☆primary faulting
原生分散量☆primary dispersion halo
原生富集的☆protoenriched
原生隔壁[珊]☆primary septum; pro(to)septum
原生隔膜☆protomesenteries
原生个体[珊]☆protocorallite
原生构造☆primary structure{tectonics}; nontectonic structural features
原生氦☆primordial helium
原生河☆syngenetic{primitive;original} river; original stream
原生环境保护区☆wilderness area
原生角砾☆primary-breccia
原生节理☆primary{original} joint; absonderung
原生界☆Protozoic; Proterozoic group
原生金刚石矿床开采☆"Dry Diggings"
原生晶的☆primocrystalline
原生晶体☆protocrystal
原生孔隙☆fenestra; primary opening{pore}
原生矿床☆primary (mineral) deposit; primary ore zone; naturally occurring deposit; original deposit
原生矿石☆primary{original} ore; protore
原生矿物[矿脉中]☆primary{original} mineral; host mineral; hypogene ore mineral
原生粒化{屑}的☆protoclastic
原生砾岩☆orthoconglomerate
原生硫化矿带☆primary sulfide zone{ore zone}
原生流态包裹体☆primary fluid inclusion
原生卤水☆connate brine
原生糜棱岩☆protomylonite
原生黏土☆primary{native} clay; clay primary
原生劈理☆protoclastic{original} cleavage; protoclase
原生劈理岩☆protoclase
原生平伏节理☆primary flat joint; L-joint
原生气☆idiogenous{primary} gas
原生熔岩☆prototectite
原生深度变化☆primary downward changes
原生生物☆protozoa; protobiont; protista(n); protist [pl.-a]
原生生物亚界☆Protobionta
原生石油☆mother oil; protopetroleum
原生水☆fossil{connate;juvenile;primitive;intratelluric; fossilized;native} water; fossilized brine; primary (connate) water
原生水平层平原☆plain of formation
原生碎裂变形☆protoclastic deformation
原生体☆palosome; palasome
原生条带状片岩☆varved schist
原生土☆autochthonous{genetic(al);primary;sedentary} soil; monochronogenous (soil)
原生物☆protobiont; trace maker
原生型煤☆primary-type coal
原生性质☆indigenous nature
原生岩☆native{primary;mother;primitive;original; virgin;protogen(et)ic;protogenous;natural} rock; natural ground; protogene; protogine; parent rock {material}
原生岩石☆virgin rock
原生盐水☆produced saltwater
原生岩体☆autochthon(e)
原生叶☆protophyll
原生宇宙放射(作用)☆primary cosmic radiation
原生域☆archaea
原生晕的分带☆zoning of primary halo
原生晕找矿法☆prospecting by primary halo{hal.}
原生植物☆thallophyta
原生质☆plasma; protoplasm(a); biomolecule; bioplasm
原生质的☆protoplasmic
原生质体☆bioplast; protoplast
原生质液☆paraplasm
原生中柱[古植]☆protostele
原生组分☆genetic composition
原生(沉积定向)组构☆apposition fabric
原生组合☆primary assemblage
原生作用☆progenesis; protogenesis
原石☆(raw) stone
原石蜡☆crude wax; protoparaffin
原(采)石料☆run-of-pit
原石棉☆crude asbestos
原石英岩☆protoquartzite; quartzose subgraywacke
原石油☆protopetroleum; ancestral petroleum
原史{史前;原始}时代☆protohistoric age
原史学☆protohistory
原始☆origin; protogene; originality; provenience; pal(a)eo-; palaio-; pal(a)e-; prot(o)-
原始孢囊藻属[$Є_1$]☆Praedermocarpites
原始孢子☆primospore
原始边水前缘☆original edge water front
原始标记☆original tally
原始残余弧☆proto-remnant arc
原始层[鲢;孔虫]☆protheca
原始长度☆unstretched length
原始沉积倾斜度☆depositional gradient
原始成本☆first{original;initial} cost
原始冲断席☆proto-thrust sheets
原始冲击坑☆primary crater
原始虫属[孔虫]☆Archaias
原始垂直分带变化☆primary downward change
原始磁带☆grandfather tape
原始瓷器☆proto-porcelain
原始大陆☆protocontinent; urkontinent
原始大陆铅☆primitive terrestrial lead
原始大气期☆initial atmospheric stage
原始大西洋裂谷☆Eo-Atlantic Rift
原始大洋☆ur-ocean; Panthalassa
原始大洋海湾☆proto-oceanic gulf
原始单一大陆☆ur-continent
原始道轨☆primary track
原始的☆prime; primitive; arch(a)eo-; original; virgin; primordial; primeval; primary; prim.; pristine; raw rude; ancestral; unwrought; parent; first-hand; initial; fundamental; rude
原始底图☆hard copy
原始地表坡度☆original ground slope
原始地幔☆primitive mantle; PM
原始地壳☆original crust of earth; protocrust
原始地球☆primitive Earth; Protoearth
原始顶枝☆archetelome
原始堆积孔隙[碳酸岩]☆constructional void porosity
原始发生☆protogenesis
原始发现矿体☆discovery vein
原始放射成因铅☆original radiogenic lead
原始格子☆simple{primitive;P} lattice
原始沟粉类[孢]☆precolpate
原始构造☆prototectonics
原始构造弧☆primary arc
原始海岸剖面☆initial coastal profile
原始海蕾目☆Protoblastoidea
原始海绵属[Є]☆Protospongia
原始海洋☆primitive ocean; proto-ocean; urozean
原始海洋代{期}☆oceanic era
原始含碱性☆primary alkalinity
原始核☆pronucleus; original{incipient} nucleus
原始核素☆primordial nuclide
原始湖积泥☆protopedon
原始华夏古陆☆proto-Cathaysia
原始环虫纲[环节]☆Archiannelida
原始火球假说[宇宙成因]☆fireball{primeval-fireball} hypothesis; big bang hypothesis
原始火山期☆initial volcanic stage
原始肌痕类[软;单板类]☆Protomya
原始记录☆gross{original} record; raw readings
原始价值☆historical cost
原始礁☆protoreef
原始结晶年龄☆original{primary} crystallization age
原始节蕨类{纲}☆Protoarticulatae
原始介属[O-P]☆Primitia
原始进油量☆initial input
原始晶胞☆primitive cell
原始晶体☆protocrystal; incipient{parent} crystal
原始静止储量☆initial balance oil reserve
原始(属)[D_{2-3}]☆Protopteridium
原始蕨类{目}☆Primofilicales; primofilices
原始科学☆protoscience
原始孔隙介质☆virgin porous media
原始沥青☆fossil bitumen
原始粒子☆ancestor
原始连续性定律☆law of original continuity
原始林☆primary{primeval} forest; old growth
原始鳞木☆Protolepidodendron; Protolepidodendrales
原始陆地☆protocontinent
原始毛足目[环节]☆Archichaetopoda
原始煤样☆basic sample

原始美洲[AnЄ]☆Ur-Amerika
原始糜棱岩☆protomylonite
原始模式☆natural pattern
原始模型☆initial model；master pattern{mould}；archetype
原始拟鳞木☆protolepidodendropsis
原始鸟毛蕨属[C_3-T_3]☆Protoblechnum
原始偏差☆RDEV；raw deviation
原始频率基准☆primary frequency standard
原始平均含油饱和度☆initial average oil saturation
原始凭证☆source document
原始歧叶属[D_1]☆Protohyenia
原始气-水(接触)面☆original gas water contact
原始强度☆pristine{virgin} strength
原始强度数据☆raw intensity data
原始倾斜☆constructional gradient；original{initial; primary} dip
原始球形藻(属)[AnЄ-Є]☆Protosphaeridium
原始驱替相饱和度☆initial displacing phase saturation
原始缺陷☆genetic defect
原始人类☆Protoanthropic man
原始人石刻☆petroglyph
原始蠕动☆transient{primary} creep
原始森林☆primitive{virgin;primeval;primary} forest
原始沙漠☆urwuste[德]
原始珊瑚藻属[O]☆Primicorallina
原始深井数据☆raw log data
原始生物☆primeval life；Protista[德]；protistic organisms
原始时代☆rude times；protohistoric age
原始石器☆eolith；dawn stone
原始石油体积系数☆original oil volume factor
原始式对称型☆primitive class of symmetry
原始输入☆originated input
原始数据☆initial{preliminary;original;in-situ} data；primary information
原始数据叠加☆raw stack
原始双束多肋粉属[孢]☆Protodiploxypinus
原始水界期☆initial hydrospheric stage
原始水流☆virgin flow
原始水流指示物☆primary current indicator
原始水母纲[腔;AnЄ-O]☆Protomedusae
原始(地层)水平定律☆law of initial horizontality
原始水平性☆original horizontality
原始水平原理☆principle of original horizontality
原始水圈☆ancestral hydrosphere；protohydrosphere
原始水圈期☆initial hydrospheric stage
原始水线{缘}☆original water line
原始松柏粉(属)[孢;Mz]☆Protoconiferus
原始松粉属[孢;T-K]☆Protopinus
原始太阳☆protosun
原始太阳尘埃☆primitive solar dust
原始汤☆primeval soup
原始特性[生]☆primitive character；plesiomorphy
原始天然气地质储量☆original gas in place；OGIP
原始同位素组成异常☆primitive isotopic anomaly
原始尾☆protopygidium [pl.-ia]
原始温度☆pal(a)eotemperature；original temperature
原始文本[德]☆urtext
原始文件☆original{source} document；grandfather{primary} file
原始物料☆starting material
原始物质☆pioneer；hyle；source material
原始西冈瓦纳☆proto-west Gondwana
原始系☆Primitive
原始细胞☆archecyte
原始细菌☆archaeobacteria
原始信号☆primary{original;raw} signal
原始信息☆raw{primary} information
原始信息带☆grandfather tape
原始星体☆protostar
原始型☆prototype；archetype；arquetype；architype
原始型的☆archetypal
原始行星☆original planet；protoplanet
原始压力☆initial{original;virgin} pressure；IP
原始亚丁湾☆proto-Gulf of Aden
原始岩代☆lithic era
原始岩浆☆primary{original;proto;primitive;initial} magma；proto(-)magma
原始岩浆幕☆initial magmatic episode
原始岩界{圈}期☆initial lithospheric stage{time}
原始银河☆protogalaxy
原始银河云☆protogalactic cloud
原始油层平均压力☆original average reservoir pressure
原始游离气饱和度☆initial free-gas saturation
原始油气层压力☆primary reservoir pressure
原始有核界☆Protoctista
原始有机物产量☆primary production
原始语言调整☆source language debug
原始原生水饱和度☆initial connate water saturation
原始原油地质储量☆original oil in place
原始原油地层体积系数☆original formation volume factor
原始增长方程☆primary growth equation
原始真核细胞生物☆protoeukaryotes
原始正尾☆incipiently homocercal
原始正形贝属[腕;O_1]☆Apheoorthis
原始植物☆primordial plant；protophyte
原始重力值☆raw gravity
原始状态☆primitive{original;virgin} state；nature；zero strain state
原始状态岩芯☆native core
原始资料☆source material{book}；basic{initial;raw; crude;base;firsthand;original} data；source；urtext；baseline；primary information
原始子囊菌类☆primitive sac fungus
原始座莲蕨属[植]☆Archangiopteris
原试样☆true{original} sample
原兽类☆Proteutheria；Prototheria
原兽亚纲☆prototheria
原双维松型粉属[C-P]☆Protodiploxypinus
原水[从未参与大气环流的水]☆new water
原水母纲☆Protomedusae
原水平层理☆original horizontal stratification
原丝☆strand
原丝集束性☆strand integrity
原丝圈☆cake
原丝体[藻类及苔藓植物]☆protonema
原丝筒输送机☆cake conveyor
原松鼠形啮齿类☆protrogomorph rodents
原酸☆raw acid
(具石灰岩)原碎屑结构的[白云岩]☆clastichnic
原索动物(门)☆Protochordata
原索克氏虫属[三叶;$Є_3$]☆Prosaukia
原胎管[笔]☆prosicula
原太古代☆Protoarchaean
原太平洋的☆proto-Pacific
原太阳☆protosun
原态☆raw state
原碳☆primary carbon
原套☆tunic
原蹄兽(属)[E]☆Phenacodus
原体☆prototype
原体爆破☆original{first} blasting；primary blast
原体管[头]☆prosiphon
原体岩层☆fast country{ground}
原天然气☆raw natural gas
原田石☆haradaite
原同名☆primary homonym
原投资额☆original investment
原头虫☆Aphelaspis
原头骨☆primordial skull
原头区☆acron
原图☆trace{original} drawing；master manuscript{sheet;map}；original picture{map;plan}；planer-table map；basic design；(drafted) original；artwork；art work
原图拼贴☆mount of a map；mounting the copies
原图信息带☆art work tape
原驼(属)[N]☆Procamelus
原蛙(属)[T_1]☆Protobatrachus
原蛙目[两栖]☆Proanura
原顽火辉石[$MgSiO_3$(人造)]☆protoenstatite；metatalk；metatalc
原尾☆protocercal{diphycercal} tail
原尾目[昆]☆protura
原位☆normal position；in {-}situ；on site；in place
原位变形{|密度|土工|推裂|剪切|加州承载比}试验☆in-situ deformation{|density|soil|thrust|shear|CBR} test
原文☆original；text
原文采尔珊瑚属[P_1]☆Protowentzelella
原文处理☆text-processing
原污染物☆parent pollutant
原污水☆raw sewage
原无窗贝(属)[腕;S-D_1]☆Protathyris
原无尾目[两栖]☆Proanura
原物☆protoplast；original
原物大小的☆life-size(d)
原蜥(属)[T_1]☆Prolacerta
原蜥脚类☆prosauropoda
原蜥脚下目☆prosauropoda
原犀☆Aceratherium
原细菌☆eobacterium
原虾类☆Syncarida
原先☆originally
原纤虫类[原生]☆Protociliata
原纤化☆fibrillation
原纤毛目☆Protociliata
原纤维☆fibril
原显微形态☆pre-existing microfeature
原线圈☆primary coil{winding}；PW
原像☆original
原小尖☆protoconule
原小(纺锤)鲢☆Profusulinella
原小熊猫(属)[E_2]☆Proailurus
原信号☆original signal
原星系☆protogalaxy
原型☆prototype；archetype；protoplast；original；proto type；antetype
原型兽属[N_1]☆Protypotherium
原形☆primary form；original shape{pattern}；the true shape under the disguise；primitive form[结晶]；urbild
原形成层☆procambium [pl.-ia]
原形的☆baroque
原形晶☆allothimorph
原行星☆protoplanet
原胸骨☆archistriastum
原蕈古杯(属)[$Є_1$]☆Archaeofungia
原芽☆gemmule
原牙形石属[$Є_3$]☆Proconodontus
原岩☆protolyte；protolith；initial{native;undisturbed; country;preexisting} rock；rock in place；virgin rock[未被破碎的]；in-situ rock mass
原岩首次爆破☆primary blasting
原岩水☆quarry water
原岩体☆solid {-}rock；in-situ rock mass
原岩应力☆field{in-situ} stress；stress of primary rock；free field stress；original{virgin} rock stress
原岩组分☆parent component
原氧钒石☆protodoloresite
原样☆primary{untrimmed;original} sample
原样点☆sampling point
原样水☆untreated water
原样岩体☆intact rock mass
原野☆champaign；champagne；bare land；field；plaine
原野的☆campestral
原页岩☆raw shale
原叶☆antephyllome
原叶的☆dosyphyllous
原叶属[植;K_2]☆Protophyllum
原叶体☆thallus[pl.-es,-li]；prothallus[pl.-li]；prothallium
原叶(体)细胞☆prothallial cell
原伊毛缟石☆protoimogolite
原疑牙形石属[$Є_3$]☆Problematoconites
原因☆source；factor；wherefore；causality；ground；reason；subject；cause；etio-
原因不明的故障☆bugs
原因的☆causal
原因论☆aetiology
原隐蔽虫☆Proasaphiscus
原印度洋☆proto-Indian Ocean
原硬度☆natural hardness
原应力☆origin stress
原蛹期[昆]☆protonymph
原永冻土☆passive permafrost
原疣脚兽☆Protylopus
原油☆crude (oil;petroleum;raw;base;petroleum)；(base) oil；(rude) petroleum；black{flowing} gold；raw naphtha{petroleum}；litholine；crude mineral oil；rock tar；Bo
原油捕获曲线☆oil trapping curve
原油产量☆extraction of oil；crude production rate；crude output
原油处理成本☆oil-treating cost
原油处理站☆oil processing plant
原油储量桶数☆barrels of reservoir crude
原油当量桶☆barrels of crude oil equivalence；BOE
原油的基类☆base of crude oil

原油地层储量☆oil in situ
原油对比☆oil-oil correlation
原油分布☆oil distribution
原油分析☆crude assay
原油(一般)分析☆crude assay
原油罐层体积系数☆oil reservoir volume factor
原油回收工艺{方法}☆crude oil recovery process
原油可产量☆availability of oil
原油老化[暴露于大气失去轻质成分]☆oil weathering
原油母质☆proto-kerogen
原油评价☆evaluation of crude oil
原油闪蒸稳定☆crude flash-stabilization；flash crude-stabilization
原油稀释☆thin out the crude
原油稀释剂{的}☆crude diluent
原油油水初分离池☆skimming{settling} pit
原油蒸馏分离工艺☆crude-distillation separation process
原油装运☆shipment of crude
原有错误☆inherited error
原有的☆built-in；inherent
原有机质☆protobitumen
原有裂隙☆pre-existing fracture；preexisting crack
原有丝质体☆primary fusinite
原有位移☆preexisting displacement
原有爪目[似节]☆Protonychophora
原宇宙辐射☆primary cosmic radiation
原螈属[N_1]☆Procynops
原岳齿兽(属)[E_2]☆Protoreodon
原藻砂岩{石}☆Eophyton sandstone
原则☆axiom；pricipium [pl.-ia]；principle；tenet；general principles
(基本)原则☆fundamentals
原则上☆general rule
原蟑螂目[昆;C-P]☆Protoblattodea
原真兽类[食虫目]☆Menotyphlans
原真兽亚目☆Proteutheria
原真星介属[K_2]☆Proeucypris
原针锐牙形石属[$Є_3$]☆Proacodus
原正形贝☆Apheoorthis
原支票☆original check
原肢[节]☆protopod(ite)；sympod
原直翅目[C-P]☆Protorthoptera
原植体☆thallus；thalli
原植物☆thallus
原值组分☆inert component
原蛭石☆protovermiculite
原质☆hyle；urstoff
原质团☆plasmodium
原种[生]☆stock
原猪属[N_2]☆Prosthennops
原柱☆protoprism
原柱螺属[腹;C]☆Protostylus
原庄氏虫属[三叶;$Є_3$]☆Prochuangia
原状标本{样品}☆undisturbed sample
原状地层☆undisturbed formation{zone}；virgin zone
原状砾石☆as-dug gravel
原状石样☆monolith
原状试件☆intake specimen
原状土☆undisturbed soil
原状土样☆(soil) monolith；undisturbed soil sample
原状土中测渗计☆monolith lysimeter
原状岩芯☆native-state{undisturbed} core
原椎(骨)☆protovertebra
原锥☆protocone
原子☆atom；atomy
原子爆破弹药☆atomic(al) demolition munition
原子长度标准☆atomic length standard
原子常数☆additive constant
原子尘污染☆atomic dusting
原子错位☆dislocation
原子弹爆炸☆nuclear detonation
原子弹试验前的大气氚浓度☆prebomb tritium content
原子的产率☆birth rate of atom
原子动力钻进☆nuclear drilling
原子感应加速器☆rheotron
原子工艺学☆atomics
原子光谱项☆atomic term
原子核☆atomic nucleus；nucleus [pl.nuclei]；nuclei [sgl.nucleus]；primary；centron；kernel
原子核爆破采矿{掘}法[海底固结矿床的开采方法]☆ nuclear blasting and dredging method
原子核标准委员会☆Nuclear Standards Board；NSB
原子核的同质异能素☆isomer of nucleus
原子核电仪器☆electronuclear device
原子核燃料☆nuclear fuel
原子化☆atomization
原子激发截面☆atomic excitation cross section
原子集居数☆atom population
原子价☆valence；valency；atomicity；adicity；quantivalence；(atomic) valency
原子间键☆interatomic{inter-atomic} bond
原子间力☆interatomic force
原子键合☆bonding of atom
原子键耦合☆atomic binding
原子力显微镜☆atomic force microscope；AFM；Atomic Force Microscopy
原子量☆atomic weight；a.w.；at wt；at.wt.
原子论的☆atomistic
原子论者☆atomist
原子内的☆intratomic
原子能☆atomic energy{power}；nuclear power；A-power
原子能部[印]☆Atomic Energy Department；AED
原子能的☆atomic；nuclear
原子能工业用纯石墨☆atomically pure graphite
原子能局[日]☆Atomic Energy Board；AEB
原子能燃汽轮机☆atomic(al) gas turbine
原子氢☆atom-tic hydrogen
原子散射因子{素}☆atomic scattering factor
原子时☆atomic time；AT
原子数☆atomicity；atomic number；Z
原子体积☆atomic volume
原子团☆radical；atomic{atom} group；aggregate；species
原子武器的☆atomic
原子吸光法☆atomic absorption method
原子吸收☆atomic absorption；atom's capture；AA
原子隙变☆steric change
原子序数☆at. no.；atomic{charge} number；AN；Z
原子序数Z为偶数的同位素☆even-Z isotope
原子学(家)的☆atomistic
原子学说☆atomism
原子荧光光谱法☆atomic fluorescence spectrometry
原子钟☆atomic{radioactive} clock；isotopic chronometer
原子中和☆atomic neutrality
原子中外层电子☆extranuclear electron
原子装料{药}☆atomic charge
原足[节]☆protopod(ite)；sympod
原足目☆Tanaidacea
原镞牙形石属[$Є_3$]☆Prosagittodontus
原祖虫室[苔]☆proancestrula
园☆farm；garden；plot；park；plantation
园林露天剧场☆open garden theater
园艺☆horticulture
园艺植物☆horticultural plant
员工☆workforce；staff
圆☆circle；cir.；yen[日]；-sphaera；spher(o)-
圆(形)☆circularity
圆疱[孔虫]☆boss
圆柏属[E_2-Q]☆Sabina
圆板☆disc；planchet；disk
圆板虫属[孔虫;E]☆Orbitolites
圆半径弧分{|秒}数☆radius of circle in minutes {|seconds} of arc；R'{|R"}
圆棒☆mandrel
圆棒筛面☆round-rod screening surface
圆贝形☆cycladiform
圆笔石☆cyclograptus
圆扁螺属[腹;K-Q]☆Hippeutis
圆饼重晶石☆barite dollar
圆波导☆circular waveguide
圆材☆log；spar[船用]；leg
圆槽☆gouge
圆槽接头☆circular cut joint
圆层磷灰石[$Ca_5(PO_4)_3F$]☆naur(u)ite；eupyrchroite
圆常数☆circle coefficient
圆场☆circle ground
圆程振动筛☆circular throw{vibrating} screen
圆齿☆crenel；crena
圆齿条☆rack circle
圆齿状的☆crenate；scalloped
圆虫类☆Nemathelminthes
圆船颗石[钙超;E_2-N_1]☆Cyclicargolithus
圆唇钻头☆round-nose{round-face} bit
圆锉☆circular file
圆的☆round；rotundatus；spherical；circular；RD；cyclo-；circ；rd.
圆的包迹☆envelop to circles
圆底仓☆spherical-bottom bin
圆底唇金刚石钻头☆round-face bit
圆点型☆selenaster
圆雕☆circular carving；round sculpture
圆(铁)钉☆wire nail
圆钉式井下测站钉☆wire nail spad
圆顶☆dome；rounded crest；cupola
圆顶宝石☆cabochon
圆顶虫属[孔虫;S-Q]☆Tholosina
圆顶建筑☆igloo
圆顶丘☆mamelon；coupole；dome
圆顶室☆vault
圆顶式琢型[宝石]☆buff-top cut
圆顶形的☆domelike；dome-like
圆顶状☆domed shape
圆度☆roundness；circularity；degree of roundness
圆度等级☆roundness grade
圆度好的砾石☆well rounded gravel
圆端的☆bullnose
圆端面(金刚石)钻头☆full-radius{round-faced} bit
圆断面☆circular cross section
圆断面唇部钻头☆full round nose bit；full-radius crown
圆对称☆circular symmetry
圆墩岸壁☆cellular quaywall
圆盾状的☆clypeiform
圆颚虫属[三叶;$Є_3$]☆Cyclognathina
圆分度头☆circular index
圆封闭地☆lis；liss；llys
圆幅虫属[孔虫]☆Globorotalia
圆概率误差☆circular error probable；circular probable error；CEP
圆盖☆dome
圆盖板☆closing disk
圆(帽)盖密封☆dome seal
圆钢☆rod
圆钢丝绳☆round rope
圆岗☆hummock
圆蛤珊瑚属[C_1]☆Gangamophyllum
圆梗霉属[真菌;Q]☆Basidiophora
圆拱☆circular{closed} arch
圆拱顶汽室或平盖☆vapor dome or flat covers
圆拱形砂桥☆dome-shape arch
圆箍☆circular hoop
圆箍线☆annulet
圆谷[月面]☆circus；walled plain
圆股提升钢丝绳☆round strand hoisting rope
圆管桁架☆tubular space frame
圆管螺(属)[软舌螺;$Є_{1-2}$]☆Circotheca
圆规☆compass
圆轨千斤顶☆circle jack
圆轨圈☆circular rail
圆辊布料器矿槽☆(raw mix) roll feeder hopper
圆滚线的☆cycloidal
圆棍虫属[O-Q]☆Rhabdammina
圆函数☆circular function
圆盒信号☆banjo signal
圆弧☆circular arc
圆弧半径☆radius of circular arc
圆弧规☆arcograph；cyclograph
(沿)圆弧(面)滑动☆rotational slip
圆弧式掩护支架☆arc{caliper} shield
圆弧投影☆cyclographic projection
圆弧图法☆arc method
圆弧形的☆compass
圆弧形滑坡☆slumping slide
圆弧褶皱☆arcual fold
圆花窗☆rose
圆花海胆属[棘;K_2]☆Hardouinia
圆花式应变片☆rosette type strain ga(u)ge
圆滑☆tact
圆滑函数☆smoothing function
圆化(作用)☆rounding
圆环☆hoop；torus；toroid(al)；tor.；circlip
圆环(状)☆circular ring
圆环虫属[孔虫;C-Q]☆Cyclogyra
圆环法[计算剩余异常的]☆ring residual method
圆环螺属[腹;E_2]☆Agallospira

圆环密封☆O-ring seal
圆环面☆torus [pl.tori]; tor.
圆环式破碎机☆rolling ring type crusher
圆环形颗石[钙超]☆cyclolith
圆环域☆annulus [pl.-li]
圆浑地面☆quilted surface
圆浑峰[地形或构造]☆breakover
圆货贝[腕]☆Obolus
圆货贝类☆Obolacea
圆货贝属[腕;Є-O]☆Obolus
圆极化信号☆circularly polarized signal
圆脊☆breakover
圆礁丘☆reef-knoll
圆角☆chamfer; fillet; round corner
圆角半径☆corner radius
圆角孢属[K_1]☆Cardioangulina
圆角方钢(钎)☆quarter octagon steel
圆角方形衬板☆square plate with round corner
圆角古杯(属)[$Є_1$]☆Rotundocyathus
圆角规☆fillet gage
圆角孔板☆rounded orifice
圆角鼠属[N_1]☆Ceratogaulus
圆角铣刀☆cornea rounding cutter
圆截面☆circular section
圆节☆knob
圆结核(体(岩石))☆nablock
圆茎海百合属[O_2-T]☆Cyclocyclicus
圆茎环组[棘海百]☆cyclici
圆茎组海百合科☆Cyclostylidae
圆巨石☆float stone
圆锯☆compass{circular;disc;buzz;rim;annular} saw; trepan
圆锯片☆circular saw blade
圆卷虫属[孔虫;E-Q]☆Spirolina
圆颗石[钙超;J_3-Q]☆Cyclococcolithus
圆刻度盘☆circular scale
圆坑☆doup
圆孔☆circular aperture{perforation}
圆孔螺属[腹;E-Q]☆Cyclostrema
圆孔筛板☆round(-hole) punched plate; round-punched sheet
圆孔筛筛下砾石☆round-screened gravel
圆孔藻属[P-T]☆Gyroporella; Clypeina
圆口[疑原类的开口]☆pylome
圆口类[脊]☆Cyclostomata
圆口亚纲[无颌]☆Cyclostoma
圆口凿☆gouge chisel
圆扣☆round (thread); RD
圆块☆cob; nahlock
圆块煤☆round coal
圆盔冠石[钙超;Q]☆Cyclocalyptra
圆括号☆parenthesis [pl.-ses]
圆括弧☆round brack
圆拉条☆circle brace
圆劳伦兹虫属[三叶;$Є_{2-3}$]☆Cyclolorenzella
圆李氏叶肢介属[P]☆Cycloleaia
圆砾☆round gravel
圆砾岩☆puddingstone; roundstone (conglomerate); kollanite; pudding stone{rock}; almendrilla
圆笠虫属[孔虫;J-K]☆Orbitolina
圆粒金刚石☆boart; bort; boort
圆粒砂☆round{buckshot} sand
圆粒树脂石☆glessite
圆梁☆circular girder
圆裂的☆lobate
圆鳞☆cycloid scale
圆鳞鱼属[T]☆Gyrolepis
圆卵石☆shingle
圆轮虫属[孔虫;J_3]☆Trocholina
圆螺帽扳手☆tommy
圆螺属[Q]☆Cyclophorus
圆螺纹☆round thread
圆洛伦斯虫属[三叶;$Є_{2-3}$]☆Cyclolorenzella
圆满的☆complete
圆满地完成☆outwork
圆密尔☆cir{circular} mils
圆面☆surface element
圆面包状☆bun-shaped
圆皿虫(属)[孔虫;J]☆Orbitopsella
圆膜藻属[K-E]☆Cyclonephelium
圆磨度☆psephicity
圆磨☆cone crusher
圆木☆round{lagging} timber; spar
圆木垛☆cog of round timber; round timber chock
圆木隔墙☆round-timber bulkhead
圆木木垛☆duplex chock pack
圆木栅珊瑚属[O-S]☆Palapoecia
圆泥刀☆circle trowel
圆泥球☆pudding ball
圆凝块叠层石属[Z]☆Gongylina
圆钮头☆button head
圆牌信号员☆targetman
圆盘☆disc; disk
(橡皮)圆盘☆puck
圆盘孢属[Mz]☆Discisporites
圆盘贝式的[腕]☆discinacean
圆盘测雪硬度器☆disk hardness-gage
圆盘虫(属)[孔虫;J_3-Q]☆Discorbis
圆盘刀支架☆disk bracket
圆盘对混凝土压缩试验☆Brazilian test
圆盘对径压缩试验☆disc test
圆盘阀☆disk(s) valve
(深孔岩芯)圆盘化现象[深孔岩芯的]☆discing
圆盘卷曲变形法☆crimping texturizing with discs method
圆盘颗石[钙超;E-Q]☆Cycloplacolithella; Cyclodiscolithus
圆盘式切边机☆side trimmer
圆盘式砂光机☆disk sander
圆盘式试样研磨机☆disk-type sample grinder
圆盘蜥属[P]☆Discosauriscus
圆盘铣刀☆circular cutter
圆盘星石[钙超;E_{1-2}]☆Gyrodiscoaster
圆盘形封堵器☆disc packs
圆盘形砾石☆disk-shaped pebble
圆盘制板法☆crown process
圆盘状☆discoid(al); disciform; orbiculate; discoideus
圆偏光(作用)☆circular polarization
圆偏光轴☆helicoidal axis; windungsaxen
圆偏振波☆circularly polarized wave
圆偏振多色性☆circular pleochroism
圆偏振二向色性☆CD; circular dichroism
圆偏振光☆circular(ly)-polarized light
圆偏振化☆circular polarization
圆片☆disc; planchet
圆片虫(属)☆Orbitoides
圆片虫类[孔虫]☆orbitoid
圆频率☆circular frequency
圆平垫圈☆flat round washer
圆脐虫属[孔虫;K_2]☆Omphalocyclus
圆钎杆☆round drill rod
圆浅洼地[非洲干旱区的雨季湖]☆pan
圆切面☆circular section
圆穹蛤属[双壳;T]☆Schafhaeutlia
圆丘☆knob; dome; knoll; mamelon; cima; mameron; humpy; hummock; know{knowe;law} [俄]; hump
圆丘礁☆knoll (reef); reef knoll
圆丘群(地区)☆knobs
圆球☆round sphere
圆球虫属☆Orbulina
圆球度☆sphericity
圆球颗石[钙超;J_2-K_1]☆Cyclagelosphaera
圆球室☆gondola
圆球体☆sphaer(o)-; spher(o)-
圆球头虫属[三叶;O_2-S]☆Sphaerocoryphe
圆球形的☆spheroidal
圆球状微化石☆leiosphere microfossils
圆曲条带玛瑙☆fortification agate
圆曲线☆simple curve
圆圈☆cirque
圆圈地震☆circular earthquake
圆砂丘☆sand dome
圆筛孔的☆round-meshed
圆筛条[选]☆round bar
圆筛藻(属)[硅藻;Q]☆Coscinodiscus
圆珊瑚☆Gangamophyllum
圆山顶☆dod; dodd
圆舌羊齿☆Gangamopteris
圆石☆bowlder; boulder; roundstone; cobble
圆石岛[冰川上]☆nunakol
圆石脊☆slate ridge
圆石铺砌☆cobbling
圆石藻☆coccoliths
圆树脂石☆glessite
圆束状的☆fastigiate
圆-双曲线(导航)系统☆circle-hyperbolic system
圆(偏振)双折射率☆circular birefringence
圆水平仪☆circular level
圆水准器☆spherical{ball;box;circular} level; bull's eye level; circular bubble
圆丝鼓藻属[绿藻;Q]☆Hyalotheca
圆碎屑☆spheroclast
圆体张拉预加应力☆circular prestressing
圆田螺属[腹;Q]☆Cipangopaludina
圆条钢(铁)☆round bar iron
圆铁(棒)☆round bar
圆铁钉☆wire nail
圆桶式超导磁选机☆superconducting separator
圆筒☆cylinder; drum; silo; barrel; Cyl
圆筒部分☆cylinder{cylindrical} section
圆筒度☆cylindricity
圆筒管形{型}砾磨机☆cylindrical pebble-tube mill
圆筒过滤机☆drum filter
圆筒炉☆circular type heater; cylinder furnace
圆筒煤仓☆coal (storage) silo
圆筒内陷法☆dipping cylinder method
圆筒扭力法黏度计☆viscosimeter for cylinder torsion method
圆筒皮带轮式磁选机☆drum-pulley machine {separator}
圆筒剖面☆cylindrical section
圆筒容器应力☆stress in cylindrical vessel
圆筒筛☆cylindrical{round;sectionalized} trommel; rotary drum screen; rotary riddle; trommel (screen)
圆筒式分选机☆drum separator
圆筒型空气淘析器☆cylinder-type air elutriator
(磨机)圆筒型衬板箱☆cylindrical liner box
圆筒形的☆terete; cylindrace(o)us; barrel-shaped; cylindrical; cylindrate
圆筒形格子排矿球磨机☆cylindrical grate ball mill
圆筒造球回路☆drum balling circuits
圆筒真空过滤机系统☆rotary drum vacuum filter system
圆筒状屏☆cylindrical screen
(磨机)圆筒锥型外壳☆cylindro-conical shell
圆头☆round head; rd. hd.
圆头的☆round-pointed
圆头钉☆tack
圆头管塞☆socket head pipe plug
圆头螺钉☆cheese{round} head screw; bull nose screw; button heed cap screw
圆头螺栓☆snap{cheese} head bolt
圆头铆钉☆snap head rivet; round-head rivet
圆头石类[叠层石]☆agathidia
圆头手锤☆ball peen hammer
圆头铁锹☆round-point shovel
圆头销☆cup head pit
圆头凿☆round-nose chipping tool
圆凸贝属[腕;O-K]☆Orbiculoidea
圆图☆circle diagram; circular chart
圆土丘形岩株☆cupola stock
圆洼坑☆dimple
圆外旋轮线☆epicycloid
圆网成形机☆cylinder forming machine
圆艉☆round stern
圆尾☆diphycercal{rounded} tail
圆尾(鳍)☆diphycercal fin
圆尾虫(属)[三叶;S]☆Cyclopyge
圆位错☆circular dislocation
圆误差概率☆circular error probability
圆蚬形蛤属[双壳;Q]☆Cyclosunetta
圆线螺属[腹;O-S]☆Gyronema
圆线洼地☆pan
圆向量图☆circle vector diagram
圆向应力☆circumferential stress
圆小针锐牙形石属[S_3-D_1]☆Rotundacodina
圆楔形☆rotundato-cuneatus
圆心轨迹☆deferent
圆心角☆central angle
圆星介属[J-Q]☆Metacypris
圆形☆round(ness); circular; rotundatus; rotundus[叶顶]
圆形暗(立)井☆subcircular (blind) shaft
圆形旋{按}钮[打字机]☆knurl
圆形[馒头形]宝石☆cabochon
圆形冰(原岛峰)☆rognon
圆形虫属[孔虫;K-Q]☆Gyroidina
圆形大珍珠☆paragon

圆形蛋属[恐龙蛋]☆Spheroidoolithus
圆形导线{绳}拉紧锤☆cheese weight
圆形导向钢丝绳☆tubular guide rope
圆{环}形纸色谱法☆circular paper chromatography
圆形的☆circular; round; rounded; cycloid; cir.
圆形洞道[洞穴中]☆tube
圆形风巷{道}☆circular airway
圆形附加孔☆circular accessory pore
圆形盖板系[棘海座星]☆cyclic coverplate series
圆形钢筋混凝土块☆pancake
圆形工件砂光机☆round stock sander
圆形股钢丝绳☆round-strand rope
圆形固定洗矿{淘汰}台{盘}☆round frame
圆形滚道☆roller circle
圆形荷载面积☆circular loaded area
圆形后冲破裂☆circlar breakback
圆形混凝土砌块柱☆concrete pancake column
圆形结石☆thunder egg
圆形坑☆ring pit
圆形块瘤孢属[孢粉;C_2-T]☆Verrucosisporites
圆形粒面孢属[C_2]☆Cyclogranisporites
圆形料场悬臂刮板式堆取料机☆circular stockyard cantilever scraper stacker and reclaimer
圆形隆起物☆hunch
圆形泥浆净化器☆circular mud cleaner
圆形排列尖缩溜槽☆cannon separator
圆形平面孢[C_2]☆planisporites
圆形穹隆☆quaquaversal dome
圆形绕组☆cylindrical winding
圆形砂矿淘洗机☆pudding machine
圆形山谷☆cirque
圆形石胡荽☆sneezeweed
圆形疏粒孢属[C_2]☆Granisporites
圆形凸头☆spherical nose
圆形洼地[即月坑]☆crater; circular depression
圆形物☆circle; hoop; round
圆形细刺孢属[C_2]☆Apiculatasporites
圆形旋转淘汰盘☆revolving round table
圆形月海盆地☆circular mare basins
圆形杂岩体☆cyclolith
圆形周边运动沉砂池☆circular grit settling tank
圆形转动拣矸台☆circular grading{picking} table
圆形锥瘤孢属[C_2]☆Apiculatisporis
圆(环)形组合☆circular pattern
圆旋虫属[孔虫;E]☆Discocyclina
圆旋螺属[D-P]☆Strobeus
圆叶的☆rotundifolious
圆叶菊石属[头;D_{2-3}]☆Tornoceras
圆叶蕨属☆Cyclopteris
圆异叶(属)[古植;D-P]☆Cyclopteris
圆印木(属)[古植;D_3-C_1]☆Cyclostigma
圆硬鳞类☆Cycloganoidei
圆缘板式输送{运输}机☆beaded-apron conveyor
圆缘刨☆astragal plane
圆缘螺母☆collar nut
圆缘凿石☆backsetting
圆月形镰虫属[三叶;O_{1-2}]☆Selenoharpes
圆凿☆gouge; scalper
圆凿钳☆gouge forceps; gouge-nippers
圆枕木☆saddle
圆支撑☆circle brace
圆重晶石☆Bolognian{Bologna} stone{spar}
圆周☆circumference; circum; periphery; perimeter; circle; circuity; circ
圆周标度☆circular scale
圆周齿节调节☆circular pitch; CP
圆周的八分之一☆octant
圆周环箍应力☆circumferential hoop stress
圆周角☆angle in a circular segment; round angle; angle of circumference (a circumference); perigon
圆周力☆force of periphery; circumferential force
圆周喷射☆peripheral jet; PJ
圆周频率分布{析}☆circular frequency distribution
圆周速度☆circumferential{circular;peripheral} velocity; surface feet per minute[ft/min]; peripheral speed; s.f.p.m.; s.f.m; SFM
圆周线速(度)☆peripheral speed
圆周应力☆circumferential{hoop;peripheral} stress
圆周(切线)应力☆circumferential stress
圆柱☆column; circular cylinder
圆柱表面☆periphery
圆柱成对密立☆accouplement
圆柱齿鼠属[E_3]☆Cyclomylus
圆柱的半径量度☆module
圆柱度☆cylindricity
圆柱浮标☆spar buoy
圆柱钢段☆cylpeb
圆柱滚筒提升机☆cylindrical-drum hoist
圆柱函数☆circular cylinder function
圆柱耗电体☆harp
圆柱黄晶[$Al_2(SiO_4)(F,OH)_2$]☆pycnite; picnite; pyknit; schorlite
圆柱径☆calibre; caliber
圆柱孔藻属[J-K]☆Cylindroporella
圆柱螺纹☆straight thread
圆柱螺线凸轮☆spiral cam
圆柱面展开图☆FAST plot
圆柱塞规☆plug gage
圆柱式钻孔☆column{core} hole
圆柱体☆(right) cylinder; barrel
圆柱体的☆cylindrical
圆柱条☆circle brace
圆柱头螺钉☆cylinder head screw
圆柱锡矿[$Pb_3Sn_4Sb_2S_{14}$; $Pb_3FeSn_4Sb_2S_{14}$;三斜]☆cylindrite; kylindrit(e)
圆柱锡石☆cylindrite
圆柱型突堤码头☆cylinder-type jetty
圆柱形传感器☆cylindrical probe
圆柱形滚筒提升机☆cylindrical-drum (hoist); cylindro-conical drum
圆柱形混凝土试样☆cylindrical concrete specimen
圆柱形(火山)塞式穹隆☆cylindrical plug type dome
圆柱形弯曲岩盐晶体☆cylindrical curved rock salt crystal
圆柱性面☆cylindroid
圆柱圆锥形滚筒提升机☆cylindroconical-drum hoist
圆柱栈桥码头☆cylinder wharf
圆柱中心滑塌说☆cylinder-coring-collapse hypothesis
圆柱装药☆chambered{column} load
圆柱桩栈桥码头☆cylinder-pile jetty
圆柱状的☆cylindrate; columnar; cylindrace(o)us; terete[植]
圆柱状扩散模型☆cylindrical diffusion model
圆柱状喷溢道☆cylindrical vent
圆转器[主轴式钻机]☆swivel head
圆锥☆(circular) cone; taper
圆锥部分☆cone section
圆锥承重试验☆cone bearing test
圆锥触探器☆conical penetrometer
圆锥顶柱状叠层石☆conical columnar stromatolite
圆锥度☆coning; conicity
圆锥二次曲线曲率☆curvature of a conic
圆锥钙石[钙超;E_{2-3}]☆Gongylis
圆锥贯入法☆cone penetration method
圆锥滚柱轴☆conical roller bearing
圆锥花序☆panicle
圆锥卷壳[头]☆trochocone
圆锥颗石☆coccolithophora; Conococcolithus
圆锥壳☆bowl
圆锥壳式打捞筒☆howl overshot
圆锥连接角☆taper angle; taper-angle
圆锥锰钢壳[圆锥破碎机]☆mantle
圆锥破碎机产品{|给矿}仓☆cone crusher product{|feed} bin
(用)圆锥破碎机破碎☆cone crushing
圆锥破碎机腔部☆concave
圆锥剖面☆conic(al) section
圆锥球石[钙超;J_3-K_1]☆Conusphaera
圆锥曲线☆conic (section); conic(al) curve
圆锥式接合☆slip on attachment
圆锥饰☆gutta [pl.-e]
圆锥探头阻力☆cone resistance
圆锥体☆conoid; conicalness; cone; tapering
圆锥体的☆tapering
圆锥投影地图☆conic chart
圆锥型取样器☆cone sampler
圆锥形☆conoid; taper; phalolacites
圆锥形的☆conoid; conical(-shaped); trochoid; coning
圆锥形卷筒提升机☆conical drum hoist
圆锥形神石☆omphalos
圆锥褶曲☆circle conical fold
圆锥轴颈☆pointed journal
圆锥状喀斯特☆kugel karst
圆钻杆☆circular rod
圆钻头☆blank crown; button head
圆坐标☆circle coordinates
(无尾)猿☆ape
猿人阶段☆ape-men stage
猿人类☆Pithecanthropoids; Ape-man
猿人属[直立;Q]☆Pithecanthropus
猿头蛤石☆chamite
猿头蛤属[双壳;K-Q]☆Chama
源[河、水、电、能、矿、震等]☆source; effluent; head
源标准化☆source calibration
(污染)源采样☆source sampling
源层☆source bed
源程序库☆source program library
源带☆source tape
源代码指令☆source code instruction
源的封装☆source capsule
源地☆sourceland; source area{region}
源点☆source point; SP
源点法☆method of sources
源构造☆hearth-structure
源管☆source capsule
源函数☆source function
源盒☆source capsule
源汇法☆method of sources
源-汇流(动体)系☆diverging-converging flow system
源汇项☆source sink term
源检积☆source-receiver product
源节间河段[河槽网络的]☆source link
(收-发)源距☆transmitter-receiver{T-R} spacing
源距[放射性勘探]☆source-detector{S-D} spacing; source-deflector separation
源矿物{卤|脉}☆source mineral{brine|lode}
源流☆headstream
源强(度)☆source strength
源强度归一化☆source normalization
源穹隆☆hearth-dome
源区☆source area{region}
源泉☆fountain; father; source (spring); well; mother
源深☆depth of origin
源数据☆source data
源头☆head; headwater; springhead; fountainhead; source; waterhead
源头坝☆watershed dam
源文件☆source document{file}
源心外索法[水文]☆core method
源岩☆source{mother} rock
源岩评价仪☆rock-eval
源岩指数☆source-rock index
源于地壳和上地幔的热流分量☆reduced heat flow
源于宇宙射线的☆cosmogenic
源语言☆source{original} language
源源不断的☆fluent
源中子☆source neutron
缘☆fringe; brim; border; rim; limb; costa[植;pl.costae]
缘板☆listrium; marginalia[棘]; marginal plate[龟甲]
(船)缘板☆margin plate
缘背斜☆perianticline
缘边☆margin
缘边珊瑚科☆Craspedophyllidae
缘冰隙☆border crack
缘槽[棘海胆]☆scrobicule
缘槽疣[棘海胆]☆scrobicular tubercles
缘齿☆uncinus
缘蝽科[昆]☆coreidae
缘带☆marginal zone
缘地☆welt
缘盾[龟甲]☆marginal acute
缘沟{|海|孔}☆marginal furrow{|sea|pore}
缘沟巩膜{硬核}体☆notched sclerotinite
缘沟菌质体☆notched sclerotinite
缘故☆cause; account; sake
缘口虫属[孔虫;T-Q]☆Marginulina
缘鳞石☆mountain green
缘毛目☆Peritrichida
缘膜[腔]☆velum [pl.vela]; veil; valate
缘膜构造[叶肢介]☆velate structure
缘内口孔☆interio-marginal aperture
缘碛☆peripheral moraine
缘球介科☆Chilobolbinidae
缘深成体对流☆periplutonic convection
缘石☆guiding kerb; rimstone
缘石标记☆curb marking
缘缨[几丁]☆fringed fimbriate
缘嘴龙属[J]☆Rhamphorhynchus

yuǎn

远☆far；tele-；out-
远岸沉积☆infralittoral{infra-littoral} deposit
远岸浅海底带☆outer sublittoral zone
远岸线海底的☆circalittoral
远边☆distal margin{edge}
远滨☆offshore
远滨堆积☆infra-littoral deposit
远滨海带☆infralittoral zone
远冰川沉积☆extra-glacial{extraglacial} deposit
远侧晕☆distal halo
远测距☆far range
远(源)场频谱☆far-field spectrum
远场气泡周期☆far-field bubble period
远场应力☆far-field stress
远潮间带☆infralittoral zone
远潮间堆积☆infra-littoral deposit
远成热液成矿论☆telethermalism
远成岩浆热变质(作用)☆telemagmatic metamorphism
远程☆long range；distant；remote；tel(e)-；telo-；LR
远程并置对比[纹泥或其他沉积物,用于确定年代]☆teleconnection
远程操纵潜水器☆remotely operated vehicle；ROV
远程长波导航设备☆Decca tracking and ranging；Dectra
远程持久齐纳防爆安全栅☆teleperm zener barrier
远程传送☆teletransmission；remote transmission
远程导航☆long-range navigation；L.R.N.；loran
远程电视传送☆remote TV transmission
远程高空探空仪☆transosonde
远程监控系统☆remote monitoring system
远程精确导航系统☆long-range accuracy system；lorac
远程雷电☆sferic
远程热的☆diastathermal
远程通信☆telecommunication
远程同步遥控装置☆telesynd
远程无线电导航系统☆loran；long-range radio-navigation system
远程信号☆distance{remote} signal
远程岩浆煤化作用☆telemagmatic coalification
远程诊断链☆remote diagnostic link
远程直接拨号☆direct distance dialing；DDD
远程终端装置柜☆remote terminal unit cabinet
远处的☆distal
远道[距离炮点最远的记录道]☆far (offset) trace；remote trace
远地潮☆apogean tide
远地点☆apogee
远地点发动机点火☆apogee motor firing；AMF
远地雷暴测听器☆keraunophone
远地卫星☆high-altitude satellite
远地震☆teleseism(ic)；distant earthquake
远点启动☆remote triggering
远顶的☆abapical
远东☆Far East；FE；FaE.
远东蝎类☆Buthidae
远动学☆telemechanics
远都弄哥系☆Oendolongo system
远端☆distal{remote} end
远端串音☆far-end crosstalk
远端沙坝☆distal bar；distal-bar sand
远端浊积砂层☆distal turbidite sands
远方☆far；distance
远方的☆far side；FS
远房的☆shirttail
远隔残丘☆fernling
远隔的☆distant
远隔点☆apastron
远拱点☆apoapsis
远古的☆primitive
远古地质时期☆remote geologic time
远古矿床☆ur-deposit
远光灯☆high beam
远海☆off-lying{high} sea
远海区☆pelagic division
远海相☆pelagic facies
远寒武纪☆Infracambrian
远航力☆range ability
远核点☆aphelion [pl.-ia]
远红外(的)☆far-red；far-infrared
远红外辐射搪瓷☆far infrared radiation enamel
远红外区☆far infrared band{region}；far-infrared
远后(期)成岩作用☆apo-epigenesis
远火山活动(金属)矿床☆distal ore deposit
远极[孢]☆distal pole；distalis；polar distal
远极槽[孢;pl.sulci]☆sulcus
远极环孢属[T-K]☆Annulispora
远极孔[孢]☆ulcus
远角犀(属)[N]☆Teleoceras (major)
远近点☆apsides
远近线☆line of apsides
远景☆prospect；distance；distant view；(long-range) perspective；long shot；prospectiveness；outlook
远景储量☆prospective{future;potential} reserve；possible reserves{ore}
远景的☆prospective；future
远景规划☆far-seeing{perspective} plan；predictive regionalization
远景含油地区☆prospective oil land
远景计划☆long-term development targets；perspective {far-seeing} plan
远景价值☆prospective value
远景矿石(储量)☆extension ore
远景扩建☆future enlargement
远景评价☆prospective value；feasibility study
远景区☆prospect (area)；promising area；play；project-scale area[大区域]；area of interest[勘探]
远景研究☆advanced research
远景指数☆potential index
远景资源☆hypothetical resource
远镜☆telescope
远镜座☆Telescopium
远距传输[将物质转变为能,传送到目的地后重新转变为物质]☆teleportation
远距刺激变形(现象)☆telemorphosis
远距对比☆teleconnection
远距开关控制钢绳[井场发动机]☆telegraph cord
远距离☆far{distant} range；distance；DR；tele-
远距离操作的长壁工作面☆remote operated longwall face；ROLF
远距离测位单元☆remote positioning unit；RPU
远距离导航制☆long-range navigation；L.R.N.
远距离的☆remote；stand off；outside；long range；long-distance
远距离高速爆炸冲压成形☆standoff high-velocity operation
远距离监(控装置)☆remote monitor
远距离控制仪☆telegauge
远距离数据自动采集☆far distance automatic data acquisition
(雷达克斯)远距离双曲线低频导航系统☆radux
远距离水下操纵☆remote underwater manipulation
远距离通信系统{装置}☆telecommunication system
远距离影像{视频}信号源☆remote video source
远距气象测定学☆telemeteorometry
远距摄影(术)☆telephotography
远距无线电导航设备☆navaglobe
远距信号☆distant signal
远距再入能力☆remote reentry capability
远距照相(镜头)☆telephoto
(用)远距照相镜头拍摄☆telephotograph
远距辙光信号☆distant switch signal
远空间☆deep space
远矿晕☆supra-ore halo
远离☆stand off
远离岸的☆infra-littoral
远离构造顶部的☆off the structure
远离热的☆diastathermal
远离注入井的生产井☆far producer
远连离表盘流量计☆remote dial flow meter
远虑☆forethought
远面[孢]☆distal face
远模式[化石标本]☆apotype
远木星点☆apojove
远炮检距道☆far offset trace
远期外汇☆F.E.；futures exchange
远期支票☆postdated checks
远气化作用☆telepneumatolytic action
远区[棘海百]☆dististele
远人属☆Telanthropus
远日点☆aphelion [pl.-ia]
远沙坝☆distal bar
远射程☆far range
远(洋)深海沉积物☆pelagic abyssal sediment
远生矿床☆telescoped ore deposit
远始生代☆Katarchean
远示罗经☆telecompass
远视☆far sight
远太古代☆kataarcheozoic
远探测器☆far detector
远藤兽(属)[J]☆Endotherium
远调☆remote adjustment
远土星点☆aposaturnium
远温的☆telethermal
远系繁殖☆outbreeding
远卸载伸出端☆remote delivery end
远心刺[钙超]☆centro-distal spine
远心点☆apocenter
远星点[天]☆apastron
远岩浆的☆telemagmatic
远岩浆作用☆telemagmatism
远洋☆high sea；eupelagic；pelagic
远洋班轮☆ocean liner
远洋沉积物☆pelagic{eupelagic;deep sea} sediment
远洋船☆oceanic vessel
远洋动物☆pelagian
远洋海底带☆hadopelagic zone
远洋灰岩☆pelagic limestone；ostraconite
远洋轮船☆ocean-going vessel
远洋软泥☆pelagic ooze
远洋深层动物区系☆bathypelagic fauna
远洋深海生态学☆abyssopelagic ecology
远洋声学观测平台☆seagoing platform for acoustic research；SPAR
远洋双瓣幼虫[苔虫]☆cyphonautea
远洋性有孔虫☆pelagic foraminifera
远洋油轮☆ocean-going tanker
远洋运输☆ocean transport
远源捕虏体☆hypoxenolith
远源场☆far-field
远源等深(流沉)积☆distal contourite
远源地震☆earthquake of distant origin
远源后生(作用)☆apo-epigenesis
远源盆地浊积岩☆distal-basin turbidite
远源盆地组合☆distal-basin association
远源沙坝☆distal bar
远源土壤☆soil of remote derivation
远源组合☆distal association
远缘类型☆distant form
远远☆far and away
远远地在后面☆nowhere
远月潮☆apogean tide
远月点☆aposelenium；aposelene；apocynthion；apolune[绕月运行轨道最远点]
远在标准下{外}的振荡器☆superinfragenerator
远震☆distant earthquake{shock}；teleseism(ic)
远震观测地震仪☆distance seismograph
远征(队)☆expedition
远正形贝属[腕;O_2]☆Aporthophyla
远枝[植]☆distal branch
远志皂苷元☆tenuigenin
远重心点[天]☆apoapsis
远轴的☆anticous；abaxial [生]；dorsal[植]
远珠孔的[生]☆abmicropylar
远瞩虫属[三叶;O_{2-3}]☆Telephina
远主焦点☆apofocus；apocenter
远紫外(区)☆extreme ultraviolet

yuàn

愿望☆desire；wish；aspiration
院士☆academician
院子☆court

yuē

约☆circa[拉]；about；reduction；c.；ca.；ca； abt
(相)约☆cancellation；cancel
约旦☆Jordan
约旦矿☆renifor(m)ite；jordanite；reniphorite
约当{乔丹}分解☆Jordan decomposition
约德高压弹☆Yoder bomb
约德型高压釜☆Yoder-type pressure-vessel
约定☆faith；engagement；engage；appointment；stipulate；stipulation
约定的☆due；conventional
约定劳务☆contract service
约分☆abbreviation；reduction
约翰聚焦谱仪☆Johann focusing spectrometer
约翰尼斯•开普勒[德]☆Johannes Kepler

约翰森(贫铁矿还原)法☆Johansen's process
约翰森火成岩分类☆Johannsen's classification
约翰森聚焦谱仪☆Johannsen focusing spectrometer
约翰石☆johnite
约翰斯顿带式溜槽☆Johnstone vanner
约翰型筒式运输机☆Johns conveyor
约翰型支柱压入机☆John's prop intercalation press
约翰逊草☆Johnson grass
约翰逊机械应变仪☆Johanson's strain gauge
约翰逊式静电选矿机☆Johnson electrostatic separator
约翰逊型分选机☆Johnson separation
约翰逊型转动洗金筒☆Johnson (rotary) concentrator
约翰逊噪声☆Johnson noise
约化型☆reduced form
约会☆appointment
约计(的)☆approximate; aprx; approx
约克(阶)[北欧;C_3]☆Yorkian
约克贝属[腕;Є]☆Yorkia
约硫砷铅矿[$Pb_{14}(As,Sb)_6S_{23}$;单斜]☆jordanite
约略☆approximate; appr; sub-
约略估算☆rough estimate
约去☆cancellation
约塞米蒂国家公园[美加州]☆Yosemite
约瑟夫联结器件☆Josephson junction device
约瑟夫森效应☆Josephson effect
约束☆constrain(t); curb; condition; restriction; tie; bond; circumscribe; school; restraint; repression
约束(物)☆bridle
约束爆炸{破}☆confined explosion
约束变量☆bound variable
约束方程☆constraint{restriction} equation
约束互相关法☆constrained cross-correlation method
约束解方法☆constrained-solution method
约束流动☆bounded flow
约束时间的控制☆binding time control
约束条件矩阵☆constraint matrix
约束信号☆seizing signal
约束性的☆restrictive
约束性条款☆obligatory term
约束压力☆restraining pressure
约束因数☆constraining factor
约束应力☆reaction{restraint} stress
约数☆submultiple
约速度[装药]☆degree of confinement
约特尼(统)[AnЄ]☆Jotnian (series)
约特尼期☆Jotnisk
约相关矩阵☆reduced correlation matrix

yuè

越(岭)☆cross
越岸水流☆overbank flow
越波☆overtopping
越出常轨☆fly off at a tangent
越带种☆zone-breaking species
越堤冲岸浪☆overwash
越顶☆overwash
越冬☆winter; survive the winter; live through the winter
越冬的☆overyear
越冬植物☆overwintering plant
越管连接☆jump-over connection
越轨☆aberration; exceed the bounds; transgress; squint
越轨值☆outlier
越过☆cross(ing); bypass; bridge (over); surmount; exceed; by-passing; overshoot(ing); outreach
越过山的☆transmountain
越级不等粒状☆hiatal
越界开采☆encroachment
越浪☆overwash; wave overtopping
越岭渠道{运河}☆summit canal
越流☆leakage; leak; bypassing; transfluence; overwash
越流补给☆leaking{leakage} recharge
越流层☆leaky layer
越(顶)流痕☆overwash mark
越流来源层☆source bed
越流系数☆leakage coefficient; leakance
越流性赋压{隔水}层☆leaky confining stratum{bed}
越流性自流含水层☆leaky artesian aquifer
越南☆Viet Nam
越南地块☆Vietnam block
越南粉卷☆Banh cuon
越南苏铁☆tonkin cycas
越山管线☆transmountain line
越水☆water crossing
越限☆out-of-limit
越洋探空仪☆transosondes; trans-oceanic-sonde
越窑☆Yue{yueh} ware
越野轮胎☆off-the-road tyre
越野汽车☆cross-country{off-road} vehicle
越源层☆source bed
越种演化☆transpecific evolution
越州窑☆Yue-Zhou ware
越足迹[遗石]☆crossopodium [pl.-ia]
越阻散布☆dispersal
跃变(性)☆discontinuity
跃变层☆thermocline
跃变成种☆saltational speciation
跃变发生☆macrogenesis
跃变函数☆jump function
跃变论☆saltationism
跃变论者☆saltationist
跃变演化☆saltative evolution
跃层☆spring layer
跃动☆jerking motion; move up and down; quiver; saltation jumping
跃滚痕☆skip roll mark
跃痕☆bounce cast
跃阶式充填[支撑剂在裂缝内]☆saltation flow
跃进☆fling; leap (forward); make{take} a leap
跃进的☆transitional
跃龙属[J_3]☆Allosaurus
跃起☆flyer; rebound
跃迁☆transit(ion); jump; saltation
跃迁模型☆transitive model
跃迁效应☆nugget effect
跃温层☆thermocline
跃移[河沙]☆saltation (transport)
钺石[$Ca_2(Mg,Fe)_5(Si_4O_{11})_2(OH)_2$]☆punamustone; punamustein
岳齿兽☆oreodont
岳齿兽类☆Oreodonta
岳古猿☆Oreopithecus
岳立热轮回说☆Joly's theory of thermal cycles
岳麓石英岩☆Yohlu quartzite
月☆month; moon; mth.; mo
月巴煤☆fat coal
月白☆bluish white; very pale blue; moon white glaze
月报☆monthly report
月差☆lunar equation
月产油量☆monthly oil production
月产油桶数☆barrels of oil per month; BOPM
月长石[$K(AlSi_3O_8)$]☆moonstone; hecatolite; feldspath nacre; belomorite; mondstein
月潮☆lunar{moon('s)} tide
月潮间隙☆lunitidal interval
月尘☆lunar dust{fine}; fines; fine
月城☆lunar soil{regolith}
月齿类[偶蹄]☆Selenodonta
月地空间☆cislunar space
月地协调说☆tidal resonance theory
月递减率☆monthly decline rate
月动差☆evection
月度采水值☆monthly water production figure
月度产量{生产}报告☆monthly production report
月度注水开发报告☆monthly waterflood report
月份☆month; mth.
月沟☆rima [pl.rimae]
月谷☆vallis; valley; rill of the moon; lunar rille
月光☆moonlight; moonshine
月光石☆moonstone; phengite; Moon Light
月(球)轨(道)最远点☆apocynthion
月桂胺☆dodecylamine; lauryl amine
月桂胺盐酸盐☆dodecyl amine-hydrochloride; laurylamine hydrochloride
月桂基☆lauryl; lauryl-
月桂叔胺盐酸盐[$(C_{12}H_{25})_3N{\bullet}HCl$]☆trilaurylamine hydrochloride
月桂属[植;K_2-Q]☆Laurus
月桂树☆laurus
月桂酸[$C_{11}H_{23}COOH$]☆lauric acid; laurate
月桂酸盐{酯}☆laurate
月桂萜烯☆laurylene
月桂烷☆laurane
月桂烯☆laurene
月桂烯酸☆lauroleic acid
月桂酰肌氨酸钠[$C_{11}H_{23}CON(CH_3)CH_2COONa$]☆sodium-laurylsarcoside
月桂酰-N-甲氨基乙酸钠☆Sarcosyl NL 30
月桂油☆oreodaphene
月桂油醇☆oreodaphnol
月海☆lunar maria{mare}; mare [pl.maria;pl.mania]
月海玻璃☆maria glass
月海的☆lunabase
月海泛滥☆Mare flooding
月海期后的月坑物质☆post-mare crater materials
月蚶[双壳;E-Q]☆Lunarca
月核{|虹|华}☆lunar core{|rainbow| corona}
月环形山☆lunar ring
月汇总表☆monthly summary
月基性岩☆lunabase
月计(算)表☆monthly sheet
月甲鱼(属)[D]☆Lunaspis
月检☆monthly test
月溅☆moon splash
月角差☆moon's parallactic inequality
月结单☆monthly statement
月结算报告表☆monthly settlement report
月近大潮☆perigean tide
月景☆lunarscape
月开采动态☆monthly production performance
月刊☆monthly
月壳☆lunar crust
月坑☆(lunar) crater
月亏(期)☆wane
月离☆moon's motion
月理☆selenography
月理图☆selenographic chart
月理学的☆selenographic
月历☆calendar
月亮☆moon; luna; Phoebe[诗]
月亮标本实验所☆lunar receiving laboratory; LRL
月亮石[用海洛因和可卡因制的毒品]☆moonrock
月流☆natural flow
月陆☆terra[拉;pl.-e]; lurain; lunar terrain
月陆的☆lunarite
月陆平原☆terra plain
月率☆rate per mensem
月幔☆lunar mantle
月貌学☆selenomorphology
月面☆lunar surface; lacus
月面(小平地)☆lunar playa
月面测量学家☆selenodesist
月面断层☆selenofault
月面高地☆terrae [sgl.terra]
月面海☆mare
月面降落☆moonfall
月面结构特性探测器☆thumper
月面结构物☆lunar formation
月面解理径迹☆tincles
月面景观☆moonscape
月面景色☆lunarscape
月面裂纹☆rille
月面图☆selenographic chart; selenograph; lunar map
月面学☆selenography
月面学的☆selenographic
月面圆谷☆walled plain; lunar circus
月面圆坑☆ghost crater
月面皱脊☆wrinkle ridge
月鸟蛤属[双壳;D-C]☆Lunulicardium
月偏食☆partial lunar eclipse; partial eclipse of the moon
月平均☆monthly average
月平均海水面☆monthly mean sea level
月浅坑☆dimple crater
月琴样的[接头等;外壳]☆banjo
月琴样法兰三通☆"banjo case"
月球☆moon
月球背面☆farside{averted face} of the Moon
月球标本收集飞船☆moonscooper
月球表面☆moonscape; lunar surface
月球测距后向反射器☆lunar ranging retroreflector
月球车☆lunar{moonrock} rover; Rover; moon crawler; moonbuggy (car); lunar roving vehicle; LRV
月球的☆selenian; lunar
月球东北高地☆NE lunar highlands
月球对应物体☆lunar counterpart
月球方格网系☆lunar grid system
月球飞船☆moonship; mooncraft
月球飞船发射场☆moonport
月球飞行任务☆lunar mission

月球高地[月陆]☆terra；terrae；lunar highlands
月球轨道的☆cislunar
月球轨道外的☆translunar
月球化学☆selenochemistry
月球火箭发射站☆moonport
月球激光测距法☆lunar laser ranging
月球科学研究所☆Lunar Science Institute；LSI
月球粒陨石☆lunar meteorite
月球漫步☆moonwalk
月球年代学☆lunar chronology
月球起伏☆relief of the moon
月球探测机☆moonship；mooncraft
月球碳化学☆lunar carbon chemistry
月球探险任务☆lunar mission
月球微火山口{阳石坑}☆lunar microcrater
月球卫星☆lunik；moonik
月球学☆selenology；selenodesy
月球学家☆selenodesist
月球样品初步检定组☆Lunar Sample Preliminary Examination Team；LSPET
月球遗迹说☆moonscape scar theory
月球正面☆nearside of the moon
月球转矩☆lunar torque
月壤☆lunar soil{regolith}；fines；soil；chip
月熔岩☆lunava
月乳☆moon milk；moonmilk；mondmilch
月神☆luna
月生产动态☆monthly production performance
月石☆borax；moonstone；tinkalite；sodium borate；zala；borascu；thiankal；solubor
月石砂☆antipyonin
月食☆(lunar) eclipse；eclipse of the moon；appulse
月数☆months；mos
月酸性岩☆lunarite
月岁差☆lunar precession
月台☆railroad platform
月钛铁矿☆lunar ilmenite
月铁板钛矿☆ferropseudobrookite
月土☆lunar regolith{soil}
月退☆lunar recession{retreat}
月外组分☆extralunar component
月湾☆sinus
月位照相设备☆moon-position camera
月息☆interest per mensem
月溪☆rima；rill；rille
月相关☆month by month correlation
月相☆moon's phase
月相不等潮龄☆age of phase inequality
月象☆phase of moon
月心☆selenocenter
月心坐标☆selenocentric coordinate
月星骨针[绵]☆selenaster
月型齿☆selenodont；selenoid tooth
月型带☆selenizone
月型库☆moon pool
月形槽☆lunoid furrow
月形齿☆selenoid tooth；selenodont
月形海胆属[棘;Q]☆Selenechinus
月形开口☆moon pool；center drill well；moonpool
月形藻属[硅藻;Q]☆Amphora
月牙☆crescent；selenoid tooth；selenodont
月牙构造[苔]☆lunarium
月牙痕[滑动面上的]☆lunule
月牙键☆woodruff key
月牙形低丘☆lunette
月牙藻属[绿藻]☆Selenastrum
月岩☆lunar{moon} rock；moonrock；marebase；lunabase；tholeiitic mafic basalt
月岩产状☆attitude of lunar rock
月岩新矿物☆lunar new minerals
月样☆lunar sample
月应☆epact
月晕☆burr；lunar halo
月沼☆palus [pl.pali]
月震☆moonquake
月震学☆lunar seismology
月质学☆lunar geology；selenology
月质学的☆lunilogical
月中天☆moon's transit
月状骨[腕骨]☆lunar
月状物☆moon
月总结表☆monthly summary
阅读器☆reader

yūn

晕厥☆exanimation

yún

云(斑)☆cloud
云白辉长岩☆puglianite
云斑☆cloud；clouding
云变型☆cloud variety
云彩☆irisation
云层☆cloud cover；cover of cloud
云层高度仪[测云的高度]☆ceilometer
(在)云层上空☆overweather
云长石☆minettefels
云成层状的☆stratiformis
云带☆cloud band{belt}
云的垂直发育☆clouds with vertical development
云堤{|滴|底}☆cloud bank{|drop|base}
云度☆cloudiness
云朵虫属[孔虫;J-Q]☆Nubecularia
云幡☆streamer
云沸橄玄岩☆ghizite
云沸煌岩☆florinite
云分析☆nephanalysis
云分析图☆neph chart
云-辐射反馈作用☆cloud-radiation feedback
云符☆cloud symbol
云橄粗安{面}岩☆macedonite
云橄黄煌{脆}岩☆modlibovite
云橄玄武岩☆kidlaw basalt
云冈石窟☆Yungang Grottoes
云高辐射仪☆cloud altitude radiometer；CAR
云冠☆cloud cap
云光[例如冰映云光、雪映云光等]☆blink
云海☆Mare Nubium
云核☆cloud nuclei
云煌岩☆minette；fraidronite
云辉玢岩☆cuselite；kuselite
云辉二长岩☆highwoodite
云辉黄煌岩☆holmite
云辉煌岩☆cuselite
云辉正煌岩☆cuselite
云集☆swarm
云际放电☆intercloud discharge
云间的☆intracloud
云间蒙石☆tarasovite
云盔☆cloud crest
云榄粗安岩☆macedonite
云类☆cloud species
云粒子☆cloud particle
云量☆cloudage；cloudiness；cloud amount{cover}
云量计☆nephelometer
云林☆cloud forest
云榴辉长岩☆puglianite
云螺属[腹;E-Q]☆Typhis
云玛瑙[SiO_2]☆cloudy agate
云梦渔乡叶肢介属[节;E]☆Yumenglimnadia
云幂☆ceiling
云幂计☆ceilometer
云母[$KAl_2(AlSi_3O_{10})(OH)_2$]☆(ground) mica；maria glass；glist；glimmer{katzengold;katzensilber}[德]；daze；speccular{isinglass;specular} stone；isinglass；lithia；anthrophyllite；cat gold{silver}；talc；hammochrysos；marienglas；sheep silver
云母白垩☆tuffeau
云母斑岩☆micaphyre
云母板岩☆mica {-}slate；micarex
云母薄片☆splittings；mica flake
云母玢岩☆mica-porphyrite
云母玻璃☆mycalex；micalex
(白)云母玻璃☆muscovy glass
云母蛤(属)[双壳]☆Yoldia
云母过剩的包体☆surmicaceous enclave
云母化☆micatization；micasization；micacization
云母间蒙脱石[$(Ca,Na)_{0.42}KNa(H_3O)Al_8(Si,Al)_{16}O_{40}(OH)_8 \cdot 2H_2O$;单斜]☆tarasovite
(压黏)云母块☆mycalex
云母矿床☆mica deposit
云母类结构☆mica structure
云母片☆mica book{flake}；sheet (of) mica；flakes of mica；punch{scale} mica
(换向器)云母片☆megohmite
云母片缠结层☆tangle sheet
云母片岩☆mica schist{slot}；micacite；mica-schist；micaceous schist；lapis micae aureus；plakite
云母砂岩☆fake；metaxite；micaceous sandstone；faike
云母石☆micalex；micarex；mica；muscovitum
云母石灰岩☆micalcite
云母试板☆mica plate；quarter wave plate；quarter-order mica plate
云母塑胶板☆micanite
云母碎片☆mica flake；scrap mica
云母铁矿☆micaceous iron ore{oxide}；eisenglanz；micaceous iron-ore；eisenglimmer
云母铜矿☆chalcophyllite[$Cu_7(OH)_8(AsO_4)_2 \cdot 10H_2O$]；euchlore-mica[$Cu_{18}Al_2(SO_4)_3(AsO_4)_3(OH)_{27}$]；erinite；kupferglimmer；euchlorose；euchlor-malachite；copper mica[$Cu_{18}Al_2(AsO_4)_3(SO_4)_3(OH)_{27} \cdot 36H_2O$]；tamarite[$Cu_{18}Al_2(AsO_4)_3(OH)_{27} \cdot 33H_2O$]；coppermica euchlore-mica；kupferphyllit
云母土[德]☆glimmerton
云母屑☆scrap mica
云母型层状硅酸盐☆mica-type layer-silicate
云母形赤铁矿☆micaceous hematite
云母岩☆glimmerite；micaceous{mica} rock
云母铀矿[$Ca(UO_2)_2P_2O_8 \cdot 8H_2O$]☆uranite
云母原矿☆books；crude mica crystals
云母质砂岩☆fake
云母状☆micaceous；micalike
云幕☆(loud) ceiling
云南贝属[腕;D_3]☆Yunnanella
云南蛤(属)[双壳;T_3]☆Yunnanophorus
云南龙(属)[T_2]☆Yunnanosaurus
云南人☆Homo erectus yunnaneusis
云南石梓☆Gmelina arborea；gumhar；koombar；yamanai
云南头虫☆Yunnanocephalus
云南腕☆Yunnanella
云南鱼(属)[D_1]☆Yunnanolepis
云南运动☆Yunnan movement
云内层的☆intracloud
云霓霞辉长岩{石}☆algarvite
云旗{|区}☆cloud banner{|shield}
云曲线☆nephcurve
云雀属[N_2-Q]☆Alauda
云染岩☆nebulite
云染状构造☆nebulitic structure
云杉☆spruce (fir)；dragon spruce；picea；Picea asperata
云杉粉属[孢;E-N_1]☆Piceaepollenites
云杉属[K_2-Q]☆Picea；Piceaepollenites
云杉型木(属)[J-Q]☆Piceoxylon
云闪放电☆cloud flask
云石☆granular limestone
云石光皮鲉☆scorpaenichthys marmoratus
云石龟☆ellachick
云石海雀☆marbled murrelet
云石纹绸{|呢}☆marble silk{|cloth}
云石瘿☆marble gall
云室径迹[威尔逊]☆cloud track
云属☆cloud genus
云苏粗面岩☆biotite hypersthene trachyte
云速计☆nephoscope；nephelescope
云钛辉岩☆bebedourite
云梯☆scaling{aerial} ladder；big stick
云梯车☆aerial ladder track
云梯的顶部☆fly cutter
云铁石英片岩☆siderochriste
云图☆cloud atlas；nephogram
云图{层}分析☆nephanalysis [pl.-ses]
云歪碧玄岩☆koellite
云微白榴岩☆kajanite
云纹效应☆moire effect
云雾☆cloud and fog{mist}；mist；cloudiness
云雾白[石]☆Venato
云雾爆震航弹☆air fuel explosive bomb
云雾化(长石)☆clouding
(威尔逊)云雾室☆fog chamber
云雾岩☆nebulite
云雾状(的)☆cloudy；nebulous；clouded
云系☆cloud system
云隙晖☆sun drawing water
云霞二长岩☆plagimiaskite
云霞辉煌岩☆kotuite
云霞霓岩☆algarvite
云霞钛辉岩☆bebedourite
云下区{层}☆subcloud
云线☆streamer

云斜煌岩☆kersantite；kersanton
云斜伟晶岩☆kersantite pegmatite
云星☆nebulous star
云型☆cloud type
云型分析☆cloud pattern analysis
云形板☆French curve
云形规☆spline
云学☆nephology
(石英中)云翳状气泡集合体☆veil
云英安粗岩☆wennebergite
云英斑岩☆biotite quartz porphyry
云英辉二长岩☆hurumite
云英岩☆greisen；zwither
云英岩化☆greisenization；greisening
云英岩型锡矿床☆greisen-type tin deposit
云砧☆incus
云正煌斑岩☆minette
云中放电☆intracloud discharge
云中衰减☆cloud attenuation
云种☆species of clouds
云种散播☆cloud seeding
云轴☆cloud bar
云状花纹☆clouding
芸香粉属[孢;E-Q]☆Rutaceoipollenites
芸香科☆Rutaceae
芸香属之一种[Zn 示植]☆Ruta graveolens；rue
芸香糖☆rutinose
芸香烯☆terebene
氨[一种假设的化学元素]☆nebulium
匀斑岩☆skedophyre
匀斑状☆skedophyric
匀变[从一组数据处理参数,线性地变到另一组参数]☆ramp
匀变函数☆ramp-transition function
匀变速运动☆uniformly{uniform} variable motion；uniformly varying motion
匀布☆equipartition
匀称☆rhythm；regularity；symmetry；seemliness；well-proportioned；well-balanced；symmetrical
匀称的☆regular；symmetric(al)；commensurable
匀穿构造☆penetrative structure
匀磁线☆unifluxor
匀化涡动☆homologous turbulence
匀货舱口☆trimming hatch
匀加速度☆uniform acceleration
匀减速运动☆uniformly retarded motion；uniformly decelerated motion
匀浆机☆refiner
匀距信号☆regularly spaced signal
(均)匀流☆uniform stream
匀泥板☆screed(ing) board
匀泥尺☆screed
匀配{隔}☆equipartition
(地球的)匀气层顶层☆homopause
匀绕机构☆level wind mechanism
匀砂☆sand brooming
匀饰(曲线)☆dropoff
匀速☆uniform velocity{speed}；steady running
匀细度☆uniformity
匀压力☆uniform pressure
匀应变☆homogeneous strain
匀整坡度☆boning-in；boning in
匀质半导体☆homogeneous semiconductor
匀质静止流体☆homogeneous rest liquid

yǔn

陨玻长石☆maskelynite
陨尘☆micrometeoroid；micrometeorite
陨氮铬矿☆carlsbergite
陨氮钛石[TiN;等轴]☆osbornite
陨地蜡[C、H 化合物]☆kabaite；celestialite；cellinite
陨铬石☆ureyite；kosmochromite；cosmochlore；kosinochlor
陨硅钾铁石☆merrihueite
陨硅铁镍石☆perryite
陨合纹石☆plessite
陨击变岩☆suevite
陨击变质(作用)☆aethoballism
陨击构造☆meteorite-impact feature
陨击坑☆(impact) crater
陨击作用☆meteorite impact
陨碱硅铝镁石☆yagiite
陨磷钙镁石☆stanfieldite
陨磷钙钠石[$Na_2Ca_3(PO_4)_2O$]☆merrillite
陨磷碱锰镁石☆panethite
陨磷铁矿[$(Fe,Ni)_3P$;四方]☆schreibersite；lamprite；rhabdite
陨磷铁镍[$(Fe,Ni)_3P$]☆shepardite
陨磷铁镍石☆schreibersite；rhabdite；partschite
陨鳞石英[SiO_2]☆asmanite
陨菱铁镍矿☆reevesite
陨硫☆meteoritic sulfur
陨硫钙石[CaS; (Ca,Mn)S;等轴]☆oldhamite
陨硫铬矿☆brezinaite
陨硫铬铁(矿)[$FeCr_2S_4$;等轴]☆daubreelite
陨硫镁铁锰石☆niningerite
陨硫钠铬矿☆caswellsilverite
陨硫铁[FeS;六方]☆troilite；meteorkies[德]
陨硫铁石墨结核☆troilitic graphite nodules
陨硫铜钾矿☆djerfisherite
陨氯铁[$(Fe^{2+},Ni)Cl_2$;三方]☆lawrencite；eisenchlorur
陨落速度☆infall rate
陨落陨石☆fall meteor
陨脉硅☆chantonnite
陨钠镁大隅石[$(Na,K)_3Mg_4(Al,Mg)_6(Si,Al)_{24}O_{60}$;六方]☆yagiite
陨球纤石[$(Na,K)_2(Fe,Ca,Mg)_6Al_2Si_8O_{26}$]☆weinbergerite
陨石☆meteor(ol)ite；meteoric{falling} stone；falls；kosmolite；aerolite；stony meteorite；uranolite；aerolith；ceraunite；meteor；asiderite；uranolyte；cosmolite；cosmic iron；skystone；piezoglypt；parent body；meteorlithe；metakamacite
陨石冲击说☆meteoritic{meteorite} impact theory
陨石簇射辐射☆shower radiance
陨石对☆paired
陨石丰度☆meteoritic{meteorite} abundance
陨石痕☆astrobleme
陨石痕成矿说[与超基性岩有关的铜镍矿床]☆astrobleme theory
陨石化学☆aerolitic chemistry
陨石极面性☆meteoritic optical activity
陨石降落☆(meteorite) fall
陨石坑☆meteor(ite) crater；crater
陨石坑湖☆meteoritic crater lake
陨石沥青☆retigen
陨石落地年龄☆terrestrial age
陨石墨碳铁☆chalypite
陨石球粒☆chondrule
陨石石墨☆graphitoid
陨石铁☆dicksonite
陨石微粒☆micrometeorite
陨石学☆astrolithology；meteoritics；aerolithology；aerolitics
陨石英[SiO_2]☆asmanite；ataxite
陨石雨散布(椭圆)区☆strewn field；dispersion ellipse
陨石雨散落区☆tektite field
陨水硫钠铬矿☆schoellhornite
陨碳二铁☆chalypite
陨碳铁[为 1.5%的碳化铁]☆campbellite；cohenite
陨碳铁矿[$(Fe,Ni,Co)_3C$;斜方]☆cohenite；lamprite；cementite；campbellite
陨铁[Fe,含 Ni7%左右]☆siderite；meteori(ti)c {cosmic} iron；iron meteorite；kendallite；siderobolit[德]；aerosiderite；chalybite；carbonate of iron
陨铁大隅石[$(K,Na)_2(Fe^{2+},Mg)_5Si_{12}O_{30}$;六方]☆merrihueite
陨铁的☆sideritic
陨铁镍[(Fe,Ni)]☆kamazite；chamasite；kamacite
陨铁石☆siderolite；stony iron
陨铁页岩☆rustite
陨铜硫铬矿☆gentnerite
陨顽火石☆chladnite
陨星☆meteorite；meteor
陨星群☆meteoroid
陨星水☆cosmic water
陨星学☆aerolithology
陨星致地震☆meteoric seism
陨直辉石☆shalkite；piddingtonite
陨致地震☆meteoric seism
陨紫苏辉石[$2(Mg,Fe)SiO_3•(Mg,Fe)SiO_4$]☆peckhamite；piddingtonite
允差☆margin tolerance
允诺☆promise
允许☆consent；allowance；permit；admit；enable[操作]
允许(时间)步差大小☆tolerable time step size
允许产量☆acceptable rate；allowable production rate；allowable capacity{production}
允许产能☆allowable capacity
允许承载☆safe bearing load
允许的☆received；except(ed)；permissible；recd；exc.
(被)允许的☆legitimate
允许腐蚀度{量}☆corrosion allowance
允许"狗腿"☆permissible dogleg
允许进位(清除)信号☆carry clear signal
允许井斜(方向)突变程度☆permissible dogleg
允许免税限度☆exempt allowables
允许挠曲度☆permissible deflection
允许偏差☆permissible variation；tolerance deviation
允许渗透坡降☆allowable{permissible} seepage gradient
允许使用的炸药☆permissible explosive
允许疏干性开采(水)量☆permissive mining yield
允许水分留量☆moisture allowance
允许误差☆permissible{allowance;allowable} error；errors{error} excepted；PE；ee；pe；E.E.
允许相差☆phase tolerance
允许信号☆enabling{proceed} signal；signal enabling
允许性☆admissibility
允许预推信号☆permissive prehumping signal
允许噪声限☆noise margin
允许状态信号☆state enable signal

yùn

运☆handling；tote
运搬☆draw；haulage；haul(ing)；transportation；tram；transport
运搬尺寸☆flitting dimension
运搬来的砾石☆shipped-on gravel
运搬系统☆handling system
运程☆hauls
运筹决策☆decision making through operations research
运筹学☆operation(al) research；opsearch；OR
运出☆hauling {-}away；egress；loss
运出井下垃圾的工人☆latrine cleaner
运出矿石☆ore removal
运瓷土的水泥站台☆linhay
运到时间☆time of arrival；TA
运动☆kinesis；campaign；maneuver；motion；movement；traffic；sport；run；kine-；tfc
运动冰碛☆moving moraine
运动补偿摆{摇}杆☆rocking motion compensation beam
(机械的)运动部分☆motion parts
运动的☆kine(ma)tic；motive；mobile；locomotive
运动底片法☆moving-film method
运动定律☆law of motion
运动对称☆symmetry of movement
运动方程☆equation of motion
运动方式☆mode of motion
运动方向☆heading；sense of movement
运动分量☆component of movement
运动间的☆interkinematic
运动流{液}体☆motive fluid
运动密封☆dynamic seal
运动黏(滞)度☆kinematical{kinematic} viscosity
运动期后的☆postkinematic；posttectonic
运动器械☆exerciser
运动砂床流动型式☆moving bed flow pattern
运动失调☆ataxia
运动势☆kinetic potential
运动外延法☆kinematic extrapolation
运动学☆kinematics
运动学分析☆kinetic{kinematic(al)} analysis
运动员外流☆brawn drain
运动阻力☆resistance of motion
运法☆hauling
运费☆haulage；freight (cost)；hauling；cartage；carriage (freight)；transportation expenses{cost; charges}；toll；carnage；Fr；fare；ctge；cart.；frt
运费已付☆freight{carriage} paid；carriage free；Frt.Pd
运费由收货人负担☆carriage forward
运费准免☆Franco；Fr
运矸路线☆waste line
运矸石车☆muck-car
运矸石机车☆clearing locomotive
运钢桶☆transfer ladle
运管滑行台☆pipe skid

运管卡车[美]☆carrier truck{lorry}
运管拖车☆pipe hauling trailer
运管子和其他设备的小车☆push-away buggy
运河[泰]☆canal；can.；klong
运河化☆canalization
运货☆shipment
运货车☆cargo capacity{carries}；freight bill；van；wag(g)on；truckline
运货单☆way(-)bill；freight bill；bill of lading；shipping ticket；F.B.
运货工具☆cargo carrier
运货合同☆contract of freightment
运货卡车☆freight{cargo} truck；autotruck
运货列车☆goods train
运货汽车☆(cargo) truck；autotruck；(motor) lorry；van；motor truck[英]；auto truck[美]；motorlorry
运积土☆transported{carried} soil；drift
运积土壤母质☆transported soil material
运距☆haul；load distance hauled；distance carried；range ability
运矿层☆carrier bed
运矿车☆ore transfer car；mine {-}car；ore carrying waggon；ore wagon
运矿船☆ore carrier；ore ship{cargo}；ore(-)carrier
运矿工☆ganger；gangsman
运矿列车☆mineral{ore} train
运矿水平☆ore-tramming floor{level}
运矿箱☆hudge
运矿小车☆jimmy
运矿岩☆ore bringer{carrier}
运料车☆lorry；scoop tractor；push car
运料斗☆conveyor bucket
运料井☆material shaft
运料平巷☆service road
运料天井☆supply raise
运流☆convection (current)
运流漂移☆convective drift
运煤驳船☆griper
运煤船☆coal carrier{hulk}；collier；haulabout；coaler
运煤斗☆hod
运煤斗承板☆conveyor hopper bearing plate
运煤工☆putter
运煤卡车☆coal hauler
运煤列车☆unit train
运煤小车☆jimmy
运煤支巷☆going bord
运模车☆mould carriage
运木工☆timber pusher
运泥工具☆earth mover equipment
运气☆luck；chance；fortune；directing one's strength
运钎工☆steel boy；tool nipper
运铅卤水☆lead-transporting brine
运人罐笼☆mancage
运散装材料船☆bulk boat
运砂车☆bulk-handling equipment；sand-transport truck；sand (transportation) truck
运上地面的煤炭产量☆landing
运石车☆go-devil；dobby{rock;quarry} wagon；rock car；rail trick
运石平底橇☆stoneboat
运输☆haul(ing)；haulage；conveyance；traffic；tram；shipping；transportation；transport；tram(m)ing；carriage；freight；fly；handling；handle；carry(ing)；conveyor；trans(it)；teaming；cart[用小车]；tfc
运输安全控制系统☆safety control system of traffic
运输`表{报告}☆traffic-returns
运输槽☆conveying{drive} trough
运输车☆haulage car{vehicle;truck}；trolley
运输承包者☆teaming contractor
运输大巷☆main haulage roadway；main haulageway
运输带☆travel(l)ing apron；conveyor{travel(l)ing} belt
运输带给料{矿}机☆travelling belt feeder
运输单据☆carrier's documents
运输道☆bottom gangway；haul{haulage;hauling} road；haulage level{way;drift}；haulway；rolley{wagon} way；travel(l)ing way{track}[工作面附近]；tramming level；hauling gallery
运输道和通风道间的行车石门☆shoo fly
运输道撒落物☆way dirt
运输道下方的煤{矿}柱☆sheet pillar
运输道转变的路缘☆binder
运输段台☆bankette
运输方式☆modes of transport；transport mode；haulage
运输费☆freight (cost)；haulage cost；transport{hauling;transportation} charges
运输费用☆hauling charges；cartage expenses；cost of trucking and transportation；trucking costs
运输分类☆transportation sort
运输工☆haulageman；carman；haulage man{hand}；haul(i)er；trammer
运输工具☆conveyance；means of transport(ation)；haulage means；vehicle；shuttle；transshipment；transportation
运输工具燃料消耗☆fuel consumption of transport means
运输巷道☆delivery gate；haul(age) road；haulage (drift;way)；haulageroad；haul(age)way；(main) haulage roadway；hauling roadway；trolley haulageway；gangway
运输巷道交会点☆junction of haulages
运输巷道全设胶带输送机的矿山☆all-belt-drift mine
运输巷道装车溜井口☆haulage box
运输机☆conveyer；conveyor；conveyering unit；hauler；transport (plane)；transporter；air-freighter；hauling machine；apron；panline；vessel；conv.
运输机边板☆conveyor side board
运输机波状弯曲☆conveyor-snaking wave
运输机槽☆conveyor pan{section;trough}；conveyer chute；pan of a conveyor；pan
运输机带☆conveyor band{belt}
运输机道☆conveyor runway；conveyor(-)way；pan line
运输机的平板☆apron
运输机段☆conveyor flight
运输机化☆conveyerization
运输机具☆carrying implement；cargo carrier
运输机轮中心距☆conveyor pulley centers
运输机上架板☆bridge the conveyor
运输机式分级机☆conveyor separator
运输机弯曲部分☆knee conveyor section
运输机卸料悬臂☆conveyor jib
运输机移装工☆panman
运输及通风平巷☆haulage and ventilation drift
运输集中控制装置☆CTC；centralized traffic control
运输计划☆movement plan
运输距离☆haul distance{length}；transport distance
运输卡车☆(haul) truck；lorry；transport truck
运输量☆haul；freight{traffic} volume；traffic
运输漏损☆transportation leakage
运输路线☆haul route；routing
运输螺旋止推板☆conveyor screw thrust plate
运输能力☆haulage{transport; carrying; movement; hauling} capacity；deliverability
运输平硐☆haulage tunnel
运输平巷☆haulage drift{level;entry;roadway;heading;way}；going headway{road}；(buggy) gangway；tram level；haul(ing) roadway；hauling gallery{entry;road}；haulingroad；tram-level；loader gate；tramming drift{level}；tramming level intake entry；gate{loader} road；haulageways；track-level
运输平巷上方的煤柱☆pillar of ground
运输人员的设备☆man-riding facilities
运输容器☆conveying vessel
(在)运输上挂绕车链☆lash
运输设备☆haulage plant{unit;facilities}；conveying equipment{device}；hauling installation{unit}；handling plant；transportation facilities
运输绳上夹车器☆jigger
运输式燃气轮机☆vehicular gas turbine
运输水☆transport water
运输水平☆haulage horizon{level}；tram-level；track-level；hoisting{tramming;transport;bottom} level
(在)运输水平上用装载机装载放落的矿石☆Box-hole mucking
运输隧道☆traffic tunnel
运输损失(容差)☆draflage
运输桶☆transfer ladle
(在)运输途中的☆in-transit
运输途中的风险☆risk in transit
运输网的类型☆types of networks
运输线☆landline；supply{transport} line；artery；haulway；transit
运输线路☆haulage{hauling} track；vehicle routing
运输线路弯道曲线☆haulage curve
运输形式比较☆comparison of forms of transport
运输业☆forwarding business；forward agency
运输拥挤☆traffic congestion；heavy traffic
运输用燃料☆transport fuel
运输栈桥☆haulage gantry
运输中心☆dispatch center
运输中心控制装置☆centralized traffic control；CTC
运输中的货物量☆storage in transit
运输重量☆hauled weight
运输作业循环时间☆haulage{haul} cycle time
运数计☆operameter
运水船☆water carrier
运水卡车☆water(-hauling) truck
运水泥船☆cement carrier
运水汽车☆motor water car；tank truck
运送☆haulage；haul；transport；transit；ship；forward；conveyance；convey(or)；transportation；carrying
运送衬板的小车☆powered liner cart
运送充填料的平巷☆waste roadway
运送地下人员☆underground man haulage
运送吊车☆transfer crane
运送混凝土车☆transport car{vehicle}
运送计划☆traffic plan
运送人员☆man trip
运送水龙带小车☆hose carrier
运送套管的小车☆casing wagon
运送蜗杆☆conveying worm
运送者☆conveyor；conveyer
运算☆operation；cipher；tally；run；operate；oper.
运算法则☆algorithm
运算的☆arithmetic
运算分析☆operational analysis；OPERA
运算符号☆symbol{sign} of operation
运算函数☆operating function
运算和技术数据☆operation and technical data；OTD
运算技术☆operative technique
运算器☆arithmetic device{unit;element}；arithmetical {arithmetic-logic;arithmetic/logic} unit；A.U.；ALU
运算图☆arithmograph
运算域☆operand
运算周期☆turn-around (time)
运算装置☆arithmetic device；arithmetical{machine} unit
运算状态☆compute mode
运土(工作)☆earthmoving
运往国外港口☆lying in an oversea port
运销库☆marketing terminal
运行☆function；exploitation；run；running；travel；operation；return voyage；performance；motion
运行的☆travelling；operational
运行方向☆direction of travel
(在)运行管道上焊接☆hot tie-in
运行记录☆logout
运行距离[汽车]☆range ability
运行区☆operational area
运行时间☆journey{travel;nun;running;working;operation} time；run duration；working hours
运行寿命☆service{production;operation} life；productive life span
运行速度☆travel{travelling} speed；rate of travel
运行小时☆hours run
运行效率☆operating efficiency
运行中检查☆in-service inspection
运行中的输送带☆moving conveyor belt
运行周期☆cycle of operation
运行状况☆serviceable condition
运行着的☆running
运岩气闸☆muck lock
运移☆migration[石油等]；travel；locomotion；transfer；movement
运移虫属[三叶;$Є_1$]☆Periomma
运移的石油☆migratory oil
运移富积☆migratory concentration
运移模式☆migration model；migrational mode
运移水☆transporting water
运移速度☆displacement{migration} velocity
运移通道☆escape route
运移型黏土☆mobile clay
运移性☆movability；mobility
运营费☆working expense
运营力☆rafted agent
运用☆handle；exert；application；apply；exercise；operation；manoeuvre；maneuver；manage
运用数据☆performance data
运用资产☆working assets

Y

运油层☆carrier bed
运油飞机☆tanker
运油轮☆crude carrier
运载☆carry
运载工具☆carrier；bearer；vehicle
运载火箭☆booster；launch vehicle；LV
运载机制☆transport mechanism
运载技术☆delivery technology
运载介质☆carrying agent
运载矿物的流体☆mineral-charged fluid
运载器☆vehicle；carrier
运载水☆transporting water
运载水泥的驳船☆cementing barge
运载装置不足☆undercarriage
运渣车☆slag car
运转☆govern；operation；run(ning)；function；turn round；revolve；work(ing)；operate；exploitation；travel；processus；motion；set into motion；bring into operation
运转(力)☆locomotion
运转(起来)☆run-up
运转不良☆malfunctioning
运转操作头☆running head
运转产物☆run products
运转的☆operative
运转的加工厂或炼厂☆on stream
(机器的)运转费用☆cost of operation
运转计☆operameter
运转灵活☆go slick
运转平稳☆smooth performance
运转期☆under-stream{on-stream} period
运转情况☆working conditions
运转实用效率☆on-stream efficiency
运转试验☆performance{operational} test
运转数据☆service data
运转性能☆runnability；operability
运转因数☆operational factor
运转预暖☆running warm
运转中☆in operation；on {-}stream；on-the-run；going；live
运转中断☆outage
运转中的维修☆on-stream maintenance
运转周期☆running period；operating cycle
运转着的☆operating
运走☆export
蕴藏☆fund；embed；hold in store；contain；bosom；repose
蕴藏量☆deposit；storage；stockpiling
蕴涵☆implication；imply
蕴合(式)☆implication
蕴能☆intrinsic{internal} energy
酝酿☆incubation
酝酿投资阶段☆gestation period of investment
晕☆halo；bloom；giddy；dizzy；faint；swoon；lose consciousness；pass out；sick；haze or halo round some colour or light；aureola；aureole
晕苯☆coronene
晕边☆corona
晕彩☆iridescence；iris；iridescent；peristerescence
晕彩石英☆iris；eldoradoite；rainbow quartz
晕长石☆neristerite；peristerite
晕长石间断{隙}☆peristerite gap
晕船☆seasickness
晕光☆vignetting
晕光(作用)☆halation
晕环☆halo
晕矿☆halo ore
晕轮式{型}曲线☆halo-type (of) curve
晕内金属量☆productivity of halo
(月)晕圈☆halo
晕圈理论☆halo theory；chimney-effect
晕圈面☆envelope surface
晕圈型曲线☆halo-type of curve
晕色☆iridescence；iris；iridescent luster；peristerescence
晕色的☆irised；iridescent
晕滃[测]☆hatching；hachure；brush shading
晕滃法☆hachure method；relief shading
晕滃线☆ha(t)chure；hachured line
晕线面积☆shaded area
晕渲地形图解器☆shaded relief illustrator
晕渲法☆shading (method)
晕渲图案☆shaded pattern
晕样{模}式☆halo pattern
晕影☆halation
晕映图像☆vignetting
晕中金属量☆productivity of halo
晕状异常☆halo anomaly
韵律☆rhythm；rhyme；cadence
韵律层☆cyclothem；rhythmic layering{layeing；unit}；rhythmite；fascicule
韵律层理☆zebra layering；rhythmic stratification
韵律层状环带☆Liesegang rings{banding}
韵律沉积☆patterned{rhythmic} sedimentation
韵律单位☆rhythmic unit；rhythmite
韵律环带☆oscillatory zoning
韵律极向[金属矿物堆积]☆rhythmic polar
韵律式沉积作用☆cyclothemic sedimentation
韵律纹理沉积☆rhythmically laminated sediment
韵律性☆rhythmicity
韵律岩☆thinly interlayered bedding
恽塞兰贝属[腕;D_2]☆Rensselandia
恽塞乐贝属[腕;D_1]☆Rensselaeria
熨斗☆flatiron；iron；sadiron
熨斗形山嘴☆flatiron；flat-topped crest
熨沥青路面机☆asphalt road burner
熨平☆ironing
孕(甾)烷☆pregnane
孕(甾)烯☆pregnene
孕镶的☆impregnated
孕镶金刚石工具{刃具}☆diamond-impregnated tool
孕镶金刚石岩芯钻头☆diamond-impregnated core drill bit
孕镶式细粒金刚石钻头☆diamond particle bit；cast diamond particle bit
孕育处理☆inoculation
孕育剂☆inoculant；inoculator
孕育铸铁[$Cu_2(CO_3)(OH)_2$]☆modified{inoculated} cast iron；meehanite
孕震构造☆seismic structure

Z

zā

扎束☆tape
扎束机☆binder
匝☆convolution；coil；turn；circle；circumference；surround；encircle；whole；full；winding；loop
匝(数)比☆turn ratio
匝的平均长度☆mean length of turn；mlt
匝间(圈间)绝缘☆turn-to-turn insulation
匝链☆linkage
匝圈间电容☆turn-to-turn capacitance

zá

砸☆jarring
砸击套管护帽☆casing drive head
砸开☆crack
砸碎☆crush；break into pieces；smash；shatter；crack
砸下☆gowl
杂埃洛矾石☆sulfatallophan
杂白铅粉☆white lead
杂白云方解石☆magnocalcite；dolomitic calcite
杂斑铜矿[闪锌矿、方铅矿、黝铜矿和硫铜银矿的混合物;Bi_2Se_3]☆castillite
杂铋铅矿☆boksputite；bocksputite
杂铋土☆taznite
杂变柱石[$(Al,Fe)_3Si_5O_{16}$•$9H_2O$(?)]☆racewinite
杂冰[含碎石、泥、贝壳等]☆debris ice
杂玻璃硅灰石☆rivaite
杂波☆clutter；noise；pigeons
杂铂矿☆norilskite
杂草☆weed；natural grass
杂草类☆forb
杂层☆diamicton；symmicton；stray
杂长石白云母☆epileucite
杂齿☆anomaldont
杂赤铁土☆plinthite；plynthite
杂臭葱石☆goose-dung ore [$Fe(AsO_4)$•$2H_2O$,但不纯]；ganomatite[含钴的砷、锑、铁氧化物混合物;Fe 的砷酸盐]；chenocoprolite [Fe 的砷酸盐]
杂醇油☆fuse oil
杂磁菱蓝铁矿☆vignite
杂葱臭菱铅矾☆lossenite
杂凑法☆hashing
杂脆硫锑铅矿☆warrenite；tinder ore
杂淡砷铜矿☆mohawk-whitneyite
杂蛋白石☆isopyre
杂等轴正方硅铁矿☆ferrsilicon
杂碲金汞矿[HgTe]☆kalgoorlite
杂碲铅(黄铁)矿☆henryite
杂碲硒矿☆selentellur
杂碘银汞矿☆tocornalite
杂点异色☆specking
杂毒砂锑银矿☆pyritolamprite
杂度柱石☆racewinite
杂多酸☆heteropoly acid
杂多钛钙铀矿☆tangenite
杂多糖☆heteroglycan
杂多钨离子☆heteropoly tungsten
杂多型☆heteropolytype
杂矾硫方铅矿☆sinkanite
杂钒钙辉石☆vanadiolite
杂芳化作用☆heterarylation
杂芳族化合物☆heteroaromatics
杂方沸白云母☆igalikite
杂方解水镁石☆gajite
杂方解英云石☆bruyerite
杂方铅硫铋银矿☆schapbachite
杂费☆current expense；incidental (expenses)；sundry charges{fees}；overhead cost；miscellaneous expenses；extras；fittage；oncost
杂酚酸☆cresylic acid
杂酚油☆(hardwood) creosote
(用)杂酚油浸制☆creosote
杂酚油浸渍筒☆creosoting cylinder
杂氟钙镁石☆zamboninite
杂氟硅镁钙石☆picrofluite
杂氟钠霜晶石[氧化铁污染的方霜晶石与氟钠铝镁石混合物]☆hagemannite
杂钙长石☆huronite
杂钙沸石[$CaSi_4O_9$•H_2O(近似)]☆cyanolite
杂钙铝榴解石☆cacoclasite；cacoclase
杂钙芒硝[$Na_6Ca(SO_4)_4$(近似)]☆ciempozuelite
杂钙钠红柱石☆couzeranite；couseranite
杂钙铈白云石☆codazzite
杂钙银星磷灰石☆deltaite
杂肝锌矿☆leberblende；voltzite；voltzine
杂杆中沸石☆hasingtonite；harringtonite
杂橄榄褐铁矿☆sideroclepte；chus(s)ite
杂高岭土☆teratolite
杂膏碱☆gregorite
杂锆石☆zirkite
杂铬华☆rilandite
杂铬铅白铅矿☆bellite
杂工☆backman；handling labo(u)r；back man
杂汞蜡土☆inflammable cinnabar
杂汞锑矿☆barcenite
杂汞硒闪锌矿☆riolite
杂钴华砷铁矾☆yellow earthy cobalt
杂钴锰土☆cobaltomelane
杂钴镍矿☆winklerite
杂钴镍锰土☆cobaltonickelemelane
杂光卤石岩{盐}☆carnallitite
杂光卤泻石盐☆sebkhainite
杂硅钙磷灰石☆crestmoreite
杂硅钙石☆jaeneckeite；janeckeite
杂硅华[不纯的 SiO_2]☆passyite
杂硅滑石☆talcoid
杂硅灰石☆edelforsite；aedelforsite
杂硅孔雀云母☆medmontite
杂硅铝镍矿[($Ni(OH)_2$)三水铝矿与蛋白石的混合物]☆ aidyrlite
杂硅铌矿☆silicate-wiikite
杂硅酸盐矿物☆cryoconite；kryokonite
杂硅碳锰矿☆chocolate-stone
杂硅铁锰矿[主要由 MnO, MnO_2, Fe_2O_3, SiO_2 等组成]☆beldongrite
杂硅锡石☆silesite
杂硅锌矿☆galmei
杂硅盐矿物☆kryokonite；cryoconite
杂硅萤石☆gunnisonite
杂海绿方解石☆hislopite
杂海泡蛇纹石☆kolskite
杂海盐☆mellahite
杂合的☆heterotic
杂合物☆heterocomplex
杂褐锰矿[$(Mn,Si)_2O_3$]☆marcel(l)ine；heterocline；marcellin
杂褐铁埃洛石☆Lemnian earth{bole}；terra sigillata{Lemnia}
杂褐铁矿[Fe_2O_3•$4H_2O$ 含铝、钙、磷、硅等杂质]☆ esmeraldaite
杂黑锰羟锰矿☆basilite；basiliite
杂黑铜孔雀石[黑铜矿、硅孔雀石与孔雀石混合物]☆melanochalcite
杂黑铀树脂☆sogrenite
杂黑云母[黑云母与蛭石混层黏土矿物]☆hydroxyl biotite
杂红砷锰铁矿☆pleurasite
杂红锑矿[Sb_2S_2O;$2Sb_2S_3$•Sb_2O_3]☆kermes mineral
杂化☆hybridize；hybridization
杂化合物☆heterocompound
杂化配合物☆hybrid complex
杂化作用☆hybridism；hybridization
杂环☆heterocyclic ring；heterocycle
杂环核☆heteronucleus；heterocyclic nucleus
杂环化(反应)☆heterocyclization
杂环族化合物☆heterocyclics
杂黄白铁矿☆melnikovite-pyrite
杂黄长符山石☆cebollite
杂黄锑孔雀石☆rivotite
杂黄铁辉铜矿☆ducktownite
杂黄铜矿[$CuFeS_2$]☆cupropyrite
杂黄锡矿☆bolivianite
杂灰岩☆bavin
杂辉铋钴镍矿☆saynite
杂辉砷锑镍矿☆wolfachite
杂辉锑银铅矿☆fyzelyite；fizelyite
杂辉铜方铅矿☆plumbocuprite
杂辉银白云石☆gray silver；selbite；luftsaures silber
杂基☆matrix
杂基支撑组构☆matrix-supported fabric
杂集{记}☆miscellanea；miscellany
杂钾食盐☆chlornatrokalite
杂钾石盐☆sylvinohalite
杂钾铁矾☆clinophaeite
杂钾盐[NaCl 与 $KMgSO_4Cl$•$3H_2O$ 的混合物]☆thanite
杂假孔雀石[德]☆phosphorkupferz
杂假软玉☆pseudonephrite
杂尖磁钙钛矿[$CaTiO_3FeFe_2O_4$ 和 $MgAl_2O_4$ 的混合物]☆ shishimskite；schischimskit
杂碱方解岩☆lengaite
杂碱水碱苏打☆thermokalite
杂键型结构☆heterodesmic structure
杂件☆sundries
杂礁灰岩☆reef complex
杂胶磷石☆quercyite
杂交☆hybridization
杂角闪绿泥解石☆bergamaskite
杂角闪绿泥石☆hydroamphibole
杂金青石☆lapis lazuli
杂堇青云母☆oosite
杂居群聚{集群}☆sympolyandria
杂聚合物☆heteropolymer
杂聚糖☆heteroglycan
杂绢云母刚玉☆lesleyite；potash-margarite
杂柯里斯摩石☆crestmoreite
杂钶矿☆wiikite
杂孔雀石[$Cu_2(CO_3)(OH)_2$]☆mysorin
杂块☆heterogen
杂矿岩☆greywacke；graywacke
杂{外}来元素☆extrinsic element
杂蓝辉镍矿[$Ni(Sb,Bi)S$]☆kallilite
杂蓝铜孔雀石☆azurmalachite
杂类半径☆miscellaneous radius
杂离子☆hetero-ion
杂锂辉块云母☆killinite
杂锂钾锰石☆buryktalskite
杂锂英辉石☆spodulite
杂锂硬锰矿☆alumocobaltomelane
杂砾岩[一种由花岗岩、片麻岩和云母片岩碎屑构成的砾岩]☆anagenite
杂粒硅铝石☆kochite
杂沥青辰砂土☆inflammable cinnabar
杂链化合物☆heterogeneous chain compound
杂磷钡铝石☆geraesite
杂磷钙磷灰石☆glaubapatite
杂磷钙镁石☆cryphiolite；crifiolite；criphiolite
杂磷硅稀土矿☆nogizawalite；nogisawaite
杂磷灰氟镁石☆cryphiolite
杂磷铝石英☆elroquite
杂磷镁铝石☆amphithalite
杂磷锰钙柱石☆kakoklasite；kakoklas
杂磷锰铁铝石[红磷锰矿与磷铁镁锰钙石混合物]☆salmonsite
α 杂磷石☆alpha-quercyite
β 杂磷石[Ca 的磷酸盐]☆beta-quercyite
杂磷石[钙磷酸盐类]☆quercyite
杂磷铁臭葱石☆phosphorarseneisensinter
杂磷锌矿[$Zn_7(PO_4)_4(OH)_2$•$6\frac{1}{2}H_2O$]☆hibbenite
杂磷钇锆石☆kikukwaseki；chrysanthemum stone
杂磷铀钍铌矿☆kivuite
杂菱镁矿☆baldisserite
杂菱镁石英☆kieselmagnesite
杂菱锰矿[蔷薇辉石与菱锰矿混合物;$MnSiO_3$ 与 $MnCO_3$ 的混合物]☆lacroisite；torrensite；viellaurite
杂菱锶矿[$SrCO_3$ 与 $CaCO_3$ 的混合物]☆miaskite；miascite
杂菱银方解石☆miaszit
杂菱银矿☆selbite；luftsaures silber
杂硫铋矿[Bi_2S_3,Bi,Bi_2O_3 的混合物]☆kareli(a)nite
杂硫铋铅矿☆goongarrite
杂硫铋银铅矿[$(Ag,Cu,Pb)_4Bi_2S_5$]☆pitankite
杂硫方铅矿☆johnstonite；supersulfuretted lead
杂硫镉菱锌矿☆turkey-fat ore
杂硫铅铋矿☆chiviatite
杂硫锑锰银矿[$3(Pb,Ag,Cu,Mn,Fe)S$•Sb_2S_3]☆durfeldtite
杂硫铁钾粪石☆guanapite
杂硫铜矿☆carmenite
杂硫铜铅矿☆alisonite
杂硫锌矿☆marasmolite
杂硫锌硒汞矿☆culebrite；coulobrasine
杂硫银碲铋矿☆tapalpite
杂炉膛硅酸盐☆erlanite；erlan；erlamite
杂卤石[$K_2Ca_2Mg(SO_4)_4$•$2H_2O$;三斜]☆polyhal(l)ite；ischelite；mamanite；polygalite；polialite

杂录☆miscellanea；miscellany
杂铝泻盐[$Mg_4Al_2(SO_4)_7$•$36H_2O$]☆dumreicherite
杂铝英磷铝石☆schro(e)tterite；allophane opal
杂氯硫碱铅铜矿☆mellonite
杂氯铅矿☆nussierite
杂绿帘硅孔雀石☆asperolite
杂绿泥滑石☆ollite；talc-chlorite
杂绿脱蛋白硅石☆chloropal
杂乱☆indiscrimination；disarray；clutter；intortus
杂乱的☆indiscriminate；haphazard；wild；untrimmed
杂乱地震反射结构☆chaotic seismic reflection configuration
杂乱煤层☆lurching coal seam
杂乱起伏数据☆random fluctuating data
杂乱石☆chaos
杂乱信号[无]☆hash；gibberish；[of radio,radar or TV reception] random signal
杂乱形状技术[高密度装配的]☆random geometry technique
杂乱影像☆scrambled image
杂芒硝[$Na_6Mg_2(SO_4)(CO_3)_4$]☆tychite
杂毛铁明矾石☆halotri-alunogen
杂镁榴石[Fe,Mn,Mg,Ca 的硅酸铝;$(Mn,Ca,Mg)_3(Fe^{3+},Al)_4Si_6O_{21}$(近似)]☆ransatite
杂镁蒙脱钠钙石☆walkerite
杂镁明矾[$Mg_3Al_2(SO_4)_6$•$33H_2O$]☆sonomaite
杂镁钠盐☆martinsite
杂镁皂蛇纹石☆β-cerolite
杂蒙脱钠钙石☆magnesium pectolite
杂蒙脱石☆confolensite
杂锰辉菱锰矿☆lacroisite
杂锰矿[蔷薇辉石与菱锰矿混合物]☆huelvite；newkirkite；neukirchite
杂锰榴萤石[锰榴石与萤石的一种混合物]☆bodenbenderite
杂锰土☆brostenite；cacochlore
杂钠长白云母☆aglaite
杂钠矾硝石☆nitroglauberite
杂钠沸石☆ameletite
杂钠沸水霞石☆ranite；rauit
杂钠钙镁皂石☆hanusite；hanuschite
杂钠钾盐[(Na,K)Cl]☆natrikalite
杂钠锂辉黏土☆soda-killinite
杂钠云绿泥石☆euphyllite
杂钠柱葡萄石☆prehnitoid
杂霓辉黑云母☆pterolite
杂铌矿☆wiikite；α-wiikite
α 杂铌矿[铁与稀土的铌酸盐,钛酸盐及硅酸盐]☆alpha-wiikite
β 杂铌矿☆beta-wiikite
杂铌烧绿石☆pyrochlore-wiikite
杂铌钽钛矿☆nuolaite
杂铌钇矿[$(U,Y,\cdots)Nb_2O_7$]☆a(a)nnerodite；aanerodite
杂泥铁矿☆clay ironstone
杂黏土矿物☆glinite
杂镍铋钴矿☆kerstenite
杂镍钴锰土☆nickel cobaltomelane
杂镍硫黄铁矿☆nifesite
杂镍锰土☆cryptonickelemelane；nickelemelane
杂镍砷铜矿[Cu,Cu_6As,Cu_3As 等的混合物]☆mohawkite
杂牌电脑☆kluge；kludge
杂泡铋矿[$Bi_6O_8(CO_3)$]☆normannite
杂硼钙石膏☆winkworthite
杂硼褐铁矿☆lagunite；lagonite
杂硼铁矿☆sideroborine
杂硼铁稀土矿☆erdmannite；michaelsonite
杂片辉沸石☆idrocastorite；hydrocastorite
杂拼☆hybridization
杂坡缕方解石☆calciopalygorskite
杂铅矿☆izoklakeite
杂铅钠钼矿☆achrematite
杂铅石膏☆bouglisite
杂铅银砷镍矿☆animikite
杂蔷薇菱锰矿[菱锰矿与苗薇辉石混合物]☆torrensite
杂羟锰黑锰矿☆baeckatroemite；backstromite
杂青金石☆(lapis) lazuli；lapis-lazuli；blue zeolite
杂球藻属[绿藻]☆Pleodorina
杂球状☆heterothrausmatic
杂溶盐☆tequezquite
杂糅构造☆kneaded{pellmell;pell-mell} structure
杂赛黄晶☆bementite
杂散(电容)☆stray
杂散电流☆stray{eddy;vagabond;terrestrial;leakage;spurious} current；EC；current from irregular source
杂散电流危害☆stray-current hazard
杂散光☆parasitic light
杂散信号☆spurious signal
杂霰钙互层石☆erzbergite
杂色☆variegated；varicolored；motley (coloured)；an inferior brand；particolor
杂色碧玉☆jasperine；morlop
杂色的☆mottled；varicolo(u)red；particolo(u)red；variegated
杂色琥珀[$C_{10}H_{16}O$,微量 S]☆romanite；rumanite
杂色黏土☆varicolored clay；glady
杂色燧石☆mozarkite
杂色条带☆ribbon banding
杂色性☆inhomogeneity
杂色牙螺☆Columbella versicolor
杂色釉☆miscellaneous waste glaze
杂砂岩{石}☆apogrit(e)；graywacke；greywacke；rubblestone；grauwacke[德]
杂闪锌黄铜矿☆brass ore
杂蛇纹海泡石☆sunglite
杂蛇纹石☆verd antique；serpentine marble
杂砷白铁矿☆kyrosite；cyrosite；white copper ore
杂砷铋钴矿☆chelentite; kobaltwismutherz; cheleusite; cheleutite
杂砷钙钴铁矿☆tuwite；tuvite
杂砷钙铁钴土☆khovakhsite
杂砷硫矿☆arsen(o)sulfurite
杂砷铅钙铜矿☆parabayldonite
杂砷锑矿☆antimonial arsenic；wretbladite；allemontite
杂砷铜矿[以 Cu_6As 为主与 Cu,Cu_6As,Cu_3As 等的混合物]☆ledouxite；mohaw-algodonite；condurrite；mohawk(-)algodonite；mohawkite
杂砷铜镍矿[砷钴矿、红镍矿与砷铜矿混合物；$(Cu,Ni,Co)_2As$]☆keweenawite
杂砷锌钙铁矿☆ledeburite
杂砷银矿[硫化银与自然银混合物;Ag_3As]☆huntilite
杂砷黝铜铅矿☆clayite；cleite
杂石☆rock matrix；gob；variegated rocks
杂石膏杂卤石☆krugite
杂石灰白泥☆zaccab
杂石钾盐☆halitosylvin
杂石榴透辉石[辉石与钙铝榴石混合物]☆sphenoclase
杂石青氯铜矿☆atlasite
杂石英白钨☆siliceous scheelite
杂石英氟石☆blastonite
杂食动物☆omnivore；omnivora
杂食性☆polyphagous；omnivory
杂食性的☆heterophagous；polytrophic；omnivor(o)us
杂蚀镁铝榴石☆kelyphite；celyphite
杂铈铁白云石☆cerium-ankerite
杂水白云钙石☆idromagnocalcite；hydromagnocalcite
杂水硅锡矿☆gel-cassiterite；arandisite
杂水锂锰土☆kakochlor
杂水菱钙镁矿☆hibbertite
杂水菱镁钙石☆hydromagnesite；hydrodolomite；idromagnocalcite；idromagnesite；idrogiobertite；hydronickelmagnesite；hydroma(n)ganocalcite；idrodolomite；hydrogiobertite
杂水榴石☆plazolite；hydrogrossular
杂水铝石☆hydronephelite
杂水铝英矾石☆kieselalumin(ite)
杂水镁毛矾石☆hydroxykeramohalite
杂水铁锰矿☆ferrorhodochrosite
杂碎金银汞矿☆coolgardite
杂钛赤磁铁矿☆hy(po)statite；washingtonite
杂谈☆chatter
杂碳钙菱镁矿☆lessbergite；leesbergite；ondrejite；ondreschejite
杂碳硅铝石☆achtaryndit；achtarandit；achtaragdite
杂锑方铅矿[$Pb_{23}Sb_6S_{32}$]☆quirog(u)ite
杂锑铅石英☆arequipite
杂填土☆miscellaneous fill
杂铁白云解石☆magnoferrocalcite
杂铁钙互层石☆erzbergite
杂铁硅矿物☆iddingsite；oroseite
杂铁滑硼镁石☆alumoferro-ascharite
杂铁胶铁☆pearlite；troostite
杂铁锰埃洛石☆umbra
杂铁锰铝氧矿☆craigtonite；craightanite
杂铁明矾☆mountain butter
杂铁石墨☆siderographite
杂铁钛矿☆arizonite；proarizonite
杂烃☆curtisite
杂铜白钨矿☆cuproscheelite
杂铜方铅矿☆fournetite
杂铜皓矾 [可能是 Zn 和 Cu 的含水碳酸盐及硫酸盐]☆zinkazurite
杂铜蓝黑铜矿☆marcylite
杂铜铁硫锌矿☆lupikkite
杂铜锌矿☆messingerz
杂透锂长石☆hydrocastorite
杂钍硅铀铅矿☆pilbarite
杂顽辉橄榄石☆peckhamite
杂微晶砷铜矿☆mohaw-algodonite
杂物☆foreign body；sundries；miscellany；raffle[总称]
杂务☆share；odd jobs；sundry duties
杂硒铋矿[Bi 和 Bi_2Se_3 的混合物]☆silaonite
杂硒汞解石英☆ko(e)hlerite；kohlerit；onofrite
杂硒铅汞矿☆lehrbachite；lerbachite
杂硒铁铅矿☆cacheutite；cacheutaite
杂硒铜铅汞矿☆zorgite；rhaphanosmit；raphanosmite
杂锡假孔雀石☆cuprocassiterite
杂锡砂☆squed；squat
杂锡石[木锡矿与胶态 SiO_2 的混合物]☆silesite
杂烯系☆heteroenoid system
杂细晶钽铁矿☆calciotantalite
杂霞方钠石☆ameletite
杂霞石正长石☆pseudoleucite
杂纤闪滑石☆picrophyllite；picrophyll
杂纤铜铁矾☆phillipite
杂项☆sundries；incidental
杂项的☆miscellaneous；misc.；MISC
杂项费用☆sundry charges
杂项工作☆odd work
杂项架☆miscellaneous bay
杂项开支☆overhead cost{charge}
杂斜方锰矿☆groutellite
杂斜锆石☆caldasite
杂泻利镁明矾☆picroalunogen；picralluminite
杂泻盐镁明矾☆sonomaite
杂锌硫矿☆merasmolite
杂锌铝硅石☆oravi(t)zite；orawiczite；oraviczite
杂锌铝石☆oravitzite
杂锌铅铜矿☆castillite
杂锌皂异极矿[锌皂石与异极矿混合物]☆vanuxemite
杂形的☆heteromorphic；heteromorphous
杂性式[植]☆polygamy
杂盐☆halo {-}carnallite；carnallit(it)e；abraum salt
杂盐镁矾☆martinsite
杂岩☆complex (rock)；diamictite；mixtite；rock {fundamental} complex
杂岩堆积☆melange accumulation
杂岩体的附属部分[脉、结核、带、透镜体、岩块等]☆akyrosome
杂岩屑的☆petromictic
杂羊齿属[C_2]☆Pal(a)eoweichselia
杂洋底虫壳泥☆moronite
杂氧角闪石辉石☆basaltine
杂氧硫铋矿☆bolivite
杂叶蜡硅铝石☆pseudopyrophyllite
杂铱锇矿☆irite
杂伊利石[$(H_3O,K)_4Al_8((Si,Al)_{16}O_{40})(OH)_8$]☆santorine
杂钇硅钼矿☆arrhenite；archenite
杂异剥蚀长石☆chonicrite
杂音☆hum；drop in；bloop
杂音电平☆noise level
杂银镍铅锌矿☆macfarlanite
杂银铜矿☆chilenite
杂银星(埃洛)石☆viterbite
杂英长石☆myrmekite
杂英辉锰榴石☆ransatite
杂萤石☆gunnisonite
杂荧重晶石☆fluorbaryte
杂硬锰矿[$(Ba,Mn^{2+})Mn_4^{4+}O_8(OH)_2$]☆romanechite
杂用绞车☆utility winch
杂用水☆service water
杂用水泥☆nonconstructive cement
杂黝铜矿[$(Cu,Fe)_{12}Sb_4S_{13}$,不纯]☆fieldite
杂鱼眼石[鱼眼石和石英的一种混合物]☆louisite
杂原子☆heteroatom
杂原子键☆heteroatomic bond
杂原子取代的多糖类物质☆heterogeneously

Z

substituted polysaccharide；HSP
杂缘泥辉沸石☆foresite
杂云母地开石☆alushtite
杂云英(长)石☆onkosin；onc(h)osine；amphilogite；oncophyllite
杂陨紫苏辉石☆piddingtonite
杂针柱蒙脱石[白针柱石和锌黏土混合物]☆karpinskyite；karpinskiit
杂脂光柱石☆gabronite；gabbronite
杂脂铅铀矿☆gummite
杂脂铅硅钙☆urhite；urgite
杂志☆journal；magazine；mag.
杂质☆foreign body{matter;material;substance}；tramp material；dirt；impurity；heterogeneity；contaminant；dross；contamination；pollution；admixture；crud
杂质冰☆dirty ice
杂质层状灰岩☆balkstone
杂质多的矿石☆halvans；halving；hanaways
杂质分布测量☆impurity-profile measurement
杂质煤☆slatter；impure coal
杂质铅矿☆blanch
杂质限度☆impurity limitation；limit of impurities；loi
杂质效应☆impurity-effect
杂质与水蒸气去烟气净化系统☆impurities and water vapor to gas cleaning system
杂质致色☆impurity-caused color
杂种[生]☆hybrid
杂种性☆hybridism；hybridity
杂种优势☆heterosis；hybrid vigor
杂重晶石[含石膏的混杂物;$BaSO_4$]☆leedsite
杂状砂体☆sand lobe
杂锥纹镍纹石☆plessite
杂紫硫针镍矿☆beyrichite
杂组(生物)群落☆allobiocenose

zāi

栽植☆plantation
栽种☆plant；rear
灾☆calamity
灾变☆catastrophe；cataclysm；convulsion；natural calamity；disaster
灾变带☆casuzone
灾变顶峰☆culminating catastrophe
灾变论☆catastrophism；catastrophic theory；convulsionism
灾变论者☆catastrophist
灾变事件☆catastrophic event
灾变式排泄显示☆catastrophic discharge feature
灾变式喷发☆catastrophic eruption
灾变式融水爆喷☆catastrophic water burst
灾变说☆cataclysm{catastrophic} theory；saltatory evolution；catastrophism
灾变说者☆paroxysm(al)ist；catastrophist
灾变物种选择☆catastrophic species selection
灾变性位移☆catastrophic displacement
灾害☆hazard；plague；disaster；calamity；suffering；damage
灾害风险预测☆hazard risk prediction
灾害估计☆assessment of hazard
灾害性下沉☆disastrous settlement
灾害预防与处理计划☆plan for precaution and salvage
灾后气体☆after damp
灾祸☆catastrophe；disaster；calamity
灾祸性爆炸☆catastrophic detonation
灾难☆disaster；calamity；casualty；mishap；suffering；catastrophe；misfortune
灾难河☆woebourne
灾难性的☆catastrophic；apocalyptic
灾难性事故☆catastrophic failure
灾区☆disaster area
甾醇☆sterol
甾核☆steroid nucleus
甾化值☆steroid number；SN
甾类产生☆steroidogenesis
甾酮☆sterone
甾烷☆gonane；sterane
甾烷醇☆stanols
甾烯☆sterene
甾族的☆steroidal
甾族化合物☆steroid；steride

zǎi

载玻璃☆object{microscope} slide；microscope glass
载玻片☆slide (glass)；glass{ground} slide
(显微镜的)载玻片☆microslide
载波☆carrier (wave)；cw；carr.
载波“白”信号基准电平☆carrier reference white level
载波电流换能器地震仪☆carrier {-}current transducer seismograph
载波峰值☆peak carrier
载波通信{讯}☆carrier communication
载波抑制单边带☆carrier-suppressed SSB
载波终端☆carrier terminal；CT
(斜井)载车平台☆dukey
载尘的☆dust-laden
载电的☆current-carrying
载管船☆pipe barge
载管级供应船☆pipe-carrier-class supply vessel
载罐卡车托架☆tank truck carrier
载轨列车☆track carrying train
载荷☆load(ing)
载荷变形☆deformation under load；load deformation
载荷不足☆underload
载荷地层砂☆load-bearing formation sand
载荷点☆point of load
载荷分布☆load distribution
载荷分配☆load-sharing
载荷计☆loadometer
载荷精矿气泡☆concentrate-loaded bubble
载荷拉伸变形图☆load-extension diagram
载荷挠曲变形曲线☆load deflection curve
载荷能力☆load-carrying capacity{ability}
载荷匹配☆loaded matching
载荷屈服曲线☆load-yield curve
载荷调节☆on-load regulation
(立柱)载荷-下沉记录仪☆load-yield recorder
载荷限制转换器☆load limit changer
载荷形变曲线☆load-deformation curve
载荷压力反馈☆load pressure feedback
载荷应变偏差图☆load-strain deviation graph
载荷应力系数☆load stress factor
载荷子☆charge carrier
载荷作用下滑动☆sliding under load
载货☆carry cargo{freight}；shipment
载货吨位☆cargo{freight} tonnage；freight ton
载货返航☆backhaul
载货过多☆overfreight
载货货位(空间)☆stowage space
(量测的)载货容量☆measurement capacity
载货时重量☆laden weight
载金碳回收筛☆loaded-carbon recovery screen
载粒浮选☆carrier flotation
载(重)量☆(load) capacity
载流的☆current-carrying
载流分析☆on-stream analysis
载(电)流空间☆current carrying space
载流量☆ampacity
载流容量☆carrying{current-carrying} capacity；ampacity[安培容量]
载流X射线荧光矿浆分析和取样站☆in-stream X-ray fluorescence slurry analysis and sampling station
载流子☆(charge) carrier；carr.；current carrier[电流]
载陆板块☆continent(al)-bearing plate
载陆岩石圈☆continent-bearing lithosphere
载泥船☆mud boat
(显微镜)载片☆(ground) slide
载片镊子☆slide forceps
载频☆carrier{carver;resting} frequency
载气[色谱]☆carrier{supporting} gas；supporter；carrier
载热固体☆thermofor
载热介质☆heating agent
载热流体☆heat-transporting{carry;carrying} fluid
载热能力☆heat {-}carrying capacity
载热体☆heat carrier{bearer}；heating medium
载人的承压舱体☆manned pressure hull
载人地球物理考察活动潜水艇☆Geophysical Exploration Manned Mobile Submersible；GEMMS
载人电梯☆manlift；passenger lift
载人飞行任务☆manned mission
载人工作舱☆manned work enclosure；MWE
载人绞车[用于海洋载人设备]☆man-riding winch
(把……)载入编年史☆chronicle
载色剂☆binding agent
载色体☆chromatophore
载砂液☆sand-carrier
载声体☆sound carrier
载生物卫星☆biosatellite
载水的☆water-laden
载水量[溜槽中矿浆]☆water-carrying capacity
载送构件☆carrying member
载体☆vehicle；carrier (material)；medium；carrying agent；support(er)；base；bearer；tank shell；supporting medium；carr.
载体介质☆mounting medium
载铜提取剂☆copper loaded extractant
载拖式牵引车☆saddle tractor
载物台☆specimen{micrometer} stage；rotating table；microscope stage[显微镜]
载物体☆object carrier
载信息的波☆information-bearing wave
载压流体☆pressurized fluid
载岩机☆rockloader
载洋板块☆ocean-bearing plate
载氧体[含氧物质]☆oxygen carrier
载液☆supporting liquid；supporter；carrier fluid
载运☆carry；trolley
载运的油品☆oil shipment
载运精矿[指浮选泡沫]☆cargo of concentrate
载运能力☆carrying capacity{power}
载重☆lade；load (weight)；weight；carrying capacity
载重比试验☆bearing ratio test
载重车☆loading truck；bogie
载重车群☆cluster of lorries
载重车身尾部活动挡板☆tail board
载重车运行时的间隔☆margin
载重带☆felloe band
载重的☆high-duty
(总)载重吨位☆deadweight capacity；DWC
载重滑车☆load pulley block；troll(e)y
载重卡车☆cargo truck
载重卡车-挖掘机的匹配☆haulage unit-excavator match
载重(能)力☆load-bearing{carrying;load;weight-carrying} capacity；load-carrying ability
载重量☆capacity of body；cargo{carrying;pay-load;weight{load}-carrying;loading} capacity；tonnage；deadweight capacity [of a ship,etc.]；loadage；dead weight(-carrying) capacity
载重率☆rate of loading
载重轮胎☆band tyre；high capacity tyre
载重汽车☆(heavy) lorry；(automotive) truck；cargo{motor} truck；autotruck；heavy motor truck；trk
载重汽车身☆truck body
载重水线☆load waterline；LWL
载重拖车☆truck trailer；tandem
载重转移法☆load transfer method

zài

再☆de-；des.；ana-；sub-；re-
再搬运☆rehandling
再搬运沉积的☆reworked
再版(本)☆republication
再饱和(作用)☆resaturation
再爆破☆reblast
再编译☆recompilation
再变形☆redeformation
再变质☆remetamorphism
再变质的☆remetamorphosed
再标定☆re-proving；recalibration
再补充☆replenishment
再补给☆replenishment；resupply；recharge
再测定☆repeat determination；redetermination
再测量☆re-reading
再测试{试验}☆retesting
再沉淀☆redeposition；re(-)precipitation
再沉积☆resedimentation；reworking；redeposit；deposit
再沉积的[法]☆reworked；remanie；remanié
再沉积岩☆resedimented rock
再衬(套管)☆reliner
再成冰川☆reconstructed{recemented} glacier
再成的☆remanie
再冲刷☆rewashing
再充电☆recharge；recharging；booster charge
再充气☆backfill(ing)；reaeration

再充填☆recharge；refilling；replenishment
再充氧作用☆reoxygenation
再抽汲诱流☆swab back into production
再出口货☆goods reexported
再处理☆retreatment；reprocessing；repreparation；rehandling；curing；rerunning；retreat
再处理的泥浆☆reconditioned mud
再磁化☆remagnetize；remagnetization
再次☆twice
再次(挑顶卧底)☆rebrushing
再次测井☆relog
再次沉陷☆delayed{secondary} subsidence
再次充填☆repack
再次的☆posthumous
再次沸腾☆resurgent{secondary} boiling
再次分级☆reclassification
再次环流☆tertiary circulation
再次回采☆cut back
再次加载操作☆reloading operation
再次接合☆reengagement
再次接入☆reclosure
再次开采☆remining
再次开始☆all over again starting
再次冷却☆tertiary cooling
再次弄脏☆resoil
再次膨胀☆reswell
再次使用☆reuse
再次同域☆secondary sympatry
再次完井☆recompletion
再次下沉☆delayed{secondary} subsidence
再次研磨部分☆regrinding section
再次褶皱☆posthumous fold
再萃取☆reextraction
再淬火☆reharden
再存取☆reaccess
再倒堆☆rehandling
再点火器☆relighter
再点燃☆reignition
再定位☆relocation；reorientation
再订货点{|量}☆reorder point{|level}
再冻结☆refreezing；regelation
再冻结层☆regelation layer
再冻雪壳☆sun crust
再冻作用☆regelation
再度分解☆secondary decomposition
再度蒸馏☆rerunning
再锻(修)☆reforging
再堆积(作用)☆redeposition
(使)再发回声☆reecho
再发率☆recurrence rate
再发射☆reemission
再发生☆recurrence；recur
再发现☆rediscover
再发展☆redevelopment
再访☆revisit
再放大☆reamplify
再放电☆reload
再放射化☆reactivation
再沸☆reboiling
再沸器☆reboiler
再分☆subdivision；subdivide；subd
再分布☆redistribution
再分级☆reclassification；regrade
再分类☆regrading
再分配器☆distributor
再分散(作用)☆redispersion
再分异作用[陆壳的]☆redifferentiation
再封死☆resealing
再敷面剂☆re-surfacing agent
再辐射☆re(i)rradiation；reradiate
再浮选☆reflo(a)tation；refloat；secondary flotation
再浮选精矿☆refloated concentrate
再赋值☆reassignment
再富集☆reconcentration；reenrichment
再富选☆rewashing
再附壁☆reattachment
再钙化☆recalcification
再工业化☆reindustrialization
再估价☆reassess
再固结☆reconsolidation；secondary consolidation
再硅化☆resilication
再归零的☆rezeroed
再滚机☆reregulating reroll
再过滤☆rescreen
再过热器☆resuperheater
再合成☆resynthesis
再合支流☆anabranch
再化合☆recombination
再辉☆recalescence
再回火☆retemper
再会流侧流☆anabranch
再混合☆reblending；remixing；decompound
再混合的☆decomposite；decompound
再混合物☆decompound；decomposite
再活动作用☆reactivation
再活化☆remobilization；reactivation
再积沉积岩☆derivative rock
再积黄土☆redeposited loess
再积火山碎屑(物)☆tephroid
再积煤☆secondary allochthony
再激活☆reactivation
再集合☆reassemble
再继续☆resumption
再加☆superinduction
再加工☆remachine；retreatment；rework
再加荷{载}☆reloading
再加热☆reheating；reheat
再加压法☆repressuring method
再检查☆review
再鉴定☆repeat determination
再见☆farewell
再建☆rebuild
再建的☆reworked
再浆化槽☆repulper；repulp tank
再浆化铅泥浆泵☆repulped lead slurry pump
再胶结☆recementation；recementing
再胶结的块状硅华☆fragmental sinter
再胶结型硅华体☆multiple-stage sinter
再搅拌☆retemper
再角砾化☆rebrecciation
再校验☆re-proving
再校准☆recalibrate；recalibration
再结构☆retexture
再结合☆reunion；recombination
再结晶☆recrystallization；crystalling transformation
再结晶的☆blastic
再解释☆reinterpretation
再进入☆reentry
再进展☆readvance
再精(浮)选☆recleaner flotation；reconcentration；recleaning
再精选的☆recleaned
再经历☆recapture
再均夷☆regradation
再开☆reopening
再孔[孔虫]☆deuteropore
再扩容☆reflash
再扩散☆respreading
再冷器☆recooler
再冷却☆recooling
再利用☆reuse；reclaiming
再埋藏☆reburial
再磨回路☆regrinding circuit
再磨机☆regrind(ing){re-treatment} mill；regrinding unit
再磨物料☆reground material
再凝固(作用)☆resolidification
再浓集作用☆reconcentration
再浓缩☆reconcentration；reenrichment
再排列☆relocation
再配置☆rearrangement
再匹配☆rematching
再平衡(作用)☆reequilibrium；re-equilibration
再评估☆reevaluate
再破碎☆recrushing
再曝气☆reaeration
再崎作用☆recragging
再启动压力☆restart pressure
再气化(作用)☆regasification；revaporization
再迁移☆remigration
再前进☆readvance
再羟基化☆rehydroxylation
再侵位☆reemplacement
再区分☆redistribute
再取☆retake
再取回☆resumption
再取样☆resample
再燃☆recrudescence
再燃烧器☆after-burner
再绕☆reroll
再(加)热☆reheating
再热炉☆reheating furnace；repeater
再热器☆repeater
再热汽温控制☆reheat control
再热循环☆reheat cycle
再熔☆refusion；remelt
再溶☆resolution
再溶堆{沉}积☆resolution deposit
再溶解的☆re-dissolved
再入☆reenter；reentry
再入无线电信号中断☆radio signal blackout during reentry
再撒岩粉[煤]☆redusting
再筛☆remesh；resieve；rescreen
再筛分☆rescreening；rescreen
再筛选☆recleaner screen
再筛选组☆recleaning screen set
再上演[rerun;reran]☆rerun
再射孔☆reshooting；reperforate
再渗碳☆recarburization
再生☆reclaim(ing)；regenerate；rejuvenate；greening；regeneration；revival；restoration；revivification；restore；neogenesis；anagenesis；rebirth；recuperation；recuperate；exsurgence；reproduction；reclamation (work)；refresh；retroaction；reproduce；resurgence；revitalization；breed；rejuvenation；reprocess；reactivation
再生孢囊☆reproductive cyst
再生变质(作用)☆palingenic metamorphism
再生表面药剂☆resurfacing agent
再生冰☆quarice；quar ice
再生冰川☆reconstructed{remanie;regenerated} glacier；glacier remanie
再生冰系控制☆regenerated flow control
再生成形(作用)☆neomorphism
再生成形的☆neomorphic
再生成形晶体☆neomorphic crystal
再生齿☆diphyodont
再生虫室[苔]☆rezooecium
再生的☆revived；palingen(et)ic；resurgent；regenerative；reconstructed
再生对☆reproducing pair
再生复流信号☆restored polar signal
(矿物周围的)再生环☆dust ring
再生黄土☆reworked loess
再生剂☆regenerant
再生矿物☆remanie mineral
再生冷却式液体燃料火箭☆regenerative liquid fuel rocket
再生力☆restoring force
再生林☆secondary forest；reforestation
再生硫酸☆black sulphuric acid
再生能源☆renewable energy
再生泥浆☆reconditioned mud
再生泡☆reboiling bubble
再生器☆regenerator；reproducer；revivifier；actifier column
再生侵蚀☆rejuvenated erosion
再生区☆tamper；blanket
再生燃料☆generative{regenerated;regenerative} fuel
再生生长胶结(作用)☆secondary outgrowth cementation
再生式氢氧燃料电池☆regenerative fuel cell
再生式岩床冷却系统☆regenerative rockbed cooling system
再生式氧气系统☆rebreather
再生树脂☆regenerating resin
再生水泵{系}☆palingenetic drainage
再生速率☆recovery rate
再生污泥☆reaeration sludge
再生系数☆gain factor
再生形成机制☆mechanism of palingenetic formation
再生性☆reproducibility
再生岩☆deuterosomatic (rock)
再生盐土☆regraded saline soil
再生叶理☆refoliation
再生长☆regrowth；revegetation；revegetate
再生蒸气☆resurgent vapor{gas}；phreatic gas
再生中子☆recreated neutron

再生作用☆actification；palingenesis
再生作用前的☆preresurgence
再升华☆resublime
再升柱电磁阀☆reset solenoid
再升柱阀☆hydraulic reset valve
再实施☆reenforce；reinforce
再实验☆retrial
再使用☆reuse
再适应☆readaptation
再试验☆retrial；retest
(使)再受注意☆resurrect
再输注☆refusion
再数☆recount
再数字化☆redigitize
再水化(作用)☆rehydration
再顺掀块山☆resequent tilt-block mountain
再顺向断层线崖☆resequent fault-line scarp
再顺向河☆reversional consequents
再四分缩样☆requarter
再算☆recalculation
再坍缩☆recollapse
再镗孔☆reboring
再提出☆represent
再添☆superaddition
再添加☆superinduction
再填充☆repack
再调☆reset
再调成矿浆☆repulp(ing)
再调浆器☆repulper
再调节水库☆reregulating reservoir
再调试☆recalibrate
再调用☆recall
再调整☆readjustment
再调整到零的☆rezeroed
再调整的泥浆☆reconditioned mud
再跳汰☆re-jigging；rejigging
再贴现利息☆interest on rediscount
再投资☆reinvestment
再涂性☆overcoatability；recoatability
再吞☆resorption
再完井作业☆recompletion job
再吸附☆re-adsorption；readsorption
再吸回☆resorption
再吸收☆resorption；reabsorption
再吸收塔☆reabsorber
再稀释☆redilution
再洗☆rewashing；rewash
再洗机☆back{secondary} washer；secondary separator；rewasher
再洗矿(选)设备☆rewasher
再洗循环☆rewash circulation；recirculation circuit
再洗中煤☆recirculating midding
再细分类☆subclass
再显☆repetition
再显示系统☆redisplay system
再现☆recur(rence)；rendition；reappear；repeat；representation；reconstruction；reproduction；playback；reproduce；repetition；resurgence；rendering；resurrect
再现的☆resurrected；recurrent；repetitional
再现分析☆reproductions{reproduction} analysis
再现设备☆reproducer
再现时间☆recovery time
再现形象{影像}☆display image
再现性☆reproducibility；repeatability
再悬浮(作用)☆resuspend；resuspension
再旋回☆recycling
再旋回造山源☆recycled-orogenic source
再旋腕环☆deuterolophe
再(次精)选☆retreatment；cleaner{secondary; recleaner} flotation；reconcentration；(secondary) cleaning；recleaning；rewash(ing)；repreparation
再选机☆rewasher；recleaner
再选给料☆feed for retreatment
再选煤☆re-run coal
再选末煤系统☆secondary small coal circuit
再选中矿☆middings to be retreated
再选中煤☆recirculating middling
再循环☆recirculation；recycle；recycling；recirculate；pick up[井中气体]
再循环水☆recirculating{circulating} water
再压☆repression
再压实☆reclamation
再压碎☆recrushing
再压缩☆recompression
(岩压)再压缩带☆recompression zone
再研磨☆regrinding
再掩埋☆reburial
再演☆repetition
再氧化☆reoxidation
再一次重复观测☆duplicate rerun
再移茎孔☆remigrant foramen
再引起☆superinduction
再引燃☆reflash
再硬化☆reharden
再用☆reutilization
再用水☆backwater
再愈合☆rehealing
再运行程序☆rerun procedure
再运移☆second crop；remigration[油气]
再运转☆rerunning
再造☆reforging；reconstruction；reconstitution；rebuild；reconversion；reclamation
再造冰河☆reconstructed glacier
再造化石☆reworked fossil
再造黄土☆reasserted{reassorted} loess
再造年龄☆reset age
再造石☆precast{reconstructed;reconstituted} stone
再造石油☆reforming oil
再造图☆palinspastic{palingenetic} map
再造岩☆recomposed{authineomorphic} rock
再造作用☆reworking
再增溶(作用)☆resolubilization
再赠送☆represent
再轧机☆reregulating reroll
再展绵☆respreading
再照射☆reirradiation
再者☆postscript；p.s.；PS
再褶曲☆refolded fold
再蒸发☆regasification；revaporization
再蒸馏☆doubling；redistillation
再整平☆relevel
再植(被)☆revegetate；revegetation
再指定☆reassignment
再制备燃料☆refabricated fuel
再制(成)矿浆☆repulping；repulp
再制模☆remolding；remoulding
再制石材{|试件}☆reconstructed stone{|specimen}
再种植☆revegetation；revegetate
再注☆reinjection
再注入的☆reflooded
再装料☆recharging；recharge
再装满☆replenishment；refill
再装品☆refill
再装入{填}☆reload(ing)
再装油☆refilling；reloading
再装运☆re-expedition；reshipment
再组合☆reconfiguration；reassemble；subcombination
再钻☆redrill；redrilling
再钻即可见油的油砂层☆farmer's sand
再钻深☆drilled{drilling} deeper；D.D.
再作用☆reworking；rework
在本(研究的)问题之外☆be out of the question
在场的☆present
在此期间☆ad int.；ad interim
在此以前☆heretofore
在海洋☆off-land；off land
在航☆underway
在航天器上的☆spaceborne
在航线上☆on-course
在后☆following；retro-
在流分析☆on-stream analysis
在磨时间☆in-mill time
在内☆ento；im-[b,m,p 前]；intra-；intro-；inter-；in-
在……期间☆in the course of
在前☆prior (to)；pro-
在前的☆anticous
在前面☆forward；fore；pros-；front
在……权限之下☆under the jurisdiction of
在上☆topside；up-
在……上打眼☆broach
在……上涂滑润油☆cosmoline
在……上再盖上土☆resoil
在……上筑堤道☆causeway
在使用中☆in service
在……条件☆on condition that…；@；at
在同书☆ibidem[拉]；ibid.；ib.
在途搅拌混合料☆transit mixture
在外☆out；exo-；ex-；infra-；out-
"在望"(石油)储量☆oil in sight
在望的☆visible
(钻机)在位天数☆days on location
在位置上☆on location
在下☆infra-；cat(a)-；down-；kata-；under-；sub-
在下的☆underlying
(直接)在下面的☆subjacent
在下(段)射程内☆downrange
在(液流)下游☆down
在先☆previously
在线测量{|处理}☆on(-)line measurement{|processing}
在线分析☆in-line analysis
在线分析仪☆on-stream analyzer
在线过滤器☆in-line filter
在线模拟量输入☆on-line analog input；OAI
在蓄水池中集水☆impound
在窑内烧{烘干}☆kiln
在一给定面积上钻尽可能多的井☆drill up
在用井架☆operating derrick
在用泥浆☆wet mud-active
在用泥浆系统☆active mud system
在右(边的)☆dextral
在于☆in that；boil down
在……(深度)遇到油☆oil struck at…
在原地☆in-situ；in situ
在这点上☆here；in that
在……之间☆between；betw.；bet.
在……之下的☆underlie [underlay; underlain]
在职培训☆on-the-job training

zǎn

攒升式立体镜☆zoom stereoscope

zàn

暂保单☆cover note
暂编计划☆tentative plan
暂磁(性)☆temporary magnetism
暂存器☆working{temporary} storage；WS
暂定(地层)单位☆informal unit
暂定资源☆conditional resources
暂冻土☆briefly frozen soil
暂堵剂☆diverting{temporary} agent；temporary plugsing{blocking;bridging} agent
暂堵剂固体颗粒形状☆bridging solid shape
暂堵型失水控制☆bridging type fluid loss control
暂短湖☆ephemeral lake
暂付☆on account；O. A.
暂付款☆suspense payment{debits}
暂搁☆set aside
暂光☆photometeor
暂焊☆position welding
暂记☆suspense
暂记石板☆log slate
暂留特性☆persistence characteristic
暂设晶胞☆provisional cell
暂时☆interim；transient；temporar(il)y；for the moment (time being)；temporality
暂时(的)☆ad interim；ad int.
暂时磁体{铁}☆temporary magnet
暂时错误☆soft{temporary} error
暂时的☆transient；brief；ephemeral；temporary；interim；tentative；temp；provisional；temporal
暂时冻土☆transitory frozen ground
暂时反应☆transient response
暂时废弃☆temporary abandoned；TA
暂时更改程序☆temporary change procedure；TCP
暂时关井☆temporarily shut-in；TSI
暂时留矿空场法☆skeleton shrinkage method
暂时起作用的药剂☆temporary agent
暂时山洪☆arroyo-running
暂时停产☆temporarily out of service；T.O.S.
暂时停顿☆holdback
暂时停工☆temporarily shut down；TSD
暂时停工或报废工作区☆discontinued workings
暂时停钻的井☆shutdown well
暂时无法满足的订货☆back order；b.o.；BO
暂时性☆transiency；provisionality
暂时性的安全装置☆transient protector
暂时性水{河}系☆ephemeral system
暂时亚种☆temporal subspecies

暂时障碍☆hitch
暂时滞水☆perched temporary groundwater
暂时中断☆deepfreeze
暂时种[生]☆r-strategist; temporal{opportunistic} species; opportunist{generalist} species
暂时状态☆momentary state
暂收款☆suspense credits
暂态(值)☆transient
暂态温度☆transient-state temperature
暂停☆time {-}out; suspension; suspend; lull; halt
暂停采油{钻井}☆suspending a well
暂停的☆suspensory
暂停港☆port of call; P.O.C.
暂停轨道☆parking orbit
暂停呼吸☆apnoea; apnea
暂停井☆suspended well
暂停信号☆halt signal
暂停雪崩☆hangfire avalanche
暂停指令☆pause instruction
暂通玄武岩☆parabasalt
暂熄火灾☆dormant fire
暂现现象[月质学]☆transient phenomena
暂行办法☆tentative method
暂行入库(停用)的钻机☆stacking a rig
暂行条例☆provisional regulation
暂用名☆nomen provisorium; nom. provis.
暂住共生☆disjunctive symbiosis
暂装机组[由管路与设备临时组成]☆boar's nest
暂作牧场的可耕地☆lea; lay; ley
錾☆chisel (edge); engrave on gold or silver; carve; incise; engraving tool; graver; gad; chipper
錾掉☆chisel
錾平☆chip
錾平锤☆chipping hammer
錾头钻头☆chisel bit
錾凿加工☆chipping
錾凿饰面☆chiselling finish
錾子形的☆chisel shaped
赞比亚的乡村-城市迁移☆rural-urban migration in Zambia
赞成☆favo(u)r; approve; yea; uphold; pro; pro-
赞成的☆favorable
赞词☆praises
赞德尔(双晶)律☆Zyndel law
赞克尔{勒}(阶) [欧;N_2]☆Zanclean (stage); Zanclian
赞克尔期☆Zanclean age
赞尼特阶☆Thanetian
赞岐岩☆sanukite
赞塔尔铝青铜☆xantal
赞同☆incline; approval; endorsement; sympathetic
赞扬☆salute
赞助☆bankroll; auspice

zāng

脏侧[指混砂车加砂后]☆dirty side
脏的☆dirty
脏底板[有浮煤或碎石等]☆dirty floor
脏东西☆crud
脏矿石☆grena
脏煤☆dirty{ditty} coal; duff; rash; grena
脏砂{|水}☆dirty sand{|water}
脏液☆contaminating fluid
脏油☆cut oil
脏蒸汽☆direct steam

zàng

藏-滇地块☆Tibet-Yunnan massif
藏红花颜料☆polychroite
藏蓝☆purplish blue
藏-蒙巨型波动☆Tibet-Mongolian mega-undation
藏青☆navy blue

zāo

遭受☆be subjected to; sustain; (be) exposed to; incur; catch; undergo
遭受地震地带☆nervous earth
遭受(灭种)危险的生物种☆endangered species
(使)遭危险☆hazard
遭遇☆fare; encounter; experience; occurrence
糟化(作用)☆saussuritization
糟化石☆lehmanite; saussurite; jade terrace; dyskolite; magnelithe
糟糠螺科☆Litiopidae
糟绿帘石☆zorsite

záo

凿☆chisel[凿子]; (straight) bit; mortise[枘穴]; bore; hole; bore a hole; dig; certain; sure; irrefutable; authentic; gouge; chipper; chiselling; chipping
凿边整修☆chiselling
凿柄☆chisel handle
凿槽☆chisel groove; form a flute; gouge (out); raggle; slot
凿槽机☆mortising slot machine
凿槽具☆croze
凿齿机☆hatchet
凿齿耙☆chisel-type harrow
凿齿松土铲☆chisel-tooth shovel
凿出(的槽)☆gouge
凿穿☆stave
凿穿的岩石☆metal
凿船贝[危害海洋建筑及木船]☆shipworm; teredinid; Teredo
凿船贝属☆Teredo
凿船虫☆teredo
凿刀☆chisel (edge); zax
凿洞☆hole
凿方榫机☆hollow chisel mortiser
凿缝☆staking; caulking; gouge
凿斧导体☆pick axe conductor
凿工☆chiseler; chiseller
凿沟☆channel(l)ing; riffling
凿沟机☆channeling machine; channel(l)er
凿骨术☆cheilectomy
凿过的表面☆chipped surface
凿焊龟裂☆chisel-bond cracking
凿痕☆burr; chisel mark
凿环☆shearing bushing
凿混凝土机☆concrete breaker
凿机机组☆drilling unit
凿机头部☆drill front head
(钻头的)凿尖☆chisel edge
凿尖犁铧☆chisel-point share
凿进机[隧道]☆thrust borer
凿进速度值☆drilling-rate figure
凿井☆shaft{pit} sinking{sink a well;dig {sink;bore} a well}[掘井;挖井]; (well) sinking; cable-tool well; sink (shaft); shaft excavation{piercing}; shafting
凿井包工公司☆shaft sinking company
凿井沉箱☆gow{sinking} caisson
凿井大钻机☆shaft sinking drill
凿井吊泵☆sinking pump{lift}; shaft sinking pump; sinker; sinking-pump
凿井吊盘安全门☆safety sinking door
凿井吊桶☆shaft{sinking} bucket; sinking barrel{bowk; kibble}; bowk
凿井吊桶稳定器☆sinking rider
凿井工☆sinkman [pl.sinkmen]; shaft(s)man; (well) sinker; pitman; shaft miner{sinker;worker}
凿井工长☆master sinker
凿井工作管理部分☆sump man
凿井机☆miser; shaft-sinking{sinking} machine; trepan; well borer
凿井绞车☆sinking winch{winder;hoist}; inking hoist
凿井掘凿留量☆shaft sinking
凿井勘探☆costean; costeen; test pitting
凿井取得的☆phreatic
凿井设备与技术要求☆shaft sinking equipment and specifications
凿井湿式钻机☆wet sinker drill
凿井时的保护棚顶☆penthouse roof
凿井时发现的小矿脉☆pothole
凿井速度☆sinking rate{advance;speed}; rate of sinking
凿井所达最深煤层☆pat coal
凿井岩机☆trepan
凿井用湿式(凿岩)机☆wet sinker drill
凿井用手持凿岩机☆sinker
凿井用凿岩机☆sinker (drill); hammer sinker
凿井用凿岩机的气腿☆sinker leg
凿井元件☆shaft-sinking elements
凿井招标单位☆shaft customer
凿井钻机☆trepanner; (shaft) sinking drill
凿井钻机架炮眼位置☆shaft marker
凿井钻头☆cable tool bit; trepan
凿井作业☆shaft service; (shaft) sinking operation; sinking work
凿净铸件[机]☆peeling
凿具用合金钢☆alloy chisel steels
凿开☆rip; sinking; drivage
凿孔☆gouge[用半圆凿]; perforating; bore; boring; punch(ing); rock drilling; piercer
凿孔板☆perforated panel
凿孔机☆gadder; punch(er); perforator; mortising machine
凿孔速度☆drilling velocity; penetration rate; perforating speed
凿孔针握持器☆punch holder
凿矿楔☆spalling wedge
凿落☆bringing-down
凿毛锤☆bushhammer
凿毛圬工☆punch-dressed masonry
凿煤风镐☆coal pick
凿密☆fullering; caulking; fuller
凿密缝☆caulked seam
凿密器☆caulk machine
凿面块石砌体☆bush-faced masonry
凿面石板☆chiseled slate
凿平☆chipping
凿平的石面☆drove
凿刃☆bit edge{wing}; (chisel) point; cutting edge
凿刃厚度☆bit-wing thickness
凿刃钻头☆chisel-point bit
凿入☆spud{spudding} in
凿石☆broach; brooch; canch work; quarrying
凿石爆破☆waste firing
凿石锤[矿]☆bush hammer; bushhammer; boucharde
凿石粗錾☆broach
凿石斧☆chip ax(e)
凿石工程☆stonework; rock work
凿石工人的硅{矽}肺病☆knapper's rot
凿石工作☆batter{tooled;rock;stone} work; stone masonry; stonework
凿石面☆tooled finish{surface}
凿石头☆cut a stone
凿石楔☆spalling wedge
凿石装车联合两用机☆jumbo loader
凿食科[裂齿目]☆Esthonychidae
凿饰☆tooled finish
凿死☆calking
凿碎☆chisel
凿碎的☆chipped
凿榫☆mortise
凿榫机☆mortising machine; mortiser
凿榫人☆mortiser
凿通的☆holed
凿通孔☆hole punching
凿头☆point tool
凿纹☆burr
凿纹方石☆tooled ashlar
凿窝☆moiling
凿形☆scalpriform
凿形的☆chisel-like; scalpriform
凿形开沟器{松土铲}☆chisel opener
凿形犁铧☆general{wedge-shaped} share
凿形钎头☆bull bit
凿形钻头☆chisel bit; flat chisel (bit); splayed boring tool
凿岩☆(rock) drilling; drilling (off); broach; drill; rock lifting{penetration}; gadding; furar; boring
凿岩爆破☆drilling-and-blasting; rock blast; drilling (and) blasting; waste firing
凿岩车☆dolly
凿岩打楔法☆drill-splitting method
凿岩地点☆drill(ing) site
凿岩工☆drillman; (blasthole) driller; borer; (stone) drifter; drill man{runner;operator}; hole digger; holer; jack-hammer man; rock miner; machine{rock} driller; machineman; stoper; runner; quarryman
凿岩工具☆ill{rock} tools
凿岩工长☆drillmaster
凿岩机☆rock (hammer) drill; (jack) drill; stoper[向上]; sinker[向下]; bore (hammer); banjo; (rock) boring{drilling} machine; gadder; (percussion) borer; plugger (drill); anvil type percussion drill; pompom[向上]; driller; drill cradle {plugger}; burner; drifter; drilling {gadding;drifting;quarrying} machine; hammer (rock) drill; pulsator; rock drill

(machine)；rock ripper{mole}；shot{blast} hole drill；windowmaker；jumbo；trepan；jackdrill；chippy；jack-hammer；perforator；widowmaker
凿岩机导向衬套☆chuck bare；drill chuck bare
凿岩机干式捕尘器☆rock-drill dust exhauster
凿岩机回转棘轮☆drill (rotation) ratchet
凿岩机理☆drilling mechanism；mechanism of drilling
凿岩机排气冻结☆freezing of drill exhaust
凿岩机托臂☆arm
凿岩机支臂☆drill boom
凿岩机支架☆drill bar{frame;stand;tripod}；abut；bear frame；column；console；foothold；gallows；holdfast；jammer；lining set；mounting；pecker block；support (erection)；supporter；timber；stand；drill mounting drill(ing) rig；jackstud；rigging bar
凿岩机中的冲锤☆intermediate piston
凿岩浆置☆hole-making assembly
凿岩井☆perforator
凿岩钎钢{钢钎}☆rock drill steel
凿岩钎头☆rock(-cutting) bit；blast hole{rock drill} bit
凿岩速度☆advance；cutting rate{speed}；sinking rate；drill(ing) rate{speed}
凿岩台班效率☆drilling performance per drill and shift
凿岩台车☆jumbo (truck)；drilling carriage{bench}；drill jumbo{carrier;wagon;jambo}；rig；rig{wagon;truck}-mounted drill；bogie；drillrig；boom-mounted drifter；gadding car；rock drilling truck；banjo[口]
凿岩支架千斤顶☆drill column jack
凿岩装车联合机☆jumbo loader
凿岩装运机组☆driller-loader-haulage unit
凿岩装载联合机组☆combination jumbo loader
凿岩组长☆master borer
凿眼机☆hole-making contender；mortise machine；mortiser
凿用工具钢☆chisel tool steel
凿整锭面☆de-seaming
凿柱窝☆needling
凿状钻头☆borway bit
凿锥☆drive point
凿子☆chisel；plow bit；track{cold} chisel；puncheon；broach
凿子的刃角☆bezel
(用)凿子开(洞)☆broach
凿钻头☆bull bit

zǎo

藻☆phyco-
藻白云岩☆algal dolomite
藻胞☆gonidium
藻包(壳颗粒)☆onkoid
藻碧玉☆algal jasper
藻饼☆(algal) biscuit；pycnostromid；girvanella；marl {water;lake} biscuit
藻层☆gonidial layer
藻尘☆algal dust
藻成石灰岩☆algal limestone
藻丛☆algal mat
藻胆(色)素☆phycobilin
藻蛋白☆algin
藻堤☆algal bank
藻叠层石☆algal stromatolite
藻豆石{粒}☆algal pisolite
藻鲕☆algal ooid
藻腐泥☆n'hangellite
藻个体☆phycobiont
藻硅华☆algal sinter
藻海☆sargasso sea
藻海绵礁☆algal sponge reef
藻海滩☆algal beach
藻红(蛋白)☆phycoerythrin
藻华☆algal tufa{bloom}
藻环☆algal rim
藻灰结核☆oncolite
藻灰岩☆algal limestone
藻脊{|礁}☆algal ridge{|reef}
藻胶☆algin
藻阶地{|结构}☆algal bench{|structure}
藻金素☆phycochrysin
藻井☆caisson
藻菌☆phycomycetes
藻菌植物☆thallophyta
藻壳☆algal crust
藻坑☆algal pit
藻类☆alga [pl.-e]；phycophyta
藻类的☆infusorial；algoid；algal
藻类的附着器官☆holdfast
藻类加积颗粒☆algal accretionary grain
藻类泥炭☆blanket{algal} peat
藻类区系☆algoflora
藻类群体☆algae colony
(一种)藻类生成的煤☆organic slime
藻类水面增殖☆algae bloom
藻类丝状体型☆filamentous
藻类体☆algi(ni)te；algainite；alginate
藻类形成的钙质叠层石☆carbonate algal stromatolite
藻类学☆algology；phycology
藻类遗骸泥☆awja
藻砾☆maerl
藻粒☆algal pellet
藻沥青☆balkhashite；algarite；balkaschite
藻磷块岩☆algal phosphorite
藻锚状石☆algal anchor stone
藻煤☆algal{boghead;gelosic} coal；tomite；thelotite；boghead (mineral)；sapromyxite；boghe(a)dite；alginite；sapromixtite
藻目☆Pennales
藻皮{|坪}☆algal crust{|flat}
藻鞘☆lorica
藻丘☆algal mound{head}
藻球☆algal ball{biscuit}
藻群落☆Composopogon-Thorea community
藻朊酸☆alginic acid；algin
藻朊酸盐☆alginate
藻色素☆phycochrome
藻砂岩☆Eophyton sandstone
藻蚀喀斯特☆phytokarst
藻属☆Thalassia；arthrospira；Lyngbya
藻丝☆trichome；algal filament
藻丝球☆lake{burr} ball
藻素☆algin
藻酸☆alginic acid；algin
藻苔藓虫状☆flustriform
藻-苔藓动物黏结灰岩☆algal-bryozoan boundstone
藻滩{|头|团}☆algal bank{|head|lump}
藻体☆frond
藻体堆☆soredium
藻纹层状☆algal-laminated
藻席☆algae{algal} mat；blanket moss
藻席相☆algal {-}mat facies
藻席小丘☆algal mat blister
藻系☆phytem
藻相☆algal facies
藻屑体☆algo-detrinite
藻形迹☆fucoid
藻腰☆isthmus
藻油页岩☆boghead shale
藻渊{|缘}☆algal pit{|rim}
藻植代☆Algophytic；Archeophytic
藻殖段☆hormogonium [pl.-ia]
藻质体☆alg(a)inite；phycoplast；algite[煤岩]
藻质微亮煤☆algo-clarite
藻烛煤☆gelosite；humosite；boghead{algal} cannel；retinosite；torbanite；bitumenite；boghead-cannel；boghe(a)dite；bituminite；torberite；matrosite；marahuite
藻浊煤☆bitumenite
枣泥☆jujube paste
枣泥包子☆steamed mashed Chinese date bun；stuffed bread with mashed dates
枣泥炒糕☆scrambled cakes with mashed dates
枣泥方糕☆mashed date cakes
枣泥酥☆shortbread with jujube paste filling
枣属[K-Q]☆Zizyphus
枣星介属[J-K_2]☆Ziziphocypris
早奥陶世☆lower Ordovician
早白垩世☆lower Cretaceous
早班☆fore-shift；morning shift{tour}
早坂珊瑚属[C_3-P_1]☆Tetrapora；Hayasakaia
早坂氏虫☆Tetrapora；Hayasakaia
早爆☆premature blast{explosion;shot}；predetonation
早北方期[9800～9100 年前]☆Early Boreal
早宾夕法尼亚世☆lower Pennsylvanian
早材☆springwood；early wood
早采煤{矿}柱☆early mining of pillars
早餐☆breakfast
早产式喷发☆abortive eruption
早晨☆matinal
早成晶☆early-formed crystal
早成年期☆early mature
早成同源抛出物☆resurgent ejecta
早出同义名☆senior homonym
早春雷暴[英]☆teuchit
早第三纪☆E；Eogene (period)；Paleogene (period)；Eugene；Palaeogene (period)；Old Tertiary；pyrenean movement；Nummulitic period
早第三纪[65～23.3Ma]☆Pal(a)eogene (period)；Eogene (period)；Old Tertiary；Nummulitic period；pyrenean movement
早二叠世☆lower Triassic
早发警报☆advanced warning
早发性大理石骨病☆osteopetrosis with precocious manifestations
早更新世{统}[Q_{P1}]☆Eopleistocene
早古生代☆Eopaleozoic；early Palaeozoic era
早古生代[570～409Ma]☆Eopalaeozoic；early Palaeozoic era
早古生代的☆Eopaleozoic
早寒武世☆lower Cambrian
早后生作用☆protokatagenesis
早结非硅的☆silicotelic
早结异质的☆telechemic；silicotelic
早朗格阶[N_1]☆Langhian-Early
早两代的数据装置☆grandfather
早密西西比世☆lower Mississippian
早泥盆世☆lower Devonian；early Devonian epoch
早凝的☆quick-settling；quick-setting
早凝水泥☆early setting cement
早蓬蒂-优克辛海进☆Early Pont-Euxin transgression
早期☆early stage；nonage
早期斑晶☆eocrystal
早期背形褶皱枢纽☆antiformal first-fold hinge
早期变形☆first deformation；initial fail
早期变质(作用)☆pal(a)eometamorphism
早期不稳定状态{阶段}☆early transient regime
早期采油系统☆early production system；EPS
早期成岩带☆eogenetic zone
早期低强水泥☆low-early-strength cement
早期段☆early-time regime；ETR
早期风化☆immature weathering
早期矽肺结缔组织☆connective tissue
早期寒冻气候的永冻土☆passive permafrost
早期阶段☆beginning
早期警报监测系统☆early warning monitoring system
早期勘探☆advanced exploration
早期磨锐☆premature sharpening
早期磨损☆undue wear
早期偶蹄类[哺]☆archaic artiodactyls
早期切变☆initial shear
早期生产系统☆early production system；EPS
早期施工的(钻)孔☆early holes
早期衰老☆presenility
早期酸性角砾岩☆early acid breccia
早期吸气性爆裂音☆early inspiratory crepitation
早期峡谷玄武岩☆early canyon basalt
早期形成的晶体☆early-formed crystal
早期循环阶段☆advancing hemicycle
早期岩浆分凝型矿床☆early magmatic segregation (-type) deposit
早期褶皱线理☆first-fold lineation
早期注水(开发)☆early-stage waterflooding
早气候适宜期[欧;6000 年前]☆Early Optimum
早强(度)硅酸盐水泥☆high early strength portland cement
早强水泥☆early strength{high early} cement；high-early(-strength){rapid-setting} cement
早燃☆preignition
早生品种☆early maturing variety
早石炭世☆lower carboniferous；early Carboniferous epoch
早释矿物☆released mineral
早熟☆premature；tachygenesis
早熟(性)☆prematurity
早熟梨☆jargonelle
早衰☆presenility
早下侏罗统[延长统]☆Yenchang series
早先存在的矿物☆preexisting mineral
早先的☆former；early；neolithic
早硬强度☆early strength
早于☆prior to

Z

旱元古代[2500～1000Ma;晚期造山作用强烈,所有岩石均遭变质,目前发现微生物化石约 31 亿年]☆Pt_1；early Proterozoic (era)；lower proterozoic
旱元古代寒武代[2500～1600 Ma]☆Paleo-Proterozoic
旱志留世☆lower Silurian
旱侏罗世☆lower Jurassic
旱壮地形☆feral topography
旱壮年期☆submature；early mature stage
澡盆☆bathtub；bathing basin
澡盆状波前图☆bathtub chart
澡堂☆bathhouse
蚤目[昆]☆Siphonaptera
蚤休☆Paris polyphylla

zào

躁☆talus
噪暴爆发☆storm burst
噪扰☆nuisance
噪扰带☆noise fringe
噪声☆jar；interfering signal；unpitched sound；noise (pollution)；buzz；roar；rumble；din；crack；mush；ambient noise；drop out[磁带损伤引起]
(电影的)噪声☆stew
噪声比☆noise{signal/noise;speech/noise} ratio；NR
噪声标准☆noise criterion{standard}；NC
噪声补偿反褶积☆noise-compensated deconvolution
噪声测井☆bats log；noise{audio} logging；borehole audio tracer survey；NL
噪声测距声呐☆noise ranging sonar
噪声当量输入☆noise equivalent input
噪声等效功率☆noise {-}equivalent power；minimum detectable power；NEP
噪声等效功率的倒数[红外探测]☆detectivity
噪声电压测量仪☆psophometer
噪声度☆noisiness
噪声防护度☆noise margin
噪声分量☆noise component
噪声分析☆noise analysis
噪声改善系统☆(signal-to-)noise improvement factor
噪声级☆noise level；level of noise
噪声计☆acoustometer；noise meter；psophometer；acoustimeter
噪声检测☆walkaway
噪声评价数☆noise rating number
噪声声呐☆direct-listening sonar
噪声衰减☆sound attenuation
噪声污染级☆noise pollution level；NPL
噪声信号☆noise signal
噪声信号比☆jam-to-signal；am-to-signal ratio
噪声掩蔽级☆noise masking level
噪声抑制☆mute；noise suppression{abatement;elimination}；squelch{SQ}[电路]
噪声因数☆noise factor；NF
噪声指数☆noise figure；figure of noise；NF
噪声自动限制器☆automatic noise limiter
噪音☆noise；jar；flutter
噪音比☆S/N ratio
噪音等效功率☆noise equivalent power
噪音细条☆grass
造☆build
造氨细菌☆ammonifying bacteria
造斑晶矿物☆phenocryst-forming mineral
造孢(子)的☆sporogenous
造孢剩质☆epiplasm
造币☆coinage
造壁☆wall up{building}；walling up；mud(ding) off；mudding
造壁前的滤失(量)☆spurt loss
造壁前的滤失宽度☆spurt width
(泥浆)造壁性(能)☆building capacity；wall building properties
造壁(压裂)液☆wall-building fluid
造壁作用☆plastering{mudding} action
造(泥)饼☆wall building
造波机☆wave making machine
造册☆tabulation；table
造成☆pose；build；offer
造成凹凸☆bumping
造成残废的事故☆disabling accident
造成弧形☆camber
造成穹形☆vault
造成缺勤的工伤发生率☆disabling injury frequency rate
造成水污染的能源污染物☆water pollutant
造成损害的根源☆detriment
造出来的东西☆coinage
造船(业)☆shipbuilding
造船厂☆ship yard；shipyard
造船工(人)☆shipwright；shipbuilder
造船工程☆naval architecture
造船架☆stock
造船台☆building ways{slip;berth}；shipway
造船用木钻☆ship auger
造床流量☆dominant discharge
造岛作用☆island building
造断谷作用☆taphrogenesis
造反☆insurgence；revolt；rebel
造粉核[藻]☆pyrenoid
造缝☆fracture initiation
(压裂)造缝能力☆width generation capacity
造缝压力☆fracturing pressure；fracture initiation pressure
造父变星☆Cepheid
造格架元素☆network-forming element
造骨骼{架}生物☆frame-builders；frame-building organism
造骨细胞☆scleroblast
造骨作用☆skeletogenesis
造海的☆thalassogen(et)ic；thalassocratic
造海沟运动☆taphrogenesis
造海期☆thalassocratic period
造海作用☆thalassogenesis
造(钙)华生物☆travertine former
造灰岩的藻类☆limestone-building algae
造价☆fabrication cost
造架生物☆frame-building organism；frame-builders
造浆地层☆mud making formation
(黏土的)造浆能力☆yield
造浆能力高的☆high yield
造浆黏土☆drilling clay
造浆岩层[钻进时自动造浆]☆mud caking formation；mud {-}making formation
造礁(作用)的☆hermatypic
造礁珊瑚☆hermatypic{reef-building;reef} coral；hermatype
造礁生物☆reef-building organism
造礁藻类☆reef-forming algae
造句语言☆syntax lauguage
造坑作用[牙轮钻头或压模在岩石上]☆cratering action
造扣☆thread making；false threading
造块☆agglomeration；pelletization
造块精矿☆agglomerated concentrate
造矿场☆patio
造矿元素☆ore forming elements；mineralizer；mineral {ore}-forming element
造粒分选☆shell pelletizing
造林☆afforestation；forest (culture)；forestation；tenon
造林学☆silvics
造陆(的)☆epeirogenic
造陆的☆epeirogen(et)ic；epirogen(et)ic
造陆地垒☆epeirogenetic horst
造陆盆地环境☆epeirogenic basin environment
造陆(时)期☆epeirocratic period；geocratic phase；continental period
造陆性再生矿床☆epeirogenetic regenerated deposit
造陆优势期☆epeirocratic condition
造陆运动☆epeirogenic{geocratic;continent-making;epirogenic;continent-forming} movement；continent making movement；epeirogenic earth movements；ep(e)irogeny；geoundation；epeirogenesis；geocratic motion；epeirogenetic (earth) movement
造陆作用☆epeirogeny；epeirogenesis[pl.-ses]；epirogeny
造煤相☆coal-formed{coal-forming} facies
造煤植物☆coal plant
(建)造内拐曲☆intraformational contortion
造泥炭植物☆peat-forming vegetation
造盆地作用☆basin-forming process
造盆运动☆basin building
造瀑(布)层☆fall-maker
造气的焊皮☆volatile covering
造气显微组分☆gas-generating maceral
造球☆pelletization；pelletizing；nodulizing
(团矿)造球滚筒☆balling drum
造球机☆pelletizer
造球性[矿料的]☆ballability
造山☆mountain building
造山(作用)☆orogenesis
造山(运动)☆mountain building{forming}；orogeny；mountain-making{orogenic} movement；orogenesis
造山变形作用☆orogenic deformation
造山成矿构造带☆orogenic metallotectonic zone
造山成因的岩基☆orogenic batholith
造山带☆orogenic belt{zone}；orogen(e)；tectogene
造山带的二元性☆duality of orogenic belts
造山带分支部分☆lobe of orogenic belt
造山带内凹☆embayment；recess
造山的☆orogenic；tectonic；orogenetic
造山地槽☆orogeosyncline
造山(运动)后的☆postkinematic；posttectonic；apotectonic
造山后幕☆apotectonic phase
造山后期☆epi-orogenic stage
造山后期优地槽☆epieugeosyncline
造山活动的热富集作用☆orogenic heat concentration
造山末幕☆postorogenic phase
造山幕☆orogenic episode{phase}；morphorogenic phase；orophase
造山期☆orogenic period{epoch;phase}；MP
造山期后的☆postorogenic；epiorogenic
造山期后侵入作用☆apo-orogenic intrusion
造山期间同步沉积☆interorogenic timing
造山期前相☆pre-orogenic facies
造山期前岩浆活动☆pre-orogenic magmatism
造山前期☆pre-orogenic phase
造山前期地带☆preorogen
造山前侵入☆pre-kinematic intrusion
造山盛期相☆serorogenic phase
造山盛期岩浆活动☆serorogenic{serotectogenic} magmatism
造山体系☆orogeniques system
造山晚期盆地☆late-orogenic basin
造山系{纪}[古元古代第三纪]☆Orosirian
造山向极性☆orogenic polarity
造山性褶曲☆orogenic folding
造山旋回的主相☆paroxysm of orogenic cycle
造山岩浆☆mountain building magma；mounting magma
造山运动☆orogeny；tectonization；concentrated earth movement；orogenesis；tectogenesis；orogenic activity {revolution;event}；euorogeny；mountain building {making} (movement)；tectogenetic{orogenic} movement
造山运动的(直接前)兆☆immediate forerunner of orogeny
造山运动高潮时期☆orogenic paroxysm
造山运动后(期)的☆posttectonic；postkinematic
造山运动后的盆地☆post-orogentic basin
造山运动期前☆preorogeny
造山运动前时期☆pre-orogenic phase
造山运动晚期花岗岩☆late-kinematic granite
造山运动相☆phase of orogeny
造山运动直接前兆☆immediate forerunner of orogeny
造山作用☆orogeny；orogenesis；concentrated earth movement；mountain making{folding}；orogenics；tecto-orogenic processes；orogenic process
造山作用的潜伏期☆incubation period of orogenesis
造山作用最强烈时期☆climactic orogeny{progeny}
造像术☆imagery
造斜☆building angle[定向井]；build up{angle}；angle build-up{build}；whipstocking
造斜点☆kick-off{deflection;whipstock} point；KOP
造斜工具☆deflection{deflecting;kickover} tool
造斜井段☆kick-off section
造斜力☆deviating{building} force
造斜率☆build-up rate；rate of build (build-up)；rate of deviation change[钻斜井;钻井]
(定向井)造斜率☆drift-angle buildup
造斜喷嘴☆deflecting nozzle
造斜器☆whipstock；deflector
(用)造斜器侧钻☆whipstock
造斜、稳斜、降斜(型)[井眼轨迹]☆build,sail and drop
造斜用弯短钻铤☆short bent collar
造斜钻具总成☆angle-building assembly
造斜钻铤短节☆short bent collar
造型☆forming；build；contouring；shaping

造型白石膏☆white mo(u)lding plaster
造型材料☆moulding material; plasticine
造型工☆molder; moulder
造型工地☆foundry floor
造型工具☆gagger
造型和成形☆molding and shaping
造型机☆moulding machine
造型砂斗☆mo(u)lder's hopper
造型原料矿产☆raw material for moulding
造型织物☆shaped fabric
造血器官☆blood making organ
造崖层☆cliff maker; cliff-maker
造盐基元素☆base-forming element
造岩☆lithogenesis; lithogenesy
造岩(的)☆rock-forming
造岩的☆lithogenous; petrogenic; lithogenic
造岩生物☆rock-forming organism; rock-builder
造岩物质☆matrix solid material; lithogenous material
造岩氧化物☆rock-forming oxides
造岩元素☆petrogen(et)ic{rock-forming} element
造岩藻类☆rock-building algae
造岩作用☆lithogen(e)ous{lithogenesis} process
造眼☆perforate
造洋区{带}☆thalattogen
造洋运动☆thalattogenesis
造洋运动(的)☆thalattogenic
造洋作用的☆thallatogenic; thalattogenetic
造影技术☆shadowgraph technique
造渊运动☆bathygenesis; bathygenic movement
造云器☆meteotron
造渣☆slag formation{making}; fluxing; slagging; slag-forming; scorifying; slugging
造渣能力☆slaggability
造纸废水☆white water
造主[遗石]☆trace maker
皂☆soap; black; office boy; yamen-runner
×皂[植物油中性皂]☆Orso
皂化☆saponification; saponify
皂化剂☆saponifier
皂化石油☆saponated petroleum
皂化稳定尾油☆soap-stabilized tail oil
皂荚属[植;E_3-Q]☆Gleditschia
皂角{草}苷☆saponin
皂类稠化剂☆soap-type gelling agent
皂膜假晶体☆soap film pseudo-crystal
皂泡☆sud; soap bubble
皂乳化液☆soap emulsion
皂石 [$(Ca_{1/2},Na)_{0.33}(Mg,Fe^{2+})_3(Si,Al)_4O_{10}(OH)_2 \cdot 4H_2O$; 单斜]☆saponite; soapstone; thalite; mountain soap; zebedassite; smegmatite; limbachite; bo(w)lingite; lapis {-}ollaris; soap-stone; piotine; soap(-)rock; zink saponite; walklera; cathkinite; steatite; nephrite; magnalite
皂石层☆soap layer
皂水(泡)☆sud
皂水诱发的喷发活动☆soap-induced eruption
皂土☆bentonite (clay); bentonitic clay
皂土硅酸钠化学混合浆☆chemical-clay grout
皂洗☆soaping
皂液(检漏)☆soaping
皂状孔[膨润土表面湿润后形成]☆soap hole
皂浊液☆soap emulsion
灶☆oven
灶熔☆batch melting
灶用煤油☆range oil
燥液☆drier; liquid driers

zé

责备☆censure; blame; reproach; rap; quarrel
责骂☆scolding; baste; lash; rebuke; excoriate
责任☆accountability; duty; charge; responsibility; burden; liability; blame; trust
责任保险最高保额☆liability limits
责任方☆party responsible
责任事故☆accident due to negligence; accident involving criminal or civil liability; human element accident
择位☆site preference
择优定{取}向☆preferential direction; preferred orientation
泽地☆everglade
泽地带☆marshy terrain
泽沟鲸☆Zeuglodon
泽龟科☆Emydidae
泽隆塑料☆zellon
泽莫尔(阶)[北美;E_3-N_1]☆Zemorrian (stage)
泽泻属[植;Q]☆Alisma

zéi

贼木属[K]☆Phoroxylon

zēng

增安型电气设备☆increased safety electrical apparatus
增白剂☆whitener; brightening; brightener
增爆剂☆booster
增补☆supplement; feed; augment; supp; suppl
(油井)增产☆stimulate
增产倍数☆stimulation ratio
(生产井)增产措施☆well stimulation
增产措施后备井☆potential stimulation candidate well
增产措施前的☆prestimulation; pretreatment
增产的石油☆incremental oil
增产工艺☆enhanced recovery technique
增产节约计划☆plan for increasing production and practising economy
增产量☆addition
增产效果☆production response
增产油量☆extra-oil production; increment oil produced; incremental oil; production gain
增产油-蒸汽比☆incremental oil-steam ratio; IOSR
增稠☆bodiness; thicken(ing); densification; bodying
增稠剂☆thickener; thickening (agent); gelling agents; flocculating agent
增磁线圈☆magnetising coil
增大☆increase; enlarge; accretion; increment; accrete; augment; boosting; enlargement; incr; inc
增大比例☆scal(ing) up; scale-up
增大的☆augmented
增大褶皱[随岩层厚度]☆generative folds
增大直径的钻孔☆oversize hole
增到四倍☆quadruplication
增(加)电子作用[还原作用]☆electronation
增(音)度因子☆augmenting factor
增幅因子☆amplification factor
增幅振荡☆divergent oscillation
增富石☆masutomillite
增感剂☆sensitizer; sensitizing agent
增感屏☆intensifying screen
增高截槽爆破☆snubbing shot
增高时间[信号电平]☆attack time
增光屏☆intensifying screen
增广的☆augmented
增函数☆increasing function
增厚☆bodiness; thickening
增厚层☆thickenings
增厚的☆incrassate
增厚地层☆expanding bed
增厚剂☆intensifier
增辉☆unblanking
增辉电路☆intensifier
增积☆accretion
增积的☆accrete
增加☆jack; increasingly; buildup; gain; step up; wax; boost; tack; access(ion); increase; run-up; raise; addition; multiplication; increment; mount; augmentation; enhance; add; augment; inc; incr
增加(的)☆inpouring; augmented; incremental
增加法☆flop-in method
增加供水☆water supply augmentation
增加工资☆wage advance
增加剂☆intensifier
增加了轻馏分的原油☆enriched oil
(使)增加两倍☆triple
增加量☆augmentation
增加膜强度的添加剂☆film strength additive
增加耐用{磨}和可靠性☆ruggedization
增加(产品)品种☆diversification
增加曲线☆logistic curve
增加趣味☆spice
增加三倍☆quadruplication
增加投资所产生的效果☆multiplier effect
增加推力☆assist
增加物☆accretion; continuation; augmentation; increment
增加下沉力物体重量☆sinker weight
增加压差☆increased drawdown
增加压力☆pressure boost
增加易性剂☆workability admixture
增加油☆supernumerary
增加站☆booster station
增减变质(作用)☆allochemical metamorphism
增减性海水面变化☆eustacy; eustasy
增建部分☆annex
增建矿山概率☆probability of new mining
增建曲线☆building-up curve
增进☆gain; enhance; loft
增进{向盛}期☆epacme
增刊☆supplement; suppl; supp
增宽(度)☆broadening
增力阀☆power valve
增力桩☆backup{back-up} post
增量☆increment; addition; increase; incremental quantity
增量比☆incrementary{incremental} ratio; quotient of difference
增量闭合差改正数☆incremental discrepancy correction
增量分析☆incremental analysis
增量剂☆extender
增量深度☆increment depth; ID
增量式绘图仪☆incremental plotter
增量调制☆delta modulation
增量投入{效益}☆incremental input
增量载荷方法☆increment load procedure
增亮剂☆brightening
增磷作用☆phosphorization
增密☆densification
增密炉☆densifier
增棉系数☆fiber-increasing coefficient
增面性燃烧火药(装药)☆progressive burning charge
增模☆plastication
增能☆energization
增能剂{器}☆energizer
增能气体☆energizing gas
增能液(体)☆energized liquid
增黏的☆viscosified
增黏剂☆viscosifier[泥浆]; anchoring{viscosifying; thickening} agent; adhesion promoter; viscosity builder; viscosity increasing agent; tackifier
增黏水☆viscous water
增黏作用☆viscosifying action
增浓☆densification; thickening
增浓剂{机}☆densifier
增频转换☆upconversion
增坡段落☆aggraded reach
增强☆enhance(ment)[记录、数据质量]; strengthen; reinforce; booster; reenforce; accentuate; tone; heighten; intensification; turbocharge[计;口]
(作用)增强☆potentiation
增强比☆intensification ratio
增强材料☆reinforcer; reinforcement; reinforcing material
增强处理☆processing of enhance
增强的☆forced
增强负像☆negative intensified image
增强光谱☆enhanced spectrum
增强剂☆intensifier
(焊缝)增强量不足☆insufficient reinforcement
增强膜☆strengthening film
增强器☆booster; enhancer; intensifier; augmenter; synergist; augmentor
增强塑料☆reinforced plastic
增强图像☆positive intensified image; enhanced image
增燃火药粒☆progressive granulation
增韧剂☆flexibilizer; elasticizer; toughner
增溶(作用)☆solubilization
增溶剂☆solubilizer
增溶溶解☆solubilisation
增色剂☆toner
增生☆hyperplasia; accrete; accretion; secondary enlargement; overgrow(th)
增生冰☆aggradational ice
增生层理☆growth bedding
增生的☆proliferous
增生地体☆accreted terrane
增生反应☆proliferative reaction
增生晶☆integration
增生棱体☆accretionary prism
增生期后的☆post-accretionary

增生作用☆accreting
增湿☆dampen；humidifying；humidification
增湿剂☆humidizer；wetter
增湿器☆humidifier
增水☆wash
增速☆gear{speed} up；increase of speed
增速传动☆(speed-up) drive；od；gearing up
增速传动(装置)☆gearing-up
增速器☆speed increaser；speed {-}increasing gear
增塑(作用)☆plasticization
增塑剂☆plasticizer；elasticizer；plastifier；plastifying agent；softener
增塑凝胶☆plastigel
增塑溶胶☆plastisol
增塑性☆plasticity agent
增塑作用☆plastification
增碳☆carburet(ion)；carburetting；carburization；carbonization；acieration；cementation
增碳剂☆carburant；recarburizer
增碳器☆carburet(t)or；carburet(t)er
增碳作用☆carburetion；(re)carburization；carburetting
增碳☆fill-up carbon
增添项☆additional item
增添新燃料☆spiking
增田科里尔图解☆Masuda-Coryell diagram
增透膜☆anti-reflection coating film
增推力燃烧☆progressive burning
增温变质☆constructive metamorphism
增温层☆increasing zone of subsurface temperature；thermosphere
增温层顶温度☆thermopause temperature
增温率☆rate of temperature increase
增温率恒定层☆bathylimnion
增温深度☆geothermic depth
增消过程☆birth and death process
增效☆synergy；beneficiate
增效剂☆synergistic agent；synergist
增效膨土☆beneficiated bentonite
增效助剂☆builder
增效作用☆synergistic action
增斜☆angle build{build-up;gain}；build angle{up}；building up hole angle；increasing hole angle；drift-angle buildup；building angle[定向井]
增斜过程☆build-up process
增斜率☆rate of build
增斜-稳斜型[井眼轨迹]☆build and hold{sail}
增兴趣☆zest
增序列☆increasing sequence
增压☆supercharge；boost pressure；(supercharging) boosting；pressure boost；pressurization；pressurize；pressure charging[内燃机]
增压瓣☆delivery clack
增压泵☆booster{supercharge;pressure;compressing;intensifier; boosting} pump；pressurizer；force lift pump；inflator
增压比☆pressure ratio；boost-ratio
增(降)压舱☆wet lab
增压的☆plenum；pressurized
增压阀☆forcing valve
增压管☆ascending tube{pipe}
增压块☆multi-stage anvil
增压器☆supercharger；booster (compressor)；boost compressor；blow(er)；intensifier；augmenter；pressure intensifier{amplifier;unit}
(泵的)增压室☆pumping chamber
增压式内燃机☆supercharged engine
增压体积☆boosted volume
增压砧☆growing anvil
增压装载☆supercharge loading
增压作用☆supercharging
增艳剂☆brightening
增氧燃烧☆oxygen-enriched combustion
增液☆thickening
增易式扩散☆faciei
增益☆gain(ing)；transmission gain；increase；raise；add
增益带宽☆gain bandwidth；g.b.；GB
增益函数☆gain function
增益曲线☆gain trace；wild goose
增益系数☆amplification coefficient；gain factor
增益因子{数}☆gain factor
增音站☆repeater station
增音装置☆echo repeater unit
增援☆reinforcement；reinforce；reenforce
增长☆increment；increase；gather；accrete；growth；jack-up；enlarge；development；build(ing)-up；rising；propagate；augmentation；accretion；buildup；swell
增长带☆accreting line；accretion zone
增长的☆ascending；rising
增长火山☆swelling volcano
增长极理论☆growth pole theory
增长结晶(作用)☆accretive crystallization
增长库金☆accrued treasure assets；ATA
增长类推技术☆growth analogy
增长率☆growth rate；rate of rise{growth}
增长期☆accretionary phase；epacme
增长沙洲☆enlarged bar
增长时间☆rise time
增长应变☆incremental strain
(随岩层厚度)增长褶皱☆generative fold
增长值☆increased value；i.v.
增长中的☆growing
增殖☆accretion；birth
增殖过程☆birth process；breeding
增殖理论☆theory of multiplier
增殖率☆reproducibility
增殖性核燃料☆fuel and fertile material
增殖者☆propagator
增值☆increment；incremental value{cost}；add value；increase{rise} in value{production}；appreciate
增值分析☆incremental analysis
增值税☆added-value{value-added} tax；tax on added value；accelerated profit tax；VAT
(使)增至三倍☆triplicate；triple；treble
增重☆weighting
增注☆augmented injection
增注措施[注入井]☆stimulation treatment；well stimulation
增阻区☆built-up area
增阻调节☆air regulation by addition of resistance
增组☆reduplication
憎恨☆hate；hatred
憎水玻璃细珠☆hydrophobic glass beads
憎水的☆hydrophobic；hydrophobe；hydrophobous；water {-}repellent
憎水基☆lyophobic radical
憎水剂☆hydrophobe；hydrophober
憎水性☆hydrophobic nature；hydrophobicity
憎水岩芯☆oil wet core
憎水遮挡膜☆hydrophobic barrier film
憎恶☆allergy
憎液溶胶☆lyophobic sol
憎液物☆lyophobe
憎油的☆oleophobic
憎雨的☆ombrophobous
憎雨植物☆ombrophobes

zèng

赠☆present
赠卷[法]☆coupon
赠送☆gift
赠送(礼品)[苏、古]☆propine
赠送者☆complementer
甑馏石墨☆retort graphite
甑土☆retort clay
甑蒸法☆retort method

zhā

扎☆sheaf [pl.sheaves]；truss；tie；roping
扎布耶石☆zabuyelite
扎格罗斯构造{造山}带☆Zagrosides
扎根☆rooting；root
扎哈里阿森规则☆Zachariasen rules
扎哈罗夫石☆zakharovite
扎幌孔珊瑚属[S-D]☆Sapporipora
扎接☆butting
扎紧☆tighten；congestion；tightening
扎紧管子的装置[运输时]☆load binder
扎铝磷铜矿☆zapatalite
扎伤膝部事故☆accident of kneeling on sharp objects
扎伤足部事故☆accident of stepping on sharp objects
扎线☆bind；tie line{wire}；belt；bundle；gird[电枢]
扎伊尔☆Zaire
扎伊尔矿☆zairite
扎住☆seizure
渣☆trade；cinder；dregs；slag；sediment；residue；broken bits
渣饼试验☆pancake test
渣堆☆escorial；cinder dump{bank;clump}；slag muck
渣粉☆ground slag
渣风口[风口被炉渣塞柱]☆slag tuyere
渣浮选精矿☆slag concentrate
渣罐☆slag ladle
渣化☆fluxing；slag；slagging；scorifying
渣化法☆scorification；scarification
渣化面☆slagged surface
渣化皿☆scorifier
渣化试验☆scorify
渣还原剂仓☆slag reductant silo
渣壳☆skull；incrustation；solidified slag
渣坑☆hunch{slag} pit；dump；cinder fall；cinder-pit
渣孔☆flushing hole；slag eye
渣口[冶]☆slag hole{notch}；cinder notch；monkey
渣口冷却器☆monkey cooler
(熔岩)渣块☆clinker
渣块熔岩☆aa (lava)；aa-lava；rubbly{as;aphrolitic} lava；aphrolith；aphrolite；apalhraun
渣硫化仓☆slag sulphidizer silo
渣煤☆dross(y) coal
渣棉☆wool；slag wool{cotton}
渣皮☆peeling
渣贫化{清洗}电炉☆electric slag cleaning furnace
渣绒☆mineral wool
渣蚀☆slag attack
渣洗☆wash heat
渣线☆slag line
渣屑☆leaving；slack
渣烟化法☆slag fuming process
渣油☆final residuum；blacksrap；black oil；residual oil{residuum} [油]；resid；oil residue
渣状☆slaggy
渣状包体☆entrapped slag
渣状的☆clinkery；scoriform；slaggy；drossy；scorious{scoriaceous}[火山]
渣状集块角砾岩☆slaggy agglomerate
渣状熔岩☆slaggy{scoriaceous;clinker;aa-type;aa} lava；aa
渣状熔岩地面☆aa-field
渣状熔岩堤☆scoria moraine
渣状岩块☆scoriaceous block
渣滓☆foot；froth；dregs；sediment；residue；dross；slumgum；trash；tailing；sullage；scum；scob

zhá

札氟氧铋石☆sawarizkite
札哈罗夫石☆zakharovite
札洛斯喀结晶片岩带☆Zaluskar crystalline schist zone
轧板机☆mangle；plate mill
轧边☆edging
轧边机☆edger
轧槽斜度{|中线}☆taper{|pitch line} of groove
轧成状态☆as rolled condition
轧(制)钢☆rolled steel
轧钢厂☆steel{rolling} mill；(iron;steel) rolling mill
轧钢工(人)☆mill operator；millman [pl.-men]
轧钢机台☆rolling platform
轧钢机用电动机☆screwdown motor
轧管机☆tube mill
轧光机☆glazer；calender
轧辊☆bowl
轧辊环☆collar
轧辊架☆holster
轧辊冷却乳液☆roll coolant
轧辊喷砂强化☆mill roll etching
轧辊凸头☆crown
轧辊型缝☆calibre；rollpass
轧辊重车系数☆redressing coefficient of rolls
轧辊轴承☆roll (neck) bearing；chock
轧合☆zap-lop
轧机的传动装置☆rolling mill drive apparatus
轧机机架☆mill{roll} housing；roller frame
轧机机列☆train of rolls
轧机机座☆mill stand
轧机机座的弹跳{弹性变形}☆mill spring(ing)
轧机设备的总布置☆mill general layout
轧机主传动电机☆main mill drive motor
轧迹控制☆trace control；TC
轧尖☆tagging

轧件☆rolled piece；rolled steel strip；workpiece
轧件的鱼尾端☆fishtail end
轧件(离轧辊时)下弯☆underdraft
轧面机☆sheeter
轧膜机☆roller film machine；roller mill
轧平☆iron；cover the position；evening up；bulldoze
轧石☆crushed rock{stone}
轧石厂☆crushing mill{plant}
轧石机☆(rock) crusher；crushing machine
轧石砂☆crusher sand
轧头☆dog；breaking head
轧细砂☆crushed sand
轧屑☆mill scale{cinder}；cinder
轧制☆rolling；roll (down;form)；milling
轧制板☆milled sheet
轧制材☆rolled stock
轧制长度☆mill length
轧制钢板☆rolled plate；rolled sheet material
轧制过程☆operation of rolling；rolling process
轧制裂纹{缝}☆rolling crack
轧制筛网☆rolled-top screen
轧制铁鳞☆roll scale
闸☆fastener；cut-off plate；brake；floodgate；sluice (gate)
闸把☆brake lever{handle;crank}
闸板☆gate (segment)；cut-off plate；paddle；shut-off device；shutter closing；stopper board；weir；pipe ram[防喷器]
闸板防喷器☆gate-type preventer
闸板杆式溜口☆Arizona chute；Mount Con chute
闸板溜槽(口)☆lifting chute
闸板排矿☆dam-and-gate discharge
闸板式防喷器☆ram-type preventer；ram blowout preventer；ram BOP
闸板行程☆gate travel
闸柄☆trigger
闸波讯号☆gating signal
闸衬片☆brake lining
闸程☆lockage
闸带☆brake strap{band}
闸刀[开关的]☆male contact
闸刀开关☆knife switch；KS
闸底☆lock bottom
闸斗仓☆lock hopper
闸墩☆pier
闸阀☆gate (valve)；sluice valve；GV；Gt. V.；GTV
闸杆☆brake beam{bar}
闸杆安全链眼☆brake beam safety chain eye
(用)闸隔开的☆dammed off
闸辊☆braking club
闸间隙☆brake clearance
闸卡☆brake clip
闸控制器☆braking controller
闸块式制动器☆block brake
闸力☆braking effort
闸梁安全链眼铁☆brake beam safety chain eyebar
闸流管☆thyratron
闸流晶体管[半导体开关元件]☆thyristor
闸轮☆brake pulley{wheel}；wheel
闸轮(提升)井筒☆drop pit
闸门☆penstock；hatch；shutter；lock；gate；strobe；restrictor；paddle；anchor{sluice} gate；apron plate；lock gate[水闸]；caisson；draw-gate；headgate；strake；ship lock gate；throttle valve
闸门挡板☆seal apron
闸门电路☆gate circuit
闸门断开管道☆block a line
闸门阀☆sluice valve
闸门管☆gate valve{tube}；GV；Gt. V.；GTV
闸门密闭卸料器☆air sealed discharging gate
闸门排料式跳汰机☆gate-and-dam jig
闸门室☆gas{gate} chamber
闸门式取样管☆door{window}-type sampler
闸盘☆brake disc
闸式阀☆gate valve
闸式水力测功器☆hydraulic brake
闸室☆chamber gate
闸闩☆latch
闸水阀☆sluice valve；SV
闸踏板{|凸缘|套|铁}☆brake pedal{|flange|casing|iron}
闸瓦☆(brake) shoe；braking block{shoe}；head-block；brake；brake-block；headblock
闸瓦连杆销☆brake-shoe link pin
闸瓦式制动器☆block brake
闸瓦托销☆brake head pin
闸瓦销☆slipper pin
闸线☆lockage
闸箱☆lock chamber
闸芯☆ram
闸压床☆brake-press
闸摇臂☆brake rocker arm
闸装置☆brake-gear

zhǎ

碴[铁路、矿山曾普遍使用，现提倡改用“渣”。大量有关“碴”的词条请改换成“渣”查取]☆see “渣”
眨眼☆wink

zhà

栅☆grid；hovel；fence；cascade；cage；bar
栅笔石(属)[O-S_1]☆Climacograptus
栅格☆hurdle；grid
栅格单位☆cell
栅格扫描数字化仪☆raster {-}scan digitizing device
栅格式气体洗涤器☆hurdle scrubber
栅格柱轻便架☆lattice column mast
栅棘鱼☆Climatius
栅节木属[D]☆Climaciophyton
栅口虫(属)[C-P]☆Climacammina
栅栏☆catch-frame；barricade；stockade；barrier；fence；hedge；pale；railing；paling；bars；boom
栅栏构造☆palisade structure
栅栏小组[专门构筑管带通过庄园栅栏处临时大门的施工小组]☆fencing crew
栅篱☆hedgerow
栅帘撇油器☆fence boom
栅列藻属☆Scenedesmus
栅门连锁装置[在井筒栅门全部关闭后才能启动提升机设备或发出提升信号]☆gate interlock
栅墙[防沙]☆row-sleeper
栅式溜槽闸门☆finger-chute gate
栅滩☆bar beach
栅条☆grid；needle
栅网☆reseau [pl.-x]
栅网颗石[钙超;E2-N1]☆Dictyococcites
栅限深度☆sill depth
栅形迹[遗石]☆Climactichnites
栅锈菌属☆melampsora
栅旋螺属[O-S]☆Phragmolites
栅鱼属[S_3-D_1]☆Climatius
栅藻(属)[绿藻;Q]☆Scenedesmus
栅状[图]☆fence
栅状构造☆rodding{mullion;rodded} structure
栅状图☆grid{panel} map；fence diagram
栅状图解☆panel diagram
栅状组织[植物叶]☆palisade tissue{mesophyll}
榨☆squeeze；pressing；milk
榨出☆expression；sweat；outsqueezing
榨泥机☆mud masher
榨取☆squeeze；milk
蚱蜢式勘探找矿法☆grasshopper approach to exploration
乍得☆Chad
乍得阶[C_1]☆Chadian
炸弹☆explosive capsule；bomb；buster[巨型]
炸弹式结构☆exploded-bomb texture
炸弹箱☆cassette
炸断套管☆casing severing
(火山)炸发角砾石☆explosion breccia
炸飞雷管☆blown primer
炸高☆height of burst
炸毁多爆破多鼓起☆blow up
炸胶☆blasting gelatine；gelinite
(用硝化甘油炸弹)炸开油层☆shoot the well
炸力☆bursting force
炸裂☆burst(ing)
炸裂弹☆explosive bullet
炸裂空间{范围}☆bursting space
炸裂声☆blasting
炸落岩石☆dirted{dirtied} rock
炸石工☆rockman
炸碎☆shatter(ing)
炸碎的岩石☆blasted rock
炸碎井下落鱼的炸药包☆junk shot
炸药☆explosive (charge)；dynam(agn)ite；blasting agent{powder;compound;material;explosive}；(joint) powder；fulminate；(bursting) charge；soup；soda blasting powder；lignose；detonator；dyn；XPL
TNT 炸药☆trinol；TNT；trinitrotoluene；trinitrotoluol
炸药包☆explosive capsule{package}；charge；blasting cartridge{charge}；plug；dynamite charge；pack {satchel} of dynamite；satchel charges；bomb[海洋震勘]
炸药包锚[爆井内防止药包移动的固定装置]☆charge anchor
炸药包最大间距试验☆gap test
炸药爆轰☆detonation of explosives
炸药爆破力展开☆reach of explosive
炸药爆破锚固锚杆法☆rockbolt；explosively anchored rockbolt
(用)炸药爆破☆dynamite
炸药爆速☆explosion velocity of explosive
炸药爆炸力试验[射击法]☆ballistic method
炸药比耗☆specific consumption of explosive
炸药比容☆gas ratio of explosive
炸药单位体积威力{强度}☆bulk strength
炸药到被穿透物质的距离☆standoff distance
炸药的威力☆power of explosive
炸药发放员☆powder monkey
炸药房☆dynamite magazine
炸药(的)分布☆dispersion of explosives
炸药感度☆explosives sensitiveness；sensitivity of explosives；power sensibility
炸药工艺学☆powder technology
炸药管☆wafer
炸药耗量比☆weight-to-volume (ratio)；weight to volume ratio
炸药盒☆carton
炸药级类☆grade of explosive
炸药剂☆blasting compound
(地面)炸药加工房☆makeup bunker{shed}
炸药浆喷枪☆grouting gun
炸药卷☆(blasting) cartridge；stick (dynamite)；powder stick
炸药库☆(explosive(s)) magazine；blasting agent storage；explosive{powder} storage；explosive store [地面]；storage magazine for explosives；powder car{magazine;house;room}；distributing magazine
炸药量☆explosive charge；quantity of explosive
炸药锚☆anchor
炸药猛度☆brisance；violence of explosive
炸药密度☆density of powder
炸药配方☆example of explosives
炸药强度☆brisance；strength of explosive
炸药事故☆explosive accident
炸药试验☆testing of explosive
炸药体威力☆cartridge strength
炸药筒☆dynamite container；blasting cartridge；canister；powder stick；torpedo shell
炸药筒的量装机☆cartridge weigh loader
炸药未起反应部分的压力☆pressure in the unreacted；portion of the charge
炸药箱☆explosive{powder} box；charge carrier
炸药消耗比☆explosive ratio
炸药消耗量☆consumption of explosives
炸药性能☆explosives performance
炸药震动☆back-off shooting
炸药震力☆brisance
炸药(式)震源☆explosive source
炸药装药爆炸系列☆id bursting-charge explosive train
炸药装填量☆charge guantity
炸药自爆☆cook-off
炸药阻抗☆impedance of an explosive

zhāi

摘☆cull；ring；pluck
摘抄☆excerpt
(从牵引钢丝绳上)摘车☆knock(ing) off
摘除☆disposal
摘除(拖车的)拖架☆bob-tail off
摘钩☆hooking-off；unhook；disconnecting hook；car cutter；knockoff；unlink；uncoupling[车辆]；tripping；uncouple；relief irons
摘钩工☆clipper；rope cutter
摘挂钩工☆shackler；putter-out
摘环☆relief irons

Z

摘记☆breviate
摘记簿☆notebook
摘开☆decoupling；unsnap
摘开的☆out of gear
摘开(绞乱的)绳☆disconnecting stirrup
摘离☆drop-off；release
摘录☆extract(ion)；fragment；ex.；snippet
摘录簿☆bordereaux
摘取☆pick off
摘去☆relief
摘脱弹簧☆disconnecting spring
摘下☆drop-off
摘要☆abstract；digest；extraction；brief；comprisal；summary；capsule；epitome；breviary；summarize；syllabus[pl.syllabi]；epitomization；abridg(e)ment；abridge；recapitulation；round up；resumption；sum；abs；abs.；abst.；sum.
摘要本☆abridged edition
摘要叙述☆resume

zhái

宅地☆toft
宅基☆homestead；the foundations{site} of a house

zhǎi

窄矮通路☆tight crawl passage
窄板颚牙形石属[C_1]☆Pinacognathus
窄板苔藓虫属[P]☆Stenodiscus
窄波段☆narrow range
窄长煤柱式房柱开采{采煤}法☆room and rance
窄场子采煤法☆single-road stall method
窄唇纲☆stenolaemata
窄(频)带(的)☆narrow {-}band；NB
窄带干扰☆selective interference
窄带纪[中元古代第三(末)纪]☆Stenian
窄带壳叶肢介属[K]☆Tenuostracus
窄带宽☆narrow-bandwidth
窄带调频☆narrow-band frequency modulation；NFM
窄带通道☆narrowband channel
窄道☆catwalk；narrow path
窄点☆pinch point
窄范围☆close limit
窄房式采煤法☆single-road stall method
窄沸程☆narrow boiling range
窄工作面[采场宽度小于 6yd]☆narrow place；narrow face{workings}
窄工作面的工作☆narrow work
窄古菊石属[头;T_3]☆Stenarcestes
窄管的[头]☆stenosiphonate
窄光束☆narrow beam；narrow-beam
窄轨(距)☆narrow gauge
窄轨机车☆dinkey{narrow-gauge} loco(motive)
窄海胆科[棘]☆Stenomasteridae
窄焊道☆string(er) bead
窄焊道钢刷[焊道不横摆]☆stringer bead brush
窄巷☆dog heading
窄巷道☆narrow opening{working}
窄环三缝孢属[Pz]☆Stenozonotriletes
窄火成岩脉☆gaw；jack
窄急海流☆stream current
窄级分级☆close sizing
窄岬☆bill
窄间隙☆narrow clearance
窄角光束宽度☆narrow angular beamwidth
窄角石属[头;C_2-P]☆Stenopoceras
窄截槽☆thin kerf
窄颈段[水道等的]☆throat
窄颈海湾☆bottleneck bay
窄口的☆narrow-mouthed
窄矿房☆narrow stall
窄矿柱☆rance
窄粒级{度范围}产品☆short-range product
窄鳞鱼属[D]☆Arctolepis
窄馏分☆close cut fraction；narrow{clean} cut
窄(矿)脉☆narrow vein
窄脉冲☆burst pulse
窄脉冲多谐振荡管{器}☆sanatron
窄毛细管段☆narrow capillary segment
窄煤柱☆rance；rib
窄面掘进☆driving with narrow face
窄囊粉属[孢;D_3]☆Perisaccus
窄频带☆narrow band；narrow-band；NB
窄频带宽度☆narrow-bandwidth
窄频带调制☆narrow-band frequency modulation
窄(频)谱☆narrow spectrum
窄(范围)筛分的☆narrow-meshed
窄蛇尾目[棘]☆Stenurida
窄射线☆narrow-beam
窄式作面平巷☆straight work
窄束☆narrow-beam
窄条饱和油砂层☆shoe-string sand
窄雾锥喷嘴☆solid-stream nozzle
窄隙☆lamina
窄隙防爆式电机☆lamina explosion-proof machine；lamina explosion proof motor{machine}
窄隙隔爆罩☆plate protection casing
窄狭平巷☆close level
窄小巷道☆monkey heading
窄小孔穴☆grip
窄星海胆科☆Stenomasteridae
窄型燃烧室☆narrow fire box
窄岩矿集合体☆lath
窄叶黄芪☆Astragalus pectinatus
窄油环☆thin oil ring
窄原生目☆Crenarchaea
窄缘工字钢☆narrow flanged I-beam
窄枝苔藓虫属[C_1]☆Stenocladia

zhài

债权☆credit；cr.
债权人☆creditor；obligee；debtee
债券☆deb.；debenture
债券贷款☆bond loan
债券投资☆investment in bonds
债务☆debt；liabilities；engagements；obligation；liability；indebtedness
债务`违约{不履行}概率☆probability of default
债务人☆debtor；obligor
债务替代清偿协议抵偿☆accord and satisfaction
债务周转信贷☆debt financing
债务转期[以长期证券替换短期负债]☆funding
债息☆dividend
债主☆creditor；obligee
寨里犬属[E_2]☆Chailicyon

zhān

占卜式找矿☆divining
占星术☆astrology
呫吨[$C_6H_4CH_2C_6H_4O$]☆xanthene
毡☆felt
毡衬洗矿槽☆blanket sluice{strake}
毡垫圈☆felt (washer)
毡环☆felt-ring
毡滤器☆felt filter
毡帽铺毛工☆coner
毡密封☆felt seal
毡钠沸石☆bergmannite
毡圈☆felt-ring
毡刷☆felt finger
毡状☆blanketlike
毡状基质☆felty{felted} groundmass
毡状沥青☆monkey hair；affenhaare
毡状泥灰☆blanket moss
毡状砂岩层☆blanket sand
毡子☆rug
詹姆斯型快速动筛式跳汰机☆James Jig
詹纳斯配置☆Janus configurations
詹尼型压气-机械搅拌浮选机☆Janney mechanical-air machine
粘☆adhere to；glue；stick；paste
粘接☆bonding；welding
粘扣☆galling；galled thread；thread gluing
粘牢☆cement
粘连波痕☆antiripple(t)；adhesion ripple
粘连底滑☆coherent slump
粘连滑塌☆coherent slump；slump coherent
粘连双粒☆coherent duplex grains
粘片☆mounting
粘贴☆stick；paste；pasting；plastering-on；plaster
粘贴箔式应变计☆bonded foiled{strain} gage
粘贴簿☆album
粘贴式(电阻)应变计☆bonded (resistance) strain gage
粘贴丝式应变计☆bonded wire gage
粘在顶板上的煤☆roof coal
粘住☆clog；cling(ing)；stick to；sticking together
粘住的☆cemented；cementitious；tacky
沾边☆wetting；touch (up)on only lightly；be relevant
沾染(疾病)☆contract
沾染点☆contamination spot
沾湿表面☆wettability{wetted} surface
沾石灰☆lime dip{finish}
沾污☆smearing；spot；blemish；soiling；pollution；contamination[水、空气]
沾污(地)带☆contaminated area；smear zone
沾污物☆contaminant
沾污系数☆fouling factor
沾污异常☆hard-to-evaluate spot anomalies
沾污源☆source of contamination
沾锡☆tin pick-up
沾益鱼属[D_1]☆Zhanjilepis

zhǎn

盏☆calyces [sgl.calyx]；small cup
斩(碎)☆chop
斩波器☆interrupter；chopper；lopper；interruptor；clipper
斩波信号☆chopping signal
斩波型显示器☆scope in chop mode
斩光器☆episcotister
斩假石[建]☆artificial{imitation} stone
斩假石墙面☆artificial stone coating
辗光☆calender
辗(面)棍☆battledore
辗轮式混砂法[铸]☆mulling
辗碎的湿银矿石☆torta
辗压(工厂)☆rolling mill
辗转相除法☆method of successive division
崭新的☆mint
展布断层☆through-going fault
展布范围☆areal extent
展布分级☆distribution grading
展成法☆generating method
展成级数☆series development
展齿蛤(属)[双壳;D_2]☆Tanaodon
展出☆exhibit；exposition
展出者☆exhibitor
展点☆plot point
展绘精度☆plotting accuracy
展肌☆abductor；diductor muscle
展几丁虫(属)[O_{2-3}]☆Tanuchitina
展卷☆unrolling
展卷机☆uncoiler；decoiler
展开☆deployment；unwind；expand(ing)；evolution；stretch；develop；uncoil；unfold；explosion；spread (out)；open up；launch；outspread；development；spreading；unrolling；patulousness；expansion；splay
展开(相位)☆unwrapping；uncracking
展开的☆patulous；unfolded
展开法☆expansion method；method of development
展开反射排列☆expanding reflection spread
展开公式☆expansion formula
展开剂☆developping agent；solvent
展开角☆angle of spread
展开排列☆expanding (reflection) spread；spread arrangement；expander
展开排列剖面测量☆expanding spread profiling；ESP
展开绳卷☆unwind
展开式☆expansion；expanded form；xpn.
展开速度☆development rate
展开图☆expanded{stretch(ed)-out} view；graph of development；developing drawing；stretch map
展开线☆evolute
展开装置☆deployment unit
展开作业☆evolutionary operation；EVOP
展宽[脉冲]☆stretch；splay；broaden
展宽曲流☆induced{advance(d)-cut} meander
展览☆exhibit；view
展览(会;品)☆exhibition
展览(物)☆spectacle
展览的☆spectacular
展览馆☆museum
展览品☆display；exhibit；item on display
展泡虫属[孔虫;N_1-Q]☆Tinophodella
展品☆exhibit；spectacle
展平☆unbend
展平石块☆flattening stone
展平凿☆smoothing{span} chisel
展期☆renew
展期预报☆extended forecasts

展入围岩的矿脉☆extension of ore into wall
展色料☆carrier
展伸☆stent
展声☆blasting
展时光谱图☆time-resolve spectrum
展示☆show；presentment；spread；revelation
展示图[坑用]☆developing chart
展势☆opening status{state}
展缩器☆compandor；compander
展望☆forecast；outlook；prospect
展弦比☆aspect ratio；AR
展现☆enactment；reveal；revelation；lie
展像{轴棱}镜☆axicon
展性☆malleability
展性矿物☆malleable mineral
展延☆stretch
展延性☆ductility
展(射电)源☆extended source
展直☆straightening

zhàn

蘸(湿)☆dip
栈标志☆stack marker
栈单☆delivery order；D.O.
栈单元☆stack cell
栈道☆berm；viaduct；a plank roadway built along perpendicular rock-faces by means of wooden brackets fixed into the cliff；overhead road
栈顶☆stack top
栈房☆warehouse；store house；storehouse；inn
栈架☆trestle；tresses
栈结构{|控制|内容}☆stack architecture{|control|contents}
栈桥☆ga(u)ntry；jetty；trestle；trestlework；platform；tresses；stockhouse；overbridging；viaduct；dolly way；gauntree；landing stage (in a port)；loading bridge (at a railway station)
栈桥柱☆pier
栈式作业☆stacked job
栈溢出☆stack overflow
栈指示字☆stack pointer；SP
栈租☆storage charges
占地面积☆floor space；floorage
占港湾的☆palaeo-estuarine
占机{据}信号☆seizing signal
占据☆occupy
占空间的☆space consuming
占空系数☆duty ratio{cycle;factor}；stacking{space} factor；percent break；activity coefficient；coefficient of charge[线圈]
占空因数☆duty cycle{ratio;factor}；fill{stacking} factor
占领☆occupancy；occupation
占面积的☆space consuming
占入料百分数☆percent of feed
占水术☆water witching
占统治地位地☆predominantly
占位☆site occupancy；occupation
占位情况测定☆occupancy determination
占位依存性☆occupancy dependence
占线脉冲☆inceptive impulse
占线小时☆erlang
占线信号☆busy{busy-back;engaged} signal
占用☆take；employ；appropriation；resumption；engage；occupancy
占用别人矿区者☆jumper
占用区间☆occupied block
占用时间☆holding time
占用线路☆occupied track；busy line
占用者☆tenant
占优势☆dominate；prevail；predomination；gain ground；predominate
占优势的☆dominant；predominate；prevailing；overriding；predominant；prevalent
占优势的种☆dominant species
占优势的柱面☆prominent prism face
占有☆hold；holding；own；possess；have；capture；occup(anc)y；occupation；tenure
占有人☆occupant
占有者☆holder
占支配地位☆domination
战场☆battlefield
战斗☆fight(ing)；battle
战斗机☆fighter
战栗☆shudder
战略☆strategy；stratagem
战略储备☆strategic reserve
战略导弹☆strategic missile；SM
战略矿产管理局[美]☆Defense Minerals Administration
(在)战略上☆strategically
战略物资☆strategic materials；strategic goods and materials；critical material
战略性的长期计划☆strategical long-range planning
战略性效果☆strategic effect
战神次子星☆Deimos
战胜☆defeat；beat；triumph
战时石油管理(机构)☆Petroleum Administration for War
战士☆fighter；soldier
战术☆tactic
战术(上)的☆tactical
战役☆campaign；battle
战争☆war；warfare
战争爆发☆The war broke out.
战争险在内的到岸价☆cost,insurance,freight and war risk；CIFW
站☆station；depot；stage；stand；get up；stop；sta
站房☆terminal building
站岗☆sentry
站间距☆station spacing
站间通信☆intercommunication
站间系统☆intersite system
站距☆station spacing
站口鞍座☆terminal saddle
站内轨道(端轨)☆terminal rail
站台☆platform
站外储存☆off-depot storage
站心原点☆topocentric origin
(火车站)站长☆stationmaster
绽裂☆fray；split{burst} open

zhāng

樟☆cinnamomum；camphor tree
樟科☆Lauraceae
樟科粉属[孢;K-Q]☆Peltandripites
樟类☆Lauraceae
樟脑[$C_{10}H_{16}O$]☆camphor
樟脑丸☆mothball
樟属[植;K-Q]☆Cinnamomum
樟属植物☆cinnamon
蟑螂目[昆]☆Blattodea；blattaria
獐属[Q]☆river deer；Hydropotes
章☆chapter；ch.
章程☆constitution；charter；statute；rule
章动☆nutation
章动期☆period of nutation
章动器☆nutator
(色度学的)章度☆saturation
章邱角石属[头;O_1]☆Changkiuoceras
章石榴石☆johnstonotite
章氏虫属[三叶;$Є_3$]☆Changia
章氏龟属[J]☆Changisaurus
章氏硼镁石[$MgB_4O_5(OH)_4•7H_2O$;三斜,假六方]☆hungchaoite；hungtsaoite
章窑☆Zhang ware
章鱼☆octopus
章鱼(亚)目☆Octopoda
张[纸]☆sheet；sh
张伯伦-莫(尔)顿假说☆Chamberlin-Moulton hypothesis
张布架☆tenter
张差☆stress
张弛☆relaxation；tension and relaxation；tightness and looseness；relax
张弛地裂运动☆relaxational taphrogenesis
张弛振动☆relaxation-oscillation
张大☆dilate
张德勒摆动☆Chandler wobble
张(力)断层☆tension fault
张衡候风地动仪☆Zhang Heng seismoscope
张衡矿☆zhanghengite
张簧☆tension spring
张肌☆tensor
张家口统☆Kalgan series
张角☆angular aperture；subtended{flare;opening} angle
张节理☆tension{gash;extension;expansion} joint
张紧☆snub；tighten
张紧的☆tense
张紧钢绳☆static rope
张紧工具☆tightener
张紧滑轮☆tension pulley block
张紧胶带轮☆idler
张紧卷筒☆drawing capstan
张紧链轮☆chain{sprocket} idler；take-up{tightener} sprocket
张紧轮☆stretching{jobbing;take-up} pulley；tightener sheave
张紧器☆strainer；tensioner
张紧绳装置☆taut-line system
张紧式载荷传感器[测量大钩负荷用]☆tension-type load cell
张紧托辊☆tightening idler
张紧压条☆tensioning plate
张紧装置☆take-up；tensioning device{system}；tensioner (system)；tension device
张紧装置改向滚筒☆take-up bend pulley
张开☆openness；flaring
张开断层☆gap(ping) fault
张开裂缝☆gaping (joint-)fissure；openings；open fracture
张开裂隙☆open fissure{fracture}；diaclase
张开裂隙轴☆spreading crack axis
张开式扩展☆mode of tension
张开型应力强度因子☆opening mode stress intensity factor
张开状☆patulous
张口☆gape；gap
张口(断层)☆gap
张口贝属[腕;O_2]☆Chaulistomella
张口裂缝☆open gash{space}；open-gash fracture
张口螺属[腹;J-Q]☆teinostoma
张口破裂☆gash fracture
张拉控制应力☆control stress for prestressing
张力☆tension (force)；tensile (force;pull)；stretching {pulling;tensional} force
张力波☆capillary wave{ripple}
张力测功计☆tension dynamometer
张力层☆shell of tension
张力断裂☆tension fracture{opening}
张力钢锚杆☆tensioned steal bolt
张力拱☆sag arch
张力罐平台☆tension leg platform；TLP
张力环☆tensioning ring
张力及强度不等的☆anosotonic
张力计☆tens(i)ometer；pull tension gauge；tension meter{gage}；tonometer；tensimeter
张力裂除☆tension crack
张力裂隙☆strain break；tension crack{fissure}
张力描记器☆tonograph
张力破裂☆extension fracture
张力穹☆sag dome
张力腿平台☆tension leg platform
张力系数☆coefficient of tension
张力形成断层☆tension fault
张力型封隔器☆tension type packer
张力学☆tensiometry
张力学的☆tensiometric
张力载荷☆tension-load；tensile load
张力坐封封隔器☆tension-type{set} packer
张量☆tensor (quantity)
张量分析☆tensor analysis{calculus}
张量集☆tensorial set
张量计☆extensometer
张量足{下}标☆tensor subscript
张裂☆tensional fracture
张裂地槽☆tafrogeosyncline
张裂缝[地滑造成]☆tension fissure{crack;gash}；gull；gash fracture
张裂缝型盆地☆tension gash basin
张裂块☆felder
张裂区☆cracked tension zone
张裂塌落☆tensile fracture collapsing
张裂隙☆tensile crack{fracture}；subsidiary{separation} fracture；openings
张裂隙冰☆tension-crack ice
张裂运动☆tafrogeny
张隆断裂作用☆tensional faulting

张满☆belly
张锚站☆anchorage and tension station
张扭性结构面☆tenso-shear{tense-shearing} structural plane
张破裂☆tension{subsidiary} fracture
张起☆upheaval
张腔海绵属[Є]☆Chancelloria
(受压)张刃式钻头☆paddy bit
张绳[测海上距离用]☆taut-wire traverse
张氏虫属[三叶;$Є_1$]☆Changaspis
张数号☆folio
张缩导套☆magic guide bush
张索☆vang
张填岩脉☆dilation dike
张贴品{物}☆sticker
张夏统☆Changhsia Series
张线☆anchor line
张线塔☆strain tower
张性地堑☆tensional graben
张性断层☆extension{extensional;tension} fault
张性断裂☆tensional fracture{fault}; extensional faulting; tension fault
张性牵引(力)☆tensile traction
张性应变☆extensional{extensive;extension} strain
张应变☆tensile{tearing;tension} strain
张应力☆tension{tensile;tensional;extensional} stress
张应力轴☆extensional stress-axis
张褶曲{皱}☆tension fold

zhǎng

掌☆metacarpal bone; metacarpus
掌板[海百]☆palmar
(给……)掌舵☆helm
掌颚牙形石属[O_2]☆Chirognathus
掌骨☆metacarpal (bone) [两栖]; ossa metacarpalia; metacarpus
掌骨间关节☆articulatio intermetacarpeae
掌管☆boss
掌海百合属[棘;S]☆Thenarocrinus
掌节[节甲]☆propodus
掌蕨属[P_1-T_3]☆Chiropteris
掌鳞牙形刺属☆Palmatolepis
掌脉石楠科[植]☆Epacridaceae
掌声☆clap
掌石☆chirolite
掌式[植]☆palmate type
掌尾科☆Cheiruracea
掌握☆handling; mastery; helm[枢机]
掌形虫属[孔虫;K_1]☆Palmula
掌羊齿属[古植;P]☆Iniopteris
掌叶属[P]☆Psygmophyllum
掌指关节☆articulatio metacarpophalangea
掌指羽☆metacarpodigitals
掌中的☆palmar
掌状半裂的[植]☆palmatifid
掌状脉[植]☆palmate vein; digitinervius
掌状全裂的[植]☆palmatisect
掌状三出的☆digitately ternate
掌状水系☆digitate drainage pattern
掌状物☆palm
(仙人)掌状岩体☆cactolith
掌状羊齿属[C_2]☆Palmatopteris
掌状叶☆palm-like lobe
掌状叶脉[植]☆palmate venation
掌子面☆heading (face); face; head; rock{drift;active} face; dead-end
掌子面前岩石沉陷范围☆draw
掌子面上的炮眼数☆holes per face
长疤☆cicatrization
长辈☆superior
长翅目{类}[昆]☆Mecoptera
长出☆outgrowth
长刺贝(属)[腕;D_{1-2}]☆Longispina
长绿滑石片岩☆dolerine
长满☆overgrow
长满树木的溪谷☆dene
长满苔藓的☆mossy
长满植被的干涸湖☆dead lake
长有泉华柱的泉盆边沿☆pillared front
涨潮☆flood (tide); flow; flux; egre; rising tile{tide}; tide; rise
涨潮汊{水}道☆flooded trough; flood channel
涨潮点☆tidemark
涨潮历时☆duration of rise
涨潮流☆flood current{stream}; ingoing stream; flow-current; flood
涨出地☆inning
涨管式锚杆☆expansion tubing bolt
涨价☆mark-up
涨开挤扁的管柱☆rolling out collapsed string
涨绿泥石☆schuchardtite
涨落☆fluctuation; fluctuate
涨落潮道☆surge channel
涨落潮流构造☆ebb-and-flow structure
涨落地带☆tide zone
涨落泉☆ebb-and-flow{ebbing-and-flowing} spring
涨落数据☆fluctuating date
涨落沼泽☆flow bog
涨满☆flood
涨平潮☆flood slack
涨水涌浪☆flood surge
涨塔☆fluctuation
涨滩☆alluvion
涨湾☆embayment
涨溢仪☆intumdator

zhàng

杖草叶岩扇☆oconeebells; shortia
杖骨针☆sceptrule
丈量☆chaining
丈量日☆account{bill} day
丈量误差☆measuring error
丈量员☆chainman; measurer
帐幕贝属[腕;D_1]☆Skenidium
帐幕石燕☆Tenticospirifer
帐篷☆tent; canvas; camp; canvass
帐篷构造☆tepee structure
帐篷螺(属)[腹足;Є-D]☆Scenella
帐篷岩[一种火山岩]☆tent rock
帐状物☆tent
帐子的支撑杆☆tringle
账☆account; acct
账簿☆book
账单☆bill; tab; reckoning
账单价格☆billed price
(在)账单上签字{盖章}☆receipt a bill
账号☆account number{code}; Acct. No{code}
账户☆account; acct. (accountant); a/c
(结平的)账户☆account balanced
账户名称☆name of account
账面和实际存量的差值☆over and short
账面价值☆book value; B/V; B.V.
账目☆account; acct; tab; score
账目审查☆inspection of accounts
账面价{原}值☆book value
胀大☆bulking; inflate
胀缝☆expansion joint
胀管☆expansion; roll form
胀管器☆(tube) expander; expandor
胀接☆expanded joint
胀紧套筒☆expansion sleeve
胀开式封隔器☆expanding plug
胀开心轴☆expansion mandrel
(杆柱的)胀壳☆expansion shell
胀壳式高强度钢方头顶板锚杆☆expansion-shell-type, extra-strength square-head steel roof bolt
胀壳式金属锚杆☆expansion shell steel bolt
胀裂☆expansion crack
胀裂试验☆burst test
胀流☆dilatant flow
胀流型流体☆dilatant fluid
胀破强度☆burst strength
胀起☆blow up; upswell
胀圈☆cuff; cup{pack;packing} ring
胀砂[铸]☆buckle
胀石☆moonstone
胀缩波☆expansion{compressional-dilatational} wave; compress ional-dilatational wave
胀缩构造☆pinch-and-swell structure
胀缩特征☆swelling-shrinkage characteristics
胀缩土☆swell-shrinking soil
胀套管器☆casing swage
胀头虫科[三叶]☆Catillicephalidae
胀隙[钢轨接头等]☆expansion gap
胀限☆swelling limit
(跑铁水)胀箱☆exudation
胀销式锚杆☆swelled dowel anchor
胀闸☆expansion{hub} brake
胀重{量}☆bulk
瘴气☆miasma
涨圈☆piston packing ring; piston ring[活塞]
障(壁)[地球化学]☆barrier
障碍☆jam; impede; drawback; blockage; ba(u)lk; barrier; backset; affection; disturbance; handicap; hurdle; bottleneck; roadblock; obstruct(ion); clog; obstacle; hitch; objection; nuisance; impediment; hold-up; hinder; mischance; check[石油运移时间的]
障碍(形成)冰川穴☆obstruction cave
障碍点测定☆fault localization
障碍或地形沙丘☆obstacle or topographic dunes
障碍物☆interrupter; hindrance; impediment; clog; entanglement; hedge; encumbrance; drag; block; obstructive; obstruction; obstacle; barrier; scotch
障碍信号☆trouble back signal
障板☆baffle
障板机制☆baffling mechanism
障蔽坝☆barrier bar
障壁{蔽}滨线沉积序列☆barrier shoreline sequence
障壁岛后综合体☆backbarrier complex
障壁后相☆backbarrier facies
障壁礁☆barrier reef; reef barrier
障壁砂坝圈闭☆barrier-bar trap
障壁沙坝-泻湖体系☆barrier bar-lagoon system
障壁台地☆barrier platform
障壁(坝)退却毯状沉积☆barrier-retreat carpet
障壁泻湖☆barrier {-}lagoon
障风装置☆abat-vent
障害因素☆damage factor
障积{结}灰岩☆bafflestone
障积岩☆baffle stone; bafflestone
障积作用☆encroachment
障眼物☆blind

zhāo

招标☆invitation to bid; invitation for tender; invite to tender; tender
招标区块☆bidding block
招待☆host
招待所☆boarding house
招牌☆signboard; placard
招聘☆recruit; position vacant
招人注意的☆protrusive
招贴☆bill; placard
招引注意信号☆signal to attract attention
(使)招展☆wave
招致☆incur; effect; (be) exposed to; spell; court
招致危险{失败}☆court
朝晖☆morning glow
朝阳工业☆sun-rise industry; rising sun industry
着火☆inflammation; ignition; blowing; catch fire; be on fire
着火点☆IP; kindling{ignition;flare;fire;burning;firing} point; point of ignition
着火试验☆fire test
着火温度☆kindling{ignition;firing} temperature; FT
着火性☆ignitability; accendibility

zhǎo

找☆seek
找出☆find{search} out
找出错处☆pulled apart
找错☆cavil
找到☆hit (on); find; seek out; finding
找到富矿☆strike a lead
找到石油☆strike oil; oil strike
找……的岔子☆cavil
找底☆find bottom
找金☆nuggeting
找金矿者☆gold finder
找井底☆find bottom
找矿☆exploration; location; ore-finding; mineral{ore} prospecting; prospect(ing); ore {-}search; quest; search for minerals; (mining) prospection; dousing {dowsing} [用探矿杖]
找矿标志☆clue for prospecting; ore guide; criteria for ore prospecting; ore-hunting indicator{evidence}; prospecting criteria; prospecting indications and guides

找矿虫[迷信]☆doodlebug
找矿导引☆mineralogical guide；ore guides
找矿方法☆prospecting method
找矿方向☆range of reconnaissance
找矿模型☆model for exploration
找矿目标区域☆target area
找矿前提☆criterion of prospecting ore；prerequisite of prospecting ore；prerequisite (for ore hunting)
找矿热☆rush
找矿人☆prospector
找矿用淘金盘☆prospecting{prospector's} pan
找矿者☆ore prospector；rock hound
找矿租地☆property
找矿钻孔☆exploratory test
找煤☆prove the coal；search for coal；preliminary survey
找平☆bring up；(make) level；level up or down
找平的☆dead true；on-line
找平弹簧☆leveling spring
找平楔形垫铁☆levelling wedge
找气☆gas location
找水☆water research{location;detection}
找水器☆waterfinder
找水仪☆(water) witch
找水杖☆dowsing{divining;mineral} rod
找寻☆search after
找油☆quest{search} for oil；oil finding{prospecting;search;detection}
找油杆☆doodlebug
找油机灵的人☆bird dog
找油气成本☆finding cost
找正☆spot
找正(钻机)位置☆line in
找直的☆on-line
找中夹具[管子]☆line-up clamp
找中器☆centralizer
找中心☆centering
找资料的人☆hound
爪钩☆dog hook
爪簧式岩芯提断器☆basket (core) lifter
爪间突☆onychium [pl.-ia]
爪兽☆chalicothere
爪兽类☆chalicotheres
爪兽属☆Chalicotherium
爪兽亚目[哺]☆Ancylopoda
爪哇人☆Java Man；Homo erectus (erectus)
爪哇熔融{玻陨}石☆javaite
爪哇岩☆javanite；javaite
爪形☆unguiform
(一种)爪形打捞工具☆devil's hand
爪形骨针☆chela
爪形离合器套筒☆dog clutch sleeve
爪形条纹☆talon
爪(形)凿☆claw chisel
爪闸☆jaw brake
沼☆fen；muskeg
沼地☆glade；fen{bog} land；marsh；moorland；slew；swale
沼地的☆swampy；quaggy
沼地泥炭☆swamp muck；moorland{marsh} peat
沼地群落☆hygrophorbium
沼地探深棒☆pricker
沼地土壤☆moor(land) soil
沼(泽)海岸☆bog-margined
沼湖☆bog{muskeg} lake
沼灰土{泥}☆bog lime；lake marl
沼块煤☆boghead coal
沼矿☆bog{marsh} ore；lake (iron) ore
沼鹿☆Cervus duvauceli；barasingha
沼螺属[腹;Q]☆Parafossarulus
沼埋木☆bogwood
沼煤☆moor{bog;limnic;limnetic} coal；boghead；turf；moorcoal；moorpeat
沼锰矿[硬锰矿类;$MnO_2 \cdot nH_2O$]☆bog manganese；bog ore；mangangraphite
沼锰土☆groroilite
沼貘科[貘类]☆Helaletidae
沼泥☆cripple
沼泥炭☆fen peat
沼气☆(marsh) gas；methane；firedamp；sewage {mine;swamp;sludge} gas；biogas；grisou；dust-methane-air mixture；will-o'-the wisp
沼气包☆methane pocket；gas nest；bag
沼气爆炸☆blow-up；firedamp{methane;fire-damp} explosion；explosion of firedamp
沼气测定仪☆methane interferometer
沼气层☆layering firedamp；gas pool
沼气柴油双燃料发动机☆biogas-diesel bifuel engine
沼气放出☆liberation of methane；methane liberation
沼气检定灯☆gas testing lamp
沼气空气成层混合物☆stratified methane-air mixture
沼气泄出☆emission of firedamp；firedamp emission {evolution}；methane emanation{emission;escape}
沼气自动检定器☆automatic firedamp detector
沼生植被☆calcophic vegetation
沼生植物☆helophyte；marsh plant
沼石蛾☆limnephilid
沼(褐)铁矿[$Fe_2O_3 \cdot nH_2O$]☆meadow{marsh} ore；swamp{morass;lake;bog;brown;swampy} ore；bog iron (ore)；bog mine ore；limnite；lunette；marsh iron ore；morass iron
沼铁矿床☆bog ore deposit；murram
沼土☆cripple
沼溪☆marsh creek
沼型☆moor type
沼穴☆pothole；rotten spot
沼油[爱]☆bog butter
沼油页岩☆boghead cannel shale
沼泽☆bog；swamp；marsh；moss；aquamarsh；car；morass；curragh；fen；vly；slough；moor；turfary；sleugh；vlei；palus [pl.pali]；mire；flow；mose；morfa；marais[法]；quagmire
沼泽飑☆moor-gallop
沼泽草炭☆drag turf
沼泽草原☆grass moor
沼泽沉积因植被死亡而受海浪冲蚀☆die-back
沼泽成煤说☆in-situ{swamp} theory
沼泽的☆fenny；uliginous；marshy；uliginose；boggy；palustral；paludous；paludal；paludine；logged
沼泽低地☆slash；fen
沼泽地☆carr-land；swampland；marshland；fenland；fen；bog-land；wetland；marsh{bog;swampy;marshy} ground；slough；pokelogan；swale；slew；slue；swamp；quagmire；peneloken；logan；moor
沼泽地带☆cripple；muskeg terrain
沼泽地生的☆helobious
沼泽高地☆hummock
沼泽海岸☆bog-margin；marshland coast
沼泽海蓬子☆salicornia；marsh samphire
沼泽湖☆marsh{swamp} lake；muskeg；maskeeg
沼泽化☆swamping；paludification；swampiness；bogginess
沼泽化的☆swamped
沼泽环境☆swamp environment；palustrine
沼泽环境{生长}的☆palustrine
沼泽荒地☆curragh
沼泽荒漠☆traversias
沼泽矿☆bog ore
沼泽林☆swamp forest；sundri；silva palludosa；bagon
沼泽鹿☆Blastocerus dichotomu
沼泽泥炭☆marsh{fen;bog} peat；darg；swamp muck
沼泽盆(地)☆marsh basin；swampy basin
沼泽平原[莱茵河;德]☆ried
沼泽区☆paludal{swamp} area；sadd
沼泽群落☆limnodium；fen；helic；helium；swamp community
沼泽群落的☆limnodic
沼泽森林群落☆helophylium；helohylium
沼泽砂堆{沙丘}☆chenier
沼泽湿地[干旱区]☆wham；marsh；cienaga
沼泽石灰(质堆积土)☆boglime
沼泽疏林区☆helodium
沼泽土☆bog soil{earth}；swamp(y){boggy;marshy;spewy} soil；cripple
沼泽土壤☆marshy soil
沼泽洼地☆slack；niaye
沼泽相☆paludal facies
沼泽小岛☆hammock
沼泽学☆telmatology
沼泽盐田{盘}☆marsh pan
沼泽硬地☆hag
沼泽涌出☆bog bursting
沼泽淤泥☆boglime lake marl
沼泽植丛群落☆helodric
沼泽植物☆helad；bog{marsh} plant；ericelal；marsh-plant；ericophyte；hel(i)ophyte；pelophyte；sadd[阿]
沼泽植物湖岸☆marsh shore
沼泽中地块☆hag(g)
(在)沼泽中发现的☆palustral
沼泽种类☆limnophilus
沼泽中的高地☆hummock

zhào

赵击石{石墨}[C;六方]☆chaoite
赵氏贝属[腕;P_1]☆Chaoina
照尺☆backsight
照尺度制图☆draw to scale
照灯☆illuminator
照(明)度☆illumination (intensity)；illuminance；intensity of illumination；lightmeter
照度标准☆lighting standard
照度单位☆lux
照度计☆illumination (photo)meter；light(-intensity) meter；illuminometer；lux(o)meter；lumenmeter；luminometer；lumeter；lightermeter
照顾☆kindness；care；attend
照管☆care；hand
照管者☆tender
照光☆irradiation
照旧[拉]☆in statuquo
照例☆conventionality
照亮☆light；lamp；shed light (up)on
照亮的☆lit
照亮度☆illumination
照料☆attendance；nurse；tend
照料炉火☆stoke
照明☆lighting；illumination；lighten；luminary
照明(程度)☆illumination level
照明车☆floodlight apparatus
照明弹☆flare
照明灯聚光镜☆light condenser
照明电缆☆electric lighting cable；lighting cable
照明度☆illumination；illuminance
照明计☆luminometer
照明剂☆illuminant
照明开关☆light switch；LS
照明煤气☆blue gas
照明气☆town gas
照明器☆illuminator；luminaire；illuminating apparatus
照明强度☆illumination intensity
照明设备☆light plant{fitting;fixture}；illumination；lighting equipment{facilities}
照明条件{线路}☆lighting condition{|circuit}
照明效果☆illuminating effect
照明油☆signalling oil
照明员☆electrician
照明装置☆illuminator；intensifier；lighting fittings
照明装置附件☆lighting attachment
照明作用☆illuminating effect
照片☆photograph；photo；picture；pic [pl.pix]；photog
(电传)照片☆photogram
照片对☆photopair
照片对比度信号☆print contrast signal；PCS
照片剪辑☆photomontage
照片判读☆photographic interpretation
照片式测斜系统☆photographic survey system
照片镶嵌图基线☆photomosaic base
照票面价(值)☆at par
照射☆bombardment；irradiate；irradiation；illuminate；beaming；shine；light up；shoot；lighting；radiance
(日光的)照射☆downpour
照射不足☆underexposure
照射度☆illumination；irradiance
照射过度☆overexposure
照射量☆exposure
照射曲线☆irradiation curve
照射损伤☆bombardment damage
照相☆take a photograph{picture}；photograph；shot；photo-；phot-
(用)照相凹版(印刷)☆photogravure；gravure
照相凹版印刷品{术}☆gravure
照相的锐度☆acutance
照相底片☆image matrix；photoplate；photographic film
照相底片上粒子径迹寻找☆plate scanning
照相雕刻板☆photoglyph
照相法彩饰☆photographic decoration
照相方向[地震剖面显示术语]☆filming direction
照相复制☆photostat；photoprint；photographic

Z

reproduction；photocopy
照相复制品☆photocopy
照相感光制版☆photoengraving；photoetching
照相馆☆photostudio
照相机☆(photographic) camera
照相记录仪控制接口☆camera control interface；CCI
照相检测法☆photographic detection method
照相胶片(放射性)剂量测定☆film monitoring
照相井斜仪(白天装胶片的)暗盒☆daylight magazine-loading device
照相密度☆(photographic) density
照相排版☆filmset；phototype setting
照相平板印刷(术)☆photolithography
照相枪☆camera-gun；gun camera
照相乳胶☆photographic emulsion；photoemulsion
照相石版术☆photolithotraphy
照相式发射光谱仪☆photographic {-}type emission spectrograph
照相术☆photograph；photography
照相凸版(印刷)☆photoengraving；photoetching
照相复制法☆photoduplication
照相侦察☆photographic reconnaissance；PhR
照相纸曝光量范围☆exposure scale
照相制版☆phototype
照相制版术☆photomechanical process
照相制图☆photomap；photographic mapping
(金属板)照相制图☆photodraft
照相排版☆filmset
照相(网目)铜板☆halftone
照耀☆shine；illumine；irradiate；illuminate
照原样[拉]☆in statuquo
照准☆take a shot；aiming；collimate；aim at；sighting；shot；request granted [used in official documents]
照准标☆lining mark；sighting target
照准部水准器☆plate level
照准的☆collimated
照准点☆laying{aiming} point
照准高☆height of sight
照准器☆diopter；dioptre；sighting gear
(测杆)照准器☆vane
照准线☆transit{aiming;collimation;observing;sight;pointing} line；line of vision；sight
照准仪☆(sight) alidade；collimator；diopter
照着☆compare
照总量表☆solarimeter
照做☆comply
罩☆hood；lid；jacket；globe；cowl；enclosure；mantle；cover(ing)；clothing；cope；helmet；house；housing；shell；shield；shroud；veil；envelop；overspread；cap；casing；wrap；cage；can；box；encasing；shade；sheath；mask；pants[减少飞机起落架阻力]；capote[发动机等]；dome[流线型]；dimmer[灯]
罩盖☆coating；shroud
罩几丁虫属[O]☆Veltchitina
罩壳零件☆cowl parts
罩笼虫目的☆nasselline；nassellarian
罩笼亚纲☆Nassellaria
罩螺属[腹]☆Tryblidium
罩帽☆cup
罩面石屑☆cover chips
罩衫☆blouse
罩上☆mantle
罩式安全阀☆mud valve
罩锁钩☆hood lock hook
罩套☆envelope of hood
罩套构件☆mantel piece
罩斜硫砷铅矿☆gotthard(t)ite
罩住☆span
兆☆trillion；sign；omen；foreboding；augur；portend；million (million)；mega-[10^6]；foretell
兆安(培)☆megampere
兆巴☆megabar
兆达(因)☆megadyne
兆电子伏☆megaelectron volt；million electron-volt；mega-electron-volt；million electron volts；MeV
兆吨☆megaton
兆尔格☆megaerg；megerg
兆乏☆MVar；megavar
兆法☆megafarad
兆分贝[音强]☆megadecibel
兆伏☆megavolt；crocodile；MV
兆高斯☆megagauss
兆赫☆megahertz；mc/s；megacycles{megacycle} per second；mcps；MH.；MHz；mc/sec
兆焦耳☆megajoule
兆居里☆megacurie；Mc
兆卡☆thermie
兆拉德☆megarad
兆力线☆megaline
兆秒☆megasecond；Msec
兆欧(姆)☆megohm
兆欧表☆megger；megohmmeter；megameter；tramegger
兆欧计☆megohmmeter；earthometer
兆帕☆megapascal；MPa
兆头☆omen；threat[坏]
兆瓦☆megawatt；MW
兆瓦日☆megawattdays；Mwd
兆瓦远程警戒雷达☆megawatt early warning；MEW
兆位☆megabit；Mb
兆兆[太(拉)]☆billion；megamega(-)；MM；tera-；T
兆兆赫☆terahertz
兆兆欧☆teraohm
兆兆瓦☆terawatt；TW
兆兆位☆terabit
兆兆周☆megamegacycle
兆周/秒☆megacycles per second；m.p.s.
兆字节☆Mbytes；mega byte；MB；megabyte
召唤☆summon
召回☆recall
召集☆call；summon
召集者☆caller

zhē

遮暗☆blot
遮板☆shroud
遮蔽☆covering；blackout；roof；shad(ow)ing；shade；shadow；screen(ing)；obscurity；masking；mask
遮蔽地区☆dead ground
遮蔽甲板☆shelter deck
遮蔽甲板船☆shelter deck ship
遮蔽位置☆dead position
遮蔽物☆hovel
遮齿鱼属[E_2]☆Phareodus
遮挡☆guard；barrier；shield；safeguard
遮挡效应☆shadow effect
遮挡油藏☆screened oil pool{deposit;accumulation}；screen oil pool
遮挡作用☆shielding effect
遮断☆interruption；barrage；preclusion
遮断开关☆shut-off switch
遮断能力☆contact interrupting capacity
遮断器☆interceptor；breaker
遮断位置[滑阀]☆lap position
遮断信号☆obstruction signal
遮断预告信号机☆approach obstruction signal
遮盖☆cover (up)；lap；underlap；shelter；overspread；conceal；hide；concealment；bury；blank；veil
遮(砂)管☆screen
遮光☆dodging
遮光板☆diaphragm；bezel；shield
遮光滑板☆dark slide
遮光剂☆opacifier
遮光器☆dimmer；(light) chopper；photochopper
遮光物☆blind
遮护板☆shield
遮护物☆baffle
遮帘☆blind
遮帘作用[桩工]☆barrier effect
遮没☆blanking
遮泥板☆mud-guard
遮棚☆penthouse；hover；fence roof
遮篷☆awning
遮水板☆dash；dashboard；dasher
遮檐板☆apron piece{flashing}
遮阳光板☆visor
遮阳甲板☆shade deck
遮雨板☆flashing
遮缘☆apertural flap
遮住☆curtain

zhé

折☆fold
折板☆folded-plate
折半查找☆binary search
折边☆flange；edge fold；hem[衣服等]
折边机☆beader
折边(测压)卡片☆flanged chart
折波钳☆crimper
折测线☆meander line
折成扇状☆plicated；plicate
折尺☆folding pocket measure{rule}；folding scale{rule(er)}
折带式真空过滤机☆Feinc vacuum filter
折刀☆jackknife
折刀式作业☆jack-knifing operation
折的☆ripping
折点☆break-point
折叠☆fold(ing)；fold-over；kick；infold；ply；enfold；pincher；turn down；ruck；double；crimp
折叠的☆hinged；folded；pleated
折叠地图☆folded map
折叠罐☆pillowcase tank
折叠机☆doubler；folding machine
折叠井架☆folding derrick
折叠器☆folder
折叠式的☆jackknife；turndown
折叠式井架☆cantilever{jackknife;sectionalized} derrick；jackknife
折叠式井架外侧二层台☆outside monkey board
折叠式井架延伸部☆scope pole
折叠式救生艇{船}☆collapsible life boat
折叠式棚☆bellows
折叠式轻便房屋☆collapsable house
折叠式小型胶带输送机☆folded belt conveyor
折叠造型☆creasing
折叠钻塔放倒作业☆lay down job
折断[钻杆]☆fracture；wreckage；kick
折断点☆point of fracture
折断面☆plane of disruption
折返波☆retonation wave
折返调车☆kick back
折返机制☆exhumation mechanism
折返坑线☆dead-end trench
折返式井底车场☆zigzag shaft
折返式铁路转向站☆switchback station
折缝☆crimple；crimp；creasing；crease
折缝二囊粉属[孢]☆Limitisporites
折缝机☆crimper
折光(线)☆diacaustic
折光度☆diopter；dioptre
折光率☆refractive index；index{coefficient} of refraction；refringence；RI
折光率测定仪☆refractometer
折光率差☆index difference
折光率的测定☆measurement of indices of refraction
折光率油☆index media{liquid}
折光仪☆refractometer
折光远镜☆refracting telescope
折光沼气调定器☆refractometer
折合☆fold；matrixing；reduction；reduce；convert
折合轨挡车器☆kick-up rail stop block
折合旅行时曲线☆reduced travel time curve
折合率☆conversion factor；reduced rate
折合式☆convolution
折合为海平面值☆reduction to sea level
折合系数☆referring factor
折合压力☆reduced pressure
折颌{新颚}超目☆Neognathae
折痕☆fold；crease；lap
折回☆retroflexion；retortion；turnback；retroflection；retrace
折回的☆reflex
折回原来方向☆recurvature
折减坡度☆compensated{compensation; compensating} grade
折减系数☆reduction coefficient{factor}
折减因子☆factor of reduction
折角船型☆hard chine form
折角线☆knuckle
折旧☆amortization；depreciation；depreciation in value of property
折旧后价值☆replacement value
折旧基金☆SF；sinking{depreciation} fund
折旧率☆amortization (factor)；rate of depreciation；depreciation (factor;rate)
折旧寿命☆depreciable life
折扣☆allowance；discount；rebate；abatement

折扣量☆quantity discount
折扣率☆discounted rate；rate of discount
折离☆tipping
折理☆kink (band)
折裂☆slit
折流☆deflection of jet
折流坝☆groyne；groin
折流板☆baffle (board)；deflector{deflection} plate
折流堤☆groyne；groin pier；pier dam
折流器☆diverter；baffler
折流设施☆stream deflector
折拢☆furl
折煤器☆coal collector
折面三缝孢属☆Valvatisporites
折磨☆bedevil；grind；torture
折劈理☆crenulation cleavage
折坡☆break；sloping apron
折起☆jackknife
折曲☆fold[折皱构造的基本单位]；joggle；crippling；bending；bump[曲线上的]
折曲地堑☆dogleg graben
折曲系☆system of fold
折曲应变☆crippling strain
折闪☆zigzag lightning
折扇状的☆plicate
折射☆refract(ion)；fraction；refringence；interception；swerve；refr
折射波到达{|层标志}☆refraction arrival{|marker}
折射成像☆dioptric imaging
折射地震波法☆seismic refraction method
折射定律☆law of refraction
折射度☆(specific) refraction；refractive capacity
折射法勘探☆refraction survey{shooting}
折射分量☆refracted component
折射光☆refracted light
折射光学☆dioptrics
折射计数{算}☆refraction count
折射角☆refraction{refracted;refracting} angle
折射介质☆refracting medium
折射率☆refractive{refraction;refracting} index；index{ratio} of refraction；refringence；refractivity；refracting power；specific refraction；R.I.；RI
折射律☆Snell's law；law of refraction
折射率测定术☆refractometry
折射率差☆refringence
折射率分布[光纤]☆refractive index profile of fibre
折射率温度色散☆temperature dispersion of refractive index
折射器☆refractor
折射墙☆deflecting wall
折射式地震仪☆refraction seismograph
折射系数☆refraction coefficient；specific refraction；coefficient of refraction；refractive index；sp ref
折射型仪器☆refraction-type instrument
折射性☆refractivity；refrangibility
折射仪☆(Abbe) refractometer
折射指数☆refractivity；refractive{refraction} index
(工伤)折时计费☆time charge
折实单位☆parity unit
折式地图☆accordion
折算饱和度☆reduced saturation
折算成标准状态下天然气容积的测定法☆standard gas measurement
折算到地面条件下的残余油量☆residual tank oil
折算吨产率☆reduction ton
折算基准面压力☆corrected datum-level pressure
折算压力☆reduced pressure
折算注水时间☆equivalent injection time
折弯机☆bender
折弯应力☆crippling{folding} stress
折现☆discounting
折现率☆discount rate
折线☆polygonal{broken;break} line
折线射径☆dog-leg path
折线式养护窑☆multiangular tunnel curing chamber
折线隧道☆dogleg tunnel
折线图☆broken line graph
折线形法兰连接短管段☆dog-leg spool piece
折箱[摄]☆bellows
折向挡板☆deflector plate
折向工具☆deflection tool
折向角☆deflection angle
折焰板☆splasher
折页☆fold-out；fold
折页活门☆clack valve
折页式插页☆fold-out
(井口)折叶台☆hinged{swinging} platform
折翼☆flap
折缘机☆flanger
折褶☆flexure
折纸机☆folding machine
折纸滤器☆plaited paper filter
折中☆compromise；trade-off；tradeoff
折中(方法;办法)☆trade off；compromise
折中办法☆half measure；trade-off
折中分类☆eclectic taxonomy
折皱☆crumple
折皱变形[压]☆scuffing
折皱作用☆crumpling
折转☆bend over；replication
折转板☆baffler；deflector
折转的☆reflex
(叶片)折转角☆camber
哲杜茨克贝属[腕;D_3]☆Dzieduszyckia
哲罗角石科[头]☆Gzheloceratidae
哲学博士☆PhD；doctor of philosophy；Philosophiae Doctor
哲学家☆philosopher
哲兹卡兹甘铜矿床☆Dzhezkazgan copper deposit
摺扇门☆bellows-framed door
(车)辙☆rut
辙叉☆frog；crossing (vee)
辙叉导距☆lead of crossing
辙叉{岔}跟☆heel of frog；heel
辙尖☆beginners；switch blade{tongue}
辙尖隔离块☆point separator
辙尖斜刀☆chamfer cut
辙枕☆chair

zhě

赭色☆sienna；chocolate；ochre
赭色的☆umber
赭砂☆ferruginous sand
赭石[含有多量的砂及黏土;Fe_2O_3•$Al_2O_3(SiO_2)$]☆ochre；(iron) ocher；terra sienna；yellow earth；ochreous iron ore
赭石的☆ochrous；ochreous；ocherous
赭石色☆sienna；chocolate
赭石型三联体☆ochre triplet
赭土[俗称铁红,成分除赤铁矿外，大多为黏土矿物]☆ocher；iron clay；umber；ochre
赭土的☆ochrous；ochreous；ocherous
赭土染色☆ocherous staining
赭针铁矿[$HFeO_2$]☆mesabite
锗☆germanium；Ge；eka-silicon
锗白榴石☆germanate-leucite
锗半导体☆germanium semiconductor
锗钡长石☆germanate-celsian
锗掺汞探测器☆GeHg detector；mercury-doped germanium detector
锗磁铁矿[$(Ge^{2+},Fe^{2+})Fe^{3+}_2O_4$;等轴]☆brunogeierite
锗低温探头☆germanium cryosonde
锗二极管☆germanium diode{rectifier}
锗钒酸铅晶体☆lead germanate vanadate crystal
锗方沸石☆germanate-analcime
锗方铅矿☆bleiglanz
锗钙长石[$Ca(Ga_2Ge_2O_8)$]☆germanium-anorthite
锗钙矾☆geierite
锗光电池☆germanium (photocell)
锗硅合金☆germanium-silicon alloy
锗硅铍石☆germanium-phenakite
锗化物☆germanide
锗结晶{|精矿}☆germanium crystal{|concentrate}
锗矿☆germanium ores
锗磷氯铅矿☆germanate-pyromorphite
锗铝铁石☆carboirite
锗钠长石[$Na(GaGe_3O_8)$]☆germanium-albite
锗钠沸石☆germanate-natrolite
锗铍石☆germanium-phenakite
锗铅矿☆fleischerite
锗铅石☆otjisumeite
锗石[Cu_3FeGeS_4]☆germanite；argutite
锗酸铋探测器☆bismuth germanate detector；BGD
锗酸盐☆germanate
锗探测器☆germanium detector
锗霞石☆germanate-nepheline
锗氧四面体☆germanium-oxygen tetrahedron
锗银硫化矿☆argyrodite
锗整流器☆germanium rectifier
锗正长石[$K(GaGe_3O_8)$]☆germanium-orthoclase
褶☆furrow；alveolus；pleat；plait
褶杯珊瑚☆Ptychophyllum
褶壁☆duplicature
褶壁两孔粉属[孢]☆Ptychodiporina
褶壁珊瑚(属)[$S_{2\sim3}$]☆Ptychophyllum
褶襞☆duplicature
褶边☆frill；ruffle
褶边孢属[K-E_3]☆Plicifera
褶层☆fold
褶齿贝属[腕;S_3-D_2]☆Plectodonta
褶齿鱼目☆Ptyctodontida
褶翅蛤(属)[双壳;T]☆Myophoria；Myophorella
褶翅目[昆;P-Q]☆plectoptera
褶冲断层☆warped fault
褶点☆plait point
褶雕贝属[腕;O_2-S]☆Ptychoglyptus
褶顶蛤属[双壳;T]☆Myophoriopis
褶盾虫(属)[三叶;$Є_3$]☆Ptychaspis
褶房贝属[腕;D_3]☆Ptychomaletoechia；Plectocamara
褶缝☆flexure；tuck
褶缝孢属[K-N]☆Obtusisporis
褶蛤(属)[双壳]☆Plicatula
褶合(式)☆faltung；convolution
褶滑断层☆slide
褶积☆convolution；faltung；convolve
褶积变换☆convolution transform
褶积的☆convolutional
褶积器☆convolver
褶积器盒{箱}☆convolver box
褶挤角砾岩☆riebungsbreccia
褶脊[双壳]☆plica [pl.plicae]
褶脊贝属[腕;O_2]☆Plectambonites
褶颊(属)[三叶;$Є_2$]☆Ptychoparia
褶颊虫类(的)[三叶]☆ptychopariid
褶口螺属[P]☆Plocostoma
褶丽蚌属[双壳]☆Sulcatula
褶隆区☆culmination
褶面贝[腕]☆plicatifera
褶拟狮鼻贝属[腕;C_1]☆Pleuropugnoides
褶鸟蛤属[双壳;T_3]☆Myophoricardium
褶脐螺属[腹;C-J]☆Ptychomphalus
褶腔海绵属[K_2]☆Coeloptychium
褶曲☆fold；buckle；flex；refractionation
褶曲鼻☆nose of fold
褶曲变厚之隆起期☆period of elevation of the folded and thickened area
褶曲波☆waves of folds
褶曲层理☆crinkled bedding
褶曲底{|顶}☆lower{|upper} apex of fold
褶曲对称{|分歧|连锁}☆symmetry{|virgation|linkage} of folds
褶曲海岸☆fold coast
褶曲区☆folded region
褶曲土菱介属[T_3]☆Ptychobairdia
褶曲相☆phase of folding
褶曲要素☆elements of fold
褶曲轴☆fold-axis
褶曲作用☆folding
褶裙式滤芯筒☆pleated-media cartridge
褶舌贝属[腕;O_2]☆Plectoglossa
褶升区☆culmination
褶石燕(贝属)☆Plectospirifer
褶碎角砾岩☆riebungsbreccia
褶头帕海胆属[棘;J]☆Plagiocidaris
褶腕环☆plectolophe
褶腕期[腕腕的形成期]☆ptycholophus stage
褶尾虫属[三叶;O_1]☆Ptychopyge
褶纹[腕]☆plicate
褶纹劈面☆plaiting surface
褶无洞贝属[腕;O_3-D_1]☆Plectatrypa
褶纤毛环[腕]☆ptycholophe
褶线☆plication
褶线虫☆Ptychoparia
褶牙形石属[$O_{2\sim3}$]☆Plectodina
褶翼☆flap
褶翼蛤属[双壳;S-P]☆Ptychopteria
褶正形贝属[腕;$O_{2\sim3}$]☆Plectorthis
褶纸☆pleated paper
褶皱☆fold(ing)；infold；accident (of the ground)；

corrugation；wrinkle；wrinkle in the skin；flexuring；rock bend；direct folding；ply；plicate
褶皱鞍形顶部☆saddle bend
褶皱闭合度{端}☆fold closure
褶皱变动☆plicated{placated} dislocation
褶皱变位☆placated dislocation
褶皱波长☆wavelength
褶皱槽☆downfold
褶皱层☆contorted bed；plicated{placated} layer
褶皱层的相对曲率☆relative curvature of fold layer
褶皱层组合☆fold-layer assemblage
褶皱朝向☆vergence
褶皱带☆fold(ed) belt；belt of folded strata；folded zone；bow area；zone of fold
褶皱带内凹部☆recess
褶皱的☆folded；plicated；infolded；placated
褶皱的非对称性测量☆measure of fold's asymmetry
褶皱的几何分类☆geometric(al) classification of fold
褶皱的逐渐发展☆progressive fold development
褶皱等核部☆core
褶皱顶☆upper arc of fold；nose of fold
褶皱顶部☆crest；upper apex of fold
褶皱断层[上盘受褶皱的逆掩断层]☆fold(ed) fault；slide
褶皱分析☆fold analysis
褶皱分支☆branching structure；virgation
褶皱粉属[K_2-E_3]☆Plicapollis
褶皱幅度☆fold amplitude；height of fold
褶皱幅度增加☆fold amplification
褶皱盖层☆foldcarpet
褶皱干扰型{涉模}式☆fold interference pattern
褶皱根部☆root of fold
褶皱管☆pleated tube
褶皱核☆foldkern
(井下压力计的)褶皱盒☆bellows chamber
褶皱弧☆arc of folding；fold arc
褶皱环☆fold-loop
褶皱机制分析☆fold-mechanism analysis
褶皱脊棱☆keel of the fold
褶皱界面☆bounding surface of fold
褶皱连锁☆linkage of fold
褶皱裂纹☆foldcrack
褶皱面向模式☆fold vergence pattern
褶皱末期☆posterior end of fold
褶皱期煤化作用☆synorogenic coalification
褶皱(作用)前的☆prefolding
褶皱前锋☆front of fold
褶皱前锋地区☆frontal region of fold
褶皱倾伏☆plunge of fold
褶皱区☆folded region{zone}；zone of folding；bow area
褶皱山地槽☆mother geosyncline
褶皱深度☆depth of folding
褶皱世代☆generation of fold；fold generation
褶皱束☆bundle of fold
褶皱推复{覆}体☆fold(ing) nappe
褶皱弯曲度☆fold curvature
褶皱弯折☆knee of a fold
褶皱系☆system of fold
褶皱下顶☆lower apex of fold
褶皱向核作用☆nucleation of fold
褶皱消失☆flattening of folds
褶皱楔体块状上升☆fold-wedge block uplift
褶皱形成机制☆fold-forming mechanism
褶皱形态的发育☆fold-shape development
褶皱序列{|要素}☆sequence{|elements} of folds
褶皱翼☆shank；slope
褶皱翼部-长{|厚}度比☆limb-length{|thickness} ratio
褶皱藻属[E_3]☆Campania
褶皱轴☆axis of fold(ing)；B{fold} axis
褶皱轴带☆axial belt of folding
褶皱轴的倾伏☆plunge of fold axis
褶皱轴迹凹进段☆recess
褶皱轴面上的年青方向☆(fold) facing
褶皱轴倾☆slant of the fold-axis
褶皱转换层理☆folded transposition layering
褶皱状构造☆fold(-)like structure
褶皱作用的轴向☆axis of folding
褶皱作用后隆起☆post-folding uplift

zhè

蔗草地{滩}☆tulare；tule land
蔗茅属之一种[Pb 示植]☆Erianthus giganteus；plume grass
蔗糖☆sucrose；saccharose
蔗糖酶☆invertase
柘榴石☆garnet(ite)；oriental garnet；rock ruby
柘榴石化☆garnetization
柘榴石砂☆garnet{ruby} sand
柘榴石岩☆garnet-rock；garnetite
鹧鸪斑☆partridge feature spot
鹧鸪菜属☆Caloglossa
鹧鸪草属之一种[Pb 示植]☆Eriachne mucronata
这就是[拉]☆quod est；q.e.
(在)这样的条件下{范围内}即☆to the extent that
浙江虫属[三叶;$Є_3$]☆Chekiangaspis
浙线崖☆fault-line scarp

zhēn

珍宝{藏}☆treasure
珍宝珐琅☆jeweler's enamel
珍本书☆rare book
珍藏宝石☆gemmary
珍品☆treasure；gem；curiosities；rarity；nugget；pearl
珍奇的☆unique
珍视的☆prized
珍闻☆nugget
珍异☆scarceness
珍重☆treasure
珍珠☆pearl
珍珠(鉴定仪)☆endoscope
珍珠蚌属[双壳;J-Q]☆Margaritifera
珍珠贝☆Pectinacea
珍珠贝目☆Pterioida
珍珠层☆nacre；nacreous layer；mother-of-pearl
珍珠光泽☆pearly luster；pearl lustre；orient
珍珠光泽硅华☆fiorite
珍珠灰[石]☆Gran Perla
珍珠几丁虫(属)[S-D_1]☆Margachitina
珍珠母☆mother of pearl；nacre；pearl shell
珍珠母层☆nacreous{pearly} layer
珍珠泉☆effervescent{bubbling} spring
珍珠石[$Al_2Si_2O_5(OH)_4$;单斜]☆nacrite；nacrine；nakrite；perlite
珍珠石气☆nacrite；nakrite
珍珠陶土[$Al_4(Si_4O_{10})(OH)_8$]☆karnat；nacrite；myelin；nakrite；carnet；tuesite；steinmark；carnat；nacrine
珍珠体的☆perlitic
珍珠岩[酸性火山玻璃为主,偶含长石、石英斑晶；SiO_2 68%～70%,SiO_2 Al_2O_3 12%]☆pe(a)rlite；pearlyte；pearlstone；marekanite；oequinolite；pearls；nemate
珍珠岩堵漏粉☆controlite
珍珠岩粉过滤器☆perlite filter
珍珠岩灰浆抹面☆pearlite plaster finish
珍珠岩吸音装饰板☆pearlite acoustic decorative board
珍珠云母[$CaAl_2(Al_2Si_2O_{10})(OH)_2$;单斜]☆margarite；lime{pearl} mica；diphanite；corundellite；calcium mica；kalkglimmer；clingmanite；korundellite；klingmanite；emerylite；emeryllite；emerilite；diaphanite；margarite emerylite；paragonite；pregrattite；perlglimmer[德]；pearl-mica
珍珠质层[双壳]☆pearly layer
珍珠蛭石[蚀变的珍珠云母;$Na½(Mg,Al,Fe^{3+})_6((Si,Al)_8O_{20})(OH)_4 \cdot 9/2H_2O$(近似)]☆dudleyite
珍珠质小板[软]☆treppen
珍珠状的☆pearlitic；pearly；nacreous
珍珠状流纹玻璃☆marekanite
斟酌☆discount；discretion；consideration
斟酌决定的自由☆discretion
真瓣鳃目☆Eulamellibranchia
真瓣鳃型☆Eulamellibranchiate
真棒骨针☆eurhabd
真北☆true{geographic(al);astronomical} north
真比重☆true{real} specific gravity
真闭合度{端}☆true closure
真壁[珊]☆theca [pl.thecae]
真鞭毛虫类☆Euflagellata
真鞭毛(藻)类☆Euflagellata
真彩色再现☆true-color rendition
真差☆actual{true} error
真长度☆proper length
真潮间带的☆eulittoral
真诚☆sincerity
真齿☆dentes dermis；dermal tooth
真赤道☆true equator
真冲击坑☆true crater
真垂向井深[定向井的]☆true vertical depth；TVD
真垂直厚度☆true vertical thickness；TVT
真垂直深度测井曲线☆true vertical depth log
真纯度☆true purity
真簇鱼属[T-J]☆Eugnathus
真的☆true；real
真等变线☆true isograd
真底床{板}☆true bottom
真底岩☆ledge rock
真地槽☆eugeosyncline
真地层倾角☆true dip angle
真地平☆celestial{true;rational} horizon
真地平线☆rational horizon
真地下芽植物☆eugeophyte
真电导率☆true conductivity
真电光效应☆true electrooptic effect
真电阻率☆true resistivity
真叠层石☆true stromatolite
真定向[按真子午线定向]☆true orientation
真洞居的[生]☆eutroglobiotic
真断裂应力☆true stress of fracture
真鳄亚目☆Eusuchia
真鲕☆true ooid
真反射振幅保持☆TRAP
真方位☆true azimuth{bearing}
真方位测定仪☆true bearing adapter；TBA
真方位角☆true azimuth
真方向☆true track；T.T.
真方向角☆true bearing
真沸点☆true boiling {-}point；TBP
真分点☆true equinox
真分数☆proper fraction
真峰☆real peak
真风向☆true wind direction
真浮游生物☆euplankton；permanent plankton
真高度☆true altitude
真古生代{界}☆Eupaleozoic
真古兽目☆Eupantotheria
真骨(鱼)(下纲;总目;次亚纲)☆Teleostei
真光带☆euphotic zone
真光轴角☆real optic (axial) angle；real optical angle
真轨道☆true orbit
真果叶藻属[C-P]☆Eugonophyllum
真海胆亚纲☆Euechinoidea
真含水饱和度☆true water saturation
真航向☆true heading{course}
真核的☆eucaryotic
真核生物☆eucaryote；eukaryote；eucarya
真核域[生]☆eucarya
真核原生生物界☆protista
真核藻类☆eukaryotic algae
真河狸(属)[N_2]☆Eucastor
真厚度☆true thickness{width}
真后生动物☆eumetazoa
真花岗岩☆true granite
真化学常数☆true chemical constant
真环形山{火山口}☆true crater
真迹电报传输☆facsimile transmission
真迹石印版☆autograph
真胶体☆encolloid；eucolloid；true colloid
真角☆reagent{real} angle
真节甲鱼超目☆Euarthrodira
真节足动物门☆euarthopoda
真解☆true solution
真金刚石☆true diamond
真金星(介)属[K-Q]☆Eucypris
真近点距☆true anomaly
真茎叶植物☆Eucormophyta
真晶格☆substrate
真晶面☆true face；real crystal face
真晶体☆real crystal
真镜像点☆true specular point
真距离☆true distance{range}；TR；proper distance
真蕨纲☆Filices；Filicinae；Pter(id)opsida；Filicopsida；leptosporangiate fern
真蕨类☆Filicinae
真蕨囊型☆eusporangiate type
真绝灭☆true extinction
真菌☆fungus[pl.-gi]；Hysterophyta；Eumycophyta；fungoid；mycetes；eumycete；eubacteria；mycophyta
真菌孢子☆fungal spore

真菌病☆fungus disease
真菌的☆fungous；fungal
真菌纲☆Mycophytes
真菌化石☆fossil fungi
真菌类结构凝胶体☆fungotelinite
真菌砂团☆mycolith
真菌体☆funginite
真菌学☆mycology
真菌植物门☆mycophyta
真菌质结构凝胶体☆fungotelinite
真菌组织☆felt tissue；plectenchyme
真抗张应力☆true tensile stress
真克罗登介属[S]☆Eukloedenella
真空☆vacuum [pl.vacuums,vacua]；evacuated{empty} space；vacuo[拉]；depression；vacuity；VAC
真空包泵☆vacuum chamber
真空泵☆vacuum pump{fan}；suction{pick(-)up} pump
真空笔[捏金刚石颗粒用]☆diamond pickup tube {needle}；diamond needle
真空捕尘凿岩机☆vacujet
真空采心管☆vacuum corer
真空常压法☆vacuum-normal pressure method
真空充填器械包☆vacuum plugging kit
真空抽取机☆vacuum pick-up
真空抽吸成形☆vacuum suction process
真空除尘歧管☆vacuum manifold
真空除尘歧管装置☆vacuum manifold for dust removal
真空除粉法☆vacuum cleaning
真空处理的☆vacuum-treated
真空的☆void；air-free；vacuum [pl.-s,vacua]；vacuous
真空电弧熔练☆vacuum arc melting
真空度☆degree of vacuum{exhaustion}；vacuum；vacuity；underpressure；vacua；vacuum (tightness)
真空镀敷金属☆vacuum metallizing
真空镀镁☆vacuum deposition of magnesium
真空断路器☆vacuum breaker
真空恶化☆softening
真空阀☆vacuum valve；dropper
真空沸腾床干燥法☆vacuum flash operation
真空辅助脱水筛☆vacuum-assisted dewatering screen
真空干燥炉{箱}☆vacuum drying oven
真空工艺学☆vacuum technology；v.t.
真空固结法☆vacuum consolidation
真空管☆(electron) tube；bulb；bellows；(vacuum;tube) valve；v.t.
真空管余气精密测量仪☆omegatron
真空罐的排水管☆drain line from vacuum tank
真空回水系统☆vacuum returnline system
真空(处理)混凝土法☆vacuum (treated) concrete；vacuum-concrete process
真空计☆vacuum ga(u)ge (measure)；vacuometer；vacuum {-}meter；suction gauge
真空加固☆consolidation by；the vacuum method
真空加热提炼☆vacuum hot extraction
真空间倾角☆true spatial dip
真空解除设施☆vacuum breaker
真空精制{炼}☆vacuum refining
真空聚爆式震源装置☆Flexichoc
真空控制单向阀☆vacuum control check valve
真空练泥☆vacuum pugging
真空密封☆vacuseal；vacuum seal
真空密封凸缘☆flange vacuum seal
真空密实法☆vacuum process
真空膜盒☆bellows；capsule；aneroid
真空泥浆蒸馏☆vacuum mud still；VMS
真空排粉器☆vacuum pick-up
真空排气☆vacuum-pumping；vacuum exhaust
真空泡☆vacuole；vacuum bubble
真空泡沫浮选机☆vacuum froth flotation machine
真空(黑)漆☆glyptal
真空气密水泥☆vacuum cement
真空气速☆true airspeed
真空清扫{洁}器☆vacuum cleaner
真空熔化分析☆vacuum-fusion analysis
真空熔融色谱法☆vacuum fusion chromatography
真空闪蒸罐☆vacuum flasher
真空烧结☆down-draft{vacuum} sintering
真空X射线分光计☆vacuum X-ray spectrometer
真空式卸载机☆vacuum unloader
真空受液罐☆vacuum receiver
真空头组件☆vacuum head assembly
真空吸力☆pull of vacuum
真空吸料法☆suction feeding
真空吸蚀☆vacuum abstraction erosion
真空除气☆vacuum clean up；vacuum degassed
真空箱☆autovac；vacuum tank
真空箱室☆vacuum case
真空泄放设备☆vacuum relief device
真空泄漏探测器☆vacuum leakage detector
真空压力☆underpressure；subatmospheric pressure
真空压力处理法☆vacuum-pressure process
真空压力活塞式震源☆Seismovac
真空岩芯取样管☆vacuum corer；vacuum core sampler
真空叶状过滤机☆vacuum leaf filter
真空英寸数[汞柱英寸数表示]☆inch of vacuum
真空圆筒滤器☆Oliver filter
真空闸☆vacuum brake；easamatic power brake
(在)真空中☆in-vacuo
真空铸造☆vacuum casting；suction mould；vacuo-forming suction-casting
真空状态☆in-vacuo；invacuo
真空状态下运行的热水扩容式汽轮机☆hot-water flashed subatmospheric turbine
真孔☆eupore；ostium
真孔隙度☆true porosity
真苦泉☆real bitter spring
真宽度☆true width
真矿泥☆true slime
真盔甲鱼属[D_1]☆Galeaspis；Eugaleaspis
真蓝宝石☆oriental sapphire
真理☆truth
真粒团☆true soil aggregate
真亮度☆real brightness
真列支骨针☆eutaxiclad
真临界流速☆true critical velocity
真零点☆true zero
真零炮检距☆true-zero-offset
真流动度☆true fluidity
真漏斗☆true crater
真脉☆true vein
真猛犸象☆Mammuthus (Elephas) primigenius
真密度☆true{real;full;actual} density
真面☆true face
真囊菌目☆euascales
真囊羊齿亚纲☆Eusporangiatae filicales
真囊子菌目☆euascales
真内摩擦角☆angle of true internal friction；true angle of internal friction
真黏聚力☆true cohesion
真黏度☆true viscosity
真凝固点☆true freezing point
真凝聚力☆true cohesion
真爬行亚纲☆eureptilia
真劈理☆true cleavage
真皮☆cutis；derm；derma；dermis；hypodermis[昆]
真皮的☆dermal
真平☆real horizon
真平均温度☆true mean temperature
真平均值☆true mean；TM
真破断应力☆actual breaking stress
真气温☆real air temperature
真潜热☆true latent heat
真浅海带☆eulittoral zone
真倾角☆true dip (angle)；main dip；DPTR
真倾斜☆full{true} dip
真丘☆true dune
真热电性☆true{primary} pyroelectricity
真人☆Homo
真溶液☆true solution
真软甲类{组}☆Eumalacostraca
真鳃型☆eulamellibranchiate
真三轴仪☆true triaxial apparatus
真鲨属[N_1-Q]☆Carcharhinus
真筛下产品☆true undersize
真深度☆true depth；TD
真渗透率☆true permeability
真实☆reality；earnest；veracity；truth；trueness；verity
(用)真实尺寸的☆full sized
真实储量☆actual reserves
真实的☆genuine；actual；unaffected；substantive
真实地☆truthfully
真实地层深度☆true strata depth；TSD
真实丰度☆true abundance
真实故障☆true fault；TF
真实环境多维空间(网)☆realized ecological hyperspace；biospace
真实孔径机载侧视雷达☆side-looking airborne radar；real aperture SLAR
真实年龄☆true age
真实气体☆imperfect{actual;real} gas
真实倾角读数图☆direct-dip-reading chart
真实容量☆actual capacitance
真实体积☆true volume
真实性☆authenticity；realness；truthfulness；validity；factuality；reality；veracity；truth；trueness
真实样品☆authentic sample
真实应变集中系数☆actual strain concentration factor
真实应力-应变行为☆true stress-true strain behaviour
真实重量☆actual weight；A/W
真适盐种[生]☆euhalobion
真兽次{亚}纲[K-Q]☆Eutheria
真兽类☆Theria
真树脂☆settlingite；settling stones resin
真数☆antilogarithm
真双星☆physical pair
真水母类{纲}☆Scyphozoa
真水平☆true horizon
真水平线☆celestial{rational} horizon
真速度-深度模型☆true velocity-depth model
真酸度[土壤]☆true acidity
真苔藓泥炭☆true moss peat
真太阳日{|时}☆true solar day{|time}
真弹性沥青☆true dopplerite
真体腔动物☆Eucoelomata
真萜烯☆true terpene
真铁帽☆indigenous gossan
真土☆true soil
真温度☆true temperature
真温性的☆euthermic
真稳定平衡☆true equilibrium
真午☆true noon
真误差☆true fault{error}；real{resultant} error
真蜥鳄属[J]☆Teleosaurus
真纤(毛亚纲)[原生]☆Euciliata
真藓目[苔]☆Bryales
真藓属[苔;Q]☆Bryum
真线螺属[O-D]☆Eunema
真相☆fact；truth
真相位☆true bearing
真像☆true{real} image；correct image
真象类☆Elephantoidea；Euelephantoids
真象限角☆true bearing
真硝甘炸药[硝化甘油含量高于50%]☆true dynamite
真星介☆eucypris
真形蛤属[T]☆Eumorphotis
真形菊石属[头;C_{1-2}]☆Eumorphoceras
真性浮游植物☆euplanktophyte
真压缩性☆true compressibility
真牙{齿}☆dentes dermis；dermal tooth
真牙形石☆euconodont
真岩浆斑状结构☆stochionomic porphyritic texture
真沿岸区{带}☆eulittoral zone
真羊齿(属)☆Alethopteris
真羊齿型☆alethopteroid
真叶肢介(属)[节;T-K]☆Euestheria
真液体☆true liquid；true-liquid
真异常{|硬度|应力}☆true anomaly{|hardness|stress}
真应变☆actual{true} strain
真有效孔隙度☆true effective porosity
真右旋轮藻属[D-C_1]☆Eutrochiliscus
真元[数]☆actual element
真原始介属[O-S]☆Euprimitia
真圆锥投影☆true conic(al) projection
真远洋☆eupelagic
真岳齿兽属[E_3]☆Merycoidodon
真(实均)匀应变☆true uniform strain
真载试验☆actual loading testing
真掌鳍鱼(属)[D]☆Eusthenopteron
真褶皱{曲}☆true{buckle} folding；real fold
真振幅☆real amplitude
真正安全设备☆intrinsically-safe equipment
真正的☆genuine；(down) right；fide[拉]；substantial；sterling
真正海洋性的☆holopelagic
真枝角鹿属[N_2-Q]☆Eucladoceros
真枝藻(属)[绿藻]☆Stigonema

真蜘蛛目☆Araneida
真值☆actual{true;realm;real} value；truth
真值表☆matrix [pl.matrices]；truth table
真值概率☆probability of truth
真挚的☆earnest
真中柱[裸子植物、被子植物茎内]☆eustele
真种☆euspecies
真轴角☆real axial angle
真珠层☆pearly layer；nacreous layer
真转变☆proper transformation
真椎☆vertebra vera
真锥几丁虫属[O-S_1]☆Euconochitina
真锥螺属[D-C]☆Euconospira
真子午线☆true meridian
真组织的[藻]☆parenchymatous
榛☆corylus；hazel；hazelnut；filbert
榛褐稀金矿☆caryocerite
榛粒级☆hazelnut size
榛属[植;K_2-Q]☆Corylus
榛子(大小的卵)石☆pebble of hazelnut size
甄别器☆discriminator
甄别阈☆discrimination threshold
砧☆anvil；die；hammering block；stake
砧板☆block
砧骨☆incus；anvil
砧木☆stock
砧钳{|台|凿|座}☆anvil vice{|block|chisel|block}
砧状云☆anvil cloud
砧子☆anvil
帧[电视的]☆frame；scene；fr
帧尺寸☆frame size；FSIZ
帧重复{|定位}信号☆frame repeat{|alignment} signal
帧面积☆picture area
帧偏斜☆vertical deflection
帧频☆picture frequency
帧频锯齿波补偿信号☆frame tilt
帧扫描☆frame scan
帧同步码☆frame synchronization code
帧同步信号[电视的]☆frame{vertical} synchronizing signal；vertical sync-signal
帧同步字☆frame synchro pattern；FSP
帧图像变形☆frame bend
帧像周期☆time frame
帧信号{|指针}☆frame signal{|pointer}
针☆needle；pin；stitch；shot；injection；inoculation；acupuncture；bullet；acicula [pl.-e]；pricker
针孢酵母属[真菌;Q]☆Nematospora
针笔石属[S_1]☆Rhaphidograptus
针铋矿☆aikinite
针冰☆needle ice
针冰层[瑞]☆pipkrake
针测密度☆needle density
针插☆pincushion
针齿轮☆pin gear
针赤铁矿☆rafisiderite；raphisiderite
针雏晶☆spiculite；belonite
(用)针穿刺☆needle
针刺☆acanthos；acantha；acupuncture；armature；apical{acicular} spine
针刺雷管☆stab detonator
针刺模☆prod cast
针刺型☆acanthose type
针刺藻(属)[Z_2]☆Acus
针枞☆spruce (fir)
针锉☆broach{needle} file
针的☆spinal
针碲金矿[(Au,Ag)Te_2]☆sylvanite；aurotellurite；gold teller；graphic ore{gold;tellurium}；krennerite；white{yellow} tellurium；goldschmidtite；blatterine[$AuTe_2$•6Pb(S,Te)]；graphic telluvium；blatterin；sylvane；metal escrito；silvanite；aurumgraphicum；mullerite；mullerine
针碲金铜矿[$CuAuTe_4$;单斜]☆kostovite
针碲金银矿[$AuAgTe_4$;单斜]☆sylvanite
针碲矿[Sb,Au 和 Pb 的碲化物与硫化物]☆nobilite；elasmos(in)e；silverphyllinglanz；phyllinglanz[德]；elasmore；blatterine
针碲银矿☆petzite
针电极☆cat whisker
针电气石☆zeuxite；xeuxite
针独居石[(Ce,La,Y,Th)(PO_4)]☆cryptolite
针对☆aim at…；direct against
针对目的层的处理☆target-oriented processing
针阀式喷油器☆needle type injector
针阀调节喷嘴☆needle jet
针钒钙石[$H_4Ca(VO_3)_6$•$7H_2O$;CaV_6O_{16}•$9H_2O$;斜方]☆hewettite
针钒钠锰矿[$Na_2(Mn,Ca,Sr)_6Mn_3^{4+}(V,As)_6O_{28}$•$8H_2O$;斜方]☆santafeite
针钒钠石☆natrium-hewettite
针沸石[$K_2CaMg_2(Al,Si)_{36}O_{72}$•$28H_2O$;六方]☆mazzite；needle zeolite
针缝筛板☆needle-slot screen
针钙镁铀矿[$Ca_3Mg_3(UO_2)_2(CO_3)_6(OH)_4$•$18H_2O$]☆rabbittite
针杆藻属[硅藻]☆Synedra
针锆贝塔石☆zirconolite
针蛤属(区)[双壳;K-Q]☆Acila
针钩☆hook
针骨☆spicule
针骨状壳☆spicular test
针管迹[遗石]☆skolithos
针硅钙铅石[$Pb(Ca,Mn)_2Si_3O_9$;三斜]☆margarosanite
针硅钙石[$Ca_2(SiO_3)(OH)_2$;单斜]☆hillebrandite；hilebrandtile；rivaite
针硅灰石[$Ca(SiO_3)$]☆rivaite
针硅铍钠石☆karpinskyite
针硅铀矿☆uranosilite
针海绵☆spongilla
针海绵属☆Spongilla
针黄铜矿☆chalmersite；cubanite
针辉铋铅矿[$Pb_{16}Cu_2Bi_{12}Sb_8S_{60}$?;斜方]☆giessenite
针辉锑{(镍)}银矿☆bolivianite
针棘藻属[甲藻;K-E]☆Spiniferites
针几丁虫属[O_2-S_2]☆Belenochitina
针迹[遗石;Є-O]☆Skolithos
针钾钙石[德]☆kaliumpektolith
针尖☆pinpoint
针碱钙石[5(Na_2,K_2,Ca)O•$6SiO_2$•H_2O]☆juxporite；uxporite；jukaporite；juksporite；iuxporite；ruksporite；yuksporite[Ca,Sr,Ba 和碱金属的硅酸盐和氟化物；(Na, K)$_4$(Ca,Sr,Ba)$_4$(Ti,Al,Fe)$_3Si_8O_{16}$(F,Cl)$_2$•$4H_2O$?;单斜?]
针晶☆needle(-like) crystal；needle
针晶骨针[绵]☆raphide
针晶质铀矿☆broggerite
针刻☆needle etching
针孔☆pinhole
针孔光像☆pinhole light figure
针孔润滑☆needle lubrication
针孔状装饰☆punctate sculpture
针蜡☆geomyricite；geomyricin；geomyvicite
针连藻属[绿藻门;Q]☆Ankistrodesmus
针磷铝铀矿[$Al(UO_2)_3(PO_4)_2(OH)_3$;斜方]☆upalite
针磷铁矿[$Fe^{3+}PO_4$•$3H_2O$;四方]☆koninckite
针磷钇饵矿☆churchite；weinschenkite
针磷钇铒矿[(Y,Er)(PO_4)•$2H_2O$]☆weinschenkite；rogersite；churchite；cerium phosphate
针磷钇矿☆weinchenkite
针硫铋矿☆acicular bismuth
针硫铋铅矿[$PbCuBiS_3$;斜方]☆aikinite；belonite；needle ore；aciculite；caikinite；acicular{cupreous} bismuth；patrinite；aciculate；aikenite；aciculite[3(Pb,Cu_2)S• Bi_2S_3]
针硫铋铜铅矿[$Pb_7(Cu,Ag)_2Bi_6S_{17}$;单斜]☆neyite
针硫金矿[AuAgTe]☆white tellurium；sylvanite
针硫镍矿☆millerite；NiS
针硫铅铜矿[$Cu_{10}PbS_6$;$Cu_{16}Pb_2Cu_5S_{15}$;Cu_{10}(Fe,Pb)S_6;斜方]☆betekhtinite；betechtinite
针六方石[$Ca_3Mg_3O_2F_8$]☆nocerine；nocerite
针绿矾[$Fe_2^{3+}(SO_4)_3$•$9H_2O$;三方]☆coquimbite；white copperas；blakeite；kokimbite；blackeite
针轮☆pin gear
针镁沸石☆carphostilbite
针镁钼矿[MgO•MoO_3]☆belonesite
针镁石[斯皂石和针钠钙石混合物;$Mg_2Si_3O_7(OH)_2$•H_2O]☆hanusite
针蒙脱石[$R_{2x}^{1+}Mg_{3-x}(Si_4O_{10})(OH)_2$,$x$=0.1,$R^{1+}$=½(Ca,Mg)]☆ghassoulite；ghaussoulith；rassoulite
针锰矿☆groutite
针钠低铁矾☆ferronatrite
针钠沸石[$Na_2(Al_2Si_3O_{10})$•$2H_2O$]☆galactite
针钠钙石[$Na(Ca_{>0.5}Mn_{<0.5})_2(Si_3O_8(OH))$;$Ca_2NaH(SiO_3)_3$; $NaCa_2Si_3O_8(OH)$;三斜]☆pectolite；osmelite；gonsogolite；ratholite；ratholite pectolite；wollastonite；parapectolite；photolite；pektolith；pecktolite；stellite；natronwollastonite
针钠钙石-M2 abc[$NaCa_2Si_3O_8(OH)$;单斜]☆pectolite-M2 abc
针钠高铁矾石☆ferrinatrite
针钠锰石[Na(Ca,Mn)$_2Si_3O_8$(OH);三斜]☆serandite；schizolite；natronmanganwollastonite
针钠铁矾[$Na_3Fe^{3+}(SO_4)_3$•$3H_2O$;三方]☆ferrinatrite；gordaite；ferronatrite；leucoglaucite；leukoglaucit；bartholomite
针镍矿[(β-)NiS;三方]☆millerite；capillose；nickel blende；trichopyrite；capillary pyrite；hair{nickel} pyrites；hair-pyrite；nickelblende
针盘式温度计☆dial thermometer
针铅铋银矿☆schapbachite；bismuthic silver；morocochite
针球虫科☆Stylosphaeridae
针确金银矿☆mullerine
针入度[测沥青、石蜡等的硬度]☆pen.；penetration
针入度仪☆penetrometer；penetrameter
针入度值☆penetration number
针入法☆probe method
针入计☆(dutch) penetrometer
针入密度☆needle-density
针锐牙形石属[O-S_2]☆Acodus
针珊瑚属[S_{2-3}]☆Acanthophyllum
针闪辉正煌岩☆pilite vogesite
针闪石☆marmairolite；pilite
针闪锌矿☆marmatite
针闪云煌岩☆pilite minette
针砷铜矿☆leucochalcite
针式滤器☆needle filter
针铈磷灰石☆finchenite
针栓☆pintle
针水砷钙石[$Ca_3(AsO_4)_2$•$4H_2O$; $Ca_5H_2(AsO_4)_4$•$5H_2O$;单斜]☆vladimirite；wladimirit(e)
针丝光沸石☆flokite
针碎机☆pick{pin} breaker；needle crusher
针苔藓虫属[O-D]☆Stigmatella
针碳钠钙石☆gaylussite
针铁矿[(α-)FeO(OH);Fe_2O_3•H_2O;斜方]☆goethite；pyrrhosiderite；needle ironstone；xanthosiderite；ruby mica；genthite；adlerstein；acicular iron ore；onegite；fullonite；chileite；pyrrhotine；onegite rubinglimmer；gothit；eisensammeterz；eisenglimmer；needle iron ore；rubinglimmer[德]；rubineisen；pribramite；gothite；allcharite；nadeleisenerz；brown ironstone；mica ruby
针铁矿法☆goethite process
针铁闪石[$(Na,Ca)_{2\frac{3}{4}}(Fe^{2+},Fe^{3+},Al)_5$•$((Si,Al)_8O_{22})(OH)_2$(近似)]☆bergamaskite
针铁石☆needle ironstone
针铁石英☆hedgehog stone；onegite
针铁水晶☆sagenitic quartz；fleche d'amour；cupid's dart
针铁形石英☆binghamite
针头☆pip；pike
针透辉石☆porricin；porrizin；pyroxene
针凸轮☆needle cam
针突☆spicula
针托状颗石[钙超]☆styliform cyrtolith
针顽火辉石[$MgSiO_3$]☆victorite
针尾鲎类[节]☆Belinuracea
针吻鱼科[T-J]☆Belonorhynchidae
针锡石☆needle tin
针线盒☆workbox
针形☆acicular；aciculiform；Aciculatis；acerosus[叶]
针形(叶)☆acerosus
针形喷嘴☆needle nozzle
针形轴承☆nail{quill;needle} bearing
针牙形石属☆Belodus
针眼☆pinhole
针眼漏失☆pin-hole leak
针鼹(属)[Q]☆Echidna；Tachyglossus
针叶☆needleleaf；needle (leaves)
针叶低木林☆aciculifruticeta
针叶菊石属[头;T_1]☆Lanceolites
针叶林☆coniferous{needle-leaved} forest；conisilvae；aciculisilvae
针叶乔木群落☆aciculisilvae；conisilvae
针叶树☆conifer；softwood
针叶术本群落☆conilignosa
针叶树材☆softwood
针叶云母☆siderophyllite

Z

针叶植物☆coniferous vegetation；coniferophyte；conifer
针银铝锑矿☆durfeldtite
针铀钛磁铁矿☆offertite
针皂石☆rassoulite
针脂煤☆rhabdopissite；rabdopissite
针脂石[$C_{10}H_{17}O$]☆xyloretinite；xyloretin；psathyrite；psatrit
针织(法)☆knitting
针织机☆knitter
针质☆acanthin
针柱化(作用)☆dipyrization
针柱石[钠柱石-钙柱石类质同象系列的中间成员；$Ma_{80}Me_{20}$-$Ma_{50}Me_{50}$;(100-n)$Na_4(AlS_3O_8)_3Cl$•$nCa_4(Al_2Si_2O_8)_3(SO_4,CO_3)$]☆dipyr(it)e；mizzonite；leucolite；riponite；couseranite；leukolith；couzeranite；parenthine；paranthine；paralogite；ontariolite；meizonite
针状☆acicular (shape)；needle (shaped)
针状(岩石)☆aiguille
针状冰晶☆pipkrake
针状长石☆belonite
针状的☆acerose；acerous；columner；Columnar；needle-like；acicular
针状断口☆acicular{needle} fracture
针状构造☆needle-shaped structure
针状骨针[绵]☆oxytylote
针状火山☆cupola
针状结晶石油焦☆needle coke
针状节理☆columnar joint
针状晶体☆acicular{needle(-like)} crystal；crystal needle
针状晶体锡石[SnO_2]☆needle tin ore
针状矿石☆aciculite
针状泉华☆spicular geyserite
针状双尖骨针[绵;pl.oxeas,oxeae]☆oxea
针状体☆needle；spicule
针状突起☆nadel；madel
针状物☆(solar) spicule；needle
针状习性☆needle {-}like habit
针状藻属[K-N]☆Acicularia
针纵☆Picea
侦测☆detect
侦测器☆detector
侦查☆scout；investigation
侦查员☆investigator
侦察☆reconnaissance；reconnoitre；scout(ing)；espionage；reconnoiter；recce
侦察飞机☆intelligence{observation;reconnaissance} aircraft
侦察机☆explorer；scout plane
侦察摄影☆Intelligence phototography
侦察图{成}像☆reconnaissance imagery
侦察卫星☆advanced reconnaissance satellite；spy-in-the-sky；reconnaissance{explorer-type} satellite
侦探☆spy；detective

zhěn

枕部☆occiput；occipital (plate)
枕骨☆os occipitale；occipital
枕骨部☆occiput
枕骨大孔☆foramen magnum
枕骨髁☆condylus occipitalis
枕肌☆occipitalis
枕棘☆spina occipitalis
枕脊☆crista occipitalis
枕角石☆piloceras
枕髁[两栖]☆occipital condyle
枕块☆pillow
枕块{垫}支架☆pillow block frame
枕梁☆sleeper beam
枕鳞☆squama occipitalis
枕锚基☆occipital anchorage
枕木☆sleeper；dormant；floor {-}bar；crosstie；bed{sill} timber；tie；railway{timber;wood} sleeper；timber {cross;wood} tie；poppet[船下水时用]
枕木间支撑☆tie spacer
枕式储罐[人造橡胶制成的柔性折叠罐]☆pillow tank
枕形结核岩☆torolite
枕形球藻属[Є]☆Pulvinosphaeridium
枕形藻属[Z]☆Pulvinomorpha
枕中脊☆median occipital crista
枕状冲刷痕☆pillow-like scour mark{marking}
枕状构造间的☆inter-pillow
枕状节理☆pillow-like jointing；mural joint structure
枕状脉☆pillow-veining
枕状劈理☆pillow cleavage
枕状熔岩☆pillow{ellipsoidal} lava；lava pillow
枕椎☆vertebra occipital
枕座☆block
枕座支架☆pillow block frame
疹☆puncta；punctum
疹宝贝属[腹;E_2-Q]☆Pustularia
疹壳☆punctate (shell)；punctation
疹孔丝[腕]☆brush
疹石燕属[腕;C-P]☆Punctospirifer
疹突[牙石]☆pustule
疹无洞贝属[腕;D_{1-2}]☆Punctatrypa
疹状的☆papillose
疹嘴贝属[腕;C-P]☆Rhynchopora
诊断☆diagnosis [pl.-ses]；debug；diagnose；diagnostic；diagnosing
诊断程序☆diagnotor；diagnostic routine{program}
诊断性变化☆diagnostic variation
诊断学☆diagnostics
诊所☆clinic

zhèn

振摆☆run-out；pendulum method
振摆式筛砂机☆vibration-swing sand sifter
振摆水☆pendular water
振摆周期[扭秤的]☆torsion period
振鞭体[sgl.vibraculum]☆vibracula
振颤{翅}☆flapping
振沉桩☆vibrator sunk pile
振振冲法☆vibroflotation method；vibro-punching
振冲器☆vibroflot
振冲式钻孔☆vibratory percussive drilling
振冲置换☆vibro-replacement
振打器☆shaker
振荡☆oscillation；oscillate；generation；hunt(ing)；cycling；stir up；whipping；vibration；vibrating；screaming；oscillatory motion；OSC.
振荡波☆oscillatory wave；wave of oscillation
振荡波腹☆internode
振荡波说☆oscillatory-wave theory
振荡彩色顺序☆oscillating colour sequence；OCS
振荡的☆oscillatory；singy；ringy；alternating
(磁控管)振荡范围变动☆moding
振荡放电(离子)源☆oscillating discharge source
振荡干涉波度☆oscillation cross ripple mark
振荡管☆power valve
振荡回路☆oscillation{tank} circuit；tank (loop)；electrical resonator
振荡回路电容☆tank capacitance
振荡模式☆mode of oscillation
振荡模跳变☆mode skipping
振荡频率☆oscillation frequency
振荡频率选择器☆oscillector
振荡器☆oscillator；generator；vibrator；GEN；shaking apparatus；shaker；OSC.
振荡燃烧☆oscillating{oscillatory} combustion；hugging
振荡效应☆ringing；oscillation effect
振荡旋回☆cycle of fluctuation
振荡周期☆duration of oscillation；time of vibration {oscillation}；oscillatory{oscillation} period
振荡主模☆fundamental mode
振捣器☆vibrator；vibrating tamper；vibrorammer
振动☆vibration；jutter；jitter；beat；oscillation；(bounce) jarring；flutter(ing)；jog；jar；shock motion{action}；chatter；vibratory{oscillating} movement；waggle；bobbing；swing(ing)；vibrate；shimmy；oscillate；percussion；vibrancy；vibrance；screaming；jigging；chattering[钻杆]；waggling[来回]；vibro-
振动爆破☆shock blasting；blasting for shake
振动泵☆sonic{vibratory;oscillating-column} pump
振动槽☆oscillating trough；shaking channel；surge tank
振动槽式装载机☆shaking pan loader
振动测漏斗☆leak vibroscope
振动铲☆vibrospade
振动沉桩☆vibro-sinking piles
振动成形☆vibromoulding
振动充填☆vibra-pack
振动床层☆vibrated bed
振动打拔桩机☆vibro-driver extractor
振动打桩☆pile driving by vibration
振动打钻(法)☆vibrodrilling
振动捣实器☆vibrometer
振动的☆oscillatory；vibrating；singy；vibratory；ringy
振动地震☆vibroseis
振动电弧堆焊☆vibratory arc surfacing
振动电极法☆vibrating electrode method
振动电键☆vibroplex
振动方向☆vibration{allowed} direction
振动放矿☆stope vibratory ore-drawing
振动分出☆shake out
振动粉碎(作用)[机]☆vibro-pulverization
振动幅度☆amplitude of vibration
振动供料☆vibrator supply
振动函数☆oscillating function
振动焊☆percussive welding
振动夯☆vibrating tamper；vibro-tamper
振动机☆jarring machine；shaker；pulsator
振动基频☆ground-state vibration frequency
振动计☆vibroscope；vibrometer；vibration meter {vibrograph;measurer}；vibrameter
振动技术☆vibrotechnique
振动检波{测}器☆vibration detector
振动刻槽☆rotary strake
振动理论☆theory of oscillation
振动力☆oscillation force
振动梁☆walking beam
振动密实成形☆vibro-casting
振动面☆vibration plane；plane of vibration
振动膜☆(carbon) diaphragm
(电话机)振动膜☆tympanum [pl.-na]
振动磨矿☆vibro grinding；vibration milling
振动能☆energy of vibration；vibration energy
振动碾☆vibratory{vibrating} roller；vibro-roller
振动碾压法☆compaction by vibrating roller
振动片☆trembler；vibrating-reed；membrane
振动平板压实机☆vibrating base plate compactor
振动破碎☆Vibration crushing
振动(光)谱☆vibrational spectrum
振动谱学☆vibrational spectroscopy
振动器☆vibrator；jigger；ticker；shaker；oscillator；vib.
振动强度☆intensity of vibration；vibration intensing {strength;intensity}
振动取芯器☆vibracorer
振动燃烧式反应器☆vibrating-combustion reactor
振动筛☆vibrating{shaking;impact;vibration;vibrator;jigging；winging；reciprocating；shaker；Free-Flo} screen；vibro-screen；jigger；shaking{oscillating;rocker} sieve；jigger throw-type screen；swinging sieve；riddler；screen box{shaker}；shaker；Free classifier screen；vibratory screening apparatus；vibrator；pulsator；oscillating screen
振动筛网式离心机☆vibrating screen centrifuge
振动式冲孔板☆vibrating perforated plate
振动式风力装载机☆vibrating pneumatic loader
振动式混凝土捣固器☆vibrating concrete float
振动式集料运输机☆gathering shaker
振动式输送机机槽☆shaking conveyor trough
振动试验☆shaking{swing} test；vibration testing
振动试验法☆vibratory test technique
振动数/分☆vibrations per minute；vpm
振动台[抗震研究用]☆shaking table；vibrating{shake} table；vibrostand
振动探针式磁强针☆vibrating sample magnetometer
振动套筛☆sieve shaker
振动体[检波器]☆vibrating mass
振动填实砂桩法☆vibro-composer method
振动图☆vibrorecord
振动椭圆☆ellipse of vibration
振动洗床☆vibrating table
(上下)振动效应☆yo-yo effect
振动芯模法☆vibrating core process
振动性☆vibratility
振动旋转(光)谱带☆vibration-rotation band
振动循环☆cycle of vibration
振动压实☆compaction by vibration；vibratory compaction；vibro-compaction
振动压实砂桩☆sand compaction pile
振动研磨法☆vibration milling
振动岩芯切割{提取}器☆vibro-core cutter
振动摇床☆percussion table

振动液化☆thixotropy
振动仪☆vibration gauge；vibrograph
振动因子{素}☆frequency factor
振动影响☆panting action
振动辊子☆vibratory roller
振动沼☆schwingmoor
振动值☆undulating quantity
振动置换☆vibro-replacement
振动周期☆(complete) time of oscillation；period of vibration{oscillation}；vibration period
振动装置☆rapping device
振动子☆oscillater；vibrator；ticker；trembler；oscillator
振动自记计☆vibro-record
振动阻尼☆absorption of vibration；vibration damping
振动钻进☆vibrating drilling；vibro-drilling
振动钻进用钻机☆sonic drill
振动钻机☆vibrodrill；vibro drilling
振动钻设备☆vibrodrill
振度变化☆amplitude variation
振奋☆brace；rouse
振幅☆amplitude [of vibration]；oscillation；vibration amplitude；excursion；amplitude of vibration；amplitude swing；ampl.；amp
振幅比{和}相位差计[磁勘]☆ratio and phase meter
振幅加强线路☆accentuator
振幅-距离曲线☆amplitude-distance curve
振幅谱☆amplitude spectrum；spectral amplitude
振幅区分器☆amplitude separator
振幅衰减函数☆amplitude decay functions
振幅周期比率☆amplitude to period ratio
振浮压实(法)☆vibro-flotation
振痕☆chatter mark
振后密度☆deity after vibration
振簧式静电计☆vibrating-reed electrometer
振击器☆knocker；jars
振击式取土器☆retractable plug sampler
振铃☆export；calling；ringing
振铃信号☆ringdown；bell{ringing} signal；ringing
振铃信号测试仪☆ringing tester
振铃信号障碍{故障}报警☆ringing fail alarm
振铃信号制☆ring-down system
振敏管☆vibrotron
振鸣☆singing；ringing
振鸣声☆squealing；squeal；whistle
振筛机☆sieve shaker{machine}
振筛器☆screen shaker
振筛式给料机☆vibrating grizzlies feeder
振实的混凝土☆vibrated concrete
振实机☆jolter
振实体积☆tap volume
振丝伸长计☆vibrating-wire extensometer
振松☆decompaction
振碎☆chatter
振纹☆chatter mark
振弦☆elastic{strain} wire
振弦式压力盒☆vibrating wire cell
振型☆mode of vibration
振翼☆flutter；clap
振子☆vibrator；vibration exciter{generator}；oscillator；transducer
振子坠(探测锤)☆bob
振作☆summon；wake
震☆impingement；quake
震变玻璃☆maskelynite
震波☆seismic{shock;earth;earthquake} wave
震波符号[天然地震波的]☆wave notation
震波路线☆path of seismic waves
震波图☆seismogram；seismographic record
震波图反射的相互关系☆shooting correlation
震测法☆seismic prospecting method
震测露头☆seiscrop
震颤☆chatter；thrill；shudder；tremble；quiver；tremor
震颤器{片}☆trembler
震场☆earthquake field
震巢☆earthquake nest
震磁效应☆seismomagnetic effect
震带图☆seismic zoning map
震旦纪[800～570 Ma;地层为未变质的砂岩、硅质岩、白云岩含沉积铁矿、锰矿,出现低级生物]☆Sinian (period)；Z
震旦纪前的☆Presinian；pre-Sinian
震旦角石(属)[O_2]☆Sinoceras
震旦肯奈氏龟☆Sinokannemeyeria
震旦矿{石}☆sinicite；uranoaeschynite
震旦亚界☆Sinian；Z
震荡☆concussion；shock；commotion
震荡横切波☆transversal component of oscillation
震荡燃烧☆oscillation combustion
震电效应☆seismo-electric{seismic-electric} effect；seismic electric effect
震动☆jounce；jarring (motion)；knock；jutter；jar；concussion；commotion；convulsion；buffet(ing)；tremor；quake；shake；vibrate；shock；shaking；seismos；throb；rumble；racking；quaver；flutter
震动爆破☆concussion{shock;induction} blasting；standing shot；volley shotfiring
震动沉井☆drop shaft facilitated by flutter
震动舂砂☆jar ramming
震动打箱落砂法☆knock-out
震动带☆seismic zone
震动的☆quaky
震动法☆lash method
震动计☆vibrograph
震动器☆jolter；bumper sub；rammer；(electromagnetic) shaker；vibrator
震动式洗矿筛☆shaking-screen washer
震动填料☆jolt-packing
震动系统☆vibroseis
震动性☆vibratility
震动性放炮{爆破}☆concussion blasting
震动性小爆破☆back-off shooting
震动源☆vibroseis
震动制模机☆jar ram moulding machine
震动周期☆period of oscillation
震抖☆tremor
震度☆degree of seismicity；earthquake intensity；seismicity degree
震感波浪☆earthquake-induced wave
震海啸☆seismic sea wave
震害☆earthquake disaster{damage;catastrophe;hazards}；seismic hazard
震害估计☆assessment of hazard
震害减轻计划☆earthquake hazards reduction program
震撼世界的☆earth shaking；seismic
震撼试验☆shock test
震后形变☆postseismic deformation
震击☆jarring
震击波凿岩☆shock wave drilling
震击打捞筒☆center jar socket
震击改变[结构]☆shock modification
震击矛☆drive-down trip spear
震击器☆jar[打捞钻杆用]；jar knocker{bumper}；bumper sub{jars}；bumper；shock sub
震击器用冲击接头☆knocker sub
震击强化器☆jar intensifier{booster}
震击式打捞筒☆drive down socket
震击钻钻头☆hammer operated bit
震积岩☆seismite
震激☆shock-excitation
震激波☆shock wave
震级☆scale of seismic magnitude；(earthquake) magnitude；magnitude of an earthquake
震级-烈度对应关系☆magnitude-intensity correlation
震级频度关系☆magnitude-frequency relation
震加负荷☆shock loading
震角变迁☆migration of dips
震裂☆shattering；shatter
震裂带☆shatter belt{zone}；shattered{raptured} zone
震裂火山锥☆shutter cone
震裂锥片☆shatter {-}cone segment
震落冲击杆与钻头连接销☆knock bit off
震能密度☆seismic energy density
震凝(现象)☆rheopexy
震凝(性)流体☆rheopectic fluid
震碛☆seismic moraine
震前磁场☆preseismic magnetic field
震前形变☆pre-earthquake deformation
震情☆seismic regime；situation after an earthquake
震区☆earthquake region{country;county}
震群☆earthquake swarm{series}；cluster；swarm (earthquakes)
震群型地震☆swarm-type earthquake
震筛☆riddler；vibrating screen
震深☆focal depth
震声☆earthquake sound；blasting
震声反射测量☆seismo-acoustic reflection survey
震声区☆sound area
震时互易原理☆seismic reciprocity
震碎☆shattering
震尾☆trailer；(earthquake) coda；cauda
震险估计☆estimate of seismic rink
震陷☆earthquake subsidence
震线☆seismic ray
震相☆(earthquake) phase
震心☆epicentrum
震性☆knocking
震央{中}☆epicenter；epicentrum；epifocus
震央对点☆anti-epicenter
震央区☆epicentral area{region}
震央域☆field epicenter
震央震时☆time of earthquake at epicenter
震摇☆jolt
震仪配置☆seismic spread
震影☆earthquake shadow
震影带☆shadow zone
震域☆seismic area
震源☆focus [pl.foci]；(earthquake) hypocenter；earthquake focus{source;foci;center}；hypocentrum；hypocentre；EF；explosive seismic origin；centrum [pl.-ra]；(seismic) source；focus of an earthquake；epicentre；epicentrum；center of burst{origin}；quake center；earthquake origin
震源的☆focal；seismofocal
震源的前端☆front end
震源-地面耦合响应☆source-ground coupling response
震源定位☆hypocentral location
震源机制☆mechanism at the source；focal{source} mechanism
震源接收器排列☆source-receiver array
震源距☆focal distance{length}；distance from focus
震源偏离段[距原定位置]☆source-offset
震源球的下半球投影☆lower-hemisphere plots of focal sphere
震源区☆focal zone{region;area}；source region
震源深度☆focal depth；depth of `origin {(seismic) focus}；(seismic) source depth；earthquake depth
震源数与接收器数的乘积☆source-receiver product
震源体积☆earthquake volume
震源位置偏移方位☆source position offset azimuth
震源信号反褶积☆source signature deconvolution
震源药包{柱}☆seismic charge
震源移动法☆moving-source method
震源域☆field focus
震源震时☆time of shock at the origin
震源至震中的连线☆seismic vertical
震源中心☆source center
震源组合☆source pattern{array}
震灾☆disaster caused by earthquake；earthquake disaster
震沼☆quaking bog
震致熔化☆shock melting
震致岩化(作用)☆shock-lithification
震中{央}☆epicentrum；epicenter；epifocus；epicentre [pl.-ra]；earthquake epicenter{centre;center}；seismic vertical{center;centre}；quake center
震中测定☆determination of epicentres
震中常数☆constant of earthquake epicentre
震中的☆epicentral；epifocal
震中对点☆anti-epicentrum{epicenter}；anticenter (of earthquake)
震中距☆epicentral{station(ary)-epicentre} distance；distance of epicentre{epicenter}
震中图☆epicenter map
震中位置的确定☆location of epicentre
震轴☆earthquake axis
震筑器☆jolter
镇☆township
镇舱水☆water ballast
镇定元素☆ballast element
镇静☆composure；calm；cool；composed；unruffled；kill[炼钢]
镇静的☆depressant；mitigatory；mitigative
镇静剂☆killing agent
镇流器☆ballast；amperite-ballast；barretter
镇嵌金刚石条带的扩孔器☆insert reaming shell
镇区[美、加市镇区划, 6 英里见方, 包括 36 个分区]☆township；twp
镇圈☆cone retaining ring

镇压☆suppression；suppress；squash
阵☆array；burst
阵地☆position
阵点[结点]☆lattice point{node}
阵发☆gust；surge
阵发前进☆catastrophic advance
阵发性冰川☆surging glacier
阵风☆gust；windblast；gustiness
阵风探测{空}仪☆gustsounde
(矩)阵迹☆trace of matrix
阵列[固体电路]☆array
阵列变换处理器☆array transform processor
阵列匹配☆matrix matching
阵列元位置☆subpoint
阵天线☆multiple-element antenna
阵性成分☆gustiness components
阵雪☆snow shower{blast}
阵营☆camp
阵雨☆gust；(rain) shower；intermittent showers
阵雨雪☆sleet shower
阵元☆array element

zhēng

蒸☆braise；braize
蒸镀☆vapor deposit
蒸发☆evaporate；exhalation；fume；evapor(iz)ation；boil {-}off；exhale；vapo(u)rization；transpiration；evaporating；caulk；vaporizing；vaporation；steam；evapotranspiration；vaporize；BO；evap.
蒸发表☆atmometer
蒸发度☆evaporativity；volatile grade
蒸发后剩余残垢☆evaporites
蒸发计☆atm(id)ometer；evapograph；evaporimeter；evaporation gauge；atomometer
蒸发剂☆evaporant
蒸发(原生)晶体☆evapocryst
蒸发(原生)晶质结构☆evapocrystic texture
蒸发可能串☆evaporation opportunity
蒸发冷却☆evaporative{transpiration} cooling；sweat- cooling
蒸发力☆evaporativity；evaporation power
蒸发量☆evaporation capacity{rate;discharge}；amount of evaporation；evapotranspiration；evaporating capacity
蒸发率☆evaporation rate{power}；rate of evaporation；evaporativity；e.r.
蒸发皿☆evaporating dish；evaporation pan{tank}；boat；volatilizes
蒸发凝聚传质机理☆evaporation condensation material transfer mechanism
蒸发器☆evaporator；vapo(u)rizer；evaporating vessel；volatilizes；volatilizer；steam raising unit；SRU
蒸发前环境☆pre-evaporitic environment
蒸发潜热☆latent heat of evaporation
蒸发燃烧☆combustion by evaporation；evaporate combustion
蒸发热☆heat of evaporation{vaporization}；evaporation heat
蒸发深度☆depth of evaporation
蒸发式燃烧器☆evaporative burner；vaporizing combustor
蒸发速度☆evaporation rate；velocity of evaporation
蒸发损耗☆evaporation{vapour} loss；loss through standing{breathing}
蒸发损耗(水分)☆consumptive waste
蒸发缩减量☆evaporation reduction
蒸发缩小了的油[装运中]☆shrinked oil
蒸发性的☆evaporable
蒸发岩☆evaporite (rock)；evaporitic{evaporate} rock；evaporate；saline (deposit)
蒸发盐沉积☆evaporite deposition{sediment}
蒸发岩成因沙坝说☆bar theory
蒸发盐湖☆crystal-body playa
蒸发岩壳☆tepetate
蒸发岩坪☆evaporite flat
蒸发云☆vapor cloud
蒸发-蒸腾☆evapo-transpiration
蒸发总量☆(actual) evapotranspiration
蒸发作用☆evaporation；vapo(u)rization；distillation process
蒸干☆evaporate；steaming
蒸盒{笼}☆steam box
蒸烘{热}☆steaming

蒸结盐☆concentration salt
蒸坑☆steam box
蒸炼器☆digester
蒸馏☆distillation；distil(l)；still；dist.；retort(ing)
蒸馏抽提法☆distillation-extract technique
蒸馏点☆dry point；DP
蒸馏釜☆boiling bulb；distiller；(shell) still
蒸馏汞用圆竖炉☆bustamente furnace
蒸馏罐的上部☆helmet
蒸馏后的原油☆reduced crude oil
蒸馏器☆distiller；distillatory；finestiller；distillation apparatus；alembic；still；retort
蒸馏室☆distillery；stillroom
蒸馏水☆distilled water；DW；aqua distillate
蒸馏塔☆(distillation) column
蒸馏稳定塔☆distillation stabilizer column
蒸馏液☆distillate；distillation；distilland
蒸馏作用☆distillment
蒸笼窑☆doughnut kiln
蒸浓☆concentrate；boil down；inspissation
蒸浓的☆spissatus
蒸气[各种液体汽化、固体升华而成的气态物质，包括水蒸气。以下一些始于“蒸气”者亦可写作“蒸汽”]☆vapour；vapor；steam；vap；smoke；mano-
蒸气爆炸☆vapo(u)r explosion
蒸气的☆vaporous
蒸气地热层☆vapor-dominated geothermal reservoir
蒸气分压☆partial vapor tension
蒸气干度☆dryness fraction；steam wetness；steam-water ratio；steam quality[发1度电的蒸气重量]
蒸气井人工引喷☆emptying steam well；opening up steam well
蒸气井引喷{成井}☆completion of steam well
蒸气聚冷☆steam quench
蒸气孔☆fumarole
蒸气流☆steam flow；live steam
蒸气喷发☆hydroeruption；steam explosion；phreatic eruption
蒸气喷孔☆soffioni；soffione
蒸气燃气空泡☆steamgas cavity
蒸气团爆炸☆vapor cloud explosion
蒸气瓦斯鱼雷☆gas-steam torpedo
蒸气为主的地热储☆vapor-dominated reservoir
蒸气雾☆frost{water} smoke
蒸气相分散晕☆vapor-phase dispersion
蒸气压☆vapor tension；steam{water vapor} pressure
蒸气压(力)☆vapor pressure；VP；steam tension；SP
蒸气压力测温仪☆vapor-pressure thermometer
蒸气云☆fume cloud
蒸气再沸槽☆steam reboiler
蒸气蒸馏松油☆steam-distilled pine oil
蒸汽[只指水蒸气，虽也可写作“蒸气”，但人为生成者更倾向用“蒸汽”]☆steam；evaporation；vapo(u)r
蒸汽伴热供汽管☆steam tracing supply line
蒸汽伴随☆stream trace；steam tracing
蒸汽采油☆steam-assisted recovery
蒸汽铲☆steamshovel
蒸汽处理☆vapor{steam} treatment；VT
蒸汽窜槽{流}☆steamchanneling
蒸汽带形成☆steam zone formation
蒸汽捣矿{碎}机☆steam stamp
蒸汽放出损耗☆loss by vapour emission
蒸汽分离包☆steam-separating drum
蒸汽干度☆dryness fraction of steam；steam ratio{quality}
蒸汽管道☆steam conduit{line}；jet chimney
蒸汽管式圆筒干燥机☆steam tube rotary dryer
蒸汽锅炉☆steamboiler
蒸汽回路☆steam-returnline
蒸汽机泵☆bull engine
蒸汽集输管☆steam header
蒸汽级煤☆“steam-size”coal
蒸汽计☆vaporimeter；vapourimeter
蒸汽加热的含水层☆steam-heated aquifer
蒸汽加热耙膛式干燥机☆steam-heated rabble-type hearth drier
蒸汽加热水☆steam-heated water
蒸汽解冻☆steam thawing
蒸汽开采☆steam-winning
蒸汽密度☆vapour{vapor} density；v.d.；vd
蒸汽灭火☆steam-smoothering

蒸汽泥炮☆steam-operated mud gun
蒸汽凝结速率☆steam condensation rate
蒸汽排出☆overboard steam drain
蒸汽排放☆phreatic discharge；steam venting
蒸汽盘管加热的☆steam coil heated
蒸汽喷净法☆vapour blasting
蒸汽喷孔☆soffione
蒸汽喷砂(装置)☆steam(-jet) sandblaster
蒸汽喷射变形☆steam-jet texturing
蒸汽喷雾管线[灭火用]☆steam smoothering line
蒸汽膨胀爆炸☆expanding vapor explosion
蒸汽器☆vapor cooler
蒸汽前缘☆steam-front；steam chest
蒸汽清蜡车☆steam paraffin vehicle
蒸汽驱动的钻机☆steam-operated{steam} drill
蒸汽驱动绞盘☆whim gin
蒸汽区形成☆steam zone formation
蒸汽燃气联合循环☆combined steam and gas cycle；steam-gas cycle
蒸汽燃汽轮机联合循环发电站{厂}☆combined steam and gas turbine power plant
蒸汽热能成本☆cost of steam heat
蒸汽溶蜡器☆steamer
(用)蒸汽乳化☆steam emulsification
蒸汽蛇形管☆steam coil
蒸汽渗透☆water vapour penetration
蒸汽通道☆steam-bearing channel
蒸汽突破区域☆steam breakthrough area
蒸汽吞吐☆huff and puff；steam stimulation{soak}
蒸汽吞吐井☆steam-stimulated well
蒸汽吞吐增产法☆cyclic steam stimulation
蒸汽挖掘船{泥机}☆steam dredger
蒸汽-涡轮机循环☆vapor-turbine cycle
蒸汽雾化式燃烧器☆steam jet burner
蒸汽相☆equilibrium vapor phase
蒸汽压(力)☆vapo(u)r{steam} pressure；steam tension；vp
蒸汽压测定{试验}☆vapour-pressure test
蒸汽养护的☆steam-cured
蒸汽养护混凝土☆steamed concrete
(混凝土)蒸汽养护☆vapor cure
蒸汽-油比☆steam-oil ratio；SOR
蒸汽浴☆vapor bath；sauna；steambath
蒸汽云[火山]☆fume cloud
蒸汽蒸馏模拟程序☆steam distillation simulator
蒸汽主管☆steam header{main}；pipe
蒸汽装置☆caisson
蒸汽嘴雾泵☆steam-jet pump
蒸去轻馏分☆topping
蒸散☆evapo(-)transpiration；transpiration
蒸散计☆phytometer
蒸腾☆transpiration；rising
蒸腾计☆potometer
蒸腾量测量计☆phytometer
蒸腾量☆evapotranspiration
蒸压养护☆autoclaving
蒸盐锅☆brine pan
蒸浴☆bath
蒸制混凝土☆steamed concrete
蒸煮☆digest(ion)；boiling；boil down
蒸煮器☆digester；boiler
钲[镄的旧称]☆centurium；Ct
征服☆subjection；master；overcome
征候☆diagnostic；prognostication
征求☆solicitation
征求意见表☆questionnaire；questionary
征收☆levy
征收捐税☆toll
征税☆imposition；tax (on)；taxation；levy
征税范围☆incidence of taxation
征用☆requisition
征月太空船☆moonship；mooncraft
征兆☆indication；foretoken；phenomenon [pl.-na]；symptom；sign；omen；portent
征兆日☆key day
争吵☆quarrel
争夺☆dispute；contention；scramble；jostle
争论☆issue；contention；difference；question；dispute；tilt；variance；argument；controversy；debate
争论的☆controversial
争论者☆disputant
争取☆strive；win
争取策略☆acquisitions strategy

争执☆dispute
争执者☆disputant

zhěng

拯救☆salvation
整(队)☆dress
整倍体☆euploid
整倍性☆euploidy
整备作业☆off-shift operation
整笔支付☆single payment
整笔总付的☆lump-sum
整边炮孔☆square-up hole; square up holes
整步☆synchronization
整步迭代(法)☆total step iteration
整步脉冲☆synchronizing pulse; supersync
整步器☆synchronizer
整材☆whole timber
整层开采☆full {-}seam extraction
整层块石☆ranged rubble
整层乱石砌体☆coursed random rubble
整层毛面方石砌体☆coursed square rubble
整层砌石{筑}☆range work
整常数☆integer constant
整车货物☆carload
整除☆exactly divisible; contain
整除部分☆aliquot part
整除性☆partibility
整道☆lining
整道均衡☆whole trace equalization
整的☆integral; whole
整底吊桶☆solid-bottomed bucket
整底式车☆solid-bottom car
整地☆land preparation
整顶工☆roof trimmer
整顶嫁接(果树等)☆topwork
整段土壤剖面☆monolith
整顿☆fix up; ordering; trimming; rectification; adjust; rearrange; marshal
整个的☆entire
整个地☆en bloc; (taken) as a whole
整个盆地的构造图☆basin-wide structure map
整个系统☆overall{total} system
整个系统的孔隙度[双重介质油藏]☆total porosity
整个注水开发期☆total waterflood life
整拱(碹)☆complete arch
整灌电缆管道☆monolithic conduit
整轨锤☆gag
整函数☆integral{entire} function
整合☆conformity[地层]; concordance; integrate; conformation; consolidate; unify; unite; concordancy; regroup; conformability
整合层理☆conformable stratification{bedding}; regular{concordant} bedding
整合地层☆concordant strata; conformable stratum; conformity
整合贯入☆interjection; peneconcordant; concordant injection
整合海侵{进}☆parallel transgression
整合接触☆conformable{conformity} contact; accordant connection
整合侵入(体)☆concordant{conformable} intrusion
整合深入{成}岩体☆concordant pluton
整合线☆concordancy line
整合性☆conforma(bi)lity; conformity; orthomorphism
整化☆integralization
整环☆domain
整机试验☆overall test
整极场☆commutating field
整级数☆entire series
整件式底盘☆unitized template
整节管柱完井☆solid string completion
整节距绕组☆full pitch winding
整洁☆neatness
整洁的☆trig; tight
整洁可观☆eyeability
整洁琢石☆drafted stone
整块☆in bulk; monoblock; massif; ☆monobloc
整块的☆massive
整块煤☆coal in solid
整块石端砌☆isodomon; isodomum
整块石料☆monolith
整块石面砌☆isodomon
整块转移☆block transfer
整矿柱☆solid block
整拉的☆solid-drawn; sd
整(体)拉(伸)的☆solid-drawn
整理☆fix; fixing; dress; finish; put in order; arrange; straighten{sort} out; trim; collation; sort; unscramble; regularization; right; (re)arrangement; dr.; fin.
整理(资料、材料等)☆digest
整理工作☆housekeeping; crabbing
整理化石☆dress fossils
(文件的)整理汇集☆filing
整理矿沙机☆vanner
整理土地☆land strip
整粒矿石☆sized ore
整粒烧结矿☆screened sinter; (closely) sized sinter
整料☆monolith
整列鳞☆cosmoid scale
整列质☆cosmine
整流☆rectification; commutation; rectify; detection; commutate; commutator; switch; comm.; rect(i)-
整流带☆fillet
整流电流☆commutated{commutating} current
整流堆☆rectistack
整流舵☆contra-rudder
整流管☆rectifier (valve); commutator tub; electric valve; rectifying tube; tungar
整流后电流☆rectified{redressed} current
整流极☆interpole; compole
整流片☆fairing; commutator bar; rectiblock
整流器☆commutator; honeycomb; (current) rectifier; fair water; electric valve; battery eliminator; Com.
(流体)整流器☆flow straightener
整流器的逆弧☆arc-back
整流器供电提升机☆rectifier (drive) winder
整流器拖动摩擦轮提升机☆converter-driven friction winder
整流射线管☆loprotron
整流效率☆efficiency of rectification
(气流)整流叶片☆straightening vanes
整流罩☆fairing; cowl(ing); radome; acorn; trousers
(机头)整流罩☆spinner
整流罩阀☆cowl valve
整流装置☆commutating{rectifying} device
整流子☆commutator; commuter; switch; collector
整流作用☆valve action
整煤柱☆solid block
整年的☆year-round; year-around
整排浮选机☆flotation bank
整批的☆bulk
整平☆level(l)ing; level; trimming; even; grading; levelling-up; strike-off; trim
整平(路面)☆skimming
整平工人☆smoother
整平机☆planer[地面]; bump-cutter machine[混凝土路]
整平犁☆spreader plough
整平器☆tongue scraper
整平装煤☆trim
整坡杆☆boning-rod
整坡机☆(back) sloper; grade builder
整坡曲线☆grading curve
整齐☆orderliness; regularity
整齐层砌毛石☆regular coursed rubble
整齐的☆taut; tight; regular
整齐的割缝排☆non-staggered row
整切断层(作用)☆clean-cut faulting
整圈卡瓦☆full circle slip
整容处理☆cosmetic process
整容(技)术☆cosmetology; cosmetics
整石墙☆ashlar masonry
整饰☆trimming; ornament(ation); completing[图件]
整数☆whole{round;intact;integral} number; integer; round figure{sum}; unit; integral
整数部分☆integral{integer} part
整数定律☆law of `rationality{whole numbers; rational indices}
整数据式☆integer data format
整刷巷壁☆wall trimming
整套附件☆adapter kit
整套工具☆kit; outfit
整套设备☆equipment set{package}
整套武器☆armo(u)ry
整体☆entirety; whole; ensemble[法]; integral; bulk; unity; universe; integer; massif; macrocosm(os)
整体(式的)☆monoblock
整体爆破☆shooting fast; solid shooting; shooting in the solid; shooting-off-of-solid
整体表面压力计☆solid front pressure gauge
整体采落☆detach from ground
整体操作☆integrated operation
整体大(件)输送机☆en masse conveyor
整体带轮☆solid belt pulley
整体的☆integral; int
整体的活柱☆solid upper member
整体底架装载机☆rigid-frame loader
整体地☆solidly
整体发碹{礦}☆monolithic lining
整体分析☆holistic approach; integrated{bulk} analysis
整体干燥☆volume drying
整体供电☆bulk supply
整体构造☆massive structure
整体估计☆global estimation
整体刮刀式稳定器☆integral blade type stabilizer
整体焊接机架☆one piece welded frame
整体厚层岩层☆massive rigid stratum
整体滑动☆complete sliding
整体滑移☆block glide
整体化☆integration
整体混凝土支护☆monolithic concrete lining
整体机座☆one piece frame
整体接头[与管子成一体]☆integral{unitized} joint
整体接头油管☆integral joint tubing
整体结构底座☆one-piece substructure
整体结构用耐火泥料☆material for monolithic construction
整体井圈☆complete ring
整体绝灭☆total extinction
整体开发☆unit operation
整体矿柱☆solid block; rib
整体拉制的☆solid-drawn
整体力☆body force
整体流动(矿)仓☆mass flow bin
整体脉动减振{阻止}器☆integral pulsation dampener
(在)整体煤层进行开采工作☆whole working
整体屏蔽反应堆☆bulk shielding reactor; BSR
整体平移☆mass {-}translation
整体坡移☆mass wasting; mass-wasting
整体钎头☆monobloc bit
整体侵蚀☆mass erosion
整体取芯法☆integral coring method
整体砂箱☆tight flask
整体式的☆built-in
整体式井壁☆monolithic concrete lining
整体式燃气压缩机☆integral gas-driven compressor
整体式水龙头吊{提}环☆integral swivel bail
整体式真空头灯☆sealed-beam headlamp
整体输入输出衔接器☆integrated I/O adapter
整体属{特}性☆integrity attribute
整体温度☆bulk temperature
整体向下推进[砂浆在井筒中不扩散]☆bullheaded down
整体性☆holism
整体修炉☆monolithic patch
整体旋转☆overall rotation
整体岩层☆fast country{ground}
整体岩块☆rock massif
整体岩芯☆column
整体样☆monolith
整体移动式胶带输送机☆solid-portable conveyor
整体优化☆entire optimization
整体造船法☆cast-in-situ shipbuilding
整体增压器系统☆integral intensifier system
整体张拉(预加应力)☆monolithic (pre)tensioning
整体支护☆monolithic lining
整体轴承☆plain{solid} pedestal; solid bearing
整体铸法☆integral casting
整体铸件☆single-casting
整体铸造☆inblock{unit} cast; integral casting
整体铸造的钢涡轮☆all-cast steel turbine
整体铸造发动机☆monoblock engine
整体装拆自动控制电子元件☆black box
整体装置☆single assembly
整体组装式隔水导管☆integral marine riser
整体钻头☆unit-body-bit; solid drill; integral bit
整体最小化☆global minimization
整天的☆round the clock

整新☆restoration
整型[计]☆integer
整形☆fairing；idiomorphism；tru(e)ing；plastic；reshape；slope correcting；true up；shape
整形光滑☆fairing
整形器☆dresser；shaper；reshaper
整形曲线☆fair curve
整形信号☆reshaping{shaping} signal
整修☆trim；dress；clean-and-recondition；revamp；dressing-down；touch up；renovate；recondition；conditioning[钻具]；rebuild
整修工具☆dressing tool
整修工作☆reparation
整修器☆dresser
整修维护班总管[两班制]☆back overman{shift}
整页插图☆plate
整一☆concordance
整因子☆integral divisor{factor}
整有理不变式☆integral rational invariant
整有理函数☆entire rational function
整约性☆divisibility
整匀车载☆car trimming
整匀化☆regularization；weighted moving average
整直装置☆straightener
整指数☆integral exponent
整治[河流]☆rectification；realignment；regulation
整周☆complete alternation
整昼夜的☆around-the-clock
整柱石 [$K_2Ca_4Be_4Al_2(Si_{24}O_{60})•H_2O$] ☆ milarite；giuf(f)ite
整铸的☆unit cast
整转式翻车机☆full revolution dumper
整装☆self-contained；boil up
整装的仪表☆self-contained instrument
整装集输设备☆production skid
整组换修☆development per module

zhèng

正☆full；ortho-；o-；rect-；recti-；orth-；nor-
正白氨酸☆norleucine；nor-leucine
正白岗岩☆orthoalaskite
正白云岩☆orthodolomite
正(常成分)摆动环带☆normal-oscillatory zoning
正斑花岗质岩☆invernite
正斑结构☆orthophyric texture
正半锥☆positive hemipyramid
正胞管[笔]☆autotheca
正北指示器☆north-seeking instrument
正本☆script
正-本-负☆positive-intrinsic-negative
正比☆direct ratio{proportionality}
正比计数器{管}☆proportional counter
正比气体计数☆proportional gas counting
正笔石☆Orthograptus
正笔石目{类}☆Graptoloidea
正边玄武岩☆absarokite
正变节理☆orthogonal joint
正变位☆normal shift
正变质基性岩☆orthometabasite
正变质岩☆orthometamorphite；orthometamorphic rock；ortho-rock；orthometa morphite
正标准燃料☆primary standard fuel；primary reference fuel
正冰碛物☆orthotill
正丙(基)黄药 [$CH_3CH_2CH_2OCSSM$] ☆ n-propyl xanthate
正丙基苯基甲酮[n-$C_3H_7COC_6H_5$]☆n-butyrophenone
正丙基氯☆normal propyl chloride
正丙烷☆n-propane
正波☆positive wave
正残积层☆orthoeluvium
正层型(地层)☆holostratotype
正差[微测井]☆positive separation
正差压卡钻☆positive differential sticking
正铲(挖土机)☆face shovel
正常☆(test) OK；all correct；failure-free；normal；regular
正常 pH☆normal pH
正常背景值☆normal background value
正常闭(合触)点☆normally closed contact
正常变动期☆normal event
正常标准☆normality
正常层序☆normal succession{(super)position}；normal stratigraphic sequence；right way up；right-side-up
正常产状☆right-side-up；original order
正常场比值☆primary ratio；normal ratio
正常成层的☆normal-bedded
正常的☆normal；off peak；regular；ordinary；normative
正常的使用{工作}条件☆regular service condition
正常地层平衡(压力)梯度☆normal formation balance gradient；NFBG
正常地球位(能)数☆spheropotential number；normal geopotential number
正常递时曲线☆normal travel-time curve
正常断层☆conventional{gravity;slump} fault；normal slip fault
正常负荷双联扒式分级机☆normal-duty duplex rake classifier
正常高地面☆telluroid
正常固结状态☆normal consolidation state
正常关闭信号☆normal danger signal
正常海滩堤[基部位于低潮面下]☆normal beach ridge
正常化☆normalizing
正常火焰燃烧速度☆normal flame velocity
正常火灾多发季节☆normal fire season
正常给料{进}☆regular feed
正常交易☆arm's length transaction
正常节距☆full pitch
正常晶习☆normal habit(us)
正常净利法☆normal net profit method
正常开启触点☆normally opened contact
正常浪底☆normal wave base
正常旅行时曲线☆normal traveltime curve
正常泥浆钻进☆clean drilling
正常频率燃烧☆normal frequency combustion
正常氢含量显微组分☆orthohydrous maceral
正常倾滑组分☆normal dip-slip component
正常氢量镜质体{组}☆orthohydrous vitrinite
正常燃烧☆normal combustion；nonknocking explosion
正常时差☆normal move(-)out；spread correction；NMO
正常时差曲线☆curve；NMO
正常水化水泥☆normally hydrated cement
正常顺序☆normal sequence
正常摊肩☆ordinary berm
正常弹性☆tone
正常完井☆natural completion
正常煨火☆normalizing
正常温度☆normal temperature；n.t.
正常型滤波器☆normal mode filter
正常穴☆proper cave
正常压力☆normal{full} pressure；NP
正常压实☆normally-compacted
正常样品☆background sample
正常以上的☆above-normal
正常以下的☆subnormal
正常营业费☆normal operating expenses
正常涌水☆come water
正常运行☆failure-free operation
正常震源地震☆normal-focus shock{earthquake}
正常自流水压面☆normal artesian pressure surface
正长☆ortho-
正长斑岩[长石斑岩]☆orthophyre；syeniteporphyry；syenite{orthoclase} porphyry
正长辉长石☆orthoclase gabbro
正长脉岩[金红石、铌钛矿、钛铁矿、赤铁矿混合物]☆arizonite
正长球粒霞霓岩☆heronite
正长石 [$K(AlSi_3O_8)$;$(K,Na)AlSi_3O_8$；单斜] ☆ orthoclase；pegmatolite；potash feldspar；orthose；kaliorthoklas；orthoclasite；leelite；common feldspar；cornubianite；argillite；petrilite；kalifeldspath[德]；pseudo-orthoclase；napoleonite；argillyte；necronite；delawarite[特拉华产]；nekronit
正长石化☆orthoclasization
正长岩☆sinaite；sienite；syenite；syenitic rock；leelite[肉红]
正长岩类☆syenitoid
正长英苏辉绿岩☆valamite
正长英细晶岩☆brand bergite
正车☆forward drive
正齿背齿轮☆spur wheel back gear
正齿齿条{轨}☆spur rack
正齿轮减速器☆cylindrical reducer
正齿轮驱动阀☆spur-gear-operated valve
正赤纬☆plus declination
正垂直上升{隆起}☆direct vertical uplift
正磁极☆north-seeking pole
正磁极世{期}☆normal epoch
正磁向☆normal magnetic orientation
正大地构造☆orthotectonics
正大理岩☆orthomarble
正带☆orthozone
正当☆equity；propriety
正当的☆due；right
正当收益☆legitimate income
正当性☆justifiability
正的☆true；positive；plus；normal
正的电亲和力☆positive electro-affinity
正等轴测图☆isometric drawing
正地槽☆or(th)ogeosyncline；primary geosyncline
正地槽带☆orthogeosynclinal zone
正地层学☆orthostratigraphy
正地台☆orthoplatform
正地台巨杂岩☆orthoplatformal{plate} megacomplex
正地形[地貌]☆positive form{landform}
正地质年代学☆orthochronology
正递变☆normal grading；normally graded
正递归的☆positive recurrent
正点阵☆direct lattice
正电☆positive{plus} electricity
正电导性☆P-type conduction
正电的☆positive-electric
正电度{性}☆electropositivity
正电荷离子射线☆positive rays
正电荷雨☆positive rain
正电性元素☆electropositive element
正电压效应☆direct piezoelectric effect
正电载荷流子☆positive carrier
正电子☆positron；positive electron；antielectron
正电子素☆positronium
正(向)电阻☆forward resistance
正丁醇☆normal butyl alcohol
正丁基[C_4H_9-]☆n-butyl
正丁醛☆butyraldehyde
正丁烷☆normal butane；n-butane
正定函数☆positive definite function
正动凝结☆orthokinetic coagulation
正端灵敏度☆head-on sensitivity
正断层☆centripetal{drop;downthrown;ordinary;gravity;downthrow(ing);downfall;down(slip);thrown;tension;true; throw} fault；normal (gravity) fault；trap-down；normal slip fault
正断层崖☆normal fault scarp
正断陷☆orthochasm
正堆积岩☆orthocumulate
正对称的☆orthosymmetric
正对角线☆orthodiagonal
正对着☆dead (against)；bear against；bear (up)on
正多边形☆regularized{regular} polygon
正多面体☆regular polyhedron
正鳄目☆Eusuchia
正鲕绿泥石 [$Fe_4Al(AlSi_3O_{10})(OH)_6•nH_2O$;$(Fe^{2+},Mg,Fe^{3+})_5Al(Si_3Al)O_{10}(OH,O)_8$;斜方]☆orthochamosite；orthoberthierine
正二面体群☆dihedral group
正二十三烷☆tricosane
正反铲挖土机☆convertible shovel
正反扣的☆right-and-left threaded
正反馈☆positive feedback；regeneration
正反两端可以换用的截齿☆double-ended pick
正反两面可用或单面可用的破碎板☆reversible anvil or one way available
正反射☆normal reflection
正反向压缩☆diametrical compression
正反应常数☆forward rate constant
正反转绞车☆yo-yo winch
正方的☆dimetric；tetragonal；regulation
正方矾石☆alumianite；aluminite
正方反半面体☆tetragonal antihemihedron
正方格子☆square lattice
正(四)方晶系☆tetragon
正方偏方面体类☆tetragonal trapezohedral class
正方偏三角面体类☆tetragonal scalenohedral class
正方铅矿☆litharg(it)e；lead litharge
正方全面异极体类☆tetragonal holohedral

hemimorphic class
正方三八面体☆tetragonal trisoctahedron
正方双楔☆disphenoid
正方双楔体晶族☆tetragonal disphenoidal class
正方双锥体类☆tetragonal bipyramid class
正方图☆square diagram
正方网格☆equidimensional{square} grid; square mesh
正方五半面体☆tetragonal parahemihedron
正方向☆positive direction
正方楔形反{|四}半面体☆tetragonal sphenoidal antihemihedron{|tetartohedron}
正方形(的)☆square; regular tetragon; tetragonal; quadrate; SQ
正方形格子☆square grid
正方形孔编织筛面☆woven-wire screen cloth with square opening
正方形网☆equilateral net
正方性☆squareness
正方锥形(体)半面类☆tetragonal pyramid hemihedral class
正房贝☆Orteshotichia
正沸绿岩☆glenmuirite
正分级的☆orthograde
正分异岩☆orthotectite
正分枝☆dichotomous branching
正封闭层☆positive confining bed
正峰突☆overshooting; overshoot
正峰信号☆positive spike
正辐线[海胆]☆perradial suture
正幅度差☆positive separation
正符山石☆viluite; wiluite
正浮力☆positive buoyancy
正浮选☆direct flotation
正俯仰力矩☆nose-up pitching moment
正复理层☆normal flysh
正复理石☆orthoflysch
正负号函数☆signum [pl.signa]; sign function
正负校验☆check plusminus; check plus minus
正负向测定器☆sense finder
正钙钠锆石☆ortholavenite
正橄沸煌岩☆glenmuirite; glenmirite
正高☆orthometric height
正割☆secant; sec; sec.
正格子[与倒易格子对应]☆direct lattice
正庚烷☆n-heptane; normal heptane
正构☆normal configuration
正构及异构烷烃的混合物☆average paraffins
正构石蜡液相氧化☆liquid phase oxidation of normal paraffin
正构烷烃偶奇优势指数☆even-oddpredom index
正构造区☆orthotectonic region
正构造型加里东褶皱带☆orthotectonic Caledonides
正古生物定年学☆orthochronology
正光镜头[摄影]☆anastigmatic lens
正光率体☆positive indicatrix
正光性☆positive (optical) character
正规☆regularity; regular; reg.
正规穿孔☆normal-stage punch
正规的☆formal; typic; regular; normal; legitimate
正规方差极大准则☆normal varimax criterion
正规化☆normalization; regularization; orthonormality
正规化的☆orthonormal
正规化分布☆normalized distribution
正规化子☆normalizer
正规扣接头☆regular tool joint; REG
正规审计手续☆normal audition procedure
正规(伽罗瓦)数域☆normal domain
正规衰减☆regularity attenuation
正规条件☆normalizing condition
正规通道☆regular channel; RC
正规性☆normality
正规坐标分析☆normal coordinate analysis
正硅钙石☆ortholarnite
正硅酸☆ortho-silicic acid
正硅酸铁☆fayalite
正硅酸盐☆orthosilicate
正硅钛铈矿☆orthotscheffkinite; orthotschewkinite; ortho(ts)chevkinite; orto-chevkinite
正轨移动转辙器☆stub switch
正癸胺[$C_{10}H_{21}NH_2$]☆Armeen 10D
正癸烷☆n-decane
正过零点☆proper crossover
正海胆目类☆Echinoida
正海蕾目{纲}[棘]☆Eublastoidea
正海扇(属)[双壳]☆Eumorphotis
正氦☆orthohelium
正含氢煤素质☆orthohydrous maceral
正函数☆positive function
正焊接的管段☆firing line
正好地☆right
正号☆positive sign; plus
正河口[与 inverse estuary 反]☆positive estuary
正褐煤☆proper brown coal
(在)正横[与船的龙骨或飞机机身成直角]☆abeam
正横断面☆normal cross section
(在)正横后的方向☆abaft the beam
正弧☆primary{regular} arc
正花岗岩☆orthogranite
正滑断层☆normal slip fault; listric fault
正化☆oxidation; positizing; normalization
正化学岩☆orthochemical rock
正化组分☆orthochemical constituent; orthochem
正环带[斜长石]☆normal zoning
正环索螺旋☆orthostrophic coiling
正黄[黄色颜料]☆orpiment
正磺酸盐☆orthophosphate
正辉长岩[不含石英和似长石的理想辉长岩]☆orthogabbro
正辉石[?]☆mellorite
正辉石类☆orthaugite; orthoaugite
正辉英闪长岩☆banatite
正回授☆positive feedback
正混合岩☆orthomigmatite
正火[在空气中退火]☆normalizing; normalization
正火钢☆normalized steel
正火山地形{形态}☆positive volcanic forms
正或反韵律产层☆systematic stratified reservoir
正或负的☆plus-or-minus
正基质☆orthomatrix
正极☆anode; positive pole{electrode;plate}; north-seeking pole
正极的☆anodal; anodic
正极区☆anodic area
正极性☆straigh{normal} polarity
正级配☆normal grading
正己烷☆hexane; n-hexane; normal hexane
正加速度☆positive acceleration
正甲壳类☆eucrustacea
正甲酸丙酯☆n-propyl formate
正钾长石☆isortho(cla)se; iso(-)orthoclase; isorthoklas
正钾霞石☆orthokalsilite
正价加固定附加费合同☆cost-plus-fixed-fee contract
正价(状)态☆positive valence state
正驾驶员☆skipper
正尖峰(信号)☆positive spike
正尖晶石型结构☆positive spinel structure
正尖晶石型铁氧体{淦氧}☆normal spinel ferrite
正剪力☆positive shear
正交☆quadrature; orthorhombic; orthogonal (cross-course); crosscut
正交(性)☆orthogonality
正交波痕☆pericline ripple mark
正交部分☆quadrature component
正交磁场理论☆cross-field theory
正交磁化☆cross-magnetization
正交道☆imaginary{quadrature} trace
正交的☆orthogonal; orthographic(al); rectangular; crosscut; rhombic[晶]; normal; orthorhombic; perpendicular; square
正交电刷组☆quadrature{cross} brushes
正交定律☆normality law
正交分量☆quadrature{orthogonal;out-of-phase} component
正交分析☆quadrature analysis
正交格子☆orthorhombic lattice
正交各向异性弹性理论☆theory of orthotropic elasticity
正交关系☆orthogonality relation
正交函数☆orthogonal function; normal functions
正交河☆right {-}angled stream
正交横越波☆orthogonal transverse wave
正交化☆orthogonalize; orthogonalization
正交化方法{步骤}☆orthogonalizing process
正交极☆orthopole
正交极化图像☆cross polarized image
正交极小化算法☆orthomin algorithm
正交晶的☆orthorhombic; ortho.
正交零点☆proper crossover
正交面积坐标☆area normalized coordinate
正交偏光☆cross-polarized light; cpl
正交偏振图像☆cross polarized image
正交全对称(晶)组☆orthorhombic holosymmetric class
正交设计表☆orthogonal array
正交射孔☆perpendicular perforation
正交射影☆orthography
正交实验设计☆experimental design using orthogonal table
正交调幅色度信号☆quadrature amplitude modulation chrominance signal
正交投影地图☆rectangular chart
正交线☆cross-line
正交信号集☆orthogonal signal set
正交性☆orthogonality; perpendicularity
正交余☆orthocomplement
正交正规(晶)组☆orthorhombic normal class
正交轴☆quadravalent; orthogonal axes
正交轴线☆quadrature-axis
正交组合☆perpendicular array
正交左矢☆orthogonal bras
正角闪岩☆orthoamphibolite
正角柱形掏槽☆wood-chuck cut
正接☆straigh polarity
正阶段回采☆bankswork
正阶梯式钻头☆crowned bit
正截面☆normal{right} section
正结晶(作用)[析出晶体]☆positive crystallization
正结期☆orthotectic stage
正结岩☆orthotectite
正界面☆positive interface
正晶体☆positive crystal
正井下泵☆positive downhole pump
正镜☆direct telescope; direct position of telescope
正距平(中心)☆pleion
正克鲕绿泥石☆orthoberthierine
正孔隙水压力☆positive pore pressure
正扣接头{连接}☆right-hand joint
正矿模渐变层☆normal modal grading
正矿物☆positive{plus} mineral
正馈线☆positive feeder
正拉(伸内)应力☆normal traction
正离合器☆positive clutch
正离子☆cation; positive ion{carrier}; kat(h)ion; positively charged ion
正砾岩☆orthoconglomerate
正粒序☆normal grading; normally graded
正力☆normal force
正链☆normal chain
正链烷(属)烃☆n-paraffin; normal alkane{paraffin}; normal paraffin hydrocarbons
正亮氨酸☆norleucine; nor-leucine
正亮晶☆orthosparite; open-space sparite
正裂断层☆normal-separation fault
正磷硅钛钠石☆ortholomonosovite
正磷酸☆orthophosphoric acid
正磷酸二氢钠☆sodium dihydrogen orthophosphate
正磷酸钠[Na_3PO_4]☆sodium orthophosphate
正磷酸盐[M_3PO_4]☆ortho(-)phosphate; normal phosphate
正菱面体☆positive{obverse;direct} rhombohedron
正零☆positive zero
正硫锑铅银矿☆normal owyheeite
正六边形☆hexagon
正六方钾霞石☆tetrakalsilite
正六价硫☆sulfate sulfur
正六面体☆cube; (regular) hexahedron
正陆棚☆positive shelf
正绿方石英[具正延长的纤维状方英石]☆lussatite
正绿泥石[$(Mg,Fe)_5Al(AlSi_3O_{10})(OH)_8$]☆orthochlorite
正绿泥石组☆protochlorite
正落差☆normal throw
正脉冲的计数☆positive counting
正门☆portal
正门槛值☆positive threshold; PTHR
正密度差☆positive density difference
正面☆frontage; face; front (side); obverse (view); façade; obverse{right} side; positive; directly; openly; near side[月球]
正面朝上☆right-side-up; right side up

Z

正面的☆front(al); right
正面地☆fair
正面封闭的钻塔[轻便支架]☆closed front tower
正面和反面☆pro and con
正面剪切☆front shear
正面图☆front view{elevation}; body plan; elevation (drawing); FV
正面效果☆positive effect
正面照明☆head lighting
正模标本[古]☆holotype
正模造船法☆upright hull-building
正目镜☆positive eyepiece{ocular}
正钠长斑岩☆orthoalbitophyre
正钠正长岩☆bigwoodite
正南龟(属)[P]☆Eunotosaurus
正南强风☆souther
正泥晶亮晶灰岩☆orthomicrosparite
正拟态长石☆orthomic feldspar
正逆磁地层学☆normal and reverse magnetic stratigraphy
正廿四(碳)烷☆evenkite
正镍纹石[Fe_2Ni]☆orthotaenite
正排矸☆direct discharge; discharge of heavy dirt at the discharge end
正排量泵☆positive displacement pump
正排量式燃料泵☆positive-displacement type fuel pump
正牌胶质炸药☆straight gelatin(e)
正配物☆correctly place material
正硼镁锰矿☆orthopinakiolite
正硼酸盐☆orthoborate
正碰☆direct impact
正偏分布☆positive skewed distribution
正偏斜分布☆positively skewed distribution
正偏斜性☆positive skewness
正偏压☆forward{positive} bias
正片☆positive picture{film;print}; print; positive; diapositive[透明]
正片复制☆positive rendition
正片麻岩☆orthogneiss; orthogenesis
正片榍石[$Ca_2NaZr(SiO_4)_2F$]☆orthoguarinite
正片岩☆orthoschist
正漂移梯度☆positive drift gradient
正坡☆plus grade
正坡倾斜隔水底板☆positive-inclined impervious bottom bed
正剖面☆normal profile; right section
正七点(井网)☆normal seven-spot
正牵引力☆normal traction
正羟锌石☆wulfingite
正切☆tangent; tan; tg
正切法☆backward angle method; tangential method
正切面☆normal (cross) section
正切信号灵敏度☆tangential signal sensitivity
正氢☆orthohydrogen
正倾向倒转☆positive rollover
正倾型[腕;基面]☆anacline
正穹隆☆normal dome
正球霓沸岩☆heronite
正区域☆positive area
正曲率☆positive curvature
正确☆correctness; trueness; right; rt; perfectness
正确(性)☆exactness; exactitude
正确到位☆positive stop
正确的☆faithful; valid; correct; proper; sound; true; straight; right; literal
正确地指出☆pinpoint
正确位置☆tram
正确性☆validity; exactitude
正确中心☆correct centre
正燃法☆forward combustion process
正热(性)的☆thermopositive
正熔的☆orthotectic
正熔浆☆orthomelt
正熔岩☆orthotectite
正入射☆normal incidence
正三价的☆terpositive; tripositive
正色的☆isochromatic; orthochromatic
正色乳胶☆orthochromatic emulsion
正色摄影☆orthophoto
正砂屑岩☆orthoarenite
正栅☆positive-grid
正栅栏图☆normal fence diagram
正闪石☆orthoamphibole
正闪石类☆orth(o-)amphibole
正扇状褶曲☆normal fan-shaped fold
正上反角☆anhedral
正烧石灰☆normally burned lime
正(反)射☆front reflection
正射法☆forward-reflection method
正射亮度☆normal brightness
正射投影☆orthographic(al) projection; orthography
正射投影纠正法☆orthorectification {orthophotoscopic} process
正射图☆orthograph
正射线☆positive rays
正射(投影)相片☆orthophoto(graph); orthographic(al) photograph
正射影像地图☆orthophotomap
正射照片仪☆orthophotoscope
正深成岩体☆orthopluton
正十八胺[含85%伯胺;$C_{18}H_{37}NH_2$]☆Armeen 18
正十八烷基磺化琥珀酰胺酸二钠盐[成分同Aerosol 18润湿剂]☆AP 845
正十二胺醋酸盐☆Armac `12D{1120}
正十二烷☆n-dodecane
正十六胺醋酸盐☆Armac 16D
正十六(碳)烷☆n-hexadecane
正十六(碳)烯☆n-hexadecene
正十七(碳)烷☆n-heptadecane
正十七(碳)烯☆n-heptadecene
正十三烷☆tridecane
正十四胺醋酸盐☆Armac 14D
正十四碳烷☆tetradecane
正石灰岩☆ortholimestone
正石英岩☆orthoquartzite
正时齿轮☆time gear
正时点火☆correct timed ignition
正矢☆versine; versed sine
正式☆activate
正式单位☆formal unit
正式的☆formalized; ceremonial; formal; true; official
正式发票☆definite invoice
正式合同☆written contract
正式请求☆requisition
正式手续☆formalities
正式通过☆adopt; adoption
正式图件☆final print
正式文本☆transcript
正式预算☆regular budget; rb
正式原图☆office master drawing
正式凿井设备安装期间所开凿的一段井[一般<150ft]☆foreshaft
正视☆envisage; orthographic(al) view; face
正视画法☆orthometric drawing
正视图☆front view{elevation;side}; elevation (view; drawing); orthograph; el
正手(的)☆forehand
正输油的泵机组☆on the line
正数☆positive number; plus
正双晶面律双晶☆normal twin(ning)
正双曲线☆right hyperbola
正双折射率☆positive birefringence
正水☆plus water
正水平隔距☆normal horizontal separation
正水平离距☆offset; normal horizontal separation
正水头☆positive head
正丝扣钻杆[右丝扣]☆right-hand-threaded rod
正四价的☆quadripositive
正四价状态☆tetrapositive state
正四面体☆positive tetrahedron
正速度脉冲☆positive-velocity impulse
正羧基乙基乙二胺三醋酸三钠☆Cyquest 30HE
正锁环☆front-up ring
正苔藓虫属[S-D]☆Orthopora
正台阶回采{采矿}法☆heading-and-bench{-stope} mining (system)
正态☆normality
正态得分变换☆normal score transformation
正态分布☆normal{bell-shaped} distribution; statistics normal distribution
正态分量{|函数}☆normal component{|function}
正态模型☆undistorted model
正态数表☆table of normal quantities
正态性假定☆normality assumption
φ正态样本☆phi-normal sample
正碳离子☆carbonium ion
正碳链☆normal carbon chain
正17碳烯☆n-heptadecene
正梯度☆positive gradient
正梯段掘进(法)☆heading-and-cut
正体龙属[T_3]☆Typothorax
正体字☆corrected form
正调制载波☆positive carrier
正跳(上升)沿触发的☆positive edge triggered
正铁的☆ferric
正铁化合物☆ferri-compound; ferric compound
正铁辉石[$Fe(SiO_3)$]☆orthoferrosilite
正铁氧体☆orthoferrite
正同系物☆normal homologue
正铜铀云母[$Cu(UO_2)_2(PO_4)_2 \cdot 12H_2O$]☆ortho(-)torbernite
正统的☆orthodox
正统科学☆normal science
正投影☆orthogonal{orthographic(al)} projection
正投影图☆orthograph
正透明度☆positive transparency
正突起☆positive relief
正图像的☆image; nonreversed
正拖☆towing ahead
正歪钠长石类☆orthomimic feldspar
正弯管[90°]☆normal bend
正弯曲力☆positive bending force
正顽火辉石☆orthoenstatite
正17(碳)烷☆n-heptadecane
正-烷基膦酸☆n-alkylphosphonic acid
正(链)烷属烃☆normal paraffin
正烷烃☆n-alkane; normal alkane
正(链)烷烃☆NPH; n-paraffin hydrocarbon
正烷烃分布☆distribution of n-alkanes
正烷烃奇偶优势☆odd-even predominance of *n*-alkanes
正微斜长石☆isomikroklin; isomicrocline
正尾☆homocercal tail{fin}
正位错☆positive dislocation
正温☆right temperature
正温度系数半导体元件☆kaltleiter
正温度异常☆positive temperature anomaly
正温模式☆thermotropic model
正文☆body; text
正问题☆direct{forward} problem
正无级变速传动装置☆positive infinitely variable driving gear
正五点井网☆normal five-point pattern
正五价的☆quinquepositive
正五角十二面体☆positive pyritohedron
正午☆midday; noon
正午标{线}☆noon-mark
正戊基[C_5H_{11}]☆n-amyl
正戊烷☆normal pentane; n-pentane
正析{摄}像管☆orthiconoscope; (image) orthicon
正硒银矿☆orthonaumannite
正矽酸盐☆orthosilicate
正锡的☆stannic
正(冲)洗☆direct flushing
正系数[大于1的再生系数]☆positive factor
正霞正长岩☆juvite; nordsjoite
正纤蛇纹石[$Mg_3Si_2O_5(OH)_4$;斜方]☆orthochrysotile
正弦☆sinus; sine; sin
正弦波群☆burst
正弦波信号☆sine wave signal; sinusoidal signal
正弦波形纹理☆sinusoidal ripple-lamination
正弦的半周☆lobe
正弦电流☆simple alternating current
正弦函数☆sine function
正弦式移位☆sinusoidal displacement
正弦信号☆sinusoid; sinusoidal signal
正弦真数☆natural sine
正弦(曲线型)转子[单螺杆钻具]☆sinusoid-shaped rotor
正弦状构造☆sinusoidal structure
正相对成长☆positive allometry
正相反的事物☆antipode
正相反地☆diametrically
正相关☆direct{positive} correlation
正相片镶嵌图☆rectified mosaic
正相上升区☆archibole; archilbole
正像☆erect image; direct positive
正像计☆orthoscope

Z

正向☆forward direction
正向串行☆forward-chaining
正向磁化☆normal magnetization
正向的☆forward；fwd
正向地下(水)渗透性[涌出]☆positive subsurface permeability
正向方式分析☆normal analysis
正向分带☆normal zoning
正向构造单元{位}☆positive element
正向换向☆proper crossover
正向偏压{置}☆forward bias
正向起爆☆collar priming
正向燃烧和注水的联合☆combination of forward combustion and waterflooding；COFCAW
正向散射☆direct scattering；forward scatter
正向信号☆positive-going{forward} signal
正向削波☆positive clipping
正向移位☆shift forward；SF
正向预测误差滤波器☆forward prediction error filter
正向增量☆downward increase of temperature
正向装药☆direct initiation
正像☆positive image{print}；right reading[测绘]；direct-positive image[直接摄取]
正象限相关系数☆positive quadrant correlation coefficient；PCC
正小齿轮☆spur pinion
正斜长角闪岩☆ortho-amphibolite
正斜间辉石类☆enstatite augite
正斜铁辉石类☆ferrosilicite
正胁强☆normal stress
正缬氨酸☆horovaline；norvaline
正辛胺[$C_8H_{17}NH_2$]☆Armeen 8D
正辛基硫酸钠[白色粉末]☆Duponol 100
正辛烷☆normal octane；n-octane
正心干涉图☆centered interference figure
正信号☆positive signal{wave}
正{全}型[生]☆holotype
正型粉类[K-E]☆normapolles
正形☆conformation；conformality；positive form[结晶]；ortho-
正形贝(属)[腕;O_{1-2}]☆Orthis
正形贝式[腕]☆orthid
正形海胆亚纲[棘]☆Regularia
正形目☆centrechinoida
正形投影地图☆conformal chart
正形图☆orthomorphic map{chart}
正形性☆orthomorphism；conformality
正性滨线☆positive shoreline
正性矿物☆attractive mineral
正性微斜长石☆isomicrocline
正序电流☆positive-sequence current
正序分析☆normal analysis
正循环☆direct{normal} circulation；positive recurrent
正压☆barotropy[零压斜]；positive pressure；over balance pressure；barotropic；overbalance[井底压力大于地层压力]
正压操作☆operation under positive pressure
正压电效应☆direct piezoelectric effect
正压力面☆normal-pressure surface
正压零压斜☆barotropy
正压射孔☆positive-pressure{overbalance} perforating
正(铁)亚铁的☆ferriferrous；ferriferous
正烟煤[固定碳 87%～89%]☆orthobituminous coal
正盐☆orthosalt
正岩浆☆orthomagma
正岩浆残余液☆orthomagmatic residual liquid
正岩浆期☆orthotectic{orthomagmatic} stage
正延长符号☆positive sign of elongation
正延性☆length slow；positive elongation
正沿岸带☆eulittoral zone
正演(问题的)解☆forward solution
正艳镁沸石☆jacksonite
正洋型岩石圈☆orthooceanic lithosphere
正氧平衡☆excess oxygen balance；oxygen {-}positive balance
正叶蛇纹石☆orthoantigorite
正移位☆normal displacement
正义的☆right；just；righteous；rightful
正异常☆normal{positive} anomaly
正异形生长☆positive allometry
正翼☆normal limb
正音学☆orthoepy
正英白岗岩☆orthotarantulite
正应力☆direct{normal;positive} stress
正涌波{浪}☆upsurge
正宇称性☆even parity
正羽☆pinna [pl.-e]
正玉髓[SiO_2]☆quartzin(e)
正阈值☆positive threshold；PTHR
正原地性☆euautochthony
正原蜥属[J]☆Homoeosaurus
正圆球☆perisphere
正月面[月球靠地球的那个面]☆inside of the moon；nearside{earthside} of the moon
正云煌岩☆prowersite；prowersose
正云微(晶)闪长岩☆ilzite
正运转的油罐☆on the line
正韵律☆positive rhythm
正杂胶磷石☆quercyite-β
正在进行☆underway；ongoing；on-going
正在勘探的矿地☆prospect
正在喷发的火山☆erupting volcano
正在试验的系统☆system under test
正则方程☆canonical equation；normal equations
正则分布☆canonical distribution
正则函数☆holomorphic{regular} function
正则化半方差图☆regularized semivariogram
正则时信号☆regular time signal
正则系综{集体}☆canonical ensemble
正则型☆eigenmode
正则元素☆canonical element
正增温梯度热田☆downward thermal gradient field
正遮盖{|折射}☆positive overlap{|refraction}
正褶曲{皱}☆normal fold
正整数☆positive integer
正脂肪酸☆normal fatty acid
正直☆honesty；integrity；straightness
正值☆positive value
正置换力☆positive displacing force
正中☆midst
正中的☆middlemost
正中咬合☆centric occlusion
正重力异常☆positive gravity anomalies
正轴[单斜晶系 *b* 轴]☆ortho(-)axis；orthodiagonal
正轴半球投影☆orthoapsidal projection
正轴半锥☆ortho(-)hemipyramid
正轴单面[单斜晶系中{*h*00}型及{*h*0*l*}型的单面]☆ortho-pedion
正轴坡面[单斜晶系中{*h*0*l*}型的板面]☆orthodome
正轴坡式柱☆ortho-domal prism
正轴投影☆normal projection
正轴轴面[单斜晶系中的{100}板面]☆orthopinacoid
正轴柱(面)[单斜晶系中 $h<k$ 的{*hk*0}型菱方柱]☆orthoprism
正轴锥[单斜晶系中 $h<k$ 的{*hkl*}型菱方柱或双面]☆orthopyramid；orthoprism
正砖格☆straight checker
正转☆right-hand rotation{direction}；orthogyral
正转的[壳缘;双壳]☆orthogyrate
正转一圈☆one-turn-right
正自流地下水☆positive artesian groundwater
正字法☆orthography
正走向滑断层☆positive strike-slip fault
正阻尼☆positive damping
正嘴贝属[腕;O_2]☆Orthorhynchula
正(相互)作用☆positive interaction
政策☆policies；deal；policy
政策的结果☆results of policy
政府☆government；state；gov.
政府当局☆governmental Authority
政府{官方}规定的外汇率☆official rate of exchange
政府间海事咨询组织☆Inter-Governmental Maritime Consultative Organization{Orgnization}；IMCO
政府销售价☆government selling price
政府以贴补维持一定价格☆valorize
政府拥有的石油☆royalty oil
政纲☆politics
政令☆government decree
政体☆regimen；regime
政治☆politics
政治的☆governmental；political
政治家☆statesman
政治制度☆regime
挣(钱;得)☆earning
症候☆symptom
症状☆symptom；diagnostic
证件☆document；credence；voucher
证据☆testimony；evidence；proof；exhibit；witness；vestige；prover
证据确凿☆proven；irrefutable evidence；conclusive {verified;irrefutable} evidence；upon valid{solid, firm,clear} evidence
证明☆evidence；certificate；proof(ing)；certification；certifying；proving (demonstration)；prove；bear out；justification；testify；identification；testimonial；demonstrate；demonstration；testimony；attest；witness；warrant；verify；token；certify[以书面]
证明含油区域☆proved area
证明人☆voucher；substantiator
证明……是正当{合理}的☆justify
证明书☆testimonial；certificate；ticket
证明土地拥有权各种证件的简要汇集本☆abstract of tittle
证讫[拉]☆quod erat demonstrandum；qed
证券☆equities；paper
证券发行公司☆financier
证券分析☆security analysis
证券交易(所)☆security{stock} exchange
证券市场☆acceptance{securities} market
证券投资☆portfolio investment
证券投资搭配风险☆portfolio risk
证券信用制☆paper credit system
证人☆prover；witness；substantiator
证实☆justification；proved[储量]；authentication；bear out；acknowledge；approve；validation；justify；demonstrate；confirm；substantiate；verification；attest；sustain；corroboration[进一步]；ACK
证实程度☆degree of proof
证实(的)储量☆proved{demonstrated;proven} reserves；positive ore{reserve}
证实的含油地区☆proved oil land
证实的开发动用储量☆proved developed producing reserves
证实的`原油{|天然气}可采储量☆proven recoverable oil{|gas} reserves
证实矿体[在量和质上]☆assured mineral
证实信号☆acknowledg(e)ment{acknowledge} signal
证书☆certificate；credentials；voucher；deed；obligation；muniment；letter
证书的☆documentary
证完[拉]☆qed；quod erat demonstrandum

zhī

芝莱科☆Scheuchzeriaceae
芝加哥☆Chicago
芝麻白[石]☆Sesame White
芝麻形的☆sesamoid
芝麻籽状的☆sesamoid
枝☆strip；ramus[虫牙或虫颚;pl.rami]；branch
枝笔石(属)[O_1]☆Clonograptus
枝的☆ramal
枝地槽["横越"地槽]☆embayment
枝点☆branch point
枝顶孢属[真菌;Q]☆Acremonium
枝端[虫牙或虫颚]☆ramal extremity
枝颚齿牙形石属[C_1]☆Cladognathodus
枝颚牙形石属[C_1]☆Kladognathus；Cladognathus
枝辐☆clad；cladus [pl.cladi]
枝化☆cladodification
枝几丁虫属[S-D]☆Ramochitina
枝迹☆branch trace
枝甲藻属[甲藻;Q]☆Dinoclonium
枝角☆cladia
枝角目[节鳃足;节肢类]☆Cladocera
枝节☆detail
枝节问题☆irrelevance；irrelevancy
枝晶☆pinetree crystal；dendrite (crystal)
枝晶臂粗化☆arm coarsening
枝晶间的☆interdendritic
枝晶间偏析[显微偏析]☆dendritic segregation
枝晶结构☆arborescent structure
枝晶生长☆dendritic growth
枝晶支丫☆dendrite arm
枝晶主干☆dendrite core
枝孔珊瑚(属)[床板珊;S-P]☆Cladopora
枝口虫属[孔虫;E]☆Dendritina
枝脉蕨☆cladophlebis
枝脉蕨属[P-K]☆Cladophlebis
枝蔓(状)晶体☆dendrite

枝蔓生长法☆dendrite growth
枝蔓状晶体☆dendritic crystal
枝霉属[真菌;Q]☆Thamnidium
枝木☆Cladoxylon
枝盘菊石科[头]☆Cladiscitidae
枝盘藻属[C_{1-3}]☆Cladiscothallus
枝闪☆streak lightning
枝条☆wicker；shoot；tress[植]；rod[钙超]
枝下的☆subaxile
枝下弯的[植]☆catacladous
枝线贝属[腕;S]☆Virgiana
枝型分子☆ramiform element
枝型类☆Stolonoidea
(树)枝形☆dendriform
枝形灯架☆cluster
枝叶蕨(属)☆Cladoxylon
枝藻属[Z]☆Ramulostroma
枝植类{纲}[绿藻]☆Cladophoreae
枝状☆branched；arborescence；ramification
枝状冰晶☆dendrite
枝状的☆ramiform；ramal
枝状分叉[叠层石]☆anabaria type
枝状骨针[绵]☆scopule
枝状肌肉痕[腕]☆dendritic muscle scar
枝状排水系☆dendritic drainage
枝状水系☆arborescent drainage pattern
枝状图☆dendrogram
枝状雪晶[不规则]☆spatial dendrite
支☆denier；rami [sgl.ramus]；exo-
支壁☆buttress
支臂带☆abutment area
支冰川☆tributary{secondary} glacier
支部☆branch
支材☆stilt
支叉锥晶☆furculite
支叉小断层☆auxiliary fault
支撑☆support{prop up} [抵抗住压力;勉强维持]；strut{brace}［建］；shoring (support)；bond；backguy；abutment；distance bar；staying；back；propping pecker block；straddling；st(r)addle；prop (stay)；pole；bracing (stilt)；sustainer；strutting；sustain {hold;uphold} [抵抗住压力]；stull；cradle；carry；buttress；butment；backup；bolster；shore；underpin；underset；propping；trig；timber(ing)；poling；bridging piece；BU
支撑板☆floor{dam;support;shoe} plate；back up plate{pad}；backbone；facing bar；tie strap；back-up shoe[绳索地层测验器支住封隔器用]
支撑板☆guide{base;support} plate
支撑板式盾构☆poling plate shield
支撑臂☆sway brace
支撑玻璃☆support-rod glass
支撑部分☆supporting part
支撑材☆fid
支撑采掘法☆supportability stopes
支撑叉☆stay fork
支撑超平面法☆supporting hyperplane method
支撑尺寸☆dimension of support
支撑的人物☆sustainer
支撑点☆bearing{support} point；strong{supporting} point[军]；catch-point；point of support；abutment (support)；centre of resistance[军]；anchor；POS
支撑顶板☆stake down；jacking of roof
支撑顶板的木框架☆gallows timber
支撑短截线☆supporting stub
支撑阀☆sustaining{lift} valve
(回采区)支撑(壁)方式☆mode of supporting wall
支撑杆☆bracing piece；strut (bar)；studdle；brace；anchor prop；bearing bar
支撑钢丝☆carrier wire
支撑格子☆supporting grid
支撑管道用杆☆mope pole
支撑管线的杠棒☆granny{growler;lazy} board
支撑辊道☆depressing table
支撑辊换辊装置☆back-up roll extractor
支撑滚筒☆snub drum
支撑函数☆support function
支撑和密封☆shoring and sealing
支撑桁架☆lattice；jacket leg
支撑环☆supporting{support;back(-)up;bearing;step;sustained} ring；thimble
支撑及推进系统☆gripper and thrust system
支撑剂☆(fracture) proppant；propping agent
支撑剂沉淀层☆settled proppant bed；proppant bed deposition
支撑剂沉降缝壁效应☆wall effect (of proppant setting)
支撑剂储罐☆proppant container
支撑剂单层分布☆monolayer proppant placement
支撑剂的负荷强度☆proppant loading strength
支撑剂分布形态☆prop distribution
支撑剂柱状分布☆pillar proppant placement
支撑架☆carriage；supporting stand{rack}；bracing frame；stay holder
支撑结构☆structural support；support(ing){braced} structure
支撑开挖☆braced{strut} excavation
支撑框架[井筒]☆wedging crib；bearing ring
支撑困难工业☆prop up ailing industries
支撑力☆holding power；bearing；anchorage force
支撑裂缝面积☆propped fracture area
支撑轮☆balancing wheel
支撑煤柱☆hunting coal
支撑门面☆maintain the front (show)；keep up appearance
支撑面☆face；seat(ing)；bearing (surface)；supporting surface；tread；bracing plane
支撑木☆cantilever
支撑钼丝☆molybdenum support wire
支撑片☆support chip；backing sheet
支撑砂岩{岩}圈闭☆buttress sand trap
支撑筛体的弹簧☆spring for screen body support
支撑释放凸轮☆prop release cam
支撑式辊轴承☆back-up roll bearing
支撑式全断面岩石隧道掘进机☆gripper type full face rock TBM
支撑树☆spanning tree
支撑跳跃[体]☆horse vaulting
支撑位置☆bearing position
支撑物☆stilt；backstop；spur；bracing；upholder；jack；bearing；proppant；stayer
支撑系大梁☆braced girder
支撑线☆thrust line
支撑线函数☆supporting line function
支撑型砂用箱挡{箱带}☆sand edge
支撑悬吊式炉顶☆hold-up-hold-down roof
支撑压力☆supporting{abutment} pressure；over-arching weight
支撑掩护式液压支架☆chock-shield-type power(ed) support；chock-shield hydraulic suppor
支撑液膜☆immobilized{supported} liquid membrane
支撑支柱☆hanging strut support
支撑轴承☆axial{support;steady;spring} bearing
支撑砖☆rider brick
支撑桩☆column pile
支撑装置☆means of support；strut attachment；back-up unit
支撑作用☆beam{slab} effect
支承☆bear(er)；support；abut(ment)；cradling；tower；pole；bearing
支承辊☆track carrier roller；supporting roller
支承(框)架☆carrying frame
支承接头☆supported joint
支承节☆bearing block；spindle section
支承结构座基☆bedframe
支承块☆bearing block；stud；supporting shoe；back-up block
支承力☆bearing force{capacity}；supporting power；load-bearing capacity
支承力矩☆support moment
支承面☆bearing surface{face}；carrying plane；area of bearing
支承圈☆gripper{carrier} ring
支承弯管[主水管底部]☆duckfoot；duck's foot
支承弯头☆duck's foot
(楼梯平台的)支承小梁☆apron piece
支承压力☆abutment{bearing;supplemental;support} pressure；force of support
支承压力带☆abutment (zone;area)
支承轴☆supporting axle；pintle bearing
支承轴式旋回破碎机☆supported-spindle gyratory crusher
支承轴座☆pedestal bearing
支承装置☆bearing set；fulcrum arrangement
支承座☆bearer{bearing} set；stay holder
支持☆hold (out)；support；shoring；holdfast；strut；holding；sustain；favo(u)r；stay；bear (out)；back (up)；stand by；champion；backup；carry；bolster；behalf；backstop；backing；buttress；commitment；uphold；promote；adhesion；pedestal；SUP
支持层☆retainer
支持的☆sympathetic；backup；supported
支持杆☆steady area
支持根☆prop root
支持关系理论☆support relation theory
支持管鞋☆seating shoe
支持活化(作用)☆sustaining activation
支持结构☆underwork
支持介质☆supporting medium
支持力☆bearing capacity{power}
支持器☆hander
支持水☆held retention water
支持天线用的系留气球☆kytoon
支持物☆upholder；sustainer；holder；plank；rest；back-up；buttress
支持细胞[藻]☆suffultory cell
支持性的☆backup
支持因素☆spine
支持者☆supporter；upholder；sustainer；prop；backer
支持物☆backer
支冲材料☆propping material
支出☆disbursement；expenditure；pay (money)；expend；outlay；disburse；outgo(ing)；expenses
支出预算☆account valuation；cost estimate；expense budget
支出账目☆account to give
支挡☆supporting and blocking
支导线☆spur{unclosed} traverse
支地槽☆embayment
支点☆pivot；glut；fulcrum [pl.-ra]；sustainer；point of support；foot(hold)；colon；branch point；support
支点反力☆end reaction；support pressure
支点荷载☆abutment load
支点力☆supporting force
支顶☆propping of roof
支顶坑木☆barring
支顶螺杆☆jackscrew
支顶木☆baulk
支顶木材☆stence
支顶能力☆topside potential
支断层☆auxiliary{branch} fault
支墩☆buttress；counterfort；abamurus
支墩坝应力分析☆stress analysis of buttress dams
支垛☆chock (mat)；chocking；crib
支反应☆side reaction
支风管☆tuyere stock
支付☆pay；outlay；pay-out；settlement；settle；payoff
支付(费用)☆defrayment；defrayal
支付(额)☆payment
支付单据☆payments document
支付方式☆mode of payment
支付函数☆payoff function
支付价格☆payout figure
支付能力☆ability {-}to {-}pay；ATP
支付日期☆date of payment
支付条件☆terms of payment；payment terms
支付条款☆settlement term
支付外国汇票的习惯期限☆usance
支付协定条款☆facility of payment clause
支付意愿☆willingness to pay；WTP
支付预计☆costing
支杆☆fulcrum lever{bar}；(bracing) strut；spreader
支杆螺母[钻机]☆jack nut
支杆支柱☆back post
支干线☆service main
支根☆rootlet
支根构造☆rootlet structure
支拱☆lagging
支(型)共聚物☆branched copolymer
(分)支(阴)沟☆branch sewer
支骨☆fulcrum [pl.fulcra]
支谷☆branch{tributary} valley；side canyon
支管☆branch (pipe)；branching pipe；by-pass；offset；exit{pipe} branch；tap；side-tube
支管法分样系统☆manifold system
支管架☆saddle
支管接套☆branch sleeve
支管路☆lateral fine
支行☆subbranch

支巷☆tap；offset；branch entry{road}；roadway junction；hole drift[核爆]；hole drift[矿井]
支巷道☆offset；spur road
支河☆effluent；side stream
支弧☆secondary arc
支护☆timber；timbering；support
支护的采场☆supported stope
支护顶板☆propping of roof；timbered back；holding the roof
支护巷底☆floor propping；propping of floor
支护机☆timbering machine
支护井筒和井底车场连接处的金属支架☆eyeframe
支护率☆percentage support
支护密度☆prop density
支护强度☆mean load density
支护区☆tempered{timbered} area
支护形式☆support pattern
支护性能☆supporting performance
支护桩☆bracing{soldier} pile
支化程度☆degree of branching
支化反应☆branching reaction
支化结构☆branched structure
支环链烷☆branched {-}cyclic alkane
支架☆timber(ing)；holder；holdfast；housing；support (frame;fin;bracket)；trestle；bear{supporting} frame；jib；carcase；bracket；carcass；bearing (carrier)；bearer；abut；supporter；barring；backing；backbone；rack；mast；gib；carrier；corbel；foot；steadier；rest；(supporting) stand；holder-up；superstructure；stillage；cradle；arm；prong；tressel；sting；spur；husk；buck；undercarriage；corbelpiece；console；hanger；mounting；reinforcement；mount；seating；prop stand；pedestal
支架安设装置☆support setting unit
支架安装☆blocking and wedging；timber{support} setting；set swinging；ack mounting
支架安装机☆timbering machine
支架变形☆deformation of timbering{support}
支架材料☆scaffold materials
支架拆卸辅助设备☆auxiliary prop-release device
支架单节前移邻架控制☆individual control of a support from the previous unit
支架单元{节}☆support unit
支架导承☆fulcrum guide
支架导托螺栓☆fulcrum guide bracket bolt
支架的让压部分☆stilt；yield-part of support
支架的榫槽☆joggle
支架底板☆foot plate
支架底{|顶}板平均承压力☆average floor{|roof} bearing pressure
支架底梁☆foot-piece；liner
支架点☆foothold
支架动作循环时间☆chock cycle time
支架墩☆rest pier
支架杆☆cradling piece
支架工☆deputy；timber setter{man}；timberman；timberer；wooder；roof bolter；prop-setter
支架工的工具箱☆kist
支架工长☆prop foreman；timber boss
支架拐钉☆timber dog
支架后填空☆cushioning
支架回收☆support{timber} withdrawing
支架毁裂☆crush
支架间的间距☆bay；distance between supports；space of supports
支架脚垫☆footpad
支架炉焙烧☆shelf burning
支架轮缘☆spider rim
支架起火☆adustion of timbering
支架前移波☆support advance wave
支架切口规☆adzing gauge
支架倾斜☆riding
支架区☆timbered{tempered;support} area
支架屈服时的底{|顶}板平均支承力☆average floor {|roof} bearing pressure at yield
支架屈服时(顶梁)端点最大载荷☆maximum tip load at yield
支架屈服时(顶梁)折断载荷☆break-off load at yield
支架式分页器☆stand-type sorter
支架式凿岩机☆drifter-type{drifting} machine；column{post-mounted;post} drill
支架式振动输送{运输}机☆supported shaker
支架丝☆bronchus
支架调高范围☆support range
支架微丝☆cytoskeletal filament
支架窝☆brace comb
支架效率☆supporting performance
支架效应[流]☆scaffolding{tare} effect
支架压力☆poppet pressure
支架压缩☆give；yield of support
支架牙形石属[O_2]☆Erismodus
支架移架波☆support advance wave
支架预制工{机}☆framer
支架支护☆frame timbering
支架直线式布置系统☆in-line system of support
支架制备机☆dapper
支架种类☆kind{type} of support
支架桩☆trestle pile
支架准备机☆dapper
支架阻力时间曲线☆load-time curve
支架座☆arm stand
支局☆outstation
支(型)聚(合)物☆branched polymer
支距☆offset
支壳层☆subshell
支孔☆branch hole
支矿脉☆branched lode；feeder；leader
支肋☆stiffener
支棱☆knife edge
支链☆branched-chain；side chain
支链淀粉☆amylopectin
支链脂肪烃☆branched paraffin
支梁☆half-balk；by-channel
(船的)支梁架☆clamp
支岭☆sub-range
支溜槽☆branching trough；branched{by-pass} chute
支流☆influent (stream)；distributary；inflow；tributary (stream;river)；contributary；affluent (stream)；feeder；branch (current;river)；by-pass；creek；split current；side stream{issues;currents}；confluent；subsidiary flow；embranchment；minor aspects；bypass；nonessentials；bystream；exit；contributory；tributaries；ramification；bifurcation；onflow
支流错[地]☆offshoot
支流湖☆lateral lake
支流级☆stream{channel} order
支流源河槽网络节☆tributary source link
支路☆leg；by(-)pass；by-road；subcircuit；branch
支脉☆dropper[下盘分出]；feeder (vein)；bent；spur；embranchment；course of ore；corbond；branch[主脉分支]；branch(ing) {branched} vein；branch range{offset}[山]；offshoot[山]；ramification；branch-vein；sub-range；apophysis [pl.-ses]；apophyse；carbond
支脉蕨☆Cladophlebis
支面☆abutment
支木☆strut (timber)
支派☆outgrowth
支配☆dominate；govern；domin(at)ion；control；dictate；hand；arrange；allocate；budget；dominant；domain；administer；ruling；rule；reign
支配彩色的波长[彩色电视]☆dominant wavelength
支配地位☆ascendancy
支配者☆ruler
支票☆cheque；check
支票的(期限)☆tenor
支平硐☆side adit
支平巷☆stub drift
支起距离[钻具对井底面]☆stand off
支气管扩张[矽肺]☆bronchiectasis
支气管石☆broncholith
支渠☆subsidiary{branch;spur;secondary} canal；by-channel；by-pass channel；branch irrigation canal；irrigation lateral
支取(汇款)☆draft
支圈☆rim；support ring
支绳铁塔[缆索起重机]☆cable bent tower
支枢[机]☆pivot
支枢转向的☆pivot-steer
支数不均率☆count fluctuation{variation}
支索☆jackstay；guy；jack stay
(桅杆)支索☆stay
(用)支索撑住☆guy
支套☆cat-head
支凸轮☆offset cam
支腿☆outrigger
支腕杖[作画时用来支撑手的工具]☆maulstick
支桅索☆shroud
支线☆lateral (fine)；branch (line)；leg；feeder (line)；tap；by-pass route{line}；spur-line；secondary line；spur track；turnout；hole[美]；derivation wire；service main；stay[天线]
支线管道☆branch pipeline
支销☆support pin
支序分类学☆cladistics
支序图☆cladogram
支烟道☆by-pass flue
支叶银杏☆Trichopitys
支倚{撑}砂岩☆buttress sands
支应线☆umbilical
支载能力☆acceptance of load
支在轴承上☆journal
支重墙☆rider wall
支轴☆fulcrum；support trunnion；pivot[机]
支轴(式)回转碎矿机☆supported spindle gyratory crusher
支轴型破碎机☆supported-spindle type crusher
支柱☆leg (member)；support；island；stay；barring；backup{strain} post；entablature；column bar；prop (stay;support)；cratch；foothold；ginny；jammer；pier column；puncheon；rest；shore (strut)；sprag；shoring；stanchion；stull；stake；strut；pillar[腔]；st(r)addle；tree；upright；underpropping；mainstay；post；setting；crutch；buttress；buckstay；bracing；brace；beating rod；bay；backbone；stoop；raker；stilt；spiling；stud；pit prop；staff；support leg[油罐浮顶]
支柱背板☆lacing
支柱崩落☆prop blasting
支柱层☆entablature
支柱的总承载能力☆aggregate resistance of support
支柱底梁式分层崩落采矿法☆prop-and-sill slicing
支柱点☆foothold
支柱垫板☆foot plate
支柱垫楔☆nog
支柱辅助控制阀☆auxiliary leg；control valve
支柱复位☆leg restoration
支柱工☆wooder；prop {-}setter；timberer
支柱横木☆headtree
支柱护顶☆roof propping
支柱回收☆timber extraction；prop drawing
支柱计数{算}员☆prop counter
支柱加工机☆dapper
(用)支柱加固☆propping
支柱架设☆post{prop} setting
支柱减压辅助装置☆auxiliary prop-release device
支柱矫直☆alignment
支柱结构[混凝土]☆element pillar system
支柱扭变☆prop distortion；timber-distortion
支柱上砍口[以承受另一支柱]☆dap
支柱式下向连续分层崩落法☆prop slicing
支柱试验压力机☆testing press for props
支柱体☆outer prop member
支柱楔紧时的初撑力☆clamping load
支柱用锤☆prop maul
支柱支护的回采工作面☆prop stope
支住☆hold-up；column
支爪☆holding dog
支族☆offshoot
支座☆abutment (piece)；carriage；foot；carrier；prop stay；support；pedestal；sustainer；stand；supporting seat；cradle；butment；SUP
支座式电动砂轮机☆electric pedestal grinder
支座下沉☆yielding-of supports
支座压力☆end{abutment} pressure
吱吱地叫(出)☆chirp
蜘亚纲☆Arachnoidea
蜘蛛☆spider
蜘蛛螺属[Q]☆Lambis；Pterocera
蜘蛛目[昆]☆araneae；Araneida
蜘蛛丝☆cobweb
蜘蛛网图☆spider diagram
蜘蛛亚纲☆Arachnida；Arachnoidea
知道☆knowledge；knowing；ken
知道的☆knowing；aware；ware
知道一点☆have some knowledge of
知海[月]☆Mare Cognitum
知觉☆sentience；sentiency

知觉(作用)☆perception
知觉能力☆sentience；sentiency
知识☆knowledge；information；fact
知识爆炸☆knowledge explosion；explosive development of knowledge
知识测验☆quiz [pl.quizzes]
知识范围☆ken
知识分子☆intelligentsia；intellectual
知识获得系统☆knowledge {-}acquisition system
知识密集型产业☆knowledge concentrated industry
知晓的☆cognizant (of)
肢☆limb
肢板☆mesopodium
肢带☆girdle；limb{extremity} girdle
肢杆☆zeugopodium
肢基片☆coxite
肢尖☆acropodium
肢节☆podite
肢节外叶☆exite
肢解☆dismember
肢口纲[Є-Q]☆merostomata
肢口类[节]☆merostome
肢膜☆dissepiment
肢突☆processus brachialis
肢足亚目[介]☆Cladocopa
脂☆butter；tallow[动物]；lip(o)-
脂冰☆ice fat
脂醇☆lipidol
脂的☆lip(o)-
脂(肪)的☆fatty
脂肪[$C_{38}H_{78}$]☆fat；tallow；graisse
脂肪胺[$R•NH_2$]☆alkylamine
脂肪胺醋酸盐的混合物[熔点 33℃]☆Amine 12-NAMAC 1181-5-C
脂肪胺混合物[熔点40℃]☆Amine AM-118-5-C
脂肪胺盐酸盐☆tallow amine hydrochloride
脂肪稠度☆fatness
脂肪醇乙氧基丙三醇磺酸盐☆alcohol ethoxy glycerol sulfonate
脂肪簇☆aliphatics
脂肪代谢☆lipometabolism
脂肪代谢的☆lipometabolic
脂肪蛋白☆lipoprotein
脂肪的☆greasy；fatty；sebaceous；lip(o)-
脂肪光泽☆greasy{soapy;oily} luster
脂肪过多症☆lipomatosis
脂肪基☆aliphatic group
脂肪酶☆lipase
脂肪酸[$C_nH_{2n+1}COOH$]☆fat(ty) acid；aliphatic acid
C_8-C_{12} 脂肪酸[得自石油的]☆Aliphatic acid No.50
Pamak 脂肪酸{妥尔油脂肪酸}☆Pamak fatty acid
脂肪酸单甘油硫酸盐☆Arctic-syntex M
脂肪酸盐☆soap
脂肪系☆fatty{aliphatic} series
脂肪形成☆lipogenesis
脂肪性的☆lipid；lipoid
脂肪赘生☆adipose growth
脂肪族☆fatty group；aliphatics
脂肪族胺☆fatty amine
脂肪族的☆aliphatic
脂肪族石脑油☆aliphatic naphtha
脂肪族萜烯☆aliphatic terpene
脂肪族烃☆aliphatic hydrocarbon
脂膏☆grease
脂光琥珀☆gedanite
脂光沥青☆berengelite
脂光石[$Na(AlSiO_4)$]☆el(a)eolite；elaeolith；elaolite；lythrodes；phonit(e)；lithrodes
脂光正长伟晶岩☆elaeolite-syenite-pegmatite
脂褐帘石☆cerin；cerine
脂环基☆alicyclic group；alcyl
脂环母核☆allcyclic stem-nucleus
脂环族环氧树脂☆alicyclic epoxy resin
脂类☆lipoid；lipin；lipid
脂类的☆lipidic
脂类分解(作用)☆lipolysis
脂磷灰石☆metabrushite
脂(肪)瘤☆lipoma
脂绿泥石☆brunnrite
脂绿脱石[Fe^{2+}和 Fe^{3+}的硅酸盐]☆pinguite
脂酶☆lipase
脂煤素☆resinite
脂镍皂石[$(Ni,Mg)_3Si_4O_{10}(OH)_2•4H_2O$; 单斜]☆pimelite；desaulesite
脂鳍☆adipose fin
脂铅石☆georetinic acid；brucknerellite
脂铅铀矿☆gummite[铀、钍、铅氢氧化物黄、棕、红色次生矿物,常含有铅、钍、钙等杂质;$UO_3•nH_2O$；$(Ph,Th,Ca)UO_3•nH_2O$]；phosphor gummite；eliasite{pittinite}[$3UO_3•CaO•2Si_2O•6H_2O$]；uranium ocher；uranogummit；pechuran
脂壳石[Fe^{2+},Mg 及 Ca 的铝硅酸盐]☆leidyite；leydyit；kidyite
脂溶的☆liposoluble
脂溶性的☆fat soluble
脂松香☆gum resin
脂酸冻点(测定法)☆titer；titre
脂纤蛇纹石[$Mg_6(Si_4O_{10})(OH)_8$]☆retinalite；resinalite；vorhauserite；rhetinalith
脂样的物质☆butter
脂油☆fatty oil
脂皂石☆piotine
脂质☆lipid；lipoid；lipin
脂质的☆lipidic
脂质体☆liposome
脂状冰☆grease ice
脂状的☆fatty
脂状琥珀☆gedanite
脂族☆aliphatic series
脂族倍半萜☆aliphatic sesquiterpene
脂(肪)族的☆fatty；aliphatic
脂族交联链☆crosslinked aliphatic chain
脂(肪)族腈☆aliphatic nitrile
汁☆juice
汁液☆humo(u)r
之间的能量的交换☆the exchange of energy between
之金刚石砂粒☆diamond grit
之前☆prior to；before；ago
之字形(的)☆zigzag；zz
之字形路线的一个转折☆zig
织(法)☆weave
织边[介]☆selvage；selvedge
织边内{|外}接合线[介]☆inner{|outer} selvage contact line
织布机☆loom
织成的☆woven
织虫属[射虫;T]☆Flustrella
织虫亚目☆Textulariina
织带机☆tape loom
织构[结晶学]☆texture
织构应力☆Heyn stress
织机☆loom
织几丁虫属[S_2-D_1]☆Plectochitina
织锦☆brocade
织壳叶肢介属[K]☆Tramostracus
织女星☆Vega
织品☆cloth；fabric；textile
织品的聚尘性能☆dust retarding ability of fabric
织筛☆network
织珊瑚属[C_1]☆Symplectophyllum
织丝网☆webbing
织丝植物门☆Nematophyta
织网面三缝孢属☆Periplectotriletes
织纹(放射)虫亚科☆Nasselinae
织物☆fabric；texture；tissue；woof；weft；weave
织物材料☆textured material
织物的☆woven；textile
织物底衬洗矿槽☆blanket sluice
织物酚醛塑胶☆textolite
织物过滤器{机}☆fabric filter
织物化热加工☆texture developed by hot working
织物密度测试仪☆fabric analysing gauge
织物强度试验仪☆tensile tester for fabrics
织物中央支撑装置☆fabric center supporting device
织线藻(属)[蓝藻]☆Plectonema
织羊齿(属)[古植;C_3-P_1]☆Emplectopteris
织缘[介]☆selvage；selvedge
织造☆fabricate；weaving
织芝朵☆Emplectopteris
织轴☆(weaver's) beam

zhí

埴轮虫属[三叶;$Є_2$]☆Haniwa
执握器官☆clasping organ
执握肢[甲壳]☆clasper
执行☆implementation；implement；execute；carry out；perform；execution；run；performance；running；executing；administration；administer；prosecution
执行程序☆executive program{routine}；executable program；master{monitor} routine；executor
执行单位☆executable{run} unit
执行的☆executive；conducting
执行规程☆agendum
执行后效果评价☆post appraisal
执行机构☆actuator；operator；actuating mechanism；executive component{body}；governing body；power unit；topwork[继动阀的]
执行机关☆executive (organ)；governing body
执行器☆performer；actuating mechanism
执行时间☆execution time；latency
执行元件☆effector；action element
执行者☆executor；executive；executant；performer
执行中修正☆running modification
执业审计师☆independent auditor
执照☆license；licence；charter；qualification；permit；diploma [pl.-ta]；ticket
职别☆title
职称☆job{professional} title；title
职工☆workers and staff (members)；journey-man；(staff and) workers；labour；staff；workman
职工奖惩☆rewards and penalties for workers and staff
职工奖励基金☆workers and staff bonus fund
职能部门计划☆functional department plan
职能资格制☆functions and qualification system
职权☆commission；authority
职位☆appointment；post
职务☆employment；duty；task；service；office
职务分析☆job analysis
职务上的☆functional
职业☆occupation；engagement；vocation；career；employment；profession；trade；business；work
职业安全和健康条例[美]☆Occupational Safe and Health Act；OSHA
职业的☆professional；occupational；vocational
职业肺病☆operational chest disease
职业工会[英煤矿]☆Group.
职业性癌症危险☆occupational cancer risk
职业性膀胱癌☆industrial bladder cancer
职业中毒☆occupational poisoning
职员☆clerk；office worker；staff (member)；employee；functionary；pencil pusher；personnel[全体]
职员名单☆staff list
职责☆responsibility；obligation；function；portfolio
职责分配制☆terms of reference
直☆recti-；rect-
直(线)☆ortho-；orth-
直板藻属☆Penium
直棒石[钙超;N_1]☆Orthorhabdus
直棒式截齿☆straight bar pick
直背女神介属[K-Q]☆Orthonotacythere
直笔石(属)[O-S_1]☆Orthograptus
直壁☆straight wall coring bit
直壁(式扩孔器壳体)[金刚石岩芯钻进]☆straight-wall core shell
直壁拱☆straight-legged{sided} arch
直壁式扩孔筒☆straight-wall core shell
直臂搅拌机☆straight-arm stirrer
直臂碹☆straight-sided arch
直边☆flat side；straight-edge；straight
直边锉☆blunt file
直边或斜边窄带材☆skelp
直边式花键☆straight-side flank spline
直边外胎☆wired edge tyre
直边叶片☆straightedge vane
直布罗陀石☆Gibraltar stone
直槽☆straight flute
直槽铸型☆groove cast
直铲☆straight shovel
直肠☆proct
直肠癌☆rectum cancer
直撑式给进控制器☆direct supporting type of feed control
直齿伞齿轮☆straight{common} bevel gear
直齿式[双壳]☆orthodont
直尺☆ruler；straight edge；straight(-)edge
直翅类☆Othoptera；orthopteroids
直翅目[昆;J-Q]☆orthoptera
直冲式☆washdown

Z

直窗腕☆Rectithyris
直吹式燃煤制粉系统☆direct injection type coal pulverizing systems
直吹式燃烧☆direct-firing
直达采区巷道☆dip road; foot rail{rill}
直达干扰☆leakage noise
直达汇票☆straight arrival bill
直达井下工区的巷道☆foot rill
直达体波☆direct body wave
直达(通信)线(路)☆tie line
直掸虫(属)[后生动物;$Є_2$]☆Miskoiia
直导向孔[矿井内]☆straight-hole guide
直到最近{现在}的☆up-to-date
直动☆transitional motion
直动(式)阀☆direct-acting valve
直动式安全阀☆direct operated relief valve
直读式仪器☆direct {-}reading instrument; direct reader; DR
直读仪表☆direct-reading meter
直度☆straightness
直段河流☆straight reach
直段山坡☆rectilinear hillslope
直断层☆translational{translatory} fault
直轭石[钙超;E_{2-3}]☆Orthozygus
直颚板☆straight jaw-plate
直方带☆orthogonal zone
直方图☆bar diagram{graph;chart}; histogram (plot); block diagram
直方图的☆histogrammic
直房贝属[腕;C_2-P]☆Orthotichia
直缝缠绕☆cigarette wrapping
直缝焊接管☆longitudinally-welded pipe
直辐带轮☆straight armed pulley
直辐射状的[头足类菊石壳饰]☆rectiradiate
直氟碳钙钕矿[$(Nd,La)Ca(CO_3)_2F$;六方]☆synchysite- (Nd)
直氟碳钙铈矿[$(Ce,La)Ca(CO_3)_2F$;六方]☆synchysite
直氟碳钙钇矿[$(Y,La)Ca(CO_3)_2F$;六方]☆synchysite-(Y); doverite
直复测试☆repeated test
直复研磨的岩屑☆reground cuttings
直根[植]☆tap root
直观☆intuition
直观的☆illustrative; intuitive; direct-viewing
直观法☆direct-vision method
直观检查☆macroscopic test
直观教具☆audiovisual aids
直观式存储管☆direct viewing memory tube
直观图☆pictorial diagram
直观推断☆heuristics
直观推理☆intuitive reasoning
直观形象☆visual pattern
直观训练法☆audio visual training
直观研究☆macrovisual study
直管☆ascending pipe
直管段衬砌[尾水管]☆throat liner
直管机☆pipe straightening machine
直管螺(属)[软舌螺;Є-D]☆Orthotheca
直管螺目[软舌螺]☆Orthothecida
直管器☆(kelly) straightener
直管式标准体积管☆straight pipe prover
直管式发动机☆straight motors
直管藻(属)[S-C]☆Ortonella
直光法☆orthoscopic method
直光镜☆orthoscope
直光扫描{|晒印}☆direct optical scanning{|printing}
直规☆straight edge
直规伯尔虫属[孔虫;K_2-E]☆Rectogumbelina
直轨器☆rail straightener
直巷道☆straightway
直(线)河段☆straight reach
直环型☆orthostrophic
直辉玄闪质{中基性}岩☆palatinite
直基线☆straight-line basis
直积☆direct product
直肌束蛤属[双壳;C_2-P_1]☆Orthomyalina
直棘胸椎☆anticlinal vertebra
直脊贝属[腕;O_2]☆Orthambonites
直减率☆lapse rate
直剪☆direct shear
直交☆orthogonal
直交波痕☆rectangular cross-ripple mark
直交位移☆perpendicular throw
直交走向☆capwise
直交走向巷道☆cross opening; crossopening
直浇口☆downsprue
直浇口下的储铁池☆cushion
直脚目[恐]☆Orthopoda
直角☆right{vertical;perpendicular} angle
直角尺☆(try) square; (bare) L-square
直角的☆orthographic(al); rectangular; knee; square; orthogonal
直角度☆squareness
直角杠杆☆bell crank; bellcrank
直角焊☆flat-face(d) fillet weld
直角回转球阀☆quarter-turn ball valve
直角交会{叉}☆right-angled{right-angle} intersection
直角交切☆orthogonal cross-course
直角接(合)☆joint on square
直角节理构造☆rectangular joint structure
直角排列☆L spread; right-angle array
直角平行六面体共振☆rectangular parallelepiped resonance; RPR
直角器☆cross; cross staff head
直角曲柄☆bellcrank
直角三角计☆trigonometer
直角三角形斜边☆hypotenuse; arris edge
直角闪孔镜☆right-angle borescope
直角石(属)[头;O_2]☆Orthoceras
直角石目☆Orthocerida
直角石式壳[头]☆orthoceracone
直角弯管☆elbow; right angle bend
直角物镜☆right angle objective lens
直角铣孔流量计☆square-edged orifice
直角锥☆orthocone
直角组合☆right-angle array
直角坐标☆rectangular{rectangle} coordinate; right angle axes; rectilinear{Cartesian} coordinates
直角坐标系中的直线☆Cartesian straight line
直角坐标展点仪☆coordinatograph
直接☆immediacy; dead; straightaway
直接操纵的☆direct operated
直接测量☆direct measurement; directional survey
直接测量粒度分析仪☆direct measuring particle size instrument
直接侧向倒堆☆straight side casting
直接成本账☆direct cost account
直接传动☆direct{positive} drive
直接传动(装置)☆positive gearing
直接传动控制阀☆direct acting control valve
直接串音☆direct crosstalk
直接得来的☆first-hand
直接的☆flush; on-line; direct; straightforward
直接底板☆immediate bottom{floor}
直接地☆flush
直接顶(板)☆nether roof
直接顶板☆immediate{nether;absolute} roof; nether strata; false roof[煤]; roof stone; superincumbent stratum
直接读数☆visible{direct;visual} reading
直接读数压力计☆visual readout gauge
直接符号测定☆direct sign determination
直接刚度法☆direct stiffness method
直接供电☆direct feed
直接供油☆clipper service
直接雇用的矿工☆direct labo(u)r
直接观察控制☆visual control
直接化合价☆direct valency
直接还原铁工艺用螺旋输送机☆DRI screw conveyors
直接还原铁下降管☆DRI downcomer
直接换电反应堆☆direct conversion reactor; D.C.R.
直接换能装置☆direct-energy-conversion device
直接换热式蒸发器☆direct-contact boiler
直接激发检定器☆direct excitation detector
直接击中☆direct hit; D/H
直接记录地震仪☆direct-recording seismograph
直接加热回旋干燥器☆direct-fired rotary drier
直接加热(式)圆筒(型)干燥机☆direct heated rotary {cylindrical} dryer
直接间距☆diametral pitch; DP
直接检测诊断☆direct detection diagnostic
直接接触爆炸成形工艺☆direct contact technique
直接接触式凝汽器☆jet{direct-contact} condenser
直接接收地面站☆direct read-out ground station
直接解释标志☆direct key
直接进化[生;无世代交替]☆hypogenesis
直接径流☆direct{immediate;storm} runoff; stormflow
直接馈电电动机☆line-fed motor
直接扩孔☆straight reaming
直接拉入(机械)连接法[海底管线施工]☆direct pull-in connection
直接拉伸法☆direct tensile method
直接连泵(的蒸汽)机☆bull engine
直接联动泵☆direct-acting pump
直接连接坡道☆direct ramp
直接连线处理机☆direct on-line processor
直接路径☆direct-path
直接绿☆diamine green B
直接内存存取线☆direct-memory-access line
直接啮合☆positive gearing
直接耦合☆direct{conductive} coupling; direct-couple
直接喷射式燃料泵[航]☆direct-injection pump
直接平板法导热仪☆thermal conductivity tester by absolute plate method
直接启动☆full-voltage{direct-in-line;direct-on} starting
直接启动☆line start
直接起运的矿石☆direct-shipping ore
直接牵引☆direct-acting haulage
直接驱动(的)☆direct drive; dd
直接驱动的鼓风机☆gas blowing engine
直接燃烧式井下蒸汽发生器☆direct-fired downhole steam generator
直接熔炼的矿石[无需精选]☆direct-smelting ore
直接熔融技术☆direct fusion technique
直接熔样法☆direct fusion technique
直接上盘☆immediate hanging wall
直接上提丢手{释放}☆straight up-strain release
直接施加的☆direct acting
直接石印复印☆direct litho duplicating
直接式流量计☆direct flowmeter
直接视频信号存取☆direct video access; DVA
直接输出☆direct{on-line} output; DOT
直接输入☆direct input; DIT; DI
直接数字测井系统☆direct digital logging system
直接水室☆local reservoir
直接碳氢显示☆direct hydrocarbon indicator
直接烃类指示☆direct hydrocarbon detector; DHD
直接外运矿石☆shipping{direct-shipping} ore
直接位于矿{煤}层之上的岩层☆ply
直接相位测定☆direct phase determination
直接销售价☆direct sale price
直接型界面[如油水界面、油气界面或气水界面]☆linear discontinuity
直接雪崩☆direction-action avalanche
直接循环式燃气轮机☆direct-cycle gas turbine
直接影印(制)品☆photostat
直接应力山☆rect stress
直接运走的矿石☆direct-shipping ore
直接在上面的☆superjacent
直接噪声放大器☆direct noise amplifier; DINA
直接照射闪烁计数器☆direct-radiation scintillation counter
直接蒸气☆primary{direct} steam
直接(来自锅炉的水)蒸汽☆live steam
直接证法☆direct demonstration
直接轴传动☆direct shaft drive
直接铸锭☆dingot
直接注入燃料装置☆direct injection fuel system
直接装车开采法☆track pick-up system
直接状态☆straigh state
直接自动调整器☆diactor
直接作用☆direct action{acting}; direct-action; direct-acting; d.a.; DA
直接作用的☆direct acting
直接作用控制阀☆direct acting control valve
直接作用自动稳压器☆diactor
直截了当☆straight forward
直进沟☆ramp without switchback
直进坑线☆straight mainline track
直进式[无反跳的装置]☆dead-beat
直进行车☆straight-going traffic
直井☆vertical shaft{well}; straight well; shaft
直井导向满轮钻具☆steerable straight hole turbodrill
直井或陡井[通往洞穴]☆yama
直颈式[头]☆orthochoanitic
直径☆diameter; diam; d.; di(a); dia

直径比率☆natural scale
直径变化[钻头]☆change in gauge
直径 $2^{5}/_{16}$"标准型不取芯细粒金刚石钻头[美、加]☆B-bit
直径不合规格的钻头{|孔}☆out-of-gauge bit{|hole}
(磨机)直径长度比☆diameter-to-length ratio
直径大小的钻机☆tight hole
直径的☆diametric(al)；diametral
直径反向点☆diametric point
(沿)直径方向的尺寸☆diametrical dimension
直径分段减小的套管柱☆tapered casing string
直径分段减小的油管柱☆graduated{tapered} tubing
(矿柱)直径高度比☆diameter-to-height ratio
直径过大的井☆oversize hole
直径减小☆reduction of diameter
直径渐减的钻进☆rat holing
直径磨损{损耗}[钻头]☆wear across ga(u)ge (the ga(u)ge)；gauge wear{loss}
直径损失☆loss of working diameter
直径缩小得不能再钻进的井☆pointed out hole
直径中值☆median diameter
直距线☆bee line
直卷百叶门[罐笼]☆vertical roll-up shutter door
直觉☆intuition；instinct
直觉的☆intuitive；transcendental
直烤启动电动机☆line started motor
直壳[菊石]☆bactriticone
直孔贝属[腕;K]☆Rectithyris
直孔空心钻头☆straight-sided core bit；straight wall bit
直控陶瓷☆direct-on enamel
直框结构船☆straight framed ship
直拉☆straight pull
直拉钢筋☆straight-tension rod
直立☆orthotropus；bristle[毛发等]
直立槽截煤机☆shearer
直立的☆vertical；upright；upstanding；standing；erect；standard；perpendicular；standing on end[岩层]
直立地层☆stand-up formation；vertical strata
直立断块☆upstanding block
直立断续擦痕☆slickolite
直立而平行的条带状铁矿☆guts
直立管☆uprise
直立井☆vertical well
直立轮藻(属)[D-C_1]☆Sycidium
直立煤层☆vertical seam；raring mine
直立圈单圈反射测角仪☆Wollaston goniometer
直立人☆Homo erectus
直立式海堤☆vertical sea wall；vertical seawall
直立四锥体☆right cone
直立线圈共轴{|面}系统☆vertical coaxial{|coplanar} coils system
直立向形☆upright synform
直立穴☆pot
直立猿人☆Pithecanthropus erectus
直立着☆endways
直隶角石☆Chihlioceras
直链☆straight{normal;linear} chain
直链淀粉☆amylose
直链环☆straight-link chain
直链烃☆straight chain hydrocarbon；normal{linear} hydrocarbon
直链烷烃☆straight-chain paraffin
直链藻(属)[硅藻;K-Q]☆Melosira；Melobesia
直炼铸锭[不含废金属]☆primary metal
直梁☆straight girder；beam
直梁支护{架}☆straight girder support
直列板序[棘海百]☆taxis [pl.taxes]
直列复合式燃气轮机☆straight compounded gas turbine
直列式内燃机☆in line internal combustion engine
直列四分孢子☆linean tetrad
直列装药☆extended charge
直裂口☆split
直馏(产品)☆straight run
直馏的☆virgin
直馏汽油☆straigh-run gasoline
直流☆continuous{direct} current；throughflow；uniflow
直流泵☆straightway pump
直流槽型浮选机☆level-type machine；Fagergren flotation cell
直流成分恢复[重插入电路]☆d-c reinsertion
直流充电☆direct-current charging
直流串绕马达☆DC series wound motor
直流电☆direct current；d-c [direct current]；d.c.；DC
直流电磁测井仪☆DC electromagnetic tool
直流电磁综合测深☆Direm
直流电压☆direct(-current){d-c;continuous-current;D.C.} voltage；volts DC；voltage direct current；VDC
直流电源☆direct supply{current}；constant current source；direct-current power supply；direct-current main{source}；DC
直流断路器☆D.C breaker；track circuit
直流发电机☆dynamo
直流法☆DC-method；direct current method
直流分量☆direct (current) component
直流分量插入级☆D.C. inserter stage
直流(电子)管☆battery tube
直流弧焊☆dc arc welding
直流交流变换器☆direct-current-alternating-current converter
直流励磁探测器☆direct excitation
直流偏(压法)☆d-c magnetic biasing
直流屏级电阻☆d-c plate resistance
直流式(浮选)机☆level-type machine
直流式喷气发动机☆straight-jet
直流信号标志☆DC signalling code
直流型☆straight drainage pattern
直流型机械搅拌浮选机[具有方形槽和锥形叶轮]☆UIW cell
直路☆crosscut；tangent
直率☆freedom；sincerity
直率的☆down right；direct
直落☆through fall
直脉☆straight vein
直脉的☆straight ribbed；rectivenous；rectinerved
直囊蕨属[古植;C_2-P]☆Orthotheca
直啮合☆conductive coupling
直扭构造体系☆normal shear structure system
直排的☆colinear；collinear
直片状的☆straight lamellar
直坡☆constant slope
直坡道☆straight(-run) ramp
直墙式岸壁☆vertical wall type quaywall
直倾型{斜}[腕]☆orthocline
直热式阴极☆filament(ary) cathode
直刃剪床☆squaring shears
直熔锭☆dingot
直熔矿石☆direct {-}smelting ore
直三叉骨针[绵]☆orthotriaene
直沙嘴☆epi
直筛条☆straight grizzly bar
直珊瑚属[$D_{1\sim2}$]☆Orthophyllum
直闪橄榄岩☆anthophyllite peridotite
直闪石 $[(Mg,Fe)_7(Si_4O_{11})_2(OH)_2$；斜方]☆anthophyllite；thalackerite；kupfferite；strelite；bidalotite；brown asbestos；anthophylline；antholite；anthogrammite；var. of anthophyllite[变种]
直闪石-橄榄石-透闪石带☆anthophyllite-olivine-tremolite zone
直闪石类☆orth(o-)amphibole
直射☆perpendicular incidence
直射(变换)☆collineation
直射变换☆collinearity
直射的强光☆blaze
直射法[超声探伤]☆straight beam method
直射线反演☆straight ray inversion
直射信号☆direct signal
直射照明☆normal illumination
直伸导线☆straight-line traverse
直神经亚纲☆Euthyneura
直生的☆adnate；antitropal
直生论☆orthogenesis
直生选择☆orthogenic selection
直升飞机`停机坪{|起落甲板}☆helideck
直升(飞)机☆hoverplane；helicogyro；gyrodyne aircraft；helicogyre；flying windmill；autogiro；autogyro；hovercraft[勘测]；heliogyro；helicopter；co(leo)pter；vertiplane
直升机降落台☆helicopter pad
直升流动态☆vertical-lift performance
直石目[钙超]☆Ortholithae
直式发生☆orthogenesis
直视观察☆direct visual observation
直视距离☆optical range
直视显示☆visual display
直视装置(信号)发生器☆pattern generator
直线型船首☆straight stem
直首柱☆straight stem
直竖的☆erect
直水口☆peg gate
直水平炉算式球团矿焙烧炉☆straight horizontal grate pelletizing furnace
直探头☆normal probe
直碳链☆normal carbon chain
直梯☆vertical ladder
直通☆straight-through passage
直通插头☆feed-through connector
直通的☆feed(-)through；feedthru；throughway；once-through
直通地☆dead ground{earth}
直通地面的坑硐☆day hole
直通阀☆through{straightway;poppet} valve；through way value
直通管道☆direct piping
直通连接(的)☆tandem
直通式方向阀☆straightway directional control valve；two port connection valve
直筒式干燥机☆shaft drier
直头贝属[腕;D_2]☆Erectocephalus
直头车刀☆straight tool
直腿拱形支架☆straight-legged arch (support)
直腿支撑掩护式支架☆vertical leg chocks shield support
直网笔石属[O_2]☆Orthoretiolites
直网壁的☆rectimurate
直微花介属[N_2-Q]☆Catheylocytherella
直纹理的☆straight lamellar
直纹曲面☆ruled surface
直系发生☆orthogenesis
直纤蛇纹石☆orthochrysotile
直线☆straight (line)；steep；sharp；sharp rise or fall
(两点之间的)直线☆bee-line
直线波长式☆straight-line-wavelength；s.l.w.
直线尺☆straightedge rule
直线的☆linear；right-lined；translational；straight；rectilinear；orthographical；lin；running[度量等]
直线点阵☆one-dimensional{linear} lattice
直线度☆linearity
直线对准器☆aligner
(平面之投影表示的)直线法☆linear method
直线方程☆straight-line equation；linear equation
直线惯性式风力分级机☆inertia-type rectilinear air classifier
直线规☆liner
直线轨迹振动筛☆linear-path screen
直线焊道☆stringer bead
直线和谐运动☆straight-line harmonic motion
直线滑移☆translation gliding
直线化☆linearize；linearise；linearization
直线渐进[生]☆phyletic gradualism；gradualistic speciation
直线进化☆aristogenesis；rectigradation
直线均夷(作用)☆aristogenesis；rectigradation
直线流☆rectilinear current{flow}
直线流动☆straight-line{streamline(d)} flow；rectilinear current
直线流路☆straight channel
直线路近似法☆straight-path approximation method
直线面☆planarea
直线排列☆inline{rectilinear} arrangement；line spread
直线排列支架☆in-line system of support
直线偏光☆linear polarization；linearly polarized light
直线漂碛脊☆rectilinear till ridge
直线频率式的☆straight-line-frequency；s.l.f.
直线频谱☆straight-line-spectrum
直线平坦海岸☆flat straight coast
直线区间☆tangent
直线驱井网☆line drive pattern (of flooding)
直线时基☆linear time base
直线式分散☆straight dispersion
直线输出型[变速箱]☆straight through model
直线水系(形式)☆rectilinear drainage pattern
直线摊销☆straight-line amortization
直线掏槽☆burn-cut hole；cylinder shatter cut；straight (shatter) cut；burn{line} cut
直线掏槽孔凿岩台车☆burn-cut jumbo
直线通道☆straight-through passage

直线下降☆linear decrease；straight-line decline
直线线列☆rectilinear alignment
直线斜率☆straight slope
直线型不连续☆linear discontinuity
直线型船☆straight lined vessel
直线形性☆linearity
直线性☆linearity；straightness；rectilinearity；vertical linearity
直线叶肢介属[节;P-E]☆Orthestheria
直线英尺☆running foot
直线运动液压机☆linear actuator
直线制☆line organization
直线注水☆line flood(ing)
直线状异常☆straight anomaly
直线组合☆line pattern
直像管☆vericon
直向选择☆orthoselection
直向演化[生]☆orthogenesis
直消光☆straight{parallel} extinction
直小希望虫属[孔虫;N_2-Q]☆Rectoelphidiella
直斜复合井☆turned-vertical shaft
直新分度☆reindexing
直型[水系型式]☆straight drainage pattern
直形贝属[腕;C_2-P]☆Orthotetes
直形壳☆orthocone
直形搪烧炉☆straight tunnel enamelling furnace
直行☆craspedodroma
直行的☆rectiserial
直旋角虫属[孔虫;C_2]☆Rectocornuspira
直旋式☆orthostrophic
直压成波机☆corrugator
直岩沟☆irhzer
直岩铜☆chimney
直言☆manifesto
直言不讳的☆outspoken
直眼扩眼器☆paddy
直眼掏槽☆burn{shatter;parallel} cut
直叶离心式风扇☆straight-blade centrifugal fan
直叶片桨式搅拌机☆straight-blade paddle mixer
直移☆translation
直移塌落☆translational failure
直移运动☆translational movement{motion}；linear {straightline} motion
直译☆metaphrase
直翼☆straight limb
直翼片稳定器☆straight blade stabilizer
直翼褶皱☆straight-legged fold
直应力☆normal stress
直缘☆straight edge
直缘型[腕]☆rectimarginate
直越式速调管☆monotron
直展云☆vertical development cloud
直照法☆method of central illumination
直轴式圆盘破碎机☆vertical disk crusher；vertical spindle disk crusher
直砖格☆straight checker
直锥壳☆orthocone
直足亚目☆Orthopoda
直(接)作用(的)控制软管☆direct-function control hose
植被☆vegetation (cover)；vegetative{vegetal;plant;ground} cover
植被冰碛☆vegetated moraine
植被测量☆vegetation survey
植被层☆vegetable layer
植被带☆zone of vegetation
植被分类☆vegetative breakdown
植被复原☆revegetation
植被固坡☆planting protect slope
植被护坡☆ground{soil} cover
植被截取☆interception by vegetation
植被铺层间的☆intermatte
植被序列☆vegetational succession
植鞭毛类[原生]☆phytomastigophora
植草((皮)边)坡☆seeded{sodded} slope
植草土堤☆grassed earthen embankment
植成土☆phytomorphic{phytogenic;phytogenetic} soil
植成岩☆phytogenic deposit
植虫☆phytozoon
植醇☆phytol
植丛☆thicket；turf
植丛岛[沼泽中]☆tump
植丛群落☆lochmium
植钉枪☆stud-gun
植二烯☆phytadiene
植盖☆canopy
植固丘☆plant-stabilized mound
植冠☆plant canopy
植基☆phytyl
植积土☆cumulose soil
植甲藻类☆Phytodinads
植龙☆phytosaurus
植龙属[T]☆Phytosaurus
植龙亚目☆phytosauria；Parasuchia
植内生物[生于植物内的动植物]☆endophyte
植入式锚(碇)☆driven and drilled-in anchor
植砂☆abrasive grain dispensing
植生☆vegetation
植生分类☆vegetation classification
植生构造[生物沉积的]☆phytogen(et)ic structure
植生系☆phytal system
植绳运输☆head and tail rope haulage
植食类{组}☆phytophaga
植树☆forestation
植树造林☆afforestation
植烷☆phytane；Ph
植烷醇☆phytanol
植烷的☆phytanic
植物☆vegetation；plant；vegetal；vegetable；phyte；botany；physiognomie；flora；phyto-；phyt-
植物坝☆phytogenic dam
植物边坡☆seeded slope
植物标本☆herbarium specimen
植物标本室☆herbarium；plant specimens room
植物残体☆dead plant part；plant residue{debris}
植物残体岩☆phytophoric rock
植物测法☆phytometry
植物巢☆zoodomatia
植物成的☆phytogenetic
植物成因堤☆phytogenic dam
植物成因论{油说}☆vegetable theory
植物的☆vegetal；botanical；vegetative；vegetable；plantal
植物的沥青化发酵☆bituminous fermentation
植物的耐毒{药}性☆plant tolerance
植物地化法☆phytogeochemical method
植物地理带☆phytogeographical zone
植物地下部分☆foot end
植物毒素☆phytotoxin
植物毒性代谢物☆phytotoxic metabolite
植物对降雨的截流(量)☆rainfall interception
植物繁殖淤淀☆filling by plant growth
植物粪石☆hortobexoar
植物根痕☆root marks
植物冠层☆plant canopy
植物黑素☆phytomelane
植物红素☆phyterythrin
植物化石☆phytolite；plant remains{fossil}；fossil plant；phytollyte；phytolith
植物化石的环形炭化皮☆coal pipe
植物化石生物地层学☆biostratigraphy of fossil plants
植物化学☆phytochemistry
植物化学研究☆phytochemical study
植物灰分☆plant{constitutional} ash
植物激素☆auxin；auximones
植物迹类[遗石]☆phytichnia
植物健康☆health of plants
植物界☆kingdom botany；plantage；plant{vegetable} kingdom
植物类群☆phyto-group
植物毛粪石☆phytobexoar；phytotrichobexoar
植物年龄☆age of plants
植物气候☆phytoclimate
植物区☆floristic area；floral kingdom
植物区系☆flora；plantage
植物区系区☆floristic area
植物区域气候界线☆biochore
植物圈☆phytosphere
植物群丛☆stand；(plant) association
植物群带☆florizone；floral zone
植物群阶☆floral stage
植物群落☆plant community；vegetation(al) type；biotic formation；phytobioc(o)enose；phytocommunity；phytocoenosis；phytocoenosium；formation of plant
植物群落学☆phytocoenology
植物群区☆floral province
植物群系☆plant formation；formation of plant
植物扰动构造☆phytoturbation structure
植物散发耗水量☆vegetal discharge
植物色素☆plant pigment；phytochrome
植物生长☆vegetate
植物生长促进剂☆plant-growth accelerator
植物石☆phytobezoar；phytolite；phytollyte
植物时间分布史☆synchrology
植物式营养☆holophytic nutrition
植物死亡带☆vegetation kill zone
植物碎片☆plant fragment；phytoclasts
植物碎屑☆plant debris；phytoclast
植物体内生物☆endoxylophyte
植物小区系☆florule；florula
植物形动物[如珊瑚虫、海绵等]☆zoophyte
植物性的☆vegetative
植物性浮游生物☆phytoplankton
植物学(工作者)☆botanist
植物学的☆botanical
植物学勘探☆botanical exploration
植物岩溶☆phytokarst
植物延伸部☆excurrent
植物遗体☆plant remains；ramassis
植物园☆arboretum
植物甾醇☆phytosterin；plant sterol；phytosterol
植物蒸发蒸腾量☆evaportranspiration from plant
植物蒸腾☆vegetal discharge；evaporation from vegetation
植物蒸腾测量仪☆phytometer
植物志☆flora；herbal
植物种类地理学☆floristic geobotany
植物转化为腐殖土的过程☆eremacausis
植物自成印痕☆autophytograph
植物组合☆plant society
植物组织试验☆plant tissue test
植烯☆phytene
植系☆phytem
植屑泥炭☆chaff peat{neat}
植羽片互生的☆alternipinnate
植育土☆phytogen(et)ic soil
殖民地☆colony
殖民者☆colonization；settler
跖☆instep；planta pedis；tread；sole of the foot
跖跗关节☆articulatio tarsometatarseae
跖骨☆metatarsus [pl.-rsi]；ossa metatarsi；metatarsals
跖骨应力骨折☆stress fracture of the metatarsals
跖(蹠)行(性;动物)☆plantigrade
值☆Eh；value；quantity；cost[多少钱]
×值[玄武值无球粒陨石最佳初始值]☆BABI
CHUR 值[球粒陨石型均一岩浆房的地幔库]☆chondritic uniformreservoir；CHUR
E{|K|N|S|EK|Rf|Te}值☆E{|K|N|S|EK|Rf|Te}-value
OEP 值☆odd-even predominance{predominate}；OEP
Q 值☆energy{quality} factor；Q {-}value；QF
pH 值☆pH (value)；hydrogen-ion concentration；potential{power} of hydrogen；pH value
τ 值☆Tau-value
(同位素)δ 值[绝对变差 δ,反映同位素组成与标准相比重同位素的富集或亏损程度‰]☆delta {-}value
(粒径的)φ 值☆Phi
值班☆tour；be on duty
值班工`长{务员}☆shift foreman{foremen}
值班期间☆trick
值班(人)员☆operator in charge；operator{person} on duty；attendant；office of the watch；watch keeper
值班讯号装置☆attendance signaling system
pH 值比值器☆pH value comparator
值得☆deserve；pay；claim；worth
值得进一步勘探的地区☆potential exploration region
值得精选的矿石☆milling grade
值得一看的☆viewable
值得注意☆noteworthiness
值得注意的事项或其记录☆notandum [拉;pl.-da,-s]
F 值的位☆F-valued place
值等代换☆identical substitution
值等周期☆identity period
pH 值调整☆pH adjustment
pH 值调整剂☆pH modifier
值机员☆operator；oper.
Z 值交会图☆Z-crossplot
值域[数]☆range

zhǐ

指板☆finger board
指北参考脉冲☆north reference pulse
指北极☆north-seeking pole
指北针☆north arrow
指标☆index [pl.-xes,indices]；indicatrix [pl.-ices]；yardstick；guideline；target (value)；index mark；fist；criteria；indication；efficiency performance；quota；norm；merit
指标比值☆I.R.；indicator ratio
指标变换方法☆index variation method
指标部分☆indexing section
指标差改正☆correction for index
指标化☆indexing
指标图☆indicatrix；index map
指标相关☆correlation of indices
指标元素☆indicator element
指差☆index error
指出☆indication；finger；infer；state；point；mark out
指触终端信号☆touch terminal signal
指带化石☆zone fossil
指导☆guide；govern；guidance；direct(ion)；engineer；conduct；coach；instruction；tutelage；regula [pl.-e]；steer；pilot
指导的☆directory
指导方法☆methods of instruction；MOI
指导性坡度☆ruling gradient
指导原则☆governing principle；guideline；loadstar；rudder；lodestar
指导者☆director；Dr.；conductor；instructor
指的☆digitate；refer to…
指点☆suggestion
指点信标☆marker beacon
指定☆design(ate)；designation；destination；assign；assignment；tab；slate
指定成分☆specifier
指定的☆authorized；specified；specific；SP
(在)指定顶板处锚固☆spot roof bolting
指定继承人继承的不动产☆fee tail
指定井☆candidate well
指定矿界☆stent
指定频率☆assigned frequency
指定者☆designator；des.
指定轴☆axis of reference
指度分度法☆indexing
指度盘☆index dial
指方规☆alidade
指骨☆phalanx；finger cushion；phalanges digitorum manus；phalange
指骨的☆phalangeal
指骨间关节☆articulatio interphalangea
指管☆dactylopore
指海绵型☆syconoid
指航灯☆directional light
指(狐)猴属[Q]☆aye-aye；Daubentonia
指挥☆dictation；control；conn；conduct；helm；boss；superintendence；direction；leadership
指挥部☆authority organization；directorate
指挥舱[宇宙飞船的]☆command capsule{module}；circuity module
指挥发射鱼雷的雷达系统☆dolphin
指挥飞行的雷达系统☆navigation radar；navar
指挥浮标☆demand sonobuoy
指挥所☆command post；CP
指挥仪☆director
指挥中心☆command center；CC
指极星☆Pointers
指甲切试法☆finger nail test
指尖状河道☆fingertip channel
指键☆manipulating key
指交☆intertonguing
指角贝属[腕;O]☆Dactylogonia
指进☆cusp(ing)；fingering；finger advance
指距☆span
指孔螅[腔]☆dactylozooid
指孔藻属[E_2]☆Dactylopora
指控信息系统☆command and control information system；CCIS
指粒☆fingers
指梁[油]☆fingerboard；pipe way{finger}；finger
指列式☆formula phalangealis
指令☆instructions；injunction；dictate；dictation；order；command；signal；instruct；direct(ive)；computer instruction；bid；word[计]
指令分类☆instruction classification
指令性计划☆mandatory plan
指令域☆domain of instruction
指令站☆command post；CP
指令转移☆derail
指路灯☆beacon
指明☆index；designation
指名的☆nominative
指名亚属☆nominate subgenus
指南☆guidebook；guideline；handbook；directory；guide (book)；manual；companion；southing
指南极☆south-seeking pole
指南针☆compass
指示☆indication；prescription；direction；denotation；dictate；indices [sgl.index]；denotement；indicate；charge；prescribe；instruct(ion)；point out；directive；register；pointing
指示(器)☆display
指示薄煤层{带}☆guiding bed
指示比☆salinity indicator ratio；SIR
指示层☆leader (of seam)；indicator seam{horizon}；index{carrier;marker} bed；key rock；(horizon) marker；marker horizon{lamination;band}；structure{structural} indicator；reliable marker
指示产量☆indicated output
指示带盘{筒}☆indicator card drum
指示导纳☆indicial admittance
指示灯☆indicator lamp{light;bulb}；dim glowing lamp；indicating lamp{light}；indication lamp；pilot lamp{light;tube}；tellite；pilot；IL；PL
指示符图☆indicator chart
指示功☆input work
指示管☆inditron；indicator tube
指示函数☆indicator function
指示化石☆guide fossil
指示剂☆indicator；tracer agent
指示计最小读数差☆total indicator variation
指示卡片突舌☆tab
指示空速☆indicated air speed；I.A.S.
指示马力☆indicated{dynamic} horse(-)power
指示器☆(dial) indicator；index [pl.-xes,indices]；flag；detector；marker；pointer；director；tracer；finder；cursor；tell(-)tale；indic；display；shower；scope；probe；pilot warning indicator；IND
指示器标示卡☆indicator card
指示燃料(油)消耗率☆indicated specific fuel (oil) consumption
指示砂☆colored sand
指示生物☆indicator{indicating} organism；eucoen
指示书☆instruction manual
指示(未修正)输量☆indicated (uncorrected) throughput
(仪表)指示数☆reading
指示图☆indicator card{diagram}；indication view；index map
指示物☆indicator；designator；des.
指示误差☆index{indication} error；error in indication
指示线☆indicatrix [pl.-ices]
指示性价格☆indicative price
指示仪表☆indicating instrument
指示仪器☆indicator device
指示语☆specifier；specificator
(日晷仪)指示针☆gnomon
指示植物☆indicator plant；phyto-indicator；plant indicator
指数☆index [pl.-xes,indices]；exponent(ial)；factor；index number{mark}；coefficient；indexing；exp
K指数[磁扰强度量]☆K-index
ZTR指数☆ZTR{zircon-tourmaline-rutile} maturity index
"d"指数[用于预测地层压力]☆"d" exponent
指数的☆indicial；exponential
指数递减方程☆exponential decline equation
指数定律☆law of indices{exponent}；exponential law
指数法☆method of index number；index method
指数分布[配]☆exponential distribution
指数函数☆exponential function
(晶面)指数和最小法则☆rule of lowest total of indices
指数化☆exponentiate；indexing
指数(律)递减量☆exponentially damped quantity
指数`趋势法{|曲线形喇叭|减振|衰减{变}|算子{符}}☆exponential trend{|horn|damping|decay|operator}
指数误差☆index{indicator} error；I.E.
指数相关☆correlation of indices
指数型曲线☆exponential type curve
指数有理性法则☆rationality rule of indices
指数增益校正☆exponential gain correction
指数增长函数☆exponential growth function
指数值☆exponential quantity
指弹☆flip
指头虫☆Daclylocephalus
指头状[海胆]☆dactylous
指望☆foretaste
指纹(技术)☆fingerprint technique
指纹分析☆signature analysis
指纹结构☆dactylotype
指纹热解谱图☆fingerprint pyrogram
指纹头虫属[三叶;O_1]☆Dactylocephalus
指相动物群☆facies fauna
指相矿物☆diagnostic mineral
指相组合☆diagnostic assemblage
指向☆vergence；index [pl.-xes,indices]；trend；direct；bear；pinpoint；sense (of orientation)；train；point；pointing direction
指向标☆beacon
指向构造☆vector{directional} structure
指向力☆directive force
指向设备☆sensing equipment
指向特性图☆directivity graph
指向陀螺☆DG；directional gyro
指向性☆directionality；directivity
指向针☆oriented needle
指向植物☆compass plant
指型☆syconoid
指型管鞋☆finger type shoe
指型落物打捞篮☆finger-type junk basket
指形(结构)☆dactylitic
指形的☆dactyloid；dactyline
指形多刮刀旋转活钻头☆finger rotary detachable bit
指形刮刀☆finger bit
指形刮刀旋转活钻头☆replaceable finger-type rotary drag bit
指形结构岩☆dactylite
指形晶☆dactylite
指形晶状结构☆dactylitic texture
指形孔☆dactylopore
指旋螺丝☆thumb screw
指引☆direct
指引道☆pilot trace
指引信号放大器☆index signal amplifier
指引元素☆pathfinder element
指源剂☆source indicator
指责☆accuse
指针☆indicator；(indicating) needle；cursor；guide finger (fixture)；guide；arrow；finger；pointer；arm；hand[钟、(仪)表的]；index hand；guiding principle；finger-pressing；index [pl.-xes,indices]；rudder；tram
(天平的)指针☆cock
指针读数☆total indicator reading；TIR
指针复原装置[信号器中]☆setback
指针偏转☆needle deflection
指针式仪表☆pointer instrument；dial gauge
指针移动☆pen travel
指重笔☆weight pen
指重表☆weight indicator (gage)；detective；WT-IND
指轴☆spindle
指状(漏斗)☆finger
指状[结构]☆dactyloscopic；dactylotype；finger-like；dactylic
指状冲沟☆finger gully
指状穿插☆interfinger
指状的☆digital；digitiform；digitate
指状分叉[叠层石]☆bastsphere type；digitation
指状格条天井☆finger raise
指状个员[虫]☆dactylozooid
指状硅华☆finger-like pillar
指状轨条溜口☆finger chute
指状海绵☆Sycondra
指状湖系☆finger lakes
指状交叉{错}☆interdigitation；interfingering；intertonguing
指状结构☆dactylitic texture

Z

指状颗粒☆fingery grain
指状孔[水螅]☆dactylopore
指状溜井☆boxhole finger
指状溜口闸门☆finger-chute gate
指状前锋带☆digitate frontal zone
指状沙☆bar-finger sand
指状沙坝{体}☆bar finger; bar-finger (sand); finger bar
指状砂坝圈闭☆finger-bar trap
指状水侵☆water fingering
指状天井[draw holes]☆finger (raise); fingered chute
指状突☆tersia [pl.-e]
指状突超☆digitiform process
指状突起腕棒☆maniculifer
指状岩体☆run
指状闸门间距☆finger spacing
指状组合型的☆interdigital
指足的[节甲]☆dactylopod(ite)
酯[R'COOR]☆ester
酯化☆esterify; esterification
酯托派石柯碱[药]☆tropacocaine
止☆fall in; des.; de-
止表面缺陷☆surface blend
止冰☆stagnant ice
止步☆off-limits
止车器☆train stop
止车楔☆scotch block
(桩的)止点☆refusal
止动按钮☆lacking press button
止动板☆check{lock} plate
止动柄☆locking handle
止动杆☆kick(-)out{arresting;stop;gag} lever; stop arm{rod;spindle}
止动及锁紧螺钉☆set and locking screw
止动卡箍☆stop ring
止动螺钉☆stop{set;attachment;backing-up;banking; limit;stopper;anchoring} screw; retainer bolt
止动螺母☆jam{retainer} nut; check screw; checknut; jam(b)nut
止动螺栓☆catch bolt
止动器☆retainer; arrester (catch); dog; limit stop
止动圈☆lock ring
止动弹簧☆retaining{check;stop} spring
止动凸爪☆clutch stop
止动销☆stop (pin); shotpin; locking stud{pin}; latch; thrust plunger; lock pin
止动闸☆fixing{holding;stopping} brake
止动爪☆dog; (retaining) pawl
止动装置☆stop motion (mechanism); retaining device{means}; arresting device; backset
止端☆no-go side
止风门☆check gate
止付支票☆stopped check
止过短节☆no-go{N} nipple
止环☆no-go ring
止回瓣☆flap trap
止回阀☆check{flapper;claypit;non-return;retaining; antiflood;back(-pressure);cement;inverted;rebound} valve; back pressure valve; back vent; safety check; CV
止回活门压盖☆check-valve gland
止回棘爪☆check pawl
止回器☆backstop
止浆垫☆concrete plug
止浆岩帽☆rock plug
止块☆dog segment
止流☆shut off
止漏☆stop water loss; shut off
止漏能力☆shut-off capacity
止轮垫[防止车子在斜坡往下滑]☆sprag
止轮块☆wheel chock
止逆阀☆non-return{check} valve
止气化(作用)☆devaporation
止塞箍☆landing collar
止水☆sealing up; water sealing{stop}; stagnant water; plugging; water-off[钻]
止水材料☆sealant
止水层☆sealcoat
止水的☆watertight; plugged
止水垫☆water packer; water-sealing packing
止水缝☆sealed joint
止水环☆seal ring
止水泥浆☆sealing-grout
止水器☆packer
止水侵☆stop water entrance
止水塞☆tight pack
止水套管弹簧☆water spring
止水帷幕☆watertight curtain
止松垫圈☆nut-lock washer
(平炉)止炭☆blocking
止痛的☆mitigatory; mitigative
止痛剂☆mitigative
止吐药☆antetic
止推宝石☆end stone
止推垫圈☆thrust washer
止推环☆thrust washer{ring;collar}; reaction ring; thackeray washer
止推颈圈☆thrust collar
止推块☆nose button; thrust block
止推凸轮☆thrust cam
止推销☆abut
止推轴承☆thrust{step} bearing; bearing axial
止推轴承垫板☆step bearing plates
止推轴颈☆heel; thrust journal
止退销☆stop
止信号☆stop signal
止爪☆claw stop
止转棒☆scotch
止转楔☆spline
趾板☆toe board
趾部焊缝☆toe weld
趾骨☆phalange; phalanx; phalanges digitorum pedis; toe bone
趾骨的☆phalangeal
趾积层☆toeset
趾甲☆nail
趾甲状节理☆toenail
趾列式☆formula phalangealis
(工作鞋上)趾套☆toe guard
趾型肢☆cheiropterygium
趾行(动物)☆digitigrade
趾状的☆digitate
趾状构造☆toe structure
趾状熔岩☆lava toe
只不过☆merely
只采富矿☆gouging; gut; stripping a mine
只读☆read{receive} only; RO
只发生一次的☆onetime
只发送的☆send-only
只接受(设备)☆RO; receive only
只是☆except
只通过一种筛面的商品煤级☆resultant
只要☆provided; while
只用衬管的完井☆liner-only completion
只有一次的☆one shot
只在白天☆diurnal
纸斑岩☆paper porphyry
纸板☆carton; board; paper{card} board; press-spahn
纸板盒☆carton
纸板石蜡☆cardboard wax
(胶)纸板做的☆pasteboard
纸币☆flimsy; paper
(相)纸仓☆magazine
纸草虫属[三叶;$Є_2$]☆Papyriaspis
纸层析☆paper chromatography
纸带☆tape; paper tape{strip}; strip chart; PT
纸带读出机{取器}☆paper tape reader
纸带盘座☆paper base
纸带卷☆paper-tape winding; reel
纸垫☆gasket paper
纸电泳☆paper electrophoresis
纸方解石☆paper spar
纸房状构造☆cardhouse structure
纸覆盖☆paper mulch
纸盒支架☆cassette supporter
纸基应变仪☆paper-backed strain ga(u)ge
纸夹☆chip; sheet-holler
纸浆☆pulp; paper{wood} pulp
纸浆废液☆tall
纸浆和造纸工业技术协会☆technical association of the pulp and paper industry; TAPPI
纸浆水泥板☆pulp cement flat sheet
纸浆桶搅拌器☆hog
纸浆原料☆pulpwood
纸浆制造机☆macerator; macerater
纸介石蜡电容器☆paper paraffined condenser
纸筋灰☆lime plaster with straw pulp
纸卷铁粉心☆ferrocart
纸绝缘地下电缆☆paper insulated under ground cable; paper-insulated underground cable
纸(板)壳☆cardboard shell
纸壳筒式尘末采样器☆paper-thimble dust
纸块页岩☆paper shale
纸滤气器☆paper air filter
纸煤☆leaf coal; paper coal[富含角质层]; merda di diavolo; dysodile; dusodile; dysodite; mineral paper
纸面平装本☆paperback
纸皮☆sham; leatheroid
纸塞{填}☆paper wad
纸色层法☆paper chromatographic method; paper chromatography
纸色层分离☆paper chromatography separation
纸色谱电泳法☆paper chromatoelectrophoresis; PCE
纸色谱法☆paper chromatographic method
纸上层析{色层}(分析)法☆paper chromatography
纸上分析{|筹划法}☆paper analysis{|method}
纸上色谱分布☆paper chromatographic distribution
纸升降位置信号☆paper lifter position signal
纸湿度计☆paper hygrometer
纸石棉☆fossil{mountain} paper
纸套粉尘取样器☆paper-thimble dust
纸条复凿孔机☆paper-tape reperforator
纸条盘☆cantilever; cantalever; cantaliver
纸条色层(分离)法☆paper-strip chromatography
纸筒☆paper dram; magazine
纸筒式过滤器☆paper cartridge filter
纸箱(盒)☆carton
纸屑☆chad; scraps of paper
纸芯过滤器☆paper element type filter
(用)纸型翻铸的铅板[法]☆cliché
纸压光机☆calenderstack
纸药卷☆paper cartridge
纸鸢式气球☆kite balloon
纸支架延伸☆paper support extension
纸质背衬[砂带]☆paper backings
纸状泥炭☆paper peat
纸状石棉☆mountain paper
纸状页岩☆paper shale; bibliolite

zhì

掷☆throw [threw;thrown]; hurl; cast; fling
掷孢酵母属[真菌;Q]☆Sporobolomyces
掷锤人☆leadsman
掷矸桶☆picking pocket
掷角☆angle of departure
掷骰子☆dicing
志贺氏杆菌☆shigella
志留纪[439～409Ma,华北为陆地,华南为浅海,珊瑚、笔石发育,陆生裸蕨植物出现;S_{1-3}]☆Silurian (period); S; Gotlandian period
志留系☆Silurian (system); S; Siluric
志气{向}☆aspiration; ambition
志愿的{者}☆volunteer
志愿消防战斗员☆red shirt
栉[昆]☆ctenidium
栉板带[腔;pl.costae]☆costa
栉蚕(属)[节;$Є_2$-Q]☆Peripatus
栉齿☆Taxodont; ctenolium
栉齿类☆Taxodonta
栉齿型[双壳]☆prionodont; taxodont; taxodonta type; merodont
栉齿型铰合构造☆taxodont hinge structure
栉虫(属)[三叶;O_{1-2}]☆Asaphus
栉虫类[三叶]☆Asaphid
栉多颚牙形石属[D_2-C_1]☆Ctenopolygnathus
栉颚牙形石(属)[O_2-T_2]☆Ctenognathus
栉盖贝属[腕;P_1]☆Ctenalosia
栉海百合目[棘]☆Taxocrinida
栉蕨☆Pecopteris
栉康尼克贝属[腕;T_3]☆Ctenokoninckina
栉壳虫属[三叶;O_1]☆Asaphopsis
栉壳状结构☆ctenoid texture
栉孔菱[林檎]☆pectinirhomb
栉口类[苔]☆ctenostomata
栉口目[苔、无脊;O-Q]☆Ctenostomata
栉鳞☆ctenoid scale
栉鳞(鱼类)☆ctenoid
栉鳞目☆Ctenothrissiformes
栉瘤孢属[K_2]☆Corrugatisporites

栉囊蕨属[$D_{1\sim2}$]☆Pectinophyton
栉鳃[软]☆ctenidium
栉鳃类☆ctenobranchia
栉水母类☆ctenophora
栉羊齿(属)[植;C-P]☆Pecopteris
栉羽星科☆Comasteridae
栉羽叶☆ctenis
栉状☆pectinate
栉状的☆pectinal
栉状铸型☆ctenoid cast
桎梏骨针☆desma
至☆reach；solstice；as to (how;what;when;where;…)
至此☆heretofore；thus far
至点{日}☆solstice
至顶循环☆topping cycle
至高点☆vertex [pl.vertices]
至今☆hitherto；heretofore；to date
至近心点距离☆peri-distance
至上的☆paramount
至无穷大☆ad infinitum{inf.}
至无线电标的距离☆omnidistance
致癌化合物☆carcinogenic compound
致癌物质☆cancerogenous{carcinogenic} substance；carcinogen
致癌{肿瘤}性☆carcinogenicity；oncogenicity
致癌因素☆carcinogen
致变物☆mutagen
致病☆pathogenesis
致病尘末☆pathological{pathologenic} dust
致病的☆pathogen(et)ic；pathogenous；morbifereus；morbific
致病力☆virulence；pathogenicity
致残病症☆incapacitating disease
致残伤害☆disabling injury
致词☆address
致脆☆embrittlement
致单色晶体☆monochromating crystal
致断应力☆breaking stress
致钝电流密度☆critical passive current density
致腐流体☆aggressive fluid
致腐组分☆corrosive agent{constituent}
致垢流体☆scale-producing fluid
致垢系统☆fouling system
致垢盐类☆incrustant salt；scale-forming salts
致垢元素☆scale-forming elements
致黑密度☆density
致畸(胎)物☆teratogen
致极函数☆extremal
致力☆dedicate；devote
致力于☆be devoted to
致裂腐蚀☆cracking corrosion
致密☆density；(fine and) close；compact(ion)；dense
致密部分☆tight section
致密层☆stratum compactum；tectum[孔虫;pl.tecta]；packed bed；tight zone
致密长石☆felstone；felsite；felsyte
致密的☆high-density；dauk；compact；tight；douk；dense[结构]；felsitic；solid
致密地层☆tight{dense;competent} formation
致密度☆degree of compactness
致密堆积{填集}☆dense packing
致密硅岩☆gan(n)ister；crowstone
致密硅岩系☆gannister measures
致密褐砂☆cherokite
致密灰岩☆compact{dense} limestone；camstone；vaughanite
致密件☆dense-article
致密结晶状石墨☆compact crystalline graphite
致密晶粒☆compact-grain
致密块状滑石☆steatite；lard stone
致密矿石☆massive ore
致密难凿硬岩☆cank；kank
致密泥炭☆stone peat
致密黏土☆heavy clay；leck；jabes
致密气层{藏}☆tight gas reservoir
致密蠕虫状石墨铸铁☆compacted vermicular cast iron
致密石墨铸铁☆compacted graphite iron
致密细粒浸染矿石☆dense fine-grained ore
致密系数☆compacting factor
致密性☆compactness；compactability
致密岩层☆competent rock；tight stratum{formation}
致密岩石☆compacted{tight;dense;compact} rock
致密页岩☆tough shale
(钻)致密页岩钻头☆core-barrel bit
致密状岩石☆compact{compact-state} rock
致密作用力☆compaction effort
致命☆fatality；lethal；vital
致命的影响{效应}☆lethal effect
致命(射线)量☆lethal dose
致命浓度☆lethal concentration；LC
致偏☆deviating；deflection；deft.
致偏板☆deflector；deflection plate
致偏磁轭偏转系统☆scanning yoke
致偏凸轮☆deflecting cam
致偏装置☆deviator
致色机理☆color-causing mechanism
致蚀变流体☆altering fluid
致使☆so as to；result in
致死☆letalis [pl.-e]
致死的☆lethal；killing
致死低温☆fatal low temperature
致死剂☆lethal agent
致死剂量☆lethal{fatal} dose；LD
50%致死量☆LD_{50}；half lethal dose
致死率☆lethality
致死浓度☆lethal concentration；LC
致死气体含量百分数[矿山空气]☆lethal percentage
致死湿度☆fatal humidity
致死陷阱[危险区]☆death-trap
致死中量[结构]☆median{medium} lethal dose；MLD
致酸物质☆acid-causing substance
致突变物☆mutagen
致污物☆contaminant
致斜力☆deflecting force
致意☆salute；salutation
致意者☆complementer
致荧光标记技术☆fluorigenic labeling technique
蛭(虫)纲☆Hirudinea
蛭间黑云母☆hydrobiotite
蛭石[绝热材料；$(Mg,Ca)_{0.3\sim0.45}(H_2O)_n((Mg,Fe_3,Al)_3((Si,Al)_4O_{12})(OH)_2)$；$(Mg,Fe,Al)_3((Si,Al)_4O_{10})\cdot4H_2O$；单斜]☆ vermiculite；lennilite；lemilith；roseite；cat gold；pelhamite；eastonite；rastolyte；cat's gold；rhastolith
蛭石灰浆抹面☆vermiculite plaster finish
蛭石颗粒剂☆vermiculite granule
置放☆placement
置换☆displace(d)；replacement；displacement；substitution；transposition；replacing；permutation
置换沉淀☆cementation；cementing
置换法☆substitution method；method of substitution
置换分析☆substitutability analysis
置换固淀(溶)体☆substitutional solid solution
置换剂☆displacer
置换节理☆substitute joint
置换率☆replacement{displacement} ratio
置换能力☆replacing power；replaceability
置换器☆displacing device；displacer
置换设备☆challenger
置换式化合物☆substitutional compound
置换水☆water of compaction
置换速率☆turnover rate
置换酸度☆exchange acidity
置换体积☆displaced volume
置换物☆substitute
置换型钇铁石榴石☆substituted yttrium iron garnet
置换用离器☆displacement pig
置换作用☆displacement；permutation；replacement；substitution；metathesis [pl.-ses]
置零☆adjusting to zero
置平☆horizontalization
置数开关☆load switch
置替☆substitution
置位☆set (bit)；emplacement；SB
置信度☆level of significance；degree of confidence；confidence (level;limit)；CL
置信分布☆fiducial distribution
置信圆{|锥}☆circle{|cone} of confidence
置于上面的☆superposed
置藻属[褐藻]☆Scytosiphon
置中[测]☆centre adjustment
制☆make；check；system；manufacture；work out；draw up；formulate；restrict；control
MKS 制☆MKS；Georgi{Giorgi} units
制胺☆amination
制版照相机☆process camera
制备☆preparation；prepare
制备矿石标本用圆锯☆slitting disk
制备色谱(法)☆preparative chromatography
制表☆tabulate；(statistics) tabulation；charting；tabling；draw up a form or list
制表机☆tabulating machine；tabulator
制表人☆tabulator
制箔☆platten
制材☆lumber
制材锯☆stocking saw
制层色谱(法)☆preparative layer chromatography
制渣设备☆detritus equipment
制成薄片☆foliation；laminate
制成的☆off-the-shelf
(把……)制成格子状☆lattice
制成或完成后净横截面☆finished cross-section
制成球团☆ball-up
制成球状的材料☆pelletized material
制成凸缘☆flanging
制成细粒☆corn
制成毡☆felt
制出☆develop；turn out
制导☆guide；guidance；aim
制导系统组合☆guidance system combination
(大面积)制地图法☆c(h)artography
制钉厂☆nailery
制锭☆tabletting
制定☆constitution；provide；institute；institution；enactment；lay down；draw (up)；formulate；draft；establish；enact；frame
制定出☆evoke
制定的☆custom
制定法律☆legislation
制定元件☆decision element；DE
制定政策☆policy making
制订☆make
制订装船货物条款☆institute cargo clause
制动☆braking (age)；put on brake；arrest；deboost；caging；brake；trig；apply the brake；check；damp；dampen；hold-back；stopping；cage
制动比排量☆brake specific emission
制动测力计{动仪}☆brake dynamometer
制动差速转向装置☆brake differential steering
制动衬带{片}☆brake lining
制动带衬里☆brake band lining
制动垫块☆chock
制动杆☆brake lever{bar;rod;beam;arm}；stop lever；working beam
制动工☆brakesman；braker；braking operator；leverman
制动功率☆brake horsepower；braking{stopping} power；brakepower
制动钩☆wheel hook
制动距离☆(transportation) stopping{braking;breaking} distance；braking length
制动(有效平)均压(力)☆brake mean effective pressure
制动开关信号灯☆stop switch light
制动块☆brake shoe；slipper
制动力☆braking force{effort}；brakeage；brake force{power;resistance}；retarding effort{force}；damping{locking} force
制动力矩☆braking moment{torque}；stalled torque
制动力可调整的提升机闸☆primed hoist brake
制动链☆chain controller；drag chain
制动轮减速器☆brake-drum retarder
制动螺帽☆stop-nut
制动马力☆brake horse(-)power；brake horse power；bhp
制动器☆arrester；stop(p)er；stop；clog；brake；gripe；arrestor；trigger；anchor；skid；damper；brakestaff；clamp；detent；shoe；inhibitor；arresting gear
制动器检修工☆brakeman
制动器摩擦块☆brake pads
制动式刮板输送{运输}机☆braking pan
制动试验信号器☆brake test sign device
制动手☆brake(s)man
制动手柄☆brake crank；clamping handle；hand brake lever
制动顺序☆retrosequence
制动司机☆brakeman；brakemen
制动铁带☆brake iron
制动推力☆retro-thrust
制动销☆shotpin

制动效应☆dampening{braking;damping} effect; trigger action
制动信号开关☆braking signal switch
制动靴轴承☆brake shoe bearing
制动爪[装在车后]☆retaining{locking;stop} pawl; holding detent; dog
制动装置☆catcher; arrester; arresting device{gear}; arrest; brake rigging{equipment}; lock{locking} gear; braking device; catch; retropack; stopper; arrestor; locking mechanism
制动装置总成☆brake assembly
制动作用☆brakeage; brake{braking} action
制度☆institution; system; regime(n); behavio(u)r; sys.; syst.
制锻模铣床☆profiler
制法☆recipe
制粉☆milling
制粉机☆pulverator
制钢丝绳用的高强度钢☆plough steel
制高点☆commanding elevation{height}
制革厂☆tannery
制管☆tubing; tubulation
制管厂☆tube mill
制管厂涂好涂层的管子☆mill-coated pipe
制管钢板☆steel pipe plate; skelp; pipe plate
制管机制内胎机☆tuber
制管土☆terra alba; pipe clay
制海权☆admiralty
制好的☆ready made
(炼)制合金☆alloyage
制活砂块的挡块☆false part
制剂☆preparation
制碱废料☆waste lime
制件缺陷☆skid
制浆槽☆pulping tank
制浆工段☆repulper section
制控短节☆catcher sub
制块☆tablet; briquetting
制冷☆refrigerate; cold-application; chilling
制冷的☆refrigeratory; cryogenic
制冷工程☆refrigerating engineering
制冷混合物☆frigorific mixture
制冷机☆chilling machine
制冷剂☆cryogen; refrigerant; cooling{refrigerating} medium; chiller
制冷量☆duty
制冷能力☆cold{cooling;refrigerating} capacity
制冷器☆freezer; refrigerator
制冷装置☆cooler; chiller; chilling unit; freezing {refrigeration;refrigerating} plant
制粒☆granulation; shotting; pelletization
制粒机☆nodulizer; granulator
(控)制(液)流阀☆tester valve
制轮具☆trig
制轮器☆trigger
制轮楔☆linchpin; lock
制螺旋机☆screwing machine
制煤砖机☆briquet(t)ing press
制模☆moulding; molding
制模板☆pallet
制模尺☆moulder's rule
制模工☆mo(u)lder
制模工作☆formwork
制模软泥☆plasticine
制模(用)石膏☆pattern plaster
制逆轮☆ratchet wheel
制片☆tabletting
制片厂☆studio
制品☆ware; product; goods
制瓶机☆bottle machine
制剖面图☆profiling
制钎工☆drill maker
制铅版☆stereotype
制球机☆marble making machine
制熔锅用耐火黏土☆tasko; tasco
制绳厂☆rope works
制水槽用料☆flume material
制水泥用的矿物☆cementing mineral
制酸厂☆acid plant
制酸用萤石☆acid(-grade) spar
制榫机☆tenoner; tenoning machine; dovetailer; matcher
制胎☆batting
制陶的☆ceramic
制陶器用长石☆pottery spar
制陶术☆ceramics
制投影图☆sciagraph
制图☆drawing; charting; drafting; plotting; map-making; mapping; diagram; preparation of maps
制图(数据档)☆cartographic file
制图板☆draughting{drafting} board
制图表☆charting
制图测量{|单位}☆cartographic(al) surveying{|unit}
制图层位☆mappable horizon
制图法☆c(h)artography; cartology; graphics
制图方法☆map technique
制图格网☆graticule; cartographic grid
制图机☆draughter; draught{drafting} machine
制图技术☆draughtsmanship; map technique
制图人☆mapper
制图设备☆drafting machine
制图摄影图☆cartographic photography
制图手册☆drafting room manual; D.R.M.
制图术☆draftsmanship; draughtsmanship
制图网格☆lattice
制图学☆c(h)artology; cartography
制图仪器☆drafting instrument; (set of) drawing instruments; graph plotter; drawing equipment
制图员☆draftsman [pl.-men]; drawer; mapmaker; cartographer; draughtsman [pl.-men]; designer; drafter
制图者☆drawer; mapper; delineator; draughter; describer
制图纸☆kent
制图桌☆plotting table
制团机(械)☆briquet(t)ing machine
制丸机☆pelletizer; pelleting
制丸技术☆pelleting technique
制箱木料☆boxing
制橡胶用黏土☆rubber clay
制销☆cotter
制芯铁砂床☆grid bed
制锌版☆zincotype; zinco; zincograph
制雪砖用雪[爱斯基摩语]☆apun
制氧车间☆oxygen generating{making} plant
制样方法☆sampling method
制药☆pharmacy
制药的☆pharmaceutical
制约☆restraint; constraint
制约性☆conditionality
制约着☆condition
制造☆fabrication; manufacture; mfr; develop; make; turn off; engineer; create; fabricate; production; treating; tailor; produce; pdn.
制造标准手册☆manufacturing standards manual
制造厂☆manufacturer; manufacturing plant; builder; manufactory; factory; mfr
制造成本☆manufacturing{factory} cost; cost of manufacture
制造地形模型图☆lamination
制造费用☆fabrication{fabricating} cost; burden
制造工艺☆manufacturing engineering{technology}
制造工业☆manufacturing{process} industry
制造金属物件☆metalworking
制造煤气用煤☆gas coal
制造商产品目录☆manufacture catalogues
制造绳缆用油☆batch oil
制造实{试}验用岩样☆preparation of core sample
制造学☆technology; tech.
制振☆damped oscillation
制振器☆damper
制振因子☆damping factor
制止☆interdict(ion); repression; break; deterrence; countercheck; maintain; prevention; nip; lid; check; suppress(ion); restraint
制止的☆suppres(s)ant; deterrent
制止器☆detainer; arrester
制止物☆deterrent; deterrence
制止因素☆deterrence
制止者☆checker
制止转动☆scotch
制止装置☆stopping device
制制(构件)厂☆factory for prefabrication
制住☆trig
制砖厂☆brick-yard
制砖工☆brickmaker
制砖土☆adobe soil; brick earth
制转楔☆scotch block
制作☆fashion; tailor; fabricate; make up; construction
制作车间[法]☆atelier
制作模型☆simulate
制作图☆constructional drawing
制作者☆wright; fabricator
智齿{牙}☆wisdom tooth
智海[月]☆Mare Ingenii
智慧☆wisdom
智慧圈☆antroposphere
智利☆Chile
智利国家铜公司☆Codelco
智利狐☆Magellanic fox
智利机☆roller(-type) mill
智利磨☆pan crusher; Chilean{roller} mill
智利石☆chileite
智利石榴☆chileguava
智利式辊碾机☆roller mill
智利硝(石)[$NaNO_3$]☆soda niter{nitre}; caliche; Chile saltpeter{niter;nitre;saltpetre}; nitratine; nitratite; chilisaltpeter; nitronatrite; azufrado; chilean{sodium} nitrate; natron{Chil;chilian} saltpeter; cubic nitre; natron(n)itrite; niter; nitre
智利硝石晶体☆batea
智力☆intelligence; wit
智力商数☆intelligence quotient; IQ
智囊☆brainpower
智囊团☆brain trust
智能☆intellectual function; light
智能测验☆mechanical aptitude test
智能模拟☆artificial intelligence
智能输入输出处理机☆intelligent I/O processor
智能外围设备控制器☆intelligent peripheral controller
智能仪表☆smart instruments
智人☆Homo sapiens
智人的☆neoanthropic
智人圈☆antroposphere
智商☆IQ; intelligence quotient
智神星[小行星 2 号]☆Pallas
雉堞的☆crenate
雉堞上的凹处☆crenel
雉科鸟☆Phasianid
雉属☆Phasianus
秩次估计☆estimation of ranking
秩检验☆rank test
秩评定☆ranking
秩数☆cyclomatic number
秩统计量☆rank statistics
秩相关☆rank correlation
秩相关的肯德尔系数☆Kendall coefficient of rank correlation
秩相关分析☆rank correlation analysis
秩序☆cosmos; system; method; order; sequence
秩序化☆regularization
稚吹[转炉]☆young blow; turning the blow down young; turn down young
稚晶☆immature crystal
稚婴后期☆metaprotaspis [pl.-ides]
稚婴期☆nepionic; protaspid period
稚婴早期☆anaprotaspis [pl.-ides]
质☆quality; qlty
质大旋回☆macrogeological cycle
质地☆texture; quality of a material; grain; character; disposition; body
质点☆mass{material} point; particle; material {point} particle; point unit{mass}
α质点☆helion; α-particle
质点的成对产生☆pair production
质点和力计算法☆particle-and-force computing method
质点交换☆particle exchange
质点力学☆particle mechanics; mechanics of particles
质点流速☆microscopic flow velocity; local velocity
质光定律☆mass-luminosity law
质荷比☆mass-to-charge{charge-mass;mass/charge} ratio
质(量半)径关系☆radius mass relation
质聚☆mascon
质粒☆plasmid
质量☆mass; quality; calibre; qua.
质量保险☆quality assurance; QA

Z

质量保证措施{条例}☆quality assurance provision
(油品)质量不符合规定记录☆quality discrepancy record
质量程序选择器☆mass program selector
质量传递反应☆mass-transfer reaction
质量单位{|分布}☆mass unit{|distribution}
质量低的☆inferior; down grade
质量分析☆quality{mass} analysis
质量管理点☆quality control point
质量规范☆specification{specifications} of quality
质量规格☆specification of quality; quality requirement
质量函数☆mass function
质量监控☆data quality monitoring
质量检查☆quality inspection{monitoring;check}; Q check
质量-碱性氧气炼钢法☆quality basic oxygen process
质量检验学会☆Society for Quality Control; ASQC
质量降低的油品☆degradation product
质量控制☆quality{grade;mass} control; Qc
质量控制取样器☆quality control selector
质量亏损☆mass defect
质量流量不平衡报警☆mass flow imbalance alarm
质量流速的散度☆divergence of mass-flow velocity
质量密度☆mass density; specific mass
质量密集☆mascon
质量评定☆grade estimation
质量平均通量[流体速度与孔隙度的乘积]☆mass average flux
质量认证制度☆system of quality certification
质量守恒☆mass conservation; conservation of mass
质量数☆mass{nucleon} number
质量顺坡移动☆mass erosion
质量-弹簧-阻尼器体系☆mass-spring-dashpot system
质量吸收校正法☆mass absorption correction method
质量下降☆deterioration; quality reduction
质量要求☆quality requirement; QR
质量因数☆factor{figure} of merit; quality{energy} factor
质量指标☆quality{qualitative} index; indication {indicator} of quality; performance figure; Q.I.
质量中和煤仓☆blending coal bunker
质量中心☆center of mass; barycenter; barycentre; centroid; baricentre
质量中心轴线☆centroidal axis
质量转移机制☆mass-transport mechanism
质量作用定律☆mass action law; law of mass action
质劣煤☆coal smits
质膜☆periplast
质能守恒☆mass-energy conservation
质能吸收系数☆mass energy absorption coefficient
质谱☆mass spectra{spectrum;spectrogram}; master mold; mass-spectrum; MS
质谱测量☆mass-spectrometer measurement
质谱分析☆mass (spectrographic) analysis; mass {-}spectrometric analysis; mass spectrography
质谱(仪)检定(法)☆mass-spectrometric detection
质谱热分析法☆mass (spectrometric) thermal analysis
质谱稳定同位素稀释技术☆mass-spectrometric stable-isotope-dilution technique
质谱线分裂☆mass splitting
质谱仪☆mass spectrograph{spectrometer;analyzer; spectroscope}; mass-spectroscopy; ms
Ca-Fe-Mg 质前锋☆cafemic front
质数☆prime (number); twin
(原核)质体☆plasmid
质体[生]☆plastid
质体基粒☆grana
质通量☆mass flux
质问☆interrogatory; interrogate; question; query; pelt
质问的☆interrogatory; interrogative
质心☆centroid; center of mass; mass center
质(量中)心☆centroid; centre of mass; barycenter
质心系统☆centre-of-mass system; CMS
质心轴☆centroidal axis
质岩☆carbonolyte
质岩层☆homogenous rock stratum
质疑法[研究中]☆questionnaire method
质元素☆prime
质正长岩☆orthosyenite
质子☆proton; hydrion; particle; merron
质子层☆protonosphere
质子磁力仪{计}☆proton magnetometer
质子共振磁力仪☆proton {-}resonance magnetometer
质子共振稳定磁场☆proton-resonance-stabilized magnetic field
质子化作用☆protonation
质子激发发光☆proton-excited luminescence
质子进动地磁{磁强}仪{计}☆proton procession(al) magnetometer
质子矢(量)地磁仪☆proton vector magnetometer
质子旋进磁力仪☆proton-precession magnetometer
质子旋进磁通脉冲磁力仪☆fluxgate-proton precession
质子诱导X射线发射☆proton-induced X-ray emission
质子-质子反应☆proton-proton reaction
质子自由旋进式核子磁力仪☆proton free-precession nuclear magnetometer
炙☆broil
滞冰☆stagnant{dead} ice
滞冰碛☆dead ice moraine
滞潮☆stack{slack} water; slack tide
滞点☆stagnant pint; stagnation
滞海沉积☆euxinic deposit{deposition}
滞衡风☆antitriptic wind
滞洪☆flood detention; detaining flood; slow down flood waters
滞洪区☆detention basin; (flood) retarding basin; flood detention area; conservation{water-retarding} area; pondage land
滞洪效果☆retarding effect
滞洪作用[湖泊的]☆retention effect
滞后☆delay; lag(ging); hysteresis
滞后崩落☆retarded caving
滞后变量法☆lagged variable
滞(磁)后变形☆hysteresis set
滞后粗化部分[沉积物的]☆lag concentrate
滞后带☆drag zone
滞后的☆hysterestic
(注水)滞后地带☆trailing zone
滞后断层☆lag fault; tectonic gap
滞后函数☆hysteresis function
滞后间隔☆lag interval; space lag
滞后角☆angle of lag; drag{lagging} angle
滞后校正☆correction for lag
滞后屈服时间☆delayed yield
滞后势☆retarding potential
滞后系统☆one-web-back system
滞后下沉☆delayed subsidence
滞后效应☆lag effect; lag-effect; after(-)effect; hysteresis (effect)
滞后值☆lagged value
滞后状态☆hysteretic state
滞缓☆creeping
滞缓雷☆passive zone
滞积水☆packed water body
滞进发生☆stasigenesis
滞砾☆lag gravel
滞留☆detention; entrapment; be detained; retention; be held up; occlusion; occlude [吸附在孔隙中]
滞留尘末☆trapped dust
滞留带☆stagnant zone
滞留发生☆neoteny; paedomorphosis; proterogenesis
滞留发育☆merostaxis; paedomorphosis
滞留期☆demurrage
滞留气☆occluded{retained;entrapped;remained} gas
滞留气旋☆stationary cyclone
滞留时间☆residence{detention;hold-up;resistance} time
滞留水☆water of retention; lagging{stagnant;retained; resident;occluded} water
滞留体积☆hold-up{retention} volume; RV
滞留土丘☆lag mound
滞留瓦斯☆standing gas
滞留演化☆arrested evolution
滞流☆stagnation; tough{viscous} flow; laminar motion; misrun
滞流阀☆snubber valve
滞流河☆alluvial river
滞流盆地☆stagnant basin
滞流区☆stagnant area
滞流水☆standing water
滞流岩☆fondothem; bafflestone
滞期费☆demurrage
滞碛☆dead ice moraine
滞燃玻璃☆fire-retarding glazing
滞燃剂☆flame retardant; delayer
滞燃期☆ignition delay; combustion lagging period; combusting delay period
滞燃树脂☆flam-retarded resin
滞融☆melt retardation
滞塞☆chafe; seizure
(辊{破}碎机)滞塞给料☆choke feeding
滞水☆perch(ed) (ground) water; ponded{slack} water
滞水层☆aquiclude
滞水储存☆detention storage
滞水河☆girt; bayou
滞水泥炭☆limnic
滞水区☆jheel; jhil
滞水时间☆retention time
滞水体☆stagnum
滞水土☆poorly drained soil
滞水湾☆pokelogan; bogan; peneloken; logan
滞弹性☆anelasticity; anelastic property
滞停☆lag
滞销的☆on-the-shelf
滞销货☆drug
滞销品☆sticker
滞压力☆stagnant pressure
滞油区☆lag oil zone
滞域☆stasipatry
滞域成种☆stasipatric speciation
滞暂时间☆hold-up time
(气流的)滞止☆diffusion
滞止压力☆stagnant{stagnation} pressure
滞滞泥泥☆sticky in doing things
治百病的灵药☆panacea
治病及变形的物质或媒介[炼金术等]☆magistery
治河☆river regulation{improvement;control}; regulation of river
治河工程☆river construction; river-training work
治理☆harness; regulation[河道]
治理好☆harnessing
治疗☆curing; cure; treatment; treat; remedial
治疗矿泥☆fango
(一种)治疗湿疹药☆Kinder
治疗学☆therapeutics
治沙☆sand control; control sand
治水☆water control; regulate rivers and watercourses; prevent floods by water control
治愈☆heal; cure; mend
窒塞破碎☆choke-crushing
窒息☆choke; apnoea; apnea; stifle; suffocation; smoulder; smother(ing); asphyxia
窒息剂☆asphyxiant
窒息气(体)☆stanch air; stithe; afterdamp
窒息性的☆asphyxiant; choky
窒息性毒气☆choking{asphyxiating;blood} gas
窒息装置☆asphyxiator
窒息状态☆smother; smoulder

zhōng

中☆meso-; enter-; mid-
中鞍☆medial saddle
中凹☆median sinus
中奥陶纪☆Champlainian age
中奥陶世{统}☆Middle Ordovician
中白垩纪☆Albian
中斑晶的[1～5mm]☆mediophyric
中班☆backshift; middle{swing} shift; the middle class in a kindergarten
中板[苔]☆median lamina; median plate[腔]; median lamella; mesoplax; mesotheca
中板带☆tabularium
中板块☆mid-plate; mesoplate
中孢壁☆mesospore
中孢体☆mesosporoid
中孢子☆miospore
中薄层☆median lamina
中爆破☆borehole blasting
中爆速达纳炸药☆medium velocity dynamite
中背板☆centro-dorsal; median dorsal plate
中背部[棘]☆centrodorsal
中倍数☆median
中倍物镜☆medium-power objective
中比例尺地图☆intermediate-scale map
中壁☆mesotheca; median plate{lamina}
中表层[生]☆mesoderm
中表层的☆mesodermal

Z

中滨海带☆mediolittoral zone
中滨面☆middle shoreface
中冰原[直径 15～20km]☆medium ice field
中波[波长 3000～200m]☆medium wave; medium frequency; intermediate wave; MW
中波波段☆medium-wave band
中波长区☆intermediate-wavelength region
中卟啉☆mesoporphyrin
中卟啉原☆mesoporphyrinogen
中部☆midst; medio-; medi-
(水轮的)中部冲水法☆breasting
中部泥盆纪层岩☆corniferous rock
中部炮眼☆breast hole
中部深度☆mid-depth
中部台阶☆middle bench
中部掏槽☆center cut; centre{middle} cutting
中部突出的钻头☆high-centre bit
中部凸出式十字钻头☆pilot-and-reamer bit
中部转台☆intermediate turntable
中槽[腕]☆median sinus{sulcus}; sulcus [pl.sulci]; sinus
中槽模式[腕]☆diagram of sinus
中槽(饰)线[腕]☆sinual costa
中侧肌[腕]☆middle lateral muscle
中层☆median layer; middle lamella; mesotheca[棘]
(海洋)中层带☆mesopelagic zone
中层顶☆mesopause
中层海域探测船☆mesoscaph; mesoscaphe
中层湖水☆mesolimnion; metalimnion
中层甲板☆mezzanine deck
中层壳☆mesocarp
中层套管☆intermediate casing
中层最高温度点☆mesopeak
中产阶级☆bourgeoisie
中常年☆median year
中长安山岩☆andesine; andesine-andesite
中长玻美玄武岩☆andesine-sakalavite
中长蝽(属)[J_3]☆Mesolygaeus
中长辉磷煌斑岩☆topsailite
中长期信用{|计划}☆medium and long credit {|plans}
中长石[$Ab_{70}An_{30}$～$Ab_{50}An_{50}$;三斜]☆andesine; andesite; pseudoalbite; kalknatronplagioklas; oligoclase
中长岩☆andesinite
中长英安岩☆andesine-dacite
中朝准地台☆Sino-Korean paraplatform
中潮☆mesa-tidal
中潮差☆mesotidal range
中潮间带☆middle intertidal zone
中成地震☆intermediate focus earthquake
中(远)程☆medium{intermediate} range
中齿(主齿)☆middle{cardinal} tooth
中齿质层[生]☆mesodentine
中窗型[茎孔;腕]☆mesothyrid
中垂[船体]☆flexure of a ship; sagging; sag
中粗磨石☆medium-grained grinding stone
中村蚌属[双壳;J_3-K_1]☆Nakamuranaia
中村试板☆Nakamura plate; N-plate
中大陆☆mid-continent; midcontinent
中大西洋增长洋脊☆mid-Atlantic accreting ridge
中带[岩]☆mesozone
中带变质(作用)☆mesozonal metamorphism
中(变质)带标准矿物☆mesonorm
中带标准矿物的☆mesonormative
中带相☆mesofacies
中带岩☆meso-rock
中弹☆impact; get shot; be hit by a bullet
中导孔☆sprocket hole
中到中☆between{on} centers
中等变形轴☆mean deformation axis
中等大小的☆medium sized
中等的☆medium [pl.media]; middle; middling; secondary; moderate; intermediate; mediocre
中等地震☆moderate(-size) earthquake
中等电压(的)☆medium voltage; M.V.
中等峰度☆mesokurtic
中等风化冰碛☆mesotil
中等高度平原☆intermediate plain
中等构造年龄☆mesotectonic age
中等规模☆mesoscopic scale
中等规模的☆mesoscale
中等挥发分炼焦煤☆medium volatile coking coal
中等活动性元素☆semimobile element
中等间距的☆medium-spaced
中等角度的冲断层☆medium-angle thrust
中等距离{|粒度}☆moderate length{|grained}
中等抗硫酸盐型☆moderate sulfate-resistant type
中等密度支撑剂☆intermediate density proppant; IDP
中等密度原油☆medium-gravity crude
中等能量海岸☆moderate-energy coast
中等黏度不易挥发的油☆crystal oil
中等黏度的☆moderately viscous
中等凝结速度的水泥☆medium setting cement
中等浓度的酒精☆intermediate alcohol
中等品☆fair average quality
中等品位的矿石☆medium-grade ore
中等强度支撑剂☆intermediate-strength proppant
中等侵入☆moderate invasion
中等倾角{|容量}☆medium pitch{|capacity}
中等润湿介质☆intermediately-wet media
中等生物搅动的☆medium bioturbated
中等收入生活循环☆middle-income life-cycle
中等酸性的岩石☆intermediate acidity rock
中等探测深度的感应测井☆medium investigation induction log; ILm
中等碳化程度煤☆middle rank coal
中等条带☆mesoband
中等威力炸药☆middle-strength explosive
中等细粒☆moderate fines
中等咸度的☆miohaline
中等学校☆academy
中等压力☆medium pressure; MP
中等研磨性岩石☆medium abrasive rocks
中等硬度煤☆medium hard coal
中等硬水☆moderately hard water
中等原子量元素☆intermediate element
中等运距☆medium-length haul
中等质量☆fair average quality
中等中矿☆medium middlings; M.M.
中等重量元素☆intermediate element
中低温地热系统☆low-to-moderate-temperature thermal system
中地槽☆miogeosyncline
中地中海的☆mesomediterranean
中第三纪☆Savian movement
中点☆midpoint; central{middle} point; center; centre spot; middle; apex; mid.
中点控制☆centre-point control
中点廓线方法☆split profile method
中点数据分散图☆mid-point scattergram
中电气岩☆mesotourmalite
中定剂☆centrality
中东☆Middle East; ME
中东米黄[石]☆Botticino White
中窦☆median sinus
中窦维尔贝属[腕;S_3-D_1]☆mesodouvillina
中度(云)☆mediocris
中度构造☆moderate structure
中度黏着撕伤☆moderate scoring
中度淘选☆moderately sorted
中短波[200～50m]☆intermediate wave; medium short wave; medium-high (frequency) wave
中段☆sublevel; level; gurmy
中段高度☆height of level; level height{interval; spacing}; lift
中断☆discontinuity; blocking[振荡]; break; breakup; interrupt(ion); breakaway; intermittency; abruption; cut; blackout; intermittence; break off[岩层、矿脉]; delay; suspend; discontinue; breaking; gaping place; solution; outbreak; disrupt; boke[矿脉]
中断成本☆outage cost
中断的侵蚀旋回☆interrupted cycle of erosion
中断点☆point of interruption
中断开放状态☆interruption status
中断控制☆interrupt control; IC
中断面法☆method of middle area
中断屏蔽状态☆interruption masked status
中断容量☆interrupting capacity
中断统☆Miocene series
中断温度☆blocking temperature
中断信号☆interrupt signal; look-at-me
中断信息☆failure message
中断一下☆bump
中堆积岩☆mesocumulate
中队☆company
中鳄(亚目)☆Mesosuchia
中耳☆middle{inner} ear; auris media
中二叠纪☆saxonian series
中反差☆medium contrast
中房[孔虫]☆median chamber
中放废物☆medium-level waste
中非共和国☆Central African Republic
中非铜矿床带☆Central-African copper belt
中沸石[$Na_2Ca_2(Al_2Si_3O_{10})_3$•$8H_2O$;单斜]☆verrucite; mealy zeolite; (lime- soda) mesotype; poona(h)lite; mesolite; mesoline; antrimolite; punahlite; winchellite; feather-zeolite; cotton {needle} stone; cotton-stone
中分辨率分光计☆medium-resolution spectrometer
中分碛☆interlobate moraine
中分阻抗☆bisection impedances
中粉砂☆medium silt
中峰度☆mesokurtic
中辐线[棘]☆perradial line
中浮冰块☆medium ice-floe
中腹☆venter
中腹部☆centro-ventral area
中腹甲[龟腹甲]☆mesoplastron
中腹片[无颌类]☆median ventral (plate)
中腹足(亚纲)☆Mesogastropoda
中附尖☆mesostyle
中感应☆medium induction; IM
中高度通信卫星☆medium-altitude communication satellite; VACS
中-高频☆medium-high frequency; MHF
中高山☆medium height mountain
中高纬度☆middle and high latitudes
中隔板[腕]☆median{medium} septum
中隔壁☆median septum
中隔内侧核☆nucleus septalis medialis
中更新世{统}☆Media-Pleistocene
中功率寻的设备☆MH; medium power homer
中拱☆camber
中沟☆median groove{furrow}; middle furrow[三叶]; median sulcus[乳齿象]
中构造☆mesostructure; mesoscopic{medium} structure
中构造分析☆mesoscopic structural analysis
中古☆Mesoid
中古凉温期☆medieval cool period
中谷☆median valley
中管☆median tubula
中管海绵☆Amblysiphonella
中光度的☆mesophotic
中规模集成(电路)☆medium {-}scale integration
中硅质岩☆mediosilicic rock
中国半人☆Hemanthropus
中国笔石(属)[O_1]☆Sinograptus
中国大地构造单元☆tectonic elements of China
中国地台☆Chinese platform
中国鳄☆Alligator sinensis
中国龟(属)☆Sinochelys
中国哈格尔属[昆;J_1]☆Sinohagla
中国海林檎(属)[棘;O]☆Sinocystis
中国海洋石油总公司☆China National Offshore Oil Corporation; CNOOC
中国河狸(属)[N_2]☆Sinocastor
中国角石(属)[头]☆Sinoceras
中国孔珊瑚(属)☆Sinopora
中国矿业大学☆China Mining University
中国蜡☆Chinese wax
中国鬣狗☆Hyenasinensis
中国羚属☆Sinoreas
中国龙(属)[T_3]☆Sinosaurus
中国啮虫(属)[昆;J_2]☆Sinopsocus
中国珊瑚(属)☆Sinophyllum
中国石☆chinite
中国石燕(贝)☆Sinospirifer
中国石油及天然气勘探开发公司☆China National Oil Gas Exploration and Development Corporation
中国石竹☆chinensis
中国式秤☆Vallentine scale
中国树蜂属[昆;K_1]☆Sinosirex
中国似查米亚属[古植;T_3]☆Sinozamites
中国-太平洋-菲律宾(板块)三合点☆China-Pacific-Philippine triple junctions
中国蜗牛属[腹;N-Q]☆Cathaica
中国型☆sinotype

Z

中国叶肢介属[节;K]☆Sinoestheria
中国猿{原}人☆Sinanthropus；Peking man
中国猿人北京种☆Sinanthropus pekinensis
中国正形腕☆Sinorthis
中国栉羽叶属[T_3]☆Sinoctenis
中果皮☆mesocarp
中过毒的☆poisoned
中海底扇☆middle fan
中海蕾(属)[棘海蕾;C_1]☆Mesoblastus
中含盐性{量}☆medium salinity
中焓地热系统☆intermediate-enthalpy geothermal system
中寒武代[1600～1000Ma]☆Paleo-Proterozoic
中寒武纪☆Acadian
中寒武统☆Middle Cambrian
中巷☆intermediate level{entry}；inter-road；counter entry{level}；intervening level；interdrive
中号的☆middling
中号桶☆tierce
中核☆centrum [pl.-ra]；centra；nucule
中和☆balance{balancing} out；neutrality；averaging；neutralize；stand off；neutralization；counteract(ion)；balancing；neutralness；kill；saturate；neutro-
中和(式高频调谐放大器)☆neutrodyne
中和槽☆neutralization tank
中和的☆neutral；counteractive
中和地压采煤法☆harmonic coal mining method；harmonic mining
中和点☆neutral point；NP
中和反应☆neutralization (effect)；neutral reaction
中和浮力☆neutrally buoyant
中和剂☆counteractive；neutralizing agent；neutralizer
中和力☆counteragent
中和器☆neutralizer；averager
中和酸性☆deacidification
中和物☆corrective
中和线圈☆neutralizing coil
中和作用☆neutralization
中合金钢☆medium {-}alloy steel
中黑丁氏菊石属[头;T_1]☆Mesohedenstroemia
中泓☆thread (of maximum velocity)
中泓线☆thalweg；talweg
中红外☆intermediate infrared；mid-infrared
中红外区☆middle infrared band；intermediate infrared
中厚板☆cut deal
中厚层状{的}☆medium-bedded
中厚镜煤条带[厚 2.0～5.0mm]☆medium bands
中厚矿层☆medium (thickness) seam；medium deposit；comparatively thick bed
中厚矿体采矿(法)☆medium thick orebody mining
中厚煤层☆medium {-}thickness seam
中后生作用☆mezokatagenesis
中花[石]☆Middle Flower
中花白[石]☆Bianco Carrara Venato
中华瓣甲鱼(属)[D_1]☆Sinopetalichthys
中华弓鳍鱼(属)☆Sinamia
中华龟属☆Sinochelys
中华缓角石属[头;$Є_3$]☆Sinoeremoceras
中华棘鱼(属)[D_1-S_3]☆Sinacanthus
中华角管虫[虫管化石]☆Sinoditrupa
中华孔藻属[P]☆Sinoporella
中华马属[N_2]☆Sinohippus
中华三分贝属[腕;O_2]☆Sinotrimerella
中华色乐贝属[腕;D_2]☆Sinoshaleria
中华铈矿☆zhonghuacerite
中华四川鱼属[D_1]☆Sinoszechuanaspis
中华夏古陆☆Meso-Cathaysia
中华夏系{式}☆Meso-Cathaysian；pal(a)eocathysina
中华跃蛛☆Sitticus sinensis
中华正形贝属[腕;O]☆Sinorthis
中环[钙超]☆median cycle
中(等)挥发分烟煤☆medium-volatile bituminous coal
中灰色☆medium grey
中辉煌岩☆topsailite
中基片☆nuchal；mediobasal
中基生代☆Mesoproterozoic era
中积黏土质土壤☆adobe soil
中(央)肌[腕舌形贝]☆central muscle
中级处理的☆medium-curing
中级分级☆medium sizing
中级晶族☆intermediate category
中级晶族晶体☆isodiametric crystal
中级抗震性软钢☆medium shock resistant mild steel
中级品☆middlings
中级山☆middle mountain
中级纤维滚筒拉丝法☆drum drawing process for medium-grade fiber
中级纤维毡机☆medium-grade fiber blanket forming machine
中级硬化速度的☆medium-curing
中脊☆middle rib；median{intermediate} ridge；carina
中脊贝式[腕中脊贝超科矛状腕环]☆centronelliform
中脊贝属[腕;D_2]☆centronella
中脊贝型腕带☆centronellid loop
中继☆translation[传输]；relay；hook-up；repeat(ing)；trunk(ing)
中继电路☆link circuit
中继器☆trunk relay；translator；repeater；TR
中继室☆inter connecting chamber
中继系统☆relaying system
中继线☆link；junction{trunk} line；trunk (main)
中继信号☆transition signal
中继信号标志☆repeating signal marker
中颊类[三叶]☆metaparian
中钾的☆mediopotassic
中尖[臼齿]☆mesocone
中间☆interspace；midst；interim；among；between；middle；centre；medium；mid.；meso-；inter-
中间板块☆intermediate plate；mesoplate
中间报告☆interim report；IR
(管道的)中间泵☆line pump
中间波☆intermediate wave；transitional water wave
中间补燃加力燃烧室☆interburner
中间部分☆center{intermediate} section；CS
中间采区☆mid-workings
中间槽钢罐道梁☆channel centre bunton
中间层☆mesosphere；interbedding；intermediate (layer)；mesosphere；zwischenschicht[德]；interleaf
中间层顶☆mesopause
中间产品☆intermediate (product)；rewash；semis
中间产物☆secondary；intermediary
中间沉降罐☆inter settling tank
中间冲程空化☆mid-stroke cavitation
中间重折射率☆medium birefringence
中间虫属[孔虫;C_{1-2}]☆Mediocris
中间抽头☆center tap；CT
中间带☆intermediate zone{belt}；zwischengebiet；median belt；interband
中间单元☆temporary location
中间的☆intermediate；medium；middle；neutral；mean；medial；intermediary；interim；half way；median；med.；inter；int
中间的辅助溜煤眼☆counter chute
中间地槽☆mesogeosyncline；mediterranean
中间地带☆intermediate zone；zwischengebiet
中间地块☆intermediary{intermediate;medium} massif；zwischengebirge[德]；median mass；betwixt mountain
中间地形☆mesorelief
中间电极☆target
中间定价法☆intermediate pricing
中间帆☆interpositum
中间返回站☆intermediate return station
中间反向进位☆intermediate negative carry
中间反应☆transient response
中间放炮☆split shooting
中间放炮排列☆split dip shooting
中间放炮剖面☆split-spread section
中间放射性子体☆intermediate radiogenic daughter
中间非冻土层多隔年层[俄]☆pereletok
中间跗骨☆intermedian
中间工厂☆pilot plant；mini-plant
中间工质法电站☆vapor-turbine plant
中间工质循环☆vapor-turbine cycle
中间挂架☆mid-mounted frame
中间罐区储油量☆intermediate tankage
中间过渡运输☆swing haulage
中间巷道☆interdrive；branch roadway；center gate
中间合金☆hardener；master{rich} alloy；key metal
中间化学品☆intermediate chemical
中间活塞☆intermediate piston
中间基原油☆intermediate base crude
中间极☆consequent pole；transtage；dynode
中间级定子叶片☆inter-stage stator blade
中间级配☆intergrade
中间加热站☆intermediate heating station
中间交叉☆interstitial chiasma
中间阶段☆intermediary；intergrade；intermediate stage；inter(-)stage
中间阶段(形成的)气☆transition gas
中间结核☆intercretion
中间截流☆chute cutoff
中间截面☆midsection
中间开房的煤房侧翼式回采法☆split-and-fender method
中间靠左的☆left-of(-the)-center
中间库存☆interim stock
中间矿☆midseam
中间矿槽☆feed surge bin
中间矿房切割开采法☆key-room system
中间矿块☆intervening block
中间矿石产品☆middlings
中间冷却☆intercooling；interstage cooling
中间冷却剂{器}☆intercooler
中间连接配件☆intermediate fitting
中间连接桥☆intermediate conveyor bridge
中间连接总线☆interconnect bus
(输送机)中间链☆centre strand line；centre chain conveyor
中间亮度煤☆intermediate coal
中间流☆interflow；subsurface storm flow
中间馏分油☆middle distillate
中间流体☆secondary fluid
中间露天采场设计☆intermediate pit design
中间轮☆dead pulley
中间脉壁☆wall within walls
中间煤☆middle coal
中间煤含量法☆classification of washability based on middlings
中间面☆median surface
中间盘区☆subpanel
中间炮泥[分段装药]☆plug
中间皮带桥☆intermediate conveyor bridge
中间平巷☆blind{intermediate;auxiliary;intervening} level；intermediate (entry;heading)；branch roadway；intermediate communication level；inter-road；center gate；sub(-)drift；sublevel；interdrive；counterlevel；mid-workings；sub(-)entry
中间平台☆belly board
中间钎子{钻杆}[钎子组内的]☆intermediate drill
中间球☆semi-pellet
中间绕组☆interwinding
中间色调☆medium tone；halftone
中间砂箱☆mid part
中间山块☆intermediary massif
中间商人☆middleman broker
中间生产☆semi-production
中间盛钢桶耐火制品☆tundish brick
中间试验☆semipilot；pilot testing
中间试验后的☆postpilot
中间数☆mediant
中间水平☆intermediate level{entry}；midshaft；interdrive
中间水平井底车场☆intermediate landing-station
中间宿主☆bridge host
中间套管☆intermediate casing；protective{protector} string；technical pipe；intermed{protection} casing
中间体☆intermediate (compound)；intermedium；interstitial material
中间烃组分☆intermediate hydrocarbon component
中间物☆(inter)medium [pl.-ia]；middling material；intermediate
中间箱或排矿箱☆intermediate or discharge box
中间相☆interphase；intermediate phase
中间向左的☆left-of(-the)-center
中间小仓☆transfer sump
中间斜支撑☆middle shore
中间型前陆☆intermediate foreland
中间形式☆intergradation
中间性☆intermediacy；intersex
中间压力☆middle pressure
中间氧化物☆intermediate oxide
中间应力☆neutral{intermediate} stress
中间运输桥☆intermediate conveyor bridge
中间运移☆intermigration
中间(集输)站☆out-station；intermediate station {depot}；through-station；intermediate bulk plant

中间支撑座☆intermediate support stool
中间支护☆midfeather
中间轴☆intermediate axis{axle;shaft}；countershaft；lay-shaft；counter{jack} shaft
中间轴承☆lineshaft bearing
中间轴支撑总成☆countershaft mounting assy
中间转换☆buffering
中间装置原料☆feedstock
中间自位阀☆self-neutralizing valve
中碱玻璃纤维☆medium-alkali glass fiber
中键(型)结构☆mesodesmic structure
中胶层☆mesogl(o)ea[绵]；middle lamella；meso gloea[多孔、腔肠]
中胶层中松散物质☆mesohyle
中胶囊[射虫]☆central capsule
中胶质☆mesenchyme
中角斑岩☆mesokeratophyre
中角砾岩☆mesobreccia
中较结构☆medium grained texture
中阶梯光栅☆echelle
中节骨针☆centrotylote
中节球☆central nodule
中解珊瑚☆Carcinophyllum
中界轮☆idler
中界山脉☆betwixt mountain；zwischengebirge
中介☆resonance；mesomerism
中介地区☆betwixtoland
中介键型结构☆mesodesmic structure
中介空气☆intervening air
中介煤房☆key room
中(性)介子☆neutretto
中近海带☆mesoneritic fascia
中晶粒的☆medium-crystalline
中晶质的[0.20～0.75mm]☆mesocrystalline；medium-crystalline
中鲸属[N_1]☆Mesocetus
中景☆short shot
中颈片☆centro-nuchal plate
中径☆pitch diameter[螺纹的]；p.d.；median diameter；intermediate diameter[砾石的]
中酒石酸☆mesotartaric acid
中旧石器时代☆middle Paleolithic
中巨砾☆medium boulder
中距离☆intermediate{medium} range；medium{middle} distance
中距岩浆源的☆apomagmatic
中开(弹簧)门吊卡☆center latch elevator
中壳☆mesodermal
中壳质层☆middle layer
中坑☆mesofossete
中空☆hollow；cavity
中空管载射枪☆hollow carrier gun
中空结核☆incretion
中空微型球[浮在油罐油面上使油与空气隔绝以减少蒸发损耗]☆microballoon sphere
中空型钢罐道☆steel tube section guide
中空轴颈☆trunnion
中空轴颈衬板☆trunnion liner{lining}
中孔☆axial canal
中孔梨形孢属[E_3]☆Lacrimasporites
中孔隙☆mesopore；mesoporosity
中孔隙性☆mesoporosity
中孔型☆mesothyrid；mesothyridid
中跨☆midspan
中块煤[25～50mm]☆medium sized coal
中矿☆chat[选]；middling(s)[冶]；mid(d)s；craze；rewash；middles；mid；midding
中矿区☆middling zone
中濑矿☆nakaseite；makaseite
中蓝蚬属[双壳;$J_{2\sim3}$]☆Mesocorbicula
中浪[风浪 3 级]☆moderate sea
中肋☆keel
中肋虫属[三叶;$Є_2$]☆Centropleura
中棱☆keel
中棱结节☆carina node
中冷水☆dichothermal water
中砾(石)☆pebble [4～64mm]；pebble gravel；cobble[旧]；pebblestone；boulderet；ratchel
中砾的☆pebbly
中立☆neutralness；indifference；neutrality
(阀的)中立半开☆semi-open(ed)
中立的☆neutral；neuter
中立化☆neutralization
中立面褶曲☆neutral-surface fold
中立位置☆neutral position
中粒☆mesograin；medium；pebble
中粒的☆medium {-}grained；medium-granular {sized}；meso(-)grained
中粒煤☆chews
中粒岩石☆medium-granular rock
中粒状结构☆medium grained structure
中联器☆center coupling
中亮条带煤☆semi(-)splint coal
中鬣狗(属)[N_2-Q]☆Percrocuta
中列数☆midrange；range midpoint
中裂隙☆medial crack
中临滨☆middle shoreface
中鳞扭形贝属[腕;S]☆Mesopholidostrophia
中菱沸石[$(Na_2,Ca)Al_2Si_4O_{12}•5H_2O$]☆mesoline
中瘤☆median node；secondary tubercle[海胆]；azygous node[牙石]
中瘤骨针[绵]☆centrotylote
中流量☆median discharge
中流沙洲☆mid-channel bar
中流纹岩☆mesoliparite
中龙(属)☆Mesosaurus
中龙目☆Mesosauria
中隆☆(median) fold
中隆脊☆main{median} carina
中芦木属[$C_{1\sim2}$]☆Mesocalamites
中绿砂统☆Gault series
中卵石☆cobble；medium gravel
中脉☆primary vein；midrib
中脉残☆ramellus
中脉出脉的☆costal-nerved
中脉管[腕]☆vascular media{madia}
中煤☆middling[选煤的中间产物]；reiteration；reject；midding
中煤产出量☆middlings yield
中煤化沥青煤☆meso-impsonite
中门虾属[叶虾;D_3]☆Mesothyra
中面☆median surface
中膜☆mesophragm
中磨☆medium{intermediate} grinding
中南北轴☆middle horizontal north-south axis
中南变动☆Indosinian disturbance
中南部☆Mezzogiorno
中南地块☆Indosinia
中脑的☆mesencephalic
中脑盖☆tectum mesencephali
中能☆moderate-energy
中能中子[具10^2～10^5电子伏]☆intermediate neutron
中泥盆纪☆Chitingtze Age
中泥盆世{|统}☆Middle Devonian (epoch{|series})
中黏土☆medium clay
中黏携带{砂}液☆medium{intermediate} viscosity carrier fluid
中颞颥骨☆postorbital
中镍铁陨石☆ataxite
中镍陨铁☆iron-rich ataxite
(牙轮的)中排齿☆intermediate row teeth
中盘☆central disc
中胚层[无体腔动物]☆mesoderm
中胚层的☆mesodermal
中胚层节☆epimerite
中批量生产☆medium-duty
中频☆intermediate{medium} frequency；MF；IF
中频率冲击式凿岩机☆medium frequency rock drill
中频偏移传感器☆osciducer
中频-甚高频侧向台☆medium and very high frequency direction finding station；MVDF
中频信号☆intermediate {-}frequency signal
中坡☆mesoslope；midslope
中期边坡☆interim slope
中期放款☆medium-term loan
中期计划☆medium-range plan
中期(形成的)孔隙性[碳酸盐岩成岩于地下水面以下形成的孔隙]☆mesogenetic porosity
中期美洲[海西期]☆Meso-Amerika
中期形成期☆mesogenetic stage
中期预报☆medium range forecast；medium term prediction；midrange{medium-range} forecast；MRF
中脐鱼(属)[J_3]☆Mesoclupea
中起伏☆mesorelief
中(分)碛☆interlobular {interlobate;middle; medial; intermediate; median} moraine
中碛土☆mesotil
中气层☆mesosphere
中气层顶☆mesopause
中气层高温峰☆mesopeak
中气候☆mesoclimate
中气候适宜期[欧,5000～3000 年前]☆Mid Climatic Optimum
中铅玻璃☆medium lead crystal glass
中浅海带☆mesoneritic fascia
中腔☆cloaca{gastral} cavity
中强[地震强度]☆moderately strong
中强地震☆moderate-strong{moderate} earthquake；moderately strong earthquake
中强黏力型砂☆medium-strong moulding sand
中桥☆intermediate axle
中切(流)点[指旋流器清除固相颗粒漫流和底流各占 50%之点]☆cut point
中切面☆sagittal (section)
中青年期☆middle youth
中倾斜[25°～40°]☆medium dip{pitch}
中倾斜组☆group of medium dipping
中圈☆mesosphere
中圈顶☆mesopause
中壤土☆medium loam
中热带与浅热带之间的矿床☆leptothermal
中热衰竭☆heat exhaustion
中热水泥☆moderate heat portland cement；modified cement
中热值燃气☆middle calorie gas
中软底板☆medium soft floor
中软砂岩☆medium-soft sandstone
中三叠统{世}☆middle Triassic
中色的☆mesocratic；mesotype；mesolitic；needle zeolite
中色体☆mesosome
中色伟晶斑岩☆mesopegmatophyre
中色岩☆mesocratic rock；mesocrate
中砂☆medium sand
中砂黏土☆medium sandy clay
中砂箱[冶]☆cheek (flask)；middle flask
中沙浮标☆middle ground buoy
中筛☆medium mesh
中筛骨☆mesethmoid bone
中珊瑚(属)[D_2]☆Mesophyllum
中珊瑚目[腔]☆Mesocorallia
中山☆middle mountain
中扇☆middle fan
中扇带☆middle-fan zone
中(海底)扇谷☆middle-fan valley
中扇谷间地区☆middle-fan intervalley areas
中深☆mid-depth
中深成(岩)的☆mesogenetic
中深(变质)带☆mesozone
中深的☆semideep
中深地震☆intermediate(-focus) earthquake
中深井☆medium-deep well
中深孔☆medium-length hole；medium depth bore
中深脉带☆intermediate-vein zone
中深浅成岩床☆intermediate hypabyssal sill
中深-深湖相☆semideep-deep lacustrine facies
中-深水型集群绝灭☆intermediate-and-deep-water-type mass extinction；I-D-type mass extinction
中深型钻机☆medium depth rig
中深源地震☆intermediate focus earthquake
中生代[250～65Ma]☆Mesozoic (era)；Mz；reptilian age；Mesoprotozoic；Secondary (era)[旧]
中生代的☆Secondary
中生代前造山带☆pre-Mesozoic orogenic belt
中生动物☆mesozoa
中生骨棒[射虫]☆centrogenous skeleton
中湿沼泽☆moderate moist swamp
中湿植物☆mesophyte
中石疽☆indurated mass between the waist and hip
中石器时代☆mesolithic (age{period})；Middle Stone Age；Transitional
中石炭统{世}☆middle Carboniferous series{|epoch}
中实幼体☆parenchymula；parenchymella
中始式☆mesarch
中式盐☆neutral{normal} salt
中世纪☆the Middle Ages；medieval times
中世纪的一种石弩☆bricole
中室☆central cavity
中兽(属)☆Mesonyx

中兽类☆Mesonychids；mesonychid
中枢☆centre；center；nerve；hub；central pivot
中枢的☆central；king
中枢销☆kingbolt；kingpin
中数☆median；mean；med.
φ中数粒径☆phi median diameter；Md
中水(位)河床☆mean-water bed
中水化热水泥☆moderate heat Portland cement
中水位☆median stage
中丝☆central hair
中丝锥☆plug tap
中速☆intermediate{moderate} speed
中速演化☆horotelic evolution
中酸凝灰岩☆ignimbrite
中酸性岩☆intermediate acidic rock
中碎☆secondary crusher{crushing}；intermediate {medium} crushing
中碎振动棒磨☆intermediate crushing vibrating rod mill
中缩尺☆medium scale
中台阶☆middle bench
中太古界☆Mesoarchean
中探测感应测井☆medium investigation induction log
中碳钢☆medium (carbon) steel；MS
中特提斯☆meso-Tethys
中体[几丁]☆mesosome；mesosoma
中体刺面孢属[C_1]☆Grandispora
中天☆transit；culmination；in the sky；meridian passage{transit}
中条带☆mesoband
中条带煤☆medium band coal
中条纹长石☆mesoperthite
中条运动☆Zhongtiao orogeny
中调石色☆honey
中铁陨石☆mesosiderite；pyroxene-plagioclase (stonyiron)；grahamite；stony-iron
中桶[美,=42 gal.]☆tierce；tc
中头鞍(侧)沟[三叶]☆median lateral glabellar furrow
中凸☆crowning；convexity
中凸的☆convex
中凸形☆camber
中凸性☆property of convexity
中突起☆median relief
中途☆midway；half-way
(在)中途☆midway
中途测试压力卡片☆drillstem test chart；DST{drill stem test} chart
中途的☆half way
中途加油☆refuel
中途停运权☆stoppage in transit
中推覆基底☆mesoautochthon
中蛙☆Miobatrachus
中蛙螈属[P]☆Amphibamus；Miobatrachus
中外肩骨☆medial extrascapula
中外膜之间的外层☆elastica
中弯骨针[绵]☆toxa [pl.-s,-e]
中湾生境☆middle bay biotope
中微子检测技术☆neutrino detection technique
中维管☆vascular madia
中纬带☆temperate zone
中纬度☆middle{temperate} latitude；mid(-)latitude
中纬度气旋带☆mid-latitude cyclonic belt
中纬度天气系统☆mid-latitude weather system
中纬季节☆mid-latitude season
中纬林☆middle-latitude forest
中位☆neutral
中位差☆median deviation
中位关闭滑阀[在中间位置]☆closed-center slide valve
中位平原☆intermediate plain
中位数指数☆median index
中位沼泽☆transition bog{swamp;moor}
中位指数☆intermediacy index
中温☆mesotherm；mesothermal temperature
中温峰☆middle-temperature peak
中温焦炭☆carbolux
中温矿床☆mesothermal；intermediate-temperature deposit
中温期☆Medithermal；medithermal{miotherm} period
中温区☆semi-thermal area
中温烧成石灰☆medium-burned lime
中温石英☆median quartz
中温性细菌☆mesophilic bacteria
中温植物☆mesotherm；mesophyte
中纹长紫苏花岗闪长岩☆m-enderbite
中`吻举{位数吻侧立面图}☆median rostral elevation
中误差☆mean (square) error；quadratic mean deviation
中西部燃料回收厂☆midwest fuel recovery plant
中稀土元素☆medium rare earth elements；MREE
中隙[腕欧姆贝]☆median incision
中细锉☆second cut file
中细碎车间工艺和仪表图☆process and instruments diagram for the secondary and tertiary crushing plant
中线☆median (line)；mean{central;division;half-distance{-way};intermediate} line；neutral；sagittal；midline；centerline；centre (service) line；horizontal direction of workings；centre line (in basketball and volleyball)；halfway line (in football)；med.；M.L.
中(心)线☆centerline；centre wire{line}
(船)中线隔舱板☆centerline bulkhead
(巷道)中线间(距)离☆centre feet
中线面☆centreplane
中线内龙骨☆middle line keelson
中线坡度(断面)☆centre-line grade
中(砂)箱☆cheek
中项☆mean；middle (term)
中小型企业☆small and medium-size enterprise
中楔骨[生]☆mesocuneiform
中卸烘干磨☆double rotator mill
中新(貘属)[N_1]☆Miotapirus
中新硅鞭毛藻(属)[K_2-Q]☆Mesocena
中新-渐新世时期☆Mio-Oligocene age
中新马(属)[E_3]☆Miohippus
中新世[23.30～5.3Ma]☆Miocene (epoch;period)；N_1
中新世古猪属[N_1]☆Palaeochoerus
中新驼(属)[N_1]☆Oxydactylus
中新猪属[N_1]☆Merycochoerus
中心☆hub；center；centre；heart；spine；log analysis centre；centrum [pl.-ra]；centra；centricity；navel；focus；core；kernel；centreline；staple[商业]；LAC；ctr
中心(性)☆centrality
(活动)中心☆ganglion [pl.-ia,-s]
中心(点)☆focus [pl.foci]
中心不(可锻)化☆coring
中心差分插值法☆central difference interpolation
中心插销吊卡{提器}☆center-latch elevator (and links)
中心场近似☆central field approximation
中心齿轮☆sun gear
中心冲孔式钻头☆center-hole bit
中心冲头☆center-punch
中心带流动(矿)仓☆core flow bin
中心到端面的距离☆center to end；C to E
中心的☆central；middlemost；nodal；king；nuclear
中心地☆metropolis
中心点☆navel；central point；centre；center；center point[相片、地图投影]
中心点环状法☆center-point and ring method
中心点火☆centerfire；center fire
中心点(散布)图[宽线成三维中]☆scattergram
中心点阵☆line of nodes
中心电极☆center electrode；CE
中心定位☆centralized positioning
中心对称式点群☆centrosymmetric(al) point group；centrosymmetric plants；Laue group
中心对称(晶)组[Ī晶组]☆centrosymmetric class
中心负载☆center-point load
中心感应测深☆central induction sounding
中心高的多边形土☆high center polygon
中心供水式钻{凿岩}机☆center{internal} water-feed machine
中心工业场地☆central surface point group
中心骨板[海参]☆hub
(筛管里的)中心管☆base pipe
中心管[钙超]☆pipe core{base}；center{central} tube
中心硅藻☆centric diatom
中心硅藻目☆Centrales
中心航道☆midway
中心核☆centronucleus
中心化(法)☆centralization；centering
中心环感应法☆central ring induction method
中心回弹穹隆☆central uplift
中心回转式抓岩机☆centre rotating grab
中心给水(冲洗)☆central{internal} flushing
中心间(距)☆between {at;on} centers；BC；oc
中心角☆centering{central} angle
中心校正☆centering (adjustment)；centreing
中心校正螺丝☆centering screw
中心接受装置☆central receiver unit
中心进液口☆center feed inlet
中心井☆center well
中心距☆centre distance；center-to-center distance {spacing;separation}；centre to centre；moment about the mean；C-C；CD；C to C；c.d.
中心控制☆center control；CC
中心控制(站)☆master control
中心库☆consolidated storage
中心拉底炮孔☆center lifter
中心立轴轴承☆king-pin bearing
中心裂缝☆center{centre} cleavage
中心偶极子磁场☆center dipole magnetic field
中心排出☆center-draw-off
中心排矿圆形洗矿台{淘汰盘}☆center-discharge buddle
中心排料式磨(矿)机☆center-discharge mill
中心频率☆center frequency；CF
中心器☆centralizer
中心气流过大☆chimneying
中心气升轴[道尔型搅拌机]☆central air-lift shaft
中心丘[月坑中]☆central peak
中心趋势的度量☆measure of central tendency
中心燃烧式均热炉☆bottom center(-)fired pit
中心人物☆kingpin
中心山带[德]☆zwischengebirge
中心商业区特征☆characteristics of the CBD
中心石☆choke{key} stone
中心式喷发☆summit{central(-vent);pipe} eruption；eruption of central type
中心双链输送机☆dual centre chain conveyor
中心水处理站☆central water-treatment plant
中心锁定☆center-lock
中心掏槽☆sump；centre cut
中心掏槽不装药的炮眼组☆burnt-cut holes
中心体[藻]☆central body；centrosome；centerbody
中心调整☆center(ing){centring} adjustment；centring
中心铁轴☆center iron
中心凸出的特级钻头☆crowned bit
中心凸起的多边形土☆raised-center polygon
中心位置理论☆central place theory；CPT
中心线☆center{centre;mean;central} line；axis [pl.axes]；centerline；centre wire；cl；C.L.
中心线不重合度☆misalignment
中心销☆kingpin；center pin
中心小水口不取芯金刚石钻头☆pencil-core bit
中心性☆centrality
中心压力指数☆centre pressure index；CPI
中心压缩(机)站☆central compression plant；CCP
中心引线的☆centre-tapped
中心增压☆filling
中心站☆centre；central plant；key{master} station
中心站制备的干混合料☆central dry mixture
中心照明法☆central illumination method
中心支撑系统☆center support system
中心支承☆pivoting bearing
中心之间(的距离)☆between centers；c/c
中心周球☆perisphere
中心轴承除泥罩☆centre{central} bearing mud slinger
中心轴油润滑系统☆center shaft oil lubrication system
中心铸{注}口☆trumpet
中心注管☆fountain
中心柱型浓密机☆column type conventional thickener
中星仪☆(astronomical) transit
中型☆medium size；medium-type；mesotype[火成岩含黑色矿物 30%～60%]；needle zeolite
中型版☆cabinet edition
中型的☆medium-duty；medium [pl.media]
中型地槽☆mesogeosyncline
中型沸石[包括钠沸石、中沸石、钙沸石]☆nadelzeolith；mehlzelioth
中型沸石类[钠沸石、中沸石、钙沸石类]☆mesotype；needle zeolite
中型构造[规模为 100～1000km]☆mesotectonics；mesoscopic structure
中型骨针[绵]☆intermedium [pl.-ia]
中型规模☆pilot-scale
中型键☆mesodesmic bond
中型颗粒结构的☆medium-textured
中型孔隙☆mesopore

中型煤矿☆medium size coal mine；medium(-size) colliery
中型气候☆mesoclimate
中型褶皱☆mesoscopic fold；mesofold
中性☆neutral(ity)；neutralness；intermediate；normal pH；indifference；indifferency；neutro-
中性不接地系统☆insulated-neutral system
中性层☆neutrosphere；neutral layer{line}
中性长石☆andesine
中性大气层顶部☆neutropause
中性到酸性矿浆☆neutral-to-acid pulp
中性的☆neuter；mediosilicic；normal；indifferent；neutral；intermediate
中性点☆neutral (point)；neutrality point；NP
中性(零)点接地☆neutral-point earthing
中性点绝缘系统☆insulated{isolated}-neutral system
中性分子☆neutral molecule
中性腐殖☆mild humus
中性灰色玻璃☆neutral-tinted glass
中性胶体☆ampholytoid
中性论☆neutrality theory
中性密度滤光片{镜}☆neutral density filter
中性面☆neutral surface；surface of no strain
中性配合物☆neutral complex
中性燃烧曲线☆neutral {-}burning curve
中性润湿介质☆intermediately-wet media
中性石☆mesodialyte
中性石蜡原纸☆neutralized paraffin base paper
中性体☆inert reference material；reference material
中性位置☆neutral position
中性岩☆neutral{intermediate;mesotype;medium} rock；mesite
中性药性☆meutral characteristic grain
中性指数[斜长石结构]☆intermediary index
中性轴☆neutral axis；N/a；n.a；NA
中胸骨☆mesosternum
中修☆periodic{medium} repair
中序☆interthem
中旋回☆mesocycle
中选☆middling
中压☆intermediate pressure；IP
中压实验☆experiment at moderate pressure
中亚动物群☆Central Asia fauna
中烟煤☆metabituminous coal
中盐度的☆mesohaline
中盐度热储[TDS=5000～35000ppm]☆moderate salinity reservoir
中盐性种[生]☆mesohalobion
中蜒螺属[腹]☆Mesoneritina
中沿岸带的☆midlittoral
中央☆center；centre；middle；navel；medi(o)-；meso-
中央凹周围的☆parafoveal
中央孢子☆spora centralis
(开筒)中央槽钢罐道梁☆channel centre bunton
中央出口式贮仓☆center-outlet bunker
中央处理机互相通信☆CPU intercommunication
中央传动浓密机☆torque thickener
中央的☆central；middlemost；median；Cent
中央底板[棘海百]☆rosette
中央地块☆central{median} massif；massif central；median mass
中央地堑系☆median rift system
中央电力部[美]☆Central Electricity
(洗矿槽)中央分配环☆central distribution ring
中央隔板☆centerline bulkhead
(油船)(在)中央隔板左右两边的对称油舱☆athwartship tanks
中央隔仓板☆center diaphragm
(井筒)中央隔间☆centre compartment
中央更换转移☆central exchange jump
中央工程局☆Central Engineering Establishment
中央供热站☆central heating plant
中央骨☆centrale
中央航道☆mid-channel
中央火口丘☆central core
中央肌痕☆central muscle scar
中央集权☆centralization；centralism
中央给料式混汞磨盘☆positive pan
中央结晶山轴☆central crystalline axis；CCA
中央锯齿状铰窝☆median crenulate groove
中央拉底炮孔{眼}☆center lifter
中央棱[哺牙]☆centrocrista
中央裂谷☆median{central} valley；central rift
中央煤水上山☆central slurry rise
中央囊内的[射虫]☆intracapsular
中央盘[棘]☆disc；disk
中央腔[棘]☆cloaca{central} cavity；central lumen
中央热风采暖法☆central fan system
中央润滑☆servo-lubrication
中央上山☆central up dip incline
中央式通风☆central ventilation (scheme)
中央同心壳[泡沫放射虫亚目]☆medullary shell
中央湾[月面]☆Sinus Medii
中央线性注水☆center-linear waterflood
中央新月坑☆middle crescent crater
中央型爆破[震勘]☆center shooting；central pattern shooting
中央芽胞☆spora centralis
中央渣口☆breast hole
中央周边排料{矿}棒磨机☆center peripheral discharge rod mill
中央主齿☆median cardinal tooth
中央锥衬板☆center cone liner
中扬程水泵☆medium lift pump
中洋岛☆mid-oceanic island
中洋脊地震带☆mid-oceanic seismic zone
中洋峡谷☆mid-ocean canyon
中腰线的标定☆setting out horizontal and vertical direction of working
中叶☆median lobe
中叶贝属[腕;C_3]☆Mesolobus
中叶藻属[C_2]☆Mesophyllum
中异性石☆mesodialyte
中翼☆middle wing{limb}；mid wing
中音[音阶的第三音]☆mediant
中音频☆sound intermediate frequency；SIF
中银黄铁矿[$Ag_3Fe_7S_{11}$]☆argyropyrite
中印玻陨石☆indochinite
中英贸易协会☆Sino-British Trade Council；SBTC
中英石岩☆mesosilexite
中营养的☆mesotrophic
中营养湖☆mesotrophic lake
中(等)硬(度)的☆half-hard；medium-hard；Hf.H.
中硬地层☆medium-hard strata；medium{moderately} ground
中硬岩层钻进☆moderate drilling
中硬岩石☆medium {-}hard rock；sharp ground
中硬岩用钻头☆medium-hard-formation bit
中游☆middle course
中游段☆midstream
中游河段☆middle course{reach}；valley tract
中游螺属[J-K_1]☆Mesoneritina
中渔乡叶肢介(属)[节甲;J_2]☆Mesolimnadia
中雨☆moderate rain
中寓贝属[腕;$Є_3$-O_1]☆Mesonomia
中元古代[1800～1000Ma]☆Mesoproterozoic (era)
中元古界☆Mesoproterozoic (erathem)
中原地岩体☆mesoautochthon
中原生界☆Mesoprotozoic
中猿(属)[N_2]☆Mesopithecus
中源地震☆intermediate-focus earthquake{shock}；intermediate (depth) earthquake
中缘片☆medial marginal plate
中远洋带☆mesopelagic zone
中远洋生物☆mesopelagic organism
中岳运动☆Zhongyue orogeny
中云☆middle cloud
中云霞正长岩☆mesomiaskite
中陨铁☆mesosiderite
中褶贝属[腕;D_3-C_1?]☆Mesoplica
中震层☆intermediate layer
中直线☆cathetus
中植代☆Mesophyticum；Mesophytic (era)
中植代的☆Mesophytic
中值☆medium{median} value；median；mid(-)value
中值定理☆theorem of mean (mean value)；law of the mean
φ中值粒径☆phi median diameter
中指羽☆mid digitals
中止☆suspend；interrupt(ion)；hang-up；intercept(ion)；cutout；give up；intermission；cutback；abeyance；break off；knockoff；stoppage；discontinue；cease；suspense
中志留纪☆middle Silurian；Lojoping series
中致死浓度☆lethal concentration median；LC_{50}
中质油油藏☆medium oil pool
中中砾[直径 8～16mm]☆medium pebble
中种☆mesospecies
中周期地震仪☆intermediate-period seismograph
中轴☆mean axis；axial lobe[三叶]；rhachis{rachis}[pl.rachises]；virgula[笔]；axis[无脊;pl.axes]；columella[珊;pl.-e]；axis of coiling[软孔虫]
中轴承☆centre bearer
中轴承套☆centre bearer (support) bush
中轴构造☆central-axis structure
中轴谷☆mid-axial valley
中轴内唇☆columellar lip
中侏罗纪☆Callovian age；Bathonian age
中侏罗统☆middle Jurassic
中主平面☆intermediate principal plane
中柱☆stele[植]；columnal；axial{central} column；central cylinder[植]；plate[棘海百]；king post；style[珊]
中柱具叶隙的☆phyllosiphonic
中柱鞘[植]☆pericycle
中柱石[Ma_5Me_5-Ma_2Me_8(Ma:钠柱石,Me:钙柱石)]☆miz(z)onite；passauite；ontariolite；paranthine；sodaite；porcelain spar；glaucolite；rhabdolithe；e(c)kebergite；nuttal(l)ite{wernerite;rapidolite}[方柱石的一种;$Na_8(AlSi_3O_8)_6(Cl_2,SO_4,CO_3)$•$Ca_8(Al_2Si_2O_8)_6(Cl_2,SO_4,CO_3)_2$]；parathine；couzeranite；scapolite；porcel(l)anite；parathite；luscite；fu(s)cite；arcticite；riponite；natrolite；meionite；chelmsfordite；glaukolith；rhapidolith；couseranite；porzelanit；parenthine；paralogite
中爪兽☆Mesonychids
中转☆transshipment；change trains；transit
中转港☆port of transshipment；entrepot；transit port
中转喙的[双壳]☆mesogyrate
中转信号☆transition signal
中转油库☆(storage) terminal
中转站存油☆oil in storage
中缀表示法☆infix notation
中滋育泥炭☆mesotrophic peat
中子☆neutron
中子捕获促发伽马射线活化分析☆neutron capture prompt γ-ray activation analysis
中子测含水率仪☆neutron moisture gauge
中子测井☆neutron(ic) logging；neutron well logging；hydrogen index log
中子测井仪刻度器☆ice block{box}
中子车间正刻度☆plus shop neutron ratio；PSNR
中子俘获伽马辐射☆neutron-capture gamma rays
中子辐射体{源}☆neutron emitter
中子轰击法☆neutron bombardment method
中子剂量单位☆N-unit
中子孔隙度纯地层线☆neutron porosity clean line
中子孔隙度与密度孔隙度之差☆neutron density porosity difference；NDPD
中子流☆neutron flux
中子-密度交会图☆neutron-density crossplot
中子-密度组合(测井)☆neutron-densilog combination
中子能组{群}☆neutron energy group
中子泥质输入☆neutron shale input；NSIN
中子碰撞的☆neutron-bombarded
中子迁移平均自由程☆neutron transport mean-free path
中子热能慢化☆thermalization
中子散射法☆neutron scattering method
中子湿度探针试验☆neutron-moisture-probe test
中子寿命测井☆neutron lifetime log；NLL
中子输运{迁移}☆neutron transport
中子束准直☆neutron beam collimation
中子通量单位☆chad
中子学☆neutronics
中子衍射☆neutron diffraction；ND
ABC 中子源☆241Am-Be-242Cm{ABC} neutron source
盅☆cup
忠诚☆allegiance；loyalness
忠告☆advice
忠实☆trueness；loyalness；faithful；loyal
钟☆bell；round pot；clock；time；concentrate；concentrate one's affections,etc.；focus on；ticker
钟摆☆ticker
钟摆井底钻具组合☆pendulum bottom hole assembly
钟摆装置☆pendulum hookup
钟表☆horologium [pl.-ia]；timekeeper；ticker[美俚]
钟表(制造术)☆horology

钟表机构[测斜仪]☆timing watch
钟表式电能{计数}表{器}☆clock meter
钟表油☆watch oil
钟、表指针☆finger
钟锤☆striker
钟健兽属[贫齿类;E_2]☆Chungchienia
钟菌属[真菌;Q]☆Verpa
钟口☆bell end
(管端的)钟口接头☆bell-and-spigot{faucet} joint
钟面☆dial
钟囊属[微古植物;C_3-P_1]☆Tongshania
钟乳氯铅矿☆calcium pyromorphite；polysphaerite
钟乳石[$CaCO_3$]☆stalactite；drip stone；dripstone；dropper；stagmalite；stalactitum；botryoid
钟乳石簇☆compound stalactite
钟乳铁矾[$(Fe^{3+},Al)_6(SO_4)((OH)_{16}\cdot 10H_2O)$]☆garnsdorf(f)ite；pissophan(it)e
钟乳铁矾石☆pissophane
钟乳状的☆stalactitic
钟乳状方解石[$CaCO_3$]☆drop stone
钟声☆toll；peal
钟声信号☆bell signal
钟式穴坑挖掘铲斗☆bell-hole bucket
钟塔螺属[腹;K_2-Q]☆Campanile
钟铜☆bell metal
钟头虫属[三叶;D_{1-2}]☆Crotalocephalus
钟头配件☆bell-head fittings
钟形潜水器☆diving bell
钟形☆campaniform
钟形导气装置☆air bell
(防喷器顶邮)钟形导向短节☆bell nipple
钟形的☆bell-shaped；campaniform；campanaceoua
钟形接头☆Matheson joint
(用)钟形开采法的铁矿☆bell-pit
钟形口溜槽☆belled chute
钟形流量校准器☆bell prover
钟形失真[显示器上由调频引起的]☆cob
钟形(入口)套管☆bellmouth
钟形头装置☆bell-head fitting
钟形圆饰☆echinus
(高炉)钟罩☆bell
钟罩排气☆bell-jar exhaust
钟罩式窑☆top-hat kiln
钟罩藻属[Q]☆Dinobryon
钟罩状侵入体☆bell-jar intrusion
钟制风速表☆clockwork anemometer
钟状包体☆belly
钟状火山☆cupola (stock); tumulus [pl.-li]; puy type volcano；tholoid；puy；pressure dome；mamelon
钟状模式☆clock-model
舯☆midship
舯剖面系数☆midship coefficient
终板[棘海星]☆terminal (plate)
终测阶段☆final survey stage
终触手[棘]☆terminal tentacle
终地形☆ultimate forms{landforms}
终点☆goal；end (point;depot)；ep；endpoint；terminal；final{terminal;vanish} point；finish；tip；terminus [pl.-ni]；destination；threshold；termination；term
(测线)终点(坐标)☆end of line；EOL
(长输管线)终点☆intake end
终点交货☆terminal delivery
终点控制☆end-point control
终点收油站☆receiving terminal
终点塔☆dead-end tower
终点温度☆final{terminal} temperature
(管线)终点油库(罐区)☆depot termination (of a line)
终点站☆terminal (station)；terminus[pl.-ni]
终端☆terminal；endpoint；termination；end point；cable coupling box；dead end；console；term；e.p.
终端(设备)☆ending
终端安全释放机构☆end release；final safety trip
终端按钮☆destination button
终端电流曲线☆arrival curve
终端伏尔☆terminal VOR；TVOR
终端角法☆terminal angle method
终端接口处理机☆terminal interface processor；TIP
终端接头☆no-go sub
终端接油站☆terminal receiving point
终端开关☆limit switch；LS
终端滤波器☆dead-end filter
终端入口☆incoming terminal
终端设备☆terminal (equipment;installation;unit;device)；end instrument；terminating unit
终端使用办公室☆end office
终端式采样器☆termination sampler
终端手册☆terminal manual；TM
终端套管☆pot head of terminator；terminator；pothead[电缆]
终端扎结(电缆的)☆end sealing
终端站☆terminal station；TS
终端中断☆terminal interruption
终端转换系统☆terminal switching system
终锻温度☆finishing temperature
终沸点☆final{full} boiling point；end (boiling) point [石油产物]；ebp；e.p.；e.b.p.；fbp
终分水岭☆terminal divide
终关井☆final shut-in
终横板[苔虫]☆terminal diaphragm
终恒定理☆final-value theorem
终恢复压力☆final buildup
终基准面☆ultimate base level
终极☆ultimate
终极平原☆end peneplain；endrumpf；ultimate plain
终接点☆terminal point；TP
终接失配☆mistermination
终结☆conclusion；finish；close；closure；windup；end；final stage
终结式[联立方程]☆resultant
终结信号☆finishing signal
终井底流压☆final bottom-hole pressure flowing
终静水压力☆final hydrostatic pressure；FHP
终孔目[腕]☆Telotremata
终孔钎头(钻进)☆finishing bit
终孔直径☆final hole diameter
终链剂☆telomer
终了☆expiration；omega
终馏点☆dry{end} point；dp
终馏温度☆dry point
终流动☆final flow；FF
终流压☆final flowing pressure；FFP
终滤器☆final{post} filter
终落速☆terminal fall velocity
终年积雪区(的)气候☆nival climate
终凝☆full{final} set
终凝时间☆final {-}setting time
终平原☆ultimate plain
终期☆concluding stage
终期地形☆senile form
终期微动☆coda
终碛☆terminal{end;marginal;frontal} moraine
终碛冰界☆ice-contact end moraine
终碛丛[冰]☆block cluster
终碛堤☆end moraine bar
终碛阜☆moraine kame
终碛外的☆extramorainic
终曲☆finale
终杀霜☆last killing frost
终身剂量☆lifetime dose
终身外壳[苔]☆extrazooidal skeleton
终身养老金☆life annuity
终生典型变量☆growth-free canonical variate
终生浮游☆permanent plankton；euplankton holoplankton
终态界面能☆terminal interfacial energy
终温☆final temperature
终形☆end form
终穴类☆Telotremata
终液柱压力☆final hydrostatic pressure；FHP
终于☆at last；in the event；lastly；eventually
终元古代{界}☆Epiproterozoic
终轧温度☆finishing temperature
终值☆final{ultimate} value；FV
终值参数☆terminal parameter
终止☆terminate；end(ing)；stop；abrogate；top off；annulment；cadence；term；omega
终止电压☆final voltage
终止物☆terminator
终准平原☆ultimate peneplain

zhǒng

踵[牙石]☆heel
踵板☆heel slab
种☆species[矿物分类]；kind；family；farm；bed；stripe；strain；stamp；SP；sp.
种氨酸☆gynaminic acid
种板☆starting sheet
种本名[生]☆trivial name
种标带☆species index zone
15 种标准矿物硬度表☆technical scale
种别形成☆speciation
种翅[植]☆seed wing
种的☆specific
种的合并☆mergence of species
种的交替[生]☆turnover
种的绝灭{|形成}☆extinction{|formation} of species
种叠前带☆species prelap zone
种多样性☆species diversity
种发生☆speciogenesis
种-丰度分布☆species-abundance distribution
种构成☆species structure
种级分析☆species level analysis
种间斗争☆interspecies{interspecific} competition
种间断带☆species gap zone
种间关系☆interspecific relationship
种间鳞片☆interseminal scale
种晶☆seed (crystal)
种菌☆inoculum [pl.inocula]
种类☆class; category; type; version; sort; description；denomination；kind；catalogue；variety；breed；brand；species；alternation；assortment；nature；make；line[商品]；cl
种类成分[植]☆floristic composition
种鳞[植]☆seminiferous scale
种名☆specific name[古]; sinensis; lobatus; epithet[植]
种内斗争☆iintraspecific competition；ntraspecies combat
种内关系☆intraspecific relationship
种爬行动物☆Alligator sinensis
种皮[植]☆seed coat；episperm；testa
种皮裂缝☆germinal slit
种脐☆hilum
种全型☆diplotype
种群☆population；species{genus} group；colonizer
种群转变率☆rate of population turnover
种生存带☆specific biozone
种生态学☆species ecology
种属同名命名法[生]☆tautonymy
种数统计(法)[孔虫]☆foram number
种特征☆specific character
种系发生☆phylogeny；phylogenesis
种系发生分类☆phylogenetic classification
种系分枝☆lineage branching；clade
种系事件☆phyletic events
种系衰退☆racial senescence；phylogerontism
种系学☆systematics
种型☆holotype；specific type
种型群☆hypodigm
种形成☆species formation
种延限带☆species-range zone
种源已知的☆phanerogenic
种质☆germplasm
种种☆variety
种种的☆diverse
种重叠带☆species overlap zone
种子☆sperma；sperm；seed
种子蕨☆pteridosperm；seed fern
种子蕨类{纲;植物门}☆Pteridospermopsida
种子蕨目☆Pteridospermae
种子球石[钙超;Q]☆Thorosphaera
种子与茎接连疤痕☆hilum
种子植物☆spermatophyte；spermatophyta；seed plant；carpophytes
种子植物门☆Spermatophyta
种子状的☆sesamoid
种族☆race
种族发生☆historical development
种族发生的间距☆phylogenetic distance
种族分枝[生]☆cladogenesis
种族隔离崩溃☆collapse of apartheid
种族划分☆ethnicity
种族衰弱{老}[生]☆phylogerontism；racial senescence
肿笔石类[O]☆Oncograptus
肿大☆torus
肿骨类☆Euryceros pachyosteus
肿骨鹿☆Megaloceros pachyosteus；(palaeontology) thick-jawed deer

肿块☆swelling；tumo(u)r
肿肋螺属[腹;C_2]☆Phymatopleura
肿瘤☆excrescence；tumo(u)r
肿瘤虫属[孔虫;D-P]☆Tuberitina
肿瘤发生☆tumorigenesis
肿瘤形成☆tumogenesis
肿起☆turgor
肿起的☆tumescent
肿球接子属[三叶;$Є_2$]☆Oidalagnostus
肿头虫属[三叶;$Є_2$]☆Alokistocare
肿头刺[孢]☆pila [sgl.pilum]
肿头龙属[K_2]☆Pachycephalosaurus
肿头藻属☆Rhipocephalus
肿牙形石属[O_{1-2};O_1]☆Cordylodus
肿疣海胆亚目[棘]☆Phymosomina
肿胀☆turgidity；turgor；swell(ing)；turgescence
冢☆tumulus
冢古杯属[Є]☆Tumulocyathus

zhòng

中标(单位)☆successful bidder
中靶法☆shooting method
中毒☆toxicosis；poison(ing)；lobe poisoned [usu. accidentally]；intoxication
中毒剂☆denaturant
中毒剂量☆toxic dose
中毒症状☆toxicity symptom
中毒作用☆poisonous effect
中肯☆critical；cogency；pertinent
种植☆plantation；plant
种植工业☆agro-industry
种植期☆planting season
种植器☆planter
种植者☆grower；planter
重☆weight(y)；heavy；lay {place;put} stress on；place value upon；attach importance to；deep；serious
重白霜☆white frost
重白云石化☆redolomitization
重钡晶方解石☆baricalcite
重钡炻玻璃☆dense barium flint glass；dense baryta flint glass；special barium flint glass
重苯☆heavy benzol
重兵器☆hardware
重冰☆heavy floe
重踩☆stomp
重残渣☆heavy residue
重差计☆gravimeter；gravity meter
重柴油☆heavy (gas) oil
重产品☆sink material
重车☆fulls；full-car；full truck{tub;car}；loaded car；heavy trucks
重车放行管理工☆loader-off
重车停放☆load storing
重车向下运行☆descending trip
重齿☆dingenodont
重齿亚目☆Duplicidentata
重稠原油☆heavy viscous crude
重锤[破碎大块]☆ball breaker；heavy bob；tup
重锤(震源)☆thumper；weight drop
重锤测深☆hydrographic cast
重锤阀☆hammer damper
重锤法☆drop weight method；Geograph
重锤夯实☆heavy tamping
重锤夯实砂桩法☆hammering composer method
重锤刹车☆load brake
重锤式{限压}安全阀☆deadweight (loaded) safety valve
重垂线☆pedal line
重磁反演问题☆inverse gravity and magnetic problem
重磁旋体☆spinar
重大☆importance；high；great；materially
重大事故☆grave accident；major disaster
重大事件☆milestone
重氮☆diazonium
重氮(基)[=N≡N;-N=N-]☆diazo-
重氮氨基化合物☆diazoamino compound
重氮复印(图)☆ozalid print
重氮复印法☆diazo-method
重氮酐醇☆diazoanhydride
重氮干片晒印☆dry diazo copy
重氮光敏薄膜{软片}☆diazo photosensitive film
重氮化☆diazotizating；diazotization
重氮甲烷[CH_2N_2]☆diazomethane；azimethane；azimethylene
重氮色彩法☆diazochromatic process
重氮酸盐☆diazoate
重氮熏图☆ozalid print
重氮乙烷[$C_2H_4N_2$]☆aziethane；aziethylene
重氮印像{复印}机☆diazo-printer
重氮纸相片☆diazo print
重的☆heavy；diploid；bouncing；dense；massive
重点☆highlight；emphasis；unode；burden[发言等]
重点调查☆special survey
重点工业☆major industry
重点和总结☆importance and summary
重电子☆barytron；heavy electron；penetron
重调☆over travel
重读☆accentuation；accent；accentuate
重度☆unit weight
API 重度表☆API gravity scale
重芳烃☆heavy aromatics
重放射性同位素电磁分离器☆heavy element radioactive material electromagnetic separator
重飞行器☆aerodyne
重浮质☆heavy product
重负☆deadweight；heavy burden{load}
重负担☆heavy duty；HD
重负荷的☆high duty；heavy-duty
重负荷荒磨砂轮☆heavy duty snagging wheel
重负载触点☆heavier duty contact
重矸石☆heavy dirt
重铬酸铵{|钡|钙|钾}☆ammonium{|barium|calcium|potassium} dichromate{bichromate}
重铬酸的☆dichromic
重铬酸钠[$Na_2Cr_2O_7$•$2H_2O$]☆sodium bichromate
重铬酸盐[$M_2Cr_2O_7$]☆bichrom(at)e；dichromate；dickromate
重工业☆heavy industry
重(量)规(度)☆weight-normality
重硅石☆stishovite
重硅酸盐☆heavy silicate
重硅线石[$Al_{10}Si_8O_{31}$]☆xenolite；xenolith
重轨☆heavy rail
重航空器☆aerodyne
重核☆heavy nucleus
(地球)重核层☆barysphere
重合金☆heavy alloy
重荷☆luggage；heavy burden；heavy responsibilities
重荷变形痕迹☆load-deformed mark
重荷囊☆load pouch{pocket}
重化二氧化碳[同位素]☆heavier carbon dioxide
重化学品☆heavy chemical
重混合☆reblending
重混凝土☆heavy concrete；high density concrete
重活☆taskwork
重火石玻璃☆heavy{dense} flint glass
重货轮☆heavy fit cargo
重击(声)☆thump
重击者{物}☆thumper
重钾矾[$KHSO_4$;斜方]☆mercallite
重碱☆dense soda
重焦油☆heavy tar
重脚兽目☆embrithopoda
重解石☆baricalcite；neotype
重介分离☆separation by heavy liquid
重介分选浴(槽)密度☆bath density
重介浮选(联合法)☆HMS-flotation method
重介固体配制☆medium solid preparation
重介回收筛☆medium recovery screen
重介洗选机☆dense-medium washer
重介悬浮液自动检测仪☆Manodensimeter
重介(质)选((矿)法)☆float-and-sink{heavy-fluid{-medium;-media};sink(-and)-float;dense-medium} separation {method}；dense medium separation {method;washing}；specific gravity preparation；dense (media) preparation；sink-float (process)；dense media separation；suspensoid process；heavy-liquid{suspensoid;sink-and-float;float-and-sink;dense-media} process；HMS
重介质☆heavy-density{heavy;dense} medium
重介质的再生☆dense-medium regeneration
重介质分选槽中的重介质☆separating bath
重介质分选法☆dense-media process；sink-and-float method
重介质浮选矿石☆sink-float ore
重介质坑☆heavy medium sump
重介质密度(自动)控制装置☆density-control device
重介质悬浮液分选机☆sink-float separator
重介质旋流器分选☆dense medium cyclone separation
重介质选☆sink-float
重介质浴处理☆bath treatment
重金属☆heavy metal
重晶石[$BaSO_4$;斜方]☆heavy{bologna;ponderous} spar；bar；baryt(it)e；barit(it)e；cawk；bononian stone；bologna{bolognian} stone；heavy barytes；baria；barytine；tiff；baroselenite；tungspat；barytin；terra ponderosa；michel-levyte；wolnyn；schohartite；native sulfate of barium；schoharite；barium ore；michel-levyte；volnyne；cerriche；mineral white；boulonite；boulanite；dreelite；barote；michel-levyite；michel-levit；liverstone；litheosphorus；cauk
重晶石粉☆ground barium sulfate
重晶石的☆baritic；bar.
重晶石粉☆blanc fixe；barite (powder)；powdered barite
重晶石粉尘沉着病☆baritosis
重晶石罐{|浆|塞|岩}☆barite tank{|slurry|plug|rock}
重晶石化(作用)☆baritization
重晶石加重(泥)浆☆barite-weighted mud
重晶石玫瑰花(状)结核☆barite rosette；petrified rose
重酒石酸二氢可待因☆dihydrocodeine bitartrate
重酒石酸二氢可待因酮☆hydrocodone bitartrate
重酒石酸间羟胺☆levicor；metaraminol bitartrate{tartrate}；metaril
重酒石酸阔叶千里光碱☆platyphylline acid tartrate；platyphylline bitartrate
重酒石酸羟氢可待酮☆hydrolaudin；oxycodone bitartrate
重酒石酸氢铵☆ammonium bitartrate
重酒石酸右旋丙胺☆dexamphetamine bitartrate
重矩[德]☆schlich
重聚合物☆heavy polymer
重均分子量☆weight-average molecular weight
重铠装☆heavy armouring
重颗粒☆heavy particles
重矿车☆full tub
重矿物☆heavy mineral{crop}
重矿物部分☆heavy residue
重矿物区{省}☆heavy-mineral province
重矿物淘选盘☆pan
重矿渣☆dry slag
重镧火石玻璃☆dense lanthanum flint glass
重离子加速器☆heavy ion accelerator
重粒料铺层☆ragging
重粒子☆heavy particle
重沥青☆heavy asphalt{bitum;bitumen}
重力☆gravity (force)；force (of) gravity；gravitational force{attraction}；gravitation；attraction{pull} of gravity；Earth's gravity；gr.
重力板型{式}分离器☆gravity plate separator
重力泵☆gravity{sight} pump
重力不稳定说☆theory of gravitational instability
重力测点{站}☆gravity station
重力测量☆gravity measurement{survey;coverage}；gravimetry；gravimetric survey{measurement}；measurement of gravimetry
重力测量基点☆gravity base
重力场☆gravitation(al){gravity} field
重力场变化图☆gravimetric map
重力场学☆gravics
重力沉淀页岩☆gravity-settled shale
重力沉降段☆gravity settling section
重力单位[0.1mgal]☆gravity unit；gravitational unit；G unit；g.u.
重力导出水☆gravity derived water
重力导数☆derivative of gravity
重力断层☆slump{gravity;gravitational} fault
重力法的☆gravimetric
重力法勘探☆gravitational prospecting
重力翻卸式车箱☆gravity dump body
重力放矿法☆gravity system
重力放矿溜井{道}☆gravity ore pass
重力飞溅式润滑系统☆gravity splash lubrication system
重力分界☆gravipause
重力分离驱油指数☆segregation drive index
重力分离油藏☆segregated oil reservoir
重力分量☆gravity component
重力分析☆gravimetric analysis

重力分选工厂☆sink-and-float plant
重力浮选(装置)☆gravity-floatation plant
重力复位作用☆restoring effect of gravity
重力高☆gravity positive{high;maximum;head}；gravitational high；gravimetric maximum
重力高差给料器☆gravity-head feeder
重力高度异常☆free-air anomaly
重力拱坝☆arch-gravity dam；gravity{massive} arch dam
重力构造的滑板机制☆glide-plank mechanism of gravity tectonics
重力谷坡☆bosche
重力灌溉的☆gravity-irrigated
重力惯性分级机☆gravitational-inertial classifier
重力柜☆overhead tank
重力滑动☆gravitational sliding{gliding}；gravity slumping{gliding}；sliding
重力滑动堆积☆olistostrome
重力(放矿)滑轮☆full gravity block
重力滑曲褶皱☆cascade fold
重力滑行坡提升的对重☆cuddy
重力回燃喷管☆gravity reinjection nozzle
重力基座平台☆gravity based platform
重力给料的☆gravity-fed
重力计勘探☆gravimeter{gravitational;gravity} survey
重力加速度单位☆gal
重力浇铸法☆gravity casting{pouring}
重力聚集☆gravity-focusing
重力勘探法☆gravitational method of exploration；gravimeter{gravitational} method
重力控制的驱替☆gravity-dominated displacement
重力控制仪器☆gravity-controlled instruments
重力离心选煤法☆centrifugal gravitational method of coal
重力溜槽收集矿石☆gravity-chute ore collection
重力流☆gravity flow{current}；density current；flow{run} by gravity；mass flow
重力流动说[冰]☆gravity flow
重力滤器{槽}☆gravity filter
重力论☆barology
重力-毛细管力比☆ratio of gravity to capillary force
重力密度☆gravimetric density；gd
重力敏感单元☆gravity sensing element
Reilly 重力模型☆Reilly's gravity model
重力扭秤☆torsion gravimeter
重力浓度☆gravimemtric concentration
重力浓集作用☆gravitational concentration
重力排出{料}☆gravity discharge
重力排矿球磨机☆gravity discharge ball mill
重力排水☆gravity drain(age)；drainage by gravity
重力坡☆boschung{steilwand;haldenhang} [德]；wash slope；gravity slope
重力坡滑☆ecoulement
重力坡脚☆wash slope
重力普查勘探☆gravity reconnaissance survey
重力强度☆intensity of gravity；gravitational intensity
重力侵蚀☆mass{gravity;gravitational} erosion
重力驱动☆gravity control{drive}；segregation drive
重力驱动油藏☆gravity drainage pool
重力驱油田☆gravity drainage field
重力曲率☆curvature of gravity
重力驱(动)指数☆segregation drive index
重力式测斜传感器☆gravity-operated tilt sensor
重力式粗选风力分级机☆gravitational roughing air classifier
重力式吊艇杆☆gravity davit
重力式混凝土平台☆pileless platform
重力势面☆geopotential surface
重力疏干延迟效应☆effects of delayed gravity drainage
重力输送索道☆gravity transporting cableway
重力水含量☆gravimetric water content
重力水选☆water-gravity concentration
重力送料管☆gravity-feed line{pipe}
重力送料式☆gravity feed type
重力碎屑沉积层☆gravitite
重力梯度☆gravity gradient；gradient of gravity
重力梯度仪☆gradiometer；gradometer
重力填充法☆gravity packing
重力通量☆gravitational flux
重力脱水区☆gravity dewatering zone
重力位☆gravity{gravitational} potential；geopotential
重力位面☆level surface
重力位势异常☆geopotential anomaly
重力位移产物☆gravity-displacement product
重力吸气钻头☆gravity aspirator bit
重力陷缩☆gravitational collapse
重力详查☆detailed gravity survey
重力响应☆gravimctric response
重力效应透明计算图[图上各点表示单位面积]☆dot chart
重力效应逐层去除法☆gravity stripping
重力卸料式散装水泥车箱☆bulk cement car discharged by gravity
重力泄油储油层☆gravity drive reservoir
重力形成的水舌☆water gravity tongue
重力型旋转翻车器☆gravity-type rotary (car) dump
重力选的精矿☆head
重力选矿☆gravitational segregation；gravity dressing{separation;concentration}；gravimetric concentration；gravity separation (method)
重力选矿流程(图)☆gravity flowsheet
重力选煤☆gravity concentration
重(量)力学☆barodynamics
重力仪☆gravimeter；gravity meter{apparatus}
重力移动{置}☆gravitative transfer
重力仪刻度校正法☆tilting method
重力移位沉积☆gravity-displaced deposit
重力异常反演☆gravity anomaly inversion
重力引起的应力场☆gravitationally induced stress field
重力影响☆influence of gravity
重力运输☆gravity(-operated){jig} haulage；selfacting incline
重力运输斜道☆go-devil plane
重力找矿法☆gravitational method
重力值变异曲线☆drift curve
重力中心☆barycenter
重力子☆graviton
重力自流斗☆gravity hopper
重力作用☆gravity action；gravitational process
重链☆heavy chain
重量☆weight；tonnages；heaviness；cargo；bodiness；baro-；wt；wgt
重量比☆proportion by weight；weight ratio{relation}
重量标定装置☆weight calibration device
重量不足☆short weight；underweight
重量尘样采取器☆gravimetric dust sampling instrument
重量单位☆unit of weight；marco [=1/6lb]；carload [=10t]；cord
重量分布☆weight distribution
重量分批计量箱☆weigh batch box
重量分析☆gravimetric(al) analysis；gravimetry
重量分析法☆gravimetry
重量及计量条例☆weights and measures act
重量计☆poidometer；weightometer；weightograph
重量密度☆gravimetric{weight} density；g.d.
重量摩尔(凝固)点下降常数☆molal depression constant
重量摩尔沸点上升常数☆molal elevation constant
重量摩尔浓度相等的☆equimolal
重量摩尔浓度的☆molal
重量浓度百分率☆percentage by weight
重量配比{合}法☆weight method
重量平衡分配法☆weight balance distribution method
重量数目{量}比[浮尘取样]☆weight-number ratio
重量水容度☆gravimetric moisture content
重量损耗折扣☆draft
重量损失☆loss in{of} weight；weight loss
重量-体积关系☆weight-volume relationship
重量箱折算系数☆weight case conversion factor
重量自动分选机☆automatic weight classifier
(油管)重量坐封封隔器☆weight-set packer
重磷灰石☆britholite
重磷镁石☆phosphorroesslerite
重磷冕玻璃☆dense phosphate crown glass
重硫铋铅银矿☆vikingite
重硫铋铜铅矿☆hammarite
重硫化物☆heavy sulfide
重硫线石☆xenolite
重馏分☆heavy fraction{distillate;cut}
重流☆density current
重流线石☆xonolite
重垆坶☆heavy loam
重卤水☆dense brine
重落☆flump
重络酸钠☆sodium dichromate
重煤油☆range oil；mineral seal oil
重密度介质☆heavy-density medium
重冕玻璃☆dense{special} barium crown glass
重模☆molality
重模浓度☆molal concentration
重模溶液☆molar{molal} solution；MS
重钠矾[$NaH(SO_4)\cdot H_2O$;单斜]☆matteuccite
重铌锰矿☆manganomossite
重铌钽铁矿☆mossite
重铌铁矿[$Fe(Nb,Ta)_2O_6$]☆mossite；niobotapiolite；polyrutile；niobium tapiolite
重泥浆☆heavy{weighted} mud
重黏结土☆heavy textured soil
重黏土☆strong{heavy} clay；heavy soil{gault}；gumbo (clay)；gault{unctuous;soapy;rich} clay
重炮☆gunnery
重硼钙石☆neocolemanite；colemanite
重气体{|汽油}☆heavy gas{|petrol}
重氢[H^2,D]☆deuterium；heavy hydrogen；diplogen
重氢核☆deuteron；deuton；diplon
重氢化的☆deuterated
重氢原子☆Datom
重圈☆barysphere；centrosphere；heavy sphere
重圈成因说☆theory of baryspheric origin
重壤土☆heavy loam
重溶液☆heavy{dense} solution
重乳状液的破裂☆splitting of heavy emulsion
重软流圈上部☆upper asthenosphere
重砂☆heavy concentrate{sand}；gem washings
重砂分析☆panning
重砂矿物对比☆placer mineral correlation
重砂样☆panned (concentrate) sample
重砂找矿法☆method of heavy minerals；placer prospecting；heavy mineral method
重珊瑚属[K_2-Q]☆Diploria
重砷镁石☆arsenrosslerite
重湿气候☆wet climate
重十字石☆baryta harmotome
重石☆scheelite
重石脑油☆heavy naphtha{naptha}
(用)重石压碎矿石的选矿厂☆drag-stone mill
重石油☆nonrefinable{heavy} crude
重石油醚☆canadol
重炻玻璃☆dense flint glass
重实效的☆pragmatic
重视☆appreciate；consider；make of；respect；reconstitution；recognition
重水[D_2O]☆heavy water；deut(er)oxide；deuterium oxide
重水合物☆deuterate
重税☆heavy tax；heavy-duty
重碎屑矿物☆heavy detrital mineral
重燧石玻璃☆dense{heavy} flint glass
重钛铁矿☆arizonite
重钽锰矿☆manganotapiolite
重钽铁矿[$FeTa_2O_6$,常含 Nb、Ti、Sn、Mn、Ca 等杂质;$Fe^{2+}(Ta,Nb)_2O_6$;四方]☆tapiolite；ixiolith；skogbolite；finbotantalite；ferrotapiolite；tammela tantalite；polyrutile
重碳地蜡☆koenl(e)inite；kratochvil(l)ite；ko(e)nlinite；kratochwilite；konleinite
重碳钾石[$KHCO_3$;单斜]☆kalicin(it)e；kalicite
重碳氢化合物☆heavy hydrocarbon
重碳酸钙☆calcium bicarbonate
重碳酸钙镁型水☆calcium-magnesium bicarbonate water
重碳酸钙水☆hydrocarbonate {-}calcium water
重碳酸钙型水☆calcium bicarbonate water
重碳酸钾石[$KHCO_3$]☆kalici(ni)te
重碳酸钠泉☆sodium bicarbonate spring
重碳酸钠盐[苏打石,$NaHCO_3$]☆nahcolite
重碳酸水☆bicarbonate water
重碳酸盐☆bicarbonate；dicarbonate；hydrocarbonate
重碳酸盐二氧化碳比地热温标☆bicarbonate/carbon dioxide geothermometer
重体力工作☆heavy manual operations
重体力活☆ass work
重体油☆heavy-bodied oil
重体自落破碎☆barodynamic fragmentation
重填填料☆repacking
重铁矾☆bourbolite；bourboulite
重铁钽矿☆skogbolite；tapiolite

重铁云母☆monrepite；ferroferrimuscovite
重(质)烃(类)☆heavy hydrocarbon
重同位素☆heavy{high-mass;high;heavier} isotope
重土☆tena{terra} ponderosa；heavy earth
重五点法布井☆repeated 5-spot
重雾☆heavy{thick} fog；turbidity
重物☆(heavy) weight
重物料☆heavier material
重物落地引起地震波法☆weight dropping technique
重矽线石[$Al_{10}Si_8O_{31}$]☆xenolite
重稀土元素☆heavy rare earth element；heavier REE
重夕线石☆xenolite
重锌锑矿☆ordonezite
重心☆centre{center} of gravity；barycenter；centroid；heart；core；focus；baricentre；COG；cg；c.g.
重心高☆height of gravitational center
重心距舯☆center of gravity from midship；MG
重心图☆center {-}of {-}gravity map
重心位置☆centre-of-gravity position
重心支撑系统☆center-of-gravity mounting system
重心坐标☆barycentric coordinate；areal coordinates
重型☆heavy-duty (type)；heavy；high duty
重型齿条/小齿轮双驱动系统☆dual heavy-duty rack and pinion rotate drive system
重型的☆heavy (duty)；high{heavy}-duty；HD；H.D.
重型电动砂轮机☆heavy duty electric grinder
重型电动砂轮磨光机☆heavy duty electric sander
重型吊杆☆jumbo boom
重型短大钳☆boll-weevil tongs
重型反坦克高爆地雷☆heavy antitank HE mine
重型分节式掩护支架☆heavy type sectionalized shield
重型缸☆mill-type cylinder
重型管排架☆high duty pipe racks
重型管钳☆bull tongs
重型卡车☆statics truck；heavy duty truck
重型铠装刮板链☆heavy armoured scraper chain
重型矿冶设备☆heavy equipment for mining and metallurgy
重型六角螺旋钻[管道穿越]☆heavy-duty hex auger
重型平巷掘进凿岩台车☆hardypick drifting machine
重型深纹轮胎☆heavy-duty deep tread tire
重型双耙分级机☆duplex heavy-duty rake classifier
重型挖掘架☆heavy-duty digging ladder
重型錾式钻头☆spudding bit
重型凿井凿岩机[重 65lb 以上]☆heavy sinking drill
重型中继海底电缆☆heavy intermediate submarine cable
重型钻机推进槽沟☆drill cradle
重型钻塔☆high-tensile steel derrick
重悬浮体☆quick sand；quicksand
重悬浮液☆dense{heavy(-density)} medium
重悬浮液净化回收☆dense-medium regeneration
重悬浮液再生☆dense-medium regeneration；heavy-density recovery
重选☆gravity concentration{preparation;treatment;separation}；gravitational separation；specific gravity separation；gravitational{gravity} separation；gravity preparation{concentration}
重选厂☆gravity-flow concentrator
重(力)选矿法☆gravitational treatment
重压☆heavy{strong} pressure；weigh(ing)
重压变质(作用)☆load metamorphism
重压固结☆welding
重亚硫酸盐☆bisulfite
重亚黏土☆heavy clay loam
重药包☆heavy charge
重要☆magnitude；positive importance；seriousness；significance；note
重要(性)☆consideration
重要部分(的)☆substantial
重要抽样☆selecting{selective} sampling
重要错报☆material misrepresentation
重要的☆considerable；material；lead；strong[矿脉或断层]
重要发明☆breakthrough
重要接头☆major joint
重要零(构)件☆strength member
重要性☆interest；importance；import；significance；account；consequence；weight；pith；materiality
重要原料☆critical material
重要作用☆vital role{function}
重液☆gravity{heavy} solution；dense{heavy;specific-gravity;parting} liquid；heavy fluid{medium}；heavy liquid medium
重液分离☆heavy-liquid fractionation；separation with heavy liquid；heavy (medium) separation；heavy liquid {density;densimetric;dense} separation；float-and-sink sampling；H.M.S.
重液分选☆heavy-liquid concentration；heavy-media {-fluid} separation
重液选别☆dense-medium separation
重液选法☆heavy {-}liquid process
重音☆accent
重硬黏土☆gault (clay)；galt
重应力☆gravity stress
重油☆heavy{dead;inert;fuel;burning} oil；masut；inert hydrocarbon liquid；mazout；mazut[燃油或润滑油]；gallatin；blacksrap；masout；HO
重油机☆heavy-oil engine
重油黏度☆furol viscosity
重油砂☆dead oil sand；tar sand
重油市场☆resid market
(含)重油油层☆heavy oil-bearing formation
重油渣☆black jack{oil}
重于☆outweigh
重元素☆heavy{heavier} element
重原子法☆heavy-atom technique{method}
重载吃水☆load draft
重载荷后卸式卡车☆high-payload tipper truck
重载减震托辊☆heavy-duty snub roller
重载胶带☆loading belt
重载列车☆full train{trip}；loaded trip{train}；heavy train
重载密封☆heavy duty seal
重质灯油[用于吸收天然汽油的]☆mineral colza (oil)；mineral seal oil
重质可燃气体探测器☆heavy type combustible gas detector
重质蜡☆pyroparaffine
重质冷凝产品☆heavy condensation product
重质石油☆low-grade oil
重质烃类气体☆heavy hydrocarbon gas
(油气)重质系数☆acentric factor
重质油☆black{heavy} oil；BO
重质原油油田☆heavy oil field
重质终馏分☆heavy ends
重质中性油☆heavy neutral oil
重质钻(探用)泥浆☆heavy-weight drilling fluid
重子☆baryon；graviton；barion
重钻☆redrilling；redrill
重钻的井☆redrilled well
重钻泥☆heavy mud；weighted (drilling) mud
仲☆secondary；para-；par-
仲胺☆secondary amine
仲裁☆arbitration；arbitrate
仲裁分析☆umpire{arbitration} analysis；analysis for arbitration
仲裁试验☆umpire assay；referee test
仲醇☆secondary alcohol
仲丁醇☆secondary butyl alcohol
仲丁黄药☆sodium 2-butyl xanthate；potassium sec-butyl xanthate
仲丁(基钠)黄药☆AC301
仲丁基黄原酸钠[$CH_3CH_2(CH_3)CHOCSSNa$]☆sodium 2-butyl xanthate
仲法线☆binormal
仲氦☆parhelium；parahelium
仲甲醛☆paraformaldehyde
仲聚焦☆parafocusing
仲瘤☆tumo(u)r
仲氢☆parahydrogen
仲十四{|七}烷基硫酸钠☆Tergitol 4{|7}
仲碳原子☆secondary carbon
仲夏红[石]☆Summer Red
仲针铁矿法☆para-goethite process
仲-正(电)子素☆parapositronium
众多☆multitude；throng；flock
众世界说☆plurality of worlds
众数☆mode
众数等级(间)段☆modal class interval
众数值☆modal value
众值[岩]☆mode

zhōu

(无线电报信号)啁啾声[连续震动的信号]☆chirp
舟☆boat
舟颚牙形石属[D_3-C_1]☆Scaphignathus
舟骨☆scaphium；naviculare；navicular
舟骨石[钙超;Q]☆Navisolenia
舟卷球石[E_2-Q]☆Helicopontosphaera
舟颗石☆rhombolith；scapholith
舟蚶属[双壳;E-Q]☆Scapharca
舟首斜桅仰角☆steeve
舟形贝属[腕;C_1]☆Gondolina
舟形漏板☆boot-shaped bushing
舟形石[钙超;J-Q]☆Scapholithus
舟形石器☆boatstone
舟形藻属[硅藻;Q]☆Navicula
舟形(状)褶皱☆canoe fold
舟牙形刺{石}属[C_3-T]☆Gondolella
舟状(向斜脊)☆canoe-shaped ridge
舟状槽☆mulde
舟状的☆cymbiform
舟状骨☆scaphoid；naviculare
舟状脊☆canoeshaped ridge
舟状向斜{褶皱}☆canoe fold
周☆cycle；round；circum-；peri-；CY
10^{12} 周☆tera cycle；TC
周摆线☆pericycloid
周板[沟鞭藻]☆peritabular
周壁[孢]☆peritheca；perine；perisporium；perinium；perispore
周壁层☆perine；perisporium；episporium
周壁虫孔构造☆walled-burrow structure
周壁单缝孢属[K]☆Peromonolites
周壁的[孢]☆perinous
周壁粉属[孢;J_2]☆Perinopollenites
周壁平原☆walled plain
周壁三缝孢亚类☆Perinotrileti
周边☆periphery；perimeter；neighboring；circum；surrounding；circumference
周边爆破☆perimeter blasting；blasting of profiles
周边插入裂缝试验☆circular patch cracking test
周边传动或矿泥浓缩机☆slime traction thickener
周边传动式浓密机☆traction thickener
周边的公共房屋☆peripheral council housing
(井筒)周边-断面比☆periphery-to-area ratio
周边缝排料[磨机]☆peripheral-slot discharge
周边光线☆marginal ray
周边胶结(作用)☆rim cementation
周边井☆peripheral{perimeter} well
周边(炮)孔☆contour holes；trimmer；cropper；profile {circuit;easer;outside;peripheral;live;periphery;end;outline; outer} hole
周边排矿式{型}磨(矿)机☆peripheral discharge (grinding) mill
周边排料{矿}☆peripheral discharge
周边炮眼☆contour{rim;cropper;line;peripheral;rib;periphery;trimming} hole；side shot-hole
周边位置☆circumferential position
周边效应☆wall effect
周边眼密集系数☆concentration coefficient of side holes
周边溢流溜槽☆peripheral overflow launder
周边预爆法☆preshearing；presplitting
周波☆cycle
周长☆perimeter；girth；circumference
周长-截面比☆perimeter-to-cross section ratio
周到☆circumspection
周道☆contour
周而复始的☆rolling
周氛☆perisphere
周极星☆circumpolar
周角☆perigon；round angle
周节☆circular{circumferential} pitch
周界☆circumference
周界槽☆peripheral trough
周界的☆circumferential
周刊{报}☆weekly
周口店动物群☆Choukoutien fauna
周口店期☆Choukoutien Age
周流☆circumfluent；circumfluence；circumfluous；circulate
周率☆frequency
周密的勘查☆deliberate reconnaissance
周密分析☆close analysis
周面槽[孢]☆ruga [pl.rugae]
周面孔[孢]☆foramen [pl.foramina]
周/秒☆periods{cycle} per second；cycles/second；

PPS；c/sec；c/s；cps；hertz；c/o；p.p.s.；hz
周膜☆[甲藻]periphragm
周末的街景☆weekend op straat
周囊粉属[孢]☆Florinites
周年的☆annual；anniversary；an
周年节奏☆circannian rhythms
周年流星雨☆annual meteor showers
周皮[植]☆periderm
周皮相☆bergeria
周期☆cycle (breadth;time)；period；circle；interval；periodic weight；cir.；T
周期变化彩色顺序☆oscillating colour sequence
(旋翼)周期变距☆feather
周期变形[生态]☆cyclomorphosis
周期表分析☆periodic table analysis
周期不对称波☆periodic asymmetrical wave
周期的☆periodic(al)；cyclic(al)；recurrent
周期地☆intermittently；periodically
周期对称波☆periodic symmetrical wave
周期分类{|量}☆periodic classification{|component}
周期分析☆cycle analysis
周期给定信号[核]☆period demand signal
周期关井[恢复气层压力]☆stopcocking
周期函数☆periodic function
周期荷载试验☆cyclic load test
周期互换[原子在晶格中,形成自扩散]☆cyclic interchange
周期化☆periodization
周期计☆cycler；cyclometer
周期加载三轴试验☆cyclic triaxial test
周期键链☆periodic bond chain；PBC
周期流动☆episodic flow
周期频率☆recurrence frequency
周期窃用☆cycle stealing
周期式高梯度磁选机☆cyclic high gradient magnetic separators
周期跳跃☆cycle skipping；cycle-ship
周期图☆periodogram
周期图表☆cyclographic diagram；cyclogram
周期信号☆interval signal；IS
周期性☆periodicity；cyclicity；intermittence；rhythm；intermittency；seasonal；cyclic nature
周期性的构造活动☆periodic tectonic activity
周期性地☆intermittently
周期性负载额定强度{工作能力}☆periodic rating
周期性格值误差☆periodic calibration error
周期性和随机性偏离☆periodic and random deviation
周期性活动的热泉☆periodic spring
周期性键链理论☆periodic bond chain；PBC theory
周期性库存系统☆periodic inventory system
周期性零值误差[微波测距仪]☆cyclic zero error
周期性泉☆periodic spring
周期性微生物采油法☆cyclic microbial recovery
周期性遥测区域{地区}☆periodic coverage
周期性注采☆cyclic injection-production
周期循环式挖掘机☆cyclical excavator
(顶板)周期压力☆periodic-weighting
周期淹露带☆dries
周期岩☆periodite
周期应变疲劳☆cyclic strain fatigue
周期应变诱发蠕变☆cyclic strain-induced creep
周期载荷☆cyclic loading；weight periodic
周期振动{荡}☆periodic oscillation
周期注汽量☆cyclic steam injection volume
周期注蒸汽增产处理☆cyclic steam injection
周期自然冒落☆periodic spontaneous caving{pressure}
周碛☆peripheral moraine
周腔☆pericoel；perispatium
周日波[土壤温度变化]☆daily{diurnal} wave
周日潮☆single day tide
周日垂直洄游{移动}☆diurnal vertical migration
周日磁变校正☆diurnal magnetic correction
周日光行差☆diurnal aberration
周日韵律☆circadian rhythms
周日转向风☆rondada
周生植物☆periphyton
周时存在☆simultaneity
周天☆sidereal revolution
周网孢属[K_1]☆Thylakosporites
周围☆perimeter；environment；girt；round；around；circumference；about；periphery；circuit；girth；encompass；neighbo(u)rhood；ambiance；ambit；ambitus；ambience；ambi-；amphli-；peri-
周围的☆peripheral；circumferential；ambient；circumambient；surrounding；circumjacent；environmental；amb
周围的井☆satellite well
周围的情况☆circumstance
周围的网络交点☆surrounding grid intersection
周围地区☆peripheral region
周围隔墙{板}☆circular baffles
周围灌注☆circumfusion
周围环水的☆water-bound
周围介质☆surrounding medium
周围介质放射性☆environmental activity
周围列柱的☆peripteral
周围气流区[运动物体的]☆periptery
周围气流区的[飞机等运动物体]☆peripteral
周围情况☆circumstance；cir.
周围扫描☆circular scan
周围条件变化☆environmental change
周围压力☆ambient pressure
周围有玻璃窗的座舱☆greenhouse
周围有防护栏杆的井架二层平台☆crow's nest
周位(排列)的[植]☆perigynous
周线☆outline；contour；periphery
周线积分☆circuitation
周线应力☆hoop stress
周相☆phase
周相差☆phasal difference
周向变形☆circumferential distortion；hoop strain
周向拧紧力☆circumferential make-up
周向压应力☆hoop pressure stress
周斜的☆centroclinal
周延性☆distribution
周沿槽☆peripheral trough
周窑☆Zhou ware
周叶颗石[钙超;Q]☆Periphyllophora
周翼的[孢]☆perisaccate
周应力加载☆hoop-stress loading
周有误差☆inherent error
周原质团☆periplasmodium [pl.-ia]
周圆菊石超科☆Pericyclaceae
周缘☆periphery
周缘翅片☆feather；fin[铸件的]
周缘突起[硅藻]☆keel
周缘质团☆periplasmodium [pl.-ia]
周月章动☆monthly nutation
周知☆publicity
周质☆periplasm
周质体[裸藻]☆periplast
周转☆turnover；turnaround；circumvolution；turn (over)
周转法☆circulation{rotation} method
周转减速装置☆epicyclic reduction gear unit
周转金☆operating fund
周转率☆velocity；turnover
周转时间☆turn-around (time)
周转速度☆handling speed
周转图☆rotation photograph
周转文件☆turnaround document
周转现金☆working cash
周转性的☆revolving
周转圆☆deferent；apicyclo；epicycle
周转资金☆circulating capital
州☆state[美]；county{Co} [英]
州际的☆interstate
洲☆continent
洲际地层☆geostrome
洲际地层表☆geostratigraphic scale
洲际对比☆international correlation
洲际拱起☆transcontinental arch
(大)洲陆地☆continent
粥状冰☆ice gruel

zhóu

轴☆shaft；axis [pl.axes;pl.axes]；axle；tree；spindle；pivot；spool；roller；axon{bottom line}[凹槽或向斜的轴]；stalk；rod
x 轴☆x-axis；x-axle
b 轴☆b direction；b-axis
c 轴[直立结晶轴、应变轴、组构轴]☆c-axis
轴板☆foramen axillare；axial boss
轴棒[绵三射骨针]☆rhabde
轴包套{架}☆shaft bossing
轴比☆axial ratio
轴`襞{旋褶}☆columellar fold
轴(的)变换☆transformation of axis
轴部☆rhachis{rachis} [pl.rachises]；axial lobe[三叶]；axial region
轴部骨针填充物☆coring
轴材☆shafting
轴槽☆axial trough{launder}
轴测图☆axonometrical{axonometric} drawing
轴长☆axial length
轴衬☆bush(ing)；axle{bearing} bush；shaft{spindle} bushing；boss；sleeve；pillow
轴承☆bearing；BRG；Bg
轴承宝石☆upper jewel
轴承的盖螺栓☆cap bolt
轴承隔离圈☆bearing spacer
轴承合金[铅基及锡基]☆bearing{white} metal；babbit
轴承架☆footstep；hanger
轴承间隙检验法☆leading
轴承能力数☆bearing capacity number
轴承松紧片{|退拨器|托座[架]}☆bearing shiver{|extractor|bracket}
轴承箱☆bearing box{housing;shell}；box
轴承压力☆counterpressure
轴承用减摩合金☆soft metal
轴承油压下降警报☆low bearing oil pressure alarm
轴承支撑面密封☆bearizing
轴承支架☆support of bearing；support stand with bearing；bearing support{bridge}
轴承总成和底座☆bearing assembly and base
轴承座☆bearing seat{bracket;pedestal}；housing；separator
轴承座圈☆race
轴传动的转盘☆shaft driven rotary
轴唇[腹]☆columellar lip
轴刺[三叶]☆axial spine
轴次[结晶学]☆degree of axis
轴带☆axial belt
轴单位比[轴率]☆axial unit ratio
轴单位长☆unit length of the axis；axial unit distance
轴档☆axle bumper{catch;controller;stop}
轴导承☆shaft guide
轴(向)的☆axial
轴的双环带排列☆two-girdle arrangement of axes
轴的稳定性☆axial stability
轴地☆zwischengebirge；betwixt mountains
轴地堑☆axial graben
轴地心偶极子☆axial geocentric dipole；AGD
轴垫☆shaft spacer
轴吊架☆shaft hanger
(沿)轴定位法☆axial ordination method
轴动空隙☆axial play
轴端护板☆gland retainer plate
轴端曲柄☆overhang crank
轴端推力☆end thrust；axle pressure
轴端余隙☆end play
轴断层☆axial faulting
轴对称☆rotational{axial} symmetry
轴对称变形核☆axially symmetric deformed nucleus
轴对称的☆axisymmetric(al)
轴对称缩短☆axially symmetric shortening
轴对称体☆axisymmetric solid
轴对称性☆axality
轴对中☆shaft alignment
轴轭☆axial yoke
轴方位控制☆axial orientation control
x 轴方向偏移☆x-offset
(在)x 轴方向运动☆x-motion
轴封☆shaft seal；radial packing
轴负载☆axle weight
轴杆☆axle
轴干☆axle-tree
轴功率☆shaft power
轴沟☆axial canal{furrow}
轴毂☆shaft bossing
轴骨☆axial skeleton{rays}
轴谷☆axial{main} valley
轴管[珊]☆central siphon；shaft tube；aulos
轴管丛珊瑚属[D_{1-2}]☆Eridophyllum
轴管(星)珊瑚(属)[C_1]☆Aulina
轴管状构造类型☆beatricioid
轴核[绵]☆coring
轴和刮板☆shaft and scraper

轴河☆axial stream
轴荷极限☆axle load limit
轴后部☆post-axial region
轴环☆ruff; collar; shaft{axle} collar; burr; ring
轴环润滑的轴承☆collar-oiled bearing
轴环式加油器☆collar oiler
轴积[簸类]☆axial fillings
轴极点☆axis pole
轴挤压☆axial compression
轴迹[褶皱]☆axial trace; surface axis; axial line
轴架☆pedestal; shaft hanger{bracket}
轴尖支承☆pivot bearing
轴间(距)☆between centers; BC
轴间角☆interaxial angle
轴间距☆center to center; C to C
轴间剖面☆axial section
轴肩☆fillet
轴键☆axle{shaft} key
轴交叉☆axial cross
轴角☆interaxial{axial;optic} angle; crystallographic axial angle
轴角器☆axial angle apparatus
轴接头☆shaft adapter
轴截距☆axial intercept
轴节☆axial ring
x-y 轴井径测井☆*x-y* caliper logging
轴颈☆journal (neck); maneton; neck of shaft; teat; trunnion; pivot (shaft); axle{neck} journal; cone pin[牙轮的]; axle-neck; bearing journal[轮掌]
轴颈环☆neck collar
轴颈壳☆journal-box
(用)轴颈连接☆journal
轴颈密封(圈)☆journal packing
轴颈(衬)套☆journal-bush
轴颈用润滑脂☆neck grease
轴颈油☆journal-oil
轴颈轴承球齿钻头☆journal bearing button bit
轴径☆diameter of axle; axial diameter
轴距☆spread of axles; axle{wheel} base; wheelbase [of a vehicle]; base; w.b.
轴壳☆axle housing
轴孔[钙超]☆axial pore
轴孔座☆boss
轴棱{展象;旋转三棱}镜☆axicon
轴离距☆axial separation
轴粒☆axiolite; axiolith
轴粒结构☆axiolitic texture
轴连接器☆shaft adapter
轴(向)梁☆axial girder
轴两扇风机☆axial fan
轴两压缩机☆axial flow compressor
轴量子数☆axial quantum number
轴裂隙☆axial fracture
轴流径流混合式扇风机☆mixed-flow fan
轴流逆压式扇风机☆axial-flow contra pressure fan
轴流式反转燃气轮机☆axial flow reversing gas turbine
轴流式螺旋桨泵☆axial-flow propeller pump
轴流式燃气轮机[透平]☆axial flow gas turbine
轴流式压缩机☆axial-flow compressor
轴隆区☆culmination
轴鹿☆Axis (axis); chital; spotted{axis} deer
轴率☆axial ratio{rate}; crystallographic axial ratio; parameter-ratio; form ratio[孔虫]
轴轮藻属[E_3-N]☆Charaxis
轴马力☆shaft horsepower; s.h.p.; shaft horse power
轴密封☆shaft seal
轴密封盖☆gland retainer plate
轴面☆axial plane{surface}; pinacoid; axis plane; pinakoid; pinacoidal face; ab plane ab
c-轴面[{001}板面]☆c-pinacoid
a{b}轴面☆a{b}-pinacoid
轴面[晶]☆pinacoid; axial plane
轴面错动面☆axial plane-shears
轴面缝合劈理☆stylolitic axial {-}plane cleavage
轴面贯穿片理☆penetrative axial plane schistosity
轴面极点☆pole to axial plane
轴面劈理☆axial plane{surface} cleavage
轴面迁移☆migration of axial surface
轴面倾斜☆axial surface dipping
轴面体☆pinacoid
轴面体类☆pinacoidal class
轴面直线形蜗杆☆straigh-sided axial worm
轴面皱劈理☆axial-plane crenulation cleavage
轴母螺纹接头☆joint shaft box
轴囊☆virgular sac
轴偶极☆axial dipole
轴偶极(磁)场☆axial-dipole field
y 轴偏转板☆*y*-plates
轴片☆axillar plate
轴平面☆axis{axial} plane
轴谱图☆axial spectrum
轴腔[海百]☆lumen [pl.lumina]
轴区{|色|倾伏}☆axial region{|color|plunge}
轴山☆zwischengebirge[德]; betwist-mountain; betwixt mountain
x 轴上的截距☆*x*-intercept
轴伸☆shaft extension
轴身☆axle body
轴生式☆axogamy
轴矢量☆axial vector
轴式对称型☆axial class of symmetry
轴饰☆axial ornamentation
轴枢[机]☆journal
轴枢纽面☆axial binge surface
轴双晶[平行双晶]☆axial twin; Ala twinning
轴隧☆stern tunnel; shaft passage
轴台☆pillow block; bearing pillow block; plummer
轴套☆muff; axle housing{sleeve}; sleeve pipe; nave; spindle{shaft} sleeve; axle(-)box; (bearing) bushing; shaft wearing sleeve
轴套连接轧☆muff coupling
轴调整垫☆shaft spacer
轴投影☆axial projection
轴头☆gudgeon; pivot bracket; axle-neck
轴头衬套☆swivel bushing
轴突[古植]☆axon
轴瓦☆follower; (axle) bush; bearing liner; gap block; step
轴外的☆off-axis; abaxial
轴位移☆axial translation
轴系☆shafting; axis series
轴隙☆axial play
轴细胞☆axoblast
轴线☆axial{shaft;central} line; axis [pl.axes]; spool thread{cotton}; centerline; CL
x{*y*}轴线☆*x*{*y*}-axis
轴(的中)线☆axis of spindle
轴线不重合度☆misalignment
轴线测定(法)☆axonometry
轴线测定的☆axonometric(al)
轴线顶点☆axial culmination
轴线校准☆boresighting
轴线螺属[腹;S-D]☆Poleumita
轴线下拗☆axial depression
轴箱☆(axle) box; step{shaft} box; banjo; axle-box
轴箱架☆journal box yoke; hornblock[机车的]
轴像☆axial figure
轴(走)向☆axial (direction;trend)
轴向拔出载荷☆axial pullout load
轴向摆动装置☆end play device
轴向变化[行波管聚焦场的]☆scalloping
轴向变螺距☆axially-varying pitch
轴向的☆longitudinal; axial
轴向地背斜隆起☆axial ge(o)anticlinal uplift
轴向分量☆axial component
轴向回转柱塞(液压)马达☆axial rotary plunger motor
轴向活塞液压泵☆axial-piston hydraulic pump
轴向集中应力☆axial stress concentration
轴向加载应变能☆strain energy of axial loading
轴向减压断裂试验☆decreasing axial pressure fracture test
轴向离心式☆axial centrifugal; AC
轴向力☆axial{longitudinal} force; thrust
轴向流移[岩浆通道中晶体]☆axial migration
轴向-偶极子排列[电勘]☆axial-dipole array
轴向偏振拾波器☆longitudinally polarized geophone
轴向破坏{|切面}☆axial fracturing{|section}
轴向氢氧燃烧器☆axial oxyhydrogen burner
轴向受荷桩☆axially loaded pile
轴向通孔☆axially extending bore
轴向推力☆axial{longitudinal;end} thrust; drill thrust
轴向`型象{滑}移面☆axial glide plane
轴向压荷☆axial loading
轴向压力圆盘闸☆thrust brake
轴向洋流☆axially oriented ocean current
轴向移动☆end motion
轴向应变位移☆axial strain displacement
轴向游动☆end float
轴向载荷 A 形井架☆direct-thrust A-frame
轴向震摆☆axial wobble
轴向轴承☆cod
轴向柱塞(液压)马达☆axial plunger type motor; axial piston motor
轴向钻速模式☆axial penetration rate model
轴像{象}☆axial figure
轴销☆axle pin; dowel
轴销安装油缸☆trunnion-mounting cylinder
(辊碎机)轴心☆roll heart
轴心受拉☆axial tension
轴星珊瑚☆Aulina
轴形的☆modioliform
轴性的☆axial
轴悬式电动机☆axle-hung motor
轴旋转{|移位}☆axial rotation{|translation}
轴用卡簧钳☆external plier
轴疣[三叶]☆axial node
轴油☆axle oil
轴缘拗陷☆axis-marginal depression
轴缘坳陷☆peripheral depression of axis
轴载柱☆axially loaded column
轴栅☆palus; pali
轴褶☆columellar fold
轴褶升区☆axial culmination
轴支架☆entablature; shaft bracket{support}
轴肿☆toe
轴轴承☆shaft bearings
轴柱☆gudgeon; jack post; columella[腹;pl.-e]
轴转换☆axial transformation
轴转速☆spindle speed
轴椎[脊椎]☆axis [pl.axes]
轴子植物(亚纲)☆Stachyospermae
轴足[射虫;太阳虫;原生]☆axopodium
轴组构☆axial fabric
轴(对称)组构☆axial fabric
轴座☆axle bed{seat}

zhǒu

箒状节理☆brush joint
肘☆elbow; upper part of a leg of pork; cubitus; staple
肘板☆bracket; toggle{wrist} (plate)
肘材☆knee piece
肘杆式压力机☆toggle press
肘关节☆articulatio cubti
肘管☆ell; elbow; bend; half normal bend [135°弯角]
肘环☆toggle
肘接☆elbow{toggle;knee} joint
肘节☆knuckle (joint); knee (joint); toggle; elbow joint; wrist
肘脉[昆]☆cubitus
肘式双晶☆elbow twin
肘突☆olecranon
肘窝☆fossa cubitales
肘形接合☆knuckle joint
肘形弯管☆elbow bend
肘状双晶☆elbow{knee{elbow}-shaped;geniculate} twin
帚笔石属[O-S]☆Coremagraptus
帚虫☆Phoronid
帚虫动物门☆Phoronida
帚虫纲☆Phoronidea
帚虫科☆Phoronidae
帚石南棒状杆菌☆corynebacterium callunae
帚尾豪猪属[Q]☆Atherurus; brush-tailed porcupine
帚纹层☆wispy layering
帚形喇叭辐射器☆hoghorn
帚状的[植]☆penicillate; penicillatus; fastigiate
帚状断层☆splays
帚状构造☆v{brush;nu} structure; broom texture
帚状节理☆brush joint

zhòu

胄骨类☆Nassellaria
胄菊石科[头;T_{1-3}]☆Sageceratidae
胄盔贝属[腕;E-Q]☆Craniscus
胄形海胆目[棘]☆cassiduloida
皱☆crinkle; wrinkle; crease; ruck
皱板岩☆creased slate
皱蚌属[双壳;J]☆Undulatula

皱壁鲢☆Rugosofusulina
皱襞☆ruga [pl.rugae]
皱边☆fringe margin
皱扁豆构造☆phacoidal structure
皱波☆ripple
皱的☆crinkled；rugate
皱痕☆wrinkle{crinkle} mark；fine wrinkle；crease
皱级构造☆plicated structure
皱戟贝属[腕;C]☆Rugosochonetes
皱脊[月面]☆wrinkle ridge
皱角菊石超科[头]☆Pharciceratacea e
皱菊石属[头;T_2]☆Ptychites
皱孔贝属[腕;O_2]☆Rhysotreta
皱勒介属[S-D]☆Thlipsura
皱肋贝属[腕;O_2-S_3]☆Ptychopleurella
(薄板边缘的)皱裂☆cockle
皱螺属[腹;C]☆Pharkidonotus
皱脉叶肢介属[T]☆Diaplexa
皱面孢属[K-Q]☆Rugulatisporites
皱面球藻属[E_3]☆Rugasphaera；Bugasphaera
皱囊蕨(属)[C-P]☆Ptychocarpus
皱扭贝属[腕;D_1]☆Rhytistrophia
皱皮熔岩☆dermolite；pahoehoe{dermolithic} lava
皱片理☆crenulation schistosity
皱起☆pucker
皱球粉属[孢;K]☆Psophosphaera
皱曲(性)☆rugosity
皱鳃鲨属[Q]☆frilled shark；Chlamydoselache
皱珊瑚目☆Tetracoralla
皱式褶皱☆rug fold
皱饰迹(属)[Є-P]☆Rusophycus
皱缩☆buckling
皱缩的☆marcid
皱体双囊粉属[Mz]☆Rugubivesiculites
皱腕期[腕的腕形成期]☆plectolophus stage
皱胃☆rennet
皱纹☆rugosity；wrinkle；furrow；fold；crimp；crumple；goffering；plaiting；gaufrage；corrugation；creasing；crease；plication；pucker(ing)；cockle；lines；lira [pl.-e]；ruga [pl.-e]；ruffle；crimping[漆病]
皱纹板岩☆puckered slate
皱纹层理☆crinkled bedding
皱纹的☆ruffled；plicated；placated
皱纹构造☆curved{plicate(d)} structure
皱纹片岩☆curly schist
皱纹织边[介]☆selvage fringe
皱纹状☆rugulate；rugate
皱纹状的☆ruglike
皱线贝属[腕;C_1]☆Rugicostella
皱箱贝(属)[腕;D_1]☆Leptaenopyxis
皱形轧槽☆rougher
皱羊齿(属)[D_3-P_1]☆Lyginopteris
皱叶病☆crinkle
皱衣贝属[腕;P]☆Rugivestis
皱油☆wrinkling
皱折弯头☆corrugated elbow
皱折形舱壁☆corrugated bulkhead
皱褶☆gauffer；gof(f)er；fold；crease；wrinkle
皱状沟铸型☆ruffled groove cast
皱嘴贝属[腕;$J_{2\sim3}$]☆Rhactorhynchia
宙☆eon；aeon；AE
昼标{|弧}☆day beacon{|arc}
昼晖☆dayglow
昼间不活动的习性☆diurnation
昼间信号☆day signal
昼夜☆day；diurnal
昼夜变动☆diurnation
(电离层)昼夜变化状态☆diurnal behavior
昼夜工作制☆round-the-clock working{operating} system
昼夜平分☆equinoctial；equinox
昼夜平均(值)☆daily mean
昼夜通用信号☆signal for day and night
骤变☆discontinuity；chop[风浪]
骤加荷载☆suddenly applied load
骤加应力☆sudden stress
骤降☆sudden drawdown
骤冷☆quenching；HQ
骤冷的岩石☆quenched rock
骤冷剂☆quenchant
骤冷结构☆quenchtexture；quench texture
骤冷凝☆quench condensation
骤冷燃烧☆quenched combustion
骤凝☆flash set(ting)
骤然一抽☆twitch
骤增☆surge
骤蒸☆flash evaporation
皱纹☆crinkle；lap
绉☆crimple
绉布{丝;线;(橡)胶}☆crepe；crêpe[法]

zhū

珠☆globule；bead；pill
珠白云母☆nacrite
珠蚌☆unio；pearl oyster
珠蚌属[双壳;T_3-Q]☆Unio
珠宝[总称]☆jewel(le)ry；pearls and jewels；jewelery
珠被[植]☆integument
珠柄[植]☆spermaphore；podosperm
珠串式(矿)脉☆beaded vein
珠串状矿脉☆block reef
珠蛋白石☆pearl opal；cacholong
珠滴大小☆bead size
珠光方解石[$CaCO_3$]☆aphrite
珠光滑云母☆margarodite
珠光螺属[腹;N_1-Q]☆Opalia
珠光石☆argentine [$CaCO_3$]；pearlite；schieferspar；schieferspath
珠光石英☆cotterite
珠光体☆pearlite；pearlyte；perlite
珠光体钢☆pearlitic steel
珠光体耐热钢焊条☆pearlitic heat resistant steel electrode
珠光体团☆pearlite colony
珠光页石☆lamprophanite
珠焊☆bead weld(ing)
珠汗☆exudation
珠角石目☆Actinocerida
珠角石(属)[头;O_2-S_1]☆Actinoceras
珠孔(卵门)[植]☆micropyle
珠鳞☆cone-scale；symphyllodium；ovuliferous scale[植]；symphyllode
珠母☆mother-of-pearl cloud
珠母贝{真珠蛤}(属)☆Pinctada
珠母层☆nacreous layer；mother of-pearl
珠母石☆mother-ol-pearl{nacreous} cloud
珠球☆test bead；button
珠球反应☆bead reaction
珠朊☆globin
珠闪☆pearl lightning
珠水云母[为一种白云母]☆margarodite
珠网古杯☆dictyocyathus
珠藓科[Q]☆Bartramiaceae
珠心☆nucellus
珠星海胆属[棘;K_3]☆Bolbaster
珠云刚玉岩☆marundite
珠云母☆diphanite
珠状壁☆beaded-wall
珠状的☆beadlike
珠状构造☆pearlitic structure
珠状链条☆beaded chain
珠状流动☆globular flow
珠状流纹玻璃☆marckanite
珠状物☆pearl
珠子大小☆bead size
株间地表☆plant-free surf
(在母)株上萌发[植]☆viviparity
株向倾角扫描☆transverse dip scanning
蛛猴属[Q]☆Ateles
蛛网☆web；spiderweb
蛛网缝毛石圬工☆cobweb rubble masonry
蛛网膜☆Arachnoidea；arachnoid
蛛网珊瑚(属)[C]☆Clisiophyllum；Dibunophyllum
蛛网星珊瑚(属)[C]☆Arachnastraea
蛛网形的☆spiderweb
蛛网藻属[硅藻;Q]☆Arachnodiscus
蛛网状(的)☆arachnoid；cobwebby
蛛网状的东西☆cobweb
蛛形纲[节;S-Q]☆Arachnida；Arachnoidea
蛛形类3-4节体部☆metapodosoma
蛛形珊瑚属[$S_{1\sim2}$]☆Arachnophyllum
朱庇特[罗马神话中的宙斯神]☆Jupiter
朱多巴石☆chudobaite
朱红☆vermilion；vermeil；minium；ponceau
朱红宝石☆vermeille；vermeil
朱红的☆cinnabar
朱红麻[加;石]☆Vermillion
朱红色☆vermillon；vermilion；vermeil
朱红印泥☆vermillion stamping pad
朱勒式压力浮选机☆Juell pressure flotation cell
朱里桑贝属[腕;P]☆Juresania
朱鲁山叠层石属[Z]☆Jurusania
朱洛夫石☆tschuchrowite
朱那鲨(属)[P]☆Janessa
朱色☆minium
朱森珊瑚(属)[P_1]☆Chusenophyllum
朱森鲢属[孔虫;P_1]☆Chusenella
朱砂{硃}[HgS]☆cinnabar (ore)；zinnober；vermilion；mercury monosulfide；cinnabarite
朱砂根☆A. bicolor；ardisia crenata
朱砂根醌☆ardisiaquinone
朱砂莲乙素☆parietin
朱砂瓶台灯☆cinnabar-colored vase shape desk lamp
朱砂七☆polygonum cill；nerve
朱砂色野生型物质☆vermilion plus substance
朱砂掌☆liver palms
朱斯顿式掘进法☆Joosten process
侏罗(三叠纪)☆Jura-Trias
侏罗白垩纪下挠区☆Jurassic-Cretaceous downwarping
侏罗风☆joran；juran
侏罗纪[208～135Ma;被子植物、裸子植物、鸟类、有袋类哺乳动物相继出现,恐龙极盛。除西藏、台湾等地,其他地区已上升为陆,松柏、苏铁等植物繁盛,为重要的成煤期,我国东部形成含油层]☆Jurassic (period)；Jura；J
侏罗山式地形☆Jurassian relief
侏罗山型沉积滑脱构造☆Jura-type sedimentary décollement
侏罗式褶曲☆Jura-type fold
侏罗系☆Jurassic (system)；Jura；J
侏罗型沉积滑脱构造☆Jura-type sedimentary decollement
侏瓦菊石属[头;T_3]☆Juvavites
猪☆pig；hog；swine；Sus；porker
猪背脊☆kettleback；boar's{hog} back；swineback；stone wall
猪背岭☆hogback；galera；galerahogback；swineback；sowback；swell
猪背螺属[S-C]☆Porcellia
猪背形的☆hogbacked
猪次目☆Suina
猪獾属[Q]☆sand badger；Arctonyx
猪类☆suina
猪兽属[N]☆Hyotherium
猪属☆Potamochoerus；Sus
猪尾式钩☆pigtail hook
猪形类☆Suiformes
猪形(亚)目☆Suina
猪血香肠☆boudin
猪牙石☆hog {-}tooth spar
猪亚目☆Suiformes；Suina
猪殃丹宁酸[$C_{14}H_{16}O_{10}$•H_2O]☆galitannic acid
猪油☆lard
猪脂石☆lardite；larderite；ljardite
猪嘴☆snout
潴☆pool
诸氏螺属[N-Q]☆Jullienia

zhú

逐奥利兹塑胶绝缘材料☆Triolith
逐包法[电动电位测定]☆drifting-bubble method
逐步☆successive steps；step by step
逐步采用☆phase in{into}
逐步对流☆step-by-step convection
逐步判别分析☆stepwise discriminant analysis
逐步敲击☆drop along
逐步退焊☆back-step welding
“逐步向前”法☆stepwise forwards method
逐层传递☆layer-to-layer transfer
逐层分析☆bed-by-bed{zone-by-zone} analysis
逐层评价☆stepwise evaluation
逐出☆hound；expulsion；discard
逐次逼近求解过程☆step-by-step process
逐次测定☆sequential test
逐次代入法☆successive iteration method
逐次加法☆over-and-over addition
逐次近似☆progressive approximation
逐次稳态分析(法)☆series-of-steady-state analysis

逐次线超松弛☆successive line overrelaxation
逐点爆炸☆roll-along operation{shooting}；roll-along
逐点爆炸开关☆roll-along switch
逐点测定导线☆point-to-point traverse
逐点测图☆point {-}by-point mapping
逐点锤击☆drop along
逐点分析☆point-to-point analysis
逐点激发地震剖面法☆walkaway seismic profiling
逐点检查☆spot-check
逐段☆step by step
逐段回归法☆piecewise regression method
逐段破碎精选法☆stage concentration
逐段铺管法[从铺管船上]☆stovepipe method
逐段转发信号方式☆link-by-link signalling
逐个井网分析☆pattern-by-pattern analysis
逐级☆step by step
逐级常数☆stepwise constant
逐级滑动☆successive slides
逐级利用☆cascading use；cascade utilization
逐级排除法[如排除故障]☆stage-by-stage eliminates
逐级排气技术☆stepwise degassing technique
逐级释放技术☆incremental release technique
逐级洗提☆gradient elution
逐件顶蚀☆piecemeal stoping
逐渐(地)☆inch by inch；progressively
逐渐爆破{破坏}☆progressive failure
逐渐变平的褶皱形态☆smoothing out fold shape
逐渐递减{|增}时期☆gradual reduction{|increment} period
逐渐顶蚀☆piecemeal stoping
逐渐断裂下降的☆progressive down-faulting
逐渐分离☆grado-separation
逐渐改变☆gradual modification
逐渐过渡☆gradational transition
逐渐过时☆obsolescence
逐渐滑移前进☆snaking
逐渐毁坏☆sap
逐渐加强的位移☆incremental displacement
逐渐尖灭的张裂隙☆gash joint
(使)逐渐减少{小}☆taper
逐渐减少分配法☆step-down method
逐渐绝灭形式☆gradual extinction pattern
逐渐趋近法☆method of approach
逐渐融合☆intergradation
逐渐缩减☆taper；phase-down
逐渐停止☆fade out
逐渐消散{磨}☆dribble
逐渐消失的褶皱形态☆smoothing out fold shape
逐渐增加☆gather
逐节信号传送☆link-by-link signalling
逐井分析☆well-by-well analysis
逐孔驱替效率☆pore-by-pore displacement efficiency
逐里特炸药☆trilit；trilite
逐莫尼特 1 号炸药☆Trimonite No.1
逐炮反褶积☆shot-by-shot deconvolution
逐泡法☆drifting-bubble method
逐区精炼☆zone refining
逐区提纯☆zone purification
逐日☆day-by-day
逐日计划☆tactical planning
逐日控制{核算}☆day-to-day control
逐日取的试样☆daily{day} sample
逐日生产报告☆daily production report
逐条航线修正☆stripwise rectification
逐托纳尔混合炸药[80 梯恩梯, 20 铝]☆Tritonal
逐位☆bit by bit
逐位进位☆cascade(d){step-by-step} carry
逐线测图☆line by line mapping
逐项☆member by member；successive teams
逐项微分☆term by term differentiation
逐项相符☆check
逐一☆in sequence；seriatim[拉]
逐一读出☆sequential readout
逐字翻译[对应 paraphrase]☆metaphrase
逐字直译☆construe
蠋片虫属[环多毛纲]☆Nereidavus
竹☆bamboo
竹瘤肿病菌属☆Zythia
竹柏科☆podocarpaceae
竹鞭[埋于地下的竹茎]☆subterranean stem of bamboo
竹蛏(属)[双壳;K-Q]☆Solen；razor clam{shell}
竹弓顿钻☆bamboo skin rope tool drilling
竹黄[含石灰石和硅石的竹的分泌物]☆tabaschir；tabasheer；tabaxir；concretio silicea bambusae
竹浆[堵漏材料]☆bamboo pulp
竹脚手架☆bamboo scaffolding
竹节虫(目)[昆]☆Phasmida
竹节虫目☆Phasmatodea
竹节钢☆knotted bar iron；bamboo steel；ribbed bar
竹节钢筋☆corrugated (steel) bar；bamboo steel
竹节石☆tabasheer；tabas(c)hir；tentaculite
竹节石纲☆Tentaculita
竹节石类[软]☆tentaculitid
竹节石目☆Tentaculitida
竹节石属[S-D]☆Tentaculites
竹筋混凝土☆bamboo concrete
竹滤器☆bamboo well screen
竹绿色☆green blue
竹炮棍☆bamboo tamping rod
竹片锚杆☆bolt made of bamboo slices
竹片状☆spatuliform
竹签☆tally
竹鼠[N_1-Q]☆Rhizomys；bamboo-rat
竹索夫斯基珊瑚属☆Tschussovskenia
竹套管的井☆bamboo-cased well
竹叶(状)灰岩[$CaCO_3$其中占 90%以上]☆wormkalk (limestone)
竹叶状构造☆edgewise structure
竹枝藻属[绿藻;Q]☆Draparnaldia
竹支柱☆tonkin cane
竹制隔离炮塞☆bamboo spacer
竹子分类☆bamboo toxonomy
烛冰☆needle ice
烛光☆candle[光强度]；candlelight[发的光]；candle power；candela；candle-light；cd；ca；C.
烛光-小时☆c-hr；candle-hour
烛沥青煤[一种烛煤或藻煤]☆pelionite
烛煤☆cannel (coal)；cannelite；kennel；gayet；black-jack；blackjack；parrot；horn{Scotch;peel} coal；rattler；curely cannel[具贝壳状断口]；han coal；candelite
烛煤和页岩的互层☆jack
烛煤和藻煤质油母页岩☆cannel and hoghead oil shale
烛煤式{质}煤☆canneloid (coal)
烛泥炭☆candle turf
烛台棒石[钙超;J-K_2]☆Parhabdolithus
烛形燃烧试验☆candle-type test for flammability
烛形物☆candle
烛藻煤☆cannel-boghead
烛状冰☆candle ice
烛状岩柱☆candela；cd

zhǔ

煮得过久☆overcook
煮沸☆boiling；boil；seethe
(用)煮沸方法制造☆boil
煮干{浓}☆boil down
煮解☆digestion；digest
煮解器☆digester
煮开☆boil up
煮生石灰坑☆boiling hole
煮皂锅☆cauldron；caldron
煮渣锅☆salina
主☆host；owner；master；proto-
主安全机构☆primary safety mechanism
主坝☆main dam
主斑脱岩☆major bentonite
主板☆cardinal plate；motherboard
主瓣☆main lobe{beam}；major lobe
主办☆auspice；sponsorship；sponsor
主报警信号☆main alarm signal
主爆破导线☆main blasting lead
主本征值☆dominant eigenvalue
主泵☆trunk pumping engine
(由)主泵杆带动的井下附属水泵☆jackhead pump
主泵站☆base pump station
主比例尺☆general scale
主笔职位☆editorship
主臂☆main beam
主襞[腹]☆principal plica
主边界逆掩断层☆main boundary thrust；MBT
主编☆editor in chief
主变形☆principal deformation{strain}
主变压器☆main-transformer
主表☆master meter
主滨外滩☆major offshore banks
主冰川间小冰川☆interglacier
主冰期☆principal glacial age
主波☆dominant{principal;major;main} wave
主部[珊]☆cardinal quadrant
主采区☆broadgate
主菜单☆master{main} menu
主操纵台☆master control{operational} console
主操作杆☆master lever
主槽☆major trough
主侧线沟☆main lateral line-groove
主测点☆master station
主测链员☆chain man
主测试台☆primary test board
主测线☆main profile
主(岩)层☆host layer
主茬矿石颗粒☆main crop ore grain
主沉降☆primary settlement
主撑☆main brace
主成分☆major{principal} component；principal ingredient
主成分分析☆principal component analysis
主程序☆main program{routine}；master routine
主持(会议)☆chair
主持开幕仪式者☆inaugurator
主齿☆main cusp；principal denticle；middle {cardinal} tooth
主齿轮☆master gear；main drive gear
主齿柱☆pretrite
主冲击信号抑制☆main bang suppression；MBS
主处理机☆master processor
主触点☆main contact
主传动(装置)☆main drive
主船体☆main hull
主磁场☆main magnetic field
主磁带机☆master tape unit
(在)主次割理面之间的☆on the cross
(在)主次割理之间掘进工作面☆half-on
(在)主次节理面之间[煤的方向]☆on the cross
主次解理面之间的煤面方向☆andre
主从方式☆master-slave mode
主大陆架☆main shelf
主(岩)带☆main zone
主岛☆mainland
主导爆线☆primacord trunk line
主导产业☆leading industry
主导的☆ruling；leading
主导滑轮☆drive pulley
主导化石☆guide{leading} fossil
主导活门☆director valve
主导气候☆prevailing climate
(录音机)主导轴☆capstan
主底梁☆main sill
主地槽阶段☆main geosynclinal stage
主地下水☆main ground water
主地震☆principal earthquake
(相片)主点☆principal point
主点阵线☆main lattice line
主电池☆main battery；MB
主电动机☆main motor
主电极☆beam{central;center} electrode
主电刷☆energy brushes
主电源☆primary power
主调☆melody
主顶板☆upper roof
主定时器☆MT；master timer
主动☆initiative
主动表示☆overture
主动侧[仿效机械手的]☆master end
主动齿轮套☆pinion carrier
主动出击的☆proactive
主动贯入压力☆active injection-pressure
主动和被动楔形体☆active and passive wedge
主动快门☆masters shutter
主动朗肯区☆active rankine zone
主动力☆action；active force
主动链轮☆head{driving;drive} sprocket
主动轮☆driving{action} wheel；leading sheave；drive wheels{pulley}；capstan；driver
主动轮闸☆driving wheel brake
主动脉结石☆aortolithia
主动侵入(的)☆forceful intrusion；forcible intrusion；aggressive；invasive
主动侵位☆forcible emplacement

主动式电磁传感系统☆active electromagnetic sensing system
主动式红外系统☆active infrared system
主动凸轮☆actuating cam
主动位移☆active displacement
主动型大陆边缘☆active {-}type continental margin
主动遥感☆active remote sensing
主动药包☆donor charge
主动源式航空电磁系统☆active AEM system
主动闸筒☆driver brake cylinder
主动轴☆drive axle{shaft}; main drive shaft; driving {head;inlet} shaft; jack shaft drive axle; capstan
主动钻杆☆grief stem
主堵塞器☆main drilling packer
主端☆cardinal extremity
主段☆principal piece
主断层☆master{major;main;dominant;principal} fault
主断层带☆major fault zone
主断层系☆main fault system
主断裂组☆principal sets of fault
主堆积面☆principal surface of accumulation
主对称面☆principal plane of symmetry; principal symmetry plane; common plane of symmetry
主对称轴☆principal axis of symmetry; common axis of symmetry
主对角平巷☆main angle
主对角线☆leading{principal;main} diagonal
主发动机☆sustainer; main engine{generator}
主发药☆donor (cartridge;charge)
主阀☆main{king;master} valve
主阀门☆head valve
主阀组☆main block; basic{main} valve pack
主法线☆principal normal
主反馈信号☆primary feedback signal
主反应☆main reaction
主返矿槽☆main returns bin
主方式☆master mode
主方位☆cardinal point
主方向☆principal direction
主分量分析☆principal component analysis
主分配运输机☆main distributing conveyor
主分水岭☆great divide
主分卸输送机☆main distributing conveyor
主分支点☆subcentre; subcenter
主封隔器[钻井防喷]☆main drilling packer
主峰☆main maximum{peak}; prominent{dominant} peak
主锋☆primary front
主风道☆flowing{blowing} road; main airway
主风管☆air main{trunk}; airline main
主风巷隔离风门☆main separating door
主风口☆main air port
主风向☆cardinal wind
主浮筒☆main buoy{pontoon}
主干季☆verano
主杆☆rhabd
主干☆arterial; main stalk
主干冰川☆trunk glacier
主干道☆backbone road
主干断裂☆major fault
(电缆的)主钢丝☆king wire
主港☆standard port; reference station
主割理☆headway
主格(的)☆nominative
主(网)格线☆major grid line
主隔壁[珊]☆cardinal septum; main partition
主隔离开关☆main isolating switch
主根☆main{tap} root; host phase; axial root[植]
主工作缸☆master cylinder
主拱☆main arch
主钩☆main hook
主沟☆main; tap drain; principal sulcus[昆]
主构甲板☆structural deck
主构造☆main{major} structure
主构造期☆principal tectonic stage
主鼓风机☆main air blower
主骨架☆principalia
主骨针[六射绵]☆principalia; megasclere
主谷☆master{main} valley
主顾☆customer; custom; trade
主固定支架☆main anchor
主固结☆permeance{primary} consolidation
主固结度☆degree of primary consolidation

主观☆subjectivity
主观估计☆subjective estimate
主观因素☆human factor
(煤矿组)主管☆agent
主管部门☆competent authorities
主管道☆main pipeline
主管的☆in charge; i/c
主管人☆controller; decision-maker
主管线☆backbone pipeline
主罐☆main tank
主光线☆principal ray
主光轴☆optic binormals; primary optic axis
主含水层☆main aquifer
主航道中心线☆talweg; thalweg
主巷上方的平行风巷☆monkey gangway
主巷挑顶☆gangway ripping
主河☆main river{stream}; master stream
主河床☆body of river; major (river) bed
主河道☆drainage line; main stream channel; main stem; parent creek
主黑子☆main spot
主横断面☆main cross-section
主泓线☆thalweg; talweg
主弧☆principal arc
主回风巷☆main return-airway
主活塞☆main piston
主火口☆principal{parent} vent
主火山口喷发☆eruption of master crater
主火山液(熔)体☆host volcanic liquid
主基[腕]☆cardinalia
主基点[勘]☆main base
主基窝[腕]☆cardinal socket
主基因☆major gene
主机☆main engine{processor}; main frame[包括处理器及存储器]; host computer{machine}; lead plane; leader; main body of a computer (compared with display and peripherals); master computer; ME
主机管☆drive pipe
主机架☆main frame; mainframe
主机架内{|外}部坐垫☆inner{|outer} main frame seat liner
主机架内衬☆main frame liner
主激磁机☆main exciter; MEx
主激活剂☆dominant activator
主棘[棘海胆]☆radiole
主级发动机☆sustainer
主脊☆principal crest; major ridge; backbone; cardinal ridge[腕]
主计算机☆master{host;main(frame);principal} computer
主计长☆comptroller general; controller
主继电器☆master element
主甲板滑槽☆main deck slot
主假频☆principal alias
主价☆primary valency{valence}; ordinary valence
主架☆principal frame
主剪切裂缝☆principal shear fracture
主键☆principal bond{link(age)}; primary key
主间隙☆main gap
主礁(石)灰岩☆host reef limestone
主焦点☆principal{prime} focus
主焦煤[英煤分类]☆prime coking coal
主胶带输送机☆main belt conveyor
主交叉(平)巷☆main angle
主角☆cardinal angle; hero[男]; heroine[女]
主绞车☆main winch
主教☆bishop
主叫用户☆caller
主接地极☆main earthing electrode
主接口☆major joint
主截面☆principal section
主节点☆major joint
主节理面☆face (cleat); headway; bord cleat; horn
主节理作用☆master jointing
主解理面[与煤层层理成直角]☆face cleat
主界断层☆main boundary fault
主介质泵☆main medium pump
主进风道和风道间的隔离风门☆main separating door
主进风巷道☆main intake airway
主进气口☆main air inlet
主茎[植]☆main stalk
主(体)晶☆oikocryst; host-crystal; host crystal
主晶格☆crystalline host lattice

主晶相☆principal crystalline phase
主井☆main (winding) shaft; control{collector} well; primary{engine;hoisting} shaft; main opening
主井框☆bearer{bearing;horn} set; curb ring; kerb ring
主井同体建筑☆main shaft combined structure
主井筒{身}☆parent hole
主井眼☆original hole
主镜☆primary mirror
主开关☆main switch
主颗粒☆host grain
主科☆major
主壳刺☆cardinal spine
主壳区☆flank
主壳线☆primary costa
主刻度☆master calibration
主客晶等嵌状(的)☆xenoikic
主客晶等嵌状结构☆xenoikic texture
主孔[多孔底钻进的]☆main aperture{hole}; key {original} hole
主孔距比☆primal geometric factor
主控☆master control
主控程序☆primary{master} control program; master control (routine); MCP; PCP
主控开关☆master switch; M.S.
主控(制)器☆primary controller
主控台☆key{master} station; master
主控信号☆main{drive} signal
主控制门☆master (control) gate
主控制盘☆main panel; master control panel; MP
主控制器☆master controller; MCtr
主控制台☆main{master} control console{board}
主控制栅☆master (control) gate
主控中断(信号)☆master-control interrupt
主控装置☆master control set; MCS
主块☆fundamental block
主框条☆stile
主矿☆palasome; palosome
主矿仓☆main packet
主矿脉☆master{mother;main;champion} lode; main rake{reef}; principal vein
主矿体☆main orebody; mother {-}lode; major deposit
主矿物[包裹其他矿物的矿物;包裹其他矿物]☆host (mineral)
主馈电线☆main feed{feeder}; MF
主拉伸☆principal extension
主离合器☆master clutch
主立井☆main shaft
主力层☆main layer
主力产层☆principal producing formation
主力油层☆major reservoir; main layer
主联轴节☆main coupling
主链☆backbone{fundamental;trunk;principal} chain
主梁☆girder; main girder{beam}; kingpost; spar boom; king post
主量元素☆bulk{major} element
主量子数☆principal quantum number
主裂缝☆major fracture
主裂理☆face cleat
主裂隙☆master fracture
主邻架控制阀☆mast adjacent control valve
主溜井☆main chute
主溜线[河流]☆filum aquae; master adjacent control valve current
主流☆main stream{river;current;trend;flow}; mother current; principal river{stream}; trunk stream; the main current{stream}; mainstream; essential or main aspect
主流浮层☆legitimate float
主流旁侧湖☆lateral lake
主龙筋☆center girder
主龙类☆Archosauria
主轮子坡☆main gravity incline
主螺杆☆driving screw
主螺母☆mother nut
主脉☆main rake{vein}; backbone (range); principal vein; master{mother} lode; nervures
主脉冲信号☆main bang
主脉的☆costate
主煤层☆main seam
主密封☆primary seal
主面[铰合面;腕]☆cardinal area; interarea; card
主模激励☆principal-mode excitation
主模式☆master model

主模型☆pattern master
主幕☆main episode
主木☆main timber
主目录☆home{main;master} directory; master catalog(ue)
主内沟[珊]☆cardinal fossula
主内生裂隙组[煤层]☆face cleat
主逆掩面☆major thrust plane
主黏合剂☆primary binder
主排水管☆rising main
主排土场☆main spoil dump
主盘指数脉冲发生器☆master index pulse generator
主炮孔☆parent hole
主配电盘☆main distributing board
主配线架☆mainframe
主喷发口☆principal vent
主喷燃器☆main burner
主喷嘴☆main jet{burner}
主劈理☆true{basal} cleavage
主劈向☆rift
主皮带轮☆driving pulley
主偏应力☆main deviator
主频☆dominant{master} frequency
主频(率)☆dominant{master;predominant} frequency
主平硐☆large{main} adit
主平巷☆level; main gallery{entry;heading;drive;gate; drift;lateral}; (trunk) roadway; level road; entry; mother{bord} gate; lift; (front) entry[通地表]; broadgate; gallery heading
主平面☆principal plane
主坡☆cardinal slope
主坡后退☆central slope recession
主破裂☆main fracture
主鳍条☆principal ray
主气管☆blast main
主气管线中的水封阀☆seal pipe
主汽管☆steam main
主千斤顶[滚筒采煤机]☆main ram
主千斤顶阀体总成☆main ram valve block assembly
主迁移循环☆main migration cycle
主切削刃☆leading cutting edge
主切应力☆principal shearing stress
主区[双壳]☆flank
主曲率☆principal curvature
主驱动电动机☆driver{driving;master} motor
主圈☆primary winding
主群☆main group
主燃料喷嘴☆main fuel spray nozzle
主燃区☆primary zone
主燃烧室☆main (combustion) chamber; primary chamber
主燃油阀☆main fuel valve
主任☆director; (mine) captain; chief; head; chairman
主任的☆in charge; i/c
主任工务员☆fore-overman
主人☆master; host
主刃☆leading edge
主融体☆host melt
主乳化剂☆primary emulsion
主入射角☆principal angle of incidence
主扫描☆main sweep
主色☆essential colo(u)r
主色调☆(dominant) hue
主筛(管)☆main screen
主闪击☆main stroke
主扇☆main{primary} fan
主烧嘴助燃风机☆combustion fan for main burner
主射流☆main{principal} jet
主射线☆principal ray
主渗透率☆principal permeability
主生产井☆main working shaft
主生油期☆principal phase of oil formation; PPOF
主绳☆head rope; main hoist rope
(扒矿机)主绳滚筒☆nose drum
主绳轮☆fleet(ing) wheel
主圣茎[植]☆stalk
主石油形成带☆principal oil-formation zone; poz
主时钟☆major clock
主蚀带☆principal etched zone
主适配器和电源☆main adapter and battery
主适应☆key adaptation
主视线☆principal visual ray
主输送机☆(main) conveyor; main-line conveyor collecting conveyor; mother conveyor trunk; main haulage conveyer
主束☆main beam
(防火)主竖区☆main vertical zone
主数据☆master data{record}
主水道流量☆main channel flow
主水管底部支持弯管☆duckfoot bend
主水力分配软管☆line hose
主水平☆main level; lift
主水平巷道间距离☆lift
主顺槽☆main gate
主司钻☆stud driller
主伺服马达☆main servomotor
主速度☆principal velocity
主塔☆king tower
主台☆key{master} station; master
主弹簧☆main spring
主提升机☆main hoist
主提升(立)井☆engine shaft; main winding shaft
主题☆theme; argument; motif; subject; staple
主题卡片☆title sand
主题(地)图☆thematic map
主体☆host; body; trunk; bulk
主体泥芯☆body core
主体融体☆host melt
主体相☆host phase
主体信号☆main running signal
主体信号处理☆nature signal processing
主体运动[机]☆working motion
主调节☆main control; MC
主停机装置☆master trip
主通道☆trunk channel; preferential way
主通风☆main ventilation
主同步信号☆MSYN; master sync signal
主突☆cardinal process
主突起分叶[腕]☆cardinal process lobes
主突起干[腕;基部]☆cardinal shaft
主突起冠[腕]☆myophore
主突起茎[腕]☆shaft
主退水曲线☆master recession curve
主脱扣器☆master trip
主陀螺仪☆master gyroscope
主外壁层[几丁]☆ectoderre
主桅☆main mast
主尾绳运输☆main-and-tail rope haulage
主污水☆main effluent
主无线电指标信号☆main entrance signal
主席☆chairman
主席团☆presidium
主洗机☆primary washer{separator}
主系统☆host{major} system
主下山运输☆main dip haulage
主限制开关☆main limit switch
主线☆cardinal{principal;main} line; main; thread [of a novel,etc.]
主线圈对☆main coil pair
主项☆basic term
主巷道☆base road; main way{roadway}
主相☆magnafacies; megafacies; principal{major; main;host} phase
主向量☆principal vector
主销☆king{master} pin; kingbolt
主销铜衬☆main pin brass
主效果☆main effect
主斜井☆main slant{slope}; main inclined shaft
主信号☆master{main} signal
主星☆primary star
主星序{系}☆main sequence
主型☆master model
主形☆prevailing form
主形变☆principal deformation
主修☆major
主序列{带}☆main sequence
主旋回☆main{principal} cycle
主旋律的☆thematic
主选☆primary separation{cleaning}
主(洞)穴☆master cave
主循环☆major cycle
主压气进给管☆airline main
主压应力☆principal compressive stress; compressive principal stress; principal compressional stress
主压载水舱☆main ballast tank; MBT
主牙☆cardinal tooth
主岩☆host (rock); palasome; palosome; country rock
主岩建造☆host formation
主岩浆库☆master reservoir
主岩岩性☆host lithology
主延伸☆principal extension
主药包☆principal cartridge
主要☆arch-; proto-
主要标志☆item key
主要部分☆body; chief; backbone
(机器的)主要部件☆vital
主要采区电线☆main district feeder
主要产层☆principal producing formation; priority pay zone
主要产品☆staple
主要成分☆dominant{principal} ingredient; basis; fundamental; principal{essential} component; staple; main{predominating;essential} constituent
主要成分经化学方法分析过的☆holidic
主要大巷☆lateral road
主要单元☆formant
主要的☆major; fundamental; paramount; ultimate; staple; dominant; prime; cardinal; boss; capital; prim.; master; king; primary; independent; main; central; key; substantial; mother; chief; leading; top; predominant; principal; indispensable; Maj.
主要的人(物)☆dominant
主要地☆primarily; typically
主要地层☆master stratum
主要都市☆metropolis
主要份额☆leading share
主要公路☆trunk road
主要工作☆capital work
主要构造☆basic structure
主要巷道☆main (roadway;opening;gate); trunk roadway; major{permanent} opening; mother gate
主要巷道平面图☆level plan
主要化合价☆ordinary valence
主要激发地震活动☆principal stimulated seismic activity
主要机件☆critical part
主要计划☆broad plan
主要井框☆bearing ring; wedge{wedging} crib; curb; shaft-bearing set
主要矿脉☆champion{mother} lode
主要利率☆prime rate
主要流动类型☆dominating flow regime
主要矛盾线方法☆critical path method; CPM
主要内生裂隙面[煤的;煤层]☆face of coal
主要年龄☆preponderant age
主要平巷☆main drift{entry;level}; bottom road
主要气体☆preeminent gases
主要潜在向量变异图解☆principal latent vector variation diagram
主要时间延迟调节器☆master timer; MT
主要石门☆main cross(-)cut; shaft tunnel
主要石油形成相☆principal oil formation phase; POP
主要史前文化期☆Lithic stage
主要事物☆primary
主要数据☆general{master} data
主要统计值☆major total
主要岩层☆predominant formation; main reef
主要依靠☆mainstay
主要因素☆dominant{principal} factor
主要元件☆expandable part
主要元素☆essential{main;principal;major} element
主要运输平巷胶带运输机☆main line belt conveyor
主要噪声☆overriding noise
主要振荡区☆primary oscillation zone; POZ
主要支柱☆stoop
主要指石榴石☆snowball mineral
主要中央逆掩断层☆main central thrust; MCT
主叶☆major{cardinal} lobe
主意☆thought; idea; plan; decision; definite view
主溢洪道☆principal spillway
主异常☆main anomaly
主因☆dominant; main cause{reason}; major cause
主因子法☆principal factor method
主应变假说☆maximum strain hypothesis
主应变拉伸☆principal strain elongation
主应变轴☆principal strain axis; principal axis{axle} of strain
主应力☆principal{primary;major} stress
主应力比☆principal stress ratio

主应力面☆principal plane of stress；principal stress plane
主应力线☆principal stress trajectory{line}；line of principal stress；trajectory of principal stress
主应力圆☆principal stress circle
主应力轴☆axes of principal stresses{stress}；principal axis of stress；principal stress axis
(油轮的)主油舱☆main tank
主语☆subject
主元☆pivot；pivoted{pivotal} element
主元素☆host (element)；main group element；major{pivotal} element
主源喷气孔☆primary fumarole
主缘☆cardinal{hinge} margin
主运输☆main line system；main haulage
主运输道与煤房间的煤柱☆stamp pillar
主运输巷☆main gangway；main haulage roadway
主运输机☆main conveyor
主造山事件☆main orogenic event
主闸☆main gate
主炸药☆primary{principal} charge
主站☆master station
主张☆allegation；postulate；hold out；claim；urge[竭力、坚决]
主张力☆principal extension
主折光{射}率☆principal refractive index
主褶曲☆major fold
主褶皱(作用)☆principal fold(ing)
主帧☆prime frame
主振部分☆driver unit
主振动式输送机☆mother shaker
主振型系数☆coefficient of normal modes
主震☆major{main;principal} earthquake；main shock
主震型地震☆main-shock type earthquake
主震中最大波☆maxima of regular waves in the principal phase
主征☆key feature
主正应力☆principal normal stress
主枝☆principal branch；axial shoot
主支撑点☆main anchor
主支撑架{|面}☆main support(ing) frame{|surface}
主支架☆main support；master unit
主直径☆full diameter
主旨☆burden；keystone；keynote
主中央冲断层☆main central thrust
主钟(脉冲)☆master clock
主终端设☆master terminal unit；MTU
主终端装置☆master terminal unit
主周期☆dominant period
主轴☆main shaft{axle;spindle}；principal{major;chief;cardinal} axis；spindle；backbone；band wheel shaft；principal shaft spindle；perch；rachis [pl.-es]；caudex
主轴差速齿轮☆main shaft differential gear
主轴骨骼☆axial skeleton
主轴和主轴衬套☆mainshaft and sleeve
主轴颈☆king journal
主轴面☆plane of principal axis
主轴箱☆headstock；machine{spindle} head；spindle box；spindle head stock
主柱☆king-post
主柱面☆prominent prism face
主柱支护☆prop timbering
主助燃空气透平风机☆main combustion air turbo-fan
主转换开关☆master switcher
主转载点☆main transfer point
主桩☆key{king;main} pile；principal axis.；major axis
主装料运输带☆main charging belt
主装药☆donor{primary;principal;main} charge
主装载平巷☆main loading level
主锥☆inner cone
主子午线☆principal meridian
主总成对称轴☆principal axis of total symmetry；common axis of total symmetry
主纵梁☆main longitudinal girder
主族(元素)☆main{major} group
主组分☆major constituent
主作用力☆main effort；M.E.
主坐标☆principal{main} coordinate

zhù

著名☆celebrity；note；notable；notably
著者索引☆author index
著作☆work；contribution；literature；writings
著作集☆polygraph
著作量多☆voluminosity
著作权☆literary property；copyright
苎麻☆rhea；ramee；ramie
苎麻填料☆jute filler
苎烯☆limonene
柱☆pillar[孔虫]；column；col；prism；beam；slug；volume；tower；post；mast；leg (piece)；upright bar；prop；cylinder
柱白云石☆bros(s)ite；tharandite；siderocalcite；normal-parankerite；normal ankerite
柱冰☆column
柱槽筋☆facet
柱层孔虫属[C_1]☆Stylostroma；Gerronostroma
柱撑☆prop stay
柱齿兽(属)[E_2]☆Stylinodon；Docodon
柱齿兽目☆Docodonta
柱础☆plinth
柱丛珊瑚属[C_1]☆Cionodendron
柱的尖头☆creasing；beak
柱底板[棘林檎]☆columnar facet
柱碲金银矿[Au_2AgTe_6]☆goldsch(i)midtite
柱垫☆foot-plate；foot block{plate}；sole
柱垫石☆base of post
柱顶☆(column) capital；prop head
柱顶板☆abacus
柱顶盘☆trabeation
柱顶石☆pedestal boulder{rock}；capital stone；base
柱墩☆foot stall；stub
柱轭☆prop yoke
柱钒铜石☆duhamelite
柱放射色谱法☆column radiochromatography
柱沸石[$Ca(Al_2Si_6O_{16})•5H_2O$;单斜]☆epistilbite；reissite；monophane；reissue；orizite；parastilbite；epistibite
柱复杆☆reciprocating lever
柱负荷☆column capacity
柱隔孢属[真菌]☆Ramularia
柱管海绵属[J]☆Cylindrophyma
柱管珊瑚(属)[C_1]☆Aulophyllum
柱硅钙石[$3CaO•2SiO_2•3H_2O$;单斜]☆afwillite
柱函数☆cylindrical functions
柱褐铁矿☆pipe ore
柱红石[$(K,Ba)_{1\sim1.33}(Ti,Fe^{3+})_8O_{16}$;四方]☆priderite
柱环☆collar
柱辉铋铅矿[$Pb_5Bi_4S_{11}$;单斜]☆bursaite；barasaite
柱辉锑铅矿[$Pb_3Sb_8S_{15}$;单斜]☆fülöppite
柱辉铜锑矿☆guejarite
柱基☆foot of pile；plinth；stylopodium
柱夹☆column clamp
柱钾铁矾[$KFe^{3+}(SO_4)_2•4H_2O$;单斜]☆goldichite
柱架☆column mounting
柱架式凿岩机☆columnal{stand-mounted} drill；bar rig(ged) drifter；cradle drifter；drifter hammer；post mounted drill；drifting{column} machine
柱架装置☆bar-and-arm device
柱尖☆stylocone
柱间沉积物☆intercolumnar sediment
柱间质☆interprismatic substance
柱剑珊瑚属[六射珊;J_2-K_3]☆Stylosmilia
柱脚☆spud；pedestal；socle；prop heel{hitch}；heel；hitch shoot [of ore]；soleplate；column foot；shoe；zocle；stylopodium；stand；foot stall
柱(底)脚☆column foot
柱脚撑木☆needle timber
柱脚石☆base block
柱晶☆lath
柱(状冰)晶☆column crystal
柱晶磷矿[$Na_2CaAl_4(PO_4)_4(F,OH)_{10}•3H_2O$]☆jezekite；jexekite
柱晶钠铜矾☆kro(h)nkite；kronnkite
柱晶石[$MgAl_2SiO_6$;$(Mg,Fe^{2+},Fe^{3+},Al)_{40}(Si,B)_{18}O_{86}$；$Mg_3Al_6(Si,Al,B)_5O_{21}(OH)$；斜方]☆kornerupine；kornerupite[$(Mg,Fe^{2+},Fe^{3+},Al)_{40}(Si,B)_{18}O_{86}$]；prismatine {prismatite} [$(Mg,Fe,Al)_4(Al,B)_6(SiO_4)_4(O,OH)_5$]
柱晶松脂石[$C_{10}H_{22}O_3$;斜方]☆flagstaffite
柱晶系☆prismatic system
柱晶状的☆lath-shaped
柱颈☆collarine
柱径计☆cylindrometer
柱坑☆posthole
柱块☆stud
柱块云母☆algerite
柱廊☆colonnade；porticus
柱梁卡子接头☆cap shoe
柱列☆colonnade
柱磷铝石[$Al_2(OH)_3(PO_4)•2.5H_2O$]☆metavariscite；wavellite；fischerite
柱磷铝铀矿[$Al_2(UO_2)_3(PO_4)_2(OH)_6•10H_2O$;单斜]☆phuralumite
柱磷锶锂矿[$(Li,Na)_4SrAl_9(PO_4)_8(OH)_9$；$(Sr,Ca)(Li,Na)_2Al_4(PO_4)_4(OH)_4$;斜方]☆palermoite
柱硫铋铅矿[$PbS•3(Bi,Sb)_2S_3$；$Pb(Bi,Sb)_6S_{10}$]☆ustarasite
柱硫铋铜铅矿[$2PbS•Cu_2S•5Bi_2S_3$;斜方]☆gladite
柱硫锑铅银矿[$Pb_3Ag_5Sb_5S_{12}$；$PbAgSbS_3$;单斜]☆freieslebenite；donacargyrite；freislebenite；delislite；antimonial sulphuret of silver
柱留谱线☆persistent line
柱流出程序☆column elution program
柱流体井网系统☆pattern injection fluid system
柱芦木(属)[C_2-P_1]☆Stylocalamites
柱氯铅矿☆daviesite
柱绿泥石☆strigovite
柱螺栓☆double-end{stud;column} bolt；aglet；stud
柱螺栓键☆set key
柱螺栓销☆stud pin
柱帽☆cap (piece;board;lid)；head board{tree;block;piece}；bonnet；crown tree；prop cap
柱面☆prismatic face{plane}；cylinder
柱面波响应☆cylindrical wave response
柱面发散☆cylindrical divergence
柱面双晶☆prism twin
柱面性☆cylindricity；cylindricality
柱木☆prop wood
柱钠铜矾[$Na_2Cu(SO_4)_2•2H_2O$;单斜]☆kroehnkite；kro(h)nkite；kronnkite；salvadorite
柱内天井☆pillar raise
柱盘孢属[真菌;Q]☆Cylindrosporium
柱硼镁石[$Mg(B_2O(OH)_6)•H_2O$；$MgB_2O_4•3H_2O$;四方]☆pinnoite
柱球状空洞☆cylindrical-spherical cavity
柱容积☆column volume
柱塞☆plunger{trunk} (piston)；(displacement) ram
柱塞泵☆plunger pump
柱塞冲程☆plunger displacement{stroke}
柱塞传动装置分离机构☆ram drive release
柱塞阀密封圈☆plunger valve ring
柱塞间隙漏失☆plunger leakage
柱塞面积☆plunger area；PA
柱塞升料机☆plunger elevator
柱塞实际冲程长度☆net plunger stroke
柱塞式团矿机☆plunger type briquetting machine
柱塞头☆piston head
柱塞行程☆plunger lift{displacement}；travel of plunger
柱塞压制机☆plunger press
柱塞运动暂停机构☆plunger stop
柱霰石☆oserskite
柱(型)色层(分离)法☆column chromatography
柱色谱法☆column chromatography
柱珊瑚☆stylophora
柱珊瑚科☆Columnaridae
柱珊瑚属[D_2]☆Columnaria
柱上的水准点标志☆level marks on column
柱上楣构☆entablature
柱蛇纹石☆picrolite；picroline
柱身☆(column) shaft；frustum [pl.-ta]；stay bracket；trunk
柱身凹槽[建]☆stria [pl.-e]
柱石☆pillar；mainstay；wernerite；rock
柱石夹铁☆agraffe；agrafe
柱石假象云母☆micarelle
柱石岩☆basalt
柱石英二长斑岩☆kuskite
柱式半板面[三斜晶系中{*hk*0}型的单面]☆prismatic hemi-pinacoid
柱式采矿场内的巷道☆stoop road
柱式开采☆pillar and post work
柱式体系☆barrier system
柱式图解☆histogram
柱式图解频率分布图☆histogram frequency distribution diagram
4-柱双铰支撑掩护支架☆4-leg lemniscate clock

柱水钒钙矿[$Ca_3V_8O_{22}$•$15H_2O$；$Ca_9Al_2V^{5+}_{24}V^{4+}_4O_{80}$•$56H_2O$;四方]☆sherwoodite
柱榫接合方框支架☆post-butting (square) set
柱锁☆wedge-lock
(泉华)柱体底座☆column base
柱填充(物)☆column filling{packing}
柱筒[支柱底部]☆extension piece；prop housing
柱头☆chapitel；chapiter；cap；capital；post；column head{cap}；stigma[植]；capital head of column；pillar
柱头虫(属)[半索动物]☆Balanoglosus；acorn worm
柱腿☆leg-piece
柱腿支撑☆back {-}leg bracing
柱网层孔虫属☆stylodictyon
柱尾鲎属[Є-C_1]☆Stylonurus
柱文石☆oserskite
柱稳(定)式(平台)☆column-stabilized unit
柱窝☆hitch；heel；prop heel{hitch}；hitch shoot [of ore]；post{post-prop} hitch；egg hole；let-into；prop housing[液压支架]；holing
柱箱状叠层石属[Z]☆Linocollenia
柱鞋☆foot block；foot-plate
柱谐函数☆cylindrical harmonic
柱星目{虫}[腔]☆Stylasterina
柱星珊瑚属[C_1]☆Stylastraea
柱星螅目☆Stylasterina
柱星螅属[腔]☆Stylaster
柱星叶石[$KNaLi(Fe,Mn)_2TiO_2(Si_4O_{11})_2$；$KNa_2Li(Fe^{2+},Mn)_2Ti_2Si_8O_{24}$;单斜]☆neptunite；carlosite；carlosite neptunite
柱型色层法☆column chromatography
柱形☆column aspect
柱形的☆columnar
柱形叠层石属[Z-P]☆Collumnaefacta
柱形浮标☆pillar buoy
柱形矿☆stylotypite；stylotyp
柱形球石[钙超;Q]☆Palusphaera
柱形顺风箱☆expiration leg
柱形探棒[测井]☆cylindrical sonde
柱形体☆stylolite；lignilite
柱形螅(属)☆Stylaster
柱形药筒☆straight case
柱形支撑外钩☆pivoted brace
柱性能☆column performance
柱锈菌属[真菌;Q]☆Cronartium
柱叶大戟☆Euphorbia cylindrifolia
柱铀矿[$4UO_3$•$9H_2O$；UO_3•$2H_2O$;斜方]☆schoepite；epiianthinite；skupit；schoepite Ⅰ
柱载荷☆column load
柱宅供水☆water-supply of dwelling
柱展开色谱法☆column development chromatography
柱桩☆column pile
柱装绞车☆waughoist
柱状☆basalt-like shaped；basaltiform；rod-shaped；columnar；prismatic；stylolite{crowfoot} [构造]
柱状层☆prismatic layer
柱状的☆prismatic；columna(r)；stylolitic
柱状法☆cylinder method
柱状构造☆cylindrical{column(ar);prismatic;pallisade;stylolitic;basaltic;chimney{column}-like} structure；stylolite[碳酸盐岩]；crowfoot；(devil's) toenail；pillar structure[砂层]
柱状古构造分析☆histogrammic paleostructural analysis
柱状硅华☆geyserite column
柱状化(作用)☆stylolitization
柱状活塞☆battledore
柱状火山☆belonite
柱状火药☆pellet powder
柱状节理☆columnar joint(ing){cleavage;structure}；cylindrical{basaltic} jointing；basaltic parting
柱状节理下段[较上段大而完善]☆colonnade
柱状紧触结构☆columnar impingement texture
柱状矿体顶点☆ore-shoot crest
柱状泥裂☆prism crack
柱状剖面☆columnar section；(geologic) column
柱状腔[绵]☆stenoproct
柱状石☆chimney{pulpit} rock
柱状图☆histogram；stick plot；(columnar) section；column；bar graph；log
柱状图解频率分布图☆histogram frequency distribution diagram
柱状文石☆oserskite
柱状铣☆junk mill
柱状样品☆core
柱状药包☆column charge{cartridge;load}；long cylindrical charge；extended charge；columnar section [of strata]；stratigraphic
柱状云母☆algerite
柱状中轴[珊]☆styliform columella
柱状贮水体☆prism storage
柱状装药☆column charge{loading}；continuous column of powder；explosive column；column-loaded charge
柱状装药爆破☆column blasting
柱锥混合式卷筒☆cylindroconical drum
柱锥形沉淀箱☆cylindro-conical settler
柱子☆stanchion
柱子支护☆support by prop
柱纵向弯曲☆column(ar) deflection
柱(晶)组[2/*m* 晶组]☆prismatic class
柱坐标☆cylindrical coordinate
柱座☆plinth；column base；pedestals
柱座信号☆pedestal signal
助爆☆boost；boost
助爆剂☆booster
助爆团☆auxoexplosophore；auxoplosive group
助表面活性剂☆cosurfactant
助长……的☆conducive；conducible
助成原因☆concurrent
助催化剂☆co-catalyst；promoter
助定理☆lemma [pl.-ta]
助动式摆仪☆astatic pendulum
助动丝☆labilizing fiber
助动性☆astatization；astaticism
助飞(器)☆jato
助浮箱☆flotation tank
助观测线☆observation line
助航标志☆aid；seamark
助航系统☆navaid；navigational aid
助横突关节☆articulatio costotransversaria
助肌痕☆accessory muscle scar
助剂☆additive；auxiliary；adjuvant
助记操作码☆mnemonic operation code
助记术☆mnemonics
助记语言☆artificial language
助聚剂☆promoter
助理☆assessor
助理(人员)☆assistant；asst.；helpmate
助理员☆coadjutant
助力传动☆servodrive
助流剂☆flow aid
助滤剂☆filter-aids；leaching agent
助磨剂☆grinding aid
助黏剂☆adhesion promoter
助凝剂☆coagulant aid
助排剂☆cleanup additive
助泡剂☆foaming aids
助燃☆combustion-supporting；helping to combust
助燃剂☆additive for combustion；combustion improver{adjuvant}；burning-rate accelerator；oxidizer
助燃空气☆oxidizing{combustion} air
助燃物☆supporter of combustion；comburent；comburant
助燃用喷燃器☆stabilizing burner
助人记忆的东西☆reminder
助熔剂☆(smelter) flux；fluxing agent
助熔壳火山锥☆armored cone
助熔岩石[冶金上用来降低矿石熔点的石灰岩、白云岩等]☆fluxstone；fluxing stone
助溶剂☆cosolvent
助手☆second；helper；coadjutant；swamper；ally；aid；coadjutor；ancillary；assistant；coagent；ass.
助听器☆audiphone；osophone；aerophone[探测飞机的]；acousticon
助推☆boost；promote
助推的☆boosted；strap-on
助推机☆pusher
助推起飞☆assisted takeoff；ATO
助推器☆auxiliary boost；boost (motor)；thruster；strap-on；assist(or)；roll booster；booster
助推器燃烧室☆launching chamber
助洗剂☆builder
助线系[菊石]☆accessory lobe
助长☆help；facilitate；promote；forward
助长剂☆growth substance
蛀虫☆moth
蛀虫状气孔☆wormhole porosity
蛀木虫☆wood fretter
蛀木的☆xylophagous
贮☆handling
贮{储}备液☆stock-solution
贮仓☆(storage) bunker；arks
贮仓定额☆graduated hopper charge{charging}
贮仓口☆hopper opening
贮仓容积☆bin space
贮藏☆garner；store (up)；lay in；stowage；stow away；tankage；storage；coffer；stge
贮藏(保存)☆store
贮藏成本☆cost of storage
贮藏处☆cache
贮藏法☆preservative
贮藏库☆storage magazine
贮藏器☆holder
贮藏室☆store{storage} room；storeroom；bin
贮藏所☆cascade；bank
贮藏物☆furniture
贮藏炸药☆explosive storage{storing}；powder storage
贮槽☆sump；collecting{stock;holding} tank；hopper；tank
贮尘仓{室}☆dust pocket
贮存☆stockpile；chute compartment；keep in storage；store；storage；reposition
贮存场☆depot
贮存场装载输送机☆reclaiming machine
(赤泥)贮存池☆impoundment lake
贮存矿石☆ore in stock
贮存期限☆shelf life
贮存室☆storeroom
贮存系数☆coefficient of storage；storage coefficient
贮存需求频率曲线☆storage-required frequency curve
贮存用完☆supply failure
贮放☆seasoning
贮粉室[植]☆pollen chamber
贮罐☆collecting{stock} tank
贮浆罐☆circulating tank
贮矿仓☆ore storage bunker；ore(-storage) bunker
贮矿槽☆ore bin；storage silo；stockpile
贮矿场☆ore stockpiles{yard;field}；ore stock yard；stock dump{yard}；raw ore stockyard；ore-blending plant；storage yard{area}；stock yard{dump}；lodge
贮矿场工☆yard man
贮矿场卸料沟☆ore trough
贮矿场装料地沟☆ore-reclaim tunnel
贮矿沟开采法☆gully-stoping method
贮矿堑沟(沿倾斜布置的)全面采矿法☆dip gully method
贮理☆basal cleavage
贮料仓☆silo；stock bin
贮料漏斗☆hopper bin
贮料塔☆accumulator
贮料站☆bunker station
贮煤场☆coal yard{storage;depot;store;stockyard}
贮煤场工☆yard man
贮煤设施☆bunkerage
贮煤式房柱开采法☆chute-breast method
贮木场☆timber depot{yard;basin}；timberyard；lumberyard；lumber yard；wood-depot
贮气☆air storage
贮气罐☆air holder{vessel}；compressed air accumulator
贮气柜☆gas storage reservoir
贮气瓶☆tank
贮砂斗☆sand storage bin
贮水槽☆hopper；water reservoir
贮水池☆storage reservoir；stock pond；body of water；basin
贮水器☆cistern
贮水设施☆water-storage facility
贮水式雨量计☆storage gage
贮水系数☆storage coefficient；coefficient of storage
贮水性☆storativity
贮酸器☆acid tank
贮物孢[绵]☆thesocyte
贮蓄泡[原生]☆reservoir
贮液槽☆sump
贮液池着火☆pool fire
贮液囊[昆]☆reservoir
贮油仓库☆oil store

Z

贮油槽☆sump
贮油量☆storage capacity
贮油用的旧船☆hulk storage
铸币合金类☆coinage metals
铸场☆sand bed
铸床☆pig bed
铸垫酚醛塑料☆catalin
铸锭☆keelblock；keel block；ingot bar{casting}；cake；pig metal；foundry pig
铸锭的中心缩松☆coring
铸锭用耐火材料☆pouring (pit) refractory
铸锻件表面凸起部☆boss
铸钢☆ingot{cast} steel；channel iron；steel cast(ing)；casting；CS；C.I.
铸钢和焊接的连杆☆steel cast and welded pitman
铸钢件{厂}☆steel casting foundry
铸钢砖☆steel-casting brick
铸工☆caster；mo(u)lder；founder；foundry work(er)
铸工车间☆foundry (shop)；casting shop{department}
铸固叶片☆cast-in blade
铸管☆pipe casting
铸光弹包体☆cast photoelastic inclusion
铸件☆founding；founder；deadhead；casting (part)；cast；foundry goods；CSTG
铸件表面黏砂☆scab
铸件表皮☆peeling
铸件补缩☆feeding a casting；feeding of the casting
铸件的气泡☆blowhole
铸件裂纹☆clink
铸件清{落}砂工段☆casting removal station
铸坑☆foundry pit
铸口☆geat
铸块☆ingot (bar)；butt
铸铝☆cast aluminium
铸铝件砂型涂料☆aluminium mo(u)ld paint
铸模☆mold；casting (mold;die;form;mould)；mould；ingot；casts；mould for casting；matrix；lingot
铸模薄片☆cast thin section
铸模孔隙☆moldic pore
铸模土☆foundry clay
铸膜树脂☆casting resin
铸嵌式金刚石钻头☆cast set bit；cast-insert bit
铸青铜☆casting bronze
铸球机☆ball {-}casting machine
铸入☆injection；cast-in
铸砂捣实☆ramming
铸勺☆ladle
铸剩余铁水砂坑☆pig bed
铸石☆cast{synthetic} stone；caststone；stone casting；molten rock casting；fusion cast basalt；c.s.
铸石粉☆diabase{glass-ceramic} powder；cast stone powder
铸石管☆glass ceramic tube
铸石件☆molten-rock casting
铸石溜槽输送机☆cast-basalt-chute conveyor
铸石蓄电池外壳☆caststone storage battery shell
铸石学☆petrurgy
铸石用岩石☆petrurgical rock
铸石砖☆clinker brick；CB
铸塑树脂☆casting resin
铸态合金☆as-cast alloy
铸碳钢☆cast carbon steel；CCS
铸体☆cast
铸铁☆cast {-}iron；iron casting；iron founding；C.I.
S-H(高强度高硬度含钛共晶石墨)铸铁☆S-H cast iron
铸铁柄舌☆brod
铸铁废品☆off-iron
铸铁管☆cast-iron pipe；CIP
铸铁机☆pig machine
铸铁轧辊☆green roll
铸铁制环形碾盘☆cast-iron race
铸铁中的石墨形状☆graphite pattern in cast iron
铸铜☆cast copper；CC
铸桶☆ladle
铸镶金刚石钻头☆cast bit
铸型☆counterpart；casting mo(u)ld；cast；proplasm；mo(u)ld
铸型棍☆strickle
铸型浇注☆casting-up
铸型落砂冲锤机☆press for mould extrusion
铸型涂料{滑泥}☆casting slip
铸形痕☆proglyph
铸玄武岩☆cast basalt

铸压机☆press-casting machine
铸有圆周槽沟的衬板☆Black liner
铸造☆found(ing)；cas(t)ing；found(e)ry；coin；fashion；cast；mould；strike；CSTG
铸造车间☆found(e)ry；casting department{shop}；founder's shop
铸造车间设备☆foundry equipment
铸造工☆founder
铸造工人☆foundryman [pl.-men]
铸造合金动态应力测试仪☆flowage phase stress tester of casting alloy
铸造机☆caster
铸造冒口☆riser；riser-head；shrinker；shrink{casting} head；hot top
铸造嵌入金刚石钻头☆cast set diamond bit
铸造缺陷☆flaw in casting
铸造性☆coulability
铸造用焦炭☆foundry coke
铸造用砂☆heap{casting;foundery;foundry} sand
铸造用油☆batch oil
铸造质量☆castability
铸造钻头毛胚☆cast-metal{cast} matrix
筑坝☆damming；dam construction
筑坝堵水☆impound；dam
筑坝填料☆filling material for dam
筑坝围垦低地☆polderization；empoldering
筑坝壅{截}水☆captation
筑巢☆nesting
筑成台地☆terraced
筑堤☆bank(ing)；impound；dike；building dams；fill；embank；construct a dam
筑堤(工程)☆embankment
筑堤堵水☆impound
筑堤防护☆embank；dyke；dike
筑堤机☆diker；dyker
筑路拌料机☆road mixer；roadmix machine
筑路工☆paver
筑路工程☆road work
筑路工人☆roadman
筑路撒料机☆road spreader；spreader device
筑路石料☆roadstone
筑路碎石☆oad metal；road-metal
筑路用地☆right-of-way
筑坡泻水的☆weathered
筑起☆upbuilding
筑墙工☆waller
筑石艺术☆rockcraft
筑土泥浆池☆build a pit
住☆dwell；tarry
住舱☆berth
住处☆tent；residence；quarters
住房☆living chamber；residential house
住房拖车☆mobile home
住痕☆wohnspuren
住户☆inhabitant
住户供暖☆house heating
住留谱线☆ultimate lines
住室[软;孔虫]☆living{body} chamber
住宿☆lodge
住所☆dwelling；habitat(ion)
住院处的医生[医科实习生]☆extern
住在河边的(人)☆riverain
住宅☆house；homestead；housing；residence (house)；dwelling；home
住宅供热☆residential spaceheating
住宅区☆housing estate；residential quarters{district}；settlement
住宅土地的利用☆residential land use
住址☆direction；address；lodging；dwelling
注☆filling；pour
注标记{符号;代号;略名}[英;由字母、数字组成]☆monomark
注采比☆injection/withdrawal{injection-production} ratio；injected gas-oil ratio；voidage replacement ratio
注采不平衡☆injection{voidage-injection} imbalance
注采井布置{排列}☆injection-production well arrangement
注采井对☆injector-producer pair
注采井井距☆producer-injector spacing
注-采井数比☆injection-to-producing-well ratio
注采井网☆injection-production{flood(ing)} pattern；flooding (well) network
注采亏空☆voidage-injection imbalance

注采平衡☆injection withdrawal balance；injection-production voidage balancing；injected and produced fluid balance；balanced offtake；balanced injection and production rate；voidage balance
注采平衡动态☆balanced flood performance
注采史☆injection-recovery{production-injection} history
注册☆inscription；registration；register；log-on；ledger；log-in[微机终端用语]
注册代号☆monomark
注册吨☆net ton；gross tonnage
注册矿工☆free miner
注册商标☆(registered) trademark
注出冰川☆outlet glacier
注出式谷冰川☆outlet-type valley glacier
注淡水☆fresh water injection；fresh waterflood
注地下水☆subsurface-water injection
注定☆doom；predetermine
注定的☆deterministic
注惰性气体☆inert gas injection
注二氧化碳☆carbon dioxide injection
注富气☆enhanced-gas injection
注海水☆seawater injection
注化学剂用泵☆chemical feeder pump
注黄油孔☆grease injection hole
注混相气☆miscible gas injection
注记☆label；annotation
注记图☆marked map
注甲烷气☆methane gas injection
注浆☆cementing (operations)；inject；grout(ing)；grozzle{solution} injection；slip casting
注浆泵☆mud injecting pump；cement dump；injection{grout;grouting} pump；mud jack
注浆材料☆injecting paste material
注浆法☆grouting system{process}；slip casting method；cementation method{operation}；injector method；grout injector method of cementing
注浆封闭钻孔裂隙☆dental work
注浆工☆grouter；cementer
注浆固结☆consolidation by injection
注浆后的岩芯☆grout core
注浆孔☆injected{grouting;short} hole
注浆灭火☆fluid injection fire-fighting
注浆喷嘴☆injekto nozzle
注浆搪瓷☆enamelling by pouring
注浆陶瓷☆cast ware
注浆压力☆injection pressure
注浆止水☆ejection for water plugging
注浆终压力☆final pressure of grouting
注浆桩☆grouted pile
注胶☆impregnation
注脚☆subscript
注解☆illustration；explanation；apparatus；annotate；comment(ary)；(explanatory) note；explain with notes；annotation；app
注空气☆air injection
注口☆(stopper) nozzle
注冷水☆cold water injection{flooding}
注沥青止水法☆bitumization
注量☆fluence
注满☆injection；flush；brim；topping(-up)
注盆水☆saltwater injection
注频[把信号加到电路或电子管]☆injection
注气[地层]☆gas injection；GI
注气打开☆inlet open；INO
注气管沉在液中的百分率☆submergence
注气井☆gas input well；gas injector；gas injection well；bubble well[烟道气、氮气或天然气]
注气面积☆injection area
注铅充填物☆lead filler
(向油层)注热☆heating injection
注热管线☆thermal line
注热流体☆hot-fluid injection；hot flooding
注热气☆hot-gas injection
注热水☆hot water injection；hot waterflooding；HWI
注入☆inject(ion)；instillation；inlet；influx；infusion；impregnate；input；flow{fill} in；bullheading；imput；instilment；fill；petroleum injection；pour{empty} into
注入(的)☆inpouring
注入变熔作用☆entexis
注入冰河☆outlet glacier
注入侧☆pressure side

注入(量)的孔隙体积倍数☆pore volume injected; PVI
注入点☆input{injection} point; decanting point
注入阀☆fill-up{filler} valve
注入管☆filling{ascending} tube; ascending pipe; fill hose
注入河里等的污水☆effluent
注入剂☆injecting material; injectant
注入技术☆implantation technique
注入井☆injection{key} well[油]; intake{input;index; downflow;diffusion;pressure} well; injector; IW
注入井的井口压力☆intake well head pressure
注入井排☆injection (well) row; lines of injecting well
注入井网转向☆input{injection} pattern re-orientation
注入井吸入能力测试☆injectivity test
注入井压力上升[试井]☆injection pressure buildup
注入空气-采出原油比[火烧油层]☆ratio of injected to produced oil
注入孔☆filling orifice{hole}; bung hole; hand-hole; injected hole[气,液等]
注入孔道☆orifice of injection
注入孔隙体积比☆injection-pore volume ratio
注入孔用悬挂式孔壁封隔器☆hook wall flooding packer
注入口☆influx; handhole
注入量☆injection rate; input; intake volume; IR
注入流☆injectate
注入能力反应{增加}☆injectivity response
注入喷嘴☆inlet nozzle
(液体)注入剖面☆entry profile
注入剖面厚度☆injection profile height
注入器☆injector; infuser
注入气(量)与采出油(量)之比☆input{injected} gas-oil ratio
注入前的☆preflood
注入潜水河☆influent stream
注入融合岩☆diadysite
注入实验☆flood-pot experiment
注入水☆induced{injecting;flood;injected} water
注入水量☆injected water volume; volume of water input; quantity of injected water
注入水泥的膨胀式套管封隔器☆cement-filled inflatable casing packer
注入水银法☆mercury-injection method
注入速率☆rate of injection; injection flow rate
注入体☆injected mass
注入体积☆intake volume
注入物☆infusion; injectant
注入系数☆injectability index
注入型构造☆injection-type structure
注入液前缘☆injection-fluid front
注入液体☆liquid flooding; load[向井内]
注入蒸汽的钻杆尖头☆steam point
注入装置☆refiller; injection device
注润滑油嘴☆lubrication injection fitting
注润滑脂孔☆grease injection hole
注砂井☆mine-fills storing and mixing shaft; sandfilling shaft{chamber}; sanding chamber
注筛管☆primary screen
注上井深的☆depth-annotated
注射☆injection; inject; syringe
注射吹塑成塑☆injection blow molding
注射灌浆☆jet grouting
注射器☆inspirator; injector; syringe; scooter
注射器玻璃☆syringe glass
(单体液压支柱)注射枪☆setting gun
注射燃料管☆injector fuel pipe
注射燃料流☆injection{injected} fuel spray
注射者☆inoculator
注释☆exposition; comment; note; notation
注释卡☆comment card
注释者☆commentator
注视☆gaze; follow; fixation; eye; contemplation; watch; regard
注数字等高线☆index{figured} contour
注水☆infusion; flood(ing); water injection{infusion; flood}; fill up; waterflood[驱油]; topping-up; flushing; petroleum water flooding; watering
注水(量)☆water influx
注水爆破☆pulse infusion shot firing; infusion shot firing; water infusion blasting; pulsed infusion shot
注水波及形式☆waterflood sweep pattern
注水采出量变化趋势☆waterflood throughput trend
注水采油(量)☆water flood recovery
注水产量的首次显示☆waterflooding kick
注水的(煤层)☆water-infused
注水-地震关系☆injection-earthquake relationship
注水动态☆flood{waterflood} performance; waterflood behavior; performance of water-injection
注水度☆injectivity
注水二次采油储量☆secondary waterflood reserves
注水法☆pump-in{infusion} method; water-injection
注水反应☆water injection response; waterflood response; response to waterflood
注水防尘☆dust prevention by water infusion
注水管☆water-infusion tube; infusion gun
注水管线☆waterflood-transmission line; water injection line
注水后☆postwaterflood
注水夹头☆tending chuck
注水井☆(water) injector; input{injection;inverted;inlet; downflow;negative} well; water injection well; fill in well; waterflood{water} input well; waterflood injection well; WIW
注水井的井口压力☆intake pressure
注水井段☆injecting interval
注水井排☆row of water injector; lines of injecting well
注水井网☆injection well pattern; flood geometry; flooding{waterflood} pattern
注水井网重新定向☆injection pattern re-orientation
注水井压力感受范围☆pressure-sensitive range
注水开采趋势☆waterflood throughput trend
注水开发☆flooding; flood{waterflood} development; waterflood(ing); w.f.
注水开发井网☆waterflood development pattern
注水孔☆flashing hole; fill in well
注水率☆input rate; reinjectivity
注水落煤法☆water-infusion technique
注水煤层☆infused seam
注水敏感性试验☆waterflood susceptibility test
注水能力☆water injection capacity; water-injection capability; floodabitity
注水泥☆(oil well) cementing[油]; grouting; cement; well cementation
注水泥泵☆cement pump
注水泥的套管☆cemented casing
注水泥浮靴{鞋}☆cementing float shoe
注水泥工☆dentist
注水泥罐☆cementing tank
注水泥浆孔☆grout hole
注水泥浆钻孔钻进☆grout-hole drilling
注水泥胶塞{接箍}☆cementing plug{collar}
注水泥塞用承托环☆bottom ring
注水泥用下(木)塞☆base plug; baseplug
注水排放瓦斯法☆water infusion method
注水前缘到达(生产井)时间☆initial water breakthrough
注水枪☆water infusion gun; infusion gun
注水区☆injected zone
注水驱动☆artificial water drive
注水驱替☆displacement in flooding
注水塞☆priming switch
注水扫油图形☆waterflood sweep pattern
注水时机☆timing of water injection
注水试验☆injection test; pilot flood(ing); flood-pot experiment; flood-pot-test[试验室]
注水试验样品{岩样}☆flood-pot sample
注水式乙炔发生器☆water to carbide generator; water-carbide generator
注水受效时间☆flood-response time
注水速率☆rate of water injection
注水提高采收率☆waterflood enhanced recovery
注水通道☆waterflood path
注水系数☆injectivity index; flushing efficiency; water injection rate
注水效果☆flooded effectiveness; water injection response
注水效果的经验预测法☆empirical waterflood prediction method
注水形成流道☆waterflood channeling
注水压实☆compaction by watering
注水蒸气☆steam infusion
注水中后期☆mature waterflood
注水装置☆watering device
注水总站☆overall water injection plant
注塑☆jet molding
注塑法☆injection moulding
注酸☆acid squeeze{flooding}
注添加剂☆injecting additive
注完水泥☆cemented up
注下☆downpour
注销☆write-off; cancel; write{log} off; log(-)off; log out; logout
注销法☆method of check-off
注循环液☆circulating fluid
注阳离子聚合物阶段☆cationic stage
注液☆fluid injection
注液泵☆topping-up{priming} pump; liquid charge pump
注液防尘☆dust prevention by fluid injection
注液口☆stopper nozzle
注意☆heed; care; take into account; exercise caution; have regard to; attend; tend; attention; respect; remark; nota{note} bene[拉]; advert; observance; notice; note; mindfulness; mark out; look after; NB; N.B.
注意到☆observe
注意力☆attention
注意事项☆caution
注意信号☆attention (signal); caution signal; signaling attention; ATTN
注油☆charging; lube; oiling; greasing; fuel-injection; residual oil; oil injection; lubrication
注油泵☆lubro-pump; lubropump
(泵)注油不足☆underpriming
注油工☆greaser; sumper
注油孔☆oil filler (point); oilway; oil way{hole}
注油器☆greaser; cup; oiler; syringe; can; oil gun; line oiler{lubricator}
注油枪☆oil{grease} gun; doper
注蒸气☆steam flooding
注蒸汽☆steam injection{treatment;flooding}; steaming; SI
注蒸汽采油工艺☆steam process technology
注蒸汽后注水驱油☆post-steam waterflooding
注蒸汽井☆steam injection well; steamed well
注脂枪☆grease gun
注重☆regard; place stress on
注子[古代瓷制酒器]☆pourer; ancient flagon
祝融星☆Vulcan
驻半波☆standing half wave
驻波☆standing wave{oscillation}; clapotis; seiche
驻波比☆standing wave ratio; SWR
驻波管法测吸声系数☆stationary wave tube method
驻波说☆stationary-wave theory
驻车刹车[俗称手刹]☆parking brake
驻点☆stagnation{stationary} point; stagnant pint
驻工地工程师☆resident engineer; RE
驻工具痕☆stationary tool mark
驻极体传声器☆electret microphone
驻矿地质工作者☆resident geologist
驻矿视察工程师☆inspector and resident engineer
驻留管理程序☆resident supervisor
驻区工程师☆resident engineer
驻外机构☆overseas office
驻压刻痕☆stationary tool mark
驻营地☆base camp
驻云[气]☆standing cloud

zhuā

抓☆grip; grasp; collar; catch; take; seizing; scratch; scotch; claw
抓柄☆grip end
抓铲☆clamshell; grab jaw
抓持式磁选机☆holding-type separator
抓钉☆bitch
抓斗☆grab (bucket); grapple; earth grabbing bucket; clam (bucket); clamshell (bucket;scoop); clamp{crab} bucket; bucket{loading} grab; scoop clamshell; grab-(type) loader
抓斗吊车☆clamshell-equipped{clamshell} crane; clamshell equipped crane
抓斗关闭绳☆closing line
(凿井装岩时)抓斗拉绳☆tag line
抓斗平台[抓岩机]☆grab platform
抓斗容量☆bucket capacity
抓斗式采金船开采☆grab dredging
抓斗式挖泥船☆grab bucket dredger
抓斗式卸船机☆grab unloader

抓斗爪片☆leafs of grab
抓斗指☆clam finger
抓斗爪☆leaf of grab
(用)抓斗装载☆grabbing
抓钩☆grapple；dog iron{hook}；grabhook；pickup hook；grab[打捞工具]；knuckle
抓管机☆grab pipe machine
抓紧☆clench
抓紧装置☆gripper
抓卡装置☆catching device
抓拉试验☆grab tensile test
抓捞工具☆grappling tool
抓牢☆hold on to；gripe
(锚的)抓力☆holding power
抓链☆chain grip jockey
抓煤机☆coal grab
抓木机(钩)☆timber grab
抓泥机☆ream grab
抓泥器☆(mud) snapper；grab
抓器☆gripper；catcher
抓取☆bite
抓取法取样☆grab sampling
抓取机构☆grip gear；gripper mechanism
抓取器☆come-along；grab；gripping apparatus
抓升钩☆grappling hook
抓式取样器☆grab{snapper} sampler；snapper
抓手☆holding horn；mechanical finger；hand grip
抓筒☆junk basket
抓物端[机械手]☆grip end
抓岩☆muck；mucking
抓岩机☆(loading;bucket) grab；grab(-type) loader；clamshell (bucket;mucker)；clamp{crab} bucket；mucker；grabbing excavator；rock machine{rake}；mucking machine{device}；grab(bing) crane
抓岩机的抓斗☆grab bucket
抓岩机工☆charge-hand
(凿井)抓岩机工☆chargehand
抓样(器)☆grab sample
抓住☆grab；grapple；cop；catch；pluck；tackle；snatch；seize；prehension
抓住落鱼☆engagement with the fish
抓爪☆catcher；grabhook；grip(per)；trapping hand
抓爪型钻巷机☆gripper(-type) tunnel boring machine

zhuǎ

爪☆jaw (latching)；grapple；grab；finger；claw；fang；talon；pawl；clutch；paw；click；dog；nail；onychium [pl.-ia]；unguis[动;pl.-ues]
爪垫☆palmula
爪棍☆pinch bar
爪海百合属[棘]☆Onychocrinus
爪链☆dog chain
爪螺属[腹;E-Q]☆Clavus
爪锚☆fluke anchor
爪鲵属☆Onychodactylus
爪盘联轴节☆jaw coupling
爪蛇尾属[棘;C_1]☆Onychaster
爪式卡盘☆jaw chuck；chuck with
爪(颚)式离合器☆jaw clutch
爪式原始取芯钻头☆poor boy
爪饰☆talon
爪锁凹槽☆lock recess
爪套式定位器☆collet-type locator
爪销☆pawl pin
爪型破碎机☆claw breaker
爪指骨☆phalanges ungual
爪状☆acronychius
爪状(突起)☆talon
爪状花瓣底部[植]☆ungues；unguis
爪状结构☆claw texture
爪子扶正阀☆crowfoot guided valve

zhuān

专长☆speciality；expertise；specialty
(新闻)专电☆dispatch；despatch
专攻{家}的☆specialistic
专供同一公司所属企业的洗煤厂☆captive washery
专横地☆arbitrarily
专机信号☆intercall signal
专家☆specialist；expert；technician；best minds；proficient；hot shot[俗]；consummator[某方面的]
专家报告☆expert's report
专家管理论者☆technocrat
专家阶层☆technostructure
专家系统模块☆expert system module
专家政治论☆technocracy
专家咨询服务☆expert consultancy services
专检☆special inspection
专见种☆exclusive species
专科学校☆college
专科学院[综合性大学的]☆cluster college
(高等)专科院校的☆academic
专款☆(special) fund
专栏☆page；(special) column
专利☆patent；monopoly；pat.
专利局☆patent office；Pat. Off.
专利品☆patent；proprietary articles{materials}；patented article；pat.
专利权☆patent (right)；pat.；monopolization；charter；monopoly；subject of numerous patents；exclusive right{privilege}；franchise；patent；Part's
专利权限内容☆patented claim
专利商标名☆proprietary name
专利许可者☆patentor
专论☆monograph；tract
专卖品☆proprietary articles
专门☆specialness
专门词汇☆lexicon
专门的☆special；technical；professional；specific；spec.；SP
专门的业务{作业}☆specialized operation
专门地☆exclusively
专门地图☆special-purpose map
专门方法☆special method；SM
专门费用☆special-expenses
专门负责☆sole charge
专门工程☆specialist works；special projects；S.P.
专门化☆specialization；technicalization；specialize
专门技术☆know-how；technic；expertise；technical skill
专门名称☆nomenclature
专门取样☆dip specimen
专门人员☆technician
专门事项☆technicality
专门性工程地质测绘☆special engineering geological mapping
专门{高等}学校学生☆collegian
专门研究☆specialize；special(i)ty
专门应用☆specific application
专门用语☆terminology；technology；buzz word
专门做☆specialize
专人☆specialist
专任的☆full time
专属的☆exclusive
专属性☆specialization
专属性图☆specialization map
专题☆symposium [pl.symposia]；topic；theme
专题报告☆memoir；report{lecture} on a special topic；special{specific} report；SR
专题成图仪☆thematic mapper
专题的☆specialist
专题汇编集☆casebook
专题讲话节目☆forum
专题论文☆disquisition；dissertation (on a subject)；treatise；monograph
专题论文作者☆monographer；monographist
专题文章[期刊中]☆feature article
专题信息☆thematic information
专题研究☆monographic study
专题咨询☆special {-}subject consultancy
专文☆monograph
专线电报机☆telex
专项岩芯分析☆special core analysis
专心☆absorption；application；concentration；close
专心从事☆be devoted to；versant
专心致志的☆intent
专性嫌气细菌☆obligate anaerobic bacteria
专性厌氧微生物☆obligate anaerobes
专业☆special(i)ty；specialized subject；special branch{line}；specialities；discipline；special field of study；specialized trade (or profession)；career
专业词汇(手册)☆nomenclator
专业丛书☆catena [pl.-e]
专业的☆professional；specialist
专业地质科学家协会☆association of professional geological scientists；APGS
专业化☆specialization；professionalize
专业会议☆congress
专业讲座☆seminar
专业掘进队☆specialty driving team
专业权☆exclusive privilege
专业人员☆professional；personnel in a specific field；practitioner；competent person
专业人员助手☆subprocessional
专业俗语☆technical jargon
专一性☆specificity
专营权☆exclusive right；franchise
专用☆special purpose
专用标准体积管☆dedicated pipe prover
专用代码☆private code
专用的☆special；tailor-made；single-purpose；personal；dedicated；private；SP
专用地图☆special-purpose map
专用分析☆specialised analysis
专用符号[指图形]☆additional character
专用服务信号☆specific service signal；SSS
专用化学剂厂☆dedicated chemical plant
专用基线☆individual baseline
专用夹具☆unit clamp
专用器材☆special material；SM
专用桥☆service bridge
专用撬升工具[钻台操作工具]☆proper pipe lifting tool
专用设备分析☆task equipment analysis；TEA
专用铁路☆access railroad
专用图样☆patent drawing
专用小交换机☆private branch exchange；PBX
专用信道☆dedicated channel
专用业务信号☆specific service signal；SSS
专用炸药☆specialized explosive
专用装置☆optional equipment
专用自动小交换机☆private automatic branch exchange
专有的☆exclusive；proprietary；excl.
专有地☆exclusively
专有名词☆technic
专有特权☆exclusive privilege
专注☆absorption；fix
砖壁☆brick wall
砖壁座☆bricking curb{ring}
砖厂☆brick yard{works}；brickfield；brickyard
砖衬的☆brick-lined；bricked-in
砖衬井壁☆shaft bricking
砖衬砌{里}☆brick lining
砖地☆tile floor
砖垛结构☆pile of bricks texture
砖房☆brickwork
砖粉石灰砂浆[印]☆soorkee；soorki；soorky
砖格☆chequer；checker[蓄热室]
砖格孔道☆opening of checker
砖隔墙☆brick baffle{block}
砖拱☆brick arch
砖红化作用☆latosolization
砖红壤☆laterite；latosol；sila laeng
砖红壤残积古土(层)☆residual latosol
砖红壤化☆laterization；laterisation；latosolization
砖红壤性土☆lateritic{laterite} soil；(ferrallitic) latosol
砖红壤状土壤☆lateritoid
砖红色黏土☆sinopis；sinopite
砖红土☆latosol；laterite
砖灰砂浆☆brick dust mortar
砖(石)结构☆brick{masonry} construction
砖结构物☆brick works
砖井☆brick well
砖坯☆adobe；green{unburnt;unfired} brick；briquet(te)
砖坯受压方向☆direction of pressure on green body
砖砌井墙☆steening；steining；brick shaft wall
砖砌立井☆bricked{masonry} shaft
砖砌体☆brick masonry；brickwork
砖砌图案☆chequer
砖墙变形缝☆brickwork movement point
砖石衬砌☆masonry lining；lining with bricks
砖石堤☆masonry levee
砖石工☆mason(ry)
砖石工程☆brick-and-stone{masonry} work；masonry
砖石井壁☆ginging
砖石砌体基础☆brick mass foundation
砖石支护☆brickwork；masonry support；line with bricks

(用)砖石支护井壁☆steening
砖石支护井筒☆masonry shaft
砖饰面☆brick facing
砖似的☆brick
砖土☆brick clay{earth}
砖瓦☆segmental tile
砖瓦黏土☆brick clay
砖瓦石匠☆mason
砖瓦用页岩☆shale for brick-tile
砖外观质量☆apparent quality
(用)砖围砌(双层加热)圆筒式干燥机☆brick-enclosed cylindrical drier
砖圬工☆brickwork
砖镶饰面☆brick facing
砖窑☆brick kiln
砖缘石☆brick curb
砖渣☆brick rubble
砖支护☆bricking
砖柱☆brick column
砖状物☆brick

zhuǎn

转☆turn; change; shift; transfer; pass on; transport; convey; indirect; roundabout; troch(o)-
转氨作用☆transamination
转靶☆rotating target
转靶X光管☆rotating-anode X-ray tube
转板藻属[绿藻]☆Mougeotia
转半圈☆half-way
转包☆sub-contracting; pass-contract
转包人{工}☆subcontractor
转变☆(rotary) inversion; conversion; change; transform(ation); transit(ion); convert; reversal; morphotroph; turnabout; transfer; morphotropy
转变的☆morphotropic
转变点☆transition{transformation;inversion} point
转变力☆restoring force
转变了的☆converted
转变论者☆transformist; anti-magmatist
转变热☆heat of transition; transition heat
转变深度☆depth of conversion
转变时☆turning hour
转播☆relay (broadcast); hook-up; relay a radio or TV broadcast; translation; reradiation; reradiate; retransmission; transit; rediffusion; rebroadcast
转播的节目☆rebroadcast
转播器☆repeater
转采井☆converted production well
转槽☆turn trough
转插板☆plugboard; patch panel; patchboard
转差率☆slip
转肠贝属[腕;$D_{1\sim2}$]☆Tropidoleptus
转潮☆turn of the tide; change of tide
转车板☆coup{sweep;switch} plate; jump{turn} sheet; landing-plate; revolving bed plate
转车点☆change point
转车钢板☆flatsheet
转车盘☆bank-plate; switch plate; turn(ing) table; turntable
转车台☆landing(-plate); traverser; traverser turn table; transfer{turn;traverse} table; turntable; turnplate
转车台调车法☆traverser system
转撤器☆switch
转成标准条件☆revaluation
转出☆frame out; roll-out
转出率☆switching-out rate
转次页☆balance carried down
转导☆transduction
转到☆switch to
转到侧线☆side tracking
转到头☆turn home
转点☆change{turning} point; turning pint
转点桩☆turning-point pin
转调☆inflexion
转动[身体、物体某部分能自由活动]☆turn; change
180°转动☆opposite change
转动带法☆turning-band method
转动导管螺旋桨☆rudder propeller
转动吊臂☆swinging boom
转动杆☆dwang
转动活门[跳汰机筛下室]☆pinchcock
(电铲)转动机构[装载机]☆swing(ing) mechanism
转动架☆rotate frame; (rotating) turret
转动角☆angle of rotation; swing{swinging} angle
转动犁式给矿机☆rotary plow feeder
转动力☆rotating{torsional} force; turning effort
转动喷口冷却器☆rotary jet cooler
转动喷水式洗涤{集尘}器{室}☆rotor-spray washer
转动1/4圈开关的球阀☆quarter-turn ball valve
转动式刮井壁刷[固井用]☆roto wall cleaner
转动装置[机器中]☆wheelwork
转舵杆☆rudder rod
转舵机☆steering engine
转舵装置☆helm
转颚牙形石属[C_2]☆Declinognathus
转发☆repeating; repeat
转发浮标☆transponder buoy
转发器[海底电报]☆translator; sink; interpolator
转发站☆repeater station
转阀☆rotary valve
转阀式风力跳汰机☆plumb pneumatic dig
转钩☆swivel hook
转罐☆tank switching
转轨☆switcher
转过来☆turn over
转化☆invert; inversion; conversion; convert; variant; translation; resolution
转化度☆degree of conversion
转化酵素☆invertase
转化热☆transition heat
转化深度☆depth of conversion
转化土☆vertisol; blackland
转化型带锈底漆☆coversion paint for rusting surface; coversion coating
转化性☆convertibility
转化皂[烷基苄基二甲基氯化铵;$(C_6H_5CH_2)(R)(CH_3)_2N^+,Cl^-$]☆Invert soap
转化植物☆converter plant
转化周期☆transformation period
转换☆inversion; invert; handling; commutation; diversion; trans(fer); changeover; conversion; divert; change{switch} (over); switching; transform; crossover; converse; commutate; cut-over; convert; transit(ion); carry{throw} over; transformation; transduction; transcription; shifting; reset; relay; obversion; transduce[信号等]
转换板☆problem-board
转换波☆inverted{converted;transformed} wave
转换波[震勘]☆alternating waves
转换点☆transition{reversal} point; tr pt
转换端☆end of conversion; EOC
转换断层型大陆边缘☆transform fault type continental margin
转换反应☆reciprocal reaction
转换分数☆fractional conversion
转换工具总成[砾石充填]☆cross-over assembly
转换管道弯脖☆cross over bend
转换轨迹☆contrail
转换函数☆transfer function
转换极性☆reverse
转换剂☆diverting agent
转换接触☆change-contact
转换接头☆cross-over sub{joint}; crossover (coupling); adapter substitute; X-over; X/O
转换开关☆inverter (switch); change-over; circuit controller; (changeover) switch; invertor; change over; switcher; commutator; tumbler; changer; reset{on-off} switch; permutator
转换开关的凸爪{轮}☆cat head; cat(-)head
转换扩张(作用)☆transtension
转换裂谷☆trans-rift
转换密封总成☆crossover seal assembly
转换平衡☆reversible equilibrium
转换器☆commutator; transducer; converter; switch; translator; switchboard; transformer; board; revolver; transverter; sampler
转换熵☆translational entropy
转换设备☆commutating{conversion} device; changement
转换图像☆converted image
转换位置☆dislocation
转换位置开关☆position switch
转换效率☆conversion{transfer} efficiency; efficiency of conversion
转换信号☆switchover{switching} signal
转换型棒条筛☆diverting bar(-type) grizzly
转换旋转盆地☆transrotational basin
转换压缩(作用)☆transpression
转绘☆transfer; rendition
转绘仪☆camera-lucida; camera lucida
转击式筛析试验机摇筛机☆rotap
转记☆Carried Down; C/D
转角☆(street) corner; outer corner[钻头]; turn{rotor} angle
转角滑轮☆quarter block
转角羚羊☆spirocerus
转角驱动站☆angle driving station
转接☆switching (over); adapter coupling; switched connection; change{throw} over; transit; transfer; Co
转接板☆card extender
转接盘☆patching panel
转接器☆adapter (coupler); breakout box; adaptor
转节☆swivel; trochanter[节]
(旋)转节法兰☆swivel flange
转结☆carried down; C/D
转进☆frame-in
转菊石(属)[头;T_3]☆Tropites
转矩☆rotary moment; rotation torque
转力矩☆torque
转捩流☆transition flow
转笼☆cage
转录☆transcription; copy; transcribe; transcord; dub; re-reading
转录器☆omnitape; transcriber
转录系统☆re-recording system
转{浮}煤☆raft
转耙式浓密机☆rake{rotary-rake} thickener
转让☆transfer(ence); negotiate; grant; conveyance
转让契约☆subcontract; quitclaim
转让人☆assigner; assignor; farmor
转让入☆farm in
转熔☆peritectic reaction
转熔体☆peritectoid
转入☆carry over; roll-in[主存]; rollout[辅存储器]; carry-over {brought forward;b/f}[次页]
转入率☆switching-in rate
转入旁轨☆side tracking
转生冰碛☆derived till
转生的[法]☆remanie; remanié
转生岩☆derivate; derivative rock
转石☆float; floater; rubble
转石岩☆rubblestone
转时种[生]☆opportunistic{fugitive} species
转式测速仪☆rotameter
(旋)转式滤器☆rotary strainer
转输☆transmission; pump over
转述☆report
转瞬即逝的☆fugacious
转送☆transfer; XFER; transit; send on
转送运输☆swing haulage
转送装置☆grasshopper
转锁☆turnkey
转态过程☆polling
转态植物☆converter plant
转体☆swivel; twist; turn (torso); truck rotation; pirouette; transformation; turning aside; rotor
转体扳手☆swivel wrench
转体式喷射机☆rotor-type spraying machine
转投资☆shifting investment
转头☆rotary head{swivel}; [of a person] turn round; face about; repent; swivel; head turning
转弯☆corner; turn; turning; zig
转弯滑轮☆quarter block
转弯溜槽☆bell(-)crank trough
转弯坡道☆shape{switchback} ramp
转弯阻力[通风道]☆curve resistance
转位☆indexing; dislocation; displace
转位工具☆shifting tool
转位双晶☆transport twin
转位子☆transposon
转(入)下页☆carried forward; C/F
转线错车转盘☆climbing turntable
转线道岔☆run-over-type turnout
转线钢板[铁道]☆plate crossover
转线管线☆cross-over line
转线路☆crossover
转线转盘☆climbing turnplate

转向☆diversion; divert; goto; steer(ing); swing (to); get lost; change direction; deflect(ion); bend; bear; crossover; trend; veer; turnabout; turn; slew; slue; sheer; re-orientation; change one's political stand
(汽车)转向不足☆understeer
转向槽☆diversion trench
转向车☆bogie (car); wheel bogie
转向点☆turning{neutral} point; TP
转向阀☆diverter valve
转向反面☆turn over; t.o.; TO
转向防磨板☆deflector and wear plate
转向风幛{障}☆deflector brattice
转向工具☆kickover{deflection;steering} tool
转向关节支架☆steering knuckle support
转向辊☆bending roller
转向滚筒☆deflector drum
转向河☆diverted river{stream}
转向滑轮☆angle{deflection} sheave
转向剂☆diverting{diversion} agent
转向架☆bogie [fitted under a railway carriage]; bogey; (bogie) truck
转向架安全链☆check chain
转向架闸缸☆engine truck brake cylinder
转向接头☆deflecting{cross-over;crossover} sub; cross-over shoe
转向节☆(steering) knuckle
转向矩阵☆detour matrix
转向拉杆☆steering link; debar
转向连接☆deflect-to-connect
转向轮☆bend pulley{wheel}; truck roller; steering {deflection} wheel; tumbler
(汽车的)转向轮安装角测定仪☆aligner
转向脉☆deflection vein
转向锚索☆spring
转向器☆deflector; diverter
转向沙嘴☆recurved spit
转向竖井☆turned vertical shaft
转向托架☆bogie bracket
转向峡谷☆gorge of diverted river
转向销☆kingpin
转向楔☆deflecting wedge
(用)转向楔改变孔向☆whip stock
转向楔环☆rose ring
转向叶片☆turning vane
转向油缸轴销☆steering cylinder pivot pin
转向褶曲{皱}☆deflection fold
转向轴蜗杆☆steering shaft worm
转向柱☆steering post{column}
转向助力缸☆power-assisted steering ram
转向装置☆deflection{diverting;steering} device; steering{steerage} gear; turn; transfer
转向装置轴☆steering gear shaft
转向钻进☆deflection drilling
转向钻头☆wedge bit
转象差☆quadrature
转销☆swing pin
转效点☆breakpoint
转效时间☆break time
转写☆transfer; transcribe
转型☆transformation
转押汇银行☆renegotiating bank
转样瓶☆transfer bottle
(文章)转页刊登部分☆breakover
转移☆transference; jump (transfer); transition; divert; transfer; metastasis [pl.-ses]; metaptosis; shift(ing); diversion; change; transform; devolution; carry over; branch; mobilized; transport; transfusion; avert (from)[目光、思想等]; locomotion; trs; trans-
转移比例矩阵☆transition proportion matrix
转移沉积☆transported deposit
转移成本☆cost of transfer
(指令)转移点☆entry point
转移价格☆transfer price
转移名☆nomen translatum; nom. transl.
转移频率矩阵☆transition frequency matrix
转移强度☆transition intensity
转移跳动☆translation jump
转移信息☆trans(-)information; transferred information
转移性的☆metastatic
转义☆trope
转阴☆darken
转油站☆loading depot
转于浮隙☆rotor float
转运☆handling; forward(ing); transship; transferring; transshipment; have a change of luck; transport; luck turns in one's favour; transportation; transfer; transit; transhipment[船或车]
转运仓库☆storage terminal
转运港☆port of transshipment
转运室☆junction house
转运水☆diversion of water
转运塔☆transformer tower
转运油库☆(bulk) terminal
转运重物用撑柱☆jack
转载☆transfer; reloading; trans(s)hipment; reprint; reproduce
转载点☆transfer point; transpersite
转载机☆feed{feeder;transfer} conveyor; reloader; transloader; overloader; stage loader[连接工作面胶带输送机和煤巷胶带输送机]
转载溜槽坡度☆transfer chute slope
转载设备☆conveying equipment
转载装置☆load-transfer device; transfer gear
(银行)转账清算服务(制度)☆giro
转账支票{|银行}☆giro cheque{|banks}
转折☆breakover; dogleg
转折草带☆turn strip
转折点☆turning point{pint}; breakpoint; transition; point of inflection; TP; t.p.
转折端☆hinge zone
转折弧☆arc of disjunction
转折角☆angle of bend
转折弯曲☆dogleg bend
转折线[构造]☆inflection{hinge} line; line of inflection
转辙☆switching
转辙车架☆transfer carriage
转辙工☆switch man; switchman
转辙轨☆shift bar{rail}
转辙机☆goat; switchstand
转辙器☆derail(er); switch; pointer; rail switches
转辙器搬动杆☆points stretcher bar
转辙器杆☆switch throw
转辙器跟☆heel of switch
转辙`器{|握柄}座☆switch stand
转辙信号☆switch sign(al)
转枕☆swivel block
转置☆transpose; transposition; trs
转置(矩)阵☆transposed matrix
转柱(式)起重机☆pillar crane
转注井☆conversion well
转注(生产)井☆converted producer
转座式顺槽转载机☆swivel beam loader
转座子☆transposon

zhuàn

转☆turn; revolve; rotate; (number of) revolution
转杯式燃烧器☆rotary burner
转臂☆boom; tumbler
转臂式☆jib-type
转臂(操纵)油缸☆jit cylinder
转臂支柱☆slew post
转柄浮子☆pivoted float
转带蒸馏☆spinning band distillation
转动[物体绕轴运动]☆rotary motion{movement}; wheeling; rotation; turn (round); rotating motion; move; revolve; rotate; circulate; twirl; tumble; tour; throw; troll; rota-
转动臂☆cursor; swivel arm
转动锤击式试验套筛振筛器☆rotap testing sieve shaker
转动锤击式振筛器☆Ro tap shaker
转动翻笼☆revolving tipper; rotary cardump; tipping pendula
转动惯量☆moment of inertia; inertia moment; rotation(al){rotary} inertia; MOI; m of i
转动光带☆rotation band
转动拣选台☆revolving sorting table
转动(轴与轴承间的)间隙☆running clearance
转动卡块[扭卸钻头用]☆breakout block
转动炉算{排}☆travel(l)ing grate
转动轮式定量给矿机☆rotary feeder
转动门[连接两运输道]☆plat
转动面积☆slewing area
转动磨料的配量[磨机]☆rationing of tumbling charge
转动能☆rotation(al) energy; energy of rotation
转动排料沉砂槽☆tilting sand tank
(机器)转动期☆run-time period
转动曲柄(开动)☆crank
转动曲轴[手动、机动,俗称:盘车]☆cranking
转动扇轮☆rotating sector
转动式炉☆rocking furnace
转动速度☆stewing{swing} speed; velocity of rotation
转动体☆rotor; tumbling mass; rotator
转动调节控制盘来控制(机器)☆dial
(断块)转动位移☆rotational movement
转动叶轮定量给料机☆rotary feeder
转动砧剪切装置☆rotating anvil shear apparatus
转动中心☆center of rotation
转动轴☆live axle; transmission shaft
转动轴线☆axis of rotation
转动爪管钳☆iron roustabout
转动作用☆rotative action
转斗式运输机☆pivoted-bucket carrier{conveyor}
转斗油缸☆tilt cylinder
转/分☆revolutions per minute; rpm; revs per min.
转缸式发动机☆rotary engine
转鼓☆tumbler; (rotary) drum
转管式输送机☆rotary tubular conveyor
转环☆(rotary) swivel; pivot bracket; rotating ring
转环式车钩☆swivel (couplings); swivelling; coupling
转架车☆bogie car
转镜照准仪☆tube-in-sleeve alidade
转矩☆(rotating) torque; turning couple{moment}; torsion; rotative{rotation} moment; moment of rotation; moment; tor.
(指示)转矩扳手☆torque wrench
转矩比例差动器☆torque-proportioning differentials
转矩产生器☆torquer
转矩管传动☆torque tube drive
转矩回能☆torsional resilience
转矩计☆torquemeter
转矩流泵☆torque-flow pump
转矩式浓缩机☆torque thickener
转开☆unwind
转炉☆converter; rotary furnace{kiln}; revolver
转炉钢渣☆Bessemer furnace slag
转炉烘干燃烧器☆converter drying burner
转炉炉壁砖☆lining brick for converter
转炉炉身☆vessel
转炉冶炼法☆bessemerizing
转率计☆turnmeter
转轮☆rotor; raff wheel
转轮煤砖压制机☆wheel fuel press
转轮体☆web
转盘☆rotary{turning;rotating} table; carousel; circle; coup plate; roller{swinging} circle; slewing gear ring; turnplate; turntable [as of a record player]; turnsheet; whirler; sports giant stride; disc-spinning; petroleum rotary table; coffee grinder; RT; rotor; rt; traverser; rotary; harp[刀架]
转盘把杆☆guy-derrick
转盘标高☆rotary table elevation; RTE
转盘补心面以下的方钻杆长度☆kelly-in
转盘传动☆table drive
转盘大方瓦☆drive bushings
转盘方瓦☆master bushing
转盘方瓦和方钻杆补心☆kelly drive
转盘架☆turntable mounting
转盘接杆式钻孔机☆rotary-type boring machine
转盘链条罩☆rotary drive guard
转盘面下[井深]☆below rotary table; BRT
转盘扭矩☆rotary table torque; table{rotating} torque; hydraulic torque; electric torque; TORQ
转盘式浮标驳船贮舱☆carousel buoy-floating barge storage
转盘式交叉☆gyratory junction
转盘式自动搪烧炉☆automatic rotating pan enameling furnace
转盘式钻机[软岩或土层用]☆rotary bucket drill
转盘锁闸☆turn locking gear
转盘托辊☆slewing roller
转盘型连续高梯度磁选机☆carousel continuous high gradient magnetic separator
转盘移动用支架☆slide rest
转盘与钢绳冲击钻进复合式钻机☆rotary jig
转盘噪声☆rumble
转片装置☆film-moving mechanism

Z

转球法黏度计☆rotating ball
转筛式给料机☆revolving grizzlies feeder
转枢☆gelenk[德]；hinge；scharnier[德]
转枢线断层☆hinge-line fault
转数☆(number of) revolution；convolution
转数`比{|范围}☆ratio{|range} of revolution
转数表☆revolution meter；tachometer；tech
转数过大☆burn a bit
转数计☆(cycle) counter；cyclometer；revolution (counter;indicator)；spin counter；tachometer；turn indicator；turnmeter；motometer
转数减小☆slip
转数力矩关系☆speed-torque characteristic
转速☆rotating{rotative;rotational} velocity；(rotational) speed；speed of rotation；rate{speed} of revolution
转速表☆kinemometer；tachoscope；tachometer (gage)；tachograph；revolution meter{counter}；tech
转速表发电器☆tachometer generator
转速测定(法)☆tachometry
转速测量☆tacheometric survey
转速级数☆number of speeds
转速计☆tachometer；turnmeter；cycloscope；velocity gauge；tachograph；motometer；revolution meter {counter}；tech；TAC
转速记录(器)☆rate-of-turn record
转速-扭矩范围☆speed-torque range
转速偏离☆off-speed
转速(记录)图☆tachogram
转速信号☆tachometer signal
转速与输送量之关系☆relation speed/throughput
转塔车床☆turret {capstan} lathe
转塔刀架☆turning head
转塔锚泊开采系统☆turret anchored production system
转台☆turning table；turntable；turnplate；revolving stage；(rotating) turret；rollover
转台式滤砂机☆table {-}type filter
转套☆teleflex
(储罐)转梯☆rolling ladder
转桶清砂法☆barrelling
转桶式筛面☆rolling-tub screen deck
转筒☆revolving{turn} barrel；drum；tumbler；rotor
转筒(提金)法☆barrel process
转筒和料斗联动装置给料机☆combination drum and scoop feeder
转筒记录法☆kymography
转筒泥浆筛☆rotary mud screen
转筒喷砂☆tumblast；rotoblast
转筒筛☆revolving (drum) screen；drum{trommel; rotary;shaft;roller} screen；screening drum
转筒式安瓿机☆horizontal ampoule forming machine
转筒式印字机☆thimble printer
转筒洗筛☆trommel washer
转筒型滤槽☆rotary drum filter
转型{换}断层☆transform fault
转窑水泥飞灰☆flue dust
转叶式(压缩空气)发动机☆rotomoter；rotary-vane motor
转仪钟☆driving clock
转振谱带☆band of rotation-vibration
转轴☆(turning) axle；swivel
转轴点☆spin axis point
转轴式控制门☆rotary-shaft control valve
转轴头☆tupelo
转轴转数器☆shaft counter
转子☆rot(at)or；impeller；impellor；runner；armature；trochanter[解]
转子传动筛☆rotor-driven screen
转子的叶片☆impeller；impellor
转子分流流量计☆rotary shunt meter
转子流量计响应☆spinner response
转子式碎石机☆rotator crusher
转子外接电阻启动☆secondary-resistance starting
转子叶片☆rotor blades；spinner blade
转子液体电阻控制器☆rotor liquid controller
转子与定子间的空隙☆air-gap
转子运动图☆rotor movement chart
转子制动孔☆rotor locking holes
赚钱能力☆earning power
传记☆biography

zhuāng

桩☆pile；peg；pale；post；dowel；stake
桩板☆poling board
桩板墙☆pile-planking
桩(衬)壁☆pile lining
桩材☆piling
桩承地脚☆piling foundation
桩承基础☆pile-supported footing
桩承(载)力试验☆pile test
桩承作用☆pile action
桩齿形[棘]☆pectinate
桩锤☆pile hammer{block}；drive block；hammer
桩锤导柱☆ram guide
桩锤吊索☆hammer line
桩锤落高☆stroke
桩打到(止点)☆drive to refusal
桩-导管架连接☆pile-to-jacket link
桩的表面摩擦力☆skin friction of pile
桩的布置☆arrangement of piles；pile layout
桩的侧向荷载试验☆lateral pile load test
桩的打入性☆driving characteristic
桩的大端☆butt of pile
桩的动测法☆dynamic measurements of pile
桩的分部安全系数☆partial safety factors of pile
桩的固定点☆point of fixity
桩的抗沉☆refusal of pile
桩的起拔阻力☆pile extraction resistance
桩的竖向反力系数☆coefficient of vertical pile reaction
桩的套护☆pile jacketing
桩的完整性试验☆pile integrity test
桩的维持荷载试验☆maintained load pile test
桩的制作☆pile manufacture
桩垫☆pile cushion
桩顶抗蓬裂能力☆resistance to broom
桩顶蓬裂☆broom
桩顶自由的桩☆free-end piles
桩定坡面点[测]☆slope staking
桩端☆pile tip{toe;point}
桩端阻力☆end resistance of pile；tip resistance
桩覆重打试验☆pile retapping test
桩箍☆pile band{hoop;ring}；drive collar；driving band
桩冠☆dowel crown
桩贯入的动阻力☆dynamic resistance against pile penetration
桩贯入的静阻力☆static resistance to penetration of pile
桩环☆anchor ear
桩基☆pile{pier} foundation；foot of pile
桩基础☆pile footing；piling foundation
桩尖☆pile tip{point;toe}
桩尖阻力☆point resistance
桩间隔墙☆interpile sheet
桩脚☆spud
桩接头☆pile splice
桩距☆pile spacing；station
桩距立方码运输量☆station yards haul
桩橛☆deadman
桩力计☆pile force gauge
桩螺属[腹;E-Q]☆Bittium
桩锚☆pile{stake} anchor
桩帽☆(driving;head;helmet;cup;hood) cap；pile helmet {cap;cover}；cap block{board}；capping；drive head；protective cap
桩面摩擦力☆shaft friction
桩排架☆pile bent
桩墙☆pile；piling wall
桩桥钻井[浅水钻井]☆pier drilling
桩球虫科[射虫]☆Stylosphaeridae
桩群☆(pile) cluster；group{clump} of piles
桩身☆pile shaft
桩身摩阻☆shaft resistance
桩式建筑物☆piling；pilework
桩束☆group of piles
桩数☆number piles
桩头☆pile head{craw}
桩头钩☆monkey hook
桩头箍☆drive{driving} cap；driving hood
桩腿☆spud leg
桩瓦状组构☆imbricated fabric
桩位布置图☆piling plan
桩形骨针[绵]☆style
桩靴☆pile{drive} shoe；sabot；jaw of pile
桩载荷试验☆pile load(ing) test
桩支撑结构☆pile-supported structure
(用)桩支承☆spile
桩之冲孔☆jetting of pile
桩止点☆pile-stoppage point
桩柱☆pile；deadman
桩柱系统☆anchoring system
桩子☆stake
桩子接长☆pile extension
桩组☆group of piles
装☆charge；stow；spotting；onload；fill[车]
(棒磨机)装棒量☆rod charge
装包重量☆shipped{shipping} weight
装备☆hookup；hardware；furnish(ing)；equipment；fitting；outfit；fit out；equip；rig；device；gear；unit；apparatus；furn.
装备的换季工作☆climatization
装备过度☆overequipment
装备工业☆equipment manufacturing industry
装备有☆be equipped with
(给……)装柄☆haft；helve
装仓☆binning；bunkering；bunker
装插管子☆spile
装渣设备☆detritus equipment
装车☆truck (loading)；entruck(ing)；on-loading；fill
装车仓☆loading bunker；load-out bin
装车点☆putter flat；drawpoint
装车工☆bandsman；car filler{loader}；chute drawer {loader;man}；harrier；mine{pit}-car loader；truckman
装车控制☆car-loading control
装车漏口☆haulage box
装车轮的小型输送机☆wheel-mounted conveyor
装车配矿☆ingredient ore of load car
装车平整工☆car trimmer
装车台☆car{loader} slide；platform；ramp；loading floor{platform;ramp}；truck fill stand；sollar；soller truck fill stand
装车整平工☆(car) trimmer
装成包的☆packaged
装成罐头☆can
装齿☆toothing
装齿轮☆cog
装齿耙斗☆toothed scraper
装出岩{矿}石☆muck out
装船☆shipment；shiploading
装船单☆shipping ticket
装船机☆ship loader
装船日期☆date of shipment；shipping date
装船时间☆time of shipment
装船通知条款☆declaration shipment clause
装船延误☆delay shipment
装船油库☆tanker loading terminal
装垂片状物☆flap
装带开关☆load switch
装袋☆bagging；sack；bag-loading；casing
装袋称重机☆bagging and weighing machine
装袋工作☆bagwork
装袋机☆bagging machine{unit}；bag packer；sack filling machine；bagger
装袋器☆sacker
装袋水泥☆sacked cement
装袋装置☆bagging unit
装弹药(于)☆ammunition
(给……)装底☆bottom
装底工作☆bottoming
装点火器矿灯☆relighter lamp
装电动机的☆motorized
装顶盖者☆topper
装顶柱☆fore set
装锭机☆ingot charger
装订☆binding；bind
装订的☆bound
装订工{机}☆binder
装斗☆bunker
装阀管[康威尔泵排水立管的一部分]☆H-piece
装附件用螺钉☆attachment screw
装矸☆mucking；muck loading
装箍的人☆tagger
装管☆tubing；tubulating；tubulation；tubulature
装管驳船☆lay barge
装罐☆caging；decking；dog-on；onsetting；canning
装罐工☆hanger-on；onsetter
装罐机☆(mechanical) cager；caging machine；caging unit decking gear；can filler；cage loader
装罐机卡爪{抓手}☆cager horn
装罐笼推车机☆caging machine

装罐水平☆decking level；hanging-on
装罐顺序☆landing sequence
装罐卸罐工☆headman
装罐用活动台☆cage jump set
装灌管线☆filling line
装好的☆fixed
装好地面导管的井☆collared hole
装合螺钉☆attachment screw
装滑车☆tackle
装潢☆furnishing；decoration
装簧空转轮[弹簧托辊]☆spring loaded idler
装火药☆prime
装火药雷管工具☆drift
装货☆freight；embarkation；embarcation；cargo；load{loading}（cargo)；turnaround；shipment；pickup；dispatching[油品]
装货单☆invoice；inv；loading voucher
装货付款☆payment on shipment
装货港☆shipping port；port of shipment
装货人☆freighter
装货上(船、车等)☆burden
(船的)装货设备☆unloading equipment
装货台{场}☆loading platform
装机功率☆installed power
装机容量☆installed capacity；power installation
装箕斗工☆skip loader
装甲☆armor；armour(ed)；plate armour；armo(u)ring
装甲板☆armo(u)red apron{plate}；armo(u)r
装甲的☆panzer；armoured；armored
装甲炮塔☆cupola
装甲曳引车☆dragon
装甲作用[反应边形成作用]☆armoring
装架☆jig
(给……)装尖顶☆spire
装胶皮轮胎的管道下水(溜放)台☆rubber-tired launchway
装胶片☆threading
装铰链☆hinge
装脚绝缘子☆pin type insulator
装金☆gilding
装紧☆impact；impaction
装具☆harness
装具袋☆kit
装卡工具☆replacer
装卡片的圆筒☆loading mandrel
装卡片工具☆chart mandrel
装矿☆mucking；ore loading
装矿槽☆charging trough
装矿工☆lasher
装矿分支巷道☆spout hole
装矿机放矿点☆mucking machine drawpoint
装矿溜{漏}口☆chute
装矿漏斗☆feeder pot
装矿码头☆ore loading berth
装雷管☆prime；capping cap；priming
装了油嘴的出油管☆choke flow line
装料☆feed；charging(-up)；charge；load(ing)；fill(ing)；feed a machine；burdening；stocking
装料不足☆underloading；undercharge
装料场☆dock
装料斗☆hopper；charging hopper{bucket}；loading bucket
装料工☆stocker；loader
装料过多☆overfeeding；over burdening
装料过满☆overfill
装料机☆backfiller；charger；charging machine；loader
装料口☆door；loading inlet；receiving opening
装料器☆loader
装料体积☆charge volume
装料系数☆coefficient of charge
装料箱☆packing box{case}
装炉☆filling；charging；furnace loading
装履带的☆crawler mounted
装轮的☆wheel-mounted
装轮的井口覆盖台☆running bridge
装锣浮标☆gong buoy
装满☆heap；filling (up)；fill (in)；pack
装满(罐)☆topping-up
装满的☆(full) laden；filled
装满关阀[油罐或油舱]☆topping off
(炮眼)装满填实☆solid loading
装满系数☆fillability (factor)；fill factor；coefficient of admission；fill(ing) percentage；charge ratio

装满油的管线☆live line
装煤☆coaling；coal loading{filling}
装煤班☆filling shift
装煤板☆cowl；deflector door
装煤叉☆scovens
装煤铲☆harp
装煤港☆coaling station；port of coaling
装煤工☆bandsman；coal loader；filler；collier；pitcher；off-putter
装煤刮板[装在截链座上]☆loading flight
装煤偏导板☆plough deflector
装煤设备☆coal-loading plant
装煤整平工☆(coal) trimmer
装门耙斗☆door-equipped scraper
装模板☆encasing
装模温度☆loading temperature
装炮工☆tamper
装配☆instal(l)ment；fitting；assembling；installation；fabrication；assembly；mount(ing)；fabric(ate)；setup；fit (together)；assembl(ag)e；erection；package；outfit；fitting-up；buildup；set{build;nipple;make} up；construction；montage；ASSEM；ass.
装配部件☆built-up member；assembly unit；fitting
装配部件清单☆assembly parts list；APL
装配产业☆assemblying industry
装配车间☆fitting shop{department}；assembling department{shop;plant}；erecting-shop；assembly {fitter's;adjusting;making-up} shop
装配程序☆set-up procedure；setting up procedure
装配尺寸☆fixing dimension
装配底座☆split base
装配吊车☆erecting crane
装配堵头☆mating end cap
装配工☆erector；adjuster；(machine) fitter；joiner；assembler；fabricator；repairman [pl.-men]；millwright；bonder[电磁铁的]
装配工作计划表顺序☆assembly work schedule order
装配惯性转子的仪器☆inertia-rotor apparatus
装配好的☆mounted
装配螺钉☆attachment screw
装配螺栓☆erection{assembling} bolt；tackbolt
装配面☆surfacing
装配模板☆forming
装配器☆assembler
装配任务☆fittage
装配设备☆rigging equipment
装配式钎{钻}头☆insert rack bit
装配式中空型{丁字钢帽形}钢罐道☆fabricated top-hat sections guide
装配头☆insertion head
装配图☆installation{erection;assembly} diagram；fabrication{erection;assembly;shop} drawing；wiring layout；assembly drawing shop drawing
装配要求☆matching requirements
装配用滑车☆building huddle；erector set
装配与测试☆assemble and test；A & T
装配组件☆making-up unit；load module
装瓶物☆bottler
装气罐☆gas holder
装嵌☆assembly
(在……)装窃听器☆bug
装丘宾筒☆tubbing
装球☆ball charge
装燃料☆bunkering；fuel charging；charge
装人/装煤指示器☆men/coal indicator
装入☆fill{seal} in；backfill(ing)；load(ing)
装入(油、气)管线☆filling pipeline
装入机☆charging machine
装入矿仓☆bunkerage
(程序)装入立即执行☆load-and-go
装入量☆packed weight；P.W.
装入式电动机☆built-in motor
装入箱{袋}内☆case
装入箱中☆coffer
装塞于☆spile
装砂☆sandfilling
装砂机☆sand loader
装上☆nipple up；move-on；loading
装上车☆van
装上窗{门}框☆sash
装上去的☆false
装设☆fix up
装设步骤☆setup procedure

装设铅管☆plumb
装设土钉☆soil nailing
装设应力☆erection stress
(滑车)装绳☆string up；stringing
装石工☆lasher
装石蜡用桶☆slack barrel
装石渣机☆ballast loader
装饰☆grace；garnish；dress；drape；decorate；trick；beautification；decoration；sculpture；ornament；trim；ornamentation；prank；hang[悬挂物]
装饰安全线迹☆reinforced mock safety stitch
装饰顶带☆headband
装饰合金☆fancy alloys
装饰品☆garnish；ornament；trimming
装饰石膏☆gauge stuff
装饰水泥☆decoration cement
装饰屋内墙面的石板☆ashlar
装饰物☆widget；trimming
装饰性石膏☆gauged stuff
装枢轴的☆pivoted
装桃形环☆capping
装套管的热电偶☆sheathed thermocouple
装添燃料☆fuel investment
装填☆impact(ion)；filling；load(ing)；tamping；fill (up)；pack(ing)；ram；pad；bulling
装填工具☆tamper
装填过多☆surcharge；s/c
装填机☆loader
装填量☆explosive charges
装填炮泥工☆tamper
装填器☆feeder{packer} head；rammer
装填体积☆admission space
装填炸药☆charge
装条板☆batten；slat
装听☆canning；tin filling
装桶☆barreling；canning；barrel filling
装桶机☆drum filler；packaging machine
装筒☆tin filling
装筒(的)黑色炸药☆blackstix
装土☆mucking
装土箱☆soil tank
(给……)装托架☆bracket
装望远镜矿用罗盘☆improved{telescopic} dial
装稳定器☆stabilise
装箱☆encasement；boxing；casing；packaging；package
装箱单☆shipping{packing} list；loading voucher
装箱费☆packing charge
装箱烧结☆pack-sintering
装箱渗碳☆pack carburizing
装箱渗碳硬化☆pack {-}hardening
装箱岩芯☆boxed core
装橡胶轮的☆rubber-tire mounted
(给……)装楔子☆cleat
装卸☆handling；hdlg.；loading and unloading；assemble and disassemble；desorption[工件]
装卸爆炸性货物的锚地☆explosive anchorage
装卸费☆terminal changes；stevedorage
装卸工☆gaffer；(hand) loader；stevedore；lumper；charge hand；roustabout
装卸货机构{装置}☆cargo gear
装卸机☆charging crane；loader-unloader unloader；loader；stacking truck
装卸矿车☆decking
装卸码头☆dock pier；loading dock
装卸器上的槽[金刚石钻头的]☆breaker slot
装卸时间☆lay time
装卸台☆landing；plat
装卸油☆spotting oil
装卸油品☆oil handling
装卸油桶☆barrel handling
装卸运输与储存设备☆handling-and-storage equipment
装卸转运设备☆material handling equipment
装卸装置☆handler
装卸作业☆handling operation；loading and unloading operation
装信管☆fusing
装修☆fixing；fitting；fitment
装压舱物☆ballasting
装岩☆mu(llo)cking；muck (loading)；withdrawal of slag；pickup
装岩工☆(hand) mucker；groundman；charge hand；

rock loader{passer}；chargehand
装岩工时消耗☆consumed man-hour of loading
装岩工作☆loading work；work of loading
装岩机☆(mechanical) mucker；(dirt) loader；muck {rock;stone} loader；mucking machine{apparatus; device}；rock-loading{rock} machine；loading (grab)；overshot mucker[铲斗后卸式]；rockloader
装岩芯的半合管☆core-laden spit tube
装岩芯入罐☆can
装岩用垫板☆mucking plate
装羊毛的袋☆woolsack
装样管☆capsule
装窑☆setting
装窑密度☆placing{setting} density
装药☆loading；grain；blasting{powder(ed)} charge；charging(-up)；filling；charge；shot
装药棒☆rammer；tamper；stemmer；tamping stick {pole;rod;bar}
装(炸)药比☆mass ratio of explosive to mixed powders
装药布置☆blast layout{lamp}；loading pattern
装药不足☆undercharge
装药的☆loaded；charged
装药的几何尺寸{形状}☆charge geometry
装药顶端起爆☆top initiation
装药方法☆method of charging；charge loading method
装药分布☆distributing of charge
装药高度☆height of charge；charged height
装(炸)药工(人)☆chargeman；charge hand；loader；(shot) charger；stemmer
装药管☆capsule
装药过量☆excess charge
装药巷道☆powder drift{mine}
装药巷道封墙☆walling-up；walling up
装药集中度☆charge concentration
装药间距☆spacing of charges
装药结构☆charging construction；loaded constitution structure of loading charge；structure of loading charge
装药卷☆cartridging
装药量☆(explosive) load；charge (quantity;weight)；powdered charge
装药密度☆charge concentration{density}；charging {load(ing);packing;powder-loading} density；degree of packing；packing degree；density of charge
装药密实程度☆charge concentration{density}
装药炮孔☆charged{loaded} hole
装药平硐的横巷☆lateral wing
装药平巷☆coyote drift{hole;tunnel}；blasting drift
装药器☆anoloader；charging{loading} machine；loader；charger；loading apparatus{vessel}
装药速率☆rate of loading
装药体积☆charge{charging} volume
装药填密度☆loading density
装药填实☆solid loading
装药系数☆coefficient of charge；charging{charge} ratio {coefficient}；(explosive-)loading factor
装药限度☆charge limit
装药小车☆explosive trolley
装药因数☆explosives{loading} factor
装药引爆成形☆cord-charge forming
装(炸)药用具☆charging accessory
装药用炮棍☆loading pole
装药重量☆weight of charge
装药周围的介质☆confining material
装液压表的测力支柱☆hydraulic measuring prop
装仪器的孔☆gage hole
装以铰链☆hinge
装铀燃料反应堆☆uranium-fuelled reactor
装油地区☆shipping tank farm
装油管☆filling arm；filler
装油颈{鹤}管☆filling neck；loading arm
装油容器☆oil container
装油软管吊架☆gaff
装油时的蒸发损耗☆filling evaporation losses
装油位置☆filling position
装有保险装置的☆foolproof；fool-proof
装有常平架的☆gimbal-mounted
装有点火器的火焰安全灯☆relighter flame safety lamp
装有发动机的气球☆powered balloon
装有附加截齿的滚筒☆sumping drum
装有隔板的砾石充填装置☆baffled gravel-placement device
装有格筛的溜槽☆screen chute
装有监测元件的桩☆instrumented pile
装有柯特式导流管的拖轮☆Kort tug
装有雷管的导火线☆capped fuse
装有履带的☆crawler-mounted
装有扭力臂的液压马达☆torque-arm mounted hydraulic motor
装有气门的接头☆ported sub
装有清除漏油设备的拖车☆oil fighting trailer
装有全回转式起重机的起重船☆derrick barge
装有柔性隔板的冲管☆flexible baffled wash pipe
装有筛网的孔☆screened port
装有声呐反射器的物标☆sonar target
装有水{油}抑制测锤摆动的筒☆plumb-bob damping bucket
装有弹簧的突块☆spring loaded dog
装有望远镜的矿用罗盘☆improved{telescopic} dial
装有压气机的钻机☆drillcat；drill-cat
装有自动计量、切换、记录装置的矿区油罐组☆automatic tank battery
装于运载工具上的油品分配罐☆skid tank
装源☆source loading
装运☆shipment；dispatching；handing and loading；load and transport；loading and haulage；ship(ping)
装运班☆cleaning shift
装运废石☆mullocking
装运机☆carrier-loader；transloader；load haul-dump unit；loader (conveyor)；loader-transporter
装运矿槽☆load-out bin
装运损坏☆handling damage
装运箱☆canister；cannister；CSTR
装运卸机☆LHD{load-haul-dump} unit
装运员☆dispatcher
装运重量☆shipping{shipped} weight；SW
装杂物的器具☆catchall
装载☆l(o)ading；lade；cargo stowing；laden；stow；onload；ldg
装载(法)☆stowage
装载仓☆loading bin{box;hopper;pocket}；load hopper
装载的☆laden；carrying
装载点☆drawpoint；loading{feed} point
装载范围☆clean-up range；loading area
装载工☆charge hand；shoveller
装载机☆loader；loading machine；bogger；excavating {machine;mechanical;power;shovel} loader；power loading machine
装载机的卸载输送机☆loader discharge conveyor
装载机集料{搂攫;收集}机头☆loader gathering head
装载机上的钻车☆loader-mounted jumbo
装载机装料斗的高程☆loader loading (head) lift
装载机装运长度☆caging length
装载机装载采矿方法☆shovel-loading mining method
装载量☆charging{loading;charge;carrying}；load capacity；loadage；burden[船的]
装载面宽度☆clean-up range；cleanup width
装载平巷☆loader gate{drift;road}；loading level {drift}
装载坡台☆loading ramp
装载容量☆struck{charge} capacity
装载式平路机☆elevating grader
装载输送机刮板☆loader conveyor flight
(列车)装载隧道☆load-out tunnel
装载筒☆handling tube
装载推土{|挖掘}两用机☆loader-dozer{|-digger}
装载系数☆coefficient of charge
装载旋头☆rotating head
装载炸药用具☆charging accessories
装载中心☆load axis{centre}
装载作业☆filling operation
装载作业定额☆operating-load rating
装在泵上的机械调速器☆pump-mounted governor
装在车上的☆wagon-mounted
装在轨道上的凿岩机☆rail-mounted drill
装在滑行座上的☆skid mounted{mounting}
装在胶皮{自进}轮{式}车上的煤钻☆mounted self-propelled coal drill
装在井架上的提升机☆tower winder
装在卡车上的☆van-mounted
装在履带式拖车上的☆crawler mounted
装在内部的天线☆built-in antenna
装在拖车上的☆trailer mounted
装在下部支架上☆down-seat
装在箱内☆incase
装在沼泽越野车上的☆buggy-mounted
装在支座{|柱架}上的☆pedestal{|column} mounted
装在钻车上的☆jumbo-mounted
装在钻杆下部的测斜仪☆plain clinometer
装炸药☆(blasting) charge
(给……)装罩壳箱☆box
装指向标☆beacon
装置☆installation；install；inst；hookup；apparatus；hook{set} up；harness；gadget；gear；fitting；facility；equipment (unit)；assembly；assemblage；unit；contrivance；device；system；plant；fit；bench；design；tackle；appliance；set；rig；setup；tubing；seating；mount；means；appurtenances；app；dev.；eq.；appar
(传动)装置☆medium [pl.media]
装置操作☆plant operation
装置的生产能力☆plant capacity
装置方位(角)☆tool face azimuth
装置号☆device number
装置架☆mounting rack
装置器☆fixture
(炼厂、化工厂)装置区外设施的总称☆offsites
装置上易于除去的部件☆breakaway
装置设计☆hookup design
装置图☆installation drawing{diagram}；set-up diagram
装置系数[电勘]☆array factor
装钟浮标☆bell buoy
装重物☆ballast
装钻机的机架和滑橇☆frame and skid mounted drill
装嘴子☆tap
装作☆assume
庄稼☆crop；corn
庄氏虫(属)[三叶;$Є_3$]☆Chuangia

zhuàng

撞☆hit；bump (against)；knock down；crash；probe；collide；try；barge；dash；rush；cant；bunt；collar
(二次电子)撞出☆dislodging
撞锤☆(sand) rammer；(battering) ram；anvil block；ramming piston
撞杆[外滤式过滤机脱水设备]☆battledore；sinking {sinker} bar；flapper
撞杆导引{扶正}器☆sinker bar guide
撞棍☆go-devil
撞痕☆percussion mark
撞坏☆crash
撞击☆collision；impingement；strike；percussion；ram；stroke；impact(ion)；impinge；dash (against)；bump；slam；pounding
撞击变质(作用)[与陨石接触的局部变质作用]☆aethoballism
撞击采样☆sampling by impaction
(陨石)撞击成因说☆impact interpretation
撞击的☆percussive
撞击杆☆drop bar
撞击感度☆sensitiveness to impact；impact sensitivity
撞击机构☆knocking gear
撞击计☆impactometer
撞击接头☆knock out sub；bar drop sub
撞击裂缝☆concussion crack
撞击裂谷☆impactogen
撞击器☆impactor
撞击熔融物☆impact melt
撞击石☆impactite
撞击始发速度☆impact threshold velocity
撞击式检尘器☆(dust-sampling) impinger
撞击式检尘器尘粒计数(法)☆impinger{impinging} dust counting
撞击套筒☆drive sleeve
撞击效应☆knock-on effect
撞击印模☆bounce cast
撞击中心☆centre of percussion{impact}
撞击中子☆impacting neutron
撞机☆ram impact machine
撞力承受度☆crashworthiness
撞碰☆collision
撞碰面☆colliding surface
撞伤☆bump；bruise；contuse
撞碎机☆crusher
(团矿)撞头压制机☆ram press
撞针☆firing pin (in a firearm)；striking pin
撞针(尖)☆bullet
壮颚齿牙形石属[T_{2-3}]☆Cratognathodus

Z

壮工☆bulldozer
壮观☆grandeur
壮观的☆spectacular
壮壳虫属[孔虫]☆Robulus
壮丽☆glory；magnificence；noble
壮年☆(full) mature
壮年(期)☆maturity
壮年边缘海-岛弧系☆mature marginal sea-arc system
壮年初期☆submature
壮年的☆secondary；mature
壮年地形☆mature topography{form}；topographic maturity；full mature relief{valley}
壮年浪蚀台地{平台}☆mature wave platform
壮年期☆mature stage{period}；stage of maturity；maturity[地形、河流]；young adulthood
壮年期低海崖☆falaise
壮年切割高地☆mature dissected upland
壮鼠属[E_3]☆Ischyromys
壮牙形石属[O]☆Valentia
壮肢目☆myodocopa
S 状构造☆S-shaped structure
状况☆status；regime；estate；condition；state；spectacle；state of affairs
状况分析☆regime analysis
S 状挠曲☆sigmoid flexure
S 状沙丘☆sigmoidal dune
状态☆condition；behavio(u)r；lie；attitude；state；regime；phase；status；state of affairs；situation；shape；position；fettle[良好]；cond.
状态变量☆state variable；variable of state
状态方程☆equation {-}of {-}state；state equation
状态分类☆state classification
状态复原技术☆restored-state technique
状态估计☆state estimation
状态合并图☆merger diagram
状态空间信号处理☆state space signal processing
状态控制☆mode control
状态流变方程☆rheologic equation of state
状态码☆conditional{status} code
状态启用信号☆state enable signal
状态迁移函数☆state transition function
状态图☆state diagram{graph}；status diagram{map}；structural{stable} diagram
状态修改符☆modifier；SM
状态因子☆form factor
S 状褶曲☆sigmoidal fold

zhuī

椎板☆neural plate
椎侧体☆pleurocentrum；pleurocentri
椎盾[龟背甲]☆neural acute
椎腹体☆hypocentrum
椎根☆radix of vertebra
椎弓☆vertebral arc
椎弓凹☆zygantrum
椎弓突☆zygosphene
椎骨☆vertebra；Spinal bone；vertebral ossicles
椎骨剥离用骨凿☆chisel for spondylo-elevating
椎骨的☆spondylous
椎管苔藓虫属[O-Q]☆Stomatopora
椎间体☆intercentrum
椎孔☆vertebral foramen；foramen vertebrale
椎肋☆costae vertebralis
椎列式☆formula vertebralis
椎鳞鱼(属)[S_3-D_1]☆Lanarkia
椎上骨☆os epimerale
椎上突☆anapophysis
椎椹藻属[Q]☆Spondylomorum
椎实螺☆Limnaea Peregra
椎实螺科☆limnaeidae
椎实螺期☆Limaea sea time；Limnaea stage
椎实螺属☆Limnaea；Lymnaea
椎体☆centrum；centra
椎体横突☆parapophysis
椎体间关节☆articulatio intercentralis
椎体鲨鱼☆Centracionts
椎体上骨☆os epicentrale
椎体上突☆metapophysis
椎体下突☆hypapophysis
椎下骨☆hypomerals
椎柱☆vertebral column
锥☆cone；bit；pyramid；wimble；prod；taper；awl；awl-like thing；bore；drill
锥(的)☆pyramidal
锥板流变性测量法☆cone rheology measurement
锥板(式)黏度计☆cone-and-plate viscometer
锥棒螺属[腹]☆Styliola
锥冰晶石[$Na_5Al_3F_{14}$;$3NaF•AlF_3$;四方]☆chiolite；arksutite；khodnevite；chodnewite；chionite；chidite；nipholite；chiolith；arksudite；nipholite arksutite；chodneffite
锥柄麻花钻☆taper-shank twist-drill
锥层岩席群☆cone sheet swarm
锥齿轮☆bevel gear；BG
锥齿蜥属[K]☆Conicodontosaurus
锥锤☆coup-de-poing
锥登层石☆Conophyton
锥底☆cone base
锥底(储)罐☆conical{sloping} bottom tank
锥底混凝土锚栓☆Lewis bolt
锥底矿仓☆conical-bottom bin
锥叠层石属[Z]☆Conophyton
锥顶☆cone apex
锥顶(点)☆conic node
锥顶齿圈☆nose row
锥顶点☆conical point
锥顶火山地堑☆summit graben
锥顶珊瑚(属)[D_2]☆Acrophyllum
锥顶叶肢介超科[节]☆Vertexioidea
锥顶油罐☆cone roof reservoir
锥动摆[震勘]☆conical pendulum
锥度☆taper (ratio)；coning；tapering；conicity；flare
锥度规☆cone{taper} ga(u)ge
锥度级数☆number of taper
锥度螺旋☆tapered screw
锥端接管螺母☆nipple nut
锥堆取样☆sampling of cones
锥盾海胆科[棘]☆Conoclypidae
锥阀☆mushroom{cone} valve
锥(形密)封☆cone seal
锥高☆cone height
锥根☆tang
锥管笔石属[O_1]☆Conitubus
(圆)锥管螺纹☆taper-thread
锥管亚目[腹]☆Cornularida
锥管藻属☆Gymnosolen
锥贯入试验☆cone penetration test
锥光☆conical rays
锥光法☆conoscopy；conoscopic method
锥光环形标记☆conoscopic ring mark
锥光角☆conoscopic angle；angle of cone of light
锥光镜下研究☆conoscopic study
锥光偏振仪☆conoscope
锥光图☆conoscopic{conoscope} figure
锥海胆属[棘;K_3]☆Conulus
锥黑铜矿☆paramelaconite；paratenorite
锥痕☆prod mark{cast}
锥辉岗岩☆grorudite
锥辉石[霓石变种;$Na(Fe^{3+},Al,Ti,Fe^{2+})(Si_2O_6)$]☆acmite；akmite；wernerin；aegirine；achmite；natrosiderite
锥击试验☆cone penetration impact test
锥几丁虫(属)[O_2-S]☆Conochitina
锥脊兽属[E_1]☆Minchenella；Conolophus
锥尖角[钻头]☆point angle
锥铰刀☆angle drift
锥角☆coning；taper{wedge} angle；wedge slope
锥角孢属[J_1]☆Auritulina
锥角石式壳[头]☆trochoceracone；trochoceroid conch
锥进☆fingering；coning
锥进程度☆degree of coning
锥进(突破)高度☆breakthrough height
锥晶石[$Na_4(Ca,Mn)_4Al_3(PO_4)_3(OH)_{12}$；$NaAl(PO_4)(F,OH)$；单斜]☆lacroixite
锥井☆driven well；drivewell
(破碎机的)锥壳☆boul
锥壳虫属[三叶;$Є_3$]☆Conaspis
锥壳纲[古]☆Coniconchia
锥孔☆countersink；csk.
锥孔装药☆cavity{hollow;shaped} charge
锥口孔(钻)☆countersunk；counterbore；countersink
锥氯铜铅矿[$PbCl_2•Cu(OH)_2$;$Pb_4Cu_4Cl_8(OH)_8•H_2O$;四方]☆cumengite；cumengeite
锥绿铅铜矿☆cumengeite；cumengite
锥轮☆cone{stepped} pulley；taper cone pulley
锥面☆pyramidal face{plane}；conical surface
锥面切削头☆cone cutterhead
锥模☆prod cast；conical mould
锥囊藻属☆Dinobryon
锥鸟蛤属[双壳;O-P]☆Conocardium
锥盘颗石[钙超;E_3]☆Discoturbella
锥盘黏度☆Zahn viscosity
锥胚亚科☆Conocyeminae
锥腔海绵类☆euryproct
锥丘☆haystack hill
锥丘期☆cockpit stage
锥圈衬板☆cone ring liner
锥塞☆tapered plug
锥珊瑚属[D]☆Ceratophyllum
锥石(属) [Є-P]☆Conularia
锥石类☆conulariid；Conularida
锥石目☆conularida
锥石亚纲[腔]☆Conulata
锥时生产制☆just-in-time system
锥式液限仪☆cone penetrometer
锥铈锶矿☆webyeite
锥锶铈矿[$4Ce(OH)(CO_3)•SrCO_3•3H_2O$]☆anchylite；ansilite
锥塔形(钢筋混凝土)平台☆conical-tower platform
锥探☆rod sounding
锥探试验☆cone test
锥炭兽属[E_2]☆Anthracothema
锥套☆tap holder
锥体☆taper；bell；cone；conule
锥体护坡☆quadrant revetment；truncated cone banking
锥体基础☆sloped footing
锥体接合导座☆conical entry guide
锥体套筒连接☆cone-and-sleeve attachment
锥体外端☆outer end of the cone
锥体鱼属[P-T]☆Boreosomus
锥筒☆drum
锥头☆cone head；conule
锥突藻属[K-E]☆Conosphaeridium
锥碗断口☆cup and cone fracture
锥纹石[(Fe,Ni)]☆kamazite；kamacite；chamasite
锥稀土矿[钙、稀土元素和钍的硅酸盐、硼酸盐与氟化物]☆tritomite
锥纤结构☆cone fibre texture
锥削度☆conicity
锥削角☆angle of taper
锥销☆taper
锥锌矿[ZnS]☆matraite
锥星介属☆Subulacypris
锥型加料器☆cone-type feeder
锥形☆taper；coniform；cone[算板]；conical contour；pyramid
锥形半面式异极象(晶)组[6 晶组]☆pyramidal hemihedral hemimorphic class
锥形半面象(晶)组☆pyramidal hemihedral class
锥形胞管[笔]☆conotheca
锥形杯☆beaker flask
锥形贝属[腕;D_{1-2}]☆Pyramidalia
锥形残丘☆tepee butte
锥形觇标☆tower beacon
锥形导流板刮板☆deflector cone scraper
锥形的☆fastigiate；bevelled；conic；conoidic；tapered；cone-shaped；taper(ing)；subulate[植叶]
锥形等积地图投影☆conical equal-area map projection；Albers projection
锥形底仓☆conical-bottom bin
锥形垫圈{环}连接[钻头和钻杆间的]☆taper-and-shim drive fit
锥形顶贮罐☆conical tank
锥形陡丘☆cockpit
锥形多级岩芯钻头☆tapered step-core{-face} bit
锥形阀☆cone{dart;conical;miter} valve；Howell Bunger valve
锥形工具[向井内下开口楔的]☆taper-type dropper
锥形管柱式转子流量计☆tapered tube rotameter
锥形滚筒提升机☆conical-drum hoist
锥形滚柱☆roller cone
锥形尖头工具☆broach
锥形阶梯(式)取芯钻头☆tapered step-core bit
锥形接头钎头☆tapered socket bit
锥形金刚砂扩孔器☆tapered ledge reamer
锥形金刚石不取芯钻头☆cone bit
锥形金属罩[射孔弹]☆metal liner
锥形井眼☆tapered hole
锥形壳☆conispiral

锥形孔☆flare；bell mouth；BM；bellmouth；spigot
锥形孔道断面☆tapered channel
锥形口☆bell
锥形块石☆Telford stone
锥形扩孔☆countersinking
锥形连接器白合金铁块☆tapered white metal safety
锥形连接钻头☆taper fitting bit；tapered socket bit
锥形螺旋式分离器☆spiral cone
锥形密封面☆bevelled sealing surface
锥形摩擦鼓轮☆cone friction drum
锥形排卸口☆conical orifice
锥形炮孔{眼}☆tapered hole
锥形皮碗清管器☆conical cup pig
锥形钎头☆splayed boring tool
锥形侵蚀丘☆tepee butte
锥形丘☆sugarloaf；conical hill
锥形溶丘☆haystack
锥形扫描☆tapered sweep；conical scanning
锥形砂碛☆sand cone
锥形烧瓶☆Erlenmeyer flask
锥形石灰岩溶洞☆cone karst
锥形锁紧环组件☆taper lock ring set
锥形塔式岩芯钻头☆tapered step-core bit
锥形掏槽☆leyner{pyramid;angled;center;conical;cone;diamond;german} cut；angle-cut
锥形掏槽炮眼组☆pyramid {-}cut round
锥形体☆cone-shaped body；bullet；spire
锥形筒子支架☆cone creel
锥形凸肩☆bevelled shoulder
锥形拖靶☆drogue
(金刚石钻头)锥形镶嵌☆pyramid-set
锥形心柱式☆tapered center-column rotameter
锥形压力降低区☆pressure-relief cone
锥形牙轮外形☆cone contour
锥形牙轮钻头☆cone bit
锥形岩钻头☆bevel-wall bit
锥形异极象(晶)组☆pyramidal hemimorphic class
锥形罩底☆cone base
锥形轴承内环☆bearing cone
锥形柱(浅海钻探)平台☆conical tower platform
锥形铸铜☆wirebar
锥形转换节☆tapered transition section
锥形组合☆tapered group{array}
锥形钻杆柄☆tapered shank
锥形钻头[换径用]☆splayed boring tool；corncob bit；point{tapere(d)} bit
锥旋形☆conispiral form
锥叶蕨(属)[J_1-K_1]☆Coniopteris
锥原[四周倾斜平原]☆conoplain
锥藻属[E_3]☆Conicoidium
锥折射☆conic(al) refraction
锥质海胆科☆Conoclypidae
锥中杯[叠锥构造中]☆cone cup
锥轴☆cone (axis)
锥柱滚筒提升机☆cylindroconical drum hoist
锥柱螺属[腹;N-Q]☆Metula
锥柱状☆conico-cylindrical
锥状☆coniform；pyramidal；cone-shaped
锥状大沙丘☆dune massif
锥状火山☆konide
锥状瘤☆conical node
锥状劈理☆cone-like cleavage
锥状震裂☆shatter coning
锥子☆gimlet；bodkin；awl；pricker
锥子螺属[腹;O-C]☆Subulites
锥(晶)组☆pyramidal class
锥钻☆bradawl
锥钻头☆miser；mizer
追☆pursuit；pursuance；omni-
追悼的☆memorial
追赶☆chase；pursue
追赶者☆chaser
追加☆supplement；superaddition
追加补给☆supplemental recharge
追加的☆additional；supplementary
追加投资☆additional investment
追加预算☆budget amendments
追究☆inquisition；look into；find out；investigate
追脉探(矿)巷(道)☆gopher drift
追求☆follow；quest
追求物☆quarry
追求者☆aspirant；chaser；seeker；aspirant；pursuer
追食迹☆grazing trace
追溯检索☆retrospective search
追算[根据历史资料对过去水文、气象等要素进行估算]☆hindcasting；hindcast
追随☆follow；adhesion；adhere；follow-up
追随者☆following；epigone；tagger
追索☆trace；walk out；seek；pursue；explore；demand；exact；extort
追索露头法☆walking out
追索诉讼☆recourse action
追索要素☆following feature
追寻☆scour
追寻露头☆tracing float
追源☆affiliate
追逐齿☆hunting tooth
追踪☆follow the trail of；track；trace；follow-through；trail；tracking (out)；dog；tracing；pursuit；pursuance
追踪测量☆follow-up survey
追踪飞碟的☆ufological
追踪矿砾找矿☆shoading；tracing the shoad
追踪矿脉☆trace；trace a vein；train
追踪能力☆traceability
追踪(风化矿物)淘洗找矿法[澳]☆loaming
追踪物☆tracer
追踪系统☆tracking system；TS；minitrack
追踪装置☆follow-up mechanism；hunting gear；tracker

zhuì

赘瘤单缝孢属[C-P]☆Thymospora
赘肉☆verruca [pl.-e]
赘生的☆neoplastic
赘生物☆excrescence；neoplasm；neoformation
赘述☆tautology
坠车转辙器☆runaway points
坠锤☆drop ball
(蒸汽机)坠阀☆drop valve
坠毁☆crash
坠积物☆colluvium；cliff debris
坠力☆dislodging force
坠落☆falling；splash；purler；fall
坠落高度☆height of fall
坠落碎屑☆fallout
坠落物伤害事故☆object falling accident
坠落装置☆drop gear
坠石☆dropstone；drop-pebble；drop stone
坠石纹岩☆dropstone laminite
坠碎试验☆drop (shatter) test
坠屑冰川☆debris glacier
缀合☆lace；put together；make up；compose
缀合基☆conjugated group
缀石☆rag stone

zhǔn

准☆eka-；quasi-analog；met(a)-；quasi-；pseud(o)-
准埃洛石☆alumyte[高岭石之一;$Al_4(Si_4O_{10})(OH)_8$•$2H_2O$]；metahalloysite [$Al_2Si_2O_5(OH)_4$]；halloysite；nertschinkillite；ner(ts)chinskite
准爱利夫贝属[腕;C_3]☆Elivina
准安第斯的☆Parandean
准安全区☆quasi-safe area
准暗螺属[腹]☆Amaurellina
准奥比克贝属[腕;O]☆Opikina
准澳蝎蛉属[昆;E_1]☆Parachorista
准白铁矿☆alazanite；alasanite
准柏属[K]☆Cyparissidium
准斑{班}脱岩☆metabentonite
准包晶反应☆quasi-peritectic reaction
准饱和土☆quasi-saturated soil
准宝石的☆semiprecious
准爆迟发☆sure-fire delay
准爆电流☆safe firing current
准爆发日珥☆quasi-eruptive prominence
准备☆set up；provision；fit out；trim；preparation；preparative；gird；reckon；equip；stand-by；SU
准备班☆backshift
准备爆炸☆prime
准备采用☆contemplate
准备出发☆for order；F.O.
准备储量☆prepared reserve；preparatory reserves
准备的☆preparative；preparatory
准备的水☆finished water
准备发运的☆way-ready
准备工作☆preliminary{preparatory;dead；virgin；preparation} work；set up
准备工作框图☆set-up diagram
准备巷道☆preparatory working；gate way；developing{preparing} entry；subsidiary development drivage
准备好的☆off-the-shelf
准备好的采区☆whole district
准备好的回采煤柱☆jud(d)
准备好开采的矿石☆reserve
准备好(而)未开采的矿体{煤层}☆whole
准备回采的采区☆whole flat
准备回采的矿体☆developed reserves；blocked-out ore
准备击发位置☆cocked position
准备就绪☆readiness
准备开钻[顿钻]☆hitch up
准备矿量☆prepared ore reserve
准备平巷☆development gallery{heading}；developing entry
准备筛分☆preliminary screening
准备时间☆set up time；setup time
准备(仪器)时间☆setup time
准备收(发)报☆standby；STDBY；STBY
准备支付☆meet
准备状态☆readiness
准碧玉☆jolanthite
准边界资源☆paramarginal resources
准变数☆quasi-variable
准变质(作用)☆anchi-metamorphism
准标☆fiducial mark
准冰晶石[Na_2AlF_5]☆nipholite
准冰碛物☆paratill
准冰碛岩☆para-tillite；paratillite
准波痕☆metaripple
准博士生[已完成课程及考试,但尚欠论文的博士生]☆all but dissertation；ABD
准层流☆quasi laminar flow
准层序☆sub-sequence；subsequence
准蝐螺属[腹;O-S]☆Umbonellina
准超固结☆quasi-overconsolidation
准车轮矿☆wolchite
准沉积成因的☆metasedimentogenic
准成岩(作用)的☆paradiagenetic；metadiagenesis
准尺☆station{object} staff
准触变性☆quasi thixotropy
准穿孔贝(属)[腕]☆Terebratulina
准垂直入射☆quasi-normal incidence
准唇苔藓虫属[E-Q]☆Cheiloporina
准葱苔藓虫属[O]☆Prasoporina
准粗面岩☆subtrachyte
准脆沥青☆arkosite
准脆性材料☆quasi-brittle materials
准翠砷铜铀矿[$Cu(UO_2)_2(AsO_4)_2$•$8H_2O$]☆meta-zeunerite
准大陆的☆paracontinental；metacontinental
准大洋的☆paraoceanic
准单色的☆quasi-monochromatic
准导体☆quasi conductor
准的☆quasi；dead；true
准等变线☆tentative isograd
准地背斜☆subgeoanticline
准地槽☆subgeosyncline；parageosyncline
准地层单位☆quasi-stratigraphic unit
准地台☆metaplatform；paraplatform；subplatform
准地转风近似值☆quasi-geostrophic approximation
准地转平衡☆quasi-geostrophic equilibrium
准点☆fiducial point；on time；on the dot
准鳄月☆Parasuchia
准鲕绿泥石[$(Fe^{2+},Fe^{3+},Mg,Al)_6((Si,Al)_4O_{10})(O,OH)_8$]☆metachamosite
准反射☆quasi-reflection
准方石英[SiO_2]☆metacristobalite；high cristobalite
准房褶贝属[腕;D_2]☆Camerophorina
准菲希德尔石☆boloretine；boleretine
准沸石☆metazeolite
准分类☆parataxon；parataxa
准氟铈矿☆fluocerite
准浮游生物☆hemiplankton
准复理石☆flyschoid
准噶尔介属[J_3-K]☆Djungarica
准噶尔翼龙属[K]☆Dzungaripterus
准钙沸石[$CaAl_2Si_3O_{10}$•$3H_2O$]☆metascolecite
准干岩样☆quasi-dry sample
准杆沸石☆metathomsonite；epithomsonite
准冈瓦纳羊齿属[C_3]☆Gondwanidium

准高岭石[高岭石受热脱水的中间产物;Al_2O_3•$2SiO_2$• $0.82H_2O$]☆metakaolin
准锆石[$Zr(SiO_4)$]☆metazircon
准各态历经原理☆quasi-ergodic principle
准功率计☆elastic calibration device
准共格沉淀☆semicoherent precipitate
准共凸贝属[腕;O_1]☆Syntrophina
准构造的☆metatectonic
准古羊齿属[植;C_1]☆Archaeopteridium
准股本资金☆quasi-equity
准固结压力☆pseudo-consolidation pressure
准固态的☆quasi-solid
准固相再造☆subsolidus reconstitution
准光(学)的☆quasi-optical
准硅[即锗]☆eka-silicon
准轨车辆☆standard rail car
准轨铁路☆standard-gauge track
准轨无盖平底货车☆standard-gage gondola car
准海成{洋}的☆quasi-marine
准海燕贝属[腕;T_3]☆Halorellina
准褐帘石[$(Ca,Ce)_2(Fe,Al)_3Si_3(O,OH)_{13}$]☆meta-allanite
准褐铁矿[$Fe_2(SO_4)_2(OH)_2$•$3H_2O$]☆metahohmannite
准黑色石灰土☆pararedzina
准横波☆quasi-transverse wave；quasi shear-wave
准恒定扩散☆quasi-steady diffusion
准红土{壤}☆lateritoid
准化单位☆normalized unit
准化石☆subfossil；quasi-fossil
准化学模型☆quasi-chemical model
准环礁☆almost atoll；almost-atoll
准灰化土☆prepodzolic soil
准灰壤☆podzolic soils
准辉长岩☆metagabbro
准辉锑矿[Sb_2S_3]☆metastibnite
准火成岩☆meta(-)igneous rock
准火山的☆paravolcanic；phreatic
准火山气体☆phreatic gas
准基矾石[$Al_4(SO_4)(OH)_{10}$]☆metabasaluminite
准基性岩☆metabasite
准挤离构造☆semi-detachment
准假☆leave
准坚稳地地壳带☆quasi-cratonic crustal belt
准坚稳区☆quasicratonic area
准剪切波☆quasi shear-wave
准焦☆focussing；focusing
准胶体☆metacolloid
准结晶☆paracrystal
准结晶水☆quasicrystalline water
准解析法☆quasi-analytical method
准金属(的)☆metalloid
准晶态☆quasicrystalline；quasicrystal
准晶体☆quasicrystal
准晶质☆crystalloid
准经典的☆quasi-classical
准静力触探贯入度☆quasi-static cone penetration
准静力法☆pseudo-static approach
准静态{定;力}的☆quasi-static
准静态分析☆quasi-static analysis
准静止河道水流☆quasistationary channel flow
准聚焦☆parafocusing
准距☆stadia
准距点☆anallatic point
准距计☆techeometer；tacheometer
准距快速测定术☆tachymetry
准均衡位移☆quasi-isostatic displacement
准均质的☆quasi {-}homogeneous
准开莱特介属[P]☆Kellettina
准康宁克贝属[腕;T-J_1]☆Koninckina
准柯兹洛夫斯基贝属[腕;S_2-D_1]☆Kozlowskiellina
准克拉通☆quasicraton；semicraton
准克拉通的☆quasicratonic；semicratonic
准克罗登介属[D_3-C]☆kloedenellitina
准块云母☆praseolite；aspasiolite；prasiolite
准块状构造☆para-massive structure
准矿物☆mineraloid
准扩散☆quasi-diffusion
准拉格郎奇坐标☆quasi-Lagrangian coordinates
准蓝磷铝铁矿[$FeAl_2(PO_4)_2(OH)_2$•$8H_2O$]☆metavauxite
准蓝闪石☆antiglaucophane
准理想网络☆quasi-perfect network
准砾岩☆meta-conglomerate
准立☆collimate
准立缝☆collimating slit
准粒子☆quasi particle
准沥青铀矿☆parapitchblende；parapechblende
准连续性☆paracontinuity
准磷硅钠钛石☆meta(l)-lomonosovite
准磷铝石[$Al(PO_4)$•$2H_2O$]☆metavariscite
准磷铁铀矿[$Fe^{2+}(UO_2)_2(PO_4)_2$•2½~6½H_2O]☆meta-bassetite
准临界压力☆pseudocritical pressure
准菱沸石☆metachabazite；meta chabazite
准硫化物☆pseudo-sulphide
准流体静力近似值☆quasi-hydrostatic approximation
准流纹岩☆metarhyolite
准流状☆metafluidal
准龙骨贝属[腕;S_3-D_2]☆Carinatina
准陆壳☆paracontinental{quasi-continental} crust
准铝质岩☆metaluminous rocks
准马特氏螺属[腹;O]☆Matherellina
准马通蕨属[K_1]☆Matonidium
准毛矾石[$Al_2(SO_4)_3$•13½H_2O]☆meta alunogen
准矛羊齿属[C_2]☆Lonchopteridium
准镁铀云母[$Mg(UO_2)_2P_2O_8$•$8H_2O$]☆meta-saleeite
准美羊齿属☆Callipteridium
准蒙脱石[$R^{1+}_{0.33}(Al,Mg)_2(Si_4O_{10})(OH)_2$]☆meta-montmorillonite
准面状破裂☆quasi-planar fracture
准摩擦☆quasi-friction
准穆尔贝属[腕;T_3-J]☆Moorellina
准钠沸石[$Na_2Al_2Si_3O_{10}$]☆metanatrolite
准黏性的{|度}☆quasi-viscous{|-viscocity}
准黏性蠕变☆quasi-viscous creep
准镍纹石☆metataenite
准扭面贝属☆Strophalosiina
准弩箭牙形石属[O_{2-3}]☆Belodina
准鸥螺属[腹;K-Q]☆Rissoina
准盘苔藓虫属[S]☆Discotrypina
准片沸石[部分脱水;$(Na,Ca)_{4-6}Al_6(Al,Si)_4Si_{26}O_{72}$•$24H_2O$]☆metaheulandite
准片麻岩☆metagneiss
准片岩☆semischist
准片状石墨铸铁☆quasi-flake graphite cast iron
准频散波群☆quasi-dispersive wave group
准平衡☆pseudo(-)equilibrium；quasi-equilibrium
准平面断裂☆quasi-planar fracture
准平原☆peneplane；rumpfflache[德]；rolling country；peneplain；old{torso} plain；near-plain of subaerial erosion；almost-plain；paraplain；Rumpfebene
准平原化(作用)☆peneplanation
准平原面交切☆skiou；morvan
准平原期☆peneplain stage
准评判准则☆quasi-criteria
准气层☆normoxid layer
准嵌面☆sunk face；S.F.
准球蛤属[双壳;S-D]☆Paracyclas
准球{|曲}面☆director sphere{|surface}
准曲线☆directrix curve
准全形贝属[腕;P]☆Enteletina
准确☆accuracy；nicety；veracity；accurately
(找矿)准确标志☆good guide
准确的☆precise；pinpoint；close；accurate；true
准确度☆accuracy (degree;external)；degree of accuracy {preciseness;exactitude}；percent of accuracy
准确分离☆clean-cut{sharp} separation
准确截穿[矿体]☆hole through on line
准确时间☆correct time；CT
准确温度☆true temperature
准确周期性信号☆regularly spaced signals
准三角洲☆paradelta
准闪长岩☆metadiorite
准扇羊齿属[C_2]☆Rhacopteridium
准蛇卷{蜷}螺属[腹;O]☆Ophiletina
准砷钴铀矿[$Co(UO_2)_2(AsO_4)_2$•$8H_2O$]☆meta-kirschheimerite
准砷铁矿[$Fe_3(AsO_4)_2$•$8H_2O$]☆parasymplesite
准砷铀绿矿[$Fe(UO_2)_2(AsO_4)_2$•$8H_2O$]☆metakahlerite
准绳☆plummet
准石墨☆meta-anthracite；super-anthracite
准石燕(属)[腕;T-J_1]☆Spiriferina
准石英安山岩☆dacitoid
准时☆on time
准时和灵活生产☆just-in-time and flexible production
准时起爆☆detonate at the designated time
准时性☆punctuality
准铈铌钙钛矿☆metaloparite
准试样☆subsample
准舒克(特)贝属[腕;$Є_2$]☆Schuchertina
准树脂☆refikite；befikite；reficit(e)
准束缚电子☆quasi-bound electron
Z 准数☆Z-value
准双弓贝属[腕;S-D]☆Meristina
准双曲面齿轮☆hypoid gear
准水硅钙铀石☆metaranquilite
准水磷钒铝石[$Al_2(PO_4)(VO_4)$•$3H_2O$]☆metaschoderite
准水平☆quasi-levelling
准水铀铅矿☆metavandendriesscheite；vandendriesscheite-Ⅱ
准瞬时的☆quasi-instantaneous
准锶冰晶石[$Na(Sr,Mg,Ca,Ba)_3Al_3F_{16}$]☆metajarlite
准苏铁☆cycadeoidea
准苏铁果☆cycadocarpidium
准苏铁属[古植]☆Cycadeoidea
准塑性☆quasi-plastic flow
准苔原☆subtundra
准弹性的☆quasielastic；quasi-elastic
准弹性定律☆hypoelastic law
准碳(酸)铝矿☆metascarbroite
准特提斯☆Paratethys
准梯度仪☆quasi-gradiometer
准锑华☆antimonophyllite
准锑铁锰矿☆stibiatil
准条[定墙上灰泥厚薄的]☆screed
准铁埃洛土☆sphragid(ite)；sphragite
准停滞水☆quasi-stagnant water
准同步的☆quasi-synchronous；subsynchronous
准同步信号☆anisochronous signal
准同期变质交代作用☆penecontemporaneous replacement
准同期漂砾层变形(作用)☆penecontemporaneous quicksand deformation
准同期侵蚀☆penecontemporaneous erosion
准同生蒸发岩矿物☆penecontemporaneous evaporate minerals
准同时(发生)的☆penecontemporaneous
准同形性☆morphotropism
准铜铀云母[$Cu(UO_2)_2(PO_4)_2$•$8H_2O$]☆meta-torbernite；metachalcolite
准透长石☆metasanidine
准外来岩体☆para(a)llochthon
准腕孔贝属[C-P]☆Brachythyrina
准卫星☆satelloid
准稳定的☆quasi-steady；quasi-stationary
准稳定地块☆quasicraton；semicraton
准稳定性☆quasi-stability{-stationarity;-steady}
准稳态☆metastable{quasi-steady} state；metastability
准稳态的☆quasi-stable
准稳态氦气磁力仪☆metastable helium magnetometer
准无窗贝属[腕;D]☆Athyrisina
准无洞贝属[腕;S-D_1]☆Atrypina
准无辐散☆quasi-nondivergence
准无水芒硝[Na_2SO_4]☆metathenardite
准先期固结压力☆quasi-preconsolidation pressure
准纤钠铁矾[$Na_4Fe_2(SO_4)_4(OH)_2$•$3H_2O$]☆meta-sideronatrite
准咸化的☆penesaline
准线☆directrix [pl.-ices]；neat{tie} line；alignment；guideline
准线凹螺属[腹;O-S]☆Raphistomina
准线性☆almost-linear
准线性的☆quasi-linear
准小薄贝属[腕;O_1]☆Leptellina
准小微石燕属[腕;C-P]☆spiriferellina
准小嘴贝☆Rhynchonellina
准斜方硼砂[$Na_2B_4O_7$•$2H_2O$]☆metakernite
准星☆foresight；FS
准星无线电源☆quasars；quasi-stellar radio sources
准许☆allowance；license；licence；permission；permit
准许的☆permissible
准许进入☆intromission
准旋回☆paracycle
准玄武岩☆metabasalt；graystone
准循环码☆quasi-cyclic code
准盐的☆penesaline

Z

准洋壳☆paraoceanic{quasi-oceanic} crust
准液相☆subliquidus
准一维流动☆quasi one-dimensional
准伊利石☆petersberg-illite
准移置{异地}的☆para-allochthonous
准异地{移置}体☆para-allochthon
准音器☆tonometer
准阴离子☆quasianion
准银杏属[古植;T_3-K_1]☆Ginkgoidium
准鹰头贝属[腕;D_{1-3}]☆Gypidulina
准硬石膏[人造]☆metanhydrite
准优的☆suboptimal
准优地槽☆epieugeosyncline
准优解☆quasi-optimal solution
准有蹄类☆Subungulata
准予(补助等)☆grant
准玉髓☆kornite；keratite
准元素☆eka-element
准原地(生)的☆para-autochthonous；parautochthonous
准原地复理层☆parautochthonous flysch
准原地岩☆para-autochthon
准原生带的☆parautochthonous
准原生地带☆parautochthon
准圆☆director circle
准远正形贝属[O_{1-2}]☆Aporthophylina
准云母铜矿[$Cu_{18}Al_2(AsO_4)_3(SO_4)_3(OH)_{27}$•$33H_2O$]☆metachalcophyllite
准云南贝(属)[腕;D_3]☆Yunnanellina
准怿塞乐贝属[腕;S_3-D_1]☆Rensselaerina
准杂砂岩☆meta-graywacke
准造山前期☆early synorogenic stage
准造山运动晚期☆late synorogenic stage
准则☆canon；guideline；criterion [pl.-ia]；criteria；norm；guide (line)；formula [pl.-e]；standard
准则函数☆criterion function
准掌鳞杉属[T_3-J_1]☆Cheirolepidium
准珍珠陶土☆metanacrite；metanaecrite
准针六方石[钙、镁和钠的氧化物]☆metanocerite
准震区的☆peneseismic
准蒸发岩☆meta-evaporite
准整合☆paraconformity；peneconcordant
准整合的☆paraconformable
准枝脉蕨属[T_3-J_1]☆Cladophlebidium
准直[光]☆collimation
准直光圈{孔径}☆collimating aperture
准直闪石☆jimthompsonite
准直射束☆collimated beam
准直线☆line of collimation
准直形贝属[腕;C-P]☆Orthotetina
准直仪[光学仪器]☆collimator；collimater；aligner
准蛭石☆metavermiculite
准滞留锋☆quasi-stationary front
准滞留天气型☆quasi-stationary weather type
准重力☆quasi-gravity
准周期☆paracycle；quasi-periodicity；quasi-periodic
准珠蚌属[双壳;Q]☆Parunio
准柱铀矿[UO_3•$2H_2O$]☆metaschoepite
准棕壤☆parabraunerde
准纵波☆quasi-longitudinal wave
准嘴螺贝属[腕;S-D]☆Rhynchospirina
准坐标☆quasi-coordinates

zhuō

捉☆catch；seizing
拙劣的☆ill；doggerel；bungling
拙劣地☆badly [worst;worse]
拙劣做作地表演☆hamming
桌☆desk；table
桌布云☆tablecloth
桌地☆meseta
桌颚牙形石属[O]☆Trapezognathus
桌礁☆table reef
桌珊瑚属[D_{1-2}]☆Trapezophyllum
桌山☆moberg mountain
桌上型抛光机☆tabletop polisher
桌岩☆table rock
桌状冰山☆tabular (ice)berg；table iceberg；tableberg
桌状的☆table-like
桌状构造☆desk structure
桌状海丘{山}☆guyot；tableknoll；tablemount
桌状火山☆volcanic table mountain；table volcano
桌状山☆table mountain{rock}；mensa
桌子山☆mesa

zhuó

琢☆nig
琢方石☆squared stone
琢痕☆tool-mark；tool mark
琢毛锤☆bush hammer
琢面毛石墙☆bastard ashlar
琢面凿子☆face hammer
琢磨☆cut；chipping；think over；turn over in one's mind；ponder；carve and polish (jade)；improve；polish；refine；snagging
琢磨面[宝石的]☆spread
琢石☆ashlar；cut{chipped;broad;square;squared} stone；nig[用尖头锤琢平石料]；nigging；axed work；ashler；scotching；pitch(-)stone；ragging；stone dressing
琢石厂☆dressing yard
琢石锤☆crandall；chipping hammer
琢石底槛☆cut stone grand sill
琢石机☆stone-dressing machine；stone mill
琢石露头☆fair ends
琢石面☆tooled finish
琢石面毛石墙☆ashlar-faced rubble wall；rubble ashlar
琢石贴面法☆ashlar{cut stone} facing system
琢石镶面☆ashlar facing；ashlaring
琢型[宝石的;宝石]☆cut
䓬镦离子☆tropylium ion
酌量☆discount
卓越☆sublimity；superexcellence；excellence；transcendency；transcendence
卓越的☆salient；transcendent；distinguished
卓越的人☆transcendent
卓越周期☆predominant{dominant} period
卓著{杰出}的自然秀丽区域☆area of outstanding natural beauty；AONB
啄☆peck
啄木鸟☆pecker
啄头类☆Rhynchocephalia
啄头龙☆Rhynchosaurus
镯礁☆atoll；ring reef
着底时间☆reached bottom time
着地☆landing
着地点☆touchdown point
着地拉杆☆land tie
着发(弹)☆graze burst
着发引信☆ignition percussion fuse
着红色☆red coloration
着力☆forcing
着力点☆point of attack{force application}；center of effort；C.E.
着陆☆land(ing)；landfall；touch down；setdown
(火箭的)着陆(或降落)☆impact
着陆标准☆landing standard
着陆场☆flight strip
着陆器☆lander
着墨☆ink drafting{application}
着色☆colo(u)ration；color(ing)；colorate；stain(ing)；tint；pigmentation；coating；bedye；tinction；paint
着色(检验)☆bluing
着色的☆colored；chromatic
着色光电测井☆dye-photo log
着色剂☆dyestuff；colo(u)ring agent；colorant；dye；pigment；stain
着色检查☆dye check；penetrant inspection
着色块状尖晶石☆sintered spinel
着色探伤☆liquid penetrant test
着色图☆color-patch map
着色性能☆colorability
着色照片图☆planisaic
着手☆launch；attack；engage；start (on)；embrace；undertake；proceed
(飞机的)着水板☆hydrovane
着水曲线☆moisture sorption curve
着水作用☆water{moisture} sorption
着重☆place stress on；accentuated
着重点☆stress
灼管☆ignition rectifier
灼燃试验☆ignition test
灼热☆ignition；glow；caloresence；scorching hot；fire heat；incandescence
灼热变质☆paroptesis
灼热的☆scorching；quick
(电雷管)灼热电桥☆(electric) fusehead
灼热电桥中装药☆priming charge
灼热剂☆thermite
灼伤☆burn
灼烧☆igniting；ignition
灼烧带☆ignition zone
灼烧土壤☆ignited soil
灼失量☆ignition loss
浊斑☆fog；opacitas
浊层搬运☆turbid layer transport
浊的☆turbid
浊点☆cloud{turbidity} point
浊度☆turbidity；cloudiness；turbidness；haziness
浊度测定☆turbidimetry
浊度的☆nephelometric
浊度计☆turbidimeter；nephelometer；turbidometer
浊度仪☆turbidimeter；turbidometer
浊沸石[CaO•Al_2O_3•$4SiO_2$•$4H_2O$;单斜]☆lomonite；laumontite；sloanite；efflorescing zeolite；lomontite；laumonite；hypostilbite；edelforsite；laumintite；retzite；aedelforsite；adelforsit；magnesiolaumontite
浊沸石-葡萄石-石英相☆laumontite-prehnite-quartz facies
浊黄玉☆pyrophysalite；physalite；phisalite
浊积☆Hackberry facies
浊积灰岩☆allodapic{turbidity} limestone
浊积丘☆turbidite mound
浊积扇☆deep-sea{turbidite;turbidity} fan
浊积岩☆flysch；turbidite
浊积岩间的☆interturbidite
浊粒度分析☆turbidity size analysis
浊流☆turbidity current{flow}；turbid flow；suspended {suspension} current；mudstream
浊流(堆积物)☆turbidite
浊流沉积☆resedimented rock；turbidite deposit；turbidity current deposit
浊流前印痕☆precurrent mark
浊流扇☆turbidity fan{tan}
浊幕☆turbidity screen
浊泉☆muddy spring
浊水泉☆turbid{muddy}-water spring
浊音☆voice

zī

咨询☆consultation；consulting；advisory
咨询公司☆consultant{consulting} firm；consulting company
资本☆capital；fund；what is capitalized on
资本报酬率定价法☆target return method
资本偿还☆capital pay-off；amortization of the capital
资本成本☆cost of capital
资本化的总费用☆capitalized total cost
资本金净利润率☆return on equity；ROE
资本净值☆net worth
资本利息☆interest on capital
资本密集型产业☆capital concentrated industry
资本外流☆outflow of capital
资本性资产☆capital assets
资本支出☆capital charges{expenditure;outlay}
资本主义(制度)☆capitalism
资本主义的{者}☆capitalist
资产☆coffer；property；avoir；assets
资产(收入)☆means
资产负债表分析☆balance sheet analysis
资产负债率☆liability on asset ratio；LOAR
资产密度☆asset intensity
资产所得利润☆return on assets
资产原值☆original value of fixed assets
资产折旧年限幅度☆asset depreciation range；ADR
资产总额☆gross assets
资产总值☆capitalized value
资方☆capital
资格☆footing；competency；competence；character；capacity；state；qualification；char.
资格上的☆qualificatory
资格预审☆prequalification；prequalify
资金☆fund；capital；finances；endowment；chest；bankroll；BR
资金筹措☆(fund) raising；financing
资金的财务{|经济}机会成本☆financial{|economic} opportunity cost of capital
资金分析☆funds analysis
资金供应☆finance
资金合理分配☆capital rationing

资金结构平衡☆portfolio balance
资金密集型企业☆capital-intensive enterprise
资金周转☆capital turnover{circulation}；circulation of funds；fund turnover
资金转移净额☆net transfer of resource
资历☆seniority；longevity
资料☆information；material；data [sgl.datum]；file；document(ation)；means；feedfack；record
资料不多的井☆semitight well
资料采集平台☆data-collection platform；DCPS
资料处理☆data processing；processing of data
资料传送☆data transmission
资料分析检索☆data analyzing and retrieval
资料柜☆knowledge box
资料解释☆interpretation of data；data interpretation
资料利用☆exploitation
资料利用站☆data utilization station；DUS
资料通报☆information circular；IC
(原始)资料图☆source map
资料稀疏{缺}地区☆sparse data area
资料修改更新☆data modification and updating
资料学☆information science；informatics
资料转绘☆transfer of data
资料组并方法☆data combining method
资阳人[Qp]☆Tzeyang Man
资用功☆available work
资用率因数☆availability factor
资用应力☆working stress
资用坐标☆provisional coordinates
资源☆resources；inventory；natural resources；stock；wealth；stockpile；mine
资源保护☆conversation{conservation} of resources；resource protection
资源的变动性☆motility of resources
资源的定价政策☆pricing policies of resources
资源的稀缺性☆scarcity of resources
资源分析☆resources analysis
资源丰富地区☆repository
资源概念的动态性☆dynamics of resource concept
资源共享☆resource {-}sharing；share of resources
资源回收厂☆recovery plant
资源基础☆the resource base；resource base
资源集中管理☆resources centralized management
资源净损耗☆net resource depletion
资源开发寿命☆longevity of resource
资源勘探和开发☆exploration and development of resources
资源评定方法(论)☆resource assessment methodology
资源遥感☆remote sensing of resources
资源转让净额☆net transfer of resource
资源总量☆total resources
资质☆flair；aptitude；natural endowments；credentials and ability of a designing and engineering enterprise
资助☆bankroll
资助者☆bankroller
姿势☆pose；gesture；postures
姿态☆attitude[航天器]；figure；pose；Fig；fig.
姿态校正☆attitude-correction
姿态效应☆aspect effect
(多型的)兹维亚金符号☆Zvyagin symbol
滋味☆zest；smack
滋养(作用)☆eutrophication
滋养的☆nutritious
滋养度[海]☆fertility
滋养管☆trophospongium
滋养核☆macronucleus
滋养湖☆eutrophy
滋养品☆aliment；nourishment
滋养物☆nutrition；nutriment
滋育(作用)☆eutrophication

zǐ

紫碧晒{玺;茜}[$(Na,Ca,Li)(Mg,Fe^{2+},Al)_3(Al,Fe^{3+})_3(Al_3B_3Si_6(O,OH,F)_{30})$]☆siberite
紫彩麻[石]☆Paradiso
紫菜属[红藻;Q]☆Porphyra
紫虫胶☆lacca
紫脆石[$Na_2AlSi_3O_8(OH)$;三斜]☆ussingite
紫脆云母☆ussingite
紫翠玉[$BeAl_2O_4$]☆alexandrite
紫单斜水氯铅矿☆rafacelite
紫点金麻[石]☆Topazic Imperial
紫电气石[$(Na,Ca,Li)(Mg,Fe^{2+},Al)_3(Al,Fe^{3+})_3(Al_3B_3Si_6(O,OH,F)_{30})$]☆siberite
紫丁香[石]☆African Lilac
紫方钠石[$Na_4(Al(NaS))Al_2(SiO_3)$]☆hackmanite
紫斧石[$Ca_2(Mn,Fe)Al_2BSi_4O_{15}(OH)$]☆yanolite；axinite；janolite；yonolite
紫刚玉[Al_2O_3]☆purpursapphir；oriental{noble} amethyst
紫管藻属[蓝藻;Q]☆Porphyrosiphon
紫硅碱钙石[$K(Ca,Na)_2Si_4O_{10}(OH,F)•H_2O$;单斜]☆charoite
紫硅铝镁{镁铝}石[$Mg_2Al_6Si_4O_{18}(OH)_2$;$(Mg,Al)_8Si_4(O,OH)_{20}$;单斜]☆yoderite
紫硅锰石☆jerrygibbsite
紫褐{|黑}色☆purple brown{|black}
紫红☆mauve；violet red{carmine}；purplish red
紫红(色)☆crimson
紫红色(的)☆mauve
紫花络石☆Trachelospermum axillare
紫花苜蓿☆Medicago sativa；alfalfa
紫花石蒜碱☆squamigerine
紫灰色☆purplish grey
紫(胶虫)胶☆shellac；lakh；lac
紫荆属[E-Q]☆Cercis
紫(水)晶[SiO_2]☆amethyst；amatista；amethystine quartz
紫晶麻[石]☆Royal Mmhogany
紫(水)晶中液包体☆amethystoline
紫菌☆purple bacteria
紫菌红′醚{素戊}☆rhodoviolasin
紫口铁足[陶釉]☆purple mouth and iron foot
紫矿石☆purple ore
紫矿属☆butea
紫蓝宝石☆oriental hyacinth
紫蓝色☆purplish{indigo;thumb} blue
紫锂辉石[$LiAl(Si_2O_6)$]☆kunzite；lithionamethyst；spodumen amethyst
紫磷灰石☆pulleite
紫磷铁锰矿[$(Mn^{3+},Fe^{3+})(PO_4)$]☆purpurite；soda-purpurite；manganipurpurite；natronpurpurite
紫硫螺菌属☆thiospirillum
紫硫镍矿[Ni_2FeS_4;等轴]☆violarite
紫铝辉石☆kunzite
紫绿晶[石]☆Forest Green
紫罗红[石]☆Rosso Lepanto；Rosso Antico Dttalia
紫罗兰☆violet；VT；Ruby Sapphire
紫罗兰色☆violet；pansy
紫罗烯☆ionene
紫苜蓿☆Medicago sativa；alfalfa
紫钼铀矿[$(UO_2,UO_3)•5.5MoO_3•5.3H_2O$；$U^{4+}Mo^{6+}_5O_{12}(OH)_{10}$;单斜]☆mourite
紫钠铝硅石☆tuhualite
紫钠闪石☆tuhualite；bababudanite
紫片岩☆murasakite
紫萁(属)[植;K-Q]☆Osmunda
紫萁孢属[J-E]☆Osmundacidites
紫萁科☆Osmundaceae
紫青辉石☆violane
紫球藻(属)[红藻;Q]☆Porphyridium
紫色☆purple；violet；VT
紫色的☆ultraviolet；purple
紫色土☆terra roxa；purple soil
紫色印度石榴石☆almandine；almandite
紫砂☆boccaro ware；red{purple} stoneware；purple sand；redware
紫砂茶具☆cinnabar tea-set；dark brown tea-set
紫砂陶器☆cinnabar{Zisha} pottery；dark brown pottery；red stoneware；Zisha earthenware
紫杉☆Taxus；Japanese yew；yew (tree)
紫杉的[植]☆taxinean
紫杉类☆Taxopsida
紫杉型木☆Taxodioxylon
紫石☆purple stone
紫石英☆amethyst；violet quartz；fluorite fluoritum；fluoritum[中药]
紫石英质☆amethystine
紫树粉属[孢;K_2-Q]☆Nyssapollenites
紫树属☆Nyssa
紫水晶[SiO_2]☆(oriental) amethyst；amethystine quartz；amatista；Lilla Gerais[石]
紫水晶质☆amethystine
紫四环镍矿☆abelsonite；nickel porphyrin
紫苏安山岩☆santorinite；hypersthene andesite
紫苏钙长无球粒陨石☆howardite
紫苏花岗闪长岩质的☆enderbitic
紫苏花岗岩相☆aldan facies
紫苏辉卡岩☆hypersthene-gabbro
紫苏辉石[$(Mg,Fe^{2+})_2(Si_2O_6)$]☆hypersthene；germarite；hyperite；labrador hornblende；ficinite；paulite；augite-bronzite；szaboite；iron-anthophyllite；ferro-anthophyllite；kupfferite；eisenenstatit；metalloidal diallage；miroitante
紫苏辉石岩系☆hypersthenic rock series
紫苏流安岩☆toscanite
紫苏闪光岩☆katabugite
紫苏岩☆hypersthenite
紫苏英闪岩系☆bugite series
紫铁矾[$Fe^{3+}_2(SO_4)_3•10H_2O$;三斜]☆quenstedtite；quetenite；paracoquimbite
紫铁铝矾[$(Al,Fe^{3+})_2(SO_4)_3•nH_2O$]☆millos(e)vichite；lippite
紫铜☆(red) copper
紫铜铝锑矿☆cyanophyllite
紫土☆terra roxa；purple soil
紫外☆ultraviolet；UV
紫外辐射光☆ultraviolet light
紫外光☆ultraviolet light；ultraluminescence
紫外光灯☆UV light
紫外激光磨蚀质谱仪☆ultraviolet laser ablation mass spectroscopy；UV-LA-MS
紫外可见光检测器☆ultraviolet-visible detector
紫外线☆ultraviolet light{ray}；ultraviolet；ultra-violet (ray)；violet ray；vitalight
紫外线灯☆ultraviolet lamp [artificial sun]；black lamp；mineral light；UV-lamp
(用)紫外线灯勘探荧光矿物☆lamping
紫外线服射☆ultraviolet radiation
紫外线感色☆ultraviolet- light-sensitive dye
紫外线火焰检测☆ultraviolet flame detection
紫外线屏蔽剂☆ultraviolet screening agent
紫外线探伤法☆glo-crack
紫外线照矿灯☆mineralight lamp
紫外荧光☆UV fluorescence；ultraluminescence；UVF
紫菀属植物☆Aster
紫葳花[蓼科植物,石膏局示植]☆desert trumpet
紫叶绿矾☆violite
紫萤石[CaF_2]☆gunnisonite；antozonite；fetid fluor；false amethyst；stinkspat[德]
紫云蛤科[双壳]☆Psammobiidae
紫云英的一种[俗名 Carban-cillo 豆科,硒、铀局示植]☆Astragalus sp.
紫云英属☆astragalus
紫云英之一种[豆科,硒和铀通示植]☆Garbancillo
紫棕色☆purple brown
仔冰[崩离母冰后漂浮在水面的]☆calved ice；calf
仔细察看☆perusal；spy
仔细的☆meticulous
仔细检查☆overhaul；O/H；rummage
仔细考虑☆contemplation；contemplate
仔细搜寻☆mouse
仔细研究☆scan
仔细装卸(钻具)☆nurse
籽骨(的)☆sesamoid
籽晶☆grain of crystallization；inoculating{seed} crystal；crystallon；seed
子☆offspring；sub-
子爆炸☆subshot
子闭合圈☆subclosure
子表☆subtabulation；sublist
子波☆wavelet；elementary wave；signature
子波提取☆wavelet extraction；extraction of wavelet
子参数☆subparameter
子层☆underlayer
子产物☆daughter product
子程序库☆library of subroutines；subroutine library
子簇☆submanifold
子单位{元}☆sub(-)unit
子弹☆bullet；shot；cartridge
子弹射孔☆gun perforating；bullet perforation
子弹式射孔器☆bullet perforator
子弹跳飞☆ricochet
子弹位置探测器[射孔]☆bullet locator
子点阵☆sublattice
子范畴☆subcategory
子范围☆subrange
子房☆ovary；seed bud
子分路☆subbranch；sub-branch

子分数(式)☆sub-fraction
子分支☆sub-branch
子副成分☆subminor component
子格式{概型}☆subscheme
子公司☆subsidiary (company;corporation); constituent corporation; sub-company
子宫☆uterus; hystero; matrix
子宫石病☆hysterolithiasis
子拱☆subarch
子轨道☆sub-track
子行列式☆subdeterminant; minor of a determinant; underdeterminant; minor determinant
子核☆daughter (nuclide)
子火山☆volcanello; vulcanello
子集☆subset; subclass
子级数☆subseries
子阶段☆subphase
子界☆subrange
子晶格☆sublattice
子晶体☆daughter crystal
子居群☆daughter population
子矩阵☆submatrix [pl.-ices]
子决策树☆sub-tree
子壳☆aril
子刻度☆subscale mark
子空间☆subspace
子块☆subblock
子矿物[包裹体中]☆daughter mineral
子类☆subclass
子流形☆submanifold
子码☆subcode
子面积☆subarea
子模(块)☆submodule
子模式☆subscheme
子模型☆submodel
子母体图解☆daughter-parent diagram
子目录☆sub(-)directory; subcatalog
子囊☆sporangium; ascus
子囊孢子[真菌]☆ascospore
子囊顶孔☆ascostome[pl.-mata]
子囊孔{口}☆ascostome[pl.-mata]
子囊盘☆apothecium
子囊腔☆loculus; locule
子囊藻属[K-E]☆Ascodinium
子黏变形体☆meront
子女☆younger; family
子配件☆subassembly; SUBASSY
子器☆cupula
子区间☆subinterval; sub-range
子区域☆subregion; sub-block
子群☆subgroup; blockette; subblock; subunit
子任务☆subtask
子三角洲☆subdelta
子设备☆subset
子实体☆fructification
子式☆minor
子树[模式识别方法结构]☆subtree
子数据组☆data subset
μ子素☆muonium
子穗类☆Stachyospermae
子孙☆offspring; progeny
子台阵☆subarray
子掏槽☆baby cut
子体物质☆daughter substance; descendant
子通道☆subchannel
子同位素☆milk
子图☆subgraph
子网(络)☆subnetwork
子卫星☆subsatellite
子文件☆son file
子问题☆subproblem
子午圈☆meridian (circle;line); longitude circle; principal vertical circle
子午线☆meridian (line); mer; prime meridian; astronomic meridian[天]
子午线长差☆meridional difference
子午线的☆meridional; noon; meridianal
子午线角☆meridian angle
子午仪☆meridian transit{instrument;circle}; transit circle; astronomical transit
子系[理]☆daughter
子系列☆subseries
子系统☆subsystem
子系物质☆descendant; descendent
子细胞☆daughter cell
子弦☆subchord
子信息☆slab
子序列☆sub-sequence; subsequence
子牙乌☆garnet
子样☆subsample; sub-sample increment
子叶☆seed{seminal} leaf; cotyledon
子叶不等形的☆anisocotyledonous
子夜太阳☆midnight sun
子域☆subdomain; subfield
子元素☆daughter element
子阵☆submatrix [pl.-ices]
子中心☆subcenter; subcentre
子字母(表)☆subalphabet
子族☆sub-family
子组☆subunit
子座[菌类]☆stroma [pl.-ta]
姊☆sister
姊妹楔[机]☆sister wedges

zì

自☆ex[拉]; endo-; self-
自拗地槽☆autogeosyncline; residual geosyncline
自白云化☆cannibalism
(地震仪的)自摆期☆free swing period
自伴的☆self-adjoint
自保☆self-hold; self-insurance
自保持燃烧☆self-supporting{-sustaining} combustion
自保电路☆hold{holding} circuit
自保线圈☆holding-on coil
自爆☆spontaneous breaking{cracking;explosive; explosion}
自爆发(性)☆autoexplosivity
自爆装置☆self-destructor{destructive} mechanism
自备的☆autonomous
自备电动机式钻机☆motor drill
自备动力工作平台☆self-contained platform
自备发动机式凿岩机☆motor hammer drill
自备火灾报警器☆private fire alarm
自备容器自运输油价☆dock price
自备式导航☆self aid navigation
(用)自备仪器操纵的☆self-guided
(索德柏格)自焙电极☆Soderberg electrode
自焙矿石☆self-roasting ore
自崩煤☆bumpy coal
自闭☆stick; sticking up
自闭式电动闸门☆self-closing electric gate
自变晶的☆endoblastic
自变晶作用☆endoblastesis
自变量作用☆argument
自变数☆independent variable; argument; I.V.
自变形丝☆self-texturing yarn
自变质☆autometamorphism; autolysis
自变质岩☆autometasomatic rock
自补偿☆self-compensating; self-compensation
自补给☆self-recharge
自测(检)能力☆self test capability
自差☆deviation; autoheterodyne; autodyne
自差(法)☆endodyne
自缠绕☆self-winding
自撑式(开采)法☆self-supporting-opening method
自称☆claim; pretend; call oneself; profess
自成☆autogeosyncline
自成的☆autogenetic; autogenous
自成地形☆autogenetic `topography{land forms}
自成土☆mesomorphic soil
自成系统的仪器☆self-contained instrument
自乘☆involve; squaring
自承的☆self-supported; self-sustaining
自持介质☆self-sustaining medium
自持燃烧☆self-sustained combustion
自持时间☆stand-up time
自持式风动凿岩机☆autostoper
自充电放大器☆self-powered amplifier
(压气式浮选机)自充气☆air self-supplied
自充填☆self-filling
自充填的☆self-packing
自稠化☆self-bodying
自除岩{钻}粉钻头☆self-cleaning bit
自磁化☆self magnetization
自猝灭☆internal quenching
自催化(作用)☆auto-catalysis
自带绷绳的轻便井架☆self-guyed structural mast
自带动力液压操纵☆live hydraulic control
自导导弹☆seeker
自导纳☆self admittance
自得☆complacency
自底向上选择☆selective bottom-up
自地槽☆autogeosyncline; self {-}geosyncline
自地幔获得的☆mantle-derived
自缔合(作用)☆self-association
自点火☆spontaneous ignition
自电法☆natural current method
自电离☆autoionization
自电势勘探☆self-potential prospecting
自电位测井☆self-potential log{survey}
自叠和☆self-congruent
自顶部注入油罐内☆overshot tank filling
自顶式铆枪☆self-bucking hammer
自顶向下选择☆selective top-down
自定模式[标本]☆ideotype
自定时☆self-timing
自定位检波器☆self-locating geophone
自定向☆self-orient(at)ing
自定(中)心☆auto centering
自定中心振动筛☆self-centering vibrating screen
自动☆automation; auto-; self-action; self-
(地震仪摆的)自动☆free motion
自动安平水准仪☆compensator levelling instrument; autoset{pendulum;automatic;self-adjusting} level
自动扳接道岔设备☆paint operating equipment
自动扳手☆auto-wrench
自动报警☆automatic alarm; auto-alarm
自动报警信号接收机☆auto-distress signal apparatus
自动闭锁☆track block
自动编码☆automatic coding; autocoding; autocode
自动变流☆autoflow
自动变速箱用油☆automatic transmission fluid; ATF
自动变址机构☆mapping device
自动并网{车}☆automatic paralleling
自动波及的☆self-conforming
自动补偿☆automatically compensate; automatic compensation; self-compensation; autocompensation
自动补偿地下水位电测仪☆self-compensating underground water detector
自动操作的油库☆push-button bulk plant
自动测定水分☆automatic moisture determination
自动测井☆automatic well testing; AWT
自动测量☆automatic measurement; aut. meas.
自动测剖面仪☆automatic profiler
自动(深海)测深装置☆automatic depth-reading instrument
自动测向仪☆automatic direction finder
自动拆开☆self-detaching
自动掺气水流☆self-aerated flow
自动车☆automobile; self-propelled carriage
自动车钩☆automatic coupling{coupler;dip}; coupler; couplings; gathering horn; automatic car coupler
自动车钩突角☆gathering horn
自动车间☆auto-plant
自动称[皮带运输机]☆poidometer
自动成槽托棍[胶带输送机]☆self-troughing idler
自动秤☆automatic weigher{balance;weighter}; automatic weighing device{machine}; loadometer [装载时用]; weightograph; weightometer
自动尺寸监控☆autosizing
自动充填☆self-filling
自动充填器☆autoplugger
自动重合开关☆recloser
自动重调☆self-reset
自动出屑钻☆self-emptying borer
自动除粉钻眼☆self {-}cleaning drilling
自动处理技术☆automated processing technique
自动传动器锁☆automatic actuator lock
自动传输的☆self-propagating
自动催化(作用)☆autocatalysis
自动打开降落伞装置☆parabomb
自动打磨机☆air sander
自动大钳☆machine tongs
(带)自动弹片(的)刮管器☆squib
自动挡车防坠器☆jack catch
自动挡轴器☆automatic axle catch
自动导引(的)头部☆seeker
自动倒浆机☆automatic pouring machine
自动道排齐技术☆automated trace alignment technique

自动的☆automatic；auto；automobile；automotive；self-acting；aut；self operated{acting}；voluntary；unwatched；unattended；spontaneous；self-mobile；power-operated；off hand；s.a.；SA
自动滴定瓶☆automatic buret
自动底卸式车辆☆automatic drop-bottom car
自动地形跟踪☆automatic terrain following
自动点焊☆stitch welding
自动点火☆self-ignition；auto(-)ignition；self igniting；autocombustion
自动点火定时器☆automatic spark timer
自动电焊机组[沿管运动的]☆welder carriage
自动电梯☆escalator；self-service elevator
自动电子双轴倾斜度测量仪☆automatic electronic biaxial tiltmeter
自动定量喂料机☆constant feeder；automatic constant weight feeder
自动定位☆self-setting；self-indexing；automatic positioning；automatic station keeping；ASK
自动定向☆automatic direction finding；self- orientation
自动定(中)心(的)☆self-centering；autocentering
自动定心卡钎器☆self-centering chuck
自动定值☆fits automatically
自动对光投影仪☆autofocus (reflecting) projector
自动对准☆self-aligning
自动舵☆autopilot
自动发放制度☆self-issue system
自动发火☆self-ignition
自动发送接收机☆automatic send receiver；ASR
自动阀(门)☆self-acting{automatic} valve；auto(-)valve；automatically operated valve；AOV
自动翻卸装置☆transfer gear
自动放弃采矿权☆abandonment
自动放射线记录仪☆autoradiography
自动(控制)飞机☆autoplane
自动分层{带}☆automatic zoning
自动分度☆self-indexing
自动分解☆autodecomposition；auto decomposition
自动分类☆automated classification
自动分离☆self-detaching；autosegregation
自动分析☆automated{automatic} analysis
自动封闭☆self-blocking
自动风挡调节器☆automatic damper regulator
自动风力刹车控制☆automatic airbrake control
自动风门☆automatic{self-acting} door；auto air-door
自动封锁☆holding
自动幅度控制☆automatic amplitude control；AAC
自动复位安全阀☆automatic-resetting relief valve
自动复原☆self-reset
(钢丝绳)自动杆夹☆automatic lever clip
自动感应☆auto(-)induction
自动高度保持仪☆automatic height stabilizer
自动高分辨离子交换色谱法☆automatic high-resolution ion exchange chromatography
自动高压控制☆automatic high-voltage control
自动隔膜型圆锥分级机☆automatic diaphragm cone
自动给进☆automatic{auto;mechanical} feed；automatic feedoff[钻]；self-acting feed[钻具]；self-feed；SF
自动给进式凿岩机☆push-feed drill
自动给矿器☆autofeeder
自动跟踪☆autotracking；lock (on)；automatic tracking {following}；A.F.
自动更换钻杆(法)☆automatic drill steel handling
自动攻丝☆self-tapping
自动共振峰分析☆automatic formant analysis
自动挂钩☆automatic coupling；cocking
自动关闭☆self-closing
自动关闭喷嘴☆check nozzle
(岩浆)自动贯入☆auto-injection
自动灌桶器☆barrel filler
自动灌注式套管浮箍装置☆fill-up floating equipment
自动灌注式(引)鞋[套管附件]☆automatic fill shoe
自动归算☆sutoreduction；autoreduction
自动过载保护☆automatic overload protection
自动焊接☆automatic welding{soldering;weld}；autobond；A.W.
自动号盘☆autodial
自动核查的☆self-supervisory
自动核对☆mechanical check
(钻井船)自动恒位系统☆ask system
自动虹吸式洗砂机☆auto-siphon sand washer
自动化☆automation；automatization；automate；robotization；automatic；robotisation；unattended
自动化地下铁道列车☆automated subway train
自动化开采技术☆automation mining technology
自动化矿井{山}☆automated mine
自动化砂处理装置☆automatic sand plant
自动化生产记录☆automatic production record
自动还原计时器☆automatic reset timer
自动换排液☆automatic transmission fluid；ATF
自动换筒拉丝机☆automatic winder
自动换向☆forced reversing
自动灰分记录器☆automatic ash recorder
自动恢复(的)☆self-restoring
自动回返{流}冲洗☆automatic back-flushing
自动回洗式砂滤机☆automatic backwash sand
自动回转上向式凿岩机☆automatic rotation stoper；self-rotated stoper
自动活门☆autovalve
自动火灾报警传感器☆automatic fire sensor
自动机☆robot；automat(or)；automaton
自动机床切削用合金☆free-cutting alloy
自动机的☆automotive
自动机构☆auto-mechanism；automat [pl.-ta]；transfer mechanism
自动基线漂移校正☆automatic baseline drift correction
自动极谱记录器☆automatic polarograph
自动给料☆autofeed；automatic{power;self-acting} feed；self-feeding；feed given auto；s.f.
自动给料轻便输送机☆self-feeding portable conveyor
自动计点(机械)台☆automatic point-counter stage
自动计量点☆automated metering site
自动记录☆autographic record；tracing；automatic recording
自动记录笔☆recording pointer
自动记录重力仪☆recording gravitometer
自动记录器转筒☆paper dram
自动记录式回声测深仪☆depth recorder；DR
自动记录液面仪☆recording level gauge
自动记录仪笔☆recorder pen
自动记录仪器☆graphic meter{instrument}
自动加料☆gravity feed
自动加煤☆stoke automatically
自动加煤炉排☆automatic feed grate
自动加球机☆automatic marble feeder
自动加热☆spontaneous heating；self-heat(ing)
自动加速仪(计)☆accelerograph
自动加载☆autoloading
自动架辊器☆automatic roller floating device
自动驾驶☆automatic guide；self-steering{-piloting}
自动驾驶仪耦合器☆autopilot coupler
自动监测仪☆automatic monitor；automonitor
自动监视☆self-supervisory
自动检测☆autotest；automatic detection{picking}
自动检测系统☆automatic checkout system
自动检查☆automatic{built-in} check；robot inspection；self-verifying
自动减压阀☆automatic pressure reducing valve
自动键接☆autobond
自动校频管☆transitrol
自动校正☆automatic correction；autocorrelation；autocorrection
自动接合☆autobond
自动接入继电器☆recloser
(油矿)自动接收、计量、取样、传输系统☆automatic custody transfer；ACT
(备用系统)自动接通机构☆autochangeover
自动节流活门☆auto-throttle
自动截气阀☆automatic air-trip valve
自动节省燃料设备☆automatic fuel-economizing device；automatic fuel-saving device
自动解析测{绘}图仪☆automatic analytical plotter
自动进刀☆power{automatic} feed
自动进给钻进☆push-feed drilling
自动进化☆autogenesis
自动浸釉机☆automatic glazing machine
自动精密剪切机☆dieing machine
自动井下测试☆automatic well testing；awt
自动静态校正[震勘]☆automatic static correction
自动就位J型槽机构☆automatic-in J-slot arrangement
自动聚合☆autopolymerization
自动距离控制☆automatic range control；ARC
自动卷片照相机☆magazine camera
自动卡瓦☆power slips
自动卡芯器☆automatic core-breaker
自动开关☆keying；automatic switch{recloser}；autolay
自动开关风门☆self-acting door
自动控光晒印机☆automatic dodging printer
自动控制☆autocontrol；automatic{push-button} control；self-control；AC
自动控制仪☆automatic controller；a.c.
自动扣紧环☆self-gripping ring
自动矿车☆iron mule
自动立体探测☆automatic stereodetection
自动联结器喇叭口☆hitch jaw
自动连锁☆automatic interloc；self-locking
自动连续混砂机☆auto-miller
自动链条炉箅机☆travel(l)ing grate machine
自动量程控制☆automatic range control；ARC
自动亮度控制{调整}☆automatic brightness control
自动领航仪☆avigraph；automatic pilot
自动溜槽☆tilting concentrator
自动落辊器☆automatic roller dropping device
自动落煤☆cascading of coal
自动落下岩芯管☆free-fall coring tube with piston
自动煤样采取器☆automatic coal sampling probe；automatic probe
自动瞄准干扰发射机☆rotter
自动灭火喷嘴☆sprinkler nozzle
自动磨尖☆self-sharpening
自动凝固☆self-setting
自动浓缩☆autocondensation
自动排废石装置☆automatic refuse discharger
自动排料☆automatic discharge；self-discharging
自动排料隔膜式圆锥分级{破碎}机☆automatic diaphragm cone
自动排气分析仪☆automatic exhaust gas analyzer
自动抛锚装置☆automatic anchoring device
自动偏压截止☆self-biased off
自动偏移[震勘]☆automigration；automatic migration；self-bias
自动贫化燃烧混合物☆autolean mixture
自动频率微调管☆transitrol
自动平衡☆automatic balancing；self-poise
自动坡道☆moving ramp
自动破坏{裂}☆autodestruction
自动剖面拉平☆automatic section flattening
自动曝光装置☆automatic exposure unit
自动起落器☆self-lift
自动气化(作用)☆autopneumatolysis
自动气体倍增器☆automatic gas intensifier
自动气象海洋浮标☆automatic meteorological oceanographic buoy；A.M.O.B.
自动气闸控制☆automatic air-brake control
自动侵入☆autointrusion
自动清扫筛条☆self-cleaning bar
自动倾卸☆self dumping
自动曲线绘制器☆variplotter
自动燃烧☆autocombustion；spontaneous combust ion
自动燃烧系统☆autocombustion system
自动润滑☆automatic(al) lubrication{greasing}；self-oiling{-lubrication}
自动润滑的☆self-lubricant；self-lubricating
自动扫描☆autoscan；automatic scan
自动刹车[利用平衡重]☆automatic{deadweight} brake；self-braking
自动砂轮整形装置☆automatic wheel truing device
自动砂纸打磨机☆power sander
自动上料移动式运输机☆self-feeding portable conveyor
自动设计☆automated{automation} design；AD
自动射线照相术☆autoradiogram；ARGM；ARG
自动蚀版机☆automatic stencil etching machine
自动时间步长控制☆automatic time-step control
自动式测温{温度}器{计}☆thermometrograph
自动释车器[钢丝绳运输]☆jockey
自动试井☆automatic well {-}testing；awt
自动试样加工☆automatic sample handling
自动视准☆autocollimation
自动-手动系统☆automanual system
自动双头弧焊机☆two-head automatic arc welding machine
自动水平物台☆auto-leveling stage
自动水下考察运载器☆self-propelled underwater research vehicle；SPURV
自动水质量监测站☆automatic water quality

monitoring station；AWQMS
自动顺向全宽截流取样机☆full stream sampler
自动送料☆self-feeding；s-f.
自动送料罐☆gravity tank
自动送钻装置☆automatic driller
自动搜索干扰振荡器☆broom
自动缩合☆autocondensation
自动探针☆autoprobe
自动提杆器☆automatic rod lifter
自动提耙装置☆automatic rake lifting device
自动提升☆self-winding
自动天平☆autobalance
自动调焦转绘仪☆zoom transferscope
自动调节☆inherent{automatic} regulation；automatic control{governing}；autoregulation；self-regulation {-setting;-governing;-interacting;-adjustment}
自动调节供氧量呼吸器☆lung-governed breathing apparatus；govox apparatus
自动调节相位线路☆quadricorrelator
自动调零☆automatic zero set；subs-zero；automatic balancing；AZS
自动调平装置☆self-leveling device
自动调位回转段托滚☆self-aligning return idler
自动调谐☆hands-off{automatic} tuning；autotune
自动调整☆autocontrol；self-adjusting{-aligning; -control}
自动调整托辊运输机☆automatic idler
自动调整轴☆adjustable axle
自动调正☆self-train
自动调制控制☆automatic modulation control
自动跳合☆kick-down
自动跳闸☆automatic trip；trip-free
自动贴花机☆automatic decal machine
自动停泵☆pump trip
自动停机☆auto-stop
自动停止反转(装置)☆automatic backstop
自动停止进入燃料☆automatic fuel shut-off
自动通风煤气燃烧器☆atmospheric gas-burner
自动同步☆selsyn；self-synchronization
自动统调☆autotune
自动图示仪☆autographometer
自动图像传输☆automatic picture transmission
自动(定量)图像分析仪☆automatic unit for stereometric image analysis
自动推动进器的滑座☆banjo saddle
自动推进☆self-propelling；automatic advance {feed}；autofeed；self-feeding；power feed
自动推进刮板式平道机☆self-propelled blade grader
自动推进式凿岩☆push-feed drilling
自动推进式钻机车☆self-propelled drill mounting
自动推力控制☆auto thrust control
自动托辊运输机☆automatic idler
自动脱扣机☆tripper
自动瓦斯报警☆automatic firedamp alarm
自动网格生成☆automated grid generation
自动温度记录控制{调节}器☆automatic temperature recorder controller；ATRC
自动稳定☆autostable；autostabilization
自动吸入相对渗透率曲线☆imbibition relative permeability curve
自动稀释入口☆auto-dilution port
自动下沉采泥器☆free-fall rocket core sampler
自动线☆automation line；transfer machine
自动卸货拖车☆self-emptying trailer
自动卸开的☆self-releasing
自动卸料☆self {-}dumping；automatic discharging
自动卸载☆self-discharging{-dumping}
自动卸载小车☆gunboat
自动信息转换☆automatic message switching
自动J型槽☆automatic J-slot
自动性☆automatism
自动修坯机☆automatic finishing machine
自动旋紧管箍机[为油管、套管上接箍用]☆torque-turn device
自动旋流浮槽式分级机☆auto-vortex bowl classifier
自动旋转☆autogiration
自动旋转式小型柱架钻机☆automatically rotated stoper drill
自动选速器☆autoselector
自动学☆automation；automatics
自动寻的(瞄准)☆homing
自动讯号装置☆automatic signaling device
自动压紧立柱☆servo-prop
自动压力器☆manograph
自动氧化☆auto(o)xidation；auto-oxidation
自动遥测☆auto-telemetering
自动溢流罗盘☆free-flooding compass
自动引导☆home
自动引导头☆homer
自动引燃☆autogenous ignition
自动应答☆auto-answer
自动应力检定☆autostress rating
自动油门☆auto-throttle
自动运输☆self-acting haulage
自动载运器☆automatic carriage
自动增势式制动带☆self-energizing brake band
自动闸门☆boomer；flop gate；self-shooter
自动闸式乘人车☆automat car
自动摘要☆auto-abstract
自动展点仪☆automatic point plotter
自动张开心轴☆automatic-expanding mandrel
自动找中的梯形螺纹☆self-centering buttress thread
自动照准☆self-alignment
自动遮断阀☆automatic intercepting valve
自动振动☆free vibration
自动制动☆self-braking；automatic braking
自动制图☆autodraft；automated cartographic
自动中和☆self-neutralization
自动注浆成形线☆automatic casting production plants
自动注射☆auto-injection
自动注水启动(离心)泵☆self-priming (centrifugal) pump
自动爪☆trip dog
自动转向☆automatic steering；autodiversion；self-steering
自动装料☆stoke automatically
自动装卸料仓☆automatic hopper
自动装载轮式铲运机☆self-loading wheeled scraper
自动装置☆automat(ion)；auto-plant；automatic device {equipment;gear;contrivance}；auto-mechanism；aut. eq.；automatic；automator；robot；unmanned unit
自动追踪☆automatic tracking；lock-on
自动钻井水龙头[可悬持转动钻柱自动化钻机中钻具]☆drill head
自动钻孔重返☆automatic drill re-entry
自动钻车☆mobile jumbo；mobiljumbo
自动钻床☆pantodrill
自动坐标展点仪☆coordimat
自动做记号面板☆automatic marking panel；AMP
自动作用☆automatism
自读式水准尺☆self-reading (level) rod；speaking rod
自断安全销☆breaking pin
自对称☆auto-symmetry
自对数{同态}谱时窗化☆autocepstral windowing
自对中心的填料箱☆self-centering stuffing box
自对准☆autocollimation
自发的☆spontaneous；initiative；autogenous；autogen(et)ic
自发浮沉密度☆autogenous sink-float density
自发光☆autoluminescence
自发光体☆self luminous body
自发火☆self-ignition
自发裂变☆spontaneous fission{decay}；SF
自发乳状液☆spontaneous emulsion
自发射☆self-emission
自发析晶☆self-crystallization；spontaneous crystallization
自发性☆spontaneity
自发烟信号☆self-activating smoke signal
自发演替☆autogenic succession
自翻式升降车☆self dumping cage
自反馈☆self-feedback
自反馈式磁放大器☆amplistat
自反向☆self-reversal
自反性☆reflexivity
自返取样器☆free-fall grab
自返式沉积物取芯器☆boomerang sediment corer
自返式{推进}取样器☆free-fall rocket core sampler
自方差☆autovariance
自分馏☆self-fractionating
自封闭型地热田☆self-sealing geothermal field
自封式燃料箱☆self-sealing fuel tank
自辐照☆self-irradiation
自浮式导管架☆self-floating jacket
自浮塔式平台☆tower-type self-floating platform
自复原效应☆self healing effect
自干黏合剂☆self-curing adhesive
自感☆self-inductance；self inductance
自感耦合☆autoinductive coupling
自感系数☆self inductance coefficient；coefficient of self-induction
自感应☆auto-induction；self-induction；self-induced
自高压井中取下钻具☆snubbing
自割[自伤;生态]☆autotomy
自攻丝螺钉☆self {-}tapping screw
自供电的☆self-powered；SP
自供能刹车☆self-energized brake
自共轭☆self-conjugate
自共轭的☆self-adjoint
自(动)固结☆self-consolidation
自关联☆autoassociation
自灌泵☆self-priming pump
自贯入(作用)☆auto-injection
自焊☆autogenous soldering
自航式挖泥船☆hopper dredg(er)；self-propelling dredger
自耗电极☆consutrode；consumable electrode
自合式抓爪(斗)☆self-closing grab
自荷重压☆overburden pressure
自花授粉☆autogamy
自滑溜槽☆slide chute
(磨机)自换衬里☆self-renewing liner
自恢复☆self-healing
自回复定时器☆self-resetting timer
自回归☆autoregression
自回归滤波器模型☆autoregressive filter model
自回路☆self-loop
自回填☆self-recharge
自毁[中途失灵的导弹、火箭]☆destruct
自毁器☆self-destructor mechanism
自毁式导爆索☆self-destroying fuse
自混染岩☆diachyte
自活化☆self-activation
自基晶簇☆autochthon druse
自积砂屑岩☆autoarenite
自激☆self {-}excitation；self-energizing；autoexciting；self-feeding；autonomous；self-excited；s.f.
自激化☆self-activation
自激活的☆self-activating
自激式制动器☆self-energized brake
自激振荡☆self-oscillation；free{self-sustained} oscillation；autoexcitation
自给的☆self-contained；self-consistent
自给偏压☆self-bias
自给平台☆self-contained platform
自给式海底采油系统☆self-contained subsea production system
自给式冷冻机组☆self-contained cooling unit
自给式携带电灯☆self-contained portable electric lamp
自给式氧气呼吸器{机}☆self-contained oxygen breathing apparatus
自给性☆self-consistency
自给自航球形救生艇☆brucker survival capsule
自给自足☆self-sufficiency
自记测波仪☆wave recorder
自记称重仪☆weightograph；weightometer
自记的☆self recording
自记湖泊水位计☆limnimeter
自记立体坐标量测仪☆recording stereocomparator
自记气压计{器}☆barograph
自记气压温度湿度计☆barothermohygrograph
自记式井下压力计☆internal-recording bottom-hole pressure device
自记式应变记录器☆autographic strain recorder
自记示振仪☆vibration meter；vibrograph；vibrometer
自记温度仪☆thermograph
自记仪☆self-recorder；recording meter；automatic recording gage；automatic recorder
自记仪器测井☆recorder well
自记雨量计☆pluviograph
自记震波仪☆recording oscillograph
自加力效应☆self-energizing
自加权样本☆self-weighting sample
自检☆self-check；self-inspection；self-test
自检功能{|设备}☆self-checking function{|equipment}
自检校区域网平差☆self-calibration block adjustment
(钙质碎屑)自胶结作用☆macadam effect
自交代作用☆autometasomatism；autometasomation；autometasomatic process；auto metasomatism

自角砾(岩)化☆autobrecciation
自角砾化的☆auto-brecciated
自校☆self-checking; self-correcting
自校程序☆self-calibration procedure
自校验☆self-check
自接型[软骨鱼]☆autostylic (type)
自接型颌☆autostylic jaws
自节理☆endokinetic joint
自洁式牙轮钻头☆self-clearing bit
自洁作用☆self clean-up action; self-cleaning effect
自结合☆autoassociation
自紧☆autofrettage
自紧杆式夹{式夹杆}☆self-tightening lever clip
自紧密封☆pressure-energized seal
自进式凿岩机☆self-propelled driller
自进式支架前部☆fore support
自进式支柱系统☆self-advancing prop system
自晶变☆automorphotropy
(钻井时)自井壁(油气层)渗入井中的天然气☆connection gas
自井内流出的气液体☆well effluent
自井内排出☆flowing
自净☆natural purification; self-purification
自净(作用)☆autopurification
自净(的)☆self-cleaning
自净的☆autocathartic
自净化☆autocatharsis; self-purification
自净机理☆mechanism of self-purification
自净效应☆effect of self-purification
自净作用☆self-purification; self-cleaning
自救呼吸器☆self-rescue apparatus; self-rescuer
自救器☆chemical oxygen breathing apparatus; self-rescue(r)[防毒呼吸罩]; escape apparatus
自救器放置架☆self-rescuer rack
自举☆bootstrap
自举式钻探平台☆jack-up `rig {drilling platform}
自聚焦☆self-focusing
自聚物☆autopolymer
自卷的☆self-winding
自卡式溜口☆self-choking chute
自可复{逆}性☆self-reversal
自控变电所☆automatic substation
自控导航☆self-piloting
自控地震台☆self-contained seismographic station
自控管理☆management by self-control
自控式调节器☆self-operated controller
自夸(的话)☆boast
自矿化作用☆self-mineralization
自馈☆self-feeding; self-energizing; s.f.; SF
自扩散型流动☆self-diffusion flow
自来水☆tap{main;running;city} water
自来水厂☆waterwork
自来水管☆tapping pipe
自来水锂化☆lithiumation
自类质同象☆autoisomorphism
自冷凝☆self-condensation
自冷却☆self-cooling; self-cooled
自理☆self-servicing; take care of oneself; provide for oneself
自励磁☆self-excitation
自励损失☆unbuilding
自立的☆self-erecting
自立模拟☆self-contained simulation
自力接触☆self-contact
自力式浮球阀☆float-ball self-closing valve
自裂变☆spontaneous fission; SF
自裂缝☆endokinetic{entokinetic} fissure
自溜充填☆flow stowing
自溜倒车轨线☆kick-back
自溜溜槽☆automatic chute
自溜运输☆gug
自溜运输开采☆steep-pitch mining
自溜装载☆gravimetric{gravity} loading
自流☆gravitational{free;gravity;downgrade;natural} flow; flow by gravity{itself}; [of water,etc.] flow automatically; [of a thing] take its natural course; flowing; bleed; artesian flow[油]; self-discharging; (run) by gravity
自流仓☆gravity hopper
自流充填☆drop{(controlled-)gravity;flow} stowing
自流的☆artesian; welling
自流动性☆auto-flowability
自流灌溉☆irrigation by gravity
自流灌装☆fill by gravity
自流给油箱☆top petrol tank
自流[靠自重]加油油槽汽车☆gravity tank truck
自流进油的油罐☆gravity feed tank
自流井☆artesian{borehole;bore} well; free flowing well; flowing artesian well; gusher type well; bored spring
自流井水量{能力}☆artesian well capacity
自流排水☆free-draining; gravity drainage
自流式泥浆补给罐☆gravity-fill tank
自流输送[依靠重力]☆gravity. feed
自流水(化学)风化☆artesian weathering
自流水区☆area of artesian flow; artesian region
自流卸料式浓密机☆gravity-discharge type thickener
自流性受压水☆flowing confined water
自流油罐☆gravitation tank
自流注水☆flood suction; dumping injection; dump flooding; water dumping; natural water dumping
自录固结仪☆autographic oedometer
自律导航☆self-contained navigation
自落☆by gravity
自落崩煤☆bumpy coal
自落返冲取样管☆free-fall rocket core sampler
自满☆complacency; sufficiency
自蔓延燃烧☆self-propagating combustion
自密封涂层☆self-sealing coating
自灭河☆suicidal stream
自明的☆self-explanatory
自鸣得意☆complacency
自膜[藻]☆autophragm
自磨(法)☆autogenous grinding; run-of-mine-milling
自磨式钻头☆self {-}sharpening bit
自摩擦☆friction against itself
自母岩向上{|下}运移☆upward{|downward} migration from source rock
自内渗出☆effluent seepage
自耦变压器☆volt box; variac; varitran; autoformer; autoconverter; autotransformer; compensator; transtat; variak
自拍☆autoheterodyne; autodyne
自排水矿坑☆self-draining pit
自配☆autogamy
自喷☆flowing; flow by heads; blowing; bleed; unload; artesian{natural} flow
自喷井☆gusher (well); flowing (artesian) well; natural {artesian} flowing well
自喷井出口闸门☆capper
自喷开采期☆flow {-}production period
自喷期☆flush stage{phase}; flowing life; flow period
自喷期采油工☆boomer
自喷油井☆whale
自喷油压☆flowing tubing pressure{head pressure}
自喷装置☆well control equipment
自膨式金属内支架☆self-expandable metallic stent
自匹配反褶积☆self-matching deconvolution
自偏压☆self bias; self-bias
自平衡☆self-equilibrating
自平水准仪☆autoset level
自屏蔽可燃性毒物☆self-shielded burnable poison
自破坏的物质☆self-destroying material
自破碎熔岩☆auto-brecciated lava
自启动☆self-starting{-running}; independent startup
自启动器☆automatic starter
自气成作用☆autopneumatolysis
自气化(作用)☆autopneumatolysis
自洽场Xa散射法☆self-consistent field Xa scattered wave method; SCF-Xa-SW method
自洽性☆self-consistency
自洽原子☆self-consistent atom
自侵入(作用)☆autointrusion
自倾断层☆self-ward-dipping fault
自倾式洗矿槽☆tilting concentrator
自清理作用☆self clean-up action; self-cleaning effect
自清式喷嘴☆self-cleaning nozzle
自清洗法☆auto-flushing method
自清洗接头☆self-cleaning connectors
自驱动的☆self-actuated
自曲性☆autonastism
自去磁☆self-demagnetization
自然☆naturalness
自然钯[Pd;等轴]☆(native) palladium
自然摆动☆natured oscillation
自然保护☆nature conservation
自然爆发{炸}☆spontaneous explosion
自然本底辐射☆natural background radiation
自然崩落回采(法)☆natural stoping
自然铋[三方]☆(native) bismuth; tin glass; bismutum; Bi; antimonium femininum
自然变稠的石油☆inspissated oil
自然铂[Pt;等轴]☆(native) platinum; polyxene; platina
自然铂钯矿矿石☆native Pt-Pd ore
自然残余磁力☆natural remanent magnetism
自然测量☆full-scale measurement
自然产生的离散电磁波☆atmospherics; spherics
自然场法☆natural field method
自然(矿石)衬里梯级溜槽☆stone box step type chute
自然的☆natural; unaffected; unconditioned; virgin; native; spontaneous; physical; quality of nature; nat
自然的自我恢复能力☆self-restoring capacity of nature
自然堤☆(natural) levee; roddon
自然堤成盆地☆barrier basin
自然碲[Te;三方]☆(native) tellurium; sylvan(it)e; sylvan; silvan; lionite[不纯]; aurumparadoxum
自然地理单位{元}☆physiographical unit
自然地理演化系列☆clisere
自然地形☆physiographic form{relief}
自然地质过程☆natural geological process
自然电流勘探法☆natural-current method
自然电势法☆spontaneous potential method
自然电位☆spontaneous{self;natural} potential; self-potential; natural earth potential; SP; s.p.
自然电位法测井☆self-potential{SP;spontaneous-potential} log
自然电位减小{缩}系数☆SP reduction factor
自然电位泥岩基线☆SP shale baseline
自然电位偏移☆SP deflection
自然对流☆free{natural} convection
自然对数☆natural{napierian;hyperbolic;Napier's} logarithm; Napierian logarithms; ln
自然锇[(Os,Ir),Os>80%;六方]☆(native) osmium; osmite
自然发生☆spontaneous generation{origin}; self generation; abiogenesis; abiogeny; autogenesis[生]
自然发生论☆abiogenesis; abiogeny
自然发生论的☆abiogenetic
自然分解☆spontaneous decomposition; natural degradation
自然分类☆natural classification{taxonomy}
自然丰度☆natural abundance
自然伽马泥岩基线☆gamma ray shale line; GRSH
自然伽马射线测井☆natural gamma-ray log(ging); natural gamma ray logging
自然伽马-中子-侧向组合测井☆combination gamma ray-neutron laterolog
自然镉{|铬}☆(native) cadmium{|chromium}
自然更新资源☆self-renewal resources
自然汞[Hg;液态]☆(native) mercury; mercurius; quicksilver
自然汞膏{齐}☆native amalgam
自然固化☆air setting
自然规模的试验☆full-scale test
自然回摆周期☆natural period of oscillation
自然极化☆self potential; spontaneous polarization
自然级煤☆natural (size) fraction coal
自然界存在的放射性同位素☆naturally-occurring radioactive isotope
自然界的位能梯度☆physical potential gradient
自然金[Au;等轴]☆gold; native{ natural;massive; free} gold; sol
自然景色☆landschaft; landscape
自然净化特性☆natural purification characteristics
自然科学☆natural{hard} science; philosophy; science
自然铼[Re]☆(native) rhenium
自然铑[Rh;等轴]☆(native) rhodium
自然老化☆natural ag(e)ing; unaccelerated{self} aging
自然力的☆elemental
自然粒状☆automorphic granular
自然钌[Ru;六方]☆(native) ruthenium
自然裂纹☆aging crack
自然裂隙☆self-open
自然硫[S_8;斜方]☆native sulfur{sulphur}; sulfur(ite); sulphur(ite); sulfurin
自然硫岩☆sulfolite
自然铝[等轴]☆alumin(i)um; Al; native aluminum
自然律☆law of nature
自然煤焦☆coke coal

Z

自然黏结剂型砂☆naturally bonded moulding sand
自然镍[Ni;等轴]☆(native) nickel
自然排泄{液}☆natural drainage
自然偏斜距☆natural drift
自然平衡拱☆dome of natural equilibrium; natural arch; natural self-supporting arch; pressure arch
自然平衡拱肩☆pressure vault
自然坡☆depositional gradient; natural slope
自然坡度☆natural grade; ground line gradient; depositional gradient
自然铅[Pb;等轴]☆(native) lead; plumbum nigrum
自然侵蚀☆normal erosion
自然倾向☆propensity; aptitude
自然倾斜☆original dip
自然热损总量☆total natural heat loss
自然砷[三方]☆(native) arsenic; As; hypotyphite
自然砷铋☆arsenolamprite; hypotyphite; arsenical bismuth
自然式火箭燃料☆hypergolic fuel
自然锶☆(native) strontium
自然特征☆unit character; physical feature
自然天气周期☆natural synoptic period
(在)自然条件下☆in vivo
自然条件载荷☆environmental load
自然调节的河流☆naturally regulated river
自然锑[三方]☆(native) antimony; Sb
自然铁[Fe;等轴]☆iron (pearlite); native iron; ferrite [含少量镍]; sideroferrite[产于硅化木中]; oxoferrite
自然通风☆natural ventilation{draught;draft}; perflation
自然通风筒燃烧器☆natural-draft pot burner
自然铜[Cu;等轴]☆(native;black) copper; kupfer[德]
自然铜块{|粒}☆barrel{|shot} copper
自然铜与其他铜矿物及砂土混合体☆coro-coro
自然钨☆tammite
自然锡[Sn;四方]☆(native) tin; jupiter; plumbum candidum[旧]
自然硒[Se;三方]☆(native) selenium
自然吸入式发动机☆naturally aspirated engine
自然现象测年☆physical time
自然谐振☆periodic{natural} resonance
自然锌[Zn;六方]☆(native) zinc; zink[德]
自然形成的边块☆naturally developed slope
自然形的[宝石]☆baroque
自然选择说☆theory of natural selection
自然循环相☆physiofacies
自然铱[Ir;等轴]☆(native) iridium; avaite
自然铟[In;四方]☆(native) indium
自然银☆silver; native{wire} silver; Ag
自然银(-3C)[Ag;等轴]☆silver(-3C)
自然银-2{|-4}H [Ag;六方]☆silver-2{|-4}H
自然银线☆wire silver
自然语言☆human{natural} language
自然元素☆native element
自然源遥感☆passive remote sensing
自然灾变☆convulsion of nature
自然灾害☆natural disaster{hazard}; disaster; act of God; hazard
自然灾害带☆natural risk zone
自然支撑采矿法☆open-stoping
自然重砂样品☆sample for natural heavy minerals
自然主义者☆naturalist
自然状态☆state of nature
自然状态的岩石☆living rock
自然状态河流☆wild river
自然资源保护☆conservation of natural resources
自然资源的分类☆classification of natural resources
自燃☆spontaneous combustion{ignition;firing}; self(-)combustion; self(-)ignition; fire breeding; auto(-)ignition; autogenous ignition; self-heating; heating tendency; pyrophorocity; pyrophoricity; spontaneous ignition{combustion}; self igniting; breeding {-}fire; catacausis; fire-fanging
自燃的☆self-combustible; hypergolic; pyrophoric; pyrophorous; self-inflammable
自燃发火期☆ignition period; period of spontaneous combustion
自燃矸{碎}石堆☆fiery heap
自燃混合物☆self-inflammable{hypergolic} mixture; free burning mixture
自燃火灾☆spontaneous fire; freely burning fire
自燃极限☆flammability limit
自燃倾向指标☆self-combustion tendency index
自燃区☆self-sustaining combustion zone
(用)自燃燃料的推进系统☆hypergol
自燃燃料火箭☆hypergolic rocket
自燃式火箭燃料☆hypergol
自燃双料推进剂☆self-igniting bipropellant
自燃通风煤气燃烧器☆atmospheric gas-burner
自燃温度☆spontaneous{autogenous} ignition temperature; self-ignition{autoignition} temperature
自燃物☆pyrophorus; pyrophoric material
自燃形成的矸石堆☆fire bank
自燃性混合物☆self-inflammable mixture
自燃性煤☆spontaneous combustion coal
自燃性推进剂☆hypergolic propellant
自燃页岩☆bocanne
自热☆(spontaneous) heating; self-heating
自热焙烧☆autogenous roasting
自(供)热的☆autogenetic; autogenous
自热熔炼☆pyritic smelting
自热蚀变☆autothermal alteration
自热液蚀变☆autohydrothermal alteration
自熔☆self-fluxing; self-melting
自熔电极☆continuous self-baking electrode
自熔(性)矿☆self-fusible{-fluxing} ore
自熔性团块☆self-fluxing pellet
自溶作用☆autolysis
自锐的☆self-sharpening
自锐式磨损☆chipping type wear
自(动)润滑☆self-lubrication; self-oiling
自散射☆self {-}scattering
自色(性)☆idiochromatism; idiochromatic color
自色晶体☆idiochromatic crystal
自伤☆autotomy
自上刷大井筒☆cutting-down (shaft)
自上向下开凿暗井☆winzing
自射式井点☆self-jetting wellpoint
自射线相图☆radio autograph
自身☆self [pl.selves]; per se; auto-
自身的☆in-house; personal
自身电感☆self-inductance
自身电容☆self-capacitance; self-capacity
自身供给能量的☆self-energizing
自身检查☆self-verifying
自身冷冻☆self-refrigeration
自身照明觇标☆self-illuminating sight
自身阻力☆self-resistance
自生☆autogeny; autogenesis; self generation; authigene
自生包体☆autolith; cognate inclusion
自生长石增长☆authigenetic feldspar overgrowth
自生沉积(作用)☆autochthonous sedimentation
自生成分☆authigenous constituent; authigenic constituents
自生的☆authigen(et)ic; self-reproducing{-sustaining}; autogenous; authigenous; autogen(et)ic; spontaneous
自生电势勘探☆self-potential survey
自生河☆self-grown stream
自生河流☆autogenous stream
自生砾岩☆auto-conglomerate
自生裂隙☆autoclase; autoclastic fissure
自生磨矿(法)☆autogenous grinding
自生泥酸☆self-generating mud {-}acid; SGMA
自生盘层☆genetic pan
自生瀑布☆autoconsequent waterfall autoconsequent constructional waterfall
自生群体☆autocolony
自生砂粒级物质☆authigenic sand-size material
自生石化(作用)☆autolithification; autocementation
自生式灭火器☆self-generating extinguisher
自生碎屑☆autoclast; authiclast
自生碎屑混杂{|角砾}岩☆autoclastic mélange {|breccia}
自生细菌☆autotrophic bacteria
自生增长☆authigenic overgrowth
自生组分☆authigenous constituent; authigene
自生作用☆authigenesis
自升地(面)☆self-risen ground; self-rising ground
自升式☆jack-up; Ju
自升式海上钻井船☆self-jacking offshore drilling vessel
自食[互相食]☆autophagy
自蚀光谱☆reversal spectrum
自(电)势等值线(图)☆self-potential contour
自噬☆autophagy[生态]; autocannibalistic[自食其身]
自适应☆auto-adapted; self-adaptation
自适应叠加☆adaptive stack
自适应多道滤波(速度)叠加[震勘]☆adaptive MCF velocity stack
自守☆automorphism
自守的☆automorphic
自水热蚀变☆autohydrothermal alteration
自顺向河☆autoconsequent stream
自私☆selfish
自松式套管打捞矛☆drive down casing spear
自碎☆autoclase
自碎的☆autoclastic; authiklastisch; authiclastic
自(生)碎(屑)角砾岩☆autobreccia
自碎熔岩☆autobrecciated lava
自(生)碎(屑)砂屑岩☆autoarenite
自碎屑砾岩☆pseudoconglomerate
自碎岩☆autoclastic rock; autoclast
自碎作用☆autoclasis
自缩合作用☆self-condensation
自锁☆self-locking
自锁电路☆latch circuit
自锁式凸轮☆latching cam
自体分裂☆autotomy
自体受精☆autogamy
自调☆self-servicing
自调和的☆self-congruent
自(动)调节☆self-adjustment
自调节阀☆self-regulating valve
自调节填料密封☆self adjusting packing
自调位承载托辊☆self-aligning carrying idler
自调位托滚☆self-aligning roller
自调系统☆self-regulating system
自调系统程序控制研究☆autonomics
自调心机构☆self-centring unit
自调心球面滚子{柱}轴承组件☆self-aligning spherical roller bearing assembly
自调液面水箱☆self-priming tank
自(动)调整☆autocontrol; self-adjusting{-aligning; adjustment}
自调整轴☆flexible axle
自(动)调制☆self-modulation; automodulation
自停装置☆self-stopping gear
自同步☆synchrodrive
自同步机☆synchromagslip
自同构☆automorphism; automorphic
自同周期☆identity period
自推进型刮管器☆self-propelled scraper
自退磁场☆self-demagnetizing field
自吞食作用☆autocannibalism
自外渗入☆influent seepage
自烷基化作用☆self-alkylation
自往返分析{|函数}☆autorun analysis{|function}
自维持燃烧☆self-sustaining combustion
自位☆self-potential
自(动调)位托辊☆self-aligning rollers
自稳定性☆autostability
自我平衡☆homeostasis
自我润滑机制☆self-lubricating mechanism
自矽卡岩☆autoskarn
自吸☆spontaneous imbibition
自吸泵☆self-priming pump
自吸孔道☆imbibition channel
自吸毛细管压力曲线☆imbibition capillary pressure curve
自吸能力☆inlet{suction} capacity
自吸收☆self-absorption; self-digestion
自吸效率☆efficiency of imbibition
自吸注水☆imbibition waterflooding; flood suction
自熄性聚合物☆self-extinguishing polymer
自袭夺☆autopiracy
自洗式钻头☆self-cleaning bit
自下而上(顺序)☆ascending order
自下燃烧☆underfire
自下向上的暗井凿进☆winze raising
自下向上的楔形炮眼掏槽☆drag cut
自下向上开掘的暗井☆raise
自下向上连接井壁工作☆pit underpinning
自下向上天井崩矿回采(法)☆raise stoping
自下向上凿井☆raising; sinking by raising; shaft raising; raising of shaft
自现干涉图的☆idiophanous
自陷☆self-trapping
自限性☆self-confinement
自相抵消(的)☆self-cancelling

自相关☆autocorrelation；self-correlation
自相关图☆autocorrelogram
自相矛盾☆antilogy
自相容平衡集合体☆self-consistent equilibrium assemblage
自相似性☆selfsimilarity
自相一致的☆self-consistent；self-congruent
自销产量☆captive tonnage
自消磁☆self-demagnetization；self-demagnetizing
自消化(作用)☆self-digestion
自携式水下呼吸器☆scuba；self{-}contained underwater breathing apparatus
自协方差☆autocovariance
自卸车☆dumper；tipper；self-clearing{-discharging} car；self-discharging{dump} wagon
自卸货的☆tripping
自卸(式)卡车☆autodumper；auto master；tipper；self-dumping{dump;tip} truck；tip car；dump (-body) truck；dumping car
自卸矿车☆self-dumping car；automatic tripper car
自卸料拖车☆self-emptying trailer
自卸汽车☆dumping car{wagon}；dump truck；autocar；dumper
自卸(料)拖车☆tipping{dump;self-emptying} trailer；self-unloading{-emptying} trailer；dump wagon
自信☆assurance；confidence；positivism
自信的☆sanguine
自型土☆idiomorphic{autogenic;automorphous} soil
自形☆idiomorph(ism)；euhedron；automorphism；autotype；automorphic
自形变晶☆idioblast；idioblastic
自形变晶矿物☆idioblastic mineral
自形的☆automorphic；euhedral；idiomorphic；idiotopic；automorphous；well-formed
自`形{相似}过程☆self-similar process
自形晶☆euhedral{idiomorphic;automorphic} crystal；(crystal) euhedron；idiomorph
自形粒状☆idiomorphic{euhedral;automorphic} granular
自形特征☆autapomorphy
自行保护(的)☆self-protecting
自行车☆wheel；bicycle；bike；cycle
自行车等的把手☆handlebar
自行称量的☆self-weighing
自行充填开采巷道☆self-stowing gate
自行的☆self-propelled；self-propelling
自行攻丝的☆self-tapping
自行净化☆self-healing
自行控制☆self-operated control
自行轮胎式钻车☆self-travelling wheeled jumbo
自行膨胀☆spontaneous expansion
自行式井下无轨矿车☆koalmobile
自行式矿用钻机☆mobile mine drill
自行式料仓采矿船☆self-propelled hopper dredge
自行式配套凿岩机车☆self-propel led；self-contained mounting
自行式羊脚碾☆self properlled sheep's-foot roller
自行式营救车☆self-propelled rescueing vehicle
自行式装料斗采矿船☆self-propelled hopper dredge
自行台车☆mobile jumbo；mobiljumbo
自行小车☆self-propelled carriage
自行压碎☆own-accord crushing
自行压缩☆autocompression
自行褶曲☆idiomorphic fold
自行支护的☆self-supporting
自悬浮(作用)☆auto-suspension
自旋多重性选律☆spin-multiplicity selection rule
自旋轨道耦合☆spin-orbit coupling
自旋函数☆spin function
自旋回☆autocyclicity
自旋回的☆autocyclical
自旋-晶格弛豫☆spin-lattice relaxation
自旋量☆spinor
自旋能☆autogiration
自旋配对☆spin-pairing
自旋扫描摄云摄影机☆spin-scan cloud camera
自旋-声子相互作用☆spin-phonon interaction
自旋允许跃迁☆spin-allowed transition
自旋-自旋弛豫☆spin-spin relaxation
自选模式[标本]☆ideolectotype
自选性泡沫☆self-sorting froth
自(重)压(力)安全阀☆dead weight safety valve
自压缩☆self-compression
自压榨得到的粗石蜡☆slack wax
自岩成因的☆lithogenetic
自岩浆角砾岩☆automagmatic breccia
自氧化☆auto-oxidation；autoxidation
自养☆autotrophy；autotrophism
自养(的)☆autotrophic
自养生水泥☆self-curing cement
自养生物☆aut(h)otroph；autotrophic organism
自养植物☆autophytes；holophyte；self-supporting {autotrophic} plant
自养作用☆autotrophism
自移式动力支架☆self-advancing powered support
自移式液压顶柱和垛式液压支架☆self-propelled roof jacks and chocks
自移(式)支架☆powered self-advancing roof supports；self-advancing support；walking prop
自营职业☆self-employment
自硬的☆air hardening
自硬(化{性}型)砂☆self-hardening{cold(-)setting; nobake} sand；self-curing mixture
自硬砂芯☆no-bake core
自应变☆self-strain
自应力值☆magnitude of self-stress
自用产品矿山☆captive mine
自用电量☆own demand
自由☆freedom；liberty；free；disengage
自由摆动曲流☆free-swinging meander
自由变形☆unrestricted change of shape
自由表面能☆free surface energy
自由沉积(作用)☆unhindered settling
自由沉降☆free setting{settling;subsidence;falling}；independent{collective} subsidence；free-fall
自由沉降水力分级机☆free-settling hydraulic classifier
自由沉落比{|管}☆free-settling ratio{|tube}
自由成型☆off-hand process
自由程☆free path
自由处理☆discretion
自由穿流模型☆free-draining model
自由吹制成型☆free blowing
自由垂挂☆curtain chain system
自由的☆free；unrestricted；unconfined；off-hand；loose
自由度☆freedom；degree of freedom；variance；d.f.
自由度为零☆zero-degree of freedom
自由锻造☆hammer{smith} forging
自由对流高度☆level of free convection
自由颚牙形石属[C?]☆Adetognathus
自由分子☆free molecule
自由浮动☆free float；unmanaged flexibility
自由港的装船☆optional shipment
自由港迈克墨伦[美矿业公司]☆Freeport McMoran
自由管钳☆universal pipe wrench
自由灌注矿用炸药☆free-pouring explosive
自由滑动☆freigleitung；free gliding
自由活塞☆floating piston
自由活塞打入式取土器☆free piston drive sampler
自由活塞式燃气轮机☆free{-}piston gas{-}turbine
自由基☆(free) radical
自由基型☆free radical type；FRA
自由给料☆free-feeding
自由给料破碎(法)☆free-crushing
自由颊☆librigena；free{movable} cheek
自由降落冲击(式)钻进(法)☆free fall boring
自由降落活塞式岩芯取样器☆freefall piston corer
自由界面电泳☆free electrophoresis
自由镜☆flexible mirror
自由空间传播☆free(-)space propagation
自由空间的磁导率☆permeability of free space
自由空气异常☆free-air anomaly
自由孔珊瑚属☆Adetopora
自由流动性爆破炸药☆free running blasting agent
自由流体孔隙度☆free fluid porosity
自由流体指数测井☆free-fluid{freefluid} index log
自由流通接头☆free flow{passage} coupling
自由路程{线}☆free path
自由轮的☆free-wheeled
自由落体型重力仪☆free-fall type gravimeter
自由落下☆free-fall；free-draining-fall
自由面地下水☆free surface groundwater
自由面水流{流动}☆free-surface flow
自由能变化☆free-(draining-)energy change
自由排水(的)☆free-draining
自由喷流摄影术☆open-jet photography
自由膨胀固结试验☆free swell oedometer tests
自由期和受迫期☆free and forced period
自由气流☆free-stream
自由气隙☆free-air space
自由燃烧火灾☆freely burning fire
自由声波场☆free field
自由舒适☆terre
自由-束缚跃迁☆free-bound transition
自由水交替带☆free water exchange zone
自由水流☆unrestricted water
自由水面☆free-water level{surface}；exposed{open} water surface；zero capillary-pressure plane；FWL
自由水面含水层☆table water aquifer
自由水面坡线☆piezometric line
自由水体积☆volume of free water；VFW
自由水位☆free-water level{table;elevation}；FWL
自由套管声波幅度☆free pipe amplitude；FPIA
自由体积☆free volume
自由烷烃链☆free paraffin chains
自由吸入{渗}☆free imbibition
自由下沉☆independent subsidence；free subsidence collective subsidence；free settling
自由下沉式分级机☆free{-}falling classifier
自由下落防震滑动件☆free-falling device
自由下落取样器☆free-(draining-)fall corer
(变质岩)自由形晶☆eleutheromorph
自由悬挂式立管☆free-hanging riser
自由旋进信号☆free precession signal；FPS
自由选砂金☆free-milling ore
自由淹灌法☆wild flooding irrigation method
自由岩块☆discrete block
自由氧☆free-oxygen
自由"与"门☆don't-care gate
自由振荡周期☆free period
自由自在的☆footloose
自游的☆pelagic
自游生物☆necton；nekton；nektonic organism
自愈合涂层☆self-healing coating
自愈性☆autogenous healing
自源电磁系统☆active EM system
自源矿床☆authigenic deposits
自愿的☆voluntary
自匀货船☆self-trimming ship
自运输☆gravity haulage
自载式固定钻(井)平台☆self-contained fixed platform
自噪声☆self-noise
自增力☆self energizing effort
自增强☆self-enhancement
自炸引信☆autodestructive fuse；self-destroying fuze；self-destruction type fuze
自炸装置☆destructor
自摘钩☆throw off hook
自黏(作用)☆autohesion
自黏(着)的☆self-adhesive
自张式扩孔器☆self-opening reamer
自照明系统☆self-illuminating system
自褶积☆retrocorrelation；auto(-)convolution
自振☆self oscillation
自(持)振(荡)☆self-sustained oscillation
自(由)振荡☆free oscillation
自振频率☆natural frequency
自蒸发☆flashing；self-evaporation
自整角机☆(self) selsyn；autosyn；synchro
自整流☆self rectification{rectifying}；SR
自正则化函数☆autoregularized function
(沉积岩)自支撑格架☆self-supporting framework
自支撑橡胶筛板☆self support rubber panels
自支承式锥顶☆self-supporting conical roof
自支(式)充填(带)☆self-supporting pack
自支护井壁☆self-supporting wall
自致冷却☆self-induced cooling
自制☆contain；possession
自制导的☆self-guided
自制的☆home made；home-made；self-made
自制或外购决策☆"make or buy" decision
自制块☆home block
自治的☆independent；autonomous
自治的构造岩浆活化(作用)☆autonomous tectono-magmatic activization
自中断☆self-blocking
自重☆dead weight{load}；sole{dry;self} weight；self-

weight; deadweight; be self-possessed; DW; d.w.
自重沉降☆gravity-fall
自重充填☆drop stowing; flushing
自重放矿暗井☆gravity staple
自重固结☆self-consolidation
自重滑行☆dilly
自重滑行道工人☆incline{plane} man
自重滑行坡☆jinny (roadway); cousie brae; ginney; gig; balance brow{plane}; gravity incline{plane}; selfacting{self-acting} gravity incline; (jig) plane; self-acting incline; go-devil plane[美]
自重滑行坡管车工☆drum{wheel} runner; monitor operator
自重加油式油槽车☆gravity tank truck
自重流动型砂☆free flowing sand
自重排料的☆gravity-discharging
自重排水☆gravity drainage
自重倾卸车身☆gravity dump body
自重式安全阀☆dead load valve
自重下滑溜槽☆slide chute
自重下落☆gravity-fall
自重下行巷道☆gravity road
自重向量☆self-weight vector
自重斜坡车道操作工☆top slope man
自重压力☆geostatic{overburden} pressure
自重引力☆gravity-drag
自重应力☆(self-)weight stress
自重运输井筒☆drop shaft
自重运输斜坡道管理员☆drum runner
自重运行线路☆gravity line
自重载重比☆tare-load ratio
自重装载输送机☆gravity loading conveyor
自主☆independence; autonomy
自主的☆independent; self-supporting{-sustaining}; autonomous
自主式导航☆self aid navigation
自主元素☆autonomous element
自助灯房☆self-service lamproom
自助食堂☆cafeteria; automat
自注式槽车{液罐}☆self-filling tank
自注装置☆self-filler
自转☆rotation; spin; spinning; autogiration
(螺旋桨)自转☆windmilling
自转海准变化☆rotational eustacy
自转极☆poles of rotation
自转圈☆diurnal circle
自转运动☆spinning motion
自转轴☆axis of rotation
自传(文学)☆autobiography
自装刮土机☆self-loading scraper
自装式(翻)卸矿车☆self-loading dumper
自装输送机组☆self-loading hauling unit
自坠☆fall by gravity; by gravity
自准直☆autocollimation; auto-collimating
自(动)准直的☆autocollimatic
自走式挖掘机☆self-propelled ditch digger
自足的☆self-sufficient
自足式半闭路混合气水下呼吸器☆semiclosed-circuit mixed-gas scuba
自足式钢丝起下井底压力计☆self-contained wireline gauge
自足式压缩空气呼吸器☆self-contained,compressed-air breathing apparatus
自组织☆self-organization; self-organized
自钻式扭剪仪☆self-boring type torsion shear apparatus
自左乘☆premultiplication
自作用☆self-action; self-acting
渍水潭☆pocket storage
渍水土壤☆waterlogged soil
字☆word; letter; WD
字典☆dictionary; dict.
字段☆field
字符☆character; char.; symbol; numeric-alphabetic
字号☆word size
字间`距{间隔}☆word space; interword space{gap}
字节☆syllab; byte
字界☆character{word} boundary
8 字介属[O-D]☆Octonaria
T 字梁☆T beam; tee-beam
字码☆word; character code
字码管☆charactron; inditron
字模☆lettering guide; typehead; nib; matrix
字模铸造☆matrixing
字母☆(code) letter
字母(表)☆alphabet
字母的☆alphabetic(al)
字母数字会话☆alphanumeric conversation
字幕☆title; caption{cut-in}[电影]
(配制)字幕☆subtitle
字盘[仪表]☆carriage; meter dial; scaleplate
字片☆word slice
字区☆block of word
字区间隙☆inter-record{interrecord} gap
字时间[机器字通过一点的时间]☆word time
字首的☆initial
字体☆type{character} font; (character) style; form of a written or printed character; typeface; script; style of calligraphy; font
字体模片☆lettering model
字条☆billet
H 字铁☆H-iron
T 字头☆tee head
字图电传机☆graphtyper
Z 字形(的)☆zigzag
λ 字形[构造]☆λ-type; lambda-type
U 字形的☆hair-pin
T 字形接头☆tee-connection
A 字形桅杆式钻塔☆full view mast
V 字形物☆vee
Z 字形移动☆tack
字组☆block; block of word
字组`化{|组合}☆blocking
字组间隔{|隙}☆inter(-)block gap; IBG
字组结束☆end of block; EOB

zōng

鬃岗{丘}☆hogback
鬃毛☆bristle
棕碧玺☆brown tourmaline
棕蛋白石☆menilite
棕腐化(作用)☆ulmification
棕腐殖酸☆hymatomalenic acids
棕腐质☆humopel; ulmin; humogelite; fundamental substance{jelly}; gelose; (vegetable) jelly; carbohumin
棕腐质的☆ulmic
棕腐质体☆ulminite
棕钙红土☆terra fusca
棕钙土☆brown (aridic) soil
棕刚玉☆alundum; brown fused alumina
棕锆石☆jacinth
棕褐煤☆brown lignite
棕褐色☆tawny; dark brown; tan
棕黑疣螈☆Paramesotriton{Tylototriton} verrucosus
棕黑蛭石☆bastonite
棕琥珀☆glessite
棕黄色的☆tan
棕黄锡矿☆brown stannite
棕灰色☆brownish gray
棕沥青☆anthracoxene
棕榈☆palm
棕榈粉属[孢;Mz-E]☆Palmaepollenites
棕榈精☆palmitin
棕榈类{科}☆Palmae
棕榈目[植]☆Palmales; Arecales
棕榈属☆Trachycarpus
棕榈酸[$CH_3(CH_2)_{14}COOH$]☆hexadecyl acid; palmitic acid; palmic acid
棕榈酸钙☆calcium palmitate
棕榈酸盐{|酯}[$CH_3(CH_2)_{14}CO_2M${|R}]☆palmitate
棕榈酮[$(C_{15}H_{31})_2CO$]☆dipentadecyl ketone; palmitone
棕榈油酸[$CH_3(CH_2)_5CH{:}CH(CH_2)_7CO_2H$]☆palmitoleic acid
棕木(属)[植]☆Palmoxylon
棕黏土☆red{brown} clay
棕壤[俄]☆brown earth; brunisolic soil; burozem
棕壤化(作用)☆browning
棕壤型土☆parabraunerde
棕色☆brown (coal); umber; suntan
棕色褐煤☆brown coal; lignite B
棕色图☆brownprint
棕闪安山岩☆beringite
棕闪煌岩☆sannaite
棕闪碱长岩☆heumite
棕闪石[$Na_2Ca_{0.5}Fe^{2+}{}_{3.5}Fe^{3+}{}_{1.5}((Si_{7.5}Al_{0.5})O_{22})(OH)_2$]☆barkevikite; barkevicite
棕闪钛辉岩☆ijussite
棕绳☆coir rope; manila rope[白]
棕石灰☆brown lime
(褐煤中的)棕树脂☆anthracoxene
棕铁矿☆azovskite
棕土☆umber
棕叶(属)[植]☆Palmophyllum
棕油☆brown glaze
踪迹☆trail
踪迹化石☆ichnofossil; trace fossil
腙☆hydrazone
宗[生类]☆race
宗达风☆zonda
宗达陨铁☆thundite
宗教☆religion
宗教上的☆religious
宗教石刻☆Buddhist sculpture
宗量{数}☆argument
宗亲分类(法)☆cladistic taxonomy
宗亲{缘}图☆cladogram
宗旨☆tenet
宗族☆kindred
综采工作面☆fully mechanised longwall
综观海浪图☆synoptic wave-chart
综观天气分析☆synoptic analysis
综合☆integration; generalization; integrate; grand total; ensemble[法]; comprehend; combination; trade off; coll(ig)ation; synthesis; coordination; syndrome
综合保险☆multiple line insurance
综合报告☆consolidated return
综合标{检}定☆composite calibration
综合铂族矿石☆Pt-group elements ore
综合采购☆lump-sum purchase
综合参数☆induction number
综合测井分析☆comprehensive well log analysis
综合测试仪☆combination tool
综合传热☆complex{combined} heat transfer
综合单位水文过程线☆synthetic unit hydrograph
综合单元☆surrounding element
综合导航系统☆integrated navigation system
综合的☆comprehensive; complex; general; synthetic; composite; combined; global; all-round; umbrella; sophisticated; syn.
综合递减{降}曲线☆composite decline curve
综合地面资料☆ground data
综合地球物理系统☆integrated geophysical system
综合地图☆aggregate map
综合动态显示器☆synthetic dynamic display
综合对比速度☆summation correlation velocity
综合法☆comprehensive{synthetic} method; method of synthesis; integration; synthesis
综合法测图☆photo-planimetric method
综合分析☆multidisciplinary analysis
(参数)综合分析☆lumping
综合概括模型☆generalized model
综合干燥磨碎机☆kiln mill
综合工作队连续掘进[包括凿岩、爆破、出渣]☆continuous driving
综合管理任务☆integrated management function
综合规划☆comprehensive planning; unified plan
综合画☆montage
综合机械化采煤成套设备☆complete fully mechanized coal mining equipment
综合机械化采煤☆integrated mechanized coal getting
综合机械化设备☆fully mechanized equipment
综合经济动态☆composite economic development
综合决策☆decision making package
综合掘进队☆complex driving team
综合开关☆group switch
综合开拓(法)☆opening-up by combined methods
综合颗粒雷诺数☆generalized particle Reynolds number
综合类[节多足]☆Symphala
综合利用☆comprehensive{complex;byproduction; synthetic} utilization; multipurpose{conjunctive} use; joint application; co-utilization
综合利用坝☆multipurpose dam
综合(产品)目录☆composite catalog
综合评价☆synergistic evaluation
综合剖面☆composite profile{section}; zonal profile; generalized{compound} section

综合剖图☆compound section
综合企业☆complex
综合器☆adder
综合强度☆synthetical strength
综合曲线☆resultant curve
综合砂样分析☆comprehensive sand analysis
综合生产系统☆integrated manufacturing system
综合式钻头☆combination bit
综合数据处理法☆integrated data processing; I.D.P.
综合台阶平面图☆composite bench plan
综合图☆composite{comprehensive;complex} chart; composite diagram; comprehensive{synthesizing; synthetic;synoptic;isochore} map; collective diagram
综合图表☆cross plot
综合图解☆cumulative diagram
综合图像☆resulting image
综合卫星系统[能同时执行通讯、导航、识别等任务]☆hybrid satellite system
综合物探测量☆comprehensive geophysical survey
综合销售系统☆integrated marketing system
综合性☆complexity
综合性的☆all-around; syntaxic
综合性质☆bulk property{properties}
综合压力☆resultant pressure
综合压水实验☆comprehensive pressing water test
综合亚纲☆Symphyla
综合研究地质大队☆Geological Research Party; GRP
综合研究监测区☆integrated research and monitoring areas; IRMA
综合找矿☆collective geological prospecting
综合者☆integrator
综合征☆syndrome
综合指标法☆method of aggregative indicator
综合指数☆aggregative{composite} index
综合致癌因子☆syncarcinogen
综合治理☆control in a comprehensive way
综合种☆species group; collective species
综合柱状剖面图☆composite columnar section
综荐骨[鸟类]☆synsacrum
综晶☆syntectic
综晶体☆syntectic; synthetic; syntactic
综框支架☆heald frame support
综述☆round up; overview

zǒng

总☆gross; total; pan; pan(o)-; omni-
总安全系数☆overall safety factor
总办事处☆home{main;general} office
总包工程☆turnkey job
总包合同☆lump(-sum) contract; hard-money contract
总爆发☆general outbreak
总崩溃☆complete collapse; in full retreat
总泵(缸)☆master cylinder
总泵送压头☆total delivery had; T.D.H.
总泵压☆total pump pressure
总泵站☆base pump station
总比率☆total degree
总闭合差☆gross mis-tie
总边坡角☆overall slope
总变化☆gross variation
总变量☆global variable
总变位☆total displacement
总变形☆total deformation{deflection;strain}; total strain{deformation}; overall deformation; general yielding
总表☆check list; summary listing; master gauge
总表面积☆total surface
总剥采比☆overall stripping ratio
总不饱和物☆total unsaturates
总布置☆general arrangement
总布置设计图☆site plan
总布置图☆layout (sheet); general plan; general {principle} layout; plan of site; master{site} plan
总部☆headquarter; headquarters offices; hdqrs
总采出{收}量☆overall recovery
总采掘高度☆total digging height
总残留量☆total residue
总侧向移距☆total lateral shift
总测量深度☆total measured depth; TMD
总测线☆general traverse
总产量☆gross output{production}; total yield{make; production}; ultimate production; overall yield
总产率☆overall{total} yield; TY
总产液量☆total fluid production
总长☆full{overall} length; length overall
总长度☆length overall; footage; overall{total} length
(输送机组的)总长度☆(total) terminal centres
总场☆resultant field
总场强☆total intensity{field}
总(磁)场强度数据解释☆total field interpretation
总超额赢利☆total excess profit
总沉降量☆total settlement
总成☆assembly; ass.; ASSEM
总成本☆overall{full;total;assembling} cost
总成对称☆total symmetry
总成分☆bulk composition
总承包者☆general contractor
总承压力☆aggregate resistance
总尺寸☆overall dimension{size}; out-to-out; oad
总抽出量☆total withdrawal
总抽水定额☆total pumpage
总抽水量☆amount of water pumped
总初级生产量☆gross primary production
总出水量☆total capacity{yield}
总出站信号☆advance starting signal
总储存(能力)☆total tankage
总储量☆total{gross} reserve; ultimate reserves
总穿孔速度☆overall drilling speed
总穿透深度☆overall penetration
总传动比☆overall ratio
总传热系数☆overall heat transfer coefficient; overall coefficient of heat transfer
总传输率☆aggregate transfer rate
总传质系数☆overall mass transfer coefficient
总垂直动量☆total vertical moment
总磁力☆total force
总次应力☆total minor stress
总代理☆general agency
总代理人☆general agent; GA
总氮量☆total nitrogen
总导热率☆overall thermal conductance
总的☆gross; total; ultimate; general; overall; bulk; master; overhead; global; main
总的尺寸☆overall; oa
总的金属潜力☆total metal {-}potential; TMP
总地层体积系数☆total formation volume factor
总电流☆joint{total} current
总电路断路器☆primary breaker
总电容☆aggregate capacitance
总店☆headquarters; head{main} office
总定额☆gross rating
总动力厂☆central plant
总动力师☆chief power engineer
总动量☆aggregate{aggregated} momentum
总动压头☆total dynamic head; TDH
总读数☆total indicator reading; TIR
总段长☆superintendent
总断距☆net slip
总断面(图)☆generalized section
总吨位☆(gross) tonnage; GT
总额☆aggregate; sum total; footing; lump sum; total (amount); omnium
总二次动差☆total variance
总发热量☆gross heat of combustion; gross calorific value
总发射率☆total emissive power
总阀☆king{master} valve
总反应式☆net reaction
总方差☆population variance
总方向☆grain; overall direction
总方针☆general policy
总放大倍数☆total magnification
总放射性☆gross activity
总分类账☆general ledger
总分析☆bulk{total} analysis
总风管☆compressed air main; blast main
总风巷☆main return airway
总风阻☆total specific resistance
总辐射☆built-up{total} radiation
总辐射率☆integrated radiant emittance
总幅值☆total amplitude
总腐殖酸☆total humic acids; total acidic groups
总负荷☆total{resultant;totalized} load
总富集率☆overall concentration
总概率☆general probability
总干线☆mains
总纲☆superclass
总高度☆overall{total} height; height overall
总告警信号电路☆general alarm circuit
总给料量☆total feed
总工程师☆chief{general} engineer; engineer {-}in {-}chief; chief resident engineer[驻工地]; CE
总工务员☆general foremen
总工业储量☆total ultimate reserves
总工作费用☆total work cost; t.w.c.; t.w.c
总攻排石疗法☆general attack therapy; GAT
总功率☆aggregate capacity
总供给量☆total supply
总公司☆head{home;general;main} office; H.O.; head office of a corporation
总沟☆main access ramp
总顾问☆general counsellor
总固井概念☆total cement concept
总固体径流量[悬移质、推移质等之和]☆total solids
总固体量{形物}[矿化度]☆total solids
总观走向☆average trend
总管☆delivery{collecting} main; fore-overman; main{line} pipe; overman; overlooker; truck; take overall responsibility; steward; butler; manifold
总管道☆main (line); trunk
总含水饱和度☆total-water saturation
总含盐度☆total salinity
总焓☆total enthalpy
总行☆head{main} office
总和☆sum (total); total
总和检查☆check sum
总合式估计☆aggregated estimate
总合式资源估计☆aggregated resource evaluation
总荷载☆total load; TL
总厚度☆gross{overall;aggregate} thickness
总滑距☆net{total} slip
总化学成分☆bulk chemistry; bulk chemical composition
总环境☆total environment
总挥发性固体量☆total volatiles solid; TVS
总灰分☆total ash
总回风巷☆main return airway; gross recovery
总回归曲线☆total regression curve
总回收矿石价值☆gross recoverable value of ore
总回收率☆gross recovery; overall yield; total production
总汇流条☆common bus
总汇专案结构☆aggregate project structure
总活度☆gross activity
总机械师☆chief engineer{machinist}
总稽核☆control-general
总集平的☆ensemble average
总集气管☆main header
总集油站☆main gathering station
总集中指数[指主运轨巷道总长度与全矿产煤吨数之比]☆index of overall concentration
总剂量☆integral{cumulative;accumulated} dose
总计☆(grand) total; gross; amount (to;total); (global) sum; sum{major} total; summary; add up to; aggregate; tally; totalize; reckon up; amt
总计的☆total; summary; tot.
总计合成位移☆total cumulative resultant displacement
总计划☆site{master} plan
总计数率☆gross-count rate
总加热面☆total heating surface; ths
总价(格)☆total price
总监☆director
总检修☆major overhaul
总碱度☆total alkalinity
总碱硅量图☆TAS{total alkalies-silica} diagram
总剪切☆overall shearing
总剪切阻力角☆angles of total shear resistance
总建筑师☆chief of architect
总降水量☆total precipitation
总交换量☆integrated{total} exchange
总角☆accumulated angle
总角度变化☆overall angle change
总接地网☆general earthing system
总接收电压☆total receiver voltage
总截面☆gross section; bulk cross-section
总结☆consolidated return; generalize; summation; summary; sum

总结记录☆trailer record
总结经验☆generalized experience
(作)总结指令☆tally order
总金属离子浓度☆total metal ion concentration
总进尺☆total footage
总精度☆overall{resultant} accuracy
总经理☆general manager；managing director；GM
总井深☆total depth；TD
总静压{水}头☆total static head
总径流量☆total runoff
总局☆general{head;main} office；headquarters
总举力☆total lift
总决算☆general final accounts
总开采量☆gross{ultimate} production{recovery}
总开关☆main switch{cock}；master cock；control switch；MS
总开支☆cost-record summary；overhead
总勘探风险☆overall exploration risk
总抗滑力☆total force resisting sliding；total resisting；sliding force
总抗剪角☆angles of total shear resistance
总颗粒面(积)☆total grain surface
总科☆superfamily
总可降水☆total precipitable water
总坑木场☆central timber yard；central pit wood dump
总孔隙度{率}☆total{gross} porosity
总控制☆overhead control
总控制板☆main switch board
总会计师☆general{chief} accountant；accountant general
总会计室☆general accounting office
总宽☆overall width
总矿化度☆total mineralization{solids;salinity}；total dissolved solids
总矿化量☆total mineralization
总馈线☆main feeder
总括☆colligation
总括的☆global；blanket；overhead；omnibus
总括法☆lump-sum method
总扩散率☆overall diffusive
总累积产量☆gross cumulative production
总冷却效果☆total cooling effect
总离合器☆master clutch
总离子流☆total ion current
总粒数☆population
总理☆premier
总利润☆gross{total} profit
总利用率☆overall utilization
总量☆total
总裂缝强度☆total fracture intensity
总临界载荷[此载荷下金刚石钻头切入岩石]☆total critical load
总领事☆consul-general
总硫分☆total sulfur
总馏出率☆percent recovery
总流程图☆general flow chart；general flowchart
总流出时间[重复式地层测试器]☆total producing time
总流量表☆quantity meter；integrating meter
总流量☆total flux{flow}；aggregate discharge
总流入{|隆起}量☆total flux{|heave}
总路线表☆master route sheet
总略(简)图☆sketch plan
总落差☆overall drop；total throw
总面积☆gross{total} area
总模式☆overall pattern
总摩擦(水头)损失☆total friction head
总目☆catalogue；superorder
总能力☆total capacity
总年降水量☆total annual precipitation
总黏聚力☆total cohesion
总浓度☆bulk concentration
总排量☆total displacement；total flow rate
总排水沟☆collecting drain
总排水管☆main drain{sewer}
总配电电缆☆main distribution cable
总配电盘☆main switch board；MSB
总配线架☆main distribution frame；M.D.F.；MDF
总配置图☆general layout
总喷嘴流道面积☆total nozzle flow area；TNFA
总偏差☆total departure
总平方和☆total sum of square
总平均(值)☆overall{ensemble;general} average；population mess
总平面布置图☆general `layout{arrangement plan}
总平面图☆plan of site；general plan{layout}；master (site) plan；general surface plan
总坡度☆front-to-back slope
总坡面角☆overall slope (angle)
总破碎比☆gross{total} reduction ratio
总剖面☆gross section
总鳍☆crossopterygium
总鳍(鱼)目☆Crossopterygii
总鳍鱼类[脊]☆crossopterygian fishes；Crossopterygii
总起伏☆total fluctuation
总气油比☆total{overall} gas-oil ratio；total gas factor
总潜热☆total latent heat
总潜水时间极限☆overall diver time limit
总强度☆total{resultant;resultants} intensity
总切变☆overall shearing
总侵蚀基准面☆general base level of erosion
总倾角矢量[宽线剖面法的]☆total dip vector
总清单☆general list
总渠☆main canal；main (artery)；gross dike
总群体☆synrhabdosome
总燃烧器控制阀☆main burner control valve
总燃烧热☆gross heat of combustion
总热导率☆total thermal conductivity
总热效率☆overall thermal efficiency
总热值☆gross heating{thermal;calorific} value；gross calorific power；GHV
总任务☆general assignment
总日产量☆total daily production
总日射表[气]☆pyranometer
总熔化年龄☆total-fusion age
总溶解固体量☆total dissolved solids；TDS
总容量☆total capacity{tankage;volume}；aggregate capacitance
总蠕变变形(量)☆total creep
总散射☆total scattering
总扫描角☆total scan angle
总筛分面积☆overall screen surface area
总上升☆net uplift
总烧失量☆total loss on ignition
总摄动☆general perturbation
总射程☆integrated range
总社☆head{main} office
总设计师☆chief designer
总深度[钻孔]☆total depth；TD
总审计长☆comptroller general
总渗透率☆total permeability
总生产费☆total work cost
总生产力☆gross productivity
总石油能源需求☆total petroleum energy requirement
总时差☆total slack
总时间☆cumulative{total} time；T.T.
总势☆total potential
总试验☆overall test
总试样☆gross{bulk} sample
总视场☆total field of view
总视频信号失真☆overall video distortion
总收率☆total yield；TY
总收入☆gross income
总收缩☆total shrinkage
总受器☆catchall
总输沙量[推移质和悬移质]☆total (stream) load；total passing
总输沙率☆sediment-discharge rating
总署{部}☆headquarters
总数☆lump sum；total (amount)；sum (total)；whole；aggregate；summation；totality；tale；amount；tot.；agg.
总衰变常数☆total decay constant
总衰减☆overall attenuation
总水☆bulk water
总水管☆water{hydraulic} main
总水量平衡☆hydrologic regimen
总水平衡方程式☆total water-balance equation
总水头梯度☆total head gradient
总水位差☆total potential drop
总水柱高度☆total water gauge
总司机☆driver boss
总死亡率☆total death rate
总(平均)速度☆overall velocity
总酸值☆total acid number
总岁差☆general precession
总塌陷量☆total collapse
总碳☆total carbon；TC
总特性(曲线)☆overall{total} characteristic
总梯度流☆total gradient current
总体☆integral；entirety；ensemble[法]；population[化探]；parent population；totality；overall；total；integer
总体变导{异}系数☆population coefficient of variation
总体布置☆general arrangement{layout}；setup
总体地热调查☆gross geothermal exploration
总体定向☆orientation population
总体冻胀☆mass heaving
总体沸腾☆bulk fluid boiling；volume boiling
总体分布☆population {-}distribution
总体分析☆bulk analysis
总体工程项目结构☆aggregate project structure
总体管理计划分析控制技术☆integrated managerial programming control technique；IMPACT
总体规划☆general planning{plan}；master{overall;broad} plan
总体积☆bulk{total} volume；B/V；B.V.；TV
总体开采方案{计划}☆overall exploitation plan
总体勘探☆gross exploration
总体模式☆macro-model
总体平衡模型☆population balance model
总体剖面偏移☆total section migration
总体设计☆system{master;overall} design；general layout
总体水库供水线☆mass reservoir supply line
总体途径☆systems approach
总体样中点☆population mean point
总体应力反应☆gross stress reaction
总调☆master calibration
总铁量☆total iron
总烃☆total hydrocarbon
总通风功率☆total ventilating power
总通量☆total flux
总同相位电压☆total in phase voltage
总统☆chair；president
总投资收益率☆return on investment；ROI
总透射比☆total transmittance
总图☆key map{diagram;plan}；general drawing{view; arrangement;plan;chart}；layout；skeleton diagram；assembly (drawing)；plot plan；GA
总弯曲应力☆hull girder stress
总尾矿取样机☆general tailing sampler
总位差☆total head
总涡旋度☆total vorticity
总物质平衡☆general material balance
总误差☆gross{composite;combined;resultant;total} error；surcharge
总吸力测量☆measurement of total suction
总吸入能力☆total injectivity
总吸收比☆total absorptance
总吸收截面☆total absorption cross
总系数☆overall coefficient
总系统效率☆overall system efficiency
总下水道☆common sewer
总线☆bus{busbar} (wire)；highway；concentric{concentration;generating} line；trunk；BU
总线式结构☆bus-organization
总线性膨胀率☆total linear swelling-shrinkage
总线选择超时☆bus select timeout
总线主控☆bus master
总响应☆overall response
总效应☆gross effect
总信号☆master{resultant} signal
总信息量☆gross information content
总星系☆metagalaxy；metagalactic
总行程☆total run
总性能☆overall performance
总需氧量☆total oxygen demand；TOD
总旋转时间☆total rotation hours；TRH
总选项表☆master menu
总循环模式☆general circulation models；GCMs
总压比☆overall{total} pressure ratio
总压力损失☆total pressure loss；loss of total pressure
总压实量☆total compaction
总压损失☆pitot loss
总氩量☆total argon
总岩芯采取率☆total core recovery

总延伸{伸长}率☆total extension
总延限(生物)带☆total-range (bio)zone
总扬程☆total head{lift}
总样(品)☆gross sample
总叶柄☆common{primary} petiole
总液压控制管汇[防喷器]☆master hydraulic control manifold
总移距☆net shift；total displacement
总仪表系数☆gross meter factor
总以为☆fancy
总硬度[水的]☆total hardness
总应变分量☆bulk strain component
总应力圆☆total stress circle
总涌(水)量☆total flux
总用气量费用☆commodity charge
总用水率☆gross duty of water
总油气比☆total{toil} gas-oil ratio；total gas factor
总有机抽提物☆total organic extracts；TOE
总有机碳☆total organic carbon；TOC
总有机物{质}☆total organic matter；TOM
总有效马力☆effective summed horsepower；E.S.H.P
总右旋位移☆overall dextral displacement
总雨量☆total volume of rain
总预算☆master{main} budget
总原始有机物产量☆gross primary production
总运输作业循环时间☆total haulage cycle time
总载荷☆compound loading；resultant{gross} load
总载货吨☆gross freight ton
(空运)总载重☆airlift
总载重量☆deadweight (tonnage)；dead {-}weight；gross deadweight；D.W.T.；D.W. ；dwt
总则☆general principles
总增量☆total increment
总增益☆full gain
总闸门☆control{master} gate；master valve；master control gate；main block valve
总炸药库☆central powder room
总站☆terminal
总账☆(general) ledger；combined accounts
总振幅☆net amplitude
总蒸发☆evapotranspiration；total evaporation
总蒸发量☆total{gross} evaporation；water loss；evapotranspiration
总蒸气压☆bulk vapour pressure
总政策☆general policy
总之☆in sum；anyway；in a word；in general；in short
总值☆gross value
总指标☆overall performance
总指数☆general index number
总质量☆lumped mass；total degree
总重☆gross{total;full;bulk} weight；g.w.；FW；tw；all-up；gr. wt；GWT；GW
总重量☆total{gross} weight；gross load；TW
总重皮重比☆ratio of gross to tare weight
总轴☆line{main} shaft
总轴架☆main pedestal
总轴向应变☆total axial strain
总主应力☆total major stress
总注采比☆over-all injection-withdrawal ratio
总注入层段☆entire injection interval
总注水采油量☆total flooded oil
总装☆(final) assembly；ASSEM
总装车时间☆total (vehicle) loading time
总装配☆general{whole} assembly；GA
总装配图☆assembly drawing
总装图☆general assembly drawing；g.a.d.；gad
总装药量☆total charge
总状紫云英[俗名毒野豌豆,豆科,硒通示植]☆Astragalus racemosus
总资源储量☆ultimate resources
总资源量☆total resources
总自然伽马计数率☆gross-count gamma-ray；GCGR
总自由面☆total free surface
总综合误差☆total composite error；TCE
总走向☆average{general} trend
总阻抗☆resultant impedance
总阻力☆total resistance
总钻进时间☆gross{total} drilling time
总钻井成本☆total drilling cost
总钻孔时间☆gross drilling time
总钻探进尺☆footage drilled
总作用力☆resultant force

zòng

纵☆perpendicularly
纵岸☆longitudinal coast
纵摆☆surge
纵摆振动式溜槽☆oscillating end-shake vanner
纵比例尺放大☆vertical exaggeration；VE
纵鞭毛[藻]☆longitudinal flagellum
纵变位☆longitudinal dislocation
纵标☆ordinate
纵(向)波☆longitudinal{compressional;irrotational; push-pull;primary} wave；waves of compression；P {-}wave
纵波分量☆compressional component
纵波、横波首波的间隔☆S-P interval
纵擦纹☆longitudinal striae
纵材☆stringer
纵舱壁☆longitudinal bulkhead
纵槽☆cannelure；pod[钻头]
纵测线☆in-line
纵长☆fore and aft；lolongate
纵长不规则痕☆elongate irregular marks
纵长沟豁状(滑坡)断崖☆elongate channelized scar
纵长构造☆elongated structure
纵长尖峰沙脊☆longitudinal drift
纵长米☆running meter
纵长沙丘☆saif
纵长英尺☆running foot
纵长褶壁粉属[孢]☆Zonoptyca
纵撑木☆spreader；collar brace
纵弛豫☆longitudinal relaxation
纵尺☆linear{lineal} foot
纵导波☆longitudinal channel wave
纵的☆longitudinal；linear
纵叠砂☆multistory sands
纵顶撑☆longitudinal crown stay
纵顶梁☆running head
纵断层☆longitudinal fault
纵断距☆fault amplitude；slip throw
纵断面☆vertical{lengthwise} section；longitudinal {surface} profile；profile in elevation；sagittal surface；surface curve
纵断面测绘器☆profilograph；profilometer
纵断面纸☆profile paper
纵断器☆slitter
(鱼雷)纵舵机☆gyrostat
纵分水岭{界}☆longitudinal divide
纵缝{|杆}☆longitudinal seam{|bar}
纵割☆slit
纵隔壁☆longitudinal{parietal} septum
纵沟[藻]☆longitudinal furrow；cannelure；sulcus
纵谷☆longitudinal valley
纵轨枕☆stringer
纵焊的☆longitudinally welded
纵河[沿走向的后成河]☆longitudinal stream
纵横(尺寸)比☆aspect ratio；AR
纵横波至时差☆S-P interval
纵横开关☆crossbar switch
纵横开关网络☆crossbar network
纵横切开形成工作面的巷道☆opening-out
纵横支撑☆girth
纵-横转换波反射☆P-S converted reflections
纵横走刀☆compound motion
纵桁☆stringer
纵厚轴褶曲☆longitudinal thicking fold
纵护顶背板☆roof stringers
纵火犯☆firebug
纵火焰池窑☆longitudinal flame tank furnace；uniflow tank furnace
纵火者☆incendiary
纵脊☆longitudinal ridge；seif dune
纵检验☆vertical check
纵间隙☆axial clearance
纵截面☆lengthwise{longitudinal;profile} section
纵节理☆longitudinal joint(ing)；S-joint；bc-joint；langenkluft[德]
(筛管的)纵筋☆vertical member
纵距☆latitude (difference)
纵距和☆total latitude
纵框标连线☆y-axis
纵栏的☆Columnar
纵棱峰波痕☆mud-ridge ripple mark
纵涟痕☆longitudinal ripple mark
纵梁☆longitudinal beam{bar}；(girder) longitudinal；stringer；carling；carline；running bar{balk}；main timber；stretcher；timber crown runner；top runner；longeron[飞机的]
纵梁垫木☆sheeting cap
纵梁和鞍座组件☆stringer and saddle assembly
纵列☆tandem；column
纵列的☆tandem；tdm
纵列滚筒☆drums in tandem
纵列组织☆vertical tissue
纵裂☆longitudinal dehiscence
纵裂菌{壳}目☆Hysteriales
纵裂隙☆longitudinal crack{crevasse}；back
纵流痕☆longitudinal ripple
纵脉☆longitudinal vein
纵面车钩☆vertical-plane coupler
纵排列☆extended spread
纵平移断层☆longitudinal strike-slip fault
纵坡☆longitudinal gradient{slope;grade}
纵坡变更点☆break-in grade
纵坡度☆top rake
纵坡折减☆grade compensation
纵剖面☆(longitudinal) profile；lengthwise{profile; vertical} section；elevation{long;vertical} profile
纵剖面饱和度分布图☆saturation profile
纵剖线☆buttock line
纵碛☆longitudinal moraine
纵切☆frontal section；scissure；sliver
纵切换卷机☆twin turret rolling-up machine with slitters
纵切机☆slitter
纵切锯☆rip saw
纵切圆锯机☆bolter
纵侵蚀谷☆longitudinal erosion valley
纵倾☆change of trim；trim[船]
纵倾的☆trimmed
纵倾角☆angle of trimming；trim angle
纵倾平衡水柜[船的]☆trimming tank
纵倾调整☆ballast trimming
纵曲线☆Y-line
纵(形)沙{砂}丘☆dune of the longitudinal type；seif dune；linear{longitudinal} dune；sif
纵沙洲{|山脊}☆longitudinal bar{|ridge}
纵深的☆deep
纵深分析☆in-depth analysis
纵式构造海岸☆Atlantic coast
纵式海岸☆concordant{longitudinal} coast
纵视差☆vertical parallax
纵视图☆longitudinal view
纵顺山地☆subdued mountain
纵顺向河☆longitudinal consequent (river){stream}
纵松弛(作用)☆longitudinal relaxation
纵条纹☆longitudinal striation
纵弯曲☆collapse
纵纹☆longitudinal striation
纵稳心高☆longitudinal metacenter height；LGM
纵纤维☆slip-fiber
纵纤维石棉脉☆asbestos vein of slip fiber
纵相☆longitudinal phase
纵向☆fore-and-aft；vertical；longitudinal；lengthwise
纵向安全性准则☆longitudinal stability criterion
纵向摆动带式溜槽☆end-shake vanner
纵向变形☆linear{axial;longitudinal} deformation；longitudinal warping
纵向波及剖面☆vertical sweep profile
纵向槽☆cannelure
纵向测线☆longitudinal profile
纵向长度伸缩振动模式☆longitudinal length extension vibration mode
纵向重叠[航空摄影照片]☆longitudinal overlap
纵向垂直支撑☆longitudinal vertical bracing
纵向磁致伸缩系数☆longitudinal magnetostriction constant
纵向打开式岩芯管☆split core barrel
纵向的☆longitudinal；vertical；meridional
纵向顶梁☆longitudinal cap；running balk{bar}
纵向断层弯曲☆longitudinal fault-flexure
纵向帆布风障☆canvas line brattice
纵向分层性☆vertical stratification
纵向分段回采工作面☆sublevel stoping with longitudinal stope
纵向风墙☆blowing line brattice
纵向幅度比例☆vertical amplitude scale；VAS

纵向浮心☆longitudinal center of floatation；l.c.f.
纵向(焊道)根部开裂☆longitudinal root crack
纵向罐道☆frontal guide
纵向夹紧联轴节☆clamp coupling
纵向进路回采矿柱☆(pillar) slabbing
纵向距离☆fore-and-aft clearance
纵向矿柱☆flanking pillar
纵向连杆☆flange bracing
纵向裂纹☆centerline{longitudinal} crack
纵向留矿回采(法)☆longitudinal shrinkage stoping
纵向弥散性{率}☆longitudinal dispersivity
纵向排列☆end-to-end arrangement{setup}
纵向坡度☆longitudinal gradient{grade;slope}；end slope；head fall
纵向切削☆straight cut
纵向倾角扫描[三维资料处理方法]☆longitudinal dip scanning
纵向全焊接☆fall longitudinal weld
纵向{赛夫}沙丘☆longitudinal{sword;seif} dune；seif；sif；saif
纵向上向梯段充填回采(法)☆longitudinal back stoping-and-filling
纵向探测特性☆vertical investigation characteristic
纵向弯曲☆buckling；longitudinal bending
纵向下沉曲线图[平行于回采工作面推进方向]☆longitudinal profile
纵向压力☆longitudinal pressure (force)
纵向移运☆haulage around pit
纵向疣[头菊石]☆clavus [pl.clavi]
纵向运动☆longitudinal movement{motion}；pitching
纵向振动☆longitudinal vibration{oscillation}；end-shake
纵向轴线☆direct-axis
纵旋☆frontal rounding
纵压力{|应变}☆longitudinal pressure{|deformation}
纵摇应力☆pitching stress
纵疣[孢]☆clavus [pl.clavi]
纵褶☆longitudinal placation；pleat
纵褶构造☆pleated structure
纵枕木☆stringer
纵振动☆compressional vibration
纵震☆longitudinal earthquake
纵轴☆axis of ordinates；longitudinal{direct;vertical} axis；fore and aft axis
纵轴线☆y-line
纵走向滑断层☆longitudinal strike-slip fault
纵坐标☆ordinate；latitude difference；y-coordinate；longitudinal{vertical} coordinates；Y-axis
纵坐标轴☆axis of ordinates；Y-axis

zōu

邹巴风☆zobaa
邹氏螺属[O-D]☆Joleaudella

zǒu

走☆walk；tread；hoof [pl.hooves]；dromo-
走出(道路)☆beat
走带机构[录音机]☆(tape) deck
走刀痕迹☆tooth marks；revolution mark
走道☆pass；walkway；walk
走读(学生)☆extern
走光☆fog；accidental exposure
走过(若干里)☆cover
走航采样戽☆scoopfish
走航测深☆flying sounding
走航的☆shipboard；sea-going
走航底质采样戽☆scoopfish bottom sampler
走航式底质采样器☆underway bottom sampler
走合阶段☆run-in period
走滑剥离☆strike-slip stripping
走火☆misfire；catch fire；be on fire；overstate
走架式取样机☆Geary-Jennings sampler
走廊☆corridor；hall；passage(way)；aisle
走廊叠加☆corridor stack；restricted vertical summation
走廊林☆gallery forest
走廊式地压地热储☆geothermal corridor
走时☆time of travel；travel time；travel(-)time
走时曲线☆traveltime{T-D} curve；T-X graph
走私(货)☆contraband
走私漏税☆bootlegging
走线架☆chute
走向☆strike；bearing (of trend)；course；trend；run；course of ore；direction of strike；strike direction；run of ore{lode}；alignment；move towards；head for；cross pitch；be on the way to；striking
走向变位☆strike shift；throw along the strike
走向长壁后退开采法☆longwall retreating to the strike
走向长壁陷落采煤法☆longwall caving method along the strike
走向超覆☆strike-overlap
走向端边界线☆end line
走向断层☆strike{wrench} fault；wrench
走向方向☆line of strike
走向分离断层☆lateral{strike-separation} fault
走向河[沿走向后成的]☆strike{longitudinal} stream；subsequent river
走向和倾角符号图☆strike-and-dip symbol map
走向滑动☆strike-slip movement
走向滑动分量☆strike-slip component
走向滑动前(的)位置☆pre-strike-slip position
走向滑动位移☆strike-slip displacement
走向滑距☆horizontal separation；strike slip
走向滑移☆shove
走向滑移板块☆strike-slip plate
走向脊☆strike-ridge
走向节理☆strike joint；back
走向离断层☆strike {-}separation fault
走向平巷☆lateral opening{drift;road;roadway}；drift tunnel；lateral；strike entry{drift;road;joint}
走向线☆level bearing；bearing{trend;strike} line
走向小阶段采煤法☆sublevel method along the strike
走向移动断层☆basculating{wrench} fault
走向移距断层☆strike-shift fault
走向正规长壁开采法☆regular longwall along strike
走蟹属☆Dromia
走行距离☆move length；haul distance
走行框架☆truck frame
走行式电动机☆travelling motor
走行速度☆walking speed
走纸☆paper feed

zòu

奏效☆take

zū

租☆hire；lease；charter；rent
租齿木锉☆grater
租船☆bareboat charter
租船契约☆contract of affreightment；charter (party)
租船人☆freighter
租得油矿者☆lease hound
租地☆leasehold；lease
租地金☆acreage rent
租地人☆leaseholder；lessee
租叠加☆brute stack
租费☆rent charge
租粉砂☆coarse silt
租户☆renter；lessee
租价☆lease price
租界☆concession
租借☆lease；hold on lease；tenant
租借地☆lease；concession；leasehold
租借地的地界☆limit of a concession
租借区产油量☆lease oil rate
租借人☆leaseholder；tenant；lessee；hirer；lease holder
租金☆hire；dead gold；rental；rent；lease price
租金表☆tariff
租矿采油商☆lessee
租矿费☆bonus；stuff
租矿金☆acreage rent
租矿权☆mining lease
租赁矿区☆tack
租赁契约☆lease hound；leasehold
租赁区☆tract
租赁人☆renter
租赁条件☆tenancy condition
租赁小费{押金}☆foregift
租赁制☆contractual and leasing system；rental system
租买选择决策☆lease-or-buying decision
租让(采矿区)☆grant；concession
租入{出}☆rent
租用☆hire；freight；rent
租用设备☆rental equipment
租约☆lease

zú

足☆foot；pes；hoof [马等;pl.hooves]
足杯虫科[Є]☆Dinomischidae
足杯虫属[Є]☆Dinomischus
足尺☆full scale
足尺寸井眼☆full gauge hole
足尺复印☆true-to-scale print
足虫超科[介]☆Entomozoacea
足底☆planta pedis
足动机☆pedomotor
足够☆adequation；adequacy；suffice；sufficiently
足够的☆adequate；plenty；enough
足骨☆os pedis
足肌☆pedal muscle
足迹☆track；footprint (track)；footstep；footmark；trail；slot
足迹化石☆ichn(ol)ite；ichnofossil；vestigiofossil
足迹学☆ichnology
足迹学的☆ichnological
足尖(部)☆toe
足节☆podomere；podite
足介超科☆Entomozoacea
足介科☆Entomozoidae
足茎[孔虫]☆podostyle
足径☆full gauge
足孔[海胆]☆podial{tentacle} pore；pedal orifice{gape}
足类[节]☆Chilopoda
足量供应☆saturation
足球☆football
足神经节☆pedal ganglion
足丝[双壳]☆byssus
足丝凹口[双壳]☆byssal notch
足形充填器☆foot plugger
足印☆footprint；hoofprints；tracks
足应力骨折☆stress fracture of foot
足趾☆digit
足状冰川☆foot glacier
足状的☆pedate
足锥[射虫]☆podoconua
镞牙形石属[$Є_3$-O]☆Sagittodontus
镞状的☆arrow-headed；arrowheaded
(箭)镞状双晶☆arrowhead twin
族☆group[矿物分类]；family；clan；nationality；race；ethnic group；series；tribe[生类]；gr
Ⅱ-Ⅵ族发光材料☆Ⅱ-Ⅵ compound luminescent material
族聚☆aggregation；adoption society
族名☆group name

zǔ

祖虫室[苔藓虫]☆ancestrula；ancestroecium
(外)祖父☆grandfather
祖国☆motherland
祖猎虎属[N]☆Nimravus
祖龙亚纲[爬]☆Archosauria
祖鹿属[N]☆Cervavitus
祖洛加(阶)[北美;J_3]☆Zuloagan (stage)
祖煤泥☆coarse slime
祖母绿[绿柱石变种,含少许铬;$Be_3Al_2(Si_6O_{18})$]☆emerald (oriental)；canutillos；s(ch)maragd；oriental emerald；olympic green；morallon
祖母绿玻璃☆smaragdolin
祖鼠类☆Mixodectoidea
祖先☆father；ancestor；ancestry；ancestral；progenitor
祖熊(属)[N_1]☆Ursavus
祖衍镶嵌☆heterobathmy
祖-裔世系☆ancestor-descendant lineage
祖征☆plesiomorphy；ancestral character
祖宗☆ancestral
阻碍☆impede；impediment；hold-up；counterwork；baffle；hinder；hamper；interrupt；retard；snag；setback；rub；obstruct(ion)；obstacle；nip；balk；counteraction；hindrance；hold-back；block；holdback；encumbrance
阻碍臂☆blocking extension
阻碍物☆interference；deterrent；hamper；holdback；encumbrance
阻碍者☆interrupter；interruptor
阻爆器☆detonation seal
阻爆效应☆channel effect
阻变水面☆interrupted water table
阻车叉挡☆back-stay；bar hook；bull；derailing drag

阻车机支挡☆retarder horn
阻车器☆(car;block;wheel) stop；kick up block；car arrester{retarder}；cage bar；tub-stop；car safety dog；catch-all；kick-up{rail} block；(wagon) retarder；tub-arrester；wagon arrester
阻车装置☆catching device
阻带☆stop-band
阻挡☆dam；countercheck；bar；trap；blind；stop；stem；resist；obstruct
阻挡层☆barrier layer{zone;coat}；blocking layer；(restraining) barrier；trapping separating agent
阻挡力☆retention force
阻挡装置☆retention device；retaining means
阻挡作用☆check action
阻冻剂☆antifreezing agent{dope}；antifreezer
阻断☆interdict；cutout；blockade
阻断河☆blocked stream
阻断开关☆blocking{disconnect;disconnecting;isolator;isolating} switch
阻遏体☆baffle
阻风门☆choke；choker；check door
阻隔☆barrier；separate；cut off
阻垢药剂☆anti-scalant
阻光度☆opacity
阻焊☆solder resist
阻化☆inhibition
阻化剂☆inhibitor；inhibiter；depressor；short stopping agent；stopping agent；separate chemical agent
阻(氧)化剂☆antioxidant
阻化胶[加有阻化剂]☆retarded acid
阻火舱壁☆fire-resisting bulkhead
阻火壕沟☆gutter trench
阻火器☆flame arrestor
阻积沙丘☆head dune
阻溅板☆splash baffle
阻降水面☆interrupted water table
阻截点☆trap point
阻举比☆drag-to-lift ratio；drag-lift coefficient
阻聚剂☆inhibitor
阻卡的☆logy
阻抗☆impedance；(complex) resistance
阻抗测井合成地震剖面段☆Velog
阻抗法☆mesh method
(波导管的)阻抗计☆impedimeter
阻抗匹配变压器☆impedance-matching transformer
阻抗器☆impedor
阻抗水流☆impeded flow
阻抗图波仪☆resistograph
阻抗因数☆impedance factors
阻抗元件☆ohm unit
阻抗圆图☆Smith chart；impedance chart
阻抗之纯电阻部分☆resistance component of impedance
阻块☆kick up block；kick-up{stop} block
阻块道栏☆stop block
阻矿化(作用)☆demineralization
阻拦说☆impounding theory
阻力☆resistance{drag} (force)；resisting{resistive} force；friction；nowel；opposition；obstruction；resis
阻力(作用)☆retardation
阻力板☆tab；air brake
阻力单位☆resistance unit；unit of resistance
阻力功☆work of resistance
阻力矩☆moment of {-}resistance；resistance moment
阻力力矩☆damping moment
阻力系数☆drag{resistivity;resistance} coefficient；coefficient of resistance{drag}；flow efficiency；resistance factor；resistivity；RF；dc；C/D
阻力线☆line of resistance
阻力因素{数}[水流]☆resistance factor
阻力增大☆drag increment
阻力中心☆center of drag；draft centre
阻裂材☆crack arrestor
阻留☆detention；interception
阻流(内浇口)☆choke
阻流板☆spoil
阻流干线末梢☆choke stem tip
阻流隔板☆restriction baffle
阻流孔板☆restricted orifice
阻流器☆flow plug；bottom hole flow bean；choke
阻流线圈☆reactance coil
阻纳☆immittance
阻挠☆balk；hinder；thwart；baulk；spoke；obstruct
阻尼☆damp(ing)；dampen；fading；buffer；attenuation；amortize；weakening；deamplification；absorption of shock；quench(ing)；anti-hunt[无线电]
阻尼磁铁☆damping magnet；brake electromagnet；BM
阻尼度☆degree of damping
阻尼阀☆damp{damper} valve
阻尼管☆choke tube
阻尼力矩系数☆damping moment coefficient
阻尼喷嘴☆throttle nozzle
阻尼器☆deoscillator；depressor；damper；damping spring{apparatus}；buffer；baffler；dampener[航、电子、机]；bumper；attenuator；amortisseur；antivibrator；absorber；silent block；restraint；dashpot；suppressor；quencher；antivibration；vibroshock
阻尼倾摇☆resisted rolling
阻尼室☆dampening chamber
阻尼吸收☆braking absorption
阻尼系数☆damping coefficient{factor}
阻尼线☆line of resistance
阻尼谐动☆damped harmonic motion
阻尼信号☆antihunt signal
阻尼因子{素}☆damping factor
阻尼振荡钻机☆shock absorber type drill
阻尼作用☆damping action
阻黏剂☆antiplastering agent
阻泡的☆antifoam
阻泡剂☆foam inhibiting agent
阻碛☆obstruction{obstructed} moraine
阻气单向阀☆choker check valve
阻气管☆choke tube
阻气门☆choker；choke；C.；strangler
阻气排液器☆steam trap{scrubber}
阻气疏水管☆barometric leg
(球磨机)阻球格子☆ball-retaining grid
阻燃☆flaine retardancy
阻燃的☆fire-retardant
阻燃剂☆flame{fire} retardant；combustion inhibitor；fire retarding agent；retardant；FR
阻燃树脂☆flame-retarded resin
阻燃性☆fire retardancy{resistance}；fire-retardancy；fire resistance property
阻燃整理☆flame checking；flame-proof treatment
阻燃织物☆fire-proof textile
阻热器☆heat resistor；thermal cutout
阻容☆resistance capacitance；R.C.
阻容的☆resistance-capacitance；R-C
阻容电路☆RC-shaping circuit
(电)阻(电)容耦合☆resistance-capacitance coupling
阻容式☆resistance capacitive；RC
阻容网络☆resistor-capacitor{resistance-capacitance} network；resistance-capacitance net-work
阻塞☆latching；jamming；clog；jam；damp；choke；congestion；blocking；block (up)；bottleneck；barricade；barrage；throttling；backup；ball-up；stoppage；stick；stem；obstruct(ion)；baulk；constrict；blocked；logging；damming[河谷]
阻塞冰碛☆obstructed moraine
阻塞的☆foul；loaded
阻塞点☆chokepoint
阻塞堆积(作用)☆contragradation
阻塞脉冲☆disabling pulse
阻塞门☆choke；choker；C.
阻塞盆☆barrier basin
阻塞盆地☆barred{ponded} basin
阻塞器☆obturator
阻塞区☆blocked-off region
阻塞式节流阀☆choke restrictor
阻塞物☆constriction；clog；barrage；stopping；obstruent[例如肾结石等]
阻塞阻力☆choking resistance
阻渗层{性}☆permeability barrier
阻水层☆water-resisting layer
阻水塞☆hydraulic washer
阻水心墙☆watertight core
阻水性☆watertightness
阻水岩石☆water resisting rock
阻土草带[滤土带]☆filter strip
阻锈剂☆rust inhibiter
阻焰装置☆flame trap
阻抑☆damp；dampen；damping
阻音区☆anacoustic zone
阻影相片☆shadow photograph
阻油环轴承☆lubri-seal bearing
阻障[古地理]☆barrier
阻止☆impede；hold (back)；dispute；deterrence；check(ing)；deprivation；withhold；intercept；arrest；hamper；stopping；staying；hinder；block；rejection；stop；stall；spike；scotch；retard；resist；prohibit；preclusion；choke；interrupt(ion)；prevent(…from)；inhibition
阻止的☆inhibitory；deterrent
阻止分解☆arrested decay
阻止剂☆inhibitor
阻止器☆interceptor
阻止砂子流动装置☆sand stop
阻滞☆retard；detention；hinder；retardation；stoppage
阻滞沉落☆hindered settling
阻滞剂☆retarder
阻滞(链)幕☆damping curtain
阻滞能力☆stopping power
阻滞时间☆retention{residence} time
阻滞式圆盘输送机☆retarding disk conveyor
阻滞水流☆retarded flow
阻滞旋塞☆retaining cock
阻滞装置☆stopper
组☆formation[地层]；group；fraction；set (cluster)；gang；complement；cluster；brigade；team；crew；bank；mining gangs{teams}；unit；organize；build；series；form；battery；suite；train；system；stack；slug；nest；multitude；class[晶]；fm；gr
组氨酸☆histidine
组标志☆group mark
组部☆unit
组成☆fraction；formulation；form(ing)；contribution；construct(ion)；composition；constitution；compo；constituent；complexity；comp；build{make} up；compose；buildup；constitute；reactant；make-up
组成变化过程曲线☆composition history curve
组成变形☆component deformation
组成部分☆component (part)；constituent (element)；ingredient；member
组成吹管☆divide blast pipe
组成代谢☆anabolism
组成当量☆equivalent grade
组成的☆integral；component；constituent；composite
组成多路☆channel(l)ing
组成分布{剖面}☆composition profile
组成水分☆essential water
组成物☆contributor
组成项☆component part
组成游梁轴承及其支承的钢铁件☆side irons
组冲罐☆buffer tank
(脉冲)组重复周期☆group repetition interval；GRI
组蛋白☆histone
组地层☆formation
组反应☆group reaction
组分☆component；constituent；ingredient；builder
组分比调节[用改变混合物组分的方法]☆ratio governing
组分层型☆component-stratotype
组分得分☆composition score
组分的迁移☆migration of constituents
组分分析☆component{proximate} analysis
组分负{载}荷☆composition loading
(重质)组分归并成一组☆component lumping
组分未成熟沉积物☆compositionally immature sediment
组分物料{质}平衡☆compositional material balance
L 组分组构☆L-component fabric
组符号☆class symbol
组告警信号电路☆group alarm circuit
组沟☆population trench{ramp}
组构☆(rock) fabric；texture
(构造)组构☆structural fabric
组构非均一性☆fabric inhomogeneity
组构分析☆fabric analysis
组构能力☆structuring ability
L-S 组构体系☆L-S fabric system
组构习性☆fabric habit
组构域☆(fabric) domain
组构轴☆fabric-axes；fabric axis；b-axis；axis of fabric
组号☆group number

组合☆group(ing); hook{make} up; combination; pack; corporation; compound; consociation; joint; block; assembly; assemblage; coalesce; pattern{array}[爆炸点、检波器]; association; building; compos(it)e; composure; constitute; bank(ing); alignment; alinement; resultant; mergence; nest[检波器]; unit; ASSY
组合安装☆aggregate erection
组合板大梁☆flitch girder
组合爆破炮孔☆multiple shothole
组合爆炸☆pattern shooting; shot array; multiple shotholes; shooting on group; multiple shot array
组合泵☆unipump
组合变形☆combined deformation
组合测井☆simultaneous logging
组合测井性能☆combinability feature
组合传动☆group drive
组合吹管☆divided blast pipe
组合带☆assemblage{horal} zone; assemblage-zone
组合的☆composite; integrated; unitized; resultant
组合底座[井架]☆unitized substructure
组合电路☆combinational circuit
组合顶梁[金属支架]☆linked roof bar
组合定向阀☆combination directional valve
组合断层☆compound{multiple} fault
组合方差☆intraclass variance
组合分析☆combinatory{composite;compound; combinatorial;association} analysis
组合割缝☆gang slotting; gang cut slots
组合工艺学☆group technology
组合棍☆teasing rod
组合桁材☆plate girder
组合机床☆building-block machine
组合机床动力头☆unit head
组合基距☆pattern length
组合夹具☆assembly fixture; combined clamp
组合检波法☆multiple detection method
组合件☆tab; subassembly; SUBASSY
组合件的☆nodal
组合胶带运输系统☆integrated belt system
组合井☆combination well
组合块☆manifold block
组合链☆combination chain
组合列车☆integrated train
组合零件☆component part
组合螺栓☆assembling bolt
组合铆钉☆tack rivet
组合面☆plane of composition
组合模量图解法☆combined modulus nomography
组合模型☆peg model
组合模板框☆cliche frame
组合排样☆nest
组合炮棍☆jointed loading stick; sectional tamping rod; tamping pole of jointed sections
组合器☆combiner
组合熔融法☆fusing together method
组合砂轮☆combinated grinding wheel
组合砂箱☆built-up flask; bolted{built-up} moulding box
组合设计曲线☆composite design curve
组合式的☆plug-in
组合式信号机构☆modular type signal mechanism
组合式钻孔马达[常由三个螺杆马达组合而成]☆multiple in-hole motor
组合艏柱☆plated stem
组合数学☆combinatorics
组合体☆aggregation; molectron
组合天线☆antenna assembly
组合图☆constitutional{compositional;constitution} diagram; synthetic map
组合位置☆block position
组合响应☆array{pattern} response
组合型井壁取芯弹☆combination type bullet
组合学☆combinatorics
组合元件☆discrete
组合桩☆built{composite} pile
组合钻探剖面图☆compound graphic log
组化[化学]☆builder
组集☆group
组架☆cage
组间方差☆interclass variance
组间关联☆intercorrelation
组间激发☆shooting between group; SBG
组间距☆class interval
组间离散{散度}矩阵☆between-groups scatter {dispersion} matrix
组件☆hookup; component (part); assembly; part element; module; subassembly; box; package; pack; modulus [pl.-li]; ass.
组件底座☆unitized substructure
组件式☆building block
组件屉☆bin
组件替换系统☆unit replacement system
组件选通☆chip enable{select}; CE
组距☆class interval
组开关☆cluster switch
组块因子☆blocking factor
组连脊[介]☆histium
组链☆chain assembly
组忙音信号☆group busy signal
组内方差☆interclass variance
组内非均一性☆intergroup heterogeneity
组内距☆element interval
组内相关☆intraclass correlation
组内协方差阵☆within-group covariance matrix
组排列☆grouped arrays
组频率☆class frequency
组区间☆class interval
组群比较☆group comparison
组朊☆histone
组石☆systone
组式旋风收尘器☆multicyclone collector
组试剂☆group reagent
组台泥芯☆core assembly
组态☆configuration
组套☆stack
组限☆class limit
组项☆group item
组芯砂型☆core-sand mould
组芯造型用砂☆core moulding sand
组元☆component
组元层☆constituent layer
组长☆headman [pl.-men]; chargeman; leading hand; gang pusher{man;foreman}; ganger; group{team} leader; chargehand; party chief
组织☆organize; form; weave; framing; framework; frame; formation; fabric; constitution; composition; contexture; tissue[生]; structure; organization; set up; (organized) system; texture; organisation; outfit; organism; histo-; str
组织变形☆metaplasia
组织的☆textural
组织方法☆regime
组织费☆establishment charges
组织化☆regularization
组织化学☆histochemistry
组织化学摄影的☆chemographic
组织件☆orgware
组织石变☆histometabasis
组织图☆histogram; target diagram[次数]
组织图表☆organization chart
组织学☆histology
组织应力☆structural stress
组织与制度的审计☆organizational and system audit
组织者☆organizer
组值☆class mark
组中点☆interval{class} midpoint
组装☆fitting; building; installation; erection; packing; put together; assemble; assembling; rig up[井架]
组装长度☆assembled length
组装滑轮☆fabricated sheave
组装式的☆modular
组装式燃气轮机动力装置☆modular gas turbine power plant
组装式燃油锅炉☆oil burning package boiler
组装式修井设备☆packaged well servicing system
组装详图☆assembly detail purchased part; ADP
组装与再循环☆assembly and recycle; A & R

zuān

钻壁式掘进盾构☆boom head shield
钻补偿井☆offset drilling
钻场☆drill shack; drilling yard
钻超前孔☆rat holing
钻初探井☆wildcatting
钻出☆drill(ing){drilled} out; drill-out; do.
钻到全深☆bottom out
钻到油层☆top the oil sand
钻地震井用的喷射钻头☆geophysical jetting bit
钻分支孔☆fork the hole
钻过[绕过事故钻具钻进]☆drill around
(工具上的)钻和切部分☆bit
钻后气☆post drilling gas
钻及深度☆drilled depth
钻坚硬地层☆hard drilling
钻进☆advance(ment); drill(ing); boring; bore; dig in; (bit) penetration; piercing[热力]; headway; hole stripping; make footage{hole}; rock drilling; Drg
钻进按巷道周线布置的孔☆line-hole drilling
钻进长螺杆☆temper screw
钻进方向☆direction of drilling
钻进管道进行清理的工人☆swab-man
钻进规程参数☆balanced factors
钻进过多[取芯筒中岩芯已满仍钻进造成岩芯磨损或失落]☆overdrilling
钻进机样机☆prototype shaft sinking machine
钻进记录☆boring journal{log}; drill-hole record; drilling-time log
钻进角☆cutting{attack} angle
钻进介质☆cutter{cutting;drilling} medium
钻进力☆pulldown
钻进米数☆drilling{drill} footage
钻进难易程度☆drillability
钻进能力数☆bit drilling-capability number
钻进黏土用的钻头☆clay bit
钻进取样☆drill sampling; boring sample
钻进扫孔时间☆drilling conditioning period
钻进深度及贯穿速度自动记录仪☆penetrometer; penetrameter
钻进时间☆drill{boring;rig;penetration} time
钻进时金刚石上的比压☆stone pressure
钻进时转速减低☆drill stalling
钻进式井壁取芯器☆rotary sidewall coring tool
钻进速度☆drilling performance{speed;rate}; drill rate {speed}; penetration feed{ratio;speed}; bit speed; rate of advance {penetration;sinking;development}; advance rate; rate of piercing[热力钻进时]
钻进条件☆drill-hole condition
钻进显示☆drilled show
钻进型连续采煤机☆boring-type continuous miner
钻进用水力冲洗泵☆hydro-boring pump
钻进原理☆boring principle
钻进直径≈2½"钻孔的岩芯钻具☆BX
钻进中断☆drilling break
钻进总长☆footage drilled
钻井☆(bore) well; kick{drill;making;make} hole; (shaft;well;well) drilling; drill; drilled well; (well) bore; shaft{well} boring; hole-making; borewell; borehole; sinking of bore hole; drlg; Drig
(洗井完善的)钻井☆drilling on the bottom
钻井报告☆driller's log
钻井泵☆borehole{deep;drill} pump
钻井驳船☆drilling barge; barge unit
钻井不可控参数☆non controllable drilling variable
钻井布置☆arrangement of wells
钻井采样☆subsurface sampling
钻井、采油工艺☆drilling/production{D/P} technology
钻井参数优选☆drilling parameter optimization
钻井成本☆cost of drilling; drilling cost
钻井冲洗水管☆drill-water line
钻井船☆drill vessel{ship}; drillship; drilling vessel {ship}; ship unit[自航]
钻井船铺管法☆drill-ship laying
钻井达一定深度☆pick up
钻井的进展☆drilling progress
钻井底口袋☆rat holing
钻井-地震相剖面图☆drill-seismic facies section
钻井队☆drilling crew{team}; crew
钻井发现的油层☆strike
钻井法☆sinking by boring; boring method
钻井方法☆well-drill; drill
钻井分段套管灌浆法[溶矿法]☆stage collar
钻井分析☆drilling analytical work
钻井分析学☆drilling analytics
钻井浮船☆floating barge{vessel}; floating drilling vessel
钻井复杂情况☆hole problem
钻井(用)钢砂☆adamantine shot

钻井钢绳死头卡座☆wire line shoe
钻井隔水导管☆drilling riser
钻井工☆well borer{driller}
钻井工程录井仪☆drilling engineering data logging unit
钻井工作报告和信息系统☆drilling and operation reporting and information system; DORIS
钻井工作减少☆curtailment of drilling
钻井合同☆boring{drilling} contract
钻井后无油气显示的岩石{|砂层}☆suitcase rock{|sand}
钻井机☆down hole drilling machine; trepan; vertical {-}mole; shaft boring machine; well drill{borer;rig}
钻井记录☆(drill;record) log; bore(hole){boring;well; drilling} log; well{drilling} record; log data{book}; journal
钻井技师☆tool{head} pusher; Czar; big boss; tallow{taller} boy; stud horse; stroke department
钻井(参数)监测仪☆drill monitor
钻井监督☆head pusher; drilling supervisor
钻井井口装置☆cellar connection
钻井口☆borehole collar
钻井口调节闸阀☆collar control gate
钻井录井☆drilling-log
钻井泥浆☆drilling mud{fluid}; mire; lama; slip
钻井泥浆在环状空间的圆流速度☆upward annular velocity of drilling mud
钻井平台☆drill vessel; drilling{fixed} platform
钻井剖面☆well{drill} log; drill records
钻井人员☆driving people; drilling implementer
钻井日志[口]☆boring{drilling} log; log (book); diary
钻井容易弯斜的地区☆crooked hole country
钻井砂样☆drill sample
钻井设备☆boring plant; drilling equipment; drill setup {unit;rig;outfit;fixture}; well-boring{driving} outfit; rig; well-rig[全套]
钻井深度☆depth drilled; D.D.
钻井时(船或平台)吃水☆drilling draft
钻井时(船)的排水量☆drilling displacement
钻井时间记录器☆drilling time recorder
钻井数量☆amount of drilling
钻井水龙头☆swivel
钻井锁口管☆collar pipe
钻井涂脂☆rod grease
钻井完成☆completion of well
钻井(同心)完井两用钻机☆combination drilling concentric completion rig
钻井洗涤水供应管☆drill-water line
钻井下限☆lower drilling limit
钻井许可权☆drilling permit
钻井压力油泵堵漏☆squeeze a well
钻井研究实验室☆drilling research laboratory; DRL
钻井延深☆drilling deeper; DD
钻井岩屑☆drilling chip; (drill) cuttings
钻井岩样☆drill sample
钻井(取的)样品☆subsurface sample
钻井液☆flushing{drill(ing);drill-in} fluid; drill(ing) mud
钻井液面声学测深仪☆acoustical well sounder
钻井液水力程序☆fluid hydraulic program
钻井直径记录图☆caliper log
钻井中不期而遇的砂层☆stray sand
钻井中偶遇的间层☆stray
钻井中遇到的薄硬夹层☆shell
钻井装置☆drill unit{outfit}; drilling rig{device}; driving outfit; drill; rig; piercing drill[热力]
钻井钻完☆bottom
钻开☆drill(ing) over; broach[矿脉等]
钻开的油层表面☆sand face
(地层)钻开前状态☆pre-drilling state
钻开塞子☆plug drilling
钻开油层☆tap; top the oil sand
钻开油层钻井液☆drill-in fluid
钻开造斜楔的螺旋形钻头☆spiral-type whipstock bit
钻开注有堵漏水泥的井☆grout hole drilling
钻孔☆borehole; (bore) hole; drilling (well); drill (hole); drilled well; boring; cut{mining;make} hole; perforate; bore; sinking of bore hole; perforating; piercing; make a hole
钻孔包体式应力计☆borehole inclusion stressmeter
钻孔保持在勘探线上穿透☆hole through on line
钻孔报废☆lose a hole
钻孔比[每个炮眼分摊的工作面面积]☆drill-hole ratio
钻孔壁掉块☆cavings
钻孔壁扩大钻头☆wall scraper bit
钻孔壁面形变测定器☆rigid-type deformer
钻孔编录☆borehole logging; logs of borehole
钻孔标高☆elevation of hole
钻孔布置☆arrangement{pointing} of holes; distribution of drill holes; drilling pattern; attack; pattern of well
钻孔布置效率☆pattern efficiency
钻孔测量[测量钻孔的井斜,井径等]☆borehole survey(ing); drillhole surveying
钻孔[或岩芯]呈螺旋状弯曲☆rifle
钻孔冲洗☆irrigating of drill hole
钻孔抽放量☆gas quantity of one hole
钻孔穿过矿脉边界点☆vein intersection
钻孔导向楔形工具☆deflection wedge
钻孔底☆borehole bottom; (hole) toe; point; face of well; hole bottom region
钻孔底扩壶☆borehole{drill-hole} springing
(在)钻孔底座上打碎岩芯☆chopping
钻孔地层定位仪☆borehole strata orientator
钻孔地下☆gasification by bore-hole method
钻孔地下记录仪☆dipmeter
钻孔电阻应变测力计☆bore-hole electric load cell
(在)钻孔顶部拆卸钻杆长度☆offtake
钻孔定位☆location of drill hole
钻孔定向器打捞器☆whipstock grab
钻孔堵漏包☆cartridge
钻孔堵塞☆build-up in the hole; ball {-}up
钻孔多点位移计{引伸仪}☆multiple position borehole extensometer; MPBX
钻孔方向☆direction of holes; drill-hole direction
钻孔防溅麻布☆mop
钻孔防偏楔形工具{用导向器}☆correcting wedge
钻孔分布☆hole spread
钻孔封孔工☆borehole seal packer
钻孔复杂情况☆hole problems
钻孔杆件☆drill stem
钻孔钢绳打捞用具☆rope crab
钻孔工作报表☆drill report
钻孔构造采样☆borehole structure sampling
钻孔光磁测斜仪☆photo-magnetic borehole; surveying instrument
钻孔光学探测器☆introscope
钻孔规格☆hole-gage
钻孔和井筒方向偏斜☆off-line
钻孔和矿脉相遇点的深度☆vein intersection
钻孔(岩石)化合氢记录☆neutron log
钻孔[或炮眼]环状布置☆ring pattern
钻孔机☆drill press; borer; drilling machine; boring rig; auger; driller
钻孔急偏☆kink
钻孔加固设计☆casing program(me)
钻孔加深☆outdrill; subdrilling; putting-down of borehole; subgrade drilling; overdrilling [露天矿防根底]; underdrilling
钻孔间地球物理☆between-hole geophysics
钻孔间距☆borehole{drill-hole} spacing; spacing of wells; hole distance{spacing}; pitching spacing of holes; perforation interval
钻孔检视仪☆introscope
钻孔进入矿层☆hit the pay
钻孔井套管☆borehole casing
钻孔径向应变(指示)计☆borehole diametral strain indicator
钻孔开孔☆starting the borehole
钻孔(法)勘探☆borehole{drill-hole} surveying; survey by boring; drill-hole exploration; drilling hole explore
钻孔孔长形变测定器☆axial-type multiple-position borehole deformer
钻孔孔隙度记录☆mierolog
钻孔控流封闭管☆sealing tube
钻孔口☆(borehole) collar; drill{hole} collar; hole mouth; heel (of a shot)
钻孔窥视仪☆introscope
钻孔扩径☆belly
钻孔流泉排导设备☆flow catcher
钻孔螺转偏斜☆spiral deviation
钻孔内废金属渣捞取器☆junk basket
钻孔泥浆试验☆boring slurry test
钻孔黏土止水☆claying
钻孔排列法☆boring{drilling;hole} pattern
钻孔旁容纳备用钻杆的浅孔☆rat hole
(使)钻孔偏向☆wedging
钻孔偏斜☆deflection of borehole{bore}; drilling {hole} scattering; drill swaying; going off; hole deviation {curvature;deflection}
钻孔偏斜测定☆dip test
钻孔平行布置☆parallel arrangement of hole
钻孔器☆bit brace; brace (bit); boring cutter; aiguille; drill; bore; piercer; sinker
钻孔潜在产量测定试验☆potential test
钻孔倾角☆inclination of hole; hole inclination; etch angle; dip angle of hole
钻孔清理抽筒☆fluke
钻孔倾斜☆hole inclination; inclination of hole
钻孔倾斜测量仪☆hole inclination measurement instrument
钻孔取得的样品☆bore specimen
钻孔热溶法[采硫]☆Frasch method for extracting sulfur
钻孔设备三脚架☆Michigan tripod
钻孔深部直径缩小☆point-out
钻孔深度☆drilling{hole} depth
钻孔生物☆boring{burrowing} organism
钻孔时间☆rig{drilling} time
钻孔试土器☆vane borer
钻孔试验☆drilling experiment; puncture test
钻孔水力贯通地下气化法☆gasification by hydro-linking method
钻孔水平位移量☆closure
钻孔水溶法☆borehole solution mining; solution mining of halite through boreholes
钻孔水位降低距离☆drawdown of well
钻孔速度☆drill rate{speed}; penetration advance {feed}; speed of drilling hole
钻孔探放老塘积水或瓦斯☆tapping old workings
钻孔探井和探槽的采样分析☆test-pit and trench assay
钻孔套管防坠器☆casing catcher
钻孔瓦斯抽放量☆gas quantity per hole
钻孔弯曲☆curve of borehole; dislocation; drift; hole{well} deviation; well deflection
钻孔弯曲度☆amount of inclination; dogleg severity; hole curvature
钻孔完成☆finish a hole
钻孔位置☆well location
钻孔无矿段☆blank
(倾斜)钻孔下帮☆low side of the hole
钻孔(注水泥)下木塞☆bottom plug
钻孔泄水☆water-discharging through boring hole
(钻具)钻孔性能☆down-hole performance
钻孔压力恢复试验☆borehole pressure recovery test
钻孔压水试验用栓塞☆hole tester
钻孔岩层测量☆borehole survey
钻孔岩层特征厚度记录表☆bore journal
钻孔岩浆☆core sludge
钻孔岩屑及岩粉☆drill cuttings and dust
钻孔岩芯☆drill-core; well core; boring-core
钻孔岩芯测井☆core logging
钻孔验土器☆vane borer
钻孔样盘[勘]☆drill guide
钻孔液刻测斜仪☆syphonic inclinometer
钻孔仪☆contourometer
钻孔遗迹类☆Foroglyphia
钻孔易发生偏斜的地区☆crooked hole country
钻孔应变元件☆borehole strain cell
钻孔涌砂☆sand flush of bore hole
钻孔涌水☆gone to water
钻孔用螺旋捞矛[捞取卵石、铁块等]☆coil drag
钻孔与断层交叉点☆cutting{cut} point
钻孔与矿层直交☆cross-crosscut
钻孔在勘探线上截穿矿体☆hole through on line
钻孔照相机☆borehole camera
钻孔直径☆well bore{diameter}; hole size{diameter}; drilling hole diameter
钻孔直线度检查[人工偏斜前]☆straight-hole test
钻孔止水☆block off
(在)钻孔中另钻新孔☆sidetrack
(在)钻孔中形成上涌水锥☆funneling
钻孔轴线☆center of borehole; hole axis
钻孔注浆☆cement dump
钻孔转向楔打捞爪☆whipstock grab

钻孔桩☆bored{non-displacement} pile；drilled pier
钻孔装药封泥☆stem a hole
钻孔装运机组☆driller-loader-haulage unit
钻孔资料核对☆borehole check
钻孔组☆round of holes；drill round；shaped holes；suite of boreholes
钻孔钻☆countersunk
钻孔钻进规程的调整☆handling a well
钻孔最大出水量☆maximum yield of drillhole
钻螺属[腹;Q]☆Opeas
钻内孔碎巨石法☆snakeholing
钻旁孔☆fork the hole
钻前地下温度☆predrilling ground temperature
钻取岩芯{心}☆core-drilling；coring
钻取岩样☆boring sample
钻入☆burrow；drilling{spud(ding)} in；penetrate；pierce
钻入桩脚☆drilled pile
钻时录井☆drilling {-}time log
钻双筒井☆simultaneous drilling
钻速☆bit feed{penetration;speed}；rate of penetration {drilling}；drilling rate{speed}；drill {cutting} speed；advance rate；drilling-time log
钻速录井(图)☆rate of penetration log；ROP log
钻速曲线☆drilling {-}rate curve；drilling-time log
钻速扫孔时间☆drilling conditioning period
钻探☆drilling (exploration)；boring；exploration {probe;prospect;scout;test-hole;prospection;trial;testing} drilling；drill；probe；exploratory {scout;test;trial;probe} boring；prove；survey by boring；drill-hole exploration；probing；misering
钻探报表外进尺☆lay-by footage
钻探(查明的)储量☆drilled reserves
钻探船☆barge；drill barge{ship}；drilling vessel {ship}
钻探队☆drill crew{team}；drilling crew；surveying and drilling party
钻探浮船☆floating drilling barge{vessel}
钻探工☆(machine) driller；drillman
钻探工具☆boring tool；trial boring；drilling instrument
钻探工作☆test-hole work
钻探机☆drilling machine；test hole；miser
钻探技师☆drillmaster；drill(ing) foreman；pusher
钻探解释剖面☆interpretative{interpretive} log
钻(野)探井找油的一片或几片联合租地☆drilling block
钻探孔[试探老采空区存水等]☆test{trial} hole
钻探录井☆caliper log
钻探泥浆☆bore{drilling;boring} mud；circulating fluid
钻探剖面☆drill-log
钻探前勘探☆predrilling exploration
钻探取样☆boring (with sampling)；probe{prospection;exploration} drilling；subsurface sample；drilling
钻探设备☆boring plant{rig;apparatus}；drilling outfit {equipment}；(drill) rig
钻探设备使用期限☆drilling life
钻探绳索取芯系统☆drilling and wireline coring
钻探属矿物☆drill for minerals
钻探(取得的)土样☆bore plug
钻探网格☆exploratory grid
钻探岩芯记录柱状图☆columnar section boring log
钻探岩芯取样☆core drilling
钻探用包尔兹(金刚石)☆drill boart
钻探用泵☆boring pump
钻探用劣等金刚石☆bort
钻探用特级{种}金刚石☆creams；special rounds
钻探{井}用棕麻绳☆hemp drilling cable
钻探装置☆drilling rig；ledge finder
钻土工具☆earth-boring tools
钻土机☆ground borer
钻土杖☆boring slick
钻无用孔☆draw a blank
钻下表层套管的井眼{钻孔}☆surface hole drilling
钻斜孔☆off-angle drilling；rat holing
钻斜孔法☆off-angle drilling
钻研☆delve；bur；burrow；canvas(s) [问题等]
钻研出☆elaborate
钻岩贝☆zirphaea
钻岩船☆drill boat
钻岩蛤☆Saxicava
钻岩机☆rock boring{drilling} machine；rock drill
钻岩石的[生]☆saxicavous
钻岩隙植物☆saxifragous
钻岩钻头☆rock bit
钻眼☆(rock) drilling；sink a hole；borehole；bore out
钻眼爆破工作☆drilling and blasting operation
钻眼布置☆distribution of drill holes
钻眼方向☆direction of drill{hole}
钻眼工☆driller (machine)；drill doctor{operator}；drillman；hole digger
钻眼工长☆drillmaster
钻眼进度☆penetration advance
钻眼开口用镐☆pitching bar
钻眼偏斜☆(drilling;hole) scattering；gone off
钻眼数☆number of holes
钻眼楔形导向装置☆wedge (cut-hole) director
钻眼装岩平行作业☆drilling and mucking in parallel；parallel operation of drilling and mucking；drilling synchronized to mucking；simultaneous drilling and mucking
钻仰孔时从孔底向孔口扩孔☆ream back
钻有深孔的矿(煤)柱☆long-holed pillar
钻凿☆strip down；drill
钻凿井底[用钻头牙轮]☆hole clearance
钻凿蛇穴炮列☆snake holing
钻凿式联合采掘机☆trepanner
钻凿竖井☆shaft boring
钻凿台阶底部水平炮列☆snake holing
钻凿通道☆tunneling
钻凿小井☆bore pit
钻装☆armature；arm.
钻装机☆jumbo loader
钻☆drill(ing)；auger；wimble；diamond；jewel；drlg
钻(孔)☆bore
钻爆法☆drilling and blasting method
钻爆破用的孔眼☆blast-hole drilling
钻臂☆(drill) boom
钻柄☆drillstock；bit stock
(螺旋)钻采☆auger mining
钻采法☆augering
钻车☆(drill;drilling;truck) jumbo；banjo；(blasthole) rig；drill carriage{truck;wagon}；drillmobile；jambo；drill(ing) rig[露]；truck-mounted drill rig；drilling carriage；wagon(-mounted) {wagonette} drill
钻车上的钻机托杆☆jumbo{rig} column
钻车式钻机☆boom-mounted drifter
钻尘(气体钻井)☆drilling dust
钻成的地热发电☆drilled geothermal power；drilled generation of electric power
钻程☆roundtrip
钻齿磨损☆tooth wear
钻穿☆boring{make} through；drill{drilling} out；piercing；pierce；make-through[地层]
钻穿曲线☆force-penetration curve
钻穿同一地层的两口井☆twin wells
钻床☆driller；drilling{sawing} machine；drill (press)；drillpress；drillstock
(锥型螺纹)钻打捞器☆inside tap
钻刀☆drill lip
钻到规定深度后立即移位的钻机☆shirttail rig
钻到特定深度☆bottom out
钻顶板锚拴孔用(的)钻车☆roof bolting{pinning} jumbo
钻定心孔☆spotting
钻毒砂☆danaite
钻对应井☆offset drilling
钻粉☆borings；bore meal{borings}；buggy；drilling dust{meal}；drillings；(drill) cuttings；meal bore；core borings；boring dust
钻粉排出槽道☆chipway
钻粉排除☆cutting pick-up
钻锋圆边☆margin of drill
钻凤螺属[腹;E-Q]☆Terebellum
钻(孔)杆☆(bore) rod；(auger) stem；(bore;boring;shaft) bar；drill (pipe;stem;steel;column)；bull{drilling;boring} rod；drill rod[轻型]；drill bar[钢绳钻进]；jackrod[手持式风钻]；drilling{steel} stem；shank；boring{well} tube；rock drill steel；cracker[增加弹性,造斜或减斜]
钻杆安全夹☆rod clamp
钻杆摆放架☆lay down rack
钻杆扳手☆hand dog；rod-wrench；key；steel wrench
钻杆被卡☆pipe becoming stuck
钻杆擦泥橡皮圈☆rod wiper
钻杆测试☆drill stem test；DST
钻杆测试安全接头☆safety joint for drill stem test
钻杆长度☆run of steel
钻杆冲击钻进工具☆pole tool
钻杆储存架☆pipe-storage rack
钻杆传动手把☆tiller
钻杆打捞测井☆pipe recovery log
钻杆打钻工具☆pole tool
钻杆导槽☆(rod) slide
钻杆导向滑板[凿倾斜钻孔用]☆rod slide
钻杆的立排{竖放}☆stacking of drill pipe
钻杆底端倾斜仪☆end clinometer
钻杆垫板[钻塔内]☆tube support
钻杆吊夹☆rod plug
钻杆顶端☆head
钻杆放置区☆set back area
钻杆浮鞋☆drill-pipe float
钻杆工☆rodman
钻杆公接头☆tool joint pin
钻杆公锥☆male drill rod tap
钻杆工作正常☆dead true
钻杆盒☆pipe slacking block；setback[钻台上]
钻杆和套管☆pipe grab
钻杆盒在旁侧的井架☆bulge derrick
钻杆(橡皮)护箍☆drill pipe protector{stabilizer}；stabilizer；stabiliser
钻杆回收记录☆drill pipe recovery log
钻杆回跳☆steel rebounding
钻杆回转(速度)☆drill-rod rotation
钻杆或钻套的安全夹子☆bulldog
钻杆夹☆drive clamp；jar bumper；gripping jaw
钻杆夹钳☆catch wrench
钻杆架☆rack for rods；rod stand
钻杆接箍☆drill pipe coupling；drilling{rod} coupling
钻杆接头(的合肩)☆shoulder of tool joint
钻杆接头表面(敷硬合金)加硬圈{层}☆hard banding of tool joint
钻杆接头端面整形工具☆shoulder dressing tool
钻杆接头丝扣规☆joint template
钻杆接头(坐吊卡处)下端面磨蚀[导致防磨硬合金层剥落]☆undercutting
钻杆卡瓦☆drill pipe slip；drill-pipe slips
钻杆抗弯长度☆buckling length
钻杆立根☆drill-pipe stand；stand of rods (drill pipe)；pull rod
钻杆立根拧卸作业☆lay down job
钻杆连接☆drill-pipe connection
钻杆内泵送塞☆drillpipe pump down plug
钻杆扭曲☆windup；drill pipe winding up
钻杆排放架☆racker
钻杆排置锥座☆racking cone
钻杆偏斜☆stem deflection
钻杆钳☆extension{rotary} tongs
钻杆上端的夹具☆finger grip
钻杆升吊器☆knife dog
钻杆试井☆drill-stem test{testing}；DST
钻杆(接地层试验器)试井☆drill-stem test；DST
钻杆丝扣规☆drill pipe ga(u)ge
钻杆(排放)台☆racking cone
钻杆提升夹具☆boring clamp
钻杆脱扣☆twist-off
钻杆下部装的测斜仪☆plain clinometer
钻杆下坠距离☆rod drop
钻杆箱☆drill rods carrier
钻杆橡胶刮泥(浆)圈☆stripper
钻杆橡皮护箍[保护套管用]☆casing protector
钻杆消除疲劳应力的方法☆Bardine process
钻杆悬杆☆brake
钻杆旋接夹盘☆make-up chuck
钻杆旋转猛然加速又猛然恢复正常☆rod snap
钻杆旋转时的振动☆rod whip
钻杆压弯☆buckling of rods
钻杆阴阳螺纹☆drill pipe box and pin
A(号)钻杆用钻头☆A rod bit
钻杆折断☆string failure
钻杆中泵入一段重泥浆[起钻前]☆slug the pipe
钻杆柱☆column of drill rods；drill column{string;shaft;pipe}；line of rods；drill-pipe{drilling} string；drilling shaft；string
钻杆柱定向☆orienting drill pipe
钻杆转动套筒☆drill-rod drive quill；drive quill
钻杆装运车架☆pipe basket
钻杆撞击井壁使井眼局部扩大☆whip out

钻杆自重弯曲☆rod sag{slack}
钻杆组☆drilling shaft{column;string}; drill string {unit}; drill-steel set; rod string{tools}; stand; string of rods; stand of drill rods
钻杆组的中间钻杆☆intermediate drill
钻杆组顶端转动装置☆brace head
钻杆组转动手把☆bracehead; brace drill{head; key}; tiller
钻杆座☆safety chuck
钻钢☆breakout
钻钢抽拔机☆drill (steel) extractor
钻钢磨锐机☆drill(-steel) sharpener
钻工☆driller; drill hand{runner}; roughneck; holer; rotary{rig} helper; floorman; borer; rig hands; pipe pusher[内外钳]
钻工记录☆driller's log
钻工卷铺盖换孔位的岩层☆suitcase rock
钻工领班☆head driller
钻工站(工作)台☆foothold of driller
钻工长☆leader; master borer
钻冠☆crown
钻管☆drill{lance} pipe; boring tube
钻(杆)管☆lance pipe
钻管吊环☆cliver
钻管吊卡☆pipe elevator
钻管夹☆pipe{drive;tubing} clamp; bull dog
钻管内逆止阀☆drill pipe float
钻管托夹☆tubing clamp
钻硅质石灰岩用的钻头☆chert bit
钻巷☆drift boring
钻巷法☆drilling by tunneling machine
钻巷机☆tunnel{drift} boring machine
钻好的井☆sunken well
钻机☆(drilling;drill;boring) rig; driller; drilling machine {engine}; borehole{rock} drilling machine; borer; bore hammer; drill (unit;wagon;well); rock-boring {-drilling} machine; (hole-making) contender
(钢材和木材组成的)钻机☆turnbuckle rig
钻机拆卸☆rig teardown{release}; rigging down
钻机长☆boring mast; drill(ing) foreman; tool pusher; foreman driller; master borer
钻机冲洗水管☆drill {-}water pipe
钻机冲洗液工程☆mud engineering
钻机吹粉器☆drill blower
钻机大修☆major rig repair
钻机动力机下纵向底梁☆engine mud sill
钻机动力推进装置☆drill power feed
钻机阀箱盖☆drill valve chest cover
钻机房☆shanty
钻机钢绳滑轮☆crown pulley
钻机供水软管☆drill water hose
钻机工作天数☆rig days
钻机滚筒的螺旋槽☆spirallel
钻机机组☆assembly drill
钻机夹盘☆drive chuck
钻机架☆drill{carriage;rock-drill} mounting; gadder
钻机节气阀手柄☆drill throttle valve handle
钻机开孔☆spud
钻机离开(工作)位置☆rig-off-location
钻机立轴☆driver rod
钻机配气阀箱☆drill valve chest
钻机平均日进尺☆rig day rate
钻机平台☆doghouse
钻机平台至钻机绳轮的高度☆headroom
钻机迁离工作地点☆rig-off-location
钻机设备参照图☆checksheet
钻机设置密度☆drill density
钻机推进动作{装置}☆drill feed
钻机腿☆jackleg; jack leg
钻机托臂☆drill jib; rig column
钻机用风供应☆rig air supply
钻机月速度☆monthly drilling rate
钻机在工作位置时间☆rig-on-location time
钻机在用时间☆rig time
钻机支柱☆drilling post; jackbar
钻机自动重返井口☆automatic drill re-entry
钻迹亚纲☆Foroglyphia
钻夹头钥匙☆chuck handle
钻夹镶嵌☆bit{crown} setting
钻(探)架☆boring bar{rig;frame;tower}; rig; auger board; drill mast{tower;tripod}; cradle; derrick; drilling stand; drillrig; mast; mounting column; bore frame; boom

钻架安装[包括钻机及附件]☆rigging
钻架工作平台木铺板☆monkey board
钻架柱脚垫☆column base block
钻架装载联合机☆(combination) jumbo loader
钻架自重[不包括钻进设备]☆dead load of derrick
钻架作息台☆lazy bench
钻尖☆apex point
钻尖角[钻头、钎头]☆drill angle
钻浆坑☆mud pit
钻径规☆drill gauge
钻具☆boring{drill(ing)} tool; drill fittings{fixture}; drilling rig{device}; tool; drill; set of tools
钻具的切削头☆boring head
钻具吊悬钢丝绳☆bull rope
钻具定方位角☆azimuth tool orientation
钻具放入孔内后关闭钻孔☆let the tools swing
钻具高转速而无振动的地层☆smooth drilling formation
钻具给进☆advance of tool; drill feed
钻具、工具检修工☆tool dresser
钻具解卡炮弹☆backoff string shot
钻具连接油管的接头☆tools to tubing substitute
钻具留井下停钻[口]☆let the tools swing
钻具(与孔壁)摩擦☆rod drag
钻具偏心转动而使井身扩大的井☆oversize hole
钻具卡槽现象☆key seating
钻具卡住☆sticking of tool
钻具上下活动☆spudding action
钻具松动器☆bumper
钻具下部稳定器☆stabilizer
钻具楔入小井眼☆wedging of drill tool
钻具修理机☆tooldresser
钻具与孔壁之间的间隙☆outside clearance
钻具在井内卡住☆get stuck
钻具中途遇阻☆hit a bridge
钻具自动提升装置☆retraction device
钻具组☆(drilling) string; drill (rod) string; string of tools; rod tools
钻具组合☆make-up of string
钻距☆drill change
钻掘桩☆drilled pile
钻(金刚石)拉模孔☆die drilling
钻粒☆shot; pellet; small shot[钻井用钢砂等]; crushed {adamantine} shot
钻粒互相碰撞☆pellet interference
钻粒计数回路☆pellet counting circuit
钻粒流☆pellet(-laden) stream
钻粒抛进速度☆pellet rate
钻粒喷口(直径)比[钻粒钻进]☆pellet-to-nozzle diameter ratio
钻粒钻进☆abrasive{chilled-shot;calyx;shot} drilling; calyx{shot} boring; drilling by pellets; pellet impact drilling; shot drill; chilled shot drilling
钻粒钻进的井筒☆shot-drilled shaft
钻粒钻进的炮{钻}孔☆shot-drill hole
钻粒钻进(钻)孔☆shot borehole
钻粒钻进(用)钻机☆adamantine drill
钻粒钻孔钻机☆shothole drill
钻粒钻眼(凿井)法☆shot drilling
钻粒钻机☆adamantine{shot;drilled-shot;pellet;shot-boring;calyx;chilled-shot} drill; shot hole drill; calyx; shot-boring{shot-drilling} machine
钻粒钻机钻杆☆calyx rod
钻粒钻头☆chilled-shot{shot;pellet;calyx} bit; pellet impact bit
钻粒钻头底部☆drag shoe
钻粒(钻进)钻头喷射泵☆pellet bit bet pump
钻锚☆auger anchor
(旋转)钻煤钻头☆coal bit
钻模☆jig; drill jig{guide}; collar sleeve; wellhead
钻泥☆bore{boring;drilling} mud; drill sludge; drilling meal{sludge;dust;cuttings}; (core) sludge; (sludge) cutting; sand pumpings
钻泥蟾科☆Pelodytidae
钻泥沉淀取样器{箱}☆sludge box; sludgebox
钻泥分析☆sludge assay
钻泥管☆sediment tube
钻泥浆冲洗试验☆mud-flush test
钻泥块☆drill sludge cake
钻泥密度秤☆mud balance
钻泥黏度测定{量}漏斗☆marsh funnel
钻泥炭器☆peat auger
钻泥提取管{器}☆bailer

钻泥提取器打捞钩☆bailer fishing hook
钻泥提桶☆dirt bailer
钻黏土{泥}层用的钻头☆gumbo bit; mud bit
钻炮眼☆blast-hole drilling
钻偏斜孔用的钻头☆sidetracking bit
钻平孔底☆counterbore
钻钎修尖机☆drill-sharpening machine; mechanical sharpening machine
钻浅井☆shallow well drilling
钻(头)刃☆bit edge{face;wing}
钻上部井眼的钻具☆starter
钻深能力☆drilling capacity
钻绳☆drilling line
钻湿土用大型钻头☆miser
钻石☆diamond[金刚石]; brilliant[琢磨]; jewel[宝石]; gem; rock; adamas
钻石测硬仪☆diamond indentor
钻石刀☆marking-off diamond
钻石的光泽☆the brilliance of a diamond
钻石粉研磨板☆diamond plate
钻石高压盒☆Diamond Anvil Cell; DAC
钻石机☆churn drill
钻石镜☆diamondscope
钻石双晶☆elbow{knee} twin
钻石托座☆monture
钻石烷☆cliademane
钻石镶嵌首饰☆diamond inlay jewellery
钻石形的☆diamondoid
钻石形结构☆diamond structure
钻石压盒☆diamond cell
钻石砧压力盒☆diamond-anvil pressure cell
钻蚀(作用)☆drilling
钻鼠洞☆rat holing
钻鼠眼☆mouse ahead
钻属样品☆chip sample
钻水☆water-drilling
钻(碎)水泥塞☆drilling out
钻水泥塞工具☆drill out tool
钻碎☆drilling up; drilled out; do.; DO
钻碎岩块☆block holing
钻塔☆(boring) rig; blasthole{drilling;drill} rig; (drill;tower) derrick; (drilling) tower
钻塔底框架☆derrick sill
钻塔内高层台板☆monkey board
钻塔天梁☆cross arm
钻塔铁件☆derrick iron
钻塔腿☆leg of derrick
钻塔正面(拖钻杆的)入口☆V-of derrick
钻塔贮放钻杆容量☆racking capacity of derrick
钻塔装配☆rigging
钻台☆derrick{drill;drilling;rig} floor; drilling machine {platform}; drill platform (floor); drilling platform floor; flooring; downstairs; DF
钻台板☆rig timber
钻台标高☆elevation of derrick floor
钻台底部水平炮孔☆snakeholing
钻台地板及围板☆attic
钻台工☆roughneck; rotary helper; floorman; slip puller
钻台工具[大钳、卡瓦和小手工具等]☆rig-floor tools
钻台扣吊卡位置☆pickup position
钻台面☆derrick floor; df
钻台坡道☆ramp
钻台前送管小车☆pipe buggy
钻台上排放立根处☆set back
钻台托梁☆floor joist; setter
钻台用小推车☆back{ass} wagon
钻台主基木☆main sill
钻掏泥沙泵☆combination bit and mud socket
钻套☆bit{tap} holder; drill sleeve{socket}
钻梯☆drill ladder
钻挺☆collar; rod stabilizer; oversize rod
钻挺(大)扳手☆tool wrench
钻挺部分环空流速☆annular velocity drill collars
钻铤☆drill(ing){bottom} collar; DC
钻铤柱☆drill collar stem; DCS
钻头☆bit (head); aiguille; drill-rod{bore;boring;drill; drilling} bit; boring{drill;drilling;cutter} head; bit of a drill; (drilling) crown; drill (crown); borer; horse cock; jackbit; piercer
(牙轮)钻头巴掌☆leg of the bit
钻头比水马力☆ specific bit hydraulic horsepower
钻头变方位侧向分力☆directional bit side force component

钻头侧向切削作用☆bit side cutting action
钻头吃入深度☆bit penetration
钻头齿☆digging{cutter;bit} teeth
钻头齿痕☆tracking
钻头齿尖的槽形磨损☆cupping
钻头齿间(铣刀)角☆included angle of teeth
钻头冲程☆stroke of bit
钻头冲击孔底放空☆peg-leg
钻头淬火箱☆slake tub
钻头档☆shank collar
钻头刀具☆cutter head
钻头导杆☆pilot
钻头的侧移☆bit walk
(牙轮)钻头的齿☆teeth of the bit
钻头的定向切削能力☆bit's directional cutting ability
钻头的丝扣部分☆bit shank
钻头的液压加压装置☆hydraulic pulldown
钻头的中央突出可换部分[塔式细粒金刚石钻头]☆replace able central pilot
钻头顶部接头☆bit shank
钻头顶角☆point angle
钻头端面外缘金刚石☆shoulder stone
钻头方位扭转☆bit walk
PDC 钻头复合片☆compact
钻头负荷☆load on bit
钻头负荷调节☆adjustment of bit load
钻头钢坯☆steel blank
钻头给进☆feed of drill；drill{bit} feed
钻头给进调节器☆gear feed
钻头工况异常☆odd bit behavior
钻头工作面端部☆nose
钻头刮刀☆blade
钻头冠的外形☆crown profile
钻头规格直径☆gauge of bit
钻头轨迹特性☆bit trajectory behavior
钻头过热烧坏☆burn in
钻头和套管配用表☆follower chart
钻头和岩石的接触面☆bit-rock interface
钻头横向扭转变化方位☆bit walk
钻头基体☆matrices；bit matrix
钻头及泥浆吸取筒☆bit and mud socket
钻头加固☆bracing the bit
钻头夹盘衬套☆drill chuck bushing
钻头夹头☆chuck
钻头角度规☆drill point gauge
钻头结构☆bit configuration；frame of the bit
钻头金刚石过热烧坏☆burnout
钻头金刚石镶嵌粒数☆bit count
钻头金刚石总重☆bit weight；caratage{carat} weight
钻头进尺☆footage{feet} per bit；bit footage；headway per drill bit
钻头进尺调节(器)☆feed control
钻头径规☆drill template
钻头卡夹☆drill-sleeve
钻头领眼部分☆bit pilot
钻头螺属[腹]☆Subulina
钻头每次进尺长度☆run
钻头磨钝☆worn bit
钻头磨合☆broken in
钻头磨尖器☆sow；drill sharpener
钻头磨刃装置☆grinding attachment
钻头磨锐机☆bit grinder{sharpener}；mechanical sharpener
钻头磨损指示器☆dull bit indicator
钻头磨小☆loss of gauge
钻头能力数☆bit capability number
钻头拧下器☆bit breaker
钻头拧卸器☆bit puller{breaker}
钻头扭矩☆torque {-}on {-}bit；TOB
钻头坯☆bit{crown} mo(u)ld；blank bit；crown die
钻头偏离钻孔轴线☆deflection of the bit
钻头偏磨☆mule foot a bit
钻头偏斜☆deflection of the bit；bit deflection
钻头(牙轮的)偏转量☆bit skew
钻头漂移趋势☆bit walk tendency
钻头破岩留下的痕迹☆bottom hole pattern；BHP
钻头卡住☆bit freezing{seizure;jamming}；fitchering [of bit]；steel seizure；tap holder
钻头切入岩层☆dig in
钻头切削刃折断☆twist-off on the bottom
钻头倾斜机理☆bit tilt mechanism
钻头轻压慢转钻进地层☆easing the bit in
(用)钻头取样☆pipe sampling
钻头刃角☆bit cutting angle
钻头刃面外形☆bit contour
钻头上的金刚石重量[克拉数]☆set weight；bit content
钻头上金刚石数量☆bit count
钻头上下晃{跳}动☆raising and lowering of the bit
钻头烧毁☆burning of bit
(断)钻头试钻过程☆bit break-in procedure
钻头寿命☆bit{crown;drilling} life；depth per bit
钻头水孔☆eyes of the bit
钻头水力参数{因素;特性学}☆bit hydraulics
钻头水眼☆circulating hole
钻头水眼喷流速度☆nozzle velocity
钻头损耗☆drill-crown loss
钻头缩小☆reduction in bit
钻头胎体的水力冲蚀☆fluid erosion of the matrix
钻头体☆bit body{frame}；frame{body} of the bit
钻头体架☆frame of the bit
钻头外侧(被落物)磨损☆junk damage
钻头外形☆bit contour
钻头外圆直径☆gauge of bit
钻头未磨损或磨损不大就起出☆pull it green
钻头稳定技术☆bit stabilization technique
钻头相邻牙轮的齿和齿谷互啮☆intermesh
钻头镶齿的出露高度☆protrusion
钻头镶嵌内径☆set inside diameter
钻头形状☆form of bit
钻头旋转圆周速度☆lineal travel
钻头压力☆bit pressure{thrust;load}；drill thrust；weight{pressure} on the hit
钻头牙齿磨钝(程)度☆bit-tooth dullness
(牙轮)钻头牙齿与井底接触面积☆hole coverage
钻头牙齿在井底造成的凹坑☆crater
钻头牙轮☆cutter
钻头牙轮的背面☆cone backface
钻头牙轮的内锥☆inner cone
钻头牙轮体☆cutter shell
钻头牙轮锥顶部分☆nose
钻头用的金刚石粒☆boartz
钻头用焊料☆crown metal
钻头游动趋势☆bit walk tendency
钻头与井底接触面积☆bottom-hole coverage
钻头与振击器之间的钻具☆auger stem
钻头凿岩径迹☆tracking
钻头整体的突出部分[塔式细粒金刚石钻头]☆integral pilot
钻头整形锤☆bit rams
钻头正常磨损☆chipping type wear
PDC 钻头支柱式切削齿☆PDC stud
(金刚石)钻头制造压模☆bit die
钻头中央突出的可换部分☆replaceable central pilot
钻头轴距☆pitch of drill
钻头铸嵌基体☆cast{cast-metal} matrix
钻头装卸器☆(bit) breaker；breakout plate；jack and circle；swivel wrench
钻头装卸器突楞☆breaker lug
钻头钻杆间锥形垫圈连接☆taper-and-shim drive fit
钻透同一地层的两口井☆twin well
钻弯的井☆crooked well
钻弯(曲)的井眼☆crooked hole
钻完一口井或一组井☆drill out
钻窝机☆hitch cutter
钻隙分层(作用)[物料在筛面上]☆trickle stratification
钻削☆trepanning；tour
钻削动力头☆drill unit
钻削式采煤机☆trepanner；trepan shearer
钻小井眼☆feel ahead
钻小鼠洞☆mouse-hole drilling
钻小直径超前孔☆mouse ahead
钻斜井☆off-angle drilling
钻(井岩;下的岩)屑☆bug{drilling} dust；drill(ing) cuttings{solids}；cavings；meal bore；drilling (return;meal;sludge)；cuttings of boring；cutting；bit cuttings；drilling breaks；fragmental debris；detritus；sludge；drilled solids；boring；bore meal；turnings
钻屑固相-膨土比☆drilled solids to bentonite ratio
钻屑含量多的泥浆☆sludge
钻屑和剖屑清除器☆cleaner for cuttings
钻屑流失☆run-to-waste
钻屑排出沟☆chipway
钻(岩)屑试样☆cuttings samples
钻屑收集坑☆sludge trap
钻屑携带比☆cutting transport ratio
钻屑阻进效应☆hydraulic flounder
钻-悬循环压力差☆on-off bottom pressure drop
钻穴[生]☆boring
钻穴式测定法☆auger hole method
钻压☆bit pressure{thrust;load;weight}；drill thrust {weigh}；drilling pressure{thrust;weight;load}；load on bit；weight on bit{the bit}；weight capacity；WOB
钻压传递☆transfer of drilling weight；weight on bit transfer
钻压读值☆weight-on-bit readout
钻压略重就扭矩增大转速减慢的地层☆bit-pinching formations
钻压调节☆adjustment of bit lead
钻压-转数/分☆weight-revolutions per minute
钻压-转数组合☆wt-rpm combination
钻压、钻速指示表☆drillometer
钻野猫井☆wildcatting
钻液流失☆run-to-waste
钻液漏失☆fluid loss
钻液漏失区☆lost circulation zone
钻液系统☆drilling fluid system
钻一口井☆kick hole；bung down；sink a well
钻一口生产井☆make a well
钻硬岩(用的)钻头☆hard formation bit
钻用不纯的金刚石粒☆bortz
钻用泥浆☆driller's mud
钻用震击器☆drilling jars
钻油层用顿钻钻柱[旋转钻钻到油层顶部,而后用顿钻钻开油层]☆bobtail
钻油层用反循环钻机☆clean-out machine
钻黝铜矿☆rionite
钻渣☆drilling mud
钻直井☆straight-hole drilling
钻至设计深度☆drilling to completion
钻中心孔☆centering；centreing
钻重☆drilling weight
钻轴☆auger{boring;drill} spindle；quill
钻轴支架☆drill spindle support
钻柱☆drill stem{string}；DS；drilling string{stem}；string of tools；drilling shaft[从方钻杆起到钻头止]
钻柱防喷回压阀☆internal preventer
钻柱紧扣装置☆jack and circle；circle jack
钻(杆)柱升沉补偿器☆drill string heave compensator
钻柱组合☆drill (string) assembly
钻蛀虫☆borer
钻桩☆drilled pile
钻状的☆subulate
钻状体☆spicule
钻子☆awl

zuǐ

嘴☆rostrate；spotty-pout；heat story；snout；spout；rhamph(o)-
嘴唇☆lip
嘴峰☆culmen [pl.calmina]
嘴角☆angulus oris
嘴口龙☆Rhamphorhynchus
嘴裂☆gap
嘴螺贝(超科)☆Rostrospiracea
嘴室贝属[腕;O_{2-3}]☆Rostricellula
嘴状岬☆bill
嘴状突起☆rostrate
嘴子☆tap；mouthpiece [of a wind instrument]

zuì

醉度计☆alcometer
醉林☆drunken forest；tilted trees
醉泥螺☆wine-preserved snails
醉鱼草属[植;Q]☆Buddleia
最薄氧化层厚度☆minimum oxide thickness
最不利情况设计☆worst case design
最测结果的传送☆measurements transmission
最常见的值☆modal value
最常钻到的岩层☆predominant formation
(信号方向图的)最长线☆nose
最迟完成时间☆latest finish
最初☆first；originally；uppermost；proto-
(井的)最初产量☆initial capacity
最初的☆initial；primary；foremost；original；pristine；prime；prim.
最初发现矿体☆discovery vein
最初工作☆virgin work

最初轨道☆preliminary orbit
最初结果☆firstling
最初陆地☆protocontinent
最初启动期☆initial start-up period
最初效应☆ancestor
最初装备费☆initial installation expense
最纯的☆superpure
最纯石墨☆finest grade of graphite
最大☆maximum；maximal
最大安全容量☆maximum safe capacity
最大安全系数定理☆maximum safety factor theorem
最大闭锁力☆maximized locking force
最大变化带☆zone of maximal change
最大变形能理论☆theory of maximum strain energy
最大并行度☆maximum parallelism degree
最大产量☆maximum output；(flow) potential；ultimate capacity；off-take potential；potential production；maximum recovery rate
最大产能☆open flow potential
最大长度[海]☆length overall
最大沉陷点☆point of maximum subsidence
最大沉陷幅度☆maximum amplitude of subsidence
最大承压{载}力☆maximum bearing
最大持续开采(水)量☆maximum sustained yield
最大尺寸☆maximum size；overall dimension
最大抽出长度☆fully extended length
最大导纳频率☆maximum admittance frequency
最大的雨☆heaviest rain
最大地面增益☆uphole gain maximum；UGM
最大电压☆crest{peak} voltage；Pv
最大分子吸水量☆maximum molecular moisture content{capacity}
最大风高度型☆maximum-wind topography
最大峰值☆greatest peak；peak-peak；maximum crest
最大负荷☆full-load power peak；maximum demand；peak load
最大高度[液压支架的]☆fully-extended height
最大公称破碎比☆nominal maximum reduction ratio
最大功率☆peak power.；ultimate capacity；p.p
最大或最小冰界☆ice limit
最大计算洪水☆maximum computed flood
最大剪力理论☆maximum shear theory
最大剪切应变锥☆cone of maximum shear strain
最大剪切应力能量理论☆critical shear strain energy theory
最大剪(切)应力屈服条件☆maximum-shearing stress yield condition；maximum shear stress yield criterion
最大降水带☆zone of maximum precipitation
最大降雪高度☆level of maximum snowfall
最大近地点大潮☆maximum perigee spring tide
最大井距(布)井(法)☆ultimate spacing pattern
最大距离☆ultimate range
最大掘进坡度☆maximum boring grade
最大可达纯度颜色☆full color
最大可浮粒度☆maximum floatable size；maximum size floatable
最大可能洪水☆maximum probable flood
最大可爬坡度[车辆]☆maximum climbable gradient
最大库容☆gross storage capacity
最大块尺寸{粒度}☆maximum lump size
最大宽度☆breadth extreme
最大拉伸应力区☆maximum tension stress area
最大励磁☆ceiling excitation
最大粒径-递变层高度曲线☆size-decline curves
最大隶属原则☆maximum membership principle
最大连续出水量☆maximum sustained yield
最大量程☆meter full scale
最大亮度☆high-high brightness
最大烈度图☆maximum intensity map
最大流量☆maximum discharge{flow;delivery}；flow potential；peak flow
最大流压☆maximum flowing pressure；MFP
最大马力☆maximum horse-power；Max. Hp.
最大毛管水容量☆maximum capillary water capacity
最大密度量区域☆highest density region
最大耐受剂量☆maximum tolerated dose
最大能力☆maximum capacity；max cap.
最大扭矩☆maximum{peak} torque；MT
最大扭力☆acrotorque
最大爬坡度[航]☆maximum gradability
最大排出{放}压力☆maximum discharge pressure
(破碎机)最大排料口宽度调节☆openset；open setting
最大泡点压力法☆maximum bubble pressure method
最大喷射速度☆maximum jet velocity
最大偏应力破坏准则☆maximum deviator stress failure criteria
最大坡度☆limit{ruling;maximum} grade；maximum gradient{slope}；limiting gradient
最大起爆力☆maximum power
最大强度设计法☆limit design
最大切应力理论☆maximum shear-stress theory
最大倾角☆inclination maximum
最大清理宽度☆maximum cleanup width
最大曲率点☆point of maximum curvature
最大容量[矿车、铲斗]☆top{headed;head;peak} capacity；maximum capacity；max cap.
最大容许功率损耗☆maximum permissible dissipation
最大熵估计(法)☆maximum-entropy estimate
最大射程☆range ability
最大射流冲击力工作方式☆regime of the maximum jet impact force
最大摄氧量☆vomax
最大深度☆inmost{fully;full;maximum} depth
最大输出与最小输出之比[燃烧设备]☆turndown ratio
最大疏干性开采(水)量☆maximum mining yield
最大水击压力☆maximum surge pressure
最大(钻头)水马力工作方式☆regime of the maximum jet hydraulic horse-power
最大似然准则☆maximum-likelihood criterion
最大速度区☆region of maximum velocity
最大塌陷点☆point of maximum subsidence
最大通风容积☆maximal ventilatory volume；MVV
最大通量☆flux peak
最大桶[液量,=105Br.gal=126US.gal]☆pipe
最大凸点偏移☆maximum convexity migration
最大凸率☆maximum convexity
最大无影响剂量☆maximum no effect level
最大误差☆worst{maximum} error
最大下沉点☆point of maximum subsidence
最大下沉值☆maximum subsidence value
最大下界☆greatest lower bound；glb
最大限度☆high{maximum} limit；uttermost
最大线应变理论☆maximum linear strain theory
最大相☆maximal phase
最大形状变形能☆maximum distortion energy
最大许可{用}应力☆maximum permissible stress
最大蓄水位☆maximum retention level
最大循环剪应力☆maximum cyclic shearing stress
最大应变`假说{|能理论}☆maximum strain `hypothesis{|energy theory}
最大应力理论☆maximum stress theory
最大有效采收率☆maximum efficient rate；MER
最大允许"狗腿"☆maximum permissible dogleg
最大允许压力降☆maximum allowed pressure drop
最大正向峰值电池☆maximum peak forward current
最大正应变{|力}理论☆maximum normal strain criterion{|stress theory}
最大支撑应力☆maximum bearing stress
最大值☆maximum (value)；ultimate{max(imal)} value；crest (value)；peak；peak-to-average ratio；maxima [sgl.-mum]；max；maxim [pl.-ma]；mxm.
最大终压力☆maximum and final pressure；M & FP
最大主应力比破坏准则☆maximum principal stress ratio failure criteria
最大主应力差☆maximum principal stress difference
最大主应力拱☆major principal stress arch
最大转矩☆torque capacity
最大装载宽度☆maximum cleanup width
最大资源潜力☆maximum resource potential
最大总流量安全阀☆maxiflow safety valve
最大组构值☆maximum fabric
最大阻抗频率☆maximum impedance frequency
最大阻力坡度☆maximum resistance grade
最大钻柱载荷☆maximum drilling string load
最大作业压力☆maximum service pressure；MSP
最当中的☆middlemost
最低安全配员☆minimum safe manning
最低饱和系统☆minisat system
最低标价☆low bid
最低草温☆grass minimum temperature
最低层大气☆lowest atmospheric layer
最低产量☆minimum output；cutoff rate
最低潮☆neap{dead} tide；NP
最低成本钻井☆minimum-cost-drilling；MCD
最低点☆minimum (point)；bedrock；nadir；perigee
最低订购量☆minimum quantity per order
(发电机)最低负载☆baseload
最低高度☆minimum elevation；ME
最低光眼☆limen
最低化合价☆minivalence
最低价☆floor price
最低价的☆knockdown
最低价的出价{投标}人☆lowest bidder
最低检出放射性强度☆minimal detectable activity
最低均潮☆lowest normal tide
最低可接受收益率☆minimum acceptable rate of return；MARR
最低可用高频☆lowest usable high frequency
最低枯水位☆lowest ever known water level
最低品位☆breakeven cut-off (ore) grade
最低溶解度产物☆lowest solubility product
最低收费额☆minimum charge
最低数位☆lowest-order digit
最低水平的泵☆bottom pump
最低水位基准面☆lower low-water datum
最低维修标准☆minimum maintenance standard
最低位有效数(字)☆least significant digit
最低温度☆nadir；minimum temperature
最低限度对称☆minimum symmetry
最低限值☆TLV；threshold limit value
最低岩粉用量☆least quantity of rock power
最低岩芯侵蚀☆minimum core erosion
最低氧化量[生命所需]☆critical supply of oxygen
最低有效位差☆least significant difference
最低预期服役温度☆lowest anticipated service temperature；LAST
最低自由核能☆lowest free nuclear energy
最低钻样工作量☆assessment work
(筛析实验中)最底层的灰土(盘)☆bottom pan
最底下的☆bottommost；bottom
最陡下降(法)☆steepest descent
最短程线的☆geodetical
最短承约期限☆minimum commitment time
最短航线☆orthodrome
最短距离☆bee line；bee-line
最短时程[震勘]☆minimum{least} time path；brachistochrone
最短时间航路☆least-time track
最短停钻时间☆minimum downtime
最概然值☆most probable value
最干旱区☆gouph；goup；koup
最高☆ace；highest；arch-
最高爆发压力☆maximum explosive{firing} pressure；peak pressure
最高波动(基准)面☆akinetic surface
最高产量☆production peak；peak production (rate)；peak output {offtake}；maximum delivery
最高产率☆top{peak} performance
最高产率原则☆rules for maximum yield
最高处☆tiptop
最高的☆paramount；superlative；uppermost
最高地☆apogee
最高点☆climax；culmination (point)；top；kin；perihelion [pl.-ia]
最高读数温度计☆maximum recording{reading} thermometer
最高分层☆topmost slice
最高峰☆climax；culmination；summit
最高工业采收率☆maximum producible oil index
最高公因式☆highest common factor；HCF
最高合理产量☆maximum efficient rate；MER
最高级的☆superlative
最高价☆ceiling price
最高价格☆outside price
最高见{受}效产量☆peak response rate
最高可采油指数☆maximum producible oil index
最高密度原理☆principle of highest density
最高频率粒径☆modal diameter
最高品位精矿☆top-grade concentrate
最高日用水量☆maximum daily consumption of water
最高塞{壅}水位☆maximum water level
最高水位☆maximum high-water{stage}；peak level；crest{maximum} water level
最高位☆highest order；most significant digit
最高位的水泵[多级排水的矿井中]☆hogger pump
最高限额☆numerical ceiling
最高蓄水位[水库]☆top water-level；T.W.L.

最高压级☆ultor
最高压力☆maximum{top;toppling;peak} pressure
最高岩芯收获率☆maximum core recovery
最高油压☆maximum tubing pressure；MTP
最高有效压缩比☆highest useful compression ratio
最高允许工作压力☆maximum allowable working pressure
最高震度线☆meizoseismal curve
最高值☆peak；mxm.
最高质大块铅矿☆bing ore
最高质量☆extra best best；E.B.B.；EBB
最高最低温度表☆maximum minimum thermometer
最好☆superexcellence
最好操作条件的控制特征[如选矿]☆norm
最好的☆superlative
最好的研磨粒度[按通过一定筛孔的物料百分数计]☆mesh-of-grind；mog
最好是用☆prefer
最厚部分☆thick；thickness
最厚沉积中心☆depocenter
最厚沉积轴部☆depoaxis
最后☆last；omega
最后爆破的炮眼组☆back holes
最后捕收槽[浮]☆final save-all cell
最后部分☆decline
最后参数☆outcome parameter
最后产品☆finished{end} product
最后产物☆end-product
最后船运通知☆final shipping instructions
最后的☆lag；last；irrevocable；ultimate；finishing；final；nett；net
最后的依靠{手段}☆sheet-anchor
(把……)最后定下来☆finalize
最后分析☆ultimate analysis
最后光制{精整}☆final finishing
最后结果☆finality
最后结果分析☆end-point analysis
最后结论☆ultimatum
最后进价法☆last invoice cost method
最后精度☆resultant accuracy
最后精炼☆frenching
最后精煤{矿}☆final{finished} concentrate
最后平整土方☆final blading
最后破碎☆screenings crushing
最后期限☆deadline
最后释放☆final release；FR
最后手段☆trump
最后速度☆outlet velocity
最后头的☆aftermost
最后温度☆finishing temperature
最后压力☆end pressure
最后研磨☆finish grinding；finishing grind
最后一笔[书法]☆minim
最后一颗结晶溶解温度☆last crystal to dissolve temperature；LCTD temperature
最后一幕☆finale
最后值☆ultimate value
最后最长的铝杆☆finisher
最坏情况☆worst case
最惠特许条款☆most favoured license clause
最佳波及效率{系数}☆optimum conformance
最佳参数选择☆optimization of parameters
最佳操作密度☆optimum running density
最佳产层☆priority pay zone
最佳产量☆optimal output
最佳船舶航线☆optimum ship routing
最佳地层{质}的☆geooptimal
最佳地震反褶积☆optimal seismic deconvolution
最佳订货点☆optimal order point
最佳方案☆preferred plan
最佳分辨带宽☆optimum resolution bandwidth
最佳分类☆optimal classification
最佳幅度响应☆optimum amplitude response
最佳符合线☆best-fit line
最佳恒(钻)压恒转速☆best constant weight and rotary speed；BCWRS
最佳化☆optimization；optimize
最佳化钻探服务☆op-drilling service
最佳解离点☆optimum liberation point
最佳界法{规}则☆best bound rule
最佳晶畴宽度☆optimal domain width
最佳可行方案☆optimum feasible program
最佳宽带水平{|垂直}叠加☆OWBHS；optimum wide band horizontal{|vertical} stack
最佳粒度☆premium grade size
最佳流量☆optimum output{discharge}；flowrate optimization
最佳磨砂粒度☆optimum grind；optimum milling rate
最佳拟合回归线☆best-fit regression line
最佳判据☆optimality criterion
最佳劈裂方向☆reed
最佳偏移☆optimized migration
最佳坡度☆economic grade
最佳清洁效率☆optimum cleaning efficiency
最佳燃料比操作☆optimum-fuel-rate operation
最佳燃烧参数☆optimum gas parameter
最佳疏干性开采量☆optimal mining yield
最佳特性确{选}定☆optimization
最佳条件☆top condition；optimum；opt.
最佳调节深度☆optimum modulation depth
最佳通信量的频率☆frequency of optimum traffic
最佳无滞后滤波器☆optimum zero-lag filter
最佳效率点☆best efficiency point；B.E.P.
最佳协合作用[神人协力合作说]☆synergism
最佳选择区☆fairway
最佳样品量☆optimum sample size
最佳油层开采压力☆optimum reservoir operating pressure
最佳油田产量☆optimum field offtake
最佳运行压力☆optimum working pressure
最佳证券投资理论☆portfolio theory
最佳 pH 值上下限☆optimum pH range
最佳主轴☆reduced major axis
最佳组合☆synergy
最佳钻头速度☆most suitable bit speed
最简单的磁铁☆schematic magnet
最简组分原理☆principle of parsimony
最接近☆proximal；immediate
最接近的决定因素☆proximate determinants
最紧检验☆most stringent test
最紧密堆积☆closest{densest} packing
最近☆late
最近大陆期☆last continental stage
最近的☆last；up-to-the-minute
最近点☆periapsis
最近行情☆recent quotation
最近价格法☆last price method
最近邻分析☆nearest neighbor analysis
最近源的碎屑沉积环境☆most proximal clastic depositional environment
最近越渡点☆crossover
最精彩的地方☆highlight
最经济生产率☆most economical rating；MER；m.e.r.
最可能持续时间☆most likely duration
最可能的☆most-probable
最老德里亚斯期[约 13000 年前]☆Oldest Dryas
最冷期等水温线☆isocryme
最冷月份平均温度等值线☆isoryme
最理想经营规模☆optimal size of business
最密(区)[岩组图]☆maximum [pl.maxima]
最密充填☆closest packing
最密排列☆most compact arrangement
(图像中)最明亮部分☆highlight
最内层☆innermost layer
最齐螺属[腹;T_3]☆Acrocosmia
最恰(值)☆optimum [pl.optima]
最前的☆front；foremost；top
最前线{部}☆forefront
最前一段水泥浆☆lead slurry
最强线☆strongest line
最强信号☆peak signal
最轻的馏分☆heads
最轻框架☆minimum-weight frame
最轻馏分☆tops
最上☆tiptop
最上部地层☆uppermost layer
最上层☆uppermost layer；stratosphere
最上等物☆king
最上等钻石☆first water
最上面(的)煤层☆day-coal
最少(的)☆least
最少量☆bedrock
最少养分律☆law of minimum nutrient
最少走时原理☆principle of least time
最深层☆bottommost layer
最深沉陷☆ultimate subsidence
最深处☆innermost；inmost depth
最深海底带☆abyssal benthic zone
最深湖水层☆bathylimnion
最深深度☆landing depth
最适当的最终研磨(粒度)☆optimum grind
最适当利率☆optimal rate of interest
最适度含水量☆optimum moisture content
最适合的面{|方位}☆best-fit plane{|orientation}
最适合的褶皱轴☆best-fit fold-axis
最适样品量☆optimum sample size
最适者生存☆survival of the fittest
最疏排列☆least compact arrangement
最疏松垛积☆loosest packing
最速落径☆brachistochrone
最速上升☆steepest ascent
最外层☆outermost layer
最完全解理☆most perfect cleavage
最危险浓度的瓦斯[可在火焰安全灯内爆炸]☆sharp gas
最吻合定向☆best fit orientation
最细粒的☆finest grade
最下冲断层位☆décollement horizon
最下(面)一节套管☆starter joint；casing starter
最下水平(巷道)☆bottom lift
最先处理☆foreground processing
最先的☆banner；first
最先进的☆hard-hitting；the most up-to-date
最先流入最后流出☆first in last out；FILO
最先研究地点☆type locality
最显著的地位☆foreground
最现代化的☆go-go；the most up-to-date
最小☆minimum [pl.-ma]；min.；minimal(ity)；least
最小安全系数定理☆minimum safety factor theorem
最小侧向逆冲位移定律☆law of minimum lateral thrust
最小成本网络流程问题☆minimal-cost network-flow problem
最小尺寸钻杆☆smallest size drill rods
最小吹动风速☆threshold velocity
最小单位块体[等配位异构造物中]☆unit slab
最小导纳频率☆minimum admittance frequency
最小的☆minimum；minim
最小等级基本模块☆lowest level basic module
最小滴定量☆titer；titre
最小地面间距{隔}☆minimum ground separation
最小二乘法修正☆least-squares refinement
最小分辨角☆angle of minimum resolution
最小覆盖土厚度☆minimum soil cover over
最小功原理☆principle of least work
最小和差☆smallest sum difference
最小恒定入渗量☆minimum constant infiltration capacity
最小横向平推位移定律☆law of minimum lateral thrust
最小环境损害{破坏}☆minimize environmental damage
最小获利因素☆minimum profit factor
最小检出放射性强度☆minimal detectable activity
最小均方差准则☆least-mean-square-error criterion
最小抗力面☆weakness plane
最小可辨别信号[电子]☆minimum discernible signal
最小可测信号☆minimum detectable signal
最小可存活居群☆minimum viable population；MVP
最小可分辨信号☆minimum discernible signal；MDS
最小孔隙度混合物☆closed(-type) mixture
最小连接支撑树☆minimum linkage spanning tree
最小量熔体☆minimum melt
最小流量☆lowest ever known discharge；minimum flow；lower discharge
最小模糊圆☆circle of least confusion
最小内能性☆minimum internal energy
(破碎机)最小排料口宽度☆closed set{setting}
最小破碎压力[钻探]☆threshold pressure
最小起爆药量☆minimum initiating{priming} charge
最小强度线☆line of weakness
最小倾角☆inclination minimum；minimum inclination
最小曲率修匀☆minimum curvature smoothing
最小燃料消耗☆minimum fuel consumption
最小熔融成分☆minimum melting composition
最小熵反褶积[震勘]☆minimum entropy deconvolution
最小上界☆supremum；least upper bound
最小设计安装应力☆minimum design seating stress

最小声幅☆minimum sonic amplitude；MSA
最小剩余公因子方差☆minres communality
最小时程☆brachistochrone；minimum{least} time path；brachistochronic{least-time} path
最小时程{间}原理☆brachistochronic{least time} principle
最小势能法原理☆minimum total potential energy principle
最小温度熔体☆minimum-temperature melt
最小限制应力☆minimum limiting stress
最小相位反滤波器☆minimum phase inverse filter
最小斜度{率}☆minimum slope
最小信号接收☆minimum reception
最小性☆minimality
最小仰角☆minimum elevation；ME
最小野外破坏☆minimum field damage
最小应变能原理☆principle of minimum strain energy
最小应力方位{向}☆minimum stress orientation
最小游(离)速(度)☆minimum ionizing speed
最小有效井孔{眼}直径☆min-effective hole diameter
最小有效液流量☆minimum effective liquid rate
最小允许支撑裂缝高度☆minimum allowable propped height
最小值☆minimum [pl.-ma]；minimum value；min.
最小转弯直径☆minimum turning circle of car
最小综合概率☆minimum overall probability
最小最大后悔值原则☆minimax regret principle
最小最小风险函数值准则☆minimin risk function value criterion
最小作业宽度☆minimum operating width
最新的☆update；ultramodern；red-hot
最新动态介绍[学术、科技方面的]☆refresher
最新发展☆recent development
最新界法{规}则☆newest bound rule
最新模型☆updated model
最新式的☆fresh；up-to-date；up-to-the-minute；ultramodern
最易劈开的方向☆reed
最易通过的渗径☆preferential path
最优逼近☆best{optimal} approximation
最优的☆optimum [pl.optima]；optimal；topping
最优分割法☆optimal segmentation{section}；optimal partitioning method
最优固定目标☆optimization fixed objective
最优规划☆optimizing planning；optimal programming
最优含水率{量}☆optimum moisture content
最优化☆optimization
最优划分法☆optimal partitioning method
最优惠利率☆prime rate
最优经营规模☆optimal size of business
最优勘探(工作)量☆optimal amount of exploration
最优可变目标☆optimization variable objective
最优泥浆排量☆optimum rate of mud flow；optimum flow rate
最优适应☆optimal-adaptive
最优水管理方案☆optimum water management plan
最优碳化含水率☆optimal moisture for carbonation
最优微差时间间隔☆optimal short-delay time interval
最优现金结存额☆optimal cash balance
最优线性预报值☆optimal linear predictor
最优性☆optimality
最优秀的☆classic
最优原理☆principle of optimality
最优值☆optimum；optimal value；figure of merit
最优质的☆top-quality
最优转(盘)速(度)选择器☆optimum table-speed selector
最优组合☆optimum combination{assembly}
最优钻压试求法☆drill-off test
最有可能的数值☆the most probable number；MPN
最有利条件☆optimum condition
最有效末端☆least significant end
最远沉积点[泥石流]☆deposition point
最远的☆utmost
最远点[天体轨道]☆apoapsis
最远端工作面☆forefield end
最远源的碎屑沉积环境☆most distal clastic depositional environment
最早的☆premier
最早结晶矿物☆telechemic mineral
最早结束时刻☆early finish date
最早开始☆early start
最早期[压力降落或恢复的]☆very early time
最早完成时间☆earliest finish time
最终标高☆finishing level
最终采出油量☆ultimate oil produced
最终测井解释成果图☆Epilog
最终产率☆ultimate yield
最终产品☆finished{termination;end} product
最终产品的总表面水分☆combined surface moisture of final product
最终成果解释☆end product interpretation
最终充填体{层}☆resulting pack
最终的☆ultimate；extreme；ult.；final
最终点☆sink node
最终关井☆final shut-in；FSI
最终回收量{采率}☆ultimate recovery
最终结果☆net result；fate
最终矿浆温度☆end pulp temperature
最终露天矿边界☆final (open-)pit boundary
最终磨矿产品☆final grinding product
最终偏移图像☆final migrated image
最终确定(方案)☆finalization
最终润湿相饱和度☆ultimate wetting-phase saturation
最终筛下产品排列☆finished undersize discharge
最终烧结矿送高炉☆final sinter to blast furnace
最终水饱和度☆final water saturation
最终停车☆final shutdown；FS
最终停留处☆final resting place
最终尾矿☆end discard；final rejects{tailings}；true tailings
最终尾煤仓☆final refuse bin
最终稳定状态值☆final steady-state value
最终下沉☆final subsidence
最终效应☆termination effect
最终研磨☆finish grinding
最终研磨粒度☆release mesh
最终用途竞争☆end-use competition
最终油压☆final tubing pressure；FTP
最终值☆end value
最重要的☆first；overriding
最主要的☆foremost；uppermost
罪犯☆convict
罪状☆charge

zūn

樽海绵属☆Sycon
樽海绵亚目☆Ascones
尊敬☆honor；respect；honour
尊重☆esteem；regard
遵守☆comply with；adherence；observ(anc)e；obedience
遵守安全规程的☆safety-conscious
遵守劳动安全条例☆observe labor safety regulations
遵循☆follow
遵照☆conformity；certificate；comply with

zuō

作坊☆works；workshop

zuǒ

左☆left
左岸[面向下游]☆left bank
左贝尔细菌分析取样瓶☆ZoBell bottle
左边☆first member；left；left hand{side}；LH；ls
左侧☆port{near} side；the left (side)；the left-hand side；NS
左侧的☆sinistral；leftward
左侧托辊☆left hand idler
左侧型摇床☆left-hand table
左查分布☆left censored distribution
(自)左乘☆pre-multiply
左导数☆left derivative
左的{方}☆sinistral；laevo-；levo-
左叠覆[颗石]☆sinistral imbrication
左读数☆back reading
左端☆first member
左对位{齐}☆left justify
左方极限☆left-hand limit
左舷及右舷[前视]☆port and starboard
(气焊)左焊法☆forward{forehand} welding
左后辐板[棘]☆D ray
左后内辐板[棘]☆DE interry
左(旋)滑(动)断层☆left-lateral slip fault
左滑正断层☆left-normal-slip fault
左交捻☆regular-lay left lay
左角☆left angle{corner}
左(旋)晶☆left-twisted crystal；left-handed crystal
左壳☆left valve；LV
左扣活动扳手☆left-handed monkey wrench
左扣连接☆left-hand joint
左括号☆left parenthesis
左离距☆left handed separation
左利特镍铬特合金☆zorite
左裂断层☆left-separation fault
左螺纹连接☆left-hand joint
左(向)捻☆left(-hand) lay；left twist
左拧逆绞(的)[绳股左绞,股丝右绞]☆left regular lay
左扭☆left lay{walk}
左偏(振)光☆left-handed polarization
左偏离摄影术☆left averted photography
左偏斜分布☆left-skewed distribution
左偏褶曲☆sinistral fold
左撇子☆sinistral
左平移断层☆left handed strike-slip fault
左前内辐板[棘]☆EA interray
左前射辐☆ray left-anterior
左倾斜的☆left-oblique
左燃料箱☆NS tank
左式破碎机☆left-hand crusher
左视图☆left view{elevation}
左手☆left hand；LH
左手定则☆left-hand rule
左丝扣钻杆☆left-hand threaded rod
左图廓☆left-hand edge
左推断层☆sinistral fault
左外套叶[双壳]☆left-mantle lobe
左舷☆portside；port
左向☆left-handed；LH
左向逆绞钢丝绳[绳股左绞,股丝右绞]☆left regular lay wire line
左向旋转☆left-handed rotation；left-hand turning
左斜滑断层☆left-oblique slip fault
左形☆left-handed form
左行[方向]☆left-lateral sense
左行的☆left-handed
左行断层☆left-lateral{sinistral} fault; left lateral fault
左行剪切应变剖面☆sinistral shear strain profile
左行离移断层☆left-separation fault
左行位移☆sinistral displacement{shift}；left-lateral displacement；sinistral sense of displacement
左舷及右舷[前视]☆port and starboard
左旋☆l(a)evorotation；levorotatary；l(a)evogyrate；laevorotatory；contra solem；counterclockwise{left-hand(ed);negative} rotation；LH；levogyration；levo；left hand；counter-clockwise；left handed rotation；turn left[方位变化]；left-lateral sense[符号]
左旋的☆left-handed；l(a)evorotatory；l(a)evorotary；left-rotating；sinistral；levogyric；anticlockwise；antitropic；laevo-；levo-；LH；L.H.
左旋方形螺纹☆left-hand square thread
左旋脊-脊{|弧}转换断层☆left-lateral ridge-ridge{|arc} transform fault
左旋剪切应变剖面☆sinistral shear strain profile
左旋晶体☆l(a)evorotatory{left-handed} crystal
左旋螺母☆left-hand threaded nut
左旋螺属[腹;Є-O]☆Scaevogyra
左旋螺纹☆left {-}hand thread；left twist；LHT
左旋螺纹钻杆☆left-hand screw drill pipe
左旋逆滑断层☆left-reverse-slip fault
左旋偏光☆left-handed polarization
左旋石英[水晶]☆l(a)evorotatory quartz；left{-}handed quartz
左旋酸☆laevulic acid
左旋糖☆levulose
左旋位移☆sinistral{left-lateral} displacement；sinistral sense of displacement
左旋物☆l(a)evorotatory；l(a)evorotary
左旋物质☆levo-rotatory substance
左旋钻杆接头螺纹☆left-hand tool joint thread
左移☆left shift
左移(滑)断层☆left handed slip fault；sinistral fault
左右☆circa[拉]；right and left；influence；r.a.l.；ca
左右的☆bilateral
左右对称☆eudipleural
左右对映半面象☆enantiomorphous hemihedrism
左右对映体☆enantiomorph
左右对映形☆enantiomorphous form
左右方向制导信号☆right left signal

左右级式掏槽☆step cut
左右交叉螺栓☆crossbolt
左右平移☆sway
左右倾摇☆rolling；roll
左右视差☆x-parallax
左右相反形☆congruent form
左右向螺杆夹[无极绳运输]☆right-and-left-hand-screw clip
左右形关系☆enantiomorphic relationship
(眼睛的)左右异像症☆aniseikonia
左匀行☆left justify
左褶曲☆sinistral fold
左整列☆left justify
左爪扣[自动车钩]☆left-hand knuckle
左转螺旋☆left-handed screw
左转弯的☆left-turn
左锥螺科☆(Family) Triphoridae
佐巴风☆zobaa
佐川井嘴贝属[腕;T_3]☆Sakawairkynckia
佐达石☆zodacite
佐迪阿克电阻合金☆zodiac
佐尔夫阶☆Djulfian stage
佐尔泰配分系数☆Zoltai sharing coefficient
佐硅(钛)钠石[$Na_2Ti(Si,Al)_3O_9$•$n$$H_2O$;斜方]☆zorite
佐伦霍芬石灰岩☆Solenhofen stone
佐普里兹{|伊普里茨}方程☆Zoeppritz's equation
佐治亚统[美洲;$Є_1$]☆Georgian series
佐佐木模式☆Sasaki-model

zuò

唑☆azole
做☆commit；make
做凹口法☆notching
做衬砌☆line
做[构;塑造]成(……形状)☆fashion
做成块的碳化物砧☆sintered carbide anvil
做成十字形☆crisscross
做成斜边☆bevelling
做成斜坡☆ramp
做……的摘要☆digest
做功系数☆work-done factor
做管状的褶子☆quill
做基础的☆underlying
做记录{|交易|买卖|梦}☆log{|trade|deal|dream}
做苦工☆slave
做木工活☆carpenter
做散工☆char
(给……)做提{摘}要☆brief
做完☆mop-up
做折边☆hem
做作☆affectation；factitious
作标记☆tag
作表☆tabulate
作成球团☆balling
作出☆devise；figure out；form
作出定义☆formulate
作出决定{策}☆decision-making
作答☆response
作……的先锋☆spearpoint
作……的摘要☆brief；epitomize
作等值线☆contouring
作地震剖面☆shooting
作法☆practice
作废☆become invalid；cancel；void；avoidance；kill；obsolescence；defeasance；blank；cancellation
作废的☆obsolete；obs
作废信息☆garbage
作废学名☆nomen nullum；null name；nom. null.
作废之物☆obsolete
作分压器用的自耦变压器☆divisor
作风☆way；style；style of work
作恒值线(法)☆contouring
作基础的☆underlying
作基础桩安装☆piling job
作计划☆plan for
作记号☆mark
作家☆composer；author
作茧☆cocoon
[illegible]脚注☆foot-note
[illegible]low

作垅☆ridging
作面☆face
作判断☆pronounce
作判断用的样品☆arbitration samples
作噼啪声☆sputter；splutter
作品☆writing；workmanship；composition；works [of literature and art]
作品集☆Werke
作泼喇声☆splatter
作曲☆composition
作人工孔底☆bridge the hole
作生物地层断代的☆biostratigraphically-dated
作特性曲线☆run a curve
作凸缘☆flange
作图☆plot；construct(ion)；description；plan
作图变换(法)☆graphical transform
作图插值☆graphic interpolation
ACF 作图法☆ACF plotting method
作完一日的工作☆all-over
作为标志{记}的☆token
作为沉积系统的径流☆Rivers as sediment systems
作为……的工具{方法}☆as a means of
作为结果而发生的☆resultant
作为燃料放出☆bleed as fuel
作文☆composition
作物轮种☆rotation of crops
作物年☆grower's year
作物区☆crop area
作物损失☆crops fail
(钻塔)作息台☆lazy bench
作息制度☆workrest program
作先驱☆harbinger
作像☆imagery
作旋转下降☆vrille
作业☆operation；(students') work；school assignment；task；production；item；placement；processing；implement；job；performance；working；service
作业变数☆treatment variable
作业层段☆treated interval
作业长壁工作面矿压观测☆operational longwall face observation
作业定序模块☆job-sequencing module
作业范围☆operating range；scope of work
作业费用☆cost of operation；operating charge{cost}
作业规模☆scale of operation
作业后的☆post-job
作业机☆pulling unit
作业机的承载能力☆rig capacity
作业监测☆on-stream monitoring
作业井☆well in operation
作业流程控制☆job flow control
作业面☆face；heading；working face{place;front}；workings
作业平衡线评价☆activity balance line evaluation
作业区☆productive workings；working section；workplace；operational zone
作业区域☆target area
作业时间☆run{operation} time
作业时间百分比☆percent operating time
作业室☆studio
作业输入流☆job input stream
作业顺序☆sequence of events
作业算账程序☆job accounting routine
作业图☆functional{flow} diagram；flow sheet
作业协调中心☆operations coordination centre；OCC
作业形式☆type of operation
作业循环☆attack；operating{operation} cycle；cycle of stoping operations；round of stoping operations
作业者通知☆cash call
作业周期☆duty{working} cycle
作业转移[计]☆job-to-job transition
作业组☆(operating) crew；zveno[俄]
作用☆action；actuate；contribution；agency；exert；function；influence；emotion；process；act on；behavio(u)r；activity；sealing；effect；affect；purpose；intention；motive；part；metamorphosis [pl.-ses]；acting
作用半径☆radius of action；working{action;effect;operating} radius；reach；RA
作用参数☆operational factors
作用反作用定律☆action reaction law
作用范围☆reach；operating range；sphere of action

作用剂☆actor
作用距离☆range
作用力☆operative{acting;active;applied} force；effort；agent；exert；point of application
作用力矩☆applied moment
作用力与反作用力☆action and reaction
作用量子☆quantum of action
作用面积☆local area；area of influence
作用器☆actor；applicator
作用区☆influence area；sphere of action；active region
作用区域的图形☆coverage pattern
作用时间☆action{run;response} time；A/T
作用物☆substrate；agent
作用线☆active{action} line；line of action
作用信号☆actuating signal
作用域☆scope
作用原理☆action principle；mechanism
作用在充填体上的压力☆pressure acting upon stowed goaf
作用载荷☆useful{working} load
作用值☆reacting{virtual} value
作用中心☆center of effort；action centre{center}
作预算☆budgeting
作圆周运动☆circle
作战☆operation
作战的☆tactical
作者☆writer；author；composer
作者不详的☆anonymous；Anon.
作纸药卷的圆木棍☆cartridge pin
坐标☆coordinate；fix
x{|y}坐标☆x{|y}-coordinate
坐标北☆grid north；northing
坐标变形法☆coordinate transformation
坐标表☆list of coordinates
坐标测量☆measurement of coordinates
x 坐标差☆latitude difference
坐标尺☆coordinatometer
坐标带☆grid zone；gore
坐标定位☆fix by position lines；coordinate setting
坐标法展绘闭合导线☆coordinate method of plotting；closed traverse
坐标反算☆inverse calculation of coordinates
坐标格网☆(base) grid；coordinate grid
坐标函数☆coordinate function
坐标换算☆transformation of coordinates
坐标几何特征☆coordinated geometric feature
坐标检索法☆coordinate indexing
坐标经纬☆jig transit
坐标量度仪☆coordinate measuring instrument
坐标面☆coordinate surface；plane of coordinates
坐标偏角☆gisement
坐标确定☆determination of coordinate
坐标网☆grid (system)；coordinate net；abac
坐标网北偏角☆declination of grid north
坐标网投影带☆lune
坐标位置☆coordinate position
坐标系☆coordinate (system) ；grid system；system of coordinates
坐标系(统)☆frame of reference
坐标仪☆coordinatograph
坐标原点☆origin of coordinates；grid{true} origin；zero (point)
坐标增量☆increment of coordinate
坐标增量表☆traverse table
坐标纸☆coordinate{scale;squared;graph;square} paper
坐标轴☆axis [pl.axes]；coordinate axis
坐标轴定向☆reference orientation
坐标轴系☆system of axis
坐标纵线偏角☆gisement；grid convergence
(密封)坐槽☆seat trail
坐耻骨☆os ischiopubis
坐耻窝☆pubo-ischiatic vacuity
坐底☆site-on-bottom
坐底管鞋☆landing shoe
坐底式活动钻井装置☆bottom-supported mobile rig
坐底式平台☆submersible (platform)；bottom supported platform
坐垫☆mat
坐定☆set；hang off
坐定台肩[水下井口试井装置的]☆hang-off shoulder
坐定头☆setting head
坐放{封}☆setting

坐放式封隔器☆set-down type packer
坐封负荷☆set-down weight；setting force
坐骨☆ischium；os ischii；pedestal
坐骨的☆ischiatic
坐骨棘[解]☆spina ischiadica
坐骨孔☆foramen ischiadicum
坐骨切迹☆Incisura ischiadica
坐海绵属[O-D]☆Ischadites
坐棘鱼目☆Ischnacanthiformes
坐礁☆stranding
坐卡瓦的圈口☆bowl
坐落☆set；site；repose；seating
坐落位置☆seating cup position
坐铁☆chair
坐位☆seat；place to sit
坐椅侧支架☆seat pedestal
坐在套管头内的油管挂圈☆donut；doughnut
坐着的☆sitting
座☆yoke；desk；tray；rest；board；bench；seat(ing)；holder；basis；column；stock；place；stand；base；bay；pedestal；constellation；mount；socket；rack；nest
座板☆bedplate；saddle；base{chair} plate
座舱☆cockpit；cabinet；cabin；cab
座舱盖☆canopy
(插)座衬套☆adaptor；adapter
座滴法☆sessile drop method
座阀☆seat{poppet} valve
座放短节☆landing nipple
座环☆socket ring
座架☆hander；seat frame；stool；carrier
x-y 座架天线☆*x-y* mount antenna
座节☆seating nipple
座块☆seating shoe
座框☆bearing-crib；bearer；bottom frame
座盘☆curb ring；walling crib；bearing set；kerb ring
座前档[汽车等容膝的空间]☆kneeroom
座圈☆race；seat retainer
座生的☆sessile
座石☆socle；zoccolo；zocle；bed stone
座式千斤顶柱☆saddlejack
座式球阀☆ball retaining valve
座谈会☆symposium[pl.-ia]；informal discussion；forum
座艇☆barge
座位☆berth；pew；seat
座位间[基因]☆interlocus
座位坡度☆seat rake
座延羊齿型☆alethopteroid
座椅安全带[航]☆seat harness{belt}；armchair safety belt
座支架☆seat support
座砖☆nozzle seating block；seating brick